# DICTIONNAIRE

ENCYCLOPÉDIQUE & BIOGRAPHIQUE

DE

# L'INDUSTRIE & DES ARTS INDUSTRIELS

Paris.— Imp. Ch. MARÉCHAL & J. MONTORIER, 16, cour des Petites-Écuries.

# DICTIONNAIRE

## ENCYCLOPÉDIQUE ET BIOGRAPHIQUE

#### DE

# L'INDUSTRIE ET DES ARTS INDUSTRIELS

CONTENANT

#### ·1• POUR L'INDUSTRIE :

*L'étude historique et descriptive du travail national sous toutes ses formes ; de ses origines, des découvertes*
*et des perfectionnements dont il a été l'objet.*
*Le matériel et les procédés des industries extractives, des exploitations rurales,*
*des usines agricoles et des industries alimentaires,*
*des industries textiles et de la confection du vêtement, des industries chimiques.*
*Les chemins de fer et les canaux, les constructions navales. Les grandes manufactures. Les écoles professionnelles, etc.*

#### 2ᵉ POUR LES ARTS APPLIQUÉS A L'INDUSTRIE :

*Le dessin ; la gravure ; l'architecture et toutes les industries qui se rattachent à l'art. -- L'imprimerie.*
*La photographie. — Les manufactures nationales. — Les écoles et les sociétés d'art.*

#### 3º POUR LA STATISTIQUE :

*L'état de la production nationale ; les résultats comparés de cette production et de celle de l'étranger*
*pour les industries similaires.*

#### 4º POUR LA BIOGRAPHIE :

*Les noms des savants, des artistes, fabricants et manufacturiers décédés qui se sont distingués dans toutes*
*les branches de l'industrie et des arts industriels de la France.*

#### 5º L'HISTOIRE SOMMAIRE DES ARTS & MÉTIERS :

*Depuis les temps les plus reculés jusqu'à nos jours ; les mots techniques ; l'indication des principaux*
*ouvrages se rapportant à l'art et à l'industrie.*

PAR

## E.-O. LAMI

*Officier de l'Instruction publique*

*Président de section et secrétaire général du groupe de l'économie sociale à l'Exposition de 1889*

Ancien attaché au Service historique et des Beaux-Arts de la Ville de Paris

AVEC LA COLLABORATION DES SAVANTS, SPÉCIALISTES ET PRATICIENS LES PLUS ÉMINENTS
DE NOTRE ÉPOQUE

*Ouvrage honoré de la souscription du Ministère du Commerce ;*
*de la Direction des Poudres et Salpêtres, au Ministère de la Guerre ; de la Bibliothèque nationale ;*
*d'un grand nombre de Sociétés savantes, Bibliothèques publiques, Lycées,*
*Collèges, Ecoles, etc*

**Médaille d'Or à l'Exposition universelle d'Anvers (1885)**

## TOME VIII

## PARIS

### LIBRAIRIE DES DICTIONNAIRES

7, PASSAGE SAULNIER, 7

## 1888

# EXPLICATION

DES

## ABRÉVIATIONS & DES SIGNES

| | | | |
|---|---|---|---|
| Terme | d'agriculture. | T. d'agric. | |
| — | d'apprêt. | d'appr. | |
| — | d'architecture. | d'arch. | |
| — | d'architecture et de construction | d'arch. et de const. | |
| — | d'armurerie ancienne | d'armur. anc. | |
| — | d'armurier. | d'arm. | |
| — | d'arpentage. | d'arp. | |
| — | d'art. | d'art. | |
| — | d'artificier. | d'artif. | |
| — | d'artillerie | d'artill. | |
| — | d'artillerie et de balistique. | d'artill et de balist. | |
| — | d'astronomie et de physique. | d'astr. et de phys. | |
| — | d'atelier. | d'atel. | |
| — | de bijouterie. | de bijout. | |
| — | de botanique. | de bot. | |
| — | de bourrelier. | de bourr. | |
| — | de brochage. | de broch. | |
| — | de carrosserie. | de carross. | |
| — | de céramique. | de céram. | |
| — | de chapellerie. | de chapell. | |
| — | de charpenterie. | de charp. | |
| — | de charronnage | de charron. | |
| — | de chauffage industriel. | de chauff. ind. | |
| — | de chemin de fer. | de chem. de fer. | |
| — | de chimie. | de chim. | |
| — | de chimie et de minéralogie. | de chim. et de minér. | |
| — | de chimie et de pharmacie. | de chim. et de pharm. | |
| — | de chimie et de technologie. | de chim. et de techn | |
| — | de confiserie. | de confis. | |
| — | de construction. | de constr. | |
| — | de construction navale. | de constr. nav. | |
| — | de corderie. | de cord. | |
| — | de cordonnerie. | de cordon. | |
| — | du costume. | du cost. | |
| — | du costume ancien | du cost. anc. | |
| — | du costume ecclésiastique. | du cost. eccl. | |
| — | du costume militaire. | du cost. milit. | |
| — | de coutellerie. | de coutell. | |
| — | de couverture. | de couv. | |
| — | de cristallographie | de cristall. | |
| — | de décoration. | de décor. | |
| — | de dessin et d'architecture. | de dess. et d'arch. | |
| — | de dessin industriel, de topographie et de fortification. | de dess. indust., de topogr. et de fortif. | |
| — | de distillerie. | de distill. | |
| — | de dorure. | de dor. | |
| — | d'ébénisterie. | d'ébénist. | |
| — | d'électricité. | d'électr. | |
| — | d'exploitation des mines. | d'exploit. des min. | |
| — | de filature. | de filat. | |
| — | de fonderie. | de fond. | |
| — | de fortification. | de fortif. | |
| — | de fortification ancienne | de fort. anc. | |
| — | de fumisterie. | de fumist. | |
| — | de géologie. | de géolog. | |
| — | de géométrie. | de géom. | |
| — | de géométrie descriptive | de géom. descript. | |
| — | de géométrie et d'astronomie. | de géom. et d'astr. | |
| — | de géométrie et de cristallographie. | de géom. et de cristall. | |
| — | de géométrie et de dessin graphique. | de géom. et de dess. graph. | |
| — | de géométrie et de mécanique. | de géom. et de mécan. | |

| | | | |
|---|---|---|---|
| Terme | de gravure. | T. de grav. | |
| — | d'horlogerie. | d'horlog. | |
| — | d'hydraulique. | d'hydraul. | |
| — | d'impression sur étoffes. | d'imp. s. ét. | |
| — | d'imprimerie. | d'impr. | |
| — | de joaillerie | de joaill. | |
| — | de lapidaire. | de lapid. | |
| — | de liquoriste. | de liquor. | |
| — | de machine. | de mach. | |
| — | de maçonnerie. | de maçonn. | |
| — | de marine. | de mar. | |
| — | de mathématique | de mathém. | |
| — | de matières médicales. | de mat. méd. | |
| — | de mécanique. | de mécan. | |
| — | de menuiserie. | de men. | |
| — | de menuiserie et de construction. | de men. et de constr. | |
| — | de métallurgie. | de métall. | |
| — | de météorologie. | de météor. | |
| — | de métier. | de mét. | |
| — | de meunerie. | de meun. | |
| — | de mine. | de min. | |
| — | de minéralogie. | de minér. | |
| — | de musique. | de mus. | |
| — | de navigation. | de navig. | |
| — | d'optique. | d'opt. | |
| — | d'orfèvrerie. | d'orfèv. | |
| — | d'ornement. | d'ornem. | |
| — | de papeterie. | de pap. | |
| — | de parfumerie. | de parfum. | |
| — | de passementerie | de passem. | |
| — | de pavage. | de pav. | |
| — | de peaussier. | de peauss. | |
| — | de peinture. | de peint. | |
| — | de pharmacie | de pharm. | |
| — | de photographie. | de photog. | |
| — | de physique. | de phys. | |
| — | de physique et de mécanique. | de phys. et de mécan | |
| — | de physique et d'optique | de phys. et d'opt. | |
| — | de plomberie. | de plomb. | |
| — | de ponts et chaussées. | de p. et chauss. | |
| — | de pyrotechnie. | de pyrotechn. | |
| — | de raffinerie de sucre | de raff. de sucre. | |
| — | de reliure. | de rel. | |
| — | de savonnerie. | de savon. | |
| — | de sculpture. | de sculpt. | |
| — | de sellerie. | de sell. | |
| — | de serrurerie. | de serrur. | |
| — | de sucrerie. | de sucr. | |
| — | de tannerie | de tann. | |
| — | de tapisserie. | de tapiss. | |
| — | technique. | techn. | |
| — | technique et de chirurgie | techn. et de chirurg. | |
| — | technique et de pharmacie. | techn. et de pharm. | |
| — | de teinturerie. | de teint. | |
| — | de télégraphie. | de télégr. | |
| — | de théâtre. | de théât. | |
| — | de tissage. | de tiss. | |
| — | de topographie. | de topogr. | |
| — | de typographie. | de typogr. | |
| — | de verrerie. | de verr. | |
| Art héraldique | | Art hérald. | |
| Iconographie. | | Iconog. | |
| Iconologie. | | Iconol. | |
| Instrument d'agriculture et de jardinage. | | Inst. d'agr. et de jard. | |
| Instrument d'astronomie. | | Inst. d'ast. | |
| Instrument de chirurgie | | Inst. de chirurg. | |
| Instrument de musique. | | Inst. de mus. | |
| Mythologie. | | Myth. | |
| Synonyme | | Syn. | |

Le signe * indique que le mot qui le porte n'est pas dans le dictionnaire de l'Académie.

# LISTE DES AUTEURS

## QUI ONT CONTRIBUÉ A LA RÉDACTION DU HUITIÈME VOLUME

Directeur-Rédacteur en Chef : E.-O. LAMI.

Comité de Rédaction : MM. Baclé, Boulard, Cerfberr de Medelsheim, Chesneau, Clouet, le commandant X..., F. Gautier, Monmory.

MM. ANTHONI. G. A. — Ingénieur des Arts et Manufactures.
BACLÉ. B. — Ancien élève de l'Ecole polytechnique. Ingénieur des mines;
BADOUREAU, A. B. — Ancien élève de l'Ecole polytechnique, Ingénieur des mines;
BERNHEIM, Ed. B. — Ingénieur de la Société générale des Téléphones.
BLONDEL (S.), S. B. — Homme de lettres;
BOCA, Ed. B. — Ingénieur des Arts et Manufactures ;
BOULARD (J.), J. B. — Ingénieur civil;
BOUQUET, L. B. — Chef du bureau de l'Industrie au Ministère du Commerce et de l'Industrie;
BRÉZOL, H. B. — Ingénieur des Arts et Manufactures.
CERFBERR DE MÉDELSHEIM, C. de M. — Homme de lettres;
CHAMPIGNEULLE, Ch. Ch. — Peintre-verrier.
CLERC (J.-C.-A.), C. — Ingénieur des Ponts et Chaussées.
CLOÜET (J.), J. C. — Professeur à l'École de médecine et de pharmacie de Rouen;
COSSMANN, M. C. — Ingénieur des Arts et Manufactures, Ingénieur du mouvement au Chemin de fer du Nord ;
DECHARME, C. D. — Docteur ès sciences, ancien professeur de physique et de chimie;
DÉPIERRE, J. D. — Chimiste;
DROUX, L. D. — Ingénieur civil;
EMPEREUR, P. E. — Ingénieur des Arts et Manufactures;
FAVRE, Fr. F. — Bibliothécaire du Conservatoire des Arts et Métiers;
FOREST, H. F. — Ingénieur des Arts et Manufactures, Ingénieur du service des études au Chemin de fer du Nord;
FOUCHÉ, M. F. — Licencié ès sciences, professeur au collège Sainte-Barbe;
GAUTIER, Dr L. G. — Chimiste;
GAUTIER, F. G. — Ingénieur civil;
GILLET (M. G. M. — Commis principal au poste central des Télégraphes.
GOGUEL, P G. — Ingénieur civil, Professeur à l'Institut industriel du Nord;
GOSSET, Alp. G. — Architecte, lauréat de la Société centrale des architectes.
GRANDVOINNET, J.-A. G. — Ingénieur des Arts et Manufactures, professeur à l'Institut national agronomique;
HENRIVAUX, J. H. — Directeur de la manufacture des glaces à Saint-Gobain.
JOUANNE, G. J. — Ingénieur des Arts et Manufactures;
LEPLAY. H. L. — Chimiste;
MONMORY, F. M. — Architecte;
MOREL, M. — Ingénieur des tabacs;
NICOLAS (L), L.-N. — Ingénieur agronome.
NOGUÈS, A. F. N. — Ingénieur des mines;
PARISET, P. — Directeur de la condition des soies à Lyon.
RAYNAUD (feu), J. R. — Docteur ès-sciences, professeur à l'École supérieure de télégraphie;
RENARD, L. R. — Ex-directeur au Ministère de la Marine;
RENOUARD, A. R. — Ingénieur civil, Secrétaire général de la Société industrielle du Nord;
RICHOU (G.), G. R. — Ingénieur des Arts et Manufactures;
RINGELMANN, M. R. — Ingénieur-Répétiteur de Génie rural à l'École de Grandjouan;
ROMAIN, R. — Ancien élève de l'École polytechnique, Ingénieur civil;
SAUNIER, C. S. — Directeur de la *Revue chronométrique*;
THUREAU (G.), G. T. — Ingénieur des Arts et Manufactures.
TISSERAND (L.-M.), L.-M. T. — Chef du service historique et des Beaux-Arts de la ville de Paris;
VANONI, L. V. — Ingénieur de la Société générale des Téléphones.
VASSARD (l'abbé), H. D. — Chimiste à l'École industrielle de Roubaix.
VIDAL. L. V. — Professeur à l'Ecole des Arts décoratifs
VIVANT (E.), E. V. — Ex-mécanicien en chef de la Flotte.

# DICTIONNAIRE

## ENCYCLOPÉDIQUE ET BIOGRAPHIQUE

DE

## L'INDUSTRIE ET DES ARTS INDUSTRIELS

# S

**SABLE.** *T. de constr.* On donne le nom de *sables* à des matières qui se présentent dans la nature sous la forme de grains plus ou moins gros, provenant de la désagrégation de différentes roches, et qu'on emploie dans les constructions, principalement pour former des mortiers, pour établir le lit et garnir les interstices des pavés. Considérés sous le rapport de la composition, certains sables sont quartzeux ou bien sont formés de la plupart des éléments du granit et du gneiss ; quelques-uns sont uniquement calcaires ou volcaniques, d'autres enfin sont composés d'un mélange de diverses matières.

D'après la dimension des grains, on distingue : les *sables fins,* dans lesquels les grains n'ont pas plus d'un millimètre de diamètre, et les *sables gros* où ce diamètre s'élève de un à trois millimètres. Au delà, c'est le *gravier.* Les ouvriers donnent le nom de *mignonnette* au sable dit aussi *moyen,* dont les grains ont environ deux millimètres de diamètre. Ajoutons que ces différentes espèces de sable peuvent se trouver séparées ou réunies. Au point de vue de l'origine, on appelle : *sables de rivière,* ceux que l'on tire du lit de la plupart de nos rivières ; *sables de mer,* ceux que fournissent les rivages de la mer ; *sables fossiles* ou *de carrière,* ceux dont la formation résulte d'anciennes révolutions du globe et qui ont été charriés et déposés par les eaux dans les lieux où on les trouve actuellement ; *sables vierges,* ceux qui n'ont pas été charriés et qui résultent de la décomposition spontanée de roches arénacées, feldspathiques ou argileuses.

Dans la composition des mortiers, le sable agit mécaniquement : mélangé avec la chaux, il modère le retrait de cette matière et prévient les gerçures ; il augmente la dureté des chaux hydrauliques et diminue celle des chaux grasses ; quant au ciment, il en retarde la prise. En principe, le sable employé pour la fabrication des mortiers doit être pur, c'est-à-dire dépourvu de terre argileuse ou de toute autre matière étrangère. Il présente le degré de pureté cherché si, projeté dans l'eau avec une certaine force, il ne la trouble pas, tandis que le sable terreux ou limoneux la trouble et la colore en jaune ou en gris. De plus, le bon sable est rude au toucher et crie dans la main quand on le serre.

Le sable de rivière est regardé comme le plus pur. Le sable de carrière, dit aussi *sable de plaine,* est plus ou moins terreux ; il doit, pour être employé, présenter les qualités énumérées ci-dessus. Le sable de mer fait d'excellents mortiers, mais il emprunte au sel qu'il renferme des propriétés hygrométriques qui le font proscrire des constructions où l'on veut éviter l'humidité. A défaut d'autre sable, on peut l'employer, mais après l'avoir lavé à grande eau ou exposé à l'air, en couches minces, à l'action des pluies pendant plusieurs années. Certains sables sont appelés *pouzzolanes ;* mélangés avec de la chaux grasse, ils donnent des matières capables de durcir sous l'eau.

Le sable est encore utilisé comme matière dégraissante par son mélange avec des argiles trop grasses, dans la fabrication des briques et des tuiles. Les plombiers emploient un sable fin pour garnir la table qui leur sert de moule. Pour faire les moules de fonderie, on se sert d'un sable qui exige des qualités spéciales que nous avons indiquées au mot Moulage. — F. M.

|| *Art hérald.* Couleur noire que, dans la gravure, on représente par des hachures verticales, croisées par des hachures horizontales.

*SABLÉ. *T. de tiss.* Se dit de tout dessin formant un fond pointillé. || *T. de verr.* Défaut que présente le verre lorsqu'il est parsemé de petits points semblables à des grains de sable.

SABLIER. C'est un instrument chronométrique composé de deux petits entonnoirs de verre communiquant ensemble par un col étroit. L'entonnoir supérieur est rempli d'un sable très fin qui s'écoule lentement dans l'entonnoir inférieur. On calcule le nombre d'heures ou de minutes que le sable met à passer d'un entonnoir dans l'autre, puis, quand l'écoulement a eu lieu tout entier, on retourne l'instrument et l'on recommence. C'est, on le voit, un mécanisme très primitif, analogue à celui de la clepsydre, autre instrument destiné à la mesure du temps.

— Le sablier remonte à la plus haute antiquité ; il nous vient probablement, comme tant d'autres choses, d'Orient où les déserts abondent, et où, par conséquent, il était facile de se procurer du sable. L'usage en était général, comme l'est, de nos jours, celui des grandes horloges de bois dans les campagnes ; la seule différence consistait dans la matière et les ornements : plus richement décoré dans les palais et les manoirs, le sablier était réduit à sa plus simple expression dans les chaumières.

L'invention des horloges à ressorts ou à roues a porté naturellement un grand coup au sablier, sans toutefois le proscrire complètement ; il s'est maintenu, au contraire, comme instrument commode, maniable et peu coûteux. On l'a perfectionné pour lui faire marquer, non seulement une durée en bloc, mais encore des fractions de temps, au moyen de lignes tracées sur les deux entonnoirs, exactement comme les limonadiers le font, de nos jours, sur les carafons de liqueurs qu'ils servent aux consommateurs.

Le sablier s'est perpétué dans nos cuisines, où il sert principalement à mesurer le temps nécessaire à la cuisson des œufs. Les marins l'emploient également pour mesurer l'espace d'une demi-minute, pendant laquelle on compte, au moyen du loch, la fraction de nœud filée par le vaisseau, en raison de sa plus ou moins grande vitesse.

C'est surtout au point de vue symbolique qu'il faut considérer, aujourd'hui, le sablier : emblème de la brièveté de la vie, il a été employé dans l'antiquité, au moyen âge, à la Renaissance et dans les temps modernes ; il figure, à ce titre, sur un grand nombre d'édifices, sur les monuments funéraires principalement. Comme motif de décoration funèbre, on le voit associé à la clepsydre, à la faux du Temps et autres symboles du peu de durée de l'existence. Les artistes du moyen âge, qui avaient l'habitude de tout symboliser, accompagnaient la clepsydre, le sablier, le cadran solaire de banderoles sur lesquelles se lisaient des sentences morales : « *Nos jours se sont écoulés comme l'onde ; Souviens toi que tu es sable et poussière ; La vie humaine passe comme l'ombre*, etc., Instrument de la mesure du temps et emblème de sa brièveté, le sablier appartient à tous les styles et a reçu tous les genres d'ornement. — L. M. T.

|| Sorte de sébile contenant du sable, destiné à être éparpillé sur l'écriture pour la sécher.

I. SABLIÈRE. Carrière de sable. On dit aussi *sablonnière.* || *T. de charp.* D'une manière générale, ce nom s'applique à des pièces de bois horizontales qui reçoivent par assemblage les extrémités d'autres pièces verticales ou inclinées. Ainsi, dans un comble, la sablière, appelée aussi *plate-forme*, est la pièce de bois, méplate ou à section carrée, sur laquelle portent les pieds des chevrons. Dans un comble d'une certaine longueur, la sablière est formée de plusieurs pièces réunies bout à bout ; un assemblage oblique relie également par leurs extrémités les plates-formes des pans de comble contigus ; l'ensemble de toutes ces pièces porte alors la désignation de *cours de sablières* ou de *plates-formes*. Dans un pan de bois, les poutres horizontales qui reçoivent, haut et bas, les assemblages des pièces verticales ou inclinées, telles que *poteaux, décharges, tournisses*, etc. prennent le nom de *sablières*. On distingue : la *sablière haute*, qui porte, à la partie supérieure de chaque étage, les solives de chaque plancher ; la *sablière basse*, celle qui repose à rez-de-chaussée, sur les parpaings ; la *sablière de chambrée*, la pièce qui joue, à chaque étage, le rôle de sablière basse et repose elle-même sur les abouts des solives de plancher. — V. Pan de bois.

Dans la charpente d'une lucarne, on appelle *sablière de jouée* une pièce qui, placée en retour du chapeau, reçoit les assemblages des *tournisses* ou pièces de remplissage.

II. SABLIÈRE. *T. de chem. de fer*. La sablière ou boîte à sable est un organe accessoire des locomotives, qui renferme le sable destiné à être répandu sur les rails lorsqu'on veut empêcher le patinage des roues de la machine. La sablière est généralement installée au-dessus du corps cylindrique pour que le sable se tienne sec sous l'influence de la chaleur de la chaudière ; elle est munie, à son orifice inférieur, d'un tuyau conducteur du sable qui contourne la roue motrice et vient se terminer presque au point de contact avec les rails pour que le sable ne puisse glisser sans effet utile avant le passage de la roue. La sablière est ouverte ou fermée au moyen d'un levier de manœuvre placé à la main du mécanicien sur la plate-forme ; dans certains dispositifs perfectionnés, elle est munie d'un agitateur destiné à assurer l'écoulement du sable, et qui est formé ordinairement d'une sorte de vis d'Archimède ou, quelquefois, d'un tambour mobile. D'après l'avis de l'Union des chemins de fer allemands, ces appareils donnent des résultats très satisfaisants et peuvent fonctionner même avec du sable humide, indépendamment aussi de la chaleur de la chaudière.

L'emploi du sable a l'inconvénient d'amener l'usure rapide des rails, ainsi qu'on peut le constater dans les tunnels en particulier et dans tous les points de la voie où les rails se tiennent généralement gras et entraînent un patinage fréquent. On essaie donc, actuellement, de remplacer le sable par l'injection de l'eau ou de la vapeur de la chaudière sur les rails pour les rendre tout à fait humides et augmenter ainsi leur coefficient d'adhérence. Cette application paraît donner des résultats satisfaisants, mais elle n'est pas encore entrée définitivement dans la pratique.

**SABLON.** Sable fin, très menu, qui sert aux usages domestiques.

**SABORD. *T. de mar.*** Ouverture pratiquée dans la muraille ou dans les tourelles mobiles d'un navire, pour livrer passage à la bouche d'une pièce d'artillerie et en permettre le pointage. Sur les anciens vaisseaux à trois ponts, quatre bandes blanches parallèles entre elles, entrecoupées d'autant de rectangles noirs qu'il y a de pièces à bord, forment les lignes de sabords de la batterie des gaillards, des première et deuxième batteries et, enfin, de la batterie basse. Chaque sabord se compose de trois parties : l'ouverture ou sabord proprement dit, dont la portion supérieure porte le nom de *sommier* et celle inférieure celui de *seuillets de sabord*; deux mantelets à charnières dont celui du dessous se nomme *partie basse* et celui du dessus *partie haute*. On enchâsse dans cette dernière un verre lenticulaire ou un verre plat, assez épais pour résister aux coups de mer, afin d'éclairer les batteries lorsque les sabords sont fermés. Les mantelets sont garnis de cuir et de frise grossière pour assurer un joint hermétique contre la muraille et sur la pièce lorsqu'on les ferme.

Les sabords des tourelles mobiles ne comportent pas de mantelet; quand on veut charger la pièce, on fait mouvoir la tourelle de manière à diriger l'ouverture vers le côté opposé à celui du feu de l'ennemi. Les tourelles fixes n'ont pas de sabord, les pièces qui y sont logées tirent en *barbette*.

Les cuirassés à réduit central portent des sabords dits d'*encoignure*; ils sont établis en saillie sur les façons des murailles avant et arrière du navire, et permettent le tir dans une direction voisine de celle de l'axe longitudinal du bâtiment.

Les sabords de *chasse* sont ceux percés dans la guibre ou sur l'avant des *bossoirs*; ceux de retraite sont percés dans le tableau du navire.

Sur les transports, les grandes ouvertures existant dans les murailles pour l'aération des divers entreponts prennent également le nom de *sabords*, quoique bien peu d'entre eux soient destinés à recevoir des pièces d'artillerie.

On nomme *faux sabords* les lignes blanches intercalées de noir simulant, à distance, de véritables sabords, lignes dont sont revêtus beaucoup de navires de commerce.

Le *bouclier de sabord* est une forte plaque de fer ou d'acier que l'on applique contre l'ouverture d'un sabord non occupé par une pièce, sur certains navires cuirassés.

**I. SABOT.** Chaussure faite d'un seul morceau de bois creusé en forme de pied, ou d'une semelle en bois avec adjonction d'une bande de cuir : i

Fig. 1. — *Machine à façonner les sabots.*

prend, dans ce dernier cas, le nom de « galoche ». L'usage de ce genre de chaussure est extrêmement répandu en France à cause de sa commodité et de son bon marché. Il est plus hygiénique que la chaussure ajustée, en ce qu'il ne comprime pas le pied, et ses larges dimensions permettent d'y introduire des chaussons en laine qui garantissent le pied du froid pendant que la semelle le tient à l'abri de l'humidité.

La fabrication des sabots et des semelles se faisait autrefois à la main, au moyen d'outils primitifs qui comprenaient : la *hache*, la *bique*, sorte de billot à trois pieds enfoncés en terre, et sur lequel était fixé, par un anneau, un fort couteau ou *paroir*, analogue au couteau qui sert à débiter le pain chez les boulangers. Ce paroir, manœuvré par la main droite de l'ouvrier, abattait les côtés de la bille qu'il lui présentait de la main gauche. Une *gouge* frappée au maillet servait à ébaucher les parties creuses qui se terminaient à l'aide d'une tarière de charpentier appelée *cuillère*. Le polissage était obtenu par l'action de grattoirs en acier, et confié aux femmes et aux enfants.

Aujourd'hui, les semelles et les sabots se fabriquent uniquement par des procédés mécaniques. Les bois employés sont le noyer, le hêtre, le charme et l'orme, ce dernier toutefois très peu, parce qu'il est spongieux et se travaille mal ; le noyer présente, au contraire, les qualités les plus recherchées, c'est-à-dire la dureté et la légèreté, mais son prix élevé le fait remplacer ordinairement par le charme ; le hêtre se travaille bien et

entre pour les deux tiers dans la fabrication générale.

FABRICATION MÉCANIQUE DES SABOTS. Nous décrirons d'abord la fabrication des sabots qui est plus simple que celle des semelles, parce que le produit demande moins de fini et n'exige ni retouche, ni polissage, ni rainure pour la fixation du cuir. Cette fabrication s'effectue au moyen de trois machines : l'une pour façonner, l'autre pour creuser le talon, et la dernière pour creuser le fond antérieur des sabots. La première, établie par M. Arbey et représentée figure 1, traite

Fig. 2. — *Machine à creuser le talon.*

les bois débités à la scierie suivant les dimensions correspondant à la pointure adoptée. Elle se compose d'un plateau analogue à ceux des machines à raboter et mobile sur un châssis horizontal. Ce plateau porte une série de contre-pointes de tour et de poupées correspondantes, constituant autant de tours sur lesquels se placent les pièces à travailler ; deux de ces tours sont réservés pour porter les modèles en fonte des pièces à reproduire. Un arbre horizontal tournant à une vitesse de 5 à 600 tours par minute, porte les outils chargés du travail et les deux touches qui, appliquées par le poids de l'arbre et de son bâti sur les modèles, en permettent la reproduction. Les extrémités de l'arbre porte-

outils sont maintenues par deux bras oscillant autour d'un axe fixe et qu'on peut, à l'aide d'un levier, relever ou abaisser, suivant qu'on veut commencer ou arrêter le travail. Les pièces sont à la fois animées d'un mouvement de rotation, par les engrenages calés sur les contre-pointes, et d'un mouvement d'avancement communiqué par le plateau. Cette machine permet de *façonner* six sabots à la fois, c'est-à-dire de leur donner la forme extérieure ; la production journalière atteint 600 paires.

Le sabot passe ensuite à la machine *à creuser le talon*. Cette machine (fig. 2) procède du même principe que la précédente, mais elle est verticale et se manœuvre avec une pédale. Le plateau porte-pièce est horizontal, et se meut circulairement et dans le sens perpendiculaire au bâti à l'aide d'un levier. La touche est à une distance de l'outil égale à celle qui existe entre le modèle et la pièce.

*Hirondelle*

*Sabotine*

*Socquette*

Fig. 3 à 5.

Dans la machine finisseuse, qui creuse le fond antérieur des sabots, le chariot porte-pièce est vertical; le bâti qui le soutient reçoit un mouvement d'avance au moyen d'une vis, et il y peut coulisser à l'aide d'un levier. Un second levier permet au chariot de se déplacer latéralement en pivotant autour d'un axe. La touche est fixée entre les deux outils dans une position verticale; les outils sont fixes.

Le sabot ainsi terminé, il ne reste plus qu'à abattre à la scie à ruban les deux tenons qui ont servi à le fixer entre les pointes des machines.

FABRICATION MÉCANIQUE DES SEMELLES. Les semelles sont employées, soit pour faire des galoches par l'addition d'une bande de cuir

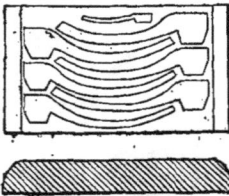

Fig. 6 et 7.

et d'une talonnette, soit pour former le fond des chaussures pour enfants. Les formes les plus usitées sont représentées dans les figures 3 à 5; elles comprennent l'*hirondelle* spécialement appliquée aux

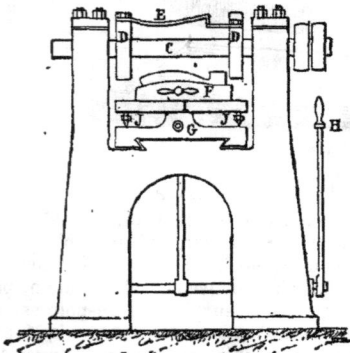

Fig 8. — *Raboteuse.*

galoches pour hommes, et la *sabotine* et la *socquette* plus ordinairement réservées aux chaussures de femmes. On débite à la scie des blocs ayant pour dimensions une largeur et une longueur telles que doit présenter la semelle brute, et des traceurs y dessinent, au moyen de gabarits, le plus grand nombre de semelles possible, en les faisant chevaucher (fig. 6 et 7), mais en évitant avec soin les nœuds, puis on débite à la scie à ruban. Les opérations successives par lesquelles passent les semelles sont au nombre de neuf, elles comprennent :

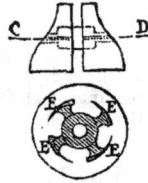

Fig. 9 et 10.

1° Le *rabotage du dessous de la semelle*. La raboteuse (fig. 8) se compose d'un arbre horizontal, tournant à une vitesse de 1,200 tours par minute, et portant sur deux manchons D, la lame E en acier. Son taillant est la ligne la plus excentrée de l'arbre, et elle a, par suite, la forme d'une projection oblique de la courbe à obtenir, sur le plan qui passe par l'axe de l'arbre et les deux extrémités du taillant de la lame.

La semelle repose, par l'intermédiaire d'une mâchoire F en fonte, sur un chariot G, auquel un levier H permet de communiquer un mouvement de va-et-vient. La base I de la mâchoire F est mobile sur le chariot, et peut prendre l'inclinaison qu'on veut au moyen de quatre vis de calage J. L'ouvrier présente la semelle à l'action de la lame, et quand celle-ci a travaillé, il ramène le chariot en avant au moyen du levier et remplace par une semelle brute celle qui a été traitée ;

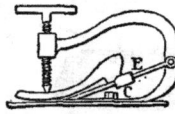

Fig. 11.
*Porte-semelle.*

2° *Tournage du talon*. Il s'exécute à l'aide d'une toupie double; chaque arbre porte un outil en acier CD (fig. 9 et 10) formé de quatre ailettes EEEE présentant le profil inverse de celui qu'on veut obtenir. Un gabarit correspondant à la pointure ou à la forme se fixe sur le porte-semelle et la table, au moyen de vis, et vient s'appliquer contre des bagues en fonte qui embrassent chacun des arbres. Le porte-semelle se compose d'une plaque sur laquelle se boulonne un col de cygne dont l'extrémité porte un écrou donnant passage à une vis de pression.

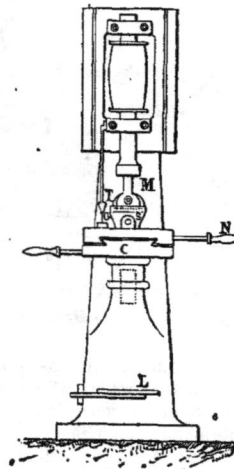

Fig. 12.
*Machine à creuser les talons.*

Celui-ci applique le talon sur la plaque entre des mâchoires laissant entre elles un espace suffisant pour y encastrer des numéros en acier indiquant la pointure.

Les deux outils tournent en sens inverse, avec une vitesse de 15 à 1,800 tours par minute ;

3° *Tournage du devant de la semelle*. Cette opération s'effectue au moyen de la même machine, mais avec des outils et des gabarits différents. Le porte-semelle (fig. 11) est muni d'une échelle E graduée et inclinée, dont les extrémités reposent, l'une sur la plaque formant gabarit, l'autre sur le col de cygne. Un curseur C en forme de V, maintient le talon tourné dans la précédente opération, et l'outil peut travailler sur le devant de la pièce ;

4° *Creusage du talon*. Il exige deux opérations sur la même machine et sans reprendre la semelle qui est fixée sur un chariot mobile C (fig. 12). La machine à creuser est analogue à celle employée pour le même travail dans la fabrication des sabots ; seulement, le sabot en fonte qui sert de modèle dans celle-ci est remplacé par un gabarit G qui sert de guide, toujours au moyen d'une touche T fixée sur le porte-outil. Un levier N, mû à la main, permet d'engager ou de dégager le chariot porte-semelle, qui est, en outre, monté sur pivot et peut également tourner à droite ou à gauche. A la première passe, l'ouvrier ne fait pas porter la touche sur le gabarit, parce que l'outil aurait trop de bois à enlever. A la seconde passe, l'outil porte partout ;

5° *Séchage*. Les semelles passent ensuite au séchoir qui ne présente rien de bien particulier. La température nécessaire est de 35°. Le séchage doit être très régulier, sans quoi les semelles se fendent à l'endroit le plus mince, c'est-à-dire à la talonnette. Il faut compter de deux à trois jours pour le séchage d'une semelle : le hêtre perd environ 25 0/0 de son poids d'eau.

6° *Retouche*. Cette opération ne peut s'exécuter qu'à la main parce qu'elle consiste à faire disparaître, au moyen du paroir, la côte provenant du raccordement imparfait que laissent la toupie à talon et la toupie à devants, puis à arrondir la cambrure et enfin à abattre un petit chanfrein sur le pourtour du dessous de la semelle. Un sabotier fait ordinairement la retouche de 200 paires dans sa journée ;

7° *Polissage*. Le polissage s'effectue sur des molettes recouvertes de toiles verrées. Ces molettes B et C (fig. 13) sont fixées sur un arbre horizontal supporté par un bâti AA ; la molette à gorge polit la par-

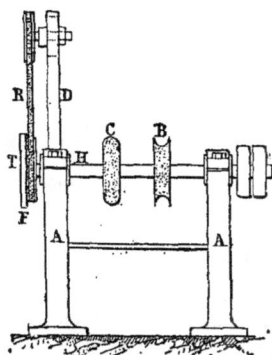

Fig. 13. — *Polisseuse*.

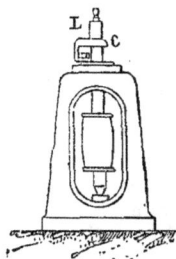

Fig. 14.
*Machine à rainer.*

tie bombée du talon ; la molette bombée en traite la partie creuse. Le dessous de la semelle est présenté à un tambour T en bois sur lequel un cercle F applique un disque de toile verrée, et les côtés à un ruban R de même nature qu'on tend au moyen d'une poulie folle dont l'axe glisse dans une rainure du bâti D ;

8° *Rainage*. Pour fixer le cuir qui doit recouvrir la semelle, on pratique sur le pourtour du dessus de la pièce, une rainure, au moyen d'une toupie tournant à 5,000 tours par minute et portant une lame L en forme de V (fig. 14). Un demi-collier C en fer entoure l'arbre et sert de support à la semelle que l'ouvrier tient entre ses mains pour la présenter à l'outil ;

9° *Rebouchage*. Il consiste à repasser toutes les semelles pour reboucher les trous provenant des petits nœuds arrachés par l'outil ; on y introduit de la cire de même couleur que le bois. On ne conserve, d'ailleurs, que les pièces où les trous n'existent pas en d'autres parties que les côtés ou la talonnette.

L'outillage que nous venons de décrire, joint à celui d'une scierie comprenant une scie circulaire ou à ruban pour couper les bois en grumes, et trois scies à ruban pour faire les plateaux remis aux traceurs et pour débiter les semelles, permet de produire 1,500 paires de semelles par jour, et emploie, en moyenne, 6 stères de bois à cet usage. Les déchets de ces différentes opérations sont vendus pour la fabrication de l'acide pyroligneux ou le chauffage ; la sciure et les copeaux sont utilisés pour le chauffage des générateurs en faisant usage de foyers spéciaux tels que les foyers Ullmo, Godillot, etc. — G. R.

II. **SABOT.** *T. de constr.* Garniture en métal, fer ou fonte, qui enveloppe, assure et protège soit l'extrémité d'une pièce de charpente, soit l'assemblage de deux poutres réunies par leurs extrémités obliquement ou en prolongement l'une de l'autre. On fait notamment usage de *sabots* pour garnir les extrémités pointues des pieux dans les pilotis ; on s'en sert aussi, en leur donnant, dans ce cas, le nom de *boîtes* ou de *manchons*, pour recevoir soit les abouts supérieurs de deux arbalétriers en bois, soit le pied même de ces arbalétriers. || *T. d'artill.* Pièce de bois servant de garniture aux projectiles sphériques. || *T. de typogr.* Boîte destinée à recevoir les lettres usées que l'on fait refondre. || *T. de mécan.* Outil composé d'un fer et d'un fût, et qui ne diffère du rabot que parce qu'il est presque toujours cintré sur un sens ou sur un autre, et quelquefois même sur les deux ; on l'emploie pour pousser les moulures. || *T. de mar.* Sorte de poulie pour les écoutes de hunier. || Garniture de métal qu'on met au bas de chacun des pieds de certains meubles. || Cône inférieur d'une béquille.

**Sabot de frein.** *T. de mécan.* Organe essentiel des freins, qui est destiné à ralentir ou modérer la vitesse des pièces tournantes, comme les poulies ou plus fréquemment les roues de véhicules, en absorbant par frottement la force vive qu'elles développent dans leur mouvement de rotation. Les sabots forment généralement une pièce massive oscillante, en bois ou en métal, fonte ou acier, creusée en arc de cercle afin de porter par toute sa surface sur le contour extérieur de la poulie ou de la roue ; ils sont suspendus par une tige spéciale à un point extérieur, soustrait au mouvement rotatif qu'ils ont à régler, et ils peuvent être amenés au contact ou écartés de la roue par une timonerie dont le dispositif varie nécessairement avec l'installation même des véhicules. Dans la carrosserie ordinaire, les sabots de frein sont en bois, commandés par une simple manivelle ou un volant placé à la main du conducteur. Sur les véhicules de chemins de fer dont la marche rapide peut avoir besoin d'être réglée ou suspendue à chaque instant, l'installation des sabots de frein, qui sont des appareils régulateurs de la vitesse, présente une importance capitale au point de vue de l'exploitation, et cette question a donc fait l'objet d'études suivies, surtout lorsque les exigences continuelles du trafic et l'accroissement de la rapidité de marche des trains, ont amené les différentes Compagnies à munir ceux-ci de freins continus. On a comparé les coefficients de frottement respectifs des différents types de sabots, en bois ou en métal, fonte ou acier, et on a reconnu que le bois donnait un coefficient de frottement plus élevé, mais qu'il avait l'inconvénient d'entraîner parfois le calage des roues. On sait, en effet, que le calage est toujours à éviter sur les véhicules de chemins de fer, car il amène la détérioration des bandages et même des rails sous l'influence du frottement de glissement continu qu'ils subissent, et le calage est même moins avantageux au point de vue de la rapidité de l'arrêt. Nous avons exposé, d'ailleurs, à l'article Frein, et nous n'y reviendrons pas ici, les résultats des expériences exécutées à ce sujet par MM. Vuillemin, Guébhard et Dieudonné, en 1867, et surtout les curieuses recherches entreprises ultérieurement par le capitaine Douglas Galton, et qui ont servi à poser en quelque sorte les lois réglant l'action des freins.

En dehors des sabots oscillants, suspendus à demeure dans le voisinage immédiat de la roue, on emploie aussi sur les grosses charrettes et dans certains cas particuliers, des sabots en forme de coin qu'on vient insérer mécaniquement ou à la main entre la roue et le sol ; mais ces sabots constituent alors des appareils d'enrayage destinés simplement à former pour ainsi dire un obstacle au mouvement, et à amortir la vitesse d'une manière instantanée en quelque sorte.

*SABOTAGE. T. de chem. de fer. Le sabotage est l'ensemble des opérations que l'on fait subir aux traverses en bois, dans les chantiers, pour façonner les entailles destinées à recevoir les rails, avec leur inclinaison, ou les coussinets quand il s'agit de voies à double champignon. Dans la voie à coussinets, ce sont ceux-ci qui donnent au rail l'inclinaison de 1/20 ; les entailles à faire dans la traverse sont donc dans le même plan, horizontal si la voie est en alignement droit, incliné si elle est en courbe. Avec la voie Vignole (V. Rail), tou-

tes les traverses ont les entailles inclinées. Le sabotage se fait à la main, rarement à la machine, à l'aide d'un gabarit formé de deux bouts de rails, de 0,25 de longueur, réunis par une entretoise, l'ensemble formant un tronçon de voie ayant rigoureusement l'écartement et l'inclinaison nécessaires. Pour la voie Vignole, l'entretoise porte deux sabots en fonte, percés de quatre cheminées correspondant exactement aux crampons et aux tirefonds, afin de guider la tarière pour le forage des trous. Après avoir disposé la traverse, en prenant pour face d'appui celle qui est la plus large et la plus régulière, on présente le gabarit à la face supérieure en le posant à peu près à égale distance des extrémités de la traverse ; au moyen de traits de scie, on trace ensuite l'emplacement des entailles que l'on achève à l'herminette ou à la bisaiguë, en conservant bien intacts les épaulements des traits de scie ; la profondeur de ces entailles n'a rien d'absolu, elle doit seulement être suffisante pour que la face d'appui soit saine et ait au moins 0m,15 dans le sens de la largeur du rail. Les entailles sont ensuite vérifiées au moyen du gabarit, et enfin on procède au perçage des trous, après quoi on badigeonne avec du goudron appliqué à chaud.

SABOTIER, IÈRE. T. de mét. Artisan qui fabrique des sabots ; celui ou celle qui les vend.

*SABRAGE. T. techn. Opération qui consiste à faire tomber des peaux de mouton, les lampourdes et le crottin au moyen de baguettes ou lattes en fer appelées sabres. Cette opération s'effectue soit à la main, soit mécaniquement.

SABRE. T. d'arm. Arme blanche qui est à la fois d'estoc et de taille, et se différencie des épées en ce qu'elle n'a qu'un seul tranchant. C'est à peu près la seule arme tranchante qui soit encore utilisée pour l'armement régulier des troupes des armées européennes ; elle est terminée généralement par une pointe en biseau, ce qui permet de l'employer, en cas de besoin comme arme de pointe (estoc). Il est avantageux de donner au tranchant une certaine courbure ou cambrure propre à faciliter le glissement de la lame et par suite à en favoriser la pénétration dans les corps fibreux. Les fibres attaquées une à une et ne se soutenant plus mutuellement sont, en effet, tranchées d'autant plus facilement. La cambrure varie d'une arme à l'autre, suivant la destination de l'arme, les usages et coutumes des peuples qui s'en servent et leur manière de combattre.

Aujourd'hui que dans la cavalerie on tend de plus en plus à employer le sabre comme arme de pointe, plutôt que comme arme de taille, les coups de pointe étant toujours plus dangereux, plus faciles à porter et plus difficiles à parer, on donne le plus habituellement à la lame du sabre une forme rectiligne. Une lame courbe, par suite même de sa courbure, aurait une tendance à glisser et perdrait une partie de sa force de pénétration.

Afin d'alléger la lame, dont la section est triangulaire, sans lui ôter de sa raideur, on ménage sur les deux faces des évidements appelés pan creux lorsque cet évidement est plus large que profond, et *gouttière*, au contraire, lorsque la profondeur est plus grande relativement que la largeur; le dos qui est le côté opposé au tranchant a généralement ses arêtes arrondies.

La forme de la *poignée* doit être telle que l'arme soit aisément saisie avec la main et ne puisse s'échapper pendant le combat; dans ce but, on lui donne le plus habituellement une forme aplatie dans le sens du plat de la lame et amincie aux deux extrémités. Presque tous les sabres modernes ont, en outre, une *garde*, à une ou plusieurs branches, destinée à protéger la main. Pour que l'arme soit bien en main, il faut que son centre de gravité soit très près de la poignée; mais, d'un autre côté, dans le but de donner du coup à la lame, on ne doit pas trop le rapprocher, quelquefois même on trouve avantage à reporter vers l'extrémité une partie de la masse; telle est, par exemple, le cas du cimeterre.

Pour la fabrication des sabres, et de toutes les armes tranchantes, en général, on doit employer un métal à la fois dur et tenace, tout en étant élastique de façon que la lame puisse ployer sans se rompre si elle vient à rencontrer un obstacle résistant. Toutefois, la lame ne doit pas être trop élastique, mais conserver une certaine raideur, résultat auquel on arrive, non seulement par le choix du métal, mais encore, comme nous l'avons déjà fait remarquer, par la forme donnée à son profil. Les anciennes lames de Damas, qui ont eu une réputation universelle, possédaient une très grande dureté, leur tranchant se conservait fort bien, mais en revanche quand le coup portait à faux, la lame fort peu élastique était souvent exposée à se rompre; les lames de Tolède, au contraire, ont dû leur renommée à leur grande élasticité. Le métal dont on fait usage aujourd'hui est l'acier fondu, trempé et recuit.

La Manufacture d'armes de Châtellerault est le seul établissement qui fabrique les sabres destinés à l'armement de la cavalerie française. L'acier est livré à la Manufacture sous forme de barres plates ou maquettes, auxquelles on donne par un premier travail de forge à peu près la forme et, s'il y a lieu, la courbure voulues. Les pans creux et gouttières sont obtenus par étampage, puis la lame est recuite et ensuite trempée à l'eau froide; la *soie*, c'est-à-dire l'extrémité de la lame qui est engagée dans la poignée ne doit pas être trempée. La lame est amenée à ses dimensions définitives par des aiguisages successifs sur des meules de grès; par le polissage sur des meules en bois, recouvertes ou non d'émeri, on fait disparaître les traits de meule, et enfin, par le brunissage sur des meules en bois recouvertes de charbon, on lui donne un brillant sombre. On fait subir aux lames de sabre, avant de les recevoir, des épreuves ayant pour but de s'assurer tout d'abord de leur élasticité et ensuite de leur solidité.

Les fourreaux en tôle d'acier, qui sont les seuls en usage aujourd'hui, sont fabriqués avec une lame de tôle que l'on enroule sur un mandrin et dont les deux bords sont brasés au laiton; le dard, pièce d'acier trempé destinée à protéger l'extrémité du fourreau contre les frottements est également brasé.

— Actuellement, toute la cavalerie française est armée d'un sabre à lame droite, du modèle 1882, dont il existe trois types ne différant entre eux que par la longueur; ce sont : le sabre de cavalerie légère dont la lame a 0m,870 de long; le sabre de dragon, 0m,925, et le sabre de cavalerie de réserve 0m,950. Ces sabres nouveau modèle ont remplacé les anciens sabres de cavalerie de réserve et de dragon modèle 1854, qui étaient également droits mais un peu plus longs, et le sabre de cavalerie légère, modèle 1822, qui était courbe; ce dernier sabre est encore utilisé dans l'artillerie pour l'armement des hommes montés. Les sabres nouveau modèle se distinguent encore des anciens modèles par leur fourreau qui n'est muni que d'un seul bracelet au lieu de deux et ne peut plus, par conséquent, se suspendre au ceinturon que par une seule bélière. || *Sabre-baïonnette.* — V. Baïonnette.

**SABRETACHE.** *T. du cost. milit.* Sorte de sac qui faisait autrefois partie du costume des hussards et des guides; la face extérieure était en vache noire et lisse, et l'intérieure en basane de même couleur; il était attaché au ceinturon du sabre et pendait le long de la jambe gauche.

**SAC.** Espèce de poche faite en toile, en cuir, en papier, ou autre matière, que l'on colle ou coud par le bas et par les côtés, de façon à laisser le haut ouvert pour y introduire ce que l'on veut. L'énorme consommation de sacs en papier a fait rechercher le moyen de les fabriquer mécaniquement, mais nos malins commerçants exigent un papier pesant qui devient alors si cassant qu'aucune des machines créées à l'étranger n'ont pu jusqu'ici donner, en France, les résultats qu'on devait en attendre. La fabrication telle qu'elle s'effectue aujourd'hui, consiste à couper le papier à la forme voulue et sous une épaisseur de 2 centimètres environ, à l'aide d'un découpoir analogue à celui dont on se sert dans les fabriques d'enveloppes. Ces ébauches de sacs ainsi obtenues, sont prises en paquets et étalées sur une table à l'aide d'un coupe-papier, de manière que les bords débordent les uns sur les autres de deux côtés, puis avec un pinceau on étend de la colle de farine d'une façon uniforme sur cette surface. L'ouvrière prend alors les ébauches les unes après les autres et les plie à la main, sur une table, si le sac doit être plat, ou les enroule autour d'un mandrin s'il doit avoir une forme cylindrique; ce mandrin a toujours une section carrée pour faciliter à l'ouvrière le pliage du fond.

**Sac à terre.** *T. de fortif.* Dans le matériel de siège, on désigne sous ce nom des petits sacs de 0m,65 de longueur sur 0m,33 de largeur; ils sont confectionnés en toile de chanvre ou de lin sulfatisée. Chaque sac est muni à son orifice d'une forte ficelle passée dans deux œillets qui permet d'en assurer la fermeture par un nœud double. Pour remplir ces sacs de terre, on organise un atelier formé de deux pelleteurs, un servant, deux lieurs et d'un nombre de piocheurs suffisants pour préparer la terre meuble. Le servant à genoux tient le sac ouvert entre les deux pelleteurs, et le fait remplir en le secouant fréquemment pour opérer le tassement de la terre; il le passe ensuite aux lieurs placés derrière lui. Chaque sac doit avoir

0$^m$,50 de hauteur, 0$^m$,22 de diamètre et pèse environ 20 kilogrammes. Renversé sur un plan horizontal, il s'aplatit et prend alors 0$^m$,25 de largeur sur 0$^m$,18 d'épaisseur. Un atelier emplit en moyenne 150 sacs par heure.

**SACCHARATE.** *T. de chim.* Combinaison de l'*acide saccharique* avec les bases. Les saccharates alcalins neutres, résultant de la saturation exacte de l'acide saccharique par la potasse, la soude ou l'ammoniaque, sont très solubles dans l'eau et déliquescents, tandis que les sels acides, obtenus en ajoutant aux premiers autant d'acide saccharique qu'ils en renferment déjà, sont un peu moins solubles, mais cristallisent plus facilement que les saccharates neutres. Les saccharates des autres bases sont généralement insolubles; pour les obtenir, on décompose un saccharate alcalin par un sel soluble du métal que l'on veut transformer en saccharate.

On donne aussi quelquefois, mais improprement, le nom de *saccharates* aux combinaisons du sucre de canne avec la chaux, la baryte, l'oxyde de plomb. — V. Sucrate, Sucre.

*SACCHARIDES. *T. de chim.* On donne ce nom à des composés résultant de la combinaison des acides organiques avec les sucres, combinaison qui se fait toujours avec élimination d'eau, et qui exige un contact prolongé à une température de 100 à 150°. Ainsi, le diacétoglucose, le dibétyroglucose sont des saccharides. Ces corps sont solubles ou insolubles, suivant que l'acide qui entre dans leur constitution est volatil ou fixe. Si on les chauffe en présence de l'eau avec un alcali, ils donnent naissance à un sel alcalin avec l'acide organique et le sucre est régénéré; cette décomposition a toujours lieu avec absorption d'une quantité d'eau égale à celle primitivement éliminée. Les acides dilués les dédoublent également en acide et en sucre. — D$^r$ L. G.

*SACCHARIFICATION. *T. de chim.* Opération ayant pour objet la transformation des matières amylacées en sucres (glucoses). Cette transformation, sur laquelle repose la fabrication de l'alcool avec les grains, les pommes de terre et même la cellulose, de la bière avec l'orge et d'autres céréales, et du glucose ou sucre de fécule, peut être effectuée par deux moyens différents : 1° par ébullition des matières amylacées avec des acides minéraux étendus, à l'air libre ou sous pression; et 2° par l'action de la diastase employée sous forme de malt (orge germée). Pour la cellulose (bois, papier, chiffons de lin, de chanvre et de coton), l'action de l'acide étendu doit être précédée de celle de l'acide concentré, avec un excès duquel on laisse la matière en contact pendant longtemps; après quoi, on fait bouillir le mélange étendu de beaucoup d'eau (V. t. IV, p. 308). Sous l'influence des ces agents, les matières amylacées ($C^6H^{10}O^5$) donnent d'abord naissance, par simple transformation moléculaire, à de la *dextrine* ($C^6H^{10}O^5$), et celle-ci, en absorbant de l'eau, se change ensuite en *glucose* ($C^6H^{12}O^6$) :

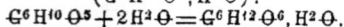

$$C^6H^{10}O^5 + 2H^2O = C^6H^{12}O^6, H^2O.$$

La saccharification par les acides donne comme produit final du *glucose ordinaire*, tandis que, avec la diastase, on obtient de la *maltose*, dont les propriétés sont un peu différentes de celles du glucose. — V. Bière, Brasserie, Dextrine, Diastase, Distillation, Glucose, Malt, Maltose. — D$^r$ L. G.

**SACCHARIMÈTRE.** Instrument destiné à déterminer la richesse saccharine des solutions de sucre (jus de canne ou de betterave, sirops, urines sucrées, etc.), et dont la construction est basée sur la déviation que font éprouver les sucres au rayon de lumière polarisée. — V. Instruments d'optique, Polarimètre, Polarisation, Saccharimétrie.

On connaît un grand nombre d'instruments de ce genre, ce sont : les saccharimètres de Mitscherlich, de Soleil-Duboscq, de Steeg et Reuter et de Ventzke-Scheibler; le diabétomètre de Robiquet; le polaristrobomètre de Wild.; les saccharimètres à pénombre de Cornu-Duboscq, de Laurent et de Schmidt-Haentsch; le diabétomètre d'Yvon-Duboscq; les saccharimètres à franges de Trannin, de Th. et A. Duboscq et de Hofmann; etc. Nous ne décrirons que ceux qui sont employés en France, et nous renverrons, pour les autres, aux ouvrages spéciaux (V. notamment : L. Walkhoff, *Traité de fabrication et raffinage du sucre de betterave*, 2° édition française; et Ch. Stammer, *Agenda du fabricant de sucre*).

*Saccharimètre de Soleil-Duboscq.* Cet appareil (fig. 15 à 18) peut être considéré comme formé de trois parties : deux fixes AB (le polariseur) et CD (le compensateur), l'autre mobile, que l'on place entre B et C et qui est un tube destiné à recevoir la solution à analyser. L'extrémité A étant dirigée vers une source lumineuse, la lumière pénètre en A et traverse le prisme biréfringent du polariseur *p*, formé d'une lentille en crown-glass à surface convexe et d'un prisme de spath d'Islande doublement réfringent. Ces rayons, rendus parallèles par la lentille, se dédoublent en traversant le prisme et donnent naissance à un double faisceau de lumière polarisée; le faisceau extraordinaire est dévié du champ de l'appareil, le faisceau ordinaire seul continue sa route et tombe sur la plaque *r*. Celle-ci est formée de deux demi-disques de cristal de roche accolés l'un à l'autre et montés de façon à dévier d'une même quantité le plan de polarisation des rayons lumineux, l'un à droite, l'autre à gauche. Polarisé dans cette partie de l'appareil, le rayon lumineux passe ensuite dans le tube BC, contenant la solution sucrée, qui agit sur lui et le dévie, puis le rayon pénètre dans le compensateur CD qui sert à annuler l'action du sucre. Ce compensateur est formé : 1° d'une plaque rectangulaire de cristal de roche *q*, de rotation contraire à celle du sucre; 2° de deux plaques prismatiques de cristal de roche *k*, de rotation contraire à celle de *q*, accolées à des prismes de façon à former ensemble une nouvelle plaque rectangulaire d'épaisseur constante. Ces plaques mobiles et pouvant glisser l'une sur l'autre, forment, en réalité, une plaque unique de quartz d'épaisseur variable à volonté. En sortant du compensateur, le rayon lumineux rencontre l'analyseur *a*, fixé invariablement et formé par la réunion de trois prismes accolés; il traverse ensuite la plaque de cristal de roche *c*, les deux lentilles *l* et *l'* et le prisme de Nicol mobile *n*.

Suivant que la solution sucrée contenue dans le tube B C est plus ou moins riche, elle dévie plus ou moins le rayon polarisé, et il faut, pour annuler cette déviation, une épaisseur de cristal de roche plus ou moins grande. Au moyen du bouton H, on peut faire varier cette épaisseur et, en même temps, faire mouvoir sur l'échelle R R' (fig. 15 à 18) un index I qui, lorsque l'annulation est complète, donne immédiatement la richesse en sucre de la solution analysée. Lorsque l'index est au point 100, l'épaisseur des lames de cristal compense la déviation qu'a éprouvé le rayon lumineux en traversant 20 centimètres d'une solution de 16$^{gr}$,35 de sucre de canne pur dans 100 centimètres cubes. Il résulte de là, que *chaque degré de l'échelle correspond à* 0$^{gr}$,1635 *de sucre pur dans* 100 *centimètres cubes de dissolution ou à* 1 0/0 *de sucre dans une matière sucrée dont on a dissous* 16 *grammes* 35 *dans* 100 *centimètres cubes.*

Le tube en laiton dans lequel on met la solution sucrée a exactement 200 millimètres de longueur et est fermé à ses deux extrémités par de petits disques en verre épais enchâssés dans des viroles qui se vissent sur la partie filetée du tube.

Pour faire une expérience, on procède de la manière suivante : le saccharimètre étant établi dans une chambre noire, on place une lampe (modérateur ou à gaz) devant l'extrémité A et, après s'être assuré que la lumière traverse l'axe de l'appareil, on met, entre B et C, un tube semblable au précédent contenant de l'eau pure; appliquant ensuite l'œil en D, on enfonce ou on retire le tube mobile D D', jusqu'à ce qu'on voie distinctement un disque partagé en deux parties égales, colorées d'une même teinte ou de deux teintes différentes et séparées l'une de l'autre par une ligne noire parfaitement nette. Si, comme c'est le cas le plus fréquent, les deux demi-disques n'ont pas la même teinte, on tourne le bouton H, dans un sens ou dans l'autre, jusqu'à ce que les teintes des deux demi-disques soient parfaitement identiques. Mais il ne suffit pas que ceux-ci aient la même teinte, il faut, en outre, que cette teinte uniforme soit la plus sensible. Cette *teinte sensible*

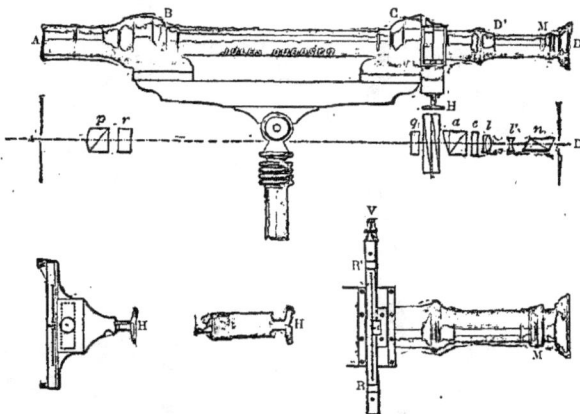

Fig. 15 à 18. — *Saccharimètre de Soleil-Duboscq.*

n'est pas la même pour tous les yeux. Voici comment chacun reconnaîtra celle qui lui est propre et avec laquelle il devra toujours opérer. Si, l'œil étant appliqué en D, on fait tourner l'anneau M, on voit que la couleur des demi-disques change sans cesse et ne redevient la même qu'après un demi-tour. Admettons qu'on s'arrête quand les demi-disques offrent une teinte orangée identique; si alors on fait tourner doucement l'anneau M dans le même sens, on voit se succéder les couleurs suivantes : orangé, vert, indigo, bleu, violet et rouge. En regardant attentivement, on rencontre une certaine nuance pour laquelle l'uniformité établie primitivement pour l'orangé n'existe pas ; on voit une différence qu'on n'avait pu saisir tout d'abord. La même épreuve, répétée plusieurs fois et à des jours différents avec la même lumière, permet de constater que la nuance qui présente une différence, là où avec une autre couleur on voyait l'égalité de teinte, est toujours la même ; or, cette teinte est pour l'observateur la teinte sensible sur la quelle il devra toujours prendre son point. Pour le plus grand nombre des yeux, quand le saccharimètre est éclairé avec la lumière du gaz, la teinte sensible est *vert rosé*; car, cette teinte obtenue, si on fait tourner tant soit peu l'anneau M, l'un des demi-disques passe subitement au rouge, l'autre au vert. Pour certaines personnes, la teinte sensible est une autre couleur, quelquefois même une couleur brillante. Cela posé, l'observateur, connaissant sa teinte sensible et ayant obtenu l'uniformité des deux demi-disques, regardera si, sur la règle divisée, le trait zéro coïncide exactement avec le trait de l'index I; si la coïncidence n'est pas parfaite, il l'établira en faisant tourner le bouton V (fig. 15 à 18).

L'instrument une fois réglé, on remplace le tube à eau par le tube contenant la solution sucrée. On voit alors que l'uniformité de teinte n'existe plus; on la rétablit en faisant tourner le bouton H, jusqu'à ce que les nuances des deux demi-disques soient identiques. La solution sucrée étant le plus souvent un peu colorée, la teinte uniforme rétablie n'est pas, en général, la teinte sensible, à laquelle il faut cependant revenir. On y reviendra en faisant tourner l'anneau M; mais cette teinte retrouvée, l'égalité des nuances qu'on avait cru établie pourra n'être plus parfaite, et il faudra encore une fois tourner le bouton H pour qu'elle soit absolue. Arrivé à ce point, on regarde sur la règle divisée RR'à quelle division de l'échelle correspond le trait de l'index I. Le nombre correspondant à cette division donne immédiatement, en *centièmes*, la teneur en sucre de la solution essayée.

Le *diabétomètre de Robiquet*, construit par J. Duboscq, est basé sur le même principe que le saccharimètre de Soleil. Comme l'indique son nom, il est destiné au dosage du sucre de diabète ou glucose dans les urines, et chaque division de la graduation de cet instrument correspond à un gramme de sucre par litre d'urine.

*Polarimètre de Steeg et Reuter*. Cet appareil, construit spécialement pour le dosage du glucose (dextrose) dans les vins, se compose de deux nicols placés à chacune des deux extrémités d'un tube; celui qui se trouve en avant, l'analyseur, porte un indicateur muni d'un vernier et mobile sur un cercle gradué; l'autre, le polariseur, sert au réglage. L'instrument est en outre pourvu d'une plaque de quartz à double rotation, d'une lunette de Galilée et d'un tube de 20 centimètres pour le liquide à essayer. Le saccharimètre étant placé devant une lampe à pétrole, on met l'indicateur au zéro et on observe; on aperçoit alors deux demi-disques colorés, comme dans l'appareil de Soleil-Duboscq, on rend les deux teintes uniformément bleu violet en tournant le polariseur, puis on observe le liquide, mais en rétablissant l'uniformité des teintes, et on lit sur la graduation. Le polarimètre de Steeg et Reuter est peu embarrassant, facile à transporter; c'est, en quelque sorte, un saccharimètre de poche avec lequel on peut faire les essais sur place.

*Saccharimètre à pénombre.* Dans ce saccharimètre, imaginé par Jellet (de Dublin) et perfectionné successivement par Cornu, Duboscq et Laurent, les deux demi-disques différemment colorés de l'appareil de Soleil-Duboscq sont remplacés par deux demi-disques inégalement éclairés, de sorte que l'observation se fait en établissant l'égalité des deux ombres, et non plus l'identité de deux colorations. La position du plan de polarisation primitive est fixée par la teinte également obscure des deux demi-disques; l'interposition de la solution sucrée détruit cette égalité : l'un des deux demi-disques devient très lumineux et l'autre noir; on fait alors mouvoir les pièces fixées à la division centési-

male, de façon à établir l'égalité d'obscurité initiale.

Le saccharimètre à pénombre exige l'emploi d'une lumière monochromatique, qu'il est d'ailleurs facile d'obtenir en introduisant dans la flamme d'une lampe à gaz un peu de sel marin fondu contenu dans un petit godet en toile de platine (dispositif qui est représenté en A, fig. 23). Il se produit, de cette façon, une lumière jaune sensiblement homogène.

*Appareil de Cornu-Duboscq*. Il se compose de deux tubes fixes et d'un tube mobile; ce dernier renferme la solution sucrée et est semblable à celui du saccharimètre Soleil. Dans le tube fixe A (fig. 19), placé directement en face de la source lumineuse, se trouve le *polariseur*, consistant en un prisme de Nicol offrant une disposition spéciale. L'autre tube fixe renferme l'*analyseur* et se termine par une lunette de Galilée pour la mise au point.

L'analyseur, monté au centre d'un plateau vertical gradué, est fixé à une alidade portant deux verniers et engrenant une denture taillée sur la tranche du plateau. A l'aide du pignon P, on peut imprimer à l'alidade et à l'analyseur un mouvement de rotation autour de l'axe optique de l'instrument. Le plateau est pourvu de deux graduations : l'une,

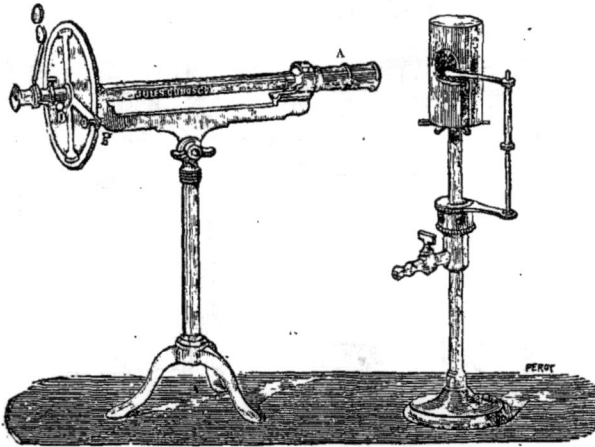

Fig. 19. — *Saccharimètre à pénombre de Cornu-Duboscq.*

la supérieure, en degrés saccharimétriques; l'inférieure, en degrés et demi-degrés du cercle. Le bouton D permet d'imprimer à l'analyseur un mouvement de rotation à droite et à gauche, indépendant de celui de l'alidade, afin de régler l'instrument.

Pour faire une expérience, on dispose l'axe du saccharimètre dans la direction de la flamme monochromatique, établie environ à 15 centimètres de l'appareil, et, après avoir mis en place le tube rempli d'eau pure, on amène le zéro du vernier en coïncidence avec le zéro de la graduation saccharimétrique, puis, retirant ou enfonçant plus ou moins la lunette de Galilée, jusqu'à ce qu'on distingue nettement une ligne noire verticale séparant en deux parties égales un disque éclairé, on observe attentivement si les deux moitiés du disque paraissent avoir exactement la même pénombre (fig. 21 *b*). S'il n'en est pas ainsi, on tourne un peu, dans un sens ou dans l'autre, le bouton D qui agit sur l'analyseur, et une fois le disque ramené à l'égalité de ton dans toute sa surface, le zéro du vernier étant bien sur l'échelle saccharimétrique, l'instrument est réglé; on remplace alors le tube à eau par le tube contenant la solution sucrée, puis on remet l'œil à la lunette, et on voit que l'égalité de ton des demi-disques n'existe plus, l'une de ces moitiés paraissant plus éclairée que l'autre (fig. 20 à 22, a et c). On tourne alors doucement le pignon P de l'alidade, et on observe si l'inégalité de ton des deux demi-disques augmente ou diminue; si [elle augmente,

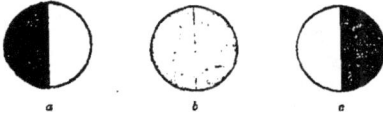

Fig. 20 à 22.

on tourne en sens opposé: si elle diminue, on la fait disparaître en tournant très lentement P, jusqu'à ce que l'œil ne distingue plus de différence entre les deux pénombres accolées (fig. 21, b). L'égalité des pénombres établie, il ne reste plus qu'à lire sur la graduation supérieure du plateau le nombre devant lequel s'est arrêté le zéro du vernier; ce nombre indique immédiatement la richesse centésimale en sucre de la solution analysée.

*Appareil de Laurent.* Cet appareil est représenté par la figure 23; il se compose des parties suivantes : I, tube portant la lentille éclairante B et vissé sur le barillet E, qui est muni d'un diaphragme à petit trou et reçoit une bonnette contenant un cristal de bichromate de potasse destiné à rendre la flamme plus monochromatique (le prisme de

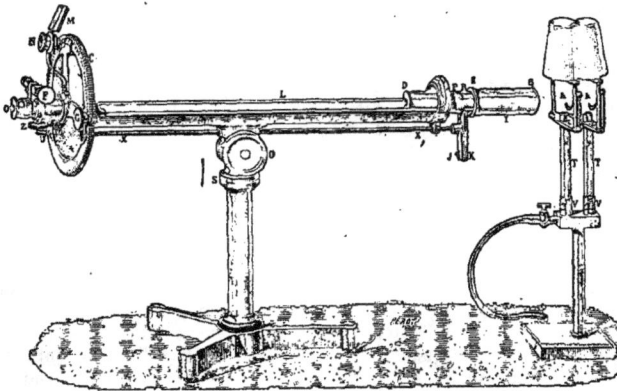

Fig. 23. — *Saccharimètre à pénombre de Laurent.*

bichromate ne sert que pour les liquides incolores, on l'enlève quand ceux-ci sont jaunes); R P, tube contenant le polariseur et une lentille ; K, levier fixé sur R, à l'aide duquel on fait tourner le polariseur, par l'intermédiaire de la manivelle J, de la tige XX et du levier V (si le liquide est peu coloré, le levier est levé jusqu'à l'arrêt; s'il est très coloré, on baisse plus ou moins ce levier); D, diaphragme recouvert sur une moitié par une plaque de quartz; L, règle en forme de V destinée à recevoir le tube contenant le liquide sucré; C, cadran portant deux graduations, l'une en degrés saccharimétriques, l'autre en degrés du cercle ou la graduation Vi-

vien (cette dernière comprend 162 divisions et chaque division correspond à 1 gramme de sucre de canne en 100 centimètres cubes de solution, ou à 1 0/0 de sucre cristallisable dans un sucre brut dont on a dissous 10 grammes dans 100 centimètres cubes); G, alidade; M, miroir renvoyant la lumière de la lampe à gaz salé sur la graduation qu'on lit à l'aide de la loupe N; O H, lunette de Galilée; F, bouton de réglage; Z, bouton pour serrer le tube H quand on a bien établi le zéro. L'appareil est disposé de façon qu'on puisse employer des tubes de longueur variable jusqu'à 50 centimètres et, comme l'observation avec des longs tubes nécessite une lumière beaucoup plus vive, il est muni de deux lampes à gaz salé A A, placées l'une derrière l'autre (T T, tubes amenant le gaz; V V, viroles pour régler l'afflux de l'air).

Pour faire une observation, on commence par procéder au réglage de l'instrument. A cet effet, on regarde à travers la loupe N, qu'on sort ou qu'on rentre, jusqu'à ce qu'on voie nettement les divisions. On relève alors le levier jusqu'à son arrêt et, tournant le bouton G, on amène le zéro du vernier vers la septième division environ, à droite ou à gauche, du zéro de la division saccharimétrique. On regarde ensuite en O, et on a l'apparence de a ou de c (fig. 20 à 22), c'est-à-dire un disque divisé en deux moitiés, l'une jaune clair, l'autre noir jaunâtre, et l'on sort ou l'on rentre le tube O, de façon à voir leur séparation bien nette et sans s'occuper des bords du diaphragme. On saisit alors l'appareil par la règle L, et on le dirige peu à peu vers l'endroit de la flamme qui fait apparaître le disque mieux éclairé. On regarde de nouveau à travers la loupe N et l'on agit sur le bouton G pour faire coïncider, cette fois exactement, le zéro du vernier avec le zéro de la division saccharimétrique, puis on regarde dans l'appareil. Si ce dernier est bien réglé, on voit les deux demi-disques d'un gris jaunâtre sombre et bien égaux en intensité (b, fig. 21); s'il n'en est pas ainsi, on a l'apparence a ou c; pour ramener à l'égalité de ton, il faut tourner le bouton F. On tourne dans le bon sens, quand le côté foncé s'éclaircit et que le côté clair s'assombrit. On est à l'égalité de tons lorsque en tournant le bouton G alternativement à droite et à gauche, et par petits mouvements, on passe successivement de l'apparence b à celle de a et c, pour s'arrêter définitivement à celle de *b.* L'appareil est alors réglé, mais il faut le vérifier. Dans ce but, on déplace l'alidade à l'aide du bouton G et, au moyen de ce même bouton, on reproduit l'égalité de tons. Si l'on a bien opéré, on doit retrouver le zéro du vernier en coïncidence avec celui de la division saccharimétrique. S'il n'en n'est pas ainsi, il faut retoucher légèrement au bouton F, dans un sens ou dans l'autre, jusqu'à ce qu'on arrive bien à la coïncidence des zéros en établissant l'égalité de tons au moyen du bouton G.

L'appareil étant vérifié, on met en place le tube contenant la solution sucrée à essayer. On voit alors que l'image n'est plus nette ; pour lui rendre sa netteté, on remet au point en sortant la pièce O de 1 à 2 millimètres. On s'aperçoit aussi que les deux côtés du disque *b* (fig. 21) sont devenus plus clairs et inégalement ; il faut alors tourner le bouton G dans un sens tel que le côté moins clair continue à devenir foncé jusqu'au noir ; on poursuit, s'il s'éclaircit bientôt, et si c'est l'autre qui devient noir presque immédiatement on a alors dépassé ; on revient légèrement en arrière et l'on établit l'égalité de tons par une série d'oscillations de plus en plus petites du bouton G, et faisant passer de l'apparence *a* (fig. 20) à celle *c*, pour s'arrêter enfin à celle *b*. Lorsque ce point est atteint, il ne reste plus qu'à lire à quel nombre de la graduation saccharimétrique correspond le zéro du vernier. Le nombre trouvé indique immédiatement la richesse centésimale en sucre de la solution essayée.

Quand on cherche à établir l'égalité de ton et qu'on regarde attentivement, on n'obtient pas toujours l'apparence *b* (fig. 21), mais on remarque qu'à la partie inférieure, le côté droit, par exemple, est plus foncé ; c'est l'inverse en haut ; on n'a l'égalité absolue qu'au centre. Cela tient à ce que les rayons ne sont pas rigoureusement parallèles à l'axe des polariseurs (ce qui arrive dans les anciens appareils, mais dans les nouveaux ce fait ne se produit plus). On peut cependant, malgré cela, obtenir des résultats exacts : on vise le centre et, au moyen de petites oscillations des boutons G ou F, on arrive à égaliser la partie supérieure de droite avec celle inférieure de gauche. On a pour ainsi dire deux triangles estompés égaux ; quand la surface de l'un augmente, celle de l'autre diminue. Lorsque le tube contenant la liqueur sucrée est mis en place, les deux demi-disques n'ont plus rigoureusement la même couleur quand on a obtenu l'égalité des pénombres ; ce phénomène se produit dans tous les appareils, lorsque la flamme est intense et la liqueur peu colorée, et il est dû à ce que la flamme n'est pas rigoureusement monochromatique. Dans ce cas, il vaut mieux mettre le cristal de bichromate entre la lumière et le polariseur, on retrouve alors tout le fond gris jaunâtre du zéro. Mais, si le liquide est jaune, il est préférable de ne pas le mettre. On peut, dans tous les cas, faire une lecture exacte en s'y prenant de la manière suivante : on fixe la ligne de séparation au centre des deux demi-disques, et on tourne le bouton G alternativement dans un sens ou dans l'autre, en réduisant de plus en plus les oscillations ; on voit alors une petite ombre qui

semble aller et venir de chaque côté de cette ligne. On s'arrête lorsqu'elle paraît stationnaire et que la ligne même qui paraissait se courber ou s'incliner successivement dans les deux sens reste droite et même disparaît. Quand les liqueurs essayées sont un peu colorées et que l'observation en est difficile, on abaisse le levier K jusqu'à ce que la lumière paraisse suffisante.

Dans le saccharimètre Laurent, 16gr,20 de sucre de canne chimiquement pur, dissous dans 100 centimètres cubes et examinés dans un tube de 20 centimètres marquent 100 sur la division en centièmes, 162 sur la division Vivien et 21º,40 sur la division en 360º. Il résulte de là que : un degré,

Division en centièmes = 0,162 gr. de sucre dans 100 c. c.
— Vivien   = 0,100 — —
— en 360º   = 0,750 — —

Afin de rendre possible l'emploi du *saccharimètre à pénombre avec la lumière blanche ordinaire*, que l'on a toujours à sa disposition, Laurent place entre le cadran C (qui alors n'est pas divisé et sert d'écran et d'appui à un levier) et l'analyseur O H de son appareil ordinaire (fig. 23), un compensateur de Soleil. Les divisions de la règle et du vernier sont semblables à celles du saccharimètre de Soleil-Duboscq. Pour le réglage du zéro, on commence par mettre le zéro du vernier, en face le zéro de la règle, puis, regardant en O, on établit l'égalité des tons en tournant F. On peut, au moyen du levier donner plus ou moins de lumière suivant les besoins. Cet appareil est plus sensible que celui à lumière sodique.

Enfin, J. Duboscq construit un grand saccharimètre qui peut, suivant qu'on le désire, fonctionner comme appareil à pénombre et à lumière monochromatique, ou comme appareil à compensateur et à lumière blanche.

*Diabétomètre à pénombre d'Yvon-Duboscq.* Cet instrument qui n'est qu'une modification de l'appareil de Robiquet, est comme ce dernier, spécialement destiné au dosage du glucose dans les urines. Les rayons émanant d'une lumière monochromatique traversent successivement une cuve remplie d'une solution de bichromate de potasse, un polariseur, puis le tube contenant l'urine à analyser, un analyseur et arrivent enfin à l'œil de l'observateur en passant à travers une lunette de Galilée. L'analyseur est enchâssé dans un collier mobile portant un secteur denté qui s'engrène avec une vis tangente à sa circonférence ; la tête de cette vis porte un tambour sur lequel sont gravées les divisions. Dans le mouvement de rotation qu'on imprime au tambour, chacune de ces divisions (qui correspond à un gramme de glucose par litre) vient successivement passer devant un trait qui sert de point de repère. Pour régler l'appareil, on met en place le tube rempli d'eau, et on vise la flamme de la lampe. On voit alors un disque jaunâtre partagé par un diamètre vertical en deux parties inégalement éclairées, et en enfonçant plus ou moins le tube de la lunette de Galilée, on fait en sorte que la ligne de séparation des deux demi-disques soit très nette. On fait ensuite coïncider le zéro de la graduation exactement avec le trait de repère, et si, à ce moment, les deux moitiés du disque ne sont pas également obscures, on tourne la vis de réglage dans un sens ou dans l'autre, de manière à établir l'égalité des teintes. L'instrument ainsi reglé, on substitue au tube à eau un autre tube contenant l'urine à analyser, et on met au point; l'égalité de teinte des deux demi-disques est alors détruite et, pour la rétablir, on fait tourner à l'aide d'un bouton, le tambour dans le sens des divisions; l'égalité obtenue, on lit le numéro qui coïncide avec le trait de repère; ce numéro indique, en grammes, la quantité de sucre contenue dans un litre d'urine.

Fig. 24 et 25.

*Saccharimètres à franges.* Dans ces appareils, les deux demi-disques, différemment colorés du saccharimètre Soleil-Duboscq et les deux demi-disques inégalement éclairés des instruments à pénombre, sont remplacés par *deux franges* A et B (fig. 24), qui étant primitivement situées exactement dans le prolongement l'une de l'autre, sont déplacées en sens inverse (fig. 25) lorsqu'on vient à introduire dans le saccharimètre une solution sucrée, de sorte que l'observation se fait en ramenant ces deux franges en ligne droite. Le phénomène des franges étant d'une observation extrémement facile pour tous les yeux, ces saccharimètres offrent sur les précédents un avantage incontestable, et en outre ils dispensent de l'emploi de la lumière monochromatique.

*Appareil de Th. et A. Duboscq.* La partie optique de cet appareil (fig. 26) est composée de la manière suivante: dans la monture A se trouvent : une lentille *l*, un polariseur de Foucault F et un polariscope de Sénarmont S ; T est le tube contenant le liquide à analyser; C, compensateur à lames prismatiques en quartz gauche, *p*, lames à faces parallèles en quartz droit équilibrant au point zéro la somme des épaisseurs des lames du compensateur; N, nicol analyseur; O *o* objectif et oculaire de la lunette de Galilée L ; M bouton faisant mouvoir les lames du compensateur et l'échelle divisée ; E vis pour le réglage du zéro.

Pour régler le saccharimètre, on commence par placer une lampe à pétrole à mèche plate sur un support fixé à l'extrémité de l'appareil, en la dispo-

sant de façon que la flamme, vue sur la tranche, et non sur la partie large, soit rigoureusement dans le prolongement de l'axe optique de l'instrument; les franges apparaissent alors avec la plus grande netteté. On met ensuite la lunette au point, en tirant la bague molletée portant l'oculaire *o* de la lunette L, de manière à voir bien nettement la ligne de séparation des deux demi-disques A B (fig. 24 et 25) contenant les franges. Au moyen du bouton M, on amène le zéro du vernier en coïncidence avec le zéro de l'échelle divisée; on reporte l'œil à la lunette pour voir si les franges sont exactement en ligne droite. Si, au contraire, celles-ci sont déplacées, on les ramène exactement en ligne droite en tournant l'analyseur à l'aide de la vis E.

L'appareil étant ainsi réglé, on met en place le tube contenant la solution sucrée à analyser; les franges sont alors déplacées. Pour les ramener en ligne droite, on fait mouvoir le compensateur à l'aide du bouton M, et, cela fait, on lit sur la division supérieure le nombre de degrés parcourus ; chaque degré correspond à $0^{gr},162$ de sucre de canne dans 100 centimètres cubes ou 1 0/0 de sucre dans une matière sucrée dont on a dissous $16^{gr},20$ dans 100 centimètres cubes.

*Appareil de H. Trannin.* Contrairement à ce qui a lieu dans les autres saccharimètres, cet appareil est disposé de façon qu'on puisse faire varier la longueur de la couche du liquide soumis à l'observation. Il se compose des parties suivantes (fig. 27) : *m*, miroir destiné à réfléchir à travers l'appareil les rayons lumineux émanés d'une lampe ; H, tube contenant: une lentille collectrice E, un polariseur U et un polariscope S ; M M, tube mobile fermé en bas par la glace G et destiné à contenir la liqueur sucrée ; ce tube repose sur l'anneau L, guidé et mobile sur la colonne C C à l'aide d'une crémaillère et d'un pignon *p*; une fenêtre F permet de lire la graduation *d d*; A, tube plongeur fermé en bas par la lentille *l* et portant dans sa partie supérieure le nicol analyseur N.

Pour régler l'appareil, on place l'œil en O et on donne au miroir *m* la position qui fait paraître les franges avec le plus de netteté; cela fait, on enlève le tube M et on le remplace par la pièce de contrôle qui se compose d'une lame en quartz droit sertie dans une bonnette. Si l'appareil est bien réglé, les deux franges A et B (fig. 24 et 25) seront exactement en ligne droite; s'il n'en est pas ainsi, on les ramène exactement bout à bout en fai-

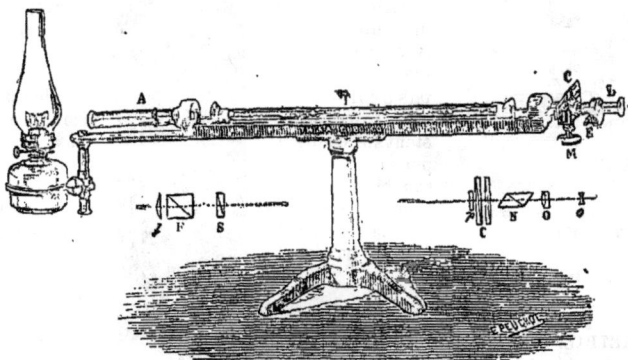

Fig. 26. — *Saccharimètre à franges de Th. et A. Duboscq.*

sant avancer la vis *b*. L'instrument une fois réglé, on verse dans le tube M une quantité du liquide sucré suffisante pour emplir la partie étroite; on replace le tube sur son support et on fait mouvoir la crémaillère en tournant le pignon *p*, jusqu'à ce que les franges, déplacées par la présence du liquide sucré, soient revenues exactement en ligne droite. On fait alors la lecture sur l'échelle, qui fait connaître sans aucun calcul la richesse saccharine du liquide soumis à l'essai.

Le saccharimètre de Trannin, spécialement destiné pour l'essai des jus dans les râperies, permet une analyse rapide, mais les résultats qu'il donne, tout en étant suffisants pour cet usage, sont bien moins exacts que ceux ordinairement fournis par les autres saccharimètres. — Dʳ L. G.

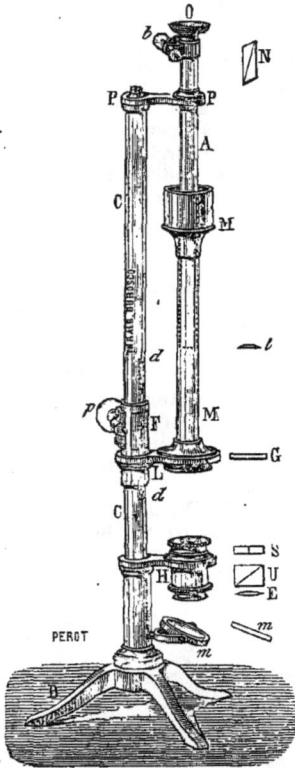

Fig. 27. — *Saccharimètre à franges de Trannin.*

*Bibliographie* : V. Saccharimétrie.

. **SACCHARIMÉTRIE.** On comprend sous cette dénomination l'ensemble des méthodes qui ont pour objet la détermination de la richesse en sucre des matières sucrées. Cette détermination peut être effectuée par trois méthodes différentes : la méthode aréométrique, la méthode optique et la méthode chimique.

*Méthode aréométrique.* Elle repose sur ce principe, que le poids spécifique d'une solution sucrée est d'autant plus grand que sa teneur en sucre est plus élevée. Cette méthode qui, par suite, consiste à déterminer le poids spécifique du liquide à essayer, ne peut donner des résultats exacts que si ce dernier ne contient que du sucre en dissolution ; lorsqu'il n'en est pas ainsi, ce qui est le cas ordinaire, on n'obtient que des indications approximatives, s'éloignant d'autant plus de la vérité que la solution renferme une plus grande quantité de matières étrangères.

La détermination de la densité, qui sert surtout dans les sucreries pour l'appréciation de la valeur des jus, est ordinairement effectuée à l'aide de l'aréomètre, et l'instrument le plus fréquemment employé, du moins en France, est l'*aréomètre de Baumé* (V. Aréomètre); ce dernier ne fait pas connaître immédiatement la proportion de sucre en dissolution dans le jus essayé (ni sa densité); mais comme habituellement il ne sert dans les fabriques que pour comparer la valeur des jus, ou pour reconnaître si la concentration d'un jus ou d'un sirop est poussée assez loin, on se contente de ses indications, et lorsqu'on veut savoir à quelle teneur (approximative) en sucre (et aussi à quelle densité) correspond le degré observé, on a recours à des tables construites spécialement pour cet usage.

En Allemagne et en Autriche, on emploie un aréomètre particulier, désigné sous le nom de *saccharomètre de Balling* ou *de Brix*. Cet instrument fait connaître directement la richesse centésimale en poids de la solution sucrée dans laquelle on le plonge; mais, comme celles de l'aréomètre de Baumé, ses indications ne sont qu'approximatives (V. Brasserie). A. Vivien a imaginé un saccharomètre muni de deux échelles, dont l'une indique en kilogrammes la teneur en sucre par hectolitre de la solution sucrée, supposée pure, soumise à l'examen, et l'autre la densité.

Enfin, on emploie aussi fréquemment pour l'essai des jus une autre sorte d'aréomètre, désigné sous le nom de *densimètre*, qui donne immédiatement la densité du liquide dans lequel on le plonge. Cet instrument marque 100 degrés dans l'eau pure

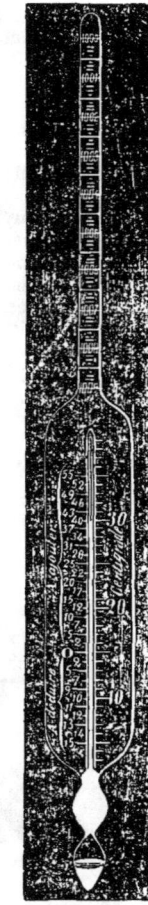

Fig. 28. — *Aréo-densimètre thermocorrecteur de Pellet.*

à la température de 15°, et par conséquent un degré plus élevé, en s'enfonçant moins, dans une solution sucrée; chaque degré correspond à un centième d'augmentation de la densité, et son échelle est fractionnée de façon à permettre d'apprécier le dixième de degré. Si, par exemple, le densimètre plongé dans un jus sucré marque 104°,6, on dit que la densité de celui-ci est égale à 104,6, ou comme on le fait ordinairement, en énonçant simplement les degrés et fractions de degrés au-dessus de 100, qu'elle est à 4,6, Pour faire une expérience avec les aréomètres, les saccharomètres ou les densimètres, on verse la solution à essayer dans une éprouvette assez large, puis, lorsque la mousse qui a pu se former a disparu, on plonge verticalement l'instrument dans le liquide un peu au-dessous du point d'affleurement présumé, et on l'abandonne ensuite à lui-même; quand il est devenu immobile, on lit sur l'échelle le degré où l'instrument s'enfonce, en ayant soin de placer son œil sur le même plan que le niveau du liquide.

Les aréomètres, les saccharomètres et les densimètres étant gradués pour la température de 15°, il est nécessaire pour avoir des indications exactes, de ramener à cette température le liquide essayé, en plongeant l'éprouvette qui le renferme dans de l'eau froide ou chaude, ou bien de faire subir une correction au degré lu; cette correction se fait par soustraction ou addition, selon que la température, constatée à l'aide d'un thermomètre plongé dans le liquide en même temps que l'aréomètre, est inférieure ou supérieure à 15° (V. les tables de correction, construites par Le Docte, *Tableaux numériques*, p. 10 et suiv., Bruxelles 1883).

Sous le nom d'*aréo-densimètre thermo-correcteur* (fig. 28), H. Pellet a imaginé un appareil densimétrique muni d'un thermomètre permettant de constater, en même temps que la densité et le degré Baumé, la température du liquide essayé, et il a fait graver vis-à-vis du trait représentant les degrés thermométriques, des chiffres qui indiquent le nombre des dixièmes qu'il faut retrancher de la densité trouvée ou lui ajouter pour ramener cette densité à 15°.

*Méthode optique ou polarimétrique.* Elle repose sur la propriété que possèdent les sucres en solution aqueuse de dévier le plan de polarisation de la lumière (V. POLARISATION, POLARIMÈTRE); cette déviation, qui a lieu à droite pour le sucre de canne et le glucose, et à gauche pour le sucre incristallisable (lévulose), est proportionnelle à la longueur de la couche du liquide et à la richesse en sucre de ce dernier. Si donc on a déterminé l'angle de rotation d'une solution sucrée de concentration connue, en l'observant dans un tube de longueur fixée, on peut, d'après la déviation que produit une solution quelconque dans un tube de même longueur, trouver par le calcul sa teneur en sucre. Pour appliquer cette méthode très exacte et surtout employée pour le dosage du sucre de canne, on a construit des polarimètres spéciaux, désignés sous le nom de *saccharimètres*. — V. ce mot.

Les matières sucrées (sucre brut, jus sucrés, sirops, masse d'empli, mélasses, betteraves), dont on veut déterminer la richesse à l'aide du saccharimètre, doivent subir certaines préparations préliminaires, variables avec leur nature, et que nous allons exposer brièvement.

*Sucre brut.* La quantité de sucre que l'on doit prendre pour l'essai (le *poids de la prise d'essai* ou le *poids normal*) varie avec le saccharimètre dont on dispose: elle est de 16ᵍ,35 pour les appareils de Soleil-Duboscq et de Cornu-Duboscq, et de 16ᵍ,20 pour ceux de Laurent et Th. et A. Duboscq. Après avoir mélangé avec soin l'échantillon de sucre à analyser, on en pèse donc bien exactement 16ᵍ,35 ou 16ᵍ,20, que l'on dissout dans environ 50 centimètres cubes d'eau. La dissolution achevée, on y ajoute, afin de la décolorer et de la clarifier, 2 à 4 centimètres cubes d'une solution d'acétate basique de plomb, puis on mélange avec une baguette de verre et on verse le tout dans un ballon jaugé de 100 centimètres cubes, en lavant le vase où l'on a fait la dissolution, ainsi que l'agitateur, et reversant cette eau de lavage dans le ballon, puis on remplit ce dernier bien exactement jusqu'au trait de jauge. Après avoir agité vivement le ballon, en le bouchant avec le pouce, on verse son contenu sur un filtre. La solution filtrée est alors prête pour l'examen au saccharimètre. Après avoir enlevé l'un des disques obturateurs du tube à observation et l'avoir lavé à plusieurs reprises avec un peu de la liqueur, on verse celle-ci avec précaution dans le tube maintenu incliné; on laisse déborder un peu le liquide, puis on glisse sur l'orifice du tube le disque obturateur, de façon à ne pas laisser d'air; on visse la virole sans trop la serrer, on met le tube sur le saccharimètre et l'on procède à l'observation. Les degrés lus donnent directement la teneur centésimale en sucre cristallisable du sucre brut soumis à l'essai. — V. SACCHARIMÈTRE.

*Jus sucrés et sirops.* Dans un petit ballon muni de deux traits de jauge, l'un à 100 centimètres cubes et l'autre à 110 centimètres cubes, on verse jusqu'au trait 100 le jus sucré qu'il s'agit d'essayer, puis on ajoute 5 à 6 centimètres cubes d'une solution alcoolique de tannin à 10 0/0; et l'on complète exactement jusqu'à 110 centimètres cubes avec l'acétate de plomb basique. Par l'addition de ces deux liquides ce jus se trouve étendu de 1/10. On agite le contenu du ballon, on laisse reposer pendant un quart d'heure, on filtre et l'on examine le liquide filtré au polarimètre. On ajoute 1/10 aux degrés lus, à cause de la dilution, et on multiplie par 0,1613 ou 0,1620, suivant le saccharimètre employé. Le résultat obtenu fait connaître en grammes le poids du sucre contenu dans 100 centimètres cubes de jus, c'est-à-dire la richesse saccharine en volume de ce liquide. Si l'on veut connaître aussi la richesse saccharine en poids du jus, on en pèse dans un ballon jaugé de 100 centimètres cubes, une quantité égale à cinq fois la prise d'essai normale de 16ᵍ,35 ou de 16ᵍ,20 (81,75 ou 81 grammes), puis on clarifie au tannin et à l'acétate de plomb, on filtre après avoir rempli le ballon jusqu'au trait, et on observe le liquide filtré au saccharimètre. Le nombre de degrés lus, divisé par 5, donne la richesse saccharine centésimale en poids du jus essayé. Les jus déféqués étant alcalins doivent être préalablement neutralisés par l'acide acétique, parce que la présence des alcalis dans une solution sucrée diminue le pouvoir rotatoire de celle-ci. Avec les sirops, on procède exactement comme avec les jus, seulement il faut avoir soin de les étendre de deux ou trois volumes d'eau, et on multiplie alors par deux ou par trois le résultat trouvé.

*Masses cuites, sirops d'égout et mélasses.* On pèse des deux premières matières 5 fois et de la troisième 3 fois la prise d'essai normale, et on dissout ces quantités dans l'eau; après clarification à l'acétate de plomb, on verse la solution dans un ballon jaugé de 500 ou 300 centimètres cubes, on remplit jusqu'au trait de jauge, on filtre et on polarise. Les degrés lus donnent directement la teneur centésimale en sucre. Comme avec la mélasse, la solution filtrée après clarification avec l'acétate de plomb est encore trop colorée pour l'examen au saccharimètre, il faut la délayer .avec un peu de noir animal et la filtrer en la faisant repasser plusieurs fois sur le même filtre.

*Betteraves.* Plusieurs procédés ont été indiqués pour le dosage du sucre de la betterave à l'aide du saccharimètre. Le suivant, dû à Stammer, semble le meilleur. Au moyen d'un appareil de construction spéciale, on réduit la betterave en une pulpe impalpable, dont on pèse 50 grammes dans un ballon avec bouchon de verre et jaugé à 307 ou 310 centimètres cubes (suivant que le saccharimètre employé est à prise d'essai normale de 16$^g$,35 ou 16$^g$,20). On ajoute ensuite de l'alcool à 92°, puis 4 centimètres cubes d'acétate de plomb, on agite vivement, on remplit le ballon jusqu'au trait de jauge, on laisse reposer quelque temps, et on filtre dans une éprouvette avec bouchon de verre. Lorsque la majeure partie du liquide a filtré, on bouche l'éprouvette, on agite bien et on polarise. Les degrés observés donnent directement la teneur saccharine en poids de la betterave.

*Urines sucrées.* Ces urines renferment une quantité plus ou moins grande de glucose que l'on peut doser très exactement à l'aide des saccharimètres ordinaires ou du diabétomètre d'Yvon et Duboscq. On commence par décolorer l'urine en en mélangeant 100 centimètres cubes dans un ballon jaugé à 100 et 110 centimètres cubes, avec 10 centimètres cubes d'acétate de plomb basique, agitant et filtrant. On examine ensuite au saccharimètre ou au diabétomètre le liquide filtré; si l'on s'est servi du premier instrument, le nombre de degrés lu, augmenté de 1/10 et multiplié par 2,256, donne, en grammes, la quantité de glucose contenue dans un litre d'urine; dans le diabétomètre, chaque degré correspondant à 1 gramme de glucose par litre, il suffit, pour connaître la teneur en sucre de l'urine essayée, d'ajouter 1/10 aux degrés lus.

*Méthode chimique.* Cette méthode, surtout employée pour le dosage du glucose (dans les sirops de glucose, le glucose solide, les urines sucrées, les sucres de canne bruts), est basée sur la propriété que possède ce sucre de réduire le bioxyde de cuivre en solution alcaline, en le précipitant sous forme de protoxyde, et la quantité de protoxyde de cuivre ainsi précipitée est proportionnelle à la teneur en glucose de la substance essayée. La préparation de la solution titrée de cuivre (*liqueur de Fehling, liqueur de Viollette*) nécessaire pour l'application de cette méthode et la méthode elle-même, ont déjà été décrites à propos du dosage du *glucose.* — V. ce mot.

La méthode chimique peut également être employée pour le dosage du sucre de canne, mais il faut avoir soin de transformer préalablement celui-ci, en le chauffant avec un acide minéral étendu, en sucre interverti (mélange de glucose et de lévulose). C'est ainsi que l'on peut déterminer, par ce moyen (la méthode porte alors le nom de *méthode par inversion*), la richesse saccharine des betteraves, des cannes, des jus sucrés et, en général, de tous les produits renfermant du sucre de canne. Mais on préfère généralement, pour ces matières, avoir recours aux saccharimètres avec lesquels on obtient toujours des résultats plus exacts; cependant, le procédé par inversion, qui se distingue par sa simplicité et sa rapidité d'exécution, est assez fréquemment employé, notamment pour l'analyse des betteraves et des jus, lorsqu'on a à effectuer chaque jour un très grand nombre d'essais.

Voici, par exemple, comment il convient de procéder avec les betteraves : on prend un échantillon moyen de la racine, on le coupe en petits morceaux aussi menus que possible, et on en pèse 10 grammes. On introduit cette quantité dans un ballon jaugé de 100 centimètres cubes, puis on ajoute 10 centimètres d'acide sulfurique dilué (à 10 0/0) et 50 centimètres cubes d'eau distillée, et on fait bouillir pendant quinze à vingt minutes. Au bout de ce temps, le sucre de canne est complètement transformé en sucre interverti. On neutralise le liquide avec de la soude; lorsque le ballon est refroidi à la température de 15° environ, on le remplit jusqu'au trait de jauge avec de l'eau distillée et l'on filtre. Avec le liquide filtré, on remplit une burette graduée en dixièmes de centimètres cubes et, d'un autre côté, on introduit dans un tube à essais 10 centimètres cubes de liqueur de Viollette que l'on porte à l'ébullition et dans lesquels on fait tomber goutte à goutte le liquide de la burette jusqu'à décoloration complète de la liqueur; on procède, en un mot, exactement comme il a été dit pour le dosage du glucose (V. t. V, p. 497). Il reste maintenant à calculer la teneur en sucre de la betterave essayée; la liqueur de Viollette est préparée de façon que 10 centimètres cubes correspondent à 0$^{gr}$,05 de sucre de canne; si pour obtenir la décoloration on a employé, par exemple 4$^{cc}$,8 de la solution sucrée, ces 4$^{cc}$,8 renferment 0$^{gr}$,5 de sucre et 100 centimètres cubes de la même solution (10 grammes de betterave) en contiennent $\dfrac{0{,}05 \times 100}{4{,}8}$ = 1,0416 grammes; la betterave essayée renferme par suite 1,0416 × 10 = 10,416 0/0 de sucre. —

D$^r$ L. G.

*Bibliographie* : Moigno : *Saccharimétrie optique, chimique et mélassimétrique :* Paris, 1869; Stammer : *Traité de la fabrication du sucre,* Paris, 1870; Walkhoff : *Traité de fabrication et raffinage du sucre de betterave,* Paris, 1874; Wackenröder : *Anleitung zur chem. Untersuchung technischer Producte der Zuckerfabrikation,* Leipzig, 1875; *Bulletin de la Société d'encouragement (Théorie du saccharimètre Laurent),* 1876, n° 36; Fröhling et Schulz : *Anleitung zur Untersuchung der Producte für Zuckerindustrie,* Brunswick, 1876; Bolley et Kopp : *Manuel d'essais et de recherches chimiques,* trad. de

L. Gautier, Paris, 1877 ; A. Girard : *Rapport sur les procédés saccharimétriques*, in *Moniteur scientifique*, 1877; Commerson et Laugier : *Guide pour l'analyse des matières sucrées*, Paris, 1878; Landolt : *Das optische Drehungsvermœgen organischer Substanzen*, Brunswick, 1879 ; *Journal de physique* et *Comptes rendus (Théorie du saccharimètre Laurent)*, 1879; L. Gautier : *Manuel de la fabrication et du raffinage du sucre de betterave*, Paris, 1880; Chevallier et Baudrimont : *Dictionnaire des falsifications*, Paris, 1882 ; Horsin-Déon : *Traité de la fabrication du sucre*, Paris, 1882 ; *Compte rendu du congrès sucrier de Saint-Quentin*, en 1882; Bardy : *Sucre de betterave, fabrication et raffinage*, Paris, 1882; Pellet et Sencier : *La fabrication du sucre*, Paris, 1883; Post : *Traité d'analyse chimique appliquée aux essais industriels*, trad. française par L. Gautier, Paris, 1884 ; C. Stammer : *Agenda du fabricant de sucre*, trad. française par H. Spenlé, Paris, 1885.

**\*SACCHARINE.** *T. de chim.* $C^6 H^4 . CO . SO Az H$. Matière édulcorante, découverte en Amérique, en 1883, par MM. Fahlberg et Ramsen, de New-York. Ce produit, qui dérive en réalité de la houille, a été improprement désigné sous ce nom, car c'est, somme toute, un imide de sulfonate de benzoyle.

*Propriétés.* C'est une poudre blanche, légère, amorphe, mais cristallisable en prismes courts, épais; la saccharine est peu soluble dans l'eau à froid, mais mieux à chaud; elle se dissout assez bien dans l'alcool, l'éther, la glycérine, la glucose. Sa solution dans l'eau communique à ce liquide une saveur tellement sucrée qu'elle est encore sensible à 1/10,000, et qu'elle remplace 230 fois son poids de saccharose. Elle fond à 200° centigrades en se décomposant partiellement; elle ne fermente pas, et semble sans action sur la lumière polarisée; elle est légèrement acide au papier de tournesol et à l'orangé n° 3 de Poirrier ; elle est légèrement antiseptique. En contact avec les alcools et les bases, elle fournit des éthers et des combinaisons salines dont le goût est sucré ; avec l'acide sulfurique, ses solutions donnent un précipité léger, dû à ce que la saccharine est insoluble dans une liqueur acide; elle n'est pas précipitée par les réactifs des alcaloïdes et ne trouble pas la liqueur de Fehling, mais si on porte cette solution à l'ébullition, en présence de l'acide sulfurique, la liqueur trouble ensuite le réactif cupropotassique, et produit la formation d'un dépôt rouge, analogue à celui fourni par le sucre ordinaire.

Les propriétés sucrantes de la saccharine étant surtout celles qui ont le plus attiré l'attention, on a étudié ce corps au point de vue de ses propriétés physiologiques. M. Stutzer, de Bonn, puis MM. Mosso et Aducco, de Turin, ont démontré, après expérimentation sur l'homme et les animaux, que la saccharine n'exerce aucun effet fâcheux sur l'économie, pas plus lorsqu'elle est ingérée par le tube digestif, que lorsqu'elle est introduite sous la peau, par injection hypodermique ; elle n'est pas nutritive, puisque ce n'est pas un corps analogue aux hydrates de carbone, et s'élimine complètement, et sans aucune modification, par les voies urinaires, sans qu'on puisse la retrouver dans les produits autres de sécrétion,

comme le lait ou la salive. En vertu de son manque d'action sur le foie, on l'a déjà utilisée chez les diabétiques, pour remplacer le sucre qui est proscrit dans cette maladie.

Préparation. L'obtention de ce produit est assez complexe. D'après Roscoe, on commence par traiter le toluène par l'acide sulfurique fumant, dans un vase horizontal animé d'un mouvement rotatoire, ce qui engendre des acides toluène-sulfoniques (ortho et para),

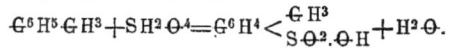

$$C^6 H^5 . C H^3 + S H^2 O^4 = C^6 H^4 < {}^{C H^3}_{S O^2 . O H} + H^2 O.$$

Lorsque le toluène a disparu, on verse le contenu du vase dans des cuves pleines d'eau froide, et on neutralise l'acide avec de la craie, pour former des sels de chaux,

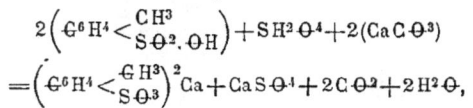

$$2 \left( C^6 H^4 < {}^{C H^3}_{S O^2 . O H} \right) + S H^2 O^4 + 2 (Ca C O^3)$$
$$= \left( C^6 H^4 < {}^{C H^3}_{S O^3} \right)^2 Ca + Ca S O^4 + 2 C O^2 + 2 H^2 O,$$

Toluènes ortho et para<br>sulfonate de calcium

on reprend le produit par l'eau pour séparer le sulfate de calcium insoluble, et l'on traite les eaux-mères par le carbonate de soude, pour transformer les sels de calcium en sels de sodium ; on évapore ensuite dans le vide jusqu'à ce que la masse se solidifie par refroidissement, après avoir eu soin de décanter les parties limpides pour séparer le carbonate de calcium formé. Le produit évaporé convenablement est versé dans des moules, puis cassé menu, après solidification, et complètement desséché. On transforme ensuite les sulfonates en chlorosulfonates, en les mélangeant à du trichlorure de phosphore, et plaçant dans des vases de plomb où l'on fait arriver un courant de chlore :

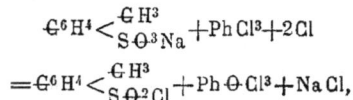

$$C^6 H^4 < {}^{C H^3}_{S O^3 Na} + Ph Cl^3 + 2 Cl$$
$$= C^6 H^4 < {}^{C H^3}_{S O^2 Cl} + Ph O Cl^3 + Na Cl,$$

Acides toluène-chloro<br>sulfoniques

on laisse refroidir : l'acide paratoluène chlorosulfonique cristallise en lamelles, on l'enlève, comme inutile, en le turbinant avec l'acide ortho qui est liquide; on lave les cristaux à l'eau, pour bien entraîner tous les produits utilisables, et l'on refroidit ensuite les liqueurs pour séparer totalement ce qui est capable de cristalliser. Alors on traite les liqueurs contenant l'acide orthotoluènechlorosulfonique par le carbonate d'ammoniaque ; il se dégage de l'acide carbonique, et l'on obtient un mélange de chlorure d'ammonium et d'acide orthotoluènesulfonique :

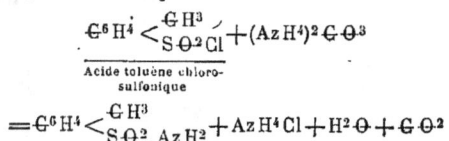

$$C^6 H^4 < {}^{C H^3}_{S O^2 Cl} + (Az H^4)^2 C O^3$$

Acide toluène chloro-<br>sulfonique

$$= C^6 H^4 < {}^{C H^3}_{S O^2 . Az H^2} + Az H^4 Cl + H^2 O + C O^2$$

Amide toluène sulfonique

aussitôt la réaction opérée, on ajoute de l'eau au mélange, pour dissoudre le chlorure d'ammonium, et, en même temps, diluer la masse, ce qui l'empêche de se solidifier ; et il ne reste plus qu'à séparer, au moyen d'une essoreuse, l'amide qui reste solide. Finalement, on oxyde celui-ci avec un permanganate alcalin. Il se forme du bioxyde de manganèse, pendant que de l'alcali libre et du carbonate alcalin se trouvent engendrés avec de l'orthosulfoamidobenzoate de potasse ou de soude :

$$C^6H^4 < {}^{CH^3}_{SO^2}.AzH^2 + 3O + NaOH$$

$$= C^6H^4 < {}^{CO.ONa}_{SO^2.AzH^2} + 2H^2O$$

Orthotoluène sulfoamido-<br>benzoate de sodium

enfin, on obtient l'amide sulfonique de benzoyle (la saccharine) en le précipitant par l'acide chlorhydrique :

$$C^6H^4 < {}^{CO.ONa}_{SO^2.AzH^2} + HCl$$

$$= NaCl + H^2O + C^6H^4 < {}^{CO}_{SO^2}AzH.$$

La formule de structure de la saccharine est donc :

$$C^6H^4 < {}^{CO}_{SO^2} > AzH.$$

M. Fahlberg a proposé de se servir dans l'industrie, sous le nom de *dextrosaccharine*, d'un mélange de 1 partie de saccharine avec 1,000 à 2,000 de glucose, comme succédané du sucre dont il a absolument le goût, sans en avoir la valeur. On ne peut encore se prononcer sur les résultats que donnera l'entreprise de la fabrication en grand de la saccharine, tentée à Leipzig, par MM. Fahlberg et Liss, mais il est certain que si ce produit se vulgarisait, son emploi amènerait de grands changements, aussi bien dans l'industrie de l'exploitation des produits du sol ; surtout relativement à la culture de la canne à sucre et à celle de la betterave, que dans celle des goudrons de la houille. — J. C.

On donne aussi le nom de *saccharine* à un sucre isomère de la saccharose, découvert par Péligot, et résultant de l'action de la chaux à la température de l'ébullition sur une solution de glucose.

**SACCHARIQUE** (Acide). L'*acide saccharique* ou *oxalhydrique*, $C^6H^{10}O^8...C^{12}H^{10}O^{16}$, est le produit de l'action de l'acide azotique sur le sucre de canne, le glucose et la mannite. A l'état pur, il se présente sous forme d'une masse cassante qui, au contact de l'air, entre rapidement en déliquescence ; il a une saveur acide, rougit fortement le tournesol et se dissout en toutes proportions dans l'eau et l'alcool, mais est très peu soluble dans l'éther. Il donne, avec l'eau de chaux et l'eau de baryte, un précipité blanc soluble dans un excès d'acide. Si l'on chauffe une solution d'acide saccharique, avec de l'azotate d'argent additionné de quelques gouttes d'ammoniaque, les parois du vase se recouvrent d'un miroir d'argent métallique. L'acide saccharique est transformé en acide oxalique et acide acétique par ébullition avec une solution de potasse, et il se change en acide tartrique lorsqu'on l'oxyde par l'acide azotique. Pour préparer l'acide saccharique, on chauffe à une très douce température : 1 partie de sucre de canne avec 2 parties d'acide azotique à 1,25-1,30 de densité, jusqu'à ce qu'il ne se dégage plus de vapeurs nitreuses ; après refroidissement, on étend le liquide de la moitié de son volume d'eau, on sature par le carbonate de potasse, et on décompose par l'acide acétique. On abandonne le tout au repos pendant quelque temps, on sature par le carbonate de potasse le saccharate acide de potasse qui s'est déposé, on précipite par le sulfate de cadmium, et l'on décompose par l'hydrogène sulfuré le saccharate de cadmium qui a pris naissance ; enfin, on filtre pour séparer le sulfure de cadmium et on évapore à siccité avec précaution.

L'acide saccharique est un acide bibasique qui forme, par suite, deux séries de sels : des sels neutres et des sels acides. — V. SACCHARATE. — Dr L. G.

*SACCHAROÏDE. Se dit d'un corps dont la structure ressemble à celle du sucre ; *marbre saccharoïde, calcaire saccharoïde*.

*SACCHAROLÉS. T. *de pharm*. Médicaments dans lesquels le sucre joue un rôle important ou prédominant. Les sirops et les mellites sont des saccharolés liquides ; les pastilles et les tablettes sont des saccharolés solides ; les électuaires ou confections sont des saccharolés mous.

* SACCHAROMÈTRE. Espèce d'aréomètre destiné à déterminer la richesse saccharine centésimale des solutions de sucre. — V. SACCHARIMÉTRIE.

*SACCHAROMYCES. Nom générique des organismes végétaux qui composent les *levures*. — V. ce mot.

*SACCHAROSE. Nom donné au sucre de canne.

**SACCHARUM.** T. *de bot*. Genre de plantes monocotylédones, de la famille des graminées, dont le type le plus important est la *canne à sucre* (*saccharum officinarum*, L.). — V. CANNE A SUCRE.

**SACCHARURE.** T. *de pharm*. Médicament granulé ou pulvérulent résultant de l'union du sucre avec des principes médicamenteux. Pour préparer les saccharures, on imbibe du sucre en morceaux avec une solution alcoolique ou éthérée de la substance médicamenteuse, on laisse le dissolvant s'évaporer à l'air ou à la chaleur modérée d'une étuve, et on réduit le sucre en une poudre plus ou moins fine.

**SACHET.** Petit sac. Ce nom s'applique plus particulièrement à un petit coussin dans lequel on met des parfums.

**SACOCHE.** Grande bourse de cuir, sac de toile forte ou de peau, à l'usage des porteurs d'argent des caisses publiques ou des voyageurs.

**SACRISTIE.** On désigne ainsi, d'une façon générale, un lieu situé près du chevet des églises et servant tant à la préparation des cérémonies du culte, qu'à la garde des vases sacrés, des ornements et vêtements du clergé, et permettant ainsi aux officiants des divers ordres de s'habiller, pour paraître en costume devant les fidèles. C'est à raison de cette dernière destination qu'on les appelait autrefois *revestiaires*, ou *revestouers*.

Au point de vue architectonique, la sacristie est une annexe de l'église; elle a donc son importance sous le rapport du style et de l'aménagement.

— Dans les églises conventuelles, la sacristie faisait partie des bâtiments de la communauté; dans les cathédrales, elle attenait aux constructions épiscopales; dans les églises collégiales, elle communiquait généralement avec le cloître des chanoines; enfin, dans les simples églises curiales, elle touchait souvent, par un côté, au presbytère. En général, elle se confondait avec les hospices, refuges, écoles et autres bâtiments annexés aux édifices religieux. Toutes les sacristies, quelque fût leur mode de construction, devaient communiquer de plain-pied avec le chœur et le sanctuaire; ce résultat était obtenu au moyen de cloîtres qui servaient de trait d'union entre l'église et les bâtiments annexés. Aussi, dans les temps modernes, quand on a voulu isoler les grands édifices religieux et former une place à l'entour, on a été obligé de détruire les sacristies, et l'on s'est vu, plus tard, dans la nécessité de les rebâtir; c'est le fait qui s'est produit, notamment à Notre-Dame de Paris, après la destruction des bâtiments de l'ancien archevêché.

Les sacristies que l'on a construites ou reconstruites de nos jours, ont pris généralement une importance plus considérable que celles d'autrefois. Quand celles-ci communiquaient avec les appartements des prélats, des chanoines, des abbés ou des curés, le clergé arrivait tout costumé, ou ses appartements, et la sacristie n'était plus qu'un lieu de passage. Mais aujourd'hui, les membres du clergé supérieur et inférieur, les officiers et agents de bas-chœur, tout le personnel officiant enfin, vient du dehors et s'habille à la sacristie. De plus, on a cru devoir annexer aux sacristies modernes des *chapelles de catéchisme*, dont la construction se combine le plus souvent avec la sacristie proprement dite, et il en résulte généralement un édicule de quelque importance, accolé à l'édifice principal.

Le *sacraire*, qu'il ne faut pas confondre avec la *sacristie*, était un petit édicule en pierre ou en bois, placé près de l'autel et servant à la resserre des vases sacrés: on ne voyait surtout dans les églises conventuelles, à Cluny et à Saint-Denis, par exemple. Les religieux, en effet, passant directement de leur cellule dans le cloître qui conduisait à la basilique, n'avaient pas besoin d'un lieu spécial pour s'habiller; un sacraire suffisait au dépôt des vases sacrés.

L'histoire de la sacristie se résume donc en agrandissements successifs, depuis le sacraire jusqu'aux constructions modernes qui sont de véritables petites églises, participant, quand elles sont l'œuvre d'un architecte de goût, au style de l'édifice principal dont elles constituent une annexe. Celle de Notre-Dame de Paris, œuvre des savants restaurateurs de la basilique, est, sous ce rapport, un véritable modèle. — L. M. T.

**I. SAFRAN.** *T. de mat. méd.* La plante qui fournit le safran est le *crocus sativus*, Smith, de la famille des iridacées. Elle est originaire de l'Orient.

Le produit commercial désigné sous ce nom, se récolte en septembre ou octobre. Il faut environ 200,000 fleurs pour donner un kilogramme de safran sec, car cinq kilogrammes de stigmates ne donnent qu'un kilogramme de safran séché; c'est là la cause de la valeur toujours élevée du safran.

La culture de cette plante se fait dans un assez grand nombre de pays: en Angleterre, en Autriche (le centre de production est à Maissau, sur les bords du Danube), en Espagne (dans les provinces d'Aragon, de Murcie, de la Mancha, avec centres d'expédition à Valence et à Alicante), en France, surtout à Avignon, Orange, Carpentras, Pithiviers (le Gatinais); en Grèce, en Hongrie, en Italie, Sicile et Russie; puis dans le Ghayn, près la Perse; à Pampur, dans le Kashmir; dans quelques districts de la Chine, et enfin en Pensylvanie. Partout aujourd'hui la production diminue notablement.

*Caractères.* Le safran se présente sous la forme de filaments divisés à l'une de leurs extrémités en trois parties, ils sont onctueux, élastiques, flexibles, d'une coloration rouge orangé foncé, ils sont hygroscopiques et contiennent normalement 12 0/0 d'eau; leur matière colorante qui est jaune et réside seulement dans les stigmates, donne au produit une saveur amère et piquante; l'odeur du safran est pénétrante et agréable; son pouvoir colorant est assez fort pour que 1 milligramme puisse teinter sensiblement 700 grammes d'eau.

Composition. Le safran donne à l'analyse des huiles volatiles, du sucre, de la cire, de la gomme, de l'albumine, une matière colorante, et 5 à 6 0/0 de cendres. La matière colorante dans le principe a été désignée sous le nom de *polychroïte*, parce que, traitée par l'acide sulfurique, elle passe au bleu, puis au lilas et au brun, et qu'avec l'acide azotique elle donne une coloration verte, puis jaune et brune; elle est soluble dans l'eau, l'alcool, insoluble dans les carbures d'hydrogène analogues à la benzine; mais, depuis, en 1851, Quadrat l'a désignée sous le nom de *crocine*. Pour lui, ainsi que pour Rochleder, c'est un glucoside, qui, traité par l'acide sulfurique étendu, et à l'ébullition, se dédouble en glucose, en *crocétine*, principe amorphe, rouge foncé, presqu'insoluble, et en essence, d'après l'équation:

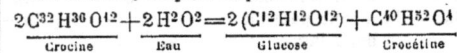

$$2C^{32}H^{36}O^{12} + 2H^2O^2 = 2(C^{12}H^{10}O^{12}) + C^{40}H^{32}O^4$$

| Crocine | Eau | Glucose | Crocétine |
|---|---|---|---|

mais les travaux de Weiss (1867) semblent devoir faire conserver à la matière colorante du safran, son nom de *polychroïte*, et pour lui, la crocine est la matière colorante qui résulte de la décomposition de la première sous l'influence des acides, car,

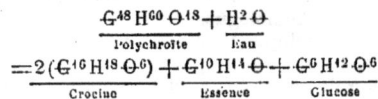

$$C^{48}H^{60}O^{18} + H^2O$$

| Polychroïte | Eau |
|---|---|

$$= 2(C^{16}H^{18}O^6) + C^{10}H^{14}O + C^6H^{12}O^6$$

| Crocine | Essence | Glucose |
|---|---|---|

de telle sorte que la *crocine* de Weiss ressemble totalement à la *crocétine* de Rochleder; elle est pulvérulente, rouge, insoluble dans l'éther, soluble dans l'alcool d'où l'éther la précipite, un peu soluble dans l'eau, mais plus soluble dans l'eau alcalinisée d'où les acides la précipitent.

FALSIFICATION. Le safran, dont le prix dépasse presque toujours 100 francs le kilogramme, quand il est de bonne qualité, est souvent falsifié. On y mêle le plus fréquemment des pétales coupées de souci, des fleurons de carthame, des étamines de crocus sativus, etc.; toutes ces fraudes se reconnaissent facilement en jetant le produit dans l'eau chaude, et en examinant après ramollissement, si l'on trouve les trois stigmates du safran vrai; une des fraudes maintenant les plus fréquentes est celle qui consiste à recouvrir le safran, préalablement glycériné ou enduit de miel, d'une couche de carbonate de chaux préparé, et teint en jaune orangé. Nous avons retrouvé du safran ainsi frelaté qui contenait 28 0/0 de son poids de craie. Il suffit, pour découvrir la fraude, de jeter le produit dans l'eau; le corps minéral se dépose, se décolore et fait effervescence avec les acides. On a parfois remplacé la craie par de l'émeri. Ces fraudes ont surtout été observées sur des safrans d'origine espagnole.

*Usages.* Le safran est employé à l'intérieur comme stimulant, antispasmodique et emménagogue; à l'extérieur, comme résolutif. Sa solution alcoolique sert pour colorer les eaux cosmétiques, les pâtes alimentaires, les sucreries, les liqueurs, les vernis, les bois; on se sert de la solution aqueuse pour le lavis, pour teinter les gants, la soie, mais l'emploi en teinture a été abandonné à cause de la fugacité de la nuance.

**Safran d'Allemagne, safran bâtard.** — V. CARTHAME.

**Safran des Indes.** — V. CURCUMA.

**Safran de mars apéritif.** Syn. : *sesquioxyde de fer.* — V. FER.

**Safran des métaux.** Syn. : *crocus métallorum,* oxysulfure d'antimoine. — V. ANTIMOINE.

*II. SAFRAN. T. de mar.* Surface plane placée, dans la majorité des cas, sur l'arrière de la mèche du gouvernail. Pour les gouvernails compensés au 1/3, au 1/4, etc., le safran ou le tiers du safran est sur l'avant de la mèche. Dans les gouvernails à double safran, ou mieux à double lame, la mèche passe dans les entretoises qui relient les deux lames entre elles.

*SAFRANINE. T. de chim.* Matière colorante d'un rouge ponceau, dérivée de la toluidine, découverte par Willm, en 1859, puis introduite dans l'industrie, en 1868, par Perkin. Sa nature a été longtemps mal connue, Girard et De Laire ont montré qu'il existe toute une série de safranines homologues, et Witt et de Bindschedler ont expliqué le mode de formation de ces corps.

On a donné, t. III, p. 629, la théorie de la sa-

franine ordinaire, ses propriétés et sa préparation.

*SAFRE. T. de métall.* Minerai de cobalt grillé; on distingue les ordinaires, les moyens et les fins; ils servent à préparer les couleurs de cobalt (smalt, bleu de cobalt, cœruleum, vert de Rinmann et leurs dérivés).

*SAFROSINE. T. de chim.* Syn. : *coccine, nopaline.* Matières colorantes rouges dérivant de la fluorescéine tétrabromée (éosine). Elles s'obtiennent en dissolvant cette dernière dans une solution alcaline, puis traitant à l'ébullition par l'acide sulfurique à 60° Baumé et l'azotate de sodium. On obtient ainsi un précipité, qui, dissous par la soude et évaporé à siccité, donne la safrosine (V. ROUGE); on y mêle de l'aurantia pour avoir la coccine, du jaune de naphtol pour préparer la nopaline.

*SAGAÏE.* Sorte de dard ou de javeline à l'usage de certains peuples de l'Afrique et de l'Océanie.

*SAGESSE. Iconog.* Chez les anciens, Minerve, déesse de la sagesse, en était la représentation la plus ordinaire, et c'est sous ses traits que les modernes ont continué à représenter la sagesse humaine; on la trouve dans les tableaux de Mantegna, du Tintoret : *la Sagesse triomphant des vices.* On peut citer parmi les allégories les plus connues : *la Sagesse et la Force ouvrant les portes du temple de la Paix,* par Grebber; *le Triomphe de la Sagesse sur l'Ignorance,* par Spranger; *la Sagesse, compagne d'Hercule,* par P. Véronèse. Au salon de 1846, Diaz a exposé une jolie toile représentant *la Sagesse couverte de fleurs par de petits amours.* En sculpture, on a une statue de pierre pour la cour de marbre de Trianon, par Girardon; un charmant groupe en bronze de Pradier; un bas-relief de Gérard pour l'arc de triomphe du Carrousel; *la Sagesse et la Force tenant la couronne de l'État* (salon de 1868), et une statue pour la cour du Louvre, par M. Lepère. Un autre morceau très connu est une figure de *la Sagesse,* par Piètro Bracci, qui décore le tombeau de Benoît XIV, à Saint-Pierre de Rome. Enfin, ce sujet a été fréquemment traité par la gravure. Quant à la sagesse divine, elle a été peinte par Andrea Sacchi, tenant à la main un sceptre surmonté d'un œil ouvert, et un miroir, et par Paolo Mattei, pour le plafond d'une salle de l'Université à Gênes. Dans l'iconographie chrétienne, la Sagesse se rencontre rarement, parce qu'elle a été confondue le plus souvent avec la Prudence.

SAGOU. Matière féculente extraite du tronc de divers palmiers de l'Asie et de l'Océanie tropicales, les *metroxylon sagu,* Rottb., *metroxylon rumphii,* Mart., *metroxylon læve,* Mart., ainsi que du *raphia ruffia,* Mart.; et aux Moluques, des *cycas circinalis,* Lin., et *cycas revoluta,* Thunb., nous arrivant sous deux formes différentes.

La matière amylacée extraite de la partie où se développent les feuilles, est mélangée avec moitié de son poids d'eau, puis la masse qui en résulte est pressée sur les mailles d'un tamis en toile métallique. Les filaments qui en résultent peuvent alors prendre deux formes bien différentes. Lorsqu'on les introduit dans un appareil pourvu d'un mouvement de rotation, on les transforme en grains plus ou moins gros qui, desséchés à une basse température, sont de coloration plus ou moins rousse ; c'est le *sagou en granules*. Il se gonfle dans l'eau, mais ne cède pas à celle-ci de matières amylacées, puisque l'eau ne se colore pas en bleu par l'iode ; les grains sont ovoïdes, de 5 à 7 centièmes de millimètre, avec hile placé à l'extrémité la moins large. Les grains de fécule composant ces granules n'ont pas été altérés par la chaleur.

La seconde forme sous laquelle le sagou nous arrive est celle de petites masses arrondies ou irrégulières ; elles se gonflent bien dans l'eau, et les grains de fécule qui les constituent ont évidemment été portés à une température de 60 à 90°, car on voit au microscope qu'ils ont un hile considérablement dilaté ; ils cèdent à l'eau une partie de leur matière amylacée, car l'iode y forme de l'iodure bleu d'amidon. C'est le *sagou-tapioca*.

Les palmiers à sagou donnent environ 20,000 tonneaux de produit annuellement ; c'est un aliment de digestion facile, que l'on a parfois falsifié, en Allemagne ou à Paris (Gentilly) avec de la fécule de pomme de terre agglomérée, roulée et légèrement torréfiée. Cette fraude se reconnaît facilement par l'action de l'eau qui désagrège les grains sans les gonfler. — J. C.

**SAIE** (Le *sagum* des Romains). Vêtement de guerre qu'ont porté les Gaulois ; c'était une peau d'animal sauvage ou domestique, ou encore une pièce d'étoffe grossière qu'ils endossaient comme une dalmatique.

|| Petite brosse qui, dans les ateliers d'orfèvrerie, sert à nettoyer les pièces d'orfèvrerie.

**SAILLANT.** Qui avance, qui sort en dehors. || *T. de géom.* Angle *saillant*, celui dont la pointe est en dehors, par opposition à l'angle rentrant, dont la pointe est en dedans. || *T. de fortif.* Angle *saillant*, celui dont la pointe est tournée vers la campagne. || *Art hérald.* Se dit d'un mouton, d'un bélier, d'une chèvre, d'une licorne, lorsqu'on les représente en pied.

**SAINDOUX.** Syn. : axonge. Graisse de porc (*sus scrofa*, Lin.,), ou mélange de tristéarine, de tripalmitaine et de trioléine, que l'on extrait de la panne ou épiploon de l'animal, en enlevant les membranes qui recouvrent cet épiploon, ainsi que toutes les parties sanguinolentes qui les accompagnent, les coupant en morceaux, pilant dans un mortier de marbre, puis chauffant au bain-marie jusqu'à ce que la masse soit devenue liquide et claire. Alors on passe au travers d'un linge, puis on agite jusqu'à ce que le produit soit blanc et opaque ; on coule enfin dans des pots que l'on remplit totalement, ou même dans des vessies.

L'axonge sert en pharmacie à faire un grand nombre de préparations ou pommades, que l'on préserve de l'altération que présentent les graisses (en rancissant), en les chauffant avec du benjoin ou avec des bourgeons de peuplier ; la parfumerie en emploie de notables quantités ; la savonnerie, en Europe au moins, s'en sert peu à cause de son prix élevé, mais dans l'Amérique septentrionale, et surtout à Cincinnati où l'on tue

beaucoup de porcs, on prépare une grande quantité de saindoux pour l'exportation ; c'est celui-là qui nous est fréquemment expédié en vessies. On y comprime également le saindoux pour en extraire ce que l'on appelle la graisse solide (42 à 44 0/0) et l'huile de saindoux (lardoil) dont on obtient un rendement de 56 à 58 0/0. La première s'utilise pour la fabrication des bougies stéariques, et la seconde est souvent employée pour la falsification de l'huile d'olives. Tout le monde connaît, en outre, l'usage alimentaire de la graisse de porc.

*\* **SAINT-AUBIN** (de). Plusieurs artistes de valeur ont illustré ce nom. On compte trois frères dessinateurs et graveurs, fils de *Gabriel-Germain*, dessinateur et brodeur du roi. L'aîné, *Charles-Germain*, né à Paris, en 1721, mort en 1786, se fit connaître surtout comme dessinateur de broderies, de fleurs, de dentelles, d'ornements de toutes sortes ; on lui doit aussi deux suites très curieuses de papillons à tête humaine, jouant, travaillant, formant des scènes diverses, suivant une mode assez en faveur à l'époque. Il fut nommé dessinateur du roi en remplacement de son père.

*Gabriel-Jacques*, né en 1724, mort en 1783, fut élève de Jaurat et Boucher pour la peinture, remporta, en 1751, le second grand prix et, se plaignant d'injustices, abandonna l'école française. Il entra dans l'Académie de Saint-Luc et envoya un grand nombre de portraits et de tableaux à ses expositions, à Rome, parmi lesquels on peut citer : l'*Ecole de Zeuxis* et le *Triomphe de l'amour*. Mais, ce qu'il a laissé de plus curieux, c'est une collection considérable de dessins et croquis qui remettent sous nos yeux, pris au vif, le Paris du xviiie siècle ; c'est un vivant tableau des rues et des carrefours que nous voyons défiler. Sa pointe spirituelle en à reproduit une partie sur le cuivre, et sa gravure du *Spectacle des Tuileries* suffirait à établir une réputation.

Cependant, le plus connu est *Augustin*, né en 1736, mort en 1807. Elève de son frère *Gabriel-Jacques*, puis des graveurs Fessard et Laurent Cars, il renonça aussitôt à la peinture pour se consacrer à la gravure, bien qu'il ait laissé des pastels et des aquarelles charmants ; il fut agréé de l'Académie en 1771. Deux parts sont à considérer dans l'œuvre gravé de Saint-Aubin, celle de l'art et celle de la fantaisie ; est de beaucoup plus remarquable. Son père nous montrait Paris vivant, le Paris des rues et des faubourgs, lui nous décrit les splendeurs de Paris, de la Cour et du grand monde. Dans ce genre, le *Concert*, le *Bal paré*, les *Portraits à la mode*, surtout la *Promenade des remparts de Paris* sont de petits chefs-d'œuvre. On doit aussi à ce graveur de bonnes planches d'après les maîtres, notamment *Jupiter et Léda*, d'après Véronèse, et *Vénus Anadyomène*, d'après Le Titien, et un très grand nombre de portraits. On compte près de douze cents pièces sorties de son burin. Saint-Aubin avait acquis une haute situation que la Révolution lui fit perdre, et il fut aux prises avec les plus dures nécessités. L'éditeur Renouard le tira de la misère en lui demandant des portraits pour l'illustration de Boileau, Buffon, Pascal, La Bruyère, Mably, etc. C'est dans ce labeur ingrat que ce véritable artiste dépensa son talent pendant ses dernières années, fort attristées par cette situation pénible. Il convient de ne pas oublier parmi ses œuvres les dessins qu'il fit, avec un art remarquable, d'après les pierres gravées du cabinet d'Orléans.

**SAINT-AUGUSTIN.** *T. d'impr.* Caractère dont le corps est de douze points environ, et qui a été ainsi nommé parce qu'il a les mêmes dimensions que celui qui servit à imprimer la *Cité de Dieu*, de Saint-Augustin, publiée en 1467.

*SAINT-CHAMOND.** Le siège social de la Compagnie des Hauts-Fourneaux, Forges et Aciéries de la marine et des chemins de fer (anciens établissements Petin et Gaudet) est à Saint-Chamond (Loire). L'usine de Saint-Chamond centralise le laminage des fers et aciers de toutes sortes, à l'exception des rails. Cette fabrication a été transportée à l'usine du Boucau, à l'embouchure de l'Adour (département des Landes), où la proximité des riches minerais de Bilbao et les arrivages faciles des charbons anglais constituent des conditions plus économiques que dans la Loire. Saint-Chamond, lamine plus spécialement les grands profilés, les larges tôles en fer fin ou en acier, les blindages mixtes en fer et acier, etc. On y trouve le marteau-pilon puissant, dont nous avons déjà parlé (V. MARTEAU-PILON) et qui sert au forgeage des cuirassements en acier.

La fabrication de l'acier sur sole, pour essieux, bandages, tôles, etc., est obtenue dans des fours Pernot de grande dimension, et qui peuvent, suivant la nature de leur garnissage, opérer sur des matières pures ou sur des mélanges destinés à la déphosphoration.

*SAINTE-CLAIRE-DEVILLE.** Chimiste célèbre. — V. DEVILLE.

*SAINT-DOMINGUE** (bois de). *T. de teint.* Bois de teinture venant de l'île de Saint-Domingue et faisant partie des espèces commerciales que l'on désigne sous le nom de *bois de la Côte-Ferme.* C'est une sous-variété du bois jaune ou mûrier des teinturiers (*morus tinctoria*, L.), Morées. Il sert à teindre en jaune, en vert et en olive. On fait aussi des archets avec ce bois.

*I. SAINT-ÉTIENNE.** On donne ce nom au bassin houiller qui a pour centre la ville de Saint-Etienne et qui, en France, tient le premier rang après celui du Nord. Ce terrain houiller est presque entièrement lacustre; il s'est déposé dans une anfractuosité du terrain cristallin.

Sa coupe est la suivante à partir de la base :

1° Schistes avec quelques couches de houille marine, qui affleurent à Gisors et même sur la rive gauche du Rhône;

2° Brèche formée de débris de la cuvette (épaisseur variable de 0 à 320 mètres);

3° Etage houiller de Rive-de-Gier (100 mètres) comprenant des couches assez régulières dont la

supérieure, appelée *grande masse*, a jusqu'à 15 mètres de puissance;

4° Conglomérat stérile (400 à 600 mètres);

5° Etage inférieur de Saint-Etienne (300 à 400 mètres);

6° Grès avec quelques éléments micaschisteux (100 mètres);

7° Etage moyen de Saint-Etienne (300 mètres), dans lequel la couche n° 3 a jusqu'à 15 mètres de puissance;

8° Grès et conglomérat plus ou moins grossier (120 à 250 mètres);

9° Etage supérieur de Saint-Etienne (260 mètres);

10° Conglomérat quartzeux à ciment micacé (100 mètres).

En somme, ce terrain houiller, d'une épaisseur totale de 2,000 mètres environ, contient 25 couches de houille réparties en quatre étages dans lesquels on trouve surtout, respectivement : 1° des lepidodendrons; 2° des cordaïtes; 3° des fougères; 4° des calamodendrons. Il a été surtout étudié par M. Grüner et par M. Grand Eury.

— Ce bassin a produit, en 1884, 3,149,000 tonnes de houille valant un peu plus de 15 francs la tonne. Les 50 concessions en exploitation ont occupé à l'extraction de cette houille près de 16,000 ouvriers. Les puits atteignent 691 mètres de profondeur. Des usines de toutes natures, aciéries, manufactures d'armes, verreries, filatures, etc., se groupent sur ce bassin houiller. — A. B.

*II. SAINT-ÉTIENNE** (Manufacture d'armes). La fabrication des armes à Saint-Etienne est antérieure au règne de François Ier, on n'y fabriquait alors que des armes blanches; c'est sous le règne de Louis XIII que l'on commença à y fabriquer des arquebuses et mousquets. Grâce à Louvois qui, le premier, fit réglementer la fabrication des armes de guerre, cette industrie prit à Saint-Etienne un grand essor, et depuis lors, cette ville n'a pas cessé d'être, à ce point de vue, le centre le plus important de toute la France. Pendant longtemps, la fabrication des armes à feu de guerre, resta confiée à des armuriers particuliers : de 1717 à 1720, le roi envoya à Saint-Etienne un officier d'artillerie, assisté de contrôleurs, pour en inspecter et surveiller tous les détails. De 1763 à 1764, tous les entrepreneurs qui travaillaient pour le compte de l'Etat se réunirent en une société unique qui obtint le privilège exclusif de travailler pour l'armée. Enfin, en 1764, fut organisée la Manufacture d'armes de l'Etat. — V. ARMES (Manufacture d') et CHATELLERAULT.

Pendant longtemps, la Manufacture d'armes ne fut composée que d'un grand nombre de petites usines hydrauliques échelonnées sur les bords du Furens, qui manquait souvent d'eau, et séparées les unes des autres par d'autres établissements du même genre appartenant au commerce. En ville, la Manufacture proprement dite ne comprenait que quelques bâtiments dont un servait de bureau, l'autre de magasin ; les autres étaient utilisés pour la fabrication. A partir de 1854, on essaya de concentrer, autant que possible, toute la fabrication dans une seule usine, celle de Rives; qui était alors la plus importante. Enfin, en 1863, furent commencés les travaux de construction de la nouvelle Manufacture, sur un terrain situé au nord de la ville, entre le chemin de fer du Boulonnais et la route de Roanne, sur laquelle se trouve l'entrée principale. Les travaux ne furent terminés qu'en 1869, et alors se trouvèrent réunis dans l'intérieur de l'usine tous les travaux qui, jusqu'alors, étaient répartis, soit en ville, chez l'ouvrier lui-même, soit dans les différentes usines appartenant à l'Etat ou louées par l'entrepreneur.

Tous les ateliers sont disposés de façon à diminuer, autant que possible, les transports; ils étaient autrefois éclairés au gaz, ils le sont maintenant à la lumière électrique de façon à permettre, en cas de presse, le travail de jour et de nuit. La force motrice est fournie uniquement par des machines à vapeur. Les machines-outils, qui ont presque entièrement remplacé le travail à la main, sont groupées dans les divers ateliers par nature de pièces à fabriquer. L'adoption probable, dans un avenir plus ou moins prochain, d'un nouveau fusil à répétition, entraînera forcément la transformation de tout cet outillage créé jadis en vue de la fabrication du fusil modèle 1866 et utilisé depuis pour celle du fusil modèle 1874.

En plus des ateliers de fabrication, la Manufacture comprend des usines à meules, des ateliers de polissoirs, forges et fonderie, bâtiment pour les épreuves, bâtiment de montage, etc.

Les matières premières sont déposées dans plusieurs magasins de façon que, en cas d'incendie, on ne soit pas exposé à voir disparaître tous les approvisionnements. Du reste, toutes les précautions sont prises, et les planchers et persiennes des magasins ont été faits en fer. Chaque magasin se compose d'un rez-de-chaussée et d'un étage; les métaux sont au rez-de-chaussée et les bois au premier.

Les services de la direction et ceux de l'entreprise sont chacun dans un bâtiment séparé; il existe, enfin, deux pavillons d'habitation pour le directeur et le sous-directeur.

On ne fabriquait, autrefois, que des armes à feu à Saint-Etienne, les baïonnettes sortaient des ateliers de Châtellerault, mais lors de la mise en fabrication du fusil modèle 1866, on y installa également la fabrication des sabre-baïonnettes. La Manufacture de Saint-Etienne a été ensuite, seule chargée de la fabrication des carabines et revolvers. A elle seule, elle produit autant que les deux autres manufactures de Tulle et de Châtellerault; après la guerre de 1870-71, elle a fourni jusqu'à 1,000 fusils par jour. A partir de 1879, le travail s'est beaucoup ralenti, mais reprendra sans doute d'ici peu, dès que sera définitivement arrêté le nouvel armement à donner à l'infanterie. En temps ordinaire, la Manufacture emploie environ 4,500 ouvriers.

En dehors de la Manufacture, un grand nombre d'autres ouvriers de la ville sont employés pour la fabrication des armes de guerre ou de chasse. La réputation des armes de Saint-Etienne est bien établie et conservée avec soin par les fabricants. C'est la seule ville de France qui possède un banc d'épreuve dont la création remonte à 1810. Tous les canons, avant d'être livrés dans le commerce, sont soumis à l'épreuve et reçoivent une marque de garantie.

* **SAINT-GOBAIN** (Manufacture de glaces de). Voici l'un des rares établissements industriels qui ont leur histoire et leurs titres de noblesse, qui tiennent une place dans les annales du pays et en personnifient les révolutions économiques. Saint-Gobain a eu Colbert pour père et Louis XIV pour parrain; il appartient, chronologiquement, à cette brillante période de notre histoire où le successeur de Mazarin et de Richelieu, continuant la politique réparatrice de Sully, travaillant sans relâche à relever la France tombée très bas, sous le rapport industriel et commercial, pendant la longue durée des guerres de religion. Tributaires de l'Italie (Florence, Lucques, Pise, Sienne) pour le velours, la soie et autres étoffes précieuses, des Flandres pour les tapis et les dentelles, nos pères l'étaient encore de la République de Venise pour les miroirs et les glaces de toute dimension.

Devenu premier ministre, le fils du marchand de drap de Reims voulut, dit Boileau, les affranchir :

.....de ces tributs serviles
Que payait à leur art le luxe de nos villes.

Il se fit, en quelque sorte, manufacturier et, comme toute grande création devait porter alors l'estampille royale, comme toute industrie de luxe devait travailler pour le Roi-Soleil d'abord, pour l'aristocratie et le clergé ensuite, pour la bourgeoisie et le peuple en dernier lieu, il donna le titre et le privilège de Manufacture royale à l'usine établie à Paris, au faubourg Saint-Antoine. Les anciens plans de Paris montrent cet établissement sur le chemin de Reuilly, vis-à-vis l'emplacement où s'élève aujourd'hui la caserne. Il en subsistait encore, il y a peu d'années, quelques bâtiments à l'angle du passage. Mais, dès ce moment, la Manufacture royale de Reuilly, après avoir absorbé deux autres usines également privilégiées, dont l'une pratiquait le *soufflage* et l'autre le *coulage* des glaces, était en possession du vieux manoir de Saint-Gobain, situé dans la forêt de la Fère et l'élection de Laon, en pays soissonnais. Elle avait trouvé là son nom et son siège définitifs.

La fusion des « Manufactures royales de grandes glaces » eut lieu, en 1695, avec tous les privilèges antérieurement concédé : « exemption de toutes tailles et impositions tant ordinaires qu'extraordinaires, emprunts, gardes des villes, logements des gens de guerre, tutelle et curatelle..., droit d'avoir des portiers vêtus de la livrée royale, etc. », prérogatives magnifiques qui n'assurèrent pas le succès, puisqu'il y eût liquidation et transfert pendant la période calamiteuse du règne de Louis XIV. Mais Saint-Gobain, ancien château démantelé, au XIVe siècle, par les Anglais qui en ont respecté les casemates, est resté le domicile immuable de cette grande industrie.

Privilégié sous l'ancien régime, aristocratiquement installé dans un vieux castel, couvert du patronage royal et garanti contre toute concurrence par un régime protectionniste, Saint-Gobain est aujourd'hui un établissement libre, travaillant à ses risques et périls, et se défendant contre les produits étrangers par la supériorité de sa fabrication. On peut donc, avec raison, le considérer comme une personnification vivante et agissante des révolutions politiques et économiques qui ont passé sur notre pays.

Saint-Gobain *soufflait* autrefois, opération longue, difficile et qui ne réussissait qu'autant qu'elle était continue; ce qui exigeait une succession ininterrompue d'ouvriers se relayant de six en six heures. Après la vitrification des matières et l'affinage du verre, on faisait le *cueilletage*, c'est-à-dire qu'on chauffait une sorte de sarbacane en fer, dont on plongeait le bout dans la matière vitrifiée, à la profondeur de deux ou trois pouces, et on la retirait doucement afin que le fil qu'elle entraînait pût s'en séparer et ne fut point amené sur le fil de l'ouvroir. On la portait ensuite au baquet, puis on la rafraîchissait avec de l'eau, et on laissait refroidir ce premier cueillage, qu'on répétait ensuite autant de fois qu'il était nécessaire, selon la grandeur de la glace qu'on se proposait de souffler. Lorsque la matière cueillie était au degré voulu, le maître ouvrier montait sur une estrade, à hauteur d'environ cinq pieds, afin de donner plus facilement au verre le balancement qui l'allonge à mesure qu'il est soufflé; c'est alors qu'il soufflait, aidé par plusieurs ouvriers auxiliaires, dont les uns supportaient la masse vitrifiée, quand elle était trop pesante, tandis que les autres rafraîchissaient la sarbacane et réchauffaient la masse de verre.

On détachait ensuite de l'outil la pièce destinée à devenir une glace; puis, à l'aide d'une pelle, un ouvrier la prenait et la portait à l'*arche à aplatir* dont la chaleur, en l'amollissant, la préparait à l'extension qu'elle devait subir. On employait alors le *fer à aplatir*, sorte de triangle de fer d'une douzaine de pieds de long; on en frottait la glace; on la polissait de manière à la rendre partout unie, et on l'introduisait dans « le fourneau à recuire » où elle passait de douze à quinze jours, selon le volume et l'épaisseur. A mesure qu'elle se refroidissait, on la poussait vers le fond du fourneau; et quand le refroidissement, en la rendant rigide, ne permettait plus qu'elle se pliât ou se courbât, on la dressait avec des *barres de travers* entre chaque pièce, pour empêcher les déviations. Lorsque le refroidissement était complet, on retirait les glaces et on les mettait en magasin.

Cette série d'opérations présentait de grandes difficultés et des risques nombreux, tant pour le soufflage que pour le coulage; on s'épuisait, dit M. Turgan, en dissertations sur « les alcalis végétal et minéral »; on redoutait le « sel de verre » qui se formait dans la fabrication et qui provenait surtout des soudes employées. On les épurait, comme on pouvait, par des lessivages ou des fusions ignées; mais elles renfermaient encore des sulfates et des oxydes colorants. Pour obvier à cet inconvénient, on ajoutait du manganèse qui rougissait le verre, et de l'azur de cobalt pour corriger l'effet du manganèse. On arrivait alors à la combinaison suivante proposée comme la plus parfaite pour combiner convenablement les divers éléments entrant dans la composition de la pâte et obtenir une masse aussi facilement vitrifiable que commodément soufflable : 300 livres de sable; 200 livres salin, 30 livres de chaux, 32 onces de manganèse, 3 onces d'azur, 300 livres de cassons. Cette combinaison subissait une première calcination appelée *fritte* et ayant pour but de donner, moyennant une chaleur modérée, assez de cohérence aux matières, assez de disposition à s'unir et à se vitrifier, sans arriver toutefois, à une fusion réelle.

La fritte une fois épluchée, ajoute M. Turgan, on la mettait dans des creusets nommés pots, disposés autour du foyer d'un four que l'on chauffait au bois. Ce grand four, situé au milieu d'une vaste halle, demandait, pour être échauffé, cinquante cordes de hêtre ou d'érable; il était alors en état de fondre la soude et le sable. On lui conservait cette chaleur en y jetant continuellement du bois; c'était l'affaire d'hommes en chemise, qui se relayaient de six en six heures et faisaient six lieues, pendant ce temps, en allant incessamment d'un tisart à l'autre, pour y jeter, une à une, les bûches que le feu dévorait ». Le verre se formait alors; puis se dégageait « le sel de verre » qu'on enlevait avec une poche en fer battu, quand il ne se dissipait pas sous l'action énergique du feu. C'est à ce moment, lorsqu'on jugeait le verre suffisamment affiné, qu'avait lieu la mise en pots, dont nous venons de parler.

De toutes les industries d'autrefois, celle du verrier-glacier était encore, malgré l'insuffisance des moyens mécaniques dont elle disposait, la plus perfectionnée comme outillage. On a depuis considérablement simplifié ces manipulations à l'aide d'engins puissants, et l'on opère sur des grandes masses afin de diminuer les frais généraux et d'obtenir des pièces de dimensions exceptionnelles. Le lecteur trouvera au mot GLACERIE la technologie de cette industrie.

La monographie de la Manufacture de Saint-Gobain ne serait pas complète, même avec l'histoire de ses agrandissements, de ses perfectionnements et de ses résultats commerciaux, si nous ne disions, en terminant, un mot des directeurs, et un mot aussi de la marche constamment ascendante de ses travaux. Saint-Gobain a eu vingt-et-un directeurs, depuis MM. Louis Lucas de Nehou et Lapommeraye (1696) jusqu'à M. Jules Henrivaux (1884). Depuis 1852, la direction n'a eu que quelques titulaires; nous trouvons M. Hector Biver (1852), directeur général des glaceries de la Compagnie en 1862, (1884) M. C. Hennecart, sous-directeur, nommé directeur de la glacerie de Montluçon en 1869; cette même année, M. Alfred Biver, sous-directeur nommé directeur en

1872, et directeur de Chauny et Saint-Gobain en 1873. puis inspecteur général des glaceries de la Compagnie en 1883, et enfin, M. Henrivaux, sous-directeur en 1875, et directeur depuis 1884. La Compagnie actuelle a pour raison sociale *Manufacture des glaces et produits chimiques de Saint-Gobain, Chauny et Cirey*; elle compte six glaceries et six usines de produits chimiques. La Compagnie produit, chaque année, trois ou quatre-cent mille mètres carrés de glaces, c'est-à-dire le tiers environ de la production totale, dans le monde civilisé. Le développement progressif que Saint-Gobain donne à sa fabrication, a eu précisément pour résultat de réduire les prix de revient et, par conséquent, les prix de vente dans une proportion considérable. En 1702, par exemple, un mètre carré de glace coûtait 165 francs; en 1791, il valait 174 francs; en 1805, en pleine guerre européenne, 226 francs; en 1835, 127 francs; en 1862, 45 francs; aujourd'hui, 30 francs. Une glace de quatre mètres carrés, qui se paye, à l'heure présente, 250 francs environ, eut été payée, sous le premier empire, 4 à 5,000 francs. Voilà la révolution que Saint-Gobain a su opérer dans une grande industrie, réputée jadis industrie de luxe et devenue, grâce à deux siècles d'intelligents efforts, une industrie de nécessité et de consommation courante.

Aristocratique et princière à sa naissance, privilégiée, c'est-à-dire exclusive comme tous les monopoles, la Manufacture de Saint-Gobain s'est démocratisée et a beaucoup gagné à cette démocratisation. Elle faisait de petites affaires sous le régime du bon plaisir; plus d'une fois même elle eut peine à sortir de ses embarras financiers. Libre de toute attache, travaillant sous le régime du droit commun, elle a trouvé une prospérité qui ne s'est pas démentie. Aussi avions-nous raison de dire que son histoire est une des pages de la nôtre. A consulter : *Le verre et le cristal*, de M. Jules Henrivaux, et *Etude sur Saint-Gobain*, du même auteur. — L. M. T.

**\*SAINT-JEAN** (SIMON). Peintre de fleurs, né à Lyon, en 1808, mort à Ecully, près de Lyon, en 1860, fut élève de l'Ecole des Beaux-Arts de sa ville natale, puis entra dans l'atelier de François Lepage qui le dirigea de suite dans sa voie. En 1834, il débutait par une *Jeune fille portant des fleurs*, qui lui valut une deuxième médaille; il remporta un rappel de médaille, en 1841, pour un *Vase rempli de fleurs*, et fut décoré, en 1843, à la suite du salon où il avait exposé deux toiles remarquables : la *Vierge aux fleurs* et le *Christ aux raisins*. Enfin, à l'Exposition de 1855, une première médaille lui fut décernée pour l'ensemble de ses œuvres. Les commandes officielles ne lui manquèrent pas, et il peignit plusieurs panneaux pour les palais nationaux, le ministère d'Etat et diverses résidences princières. Son dernier tableau fut un *Vase chargé de fleurs et de fruits*, pour la salle à manger de l'Hôtel de Ville de Lyon. Parmi ses meilleures productions, on cite encore : *Guirlande de fleurs suspendue autour d'une niche gothique de la Vierge*, au musée de Lyon, qui possède encore trois autres belles toiles du même artiste et la *Vierge à la Chaise*, médaillon entouré d'une ravissante guirlande. La plupart de ses tableaux, fort nombreux, ont passé en Belgique, en Hollande et surtout en Russie; il avait été élu membre de l'Académie de Bruxelles en remplacement de Van Huysum. Ce qui a contribué à placer Saint-Jean au-dessus des grands peintres de fleurs, c'est l'idée qu'il a toujours cherché à introduire dans ce qu'on est convenu d'appeler la nature morte, parce qu'elle ne parle qu'aux yeux et non à l'imagination ou à l'âme. C'est aussi parce qu'il est toujours varié et original et que, parmi plus de cent cinquante toiles remarquables sorties de son pinceau, on ne peut trouver à reprocher aucune monotonie de sujet, de lumière ou de couleur, qualité étonnante dans un genre de peinture aussi restreint.

\*SAINT-LOUIS (Compagnie des verreries et cristalleries de). La cristallerie de Saint-Louis est située dans la portion de l'ancien Comté de Bitche qui, avant 1871, faisait partie du département de la Moselle. A la suite des événements de 1870-1871, l'Alsace et une partie de la Lorraine ont été détachées de la France pour être annexées à l'Empire d'Allemagne. La cristallerie de Saint-Louis se trouve située dans cette partie de la Lorraine qui a servi à payer les malheurs de la France.

Elle a été fondée, en 1767, par MM.' Réné-François Jolly, avocat à la Cour souveraine de Lorraine demeurant à Nancy; François de la Salle, écuyer-seigneur de ville au Val et autres lieux, demeurant à Metz; Albert de la Salle, seigneur de Diling, demeurant à Sarrelouis; Pierre-Etienne Ollivier, ancien bâtonnier des avocats à la Cour, demeurant à Nancy.

Les lettres patentes portent : que la verrerie sera établie sur l'emplacement de la cense domaniale de Münzthal, faisant partie de la Couronne, dans le Comté de Bitche; que pour assurer le roulis des usines, il sera affecté 8,000 arpents de bois dont les cantons s'y trouvent désignés; et que la dite verrerie prendra le nom de Verrerie royale de Saint-Louis.

Ces lettres patentes ont été données à Versailles, le 4 mars 1767; elles sont signées Louis, et plus bas : par le Roy, le duc de Choiseul, et scellées du grand sceau en cire jaune.

Ce sont les bois, de peu de valeur à cette époque, qui ont déterminé le choix de l'emplacement dans le vallon de Munzthal, pour l'établissement de la verrerie royale de Saint-Louis. Déjà, le 23 juin 1585, une verrerie avait été établie à l'emplacement occupé depuis, par la cense de Münzthal, pour utiliser les bois des forêts environnantes. On sait qu'à cette époque, l'industrie de la verrerie était ambulante, si on peut s'exprimer ainsi. Les maîtres verriers jouissaient de certains privilèges, entre autres, celui de gentilhommese; ils portaient l'épée, et, moyennant l'autorisation du prince, ils s'installaient dans les contrées forestières pour y consommer le bois des alentours, puis, les bois à leur portée étant épuisés, ils se transportaient plus loin.

C'est ainsi que dans toutes les Vosges on retrouve des traces des anciennes verreries qui ont fonctionné au XVᵉ, au XVIᵉ et au XVIIᵉ siècles. C'est ainsi, également, que les maîtres verriers de la verrerie de Holbach, située dans une autre partie du Comté de Bitche, ayant épuisé les forêts qui les entouraient, ont porté l'industrie verrière qu'ils exerçaient à Holbach, dans le vallon appelé Münzthal. Cela résulte du mandement du chef des finances du duc de Lorraine, donné à Nancy, à la date du 23 juin 1585, « à nostre très cher et bon amy Jean Boch, receveur de Bitsch », et des comptes du domaine de Bitche pour l'année 1602 et pour l'année 1609. Dans les comptes de la seigneurie ou du domaine de Bitche, pour l'année 1586, on trouve : dépenses, lorsqu'on a affermé la verrerie de Münzthal, 2 florins 3 batz; et, pour chacune des années 1609 et 1610, les noms des maîtres verriers qui travaillaient dans ladite verrerie, inscrits dans les recettes d'argent.

Lors de la guerre de trente ans, cette partie de la Lorraine a été dévastée par les Français et par les Suédois.

L'ancienne verrerie de Münschthal a été totalement détruite par ces derniers. Nous trouvons à ce sujet, dans le « controlle de la recepte du Comté de Bitsch justifiant ce qui en a esté receu pendant l'année 1661 » : « Münschthal ». « En ce vallon y avait une verrie; tous les verriers en icelle payoient annuellemel au domaine de S. A. chacun 30 gros pour l'exemption des corvées, oultre la rente de ladite verrie et la cense d'aulcunes terres par eux essarties. Ceste verrie est totallement rûiné, partant icy pour l'an de ce présent controlle ».

Par une ordonnance du président, conseillers et auditeurs de la Chambre des comptes de Lorraine, ordonnance datée de Nancy, du 5 mai 1629, le nommé Liénard Grenier, verrier, demeurant à la vairerie Münschthal, a été autorisé, au nom de S. A. le duc de Lorraine, à « ériger une vairerie daus un endroict et contrée de la forresterie de l'Enchenberg, nommé Jungrün dedans le bois de Volsberger Sucht, distant d'une heure et demy de chemin et plus de celle du dict Münschtal ».

. . . . . . . . . . . . . . . . . . . . . . . . . . . .

« Le présent bail, laix et admodiation faict pour et moiennant la somme de 300 francs que ledict preneur sera tenu payer, rendre et délivrer ez mains du receveur de Bitche présent et advenir, par chacune desdictes vingt-quatre années, au terme Saint-Martin d'hyver, dont le premier terme et payement commencera audict jour de l'an prochain 1630 ».

On trouve dans les comptes du domaine que rend le receveur Gruyer au Comté de Bitche, pour le duc de Lorraine, que la verrerie de Sucht n'a point été détruite par les Suédois, lors de la guerre de trente ans, comme l'avait été la verrerie de Münschthal.

C'est à cette circonstance que le pays du Comté de Bitche, a dû de conserver au milieu de ses forêts, les familles de verriers; et, avec elles, l'industrie de la verrerie. C'est à ces circonstances également que, dans le courant du siècle suivant, le gouvernement du roi de France a pu chercher à repeupler les montagnes du Comté de Bitche, et à tirer un meilleur parti des grandes forêts qu'elles renfermaient et dont les bois périssaient sur pied en provoquant et en encourageant l'érection de la cristallerie de Saint-Louis.

Ainsi que nous l'avons vu, il y a quelques instants, l'ordonnance royale qui autorise l'érection de la cristallerie de Saint-Louis, sous le nom de Verreries royales de Saint-Louis, est datée du 4 mars 1767.

MM. Réné-François Jolly et ses associés, dont nous avons donné les noms plus haut, se sont engagés à établir cette verrerie à plusieurs fours dans le délai de trois ans; à l'entretenir constamment en bon état de réparations, sous peine de retour au domaine sans aucune restitution de frais d'établissement, etc. Ils se sont engagés, en outre, à y fabriquer toutes sortes de verres, tels que : verres ronds à boire, glaces et cristaux. Il importe de remarquer qu'à cette époque, la France ne fabriquait point encore le cristal; elle était tributaire de l'Angleterre qui avait seule le monopole de cette fabrication, et c'était elle qui fournissait la totalité des cristaux consommés en France.

Les fondateurs de la verrerie de Saint-Louis ont fidèlement rempli leurs engagements. Peu d'années après la création de cette usine, M. de Beaufort, son directeur, se livra à des essais de fabrication de cristaux à l'instar du cristal anglais, et, dans le courant de l'année 1779, on arrêta la construction d'un four spécialement destiné à la production de ce nouveau produit. En 1781, M. de Beaufort put aussi offrir au commerce de Paris, des objets en cristal à des prix inférieurs de plus de 100 0/0 aux prix des cristaux anglais; en 1781, également, M. de la Salle seigneur de Ville au Val, principal propriétaire de la verrerie royale de Saint-Louis, et M. de Beaufort son directeur, firent appel au jugement de l'Académie des sciences. Ils soumirent à la savante assemblée des échantillons de verres à boire faits avec du nouveau cristal français fabriqués à l'instar du cristal anglais. La chose est officiellement constatée, par la délibération de l'Académie des sciences en date du 1ᵉʳ septembre 1781. Dans cette délibération il est dit :

« M. de Beaufort a présenté plusieurs échantillons de verres semblables au cristal anglais : MM. Maquer et Fougeroux ont été chargés d'en rendre compte. »

C'est après cette invitation de l'Académie des sciences, que deux de ses membres, MM. Maquer et Fougeroux firent leur rapport à la séance du 12 janvier 1782 (1). L'Académie des sciences constata qu'il y avait parfaite similitude entre le nouveau cristal français, et le cristal anglais ; et elle engagea M. de Beaufort à suivre et à

(1) *Extrait des registres de l'Académie des sciences du 12 janvier 1782.* L'Académie nous a chargé d'examiner les différentes pièces de cristal à l'imitation de celui d'Angleterre, que lui ont présentées MM. de la Salle l'aîné et compagnie, propriétaires des verreries royales de Saint-Louis et M. de Beaufort, directeur des dites verreries.

Ces pièces consistent en différents verres à boire et gobelets, carafons, cristaux pour les montres et les boules destinées à faire ces cristaux.

Celles de ces pièces qui sont pour l'usage de la table, sont ornées de plusieurs dessins de fleurs, de feuillage et autres, travaillées à l'outil, au trait et à la molette, comme on en voit sur les pareilles pièces du cristal anglais. Pour faire la comparaison que nous désirions, l'un de nous s'est transporté au magasin du sieur Dunquercke, tenu par le sieur Granchés où l'on trouve un bel assortiment de toutes espèces de bijouterie d'Angleterre, et spécialement en ce qu'il y a de plus beau en cristaux de ce pays.

Les verres à boire et carafons anglais étaient mêlés dans ce magasin, avec de pareilles pièces du cristal du sieur Beaufort, et avec quelque soin que nous les ayons examinés, le blancheur, la netteté, la belle transparence, le poids et le son de tous ces cristaux nous ont paru si semblables, qu'il ne nous a pas été possible de distinguer les cristaux anglais d'avec les français, et que nous avons été dans le cas de nous en rapporter au sieur Granchés pour faire l'acquisition de quelques pièces bien certainement anglaises, que nous voulions nous procurer pour en faire en particulier la comparaison que nous avions en vue.

Cette comparaison nous a confirmé dans l'idée que nous avions déjà de la ressemblance du *nouveau cristal de France* avec celui d'Angleterre. On sait que jusqu'à présent nous avons été obligé de tirer de ce pays les beaux verres de montres, et que ceux qui sont faits dans nos verreries de France leur sont très inférieurs pour la netteté et pour le service. Ces derniers, dont le prix est aussi fort inférieur, étant sujets à perdre en peu de temps leur poli et leur transparence par une infinité de petites gerçures qui s'y font, défaut que le vulgaire désigne en disant que ces verres *sont sujets à jeter leur sel* et qu'on leur procure en un instant en les chauffant à un certain degré, c'est même une épreuve aussi sûre que prompte pour distinguer les verres de cristaux français d'avec les anglais.

Nous avons fait cette épreuve sur des verres de montres du sieur Beaufort, et ils l'ont soutenue aussi bien que ceux d'Angleterre, aussi depuis quelques années, un fabricant de verres de montres à Londres, qui est venu s'établir ici, *ne tire-t-il plus que de la verrerie de Saint-Louis*, les boules de cristal dont il se sert pour fabriquer ces verres ; il n'en tire plus d'Angleterre, et les cristaux de montres de sa fabrique, qui est devenue très considérable, sont employés par nos horlogers comme cristaux anglais.

Nous ajouterons à cela que l'un de nous a fait essayer le cristal du sieur Beaufort, à la Manufacture du roi, établie à Sèvres, dans des procédés de couleurs, pour lesquels jusqu'à présent on n'a pu employer que du cristal d'Angleterre, parce qu'aucun de ceux qu'on a essayé d'y substituer n'a pu le remplacer, et que le cristal du sieur Beaufort a eu un plein succès.

On sait que le cristal d'Angleterre a une fort grande pesanteur spécifique et qu'elle est due à une quantité considérable de minium ou de quelque autre chaux de plomb, qui entre dans la composition de ce cristal. Il y a encore, à cet égard, une ressemblance très marquée entre le nouveau cristal de France et celui d'Angleterre, et cela donne lieu d'espérer que si le sieur Beaufort augmente beaucoup dans sa verrerie la fabrication de son cristal dont il n'a encore fait jusqu'à présent que des essais, il se trouvera que sur un grand nombre de pots, il y en aura quelques-uns dont la matière sera assez nette pour être employée dans les objectifs des lunettes achromatiques, comme cela est arrivé au cristal d'Angleterre.

Ces différentes considérations et observations nous font penser que le nouveau cristal du sieur Beaufort mérite l'approbation de l'Académie, et que l'on ne peut que l'encourager à suivre et à augmenter un objet de fabrication qui, probablement, procurera de l'avantage à notre commerce et pourra même devenir utile aux sciences.

*Signé :* MAQUER et FOUGEROUX DE BONDAROY.

Je certifie le présent extrait conforme à son original et au jugement de l'Académie.

A Paris, ce 23 janvier 1782.

*Signé :* le marquis de CONDORCET.

Copie exacte et conforme à la pièce adressée à la cristallerie de Saint-Louis, par le marquis de Condorcet, sous la date du 23 janvier 1782.

Saint-Louis le 3 février 1887.

*L'administrateur de la Cⁱᵉ,*
Comte E. DIDIERJEAN.

augmenter la fabrication du cristal en France, afin de nous affranchir du tribut que nous étions obligés de payer, sur ce point, à l'Angleterre.

La délibération de l'Académie des sciences du 12 janvier 1782, relate au complet le rapport de MM. Maquer et Fougeroux de Bondaroy ; et extrait authentique de cette délibération a été donné à la cristallerie de Saint-Louis, sous la date du 23 janvier 1782 et signé par le marquis de Condorcet.

Depuis cette époque, la fabrication du cristal à Saint-Louis augmenta chaque année, en raison des débouchés qu'elle parvint à s'ouvrir, et finit par se substituer entièrement à celle de la gobeleterie commune ou verre blanc, et à celle du verre à vitre et du verre en table dit *verre de Bohême.*

Ainsi, dans la verrerie royale de Saint-Louis, jusqu'en janvier 1782, on ne faisait au four à cristal, qu'un seul travail par semaine ; en 1783, on en faisait deux, et en 1784, ce four ne fondait que du cristal.

La vente du cristal français, en France, se développa donc rapidement sous l'impulsion qui lui fut donnée par la cristallerie de Saint-Louis ; ce qui amena, en France, la création d'autres manufactures de cristaux. C'est ainsi qu'en 1784, il fut construit à Saint-Cloud, par M. Lambert, une cristallerie qui après avoir été transportée à Montcenis (Creusot), en 1787, sous le nom de la *Verrerie de la reine,* fut fermée en 1827.

Il est donc bien établi par des documents authentiques et par des dates, qui peuvent être facilement vérifiées, aux archives de l'Académie des sciences, que c'est à la Compagnie des Cristalleries de Saint-Louis et à son directeur de cette époque, M. de Beaufort, que revient l'honneur d'avoir la première, fabriqué le cristal en France.

Ce n'est que plus tard, que la cristallerie de Baccarat, dont la fondation comme verrerie remonte à 1765, se mit à la fabrication du cristal, sous la direction de M. d'Artigues. Puis s'élevèrent successivement, la cristallerie de Boulogne, transportée ensuite à Clichy, et celle de Choisy-le-Roi, aujourd'hui éteinte, et enfin les cristalleries de Lyon et des environs de Paris.

La cristallerie de Saint-Louis devint propriété nationale pendant la grande révolution. Elle fut mise en vente en l'an VI, et adjugée à des capitalistes qui, ne voulant pas l'exploiter, la donnèrent à bail, et la mirent en vente quelques années après.

Enfin, en 1809, elle fut acquise par les locataires, MM. Seiler et Cⁱᵉ, qui la tenaient à bail. Ils se constituèrent en société anonyme, en 1809, sous la dénomination de Compagnie des verreries et cristalleries de Saint-Louis ; c'est la Société actuelle qui a constamment renouvelé son bail, quand le précédent arrivait à terme.

On sait, jusque vers 1835, les verres ou cristaux de Bohême jouissaient d'une grande réputation. Les produits de la verrerie française leur étaient beaucoup inférieurs. A partir de cette époque, grâce aux travaux de quelques hommes de valeur, l'industrie de la verrerie, en France, est entrée résolument dans la voie du progrès, et, en moins de quinze ans, elle s'est mise à la tête de l'industrie du verre dans le monde entier. Cette première place, elle a su la conserver et elle l'occupe encore aujourd'hui.

Les hommes auxquels l'industrie verrière française est redevable de ces progrès, sont : en première ligne, M. Eugène Péligot, membre de l'Institut, dont les savants travaux ainsi que les bienveillants et les désintéressés conseils ont servi de guides aux recherches des ingénieurs verriers ; puis viennent : MM. de Fontenay et Toussaint, directeurs à Baccarat ; Clémandot, directeur à la cristallerie de Clichy ; Marcus et Lorin, directeurs à la cristallerie de Saint-Louis.

Dans ce mouvement qui, vers 1840, a placé rapidement l'industrie de la verrerie française à la tête de l'industrie verrière du monde entier, la cristallerie de Saint-Louis a apporté sa large part de progrès.

MM. Marcus et Lorin, ses directeurs, ont produit : le cristal malachite, exposition 1844, qui n'a point encore été imité par aucune autre cristallerie; le doublé et le triplé sur émail blanc; l'aventurine verte, produite par des cristaux de chrôme, exposition de 1844 (M. Pelouze a reproduit, depuis, cette belle couleur à Saint-Gobain); le rouge rubis grenat, par cémentation à la surface du cristal; le luftglass, imité des anciens verres de Venise, et ainsi nommé parce que sa masse transparente renferme des fils d'émail qui se croisent de manière à former des losanges dans chacun desquels se trouve emprisonnée une bulle d'air. La fabrication du luftglass était un problème que MM. Marcus et Lorin n'résolu en 1845; le flechtglass; les verres filigranés; les millefiori; les verres filés et les imitations de fruits. Ces deux dernières fabrications, de même que les cristaux marbrés malachites, n'ont point encore été imités par aucune verrerie.

Depuis cette époque, c'est la cristallerie de Saint-Louis qui a produit le verre jaune coloré avec du soufre. Elle a résolu le problème de la fabrication du cristal à pots découverts avec la houille comme combustible; elle a montré la possibilité et a posé les règles de la mise en suspension des bases métalliques dans les matières vitrifiées. Ebelmen avait pressenti que ces réactions devaient pouvoir être réalisées dans les matières en fusion, de même que l'on précipite les bases dans les sels en dissolution; elle a montré l'importance, en verrerie, des couleurs complémentaires et dont une application est l'emploi du manganèse pour la correction de la couleur du verre.

A la suite des études de M. le comte Didierjean, on a appliqué avec succès, à Saint-Louis, dans les ateliers de préparation du minium, les propriétés du lait comme contre-poison pour les coliques saturnines, autrefois très fréquentes chez les ouvriers employés à cette fabrication. Cette très intéressante question d'hygiène a été portée, par M. Eugène Péligot, à l'Académie des sciences, dans sa séance du 16 mai 1870, et les procès-verbaux de cette date, constatent ces résultats.

La cristallerie de Saint-Louis prépare elle-même toutes ses matières premières. Elle ne consentirait point à confier ce soin à d'autres afin de conserver tout leur éclat et toute leur beauté à ses produits.

Elle emploie dans ses ateliers de Saint-Louis 2,150 ouvriers, et possède, à Paris, une maison de vente dans laquelle se trouve un nombreux personnel.

En outre, dans ses ateliers de Paris, elle produit les décors et les peintures, ainsi que les montures en bronze doré et en bois sculpté, pour compléter la décoration ou bien l'ornementation des cristaux qu'elle fabrique dans ses ateliers de Saint-Louis.

Les cristaux de la Compagnie de Saint-Louis ont toujours figuré avec distinction aux différentes expositions de l'industrie nationale. Dès l'an VI, il leur a été décerné une médaille d'argent, et depuis, parmi les nombreuses récompenses, une médaille d'honneur, à l'Exposition universelle de 1855 et, en 1867, une médaille d'or.

**SAINTE-MARIE-AUX-MINES.** Centre manufacturier d'Alsace qui tire son nom des mines d'argent, de plomb, de cuivre et de cobalt qui se trouvent dans son rayon; elles étaient exploitées dès le x⁰ siècle et, dès cette époque, on y avait creusé des galeries d'écoulement ayant jusqu'à 8,000 mètres de longueur et des puits de 300 mètres de profondeur, lesquels ont été, en l'an IV, l'objet d'une concession de 4,300 hectares; abandonnés depuis, ils ne pourraient être exploités qu'à l'aide de capitaux considérables. Privée de son industrie minière, Sainte-Marie s'est livrée

depuis, avec le plus grand succès, à la fabrication des tissus de coton et de laine.

**SAINTE-MARTHE (Bois de).** T. de teint. Syn. : *Bois de Fernambouc.* Variété de bois rouge, dit du Brésil, fournie par le *cœsalpinia echinata*, Link.; il nous vient en bûches de 1 mètre, arrondies d'un bout et coupées carrément de l'autre, de 10 à 20 kilogrammes, sillonnées de crevasses. Ce bois, dur, compact, à aubier jaune, d'un tissu peu dense vers le centre et moins foncé, moins riche en couleur est, par conséquent, moins estimé que le véritable *bois de Fernambouc* (cœsalpinia crista, L.).

**SAISONS (les).** Les anciens, qui excellaient dans la représentation des sujets gracieux et symboliques, ont souvent traité celui des saisons qu'ils associaient parfois aux Grâces. Le Printemps est alors couronné de fleurs, l'Eté d'épis, l'Automne de pampres; quant à l'Hiver, on lui couvre la tête d'une draperie. C'est ainsi qu'on les trouve représentées sur les bas-reliefs ou sur des peintures d'Herculanum et de Pompéi. Quelquefois, lorsque l'espace resserré ne permettait pas le développement d'un groupe, par exemple sur les pierres gravées, une seule figure recevait les attributs des quatre saisons, sous la forme, par exemple, du Printemps couronné de fleurs et portant la faucille de l'Eté, les fruits de l'Automne et le javelot, symbole de la chasse qui est le plaisir de l'Hiver. Les Saisons ont inspiré beaucoup d'artistes modernes, sans doute parce que peu de sujets prêtent davantage, par leurs contrastes, à l'application des talents variés et féconds; l'imagination peut se donner là pleine carrière. C'est ainsi que Le Poussin a tiré des Saintes écritures les symboles des saisons : *Adam et Eve dans le Paradis terrestre* représentent le Printemps; *Ruth glanant des épis*, l'Eté; *les Israélites rapportant la grappe merveilleuse de la terre promise*, l'Automne; enfin, *le déluge*, l'Hiver; Callet a emprunté ses sujets à l'antique : pour le Printemps, il a choisi *l'hommage à Lucine*; pour l'Eté, *les fêtes de Cérès*; pour l'Automne, *les fêtes de Bacchus*; pour l'Hiver, *les Saturnales*; Carle Maratte, au palais Corsini, à Rome, a peint une jeune fille couronnée de fleurs, une jeune femme, un jeune homme tenant des fruits, et un vieillard grelottant pour représenter les quatre saisons. Les peintres du XVIII⁰ siècle, notamment Lancret, les ont symbolisées par les scènes pseudo-champêtres, dont la mode abusait tant à leur époque; enfin, il ne faut pas oublier la représentation la plus naturelle des saisons, celle qui consiste dans le paysage, dans la copie fidèle de la nature changeant d'aspect et de vêtement à chaque époque nouvelle. Les sculpteurs ont aussi tiré parti des allusions symboliques des saisons; un des exemples les plus remarquables est la décoration de la fontaine de la rue de Grenelle, par Bouchardon. Nous ne pouvons, d'ailleurs, entrer dans le détail de toutes ces compositions qui sont fort nombreuses, nous citerons seulement, parmi les décorations modernes connues : celles du Trianon, par Restout; de la salle des fêtes de l'Hôtel de Ville de Lyon, par Jobbé Duval; de Henri Baron, au salon de 1872, et de M. Puvis de Chavannes.

**SALADE.** T. du cost. milit. anc. Casque de cavalerie en usage au XV⁰ siècle, et qui était composé d'une calotte sphérique munie d'un couvre-nuque.

**SALAIRE.** — V. INDUSTRIE, OUVRIER, PATRON.

**SALAISON.** T. techn. Procédé de conservation des matières alimentaires, basé sur l'emploi du sel marin. Un assez grand nombre de substances, comme les viandes, les cuirs, les poissons, les œufs, le beurre, quelques végétaux, pouvant être préparées par ce procédé, nous allons successivement indiquer, d'une manière sommaire, la pratique de cette méthode.

**Viandes.** La conservation des viandes au moyen du sel remonte à une époque très reculée, et Hérodote dit qu'elle était pratiquée en Egypte de toute antiquité. On conservait même ainsi des cadavres, puisque le corps de Mithridate fut envoyé à Pompée conservé dans de l'eau salée.

Ce n'est que la viande de porc et de bœuf que l'on sale de nos jours ; c'est surtout à Nantes, pour la France, et dans l'Amérique du Sud, que l'on se livre en grand à cette industrie. La viande de bœuf bien apprêtée est coupée en morceaux peu épais et arrimée en lits minces dans des cuves en bois ; on recouvre chaque couche d'une couche de sel marin [celui d'Irlande, ou de Saint-Ubès, (Portugal) est le plus estimé], puis une fois le vase rempli, on verse doucement au centre de la cuve une saumure faite avec 12 0/0 de sel et. 0,5 0/0 de salpêtre. Après huit à dix jours de contact on enlève la viande, on la fait égoutter, et on la met en baril, en séparant toujours chaque couche de viande par un lit de gros sel.

Le lard se sale encore plus simplement : chaque morceau de viande est énergiquement frotté avec du sel, et mis dans des vases avec un poids de sel égal à 250 grammes pour 5 kilogrammes de lard, puis on comprime les lits ainsi formés avec des planches que l'on surcharge de poids ; après quinze jours ou trois semaines, on suspend la viande dans un endroit sec pour lui enlever son humidité. L'addition de salpêtre dans le sel ou la saumure a pour but de communiquer à la viande une belle couleur rouge ; celle du sucre, qui se fait aussi dans certains pays, tend à empêcher la chair de devenir ferme.

Dans l'Amérique du Sud (Pampas), la viande de bœuf est découpée en tranches de 27 à 40 centimètres d'épaisseur, aussitôt après l'abattage des animaux et l'enlèvement de la peau, puis on abandonne ces morceaux à l'air, pour les laisser refroidir, et on les trempe ensuite dans de la saumure. Après un certain temps, la viande est mise à égoutter, puis salée ; pour faire cette opération on étend sur le sol une couche de sel en cristaux, sur une surface de 3 à 4 mètres carrés, on recouvre d'un lit de viande, puis de sel, et alternativement ainsi, de façon à constituer une pile qui contient environ 2,000 quintaux de viande. Le lendemain on démonte la pile pour en faire une nouvelle, en plaçant sur le sol, les parties qui se trouvaient supérieurement, et le jour d'après on reprend chaque morceau de viande et on l'expose à l'air, puis on remet en pile, cette fois sur un lit de cornes, pour permettre à la viande de s'égoutter. Après une semaine on remue de nouveau la pile, on expose la chair à l'air et au soleil, pour recommencer à mettre en pile le lendemain. Après six opérations successives, la viande est mise en barils et livrée au commerce. La Plata fait venir de Cadix, annuellement, pour une valeur de 5 millions de francs de sel marin, soit plus d'un million d'hectolitres de sel pour la salaison des viandes.

M. Cirio, de Turin, a proposé en 1867, un procédé expéditif de salaison, qui économise en même temps les 8/10 du poids du sel. Il consiste à faire le vide dans les vases contenant la viande à saler ; par suite de cette opération, la chaire se gonfle d'un tiers environ. Fermant alors la communication du tuyau par lequel on fait le vide (au moyen de la vapeur), on ouvre un second robinet qui amène dans le vase de la saumure, additionnée ou non, de 5 0/0 de salpêtre. Ce liquide pénètre alors rapidement la viande, et en quelques instants celle-ci a absorbé une quantité suffisante de sel pour pouvoir se conserver. On démonte alors l'appareil, on fait égoutter la viande à l'air, et on la met en baril après quelques jours. Ce procédé est avantageux, mais il faut cependant remarquer que par suite du vide produit, une partie du liquide musculaire a été enlevée et que la viande a perdu de sa valeur nutritive. Cet inconvénient existe d'ailleurs toujours, plus ou moins, dans les viandes salées. Les expériences de Lebon, de Liebig, ont démontré depuis longtemps ce fait, que par suite de l'endosmose qui se produit dans la viande entre les jus de celle-ci et la saumure, 30 ou 40 0/0 du poids de la chair est ainsi enlevé et remplacé par un produit conservateur, il est vrai, mais absolument dépourvu de qualités nutritives.

Les *cuirs* sont salés par le procédé que nous avons indiqué, comme employé à La Plata, pour conserver la viande.

**Poisson.** L'industrie de la salaison du poisson est florissante depuis cinq siècles au moins, mais remonte assurément à plusieurs siècles au delà, puisque dès le XIIe, les pêcheurs de la Manche s'y livraient. Les poissons que l'on vend salés sont en première ligne la morue et le hareng, puis le saumon, le maquereau, la sardine, l'anchois, le thon et l'anguille.

La *pêche à la morue* s'effectue en grand, sur les côtes de Terre-Neuve, d'Islande, ainsi que sur celles de Norwège, et les pêcheurs français des côtes de la Manche en livrent annuellement près de 50 millions de kilogrammes, dont les deux tiers sont consommés en France. A Terre-Neuve, le poisson aussitôt sorti de l'eau est fendu en deux, privé de la tête, du foie et des intestins, et mis dans des barils avec du sel. Mais il suffit de lui faire subir diverses préparations pour qu'il change d'aspect et même de nom. Ainsi l'on nomme *stock fisch*, la morue salée, séchée, durcie et roulée en bâtons ; elle se consomme surtout en Norwège et dans les pays du Nord. La *morue sèche* ou *merluche* est préparée sur la côte voisine du lieu de pêche, pendant le printemps ou l'été. Elle est mise en contact avec du sel, puis après dix jours, lavée et séchée sur le sol, à l'air libre, puis reportée à bord et conservée. Cette morue est brunâtre, on n'en prépare guère en France, qu'à Granville, parce qu'elle ne se vend que dans quelques départements du midi. Elle s'expédie surtout dans nos colonies et à l'étranger. La *morue verte*, celle que l'on vend ordinairement en France, est pêchée par des navires attachés aux ports de Fécamp, Dieppe, Granville et Saint-Malo, ayant à bord un équipage de 25 hommes, et d'une valeur de 100,000 francs environ, avec 50,000 francs de matériel, sel et appas. En Amérique, cette pêche se fait toute l'année, mais en France, elle débute vers le 15 février, alors on va chercher du sel, dans les ports de la Méditerranée ou à Cadix, Sétuval et Lisbonne. Vers le 20 avril, une flottille de 350 goëlettes est prête pour la pêche, à Saint-Pierre Micquelon. On achète aussitôt aux Anglais le hareng qui sert comme premier appât, et l'on pêche à la ligne de fond et au *doris* (canot monté par deux hommes). Vers le 15 juin, les navires rentrent à Saint-Pierre, avec une moyenne de 100 tonnes de morue. On se procure alors le capelan, ou second appât, pour retourner vers les bancs, et attendre le 15 juillet ou apparaît l'encornet (mollusque céphalopode, voisin des sèches), dont la morue est très avide. On pêche ainsi jusqu'au 15 octobre. Les goëlettes locales désarment alors dans le barachon de Saint-Pierre, et les navires métropolitains rentrent à la Rochelle, Bordeaux, Bayonne, Cette, et Port-de-Bouc, où ils livrent leurs morues aux sécheurs ; mais souvent, on envoie des transports chercher, dès la fin mai, jusqu'à octobre, novembre et décembre, les pêches des navires métropolitains pour les livrer de suite aux sécheurs, et une partie est apportée à Boulogne, Dieppe, Saint-Valery, Fécamp, Granville, Saint-Malo, Pontrieux, Paimpol, où la morue est livrée à la consommation à l'état vert. La morue se vend de 15 à 40 francs le quintal (50 kilogrammes), en donnant 55 kilogrammes pour 50, à cause du sel adhérent au poisson.

La morue livrée aux sécheurs est d'abord lavée, puis mise à sécher, soit sur des claies inclinées, soit sur des piquets munis de traverses, soit dans des séchoirs à vapeur ; ces derniers sont de création récente. Le beau poisson est séché au soleil, et il faut trois soleils par morue, c'est-à-dire trois journées chaudes, en ayant soin de les rentrer la nuit. Le poisson est alors mis en ballots de 60 kilogrammes et vendu en France, en Espagne, en Italie, en Grèce, ainsi que dans le Levant et les colonies. La production de 1885 a été de 800,000 quintaux, dont moitié à peine est consommée en France.

Quelques petits navires de 150 tonneaux, et montés par 18 hommes environ, appartenant aux ports de Dunkerque, Gravelines, Boulogne, Dieppe, Fécamp, Pontrieux, Binic, Paimpol, formant une flottille de 150 goëlettes environ, salent à bord et livrent la *morue en tonnes*.

En Islande, la pêche ne se fait pas comme nous l'avons indiqué, elle a lieu avec la ligne, mais à la main. Le poisson qui vient de ce pays est facile à reconnaître, car il est tranché *au rond* (derrière la tête) mais il n'est ouvert que jusqu'à mi-ventre, et la queue n'est pas fendue ; on y *dague* du sel, pour la conserver. Elle est mise en tonneaux avec du sel de Setuval ou de Lisbonne,

ou en saumure, puis livrée à l'état vert pour la consommation. Elle se vend dans les pays du Nord.

Le *hareng* subit moins de manipulations, mais son mode de conservation varie suivant qu'il vient de Hollande ou de France. En Hollande, aussitôt que le poisson est sorti de l'eau, on le vide et on le débarrasse des ouïes, ce qui s'appelle le *caquer*, puis on le plonge dans de la saumure saturée, où il séjourne seize à dix-huit heures, et enfin on le met en lits, avec du sel, dans des barils de bois. Arrivé à terre, le poisson est changé de sel, mis dans des barils neufs que l'on remplit de saumure. Les harengs hollandais, qui sont très estimés, sont salés avec du sel de Cadix. Les harengs préparés sur les côtes de France ne sont pas tous caqués, on les dit *brailés*, parce qu'ils conservent encore les ouïes et les viscères. — V. SAURISSAGE.

Fécamp et Boulogne se livrent aussi à la pêche à la *salaison du maquereau* ; cette opération s'effectue directement à bord des navires. Granville et Saint-Malo s'occupent particulièrement de la *salaison du saumon* ; Nantes et les ports voisins de celle de la *sardine*.

**Œufs et légumes.** Les *œufs* se salent également. Pour bien conserver les œufs de poule, il suffit de les plonger dans une solution saturée de sel marin et de les y laisser jusqu'à ce qu'ils enfoncent ; on les retire alors et on les fait sécher, puis on conserve en caisse. Ces œufs qui se mangent durs ont une salure convenable au goût ; quelques pays, comme la Chine, en préparent ainsi de grandes quantités. Les *œufs de poisson* et surtout ceux de l'esturgeon du Volga constituent, après salaison, un mets très recherché, en Russie, en Allemagne, en Autriche, en Angleterre et en Italie, sous le nom de *caviar*. Il suffit, pour préparer ce produit, de laver avec soin les œufs, afin de leur enlever le sang qui les souille, et l'enveloppe membraneuse qui les contient, de les mettre dans de la saumure, et après, de les malaxer et de les pétrir dans des tonneaux pour en faire une pâte homogène. Sur les côtes de la Méditerranée, en Egypte, en Sardaigne, en Dalmatie, et en France, à Martigue, on fait avec les œufs du muge (*mugil cephalus*), un mets analogue, qui porte à Marseille le nom de *boutargue* ; on lave ces œufs, on les sale, on les comprime entre des planches pour les réduire en plaque mince, et on les fait ensuite sécher au soleil.

Quelques légumes, fruits, etc., comme les olives, les cornichons, se conservent également dans la saumure.

**Beurre.** Un des produits dont la salaison a encore une grande importance est le *beurre*. Le sérum et la caséine qui sont interposés entre les globules gras constituant le beurre, s'altèrent assez vite, et le font rancir. Par la fusion, on peut conserver le beurre, en ayant soin de le séparer des parties aqueuses ; mais la salaison est presque toujours préférée dans nos pays. Pour saler le beurre on commence par le malaxer à grande eau dans des auges spéciales, afin de le laver et d'enlever le sérum et la caséine, puis ensuite on y incorpore du sel gris finement pulvérisé, dans la proportion de 500 grammes pour 6 à 7 kilogrammes de beurre, et quand le mélange est bien homogène, on l'introduit dans des pots en terre bien secs, en ayant soin de tasser fortement. On conserve les vases dans un endroit frais jusqu'à ce que la matière grasse se détache des parois, puis on met une saumure saturée pour préserver le beurre du contact de l'air. M. Anderson a indiqué au commencement du siècle dernier, un procédé de salaison qui s'opère de la même manière que celui précédemment indiqué, mais en employant au lieu de sel pur, un mélange de deux parties de sel, pour une partie de sucre pulvérisé et une partie d'azotate de potasse. On ajoute 1 kilogramme de ce mélange par 16 kilogrammes de beurre; le produit ainsi préparé, acquiert au bout de quinze jours environ, une saveur très agréable, et se conserve bien.

Dans tous les procédés que nous avons indiqués, la salaison s'effectue au moyen du sel marin; on a parfois aussi employé le borate de soude dans le même but. C'est Dumas qui, en 1876, signala l'action de ce sel pour préserver des altérations dues au développement des ferments solubles. Des expériences faites en divers pays ont montré qu'en salant les viandes, en les plongeant pendant vingt-quatre à trente-six heures, dans une solution de borax, elles ne s'altéraient plus; il suffisait ensuite de laisser dans l'eau fraîche pendant vingt-quatre heures pour pouvoir les utiliser. A Buenos-Ayres on conserva, en employant une solution contenant 0/0, 8 parties de borax, 2 parties d'acide borique, 1 partie de sel marin et 8 parties d'azotate de potasse; des établissements analogues existaient dans l'Amérique du Sud, dans la Russie méridionale, mais depuis que l'on a reconnu la nocivité du borate de soude, pris à doses faibles, mais répétées, ce procédé de salaison et de conservation a été tellement déprécié, qu'il n'est plus, croyons-nous, d'établissements qui l'utilisent encore. — J. C.

**SALANT** (Marais). — V. Marais salant et Salines.

\* **SALBANDE**. *T. d'exploit. de min.* On donne ce nom aux épontes d'un filon (surfaces qui le séparent de la roche qu'il traverse), quand elles sont occupées par des matières argileuses et détritiques.

**SALEP.** Le salep s'extrait des tubercules desséchés des orchis, *orchis mascula*, L.; *morio*, L.; *purpurea*, Huds.; *militaris*, L.; *ustulata*, L.; *coriophora*, L.; *pyramidalis*, L.; *latifolia*, L.; *maculata*, L.; *conopsea*, L.; et aussi des *eulophia campestris*, Lind.; et *eulophia herbacea*, Lind., qui nous arrivent de la Turquie, de l'Anatolie et de la Perse. On le prépare en broyant les tubercules et en passant la matière ainsi écrasée au travers d'un tamis; à une ébullition prolongée ils se transforment en un mucilage transparent, lequel est presque entièrement composé de gomme unie à quelque peu d'amidon. Le salep est regardé comme très nutri-

tif, et sous ce rapport, il jouit d'une grande réputation dans tout l'Orient. En Europe, il est employé comme analeptique et reconstituant; on le mange en bouillie ou en gelée après l'avoir aromatisé.

\* **SALICINE**. *T. de chim.* Syn.: *glucoside saligénique*, $C^{26}H^{18}O^{14}...C^6H^7O(HO)^4(C^7H^7O^2)$. Corps découvert en 1830, par Leroux, dans les écorces de saule, de tremble, de peuplier, et étudié par Piria. Il est en aiguilles blanches, amères, fondant à 120°, peu solubles dans l'eau et dans l'alcool, insolubles dans l'éther, déviant à droite le plan de polarisation. Traitée à froid par l'acide azotique dilué, la salicine donne de l'*hélicine*,

$$C^{26}H^{16}O^{14}...C^{13}H^{16}O^7,$$

mais si l'oxydation est poussée loin (bichromate de potasse et acide sulfurique), elle se dédouble en aldéhyde salicylique, acide formique et acide carbonique; bouillie avec de l'acide azotique concentré, elle fournit de l'acide oxalique et de l'acide nitrosalicylique, $C^{14}H^5(AzO^4)^3O^6$, pouvant à son tour devenir du phénol trinitré,

$$C^{12}H^3(AzO^4)^3O^2 \text{ (Piria)}.$$

L'acide sulfurique concentré la colore en rouge sang (Caract.). Les acides sulfurique et chlorhydrique très dilués, dédoublent la salicine, à l'ébullition, en glucose et en *saligénine*

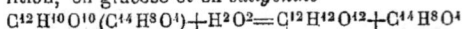

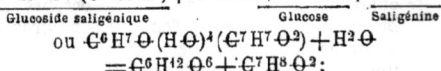

$$C^{12}H^{10}O^{10}(C^{14}H^8O^4)+H^2O^2=C^{12}H^{12}O^{12}+C^{14}H^8O^4$$

| Glucoside saligénique | Glucose | Saligénine |
|---|---|---|

$$\text{ou } C^6H^7O(HO)^4(C^7H^7O^2)+H^2O$$
$$=C^6H^{12}O^6+C^7H^8O^2;$$

elle n'est pas précipitée par l'acétate de plomb neutre ou tribasique; l'émulsine la dédouble comme les acides minéraux faibles.

On l'obtient en épuisant l'écorce de saule par l'eau bouillante, concentrant, laissant en contact avec de la litharge, filtrant, et évaporant en consistance épaisse. Elle se sépare et on la fait recristalliser. — J. C.

\* **SALICORNE**. *T. de chim.* Nom sous lequel on désigne, dans certaines usines, la soude de Narbonne (V. Soude) provenant des cendres de la *salicornia herbacea*, L., chénopodiacée comestible sous le nom de *perce-pierre*.

\* **SALICYLAGE**. Opération qui a pour but, prétend-on, d'assurer la conservation des matières alimentaires, au moyen de l'addition d'acide salicylique.

Depuis que, par voie de synthèse, on est arrivé à produire très facilement de grandes quantités d'acide salicylique, une campagne fort bien organisée, et dans laquelle on cherche à démontrer tous les avantages de l'acide salicylique, comme agent anti-fermentescible et antiputride, a fait proposer de mêler à tous les produits alimentaires, dans un but de conservation, des proportions variables d'acide salicylique. Comme les proportions de cet agent pouvaient devenir assez importantes, si l'on considère que, sans s'en douter, on pouvait en absorber journellement avec le vin, la bière, le beurre, les confitures, etc., l'autorité s'est émue des conseils souvent peu désintéressés donnés au commerce, et, à la suite d'un avis fortement motivé, donné par le Comité consultatif d'hygiène de France, l'addition d'acide salicylique dans les produits alimentaires, a été rigoureusement interdite, et ordre a été donné aux tribunaux de considérer comme frelatés, tous les produits qui contiendraient cet acide. A la suite des plaintes nombreuses que provoquèrent l'arrêté ministériel, des consultations et avis donnés par un certain nombre de professeurs, et de médecins, plusieurs enquêtes furent successivement poursuivies, et les résultats transmis à nouveau au Comité consultatif d'hygiène amenèrent les mêmes résultats, l'interdiction du salicylage. Ne voulant pas ici entrer dans la discussion des faits qui ont tour à tour été mis en avant, pour conseiller le salicylage, ou pour obtenir son interdiction, nous résumerons seulement les points qui ont servi au Comité consultatif d'hygiène de France pour demander, pour la cinquième fois, le 29 juin 1885, l'interdiction absolue de l'acide salicylique, ou d'un de ses dérivés, comme agent de conservation des substances alimentaires. Les partisans du salicylage ont d'abord soutenu l'innocuité complète de l'acide salicylique, surtout employé à faibles doses, et demandé l'autorisation de son emploi, en se basant sur l'absence d'accidents scientifiquement démontrés. A cet argument on a répondu qu'il n'était pas nécessaire d'attendre un premier accident pour interdire l'emploi d'une substance dangereuse, et que, d'ailleurs, de faibles doses ajoutées dans un produit, alors que tout tendait à être salicylé, finissaient par devenir de fortes doses, quand on se servait de plusieurs produits salicylés. On a demandé ensuite à fixer un maxima, et à permettre le salicylage, à la condition expresse que tous les produits vendus porteraient l'indication de ce salicylage. Ce maxima, a répondu le rapporteur du Conseil, n'a aucune valeur après ce qui a, été déjà, indiqué. S'il y en a un pour chaque produit alimentaire, il est dépassé, dès que l'on absorbe deux produits salicylés; puis à quoi sert de fixer un maxima, indiqué déjà pour le plâtrage des vins; on sait, par l'expérience, qu'il n'en est presque jamais tenu compte. Au dire d'un grand nombre d'intéressés, l'acide salicylique a déjà rendu les plus grands services pendant les dernières épidémies de choléra ou de fièvre typhoïde, comme antiseptique ; il n'en rend pas moins comme antifermentescible. D'après M. Dubrisay, et le Comité consultatif d'hygiène de France, les fabricants d'acide salicylique ont présenté au public, comme des faits acquis, ce qui n'était et n'est resté que pure hypothèse, et il n'est que trop certain que l'acide salicylique n'a rendu aucuns services, comme agent antiseptique dans les dernières épidémies de fièvre typhoïde ou de choléra. Quant aux propriétés antifermentescibles, elles sont réelles, mais à certaines doses seulement. Toutefois, la dose minima indiquée par les fabricants ne détruit pas les principes fermentescibles des vins (*Syndicat général des chambres syndicales*, 16 juin 1881) ; de plus, la régularisation de l'emploi de l'acide salicylique amènerait certainement la décadence de la brasserie française, et les bonnes brasseries n'emploient pas l'acide salicylique, d'après le Syndicat général

cité (1882). Par contre, l'acide salicylique sert à couvrir les fautes de fabrication, les négligences dans la conservation des bières (lettre de M. Mantner de Markoff, de Vienne, à M. Wurtz, 1882), et même à faire la fraude, car des vins fortement sucrés et salicylisés, entrés en France, avec le degré d'alcool toléré, ont, après l'épuisement de l'action de l'acide salicylique, pu subir une nouvelle fermentation alcoolique, laquelle donnait un produit n'ayant pas acquitté les droits fixés par les tarifs douaniers.

Ces raisons nous paraissent suffisantes pour expliquer la prohibition de l'emploi de l'acide salicylique pour l'usage alimentaire; de plus, un grand nombre d'avis opposés à son emploi ont été adressés au Ministère du commerce pour demander cette prohibition, par les conseils départementaux d'hygiène, les Chambres de commerce, notamment celle de Bordeaux, qui dit que, permettre le salicylage, c'est favoriser la fabrication des vins artificiels, dont l'insuffisance hygiénique est manifeste. D'ailleurs, de nombreuses analyses ont montré que dans l'immense majorité des cas, l'acide salicylique ne sert qu'à faire passer des substances de qualité inférieure, ou parfois frelatées, et que des doses minimes du produit sont insuffisantes pour conserver les matières alimentaires solides ou liquides. Aussi n'est-il pas étonnant que sous quatre ministères différents, on ait toujours défendu, avec plus ou moins de répression, il est vrai, le salicylage, et que le Comité consultatif d'hygiène de France l'ait toujours condamné, dans ses séances du 29 octobre 1877, 15 novembre 1880, 7 août 1882, 3 juin 1883 et 29 juin 1885. L'Académie de médecine, sur le rapport de M. Valin, vient aussi (1887) de demander cette prohibition. — J. C.

**SALICYLATE.** *T. de chim.* Sel à base d'acide salicylique. Les salicylates alcalins sont seuls employés ; quelques-uns le sont dans l'art de guérir, comme les salicylates de soude ou de potasse, de lithine, de quinine, etc. Ils ont une action manifeste dans les maladies arthritiques, aussi ont-ils été préconisés à juste titre pour la guérison du rhumatisme articulaire aigu, dans les affections goutteuses, etc., mais leur emploi est subordonné à certaines contre-indications, telles que les affections du cœur, des reins, etc. Dans l'industrie, le salicylage des matières alimentaires, qui se fait au moyen du salicylate de soude, à cause de l'insolubilité relative de l'acide pur, a fait préparer ce sel en grand. Dans ces dernières années, il en a été vendu plus de 80,000 kilogrammes annuellement, aussi la valeur en est-elle arrivée à n'être que de 25 francs le kilogramme, au lieu de 300 francs qu'atteignait ce produit avant les procédés de fabrication synthétique indiqués par MM. Schlumberger et Cerckel.

*Caractère.* Les salicylates n'ont qu'un caractère essentiel, mais il est tellement spécial qu'il permet de les reconnaître avec certitude, c'est celui que donne l'acide salicylique en présence des persels de fer dilués. Ainsi avec le *perchlorure de fer* dilué de 9/10 d'eau, on obtient une coloration violette magnifique. Lorsque l'on veut reconnaître la présence de l'acide salicylique, dans un vin, une bière, par exemple, on prend 100 centimètres cubes du produit, on y ajoute 3 à 4 gouttes d'acide sulfurique pur, pour mettre l'acide salicylique en liberté, puis on dissout celui-ci en ajoutant au liquide 40 centimètres cubes d'éther hydrique à 56°, et on agite doucement pour ne pas faire mousser le liquide. Après quelque temps de repos, on décante la couche éthérée, on la verse dans une capsule en porcelaine, et l'on chauffe au bain-marie pour chasser l'éther; l'addition d'un peu de perchlorure de fer dilué au 3/10° fait aussitôt apparaître la nuance violette, quand il y a de l'acide salicylique dans le produit. — J. C.

\*SALICYLE (Hydrure de). *T. de chim.* Syn. : *aldéhyde salicylique.* Corps découvert en 1835, par Pagenstecher, dans l'essence de reine des prés (*Spirea ulmaria,* L., rosacées). Il a pour formule

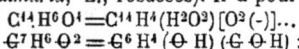

$$C^{14}H^6O^4 = C^{14}H^4(H^2O^2)[O^2(-)]...$$
$$C^7H^6O^2 = C^6H^4(O\text{-}H)(C\text{-}O\text{-}H);$$

c'est une aldéhyde à fonction mixte, une aldéhyde phénol. Il est liquide, neutre, d'odeur aromatique, d'une densité de 1.17 ; il se solidifie et cristallise à 20° et bout à 196°. Il est coloré en jaune par la potasse; en violet par le perchlorure de fer. Avec l'hydrogène naissant, il donne de *l'alcool salicylique* ou *saligénine*; avec les corps oxydants, de *l'acide salicylique* ; avec les acides, des composés divers; ainsi, avec l'acide acétique, on obtient le *salicylacétique* ou *acide coumarique,*

$$C^{18}H^8O^6...C^9H^8O^3,$$

qui, privé d'un équivalent d'eau, donne la *coumarine,* $C^{18}H^6O^4...C^9H^6O^2$, le principe aromatique de la fève Tonka (*Dipterix odorata,* Willd, légumineuses).

On l'obtient en chauffant à 50° un mélange de 2 parties de phénol, 4 parties de soude caustique et 6 à 7 parties d'eau, puis y introduisant peu à peu 3 parties de chloroforme. On ajoute alors de l'eau pour obtenir une liqueur brun clair, et l'on chauffe à 60° pendant une heure. Il se forme de l'aldéhyde paraoxybenzoïque et de l'aldéhyde salicylique. On distille, le dernier produit se sépare en entraînant de l'eau et du phénol ; on le purifie avec le bisulfite de soude.

\*SALICYLIQUE (Acide). *T. de chim.* — V. ACIDE.

SALIÈRE. Pièce de vaisselle dans laquelle on met le sel qu'on sert sur la table; ustensile de cuisine que l'on pend à la cheminée pour tenir sec le sel qu'il contient.

SALIN. *T. de chim.* Nom donné à des produits de diverses provenances, mais qui sont toujours des résidus d'opérations industrielles.

Lorsque l'on évapore l'eau de lixiviation des cendres de plantes, on obtient une masse cristalline, colorée en brun par la présence de matières organiques, et contenant toujours une certaine quantité d'eau. On donne à ces résidus le nom de *salins.* Lorsqu'ils auront été calcinés au rouge, dans des fourneaux à réverbère, ils prendront le nom de *potasse brute,* s'ils viennent de lixiviation des plantes terrestres, et celui de *soude*

*brute,* lorsqu'ils proviendront du traitement de cendres de végétaux marins.

Les résidus de la distillation des mélasses de betterave, ou vinasses, ont, depuis cinquante années environ (1831), attiré l'attention des chimistes, par suite de la présence de la potasse dans leurs cendres. Dubrunfaut est le premier qui s'en soit occupé, et après cinq années de travaux préparatoires, il prit, en 1836, un brevet pour l'exploitation d'un procédé propre à donner les salins de betterave, en même temps qu'il extrayait encore l'alcool que pouvaient donner les 45 à 50 0/0 de sucre contenus dans la mélasse. Son usine de Douai fut la première créée, mais tous les pays qui s'occupent de la fabrication du sucre de betterave en montèrent bientôt de semblables, et, actuellement, on produit, avec les vinasses de distillerie, plus de 100 millions de kilogrammes de salin brut, dont 30 millions au moins sont faits en France.

Pour obtenir ces salins, on évapore, dans de grandes chaudières, les liquides résiduels de la fermentation des mélasses, puis on calcine la masse dans des fours à réverbère spéciaux, et le produit obtenu est enfin abandonné à lui-même dans des pièces bien aérées, où il achève de perdre la matière organique qu'il contenait encore. Ces résidus sont d'un gris cendré noirâtre, poreux et légers (V. POTASSE); ils contiennent des sulfate, chlorure et carbonate de potasse et du carbonate de soude. Le premier sel est engendré par l'acide employé pour la fermentation des mélasses; le carbonate vient de la décomposition que le feu a fait subir aux acides végétaux à base de potasse; le chlorure, d'une double décomposition produite avec le sel marin apporté par les engrais; et, enfin, le sel de sodium, des sels de soude à acides végétaux, qui, par double décomposition avec les sels de potassium, arrivent dans la betterave à l'état de chlorure de sodium.

Pour la préparation de la potasse, on a vu qu'on sépare tous ces sels par une série d'opérations.

L'industrie des salins s'est perfectionnée par la découverte de procédés plus économiques; ainsi, M. Camille Vincent, par une méthode décrite ailleurs, obtient, par la distillation dans des cornues en fonte, un salin plus noir et plus poreux, par conséquent plus facile à lessiver que celui obtenu dans les fours au contact de l'air, aussi donne-t-il plus de rendement en carbonate, en même temps qu'il utilise des produits secondaires. D'un autre côté, on extrait, depuis quelque temps, le chlorure de rubidium, que l'on a reconnu exister dans les salins (0gr,17 par 100 kilogrammes de salins).

Mais l'extraction totale du sucre contenu dans les mélasses tend à faire disparaître l'industrie dont nous venons de parler, par suite d'une législation nouvelle sur l'impôt du sucre. Par l'osmose, il est possible de tirer un meilleur parti des sels de potasse contenus dans les mélasses; on a reconnu, en effet, que l'on peut trouver en eux une nouvelle source d'azotate de potasse, corps pour lequel la France est tributaire de l'étranger, à cause de la grande quantité de ce produit absorbée pour la fabrication de la poudre (V. SALPÊTRE). Ces raisons feront probablement tomber les usines dans lesquelles on s'occupe de la fabrication de cette sorte de salins.

| Périodes géologiques | Localités où existent les dépôts de sel |
|---|---|
| Formation contemporaine. | Steppes des Kirghises, Arabie, Amérique du Sud, mer Morte. |
| Terrains tertiaires. | Cardona (Catalogne); Wieliczka et Bochma (Pologne); Asie mineure; Arménie; Rimini (Italie); Louisiane. |
| Terrains crétacés. | Sources de Westphalie, Algérie. |
| Terrains jurassiques. | Source de Rodenberg; Bex (canton de Vaud, Suisse). |
| Terrain triasique. Etage keuperien (marnes irisées) | Lorraine, Franche-Comté; Hall (Tyrol); Hallein et Berchtesgaden, près Salzbourg. |
| Terrain triasique. Etage franconien (Muschelkalk) | Cours supérieur du Neckar, du Kocher (Wurtemberg); Ernsthall et Statternheim (Thuringe). |
| Terrain triasique. Etage vosgien (grès bigarrés). | Hanovre, Brunswick, Angleterre. |
| Terrain permien. Etages du dyas et du zechstein. | Gera, Asten (Thuringe); Stassfürt, Halle, Speremberg (Saxe); Steppes Kirghises sur le fleuve Ilek. |
| Terrain carbonifère. | New-River (Virginie septentrionale); Durham, Bristol (Angleterre). |
| Terrain dévonien. | Manquent jusqu'à ce jour. |
| Terrain silurien. | Virginie septentrionale; Salina et Syracuse (Etat de New-York); Saginaw (Michigan). |

EXTRACTION DES SALINS D'ORIGINE MINÉRALE. On retrouve dans le sol, en un très grand nombre de pays, des amas parfois considérables, ou des bancs de sels ayant une telle analogie de composition avec ceux que l'on extrait de l'eau de la mer, que l'origine maritime de ces amas ne peut être mise en doute. On en rencontre dans presque toutes les formations géologiques, comme on peut s'en convaincre par le tableau de la colonne précédente.

L'exploitation de ces sels varie forcément suivant leur état de pureté, mais dans presque tous les cas on les reprend par l'eau, pour enlever les matières étrangères au chlorure de sodium, ce qui nécessite des opérations identiques à celles que l'on pratique dans les salines de la Méditerranée ou de l'Océan; par exception, les sels de Wieliczka (Autriche), de Berchtesgaden (Bavière) n'ont besoin que d'une simple dissolution dans l'eau, et d'une concentration suffisante pour pouvoir cristalliser; ceux des autres provenances ont besoin de séparations, effectuées à divers degrés de concentration, comme on peut s'en convaincre par la composition de quelques-uns d'entre eux donnée dans le tableau du bas de la page.

Lorsque l'exploitation peut se faire à ciel ouvert, comme à Cardona, à Parajd (Transylvanie), au Rio-Upin (Colombie), on se contente de traiter ce minerai spécial par l'eau, puis on le purifie par les moyens ordinaires (V. SALINE); il en est de même lorsque l'on exploite l'eau de sources salées [Ho-Boung (Indo-Chine), Westphalie, Rodenberg (Hesse électorale); Salies (Basses-Pyrénées, les six cents sources qui émergent en Transylvanie, entre la vallée de Szamos et celle de la Maros, etc), ou celle des lacs salés (celui voisin de Halle (Allemagne) des Chotts d'Algérie, de Tunisie, etc.], mais ce sont là véritablement des exceptions, et le traitement des salins naturels se fait de deux façons, ou en traitant le mélange solide après qu'il a été extrait de la mine, ce qui est la grande exception, ou bien en dissolvant peu à peu le salin dans la profondeur du sol, puis l'amenant à l'extérieur soit à l'aide de pompes élévatoires, ou bien par des rigoles horizontales qui traversent l'épaisseur des montagnes et viennent déboucher dans les vallées.

En France, l'exploitation des salins naturels se fait surtout dans l'Est et dans les Basses-Pyrénées. Nous allons résumer les principaux centres d'exploitation :

1° Est. A. Franche-Comté : *a*) *Jura*, Montmorot,

| Corps constituants | Allemagne (Hallstadt) | Angleterre | | Autriche (Wieliczka) | Bavière (Berchtesgaden) | Espagne (Cardona) | France | |
|---|---|---|---|---|---|---|---|---|
| | | (Norwich) | (Cheshire) | | | | (Varangeville) | (Vic) |
| Chlorure de calcium. . . . . . | » | 0.13 | » | » | traces | 0.14 | 0.05 | » |
| Chlorure de magnésium. . . . | 1.86 | 0.17 | 0.05 | traces | 0.15 | 0.14 | 0.09 | » |
| Chlorure de sodium. . . . . . | 98.14 | 98.05 | 98.30 | 100.00 | 99.85 | 97.87 | 93.84 | 97.80 |
| Sulfate de calcium | » | 0.41 | 1.65 | » | » | 0.88 | 3.07 | 0.30 |
| Matières insolubl.. | » | 1.05 | » | » | » | 0.85 | 2.74 | 1.90 |
| Eau. . . . . . . . | » | 0.19 | » | » | » | 0.12 | 0.21 | » |
| Total. . . . | 100.00 | 100.00 | 100.00 | 100.00 | 100.00 | 100.00 | 100.00 | 100.00 |

Salins, Grozon; *β) Doubs*, Arc, Chatillon, Miserey; γ) *Haute-Saône*, Falloy, Gouhenan.

B. Lorraine: α) *Meurthe-et-Moselle*, La Neuville, Art-sur-Meurthe, Varangeville-Saint-Nicolas, Rosières-Varangeville, Rosières, Dombasle, Sommerviller, Crévic, Einville-Saint-Laurent, Einville-Sablonnières; β) *Lorraine annexée*, Saltzbronn, Sarralbe, Moyenvic, Saleaux, Haras;

2° Basses-Pyrénées. On a retrouvé du sel

Fig. 29. — *Vue des mines de Wielicska.*

gemme dans les arrondissements d'Orthez et de Bayonne, à Salies, à Briscous, à Villefranque; on en rencontre encore à Dax, dans les Landes.

Ces salins constituent des dépôts dans lesquels domine le sel gemme.

**Sel gemme**. Les gisements en couches sont exploités notamment en Lorraine et dans le Worcestershire; on exploite des amas à Bex (Suisse) dans le lias; près Salzbourg (Autriche), dans l'oolithe; à Cardona (Espagne), dans la craie; à Wielicska (Autriche), dans le tertiaire, etc. Le sel peut être pur ou mélangé à de l'argile, du plâtre, du sable ou de la craie. Dans le premier cas, on l'exploite sous la forme d'une carrière à ciel ouvert ou d'une mine, en profitant de la faible dureté du sel qui permet de l'abattre facilement, et de sa grande solidité qui dispense de recourir à aucun moyen de consolidation. Dans le second cas, on envoie dans le terrain salé, de l'eau qui dissout le chlorure de sodium, et on évapore la dissolution obtenue dans des chaudières. Le sel gemme est fréquemment associé à des matières bitumineuses, et contient presque toujours une petite proportion de *grisou*. — V. ce mot.

Le sel de Cardona (Catalogne) affleure au jour,

et on l'exploite sous la forme d'une vaste carrière à ciel ouvert. Il est blanc, rose ou bleu suivant la nature de ses impuretés.

Le sel de Wielicska (Gallicie) se présente sous trois variétés différentes : le *szibikerşalz* qui ne contient en moyenne que 2 0/0 d'argile et de sulfate de chaux ; le *spizasalz* qui renferme jusqu'à 15 0/0 d'argile, et le *grünsalz*, qui contient de l'argile et du sable intimement mélangés avec lui. *L'exploitation de ce gisement constitue une mine* dans laquelle le public se rend journellement de Cracovie en parties de plaisir. On y descend par un escalier tournant, qui n'a pas paru à l'auteur de cet article mériter le qualificatif de *magnifique* que lui donne M. Figuier, ou par un véritable puits d'extraction ; on visite, aux sons d'un orchestre, diverses salles intérieures dont les parois

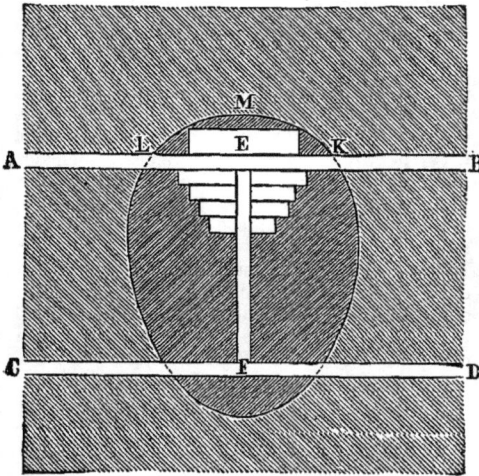

Fig. 30. — *Profil de l'exploitation de Wielicska.*

*A B, C D* Galeries. — *L M K* Calotte de la lentille. — *E F* Puits vertical autour duquel on s'étend en gradins. — *C D* Galerie de roulage.

et les ornements sont entièrement en sel. Ainsi, la chapelle Saint-Antoine, que l'on voit sur la figure 29, ne se compose que de sel ; l'autel, le crucifix, les colonnes, la chaire, tout est en sel ; les visiteurs peuvent danser dans une salle de bal, ornée de glaces et de lustres en sel ; ils peuvent traverser en bateau un lac intérieur bordé de lumières sur tout son pourtour. Ils assistent au travail des ouvriers détachant le sel et des chevaux remorquant les trains de vagonnets dans lesquels il est chargé.

On exploite chaque lentille de sel comme l'indique la figure 30. Les menus sont montés dans des sacs, et on ne paie les ouvriers que proportionnellement aux blocs qu'ils abattent. Les eaux d'épuisement de la mine de Wielicska contiennent des quantités notables de sel que l'on laisse se perdre.

Certaines salines de Transylvanie renferment des salles qui pourraient contenir les plus hauts monuments du globe.

A Dieuze (Meurthe), on exploite une couche

de 5 mètres d'épaisseur en réservant une planche de 1 mètre au toit, une planche de 0m,20 au mur, et des piliers carrés de 5 mètres, distants l'un de l'autre de 6 mètres. A Varangeville (Meurthe), on exploite une couche de 20 mètres d'épaisseur en laissant au toit un stot impur de 15 mètres, et des piliers carrés de 6 mètres, distants l'un de l'autre de 8 mètres.

Il y a deux procédés différents d'exploitation du sel gemme par dissolution. Dans le premier, on divise la mine en chambres dans lesquelles on fait arriver de l'eau douce qui se sature de sel et qu'on amène au jour pour l'évaporer. Les chambres sont formées par un ensemble de galeries réservant entre elles des piliers carrés (fig. 31).

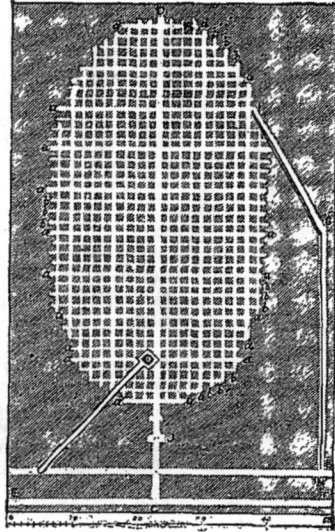

Fig. 31. — *Plan d'une chambre de dissolution dans les mines de Haselgebirge (Tyrol).*

*A B* Galerie qui sert de passage général communiquant avec la galerie *J D* perpendiculaire, la galerie *B G* et la galerie inclinée *G I*. — *a a b b* Piliers des chambres de sel. — *J D* Canal d'écoulement de l'eau saturée communiquant avec la galerie en contrebas *E C F* et qui conduit aux chaudières de concentration. — *O* Puits communiquant avec la galerie *A B*.

L'eau dissout le sel des piliers et du toit et laisse déposer sur le sol de la chambre l'argile à laquelle il était mélangé. Le sol s'élève ainsi graduellement mais moins vite que le toit ; la chambre monte en augmentant en même temps de hauteur et de surface.

On peut citer, comme exemple de ce mode d'exploitation, la mine de Berchtesgaden, près Salzbourg (Autriche) ; on la visite comme celle de Wielicska, par curiosité. Les différents étages sont reliés par des plans très inclinés, sur lesquels des escaliers permettent d'en faire péniblement l'ascension ; la descente s'opère d'une façon amusante et très rapide, sur deux poutres de sapin arrondies, posées sur les marches. On fait frein en serrant fortement avec un gant une corde qui longe le plan incliné. Cette mine est située dans une région montagneuse, et on en sort par une galerie inférieure légèrement inclinée. On monte à trois ou quatre sur un chien de mine que!les ouvriers poussent en courant avec une vitesse vertigineuse, et on a bien soin de baisser la tête pour ne pas heurter, en passant, les bois de mine. Dans cette galerie est un tuyau qui sort au jour la dissolution saturée provenant des chambres que l'on vide. On l'évapore dans des chaudières.

Le second procédé d'exploitation du sel gemme par dissolution, consiste à percer jusqu'au gisement, un trou de sonde, dans le centre duquel on place un tube, et à introduire dans l'espace annulaire, de l'eau qui remonte salée dans l'intérieur du tube, et que l'on pompe jusqu'à la surface du sol. On la laisse se clarifier dans des réservoirs, et on l'envoie ensuite aux chaudières. Autrefois, on employait ce procédé en Lorraine, mais on y a renoncé à la suite d'un effondrement produit par l'eau.

Généralement, quand on évapore des dissolutions de sel gemme, il se dépose d'abord un sulfate double de soude et de chaux appelé *schlot*, puis il se précipite du chlorure de sodium à peu près pur, et il reste dans les eaux-mères du sulfate de soude, des iodures et des bromures.

Toutes les eaux salées sont ensuite concentrées pour obtenir les diverses sortes de sel vendues dans le commerce. Quant à celles qui sont très chargées de sels potassiques ou magnésiens, on les sépare avec soin par des procédés déjà indiqués. — V. Potasse, Saline.

*SALINDRES (Usine de). Cette soudière, située dans le Gard, aux environs d'Alais, forme l'un des principaux groupes de la Compagnie des produits chimiques d'Alais et de la Camargue. Créée par Merle, ancien directeur de cette Société, sa position est entièrement justifiée par les puissants gisements de charbon, de pyrites et de calcaire qui l'entourent. Sa production consiste surtout en sel de soude dont elle livre, chaque année, 12,500 tonnes au commerce ; elle fabrique, en outre : de l'acide sulfurique ; du sulfate, du carbonate et du chlorate de soude ; de la soude caustique ; de l'acide chlorhydrique ; du chlore par le procédé Weldon ; du chlorure de chaux ; du chlorate de potasse ; du soufre par le traitement des eaux de lavage des marcs et, enfin, de l'aluminium. Elle consomme annuellement : 60,000 tonnes de houille ; 15,000 tonnes de pyrites et 16,500 tonnes de sel marin.

Pendant qu'il montait l'usine de Salindres, Merle conçut le projet de lui adjoindre une saline qu'il établit à Giraud, et dont il devait, non seulement retirer le sel nécessaire à la soudière, mais encore d'autres matières salines et surtout du chlorure de sodium par l'application des nouveaux procédés Balard. En 1863, Giraud produisait déjà du sel marin en quantité supérieure aux besoins de Salindres, et traitait à profit une partie des eaux-mères lorsque les puissants gisements de sels magnésiens et potassiques de Stassfurt furent mis en exploitation ; la valeur du chlorure de potasse, tombée de 600 francs à 220, enlevait à Giraud sa principale source de prospérité. Merle, concentrant alors tous ses efforts sur Salindres, doubla son importance en quelques mois et fit l'acquisition de tous les gîtes de pyrites exploitables du Gard et de l'Ardèche, pour n'avoir plus à tirer du dehors qu'une seule matière première, le charbon.

La prospérité était assurée, lorsque la mort vint frapper Merle peu de temps après cette transformation ; depuis lors, sous la direction de M. Péchiney, non seulement Salindres s'est encore considérablement agrandi, mais la situation de Giraud s'est modifiée d'une façon inattendue, et ses produits peuvent entrer en lutte, en France du moins, avec les sels potassiques de Stassfurt. Aux 1,500 hectares de cet établissement salinier, la Société vient d'adjoindre, en 1882, 2,600 hectares longeant la limite ouest des premiers, permettant une production de 2 à 300,000 tonnes de sel marin et de 4 à 5,000 tonnes de chlorure de potassium.

SALINE. Ce mot désigne des établissements situés, soit au bord de la mer ou d'étangs salés, soit dans les usines où l'on recueille le chlorure de sodium impur, que l'on nomme communément *sel gemme* ou *sel marin*, selon qu'il est extrait des mines qui le renferment à l'état solide, ou de l'eau de la mer qui le contient en dissolution. Le premier a été étudié à l'article Salin, nous nous occuperons seulement ici du *sel marin*.

La mer est une source inépuisable de ce produit si utile à l'alimentation autant qu'à l'industrie ; aussi, partout où le climat d'une part, et la nature du sol, d'autre part, l'ont permis, a-t-on créé des salines en vue de recueillir, par voie d'évaporation naturelle, le sel contenu dans l'eau de la mer.

L'eau des diverses mers n'offre pas la même quantité d'éléments salins. Ainsi, nous avons donné t. IV, p. 537, le degré de salure des principales mers, et plus loin, la composition par litre, de l'eau de l'océan Atlantique et de la Méditerranée, et t. III, p. 328, la composition de l'eau de plusieurs mers d'Europe.

Il résulte de ces tableaux comparés que l'eau de la Méditerranée est plus riche en sel que l'eau de l'Océan Atlantique ; elle contient près de 3 0/0 de chlorure de sodium, alors que celle de l'Océan n'en renferme que 2 1/2 0/0 environ.

On voit, d'après les analyses citées, que suivant les parages où sont situés les établissements propres à la fabrication du sel marin, il faut faire évaporer une plus ou moins grande quantité d'eau douce avant d'arriver à retirer ce sel. Evidemment, plus est grand le quantum 0/0 du sel contenu dans l'eau traitée, et plus est riche le résultat obtenu, toutes choses égales, d'ailleurs. Or, comme il faut employer des surfaces d'évaporation d'autant plus étendues que l'eau de la mer est moins saturée, il est aisé de comprendre qu'à un degré de saturation moindre de moitié, il faudra employer une surface d'une étendue double.

L'évaporation de l'eau douce s'effectue spontanément par l'action combinée des vents et de la température élevée, aussi ne peut-on procéder à la fabrication du sel marin qu'à l'époque de l'année où il fait le plus chaud, et dans les régions où les pluies ne sont pas trop abondantes, sans quoi, l'eau du ciel viendrait contrebalancer et même dépasser l'effet de l'évaporation. Lorsque l'eau douce s'est évaporée en quantité telle que l'eau saturée marque 25° Baumé, le chlorure de sodium se dépose, et le volume primitif de l'eau s'est considérablement réduit, soit des 7/8 environ de son volume primitif.

Si nous suivons pas à pas l'évaporation, nous arrivons à constater qu'aucun dépôt important n'a lieu jusqu'à ce que l'eau marque 16° Baumé, il se dépose seulement un peu d'oxyde de fer, et du carbonate de chaux, qui dissous par l'acide carbonique, se précipitent. De 16 à 21°, a lieu le dépôt de la plus grande partie du sulfate de chaux, dépôt qui continue au delà de 21°, mais en moindre abondance. Vers 25°, ainsi que nous l'avons dit, commence le dépôt du chlorure de sodium qui se fait à peu près seul de 25° à 32°,5, mais vers 25° ce dépôt renferme des proportions sensibles de sulfate de chaux, et est accompagné d'une certaine proportion de sulfate de magnésie, laquelle va s'accroissant à mesure qu'on s'approche de 32°,5. Au delà de 32°,5 la proportion du sulfate de magnésie, qui se dépose avec le sel marin, augmente très rapidement, et le produit n'est plus qu'un mélange, plus riche en sulfate de magnésie, qu'en chlorure de sodium pur.

D'après ce qui précède, on conçoit que pour avoir du sel à peu près pur, il convient d'arrêter l'évaporation à 32°,5, ou, ce qui revient au même, d'éliminer toutes les eaux ayant atteint ce degré. Nous dirons plus loin ce que l'on peut faire de ces eaux, désormais inutiles à une production directe de sel marin, mais dont on peut tirer parti, comme moyen de protection contre la pluie, à moins qu'on ne veuille les traiter pour en extraire certains produits, tels que les sulfates de soude et de potasse. — V. Salin.

L'eau qui, après le dépôt le plus considérable du sel marin, a atteint 32°,5 n'est pas absolument dépourvue de ce sel, mais elle n'en contient plus qu'une quantité assez faible, et qui est d'environ 1ᵍ,5 0/0. On ne pourrait extraire ce sel par voie d'évaporation naturelle sans entraîner en même temps le dépôt d'une quantité presque double de chlorure de magnésium et de sulfate de magnésie, et dont la cristallisation ne peut avoir lieu que dans une atmosphère absolument sèche. Déjà, le dépôt de sel marin de 25° jusqu'à 32°,5 ne s'effectue pas sans qu'il y ait, mélangé à ce sel, du sulfate de magnésie en quantité assez considérable.

Par l'exposition du sel à l'air libre on l'épure aisément, parce que le chlorure de magnésium, corps déliquescent, se dissout en attirant l'humidité de l'air; cette dissolution s'écoule, et il reste du chlorure de sodium à peu près pur. L'épuration n'est pas toujours nécessaire; le sel marin destiné à saler les morues, harengs, etc., gagne à être mélangé de chlorure de magnésium; grâce à la présence de ce sel déliquescent, le chlorure de sodium se dissout plus aisément au contact du poisson, et ce dernier se trouve atteint plus rapidement et d'une façon plus régulière par le sel, tandis que salé avec du chlorure de sodium à peu près pur, il serait partiellement brûlé, pour employer l'expression des saleurs. C'est pour ce motif que le sel marin de certaines régions est préféré pour la conservation du poisson, à cause de sa richesse plus grande en chlorure de magnésium.

A Paris, dans la plus grande partie du centre, et de l'ouest de la France, on fait usage de sel marin provenant des marais salants des côtes de l'Océan. Dans ces marais, le climat étant moins propice à la récolte que dans ceux du midi de la France, la levée du sel s'opère tous les deux, trois ou cinq jours, sur une couche très mince et qui est fatalement mélangée au limon du sol, de la couleur grise. Dans le midi de la France, au contraire, en Espagne, Portugal et Italie, où le climat est plus sec, on peut attendre, avant de récolter le sel marin, qu'il s'en soit déposé une couche assez forte, variant en épaisseur de 4 à 10 centimètres, et, dans ce cas, le sel est parfaitement blanc; ses qualités ne sauraient être moindres, parce qu'il est plus propre que ne l'est le sel gris.

Quant au sel rouge, il est surtout trouvé de cette couleur dans certaines mines de sel gemme, en Angleterre, dans l'est de la France; les populations des Alpes exigent pour leur usage du sel rouge qu'elles croient supérieur au sel blanc.

Quel que soit le moyen employé pour se procurer le sel, nous pouvons dire que la mer, à défaut de tout autre gisement naturel, en constitue une mine absolument inépuisable et vers laquelle retourne, par la voie des fleuves, tout le sel consommé. De plus, dans les pays chauds surtout, l'exploitation des salines par la seule action de l'évaporation spontanée, est le procédé le plus économique d'extraction; tout le travail se bornant en principe: 1° à enfermer dans des réservoirs étanches l'eau prise directement à la mer; 2° à poursuivre, à l'aide des moyens simples qui vont être indiqués, l'évaporation de l'eau douce; 3° à ménager des surfaces bien nivelées et propres; pour le dépôt du sel marin au moment où il se sépare; 4° enfin, à lever ce dépôt pour le masser en tas, à proximité des points les plus commodes pour la livraison. Cela revient à dire qu'il convient d'avoir à sa disposition des surfaces bien situées, au bord de la mer, en vue de l'exploitation à créer.

Nous allons, à l'aide d'une description aussi résumée que possible, indiquer en quoi consiste un établissement de ce genre, et comment on y pratique l'extraction du sel de l'eau de mer.

*Situation normale d'une saline.* Autant que possible, la surface que l'on destine à la création d'un marais salant, pour la production du sel marin, doit être située dans le voisinage de la mer ou d'étangs salés, ainsi que cela existe, par exemple, sur les bords de l'étang de Berre, près Marseille, et sur toutes nos côtes de l'Océan et de la Méditerranée. Le niveau de cette surface doit n'émerger que d'un mètre environ au-dessus de la hauteur moyenne des eaux de la mer, de façon qu'il soit possible d'établir des réservoirs accessibles naturellement à l'eau, à l'aide des ruisseaux ou partènements, munis de vannes de clôture. Dans le cas d'un sol trop élevé, on ne pourrait amener l'eau dans les partènements qu'à l'aide de machines élévatoires.

Pour les terrains propres à la création d'une saline, nous posons en principe que les surfaces à utiliser doivent affleurer à très peu près le niveau de la mer; nous ajouterons qu'elles doivent être formées par un sol complètement étanche. En effet, si le sol est perméable, l'eau introduite dans les divers réservoirs ou partènements diminue de volume en pénétrant dans le sous-sol, et une bonne partie du travail, sinon la totalité, se trouvera perdue.

Il faut que, naturellement, le sol soit solide, suffisamment imperméable, et tel qu'il puisse, avec peu de frais, être rendu complètement étanche. Ces conditions une fois réalisées, la construction de la saline n'exige plus que des divisions du sol, à l'aide de digues, pour former une série de partènements communiquant entre eux par des *mantélières* et des *tables salantes*, c'est-à-dire de réservoirs moins étendus, mieux nivelés, où devra se déposer le sel, lorsque l'eau sera arrivée de 25 à 32° Baumé. Si l'eau entre naturellement de la mer dans le premier partènement, il est impossible qu'elle puisse parcourir tous les autres réservoirs dont les surfaces devraient, en ce cas, être au-dessous du niveau de la mer. Une machine élévatoire est donc nécessaire pour monter les eaux à une hauteur peu considérable, mais suffisante pour un dénivellement destiné à l'approvisionnement naturel d'une série de quelques réservoirs successifs; puis, par une nouvelle élévation, on conduira l'eau arrivée, à peu de

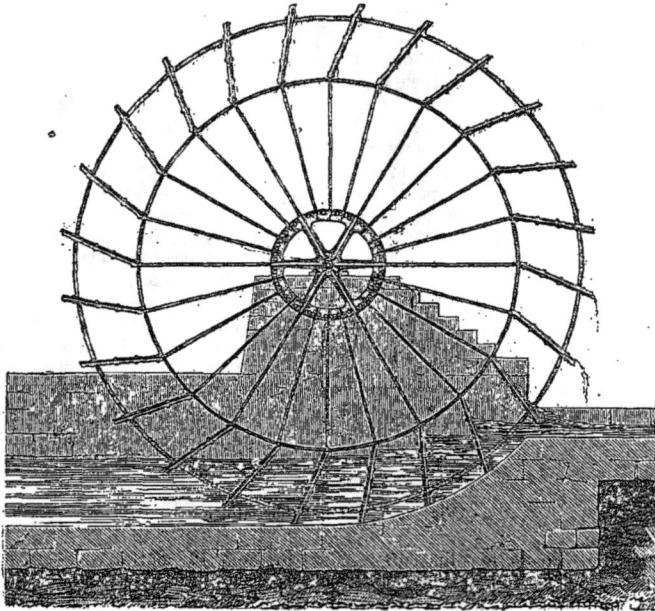

Fig. 32. — *Roue pour élever les eaux et les amener aux tables salantes.*

chose près, au point où elle va déposer le sel. Le rejet à la mer des résidus et des eaux pluviales exige l'emploi de la pompe.

Généralement, dans les salines situées sur un sol peu émergeant, on emploie, pour élever les eaux et produire les dénivellements nécessaires, des tympans de 3 mètres environ de diamètre qui permettent d'effectuer facilement une élévation de un mètre (fig. 32). Une faible machine à vapeur et même un cheval tournant autour d'un manège, suffisent, dans les salines de peu d'étendue, pour tout le travail des eaux.

Puisque l'eau de mer est réduite à un huitième environ de son volume primitif, quand elle est arrivée à 25° Baumé, il convient d'agir sur une série de réservoirs successifs appelés partènements ou échauffoirs, pour que l'eau les occupe tour à tour à mesure qu'elle est plus saturée. Le plan que nous donnons (fig. 33) de la disposition

d'une saline, indique nettement le type à adopter, lequel n'est variable que suivant la conformation du terrain. Au fond, les divisions à créer reviennent toujours à peu près à celles de ce plan.

CONSTRUCTION D'UNE SALINE ET FABRICATION DU SEL. L'emplacement étant situé au bord de la mer, on le divise en un nombre de réservoirs distincts qui peut aller jusqu'à 12. Le n° 1, partènement de la prise à la mer, est de beaucoup le plus vaste, c'est celui dans lequel l'eau douce doit s'évaporer en majeure partie pour que le degré s'accroisse de près du double.

Si, par exemple, l'eau est prise à la mer à 3°, elle doit rester emprisonnée sur une épaisseur de 10 centimètres environ, dans le partènement, jusqu'à ce qu'elle marque 5° à l'aréomètre Baumé; on ouvre alors le partènement ou échauffoir n° 2 en C, lequel se remplit naturellement (le niveau de son fond étant inférieur à celui du n° 1) d'eau à 5°; on reprend alors de l'eau à la mer pour regarnir à nouveau le n° 1. Dès que, dans le n° 2, l'eau a gagné un ou deux degrés de plus, on ouvre la communication D avec l'échauffoir

n° 3, lequel se remplit d'eau à 6°; le n° 1 est de nouveau en totalité ou en partie vidé dans le n° 2, et on prend encore de l'eau à la mer pour regarnir le n° 1. L'évaporation suivant son cours naturel, il arrive un moment où l'échauffoir n° 3 contient de l'eau à 7° ou 8°; on ouvre alors la communication E avec le n° 4 qui, par une pente naturelle, se remplit, et successivement l'on fait passer l'eau du n° 2 dans le n° 3, et celle du n° 1 dans le n° 2. Le complément d'eau de mer est encore introduit dans le n° 1. Quand le n° 4 contient de l'eau à 10° environ, on introduit celle-ci par une pente naturelle dans l'échauffoir n° 5, et le mouvement indiqué plus haut a lieu entre les échauffoirs 1, 2, 3 et 4.

Jusqu'ici, la pompe n'a rien eu à faire, mais le niveau le plus bas étant atteint au n° 5, il est impossible de passer au n° 6 sans le secours d'une machine élévatoire située en G, et à laquelle aboutit un ruisseau venant du n° 5, et suivant la direction H, I, J, K, L, M, N. L'eau à la pompe même, est montée à un niveau supérieur de un mètre environ, ce qui permet de la déverser par l'ouverture N, dans l'échauffoir n° 6, où elle demeure jusqu'à ce qu'elle ait gagné environ 2° de plus, elle est alors à 12°, et elle passe par une pente naturelle, en O, dans l'échauffoir n° 7 où elle gagne deux nouveaux degrés; elle s'écoule ensuite dans l'échauffoir n° 8 par l'ouverture R. Une fois à 15°, elle est déversée par l'ouverture P dans l'échauffoir 9, et chaque fois on compense le vide produit dans l'échauffoir qui vient de se vider par un mouvement semblable à celui qui a été indiqué, et qui remonte toujours jusqu'à la prise à la mer. De l'échauffoir 9 où l'eau est arrivée à 17 ou 18°, on continue la marche vers 10, 11 et puis 12 où on atteint 25° Baumé, c'est le moment où se dépose le sel marin. L'eau à 25° est étendue alors sur les tables salantes, et y abandonne le chlorure de sodium proprement dit, accompagné d'une notable proportion de chlorure de magnésie.

La première eau introduite dans les tables salantes ne donnerait pas une couche de sel marin suffisamment épaisse, si l'on ne continuait à y amener de la nouvelle eau saturée à 25°, au fur et à mesure de l'évaporation et de la cristallisation; quand l'eau des tables salantes acquiert 32°,5, il convient de la faire écouler dans les ruisseaux communiquant avec la pompe, avant d'introduire de l'eau à 25°. Ces eaux-mères sont alors rejetées à la mer à l'aide de la pompe.

Dans certaines salines, on les garde, bien qu'elles ne puissent plus fournir de sel marin; leur densité est mise à profit pour sauvegarder contre la pluie, le sel déposé. S'il pleut en effet, sur des surfaces recouvertes d'eaux-mères, le mélange de l'eau douce et de l'eau saturée ne s'effectue que très lentement, surtout si le vent ne vient pas agiter les surfaces, et le sel que recouvre directement le liquide saturé, le plus lourd de beaucoup, n'est nullement atteint par l'eau pluviale. En somme, les eaux-mères servent en ce cas de couverture, de manteau, contre l'eau de la

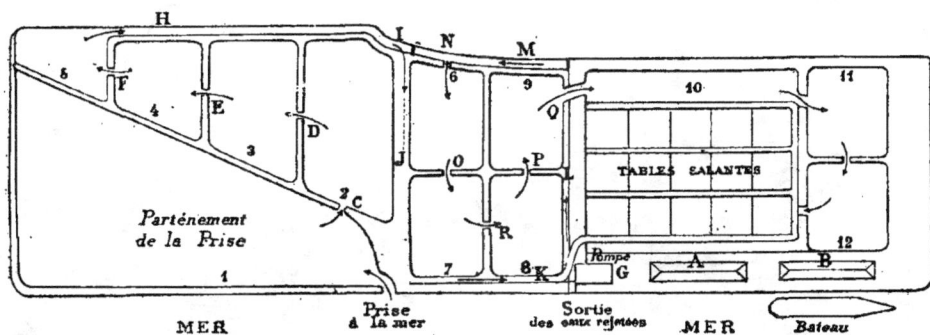

Fig. 33. — *Plan d'une saline.*

pluie, et c'est encore le moyen le plus efficace de protéger le sel, en cours de fabrication, contre des pluies même abondantes.

Après la pluie, on procède à une opération qui a pour objet *l'écrétage* des tables salantes; une vanne est mise à la hauteur de l'eau lourde, laissant échapper par sa partie supérieure et dans les ruisseaux d'écoulement des tables salantes, l'eau légère ou de pluie dont on se débarrasse avec la pompe.

Dans certains établissements salicoles et notamment dans celui de Giraud, situé dans la Camargue, près d'Arles, on traite les eaux-mères pour en extraire les sulfates de soude et de potasse par les procédés Balard. Ce traitement ne peut être lucratif que si l'on opère sur des quantités considérables. Le plus souvent les eaux-mères constituent des résidus que l'on rejette au moment de procéder à la levée du sel. Le mouvement des eaux, dont nous venons d'indiquer la marche, commence vers le mois de mai ou d'avril, et c'est vers le mois de juillet que se font les premières levées de sel déposé dans les tables salantes.

La couche de sel variant d'épaisseur de 4 à 8,

et même à 12 centimètres, suivant les récoltes, on doit le couper à fleur du sol à l'aide de pelles tranchantes, et dont la partie coupante est formée d'une lame de cuivre. Les tables sont divisées en un certain nombre de carrés égaux, et le tas de chaque carré est ensuite transporté, soit sur la tête, dans des paniers, soit à l'aide de brouettes, jusqu'à l'endroit spécial réservé à l'entreposition de la récolte. On doit autant que possible former cet entrepôt à proximité d'une voie de transport aquatique ou terrestre, de façon à diminuer les frais de main-d'œuvre. Un quai, situé au bord d'un point d'embarquement, ainsi que l'indique la figure 33, est ce qui convient le mieux.

On y met le sel en tas ainsi qu'on le voit en A et en B; pour abriter ces cristaux contre la pluie, on les recouvre de tuiles posées directement sur le sel, et qu'on enlève au fur et à mesure des expéditions. La moyenne du coût de fabrication est, dans la région méditerranéenne, de 4 à 5 francs les 1,000 kilogrammes, y compris les frais de mise à bord, ou en vagon, dans les endroits où le point d'embarquement est tout auprès de la saline. Ailleurs, les frais varient suivant les distances à parcourir.

Les frais généraux ne sont pas d'une grande importance, pourtant les réparations à faire sur des surfaces qui ont toujours une très grande étendue, ne laissent pas que de peser assez lourdement sur l'ensemble des dépenses. C'est en hiver qu'ont lieu les réparations d'entretien, alors que les salines sont au chômage. Un saunier ou contre-maître chargé de la direction de l'exploitation, veille aux soins de toute nature que comportent ces établissements. L'activité la plus grande y règne surtout au moment de la levée ou récolte, car il s'agit d'opérer rapidement, afin d'échapper aux pluies menaçantes du mois de septembre (fig. 34).

Les ouvriers occupés à ce travail portent, surtout dans l'ouest, le nom de *paludiers*.

*Commerce.* Cette industrie fait vivre une bonne partie des habitants de la région où elle existe. La production salicole de la France dépasse beaucoup les besoins de la consommation et de l'exportation. On peut évaluer l'exportation, dans la seule zone de la Méditerranée, à plus de 100,000 tonnes par an; elle est à peu près égale sur les côtes de l'Ouest. Le droit de consommation qui, jusqu'à 1848, était de 300 francs la tonne, a été réduit à cette époque à 100 francs, c'est la taxe actuelle et encore, des franchises de droit sont-elles accordées au sel destiné, soit à la salaison des poissons pêchés à Terre-Neuve ou en Islande, soit à des préparations industrielles ou à l'agriculture. Le prix moyen de la vente

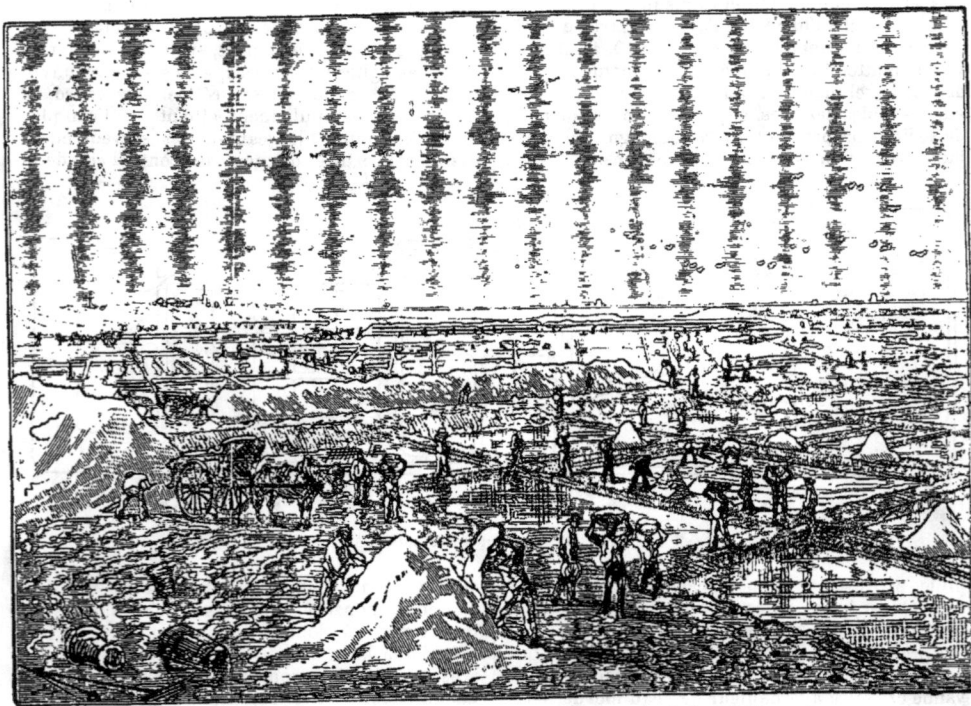

Fig. 34. — *Levée du sel dans un marais salant des bords de la Méditerranée.*

à l'exportation est, suivant les époques et les points de départ, de 10 à 12 francs les 1,000 kilogrammes. Celui de la vente à la consommation oscille entre 25 et 35 francs les 1,000 kigrammes, non compris, bien entendu, le droit de douane.

Ce que nous avons dit de l'industrie salicole dans la région méditerranéenne s'applique également aux salines des autres régions, en tenant compte des différences de climat et des marées; ces dernières donnent des facilités qui n'existent pas dans une mer à niveau à peu près constant, comme cela existe dans la Méditerranée.

Le dénivellement graduel existe forcément sur toutes les plages baignées par la marée, et l'on peut, en utilisant ces pentes naturelles, et grâce à des digues d'une hauteur convenable, se passer de toute machine élévatoire. Malheureusement le

climat de l'ouest est moins favorable que celui du midi de la France, d'où il résulte encore un avantage pour cette dernière région.

Bien que les pays du globe qui sont baignés par la mer soient nombreux, il y a peu encore de salines dans la plupart de ces pays, même dans ceux où la chaleur est ardente; c'est là pour l'industrie française salicole une cause de prospérité qui diminuerait à mesure que s'accroîtrait le nombre d'établissements de ce genre. Le climat seul ne suffit pas, il faut encore trouver des conditions d'établissement convenables, et c'est la difficulté d'y arriver qui, sans doute, est la cause de l'absence de marais salants dans la majeure partie du monde. — L. V.

**SALINIER.** *T. de mét.* Celui qui recueille, qui

vend du sel, principalement dans les départements du midi.

**\*SALLANDROUZE DE LA MORNAIX. (JEAN).** Industriel, né à Felletin (Creuse) en 1762, mort à Paris en 1826, était issu d'une très ancienne famille d'Aubusson, qui s'était occupée depuis longtemps de l'industrie des tapis. A la mort de son père, en 1783, il se trouva à la tête d'une manufacture importante, qu'il développa encore au point de relever à Aubusson cette industrie, autrefois la richesse de la ville, et qui avait déchu de sa prospérité. Il résista, grâce à son énergie et à la bonne direction qu'il avait su maintenir dans ses affaires, à la crise industrielle qui signala les premières années de la Révolution, et se vit décerner, pour la perfection de ses produits, une grande médaille d'argent, en 1799. Enfin, le retour au commencement du siècle, d'un gouvernement plus stable, lui permit de recueillir les fruits de sa persévérance, et avec l'aide du ministre Chaptal, son ami, il réorganisa complètement sa manufacture et en fit un établissement modèle, dont les tapis et tapisseries acquirent aussitôt dans toute l'Europe une réputation méritée, et que le temps n'a point affaiblie. Encouragées par ce succès, et désireuses d'en partager les avantages, de nombreuses industries se sont depuis fondées à Aubusson, aussi Sallandrouze de la Mornaix peut-il être considéré comme le bienfaiteur de sa ville et le rénovateur de son industrie.

**\* SALLANDROUZE DE LA MORNAIX.** Fils du précédent, né à Paris en 1809, mort en 1867. En 1830, il devint directeur de la manufacture d'Aubusson et entra, en 1840, au Conseil général des manufactures. A l'exposition de 1844, il remporta la médaille d'or et fut depuis hors concours à toutes les expositions universelles; il fut d'ailleurs membre du jury en 1848 et en 1855. En 1850, il organisa à Londres, à ses frais, une exposition spéciale qui eut le plus grand succès, aussi fut-il désigné comme délégué du gouvernement français à l'Exposition Universelle de Londres. Déjà Conseiller général de la Creuse depuis 1842, il fut nommé député en 1846 par l'arrondissement d'Aubusson, et partie de la droite même à la Constituante de 1849, d'où il se retira sans vouloir accepter la candidature pour l'assemblée législative. Pourtant, après la proclamation de l'Empire, il se reporta de nouveau dans la Creuse, et fut élu comme candidat officiel en 1852, 1857 et 1863. Il était officier de la Légion d'honneur depuis 1847. Très jeune, Sallandrouze de la Mornaix avait fait paraître une brochure: *Considérations sur la législation des brevets d'invention* (in-8°, 1829). Plus tard, chargé, avec l'économiste Blanqui, d'une mission officielle en Espagne, il a publié son *Rapport sur l'organisation industrielle de l'Espagne.* Enfin, on lui doit des *Lettres industrielles*, et une collaboration active au *Dictionnaire des arts et manufactures* de Laboulaye.

**SALLE.** Espace clos et couvert, de grande dimension, qui fait partie d'une habitation ou d'un édifice public, et qui reçoit diverses dénominations, suivant l'usage auquel on le destine.

— Les anciens avaient, dans leurs édifices, de vastes salles destinées à recevoir un grand nombre de personnes réunies pour des occupations diverses. Il nous suffira de citer : les *salles hypostyles* des temples égyptiens, les salles appelées *cysicènes* chez les Grecs, *triclinia* chez les Romains, et qui servaient aux festins; les *salles* des thermes romains, etc... Au moyen âge, on trouve aussi, dans les habitations modestes, la *salle* proprement dite, servant à la fois de salon et de salle à manger; dans les demeures plus luxueuses, la *salle basse*, au rez-de-chaussée, pour les gens et familiers de la maison, la *salle haute* au premier étage, pour le maître et les siens; dans les châteaux, la salle basse pour les troupes de la garnison, la salle haute ou *grande salle* pour les défenseurs d'élite ou les réceptions; dans les hôtels de ville, la *salle commune*; dans les monastères, les *salles* dites *capitulaires*, etc. A la Renaissance, les salles des châteaux se transformèrent en *galeries*.

Nous ne nous occuperons ici que des acceptions dans lesquelles ce terme est le plus souvent pris de nos jours.

Dans les palais de justice, on appelle : 1° *salle des pas perdus*, le principal vestibule où se rendent les avocats, les plaideurs et les curieux. Ces salles, qui doivent se présenter dès l'entrée, communiquent avec les salles d'audience, directement ou plutôt par l'intermédiaire d'un petit vestibule ou tambour destiné à amortir le bruit; 2° les *salles d'audience*, destinées, les unes à la cour d'assises, les autres à un tribunal de première instance; les premières sont naturellement plus vastes que les secondes; à toutes on donne la forme rectangulaire, l'entrée principale étant ouverte au milieu d'un des petits côtés; 3° les *salles de conseil*, établies à proximité des salles d'audience et mises en communication directe avec l'estrade des juges.

Les pièces principales des hôpitaux sont celles dites *salles des malades*, et auxquelles on donne des dispositions particulières (V. HÔPITAL). Dans ces édifices, on distingue encore la *salle d'autopsie* et la *salle des morts*.

Dans les théâtres, la *salle* proprement dite est la partie occupée par les spectateurs (V. THÉÂTRE). Les habitations particulières renferment plusieurs pièces auxquelles on donne le même nom. On distingue : la *salle à manger*, de forme rectangulaire, carrelée ou planchéiée, chauffée par des bouches de calorifère ou par un poêle muni d'un chauffe-assiettes, revêtue de lambris hauts ou de lambris d'appui vrais ou simulés, communiquant avec la cuisine, soit par un office ou par un corridor, quand ces deux pièces sont de plain-pied; soit par un monte-plats quand la cuisine est à un étage inférieur, en sous-sol, par exemple; la *salle de billard*, pièce qui peut être comprise dans l'habitation même ou en être séparée, dont la forme est oblongue comme celle du billard qu'elle renferme, un intervalle de 1m,60 au moins étant réservé entre ce meuble et les murs pour la facilité du jeu; la *salle de bain*; petite pièce renfermant une baignoire et, suivant le besoin, divers appareils hydrothérapiques; ayant es parois verticales et horizontales, pourvues des revêtements enduits ou faïencés, faciles à nettoyer.

Enfin, il existe encore des *salles de bal*, des *salles de concert*, etc... aménagées suivant leur destination spéciale.

Dans les chemins de fer, le local d'une gare dans lequel les voyageurs attendent, munis de leur billet, le moment de monter dans les voitures des trains est appelé *salle d'attente*. Les salles d'attente sont, en général, au nombre de trois, une pour chaque classe de voyageurs; munies de banquettes, chauffées en hiver et communiquant, d'une part, avec le vestibule où l'on prend les billets et où l'on fait enregistrer les bagages, d'autre part, avec les quais d'embarquement longeant les voies; dans les haltes et les petites stations peu importantes, le nombre des salles d'attente se réduit souvent à deux ou même à une seule; enfin, dans les installations les plus rudimentaires, c'est le vestibule même qui tient lieu de salle d'attente. Dans les anciennes dispositions de gares, on donnait aux salles des dimensions spacieuses; elles formaient, en quelque sorte, l'étape intermédiaire entre le vestibule ou la salle des pas perdus et le quai dont l'accès n'était ouvert qu'à la dernière limite; les voyageurs, pour ainsi dire emprisonnés dans ces salles, devaient y trouver place, et il existait nécessairement une certaine corrélation entre le mouvement annuel des voyageurs d'une gare et la surface des salles d'attente; le rapport qui servait de base à cette évaluation était d'environ 1,200 voyageurs par

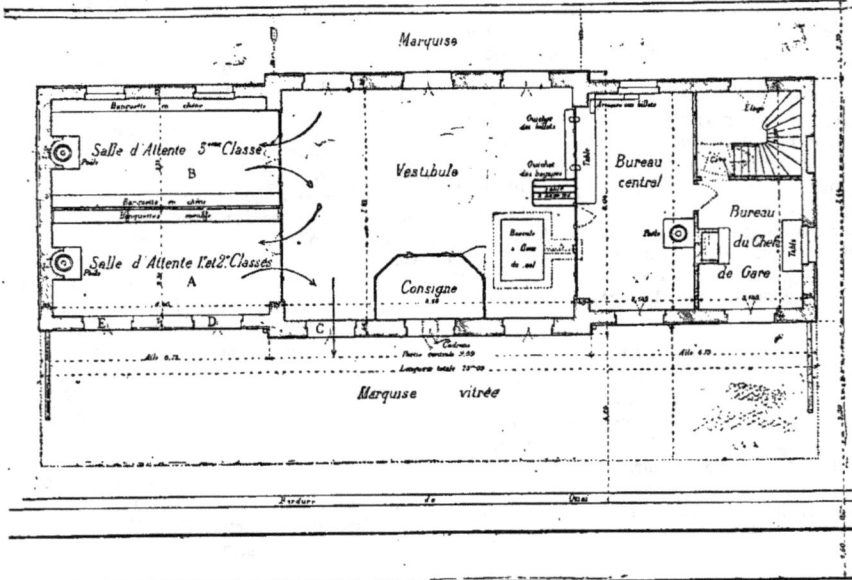

Fig. 35. — *Disposition nouvelle des salles d'attente.*

mètre carré et par an, bien entendu avec un minimum, et en donnant aux trois classes les proportions suivantes : 3/5 pour les troisièmes classes; 1/5 pour les secondes et 1/5 pour les premières. Toutes ces dispositions sont devenues caduques sous l'effet des prescriptions de la circulaire ministérielle du 10 janvier 1885, qui invite les Compagnies de chemins de fer à admettre les voyageurs sur les quais d'embarquement, et à leur laisser prendre place dans les voitures, aussitôt qu'ils sont munis de leurs billets, sous la réserve d'exceptions à faire en faveur de certains jours ou dans quelques stations qui présenteraient des conditions d'exploitation particulièrement difficiles: par exemple aux gares frontières, où la douane fait descendre les voyageurs pour la visite des colis et des compartiments. En conséquence, les salles A et B ont dû être disposées parallèlement au quai, comme l'indique la figure 35, avec un débouché sur une sorte de couloir dont la porte C d'accès sur le quai est ouverte en permanence, tandis que les portes E et D sont condamnées. Les salles sont facultatives, et le public peut s'y reposer s'il ne préfère passer directement du vestibule sur le quai par la porte C. Cette disposition est beaucoup plus commode pour le service en même temps qu'elle est plus agréable pour le public; en effet, il suffit d'établir la surveillance et le contrôle à la seule porte C, au lieu de détacher des agents chargés d'ouvrir successivement les portes E et D et de contrôler les billets à la dernière minute. Enfin, le chauffage des salles, en hiver, est obtenu plus facilement, à la condition que la cloison qui les sépare du vestibule soit prolongée jusqu'au plafond et munie de portes battantes retombant automatiquement — M. C.

\*SALLERANT, ANTE. *T. de mét.* Celui, celle qui, dans la fabrication manuelle du papier, veille à ses diverses manipulations après le travail à la cuve; on dit aussi *salleran, salle-rane*.

**\* SALMON** (Louis-Adolphe). Graveur et aquarelliste, né à Paris, en 1806, fut élève d'Ingres, pour le dessin, et d'Henriquel Dupont, pour la gravure en taille-douce. Il remporta le prix de Rome, en 1834, et se livra surtout à l'étude des maîtres de la Renaissance. En 1847, il exposa des gravures enluminées à l'aquarelle, où les ombres étaient fournies par les vigueurs du trait et qui furent très appréciées des connaisseurs. Il envoya chaque année au Salon des planches remarquables d'après Léonard de Vinci, Raphaël, Le Guide, Michel-Ange, et remporta une deuxième médaille, en 1853, avec deux morceaux très vigoureux de ton et d'une rare fermeté de dessin : *Barthold et Baldus*, d'après Raphaël, et *Sébastien del Piombo*, portrait d'après Le Rosso. Il obtint, en outre, des rappels de médaille, en 1855 (Exposition universelle), pour l'ensemble de ses œuvres; en 1857, avec la *Madone de Foligno, La Poésie, La Théologie, La Justice*, d'après Raphaël; *Madame Dora d'Istria*, d'après Schiavone; *Schneider*, d'après Delaroche; en 1859, avec le *Portrait de Mme d'Agoult et de sa fille*, d'après un dessin de Ingres; en 1863, avec la *Charité*, d'après Andréa del Sarto; en 1865, avec *Jules César*, portrait d'après un dessin original d'Ingres, destiné à figurer en tête de l'*Histoire de Jules César* par Napoléon III; en 1867, un *Christ*, d'après Ary Scheffer. Cette même année, il reçut la croix de la Légion d'honneur. Enfin, on cite parmi ses meilleures œuvres: l'*Apothéose d'Homère*, d'après Ingres, et *Victor Cousin*, d'après Lehmann.

**SALOIR.** T. techn. Ustensile que l'on fait avec du très bon bois, ordinairement du chêne, et dans lequel on fait saler les viandes.

**\* SALOMON DE CAUS. — V. Caus.**

**SALON.** T. d'arch. On désigne ainsi la pièce de réception principale dans un appartement. Dans les appartements luxueux, il y a plusieurs pièces de ce genre : *grands et petits salons*. Le salon proprement dit est, de toutes les pièces d'une habitation, celle à laquelle on donne la décoration la plus riche, et où l'on réunit le plus possible d'objets d'art et d'agrément. Il affecte, suivant l'emplacement disponible, des formes très variées : il est tantôt rectangulaire, tantôt circulaire ou polygonal. Au dernier siècle, et jusqu'à nos jours, les tons clairs et les dorures ont dominé dans la décoration de ces pièces; actuellement, on voit de forts beaux salons dans lesquels la coloration est à la fois riche et soutenue. L'application des deux systèmes se rencontre dans le même appartement. Ici, le goût de l'architecte est le meilleur juge.

**SALPÊTRE.** Aussi appelé dans l'industrie *nitre, nitrate* et surtout scientifiquement *azotate de potasse* (V. ce mot); c'est l'un des trois éléments qui entrent dans la composition de la poudre; il remplit l'office du corps comburant, c'est-à-dire qu'il fournit l'oxygène nécessaire à la combustion en vase clos. La fabrication du salpêtre a par suite une certaine importance au point de vue de la défense nationale, et pendant longtemps elle a même dû être réglementée en France.

— Depuis l'emploi des bouches à feu dans les armées, la récolte du salpêtre a été l'objet des plus grandes préoccupations de la part du pouvoir royal. Louis XI et François Ier furent obligés d'édicter des règlements sévères, pour forcer la population à se soumettre aux exigences des salpêtriers autorisés à pénétrer dans les lieux où pouvait se trouver du salpêtre, pour en faire la récolte. A la fin du XVIIIe siècle, la recherche du salpêtre était devenue l'impôt le plus gênant, les salpêtriers étaient l'objet de la haine publique, et malgré cela, la récolte devenant insuffisante, la France se trouva à plusieurs reprises, pendant les guerres maritimes, à la merci des Hollandais ou de la Compagnie des Indes qui importaient en Europe le salpêtre dont les gisements étaient déjà exploités dans l'Inde à cette époque.

Pour affranchir le pays de toute dépendance étrangère, Turgot alors contrôleur général des finances, fit signer, en 1775, par le roi Louis XVI, une ordonnance portant que la fabrication, la vente et le débit des poudres et salpêtres, dans toute l'étendue du royaume, seraient faits pour le compte et au profit de l'Etat, en même temps il fit promettre un prix extraordinaire au meilleur mémoire sur la préparation du nitre et l'établissement des nitrières artificielles. C'est alors que la fabrication du salpêtre devint une mode générale en France; particuliers, communautés religieuses se livrèrent à la culture du salpêtre et, en 1778, le droit de fouille fut aboli. Pendant la Révolution, le gouvernement chercha à encourager le plus possible la récolte du salpêtre naturel et la production des nitrières artificielles, le droit de fouille fut rétabli, l'introduction du salpêtre étranger fut autorisé.

A partir de 1819, l'exploitation du salpêtre indigène a cessé d'être un privilège, cette industrie a disparu complètement de 1850 à 1854; la diminution des droits d'entrée sur les salpêtres exotiques, d'abord, et surtout la conversion en salpêtre du nitrate de soude importé du Chili lui ont donné le coup de grâce.

La fabrication du salpêtre n'est actuellement exercée en France que par un petit nombre d'industriels dont les principaux sont établis dans le Nord, à Lille et à Auby, près Douai. Le gouvernement fabrique lui-même une grande partie du salpêtre brut qui est ensuite raffiné dans ses raffineries; la raffinerie de Lyon produit environ 1,000,000 de kilogrammes de salpêtre par an.

Le salpêtre brut, n'étant pas assez pur pour pouvoir servir à la fabrication de la poudre, est raffiné dans les raffineries de l'Etat, dirigées, comme les poudreries, par des ingénieurs des poudres et salpêtres. Ces raffineries sont au nombre de trois : celles de Lille et Bordeaux pour le salpêtre seulement; celle de Marseille, où l'on raffine, non seulement le salpêtre, mais encore le soufre nécessaire à l'approvisionnement de nos poudreries. L'essai du salpêtre brut ou raffiné se fait dans les raffineries d'abord, puis dans les poudreries. — V. Azotate de potasse.

**Salpêtre de betterave, Salpêtre indigène.** Lorsque, dans un osmogène, on soumet une mélasse à l'osmose en opposition avec de l'eau, la mélasse laisse passer successivement à travers le papier parcheminé, dans l'eau au milieu de laquelle il se trouve plongé, une certaine quantité de matières salines, les sels qui passent les premiers sont surtout les sels cristallisables, le chlorure de potassium et le nitrate de potasse, et quelques sels de potasse à acides végétaux qui ne cristallisent pas, tels que : acétates, malates, lactate, et une petite quantité de sucre. On désigne ces eaux sous le nom d'*eaux d'exosmose*; elles sont généralement à une densité très faible, soit : 1°, 2° ou 3° Baumé ; évaporées, elles laissent cristalliser par refroidissement du nitrate de potasse et du chlorure de potassium.

L'évaporation de ces eaux d'une aussi faible densité pour les amener au degré de cristallisation des sels qu'elles contiennent, exige une certaine dépense de combustible qui a été pendant un certain temps un motif de répulsion à l'extraction de ces sels. Il en est résulté que dans les débuts de l'application de l'osmose, ces eaux d'exosmose furent coulées au ruisseau : quelques fabricants cultivateurs les utilisèrent cependant comme très engrais. Enfin, après bien des hésitations, la plupart des fabricants de sucre se sont résignés à les évaporer dans leur appareil à triple effet (V. Sucre) où l'évaporation se fait d'une manière bien plus économique.

Ces eaux d'exosmose, concentrées jusqu'à 39° ou 40° Baumé bouillant, laissent cristalliser par refroidissement, une grande partie du nitrate de potasse et de chlorure de potassium qu'elles contiennent ; on obtient ainsi un mélange de ces deux sels qui a d'autant plus de valeur commerciale qu'il renferme plus de nitrate de potasse, et moins de chlorure de potassium ; le nitrate de *potasse* à un degré voisin de sa pureté se vendant 45 à 47 francs les 100 kilogrammes, tandis que le chlorure de potassium ne vaut que 18 francs.

La proportion de ces deux sels, variable avec la nature de la mélasse, a jeté une grande hésitation dans leur extraction ; beaucoup de fabricants y ont renoncé, et se sont contentés d'évaporer leurs eaux d'exosmose et de les livrer à la distillerie de mélasse sans en avoir extrait les sels. La distillerie les traitant comme de la mélasse ordinaire, les fait fermenter pour transformer le sucre en alcool, et le résidu de la distillation, c'est-à-dire la vinasse, est envoyé au four à évaporation et à incinération (V. Distillation) ; mais, dans cette opération, tout le salpêtre se trouve détruit de telle sorte que la nouvelle source de salpêtre indigène est ainsi complètement tarie.

Une autre difficulté se présentait pour l'écoulement commercial de ces sels. L'Etat qui en est le plus grand consommateur pour la fabrication de la poudre, ne les accepte qu'à la condition qu'ils soient séparés et complètement purifiés. Ces sels d'exosmose ne trouvaient donc qu'un écoulement très lent et très difficile dans le commerce ; c'est dans ces conditions que M. le marquis d'Havrincourt entreprit, en 1880, d'opérer leur séparation et leur raffinage sous la forme et la pureté exigées par la Direction des poudres et salpêtres de l'État.

Les sels d'exosmose étaient achetés aux fabricants de sucre osmoseurs sur analyse, mais les difficultés d'avoir des échantillons bien homogènes representant la moyenne exacte des livraisons, les frais auxquels entraînaient cette séparation et ce raffinage, rendaient cette industrie très précaire et peu rémunératrice ; de plus, les formalités administratives à remplir pour la livraison de ces sels à l'État présentaient de véritables obstacles au développement de leur raffinage, et la sucrerie d'Havrincourt y renonça après trois campagnes d'essais successifs.

On comprend, par les nombres fournis par ces analyses, le trouble que doit apporter dans les transactions commerciales la variété de composition des sels d'exosmose, lorsque cette composition peut varier, pour une même fabrique et pour une même campagne, entre un maximum de nitrate de potasse de 76 0/0 et un minimum de 28 0/0, et un maximum de chlorure de potassium de 51 0/0 et un minimum de 8,956 0/0. En présence d'une variation aussi grande dans la composition des sels d'exosmose, on comprend même les difficultés d'établir un échantillon moyen qui représente exactement la composition moyenne de toute la fabrication.

La méthode d'épuration et de raffinage employée dans la sucrerie d'Havrincourt, consistait en un enrichissement graduel par clairçage à l'eau saturée de salpêtre pur ; l'application de cette méthode a établi que les sels d'exosmose pouvaient toujours être amenés à une teneur de 90 à 95 0/0 de salpêtre, par un clairçage à l'eau saturée de nitrate de potasse, fait dans les conditions suivantes : les sels sont placés dans des cuviers où ils restent en imbibition pendant deux heures avec 50 litres d'eau saturée par 100 kilogrammes de sels ; on les verse alors dans le panier de la turbine, et on les essore pendant cinq minutes. Les sels ramenés au fond du panier sont imbibés à nouveau pendant un quart d'heure, avec 30 litres d'eau saturée par 100 kilogrammes de sels, puis turbinés pendant 5 minutes. Enfin, on fait une dernière imbibition dans la turbine même pendant un quart d'heure avec la même quantité d'eau saturée, et l'on turbine dix minutes.

Le tableau de la page suivante donne la composition moyenne de sels d'exosmose d'une même fabrique obtenus par diverses cristallisations d'eaux d'exosmose et d'eaux salines de reosmose dans l'année 1883, et la composition moyenne de nombreuses analyses de sels d'exosmose obtenus dans les différents départements pendant les années 1881-1883-1885-1886.

M. H. Leplay, est parvenu à simplifier les moyens d'extraire le nitrate de potasse sans mélange d'autres sels et à en augmenter la quantité, en transformant directement en nitrate de potasse, non seulement le chlorure de potassium contenu dans les eaux d'exosmose, mais encore tous les sels de potasse à acides organiques, tels que : acétates, malates, lactates et autres qui s'y trouvent également, de manière à n'obtenir que du salpêtre sans mélange d'autres sels.

Ce procédé peut également s'appliquer à tous les liquides provenant des mélasses dont le sucre a été éliminé soit par la chaux, la baryte ou la strontiane, soit par la fermentation, c'est-à-dire des vinasses de distillerie dont le sucre a disparu sous forme d'alcool.

En 1867, Dubrunfaut estimait que la production an-

| Désignation des composants | Même fabrique, 1883 | | | Havrincourt 1881 | Campagne de 1885 et 1886 | |
|---|---|---|---|---|---|---|
| | 1re osmose | 1re reosmose | 2e reosmose | Moyenne des sels | Pas-de-Calais | Aisne |
| Nitrate de potasse. | 76.080 | 67.890 | 28.060 | 46.04 | 56.90 | 50.20 |
| Chlorure de potassium. | 8.956 | 17.374 | 51.070 | 33.25 | 33.10 | 40.80 |
| Sulfate de potasse. | 1.350 | 1.050 | 2.100 | 4.02 | 2.50 | 2.58 |
| Sucre. | 4.210 | 2.670 | 3.480 | 5.34 | traces | 1.62 |
| Matières organiques. | 5.464 | 7.516 | 8.088 | 4.95 | 3.65 | 2.20 |
| Eau. | 3.940 | 3.500 | 6.500 | 5.60 | 3.00 | |
| Matières insolubles et matières non dosées | | 0.000 | 0.702 | 0.80 | 0.85 | 2.60 |
| Total. | 100.000 | 100.000 | 100.000 | 100.00 | 100.00 | 100.00 |

nuelle du salpêtre de betterave pouvait s'élever à 3,500,000 kilogrammes; en 1883, M. Léon Faucher l'estimait à 7,500,000 kilogrammes; en 1886, d'après l'estimation de M. Leplay, par l'application de ses procédés, cette production pourrait s'élever à 18,000,000 de kilogrammes.

Il est permis d'espérer que ces nouveaux progrès fermeront pour toujours, la porte de nos arsenaux au salpêtre étranger.

**SALPÊTRIER.** *T. de mét.* Ouvrier qui fait du salpêtre.

**SALPÊTRIÈRE.** Endroit où l'on fabrique du salpêtre. — V. NITRIÈRE.

**`*SALVETAT** (Louis-Alphonse). Chimiste distingué, naquit à Paris le 17 mars 1820, et mourut à Cramoisy, près Creil (Oise), le 3 mai 1882. Après avoir suivi les classes du collège Bonaparte, il fut admis à l'Ecole centrale des arts et manufactures, à la suite du concours de 1838, il en sortit, en 1841, avec un diplôme d'ingénieur chimiste; cette même année, sous les auspices de J.-B. Dumas, il entra à la Manufacture de porcelaines de Sèvres en qualité de chimiste du laboratoire. Les souvenirs laissés par ses prédécesseurs dont les découvertes en chimie avaient porté haut la réputation de la manufacture, imposaient à Salvetat de grands devoirs auxquels il ne faillit jamais; pendant près de quarante ans, il dirigea le laboratoire de Sèvres, et ses travaux remarquables enrichissent encore les procédés de cette fabrication célèbre; afin de centraliser dans ses mains la chimie et la conduite du feu, il fut nommé quelque temps après son entrée au laboratoire, chef du service des moufles.

En 1844, Salvetat fut chargé de faire à l'Ecole centrale des arts et manufactures, un cours sur l'industrie céramique; en 1873, le Conseil des études ajouta à ces leçons un cours sur la métallurgie des métaux, autres que le fer, sur le blanchiment et la teinture, et enfin en 1877 quelques leçons sur l'industrie de la verrerie. Depuis 1851, il appartenait au Comité des arts chimiques du Conseil de la société d'encouragement dont il fut longtemps l'un de ses membres les plus actifs et les plus dévoués; sa grande compétence dans l'examen des industries céramiques l'avait fait nommer chimiste-expert près les tribunaux de la Seine; il fit partie des jurys des récompenses aux Expositions universelles de 1855, de 1867 et de 1878, et fut nommé chevalier de la Légion d'honneur à la suite de la première de ces Expositions;

membre de la Société des ingénieurs civils, il en fut le président pendant l'année 1865.

Successivement sous les ordres de MM. Brongniart, Ebelmen, Regnault, Robert et Lauth, administrateurs de la Manufacture de Sèvres, il fut admis à faire valoir ses droits à la retraite le 16 juillet 1880. Sa santé, fortement ébranlée déjà, s'altérant de plus en plus, il dut, en 1881, renoncer définitivement à son cours de l'Ecole centrale; c'est l'année suivante qu'en allant faire une expertise à Creil, il fut frappé à Cramoisy, le 30 avril, d'une attaque d'apoplexie séreuse qui l'emporta trois jours après.

Dès son entrée au laboratoire de Sèvres, Salvetat publia divers Mémoires qui furent insérés dans les Annales de chimie et de physique, et dont voici les principaux : *Sur un jaune fusible pour peinture sur porcelaine*; *Sur un hydrosilicate de zircone, cristallisé, de la Vienne*; *Analyse de grès cérames*; *Silice hydratée d'Alger*; *Emploi du platine dans la peinture sur porcelaine*; *Rouges pour porcelaine*; *Analyses de bronzes antiques*; *Analyses d'hydrosilicates d'alumine*; deux Mémoires en commun avec Ebelmen sur les matières employées en Chine dans la fabrication de la porcelaine, et un Mémoire en commun avec M. Chevandier (Eugène) sur les eaux d'irrigations.

Salvetat fut chargé par la famille de feu Alexandre Brongniart, de publier la deuxième et la troisième édition du *Traité des arts céramiques*. On lui doit encore des *Leçons de céramique*, faites en 1857 à l'Ecole centrale et une traduction de l'anglais, en collaboration avec M. le comte d'Armand, d'une *Histoire des poteries, faïences et porcelaines* de Maryat, 1866. Auteur de nombreux articles de fond dans le *Dictionnaire des arts et manufactures* de Laboulaye, Salvetat nous a donné aussi quelques articles, trop peu à notre gré, car si sa compétence en céramique était incontestable, nous pouvions apprécier chaque jour davantage l'aménité de son caractère, et l'active collaboration qu'il nous avait promise devait être aussi agréable pour nous qu'utile à notre œuvre.

**`* SAMBIN** (Hugues). Architecte et sculpteur, né à Dijon dans les premières années du xvie siècle, a laissé, tant en dessin d'architecture qu'en menuiserie, des œuvres fort remarquables qui sont presque toutes dans sa ville natale. Comme architecte, Sambin est surtout connu par le Palais de Justice et le portail de l'église Saint-Michel à

Dijon, avec les petits dômes qui surmontent ses trois arcades; dans cette même église, on admire un bas-relief qui passe pour son chef-d'œuvre : *Le jugement dernier.* Dans son art spécial de sculpteur sur bois, où il eut pour associé son gendre Gaudrillet, artiste habile, il a été l'initiateur de l'école bourguignonne de menuiserie. On lui doit de véritables merveilles dans ce genre : le plafond de la grande salle à la Chambre des comptes; les stalles de Saint-Bénigne et de Saint-Étienne, une belle porte et le plafond de la salle des procureurs, au Palais de Justice. On lui a attribué aussi, mais à tort, le plafond d'une salle dépendant de l'ancien parlement de Bourgogne et qui est certainement antérieur. Il a publié, en 1572, un livre illustré de trente-six planches sur bois, très intéressant en ce qui concerne la technique de son art : *Œuvres de la diversité des termes dont on se sert en architecture,* par maître Hugues Sambin, architecte, en la ville de Dijon. Il devait être suivi d'un autre, annoncé par l'auteur, mais qui ne vit sans doute jamais le jour. Ses contemporains et ses élèves y ont puisé souvent des motifs de décoration qui pèchent malheureusement par la lourdeur et la recherche, cependant le mobilier bourguignon doit à ces modèles une certaine ampleur et une énergie de contours qui le distinguent absolument. Sambin eut la plus grande influence sur ce caractère ogival de l'ébénisterie dans sa région et par ses dessins, et par ses exemples, et par ses conseils, car, en 1581, nous le voyons logé à Besançon chez le menuisier Pierre Chennevière qui s'inspira de sa manière : il est un des plus dignes d'attention parmi ces artistes provinciaux dont l'œuvre et la vie sont si peu connues; il a de la facture et du style, et il n'est pas invraisemblable qu'il ait été, comme on le dit, élève de Michel-Ange. Son petit-fils, François, fut reçu maître menuisier à Dijon, en 1617, et déclara que son père Jacques était « maître orologeur. »

**\* SAMPLE ou SEMPLE. T. de tiss.** On donnait le nom de *sample* ou *semple* dans les anciens métiers à tisser les étoffes façonnées, dits *métiers à la grande tire*, à des cordes disposées verticalement, sur le côté du métier, et en relation par les *cordes de rame* et les cordes d'*arcade* avec les fils de la chaîne; un aide, appelé *tireur de lacs*, choisissait parmi ces cordes celles qui correspondaient aux fils qui devaient recouvrir la trame, et qui étaient indiquées par un système assez compliqué de boucles de ficelles; il déterminait la *foule*, c'est-à-dire l'ouverture de la chaîne en les tirant à lui (V. JACQUARD). Les semples ont disparu des métiers à tisser actuels, munis de mécaniques Jacquard, mais existent encore dans les machines qui servent à percer les cartons, et qui donnent lieu à une opération préparatoire, le *lisage* (V. ce mot) qui consiste à exécuter à la main un rapport de l'armure dans une chaîne formée par de petites cordes, à laquelle on conserve le nom de *semple*. Ces cordes, mises ensuite en relation avec les poinçons du piquage, déterminent les trous du carton lorsqu'elles sont tirées.

**SANDALE.** Sorte de chaussure faite d'une semelle attachée avec des courroies ou des boucles par dessus le cou de pied, dont les doigts demeurent à découvert. — V. CHAUSSURE.

**SANDARAQUE. T. de mat. méd.** Résine fournie par le *thuya articulata,* Desf., de la famille des cupressinées, et qui nous vient de l'Atlas, de l'Algérie et du nord-ouest de l'Afrique, ainsi que du Maroc, par la voie du Mogador. Elle découle naturellement de l'arbre ou à la suite d'incisions, et se trouve sous forme de larmes allongées, cylindroïdes, isolées et rarement réunies ; elles sont recouvertes d'une fine poussière blanche, fragiles, se pulvérisant sous la dent; elles sont jaunâtres, se ramollissent à 100° et fondent à 145°, en répandant une odeur térébenthacée. Elles sont très solubles dans l'alcool, partiellement dans l'éther ou la benzine, ce qui a permis d'isoler du produit trois résines différentes. On connaît une *sandaraque commune* qui est colorée, peu transparente et très impure.

La sandaraque sert à donner au papier gratté une épaisseur qui l'empêche de boire l'encre, quand on écrit; elle entre dans la composition de certains vernis.

**\*SANÉ** (JACQUES-NOEL, baron). Ingénieur, surnommé le *Vauban de la marine,* né à Brest en 1754, mort en 1831, entra très jeune à l'arsenal de sa ville natale et devint directeur du port de Brest en 1793, après avoir passé par tous les grades inférieurs. Il ne cessa de s'occuper avec le plus grand succès des perfectionnements que nécessitait la marine française, tant au point de vue de la vitesse qu'à celui de la facilité et de la rapidité d'évolution. Il réalisa de réels progrès, qui furent accaparés aussitôt par les nations rivales, et qui ont gardé leur influence dans la marine de guerre, jusqu'à sa transformation complète par l'usage de la vapeur. Il fut, dans ces travaux, le collaborateur et l'ami de Borda, et leurs études ont mis un instant, pour la perfection des formes et de la mâture, la marine française au-dessus de celle des autres nations. C'est à Sané qu'on doit l'organisation de la flotte qui fut confiée sous la République, à l'amiral Villaret-Joyeuse, et en reconnaissance de ce service, auquel il attachait la plus grande importance, Bonaparte fit entrer cet ingénieur à l'Institut en 1800, et le nomma inspecteur général du génie maritime; en cette qualité il dirigea les travaux de défense de nos côtes, même dans les premières années de la Restauration qui lui avait conservé ses fonctions jusqu'à l'époque réglementaire de sa retraite.

**SANG.** Liquide vital dont l'existence dans l'organisme animal est connue depuis fort longtemps, mais dont la circulation a été seulement démontrée par Harvey, en 1625. Nous n'avons pas à nous occuper de sa constitution et ce qui est utile à connaître pour apprécier sa valeur, dans les applications industrielles que l'on en fait, sera seulement relaté ici. On sait que lorsque l'on abandonne du sang à lui-même, peu à peu il se refroidit, et de liquide qu'il était dans les vaisseaux, il devient solide en partie, par coagulation. On donne le nom de *caillot* ou *cruor*, à cette partie solide, et celui de *sérum*, à celle qui reste liquide.

Le sang peut être employé pour tout ou partie de ses éléments constitutifs. Dans sa partie solidifiable, ainsi que dans le sérum, il y a des principes azotés, aussi utilise-t-on le sang comme aliment.

*Utilisation industrielle du sang.* Le sérum contient une certaine proportion d'albumine, dont l'extraction, par un procédé simple et pratique, constitue une des applications industrielles du sang des animaux.

D'autres applications, plus importantes encore, consistent dans l'emploi du sang pour la clarification des sirops de sucreries et de raffineries, pour le collage des vins, des bières et autres boissons, pour la fabrication d'engrais riches en azote avantageusement utilisés par l'agriculture.

Le sang est quelquefois employé à l'état frais et naturel pour clarifier les liquides, mais c'est principalement à l'état de *sang desséché* que son usage est le plus répandu. Sa préparation est l'objet d'une industrie intéressante.

Le sang frais, liquide, est tourné et défibriné aussitôt sorti de l'animal ; il est ensuite répandu dans des plateaux en zinc sur une épaisseur de 7 à 8 millimètres, et soumis à la dessiccation à l'air ou dans l'étuve. En se desséchant, la couche se réduit à une épaisseur de 1 à 2 millimètres seulement ; l'évaporation lui enlève 70 à 80 0/0 de son poids primitif. C'est le sang ainsi desséché, susceptible d'être conservé et expédié quand on le veut, qui s'applique à la clarification des vins et des sucres.

Le sang destiné à être vendu comme engrais est traité de plusieurs manières différentes, soit à froid, soit par la cuisson. Cette dernière méthode, qui a été mise en pratique à Aubervilliers au moyen de chaudières autoclaves à vapeur munies d'un double fond, est tout à fait analogue à celle qu'on emploie pour la cuisson des viandes de chevaux. Comme la chair, le sang cuit dans ces chaudières est ensuite soumis à la dessiccation dans une étuve, puis broyé dans un moulin et mis en sacs ou en tonneaux.

Un autre procédé employé à l'usine d'Ivry-port, consiste à traiter, après sa coagulation, le sang par l'acide sulfurique afin de le convertir en une matière excellente pour la préparation des engrais, et susceptible d'être mélangée avantageusement avec des phosphates en poudre ou autres matières pulvérulentes. Le sang ainsi préparé contient, en moyenne après dessiccation, 10 0/0 d'azote.

Nous signalerons enfin un autre procédé imaginé par M. G. Jouanne pour traiter, à froid et sur place, le sang des abattoirs, en le mélangeant simplement avec 10 à 12 0/0 d'une préparation spéciale à laquelle l'inventeur donne le nom de *poudre sanitaire*, à cause de ses propriétés éminemment antiputrides et désinfectantes. Le sang mélangé avec cette poudre se dessèche à l'air, ou, pour opérer plus rapidement, à l'étuve, et, broyé

dans un moulin à meule verticale, il constitue un excellent engrais contenant de 10 à 14 0/0 d'azote, et peut être employé seul ou additionné d'autres matières fertilisantes.

**SANG-DRAGON** ou **SANG-DE-DRAGON**. *T. de mat. méd.* Matière résineuse qui aurait pour formule $C^{40}H^{20}O^8...C^{20}H^{20}O^4$ (Johnston), et que l'on retire des fruits d'un palmier rotangs, le *calamus draco*, Willd. Ce fruit, en effet, arrivé à sa maturité se couvre d'une couche résineuse si abondante, qu'elle finit par recouvrir les écailles de l'enveloppe. On la recueille par grattage, ou en agitant les fruits dans des sacs ; on la tamise ensuite pour en séparer les parties ligneuses, puis on la chauffe au soleil ou au-dessus de vapeur d'eau, de manière à la ramollir et à lui donner la forme de bâtons ou de boules que l'on enveloppe dans des portions de feuilles.

Le sang-dragon nous vient de Bornéo, de Sumatra, de Penang et de quelques îles de la Sonde ; il nous est surtout expédié de Singapore et de Batavia. Il se présente dans le commerce sous deux formes : le *sang-dragon rouge* ou *en bâtons* de 25 à 30 centimètres de longueur sur 2 à 3 centimètres d'épaisseur, enveloppés d'une feuille de palmier maintenue par des liens transversaux. La surface du produit est lisse, d'un brun noir, l'intérieur est rouge cramoisi ; la cassure est résineuse, elle laisse sur le papier une trace rouge. Le *sang-dragon en masses* est en blocs rectangulaires ou irréguliers ; il contient des débris organiques, a une cassure plus grossière, une teinte moins belle ; il donne 27 0/0 de matière insoluble dans l'alcool, la sorte précédente n'en donnant que 20 0/0.

Le sang-dragon est en partie soluble dans les divers alcools, la benzine, le chloroforme, le sulfure de carbone, les essences oxygénées, l'acide acétique cristallisable, la soude, mais peu dans l'éther et l'essence de térébenthine, et pas dans l'éther de pétrole. Par la chaleur, il donne de l'acide benzoïque, de l'acétone, du toluol, $C^{14}H^8...C^7H^8$, du styrol, $C^{16}H^8...C^8H^8$, etc.

Il est employé en médecine, en parfumerie pour certains dentifrices, et dans les arts pour faire des vernis.

Il est souvent falsifié ou même remplacé par d'autres résines du même nom, comme le *sang-dragon des Canaries* qui s'extrait du *dracæna draco*, L. ou par le *sang-dragon en larmes*, qui vient de Bombay et de Zanzibar, et qui s'en distingue par l'absence d'acide benzoïque. — J. C.

**SANGLE**. *T. techn.* Bande large et plate, ordinairement en cuir ou en tissu de chanvre, qui sert à ceindre, à lier, à serrer, à soutenir, et à une foule d'usages. || *T. de mar.* Large tresse plate composée de *bitords* entrelacés, dont on fait usage lorsque l'effort à exercer doit se répartir sur une certaine surface de l'objet que l'on veut saisir ou hisser. Exemple : les sangles qui empêchent une embarcation suspendue sur les porte-manteaux, de céder aux mouvements du roulis ; à cet effet, elles sont pourvues d'un aiguilletage à l'une des extrémités et d'une cosse à l'autre bout. Un palan dont le croc passe dans cette cosse sert à raidir la sangle, après avoir préalablement interposé un *paillet* entre celle-ci et l'embarcation à maintenir. || *Lit de sangle.* Lit composé de deux châssis croisés en X, sur lesquels on a tendu des sangles ou plutôt une forte toile.

*SANGLÉ, ÉE. *Art hérald.* Se dit d'un animal serré par une ceinture d'un autre émail.

SANGUIN (Jaspe). *T. de minér.* Variété de jaspe employée en bijouterie. — V. JASPE et QUARTZ.

SANGUINE. *T. de minér.* Fer oxydé terreux mélangé d'une plus ou moins grande quantité d'argile, et qui se présente sous la forme de masses terreuses, d'un rouge vif, tendres, laissant une trace rouge sur le papier; c'est cette propriété qui la fait désigner dans les arts sous le nom de *crayon rouge.* On le vend soit simplement taillé dans la masse primitive, soit entouré de bois. || Certains genres de dessins au crayon rouge, portent par analogie le nom de *sanguines.*

*SANSEVIERA. *T. de bot.* Le *sanseviera zeylanica,* Lin. (liliacées), qui croît en grande abondance et à l'état sauvage sur les côtes de Guinée, du Bengale, de Ceylan, de Java et dans la Chine méridionale, sous les fourrés des jungles, renferme dans ses feuilles charnues, longues de plus d'un mètre, des fibres extrêmement fines et d'une solidité remarquable. L'étoupe est employée dans le pays pour la fabrication du papier. L'extraction des fibres se pratique de deux façons: soit en laissant pourrir les feuilles dans l'eau, de manière à en retirer ensuite les fibres avec facilité par le grattage; soit en fixant les feuilles sur une planche par une extrémité, pour les râcler ensuite des deux mains avec un couteau de bois. Le premier procédé donne des fibres plus colorées et moins tenaces que le second.

On en distingue encore d'autres variétés, mais aucune de ces espèces n'est aussi utilisée que le *sanseviera zeylanica.*

Roxburg dit qu'on peut obtenir de cette dernière espèce 1/40 du poids en filaments bruts. Au bout de quelques années, sur un terrain convenable, on peut en faire deux coupes; on aurait alors à l'hectare, dit-il, 1,600 kilogrammes de filaments. On doit à cet expérimentateur divers essais qui prouvent l'extrême solidité de ce textile. Deux cordes de 1m,30 de long, l'une en sanseviera, l'autre en chanvre de Russie, ont supporté, la première, un effort de 60 kilogrammes, la seconde, 52 kilogrammes; l'une et l'autre ont été abandonnées cent seize jours dans l'eau, le chanvre de Russie était complètement pourri, tandis que la corde en sanseviera pouvait encore supporter un poids de 15 kilogrammes. On a enfin comparé la ténacité du sanseviera à celle des fibres de pitte: des ficelles de pitte ont supporté 180 kilogrammes, et des ficelles de sanseviera n'en ont soutenu que 158. Mentionnons encore des expériences officielles faites à Calcutta sur des fibres de sanseviera extraites de plantes à l'état *sauvage* : dans ce cas, le sanseviera s'est montré inférieur au chanvre *cultivé*, car ce dernier a supporté 106 kilogrammes et le sanseviera sauvage 68. — A. R.

SANTAL ou SANDAL. *T. de mat. méd.* Nom général sous lequel on distingue un certain nombre de bois employés, soit pour leur odeur, soit pour leurs propriétés colorantes. On trouve dans le commerce:

Le *santal blanc* (*santalum album*, L., santalacées) le plus anciennement connu. Cet arbre atteint environ 10 mètres de hauteur. Il habite l'Inde, mais se trouve aussi à Timor, Java, Sumba; il est acclimaté en Chine, au Caire, dans l'Amérique du sud, et cultivé à Madras et à Mysore. Le bois est abattu lorsqu'il a dix ans, et abandonné quelques mois sur le sol, pour que les fourmis blanches puissent dévorer l'aubier. Après avoir été débité en bûches de 5 à 12 centimètres de diamètre, il est expédié en Europe; l'Inde nous en envoie environ 1,300 tonnes, d'une valeur de 1 million et demi. Ce bois est à fibres droites, d'un blanc jaunâtre, compact, susceptible d'un beau poli satiné; il a une saveur amère et une odeur de rose très prononcée. Il contient 1 à 5 0/0 d'une huile essentielle qu'on enlève par distillation; sa racine en fournit davantage. Il sert peu en ébénisterie parce que les bûches n'ont guère plus de 12 centimètres de longueur; il s'emploie surtout en parfumerie et en pharmacie. En Chine, il sert à fabriquer des parfums, pour brûler dans les temples, pour confectionner de petits meubles; sa poudre est recherchée dans l'Inde contre les affections de la peau.

Plusieurs autres arbres voisins, les *santalum yasi,* Seem; *santalum freycinetianum,* Gaudich; *santalum pyrularium,* Gray, des Sandwich et des îles Fidji; *santalum austro-caledonicum*, Vieil.; *santalum cygnorum*. Miq., et *santalum spicatum,* D. C., de l'Australie, ont les mêmes usages, et nous parviennent aussi sous le nom de *santal citrin,* à cause de l'odeur qu'ils possèdent, mais ils sont en réalité très rapprochés du santal blanc.

Il n'en est plus de même d'un autre bois qui est désigné dans le commerce sous le nom de *santal rouge.* Il est fourni par un arbre de la famille des légumineuses, le *pterocarpus indicus,* Willd. Il arrive surtout de Calcutta, en bûches de 6 à 27 centimètres de diamètre, entaillées aux deux bouts, percées d'un trou, et sans aubier. Ce bois est noirâtre à l'extérieur et rouge sang à l'intérieur; il a les fibres grosses, remplies de matière résineuse, disposées en couches concentriques, alternativement inclinées en sens inverse; il est plus léger que l'eau et possède une odeur et une saveur faibles. On en a isolé un principe colorant, la *santaline.* Il sert en teinture, en tabletterie, en pharmacie.

La Cochinchine nous fournit aussi une espèce de santal rouge qui est produit par l'*epicharis bailloni* (Pierre), famille des méliacées, ainsi qu'un santal jaune, venant de l'*epicharis loureiri* (Pierre), ayant les propriétés des santal citrin et rouge ordinaires. — J. C.

SAPAN. *T. de mat. méd.* C'est le brésillet des Indes, *cœsalpinia sappan*, L., variété de bois du Brésil, employée en teinture pour la couleur rouge qu'elle fournit et qui passe aussi pour un puissant emménagogue.

L'extrait de sapan fondu avec de la potasse donne de la résorcine, de la pyrocatéchine et une matière cristallisée, la *sapanine*, $C^{24}H^{10}O^8, 2H^2O^2$... $C^{12}H^{10}O^4, 2H^2O$ ; elle est en lamelles blanches, se colorant à l'air, astringentes, peu solubles dans l'eau, solubles dans l'alcool et l'éther, insolubles dans le chloroforme, la benzine, le sulfure de carbone. La solution aqueuse de sapanine se colore en rouge cerise par le perchlorure de fer; en vert par le chlorure de chaux; en rouge brun, puis en noir, par le brome, avec dépôt de flocons bruns; elle réduit la liqueur cupro-potassique et l'azotate d'argent ammoniacal. D'après Schreda, sa constitution serait :

$$C^6H^3(OH)^2$$
$$|$$
$$C^6H^3(OH)^2$$

**I. SAPE.** *T. de fortif.* Méthode spéciale de travail employée, dans les sièges, pour creuser les parallèles et les cheminements d'approche en abritant le mieux possible les soldats contre les feux de l'ennemi. Ces cheminements ou tranchées consistent en fossés, tracés en zig-zag, dans lesquels s'abritent les troupes, derrière un parapet en terre tourné du côté de la place assiégée. On distingue plusieurs espèces de sapes auxquelles on a donné les dénominations suivantes : la *sape volante*, la *sape simple*, la *sape double*, la *sape sans parapet*, la *sape en sacs à terre* et les *sapes blindées*.

*Sape volante.* L'ouverture de la tranchée devant un fort ou une place assiégée s'exécute la nuit en sape volante, avec célérité et sans bruit.

En vue de cette opération, on doit approvisionner à l'avance, à proximité du tracé de la tranchée, tous les gabions nécessaires à raison de 4 gabions pour $2^m,50$ de longueur de sape.

La colonne de travailleurs, formée au dépôt de tranchée sur un rang, est munie de ses outils et

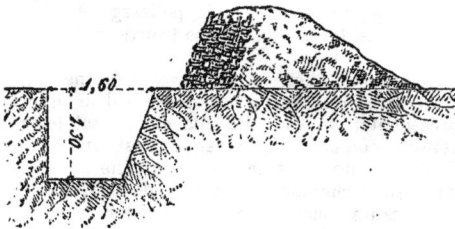

Fig. 36.

gabions. Elle s'avance sans bruit en une seule file dirigée par un officier du génie qui place les hommes le long du tracé de la tranchée pendant qu'un sous-officier fait disposer les gabions de façon à former un parapet derrière lequel se couchent les travailleurs en attendant le signal.

Quand tous les hommes sont placés, l'officier fait à voix basse le commandement *haut les bras*, en revenant le long de la ligne. Les travailleurs se relèvent, déposent leur fusil en arrière, et se mettent à piocher rapidement le sol, chacun derrière son gabion, en ayant soin de rejeter avec

pelle la terre déblayée dans l'intérieur du gabion. Dès que la tranchée est creusée sur $1^m,30$ de profondeur et $1^m,60$ de largeur en haut, ainsi que l'indique la figure 36, on fait rentrer les hommes au camp. Au jour, les travailleurs de nuit sont remplacés par d'autres travailleurs qui couronnent les gabions avec 3 rangs de fascines, puis ils élargissent la tranchée de manière à lui donner la largeur de $3^m,60$ que doit avoir la première parallèle.

*Sape simple à terre roulante.* Ce genre de sape est surtout employé pour exécuter les boyaux de tranchée qui, en s'avançant en zig-zag vers la place, sur le terrain des attaques, établissent les communications entre les parallèles successives. Chaque tête de sape est composée de 8 sapeurs sous les ordres d'un sous-officier chef de sape

La sape simple comprend deux périodes successives de travail. Dans la première période, les sapeurs creusent une excavation dite *forme de tête*, aussi réduite que possible, dont ils rejettent la terre en avant et sur le côté pour former le masque de tête et le parapet dont le relief doit atteindre $0^m,80$ de hauteur sur $2^m,20$ à la base. Dans la deuxième période, d'autres sapeurs élargissent la première forme de $0^m,70$ du côté du revers, et jettent la terre en avant pour accroître le parapet de la forme de tête.

L'avancement de la sape simple, dans un terrain de consistance moyenne, doit être de 1 mètre à $1^m,30$ par heure.

On fait élargir la sape, au fur et à mesure de son avancement, par une brigade spéciale d'auxiliaires, dirigée par un sapeur, et dont la marche est réglée sous la condition de se maintenir à la même distance de la tête de sape.

*Sape double.* La sape double s'emploie lorsque le cheminement, dirigé droit sur un ouvrage ennemi, doit être couvert des deux côtés à la fois par un double parapet. La sape double est constituée par la juxtaposition de deux sapes simples dont la largeur au fond est réduite à $1^m,25$ pour avoir une largeur totale de $2^m,50$. Le personnel et les outils sont les mêmes que ceux nécessaires à 2 têtes de sape simple.

On appelle *retour de sape*, un changement de direction dans la sape, par suite duquel le parapet, qui était à gauche, doit se trouver à droite dans la nouvelle sape ou réciproquement. C'est ce qui se présente lorsque l'on passe d'un boyau de communication au suivant. On appelle *débouché de sape*, l'opération par laquelle on ouvre une tête de sape à travers le parapet d'une tranchée existante. Les retours et débouchés s'exécutent d'après des règles techniques qui font partie de l'*école de sape*, enseignée aux soldats du génie.

*Sapes en sacs à terre.* Ce genre de sape, que l'on emploie lorsque le terrain des attaques est trop dur pour être creusé, consiste à établir le parapet couvrant par un certain nombre d'assises de sacs remplis de terre. Les travailleurs forment 2 groupes : l'un met en place une ligne de gabions suivant le tracé de la sape; l'autre apporte les sacs et en remplit successivement les gabions. Le premier parapet ainsi formé, on lui donne la hauteur et l'épaisseur nécessaires, soit à l'aide de nouveaux sacs, soit en doublant ou triplant les gabions et en les surmontant d'un couronnement de plusieurs assises de sacs à terre.

*Parapet formé en sacs à terre* (fig. 37). 8 assises de sacs placées par dessus les gabions constituent un couvert de 2 mètres au moins de relief. Si ce relief est jugé insuffisant, on ajoute de nouvelles assises de sacs à terre. La vitesse de la sape en sacs à terre peut aller jusqu'à 20 mètres à l'heure en consommant environ 100 sacs par mètre courant.

Fig. 37.

*Sape blindée.* La sape blindée est une tranchée généralement exécutée en sape double que l'on recouvre ensuite d'un blindage afin de la protéger contre les feux verticaux. Pour supporter le recouvrement, on emploie des blindes ou châssis verticaux en charpente que l'on place vis-à-vis l'un de l'autre, de chaque côté de la tranchée, et en les réunissant par des poutrelles de blindage qui soutiennent le ciel de la sape. Ce ciel se compose de planches surmontées d'un lit de fascines; le tout est recouvert d'une couche épaisse de terre jusqu'au niveau des deux parapets qui se trouvent ainsi reliés entre eux.

II. **SAPE.** 1° *Instr. d'agr.* Instrument connu depuis longtemps en Belgique et intermédiaire entre la *faucille* et la *faux*. La sape est composée d'une lame courte et large, fixée à un manche court dont l'autre extrémité est coudée; vers son milieu, le manche porte une courroie de cuir qui sert à saisir l'instrument; comme complément de la sape, l'ouvrier tient à la main gauche le *piquet* ou *crochet* : c'est un manche d'un mètre de longueur environ terminé par un grand crochet de fer. Le sapeur travaille les reins légèrement courbés; pendant le coup de sape, il maintient le chaume avec le crochet et fait la javelle sur le sol avec ces deux outils. La sape est très bonne pour les grains versés, elle coupe plus près de terre que la faux; certaines grandes fermes récoltaient jadis avec des bandes d'ouvriers venant de la Bretagne, recherchés pour le faucillage, et des Belges qui manœuvraient la sape avec une grande habileté; un bon sapeur coupe 30 ares de blé par jour, tandis qu'un faucilleur en fait 20 et un faucheur 40. — M. R.

**SAPHIR.** *T. de min. et de bijout.* Pierre précieuse, de coloration bleue, et dont on connaît plusieurs sortes dans le commerce.

*Saphir oriental.* C'est la sorte la plus estimée et la plus chère; elle est constituée par du corindon pur. Nous ne reviendrons pas sur les propriétés de ce corps qui ont déjà été décrites (V.

Corindon, Rubis), nous dirons seulement ici que cette gemme est caractérisée par sa belle nuance bleue, qui peut aller de la nuance azur à la teinte indigo. Lorsqu'elle est limpide, ce qui est excessivement rare, car le plus souvent elle est laiteuse, elle peut dépasser en valeur le prix du diamant.

— Les plus beaux saphirs nous viennent de l'Inde, de la Perse, d'Arabie et parfois du Brésil. La France possède le plus remarquable de tous ceux connus; il est sans défauts et pèse 133 carats 1/16; il fut vendu à un joaillier français pour 170,000 francs, et se retrouve dans l'inventaire des bijoux de la couronne, dressé en 1791; c'est lui qui figure dans le scandaleux *procès du collier*. Il fait maintenant partie des collections minéralogiques du Muséum de Paris, avec un autre saphir ovale de 50 millimètres dans le plus grand diamètre, sur 35 millimètres dans le plus petit. Dans les bijoux nationaux, il y a encore un certain nombre de saphirs de valeur. On cite aussi, parmi ceux remarquables, les deux saphirs appartenant à miss Burdett Coutts, évalués à 750,000 francs, et que l'on a pu voir à l'Exposition universelle de 1855; et celui qui fut cédé par le Muséum de Paris, à M. Weiss, en échange d'une collection de minéraux, il aurait, dit-on, une valeur de 1,200,000 francs.

Les anciens ont gravé le saphir. On cite une pierre qui a figuré dans la collection du duc d'Orléans et qui appartient actuellement au czar; elle représente une tête de femme drapée dans un manteau, et dont le vêtement est d'une nuance autre que celle de la figure. La Bibliothèque nationale de Paris possède une intaille remarquable représentant l'empereur Pertinax; mais le plus beau des saphirs gravés, est celui de la collection Strozzi, de Rome, il représente Hercule jeune et est signé Cneïus.

Quelques saphirs présentent, dans une certaine orientation, une étoile à six faces, à reflets chatoyants; on a donné le nom de *saphir astérie* à cette variété qui est, dit-on, vénérée par certaines peuplades, en Afrique. Notons, en outre, qu'une variété de saphir, qui se trouve en tout petits grains d'un gris bleuâtre, et souvent mélangée de fer oxydulé, est connue sous le nom d'*émeri* et employée pour la taille et le polissage du verre, des pierres dures, etc. Elle se trouve mêlée à des sables ferrugineux.

Le *saphir d'eau* ou *cordiérite* est une autre pierre précieuse, mais de moindre valeur que la précédente, de laquelle elle diffère totalement comme composition, puisque c'est un silicate double d'alumine et de magnésie. Elle cristallise en prismes rhomboïdaux droits, de 119°,10', offre une cassure conchoïdale, est translucide et d'éclat vitreux; sa couleur est généralement bleue, mais on en trouve aussi de vertes et d'autres tirant sur le jaune brun ou sur le gris. Elle offre un dichroïsme très prononcé, donnant le bleu dans le sens du grand axe des cristaux, et le gris jaunâtre perpendiculairement à cet axe. Sa dureté est de 7 à 7,5, sa densité de 2,59 à 2,66. Ce corps est à peine attaqué par les acides, il fond difficilement, même sur ses bords.

Les plus beaux échantillons de saphirs d'eau viennent de Bodenmais, en Bavière; de Orijärfvi, en Finlande; du Brésil; de Ceylan. L'analyse d'un échantillon provenant de Bodenmais, a donné à Stromeyer les chiffres suivants : acide silicique, 48,35; alumine, 31,70; sesquioxyde de fer, 9,27;

magnésie, 10,16 ; protoxyde de manganèse, 0,33 ; perte au feu, 0,59. On se sert de ce saphir en bijouterie.

Quelques pierres, également colorées en bleu, sont encore souvent désignées, dans le commerce, sous le nom de *saphirs* ; elles se rapprochent de la composition des saphirs d'eau plutôt que de celle du corindon ; tels sont : le *saphir du Puy*, que l'on trouve dans le ruisseau d'Expailly, et qui offre diverses nuances bleues, allant quelquefois au rouge ou au vert jaunâtre ; le *saphir du Brésil* et quelques variétés de quartz colorées en bleu. Ils proviennent de la décomposition des basaltes et servent aussi en bijouterie.

Nous avons dit comment on fait artificiellement le saphir, en fondant l'alumine que l'on fait cristalliser dans du silicate de plomb, avec un peu d'oxyde de cobalt et des traces de bichromate de potasse. — J. C.

**SAPHIRINE.** *T. de minér.* Silicate d'alumine et de magnésie qui cristallise en prismes rhomboïdaux obliques, de petite dimension, bleuâtres, plus ou moins agrégés, dichroïques, translucides, d'une dureté de 7,5 et d'une densité de 3,47. Il est inattaquable dans les acides et infusible au chalumeau. Sa composition et ses propriétés le rapprochent assez du saphir d'eau ; sa composition chimique est la suivante : silice, 14,86 ; alumine, 63,25 ; magnésie, 19,28 ; oxyde de fer, 1,99.

Il a été trouvé au Groënland, à Fiskenaes, dans un micaschiste. Il a été employé en bijouterie. — V. QUARTZ.

**SAPIN.** *T. de bot.* Genre d'arbre appartenant à la famille des conifères, série des pinées, dont plusieurs espèces ont une grande utilité.

Le *sapin de Norvège* ou *sapin élevé* (*abies excelsa.* D. C.) atteint 50 mètres d'élévation ; sa cime est pyramidale ; il a des feuilles persistantes, solitaires, étalées dans tous les sens, linéaires, tétragones et d'un vert foncé. Les fleurs mâles sont en chatons stipités et épars sur les rameaux ; les cônes sont solitaires et sessiles, au sommet des rameaux, ils sont oblongs, à écailles échancrées au sommet, pendants, et de 8 à 12 centimètres. Cet arbre est très répandu dans les forêts de l'Europe, excepté vers les bords de la Méditerranée ; les Vosges, le Jura, les Alpes, les Pyrénées en montrent de beaux spécimens. Il est cultivé dans les forêts. Il produit une résine demifluide et d'abord incolore, qu'on nomme *poix de Bourgogne, poix jaune, poix blanche, poix des Vosges*, et que l'on exploite dans les pays dont elle porte le nom, mais aussi en Finlande, en Suisse et dans le Duché de Bade ; elle sert en médecine comme topique. Les fruits sont comestibles, quoiqu'amers ; l'écorce sert pour le tannage des cuirs ; le bois pour faire des cercles, des tonneaux, des seaux, des boîtes à bonbons ; les menuisiers, les luthiers, les charpentiers en font un fréquent emploi.

Le *sapin argenté* ou *sapin vrai, avet* (*abies pectinata.* D. C.), a les feuilles persistantes, étalées sur deux rangs, planes, blanchâtres en dessous, avec une côte saillante. Les fleurs mâles disposées en chatons sont solitaires, à l'aisselle des feuilles, et surtout placées à l'extrémité des rameaux où elles sont réunies en grand nombre ; les cônes sont au contraire espacés, sessiles, dressés, mais toujours à l'extrémité de ces mêmes rameaux. Cet arbre s'élève en pyramide de 30 à 40 mètres, sur toutes les montagnes du Nord de l'Europe ; ses branches sont disposées par verticilles horizontaux assez réguliers. Il laisse découler au travers de son écorce un suc résineux qui, au printemps et à l'automne, forme de petites utricules que les gardeurs de troupeaux crèvent avec un cornet de fer blanc pour récolter le suc, qu'ils vident dans une bouteille suspendue à leur côté et filtrent ensuite dans des entonnoirs faits d'écorce. C'est le produit appelé *térébenthine d'Alsace, de Strasbourg, de Venise, térébenthine au citron, bijeon*. Elle est très fluide, peu colorée, aromatique, fort siccative et entièrement soluble dans l'alcool. On utilise aussi en médecine ses bourgeons, qui ont les écailles rougeâtres et gorgées de résine ; on préfère ceux de Russie à ceux des Vosges, qui, moins résineux, sont plus vite attaqués par les insectes. Le bois sert communément pour les constructions navales et civiles, on en fait aussi des violons. Les Lapons taillent dans le tronc, des barques d'une seule pièce, et savent confectionner avec les racines, des cordages et des paniers élégants et solides.

À côté de ces deux espèces, de beaucoup les plus importantes, il faut encore citer le *baumier du Canada* (*abies balsamea*), Mill., qui n'est nullement le baumier de Gilead (térébinthacée), comme on le pense parfois, et qui habite l'Amérique, du Labrador et du Canada aux Montagnes de Virginie ; il atteint 15 mètres de hauteur. Les feuilles sont nombreuses, solitaires, linéaires, obtuses au sommet, vertes en dessus et blanchâtres en dessous. Les chatons mâles sont plus petits que les feuilles (1 centimètre 1/2) et placés à l'aisselle des feuilles anciennes ; les cônes sont solitaires, dressés, arrondis et d'un bleu pourpré. Il s'écoule des incisions faites au tronc, la térébenthine dite *baume du Canada* ; elle nous vient de Québec et de Montréal, et sert pour les préparations microscopiques. L'écorce s'emploie pour le tannage dans le bas Canada et la Nouvelle-Écosse ; le bois pour la mâture, les constructions civiles, et surtout pour faire la première enveloppe des maisons de bois ; pour faire des lattes, des pieux, etc.

Le *sapin du Canada* (*abies canadensis*, Mich.) est souvent cultivé en France, où il peut atteindre 30 mètres ; il a une forme pyramidale, et ses branches, qui sont descendantes vers le haut, sont horizontales en bas. Il a de nombreuses feuilles linéaires, aplaties, obtuses aux deux extrémités, luisantes en dessus, plus pâles en dessous. Les chatons mâles sont très petits, solitaires et globuleux ; les cônes sont petits, pendants, ovoïdes, d'un brun pâle et placés au sommet des rameaux. Cet arbre donne, dans l'Amérique du Nord, une térébenthine dite *poix du Canada*, employée par la médecine des États-Unis ; son écorce, très astringente, sert pour le tannage des cuirs, en lieu et place de l'écorce de chêne ; elle communique aux peaux une teinte rouge qui permet de reconnaître celles qui ont été ainsi tannées ; des feuilles on retire par distillation dans l'eau, une essence dite *Hemlock oil*, qui passe pour abortive. Le bois n'est pas très estimé. — J. C.

**SAPINAGE.** *T. techn.* Opération qui consiste à humecter avec de l'huile, les peaux de fourrure du côté de la fleur, pour donner aux poils plus de souplesse et plus de brillant.

**SAPINE, SAPINIÈRE.** *T. de constr.* Longue pièce de bois de sapin en grume qui entre dans la construction des monte-charge employés pour élever les matériaux à la hauteur de pose. — V. MAÇONNERIE, MONTE-CHARGE.

**SAPONAIRE.** *T. de bot.* Plante de la famille des caryophyllacées, la *saponaria officinalis*, L.

Les feuilles sont la partie employée de la plante, elles ont une saveur amère et salée, et mises à bouillir avec l'eau, elles communiquent à celle-ci la propriété de mousser, comme l'eau de savon, et de nettoyer les étoffes. Mais les racines sont préférables pour le même usage ; elles sont longues, noueuses, gris brun à l'extérieur et jaunâtres en dedans ; leur écorce a une saveur mucilagineuse et nauséeuse qui devient âcre par la suite ; le bois est jaune, léger, et de saveur douceâtre. Cette plante croît en France, dans les haies et près des ruisseaux, elle est aussi cultivée pour sa fleur. Bucholz en a isolé un principe spécial, soluble dans l'eau et dans l'alcool, qui est de la *saponine*, $C^{64} H^{54} O^{36}$, impure (34 0/0 dans la racine), et lequel donne à l'eau la propriété de mousser.

Une autre plante, la *saponaire d'Orient* (*gypsophila struthium*, L.) caryophyllacées, est également riche en saponine, d'après Bussy ; sa racine, souvent longue de 0m,60 et plus, est blanchâtre, avec la surface gris jaunâtre ; elle donne une poudre sternutatoire ; elle sert pour les mêmes usages que la précédente. La saponine existe aussi dans le *quillai*. — V. ce mot. — J. C.

**SAPONIFICATION.** *T. techn.* On entend par *saponification*, l'opération qui consiste dans la formation d'un savon ; c'est une action chimique ayant pour résultat la décomposition des matières grasses neutres, en acides gras d'une part, et en glycérine de l'autre. Cette décomposition peut laisser les acides gras libres sur l'eau glycérineuse, comme lorsqu'il s'agit de fabriquer l'acide stéarique, ou combinés directement avec un alcali, comme cela a lieu dans la fabrication des savons ordinaires.

Par extension, toute opération chimique ayant pour but la transformation des matières grasses naturelles, animales ou végétales, en acides gras, avec séparation de la glycérine, s'appelle *saponification*, soit que cette opération s'effectue en vase libre ou en vase clos, au moyen des alcalis, soit que l'on emploie la vapeur d'eau à haute température (décomposition aqueuse), soit que l'on fasse usage de l'acide sulfurique (acidification), ou de tout autre agent chimique, soit encore que l'on facilite la décomposition aqueuse au moyen de substances divisant la masse en traitement comme

le carbonate de magnésie, ou même d'autres matières inertes. Enfin, en se basant sur la constitution des corps gras, les chimistes ont étendu la dénomination de *saponification* à la transformation des éthers en leurs éléments constituants.

Depuis les temps les plus reculés, on a su fabriquer de très bons savons, sans se rendre compte de ce qui se passait dans la saponification. Là, encore, la pratique a devancé la théorie. Ce sont les travaux de l'illustre Chevreul qui, en établissant la théorie de la saponification, ont donné naissance à cette industrie si française, la stéarinerie, aujourd'hui répandue dans le monde entier. C'est déjà presque au commencement de ce siècle, que Chevreul a démontré que les matières grasses se décomposent, sous l'influence des alcalis, en glycérine et en acides gras, lesquels restant en combinaison avec l'alcali, forment le savon.

Le principe doux des huiles, la glycérine, corps neutre, joue dans les corps gras le même rôle que l'alcool dans les éthers composés ; les savons sont donc des sels, et les matières grasses neutres sont des éthers de la glycérine.

Quand on opère une saponification, il n'y a ni dégagement ni absorption d'aucun gaz, l'air n'intervient en rien dans la décomposition, ou dans la combinaison ; donc tous les éléments constitutifs des corps gras doivent se retrouver en entier dans les produits de la saponification, et comme il y a fixation d'eau sur la glycérine et peut-être sur les acides gras, il y a une augmentation finale du poids de la matière grasse employée.

Dans la fabrication des bougies stéariques, là où l'industriel a en vue la séparation des matières solides, des matières huileuses et de la glycérine renfermées dans les matières grasses d'origine animale ou végétale, les réactions qui ont lieu par suite de la saponification peuvent être représentées comme suit, en prenant pour exemple la saponification de la stéarine seule, les réactions sur l'oléine, sur la palmitine, etc., étant analogues.

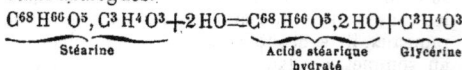

$$C^{68} H^{66} O^5, C^3 H^4 O^3 + 2 HO = C^{68} H^{66} O^5, 2 HO + C^3 H^4 O^3$$

| Stéarine | Acide stéarique hydraté | Glycérine |

Dans cette réaction obtenue par saponification à l'aide d'une base alcaline, éliminée ensuite par un acide qui a décomposé le savon formé, le poids de l'acide stéarique ajouté à celui de la glycérine surpasse, comme nous l'avons dit plus haut, le poids de la matière grasse traitée. Cette augmentation de poids se retrouve dans la saponification de toutes les matières grasses neutres. Il faut admettre que cette augmentation de poids est due à la fixation des éléments de l'eau.

M. Berthelot, en France, Tilghman, aux Etats-Unis, Melsens, en Belgique, prouvaient tous trois à peu près en même temps (1854), que l'eau seule, à haute température, pouvait opérer la saponification ou mieux la décomposition des matières grasses, en acides gras et en glycérine.

Cette décomposition présente au point de vue chimique une réaction assez simple selon MM. Pélouze et Frémy, en considérant un des principaux corps gras neutres, la stéarine par exemple ; sa saponification ou décomposition par la seule action de l'eau devrait être exprimée par l'équation suivante, dans laquelle ST représenterait l'équivalent d'acide stéarique anhydre ($C^{68}H^{66}O^5$) et GL, l'équivalent de glycérine anhydre ($C^3H^3O^2$).

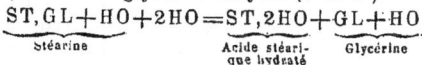

$$\underbrace{ST,GL}_{\text{Stéarine}}+HO+2HO=\underbrace{ST,2HO}_{\substack{\text{Acide stéari-}\\\text{que hydraté}}}+\underbrace{GL+HO}_{\text{Glycérine}}$$

Les acides, et notamment l'acide sulfurique, peuvent encore décomposer les matières grasses. Il se passe là une série de phénomènes que l'on désigne sous le nom de *saponification sulfurique*.

C'est M. Frémy (*Recherches sur la saponification sulfurique*) qui a démontré que lorsque l'on fait agir lentement et à basse température l'acide sulfurique concentré sur les matières grasses neutres, celles-ci se combinent d'abord intégralement avec l'acide pour former des acides *sulfogras*, et qu'à la longue les corps gras neutres se dédoublent en acides gras et en glycérine. En outre, les acides gras et la glycérine même, jouissent de la propriété de se combiner avec l'acide sulfurique pour former des acides doubles; aussi lorsque les premiers acides sulfogras se décomposent, obtient-on quatre nouveaux acides doubles qui sont les acides *sulfoglycérique, sulfomargarique, sulfostéarique* et *sulfoléique*. Ces acides se décomposent en présence de l'eau bouillante, régénèrent de l'acide sulfurique, de la glycérine, et laissent séparés les acides oléique, margarique et stéarique.

Lorsqu'on fait agir à chaud l'acide sulfurique concentré sur les corps gras, leur dédoublement en acides gras et en glycérine est presque instantané, et il se dégage toujours de l'acide sulfureux en raison de l'action de l'acide sulfurique sur la glycérine suivant M. Frémy, mais sans doute aussi par la fixation d'oxygène sur la matière grasse; en tous cas, il y a toujours destruction d'acides gras, formation de goudrons et coloration de la matière en noir foncé, en raison directe de la proportion d'acide sulfurique employée, et de la température à laquelle on a opéré.

La saponification sulfurique a modifié la fabrication industrielle de l'acide stéarique, c'est le procédé dit *par distillation*, en raison de la nécessité où l'on se trouve de distiller l'acide gras noir pour en obtenir la séparation des matières goudronneuses et charbonnées, qui ne peuvent se précipiter, leur poids spécifique étant le même que celui du milieu dans lequel elles ont été formées.

M. Bock de Copenhague prétend pouvoir opérer la saponification sulfurique au moyen d'un acide dilué, produire une coloration de l'acide gras moins intense, puis oxyder les matières goudronneuses, augmenter ainsi leur poids spécifique et en obtenir la séparation par simple repos. Si l'opération a pu se faire au laboratoire, il n'en est pas de même dans l'industrie. M. Pelouze a enfin démontré que les savons même pouvaient opérer la saponification des matières grasses neutres, mais il agit toujours en présence de l'eau; il faut donc considérer la saponification par les savons, comme une décomposition par l'eau, facilitée par la présence d'un alcali et d'un acide gras déjà

formé. Il en est de même de la saponification par les sulfures alcalins.

Quant aux saponifications opérées par les sels de magnésie, de baryte, etc., alcalins ou neutres, ces opérations ne pouvant s'effectuer qu'en présence de l'eau à haute température, et par conséquent en autoclaves, il faut encore ranger ces procédés, préconisés avec tant de réclame, parmi les saponifications par l'eau seule, les matières employées dans ce mode de traitement n'agissant que comme agents diviseurs, du moment où elles sont sans réactions alcalines ou acides.

Nous avons décrit en détail au mot BOUGIE, les divers appareils employés dans l'industrie pour opérer la saponification, nous y renvoyons le lecteur. Toute saponification ayant pour but la séparation de la glycérine et des acides gras, s'opère aujourd'hui dans des appareils autoclaves sous pression de huit à douze kilogrammes par centimètre carré, et comme il y a toujours formation d'acide gras, qui pourrait détruire le fer, en se combinant avec ce métal, les appareils à saponifier doivent être construits en cuivre. Nous insistons sur le choix à faire des appareils à agitation mécanique, comme pouvant seuls produire une division des matières, indispensable à toute bonne saponification; nous insistons également sur la forme à donner aux appareils, qui doit être sphérique pour obtenir du métal le maximum de résistance, pour faciliter le mélange des matières en traitement et pour éviter ces explosions, maintenant si fréquentes et si terribles.

L'agitation ou le brassage obtenu de n'importe quelle façon, soit au moyen d'un agitateur mécanique, soit à l'aide du barbotage par la vapeur, est indispensable à la décomposition des matières grasses.

Théoriquement, il faudrait pouvoir amener ces matières à l'état de division moléculaire, à l'aide même d'un broyage ou d'un laminage, opéré en présence de l'eau, à la température nécessaire à la séparation des acides gras et de la glycérine, et par conséquent, sous pression, dans l'intérieur même de l'autoclave où s'opère la saponification.

On trouvera au mot SAVON, les procédés encore employés dans la saponification en vases libres, pour la fabrication des savons durs à base de soude, comme pour celle des savons mous à base de potasse, mais ainsi que cela a lieu pour l'industrie stéarique, l'avenir de la savonnerie est dans la fabrication du savon en vases clos sous pression. — L. D.

*SAPONINE. T. de chim. Glucoside paraissant assez répandu dans le règne végétal, et qui a été d'abord découvert par Schrader, dans la saponaire officinale, puis par Bussy, dans la saponaire d'Orient, et qui se trouve en très grande quantité dans l'écorce de quillai (*quillaja smegmadermos*, D. C., rosacées) (O. Henri et Beutron).

C'est une poudre blanche, très friable, inodore, de saveur douceâtre puis styptique et âcre, sternutatoire; soluble dans l'eau, qu'elle rend mousseuse avec 1/1,000e, soluble dans l'alcool faible. Elle émulsionne très facilement les matières insolubles dans l'eau, et solubles dans l'alcool (Lebœuf), même le mercure.

D'après Schiaparelli, Rochleder, la saponine de la saponaire aurait pour formule $C^{32}H^{54}O^{18}$, et serait lévogyre, $\alpha_D = -7°,3$; tandis que celle extraite du quillai, aurait pour formule $C^{19}H^{30}O^{10}$. Pour la préparer, on traite la saponaire d'Orient réduite en poudre, par l'alcool bouillant à 90°; la saponine se dépose par refroidissement, il reste à la purifier par un traitement à l'éther qui enlève la matière colorante (Bussy). On peut l'avoir tout à fait pure après plusieurs dissolutions dans l'alcool, et lavages définitifs à l'alcool éthérisé, puis à l'éther pur.

* **SAQUEBUTE.** *T. d'arm. anc.* Espèce de lance avec harpon qui servait à tirer les cavaliers. || *Instr. de mus. anc.* Sorte de trompette qui a précédé le trombone et que l'on pouvait allonger ou raccourcir pour rendre les sons ou plus graves ou plus aigus.

* **SAQUIN.** Grosse toile de lin ou de fil d'étoupe, écrue, que l'on fabrique dans le Nord, à Hazebrouck, Lille, etc., à la main ou à la mécanique.

* **SARAZIN.** *T. de mét.* Les ouvriers typographes donnent ce nom à l'ouvrier compositeur qui travaille dans une imprimerie mise à l'index, ou dans laquelle les salaires sont au-dessous du tarif établi par une commission de maîtres-imprimeurs et d'ouvriers.

* **SARAZIN** ou **SARRAZIN** (JACQUES). Sculpteur, né à Noyon en 1588, mort à Paris en 1660, fut placé, jeune encore, chez Guillain père, où il prit les premières leçons de modelage. Sa famille, qui était dans l'aisance, lui facilita le voyage d'Italie, où, pendant dix-huit ans, il étudia l'antique. Il y reconnut la protection du cardinal Aldobrandini par deux figures colossales, *Atlas* et *Polyphème*, qui décorent la villa du Belvédère. Tandis qu'il travaillait à Frascati, il se lia d'amitié étroite avec le Dominicain et travailla souvent d'après ses conseils et ses modèles. C'est ainsi qu'on peut voir à l'église *San Lorenzo in Miranda*, deux termes qui accompagnant un tableau du Dominicain; les deux amis se retrouvèrent encore à l'église *San Andrea della Valle*, où l'un peignit la coupole tandis que l'autre sculptait les figures du portail. On lui doit encore divers morceaux exécutés à Florence. Après un séjour à Lyon, il revint enfin à Paris en 1628, reçut aussitôt la commande de quatre anges en stuc pour le maître-autel de Saint-Nicolas des Champs, et fut chargé, grâce à la protection de Richelieu, de la décoration centrale du Louvre; il fit les modèles des huit cariatides colossales qui soutiennent l'horloge, et qu'on regarde comme son chef-d'œuvre, bien qu'on puisse leur reprocher un défaut de proportions avec les détails qu'elles accompagnent. L'exécution en fut confiée à deux de ses élèves, Guérin et Buyster. Sa réputation était désormais établie, il reçut une pension du roi et un logement au Louvre. Anne d'Autriche le chargea d'exécuter le *Vœu* qu'elle avait fait à Notre-Dame de Lorette, à l'occasion de la naissance de Louis XIV : *Un ange présentant à la Vierge un enfant d'or*, et plus tard, les *deux anges en argent et bronze doré portant le cœur de Louis XIII*, pour l'église Saint-Louis de la rue Saint-Antoine, qui ont été fondus en 1793. On lui doit encore : le *tombeau du cardinal de Bérulle*, aux Carmélites de la rue Saint-Jacques, le *Mausolée d'Henri de Bourbon*, orné de quatre figures représentant *la Religion, la Justice, la Piété, la Force.* en grandeur nature, et de quatorze bas-reliefs en bronze, inspirés de Pétrarque : le *Triomphe de la Renommée, du Temps, de la Mort et de l'Eternité*; *Louis XIV enfant* et plusieurs sculptures sur bois, notamment des *Christ* merveilleux; il en avait exécuté pour l'église du Noviciat des jésuites, pour l'église Saint-Gervais et pour la porte du chœur de l'église Saint-Jacques de la Boucherie. Le Louvre possède de cet artiste trois statues de marbre : *Saint Pierre, Sainte Madeleine* et *la Douleur*, ainsi qu'un buste en bronze du chancelier Séguier. On peut voir aussi à Versailles treize petits bustes en terre cuite, représentant *Jésus et ses disciples*. Un des fondateurs de l'Académie royale de peinture et sculpture, en 1658, Sarazin fut aussitôt nommé professeur, puis recteur en 1654. Il avait épousé, en 1631, une nièce de Simon Vouet, et ce dernier eut sur son talent, depuis cette époque, une influence malheureuse à laquelle Sarazin ne s'abandonna du reste pas entièrement; il resta attaché au style et à la manière des grands maîtres de la Renaissance, Jean Goujon, Jean Cousin, Germain Pilon, auxquels il est étroitement lié par l'élégance du dessin. Sarazin avait laissé aussi des peintures estimées dont plusieurs ont été gravées par Daret; elles ont été perdues. D'après d'Argenville, son genre de peinture rappelait la touche de Le Sueur. Son frère *Pierre*, sculpteur, et son fils *Bénigne*, peintre, se sont fait aussi une réputation à côté de la sienne. Son frère, surtout, paraît avoir été un artiste de talent.

La ville de Noyon a élevé à Jacques Sarazin, en 1851, une statue en bronze, de Malknecht.

**SARBACANE,** Canne à vent. C'est un tube de verre, de métal, etc., droit et bien calibré, dans lequel on introduit un projectile que l'on peut lancer en soufflant dessus avec force. || Tube du verrier pour souffler le verre.

**SARCLOIR.** Nom des instruments qui servent à exécuter les sarclages à la main. Les sarclages à la machine se font à l'aide de la *houe à cheval*; les sarclages ordinaires ou binages se font avec des instruments analogues aux *houes* à tranchant droit ou garni de dents; les sarcloirs servent aussi à arracher les mauvaises herbes et suivant la nature de ces dernières, les instruments sont de diverses formes : la *houlette* ou *sarcloir proprement dit* est une petite bêche ou un petit soc en fer muni d'un long manche; l'*échardonnette* ou *échardonnoir* a un fer en triangle rectangle dont le petit côté de l'angle droit porte un crochet à l'aide duquel on arrache les chardons du sol, après les avoir coupés avec la lame; l'échardonnoir hollandais, très employé en Normandie, est une sorte de pince en bois, analogue à la pince des forgerons. Les pinces à échardonner, tenailles ou moittes, ressemblent à une grande cisaille à bords intérieurs dentés. — M. R.

**SARCOPHAGE.** Ce mot, d'origine grecque, désignait autrefois un mode de sépulture différent de l'incinération : le *sarcophage*, étymologiquement « mangeur de chair », était l'opposé de l'*urne* qui recevait, non pas les corps, mais le produit de leur combustion. Quelles que soient les époques et les civilisations, le sentiment humain se refuse, en général, à l'anéantissement de notre dépouille mortelle. La crémation, qui a été jadis et qui est peut être encore aujourd'hui une nécessité, répugne parce qu'elle est le fait direct de l'homme, tandis que la consommation des cadavres se produit par la désagrégation naturelle des molécules. Ce n'est pas le feu allumé par la main humaine, qui amène la destruction du corps humain ; c'est une décomposition chimique, cachée à tous les regards et s'opérant sans l'intervention de l'homme. Aussi, les terrains les plus propres à cette décomposition, les pierres, les gypses et autres substances passant pour déterminer une consommation rapide, ont-ils été employés chez beaucoup de peuples, tantôt de préférence, tantôt concurremment avec les bûchers.

— Pendant la période gallo-romaine, Paris et plusieurs autres villes ont eu leurs nécropoles où les sarcophages se sont accumulés durant plusieurs siècles ; on les retrouve encore, parfaitement conservés, quand on fouille le sol. Les découvertes funéraires faites pour le service historique de la ville de Paris, dans l'ancien fief des Tombes, au faubourg Saint-Jacques et dans la région dite de Lourcine, — *locus cinerum*, lieu des cendres, — ont mis au jour une grande quantité de sarcophages de diverses formes. Les uns étaient en plâtre moulé, les autres en pierres empruntées le plus souvent aux édifices gallo-romains, détruits à l'époque de l'invasion des Barbares. La proximité des carrières de gypse de Montmartre, et la facilité relative avec laquelle on travaille cette matière expliquent la fréquence des premiers. Quant à l'utilisation des fragments de constructions romaines, de monuments païens surtout, pour la confection des sarcophages en pierre, on la constate partout. Les édifices condamnés par le nouveau culte devenaient naturellement des carrières, plus faciles à exploiter que celles dont il aurait fallu extraire des blocs à force de bras.

En plâtre, en pierre, en bois dur, en métal, le sarcophage est généralement une caisse ayant la forme d'une auge plus large en haut, c'est-à-dire à l'endroit où repose la tête du cadavre, et allant en se rétrécissant jusqu'à l'autre extrémité. Cette forme a souvent amené la profanation : de nombreux sarcophages arrachés du sol ont servi de crèche, de mangeoire, d'abreuvoir pour les animaux.

Les ornements en creux et en relief qui décorent les sarcophages présentent beaucoup d'intérêt au double point de vue de l'art et de l'histoire. On peut y suivre, d'une part, le développement sculptural, de l'autre, la succession des croyances religieuses. Aux époques de transition surtout, quand deux cultes coexistent et quand l'un tend à prendre la place de l'autre, les sarcophages portent la trace de cette coexistence et de cette lutte. Des emblèmes païens à demi effacés et remplacés par des symboles chrétiens ; des signes évangéliques se substituant à des figurations mythologiques ou se plaçant tout simplement à côté, attestent que le christianisme et le paganisme se partageaient plus ou moins également les populations, à l'époque où l'inhumation a eu lieu. Quand les sarcophages sont faits avec les débris des temples païens, le doute n'est pas possible : l'un des deux cultes a été vaincu par l'autre.

Quant au style architectonique et sculptural des sarcophages, il est presque toujours celui de l'époque. On peut en juger par ceux qui ont été placés dans les églises au niveau du sol, tel qu'est, par exemple, celui de l'évêque Matifas de Buci derrière le chœur de la basilique de Notre-Dame de Paris.

Dans une acception moderne et fort impropre, le mot *sarcophage* est employé par les administrations des pompes funèbres, pour désigner l'édifice de bois et de draperies qu'on élève dans une église le jour des obsèques. Ceci est pure affaire de décor funéraire ; nous n'avons donc point à en parler. — L. M. T.

**SARDOINE.** *T. de minér.* Variété de quartz qui porte encore différents noms dans le commerce, notamment ceux de *sarde, sardonyx, sardagate,* mais dont on peut résumer tous les caractères en disant que c'est une sorte d'agate, et que sa coloration varie du jaune au brun.

**SARRAU.** *T. du cost.* Sorte de souquenille qui a fait autrefois partie de l'habillement des soldats, et que les ouvriers des campagnes, aujourd'hui, portent par-dessus leurs autres vêtements. || Toile de fil de lin avec laquelle on fait les blouses, les pantalons d'ouvriers.

**\* SARRUSOPHONE.** *Instr. de mus.* Nom de nouveaux instruments en cuivre, inventés par M. Gautrot. Ils forment actuellement une famille complète, composée de huit individus, du sopranino en *mi♭* à la contrebasse en *si♭*. Par leur justesse et leur puissance de son, dit M. F. Giraud dans son *Polycorde*, les sarrusophones sont appelés à rendre les plus grands services aux musiques militaires. Ils se jouent à l'aide d'anches doubles, semblables à peu près à celles du hautbois et du cor anglais pour les membres aigus de la famille, comme les sopranos et les altos ; et à celles du basson pour les ténors, les barytons, les basses et les contrebasses. Les anches ont cependant plus de force que n'en ont celles des instruments en bois, ce qui donne plus de sûreté et de précision dans l'intonation. Le doigté est presque le même que celui de la clarinette.

**SAS.** Outre sa désignation d'un tamis cylindrique composé d'un tissu de crin et dans lequel on passe le sable destiné aux constructions, ce mot s'applique, *en hydraul.,* au bassin rectangulaire placé entre deux autres bassins ou biefs d'altitudes différentes, et fermé aux extrémités par des portes étanches qui permettent de le faire communiquer alternativement avec un des biefs, après avoir toutefois ramené le niveau de l'eau qu'il contient à la hauteur de celui du bief. A cet effet, les portes sont munies de ventelles qui servent, soit à faire rentrer dans le sas l'eau du bassin le plus élevé ou bief supérieur, soit à faire écouler l'eau du sas dans le bassin le plus bas ou bief inférieur.

L'ensemble du sas et des portes constitue l'écluse à sas au moyen de laquelle on parvient à faire passer les bateaux d'un bief dans l'autre, malgré la différence de leurs niveaux (V. CANAL, ÉCLUSE). L'écluse à sas n'est en somme qu'un appareil hydraulique élévatoire d'un genre particulier, chaque opération servant à élever ou abaisser les bateaux d'une hauteur égale à cette différence de niveau. Ces appareils sont du reste très imparfaits au point de vue de l'utilisation du travail mécanique, puisque la dépense d'eau reste à peu près la même pour le sassement d'un bateau, que ce bateau soit plein ou vide, et que par conséquent le travail utile est extrêmement faible à côté de l'énorme quantité de travail perdu à chaque opération. La profondeur totale d'un sas comprend : la hauteur du couronnement au-dessus du niveau du bief d'amont (environ 0m,50), plus la chute ou différence de niveau entre les biefs (généralement de 2 à 3 mètres), plus la hauteur du mouillage, toujours un peu supérieure au tirant d'eau maximum des bateaux. Quant à la section horizontale, sa détermination est une des graves questions de la construction des canaux, parce qu'il faut tenir compte d'exigences contradictoires. D'une part on tend à augmenter les dimensions des sas pour qu'ils puissent contenir plus de bateaux et que les mouvements de ces bateaux soient plus faciles; c'est en effet une condition importante de l'emploi du remorquage et du touage à vapeur. Mais d'autre part, cette augmentation entraîne celle de la dépense d'eau, puisque chaque sassement fait écouler dans le bief inférieur un volume d'eau égal au produit de la section horizontale du sas par la hauteur de la chute; or on est souvent limité pour cette dépense, surtout dans les canaux à point de partage. En outre, l'augmentation du sas prolonge la durée du remplissage et de la vidange; il est vrai qu'il est facile d'obvier à ce dernier inconvénient en remplaçant, comme on le fait généralement aujourd'hui, les ventelles des portes par des aqueducs latéraux construits dans l'épaisseur des bajoyers, aqueducs dont on peut calculer la section de façon à limiter l'opération à un temps fixé d'avance (V. Hydraulique, § Écoulement avec niveaux variables). Du reste, cette opération n'est pas la plus longue de celles qui composent un sassement; il faut y ajouter la manœuvre des portes et surtout celles de l'entrée et de la sortie des bateaux. C'est pourquoi dans les grandes écluses modernes, on a recours à l'emploi d'appareils à eau sous pression pour exécuter ces manœuvres rapidement et avec le moins de bras possible.

Lorsque la différence de niveau entre les deux biefs est rachetée par un plan incliné ou par un élévateur, on emploie, pour monter ou descendre les bateaux, un sas mobile formé par un grand caisson, en bois ou en métal, fermé de même aux extrémités par des portes étanches. — V. Canal, § Élévateur des canaux. — j. b.

**SASSAFRAS.** T. de bot. Arbre de la famille des lauracées, subdivision des ocotées. Ce genre ne comprend qu'une espèce, le sassafras officinal (sassafras officinale, Nees) qui atteint de 6 à 30 mètres d'élévation au Canada et dans la Floride, mais a de bien plus petites dimensions dans le Nord. Son écorce est brun rougeâtre et lisse, ses branches sont nombreuses, les feuilles sont caduques, alternes, pétiolées, le plus souvent à trois lobes inégaux. Les racines et le bois sont les parties utilisées de cet arbre; les premières sont ou en souches ou en rameaux de la grosseur de la cuisse ou du bras; elles sont formées d'un bois fauve, poreux, léger, doué d'odeur spéciale. L'écorce est grise à la surface et formée de deux zones, une extérieure subéreuse et une interne, plus consistante, de couleur rouille, et riche en essence, laquelle est contenue dans des phytocystes à peu près sphériques, comme celles que l'on retrouve aussi dans le bois; cette essence est jaunâtre, plus dense que l'eau et se colore en brun avec le temps; elle contient du camphre de sassafras, du safrène, $C^{20}H^{16}$, et du safrol, $C^{20}H^{20}O^4$ (Grimaux et Ruotte). Dans les environs de Baltimore et dans le New-Jersey occidental, on extrait, par distillation, du bois et des racines de sassafras, de 8 à 10,000 kilogrammes d'essence par an. L'écorce renferme encore du tannin, car elle bleuit sous l'action des sels de fer, et l'on admet que c'est cette matière qui en s'oxydant, rougit et colore le vieux bois, car lorsque celui-ci est jeune il est incolore.

Le sassafras est susceptible de s'acclimater en France; on en a même trouvé un fort bel exemplaire dans un bois, à Corbeil, mais il avait perdu en grande partie son arome.

\*SASSAGE. T. d'orfév. Opération qui consiste à agiter dans un sac, avec une matière pulvérulente et par un mouvement de va-et-vient, de menus objets de bijouterie pour les nettoyer et les polir. C'est ainsi que les galvanoplastes et les doreurs décapent les objets de petite dimension ou leur donnent un certain brillant à la sortie du bain lorsqu'il est impossible de les gratte-boësser. Dans quelques cas particuliers, la matière pulvérulente peut être remplacée par un liquide enfermé dans un récipient.

\*SASSOIRE. Pièce de l'avant-train d'une voiture qui soutient la flèche et sert à faire tourner la voiture.

\*SASSEUR. Machine (encore appelé sas) formée d'un tissu de soie, de crin ou de toile plus ou moins serrée, qui sert à passer de la farine, du plâtre, de la terre ou des liquides. Lorsque les trous sont très fins, la machine se nomme tamis; s'ils sont grands, crible. Souvent les sasseurs mécaniques ont pour but de remuer, de frotter et de polir certaines matières que l'on y renferme; tels sont ceux employés pour polir les plumes métalliques après le recuit (V. Plumes a écrire). On désigne encore sous le nom de sasseur, les machines destinées au nettoyage et au triage des grains (pour meunerie, machines à battre); ces machines sont plus généralement comprises sous les noms de cribles, cribleurs, épierreurs, trieurs (V. Nettoyage des grains). Mais le mot sasseur sert surtout à désigner une machine employée par la meunerie (V. Mouture, Meunerie); dans ce cas, le sasseur a pour but de classer les gruaux soit par grosseur, soit par ordre de densité. Dans le sasseur système Pinet, la marchandise provenant de la bluterie à boulanges passe dans un cylindre horizontal en tôle dans lequel tournent 3 ailettes avec une vitesse de 200 tours par minute. Ces ailettes projettent la marchandise contre des soies verticales, au travers desquelles elle passe. Ces soies ainsi placées verticalement ne se gomment pas, et on n'a pas besoin de les nettoyer par des brosses ou des taquets. Les gruaux et les sons tombent dans des coffres à cloisons chicanées dont la dernière est en communication avec un ventilateur aspirateur placé à l'extrémité de la machine. Les produits se classent par ordre de densité ; d'abord les gruaux, puis les gros sons, les soufflures et petits sons, et enfin les folles farines. Cette machine prend autant de force qu'un diviseur, c'est-à-dire près d'un demi-cheval vapeur, et, suivant ses dimensions, sasse de 200 à 800 kilogrammes de gruau à l'heure. — M. R.

**SATAN.** *Iconog.* La figure de Satan ne se rencontre ni dans l'antiquité, où elle n'eût correspondu à rien, ni dans les premiers monuments chrétiens. Ce n'est guère qu'au viiie siècle qu'on la trouve, sous les traits qui lui conviennent le mieux : *ceux d'un ange avec les signes distinctifs de la déchéance.* Une miniature d'une bible du ixe siècle nous donne ainsi *Satan parlant à Job*, avec le nimbe et les ailes, mais aussi avec les ongles crochus. Le sujet de *Satan tourmentant Job* a été traité plusieurs fois par les artistes primitifs; Giotto ou l'un de ses élèves l'a peint sur les murs du Campo-Santo de Pise dans une attitude orgueilleuse et farouche, ses triples ailes déployées et tenant sur sa poitrine un serpent, bien plus conforme ainsi à son caractère que sous les traits hideux et grotesques qu'on lui donne aujourd'hui. En sculpture, Satan apparaît dans les chapiteaux historiés et dans les bas-reliefs dès le xie siècle, tantôt sous des traits humains enlaidis à plaisir, tantôt sous ceux d'un animal. Enfin, on trouve parfois, au moyen âge, l'idée de Trinité appliquée à l'esprit du mal, extension du symbolisme mystique assez logique, Satan devant être l'absolu du mal, comme Dieu est l'absolu du bien. Chez les modernes, on cite parmi les meilleures représentations de Satan : une peinture de Viertz, une tête du sculpteur anglais Chantrey, exposée en 1808; une statue de bronze de Feuchère, salon de 1835; *Satan semeur d'ivraie*, d'après la parabole de Saint-Matthieu, a été traité en peinture par Bloermaert et par Millais (Exposition universelle de 1867); en sculpture par J. Valette, salon de 1859; enfin, *Satan terrassé par l'archange*, est le sujet de plusieurs tableaux et statues, notamment d'une toile très connue de Raphaël, au musée du Louvre, et du groupe en bronze qui décore à Paris la fontaine Saint-Michel.

**SATIN.** *T. de tiss.* Nom donné à une armure qui forme la base d'un grand nombre de tissus, caractérisés en général par leur aspect brillant et riche, et qui s'exécutent en toute sorte de matières, soie, laine, coton ou lin.

Le rapport de l'armure en chaîne peut comprendre un nombre de fils variable mais au moins égal à cinq, et chaque duite lie avec l'un de ces fils et flotte *sur* tous les autres si l'effet du satin doit être produit par la trame, et *sous* tous les autres si l'on veut obtenir un effet de chaîne. Les points de liage des duites successives d'un rapport-trame se mettent successivement sur tous les fils du rapport-chaîne, mais en se déplaçant, c'est-à-dire en *décochant*, chaque fois de plus d'un fil.

L'armure d'un satin de cinq, c'est-à-dire d'un satin établi sur un rapport de cinq fils, est représentée par les figures 38 et 39; qui font voir que la première duite (en supposant que le tissu forme effet de trame) passe *sous* le premier fil et *sur* tous les autres; la seconde duite aura une

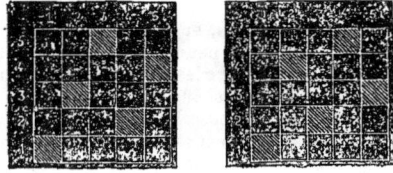

Fig. 38 et 39. — *Armures du satin de 5.*

évolution analogue, mais son point de liage sera reculé de 2 ou de 3 fils, et placé, par conséquent sur le troisième ou sur le quatrième; en déduisant de la même manière chaque duite de la précédente, on obtient l'une ou l'autre des armures représentées par les figures 38 et 39, suivant que l'on adopte le décochement par 2 ou par 3 fils.

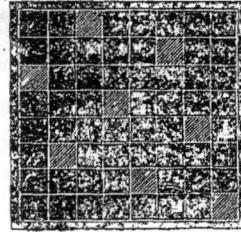

Fig. 40. — *Satin de 8.*

Pour que le satin soit régulier, c'est-à-dire pour que les points de liage des duites qui forment le rapport-trame, se répartissent régulièrement sur les fils du rapport-chaîne, il faut adopter un décochement représenté par un nombre qui n'ait pas de facteurs communs avec celui qui représente le rapport chaîne, et qui en diffère de plus d'une unité. Les figures 40 et 41 représentent les armures des satins de 8 et de 13, souvent employés, et qui sont établies avec des décochements de 3 et 5, respectivement premiers avec 8 et 13.

Les tissus établis d'après ces armures présentent des aspects différents lorsque la réduction de la chaîne est égale à celle de la trame ou quand la réduction de l'élément (chaîne ou trame) qui domine à l'endroit est beaucoup

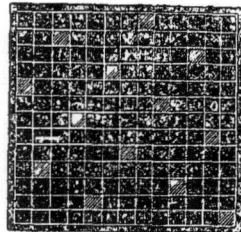

Fig. 41. — *Satin de 13.*

plus forte que celle de l'autre. Dans le premier cas, le tissu paraît constitué par des brides formées par la chaîne ou par la trame, et coupées par des points de liage bien apparents, et régulièrement disséminés sur sa surface. Si dans un satin trame la chaîne était noire et la trame blanche, on obtiendrait un tissu blanc régulièrement pointillé de points noirs. L'envers du tissu présenterait l'effet inverse; il formerait un satin par la chaîne, noir et pointillé en blanc. C'est de ce genre de satin que l'on fait usage dans la fabrication des tissus *damas* et *damassés* (v. ces mots), dans lesquels le fond est en satin chaîne et le dessin en satin trame; l'envers est semblable à l'endroit, sauf interversion des effets.

Dans le second cas, en supposant un satin par la trame, les duites peuvent être très fortement serrées les unes contre les autres, de sorte que les points du liage de chacune d'elles se cachent sous les flottées des voisines; les brides qui couvrent l'endroit ne sont plus contrariées par des liages, et semblent en quelque sorte tressées les unes avec les autres. La réflexion de la lumière se fait plus directement, et l'éclat du tissu se trouve augmenté par là. La même chose a lieu pour les satins par chaîne dont les fils sont très rapprochés les uns des autres, en même temps que la réduction en trame est relativement faible. Dans ce cas, l'envers de l'étoffe perd l'aspect du satin, et rappelle celui d'une toile ou d'un sergé. On adopte toujours cette manière de faire pour les satins en soie ou en laine (satins de Chine, etc.) et pour les satinettes en coton.— P.G.

**SATINAGE.** 1° *T. techn.* Opération qui a pour but de donner à un tissu l'aspect du satin. Le satinage s'obtient à l'aide de *calandres* (V. ce mot) ou d'appareils *à friction* dans lesquels les rouleaux ont une vitesse différente; le *rouleau frictionneur*, le plus souvent en métal (fer, acier, ou cuivre) est chauffé à la vapeur ou au gaz, et possède une vitesse circonférencielle égale à une fois et demie celle du rouleau de papier. Pour avoir un bon satinage, les apprêts doivent contenir des matières grasses, de la cire, etc., et si cette addition n'a pas été faite préalablement, une disposition spéciale transmet ces matières à l'étoffe.

Suivant la façon d'opérer, on peut obtenir, soit un tissu *lustré*, c'est-à-dire luisant et de toucher dur, soit une étoffe *satinée* qui, tout en étant lisse, conserve le toucher mou et soyeux du satin; on est même arrivé, en incorporant du sel marin pour les tissus de coton, ou de l'acide tartrique pour certaines qualités inférieures de soie, à leur donner ce *cri* spécial que font entendre au maniement, les soies de qualité supérieure.

|| 2° *T. de pap.* Opération à laquelle on soumet le papier pour lui donner ce lustre et ce brillant qu'il n'a pas à sa sortie de la machine à papier (V. PAPETERIE, § *Apprêt du papier*) ou qu'il a perdu lorsqu'il a été mouillé par l'imprimeur et foulé par la pression des caractères; les feuilles imprimées et séchées sont alors disposées en piles en les alternant avec des feuilles de carton bien poli ou de zinc laminé, puis soumises à l'action d'une presse à percussion; dans la plupart des ateliers, on utilise plus spécialement des laminoirs ou des calandres analogues à ceux qu'on emploie dans la papeterie.

\*SATINETTE. Etoffe de soie et coton et même de coton seulement, qui a l'aspect du satin.

\*SATINEUR, EUSE. *T. de mét.* Celui, celle qui fait le satinage.

**I. SATURATION.** *T. de phys. et de chim.* 1° Etat d'une vapeur lorsqu'elle est sur le point de se liquéfier, soit par abaissement de température, soit par augmentation de pression. L'espace occupé par cette vapeur est dit *saturé*, et la vapeur est nommée *saturante*. — V. LIQUÉFACTION, VAPEUR. || 2° On aimante un barreau d'acier *à saturation* lorsqu'on lui communique tout le magnétisme qu'il peut conserver dans les conditions où il se trouve (conditions qui dépendent de la qualité de l'acier, de sa trempe, de son recuit, de sa température, etc.). || 3° Quand un liquide a dissous d'une substance tout ce qu'il en peut prendre, on dit qu'il est saturé ou que le liquide est à saturation. || 4° Lorsqu'un corps poreux est resté un temps suffisant en contact avec un liquide, il s'est saturé. || 5° En ajoutant peu à peu un acide à une base, ou une base à un acide, on finit par faire disparaître les propriétés caractéristiques de l'un et de l'autre. On dit alors qu'il y a *saturation* ou que la base est *saturée* par l'acide ou que l'acide est saturé par la base. — C. D.

**II. SATURATION** (Eau des chaudières). *T. de mécan.* Toutes les eaux naturelles, sauf celle provenant de la pluie, contiennent plus ou moins de sels en dissolution. On désigne sous le nom de *concentration* ou plus vulgairement *degré de salure*, le rapport du poids des sels à celui de l'eau qui les contient. Si ce degré de salure vient à augmenter, soit par addition de sels, soit par suite d'une diminution occasionnée par la vaporisation, dans le volume de l'eau, celle-ci, devenant plus dense, tendra à s'épaissir. La saturation est atteinte quand l'eau ne peut plus rien dissoudre et, au delà de ce point, arriva la *sursaturation* ; il y a alors excès de sels non dissous qui tendent à se déposer, si l'agitation mécanique n'est pas suffisante pour les tenir en suspension. — V. INCRUSTATION DES CHAUDIÈRES.

L'étude des conditions et des températures de saturation correspondant aux différentes natures de sels présente une importance capitale, sur les chaudières marines en particulier. Les dépôts provenant du sel marin, qu'on rencontre spécialement dans ces chaudières, ont l'avantage de pouvoir se dissoudre à nouveau, avec facilité lorsqu'ils se trouvent en présence d'eau désaturée; la saturation n'a lieu, d'ailleurs, à toute température qu'à 0,35, soit à une concentration 10 fois supérieure à celle de l'eau naturelle. Il n'en est malheureusement pas de même pour les dépôts de sulfate de chaux. La solubilité de ce sulfate diminue avec l'élévation de température, et au-dessus de 140°, soit une pression de $3^{atm}$,5, il se produit même une sursaturation complète, entraînant la précipitation du sulfate contenu dans l'eau d'alimentation, à l'arrivée dans le générateur. Plus la température est élevée, plus les dépôts ainsi formés sont difficiles à dissoudre à froid. Les bicarbonates contenus dans les eaux douces naturelles se comportent à peu près comme le sulfate de chaux de l'eau de mer, et sont encore plus difficiles à dissoudre. Le moyen employé pour prévenir ces dépôts, dans les chaudières marines, consiste dans l'usage des extractions, c'est-à-dire dans le jet à la mer d'une certaine quantité d'eau de la chaudière, qu'on remplace par une eau moins chargée de sels. Cette méthode entraîne nécessairement une perte de chaleur, que l'on peut fixer à 1/17 ou 1/18, mais comme on n'a pas d'autres ressources à sa disposition, on est bien obligé d'y recourir. Au-dessus de 140°, ces extractions sont à peu près sans effet, aussi l'emploi des machines à pression supérieure ou voisine de $3^{at},5$ aurait-il été impossible sur mer, si l'on n'était parvenu à rendre pratique l'alimentation monohydrique, avec laquelle la quantité absolue de dépôts formés demeure nécessairement constante, tant qu'on n'est pas obligé de réparer, c'est-à-dire d'emprunter à l'eau de circulation le volume nécessaire pour compenser les pertes. L'extraction peut se pratiquer d'une manière continue ou à intervalles périodiques; l'orifice du tuyau d'extraction, à l'intérieur de la chaudière, est placé tantôt à une hauteur de quelques centimètres environ au-dessus du niveau normal, tantôt à la hauteur du ciel du foyer et enfin, parfois, vers le fond de la chaudière. La première position nous paraît préférable, car l'agitation incessante de l'eau pendant le fonctionnement ramène toujours à la surface les parties chargées de sels; et, d'autre part, une négligence dans la fermeture du robinet d'extraction n'entraîne pas le risque de découvrir les surfaces de chauffe. Enfin, dans le cas des machines à condensation par surface, pour lesquelles les extractions n'ont lieu qu'à de larges intervalles, pour se débarrasser d'une trop grande abondance de graisse dans la chaudière, c'est évidemment à la surface du bain qu'on doit recueillir les parties à extraire. Les instruments servant à mesurer le degré de concentration de l'eau sont connus sous les noms d'*aréomètres*, de *pèse-sels*, de *salinomètres* ou *saturomètres*. Le plus répandu est l'aréomètre ou pèse-sel de Baumé dont nous avons pas à rappeler la description. Cet instrument, qui se fabrique en verre, est assez fragile; on l'a remplacé depuis 1860, dans la marine militaire, par un saturomètre réglementaire en maillechort basé sur le même principe. La graduation et les mesures sont opérées à 95° centigrades, soit à la température de l'eau sortant d'une chaudière. On détermine le zéro en le plongeant dans l'eau distillée à 95°, et on marque la division 10, en le plongeant dans l'eau saturée de sel marin à la même température; l'intervalle entre 0 et 10 est alors partagé en 10 parties égales et l'on grave les divisions sur la tige. Les dépôts commencent à se former, en pratique, lorsque l'eau arrive entre 2,5 et 3° de ce saturomètre; à 3°, la concentration de l'eau est 0,105. Dans la marine anglaise, on commence à faire des extractions à partir d'une concentration de 0,078, ce qui correspond à

$$\frac{10 \times 0,078}{0,35} = 2°,1$$

Pour être renseigné constamment sur le degré de salure de l'eau à l'intérieur des chaudières, on a, dans la marine militaire, pourvu celles-ci d'une installation due à M. Picot, mécanicien

principal, et qui porte le nom de *saturomètre permanent*. Un vase en cuivre à double enveloppe concentrique est percé de nombreux petits trous dans le cylindre intérieur, et l'espace libre entre les deux cylindres est mis en communication avec la chaudière par un petit robinet. Par suite de la série d'étranglements que l'eau rencontre sur son parcours, elle s'écoule avec une vitesse modérée et sans secousse, autour du saturomètre plongé dans l'appareil, et on peut ainsi en lire à tout instant les indications.

\* **SATURNE**. *Iconol*. Saturne, le père des dieux, est ordinairement représenté sous les traits d'un vieillard à longue barbe blanche et la tête couverte d'une draperie, sans doute parce que, dans la célébration de ses mystères à Rome, les assistants se couvraient la tête d'un pan de leur toge; on voit une superbe tête en marbre de ce dieu au musée Pio Clémentin; le Louvre en possède aussi une belle statue antique, également drapée de façon à avoir la tête couverte. Il y a d'ailleurs une foule de statues antiques de Saturne qui n'était pas compté parmi les grands dieux, et dont le culte avili par les *Saturnales*, n'était guère en honneur que dans la grande Grèce. De même chez les modernes on l'a moins considéré comme un dieu que comme la personnification du Temps, dont on lui donne alors les attributs, ou comme représentant de la planète Saturne, tel dans la mosaïque exécutée à Rome d'après un dessin de Raphaël, et dans les grandes plaques émaillées de Pierre Courtoys, faites en 1559 pour la décoration du palais de Madrid, sous le titre *les Planètes*, actuellement au musée de Cluny. Enfin, à cause de sa barbe blanche et de sa tête couverte, on l'a pris quelquefois pour l'Hiver. *Saturne dévorant ses enfants*, a été peint par Rubens, par Blanchard, pour l'hôtel Bullion à Paris, et gravé par Jordaens et par Bonasone; on cite encore les estampes de Alberti, Giovanni, Ostendorfer, Lépicié d'après Le Parmesan, *Saturne amoureux de Philyre*. Enfin, Thomas Regnauldin a sculpté pour l'orangerie du château de Versailles, *Saturne enlevant Cybèle*, groupe en marbre qui a été placé depuis dans le jardin des Tuileries.

\* **SATURNISME**. Etat dans lequel se trouvent les ouvriers atteints de coliques saturnines. — V. Céruse.

\* **SATUROMÈTRE**. *T. de phys*. Sorte d'aéromètre au moyen duquel on détermine la quantité de sel en dissolution, contenue dans l'eau de mer. — V. Saturation, II.

\* **SATYRE**. *Iconol*. Dans l'antiquité, les satyres sont représentés comme des demi-dieux folâtres, au masque humain mais rappelant la physionomie du bouc, aux oreilles pointues, aux cheveux incultes, aux jambes et aux pieds de bouc; on les trouve souvent avec ces animaux pour compagnons; les artistes sont parvenus à leur donner des formes charmantes, quoique toujours dépourvues de noblesse. Le Satyre est la figure qu'on rencontre peut-être le plus souvent dans les œuvres d'art de l'antiquité, soit seul ou en troupes, soit comme cortège de Bacchus et de Silène, toujours il éveille des idées joyeuses, dansant, jouant de divers instruments de musique ou lutinant des nymphes; c'est l'élément comique par excellence dans la mythologie païenne. Au musée Pio Clémentin on voit un beau groupe : *Satyre conduisant une vache*, et une statue de *Satyre dansant*, en marbre noir, et dans la galerie Pourtalès ont figuré plusieurs vases décorés de figures de satyres. La plus célèbre représentation de ce demi-dieu était la statue de Praxitèle, qui ne nous est pas parvenue, mais dont le *Satyre adolescent jouant de la flûte*, au Louvre, passe pour une imitation. Sur le vase Borghèse au même musée, on voit des satyres folâtrant autour de

Bacchus et de Silène, qu'un d'eux soutient par le milieu du corps. D'autres bas-reliefs nous montrent des satyres vendangeurs, chasseurs, ou accompagnés d'animaux; enfin, on range souvent parmi les satyres une suite d'œuvres d'art qui devraient être plus justement reportés à des faunes. Le *Faune à l'enfant* du Louvre est un des plus connus.

Les artistes de la Renaissance ont fréquemment représenté des satyres, dont le caractère joyeux se prêtait bien aux besoins de leurs sujets gracieux. Jean de Bologne en a sculpté un pour la façade du vieux Palais à Florence. G. de Marsy a décoré un des bassins de Trianon avec un *Petit satyre entouré de pampres et jouant avec une panthère*; Pradier a exposé, en 1834, un *Satyre lutinant une bacchante*, groupe en marbre. Le même sujet a été traité par Crauck, en 1859.

La peinture et la gravure se sont souvent aussi emparées de ce sujet. On connaît plusieurs dessins de Raphaël gravés par Marc-Antoine Raimondi, Rubens, Carrache, Jordaens, Mieris, Palma, Castiglione, Le Poussin, Fragonard, et dans la gravure, Beham, Dürer, Montagna, Le Prince, F. Basan, nous montrent des satyres jouant, dansant ou mêlés avec des bacchantes et des nymphes. Il convient aussi de rappeler des figures, beaucoup plus rares, de satyresses. On en trouve des exemples dans l'antiquité, notamment à la villa Albani, et une gravure de Beham nous montre une *Satyresse jouant de la cornemuse*. On en voit aussi dans quelques détails des fresques de Jean de San Giovanni, à Florence.

\* **SAUCIER.** *T. de mar.* Nom donné à la coupe en fonte qui sert de crapaudine à la mèche du cabestan.

**SAUCIÈRE.** Vase creux en métal ou autre matière, dans lequel on sert les sauces sur une table.

**SAUCISSE, SAUCISSON.** Outre leur acception culinaire bien connue, ces mots sont employés dans la pyrotechnie pour désigner un marron cylindrique étranglé par un bout; un petit sac rempli de poudre qui sert à communiquer le feu à la charge d'une mine. — V. PYROTECHNIE. || On donne aussi le nom de *saucisson* à de grosses et longues fascines qui servent, dans la fortification, à la construction de l'épaulement des batteries ou à la réparation des brèches.

**SAULE.** *T. de bot.* Type d'arbres qui a donné son nom à la famille des salicacées, en général originaires de nos pays et habitant les endroits humides.

Plusieurs sortes de saules sont répandues en France : le *saule commun* (*salix alba*, L.), qui atteint 10 à 13 mètres de hauteur, a les rameaux rouges ou bruns; le *saule Marceau* (*salix caprea*, L.), qui offre des rameaux bruns, pourvus de grandes feuilles ovales arrondies, il croît dans tous les terrains; le *saule précoce* (*salix precox*, Wild.), à rameaux d'un rouge foncé, recouverts d'une poussière glauque; le *saule pleureur* (*salix babylonica*, L.), dont la tige se divise en branches étalées horizontalement, avec de longs rameaux grêles et pendants; ses feuilles sont glabres, étroites et lancéolées; il vient d'Asie, et a un aspect triste et gracieux, qui l'a fait prendre comme l'emblème du deuil et de la douleur; le *saule fragile* (*salix fragilis*, L.), qui est un des plus élevés, et caractérisé par la facilité avec laquelle cassent ses rameaux près de leur insertion sur la branche; enfin,

le *saule hélice* (*salix helix*, L.), qui n'atteint que 3 à 4 mètres.

Les saules sont assez utilisés; l'écorce des jeunes branches est fébrifuge à cause de la salicine qu'elle contient (V. OSIER), tonique et astringente, aussi s'en sert-on en Suède et en Danemark, pour le tannage des peaux de gants. On peut encore, avec l'écorce, comme avec les feuilles, obtenir une teinture en brun. Les jeunes branches servent à faire des liens, des corbeilles, des paniers, des ligues pour pêcheurs, et les plus grosses des cercles et des échalas. Le bois se débite en planches susceptibles de prendre un beau poli; on en fait des sabots, des fourches, et encore des fagots destinés au chauffage des fours à chaux, à plâtre, à tuiles, enfin du charbon employé parfois dans la confection de la poudre à tirer. — J. C.

**SAUMON.** *T. de métall.* Masse de métal fondu. Se dit du plomb, de l'étain, du cuivre et de la fonte.

**SAUMURE.** Eau saturée de sel que l'on fait évaporer pour obtenir ce produit; et encore, liquide produit par le sel fondu et le suc de la viande ou du poisson que l'on met à saler.

**SAUNIER.** *T. de mét.* Dans les salines du midi, on donne plus particulièrement ce nom au chef ouvrier. || Marchand de sel.

\* **SAURISSAGE** ou **SAURAGE.** *T. techn.* Opération qui a pour but de conserver le poisson au moyen du salage et de la fumaison. Elle ne s'opère plus guère, en France, que dans un seul port, Fécamp, car Boulogne n'en fait que fort peu. C'est surtout sur le hareng que l'on opère, mais, depuis quelques années, on a essayé de saurir le maquereau; d'autres nations fument le saumon, l'anguille, mais on ne pratique pas, dans notre pays, le saurissage sur ces derniers poissons.

L'importance de cette industrie, qui permet une exportation considérable, nous fait, dans une certaine limite, entrer dans quelques détails sur les opérations qui précèdent le saurissage réel.

Boulogne et Fécamp arment environ 150 navires pour la pêche au hareng, Dieppe et Saint-Valery, 8 à dix deux. Ces navires, qui ont un équipage de vingt-deux hommes, et tout armés, représentent une valeur de 75 à 80,000 francs avec le matériel de pêche, ont toujours maintenant un treuil à vapeur pour hâler leurs filets; ils partent vers la fin de juin ou le commencement de juillet, pour le nord de l'Ecosse, afin de faire la pêche avec salaison à bord. Au bout de vingt à vingt-cinq jours, ils reviennent en rapportant 400 à 450 barils chacun, sous le tillac (le baril est de 160 kilogrammes) et 4 à 500 mesures de bac (c'est-à-dire sur le pont) (la mesure représente 150 à 160 harengs). Ce poisson est salé avec du sel de la Méditerranée, de Cadix, et un peu des sels de l'Ouest de la France. Cette pêche, avec retour dès que le navire a son plein chargement, dure jusqu'au 15 octobre, mais depuis cette époque jusqu'à mi-novembre, par suite des pérégrinations des bancs de harengs, elle se fait en face de Boulogne. De Dunkerque au Hâvre, il peut y avoir alors 250 petits bateaux montés par six hommes se livrant à la pêche. Depuis le mois de novembre jusqu'au 15 janvier environ, elle se fait en face de Fécamp, où presque tous les harengs de Boulogne sont en partie amenés. En 1885, les bateaux de Fécamp ont rapporté 45,000 barils de harengs, 10,000 mesures de bac, et 260,000 mesures de harengs frais. Le *tiers* seulement de ces harengs frais est livré tel pour la consommation. Tout le reste est sauri.

Le salage du hareng a une importance grande, suivant ce que l'on veut préparer, car on distingue dans le commerce deux sortes de harengs saurs : les *harengs francs-saurs* qui se conservent toute l'année et même pendant deux ans, et qui sont salés, soit à bord, soit à Fécamp, avec le sel de la Méditerranée ou de Cadix, et les *harengs demi-prêts* ou *bouffis* qui sont salés avec des sels de l'ouest; mais dans aucun cas, en France, on ne *caque* le poisson, comme on le fait en Hollande, c'est-à-dire qu'on ne le prive pas des ouies et des intestins.

Après avoir mis de côté les harengs destinés à être vendus salés, et connus sous le nom de *hareng blanc*, on procède au saurissage. Cette opération ne se pratique plus dans les roussables, ou dans des pièces de grande dimension, au milieu et aux angles desquelles on allumait de grands feux; elle se fait uniquement, chez les cinquante saurisseurs que l'on compte à Fécamp, dans de grandes cheminées spéciales, qui ont 2 mètres de largeur, 1m,40 de profondeur et une hauteur moyenne de 3 étages. Chaque maison un peu importante possède 12 cheminées semblables.

Chaque cheminée offre, à partir de 2 mètres de hauteur au-dessus du sol, une série de barres de bois appelées *champlattes*, qui sont fixées perpendiculairement à l'ouverture de la cheminée et qui, au nombre de trois par rangée, se renouvellent, à chaque hauteur de 17 centimètres, jusqu'au sommet de la cheminée. Ces barres sont destinées à supporter les *brochettes* ou *ainets*, lesquelles reçoivent le poisson enfilé par les ouies; chaque brochette pouvant porter de 20 à 22 poissons, on en place 15 sur chaque rangée de champlattes, excepté dans le haut de la cheminée où il n'en peut tenir que cinq. Pour chaque opération, il faut de 7,000 à 7,500 harengs, lorsqu'on veut faire des francs-saurs, et 3,500 seulement lorsqu'on prépare des harengs bouffis. La cheminée étant ainsi garnie de poissons, on prépare le feu en se servant de bois de hêtre le plus sec possible, on accroche une toile au devant de la cheminée, pour activer le tirage, et l'on allume le feu en l'entretenant très régulièrement pendant vingt-quatre heures avec de gros morceaux de bois. Cette première partie de l'opération ayant eu pour résultat de bien chauffer le poisson, on continue le feu avec du *boucan*, c'est-à-dire avec les débris de la fabrication des sabots de hêtre, lesquels produisent une fumée abondante qui conserve et colore en même temps le poisson. Au bout de deux heures à deux heures et demie, l'opération est terminée, à moins qu'il ne fasse un temps très humide, qui oblige à chauffer le poisson au moins trente heures et à fumer un peu plus.

Le hareng est ensuite mis en caisses ou en feuillettes de 25, 50, 75 et 100 poissons, ayant une valeur, suivant l'année, de 4 à 7 francs le cent.

Depuis dix ans, Fécamp saurit également le maquereau, mais en très petite quantité, ce poisson se conserve moins bien et prenant un goût un peu huileux avec le temps. — J. C.

*SAURISSEUR. *T. de mét.* Ouvrier qui est employé au saurissage, qui fume les harengs.

*SAUSSÉ. *T. techn.* Liquide dont se servent les orfèvres pour donner la couleur d'or.

*SAUTÉ. *T. de dor.* Procédé de dorure utilisé pour les objets de petites dimensions. — V. DORURE. || *T. de tiss.* Synonyme de *laissé.* — V. ce mot.

SAUTEREAU. *T. de fact. d'instr.* Petite pièce de bois très mince, garnie d'une languette de plume ou de buffle, et qui, soulevée par la touche du clavier, d'une épinette ou d'un clavecin, vient s'appuyer sur la corde qu'elle fait résonner en s'échappant; dans les pianos, les sautereaux ont été remplacés par des marteaux dont les chocs sur les cordes permettent de produire des effets de *forte* et de *piano.*

SAUTERELLE. *T. techn.* 1° Fausse équerre composée de deux règles mobiles en bois, assemblées par une extrémité, comme les branches d'un compas, et propre à mesurer tous les angles rectilignes; elle est dite *graduée* lorsqu'autour de la pièce qui relie les deux règles, se trouve un demi-cercle divisé en 180°. || 2° Branche de bascule droite dont les serruriers font usage pour faire faire un ressaut au fil de fer ou cordon de tirage d'un mouvement de sonnette. || 3° Appareil servant à suspendre et à laisser tomber rapidement la barre qui sépare deux chevaux dans une écurie; il se compose d'un crochet fixé à l'extrémité d'une corde ou d'une chaîne de suspension, le long de laquelle glisse un anneau qui sert à fermer le crochet pour qu'il n'échappe pas la barre.

SAUTOIR. *Art hérald.* Dans l'origine, c'était une pièce du harnais du chevalier, attachée à la selle de son cheval pour lui permettre de monter, de *sauter* en selle; le mot est passé dans les armoiries pour désigner une pièce honorable faite en forme de croix de Saint-André.

*SAUVAGE (PIERRE-LOUIS-FRÉDÉRIC). Ingénieur français né à Boulogne-sur-Mer, le 19 septembre 1785, mort à Paris le 17 janvier 1857, fut un des exemples les plus tristes des inventeurs inconnus, victimes de l'injustice du sort et de l'intelligence de leurs contemporains. D'abord employé dans le Génie maritime de sa ville natale, il abandonna son emploi, en 1811, pour se faire constructeur de navires. Ayant reçu d'une Compagnie française la commande de plusieurs bateaux à vapeur destinés à faire le service entre Londres et Boulogne, il se refusa à les exécuter, malgré les avantages qu'il aurait pu retirer d'une opération aussi considérable, parce que les plans qui lui étaient soumis ne lui paraissaient pas offrir les garanties suffisantes de sécurité dans la naviga-

.tion, et qu'il ne voulait pas se rendre responsable d'une catastrophe. On conçoit qu'un pareil désintéressement n'était pas fait pour amener la prospérité de ses affaires commerciales, aussi dût-il, au bout de six ans, abandonner ses chantiers.

En 1821, il fonda, aux carrières d'Ellingen, près Marquise (Pas-de-Calais), un établissement ayant pour but le sciage et le polissage du marbre. Il avait imaginé, pour cet objet, un moulin horizontal donnant un mouvement continu, quelle que fût la direction du vent. Cet ingénieux mécanisme lui valut, en 1825, une médaille d'or de la Société d'agriculture, du commerce et des arts de Boulogne-sur-Mer. C'est à peu près à cette époque qu'il commença à étudier le problème de la propulsion des bateaux à vapeur qui devait le conduire à l'invention si remarquable de l'hélice, comme engin de propulsion. Entre temps, il imagina le *physionomètre*, sorte d'appareil permettant de prendre des empreintes en creux des objets en relief afin d'obtenir des moules d'une exactitude rigoureuse. En 1836, il inventait le *réducteur*, sorte de pantographe à trois dimensions à l'aide duquel on peut obtenir, à bon marché, des copies réduites des chefs-d'œuvre de la statuaire.

Cependant il poursuivait avec assiduité l'œuvre qui devait immortaliser son nom. Ayant étudié avec soin le mouvement de la *godille*, il parvint à se rendre un compte exact de la manière dont agissent les forces dans la manœuvre de cette rame unique, et en conclut la forme la plus avantageuse qu'il fallait donner à l'hélice pour l'utiliser comme propulseur dans les meilleures conditions. Il démontra que l'hélice devait être réduite à un seul pas. Malheureusement, cette belle invention qui aurait dû lui rapporter honneur et profit, ne fut pour lui que l'occasion d'une longue suite de déceptions et de souffrances. Malgré l'appui d'Alphonse Karr dans la presse, et de Séguier à l'Académie des sciences, les corps savants et le gouvernement n'attachaient que peu d'importance à l'invention de Sauvage. On lui fit recommencer une foule d'expériences qu'on ne jugeait jamais assez décisives. Il prit un brevet en 1832; mais peu de temps après, ruiné par ses nombreuses expériences, il fut enfermé pour dettes à la prison du Hàvre.

Pendant ce temps, son invention dédaignée en France, avait franchi la Manche et était utilisée en Angleterre. Un navire français, le *Napoléon*, fut même muni du nouveau propulseur. Un instant, Sauvage put croire que ses misères allaient se terminer. Malheureusement, le Napoléon avait été mal construit, et l'hélice de Sauvage avait subi, dans son passage à l'étranger, des modifications peu avantageuses. On en rendit responsable le malheureux inventeur qui ne pouvait se défendre au travers des murs de sa prison, et pendant que, par la suite des années et les travaux des ingénieurs, l'hélice se perfectionnait, le brevet de Sauvage finissait par tomber dans le domaine public. Sa santé était déjà profondément altérée; cependant il inventa encore le soufflet hydraulique au moyen duquel l'eau peut être élevée à une hauteur déterminée par le poids de sa colonne. Jusqu'à présent, cette invention est passée inaperçue, et la pratique n'en a tiré que peu ou point de parti.

Tant de déceptions et de malheurs avaient brisé l'intelligence si vive de Sauvage. Malade, épuisé, il obtint enfin un semblant de justice tardive sous la forme d'une pension de 2,000 fr., que lui accorda le roi Louis-Philippe en 1846. Mais il était bien tard; le malheureux inventeur devint fou en 1854. Il se retira d'abord dans une maison de santé; puis, sur l'ordre de l'Empereur, il fut recueilli dans l'établissement de la rue Picpus où il s'éteignit après avoir passé ses derniers jours entre son violon et sa volière. Il est à peine utile de faire ressortir l'importance de la belle invention de Sauvage. On sait que l'application de l'hélice aux navires à vapeur a seule permis le grand développement de la navigation à vapeur à cause des avantages considérables que présente un propulseur qui reste toujours immergé, quels que soient les mouvements du bâtiment. La justice nous oblige cependant à reconnaître que Sauvage avait eu un précurseur dans le général Meusnier qui, dès 1797, avait proposé l'emploi de l'hélice comme propulseur des aérostats. Au reste, l'idée était si simple qu'elle devait venir à plusieurs. Sauvage a eu le mérite de comprendre les avantages de ce mode de propulsion, de déterminer les conditions de son meilleur fonctionnement, et surtout, la persévérance acharnée et tenace qui finit par faire triompher son idée. Il y a loin de cette activité de plusieurs années au Mémoire de Meusnier enfoui dans les cartons du ministère de la guerre, et complètement inconnu du public et même des savants. — M. F.

\* **SAUVAGE** (François-Clément, 1814-1872) Ingénieur en chef des mines, ancien directeur de la Compagnie des chemins de fer de l'Est, l'un des ingénieurs qui ont le plus contribué aux progrès accomplis par les chemins de fer français pendant la période qui a précédé la guerre avec l'Allemagne. La carrière de cet homme éminent peut se diviser en deux phases bien distinctes. Dans la première, Sauvage admis à l'âge de dix-sept ans, le huitième à l'Ecole polytechnique et sorti au premier rang dans le corps des mines, se distingue exceptionnellement dans la voie de la science, dont il paraît devenir un des investigateurs les plus actifs, et il cultive avec la même sagacité les mathématiques, la chimie et la géologie. C'est de cette époque que datent successivement ses Mémoires sur la stratification des roches de la Meuse, ses recherches chimiques sur les calcaires hydrauliques de ce département, ses analyses d'argiles, celles des tourbes de Mayrupt et de la vallée du Barrois, celles des terres végétales des environs de Fumay; la découverte de la silice hydratée diffusée dans la gaize du Gault, etc... En 1838 et en 1841, Sauvage étudie, en Espagne, le bassin houiller des Asturies et les riches gisements argentifères de la province de Murcie, puis en 1845, dans un voyage en Grèce, il jette les bases qui devaient servir ultérieurement au projet de desséchement du lac de Copaïs, récemment mis à exécution. Au retour de ce dernier voyage qui lui avait fourni l'occasion de rédiger d'intéressants Mémoires géologiques, commence la deuxième phase de la vie de Sauvage. Mis, sur sa demande, en congé illimité au commencement de 1846, il devient ingénieur en chef du matériel de la première Compagnie concessionnaire du chemin de fer de Paris à Lyon, est chargé en 1848, par le gouvernement provisoire, de rétablir l'ordre au Creusot en qualité de commissaire spécial, déploie dans cette mission des qualités telles, que le gouvernement lui confie l'administration des séquestres des chemins de fer d'Orléans et du Centre. Investi de pleins pouvoirs pour la gestion de l'entreprise, il sut, par sa fermeté, maintenir le service au péril de sa vie, jusque sous le feu des barricades, ce qui lui valut sa nomination d'ingénieur en chef au corps des mines. Au mois de septembre 1852, il accepta le poste d'ingénieur en chef du matériel et de la traction de la Compagnie de l'Est qu'il conserva jusqu'à sa nomination de directeur de la Compagnie, en 1861. Pendant cette période, qui fut marquée par des conventions importantes conclues entre le gouvernement et la Compagnie, 800 kilomètres de voies nouvelles furent exécutés, et les dépenses restèrent dans les prévisions. Sous son excellente direction, la Compagnie arrivait à un état de prospérité des plus satisfaisants lorsqu'éclata la guerre. Le réseau de l'Est devait être le plus éprouvé par l'invasion ; c'est à Sauvage que revient tout le mérite des efforts considérables et patriotiques qu'il fallut déployer pour transporter à la frontière l'armée et son matériel, et bientôt après, à la suite des revers, pour en ramener les débris vers le dernier centre de résistance. Membre de la Commission de ravitaillement après le siège, élu député de Paris à l'assemblée nationale, commandeur de la Légion d'honneur depuis 1868, Sauvage commençait à subir le contre-coup des fatigues physiques et morales qu'il venait d'endurer ; une maladie rapide l'enleva à l'affection de son personnel à l'âge de cinquante-huit ans. Exceller dans des facultés très diverses est l'apanage d'un petit nombre de natures privilégiées ; Sauvage fut de ce nombre ; plein de tact dans la conduite des hommes, guidé dans ses jugements par un admirable bon sens, il exerçait un ascendant plein de verve, tout en conservant des manières simples et une loyauté reconnue de tous. Sa vie reste un modèle élevé de l'exercice de deux nobles facultés de l'âme, l'intelligence et la volonté. — M. C.

*SAUVAGEOT (Charles). Archéologue, né à Paris en 1781, mort en 1860, était fils d'un commerçant qui encouragea chez lui d'heureuses dispositions pour la musique. Entré au Conservatoire à quatorze ans, et dès la fondation de cet établissement, il en sortait en 1797 avec un premier prix de violon, qui lui donnait place à l'Opéra ; plus tard, il appartint à l'administration des douanes et donna, en 1829, sa démission de premier violon de l'Opéra. Dès lors, il consacra son temps et ses ressources aux œuvres d'art indus-

triel des XVe et XVIe siècles, et parvint à créer une collection remarquable, grâce au discrédit où était tombé l'art ancien, et à l'abondance des pièces curieuses que les tourmentes révolutionnaires avaient fait passer des palais, des hôtels, des églises, à la boutique du bric à brac. Il recueillit surtout les objets de la Renaissance, et en particulier ceux qui avaient appartenu aux princes de la maison de Valois : François Ier était son roi, comme il disait souvent. Grâce à des hasards heureux, à des recherches persévérantes et habiles, Sauvageot put réunir une collection unique par la valeur des objets qui la composaient, et qu'il avait entassée dans deux chambres exiguës de son appartement. Craignant de voir disperser, après sa mort, ces richesses si laborieusement acquises, il en fit don à l'État en 1856, ne réclamant qu'un logement auprès d'elles ; l'inventaire de cette collection installée au Louvre, qui porte son nom en évalua le montant à 596,812 fr., bien inférieur à leur valeur actuelle. Sauvageot eut le bonheur de classer et d'installer lui-même les pièces de son cabinet, avant sa mort, survenue en 1860. Son musée complèterait, avec le musée de Cluny et le musée Campana, le plus riche noyau d'un grand musée d'art industriel, s'ils étaient réunis, au lieu d'être confondus avec les peintures, et avec les modèles du musée de la marine. Peut-être cette réunion tant souhaitée sera-t-elle effectuée un jour. M. de Sauzay a publié une description de la collection Sauvageot (Paris 1863) avec des gravures à l'eau forte, et Henriquel Dupont a gravé le portrait de Sauvageot, en plaçant entre ses mains un plateau et une aiguière, qui étaient pour lui les pièces les plus chères de sa collection.

*SAUVEGARDE. T. de mar. Le gouvernail d'un navire peut être soulevé hors de ses ferrures, lorsque le navire donne un coup de talon, ou dans d'autres circonstances ; pour éviter la perte du gouvernail, on perce, dans la partie supérieure du safran, voisine de la mèche, un trou dans lequel passe une chaîne dont les bouts sont fixés contre l'arrière du navire. Cette chaîne a assez de mou pour ne pas contrecarrer les mouvements imprimés au gouvernail par la barre, elle porte le nom de chaîne de sauvegarde du gouvernail. Dans les embarcations, cette chaîne est remplacée par un bout de corde.

SAUVETAGE. Les dictionnaires limitent la définition de ce mot à l'action de sauver les hommes en danger d'être noyés, ou de préserver de la destruction les navires naufragés ; il serait plus vrai de dire qu'il s'applique à toute action ayant pour but de sauver les personnes qui se trouvent en danger de mort et les choses dans une situation périlleuse ; il est incontestable néanmoins que la science du sauvetage en mer s'est d'abord imposée en raison des difficultés de la navigation et de la nécessité de diminuer les chances d'accidents et leur gravité.

Les différents accidents auxquels sont assujettis les navires, peuvent se produire au large ou près des côtes, de là deux sortes d'engins de sauvetage : ceux transportés par le navire lui-même, et ceux emmagasinés dans diverses stations voisines des points dangereux de la côte, ou disséminés dans les postes de secours des ports de mer ou sur le bord des rivières constamment sillonnées par des bateaux de toutes sortes.

Les accidents du large peuvent être classés sous quatre grands chapitres : 1° les abordages ; 2° les incendies ; 3° les voies d'eau ; 4° les avaries majeures produites par le mauvais temps, par une explosion, par la rupture d'une cloison destinée à maintenir le lest, etc.

Les abordages sont occasionnés par différentes causes : défaut de surveillance attentive ; absence, imperfection ou insuffisance de l'éclairage ; fausses manœuvres résultant de l'indécision que l'on éprouve pour reconnaître la route suivie par le navire en vue ; fausse appréciation des distances et des vitesses respectives ; insuffisance des signaux de brume. L'énumération de ces diverses causes indique pour ainsi dire le remède à y apporter, il suffit d'en prendre la contre-partie. L'abordage est généralement fatal pour le bâtiment abordé, et fréquemment pour l'abordeur, à moins que l'un et l'autre ne soient pourvus de cloisons étanches longitudinales et transversales, conservant leur étanchéité après l'accident, cas qui s'est présenté plusieurs fois.

Contre les incendies, la meilleure précaution à prendre est l'établissement, à bord de tous les navires, d'un rôle d'incendie, afin que chacun sache sans indécision quel poste il doit occuper dans ce cas. On prévient ainsi la panique, et l'on agit avec plus de calme, pour parer aux différentes éventualités qui peuvent surgir, jusque et y compris l'abandon du navire, lorsque tous les moyens pour combattre le fléau ont été vainement mis en œuvre.

Contre les voies d'eau provenant de vétusté ou de la manœuvre intempestive d'un robinet, on essaie d'abord de s'opposer à l'introduction de l'eau en appliquant à l'intérieur des couvertures, des hamacs, des sacs d'étoupe, etc., que l'on maintient d'une manière quelconque, et l'on met en jeu, en même temps, tous les moyens d'épuisement du bord. Si l'on ne réussit pas ainsi à aveugler la voie d'eau, on affale par l'extérieur un paillet lardé, une bonnette, un matelas Mackaroff, de manière que la pression de l'eau applique l'un ou l'autre de ces objets contre la partie avariée. On cite quelques navires, dont les coutures en général avaient beaucoup fatigué pendant un gros temps, qui cependant ont été maintenus à flot, par l'emploi d'une ceinture en gros cordages, raidie au cabestan.

Enfin, pour les avaries majeures, on agit suivant la nature de l'avarie en employant des moyens de fortune. Si l'on est gêné par la mer, on fera très bien d'essayer de l'usage de sacs pleins d'huile végétale qu'on laisse égoutter à la surface, du côté du vent. Plusieurs navires en perdition ont dû leur salut à cette tentative ; la mer s'apaise immédiatement dans le voisinage des gouttes d'huile, et au lieu de balayer le navire

d'un bout à l'autre, elle ne laisse plus tomber à bord que des embruns inoffensifs.

Dans les quatre cas généraux cités ci-dessus, on peut être conduit à l'abandon du navire ; la première condition que devrait remplir tout bâtiment serait d'avoir des embarcations, faciles à amener, en nombre suffisant pour recevoir tout le personnel qui se trouve à bord. Il est loin d'en être ainsi, surtout sur les navires destinés au transport des passagers, on est alors condamné à la construction de radeaux, comme suprême ressource, au moyen de barriques vides ou de pièces de mâture que l'on assemble à l'aide d'amarrages et sur lesquelles on établit un plancher surmonté d'un parapet, pour être un peu abrité de la mer. On y installe une mâture de fortune, on y entasse la plus grande quantité de vivres possible et quelques instruments nautiques. La construction d'un radeau est toujours fort longue ; pour remédier à ce défaut, plusieurs inventeurs ont proposé de transformer en radeau certaines parties du navire, les sièges sur la dunette, le dessus de la dunette lui-même que l'on rend assez facilement démontable ; d'autres proposent de placer à l'extérieur le long des murailles du navire, au-dessus de la flottaison, des sortes de caisses en liège qui tomberaient aisément à la mer ; d'autres enfin, des embarcations en toile solide dont les membrures en bois peuvent se replier sur elles-mêmes, elles tiendraient ainsi peu de place à bord et seraient très peu pesantes.

Parmi les radeaux de construction facile et pouvant être préparés à l'avance, on cite celui du capitaine Grandin, composé de barriques vides, dans le trou de bonde desquelles on introduit un *sergent*, dont la tige porte d'abord une plaque en caoutchouc destinée à clore hermétiquement la barrique, la tige passe ensuite dans une longrine sur laquelle on établit le plancher, reliant entre elles les longrines des rangées de barriques. Un radeau composé de 16 barriques suffit pour le sauvetage de 25 personnes.

Certains navires anglais et américains sont tenus, réglementairement, d'avoir à bord un radeau de sauvetage en tôle.

Sur tous les navires, on a un approvisionnement de ceintures de sauvetage, dont la forme varie avec les goûts de la Compagnie à laquelle ils appartiennent. Ces ceintures sont placées soit sur le pont, soit dans les cabines des passagers, elles sont disposées de manière à pouvoir être enlevées et revêtues rapidement ; une instruction relative à leur mode d'emploi est à la disposition des passagers. La forme adoptée par la Société centrale de sauvetage des naufragés est celle imaginée par le capitaine Ward, inspecteur de la Société anglaise des « Life-boats » ; elle est composée de plaques de liège cousues sur une bande de toile entourant le corps, serrée à la taille par deux cordons et maintenue par deux bretelles se croisant sur le dos ; ces plaques de liège soutiennent le corps de la personne qui les porte dans une position légèrement inclinée vers l'arrière, de telle sorte qu'une large portion du buste est hors de l'eau. Quelle que soit la forme des ceintures, elles sont préférables aux vêtements dits de sauvetage. Parmi les inventions les plus ingénieuses des vêtements protecteurs, on doit citer le gilet de sauvetage qui vient d'être mis à l'essai aux bains de Sheffield. Cet appareil, décrit par *La Nature*, consiste en un gilet formé de deux enveloppes imperméables. L'eau peut pénétrer à la partie inférieure du gilet, s'il arrive que celui qui le porte tombe dans une rivière ou dans la mer, elle agit alors sur deux matières pulvérulentes emprisonnées dans la double enveloppe : l'acide tartrique et le sesquicarbonate de soude. Sous l'influence de l'eau, les deux substances se dissolvent, l'acide tartrique décompose le sel de soude et en dégage l'acide carbonique à l'état gazeux. Le gaz produit sépare les deux tissus du gilet, en ouvre les plis, et les gonfle sous l'action de la pression en le transformant ainsi en vessie de sauvetage. Les bords supérieurs et latéraux du gilet sont soudés de façon à prévenir toute fuite de gaz : les bords inférieurs, au contraire, ne sont fermés que par un treillis de crin, très fin, qui laisse passer l'eau, mais qui oppose un obstacle aux parcelles formant le mélange pulvérulent. Ce gilet peut être placé sous la doublure d'un gilet ordinaire, et les expériences dont il a été l'objet ont été très concluantes en sa faveur.

La chute d'un homme à la mer n'est pas chose rare pendant les diverses circonstances de la navigation. La première opération exécutée dans ce cas est de trancher, d'un coup de hache, une corde supportant une bouée de sauvetage suspendue à une petite potence en fer placée sur l'arrière du navire (V. CALCIUM, § *Phosphure de calcium*). Lorsque le factionnaire de veille à la bouée coupe la corde qui la tient suspendue, la secousse de la chute et le poids de la bouée déterminent l'arrachage de la coiffe de la fusée qui s'allume ; on a ainsi un point de repère pour la découverte pendant la nuit. Le navire stoppe aussitôt, et les hommes préalablement désignés pour l'armement de la baleinière de [sauvetage se précipitent à leur poste. Quel que soit le temps du moment, on est toujours obligé de faire acte d'autorité pour empêcher d'embarquer un plus grand nombre d'hommes que celui nécessaire pour armer la baleinière. Cette dernière n'est pas *saisie*, elle est librement suspendue sous ses porte-manteaux, de façon à pouvoir être amenée promptement. Lorsqu'on ne retrouve pas la bouée, le bâtiment reste *en panne* sur les lieux pour tâcher de la découvrir lorsque le jour se fait.

Sur les grands navires à passagers, il existe un canot de sauvetage qui remplit le même rôle que la baleinière sur les bâtiments de l'État.

Sur tous les bâtiments de guerre, on laisse filer de chaque bord, à quelques mètres sur l'arrière, un morceau de bois enfilé dans les branches d'un Y en corde, ce sont les *traînards*. Lorsqu'un homme tombe à la mer, on doit d'abord regarder s'il ne s'est pas accroché à l'un ou l'autre des traînards.

Malgré le stoppage de la machine, ou la manœuvre des voiles selon le cas, l'erre d'un navire

ne s'amortit pas immédiatement, il en résulte une difficulté très grande pour l'homme à la mer, de se maintenir sur le traînard. Pour obvier à cet inconvénient, on a essayé diverses installations, entre autres celle-ci : la corde du traînard, au lieu d'être fixe, est enroulée sur un tambour sur l'arrière duquel se trouve un piton garni d'un anneau à ressort qui reçoit la corde à laquelle on fait un nœud sur l'avant de ce ressort.

Les moyens de sauvetage que nous venons de décrire sont ceux dont on fait usage à la mer ; bien qu'il y ait trop souvent lieu de les mettre en action, c'est surtout aux approches des côtes qu'on ne saurait trop multiplier ces engins et assurer leur efficacité, pour porter secours aux naufragés. En dépit des nombreux phares qui éclairent l'horizon dans presque tous les points dangereux des côtes de l'Europe, de l'Algérie et de l'Amérique, malgré l'emploi si satisfaisant de la lumière électrique dans ces phares, malgré les bouées de toutes sortes mouillées sur les basfonds, les tourelles construites sur les roches cachées, les balises qui tracent les passes difficiles, les signaux de brume dont les sons stridents ou lugubres avertissent les navigateurs du voisinage d'un danger, les naufrages sur les côtes sont très fréquents.

— Ce n'est guère que depuis le commencement du XIXe siècle que l'on rencontre la trace de l'action directe de l'homme pour le sauvetage des naufragés, cependant dès le commencement du XVIIe siècle, quelques chercheurs avaient proposé divers moyens de sauvetage, tels que les canots insubmersibles et certains flotteurs, mais on ne parût pas se préoccuper de ces propositions, et leurs inventions demeurèrent stériles. C'est en 1824, que se fonda, en Angleterre, la première Compagnie de sauvetage, sous le nom de *Royal National Life-boat-Institution*. En 1825, la Société humaine de Boulogne-sur-Mer, qui prit plus tard le nom de Société des naufragés, se constitua. En 1826, cette Société avait déjà un canot de sauvetage remisé dans un abri pourvu d'une cloche que l'on mettait en branle en cas d'un naufrage imminent. L'exemple de Boulogne fut bientôt suivi par de nombreux ports du littoral. Enfin, pour relier toutes ces Sociétés entre elles, leur apporter un concours efficace au point de vue des dépenses et des encouragements, une Société centrale de sauvetage des naufragés, reconnue comme établissement d'utilité publique, se fonda en 1865, sous les auspices du ministère de la marine et de quelques autres hauts personnages. Son siège social est, aujourd'hui, à Paris, 243, boulevard Saint-Germain. Elle se compose de membres bienfaiteurs et de membres fondateurs ; elle subsiste au moyen de dons, de legs et de souscriptions, dont les plus humbles sont reçus avec reconnaissance. Disons de suite quels ont été les actes de cette Société depuis sa fondation et de quelle importance ont été les services rendus, jusqu'au 1er janvier 1886.

| | |
|---|---:|
| Nombre de personnes sauvées par les engins de la Société | 3.224 |
| Nombre de personnes sauvées par des actes de dévouement pour lesquels la Société a décerné des récompenses | 408 |
| Total des personnes sauvées | 3.632 |
| Nombre de navires sauvés | 242 |
| Nombre de navires secourus | 420 |
| Total des navires sauvés ou secourus | 662 |

Récompenses décernées : médailles d'or de 1re classe,

8 ; de 2ᵉ classe, 37; médailles de bronze, 495; médailles d'argent, de 1ʳᵉ classe, 151 ; de 2ᵉ classe, 103; diplômes d'honneur, 806. Plus un certain nombre de baromètres, jumelles, etc.

| | |
|---|---|
| Sommes dépensées pour achat de matériel. | 1.622.021 |
| Pour indemnités et récompenses aux sauveteurs. . . . . . . . . . . . . . . . . . | 892.952 |
| Total. . . . . . . . . . | 2.514.973 |

Prix d'établissement d'une station de sauvetage :

| | |
|---|---|
| Canot de sauvetage sur son chariot. . . . . . | 15.000 |
| Maison-abri et accessoires divers. . . . . . . | 15.000 |
| Total. . . . . . . . . . | 30.000 |

Cette Société a établi, jusqu'à la date du 1ᵉʳ janvier 1886 :

67 stations de sauvetage ; 73 postes de secours et de porte-amarres de première classe ; 219 postes de secours et de porte-amarres de deuxième classe ; 82 postes de secours et de porte-amarres de troisième classe. En outre, 47 phares ont été disposés en postes de fusils porte-amarres.

Ces différents postes, échelonnés depuis Dunkerque jusque dans la Méditerranée, en Corse et en Algérie, comportent un effectif de plus de 2,000 personnes dévouées, du service des douanes ou d'autres services.

Tous les trois mois, la Société publie des annales dans lesquelles on enregistre, jour par jour, les prouesses et les dévouements héroïques accomplis sous son égide, et où elle signale les perfectionnements concernant les divers engins de sauvetage.

C'est le véritable livre d'or de la Société.

Le mode de secours à porter à un navire naufragé varie avec la situation du navire, l'état de la mer et les ressources dont dispose le poste le plus rapproché du lieu du naufrage. Si le navire est trop éloigné de la côte, pour qu'il soit impossible de songer à établir un va-et-vient, on ne peut se servir que du canot de sauvetage. Ce canot, d'environ 10 mètres de longueur, est pointu aux deux extrémités ; il peut naviguer à la voile ou à l'aviron, sa mâture comprend un bout-dehors et deux mâts sur lesquels on établit un foc, une misaine et une grande voile. Quoique la voilure soit très réduite, relativement à la section immergée, les voiles sont pourtant munies de bandes de ris. Les avirons sont au nombre de dix, ils sont courts et rigides et passés dans des tolets à émerillon. La ferrure du gouvernail est disposée de manière à supporter un soulèvement de cet organe principal, lors des coups de talon, sans se désemparer. La quille est lestée avec du plomb ; le canot est muni d'un pont étanche, au-dessous duquel se trouvent deux ou quatre puits d'absorption, et de chambres à air combinées de façon à restreindre le volume libre pour l'eau embarquée par la mer. Il doit réunir les conditions suivantes : stabilité avec le coffre rempli d'eau, insubmersibilité, évacuation spontanée de l'eau embarquée, redressement spontané après avoir chaviré, la quille en l'air. Ces canots sont en bois, ils sont construits, avec modifications, d'après les plans conçus par le capitaine anglais Grathead, il y a une cinquantaine d'années. Lorsqu'on doit s'en servir, le chariot sur lequel ils sont remisés est poussé dans la mer, et le canot est lancé avec les onze hommes, munis de ceintures de sauvetage, que comporte son armement.

Malgré toutes ces précautions, les hommes dévoués qui montent les canots de sauvetage fournissent parfois un contingent à la liste des victimes des naufrages.

M. Ramakers, capitaine de chasseurs, a proposé une disposition simple, pouvant s'appliquer à tous les canots pour les rendre inchavirables. Un système composé d'une planchette horizontale surmontée d'une planche inclinée avec un intervalle entre les deux, est appliqué contre l'extérieur du canot, au-dessous des dames. Deux patins horizontaux sont cloués contre la quille. Six hommes robustes n'ont pu réussir à faire chavirer un canot ainsi équipé, un seul homme suffisait pour chavirer le même canot, sans cet appendice (*Congrès des Sociétés de sauvetage*, Marseille, 1878).

Lorsque le navire est échoué assez près de la côte, le premier soin est d'essayer d'établir une communication avec la terre. Les moyens à employer par le bord, sont les flotteurs, la barrique ou le cerf-volant ; par la terre, les porte-amarres. Les flotteurs sont simplement de petits barils auxquels on attache un bout de filin et que l'on jette à la mer, la vague les pousse à la côte où le filin est saisi par les sauveteurs et tendu de manière à pouvoir servir de va-et-vient ; le filin, de petite dimension, doit être supporté de distance en distance par des morceaux de liège. M. Pignonblanc, capitaine au long cours, du Hâvre, a imaginé d'agrandir le trou de bonde d'une barrique de manière à livrer passage à un homme ; un morceau de toile à voile cloué sur les bords du trou, se relève sous les bras de l'occupant. Une gueuse de fonte est suspendue par deux élingues au-dessous de la barrique, pour lui donner de la stabilité. L'occupant de la barrique prend avec lui un bout de ligne ou de filin et se livre à la merci de la lame, lorsque celle-ci a projeté la barrique sur le rivage, la gueuse empêche la barrique d'être ramenée vers le large, et la communication est établie.

Si ces moyens ne réussissent pas, on peut tenter de l'emploi d'un cerf-volant, celui imaginé par M. Préverand est formé d'un morceau de toile à voile d'un mètre de côté, fixé par les angles sur deux baguettes en croix. Par une jolie brise, ce cerf-volant a enlevé sans difficulté une ligne de cinq millimètres de diamètre. L'équilibre de ce cerf-volant est réalisé par une queue de 5 à 6 mètres de longueur, sur laquelle on fixe, de 15 en 15, centimètres, des morceaux d'étamine.

Les sauveteurs de terre ont à leur disposition des porte-amarres, que l'on lance avec un bâton plombé, un fusil, une fusée ou un petit mortier. L'idée de la flèche porte-amarre appartient à Delvigne, sa manœuvre exige un personnel exercé pour la réussite de l'opération. Le lancement par les fusées est dangereux pour les mains inhabiles et coûte assez cher. D'après les expériences les plus récentes, ce qui réussit le mieux est le projectile américain (projectile du mortier Manby, cylindro-conique, au lieu d'être sphérique) qui réduit les opérations du lancement d'une amarre, à la liaison de la ligne au moyen de deux deminœuds, dans un œil ménagé à l'extrémité d'une tige vissée dans le projectile. Avec une ligne américaine de 5 millimètres de diamètre, confectionnée comme les drisses de pavillon, mais plus serrée, on a obtenu une portée de 502 mètres, avec une charge de 200 grammes appliquée à un projectile pesant 8$^k$,500. Avec la même charge, on obtiendrait, dans les mêmes conditions, une portée moyenne de 320 mètres, avec la ligne de 8 millimètres, à trois torons, en usage en Europe (*Rapport sur les expériences de Calais*, 1885).

Lorsque la ligne est parvenue à bord, ce dont les riverains sont prévenus par un signal de convention, on y attache un filin qui est ensuite tendu pour former un va-et-vient, sur lequel on fait circuler une sorte de bouée en panier, dans laquelle deux personnes peuvent prendre place à la fois.

La communication d'assez près peut parfois être établie par un bâton plombé, dont l'une des extrémités porte une ligne et qu'on lance comme une fronde.

Dans les postes de secours, on remarque des lignes Torrès, Brunel et C$^{ie}$, des gaffes Le Grand et une boîte de secours pour les noyés.

*Secours pour les asphyxiés.* Au Congrès international de Florence et à celui de Marseille, les sauveteurs ont été vivement intéressés par la présentation d'une ceinture, due au docteur Tommaso-Tommasi, qui est appelée à rendre de réels services dans la pratique de la respiration artificielle par la méthode Pacini.

Aussitôt qu'un homme est retiré de l'eau, on le déshabille et on le recouvre de couvertures chaudes, après l'avoir étendu sur un plan incliné de manière que la tête soit plus haute que les pieds. On débarrasse les organes respiratoires des mucosités qui les obstruent, et l'on procède à l'opération de la respiration artificielle. A cet effet, on soulève l'asphyxié par les épaules et on le laisse retomber alternativement. On a eu soin de retirer la langue en dehors de la bouche; si l'on n'a pas de dilatateur sous la main, on se sert d'un morceau de bois quelconque. Le professeur Pacini propose pour ce dernier motif, un moyen très simple, il consiste à imprimer une douce pression, avec le pouce et l'index réunis, sur la partie interne de ce que l'on nomme vulgairement la pomme d'Adam. Lorsque l'air pénètre dans la poitrine, il fait entendre un bruit particulier qui indique que les voies respiratoires sont libres. Il faut alors continuer vigoureusement la respiration artificielle, sans se lasser ni se laisser influencer par les dires des assistants. (Des noyés, ayant séjourné une heure sous l'eau, ont été rappelés à la vie par ce procédé.)

Cet exercice de soulèvement et d'abaissement exige une grande dépense de force musculaire; la ceinture Tommasi facilite beaucoup ces mouvements. Elle se compose d'un tissu résistant et serré de la hauteur de cinq centimètres, plié en double et retenu par un coulant de cuir. A l'une des extrémités, se trouve une boucle en métal, à l'autre une patte de cuir trouée à plusieurs hauteurs. En réunissant les deux parties, on obtient la ceinture ordinaire qui soutient les reins

et les viscères de l'abdomen, comme une ceinture de pompier.

On peut ajouter à la respiration artificielle, des frictions avec des linges secs et chauds, sur les membres inférieurs, en les dirigeant de bas en haut, sans atteindre la région abdominale.

*Sauvetage des objets submergés.* Lorsqu'un objet est coulé dans un lieu où la profondeur n'est pas trop grande, on y fait descendre des scaphandriers qui élinguent l'objet, et on le ramène ensuite à la surface à l'aide de palans ou de grues. Si cet objet est un navire, les scaphandriers bouchent le plus hermétiquement possible toutes les ouvertures donnant accès dans l'intérieur; des pompes puissantes, placées sur un ponton ou sur un autre navire mouillé près du lieu du sinistre, sont alors mises en jeu. Le navire remonte naturellement à la surface lorsque l'épuisement est opéré en partie; on prend les précautions nécessaires pour que le bâtiment se relève droit. C'est ainsi qu'on a procédé, à Toulon, pour le sauvetage du cuirassé le *Richelieu*, chaviré dans le port à la suite d'un incendie, et sur la rade des Salins (îles d'Hyères), pour remettre à flot l'*Arrogante*, batterie cuirassée qui avait sombré au mouillage.

Dans le cours de cet article, nous n'avons rien dit des vêtements natateurs, tels que ceux du capitaine Boyton ou autres; ils sont beaucoup trop compliqués pour être d'un usage courant.

*Accidents de mine.* Les accidents spéciaux, décrits à l'article MINES, présentent souvent une grande gravité. Les moyens à prendre pour opérer le sauvetage ont été décrits au mot GRISOU pour le cas d'une explosion de ce gaz, et à l'article MINES pour le cas d'un incendie ou d'une inondation. En cas d'effondrement, on parvient parfois à retrouver quelques hommes restés vivants, en pratiquant de nouvelles galeries boisées avec soin au milieu des roches éboulées.

\* **SAVARD.** Bijoutier de Paris. Nous lui devons une courte mention pour les progrès qu'il a réalisés dans la bijouterie en doublé. C'est à lui que revient l'honneur, sinon de la création, du moins de la transformation de cette fabrication. Ce sont ses travaux, ses essais coûteux, ses persévérants efforts qui ont fondé cette industrie aujourd'hui prospère. Dans son système de fabrication mécanique, il créa principalement l'estampage par la matrice en acier, et il parvint ainsi à diminuer considérablement le prix de revient, tout en perfectionnant les modèles et l'exécution du travail. Nous manquons de renseignements sur la date de sa naissance et celle de sa mort, mais nous avions le devoir d'arracher son nom à l'oubli. — V. BIJOUTERIE.

\* **SAVARIN.** Sorte de pâtisserie faite avec de la farine et des œufs qu'on arrose avec du sirop de sucre additionné de rhum ou d'anisette.

\* **SAVART** (FÉLIX). Physicien célèbre, né à Mézières, en 1791, mort à Paris, le 6 mars 1841. Il se livra d'abord à l'étude de la médecine : élève, puis sous-aide à l'hôpital de Metz, chirurgien d'armée (1810), reçu docteur en médecine à Strasbourg (1816), il vint à Metz pour y pratiquer son art. Il retrouva les ateliers de l'école d'artillerie que dirigeait son père; ce milieu lui inspira le goût des arts de précision, et il se livra dès lors à des recherches de physique moléculaire. En 1819, Savart se rendit à Paris, fut accueilli par Biot qui l'encouragea dans ses travaux, lui procura une place de professeur de physique dans une institution particulière où il resta sept ans. Le 5 novembre 1827 il entra à l'Académie des sciences. En 1828, il fut nommé conservateur du cabinet de physique du Collège de France, puis professeur de physique succédant à Ampère. Après s'être occupé d'électro-dynamique avec Biot, après avoir fait d'importantes expériences sur la structure de la veine liquide et sur les effets du choc de deux veines liquides, il se livra spécialement à des recherches d'acoustique, faisant toujours passer l'expérience avant la théorie. Il étudia, avec une rare sagacité, les lois de la communication des vibrations entre les corps solides, lois qui ont pu servir à la théorie des instruments de musique et dans l'explication du mécanisme de l'audition et de la voix. Il démontra, expérimentalement, que les sons graves ou aigus n'ont de limites que l'insuffisance des moyens de les produire; il imagina la roue dentée qui porte son nom, au moyen de laquelle on évalue le nombre de vibrations correspondant à un son de hauteur déterminée. Il a réalisé le violon trapézoïdal qu'il avait imaginé et avec lequel il a pu rendre compte des qualités des violons ordinaires et des autres instruments à table d'harmonie.

Les travaux de Savart sont nombreux. Ils ont été publiés presque tous dans les *Annales de physique et de chimie*. Voici les principaux : *Mémoire relatif à la construction des instruments à cordes et à archets*; *Sur la communication des mouvements entre les corps solides* (1820); *Recherches sur les vibrations de l'air* (tuyaux sonores, orgues) (1823 et 1825); *Recherches sur les usages de la membrane du tympan et de l'oreille externe* (1824); *Sur la voix humaine et sur celle des oiseaux* (1825 et 1826); *Note sur les modes de division des corps en vibration* (1829); *Recherches sur l'élasticité des corps qui cristallisent régulièrement*, d'où un moyen d'étudier leur structure. Les cours de Savart au Collège de France ont été reproduits et analysés, par Masson, dans l'*Institut*, t. VII et VIII. — C. D.

**SAVATE.** Vieux soulier. || *T. de mar.* Pièce de bois placée sous la quille d'un navire et qui suit son mouvement lors de la mise à l'eau.

**SAVETIER.** *T. de mét.* Ouvrier qui raccommode les vieux souliers, lesquels ne sont pas, généralement, des savates, d'où son nom est venu; autrefois, on disait *savatier*. — V. CORDONNIER.

**SAVON, SAVONNERIE.** Composition qu'on obtient en traitant les corps gras par les procédés que nous allons indiquer, et qui sert à blanchir, à nettoyer, à dégraisser.

HISTORIQUE. Le savon a été connu de tout temps. C'est un produit qui tient à la civilisation même. La propreté est la vertu du corps, a-t-on dit, peut-être avec une cer-

taine prétention, mais non sans raison. L'homme témoigne surtout de sa supériorité sur les autres êtres en prenant soin de l'enveloppe matérielle de son âme, et le sentiment de sa propre dignité, ne peut qu'y gagner; il est donc exact de dire que plus il consommera de savon, plus il sera civilisé.

Mais le savon, tel qu'il existe aujourd'hui, était-il connu des anciens, était-il employé surtout comme matière détersive ? Avec beaucoup de bonne volonté, on trouverait, dans la *Bible*, une mention du savon, *boritte*, qui voudrait plutôt dire *alcali*; d'anciens auteurs parlent du *saponion*, mais c'est Pline qui, le premier, décrit le savon en disant : « On se sert aussi du savon, c'est une invention des Gaulois pour rendre les cheveux blonds. On le fait de suif et de cendre de hêtre. Il y en a de deux sortes, du dur et du liquide; les Germains emploient l'un et l'autre, les hommes plus que les femmes ». On a voulu attribuer aux Gaulois la production des premiers savons, mais la découverte d'une savonnerie dans les ruines de Pompéi nous donne une preuve certaine de l'existence de cette industrie chez les Romains et peut nous laisser croire que le savon était déjà, à cette époque, employé à d'autres usages qu'à la teinture des cheveux. Quoi qu'il en soit, l'histoire du savon est assez obscure, elle se confond avec celle des alcalis extraits des cendres des végétaux, potasses dans l'intérieur des terres, soudes dans les terrains salés sur les bords de la mer. Plus tard, l'addition de la chaux aux lessives de cendres amène la production des alcalis caustiques, puis la fabrication des savons à peu près analogues à ceux actuels, mais il ne faut voir dans les compositions des anciens que des émulsions concentrées de matières grasses et d'alcalis carbonatés, par conséquent des savons incomplets.

On a voulu attribuer à la ville de Savone l'honneur d'avoir fabriqué les premiers savons dignes de ce nom mais il y a tout lieu de croire que Marseille est le véritable berceau de cette grande industrie, et les fabricants marseillais réclament cet honneur avec une grande énergie.

Dès le IXe siècle, le savon était déjà l'objet d'un commerce important pour les Marseillais, mais nous ne trouvons d'indications certaines de l'existence de savonneries nombreuses dans l'antique cité phocéenne qu'à dater du XIIe siècle.

Nous ne pouvons, en raison du cadre forcément restreint de ce *Dictionnaire*, faire l'historique des luttes commerciales entre Marseille, Savone, Gênes et Venise. Chacune de ces villes prétend être le berceau de la savonnerie, mais tous les auteurs s'accordent à donner la préférence à Marseille. Donc, gauloise ou marseillaise, la savonnerie est encore une de ces grandes industries éminemment françaises.

La fabrication du savon paraît néanmoins avoir eu une grande importance à Gênes, au commencement du XVIIe siècle, et c'est Colbert, dont le nom se rattache à tant de souvenirs chers à nos industries nationales, qui donna un nouvel essor à la savonnerie française, en allant chercher des savonniers génois pour les établir, munis de privilèges, à Toulon, puis à Marseille, mais à la condition de n'y employer que des ouvriers français et des huiles du pays.

Un arrêté de Louis XIV donna à un sieur Rigat le monopole de la fabrication du savon pour toute la France. L'opinion publique, représentée par le Parlement, fit peu de temps après annuler cette décision par un arrêté du 10 octobre 1669; mais on se trouva bientôt en présence d'un autre mal, la fraude, dont les temps passés ont encore souffert plus que nous, et un édit du 5 octobre 1688, vint réglementer la fabrication du savon jusque dans ses moindres détails.

Les savonniers sont tenus de fermer leurs fabriques pendant les mois d'été, sous peine de confiscation du pro-

-duit. Le même règlement interdit l'emploi des huiles nouvelles, toujours sous peine de confiscation. Il défend l'emploi de toutes les graisses et de toutes les huiles autres que celles d'olive. En 1754, un autre édit supprime ces entraves étranges, défend toute coalition en vue du surélèvement du prix, et ordonne aux fabricants d'apposer leur marque sur les savons.

Enfin, dix ans plus tard, un nouvel arrêt fut rendu à la requête des fabricants même, et l'on en revint à l'absurde mesure de la fermeture des usines pendant l'été. Toutes ces prohibitions disparurent avec l'abolition des maîtrises et des jurandes, en 1789. A cette époque, Marseille possédait déjà quarante-six savonneries dont les produits sont évalués par Chaptal à 225,000 quintaux métriques d'une valeur de 30,000,000 de francs.

Pendant les guerres du premier empire, alors que toutes les industries étaient en souffrance, la savonnerie resta debout; les difficultés, puis l'interdiction de l'introduction des savons étrangers augmenta le nombre des fabriques, chacun voulant se rattacher à une industrie florissante, si rare à ce moment.

Le même décret interdisait l'entrée, en France, des savons et des soudes étrangers; les savonniers ne savaient plus où se procurer la soude qui leur était indispensable, car le peu de soude naturelle produite par les bords des étangs de la Provence, du Languedoc et du Roussillon était insuffisante, quand la belle découverte de Leblanc dota la France de la soude artificielle. C'est de la même époque que date l'emploi, dans la savonnerie, des huiles de graines.

Jusque dans ces derniers temps, Marseille avait toujours gardé le premier rang pour la fabrication du savon, comme quantité et comme qualité, mais depuis, l'extension des savonneries d'acide oléique a pris une grande place dans cette industrie.

Aujourd'hui, on fabrique du savon avec toutes les huiles possibles, huile de palme, de coco, de palmiste, de coton, de sésame, d'arachide, de lin, de chanvre, etc., et cette industrie tend à se répartir dans tous les pays, au détriment des grands centres. Nous dirons, plus loin, les causes qui pourraient bien porter un coup funeste à la savonnerie marseillaise, aujourd'hui un peu arriérée, il faut bien le reconnaître.

STATISTIQUE. La statistique officielle publiée, en 1873, lors du vote de la loi frappant les savons d'un impôt à la fabrication, impôt heureusement supprimé en 1878, nous indique qu'il existait, en France, 390 fabriques de savon, employant 5,254 ouvriers et utilisant la force de 709 chevaux-vapeur. On sait que la plupart des savonneries travaillent à feu nu, ce relevé officiel aurait donc dû dire : utilisant la vapeur comme calorique et correspondant à la vapeur pouvant fournir une force de 709 chevaux-vapeur.

La production était évaluée, pour l'année 1873, à 1,864,281 quintaux métriques, soit 186,000,000 de kilogrammes, d'une valeur de 174,876,757 francs.

La statistique ministérielle indiquerait donc un prix moyen de 94 francs pour 100 kilogrammes de savon; ce travail officiel contient une erreur évidente qu'il faut signaler. En admettant comme exact le chiffre de 186 millions de kilogrammes, et une valeur moyenne de 60 francs, on arriverait à une somme de 111,000,000 de francs pour la valeur totale annuelle de la production du savon en France.

Dans ce relevé statistique, le département des Bouches-du-Rhône entre pour 800,000 quintaux, celui de la Seine pour 500,000, et celui du Nord pour 224,000; la production tombe ensuite à 40,000 quintaux dans la Loire-Inférieure, à 15,000 dans le Vaucluse, tandis que 43 départements ne possèdent aucune savonnerie.

Pendant la même année 1873, il a été importé en France, 24,110 quintaux de savons, non compris le savon de toilette; l'exportation s'est élevée à 159,672 quintaux.

Aujourd'hui, l'exportation tend encore à diminuer, et en dehors de l'Algérie que nous devons, malgré la différence du régime douanier, considérer comme terre française, nous n'exportons plus que par Marseille, pour la Méditerranée, et par Bordeaux pour les Antilles et pour quelques contrées de l'Amérique du Sud.

Nous avons dit plus haut que l'impôt qui frappait le savon à la fabrication avait heureusement été supprimé en France. Pendant longtemps, un impôt analogue a existé en Angleterre, en Hollande, en Russie, en Espagne et dans d'autres contrées. En Portugal, le savon formait l'objet d'une ferme avec monopole; ces charges ont disparu au grand avantage des populations.

Tous les pays fabriquent du savon, mais c'est en France, en Angleterre, aux Etats-Unis et en Russie que se trouvent les plus grandes savonneries. Les contrées chaudes ou tempérées ne consomment que des savons durs à base de soude; les pays froids, au contraire, n'emploient que des savons mous à base de potasse. La ligne indiquant, sur une carte géographique, la limite de la culture de la vigne, pourrait servir à tracer la démarcation des deux espèces de savons, l'Angleterre seule ferait exception à cette règle, en produisant plus de savons durs que de savons à base de potasse.

En France, la qualité est généralement bonne, et les produits de Marseille sont, à juste titre, les plus renommés. Les célèbres marques Arnavon, Ch. Roux, etc., sont connues dans le monde entier. Ces savons, types de la vieille et loyale fabrication marseillaise, ne sont composés que d'huiles d'olive, de sésame ou d'arachide, mais un grand nombre de fabricants produisent, maintenant, des savons blancs *augmentés*, fabriqués au moyen d'huiles de palmiste, de coco, etc.

La production des savons d'acide oléique des stéarineries, savons excellents, perd la faveur du public qui exige des savons blancs unicolores ou blancs à marbrures. On doit déplorer l'extension donnée à la fabrication des savons à grand rendement, renfermant beaucoup d'eau, obtenus à l'aide des huiles concrètes de palmiste, de coco, et de matières grasses analogues. La fabrication des savons résineux est également en décroissance; de grandes maisons se sont laissées aller à les fabriquer dans des conditions déplorables, en les chargeant de matières inertes, et ont ainsi contribué à la perte de ce genre, après y avoir, toutefois, réalisé d'énormes bénéfices.

Quant aux savons de parfumerie, dont l'importance est considérable, les produits français sont les plus recherchés, en raison de leur excellente qualité et du goût qui préside à leur présentation commerciale.

La savonnerie anglaise est surtout entre les mains des grands établissements producteurs de soude. Les savons à base de suifs et de résines, ceux de palmiste à marbrure artificielle bleue, constituent de bons produits dont l'exportation est considérable. Les grands savonniers anglais ont modifié la vieille méthode de fabrication et opèrent tous l'extraction de la glycérine de leurs lessives. Il en est de même en Russie, où la production du même genre augmente chaque jour.

En Allemagne, les fabricants sont très nombreux, plusieurs savonneries existent dans chaque ville; les établissements y sont, toutefois, de faible importance. Les procédés de fabrication sont très étudiés, mais c'est surtout par les savons à grands rendements, donnant des produits à bon marché, mais d'assez mauvaise qualité, que se distingue la savonnerie allemande.

Une école de savonnerie existe à Chemnitz (Saxe), une autre est en formation à Berlin et, peu à peu, si cela continue, toutes les savonneries du monde se rempliront de contre-maîtres allemands qui ne trouveront plus à leur goût que les instruments venant d'Allemagne.

L'Italie, l'Espagne possèdent également de nombreuses savonneries qui, toutes, se livrent à la production de bons savons, fabriqués généralement avec les huiles vertes extraites des pulpes d'olive par le sulfure de carbone.

La savonnerie des Etats-Unis se distingue surtout par la fabrication en autoclave sous pression, et livre au commerce des produits bien fabriqués, composés de suifs, de saindoux et de résine.

Indépendamment des anciennes savonneries locales, existant de longue date dans chaque contrée du globe, l'extension de l'industrie stéarique conduit partout à la fondation de nouvelles usines, aussi pouvons-nous dire que la savonnerie-est une de ces industries indispensables qui existent et prospèrent partout.

TECHNOLOGIE DE LA SAVONNERIE. Trois matières sont nécessaires à la formation d'un savon ; 1° une matière grasse ; 2° un alcali caustique ; 3° de l'eau.

Les savons sont de véritables sels à proportions définies et fixes, qu'il est impossible de faire varier pour un même corps gras ; on peut donc dire : *qu'un savon étant donné, il est impossible d'augmenter son rendement sans frauder.*

Le rendement en savon d'une même matière grasse doit toujours être identique si la saponification est complète. La proportion d'eau nécessaire à la combinaison des acides gras avec un oxyde métallique est fatale, et tout savon qui en contient une surabondance est un produit sophistiqué, dans lequel l'eau en excès, n'a pu être fixée qu'à l'aide d'un corps étranger.

On a cru pendant longtemps que les matières grasses avaient la propriété de se combiner purement et simplement avec les alcalis, et l'on savait préparer d'excellents savons sans connaître la théorie de la saponification. Mais les travaux si remarquables de l'illustre Chevreul, ont démontré : que les corps gras se décomposent en présence des alcalis et de l'eau, en acides gras d'une part, et en glycérine d'autre part ; que les acides gras se combinent avec l'alcali et l'eau pour former le savon, tandis que la glycérine mise en liberté reste en dissolution dans l'excès de lessive au-dessus de laquelle surnage le savon.— V. SAPONIFICATION.

Parmi les métaux dont les oxydes forment les alcalis, deux principalement donnent des savons solubles : le potassium et le sodium. L'oxyde du premier fournit du savon mou à base de potasse facile à dissoudre dans l'eau, et l'oxyde du second, la soude, donne des savons durs dont la solubilité est moins grande. On ne trouve donc dans le commerce que des savons de potasse à l'état pâteux et mou, et des savons de soude à l'état dur, les matières grasses qui les ont constitués variant à l'infini.

On peut encore distinguer deux sortes de savons : 1° Les *savons d'empâtage*, qui sont fabriqués en une seule opération pendant laquelle on a donné à la matière grasse tout l'alcali nécessaire, sauf pour les savons à base de potasse qui en raison de leur grande solubilité dans l'eau ne pourraient être fabriqués avec séparation de la lessive, ces savons d'empâtage sont toujours des produits incomplets et de qualité secondaire ;

2° Les *savons liquidés*, dont la fabrication consiste à faire absorber à la matière grasse une proportion d'alcali surabondante, puis à enlever cet excès d'alcali par la *liquidation*, au moyen de

lessives faibles, de façon à obtenir une pâte de savon renfermant précisément la proportion d'alcali et d'eau, nécessaire à sa conservation.

Les savons durs de bonne qualité renferment généralement: 60 à 64 d'acides gras ; 6 à 7 d'alcali ; 30 à 34 d'eau. Ceux à base de potasse contiennent beaucoup plus d'eau.

Les savons agissent comme matière détersive en raison de la proportion d'acides gras qu'ils contiennent; ils rendent solubles dans l'eau les corps gras et les impuretés que les tissus renferment en amenant ces matières à un état de division tel, qu'elles demeurent en suspension, et pour ainsi dire solubles elles-mêmes dans l'eau.

SAVONS MOUS A BASE DE POTASSE.

Ce sont certainement les plus anciens savons, et ce sont ceux que les peuples primitifs, tels que les Arabes, fabriquent encore aujourd'hui ; cela s'explique en raison de l'emploi dans leur composition des lessives provenant de l'incinération du bois, donnant un alcali où la potasse domine. Dans notre société moderne, l'industrie des laines les emploie surtout, à cause de leur solubilité dans l'eau ; ce sont des savons d'empâtage, sans séparation de la lessive en excès. Tout en présentant dans leur fabrication les réactions les plus simples, ils sont néanmoins les plus difficiles à bien préparer. On les fabrique principalement dans les contrées du Nord, et c'est la Hollande qui a la réputation de fournir les meilleurs produits.

Les savons mous sont toujours plus alcalins que les savons durs; ils renferment la glycérine ainsi que toute la lessive employée dans leur composition. Les seules matières grasses utilisées sont les huiles que l'on divise en *huiles chaudes* et en *huiles froides*. Les premières ne se congelant qu'au dessous de —4°, produisent des savons résistant aux grands froids sans altération ; ce sont les huiles de lin, de chanvre, d'œillette, etc. Les huiles froides congelables aux environs de 0°, comprennent les huiles de colza, celles de poisson et l'acide oléique des stéarineries; leurs savons, en présence de la moindre gelée, se troublent, deviennent opaques en prenant l'aspect de la corne molle ; on dit alors que le savon est *cornaire*. Dès que la température se relève, ils se liquéfient, et il faut alors les refondre en les mélangeant, en chaudières, avec de nouvelles matières grasses.

Les alcalis employés dans la fabrication des savons mous étaient jadis les potasses d'Amérique, de Russie, de Toscane, toutes provenant de l'incinération du bois; c'est l'alcali naturel le plus ancien. On emploie maintenant les potasses brutes ou raffinées des vinasses de betterave, celles du suint de laine, et enfin celles obtenues par la décomposition des gisements naturels de chlorure de potassium de Stassfürt.

On prépare d'abord la lessive en dissolvant à chaud, dans l'eau, le carbonate de potasse, et en rendant cette dissolution caustique au moyen d'environ 40 0/0 de chaux vive. Par simple repos, la lessive s'éclaircit, et le carbonate de chaux formé et précipité au fond du bac, subit ensuite une série de lavages méthodiques qui lui enlèvent l'alcali entraîné. La lessive est préparée à la densité d'environ 18° Baumé.

La saponification des huiles s'opère dans des chaudières en fer, chauffées à feu nu, et généralement placées en élévation comme l'indique la figure 42, les bacs à lessive L étant disposés près de la chaudière sur un plancher.

La construction du foyer demande certains soins : la grille F doit être disposée à 0m,50 du fond de la chaudière, afin d'amener le coup de feu au centre de celle-ci ; les carneaux dans lesquels circulent les produits de la combustion doivent rester assez bas, pour ne chauffer que la partie inférieure de la chaudière ; enfin, une vidange R munie d'un fort robinet permet de laisser couler le savon dans le récipient C d'où on le verse ensuite dans les tonneaux T dans lesquels il sera expédié. La dimension des chaudières varie; elle est souvent de 15 à 20 mètres cubes, pour fabriquer 6 à 8,000 kilogrammes de savon à la fois.

On commence par introduire dans la chaudière une petite quantité de lessives faibles, puis on verse en une seule fois l'huile à saponifier, préparée dans un bassin jaugé; on chauffe en-

Fig. 42. — *Chaudière pour la fabrication du savon mou.*

suite jusque près du point d'ébullition, en évitant toutefois de le dépasser, excepté lorsque l'on traite l'acide oléique. Sans cesser de brasser la masse, on ajoute peu à peu la lessive caustique, enlevée au moyen d'une cuiller des bassins L, et lorsque toute l'huile est saturée, que le mélange est parvenu à une consistance homogène et transparente, on active l'action du feu, pour cuire le savon et en chasser l'excès d'humidité.

La cuite est terminée, quand il n'y a plus aucune mousse à la surface de la chaudière, que l'ébullition est régulière, lourde, avec un clapotement spécial que les ouvriers appellent *paternoter*, sans doute par corruption de *pater noster*, signifiant dans le vieux langage des savonniers qu'étant près de sa fin, le savon fait sa prière. Il faut une assez grande habitude pour reconnaître ce point spécial ; mais pendant la marche de la cuite, le savonnier a pris des échantillons, qu'il fait refroidir en forme de pastilles, sur une lame de verre. On juge parfaitement du degré de cuisson par le filet plus ou moins long

que laisse le savon enlevé du verre à l'aide du doigt; pour bien se conserver, il doit rester en forme d'un petit cône net, sans donner de filet qui indiquerait qu'il renferme encore trop d'eau.

Cette fabrication ne présente aucune réaction chimique, c'est tout simplement la saturation des acides gras par l'alcali; il existe peu d'ouvriers conduisant bien la cuisson, et il faut une longue expérience pour savoir obtenir un produit qui se conserve. Ces savons sont généralement verts, ou jaune noir; verts quand ils sont formés d'huile de chanvre, ou quand ils sont colorés avec l'indigo, et jaune foncé quand ils ont été fabriqués avec les huiles de colza, de lin ou avec l'acide oléique. Leur composition moyenne à l'état pur, est de 40 à 45 0/0 de matières grasses, 9 à 10 d'alcali pur, 45 à 55 d'eau de composition et sels neutres.

Beaucoup de savons mous renferment de la résine introduite pendant la cuisson, et qui augmente, par l'absorption de la lessive, la quantité de savon produite ; ce n'est pas une fraude, puisque la résine possède une action détersive quand elle est combinée à l'alcali, mais grâce à la facilité avec laquelle on peut incorporer au savon mou des matières étrangères, sans modifier sensiblement son aspect, presque tous les produits qui ne sont pas destinés aux usages industriels et soumis à une analyse, se trouvent maintenant mélangés avec du sulfate de soude, de l'alun, du sel marin, du verre soluble (silicate), de la gélatine et surtout avec de la fécule; c'est ce que l'on appelle des *ajoutes*. Ces fraudes faciles à déceler, sont introduites dans la pâte du savon, vers la fin de la cuisson et souvent même dans les barils en dehors de la chaudière ; on a pu ainsi fabriquer jusqu'à 400 kilogrammes de savon avec 100 kilogrammes de matières grasses, mais ce ne sont là que de mauvais produits que le consommateur devrait repousser.

#### SAVONS DURS A BASE DE SOUDE.

On les divise en deux catégories :

1° Les savons liquidés sur lessives, dits *à la grande chaudière*; ce sont les meilleurs, et nous prendrons pour type les savons de Marseille, et ceux de la parfumerie;

2° *Les savons d'empâtage, dits à la petite chaudière.*

Dans la première méthode, on utilise la faible
solubilité des sels de soude dans l'eau salée, et
l'on obtient des savons lavés sur lessives ou sur
gras, produits aussi purs que le serait un sel qui
aurait cristallisé, et qui aurait laissé les matières
étrangères dans les eaux mères.

Dans le second procédé, on opère comme dans
la fabrication des savons mous, la matière grasse
et l'alcali sont combinés en une seule opération,
la glycérine et les impuretés des matières grasses
restant dans la pâte du savon.

La fabrication de tous les savons complets,
liquidés sur lessives, exige les opérations suivantes :

1° Préparation des lessives;

2° Empâtage des matières grasses;

3° Relargage ou séparation à l'aide du sel marin, du savon formé et des lessives faibles;

4° Cuisson du savon, avec excès de lessive;

5° Liquidation ou séparation des lessives en
excès ;

6° Madrage quand il s'agit de savons marbrés ;

7° *Coulage et refroidissement du savon dans les*
mises ;

8° Découpage, séchage et mise en caisse;

L'estampage sur les savons portant la marque
du fabricant est la dernière opération.

Le matériel d'une savonnerie se compose toujours, indépendamment des générateurs de vapeur, réservoirs, pompes, etc. :

A De bacs en tôle ou en maçonnerie comme
ceux de Marseille (barquieux), pour la préparation
des lessives;

B De chaudières en tôles ou en maçonnerie,
chauffées à feu nu, ou par serpentins de vapeur;

C De mises en bois, en tôle ou en maçonnerie,
pour le refroidissement du savon;

D De machines spéciales pour le découpage, le
séchage et l'estampage du savon. Les savonneries sont considérées comme établissements classés de 2° classe, et peuvent être installées dans
l'intérieur des villes.

**Savons de Marseille.** L'ancienne et bonne
fabrication marseillaise ne produisait que deux
sortes de savons : le savon blanc liquidé et le savon marbré. Ils étaient toujours sensiblement
les mêmes pour toutes les savonneries, ils présentaient toujours la même composition, avaient la
même valeur, c'était du *savon de Marseille*; cette
énonciation suffisait à l'acheteur et lui garantissait
la qualité du produit.

Si quelques grandes maisons continuent toujours à produire ces excellents savons qui ont
fait la réputation de Marseille, si les anciennes
marques Arnavon, Ch. Roux, etc. méritent toujours
la même faveur, il faut reconnaître que, depuis
l'apparition des huiles concrètes de palmiste, de
coco, la savonnerie marseillaise, en produisant
les *savons d'augmentation*, entre dans la voie des
savons de qualité ordinaire.

Nous verrons plus loin qu'il y a des progrès à
faire dans cette industrie, qu'il n'est pas rationnel

laisser perdre la glycérine, et que l'avenir de
la savonnerie consiste dans la fabrication du savon en autoclave.

Nous prendrons pour type de la savonnerie marseillaise l'établissement représenté figure 43.

1° *Préparation des lessives.* C'est la soude brute,
telle qu'elle sort des fours à réverbère, qui constitue l'alcali dont sont formés les savons de Marseille; cette soude douce et sulfureuse, assez pauvre en alcali, arrive à la savonnerie en blocs d'un
aspect gris terreux, avec un titre alcalimétrique
de 30 à 35°, et une composition moyenne de :

Soude caustique . . . . . . . . . . . . . . . . . . . . . 5
Carbonate de soude . . . . . . . . . . . . . . . . . . 28
Sulfure de sodium . . . . . . . . . . . . . . . . . 0.5
Chlorure de sodium . . . . . . . . . . . . . . . . . 2
Sulfate de soude . . . . . . . . . . . . . . . . . . 2.5
Matières insolubles, oxysulfures de calcium, carbo-
nates de chaux, sulfures de fer, etc . . . . . . . 62

La soude salée, qui sert quelquefois à la *liquidation du savon*, n'est autre chose que du sel
marin calciné au four, avec des résidus de soude
douce. Elle est concassée à la main, et mélangée
avec un tiers en volume de chaux vive que l'on
délite en l'arrosant avec un peu d'eau, puis on la
porte dans les *barquieux*, grandes cuves en maçonnerie situées sur la gauche de la figure 43; à
chacun de ceux-ci, dont la contenance varie de 3 à
6 mètres cubes, correspond dans le sous-sol, un
bassin ou *trou*, destiné à recevoir la lessive s'é-
coulant du barquieu. Une série de quatre ou cinq
barquieux et de trous correspondants constitue
une *mène* qui doit fournir la quantité de lessive
nécessaire à une cuite.

On procède par lessivage méthodique, en faisant passer successivement sur chaque barquieu
la lessive de plus en plus saturée d'alcali, provenant d'un barquieu précédemment lavé, et l'on
arrive ainsi à obtenir une série de lessives dont la
densité diminue de 28 à 6°; le savonnier les mélange ensuite suivant la marche de la cuite, et
leur a donné les noms de lessives *bonnes premières,
bonnes secondes, avances, recuits*.

Les lessives de recuits sont celles qui ont servi
aux saponifications précédentes ; soutirées des
chaudières, elles sont remontées sur des barquieux plus ou moins épuisés où elles s'éclair-
cissent par filtration.

L'écoulement de la lessive sortant des barquieux, a lieu au moyen d'une série de canaux en
maçonnerie permettant d'envoyer chaque lessive
dans le trou voulu ; le résidu de soude épuisé est
enlevé par des charrettes, et constitue une matière
de plus en plus encombrante pour la ville de Marseille; aussi l'emploi des alcalis purs, s'imposera-
t-il un jour à la savonnerie marseillaise.

A Marseille seulement, les chaudières qui servent à la fabrication des savons, sont encore,
pour la plupart, construites en maçonnerie, partout ailleurs elles sont en tôle; le chauffage s'opère,
le plus souvent maintenant, au moyen de serpentins en fer dans lesquels circule un courant de
vapeur, tandis que le feu nu sous la chaudière,
munie alors d'un fond en tôle surmonté d'une

hausse en maçonnerie, était jadis le seul mode de chauffage employé.

Sous ces chaudières enterrées dans le sol, il existe souvent une galerie souterraine ou cave, non représentée sur la figure 44, et qui est destinée à faciliter l'extraction des lessives à l'aide d'un robinet; dans la chaudière marseillaise, cette extraction s'effectue à l'aide d'une pompe.

2° *Empâtage des matières grasses.* C'est l'opération principale, c'est la liaison des matières grasses avec la lessive. Elle ne peut se produire que si cette dernière est faible en alcali, de façon à obtenir une émulsion laissant en dissolution dans l'eau le savon à mesure qu'il se forme. Si la matière grasse n'était pas dans un grand état de division, favorisé par la dissolution du savon formé, elle ne serait qu'insuffisamment saturée d'alcali, ne se transformerait qu'en savons incomplets, sujets au rancissement, et ne fournirait qu'un mauvais rendement en poids.

*Fig. 43. — Installation d'une savonnerie marseillaise.*

On commence par verser dans la chaudière une certaine quantité de lessive à 10 ou 12° Baumé, que l'on porte à l'ébullition; on y ajoute ensuite peu à peu la matière grasse composée souvent de 30 à 40 0/0 d'huile d'olive, de 15 à 20 0/0 d'huile d'arachide et de 50 0/0 d'huile de sésame. Un empâtage se compose généralement à Marseille de 10,000 kilogrammes de matières grasses, et de 14 à 15,000 litres de lessive faible.

L'ouvrier savonnier qui dirige la cuite, a soin de n'introduire que successivement l'huile dans la chaudière où se trouve la lessive, et de faire brasser le mélange pendant toute la durée de l'opération. Il faut entretenir la température nécessaire à la formation du savon, sans atteindre une ébullition qui pourrait amener une séparation de la pâte formée ; et ce n'est que lorsque la matière grasse paraît mélangée à la lessive, qu'on peut laisser bouillir la masse. Il s'y produit alors une écume grisâtre, abondante, qui disparaît peu à peu, quand la pâte du savon est complète et qu'elle a acquis la consistance voulue.

Cette opération important a donné lieu à de grandes controverses. En vase ouvert, l'empâtage ne s'opère convenablement qu'à une température relativement basse, mais nous persistons à dire que l'avenir de la savonnerie consiste dans un empâtage des matières grasses sous pression et à haute température, à la condition toutefois de ne se servir que d'appareils munis d'agitateurs puissants. C'est le seul moyen pratique d'obtenir des lessives assez riches en glycérine pour qu'on puisse, avec avantage, en extraire cette dernière, car c'est surtout pendant l'empâtage que la glycérine se sépare de la matière grasse neutre, au moment où l'acide gras se combine avec l'alcali pour former le savon. Si l'on a en vue la production du savon marbré, c'est à la fin de l'empâtage que l'on ajoutera un peu de sulfate de fer qui produira avec les sulfures de la soude, ces veines bleuâtres formant la marbrure du savon.

3° *Relargage.* L'opération précédente a laissé dans la masse du savon, un excès d'eau qui pourrait, à la rigueur, en être chassé par une ébullition prolongée, mais on se trouverait alors en présence de toutes les impuretés entraînées dans la lessive usée qui, ayant abandonné son alcali caustique, n'est plus d'aucune valeur. Le relargage, au con-

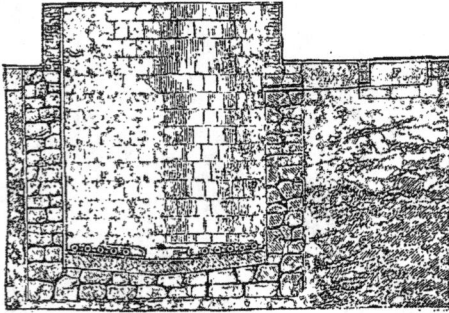

Fig. 44. — *Chaudière marseillaise.*

traire, consiste à augmenter artificiellement la densité de la lessive afin de la séparer du savon formé.

Cette séparation ne doit être opérée qu'après s'être assuré que pendant l'empâtage, toutes les molécules des matières grasses se sont combinées avec la lessive. Elle s'effectue en versant dans la chaudière, par petites parties à la fois, et tout en maintenant la masse à l'ébullition, de la lessive salée de recuit à 28 ou 30° Baumé. Pendant toute la durée du relargage, un ouvrier monté sur un madrier placé en travers de la chaudière (fig. 43) agite avec un redable, la pâte savonneuse qui se forme en grumeaux interposés dans la lessive. L'ébullition étant suspendue, la lessive se sépare, se relargue, et tombe dans le fond de la chaudière, tandis que la pâte du savon surnage.

Dans certains cas, le relargage s'opère par la seule addition de sel marin dissous dans l'eau ou dans des lessives faibles.

4° *Cuisson du savon.* On doit procéder d'abord à l'enlèvement des lessives salées du relargage. Cette opération à laquelle on a donné le nom d'*épinage* s'effectue par la simple ouverture d'un robinet placé à la partie inférieure de la chaudière

ou au moyen d'une pompe dont le tuyau d'aspiration plonge jusqu'au fond du récipient.

C'est pendant la cuisson du savon, opérée avec un ou plusieurs services de lessives fortes et caustiques, que s'achève l'entière combinaison des acides gras avec l'alcali et l'eau nécessaires à la composition du produit. Par suite de l'introduction de lessives fortes dans la pâte, et de l'ébullition prolongée qui en chasse l'eau, les grains de savon deviennent de plus en plus petits et plus fermes. La cuisson est considérée comme achevée quand ces grains pressés encore tièdes, entre les doigts de l'ouvrier, forment des écailles dures, sèches et friables, et que la lessive dans laquelle ils flottent a atteint la densité de 30 à 32°.

Pour obtenir le savon parfait, on doit faire subir à la pâte plusieurs cuissons successives, que l'on nomme *services de lessives.* Après chacune d'elles, la lessive est soutirée et remplacée par une autre plus caustique. Ces lessives dites de recuits sont filtrées sur les barquieux et de nouveau rendues caustiques par l'addition d'un peu de chaux.

Pendant ces différentes cuissons, la pâte ayant absorbé une proportion d'alcali surabondante ne pourrait donner, sans être traitée à nouveau, qu'un savon trop dur, peu soluble à l'eau, sans cohésion et qui ne tarderait pas à se couvrir d'efflorescences blanchâtres dues à l'alcali qui viendrait, au contact de l'air humide, se transformer en carbonate de soude ; il *pousserait au sel.*

A cet état, le savon, renfermant trop d'alcali, est un sel gras basique, en grains qui ne peuvent se réunir, et présentant une certaine analogie avec des cristaux nageant dans une lessive en excès. On soutire alors cette lessive qui sera reportée dans les barquieux pour servir à une nouvelle cuite, on procède à la liquidation.

Si l'on a saponifié un mélange d'huiles d'olive, de sésame et d'arachide, avec de la lessive de soude brute, la pâte du savon est d'un bleu foncé tirant sur le jaune et sur le noir, et ne contient que 15 à 18 0/0 d'eau. Cette coloration terne est due à l'interposition dans la masse, d'un savon bleu noir, chargé d'alumine, d'oxyde et de sulfure de fer provenant de la soude brute.

Si le fabricant veut convertir cette pâte en savon blanc, il n'a qu'à opérer la liquidation ; s'il veut, au contraire, produire du savon marbré, c'est au madrage qu'il procédera.

5° *Liquidation.* La lessive forte étant soutirée, la liquidation s'opère, pour le savon blanc, au moyen d'une addition de lessive faible, peu caustique, qui vient dilater, liquéfier les grains de savon. A cet effet, on agite à l'aide d'un redable, la pâte du savon qui par l'addition successive de lessive faible ou d'eau, *devient de plus en plus liquide,* et l'on ne s'arrête que lorsque tous les grumeaux ont disparu. Nous ne pouvons mieux faire que de citer les lignes suivantes, d'un Mémoire de M. Jules Roux de Marseille, sur la liquidation du savon blanc : lorsque, par des additions de lessive faible, on fait descendre à 10° le titre de la lessive qui imprègne la pâte, la marbrure ne peut se produire, parce que la portion dissoute tombe au fond de la chaudière, entraînant avec elle toutes les matières étrangères et colorantes qui constituent ce qu'on appelle *le gras*.

Le restant de la pâte ainsi purgé, n'est ni soluble, ni même miscible avec le gras, et c'est une erreur de croire que la précipitation des parties colorantes soit déterminée par la dilution du savon dans l'eau. Tant que la lessive n'est pas trop affaiblie, l'hydratation de la pâte ne varie que dans d'étroites limites (31 à 33 0/0), et si l'on tente de l'augmenter par des affusions d'eau, le savon *s'envisque*, et se convertit en une masse gélatineuse qui ne laisserait pas même déposer des grains de sable. Les phénomènes que présente le savon en passant par les trois états de : *savon liquide, savon dissous* ou *gras, savon envisqué* sont tous distincts. Le savon passe de l'un à l'autre, sans transition et non pas graduellement, ce qui exclut la possibilité de laisser involontairement plus ou moins d'eau dans le savon blanc fabriqué d'après le procédé marseillais. Il n'y a pas d'excuses à chercher dans l'insuccès du procédé, celui-ci n'en comporte pas ; si le savon blanc a été liquidé il ne contiendra invariablement que son eau de composition normale, soit 32 à 33 0/0.

La chaudière étant abandonnée au repos, après avoir pris soin de la couvrir pour conserver toute la chaleur à la masse afin de maintenir celle-ci à l'état de fluidité nécessaire à la séparation des deux savons, on retrouvera à la surface une couche d'écume, au-dessous le bon savon, puis une couche de gras, et enfin la lessive.

La composition de la cuite sera en poids, d'environ :

3 d'écume renfermant en moyenne :

| | |
|---|---|
| Acides gras. | 51 |
| Alcali. | 5.6 |
| Eau. | 42 |
| Sels divers | 1.4 |
| | 100 |

92 de bon savon composé de :

| | |
|---|---|
| Acides gras. | 60 |
| Alcali. | 7 |
| Eau. | 33 |
| | 100 |

5 de gras, formé de :

| | |
|---|---|
| Acides gras. | 43 |
| Alcali. | 5.7 |
| Eau. | 50 |
| Sels divers | 1.3 |
| | 100 |

100

Les écumes et le gras sont utilisés dans la fabrication du savon marbré, mais auparavant ces savons impurs sont lavés sur une lessive saline qui les épure en enlevant les matières étrangères avec l'eau en excès.

6° *Madrage*. Jusque dans ces derniers temps Marseille produisait plus de savon marbré que de savon blanc. Cette marbrure bleue que tout le monde connaît, est formée par un savon sulfureux et ferrugineux tenu en suspension dans la masse même du savon blanc, et dont la présence indique encore un certain état de la pâte, et une

proportion d'eau définie. Dans la vieille fabrication marseillaise, la marbrure, que sans doute le hasard a produite, était donnée par les soudes mêmes, toujours ferrugineuses, alumineuses et sulfureuses, mais maintenant que l'on commence à employer, en partie, des soudes plus pures, on la développe par l'addition d'un peu de sulfate de fer, qui se transforme en sulfure de fer en présence de la soude sulfurée.

Ce précipité bleu noir, emprisonné dans chaque grain de savon après le relargage, s'étend dans la dernière opération (madrage) et produit les veines. L'habileté du savonnier consiste à obtenir des conditions de température et de brassage, telles que la marbrure s'épanouisse bien, et que les sels de fer qui colorent le savon ne puissent se précipiter au fond de la chaudière, comme dans la liquidation du savon blanc.

Rien ne peut mieux démontrer la théorie de cette fabrication que l'analyse suivante de la pâte savonneuse, dans les principales phases d'une cuite de savon marbré, que nous devons à M. Ch. Roux, l'habile savonnier de Marseille :

*Empâtage.*

| | |
|---|---|
| Eau. | 46.00 |
| Corps gras. | 51.15 |
| Soude combinée. | 2.50 |
| Sels divers. | 0.18 |
| Matières organiques. | 0.17 |
| | 100.00 |

*Relargage.*

| | |
|---|---|
| Eau. | 28.50 |
| Corps gras. | 63.70 |
| Soude combinée. | 4.15 |
| Carbonate de soude. | 0.35 |
| Sels divers. | 1.20 |
| Matières organiques (glycérine). | 2.10 |
| | 100.00 |

*Cuisson.*

| | |
|---|---|
| Eau. | 25.00 |
| Corps gras. | 60.00 |
| Soude combinée. | 7.10 |
| Carbonate de soude. | 0.85 |
| Sels divers. | 3.30 |
| Matières organiques (glycérine). | 3.75 |
| | 100.00 |

*Levée de cuite (savon terminé).*

| | |
|---|---|
| Eau. | 34.00 |
| Corps gras. | 57.00 |
| Alcali. | 7.00 |
| Sels divers et matières organiques. | 2.00 |
| | 100.00 |

L'examen de ces analyses démontre que la fabrication du savon consiste à faire absorber peu à peu la lessive par la matière grasse, à lui en faire prendre un excès, pour le lui enlever ensuite par l'opération finale de la liquidation.

7° *Coulage et refroidissement du savon dans les mises*. Quand il s'agit de produire un savon blanc, la masse est abandonnée au repos pendant trente à quarante heures, en ayant soin de couvrir la chaudière pour éviter la déperdition de la chaleur. Après avoir enlevé l'écume qui remonte à la surface, on extrait le savon pur à l'aide de cuillers en fer dont on remplit les *cornues* ou vases métalliques à deux poignées qui servent à le transporter dans le local où se fait la coulée en pains.

Sur un sol dur et nivelé, divisé en compartiments par des madriers de bois ayant l'épaisseur des pains de savons à obtenir, on a disposé une couche de chaux en poudre ou de sable fin, que l'on recouvre d'une série de feuilles de papier épais. Le savon encore liquide est versé dans ces compartiments, et, quand il est à peu près solidifié, on le pilonne à l'aide de larges battes en bois, afin de niveler les pains et de chasser les bulles d'air interposées.

Quant au savon marbré, il est coulé dans des mises en maçonnerie, espèces de bassins munis d'une porte, et ayant souvent jusqu'à 25 à 30 mètres de surface, pour une hauteur de 80 centimètres. Il doit être enlevé de la chaudière à une certaine température convenable pour ne pas briser la marbrure. En effet, si cette température est trop élevée, le savon ferrugineux bleuâtre se sépare et tombe au fond de la mise, et si elle est trop basse, la marbrure ne peut se produire et la masse conserve une teinte uniformément grise. Au bout de cinq à six jours, la masse est refroidie et solidifiée, la lessive s'est séparée et occupe le fond de la mise en raison de sa grande densité.

8° *Découpage, séchage et mise en caisse.* Le savon blanc, pilonné comme nous l'avons indiqué, est ensuite découpé en plaques ayant environ 0$^m$,50 sur 0$^m$,50, puis est livré à la consommation après quelques jours de séchage à l'air. Quant au savon marbré, après avoir tracé à sa surface, les lignes suivant lesquelles les pains seront découpés, l'ouvrier (fig. 45) introduit dans la masse un grand couteau vertical surmonté d'une double poignée horizontale, et, tandis qu'il maintient ce couteau, comme le laboureur maintiendrait le soc d'une charrue, deux autres ouvriers tirent une chaîne à laquelle il est fixé, et arrivent ainsi à opérer le découpage; les gros blocs cubiques restent ensuite dans la mise pendant une huitaine de jours, en flottant sur la lessive; puis après avoir soutiré celle-ci, on les porte sur une grande table pour les découper au moyen d'un fil de fer, en barres d'environ neuf centimètres de côté. Souvent ces

Fig. 45. — *Découpage du savon à Marseille.*

briques de savon sont rapportées dans les mises, et y trempent pendant une dizaine de jours dans une lessive salée qui raffermit la pâte, tout en lui laissant absorber une grande proportion d'eau qui en augmente le poids. Elles sont ensuite séchées à l'air, puis placées dans des caisses ayant toutes une forme analogue, et renfermant 40 briques de savon, d'un poids total de 110 à 112 kilogrammes.

Nous venons de décrire les vieilles et loyales méthodes de la savonnerie marseillaise. Dans ces conditions, 100 kilogrammes de matières grasses fournissent une moyenne de 135 à 145 kilogrammes de savon blanc liquidé, et de 160 à 165 kilogrammes de savon marbré. Le premier est toujours livré en gros pains de 8 à 10 kilogr., et le second, en briques de 2 kilogrammes et demi environ.

*Savons d'augmentation.* L'introduction des huiles concrètes de coco (coprahs), de palmiste, etc., etc., a modifié la fabrication marseillaise, en facilitant la production des savons à grands rendements, et les savons blancs de Marseille, livrés aujourd'hui à la consommation en petits pains cubiques estampés aux diverses marques, sont, pour la plupart, composés d'huile de sésame, de résidus d'olives, et d'huiles concrètes; ils sont très mousseux, contiennent plus d'eau que les anciens produits marseillais, 100 kilogrammes environ de matières grasses fournissant jusqu'à 180 et même 200 kilogrammes de savon. Ces produits de qualité moindre se font accepter du consommateur en raison de leur bas prix.

On les fabrique de deux façons différentes. Dans certaines usines, on saponifie séparément les huiles de sésame, d'olive, d'arachide, dans la même chaudière, suivant les procédés décrits ci-dessus, puis dans une seconde chaudière on fait un savon d'empâtage composé d'huile de coco et de palmiste; on mélange ensuite le tout ensemble avant la coulée en mises plates.

La seconde méthode donne des produits de meilleure qualité. Les deux savons empâtés séparément, sont mélangés à la cuisson, et, après la liquidation, transportés dans une seconde chaudière, où on leur fait absorber une proportion plus ou moins grande d'eau pure, incorporée par simple mélange dans la masse maintenue à une température suffisante pour lui conserver la fluidité nécessaire.

Les savons d'huile d'olive, de sésame ou d'arachide ne se fabriquent qu'à Marseille, en Italie, et en Espagne. La saponification de ces huiles se fait à Marseille, avec la soude noire brute, partout ailleurs, sauf en Espagne cependant où l'on se sert encore un peu de soude naturelle (barille provenant de l'incinération des plantes végétant sur les terrains salés), les alcalis employés sont le carbonate de soude et surtout la soude caustique, qui tend de plus en plus à remplacer tous les autres.

**Savons liquidés de suif et d'huile de palme**, etc. Il existe en Angleterre d'énormes savonneries, qui ne sont que des succursales de ces immenses fabriques de soude exportant leurs produits dans le monde entier. Ce sont surtout les savons de suif et d'huile de palme additionnés souvent de résines, ainsi que des savons de palmiste à marbrures artificielles, que ces usines fabriquent. Ce sont également ces mêmes savons de suif que produisent la Russie, les Etats-Unis et l'Allemagne. Dans ces établissements, les chaudières sont presque toujours construites en tôle et chauffées par des serpentins de vapeur; en Allemagne seulement, où elles sont souvent de faibles dimensions, on les chauffe par des foyers directs.

Les lessives se préparent de deux manières différentes. Dans les savonneries où l'on emploie le carbonate de soude fabriqué par l'ammoniaque (Solvay), il faut rendre l'alcali caustique au moyen de la chaux; on procède alors par lessivage méthodique dans des bassins superposés construits en tôle. Dans les usines où l'on opère avec le carbonate de soude provenant du lessivage de la soude brute fabriquée par le procédé Leblanc, quoique l'alcali soit déjà en partie caustique, il faut encore décarbonater la soude au moyen d'une addition de chaux vive; la préparation des lessives se fait alors à chaud dans des bacs en tôle, comme nous l'avons indiqué pour la préparation des lessives de potasse dans la fabrication du savon mou. Enfin, si le savonnier travaille avec la soude caustique, et c'est là l'avenir, il n'a qu'à la faire dissoudre dans l'eau pour préparer sa lessive au degré voulu. Les procédés utilisés dans la fabrication de tous les savons liquidés sur lessive, qu'il s'agisse de saponifier du suif, du suif d'os, de l'huile de palme, de l'huile de ricin, etc., sont analogues à ceux employés à Marseille; on se sert de lessives provenant des cuites précédentes pour faire l'empâtage des matières grasses, on relargue pour séparer la lessive usée, on opère la cuisson du savon avec deux ou trois services de lessives fortes, puis on liquide avec des lessives faibles ou même avec de l'eau.

Le savon de suif a un aspect blanc grisâtre, avec une odeur *sui generis* d'autant plus accentuée qu'on y aura introduit plus de suif d'os; 100 kilogrammes de matières grasses fournissent environ 165 kilogrammes de ce savon, qui est dit à 165 de rendement.

L'huile de palme mélangée au suif, donne un excellent savon d'un jaune clair, avec un rendement de 165 également; son odeur est agréable, et ne rappelle en rien celle du suif.

Le savon d'huile de palme a une belle teinte jaune foncé, analogue à celle de la cire jaune; son rendement est de 163 à 165.

L'huile de ricin sauvage (purguaira), produit également un savon de bonne qualité à teinte blanche, ayant une certaine analogie avec le savon blanc de Marseille; son rendement est environ de 165 à 170.

Généralement les savons sont composés du mélange de ces diverses matières grasses, et plus ils renferment de suif, plus ils sont durs.

**Savons résineux.** Ces produits fabriqués avec un mélange de suif, de suif d'os, d'huile de palme, comme corps gras, et additionnés de savons de résine, pourront être pris comme type de la fabrication anglaise et américaine.

La résine peut-elle se saponifier pour former de véritables savons, ou n'est-elle, au contraire, qu'en dissolution dans la lessive? C'est un point sur lequel les chimistes et les fabricants ne sont pas d'accord. Quoi qu'il en soit, un produit renfermant une proportion de 10 à 15 0/0 de résine constitue un excellent savon, soluble dans les eaux calcaires et même salées, tandis que le savon parfait ne se dissout que dans les eaux douces. Dans certaines usines, on saponifie en même temps la matière grasse et la résine considérée alors comme corps gras (nous verrons plus loin que c'est ainsi que l'on fabrique le savon résineux d'acide oléique); dans d'autres, on ne mélange la résine qu'après le relargage; enfin certains industriels empâtent séparément les deux savons, pour ne les mélanger qu'à la cuisson.

Voici la meilleure méthode à suivre : les matières grasses étant empâtées avec les vieilles lessives, on relargue, puis on soutire la lessive usée, et c'est au commencement de la cuisson, au moment de l'adjonction des lessives fortes que l'on ajoute la résine, après l'avoir concassée; il y a naturellement absorption de lessive en quantité correspondant à la résine employée. La cuisson est poussée jusqu'au moment où la pâte du savon est transformée en petits grains nageant dans la lessive qui doit atteindre la densité de 28 à 32°.

Pendant les six ou huit heures de cuisson, on *nourrit* la pâte par l'adjonction de lessives fortes. Après repos et soutirage des lessives, on procède à la liquidation, en ayant soin de laisser à cette lessive sur laquelle surnagera le savon, une densité plus forte que lorsqu'il s'agit de savons purs. Ces produits ont un rendement de 190 à 200, calculé sur le poids de la matière grasse saponifiée, et qui varie avec la proportion de résine employée.

Après un repos de un à deux jours, suivant la capacité de la chaudière, on coule en mises, et après refroidissement, le savon est prêt à être découpé en briques et en petits pains cubiques.

*Savons résineux fabriqués en autoclaves sous pression.* Cette fabrication rationnelle a pris naissance en Angleterre par suite de la grande production des savons résineux.

Le savon obtenu en vase clos est un savon complet, qui, pour tous les genres, peut être aussi parfait que celui fabriqué par le procédé marseillais, dit à la grande chaudière, à la condition de scinder l'opération en deux parties : empâtage en vase clos, cuisson et liquidation en vase libre.

Les savonniers anglais et américains ne procèdent cependant qu'en une seule opération et obtiennent un produit résineux d'excellente qualité. L'appareil à saponifier dont ils font usage, se compose d'un grand cylindre en fer, capable de résister à la pression correspondant à 5 kilogrammes par centimètre carré; il est analogue aux anciens appareils des stéarineries, et muni, comme eux, de robinets pour l'introduction ou pour la sortie des matières, de soupapes, etc. Le fond de ce cylindre reçoit un tuyau d'injection de vapeur directe, et se trouve en outre muni d'un serpentin clos pouvant chauffer par contact, sans mélanger la vapeur à la pâte du savon.

On fait fondre dans un bassin placé au-dessus du saponificateur, un mélange de :

| | |
|---|---|
| Suif . . . . . . . . . . . . . . . . | 5.000 kil. |
| Huile de palme . . . . . . . . . . | 1.000 |
| Résine d'Amérique . . . . . . . . | 2.000 |
| Ensemble . . . . . . . . . | 8.000 kil. |

que l'on porte à une température de 90°, pour l'introduire ensuite dans l'appareil à saponifier.

D'autre part, on a préparé de la lessive de soude caustique à une densité de 25° Baumé, et à la température de 15°, que l'on jauge dans un bassin placé également au-dessus du saponificateur, et contenant exactement 7,100 litres. On la porte à 50°, en la chauffant au moyen d'un serpentin clos, puis on la laisse couler sur la matière grasse contenue dans l'acidificateur, en ayant soin d'y lancer un jet de vapeur à six kilogrammes de pression, le but étant surtout de mélanger les matières en traitement, car la combinaison de la lessive chaude avec la matière grasse déjà chauffée séparément, développe assez de calorique pour amener rapidement la masse à l'ébullition.

L'appareil étant clos, on laisse bouillir le savon pendant une heure, en prenant soin d'avoir un échappement suffisant de vapeur pour que la pression ne dépasse pas deux kilogrammes; une pression supérieure, en amenant une température trop élevée pourrait décomposer le savon, en saponifiant les matières grasses comme cela se passe dans la fabrication des acides gras. — V. BOUGIE.

Après avoir prélevé et laissé refroidir divers échantillons, on juge de la dureté du savon; s'il contient trop d'eau, on achève la cuisson au moyen du serpentin clos; s'il est trop ferme, on ramène au contraire la proportion d'eau utile en laissant agir la vapeur à jet direct.

Ces 8,000 kilogrammes de matières grasses et de résine, fournissent 14,000 à 14,500 kilogrammes de savon; c'est un rendement de 230 0/0, abstraction faite de la résine, et de 170 à 175 si

on la considère au contraire comme matière grasse.

Nous examinerons plus loin, les nouveaux perfectionnements apportés dans cette industrie, par l'introduction de la fabrication du savon en vase clos, avec extraction des produits glycérineux.

**Savons d'acide oléique.** Les savons dont la fabrication a été décrite ci-dessus, sont tous produits à l'aide de matières grasses neutres, dont la liaison avec la lessive est toujours assez difficile; il n'en est plus de même avec un acide gras, comme l'acide oléique, ayant, par sa nature même, une grande affinité pour les alcalis.

Dans les débuts de l'industrie stéarique, M. de Milly, l'un des créateurs de cette fabrication toute française, rencontra une grande résistance chez les savonniers habitués à ne traiter que des matières neutres, et se trouva forcé d'installer une savonnerie annexe de sa stéarinerie, afin d'y trouver un emploi de l'acide oléique qu'il produisait; mais c'est à tort que plusieurs auteurs le considèrent comme le créateur des savons à l'acide oléique, un industriel établi dans le nord de la France, Benoît Droux, fabriqua avant lui, avec l'acide oléique provenant de la manufacture de bougies de l'Étoile, des savons mous à base de potasse; puis ayant transporté son usine à Paris, il y fabriqua, avant M. de Milly, des savons durs à base de soude, et le premier, les offrit à la consommation, découpés en pains cubiques de 500 grammes, estampillés à son nom. Jusque là, le savon de ménage ne se vendait qu'en barres que le détaillant coupait en morceaux à la demande de l'acheteur.

Sauf quelques rares exceptions, et en dehors de la stéarinerie de Paris, tous les fabricants de bougie sont également fabricants de savon.

Il existe deux sortes d'acide oléique, suivant qu'il est obtenu par saponification, ce qui est préférable pour la qualité du produit, ou par distillation (saponification sulfurique).

Le premier fournit d'excellents savons durs, le second doit être additionné de suifs d'os ou d'huile de palme, et l'un et l'autre sont applicables à la fabrication du savon mou. Mais l'introduction, dans les stéarineries, de meilleures méthodes d'acidification et de distillation tend à faire disparaître cette différence qui existe entre l'acide oléique distillé et celui saponifié; tous deux auraient des qualités équivalentes, si l'acide oléique n'était trop souvent altéré par une distillation mal conduite, amenant la formation de produits pyrogénés, non saponifiables.

L'acide oléique peut être mélangé en toutes proportions avec les suifs, les huiles de palme, d'olive et toutes les matières grasses neutres susceptibles de fournir des savons à la grande chaudière (savons séparés de la lessive), mais il se traite mal avec les nouvelles huiles concrètes de coco, de palmiste, qui ne fournissent que des savons très solubles dans la lessive; de toutes les matières grasses, il est celle qui se prêterait le mieux à la fabrication sous pression, en chaudières autoclaves.

Dans les stéarineries, ce savon d'acide oléique est obtenu par la saponification dans les grandes chaudières ordinaires, chauffées par serpentins de vapeur; on y traite jusqu'à dix mille kilogrammes de matières grasses à la fois, en employant, comme alcali, la soude caustique mélangée d'un peu de carbonate de soude. A part l'empâtage, ce sont les procédés marseillais ﬂque l'on suit. On verse d'abord dans la chaudière environ la moitié de la lessive jugée nécessaire (vieille lessive provenant des opérations précédentes, ayant un titre moyen de 18 à 20° Baumé), puis lorsqu'elle est portée à l'ébullition, on y fait arriver l'acide oléique en filets minces, et la liaison du savon est alors immédiate. Tout en entretenant une douce ébullition, on ajoute successivement la lessive et la matière grasse, car si l'acide oléique était introduit brusquement, il se formerait de gros blocs de *sous-savons*, assez difficiles à dissoudre. L'empâtage étant terminé, on procède au relargage. Si l'on manque de vieilles lessives, on ajoute un peu de sel marin, puis après quelques heures de repos on soutire la lessive usée, qui est jetée. On procède ensuite à la cuisson du savon avec une lessive à 25°, et généralement on fait un second service de lessive à 25 ou 13°. Le savon étant parfaitement grené, et la lessive ayant atteint 30° de densité, on la soutire à nouveau, puis on opère la liquidation au moyen de vieilles lessives usées coupées de moitié d'eau.

Pour faire de beaux savons à coupe douce, il faut pousser la liquidation à l'excès, c'est-à-dire atteindre le moment où les grumeaux enlevés sur une pelle sont étendus, larges et flasques. Quand ce point est atteint, la lessive doit peser de 11° à 12°; on verse alors dans la chaudière une certaine quantité d'eau qui mélange à peu près tout le savon à la lessive, puis on ramène la séparation de cette dernière par une addition de sel marin qui en augmente la densité jusqu'à 12 et 13°.

Après vingt-quatre heures de repos, le savon est enlevé, porté dans les mises, dont la hauteur ne doit pas dépasser plus de 80 centimètres, et agité (touillé) jusqu'au refroidissement pour éviter une large marbrure qui se produirait si la mise était abandonnée à un refroidissement lent.

Le savon d'acide oléique liquidé donne 150 à 155 de rendement.

### Savons d'acide oléique et de résine.

Fabriqués surtout dans quelques stéarineries du midi de la France, ils sont exportés en Algérie, au Maroc et en Tunisie. Quelques usines espagnoles les fabriquent pour Cuba et pour l'Amérique du Sud; mais si les savons résineux à base de suif, bien traités sont excellents, ceux-ci arrivent à destination couverts d'efflorescences alcalines; ils sont souvent chargés de talc ou de sulfate de baryte.

Ces simples mélanges, n'ayant du savon que le nom sont fatalement destinés à disparaître, après avoir toutefois fait la fortune de quelques grandes maisons. Un produit composé d'acide oléique additionné de suif ou d'huile de palme, et de 15 à 18 0/0 de résine, constituerait cependant un excellent savon résineux, au rendement de 170 à 175 0/0' s'il était loyalement fabriqué.

Les savons d'Afrique sont faits avec 100 d'acide oléique saponifié et 20 à 30 de résine. Ces deux matières fondues ensemble dans la chaudière, sont empâtées avec de vieilles lessives, puis reçoivent deux services de lessives fortes, et sont liquidés à 16° ou 18° ﬁavec les vieilles lessives usées et salées. Cette opération terminée, le savon est transporté à la cuiller dans de grands bassins de repos, où après avoir soutiré la lessive, on ajoute 10 à 20 0/0 de talc dissous dans une vieille lessive peu alcaline; on brasse alors fortement la masse, puis, d'après le procédé marseillais, on coule le savon sur le sol que l'on a recouvert d'une forte couche de talc pour faciliter l'enlevage des pains; ceux-ci sont enfin découpés en barres, puis en morceaux que l'on estampille à la machine. Le savon fabriqué dans ces conditions fournit un rendement de 190 à 200 du poids de l'acide oléique employé. L'addition du carbonate de soude dans la lessive, pendant la cuisson, rend le savon plus doux, tout en lui maintenant sa fermeté, et empêche dans une certaine mesure ces efflorescences salines dénommées : *pousses au sel.*

#### SAVONS FABRIQUÉS EN VASE CLOS AVEC EXTRACTION DE LA GLYCÉRINE.

En décrivant la fabrication anglaise des savons résineux en autoclaves, nous avons dit que le savon produit en vase clos, sous pression, était un savon complet, et aussi parfait que ceux fabriqués à la grande chaudière, à la condition toutefois de scinder l'opération en deux parties : de procéder à l'empâtage en vase clos, et d'effectuer la cuisson et la liquidation en vase libre. C'est là le perfectionnement le plus important apporté à la vieille industrie de la savonnerie, c'est une révolution complète, qui sera lente à s'accomplir, car il faudra lutter contre la routine des fabricants et la mauvaise volonté des contre-maîtres, mais dans un temps plus ou moins rapproché cette fabrication en chaudière autoclave sous pression sera la seule employée. Non seulement la main-d'œuvre et les frais de combustible, seront considérablement diminués, mais, point capital, l'extraction des glycérines actuellement perdues dans les diverses opérations d'une cuite de savon, sera devenue possible; la savonnerie produira, à son grand avantage, des millions de kilogrammes de glycérine, matière première de plus en plus recherchée, et obtenue seulement aujourd'hui dans les stéarineries. C'est avec un profond regret que nous sommes forcés de constater que ces nouvelles méthodes de fabrication se développent à l'étranger, alors que nos savonniers français s'endorment dans une douce quiétude, sous la protection d'un droit de douane élevé, et que s'ils ont pu jusqu'à ce jour, grâce à ces droits protecteurs, conserver le marché français, il n'en est plus de même pour leur exportation qui va constamment en diminuant.

Pour parvenir à récupérer ces quantités énormes de glycérine, perdues dans les savonneries, de sérieuses tentatives ont été faites, en France, notamment à Marseille par la Compagnie des gly-

cérines, et par un autre habile industriel (V. GLY-
CÉRINE); et, quoique ni l'intelligence ni les capitaux ne leur aient fait défaut, ils ont dû néanmoins
transporter ailleurs leur industrie, en présence
de l'indifférence des savonniers marseillais. Il se
perd aujourd'hui, à Marseille seulement, plus
de 5,000,000 de kilogrammes de glycérine par an,
d'une valeur moyenne de 6,000,000 de francs.

Toutes les grandes savonneries anglaises, une
partie des savonneries allemandes, russes, italiennes produisent maintenant la glycérine brute ;
celle-ci en général purifiée chez les raffineurs,
l'est toujours, en Angleterre, chez les savonniers
eux-mêmes.

En France, et à Paris seulement, deux maisons
produisent une partie de leurs savons, après avoir
fait l'extraction directe de la glycérine des matières
grasses neutres. Une usine installée à Marseille
pour cette même déglycérination, concurremment
avec la Compagnie des glycérines, a dû cesser de
fabriquer, les savonniers marseillais prétendant
que les savons produits avec ces acides gras partiels, ne présentaient pas les mêmes qualités.

Deux procédés distincts sont employés pour
l'extraction de la glycérine des savonneries :

1° Le premier consiste à opérer la décomposition aqueuse des matières grasses neutres, de
la même façon que dans les stéarineries. Dans
ce but, ces matières sont fondues dans un bassin placé sur·le sol (fig. 46), d'où un monte-
jus M C les refoule dans l'appareil à saponifier
formé d'un cylindre en cuivre solidement construit pour résister à 12 kilogrammes de pression.
La décomposition en acides gras et en glycérine

Fig. 46. — *Appareil L. Droux pour la décomposition aqueuse.*

s'opère au moyen de l'eau seule à une température de 188° centigrades (12 kilogrammes de pression) soutenue pendant quatre à six heures.
L'opération exige une moins grande élévation de
température et de pression; si, comme dans
toute saponification, on fait intervenir la présence
d'une base quelconque, ou même d'une matière
divisante; c'est pourquoi nous avons toujours
conseillé de ne faire usage que d'appareils munis
d'agitateurs brassant constamment la masse en
traitement.

MM. Michaud frères ajoutent pendant l'opération 1 1/2 ou 1 0/0·de zinc en poudre (brevet
Poulain); d'autres emploient le carbonate de
magnésie dans la proportion de 1/2 0/0 (brevet
Marix). Un peu de soude, de potasse, de chaux,
du savon même, etc. etc., produiraient les mêmes
effets, aussi ne pouvons-nous attacher la moindre
validité aux divers brevets pris sur ce sujet, qui
ne sont tous, d'ailleurs, que les copies de ceux
relatifs à la stéarinerie; les différents systèmes
d'appareils peuvent seuls être brevetés, mais quant
aux modes de décomposition chimique, ils sont
absolument dans le domaine public.

Que l'on opère avec de l'eau seule, ou avec de
l'eau additionnée de diverses substances, la décomposition se produit de la même façon. L'appareil étant rempli de 3 de matière grasse pour 1
d'eau, on y fait arriver de la vapeur à huit ou dix
kilogrammes de pression, provenant d'un générateur installé le plus près possible; cette vapeur
arrivant en S, circule dans une série de tuyaux
placés au fond de l'appareil, et chauffe par contact, tandis que l'eau condensée revient naturellement dans le générateur; une injection de vapeur
directe a également lieu par le tuyau V. L'agitateur mécanique est mis en mouvement pendant
toute la durée de l'opération qui est de quatre à
six heures seulement, sous la pression soutenue
de sept à dix kilogrammes; la décomposition étant

complète, la matière est alors chassée de l'appareil, par la pression même de la vapeur qui la refoule par un tuyau D dans un bassin où elle se sépare en deux couches distinctes : l'une, inférieure, renfermant l'eau glycérineuse qui est envoyée directement aux appareils de concentration (cylindres évaporateurs rotatifs, fig. 301, t. V) pour produire la glycérine commerciale à 28°; l'autre, supérieure, composée de l'acide gras, pur lorsque la décomposition a eu lieu par l'eau seule, ou mélangé aux diverses matières dont l'eau a été additionnée. Si l'on a employé des sels de magnésie, ceux-ci se séparent de l'acide gras par simple repos; si, au contraire, on s'est servi de soude, elle reste combinée; quant au zinc, on l'écarte en soumettant l'acide gras à l'action d'un courant de gaz acide sulfureux, et en lui faisant subir ensuite

un ou deux lavages à l'eau avant de l'envoyer à la savonnerie.

Aucune modification importante n'est apportée dans la suite des opérations ; l'empâtage, comme pour le savon d'acide oléique, s'opère avec la plus grande facilité, et les autres phases de la fabrication sont identiques à celles du traitement des matières neutres.

L'objection faite par les savonniers marseillais consiste surtout dans la coloration du savon ; mais ils prétendent, en outre, que la marbrure se produit moins bien, que l'odeur a été modifiée et que le rendement n'est plus aussi fort. Nous persistons à croire que les essais n'ont jamais été faits sérieusement, ni avec le désir de les voir réussir; qu'il y a eu souvent mauvaise volonté de la part des contre-maîtres, indifférence

Fig. 47. — *Fabrication du savon en vase clos, avec extraction de la glycérine.*

du côté des chefs d'usine, et que, dans un temps donné, tous les savonniers procéderont à l'extraction de la glycérine, soit par la déglycérination préalable des matières neutres, soit, comme nous allons le décrire, en opérant l'empâtage des graisses sous pression, afin d'obtenir une eau mère ou lessive de relargage, riche en glycérine.

2° Le second procédé consiste à saponifier les matières grasses neutres, sous pression, au moyen de lessives alcalines pures et dosées, à séparer la lessive du savon formé pour en extraire la glycérine, puis à opérer ensuite la cuisson et la liquidation de ce savon, soit en autoclave, soit en chaudière ouverte ordinaire, sans apporter aucun changement à la marche actuelle de la fabrication.

A la Compagnie des glycérines, ce procédé se pratique de la manière suivante avec les appareils de M. L. Droux : les matières grasses fondues, et les lessives préparées dans un atelier spécial, sont refoulées dans un appareil à saponifier A (fig. 47), de forme sphérique, analogue à celui décrit au mot Bou-

GIE (fig. 520), mais construit en tôle de fer, pour supporter une pression de 5 à 6 kilog. Au lieu d'opérer l'empâtage avec les vieilles lessives usées, on n'emploie, au contraire, que des lessives neuves, caustiques, dans la proportion de 160 à 180 de lessives à 22° Baumé pour 100 de matières grasses. Le tout est porté à 110° dans les bassins de charge, et introduit en une seule fois dans l'appareil à saponifier; on y fait alors arriver de la vapeur sous la pression de 5 kilogr., on met l'agitateur en mouvement au moyen d'une transmission et, dès que le manomètre indique $2^k,5$, on laisse l'appareil sous pression pendant une heure, en ayant soin de ne pas arrêter l'agitateur qui brasse le mélange, et de régler le robinet d'entrée de vapeur pour maintenir la pression fixe à $2^k,5$, sans atteindre 3 kilog.

Dans ces conditions, non seulement l'empâtage, mais une saponification à peu près complète des matières grasses est opérée. Sans arrêter l'agitateur ni l'arrivée de la vapeur, on refoule dans l'appareil, soit au moyen d'une bouteille de pression, soit à l'aide d'une pompe foulante, une solution chaude de sulfate de soude au maximum de concentration, dans la proportion de 35 à 40 de solution pour 100 de matières grasses saponifiées. L'action de l'agitateur doit être prolongée pendant une demi-heure après l'arrivée de ce sulfate de soude, et la pression maintenue à 2 kilogrammes et demi. On pourrait opérer la séparation au moyen d'une solution de sel marin, mais au point de vue de la glycérine à obtenir, et sans aucun inconvénient pour le savon, l'emploi du sulfate de soude est préférable, car il évitera, plus tard, la transformation du chlorure de sodium en sulfate de soude, dans la solution glycérineuse.

L'agitateur arrêté, le savon se sépare de son eau-mère par suite de l'augmentation de densité de la lessive, et en ouvrant le robinet d'évacuation de l'appareil, le liquide, eau-mère, est refoulé par la pression même de la vapeur, dans le bassin de décharge G, placé en élévation sur un plancher. Dès que le savon apparaît dans ce bassin, il est envoyé, par la simple manœuvre de robinets, dans la chaudière S, où s'achèvera la cuisson ; cette chaudière dont le serpentin est alimenté de vapeur par le tuyau V, est munie de deux robinets : l'un L pour l'écoulement des lessives dans la cuve L', l'autre E pour faire passer le savon dans les mises M.

Dans la première phase de l'opération, la matière grasse neutre s'est décomposée : d'une part en acides gras qui se sont combinés avec la solution aqueuse de soude pour former le savon, et d'autre part en glycérine dissoute dans l'eau, émulsionnée elle-même, à son tour, dans la pâte de savon. Dans la seconde phase, la solution de sulfate de soude, en augmentant la densité de cette eau-mère, l'a séparée, enfin, du savon formé.

L'eau-mère ou liqueur glycérineuse est ensuite filtrée dans un bassin F, d'où elle s'écoule dans le cylindre rotatif évaporateur R qui a pour but de la concentrer à 36° Baumé, état dans lequel elle constitue un produit commercial renfermant 60 à 65 p. de glycérine anhydre. Ce produit est vendu aux raffineurs, à moins que le savonnier ne trouve avantage à le transformer lui-même en glycérine commerciale, par distillation dans le vide. — V. GLYCÉRINE (fig. 302).

Quant à la pâte du savon envoyée dans la chaudière S, on lui fait subir les divers services de cuisson, d'abord avec les vieilles lessives d'une cuite précédente, puis avec des lessives neuves un peu salées ; on procède enfin à la liquidation comme à l'ordinaire.

Dans ce mode rationnel de procéder, les excellentes méthodes de l'ancienne savonnerie sont conservées ; le savon reste donc exactement le même que dans la fabrication ordinaire à la grande chaudière, il conserve toutes ses qualités, son aspect commercial, et l'industriel arrive, au moyen d'appareils simples, d'une conduite facile et régulière, à extraire la plus grande partie des glycérines aujourd'hui perdues sans profit pour lui. Cette façon d'opérer augmente, légèrement il est vrai, la consommation de la soude (produit dont la va-

leur diminue chaque jour), car les lessives faibles de liquidation ne peuvent plus être employées ; mais en fractionnant cette liquidation, un savonnier tant soit peu soigneux commencera par extraire les lessives fortes au commencement, pour arriver à n'obtenir qu'une minime quantité de lessives faibles à la fin ; celles-ci saturées par l'acide sulfurique, lui fourniront le sulfate de soude nécessaire à la séparation de l'eau-mère glycérineuse des opérations suivantes.

En admettant une consommation supplémentaire de 5 kilogrammes de soude pour 100 kilogrammes de matières grasses, la dépense sera de 1 fr. 25, et la production en glycérine brute salée, de 10 kilogrammes valant aujourd'hui (février 1887) 7 à 8 francs, qui procureront, tous frais déduits, y compris la soude, un bénéfice net de 4 à 5 francs.

On trouvera, dans le *Bulletin de la Société industrielle de Marseille*, la description d'un brevet d'invention, pris par M. Lombard de Bouquet, pour la fabrication du savon sous pression, avec extraction de la glycérine d'autres industriels marseillais, M. Yol, M. Spinelli, avaient aussi cru devoir faire breveter, bien auparavant, un système de fabrication dans un autoclave sous pression, avec agitation mécanique de la masse, mais tous ces différents modes de saponification, usités en Angleterre depuis de longues années, décrits d'ailleurs dans le *Traité de savonnerie* de A. Ott, publié en 1867, à Philadelphie, empruntés aux procédés en usage dans les stéarineries, sont dans le domaine public.

Saponifier sous pression, avec ou sans agitation, soutirer l'eau-mère ou la lessive glycérineuse pour en extraire la glycérine, sont des opérations connues et employées par tous les industriels, seuls, les appareils ou la combinaison de divers appareils pour obtenir les résultats à l'aide de moyens connus, sont susceptibles d'être brevetés.

L'installation, représentée figure 47, est applicable à la fabrication de tous les savons, et notamment à la préparation de ceux de coco ou de palmiste ; dans ce cas, le savon, achevé dans l'appareil A, est envoyé directement dans les mises M, sans passer par la chaudière S.

Dans ces immenses savonneries établies aux environs de Liverpool et de Glasgow, annexées aux fabriques de soude caustique, voilà plus de cinq ans que la saponification des suifs destinés à la production des savons résineux anglais ne s'opère plus qu'en autoclave au moyen d'une lessive de soude, afin d'obtenir, d'une part, l'eau-mère d'où la glycérine sera extraite, le savon incomplet étant envoyé, d'autre part, dans un second autoclave où il se trouve mélangé et achevé avec un savon de résine ; certaines de ces usines produisent aujourd'hui jusqu'à 50,000 kilogrammes de glycérine par mois.

### SAVONS A GRANDS RENDEMENTS.

**Savons d'huiles concrètes de coco de palmiste**, etc. Ces huiles concrètes, avides d'alcali, sont faciles à saponifier ; elles produisent des savons solubles dans l'eau au point de rendre très difficile la séparation de la lessive qu'ils renferment, à moins de les charger en sel marin ou de les porter à un degré de concentration élevé. Si léur rendement est pour ainsi dire illimité, ils ne sont que des produits de qualité secondaire, qui abandonnent par le séchage, une partie de leur eau de composition primitive, aussi en trouve-t-on dont le volume et le poids diminuent de moitié.

Ces savons sont préparés en une seule opération, au moyen d'une lessive dosée, et par conséquent sans séparation de lessives en excès.

Leur fabrication est analogue à celle des savons mous ; quelques bassins en tôle pour la préparation des lessives, une simple chaudière chauffée à feu nu, des mises pour refroidir, et une machine à estamper, constituent tout le matériel nécessaire à cette industrie.

La figure 48 donne l'ensemble d'une savonnerie parisienne capable de fabriquer tous les genres de savons, mais surtout ceux d'empâtage. Les lessives sont préparées dans des bassins, non représentés ici, et les chaudières en tôle, sont chauffées à feu nu, au moyen de fourneaux ins-

Fig. 48. — *Savonnerie parisienne.*

tallés dans le sous-sol; à droite de ces chaudières se trouvent les mises à savon qui sont représentées ouvertes, les côtés mobiles ayant été enlevés, et plus à droite encore, on voit le magasin où les blocs sont déposés avant d'être découpés en morceaux, et estampés.

On opère de la façon suivante : l'huile de coco étant mise dans la chaudière, on la fait fondre, et dès qu'elle commence à devenir liquide, on y verse de la lessive de soude caustique à 22° Baumé, jusqu'à empâtage complet.

Pendant toute l'opération, l'ouvrier n'entretient qu'un feu modéré sous la chaudière, et au moyen d'un grattoir en fer muni d'un manche assez long pour en atteindre le fond, il a soin de nettoyer

constamment la tôle, afin d'empêcher l'adhérence du savon qui s'y attacherait, et s'y brûlerait en donnant une odeur désagréable. La masse devenue claire et transparente, on essaye le savon qui, au contact de la langue, ne doit jamais donner de sensation alcaline. Lorsque la pâte saturée d'alcali est amenée au point d'ébullition, il se produit une légère mousse ; on y ajoute alors une solution de sel marin et de carbonate de potasse, dans la proportion d'environ 20 de sel et 30 de carbonate de potasse pour 100 d'huile de coco employée. Après avoir prélevé une série d'échantillons qu'il laisse refroidir, l'ouvrier juge, d'après ceux-ci, de l'état de dureté de la pâte, et quand il est suffisant, il abandonne la chaudière au repos pendant une nuit ; moins de vingt-quatre heures suffisent donc à la préparation d'une cuite de savon de coco, quelle que soit son importance.

Il ne reste plus qu'à couler la pâte en mises, où elle se refroidit pour être enfin découpée en barres et en morceaux.

Ce savon, dont le rendement est d'environ 300, possède une belle teinte blanche ; il est très dur malgré la grande proportion d'eau qu'il renferme, mais son odeur spéciale est toujours assez désagréable.

**Savons de suifs, de palme et d'huiles concrètes de palmiste et de coco.** Ces savons dont la production va sans cesse en augmentant, en raison du bas prix auquel on les livre à la consommation, sont préférables à ceux fabriqués avec l'huile de coco seule. Déterminer leur composition, leur rendement serait aussi difficile que d'indiquer leur valeur, il nous suffira de rappeler que la qualité d'un savon est en raison directe de la proportion d'acide gras qu'il renferme. Cependant un mélange à parties égales de suif ou d'huile de palme et de coco ou de palmiste constitue un assez bon produit commercial, s'il n'est pas additionné de matières étrangères, et s'il ne dépasse pas 200 de rendement.

L'affinité des huiles concrètes de coco et de palmiste pour les alcalis, est telle, que même en présence des suifs, ou des huiles neutres de palme, d'olive, etc., le savon se prépare en une seule fois, sans séparation de la lessive, comme nous l'avons expliqué ci-dessus.

Ces produits peuvent rester unicolores. Ils sont blancs avec une légère teinte jaunâtre, s'ils ont été saponifiés avec des suifs, ou des huiles neutres peu colorées, ils possèdent, au contraire, une belle teinte jaune dorée, s'ils renferment de l'huile de palme ; quant à l'acide oléique, il s'allie mal aux huiles concrètes.

Les savons d'empâtage se prêtent facilement à la marbrure ; il suffit d'introduire dans la chaudière, à la fin de la cuite, une matière colorante dissoute dans une lessive salée, soit du bleu minéral pour produire une belle marbrure bleue, du rouge de Francfort pour avoir un savon veiné en rouge. La pâte est alors entièrement colorée dans la chaudière, et la marbrure ne se produit que dans les mises qui doivent être assez profondes et avoir un volume suffisamment grand pour empêcher un refroidissement trop prompt. Pour que les veines se forment bien, il faut que la température de coulée soit telle qu'une partie du savon pur se sépare du savon coloré, beaucoup plus dense en raison du poids de la matière colorante qu'il renferme. On comprend donc, que si la pâte était coulée trop chaude dans les mises, elle se séparerait en savon coloré, qui, en raison de sa densité, tomberait au fond, et en savon pur, plus léger, qui gagnerait la partie supérieure, et qu'au contraire si la température était trop froide la marbrure ne pourrait se former, et l'ensemble conserverait une teinte uniforme.

**Savon allemand,** *dit d'Eschweg.* Ce savon marbré en bleu foncé ou en rouge, à base d'huile de palmiste, de suif, d'huile de coton et de silicate de soude, se fabrique dans la plupart des savonneries allemandes ; sa composition est attribuée à un savonnier d'Eschweg, petite ville de la Hesse, d'où sa dénomination.

On commence par saponifier avec des lessives de soude très caustiques, à 20°, un mélange, à parties égales, d'huile de palmiste et de matières grasses neutres, suifs, huile de coton, etc., puis le savon étant empâté, on liquide au moyen du sel marin, et on laisse déposer une partie de la lessive, qui est soutirée et jetée.

Si l'on veut saponifier 800 kilogrammes de matières grasses, on verse dans la chaudière environ 800 kilogrammes de lessive de soude caustique à 23°, et 450 kilogrammes d'une solution formée de 2 de silicate de soude à 35°, pour 1 de lessive de soude caustique à 20° ; on ajoute ensuite 400 kilogrammes d'huile de palmiste, que l'on introduit peu à peu dans la chaudière portée à l'ébullition, et l'on brasse énergiquement. Le savon se produit immédiatement, sous forme de pâte lourde qui continue à cuire en déposant au fond de la chaudière, des plaques qu'il faut détacher avec un grattoir ; comme cette pâte doit rester forte en alcali, au fur et à mesure de la cuisson on ajoute par 5 à 6 kilogrammes à la fois, la quantité d'huile de palmiste nécessaire à la neutralisation de cet excès de lessive, sans l'amener cependant à un état complètement neutre qui laisserait séparer le silicate. On pousse la cuisson jusqu'au moment où la pâte est devenue assez épaisse, pour qu'un râble en bois placé verticalement dans la chaudière, s'y maintienne pendant quelques minutes ; à la fin de l'opération, cette pâte doit être courte, sans filets, et donner des échantillons durs et secs après refroidissement. Dans cet état, on procède à sa coloration, en l'additionnant d'un bleu minéral, ou d'un ocre rouge en dissolution dans l'eau salée, et on brasse la masse qui est ensuite abandonnée au repos pendant quatre à cinq heures seulement. Le savon coulé en mises à une température d'environ 80 à 90° suivant la saison, doit y être brassé, car il s'y produit un réchauffement assez inexplicable, qui pourrait transformer la marbrure en un pointillé désagréable à l'œil.

Le savon d'Eschweg rend 260 de savon pour 100 de matière grasse employée.

**Savon Dijonnais.** On produit, en France, un savon analogue qui a été fabriqué, pour la première fois, dans une savonnerie de Dijon. Son rendement est de 250, mais on l'augmente maintenant en le chargeant d'ajoutes qui nuisent, il est vrai, à sa qualité ; voici sa composition moyenne :

| | |
|---|---|
| Huile de palmiste . . . . . . . . . . . . . | 700 kil. |
| Graisse d'os. . . . . . . . . . . . . . . | 250 |
| Lessives caustiques à 28° Baumé. . . . . . | 950 |
| Carbonate de potasse, dissous dans l'eau. . . . | 10 |
| Silicate de soude à 34° . . . . . . . . . . . | 500 |
| Talc . . . . . . . . . . . . . . . . . | 50 |
| Sel marin, dissous dans l'eau. . . . . . . . . | 50 |
| Matière colorante . . . . . . . . . . . . . | 3 |

On commence par saponifier une partie des matières grasses, et lorsque le savon est formé, on l'additionne de moitié environ du silicate de soude, en laissant dans la pâte tout l'excès de la lessive ; puis on ajoute encore peu à peu matières grasses et silicate alternativement en y mélangeant, vers la fin de l'opération, la matière colorante et le talc dissous dans la solution de carbonate de potasse. Il faut avoir soin de ne pas interrompre l'ébullition, et de brasser la masse que l'on durcit à la fin au moyen d'une solution de sel marin.

Les échantillons mis sur un morceau de verre, restent assez longtemps liquides et transparents avant de se solidifier en se refroidissant, et la cuisson n'est complète que lorsque le savon tiède, pris entre les doigts, y devient rapidement assez ferme.

La marbrure se produit dans la mise, comme nous l'avons indiqué ci-dessus, mais peut être facilitée par une addition de pierre ponce finement pulvérisée, à la matière colorante.

En augmentant la proportion de potasse dans la composition de ces savons, on empêche la *pousse au sel*, et la pâte en est rendue douce, souple et transparente.

FALSIFICATION DES SAVONS. On trouvera au mot SAVONIMÉTRIE, l'indication sommaire des moyens pouvant faire reconnaître le produit loyalement fabriqué, le remède sera donc à côté du mal.

A la louange des savonniers marseillais, le véritable savon de Marseille est resté un produit pur, les grandes savonneries anglaises fabriquent encore sans falsifier, mais à part ces exceptions auxquelles il faut joindre quelques maisons françaises, presque tous les savons que l'on trouve dans le commerce sont fraudés ; ce sont les Allemands qui ont introduit partout l'usage de ces *ajoutes*, ou additions de matières étrangères, et surtout d'eau, dans la composition des savons.

Quelle que soit l'importance des établissements qui se livrent à cette fabrication sophistiquée, quelles que soient les médailles et les récompenses dont ces produits sont parés, témoignant ainsi de l'incompétence ou de la partialité des jurys de nos Expositions, nous persistons à dire, que la loi qui va jusqu'à réglementer le poids auquel sera vendu le paquet de bougies devrait atteindre le fabricant livrant au public de l'eau pour du savon.

Les matières employées à la composition des *ajoutes* sont nombreuses, elles ont toutes un but commun : faciliter l'incorporation de l'eau.

Le sulfate de baryte, le talc et toutes les substances inertes, ne donnant que du poids au pain de savon, s'emploient rarement maintenant, la fraude étant trop facile à reconnaître. Sous le nom d'*érédeïne*, on a vendu aux savonniers, une pâte qu'ils fabriquent actuellement eux-mêmes, et qui sert aussi à augmenter le poids du savon ; c'est une composition d'huile de coco, de lessive de soude et de chlorure de potassium (sel de Stassfurth) renfermant, en outre, jusqu'à 50 0/0 d'eau. Le chlorure de potassium est l'une des matières les plus employées aujourd'hui pour la falsification ; ce sel fondu dans un poids d'eau quadruple du sien et additionné quelquefois de talc léger,

peut être ajouté en toutes proportions, et brassé dans la mise où se refroidit le savon. Certains industriels forment un mélange de chlorure et de carbonate de potasse auquel ils ajoutent de la farine de riz ; d'autres préparent une composition d'huile de coco et de silicate de soude, de lessive additionnée de glucose ou même de sucre.

S'il s'agit de savons mous à base de potasse, c'est d'abord la fécule délayée à froid dans l'eau salée ou dans la lessive carbonatée, que l'on ajoute par simple mélange dans la pâte encore liquide ; on peut aussi faire usage d'une solution de chlorure de potassium, ou d'un savon de soude et de gélatine, maintenu liquide par un excès d'eau, et obtenir ainsi jusqu'à 800 de rendement.

En résumé, toutes ces fraudes sont des compositions aqueuses que l'on ajoute toujours à la pâte du savon, au moment de son refroidissement dans les mises ou dans les tonneaux.

OPÉRATIONS MÉCANIQUES QUE L'ON FAIT SUBIR A LA PÂTE DU SAVON. *Refroidissement dans les mises.* Nous avons vu en décrivant la fabrication marseillaise, que le savon marbré se refroidissait dans de grandes mises construites en pierres, tandis que le savon blanc était coulé sur le sol en plaques de 10 à 12 centimètres d'épaisseur ; ces mêmes procédés s'appliquent également aux savons résineux. Quant aux savons d'acide oléique, ils sont, comme ceux fabriqués avec les huiles concrètes, coulés dans des mises en bois ou en tôle, démontables en cinq parties. Lorsqu'il s'agit de savons unicolores, les mises n'ont pas plus de 0m,80 de hauteur, mais pour les savons marbrés elles atteignent 1m,80 et 2 mètres pour que la masse se refroidissant lentement favorise la formation de la marbrure ; les mises en bois seraient donc préférables, mais elles sont aujourd'hui remplacées par d'autres en tôle de 4 millimètres, plus solides, et que l'on entoure de matelas d'étoffes quand il s'agit de ralentir le refroidissement.

*Découpage du savon.* Après refroidissement complet, les 4 côtés de la mise sont démontés et

enlevés pour laisser le bloc de savon reposer simplement sur le fond, soutenu lui-même au-dessus du sol par des madriers en bois.

Un ouvrier, armé d'une équerre, trace d'abord, à l'aide d'une pointe métallique, la dimension des pains qu'il veut

Fig. 49. — *Machine à découper les pains de savon en briques.*

obtenir, puis au moyen d'un fil d'acier très fin, muni de deux manettes en bois, il découpe le bloc, en suivant les lignes indiquées ; la mise entière se trouve ainsi divisée en pains plats, dont les extrémités sont *parées* à l'aide d'un couteau, pour former des cubes rectangulaires, que l'on découpe ensuite en briques à l'aide de diverses machines, dont celle représentée par la figure 49 donne l'idée la plus simple. Elle se compose d'une table sur laquelle glisse un chariot conduit par une vis, et d'une série de fils d'acier rigides, maintenus verticalement et horizontalement sur une armature pour former un treillis dont les mailles ont la dimension de la brique à obtenir. En faisant, tourner la vis au moyen du volant placé à l'arrière de la machine, le chariot refoule le pain vers les fils d'acier qui le découpent en briques qu'un ouvrier reçoit sur une table mobile. Celles-ci sont ensuite exposées à l'air pendant quelques jours, afin d'y laisser former une croûte sèche avant la mise en caisses, si c'est ainsi que doit se faire l'expédition ; mais s'il faut découper le savon en petits pains estampés à la marque du fabricant, on se servira d'une machine analogue à la précédente, qui découpera les briques en pains cubiques pesant généralement 500 grammes.

*Séchage à l'étuve.* L'estampage des pains à l'état

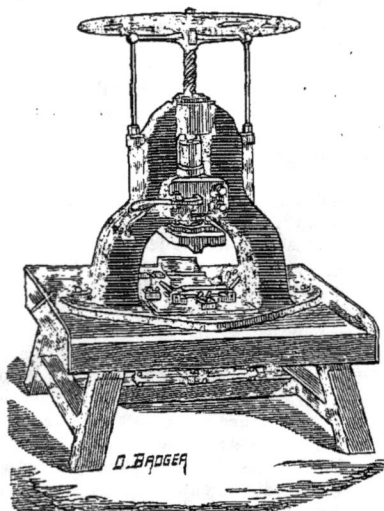

Fig. 50. — *Machine à estamper les pains de savon.*

frais, encrassant immédiatement la machine à marquer, il est indispensable de laisser se former autour de ceux-ci une croûte qui devra être d'autant plus sèche que l'on voudra obtenir un morceau mieux frappé ; si dans les petites usines ce séchage peut se faire en exposant les pains à l'air, il n'en est plus de même dans les grandes savonneries qui fabriquent jusqu'à 15 et 20,000 morceaux par jour, et où l'on se sert d'étuves.

Le chauffage à la vapeur donnant une chaleur humide, on lui préfère le séchage au moyen d'un courant d'air chauffé dans un calorifère ordinaire. Les morceaux de savon sont généralement placés sur des claies mobiles superposées dans l'étuve, mais on construit aussi des séchoirs composés d'un long couloir dans lequel s'engage une série de vagonnets chargés de 20 rangs de claies ; ce système fournit un séchage régulier et méthodique.

*Estampage des pains de savon.* Cette dernière opération se fait au moyen d'une presse à pas de

vis rapide (fig. 50), sous laquelle se trouve disposé un moule en bronze (fig. 51), dont la partie inférieure reste fixe, tandis que les quatre côtés s'abaissent pour faciliter l'introduction et la reprise du pain de savon. Ce moule ayant la dimension du morceau à estamper, est gravé de façon à imprimer aux six côtés du pain le nom et les marques de l'usine.

Fig. 51. — *Moule ouvert pour recevoir le pain de savon à estamper.*

Un mouvement à arcs de cercles, placé en dessous du socle, est relié à deux tringles mises en action par la descente ou la remontée de la vis, de façon à fermer ou à ouvrir le moule.

Dans les petites savonneries, l'estampage peut se faire à la main ; les savons en briques, comme ceux de Marseille, vendus en pains plats, sont simplement marqués au moyen d'une estampille à main.

### PARFUMERIE.

**Poudres de savon.** Les parfumeurs en ont fabriqué de tout temps ; ce sont alors des produits purs, constitués par un savon pulvérisé à sec et parfumé. Mais on trouve maintenant dans le commerce, sous les noms de *savon Hudson* et de *poudres de savon,* un mélange pulvérulent composé d'un peu de matière grasse mélangée à sec avec des sels de soude. Il se prépare en saponifiant à très basse température 100 d'acide oléique avec 120 de lessive caustique de soude à 20° Baumé, que l'on additionne de 30 à 40 de silicate de soude. Cette espèce de saponification étant terminée, on ajoute encore 100 de carbonate de soude finement pulvérisé et 30 à 40 de talc, puis on brasse fortement, et on laisse refroidir en plaques minces ; après dessiccation à l'étuve, on pulvérise ces plaques, et on obtient une poudre blanchâtre, savonneuse, que l'on parfume avec des essences communes avant de la mettre en paquets ; elle constitue une sorte de savon à 350 ou 400 de rendement.

**Savons de toilette.** C'est en France, et particulièrement à Paris, que se fabriquent les meilleurs savons parfumés pour la toilette. Si l'Angleterre en produit d'excellents, ils sont loin d'être aussi bien présentés à la consommation que ceux de la parfumerie française, leur empaquetage est fait sans goût, la forme du pain est disgracieuse ; quant aux produits allemands, ils sont souvent fabriqués à froid, et ne constituent que des articles de qualité secondaire et à bas prix.

Les savons parfumés pour la toilette présentent la même composition que les bons savons ordinaires, mais on les prépare avec plus de soin. Les matières grasses employées sont de première qualité et parfaitement pures, la pâte est lavée sur huit ou dix services de lessives, et la liquidation en est poussée assez loin pour laisser tomber au fond de la chaudière tous les gras ou savons impurs ou colorés.

Quelle que soit la dénomination donnée aux savons de toilette, quelle que soit leur coloration, ils sont presque toujours composés de 70 à 80 0/0 de suif, et de 15 à 20 0/0 de saindoux (graisse de porc) auxquels on ajoute 5 à 10 0/0 d'huile de coco ou d'huile de palme quand on veut obtenir des produits jaunes sans coloration artificielle. Après leur refroidissement dans les mises, ils sont séchés en masse, découpés, parfumés à froid au laminoir, pelotés, séchés à l'étuve, estampés, puis enfin empaquetés.

Les savons de toilette peuvent se préparer de deux manières : soit à la grande chaudière, avec lavages sur lessives, s'ils doivent être de qualité supérieure, soit à la petite chaudière, s'il s'agit de savons communs; ce dernier procédé est dit « à froid » et consiste à saponifier la matière grasse en une seule fois par lessive dosée.

1° *Savons à chaud*, ou *à la grande chaudière*. Ils sont généralement composés de suif de la meilleure qualité, additionné de saindoux et d'huile de coco ou de palme saponifiée avec de la lessive de soude caustique, et se fabriquent dans de grandes chaudières chauffées à feu nu ou à la vapeur au moyen de serpentins. Souvent le parfumeur achète les suifs *en branches* des boucheries, pour avoir un produit plus pur, les opérations se divisent alors en :

1° Fonte des corps gras ;

2° Epuration des graisses ;

3° Empâtage des matières grasses ;

4° Relargage ;

5° Coction en huit ou dix services de lessives ;

6° Liquidation.

Prenons pour exemple un savon fabriqué avec un mélange de suif, de saindoux et d'huile de coco.

On procède d'abord à la fonte du suif brut en branches. Dans ce but, on le fait tremper pendant une heure environ dans un bac rempli d'eau à 20° centigrades, puis on soutire l'eau impure et on la renouvelle jusqu'à ce qu'elle reste claire et que le suif soit devenu transparent; on passe ensuite au découpage de celui-ci, puis à sa fusion soit à feu nu dans des chaudières en cuivre, soit à la vapeur dans des autoclaves. Après avoir décanté le suif fondu, on le lave avec 2 0/0 de lessive de soude caustique à 36° Baumé, et 10 0/0 de sel marin, délayé dans une petite quantité d'eau; ainsi traité, il est d'un blanc brillant et presque inodore.

On peut encore opérer de la façon suivante : le suif broyé est mis dans une cuve garnie de plomb, qu'on remplit d'eau additionnée d'acide à 2 ou 3° Baumé, puis 3 ou 4 jours après, on soutire l'eau acidulée et on la remplace par de l'eau fraîche, jusqu'à ce que cette dernière reste claire ; on fait alors fondre le suif, on le lave à l'eau bouillante, et on neutralise l'acide par des lavages dans des lessives saturées de sel marin.

Pour épurer ce suif fondu qui doit être non seulement très blanc mais encore inodore afin d'éviter que les savons ne deviennent rances et

n'altèrent les parfums employés, on le fait bouillir à nouveau avec de l'eau qui opère un lavage complet, puis on le décante après un certain repos.

L'addition d'huile de coco Cochin a la propriété de rendre les savons plus mousseux.

Pour opérer la saponification, on fait chauffer dans la chaudière, jusqu'à l'ébullition, 400 kilogrammes de lessive à 10° Baumé, on y ajoute le suif, le saindoux, puis l'huile de coco, soit 1,000 kilogrammes de corps gras, et on agite la masse jusqu'à ce qu'elle ait acquis une certaine consistance; on y verse alors peu à peu 300 kilogrammes de lessive à 15° Baumé, après la liaison, celle à 20°, et on règle le savon avec une autre à 25°. L'empâtage des diverses lessives se reconnaît facilement à l'aspect du savon, qui doit être blanc, homogène et liquide. A ce moment, on procède à sa séparation au moyen d'une lessive forte à 36 à 40° Baumé ou d'une lessive à 25°, à laquelle on a ajouté du sel marin, et en agitant continuellement jusqu'à ce que la séparation ou relargage soit opérée. La coction qui dure six à huit heures est la même que pour tout autre bon savon, et afin d'enlever autant que possible l'odeur de la graisse on soutire la lessive usée pour la remplacer par 500 à 600 kilogrammes d'une autre à 13° Baumé.

Si la lessive se liait avec le savon on ferait une nouvelle séparation au moyen d'une lessive forte additionnée de sel marin.

On cesse alors l'action de la chaleur, on couvre la chaudière, on laisse reposer le savon, puis on soutire la lessive usée que l'on remplace par une autre à 25° Baumé; après plusieurs services, le savon se formant en grains serrés, on soutire cette fois la lessive forte, et on procède à la liquidation avec une lessive à 5 ou 6° Baumé de telle sorte qu'il se forme un commencement d'empâtage. On chauffe à 75° environ, mais sans porter à l'ébullition, puis on retire le feu et on laisse au repos jusqu'au lendemain. La partie claire est coulée en mises, que l'on ouvre après huit à dix jours de refroidissement pour couper le savon en plaques, et le gras séparé est employé à la fabrication des savons communs. Les plaques sont laissées en magasin pendant plusieurs semaines au moins, pour que l'on puisse se rendre compte de la bonne qualité du savon, qui doit être parfaitement neutre sans devenir rance par suite de l'insuffisance de la saponification.

Ainsi fabriqués, ces savons sont complets, ils ne rancissent jamais, et conservent les parfums dans toute leur pureté; ils servent de base à tous les savons blancs et à beaucoup de savons colorés.

Ce savon, reconnu parfait, subit les opérations suivantes :

1° Réduction du savon en copeaux pour en faciliter le desséchage ;

2° Mélange des parfums et des matières colorantes ;

3° Broyage ;

4° Pelotage ;

5° Estampage ;

6° Empaquetage.

Les plaqués sont d'abord découpées en copeaux au moyen du rabot mécanique, qui se compose d'un plateau à trois lames, animé d'un mouvement de rotation. Au contact de celui-ci, le savon est réduit en copeaux ou rubans, que l'on dessèche dans une étuve à courant d'air chaud, en les disposant sur des claies mobiles. Lorsqu'ils sont secs et refroidis, on les verse dans une auge en zinc dans laquelle on ajoute les matières colorantes et les divers parfums.

Pour préparer, par exemple, du savon dit « de guimauve », on prend un mélange de savon blanc de suif, et de savon à l'huile de palme que l'on colore avec de l'ocre jaune, de la gomme gutte, et que l'on parfume pour 100 kilogrammes de savon, avec :

| | | |
|---|---|---|
| Essence de lavande | 800 | grammes. |
| — de romaine | 200 | — |
| — de mirbane | 50 | — |
| — de menthe | 50 | — |

Les matières colorantes étant dissoutes dans les essences, on les verse sur les copeaux de savon, et après avoir mélangé l'ensemble au moyen d'une spatule en bois, on pilonne la pâte, puis on la porte à la broyeuse (fig. 52).

Dans les petites usines, on ne pratique guère que cette dernière opération, mais dans toutes les grandes parfumeries les savons sont passés au pilon comme à la broyeuse, afin d'obtenir une pâte parfaitement homogène.

Le pilonnage a pour but de faire pénétrer les essences et les matières colorantes dans les molécules du savon, et la broyeuse achève cette action

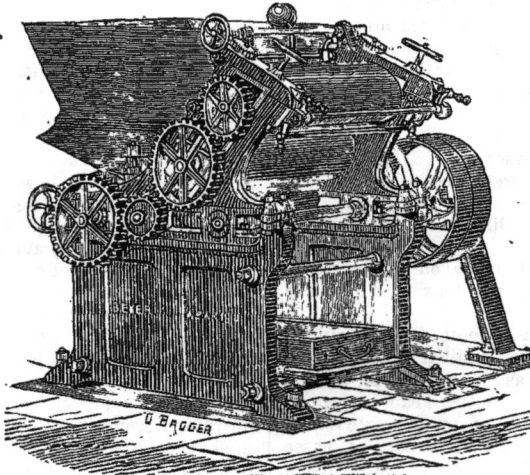

Fig. 52. — *Broyeuse lamineuse.*

en la complétant et en *lissant* la pâte. Suivant la qualité du savon à obtenir, cette pâte passe plusieurs fois dans les cylindres, où il faut la laisser jusqu'à un point d'échauffement assez grand pour qu'elle devienne malléable; on peut alors la soumettre au pelotage.

Dans l'ancienne fabrication, le savon coloré et parfumé était découpé en petits morceaux de la grosseur du pain à obtenir, puis roulé à la main, *peloté*, avant d'être porté au séchoir. Cette dessication à l'étuve avait le grand inconvénient d'altérer la pureté du parfum qui disparaissait entièrement si la chaleur était poussée trop loin.

La boudineuse-peloteuse permet de traiter le savon presque à sec, et abandonne les pains prêts à passer à l'estampage. Celle de MM. Beyer

frères se compose d'un cylindre en fonte, logé dans le socle de la machine, et renfermant comme organe principal, une vis d'Archimède, à pas progressif, très résistante, exactement ajustée, fonctionnant avec précision, et dont les filets sont inclinés de telle façon que leur génératrice tombe perpendiculairement sur le point de la surface qui leur correspond sur le paraboloïde. Cette vis, mise en rotation lente par un mécanisme renfermé dans la boîte à mouvement, comprime la matière en extrayant l'air qu'elle contient et, par une poussée continue et énergique, la fait passer par une filière en bronze à enveloppe d'eau chaude, et dont la section varie suivant la forme du savon; ce boudin continu, compact et lustré, n'a plus qu'à être découpé en morceaux de la longueur voulue.

La boudineuse-peloteuse présente, en somme, la plus grande analogie avec la machine qui sert à fabriquer les tuyaux de drainage, que tout le monde connaît.

Les pains de savon ainsi préparés sont soumis à l'estampage dans un moule en bronze, gravé à la marque du fabricant. Cette opération se pratique à l'aide d'une presse à marquer analogue à celle employée pour la fabrication des savons de ménage, mais le moule ne s'ouvre généralement qu'en deux parties, comme l'indique la machine à marche automatique représentée figure 53.

Il ne reste plus qu'à opérer l'empaquetage dont le but est surtout, pour les savons fins, d'empêcher la volatilisation des parfums Cet empaquetage, variable à l'infini, donne enfin au produit commercial ce cachet d'élégance, que la fabrication parisienne a poussé à un si haut degré.

Maintenant que nous avons *décrit la fabrication* des savons fins, dont le prix atteint jusqu'à dix francs le kilogramme, nous allons étudier celle des savons communs, très différente de la première.

2° *Savons à froid* ou *à la petite chaudière.* Ils sont composés d'huiles de coco ou de coprah, seules ou additionnées d'une certaine proportion de suif ou de saindoux que l'on saponifie avec une lessive de soude caustique à 38° Baumé, obtenue par simple dissolution de la soude caustique dans l'eau.

Ces savons à froid ne sont jamais neutres, et quoique leur qualité ne soit pas comparable à celle des savons fabriqués à chaud, ils sont, néanmoins, d'une grande consommation. Leur prix relativement bas, conséquence d'une fabrication simple et peu coûteuse, et leur pouvoir détersif en font les véritables savons de toilette d'un usage courant.

Pour les préparer, il suffit de faire fondre les matières grasses dans une chaudière à feu nu, de les transvaser dans une autre petite chaudière de mélange, de les laisser refroidir à 40° centigrades et d'y faire couler lentement 50 0/0 de soude caustique en agitant énergiquement. Au bout de quinze à trente minutes, l'empâtage est effectué, et la pâte granuleuse du savon est devenue lisse et homogène. On continue alors à l'agiter jusqu'à ce qu'elle commence à s'épaissir, puis on ajoute

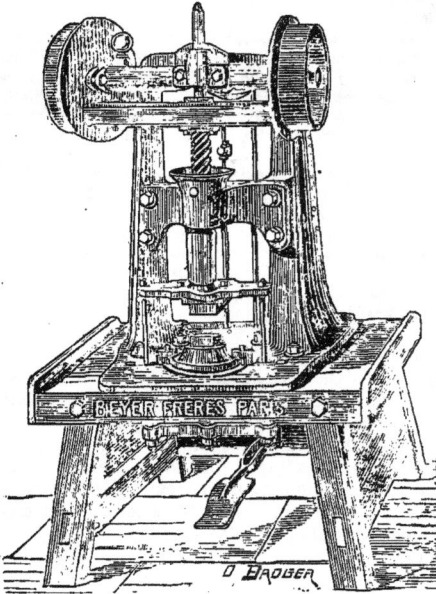

Fig. 53. — *Machine automatique pour estamper les pains de savon.*

le parfum et on coule en mises. Quelques heures après, il se produit un réchauffement qui opère une combinaison plus intime des corps gras avec l'alcali, et au bout de quelques jours, le savon étant froid, on ouvre la mise pour le découper en barres d'abord, puis en morceaux, que l'on soumet à l'estampage dès qu'ils ont atteint le point de dessiccation nécessaire. Les manutentions du découpage, du broyage, du pelotage sont évitées.

Pour obtenir des savons de teinte uniforme, la matière colorante est mélangée à chaud avec les diverses graisses, que l'on saponifie ensuite, comme il a été dit ci-dessus. Quant à la marbrure veinée, elle s'obtient en versant sur le savon, dans la mise, quand il est devenu un peu épais, la couleur émulsionnée avec de l'huile de coco chaude, en la distribuant dans la pâte par

un brassage du haut en bas, et en agitant ensuite, en travers et une seule fois.

Les savons communs sont chargés de matières diverses, employées seules ou mélangées. Les solutions de sel marin, de potasse, de cristaux de soude et de chlorure de potassium, le blanc de Meudon, la farine de pomme de terre, celle de riz et le silicate de soude sont les fraudes les plus fréquentes. Ces produits ajoutés au savon après l'empâtage et avant de le parfumer, nécessitent une addition de lessive caustique qui peut atteindre jusqu'à 50 0/0 du poids des corps gras saponifiés; le rendement total en savon se trouve ainsi porté jusqu'à 250 et même au delà.

Voici les compositions les plus employées pour fabriquer ces savons communs :

| | Pour savon pur | | | | Pour savon chargé | | | |
|---|---|---|---|---|---|---|---|---|
| Huile de coco ou de coprah | 80 | 70 | 65 | 65 | 40 | 48 | 30 | 45 |
| Suif | » | 10 | » | 15 | 10 | » | 10 | » |
| Saindoux | » | » | 15 | » | » | » | » | 10 |
| Lessive caustique 38° Baumé | 40 | 40 | 40 | 40 | 30 | 25 | 32 | 30 |
| Solution à 10° de potasse | » | » | » | » | 10 | » | » | » |
| Solution à 10° de sel marin | » | » | » | » | » | 5 | » | » |
| Solution à 10° de chlorure de potassium | » | » | » | » | » | » | 25 | 10 |
| Talc | » | » | » | » | 15 | 14 | » | » |
| Farine | » | » | » | » | » | » | 10 | 5 |
| Silicate de soude | » | » | » | » | 25 | » | » | 20 |
| Glycérine | » | » | » | » | » | 1 | » | » |

Pour 100 kilogrammes de savon, on emploie généralement un mélange des parfums suivants :

*Poids en grammes.*

| | | | | | | | |
|---|---|---|---|---|---|---|---|
| Essence de mirbane | 50 à 80 | » | » | » | » | » | 100 |
| — d'aspic | 50 à 80 | » | » | » | » | 200 | » |
| — de lavande | » | 100 | » | 100 | 50 | » | » |
| — de thym | » | 25 | 40 | » | 50 | » | » |
| — de carvi | » | 25 | 50 | » | » | » | » |
| — de romarin | » | 10 | » | » | » | » | » |
| — de cassia | » | » | 100 | 200 | » | » | » |
| — de girofle | » | » | 30 | 100 | » | » | » |
| — de bergamotte | » | » | 120 | » | 50 | 150 | 120 |
| — d'amandes amères | » | » | » | » | » | 400 | 300 |

Les barres de savon transparent, dénommé *savon de glycérine*, quoiqu'il n'y entre pas un gramme de ce corps, sont fabriquées en faisant fondre ensemble: 8 kilogrammes de suif, 10 kilogrammes d'huile de coco Cochin, et 10 kilogrammes d'huile de ricin blanche; puis laissant refroidir à 40° ce mélange, et y ajoutant ensuite 14 kilogrammes de lessive de soude caustique, à 38° Baumé. L'empâtage étant effectué, on fait bouillir pendant une heure et demie à deux heures, jusqu'à ce que la pâte soit devenue légèrement transparente, on y ajoute alors : 19 kilogrammes de sirop de sucre chaud (9 de sucre, 10 d'eau), et 5 kilogrammes de cristaux de soude dissous dans 5 litres d'eau. Après cette addition, le savon devenu liquide et diaphane, est coloré avec une dissolution de safran et laissé au repos dans la chaudière où l'on maintient la température en la couvrant; puis, en ayant soin de faire passer la pâte à travers un tamis assez fin, on la coule en mise, où elle est parfumée, avant d'être refroidie.

Les véritables savons fins à la glycérine ne deviennent transparents qu'en dissolvant la pâte dans l'alcool, et c'est seulement lorsque cette transparence est atteinte qu'on ajoute la glycérine, le parfum et la coloration ; mais en raison des droits que supporte l'alcool cette fabrication est impossible maintenant.

**Savons divers.** Nous terminerons cette étude en donnant la composition de différents produits spéciaux, tels que les *savons de soufre, de goudron,* et le *savon à détacher.*

Le *savon au lait de soufre* se fabrique de la manière suivante : saponifier à froid 30 kilogrammes d'huile de coco avec 15 kilogrammes de lessive à 38° Baumé ; ajouter un mélange bien émulsionné de 2 kilogrammes de fleur de soufre et de 1 kilogramme de glycérine, et parfumer avec 250 grammes d'essence de canelle additionnés de 100 grammes de bergamotte.

Le *savon sulfureux au goudron* se prépare comme suit : saponifier à froid 30 kilogrammes d'huile de coco avec 16 kilogrammes de lessive à 38° Baumé ; ajouter 4 kilogrammes de goudron ; bien agiter et y mélanger ensuite 1 kilogramme de fleur de soufre ; on parfume avec 100 grammes d'essence de citronnelle et 250 grammes d'essence de bergamotte.

Le *savon au goudron* est un mélange de 100 kilogrammes de savon ordinaire avec 10 kilogrammes de goudron auxquels on a ajouté préalablement 1 kilogramme d'alcali volatil ; on le parfume avec l'essence de mirbane et celle d'aspic.

Enfin, le *savon à détacher* se compose de : 50 kilogrammes d'huile de coco ; 26 kilogrammes de lessive de soude caustique, à 38° Baumé ; 6 kilogrammes de lessive de potasse, à 10° Baumé ; 8 kilogrammes de solution de sel marin à 13° Baumé ; 8 kilogrammes de fiel de bœuf. On le colore, soit avec 400 grammes de bleu d'outremer, soit par l'addition de 400 grammes de bichromate de potasse délayé dans 800 grammes d'eau bouillante ; et 1 kilogramme de térébenthine.

Pour le préparer, on fait un savon à froid avec l'huile de coco et la lessive de soude caustique, on y mélange successivement la lessive de potasse et la solution de sel marin, et après la liaison complète, on y ajoute la solution de matière colorante et ensuite le fiel ; finalement on verse la térébenthine, et on coule le savon en le laissant refroidir lentement. — L. D.

|| *Savon végétal.* Poudre qu'on utilise comme ondant, et qui se compose de 8 parties de gomme arabique et d'une de bicarbonate de potasse. || *Savon de Brécœur.* Préparation dont on se sert pour préserver des teignes les animaux empaillés. || *Savon des verriers.* Nom donné par les ouvriers au bioxyde de manganèse que l'on emploie pour faire disparaître cette teinte verdâtre que présente souvent le verre, surtout celui à base de soude. || *Savon de montagne, savon naturel, savon de soldat.*

Sorte d'argile smectique, fine et onctueuse dont on se sert en guise de savon.

*Bibliographie :* YVAN : *Manière de fabriquer le savon,* Marseille, 1772 ; DUHAMEL : *Art du savonnier,* Marseille, 1780 ; DARCET, LELIÈVRE, PELLETIER : *Fabrication des savons,* Paris, 1793 ; CHAPTAL : *Chimie appliquée aux arts,* Savon, Paris, 1807 ; BAUDOUIN : *Traité de l'art du savonnier,* Marseille, 1808 ; GÉDE : *Fabrication des savons à la vapeur,* Marseille, 1810 ; CHEVREUL : *Recherches sur les corps gras,* Paris, 1813 à 1823 ; DESCROIZILLES : *Alcalimétrie,* Paris, 1820 ; GAY-LUSSAC : *Alcalimétrie,* Paris, 1820 ; G. DECROOS : *Manuel du savonnier,* Paris, 1821 ; COLLIN : *Mémoire sur les savons solides,* Paris, 1821 ; WOLOKSKI : *Rapport sur l'Exposition de Londres,* 1851 ; BALARD : *Rapport sur l'Exposition universelle de Paris,* 1855 ; TURGAN : *Savonnerie Arnavon,* Paris, 1861 ; LORMÉ : *Manuel du savonnier,* Paris, 1867 ; OTT : *The art of manufacturing Soap,* Philadelphie, 1867 ; L. DROUX : *Produits chimiques et savons,* Paris, 1868 ; L. DROUX : *Fabrication des savons mous,* Paris, 1871 ; L. DROUX : *Alcalimétrie,* Paris, 1872 ; VIDAL Y CUESTA : *Manual del fabricante de jabones,* Madrid, 1872 ; FIGUIER : *Les merveilles de l'industrie,* Paris, 1874 ; WAGNER : *Chimie industrielle,* Wurzbourg, 1876 ; MARTINEZ : *Manual del fabricante de jabones,* Barcelone, 1876 ; A. STEINBEL : *Seifenfabrikation,* Weimar, 1879 ; BOUIS : *Dictionnaire de chimie de Wurtz,* Paris, 1880 ; SERGUEFF : *La savonnerie en Russie,* Paris, 1880 ; FOURCADE : *Rapport sur l'exposition universelle,* Paris, 1880 ; MORIDE : *Histoire de la savonnerie,* Paris, 1887 ; *L'école des savonniers* (Bulletin), Chemnitz (Saxe) ; *Société industrielle de Marseille* (Bulletin), Marseille ; *La savonnerie,* journal mensuel, Paris ; *Der Seifenfabrikant,* journal hebdomadaire, Berlin ; *Seifenseder-Zeitung,* journal mensuel, Leipzig.

**\*SAVONIMÉTRIE.** *T. de chim.* Procédé employé pour faire l'essai des savons. Ce qu'il faut surtout connaître, lorsque l'on veut apprécier la valeur d'un savon, c'est la proportion d'eau, d'acides gras, d'alcali libre, d'alcali total, de glycérine et de matières étrangères que renferme ce corps. Nous allons indiquer sommairement le procédé à suivre pour faire ces divers titrages, car bien des méthodes ont été préconisées.

DOSAGE DE L'EAU. On prend 10 grammes du savon, moitié à la surface du morceau, si le savon est dur, et moitié à l'intérieur, puis on le râpe en lamelles minces avec un couteau, et on vérifie l'exactitude du poids de l'échantillon ; on le met alors dans une capsule de porcelaine bien tarée, on chauffe d'abord doucement entre 48 et 50°, puis ensuite 110 et 120° jusqu'à cessation de perte de poids. Lorsque le savon fond, c'est qu'il renfermait un excès d'eau, car la différence de poids doit être comprise entre 30 et 35 0/0. Avec un savon mou, on prélève un même poids de savon, mais dans le milieu du baril, on l'étale dans la capsule et on dessèche comme précédemment ; ces savons perdent à la dessiccation environ moitié de leur poids.

DOSAGE DES ACIDES GRAS. On prélève encore 10 grammes de savon, on les met dans une capsule avec 6 à 7 fois leur poids d'eau distillée, et on fait fondre à l'ébullition ; s'il y a des matières solides dans la liqueur, on jette sur un filtre, on lave le dépôt, et on réunit les liquides chauds auxquels on ajoute de l'acide sulfurique faible (au 1/10) jusqu'à réaction acide. Les acides gras se séparent, se réunissent à la surface du liquide, et on leur ajoute alors 10 grammes d'acide stéarique bien sec, ou de cire vierge. Ces corps fondent à leur tour, et, se mélangeant aux acides gras, les réunissent en une masse que l'on rend plus homogène en portant à nouveau le liquide à l'ébullition. Cette addition est surtout nécessaire avec les savons où l'acide oléique est abondant, car dans ce cas on éprouverait beaucoup de mal à rassembler totalement tous les acides. Par le refroidissement, on obtient une plaque d'acides gras se séparant facilement de la liqueur sous-jacente; on lave ce gâteau pour lui enlever toute trace d'acide, puis on dessèche le produit dans le vide, si c'est possible, et on le pèse; ou bien on fond les acides gras dans une capsule tarée et on ne prend le poids que lorsque l'on s'est aperçu par plusieurs pesées qu'il n'y a plus de diminution. En soustrayant ce poids de 10 grammes, quantité représentant le produit ajouté, on a la proportion d'acides gras. Quand les savons sont à base de résine, celle-ci est précipitée avec les acides gras; un traitement à l'alcool pourrait la séparer la première, et on la péserait directement après évaporation du dissolvant.

Dosage de l'alcali libre. Lorsqu'un savon contient un alcali libre, le dépôt de quelques gouttes d'une solution de bichlorure de mercure, de protoazotate de mercure, y fait apparaître une tache noire ou jaune, suivant qu'il y a de la potasse ou de la soude. Pour opérer le dosage, on prélève encore un échantillon du même poids et on le dissout à chaud dans 5 à 6 fois son volume d'eau distillée, puis le liquide porté à l'ébullition, on ajoute dans la capsule du chlorure de sodium tant qu'il s'en peut dissoudre. Le savon qui est insoluble dans l'eau salée se sépare et l'alcali libre reste dans la dissolution. Après refroidissement, on filtre, on lave bien le vase et le dépôt retenu sur le filtre, puis on refond une seconde fois le savon et on le reprécipite par une nouvelle addition de sel marin, en lavant comme dans l'opération précédente. On réunit les eaux de lavage, et, par les procédés alcalimétriques, on y dose la quantité d'alcali libre.

Dosage de l'alcali total. On prend 5 grammes de savon, on le râpe s'il est dur, puis on projette dans tous les cas, dans un creuset de platine rouge de feu. Après destruction de la matière organique, on porte au rouge sombre pour incinérer le résidu, et carbonater les alcalis qui existaient dans le savon; on reprend alors les cendres par l'eau chaude, en renouvelant l'eau et décantant après repos et agitation, puis l'on filtre les liqueurs réunies, après avoir bien lavé le résidu. On dose enfin, dans la liqueur bouillante additionnée de tournesol, par la méthode alcalimétrique, la soude ou la potasse, suivant la nature du savon (l'équivalent de l'hydrate de soude $NaHO^2$ étant 40, celui de l'hydrate de potasse étant 56). La différence entre l'alcali total trouvé et celui libre, déjà connu, donne l'alcali combiné.

Dosage de la glycérine. On dessèche 10 grammes de savon, à 110°, dans une capsule tarée, on y ajoute 5 grammes de chaux hydratée pulvérisée et on introduit le mélange dans un petit matras, dans lequel on verse 4 centimètres cubes d'alcool et 6 centimètres cubes d'éther, puis on bouche le vase. Après quelques heures, on chauffe doucement en plongeant plusieurs fois le vase dans l'eau tiède. La glycérine se dissout dans l'alcool éthéré, on filtre en recouvrant l'entonnoir d'un disque de verre, puis on lave le filtre avec de l'alcool éthéré. Toutes les liqueurs filtrées une fois réunies, on les met dans une capsule tarée, et on évapore au bain-marie après avoir eu soin d'éteindre la flamme; on finit l'évaporation à l'étuve, à 100°, jusqu'à ce que le poids ne varie plus, ce qui donne le poids de la glycérine contenue dans les 10 grammes de savon.

Dosage des matières étrangères. On mêle aux savons une foule de matières étrangères, des poudres minérales, de l'amidon, de l'hydrate d'alumine, de la silice gélatineuse, etc., etc., mais on y incorpore souvent le plus d'eau possible. Il n'est pas facile de décrire comment on retrouve tous ces corps, l'initiative de l'opérateur devant pourvoir à tous ces cas spéciaux; nous dirons, cependant, que toutes les poudres minérales et l'amidon sont insolubles dans l'alcool, et que le résidu repris par l'eau chaude donnera de l'empois, ou une coloration bleue avec l'eau iodée, dans le cas d'amidon; que les résidus minéraux repris par les acides seront recherchés par les méthodes ordinaires d'analyse; que les silicates se sépareront, ainsi que la résine, dans le cas de traitement du savon par un acide; le précipité gélatineux resté en suspension indiquera la silice, les acides gras traités par l'alcool cèderont la résine, etc.

A consulter : Pons (*Moniteur scientifique*, 1872, p. 526); Pinchon (*Répertoire de pharmacie*, 1883, p. 156); C. Hope (*Moniteur scientifique*, 1882, p. 72); Bolley (*Manuel d'essai*, 2° édition française, p. 782). — J. C.

SAVONNAGE. Outre le savonnage ordinaire tel qu'il se pratique dans les ménages à la suite des lessives, il y a plusieurs modes d'emploi du savon auxquels on donne spécialement le nom de *savonnage*. Dans le blanchiment de la soie, on soumet celle-ci à un savonnage spécial dans le but d'enlever la matière grasse et d'obtenir un blanc plus parfait (V. Blanchiment de la soie et Décreusage). Dans la fabrication des indiennes, le savonnage joue un rôle important; il a pour but d'aviver les couleurs et de rendre parfait le blanc qui a pu être terni par les opérations précédentes. Il se fait à basse et à haute température; dans certains cas, qu'on nomme *ballonnage*, on savonne dans des appareils fermés et sous une certaine pression; d'autres fois on opère soit en cuve, c'est-à-dire en plaçant les pièces l'une à côté de l'autre, mais en boyau, ou bien en cuve continue, et alors les pièces sont continues et passent, toujours en boyau, d'une cuve à l'autre. Certains genres délicats se savonnent au large; on emploie à cet effet la machine à savonner de Mather et Platt, ou celle, plus récente, de Winward, dont la production est très grande; ainsi une pièce de 100 mètres entrant à une extrémité de l'appareil, en sort savonnée suffisamment dans l'espace de six minutes; un autre appareil de ce genre, dont le rendement paraît très satisfaisant, est la machine Farmer et Lalance; mais tous ces dispositifs ne peuvent servir que dans de grandes usines où la production est considérable. || Opération qui consiste à frotter deux glaces l'une contre l'autre avec de l'émeri en pâte délayé dans l'eau et de plus en plus fin.

**SAVONNERIE** (La). Nom d'une fabrique de tapis « façon de Perse et du Levant », fondée, à Paris, en 1626 à l'hospice de la Savonnerie de Chaillot. La fabrique était privilégiée et avait pour but non seulement la confection des tapis, mais l'instruction des élèves.

Un édit de 1712 réorganisa « la *Manufacture royale de la Savonnerie* ». L'entrepreneur est tenu d'apprendre le métier à des enfants désignés par le directeur général des bâtiments, il reçoit pour chaque élève une indemnité de 250 livres au bout de six ans. Après leur apprentissage, les élèves peuvent tenir boutique « sans faire expérience ». Les tapissiers de la Savonnerie (nommés vulgairement *chaillotiers*), sont exempts de tutelle, curatelle, guet, garde-ville, taille et impositions. Une ordonnance du 4 mai 1825 réunit la Savonnerie à la Manufacture des Gobelins; elle s'y trouve actuellement.

La Savonnerie n'a cessé depuis son origine de travailler pour les châteaux; parmi les ouvrages les plus importants on peut citer : les tapis de la grande galerie du Louvre, ceux de la chapelle du château de Versailles, les tapis de Trianon et de Choisy. Elle produisit également des garnitures de canapés, de tabourets, de ployants et de feuilles de paravent.

Après la Révolution, le travail continua dans le même sens; on fit des tapis de pied pour les Tuileries, pour Compiègne, pour Saint-Cloud, pour Notre-Dame de Paris : en 1878 et en 1882, on acheva deux grands tapis pour le palais de Fontainebleau, ce furent les derniers. Depuis lors, la Savonnerie exécute exclusivement des tentures en velours destinées à décorer les surfaces murales; le point est le même que celui des anciens tapis, mais il est plus serré : ainsi, dans les tapis du temps de Louis XIV, on comptait environ 1,100 points par décimètre carré, tandis que les tentures actuelles en exigent 1,400 et même 2,000 pour la même surface.

En ce moment, 1887, les ouvrages suivants sont en cours d'exécution :

*Les Arts, les Sciences* et *l'Industrie*, d'après les modèles de M. Lameire, tentures destinées au palais de l'Elysée;

*La Guerre* et *la Marine* du même artiste et pour la même destination;

*Les Arts, les Lettres* et *les Sciences*, d'après les modèles de M. Merson pour les figures et de M. J.-B. Lavastue pour la composition et l'ornement. Tentures destinées à la Bibliothèque nationale.

La Manufacture de la Savonnerie n'a pu atteindre la renommée de la Manufacture des Gobelins; à qualité égale, un tapis de pied, quelle que soit la valeur du modèle et la perfection du travail, présentera toujours moins d'intérêt qu'une tapisserie historiée. Mais, dans leur genre, les artistes de la Savonnerie sont absolument à la hauteur de leurs collègues des ateliers de tapisserie, puisque, comme eux, ils arrivent au point culminant de leur art. Si on a pu, non sans raison, critiquer certains tapis de la Savonnerie, la faute en est aux modèles, c'est-à-dire aux pein-

tres et à ceux qui leur ont donné des commandes; les tapisseries sont hors de cause.

Le tapis genre Savonnerie se fait encore à la main dans quelques ateliers d'Aubusson, mais cette fabrication, d'un prix relativement élevé, a perdu son importance depuis l'invention des métiers mécaniques.

\*SAVONNEUR, EUSE. *T. de mét.* Celui, celle qui fait des savonnages; qui, avec un *savonnier*, savonne le carton des cartes à jouer, les glaces.

SAVONNIER. *T. de mét.* Fabricant de savon, ouvrier qui travaille dans une savonnerie.

\*SAXHORN. *Instr. de mus.* (De *Sax*, nom de l'inventeur, et de *horn*, cor en allemand). Les membres de la famille des saxhorns sont des instruments à bocal, qui ont à peu près la même étendue; ils ne diffèrent entre eux que par leur diapason, qui devient de plus en plus grave à mesure que le volume de l'instrument augmente; de manière que, depuis le plus petit jusqu'au plus volumineux de ces instruments (le saxhorn *contre-bourdon* en *sib* qui donne deux octaves au-dessous de l'ophicléide et qui, avec ses tubes additionnels, mesure environ 16 mètres de développement), on ne compte pas moins de cinq octaves. Cette étendue générale de la famille est remplie par le saxhorn *soprano*, *contralto*, etc., dénominations qui rappellent une certaine analogie de leurs diapasons avec les voix désignées par ces noms (F. Giraud, *Le Polycorde*).

\*SAXOPHONE. *Instr. de mus.* Instrument de cuivre inventé par M. Sax; il tient, par sa facture, à la fois de la clarinette en ce que, comme dans celle-ci, le son est formé par une anche battant contre un bec, et de l'ophicléide, par le corps de l'instrument qui est un tube en cuivre garni d'un système de clefs pour modifier les intonations. Le son du saxophone rappelle vaguement celui de la clarinette, du cor anglais et du violoncelle.

SCABELLON. *T. d'arch.* Piédestal ou socle sur lequel on pose un buste, un candélabre.

\*SCAFERLATI (De l'italien *scarpelletti* « coupés au ciseau »). Tabac à fumer. Cette expression paraît originaire de Gênes où se trouvaient autrefois d'importantes manufactures de tabac à fumer. — V. TABAC.

\*SCAGLIOLA (Sélénite). *T. de constr.* Pierre spéculaire qui, employée en incrustation sur des pâtes colorées, prend l'aspect des marbres précieux.

\*SCALÉNOÈDRE. *T. de minér.* Se dit des cristaux dont les faces sont des triangles *scalènes*, c'est-à-dire dont les côtés sont inégaux et dont aucun angle n'est droit.

SCALPEL. Instrument à lame d'acier trempé, très acérée, solidement fixée dans un manche, dont on se sert pour les dissections anatomiques; le scalpel peut être à un ou deux tranchants; dans ce dernier cas, il ne coupe que jusqu'à la moitié de la lame, afin de ne pas blesser celui qui s'en sert.

**\*SCANDIUM.** *T. de chim.* Corps simple, métallique, découvert par Nilson, en 1879, dans les terres d'Yttria, puis trouvé plus tard par Clève, dans la gadolinite, la keilhanite, et enfin dans l'euxénite, par Nilson.

Le scandium Sc, a pour poids atomique 44,03, d'après Nilson, et est compris entre 44,91 et 45,10 d'après Clève; son oxyde existe dans toutes les terres d'Yttria, mais en petite quantité. On peut isoler la *scandine* en décomposant partiellement les azotates de l'Yttria brute, en fusion; l'azotate de scandium se décompose d'abord, on le purifie ensuite par des procédés divers. Cet oxyde est blanc, d'une densité de 3,8, infusible, soluble à la longue dans les acides. Le scandium n'a pas de spectre d'absorption, mais il a de nombreuses raies dans son spectre brillant, et quelques-unes très intenses.

*Caractères des sels.* Avec les *alcalis*, précipité d'hydrate, insoluble dans un excès de réactif, mais qui ne se forme qu'à chaud, en présence de l'acide tartrique; avec le *sulfhydrate d'ammoniaque*, précipité gélatineux d'hydrate; même réaction avec l'*orthophosphate disodique*; avec le *carbonate de sodium*, précipité blanc, soluble dans un excès de réactif; avec l'*acide oxalique*, précipité caséeux, devenant pulvérulent et cristallin; avec l'*acétate de sodium*, avec l'*hyposulfate de sodium*, précipité blanc, incomplet, à l'ébullition; avec le *sulfate de sodium*, précipité blanc, complet, mais seulement dans les solutions neutres. — J. C.

**SCAPHANDRE.** Vêtement imperméable et résistant, réuni par un tube flexible à une pompe de compression qui y entretient une provision d'air comprimé, de manière à permettre à un plongeur revêtu de l'appareil de travailler sous l'eau. La principale qualité du scaphandre c'est la faculté qu'il donne à l'ouvrier de se transporter librement dans tous les sens, tandis qu'avec la *cloche à plongeur* (V. ce mot), il ne peut travailler que dans un espace restreint sans déplacer l'appareil tout entier.

Le scaphandre paraît avoir été connu de Léonard de Vinci qui décrit un appareil rudimentaire formé d'un tuyau flexible dont l'extrémité supérieure serait soutenue à la surface de l'eau par un flotteur, tandis que l'extrémité inférieure munie d'un renflement formant réservoir viendrait s'appliquer sur la bouche du plongeur. Il est d'ailleurs évident que l'alimentation d'air se faisant ainsi à la pression atmosphérique ne permettait de descendre qu'à de très faibles profondeurs. L'idée d'approvisionner le scaphandre d'air par des pompes, malgré l'application qui en avait été faite dès 1788, par Smeaton, à la cloche à plongeur construite pour la jetée de Ramsgate, ne fut reprise, pour le scaphandre que vers 1820. Il ne consistait alors qu'en un simple casque muni de deux tuyaux, ce qui présentait le grave inconvénient pour le plongeur, d'avoir la tête dans un milieu échauffé par la compression, tandis que le reste du corps se trouvait à la température de l'eau, et de courir le risque d'être asphyxié en cas d'arrêt des pompes. L'adjonction par MM. Dean et Siebe, en 1837, d'un vêtement imperméable a supprimé ces inconvénients, en maintenant le corps entier du plongeur dans une atmosphère plus froide et à température égale, et en lui fournissant en même temps, une quantité d'air suffisante pour qu'il puisse se passer d'alimentation pendant l'intervalle qui s'écoule entre l'arrêt des pompes et le retour à la surface.

M. Cabirol, dont les scaphandres ont succédé en 1857, pour le service de la marine militaire française, à ceux de M. Siebe, a apporté divers perfectionnements de détail à ces appareils. Nous décrirons sommairement ce système qui, avant l'apparition du scaphandre Rouquayrol-Denayrouze, a reçu le plus d'application dans les diverses parties du monde.

Fig. 54. — *Plongeur revêtu de l'appareil Cabirol, vu de face.*

Il comprend : 1° la pompe d'alimentation composée de quatre cylindres dont trois munis de pistons actionnés par les coudes d'un même arbre, constituent l'appareil compresseur, et le quatrième entretient une circulation d'eau froide dans la bâche qui contient les trois autres, afin d'obvier à l'échauffement de l'air; les compresseurs refoulent dans le tuyau d'alimentation; 2° le casque en cuivre étamé portant deux tubulures, l'une pour le tuyau d'alimentation E, l'autre pour la soupape d'expiration D (fig. 54). Cette soupape repose sur son siège par l'intermédiaire d'un ressort à boudin et une manivelle permet au plongeur d'en faire varier l'ouverture suivant qu'il veut conserver une plus ou moins grande quantité de l'air fourni par la pompe. En la fermant complètement, le plongeur peut gonfler le vêtement qui l'enveloppe et remonter immédiatement à la surface ; elle lui donne également la faculté de descendre dans l'eau aussi lentement qu'il le désire et de s'y maintenir aisément si l'afflux d'air est trop considérable. Quatre fenêtres A, B, C, B en verre épais, protégées par des grillages en fil de cuivre, éclairent l'intérieur du casque. Ce dernier a son encolure taraudée en écrou pour le fixer sur une épaulière H ; les pas de vis sont interrompus tous les 45°, et il suffit de 1/8 de tour pour l'opération. Aux crochets F de l'épaulière on fixe les poids G destinés à lester le plongeur, mode préférable, au point de vue de la liberté des mouvements, à celui qui consiste à les attacher à la ceinture ; 3° comme le casque, l'épaulière H est en cuivre étamé, et porte un pas de vis correspondant à l'écrou qui vient d'être indiqué ; les deux parties sont en outre réunies par des boulons à oreilles qui s'introduisent dans les pattes correspondantes sur l'encolure et l'épaulière, et préviennent tout dévissage. L'épaulière se termine par des brides métalliques dont nous donnons plus loin l'emploi ; 4° un vêtement imperméable en toile à voile ou en coton croisé doublé de caoutchouc et d'une seule pièce, formant un pantalon à pied. Il se fixe à l'aide d'une collerette en cuir percée de trous et qu'on engage entre les deux brides inférieures de l'épaulière ; elle y est maintenue par des broches métalliques serrées par des écrous. Le vêtement est fermé aux poignets à l'aide de courroies en caoutchouc vulcanisé.

Les reproches principaux qu'on adresse aux scaphandres ordinaires, c'est la dépendance où ils se trouvent de la pompe d'alimentation, ainsi que les variations de pression qu'elle ne saurait éviter, et surtout l'impossibilité d'accommoder exactement la pression de l'air à la profondeur où l'on travaille.

On a essayé, en Amérique, d'obvier au premier de ces inconvénients, en faisant porter, par le plongeur lui-même, sa provision d'air comprimé contenu dans un réservoir spécial. Ce scaphandre qui figurait à l'Exposition de 1867 était pourvu, outre le réservoir, de deux sacs en caoutchouc communiquant avec lui par des tuyaux à robinet, et que le plongeur pouvait remplir d'air pour remonter à la surface, ou vider par un autre tuyau, quand il voulait se maintenir au fond. Mais ce système ne répond aucunement au second des desiderata que nous avons exprimés plus haut, et qui est de beaucoup le plus important.

La variation de la pression de l'air respiré avec la profondeur à laquelle se trouve le plongeur, est en effet indispensable pour lui permettre de travailler sans fatigue ni danger. A l'air libre, la pression considérable exercée par l'atmosphère sur la surface extérieure du corps est équilibrée par la pression égale de l'air et des gaz qui circulent à l'intérieur. Mais si l'on descend à des profondeurs plus ou moins grandes, la pression s'augmente du poids de la colonne d'eau supérieure, et l'air d'alimentation doit être envoyé à un degré de compression suffisant, sans quoi l'équilibre serait rompu entre les pressions intérieure et extérieure, défaut qui amènerait de graves désordres dans l'appareil respiratoire. La contractibilité de ce dernier est telle qu'un plongeur descendant sans appareil peut atteindre une profondeur de 30 mètres et même plus sans que les deux pressions cessent de se faire équilibre. Mais lorsqu'il a épuisé la provision d'air ainsi emportée, il est forcé de remonter, et cette variation brusque de pression entraîne de graves accidents chez les pêcheurs d'éponges et de corail, dont les vaisseaux capillaires se rompent et qui perdent alors le sang par le nez, la bouche et les oreilles.

L'appareil Rouquayrol-Denayrouze plus moderne fournit une solution complète du problème. Il comprend outre la pompe, l'habit imperméable, et un masque plus léger que le casque des autres scaphandres, un réservoir régulateur qui constitue la partie vraiment impor-

tante du système. Cet appareil représenté en élévation dans la figure 55 et en coupe schématique dans la figure 56, se compose de deux parties : le réservoir d'air et la chambre à air. Il se porte sur le dos au moyen de bretelles et d'un tablier en cuir.

Le réservoir d'air R (fig. 56) est un cylindre métallique d'environ huit litres de capacité, dans lequel la pompe envoie l'air comprimé au moyen d'un tuyau flexible : au point où ce dernier pénètre dans le réservoir, est placée une soupape qui se ferme en cas de rupture du tuyau, afin d'empêcher l'accès de l'eau. Le réservoir est surmonté de la chambre à air B, boîte à section carrée, de

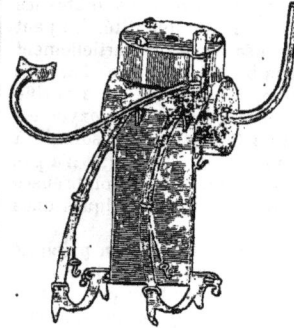

Fig. 55. — *Appareil Rouquayrol-Denayrouze, réservoir régulateur. Vue extérieure.*

laquelle part un tube T terminé par une plaque de caoutchouc M que le plongeur introduit entre les lèvres et les dents. Ce tube sert à la fois pour l'aspiration et l'expiration, et est pourvu d'une soupape qui ne permet que l'expulsion de l'air. La partie supérieure de la chambre est formée par un plateau d'un diamètre plus faible que celui de la boîte et recouvert d'une feuille de caoutchouc. Celle-ci est pincée par ses bords entre la boîte et un cercle en cuivre. Le plateau

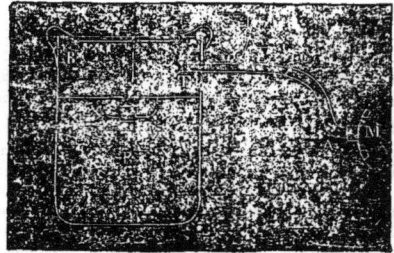

Fig. 56. — *Coupe verticale intérieure du réservoir régulateur.*

est relié par une tige, à une soupape conique, qui repose sur la cloison séparant le réservoir R de la boîte B. Le plongeur aspirant par le tuyau T, la pression de l'air diminue dans la chambre, et celle de l'eau agit alors par l'intermédiaire de la plaque de caoutchouc sur le plateau C : celui-ci s'abaisse, ainsi que la soupape qui dégage l'orifice de communication, et l'air du réservoir s'écoule dans la chambre jusqu'à ce que l'équilibre se rétablisse entre les pressions que supporte le plateau sur ses deux faces : celle de l'eau à l'extérieur, celle de l'air à l'intérieur. Mais la pression qui s'établit ainsi dans la chambre B est précisément celle à laquelle est soumis le plongeur, et les variations de cette pression correspondent exactement à celles qu'il déterminera, s'il se fait remonter ou redescendre. En un mot l'alimentation d'air s'effectue d'une manière automatique à une pression égale à celle que supporte le plongeur à quelque profondeur qu'il travaille.

Cette précieuse propriété assure à l'appareil Rouquayrol-Denayrouze, une prépondérance complète sur tous les autres modèles de scaphandre; mais il présente encore d'autres avantages sérieux. Le vêtement, fait de deux toiles séparées par une feuille de caoutchouc, est beaucoup plus léger et plus souple que les anciens vêtements imperméables; il se termine par une collerette élastique dont on écarte les bords pour l'entrée du plongeur, et qu'on serre à l'aide d'un cercle dans une rainure disposée sur le masque. Celui-ci, beaucoup plus léger que le casque Cabirol, n'embrasse que la moitié de la tête et porte comme lui la tubulure pour le tuyau d'aspiration et une soupape pour l'expulsion de l'air en excès dans le vêtement, ou l'accumulation, si le plongeur veut remonter à la surface. Le serrage du ressort à boudin de la soupape permet de régler automatiquement celle-ci, de manière que le gonflement ne soit ni trop faible ni trop fort, afin d'éviter, dans le premier cas, que l'habit ne plaque sur le corps, et dans le second, d'exposer le plongeur à une poussée ascensionnelle trop considérable.

Outre la corde de sûreté, le plongeur dispose, pour communiquer avec les pompeurs, d'un tuyau acoustique dont un bout est fixé sur une tubulure du masque, et est fermé par une plaque métallique vibrante qui sert à la fois à empêcher la sortie de l'air comprimé, et l'arrivée de l'eau, et à transmettre grossièrement la parole : l'autre bout muni d'un entonnoir débouche à la surface.

Le vêtement ne s'emploie d'ailleurs que dans les travaux de longue haleine : si, à bord d'un navire, on veut envoyer rapidement un plongeur visiter la carène ou dégager l'hélice, on l'arme simplement du réservoir régulateur et d'un pince-nez, et ce modeste appareil lui permet de rester plus d'une heure sous l'eau sans inconvénient (fig. 57). Une immersion plus prolongée exige l'usage du vêtement imperméable et du masque, pour prévenir le refroidissement et l'irritation que provoquerait l'action prolongée de l'eau salée sur les paupières.

MM. Rouquayrol et Denayrouze ont également apporté d'intéressantes modifications à la pompe de compression. Leur premier système qui a donné de bons résultats se composait de deux corps de pompe mobiles, articulés sur un même balancier et glissant sur des pistons fixes.

Le piston (fig. 58) porte une soupape d'aspiration qui fonctionne de bas en haut, et est recouverte d'une couche d'eau. A la partie supérieure du corps de pompe D, est disposé un réservoir R communiquant avec le corps de pompe proprement dit, par une autre soupape analogue à la première, et recouverte d'eau comme elle.

Lorsque le cylindre D s'abaisse, l'air comprimé entre la face supérieure du piston et la base du réservoir R se comprime, soulève la soupape et se rend au réservoir général par la tubulure C; en remontant le cylindre D, la pression diminue au-dessus du piston, et l'aspiration se produit par la soupape de ce piston. La garniture hydraulique prévient à la fois les fuites et l'échauffement de l'air. Ces pompes sont légères, robustes et faciles à visiter dans toutes leurs parties.

Aujourd'hui, la Compagnie Denayrouze emploie

Fig. 57. — *Plongeur muni du réservoir régulateur et du pince-nez.*

de préférence des pompes à balancier et à deux cylindres fixes, ouverts par le haut, et reposant par leur fond sur une caisse en fonte qui forme réservoir pour l'air comprimé : les pistons sont actionnés par le balancier, ils aspirent pendant la montée et compriment à la descente. Pour éviter les fuites d'air à la circonférence des pistons, ceux-ci sont munis d'une garniture Giffard, formée d'une bague en caoutchouc durci ou en cuir sur la face extérieure et en caoutchouc élastique à l'intérieur. Cette partie intérieure est disposée dans une gorge régnant sur le pourtour du piston, et communique par de petits orifices parallèles à sa tige, avec l'air comprimé dont la tension applique la garniture contre les parois du cylindre.

Les emplois du scaphandre étaient jusqu'à ces derniers temps assez nombreux et fort importants. Mais, actuellement, l'augmentation de plus en plus grande du tirant d'eau des navires, a imposé pour les dérochements l'emploi d'appareils spéciaux, tels que la « cloche à dérochement » de M. Hersent, ou de mines gigantesques telles que celles qui ont été pratiquées par le général New-

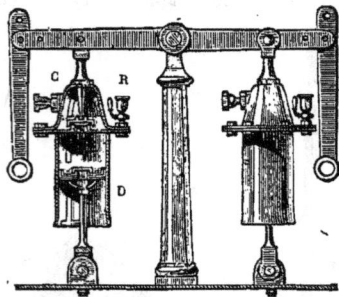

Fig. 58. — Pompe à air de MM. Rouquayrol et Denayrouze.

ton pour l'approfondissement de la passe de Hell Gate dans le port de New-York. La fondation des murs de quai et des formes de radoub à l'aide de caissons à air comprimé a aussi réduit considérablement la part du scaphandre dans les constructions sous-marines, non seulement à cause des dépenses trop considérables qu'il entraînerait pour de grands travaux, mais surtout en raison de la difficulté pratique du contrôle à exercer sur l'exécution.

Cet appareil demeure toutefois d'un grand secours pour la visite et la reprise en sous-œuvre des travaux sous-marins, et il a été employé, dans ces conditions, à la réfection des murs de quai du port de Cette, dont les massifs de fondation en béton avaient été fort endommagés, et laissaient en surplomb les murs supérieurs. Les scaphandriers ont également rendu de grands services à Nantes où, à l'aide de mines et de griffes posées par eux, on est parvenu à se débarrasser économiquement de débris d'anciennes piles de pont écroulées.

Les scaphandres servent encore au nettoyage des carènes et à la réparation des avaries légères dans la coque des navires, à dégager les hélices, repêcher les ancres et les chaînes perdues, boucher les voies d'eau, etc.

Le scaphandre rend enfin de sérieux services dans la récolte du corail où il est appelé à remplacer le « faubert » qui dévaste les rochers coraillers, les pêcheries d'éponges, d'huîtres, et surtout pour l'aménagement des bancs artificiels de ces divers produits et leur exploitation rationnelle. — G. R.

**SCAPULAIRE.** Outre son application à un objet de dévotion qui se porte sur la poitrine, et à cette partie du vêtement de certains religieux qui descend des épaules vers le bas de la robe, on donne ce nom, en *techn.*, à la partie façonnée formant l'extrémité d'un châle long ou d'une écharpe.

**SCARIFICATEUR.** 1° *Instr. agr.* Machine destinée à compléter ou à remplacer le travail de la charrue, à faire les pseudo-labours et à préparer les terres pour le hersage; ces machines se sont multipliées dans les pays de culture avancée; elles ne labourent pas dans le sens propre du mot, elles ne font que remuer, diviser et émietter le sol. Les scarificateurs, encore désignés sous les noms de *batailleurs, griffons, herse Dombasle,* etc., sont destinés à fendre la terre perpendiculairement à sa surface en agissant comme de très fortes herses; la partie active est formée de dents ou de pieds qui ont la forme d'un coutre ou fuseau plus ou moins tranchant. Aujourd'hui, le scarificateur ne fait qu'une seule machine avec le *cultivateur* ou *extirpateur* (V. ce mot), que l'on transforme par l'addition de pièces mobiles de différentes formes suivant le travail que l'on veut obtenir. Les tiges portant les coutres sont en nombre impair de 3 à 9, chaque dent doit résister à des efforts de 25 à 75 kilogrammes qui peuvent tripler dans les coups de collier de l'attelage et même atteindre 200 à 300 kilogrammes. ‖ 2° *Instr. de chirurg.* Petit appareil à scarifier la peau, composé d'une boîte métallique renfermant plusieurs lancettes qui en sortent, sous l'action d'un ressort, par autant de fentes longitudinales percées dans l'une des faces de la boîte.

**SCEAU.** Le mot *sceau,* dont la forme ancienne est *scel,* dérive du latin *sigillum,* diminutif de *signum*: le sceau est, en effet, un *signe* servant à faire reconnaître l'authenticité de l'acte auquel il est attaché; c'est une véritable signature. Ces deux termes ont la même étymologie, impliquant autorité et responsabilité chez celui qui fait usage du sceau, ou du seing.

— Le sceau, ou *seing* par apposition, a précédé la signature ou « seing manuel », comme on dit dans les anciens actes; il remonte, en notre pays, à l'époque où les barons illettrés authentiquaient leurs actes, en y apposant le pommeau de leur épée, sur lequel était gravé une figure ou un symbole; ce qui les amenait à dire qu'ils défendraient avec la pointe ce qu'ils avaient scellé avec le pommeau. Quant à ceux qui n'étaient pas des hommes de guerre, le signe qu'ils apposaient sur leurs actes, ou écrits, était gravé sur l'anneau qu'ils portaient au doigt et constituait ainsi un véritable cachet. On scelle encore les lettres de cette façon. — V. CACHET.

Signature solennelle et instrument d'authenticité, le sceau a dû se hiérarchiser, comme la société qui en faisait usage. L'Eglise, l'Etat, les hautes seigneuries ecclésiastiques et laïques, les dignitaires et fonctionnaires de tout ordre, les provinces, les villes, les communautés, corporations et confréries diverses, les particuliers eux-mêmes, quand leur situation avait quelque importance, faisaient graver un sceau traditionnel et toujours attributif ou symbolique. Ces sceaux se sont conservés, soit comme instruments, soit à l'état d'empreinte, et l'étude raisonnée qu'on en a faite a donné lieu à des travaux considérables; les ouvrages de *sigillographie* et de *sphragistique* tiennent une grande place dans les publications historiques et archéologiques de notre temps. Un mot de chacune des variétés sigillographiques que nous venons d'indiquer.

Tout en limitant cette étude sommaire à notre pays,

nous ne pouvons nous dispenser de signaler, en première ligne, le sceau des papes, chefs de la catholicité. Leurs bulles sont toujours données « sous l'anneau du pêcheur », ce qui confirme l'origine du sceau comme cachet ou empreinte d'une bague, et ce qui explique la présence de l'anneau pastoral au doigt de chaque évêque.

En France, le sceau royal a toujours compté, parmi ses pièces, l'angon ou fleur de lys, arme à fer de lance, accosté de deux crochets. Le nombre de ces fleurs de lys a varié, ainsi que leur mode de figuration, mais elles ont toujours symbolisé le pouvoir souverain et la faveur souveraine. Autorité dérivée, ou déléguée, patronage et subordination, voilà ce qu'indique nettement la fleur de lys.

Les plus anciens sceaux montrent, dans un champ fleurdelysé, le monarque assis sur son trône et entouré des divers attributs royaux : couronne, sceptre, épée, main de justice.

Les sceaux des dignitaires, des fonctionnaires de la maison royale et de la couronne dérivent du sceau royal ; la

Fig. 59. — *Sceau du couvent de Saint-Louis de Poissy, de l'ordre des frères Prêcheurs, règle de Saint-Dominique (fin du XIV° siècle). Louis IX, la tête nimbée, abrite sous son manteau les Dominicains, dont le couvent fut fondé par son aïeul Philippe-le-Bel.*

fleur de lys, avons-nous dit, s'y rencontre toujours, avec les attributs ou emblèmes propres à la dignité et à la fonction. A Paris, les cours souveraines et les hautes magistratures, le Parlement, la Chambre des comptes, la Prévôté royale montrent, par les figures symboliques gravées sur leurs scels, le lien de dépendance qui les unit à la royauté.

Quant à la Prévôté bourgeoise, ou des marchands, pouvoir municipal procédant de l'élection et confirmé seulement par le roi, elle ne *subit* la fleur de lys qu'après une tentative d'émancipation ; il faut la révolte et la défaite d'Etienne-Marcel pour que Charles V place, d'autorité, l'emblème royal à la proue de la *nave* qui rappelle l'ancienne barque des *Nautes parisiens*, ancêtres des prévôts et des échevins. Avant Marcel, la fleur de lys ne paraît pas sur le sceau de l'échevinage ; elle s'y rencontre après, comme la main royale mise sur le pouvoir municipal, pour le contenir et le subordonner.

Partout ailleurs, dans les sceaux des hauts barons, des abbayes et autres établissements ecclésiastiques ou laïques, la fleur de lys indique la fondation ou la protection royale.

En France, le sceau royal, ou sceau de l'Etat, était

appelé le *grand sceau* ; on l'apposait sur tous les actes émanant de l'autorité souveraine et devant être rendus publics, tels qu'édits, ordonnances, lettres patentes, etc. Le *petit sceau*, ou sceau secret, était apposé sur les lettres closes, ainsi que sur les actes relatifs à la famille et aux affaires privées du souverain. A une certaine époque de notre histoire, le *sceau dauphin* a rappelé l'annexion, au royaume, du Dauphiné et du Viennois.

L'importance politique et administrative des sceaux royaux, l'intérêt qu'il y a toujours eu à les garder fidèlement et à n'en permettre l'apposition que sur des pièces d'une authenticité incontestable, ont exigé la création d'une haute fonction spécialement chargée de ce soin : c'est la chancellerie. Le chancelier, ou garde des sceaux, a toujours cumulé ses fonctions avec celle de secrétaire d'Etat, sous l'ancien régime, et de ministre de la justice dans les temps modernes. La publication du *Bulletin des lois* étant dans ses attributions, on comprend qu'il ait sous la main le sceau de l'Etat, dont l'apposition est indispensable pour la promulgation des actes de l'autorité législative.

Le sceau étant l'expression de l'Etat et la signature du gouvernement qui régit le pays, on comprend aussi

Fig. 60. — *Sceau de l'abbaye de Saint-Denis (XII° siècle).*

que les attributs, symboles et emblèmes y figurés, aient varié avec les divers régimes qui se sont succédé en France. Les fleurs de lys, remplacées successivement par le triangle égalitaire et les faisceaux, puis par l'aigle impériale, les tables de la Charte et la figure de la République, n'ont reparu que de 1814 à 1830, c'est-à-dire pendant la durée de la Restauration. L'histoire du sceau national est donc celle de nos révolutions politiques.

Sous le régime féodal, les scels seigneuriaux présentaient une certaine analogie avec le sceau royal : sauf l'hommage dû au suzerain et impliquant des devoirs à remplir, ainsi que des droits à exercer, les hauts barons avaient en effet un pouvoir presque régalien. Toutefois, comme ils étaient toujours en lutte, c'est dans un appareil guerrier qu'ils se faisaient représenter sur leurs sceaux. Le roi trône sur le sien ; les hauts barons chevauchent et bataillent sur les leurs. Il a toujours existé, d'ailleurs, une étroite corrélation entre le sceau et l'écu : les mêmes emblèmes, les mêmes symboles, les mêmes attributs figurent sur l'un et l'autre, ainsi que sur le haubert, ou cuirasse du haut baron. Ces figurations comptent parmi les plus beaux spécimens de la sphragistique du moyen âge (fig. 61 et 62).

Mais les hautes baronnies n'étaient pas toujours aux mains des chevaliers ; là où la loi salique ne régissait point la possession ou la transmission des grands fiefs, le sceau seigneurial représentait souvent la *dame* ou haute châtelaine, à cheval, un faucon sur le poing, se livrant au royal « déduit » de la chasse, entourée de ses

Fig. 61. — *Sceau de Jean, sire de Corbeil, 1196 (Archives nationales).*

pages et varlets. Il existe également de belles figurations de ces sceaux féminins.

L'*hommage*, qui était la reconnaissance solennelle du vasselage entre les mains de la personne représentant la suzeraineté, est très souvent représenté sur les sceaux du moyen âge. Nous en reproduisons (fig. 63) un type choisi parmi un grand nombre d'autres, où le vassal met ses mains dans celles de son suzerain ou de sa suzeraine.

Les seigneuries ecclésiastiques s'affirment avec moins d'éclat ; les emblèmes religieux y remplacent le plus souvent les symboles guerriers. Cependant, quand la propriété et la puissance temporelles s'ajoutent à la dignité d'hommes ou de femmes d'église, cette double autorité est figurée par les attributs qui la caractérisent : à la mitre, à la crosse, à la croix s'ajoute l'épée, portée par l'évêque ou par l'abbé, mais non par l'abbesse (fig. 64).

Toute puissance, au moyen âge, affectant la forme d'un fief, les fonctions municipales mêmes étaient considérées comme une sorte de baronnie, et le maire ou maïeur, le jurat, l'échevin, le capitoul, le syndic (le magistrat urbain portait ces divers noms suivant les localités) était représenté sur son sceau, tantôt rendant la jus-

tice à ses administrés, tantôt défendant les remparts de sa ville. Les graveurs héraldiques lui donnaient donc des attributs tantôt civils tantôt militaires.

Mais, dans les villes, le sceau de la fonction se rencontre plus fréquemment que le sceau de la personne ; l'écu symbolique des cités se substitue généralement, en effet, au sceau individuel des maires, de même que le sceau des baillis et autres officiers de l'ordre administratif et judiciaire remplace, par degrés, les scels seigneuriaux. Cette substitution suit, d'ailleurs, la marche de l'histoire ; le sceau municipal collectif remplace le sceau individuel des maires, quand le pouvoir de plusieurs se substitue à l'autorité d'un seul, et réciproquement.

La charte, qui érigeait une cité en commune, en l'affranchissant de tout ou partie des liens qui l'unissaient à un seigneur ecclésiastique ou laïque, lui conférait le droit de sceau pour authentiquer ses actes. Le sceau, qu'elle s'empressait de faire frapper, reproduisait presque toujours ses armoiries, ainsi, d'ailleurs, que l'ancienne noblesse l'a toujours pratiqué et que l'aristocratie moderne le pratique encore ; nouvelle preuve de l'étroite connexion qui existe entre l'héraldique et la sigillographie ; à Besançon, par exemple, l'aigle impériale, qui personnifiait le pouvoir civil, se substitue aux emblèmes religieux qui symbolisaient l'autorité archiépiscopale, lorsque la commune secoua le joug ecclésiastique pour se placer sous le patronage de l'empire (fig. 65). Rien de plus varié que les sceaux municipaux : nous avons dit ce qu'était le scel de l'échevinage parisien avant Etienne Marcel, et ce qu'il est devenu depuis ; si les bornes de cet article nous le permettaient. nous dirions ce qu'il a été pendant la période révolutionnaire. D'abord sceau de la mairie de Paris, puis fractionné en sceaux des districts et des sections, il a successivement arboré tous les symboles : la pique, le faisceau, le triangle égalitaire, l'œil de la surveillance populaire, le bonnet rouge, etc. L'exaltation du temps se lit sur ces divers sceaux, et l'on peut y suivre la marche ascendante ou descendante de la Révolution, en étudiant les emblèmes expressifs qui s'y succèdent.

Ces variations se sont peu ou point produites ailleurs, et les villes, après quelques concessions aux idées du temps, ont généralement repris leur ancien sceau, ainsi que leurs anciennes armoiries, sinon pour les actes officiels, au moins pour leur administration privée. L'Etat, en effet, a imposé un sceau unique à toutes les communes, pour affirmer leur dépendance ; mais il leur permet d'user de leur scel particulier, et les plus grandes villes en usent, quand il n'y a rien à authentiquer. Les pièces principales du sceau des villes importantes sont assez connues : on cite le lion de Lyon, l'agneau de Rouen, le croissant de Bordeaux, les tours, tourelles, forteresses, châteaux, portes, poternes, clefs, épées, etc. qui se voient sur la

Fig. 62. — *Grand sceau de Charles-le-Téméraire, duc de Bourgogne ; la légende latine énumère ses titres et possessions féodales (XVe siècle). Archives nationales.*

plupart des sceaux urbains. Beaucoup constituent des armoiries parlantes, véritables jeux de mots reproduisant plus ou moins exactement le nom de la ville.

Aux collectivités urbaines se rattachent naturellement des groupes d'une nature plus ou moins analogue et formant des collectivités non moins compactes. Les corporations industrielles et commerciales, les communautés

Fig. 63. — *Raimond de Mont-Dragon agenouillé devant l'archevêque d'Arles (XIIIe siècle). Archives nationales.*

ouvrières, qui constituaient le monde du travail, au moyen âge, et qui ont vécu pendant des siècles, avaient, comme les villes, leur charte, leur maison syndicale, leur saint, leur bannière, leurs magistrats; elles durent donc aussi avoir leur sceau, comme instrument d'authenticité, pour tous les actes émanant d'elles. On en retrouve encore, soit à l'état de cachets, soit à l'état d'empreintes, et ils sont des plus variés. Les pièces qui y sont figurées appartiennent naturellement au genre de commerce ou de travail que faisaient les corporations; nous avons parlé de la nave décorant le sceau de la hanse parisienne, antique compagnie de transport par eau. Les villes hanséatiques du Nord, les cités commerçantes des Pays-Bas, région sillonnée par les rivières et les canaux, avaient sur leur sceau des emblèmes analogues. Quant aux communautés ouvrières, elles figuraient sur le leur le principal outil de la profession; la navette, pour les tisserands et les drapiers; les ciseaux pour les tailleurs de robes et les lingères; le fuseau pour les *fileresses*; les clefs pour les serruriers; le fer à cheval pour les *febvres* (maréchaux ferrants); le tonnel, le baril, pour les tonneliers et barilliers; l'équerre pour les architectes; etc., etc.

D'autres collectivités travaillant aussi, mais d'une ma-

Fig. 64. — *Sceau de Jean, évêque du Puy, comte de Velay (1305).*

nière différente, avaient également leur sceau symbolique et parlant : les orfèvres, un évêque tenant à la main un marteau (fig. 66); les libraires, un livre ou diverses autres figurations constituant ce qu'on appelait une marque (fig. 67 et 68); les imagiers (sculpteurs), un ciseau; les chirurgiens-barbiers, une lancette; les universités, les collèges, des emblèmes classiques ou les armoiries de leurs fondateurs (fig. 69); les hôpitaux, les couvents, la corporation, l'effigie de leur saint patron ou les armoiries de leurs bienfaiteurs.

Après le sceau collectif, il n'y a plus que les sceaux de famille et les sceaux individuels; les premiers sont traditionnels et se transmettent comme les armoiries, dont ils sont généralement la figuration; les seconds appartiennent généralement au domaine de la fantaisie, et nous n'avons point à nous en occuper.

Fig. 65. — *Petit sceau de la commune de Besançon ( commencement du XVe siècle).*

Il ne nous reste plus à parler que de la matière destinée à recevoir l'empreinte du sceau, des fonctionnaires et employés des chancelleries, ainsi que des accessoires de l'apposition. On s'est servi, pour empreindre le sceau, de l'or, de l'étain, du plomb et de la cire. La fameuse « Bulle d'or », charte constitutive de l'empire d'Allemagne, a été ainsi nommée parce que l'empreinte du sceau impérial avait été faite sur l'or, métal indestructible, symbole de la durée éternelle de ce pacte constitutionnel. Les bulles pontificales avaient généralement l'étain pour

Fig. 66. — *Ancien sceau de la corporation des orfèvres de Paris.*

matière, et le plomb, métal plus commun, était employé par les ordres religieux ayant fait vœu de pauvreté.

Mais la cire, substance molle, éminemment propre à recevoir les empreintes, employée de toute antiquité et symbolisant, dans Horace, la docilité de l'enfant à se laisser impressionner, finit par se substituer d'une manière générale aux métaux, dont on ne s'est jamais servi que par exception. Elle était de quatre couleurs, verte, jaune, rouge et blanche, et l'emploi de chacune de ces nuances était minutieusement indiqué par les règlements. Des employés spéciaux, nous dirions presque des fonctionnaires, puisque leur nomination se faisait avec un certain appareil et qu'ils tiraient vanité de leurs fonctions, avaient charge de préparer la matière destinée à recevoir l'empreinte du sceau : on les appelait *chauffecire*.

Les plus anciennes chartes nous montrent les sceaux ap-

Fig. 67. — *Marque de Galliot Dupré, libraire à Paris, avec la nave des nautes parisiens (1531).*

posés sur le parchemin lui-même ; plus tard, on les y attacha, en les suspendant au moyen de bandelettes de cuir ou de parchemin ; les *lacs* de chanvre, de lin et de soie vinrent ensuite. Les historiens, quand ils reproduisent ces chartes ou autres documents anciens, ne manquent jamais d'indiquer la matière sur laquelle le sceau est empreint, la nature des bandelettes ainsi que « la simple ou double queue », selon qu'on a fait usage du sceau seul, ou du *contre-sceau* en même temps.

Le *contre-sceau* n'était autre chose que le revers du sceau : ce côté, qui n'avait pas le caractère officiel du sceau lui-même, recevait une figuration toute différente et, le plus souvent, de fantaisie ; nous n'avons donc point à le décrire. C'est par une sorte de symétrie qu'on en plaçait l'empreinte à côté du sceau.

L'appareil des chancelleries, très compliqué, très solennel autrefois, s'est beaucoup simplifié dans les temps modernes ; il n'y a plus de chauffe-cire, plus de lacs, plus de bandelettes, plus de queue simple ou double.

Les chanceliers des consulats font apposer le sceau par leur garçon de bureau ; quant au garde des sceaux,

Fig. 68. — *Marque de Temporal, imprimeur à Lyon (1550-1559), avec deux devises, l'une en latin :* Le Temps s'enfuit à jamais; *l'autre en grec.* Apprécie l'occasion *(ou* Le prix du temps*); jeu de mots sur le nom de Temporal.*

grand chancelier de France et ministre de la Justice, il a recours, comme un simple négociant, comme un modeste tabellion, à une petite presse produisant une empreinte sèche ou humide. L'Université de France scelle tout aussi simplement les diplômes et brevets qu'elle confère, en employant soit la cire, soit toute autre substance molle propre à recevoir une empreinte. L'ancienne Université possédait un sceau très complexe et très symbolique. (fig. 69).

Les droits de sceau ont toujours été assez élevés quand il s'agissait d'actes intéressant la fortune ou la vanité des particuliers. Les anoblissements, entre autres, se payaient à un très haut prix, et l'on cite, à cet égard, un joli mot d'un ancien garde des sceaux, M. Martin (du Nord). Inter-

Fig. 69. — *Sceau de l'Université de Paris (XIVe siècle). Cabinet des médailles de la Bibliothèque nationale.*

pellé par un député sur ce qu'il y a de choquant, au point de vue égalitaire, dans la collation d'une particule ou d'un titre de noblesse, il répondit en souriant : « N'oubliez pas qu'à un tel acte est toujours attaché un droit de *sceau* ». — **L. M. T.**

**SCELLEMENT.** *T. de constr.* Disposition qui a pour but de fixer dans un trou pratiqué dans une pierre ou dans un mur, l'extrémité d'une pièce de bois ou de métal. Pour opérer cette sorte de soudure, on creuse dans la pierre ou dans le mur une cavité plus large que la pièce à sceller, on y introduit ensuite cette dernière, puis on remplit les vides, soit avec du plâtre, du ciment, du soufre, des mastics de fonte ou du plomb, amenés à l'état pâteux ou même liquide et qui, par leur solidification, produiront le scellement.

Le plâtre, par le gonflement qu'il éprouve en se solidifiant, a l'avantage de bien remplir la cavité qui le renferme, mais comme il s'altère par l'humidité, on lui substitue, pour les scellements près du sol ou dans les constructions hydrauliques, un ciment de bonne qualité à prise rapide. Qu'on se serve de plâtre ou de ciment, il faut toujours avoir soin de caler le plus solidement possible les pièces à sceller au moyen de tuileaux ou d'éclats de moellons. Si le soufre augmente aussi de volume par la solidification, il a l'inconvénient d'opérer sur le fer une action qui peut en occasionner le gonflement et, par suite, briser la pierre dans laquelle est faite le scellement : il est, néanmoins, très employé en raison de son faible prix.

Quant aux mastics de fonte et au plomb, ils servent ordinairement pour sceller des pièces de fer dans la pierre, et surtout lorsque celles-ci doivent être soumises à des chocs répétés qui égreneraient rapidement le plâtre, le soufre et les ciments ; mais le plomb se contractant par son passage de l'état liquide à l'état solide, il est indispensable de le mater énergiquement. On emploie encore des mastics bitumineux qui acquièrent une grande dureté tout en conservant de l'élasticité.

Pour sceller une pièce de fonte, on a soin de ménager des aspérités et des saillies dans la partie à sceller qui doit, en outre, avoir la forme d'un tronc de pyramide ; pour le fer, la pièce est renflée à sa base et munie d'entailles ou *barbelures* dont les ouvertures sont dirigées vers l'orifice de l'excavation.

**SCÈNE.** C'est, dans un théâtre, l'endroit où se joue la pièce, et qui est compris entre la rampe qui le sépare de la salle, les coulisses de l'un et de l'autre côté, et la toile ou le décor du fond.

**SCHABRAQUE.** Sorte de housse en drap, et même en peau de mouton, que l'on étend sur la selle des chevaux de cavalerie, et qui couvre les fontes de revolvers ; les schabraques en drap sont ornées d'un galon de laine pour les troupes et d'un galon d'or ou d'argent pour les officiers.

\* **SCHAFF.** *T. techn.* Chacun des étages que l'on dispose, dans une verrerie, pour y placer les manchons de verre.

**SCHAKO.** — V. Shako.

**SCHALL.** — V. Châle.

\* **SCHAPPE.** *T. de filat.* Au lieu de traiter les déchets de soie à l'eau de savon pour en fabriquer la *fantaisie* (V. ce mot), on les soumet, dans certaines contrées, au *schappage* qui donne à la filature les fils dits « de schappe ». Cette opération a pour but de désagréger les brins sans leur rien faire perdre de leur brillant. A cet effet, on entasse la soie pendant plusieurs jours dans des cuves remplies d'eau chaude, afin de la faire entrer dans un véritable état de pourriture et de décomposition. Certains fabricants activent même cette pourriture au moyen de sels qu'on fait dissoudre dans l'eau des cuves. Les déchets ainsi traités conservent toujours une très forte odeur dont les fils qui en sont fabriqués sont toujours imprégnés. Ces matières sont ensuite livrées au peignage qui donne, par un travail successif, plusieurs longueurs, appelées *traits*, et dont le premier, comme étant le plus long, a aussi le plus de valeur parce qu'il produit les filés les plus brillants. Au moyen d'un étaleur, ces peignés prennent la forme de rubans et sont traités en filature comme la fantaisie. Cette dernière opération se fait sur des métiers à filer analogues à ceux employés pour le lin et les laines longues.

Les fils de schappe sont plus forts que les fils de fantaisie. Montés à un seul bout, ils servent comme trame ; montés à deux ou plusieurs bouts, ils servent comme organsins. On les utilise pour la fabrication des nouveautés, des damas, de tous tissus où la soie se combine avec le coton, mais spécialement des lacets et des tissus élastiques pour chaussures en alliance avec le caoutchouc.

Du reste, les deux traitements qui permettent de faire des déchets de soie, de la fantaisie ou de la schappe, ne sont plus si distincts aujourd'hui. On emploie souvent des macérations accélérées qui se rapprochent de la cuisson en fantaisie et, ceci, spécialement pour les filés retors à deux bouts qui s'emploient pour la fabrication du velours dont le siège principal est à Créfeld.

\* **SCHAPSKA.** *T. du cost. milit.* Schako dont la partie supérieure est carrée et qui, emprunté aux Polonais, a été donné jadis à nos lanciers ; on écrit aussi *tchapska* et *czapska*.

\* **SCHÉELISAGE.** *T. techn.* Procédé proposé pour l'amélioration des vins, et qui consiste à additionner ceux-ci de glycérine (la glycérine a été découverte par Schèele). Cette opération qui s'effectue depuis 1868, se pratique après que la fermentation est terminée, en versant de 1 à 3 litres de glycérine dans un hectolitre de vin, de façon à donner à celui-ci une saveur sucrée, qui ne peut disparaître, puisque la glycérine est infermentescible.

\* **SCHEIDAGE.** *T. d'exploit. des min.* Nom de l'opération préliminaire de la préparation mécanique, qui consiste à trier les morceaux de minerai en les concassant avec un marteau. — V. Lavage et Préparation mécanique des matières minérales.

\* **SCHÉMA.** *T. de dess.* Figure géométrique représentant les objets uniquement par leurs relations et leur fonctionnement, afin de faire saisir plus facilement l'ensemble des propriétés qu'il s'agit de démontrer.

\* **SCHILT** (Louis-Pierre). Peintre de porcelaine, né à Paris, en 1790, mort à Sèvres en 1859. Sa mère, malgré sa situation de fortune plus que modeste, avait rêvé pour lui une carrière artistique. Aussi le fit-elle entrer de bonne heure chez le peintre Courtaut qui passait alors pour le plus habile décorateur sur porcelaine. Là, il fut initié à tous les secrets de cet art difficile ; il commença par se rendre utile en broyant les couleurs et en gâchant la terre pour luter les mouffles. Plus tard, il aborda le dessin avec succès, et son maître lui confia bientôt la décoration de quelques services pour le commerce. A ce moment, le peintre Pâris lui indiqua sa voie en l'engageant à se consacrer uniquement à la peinture de fleurs. Schilt travailla sans relâche à se perfectionner dans ses connaissances techniques, suivant les cours du botaniste de Jussieu, au Muséum, et recueillant partout des fleurs qu'il savait grouper avec goût. C'est en 1822 qu'il fut enfin porté sur les états de la Manufacture de Sèvres où il resta attaché depuis. La plupart des grands travaux entrepris pendant trente-sept ans, dans le genre spécial qu'il avait entrepris, lui furent confiés, notamment le service dit *des familles naturelles* (1829), donné par Louis XVIII à l'ambassadeur de France à Vienne ; un autre pour l'électeur de Saxe ; une table ornée de fleurs et d'oiseaux donnée, en 1832, au roi de Prusse, et qui se trouve actuellement au musée de Potsdam ; un grand *vase Médicis* donné au grand duc de Toscane, aujourd'hui au musée de Florence ; une *table à groupe de fleurs* pour Méhémet Ali ; un guéridon *à fleurs sur fond blanc* et un vase *à buisson de roses*, qui valurent à Schilt une première médaille à l'Exposition de Londres. Enfin, son dernier ouvrage, et le plus remarquable, figura à l'Exposition universelle de 1855, c'est un très grand *vase orné d'une guirlande de pavots*, qui a été conservé pour le musée de Sèvres. Son talent était remarquable comme céramiste et comme peintre. Aucune difficulté technique ne l'arrêtait, et il travaillait sur la pâte comme sur le papier ; la parfaite connaissance qu'il avait acquise des fleurs lui permettait de faire à la fois simple et large, ce qui est une des qualités essentielles de l'art. Il avait été nommé chevalier de la Légion d'honneur en 1850. On doit, en outre, à Schilt : le *Dessinateur de porcelaine* ; les *Mois de l'année* ; et *Fleurs et fruits*, planches in-folios lithographiées qui témoignent de son habileté de dessinateur.

SCHISTE. Les terrains détritiques argileux composés de silicates d'alumine hydratés, mélangés à du quartz, du mica, de l'oxyde de fer, du charbon, du bitume, du carbonate de chaux, etc., prennent le nom de *schistes* lorsque leurs éléments sont alignés et que la roche se débite en plaques, entre lesquelles peuvent exister des cristaux de pyrite de fer, de gypse, etc., formés en place. Les phyllades sont des schistes composés de plaquettes minces et solides. Il en est de même des ardoises utilisées pour couvrir les maisons. La schistosité peut provenir des circonstances dans lesquelles s'est fait le dépôt, ou d'efforts mécaniques ultérieurs et, dans ce dernier cas, elle se manifeste parfois dans une direction très différente de la stratification.

* SCHLAMMS et SCHLICHS. *T. d'exploit. des min.* Noms employés dans la préparation mécanique des matières minérales pour désigner les sables dont les dimensions sont inférieures à $0^{mm},5$ ou comprises entre $0^{mm},5$ et 2 millimètres. Ces limites n'ont, d'ailleurs, rien d'absolu.

* SCHLITTE. Sorte de traîneau utilisé dans les Vosges pour faire le *schlittage* ou descente par les pentes des bois coupés dans la forêt. La schlitte glisse sur un chemin, dit *vovion*, composé d'une série de marches formées de rondins régulièrement espacés et retenus au moyen d'un piquet à chaque extrémité, et le *schlitteur*, assis à l'avant du traîneau, en modère la descente en appuyant alternativement chaque talon sur les marches du chemin.

* SCHNEIDER (Joseph-Eugène). Grand industriel français, directeur des usines du Creusot, né à Bidestroff (Meurthe), le 29 mars 1805, mort à Paris, le 29 novembre 1875. Il était parent du général Schneider qui fut ministre de Louis-Philippe, de 1839 à 1840, et contribua beaucoup à faire élever les fortifications de Paris. Il perdit son père tout jeune et fut employé dans la maison de banque du baron Sellière où son frère aîné, Adolphe Schneider, occupait déjà une haute position, et qui est restée, plus tard, la maison de banque du Creusot. A vingt-cinq ans, il était directeur des forges de Bazeilles ; il y resta de 1831 à 1837, époque à laquelle il prit avec son frère aîné, Adolphe Schneider, la direction des usines du Creusot. Ces établissements, créés en 1784, sous le nom de *Fonderies de la Reine*, avaient subi des fortunes diverses. Ils avaient passé entre les mains de la famille Chagot ; puis ils étaient devenus la propriété d'une Société anonyme qui les revendit à MM. Sellières frères, lesquels constituèrent une Société en commandite sous la raison sociale Schneider et Cie.

La situation de l'entreprise était loin d'être brillante quand on confia aux frères Schneider, en 1837, la tâche difficile d'en relever la fortune. Mais les nouveaux gérants changèrent complètement la face des choses. Grâce à leur intelligence de la situation industrielle de la France et à leur habile direction, le Creusot prit immédiatement un développement considérable. L'importance des travaux qui s'y exécutent n'a fait que s'accroître dans d'immenses proportions, et la prospérité de l'établissement ne s'est pas démentie un seul instant depuis plus de cinquante ans. En 1875, à la mort de Schneider, le Creusot était devenu ce qu'il est aujourd'hui, une exploitation colossale qui nourrit plus de 30,000 âmes, un centre de production métallurgique sans rival dans le monde entier, aussi bien sous le rapport de la quantité de matériaux mis en œuvre que sous celui de l'excellente organisation qui a toujours présidé aux différents services. C'est l'une de ces merveilles qui caractérisent au plus haut degré la puissance et le génie industriels de notre siècle.

En 1837, au contraire, le Creusot n'était qu'un assemblage de pauvres usines mal outillées et ruinées par la concurrence anglaise. Plus de trente millions de francs y avaient déjà été engloutis. Pour entreprendre, non pas de lui donner le développement qu'il a pris depuis, mais seulement de le relever et de le mettre en état de lutter avec les usines anglaises, il fallait plus que du courage et de la hardiesse. Les circonstances donnaient à cette tentative une portée économique et patriotique qui l'élevait de beaucoup au dessus des entreprises industrielles ordinaires. On traversait alors une époque néfaste pour l'industrie française : soit par négligence invétérée, soit par une confiance aveugle dans les effets du régime protecteur, les industriels français s'étaient endormis dans la routine et la sécurité; l'outillage, les procédés de fabrication, les habitudes de travail des ouvriers, rien n'avait changé depuis cinquante ans, tandis que nos voisins d'outre-Manche avaient su réaliser des progrès considérables qui diminuaient les frais de production dans d'énormes proportions. En même temps, ils avaient su apporter dans le travail une perfection d'exécution dont on était loin d'approcher en France. Aussi, malgré les droits de douane, presque tous les objets manufacturés venaient d'Angleterre. Le régime protecteur s'était retourné contre les intérêts mêmes qu'il devait protéger. Il n'y avait de bonne coutellerie que la coutellerie anglaise; les meilleurs draps étaient les draps anglais; les machines étaient presque toutes anglaises, et les chemins de fer qui commençaient à s'établir ne pouvaient songer à faire fabriquer leurs locomotives autre part que dans les ateliers anglais. A ces circonstances difficiles venait encore s'ajouter un préjugé très enraciné contre les constructeurs français. En vain, à la tribune de la Chambre, Arago s'efforçait de rendre justice à l'habileté de certains industriels, et prenait la défense de l'un d'entre eux, M. Frémot, qui avait été victime de la malveillance de l'administration de la marine; partout, dans le gouvernement comme dans le public, on ne voulait que des machines anglaises. Pour accepter la lutte dans des conditions aussi défavorables, il fallait une grande sagacité afin de démêler les véritables causes de notre infériorité, une énergie de volonté peu commune pour accomplir les réformes nécessaires sans se laisser influencer par les préjugés et la défiance dont on était entouré, un talent d'administration tout spécial et, surtout, une inaltérable confiance dans la science des ingénieurs et l'habileté des ouvriers français, pourvu qu'ils fussent mis une fois dans la bonne voie. Une pareille confiance, si contraire à l'opinion générale de cette époque, est assurément l'un des traits caractéristiques du génie industriel des Schneider. Dans un document officiel, Eugène Schneider écrivait qu'il n'y avait pas d'industrie où la France fût plus inférieure à l'Angleterre que celle de la construction des machines, mais où, par contre, il serait plus facile de conquérir la supériorité. Les Schneider étaient peut-être, avec Arago, les seuls, en France, à comprendre les véritables difficultés de la situation et l'avenir possible de notre industrie nationale. Leur succès a été d'un merveilleux exemple; il a rendu l'espoir

aux constructeurs découragés, leur a montré ce qu'il y avait à faire pour améliorer leur fabrication et a contribué dans la plus large mesure à assurer le relèvement de l'industrie mécanique en France.

Mais aussi, ils étaient décidés à rompre avec toutes les routines et tous les préjugés. Parmi les défauts qu'ils allaient combattre, ils signalaient surtout le dédain des ingénieurs théoriciens pour la pratique, et l'habitude, si contraire à l'esprit français, qu'on avait fait prendre aux ouvriers de négliger la perfection de l'exécution sous prétexte de rapidité ou d'économie. Donnant eux-mêmes l'exemple, ils voulurent que leurs ingénieurs apportassent leurs soins et leur attention jusqu'aux plus petits détails de la pratique et que toutes les pièces des machines fussent exécutées avec la même perfection et la même délicatesse. Schneider se plaisait à répéter aux ingénieurs éminents qui venaient visiter ses usines qu'on se rendait mieux compte de la bonne direction des travaux en observant la finesse d'exécution des plus petits détails, des boulons même et des écrous, qu'en examinant l'ensemble des ateliers. C'était déjà toute une révolution à laquelle ils en ajoutèrent une autre. L'outillage des usines était dans un état d'infériorité manifeste; ils comprirent qu'il fallait le renouveler entièrement. Aucun sacrifice ne leur coûta, ils firent venir d'Angleterre les machines et les outils les plus perfectionnés, non seulement pour les utiliser, mais surtout pour servir de modèles. Bientôt, on fit, au Creusot, aussi bien et même mieux qu'en Angleterre. Au bout de quelques mois la transformation était complète. Deux ans plus tard, les résultats obtenus étaient extraordinaires, ainsi qu'il résulte d'un document officiel, le procès-verbal du jury d'admission du département de Saône-et-Loire pour l'Exposition de 1839, où l'on trouve un compte rendu de la situation des usines. Il y avait alors une exploitation importante de houille avec de nombreux puits d'extraction produisant annuellement 700,000 hectolitres de houille; une machine à vapeur de 250 chevaux pour l'épuisement des mines; 4 hauts-fourneaux fournissant 5 à 6,000 tonnes de fonte; une fonderie pour les pièces de grandes dimensions et une chaudronnerie occupant 100 ouvriers. Un chemin de fer de 10 kilomètres reliait les usines au canal du centre. Les ateliers étaient sillonnés d'un réseau de 6 kilomètres de voies de fer; la force motrice s'élevait à 800 chevaux fournis par 23 machines à vapeur; on occupait 600 ouvriers mineurs et 1,200 forgerons, ajusteurs, monteurs, etc., formant, avec les irréguliers, un personnel de 2,000 travailleurs. On avait déjà livré 2 bateaux à vapeur à coque de tôle et 14 locomotives qui comptaient parmi les premières construites en France; un 15e moteur était soumis au jury et deux autres étaient en construction pour le chemin de fer de Milan. En même temps, les directeurs montraient la plus grande sollicitude pour la condition matérielle et morale de leurs ouvriers. Déjà, par leurs soins, avaient été fondées une école d'enseignement mutuel et une école d'instruction professionnelle pour les adultes.

Trois ans plus tard, un ingénieur du Creusot, M. Bourdon, apporta un nouvel élément de prospérité à l'établissement par l'invention du *marteau pilon* (V. ce mot). MM. Schneider prirent un brevet daté du 30 septembre 1841. On sait que le marteau pilon fut inventé presque en même temps par Nasmyth en Angleterre et Bourdon en France; la priorité appartient incontestablement à Bourdon; mais si l'exécution du pilon Bourdon a précédé de plus de deux ans le marteau à vapeur de Nasmyth, on le doit aux frères Schneider dont la haute sagacité a su prévoir l'avenir de cet admirable engin, et prendre l'avance sur le constructeur anglais (V. Marteau pilon) (Consulter à ce sujet un Mémoire de M. Boutmy paru dans la *Revue britannique* et dans les *Annales des chemins de fer*). Muni de ce puissant engin, le Creusot put entreprendre la construction de nos premières frégates à vapeur de 450 chevaux. — V. Creusot.

Sans doute, Adolphe Schneider avait eu la plus grande part dans la conception et la création de cette puissante organisation; c'était surtout à lui que le monde industriel en rapportait la gloire et, comme on le pense, sa réputation était considérable lorsque la mort vint le surprendre dans la force de l'âge; il succomba, en 1845, à la suite d'un accident de cheval. Mais Eugène avait adopté complètement les vues de son frère aîné. Devenu seul gérant, il n'eut qu'à continuer les traditions qui avaient assuré jusqu'alors un si éclatant succès. Son activité pourtant ne se ralentit point; il ne cessa de poursuivre les améliorations possibles et d'augmenter chaque année les ressources des usines et l'importance des travaux. Le Creusot prit un développement de plus en plus étendu et était déjà devenu, en 1860, l'un des établissements industriels les plus considérables du monde. A cette époque, les conditions économiques de l'industrie française se trouvèrent brusquement modifiées, et l'on put craindre une crise qui pouvait devenir fatale. Partisan du libre-échange, l'empereur Napoléon III venait d'abaisser les tarifs de douane dans des proportions énormes et de remettre ainsi les industriels français en présence de la concurrence étrangère. Schneider n'approuvait pas complètement la réforme de l'empereur; il a même contribué à en atténuer les effets. Toutefois, il estimait qu'il y avait un courant d'opinion contre lequel il eut été imprudent de lutter. Du reste, il ne s'effraya point de cette situation nouvelle qui présentait une certaine analogie avec celle de 1837. S'il y avait réellement infériorité de notre industrie sur celle de nos voisins, il fallait sans doute l'attribuer aux mêmes causes qu'alors, et les mêmes moyens, qui avaient déjà si bien réussi, devaient amener encore le même succès. En réalité, ces vingt-trois années de protection avaient produit leur effet accoutumé; malgré toute l'activité de Schneider et tout son désir d'améliorations continuelles, l'absence de concurrence avait ralenti l'exécution de perfectionnements dont la nécessité absolue ne paraissait pas s'imposer, et l'outillage ne se trouvait plus en rapport avec les progrès de la science et de l'industrie. Schneider comprit immédiatement que les Anglais avaient acquis de la sorte une supériorité que l'ancien régime douanier ne servait qu'à masquer sans pouvoir en rien l'empêcher.

Il ne voulut rien épargner pour reconquérir la distance perdue et sortir d'une situation que les nouveaux traités de commerce rendaient impossible et qui, même avec l'ancien régime, aurait fini par devenir critique. Il étudia ce qui se faisait en Angleterre, fit venir des ouvriers et des contre-maîtres de ce pays, renouvela toutes les machines et tous les outils qui étaient devenus insuffisants et, comme en 1837, le Creusot subit une transformation presque complète. L'avenir a montré combien furent avantageux ces énormes sacrifices dont tant d'autres auraient pu s'effrayer. Loin de souffrir des nouvelles conditions économiques, le développement du Creusot s'est encore accéléré depuis cette époque, comme on peut s'en convaincre en consultant le tableau numérique donné à l'article Creusot, et la progression de la population de la ville. Du reste, un seul fait montrera combien fut complet le succès de cette lutte industrielle. Le Creusot soumissionna et obtint la fourniture des locomotives pour le chemin de fer de Londres. Après la guerre de 1870, Schneider employa les ressources dont il disposait à la construction de grands canons d'acier et contribua, dans une large mesure, à la réforme de notre matériel d'artillerie. Il venait d'inviter le colonel de Reffye à visiter le Creusot quand, au mois d'août 1874, il fut frappé d'une attaque d'apoplexie à la suite de laquelle il resta dans un état presque complet de prostration pendant plusieurs mois pour s'éteindre, enfin, le 29 novembre de l'année suivante. Son fils, M. Henri Schneider est, depuis cette époque, le directeur de l'établissement.

Au milieu de ses préoccupations industrielles et des agitations de la vie politique à laquelle il consacra une grande partie de son temps, Schneider n'a jamais cessé de s'intéresser à tout ce qui pourrait améliorer le sort de ses ouvriers. La ville du Creusot lui doit énormément. On a vu à l'article Creusot comment sont organisés les services de bienfaisance et d'instruction; M. Henri Schneider continue à perfectionner cette partie si importante de l'œuvre de son père et de son oncle. Là encore le succès a couronné leurs efforts. La population du Creusot est paisible, laborieuse, attachée à ses devoirs.

Le caractère de ce *Dictionnaire* nous obligeait à donner beaucoup plus d'importance à la vie industrielle qu'à la vie politique de Schneider. On nous permettra, du reste, de penser qu'il a rendu plus de services à la société par les progrès considérables qu'il a fait faire à l'industrie du fer et l'exemple admirable de sa merveilleuse usine, que par ses votes et ses discours à la Chambre des députés. Là pourtant, sa présence ne fut pas inutile. Il s'occupait surtout des questions d'affaires, parlait rarement, sans éclat, mais avec clarté et précision, et sa parole avait l'autorité de sa grande expérience. Dès 1845, il faisait partie du Conseil général des manufactures et du Conseil général du département de Saône-et-Loire. En 1846 il fut envoyé à la Chambre des députés où il appuya la politique de Guizot.

Aussi ne fut-il plus réélu après les journées de février. Le 20 janvier 1851, le président Louis-Napoléon lui confia le portefeuille de l'agriculture et du commerce qu'il conserva jusqu'au 10 avril suivant; à sa sortie du ministère, il fut nommé commandeur de la Légion d'honneur. Schneider approuva complètement le Coup d'état de 1851, et n'a jamais cessé de siéger au Corps législatif où il était envoyé, à chaque élection nouvelle, en qualité de candidat officiel. En 1867, l'empereur le nomma président de la Chambre des députés en remplacement de Walewski, décédé. Il fut partisan de l'évolution politique connue sous le nom d'*Empire Libéral*, et contribua même à faire écarter Rouher du ministère en 1869. C'est lui qui, le 4 septembre 1870, présidait la dernière séance du Corps législatif. Après la guerre, il renonça complètement à la politique et consacra tous ses soins à la direction de ses usines et à la fabrication des canons et des armements. Il fut aussi administrateur du Chemin de fer de Paris à Lyon et à la Méditerranée. Il était grand officier de la Légion d'honneur depuis 1857 et grand croix depuis 1868. — M. F.

**\*SCHŒNITE.** *T. de minér.* Syn. : *Picromérite.* Sulfate double de potassium et de magnésium hydraté, ayant pour formule

KO,SO³+MgO,SO³+6aq..K²SO⁴+MgSO⁴+6H²O

et qui contient en poids 43.18 de sulfate de potasse, 29.85 de sulfate de magnésie, et 26.97 0/0 d'eau. Ce corps se trouve tout formé à Stassfürth, au-dessous des sels ordinaires. Il sert comme engrais, et aussi à la fabrication du carbonate de potasse.

**\*SCHORL.** *T. de minér.* Il existe deux variétés de schorl, qui sont toutes deux des oxydes de titane; mais Werner a aussi désigné à tort sous ce nom la *tourmaline*. — V. ce mot.

Le *schorl rouge* ou *rutile* est en prismes carrés offrant souvent des mâcles, translucide ou opaque, d'éclat adamantin, et d'une teinte rouge virant parfois au jaune. Ce corps a une densité de 4.22 à 4.3; sa dureté est 6 à 6.5; il n'est pas attaqué par les acides et est infusible. Il se trouve en cristaux aiguillés dans le quartz, il est parfois en masses. On en rencontre de beaux échantillons dans le Saint-Gothard, le Tyrol, et à Georgia (États-Unis). Lorsqu'il contient 10 0/0 d'oxyde de fer, il est noir, et porte alors le nom de *nigrine*, d'*ilménorutile*. Il sert à faire certains émaux, ainsi qu'une couleur jaune : la *brookite* qui diffère peu du rutile, et a, à peu près, les mêmes propriétés physiques et chimiques, se trouve en Suisse et dans le Dauphiné.

Le *schorl bleu* ou *anatase*, cristallise en octaèdres aigus, il a la même formule que le précédent, TiO²... TiO, mais en diffère par sa couleur qui peut être bleu indigo, brune, jaune et même rouge, une dureté moindre (5.5 à 6) et une densité n'allant pas au delà de 3.83 à 3.93. On le trouve dans le Dauphiné, au Bourg d'Oisans ; en Suisse, au

Brésil, dans les sables provenant de la désagrégation des granits et des micaschistes. Il a les mêmes usages.

*Schorl blanc.* Syn. : *Feldspath albite* (V. FELDSPATH). *Schorl cruciforme.* Syn. : *Staurotide.*

**\*SCHWILGUÉ.** Ingénieur et horloger français né à Strasbourg en 1776, mort le 4 décembre 1856. Il est surtout connu pour avoir restauré la magnifique horloge monumentale de la cathédrale de Strasbourg. Il avait au plus haut degré le don de l'invention mécanique et le génie des combinaisons de mécanismes. Dès son enfance, il s'amusait à construire toutes sortes de jouets mécaniques pour lesquels il fabriquait lui-même les outils qui lui étaient nécessaires; un peu plus tard, il se passionna pour l'horlogerie, passion commune à tous les esprits qui possèdent à un degré quelconque les mêmes facultés d'invention mécanique ; mais tous sont loin de s'y distinguer au même degré. Il fit seul et sans maître son éducation scientifique, et s'instruisit assez dans les mathématiques pour être nommé, en 1806, professeur suppléant à la chaire de mathématique du collège qu'on venait de fonder à Schelestadt. L'établissement du système métrique eut pour conséquence nécessaire la création d'emplois de vérificateurs des poids et mesures. Il occupa l'un de ces emplois de 1808 à 1825, et trouva dans ces modestes fonctions l'occasion de déployer avec un grand éclat ses facultés remarquables, en imaginant des appareils nouveaux et en perfectionnant les moyens de contrôle. C'est à la même époque qu'il commença à s'occuper de perfectionner les horloges publiques. Il sut réaliser un progrès important dans la construction de la minuterie, et parvint à rendre le mouvement des aiguilles indépendant des organes principaux, et cela sans rouages intermédiaires. Il construisit plusieurs horloges monumentales dont la première est celle de l'église de Saint-Georges de Schelestadt. L'idée de la reconstruction de l'horloge astronomique de Strasbourg le poursuivait depuis sa première jeunesse. Non seulement il songeait à rendre la vie et le mouvement à cette merveille séculaire qui avait fait l'admiration des générations passées, mais il rêvait encore de lui apporter un perfectionnement capital. Dans l'ancienne horloge, les fêtes mobiles étaient simplement indiquées en peinture sur le cadre en bois, et pour un intervalle d'un siècle seulement. Schwilgué voulait remplacer cette table naïve par un calendrier mécanique dont le fonctionnement régulier fournirait chaque année de lui-même les indications du comput ecclésiastique. En vain ses amis cherchaient à le détourner de l'étude d'un problème qu'ils regardaient comme insoluble ; il parvint en six semaines à construire plus de trois cents pièces nécessaires au mécanisme qu'il avait imaginé. Il réussit complètement et présenta en 1821, à l'Académie des sciences, son comput ecclésiastique mécanique. En 1827, il revint habiter Strasbourg et réunit ses ateliers à ceux de la maison Frédéric Rolli :

Il se remit alors à poursuivre la réalisation de son idée favorite ; mais il eut à lutter contre des difficultés de toutes sortes. Il lui fallait des fonds, et ce ne fut qu'en 1836 qu'il put obtenir du Conseil municipal un premier crédit de 10,000 fr. La première horloge de la cathédrale de Strasbourg dite des *Trois Rois* avait été construite, en 1352, sous l'administration de l'évêque Berthold de Busheck : on n'a pas conservé le nom du mécanicien, et l'on ignore quand elle cessa de fonctionner. En 1547, le bourgmestre de la ville en fit construire une nouvelle sur les plans du docteur Herr, de Chrétien Herlin, professeur de mathématiques à la Haute Ecole de Strasbourg, et de Nicolas Prugner, mécanicien et horloger. Le travail fut interrompu pour n'être repris qu'en 1570, par Dosypodius, disciple de Herlin, qui fit un nouveau plan de l'horloge et en confia l'exécution aux frères Isaac et Josias Habrecht de Schaffhouse. Les peintures étaient de Tobie Stimmer. Tout fut terminé en 1574 ; l'horloge cessa de marcher en 1789. A plusieurs reprises, le Conseil municipal s'occupa de sa restauration qui fut décidée, en principe, en 1833 ; mais, comme nous venons de le dire, ce ne fut que trois ans plus tard, en 1836, que l'on put obtenir les fonds nécessaires. Schwilgué se mit à l'œuvre avec beaucoup d'activité. Il lui fallut deux ans d'études et d'essais préliminaires. Le travail définitif, commencé le 2 juin 1838, fut achevé en septembre 1842. Le 2 octobre 1842, à l'occasion de la dixième session du Congrès scientifique de France, l'horloge de la cathédrale marcha pour la première fois, après une interruption de cinquante-trois ans. Le congrès déclara que ce travail était « l'un des plus beau que le xixᵉ siècle eût enfanté. »

Schwilgué n'avait rien emprunté au mécanisme, et au plan primitif ; tout était nouveau dans son œuvre. Seule, la cage a été conservée avec les peintures et ornements soigneusement restaurés. Le dessin de cet admirable monument, et quelques détails sur les indications qu'il fournit ont été donnés à l'article Horloge.

Parmi les inventions de Schwilgué, nous signalerons une machine pour la fabrication des toiles métalliques, un régulateur pour métiers à tisser, une balance et une bascule portative, un pont à bascule pour peser les voitures chargées, une balance d'essai, une pompe portative à incendie, des *marqueurs fixes, additionneurs, multiplicateurs, compteurs industriels*, etc.

Schwilgué était chevalier de la Légion d'honneur depuis le 27 avril 1835, officier depuis le 13 novembre 1853. Il avait épousé, le 25 avril 1796, Mˡˡᵉ Hihn, de Schelestadt, qui mourut peu de temps avant lui, et dont il eut huit enfants ; trois fils et cinq filles. Les deux plus distingués de ces fils l'ont précédé dans la tombe : l'aîné est mort en 1855, il était inspecteur des ponts et chaussées, et commandeur de la Légion d'honneur ; le troisième est mort en 1836, ingénieur des ponts et chaussées. — M. F.

**SCIAGE.** Opération qui consiste à découper à l'aide d'une scie, et que l'on pratique aujourd'hui sur une infinité de corps, bois, pierre, métaux, ivoire, étoffe, etc.

Nous étudions à l'article Scie les divers emplois et les dispositions de cet instrument, qui varie avec la nature du corps sur lequel on le fait agir. || *Bois de sciage*. Se dit des bois de menuiserie ou de construction, obtenus en sciant des troncs d'arbres dans toute leur longueur.

**SCIE.** Les scies sont des machines qui sont employées pour séparer, suivant des surfaces, planes ou courbes, divers matériaux. Autrefois, on n'en faisait guère usage que pour les bois ; mais depuis quelques années leur emploi s'étend de plus en plus et on s'en sert maintenant pour le découpage des métaux, des pierres, de l'ivoire, du sucre, des étoffes, etc.

Les scies se composent essentiellement de lames d'acier mince, munies de dents sur un des côtés et agissant sur la matière à découper en la tranchant au moyen d'une pression exercée sur la lame et d'un mouvement rapide d'avance des dents. La pression peut s'exercer en pressant la scie sur la pièce à scier, comme dans les scies à main, ou au contraire en poussant cette pièce contre la lame de la scie, comme dans les scies mécaniques ; le mouvement peut être rectiligne dans le même sens, rectiligne alternatif ou enfin circulaire.

Nous distinguerons deux groupes de scies : les *scies à main* et les *scies mécaniques*.

**Scies à main.** Les scies à main ne sont guère employées que pour le sciage des bois et des pierres.

Quand les arbres ont été abattus, pour les diviser suivant leur longueur en madriers ou planches, on se sert de la scie des scieurs de long. Elle est composée d'une lame tendue entre deux bras horizontaux ou *sommiers* réunis par deux montants, cette lame est fixée au milieu de ce châssis perpendiculairement à son plan ; la pièce de bois est placée sur deux tréteaux horizontalement et l'un des deux scieurs de long monte sur la pièce tandis que l'autre se tient sur le sol ; le premier soulève la scie, agissant sur la poignée supérieure dite *chevrette*, le second la tire de haut en bas par la poignée inférieure nommée *renard*, et la scie, ainsi animée d'un mouvement alternatif, opère la division de la grume en suivant un trait en ligne droite ou en ligne courbe suivant le tracé.

On se sert dans l'ébénisterie d'une scie qui a également pour but de scier en long, c'est-à-dire d'exécuter des traits droits sur une longueur indéfinie, mais sur une épaisseur limitée à la force de l'homme, c'est-à-dire 0ᵐ,15 environ ; c'est la *scie à refendre* ou *scie allemande*. La lame forme avec les bras un angle qui se rapproche de 90°, elle est montée par chacune de ses extrémités sur des tourillons ou chevilles rondes, qui sont montés eux-mêmes sur les extrémités des bras, et peuvent s'y déplacer de façon à amener la lame sous l'angle convenable pour la manœuvre ; l'une des chevilles, celle de la partie supérieure, présente une poignée, à l'aide de laquelle l'ouvrier saisit la scie de la main droite en même temps qu'il la soutient de la main gauche par l'extrémité opposée du même bras.

Dans ces conditions, le trait exécuté peut être d'une longueur indéfinie, mais la largeur de la *levée* ne peut pas dépasser la distance de la lame au sommier de la scie, c'est-à-dire dans les conditions ordinaires, environ 0m,20.

La *scie à chantourner*, employée également en ébénisterie, est du même genre que la précédente, mais comme elle a pour but de débiter suivant des surfaces courbes, la largeur de la lame est beaucoup plus faible; tandis que cette largeur est de 7 à 8 centimètres pour la scie allemande, elle est comprise entre 5 et 20 millimètres suivant les rayons des courbes, pour la scie à chantourner.

Telles sont les principales scies employées pour le sciage en long. Les autres scies à main sont destinées au sciage en travers.

La *scie à arraser* des charpentiers se compose d'une lame montée à l'extrémité de deux bras entretoisés par un sommier et reliés au moyen d'une corde tordue en trois ou quatre brins par une clef ou *garrot*, et qui a pour effet de tendre fortement la lame. Cette scie, de grande dimension, est ordinairement maniée par deux hommes qui la font mouvoir horizontalement dans la direction du trait à exécuter.

Les charpentiers emploient également la scie de *long à crans*, formée d'une forte lame, plus large au milieu qu'aux extrémités qui sont munies de poignées, et la scie dite *à main*, ou *feuillets*, ou *passe-partout*, qui peut passer en s'appuyant sur une surface et enfin dans certains endroits où une scie ordinaire ne pourrait accéder. Une scie à main se compose d'une lame forte, courte, plus large d'un bout que de l'autre, et n'ayant pour toute monture que la poignée en bois à l'aide de laquelle on la tient et on la fait fonctionner. C'est en somme un outil indispensable, mais d'une manœuvre peu facile, et qui ne permet d'exécuter que des traits de peu d'étendue.

Enfin, dans la menuiserie, on emploie beaucoup la grande et la petite *scie à arraser*, à l'aide desquelles on exécute le petit sciage.

Les lames des scies à bois sont en acier laminé, trempé et recuit de façon à obtenir une dureté telle que la lime puisse y mordre facilement pour l'affûtage. L'action des scies sur la matière à travailler, produit une poussière ou sciure, en engendrant de part et d'autre de l'objet fendu, une surface plane plus ou moins unie.

La plupart des scies n'opère que dans un sens, aussi leur denture est généralement non symétrique. Les scies des scieurs de long ont des dents crochues et inclinées dans un sens ; on les fait avec une lime ronde. Les scies de menuisiers et d'ébénistes, ainsi que celles destinées au sciage de l'ivoire et des métaux, ont des dents qui sont des portions de triangles équilatéraux dont l'une des faces est à peu près perpendiculaire à la direction de la lame, et c'est celle qui se présente dans le sens de l'avancement du sciage ; mais sur un quart de la longueur de la lame du côté opposé à celui par lequel l'ouvrier tient la scie, les

dents sont un peu plus renversées en arrière dans le but de donner à la scie un peu moins de résistance, au moment même où l'attaque du trait commence.

Cette figure des dents est telle en résumé, que l'affûtage s'effectue très facilement au moyen de la lime dite *tiers-point*, dont la section est un triangle équilatéral exact; il suffit alors à l'ouvrier pour affûter sa scie de passer le tiers-point entre les dents, dont un revers et une face se trouvent attaqués simultanément, et la forme de la denture est ainsi conservée facilement, depuis la denture neuve découpée mécaniquement jusqu'au dernier terme de service de la lame, où elle ne conserve plus que 1 ou 2 centimètres de largeur et peut encore être utilisée comme lame de scie à chantourner. Le coup de tiers-point se donne perpendiculairement à l'épaisseur de la lame; la face coupante des dents n'offre donc aucun biseau.

Dans les scies employées à des sciages grossiers, tels que le tronçonnage des bûches de bois à brûler, les dents doivent être plus grosses et leur face d'attaque renversée en arrière. Cette forme de dents convient aux scies qui travaillent dans les deux sens du mouvement, il est alors d'usage de limer légèrement en biseau la lame tranchante. La forme générale de la dent est à peu près un triangle équilatéral dont la base est parallèle à la direction de la lame.

Les dents des scies destinées au sciage des bois secs sont consécutives; pour les bois verts on ménage entre elles un intervalle égal environ à leur base pour faciliter l'expulsion de la sciure.

Les scies, pour les pierres tendres (fig. 70) et le placage ont une denture en triangle rectangle cou-

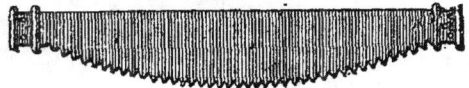

Fig. 70. — *Scie pour pierres tendres.*

ché sur la partie plane de la lame suivant le plus long côté de l'angle droit; elle sont animées d'un mouvement très rapide. Enfin, certaines scies pour pierres dures n'ont pas de dents.

Les scies à bois ont, en moyenne, de 2 à 3 dents au centimètre courant, les scies à cuivre 3 1/2 à 4 dents, et les scies à fonte et à fer 5 dents.

Une condition importante pour qu'une lame de scie fonctionne bien c'est qu'elle soit parfaitement tendue et ne conserve pas le moindre gauche : une scie dont la lame large de quelques centimètres ne serait pas rigoureusement dégauchie, est impossible à conduire.

Pour éviter qu'une lame de scie ne soit coincée dans la pièce, on oblique les dents paires d'un côté et celles impaires de l'autre par rapport au plan de la lame ; c'est ce qu'on appelle *donner la voie*. En effet, si les dents d'une scie étaient maintenues dans le même plan que la lame elle-même, son épaisseur étant uniforme, il serait à peu près impossible de faire glisser la lame dans le trait, surtout si les deux parties sciées ont de la tendance à se resserrer, ce qui se produit fréquemment avec le bois. Il faut, en somme, que la largeur du trait exécuté soit notablement supérieure à l'épaisseur de la lame. Pour donner la voie, on saisit la scie dans le mordache du banc d'affût et avec un marteau et par l'intermédiaire d'un chasse-pointe que l'ouvrier tient de la main gauche, on frappe sur les dents de manière à les courber légèrement; on se sert également et surtout pour les grandes dents d'un outil appelé *tourne à gauche*; dans ce dernier cas, l'ouvrier a un réglet qui le guide pour obtenir une régularité convenable. C'est en somme une opération assez délicate et qui a donné l'idée de différents procédés mécaniques plus sûrs et plus rapides que la main de l'ouvrier ; ils sont surtout utiles dans les scieries où les outils sont nombreux et soumis à un travail considérable et incessant.

La voie se donne tous les cinq ou six affûts ; elle est plus forte pour les bois tendres et filandreux que pour les bois durs; elle varie des deux tiers aux trois quarts de l'épaisseur de la lame, quelque fois plus, mais sans jamais dépasser cette épaisseur.

On a proposé, pour remplacer la voie, des lames dont l'épaisseur serait plus grande du côté de la denture que sur la rive opposée. Ce procédé, sans tenir compte de la difficulté de fabrication, serait admissible si la denture ne s'usait pas, ce qui ne peut être.

**Scies mécaniques.** Les scies mécaniques ont pour bases celles manœuvrées à la main, dont elles doivent reproduire le travail, mais dans des conditions toutes différentes de production et de précision.

Les scies mécaniques donnent plus de déchet que les scies à main, et exigent proportionnellement un effort moteur plus considérable. De plus, elles ont l'inconvénient de débiter d'un seul trait sans tenir compte des défauts et vices du bois,

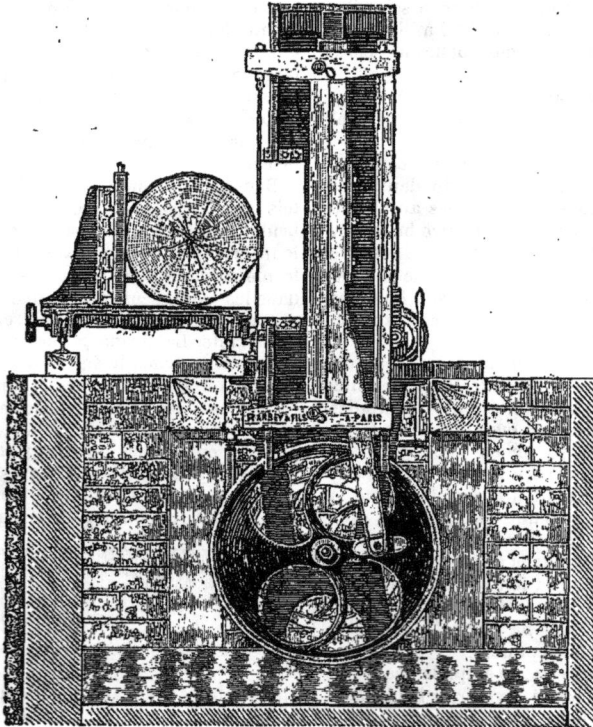

Fig. 71. — *Scie verticale alternative à une seule lame avec chariot pour bois en grume.*

tandis que les scieurs de long peuvent modifier le lignage dans le cours du travail.

Mais, par contre, les scies mécaniques donnent une précision beaucoup plus grande, les gauches sont évités complètement, et les épaisseurs beaucoup plus régulières. La production est bien plus grande, ce qui diminue dans une proportion considérable le prix de revient. Cette dernière considération est d'une telle importance qu'elle a fait adopter le sciage mécanique dans la presque totalité des scieries.

Nous distinguerons deux classes de scies mécaniques : les *scies à mouvement alternatif* et les *scies à mouvement continu.*

La première classe comprend:
1° Les scies verticales à une seule lame;
2° Les scies verticales à plusieurs lames;
3° Les scies horizontales à plaçage ;
4° Les scies à découper ou *sauteuses.*

La deuxième classe comprend:
1° Les scies circulaires ou fraises ;
2° Les scies à la lame sans fin ou à ruban.

*Scies verticales à une seule lame.* Les scies verticales à une seule lame se composent essentiellement d'un châssis sur un des côtés duquel est fixée la lame suivant un plan perpendiculaire à celui du châssis (fig. 71). Celui-ci est relié à une bielle actionnée par un arbre à manivelle qui lui donne un mouvement de va-et-vient dans le sens vertical. La pièce de bois en grume est fixée au moyen de crampons sur un chariot qui se meut sur des rails placés sur le sol, perpendiculairement au châssis de la scie, et qui reçoit automatiquement un mouvement d'avance réglé d'après la nature et l'épaisseur du bois à scier. M. Arbey fixe cet avancement à 2m,15 environ par minute pour bois de chêne de 0m,30 à 0m,40 de hauteur, et à 1m,30 dans des hauteurs de 0m,50 à 0m70, ce qui équivaut à un débit de 390 mètres carrés pour 10 heures de travail suivi.

Quand la scie est fixe, c'est-à-dire établie dans

une scierie à demeure, la commande a lieu le plus généralement par en dessous; la bielle est réunie au cadre par la partie inférieure, l'arbre à manivelle et les poulies de commande sont situés dans une fosse assez profonde. Mais quand la scie doit être mobile, c'est-à-dire servir, par exemple, pour le sciage en forêt, cette disposition ne peut plus être adoptée et la commande se fait par en dessus.

La scie verticale à une seule lame sert encore à refendre; la pièce de bois au lieu d'être fixée sur un chariot repose sur une table fixe et est prise entre deux jeux de rouleaux ou cylindres verticaux disposés de chaque côté de la lame; ceux qui sont en arrière sont fixes, tandis que ceux qui sont en avant sont cannelés, commandés mécaniquement et déterminent l'entraînement.

Comme dans cette situation la pièce de bois n'a pour guide que ses propres parements, le trait exécuté ne peut être que parallèle, ou pour mieux dire, une parallèle à la direction des cylindres-guides contre lesquels les cylindres entraîneurs repoussent constamment la pièce. Il en résulte donc qu'avec une scierie à cylindres, la pièce soumise au sciage doit préalablement posséder au moins un parement dressé.

L'avantage de ces scies est de donner une grande précision, et de pouvoir faire varier l'épaisseur entre chaque trait; la lame, très tendue, peut être relativement mince, et elle prend peu de bois pour l'épaisseur du trait.

*Scies verticales à plusieurs lames.* Ces scies se composent d'un châssis à l'intérieur duquel se trouvent plusieurs lames dont l'écartement corres-

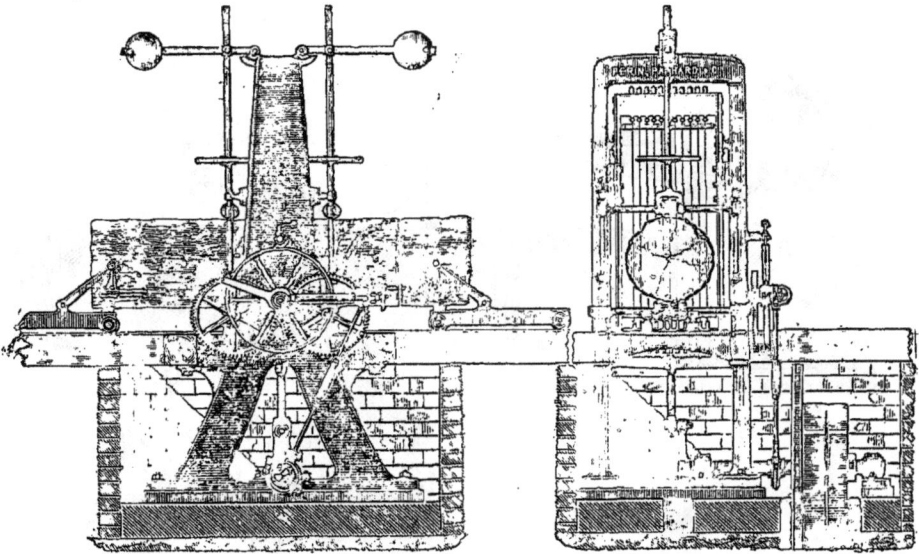

Fig. 72 et 73. — *Scie verticale alternative à plusieurs lames avec chariot pour bois en grume.*

pond à l'épaisseur des madriers ou plateaux qu'on veut obtenir (fig. 72 et 73). Comme pour la scie à une seule lame la commande se fait en dessous ou en dessus suivant que la machine doit être fixe ou transportable; elle peut être également à chariot pour les bois en grume ou à cylindres pour les bois ayant déjà un parement dressé.

L'avantage de ces scies est de donner une grande production puisqu'elles exécutent plusieurs traits à la fois.

*Scies horizontales à placage.* Cette scie a pour but de découper en tranches très minces les bois précieux qui servent dans l'ébénisterie (fig. 74). C'est une scie verticale à une seule lame renversée. Elle se compose, en effet, d'un châssis horizontal dont la lame forme l'un des côtés, commandé par une bielle horizontale; le bois se fixe sur un chariot vertical qui se meut automatiquement; il peut se rapprocher plus ou moins de la lame de scie pour faire varier l'épaisseur de bois à enlever.

Cette scie est généralement remplacée maintenant par la machine à trancher qui ne donne pas de perte de bois.

*Scies à découper* ou *sauteuses*. Cette scie (fig. 75) se compose d'une lame très mince et très étroite dont l'extrémité supérieure est fixée à un ressort qui tend à la relever et l'extrémité inférieure à une bielle qui tend à l'abaisser soit au moyen d'une pédale mue par le pied, soit au moyen d'une manivelle mue mécaniquement; on obtient ainsi un mouvement vertical alternatif. La lame traverse une table sur laquelle s'appuie la pièce à découper.

Cette scie est employée pour les travaux de marqueterie. La scie à lame sans fin sert pour les mêmes travaux; mais il y a des cas où la sauteuse est indispensable: d'abord, quand le découpage à exécuter n'offre pas de sortie; alors on perce un trou à la mèche par lequel on fait passer la lame qu'on a détachée par une de ses extrémités; deuxièmement, quand la largeur de la pièce à découper est telle qu'elle ne peut pas passer entre les deux brins de la lame sans fin.

Comme le ressort de la sauteuse est porté par un support qui est fixé au plafond de l'atelier, on dispose à la hauteur de la table de tout l'espace voulu, ce qui permet de travailler des pièces de toute largeur.

*Scies circulaires* ou *fraises.* Les scies circulaires se composent d'un plateau circulaire en acier mince, dans la circonférence duquel sont taillées des dents (fig. 76 et 77). Ce plateau est fixé à un arbre horizontal porté par des paliers placés en dessous d'une table que traverse le plateau ; on donne à l'arbre un mouvement rapide de rotation au moyen d'une poulie fixe, une poulie folle voisine de celle-ci permet de désembrayer. La pièce de bois placée sur la table est poussée contre la scie soit à la main, soit au moyen d'un mécanisme d'entraînement. Une règle posée de champ parallèlement au plateau et pouvant s'en écarter ou s'en rapprocher plus ou moins, sert de guide, quand on fait du sciage en long.

On effectue avec cette scie les mêmes travaux qu'avec les scies à lames droites, mais dans des conditions plus défavorables sous tous les rapports. D'abord, le diamètre de la fraise doit être au moins deux fois et quart ou deux fois et demie l'épaisseur du bois à scier ; il en résulte que pour des grumes de grande épaisseur on arrive à des plateaux de plus de 1 mètre de diamètre. La force absorbée

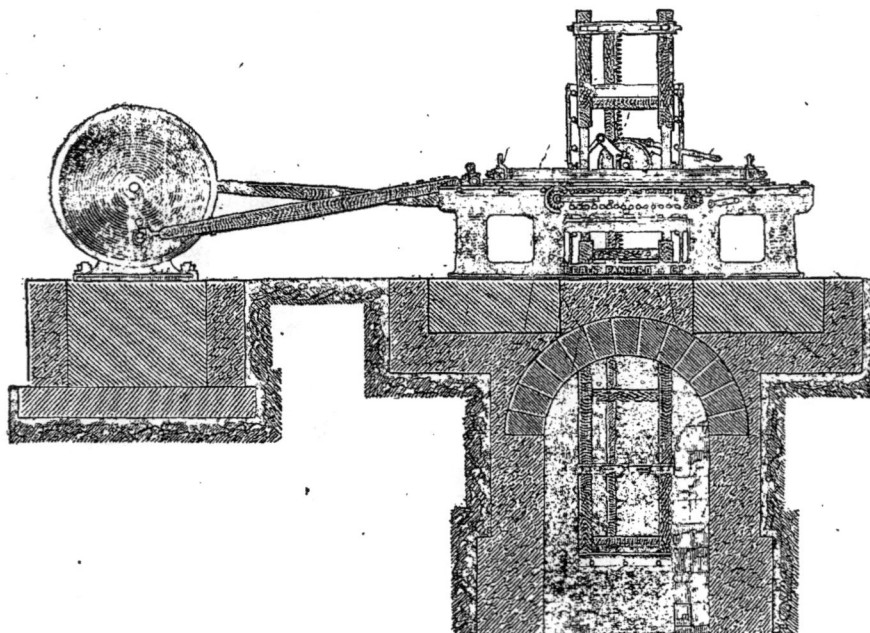

Fig. 74. — *Scie horizontale à placage*

par la scie circulaire est très considérable puisqu'elle se trouve engagée sur près de la moitié de la surface dans le trait, d'où un grand frottement. Pour le diminuer, on donne beaucoup de voie, et comme déjà l'épaisseur doit être assez forte pour éviter le voilement, la perte de bois est grande. Enfin, il faut tenir compte des dangers que présente l'emploi de la machine.

On doit donc éviter de se servir de la scie circulaire toutes les fois que cela est possible ; mais pour certains travaux, tels que le sciage en travers, elle est indispensable. Ce qui la fait encore préférer, c'est son extrème simplicité d'installation et de mécanisme et aussi la grande quantité de travail qu'on en peut obtenir, comparativement au peu d'emplacement qu'elle exige, mais toujours au prix, bien entendu, d'une quantité proportionnelle de force motrice absorbée.

Beaucoup de scieurs établissent eux-mêmes leurs scies circulaires sans prendre toutes les précautions nécessaires ; c'est une grande erreur, car alors la machine est loin de rendre les services dont elle est capable, et devient extrêmement dangereuse. Elle doit être, au contraire, établie avec beaucoup de soins et nous emprunterons aux publications de l'*Association parisienne des industriels pour préserver les ouvriers des accidents*, les précautions à observer pour qu'elle fonctionne dans les meilleures conditions possibles.

Le banc de la scie doit être assez lourd et assez bien fixé sur le sol, pour que les vibrations dues à la grande vitesse soient insensibles. Pour cette raison, les bâtis en fonte sont préférables à ceux en bois.

Les paliers qui portent l'arbre doivent être longs pour réduire l'usure, et leur graissage doit être fait très soigneusement. Ils doivent être toujours serrés à fond pour empêcher tout déplacement de l'arbre, et des coussinets usés doivent être remplacés ou tournés à nouveau.

La poulie folle doit avoir toujours son moyeu parfaitement graissé pour éviter les entraînements, qu'il est malgré cela difficile d'empêcher. Aussi

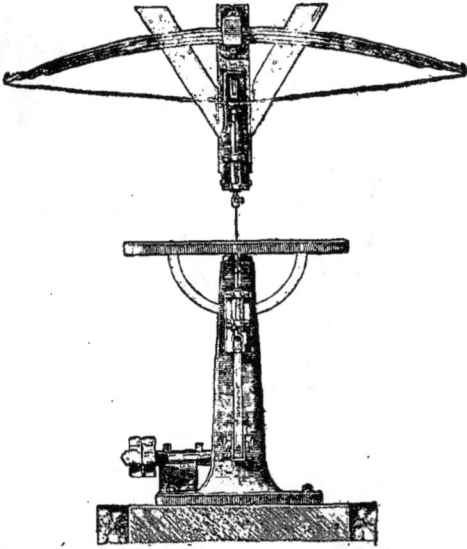

Fig. 75. — *Scie à découper ou sauteuse.*

les constructeurs soigneux ont-ils pris, dans ce but, des mesures spéciales ; la poulie folle au lieu d'être montée sur l'arbre est montée sur un fourreau qui l'entoure sans le toucher, et qui est fixé au bâti de la machine ; ou bien, comme dans la disposition de MM. Despine et Achard, elle est montée sur un arbre qui fait suite à celui de la lame, mais sans liaison avec lui, et porté par un palier spécial. L'arbre doit être très rapproché de la table de façon à avoir la plus grande hauteur utile possible de lame.

Pour éviter le voilement du plateau, on met de chaque côté dans l'épaisseur de la table, des vis horizontales terminées par un morceau de corne ou de bois dur ; elle laissent entre elles juste l'espace nécessaire pour le passage du plateau, de façon à l'empêcher de dévier. Ces vis, appelées *guides*, se placent à la partie antérieure du pla-

teau près du point d'attaque où il a évidemment le plus besoin d'être soutenu. On en met aussi souvent à la partie postérieure, mais les ouvriers ont l'habitude de ne pas les serrer pour éviter l'échauffement de la lame.

Sur la table se trouve une règle posée de champ, parallèlement au plateau, qui sert à guider la pièce de bois. Cette règle peut se déplacer parallèlement au moyen d'une rainure transversale faite dans la table et d'un boulon de serrage ; cette disposition est préférable à celle dans laquelle la règle se meut au moyen de tiges articulées formant parallélogramme. Il est, en effet, nécessaire que l'extrémité de la règle ne dépasse jamais le centre du plateau, afin que lorsque la lame est engagée dans le trait de scie, celui-ci puisse s'ouvrir librement ; sans cela, le frottement est augmenté, et il peut arriver que, le trait se resserrant, la pièce de bois soit saisie par la denture arrière et se jette sur l'ouvrier.

Pour tenir le trait ouvert, dans les pièces de grande largeur, un homme y introduit un coin en bois. On peut remplacer ce coin en fixant sur la table, près de la partie postérieure du plateau, un couteau en acier placé dans le plan de la lame et d'une épaisseur un peu plus grande que la largeur de la voie ; ce couteau doit pouvoir se déplacer suivant le diamètre des plateaux.

Les constructeurs ne sont pas tous d'accord sur la vitesse à donner aux scies circulaires pour en tirer le meilleur effet utile. On convient cependant, maintenant, qu'elle doit être aussi grande que possible, le travail est mieux fait et l'effort exercé par l'ouvrier moins considérable. M. Armengaud aîné dit qu'elle doit être comprise entre 15 et 20 mètres par seconde à la circonférence.

Ces chiffres sont trop faibles, des expériences faites, il y a quelque temps, par la *Société industrielle de Mulhouse*, sur des scies établies dans de bonnes conditions et produisant un bon travail, ont montré qu'on pouvait, sans dangers, porter la vitesse

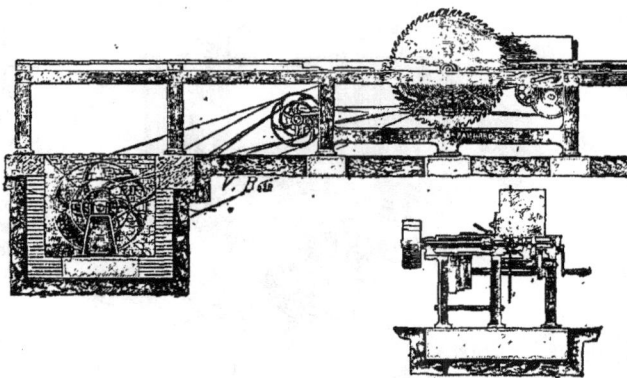

Fig. 76 et 77. — *Scie circulaire avec chariot.*

circonférencielle à 50 mètres par seconde ; mais alors le nombre de tours pour des plateaux de petits diamètres, nécessaire pour atteindre cette vitesse, devient trop considérable et les tourillons chauffent ; on a donc été amené, en Alsace, à admettre des vitesses diminuant avec le diamètre des plateaux ; voici les chiffres qui ont été adoptés :

| Diamètre des plateaux | Nombre de tours par minute | Vitesse linéaire |
|---|---|---|
| 1ᵐ,000 à 0ᵐ,600 | 1.000 à 1.600 | 55 à 50 m. |
| 0ᵐ,600 à 0ᵐ,350 | 1.600 à 2.100 | 60 à 40 m. |
| 0ᵐ,350 à 0ᵐ,150 | 2.100 à 3.000 | 35 à 25 m. |

Comme il arrive fréquemment que sur une même scie on monte des plateaux de différents diamètres, et qu'il n'est pas possible de faire varier la vitesse à chaque changement, on prend pour vitesse celle qui convient au diamètre moyen des plateaux employés.

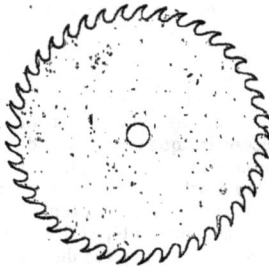   

Fig. 78.     Fig. 79.     Fig. 80.     Fig. 81.

Quand la scie circulaire sert à faire des sciages en travers, au lieu de pousser le bois directement à la main contre la lame, on le fixe sur un chariot qui glisse sur la table au moyen de rainures, et c'est le chariot qu'on fait avancer.

Dans la menuiserie et l'ébénisterie, on se sert beaucoup de fraises à axe mobile. Au moyen d'une manivelle on fait descendre ou monter l'arbre horizontal qui porte le plateau, de façon que celui-ci ne dépasse la table que de la quantité voulue. On fait ainsi les feuillures, les tenons simples, les élégissements.

La forme à donner aux dents des scies circulaires dépend de la nature du bois.

La figure 78 représente la denture qui convient le mieux pour le bois tendre. Pour les bois secs et durs on abat l'extrémité des crochets. On emploie des dents plus couchées et plus fines pour les bois pelucheux et filandreux, ainsi que l'indi-

que la figure 79. Lorsqu'on veut couper en travers, c'est-à-dire perpendiculairement à la fibre, il faut généralement des scies spéciales dont la denture est représentée par la figure 80. Enfin, dans les scies de petit diamètre qui marchent à bras d'homme ou par pédale, la dent est en forme de triangle rectangle comme on le voit dans la figure 81.

En général, les scies circulaires pour le bois ont des dents couchées, lorsqu'elles sont d'un diamètre de 0,30 et au-dessous, et des dents crochues lorsqu'elles ont un diamètre de 0,35 et au-dessus.

L'expérience des ouvriers sert aussi à déterminer, selon le diamètre de la scie et la nature du bois à attaquer, le rapport du vide au plein des dents, pour qu'à chaque tour la sciure puisse se loger entre les dents et sortir dans l'instant où la scie n'attaque plus le bois; le volume de la sciure étant quadruple de celui du bois d'où elle provient, il est bon de tenir compte de cette observation.

*Scies à lames sans fin ou à ruban.* Cette scie consiste en une longue lame dont les deux extrémités sont soudées, de façon qu'elle fait l'effet d'une courroie de transmission (fig. 82 et 83). Cette lame passe sur deux poulies d'égale diamètre; la poulie inférieure est calée sur un axe fixe recevant le mouvement qui est transmis à la partie supérieure par la lame suffisamment tendue. Cette tension s'obtient en faisant l'axe de la poulie supérieure mobile; pour cela on le rend solidaire d'un chariot qui se meut verticale-

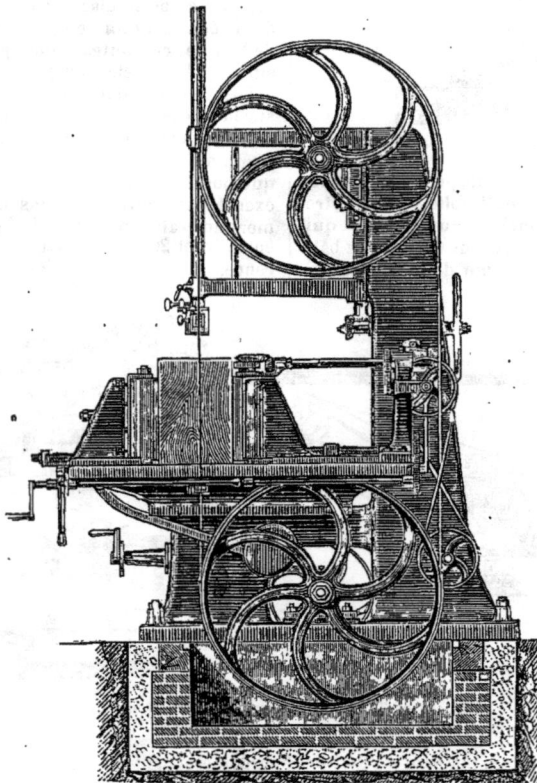

Fig. 82. — Scie à ruban.

ment sur le bâti au moyen d'une vis. Le brin descendant traverse une table sur laquelle s'appuie la pièce de bois à scier. Au-dessus de cette table, à une hauteur variable, suivant l'épaisseur de la pièce de bois, se trouve un guide composé d'un morceau de bois portant une fente dans laquelle passe la lame. Le guide est porté par une tige en fer verticale pouvant glisser dans des douilles.

Les tables sont généralement montées sur deux demi-cercles en fer qui permettent de leur donner une inclinaison pour scier en biseau. Elles peuvent être munies d'une règle guide ou bien de cylindres d'entraînement. A la place de la table, pour le sciage des bois en grume, se trouve un chariot se mouvant sur des rails, automatiquement.

Pour augmenter l'adhérence de la lame sur les poulies, on munit leur circonférence d'une bande de caoutchouc.

La vitesse convenable à donner aux lames doit être comprise entre 30 et 40 mètres de développement linéaire par seconde.

On peut faire avec les scies à ruban tous les travaux exécutés par les scies alternatives et circulaires, sauf le sciage en travers à cause de l'écartement limité des deux brins de la lame, mais on peut faire tous les travaux de chantournement. De

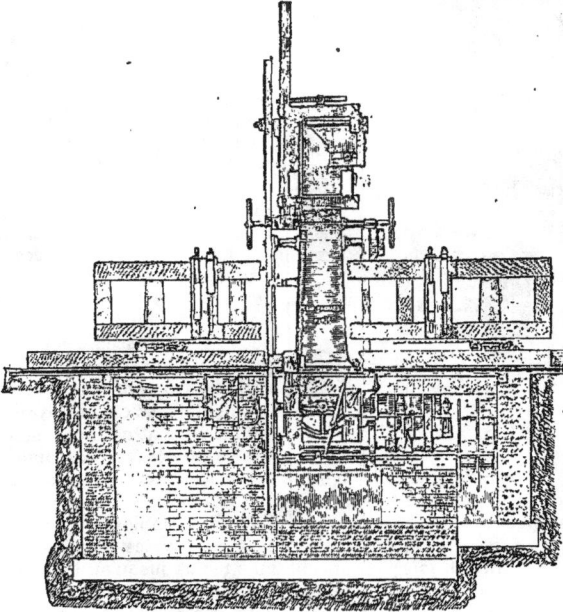

Fig. 83 — Scie à ruban avec chariot pour bois en grume.

plus, les lames étant peu épaisses et étroites, la perte de bois est peu considérable, et la force motrice bien moins grande que pour les autres scies.

S'il se produit une rupture de la lame, on brase celle-ci en fixant avec deux ligatures en fil de fer les deux extrémités de manière à faire correspondre les dents, puis on garnit les bords du recouvrement de fil de laiton et d'une couche de borax délayé dans l'eau; c'est ce fil de laiton qui en fondant à la forge, produit la soudure. Celle-ci opérée, la lame est fixée sur une bride, en bois (fig. 84), puis après avoir enlevé au burin, le fil de fer qui en attachait les deux extrémités, on procède à l'aide de la lime, à l'amincissement de la brasure, car en cet endroit la lame a une épaisseur double; on termine enfin par un redressage au marteau et par un polissage. Le brasage peut encore se faire avec une pince spéciale, dite pince

à braser, que l'on fait chauffer au blanc sur une forge ordinaire; mais ce moyen qui n'est généralement employé que pour des lames étroites ne donne pas toujours de bons résultats.

On fait usage, depuis quelques années, des scies à rubans pour le découpage des étoffes, dans les ateliers de fournitures militaires principalement, où on a beaucoup de vêtements à exécuter sur les mêmes mesures.

On a appliqué également la scie à ruban au sciage des métaux.

MM. Regnard frères ont montré qu'on pouvait obtenir avec cette machine, les objets les plus variés exécutés avec une extrême perfection, suivant les dessins les plus compliqués et dans des conditions de très grande économie. Ils sont arrivés à scier très couramment des plaques ayant des épaisseurs de 30 millimètres en fer ou en acier, et peuvent même scier une plaque d'épaisseur de 50 millimètres.—G.T.

L'affûtage des scies à ruban se fait à la main ou mécaniquement lorsqu'il s'agit d'une denture à crochets.

Dans le premier cas, la scie est tendue sur un banc d'affût spécial (fig. 85) muni d'un mordache qui sert à pincer la partie sur laquelle on agit avec la lime; que celle-ci soit un tiers-point à angles arrondis ou une lime olive, il faut toujours avoir soin d'appuyer l'outil dans le fond des dents pour faire disparaître les criques qui ont tendance à s'y former, et qui, en se développant, pourraient amener une rupture de la lame.

La machine qui permet d'affûter mécaniquement est automatique et se compose d'un bâti, d'une table et d'un balancier à l'extrémité duquel est montée une meule d'émeri animée d'une grande vitesse de rotation; le balancier possède deux mouvements: l'un pour l'affûtage du dessous de la dent, l'autre pour l'affûtage du dessus. Un cliquet réglé d'après l'écartement de la denture, fait avancer la scie à chaque oscillation du balancier.

**Scie à recéper.** C'est l'appareil employé pour déraser les pieux et les palplanches, au-dessous de l'eau, à une profondeur souvent considérable. Les scies à recéper sont à mouvement rectiligne alternatif ou à mouvement circulaire.

Les premières consistent en une lame de scie formant l'un des côtés d'un châssis auquel on imprime un mouvement de va-et-vient à l'aide de leviers articulés prolongés jusqu'au-dessus de l'eau. Ce châssis mobile est porté et guidé par un châssis fixe, soutenu par un bâti de tiges verti-

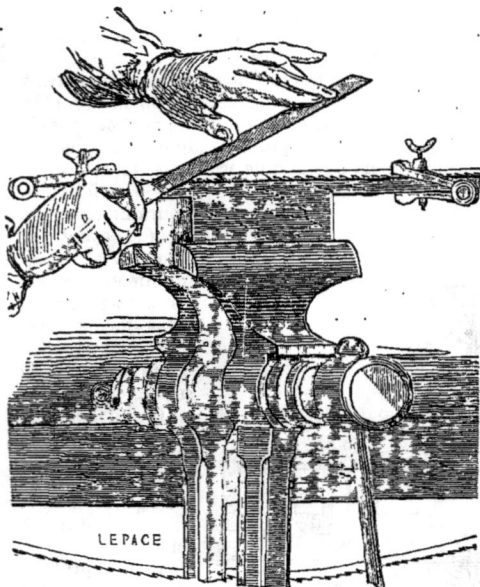

Fig. 84. — *Amincissement de la brasure.*

cales munies de vis ou de crémaillères, pour faire varier la hauteur à laquelle la scie doit travailler. Tout le système est suspendu à un chariot que l'on fait rouler sur un pont de service, soit pour avancer la scie pendant son travail, soit pour aller d'un pieu à un autre. Une des plus anciennes scies de ce genre est celle que de Cessart avait fait

construire pour les fondations des ponts de Saumur (1755) et de Rouen (1776). Elle fonctionnait avec une telle précision que l'on a pu reprendre, à 5 mètres sous l'eau, des tranches de quelques millimètres. Le recépage d'un pieu durait environ cinq minutes ; avec les déplacements de l'appareil on recépait de 20 à 22 pieux par journée de travail.

Lorsqu'il n'est pas absolument nécessaire d'avoir une surface de dérasement parfaitement horizontale, on emploie des scies oscillantes qui sont beaucoup plus simples. Le châssis mobile présente la forme d'un triangle isocèle dont la base est horizontale et formée par la lame de scie. Ce triangle est maintenu dans un plan vertical et peut osciller autour d'un axe horizontal qui lui est perpendiculaire et passe par le sommet. On le met en mouvement au moyen de deux cordes ou de deux perches attachées aux extrémités de la scie et suffisamment prolongées. Le recépage a lieu suivant une surface cylindrique, dont la concavité peut être beaucoup diminuée en donnant une grande hauteur au triangle.

Le troisième type de scie à recéper est formé avec une scie circulaire, mue horizontalement par un arbre vertical prolongé jusqu'au chariot sur lequel se trouve le mécanisme de rotation. La scie et son arbre sont suspendus au chariot, comme dans les appareils précédents ; par des tiges filetées ou à crémaillères ; l'arbre est fait en deux pièces assemblées à coulisse, afin qu'il puisse s'allonger ou se raccourcir, lorsque l'on règle la longueur des tiges suivant la profondeur à laquelle la scie doit travailler. Les pieux de fondation du pont de Libourne ont été recépés avec une scie de ce genre, à une profondeur de 5$^m$,80 au-dessous du niveau de la mer.

Nous devons, en terminant, indiquer encore les scies employées par les chirurgiens ; elles sont constituées par des lames d'acier trempé, puis recuit jusqu'au bleu, et dont les dents, pratiquées sur l'un de leurs bords, ont une finesse qui varie avec le volume de la partie osseuse à

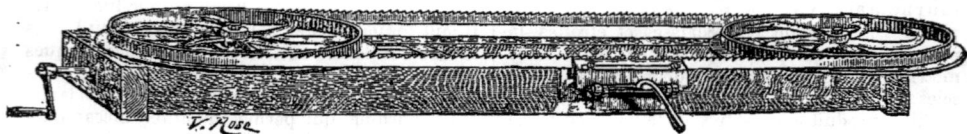

Fig. 85. — *Banc d'affût des scies à ruban.*

couper. Suivant la forme de la lame, cet instrument prend les noms de *scie droite*, *scie circulaire* ou *à molette*, *scie à chaînette*.

**SCIENCE APPLIQUÉE A L'INDUSTRIE** (La). L'un des caractères les plus remarquables de la société moderne, c'est à coup sûr l'importance de plus en plus grande que prennent la science et l'industrie dans les préoccupations générales de l'humanité. Aucune période de l'histoire n'est comparable sous ce rapport au siècle qui vient de s'écouler. En même temps que la science étendait son domaine dans des proportions presque

miraculeuses, une véritable révolution s'est accomplie dans les conditions d'existence des nations civilisées ; on est parvenu à produire en abondance et avec facilité la plupart des objets nécessaires à la vie ; on a su créer d'admirables moyens de transport et de communications qui suppriment presque le temps et les distances ; d'immenses usines se sont élevées groupant autour d'elles des milliers de travailleurs. Aujourd'hui encore ce prodigieux développement ne paraît pas prêt de se ralentir : la science continue ses découvertes pour ainsi dire chaque jour, et l'industrie perfectionne et renouvelle à chaque instant ses procédés. L'esprit reste confondu à la pensée de ce que sera l'humanité dans cinq ou six cents ans si toutefois le mouvement se continue avec la même rapidité.

Les conséquences économiques et philosophiques d'un pareil état de choses sont extrêmement complexes. Ce n'est pas ici la place de les analyser; nous nous bornerons à quelques réflexions qui aideront à apprécier sainement les rapports de la science et de l'industrie. Il est incontestable que le bien-être général s'est accru, que la misère est devenue plus rare et moins amère, et que la durée de la vie moyenne s'est allongée. Ce sont déjà de fort beaux résultats bien propres à nous faire aimer notre siècle et admirer les progrès accomplis, malgré tout ce qui reste encore à faire dans cette voie. Mais ce n'est pas seulement sous ce rapport qu'il convient d'envisager l'évolution industrielle et scientifique qui se continue sous nos yeux. Sans doute, le bien-être matériel du peuple mérite d'attirer toute notre sollicitude et l'on ne saurait trop rechercher tout ce qui peut contribuer à améliorer le sort des masses; mais le développement intellectuel de l'humanité demande aussi à être pris en sérieuse considération. Il est certain que l'homme s'élève d'autant plus, dans la hiérarchie des êtres, qu'il développe davantage les facultés de son intelligence, qu'il connaît et comprend plus de choses, qu'il s'intéresse davantage aux événements de toutes sortes qui s'accomplissent autour de lui, dans la nature ou la société, et qu'en augmentant les ressources de la puissance créatrice qui est en lui, il étend davantage son empire sur la nature et l'importance de son rôle dans l'Univers. Il semble donc que le véritable progrès social doive consister à assurer à tous les membres de la société le plus large développement possible de leurs facultés, et l'amélioration des conditions matérielles de l'existence n'apparaît plus que comme un moyen de réaliser ce but idéal. Et même, à n'examiner les choses que d'un point de vue plus restreint, celui du bonheur général de l'humanité, le développement de l'intelligence conserve toute sa supériorité. Non seulement la science et l'esprit d'invention sont nos seules armes pour lutter contre les fléaux de la nature, nos seuls instruments pour améliorer nos moyens d'existence; mais combien de souffrances les hommes ne s'infligent-ils pas les uns aux autres sous l'empire de l'ignorance, des préjugés et des passions?

D'un autre côté l'élévation intellectuelle et les occupations de l'esprit constituent par elles-mêmes un puissant élément de bonheur, tandis que toutes les commodités de la vie, œuvres de l'industrie moderne dont nous sommes si fiers, finissent bien vite par passer inaperçues; on s'y habitue tellement vite qu'on en profite sans en jouir. C'est que sous le rapport matériel, le bonheur de l'humanité est strictement limité à la satisfaction de ses besoins, tandis que les jouissances intellectuelles sont illimitées; mais il faut une culture suffisamment élevée pour être en état de les apprécier. Les arts, les sciences, les spectacles ordinaires de

la nature, la contemplation même des œuvres humaines sont, pour les esprits bien doués, des sources inépuisables de plaisirs très vifs.

Il se trouve précisément, et fort heureusement, que le progrès de l'industrie moderne, si intimement associé au progrès scientifique, contribue, quoiqu'on en ait dit, et dans une large mesure, à ce développement si désirable de l'intelligence générale. On a dit et répété que les temps modernes n'avaient rien produit de supérieur aux grands génies de l'antiquité, et l'on s'est appuyé sur cette observation pour nier tout espèce de progrès intellectuel. C'est là déplacer la question. Sans doute, le maximum possible de l'intelligence humaine ne paraît pas s'être élevé sensiblement depuis deux ou trois mille ans. Nous concéderons volontiers que Newton n'était pas supérieur à Archimède, ni Victor Hugo à Homère; mais ce n'est pas de cela qu'il s'agit. Nous parlons, non des exceptions glorieuses, mais des moyennes et des masses. Nous ne savons pas si les facultés intellectuelles des hommes sont en moyenne plus élevées et plus puissantes aujourd'hui qu'autrefois; mais on reconnaîtra que le domaine où elles peuvent s'exercer est devenu à la fois plus vaste et plus accessible, et que par suite elles sont exercées plus souvent et avec plus de fruit.

L'accroissement du bien-être matériel laisse l'esprit plus libre, plus dégagé de la préoccupation si pénible du pain quotidien et mieux disposé par cela même à rechercher l'instruction qui lui manque, à s'occuper d'art ou à s'intéresser aux sciences. Ensuite, la nature des occupations d'une grande partie du genre humain s'est trouvée modifiée dans un sens très favorable au développement de l'intelligence. Sans doute la majorité est toujours attachée aux travaux agricoles; mais l'industrie, le commerce et les professions libérales occupent une fraction de plus en plus importante de la population. Le séjour dans les villes où se coudoient toutes les opinions et tous les intérêts, où les conversations et les distractions prennent nécessairement un caractère plus élevé est encore un élément important de progrès intellectuel. La facilité des communications agit d'une manière analogue sur les habitants des campagnes en étendant le cercle de leurs relations, et en les habituant à porter leur pensée au delà de ce qui les environne immédiatement. Quant aux ouvriers des manufactures, on peut regretter que l'extrême division du travail et l'usage de plus en plus répandu des machines-outils, les habitue à une sorte de travail automatique où l'intelligence n'a presqu'aucune part; mais le mal n'est pas aussi grand qu'il paraît. Les procédés de fabrication se perfectionnent assez vite pour que l'ouvrier soit obligé de changer sa manière de faire plusieurs fois dans sa carrière; l'esprit de routine si caractéristique chez les populations rurales est beaucoup moins à craindre pour lui. De plus, l'ouvrier voit exécuter autour de lui une foule de travaux variés qu'il ne pourrait peut-être pas faire lui-même; mais il sait du moins comment ils s'accomplissent; il assiste aux progrès du métier qu'il exerce, au développement des manufactures, spectacle instructif qui élargit ses idées et excite bien souvent son admiration. Enfin, à côté de la masse des travailleurs les plus humbles, combien n'y a-t-il pas d'employés, contre-maîtres, chefs d'ateliers de qui l'on exige dans des emplois souvent très modestes, des qualités intellectuelles et morales relativement très élevées ? Et si l'on s'élève encore dans la hiérarchie sociale, quoi de plus remarquable que l'extension de la classe moyenne ! Quel heureux stimulant que ce nombre considérable d'emplois honorables qu'offre l'industrie, où l'on peut se procurer le bien-être et l'aisance, mais où l'on ne peut réussir qu'avec une instruction solide, et une activité intellectuelle toujours en éveil.

Il est encore une circonstance qui domine toute l'économie de la production industrielle et qui joue un rôle des plus importants dans l'évolution des sociétés modernes ; c'est qu'à mesure que les moyens de communications se sont perfectionnés, la concurrence est devenue plus active et plus étendue. Aujourd'hui, la lutte est tellement acharnée que le moindre avantage conquis par un établissement important peut suffire à ruiner tous les établissements similaires, non pas seulement du même pays, mais du monde entier. L'ingénieur ne doit jamais perdre de vue que l'industrie moderne ne peut vivre qu'en se perfectionnant sans cesse. Il faut qu'il étudie constamment les moyens d'améliorer sa fabrication et de diminuer ses frais, qu'il sache s'entourer des collaborateurs les plus capables, des ouvriers les plus habiles, et surtout qu'il se tienne à l'affût de tous les perfectionnements réalisés dans son industrie, afin de les appliquer aussitôt dans son exploitation. On conçoit sans peine ce qu'il faut de qualités intellectuelles pour exercer un pareil métier, et l'on comprend en même temps comment un tel état de chose fait rechercher les hommes instruits et contribue à répandre dans le public le besoin et le goût de l'instruction à tous les degrés.

Mais il y a plus : des conditions économiques aussi rigoureuses ont imprimé à notre industrie un caractère de précision tout à fait inconnu des siècles précédents. Par les soins apportés à l'exécution des différents ouvrages, par l'attention mise à ne rien laisser perdre et à tirer le meilleur parti des ressources dont on dispose, par l'étude de tous les détails et la recherche approfondie des conséquences les plus éloignées de toute modification projetée, les exploitations industrielles ressemblent de plus en plus à de gigantesques expériences de laboratoire, où l'ingénieur est à tout instant obligé de faire appel aux indications des sciences physiques et aux calculs des sciences abstraites. Sous ce rapport, la science et l'industrie se prêtent un mutuel appui. Mais, tandis que la science rend à l'industrie des services positifs dont elle ne saurait se passer, celle-ci au contraire paraît d'abord n'agir sur le développement scientifique que par une sorte d'effet moral en provoquant les recherches dont les résultats lui sont nécessaires. Cependant,

comme tout se tient dans l'évolution de l'humanité, comme chaque progrès est la source d'un autre progrès, l'industrie favorise encore le développement scientifique d'une manière peut-être plus active et à coup sûr plus intéressante. D'abord, en élevant le niveau intellectuel moyen, elle a répandu le goût des recherches scientifiques et augmenté le nombre de ceux qui s'y peuvent consacrer utilement, car il ne faut pas croire que, pour faire quelque chose d'utile à l'avancement des sciences, il soit nécessaire d'être un grand génie. Il n'est pas donné à tout le monde de faire de brillantes découvertes; mais il y a bien des expériences à tenter, bien des études théoriques à entreprendre qui ne demandent que de l'attention, de la persévérance et une dose de sagacité qui n'a rien d'extraordinaire. Ensuite, et c'est encore un des bienfaits du développement industriel, les applications des découvertes scientifiques ont été si rapides et si merveilleuses, que le public a été saisi d'admiration, et que la masse encore si nombreuse de ceux qui ne jugent des choses que par l'utilité immédiate qu'ils en peuvent retirer, s'est enthousiasmée pour la science qui donnait d'aussi beaux résultats. Sans savoir discerner quelle pouvait être la part des savants et celle des hommes pratiques dans les progrès accomplis, on a cependant compris que le développement scientifique devait amener des améliorations importantes dans les conditions matérielles de l'existence, et qu'il fallait honorer les savants et encourager leurs études. Alors les carrières purement scientifiques se sont multipliées; les grandes écoles, l'enseignement supérieur, les établissements scientifiques, ont été largement dotés, soit par les pouvoirs publics, comme dans notre pays, soit par de généreux donateurs comme en Amérique. Tant d'avantages ont tourné en grande partie au bénéfice de la science pure; mais l'industrie y a trouvé aussi son compte, soit parce qu'un grand nombre de recherches scientifiques ont été entreprises pour résoudre des problèmes qui se posaient dans la pratique, et dont la solution intéressait au plus haut point l'avenir industriel, soit parce que des travaux conçus dans un but de science toute théorique ont conduit à des découvertes inattendues qui se sont montrées des plus fécondes en application. Ainsi, de toutes manières, qu'on recherche ou qu'on néglige les applications pratiques, les progrès de la science contribuent un jour ou l'autre au développement de l'industrie; mais l'homme qui veut se consacrer à la carrière des sciences voit s'ouvrir devant lui deux routes bien distinctes : il peut se laisser guider par des considérations pratiques, s'inspirer constamment dans ses études des nécessités et des besoins de l'industrie, et rechercher tout ce qui peut conduire à des applications utiles ou à des améliorations importantes. Il peut se faire, au contraire, de la mission d'un homme de science une idée toute différente : il peut craindre que les préoccupations pratiques ne rétrécissent ses idées, n'obscurcissent son jugement et ne l'entraînent parfois dans des recherches infructueuses et stériles. Pour lui, le véritable but de la science est la poursuite désintéressée de la vérité. S'il rencontre sur son chemin quelque découverte susceptible d'application, sans doute il ne dédaignera pas d'en profiter; mais en général, il laisse à d'autres le soin de tirer parti des vérités nouvelles qu'il aura mises au jour. Son rôle est d'augmenter la somme des connaissances humaines. Il est le grand étudiant de la nature. Physicien ou chimiste, il cherche à mieux connaître les lois des actions naturelles, et s'efforce de rattacher les uns aux autres les phénomènes en apparence les plus dissemblables; mathématicien, il perfectionne les méthodes de raisonnement, et en invente de nouvelles. En réalité, les hommes de science ne sont pas partagés en deux camps aussi tranchés; chacun a fait à son heure de la science appliquée et de la théorie pure; mais les tendances de leur esprit se révèlent toujours dans la nature de leurs travaux.

Il importe d'examiner quels genres de services peuvent rendre à l'industrie les études scientifiques entreprises dans l'une ou l'autre de ces deux directions.

Poussée par l'aiguillon de la concurrence qui est à la fois la loi de son existence et le principal stimulant de ses progrès, l'industrie cherche sans cesse à utiliser de la manière la plus complète et la plus avantageuse, les ressources dont elle dispose. Cette préoccupation est l'origine d'une foule de problèmes dont la solution présente le plus grand intérêt pratique, mais ne peut être obtenue, en général, que par l'application des méthodes scientifiques les plus délicates. Bien souvent il suffit de s'adresser à l'expérience pour obtenir les renseignements désirés, mais alors on doit s'entourer des précautions les plus minutieuses, et trop de fois les résultats des expériences appliqués sans discernement ont conduit à des déceptions parce que les conditions de l'expérimentation étaient par trop différentes de celles de la pratique. Aussi les expériences ne sont-elles véritablement instructives que quand elles s'appliquent à l'étude numérique d'un phénomène très simple. Si trop de causes viennent concourir à la production du phénomène étudié, les résultats obtenus ne seront jamais comparables, et l'on n'en pourra tirer aucune conclusion pratique, parce qu'on ne saura jamais si l'influence relative des diverses causes se trouve la même dans les circonstances industrielles et dans celles de l'expérience. Enfin les expériences sont longues et coûteuses. Il importe que celles qui seront entreprises présentent le plus haut degré de généralité afin que leurs applications soient plus étendues. Il y a donc intérêt, au moins en général, à ce qu'elles soient conçues et exécutées dans un esprit plus large que celui de la pratique immédiate, et qu'elles visent plus haut que le simple renseignement désiré. Il est inutile d'ajouter qu'elles ne seront de quelque utilité que si elles sont exactes; mais on ne saurait trop répéter que l'expérimentation est une chose plus difficile en général qu'on ne suppose. Malgré toutes les précautions qu'on a cru prendre, on laisse toujours subsister une

foule de causes d'erreurs, et bien souvent des résultats manifestement absurdes viennent désespérer les malheureux expérimentateurs. Ce n'est qu'à force d'habitude, de persévérance, d'attention et de sagacité qu'on arrive à surmonter tous les obstacles, à se rendre maître de toutes les irrégularités qui pourraient vicier les résultats, et à fournir des conclusions dont on puisse sans crainte affirmer l'exactitude. Aussi l'on comprendra qu'il importe de confier la direction des expériences à des hommes exercés à ce genre de travail et présentant toutes les qualités d'attention et d'habileté qui sont nécessaires. De plus, il est utile que l'expérimentateur considère l'expérience qu'il dirige comme un but, et non pas comme un moyen; il doit perdre de vue l'usage qu'on se propose de faire des résultats, afin de ne pas se laisser influencer par quelque idée préconçue, ou quelque secret désir de voir le travail tourner dans tel ou tel sens favorable à ses intérêts. Il résulte de toutes ces considérations que les expériences les plus utiles à l'industrie sont celles qui sont conduites par des hommes de science, à la manière des véritables expériences scientifiques.

Au reste, quelle distinction pourrait-on établir entre l'expérimentation industrielle, telle que nous venons de la définir, et l'expérimentation purement scientifique? A peine pourrait-on dire qu'il y a entre les deux une question de plus ou moins de précision. Le savant cherche évidemment à réaliser toute la précision que comportent les moyens de mesure dont il dispose, tandis que l'ingénieur n'a besoin que d'une précision limitée. Au point de vue économique, la question est donc d'obtenir avec le moins de frais une précision déterminée. Ici encore nous pensons que l'homme de science, habitué à étudier l'influence des causes d'erreurs, réussira mieux que l'industriel, parce qu'il commencera par examiner avec soin jusqu'à quel point il doit pousser les précautions pour ne pas tomber au-dessous de la précision demandée, tandis que l'industriel, préoccupé par habitude des questions d'économie, sera toujours tenté de négliger quelques détails dont le prix lui semble hors de proportion avec l'importance, mais que la suite montre au contraire de première nécessité. D'autre part, il y a un intérêt manifeste à ce que les expériences soient conduites avec toute la précision possible, car ce qui suffit à l'industrie d'une époque, peut ne pas suffire à une autre époque. Il est bon que les résultats une fois acquis, puissent servir pendant une longue période de temps. Pour toutes ces raisons, nous n'hésitons pas à condamner, en général, et sauf quelques cas spéciaux, les expériences entreprises dans l'usine même sous la direction des ingénieurs ordinaires que leurs occupations habituelles n'ont nullement préparé à ce genre de recherches. La division du travail est un grand principe que l'on ne peut méconnaître impunément. C'est le rôle des savants de faire des expériences; celui de l'ingénieur est d'en tirer parti. Nous savons bien qu'il a existé et qu'il existe encore un grand nombre d'ingénieurs qui ont mené à bien de fort belles et fort utiles expériences; mais ceux-là ne font pas de l'expérimentation une occupation de circonstance ; ils y consacrent la plus grande partie de leur carrière ; ce sont de véritables physiciens qui sont connus et honorés comme tels.

Nous ne pouvons énumérer tous les travaux célèbres dans les annales scientifiques qui ont été ainsi entrepris à la demande de l'industrie. La plupart des belles expériences de Regnault n'ont pas d'autre origine. Qu'il nous suffise de citer la table des tensions maxima de la vapeur d'eau aux diverses températures, ainsi que celle des quantités de chaleur absorbées par la vaporisation de l'eau, éléments si utiles à connaître pour l'établissement des machines à vapeur. Dans un autre ordre d'idées mentionnons les nombreuses déterminations de densités, les expériences du général Morin sur le frottement, celles de Tresca et d'Hodgkinson sur les coefficients d'élasticité et de résistance des différents matériaux de construction, etc. En chimie, l'étude des combustions a été l'un des premiers travaux indispensables, et l'on a dû déterminer avec le plus grand soin les quantités de chaleur fournies par la combustion des principales substances. La fabrication de l'acier a obligé à étudier plus attentivement les composés du fer avec différents corps simples tels que le carbone, le silicium, le soufre, le phosphore, etc. L'industrie du gaz d'éclairage a conduit à l'étude approfondie des goudrons de la houille, dans le but pratique d'utiliser les déchets de fabrication ; mais le résultat de cette étude s'est montré bien autrement important. Non seulement, la préparation des corps dérivés du benzol a fait faire un pas considérable à la chimie organique, mais encore un grand nombre de matières colorantes nouvelles ont été découvertes, et l'industrie de la teinture s'est trouvée complètement renouvelée. La soude artificielle a été fabriquée par Leblanc sous la pression des nécessités de l'industrie ; Gay-Lussac n'a pas dédaigné de perfectionner la fabrication de l'acide sulfurique. Au reste, c'est certainement en chimie que la science et l'industrie sont le plus étroitement associées et que les découvertes sont en général le plus immédiatement applicables. Mais ce n'est pas seulement dans la fabrication des produits chimiques que la science de Lavoisier rend des services précieux. Il n'est presque pas d'industrie qui ne soit obligée de lui faire un appel incessant, et tous les établissements importants entretiennent un laboratoire d'analyse où sont étudiés et classés les combustibles, les matières premières et souvent aussi les produits obtenus. — V. CHIMIE.

Les expériences, avons-nous dit, ne sont utiles et profitables qu'autant qu'elles s'adressent à l'étude de phénomènes simples. Au contraire, les phénomènes qu'utilise l'industrie sont essentiellement complexes. Pour qu'on puisse leur appliquer les résultats de l'expérimentation, il est donc indispensable de les analyser : il faut savoir démêler toutes les causes qui concourent à la production du phénomène, et étudier chacune d'elles isolément. Il faut ensuite évaluer l'influence relative de chacune pour déterminer la résultante dé-

finitive de l'ensemble. Tout ce travail est une affaire de raisonnement et de calculs ; mais il s'en faut qu'il soit toujours facile. C'est alors qu'interviennent les sciences de raisonnement ou sciences abstraites. Dans bien des cas, il faut faire appel aux ressources des mathématiques les plus élevées ; bien souvent même, les problèmes de cette nature qui se posent en pratique dépassent la puissance de l'analyse. Il faut alors se contenter d'approximations grossières ou recourir à un mode particulier d'expérimentation qui est tout le contraire de l'expérience scientifique, en ce sens qu'au lieu de chercher à étudier un phénomène simple, en évitant toutes les circonstances qui le pourraient compliquer, on s'attache au contraire à reproduire tant bien que mal toutes les conditions de la pratique pour étudier *ce qui se passera*. C'est ce qu'on appelle *l'empirisme*, méthode de recherche essentiellement restreinte et défectueuse, qui ne peut donner que des résultats médiocres, et qui disparaît peu à peu devant les progrès de la science et la vulgarisation des saines méthodes.

On comprend ainsi que les problèmes qui se présentaient en pratique aient souvent exercé le talent des géomètres les plus éminents, et aient largement contribué aux progrès des mathématiques. Mais un nouvel élément vient s'ajouter à la question ; il ne suffit pas d'avoir à sa disposition des expériences bien faites et une instruction mathématique étendue, pour en tirer des résultats pratiques ; il faut savoir aussi comment varient les effets d'une cause avec l'importance de la cause ; il faut connaître en un mot la *loi* des phénomènes, c'est-à-dire les fonctions qui rattachent les inconnus aux données, afin de pouvoir écrire les équations du problème. Les expériences servent surtout à déterminer les constantes numériques qui entrent dans l'expression de ces fonctions. Or les *lois*, dans le sens scientifique du mot, sont généralement ce qu'il y a de plus difficile à connaître. Les expériences donnent bien une idée générale de la marche du phénomène, mais elles ne peuvent fournir l'expression mathématique de la loi. Aussi les lois qui régissent les phénomènes ont-elles été pour ainsi dire devinées par une sorte d'intuition plutôt que déduites de l'ensemble des expériences. Les expériences ont été instituées, au contraire, pour confirmer ou infirmer la loi supposée. Il est bien certain que les lois ainsi proposées étaient fort simples dans leur énoncé, soit parce que des lois simples fournissent une base plus commode aux calculs, soit parce qu'il existe dans l'esprit humain une tendance invincible à croire que les procédés de la nature sont très simples, tendance fort heureuse du reste, car elle est au fond l'un des plus puissants mobiles qui poussent le physicien à l'étude de la nature. Quoi qu'il en soit, il est arrivé que les lois simples se sont généralement vérifiées sinon dans toute leur rigueur, au moins avec une grande approximation. Il semble à cet égard qu'il existe dans le moindre phénomène naturel, dans celui qui nous apparaît comme le plus simple et le plus irréductible, plusieurs causes en action dont l'une, de beaucoup la plus importante, agit réellement suivant une loi très simple, tandis que les autres viennent produire une influence perturbatrice plus ou moins grave suivant les cas. Pour la pratique de l'industrie, où la précision complète est souvent inutile, ces lois simples approchées sont extrêmement précieuses ; aussi leur emploi a-t-il été généralisé dans une foule de circonstances. On en est arrivé à appliquer couramment des lois reconnues fausses, et même des lois qui conduisent dans les cas extrêmes à des absurdités manifestes, et cela, pourtant de la façon la plus légitime. C'est qu'en effet les circonstances dans lesquelles opère l'industrie ne s'étendent pas sur toute l'échelle numérique des températures, pressions, etc. Si donc on a reconnu, par des expériences préalables, qu'une formule mathématique simple représente avec une approximation suffisante la marche d'un phénomène déterminé dans les limites où ce phénomène est susceptible de se produire industriellement, rien n'est plus légitime que de substituer cette formule approchée à la formule exacte qui serait l'expression véritable de la loi, et qui est le plus souvent inconnue ; mais la formule exacte fût-elle connue, qu'il ne faudrait pas se priver des avantages qui résulteront d'une simplification, pourvu qu'on se soit assuré que cette simplification ne peut introduire d'erreurs appréciables dans les conditions de la pratique.

Tels sont les principes qui doivent servir de base à l'établissement des *théories* applicables à l'industrie. Sous ce nom, l'on désigne, en effet, l'ensemble d'une ou plusieurs lois hypothétiques se rapportant au même sujet, des conséquences mathématiques qu'on en peut déduire et des conclusions qui doivent servir de règle à la pratique. Beaucoup de personnes ne peuvent se défendre d'un sentiment de prévention contre les théories. A chaque instant on entend opposer la théorie à la pratique, et pour certains esprits, l'adjectif théoricien est presque synonyme d'incapable. Dans cette manière de voir il y a un étrange abus de langage, une ignorance complète des nécessités de l'industrie moderne, où, chose plus grave, une manifestation de jalousie secrète de la part des ignorants contre les hommes instruits. En réalité, quand on prend le mot de théorie en mauvaise part, c'est qu'on le confond avec fantaisie ; le bon sens public a toujours senti d'instinct une vérité que connaissent bien les vrais théoriciens : c'est qu'on ne peut jamais faire sortir des formules mathématiques autre chose que ce qu'on y a mis ; les conclusions ne valent ni plus ni moins que les hypothèses. Le vrai savant ne perd jamais de vue les hypothèses qui ont servi de base à son travail, et il a soin de rappeler, en fournissant ses conclusions, qu'elles ne seront applicables qu'autant que les hypothèses auront été vérifiées. Entendue de cette manière, avec ces restrictions et ces précautions, la théorie ne saurait être l'ennemie de la pratique ; elle en est au contraire l'auxiliaire le plus précieux par les longs tâtonnements qu'elle évite et la sûreté qu'elle donne aux opérations. Jamais il ne doit se manifester entre la théorie et la pratique, d'autres écarts que ceux qui ont été prévus à l'avance et reconnus sans importance.

S'il en était autrement, c'est qu'une des règles fondamentales aurait été violée, soit dans l'établissement, soit dans l'application de la théorie. Il peut y avoir des théories inapplicables parce que les hypothèses qu'elles supposent ne sont jamais réalisées. Il peut y avoir des théories fausses parce que les calculs qu'elles contiennent sont faux. Il peut y avoir aussi des théories incomplètes parce qu'elles négligent un ou plusieurs éléments de la question, ou qu'elles ne précisent pas suffisamment les hypothèses qui leur servent de base. Ce sont des théories mal faites et dangereuses. Mais il est bien évident que des travaux théoriques aussi défectueux ne sauraient faire grand mal ; l'expérience et le bon sens en font une rapide justice. Ce qui est plus commun et plus dangereux, ce qui discrédite à la fois, aux yeux de certaines personnes, et la science et les mathématiques, ce sont les théories mal appliquées ou appliquées hors de propos, dans des conditions très différentes de celles qui avaient été supposées. On ne saurait trop appeler sur ce point l'attention des jeunes ingénieurs qui, parfois trop fiers de leur savoir ou portés à exagérer le rôle et la puissance des mathématiques, ont pu donner raison à la défiance invétérée des vieux praticiens contre la science.

Les théories imaginées pour les usages de l'industrie présentent ainsi un caractère essentiellement relatif ; ce sont avant tout des théories approchées qui doivent suivre l'évolution de l'industrie. A mesure que celle-ci se développe, les conditions dans lesquelles elle opère vont en s'élargissant, en même temps qu'une précision plus grande devient nécessaire. Aussi, les hypothèses qui ont servi à l'établissement de la théorie deviennent-elles insuffisantes ; il faut les remplacer par d'autres plus voisines de la réalité, mais aussi plus compliquées ; les calculs deviennent plus longs et plus pénibles, et l'on se trouve alors obligé de songer à simplifier les méthodes.

C'est surtout dans les industries mécaniques que les théories sont appelées à jouer le rôle le plus important. La mécanique rationnelle elle-même n'est qu'une grande théorie qui repose sur un très petit nombre de principes, seulement ces principes ne sont pas des hypothèses. L'accord constant de l'expérience et de la pratique avec les conclusions les plus lointaines qu'on en a pu tirer, fournit la preuve la plus éclatante de leur vérité ; aussi la mécanique rationnelle doit-elle être considérée comme une science définitive (V. MÉCANIQUE). Malheureusement bien des problèmes qui intéressent au plus haut point la pratique ne peuvent être traités en toute rigueur, soit parce que les forces qui se trouvent en action dépendent de lois physiques encore mal connues, soit parce que l'analyse mathématique est trop imparfaite pour tirer parti des équations différentielles que fournit la mécanique. Le dernier cas se présente en particulier dans la plupart des questions qui touchent à la mécanique des fluides. Il a donc fallu renoncer aux théories rigoureuses, et les remplacer par des théories plus simples qui font un plus grand appel à l'expérience, et ne sont même pas exemptes d'empirisme; c'est ainsi, par exemple, que s'est constituée cette science mixte, qu'on nomme l'*hydraulique*, et qui, malgré l'état arriéré où elle se trouve encore, a néanmoins rendu de grands services, tant pour la perfectionnement des moteurs hydrauliques que pour la construction des navires à vapeur. Mais l'une des théories les plus utiles à l'industrie et des plus intéressantes par sa généralité et l'étendue de ses applications, c'est celle de la *résistance des matériaux*. Il est difficile de se faire une idée du temps et des frais qu'elle épargne aux constructeurs de toutes sortes d'ouvrages, en leur évitant des tâtonnements ruineux et en leur fournissant des règles sûres pour établir, avec le moins de matière possible, des constructions capables de supporter avec une entière sécurité les efforts auxquels elles seront exposées. — V. RÉSISTANCE DES MATÉRIAUX.

Nous ne pouvons citer toutes les théories qui ont été imaginées pour les besoins de la pratique; mais nous devons signaler une industrie naissante qui semble appelée à prendre un développement considérable, et où les considérations théoriques ont déjà joué et joueront vraisemblablement un rôle très important. Nous voulons parler de l'industrie de l'électricité, avec ses applications, à la télégraphie, à l'éclairage, au transport de la force motrice, etc. Seulement les théories électriques sont jusqu'à présent des théories purement scientifiques dans le sens le plus élevé du mot. Elles ont été établies à la suite d'expériences délicates effectuées par les physiciens les plus éminents. Les savants les plus considérables du monde entier se sont occupés de les perfectionner. Sans doute, il faudra plus tard imaginer des théories simplifiées pour les besoins de la pratique, mais pour le moment, les industries de l'électricité présentent, au plus haut degré, le caractère scientifique que l'on retrouve plus ou moins atténué dans toutes les branches de l'industrie moderne.

On voit par ce rapide aperçu, combien les études scientifiques sont indispensables au développement et à la prospérité des entreprises industrielles, et comment la science se trouve continuellement appelée à résoudre de nouvelles questions posées par les nécessités de la pratique. Mais, en y réfléchissant, on ne tarde pas à reconnaître que les progrès qu'il est possible de réaliser dans cette voie sont nécessairement restreints et limités. C'est qu'en effet l'industrie ne saurait d'elle-même poser la question du progrès sur un autre terrain que celui du perfectionnement des méthodes et de la meilleure utilisation possible des ressources qu'elle possède, toutes choses évidemment limitées par elles-mêmes, et dont le maximum ne tarderait pas à se trouver atteint, avec l'activité intellectuelle qui se déploie à notre époque. Aussi l'industrie deviendrait bien vite stationnaire si elle ne pouvait utiliser que les travaux scientifiques qu'elle provoque directement. Pour réaliser un nouveau progrès, il faudrait alors remplacer les anciennes méthodes devenues insuffisantes, et chercher des ressources nouvelles dans quelque phénomène naturel jusqu'alors mal connu et mal apprécié. Il ne s'agit plus simplement de résoudre

par les procédés connus quelques problèmes dont la solution est utile à connaître; il faut trouver du *nouveau*, il faut découvrir une loi naturelle, un phénomène inconnu jusque là. En un mot, le progrès ultérieur de l'industrie devient strictement subordonné à l'apparition de quelque découverte importante dans les sciences physiques. Aussi quels que puissent être le mérite et l'importance des travaux entrepris dans un but d'utilité pratique, quelle que soit la reconnaissance publique que méritent les hommes de talent qui y ont consacré leur carrière, les savants qu'inspirent seules la passion désintéressée de la vérité et l'étude approfondie de la nature, remplissent une tâche encore plus noble et plus bienfaisante. Souvent, ils sont méconnus des hommes pratiques; souvent leurs plus belles découvertes passent inaperçues du public indifférent qui se demande *à quoi cela peut-il servir?* Cependant ils ont soulevé quelque coin du voile derrière lequel se cachent les forces naturelles dont l'homme fera ses auxiliaires et ses esclaves.

Il existe aujourd'hui, dans une certaine partie de l'opinion publique, une tendance particulière pour laquelle on a créé le mot *utilitaire*. Cette tendance s'explique d'une part par la grandeur des résultats de l'industrie moderne, et d'autre part, par les conditions nouvelles de l'existence qui exigent de chacun une activité de plus en plus grande. Aussi tient-on en grand honneur, et avec juste raison, tout ce qui est pratique et productif. Prenons garde pourtant, que ces tendances utilitaires ne se retournent en fin de compte contre les véritables intérêts de la société, et soyons bien persuadés qu'il n'y a rien de plus utile et de plus profitable que les travaux des savants qui font de la science pure, parce qu'eux seuls sont en état de faire ces brillantes découvertes qui révolutionnent l'industrie. On peut bien se rendre compte, à une époque déterminée, de ce qu'il faudrait trouver pour réaliser un progrès considérable; mais l'homme qui n'a d'autre préoccupation que la recherche de la vérité est dans une position bien plus avantageuse que celui qui s'attache à un problème particulier, sans trop savoir si les ressources de la science lui permettent d'arriver à la solution. Le vrai savant ne se laisse pas guider, dans le choix de ses travaux, par le plus ou moins d'utilité de la solution espérée; il recherche les études qui paraissent le plus propres à le conduire à la découverte de quelque vérité nouvelle; il approfondit toutes les conséquences de ce qu'il a trouvé, sans rien négliger sous prétexte d'inutilité apparente; il se laisse conduire par la logique naturelle des choses, et enregistre avec soin tous les faits nouveaux que ses travaux lui révèlent, et qui deviennent entre ses mains l'origine de découvertes nouvelles. Toutes ces découvertes, peut-être, ne seront pas immédiatement applicables; beaucoup pourront paraître tout d'abord stériles et inutiles, mais on ne peut savoir à quoi elles pourront conduire lorsque par la suite des temps et les progrès de la science, toutes leurs conséquences auront été minutieusement étudiées. En tous cas, il y en aura toujours dans le nombre qui se montreront tôt ou tard susceptibles d'applications brillantes; souvent même la science fournira par quelque admirable détour la solution du problème où les hommes pratiques avaient épuisé leurs efforts.

En réalité, l'histoire démontre que tous les grands progrès industriels se rattachent à quelque découverte scientifique de premier ordre. La machine à vapeur n'était dans l'idée de Papin qu'un moyen d'utiliser, comme force motrice, la pression de l'atmosphère découverte par Torricelli et Pascal. Ce n'est que bien plus tard, à la suite des perfectionnements de Watt, que la force élastique de la vapeur d'eau y a été employée comme moteur. Un jour, Arago s'aperçoit que le fer s'aimante lorsqu'un courant électrique circule autour de lui. Ce ne sont certes pas des considérations pratiques et utilitaires qui ont pu le conduire à cette remarque qui peut d'abord sembler assez insignifiante. Pourtant ce petit fait est, au point de vue économique d'une importance incalculable; appliqué par d'habiles praticiens, il devient le télégraphe électrique qui transporte la pensée humaine avec la rapidité de l'éclair à travers les continents et les mers; plus tard, il nous vaut le téléphone, plus merveilleux encore. M. Chevreul s'avise un jour de vouloir connaître la composition des corps gras; il en a fait une étude approfondie, très profitable au progrès de la chimie, et accessoirement sa curiosité nous vaut les bougies stéariques. L'histoire de la science moderne et particulièrement de la chimie, est pleine de découvertes de ce genre, sources de richesses nouvelles et d'applications utiles. Du reste, les progrès de la science n'agissent pas seulement par les ressources nouvelles dont ils dotent l'industrie; ils exercent encore un effet moral des plus salutaires, en modifiant les idées du public instruit, en précisant les notions que chacun croit posséder des phénomènes les plus simples, en indiquant aux hommes pratiques les questions importantes dont il est permis d'espérer la solution, et en les détournant d'une foule de recherches stériles qu'ils pourraient être tentés d'entreprendre, mais qui sont d'avance condamnées et reconnues chimériques. Sous ce rapport, il n'est peut-être pas de notion scientifique plus importante et plus féconde que celle de l'équivalent mécanique de la chaleur. Non seulement, à la clarté de cette idée nouvelle, on a pu réformer la théorie des moteurs à feu et l'établir enfin sur de saines bases, mais encore on s'est rendu un compte exact du rôle de l'énergie dans l'univers, et la thermodynamique a contribué aux progrès des théories électriques qui semblent si pleines de promesses.

Il y a dans l'organisation de l'industrie moderne, une circonstance extrêmement grave qui commence à causer de nombreuses et légitimes appréhensions, et qui montre bien, combien l'avenir industriel est strictement subordonné aux progrès des sciences physiques dans ce qu'elles ont de plus élevé. Dans l'état actuel, l'industustrie, marche à sa propre ruine avec une vitesse qui croît en raison de son activité même. Tout le travail industriel repose sur l'exploitation de la houille qui fournit la chaleur et la force motrice, et qui est l'élément indispensable aux réactions chimiques et métallurgiques. Il est bien évident que les dépôts de houilles exploités avec l'acharnement que l'on sait finiront un jour par s'épuiser. Il est vraisemblable même que le jour où le précieux combustible viendra à manquer, n'est peut-être pas très éloigné: il n'y en a plus, paraît-il, que pour un petit nombre de siècles. Bientôt va se poser un redoutable problème. Que deviendra la civilisation si d'ici là, l'industrie n'a pas été modifiée complètement et rétablie sur des bases toutes différentes? N'est-il pas urgent qu'on apprenne à se procurer autre part l'énergie qu'on va chercher aujourd'hui dans les mines de houille. Sans doute, on entrevoit bien des solutions possibles : emploi des forces naturelles, chutes d'eau, marées, etc., utilisation directe de la chaleur solaire, etc., mais il y a des difficultés pratiques qui sont absolument *insurmontables* dans l'état actuel de la science, et qui ne pourront être écartées qu'à la suite d'un progrès important dans les sciences physiques. Peut-être est-ce le transport et l'accumulation de l'énergie par l'intermédiaire de l'électricité qui fourniront la solution? Peut-être surgira-t-il quelque découverte inattendue fournissant des moyens plus pratiques encore? Quoi qu'il en soit, l'industrie moderne, si brillants que soient les résultats qu'elle ait déjà fournis, est actuellement dans une fausse voie qui ne peut que la conduire à une catastrophe épouvantable. Il faut absolument qu'à la place des réserves qui s'épuisent si vite aujourd'hui, le travail humain puisse trouver dans la nature des sources d'énergie qui se renouvellent d'elles-mêmes et lui fournissent indéfiniment les deux éléments indispensables à toute production industrielle : force motrice et chaleur. A la vérité, ces éléments sont répandus en abondance autour de nous, mais sous des états qui ne nous permettent pas de les utiliser. La science seule peut nous apprendre à les asservir à nos besoins.

On voit ainsi que si les études purement scientifiques constituent l'une des occupations les plus nobles de l'esprit humain, elles sont encore indispensables au développement et à la prospérité des sociétés modernes. Il est bon d'insister sur ce fait à une époque où la défense de nos intérêts immédiats absorbe une si grande partie de nos forces, et c'est surtout dans les questions relatives à l'enseignement que cette considération ne doit pas être perdue de vue. On saisit facilement toutes les conséquences qui en découlent; ce n'est pas ici le lieu de les développer, mais nous pensons qu'il n'est pas inutile de faire remarquer que, pour les sociétés comme pour les individus, les indications de l'intérêt bien entendu s'accordent complètement avec les prescriptions de la dignité, pour réclamer que, sans négliger la satisfaction des besoins matériels, on fasse une large part aux facultés et aux tendances désintéressées de l'intelligence. — M. F.

**SCIERIE.** Les scieries peuvent se diviser en deux groupes principaux : les scieries à installation provisoire pour l'exploitation des forêts, et les scieries à installation fixe pour le travail des bois abattus.

Dans une exploitation importante de forêt, on a souvent intérêt, pour la rapidité et l'économie du travail, et surtout pour la facilité du transport des bois en grume, qui est généralement difficile, à opérer sur place une première division des arbres abattus, au moyen de scieries mécaniques. On est même arrivé à faire l'abattage des arbres mécaniquèment (fig. 86), au lieu d'employer la hache ou la scie passe-partout comme cela se pratique généralement. La machine employée dans ce but, imaginée par M. Ransome

Fig. 86. — *Abattage mécanique des arbres.*

(fig. 87), consiste en une lame droite montée à l'extrémité de la tige d'un piston se mouvant dans un cylindre long et étroit, par l'action de la vapeur. Le piston est fixé sur un bâti léger en fer forgé, sur lequel il est disposé de manière à pivoter sur un centre au moyen d'une roue à main et d'une vis engrenant avec un quart de cercle fondu avec l'arrière du cylindre.

Les dents de la scie sont à crochet et inclinées, dans un sens tel que la scie ne travaille que par traction. On fournit de la vapeur à cette machine au moyen d'une chaudière montée sur chariot ou bien au moyen de la chaudière d'une locomobile, qui peut servir en même temps à mettre en mouvement d'autres machines-outils.

L'arbre abattu, on le débite sur place en plusieurs tronçons (on peut se servir également de la machine précédente pour opérer ce tronçon

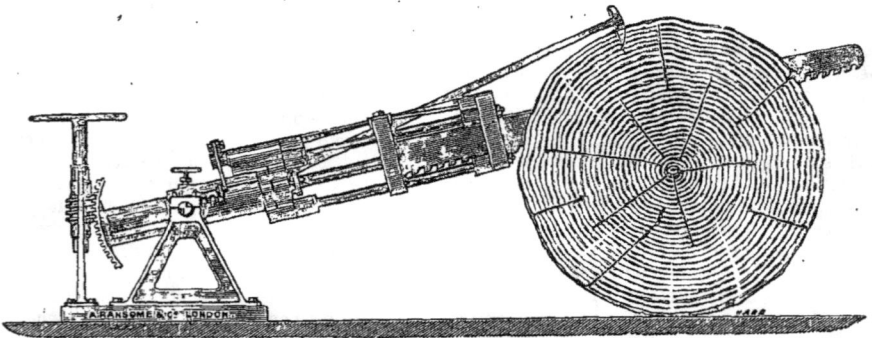

Fig. 87. — *Scie à tronçonner.*

nage), et on en fait grossièrement l'équarrissage, et même la division en madriers. On emploie pour ces travaux, les scies circulaires, les scies verticales à une seule ou plusieurs lames et les scies à ruban. Ces machines doivent avoir des dispositions telles qu'elles soient facilement transportables, tout en étant très robustes. On les met en mouvement au moyen de locomobiles.

Comme la machine est encore un organe compliqué, d'un transport difficile, exigeant un approvisionnement continuel d'eau et de charbon, on a eu l'idée de transmettre la force nécessaire aux machines à scier au moyen de l'électricité, en utilisant, par exemple, une chute d'eau qui se trouverait à proximité de la forêt à exploiter. Il y a certainement là une des applications les plus intéressantes du transport de la force par l'électricité.

Les bois abattus, soit déjà tronçonnés et équarris, soit d'une seule pièce, en grume, sont amenés aux scieries à installation fixe où ils sont débités en pièce de charpente, en madriers ou en planches, suivant l'usage qu'on en veut faire.

Le bâtiment destiné à recevoir les machines-outils doit être autant que possible isolé de toute autre construction, et placé de manière que l'arrivage et la manœuvre des bois s'y fassent facilement et à peu de frais. La scierie doit être pourvue de tous les engins qui rendent cette manœuvre plus commode, vu le rôle important qu'elle joue dans l'économie du travail.

Le bâtiment est généralement élevé sur poteaux en bois avec charpente en bois, les intervalles entre les poteaux étant remplis par des murs en brique et non par des cloisons en bois comme on le fait souvent à tort. Il serait préférable de faire la construction tout en fer et briques pour diminuer les risques d'incendie. Dans tous les cas, la couverture devra être en tuiles, ardoises ou zinc, jamais en bois ou carton bitumé; il faudra bien se garder de faire des ouvertures dans la toiture, quand on a un moteur à vapeur, les étincelles s'échappant par la cheminée peuvent pénétrer dans la scierie et y mettre le feu.

L'intérieur de l'atelier mécanique doit être amplement éclairé; les jours seront pris de préférence sur les côtés Nord et Est. Les portes seront très larges, et quelquefois même le bâtiment sera complètement ouvert sur une de ses faces.

Le bâtiment destiné au moteur à vapeur et à sa chaudière, doit être complètement isolé des autres constructions. Dans le cas où cette condition ne pourrait être remplie et où le moteur et sa chaudière devraient être placés dans le bâtiment même des machines-outils, on fera un compartiment qui n'ait aucune communication directe avec l'intérieur même de l'atelier; et séparé de celui-ci par un mur en maçonnerie. La cheminée en brique pour les moteurs fixes ou en tôle pour les moteurs demi-fixes et les locomobiles, sera relativement très haute.

La grande vitesse des machines-outils et des transmissions de mouvement, nécessite un moteur marchant lui-même à grande vitesse et actionnant directement la transmission de l'atelier.

Le régulateur doit être très sensible, afin que l'embrayage ou le débrayage d'un outil n'ait pas d'influence nuisible sur la marche des autres.

S'il s'agit d'un moteur fixe, c'est-à-dire posé sur fondation, la chaudière fixe elle-même, aura un grand foyer qui permettra de brûler plus facilement et plus utilement la sciure et les copeaux; elle sera établie autant que possible en contre bas du sol, pour que le combustible soit plus facilement fourni, et aussi pour mieux isoler le foyer du reste de l'usine.

S'il s'agit d'un moteur mi-fixe, c'est-à-dire monté sur sa chaudière, on choisira de préférence un type dont le foyer soit assez grand pour permettre aussi d'y brûler la sciure et les copeaux; ou bien on fera un foyer spécial dans le sol qu'on réunira par un caniveau en maçonnerie avec celui de la chaudière, lequel alors sera annulé.

Il est très important que les chaudières puissent brûler facilement tous les déchets de bois; c'est à la fois une économie et un moyen très simple de s'en débarrasser. En règle générale, on peut admettre qu'une scierie bien montée et possédant un bon moteur, n'a pas besoin de charbon. Cependant dans certaines localités, à Paris par exemple, il y a avantage à recueillir la sciure pour la vendre.

Dans certaines scieries on a réalisé le transport automatique des déchets de bois à la chambre de la chaudière, de la façon suivante; sous le bâti de chaque machine se trouve une trémie qui traverse le sol de la scierie et qui déverse dans le sous-sol la sciure ou les copeaux sur une toile sans fin, soutenue par des galets et animée d'un mouvement d'avance. Cette toile sans fin amène dans le local de la chaudière, tous les déchets de bois qu'elle reçoit en passant sous les machines. Nous devons dire que les Compagnies d'assurance contre les incendies n'admettent pas cette disposition, qui a l'inconvénient de nécessiter une ouverture dans le mur qui sépare la chambre de la chaudière du sous-sol de l'atelier.

Il est prudent de prévoir largement la force du moteur nécessaire pour faire mouvoir les outils de l'atelier; l'exagération de la force sera plus grande pour les moteurs demi-fixes ou des locomobiles que pour des moteurs fixes; les premiers, en effet, offrant généralement moins d'élasticité.

Les transmissions générales de mouvement devront être placées en sous-sol, dans des caniveaux. Les transmissions placées en l'air doivent être rejetées, d'abord parce que les courroies seraient trop gênantes et dangereuses pour les manœuvres, et ensuite, parce que la construction du bâtiment telle que nous la supposons généralement, n'offrirait pas d'assises assez fermes pour les paliers. Les transmissions en sous-sol auront, au contraire, une grande stabilité; le graissage se fera facilement et sans danger, et les courroies ne gêneront pas. Celles qui transmettent à travers le plancher le mouvement aux diverses machines, devront être soigneusement renfermées dans des coffres en bois; de même, les arbres et les courroies des renvois de mouvement qui se trouvent alors établis sur le plancher de l'usine, quand ils sont nécessaires, devront être entourés d'une barrière.

Les machines à travailler le bois exigent, à cause de leur grande vitesse, que la transmission générale marche à 200, ou mieux 250 tours, afin d'éviter l'emploi de poulies de trop grandes dimensions pour actionner les machines. A cette condition, les arbres n'auront qu'un faible diamètre, mais ils demanderont à être parfaitement établis; ils tourneront de préférence dans des paliers graisseurs reposant sur des plaques d'assise en fonte. L'écartement des paliers ne devra pas dépasser 3 mètres. Les poulies seront exactement équilibrées.

Les machines-outils seront placées dans l'atelier d'une façon méthodique, de manière que le bois qui a subi un premier travail passe facilement à la machine où il doit être travaillé une seconde fois et ainsi de suite.

Les scies à grume et à gros débit, seront d'un côté, et à part des petits outils; on leur réservera un emplacement suffisant pour que la manœuvre se fasse facilement. Il est logique de mettre les machines qui prennent le plus de force les plus rapprochées du moteur afin de moins fatiguer la transmission; les machines les moins fortes devront, au contraire, être les plus éloignées. Pour l'équarrissage des bois en grume, on devra faire usage des scies verticales à mouvement alternatif à une seule lame, ou bien des scies à ruban avec chariot; les scies circulaires doivent être rejetées.

Pour débiter en madriers les pièces de bois en grume ou équarries, on emploie les scies verticales alternatives à plusieurs lames, qui permettent de faire plusieurs traits à la fois. Pour refendre les madriers, on utilise également les scies verticales alternatives ou les scies à ruban avec cylindres d'entraînement.

Les scies circulaires ne doivent être employées que pour le sciage en travers.

Les machines à travailler le bois, marchant à de très grandes vitesses, doivent être établies avec toute la stabilité possible; autrement, les vibrations amèneraient infailliblement la destruction des parties principales du mécanisme.

Le graissage a une grande importance, aussi faut-il n'y employer que de très bonne huile. Les poulies folles doivent être surtout graissées avec beaucoup de soin pour empêcher les entraînements dus à la grande vitesse, mais comme malgré tout il est difficile de les éviter, il est préférable d'employer les dispositions spéciales dont nous avons parlé à propos des scies circulaires. Enfin, le graissage des paliers de la transmission devra être très surveillé pour éviter les échauffements qui peuvent donner lieu à des incendies.

Comme type de scierie, nous donnerons la description de celle installée à Tergnier par M. Bricogne, ingénieur du chemin de fer du Nord, pour le façonnage des bois destinés à l'entretien du matériel et dont les dispositions peuvent servir de modèle. L'atelier mesure 76 mètres de longueur et 20 mètres de largeur; il est desservi par un réseau de voies transversales qui facilitent la manœuvre des bois. Il est construit sur un sous-sol ayant les mêmes dimensions que l'atelier, et qui renferme la transmission principale et les chaudières à vapeur.

La voûte de la cave est percée de trémies, correspondant à chacune des machines-outils de l'atelier et dans lesquelles sont constamment déversés les copeaux et sciures provenant du travail des bois. Ces copeaux et sciures viennent s'entasser d'eux-mêmes dans des sacs attachés à la partie inférieure des trémies, et servent au chauffage des générateurs.

Le moteur est une machine Corliss de la force de 60 chevaux. La vapeur est fournie par deux chaudières tubulaires de locomotives, fonctionnant alternativement de mois en mois. Le volant de la machine, denté et engrenant avec un pignon calé sur l'arbre de couche, fait 145 tours à la minute. La transmission principale a 67 mètres de longueur et est formée de 17 arbres de diamètres variables supportés par des colonnes. Les paliers sont munis de la rondelle Decostes, et l'huile est renouvelée tous les six mois. La transmission principale souterraine

commande, par des courroies qui ne font pas saillie dans l'atelier, les transmissions intermédiaires spéciales aux différentes machines, dissimulées elles-mêmes dans des coffres en bois entièrement fermés; il en résulte une grande sécurité pour l'ouvrier, et en même temps une grande facilité dans la manœuvre des pièces de bois, quelle que soit leur longueur.

Les poulies folles des transmissions intermédiaires sont montées sur arbres creux indépendants, dans lesquels tourne sans frottement l'arbre moteur.

Le moteur donne le mouvement à 21 machines disposées dans l'ordre méthodique suivant :

1° Une scie à grume à lame sans fin avec poulie de 1$^m$,25 de diamètre et chariot mobile;

2° Une scie verticale alternative affectée au débit des madriers de sapin, et dont le châssis peut porter 9 lames;

3° Une scie circulaire de 0$^m$,600 de diamètre, employée à couper en travers les planches de sapin débitées par la scie verticale;

4° Une deuxième scie circulaire de 1 mètre de diamètre employée au débit des gros plateaux;

5° Une troisième scie circulaire de 0$^m$,800 de diamètre pour les plateaux plus petits;

6° Une quatrième scie circulaire de 0$^m$,800 de diamètre, avec chariot mobile, employée à couper en travers les plateaux et autres gros bois;

7° Une scie à ruban à chantourner avec poulie de 0$^m$,800 de diamètre;

8° Une machine à raboter, attaquant le bois sur quatre faces à la fois;

9° Une machine à raboter avec lames hélicoïdales, employée au corroyage des grosses pièces de bois de châssis de wagons;

10° Une machine à raboter pour les bois de faible équarrissage;

11° Une machine Tempié servant à faire les chanfreins, moulures, etc.;

12° Une machine à tenons;

13° Trois machines à mortaiser;

14° Un tour à bois;

15° Trois meules et deux machines à aiguiser.

La production de cet atelier comprenant 18 machines outils conduites par 22 hommes, y compris les aides, correspond au travail manuel d'environ 350 ouvriers. — G. T.

**SCIEUR.** *T. de mét.* Ouvrier qui fait le sciage de certaines matières. || *Scieur de long.* Celui dont la profession est de débiter les grandes pièces de bois dans le sens de leur longueur. — V. SCIE, § *Scies à main.*

*SCIOTTE.** *T. techn.* Scie à main à l'usage des marbriers, pour scier le bout des bandes de marbre, ou pour enlever, par un trait, une partie du bloc à tailler.

*SCIRPUS.** *T. de bot.* Toutes les plantes du genre scirpe (fam. des cypéracées), plantes marécageuses par excellence, sont utilisées au Japon comme fibreuses et textiles; le *scirpus maritimus*, par exemple, nommé *kasa-sunge*, y est employé à confectionner des chapeaux qui ont la forme de petits parasols; le *scirpus eriophorum*, connu sous le nom de *kohige*, sert à fabriquer des nattes d'une qualité tout à fait supérieure.

Les feuilles de plusieurs espèces de scirpe servent aussi dans le pays à faire des chapeaux et des manteaux pour la pluie. Avec la moelle, on fait des mèches de chandelles.

En Australie, les *scirpus maritimus*, *scirpus lacustris*, et *scirpus gracilis* ont été essayés pour la fabrication du papier. — A. R.

\* **SCOBINE.** *T. techn.* Sorte de lime ou de râpe.

**SCORIE.** *T. de chimie et de métall.* Les *scories* sont des silicates à bases métalliques. On les rencontre dans la métallurgie, comme exutoire des impuretés que l'on veut éliminer, et la perte en métal, qu'elles entraînent avec elles, est un élément de déchet, dont il faut tenir compte dans les différents procédés.

Dans la fabrication de la fonte, les éléments terreux, qui accompagnent l'oxyde de fer, passent dans un silicate de chaux et d'alumine, qui peut ne pas renfermer de fer et qui n'est pas, à proprement parler, une *scorie*, on lui donne le nom de *laitier*. Dans la plupart des autres opérations métallurgiques, on obtient de véritables silicates métalliques, des *scories*, où l'art du fondeur doit diminuer, autant que possible, la proportion de métal utile entraînée. Les scories sont des silicates qui doivent être fusibles pour se séparer, par *liquation*, du métal à obtenir ; ce résultat est d'autant plus facile à réaliser que l'oxyde métallique est plus abondant.

Les scories deviennent, quelquefois, un minerai qui vaut la peine d'être traité pour en extraire le métal utile, mais ce traitement est souvent difficile, leur fusibilité les rendant peu aptes à la réduction.

**SCORIFICATION.** *T. de métall.* Opération qui s'exécute avant la coupellation proprement dite de l'argent, et qui a pour but de combiner avec du plomb, l'argent de la substance à essayer.

Cette opération s'exécute dans un vase spécial appelé *scorificatoire*, qui ne diffère des têts à rôtir, que par sa plus grande profondeur ; on y fond un poids de 3 à 5 grammes de minerai argentifère avec du plomb pauvre, ou bien, contenant un poids connu d'argent, et du borax, en ne mettant d'abord que la moitié du plomb et une partie du borate de soude ; le scorificatoire étant introduit dans un moufle chauffé au rouge, son contenu ne tarde pas à fondre ; à ce moment, on abaisse la température en enlevant la porte du fourneau de coupelle. Le plomb et le minerai s'oxydent alors en formant des scories, et l'on voit que l'oxydation est complète, quand la masse inférieure en fusion est totalement recouverte de ces scories. Dès ce moment, on referme la porte du moufle et on augmente la température afin de bien réunir ensemble toutes les parties de plomb qui sont restées à l'état métallique, puis on retire du fourneau et on laisse refroidir la masse que l'on sépare des scories et du vase avec un marteau ; ou bien, on la coule, alors qu'elle est encore en fusion, dans des cavités hémisphériques, produites dans une lame de tôle.

Comme ces opérations se font industriellement, il existe des tables qui indiquent les proportions de borax et de plomb à employer, pour réussir convenablement l'opération, suivant que l'on traite des minerais, des produits d'usine ou les alliages les plus ordinaires (Voir à ce sujet le *Traité de l'essayeur* de Balling, p. 381). Il est en effet indispensable d'employer des proportions déterminées, car le défaut de plomb ne permet pas une oxydation complète des sulfures, et un excès rend la coupellation bien trop longue ; en outre, trop de borax empêche l'oxydation ultérieure de la matière soumise à l'essai, parce qu'il s'est formé d'un seul coup trop de scories. Pour éviter cet inconvénient, on n'ajoute les dernières portions de borax que lorsque la masse est déjà en fusion depuis quelque temps.

Après cette opération, le plomb ainsi enrichi peut être soumis à la coupellation. — V. COUPELLATION. — J. C.

|| C'est encore l'opération qui a pour but, dans certains affinages, d'oxyder et de combiner à la silice les métaux étrangers à celui qu'on cherche à obtenir et qui constituent des impuretés. La scorification est un grillage oxydant qui se fait en présence de la silice.

\* **SCOTIE.** *T. d'arch.* Moulure concave appartenant à la base des colonnes dans les ordres antiques ou dans l'architecture du moyen âge. La scotie reçoit aussi le nom de *nacelle*. Une même base peut comprendre deux scoties, celle inférieure étant plus grande que l'autre ; il en est ainsi de la base corinthienne.

\* **SCOURTIN.** Tissu fait de poils et crins mélangés, et qui sert aux ensachages dans les huileries.

\* **SCRABE.** *T. de céram.* Rognures de pipes crues que l'on mélange à la pâte fraîche destinée à la fabrication d'autres pipes, pour en activer la dessiccation.

\* **SCRIBLAGE.** *T. techn.* Premier dégrossissage de la laine avant le cardage.

\* **SCROLE.** Nom donné à de petites poulies munies d'une gorge en spirale, faisant partie du métier à filer self-acting. — V. FILER (Métier à).

\* **SCULPTAGE.** Outre qu'il s'applique à l'action de sculpter, ce mot s'emploie en *t. de céram.*, à l'opération qui consiste à faire les ornements du relief que le moulage n'a pu produire que d'une manière imparfaite.

**SCULPTER** (Machine à). — V. PHOTOSCULPTURE.

**SCULPTEUR.** Artiste qui, en modelant ou à l'aide d'un outil, fait des figures de ronde-bosse ou en bas-reliefs avec des matières plus ou moins dures, telles que la pierre, le marbre, le bois, etc. Le même nom s'applique à celui qui travaille le marbre et la pierre pour l'ornementation des maisons ou des tombeaux, et à celui qui sculpte le bois pour meubles ; mais on conçoit que si l'appellation est la même, on ne peut comparer les procédés de métier de ces derniers avec les difficultés que le premier rencontre dans la pratique de son art. — V. SCULPTURE.

**\*SCULPTURE.** *Iconol.* On représente la sculpture sous les traits d'une jeune femme tenant un maillet et un ciseau; parfois encore, on lui donne un compas et un crayon. Cette allégorie est rare dans l'art ancien et celui du moyen âge; de nos jours, on en a fait une fréquente application dans la décoration des monuments; c'est ainsi que nous avons, au palais du Louvre, des statues par Aug. Dumont, J. Allasseur et Blavier; un groupe en marbre au musée d'Amiens, par Forceville-Duvette; un bas-relief au nouvel Opéra : *La Sculpture et la Peinture,* par Gruyère, etc. Les représentations peintes de la sculpture ne sont pas non plus fréquentes; nous citerons une toile de D. Maggiotto, à la Pinacothèque de Munich, *La Sculpture consultant la nature,* et une composition de Pierre Mignard, dans la petite galerie de Versailles. M. Alma Tadéma a aussi exposé, en 1874, sous le titre *Sculpture,* un intérieur d'atelier de l'antiquité, restitution très remarquable.

**SCULPTURE.** Art de tailler dans le bois, la pierre, le marbre ou autre matière dure, des figures ou des ornements.

— L'histoire de la sculpture est circonscrite entre les peuples qui bordent la Méditerranée, si on en excepte les Assyriens et les Hindous; il faudrait donc croire que les races égyptiennes, grecques et latines ont eu seules le privilège de l'art, puisqu'elles se sont seules approchées de la perfection. Suivons, en effet, la marche progressive de l'art statuaire ; parti des bords du haut Nil où, à la suite d'influences extérieures peut-être, et de progrès locaux dont il ne nous est pas donné de suivre le développement, il semble avoir produit les premiers résultats féconds, il a suivi les rivages de Syrie et d'Asie mineure où les Phéniciens l'ont recueilli et transmis à d'autres peuples, sans qu'ils l'aient, à ce qu'il semble, perfectionné ; c'est aux Phéniciens que les Grecs l'ont emprunté pour le porter au plus haut point où il soit jamais parvenu, puisque les œuvres du siècle de Périclès, d'un avis unanime, marquent son apogée. Lorsque les Romains s'en emparent, ils l'étendent, ils le multiplient les productions s'ils n'en augmentent pas la valeur, et le monde civilisé se couvre de statues, imitations souvent et même copies des œuvres grecques ; car il importe de constater que les Romains, peuple conquérant et guerrier par excellence, aimant l'art par éducation, ne comptent guère d'artistes de valeur et n'en ont pas un comparable aux sculpteurs grecs de la belle époque. Mais les invasions barbares ne laissent rien debout, et l'art semble avoir pour jamais disparu. C'est alors que, sur les rives de la Seine, du Rhône et du Rhin, se forme un art statuaire nouveau qui n'a, pour ainsi dire, aucun lien avec l'ancien et qui, partant de quelques données bien imparfaites empruntées aux Byzantins, dépositaires de rares traditions antiques, parvient, en peu d'années, à un ensemble achevé qui fait encore aujourd'hui notre admiration par sa convenance parfaite avec l'architecture, les mœurs, es usages des contemporains, par la puissance de l'expression, la grâce des détails et les études qu'il révèle chez les artistes de cette école qui s'était formée et développée elle-même. Lorsque l'art du moyen âge, issu de l'imitation de la nature et entrant en décadence, subit une crise d'où allait sortir peut-être une manifestation nouvelle et admirable d'un art nouveau, l'art italien se retrempe dans l'antiquité; malheureusement, dans l'antiquité imparfaite des Romains, l'art italien, disons-nous, s'étend de nouveau sur le monde civilisé et fleurit sous le nom de Renaissance, produisant des merveilles, mais suspendant, en France, en Allemagne, en Espagne, les germes d'indépendance et d'originalité propres à chacun de ces peuples; aussi la belle période de la Renaissance est-elle la première, lorsque le mélange des deux manières élève tant de chefs-d'œuvre en France et en Espagne. Puis la décadence suit de près cet apogée de la sculpture italienne, et la France reste seule avec son école des xvii⁰ et xviii⁰ siècles, qui conserve les vraies traditions du beau; si elle s'égare un instant, si elle tombe pendant près d'un siècle dans le convenu, dans le banal, dans la manière, il lui suffit du talent vigoureux d'un ou deux maîtres pour reformer de nos jours une école digne d'être comparée à celles des xve, xvie et xviie siècles. Aucun autre pays ne peut montrer une semblable succession de sculpteurs de talent.

Ainsi, dans les temps modernes, l'Italie, la France, l'Espagne, l'Allemagne du Rhin et du Danube, voilà les grands centres de l'art statuaire; ce sont des contrées de races latines, ou du moins de mélanges de la race latine avec la race germanique, celle-ci en minorité. Quant aux autres races qui se partagent l'Europe : la race germanique pure, la race slave, la race scandinave et la race anglo-saxonne, elles semblent rebelles à une éclosion durable de l'art. La sculpture russe, la sculpture anglaise n'existent pas, et nous ne voyons de leur noms dignes d'être cités dans l'Europe centrale et du Nord : Thorwaldsen en Allemagne, Rauch en Prusse; il est vrai qu'ils brillent d'un grand éclat, mais ils doivent sans doute leur génie à la contemplation des chefs-d'œuvre étrangers et, d'ailleurs, cette exception fait d'autant mieux ressortir la pauvreté d'une race qui n'a donné à ces grands artistes aucun précurseur, aucun maître, et qui n'a pas su profiter de leur talent acquis pour former une école.

Voilà, résumée dans ses grandes lignes, l'histoire de la sculpture. Si maintenant on veut entrer dans le détail, on est frappé par les analogies qui caractérisent la marche de l'art, à quelque époque d'ailleurs qu'il appartienne, depuis ses débuts jusqu'à sa perfection et, disons-le, jusqu'à sa décadence inévitable. Tout d'abord, on imite les modèles qu'on a sous les yeux, d'une manière informe, puis avec plus de vérité et d'expression; le mouvement, la vie apparaissent, les proportions se perfectionnent, bien qu'on remarque souvent une tendance à les exagérer dans des statues colossales. A cette première époque, toute de formation et de tâtonnements, succède un temps d'arrêt. Les artistes étant parvenus à une forme suffisamment parfaite, d'après leurs idées, cherchent à la fixer, à la rendre invariable, aussi bien comme mouvement que comme expression, et recopiant sans cesse un type consacré, ils ne peuvent que tomber dans la maniéré, dans la mollesse du modelé et du dessin; certains peuples, ceux surtout où la direction de l'art était entre les mains des prêtres et des souverains, n'ont pu dépasser cette période hiératique et y ont perdu leur originalité. Tels les Égyptiens, les Assyriens, les Byzantins et, en général, la plupart des peuples orientaux.

L'avenir de l'art réclame, au contraire, un progrès continu, se retrempant sans cesse dans sa source la plus pure, la plus vraie : la nature, tout en tenant compte des perfectionnements réalisés par les devanciers. C'est l'époque d'émancipation qui, seule, rend pour un peuple l'admiration inépuisable; l'art s'épanouit, il cherche à la fois le vrai et l'idéal, le vrai dans les détails, l'idéal dans la forme parfaite et dans l'expression majestueuse ou dramatique. En même temps, les moyens d'observation et d'exécution se perfectionnent, des règles se fondent, non pour arrêter l'artiste dans l'essor de sa pensée, mais pour le soutenir et le guider dans la recherche du beau. Les Grecs ont le double mérite d'avoir tenté les premiers cette émancipation et d'avoir créé par elle des chefs-d'œuvre qui n'ont jamais été égalés.

Tous ces peuples primitifs débutent par le colossal. C'est un besoin pour les artistes dont le talent n'est pas facilement compris par une foule ignorante, aussi bien que pour les prêtres qui les dirigent et qui doivent frapper les esprits par des images surnaturelles. Aussi, partout où les prêtres gardent la haute main sur les artistes, ces grandes proportions subsistent, même lorsque les praticiens sont parvenus à la plus grande habileté de main ; l'art, d'ailleurs, dans ces figures colossales, n'est pas grossier ni naïf, il est, au contraire, très achevé, dans cette simplicité apparente qui révèle les longs efforts et la grande expérience ; les masses sont traitées largement, les reliefs accusés, l'attitude calme et imposante, la physionomie impassible. Toutes ces conditions du beau dans la sculpture colossale étaient si bien voulues et étudiées que ces artistes traduisent de la même façon les figures de très petites dimensions et, là encore, ils sont dans le vrai en sacrifiant les détails pour exagérer les lignes saillantes. C'est ce que pouvaient seuls leur enseigner une suite de tâtonnements et un sentiment artistique très développé.

Ces signes inconditionnels de l'art, nous allons les retrouver à différents degrés chez tous les peuples dont nous étudions la statuaire.

A quelle époque remontent les origines de l'art égyptien ? Il est fort difficile de s'en rendre compte car, lorsqu'on veut pénétrer dans l'histoire de cette civilisation, on se trouve en présence d'une antiquité qui nous confond ; les Egyptiens étaient en possession d'un art déjà développé à une époque qui était, du moins par ce que nous en savons, le néant intellectuel pour les autres peu-

ples. Ils possèdent, en effet, des annales établies par dynasties royales et remontant à plusieurs milliers d'années avant J.-C.

A vrai dire, cet art, surtout en ce qui concerne la sculpture, est longtemps encore imparfait : les visages sont grossièrement dessinés, la face est large, le front bombé, le nez gros, les cheveux tombent en lourdes boucles sur les épaules, les mains et les pieds sont énormes, le corps tout entier est trapu sans élégance, d'autant plus raide que les membres sont joints et allongés. En un mot, le mouvement manque et la vie aussi. Les statues de l'hypogée de Sakkarah donnent bien le type de cette époque primitive. Mais, dès la quatrième dynastie, on remarque une grande habileté et des progrès tels qu'on peut dire que, si l'art égyptien fut plus achevé et plus fini dans les détails, il ne fut jamais plus parfait dans l'ensemble. La statue du roi Chephren, que nous avons donnée au mot EGYPTE, est l'œuvre d'une civilisation avancée. Vers la douzième dynastie, les figures s'élancent, prennent plus de grâce et de vie, mais aussi l'art tend à s'immobiliser dans un type consacré. Au lieu de reproduire les véritables traits du modèle, comme dans les siècles précédents, on donne à toutes les statues, à tous les bas-reliefs les mêmes figures souriantes, d'une banalité lamentable ; toujours des lèvres épaisses,

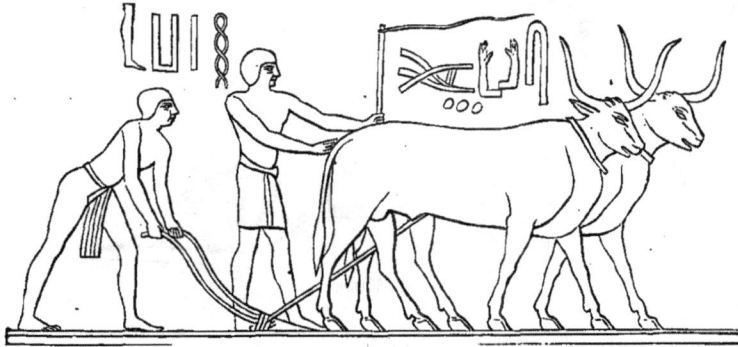

Fig. 88. — *Bas-relief aux tombeaux de Memphis.*

des yeux fendus en amande, des bras demi-ployés, des coudes collés au corps, celui-ci enfermé dans une gaine étroite et collante ; l'emploi de granit dur substitué au bois ou à la pierre tendre, a contribué encore à rendre les contours plus secs et l'attitude plus raide. Cet asservissement hiératique est funeste à la sculpture égyptienne qui était appelée à de plus belles destinées, ainsi qu'on peut le voir dans tous les morceaux qui échappent à ces règles immuables, tels les animaux, où les artistes se montrent excellents observateurs.

C'est à la dix-huitième dynastie et aux suivantes qu'appartiennent la plupart des grandes œuvres de sculpture qui nous sont le plus connues ; le sphinx et les bas-reliefs de Memphis (fig. 88), entre autres, et les colosses de Memnon, une des plus étonnantes productions de l'antiquité, et dont, suivant l'expression de Charles Blanc, l'immobilité est solennelle et l'inaction terrible. Ceux qui ont élevé de semblables monuments sont vraiment dignes de notre admiration ; on reproche à leurs œuvres l'uniformité, mais on ne peut leur refuser l'expression traduite par les plus simples éléments de la beauté et de la force. En effet, si l'hiératisme arrête les progrès, il n'exclut pas la perfection dans la forme fixée.

On connaît, d'après des peintures des tombeaux de Thèbes, les procédés de sculpture des Egyptiens ; on a aussi retrouvé le *canon* ou règle qui leur servait de mesure étalon pour établir les proportions de la figure humaine. Cette mesure était le doigt médius de la main.

Charles Blanc, dans sa *Grammaire des arts du dessin,* donne l'application de ce *canon* avec de nombreux exemples fort curieux. Les animaux avaient eux-mêmes un canon qui était, pour le lion, son ongle le plus long. De là, sans doute, le proverbe ancien : *ab ungue leonem* « à l'ongle on connaît le lion ».

Quant à la sculpture d'ornement, elle n'est pas moins remarquable, la représentation des végétaux, principalement de la fleur de lotus, quelques animaux et surtout les caractères hiéroglyphiques, en forment le fond. Il n'est pas rare aussi de trouver des symboles, tels que l'emblème du soleil, traités comme motifs de décoration. La réunion de tous ces éléments forme un ensemble absolument original.

Lorsque les Ptolémés obtiennent l'Egypte en partage, dans le dénombrement de l'empire d'Alexandre, ils apportent à la sculpture des éléments grecs qui, sans en changer les caractères fondamentaux, lui donnent plus de souplesse et d'élégance ; néanmoins, l'essor de l'art est interrompu, et la seule influence de souverains plus éclairés n'est pas suffisante pour lui rendre la vigueur, aussi produit-il beaucoup sans amener une amélioration réelle. La domination romaine donne le dernier coup à cette sculpture, qui ne se soutenait que par une imitation de plus en plus imparfaite des modèles légués par les âges précédents.

Les Assyriens suivent, en sculpture, les mêmes règles que les Egyptiens, mais ils manquent de vérité et d'idéal.

Leurs statues sont également colossales et symboliques. On y retrouve fréquemment ces taureaux ailés à tête d'homme, dont le musée du Louvre possède de si admirables spécimens, et il semble que leurs artistes se soient complus dans ces représentations monstrueuses propres à frapper l'imagination. Bien plus que les Egyptiens, les Assyriens sont un peuple guerrier, et ce caractère belliqueux, dominateur, se trahit dans leurs œuvres d'art. Leurs bas-reliefs nous font voir des scènes de bataille, des chasses très mouvementées et très complètes de détails, dans lesquelles un dieu ou un roi tient toujours la première place ; parfois encore, cette sculpture devient mystique, et on y trouve sous diverses formes la lutte des bons et des mauvais génies. Dans toutes ces figures, le modelé est exagéré, les saillies des membres accentuées, tout respire la vigueur et la rudesse ; les matériaux tendres employés par les Assyriens se prêtent à cette ampleur des détails, comme le remarque fort bien M. Perrot, dans son *Histoire de l'art dans l'antiquité* ; cette pierre dans laquelle le ciseau taille comme dans du beurre, est une tentation continuelle pour le sculpteur d'appuyer, d'insister, de marquer outre mesure tous ses

effets, toutes ses intentions. Nous sommes loin des contours secs tracés dans le granit du haut Nil.

Néanmoins, l'art assyrien n'échappe pas à l'hiératisme et à son asservissement ; d'abord libre et sans cesse renouvelé par cette indépendance, il devient peu à peu monotone, et comme la sculpture est ici plus mouvementée que celle de l'Egypte, l'exagération de ce défaut se manifeste davantage encore ; ce qui est supportable d'un dieu assis et immobile répété cent fois, ne l'est plus d'un roi excitant ses troupes au combat et auquel une règle impitoyable a fixé une attitude toute de convention.

Nous avons des terres cuites et des figurines en bronze d'un travail assez grossier, remontant à une période toute primitive. A Nemroud, construit par Sardanapale III (930 av. J.-C.), on remarque, dans les beaux bas-reliefs en albâtre rapportés par Layard et placés au musée britannique, une variété incroyable de sujets sculptés *sur le tas*, c'est-à-dire à même la pierre scellée dans le mur, ce qui permet de développer les scènes sans tenir compte des raccordements. Là on observe les premières manifestations de l'arrêt produit par les règles sacerdotales ; l'habileté des sculpteurs se révèle par l'é-

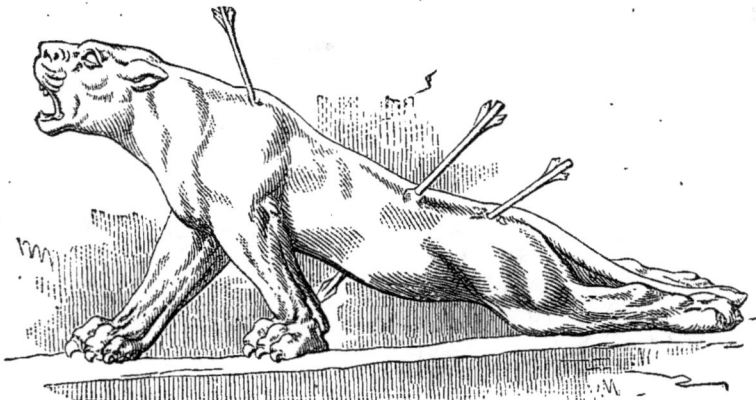

Fig. 89. — *Sculpture assyrienne. Lionne blessée.*

lévation du sentiment et la correction du dessin. Ces artistes étaient évidemment en pleine possession de leurs moyens et pouvaient exécuter tout ce qui leur venait en projet. Pourquoi trouve-t-on alors sur les visages vus de profil les yeux tracés de face, comme dans les sculptures tout à fait informes des peuples primitifs, et pourquoi les pieds et les mains sont-ils traités avec une raideur toute conventionnelle?

Dans les sculptures du palais de Khorsabad, bâti par Salmanasar (720 av. J. C.), l'exécution a déjà moins de vérité et d'expression. En revanche, elle est plus fine, plus élégante, plus riche de détails. Les costumes, les armes, les meubles peuvent devenir l'objet d'une étude très curieuse grâce à cette exactitude de reproduction, aussi peu de peuples de l'antiquité nous ont-ils fait connaître leur vie et leurs mœurs aussi bien que les Assyriens. Comme toujours, l'exécution des animaux est au-dessus de toute comparaison. On reconnaît parfaitement dans les chevaux de ces bas-reliefs, la race qui habite encore aujourd'hui les bords du Tigre et de l'Euphrate.

Le palais de Kogoundjik, élevé par Sardanapale V, l'avant dernier roi de Ninive, dénote une habileté plus grande encore chez les praticiens, mais aussi une décadence complète du sentiment artistique. Le réalisme qui produit quelques résultats intéressants, ne compense pas l'incorrection et la mollesse du dessin.

Il est aujourd'hui acquis que la polychromie intervenait, aussi bien en Egypte qu'en Assyrie, pour relever les sculptures et leur donner un aspect naturel. Il nous est parvenu des statues encore revêtues d'une couche de peinture dont la vigueur de coloris, après tant de siècles écoulés, nous confond d'admiration. C'est un procédé que favorise peu le ciel sombre et pluvieux du centre de l'Europe, aussi avons-nous peine à admettre sa valeur artistique. Elle doit être réelle pourtant, puisque tous ces peuples, que nous admirons dans leur sentiment artistique, en ont fait un usage raisonné.

Autant les Assyriens se soumettent à l'entrave des règles pour la représentation figurée des hommes et des dieux, autant ils montrent de liberté et de réalisme lorsqu'ils ont à reproduire des animaux. Le lion surtout leur est familier ; ils connaissent à fond ses détails anatomiques, sa physionomie, ses habitudes. Prenez dix lions sortis du ciseau des sculpteurs assyriens, pas un ne ressemble à son voisin, au contraire de leurs dieux. Quoi de plus admirable dans la vérité de la pose, dans la tension des muscles, dans l'expression de la douleur, que cette lionne blessée que nous donnons figure 89? On sent la vie palpiter dans ce corps expirant. La sculpture moderne a-t-elle jamais rien donné de plus saisissant dans sa simplicité? Aucun détail inutile ; l'impression est reçue d'un seul coup d'œil, et il n'est point besoin d'y revenir. L'art est ici parvenu à sa perfection.

Pourquoi faut-il que cette civilisation disparaisse brusquement lorsque, perdant déjà son originalité dans une monotonie absorbante, elle allait peut-être se transformer au contact des civilisations voisines ? Bien que dégénérée, dans les palais de Khorsabad et de Nimroud, elle conservait pourtant assez de vigueur pour retrouver, par des emprunts vivifiants, une prospérité nouvelle. Il n'en a rien été, et les conquêtes de Cyrus ne l'ont pas permis. Les Assyriens n'ont eu, en art, ni enfance ni vieillesse. Mais cette mission, qui semblait leur être réservée, ils l'ont transmise à d'autres, avec les éléments nécessaires pour la remplir. Depuis la Mésopotamie jusqu'aux rivages de l'Asie Mineure, on peut suivre la marche de cet art qui allait à la conquête de la Grèce.

Les Phéniciens, qui avaient avec les Babyloniens plus d'une communauté de race, de religion, surtout de relations commerciales, sont les intermédiaires obligés entre la Grèce, l'Assyrie et l'Égypte. Véritables marchands dans l'acception la plus étroite du mot, ils ne recherchent pas plus l'indépendance dans l'art que dans la politique. De même qu'ils acceptent la domination étrangère, pourvu qu'elle leur soit douce, de même ils empruntent çà et là des éléments, même disparates, pour aboutir à un style bâtard propre à contenter toutes les exigences d'une clientèle cosmopolite. C'est chez eux que se fait le travail préparatoire de l'art grec, la première fusion de la sculpture grecque archaïque, bien imparfaite, mais pleine de vigueur, avec la sculpture orientale en possession des moyens d'exécution et des proportions de la beauté. Ils sont si peu désireux de faire quelque effort pour créer à leur tour une école, que lorsque les Grecs, grâce à eux, se sont constitué un art supérieur à celui de l'Orient, ils n'hésitent pas à s'approprier ces éléments qu'ils ont laissé passer entre leurs mains sans en comprendre la valeur et, pendant des siècles, ils exportent les produits de la Grèce dans tout le monde connu des anciens, sans que cette circulation artistique leur ait profité autrement qu'au point de vue pécuniaire.

Il nous faut donc arriver aux Grecs pour rencontrer la perfection absolue, celle qui n'a jamais été depuis, nous ne dirons pas surpassée, mais même atteinte. D'où vient cette supériorité chez cette réunion de petits peuples appelés à jouer un si grand rôle dans l'histoire de l'art ? De ce que, croyons-nous, les Grecs seuls ont su choisir dans les types pour arriver à la beauté idéale. Ils n'ont pas cessé de se retremper dans l'étude vivifiante de la nature, mais ils n'en ont pas accepté aveuglément les données. Ils ont emprunté à un modèle le torse, à un autre les bras ou les jambes ; pour les traits du visage, ils ont apporté encore plus de recherche et de soin. C'est ainsi qu'ils sont parvenus à créer un type divin sans augmenter les proportions du corps humain et sans recourir à des assemblages monstrueux.

Les Grecs avaient si bien conscience d'avoir trouvé la beauté idéale, qu'ils ne voulaient pas la déformer par des mouvements et des expressions exagérés ; aussi le caractère de leur sculpture est-il la majesté, le calme. Des attitudes de lutte telles qu'on en remarque dans le *Laocoon* ou le *Gladiateur combattant* sont des exceptions composées pour fournir un prétexte à des poses violentes et à des tensions de muscles, et nous prouvent seulement que ce n'est pas par impuissance que les artistes grecs se sont confinés dans la sobriété. D'ailleurs, ces exemples si rares appartiennent tous à une période moins parfaite, et un artiste du temps de Phidias ne les eût pas traités de cette même façon ; on peut s'en rendre compte par la statue du *Discobole*, de Myron, qui appartient à l'époque de Phidias ou, pour remonter même plus haut, par l'admirable *Hercule combattant*, du fronton d'Égine, dont la vigueur n'a jamais été dépassée.

Mais les Grecs n'abandonnent pas pour cela les qualités dramatiques qui sont le complément de la sculpture ; jamais on n'a mieux prouvé que le sentiment dramatique dans l'inspiration est indépendant de la forme et du

geste. En regardant l'*Agrippine* du musée de Naples, ou la *Niobé* du musée de Florence, on est frappé de l'immense douleur qu'elles expriment par leur visage, par leur attitude, sans perdre les caractères de la beauté, et on ne regrette pas que le sculpteur se soit abstenu de les faire grimacer ou se tordre les mains. Donc, sans efforts, sans recherches, le sculpteur grec a imprimé dans l'esprit du spectateur l'ordre d'idées qui se rattache à la représentation figurée par la statuaire, et, en agissant sur l'imagination, il a étendu son action bien au delà des limites étroites imposées à son art. Viollet-le-Duc a donné en quelques lignes les conditions essentielles du sentiment dramatique, nous ne pouvons mieux faire que de les reproduire :

« Dans les arts du dessin, dit-il, et dans la sculpture particulièrement, l'impression dramatique ne se communique aux spectateurs que si elle émane d'une idée simple et si cette idée se traduit, non par l'apparence matérielle du fait, mais par une sorte de traduction idéale ou poétique, ou par l'expression d'un sentiment parallèle, dirons-nous. Ainsi, donner à un héros des proportions supérieures à celles des personnages qu'il combat, c'est rentrer dans la première condition. Donner à ce héros une physionomie impassible pendant une action violente,

c'est rentrer dans la seconde. Représenter un personnage colossal lançant du haut de son char, entraîné par des chevaux au galop, des traits sur une foule de petits ennemis renversés et suppliants, c'est une traduction idéale ou poétique d'un fait ; donner aux traits de ce personnage une expression impassible, de telle sorte qu'il semble ne jeter sur ces vaincus qu'un regard

Fig. 90. — *Métope à Sélinonte.*
*Musée de Palerme.*

vague, exempt de passion ou de colère, c'est graver dans l'esprit du spectateur une impression de grandeur morale qui produit instinctivement l'effet voulu ».

Les anciens ont admirablement compris ces exigences, et lorsqu'ils ont su réunir, comme les Grecs, la beauté plastique et la force de la pensée, ils se sont élevés aux plus hauts sommets de l'art. Nous verrons plus tard que les artistes du moyen âge, qui n'avaient pas pour guide l'expérience des générations précédentes, qui tiraient tous leurs effets de leur seule imagination et de leurs seuls efforts, sont arrivés à des résultats identiques par des moyens différents. Les Grecs ont eu, de tout temps, ce sentiment très développé. Voyez (fig. 90) cette métope de l'époque archaïque empruntée au temple de Sélinonte ; elle représente *Persée tuant la Gorgone* avec la protection d'*Athénée* ; les figures sont courtes et ramassées, les muscles exagérés, les traits du visage manquent d'élégance ; enfin, bien que les personnages soient vus de face, les pieds sont de profil, parce que les artistes ont reculé devant les difficultés d'un raccourci pourtant élémentaire. Nous ne parlerons donc pas de la forme ; mais, malgré ses imperfections, cette scène ne nous fait pas sourire, parce que nous y reconnaissons instinctivement une certaine noblesse et une vérité d'attitude qui impose l'attention.

Si l'art grec a pu réunir ces deux conditions du beau

dans la sculpture, la force et l'idée, il les doit à l'influence de deux génies bien différents : le génie ionien, dont l'Attique est le foyer, et qui vit par l'imagination ; le génie dorien qui, dans des œuvres sorties principalement de l'île d'Egine, donne l'impression la plus parfaite de la vigueur athlétique et de la vie. Le charme et l'élégance encore un peu naïve des visages sont les qualités essentielles de l'école attique, mais les attitudes sont raides et hiératiques. Au contraire, l'école éginétique se distingue par la vigueur et l'élasticité du corps, tandis que les têtes sont archaïques et conservent une expression niaise, hébétée. C'est par l'étude des œuvres sorties de ces deux centres artistiques si différents que se sont formés les sculpteurs immortels de l'époque de Phidias.

On peut dire que c'est par l'étude constante et raisonnée à la fois des modèles laissés par leurs prédécesseurs, et de la nature, qu'ils sont arrivés à la perfection, car on peut retrouver la trace de ces efforts dans les règles et les mesures qu'ils avaient fixées avec tant de précision. Beaucoup d'écrivains anciens en parlent ; il est certain que rien n'était laissé au hasard, et que c'est cette science des proportions qui était surtout enseignée dans les écoles. Elle était renouvelée constamment par l'usage d'élever des statues aux athlètes vainqueurs pour la troisième fois, en reproduisant exactement leurs formes ; c'est ce qu'on appelait statues *iconiques*. Pour les exécuter, il fallait mesurer le modèle vivant, s'assurer des saillies exactes des muscles, de leur contraction dans les diverses positions du corps, se rendre compte de la longueur réelle et de la longueur apparente des os, des membres étendus ou ployés. Ces mesures n'étaient autres qu'un canon, mais bien différent, par les variantes qu'il admettait, de celui des Egyptiens, celui-ci ne convenant qu'à la statue au repos, aux membres joints, et comme tel, enchaînant l'art au lieu d'en faciliter les progrès. Aussi, le célèbre canon de Polyclète n'était-il pas un modèle absolu, imposé, d'où on ne pouvait s'écarter sans faillir à la discipline hiératique, ce devait être bien plutôt, comme le remarquait Emeric David, un type de beauté tel qu'un maître illustre peut le donner en exemple à ses élèves. Les règles donc étaient un guide sans pouvoir jamais devenir une entrave. C'est ainsi que nous devons le comprendre et, comme ces grands artistes de l'antiquité, nous pouvons aussi, au lieu d'adopter un canon tout fait en copiant servilement l'antique selon la malheureuse direction donnée à notre enseignement, nous créer des proportions plus vraies par une observation continuelle de la nature. Emeric David le disait déjà au commencement de ce siècle : « Placez un modèle vivant à côté des belles figures antiques, avec lesquelles il *aura le plus de rapports par son âge et par ses proportions* ; posez-le debout, les pieds joints, les bras pendants et les mains ouvertes, ou bien les bras et les jambes étendus dans un cercle, dans l'attitude qu'indique à cet effet Vitruve ; mesurez-le avec soin dans l'une ou l'autre de ces positions, non seulement sur ses longueurs, mais sur ses différentes courbes. Répétez cette opération autant de fois que vous le pourrez sur un grand nombre de beaux modèles, prenez des tableaux qui vous donnent les proportions, et rectifiez celles de chaque modèle en les comparant avec l'antique. Vous découvrirez par vous-mêmes, ainsi que les Grecs avaient su le faire, le *type* de la beauté. Votre science sera véritablement à vous, vous pourrez démontrer votre théorie, vous pourrez la transmettre ».

Une autre cause importante de progrès, pour la sculpture grecque, est l'usage des concours dont le jugement était donné par la multitude ; la solennité de ces concours, la présence du peuple entier contribuaient à entretenir une émulation favorable au perfectionnement artistique. Aussi, ce fut une des institutions de la Grèce qui résista le plus longtemps. Lucien en parle *de visu*, et non seulement Phidias a dû s'y soumettre, mais même il n'y a pas toujours obtenu la première place.

Les Grecs sont les grands maîtres du nu. Personne mieux qu'eux n'a su l'apprécier, le choisir, en exprimer la vie et la beauté ; mais se rendant compte que le nu ne se prête pas à tous les types, à toutes les circonstances, ils l'ont très souvent recouvert de draperies. En cela encore, ils se distinguent des Egyptiens et des Assyriens. Les premiers engageaient leurs figures dans une gaine étroite et collante où le corps perdait de sa grâce sans acquérir de l'ampleur ; les autres chargent leurs personnages de vêtements lourds et épais, d'une richesse fastueuse quand il s'agit du roi ou des guerriers, mais qui ne laissent que bien peu de place au développement d'un art idéal. Les Grecs, au contraire, ont réduit le vêtement à être, pour ainsi dire, l'accessoire du nu. En voyant leurs figures à demi drapées dans un tissu léger, on oublie qu'elles sont habillées, et il semble que la beauté des contours, à peine entrevus, gagne à cette indécision. Le bas-relief de l'Acropole, représentant une femme montant dans son char et qui appartient à une période primitive, montre bien déjà ce soin et cette intelligence de la draperie qui atteindra, non pas seulement un art excellent, mais la perfection même dans les sculptures du Parthénon et du temple de la Victoire Aptère.

Nous avons vu, en parlant de l'art en Egypte et en Assy-

Fig. 91. — *Thésée et le Minotaure. Métope du Parthénon.*

rie, que les statues isolées étaient rares dans ces civilisations qui préféraient la liberté plus grande du bas-relief. Il faut, en effet, être sûr de soi pour créer une statue avec l'espérance qu'elle entretienne l'admiration ; elle devra, pour atteindre ce but, posséder à un haut degré la beauté de la forme et le sentiment dramatique. Nous venons de dire que les Grecs seuls avaient acquis ces deux qualités. Néanmoins, ils n'ont pas négligé l'emploi du bas-relief, seulement ils lui ont assigné un rôle secondaire, et l'ont simplifié. Ils n'ont plus besoin, pour produire des chefs-d'œuvre, d'une aussi longue suite de scènes se développant le long d'une muraille, il leur suffit d'un épisode élémentaire, même d'une figure isolée. Et pourtant, ces bas-reliefs sont admirables. Le Parthénon, par exemple, nous en a donné quatre-vingt-douze qui sont incomparables. Mais aussi les sculpteurs grecs, confinés dans leur art, n'en cherchaient jamais le perfectionnement que par des procédés de sculpture. Pour eux, le fond de leurs bas-reliefs était un mur net et solide, et ils ne commettaient pas l'erreur de vouloir y donner l'idée de la profondeur et de l'espace par l'illusion de la perspective, ce qui est œuvre de peintre. On voit là encore une preuve de la justesse de leur goût, car peu de peuples, parmi les plus artistes, ont échappé à ce défaut. Ce fut longtemps, c'est encore même, un grand point de discussion de savoir si c'est le dessin ou le modelage qui forme le sculpteur ; il paraît acquis, tout au moins, que l'importance donnée au dessin conduit à traiter le bas-relief comme un tableau, ce qui, non seulement est illogique, mais, en outre, déroute l'esprit et égare l'œil en détruisant, par la multiplicité des plans, la grandeur de l'ensemble (fig. 91).

Dans les bas-reliefs grecs, tout est calculé en vue de l'effet: la saillie exagérée des figures sur le fond, la saillie relative des divers membres, qui est au contraire égalisée, la grandeur des personnages qui, souvent, ont toute la hauteur du bas-relief. Les artistes savaient profiter de la lumière et tirer parti même des inconvénients de l'éloignement et de la hauteur où leur œuvre devait être vue.

On s'est longtemps refusé à croire que les Grecs aient pu appliquer la polychromie à l'architecture et à la statuaire; on considérait cet usage comme une faiblesse, disons plus, comme un crime de lèse-art. Aujourd'hui, la question est tranchée d'une façon absolue. Les couleurs étaient employées d'une façon discrète, sans doute, mais régulière, d'autant plus qu'il fallait assurer la convenance parfaite entre l'architecture polychrome et la sculpture qui devait la compléter. Il y a lieu de croire que cet emploi des couleurs était conseillé par l'éclat de la lumière du midi, et qu'il n'était pas inconciliable avec un art parvenu à la perfection. Ce n'est pas l'avis, cependant, de Charles Blanc. Il fait observer que la couleur, après un moment d'illusion, ne fait que rendre plus

Fig. 92. — *Le Gladiateur combattant, par Agasias d'Ephèse. Musée du Louvre.*

sensible et plus choquante l'absence de vie, et que cette première apparence de réalité devient repoussante quand on la voit démentie par l'inertie de la matière. Mais ce qui est juste d'une statue isolée ne l'est pas, ou l'est moins, d'un bas-relief, par exemple, appliqué à un mur peint en bleu et encadré de colonnes rouges et dorées; il est évident que le ton naturel de la pierre paraîtrait là sec et froid.

L'étude spéciale très complète faite dans ce *Dictionnaire*, sur les sculpteurs grecs, nous dispense d'y revenir (V. Grec). Nous rappellerons seulement en quelques mots les caractères de leurs écoles pendant les périodes de formation et d'épanouissement complet de l'art.

Lorsqu'il y a lutte entre deux génies aussi différents que le génie dorien et le génie attique, c'est le plus vigoureux qui domine, mais en s'assouplissant au contact de l'autre. Donc, c'est par l'école éginétique que nous commençons à suivre la marche ascensionnelle de la sculpture grecque. Callon, Egésias dégagent l'art de ses entraves, eux et leurs élèves étendent son domaine par l'interprétation de l'histoire héroïque de leur pays et de

la mythologie qui se prête si bien au mouvement et à l'action dramatiques. C'est ainsi que dans les frontons d'Egine, remontant au vie siècle, l'art de la composition est déjà formé. Il n'y a rien à reprendre au groupement et à l'attitude des personnages dans le *Combat d'Hercule et de Laomédon* et dans *Les Grecs et les Troyens se disputant le corps de Patrocle*. L'école athénienne, avec Calamis, corrige encore quelques excès de raideur archaïque, puis vient presque aussitôt la fusion définitive des écoles, la réunion de leurs qualités, dans les œuvres de Myron, de Polyclète, surtout de Phidias, leur contemporain, qui donne la forme la plus parfaite et la pensée la plus belle. Attique plutôt que dorien, il emprunte à ses émules les principes avec lesquels ils formaient des hommes et, par son génie, il en fait des dieux. La Minerve colossale, protectrice d'Athènes, élevée dans le Parthénon, qu'elle dépassait d'un tiers, les sculptures décoratives du Parthénon et le Jupiter du temple d'Olympie, marquent certainement l'apogée de l'art grec (ve siècle av. J.-C.).

Au ive siècle, l'art descend déjà de ces hauteurs. Scopas de Paros, qui possède à cette époque la plus grande réputation, visé à l'effet, à l'emphase, il demande le succès bien plus à l'expression qu'à la forme idéale. On sent partout sa prédilection pour les figures efféminées, pour les divinités gracieuses et sensuelles, Aphrodite, Eros, et la recherche des sujets dramatiques n'est pas étrangère à sa renommée. C'est à lui ou à Praxitèle qu'on attribue le fameux groupe des Niobides qui, d'ailleurs, est une œuvre merveilleuse. Mais il fallait s'arrêter là, et prévoir que la décadence suivrait de près les premières atteintes portées à la perfection absolue. En effet, Polyclète exagère ces tendances; il met à la mode les figures de femmes nues et, par entrainement, donne à l'homme lui-même des formes efféminées: l'*Apollon sauroctone* en est le plus remarquable exemple. Cupidon, le terrible dominateur des âmes, devient un enfant joufflu, Vénus une coquette pleine de charme, et si l'habileté de l'artiste le sauve encore de la chute, elle paraît inévitable pour ses successeurs qui, comme toujours dans les époques de décadence, ne feront qu'exagérer ses défauts. La domination macédonienne avec ses princes civilisés, mais issus d'une race belliqueuse et fière, précipite la fin de l'originalité et de la vigueur de l'art en Grèce. Non seulement la sculpture manque d'idéal et de sincérité, mais l'exécution même devient imparfaite; on sent que l'artiste a travaillé, non d'inspiration, mais par raisonnement, et que, faisant usage de règles qui ne lui étaient pas propres, il a traduit librement celles qui sont devenues, entre ses mains, insuffisantes ou incomprises. L'impulsion donnée était pourtant assez forte encore pour produire de belles œuvres. Le *Laocoon*, le *Taureau Farnèse* datent de cette époque, mais considérés il y a moins d'un siècle comme les chefs-d'œuvre mêmes de l'art antique, ils sont bien déchus aujourd'hui de cette réputation, parce qu'on a pu les comparer à ce que nous connaissons de la belle époque.

Donc la décadence vint, comme le dit Emeric David, quand les jeux olympiques furent abandonnés; quand les temples des oracles furent déserts; quand les combats de gladiateurs eurent été introduits et que l'autel de la Pitié eut été renversé; quand, la victoire se rangeant du parti des forts bataillons, la beauté du corps cessa d'être utile et honorée; quand, suivant l'expression d'un ancien, l'on connut mieux la beauté d'un cheval que celle d'un homme et qu'on l'estima davantage; quand les arts, séparés de la politique, ne furent plus que l'amusement de quelques particuliers; quand on rechercha dans leurs ouvrages les caprices de l'imagination plutôt que l'imitation de la nature; quand il n'y eut plus d'esprit public et que, sous la domination des Romains, les gouvernants, comme les peuples, marchèrent aveuglément sans autre guide que l'esprit de rapine d'une part, le découragement et l'égoïsme de l'autre; quand les artistes purent croire possible d'être frustrés des honneurs qu'ils méritaient; quand le goût général, enfin, ne fut compté pour rien, et que Lucien crut pouvoir dire à ses protecteurs . « Pourquoi irais-je dans la vallée brûlante de Pise lire mes écrits aux Grecs assemblés? Ne me suffit-il pas de votre approbation? »

Dans leur forme un peu emphatique, ces remarques résument on ne peut mieux les causes de la perte de l'art, non seulement en Grèce, mais, à quelques détails près, chez tous les peuples où nous allons en étudier le développement, l'épanouissement et le déclin.

La sculpture n'existe qu'à l'état rudimentaire chez les Etrusques, d'autant que leur architecture ne se prêtait guère à la grande décoration. Puis, ils n'avaient ni modèles ni maîtres; la Grèce et l'Egypte étaient pour eux inconnues, et les Phéniciens n'exportaient pas si loin des statues lourdes et encombrantes. Les mêmes raisons influent, bien qu'à un degré moindre, sur la sculpture romaine avant le II siècle. Là, néanmoins, l'usage très ancien d'élever des statues à tous les citoyens illustres, comme on le faisait en Grèce pour les athlètes, avait entretenu un certain goût et formé quelques praticiens. Mais l'art n'intervint qu'après la conquête de la Grèce et le pillage organisé des vainqueurs, qui transportèrent en Italie des milliers de bronzes et de marbres. Il s'en suivit aussitôt un véritable engouement pour les œuvres d'art et, par suite, un déplacement des artistes qui trouvaient des encouragements à Rome et dans la grande Grèce. C'est donc en Italie qu'il fallait aller, au dernier siècle avant notre ère, pour retrouver la sculpture hellénique.

Agasias d'Ephèse, issu d'une école d'Asie Mineure, qui avait suivi dans leur conquête les conquérants macédoniens, est l'auteur du célèbre *Gladiateur combattant* (fig. 92); Apollonius a sculpté le *Torse* non moins fameux qui se trouve au Belvédère; Glycon d'Athènes, la statue d'*Hercule Farnèse* s'appuyant sur sa massue et laissant pendre, fatigué, son bras inerte; enfin, Cléomènes, contemporain d'Auguste, la *Vénus dite de Médicis*. Ce sont les plus illustres parmi ces sculpteurs qui n'ont de . Romain que le lieu de production, mais qui, cependant, représentent l'art à Rome sous les empereurs. C'est leur œuvre qui a été prise longtemps pour l'antiquité dans ce qu'elle avait de plus parfait; c'est d'elle qu'est sortie la Renaissance. A vrai dire, ces productions tant admirées et, depuis, trop critiquées, comme toutes les idoles tombées, ont leur valeur très grande et étaient parfaitement propres à initier aux beautés de l'art, les Romains encore rudes et ignorants. A défaut de la forme impeccable, ces artistes avaient les procédés, la tradition, les règles précises des maîtres immortels qu'ils avaient reçus à la meilleure école qui existât alors, celle de Lysippe; c'est ce qui conserve à leurs œuvres une des qualités essentielles de l'art grec, affaibli plus tard entre les mains romaines : la beauté indépendante de l'échelle des proportions. Diderot, dont le jugement est si sûr dans la criti-

Fig. 93. — *Hercule Farnèse, I<sup>er</sup> siècle av. J.-C.*

que d'art, le remarque et le fait ressortir : « Si l'*Hercule Farnèse* (fig. 93), dit-il, n'est qu'une figure colossale où toutes les parties de détail, la tête, le cou, les bras, le dos, la poitrine, les cuisses, les jambes, les pieds, les articulations, les muscles, les veines, ont suivi proportionnellement l'exagération de la grandeur, dites-moi pourquoi cette figure réduite à la hauteur ordinaire reste toujours un Hercule? Cela ne s'explique point, à moins qu'il n'y ait à ces productions énormes quelques formes affectées qui gardent leur excès tandis que les autres le perdent. Mais à quelle partie de ces figures appartient cette exagération permanente? Je vais tâcher de vous le faire voir.

« Qu'est-ce que l'Hercule de la fable? C'est un homme fort et vigoureux, qu'elle arme d'une massue et qu'elle occupe, sur les grands chemins, à combattre les brigands, à écraser des monstres. Sur quelle partie d'un homme de cet état l'exagération permanente doit-elle tomber? Sur la tête? Non, car on ne se bat pas avec la tête, on n'écrase pas de la tête. Sur les pieds? Non, car il suffit que les pieds soutiennent bien la figure, et ils le feront s'ils sont à peu près proportionnés à sa hauteur. Sur le cou? oui, sans doute. C'est là que les muscles seront exagérés, ainsi qu'aux épaules et à la poitrine. Ce sont les bras qui supportent la massue et qui frappent; c'est là que doit être vigoureux un tueur d'hommes, un écraseur de bêtes. Il doit avoir dans les cuisses quelque excès constant, ainsi qu'à l'état, puisqu'il est destiné à grimper aux rochers, à s'enfoncer dans les forêts, à rôder sur les grands chemins. Tel est, en effet, l'Hercule de Glycon..., tel il reste si on en réduit les proportions... Vous le verrez petit, vous le sentirez grand : *parvus videri, sentiri magnus*; ces mots renferment un des mystères de l'art ».

Il paraît acquis, maintenant, que ces proportions si heureusement modifiées, selon la nature du modèle à reproduire, étaient assurées d'avance par des règles enseignées dans l'école et dont le talent de l'artiste faisait une application plus ou moins habile.

Ces derniers liens de discipline qui rattachent les écoles de décadence au grand art se perdent bientôt chez les Romains. Les sujets changent aussi. La mythologie fournit plutôt des sujets folâtres : divinités bachiques, faunes, silènes, satyres, que les dieux imposants de l'Olympe. Le mysticisme s'empare aussi de la sculpture décorative. Les portiques, les maisons, les temples mêmes sont ornés de statues de la *Concorde*, de la *Fidélité*, de la *Gloire*, des *Nations vaincues*. Le musée du Vatican possède une très remarquable statue de la *Pudicité* (cette appellation est-elle la vraie?) où la draperie est traitée avec une science incomparable de vérité. Enfin, ce qui est éloigné encore des traditions grecques, ce sont les *statues-portraits* habillées, c'est-à-dire où la tête seule offre un intérêt pour le spectateur contemporain : aussi est-ce bien souvent la seule partie soignée. Donc, dans ce cas, l'imitation répétée de la nature n'a pu avoir aucune influence appréciable sur le progrès de l'art, tandis que chez les Grecs les statues nues d'athlètes, où le corps était étudié davantage, devenaient un enseignement de tous les instants.

Néanmoins, ces portraits, par l'expression, par la vie, sont presque toujours des morceaux remarquables; quelques-uns ont grand air et en imposent, sinon par la beauté, du moins par la noblesse des traits et de l'attitude, telle la statue d'Auguste, du Vatican (V. Romain). Mais nous parlons seulement de ceux qui ont quelque prétention à l'œuvre d'art, car on vendait couramment, à Rome, des portraits du souverain ou des statues à pied et à cheval, sur lesquelles on adaptait la tête du modèle, et qui, fabriquées commercialement, avaient la valeur que nous attachons aujourd'hui à un Saint-Joseph peint en bleu ou en rose, à une Sainte-Marie immaculée, ou aux bustes du *Président de la République* qu'on trouve dans toutes les mairies.

Toujours fort épris de la richesse et du clinquant, les Romains ont fait un fréquent usage de la sculpture en polychromie naturelle, c'est-à-dire composée de matériaux diversement colorés, marbres blancs pour les chairs, marbres teintés, porphyres, bronze pour les vêtements, ivoire et même pour les yeux, où l'on voyait jusqu'à des pierres précieuses enchâssées.

Ils ont donné aussi une importance particulière au bas-relief, et s'éloignant de son caractère esthétique que les Grecs avaient si bien observé, ils le surchargent de personnages placés sur des plans différents. On y trouve des monuments, des ponts, des forteresses, placés selon les lois d'une perspective toute conventionnelle, ce qui rend plus sensible encore l'absence de logique et de goût. L'exagération arrive rapidement à mesure que l'art romain s'éloigne davantage des règles sages où il avait puisé ses premiers enseignements. Il est tel bas-relief de l'arc de *Septime Sévère* qui représente l'histoire complète de la campagne contre les Parthes, et où l'on voit en perspective le Tigre, l'Euphrate et la Mésopotamie tout entière!

Aussi , l'oubli des principes les plus élémentaires amène-t-il une chute complète à laquelle l'art grec, du moins, avait échappé. Au moment de l'invasion barbare, on ne sait plus ni composer, ni dessiner, ni modeler. Les têtes sont insignifiantes et sans expression, les draperies lourdes sur des corps grotesques, informes. Quand le modeleur, nous n'osons plus dire l'artiste, doit mettre plusieurs personnages dans un même cadre, il place les uns au premier rang, debout, et indique les autres par des têtes; c'est un retour aux procédés primitifs des peuples dans l'enfance. Voilà où en était arrivé une école issue en droite ligne de Phidias et de Praxitèle!

De la sculpture décorative proprement dite, de la sculpture d'ornement, nous n'avons que peu de choses à dire; elle se montre à peine chez les Grecs, ou du moins ce que nous en connaissons, d'après des monuments de petites dimensions, nous paraît maigre et plat. Ils comprenaient mieux la décoration par les statues et les bas-reliefs, et il ne semble pas qu'ils aient fait de la sculpture d'ornement sur une grande échelle. Dans l'art romain elle existe, mais bien restreinte encore ; elle intervient dans les chapiteaux, dans les trophées qui ornent souvent les pieds droits des arcades, dans quelques parties de l'entablement. Les feuilles de laurier et d'acanthe s'y retrouvent le plus fréquemment. Les artistes romains savaient tirer parti de la sculpture d'ornement, nous n'en voulons d'autre preuve que la voussure de l'arcade à l'arc de Titus. Elle est décorée de belles rosaces en saillie sur des caissons très ornés de moulures et entourés de ravissantes arabesques; on ne peut composer un motif de décoration avec plus de sobriété et de goût. Si ces exemples ne sont pas plus fréquents, c'est que la mode romaine, toujours emphatique, préférait les bas-reliefs historiques, et qu'il était nécessaire, pour leur laisser une valeur, de les isoler sur une surface nue.

A la sculpture antique, il nous a paru nécessaire de rattacher la sculpture dans l'extrême Orient, non sans doute par son rang chronologique, mais par ses procédés. De l'art hindou, qui remonte fort haut, nous ne connaissons guère que des œuvres contemporaines de l'ère chrétienne; la sculpture ne s'y sépare pas de l'architecture, elle est avant tout emblématique. L'ouvrier n'est retenu par aucune entrave, il peut dégager de la pierre, avec leur accompagnement de monstres difformes et grimaçants, les Bouddhas majestueux, absorbés dans ce rêve vague et mystique qui est, pour l'Oriental, le bonheur suprême. L'imagination est la première qualité du sculpteur hindou, mais elle est débordante et mène rapidement à la confusion. Comment se reconnaître dans ces animaux impossibles, ces à membres multiples ou à têtes hideuses, ces scènes désordonnées de supplices ou de combats sanglants? Il en est de même dans la sculpture décorative proprement dite ; son principal caractère consiste à ne laisser apercevoir le fond en aucun endroit, grâce à une profusion d'entrelacs mêlés de figures et de motifs empruntés à tous les peuples, Assyriens, Grecs, Persans, Arabes. L'œil et l'esprit se perdent dans ces fouillis, et même il devient monotone par l'impossibilité d'apporter quelque variété dans cette débauche d'imagination qui ne vous représente rien. Un dieu à plusieurs têtes et à six jambes nous paraîtra toujours semblable à un autre analogue, quelles que soient, d'ailleurs, les différences de détail, tandis que deux Apollons grecs de même pose, sculptés par des artistes différents, seront toujours pour nous un sujet d'études intéressantes. Ajoutez à ce défaut que les sculptures hindoues sont toujours traitées avec mollesse et sans le moindre effort pour trouver la grâce ou l'expression ; leur valeur artistique est donc, à tous les points de vue, fort médiocre.

Néanmoins, elles répondent si bien au caractère oriental que, avec l'aide aussi de la propagande religieuse, elles ont servi de fondement à l'art chinois, à l'art khmer, à l'art japonais, celui-ci tout à fait supérieur et original, surtout beaucoup plus tard, au xviiᵉ siècle de notre ère. Après avoir produit de belles œuvres en bronze dès le viᵉ siècle jusque vers le viiiᵉ, la sculpture japonaise était tombée en complète décadence et ne fut relevée que par le talent de Hédari Zingoro, chef de la belle école du xviiiᵉ siècle. Au contraire des artistes hindous, les Japonais se plaisent dans la reproduction de la figure humaine et dans les scènes intimes et familières. Si, depuis, ils ont perdu le but élevé qu'ils semblaient poursuivre, ils sont restés inimitables dans la représentation de l'esprit et de la vie populaires. Leurs animaliers aussi sont célèbres : Seîmin, le modeleur de tortues ; Tooûn, le maître des dragons, et Tomonobou le sculpteur de serpents. Ces objets d'art sont en bronze ou en ivoire.

Nous venons de parcourir l'histoire de l'art dans l'antiquité, et si nous n'avons pu assister à ses débuts, nous avons vu, du moins, son apogée au vᵉ siècle avant J.-C. et peu à peu son déclin et sa ruine. Lorsque les luttes acharnées que le monde civilisé soutient contre les invasions barbares ferment les écoles et dispersent les ouvriers, les derniers vestiges de l'art se réfugient à Byzance, dans l'empire grec. C'est là qu'ils se gardent comme la semence sauvage qui, par la culture et la sélection, peut un jour produire des résultats merveilleux. Sans ce dépôt, confié à des ignorants et qui reste pour ainsi dire improductif entre leurs mains, il eût fallu recommencer les premiers tâtonnements, et l'expérience de vingt siècles eût été perdue pour longtemps.

Il est à remarquer que c'est le moins avancé des arts antiques, la peinture, dont les Byzantins font un grand usage. Ce point est important pour l'avenir de la sculpture, parce que ce sont ces peintures qui, exportées en Europe, serviront de premiers modèles aux artistes italiens, français, espagnols, même allemands. Quant à la sculpture proprement dite, ils en perdent de plus en plus les principes, mais pourtant ils conservent la trace du bas-relief dans leurs plaques d'ivoire sculptées et le plus souvent accouplées. Ces diptyques témoignent encore d'une certaine habileté de main ; les traits, les draperies, sont traités avec finesse, mais la composition générale, lourde et confuse, rappelle les bas-reliefs de la plus mauvaise école de l'empire, avec les circonstances aggravantes de la raideur et de la pauvreté des sujets.

Voici (fig. 94) une tablette de dyptique en ivoire représentant les jeux du cirque, et qui date de la transition entre l'époque latine et l'époque byzantine ; les chevaux sont traités sans finesse et sans élégance, bien que le mouvement ne leur fasse pas défaut. Le manque de proportions entre les cochers, les spectateurs, les chevaux, est choquant, les personnages qui assistent aux courses, dans la tribune, sont mal dessinés, sans proportions et sans souplesse. Tout indique un art rudimentaire.

Les barbares envahisseurs n'avaient aucune idée des arts qui avaient tant produit dans l'empire romain. Aussi, lorsqu'ils en eurent étouffé les dernières manifestations, ils restèrent impuissants devant ces merveilles encore debout, qu'ils admiraient instinctivement sans bien les comprendre. Peu à peu, ce sentiment même s'efface ; les Gallo-Romains redeviennent barbares, et les Germains, n'étant plus conduit par l'idée vivifiante de la lutte pour la conquête, mais harcelés sans cesse par les nécessités

de la guerre civile, qui énerve l'esprit et abaisse le cœur, n'accordent plus d'attention aux vestiges de la civilisation romaine. Aussi bien au point de vue artistique qu'au point de vue politique ou social, c'est la nuit complète, et le monde n'a plus d'histoire.

Fig. 94. — *Tablette de dyptique en ivoire, représentant les courses du cirque.*

Charlemagne, qui était bien supérieur à son siècle, cherche à relever l'art de cette ruine. Il fait venir de Byzance, à grand'peine, des modèles et des ouvriers, et recommande à tous ses gouverneurs de province, à tous les évêques, à ses successeurs, d'encourager et de continuer ces efforts. Malheureusement, il faut à l'art autre chose que des conseils et des lois ; mais si cette tentative ne produisit immédiatement que d'insignifiants résultats, elle prépara l'avenir et jeta, un peu au hasard, mais surtout dans les couvents, quelques enseignements qui ne furent pas perdus

Cette éclosion est lente, car c'est seulement à la fin du xıe siècle qu'elle se manifeste, et dès que la sculpture apparaît dans les églises, on y reconnaît l'imitation des peintures byzantines. Le mouvement dramatique y est très accentué, et les personnages sont groupés par plans. Ces premiers artistes du moyen âge étaient donc déjà en possession de deux qualités essentielles et qui resteront caractéristiques de leur manière. Quant aux détails, ceux qu'ils trouvaient sur les modèles ne les satisfaisant pas, ils les empruntèrent aux objets usuels, de même que le type de leurs figures fut celui qu'ils avaient sous les yeux. En résumé, ils savent dès le début grouper leurs personnages, leur donner la vie et l'intérêt dramatique, et renouveler leur manière par l'observation constante de la nature. Il ne faut pas s'étonner si, avec de pareils éléments, ils ont porté, en moins d'un siècle, leur art à la perfection.

Chez eux, la sculpture est intimement liée à la construction: la statue isolée sur un piédestal leur était à peu près inconnue. Inconnu aussi l'emploi du nu ; l'Eglise ne l'encourageait pas, le climat non plus, et ils n'avaient pas, comme les Grecs, des gymnases et des écoles d'athlètes pour se le rendre familier. Au surplus, la direction est donnée et maintenue par le clergé; les moines mettent eux-mêmes en œuvre les préceptes recueillis autrefois par leurs couvents, et c'est à l'abbaye de Cluny que la France doit ses plus belles entreprises d'architecture sculptée. C'est donc encore l'hiératisme, mais l'hiératisme nécessaire, parce que seuls les moines avaient assez de discipline pour entretenir un pareil mouvement, et, qui plus est, l'hiératisme utile parce qu'il est perfectible. Les bas-reliefs de Vézelay marquent très bien cette première période.

Bientôt après, le métier étant appris, le goût se forme, le domaine de l'art s'étend, les artistes se sentent plus libres et cherchent le beau idéal en faisant une sélection dans les modèles dont ils peuvent s'inspirer. Ils ne devaient pas atteindre à la perfection des Grecs parce que la race ne s'y prêtait pas, parce qu'ils n'étudiaient pas le nu et aussi parce que leurs aspirations intellectuelles étaient moins hautes. Puis ils cherchaient plus l'expression que la beauté même, et ils sont parvenus à s'en rendre maîtres. Aussi dans leurs statues, dont on connaît des milliers, quelle variété, quel attrait, quel sujet inépuisable d'études ! Chacune d'elles éveille en nous une pensée nouvelle. On admire l'art grec, on se passionne pour l'art chrétien, parce qu'on y lit comme dans un livre toujours ouvert. Les figures empruntées à la cathédrale de Strasbourg, que nous donnons figure 95, montrent bien ce réalisme naïf du tailleur d'images ; il semble qu'on a vu quelque part les modèles de ces deux femmes dont l'expression est si bien rendue, elles vivent de notre vie, elles sont de notre sang, elles ne planent pas à des hauteurs incommensurables pour notre esprit restreint ; les divinités elles-mêmes se sont rapprochées. Dieu bien lui le bon pasteur et la Vierge est accessible à tous les affligés.

Plusieurs écoles se distinguent en France, au xııe siècle, et ne doivent pas être confondues avec les écoles d'architecture dont elles ne suivent pas les divisions. La plus influente, la plus étendue, est l'école clunisienne ou bourguignonne qui comprend, en outre, une partie de la vallée du Rhône, de l'Auvergne, de la Champagne, mais la plus parfaite est celle de l'Ile-de-France et de la Champagne, qui est à la France ce que l'Attique était à la Grèce. L'école provençale et languedocienne s'attache à l'expression, au mouvement, à la vérité des draperies, et elle réussit dans cette voie, elle s'étend jusqu'au Péri-

gord et jusqu'à l'Angoumois, où le voisinage des comptoirs vénitiens de Limoges lui facilite le progrès. Le Poitou et la Saintonge ont beaucoup produit, mais dans un art un peu inférieur.

Vient enfin l'émancipation laïque, et avec elle des modifications profondes. Les artistes de la nouvelle école abandonnent complètement la tradition pour se consacrer à l'imitation de la nature et, pour faire pièce aux artistes sortis des monastères, ils changent aussi de sujets Ils ne reproduisent plus les légendes de Saint-Antoine, de Saint-Benoît, de Sainte-Madeleine, ils emprun-

Fig. 95. — *Statues du portail sud à la cathédrale de Strasbourg. Fin du XIII⁰ siècle.*

tent des scènes entières des Ecritures et créent l'iconographie chrétienne, rendant ainsi la sculpture symbolique. Parfois même elle devient mystique entre leurs mains, lorsqu'ils enferment sous la pierre une idée morale ou religieuse · *les vertus et les vices, les Vierges folles et les Vierges sages, le Triomphe de l'Eglise, la Synagogue*, même les prophéties annonçant la venue du Messie. L'art devient philosophique, en même temps il se modère et s'affine. Les scènes violentes sont remplacées partout par des sujets plus tranquilles et d'une douceur un peu mélancolique. D'ailleurs, par la même progression, il arrive à des résultats non pas identiques, mais analogues à ceux des anciens ; les rapprochements curieux faits au *Musée de sculpture comparée* du Trocadéro permettent de s'en rendre compte.

Le xiiie siècle, au moment où les artistes laïques sont en pleine possession de leurs moyens, marque l'apogée de l'architecture et de la sculpture chrétiennes. Parmi les purs chefs-d'œuvre de cette époque, on cite les figures du portail de Notre-Dame de Reims, du porche de la cathédrale de Chartres, les apôtres de la Sainte-Chapelle du Palais et l'admirable bas-relief du portail sud de Notre-Dame de Paris qui représente la légende de Saint-Etienne. Nous le donnons figure 96. Rien ne lui peut être comparé pour la composition et pour le fini.

Au siècle suivant, il est facile de suivre la transformation de la statuaire. Deux écoles restent en présence : l'école bourguignonne et l'école française proprement dite, les *canons* apparaissent et, avec eux, la *manière*. C'est une conséquence naturelle, l'artiste n'ayant plus la préoccupation de chercher les grandes lignes et les proportions, qui lui sont fournies par ces règles, soigne avec amour les détails et la pose et, insensiblement, sa pensée s'égare, son faire se gâte dans ces minutes. L'école bourguignonne se laisse aller davantage à ce défaut et l'influence flamande et rhénane la conduit au réalisme; l'école de l'Ile-de-France et de Champagne résiste mieux,

Fig. 96. — *Histoire de Saint-Etienne, tympan du portail latéral à Notre-Dame-de-Paris.*

et c'est chez elle que nous devons chercher désormais la suite ininterrompue de l'histoire de l'art français jusqu'à nos jours

Au moment où l'Italie se prépare à la renaissance de l'antique, il se produit en France une sorte de renaissance analogue, de renouveau, pour ainsi dire, car c'est le même art du moyen âge qui refleurit avec une vigueur nouvelle. Louis d'Orléans, frère de Charles VI, est un des promoteurs de ce mouvement, qu'il semble avoir encouragé autant par les finances royales, dont il disposait, que par ses propres ressources. Comme le fait remarquer Viollet-le-Duc, la sculpture à cette époque est d'une largeur et d'une distinction qui ont lieu de surprendre après les mièvreries de la fin du xive siècle; ja-

mais peut-être on n'a si bien vêtu la statuaire en faisant sentir le nu sans affectation et en donnant aux vêtements leur aspect réel, aisé, sans recherche dans l'imitation des détails. C'est un véritable épanouissement d'un art français nouveau sans influence italienne et devant lequel on peut se demander si véritablement, engagés dans une semblable voie, nous avions besoin de la Renaissance.

Parmi les maîtres de la fin du moyen âge, les plus célèbres sont Jean Juste et Michel Colomb. Le premier est l'auteur du tombeau de Louis XII, à Saint-Denis; le second, un des artistes les plus féconds et les plus puissants du xve siècle, et, bien que breton, élevé à Dijon où la cour de Bourgogne avait formé une école de sculpteurs flamands venus de ses possessions dans les

Pays-Bas, le second, disons-nous, est aussi bien par la date que par la nature de son talent le lien entre les deux époques. Il a beaucoup produit : son œuvre capitale est le tombeau de François II, duc de Bretagne, dans la cathédrale de Nantes. On peut dire qu'avec lui finit l'art français, car à l'époque de sa mort correspond l'invasion des artistes italiens et, bientôt après, l'influence de l'école de Fontainebleau.

Que dire maintenant de la sculpture décorative du moyen âge? Il faudrait tout un volume pour en faire connaître les beautés par le détail, car aucune autre époque ne fut aussi riche ni aussi originale. Jusqu'au xiᵉ siècle, elle n'est qu'une reproduction plus ou moins grossière de l'ornementation romaine et byzantine, fort pauvre, comme nous l'avons dit, et d'autant plus maigre et plate, en ce qui concernait l'art byzantin, qu'elle était empruntée à des miniatures; mais peu à peu on y voit reparaître les figures d'hommes et d'animaux, surtout dans les contrées du Nord, toujours plus indépendantes que celles du Midi, où les monuments romains couvraient le sol et où les importations byzantines se faisaient plus aisément par l'Italie et la Méditerranée. Donc, cette première ornementation sculptée se compose d'entrelacs, d'ornements géométriques rappelant la passementerie et traités, d'ailleurs, avec beaucoup de goût et de mesure.

L'école clunisienne, dont nous avons déjà parlé, semble avoir, la première, abandonné les voies étroites tracées par l'asservissement à ces principes étrangers, pour emprunter des modèles à la nature. Les nombreux chapiteaux de Vézelay, ornés de feuillages, inaugurent un style tout nouveau et qu'on voit déjà là organisé de toutes pièces. Nous avons dit aussi comment, par le grand nombre des établissements qui dépendaient de Cluny, la propagande de ce système pouvait se faire avec la plus grande rapidité. Aussi, en quelques années, au xiiᵉ siècle, l'ornementation devient-elle d'une richesse merveilleuse et d'une variété d'autant plus grande que la flore locale en fournit les éléments. Les sculpteurs, arrivés à une habileté de main prodigieuse et ne reculant plus devant aucune difficulté, traduisent les feuillages et les fleurs qu'ils ont sous les yeux, et savent, en leur conservant l'allure et la physionomie, supprimer les détails, distribuer la lumière, donner du corps à la plante sans l'alourdir, en un mot faire œuvre d'artiste et non copier. C'est encore dans l'Ile-de-France qu'il faut chercher les plus beaux exemples, tel ce beau chapiteau flamboyant du réfectoire de Saint-Martin des Champs, à Paris (fig. 97); la sculpture ornementale de la Normandie et des bords de la Loire a plus de maigreur, celle de Bourgogne pèche toujours par l'excès contraire, l'exubérance et le

réalisme opulent, qui seront longtemps ses défauts dans toutes les branches de l'art. Mais si ses sculpteurs manquent de sobriété, leur habileté de praticiens est incomparable.

A mesure que l'art ogival se développe, l'imitation devient maniérée et servile; on choisit les feuillages les plus découpés, chardons, épines, armoise, algue marine, enlevés avec hardiesse dans la pierre à laquelle, bien souvent, ils ne tiennent que par un point; l'unité dans l'effet, que la composition au xiiᵉ siècle savait si bien conserver, malgré la difficulté, n'existe plus, et l'œil se perd dans un fouillis dont pourtant chaque élément, considéré à part, est une merveille d'exécution. On ne peut que regretter que ces ouvriers obscurs aient dépensé tant de talent pour un résultat imparfait. Aussi n'est-il pas question de réformes pour l'ornementation ogivale; elle disparaît promptement devant les nouveautés plus gracieuses et plus sobres apportées par les Italiens.

Notons, pour terminer, que la statuaire et l'ornementation chrétiennes étaient peintes et, à ce qu'il semble, avec beaucoup de mesure et un goût parfait.

Il est un genre de sculpture dont, auparavant, nous n'avions guère d'exemple et qui produit, au moyen âge, des œuvres très remarquables, c'est la sculpture sur bois comme genre, ayant ses procédés et sa physionomie propres. On trouve fréquemment des statues, des bas-reliefs, des tabernacles, des retables sculptés en bois et régulièrement, dans les églises, des stalles ou des bancs

Fig. 97. — *Chapiteau du réfectoire de Saint-Martin-des-Champs à Paris. Style flamboyant.*

enveloppés de clôtures et placés devant le sanctuaire. Dans la vie civile, le bois sculpté tient également une grande place qui ne fera qu'augmenter jusqu'à la fin de la Renaissance. Au moyen âge, on ne sont guère que des coffrets, des bahuts, des formes ou bancs plus ou moins ornés. Le xiiiᵉ siècle, si avancé dans le travail de la pierre, l'est moins pour celui du bois. Mais le xivᵉ constitue déjà l'une des époques les plus florissantes de cet art; de cette époque datent les stalles de l'abbaye de la Chaise-Dieu, en Auvergne, qui sont les plus remarquables qu'on connaisse; les coffres du musée de Cluny, avec les douze pairs sculptés sous des arcades. Les menuisiers huchiers ne reculaient pas, à cette époque, devant les grandes entreprises, car ils avaient décoré la grande salle du Palais, sous Philippe-le-Bel, avec un plafond à charpente apparente et les statues de bois des rois de France posées contre les piliers. On sait que cette salle fut détruite, en 1610, par un incendie. Dans les meubles ordinaires, on remarque un ornement bien caractéristique qui consiste en une imitation de parchemin replié inscrit dans un cadre.

Au xvᵉ siècle, la sculpture des coffres devient, comme la sculpture appliquée aux édifices, compliquée et de peu de relief; cependant, l'inconvénient est ici moins grand parce que ces détails doivent être vus de plus près, et l'habileté des ouvriers est devenue merveilleuse. Nous possédons encore beaucoup de belles boiseries des xvᵉ et xviᵉ siècles, ce qui nous permet d'en parler avec pleine connaissance. Le meuble se complète aussi et devient d'une richesse inouïe, le musée de Cluny et les collections particulières nous en montrent des spécimens remarquables. Le dressoir est la pièce principale de ce mobilier, et il se prête très bien à la décoration. Dans toutes ces œuvres du moyen âge, la préoccupation d'imiter l'architecture ou de la compléter par l'ornementation semble dominer dans l'imagination de l'ouvrier, et le conduire. ˒

Nous voici parvenus à la fin de la sculpture au moyen âge; comme on l'a vu, elle se sépare difficilement des monuments qu'elle était destinée à accompagner : maîtres des œuvres, maçons et tailleurs d'images concourent à une œuvre commune. Il en est de même dans tous les pays qui ont adopté l'art ogival, les principes, l'esthétique, les résultats sont les mêmes; quant au développement de leur propre histoire artistique, nous n'avons point à nous en occuper plus longuement, on le trouvera tracé dans ce *Dictionnaire* en consultant les articles consacrés à leur art particulier. Au contraire, il nous faut dire quelques mots de la sculpture italienne à la fin du moyen âge, parce qu'elle prépare le grand mouvement de la Renaissance.

Restée en dehors du mouvement de l'art ogival, parce que les nombreux monuments antiques qui subsistaient sur son sol l'éloignaient encore d'un système si différent de tout ce qu'elle avait connu et aimé jusque-là, l'Italie avait peu produit en sculpture. Elle avait pourtant des artistes habiles, élèves des Byzantins à qui il devait suffire d'indiquer une voie féconde. C'est à Nicolas de Pise qu'on doit ce signal d'une ère nouvelle; la vue d'un bas-relief antique : la *Chasse de Méléagre*, que les Pisans avaient placé dans leur cathédrale pour orner le tombeau à Béatrix, mère de la comtesse Mathilde, fut pour lui une révélation, et il en traduisit la manière et le mouvement dans l'*Adoration des Mages*, bas-relief qui excita l'admiration de ses compatriotes. Après lui, Jean de Pise continua son œuvre rénovatrice et, enfin, l'art nouveau étant mûr pour porter des fruits, Andrea de Pise forma l'école d'où sont sortis tous les grands maîtres de la première époque de la Renaissance : Jacopo della Quercia, Lucca della Robbia, Brunelleschi, Donatello, Ghiberti, Verocchio. Les portes sculptées par Ghiberti pour le baptistère de Florence marquent sans doute le point culminant de cette belle période et justifient l'admiration de Michel-Ange, qui disait : « Elles sont dignes d'être les portes du paradis ». Donatello appartenait à une tendance plus réaliste mais n'excluant pas pour cela la grâce et la beauté. Ces deux maîtres, Ghiberti et Donatello, sont les chefs des deux écoles de la Renaissance, qui sont séparées dès l'origine par une grave divergence de vue sur l'enseignement de l'art statuaire. Donatello disait à ses élèves : « Dessinez, l'art est tout entier dans ce mot ». Ghiberti estimait au contraire que le modelage est la meilleure préparation à la sculpture. Il semble, en effet, que si le sculpteur doit savoir dessiner, il doit surtout savoir modeler; le dessin ne traçant que les contours et les perspectives, donne la science des raccourcis; le modelage donne la science des saillies des muscles et des longueurs réelles; mais l'abus du dessin conduit à la sécheresse ou au maniérisme, parce que le statuaire ne trouve pas sous son crayon les difficultés que la matière doit opposer aux écarts de son imagination. En peinture même, il convient de ne pas trop dessiner, et cet excès a perdu les écoles flamande et vénitienne. Néanmoins, ce défaut de donner une importance trop grande au dessin ne devient irréparable que lorsqu'il conduit à sculpter avec les

procédés mêmes de la peinture, comme le fera plus tard Le Bernin; il ne paraît pas avoir retiré beaucoup de ses qualités à Donatello qui était un artiste de race, acceptant l'étude de l'antique comme un guide pour l'interprétation de la nature.

Vérocchio, qui était avant tout orfèvre, a le dessin dur, il est l'auteur de la célèbre statue équestre de Bartholoméo Colléoni, à Venise, qui fut, avec les portes de Ghi-

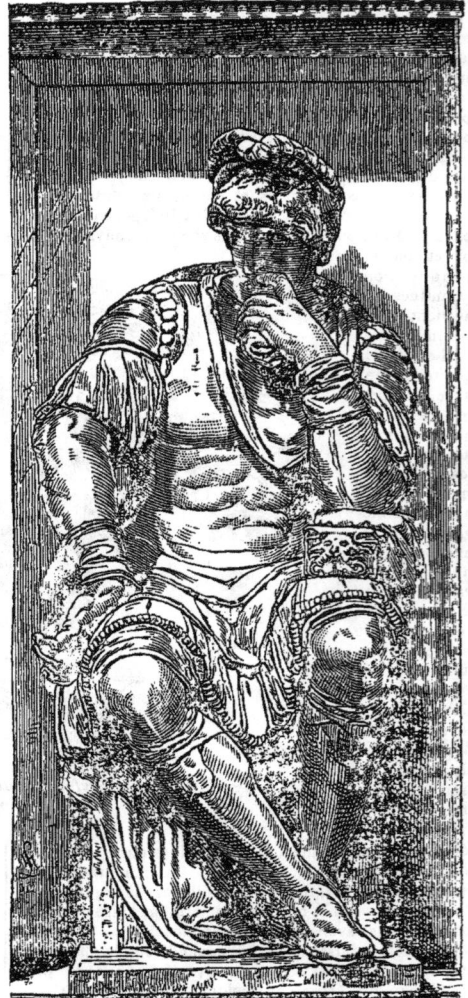

Fig. 98. — *Laurent de Médicis, par Michel-Ange.*

berti, l'œuvre la plus célèbre de l'époque; le cheval de Colleone, dit Cicognara, dans son *Histoire de la sculpture*, semble vouloir descendre de son piédestal. Les mouvements sont pleins d'énergie, sans cependant être exagérés, les proportions sont grandioses et les parties anatomiques sont parfaitement entendues. Le cavalier est majestueux et, pour être vêtu d'une armure de fer, ne saurait être assis avec plus d'aisance et de souplesse..... Nous ne croyons pas faire injure au progrès en doutant que depuis on ait jamais produit quelque chose de mieux en ce genre.

Michel-Ange ouvre, de toute l'autorité de son génie, la dernière période de la Renaissance italienne, qui ne dure guère qu'un siècle et comprend encore de grands noms : Sansovino, Baccio Bandinelli, Benvenuto Cellini et Jean de Bologne. Après eux l'art italien n'exi te plus. La chute de la République de Florence a marqué le commencement d'une décadence qui est complète avant la fin du XVIᵉ siècle.

Il faut chercher les causes du peu de consistance de cette école florentine, pourtant si brillante, dans la nature de leur enseignement, qui remplace l'observation de la nature par la science de l'anatomie. Les Grecs ne se lassaient pas de mesurer et d'étudier le modèle vivant ; les sculpteurs de la Renaissance dissèquent des cadavres et, obligés de tirer de leur propre imagination le mouvement et la vie, leur science ne les empêche pas d'être très médiocres, s'ils ne sont pas des hommes de génie ; à cette époque, pas de talents ordinaires, on est un manœuvre ou un artiste immortel. Aussi un critique moderne a-t-il dit, avec beaucoup de justesse : « C'est de son propre génie et de son propre cœur que Michel-Ange a tracé ses types, on n'en trouverait pas de semblables en Italie ». Les Grecs, au contraire, copiaient leurs concitoyens en les idéalisant.

Michel-Ange n'a pas échappé à l'écueil de traiter la sculpture comme une peinture ; d'ailleurs, n'était-il pas aussi si un grand peintre ? Mais chez lui, l'inspiration et l'enthousiasme

Fig. 99. — *Diane, par Jean Goujon. Musée du Louvre.*

suppléent à la sincérité et au naturel sans qu'on puisse, devant une merveille sortie de son ciseau, se reconnaître et garder assez de sang-froid pour la critique. Il entraine de haute lutte l'admiration. Et pourtant, ce n'est pas la perfection même ; la ronde-bosse est parfois insuffisante et prend des formes de bas-relief, les saillies sont obtenues par effet, à l'aide de l'artifice qui consiste à donner de l'exagération aux creux. Ces défauts tiennent encore à sa manière de travailler. Michel-Ange ne faisait en terre qu'une esquisse imparfaite donnant l'idée générale, et il cherchait les détails lui-même dans le marbre. La moindre erreur devenait alors irréparable autrement que par des expédients. Aussi a-t-il souvent laissé des ouvrages inachevés.

Nous donnons (fig. 98) la statue de Laurent de Médicis, connue sous le nom de *Pensieroso*, qui décore son tombeau à Florence avec les deux figures allégoriques du Crépuscule et de l'Aurore. Laurent II appuie sa tête sur une main et pose l'autre nonchalamment sur le genou ; le visage, caché à demi dans l'ombre du casque, est sombre et inquiet ; on sent là, non seulement les soucis

de l'homme d'État, mais la trace des préoccupations de l'artiste lui-même, aigri déjà aux malheurs de sa patrie. Michel-Ange n'est pas le sculpteur de la grâce et de la tendresse. Son œuvre la plus célèbre avec le Pensieroso, le *Moïse* du tombeau de Jules II, est le symbole de la force et de l'orgueil. Ce n'est pas le législateur qui donne la loi aux Hébreux, c'est l'élu de Dieu, fier de sa mission, et prêt à se lever de son siège de marbre pour foudroyer les adorateurs du Veau d'or.

Les années qui suivent la prise de Florence ne sont guère plus calmes et plus favorables au développement de l'art. Si Sansovino garde encore une délicatesse un peu affectée, Baccio Bandellini, Cellini ne choisissent que des sujets farouches et torturés, *Persée*, *Hercule et Cacus*. On vivait au milieu d'inquiétudes continuelles, et Cellini ne travaillait jamais sans un poignard posé sur son établi. C'est encore une cause de désertion pour les artistes, et de déplacement de l'influence dans les beaux-arts, revendiquée jusque là par l'Italie seule et qui nous appartient dès cette époque. Lorsque Cellini est venu en France, il y a trouvé une école jeune et pleine d'avenir ; lorsqu'il meurt, en 1570, la même année que Sansovino, six ans après Michel-Ange, l'art italien succombe avec lui.

La France avait suivi un peu plus tard le mouvement de la Renaissance ; mais si sa marche avait été plus lente, l'impulsion devait durer assez longtemps pour relier au XVIᵉ siècle les maîtres de l'époque de Louis XIV.

Comme nous l'avons dit, c'est de Michel Colomb, Jean Juste de Tours et Texier que procèdent Jean Cousin, Jean Goujon, Barthélemy Prieur, Germain Pilon. Ceux-ci conservent du vieil art français la vérité des expressions, l'aisance des mouvements, le naturel des attitudes et des draperies ; ils empruntent à l'antique la sobriété des lignes, la beauté des formes, l'usage du nu. Ils s'inspirent des Italiens sans les imiter, comme un jeune artiste intelligent sait profiter des leçons d'un bon maître sans s'asservir à sa manière. D'ailleurs, il est à remarquer que nos grands sculpteurs, surtout Jean Goujon, se sont davantage rapprochés de l'antique que les maîtres italiens.

Jean Goujon, qu'on a surnommé le Phidias français et le Corrège de la sculpture, est la grande figure de la Renaissance française ; il semble avoir deviné les chefs-d'œuvre de la sculpture grecque derrière les productions de l'art romain, alors les seules connues, et s'en être inspiré. Il a pour ainsi dire inventé de nouveau les cariatides, il a créé un genre de bas-relief où la saillie très faible de la sculpture n'empêche pas les contours de se détacher parfaitement du fond, et il en a donné d'admirables exemples dans les nymphes drapées, si gracieuses et si élancées, qui décorent la fontaine des Innocents. Avec les cariatides du Louvre et ces bas-reliefs, son œuvre la plus célèbre est la *Diane* (fig. 99) qui est actuellement au musée du Louvre : « La déesse, dit Louis Ménard, ap-

puyée sur un cerf aux bois d'or et gardée par deux chiens, repose sur un socle de forme bizarre et présentant un peu l'aspect d'un vaisseau orné de crabes, d'écrevisses et de chiffres amoureux. La coiffure, formée de tresses et enrichie de bijoux, est une de celles qu'ont adopté les femmes du XVIIᵉ siècle. Une tradition, presque abandonnée

Fig. 100. — *Bas-relief d'un bahut français du XVIᵉ siècle. Couronnement d'Henri d'Anjou, roi de Pologne, dans l'église Saint-Stanislas à Cracovie.*

aujourd'hui, veut que cette tête soit un portrait de Diane de Poitiers, duchesse de Valentinois. Ce chef-d'œuvre de la sculpture française aurait disparu sous la Révolution sans le zèle de Lenoir, qui en rassembla les parties éparses au *Musée des monuments français*. Un dessin vigoureux et du plus grand style, une exécution ferme et élégante caractérisent ce morceau qui surmontait une fontaine dans une cour de château d'Anet ».

Il peut paraître singulier que nous soyions moins bien

au courant de la vie des maîtres français que de celle des artistes de l'antiquité. Le nom même des tailleurs d'images de l'art chrétien nous est inconnu, et nous ne savons rien de la vie des sculpteurs de la Renaissance. C'est ce qui nous empêche de porter un jugement complet sur la place qui leur revient dans le développement de l'art. A quelle école se rattachent-ils ? quels étaient leurs maîtres ? ont-ils créé un enseignement, se sont-ils perpétués dans des élèves de talent qui, sans eux, ne se fussent pas révélés? on l'ignore. Il est peu probable que des artistes tels que Jean Goujon, Cousin, Germain Pilon, se soient formés par la seule étude de l'antique, et ils sont évidemment issus de la féconde pléiade des sculpteurs du xv° siècle, qui déjà savaient si bien allier la richesse de l'art flamboyant avec la grâce de la Renaissance, dans l'église de Brou, par exemple. De même, il est certain que leur expérience profita à leurs successeurs, mais était-ce par le contact direct du maître à l'élève, ou par les modèles qu'ils livraient à l'admiration de la foule? On ne le sait pas davantage. On a rattaché à Jean Goujon Barthélemy Prieur, sans s'appuyer sur des données certaines; on ne l'a pas tenté pour d'autres. Ce n'est qu'après cette première période de la Renaissance que la filiation s'établit par Guillain, Sarrazin et les Anguier, entre l'art du xvi° siècle et celui du règne de Louis XIV.

Non seulement les modèles et la facture subissent, dans la Renaissance française, une transformation importante, mais le cadre ornemental, les motifs de décoration, l'ordonnance générale ne changent pas moins que le bâtiment lui-même. Le moyen âge groupait les statues, la Renaissance les sépare; le moyen âge semait avec abondance des guirlandes de feuillages découpés, fouillés à pleine pierre; la Renaissance use modérément d'une ornementation toute conventionnelle, de très faible saillie, et consistant dans la disposition, sur un fond nu qu'on aperçoit, d'un morceau central accompagné de lignes déliées, de banderoles, de figures, de quelques fruits et fleurs encore, mais qui ne sont plus traités avec ce naturalisme charmant qui est la première qualité de l'art

Fig. 101. — *L'enlèvement de Proserpine, par Girardon.*

ogival. L'ensemble est décoratif, on ne peut le nier, et se trouve en convenance parfaite avec l'architecture.

L'art, en province, cherchait à suivre le mouvement de la réforme, et par ses efforts tentés en dehors de l'influence centrale, parvenait parfois, avec des hommes de génie, à des résultats originaux qui séduisent par une saveur étrange pleine d'individualité et de vigueur; telles les œuvres de Richier, le sculpteur lorrain. Sous l'influence des traditions du moyen âge et des études faites en Italie sous la direction de Michel-Ange, il est arrivé à un style unissant la forme à l'expression, qu'on peut considérer, certes, comme le plus grand effort français dans la sculpture religieuse. L'art chrétien ne s'est jamais élevé plus haut que dans le sépulcre de Saint-Mi-

hiel. Malheureusement Richier, confiné dans sa province, n'a pas formé d'élèves.

La sculpture sur bois tire le plus grand parti des motifs de décoration de la Renaissance. Les coffres, dont les panneaux sont quelquefois traités avec toute l'importance d'un bas-relief (fig. 100), les armoires à deux corps où entrent généralement six figures humaines, aux angles et à la partie centrale, les dressoirs avec leurs larges portes dont les vantaux peuvent être ornés à plaisir, se prêtent à toute la fantaisie de l'ouvrier; ce sont des mascarons grimaçants, des têtes de lions, de chèvres, des chimères, des bouquets de fleurs ou de fruits, d'épaisses guirlandes au milieu desquelles se jouent des amours ou même des sujets mythologiques inscrits dans des médaillons. Le tout accompagné souvent de colonnes, de pilastres. On remarque toujours une recherche très accentuée de richesse et d'ampleur dans les meubles de la Bourgogne. Paris et les bords de la Loire sont les centres d'une fabrication active, plus simple de dessin, mais aussi d'un goût plus sûr.

Le meuble n'est pas la seule application du bois sculpté, celui-ci joue un rôle important dans la menuiserie. Le musée du Louvre possède un beau panneau ajouré qui provient du château de Gaillon; on y trouve trace encore des meneaux et des fines colonnettes du moyen âge. Sous François 1er, le style devient franchement italien, mais garde cependant les qualités inhérentes au caractère français. Rien de plus élégant en ce genre que les panneaux du palais de Fontainebleau avec le chiffre du roi. La décoration des jardins de Fontainebleau comportait également plusieurs figures en bois exécutées par des artistes dont nous avons les noms. Germain Pilon y a travaillé. L'appartement de Henri II au Louvre, la décoration intérieure du château d'Anet, étaient des merveilles de menuiserie, et le règne de Henri II est véritablement le triomphe du bois sculpté.

Dans l'art religieux, une des dernières grandes entreprises des tailleurs d'images sur bois est la série de stalles du chœur de la cathédrale d'Amiens, exécutée, en 1522, sous la direction de Jean Turpin.

En dehors de la France et de l'Italie, l'Allemagne et l'Espagne peuvent se glorifier d'avoir produit quelques chefs-d'œuvre. Nous citerons la statue de Rodolphe IV, à Neustadt; le calvaire de Spire; le baptistère de Saint-Sebald, à Nuremberg. Cette dernière ville fut longtemps le centre artistique de l'Allemagne ; on y trouve un véritable bijou dû à Sébald Schouffer : la belle fontaine. Adam Krafft, qui unit le moyen âge à la Renaissance, y est né ; enfin, là vint travailler l'artiste qui personnifie la sculpture allemande dans toutes ses qualités : Peter Vischer, contemporain d'Albert Dürer. Son tombeau de Saint-Sébald, à Nüremberg, est une des merveilles de la Renaissance.

Ce mouvement semblait promettre un avenir fécond ; Adam Krafft, malgré la vulgarité de ses figures, et Vischer, par la pureté de son style, devaient être des maîtres excellents. Malheureusement, la Réforme qui proscrit la richesse dans la décoration des églises, vient arrêter cet effort et condamne l'Allemagne à une irrémédiable impuissance.

La sculpture espagnole aussi montre quelque vigueur empruntée à la Renaissance italienne. Elle procédait d'une bonne école ogivale qui avait décoré les églises du moyen âge ; au xv° siècle, les Mercadante lui donnent un éclat remarquable, et, avec eux, Gil de Siloé, qui fit le tombeau de Jean II, à Burgos, et Paul Ortiz qui sculpta, à Tolède, le tombeau d'Alvaro de Luna. Puis leurs élèves vont étudier à Rome les chefs-d'œuvre de l'antique et en rapportent un style nouveau. L'Espagne compte alors de grands artistes, avant tous Berruguete (1480-1561) et son élève Becerra dont la réputation semble surtout méritée ; puis Damiano Forment, Juan de Nola, à qui est dû le tombeau de Ramon de Cordona, vice-roi de Sicile, au couvent de Belpuig, et Ordonez qui sculpta le tombeau du cardinal Ximenès, dans la chapelle du collège Saint-Ildefonse ; toute cette sculpture est fastueuse, un peu lourde et recherchée, elle n'a pas l'aisance et la sveltesse des œuvres françaises, ni la pureté de l'art italien ; on sent le travail plus que l'inspiration. Néanmoins, ces productions dénotent des tendances bien personnelles, et des aspirations malheureusement restées incomplètes vers une perfection plus grande.

Il faut revenir à la France pour trouver une nouvelle sève et un nouvel épanouissement dans l'art statuaire.

Les quelques années qui suivent la Renaissance et précèdent le siècle de Louis XIV sont d'une faiblesse artistique relative. Simon Guillain, sculpteur peu connu, et Jacques Sarrazin, paraissent avoir été des novateurs hardis, cherchant à trouver une autre voie pour leur art qui s'affaiblissait dans la répétition des mêmes sujets et des mêmes formes. S'ils ne réussirent pas pleinement eux-mêmes, comme ordinairement les réformateurs, du moins peut-on leur reporter le grand mouvement de la fin du xviI° siècle. En effet, le premier, par les Anguier, ses élèves, fut le maître de Girardon ; le second, par Lerambert, fut le maître de Coysevox ; Sarrazin, les Anguier, sont eux-mêmes des hommes de valeur, éclipsés par les grands noms qui les ont précédés et suivis.

Jamais, depuis l'antiquité, l'art ne reçut autant d'encouragements officiels que sous le règne de Louis XIV ; ils dépassèrent même le but, en entravant parfois son essor : non seulement les commandes, les pensions, les honneurs étaient distribués largement, comme autrefois sous les Valois, mais afin d'assurer, d'une part, la direction de l'art, de l'autre son avenir, Louis XIV créa pour les peintres, sculpteurs et architectes, l'Académie royale, et pour des élèves de choix, la pension à Rome. On a critiqué ces dispositions qui présentaient en effet, dans la pratique, de graves inconvénients. Nos jeunes pensionnaires, envoyés à Rome et laissés souvent sans direction suffisamment énergique, copiaient autant les œuvres prétentieuses et emphatiques de la décadence italienne que les merveilles de l'antique ; leurs maîtres, se renouvelant à l'Académie par l'élection, n'admettaient parmi eux que les artistes engagés dans leur propre voie, et le désir de faire partie d'une réunion si honorée devait entraver les tentatives d'indépendance de ceux qui se sentaient quelque vigueur et quelque originalité ; Puget, seul peut-être, sut s'affranchir de cette direction tyrannique. Enfin, placés ainsi en corps sous la main du roi, ses goûts, ses préférences eurent force de loi et on revint, pour ainsi dire, à un hiératisme d'un nouveau genre. On le vit bien lorsque le peintre Le Brun fut nommé

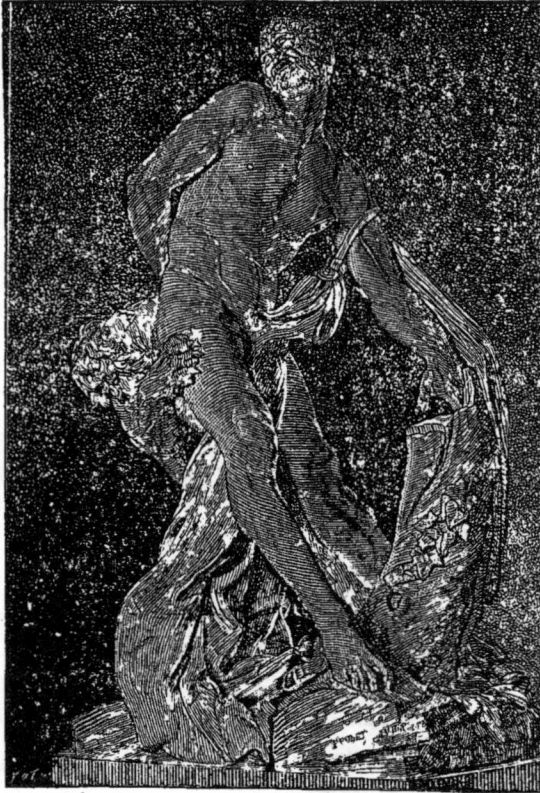

Fig. 102. — Milon de Crotone, par Puget.

inspecteur général et exigea que les sculpteurs ne travaillassent que d'après ses propres dessins. Le Brun avait des qualités qu'on ne saurait nier, pourtant cette direction suprême de la sculpture donnée à un peintre conduisit à bien des erreurs au point de vue esthétique ; sous un guide moins habile, elle eût été désastreuse. De même, à Rome, le directeur de l'école était un peintre, et souvent cet exil était imposé à un artiste médiocre, incapable de donner aux pensionnaires des conseils utiles.

Cependant, telle était l'influence de Louis XIV sur l'art que, à ne considérer que les résultats immédiats, elle paraît avoir fait naître les grands hommes et produit les chefs-d'œuvre par ordonnances royales. Celui qui caractérise le mieux cette époque, le sculpteur officiel par excellence, c'est Girardon. Pendant de longues années, il travailla d'après les dessins de Lebrun et, après lui, il continua sa tradition dans l'emploi d'inspecteur où il lui avait succédé. Comme en architecture, le style grandiose est alors le goût du jour et aucun talent ne s'y prête mieux que la facilité un peu théâtrale de Girardon. Ce penchant aux groupements dramatiques, aux mouvements exagérés se remarque surtout dans ses sculptures des jardins de Versailles : *Apollon chez Thétis*, dans le bosquet des bains d'Apollon, et l'*Enlèvement de Proserpine* (fig. 101), dans le bosquet de la colonnade. Son chef-d'œuvre est le tombeau de Richelieu, à la Sorbonne. Girardon est remarquable surtout par la correction et la noblesse du style.

Tout autre est Puget, son émule, et qu'on place maintenant bien au-dessus de lui. Il a été surnommé le Michel-Ange français et, en effet, aucun sculpteur ne s'est rapproché davantage, par les tendances, du grand maitre italien. Puget est un artiste indépendant ; l'enseignement officiel n'avait pas guidé ses premiers essais et les règlements de l'Académie lui importaient peu. Parfois incorrect, mais toujours fougueux, il demande tout à la verve et à l'inspiration, et s'il se trompe parfois, il est admirable jusque dans ses erreurs. On lui reproche de manquer de naturel, défaut qu'il avait contracté dans l'amitié de Piétro de Cortone et son admiration pour Le Bernin, mais son

Fig. 103. — *Statue de Louis XV, par Bouchardon, érigée sur la place de la Concorde.*

*Milon dévoré par un lion* reste comme le plus beau morceau de sculpture du xviiᵉ siècle. Dans ce groupe d'un sentiment dramatique si puissant, d'un mouvement si violent, l'ensemble est harmonieux et ne fait ressentir au spectateur aucune angoisse pénible ; on sent là que Puget ne redoutait aucune difficulté matérielle, sa hardiesse triomphait de tout. « Le marbre tremble devant moi, disait-il, pour grosse que soit la pièce ». Malheureusement cet artiste, en rompant avec la direction officielle, s'était condamné à n'avoir pas d'élève ; il resta isolé dans le grand mouvement de l'art français (fig. 102). Et pourtant, son génie ne l'avait pas empêché de tomber dans la grande erreur de son siècle qui est, comme nous l'avons dit, de traiter la sculpture avec les procédés de la peinture. Dans son célèbre bas-relief de *Diogène et Alexandre*, on croirait voir la copie d'un tableau.

Or le philosophe ne dit-il pas au conquérant : Retire-toi de mon soleil. Comment faire valoir dans le marbre cette lumière qui est le sujet même du bas-relief? Puget n'a pas hésité à consacrer une erreur de goût et une impossibilité, et de plus, il l'a fait avec talent. L'exemple n'en est que plus dangereux.

Coysevox, bien que plus jeune, doit être rattaché à cette époque ; sculpteur officiel comme Girardon, travailleur fécond et consciencieux, il a peuplé de statues les parcs et les châteaux de Versailles, Marly, Saint-Cloud, Trianon, les Tuileries et les Invalides. Son talent est aussi maniéré, pompeux et théâtral ; ce qu'on connaît le mieux de lui est la décoration de la porte des Tuileries, sur la place de la Concorde. Il a placé là des chevaux ailés portant *Mercure et la Renommée*, qui sont d'un beau mouvement. Coysevox est l'émule et le maitre des deux Coustou.

Avec ceux-ci nous abordons le style du xviiiᵉ siècle qui affecte le charme sensuel du sujet et des attitudes, la raideur et par suite la mollesse des formes, la recherche des chairs palpitantes, des étoffes flottantes et chiffonnées, des cheveux dénoués et épars ; avec cela un étalage ridicule de science, une exagération de muscles, une prédilection pour l'anatomie pédante et irréfléchie. Falconnet, qui était aussi un sculpteur de talent, signale ces caractères de la sculpture à son époque comme des qualités précieuses inconnues aux anciens. Ils n'en avaient pas besoin pour produire des chefs-d'œuvre! Quant à Falconnet, sa *Baigneuse* si populaire est bien dans le goût de son époque ; les Grecs, pas plus que les Romains, ne concevaient rien de semblable.

Les Coustou ont encore quelque peu de la noblesse des œuvres du grand règne, et leur habileté est indiscutable. Le plus jeune, Guillaume, a même laissé deux morceaux dignes des plus belles époques de l'art français ; ce sont les deux groupes placés aujourd'hui à l'entrée des Champs-Élysées et connus sous le nom de *Chevaux de Marly*. Dans la nécessité de la symétrie et en même temps dans la différence des attitudes, il y avait une difficulté dont l'artiste s'est tiré avec bonheur.

De l'atelier de Coustou est sorti Bouchardon, artiste

consciencieux et savant, un peu froid, au contraire de ses devanciers. Sans cesse il se retrempait dans l'étude de l'antique et il avait su comprendre que la noblesse des attitudes et le calme majestueux était une des conditions essentielles de cet art. Mais il n'avait pas l'énergie et l'autorité nécessaires pour tenter résolument une réforme complète, et il demeurant attaché aux traditions de procédés et de formes de ses devanciers, n'en exceptant que le mouvement exagéré, il a produit seulement des œuvres honnêtes, d'une correction sévère. Il était architecte autant que sculpteur, et il a donné toute la mesure de son talent dans la fontaine monumentale de la rue de Grenelle. Mais son œuvre la plus connue était la statue équestre de Louis XV, érigée sur la place devenue, depuis la Révolution, place de la Concorde ; le roi était déjà bien peu populaire à cette époque, et la statue de Bouchardon pâtit un peu de ce mécontentement des classes laborieuses. Le lendemain de l'inauguration, un mauvais plaisant, faisant allusion à ce que les vertus cardinales soutiennent le piédestal, avait écrit sous la statue :

Oh ! la belle statue ! oh ! le beau piédestal !<br>Les vertus sont à pied et le vice à cheval.

Ce monument a été détruit. On peut s'en faire une idée d'après la figure 103. Le roi, dans un costume d'empereur romain, semble protéger son peuple, dans un mouvement plein de noblesse. Des guirlandes de lauriers, des cornes d'abondance ornaient la corniche du piédestal, qui était soutenu par les quatre vertus de Pigalle. Bouchardon était mort sans avoir pu donner à la statue la dernière main, aussi le cheval seul fût-il à l'abri de la critique. Louis XV était médiocre.

Nous avons dit que Bouchardon est une exception au milieu du XVIII<sup>e</sup> siècle, et que, malgré sa haute faveur officielle, il n'a eu qu'une influence insignifiante sur la marche de l'art. En effet, le meilleur sculpteur que l'on trouve après lui sous le règne de Louis XV, J.-B. Pigalle, retombe dans les erreurs de son temps et les exagère *peut-être encore*, malgré des qualités réelles qui eussent trouvé dans une autre voie une application meilleure. Rien de plus maniéré que son *Enfant à la cage*, si populaire, rien de plus pompeux, de plus théâtral que son célèbre *Mausolée du maréchal de Saxe*, où l'on voit l'Amour qui pleure, la France désespérée essayant en vain d'arrêter le héros descendant à la tombe d'un pas ferme, tandis que le léopard d'Angleterre et l'aigle d'Autriche s'enfuient terrifiés, rien enfin de plus pédant que l'idée, dont ses contemporains eux-mêmes firent la plus sévère critique, de représenter Voltaire entièrement nu. Voltaire n'avait jamais eu de grandes prétentions à la beauté plastique, et à cette époque il avait soixante-dix ans ; aussi cette œuvre est-elle d'autant plus de mauvais goût qu'elle est d'une vérité admirable d'exécution.

Son élève, Houdon, était bien plus habile en sculptant le *Voltaire assis* de la Comédie française drapé et s'appuyant sur les bras de son fauteuil dans une attitude un peu affaissée qui convient parfaitement à son âge. Le visage a une expression maligne, presque sardonique, qui arrête et qui frappe, parce que l'attention se porte uniquement sur lui. Dans la statue de Pigalle, au contraire, le visage, lorsqu'on songe à le regarder, paraît grimaçant. Le nu ne comporte que l'expression calme et les traits réguliers.

Ce soin d'avoir habillé son illustre modèle est bien chez Houdon une preuve de goût, car plus que tout autre il avait aimé et étudiait l'anatomie. Il a même laissé une statue d'*Écorché*, devenue classique dans l'enseignement de l'art, et qui est un chef-d'œuvre de science. Mais combien Ingres avait raison lorsqu'un jour trouvant ses élèves fort occupés à copier une réduction de l'*écorché*, il saisit le plâtre et le brisa en mille pièces, disant que cette étude était la mort de l'art !

La réforme se dessine déjà avec Pajou, Julien, statuaires tout aussi savants, mais plus attachés à l'antique,

et surtout attachés à une antiquité plus pure, plus idéale, celle des Grecs, qui déjà commençait à être connue. S'ils ne sont pas considérés comme les précurseurs de la réforme qui allait signaler la fin du siècle, du moins la font-ils pressentir.

Toute une génération de sculpteurs secondaires qui traitent surtout de l'art intime et des sujets gracieux, anacréontiques, met à la mode les terres cuites, jusqu'alors peu usitées. Leur manière correspond bien à celles des peintures de Boucher, Van Loo, Lancret, Pater. A vrai dire, c'est l'art même du XVIII<sup>e</sup> siècle. Beaucoup se font un nom en ce genre : Caffieri, Falconet, Boizot, Larue, surtout Clodion, qui traite le bas-relief comme une

Fig. 104. — *Buste de Voltaire, par Houdon.*
*Musée du Louvre.*

peinture galante, et qui a souvent de véritables trouvailles. Longtemps méconnues, les œuvres de ce maître, de ce petit maître, devrait-on dire, s'achètent aujourd'hui au poids de l'or.

La sculpture d'ornement perd de son charme après la Renaissance, peu à peu elle s'alourdit, elle se complique en même temps que l'exécution devient plus négligée. Dès la Régence, il convient d'établir une scission définitive entre la sculpture d'ornement appliquée aux édifices et celle du mobilier. Sur cette dernière, nous avons souvent porté ici un jugement ; il nous semble qu'on ne peut que l'admirer pour son unité, pour son élégance, pour sa variété de détails et sa liberté d'expression. C'est le style Louis-quinze avec toutes ses qualités. Pourquoi ces mêmes éléments, transportés dans la construction, sont-ils d'un effet déplorable ? Sans doute parce que les artistes n'ont pas su voir qu'en augmentant dans des proportions énormes l'échelle de ces lignes contournées, torturées, mais gracieuses par leur exigüité, on arrive à la corruption des formes. Il semble, à considérer la décoration des monuments du xviii° siècle, que les architectes aient préféré les contours les plus bizarres et les motifs le moins appropriés à leur propre conception. Nous remarquerons que, pendant les xvii° et xviii° siècles, où notre école française de sculpture est si remarquable encore, aucun autre pays ne peut lui opposer des artistes de quelque valeur. L'Italie seule a le Bernin et l'Algarde, dont l'influence a été si grande et si pernicieuse, non seulement sur leurs compatriotes, mais même sur les jeunes gens venus à Rome pour étudier l'antique, et qui, entraînés par la réputation de Bernin, se sont parfois engagés à sa suite et y ont perdu leurs qualités. Comme tous les chefs d'école, le Bernin a du talent, on accepte chez lui les mouvements désordonnés, les expressions outrées et grimaçantes, les draperies flottant à tous les vents, les effets de clair obscur, ridicules dans un bas-relief de marbre ou de bronze; mais chez ses élèves, ces exagérations deviennent facilement insupportables, et il a fallu toute l'habileté de l'Algarde pour lui faire un nom au milieu d'une tendance si regrettable à tous les points de vue; l'Italie ne s'est pas relevée de cette décadence, et les dernières expositions universelles nous ont montré qu'elle suivait toujours les mêmes errements. Ses sculpteurs, après deux siècles, sont encore à l'école du Bernin.

C'est à la connaissance plus complète des chefs-d'œuvre grecs, autant qu'à l'influence des idées républicaines, qu'on doit l'abandon du genre dramatique et maniéré,

Fig. 105. — *Kléber, médaillon par David d'Angers.*

pour la correction du dessin et la noblesse étudiée des attitudes. C'est une révolution analogue à celle réalisée dans la peinture par David. On est en droit de se demander si, en ce qui concerne la sculpture, ses bons résultats ont été appréciables. Est-ce faute d'une direction habile, est-ce manque d'hommes de génie? Dans la pléiade d'artistes issus de cette réforme, on trouve beaucoup de talent, mais peu d'originalité, rien qui arrête, rien qui doive rester : Chaudey, Ramey, Lesueur, Lemot, Cartellier, dont l'atelier était très fréquenté, et qui eut une grande influence sur son époque par le nombre de ses élèves, Bosio, Lemaire, sont d'honnêtes médiocrités si on les compare aux grands maîtres de la Renaissance, même à leurs prédécesseurs du xviii° siècle. Sculpteurs officiels, glacés, ennuyeux, sans aucune aspiration vers l'idéal, ils se garderaient bien de rien tenter en dehors des règles de peur de commettre une légère erreur qui les feraient vouer aux gémonies par des confrères aussi savants qu'eux, et toujours prêts à relever les fautes d'orthographe d'un chef-d'œuvre. Aussi, jusqu'après le mouvement romantique, devons-nous chercher à l'étranger l'art véritable.

Précisément à ce moment où notre école subissait cette crise de transformation, trois génies isolés, sans maîtres, sans élèves, surgissaient en Italie et en Allemagne, et sans révolutionner leur art, lui donnaient un éclat passager : Canova, Thorwaldsen, Rauch.

Canova est maniéré comme ses devanciers de l'école italienne, mais à la manière plus dans l'esprit que dans le ciseau. Il aime les sujets gracieux, efféminés, il les traite avec élégance, avec un fini d'exécution et une pureté de contours irréprochables. Mais si l'*Amour et Psyché*, par exemple, excitent notre admiration, que dire de la pose affectée de Psyché, de ses bras arrondis et joints par l'extrémité des doigts une délicatesse qui ne peut être que le résultat d'une longue étude; l'Amour ne la tient pas, il l'effleure à peine; groupe charmant autant que peu naturel! Ces défauts sont sensibles dans toutes les œuvres de cet artiste; on y regrette toujours l'absence de vigueur dans le modelé, de vérité dans la composition : on voudrait y voir une incorrection, mais une incorrection de génie.

Le Danois Thorwaldsen, après s'être formé presque seul, reçut en Italie les leçons et les conseils de Canova, qui était plus âgé que lui de quelques années. On reconnaît difficilement, dans ses œuvres, la trace de cet enseignement. Il doit à son tempérament d'homme du Nord des idées plus larges, un faire plus mâle, plus nerveux. L'imagination surtout est active chez lui, et il excelle à représenter des figures idéales et mythologiques; il a une entente merveilleuse du bas-relief, et la frise qu'il sculpta sur l'ordre de Napoléon Ier : l'*Entrée d'Alexandre dans Babylone*, est considérée comme un des chefs-d'œuvre modernes.

Après Thorwaldsen, il faut que nous arrivions à Rude pour trouver une égale fermeté dans le style.

Pourtant, nous devons une place à Christian Rauch, contemporain et ami de Thorwaldsen. Lui se consacre surtout au portrait, et par une disposition d'esprit que nous ne trouvons guère que chez les peuples barbares et chez les Allemands, il lui donne des proportions colossales; son talent consiste surtout à donner trois mètres à l'effigie d'un général, cinq à celle d'un prince. A quarante ans, Rauch avait déjà produit soixante-dix bustes, dont vingt de grandeur colossale. Son œuvre capitale, la statue équestre de Frédéric-le-Grand, n'a pas moins de quatorze mètres de hauteur, y compris le piédestal. Il est vrai que celui-ci est couvert de tout un peuple de statues, dont l'agencement a le défaut grave de détourner l'œil du personnage principal. L'artiste s'est tiré avec adresse de la difficulté qu'il y avait à placer sur un cheval de bataille un homme d'aussi courte stature que Frédéric, en lui donnant le costume étriqué du temps. Un petit manteau, jeté sur les épaules, a suffi pour donner au corps de l'ampleur et rompre des lignes d'une sécheresse disgracieuse.

Rauch est un véritable artiste, malgré ses tendances toutes nationales à l'exagération des formes. Ses succèsseurs en Allemagne n'ont retenu de ses enseignements que ce seul défaut. Quant à ses contemporains Danneker et Schwanthaler, ils ne s'élèvent pas au-dessus du médiocre.

Nous citerons seulement l'anglais Flaxman sans apprécier son talent, très vanté à la fin du XVIII° siècle, mais qu'on a ramené maintenant à sa juste mesure. Il a dû évidemment sa grande réputation et les honneurs extraordinaires qui ont rempli sa carrière, à sa naissance dans un pays rebelle jusqu'ici à toute éclosion artistique.

En France, si jusqu'à Pradier, David d'Angers et Rude, la sculpture reste stationnaire, pourtant à cette école d'hommes savants et consciencieux se forment d'excellents élèves. De l'atelier de Cartellier sont sortis Rude, Petitot, Dumont, et par eux Oudiné, Gauthérin, Thomas, Caïn, Frémiet. Ramey a été le maître de Jouffroy, qui, professeur aux Beaux-Arts, eut des élèves illustres : Falguière, Mercié, Hiolle, Saint-Marceaux. David d'Angers suivit les leçons de Roland, et à lui se rattachent Toussaint, maître de Paul Dubois, Préault, Schœnewerk, Carrier-Belleuse, Millet. Enfin Lemot fut le professeur de Pradier, qui lui-même fut le maître de Crauck, Etex, Guillaume et Chapu. Voilà donc les origines de l'école de sculpture contemporaine.

David d'Angers garde la correction de ses devanciers, mais avec l'indépendance en plus. L'influence de l'antique se fait sentir dans ses statues un peu froides encore, mais vivantes et énergiquement modelées. Il doit être considéré comme le dépositaire de la tradition dans la statuaire. Aussi peut-on se montrer surpris qu'il ait parmi ses élèves un fantaisiste comme Préault, qui est l'originalité même; on le comprendrait plutôt élève de Rude, retrempé, lui, dans l'étude plus féconde de la nature. Rude est grand artiste, parce que chez lui à la forme s'unit la pensée, la poésie dramatique de l'art. Voyez, aux deux extrêmes de son talent, d'une part, cet admirable *Départ des Volontaires de 1792*, où l'on croit voir la pierre s'animer et parler, qui remue en nous le patriotisme et semble dans son élan nous emporter à sa suite, et de l'autre, dans la rigidité de la mort, *Godefroy Cavaignac* étendu dans les plis du drapeau, jamais peut-être la statuaire appliquée à un mausolée ne s'est élevée plus haut, malgré cette simplicité; c'est que derrière le ciseau du praticien, on devine comme une étincelle divine, l'âme de l'artiste qui le guide. Rude avait su prendre aux classiques et aux romantiques, alors au plus

Fig. 106. — *La Pensée, par Chapu.*

fort de leur querelle, ce qu'ils avaient de sensé et de vrai, et c'est là un des secrets de son talent. Le *Pêcheur napolitain jouant avec une tortue*, exposé en 1833, fut considéré comme le premier résultat de cette sélection qui réduisait à leur juste valeur les exagérations et les partis pris.

David d'Angers est le créateur d'un genre inférieur sans doute, mais où il a apporté une vigueur, un mouvement, une vérité d'expression extraordinaire. Nous voulons parler des médaillons qui sont son œuvre la plus populaire, à juste titre. Ces médaillons se distinguent absolument de ceux de la Renaissance française et italienne, par leur recherche du réalisme. Cette tendance romantique, que David d'Angers mettait tant de soin à étouffer dans ses statues, il la montra sans honte dans ce genre où il n'avait pas de rival. Son *Kléber* (fig. 105), avec les cheveux au vent, le col ouvert, la cravate nouée sans soin, a bien la figure énergique du grand enfant indiscipliné et boudeur, que le génie entraînait et dont la bravoure ne reculait devant rien. Ces médaillons de David d'Angers sont vivants que n'en peut-on dire autant de sa statuaire!

Nous ne devons pas oublier les animaliers : Barye, Frémiet, Caïn, qui ont renouvelé cette branche de l'art longtemps abandonnée. On reproche à Barye de faire petit, par des procédés propres seulement au petit, si bien que lorsqu'on le força à faire grand, il resta au-dessous de lui-même; on regrette qu'il s'attache aux minuties de détail, tels que les touffes de poils ou le grenu de la peau. Mais dans ses lions quelle vérité, quelle finesse d'observation! Les grandes lignes sont nettement accusées, se détachent sans embarras, le modelé est traité largement. On doit aussi à Barye le retour aux procédés de fonte du bronze à cire perdue, procédés négligés depuis la Renaissance.

Frémiet, neveu et élève de Rude, justifie peu cette filiation, car son talent est plutôt fin et spirituel. Presque toujours il voit la vie des animaux par les côtés amusants, pittoresques, mais l'observation encore est remarquable; quand à Caïn, qui se rattache également à Rude, c'est l'animalier dans l'acception la plus large. Il traduit sans l'atténuer la vie sauvage de la bête abandonnée à elle-même; ses lions, ses rhinocéros, ses tigres terrifient et donnent l'illusion de la réalité.

Enfin, Pradier est le chef d'une école qui peut être opposée pour ses tendances à celle de Rude. Bien qu'on l'ait surnommé le dernier des païens, parce qu'il empruntait ses sujets à la mythologie grecque, un peu abandonnée déjà à son époque, il semble avoir subi l'influence prochaine des romantiques. D'une facilité de travail extraordinaire, il a produit beaucoup dans tous les genres ; mais il s'est attaché surtout à la reproduction des formes féminines dont il exagérait encore la grâce. *Flore*, *Phryné*, *Atalante*, la *Poésie légère*, les *Bacchantes*, le *Printemps*, voilà ses sujets de prédilection qui le rendirent aussitôt populaire. Son œuvre la plus connue est *Sapho*, à laquelle fut décernée en 1852 une grande médaille de 4,000 fr. Tout en rendant justice à cette statue assise dans l'attitude attristée qui convient aux malheurs de Sapho, nous ferons remarquer qu'elle a été pendant longtemps le plus demandé des sujets de pendules, sans que l'art ait paru en tirer profit.

Fig. 107. — *La Charité, par Paul Dubois.*

Il est aisé de voir comment, avec des études dirigées vers une autre voie, cet enseignement a pu produire des chefs-d'œuvre. Chapu procède de Pradier dont il était l'élève, mais le goût de son époque, l'expérience acquise par ses devanciers, et aussi ses dispositions naturelles l'ont rapproché des maîtres de la Renaissance française. La *Jeunesse* tendant la palme d'immortalité au buste de Regnault n'est-elle pas une sœur des naïades de Jean Goujon ? et la *Pensée* (fig. 106), drapée dans son étoffe légère, ne pourrait-elle pas accompagner un tombeau du xvi° siècle ? Paul Dubois est plus calme, plus classique, il demande davantage ses inspirations à l'art italien, à Donatello ou à Michel Ange. Pourtant il est bien français ce groupe de la *Charité* (fig. 107) qui orne le tombeau de Lamoricière à Nantes ! Quand à Mercié, il est tout personnel, et s'il se rattache à une école, c'est plutôt à celle du xvi° siècle, même à celle de la belle époque du xviii° siècle, qui aime les mouvements hardis, les draperies flottantes, les cavaliers jetés sur des chevaux feu-

gueux. Nous ne parlerons que pour mémoire des essais de naturalisme exagéré préconisés par Marochetti et Clésinger, qui ont dépensé souvent en pure perte un très réel talent. Le bon goût en a fait justice, après un succès éphémère ; néanmoins comme tous les novateurs, ils ont provoqué un mouvement qui n'aura pas été sans influence utile.

On comprendra que nous ne puissions nous étendre longuement sur la sculpture contemporaine, car nous faisons de l'histoire et non de la critique ; qu'il nous suffise de constater sa grande valeur et ses tendances excellentes ; il est regrettable toutefois que cet art ne soit plus l'objet que des encouragements officiels, et que la faveur du public ne lui revienne pas. Nous sommes bien peu artistes, en France, du moins en ce qui concerne les masses, restées sans aucune notion première d'esthétique ; il faut avouer que la foule s'attache aux sujets bien plus qu'à la forme, et que beaucoup de ceux qui visitent, à nos salons annuels, la section de sculpture, viennent y chercher la fraîcheur, la verdure et le repos. Tout au plus parvient-on à émouvoir ce peuple enfant, lorsqu'on lui présente un groupe colossal, la tête ou le bras de la statue de *la Liberté éclairant le Monde*, ou bien encore quelque lion gigantesque se dressant et secouant sa crinière de bronze. C'est ainsi que l'on frappe les esprits et qu'on force le succès. Les Égyptiens, les Assyriens, les Hindous n'en faisaient pas moins aux époques primitives, mais c'était chez eux un ressort religieux et gouvernemental.

Une cause encore de désintéressement dans le public, pour l'art statuaire, c'est sa séparation complète de l'architecture. Le sculpteur compose, modèle, achève en plâtre ou marbre en pierre une statue dont souvent il ne connaît pas le nom d'une manière certaine, l'État ou un riche particulier l'achète pour la placer sur la façade d'un édifice auquel elle n'a jamais été destinée, à une hauteur quelconque, dans un jour plus ou moins favorable, sans qu'il y ait lieu de se préoccuper de la perspective ni des œuvres avoisinantes. C'est une question de mesures en hauteur et en largeur. Ce système amène des résultats déplorables, et conduit la statuaire à sa perte, parce que l'on se rend difficilement compte de la véritable raison de ce défaut, de ces incorrections apparentes : alors sans chercher à réagir, les amateurs s'éloignent du grand art pour s'attacher au bibelot, qui trouve plus aisément sa place dans les intérieurs. La sculpture ne compte donc que sur les allocations de l'État, et celles-ci étant nécessairement restreintes, nous voyons les grands maîtres faire de la peinture pour vivre, et les moins consciencieux abandonner pour un laisser aller tout commercial les voies saines et honnêtes de l'art. C'est ainsi qu'on a pu compter dans un édifice récemment décoré par différents artistes, vingt-deux têtes de la Vénus de Milo !

Voilà où est le danger ; les grandes époques de la sculpture ont autrement compris les rapports entre la construction et la décoration. Nous ne pouvons mieux faire que de nous inspirer de leurs exemples. « Si les Athéniens, dit Viollet-le-Duc, voyaient ces niches vides dans nos édifices, attendant des statues inconnues, et ces statues dans les ateliers demandant des places qui n'existent pas, nous croyons qu'ils nous trouveraient de singulières idées sur les arts, et qu'en allant regarder les portails de Chartres, de Paris, d'Amiens ou de Reims, ils nous demanderaient quel était le peuple, dispersé aujourd'hui, auteur de ces œuvres. Mais si nous leur répondions, ainsi que de raison, que ces maîtres passés étaient nos ancêtres, nos ancêtres barbares, et que nous, gens civilisés, nous pratiquons l'art de la statuaire pour cinq ou six cents amateurs en France ou prétendus tels ; que d'ailleurs la multitude n'est pas faite pour comprendre ces produits académiques développés à grand peine, en serre chaude, les Athéniens nous riraient au nez. »

Oui, voilà la source du mal, l'inquiétude pour l'avenir! Ce ne sont pas les grands artistes qui nous manquent, c'est une application raisonnée de leurs chefs-d'œuvre.

TECHNOLOGIE. En principe, on peut dire que toutes les matières se prêtent à la sculpture, qu'elles soient malléables au point d'être modelées avec la main ou l'ébauchoir, fusibles au point d'être coulées dans un moule, ou bien assez résistantes pour être taillées au ciseau ; l'art s'applique à tout, et on donne aussi bien le nom de *sculpture* à une statue en marbre de Paros, qu'au lion de beurre, modelé un jour par Canova pour venir en aide à une maîtresse de maison embarrassée par le retard d'un service. Néanmoins, dans l'application, on a nommé plus spécialement *statuaires* ceux qui modèlent en terre des figures, et *sculpteurs* ceux qui les reproduisent, ou dont l'art consiste à tailler dans la pierre des ornements.

La terre et la cire se prêtent surtout au modelage. L'artiste donne à la matière, en la pétrissant avec les mains, la forme générale, puis il l'achève à l'aide d'ébauchoirs en bois. Lorsque la statue est de grande dimension, et lorsque des membres détachés du corps sont exposés à être cassés facilement ou à fléchir par le poids, il est indispensable de modeler une carcasse en fer suivant la direction du corps et des membres, et destinée à servir de soutien. Dans ce cas on n'emploie ordinairement pas la cire dont le prix est trop élevé.

Le bois fut vraisemblablement la première matière travaillée au ciseau, car les anciens en avaient d'excellent, en quantité, et son emploi n'exige pas des outils très durs. La sculpture en marbre et en pierre ne devint nécessaire que lorsqu'elle dût être le complément obligé de l'architecture.

D'ailleurs ce sont là, à proprement parler, les procédés de la statuaire, car l'exécution d'une sculpture en marbre ou en pierre, à plus forte raison en bronze, est toujours précédée du modelage d'une figure d'échelle semblable ou plus petite, destinée à servir de modèle. La reproduction en matière dure n'est plus qu'une opération mathématique abandonnée le plus souvent à des ouvriers, et dont l'artiste n'a qu'à surveiller les différents états, pour y mettre, s'il est nécessaire, la dernière main.

Cette reproduction s'effectue mathématiquement par la mise au point. Le praticien, en présence du modèle, en terre ou en plâtre, obtenu par le moulage, et du bloc de pierre ou de marbre dans lequel la figure doit être taillée, mesure exactement le modèle et en fixe sur le bloc les principales dimensions au moyen de quelques points de repère indiquant les contours ; il dégrossit ainsi la pièce. Partant ensuite de ces premiers points de repère, il en détermine d'autres qui permettent une ébauche définitive. Enfin, une autre série de points amène le morceau à son état d'achèvement; le statuaire n'a plus qu'à donner aux détails la dernière perfection, par ce qu'on appelle, en terme d'atelier, le « coup de pouce du maître. »

S'il s'agit de reproduire un modèle à une échelle plus grande, le praticien dispose de moyens géométriques très simples qui lui permettent d'agrandir dans la proportion indiquée. Il lui suffit, le plus souvent, de porter ses mesures sur une règle en les multipliant par 2, par 3, par 4, et de les reprendre pour les appliquer à sa reproduction. Comme on le voit, ces procédés sont analogues à ceux de la mise au carreau pour les peintres, et sont d'une exactitude toute mathématique ; néanmoins, et malgré la multiplicité des points de repère, l'extrême variété des reliefs, des masses, des contours, ainsi que l'impossibilité de revenir sur un coup de ciseau maladroit, nécessite chez le praticien des qualités réelles de goût et de science anatomique. A ce point de vue surtout, il est regrettable que les artistes se soient désintéressés de ce travail ingrat peut-être, mais indispensable souvent pour conserver à leur œuvre la marque originale que le coup de pouce n'arrive pas toujours à lui rendre. C'est cette incertitude qui a fait préférer le bronze par beaucoup de statuaires de notre époque.

*Autrefois, le praticien était plus rarement employé ; au moyen âge, dans l'art ogival, il se confondait absolument avec l'artiste. Non seulement le statuaire était ainsi plus sûr des résultats, mais il y gagnait une hardiesse de conception et une habileté de mains précieuses. Il semble que depuis l'habitude de pétrir des matières molles ait amolli l'âme elle-même. Les génies les plus fougueux, Michel Ange, Puget, ne pouvaient se soumettre à cette entrave, et ils taillaient, dit-on, leurs œuvres à même le marbre, sans mise au point préalable.*

Dans la sculpture sur bois, excepté quand il s'agit de statues, ce qui est rare de nos jours, on sculpte d'après les mêmes procédés, mais sans mise au point, en ayant seulement sous les yeux un modèle en terre cuite, en plâtre, ou même un dessin fortement ombré. Aussi la dextérité des sculpteurs sur bois est-elle bien plus grande, leur coup d'œil plus juste, leur goût plus sûr, s'ils n'ont pas les mêmes prétentions à l'élévation de l'art.

Nous pourrons appliquer à la sculpture en bronze les mêmes observations générales. Des procédés mêmes, nous ne dirons rien; on les trouvera décrits à l'article BRONZE D'ART. Mais nous tenons à constater que le plus souvent l'artiste, après l'exposition dans son atelier ou au Salon, ayant livré au fondeur son œuvre qui a pu être jugée, se désintéresse de sa reproduction en bronze. D'autre part le fabricant se préoccupe plus du bon marché de production que de la valeur artistique réelle de ses produits. Quant à la majorité du public acheteur, nous n'en parlerons pas. Il n'y connaît rien, et d'autant moins qu'il a été systématiquement dévoyé, sans qu'on ait jamais rien fait pour le ramener par un enseignement raisonné de l'esthétique et des procédés artistiques, à des notions plus justes du vrai et du beau.

Qu'en est-il résulté ? C'est que peu à peu nous sommes tombés dans une décadence complète, et que malgré des efforts récents, nous pouvons prévoir de grandes difficultés à une réforme féconde. Les anciens étaient des fondeurs admirables ;

les artistes de la Renaissance, qui coulaient de grandes pièces d'un seul jet, savaient donner, après la fonte, une vie extraordinaire à leurs figures, qu'ils travaillaient de nouveau par les procédés de la ciselure, et auxquelles ils donnaient même la patine la plus favorable. L'art se perd déjà sous Louis XIV, bien que les frères Keller, de l'Arsenal, fussent d'habiles fondeurs. Il s'est perdu tout à fait au xviiie siècle, par l'importance qu'ont prise les petits bronzes d'ornement, au détriment des grandes pièces. Dans le courant de ce siècle enfin, le métier lui-même était arrivé à un tel état d'abaissement que lorsqu'on fondit les bas-reliefs de la colonne Vendôme, on dut ciseler après coup toutes les figures, et que les artistes ciseleurs enlevèrent une masse considérable de bronze qu'on leur abandonna comme gratification.

L'industrie du bronze a fait depuis des progrès, mais, à ce qu'il semble, plus en ce qui concerne l'économie qu'au point de vue véritablement artistique.

Le choix de la matière n'est pas indifférent dans l'interprétation de l'œuvre sculptée. La terre cuite a l'avantage de donner la pensée même de l'artiste ; on en fait de nos jours un fréquent usage, mais elle ne convient guère qu'aux morceaux de très petite dimension, destinés à l'intimité, à la décoration de l'appartement ; il en est de même des cires. Quant au bois, qui, lui aussi, doit recevoir directement le travail du maître, il est regrettable que les difficultés de l'exécution, devant lesquelles reculent la plupart des sculpteurs habitués aux procédés faciles du modelage, en aient éloigné la mode, car on obtient dans cette matière des reliefs chauds, où la lumière se joue avec bonheur ; on en peut juger par la sculpture d'ameublement, qui d'ailleurs ne s'est guère élevée encore, de nos jours, au-dessus du procédé industriel. Charles Blanc a fait remarquer aussi que, substance fibreuse, compacte, relativement légère, le bois a plus de portée que la pierre et peut se projeter plus avant dans le vide ; donc il se prête davantage à l'expression du mouvement. Tel geste dont la vivacité et l'expression seraient excessives dans la sculpture en marbre, est possible et même tolérable dans la sculpture en bois, où il n'a rien d'inquiétant pour la pensée ni pour le regard.

Le marbre blanc est la matière par excellence propre à la statuaire ; il convient surtout aux figures poétiques et gracieuses, celles des femmes, d'enfants, de dieux et de déesses ; dans la pierre plus tendre et plus mate, le grès, le granit, il faut sculpter les grandes pièces décoratives, qui s'harmonisent mieux ainsi avec la construction, et en général les sujets graves et simples. Quant aux figures guerrières ou mouvementées, les généraux montés sur leurs chevaux de bataille ou les orateurs haranguant la foule, le bronze seul peut rendre la fougue de leur génie et l'exagération nécessaire de leurs mouvements. « Le marbre, dit M. Marius Chaumelin, le marbre appelle les baisers du soleil et les morsures du temps jaloux de toute beauté. Il convient pour traduire ce qui est céleste, ce qui est idéal, pour représenter ceux qu'on aime et ceux qu'on prie. Le bronze est sans transparence, sans chaleur, son opacité est froide, presque menaçante ; il s'assombrit encore à la lumière et reste insensible aux outrages du temps. Il convient pour traduire ce qui est rude, ce qui est terrible, pour représenter ceux qui agissent et ceux qui luttent. Avec le marbre on construit les temples où l'on prie, avec le bronze on fabrique les canons qui tuent. La Grèce artiste qui avait à sa disposition les plus beaux marbres du monde, employa le bronze quand elle voulut glorifier la force, mais c'est du marbre qu'ont été tirées les statues d'Euripide, de Ménandre, et de quelques autres poètes que nous a léguées l'antiquité. Les Romains obéirent à la même esthétique. Et la preuve que le climat ne dictait pas le choix de la matière, c'est qu'à côté des statues de marbre érigées en plein air en l'honneur des dieux, des poètes, des orateurs, Rome éleva des statues de bronze à ses généraux, à ses empereurs ; témoin cette magnifique figure équestre de Marc Aurèle, qui se dresse encore aujourd'hui sur les hauteurs du Capitole. Même intelligence des principes de l'art à l'époque de la Renaissance ; c'est en bronze que Donatello et Verocchio ont fait, l'un pour Padoue, l'autre pour Venise, les statues des célèbres condottieri Guattamelata et Coleoni ; c'est en bronze qu'est la statue de Côme Ier, exécutée pour Florence par Jean de Bologne. Michel-Ange, au contraire, a choisi le marbre pour sculpter Moïse, le sublime poète de la Genèse, et c'est d'un marbre de Carrare qu'il a tiré cette admirable figure de la chapelle des Médicis, qui personnifie la *Rêverie* et qui est moins connue sous le nom du prince qu'elle représente, que sous celui du *Penseur.* »

On ne se préoccupe plus assez maintenant de ces nécessités artistiques ; l'art est guidé par de simples considérations d'économie, et tel artiste qui prévoit pour son œuvre achetée par l'Etat l'exécution en marbre nécessaire, la voit donner au fondeur sans son aveu. Souvent même le statuaire, laissé libre de faire un choix, ne s'est pas conformé à ces traditions artistiques, que l'expérience ne fait qu'appuyer, et c'est ainsi qu'on peut voir au musée du Luxembourg, pour ne parler que des œuvres consacrées par l'encouragement officiel, le *Chanteur florentin* de Paul Dubois, en bronze, à côté de l'*Age de fer* de Lançon, en marbre, quand les sujets exigeraient le contraire. Nous ne dirons rien de la sculpture en polychromie naturelle, les essais qu'on en a fait ne sont pas un encouragement pour ce genre dont l'application est toujours difficile. — C. DE M.

*Bibliographie* : Charles BLANC : *Grammaire des arts du dessin* ; CHIPIEZ et PERROT : *Histoire de l'art dans l'antiquité*, in-4e ; BAYET : *Précis de l'histoire de l'art*, in-8e ; Emeric DAVID : *Recherches sur l'art statuaire*, in-8e ; VAUTHIER et LACOUR : *Monuments de la sculpture ancienne et moderne* ; Louis MÉNARD : *La sculpture ancienne et moderne* ; COLLIGNON : *L'archéologie grecque*, in-8e ; J. MARTHA : *L'archéologie étrusque et romaine*, in-8e ; CICOGNARA : *Histoire de la sculpture depuis la Renaissance jusqu'au xixe siècle*, Venise, 1813-1818 ; D'ARGENVILLE : *Vie des fameux sculpteurs depuis la Renaissance des arts, avec la description de leurs ouvrages*, 1788; Emeric Davɪᴅ : *Histoire de la sculpture en France.*

**SEAU.** Vaisseau en bois, en métal, en toile, propre à puiser, à transporter, à contenir de l'eau et d'autres liquides.

**SÉBILE.** Petit vaisseau, ordinairement de bois, qui sert à divers usages.

**I. SÉCANTE. T. de trigon.** Considérons une circonférence dont le rayon est égal à l'unité de longueur, et sur cette circonférence un arc AB. On appelle sécante de cet arc AB la portion OT du rayon OA prolongé comprise entre le centre O et la tangente au point B, prise avec le signe + si elle est du même côté du centre que le point A, avec le signe — dans le cas contraire. La sécante d'un arc $x$ est égale à l'inverse du cosinus de cet angle.

$$\sec x = \frac{1}{\cos x}$$

— V. Trigonométrie.

**II. SÉCANT, ANTE. T. de géom.** Une sécante est une droite qui coupe une courbe en deux ou plusieurs points. Si, la sécante se déplaçant, deux points d'intersection consécutifs viennent à se rapprocher indéfiniment, la sécante tend, en général, vers une position limite qui est la *tangente* à la courbe au point où les deux points d'intersection se sont confondus (V. Tangente). Une sécante est appelée quelquefois une *transversale*, surtout lorsqu'on considère une droite qui coupe le périmètre d'un polygone. — V. Transversale.

*Plan sécant.* Plan qui coupe une surface. Un plan sécant devient tangent lorsque sa courbe d'intersection avec la surface présente un point double; mais les deux branches qui s'y croisent peuvent être réelles ou imaginaires. Ce point double est le point de contact. — V. Section, Tangent.

**SÉCATEUR.** Petit instrument employé dans l'horticulture pour remplacer la serpette. Le sécateur le plus simple ressemble à une paire de cisailles; il est formé de deux branches croisées, réunies par une goupille formant un axe de rotation, les branches que l'on rapproche avec la main sont terminées, de l'autre côté de l'axe, en forme de ciseaux courbes à deux lames, dont l'une est affûtée, tranchante et ovale, l'autre, en forme de croissant, fournit le point d'appui à la branche que l'on veut couper; un ressort maintient les lames écartées. Lorsqu'on veut tailler un rameau, on l'appuie sur le croissant, et on serre les branches du sécateur. Quelque bien monté que soit l'instrument, il exerce toujours une pression sur le bois, qui a pour résultat d'en détacher l'écorce jusqu'à quelques millimètres en dessous de la section; pour obvier à cet inconvénient, on coupe toujours un centimètre au-dessus du point voulu. Le sécateur sert dans les jardins pour la taille des arbres fruitiers, et en agriculture pour celle de la vigne. On a construit des sécateurs à crans d'arrêt qui, au repos, maintiennent les branches fermées; leurs ressorts sont disposés de diffé-

rentes façons, les lames n'ont qu'une seule courbure et quelquefois deux en forme de doucine. On fixe des sécateurs à l'extrémité de manches ou perches, et on les manœuvre avec une ficelle pour la taille des arbres à hautes tiges ou la récolte des fruits (*sécateurs élagueurs, sécateurs cueille-fruits*). Pour tondre les haies, on a des sécateurs à grands manches de bois. — ᴍ. ʀ.

**SÉCHAGE. T. techn.** Opération qui a pour but d'enlever, par évaporation lente ou artificielle, les quantités d'eau contenues, soit à l'état normal, soit par suite de manipulations industrielles quelconques, dans un certain nombre de matières qu'on a besoin de soumettre à la dessiccation. Le séchage s'effectue de plusieurs façons : *à air libre*, par évaporation naturelle ; *à air chaud*, par évaporation forcée, dans un local chauffé, dans une étuve par exemple; *par appareils à vapeur*, au contact des surfaces chaudes, de cylindres, notamment, comme dans les papeteries, les ateliers d'impression et d'apprêt sur étoffes.

**SÉCHOIR.** Dénomination générale qui s'applique aux locaux et aux appareils qu'on nomme aussi *sécheurs, sécheuses*, et destinés à opérer la dessiccation des matières dont on a besoin d'extraire par évaporation l'excès d'humidité qu'elles contiennent. Les dispositions des séchoirs varient nécessairement suivant la nature des produits naturels ou fabriqués qu'il s'agit de sécher, et suivant le mode de séchage employé.

**Séchoirs à air libre.** Pour le séchage *à air libre*, le séchoir consiste généralement en une construction où l'on étend sur des traverses, sur des cordes ou sur des fils de fer galvanisés, les étoffes à sécher; ou bien encore sur des claies les matières qu'on a besoin d'exposer au courant d'air, comme, par exemple, les tablettes de colleforte et de gélatine, les laines brutes sortant du lavage, etc., etc. Dans les teintureries, les ateliers d'impression sur étoffes, les blanchisseries, on emploie comme *séchoirs à air libre*, ou *étendages* de vastes bâtiments élevés au-dessus des toits voisins, et garnis sur les quatre faces de volets en lames de persiennes, qu'on ouvre ou qu'on ferme à volonté pour favoriser le passage de l'air et l'action du vent. — V. Étendage.

**Séchoirs à air chaud.** Les séchoirs ou *étentes à air chaud* présentent des dispositions diverses suivant leur destination. Dans certaines applications ils prennent le nom d'*étuves*.

Un séchoir à air chaud se compose en principe d'un local, chambre ou compartiment clos, recevant à sa partie inférieure l'air chauffé par un calorifère, et lui donnant issue après qu'il a parcouru toute la hauteur et la longueur de la chambre chaude, de sorte que son action se soit exercée sur l'ensemble des matières à sécher. La meilleure disposition pour l'évacuation de l'air chaud saturé d'humidité dans le séchoir, consiste à le faire sortir par des cheminées d'appel dont l'ouverture est placée vers le sol de la chambre, afin de prendre à ce niveau l'air qui, après s'être élevé au plafond à cause de sa légèreté spécifique augmentée par la température, est devenu plus lourd en se refroidissant et en se saturant de vapeur d'eau. Si, au contraire, les orifices d'évacuation sont établis près du plafond, ils enlèvent l'air le plus chaud avant que l'utilisation du calorique ait été aussi complète que possible.

Nous ne pouvons entrer ici dans la description des divers genres de séchoirs employés en industrie. Nous avons décrit au mot BLANCHISSAGE ceux qui sont destinés au séchage du linge ; il est parlé également des séchoirs aux mots APPRÊT, BLANCHIMENT, IMPRESSION SUR ÉTOFFES, et en divers articles traitant d'autres applications industrielles.

Au lieu d'employer des calorifères à air chaud, on peut chauffer les séchoirs avec des calorifères à eau chaude, à vapeur ; ce dernier mode est avantageux dans les établissements où l'on dispose de chaudières puissantes pour d'autres usages, et dont un excédent de vapeur peut être utilisé comme agent calorifique. Nous compléterons les renseignements généraux que nous nous sommes proposé de donner ici sur l'installation des séchoirs, par quelques notions théoriques utiles à consulter pour l'application du séchage à air chaud.

*Quantité de chaleur contenue dans un mètre cube d'air* saturé de vapeur d'eau, à différentes températures et sous la pression de 0m,76 :

| Températures de l'air saturé | Tension de la vapeur | Tension de l'air | Poids de vapeur contenue | Poids du mètre cube d'air | Chaleur de la vapeur | Chaleur de l'air | Chaleur totale par mètre cube |
|---|---|---|---|---|---|---|---|
| | mèt. | mèt. | kil. | kil. | unités | unités | unités |
| 20° | 0.017 | 0.743 | 0.016 | 1.18 | 10 | 6.0 | 17.0 |
| 30 | 0.032 | 0.728 | 0.028 | 1.13 | 18 | 8.4 | 26.4 |
| 40 | 0.055 | 0.705 | 0.046 | 1.04 | 30 | 10.5 | 40.5 |
| 50 | 0.092 | 0.668 | 0.072 | 0.96 | 47 | 12.0 | 59.0 |
| 60 | 0.149 | 0.611 | 0.106 | 0.86 | 69 | 12.9 | 81.9 |
| 70 | 0.233 | 0.527 | 0.142 | 0.72 | 92 | 12.6 | 104.6 |
| 80 | 0.355 | 0.405 | 0.199 | 0.53 | 129 | 10.6 | 139.6 |
| 90 | 0.527 | 0.235 | 0.251 | 0.30 | 163 | 6.75 | 169.7 |

*Quantité totale moyenne de chaleur absorbée* par l'évaporation d'un kilogramme d'eau à différentes températures :

Température de 58 à 55°, unités de chaleur absorbées 724
— de 55 à 52 — — 780
— de 52 à 46 — — 837
— de 48 à 45 — — 893
— de 45 à 40 — — 949
— de 40 à 36 — — 1.063
— de 36 à 31 — — 1.176

Pour calculer la quantité de chaleur à dépenser afin d'obtenir l'évaporation d'un poids déterminé d'eau par heure, on opère de la manière suivante:

Soit Q le poids d'eau à évaporer. Pour obtenir Q kilogrammes de vapeur à la pression moyenne de 0,76 et à une température de 30°, celle de l'air pris au dehors étant de 15°, on aura la différence du poids de vapeur saturant l'air en calculant la différence du poids contenu dans un mètre cube à 15°, soit 12k,83 avec le poids contenu dans un mètre cube à 30° soit 28k,51 : cette différence est 15k,68 que chaque mètre cube d'air passant de 15° à 30° devra

absorber. Cela posé, pour absorber le poids Q de vapeur à produire il faudra un nombre de mètres cubes représenté par

$$\frac{Q}{0,01568} = V.$$

Ce volume V de mètres cubes ramené de 30° à 0° devient

$$\frac{V}{1 + 0,00367 \times 30} = V'$$

dont le poids P est donné par la relation

$$P = V' \times 1^k,3.$$

Or la quantité de chaleur que perd l'air chaud pour évaporer et absorber par saturation le poids Q d'eau à enlever est représenté par 650×Q. La température T à laquelle l'air s'élève est par conséquent donnée par la relation

$$30 \times \frac{650 \, Q \times 4}{P} = T$$

et pour obtenir cette température il faudra dépenser une quantité totale de chaleur égale à

$$\frac{P(T-15)}{4}$$

le nombre 4 étant, dans les deux formules ci-dessus, la représentation approximative du rapport entre la chaleur spécifique de l'air et celle de l'eau à poids égal.

Pour calculer la quantité de houille à brûler par heure pour vaporiser un poids P déterminé d'eau, on part de cette donnée que 1 kilogramme de houille produisant 6,000 unités de chaleur, peut élever de 0° à t° un poids p d'air représenté par

$$p = \frac{6000 \times 4}{t}.$$

On suppose toujours l'air initial pris sec et à 0°, et on calcule les poids et volumes correspondants aux températures finales obtenues par le chauffage au moment où l'air entre dans le séchoir pour y exercer son action calorifique. — G. J.

**Séchoirs spéciaux à vapeur.** Les appareils employés pour le séchage par le contact de surfaces métalliques chauffées au moyen de la vapeur constituent un genre spécial de séchoirs dont il a été question déjà aux mots APPRÊT, BLANCHIMENT, IMPRESSION, PAPETERIE. En général, ils portent le nom de *cylindres* ou *tambours*, en raison de la forme qu'ils affectent ; ils varient de dimensions et peuvent aller de 40 centimètres de diamètre à 5 mètres. Quelquefois ce sont de simples cylindres dans lesquels circule la vapeur, d'autrefois ce sont des plaques creuses jointes de façon à affecter la forme cylindrique. On a construit des appareils comprenant depuis 1 et 2 cylindres jusqu'à 36. Ces derniers sont alors formés de batteries comprenant chaque fois une équipe ou un jeu de 9 cylindres accouplés et pouvant fonctionner seuls ou simultanément. Dans ces appareils il y a contact direct de la fibre textile avec le métal. On en emploie d'autres à feu continu où la fibre est tendue au-dessus du sécheur et ne touche pas le métal, ces genres de séchoirs portent le nom de *rames* ou *métiers à* *briser*, *métiers de Saint-Quentin*. Quand l'étoffe flotte librement et passe sur des rouleaux le séchoir s'appelle alors *hot-flue*|(V. ce mot). Ce mode de séchage convient particulièrement pour le séchage des tissus mordancés ou teints, et pour certaines opérations spéciales de la toile peinte. Quand on a déposé, par l'impression, une couleur sur une étoffe et que l'on veut opérer rapidement, on emploie le séchage avec plaques à vapeur que l'on appelle aussi *course à vapeur* ou *mansarde*. Ce mode de séchoir est très varié; on se sert des plaques de tôle de fer pouvant supporter jusqu'à 6 atmosphères de pression. En Angleterre, on emploie de préférence, des plaques en fonte. On a aussi utilisé des tubes remplis d'eau chauffée, la pièce passait sur la partie contenant la vapeur d'eau, qui par condensation, retombait dans l'extrémité du tube placé dans le foyer. On s'est servi aussi de tubes de cuivre dans lesquels circulait de la vapeur. Enfin, dans certains cas où l'on ne devait pas dépasser une température donnée, on a utilisé l'eau chauffée à la température voulue et circulant dans les plaques, comme de la vapeur ordinaire. — J. D.

*SECOUAGE.** *T. techn.* On désigne sous ce nom l'une des opérations que l'on fait subir à la soie après teinture pour développer en elle toutes les qualités de souplesse et de brillant demandées par la consommation : elle a principalement pour but de tendre les matteaux, afin que le textile ait un aspect uni et ne soit pas *crépé*. Jusqu'à présent ce travail, assez pénible pour l'ouvrier, s'exécutait à la main ; mais on a construit dans ces derniers temps différentes machines employées par l'industrie qui l'effectuent avec une régularité parfaite.

*SECOUEUR DE PAILLE.** Mécanisme annexe des machines à battre, qui reçoit la paille à la sortie du batteur et la secoue afin d'en enlever le grain, les balles, etc., qui s'y trouvent encore mélangés. Parmi les systèmes employés, on peut citer : les *secoueurs alternatifs*, les *secoueurs rotatifs* et ceux à *toile sans fin*. Les premiers se composent d'un certain nombre de lames de persiennes fixées à une extrémité à des tiges à glissières ou à des ressorts flexibles en bois, à mouvement alternatif, et à l'autre extrémité à une manivelle d'un arbre à vilebrequin qui lui donne un mouvement circulaire continu. Les manivelles de deux secoueurs élémentaires consécutifs sont opposées, de telle sorte que quand l'un s'élève et s'avance, l'autre s'abaisse et recule. La paille étant toujours prise par les secoueurs dans leur mouvement d'élévation, progresse vers la sortie en recevant une série de chocs qui ont pour effet de la secouer et d'en faire tomber les grains. Dans les batteuses à grand travail, les grains, balles et otons qui passent au travers des secoueurs tombent sur un plan incliné qui les conduit aux appareils de nettoyage; le plan incliné est animé d'un mouvement alternatif. Au lieu d'articuler tous les secoueurs sur des manivelles à l'avant, certains constructeurs montent ceux de rang pair sur des manivelles placées du côté du batteur, et ceux de rang impair

sur des manivelles du côté de la sortie de la paille. Dans certaines batteuses (Marshall), les secoueurs sont articulés à leurs deux extrémités sur des arbres à vilebrequin parallèles, système qui évite l'engorgement des secoueurs. Les lames de persiennes des secoueurs sont formées par des petits liteaux triangulaires en bois, fixés sur deux longrines. On en fait beaucoup garnis de plaques de tôle perforée et repoussée. Les secoueurs rotatifs (Ransomes) sont formés d'une série de prismes triangulaires en bois, parallèles et tournant autour de leur axe dans le même sens ; ces prismes sont armés de dents courbes qui passent les unes entre les autres. La paille est entraînée par ces dents, et à leur partie supérieure. Dans les secoueurs américains à toile sans fin, la paille, à la sortie du batteur, tombe sur une toile sans fin constituée par des liteaux en bois formant godets, vissés sur deux courroies de cuir ; une ou plusieurs cames à mouvements rapides communiquent des secousses au secoueur. A la sortie du secoueur, la paille tombe sur un plan incliné, plein ou à jour, d'où elle est prise par l'ouvrier botteleur ou par une lieuse mécanique. — M. R.

*SECRÉTAGE.** *T. techn.* Opération qui consiste à mouiller les poils adhérents aux peaux avec une solution mercurielle, pour en faciliter le feutrage. — V. CHAPELLERIE, § *Chapeaux de feutres de poils.*

*SECRÉTAN** (MARC-LOUIS-FRANÇOIS). Ingénieur constructeur d'instruments de précision, né à Lausanne (Suisse) en 1804, mort à Paris, le 30 juin 1867. Il étudia d'abord le droit, se fit recevoir avocat, et exerça quelque temps cette profession; il avait un goût très vif pour les mathématiques qu'il se mit à étudier avec fruit; quelques années plus tard, il devint capitaine du génie pour le canton de Vaud, grade qu'il conserva jusqu'en 1834. A cette époque, il suppléa Develey à l'Académie de Lausanne comme professeur de mathématiques; il fut nommé professeur en titre en 1838. En 1844, il quitta Lausanne et vint à Paris avec le désir de se perfectionner dans l'étude de l'astronomie. Il entra en relation avec l'opticien Lerebours, membre adjoint du Bureau des longitudes, et devint bientôt son associé. Il continua seul la direction de la maison, après que Lerebours se fut retiré en 1854. Secrétan sut réaliser d'importants perfectionnements dans la construction des instruments d'optique et d'astronomie. A l'Exposition Universelle de 1855, il reçut une médaille d'honneur et une médaille de première classe. Il reçut la décoration de la Légion d'honneur le jour même de sa mort, en 1867. Secrétan a construit un grand nombre d'appareils d'astronomie, de galvanoplastie et de photographie; il a livré entre autres instruments, à l'Observatoire de Paris, un télescope à miroir de verre argenté suivant le procédé de Léon Foucault, une lunette méridienne de 0m,24 d'ouverture, et un grand équatorial avec coupole tournante, construit sur une commande de Le Verrier qui avait indiqué au constructeur les nouvelles qualités que la science exigeait de cet instrument. Cet inportant appareil qui occupe le sommet de la tour de l'Ouest de l'Observatoire, marquait un grand progrès sur les ouvrages antérieurs du même genre; il est encore souvent cité comme un des meilleurs modèles d'équatorial qui existe dans le monde. Secrétan s'est beaucoup occupé de photographie. Il a laissé quelques ouvrages, citons : le *Traité de photographie* (avec Lerebours), 1842, in-8° et *De la distance focale des systèmes optiques convergents ; Applications au problème de la photographie*, 1858, in-8°.

Son fils *Auguste* SECRÉTAN (1833-1874) a brillamment dirigé la maison Lerebours et Secrétan, actuellement sous la direction de *Georges-Emmanuel* SECRÉTAN, à qui l'on doit le grand télescope de Toulouse, en collaboration avec MM. Henry frères, de l'observatoire de Paris.

**SECRÉTAIRE.** *T. d'ameubl.* Sorte de meuble contenant une tablette sur laquelle on écrit, et des tiroirs pour renfermer des papiers, des valeurs.

**SECTEUR.** *T. de géom.* En géométrie plane, on appelle en général *secteur* la portion de plan comprise entre deux lignes droites qui se coupent et un arc de courbe. Si

$$\rho = f(\alpha)$$

est l'équation polaire de la courbe rapportée au point d'intersection des deux droites comme pôle, et si $\alpha$ et $\beta$ sont les angles que font les deux rayons extrêmes du secteur avec l'axe polaire, la surface du secteur a pour expression :

$$S = \frac{1}{2} \int_{\alpha}^{\beta} \rho^2 d\omega$$

*Secteur circulaire.* C'est la portion d'un cercle comprise entre un arc et les deux rayons qui aboutissent à ses deux extrémités. Si l'arc qui sert de base au secteur est représenté par $\alpha$ et exprimé en parties du rayon, la surface du secteur sera :

$$S = \frac{1}{2} \pi r^2 \alpha$$

si l'arc contient $n^{\circ} p' q''$, et si $r$ désigne le rayon du cercle, la surface du secteur sera :

$$S = \pi r^2 \left( \frac{n}{360} + \frac{p}{21000} + \frac{q}{1296000} \right)$$

Le centre de gravité du secteur circulaire coïncide avec le centre de gravité d'un arc de cercle concentrique à l'arc de base compris entre les mêmes rayons et ayant pour rayon les deux tiers du rayon du secteur donné.

Dans la géométrie dans l'espace, on appelle, en général, *secteur*, le volume compris entre une surface conique et une surface quelconque qui coupe toutes les génératrices du cône d'un même côté du sommet. Si

$$\rho = f(\theta, \psi)$$

est l'équation bipolaire de la surface rapportée au sommet du cône comme pôle, le volume du secteur a pour expression l'intégrale double

$$S = \frac{1}{3} \int \int \rho^2 \sin \theta \, d\theta \, d\psi$$

étendue à toutes les valeurs de $\theta$ et $\psi$ qui correspondent à des rayons situés dans l'intérieur du secteur.

*Secteur sphérique.* C'est la portion de sphère comprise entre deux surfaces coniques de révolution autour d'un même axe ayant leur sommet commun au centre de la sphère. On peut considérer ce solide comme engendré par la révolution d'un secteur circulaire autour d'un axe passant par son centre et extérieur au secteur. Le volume d'un secteur sphérique a pour mesure le produit de l'aire de la zone qui lui sert de base par le tiers du rayon. Si donc $r$ désigne le rayon de la sphère et $h$ la hauteur du secteur, c'est-à-dire la projection de l'arc de cercle du secteur circulaire générateur sur l'axe de révolution, le volume du secteur sera donné par l'expression :

$$V = \frac{2}{3} \pi r^2 h$$

Cette formule convient encore au cas où le cône intérieur se réduit à son axe, c'est-à-dire au cas où le secteur, de forme plus simple, est la portion de la sphère comprise à l'intérieur d'un cône droit circulaire ayant son sommet au centre. Si la hauteur du secteur devient égale au diamètre, on a la sphère entière dont le volume est ainsi :

$$\frac{4}{3} \pi r^3$$

|| En *t. de fortif.*, c'est la partie du terrain qui, étant comprise entre les perpendiculaires aux faces d'un angle menées par son sommet, est difficilement atteinte par les feux de faces. || *T. de filat.* Organe du métier à filer renvideur servant à régler le mouvement des broches pendant la rentrée du chariot et la renvidée du fil. — V. FILER (Métier à). || *T. de mécan.* Appareil qui permet également de régler la position du tiroir d'une machine à vapeur et de renverser son mouvement.

**SECTION.** *T. de géom.* On désigne en général, sous ce nom, la courbe d'intersection d'une surface par une autre. Si les deux surfaces sont respectivement de degrés $m$ et $n$, la section est de degré $mn$. Les sections planes d'une surface sont les intersections de cette surface par un plan; ce sont des courbes du même degré que celui de la surface, si celle-ci est algébrique. La section d'une surface par un plan tangent présente un point double au point de contact; mais si les deux rayons de courbure de la surface sont de même sens, les branches de la section qui viennent se croiser au point double sont imaginaires, de sorte que, dans le voisinage du point de contact, le plan tangent n'a pas d'autre point de contact avec la surface que ce point de contact lui-même. Si, au contraire, la surface est à courbures opposées, le plan tangent la coupe suivant deux branches de courbes réelles qui viennent se croiser au point de contact.

Les sections faites dans un cylindre par des plans parallèles sont des courbes égales. Les sections faites dans un cône par des plans parallèles sont des courbes homothétiques par rapport au sommet du cône, et le rapport d'homothétie de deux d'entre elles est égal au rapport des distances des deux plans sécants correspondants, au sommet. Les sections faites dans une surface de révolution par des plans passant par l'axe sont des courbes égales appelées *méridiennes* ; les sections faites par des plans perpendiculaires à l'axe sont des cercles appelés *parallèles*.

*Sections coniques.* Depuis l'époque des anciens géomètres grecs, on désigne sous le nom de *sections coniques* les sections planes d'un cône droit de révolution. Ce sont des courbes pouvant affecter trois genres différents de formes et qui ont reçu les noms d'*ellipse*, *hyperbole* et *parabole*. — V. ces mots.

Dandelin a démontré que la section plane d'un cône ou d'un cylindre droit circulaire admet pour foyer le point de contact du plan sécant avec une sphère inscrite dans le cylindre ou dans le cône, et pour directrice correspondante la droite d'intersection du plan sécant avec le plan de la courbe de contact de cette sphère. Comme il y a en général deux sphères remplissant ces conditions, on retrouve ainsi les deux systèmes de foyer et de directrice. — V. Conique, Foyer.

Les sections coniques sont les courbes du second degré. On retrouve encore les mêmes courbes quand on coupe une surface de second degré quelconque par un plan. Les sections faites dans une surface de second ordre par des plans parallèles, sont des courbes homothétiques dont les centres se trouvent sur une même ligne droite qui est appelée un *diamètre de la surface* (V. Diamètre). Les surfaces du second degré qui admettent des génératrices rectilignes, c'est-à-dire l'hyperboloïde à une nappe, le paraboloïde hyperbolique, les cônes et cylindres du second ordre, sont coupés par leurs plans tangents suivant deux génératrices qui sont distinctes pour les deux premières surfaces et confondues pour les cônes et les cylindres. Les autres surfaces du second ordre, c'est-à-dire l'ellipsoïde, l'hyperboloïde à deux nappes et le paraboloïde elliptique n'ont qu'un point commun avec chacun de leurs plans tangents. Dans le cas particulier où la surface est une sphère, toutes les sections planes sont des cercles, et le plan tangent est perpendiculaire à l'extrémité du rayon. — M. F.

**SEGMENT.** T. de géom. On appelle *segment de cercle* la surface comprise entre un arc de cercle et sa corde. Si l'arc est plus petit qu'une demi-circonférence, sa surface est la différence entre les surfaces du secteur et du triangle isocèle compris entre les deux rayons extrêmes. Si donc α est l'angle de ces rayons extrêmes exprimé en parties du rayon, la surface du segment sera :

$$S = \frac{1}{2} r^2 (\alpha - \sin \alpha)$$

Cette formule convient encore au cas où le segment est plus grand qu'un demi-cercle, parce qu'alors sin α devenant négatif, le triangle s'ajoute au secteur.

On appelle quelquefois, d'une façon générale, *segment* la surface comprise entre une courbe quelconque et sa corde, ou, plus souvent, la surface comprise entre une droite dite *base du segment*, un arc de courbe qui ne rencontre pas la base et les perpendiculaires abaissées des deux extrémités de l'arc sur la base. Si

$$f(x, y) = o$$

est l'équation de la courbe rapportée à deux axes rectangulaires dont l'axe des *x* coïncide avec la base, et si *a* et *b* sont les abscisses des extrémités de l'arc, la surface du segment sera :

$$S = \int_a^b y \, dx.$$

*Segment sphérique.* C'est la portion de la sphère comprise entre deux plans parallèles. Ces deux plans coupent la sphère suivant deux cercles qui sont les *bases* du segment; leur distance en est la hauteur. Le segment sphérique est équivalent à une sphère ayant pour diamètre la hauteur du segment, plus la demi-somme des deux cylindres ayant pour hauteur commune la hauteur du segment, et pour bases respectives les deux bases du segment. Si donc *a* et *b* sont les rayons des bases et *h* la hauteur, le volume du segment sera :

$$V = \frac{\pi h}{2} \left[ \frac{1}{3} h^2 + a^2 + b^2 \right].$$

Dans le cas où le plan d'une des bases devient tangent, le segment est dit *segment à une base*; son volume est alors :

$$V = \frac{\pi h}{2} \left( \frac{1}{3} h^2 + a^2 \right).$$

On désigne quelquefois, d'une façon générale, sous le nom de *segment*, le volume compris entre un plan, qui reçoit le nom de *base de segment*, une portion de surface située tout entière d'un même côté de cette base et un cylindre ayant pour génératrices des droites perpendiculaires à la base, et pour directrice la courbe qui limite la portion de surface considérée. Si

$$f(x, y, z) = o$$

est l'équation de la surface par rapport à trois plans coordonnés rectangulaires parmi lesquels le plan des *xy* coïncide avec la base du segment, le volume de celui-ci sera exprimé par l'intégrale double :

$$V = \int \int z \, dx \, dy$$

étendue à toutes les valeurs de *x* et *y* qui correspondent à des droites parallèles à l'axe des *z*, situées à l'intérieur du segment. — M. F.

*SÉGUIN (MARC).* Ingénieur de grand mérite; né à Annonay, le 20 avril 1786; mort dans la même ville, le 24 février 1875. Il était neveu de l'inventeur des ballons, Joseph Montgolfier, qui fut pour lui un maître dévoué et un inspirateur. C'est après de sérieuses études sur la résistance des câbles métalliques qu'il construisit, en 1820, le premier pont suspendu entre Tain et Tournon, pont en fil de fer qui ne coûta que le tiers d'un pont en pierres. En 1825, associé avec ses frères et le fils de Montgolfier, il fit les premiers essais de navigation à vapeur sur le Rhône; c'est alors qu'il inventa la chaudière tubulaire qui opéra une véritable révolution, non seulement dans les bateaux à vapeur, mais encore et surtout dans les chemins de fer. Dès 1814, et jusqu'en 1825, on employait, en Angleterre, des locomotives à vapeur pour le transport des charbons sur les voies ferrées; mais les convois ne marchaient qu'avec lenteur, faisant à peine 6 kilomètres à l'heure. Séguin, dans le but de produire une plus grande quantité de vapeur, condition indispensable pour accroître la vitesse, imagina de faire traverser la chaudière, dans toute sa longueur, par des tubes en fer de petit diamètre dans lesquels circulent la flamme, l'air chaud et la fumée tandis que, dans l'intervalle, se trouve le liquide; la surface de chauffe est ainsi augmentée dans une proportion considérable, par suite, la quantité d'eau vaporisée devient très grande, ce qui permit immédiatement d'atteindre une vitesse de 12 lieues à l'heure. En 1828, Séguin appliqua sa chaudière tubulaire aux locomotives du chemin de fer de Saint-Etienne à Lyon. Le nombre des tubes, qui était d'abord de 43 fut bientôt porté à 75, puis à 100 et même à 125. Séguin eut encore à vaincre une autre difficulté. Le tirage à travers les tubes étroits de ses chaudières se faisait difficilement, avec les cheminées basses qu'on était obligé de donner aux locomotives pour éviter les constructions élevées. Séguin imagina d'adapter un ventilateur, d'abord dans le foyer, puis dans la cheminée. Cette idée l'amena une solution bien plus pratique dont l'auteur est resté inconnu; voici en quoi elle consiste: la vapeur qui, après avoir produit son effet mécanique, était rejetée dans l'atmosphère, fut lancée dans la cheminée, ce qui détermina un tirage considérable et très suffisant. Dès lors, les locomotives à chaudières tubulaires (à tubes soufflants) prirent, en Angleterre surtout, un rapide essor. C'est finalement Séguin qui eut la gloire de contribuer grandement à cet immense progrès. C'est avec une locomotive (*La Fusée*) munie de la chaudière tubulaire que Stéphenson fit, en 1830, ses expériences sur la vitesse qu'elle pouvait prendre et avec laquelle il atteignit 15 lieues à l'heure et même 25 lieues pendant quelques instants. On doit encore à Séguin la substitution avantageuse des rails en fer aux rails en fonte employés jusque là. Séguin avait le génie de l'invention. Il aborda les questions les plus délicates de la physique et de la mécanique; il formula nettement, le premier, l'équivalence de la chaleur et du mouvement, question de la plus haute importance, que les savants ont étudiée en continuant l'idée féconde de Séguin. C'est sous le patronage d'Arago, dont il était l'ami, que Séguin fut élu, en 1842, correspondant de l'Académie des sciences (section de mécanique). Il était chevalier de la Légion d'honneur dès 1836; il fut nommé officier en 1866 seulement. Modeste dans ses goûts, fuyant les honneurs, riche, entouré de sa nombreuse famille, faisant le bien autour de lui, il continua, dans sa verte vieillesse, à s'occuper des ques-

tions les plus ardues de la science, et mourut à l'âge de quatre-vingt-neuf ans, après une existence bien remplie, utile à la science et à l'industrie. On a de lui, notamment, deux ouvrages qui établissent ses droits de priorité au développement des chemins de fer: *Mémoire sur le chemin de fer de Saint-Etienne à Lyon* (in-4°); *De l'influence des chemins de fer, de l'art de les tracer, et de les construire* (1839, in-8°); et de nombreux Mémoires, sur la *cohésion*, sur *l'origine et la propagation de la force*; *les causes et les effets de la chaleur, de la lumière et de l'électricité*; etc., insérés dans les comptes rendus de l'Académie des sciences. — C. D.

\*SÉISMOGRAPHE. *T. de chem. de fer.* Appareil destiné à enregistrer l'amplitude des mouvements de lacet, de tangage et de roulis ou de galop qui affectent la marche des machines locomotives. Il se compose essentiellement d'un système de trois pendules dont les mouvements d'oscillation se transmettent, par l'intermédiaire de leviers articulés, à trois chariots munis de galets roulant sur des rails. Le premier de ces pendules est vertical et se meut dans un sens parallèle à la voie; ses oscillations sont provoquées par le mouvement de tangage de la machine; le second pendule est également vertical et se meut dans un sens perpendiculaire à la voie, ses oscillations sont déterminées par les mouvements de lacet; enfin, le dernier pendule est horizontal et soutenu par un ressort à boudin, ses oscillations, qui ont lieu dans un plan vertical, sont le résultat des mouvements de galop. Toutes ces oscillations se transmettent aux chariots dont elles provoquent le déplacement longitudinal grâce à la disposition donnée aux leviers. Si donc on suppose que ces chariots soient armés de pointes de crayon, et qu'au dessous d'eux l'on fasse dérouler horizontalement une bande de papier passant sur des tambours actionnés par un mouvement d'horlogerie, le tangage, le lacet et le galop seront représentés sur cette bande de papier par des courbes sinueuses dont les ordonnées seront en relation directe avec l'amplitude des oscillations des trois pendules et, par conséquent, proportionnelles à l'intensité des trois sortes de perturbations qu'il s'agit de mesurer. Le séismographe a été construit et exposé, en 1878, par la Compagnie des chemins de fer de l'Est qui en a armé son vagon dynamométrique d'expériences. — V. DYNAMOMÈTRE.

I. **SEL.** *T. de chim.* Combinaison qui résulte de la saturation mutuelle de deux corps dont l'un est un acide et l'autre une base. Cependant, quelques corps sont considérés aussi comme des sels lorsque leurs éléments peuvent jouer le rôle d'acide ou de base par rapport à un autre; ainsi, le minium, qui est un oxyde de plomb (V. MINIUM), est considéré comme un plombate d'oxyde de plomb, parce que l'un des deux oxydes de plomb qui le constituent, $PbO...Pb^2O$, joue le rôle d'acide par rapport au protoxyde de plomb et sature ce dernier.

Les sels sont à base d'acides minéraux ou à base d'acides organiques; les premiers forment des sels oxygénés et des sels haloïdes, c'est-à-dire non oxygénés. Les sels organiques peuvent être constitués à la fois par une base et un acide d'origine organique.

|| On donne le nom de *sels* à certains produits qui sont désignés communément, soit par le nom de ceux qui ont découvert le corps, soit par un qualificatif quelconque qui rappelle leurs propriétés, le pays où l'on a fait la découverte, l'origine de leur production, etc.

Les corps qui sont ainsi dénommés n'ont participé en rien, comme formation de noms, aux lois de la nomenclature chimique, et bien que ces mots tendent de plus en plus à disparaître, il est utile d'en indiquer un certain nombre, pour faire connaître leur synonyme scientifique.

*Sel d'absinthe.* Syn.: carbonate de potasse impur, $C^2O^4, 2KO... G O^3K^2$, extrait des cendres de l'absinthe commune. *Sel Alembroth, sel de vie, sel de science, sel de sagesse*: Syn.: chlorure double de mercure et d'ammonium. *Sel ammoniac.* Syn.: chlorure d'ammonium, chlorhydrate d'ammoniaque. *Sel ammoniac secret de Glauber.* Syn.: sulfate d'ammoniaque,

$$SO^3, AzH^4O, 7aq... S O^4, AzH^4, H^2O.$$

*Sel d'apprêt*, produit employé en teinture et obtenu en dissolvant du sel d'étain dans un excès de lessive de soude. *Sel arsenical de Macquer.* Syn.: arséniate de potasse,

$$AsO^3, 2KO, HO, 14aq... As O^4, K^2, H, + 7H^2O.$$

*Sel de Berthollet.* Syn.: chlorate de potasse,

$$ClO^5, KO... Cl O^3, K.$$

*Sel de centaurée.* Syn.: carbonate de potasse impur extrait des cendres de la petite centaurée. *Sel Clément,* mélange fondu d'azotates d'argent, de soude et de magnésie servant en photographie en place d'azotate d'argent pur. *Sel contre les incendies.* On a préconisé sous ce nom bien des sels, qui, en dissolution, arrêtent le développement des incendies : le sel ammoniac (Clanny, 1843) à la dose de 28 grammes par litre ; (les grenades Halden ont la prétention d'avoir découvert quarante années après, les propriétés de ce corps, il est vrai qu'on y ajoute un peu de chlorure de potassium) ; l'alun (Origo), le chlorure de calcium (Gaudin), le chlorure de magnésium (Muterse), etc. *Sel de cuisine, sel gemme, sel ignifère, sel à lécher, sel marin, sel du dimanche, sel des landes, des steppes, de terre.* Syn.: chlorure de sodium, NaCl. *Sel décolorant des Varrentrapp,* c'est l'hypochlorite de zinc, ClOZnO... Cl O Zn. *Sel digestif, sel fébrifuge de Sylvius.* Syn.: chlorure de potassium, KCl. *Sel de Duobos.* Syn.: sulfate de potasse,

$$SO^3, KO... S O^4K^2.$$

*Sel d'Epsom.* Syn.: sulfate de magnésie,

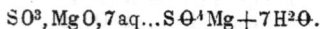

$$SO^3, MgO, 7aq... S O^4Mg + 7H^2O.$$

*Sel d'Epsom de Lorraine,* variété de *sulfate de soude,* $SO^3, NaO... S O^4Na^2$, cristallisé en petites aiguilles prismatiques et imitant le sulfate de magnésie. *Sel d'étain.* Syn.: protochlorure d'étain

$Sn^2Cl$. *Sel essentiel de La Garaye.* Syn.: extrait sec de quinquina. *Sel de Fischer,* nitrite de cobalt et de potassium : $(AzO^2)^3Co + 3AzO^3K$, de couleur jaune servant dans l'aquarelle et la peinture à l'huile. *Sel de Gmelin.* Syn.: ferricyanure de potassium, $K^6Fe^2Cy^2... K^6Fe^2[(G^3Az)^4]$. *Sel de Glauber.* Syn.: sulfate de soude

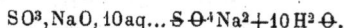

$$SO^3, NaO, 10aq... S O^4Na^2 + 10H^2O.$$

*Sel de Grégory.* Mélange de chlorhydrate de morphine et de codéine obtenu en préparant la morphine. *Sel de Guindre*: mélange de 250 parties de sulfate de soude effleuri et de 1 partie de chlorure de potassium, que l'on vend par paquets de 18 grammes. *Sel indien,* nom donné par les Grecs anciens au sucre de canne (saccharose). *Sel de nitre.* Syn.: azotate ou nitrate de potasse,

$$AzO^5, KO... AzO^3K^2.$$

*Sel de la Rochelle.* Syn.: tartrate double de potasse et de soude,

$$C^8H^4O^{10}, KO, NaO, 8aq... G^4H^4O^6, K, Na + 4H^2O.$$

*Sel d'oseille.* Syn.: bioxalate de potasse,

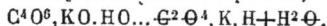

$$C^4O^6, KO, HO... G^2O^4, K, H + H^2O.$$

*Sel d'or*: en photographie, c'est le chlorure double d'or et de potassium ou de sodium,

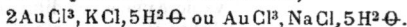

$$2AuCl^3, KCl, 5H^2O \text{ ou } AuCl^3, NaCl, 5H^2O.$$

*Sel de pierre.* Syn.: azotate de potasse. *Sel de phosphore,* c'est du phosphate de soude ammoniacal. *Sel polychreste de Glaser.* Syn.: sulfate de potasse

$$SO^3, KO... S O^4K^2.$$

*Sel de Preston,* mélange de carbonate d'ammoniaque, d'ammoniaque liquide et d'essences aromatiques. *Sel de prunelle.* Syn.: azotate de potasse fondu et coulé en plaques. *Sel réfrigérant pour glacières.* Syn.: azotate d'ammoniaque,

$$AzO^5AzH^4O... AzO^3.AzH^4.$$

*Sel de rosage*: azotate d'étain obtenu en dissolvant le métal dans l'eau régale, et qui sert de mordant pour rouge. *Sel rouge,* potasse à demi raffinée et colorée par du sesquioxyde de fer. *Sel de sang.* Syn.: ferrocyanure de potassium,

$$K^2Cy^3Fe, 3aq... (G Az)^6Fe. K^4 + 3H^2O.$$

*Sel de saturne.* Syn.: acétate neutre de plomb $C^4H^3O^3, PbO. 3aq... (G^2H^3O^2). Pb + 3H^2O.$

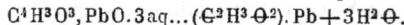

*Sel de Schlippe,* sulfoantimoniate de soude hydraté, $SbS^5 3(NaS), 18aq.$ *Sel sédatif de Homberg.* Syn.: acide borique hydraté,

$$BoO^3, 3aq... 2(Bo O^3. H^3).$$

*Sel de soude.* Syn.: carbonate de soude du commerce $CO^2. NaO, 10aq... G O^3Na^2 + 10H^2O.$ *Sel de Seignette* (V. *Sel de La Rochelle*). *Sel à souder,* combinaison de chlorure de zinc et d'ammonium,

$$ZnCl^2 + 2AzH^4Cl,$$

obtenus en dissolvant 90 parties de zinc dans l'acide chlorhydrique ordinaire et ajoutant 90 gr., de sel ammoniac. *Sel de tartre.* Syn.: carbonate de potasse préparé avec le tartre des vins. *Sel volatil d'Angleterre* ou *sel odorant.* Syn.: carbonate d'ammoniaque, $C^2O^4, AzH^4O... G O^3, AzH^4.$ *Sel volatil de corne de cerf.* Syn.: carbonate d'ammoniaque empyreumatique obtenu par la distillation sèche de la corne de cerf. *Sel volatil de succin.* Syn. : acide succinique

$$C^8 H^6 O^8 \ldots C^2 H^4 (C O^2 H)^2$$

imprégné d'eau et d'huiles pyrogénées. *Sel végétal.* Syn. : tartrate de potasse

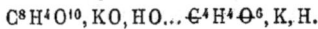

$$C^8 H^4 O^{10}, KO, HO \ldots C^4 H^4 O^6, K, H.$$

*Sel de Vichy.* Syn. : bicarbonate de soude

$$2 C O^2, NaO, HO \ldots C H Na O^3.$$

*Sels d'aluminium, baryum, fer, manganèse, zinc.* — V. le métal constituant chaque sorte de sels.

*Sels anglais.* Produit que l'on renferme dans de petits flacons plus ou moins élégants et que l'on porte dans la poche, pour combattre les mauvaises odeurs, ranimer les personnes sans connaissance, dissiper un sommeil intempestif, etc, Ils sont constitués par du sulfate de potasse granulé, sur lequel·on verse un mélange fait avec: acide acétique cristallisable 100 grammes, camphre 10 grammes, essences de cannelle et de girofle, 0,20 de chaque, essence de lavande 0gr,10.

*Sels de déblai.* Minéraux salés de Stassfurth, et autres salines, sortant de la mine, et servant à la préparation des sels de potasse.

*Sels terreux.* Nom souvent donné aux dépôts ou incrustations qui se font dans les chaudières à vapeur, par suite de la vaporisation, et de l'abandon fait par la vapeur d'eau·des parties solides que le liquide tenait en dissolution.

II. **SEL.** Ce mot employé seul sert toujours à désigner le *sel marin* ou le *sel gemme,* en tous cas le *chlorure de sodium.*

Nous n'avons à parler ici que des propriétés du sel, considéré comme composé ·chimique, renvoyant au mot SALINE pour sa préparation.

Le *sel marin,* ou celui appelé *sel gemme* lorsqu'il provient du sol, est un corps offrant une saveur salée, piquante, fraîche et sans arrière goût; il est inodore. Il cristallise en cubes et quelquefois en octaèdres, mais le plus souvent, lorsqu'on l'obtient en grandes masses, il se présente sous forme de trémies translucides formées par juxta-position de petits cubes qui se groupent en pyramide creuse; sa densité est de 2,145. Il contient toujours de l'eau d'interposition quand il a été obtenu par évaporation de solutions concentrées. Le sel gemme se présente presque toujours sous forme de masses fibreuses, de coloration jaune, brune, noire ou rouge, avec souvent des bulles d'hydrocarbure retenues dans le sel. Il est soluble dans l'eau qui en dissout 35,6 0/0 à 50° et 40,3 0/0 à l'ébullition; la solution saturée bout à 108° et se congèle seulement à —21°, ce qui explique pourquoi l'eau de mer offre souvent à sa surface des glaçons qui, après fusion, ne donnent pas d'eau salée, et pourquoi les mers se gèlent si difficilement. La solution concentrée de sel marin dépose à — 10° des cristaux de chlorure de sodium en forme de tables hexagonales à 2 équivalents d'eau, qui perdent cette eau au-dessus de — 10° et déposent des cristaux cubiques et anhydres. Le sel est insoluble dans l'alcool absolu, un peu dans l'alcool faible, un peu mieux·dans l'alcool

méthylique. Mêlé à la neige, il donne·un mélange réfrigérant; avec 100 parties de neige et 32 parties de sel marin on peut obtenir —21°. Soumis à l'action de la chaleur, le sel subit d'abord le phénomène de la décrépitation, c'est-à-dire qu'il perd son eau d'interposition en faisant entendre un petit bruit sec dû à la rupture des cristaux; au rouge, il fond, et se volatilise au delà, en répandant des fumées blanches. On utilise depuis 1690, cette volatilisation facile, pour le vernissage des poteries de grès et de faïence; il se forme, dans ce cas, des silicate et aluminate de soude insolubles.

Le sel chauffé avec du massicot se décompose en donnant du chlorure de plomb et de la soude. Traité par l'acide sulfurique, il se décompose en donnant de l'acide chlorhydrique et du sulfate de soude: l'acide sulfureux et l'air agissent de la même manière sur du chlorure de sodium chauffé. En présence de la silice hydratée, la vapeur d'eau le décompose en donnant de l'acide chlorhydrique et du silicate de soude ; l'acide oxalique le décompose partiellement. Avec le potassium, il forme du chlorure de potassium et sépare du sodium.

La solution concentrée de sel marin est précipitée par l'acide chlorhydrique, ce qui permet de différencier le chlorure de sodium, d'avec le chlorure de potassium, qui ne se précipite pas; cette solution additionnée de bicarbonate d'ammoniaque produit du carbonate acide de soude ; chauffée avec l'oxyde de plomb, elle se décompose en chlorure de plomb et en hydrate de soude.

Le chlorure de sodium absorbe l'acide sulfurique anhydre pour faire un composé cristallin, dans lequel 4 équivalents d'acide s'unissent à un de sel, $NaCl (SO^3)^4$. Le chlorure de sodium forme un assez grand nombre de sels doubles.

*État naturel.* Il existe, en dissolution dans l'eau de mer (V. EAUX MINÉRALES); dans le sol, où il forme des amas considérables dans certaines régions, quelques villes de France lui doivent leurs noms (Salins, etc.); il se retrouve dans tous les liquides de l'organisme; dans le sang, il ne se rencontre que dans le plasma, sans exister dans les·globules.

*Altérations.* Dans les salines des environs de Nancy, le sel est presque pur, souvent ailleurs il est mêlé à d'autres sels : au chlorure de magnésium dans l'eau de mer; pour l'en débarrasser, il suffit de le décrépiter, en reprenant par l'eau la magnésie formée reste insoluble; à des composés nitreux, dans le sel provenant des raffineries de nitre ; il suffit aussi de décrépiter, pour enlever ces produits, avec l'eau et les matières organiques qui pourraient y exister également; à des sulfates, que l'on peut précipiter par l'addition d'un peu de chlorure de baryum; à des bromures et à des iodures, que l'on sépare précieusement pour isoler le brome et l'iode; à des matières terreuses, etc., etc.

*Usages.* Le sel est un corps indispensable au fonctionnement de l'organisme animal ; il favorise l'absorption des substances alimentaires, augmente la quantité d'excrétion de l'urée, élève la température, facilite l'engraissement (ce qui le fait donner aux bestiaux sous le nom de *pierre à lécher*), mais il est purgatif s'il est pris |en excès. Il est éliminé par les urines qui peuvent en séparer chez l'homme 12 grammes par jour. Le sel sert en médecine comme irritant, sous forme de pédiluves, d'eau sédative, etc.; il est très employé en agriculture; l'industrie chimique s'en sert pour la fabrication de l'acide chlorhydrique, et du sulfate de soude destiné à fournir le sel de soude; il est employé pour le vernissage des poteries, etc. — J. C.

*Emploi du sel pour le déblai des neiges.* La propriété du sel de former avec la neige un liquide qui ne se congèle qu'à une très basse température l'a fait utiliser, à Paris, depuis quelques années pour l'enlèvement des neiges. Les premières expériences ont été faites, en 1881, par M. Ussel, alors ingénieur du service municipal. Elles ont conduit aux résultats suivants : la distribution du sel s'effectue simplement, à la main ; on a bien essayé, avec succès, des distributeurs mécaniques analogues aux semoirs employés dans la grande culture, mais le peu de fréquence des neiges dans la capitale et la grande surface à déblayer auraient nécessité le remisage et l'entretien d'un matériel trop considérable pour un travail peu fréquent. On se contente d'emmagasiner le sel dans un certain nombre de dépôts répartis suivant les quartiers. Les cantonniers connaissent d'avance la portion de chaussée sur laquelle ils doivent opérer, et lorsqu'il y a une couche de 3 à 4 centimètres d'épaisseur, chacun se rend directement au dépôt, remplit une brouette de sel et va le répandre sur l'emplacement qui lui est assigné. Au bout de deux à trois heures, la liquéfaction est assez avancée pour qu'on puisse procéder au balayage par les moyens ordinaires, soit manuels, soit mécaniques. Le résultat obtenu est tout aussi rapide qu'avec un épandage mécanique, et même plus régulier, car le distributeur serait obligé de se ranger sur le passage des voitures.

On ne traite ainsi, d'ailleurs, que les chaussées pavées en pierre ou en bois, ou les voies asphaltées, à l'exclusion des chaussées macadamisées sur lesquelles la rapidité de la liquéfaction entraîne la désagrégation des empierrements.

Le sel employé est presque exclusivement du sel gemme dénaturé, provenant des salines de l'Est, et analogue à celui qui est fourni à l'industrie pour la fabrication de la soude. L'emmagasinage ne permettrait pas d'utiliser les résidus des usines de salaisons (sels de morue), à cause des ammoniaques composées qui les infectent.

Les expériences exécutées en grand par le Service municipal indiquent que l'épandage doit se faire avec une moyenne de 125 grammes par mètre carré de chaussée pour des épaisseurs de neige variant de 5 à 10 centimètres; au-dessus, la quantité variera avec l'épaisseur : la température plus ou moins basse de l'atmosphère exerce aussi une certaine influence, mais relativement peu sensible.

Outre l'avantage de se prêter à un déblaiement beaucoup plus rapide des voies publiques, que les autres moyens, l'emploi du sel se recommande par une sérieuse économie. En 1879, la dépense par centimètre de neige tombée a atteint 60,000 francs, et en 1880 près de 50,000 francs, tandis qu'au mois de janvier 1885, cette même dépense s'est abaissée à 25,000 francs. Paris est, croyons-nous, la seule grande ville où le déblaiement par le sel soit passé dans la pratique courante de la voirie. A Londres et en Amérique on repousse ce système sous prétexte que le liquide formé par le mélange blesse par sa basse température les pieds des chevaux, et que s'il survenait à l'improviste une forte gelée, elle déterminerait un verglas plus préjudiciable encore que la neige. La rapidité de la liquéfaction unie à une bonne organisation du balayage répond à ces objections, et nous pensons que l'adjonction du sel aux autres moyens de dégagement (traîneaux, projection dans les ruisseaux, chargement sur tombereaux, etc.) peut être d'un précieux secours pour le nettoyage des chaussées et le rétablissement des communications. — G. R.

*\* SÉLÉNIATE. T. de chim.* Nom des sels formés par l'acide sélénique; ils sont isomorphes des sulfates, et comme eux forment des aluns. Ils sont solubles dans l'eau (ceux de baryum, strontium et plomb exceptés). On n'en connaît qu'un seul qui soit acide, le biséléniate de potasse.

Ils se préparent avec l'acide libre, ou par double décomposition, ou en chauffant des séléniures ou des séléniates avec du nitrate de potasse, car la chaleur a peu d'action sur eux, quoiqu'ils fusent sur les charbons ardents en répandant *l'odeur de raifort pourri* (caract.) et donnant des séléniures. Ils sont réduits par l'hydrogène à l'état de séléniures, et par la chaleur, avec le chlorhydrate d'ammoniaque, à l'état de sélénium.

Les séléniates solubles précipitent les sels de baryte, comme les sulfates, mais ils s'en distinguent, en ce que le séléniate de baryte formé, chauffé avec de l'acide chlorhydrique dégage du chlore, en donnant lieu à la formation d'eau et de séléniate de baryte (caract.).

$$SeO^3, BaO + HCl = SeO^2, BaO + HO + Cl...$$
$$SeO^4Ba + 2HCl = SeO^3Ba + H^2O + Cl^2.$$

— J. C.

*\* SÉLÉNIOCYANATE. T. de chim.* Genre de sels formés par l'union d'un cyanure avec un composé à base de sélénium, comme les séléniures, les sélénites ou les séléniates. Ils n'ont pas d'importance, comme applications, mais sont intéressants en ce qu'ils constituent par leur formation, un des meilleurs moyens de dosage du sélénium. Ainsi, si l'on chauffe dans un matras un des composés séléniés indiqués avec 8 à 10 fois son poids de cyanure de potassium, en présence d'une atmosphère d'hydrogène, au bout de quelque temps on voit le liquide devenir clair, par suite de la formation de séléniocyanate de potassium. On abandonne au repos pendant vingt-quatre heures, après saturation par un excès d'acide chlorhydrique. Cet acide décompose le sel, et du sélénium se dépose; on le dessèche à l'étuve à eau, et on le pèse. Pour faire le dosage des acides sélénieux et sélénique, il faut avoir soin de les saturer par le carbonate de soude.

**SÉLÉNITE.** *T. de chim.* Sel formé par l'acide sélénieux. Ce genre de sel comprend des produits neutres et acides ; les premiers sont solubles dans l'eau, ceux insolubles se dissolvent dans l'acide azotique, à l'exception des sélénites de plomb et d'argent qui s'y dissolvent fort peu. Chauffés avec du charbon, ils donnent des séléniures ou du sélénium ; avec du chlorure d'ammonium, du sélénium qui se sublime. Chauffés dans la flamme réductrice avec du carbonate de soude, ils donnent l'odeur de raifort pourri (caract.) et un résidu jaune, qui, mouillé et déposé sur une lame d'argent, brunit cette dernière (caract.).

**SÉLÉNIUM.** *T. de chim.* Corps simple dont le symbole Se correspond à l'équivalent 39,5 et au poids atomique 78,87 (Lothar Meyer). C'est un métalloïde tétratomique de la famille du soufre, qui a été découvert en 1817 par Berzélius, dans les résidus d'une fabrique d'acide sulfurique de Gripsholm (Suède).

*État naturel.* Le sélénium a été retrouvé pur dans la nature, à Culebras (Mexique), mais il est très rare. Il se rencontre mélangé au soufre, à Vulcano ; dans quelques pyrites (celles de Fahlun, Suède ; de Kraslitz, de Luckawitz, Bohême ; de Theux, d'Oneux, Belgique), dans quelques chalcopyrites, comme celles de Rammelsberg, d'Anglesea. Il constitue avec quelques métaux des séléniures assez riches en sélénium, dont les principaux sont : la *clausthalite*, séléniure de plomb, renfermant 27.7 0/0 de métalloïde, trouvé dans le Hartz, à Clausthal et à Tilkerode ; la *zorgite*, séléniure double de plomb et de cuivre, abondant à Zorge et dans la République-Argentine ; la *lehrbachite*, trouvée à Lehrbach, qui est un séléniure de plomb et de mercure ; la *cachentaite*, séléniure de plomb et d'argent, trouvée encore dans le Hartz, comme les précédents ; la *berzeline*, trouvée à Skrickerum (Suède), et qui a fourni à Berzélius 40 0/0 de sélénium, avec 64 0/0 de cuivre ; la *crookésite*, séléniure de cuivre et de thallium, provenant du même pays ; la *tiémannite*, séléniure de mercure (sélénium 25 0/0) trouvée par Tièmann à Clausthal ; l'*onofrite*, de San Onofre (Mexique) qui est un séléniure sulfuré de mercure ; la *naumannite*, séléniure d'argent trouvé dans le Hartz, à Tilkerode et qui donne 26,91 0/0 de métalloïde ; la *tascine*, du Mexique, qui a la même composition ; enfin l'*eucaïrite*, séléniure de cuivre et d'argent, renfermant encore 26 0/0 de sélénium, et rencontré en Suède, à Skrikerum.

*Propriétés physiques.* Le sélénium est un corps solide, très voisin du soufre, et qui, comme ce dernier, peut offrir différents états allotropiques, lesquels modifient sensiblement les caractères physiques de ce produit. Aussi distingue-t-on :

Le *sélénium α noir*, qui est cristallin, mais ne donne pas de cristaux, il correspond à la variété octaédrique du soufre ; sa densité est de 4,76 à 4,78 (Mitscherlich). Il est insoluble dans le sulfure de carbone, un peu soluble dans l'eau, soluble dans le chlorure de sélénium ; il conduit assez bien la chaleur et l'électricité ; sa chaleur spécifique varie suivant la température (de $+96$ à $-20°$) entre

0,076 et 0,074. Il se dépose par l'action de l'air sur les solutions de séléniures alcalins ;

Le *sélénium β rouge, cristallisé*, qui est en petits cristaux clinorhombiques de un millimètre au plus de dimension, de coloration rouge foncé et éclatants. Leur densité est de 4,46 à 4,50, et ils deviennent noirs, si on les chauffe en tube scellé, et en présence de l'eau, à 150°. Ils ont alors une densité de 4,7 et sont insolubles dans le sulfure de carbone. Pour obtenir cette forme, on dissout le sélénium *δ*, rouge soluble, dans le sulfure de carbone (solubilité 1/1000e), et après saturation, on obtient le dépôt de cristaux. C'est la forme la plus intéressante du sélénium, car à la suite de la remarque faite en 1873, par MM. Willoughby-Smith et Siemens, que l'on pouvait obtenir des sons en projetant un rayon lumineux sur du sélénium introduit entre deux électrodes de platine, mises en communication avec un téléphone traversé par un courant faible, des travaux nombreux, dus aux recherches de MM. Graham Bell, Mercadier, Preece, Tyndall, Röntgen, Dufour, etc., ont montré : 1° que non seulement les conditions électriques du sélénium sont modifiées par la lumière, lorsqu'un courant passe, par suite de changements survenant dans la résistance électrique de cette substance, lesquels changements se traduisent par des sons dans le téléphone, quand l'action lumineuse est intermittente ; 2° que l'on commence à entendre ces sons, vers la limite des rayons de l'indigo bleu, avec augmentation dans le bleu, le vert, un maximum dans la partie jaune du spectre, puis une décroissance dans l'orangé, avec cessation à la limite du rouge visible (Mercadier) ; mais que de plus, 3° ce phénomène n'est pas isolé, et qu'il est une propriété générale des corps impressionnés par la lumière, puisque les effets calorifiques étaient le principal agent qui les produisait. M. Bell a donné le nom de *photophone* aux premiers instruments basés sur l'effet de la lumière sur le sélénium ; ce nom a été plus tard remplacé par celui de *radiophone*, pour mieux mettre en harmonie avec les propriétés plus générales du corps. Ces instruments que l'on trouvera décrits dans les *Mémoires de l'association américaine* pour l'avancement des sciences (1884), dans les *Comptes rendus* de l'Institut de France, les journaux la *Lumière électrique* et l'*Electricien*, ont même conduit à pouvoir transmettre la parole sans intermédiaire électrique. Nous ne pouvons décrire ici ces instruments, non plus que le *téléphone*, qui pourra peut-être un jour, toujours grâce au sélénium, transmettre des courants capables d'imprimer les images des personnes présentes devant l'appareil ; mais il faut signaler l'application des recherches précédentes à la télégraphie, dans la construction du téléradiophone électrique multiple autoréversible, qui permet à M. Mercadier de faire des transmissions multiples et simultanées. Pour rendre le sélénium aussi sensible que possible, MM. Bell et Tainter chauffent dans une étuve à gaz, le sélénium vitreux du commerce. Sa surface polie se ternit à une certaine température, et toute la surface passe à l'état métallique ; lorsque la fusion commence à se manifester, on retire de l'étuve et on laisse refroidir. Le sélénium a pris alors un état cristallin qui peut s'observer directement au microscope, et qui montre comme une juxtaposition de prismes isolés ; il est alors très sensible aux diverses radiations;

Le *sélénium γ rouge, amorphe, insoluble*, qui a une densité de 4,26; lorsqu'on le refroidit brusquement après fusion, il devient *vitreux*, et alors si on le chauffe à + 95°, il reprend la forme *α*, est presqu'insoluble dans le sulfure de carbone et a une densité de 4,28; au-dessus de 100°, il est analogue à de la cire à cacheter fondue; si on le laisse refroidir lentement, au moment où il devient sélénium *α*, on peut constater que le thermomètre qui indiquait 112°, remonte immédiatement à 120°; la chaleur spécifique du produit vitreux est 0,1030. On prépare le sélénium γ en faisant une dissolution d'acide sélénieux que l'on électrolyse, ou traite par l'acide sulfureux;

Le *sélénium δ, amorphe, soluble* dans le sulfure de carbone; il se sépare des solutions d'acide sélénhydrique, par électrolyse ou par la simple action de l'air.

Le sélénium bout à 665°, en émettant des vapeurs d'un rouge brun, dont la densité est de 7,67 par rapport à l'air, et qui donnent un spectre d'absorption avec bandes nombreuses dans le bleu et dans le violet.

*Propriétés chimiques*. Le sélénium en solution aqueuse est précipité par l'acide chlorhydrique; sa solution dans le sulfure de carbone fait avec les solutions métalliques, divers séléniures. Ce corps simple s'enflamme difficilement, mais brûle avec une flamme bleue qui laisse déposer de l'anhydride sélénieux et du sélénium non altéré, avec dégagement d'odeur de raifort pourri. Le chlore, le brome se combinent à froid avec le sélénium, l'hydrogène s'y combine à chaud, en faisant un acide sélenhydrique, $HSe..H^2Se$, dangereux à respirer; le soufre, le phosphore, l'iode, divers métaux, s'y combinent également à chaud. Il est absorbé à froid par les vapeurs d'anhydride sulfurique, avec dépôt de poudre jaune qui est de l'anhydride sélénieux décomposable par l'eau ou la chaleur, et se formant en abondante quantité quand on porte à 100°. Le sélénium est oxydé à chaud par l'action de l'acide azotique ou de l'eau régale. Il y a d'ailleurs plusieurs combinaisons de l'oxygène avec ce métalloïde : un sous-oxyde mal connu, $SeO^7$, un anhydride sélénieux, $SeO^2$, correspondant à l'anhydride sulfureux, et donnant comme ce dernier un hydrate, $SeO^3,H^2$; un anhydride correspondant à l'anhydride sulfurique, l'anhydride sélénique, $SeO^3$, donnant aussi un hydrate, $SeO^3, HO...SeO^4H^2$. On a déjà vu que ces corps forment des sels bien étudiés, et décrits précédemment.

EXTRACTION. Divers procédés servent à obtenir le sélénium. On le retire:

1° *Des suies de certains fourneaux de grillage*, comme cela se pratique, par exemple, dans l'usine de désargentation de Mansfeld. Bœttger a indiqué de léviger le dépôt, de laver les parties denses d'abord à l'eau acidulée par l'acide chlorhydri-

que, puis avec de l'eau pure; de fondre la masse avec du carbonate de potasse ou de soude, de pulvériser le produit, et ensuite de le reprendre par l'eau. Le liquide exposé à l'air laisse déposer le sélénium;

2° *Des boues des chambres de plomb ou de concentration de l'acide sulfurique*. On a déjà indiqué que bien des pyrites contiennent du sélénium. Depuis que les fabriques d'acide sulfurique sont pourvues de tours de Glover, le sélénium est entraîné avec les vapeurs sulfureuses et se dépose pendant la fabrication de l'acide. On recueille les boues mélangées d'acide sulfurique, on y ajoute du carbonate et de l'azotate de potasse, et l'on projette la masse par petites portions dans des têts à rôtir rouges de feu. Il se forme du séléniate de potasse, et l'on additionne d'acide chlorhydrique, puis on évapore sous un petit volume; par la chaleur, il y a réduction et production d'acide sélénieux. Il ne reste plus alors qu'à saturer la liqueur avec de l'acide sulfureux et faire bouillir pour obtenir un dépôt de flocons rouges de sélénium;

3° *Des boues de bonbonnes à condensation d'acide chlorhydrique*. L'acide chlorhydrique du commerce contenant, comme nous venons de l'indiquer, du sélénium en dissolution, il suffit souvent de l'étendre de quatre volumes d'eau et d'y faire passer un courant d'acide sulfureux, pour voir des flocons rouges se déposer; lorsque dans les fabriques de soude, on calcine le sulfate de soude formé pour dégager l'acide chlorhydrique, les vapeurs de celui-ci entraînent avec elles les vapeurs de sélénium, et ce dernier se dépose dans les bonbonnes les plus rapprochées des fours; 100 parties de boues desséchées à 100° contiennent souvent, d'après Kienlen, de 41 à 45 0/0 de sélénium. Pour l'isoler, on délaie les boues dans l'eau, on fait passer dans les vases un courant de chlore, pour faire du tétrachlorure de sélénium $SeCl^4$, lequel, en présence de l'eau, se décompose en acide sélénieux que le chlore en excès retransforme partiellement en acide sélénique, de telle sorte que d'après Kienlen, on a un mélange d'acides sélénieux, sélénique et chlorhydrique, d'après l'équation suivante :

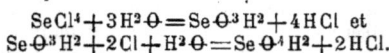

$$SeCl^4 + 3H^2O = SeO^3H^2 + 4HCl \text{ et}$$
$$SeO^3H^2 + 2Cl + H^2O = SeO^4H^2 + 2HCl.$$

On porte ces liquides à l'ébullition; l'acide chlorhydrique détruisant l'acide sélénique, il se dégage du chlore, et l'on précipite alors le sélénium par une addition de sulfite acide de soude. On obtient des flocons qui s'agrègent en formant une masse poisseuse, que l'on porte à la température de 100°, de façon à donner au produit une plus grande consistance. On lave, on sèche et on fond ensuite dans des têts;

4° *Avec les séléniures métalliques, et surtout la torgite*. Le minerai pulvérisé est traité par l'eau régale (5 parties $HCl$ pour 1 partie $AzO^3,H$) à chaud, jusqu'à concentration en consistance sirupeuse, puis repris par l'eau et filtré, pour séparer le chlorure de plomb insoluble. On fait alors passer dans la liqueur claire, un courant d'acide sulfureux, qui fait déposer le sélénium. On lave celui-ci, on le délaie dans de l'eau acidulée par l'acide chlorhydrique, afin d'enlever les dernières traces de plomb, puis on lave à l'eau, on sèche et on fond. La torgite de la République Argentine contient jusqu'à 30,80 0/0 de sélénium. — J. C.

**\*SELF-ACTING.** *T. de filat.* Nom anglais du métier à filer renvideur. — V. FILER (Métier à).

**SELLE.** Siège que l'on fixe à l'aide de courroies sur un cheval ou une monture quelconque, pour la commodité du cavalier.

La selle se compose de deux pièces de bois arquées dites *arçons*, reliées entre elles à l'aide de deux planchettes ou *bandes* qui, par l'intermédiaire de coussins, viennent reposer sur le dos de la monture, de chaque côté de la colonne vertébrale. Un siège de cuir matelassé est, en outre, fixé sur cette charpente, et deux pièces également en cuir, dites *panneaux*, sont clouées aux bandes. — V. SELLERIE. || Banc de bois, long d'un mètre environ, dont fait usage le parcheminier pour étendre les peaux qu'il veut poncer. || Escabeau qui sert d'établi au charron, au sculpteur et au tonnelier.

**\*SELLE D'ARRÊT.** *T. de chem. de fer.* Plaques intercalées entre le patin des rails Vignole et les traverses, pour empêcher le renversement des rails et conserver à la voie sa largeur normale, en solidarisant les attaches intérieures et les attaches extérieures. Dans les courbes, même quand la vitesse est bien celle à laquelle correspond le surhaussement de la voie, les boudins des roues des véhicules exercent des réactions qui tendent à élargir la voie par glissement transversal des rails. Pour combattre cette cause, on a eu recours à des selles, posées soit aux joints, soit aux portées intermédiaires. D'après l'avis de l'Union des chemins de fer allemands (*Verein*), en 1878, les selles étaient recommandées comme le meilleur moyen de s'opposer à l'inconvénient signalé; mais de diverses notes insérées dans la *Revue générale des chemins de fer*, il semblerait résulter que l'emploi des selles ne fait pas disparaître les chances de renversement du rail vers l'extérieur, et que même les selles sont nuisibles, parce qu'elles s'encastrent dans le bois de la traverse, en formant un creux où l'eau séjourne, ce qui détermine la pourriture de la traverse : les trous pratiqués dans les selles pour le passage des crampons s'agrandissent rapidement, et le jeu qui en résulte rend inefficace l'action de la selle. On peut en conclure, d'accord avec l'opinion de Couche, qui fait autorité en cette matière, que le meilleur moyen de s'opposer au renversement des rails est de consolider le plus solidement possible les attaches extérieures.

**I. SELLERIE.** Local formant annexe d'une écurie et servant au dépôt des objets de harnachement tels que brides, selles, mors, etc. On pose ces objets sur des supports fixes ou mobiles qu'on appelle *porte-harnais.* Les porte-harnais fixes se divisent en *porte-brides* et *porte-selles.* Les pre-miers sont des pièces de bois à section carrée circulaire, ou demi-circulaire scellés dans le mur par une de leurs extrémités ou fixés soit sur des poteaux montant de fond, soit sur des traverses horizontales. Les porte-selles sont également des pièces de bois placées en potence, mais dont la section, plus forte que celle des porte-brides est généralement triangulaire avec angles arrondis, de manière que les selles reposent mieux dessus. Aujourd'hui, dans les selleries de luxe ou simplement installées d'une manière confortable, on remplace fréquemment les porte-selles en bois par des supports en fer, tiges relevées d'un bout et munies par l'autre bout de platines, de pattes ou de pointes qui servent à les fixer sur les traverses ou les montants en bois. Souvent aussi, les deux tiges formant porte-selles et porte-brides sont disposées l'une au-dessus de l'autre sur la même platine, le porte-selle en haut et le porte-brides en bas. Les porte-harnais mobiles sont de simples tréteaux ou chevalets que l'on peut déplacer suivant le besoin, et dont la traverse supérieure est une pièce à section triangulaire; on y dépose des harnais complets.

Le local affecté à la sellerie doit naturellement se trouver à proximité de l'écurie, attenant même s'il est possible; il doit être maintenu frais sans humidité, pour que les cuirs ne durcissent ni ne moisissent. Des armoires y sont disposées pour recevoir les ustensiles tels que brosses, pinceaux, cirage, etc., nécessaires à l'entretien des harnais.

**II. SELLERIE.** Industrie consacrée à la fabrication des selles, des caparaçons et tout ce qui concerne l'équipement et le harnachement des chevaux.

HISTORIQUE. L'origine de la sellerie remonte à la plus haute antiquité. Une peinture de Pompéi conservée au musée de Naples et représentant le fameux cheval de Troie, montre le fier animal le dos couvert d'une peau d'animal sauvage dont les Grecs des temps héroïques se servaient en guise de selle. Chez les Romains, une housse de drap simple ou double était attachée avec trois sangles, au poitrail, à la queue et au ventre du cheval. Les colonnes Trajane et Antonine, l'arc de Constantin et les autres monuments antérieurs aux empereurs Honorius et Arcadius, nous offrent un grand nombre de chevaux ainsi caparaçonnés.

La selle formée par des arçons solides, telle que nous l'employons aujourd'hui, fut donc inconnue, jusqu'aux règnes de Théodore et de l'empereur Léon, lesquels, selon Panciroli, n'ont pas dédaigné de la mentionner dans leurs lois; et le premier monument sur lequel elle paraisse est la colonne d'Arcadius, à Constantinople. Devenu plus solide, le harnais put supporter les étriers, qui n'auraient point trouvé un point de suspension fixe dans une pièce de drap ou une peau d'animal quelconque.

Au dire de César, les harnais des chevaliers romains étaient surchargés d'ornements en argent. Mais il faut arriver à l'époque du moyen âge pour voir se multiplier les selles de luxe. Telles étaient les petites selles de *palefroy,* en bois très léger incrusté de placages d'ivoire gravés à personnages. Ce genre de selle, façonnée de bois et d'ivoire, est cité dans le livre du moine Théophile (XIe siècle), ch. *De Sellis equestribus.* Dans ce chapitre, il nomme « les selles de cheval qui se sculptent et ne doivent se couvrir de cuir ni d'étoffe. »

Étienne Boileau, dans son *Livre des Mestiers* (xiii°
siècle). confond ensemble les *séliers* et les *paintres.*
L'autorisation accordée aux selliers d'avoir deux apprentis, l'un pour peindre, l'autre pour garnir,les selles,
prouve l'intime relation des deux professions. En effet,
les anciens poèmes dans lesquels sont décrits des combats de chevaliers, font mention de fleurs et d'animaux
peints sur des selles.

Une selle d'ivoire de cette époque, et ornée de peintures, est à la *Tour de Londres.* « Deux selles entaillées
et brodées d'or, faites à ymages, » lit-on dans les *Comptes des Ducs de Bourgogne* (xv° siècle). D'un autre côté,
les *Comptes de la Cour de France* font plusieurs fois
mention de selles en *veluau* (velours), de selles à dossiers de velours, avec traverses et grilles comme celui
des chaises.

Quant aux caparaçons ou grandes housses brodées
avec leurs houppes de soie, d'argent et d'or, décrites par
Froissart et reproduites dans les miniatures du xiv° siècle, ils étaient de la plus grande magnificence. Les chevaux étaient quelquefois recouverts de harnais de drap
d'or ornés de clochettes ou de campanules d'argent.
Toutes les descriptions des fêtes du temps mentionnent
les campanes, campaniles, campanules d'argent des harnais des chevaux.

La mode des selles ornées ayant continué jusqu'au
xvi° siècle, le goût fastueux· de la Renaissance prodigua
pour les décorer un luxe tout nouveau.

Avec le xvii° siècle, on vit paraître quelques changements. Tout d'abord, les gens qui paraissaient dans le
monde, soit financiers ou autres, on disait d'eux : *ils ne
vont plus qu'en housse*; l'usage voulant alors que les
seigneurs et hommes de condition allassent à cheval,
assis sur des housses de velours. Mais vers 1644, selon
l'auteur anonyme de l'opuscule intitulé : *Les Loix de la
Galanterie,* « cela n'était plus propre qu'aux médecins
ou à ceux qui ne sont pas des plus relevez. » Il est probable cependant que les housses ne disparurent pas
complètement, car le *Mercure* du mois de décembre 1686,
dans sa relation du *Voyage des Ambassadeurs de Siam
en France,* parle de « selles à la Française, à l'Anglaise,
de selles brodées, de housses des plus riches, de brides
d'or, d'argent et de vermeil. »

Quant aux harnachements militaires, les plus renommés étaient en *sellerie de Nancy,* ville qui par sa position, avait toujours été une ville de garnison de cavalerie. A cette époque, les selliers de Nancy étaient fort
habiles, et ils demeurèrent longtemps en concurrence
avec les selliers des régiments des autres provinces.

**SELLIER.** Celui qui fait ou qui vend des selles ;
on dit aussi *sellier-carrossier* lorsqu'il fait ou vend
de la carrosserie.

— Bien avant le xvii° siècle, les ouvrages de sellerie
étaient confiés à la communauté des *selliers-lormiers,*
qui se composait des *éperonniers* et des *selliers-garnisseurs.* Les statuts de cette communauté, qui remontaient
à une époque assez reculée, furent révisés par Henri III,
en 1577, et confirmés par Henri IV, en 1595. Le travail
des selliers-garnisseurs consistait à faire des litières à
bras, des selles, des harnais de litières, à les garnir et à
les couvrir d'étoffe ; quand les carrosses eurent été substitués aux litières, les selliers ne se bornèrent point à
garnir les voitures de luxe, mais ils se firent entrepreneurs de carrosses : ils furent confirmés dans ce droit par
les statuts accordés en 1650 à la communauté des selliers-
lormiers.— V. plus loin SELLIERS-ÉPERONNIERS (fig. 108).

Aux termes de ces statuts, les selliers avaient le privilège non seulement de faire toutes sortes de selles,
d'entreprendre, de faire et de vendre toute espèce de
coches, chars, chariots, carrosses et calèches montés ou
non montés sur les trains, de les garnir et couvrir de
harnais, chaînettes et courroies qui en dépendaient ;

mais ils faisaient aussi les coussinets de poste, les couvertures de chevaux de selle, de carrosses et autres en
drap, cuir et toile cirée, les housses, caparaçons, etc.

Lors de la réorganisation des communautés, en 1776,
les bourreliers (V. BOURRELIER), furent réunis aux selliers ; cette incorporation ne se fit pas sans réclamations
de part et d'autre. Mais la Révolution mit fin à ces contestations, et les deux industries du sellier-garnisseur et
du sellier-harnacheur ou sellier-bourrelier se constituèrent comme elles le sont encore aujourd'hui.

Les selliers-garnisseurs ne garnissent pas seulement
les voitures ; ils sont presque toujours carrossiers. Les
selliers-harnacheurs ou selliers-bourreliers font les selles
dont la fabrication appartenait autrefois aux selliers-garnisseurs, et tous les ouvrages qui dépendaient du métier
de bourrelier, c'est-à-dire les harnais, les colliers, etc.

Aux xvii° et xviii° siècles, les selliers parisiens faisaient beaucoup d'exportations. La Révolution ayant

Fig. 108. — *Le sellier d'après une gravure du
·XVI° siècle.*

entravé les progrès de leur industrie, les produits français furent alors délaissés pour ceux d'origine anglaise.
En 1816, les selles et les harnais étaient encore fabriqués en France d'après les vieux modèles aux formes
lourdes et sans grâce ; mais à cette époque les selliers
commencèrent à mieux disposer les selles suivant les différents usages auxquels on les destine, et s'attachèrent
en même temps à les rendre commodes, élastiques, élégantes et légères ; ils donnèrent plus de soins à la coupe
des cuirs, et employèrent des ferrures d'un travail plus
délicat. Ces progrès coïncidèrent avec les perfectionnements apportés à la préparation des matières premières,
et notamment à la fabrication des cuirs vernis ; ils furent
tellement rapides qu'en 1825 les ·produits de la sellerie
française n'avaient plus rien à envier à ceux de l'industrie anglaise. Depuis lors, les selliers français et anglais
n'ont cessé de rivaliser, tant par la perfection des différents articles que par la recherche de la nouveauté.
Comme l'ont prouvé les dernières expositions, la sellerie
française est supérieure, sur beaucoup de points, à la
sellerie anglaise, et elle a notamment l'avantage d'être
généralement moins chère à cause du bon marché de la
main-d'œuvre. Cet avantage est surtout sensible en ce

qui concerne les produits destinés à l'exportation, qui ont toute l'apparence des produits de luxe et qui se vendent à des prix relativement très inférieurs.

### Sellier-éperonnier. Ouvrier ou fabricant d'éperons, d'étriers, de mors, etc.

HISTORIQUE. Vers 1320 avant J.-C., les Thessaliens, dit-on, firent usage les premiers du mors ou *frein* et de la bride pour diriger les chevaux. D'autres auteurs nomment, comme inventeur de cet usage, Bellérophon, fils d'un roi de Corinthe et monteur du fougueux cheval Pégase. Quant aux éperons, leur usage est postérieur à l'ère chrétienne. Cependant Platon disait de Xénocrate et d'Aristote, deux de ses disciples, que l'un avait besoin du *frein* et l'autre de l'*éperon*. Toujours est-il que les chevaux de la frise du Parthénon n'avaient pas d'éperons. Selon Quatremère, leurs harnais étaient de métal, et les trous qui servirent à les attacher au marbre sont encore visibles.

Par contre, il n'est pas douteux que les Romains n'eussent fait usage des éperons. Cicéron caractérise cet instrument par le mot *calcar*, ainsi appelé parce que les cavaliers l'attachaient au talon (*calx*).

L'antiquité légua au moyen âge l'usage des éperons. Les plus curieux spécimens de cette époque sont sans contredit ceux de Charlemagne, gardés autrefois dans le trésor de l'Abbaye de Saint-Denis avec l'épée et les ornements royaux, et exposés depuis au Louvre (*Musée des Souverains*).

Une seule pointe ou broche garnissait les premiers éperons. L'adjonction à cette broche d'une roue ou roulette date, selon Meyrich, de 1220 environ pour l'Angleterre; en Allemagne, elle remonte aux Othon.

A l'époque florissante des tournois (XIII° siècle), quand on armait de pied en cap un nouveau chevalier, son parrain le chaussait d'*éperons d'or*, emblème de la dignité qu'on lui conférait :

Le cheval hurte des éperons d or fin,

dit le *Tablet dou Dieu d'Amours*. Selon l'*Ordène de Chevalerie*, les éperons d'or ou dorés n'étaient permis qu'aux seuls chevaliers ou nobles. On sait qu'en 1302, les Flamands ramassèrent sur le champ de bataille de Courtray une quantité considérable d'éperons d'or, pris sur les chevaliers français tués dans cette funeste journée, et qu'ils les suspendirent dans la cathédrale de Courtray.

Au XV° siècle, les longs éperons furent très à la mode; alors il y en avait à étoile, à rose roulante et à pointe; vers 1420, leur dimension s'accrut à tel point, que parfois ils avaient jusqu'à huit pouces de pique; à cette mode succéda celle des éperons légers à molette en étoile, qui furent portés jusqu'au XVIII° siècle. Le XVI° siècle mit aussi en vogue les éperons en bronze doré ou en fer ciselé, quelquefois avec molette mobile à cinq pointes façonnées en forme de jasmin.

Pour ce qui est des étriers, leur emploi n'était pas connu de la haute antiquité; ils ne s'introduisirent chez les Grecs et les Romains que fort tard, le même étant d'origine barbare. Ils sont indiqués dans l'ouvrage du moine Théophile par la périphrase « *corrigiis ascensoriis sellae.* » On en voit sur la tapisserie de la reine Mathilde, à Bayeux, mais tous les cavaliers n'en ont pas, ce qui paraît prouver qu'à la fin du XI° siècle, leur usage était encore loin de s'être généralisé. Ils sont très haut attachés et n'ont pas la coupe d'un demi-cercle comme de nos jours, mais bien la forme trapézoïdale. Avec la Renaissance, ils s'enrichirent de tout le luxe prodigué dans l'ornementation des armures; les artisans-artistes ciselèrent toutes sortes d'éléganls entrelacs mêlés à des figures, à des mascarons, à des rinceaux à l'antique sur les étriers.

Le musée de Cluny, n° 5,708, possède les étriers de François I°r. Ils sont hauts de 15 centimètres; les branches sont formées par deux salamandres (emblèmes de

François I°r), surmontées de la couronne royale. Une phylactère porte la devise en latin.

Les éperonniers faisaient partie de l'ancienne communauté des selliers-lormiers, dont les statuts remontaient à l'année 1357. On peut citer, pour la France, comme principaux fabricants d'éperons : Olivier l'esperonnour au XV° siècle, et Ripon au XVI°. Lorsqu'en 1678, les selliers-garnisseurs furent autorisés par lettres patentes à se séparer de la communauté des selliers-lormiers, les éperonniers formèrent une corporation particulière qui subsista jusqu'en 1776, époque à laquelle on la réunit à celle des maréchaux-ferrants.

De tous les lormiers, c'est-à-dire de tous les artisans qui forgeaient de menus ouvrages en fer dits « articles de lormerie », tels que les cloutiers et les selliers, les éperonniers avaient seuls le droit de limer et de polir le métal. Ils faisaient les mors de toutes sortes, les éperons, les caveçons, les filets, les étriers, les boucles et autres accessoires de brides et de harnais, et ils avaient en outre la permission de dorer ces objets, de les argenter, de les étamer, de les vernir, etc.

La fabrication des éperons, mors, étriers, attelles, boucles, crochets de timon, etc., s'est sensiblement améliorée en France, depuis que la sellerie s'est mise au niveau des progrès accomplis en Angleterre par l'industrie similaire. Depuis la fin du premier empire, tous les articles en métal pour la sellerie sont faits avec plus de soin et plus de goût que par le passé. Paris surtout fabrique aujourd'hui des mors, des éperons, des étriers de toutes formes et de tous systèmes qui ne laissent rien à désirer pour la solidité, le fini de l'exécution et l'élégance. Ces articles de luxe sont en fer poli, en acier, ou bien en fer plaqué or et argent.

Aux éperonniers et aux plaqueurs se joignent : 1° les arçonniers, qui font en bois le corps de la selle et qui en assujettissent les deux parties au moyen d'une barre de fer; 2° les ferreurs d'arçons, qui travaillent à façon soit pour les selliers, soit pour les arçonniers; 3° les industriels qui font des pièces de cuivre pour l'ornement de la sellerie et de la carrosserie; 4° les fabricants de poignées de voiture, les ciseleurs d'armoiries, etc., etc. — S. B.

*Bibliographie :* Ant. RICH. : *Dictionnaire des antiquités grecques et romaines;* De LABORDE : *Glossaire français du moyen âge;* Edouard de BEAUMONT : *Gazette des beaux-arts,* 1864 et 1867; *Statistique de l'industrie de Paris pour 1860 :* art. *Selliers-éperonniers* et *Selliers-harnacheurs.*

**SELLETTE.** T. *techn.* 1° Petit siège de bois qui remplit pour le sculpteur le rôle du chevalet pour le peintre; c'est sur la sellette qu'il exécute les ouvrages de petite dimension. Elle est composée d'une forte tablette de bois fixée à un solide trépied; un mécanisme très simple permet d'élever et d'abaisser la tablette et même de pivoter sur l'axe à peu près comme le tour du potier. || 2° Boîte où le décrotteur met ses brosses et son cirage, et sur laquelle ceux qui se font décrotter posent le pied. || 3° Petite planchette fixée par des courroies sur une corde à nœuds, à l'usage de quelques ouvriers qui, suspendus, travaillent sur des surfaces verticales ou très inclinées. || 4° Partie de la charrue sur laquelle le timon est appuyé. || 5° Sorte de bât sur lequel glisse la dossière du timonnier. || 6° Nom des crochets ou ancres de suspension qui servent à transmettre la pression aux cylindres étireurs des métiers à filer. Ces petits leviers sont creusés en dessous, vers l'extrémité qui appuie sur l'axe des cylindres, de manière à rendre le contact plus intime.

**\*SELTZ** (Eau de). — V. Eaux gazeuses artificielles.

**\*SELTZOGÈNE.** Appareil destiné à faire de l'eau de seltz artificielle. — V. Eaux gazeuses artificielles.

**SÉMAPHORE.** *T. de chem. de fer.* Signal muni d'un bras qui peut se développer horizontalement ou obliquement, en commandant aux mécaniciens l'arrêt ou le ralentissement. Lorsque les sémaphores sont employés pour le *Block système* et munis d'enclanchements électriques, ils constituent ce qu'on appelle des *électrosémaphores* ou des *indicateurs* (V. ces mots). Mais, à l'étranger, et particulièrement en Angleterre et en Allemagne, les sémaphores tiennent lieu de *disques* (V. ce mot), et sont manœuvrés mécaniquement, au moyen de transmissions par fils, pour couvrir les gares et commander l'arrêt absolu aux mécaniciens. Dans ce cas, lorsque le sémaphore commande plusieurs directions, le mât est muni de plusieurs bras superposés, le plus élevé s'adressant à la direction la plus gauche, le plus bas à la direction la plus droite, et les bras intermédiaires aux directions intermédiaires, quand il y en a. Les sémaphores sont, en général, plus élevés que le *disque*; on place souvent les ailes à une hauteur de 12 mètres au-dessus du sol, afin qu'elles soient visibles de plus loin par les mécaniciens. Ces ailes, équilibrées par des contrepoids, et éclairées la nuit, par des lanternes qu'on hisse au haut du mât, en les faisant glisser sur des glissières verticales, sont souvent à jour afin d'offrir moins de prise à la pression du vent.

**SEMÉ, ÉE.** *Art hérald.* Se dit lorsque les pièces dont on parle sont répandues sur l'écu de telle sorte que vers ses bords elles ne sont point entières.

**SEMELLE.** Outre son acception de pièce de cuir qui fait le dessous d'une chaussure ou d'un morceau de liège ou de feutre que l'on met dedans pour garantir le pied de l'humidité, on applique ce mot en *t. de constr.*, à : 1° une pièce de charpente placée horizontalement pour servir d'appui et donner plus d'assiette à l'extrémité inférieure d'une autre pièce verticale ou inclinée. On fait particulièrement usage des semelles dans les étaiements et les échafaudages, pour appuyer, par exemple, le pied des *contrefiches* qui contrebutent la poussée exercée par la paroi d'une fouille, par un mur qui menace ruine, ou pour répartir sur plusieurs solives d'un plancher la charge transmise par des boulins ou des poteaux faisant partie d'un étaiement ou d'un échafaud placé à l'intérieur d'un édifice ; 2° aux tôles horizontales qui forment le dessus et le dessous des poutres droites employées dans la construction des ponts en fer ; la partie intermédiaire, pleine ou en treillis est l'*âme* de la poutre. || 3° *T. de mécan.* Pièce d'appui supportant les jambages d'un tour. || 4° Chacun des plateaux qui comprime la matière dans une presse. || 5° Tôle destinée à être recouverte d'un alliage de fer et d'étain qui la transforme en feuille de fer-blanc. || 6° Pièce d'acier

que l'on taille pour en faire une lime. || 7° *T. de min.* Sol d'une mine de charbon. || 8° *T. d'artill.* Planchette de bois placée entre les deux flasques d'un affût et sur laquelle s'appuie le canon. || 9° Pièce de fer fixée sur la face inférieure d'un sabot d'enrayure pour en diminuer l'usure. || 10° *T. de mar.* Morceau de bordage qui sert à préserver la muraille d'un navire contre les frottements d'une ancre.

**SEMENCE.** *T. techn.* Nom que l'on donne à de petits clous.

**\*SEMEUR.** *T. de mét.* Outre que l'on dit quelquefois *semeur* pour *semoir*, et que ce nom s'applique à l'ouvrier agricole qui sème le grain, on le donne aussi au contre-maître qui, dans les manufactures d'armes, vérifie les canons de fusils et de revolvers.

**SEMOIR.** « Un semeur sortit pour semer. Comme il semait, une partie de la graine tomba le long du chemin : les oiseaux vinrent et la mangèrent. Une autre partie tomba sur des places mal préparées où elle ne trouva que peu de terre : elle leva trop tôt ; les plantes ayant peu de racines séchèrent. Une autre partie tomba en des places où les mauvaises herbes n'avaient pas été suffisamment enfouies ; cette semence ne pût donner que des plants étouffés. Seule, une dernière portion tomba dans la terre bien préparée ; elle y leva en temps voulu, les plants bien enracinés réussirent : tel grain en donna trente, un autre soixante et même cent. »

C'est ainsi qu'on semait il y a deux mille ans, et malheureusement, pour la plus grande partie du sol cultivé, il en est encore de même aujourd'hui. Sur quatre graines, une au plus réussit, cela tient à ce que le semis présente trois phases distinctes exigeant chacune des conditions rarement satisfaites : 1° la *préparation de la terre* à ensemencer ; 2° l'*épandage des graines* et 3° leur *recouvrement* ou leur *enfouissement.*

Ces trois séries d'opérations ont chacune leur part d'influence sur la réussite du semis ; mais elles sont en outre solidaires : Que la terre soit mal préparée, l'*épandage* et le *recouvrement* laisseront toujours à désirer quoiqu'on fasse. D'autre part, à quoi servira de dépenser une masse de travail pour préparer parfaitement la terre si la semence y doit être irrégulièrement répandue et si l'enfouissement doit varier en profondeur.

Evidemment, de la préparation complète du sol, par la charrue, la herse et le rouleau se suivant ou alternant, dépend, tout d'abord, la réussite du semis. Mais il faut, en outre, que celui-ci soit fait avec une régularité mathématique, comme répartition uniforme en surface, et comme enfouissement à une seule et même profondeur de toutes les graines.

Le problème du semis parfait peut être ainsi énoncé :

1° *Déposer un grain de blé tous les 17 millimètres, sur des lignes droites parallèles espacées de 15 centimètres.*

Une opération d'une telle précision peut-elle

être faite à la main ? Nous prouverions aisément que pratiquement c'est impossible ;

2° *Chacune des semences doit être enfouie à la même profondeur.*

Il faut donc une machine de précision, un *semoir*, pour résoudre ce problème. Cet appareil existe, il ne reste qu'à le faire adopter généralement.

L'histoire du semoir mécanique montre que la pratique la plus rationnelle et la plus avantageuse à l'agriculture peut être recommandée par les agronomes pendant un siècle et plus, sans qu'elle soit adoptée, si ce n'est par un très petit nombre de cultivateurs, 1/10 peut-être en France aujourd'hui, et non pour toutes les récoltes qui profiteraient d'un ensemencement parfait à la volée, en lignes ou en poquets, mais pour quelques plantes : les racines spécialement et un peu les céréales. Il est donc nécessaire d'établir, par le raisonnement et par l'expérience, que continuer à semer à la main, comme il y a deux mille ans et plus, c'est gaspiller la semence, restreindre son rendement, et laisser aux récoltes toutes les chances de verse, de gelée, de sécheresse, etc., qui font le désespoir des cultivateurs.

La démonstration de cette nécessité a pour base le rappel des conditions nécessaires pour qu'une graine germe et donne une plante luxuriante.

L'économie de semence est réelle et d'autant plus grande que la préparation du sol avant l'ensemencement est plus complète et le semoir mécanique plus près de la perfection. Le raisonnement et l'expérience prouvent la réalité de cette économie. Les inégalités de l'ensemencement se traduisent : 1° par une masse de graines perdues, parce qu'elles restent à la surface, ou sont trop enfouies ; 2° par une inégalité de végétation et par suite de maturation ; 3° par une inégalité de résistance des tiges aux vents qui tendent à les verser. Quand toutes les tiges sont également fortes, aucune ne cède ou toutes s'inclinent sous le même effort en la partageant ; dans le cas contraire, les plus frêles cèdent et entraînent bientôt les plus fortes.

Toutes les expériences ont prouvé qu'en répandant la semence en rayons de même profondeur, on économisait d'un tiers à un demi de la semence, qu'on avait ainsi la possibilité de sarcler et biner les interlignes avec des houes à cheval, et que ces deux avantages accroissaient le poids de la récolte de 5 hectolitres par hectare pour le blé, et préservait celui-ci de la verse, de la sécheresse, de l'humidité, etc.

Nous ajouterons, sans crainte, que toutes les récoltes : racines, céréales, légumineuses à graines farineuses, fourrages légumineux, et autres plantes oléagineuses, etc., sont avec avantage semées en lignes. Le semoir en lignes ou en poquets est donc dans la culture moderne un instrument indispensable ; et il est triste d'avoir à constater que la France sous ce rapport est en retard par rapport à l'Angleterre et même à l'Allemagne. En avançant que l'adoption de la culture en lignes du froment seulement accroîtrait notre production de 5 hectolitres de grains par hectare, ou d'un quart au moins, nous sommes au-dessous de la vérité. Un

tel perfectionnement dispenserait facilement de mettre un droit d'entrée notable sur le blé.

Pour avoir tous les avantages de la culture en lignes, il faut que le semoir satisfasse d'abord à deux conditions essentielles : 1° répartir uniformément la graine sur chaque mètre parcouru et sur toute l'étendue du champ ensemencé, en faisant varier, à volonté, la densité du semis ou le nombre des grains par mètre carré. C'est le rôle de la partie travaillante du semoir, habituellement nommée le *distributeur* ; 2° enfouir la graine partout à la même profondeur, avec la possibilité de faire varier à volonté cette enterure suivant les circonstances diverses qui peuvent se présenter, pour la saison, le sol, les semences, etc. Cette partie travaillante est le *rayonneur*, *contre-rayonneur*, *pied-rayonneur*, *soc-rayonneur*, etc. Il y en a autant que de lignes à ensemencer d'un coup, et ils doivent être indépendants l'un de l'autre. Les diverses autres parties travaillantes ou dirigeantes d'un semoir, sont : 3° le *conducteur* de la semence depuis le distributeur jusqu'au fond des sillons ouverts par le rayonneur, ou jusqu'à l'*épandeur* 4° (si le semoir mécanique sème à la volée) ; 5° le *recouvreur*, chargé de ramener la terre sur les graines enfouies dans les sillons ; cet appareil ne se trouve que dans quelques semoirs. Si la terre est bien préparée avant l'époque du semis, bien friable, elle retombe naturellement sur les graines après le passage des rayonneurs ; dans le cas contraire, on passe après le semoir, sur le champ ensemencé, une herse très légère qui ne dérange pas la semence. Lorsque le semoir comporte des *recouvreurs*, ce sont des *fourches râcleuses*, traînant des *rouleaux*, ou même des *traîneaux* à poids variables.

Les parties *dirigeantes* sont, suivant l'importance des semoirs : des *mancherons*, des *leviers de gouverne*, mus de l'arrière ; des *avant-trains gouvernails* ; parfois des *mécanismes de règlements* pouvant porter d'un coup les rayonneurs plus ou moins à droite ou à gauche pour assurer le parallélisme et l'équidistance des lignes de deux trains voisins.

Les *pièces de conduite* sont des *limons*, des *flèches*, des *roues porteuses* d'arrière et même d'avant. Nous allons sommairement examiner ces diverses catégories de pièces constituant un semoir mécanique.

*Distributeurs simples.* Le semoir primitif signalé en Chine et dans l'Inde de temps immémorial, a pour distributeur une boîte à graines fixe dont le fond est percé de trous ; c'est le premier système.

La première amélioration consiste (elle date de plus de cent ans) à interrompre périodiquement l'écoulement de la graine par le va-et-vient d'un registre obturateur des trous : c'est le deuxième genre. Une seconde amélioration consiste dans l'addition d'une caisse à graines alimentant la caisse distributrice, par orifices réglables.

Le troisième genre est connu depuis plus de cent ans sous le nom de distributeur à *lanterne*. Supposons une caisse cylindrique pouvant tourner autour de son axe muni d'une poulie commandée à l'aide d'une corde, d'une courroie ou d'une chaîne par une autre poulie calée sur l'essieu d'une des roues porteuses. Si cette caisse est percée sur son pourtour de trous égaux et équidistants, et si elle est à moitié pleine de semences, il est clair que dès que le semoir parcourra la ligne à ensemencer, la graine s'échappera périodiquement de la boîte, et par un entonnoir surmontant un tube conducteur arrivera dans le sillon creusé par le rayonneur. Pendant que la boîte en fer-blanc tourne, la graine reste immobile, et, sous elle, passent successivement tous les orifices, de sorte que chacun d'eux laisse tomber une petite pincée de graines. L'influence de la hauteur des graines sur les orifices sera d'autant plus faible que la rotation de la boîte sera plus rapide, et il y a même une vitesse telle que les graines n'auraient pas le temps de sortir. Ce genre de distributeur, sans être parfait, peut être adopté en quelques cas, pour des semoirs à bras surtout, lorsque la graine à semer est très fluide, par ce qu'elle est sphérique ou à peu près, à surface unie, lisse et polie, comme le sont les graines des plantes du genre chou, celles de colza, de raves, de navets, etc. ; comme elles sont peu volumineuses, la boîte ou lanterne n'a pas une grande capacité. On accroît beaucoup la précision de ce distributeur en formant la boîte de deux troncs de cônes accolés par leur grande base sur un anneau cylindrique percé de trous équidistants pour la distribution. En remplissant cette boîte aux 3/5 au plus de sa capacité, et ne la vidant jamais qu'aux 2/5, l'épaisseur des graines varie à peine sur les orifices ; et par suite la répartition est à peu près régulière. M. Moodie ajoute une boîte alimentaire amenant la graine à la lanterne par un tube enveloppant l'axe de cette boîte. Si, par tâtonnement, on règle l'orifice de la boîte alimentaire pour qu'elle donne à peu près autant de graines que la boîte distributrice en jette dans l'entonnoir, on a une répartition mathématiquement uniforme, parce que le niveau de la graine dans la lanterne ne change pas.

Un autre genre de distributeur est très répandu en Angleterre, en Belgique et surtout dans le Nord de la France, où nombre de constructeurs le fabriquent : à Arras principalement et dans diverses villes des départements du Pas-de-Calais et du Nord. C'est le distributeur dit à *palerons*. La caisse à graines, en forme de prisme triangulaire, ou à peu près, a ses orifices de distribution percés dans la paroi d'arrière, assez inclinée. Au fond de cette caisse, un arbre tourne rapidement et porte, en face de chaque orifice, une espèce d'étoile à six ou sept palettes qui passent en tournant, assez près de l'orifice et plus ou moins près suivant l'espèce de graines à semer. Les semences contenues dans la caisse sont ainsi constamment remuées et quelque peu lancées contre les orifices, de sorte que l'influence de la hauteur de la graine dans la caisse est presque nulle sur le débit par seconde ; d'autre part, le lancement est rapide si l'attelage marche vite, et court si le cheval ralentit son pas. En somme, la répartition est à

peu près uniforme sur toute l'étendue parcourue, et chaque mètre de lignes reçoit sensiblement la même quantité de semence. Ce mode de distribution exige que les semences soient assez fluides. Si les étoiles ou *palerons*, comme dans certains modèles, peuvent être d'autant plus rapprochés des orifices que la graine est plus fine, on peut distribuer toutes les graines, depuis l'œillette ou le pavot jusqu'à la féverole ; seules, les graines d'herbes, plates, velues, légères, etc., ne pourraient être convenablement distribuées par les palerons.

On peut alors recourir à un autre genre de distributeur. Il ne diffère du précédent qu'en ce que les palerons ou étoiles, en fonte, sont remplacés par des étoiles dont le moyeu est en bois et les rayons par des *pinceaux* de poils de sanglier ou de porc. En tournant rapidement dans la graine, ces pinceaux poussent et projettent, contre les orifices de distribution, les graines les plus velues et les plus légères, que les poils saisissent.

Nous rangeons dans une même classe les genres de distributeurs que nous venons d'examiner. Leur caractère commun c'est que la graine s'écoule et se volume est par suite fonction du temps et de l'aire des orifices. Pour que la distribution soit régulière, ou uniforme pour chaque mètre parcouru, il faut faire disparaître l'influence du temps en faisant marcher l'attelage avec une vitesse constante ; c'est une condition qui n'est pas aussi aisée à satisfaire qu'on le croirait au premier abord. En effet, l'attelage ira plus vite en descendant une côte qu'en la gravissant ; il ralentira son pas, à la fin des attelées, par suite de sa fatigue.

La quantité semée par hectare se règle par la variation de l'aire des orifices ou par leur nombre. On peut agir simultanément sur eux, par le glissement d'une plaque percée de trous identiques avec ceux de la boîte et du même espacement. Dans une certaine position du registre, les trous ne correspondant pas avec ceux de la boîte, on ne répand pas de graines. Si, au contraire, on fait glisser le registre jusqu'à ce que ses trous correspondent exactement ou coïncident avec ceux de la boîte, on a le maximum d'aire de sortie des graines ; entre ces deux positions extrêmes du registre, on trouve aisément celles qui ouvrent les orifices aux 3/4, à moitié, au 1/4, etc. Presque toujours, ce glissement se fait par un levier ou par une vis. Une aiguille parcourant un cadran indique les relations de grandeur des orifices dans les diverses positions du registre. Si les orifices sont circulaires, les aires qu'ils laissent lorsqu'ils se recouvrent à moitié, au quart, etc., ont la forme lenticulaire. Elle présente des inconvénients pour certaines graines longues et plates, qui ne sortent pas uniformément, parce qu'elles peuvent se présenter devant l'orifice dans des positions diverses. Pour éviter cet inconvénient, et avoir des orifices toujours à peu près circulaires ou carrés ou de figure intermédiaire, M. Jacquet-Robillard a fait des orifices ovales en pointe ; ceux du registre sont placés symétriquement par rapport à ceux de la boîte.

Le registre des distributeurs à lanterne est un mince anneau percé de trous égaux et équidistants identiques à ceux de la boîte.

· *Distributeurs à alvéoles.* Le plus ancien ou du moins le plus simple de ces distributeurs est le cylindre à alvéoles, tournant sous la caisse à graine dont il forme · pour ainsi dire le fond. Les alvéoles viennent se remplir dans la caisse, en sortent pleines, rases, et se vident dans un entonnoir placé en tête du conducteur de la graine, allant derrière le rayonneur au fond du sillon creux. S'il y a six alvéoles d'un centimètre cube sur la circonférence du cylindre, à chaque tour de celui-ci, on distribue à égales distances au fond du sillon, six pincées d'un centimètre cube chacune. Le cylindre est mis en mouvement par un cordon, une courroie, ou une chaîne sans fin, passant sur une poulie calée sur le moyeu d'une des roues porteuses. Si celle-ci a $0^m,636$ de diamètre, elle fait un tour par chaque mètre parcouru par l'attelage. Si la poulie calée sur le cylindre distributeur est deux fois plus petite que la poulie commanderesse de la roue porteuse, le cylindre fait deux tours par tour de roue, ou par mètre de parcours, et distribue alors dans le sillon douze pincées d'un centimètre cube par mètre.

Le cylindre peut avoir dans sa longueur deux, trois ou quatre circonférences d'alvéoles, versant simultanément leur contenu dans l'entonnoir d'un tube conducteur. On peut avoir une série de cylindres distributeurs présentant chacun une forme ou une capacité de cellule particulière, et donner à ces cellules une forme telle que chacune ne puisse contenir qu'une *graine* de l'espèce à semer. Ceci est d'autant plus facile à réaliser que la graine à semer est plus volumineuse; nous citons, par exemple, la fève et la féverole, le maïs, les vesces, les pois, les lentilles et le blé, l'orge et l'avoine. Pour que ce semis, graine à graine ne présente aucun insuccès, il suffit que la semence soit triée (et elle doit évidemment l'être) et classée par grosseurs, ce que les trieurs et les cribles font très facilement déjà.

Il est de première importance qu'un distributeur, spécial ou à toutes graines, puisse semer avec la même précision une quantité quelconque de la même semence par hectare, ou même de toutes les semences employées sur une ferme.

Le distributeur à alvéoles présente cette qualité, et le règlement se fait par des moyens d'une frappante analogie avec ceux que nous allons indiquer pour le distributeur à cuillers.

Il en est de même du distributeur à coulisses à doubles fonds de M. l'abbé Pouteau, qui, en réalité jette par intermittence dans les sillons, des volumes égaux mesurés par de véritables alvéoles.

*Distributeurs à cuillers.* Le distributeur de cette classe a pour caractère l'emploi de cuillers puisant la graine dans une caisse régulièrement alimentée et la jetant dans l'entonnoir du tube conducteur. Les meilleurs semoirs actuels, à de rares exceptions près, ont des distributeurs à cuillers.

Celles-ci peuvent être placées de façon à rayonner normalement de l'axe de rotation qui les entraîne, ou bien, comme dans les semoirs anglais, leur axe longitudinal ou manche est parallèle à l'arbre qui les porte par l'intermédiaire de minces disques normaux. Dans le premier cas, la cuiller projette sa graine avec une certaine vitesse centrifuge dans l'entonnoir du tube conducteur ; il peut arriver alors que dans les *trépidations* du semoir pendant la marche quelques grains retombent dans la boîte ouverte où puisent les cuillers; bien que rare, cet inconvénient peut se présenter. Dans l'autre disposition, la force centrifuge maintient les graines dans les cuillers jusqu'à ce que celles-ci se vident par la gravité, un peu avant d'être à l'aplomb du bord des entonnoirs, et elles y sont lancées avec trop peu de vitesse pour aller trop loin. En outre, l'entonnoir peut être prolongé jusqu'au disque et par suite, malgré les trépidations, recevoir tout le contenu des cuillers. La caisse ouverte dans laquelle puisent celles-ci reçoit, par des vannes réglables, la graine d'une caisse alimentaire contiguë. Le conducteur doit veiller, en suivant le semoir, à ce que cette alimentation ne soit ni trop abondante ni trop faible, afin que les cuillers puisent toujours dans une couche de graines de la même épaisseur.

· La variation de la quantité semée par hectare se fait de plusieurs façons que l'on combine souvent : 1° les poulies et les engrenages de commande et de réception peuvent être changés à volonté: ainsi, par exemple, dans le semoir Smyth (fig. 109), il y a, sur le moyeu d'une des roues porteuses, deux roues dentées commanderesses de diamètres différents. L'une ou l'autre, à volonté, peut conduire le barillet distributeur à cuillers, en agissant sur un des 15 ou 20 pignons de rechange, différents l'un de l'autre de 1, 2 ou 3 dents. Seule, cette série permet donc de 15 à 20 vitesses de rotation du barillet distributeur : le simple changement de la roue commanderesse double ce nombre. On peut encore enlever facilement le barillet et le remplacer par un autre à cuillers plus grandes, ce qui double de nouveau le nombre des volumes répandus par hectare. Enfin, les cuillers étant à deux faces présentant chacune une cellule de capacité différente, il suffit de tourner bout à bout chaque barillet pour doubler encore le nombre des volumes différents. On voit que les cuillers, comme les cylindres à encoches permettent de faire varier la quantité de graines que l'on veut semer par hectare, entre des limites très différentes et avec la précision la plus grande ; elles peuvent en outre servir pour toutes les graines sans exception.

On reproche aux cuillers de ne pas contenir toujours le même nombre de graines, lesquelles peuvent se placer dans ces creux hémisphériques de façons différentes. Cet inconvénient ne peut être sensible que pour des graines longues et peu coulantes ou velues. Il convient d'avoir des séries de cuillers de formes différentes. Les unes telles que certaines d'entre elles ne puissent prendre qu'une féverole ou une graine de maïs à la fois, ou même un seul beau grain de blé. Pour cela, le creux de la dent doit avoir une forme en rapport avec celle de la graine bien faite; il n'y a pas là de difficulté sérieuse. Ainsi, le constructeur de semoirs peut choisir entre trois bons systèmes de distributeurs : 1° le cylindre à alvéoles ; 2° les cuillers, et 3° la coulisse entre deux fonds fixes de l'abbé Pouteau. Ce dernier convient plus spécialement aux semoirs à poquets.

*Distributeurs divers.* Nous ne pouvons examiner tous les genres de distributeurs imaginés par les inventeurs. Il en est quelques-uns qui se rapprochent plus ou moins des précédents; ainsi, une portion de filet de vis en tôle tournant au-dessus d'un orifice percé au fond de la boîte à graine laisse passer cette dernière par intermittence, l'orifice peut être facilement ouvert plus ou moins; une roue à palette peut amener continuellement la graine à un déversoir la laissant couler dans l'entonnoir du tube conducteur. Une véritable vis tournant au fond de la caisse, etc., etc.

*Epandeurs en nappe, dits à la volée.* Un bon distributeur permet d'obtenir à l'arrière de la caisse à graines sur une, deux, .... lignes parallèles, un écoulement constant ou intermittent de la semence. Ces jets de graines peuvent être étalés sur une certaine largeur, de cette façon on remplace les jets par un écoulement sous forme de nappe mince et régulière ; on sème alors, à la volée. Il suffit pour cela que le jet de graines en sortant de la caisse se divise en deux en frappant sur l'arête d'un prisme en bois : chacune des deux moitiés de premier jet vient à son tour se diviser en deux sur l'arête d'un prisme placé plus bas et ainsi de suite. Ces diviseurs de jets sont cloués aux distances convenables sur une planche suspendue à l'arrière du semoir et qui peut être plus ou moins inclinée pour faire concorder l'écoulement en nappe avec quelques jets de semence sortant de la caisse. Si la planche est

Fig. 109. — *Semoir Smyth.*

trop inclinée sur l'horizon pour un volume donné par seconde, la division n'est pas parfaite, il s'écoule plus de graines en certains points de la planche qu'en d'autres. Réciproquement, si la planche n'est pas assez inclinée, la graine s'y accumule, et un inconvénient de même nature se produit: La nappe sera d'autant plus régulière que l'attelage marchera mieux, c'est-à-dire avec une vitesse constante.

Pour diviser indéfiniment les jets de graines et obtenir un écoulement en nappe, on peut remplacer les petits prismes diviseurs en bois par de simples chevilles, ou des clous mis en lignes de plus en plus serrées; mais ces clous diviseurs sont plus spécialement employés pour épandre les engrais pulvérulents. Si le vent est assez violent pour gêner la chute des graines, on masque la nappe qui s'écoule par une toile suspendue à la planche diviseuse qui, du reste, doit être aussi près du sol que possible ; ou encore enfermer cette planche diviseuse dans une espèce de large couloir incliné, en tôle.

On peut, avec ces appareils ensemencer sur 2 à

3 mètres de largeur et même plus. Il suffit de leur donner la plus grande légèreté possible, et de les disposer de telle sorte que pour leur transport sur les routes on puisse les faire rouler en long, tandis que pour le semis ils marchent en travers. On doit recouvrir les graines avec des herses souples, ou au moins quasi souples. Ces modèles commencent à s'introduire en France.

*Epandeurs centrifuges à la volée.* Il était assez naturel, pour les inventeurs de semoirs mécaniques à la volée, de chercher à imiter le mode de projection de la graine, opérée par le bras du semeur; seulement, au lieu de jets alternatifs, la machine arrive plus simplement à une projection continue. L'inventeur qui a le mieux résolu le problème de l'épandeur centrifuge est un français, M. Calloch, de Plouhinec (Morbihan). La partie travaillante se compose d'une espèce de turbine à deux aubes, placée au fond d'une trémie conique; en tournant, les ailettes courbes entraînent la graine comme par succion, et en proportion de la vitesse et de l'aire d'ouverture réglable laissée à la circonférence en avant de l'ailette. ‘La graine ainsi aspirée au fond de la boîte à semence, coule par un tuyau vertical adhérant à la turbine et, de là, dans deux espèces de gouttières formant un diamètre tournant. Au fur et à mesure que la graine arrive dans ces gouttières en mouvement, elle s'écarte de l'axe de rotation commun, et si le bord postérieur de la gouttière était très élevé, la graine s'écoulerait par son extrémité seulement, mais M. Calloch fait ce rebord mobile, de façon à pouvoir régler sa saillie inégalement dans la longueur. Grâce au règlement de cette saillie du bord postérieur des deux gouttières, la graine est projetée sur toute la longueur du bras, et la bande de terre est également couverte de graines. Il faut remarquer que cette bande semée ne restera de même largeur partout le champ, que si l'homme poussant la brouette marche d'un pas bien uniforme.

*Conducteurs de la semence.* Dans les semoirs en lignes et même en poquets, la graine fournie régulièrement, d'une manière continue ou intermittente, est conduite dans les sillons, ou les trous ouverts, par un simple tube évasé en entonnoir à sa partie supérieure. Ce tube est rigide dans les anciens semoirs et fixé en bas sur le rayonneur, qui pénètre en terre en raison de la place assignée à sa pointe en dessous du plan horizontal tangent aux jantes des deux roues porteuses. Si celles-ci ne devaient jamais rouler que sur un plan parfait, mathématique, tous les tubes rayonneurs compris entre les deux roues pénétreraient à la même profondeur; mais un champ ne présente que très exceptionnellement ce caractère. Si donc une des roues passe, de temps en temps, dans une dépression du sol, l'entrure des rayonneurs sera d'autant plus grande qu'ils seront situés plus près de cette roue; aussi ces rayonneurs doivent-ils être indépendants l'un de l'autre et des roues, c'est-à-dire suspendus à un axe fixe de rotation, tomber sur le sol librement pour y pénétrer, seulement, en raison de leur poids et de la distance de leur centre de gravité à l'axe d'appui. Cette liberté d'abaissement et d'élévation entraîne pour les tubes la faculté de s'allonger et de se raccourcir, suivant que le rayonneur, auquel un tube est fixé par le bas, s'abaisse ou se relève en suivant les sinuosités du sol.

Les premiers conducteurs à expansion ont été faits d'une série de trois ou quatre entonnoirs s'emboîtant l'un dans l'autre et suspendus l'un à l'autre par des chaînettes. Le premier est fixé sous le jet du distributeur, et le dernier sur le rayonneur. MM. Smyth ont des tubes à double emboîtement très ingénieux dits « télescopiques » laissant toute liberté d'expansion et de contraction, et pouvant s'incliner notablement dans tous les sens, grâce à leur emmanchement à rotule. Les deuxième et troisième tubes concentriques sont solidaires du premier entonnoir recevant directement la semence, un autre tube peut s'élever et s'abaisser entre les deux premiers et en bas, se termine en entonnoir renversé emboîtant la rotule qui forme le dernier entonnoir et recevant la graine par le tube du milieu pour la verser dans le

sillon. MM. R. Hornsby et fils ont employé des tubes en caoutchouc, fixés par le haut sous la boîte du distributeur et terminés en bas par une petite buse métallique s'enfilant dans l'entonnoir fixé au rayonneur. En France, on s'est servi de tubes formés de fils de laiton ou d'acier enroulés en spirales serrées comme un ressort à boudin.

*Rayonneurs.* Pour ouvrir un sillon de 3 à 10 centimètres de profondeur au plus et d'une très faible largeur, on peut employer un coutre ou une dent accrochante, et même une espèce de soc ou de corps de petit butteur. Toutefois, si l'on se rend bien compte du but à atteindre, la meilleure forme est celle d'un coutre aussi mince que possible à tranchant courbe décrochant; c'est-à-dire présentant sa convexité en avant. A l'arrière, ce coutre doit être ouvert comme un livre pour laisser glisser la semence le plus près possible de son extrémité afin qu'elle arrive exactement au fond, avant que la moindre parcelle de terre ait pu retomber dans le sillon en cours de creusement; cette ouverture de l'arrière du coutre doit être prolongée assez haut pour que la terre ne puisse jamais refluer par dessus; parfois, elle est protégée par une sorte de coiffe, comme dans les semoirs Smyth.

Les coutres à pointe en avant, ou accrochantes, les socs, les butteurs ouvrent les sillons mieux que le coutre décrochant, lorsque le sol est dur, résistant et pierreux, etc.; mais ils ont l'inconvénient d'être sujets à ramasser les débris végétaux, tels que racines et radicelles qui, si la terre est un peu collante, forment bientôt en avant de ces rayonneurs un paquet très embarrassant et ôtent toute précision à la profondeur des sillons. A notre avis, il vaut mieux préparer, émietter, nettoyer et même épierrer la terre à ensemencer, qu'adopter un genre de rayonneur exposant à des inégalités de profondeur, dans l'enfouissement des graines. Les rayonneurs sont fixés chacun sur un levier articulé en avant, et portant à l'arrière, des poids en fonte, que l'on peut faire varier suivant la profondeur à atteindre et la résistance du sol.

Chaque fois que le semoir arrive à l'une des extrémités du champ, on doit soulever en même temps tous les leviers pour déterrer les rayonneurs. Pour cela, il suffit d'enrouler par un treuil les chaînes qui y sont accrochées, et attachées de l'autre bout au levier. Parfois, une barre située sous les leviers est seule soulevée par un mécanisme quelconque; elle entraîne avec elle tous les leviers et par suite les rayonneurs.

*Recouvreurs.* Si la terre avant le semis a été très bien préparée, bien émiettée, les particules terreuses écartées et soulevées par le passage du coutre rayonneur décrochant, retombent immédiatement derrière lui et recouvrent suffisamment la graine. Plus tard, on peut faire passer sur le champ une herse très légère régalant la terre meuble sans déranger les grains. Si cette terre n'est pas assez meuble, au moment du semis, on assure le recouvrement en accrochant derrière le rayonneur une fourche qui traîne librement et dont les branches plates sont inclinées en sens contraire, pour ramener la terre du bord des sillons dans leur axe même. Elle peut être à levier muni de poids pour régler l'enfouissement. Au lieu de cette fourche, on emploie encore une roulette à jante plate, ou mieux creuse, qui comprime un peu la terre sur les lignes semées. Enfin, on a laissé parfois traîner derrière les rayons, de petits traîneaux en forme de boîte pour assurer le recouvrement par un râclage régulateur. Il faut, pour qu'il n'y ait pas de *bourrage*, sous ces traîneaux, que la terre soit bien sèche et non collante.

*Transmission du mouvement au distributeur.* Comme la distribution de la semence doit se faire en quantités (volume ou nombre de graines) uniformes pour chaque décimètre parcouru, il est évident que le distributeur doit prendre son mouvement sur la roue porteuse ou, à défaut, par une roulette située sur l'axe de rotation du distributeur lui-même et traînant sur le sol. Nous reconnaissons que tous les inventeurs ou constructeurs de semoirs ont satisfait à cette condition de solidarité la rotation du distributeur avec celle d'une roue porteuse, *roulant sur le sol*, afin que la distribution soit nécessairement en raison directe du chemin parcouru, et que la quantité de graines soit constante pour chaque décimètre carré du champ. Un seul inventeur, malheureusement encouragé par des récompenses à Auxerre en 1859 (médaille d'argent), à Troyes, etc., eut la ridicule idée de faire mouvoir le distributeur par un mouvement d'horlogerie. Cela était si contraire à tout raisonnement, que nous crûmes devoir mettre en garde le public agricole contre les erreurs de deux jurys incompétents. Mal nous en prit, car voici ce que l'on pouvait lire dans la *Constitution* d'Auxerre.

« Il n'est vraiment pas possible d'approuver ce qui s'est passé relativement à M...... M..... a inventé un semoir que j'ai la faiblesse de croire excellent, parce qu'il est simple, logiquement agencé et peu coûteux. Cette manière de voir a été proclamée en 1859 par le jury du concours régional d'Auxerre qui lui a donné le premier prix des semoirs, et, en 1860, par le jury du concours régional de Troyes qui lui a aussi accordé le premier prix. Eh ! bien ! on a passé devant cet instrument sans vouloir même le faire conduire sur le champ des expériences. Quelque théoricien... lui a sans doute trouvé un défaut. Mais il est employé depuis deux ans dans la pratique, et la pratique le dit excellent. Qu'importe ! la théorie le condamne, la théorie de ces messieurs, s'entend, et cela suffit. Je ne crois pas que ce soit là une bonne manière d'encourager les agriculteurs et de servir le progrès agricole. »

Le théoricien c'était nous ! Et voilà ce qu'on gagne à dire la vérité sur le matériel agricole. Où est le semoir si vanté par V. Borie ? Et mis au premier rang par deux jurys ? Le théoricien avait donc raison contre le praticien prétendu.

Le problème de la rotation du distributeur se pose donc ainsi : étant donnée une roue roulant sans glisser sur le sol, par suite du poids qui la fait adhérer ou des saillies qu'elle porte, transmettre cette rotation, en multipliant plus ou moins sa rapidité, à l'axe du distributeur de graines ; or, la cinématique nous présente divers

moyens bien connus des mécaniciens : 1° des poulies à gorge solidarisant, par un cordon sans fin, les mouvements des deux axes en rotation ; 2° des poulies à jante lisse avec courroies ; 3° des poulies à crans ou pointes entraînées par une chaîne sans fin ; 4° des engrenages ordinaires ; 5° des roues de friction ; 6° des vilebrequins ou des manivelles reliées par des bielles.

Les diverses poulies ont l'inconvénient commun de ne pas permettre de nombreux changements de vitesse, sans devenir embarrassantes. Les roues dentées laissent au contraire toute liberté à ces variations puisqu'il suffit d'avoir autant de *pignons* que de vitesses ; aussi les engrenages sont-ils de beaucoup les organes de transmission les plus employés dans les semoirs. Le semoir Smyth (fig. 109) montre comment les deux roues commanderesses du moyeu peuvent commander un pignon quelconque. Tantôt il faut changer en même temps le coussinet, dont la hauteur doit être en raison inverse du diamètre du pignon ; tantôt, il faut déplacer un engrenage intermédiaire.

Lorsque l'on emploie les manivelles avec bielle comme M. Jacquet Robillard, on est plus limité pour le changement de vitesse ; la manivelle est remplacée par un disque fixe sur l'axe du distributeur et portant, à diverses distances du centre, des trous pour recevoir le maneton d'articulation de la bielle.

*Pièces de conduite du semoir.* Les semoirs portés par une charrue, par un petit bident, ou à brouettes ne donnent lieu à aucune observation essentielle pour leur conduite. Quant aux semoirs proprement dits, ils peuvent exiger un, deux ou trois chevaux ; s'il suffit d'un cheval, on l'attelle ordinairement en limons et il tire avec ou sans palonnier. Dans le dernier cas surtout, la marche des rayonneurs est solidaire de celle du cheval, laquelle se fait avec des oscillations pouvant rendre difficile le maintien de la rectitude des sillons ensemencés, aussi est-il préférable de faire tirer l'animal par un palonnier accroché au bâti du semoir, et, à l'avant-train, s'il y en a un. C'est ce dernier mode d'attelage que l'on doit employer exclusivement pour les semoirs exigeant deux ou trois chevaux. Le point d'attache du palonnier n'est pas indifférent : il faut avoir une espèce de régulateur permettant de baisser ou de hausser le point de traction sur l'avant-train, suivant la résistance que présente la terre aux rayonneurs.

*Pièces de direction.* Dans les semoirs à brouette ou dans les charrues, ou bisocs semeurs, il n'y a pas de pièces spéciales de direction à proprement dire. Pour les petits semoirs à un cheval, on se contente parfois d'une paire de mancherons permettant au conducteur de maintenir l'appareil en ligne droite en se guidant sur l'ornière du train précédent. Mais, dès qu'il s'agit d'un semoir un peu large, il nous paraît impossible de faire un semis sans reproche à moins de faire usage d'un avant-train gouvernail. Dans les moyens semoirs, le conducteur fait pivoter cet avant-train pour maintenir la rectitude des sillons, soit à l'aide d'un levier passant par dessus la caisse, soit en tournant une manivelle fixée sur un arbre horizontal dont l'extrémité antérieure porte un pignon commandant une roue dentée placée sur l'axe pivotant de l'avant-train. Le conducteur forcé de ne pas quitter de l'œil l'ornière qui le dirige, ne peut alors surveiller la chute de la graine, dans le sillon, et le règlement de l'alimentation de la caisse où puise le distributeur. Aussi, pour tous les grands semoirs, est-il nécessaire d'avoir un grand avant-train que dirige directement, ou indirectement, un jeune homme marchant derrière une des *roues* qu'il doit maintenir dans l'ornière directrice. Le semeur se place à l'arrière pour surveiller, embrayer ou débrayer le mécanisme de transmission, déterrer ou enterrer les rayonneurs, etc. Enfin, un jeune homme tient un des chevaux à la main. Il faut donc trois personnes par semoir ; mais la précision du travail compense et au delà ce petit surcroît de dépense.

*Semoirs à poquets.* Jusqu'ici leur emploi dans la pratique n'a pas pris de développement. Pour la petite culture, on emploie le semoir Ledocte qu'un enfant peut manœuvrer et qu'il pose aux points de rencontre de sillons croisés préalablement faits. Par un coup de levier, il dépose là deux ou trois graines au milieu d'un cercle d'engrais pulvérulent. Pour la grande culture, on peut citer celui de M. Danten.

La plantation des pommes de terre se fait avec des semoirs, dont le plus ingénieux nous paraît être celui de Wright. Le distributeur de tubercules est une sorte de noria, jetant à intervalles réguliers une pomme de terre dans les sillons creusés par deux petits butteurs, suivis de pieds recouvreurs.

On peut faire des semis mixtes à graines, pour semer simultanément, par exemple, des céréales et des fourrages, etc.

*Semoirs à engrais pulvérulents.* Si l'épandage des engrais à la volée n'a pas absolument besoin d'une précision égale à celle qu'exige la répartition des graines, on ne peut nier pourtant qu'il soit avantageux de répandre régulièrement des engrais aussi coûteux que le guano et ses imitations. Donc tout ce que nous avons dit du semis des graines s'applique aux engrais pulvérulents. Ces appareils diffèrent peu des semoirs à graines.

*Distributeurs.* Ce sont ordinairement des cylindres à cellules ou encoches larges et peu profondes, tournant devant des râcloirs à ressorts ou à contrepoids pour éviter l'adhérence de certains engrais en temps humides surtout. Dans le même but, il y a forcément dans la caisse à engrais un agitateur tournant, à palettes ou chevilles, brassant constamment l'engrais. Souvent l'axe de cet agitateur a un balancement longitudinal permettant aux palettes de passer partout.

*Semis d'engrais en lignes.* Pour ménager l'engrais, en n'en mettant qu'à la place où il est nécessairement utilisé de suite, c'est-à-dire proche des lignes de graines enfouies, on fait avec raison des semoirs mixtes ; c'est en résumé l'assemblage, sur un même bâti porteur, de deux semoirs en lignes, l'un répandant l'engrais l'autre la graine. L'engrais peut être placé un peu au-dessous de la graine, puis recouvert avant que les rayonneurs à graines répandent celle-ci, que l'on peut mettre aussi en dessous de l'engrais. Le règlement des poids des leviers indépendants permet l'enterrage de la graine et de l'engrais à toute profondeur.

*Épandeurs d'engrais liquide.* A la volée, on a les tonneaux à purin, ne pouvant répandre uniformément le liquide qu'autant qu'on fait varier les aires des orifices de sortie (V. TONNEAU A PURIN). S'il s'agit de répandre en même temps que la graine en lignes, un engrais dissous devant provoquer ou assurer une rapide levée de cette graine, le distributeur est alors pour chaque ligne une petite noria ou courroie armée de petits godets qui s'emplissent dans la caisse à engrais, quel que soit son degré de plénitude, et déversent au dehors dans un entonnoir conduisant, par un tube, l'engrais liquide jusqu'au rayon qui vient de recevoir la graine.

En terminant cet article nous affirmons qu'après la parfaite préparation du sol, il n'y a pas de pratique plus indispensable à la petite comme à la grande culture, que le semis en lignes ou en poquets permettant les binages et sarclages par des instruments attelés. Il ne peut y avoir de bonne culture, de culture productive, sans le semis en lignes. MM. Desprez dans le département du Nord, il faut le répéter à satiété, sèment 66 litres par hectare en froment sur une grande exploitation, et récoltent 54 pour un. Voilà de la culture qui n'a pas besoin de protection. — J. A. G.

**SEMOULE.** On appelle *semoules* divers produits à base de gruaux, soit de blé, soit de riz, soit de maïs. Ces gruaux sont séparés de la farine et des issues par les opérations de la bluterie qui suivent la mouture. Les semoules de blé qui sont les plus employées sont faites avec la partie la plus dure du grain, et par conséquent la plus riche en gluten et autres matières azotées. Pour avoir une semoule extra-fine, on la soumet à de nombreux sassages.

La semoule est mangée en potages, en l'associant au bouillon, au beurre, au lait, etc., c'est la base de toutes les pâtes alimentaires dites « d'Italie, » des vermicelles, macaronis, nouilles, etc. Elle est douce, d'une puissance nutritive plus grande que le pain, car 100 parties de semoule équivalent environ à 152,5 parties de pain blanc.

Les meilleures semoules sont celles obtenues à Lyon avec nos blés durs d'Algérie, et à Clermont avec les excellents blés durs d'Auvergne; elles soutiennent la comparaison avec les plus beaux produits de l'Italie. On fabrique également de la *semoule de pommes de terre* en réduisant en pulpe, les tubercules lavés et cuits à la vapeur, puis en convertissant cette pulpe en une sorte de vermicelle que l'on sèche dans des étuves. Cet article est exporté dans les colonies anglaises en grandes quantités.

**\* SEMOUSSAGE** ou **SIMOUSSAGE. T. de chapell.** Dans la fabrication des chapeaux de feutre, c'est l'opération qui suit le bastissage, et qui consiste à envelopper les feutres dans une toile mouillée ou dans une flanelle suivant les cas, pour les faire sécher ensuite sur une table de fonte chauffée par un courant de vapeur. — V. Chapellerie, § *Chapeau de feutre de laine*, et § *Chapeau de feutre de poils*.

**SEMPLE.** — V. Sample.

*   **SÉNARMONT** (Henri-Hureau de). Minéralogiste et physicien distingué, membre de l'Académie des sciences, né à Broué (Eure-et-Loir), le 6 septembre 1808, mort à Paris le 30 juin 1862; il reçut une éducation très soignée, fut admis, en 1826, à l'Ecole polytechnique, d'où il sortit le premier comme élève-ingénieur des mines. Successivement ingénieur à Rive-de-Gier et au Creusot, rappelé à Paris avec le titre d'ingénieur ordinaire, il fut nommé professeur de physique, puis examinateur à l'Ecole polytechnique; ensuite professeur de minéralogie à l'Ecole des mines, secrétaire du conseil de cet établissement, etc. En 1848, il fut nommé ingénieur en chef. En 1852, après la mort de Beudan, il fut élu membre de l'Académie des sciences et officier de la Légion d'honneur, le 30 juin 1862. Sa mort presque subite, a été annoncée à l'Académie à la séance où il devait lire son rapport sur un travail de M. Roland relatif à la réglementation de la température des fourneaux. Comme professeur, il a laissé un souvenir durable, son cours de physique a été autographié. On a de lui un grand nombre de Mémoires écrits avec une grande distinction; ils ont été insérés dans les *Annales des mines* et dans les *Annales de physique*, et portent sur la cristallographie, la physique (haute optique), la géologie; citons entre autres: *Des modifications que la réflexion spectrale sur les miroirs métalliques, imprime aux rayons lumineux polarisés* (1840); *Sur la géologie des départements de Seine-et-Oise et de Seine-et-Marne* (1843); *Sur la réflexion et la double réfraction de la lumière par les cristaux doués de l'opacité métallique* (1847); *Sur la conductibilité des substances cristallines pour la chaleur* (1847); *Sur la conductibilité superficielle des corps cristallisés pour l'électricité* (1850); *Sur la formation artificielle, par voie humide, de quelques espèces minérales*, etc. — C. D.

*   **SÉNARMONTITE.** *T. de minér.* Sesquioxyde d'antimoine naturel, $Sb^2O^3$, qui cristallise en cubes ou en octaèdres translucides, à éclat résineux presqu'adamantin; ils sont incolores, d'une dureté de 3, d'une densité de 5.22 à 5.30. Ils sont fusibles et volatils sur le charbon, avec dépôt d'un enduit blanc; ils se dissolvent dans l'acide chlorhydrique, et cette solution-précipite en blanc par l'eau.

Ce corps renferme 83.56 d'antimoine et 16.44 d'oxygène; on l'a trouvé dans la province de Constantine, en cristaux et en masses compactes ou grenues.

**SÉNESTRÉ, EÉ.** *Art hérald.* De *senestre*, gauche. Se dit des pièces qui en ont d'autres à leur gauche.

**SENSIBILISATION.** *T. de photog.* Action de rendre sensible à l'action de la lumière. — V. Photographie.

*   **SEP.** Pièce d'une charrue dans laquelle le soc est emboîté. — V. Charrue.

**SÉPIA.** Liqueur noire qu'un animal marin, la *sèche*, porte dans une vessie qu'il a près du cœur. On en prépare une couleur employée dans l'exécution de certains dessins qui prennent le nom de *dessins à la sépia*.

La couleur s'applique par teintes superposées, et on commence par établir les masses par teintes plates et claires, suivies de teintes plus foncées pour obtenir les ombres avec un pinceau trempé dans l'eau pure; on fait ces détails en fondant et en adoucissant les teintes. Ce genre de dessin exige une grande dextérité de pinceau, car il ne faut pas laisser à la couleur le temps de sécher pendant qu'on l'applique, mais il a l'avantage de fixer rapidement les idées de l'artiste.

*   **SEPT-EN-HUIT.** *T. de tiss.* Se dit du papier de mise en carte dans lequel les quadrillés en travers sont au nombre de sept et de huit en hauteur. Nous avons donné l'exposé de cette théorie au mot Dix-en-dix.

*   **SÉRAN, SÉRANÇOIR.** Peigne en usage pour le lin.

**SÉRANÇAGE.** *T. techn.* Manière de peigner le lin et le chanvre; atelier où se fait ce travail. — V. Peignage.

**SERGE.** *T. de tiss.* Nom d'un tissu léger en laine, et aussi de l'armure qui sert à le fabriquer. Cette armure dérive du sergé en modifiant l'évolution de la duite qui, au lieu de lier simplement avec un fil et de flotter sur les autres, se lie dans chaque rapport d'une manière plus intime avec quelques fils, comme si elle devait faire de la toile. Le décochement se fait toujours d'un fil au suivant, de telle sorte que l'effet de côtes obliques ou de diagonale existe dans la serge comme dans le sergé.

*   **SERGÉ.** *T. de tiss.* L'une des armures qui avec le taffetas ou toile, le croisé et le satin sont souvent désignées sous le nom d'*armures fondamentales*, en raison de leur emploi fréquent et du rôle important qu'elles jouent dans toutes les combinaisons du tissage. Elle est caractérisée par l'évolution de la duite qui, dans chaque rapport chaîne lie avec un fil et flotte sur ou sous tous les autres suivant que l'effet doit être produit par la chaîne ou par la trame, et par le décochement qui se fait par un fil. Le point de liage de chaque duite se trouve sur le fil qui suit ou qui précède celui avec lequel se lie la duite précédente. Les

Fig. 110. — *Sergé de 5.*

points de liage forment, par leur ensemble, des sillons allant obliquement d'un bord à l'autre du tissu, et qui séparent les unes des autres les côtes que forment les flottés de chaîne ou de trame.

La figure 110 représente un sergé établi sur un rapport chaîne de 5 fils, sergé auquel on donne, pour le distinguer de ceux dont le rapport serait différent, le nom de *sergé de 5* ou de *4*, le *5* probablement par abréviation de l'énoncé de l'évolution de la duite qui serait de 4 fils pris le cinquième laissé. Le rapport trame est toujours égal au rapport chaîne, et le tissu présente à l'envers l'effet inverse de celui de l'endroit : s'il est fait par la chaîne d'un côté, il sera par la trame de l'autre. Le sens du *sillon* ou du *grain* est également interverti d'une face à l'autre. — P. G.

**SERGENT**, par corruption de *serre-joint*. *T. techn.* 1° Instrument à l'usage des menuisiers, principalement pour maintenir, l'un contre l'autre, deux objets destinés à être réunis. Il se compose d'une tige en bois ou fer dont l'une des extrémités, recourbée à angle droit, est munie d'une douille taraudée dans laquelle tourne une vis que l'on fait mouvoir à la main, et d'un deuxième support pouvant glisser le long de la tige et y être fixé en un point quelconque, soit par une bride en métal pénétrant dans les dents d'une crémaillère, soit par une vis. || 2° Nom d'un petit instrument qui sert à bord des navires ou dans les chais, pour hisser des barriques vides. Il se compose d'une tige en fer portant un œil à chaque extrémité, dans celui inférieur on maille une broche en fer qui peut venir s'appliquer le long de la tige et passer ainsi dans le trou de la bonde, elle se redresse ensuite et s'appuie contre les côtés du trou, lorsqu'on agit sur un palan croché dans l'œil supérieur, pour hisser la barrique.

**SÉRICICULTURE, SÉRIGÈNE.** Ces deux mots s'appliquent aux deux branches de l'industrie séricicole; la sériciculture désigne la culture du mûrier, l'élevage des vers à soie et la préparation du cocon; l'industrie sérigène comprend la filature, le travail du dévidage et du moulinage, et enfin celui du tissage.

**SÉRIMÈTRE.** Appareil destiné à mesurer la ténacité et l'élasticité des soies. — V. Dynamomètre pour fils.

**SERINETTE.** Instrument de musique dont on joue avec une manivelle : c'est une sorte d'orgue en harmonie avec le timbre des serins qu'il sert à instruire. Ce petit instrument dont l'étendue est d'une octave, peut donner quatre ou cinq airs différents.

**SERINGUE.** Sorte de petite pompe en métal et quelquefois en verre, à l'aide de laquelle on aspire les gaz, les liquides et les poudres pour les repousser ensuite.

**SERLIO** (Sébastien). Architecte, né à Boulogne en 1475, mort à Fontainebleau en 1552; il étudia la perspective sous la direction de son père, qui était peintre décorateur, et apprit seul l'architecture; il voyagea beaucoup en Italie, bâtit une salle de spectacle à Vienne, l'église Saint-Sébastien à Venise, où il se lia d'amitié avec le Sansovino et avec Baltazar Peruzzi qui compléta son éducation artistique. Après avoir parcouru l'Italie et la Dalmatie, où il mesura et dessina

les monuments anciens, il publia le résultat de ses recherches dans un grand ouvrage en plusieurs volumes sous le titre d'*Architettura*. Deux livres furent publiés à Venise, et trois à Paris, où l'avait appelé, sur la renommée de ses premiers écrits, la faveur de François Ier. Il avait été nommé architecte de Fontainebleau et surintendant des bâtiments du roi. En cette qualité il avait un peu la haute main sur les constructions élevées en France sous ce règne, mais on doit lui rendre cette justice qu'il eut toujours la modestie de s'effacer devant les artistes qu'il reconnaissait supérieurs. C'est ainsi qu'il retira de lui-même les dessins qu'il avait faits pour le palais du Louvre, et conseilla de choisir ceux de Pierre Lescot, alors jeune et inconnu. Serlio a donc fort peu bâti en France ; cependant on lui attribue les bâtiments de la cour des fontaines adossés au vieux château de Fontainebleau. Cette façade se distingue par son aspect monumental, à la fois plus sévère et plus simple que ce qui s'était fait jusqu'alors ; elle a servi de modèle à la façade de la cour du *Cheval blanc*. L'influence de Serlio s'est ainsi fait sentir plus par ses exemples et ses dessins que par ses constructions mêmes. C'est à tort qu'on lui a attribué les bâtiments de la cour ovale, ils étaient fort avancés lorsqu'il fut appelé en France; d'ailleurs, François Ier l'employait surtout comme conseiller, car son talent était souvent inférieur dans l'application des principes qu'il décrivait si bien. On relève dans ses constructions de nombreuses imperfections, et la science chez lui amène souvent la sécheresse du dessin. Après la mort du roi son protecteur, il se retira à Lyon, tomba dans la plus profonde misère et dut, pour vivre, céder la propriété de ses manuscrits à un certain Strada, de Mantoue, qui y gagna une fortune.

**SERPE.** *T. d'arboric.* Outil formé d'une lame de fer aciérée, courbe et tranchante d'un côté, emmanchée dans une poignée en bois, et qui sert en arboriculture à couper les petites branches des arbres.

|| C'est avec un instrument semblable au précédent, mais à manche plus long, que les plombiers coupent les tables de plomb.

**SERPENT.** *Instr. de mus.* Instrument à vent dont la forme rappelle celle du reptile dont il porte le nom. Malgré les améliorations successives apportées à son doigté par l'adjonction de plusieurs clefs, le serpent tend à disparaître complètement de nos églises où il a longtemps servi à donner le ton aux chantres et à les accompagner.

**SERPENTE.** Sorte de papier très fin et transparent qui porte une figure de serpent.

**SERPENTEAU.** *T. d'artif.* Petite fusée enfermée dans une plus grosse, d'où elle sort avec un mouvement tortueux. — V. Pyrotechnie, § *Pyrotechnie civile.*

**SERPENTIN.** Tuyau le plus souvent en spirale, que l'on emploie à une infinité d'usages dans l'industrie. Le serpentin a généralement pour but soit d'élever ou d'abaisser la température des liquides ou des gaz qui le traversent, soit encore de servir de réchauffeur en y faisant circuler de la vapeur ou des gaz chauds provenant d'un foyer.

**SERPENTINE.** *T. de minér.* Syn. : *pierre ollaire.* Pierre se rapprochant des marbres par la plupart de ses caractères physiques; elle est ordinairement verdâtre, à texture compacte, tendre et douce au toucher, aussi s'écrase-t-elle facilement sous le choc; elle prend un beau poli, et sa cassure est cireuse ou écailleuse. C'est un hydrosilicate de magnésie, toujours attaqué par les acides, et que l'on rencontre sous trois variétés principales dans la nature : la *serpentine commune* qui s'emploie, dans certaines régions où elle existe en grandes masses, pour la fabrication des poteries et des marmites destinées au feu; la *serpentine noble* dont on fait des vases, des statuettes et des socles de pendules, et la *serpentine lamelluire.*

En outre des trois types que nous venons de signaler, la serpentine peut encore se classer en une infinité de variétés suivant les corps étrangers qu'elle contient. Les principaux gisements se trouvent en Corse, dans les Hautes-Alpes, en Italie, en Egypte et en Chine.

**SERPETTE.** Petite serpe à l'usage des horticulteurs et des vignerons, pour tailler et émonder.

\*SERPILLIÈRE. Grosse toile d'étoupe très claire, servant habituellement pour emballer des marchandises, quelquefois aussi pour faire les torchons.

\*SERRAGE. *T. de mach.* D'une manière générale, c'est l'action de rapprocher, de joindre, de consolider, mais dans l'industrie c'est une opération importante qui consiste dans le rapprochement des diverses parties composant les pièces mobiles d'une machine, de telle sorte que ces parties conservent entre elles un jeu suffisant pour assurer la liberté de leur mouvement. Le jeu ne doit pas être trop grand, afin d'éviter les chocs qui se produiraient lors du changement dans la direction du mouvement, ce qui détermine des modifications dans le portage; s'il est trop faible, il occasionne un excès de frottement entre les différentes pièces en contact, et il en résulte un échauffement rapide des pièces en question.

On effectue le serrage à l'aide d'écrous, de vis, de clavettes ou de ressorts. La meilleure façon de procéder est d'opérer ce que l'on appelle le *serrage à bloc*; supposons que l'on ait à régler le serrage d'une tête de bielle sur le *tourillon, bouton, soie* ou *portée* d'une manivelle, et que le chapeau de cette bielle soit relié au corps par deux boulons. On se sert d'une clef munie d'un manche, ou bras de levier, dont la longueur varie avec la dimension des *écrous à serrer,* et que l'ouvrier manœuvre en appuyant de toute sa force sur le manche, jusqu'à ce que les écrous refusent de tourner. A ce moment, les surfaces des coussinets et celle du tourillon de la manivelle sont en contact, il n'y a pas de jeu entre elles, c'est ce que l'on nomme le *serrage à bloc.* Pour laisser le jeu strictement nécessaire à l'articulation, il suffit de desserrer les écrous d'une quantité convenable.

Les écrous de bielle portent souvent un rebord inférieur percé de trous, dont on connaît l'espacement en degrés et qui correspondent à des trous également espacés dans le chapeau de la bielle, ces derniers sont taraudés; lorsque les deux trous que l'on veut faire coïncider sont dans la position voulue, on y loge une petite vis qui forme *frein* et s'oppose ainsi à tout mouvement de l'écrou quand on serre le contre-écrou servant de second frein. Lorsque l'écrou ne porte pas de rebord, on prend un repère sur le chapeau de la bielle, afin de s'assurer que les deux écrous ne marchent pas ensemble lors du serrage du contre-écrou, ce qui diminuerait ou annihilerait complètement le jeu laissé.

Si le serrage est effectué au moyen d'une clavette, ce qui a lieu lorsque la bielle porte une chape au lieu d'un chapeau, on agit d'une façon analogue, en se servant d'une masse en cuivre au lieu d'une clef; connaissant le cône de la clavette, il est facile de déterminer de combien on doit la faire ressortir pour obtenir le jeu voulu. Pour les grosses articulations en général, le jeu ne doit pas dépasser un demi-millimètre. Le plus souvent, les coussinets de grande dimension sont munis de métal antifriction, ou de bronze blanc, pour que l'usure se porte de préférence sur les coussinets, au lieu de s'exercer sur la portée; afin de rendre l'opération de serrage plus facile et pour éviter un démontage souvent fort long, il est bon de remplir l'intervalle entre les deux lèvres des coussinets de cales mobiles en cuivre d'épaisseur variée, depuis celle du clinquant, jusqu'à un millimètre et au-dessus; il suffit alors d'enlever l'une ou l'autre de ces cales et de serrer les écrous pour ramener les coussinets au jeu convenable. Les garnitures métalliques des pistons sont pressées contre les parois des cylindres par des ressorts dont la tension peut varier au moyen d'une vis; on connaît la tare de ces ressorts, c'est-à-dire les quantités dont ils fléchissent sous une charge donnée, on règle en conséquence le serrage de la vis, de manière que la pression exercée contre le cylindre, par la bague ou les bagues de garniture, ne soit pas supérieure à la tension exercée par la vapeur d'admission. Sur certains pistons, la pression sur les garnitures s'effectue automatiquement (pistons Giffard), sur d'autres, on compte seulement sur l'élasticité naturelle des bagues.

Pour le serrage, ou plutôt le maintien des pièces fixes entre elles, on doit tenir compte des effets de dilatation qui se produisent après quelque temps de marche, et laisser un certain jeu entre les pièces, à froid, ou tout au moins permettre aux différentes pièces de céder aux effets irrésistibles de la dilatation, sous peine de s'exposer à des ruptures.

**SERRE.** Construction spéciale destinée à la culture des végétaux qui ont besoin d'être abrités du froid pendant l'hiver, ou qui, pendant toute l'année, réclament une température plus élevée que la température extérieure ; les serres peuvent être enfin destinées aux cultures forcées.

— Les serres sont d'origine moderne et ne datent que du moment où des relations suivies furent établies entre l'Europe et les régions tropicales. Il ne semble pas qu'il en existait au moyen âge. Ce sont les conquêtes des Portugais dans l'Inde orientale, puis peu après la découverte du Nouveau-Monde, qui attirèrent, en Europe, l'attention sur la végétation nouvelle de ces pays ; les plantes que rapportèrent les explorateurs ne pouvant pousser en plein air sous le climat de l'Europe méridionale, on fut obligé de les mettre à l'abri dans des pièces chauffées. La première serre fut construite dans le jardin botanique de Padoue. La Belgique et la Hollande suivirent bientôt l'exemple et, au commencement du xvie siècle, ces deux pays construisirent un grand nombre de serres ; aujourd'hui, les Pays-Bas sont encore des modèles au point de vue de ces constructions.

Les serres doivent être établies sur un terrain sec ; si le sol est humide il faut le drainer ou l'exhausser en le remblayant avec des matières perméables (pierres, mâchefer, etc.). L'orientation n'est pas indifférente, on doit les abriter du Nord ; dans les petites constructions on les adosse à un mur exposé au midi ; ce sont les serres en appentis ou à un égout ; dans les jardins, on les appuie ordinairement contre un mur de clôture. Lorsque les serres doivent avoir de grandes dimensions, le système adossé n'est plus convenable, il faut avoir recours à la serre à deux égouts ou à deux pentes. Quelle que soit la disposition employée, la construction doit être vitrée dans la plus grande partie possible de son étendue, afin de mieux recueillir les rayons du soleil et de laisser arriver aux plantes la plus grande somme de lumière. Les matériaux employés à la construction, en dehors de la maçonnerie, sont : le bois, le fer et le verre. Le bois convient pour les petites serres surtout celles chaudes et humides, mais le fer est préférable pour les serres de grandes dimensions et auxquelles on veut donner une forme élégante ; le verre doit être épais afin de résister aux chocs. Enfin, les serres doivent avoir plutôt plus de développement que de surface, car les plantes ont une belle végétation tant qu'elles ne sont pas trop éloignées du vitrage. La partie inférieure est constituée par un mur en pierre ou en briques de 0m,60 à 1 mètre de hauteur. L'ossature en bois ou en fer profilé est formée par une charpente composée de fermes affectant certaines formes plus ou moins cintrées ou en ogive. Sur les pannes reposent les châssis qui reçoivent le vitrage. Ces châssis sont ordinairement en petits fers à simple T et doivent être mobiles, au moins en partie, afin de faciliter le renouvellement de l'air. A certaines époques, surtout la nuit, on recouvre les vitres avec des paillassons ou des stores à lames de bois que l'on déroule verticalement de la partie supérieure de la serre, où l'on accède au moyen d'escaliers installés aux pignons ; le faîte est formé par un pont garni de balustrades. A l'intérieur et contre les murs de soubassement sont établies des bâches en tôle ou en maçonnerie qui reçoivent les tuyaux de chauffage ; ces bâches sont remplies de terre ou de sable. A la partie centrale, on installe des étagères en fer composées de tablettes disposées en gradins, sur lesquelles on place les pots à fleurs ; enfin, des suspensions sont accrochées aux fermes et aux pannes. L'appel d'air nécessaire à la vie des plantes se fait en bas, par des barbacannes pratiquées dans le mur de soubassement et garnies de vannes ; l'air doit se chauffer au contact des tuyaux de chauffage, puis s'échapper par le faîte de la serre. Pour ce qui est relatif au *chauffage*, nous renvoyons le lecteur à ce mot ; on emploie surtout le chauffage à eau chaude à basse pression. L'eau d'arrosage doit toujours être à la température ambiante de la serre, c'est pour cela qu'on y installe des bacs en pierre ; dans les bons modèles on établit un bassin en pierre ou en béton, dans lequel on a le soin d'entretenir quelques poissons afin d'éviter la corruption de l'eau ; on y ajoute souvent aussi des jets d'eau et cascades qui ont pour effet d'aérer l'eau.

Suivant la nature des végétaux qu'on y cultive et suivant leur destination, les serres se divisent en *orangeries*, *serres froides*, *serres tempérées*, *serres chaudes*, *serres à légumes* ; ces serres se subdivisent elles-mêmes en serres à *multiplication*, à *primeurs*, spéciales à tel ou tel genre de plantes. Dans chaque cas, elles demandent des dispositions intérieures spéciales et une organisation dépendant des nécessités des cultures à faire.

Les premières serres que l'on construisit dans les régions septentrionales furent des *orangeries*. En Europe centrale, les orangeries étaient le monopole de la noblesse et de la fortune ; c'était l'annexe indispensable des châteaux. Dans une orangerie, il faut que la température soit toujours tempérée et qu'il n'y gèle pas ; sous le climat de Paris, les orangers sont rentrés dans les premiers jours d'octobre. Les orangeries (qui renferment aussi les lauriers, les grenadiers, etc.) sont de grands bâtiments en maçonnerie ayant une couverture peu conductrice de la chaleur ; les fenêtres rapprochées, grandes, larges, ordinairement en plein cintre, ne sont percées qu'au Sud. L'accès des orangeries doit être facile, les arbres se transportant sur des chariots.

Les *serres froides* dont la température ne doit jamais descendre au-dessous de zéro, sont différentes des orangeries en ce qu'elles sont complètement vitrées sur les côtés et sur le toit. On leur a donné souvent le nom de *jardin d'hiver*.

Les *serres tempérées* doivent être maintenues de 12° à 15° pendant la nuit et de 15° à 20° durant le jour ; elles sont utilisées par les marchands horticulteurs et sont fréquemment annexées aux villas et maisons de campagne, dans ce cas elle communiquent de plein pied avec un salon du rez-de-chaussée.

Les *serres chaudes* se divisent en serres sèches, serres humides, serres à forcer et en aquariums. Les serres chaudes sont moins fréquentes que les précédentes, elles sont utilisées pour les plantes ornementales telles que palmiers, cycladées, broméliacées, etc. etc. Leur température moyenne doit être maintenue de 25° à 30°. Aussi nécessitent-elles de bons appareils de chauffage et de ventilation. Les serres chaudes humides conviennent surtout aux orchydées et aux épiphytes : on y maintient l'humidité par des aspersions d'eau fréquemment renouvelées, et souvent, dans les belles installations, un petit ruisseau artificiel traverse la serre dans toute sa longueur. Les pièces de charpente, les fers surtout, doivent être soigneusement préservées de l'humidité ; les plantes sont, pour cette raison, attachées avec des fils de plomb sur des lattes de bois peint. Les *serres à forcer* sont destinées à la production des primeurs, fleurs et fruits, en dehors des époques habituelles ; les arbres sont palissés en espaliers sur les murs ou en contre-espaliers sur des plates-bandes centrales. Les aquariums sont des *serres chaudes*, spécialement destinées aux plantes aquatiques ; ils sont fréquents en Belgique, en Angleterre, en Russie ; en Hollande, on en a établi pour la *victoria regina* (nymphea), plante de grande taille dont les feuilles atteignent 1 mètre de diamètre.

Les *serres à légumes* sont celles où l'on conserve pendant l'hiver les fruits et les légumes qui craignent la gelée et dont la consommation ne se fait pas pendant cette saison. Le plus souvent c'est un cellier abrité ou une cave sèche que l'on emploie à cet usage ; la ventilation doit être assurée, afin d'éviter la production d'humidité et l'élévation de la température qui doit rester aussi constante que possible et voisine de 4° à 6° ; il faut les visiter souvent afin d'enlever les produits qui fermentent ou qui pourrissent. Elles servent ordinairement aux chicorées, scaroles, céleris, cardons, choux et choux-fleurs ; les carottes, betteraves, turneps, navets et pommes de terre, se conservent dans des locaux analogues ou dans des *silos*. — M. R.

**II. SERRE.** *T. de constr. nav.* Les bordages de *serre* sont ceux qui sont placés le plus en abord d'un pont ou d'une batterie ; ils sont généralement en bois plus dur que les bordages ordinaires, qui sont en sapin. La *serre bauquière* est une sorte de vaigre longitudinale qui croise les couples et qui règne sur le bout des bancs. La *serre d'empâture* croise les varangues à leurs points de jonction avec les genoux. La *serre-gouttière* remplit l'intervalle entre les ponts et la muraille du bâtiment ; c'est dans cette serre que sont percés les dalots pour l'écoulement de l'eau. La *serre* d'une embarcation est une forte lisse sur laquelle vient s'appuyer les bancs de cette embarcation.

**SERRE-FINE.** *Instr. de chirurg.* Petit instrument ordinairement fait avec un fil d'argent formant pince à pression constante, et avec lequel on saisit et maintient en contact les lèvres d'une plaie.

**SERRE-FREIN.** *T. de chem. de fer.* On désigne sous le nom de *serre-frein*, de *garde-frein*, quelquefois de *graisseur*, l'agent qui, dans les trains de chemins de fer, est posté dans les vagons à frein et qui est chargé d'en assurer la manœuvre. Dans les trains de voyageurs composés de 16 à 24 voitures, ainsi que dans les trains de marchandises composés de 25 vagons et au-dessus, il y a trois freins gardés, un conducteur placé en tête et deux serre-freins, l'un vers le milieu et l'autre en queue du train ; les trains de 15 voitures ou de 24 vagons et au-dessous n'ont que deux freins gardés, dont l'un, en queue, est occupé par un serre-frein ; enfin les trains légers, dits *trains-tramways*, qui sont munis de frein continu et ne contiennent pas plus de six voitures, ne sont accompagnés que d'un conducteur qui n'a pas à s'occuper du serrage du frein, lequel incombe exclusivement au mécanicien. Le serre-frein veille attentivement au signal qui lui est fait par le mécanicien, au moyen de deux coups de sifflet brefs et saccadés, pour serrer les freins. Dans le cas où le train s'arrête en pleine voie, ou bien quand la vitesse se ralentit au point qu'un homme à pied pourrait suivre le train, le serre-frein descend de sa vigie et se porte, au pas de course, en arrière du train, pour le couvrir au moyen des signaux réglementaires et faire le signal d'arrêt, avec le drapeau ou la lanterne ; à tout train qui surviendrait dans le même sens ; quand il est arrivé à 1,000 mètres en arrière, s'il ne peut rester sur la voie pour faire le signal d'arrêt, il pose des pétards sur les rails et revient au train arrêté. Dans le cas où une rupture d'attelage vient à se produire dans un train, le serre-frein resté dans la partie du train en dérive doit serrer les freins pour obtenir l'arrêt aussi rapide que possible et faire les signaux à l'arrière pour couvrir les véhicules arrêtés qui peuvent être ensuite être poussés en avant par le premier train survenant dans le même sens, à moins que l'on n'ait demandé du secours à contrevoie.

**SERRE-JOINT.** — V. SERGENT.

**SERRE-PAPIERS.** — V. PRESSE-PAPIERS.

**SERRE-POINTS.** Outil du sellier et du bourrelier pour serrer les points.

**SERRET** (JOSEPH-ALFRED). Géomètre français, né à Paris le 30 août 1819, mort à Paris le 2 mars 1885. Après de brillantes études, il entra à l'École polytechnique en 1838. Deux ans plus tard, en sortant de cette école, il fut classé dans l'artillerie, puis dans l'administration des tabacs ; mais cette carrière ne donnait pas satisfaction à ses goûts pour la science et l'enseignement. Il se démit bientôt de ses fonctions et revint à Paris où il entra comme examinateur à Sainte-Barbe. Ses premiers pas dans la carrière de l'enseignement furent marqués par de tels succès qu'en 1848, à peine âgé de 29 ans, il fut nommé examinateur pour l'admission à l'Ecole polytechnique. L'année suivante il fut appelé à suppléer Francœur dans la chaire d'algèbre supérieure à la Sorbonne. De ces savantes leçons est né le *Traité d'algèbre supérieure* qui est, à notre avis, l'ouvrage capital de Serret. Après avoir quitté, quelques années plus tard, la Faculté des sciences de Paris, il y rentra en 1856 comme suppléant de Le Verrier dans le cours d'astronomie physique, et fut enfin nommé professeur de géométrie en 1860, en remplacement de Poinsot. En 1863, il quitta cette chaire pour celle de calcul différentiel et intégral. Il était déjà professeur de mécanique céleste au Collège de France depuis 1861. Entré à l'Académie des sciences en 1860, il fut promu officier de la Légion d'honneur en 1868. Pendant la guerre de 1870-71, l'Ecole polytechnique transférée à Bordeaux fut dirigée par Serret ; ce fut là le dernier acte de sa vie publique, une attaque d'apoplexie étant venu le frapper en 1871. Pendant plus d'un mois il resta entre la vie et la mort ; il fut enfin sauvé, mais sa santé était tellement ébranlée qu'il dut renoncer à la vie active. Il s'établit alors avec sa famille à Versailles et s'occupa presque exclusivement de la publication des œuvres de Lagrange qu'il avait commencée en 1861, qu'il a laissée inachevée et qui n'est pas encore terminée. Serret joignait à une grande valeur scientifique et à un grand talent de professeur, un caractère serviable et bienveillant ; il était toujours disposé à encourager les jeunes gens, et à les aider dans leurs études par ses conseils et son appui ; il prit une part prépondérante à la fondation de l'Ecole des hautes études. Dans ses travaux, il a touché à toutes les branches des mathématiques, son activité était extrême ; il a publié dans les *Comptes-rendus* et dans le *Recueil des savants étrangers* de l'Académie des sciences, ainsi que dans le journal de mathématiques de Lionville, de nombreux Mémoires sur l'algèbre supérieure, la théorie des nombres, le calcul intégral, la géométrie et la mécanique ; les plus remarquables sont relatifs à la théorie des courbes gauches et des surfaces, et à l'intégration des équations aux dérivées partielles du premier ordre ; on lui doit une méthode nouvelle pour résoudre ce problème. Outre ses Mémoires originaux, Serret a laissé de nombreux ouvrages d'enseignement qui sont des modèles de clarté et de profondeur ; les principaux sont : *Cours d'algèbre supérieure*, 1849, in-8° ; *Leçons sur les applications pratiques de la géométrie et de la trigonométrie*, 1851, in-8° ; *Traité de trigonométrie*, 1850, in-8° ; *Traité d'arithmétique*, 1852, in-8° ; *Eléments de trigonométrie à l'usage des arpenteurs*, 1853, in-8° ; *Cours de calcul différentiel et intégral* 1867-68, 2 vol. in-8°. — M. F.

**SERRURE.** Appareil employé pour la fermeture des portes intérieures et extérieures des édifices et des vantaux mobiles, des tiroirs, etc., qui garnissent un grand nombre de meubles, tels que armoires, tables, secrétaires, coffres-forts, etc.

— Les Egyptiens se servaient de serrures de bois, sortes de boîtes dans lesquelles glissait un pène quadrangulaire mû par une clef également en bois et pourvue de goujons qui entraient dans des trous ménagés dans le pène. M. de Vogüé a découvert, à Jérusalem, dans les fouilles exécutées sur l'emplacement de l'ancien temple de Salomon, une serrure en bronze analogue aux serrures égyptiennes.

Les Grecs avaient-ils des serrures ? Le fait paraît contesté ; il est probable que celles trouvées à Pompéi, ville d'origine grecque, sont de provenance romaine. Toutefois, les auteurs anciens parlent d'un genre de fermeture auquel on avait donné le nom de *lacédémonienne*, sans doute à cause de son lieu d'origine ; cette fermeture était composée d'un verrou de fer qui ne s'appliquait que du côté où la porte s'ouvrait et dans l'intérieur de l'appar-

tement ; par une petite entaille pratiquée dans cette porte, on introduisait la clef, qui était vraisemblablement en bronze. Les portes romaines se fermaient avec de véritables serrures enclosonnées et fonctionnant à l'aide de clefs de bronze ou de fer. Au moyen âge, les serrures en fer furent employées à dater du VIIe siècle, et devinrent de véritables objets d'art, comme on peut le voir par les spécimens conservés au musée de Cluny. L'époque de la Renaissance nous a de même laissé de fort belles clefs de serrures, dont quelques-unes sont d'une richesse inouïe (fig. 111) ; on en trouvera un exemple à l'article CISELURE où nous donnons le dessin d'une belle serrure du XVe siècle.

Fig. 111. — *Clef en fer du XVIe siècle.*

Toute serrure employée dans l'industrie du bâtiment se compose d'une boîte en tôle dans laquelle se trouve renfermé le mécanisme qui opère la fermeture de la porte. La forme de cette boîte est toujours parallélipipédique ; on n'a adopté des formes arrondies ou triangulaires que pour les serrures mobiles, c'est-à-dire les *cadenas*. On y distingue : la *boîte* proprement dite et la *couverture* ou *foncet*. La boîte même comprend : le *palastre*, plaque de tôle sur laquelle sont montées les pièces du mécanisme, pènes, ressorts, etc... et quatre côtés, dont l'un, traversé par le pène, se nomme le *bord* ou *rebord* ; les trois autres côtés forment la *cloison*. Des *étoquiaux*, ou petites tiges de fer carré de 2 à 3 millimètres d'épaisseur, rivées à la fois sur le palastre et sur la cloison relient ces pièces entre elles ; le rebord et le palastre sont percés de trous destinés à livrer passage à des vis qui doivent fixer l'appareil sur le châssis de la porte. La couverture est maintenue par deux petits tenons qui entrent dans le rebord, par les étoquiaux contre lesquels elle s'appuie et par les vis qui traversent à la fois le palastre et le foncet.

Brièvement décrit, le mécanisme comprend : un *pène* ou petit verrou de fer qui peut se mouvoir en allant et venant sur le palastre ; ce pène est maintenu dans sa position par un *ressort* qui le comprime et dont une extrémité pénètre dans des encoches disposées à cet effet. Une *clef*, introduite dans l'appareil par une ouverture dite *entrée*, soulève, en tournant, le ressort, et en même temps rencontre une saillie ou *barbe* du pène, la pousse et le fait marcher. Ce pène, en sortant de la serrure, entre dans une *gâche* qui retient sa tête fortement, et la porte se trouve fermée. Afin d'empêcher qu'une clef étrangère ouvre la serrure, on dispose dans son intérieur des pièces minces, dites *garnitures*, qui sont autant de portions de diaphragme fixées sur le palastre, de telle manière qu'elles passent librement dans des ouvertures correspondantes ménagées sur le panneton de la clef.

Une pièce extérieure à la serrure ordinaire, le *cache-entrée*, dont le nom seul indique la fonction, est une petite plaque de fer ou de cuivre mince ou ornée, mobile autour d'un goujon fixé sur le palastre.

Les serrures les plus communément employées dans l'industrie du bâtiment sont :

1° Le *bec-de-cane*, qui fonctionne à l'aide de boutons doubles ou de béquilles, de manière qu'il peut s'ouvrir des deux côtés de la porte. Il est souvent muni d'un verrou ;

Fig. 112.

2° La serrure *tour et demi*, qui est la plus employée pour portes d'armoires et portes de logements, et qui est avec ou sans *canon*, petit conduit cylindrique dans lequel entre la tige de la clef ; nous donnons (fig. 112) la vue du mécanisme placé à l'intérieur d'une serrure d'armoire tour et demi munie d'un *canon* ;

3° La *serrure à demi-tour*, dont le pêne se pousse avec un bouton et qui s'ouvre aussi avec un demi-tour de clef, cette sorte de serrure pouvant avoir un ou deux tours indépendamment du demi-tour ;

4° La *serrure à pêne dormant*, dont le pêne ne se meut qu'au moyen de la clef ;

5° La *serrure à deux pênes*. La fig. 113 représente une serrure de ce dernier genre, et qui est dite *à pêne dormant et demi-tour* ; elle est très employée pour les portes intérieures d'appartement ;

6° La *serrure à pêne dormant, un seul pêne deux tours*, utilisée pour les fermetures de cave ;

7° La *serrure de sûreté ordinaire à deux tours et demi*, clef forcée (fig. 114) et bouton de coulisse ;

8° La *serrure de sûreté à six gorges et à bouton de coulisse* (fig. 115).

Les *gorges* sont de petites plaques de cuivre superposées, découpées à leur partie inférieure suivant des profils différents, et pourvues d'encoches et de crans d'arrêt qui servent à régler la marche du pêne ; ces gorges sont soulevées par la clef, dont le panneton est entaillé à cet effet. Cette serrure présente de graves inconvénients : 1° elle

nécessite deux tours de clef pour opérer la course du pêne, le mentonnet de celui-ci saute souvent entre les encoches des gorges mobiles, et alors il ne peut plus avancer ni reculer ; la clef reste donc engagée entre les deux tours ; il faut avoir recours au serrurier ; 2° les ressorts en lamelles sertis dans chacune des gorges respectives sont

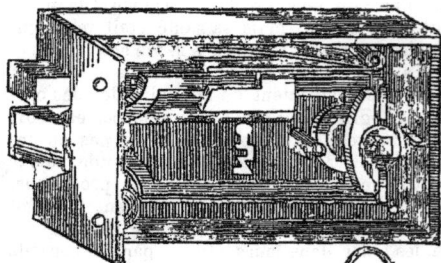

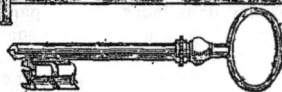

Fig. 113.

d'une grande fragilité et cassent très facilement. En 1875, M. Haffner a remplacé ces ressorts en lamelles par des ressorts en fil d'acier rond (fig. 116) constitués en forme de ressorts doubles d'une grande flexibilité et d'une grande solidité ; ils sont entièrement indépendants, n'étant pas rivés sur les gorges, et ce dernier défaut est le plus grave ; 3° le demi-tour est sans la moindre sûreté, et par conséquent facilement crochetable.

L'inventeur que nous venons de citer a imaginé une combinaison particulière de gorges mobiles (fig. 117) qui sont articulées autour d'un pivot se déplaçant lui-même sous la commande de l'engrenage à lanterne mis en mouvement par la clef. Celle-ci n'a pas de panneton, elle est ronde et porte des entailles en rondelles de diamètres différents, de

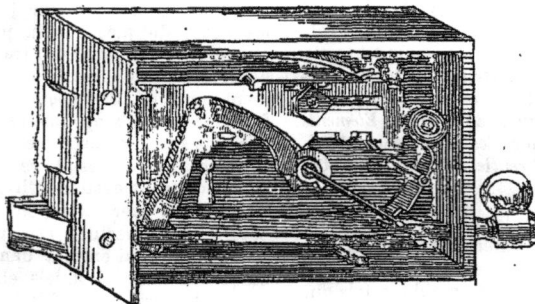

Fig. 114.

telle sorte que leur contact respectif contre chacune des échancrures des gorges mobiles amène toutes ces gorges dans la position déterminée pour donner de la sûreté à la serrure. Les gorges sont disposées pour effectuer des mouvements alternés, c'est-à-dire que chaque gorge se meut en sens inverse de ses deux voisines, ce qui rend la serrure absolument incrochetable. Ce système est excellent pour les coffres-forts et est également employé comme serrure d'appartement. Il a même été perfectionné par son inventeur, qui l'a muni d'un double jeu de gorges mobiles de manière à procurer une double sûreté ;

9° La *serrure de sûreté à pompe*, ainsi nommée

parce que sa clef, qui porte des fentes parallèles à la tige, après qu'elle a été introduite dans le canon, est obligée de presser sur un ressort et de plonger dans ce canon, à la manière d'un piston de pompe.

— Le principe de la construction de cette serrure a été appliqué pour la première fois en Europe, en 1744, par un Anglais du nom de Baron, mais il ne peut être considéré que comme une réminiscence d'un procédé connu des anciens Égyptiens. Quoi qu'il en soit, l'adoption de ce système par un autre Anglais, Bramah, a fait joindre pendant longtemps le nom de ce dernier à celui de la serrure.

Le défaut capital de cette serrure est inhérent au système : on ne peut absolument avoir aucune espèce de sûreté à l'intérieur de l'appartement ; elle n'existe que pour la clef engagée de l'extérieur. Toute clef introduite par l'intérieur de l'appartement peut, sans difficulté, ouvrir ou fermer le pène, parce que la clef n'est plus obligée, pour faire fonctionner la lanterne, de passer par les lamelles de sûreté de la pompe.

On a essayé de donner à cette serrure de la sûreté à l'intérieur de l'appartement, en adoptant

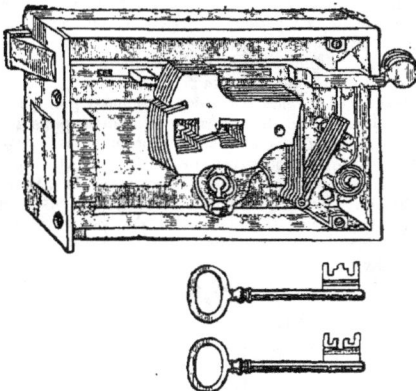

Fig. 115.

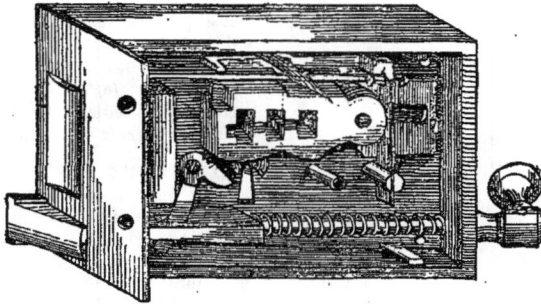

Fig. 116.

une deuxième pompe à l'intérieur ; c'est le système connu sous le nom de serrure Japy, mais il est peu employé à cause de son prix de revient.

Il y a un autre genre de serrure dite à combinaisons, dont le mécanisme est un assemblage de plusieurs disques portant des lettres, des chiffres ou d'autres signes disposés de telle sorte qu'ils peuvent prendre un très grand nombre de positions différentes ; mais comme il n'y a qu'une seule de ces positions qui permette d'ouvrir, il s'en suit que ce système offre une très grande sûreté.

Il existe encore beaucoup d'autres serrures dites à secret, et qui sont composées de diverses manières : les unes fonctionnent avec une clef, dont le panneton se développe lorsqu'il va manœuvrer à l'intérieur ; d'autres font mouvoir leurs pènes à l'aide d'engrenages, etc. ; enfin, il y a des serrures sans clefs.

En général, les systèmes à combinaisons et à secrets sont destinés à la fermeture des armoires et des coffres-forts en fer.

Les cadenas à combinaisons, formés de plusieurs viroles portant des lettres ou des chiffres, ne s'ouvrant que lorsque, par leurs positions respectives, ces lettres forment un mot ou un chiffre particulier sont basés sur le même principe que les serrures à combinaisons.

A Paris, on distingue, dans le commerce : les serrures ordinaires ; les serrures marquées ou estampillées, l'estampille indiquant la provenance de la serrure ; parmi celles qui sont le plus ordinairement employées, il faut citer la serrure Bricard, marquée S T, du nom de son inventeur Sterlinget ; puis celles marquées J P M, F T, A G, T, Union des quincailliers, etc. ; les serrures ornées, c'est-à-dire

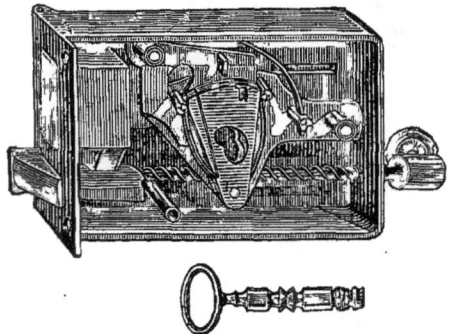

Fig. 117.

celles dont les coffres sont tantôt fendus d'après d'anciens modèles ou suivant des dessins modernes, tantôt obtenus au moyen d'appliques, ce qui est moins coûteux.

Enfin, nous devons citer aussi des appareils de sûreté d'une disposition toute nouvelle imaginée par M. Maury, et qu'on désigne sous le nom de serrures-crémones, parce qu'ils participent à la fois de ces deux genres de fermetures. Les nouveaux appareils sont de véritables serrures à gâche, munies de deux tiges de crémone, et pouvant s'adapter à toutes les portes à un vantail ou à deux vantaux. Les figures 118 et 119 représentent un de ces appareils vu sur l'une et l'autre face. Il se compose, à l'intérieur, d'une rondelle à arrêts montée sur un canon pour pannetons doubles et qui fait mouvoir le pène et les deux branches de la crémone. Afin de rendre la fermeture complète, un pène ordinaire, placé à l'intérieur et mû par une clef à pompes ou à gorges, vient buter contre le premier pène dont il empêche le retour en arrière. Dans l'appartement, le pène et la crémone fonctionnent par le moyen d'un bouton. — F. M.

**Serrure d'Annett.** *T. de chem. de fer.* Serrure à enclenchement, en usage sur les chemins de fer pour enclencher économiquement les appareils qui sont situés à grande distance des postes Saxby et Farmer. Une clef de la forme d'une manette s'adopte à des serrures d'un modèle spécial, fixées d'une part, soit aux leviers, soit aux barres d'en-

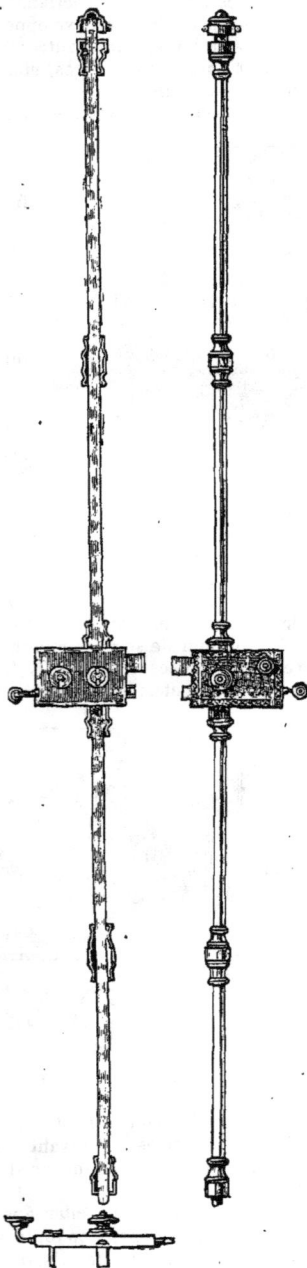

Fig. 118 et 119.

clenchement (V. ce mot) du poste, et d'autre part à l'appareil que l'on veut enclencher, comme par exemple au levier de l'aiguille d'un embranchement situé en pleine voie. La serrure est dis-

posée de telle manière qu'il ne soit pas possible d'en retirer la clef si les signaux de protection ne sont pas à l'arrêt ou bien si l'appareil à protéger n'est pas dans la position voulue pour qu'on puisse effacer les signaux. Comme la clef ne peut être qu'à l'une des deux serrures à la fois, il en résulte que, si l'on manœuvre en pleine voie, on a la certitude d'être couvert, ou que, si l'on efface les signaux, c'est que la voie est réellement libre. Cette organisation extrêmement simple et applicable au cas où le trajet entre les deux points est, de toute façon, nécessaire, rappelle le principe élémentaire de *staff system*, pour l'exploitation des lignes à une seule voie.

*Revue générale des chemins de fer*, juillet 1880.

**SERRURERIE D'ART.** Au point de vue du travail du fer, serrurerie est synonyme de *ferronnerie* (V. ce mot). Malgré l'étymologie, la serrurerie comprend non seulement les serrures, mais tous les objets de fer poli, forgé et ciselé de toutes les dimensions, tels que chenets, pelles, pincettes, heurtoirs, grilles, rampes, balcons, balustrades, etc.

HISTORIQUE. Le moyen âge est la grande époque du fer ouvragé. Le seul travail du marteau produisit alors des œuvres vigoureuses en fer plein, un peu froides au début, mais toujours superbes d'allure ornementale. Les magnifiques fers ouvragés qui clouaient leurs découpures sur les portes des églises étaient déjà admirés des contemporains, témoin les pentures des portes de Notre-Dame de Paris dues au célèbre serrurier Biscornet, et pour lesquelles une légende admettait l'intervention du diable (V. FERRONNERIE, fig. 90). En effet, jamais la lime, inconnue au moyen âge, ne venait rectifier les défauts du marteau. Se distinguer par la perfection de leurs œuvres, était la constante préoccupation de ces courageux artisans, et l'on en vit consacrer, sans compter, un temps infini à l'exécution d'un pupitre, ou d'une grille de chœur, qui avait demandé plus de mille passages au feu.

A la sévérité romane succéda la richesse gothique. Le style ogival brille alors dans ses différentes phases. Les découpures se font plus riches, plus fournies, plus déliées dans les fers ouvragés. Les coffres en plein fer ou en bois garni de fer s'ornent de gravures. C'est là qu'on enferme ses trésors et ses richesses ; ce n'est pas, comme nos coffres-forts, un meuble que l'on place dans une pièce retirée. Le coffre figure dans l'ameublement, à la vue du visiteur, aussi s'orne-t-il de tous les raffinements de l'art. Le plus souvent ce sont des gravures d'un effet sobre et puissant. La forme architecturale, les arcades en forme de fenêtres à nervures garnissent les panneaux des faces des coffres. Ces effets de faisceaux, de nervures parallèles sont produits par des plaques découpées et rivées l'une sur l'autre, de façon que la plaque du dessus, plus découpée, laisse voir celle du dessous ; on obtient ainsi des premiers plans et des arrières-plans.

Mais à partir du XIVe siècle, l'industrie commence à se faire sentir au détriment de l'art. Pour gagner du temps et obtenir plus d'effet avec des moyens simplifiés, on remplaça les ornements en fer plein par des plaques de fer battu, découpées et modelées, puis les rivets tinrent lieu d'embrasses et même de soudures. Les forgerons de ce temps et de ceux qui suivirent ne montrèrent pas moins une étonnante facilité à assouplir le fer avec le marteau, au gré de leurs désirs. C'est ainsi qu'avec le XVe siècle les figurines en ronde-bosse se multiplient, et que l'emploi du burin devient plus fréquent pour terminer les beaux ouvrages de forge.

Outre les pentures et les coffres, il faut noter les clefs (V. CLEF), les lanternes, les heurtoirs et les serrures. Les serrures les plus anciennes remontent au xiiᵉ siècle, et elles se perfectionnent selon les progrès de l'art du forgeron; elles suivent, au commencement du xivᵉ siècle, les formes fines et découpées des pentures. A la fin de ce siècle, les Allemands imaginèrent de compléter les garnitures des portes et des meubles par des ornements de fer battu ou de tôle repoussée, le genre fut adopté chez nous au commencement du xvᵉ siècle, et des fers battus, découpés et posés sur du drap rouge, vinrent se superposer aux palastres et aux serrures à clenches ou loquet.

Dès lors, les artistes du fer semblent jouer avec cette matière rebelle et se plaire à la plier à leurs ingénieux caprices. On en trouve un exemple dans la curieuse serrure en forme de tryptique, appartenant à M. Spitzer, et qui représente dans ses tableaux divers, encadrés de riches clochetons et de galeries ajourées, le jugement dernier, la glorification des justes et la punition des méchants. Rien de plus curieux que ce travail évidemment français, que rehaussent des fleurs de lis, et dont on trouve une reproduction dans la *Gazette des beaux arts* (août 1874).

Voici le xviᵉ siècle; une ère nouvelle commence. A la science du travail viennent s'ajouter la beauté des types et l'intérêt des témoignages historiques; ce sont les pièces armoriées aux salamandres de François Iᵉʳ, aux écussons de ce prince et de sa mère Louise de Savoie; le verrou aux chiffres de Henri II et de Catherine de Médicis, provenant du château d'Anet, etc.

A cette époque, pour exceller dans son art auquel on ne peut faire d'autre reproche que celui d'être presque de la bijouterie, le maître serrurier ne devait pas se contenter de savoir travailler le fer, il fallait qu'il fût encore sculpteur et même mécanicien. C'est ainsi que triomphaient les valeureux champions du fer qui, dans leur atelier, à travers la fumée et le feu de leur forge, tordaient et martelaient le métal, le façonnant en feuilles, en pétales de fleurs, l'allongeant en tiges, le groupant en rameaux, le

combinant et le réunissant dans un ensemble conforme aux règles de leur art et de leur élégante industrie.

L'Espagne marche à la tête de l'art de la serrurerie. Avec elle, l'Allemagne était le pays des grands maîtres du fer; les ateliers d'Augsbourg sont célèbres dans toute l'Europe. L'armurerie crée une orfèvrerie de fer (V. Armure). On cite le trône offert par la ville d'Augsbourg à l'empereur Rodolphe II. Ce précieux travail de ciselure, entièrement en acier et exécuté en haut-relief et ronde-bosse, est l'œuvre de Thomas Rückers.

Les ornemanistes du xviᵉ siècle ont laissé des suites de modèles précieux pour la serrurerie d'art. Du Cerceau, Théodore de Bry et Aldegraver sont les principaux. Les recueils de Du Cerceau sont surtout intéressants à feuilleter.

Non seulement les grands ouvrages décoratifs sont traités de main de maître, mais les petits sujets eux-mêmes sont, à cette époque, embellis par la gravure et la ciselure, et ne méritent pas moins notre admiration. Ce sont, dit M. Alphonse Maze, des coffrets chargés d'arabesques et de personnages en costumes du temps, et dont la magnifique serrure, placée sous le couvercle, en remplit toute la surface; ce sont des fermoirs d'escarcelle, des cadres de miroir, des étuis à ciseaux, des bonbonnières et tant d'autres menus objets ciselés par les émules des Cellini et des François Briot.

Malgré plusieurs ornemanistes de talent, dont les modèles sont restés célèbres, tels que Jean Lepeautre, Leblond, Bérain et Davesne, le xviiᵉ siècle vit décroître la serrurerie d'art. Ce ne fut pas la faute des moines qui se sont mêlés de travailler le fer et y ont parfois réussi. Cependant, Mathurin Jousse, serrurier à La Flèche, fit paraître, en 1627, le premier ouvrage publié en France sur la serrurerie: *La fidelle ouverture de l'art du serrurier.* On y trouve de jolis modèles d'enseignes d'hôtellerie, d'armatures de puits, de serrures d'entrée, de heurtoirs et de targettes dans le style du xviᵉ siècle, avec la manière de les fabriquer. On peut voir au musée de Cluny, sous le numéro

Fig. 120. — *Grille en fer forgé et ciselé de la galerie d'Apollon (Musée du Louvre).*

6054, un beau coffre en fer forgé de cette époque. L'ornementation consiste en reliefs rapportés : chiens, écureuils, vases et bouquets.

A partir de Louis XIV, le fer sort de l'ameublement, et son domaine devient de plus en plus restreint. Les rampes d'escaliers, les grilles, les balcons restent seuls ses tributaires. En effet, au XVIIe siècle, c'était la mode de donner aux escaliers une spacieuse cage, pour que ces larges rampes suspendues se développassent plus facilement « autant, dit Sauval dans ses *Antiquités de Paris* (chap. *Choses rares en plusieurs arts*), pour la douceur de la montée que pour le plaisir des yeux ».

Quant aux grilles, on connaît de réputation la fameuse balustrade qui donnait autrefois sur le jardin du Palais-Royal. Après la mort de Richelieu, la reine fit construire un balcon pour jouir de la vue du jardin et en respirer l'air avec plus de liberté; ce balcon construit par l'architecte Lemercier, fut embelli par lui d'une élégante balustrade dont l'exécution avait été confiée à maître.Etienne, de Nevers, serrurier ordinaire des bâtiments du roi. « Cette balustrade, dit encore Sauval, était ciselée avec plus de tendresse, de mignardise et de patience que ne pourrait être travaillé l'argent par les plus habiles orfèvres ».

Ces éloges peuvent s'appliquer à la superbe grille placée à l'entrée de la galerie d'Apollon, au Louvre (fig. 120). Cette grille passe à bon droit pour un chef-d'œuvre de la serrurerie française au XVIIe siècle, quoique la plupart de ceux qui en parlent l'attribuent, à tort, au siècle précédent, car elle provient du château de Maisons, bâti par Mansart. En effet, on lit dans le *Voyage pittoresque des environs de Paris*, par d'Argenville : « Le vestibule est décoré, etc. On admire les deux grilles de ce vestibule travaillées en fer poli ; celle de la cour a cinq panneaux remplis par un pilastre à double balustre entouré d'un ornement en entrelacs et à jour. Le dormant présente un satyre couronné par deux enfants et terminé en rinceaux et fleurons. Le milieu de la grille, sur le jardin, est occupé par un cartouche ovale que remplit un caducée entouré d'épis de blé et de feuilles de chêne... »

Citons encore la fameuse grille du château de Versailles au sujet de laquelle M. Charles Louandre (*Les budgets de l'ancienne France*) raconte le fait suivant : « Colbert avait travaillé vingt-deux ans à la gloire et à la prospérité du royaume, et cependant il ne put échapper à cette fatalité de la disgrâce qui semble, dans notre histoire, poursuivre les grands hommes. Une dépense misérable, celle de la *grille de Versailles*, souleva contre lui la colère du prince à qui Fontanges avait coûté 10 millions. « Il y a de la friponnerie là-dedans ! » s'écria Louis XIV en recevant la note des frais. Cette brutale apostrophe frappa Colbert comme d'un coup de foudre, et il mourut en répétant ces tristes paroles : « Si j'avais fait « pour Dieu ce que j'ai fait pour cet homme, je serais « sauvé deux fois ».

Les grilles d'appui et de clôture devinrent à la mode, en France, vers 1730. Les jardins, les terrasses, les chapelles, les balcons et les rampes d'escalier, ainsi que tous les lieux que l'on voulut orner sans masquer le coup d'œil, reçurent ce genre d'ornements forgés en fer et relevés en tôle. Un maître du XVIIIe siècle, l'architecte J. François Blondel, a publié, dans son ouvrage *De la décoration des édifices*, un chapitre consacré aux ornements de serrurerie.

Au style Louis XV appartiennent également les superbes grilles de la place Stanislas, à Nancy (V. FERRONNERIE, fig. 91). Le serrurier Lamour les a toutes composées, dessinées de sa main et ensuite exécutées, ainsi que les grands balcons des fenêtres du palais, où est maintenant installé le musée de la ville ; le plat des pilastres est à gaines enrichies de baguettes et d'ornements tournants ; les chapiteaux, quoique se rattachant à l'ordre composite, sont d'un caractère très personnel, car l'auteur avait en vue ce qu'il appelait l'*ordre français*, et

il a apporté dans cette intention des modifications qui en faisaient un ornement absolument nouveau.

Ce système de décoration métallique a été appliqué par Lamour sur le grand balcon et les fenêtres de l'Hôtel de Ville. De toutes parts, la teinte noire du fer se marie avec les détails rehaussés d'or, et se détache, tantôt sur la verdure des feuillages, tantôt sur la teinte claire des édifices, de sorte que l'ensemble présente une surprenante unité et un ensemble décoratif dont on chercherait vainement un équivalent ailleurs. Enfin, les rampes en fer forgé, qui décorent le grand escalier du palais, sont également dues à Jean Lamour.

Plus tard, la serrurerie, sans cesser d'être un art sérieux, a été quelquefois la distraction de mains inoccupées. Il y a eu plusieurs rois serruriers comme il y a eu

Fig. 121. — *Roses en fer forgé, exécutées dans l'atelier de M. Favier.*

des monarques tourneurs. Rivarol, dans ses *Tableaux de la Révolution*, dont le premier est du mois de juillet 1789, parle (mais ce n'est pas sans ironie) des talents du roi (*bone rex*) pour la serrurerie. Comme Rivarol, nous n'attachons qu'un intérêt très modéré à ces travaux de serrurerie exécutés par Louis XVI. L'élève du serrurier Gamain n'était pas un mauvais ouvrier, mais l'art n'a rien à voir dans la serrure, régulière et froide, exposée par M. Fichet, en 1867, et sur lesquelles sont inscrits, autour de trois fleurs de lis, les mots suivants : LOUIS XVI, VERSAILLES, 1778.

Jusqu'à la fin du XVIIIe siècle, l'art du serrurier était demeuré particulièrement honoré dans notre pays. « Un serrurier est devenu un artiste, écrivait alors Mercier. L'art a travaillé le fer pour l'unir à l'architecture ; il s'est développé dans de superbes grilles qui ont l'avantage d'orner le point de vue sans le détruire..... ». Et l'auteur du *Tableau de Paris* termine en invitant les amateurs à aller admirer « la rampe de l'église Saint-

Roch, la grille du Palais et la balustrade du chœur de Saint-Germain-l'Auxerrois ». D'après Bachaumont (*Mémoires secrets*, t. XVIII), la fabrique de Saint-Germain-l'Auxerrois fit poser cette balustrade en 1767, pour le prix de 38,000 livres, par Pierre Damiez, serrurier du roi et de la ville de Paris, et bien qu'en ce moment les finances générales du royaume ne fussent pas dans un état prospère, les marguilliers de la paroisse, pour exprimer leur satisfaction à l'auteur de cet ouvrage, lui donnèrent, à titre de gratification, 12,000 livres en sus du prix convenu.

Quant à la grille du Palais-de-Justice, en fer forgé, elle a coûté, dit-on, un million de francs sous Louis XVI. Peut-être, aujourd'hui, pourrait-elle être fondue à raison de dix fois moins.

Avec les premières années du XIXᵉ siècle commence la décadence radicale de la serrurerie. Par une sorte d'aberration inqualifiable, des hommes sérieux et connaissant le métier ayant déclaré que la fonte grossière peut remplacer avec avantage le fer délicatement forgé, à la grille monumentale et capricieuse succéda un alignement monotone et niais de barreaux pointus. On a cependant depuis tenté de revenir à des errements meilleurs, en s'inspirant des travaux de Lassus et de Viollet-le-Duc. La grille du parc Monceaux, exécutée en fer par M. Ducros, sur les dessins de M. G. Davioud, est un des plus beaux produits de cette renaissance contemporaine. « Il

est cependant regrettable, dit M. Philippe Burty, que l'édilité ait eu des arrière-pensées d'économie, là où la somptuosité municipale devait seule triompher. Autrefois, les ornements rapportés, tels que les fleurons, les armes, les feuilles d'acanthe, les épis, étaient exécutés à part en estampage, c'est-à-dire en fer forgé à part ou en tôle, ou en fonte, le fer forgé marchant toujours en tête. Mais ils étaient toujours soudés sur les barreaux à la *chaude-suante*, c'est-à-dire pendant qu'on les amenait à cet état d'incandescence où les molécules du fer se marient indissolublement. A ce procédé long et coûteux, on en a substitué un autre qui consiste à fixer ces feuilles à l'aide de goupilles ou de vis; mais on conçoit ce qu'y perd la solidité dans l'avenir et dans le présent ».

En résumé, l'époque actuelle nous fait assister à une brillante résurrection d'un art longtemps disparu. La serrurerie d'art a repris son ancien lustre, elle jouit aujourd'hui de l'estime dont on l'honorait jadis, et l'habileté des serruriers de nos jours ne le cède en rien à celle de leurs glorieux ancêtres. Les exemples d'ailleurs ne manquent pas : M. Boulanger, serrurier d'art à Paris, a passé trente ans de sa vie à confectionner les admirables pentures des trois portes de la façade de Notre-Dame de Paris; M. Favier a produit des

Fig. 122. — *Rampe d'escalier en fer forgé, exécutée par MM. Moreau frères.*

œuvres remarquables, et M. Henry Havard, dans l'*Art dans la maison*, dit au sujet des roses dont nous donnons le dessin figure 121.

« Songez qu'une mignonne fleur composée de vingt ou trente pétales, exige autant de soudures que de feuilles, et comprenez quelle difficulté c'est que de rapprocher vingt fois du feu un travail si délicat, de le porter vingt fois, trente fois au rouge blanc sans le brûler, ce qui perdrait tout l'ouvrage. »

M. A.-J. Moreau, serrurier d'art à Paris, a fabriqué les grilles de la cathédrale de Verdun, lesquelles passent pour des chefs-d'œuvre ; M. Larchevêque, serrurier d'art à Mehun-sur-Yèvre (Cher), est l'auteur des grilles de la cathédrale de Bourges : Arsène Ravet et François Cacheux, simples ouvriers forgerons chez M. Moreau, sont devenus de véritables artistes, et fabriquent des immortelles et des violettes en fer à rendre jalouses des ouvrières fleuristes.

Ces tours de force, ces habiletés excessives témoignent en général d'un savoir faire consommé. On est heureux de noter ce retour, et de constater l'enthousiasme professionnel qui vibre dans toutes ces grandes œuvres ainsi que dans celles non moins remarquables des autres serruriers d'art parisiens qui signent Roy, Baudry, Bergue, Boucart, Verdot, Favier, Huby, etc. — s. b.

*Bibliographie* : Duhamel du Monceau : *L'art du serrurier*; Mathurin Jousse : *La fidelle ouverture de l'art du serrurier*, accompagné d'une notice de M. Destailleurs, avec 28 planches reproduites sur l'édition de 1627 par l'héliogravure ; Jean Lamour : *Recueil des ouvrages de serrurerie que Stanislas, roi de Pologne, a fait poser sur la place royale de Nancy, avec un discours sur l'art de la serrurerie*, 1767, avec 28 planches représentant la grande et magnifique grille, les balcons, rampes, potences pour lanternes, etc. ; Ch. Blanc : *Grammaire des arts décoratifs*, ch. *De la serrurerie*; Ph. Burty : *Chefs-d'œuvre des arts industriels*; Rouaix : *Dictionnaire des arts décoratifs*; Demmin : *Encyclopédie des arts plastiques*; Alph. Maze : *Le livre des collectionneurs*; César Daly : *Ce que peut raconter une grille en fer* (1864); H. Destailleur : *L'ancienne serrurerie française de 1551 à 1576*, dans la *Gazette des beaux-arts*, t. II ; Réné Ménard : *l'Art du métal*; Henry Havard : *l'Art dans la maison*, ch. *Serrurerie* (Ed. Rouveyre, édit., Paris).

**SERRURERIE DE BÂTIMENT.** Considérée comme branche de la construction proprement dite, la serrurerie, qui tire son nom du mot *serrure*, et qui porterait avec plus de raison aujourd'hui celui de *ferronnerie*, comprend l'exécution de plusieurs sortes d'ouvrages :

1° *Ouvrages en fonte*, tels que *colonnes, tuyaux de conduite, panneaux ajourés de rampes, et balcons, réchauds de fourneaux*, etc., et qui viennent tout fondus des usines à fer, où on les achète au kilogramme;

2° Les *gros ouvrages*, tels que *poutres, solives, combles, pans de fer, ponts métalliques*, etc.;

3° Les ouvrages dits de *forges*, tels que *grilles, rampes, balcons* en fer forgé, *chaînes d'écartement, potences, corbeaux, harpons*, etc.;

4° Les ouvrages très nombreux appartenant à la *quincaillerie* proprement dite, *serrures, verrous, targettes, paumelles*, etc.

Dans notre article FER, § *Emploi du fer dans la construction*, nous avons donné l'historique de l'emploi de ce métal dans la construction, nous avons montré quelle influence cette matière exerce déjà sur l'architecture proprement dite, et fait entrevoir quel avenir semble réservé à l'art du serrurier, devenu aujourd'hui ingénieur-constructeur; nous avons indiqué les aptitudes diverses du fer, suivant qu'il est fondu ou forgé, et nous avons énuméré les nombreuses applications qu'il est susceptible de recevoir dans l'un ou l'autre de ces deux états. Des articles spéciaux affectés dans le cours du *Dictionnaire* à ces différentes applications complètent les généralités ainsi exposées aux mots FER, FERRONNERIE, QUINCAILLERIE, etc.; nous devons y renvoyer le lecteur. — F. M.

**SERRURIER.** *T. de mét.* On désigne ainsi à la fois l'entrepreneur et l'ouvrier qui exécutent les ouvrages de serrurerie. Les ouvriers serruriers comprennent les compagnons et les aides. Parmi les premiers, on distingue : les *forgerons*, qui forgent sur l'enclume; les *ajusteurs*, qui préparent l'ouvrage pour la pose; les *ferreurs*, qui font la pose des pièces au bâtiment; les *compagnons de ville*, qui exécutent les menus ouvrages en dehors de l'atelier; le *poseur de sonnettes*.

Les aides-serruriers sont : le *tireur de soufflet*, le *frappeur*, le *perceur* et l'*homme de peine*.

On peut encore distinguer les serruriers *mécaniciens*, qui s'occupent des pièces en fer forgé employées dans la construction des machines, et les *serruriers charrons*, qui travaillent au ferrage des voitures.

— La communauté des serruriers, constituée à Paris dès le XIIIᵉ siècle, avait alors pour chef le maître maréchal du roi. Les statuts des serruriers furent renouvelés sous Charles VI, confirmés par François Iᵉʳ et remaniés sous Louis XIV. La sûreté des citoyens dépendant de la fidélité des serruriers, la discipline de cette communauté était très sévère. Les maîtres ne pouvaient faire aucune clef sans avoir la serrure entre les mains, et en 1607, d'après le *Traité de la police*, par de La Mare, un serrurier fut condamné à mort pour avoir fait sur une empreinte de cire une fausse clef à l'aide de laquelle un valet avait dérobé son maître.

A toutes les époques, les ouvrages des serruriers ont présenté un degré de perfection remarquable (V. SERRURERIE D'ART). Vers la fin du XVIIIᵉ siècle, on comptait dans la capitale 350 maîtres réunis, par l'édit du 17 août 1776, au corps des taillandiers-ferblantiers et des maréchaux-grossiers. Les maîtres exerçaient indifféremment la serrurerie pour bâtiments, pour meubles, voitures et coffres-forts. Pour obtenir la maîtrise, il fallait confectionner une serrure suivant les prescriptions des jurés.

\* **SERTISSAGE.** *T. de bijout., de joaill. et d'orfèv.* Opération par laquelle les pièces sont fixées dans leur monture; le sertissage se fait soit en *bate* ou *chaton*, soit en *pleine matière*, soit *à jour* et *sur griffes*. *Sertie en chaton*, c'est placer la pierre dans la bate préparée à cet effet par l'orfèvre ou le joaillier, puis la maintenir en appliquant le métal bien exactement tout autour, et en levant ensuite des griffes à l'échappe. Dans le sertissage en pleine matière, le sertisseur *drille* lui-même un trou pour y mettre la pierre qu'il recouvre d'une partie du métal qui l'entoure, mais seulement de la quantité nécessaire à son maintien.

Enfin, la pierre est dite *sertie à jour* et sur griffes, lorsqu'elle repose sur une feuillure pratiquée à l'intérieur de griffes, et qu'elle est saisie par les extrémités rabattues de celles-ci; c'est ce dernier serti qui s'emploie surtout pour monter les pierres de prix, exemptes de défauts, ou les pierres fausses destinées à imiter les bijoux de valeur, tandis que le *serti en chaton* ne sert plus guère que pour l'orfèvrerie d'église ou l'imitation de bijoux anciens. — V. JOAILLERIE, § *Le sertisseur*.

**SERTISSURE.** Manière dont une pierre est sertie; partie du chaton qui entoure la pierre et la retient.

\* **SERVANDONI** (JEAN-JÉRÔME). Peintre et architecte, né à Florence en 1625, mort à Paris en 1766, fut élève de Panini pour la peinture, et de Rossi pour l'architecture. Il se fit connaître par la décoration des grandes fêtes de Lisbonne, qui lui valut la décoration de l'ordre du Christ. Il vint à Paris en 1724, et en 1728 il donna à l'Opéra les remarquables décors d'*Orion*. Un paysage représentant *Un temple et des ruines*, aujourd'hui au Louvre, lui ouvrit les portes de l'Académie royale de peinture, en 1731. L'année suivante, il était nommé architecte du roi. En cette qualité il présenta un projet pour l'achèvement de l'église Saint-Sulpice qu'Oppenord avait laissée à la nef. L'idée du portail parut surtout originale, et s'écartait absolument de tout ce qu'on avait vu dans l'architecture religieuse. D'ailleurs, si la grandeur des proportions, l'unité de l'ensemble et la hardiesse du dessin placent le portail de Saint-Sulpice au nombre des œuvres qui ont le plus contribué à ramener l'architecture vers les principes, on peut critiquer à juste titre un emploi inconsidéré de nos matériaux, trop tendres et de trop faibles dimensions pour être appliqués à des plates-bandes d'aussi grande portée. De là l'emploi des fers pour maintenir la construction, moyens artificiels, dangereux pour la solidité de l'édifice. De plus, on lui fait le reproche, comme aux portails élevés à l'imitation de celui de Saint-Gervais, de ne s'appliquer nullement à l'intérieur. Servandoni a également élevé la chapelle de la Vierge de la même église, dans un goût tout italien et théâtral; la statue de la Vierge y est éclairée d'une manière factice et avec un ton mystérieux plein de charme. La tribune des orgues a été aussi exécutée d'après ses dessins. On lui doit encore, en France, l'église de Coulanges en Bourgogne, le maître autel de la cathédrale de Sens et celui de l'église des Chartreux à Lyon.

Il avait donné un projet de décoration pour la place Louis XV avec des portiques, une double galerie et 360 colonnes, enfin sa réputation comme décorateur fut surtout établie lors des fêtes du mariage d'Elisabeth de France avec Philippe d'Espagne, en 1739. Il ne cessa d'ailleurs de voyager. A Londres où il avait également organisé de grandes fêtes, il s'était marié, mais toutes ces promenades artistiques ne l'enrichirent pas. Et cependant, on est étonné de la quantité de plans, de dessins, de tableaux, de perspectives dont il est l'auteur, mais l'étonnement redouble quand on songe à tous les dessins de décorations qu'il a exécutés, à toutes les fêtes publiques dont il fit les ordonnances; on peut dire sans exagération qu'il fut l'ordonnateur des fêtes de toutes les cours de l'Europe.

**SERVANTE.** *T. d'ameubl.* Table secondaire placée dans une salle à manger, sur laquelle on met les choses nécessaires au service de la table principale. — V. CRÉDENCE. || Instrument à l'usage des menuisiers pour donner un point d'appui aux pièces que ne peut porter l'établi ; les forgerons emploient aussi une servante pour soutenir l'extrémité d'une pièce dont l'autre extrémité est prise dans les mâchoires d'un étau ou dans la forge.

**SERVIETTE.** Outre son acception bien connue comme linge de table ou de toilette, ce mot s'applique encore à un grand portefeuille sans fermeture.

*SERVO-MOTEUR.** *T. de mach.* Engin mécanique, dont le but est d'asservir tout moteur, au gouvernement absolu d'un conducteur, en faisant *cheminer directement*, ou par un intermédiaire quelconque, *la main du conducteur avec l'organe sur lequel agit le moteur*, de telle sorte que tous deux marchent, s'arrêtent, reculent, reviennent ensemble, et que le moteur suive pas à pas le doigt indicateur du conducteur dont il imite servilement les gestes (Jos. Farcot).

Le nombre des combinaisons auxquelles on peut avoir recours, pour réaliser ce désideratum, est pour ainsi dire indéfini; elles dépendent de l'espèce du moteur auquel on veut appliquer l'asservissement, de la position et du nombre des cylindres de la machine, du fluide employé, etc. On en rencontre des applications dans les grues, pour élever un poids à la hauteur déterminée et le conduire juste au point où il doit être déposé. Dans les appareils hydrauliques employés en ma-

rine, pour la motion des tourelles, le chargement et le pointage des grosses pièces. Dans les mises en train à vapeur, pour arrêter les bielles de relevage dans une situation déterminée, ou pour empêcher le choc violent des bras de l'arbre des tiroirs au fond de la coulisse qui les guide. Dans les appareils à gouverner, où grâce à leur emploi, un seul homme peut transporter, en quelques secondes, la barre d'un bord à l'autre du navire, manœuvre qui nécessite plusieurs minutes pour être accomplie à bras d'hommes, avec la roue à manettes ordinaire. L'évolution du bâtiment est alors beaucoup plus subite, et l'on est ainsi plus facilement maître de contourner une passe tortueuse, de donner un coup d'éperon, au moment opportun, ou d'en éviter un, selon le cas.

Le *Cerbère*, le *Boule-dogue*, le *Bélier* et le *Tigre*, sont les quatre premiers garde-côtes cuirassés auxquels la maison Farcot a fourni des appareils à gouverner, avec servo-moteurs (1871 et années suivantes). Ces premiers appareils étaient assez compliqués, ils se composaient d'un cylindre à vapeur dont la tige du piston était reliée d'un côté à une coulisse pratiquée dans la barre même du gouvernail et de l'autre côté au piston d'un cylindre hydraulique, dont le rôle était de céder un peu aux efforts considérables exercés sur le gouvernail par des coups de mer. Il y avait en outre : les ressorts de *stop*, pour une position quelconque de la barre; les rênes du servo-moteur qui venait agir sur le tiroir du cylindre à vapeur et sur les lumières de communication entre les deux faces du piston du cylindre hydraulique. De plus, le mode de déclenchement, pour passer de la commande à la vapeur à celle à bras, pour le gouvernail, exigeait 3 à 4 minutes. Aujourd'hui, ces appareils sont très simplifiés, ils sont en usage sur tous les grands cuirassés et les croiseurs; ils comportent les dispositions suivantes (fig. 123 à 126, vues 1° 2° 3° et 4°) :

1° Un treuil sur le tambour duquel est enroulée la chaîne servant de

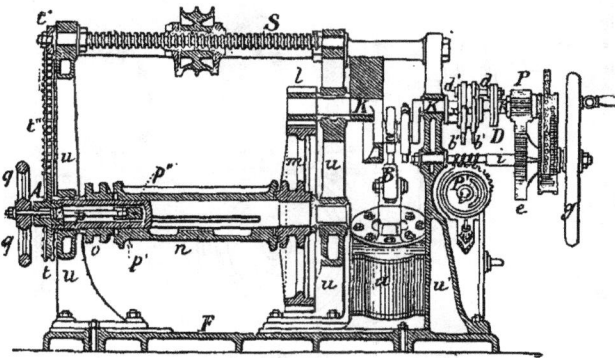

Fig. 123, vue 1°. — *Treuil servo-moteur Farcot.*

drosse pour le gouvernail;

2° Une machine à vapeur, à deux cylindres inclinés, imprimant au tambour un mouvement circulaire continu, dans les deux sens,

3° Un assemblage de chaîne Gall et d'embrayeur, servant à transmettre au même tambour, quand on gouverne à bras, l'effort exercé par les hommes de barre sur la roue à manettes.

*Treuil.* L'arbre A du treuil (vue 1°) est supporté par deux bâtis *uu* boulonnés sur la plaque de fondation F. Le tambour n, sur lequel s'enroulent les drosses, est fixé à l'arbre par deux clavettes longitudinales qui lui permettent de se déplacer dans le sens de l'axe, de manière à venir s'embrayer avec la roue dentée m qu'actionne la machine par l'intermédiaire du pignon l, ou, lorsqu'on veut gouverner à bras, avec la poulie à chaîne Gall o.

L'embrayage avec l'une ou l'autre des deux roues o et m s'obtient à l'aide d'adents venus de fonte avec les pièces en présence, en faisant tourner à la main, dans la direction voulue, un petit volant qq, placé à l'extrémité arrière de l'arbre du treuil et claveté sur l'axe p d'une vis à émerillon p', qui éloigne ou rapproche le tambour

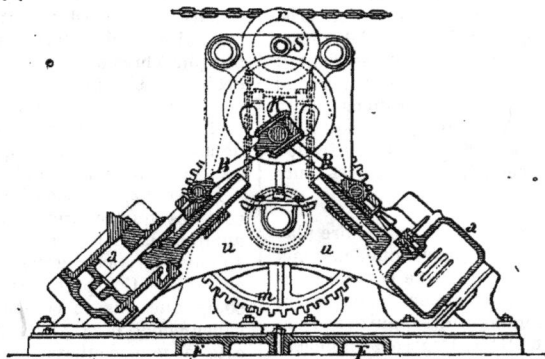

Fig 124, vue 2°. — Treuil servo-moteur Farcot.

n, selon que l'appareil doit être actionné à la vapeur ou à bras.

Dans le premier cas, la roue à manettes ordinaire et ses transmissions, doivent être désembrayées, pour éviter l'usure et les accidents qui pourraient se produire; dans le deuxième cas, c'est la machine et toutes ses transmissions qui sont rendues indépendantes, afin de n'avoir pas à vaincre les frottements. Pour que les drosses s'enroulent et se déroulent convenablement sur le tambour, elles sont guidées par la poulie double r, montée sur un chariot qui chemine sur les entretoises supérieures du treuil; ce chariot est entraîné par une vis S recevant son mouvement de rotation de l'arbre A, au moyen de la chaîne Gall t" et de deux roues t et t' de diamètres différents.

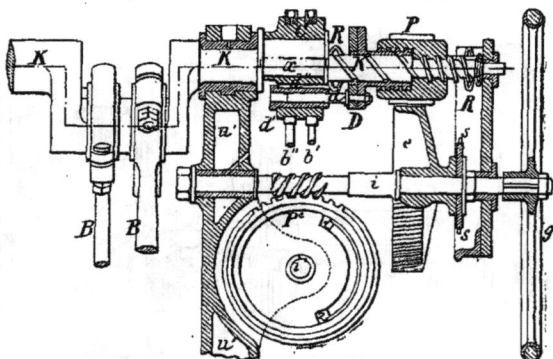

Fig. 125, vue 3°. — Treuil servo-moteur Farcot.

Machine. Cette machine, à deux cylindres inclinés aa (vue 2°), ne diffère d'une machine ordinaire que par son mode d'asservissement. La vapeur est distribuée par des tiroirs en coquille ordinaire avec des recouvrements positifs de 3 millimètres à l'introduction et de 1 millimètre à l'évacuation. L'effort exercé sur les pistons est transmis à l'arbre coudé K par deux bielles B dont les têtes embrassent la même soie de manivelle, sur laquelle elles sont séparées par un collet qui les empêche

de frotter l'une contre l'autre. Les tiroirs (vue 3°) sont conduits par deux bielles b' b" placées sur le même chariot d'excentrique, dans des gorges séparées. Ce chariot, dont l'excentricité est égale à 21 millimètres, est monté fou sur un tourillon, venu de forge avec l'arbre K, dont l'axe est aussi excentré de 21 millimètres par rapport à celui de l'arbre et qui forme avec la manivelle un angle de 180°. Les deux excentricités étant les mêmes, le centre de figure du chariot C, quand les rayons d'excentricité sont en sens inverse et sur la même ligne (vue 4°), se trouve sur le centre de l'arbre K; le rayon d'excentricité de l'ensemble est donc nul. Le chariot C et son tourillon x, en mouvement autour de K, forment alors un simple disque tournant autour du centre c, et par conséquent incapable de communiquer le moindre mouvement aux tiroirs; ceux-ci se trouvent alors à mi-course, la vapeur ne peut s'introduire dans les cylindres et la machine s'arrête. Cette position du chariot d'excentrique est désignée dans la figure 126 vue 4° sous le nom de stop.

Le chariot d'excentrique C est déplacé par un doigt a (fig. 125 vue 3°), qui s'engage dans un coulisseau de section carrée d' pouvant glisser dans une mortaise d" pratiquée dans le chariot. Ce doigt a fait corps avec une douille D dont deux ergots intérieurs glissent dans un filet à pas à droite, très allongé, creusé dans l'arbre K; elle peut être attirée ou repoussée par un pignon P que commande une roue dentée e. L'intérieur du moyeu de ce pignon P est fileté et se visse aussi à droite sur l'axe K, d'où il suit qu'en le faisant tourner dans le sens convenable, on éloigne ou l'on rapproche la douille D, ce qui change à tout instant le calage du chariot C par rapport à la manivelle.

On voit, en consultant les figures 125 et 126 vues 3° et 4° que, si partant de la position dite stop, on fait tourner le pignon P de manière à rapprocher la douille D de la machine, on entraîne le centre du chariot C dans le sens de la flèche *f*, il passe de K, centre de l'arbre, en 1, 2, 3... (si les espaces angulaires compris entre K1, K2, K3, sont respectivement égaux à 10, 20 et 57°,30, on aura créé des angles de calage de Mx1 = 10°,

Mx2 = 20°,

Mx3 = 57°,30,

dernier angle dont la valeur est limitée par l'amplitude de la course de la douille D, et par le jeu du coulisseau *a* dans la mortaise *d'*), et la valeur de l'excentricité réelle sera respective-

L'étude des figures 125 et 126 (vue 3° et 4°), fait également comprendre que le centre de figure du chariot C, ayant été déplacé jusqu'à ce que la machine se mette en marche, le mouvement doit se continuer tant que le centre *c* conserve une excentricité convenable, par rapport à celui de l'arbre K, et que la pression de la vapeur est constante, c'est-à-dire tant que le pignon P tourne. On remarquera aussi que si P vient à s'arrêter, l'arbre K, par son inertie, par celle des autres pièces mobiles et sous l'action de la va-

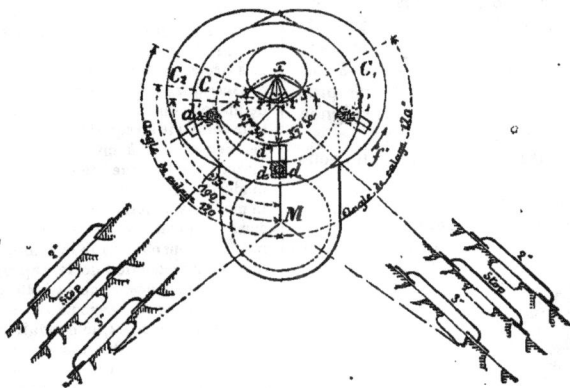

Fig. 126, vue 4°. — *Treuil servo-moteur Farcot.*

ment égale aux arcs K1, K2, K3, etc., ce qui, forcément, déplacera les tiroirs de leur position moyenne et les disposera comme en 3'' 3'' (fig. 126, vue 4°) pour un déplacement angulaire de 57°,30. Si, au contraire, on éloigne la douille D de la machine, le déplacement du centre du chariot s'opère dans le sens opposé, suivant la flèche *f'*, et l'on obtient par suite une marche inverse de la première, comme le montre la position 2'' 2'', pour un déplacement angulaire de 57°,30. Dans le premier cas, lorsque le rayon *xc* est venu en *x*3, l'angle de calage Mx3 du chariot

= 57°,30',

mais le mouvement ayant lieu autour de

peur déjà admise dans les cylindres, tend à continuer son mouvement, et il ramène automatiquement, à l'aide de son filetage et de celui du pignon, la douille D à la position du *stop*. La roue *e* qui conduit le pignon P est clavetée sur un arbre *i* qui porte à son autre extrémité une poulie *s*, sur laquelle s'enroule une chaîne Gall aboutissant aux différents postes de commande du gouvernail; les mouvements de cette chaîne, et par suite ceux de la mise en train de la machine elle-même, dépendent donc complètement de l'action du timonier sur le petit volant qu'il a sous la main.

Deux cou-

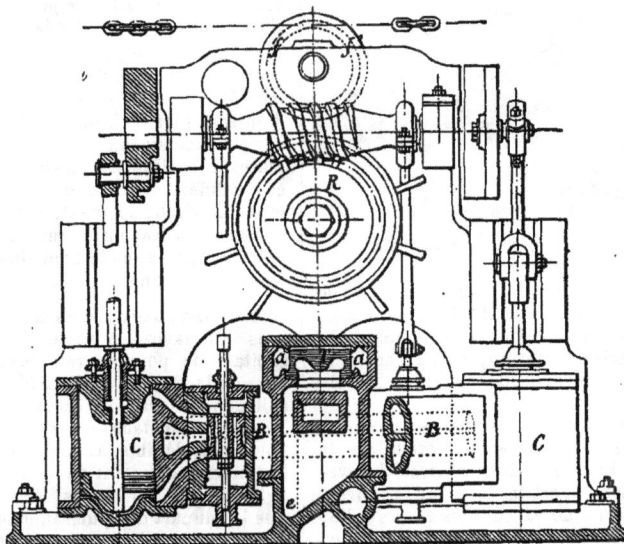

Fig. 127, vue 1°. — *Servo-moteur du* Suffren.

K, l'excentricité réelle = K3, faisant avec KM un angle de calage MK3 égal à 120°. Le mouvement de la machine aura lieu dans le sens de la flèche *f*, puisque c'est dans ce sens que se trouve l'avance du tiroir, en coquille, sur la manivelle du piston. Dans le deuxième cas, la machine tournera dans le sens de la flèche *f'*, parce que le rayon d'excentricité est en K3'.

ples de ressorts Belleville R limitent la course du pignon P, pour empêcher de dépasser l'angle de calage de 120 à 125°. En cas d'avarie dans la transmission des postes de commande, un volant *g* à poignée, clavetée sur l'arbre *i*, permet d'actionner directement l'appareil. Le parcours de la barre doit être de 35° de chaque bord, et un frein disposé comme suit l'empêche d'aller au delà, l'arbre $i$ est fileté sur une partie de sa longueur, il engrène avec un pignon P', monté sur l'arbre horizontal $i'$, et portant des deux côtés un segment en saillie terminé par deux talons inclinés $zz$ venus de fonte avec lui; lorsque le *pignon* P', *entraîné par l'arbre* $i'$, *tourne dans un sens ou dans l'autre*, les talons correspondants viennent, après 35° de barre, porter sur deux butoirs fixes placés sur les bâtis à l'opposé des segments, et empêchent le timonier d'aller plus loin; un index, placé sur la vis, ou sur le pignon P', indique l'angle parcouru par la barre.

Ce système d'asservissement est qualifié sous le nom de *servo-moteur à calage variable*.

Lorsque la distance à parcourir, entre l'appareil à gouverner et le poste habituel de commande de la passerelle, est très grande, au lieu de faire

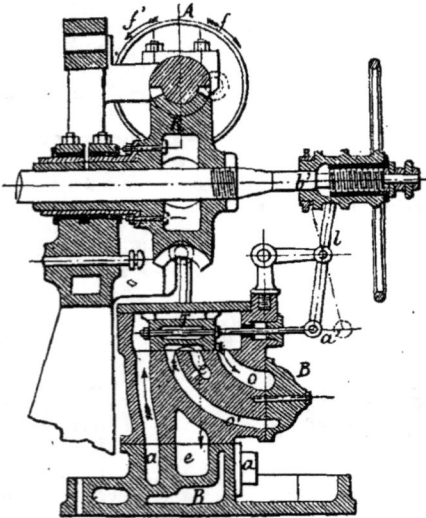

Fig. 128, vue 2ᵉ. — *Servo-moteur du Suffren.*

usage de longues chaînes de transmission et de nombreux renvois, on se sert de deux servo-moteurs, dont le plus petit, situé directement sous la passerelle, actionne au moyen d'un arbre le servo-moteur de l'appareil; tel est le cas de l'*Amiral Duperré*.

Un autre treuil asservi, employé également pour la manœuvre du gouvernail, existe sur le *Suffren* et sur plusieurs autres navires. Le système d'asservissement est ici basé sur le renversement des courants de vapeur, les tiroirs cylindriques distributeurs de la vapeur aux deux cylindres, fonctionnent tantôt comme tiroirs en coquille, tantôt comme tiroirs en D; les figures 127 et 128, expliquent suffisamment le fonctionnement des diverses pièces de ce treuil.

La machine tournant dans le sens de la flèche $f$ rappelle la drosse bâbord, lorsqu'elle tourne dans le sens de la flèche $f'$ elle rappelle la drosse de tribord; le bâtiment vient alors sur bâbord ou sur tribord.

— Cette machine se compose des organes suivants : $a$, arrivée de vapeur des chaudières; $oo'$, orifices faisant communiquer la boîte du tiroir servo-moteur T, ou la coquille de ce tiroir, avec les tiroirs distributeurs cylindriques des cylindres C; la communication de ces organes se fait à l'aide de la boîte B qui est divisée en deux parties sur toute sa longueur par une cloison; $e$, évacuation des cylindres à l'air libre, ou dans un condenseur, lorsque la machine propulsive du bâtiment fonctionne. Les tiroirs cylindriques de la boîte B sont conduits par des excentriques calés à 90°, ils ont un recouvrement négatif de un demi-millimètre sur chacune de leurs arêtes, de telle sorte que lorsque les pistons sont à leurs points morts, les tiroirs sont à mi-course prêts à admettre pour une marche quelconque, déterminée alors simplement par le mode d'introduction de la vapeur. Le sens de la rotation de la machine dépend de la position occupée par le tiroir T sur les orifices $oo'$. Les figures 127 et 128 représentent la machine tournant dans le sens de $f$, marche pendant laquelle l'introduction de la vapeur a lieu par l'orifice $o$, le conduit supérieur de la boîte B et les arêtes extérieures des tiroirs $t$; l'évacuation se fait par les arêtes intérieures des tiroirs $t$, le conduit inférieur de B et l'orifice $o'$. Si le levier $l$ est manœuvré pour venir occuper la position $a'b'$, le tiroir T marchant sur la droite, découvre l'orifice $o'$ et met la coquille en communication avec l'orifice $o$. La machine tourne alors dans le sens de $f'$, l'introduction a lieu par le conduit inférieur de B et les arêtes intérieures des tiroirs $t$; l'évacuation se fait par les arêtes extérieures des tiroirs $t$, le conduit supérieur de B et l'orifice $o$.

La roue dentée R tourne dans le même sens que le volant de mise en train; par suite, dès qu'on a déterminé le mouvement de la machine en manœuvrant le volant, si ce dernier est maintenu fixe, le vissage ou le dévissage de son écrou sur l'arbre se produit, le tiroir T vient se placer à mi-course et stoppe la machine.

La maison Schichau, en Allemagne, munit tous les torpilleurs qu'elle construit, d'un servo-moteur dont le cylindre et les lumières sont formés d'un seul bloc de bronze. Cet appareil à gouverner est excessivement léger et occupe fort peu de place. Il fonctionne à 12 atmosphères de pression, et ne diffère de celui du « Suffren » que par le mode de déclenchement, pour passer de la manœuvre à la vapeur à celle à bras. Il est connu en Allemagne sous le nom de *servo-moteur Ziese* pour le gouvernail.

**Servo-moteur des mises en train.** Sur tous les navires à vapeur, il est d'importance capitale de pouvoir renverser promptement le sens de la marche des machines, pour éviter une collision ou pour tout autre motif. Les organes à faire mouvoir dans ce cas sont généralement d'un poids considérable, auquel viennent s'ajouter les frottements résultant de la pression de la vapeur agissant sur les tiroirs. C'est pour ces raisons que la plupart des puissantes machines sont munies, en outre d'un mécanisme de renversement à bras, d'une mise en train à vapeur. Parmi ces dernières, les unes sont asservies, les autres ne le sont pas; dans cet article, nous ne nous occuperons que des premières.

*Tourville*, croiseur de premier rang, machine de 7,200 chevaux indiqués. L'appareil propulsif se compose de huit cylindres, placés horizontalement deux à deux en *tandem* (bout à bout), de façon à former quatre machines à deux cylindrés, attelées sur le même arbre. Les tiroirs, ainsi que les pistons de chaque machine, sont conduits par une tige commune. La mise en train, commandée par un servo-moteur, et agissant sur les secteurs qui conduisent les tiroirs, se compose d'une vis horizontale, prise dans un palier de butée, qui vient agir à l'aide d'un volant sur un petit tiroir placé dans l'intérieur du piston du cylindre à vapeur du servo-moteur. Un écrou solidaire du fourreau du piston est relié aux articulations des bielles de relevage. Selon que l'on tourne le volant dans un sens ou dans l'autre, on admet la vapeur, par un tuyau en trombone, sur l'une ou l'autre des faces du piston, et l'on place ainsi les secteurs dans la position voulue pour la marche et l'introduction adoptées. L'évacuation se fait par l'intérieur du piston, au moyen d'un second trombone. La mise en train est ainsi asservie, attendu qu'aussitôt l'arrêt du volant, le piston continuant à marcher, les orifices du petit tiroir se ferment; il faut donc continuer à actionner le volant jusqu'à ce que les secteurs soient arrivés à la suspension désirée.

*Vengeur*, garde-côtes cuirassé, machine 2,400 chevaux. L'asservissement est obtenu à l'aide d'une roue folle sur un axe mobile, commandé par les tiges et la traverse du piston d'un cylindre à vapeur. Cette roue s'engrène avec deux pignons clavetés, l'un sur l'arbre de la machine, l'autre sur l'arbre des tiroirs; ces derniers sont enduits par des manivelles. Lorsque l'on imprime un mouvement horizontal à l'axe de la roue folle, la machine étant stoppée, cette roue éprouvant une résistance considérable sur les dents en prise du pignon de l'arbre de la machine, entraîne dans son mouvement de rotation le pignon de l'arbre des tiroirs et par suite change le calage des manivelles de cet arbre par rapport aux manivelles de l'arbre moteur. La manœuvre peut être exécutée à bras, ou à la vapeur, à l'aide d'un volant et de deux pignons coniques qui agissent sur une vis actionnant la traverse. Cette vis est prise dans des collets de butée dans lesquels on a laissé un jeu suffisant pour que les orifices d'un tiroir additionnel se recouvrent d'eux-mêmes, aussitôt qu'on cesse d'agir sur le volant.

*Redoutable*, cuirassé de 6,000 chevaux. Pour sa mise en train, V. l'article MOTEUR.

Les servo-moteurs des appareils hydrauliques sont en général basés sur le renversement des courants. Parfois, comme dans la machine de pompage par exemple, l'asservissement se produit automatiquement. Cette machine est destinée à fournir l'eau sous pression aux divers appareils hydrauliques du bord; deux pompes très robustes, conduites par une machine à vapeur refoulent cette eau sous un piston dont nous représenterons la surface par *s*, ce piston est situé dans l'axe d'un cylindre dont le piston a une surface S et dont la face supérieure est en communication avec la vapeur de la chaudière auxiliaire, vapeur qui, en moyenne, atteint 4 kilogrammes de pression. Les deux pistons sont réunis entre eux. La proportion entre les deux

surfaces, combinée avec le poids des pistons et l'action de la vapeur sur le grand, est telle que la pression hydraulique est de 55 kilogrammes. Un mouvement de sonnette relie l'ouverture du registre de vapeur avec le bas du petit piston, lorsque la hauteur correspondant à 55 kilogrammes de pression hydraulique est atteinte, le registre se ferme et la machine s'arrête, pour repartir d'elle-même dès que la pression de l'eau tombe au-dessous de ce chiffre; la machine marche d'autant plus vite que la consommation d'eau sous pression est abondante. — E. V.

**SÉSAME.** *T. de bot.* Genre de plante de la famille des pédaliacées, groupe des sésamées qui fournit : les *sesamum orientale*, Lin., *sesamum indicum*, D. C., *sesamum oleiferum*, Mœnch, originaires des Indes Orientales. On les cultive dans tout l'Orient, en Egypte, au Sénégal, en Italie, dans les colonies françaises (Martinique, Guadeloupe, etc.) dans plusieurs états de l'Amérique du Nord, ainsi que dans nos jardins. Les graines de cette plante sont petites, arrondies, blanches, rougeâtres ou noires ; soumises à la presse, elles donnent à froid 56 0/0 d'une huile douce, inodore, alimentaire, ambrée ; l'huile faite à chaud est un peu colorée.

Sa densité à + 15° est de 0,923 ; elle commence à se concréter à + 4° et se congèle à — 5°. Elle n'est pas siccative et rancit difficilement. Elle renferme les 3/4 de son poids de trioléine, et se reconnaît à la coloration verte qu'elle prend en présence d'un mélange à parties égales d'acides azotique et sulfurique. Elle est fréquemment mélangée d'huile d'arachide.

Cette huile est employée en France comme aliment lorsqu'elle est surfine; on s'en sert beaucoup en Orient ; elle entre concurremment avec l'huile d'olive dans la fabrication des savons. Marseille possède plusieurs usines dans lesquelles on extrait de l'huile de sésame.

**SESQUI...** Préfixe qui, en chimie, indique un oxyde, un chlorure, etc., dans lequel un équivalent et demi d'oxygène, de chlore, etc., est combiné avec un équivalent de métal.

**SEUIL.** *T. de constr.* Feuille de parquet qui recouvre l'aire d'une embrasure de porte ; dalle de pierre qui remplit le même office.

**SEUILLET.** *T. de mar.* Marche qui forme la face inférieure du carré d'un sabord considéré comme une porte. ‖ *T. de tiss.* Tablette sur laquelle roule la navette du métier de tisserand.

**SEURRE** (GABRIEL-BERNARD), dit l'*aîné*. Sculpteur, né à Paris en 1797, mort en 1867. Entré très jeune dans l'atelier de Cartellier, puis aux Beaux-arts, il remporta le prix de Rome en 1813. De retour en France, il exposa, en 1824, une *Baigneuse* qui fut achetée par l'Etat pour le grand Trianon, et, en 1827, une *Sainte Barbe*, commandée pour l'église de la Sorbonne. Il avait à cette époque proposé de couronner l'arc de triomphe de l'Etoile par un quadrige gigantesque, projet repris de nos jours et exécuté par M. Falguière, mais dont les résultats, au point de vue monumental, n'ont pas répondu à l'attente de l'artiste. On ne donna aucune suite à la proposition de Seurre aîné, mais on lui confia un bas-relief pour l'Arc de triomphe : la *Bataille d'Aboukir*, dont il exposa le modèle en 1836. Il est l'auteur de la statue de Molière qui décore la fontaine de ce nom, et qu'accompagnent les figures de Pradier. On cite encore de lui : *Sylvie pleurant son cerf* ; *Saint Louis*, pour la chapelle de Tunis ; et *Pâris donnant la pomme à Vénus*, au musée de Nantes. Seurre était surtout un travailleur et un artiste consciencieux ; chevalier de la Légion d'honneur depuis 1837, il avait été élu membre de l'Institut en 1852.

**\* SEURRE** *jeune* (CHARLES-MARIE-EMILE). Sculpteur, frère du précédent, est né à Paris en 1798, et y est mort en 1858. Ses débuts lui furent facilités par la jeune renommée de son frère, et par l'amitié toute paternelle de Cartellier, dont il suivit les leçons. Second prix de Rome, en 1822, avec *Jason enlevant la toison d'or*, il remporta le premier prix, en 1824, avec *Jacob rapportant la tunique de Joseph*. Un moment il résolut de se consacrer à la gravure en médailles, mais il ne tarda pas à revenir au grand art, et débuta au salon de 1831 par une *Léda* qui, placée au Palais-Royal, fut brisée pendant les troubles de 1848. Le succès de cette œuvre lui attira la bienveillance de la cour, et il obtint plusieurs commandes importantes dont celle qui a fait sa réputation : la statue de *Napoléon I*[er] avec la redingote et le petit chapeau, qui couronna la colonne Vendôme jusqu'en 1863, où l'on eut l'idée moins heureuse de la remplacer par un triomphateur romain. Le statue de Seurre, transportée au rond point de Courbevoie, a disparu depuis la guerre de 1870, mais le modèle est conservé au Luxembourg, et une réduction en bronze, de grandeur naturelle, figure au musée de Versailles. Outre cette œuvre populaire, on doit à Seurre jeune des bas-reliefs à la chapelle de Dreux ; la statue équestre de Louis XII, au château de Blois ; la *Marine* à l'Arc de triomphe de l'Etoile ; *Charles VII*, au musée de Versailles ; *l'amiral Hugues Quiéret*, buste ; *Boileau* pour le Louvre ; la *Poésie*, pour le tombeau de son ami Casimir Delavigne, au Père-Lachaise. Seurre jeune, d'un caractère timide et modeste, tout à son art, n'a que peu exposé et a bien souvent même laissé attribuer à son frère des œuvres sorties de son ciseau.

**\* SEVÈNE.** Ingénieur en chef des ponts et chaussées, né à Quimperlé, le 33 décembre 1823, mort à Paris le 5 novembre 1883. Il entra à 17 ans à l'Ecole polytechnique, en sortit dans les premiers rangs et devint élève de l'Ecole des ponts et chaussées. Nommé ingénieur à Pontivy, il fut attaché, de 1846 à 1850, aux travaux de construction du canal de Nantes à Brest. De 1850 à 1860, il remplit à Quimperlé les fonctions d'ingénieur ordinaire, et entreprit, durant cette période, les études des chemins de fer de Bretagne. Entré, en 1859, au service de la Compagnie d'Orléans, il fut attaché d'abord à la résidence de Vannes, au service des travaux du chemin de fer de Savenay à Landerneau ; il s'y distingua tout spécialement

par la construction du *viaduc d'Auray*, gigantesque travail exécuté au milieu de difficultés exceptionnelles. En 1862, il fut élevé aux fonctions d'ingénieur de la voie du réseau d'Orléans ; quelques années après, la Compagnie lui confia le double service de la voie et de la construction. Vers la même époque, il occupa la chaire de chemin de fer à l'Ecole des ponts et chaussées, et s'y montra professeur aussi remarquable qu'il était ingénieur consommé. Enfin, en 1880, il fut appelé au poste important de directeur général de la Compagnie d'Orléans, et s'y signala surtout par de nombreuses innovations ayant pour but l'amélioration du sort des nombreux agents de la Compagnie (sociétés coopératives d'alimentation, création d'écoles, etc.) : il a occupé ce poste jusqu'à sa mort.

**SÈVRES** (Manufacture de). Ainsi que les Gobelins et Beauvais pour la tapisserie, Sèvres se montre comme la Manufacture type dont la misson officielle est de perfectionner dans les arts céramiques les traditions du bon goût, de diriger et d'élever le niveau de l'art en faisant des essais qui seraient trop coûteux pour l'industrie privée, et de maintenir constamment à l'étranger la réputation de la porcelaine française. — V. MANUFACTURES NATIONALES.

Trois causes principales ont exercé une haute influence sur la prospérité toujours croissante de la Manufacture de Sèvres : l'intelligence et le zèle des directeurs, la protection que les gouvernements successifs n'ont cessé de lui conserver, et la supériorité du personnel qu'elle emploie. La Manufacture de Sèvres est incontestablement la plus riche du monde en dessinateurs, en peintres, en sculpteurs, en modeleurs, en cuiseurs, en chimistes.

En 1769, sous la direction de Boileau, la fabrication de la porcelaine dure fut introduite à Sèvres et atteignit bientôt une célébrité égale à celle dont ses pâtes tendres jouissaient depuis nombre d'années (V. CÉRAMIQUE ET PORCELAINE). Les troubles de la première République ne firent rien perdre à la Manufacture de son ancienne splendeur. Ses produits si remarquables se répandirent dans l'Europe entière, malgré les préoccupations pénibles qui agitaient les esprits.

Mais comme toutes les industries modernes, elle puisa une force nouvelle et plus vive à cette source féconde de lumières que l'étude fit jaillir vers la fin du dernier siècle. Parmi la foule érudite de mathématiciens, de savants, de physiciens, de géologues, de chimistes qui survécurent à la Révolution avec leurs manuscrits, riches d'observations, de recherches et d'idées nouvelles, le premier consul choisit l'un des plus dignes, Alexandre Brongniart. Ce choix si heureux prouve toute la confiance qu'il avait dans notre industrie céramique. — V. BRONGNIART.

Sans donner ici une complète énumération des travaux qui feront vivre son souvenir dans les annales de la science et de l'industrie, il suffira de rappeler que Brongniart a, le premier, introduit l'analyse chimique dans l'étude des pâtes et des couvertes ; que, sous ses ordres, MM. Laurent, Malaguti et Salvétat entreprirent l'étude des divers matériaux composant la porcelaine, de façon que Sèvres pût désormais avoir des pâtes à composition fixe et donnant des résultats qu'on pouvait calculer à l'avance.

En outre de cette impulsion imprimée aux recherches si utiles de cette légion de jeunes savants dont Brongniart avait su s'entourer, c'est à lui que nous devons le grand four à porcelaine dont Sèvres se fait honneur, à l'encontre de toutes autres usines européennes qui n'ont rien d'approchant à lui comparer.

C'est à Brongniart, enfin, que l'on doit la fondation du musée de Sèvres (1824). Ce musée, unique au monde, a été créé par la persévérante patience de Désiré Riocreux. — V. Musée.

Mais, pour être juste, il faut ici modérer notre enthousiasme, car jusqu'à la fin du xviiie siècle, Sèvres a réalisé l'art du joli sans avoir rien produit de grand. La décadence commença avec la Révolution et l'Empire, malgré les grands encouragements de Napoléon. Sous Brongniart, le savant prima l'artiste, l'architecte évinça le décorateur et le sculpteur, l'atelier en un mot fut envahi par le laboratoire.

En 1847, Ebelmen succéda à Brongniart. La Manufacture, loin de rester stationnaire, vit s'accomplir de nouveaux progrès. Avec le nouveau directeur, les procédés de coulage, inaugurés par Brongniart dès 1814, prirent une extension considérable et fournirent aux artistes des cadres plus larges et mieux appropriés aux sujets grandioses que comporte la peinture sur porcelaine. Vers un extrême opposé, l'on poussa jusqu'au dernier terme de la délicatesse la confection de ces tasses où la matière est réduite au moindre volume possible en acquérant, par sa légèreté, l'élégance et la grâce. Ebelmen perfectionna, en outre, la peinture en bleu sous couverte et la sculpture en relief appliquée à la porcelaine. Il s'occupa encore de l'art d'émailler la tôle et de la peindre en couleurs vitrifiables par des procédés qui livrèrent un nouveau champ à la pratique des beaux-arts.

Le nom du chimiste Regnault, qui succéda à Ebelmen, en 1851, nous dispense d'insister plus longuement sur le mérite de son administration (V. Regnault). Président de l'Académie des sciences, Regnault s'est appliqué d'abord à poursuivre et à consolider, au point de vue de la science, l'œuvre si dignement commencée par ses prédécesseurs. Avec lui le champ des découvertes s'est élargi, des recherches nouvelles couronnées d'un plein succès dans leur application, ont abordé une fois de plus quels immenses résultats on peut obtenir de l'analyse chimique pour la composition des pâtes et la brillante solidité des émaux. Il ne fallait espérer rien moins de la science profonde de Regnault; mais ce qui a surpris bien davantage, c'est le goût exquis dont il a toujours donné des preuves depuis le commencement de sa direction, dans le genre qui paraissait surtout le moins à son caractère. Regnault n'était pas seulement un savant dont la France s'honore, c'était aussi un poète et un artiste. Car ces formes neuves et pures qui frappent l'attention dans les ouvrages datant de cette période, ces couleurs séduisantes, cette harmonie de lignes, cette originalité de dessins, cet ensemble charmant et varié dont l'admiration publique ne se lassait jamais ainsi, on les devait non moins à la critique judicieuse et inspiratrice du directeur lui-même, qu'aux précieuses qualités d'imagination et d'exécution du modeleur et du peintre.

La fabrication des vitraux, qui ne fut que temporaire et qui, bien que lancée dans une fausse direction, aida beaucoup à la renaissance de cet art, précéda, à cette époque, celle des émaux à laquelle on adjoignit l'exécution de grands vases décoratifs en faïence émaillée. En même temps, la décoration de la porcelaine reçut de grands développements et d'heureuses transformations. Il faut citer d'abord la création de nouvelles couleurs de grand feu, c'est-à-dire inaltérables à la température de fusion de la glaçure dans laquelle elles s'incorporent et qui les recouvre d'un brillant vernis. Ainsi fait à la couverte de la pâte tendre pour les couleurs qui ne peuvent supporter qu'une température plus basse et que l'on appelle couleurs de moufle. On doit mentionner ensuite le décor par engobe, obtenu par la superposition de pâtes blanches, soit moulées, soit modelées à la main et for-

mant de légers reliefs blancs sur la surface coloriée de la pièce.

A la mort de Regnault, M. L. Robert fut appelé à remplacer l'illustre chimiste. C'est sous sa direction qu'eut lieu l'inauguration de la nouvelle Manufacture (27 novembre 1876). Le directeur actuel est M. Lauth.

Voyons maintenant quels sont les principaux objets céramiques de grande valeur que l'on doit aux habiles artistes de Sèvres. On ne saurait tout décrire, tout admirer dans cette somptueuse réunion d'œuvres sans pareilles. C'est une collection merveilleuse dont la peinture, mieux qu'une froide analyse, pourrait compter les richesses. Bornons-nous donc à l'examen des pièces capitales et cet examen, si rapide qu'il soit, suffira à mettre en évidence la supériorité incontestable qui a toujours élevé, même aux plus mauvais jours, la Manufacture de Sèvres au-dessus de toutes les usines céramiques du monde entier.

Le Vase commémoratif de l'Exposition de Londres restera comme l'œuvre la plus remarquable parmi celles que l'art céramique avait préparé pour le grand concours de 1855. C'est une majestueuse pièce faite en biscuit et sans aucune couverte, dont les dimensions offraient à la cuisson une difficulté inouïe. Cependant, la forme a traversé le feu sans y rien laisser de sa pureté, de cette originalité hardie dont on a beaucoup parlé et qui fait tant d'honneur à l'ancien sous-directeur de la Manufacture, M. Diéterle, car c'est au talent de cet éminent artiste que l'on est redevable de l'ensemble de cette brillante composition. La sculpture n'a pas eu davantage à souffrir; les plus délicates nuances dont cette œuvre si remarquable est parsemée, restent traduites avec netteté. Le biscuit, enfin, présente sur les parties non décorées, une teinte neigeuse, d'un grand prix; et qui atteste sa réussite.

Ainsi donc, au seul point de vue céramique, et abstraction faite de la décoration, ce vase ne laisse rien à désirer.

C'est aussi une obligation de signaler les noms de MM. Choiselat et Tranchant qui ont fait les sculptures, et celui de M. Brunel-Rocques qui a peint sur la frise un sujet de Gérôme représentant les Nations groupées ensemble et venant au devant de l'Équité, assise avec l'Abondance et la Concorde, ses compagnes, sur l'estrade d'un tribunal. Nous l'avons dit : la composition générale du vase est due au crayon et à l'imagination de M. Diéterle. Ce seul témoignage vaut le plus flatteur des éloges.

Le Vase de la Guerre, de même que le précédent, est en biscuit émaillé, mais la peinture et la décoration ont été bannies de toute participation à ce travail, qui est exclusivement dû à la sculpture et à la céramique. La pièce a été d'abord moulée, puis modelée et sculptée. C'est également à Diéterle que l'on doit les dessins de ce chef-d'œuvre. Faut-il admirer davantage le caractère énergique, simple et grandiose de la composition, ou la supérieure habileté des deux artistes qui, dans un relief plastique, ont jeté la vie? Les figures qui se détachent sur les flancs du vase sont animées d'une sauvage ardeur. La tête de Méduse se contracte avec une telle férocité qu'on croit entendre le chant de guerre. Autour des anses, d'une légèreté inouïe, s'enroulent deux énormes serpents dont les têtes sifflent aux oreilles de l'aigle qui, les ailes déployées, le bec ivre de carnage, va prendre son essor. Deux génies embouchant la trompette sont modelés d'après les plus saines traditions de la Renaissance, et le calme impassible et fort de leur physionomie, au milieu de cet entourage frénétique, empreint le tableau d'une vérité plus saisissante. La sculpture céramique a rarement atteint ce degré de vérité et de force. MM. Choiselat et Morand sont les auteurs de ce magnifique travail.

Le Vase de l'Agriculture fait pendant au Vase de la

Guerre; il a été composé et sculpté par Klagmann. C'est une pâte céladon ornée de profonds reliefs en pâte blanche, le tout recouvert d'une glaçure transparente.

Mais il nous faut abandonner ces merveilles pour citer quelques spécimens des procédés nés sous la direction d'Ebelmen; nous voulons parler de la peinture en bleu sous couverte et de la sculpture pâte sur pâte. Dans ce dernier cas, le magnifique baptistère, composé par Diéterle, sculpté par M. Gély et décoré par MM. Blanchard et Jules Roussel, résume, dans leur expression la plus haute, tous les efforts et les succès tentés par Sèvres vers 1850.

La composition de cette œuvre, étudiée sur les plus beaux modèles de l'art byzantin, couronne la renommée de Diéterle. Un grand artiste, M. Gély, a sculpté en relief sur la cerce, des fleurs, des oiseaux, des feuilles de laurier. Ces ornements, mis en couleurs naturelles, se détachent avec une grâce inimitable sur le fond vert de la cerce qui a été obtenue par le coulage.

D'autres œuvres témoignent du talent de M. Gély pour sculpter ces reliefs en pâte blanche sur le fond émaillé de la porcelaine. Ainsi, les quatre vases Bertin sont peut-être le travail le plus remarquable qui ait été fait dans ce genre si léger de la sculpture au pinceau. Rien de plus gracieux, en effet, que ces insectes, ces hérons, ces cigognes dont le long bec se joue à travers les plantes aquatiques.

Si maintenant l'on veut juger de la supériorité à laquelle Sèvres est arrivé dans la peinture en bleu sous couverte, le Vase Mansard, destiné à la mémoire de Jean Goujon, présente réunies toutes les qualités de ce nouveau genre. M. Ferdinand Régnier a peint cette œuvre: d'un côté, les armes de la ville de Paris avec sa devise: Fluctuat nec mergitur; de l'autre, une reproduction très habile de Diane chasseresse, d'après Jean Goujon lui-même. Les anses bleues sont d'une hardiesse extrême; elles supportent des Victoires en argent dues au ciseau de MM. Klagmann et Choiselat.

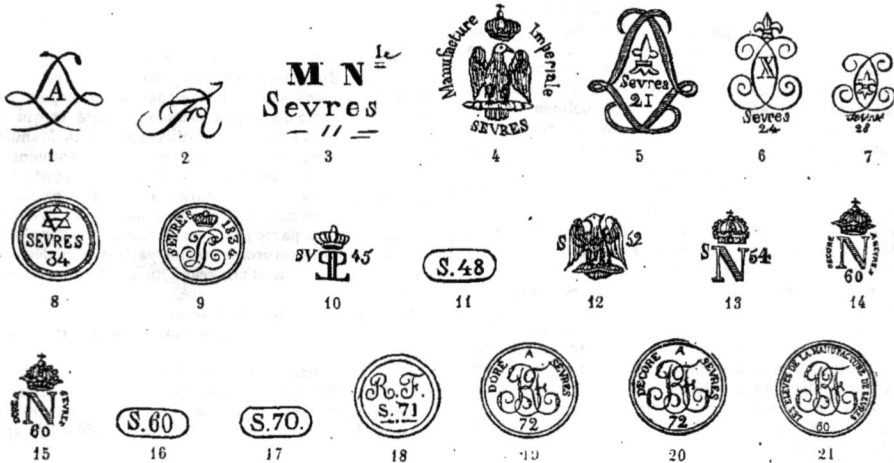

Fig. 129 à 149. — *Marques de Sèvres.*

1 Louis XV et Louis XVI. — 2 République française. — 3 Consulat. — 4 Napoléon Ier. — 5 Louis XVIII. — 6 Charles X. — 7 Charles X. — 8 Louis-Philippe. — 9 Louis-Philippe. — 10 Louis-Philippe. — 11 République. — 12 Présidence. — 13 Napoléon III. — 14 Napoléon III. — 15 Napoléon III. — 16 et 17 Napoléon III, marque des pièces blanches. — 18, 19, 20 et 21 République.

*Nota.* Outre les marques de la Manufacture, les artistes célèbres ont apposé leur signature particulière ou des signes divers; l'un deux, Vincent, signait 2000.

Une autre pièce d'un très bel effet céramique est le grand vase de M. Ficquenet. Ce vase mesure 1m,60 de hauteur sur plus d'un mètre de largeur. Non seulement la forme en est très bonne, mais les grandes feuilles de palmier, bleues sur fond jaune clair d'urane sous la couverte, en font une pièce céramique de premier ordre; là, pas de surcharges de couleurs de petit feu, tout est obtenu par le grand feu avec des moyens nouveaux. De ce même artiste, qui semble avoir tiré le meilleur parti des méthodes nouvelles, sont deux potiches dont le fond est également dû au jaune d'urane, ornées de fleurs de fantaisie où le noir franc entoure un bleu du plus beau ton et de l'éclat le plus riche. Ce sont de véritables pierres précieuses artificielles. Dans ces deux pièces, on retrouve l'emploi le plus heureux des fonds et pâtes colorés sous couverte ayant été obtenus par le grand feu.

Restent les tableaux sur plaques de porcelaine, dans la peinture desquels Mme Jacottot et d'autres artistes de premier ordre dépensèrent beaucoup de talent pour copier quelques tableaux du Louvre. Heureux si l'on se fût arrêté à ces plaques coûteuses, parfois d'une remarquable réussite, que l'on commença de peindre dès l'année 1767; mais l'on prétendit faire les mêmes copies sur des vases

et sur des assiettes, au risque de rompre l'harmonie des lignes de la pièce et de creuser les vides d'une perspective là où doit s'arrondir la panse d'une aiguière ou s'étendre la surface lisse d'une coupe. De pareilles fantaisies sont abandonnées aujourd'hui; on a renoncé à ces reproductions de tableaux qui n'étaient que d'inutiles tours de force; inutiles en ce qu'ils ne répétaient, en quoi que ce soit, l'aspect réel des originaux, qu'ils étaient d'un emploi décoratif d'autant plus impossible qu'ils étaient plus grands, et qu'ils perpétuaient le mode de décor le plus vicieux par l'emploi de tons neutres et l'abus des couleurs de moufle. Aujourd'hui, cette peinture sèche et froide a cédé la place à l'émail grand feu, procédé bien supérieur dont MM. Michel Bouquet et Deck ont su tirer un si bon parti. — V. MUSÉE CÉRAMIQUE DE SÈVRES.

Enfin, vers 1874, la Manufacture de Sèvres s'est livrée à des recherches sérieuses dont le résultat a amené la découverte d'une porcelaine nouvelle qui tient le milieu entre la porcelaine tendre française et la porcelaine dure chinoise. — V. PORCELAINE.

Nous arrêterons ici nos descriptions, un volume suffirait à peine à décrire toutes les œuvres de Sèvres qui méritent d'être mentionnées. Nous avons signalé celles qui ont fixé surtout l'attention du public à cause de leurs grandes dimensions. Quant aux mille fantaisies que cette Manufacture produit chaque année, et qui servent de type à toutes les porcelaines de l'univers, la mode se charge de les populariser.

Aujourd'hui, grâce à la susceptibilité de la direction, la marque de fabrique de Sèvres est, comme autrefois, le plus beau titre de noblesse qui puisse assurer le prix d'une pièce de porcelaine. Depuis quelques années, surtout depuis que le public a pu se procurer, à haut prix il est vrai, les produits de la Manufacture, le goût des porcelaines neuves et anciennes s'est répandu et est devenu non seulement une mode, mais une fureur ; il n'est pas rare de voir, à la salle des ventes, une tasse, même cassée, se vendre quinze ou vingt mille francs, si elle est d'une bonne marque, connue seulement de quelques amateurs. Aussi avons-nous trouvé utile de donner ici la figure des marques de Sèvres aux différentes époques (fig. 120 à 149).

On peut donc affirmer que Sèvres est et restera un des derniers vestiges de ces Manufactures d'État dont les produits doivent, par leur perfection détachée de toute préoccupation du prix de revient, braver toute concurrence. La lutte sur le terrain du beau, dit à ce sujet un critique d'art contemporain, voilà la seule qui soit digne d'elle. La suprématie de la France dans les arts de luxe, acclamée dans ces grands jeux olympiques que nous appelons les Expositions universelles, telle est leur fonction, que ces Manufactures s'appellent Sèvres ou les Gobelins. Les vases, les services même de Sèvres ne devraient aller que chez les heureux du siècle ou servir de récompense nationale. — S. B.

*Bibliographie* : TURGAN : *Sèvres ancien et moderne* ; Paul ROUAIX ; *Dictionnaire des arts décoratifs*, Vᵒ Sèvres ; Alfred DARCEL : *Manufactures nationales, Gobelins et Sèvres*, dans *Paris-Guide* ; Philippe BURTY : *Les chefs-d'œuvre des arts industriels*.

**SEXTANT** et **CERCLE A RÉFLEXION**. Ces deux instruments, qui servent aux mêmes usages et sont fondés sur le même principe, ne diffèrent qu'en ce que le sextant ne comprend qu'un sixième de la circonférence, tandis que le cercle à réflexion comporte un cercle divisé complet. Ce sont les seuls qu'on puisse employer pour la mesure des angles lorsqu'il n'est pas possible d'établir un cercle divisé sur un pilier immobile. Tel est le cas des observations que doivent faire les marins sur le pont de leur navire. C'est Halley qui eut le premier, en 1731, l'idée de mesurer un angle par le déplacement d'un miroir le long d'un cercle divisé. Imaginons qu'un rayon de lumière de direction invariable vienne frapper un miroir plan ; si nous déplaçons le miroir d'un angle quelconque, il est visible que le rayon réfléchi tournera d'un angle double puisqu'il doit toujours faire avec le miroir un angle égal à l'angle d'incidence.

Inversement, si l'on veut que deux rayons différents viennent successivement se réfléchir suivant la même direction, il faudra faire tourner le miroir d'un angle égal à la moitié de celui des deux rayons incidents : si l'on peut mesurer le déplacement du miroir, il suffira de le doubler pour obtenir l'angle des deux rayons primitifs. Tel est le principe des instruments à réflexion qui rendent de si grands services aux navigateurs. En réalité, un seul miroir ne pourrait suffire, car il serait impossible de savoir si, après son dé-

placement, le second rayon réfléchi a bien pris la même direction qu'avait le premier. On tourne cette difficulté en disposant en face du miroir que nous appellerons le grand miroir, mais un peu de côté, un second miroir immobile, plus petit, et qui n'est étamé que sur la moitié inférieure de sa surface. Juste en face de ce dernier se trouve une lunette sans réticule, ou même un simple tube au moyen duquel on peut apercevoir aussi bien la lumière qui a traversé la partie supérieure non étamée du petit miroir, et celle qui s'est réfléchie à la partie inférieure. Lorsque les deux miroirs sont bien parallèles, un rayon, après deux réflexions successives sur chacun d'eux, se retrouve parallèle à lui-même, de sorte qu'on aperçoit, coïncidant dans le champ de la lunette, l'image d'un point quelconque A vu directement à travers la glace sans tain, et l'image du même

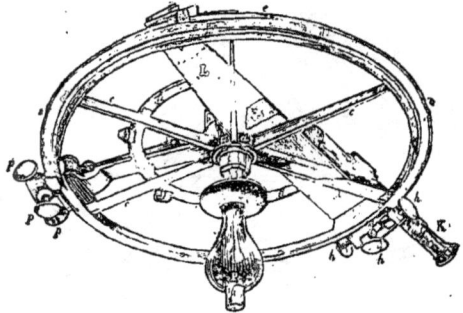

Fig. 150. — *Cercle à réflexion.*

point après les deux réflexions. Si l'on vient à déplacer le grand miroir ces deux images se séparent, mais la direction dans laquelle s'était réfléchi sur le grand miroir le rayon émané de A se trouve conservée par la lunette ; elle est fixée pour ainsi dire par la position de l'image directe du même point A. Si donc, on fait tourner le grand miroir jusqu'à ce que l'image d'un second point B vu après deux réflexions vienne coïncider avec l'image directe de A, le rayon émané de B se réfléchira bien suivant la direction qu'avait prise l'autre tout à l'heure, et le grand miroir aura par conséquent tourné de la moitié de la distance angulaire des deux points. Ajoutons que l'observation est tout à fait indépendante des trépidations et mouvements auxquels peut être soumis l'instrument, car il est bien évident que toutes les fois que les deux images seront en coïncidence, l'angle des deux miroirs sera égal à la moitié de la distance angulaire cherchée.

Dans les premiers instruments à réflexion, le grand miroir portait une alidade munie d'un vernier glissant le long d'un arc divisé, égal au sixième ou au huitième de la circonférence, d'où le nom de *sextant* ou d'*octant* (V. ce mot) donné à cet instrument si commode et si usité. Plus tard, Borda eut l'idée d'employer un cercle complet et de rendre le petit miroir mobile, afin qu'on pût appliquer à l'appareil le principe de la *répétition* (V. Centre répétiteur); il obtint ainsi l'instrument connu sous le nom de *cercle à réflexion* que montre la figure 150. Le sextant est représenté par la figure 151.

Des verres de couleur peuvent être interposés sur le trajet des rayons lumineux pour permettre l'observation du soleil.

Avant de se servir de cet instrument, il faut lui faire subir les rectifications suivantes · par des procédés dans le détail desquels nous n'entrerons pas :

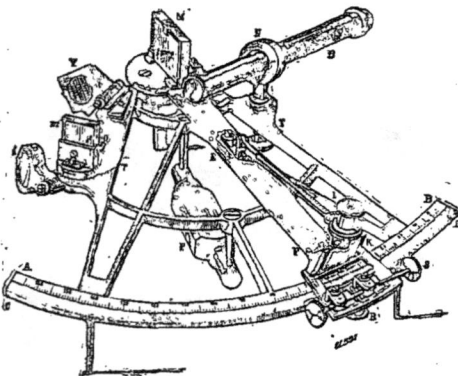

Fig. 151. — *Sextant.*

*A B* Limbe divisé en demi-degrés. — *C D* Partie extérieure de l'arc de cercle. — *E F* Alidade portant le grand miroir *M*. — *K* Vernier et glace pour l'éclairer. — *L* Loupe pour lire les divisions. — *M* Grand miroir. — *m* Petit miroir. — *P* Lunette et *N* collier qui la supporte. — *o* Pièce supportant le petit miroir. — *P* Poignée. — *R* Vis de pression pour fixer l'alidade du grand miroir. — *S* Vis de rappel pour manœuvrer cette alidade. — *T* Pièces formant la charpente de l'instrument. — *XY* Verres colorés pour intercepter une partie des rayons solaires.

1° Les deux miroirs doivent être rendus bien perpendiculaires au plan du limbe, ce qui se reconnaît lorsque l'image réfléchie du cercle se trouve dans le prolongement exact du cercle lui-même ;

2° L'axe de la lunette doit être parallèle au plan du cercle, afin que l'axe optique rencontrant la limite d'étamage du petit miroir, on puisse apercevoir à la fois les images directes et réfléchies.

Une fois l'instrument rectifié, on place l'alidade qui porte le grand miroir, sur le zéro du limbe, et on l'y fixe avec la pince de calage, on amène le petit miroir à être à peu près parallèle au grand, et on le fixe avec une vis de pression. On complète le parallélisme des deux miroirs en agissant sur une vis de rappel, jusqu'à ce que l'image directe d'un objet éloigné vienne coïncider avec l'image doublement réfléchie au même point. A ce moment, l'instrument étant tenu par la poignée, on le place dans le plan des deux objets A et B dont on veut déterminer la distance angulaire, et l'on vise

l'objet A, par exemple, avec la lunette sans desserrer aucune vis. Avec un sextant, on fait l'observation en déplaçant le grand miroir jusqu'à ce qu'on obtienne la coïncidence de l'image réfléchie de B avec l'image directe de A : l'angle indiqué par le vernier donne la moitié de celui qu'on cherche, et même l'angle lui-même parce qu'un arc de 1/2 degré est numéroté comme un degré entier. Avec le cercle à réflexion, on peut appliquer le principe de la répétition ; pour cet objet, on décale la lunette et on la fait tourner, ou plutôt on fait tourner le cercle auquel le grand miroir est resté fixé, en laissant la lunette braquée sur A. Les deux images de A se séparent alors, et bientôt on voit entrer dans le champ l'image de B qu'on amène en coïncidence avec l'image directe de A restée visible. La lunette étant alors fixée, on renverse l'instrument en mettant la poignée en haut si elle était en bas, ou inversement, et l'on vise A avec la lunette. Le point B n'est pas aperçu puisque le grand miroir n'est plus dirigé de son côté ; mais on décale l'alidade de ce miroir, et on le fait tourner en le faisant passer par la position du parallélisme jusqu'à ce que l'image réfléchie de B, ayant reparu, soit venu coïncider avec l'image directe de A. Il est évident que l'index du vernier aura parcouru sur le limbe le double de l'angle qu'il faudrait pour passer de la position du parallélisme à celle de la coïncidence de A et B, c'est-à-dire un angle précisément égal à celui qu'on veut obtenir. On peut donc faire la lecture du vernier ; mais si l'on veut pousser plus loin la répétition, on cale la lunette et l'on rétablit le parallélisme en déplaçant le petit miroir sans toucher au grand. L'instrument se retrouve alors dans la position initiale, à cela près que le vernier de l'alidade, au lieu d'être au O de la division du limbe en est à une distance égale à l'angle observé. Si donc on recommence autant de fois qu'on voudra la même série d'opérations, on déplacera l'alidade d'un multiple quelconque de l'angle cherché, de sorte qu'on mesurera, par une seule lecture finale, un angle 2, 3, 4 fois plus grand que celui qu'on veut connaître. L'erreur inévitable de lecture est ainsi divisée par le nombre des répétitions, ce qui augmente de beaucoup la précision des mesures.

Les instruments à réflexion servent surtout aux navigateurs pour déterminer la hauteur du soleil au-dessus de l'horizon, à midi, afin d'en déduire la latitude du point où ils se trouvent. — M. F.

**SGRAFFITE.** Sorte de fresque en blanc et noir que l'on fait avec une pointe sur l'endroit d'un cuir où l'on a appliqué une teinte grise. — V. Peinture, § *Peinture en sgraffiti.*

**SHAKO** ou **SCHAKO.** Coiffure militaire importée en France par les hussards hongrois, et qui a été fort en usage dans l'infanterie aussi bien que dans la cavalerie légère.

— C'est à partir seulement de 1804 que le shako a commencé à être adopté dans l'infanterie en remplacement du chapeau en feutre. Suivant la mode, lui aussi a subi de nombreuses modifications, sa forme qui fut successivement cylindrique, puis tronconique, avec évasement vers le haut d'abord et vers le bas en dernier lieu.

Depuis la guerre de 1870-71, le shako n'a plus été conservé que comme coiffure de grande tenue pour l'infanterie, l'artillerie, le génie et le train ; seules, les troupes de cavalerie légère, hussards et chasseurs, devaient encore l'emporter en campagne. Depuis 1886, le shako est supprimé en principe et remplacé pour la grande tenue par un képi rigide, qui n'est en réalité comme dimensions et comme poids que le shako réduit à sa plus simple expression, puisqu'il ne comporte qu'une enveloppe de drap et une coiffe en étoffe rigide, avec peu d'ornements.

**SHALL.** — V. Châle.

\* **SHODDY.** *T. techn.* Matière résultant de l'effilochage des articles de bonneterie et des chiffons de tissus peu feutrés. — V. Renaissance.

\* **SIAM ET CAMBODGE** (à l'Exposition de 1878) (1). Comme le catalogue de l'exposition Siamoise ne fournissait aucune indication de provenance, il ne nous a pas été possible de faire nous-mêmes la répartition d'origine entre les produits exposés collectivement par le Siam et les provinces cambodgiennes qu'il s'est annexées. Le pavillon siamois était construit dans le style indien à quatre façades élégantes ornées de peintures et de dorures, couvert de tuiles vernissées, décoré de sculptures et surmonté d'une haute flèche dorée. Comme pour la Perse, le Siam n'avait qu'un seul exposant : S. M. Somdet Phra Paramindr Maha Koulakoukorn, souverain de Siam, de Laos et de la plus grande partie du Cambodge. Nous n'attachons aucun intérêt local à quelques meubles imités de la fabrication européenne. La céramique ne nous a montré que de la poterie commune ; mais l'orfèvrerie de Bangkok représentée par des chandeliers en argent plaqué, des plateaux, des drageoirs, des flacons en argent, en or, justifiait la renommée dont elle est l'objet dans l'Extrême-Orient. L'or y affecte une teinte orange qu'il revêt sous l'action du soufre à laquelle on le soumet à certain moment de sa fabrication. Des pipes, des gobelets, des boîtes à incrustations de nacre, tels étaient les principaux objets de tabletterie. Le grand luxe, l'or, les pierres précieuses sont réservées pour les boîtes à bétel dont tout Siamois fait une grande consommation. Le roi de Siam n'exposait que des étoffes de luxe : soies de couleurs diverses, châles, draps rayés, habits de soie brodés d'or et d'argent, des soies pourpre et rouge foncé ; entre les armes, des arcs, des flèches, des boucliers, des massues, des sabres toujours en usage parmi les troupes régulières. Aucune des richesses minérales ne figurait à l'Exposition sous forme brute, on n'y trouvait que des métaux ouvrés en façon d'ustensiles divers. Au nombre des essences forestières, on rencontrait l'arbre à gutta-percha, diverses variétés de palmiers, le palmier éventail, le sagou, le cocotier, l'aréquier, le *rak* (sorte de bananier), le *rathan* aux défenses aiguës, le bambou, le bois d'aigle. Nous nommerons parmi les produits divers : la gomme de benjoin, la gomme-gutte, la cire d'abeilles, les graines de cardamone, les peaux de sangolins et de raies, les plumes de martins-pêcheurs et de paon, les écailles de tortue, les cornes de rhinocéros, de daims, buffles, taureaux sauvages, les dents d'ours et de tigre, les défenses d'éléphant. Un éléphant blanc figurait sur l'étendard royal. C'est un juste hommage rendu à cet animal dont les services sont inappréciables en ce pays et que le voyageur Mouhot a nommé « la frégate des jungles et des montagnes tropicales. » Nous n'étonnerons personne en disant qu'au Siam l'industrie est nulle, l'agriculture très arriérée. On y compte cependant trente sucreries employant chacune deux ou trois cents ouvriers. Le sol est absolument propice à la culture de la canne. Du

(1) V. la note, p. 117, t. I.

passé de cette contrée nous ne savons rien ou presque rien. Des voyageurs (Mouhot, Lagrée, Harmand, Delaporte) parlent de ruines imposantes, colossales, qui annonceraient un état de civilisation très avancé, remontant aux plus lointaines époques de l'histoire. L'ignorance ou le mauvais vouloir des indigènes les rendent inabordables.

**SIAMOISE.** *T. de tiss.* Etoffe de coton rayée ou à carreaux ; les couleurs de la chaîne et de la trame y sont toujours opposées, et le fond en est ordinairement blanc.

**SICCATIF.** *T. techn.* Substance destinée à accélérer la dessiccation des huiles végétales employées par la peinture en bâtiment. Deux sortes de produits servent surtout à obtenir ce résultat, les *oxydes de plomb* et de *manganèse*.

Depuis bien longtemps, pour rendre les huiles de lin ou de pavot plus siccatives qu'elles ne le sont naturellement, on a l'habitude de les faire bouillir avec 7 à 8 0/0 de leur poids de litharge. On écume avec soin, et quand l'huile a pris une teinte rouge, on retire du feu, et on laisse clarifier par le repos ; on décante ensuite l'huile pour la séparer du plomb réduit qui s'est formé. C'est ce que l'on appelle l'*huile de lin cuite.* On la mélange par petites quantités aux peintures prêtes à employer, que l'on veut rendre plus siccatives. Mais toutes les sortes de peintures ne peuvent se préparer ainsi ; par exemple, celles au blanc de zinc qui, par l'addition d'huile cuite, deviendraient nuisibles pour la santé, et noirciraient par sulfuration, puisqu'il y a du plomb dans le siccatif. On a alors cherché d'autres procédés pour obtenir un effet analogue, et l'on a trouvé qu'en faisant chauffer pendant six à huit heures, à 200°, de l'huile de lin avec du bioxyde de manganèse en poudre grossière, il suffisait de mêler 2 à 3 0/0 de cette huile à la peinture broyée, pour avoir de très bons résultats. M. Sorel a depuis prétendu que tous les sels de manganèse rendaient les huiles siccatives en général. Dans la pratique, il n'y a qu'un petit nombre de ces produits utilisés. La compagnie de la *Vieille montagne* vend, sous son nom à elle, un siccatif formé de : sulfate de manganèse 6.66, acétate de manganèse 6.66, sulfate de zinc 6.68 et blanc de zinc 980. Il faut seulement 2 à 3 0/0 de cette préparation pour rendre une peinture siccative. Le siccatif à la litharge mêlé à 25 parties de sable et 10 parties de craie pulvérisée, en proportion convenable pour faire une pâte molle, forme un ciment hydrofuge qui prend sous l'eau et se dessèche également très vite.

\* **SIDÉRITE.** 1° *T. de minér.* Syn : *Sidérose* ou *fer carbonaté natif.* — V. Fer, § *Etat naturel.* || 2° *T. techn.* Chromate de peroxyde de fer basique, recommandé comme couleur jaune inaltérable à l'air et à la lumière, applicable à l'huile, à la colle, et servant également à colorer le verre soluble. On l'obtient en chauffant une solution neutre de perchlorure de fer et la mélangeant avec une solution de chromate de potassium ; il se précipite aussitôt une poudre d'un jaune rougeâtre qu'on lave et qu'on sèche.

**\*SIDÉROSE.** *T. de minér.* Fer carbonaté natif. — V. **FER,** § *Fer naturel.*

**\*SIDÉROTECHNIE, SIDÉRURGIE.** On peut confondre, sous ces deux appellations, l'art d'extraire le fer de ses minerais et les procédés pour le mettre en état de répondre aux divers besoins des arts, soit *comme nature chimique et physique* (fer, fonte, acier), soit *comme forme et dimension* (laminage, martelage, fonderie, etc.).

La *sidérurgie* (de σιδηρος, fer) est une des branches les plus importantes de la métallurgie, puisqu'elle permet d'obtenir le plus utile et le plus abondant des métaux. Nous avons indiqué déjà (V. MÉTALLURGIE) les phases diverses par lesquelles est passée la sidérurgie ou métallurgie du fer, depuis les temps les plus reculés jusqu'à nos jours. Le point capital autour duquel pivotent les réactions chimiques qui permettent l'extraction du fer des minerais divers qui le renferment, c'est l'affinité du carbone pour le fer. En carburant le fer réduit, on lui communique une fusibilité relativement considérable qui permet de séparer le métal de sa gangue, et l'on obtient la *fonte,* produit intermédiaire qui sert de matière première à la sidérurgie moderne. C'est seulement, par cette division du travail, concentration du fer dans un alliage carburé, puis décarburation ou affinage de ce carbure, que l'on est arrivé à utiliser les minerais les plus pauvres et à les traiter complètement de la manière la plus économique.

**SIÈGE.** Meuble fait pour s'asseoir, avec ou sans dossier, sans bras ou avec bras. Il y a des sièges entièrement en bois, d'autres dont le fond est garni de paille, de jonc, de canne, de tapisserie. On fait aussi des sièges en fer, en rotin ou en bambou.

HISTORIQUE. La forme qu'avaient anciennement les sièges dans la Grèce antique nous est révélée par les peintures des vases. Le *diphros* était un siège bas, sans dossier, facile à mouvoir, à quatre pieds disposés en X ou perpendiculaires. Le diphros primitif se pliait sans difficulté, car son siège se composait de sangles entrelacées. Les diphros à quatre pieds perpendiculaires ne se pliaient pas, le siège et les pieds étant solidement attachés ensemble. En ajoutant un dossier à un diphros non pliant, on obtenait ce que nous appelons une *chaise.* —V. ce mot.

A côté de ces sièges élégants, on plaçait des escabeaux correspondant à nos *petits bancs,* et employés surtout par les femmes.

Le siège du roi de Perse était célèbre chez les anciens; on conservait à Athènes, dans le Parthénon de Minerve, le siège de Xerxès, *qui avait des pieds d'argent.*

Quant à la forme des sièges antiques, elle a beaucoup varié avec le temps. Chez les Romains, elle était la marque de la dignité (V. CHAISE, § *chaise curule*). Mais en examinant les peintures murales d'Herculanum et de Pompéi, et certaines œuvres plastiques, on reconnaît partout l'imitation des modèles grecs.

Il semble que, dès les premiers temps du moyen âge, on ait voulu donner aux sièges une élégance et une richesse particulières. Ils empruntaient des formes très variées : on en faisait de ronds, de carrés, de forme polygonale, à quatre ou six montants, presque tous avec bras et dossiers. D'abord en métal incrusté d'or, d'argent, de cuivre et d'ivoire, les sièges furent plus tard

fabriqués en bois tourné et sculpté. On les recouvrait ensuite d'étoffes brillantes, non point comme cela se pratique de nos jours, par des tissus cloués, rembourrés et fixes, mais par des coussins et des tapis mobiles, attachés par des courroies, ou jetés sur le bois. Ces sortes de sièges étaient rares d'ailleurs ; dans la pièce principale il n'y avait, la plupart du temps, qu'une seule chaise réservée au maître de la maison ; on ne trouvait pour s'asseoir que des bancs, des bahuts, des escabeaux et des petits pliants rangés autour de la pièce.

Mais c'est seulement à l'époque de la Renaissance que le siège prit en France un développement plus considérable. Alors paraissent les sièges à doubles traverses; les sièges à têtes de griffons, etc. Enfin l'ébène s'ajoute au chêne et au noyer dans la confection des différents sièges.

Sous Louis XIV, les sièges prennent des formes magistrales. La Manufacture royale des Gobelins profite à leur ornementation ; on adapte les bois précieux, on leur applique des ornements en bronze.

Ajoutons qu'au XVIIᵉ siècle, l'étiquette établit la hiérarchie des sièges en même temps que la hiérarchie des personnes. Le *Nouveau Traité de la civilité française,* 1695, ch. 67, les range ainsi par ordre : « Fauteuil à bras avec frange, fauteuil à bras sans frange, fauteuil sans bras, sans frange, chaise à bras, chaise sans bras, pliant. » Dans quelques maisons, suivant le *Dictionnaire de l'Académie,* édition de 1694, cette hiérarchie descendait encore plus bas : « Tabouret, escabelle, escabeau. »

Aussi vit-on souvent, dans les assemblées ou réunions, naître de véritables querelles avec menaces de se séparer, par suite de vaines prétentions sur la place des sièges.

Ce n'est seulement qu'au XVIIIᵉ siècle que les sièges devenus plus gracieux se multiplient sous les formes les plus avantageuses ; on voit alors apparaître le sopha, le trémoussoir ou fauteuil à ressort, la ganache, et enfin le canapé et la bergère et le canapé.

Aux meubles en ébène, en palissandre et autres bois, sculptés ou enrichis de bronze, se sont ajoutés depuis longtemps déjà les sièges en bois peint et doré : en dernier lieu, l'acajou plaqué, le noyer et le chêne, ont apporté une ressource nouvelle pour la fabrication des sièges de toutes sortes.

Aujourd'hui, cette fabrication a pris une grande importance à Paris, surtout depuis que les tapissiers-décorateurs rivalisent pour ainsi dire avec les menuisiers-ébénistes. — V. CHAISE et FAUTEUIL, EMPIRE (style), LOUIS-TREIZE (style) et articles suivants. — S. B.

**Siège d'aisances.** *T. techn.* Appareil disposé dans les latrines ou dans un cabinet d'aisances pour que l'on puisse s'y asseoir ou monter dessus. Le siège rudimentaire, tel qu'on le voit trop souvent dans nos campagnes ou dans les communs des villes, est un simple trou percé, soit dans une sorte de trappe ou châssis de bois, soit dans une maçonnerie établie en contre-haut ou même au niveau du sol.

Dans les appartements, le siège ordinaire est une sorte de coffre en bois sur lequel on s'assied et qui renferme un appareil dit *de garde-robe ;* le coffre est composé d'une tablette posée horizontalement, à 45 ou 50 centimètres du sol et percée d'un trou circulaire que ferme un abattant à poignée. Le devant du siège est formé de planches jointives.

Quant aux appareils de garde-robe proprement dits, il y en a bien des systèmes. D'une manière générale, ils comprennent une cuvette en fonte ou en faïence avec valve ou clapet mobile destiné à intercepter le passage des gaz méphytiques venant de la fosse. Cette valve fonctionne à l'aide d'un levier de tirage ou bien elle se meut automatiquement, en particulier dans les sièges dits *à bascule*, établis souvent dans les cours ou dans l'intérieur des maisons pour le service commun de plusieurs logements. Ce dernier système est formé d'un abattant placé à 0m,20 du sol et pouvant basculer sous l'action du poids de la personne qu'il supporte. Parmi tous ces appareils de garde-robe fournis par l'industrie, nous n'en citerons que deux comme étant les plus répandus : les appareils Rogier-Mothes et les appareils Havard ; construits sur différents modèles, fixes ou à bascule, ils peuvent s'appliquer, soit aux cabinets à la turque, soit aux sièges d'appartements. ,

**SIFFLET.** Ce mot qui désigne un petit instrument avec lequel on siffle, ou un objet taillé en biseau, a une signification importante en *t. de mécan.*, c'est un organe disposé sur les chaudières pour produire un son lorsque la prise de vapeur de l'appareil vient à être ouverte automatiquement ou à la main. Ces appareils pourraient aussi évidemment être installés sur des réservoirs d'air comprimé, par exemple, et être actionnés par le dégagement de ce fluide. Les sifflets sont constitués presque toujours par un timbre métallique dont la cloche est quelquefois double, et celle-ci entre en vibration sous l'influence du courant d'air ou de vapeur qui vient en frapper les bords en biseau. Le son du sifflet est utilisé ordinairement comme signal acoustique transmettant une indication ou prévenant d'un danger, et comme il importe dans certains cas que ce signal puisse être perçu nettement et au loin, certains ingénieurs se sont attachés à l'étude de cette question de la forme à donner à la cloche, qui détermine évidemment la hauteur et le timbre du son, et ils sont arrivés, dans ces dernières années, à créer des types nouveaux, surtout pour les sifflets de locomotives ; sur ces machines, en effet, le son se confond facilement avec le bruit propre du mouvement des vagons et ne se perçoit plus à l'extrémité d'un train un peu long. Le sifflet à note aiguë comme celui à double cloche de la Compagnie du Nord, est préférable à ce point de vue au bugle américain, plus bruyant cependant. — V. BUGLE, II.

Sur les chaudières de la marine anglaise, on rencontre souvent, remarque M. Richard (V. *Revue générale des chemins de fer*, numéro de juillet 1883), des sifflets spéciaux disposés de manière à pouvoir rendre des sons de hauteurs variées ; la cloche résonnante est partagée, à cet effet, par une cloison en deux tuyaux d'ouvertures et de hauteurs différentes qu'on peut mettre en vibration ensemble ou séparément. On a essayé également de remplacer le sifflet par un appareil à battement comme la sirène qui donne, en effet, un son perceptible à très grande distance, et qui est employée avantageusement par la marine comme signal acoustique avertisseur sur les côtes ; mais la sirène n'est guère applicable sur les chaudières à vapeur, car son action est trop lente, et elle ne permettrait pas d'obtenir les signaux multiples

qu'exige l'exploitation des chemins de fer, par exemple. On a appliqué cependant sur la ligne du Semring le sifflet Bender qui forme une sorte d'appareil mixte pouvant fonctionner avec ou sans battement.

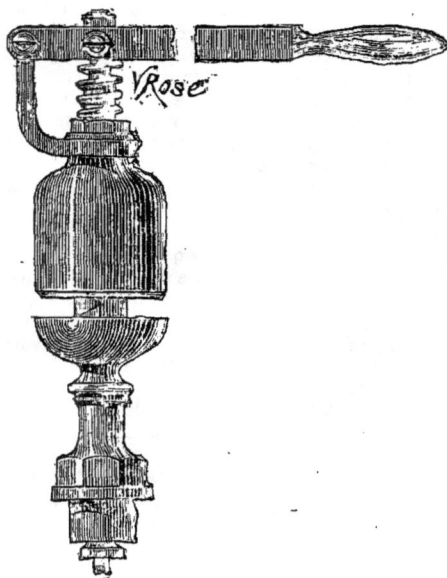

Fig. 152. — *Installation ordinaire d'un sifflet à main.*

Les sifflets commandés à la main sont actionnés par un simple robinet de prise de vapeur que le mécanicien peut ouvrir à volonté ; ceux qui fonctionnent automatiquement constituent alors des signaux d'alarme commandés par un mécanisme qui les déclenche, lorsqu'il se produit un danger

Fig. 153. — *Sifflet ordinaire monté sur l'embase de la soupape.*

quelconque ou une circonstance exigeant l'intervention immédiate du chauffeur ou du mécanicien.

La figure 152 représente l'installation ordinaire du sifflet à main, commandé à la partie supérieure par un levier qui le ferme automatiquement par l'action d'un ressort spirale lorsqu'on cesse de l'appuyer ; celui de la figure 153 est monté sur la même embase que la soupape de sûreté, suivant une disposition fréquente qui réunit les organes accessoires sur une ouverture unique de la chaudière. On se sert également d'un sifflet commandé automatiquement par un contrepoids fermant la prise de vapeur et ouvrant celle-ci lorsque la pression dépasse une limite déterminée. C'est un sifflet d'alarme fonctionnant dans des conditions analogues à celles des soupapes.

Les chaudières des locomotives, en particulier, sont munies sur certaines Compagnies de chemins de fer, d'un sifflet automatique susceptible d'entrer en action lorsque la machine arrive en certains points déterminés de la voie couverts par une protection spéciale.

Sur les chaudières fixes, le sifflet d'alarme est employé surtout comme appareil de contrôle du niveau de l'eau à l'intérieur, et il est commandé ordinairement par un flotteur qui le fait entrer en action lorsque le niveau s'élève ou s'abaisse d'une manière dangereuse. Il constitue donc un appareil de sécurité des plus précieux auquel les industriels ne devraient jamais négliger d'avoir recours, mais on doit reconnaître cependant qu'il présente dans une certaine mesure l'inconvénient commun à tous les appareils d'alarme dont le fonctionnement n'est pas surveillé nécessairement en marche normale, et qui font souvent défaut lorsque le danger survient. Cet inconvénient se rencontre surtout sur les appareils dont la tige de commande traverse la paroi de la chaudière par un presse-étoupe qui peut se trouver trop serré et entraver par suite le déplacement de celle-ci. Il arrive aussi d'ailleurs que les chauffeurs négligent d'entretenir, et quelquefois avec intention, un appareil qui a pour eux l'inconvénient de témoigner éventuellement de leur négligence ; il est donc nécessaire que les industriels en surveillent souvent le fonctionnement.

Quoi qu'il en soit, pour les sifflets d'alarme comme pour les appareils indicateurs de la chaudière, il convient d'éviter les organes de transmission comportant des presse-étoupe, et on devra donc conserver ceux-ci autant que possible à l'intérieur de la chaudière. On y arrive d'ailleurs facilement avec les sifflets, et on connaît actuellement différents types ne présentant même aucun organe extérieur sur lequel le chauffeur puisse agir pour en entraver le fonctionnement. Il ne faut pas oublier cependant, que, même avec ces précautions, ces appareils doivent toujours être considérés seulement comme des avertisseurs, et leur emploi ne dispense donc pas de celui des indicateurs de niveau réglementaires. Il arrive souvent, d'ailleurs, que le sifflet est installé sur un même raccord avec l'indicateur de niveau ou la soupape de sûreté de la chaudière afin de diminuer le nombre des joints.

**Sifflet électro-automoteur.** *T. de chem. de fer.* On désigne sous ce nom un système de déclenchement automatique du sifflet de la locomotive (dans d'autres cas c'est le frein à vide), en usage dans le réseau du chemin de fer du Nord. En avant de tous les disques à distance (V. Disque) existe sur la voie un *contact* fixe (V. ce mot) appelé *crocodile*, dont la table métallique

se charge d'électricité positive quand le disque est à l'arrêt. Les machines sont armées, à leur partie inférieure, de brosses métalliques qui viennent frotter sur ce crocodile lorsque le train passe, et qui transmettent, le cas échéant, le courant à une boîte de déclenchement dont la coupe est donnée par la figure 154. Dans cette boîte est un aimant Hughes E dont l'armature, normalement en contact, est sollicitée par un puissant ressort antagoniste C. Quand le disque est à l'arrêt et que le courant positif recueilli par la brosse détruit l'aimantation de l'aimant E, l'armature se détache, le levier A démasque l'entrée de la vapeur dans le sifflet auxiliaire D, de sorte que le mécanicien est prévenu, par le jeu de ce sifflet, qu'il est sur le point de franchir le disque à la position d'arrêt. Il ramène l'appareil à sa position initiale en appuyant sur la poignée B. Depuis l'installa-

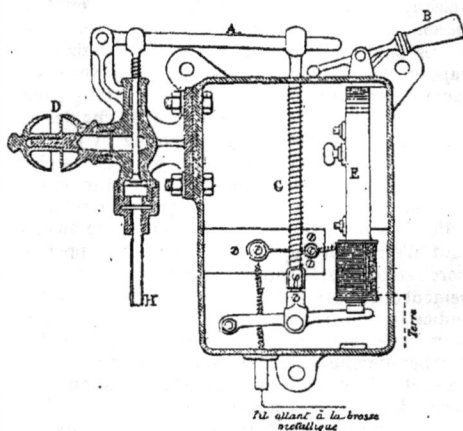

Fig. 154.

tion du frein continu à vide, un certain nombre de machines portent, au lieu du sifflet électro-automoteur, une boîte de déclenchement du frein qui ne diffère de celle que nous venons de décrire sommairement, qu'en ce que le levier C agit, non pas sur un sifflet, mais sur la valve d'admission de la vapeur dans l'éjecteur de la machine ; de sorte que, si le disque est à l'arrêt, le vide se fait dans la conduite du train et les freins se serrent immédiatement. Le mécanicien remet alors l'appareil de déclenchement dans sa position normale et, quant au frein, il le laisse serré ou le desserre, suivant qu'il le juge convenable. Cet appareil permet également de mettre le déclenchement du frein à la disposition du conducteur chef de train ; il suffit, pour cela, de prolonger jusqu'à la machine la communication électrique du système Prudhomme (V. Signaux, § *Intercommunication*) et d'établir, dans chaque fourgon, un commutateur spécial permettant d'envoyer dans l'électro-aimant de la boîte de déclenchement, un courant de sens convenable pour désarmer l'aimant Hughes. Ce dernier système est en service dans un grand nombre de trains circulant sur le réseau du Nord. — M. C.

*SIGILLATION. T. de céram. Ce mot désigne le mode de décoration qui consiste à imprimer à la surface des poteries, au moyen de moules spéciaux, des ornements dont la saillie prise ainsi dans la masse même de la pièce, concourt par la répétition ou par des combinaisons alternées, à former un ensemble décoratif intéressant. Ce procédé est le contraire du *pastillage* — V. ce mot.

**SIGNATURE. T. d'impr.** C'est le nom des lettres ou chiffres que l'on met au bas de la première page de chaque feuille imprimée, pour en reconnaître l'ordre quand il s'agit de les assembler pour en former un volume.

**SIGNAUX.** Signes de convention destinés à remplacer le langage à distance. Nous allons étudier les principaux types employés dans les chemins de fer, les ports et les mines.

**Signaux de chemins de fer.** Dans leur acception la plus large, on peut, suivant MM. Brame et Aguillon, qui font autorité en cette matière, définir les signaux de chemins de fer « des appareils destinés à indiquer aux agents si la voie est libre ou occupée, ou plus généralement encore, des appareils destinés à faire connaître aux agents l'état de la voie, au point de vue de la circulation des trains, et en vue de garantir leur sécurité. » L'exploitation des chemins de fer peut se faire d'après deux systèmes opposés : celui de la *voie ouverte* et celui de la *voie fermée* ; dans le premier système, la voie doit toujours être *libre* en principe, pour la circulation normale : l'absence de signaux l'indique, et des signaux ne doivent être faits que si la voie est occupée. Dans l'autre système, au contraire, ces signaux interdisent normalement la circulation, et ils ne sont *effacés*, pour l'autoriser, que sur une demande spéciale, dans le cas où rien ne s'y oppose. En restreignant la définition au système de la voie ouverte, on pourrait dire que ce sont des appareils destinés à couvrir les voies, ou plus exactement un obstacle qui se trouve sur la voie, et ne permet pas la libre circulation, que cet obstacle soit fixe, comme un éboulement ou un train en stationnement, ou mobile comme un train qui circule à une petite distance devant un autre train.

Il serait à peu près impossible de donner la préférence absolue à l'un des deux systèmes d'exploitation que nous venons de définir : il est clair que si la voie est normalement ouverte, et que s'il faut fréquemment la fermer pour couvrir le passage d'un grand nombre de trains, par exemple, il y aura tout avantage à la laisser couverte et à ne la rendre libre que sur une demande spéciale annonçant le passage prochain d'un autre train; c'est ainsi que, suivant l'importance de la circulation sur une ligne de chemin de fer, on passe presque insensiblement d'un système à l'autre, et que la distinction, plus théorique que réelle, que l'on a l'habitude d'établir entre eux, s'efface dans la pratique et ne dépend plus que de l'intensité du trafic. C'est pourquoi le système d'exploitation où la voie est normalement ouverte, appliqué sur les lignes qu'on commence à exploiter, fait place à l'autre système quand l'importance de ces lignes atteint une limite qu'il est difficile de fixer, mais que l'expérience seule permet de saisir dans chaque cas particulier. Ainsi, les chemins français sont exploités d'après le premier système; au contraire, les chemins anglais, et particulièrement le Métropolitain de Londres, où l'activité de la circulation des trains représente le maximum qui ait été réalisé jusqu'à présent dans l'industrie des chemins de fer, sont exploités avec la voie normalement fermée, et le passage de chaque train donne lieu à un échange de demandes et de réponses que peut seule justifier une telle exubérance de trafic.

Aperçu historique. Au début de l'exploitation des chemins de fer quand le nombre des trains était encore peu important et lorsqu'ils circulaient avec une faible vitesse, il n'y avait, pour ainsi dire, pas de signaux : des gardes espacés le long de la ligne, se servaient du drapeau et de la lanterne pour indiquer au mécanicien s'il pouvait continuer sa route, la voie étant libre, ou s'il devait s'arrêter pour un obstacle quelconque. La difficulté d'apercevoir de loin des signaux faits à la main, l'augmentation croissante de la vitesse des trains, nécessitèrent l'installation de disques, implantés à un point fixe de la voie et s'apercevant de loin ; puis, au lieu de les faire manœuvrer, sur place, par un agent détaché à cet effet, on eut l'idée de les commander à distance, à l'aide de fils de transmission, compensés comme on l'a vu au mot Disque. En même temps, une décision ministérielle, en date du 14 décembre 1855, rendait obligatoire en France l'usage de signaux détonants, les *pétards* (V. ce mot), destinés à remplacer les signaux à vue, soit en cas de brouillard, soit quand un agent ne pouvait rester sur la voie pour assurer les signaux avec le drapeau ou la lanterne. En Angleterre, dès 1841, les signaux à bras sémaphoriques furent introduits sur les chemins de fer par Gregory et ne tardèrent pas à remplacer définitivement tous les autres systèmes de disques. Ces premières installations destinées à assurer la protection d'un obstacle placé en un point fixe de la voie, n'avaient pas encore pour objet de garantir l'espacement des trains qui se succèdent sur une même voie, ou d'éviter l'expédition de trains circulant en sens contraire sur une voie unique. On se contentait de prescrire un intervalle de temps au point d'où les trains étaient expédiés : c'est par le London and North-Western Railway que fut essayé le premier appareil de *Block-system* (V. ce mot), destiné à maintenir une distance définie, au lieu d'un intervalle de temps peu certain, entre les trains qui se succèdent sur la même voie. A l'origine, c'était un simple galvanomètre, inventé par Wheatstone et Cook, et permettant aux gardes des postes échelonnés sur la voie de communiquer entre eux et de s'avertir mutuellement quand le train franchissait ou quittait la section de ligne comprise entre leurs postes. Les appareils primitifs, perfectionnés par Tyer, par Preece, puis par Walker, ne tardèrent pas à se répandre sur le continent. Peu à peu, avec les besoins naissants d'une circulation de trains de plus en plus active, on ne se contenta plus de ces appareils télégraphiques de correspondance, et on en vint à solidariser les signaux échangés entre les gardes avec ceux qui s'adressent aux mécaniciens. Dès 1872, Lartigue, Tesse et Prudhomme, en France, Siemens et Halske, en Allemagne, imaginèrent des *électro-sémaphores* (V. ce mot), remplissant à peu près les conditions de ce programme ; en Angleterre, Tyer et Hodgson améliorèrent dans le même sens leurs appareils primitifs et les rendirent propres à remédier aux défaillances de la surveillance humaine. Au point où l'industrie des constructions de signaux en est arrivée, on peut dire qu'elle a réalisé tout ce que l'on peut attendre d'elle pour l'exploitation des chemins de fer par le Block-system : elle dépasse même le programme en y introduisant l'automaticité, c'est-à-dire la mise en action des appareils par le train lui-même, comme cela a lieu avec les appareils de Hall, de Rousseau et de l'Union C<sup>ie</sup> (Gassett), qui sont en service, depuis 1876, sur quelques chemins de l'Amérique du Nord. Pendant que les signaux étaient l'objet des progrès dont nous venons de donner un très rapide aperçu, d'autres ingénieurs s'adonnaient à la recherche des moyens à employer pour en faciliter la manœuvre, pour la rendre à la fois plus sûre et presque infaillible. En 1856, un chef de section de la ligne de l'Ouest, M. Vignier eut, le premier, l'idée de réunir en un même point les leviers des signaux qu'un même agent était appelé à manœuvrer, de solidariser mécaniquement les leviers au moyen d'une sorte d'inter-verrouillage qui a reçu le nom d'enclenchement (V. ce mot). Les enclenchements du type Vignier, légèrement perfectionnés sont encore en service sur tout la réseau de l'Ouest et dans quelques autres Compagnies françaises ou étrangères. Dans l'année qui suivit l'invention des enclenchements, en 1857, MM. Saxby et Farmer, ingénieurs anglais, réalisèrent le même programme avec des appareils un peu différents, présentant, dès l'origine, une symétrie plus parfaite et se prêtant davantage à un groupement plus considérable d'appareils concentrés dans une même main. Le système Saxby et Farmer s'est répandu sur le continent et y est appliqué, surtout en Belgique et en France, où les Compagnies du Nord, de l'Est, de P. L. M. et d'Orléans, y ont exclusivement recours.

En Allemagne, où les règlements de l'Union des chemins de fer limitent le nombre des appareils que l'on peut concentrer dans un même poste, on fait usage des systèmes Rüppel, Schnabel et Henning, qui dérivent du système Vignier, en participant, en même temps, pour le levier, des perfectionnements introduits par Saxby et Farmer. Enfin, depuis 1880, les chemins de fer hollandais ont essayé et adopté des appareils du type Asser, également essayés sur le chemin de fer du Nord français et comportant la manœuvre à distance des aiguilles au moyen de transmissions par fils. Nous ne citons ici que pour mémoire les essais entrepris à la gare du Nord pour la substitution de l'énergie électrique aux engins mécaniques servant à manœuvrer des aiguilles ; l'appareil tout récent de M. Marcel Déprez fondé sur un principe analogue à celui du solénoïde, mis en œuvre par MM. Currie et Timmis pour la manœuvre des signaux, n'a pas encore donné de résultats assez prolongés pour qu'on puisse porter un jugement définitif sur son compte.

Les premières lignes de chemin de fer construites étaient presque toutes à double voie ; ce n'est donc que beaucoup plus tard, quand on commença à n'user que d'une seule voie pour la circulation des trains dans les deux sens, qu'il fallut étudier les mesures à prendre pour empêcher les collisions de trains marchant à la rencontre l'un de l'autre. Tant que l'importance de la circulation était faible, on se servait d'une sorte de pilotage, appelé Staff-system ou exploitation par le bâton, introduit sur quelques chemins de l'Ecosse. D'après ce procédé, un train ne peut quitter une gare sans être muni du bâton, de couleur spéciale, qui est affecté à la circulation entre cette gare et la gare voisine : comme il n'y a qu'un bâton et que chaque train doit en être successivement porteur, en lui faisant faire la navette, il n'y a pas de danger que deux trains circulent en sens inverse. Convenable pour un petit trafic, ce système ne peut évidemment s'appliquer à une circulation très active et, pour compléter les garanties de sécurité que donne l'échange préalable de dépêches télégraphiques entre les stations qui ont à expédier des trains sur la voie unique, M. Mathias rapporta d'Allemagne, en 1855, des sonneries à cloche, qui furent mises en service dès 1862, par

la Compagnie du Nord, sur la ligne de Namur à Givet. Depuis cette époque, cette Compagnie n'a pas ouvert une seule ligne à voie unique sans la munir de grosses sonneries électriques, et cet exemple a été suivi d'abord par la Compagnie de P. L. M., puis par les autres Compagnies françaises, sur l'invitation de l'administration supérieure.

Le gouvernement s'est en effet ému, à plusieurs reprises, et, à la suite d'accidents qui avaient eu un grand retentissement, de l'insuffisance apparente des précautions prises sur quelques chemins de fer pour obtenir la sécurité et la régularité de la marche des trains : plusieurs Commissions d'enquête ont été successivement nommées à l'effet d'examiner les mesures à prendre pour conjurer, autant que possible, les accidents de chemins de fer : on trouvera à la p. 165, t. III de ce Dictionnaire, dans l'article chemins de fer, d'intéressants détails sur les conclusions du rapport de la Commission de 1880, qui recommande l'emploi du Block-system, des enclenchements et des cloches, ainsi que l'intercommunication.

Depuis cette enquête, le Comité d'exploitation technique, qui siège en permanence au Ministère des travaux publics et qui est saisi, entre autres, de toutes les questions relatives aux signaux, a fourni plusieurs rapports qui ont servi de base à des circulaires du Ministre, invitant les Compagnies de chemins de fer à réaliser tel ou tel progrès. Parmi ces documents, on peut citer la circulaire du 12 janvier 1882, sur le Block-system et les sonneries, celle du 6 août 1883, sur les moyens de prévenir les collisions de trains à la rencontre des aiguilles voies, celle du 10 juillet 1886, relative à l'intercommunication, et enfin celle du 4 novembre 1886, à la suite de l'accident de Monte-Carlo, pour recommander des perfectionnements à introduire dans l'emploi des cloches sur les voies uniques.

Mais le plus important des travaux élaborés par le Comité technique, en ce qui concerne les signaux, est, sans contredit, la préparation d'un code destiné à uniformiser ces signaux sur les différents réseaux français. Le premier document officiel qui porte la trace de cette préoccupation est le rapport de la Commission d'enquête, instituée, en 1857, à l'effet d'étudier les moyens de garantir la régularité et la sûreté de l'exploitation des chemins de fer. Néanmoins, les Compagnies françaises ont continué à mettre chacune en usage les signaux qu'elles considéraient comme remplissant le mieux les conditions requises par les besoins de leur exploitation, malgré les inconvénients que la variété des signaux pouvait susciter, le cas échéant, pour la Défense nationale. En 1882, la question a été portée devant le Parlement, par MM. Delattre et de Janzé, auteurs d'un projet de loi relatif à la sécurité publique dans les chemins de fer et concluant à la nécessité de mettre les Compagnies en demeure de rendre leurs signaux identiques, afin de permettre de faire passer les agents d'un réseau sur l'autre, sans courir les risques d'erreurs et d'accidents redoutables. Le comité d'exploitation technique et le Conseil d'Etat, successivement consultés sur l'opportunité de la proposition, ont conclu dans le même sens, en émettant l'avis qu'il ne pouvait être qu'utile d'uniformiser le langage des signaux, et que l'administration était armée, à cet effet, des pouvoirs nécessaires, dans l'état actuel de la législation. Il convient, en effet, de distinguer : 1° les apparences ou les sons que les signaux sont destinés à produire, ainsi que la signification à y attacher ; 2° leur structure et les moyens mécaniques par lesquels on les manœuvre ; 3° les règles suivant lesquelles ils sont placés ou répartis sur la voie. On ne saurait, sans fermer la porte au progrès, réglementer tous les détails des dispositions mécaniques ; on ne pourrait davantage soumettre à des principes absolus et à des formules invariables la répartition des signaux sur les lignes, dont le profil, le tracé et les conditions de trafic varient. Seule, l'uniformisation du sens à attribuer aux apparences et aux sons, c'est-à-dire du langage des signaux, présente un réel intérêt. Les Compagnies françaises ont parfaitement compris le bien fondé de cette restriction et, de cet accord avec la section de contrôle chargée de préparer un projet de réglementation, est né le *Code des signaux*, qui a été mis en vigueur par un arrêté ministériel en date du 15 novembre 1885, et qui est, avec le règlement récemment élaboré par l'Union allemande, le document le plus important qui ait vu le jour depuis l'origine des chemins de fer, en matière d'exploitation technique. Ce code comprend la définition et l'apparence de tous les signaux dont on peut faire usage pour s'adresser aux agents des trains, ou que ceux-ci font aux agents de la voie et des gares ; mais on en a exclu, avec beaucoup de raison, les signaux que les agents de la voie ou des gares ont à échanger entre eux et dont l'uniformisation ne présente pas un réel intérêt ; d'ailleurs les Compagnies restent libres d'expérimenter de nouveaux appareils avec l'autorisation du Ministre et sous le contrôle de l'administration. Comme suite à la mise en vigueur de ce code, les Compagnies ont préparé la modification de leurs règlements, et la plupart d'entre elles ont, à l'heure actuelle, soumis leurs propositions dans ce sens, à l'homologation du Ministre.

CLASSIFICATION DES SIGNAUX. Les signaux se partagent en signaux *optiques* ou *acoustiques*, suivant que leurs indications sont destinées à frapper la vue ou l'ouïe des agents auxquels ils s'adressent ; quelques-uns peuvent, exceptionnellement, être à la fois optiques et acoustiques.

Les signaux, tant optiques qu'acoustiques, sont *mobiles* ou *fixes*, suivant qu'ils peuvent être transportés à volonté et employés en un point quelconque de la ligne, ou établis à demeure ; si, dans les signaux fixes de la voie, on considère spécialement ceux, de beaucoup les plus nombreux, destinés à donner des indications optiques aux agents, on pourra les distinguer en signaux à *indication permanente* ou signaux à *voyant mobile*, suivant qu'ils donnent toujours une seule et même indication, ou qu'ils peuvent, au contraire, en donner plusieurs d'après la position prise par une ou plusieurs parties mobiles. A un autre point de vue, les uns peuvent être destinés à être faits sur la voie, principalement pour donner des indications aux agents des trains ou à d'autres agents de la voie, et ils sont alors dénommés *signaux de la voie*. Les autres, au contraire, ne sont employés que sur les trains, et constituent les *signaux de trains* que la mobilité des convois permet de rapprocher des signaux mobiles.

Dans une étude complète, les signaux peuvent être envisagés à différents points de vue : la *description* du signal, qui détermine ses définitions, comprend le mode ou le dispositif par lequel il donne soit une indication, soit une apparence, si c'est un signal optique, soit un son si c'est un signal acoustique ; pour un signal fixe manœuvré à distance, la description doit se compléter par l'étude des moyens et dispositifs qui servent à l'actionner, c'est-à-dire par l'étude de la *commande* qui comprend le manœuvre et la *transmission*. Il faut ensuite préciser la *signification* exacte du signal, ce qu'on peut appeler *son langage*, c'est-à-dire la nature et la portée de l'indication qu'il donne aux agents suivant l'apparence qu'il présente ou le

son qu'il fait entendre. Enfin, il reste à étudier les *conditions d'emploi* des signaux et les *applications* qui peuvent en être faites, tant dans les circonstances habituelles que dans les cas exceptionnels de l'exploitation, soit des lignes à double voie, soit de celles à voie unique.

Nous avons emprunté cette méthodique division du sujet à la préface de l'excellent ouvrage de MM. Brame et Aguillon, sur les signaux des chemins de fer français ; nous ne suivrons pas absolument le même ordre que ces auteurs, parce que, d'une part, les limites de notre cadre ne nous le permettraient pas, et parce que, d'autre part, nous nous exposerions à des redites, les modes de manœuvre et de transmission des types de signaux les plus importants ayant déjà été décrits dans plusieurs articles de ce *Dictionnaire* (V. CLOCHE, DISQUE, ELECTRO-SÉMAPHORE, INDICATEUR, etc.). Nous nous bornerons donc à donner, d'après le code des signaux, l'énumération et la signification des signaux réglementaires sur les chemins de fer français, puis des indications sur ceux que ne comprend pas le code et sur ceux des chemins étrangers ; enfin, nous y ajouterons quelques observations sommaires sur l'installation et les conditions d'emploi de ces signaux.

### LANGAGE DES SIGNAUX

I. SIGNAUX DU CODE OFFICIEL FRANÇAIS. A. *Signaux de la voie*. Les signaux faits de la voie ou des stations aux agents des trains et des machines sont destinés, soit à indiquer la *voie libre*, soit à commander l'*arrêt* ou le ralentissement, soit à *donner la direction*. Dans tous les cas, l'absence de signal indique que la voie est libre. Le signal de ralentissement fait à des trains en pleine marche indique que la vitesse effective doit être réduite de façon à ne pas dépasser un maximum de 30 kilomètres à l'heure, pour les trains de voyageurs, et de 15 kilomètres pour les trains de marchandises.

*Signaux mobiles*. Les signaux mobiles sont faits : le jour avec des drapeaux, des guidons, un objet quelconque ou le bras ; la nuit ou le jour par des temps de brouillard épais, avec des lanternes à feu blanc ou à feu de couleur ; le jour comme la nuit, avec des pétards. La voie libre peut être indiquée en présentant aux trains : le jour, le drapeau roulé ou le bras étendu horizontalement dans la direction suivie par le train ; la nuit, le feu blanc.

Le drapeau rouge déployé, tenu à la main par un agent, commande l'*arrêt immédiat* ; à défaut du drapeau rouge, l'arrêt est commandé, soit en agitant vivement un objet quelconque, soit en élevant les bras de toute leur hauteur ; le feu rouge commande l'*arrêt immédiat* ; à défaut du feu rouge, l'arrêt est commandé par toute lumière vivement agitée.

Le drapeau vert déployé, ou le guidon vert, commande le ralentissement, de même que le feu vert. En cas de ralentissements accidentels, tels que ceux nécessités par les travaux ou l'état de la voie, un drapeau roulé, un guidon blanc ou un feu blanc indiquent le point à partir duquel le ralentissement doit cesser.

Les pétards sont employés pour compléter les signaux optiques mobiles lorsque, de jour ou de nuit, ces signaux ne peuvent être aperçus à 100 mètres de distance, ou qu'on ne peut rester sur la voie pour les faire à la main.

*Signaux fixes.* Les signaux fixes de la voie sont: les disques, les sémaphores et les indicateurs.

Le *disque rond*, ou disque à distance (V. Disque), peut prendre deux positions par rapport à la voie qu'il commande : perpendiculaire ou parallèle. Le disque fermé, c'est-à-dire présentant au train, le jour, sa face rouge perpendiculaire à la voie, la nuit, un feu rouge, commande l'arrêt. Le disque effacé, c'est-à-dire disposé parallèlement à la voie et présentant la nuit un feu blanc, indique que la voie est libre. Dès qu'un mécanicien aperçoit un disque fermé, il doit se rendre immédiatement maître de la vitesse de son train par tous les moyens à sa disposition, et ne plus s'avancer qu'à une vitesse suffisamment réduite pour pouvoir s'arrêter à temps dans la partie de voie en vue, s'il se présente un obstacle ou un nouveau signal commandant l'arrêt, mais sans atteindre la première aiguille ou la première traversée protégée par le signal. Le disque est, d'ailleurs, suivi d'un poteau indiquant, par une inscription, le point à partir duquel le signal fermé assure une protection efficace. Ainsi, le disque rond, tout en ayant le caractère d'un signal d'arrêt, peut être franchi par les mécaniciens; il leur commande de s'arrêter... le plus tôt qu'ils pourront, et les prévient qu'il y a un obstacle, à distance, sur la voie.

Le *signal carré d'arrêt absolu*, présentant perpendiculairement à la voie, le jour, un damier rouge et blanc, la nuit un double feu rouge, commande, au contraire, l'*arrêt absolu*, c'est-à-dire qu'aucun train ou aucune machine ne peut franchir le signal tant qu'il commande l'arrêt. Le signal effacé ou présentant, la nuit, un feu blanc, indique que la voie est libre. Ce signal est la représentation de ce qu'il y a de plus absolu dans le commandement d'arrêt; c'est pourquoi, bien que ce ne soit pas obligatoire aux termes du code, certaines Compagnies le doublent d'un pétard qu'on ne doit jamais écraser, et qui se retire du rail quand le disque est effacé; une forte amende est imposée au mécanicien qui a écrasé le pétard d'un signal carré. Sur quelques réseaux, l'Ouest et le Paris-Lyon-Méditerranée, par exemple, l'emploi des signaux à damier rouge et blanc est limité aux voies principales de circulation des trains; sur les autres voies accessoires, voies de manœuvres, voies de dépôt, on fait usage d'un signal carré ou rond, à face jaune, présentant, la nuit, un simple feu jaune, et autorisé par l'article 15 du code des signaux.

Le *sémaphore* est un appareil destiné à maintenir entre les trains les intervalles nécessaires; c'est le signal spécial du *block-system* (V. ce mot). Il donne des indications, le jour, par la position du ou des bras dont il est muni; la nuit, par la couleur des feux qu'il présente. Les bras qu'on voit à gauche, en regardant le sémaphore vers lequel le train se dirige, s'adressent seuls à ce train. Le jour, le bras étendu horizontalement et présentant sa face rouge commande l'arrêt; le bras incliné vers le bas, à angle aigu, commande le ralentissement; le bras rabattu sur le mât indique que la voie est libre. La nuit, le sémaphore commande : l'arrêt par un feu donnant en même temps le vert et le rouge; le ralentissement par le feu vert; le feu blanc indique que la voie est libre. Si l'exploitation se fait sur plus de deux voies principales, ou bien aux bifurcations, les bras sont placés, soit sur le même mât, soit sur des mâts différents, les uns au-dessous des autres : les bras les plus élevés s'adressent à la direction le plus à gauche, les plus bas à la direction le plus à droite du sens de la marche du train; les bras intermédiaires s'adressent à la direction intermédiaire s'il y en a une. Le signal d'arrêt du sémaphore interdit la circulation au delà du poste ou de la station où le sémaphore est placé. — V. Sémaphore.

Le *disque de ralentissement* peut prendre deux positions par rapport à la voie qu'il commande : le signal présentant au train sa face verte ou un feu vert commande le ralentissement dans les conditions qui ont été indiquées ci-dessus; ce signal effacé ou présentant un feu blanc indique que la voie est libre. Les disques de ralentissement ne sont guère en usage que sur le réseau du Nord qui les installe dans les conditions suivantes : certaines aiguilles sont prises en pointe par les trains express, notamment sur les lignes à une seule voie, l'entrée des gares où la voie se dédouble et où l'express ne s'arrête pas; comme on ne peut franchir les aiguilles en pointe avec une vitesse supérieure à 30 kilomètres à l'heure que quand les aiguilles sont verrouillées (V. Verrou), on a appliqué aux aiguilles qui doivent être franchies sans ralentissement par les express, des verrous conjugués avec des disques de ralentissement. En temps normal, l'aiguille n'est pas verrouillée, le disque commande le ralentissement, et tous les trains s'arrêtent à la station; quand l'express doit passer, on lance le verrou de manière à caler l'aiguille et, du même coup, on efface le disque de ralentissement; tout est remis en place après le passage de l'express. Si l'on omettait de verrouiller l'aiguille, le disque resterait au ralentissement, et l'express passerait dans les mêmes conditions que les trains ordinaires.

Des limitations spéciales de vitesses peuvent, dans certains cas, être indiquées par des tableaux blancs, éclairés la nuit et portant le chiffre auquel la vitesse doit être réduite. Des tableaux éclairés la nuit, portant en lettres apparentes, le mot *attention*, peuvent également être employés pour indiquer aux agents des trains qu'ils doivent redoubler de prudence et d'attention jusqu'à ce que la liberté de la marche leur soit rendue.

L'*indicateur de bifurcation* est formé, soit par une plaque peinte en damier vert et blanc, éclairée la nuit par réflexion ou par transparence, soit par une plaque portant le mot *bifur*, éclairée la nuit de la même manière. Le damier vert et blanc peut aussi être employé comme *signal d'avertissement*, annonçant des signaux carrés d'arrêt absolu autres que ceux qui précèdent les bifurcations. Le mécanicien qui rencontre, non effacé, l'un de ces signaux, doit immédiatement se mettre en mesure de s'arrêter, s'il y a lieu, à l'embranchement ou au signal d'arrêt absolu qu'annonce le dit signal. Sur le réseau du Nord, les indicateurs de bifurcations qui, par suite de circonstances locales, ne peuvent être placés à la distance de 800 mètres d'une bifurcation, sont montés sur leur diagonale, afin que le mécanicien soit averti que l'obstacle éventuel, annoncé par l'indicateur, est plus rapproché qu'à l'ordinaire. Sur le même réseau, on a rendu mobiles les indicateurs de quelques signaux d'arrêt qui peuvent être effacés en permanence pendant une certaine période de temps; pendant cette même période, l'indicateur peut ainsi être également effacé.

Les *indicateurs d'aiguille* se distinguent : 1° en signaux de *direction*, placés aux aiguilles en pointe où le mécanicien doit préalablement demander la voie utile par le sifflet de la machine : 2° et en signaux de *position*, destinés à renseigner les agents sédentaires sur la direction donnée par les aiguilles, quand cette direction ne doit pas être demandée par le mécanicien ; ces derniers ne sont pas réglementés par le code, et nous y reviendrons ultérieurement.

Les indicateurs de *direction* qui ne s'adressent qu'aux trains abordant les aiguilles par les pointes, sont faits par des bras sémaphoriques peints en violet, terminés à leur extrémité en flamme à double languette; ces bras sont disposés, se meuvent et sont éclairés la nuit d'après deux systèmes distincts :

*a.* Lorsqu'ils sont mus par des leviers indépendants des aiguilles, mais enclenchés avec elles, ils sont placés sur un mât, à des hauteurs différentes, en nombre égal aux directions que peut donner le poste; le bras le plus élevé correspond à la direction de gauche, le moins élevé à la direction de droite, chacun étant placé de haut en bas dans l'ordre où se trouvent les directions, en comptant de gauche à droite. Les bras ne peuvent prendre que deux positions : la position horizontale qui indique que la direction correspondante n'est pas donnée; la position à angle aigu indiquant la direction qui est donnée. La nuit, les bras horizontaux présentent le feu violet; les bras inclinés, à angle aigu, le feu vert ou le feu blanc, suivant que l'on doit ralentir ou que l'on peut passer en vitesse.

*b.* Lorsque les indicateurs sont mus automatiquement par l'aiguille, le mât ou indicateur juxtaposé à l'aiguille ne présente jamais qu'un bras apparent d'un côté ou de l'autre du mât. Le bras apparent d'un côté, le jour, ou donnant un feu violet la nuit, indique que la direction correspondante à ce côté est fermée. Le bras effacé le jour, ou un feu blanc la nuit, indique le côté dont la direction est donnée. Lorsque plusieurs bifurcations se suivent au même poste,

les appareils sont placés dans l'ordre des directions à prendre, et leurs indications doivent être observées dans le même ordre.

Quand un mécanicien aborde une aiguille en pointe, après avoir demandé la direction qu'il doit prendre, il observe l'indicateur de direction de cette aiguille afin de se rendre compte si la direction qu'on lui donne est bien celle qu'il a demandée, et de pouvoir s'arrêter à temps si l'aiguille n'est pas tournée pour cette direction. Il ne doit pas perdre de vue cet indicateur jusqu'à ce qu'il ait franchi l'aiguille. Il est évident que cette prescription, fort importante au point de vue de la sécurité, ne peut être strictement observée qu'avec les indicateurs de la catégorie *b* qui sont automatiquement reliés à leur aiguille et en nombre égal à celui des aiguilles qu'il faut successivement prendre en pointe. Quand, au contraire, il s'agit d'indicateurs mus par des leviers spéciaux, simplement enclenchés avec ceux des aiguilles, comme il faut que le mât sur lequel ces indicateurs sont superposés soit placé en avant de la première aiguille, et qu'il y a par suite une certaine distance entre ce mât et la dernière aiguille, il est clair que le mécanicien franchit le mât et perd de vue ses indications bien avant qu'il ait atteint cette dernière aiguille et, par conséquent, on peut changer la position de cette aiguille sans qu'il s'en aperçoive, pendant le temps qu'il met à parcourir cette distance. C'est la raison de la préférence que certains ingénieurs accordent aux indicateurs du type *b*, bien que ces appareils semblent être, au premier abord, d'une disposition moins logique que ceux de la catégorie *a*. Quoi qu'il en soit, pour ne pas modifier des principes admis d'une manière différente dans plusieurs Compagnies, l'administration a cru pouvoir laisser subsister le dualisme pour les *indicateurs de direction*.

Les indicateurs de *position* sont seulement définis par le code, leur emploi et leur apparence étant laissés à la libre disposition des Compagnies, puisqu'il s'agit de signaux qui s'adressent exclusivement aux agents des stations ; les aiguilles en pointe où on installe ces signaux ont une position normale déterminée, et c'est afin de renseigner les agents en leur faisant savoir de loin si l'aiguille est bien dans cette position, qu'on pose à ces aiguilles de petits indicateurs munis d'une flamme peinte en vert et d'une lanterne à quatre feux; lorsque ces aiguilles sont faites pour la direction normale, la flamme se présente parallèlement à la voie, et cette position est accusée, la nuit, par le feu blanc donné du côté de la pointe et du côté du talon de l'aiguille. Quand la flamme se présente de face, c'est-à-dire perpendiculairement à la voie, ou lorsque, la nuit, l'indicateur donne un feu vert du côté de la pointe et du talon de l'aiguille, l'aiguille n'est pas faite pour la direction normale.

Ce signal à flamme est en usage sur les réseaux du Nord et de l'Est. Sur d'autres réseaux, ce sont des voyants ou pavillons, éclairés la nuit par des lanternes à quatre feux dont deux sont jaunes ou verts; mais ces dispositifs présentent l'inconvénient de pouvoir être confondus avec de véritables disques.

B. *Signaux des trains.* Tout train circulant de jour, tant sur les lignes à double voie que sur celles à voie unique, doit porter, à l'arrière du dernier véhicule, un *signal de queue* consistant, soit en une plaque de couleur rouge, soit dans la lanterne d'arrière dont le train doit être muni la nuit. Tout train circulant de nuit, tant sur les lignes à double voie que sur celles à voie unique, doit porter à l'avant au moins un feu blanc, et à l'arrière un feu rouge, placé sur la face arrière du dernier véhicule ; deux autres lanternes doivent être placées de chaque côté, vers la partie supérieure du dernier véhicule ou, en cas d'impossibilité, de l'un des derniers véhicules ; ces lanternes de côté doivent être disposées de façon à lancer un feu blanc vers l'avant et un feu rouge vers l'arrière. Cette disposition n'est pas obligatoire pour les trains de manœuvre ayant à effectuer un parcours de moins de 5 kilomètres ; dans ce cas, un seul feu rouge, à l'arrière suffit. Dans tous les cas où aura été établie, en conformité des prescriptions réglementaires à la matière, une circulation à contre-voie sur une ligne à double voie, tout train ou toute machine isolée circulant à contre-voie doit porter : le jour, un drapeau rouge déployé à l'avant ; la nuit, un feu rouge en plus du feu blanc ou des feux blancs précédemment indiqués.

Les trains de marchandises peuvent être distingués des trains de voyageurs par l'adjonction d'un feu vert à l'avant ; toutefois, cette distinction n'est pas rendue obligatoire et, en fait, on n'en voit pas bien la nécessité, attendu qu'un train de marchandises constitue un obstacle sur la voie, de même qu'un train de voyageurs.

Les machines isolées, circulant pour le service dans les gares portent la nuit un feu blanc à l'avant et un feu blanc à l'arrière. Les machines isolées circulant sur la ligne, hors de la protection des signaux des gares, portent la nuit, à l'avant au moins un feu blanc, à l'arrière au moins un feu rouge, sans préjudice du signal d'avant spécial au cas de circulation à contre-voie sur une ligne à double voie.

Les Compagnies peuvent, en se conformant à leurs règlements spéciaux, approuvés par le Ministre, distinguer la direction des trains ou des machines par la position relative assignée aux feux d'avant et par l'addition de feux supplémentaires qui peuvent être blancs ou présenter toute couleur autre que le rouge ; cette indication est très utile aux abords des grandes gares, dans lesquelles circulent des trains venant d'un grand nombre de directions différentes ; mais, comme le renseignement n'intéresse pas les agents sédentaires de la voie et des stations, le code l'a assimilé aux consignes spéciales et locales, et a laissé toute latitude aux Compagnies à cet égard. Avec un falot et une petite lanterne, ou avec deux falots, on peut, par exemple, obtenir 8 combinaisons, suivant qu'on les place sur la traverse d'avant ou au bas de la cheminée de la machine.

C'est ainsi que la Compagnie du Nord distingue huit catégories de trains aux abords de Paris.

*Signaux du mécanicien.* Le mécanicien communique avec les agents du train ou de la voie, par le sifflet de sa machine ; un coup prolongé appelle l'attention et annonce la mise en mouvement : deux coups de sifflet brefs et saccadés ordonnent de serrer les freins ; un coup bref commande de les desserrer. Des coups longs et répétés demandent du secours.

Aux bifurcations, à l'approche des aiguilles qui doivent être abordées par la pointe, le mécanicien demande la voie en donnant le nombre de coups de sifflet prolongés correspondant au rang qu'occupe la voie qu'il doit prendre en comptant à partir de la gauche ; ainsi, à l'approche d'une bifurcation à deux directions, on donne un coup de sifflet pour aller à gauche et deux pour aller à droite ; à l'approche d'une bifurcation à trois directions, on donne un coup de sifflet pour aller à gauche, deux coups pour aller au milieu et trois coups pour aller à droite, etc. Les mécaniciens en marche doivent donner un coup de sifflet allongé, à l'approche des disques de station, quand même ils ne doivent pas s'y arrêter, et toutes les fois qu'ils n'aperçoivent pas, à un kilomètre au moins devant eux, la voie parfaitement libre et découverte et, en particulier, s'il s'y trouve une ou plusieurs personnes ; cette prescription est spécialement obligatoire à l'entrée et à la sortie des tunnels ou des courbes en tranchée, à l'approche des passages à niveau dont les abords sont masqués, ou quand ils aperçoivent un train ou une machine venant en sens inverse, sur la voie opposée.

*Signaux des conducteurs de trains.* Le train étant en mouvement, le conducteur de tête communique avec le mécanicien par la cloche ou par le timbre du tender ; un coup de cloche ou de timbre commande l'arrêt. Les conducteurs intermédiaires signalent l'arrêt au conducteur de tête et au mécanicien, comme aux agents de la voie, en agitant de leur vigie un drapeau déployé ou un feu rouge tourné vers l'avant. Le conducteur de tête, en vue de ce signal, le répète au mécanicien en sonnant la cloche ou le timbre du tender. Tout agent de la voie qui aperçoit à temps ce signal, doit immédiatement faire le signal d'arrêt au mécanicien, et si celui-ci ne l'a pas aperçu, employer tous les moyens à sa disposition pour faire présenter utilement au train le signal d'arrêt par l'agent de la voie ou le poste en avant le plus rapproché dans le sens de la marche du train.

*Signaux de départ ou d'arrêt des trains.* L'ordre de départ d'un train est donné au conducteur de tête, par le chef de gare ou par son représentant, au moyen d'un coup de sifflet de poche. Le conducteur de tête commande à son tour au mécanicien la mise en marche du train au moyen d'un coup de cornet. Si le train mis en marche doit être aussitôt arrêté par une cause quelconque, le chef de gare en donne le signal par des coups de sifflet saccadés, et le conducteur de tête sonne la cloche ou le timbre du tender. Le mécanicien doit, dans ce cas, obéir aux coups de sifflet du chef de gare, dès qu'il les entend, alors même que le conducteur de tête ne les aurait pas confirmés, comme il vient d'être dit.

II. SIGNAUX AUTRES QUE CEUX DU CODE OFFICIEL. Si le code officiel des signaux sur les chemins de fer français a laissé de côté un certain nombre de signaux qui ne s'adressent pas aux agents des trains et dont l'uniformisation est moins nécessaire, l'administration n'en a pas moins exigé ou recommandé l'emploi de quelques-uns de ces signaux, tels que les cloches électriques, les avertisseurs de passage à niveau, les signaux de manœuvres; il y a donc, dans l'énumération des signaux non compris dans l'énumération du code, à distinguer entre ceux qui sont rendus obligatoires et ceux qui sont simplement expérimentés à titre d'essai.

*Cloches électriques.* Les cloches sont des appareils destinés, par l'emploi des courants électriques, à envoyer sur une ligne des signaux acoustiques au moyen de sonneries conventionnelles. Comme on peut le voir au mot CLOCHE, les appareils usités aujourd'hui sont actionnés, soit par des courants d'induction, soit par le courant des piles; on les place dans les gares et dans certains postes intermédiaires. Dans tous les systèmes, les gares sont des postes à la fois expéditeurs et récepteurs des signaux, tandis que, dans quelques systèmes, les postes intermédiaires sont exclusivement récepteurs.

D'après la circulaire du 12 janvier 1882, dans laquelle une distinction a été faite entre les deux types, à induction ou à piles, décrits au mot CLOCHE, ce ne sont pas seulement les lignes à voie unique très fréquentées qui doivent être obligatoirement munies de cloches, mais toutes les lignes, quel que soit leur trafic; cette circulaire recommandait, en outre, l'emploi du système Léopolder comme ayant l'avantage de permettre aux agents de donner au besoin le signal d'alarme, en pleine voie. Il y a là une inexactitude, puisque le système Siemens a la même propriété; d'ailleurs, sur les réseaux, tels que celui du Nord, où il existe des postes de secours, cet avantage est sans objet; en fait, les Compagnies ont compris, avec raison, que l'administration avait dépassé la limite de ses pouvoirs en préconisant un système plutôt qu'un autre, et que le but à rechercher était de pouvoir placer en des points intermédiaires, des postes expéditeurs sur la ligne de sonneries; elles n'ont donc pas modifié

| Désignation des avis | Nord | Ouest | P.-L.-M. et Est | Orléans et Etat |
|---|---|---|---|---|
| 1. Annonce d'un train impair | | | | |
| 2. Annonce d'un train pair | | | | |
| 3. Annonce d'une dérive (sens impair) | | Avis n° 1 trois fois répété. | | à répéter au bout de 20 second. |
| 4. Annonce d'une dérive (sens impair) | | Avis n° 2 trois fois répété. | | à répéter au bout de 20 second. |
| 5. Arrêtez tous les trains en marche ou prêts à partir | | | à répéter trois fois. | à répéter au bout de 20 second. |
| 6. Annulation du signal 5 | | | | |
| 7. Annulation du signal 1 | | | | |
| 8. Annulation du signal 2 | | | | |
| 9. Demande d'une machine (sens impair) | | | | |
| 10. Demande d'une machine (sens pair) | | | | |
| 11. Demande d'une machine avec wagon de secours (sens imp.) | | | | |
| 12. Demande d'une machine avec wagon de secours (sens pair) | | | | |
| 13. Avis de deux trains lancés à la rencontre l'un de l'autre | | | | |
| 14. Signal d'essai des appareils | | | | |

les types d'appareils dont elles faisaient déjà usage, dès l'instant que leur système d'exploitation atteignait le but proposé. L'accident de Monte Carlo survenu en 1886, sur une ligne à voie unique munie de cloches, a provoqué un dernier et récent examen de la question par le Comité technique, qui a émis l'avis qu'il conviendrait d'étudier s'il ne serait pas possible de modifier les cloches électriques établies dans les gares et stations, de façon à en faire appuyer les signaux acoustiques par un signal optique, semblable à celui dont sont déjà munies les cloches de double voie du réseau du Nord, et à faire donner aux gares expéditrices l'accusé de réception des signaux transmis par elles, ainsi que des trains qui annonçaient ces signaux. Par décision en date du 4 novembre 1886, prise d'après cet avis, le Ministre a invité les Compagnies à faire l'étude demandée, et la question est actuellement pendante. Il n'est pas inutile de faire remarquer que cette addition tendrait à transformer les cloches en de véritables appareils de Block-system.

Le langage acoustique des cloches n'a pas été uniformisé et varie, par conséquent, avec les systèmes employés dans les divers réseaux : on peut l'exprimer graphiquement, comme nous l'avons fait dans le tableau de la page 206, en indiquant chaque coup de cloche par un point, et par un trait les intervalles entre deux groupes de coups consécutifs. Comme on le voit, il n'y a guère que quatre à cinq signaux qui soient communs à tous les réseaux; ceux de Paris-Lyon-Méditerranée, et de l'Est constituent un véritable langage télégraphique exigeant une grande attention de la part des agents, et quelques-uns de ces signaux,

quand on espace convenablement les coups et les séries, nécessitent un laps de temps d'une durée de 72 secondes.

*Appareils avertisseurs.* L'administration n'a prescrit aucune mesure générale pour la protection des *passages à niveau* (V. ce mot); nous avons donné les raisons pour lesquelles beaucoup d'ingénieurs pensent qu'il serait plus nuisible qu'utile de généraliser une mesure qui serait tout au plus justifiée dans certains cas particuliers. Une circulaire ministérielle du 3 septembre 1879, rendue sur un avis conforme du Comité de l'exploitation technique des chemins de fer, avait simplement invité les ingénieurs du contrôle à étudier, pour chaque passage à niveau, les mesures de protection spéciales qu'il pourrait être nécessaire d'adopter en vue des conditions propres au passage. Le Comité, dans son avis, avait recommandé le cas échéant, l'emploi d'avertisseurs acoustiques automatiques. La *circulaire ministérielle du 13 septembre 1880* est revenue sur cette question, dans son premier paragraphe, en rappelant l'avis émis par la Commission d'enquête, à savoir qu'il y avait lieu de recommander aux Compagnies l'emploi d'appareils avertisseurs ou protecteurs aux passages à niveau, eu égard à leur fréquentation ou à leur situation. En présence de cette conclusion élastique, les Compagnies se sont bornées à quelques essais sur des points où les circonstances locales pouvaient motiver une telle installation, et nous avons, à cet égard, donné des indications suffisantes au mot PASSAGE, § *Passage à niveau.*

*Signaux de manœuvres dans les gares.* La réglementation fort complexe de ces signaux n'a pas

*Signaux conventionnels pour les manœuvres dans les gares. — Commandements faits par les agents des gares. Réponse pour accusé de réception, donnée par le mécanicien ou le chauffeur.*

| | | | Tirez | Refoulez | Ralentissez | Arrêtez |
|---|---|---|---|---|---|---|
| Signaux de jour. | Avec la corne . . . . | | Un coup allongé. | Deux coups égaux et un peu allongés. | Trois coups égaux et un peu allongés. | Coups brefs et précipités. |
| | Avec le bras . . . . | | Un bras élevé de toute sa hauteur. | Un bras décrivant à plusieurs reprises un arc de cercle vertical perpendiculaire à la voie. | Le drapeau vert déployé ou un bras étendu horizontalement et perpendiculairement à la voie. | Les divers signaux prescrits par le règlement, le drapeau rouge déployé, un objet quelconque vivement agité, les deux bras levés de toute leur hauteur. |
| Signaux de nuit. | Avec la corne . . . . | | Un coup allongé. | Deux coups égaux et un peu allongés. | Trois coups égaux et un peu allongés. | Coups brefs et précipités. |
| | Avec la lanterne. . . | | Le feu blanc levé de bas en haut verticalement et maintenu par le bras élevé de toute sa hauteur. | Le feu blanc décrivant à plusieurs reprises un arc de cercle vertical perpendiculaire à la voie. | Le feu vert ou, à défaut, le feu blanc et le feu rouge présentés alternativement. | Le feu rouge immobile ou agité, le feu blanc agité horizontalement. |
| Signaux à donner par le mécanicien à titre d'accusé de réception en remplaçant le coup de sifflet qui précède réglementairement la mise en marche. | | | Un coup allongé. | Deux coups égaux et un peu allongés. | Un coup bref. | Deux coups saccadés, comme pour demander le serrage des freins. |

paru susceptible d'être assise sur des bases uniformes pour tous les réseaux : l'administration
n'a, jusqu'à présent, rien prescrit, mais plusieurs
Compagnies, le Nord et l'Ouest entre autres, se
sont entendues à l'effet d'adopter des signaux
conventionnels identiques, et ce sont ceux que
reproduit le tableau de la page précédente.

Signaux a l'étranger. *Allemagne.* Le règlement du
30 novembre 1885 sur les signaux de chemins de fer,
en Allemagne, a été approuvé par un arrêté de M. le
ministre des Travaux publics du 5 janvier 1886. Nous
résumerons sommairement la traduction française qui a
été faite de ce règlement par M. Baum, ingénieur en
chef des ponts et chaussées.

Des signaux acoustiques sont donnés sur la ligne, au
moyen de cloches électriques, conformément aux indications ci-dessous (● représentant un coup de cloche) :

1. Départ d'un train (A vers B) ●●●●●● ;
2. Départ d'un train (B vers A) ●●●●●● ●●●●●● ;
3. Signal de repos (pas de train) ●●●●●● ●●°●●●●
●●●●●● ;
4. Signal d'alarme, deux fois le signal de repos ;
5. Départ sur la fausse voie, quatre fois le signal 1 ;
6. Annulation d'un signal, cinq fois le signal 1.

Les signaux donnés par les garde-barrières, au moyen
de la trompe sont donnés ainsi qu'il suit (un son allongé
étant désigné par le signe — et un son bref, par ◡) :

1. Départ d'un train (A vers B), —◡◡—◡— ;
2. Départ d'un train (B vers A), —◡◡— —◡◡— ;
3. Signal de repos, — — — — ;
4. Signal d'alarme, ◡◡◡◡ ◡◡◡◡.

Les signaux optiques sont donnés, à la main, de la
manière suivante :

Si la voie est libre, le garde fait face au train et présente, en outre, la nuit, le feu blanc de sa lanterne ;

S'il faut ralentir, le garde tient un objet dans la direction du train, et la nuit, présente le feu vert ;

Pour commander l'arrêt, le garde agite un objet en
lui faisant décrire un cercle, et la nuit agite une lanterne, à feu, rayé, s'il peut le faire.

Les signaux optiques fixes sont donnés à l'aide de
sémaphores dont le bras, incliné à 45° vers le haut,
indique que la voie est libre, tandis que quand il est horizontal, il commande l'arrêt ; pour le ralentissement, on
ajoute un disque vert sur le mât du sémaphore ; la nuit,
le sémaphore porte une lanterne qui donne dans les trois
cas précédents, un feu blanc, vert ou rouge.

Le bras du sémaphore qui s'adresse aux mécaniciens
est celui qui se développe à sa droite dans le sens de la
marche du train, laquelle s'effectue, contrairement à
l'usage français, sur la voie de droite et non pas sur la
voie de gauche.

Les signaux sémaphoriques d'entrée et de sortie des
gares de bifurcation portent deux bras superposés dont
la signification est indiquée ci-après : quand l'entrée
n'est libre ni par la voie principale, ni par la voie d'embranchement, le bras supérieur du sémaphore est horizontal, l'autre est effacé ; la nuit, la lanterne supérieure
donne un feu rouge vers l'extérieur et un feu vert vers
l'intérieur de la gare ; la lanterne inférieure ne donne
aucun feu, quand l'entrée est libre par la voie principale, le bras supérieur est incliné à 45° vers le haut et
l'autre est effacé ; la lanterne supérieure donne un feu
vert du côté de l'extérieur et un feu blanc du côté de la
gare ; l'autre lanterne ne donne aucun feu ; quand l'entrée est libre par la voie d'embranchement, les deux bras
du sémaphore sont inclinés à 45° vers le haut et les deux
lanternes donnent un feu vert du côté de l'extérieur et
un feu blanc vers l'intérieur de la gare. Quand il s'agit
de la sortie de gare, les indications des bras sont les

mêmes que pour l'entrée, mais les feux sont différents en
ce sens qu'ils sont masqués du côté de l'extérieur.

En avant des sémaphores sont installés des disques à
distance qui sont conjugués avec eux et marquent l'arrêt
avec une face perpendiculaire à la voie ou un feu vert
la nuit, quand le sémaphore indique que la voie n'est pas
libre. Les sémaphores installés à la tête des quais de voyageurs marquent l'arrêt au moyen du bras horizontal ou
d'un feu vert, et la voie libre, au moyen du bras
incliné à 45°, ou d'un feu vert.

Les grues hydrauliques donnent encore un feu blanc,
si le tuyau d'écoulement laisse la voie libre, et un feu
rouge, s'il barre le passage.

Les signaux acoustiques avec la cloche de la gare
sont les suivants : le départ du train approche, courte
sonnerie un coup de cloche net à la fin ; en
voiture, deux coups de cloche distincts ; départ du train,
trois coups de cloche distincts.

Les signaux des trains se subdivisent en signaux
d'avant de la machine et signaux d'arrière : pour la
marche normale, l'avant de la machine porte la nuit
deux feux blancs, le dernier véhicule un disque rouge et
blanc, et la nuit, un feu rouge à la place de ce disque,
plus deux lanternes supérieures donnant le feu rouge
vers l'arrière et le feu vert en avant. Les locomotives
isolées ne portent qu'un feu rouge à l'arrière, et seulement un feu blanc en arrière, dans les manœuvres de
gare. Un train extraordinaire est annoncé le jour par un
disque vert à la partie supérieure du dernier véhicule et
la nuit, l'une des deux lanternes supérieures donne un
vert à l'arrière. On annonce encore un train extraordinaire en sens inverse au moyen d'un disque vert ou d'un
feu vert à l'avant de la machine au-dessus des deux feux
blancs. Quand il faut faire la révision de la ligne télégraphique, la machine porte le jour un disque blanc à
l'avant. Pour faire visiter la voie, un gardien agite un
objet ou sa lanterne du côté du garde-ligne.

Un coup de sifflet de la machine modérément prolongé
appelle l'attention ; pour serrer les freins modérément,
un coup de sifflet bref ; à refus, trois coups de sifflet

Fig. 155 et 156. — *Signal d'aiguille
en Allemagne.*

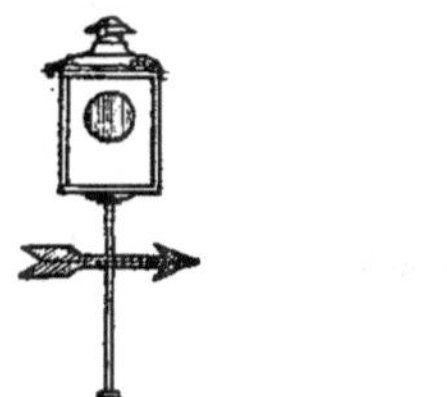

brefs ; pour desser-
rer les freins, deux
coups de sifflet
modérément longs,
très rapprochés.
Un coup de sif-
flet de poche mo-
dérément prolongé
commande aux
agents de gagner
leurs postes ; le signal de départ est donné par deux
coups de sifflet de poche modérément prolongés. En
avant, un coup de sifflet ou de corne allongé ; en arrière, deux coups de sif-
flet ou de corne modéré-
ment allongés ; arrêt, trois
coups de sifflet ou de corne
brefs, très rapprochés ;
avec le bras et la lanterne,
on commande en avant
par un mouvement per-
pendiculaire à la voie, de
bas en haut ; en arrière,
par un mouvement hori-
zontal de droite à gauche ;
arrêt par un mouvement
en cercle.

Les signaux d'aiguilles
consistent en lanternes rectangulaires, placées à fleur
du sol, automatiquement reliées aux aiguilles en montrant pour la voie principale le côté étroit de la
lanterne avec le verre blanc dans les deux directions ;

Fig. 157 — *Signal d'aiguille
d'entrée de gare.*

si, au contraire, l'aiguille en pointe donne la direction déviée, la lanterne montre la face large (fig. 155 et 156), avec une flèche se détachant en noir sur le verre dépoli, qui est éclairé la nuit, par transparence; aux changements triples, il y a deux lanternes juxtaposées. Aux aiguilles d'entrée des gares, la lanterne, pour être vue de plus loin, est placée à la partie supérieure d'une tige de

2 mètres de hauteur; quand la voie est déviée elle présente un feu ou une flèche de couleur verte (fig. 157). Aux bifurcations de voies de ballastage ou de voies mises hors de service, on emploie le même indicateur, mais en substituant un verre rouge et une flèche rouge au verre et à la flèche de couleur verte.

*Grande-Bretagne.* Sur la plupart des chemins anglais,

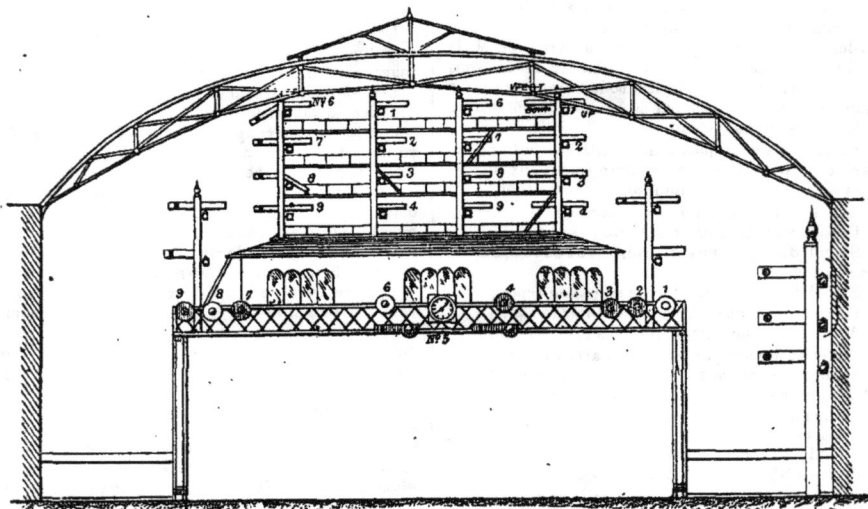

Fig. 158. — *Poste de Cannon Street.*

les signaux sont faits actuellement à l'aide de bras sémaphoriques qui, dans leur position horizontale, ou éclairés d'un feu rouge, commandent l'arrêt, et dans la position inclinée à 45°, ou avec un feu vert, commandent le ralentissement; ces sémaphores sont précédés de signaux avancés dont les bras sont conjugués avec ceux du *home signal*, et qui ne s'en distinguent que par leur

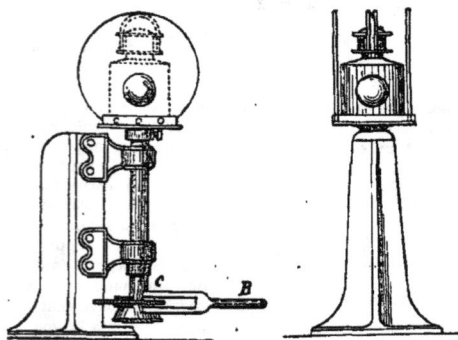

Fig. 159 et 160. — *Indicateur d'aiguilles en Angleterre.*

extrémité découpée en forme de flamme. En dehors de cet appareil qui est à peu près partout identique, il règne, dans les signaux de toutes les Compagnies anglaises, une diversité auprès de laquelle les quelques différences qui existaient encore, en France, il y a quelques années, peuvent passer pour de l'uniformité absolue. Nous n'essayerons pas d'en donner même la nomenclature; ce serait sortir du cadre de ce *Dictionnaire.* Plus tard, quand le besoin d'un langage unique se sera fait sentir, en Angleterre comme en France, peut-être pourra-

t-on dégager de ce chaos, par voie de suppressions, un système de signaux assez simple et rationnel.

Aux entrées de grandes gares où il existe des cabines, placées en travers des voies (fig. 158) et commandant la manœuvre de plusieurs centaines d'appareils, signaux, aiguilles, plaques, les bras sémaphoriques sont superposés sur des mâts, implantés dans la toiture de la cabine, le mât le plus élevé s'adressant à la direction le plus à gauche, le plus bas, à la direction le plus à droite.

Parmi les systèmes de signaux d'aiguilles qui sont le

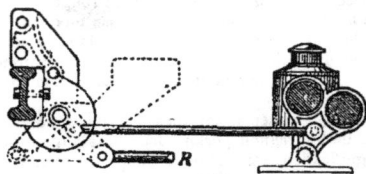

Fig. 161. — *Indicateur de taquet d'arrêt.*

plus employés et que construit surtout la maison Saxby et Farmer, en Angleterre, nous citerons celui qui est représenté par les figures 159 et 160, et qui consiste en un petit disque bas, éclairé d'une lanterne à feu vert et commandé par la transmission B C, reliée à celle de l'aiguille. Dans beaucoup de gares, on munit aussi de signaux les taquets d'arrêt que l'on peut rabattre sur les rails pour arrêter la dérive des vagons; à la cale en bois, est fixée une tige R (fig. 161), qui manœuvre un écran à deux verres; quand le taquet est rabattu, c'est le verre rouge qui masque la lanterne; quand, au contraire, il est ouvert, la lanterne donne un feu vert.

*Belgique.* Il n'y a pas d'uniformité de signaux; mais il est probable que l'État imposera aux autres Compagnies un système de signaux semblables à ceux qui sont en usage sur son propre réseau. Bornons-nous à signaler que l'État lui-même n'est pas exempt de diversité dans ses propres installations ; sur la plupart de ses lignes, le disque rond commande l'arrêt absolu, et le disque rectangulaire sert de disque avancé, les couleurs rouge et verte ayant d'ailleurs la signification qu'elles ont presque partout, pour l'arrêt et le ralentissement ; mais sur les sections de lignes où l'État a installé le Block-system, soit avec les appareils anglais, soit avec les appareils allemands, il a adopté les types de sémaphores fournis par le constructeur (Saxby et Farmer pour l'Angleterre, Siemens et Halske pour l'Allemagne), de sorte que, dans la situation actuelle, le langage des signaux de l'État belge se traduit par trois régimes distincts, auxquels correspondent des règlements différents que l'administration est obligée de formuler dans des consignes locales, de sorte que le bagage dont on surcharge la mémoire des mécaniciens, tend à s'aggraver de jour en jour.

*États-Unis.* L'organisation des signaux sur les chemins de fer de l'Amérique du Nord est, presque partout, rudimentaire ; il n'y a guère qu'aux abords de grandes villes, sur les sections chargées de trafic, qu'on a adopté les signaux Saxby et Farmer ; mais partout ailleurs, le télégraphe tient lieu de signaux ; quelques poteaux échelonnés sur la voie suffisent pour donner toutes les indications au mécanicien. La cloche de la machine y joue un grand rôle, elle remplace non seulement le sifflet servant à annoncer l'approche du train, mais encore la cloche des stations. Aux points où les voies se croisent à niveau, ce qui est fréquent en Amérique, on place des maisonnettes à quatre faces, à l'intérieur desquelles le garde fait mouvoir un tambour à trois panneaux rouges et un seul blanc, de manière à ne jamais laisser la voie ouverte que pour l'une des quatre directions.

4° DISPOSITION ET INSTALLATION DES SIGNAUX. Il y a à distinguer dans les signaux, indépendamment de leur langage, les principes qui président à leur installation et les dispositions que l'on prend pour utiliser les éléments de sécurité que nous avons énumérés jusqu'à présent, de manière à les mettre en œuvre pour l'exploitation.

*Stations.* Les stations sont, en général, couvertes à distance au moyen de signaux avancés qu'on place à 800 mètres au moins du premier obstacle, c'est-à-dire de la première aiguille ou de la première traversée de voie ; mais c'est là un minimum qui est presque toujours dépassé pour la raison suivante : on sait, en effet, que tout train arrêté sur la voie constitue, dans le système français d'exploitation, un obstacle qu'il faut couvrir, en détachant au besoin un agent qui va faire les signaux à l'arrière (V. SERRE-FREIN) ; or, dans les gares, où les trains s'arrêtent au bâtiment principal, pour éviter de détacher cet agent à chaque arrêt, ce qui ne serait guère conciliable avec la brièveté des délais de stationnement, on recule le disque assez loin pour qu'il puisse couvrir, à 800 mètres, la queue des trains de longueur maxima arrêtés en gare, c'est-à-dire qu'on place le disque à 1,200 ou 1,500 mètres du bâtiment. Lorsque les gares sont un peu allongées, on arrive ainsi à couvrir par des signaux distincts, l'entrée de la gare et le bâtiment, de sorte qu'on a souvent deux disques successifs, espacés sur la voie de quelques centaines de mètres ; dans ce cas, on dispose les transmissions de manière que les deux signaux ne donnent pas des indications contradictoires qui pourraient induire le mécanicien en erreur ; ainsi, on s'arrange pour que, si le premier est fermé, le second le soit aussi et serve à confirmer, en quelque sorte, le premier. Aux grandes gares, où il y a des aiguilles qui permettent de faire entrer directement les trains de marchandises dans les voies de garage, les extrémités de la gare sont couvertes par des signaux d'arrêt absolu et traitées comme de véritables bifurcations.

*Bifurcations.* Il n'y a rien à ajouter aux indications, très complètes, qui ont été données au mot BIFURCATION, sur l'installation des signaux. Aujourd'hui, sur quelques réseaux français, à l'instar de ce qui se pratique en Angleterre depuis longtemps, l'administration a autorisé le passage des trains avec un ralentissement moins accentué qu'autrefois, à la condition que la bifurcation fût munie d'*enclenchements* (V. ce mot) et que l'aiguille en pointe fut verrouillée ; les signaux sont alors disposés de manière à pouvoir être effacés d'avance du côté du train attendu et annoncé, qui trouve la voie libre et passe sans s'arrêter.

*Block-system.* La définition du Block-system a été donnée plus haut et, en ce qui concerne l'organisation des signaux usités pour ce mode d'exploitation, le lecteur pourra se reporter aux renseignements très complets qui ont été donnés soit au mot BLOCK-SYSTEM, soit au mot ÉLECTRO-SÉMAPHORE, soit enfin au mot INDICATEUR. Le Block-system est l'élément essentiel de la sécurité de la circulation ; sans son aide, on ne saurait aujourd'hui réaliser l'exploitation des lignes les plus chargées de trafic, où les trains se suivent de près, avec des vitesses différentes ; à ce point de vue, le Block-system augmente donc considérablement la capacité des lignes, et retarde l'époque à laquelle il deviendrait nécessaire de les doubler.

*Intercommunication.* Le problème de l'intercommunication des trains a été, en réalité, posé dès l'origine des chemins de fer par l'article 23 de l'ordonnance de police du 15 novembre 1846, qui porte que les garde-freins seront mis en communication avec le mécanicien, pour donner, en cas d'accident, le signal d'alarme. Mais aujourd'hui on veut, en outre, que les voyageurs de chaque compartiment puissent aussi faire appel aux agents, en cas d'urgence, comme par exemple si l'on est l'objet d'attaques ou d'actes de violence. Dès le 29 novembre 1865, une circulaire invitait les Compagnies à appliquer dans un délai de quatre mois, soit le système Prud'homme, soit le système Achard, soit tout autre moyen pour réaliser la communication demandée dans les trains de voyageurs et même dans les trains mixtes. Plus récemment, les circulaires du 30 juillet et du 13 septembre 1880, ont enjoint de donner aux conducteurs un moyen sûr de communiquer avec le mécanicien, et de prendre des mesures pour donner aux voyageurs dans tout les compartiments isolés par des cloisons, le moyen de faire appel aux agents, dans les trains express ou direct, ayant des parcours de 25 kilomètres ou plus, sans arrêt. Enfin, sous le coup de la légitime émotion provoquée par l'assassinat d'un préfet en chemin de fer, une nouvelle Commission technique instituée pour examiner l'état de la question, et présidée par M. Brame, donna ses conclusions dans un rapport à la suite duquel le Ministre a pris, le 10 juillet 1886, la décision suivante : extension à tous les trains de voyageurs, sauf les trains mixtes, du système précédemment prescrit pour les trains express ou direct; installation de glaces donnant dans les cloisons séparatives des compartiments, afin de permettre de surveiller d'un com-

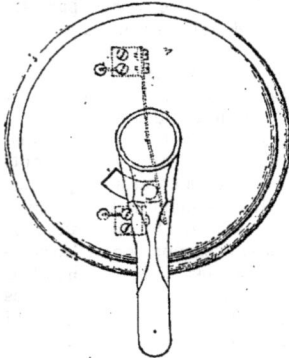

Fig. 162. — *Commutateur d'appel des fourgons.*

partiment le compartiment adjacent; en ce qui concerne les appareils d'intercommunication, la hauteur des boutons d'appel au-dessus du plancher, ne doit pas être supérieure à 1$^m$,80 ; chaque compartiment doit contenir un bouton libre au centre du plafond, ou deux boutons sur les parois ; les conditions d'emploi de l'appareil doivent être indiquées sur des placards bien apparents ; les appareils doivent être disposés de manière que l'appel se fasse entendre en permanence jusqu'à ce que les agents du train interviennent pour y mettre fin. Ces améliorations devaient être réalisées complètement avant le 1er janvier 1887.

Le plus ancien système, l'appareil Prud'homme, en usage depuis plus de vingt ans sur le réseau du Nord, ne répond pas entièrement à ce programme; mais il suffirait d'y apporter des modifications peu importantes pour lui donner les qualités requises par l'administration. Il arrivera,

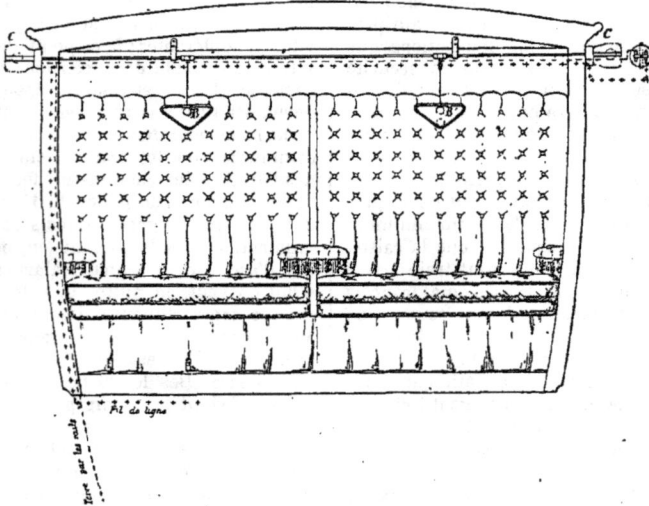

Fig. 163. — *Vue intérieure d'un compartiment muni de l'appel pour les voyageurs.*

dans cette occasion, comme dans beaucoup d'autres, que la Compagnie qui aura précédé les autres dans la voie du progrès, paiera cette initiative par l'obligation de défaire ce qu'elle avait fait, pour le recommencer. Ce système, tel qu'il

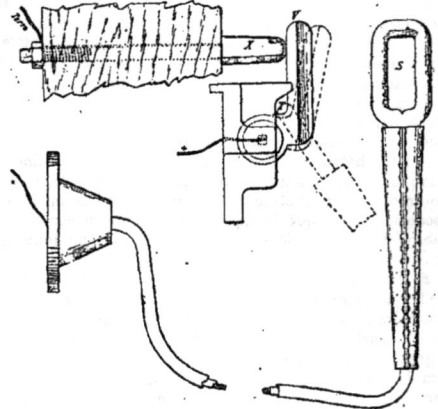

Fig. 164. — *Crochet d'intercommunication.*

fonctionne encore aujourd'hui sur le réseau du Nord et de Paris-Lyon-Méditerranée, comporte l'installation de deux fils isolés d'une extrémité à l'autre du train, réunis dans chaque fourgon par un circuit comprenant deux piles et deux sonneries trembleuses spéciales : si l'on réunit les deux fils conducteurs en des points intermédiaires, l'équilibre est rompu, et toutes les sonneries tintent d'une manière continue. A cet effet, chaque fourgon contient un commutateur d'appel (fig. 162) qui, au moyen du déplacement d'une manette, permet de faire tinter les sonneries. D'autre part, on ménage dans la cloison qui sépare deux compartiments (fig. 163) deux ouvertures fermées par des vitres très minces, et dans chacune desquelles, un anneau B ou B' est suspendu à une chaînette ; en tirant cet anneau, on met en communication les deux fils conducteurs, et en même temps, on fait saillir, à l'extérieur de chaque côté de la voiture, une ailette C qui signale aux agents le compar-

timent d'où l'appel a été fait. Pour atteler les voitures, les câbles fixés de chaque côté sous la caisse,
se terminent l'un par un fort anneau en bronze S
(fig. 164), l'autre par une tige à crochet V qu'un
ressort énergique maintient en contact avec le
buttoir X. Quand on accroche un des anneaux S
à une des tiges V, il pénètre dans une gorge cylindrique T, et dans cette position, il isole la tige V
du buttoir X. Si l'attelage vient à se rompre, la
tige revient au contact et la sonnerie tinte dans
le fourgon pour avertir les agents; si un voyageur
casse le carreau et tire la chaînette, la sonnerie
tinte et l'ailette apparaît. Pour rendre cet appareil
conforme aux nouvelles prescriptions administratives, il y aurait lieu de remplacer la chaînette
par un simple bouton d'appel placé au plafond
du compartiment.

Sur le réseau Paris-Lyon-Méditerranée, il y a
déjà le bouton, mais il n'y a ni glace, ni ailette, et
l'attelage a été un peu modifié, par la substitution
d'un emmanchement à baïonnette qui met le contact à l'abri de la poussière ; l'étanchéité est rendue encore plus complète par l'interposition d'une
rondelle de caoutchouc entre la boîte et le couvercle.

L'air comprimé au moyen duquel fonctionne le
système d'intercommunication de l'Ouest est emprunté à la conduite générale du frein Westinghouse sans nécessiter aucun accouplement nouveau entre les voitures (V. FREIN) ; chaque voiture
porte un sifflet branché sur cette conduite qui se
met à siffler en permanence quand on tire sur
une poignée située dans chaque compartiment,
la petite fuite d'air qui se produit ainsi n'a pas
assez d'intensité pour amener le serrage intempestif des freins, mais elle suffit pour faire fonctionner, sur la machine, un sifflet spécial qui
avertit le mécanicien. Cet agent peut alors, grâce
à une soupape auxiliaire, envoyer de l'air à pleine
pression dans la conduite qui pourrait se vider
par le fonctionnement prolongé du sifflet de la
voiture.

*Signaux automatiques.* Nous avons, à propos
du mot CONTACT. FIXE, donné l'énumération
sommaire des cas dans lesquels on a recours,
pour produire des signaux, à l'action même du
train, mettant en jeu une pédale placée sur la voie,
la flexion du rail, ou un contact isolé tel qu'un
*crocodile.* L'usage de ces signaux est peu répandu
sur les chemins de fer français, et les seules applications que nos Compagnies aient faites de l'automaticité, en dehors des essais purement théoriques, ont trait à des signaux d'avertissements ou
de contrôle sur lesquels ne repose pas directement
la sécurité de la circulation. Il serait, en effet,
téméraire d'abandonner absolument la protection
de la marche des trains à des organes agissant
aveuglément, susceptibles de se détraquer ou de
ne pas fonctionner, précisément au moment où
on se fie à leur bonne marche, et incapables en
tous cas, de se prêter aux nécessités si diverses
et si variables d'un service d'exploitation. Dans
ces conditions, la prudence recommande de ne
pas laisser reposer absolument la sécurité sur
l'emploi de systèmes dont la *faillibilité* est peut-être

encore plus redoutable que la faillibilité humaine,
parce qu'elle est irresponsable. Cela revient
à dire qu'il ne faut compter sur l'automaticité
que comme sur un adjuvant accessoire : ainsi,
elle ne doit pas dispenser d'employer le personnel
nécessaire à la manœuvre des signaux ; son rôle
doit être seulement d'empêcher ce personnel de
commettre aucune erreur ni aucun oubli ; en
d'autres termes, l'appareil doit servir non pas à
supprimer mais à *contrôler* l'action des hommes.
Et encore, il peut arriver que l'agent comptant sur
l'appareil se relâche de sa surveillance précisément parce qu'il la sent moins nécessaire, et il
reste alors une chance d'accident due à la coïncidence de trois éléments : un cas de collision possible, une négligence de l'homme et un dérangement de l'appareil. C'est pourquoi nous avouons
que nous ne pouvons qu'accueillir avec la plus
grande méfiance tous ces ingénieux systèmes, dont
la presse s'empare au lendemain d'une catastrophe
retentissante, et qui n'ont pu éclore que dans le
cerveau de mécaniciens ou d'électriciens bien in-
tentionnés, mais absolument étrangers à la pratique
des chemins de fer. La plupart de ces inventions
sont fondées sur l'action automatique des trains,
et laissent à désirer, d'une part au point de vue
du fonctionnement qui reste douteux lorsqu'il
s'agit de vitesses de 80 kilomètres et 90 kilomètres
à l'heure, auxquelles il est peu probable que
puissent résister des appareils qui n'ont guère été
expérimentés que dans les laboratoires ; d'autre
part, au point de vue de leur emploi qui ne répond
à aucune des nécessités du service, et qui laisserait
supposer que les chemins de fer n'ont été construits que pour être l'occasion d'y installer des
signaux. Cette critique générale nous dispensera
d'entrer dans aucun détail au sujet de toutes les
inventions plus ou moins récentes qui ont été
portées à la connaissance du public, et nous ne
nous arrêterons qu'à un très petit nombre d'appareils qui ont aujourd'hui la sanction d'une
expérience prolongée.

Ainsi qu'on l'a vu à l'article CONTACT FIXE, il
y a quatre catégories de signaux automatiques :

1° *Signaux d'avertissement.* Le contact est
placé sur la voie à une certaine distance (12,000
ou 15,000 mètres) de la gare ou du passage à
niveau auquel il s'agit de signaler l'approche d'un
train ; le passage du train par ce contact déclenche électriquement l'appareil optique ou acoustique qui revient automatiquement à sa position ou
qu'on remet en place, à la main, quand le train
est arrivé ou après son passage. Nous avons indiqué quelques-uns de ces appareils aux mots
DISQUE et PASSAGE A NIVEAU ; pour compléter ces
indications nous dirons quelques mots de l'avertisseur Leblanc et Loiseau, recommandé par l'administration et de l'avertisseur de gare, en usage
sur le réseau du Nord.

Dans les appareils Leblanc et Loiseau une pédale à soufflet est destinée à établir un contact et
à fermer un circuit électrique qui fait apparaître,
dans une lanterne indicatrice, l'inscription «*Défense
de passer*» ; immédiatement au delà du passage
est une seconde pédale semblable à la première,

et destinée, quand le train la franchit, à produire un courant qui efface automatiquement, sans l'intervention du garde, l'interdiction apparente dans la lanterne. Ce mouvement est obtenu au moyen d'une double paire d'électro-aimants entre lesquels oscillent des volets marquant ou démarquant l'inscription à faire apparaître ou disparaître ; un encliquetage compliqué maintient les volets dans la dernière position que le courant leur fait prendre, suivant qu'il passe dans l'un ou dans l'autre des jeux de bobines. Cet appareil a été appliqué sur la ligne à voie unique de Tours à Châteauroux (réseau de l'Etat).

Dans l'avertisseur de gare du réseau du Nord, on utilise le *crocodile* (V. ce mot) du disque à

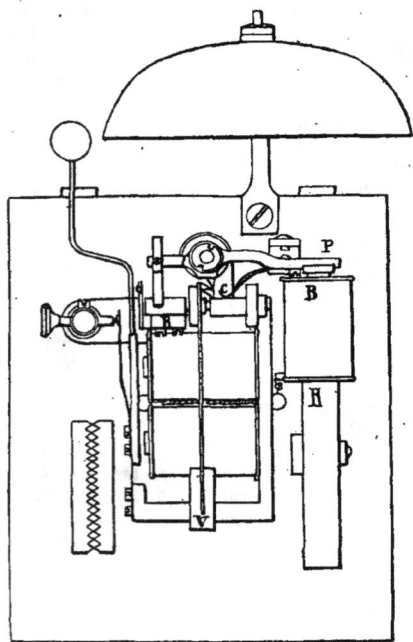

Fig. 165. — *Sonnerie d'avertissement.*

distance de la gare, et l'on modifie le commutateur de contrôle (V. Disque) de manière que l'annonce du passage d'un train puisse avoir lieu aussi bien quand le disque est effacé que quand il est à l'arrêt. L'appareil avertisseur placé à la gare consiste en une forte sonnerie (fig 165); le courant envoyé dans cette sonnerie, au moment où la roue d'une machine frotte sur le crocodile, désarme l'aimant Hughes H ; la palette P se détache, et le crochet C dont elle est munie déclenche le voyant V qui apparaît hors de la boîte ; la sonnerie à relais R se met à tinter jusqu'à ce que l'on rabatte le voyant V, ce qui a pour effet de remettre la palette P en contact avec l'aimant et de rompre le circuit du relais en rétablissant l'enclenchement du crochet C. Les agents de la gare, avertis qu'un train vient de passer au disque, mettent ce disque à l'arrêt, ainsi que le

prescrivent les règlements. Cet appareil est en service courant dans un grand nombre de gares et son fonctionnement est très satisfaisant ; on ne constate qu'un nombre de *ratés* tout à fait insignifiant.

2° *Disques automoteurs.* Il n'y a rien à ajouter à ce qui a été dit à l'article Disque, au sujet de ces signaux qu'on fait mouvoir par le train lui-même. Il est impossible d'affirmer qu'on soit arrivé, quant à présent, à une solution qui permette de compter avec certitude sur le fonctionnement de ces disques ; il faut donc maintenir les systèmes de manœuvre du signal par les agents, exactement comme si celui-ci n'était pas automatique, et l'on tombe alors dans les inconvénients qui ont été signalés ci-dessus.

3° *Block-system automatique.* Il y a deux manières d'appliquer l'automaticité aux appareils du Block-system, soit qu'on utilise l'action des trains pour remplir toutes les fonctions de blocage et de déblocage, soit au contraire qu'on restreigne cette intervention à un rôle purement prohibitif qui ne consiste qu'à empêcher le signaleur de débloquer la voie avant que le train ait réellement quitté la section qu'il s'agit de rendre libre. Il n'existe, en France, aucun appareil de Block automatique ; il règne même, parmi les ingénieurs qui dirigent les Compagnies françaises, une répugnance unanime à une application quelconque, même des appareils à automaticité restreinte ; cette répugnance est fondée, non sans quelque apparence de raison, sur ce que ces appareils, très séduisants en théorie, ne peuvent s'installer commodément qu'aux postes situés en pleine voie, tandis que dans les gares, où des mouvements continuels s'effectuent sur les voies, où il y a des garages de trains dépassés par des trains à marche plus rapide, il n'est pratiquement pas possible de trouver l'emplacement des contacts fixes qui doivent intervenir dans le fonctionnement du Block-system. En d'autres termes, le régime d'exploitation des chemins de fer français ne s'accommode pas de ces solutions qui n'ont en vue qu'une régulation, en quelque sorte mathématique, de la circulation successive des trains sur une même voie.

4° *Tachymètres automatiques.* Ce sont des contrôleurs de vitesse qui permettent d'apprécier le temps que les trains mettent à parcourir l'espace compris entre des contacts fixes successivement placés sur la voie ; l'appareil enregistreur, situé à la gare où l'on veut relever la vitesse, comporte un mouvement d'horlogerie qui fait dérouler une bande de papier sur laquelle s'imprime, au moment où le courant passe sous l'action de la mise en jeu du contact fixe, un point permettant d'évaluer ultérieurement le temps ; connaissant la distance, on en déduit la vitesse. On a proposé, dans le même ordre d'idée, un appareil à cadran et à aiguilles qui indiquerait graphiquement à tout instant, la position des trains sur la voie. L'utilité de ce dernier appareil, qui n'a même pas le caractère d'instrument de précision d'un véritable tachymètre, est très contestable ; on ne se rend pas bien compte, par exemple, quel intérêt il y aurait à savoir que deux trains vont se rencontrer sur une ligne à voie unique, sans qu'il soit cependant possible d'empêcher la collision : c'est ce qu'on pourrait définir l'art de savourer les catastrophes. Aucun appareil de ce genre n'a été mis à l'essai d'une manière sérieuse en France. Les chronotachy-mètres du vagon d'expériences de la Compagnie de l'Est étaient fondés sur un autre principe, l'évalua-tion du nombre de tours de roues au moyen d'une transmission de mouvement prise sur l'essieu de la machine ; mais ces comptages avaient un autre but et ne rentrent plus dans la question des signaux.

*Signaux de correspondance.* On trouvera au mot Correspondance, des renseignements sur les appareils électriques qui sont en usage dans les gares pour mettre les agents en communication, et pour leur permettre de se transmettre mutuel-lement toutes les indications nécessaires au ser-vice. Avant l'emploi des appareils perfectionnés et très clairs dont la description et le dessin ont été donnés dans cet article, on avait recours soit à de simples sonneries (comme on le fait encore en Angleterre), soit à des disques de petite dimension, manœuvrés au moyen de transmis-sions par fils, et portant une inscription. Il est inutile d'insister sur le progrès que réalisent les appareils nouveaux et sur les facilités beaucoup plus grandes qu'ils donnent en multipliant le nombre de communications qu'il est possible d'échanger. Un dernier progrès, réalisé déjà sur plusieurs points, consiste dans l'application du téléphone ; malheureusement, outre qu'on ne peut guère l'employer sur les points où il y a un bruit continuel de locomotives, le téléphone reste un appareil délicat, qui demande à être manœuvré avec des précautions extrêmes, par des agents d'un certain niveau, non exposés à en abuser pour causer entre eux de choses complètement étran-gères au service, etc... ; c'est donc un système dont l'emploi est nécessairement restreint à quel-ques cas particuliers.

L'idée d'employer le téléphone est évidemment très séduisante, surtout maintenant qu'on peut s'en servir à de grandes distances (Paris à Bruxelles) ; M. Jourdan, par exemple, a songé à l'appliquer à l'exploitation des chemins de fer, pour enregistrer le bruit de la marche des trains, ou pour mettre les gares en communication avec les trains en mar-che, etc. Cet essai repose sur une notion inexacte des véritables nécessités d'un service d'exploitation : on n'a pas besoin de ces nouveautés sur un chemin de fer ; un simple disque, bien construit et fonc-tionnant d'une manière irréprochable, vaudra tou-jours mieux que les plus ingénieuses conceptions, dignes de figurer dans un musée ou un labora-toire, mais incapables d'être appliquées. — M. C.

*Bibliographie :* Brame et Aguillon : *Etude sur les signaux des chemins de fer français,* Paris, Dunod, 1883 ; *La lumière électrique : Applications de l'électricité aux chemins de fer,* M. Cossmann, 1883-86 ; *Revue générale des chemins de fer,* Dunod, 1885.

**Signaux de ports.** Les *signaux de marée* se font à l'entrée de la plupart de nos ports de la Manche et de quelques-uns des ports de l'O-

céan. Ils sont exécutés au moyen de ballons et de pavillons, qui se hissent sur un appareil composé d'un mât et d'une vergue. Un ballon placé à l'in-tersection du mât et de la vergue annonce une profondeur d'eau de 3 mètres dans toute la lon-gueur du chenal. Chaque ballon placé sur le mât au-dessous du premier, ajoute un mètre à cette hauteur d'eau ; placé au-dessus, il en ajoute deux. Hissé à l'extrémité gauche de la vergue, un ballon représente $0^m,25$, et $0^m,50$ quand il est à droite.

Afin d'indiquer le mouvement de la marée, on emploie un pavillon blanc avec croix noire, et flamme noire en forme de guidon. Ces pavillons se hissent dès qu'il y a deux mètres d'eau et sont amenés dès que la mer est redescendue à ce même niveau. Pendant toute la durée du flot, c'est-à-dire de la mer montante, la flamme est au-dessus du pavillon ; au moment de la pleine mer et pendant la durée de l'étale, la flamme est amenée ; enfin, la flamme est au-dessous du pavil-lon pendant le jusant ou mer descendante.

Lorsque l'état de la mer interdit l'entrée du port, tous les signaux sont remplacés par un pavillon rouge hissé au sommet du mât.

On donne aux ballons un mètre de diamètre, et ils ne doivent pas être espacés de moins de trois mètres d'axe en axe. Ils sont ordinairement recou-verts en filets de cordages à mailles serrées, et peints en noir afin de se bien détacher sur le ciel.

Ces signaux peuvent se faire également la nuit en substituant des fanaux aux ballons. A l'in-tersection du mât et de la vergue, on place un feu caractéristique, rouge par exemple, si les autres sont blancs, et réciproquement. Si l'on veut si-gnaler le sens de la marée, comme on le fait pendant le jour, le fanal caractéristique se colore diversement suivant que la mer monte ou baisse.

*Signaux de brume.* Les signaux à faire pendant les brumes, pour indiquer aux navigateurs l'en-trée d'un port ou la position d'un danger, ont été l'objet de nombreuses études, et la plupart des ports sont signalés aujourd'hui dans ces circons-tances atmosphériques, soit par des cloches qu'on sonne à la volée à des intervalles qui varient d'un endroit à l'autre, soit par des trompettes à vapeur.

Aux Etats-Unis, où les brumes sont plus fré-quentes encore que sur notre littoral, on n'a pas reculé devant la dépense qu'exigeait la portée des sons, et l'on a installé, sur plusieurs points, des cloches pesant jusqu'à 500 kilogrammes et au delà, et sur d'autres, de puissants sifflets mis en jeu par l'air comprimé. En Angleterre, on em-ploie beaucoup à petite distance, les tam-tams ; ils ne portent guère à plus de 500 mètres, mais ils ont le mérite d'émettre un son caractéristique, et se recommandent par là. La trompette est un excellent instrument portant encore à plus de deux kilomètres de distance par forte brise de vent debout ; mais la portée de cet instrument diminue à mesure qu'on s'éloigne de sa direction, et, s'il devait se faire entendre sur un horizon d'une certaine amplitude, il faudrait lui impri-mer un mouvement de rotation, pendant les

temps calmes, de manière à placer successivement dans toutes les directions la ligne de plus
grande intensité sonore.

Les sifflets analogues à ceux des locomotives
ne se font pas entendre aussi loin que la trompette; en revanche, ils distribuent le son uni-
mément sur tout l'horizon, et, il est probable
qu'au moyen d'un réflecteur convenablement
établi, on parviendrait à augmenter leur portée,
de manière à leur donner autant de puissance
qu'à la trompette. Toutefois, leur son peut quelquefois se confondre avec le bruit du vent dans
les cordages, et la trompette, à ce point de vue,
est plus caractéristique.

Depuis plusieurs années, on a installé dans certains ports et sur plusieurs points dangereux des
côtes, un nouvel instrument des plus ingénieux
et qui porte le nom de *sirène*. Fondée sur le principe de celle de Cagnard de Latour, cette *sirène*
(V. ce mot) se compose de deux disques, l'un fixe
et l'autre tournant, munis tous deux d'évidements
dirigés suivant des rayons. Derrière le disque fixe,
placé ici à la partie inférieure d'une trompe allant
en s'élargissant jusqu'au pavillon, se trouve le
disque tournant mis en mouvement par un mécanisme particulier. Cet appareil est monté verticalement sur une chaudière dont la vapeur, à
5 kilogrammes de pression environ, s'échappe en
jets par les orifices des disques, lorsque ces trous
coïncident, et lancent ainsi dans l'air des ondes
sonores d'une très grande intensité.

On a constaté que le bruit qu'on peut obtenir
par le choc d'un marteau sur la cloche s'entend
à plus grande distance qu'une sonnerie à volée,
et d'autant plus que les coups, tout en restant
distincts, sont plus rapides. Ainsi, la portée s'est
accrue dans le rapport de 1 à 1,14 lorsque le
nombre qui était de 15 par minute a été élevé à
25, et l'on a pu, sans déterminer la rupture de la
cloche, porter à 5 kilogr. le poids d'un marteau
tombant de 0m,20 sur une cloche de 100 kilogr.

Une cloche de 100 kilogrammes bien établie,
ainsi mise en mouvement, se fait entendre, par ce
que les marins appellent une bonne brise, à 1,200
mètres quand le vent est debout, à 2,000 mètres
par le vent venu par le travers, et à 4,000 mètres
par vent arrière. Par le calme ou une faible brise
de travers, la portée d'une cloche de ce genre
peut être évaluée à 2,500 mètres. Il n'a pas été
fait d'expériences par des vents violents qui,
lorsqu'ils sont debout, arrêtent les sons les plus
forts. On sait, d'ailleurs, que les brumes ne se
produisent pas, en général, dans ces circonstances,
du moins près des côtes.

Des notations particulières ont été adoptées
dans les sonneries, afin de prévenir les confu-
sions. Les coups de cloche, déterminés par une
machine très simple, sont disposés par groupes,
lesquels comprennent un même nombre de coups
se succédant régulièrement et par des repos plus
ou moins longs. Ainsi, une sonnerie de six, huit
ou dix coups, frappés de deux en deux, de trois
en trois ou de quatre en quatre secondes, est suivie de silence pendant quinze ou vingt secondes,
puis se reproduit. Dans les ports de marée, on
indique le minimum de hauteur d'eau dans le
chenal en ajoutant un coup simple ou double au
milieu de l'intervalle qui sépare deux sonneries.

Les Anglais et les Américains ont également
essayé l'emploi de l'artillerie comme signal de
brume, et ils en ont obtenu d'excellents résultats.
Mais l'usage du canon donne lieu à l'objection
suivante, qui est grave : un seul canon manœuvré, chargé et tiré par un seul homme, ne
peut tirer que de quart d'heure en quart
d'heure. Pendant cet intervalle, un navire qui
file 8 nœuds parcourra deux milles, et si on
suppose, ce qui n'est pas prouvé, que la portée
du son soit de deux milles et que le navire arrive
à cette distance juste après que le son est fini, il
pourra arriver sur le poste du signal avant que
le coup suivant ne soit parti; s'il arrive à cette
distance de deux milles entre les deux signaux,
il courra l'espace d'un mille, et lorsque le signal
aura lieu, il pourra se trouver trop près pour évoluer.

Par suite, nos voisins se sont demandés si la
détonation d'une fusée chargée au coton-poudre
et éclatant à une certaine hauteur, n'atteindrait
pas d'une façon plus précise le but que l'on poursuit. La détonation du coton-poudre en effet, tout
en étant analogue à celle du canon, a un son plus
dur et plus net. Des fusées ont été faites dont la
charge, s'élevant avec la fusée, éclatait à l'air
libre à environ 183 mètres. On a constaté qu'à
cette hauteur le son se propageait en descendant
jusque sur des points qu'il n'aurait pu atteindre
s'il eût été produit par un canon tiré nécessairement à un niveau beaucoup plus bas. C'est un
fait qui a été démontré dans les expériences comparatives qui ont eu lieu en 1878 à Flambro'head,
et qui ont été exécutées dans les conditions suivantes : un homme étant placé sur la falaise,
haute d'environ 30 mètres, à l'extrémité de laquelle est établi le canon, quatre autres observateurs étaient descendus sur un plateau de
roches situées au-dessous et restant découvertes à marée basse. Après s'être dirigés vers
le Sud, dans une direction opposée au vent
qui soufflait à peu près sud-sud-ouest, et être
arrivés à une distance d'un quart de mille, ils
firent un signal de convention à la suite duquel
le canon et une fusée furent tirées successivement,
donnant lieu, le premier à une détonation sourde,
et la seconde à un bruit très éclatant et très net.
A un demi-mille, la détonation de la fusée resta
encore très nette; celle du canon s'était affaiblie
à ce point que l'un des observateurs ne put pas
la percevoir; à un mille et quart, on entendait
encore distinctement celle de la fusée, tandis
que celle du canon n'était plus saisissable que
pour deux des observateurs, et encore en y portant une extrême attention.

En présence de ces résultats, nos voisins n'ont
pas hésité, et ils ont placé tout récemment deux
dépôts de fusées explosives : l'un à Flambro'head,
sur la côte Est d'Angleterre, et l'autre au phare
de Smalls, dans le canal de Saint-Georges. Sur
le premier de ces points, les fusées remplacent le
canon qui servait jusqu'ici à faire les signaux,

et elles sont lancées toutes les dix minutes ; à Smalls, elles sont employées concurremment avec une cloche qui s'y trouvait déjà, et l'intervalle entre les deux fusées consécutives y est d'une demi-heure. — L. R.

**Signaux dans les mines.** L'emploi des signaux dans les mines a une importance presqu'égale à celle qu'il a sur les chemins de fer. Dans beaucoup de mines, le dernier vagonnet d'un train circulant sur une voie horizontale, porte une lanterne munie d'un verre de couleur. Dans les plans inclinés, le receveur qui se trouve à la partie inférieure donne au freineur qui se trouve à la partie supérieure, le signal d'envoyer et d'arrêter, au moyen de l'un des quatre organes suivants : la voix, un disque manœuvré par une corde, une cloche dont le battant est manœuvré par une corde, une barre de métal sur laquelle il frappe. Dans les vallées, l'enchaîneur qui se trouve en bas donne les mêmes signaux au mécanicien qui se trouve en haut. Dans les puits, l'accrocheur qui se trouve à chaque accrochage, envoie des signaux différents au mécanicien pour monter, descendre ou arrêter, monter ou descendre de la hauteur d'un étage de la cage quand elle en a plusieurs, et pour manœuvrer doucement si la cage contient des hommes. Ces signaux s'envoient, en général, avec une cloche située à la partie supérieure, manœuvrée par une corde qui passe devant tous les accrochages. Il est recommandé d'avoir pour chaque accrochage une cloche d'un timbre différent. Il serait bon d'avoir des signaux pour avertir du jour à chaque accrochage quand une cage va partir de cet accrochage, y arriver, ou passer devant sans s'arrêter, en montant ou en descendant. Malheureusement, ces cordes encombrent le puits, et leur manœuvre perd un temps précieux. On a essayé aussi, mais sans succès, l'emploi des signaux électriques dans les puits de mine. — A. B.

**SIGNET.** Petit ruban que le relieur met à la tranche-file d'un livre, pour aider à marquer l'endroit où le lecteur interrompt sa lecture.

*SIGNOL (Emile). Peintre, né à Paris en 1804, élève distingué de Blondel et de Gros, exposa au salon de 1824 un tableau remarqué : *Joseph racontant son rêve à ses frères*, et remporta le prix de Rome en 1830 avec *Méléagre prenant les armes*. Depuis, il n'a cessé de produire des œuvres consciencieuses et correctes, surtout dans la peinture religieuse. On peut citer de lui, en ce genre : *Le Christ au tombeau* (1835) ; *Réveil du juste et réveil du méchant* (1836) ; *La religion secourant les affligés* (1837) ; *La Vierge* (1839) ; la *Femme adultère* (1840) au musée du Luxembourg ; la *Vierge mystique* ; *Sainte-Madeleine pénitente* ; *Le Christ descendu de la croix* (1853) ; *Pieta*, la *Madeleine* (1855) ; *La Sainte famille* (1859) ; *Vierge folle et vierge sage* (1863). On lui doit aussi plusieurs tableaux d'histoire et de portraits, notamment : *Godefroi de Bouillon* ; *Saint-Louis* ; *La prise de Jérusalem*, pour le musée de Versailles ; *Les législateurs sous l'inspiration évangélique*, pour le palais du Luxem-

bourg ; *Prédication de la croisade à Vézelay*, pour le palais de Versailles, et des peintures décoratives pour la plupart de nos églises : la Madeleine où il a retracé la *Mort de Saphira*, Saint-Roch, Saint-Severin, Saint-Eustache, Saint-Augustin, surtout Saint-Sulpice, où il a été chargé des travaux du transsept de gauche, et où il a peint la *Prophétie d'Isaïe*, le *Crucifiement*, la *Prophétie de Jérémie et la trahison de Judas* (1873) ; ces commandes officielles lui ont valu une haute situation qu'il avait méritée peut-être par un labeur acharné, mais que ne justifie que peu son talent sans grande originalité. Signol, qui avait obtenu une deuxième médaille en 1834, une première en 1835, était officier de la Légion d'honneur, et membre de l'Institut depuis 1860. Il avait remplacé Hersent.

*SILBERMANN (Henri-Rodolphe-Gustave). Imprimeur, né à Strasbourg en 1801, mort à Paris en 1876, fut l'un des créateurs de l'industrie chromo-typographique, et a porté son établissement, déjà connu à la fin du siècle dernier, au premier rang de l'imprimerie d'art; loin de se confiner dans un genre spécial qui, dès ses débuts, lui avait permis de réaliser de beaux bénéfices, il ne cessa de rechercher des procédés nouveaux, et la diversité des moyens qu'il a employés est véritablement extraordinaire. Il inaugura l'impression en couleur dès 1834, à l'occasion de la fondation de la *Revue d'Alsace* par M. Cerfberr de Médelsheim; en 1836, il donna des affiches en imitation de velours pour un roman, *Le château de Corqueranne*, en 1838 les costumes de l'*Album alsacien*, en camaïeu, où le trait noir fournissait des ombres aux teintes plates de l'enluminure. Puis vinrent : la *Zoologie du jeune âge* ; les albums enfantins de la maison Hetzel; les œuvres de Molière de *Dubouchet*; les *Heures choisies* pour Lagier, éditeur dijonnais, avec entourages polychromes de l'abbé Morlot; le *Code historique de la ville de Strasbourg*, dont le titre est un véritable chef-d'œuvre de goût (1842); on remarque dans le texte ce fait curieux que pas un mot n'est coupé au bout des lignes. A partir de 1844, Silbermann se consacre à l'impression en couleurs, et aucune concurrence ne peut plus lui être opposée. A l'Exposition de 1844, il donne un superbe *Vitrail de la cathédrale de Strasbourg*, dessiné par Klein et gravé par Bréviaire; citons encore un peu au hasard : une *Etude d'intérieur* en 18 couleurs; les titres de la *Normandie* et de la *Bretagne* de Jules Janin, rehaussés d'or et d'argent au moyen d'un gaufrage; les planches de l'*Histoire de la faïence de Rouen* et de l'*Histoire du mobilier* de Viollet-le-Duc; les *Heures d'Anne de Bretagne* dessinées et gravées par G. Toudouze; un *Manuscrit arabe* de la bibliothèque de Venise, etc.

En 1851 Silbermann entreprit, d'après un système nouveau inventé par Kaufmann, de Lahr, la *Monographie des vitraux de la cathédrale de Strasbourg*, ouvrage d'une importance considérable, imprimé en seize et dix-huit tons. L'une de ces chromotypographies ne mesure pas moins de quatre-vingts centimètres. Il reproduisit quelques années plus tard la curieuse bannière de Strasbourg, d'après un tableau du XIIIᵉ siècle, détruit en 1870, dans l'incendie de la bibliothèque de cette ville. Les éditeurs français et étrangers lui confiaient leurs illustrations les plus difficiles, pour lesquelles il imaginait toujours, selon les besoins, des procédés nouveaux. C'est chez lui que les Anglais ont fait leur apprentissage dans l'industrie où ils ont si bien réussi depuis, de l'impression en couleurs; il fit pour eux les primes illustrées du *Pretty Puss* et les suppléments de tapisserie de l'*English woman's domestic magazine.* Il convient aussi de signaler l'industrie tout alsacienne des grands soldats de couleur de tous les corps et de tous les uniformes de l'armée, qui sont devenus par les soins de Silbermann, de véritables objets d'art. Dépossédé par les Prussiens de la propriété de son journal *Le courrier du Bas-Rhin*, il céda son établissement à M. Fisbach, et se retira à Paris où il est mort. Il était chevalier de la Légion d'honneur depuis 1845.

\* **SILBERMANN** (JEAN-THIÉBAUT). Physicien, né à Pont-d'Anspach (Haut-Rhin), en 1806, mort à Paris en 1865. Après avoir suivi les cours de la Faculté des sciences de Strasbourg, il vint à Paris travailler, comme apprenti, dans un atelier de construction d'instruments de précision, suivant en même temps le cours de physique de Pouillet, qui le remarqua et se l'attacha comme préparateur et comme aide pour les travaux dont il s'occupait. Silbermann dessina et grava toutes les planches du *Traité de physique* de Pouillet, fonctions qui absorbaient tout son temps et lui procuraient à peine de quoi vivre. Il quitta Pouillet pour accepter une place dans les ponts et chaussées. Rappelé peu après par Pouillet, il cumula les fonctions de préparateur des cours de physique de la Sorbonne et du Conservatoire des Arts et Métiers. En 1848, il quitte ces fonctions nouvelles pour celles de conservateur des collections du Conservatoire des Arts et Métiers. A la fois très habile expérimentateur, dessinateur, graveur et même sculpteur, il améliorait tous les instruments qu'il touchait. Il contribua à plus d'une découverte sans en avoir la gloire : avec Jacoby, il reproduisit, par la galvanoplastie, les empreintes de médailles; il fut le premier à reconnaître le phénomène de la condensation des gaz sur les lames de platine; avec Favre, il travailla à la détermination du pouvoir calorifique des gaz et à la thermo-chimie; avec M. Carré, à la fabrication de la glace artificielle. Il construisit divers appareils restés classiques : le *banc de diffraction*, le *sympiézomètre*, le *cathétomètre*, l'*héliostat* qui porte son nom, ainsi que le *focimètre*, le *pyromètre*, le *dilatomètre*. Il fit des travaux nombreux sur la dilatation linéaire des métaux et son application à la comparaison des mesures métriques, sur la vitesse de la lumière et de l'électricité, et sur divers sujets insérés dans les *Comptes rendus de l'Académie des sciences* et dans le *Bulletin de la Société d'encouragement*. Il prit une part active à la confection des types de poids et mesures; il fit des recherches importantes sur l'origine de chacune des mesures ou bases naturelles usitées chez les différents peuples. Il constata qu'elles dérivent toutes des mesures égyptiennes dont la base est l'*orgya* ($1^m,84722$), taille moyenne de l'homme; de là les coudées, pieds, palmes, doigts, lignes. Silbermann humble, modeste, désintéressé, avait des talents et des connaissances qui eussent pu le conduire à un poste plus élevé; il est resté dans une position inférieure et mourut laissant sa famille dans un état voisin du dénuement que vint adoucir la Société de secours des amis des sciences. — C. D.

\* **SILENCE.** *Iconol.* Les anciens avaient fait du Silence une divinité sous le nom d'Harpocrate, et chez les Romains, des effigies de *Tacita*, déesse du silence, étaient portées au cou comme une amulette. La rose était, nous ne savons trop pourquoi, l'emblème du silence, on disait vulgairement qu'on était *sub rosâ*, pour indiquer que le secret était garanti; aussi accompagne-t-elle la statue d'Harpocrate, qui, en outre, pose un doigt sur sa bouche. Giovanni Frezza a reproduit d'après l'antique un *Génie du silence* d'un beau caractère. Une des représentations les plus connues du *Silence* est celle sculptée de nos jours par Préault, pour le tombeau de l'israélite Jacob Roblès, au cimetière du Père-Lachaise; c'est une figure de femme au visage sombre et émacié, qui appuie, d'un air farouche, un doigt sur ses lèvres closes. Ce médaillon célèbre est d'un effet saisissant. M. Pautard a exposé une statue du Silence, au salon de 1852, enfin on peut rapporter à cette idée, la belle statue exposée par M. de Saint-Marceaux : *Génie gardant le secret de la tombe.* Au Louvre, se trouve un tableau de Raphaël connu sous le nom de *Silence de la Vierge* et qu'on appelle aussi *la Vierge au voile*, c'est un des plus beaux du maître. Enfin, le *Silence* a encore été peint par Nogari, par Chardin, gravé par Gérard de Lairesse, par Laurant Cars et par Jardinier.

\* **SILÈNE.** Fils de Pan et de la Terre, était le compagnon inséparable de Bacchus qu'il accompagnait dans ses expéditions. On le représente vieux et chauve, aux formes replètes, au regard vif et railleur, à l'apparence d'un joyeux buveur. Parfois même on l'identifie avec Bacchus, en lui donnant des lions pour compagnons. Il avait un temple à Élis. Mais cette figure s'est peu à peu modifiée pour tomber dans le vulgaire et dans la charge, pour ainsi dire, on peut suivre la gamme descendante de la fin d'un dieu dans l'iconographie antique. Tantôt il est couché ivremort sur une grande outre pleine de vin, tantôt on le soutient pour l'empêcher de tomber, presque toujours on le place sur un âne. Son nez se bourgeonne, et son ventre s'élargit, son regard s'éteint, ce n'est plus qu'un ivrogne amusant. Escorté des faunes, des bacchantes, des satyres, on le trouve souvent dans les bas-reliefs antiques, sur les vases, sur des pierres gravées, le musée du Vatican en possède un bel exemple. Silène avait été, dit-on, le père nourricier de Bacchus, aussi retrouve-t-on souvent traités l'éducation de Bacchus par Silène, et Silène portant Bacchus enfant; c'est ce sujet qu'il faut voir sans doute dans le célèbre groupe du Louvre : *le Faune à l'enfant.* Parmi les modernes, Donatello (galerie Pourtalès), Falconnet, Dantan (salon de 1868) ont sculpté des Silènes ivres en compagnie de bacchantes; Jules Romain, Poussin, Van Dyk, Vanloo, ont peint le *Triomphe de Silène*; Rubens, Ribera, *l'Ivresse de Silène*, dans des toiles restées célèbres; le tableau de Ribera surtout, dans sa crudité brutale, mais pleine de vigueur et de vérité, est remarquable; Jordaens, *Silène tenant une coupe dans laquelle une bacchante lui verse à boire*, et *Un amour offrant une pomme à Silène*; Coypel, *Silène barbouillé de mûres*; Mantegna, *Silène entouré d'amours*. Enfin, on peut citer sur le triomphe ou l'ivresse de Silène, les estampes de Mantegna, Matsys, Pierre Biard, Guilio Bonasone,

Giovanni-Battista del Sole, Bolswert, et de Launay d'après Rubens.

**SILEX.** *T. de minér.* Variété compacte, amorphe et pierreuse du quartz, laquelle se reconnaît à sa forme en rognons plus ou moins volumineux, offrant souvent à la surface des parties moins dures que le reste du silex, et d'une coloration pâle ou même blanche, alors que l'intérieur de la masse est gris, jaune brun ou noir, avec quelquefois des veines de teinte plus claire, dues à des matières organiques.

Les silex sont caractérisés par leur dureté qui est assez grande pour rayer le verre, et faire feu sous le briquet; certaines variétés sont même, pour cette raison, désignées sous le nom de *silex pyromaque*, ou de *pierre à fusil*. Ils sont infusibles, mais sont réduits en véritables verres transparents par leur fusion avec les fondants, tels que le borax, la potasse ou la soude. Leurs autres propriétés sont celles du quartz.

Les silex sont surtout abondants dans les étages crétacés; ils se trouvent là en cordons qui suivent le plan de stratification du terrain, et sont espacés suivant l'étage où on les étudie, tantôt de quelques décimètres seulement, tantôt de un à deux mètres, et souvent beaucoup plus. Lorsque la craie s'est fissurée obliquement, pendant qu'elle était encore plastique, on trouve les fentes souvent tapissées de rognons ou de plaques obliques de silex. Ces silex qui, désagrégés de la roche et roulés par nos mers actuelles, constituent les *galets* que l'on voit sur les rivages, ne contiennent guère que la silice qui les constitue et 1 à 2 0/0 d'eau. Leur teinte est souvent due à de la matière organique; parfois, on y trouve 1 0/0 de sesquioxyde de fer ou d'alumine. C'est par suite de la présence de l'eau que la taille du silex était possible, car après un certain temps d'extraction de la carrière, il n'est plus facile d'obtenir les sections régulières qui permettent de constituer de véritables outils, parfois d'un poli remarquable, comme on le voit sur les outils de la *période* dite *néolithique*.

*Usages.* Les silex servent surtout pour le ballast, pour faire du lest, pour l'empierrement des routes, et aussi pour la fabrication des poteries communes; les galets des rivages de la Manche, sont souvent emportés en Angleterre, pour ce dernier emploi.

**SILICATE.** *T. de minér. et de chim.* Corps résultant de la combinaison de l'acide silicique avec les bases. On connaît un nombre considérable de silicates, mais il faut tout d'abord distinguer ceux qui sont naturels, de ceux qui sont le produit de l'art ou de l'industrie.

**Silicates naturels.** Ces corps, très abondants, sont fort intéressants par le grand nombre d'applications que l'on a pu en faire, mais leur étude est très difficile à présenter d'une façon vraiment scientifique, si l'on veut les classer d'une manière irréprochable. D'abord, quelques-uns ont encore une composition douteuse, puis si l'on envisage autrement le point de vue chimique, en partant de la silice anhydre

$SiO^2$ (celle que l'on obtient en chauffant à 100° la silice hydratée gélatineuse), on verra que, à cet anhydride, correspondent de nombreux acides, à cause de la tétratomicité du silicium. Partant de ce principe, l'hydrate de $SiO^2$ ou acide silicique

normal, aura pour formule $Si \begin{matrix} OH \\ OH \\ OH \\ OH \end{matrix}$ ou en for-

mule brute $Si^2O^4, 2H^2O^2.... SiO^4H^4$; ce premier

hydrate perdant de l'eau peut donner $Si \begin{matrix} OH \\ OH \end{matrix}$ ou

$SiO^3H^2...Si^2O^2, H^2O^2$, et les silicates qui dérivent de cet acide correspondent aux carbonates (par l'acide carbonique hypothétique $C^2O^4, H^2O^2... CO^3H^2$). C'est un de ces hydrates très probablement que l'on obtient en décomposant les silicates solubles dans l'eau, par l'acide chlorhydrique. Enfin, l'acide silicique donne, comme tous les acides polyatomiques, des acides condensés résultant de l'union de deux, trois ou quatre molécules d'acide silicique, avec perte de une, deux ou trois molécules d'eau. Ces acides polysiliciques peuvent eux-mêmes perdre leur eau et donner de nouveaux anhydrides acides, ce que l'on retrouve, en effet, dans la nature. Ces difficultés permettent d'expliquer comment on n'a pas encore proposé de classification exempte de toute espèce de critique. Nous rangerons les silicates naturels d'après la classification d'Adam, suivie du reste à l'Ecole des mines, par Descloizeaux et par Pisani, dans leurs ouvrages.

Les silicates se subdivisent en:

1° Silicates de la formule $R^2O^3$ anhydres (zircone, andalousite, disthène, etc.);

2° Silicates de la formule $R^2O^3$ hydratés (pyrophyllite, etc.), et les corps qui en dérivent par altérations et mélanges; α) à base de silice et d'alumine [pagodite, kaolin, argile plastique, (argile à poteries), argile smectique (terre à foulon, bols divers)]; β) à base de silice et d'oxyde de chrome (wolkonskoïte, chromocre); γ) à base de silice et d'oxyde de fer (nontronite);

3° Silicates de la formule $RO$ anhydres (groupe des amphiboles, groupe des pyroxènes);

4° Silicates de la formule $RO$ hydratés (magnésite, talc, stéatite, serpentine, calamine, etc.), et les corps qui en dérivent, comme la glauconite;

5° Silicates de la formule $R^2O^3 + RO$ anhydres (staurotide, orthose, ponce, obsidienne, albite, adinole, labradorite, cordiérite, wernérite, épidote, émeraude, grenats, micas, etc.);

6° Silicates de la formule $R^2O^3 + RO$, hydratés (zéolite, stilbite, chlorite), et leurs produits d'altération ou de mélanges;

7° Les silicio-aluminates (saphirine, chamoisite);

8° Les silicio-borates (axinite, tourmaline);

9° Les silicio-chlorures (sodalite);

10° Les silicio-fluorures (topazes);

11° Les silicio-phosphates (eulytine);

12° Les silicio-sulfures (helvine);

13° Les silicio-sulfates (haüyne, outremer);

14° Les silicio-niobates (wöhlérite);

15° Les silicio-titanates (sphène, etc.).

Et si nous rapprochons de ces produits nombreux, les agglomérations de silicates, comme les granites, gneiss, micaschistes, porphyres, basaltes, laves, etc., on voit combien sont nombreux les corps que l'on range parmi les silicates naturels.

Tous sont insolubles dans l'eau, cependant à la longue, ou bien par pulvérisation ou frottement, on décompose quelques silicates d'alumine et d'alcalis, en enlevant le silicate alcalin; c'est ainsi que se forment les argiles. Quelques silicates pulvérisés sont attaqués par les acides chlorhydrique ou azotique (ceux hydratés surtout, ou ceux renfermant peu de silice); exceptionnellement quelques-uns (mésotype, haüyne) se dissolvent dans l'acide chlorhydrique étendu, et font gelée avec les acides plus forts, alors que d'autres donnent de la silice pulvérulente. L'acide sulfurique étendu attaque quelques silicates; sous pression et à 220-240°, il les attaque presque tous; la calcination préalable facilite toujours l'action des acides. Tous les silicates sont attaqués par l'acide fluorhydrique, ou par les acides étendus, après fusion avec les carbonates alcalins, ou avec 3 à 5 fois leur poids de potasse ou de soude.

*Usages.* Nous ne pouvons indiquer ici tous leurs emplois; ceux-ci sont d'ailleurs rappelés à chaque mot spécial, il nous suffit de dire qu'ils servent un peu dans toutes les industries: la métallurgie (calamine, chamoisite, etc.), la bijouterie (émeraudes, aigue-marine, topaze, grenats, zircone, saphir d'eau, cordiérite, etc.), le bâtiment (jade, labradorite, outremer, serpentine), la peinture (terre de Vérone), l'industrie des étoffes, pour apprêts, nettoyages (talc de Venise, craie de Briançon, stéatite, magnésite de spinelle); les usages économiques (pierre ollaire, mica), la toilette (talc) et divers autres usages, écume de mer, etc., etc.

**Silicates artificiels.** Les silicates artificiels sont des produits de l'industrie humaine; on peut aussi les subdiviser en *silicates simples* et en *silicates doubles*. Ils sont insolubles dans l'eau, à l'exception de ceux de potasse ou de soude, mais le deviennent si on les fond avec un carbonate alcalin, au rouge, dans un creuset de platine; ou avec 3 à 5 fois leur poids de potasse ou de soude, dans un creuset d'argent. Réduits en poudre et chauffés dans un tube à essais avec de l'acide sulfurique et du fluorure de calcium pulvérisé, ils dégagent du fluorure de silicium

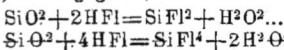

$$SiO^2 + 2HFl^2 = SiFl^2 + H^2O^2...$$
$$SiO^2 + 4HFl^2 = SiFl^4 + 2H^2O$$

par suite de la production d'acide fluorhydrique. Le fluorure de silicium fume à l'air, et avec l'eau donne des flocons gélatineux d'acide silicique. Un fragment de silicate introduit dans une perle de sel de phosphore y laisse un résidu d'acide silicique, conservant la forme du fragment et restant en suspension dans le sel de phosphore fondu. Ils ne se colorent pas quand on les imbibe avec le sulfhydrate d'ammoniaque. Ceux solubles dans l'eau, traités par les acides chlorhydrique ou sulfurique, voir même l'acide carbonique, donnent un précipité gélatineux d'acide silicique peu soluble, et si la solution saline est évaporée à siccité dans une capsule, une poudre blanche, qui est de l'anhydride silicique, insoluble dans les acides, excepté l'acide fluorhydrique. Cette silice arrosée d'acide fluorhydrique disparaît entièrement par évaporation.

Les silicates métalliques n'ont aucun emploi; ceux de potasse et de soude seuls sont utilisés.

*Silicate de potasse.* $KO, SiO^2...Si O^3 K$. Ce produit se présente sous la forme de plaques translucides, légèrement verdâtres; il possède tous les caractères précédemment relatés.

Pour l'obtenir dans les laboratoires, on chauffe au feu de forge, dans un creuset, 15 parties de sable blanc ou de quartz pulvérisé, 10 parties de carbonate de potasse et 4 parties de charbon. Il faut toujours avoir du charbon en excès afin de chasser l'acide carbonique formé et nuisible, en produisant de l'oxyde de carbone, puis parce que sa présence accélère la fusion:

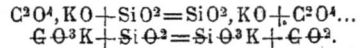

$$C^2O^4, KO + SiO^2 = SiO^2, KO + C^2O^4...$$
$$CO^3K + SiO^2 = SiO^3K + CO^2.$$

On obtient ainsi une masse pâteuse, boursouflée, noirâtre, par son excès de charbon, on la reprend par 5 à 6 parties d'eau, et si elle répand une odeur sulfureuse, on fait bouillir avec un peu de litharge ou d'oxyde de cuivre, qui se transforment en sulfures et purifient la solution. Après repos, on décante, on a une liqueur incolore, dite *liqueur de cailloux*, et que l'on concentre de façon à ce qu'elle marque 35 à 36° Baumé; en évaporant à siccité, on a un produit qui, refroidi, est en plaques translucides, insolubles dans l'eau froide, mais soluble à chaud, il constitue le *verre soluble* ou silicate de potasse. Kulmann, qui a beaucoup étudié ce produit, conseille de le préparer industriellement en faisant réagir à chaud, et sous une pression de 7 à 8 atmosphères, la lessive de potasse sur du quartz pulvérisé. On peut remplacer celui-ci par du tripoli à infusoires, en ayant soin de le calciner pour détruire les matières organiques; on prend 2,8 parties de tripoli pour 1 partie 15 de potasse transformée en lessive, et l'on agit dans le digesteur. Cette solution marquant 35° Baumé ne vaut que 30 francs les 100 kilogrammes.

*Usages.* Le silicate de potasse est très adhésif, lorsqu'il est en solution, aussi l'a-t-on employé comme colle, pour raccommoder la pierre, le verre, la porcelaine. Séchant assez vite et prenant dès lors une grande consistance, il est utilisé en chirurgie, en place de dextrine ou de plâtre, pour le pansement et la consolidation des fractures, de préférence au sel de sodium correspondant qui est moins adhésif; dans les seuls hôpitaux de Paris, on en emploie annuellement près de 2,300 kilogrammes. Kuhlmann a proposé de préparer avec ce silicate des peintures dans lesquelles l'huile siccative ou l'essence est remplacée par la solution saline; on broie avec la solution du blanc de baryte, puis on y incorpore une couleur minérale inattaquable par le silicate (outremer, sulfure de cadmium, ocres, oxydes de manganèse, oxyde vert de chrome, etc.). Ces mélanges appliqués sur pierre, bois, verre, métaux, y adhèrent bien, durcissent vite, sont inaltérables à l'air ou à l'eau, et ont l'avantage de ne répandre aucune émanation dangereuse, lors de leur emploi. Au mot Silicatisation, nous parlerons de certains usages particuliers de ce silicate ou du silicate de soude.

*Silicate de soude.* Si Na O³ = Si O², Na O ... Si Na² O³. Il a les propriétés du précédent et se prépare comme lui, en substituant la soude ou son carbonate, à la potasse. Il y a plusieurs combinaisons de l'acide silicique avec la soude, et celle des formules indiquées existe à divers états d'hydratation. Une température plus ou moins élevée et plus ou moins prolongée donne ces modifications, mais au delà de 9 équivalents d'acide silicique pour un de soude, la fusion ne se produit plus. Avec le mélange des deux corps, dans la proportion de leurs équivalents, on a par le repos des cristaux de silicate monosodique à 6 ou 9 équivalents d'eau. Il a, en plus, quelques applications que le premier ne possède pas; ainsi, dans quelques fabriques de toiles peintes de France ou d'Angleterre, on l'emploie comme sel à bouser. On le trouve soit en plaques ambrées, soit en solution à 48° Baumé. Il sert aussi comme colle adhésive pour les corps qui n'ont pas besoin d'être chauffés, mais on le mélange souvent alors avec de la craie, parce que, d'après E. Péligot, il se produit ensuite dans les pores de celle-ci, par suite de l'action de l'acide carbonique de l'air, un dépôt d'acide silicique qui durcit en se desséchant et donne à la matière un autre état d'agrégation. La dolomie, le phosphate basique de chaux, agissent de la même manière, sans provoquer de réaction chimique, mais avec la chaux caustique, il y a formation de silicate de chaux et séparation de potasse, comme lorsque l'on remplace la chaux par la magnésie ou l'oxyde de zinc. Le plâtre ne donne pas de bons résultats par son mélange avec les silicates alcalins, en ce sens qu'une fois le mélange desséché, celui-ci n'est pas plus dur que le plâtre employé; de plus, la masse s'effleurit à la surface, par suite de production de cristaux de sulfate de soude ou de potasse. Le silicate de soude sert encore à falsifier en grand certains savons, dans lesquels on retrouve facilement la présence de l'acide silicique, en traitant la solution savonneuse par un acide; les acides gras se séparent et surnagent, et dans la liqueur reste un dépôt gélatineux d'acide silicique hydraté. On emploie encore le silicate de soude pour encoller les tissus de coton, et dans l'impression sur tissus, comme fixatif des couleurs, en guise d'albumine.

*Silicates doubles.* On se sert parfois d'un mélange de silicates de potasse et de soude. On peut l'obtenir en fondant 152 parties de quartz pulvérisé, 54 parties de carbonate de soude calciné et 70 parties de carbonate de potasse (Dobereiner) ou 100 parties de quartz, 28 parties de carbonate de potasse purifié, 22 parties de carbo-

nate de soude calciné et 6 parties de charbon de bois pulvérisé (Fuchs); ou par fusion de sel de Seignette et de quartz; de volumes égaux d'azotates de potasse et de soude avec du quartz; ou de bitartrate de potasse purifié, d'azotate de soude et de quartz (ce mélange est celui qui fond le plus facilement); enfin, par mélange de 3 parties de solution de silicate de potasse avec 2 parties de solution de silicate de soude. Le *verre soluble fixateur* de Fuchs, est le seul produit que l'on emploie, pour fixer les couleurs dans la *stéréochromie*; on l'obtient en mélangeant du silicate de potasse saturé par la silice, avec du silicate de soude basique.

Les silicates de soude et de chaux, soude et baryte, soude et magnésie sont peu solubles, mais parfois employés pour la silicatisation des pierres; ils se produisent aux dépens du sel de soude, avec les hydrates de chaux, baryte, etc. Leur formation explique certains phénomènes géologiques, comme le transport de ces substances d'une couche terrestre dans une autre. — J. C.

Les silicates se divisent encore, au point de vue industriel, en deux classes, suivant les bases combinées à la silice : 1° les *silicates métalliques*, quand ils proviennent d'un traitement métallurgique, portent le nom de *scories*, tels sont les silicates de fer, de plomb; 2° les *silicates alcalins*, quelquefois mélangés de silicate de chaux ou de silicate de plomb constituent les *verres* et le *cristal*.

Les *silicates terreux* qui servent à éliminer les gangues des minerais, sont généralement à base de chaux, d'alumine ou de magnésie ; ils portent plus particulièrement le nom de *laitiers* dans le traitement des minerais de fer, pour la production de la fonte.

La propriété la plus importante des silicates en métallurgie, c'est leur fusibilité; c'est grâce à elle qu'ils se séparent, par liquation, des alliages ou composés métalliques plus denses, avec lesquels ils sont mélangés. On doit donc chercher, dans la plupart des cas, à produire le silicate le plus fusible et qui est soumis à certaines règles que l'expérience a formulées.

Les silicates les plus fusibles sont les silicates alcalins, aussi, cherche-t-on, quand c'est économiquement possible, à introduire des alcalins dans leur composition. Les silicates simples, de chaux, d'alumine, de baryte, de magnésie, sont peu fusibles et on doit les éviter autant que possible. Les silicates multiples sont plus fusibles que les silicates simples qui les composent et on doit les rechercher. Chaque base ajoutée à un silicate en augmente, en général, la fusibilité.

On distingue les silicates complexes, d'après la quantité d'oxygène contenu dans les bases comparativement à celle que renferme la silice. Ainsi, un *protosilicate* renfermera autant d'oxygène dans ses bases que dans sa silice, un *bisilicate*, un *trisilicate*, en renfermeront deux fois, trois fois autant. Si on désigne par S la quantité d'oxygène de la silice d'un silicate, et par B celle que renferment les bases, un protosilicate sera représenté par S B et un bisilicate par le symbole S² B. Comme exemple de protosilicate ou de silicate neutre, nous citerons le silicate de fer :

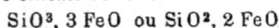

$$SiO^3, 3 FeO \text{ ou } Si O^2, 2 FeO$$

où la proportion d'oxygène est bien égale dans la silice comme dans la base. $SiO^3$, $FeO$, serait au contraire un trisilicate.

**\*SILICATISATION.** *T. techn.* Opération qui a pour but de donner à certains corps des propriétés autres que celles qu'ils possèdent, par suite du dépôt à leur surface d'une couche de silicate alcalin. C'est Fuchs qui le premier, en 1820, a eu l'idée d'employer cette méthode pour rendre incombustible le matériel du théâtre de Munich. Toutes les toiles, tentures, châssis de décors, bois, ou matières en un mot, que l'on veut préserver des atteintes du feu sont tout d'abord enduits d'une couche de silicate de soude à 36°, que l'on a étendu de deux fois son poids d'eau. On laisse ensuite sécher cette première couche, ce qui demande environ vingt-quatre heures, puis on en applique deux autres, en étendant la solution saline de son poids d'eau et laissant encore sécher avant l'addition de la nouvelle couche. Réduite à ces emplois, la silicatisation peut certainement se faire, parce que toutes les parties du matériel théâtral que nous avons indiquées, sont résistantes par elles-mêmes, et lorsque le feu les atteint, elles ne s'enflamment pas ; les bois ou les étoffes se calcinent sur place, puis le silicate fondu finit par faire un enduit vitreux qui empêche la propagation de l'incendie.

Ce qui réussit mieux, c'est l'emploi de la silicatisation pour les bois qui servent dans les constructions civiles ; en préservant, comme on le fait assez généralement en Allemagne, maintenant, les bois de charpentes, les boiseries des appartements, on a de plus grandes chances de pouvoir arrêter facilement tout début d'incendie, surtout si à ces précautions, on ajoute celle de se servir également des peintures au silicate dont nous avons parlé à propos du silicate de potasse. La peinture en question ne coûte pas plus cher que l'autre, et la silicatisation d'un mètre carré superficiel ne revient pas à plus d'un franc, d'après Kuhlmann. Pour obtenir des peintures à fresque d'une solidité parfaite, on applique les couleurs sur la surface murale, puis à l'aide d'une pompe à pomme d'arrosoir on asperge ces peintures avec la solution de silicate de potasse ; la couche préservatrice et transparente qui se forme sur ces peintures est d'une durée infinie. De remarquables fresques ont été faites par M. Kaulbach, par ce procédé, dans le musée de Berlin.

Enfin, l'une des plus remarquables applications de la silicatisation est encore celle proposée par M. Kuhlmann, en 1841, et qui s'applique au durcissement des pierres. On sait que certaines pierres, dites *gélives*, se cassent facilement à la gelée, parce que leurs fissures humides se trouvent écartées par suite de l'augmentation de volume que prend l'eau en se congelant ; on sait encore, que quelques calcaires tendres s'effritent facilement avec le temps, et sont d'un mauvais emploi en architecture. Le savant industriel de Lille a montré qu'en aspergeant de silicate de potasse les pierres les plus poreuses et les plus friables, on peut les rendre aussi dures que le marbre, pourvu que leur imprégnation soit assez complète, sans que la potasse formée dans la masse, et qui vient suinter à la surface, réagisse postérieurement, parce que absorbant bien vite l'acide carbonique de l'air elle se trouve dissoute dans l'humidité atmosphérique.

La découverte de M. Kuhlmann a conduit à la fabrication des pierres artificielles. Dans les pays où la pierre de taille manque, et où l'on est obligé d'en faire venir à grand frais, il est évident que la possibilité de remplacer celle-ci par des pierres factices, faites à l'endroit où leur emploi est exigé, devait être acceptée avec empressement. A la suite des recherches faites en Angleterre par M. Ransome, on peut obtenir actuellement toute espèce de pierre pour construction, ou pour objets d'art. L'inventeur prépare sous pression du silicate, puis le précipite pour avoir de la silice gélatineuse; on mélange alors 1 partie de cette silice avec 10 parties de sable blanc, 1 de verre réduit en poudre et 1 d'argile, puis après avoir rendu le mélange bien homogène, on le moule et on le porte au four pour enlever l'eau ; mais, pour que la surface extérieure ne forme pas croûte et ne force pas plus tard la masse à se fendiller, on cuit ces produits dans un four clos, qui ne permet pendant la cuisson aucun dégagement de vapeur. Lorsque l'on sait, par expérience, que toute l'eau est à l'état de vapeur, on ouvre une issue, et tous les produits gazeux s'échappent à la fois.

**SILICE.** *T. de chim.* Oxyde de silicium, qui, jouant le rôle d'acide et pouvant se combiner aux bases pour faire des silicates, est le plus souvent désigné sous le nom d'*acide silicique.*

**SILICIQUE** (Anhydride). *T. de Chim.* Syn. : *Acide silicique, Silice.* Ce corps qui a pour formule $SiO^2$ est l'un des termes de l'oxydation du silicium. Il est excessivement répandu dans la nature, car c'est lui qui constitue tous les corps que nous avons déjà étudiés sous les noms de QUARTZ, de SILEX, de SABLE; il constitue encore la *tridymite* autre variété, nouvellement découverte, de silex cristallisé ; puis, combiné à l'eau, il forme de nombreux hydrates, dont quelques-uns sont aussi bien connus, comme l'*opale*, l'*hyalite*, etc. En dehors de ces formes, on trouve souvent à l'extérieur des rognons de silex, ou à l'intérieur des géodes siliceuses, une forme particulière, pulvérulente et blanche, de silice pure ou remplie parfois de bryozoaires. Cette variété peut même constituer des amas considérables, que nous savons déjà être utilisés pour la fabrication de la dynamite, et remonter alors à une période géologique fort éloignée de l'époque actuelle, ou bien être de formation contemporaine, quoique toujours fournie par des carapaces de diatomées, comme c'est le cas pour la *randanite.* — V. ce mot.

Nous avons déjà indiqué (V. SILICATES NATURELS) que la silice n'a pas toujours la formule que nous lui avons assignée au début de cet article, et que le silicium étant quadriatomique forme plusieurs anhydrides siliciques et aussi plusieurs hydrates de ces acides; nous n'avons pas à revenir sur ce sujet, mais nous devons d'autant plus le rappeler, que si l'on envisage l'acide silicique obtenu artificiellement, on retrouve absolument les mêmes différences de constitution.

L'acide silicique se rencontre encore dans les autres règnes de la nature. Il en existe des traces dans les cendres du sang, de la bile, de l'urine, des œufs; il est bien plus abondant dans les cheveux, dans les plumes, dans les excréments. Dans les plantes, il se concentre aussi dans certaines parties, dans le chaume et dans les nœuds de la tige des graminées; les prêles (equisetum) en contiennent assez dans l'épiderme de leur tige pour que l'on s'en serve pour le polissage des métaux.

L'acide silicique pouvant se produire artificiellement sous divers états, c'est encore de celui qui a pour formule $SiO^2$, c'est-à-dire du plus ordinaire, que nous allons nous occuper. On peut l'obtenir anhydre ou hydraté. Anhydre, par la combustion du silicium dans l'air à une température élevée, ou dans l'oxygène ou encore par l'action de la vapeur d'eau au rouge sur le silicium; hydraté, en précipitant le silicate de potasse par l'acide chlorhydrique. On obtient ainsi un précipité gélatineux qui devient anhydre à 100°, et que l'on peut alors laver sans qu'il s'hydrate à nouveau. C'est, comme dans les premiers procédés de préparation, une poudre blanche, amorphe, insoluble dans l'eau, infusible au feu de forge, irréductible par le charbon, inattaquable par les acides, excepté l'acide fluorhydrique. On l'obtient encore hydraté par l'action de l'eau sur le fluorure de silicium ou sur les iodure, chlorure, bromure de silicium avec formation dans ce cas des hydracides correspondants.

La densité de l'acide silicique anhydre, naturel, est de 2.6, mais celle de celui obtenu par la décomposition des silicates est de 2,2; par exception, la variété désignée sous le nom de *tridymite*, a une densité intermédiaire 2,3. La connaissance de la densité d'un échantillon d'acide silicique peut permettre d'en déduire certaines propriétés. Ainsi, la silice d'une densité de 2,6 se dissout lentement et sans chaleur dans l'acide chlorhydrique; celle amorphe s'y dissout bien et en dégageant une très forte chaleur. L'acide silicique cristallisé et pulvérulent s'attaque peu par l'action de la potasse à l'ébullition, celui amorphe s'y dissout à froid; la dissolution de l'acide dans le carbonate de potasse qui se fait difficilement à froid pour les deux variétés, est à chaud, quinze fois plus grande pour celle amorphe que pour l'autre, et, la tridymite artificielle, obtenue par fusion de l'acide silicique dans la perle de sel de phosphore, et qui cristallise alors en lamelles hexagonales, n'est pas soluble dans le carbonate de potasse.

L'acide silicique soumis à l'action de la chaleur dégagée par le chalumeau oxyhydrique, fond et peut s'étirer en fils. Il est décomposé au rouge par le potassium en formant du silicium et du silicate de potasse; le charbon, en présence du cuivre, de l'argent, du fer, décompose l'acide silicique en donnant des siliciures métalliques correspondants et de l'oxyde de carbone.

L'hydrate d'acide salicylique chauffé en tube scellé, et à 200-300°, en présence de l'acide chlorhydrique dilué, se transforme en acide silicique cristallisé. Ce même hydrate obtenu par décomposition d'un silicate par l'acide chlorhydrique faible, et soumis à la dialyse, donne une liqueur limpide, acide, sans viscosité, insipide tout d'abord, puis présentant ensuite une saveur désagréable et happant à la langue, probablement par suite d'un dépôt d'acide silicique; elle est peu stable et donne à la longue une gelée ferme, un peu opaline, qui se contracte bientôt et laisse séparer l'eau qu'elle renfermait. Elle est précipitée par la gélatine, l'alumine soluble, l'oxyde ferrique soluble; elle est coagulée par l'addition de 0,0001 de carbonate de potasse ou de soude, ainsi que par la présence de quelques bulles d'acide carbonique, mais les acides sulfurique, azotique, acétique, etc., n'ont pas d'action sur cette solution.

On connaît les emplois de l'acide silicique naturel (V. Silex), ceux de l'acide artificiel sont de servir à la préparation des silicates ou des divers produits à base de silicium. — J. G.

**SILICIUM. T. de chim.** Corps simple, métalloïde, de la famille du carbone, découvert par Berzélius, en 1824, ayant pour symbole Si, pour équivalent 14, et pour poids atomique 28. Il est tétratomique, et présente avec le carbone les plus grandes analogies, mais il s'en distingue en ce qu'il ne fonctionne jamais comme diatomique, ainsi que ce dernier, et en ce qu'il forme, par l'élimination de l'eau de ses hydrates, des composés complexes.

Il n'existe jamais libre dans la nature, mais il y est très abondamment répandu, combiné avec l'oxygène. Il se présente, comme le carbone, sous divers états bien différents : amorphe, graphitoïde et cristallisé.

*État amorphe.* C'est sous cette forme que Berzélius l'a isolé. Il est en poudre d'un brun foncé, tachant les doigts, assez dense, ne conduisant pas l'électricité; il est inattaquable par les acides sulfurique ou azotique, mais se dissout dans la solution d'acide fluorhydrique et dans celle de potasse. Il brûle à l'air à une température élevée, avec éclat, et en produisant de l'acide silicique qui fond et recouvre le silicium non oxydé; à l'abri de l'air, il fond à une température voisine de celle de la fonte. Berzélius l'a obtenu en chauffant 10 parties de fluosilicate de potasse ou de soude dans un tube avec 8 à 9 parties de potassium ou de sodium. On obtenait du silicium et du fluorure de potassium ou de sodium; on reprenait ensuite la masse refroidie par l'eau froide, puis par l'eau chaude, jusqu'à ce que celle-ci n'entraînât plus rien. Deville (H.) l'a préparé en faisant passer du chlorure de silicium sur du potassium ou du sodium chauffés dans des nacelles en porcelaine, placées elles-mêmes dans des tubes de même nature; on l'obtient encore par la combustion de l'hydrogène silicié, ou en décomposant ce gaz par l'étincelle électrique.

*Etat graphitoïde.* Il a été obtenu par H. Sainte-Claire Deville. Ce silicium est en lamelles hexa-gonales brunes, d'une densité de 2,491; il n'est pas altéré au rouge blanc par l'oxygène; mais, avec le carbonate de potasse, il décompose l'acide carbonique avec lumière en donnant de l'acide silicique; et, toujours au rouge blanc, il brûle avec éclat, si on le mélange avec de l'azotate ou du chlorate de potasse. Il est inattaquable par les acides (le mélange d'acide azotique et d'acide fluorhydrique excepté); il se dissout lentement dans les solutions concentrées de potasse ou de soude en dégageant de l'hydrogène. Le chlore se combine au rouge avec le silicium pour former un chlorure, $SiCl^2...SiCl^4$.

Wöhler l'a préparé en fondant à 1.000°, dans un creuset de terre, 20 à 40 parties de fluosilicate de potasse et 1 partie d'aluminium. En reprenant la masse par l'acide chlorhydrique on sépare les lamelles. On peut encore fondre ensemble 1 partie d'aluminium, 5 parties de verre non plombifère et 10 parties de cryolithe. H. Sainte-Claire Deville l'avait obtenu en voulant préparer de l'aluminium, par l'électrolyse du chlorure silico-aluminique.

*Etat cristallisé.* Sous cet état, il a la forme d'aiguilles d'un gris de fer, parfois irisées, très dures, coupant le verre, formées par des octaèdres réguliers superposés, ou parfois en forme d'hexagones; il conduit bien l'électricité et n'est attaqué que par le mélange d'acide azotique et fluorhydrique.

Il s'oxyde à peine dans l'oxygène à une très haute température; au rouge vif, il transforme l'acide carbonique en oxyde de carbone.

Il s'obtient en chauffant au rouge, dans un creuset de terre, un mélange de 15 parties de fluosilicate de potasse, 4 parties de sodium en fragments, et 20 parties de zinc en grenaille. Après refroidissement du mélange, on détache le culot métallique obtenu, et on le traite successivement par l'acide chlorhydrique, l'acide azotique bouillant, puis l'acide fluorhydrique. On le prépare encore en faisant passer un courant de chlorure de silicium ou de fluorure de même base, sur de l'aluminium pur chauffé au rouge dans une atmosphère d'hydrogène.

Dérivés du silicium. Les composés à base de silicium sont nombreux, mais comme quelques-uns sont déjà connus, et que d'autres n'ont pas d'emploi industriel, nous ne ferons que citer ou étudier ceux qui offrent de l'intérêt.

Le *silicium oxydé* constitue l'*acide silicique* ou *silice*. Ce corps a été étudié précédemment. Comme il est souvent indispensable de doser la silice existant dans un minerai ou un corps quelconque, nous allons indiquer, parmi les nombreux procédés qui ont été indiqués pour arriver à ce but, celui qui donne les meilleurs résultats.

Dosage de la silice. On commence par pulvériser finement le corps à analyser, en le triturant dans un mortier en porphyre, on en prend un poids déterminé que l'on délaie avec un peu d'eau dans une capsule en porcelaine à couverte

résistante, puis on ajoute, suivant la nature du corps, de l'acide chlorhydrique ou de l'acide azotique (pour les composés de plomb, d'argent, etc.). On chauffe doucement, sur le bain de sable, en agitant et remplaçant l'acide qui s'évapore; on obtient ainsi, ou une dissolution totale, ou un dépôt de silice gélatineuse. On chauffe alors la capsule au bain-marie jusqu'à évaporation totale du liquide et transformation de l'hydrate d'acide silicique en anhydride, ce que l'on facilite en chauffant un peu le vase à feu nu. Le dépôt refroidi est additionné d'acide chlorhydrique et abandonné à lui-même pendant une heure environ; après ce temps, on traite par l'eau bouillante, on laisse déposer, puis on jette sur un filtre donnant un poids de cendre connu. On lave ensuite à l'eau bouillante jusqu'à entraînement de toute trace d'acidité, puis on sèche le filtre et on l'incinère dans un creuset de platine pesé, en portant au rouge vif. On laisse refroidir à l'abri de l'air et l'on pèse; il suffit de diminuer le poids des cendres fournies par le filtre, pour avoir le poids de la silice.

Lorsque le silicate ou le corps à analyser n'est pas attaqué primitivement par l'acide, il faut désagréger le corps. Pour cela, on commence par disposer un creuset de platine à l'intérieur d'un creuset de terre, en remplissant l'intervalle laissé libre par de la magnésie, ce qui permettra de chauffer au rouge blanc, sans aucune crainte, puis on mélange la prise d'essai pulvérisée, dans le creuset de platine, avec 4 fois son poids de carbonate de soude sec, sans toutefois remplir le creuset à plus de moitié. On couvre le vase et on chauffe d'abord doucement, puis peu à peu jusqu'au rouge vif, jusqu'à la fusion ignée tranquille; alors on laisse refroidir, on retire le creuset de platine de son enveloppe, et on reprend par l'eau bouillante en laissant le creuset dans une capsule de porcelaine, afin d'éviter toute perte. On agit ensuite comme il a été indiqué précédemment.

L'acide silicique en se combinant aux bases forme des silicates qui ont été étudiés précédemment.

Parmi les composés utiles à connaître se trouve l'*acide hydrofluosilicique*, $SiFl^2, 2HFl = SiH^2Fl^4...$ $SiFl^4, 2HFl = SiH^2Fl^6$. Ce corps gazeux se forme par la décomposition du fluorure de silicium, lorsque l'on fait arriver de l'acide fluorhydrique en excès sur de l'anhydride silicique. Pour le préparer, on chauffe dans un ballon de l'acide silicique, du fluorure de calcium et de l'acide sulfurique, et l'on fait arriver le fluorure qui se forme dans un tube à dégagement plongeant dans du mercure contenu dans une éprouvette, et au-dessus duquel on a versé une couche d'eau. Grâce à cette précaution, le tube de dégagement ne s'obstrue pas par dépôt d'acide silicique, lorsque le fluorure de silicium se trouve en contact avec l'eau :

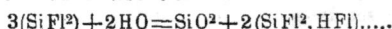

$$3(SiFl^2) + 2HO = SiO^2 + 2(SiFl^2, HFl).....$$
Ac. hydrofluosilicique

$$3(SiFl^4) + 2H^2O = SiO^2 + 2(SiFl^4, 2H^2Fl^2)$$

l'opération terminée, on jette sur un linge la gelée de silice et on exprime. Le liquide passant est un soluté d'acide hydrofluosilicique. On peut aussi l'obtenir par dissolution de la silice dans l'acide fluorhydrique. En faisant passer du fluorure de silicium dans une solution concentrée d'acide fluorhydrique, on obtient des cristaux d'acide hydrofluosilicique hydraté pur, fondant à 19°, et décomposable au delà en ses deux éléments. Ils sont très déliquescents et fument à l'air.

La solution saturée d'acide hydrofluosilicique est très acide et répand des fumées blanches, elle s'évapore sans résidu dans le platine, mais dans le verre, elle attaque celui-ci, dès que l'on évapore la liqueur ; en effet, elle se décompose, du fluorure se dégage, et il reste de l'acide fluorhydrique qui attaque le verre et reforme du fluorure de silicium. Cette solution contenant 10 0/0 d'acide a une densité de 1,083.

FLUOSILICATES. L'acide hydrofluosilicique en saturant les bases forme des sels qui ont pour formule générale $RFl^2, SiFl^4...RFl, SiFl^2$. Ces corps chauffés, donnent par distillation sèche du fluorure de silicium et un fluorure métallique ; traités par l'acide sulfurique, ils dégagent abondamment du fluorure de silicium; avec les bases, mises en excès, l'action varie avec la nature des sels, tantôt dépôt simple de silice (sels alcalins), tantôt dépôt de silice et formation de fluorure métallique (sels alcalino-terreux), tantôt enfin, formation de silicates (sels métalliques).

Le *fluosilicate de potasse*, $KSiFl^4...K^2SiFl^6$, est le seul qui soit employé. C'est une poudre blanche, douce, peu soluble dans l'eau à froid, mieux dans .'eau bouillante, mais un refroidissement lent en précipite des octaèdres très éclatants, sans eau de cristallisation. Il fond au rouge, puis bout et dégage du fluorure de silicium, jusqu'à ce qu'il ne reste plus dans le vase que du fluorure de potassium. La potasse, le carbonate de potasse sont sans action sur lui à froid, mais à l'ébullition il s'y dissout, donne un dépôt de $SiO^2$ gélatineuse, et il y a formation de fluorure de potassium. Pour l'obtenir, on fait tomber goutte à goutte l'acide hydrofluosilicique dans une solution de fluorure de potassium ou d'un autre sel de potasse. Le dépôt se précipite peu à peu et forme dans le vase une couche demi-transparente gélatineuse, qui devient pulvérulente après lavage et dessiccation.

On nomme *siliciures* les combinaisons du silicium avec les métaux. Ce corps se combine bien au calcium, au cuivre, au manganèse, au fer, au magnésium, au platine, etc. ; il se dissout, à chaud, dans l'aluminium et dans le zinc, mais s'en sépare en cristaux par refroidissement sans s'y combiner. Avec les métaux, il produit souvent des combinaisons fragiles ; il n'y a guère que son union au fer, qui offre de l'intérêt — J. C.

Le silicium a été longtemps inconnu ou méconnu en métallurgie. On savait bien que la silice se réduisait, en certaine proportion, dans le haut-fourneau, mais on attribuait à la présence du silicium la fragilité des fontes, la lenteur de l'affinage et l'état rouverain du fer. Il a fallu l'introduction du laboratoire dans l'usine sidérurgique et les nouvelles méthodes de production de l'acier,

pour éclairer d'un jour tout nouveau le rôle complexe que joue le silicium dans la métallurgie actuelle.

RÔLE CALORIFIQUE DU SILICIUM DANS L'OPÉRATION BESSEMER. En essayant, au convertisseur Bessemer, la conversion des fontes de toutes sortes, on reconnut rapidement que les fontes blanches (non manganésifères à haute dose) étaient impropres à ce genre d'affinage. On trouva, par l'analyse chimique, qu'entre une fonte blanche se comportant mal à la conversion et la fonte grise de même provenance, qui convenait au contraire au meilleur travail, il n'y avait guère que les différences suivantes :

Fonte blanche : carbone entièrement combiné ; très peu de silicium.

Fonte grise : carbone en égale quantité, mais pour la majeure partie non combiné ; forte proportion de silicium.

La différence d'état du carbone étant insuffisante pour expliquer les faits, on recourut au silicium qui rendit compte de toutes les circonstances, et l'on arriva à formuler même la teneur entre 1,5 et 2 0/0 comme la plus convenable pour un bon affinage Bessemer.

Le silicium, en se brûlant sous l'action de l'air insufflé, se transforme en un corps solide, la *silice*, qui, vu la température élevée à laquelle se trouve porté le bain, passe à l'état liquide en conservant la chaleur qu'a développé sa combustion. Comme nous l'avons indiqué (V. ACIER), 1 0/0 de silicium dans une fonte produit, par sa combustion, 74,812 calories restant tout entières dans le bain, tandis qne 1 0/0 de carbone, tout en produisant 24,730 calories, n'en laisse que 4,752 dans le bain.

On voit de suite le rôle calorifique du silicium dans l'opération Bessemer. Il produit la température nécessaire au maintien du bain à l'état liquide; de plus, il retarde la réaction de l'oxyde de fer sur le carbone et empêche l'opération d'être tumultueuse.

Les fontes blanches, très manganésifères ou très phosphoreuses, peuvent également donner de bonnes opérations Bessemer, sans renfermer de proportion importante de silicium, mais c'est grâce au pouvoir calorifique du manganèse et du phosphore, qui remplacent ici le silicium.

INFLUENCE DU SILICIUM SUR LA SOLUBILITÉ DES GAZ DANS LA FONTE ET L'ACIER. Lorsqu'on ne prend pas des précautions spéciales dans la coulée des aciers fondus, soit comme composition chimique du métal, soit comme mode de refroidissement, on voit, jusqu'au moment de la solidification, se dégager tumultueusement une assez grande quantité de gaz, et si l'on casse les lingots obtenus, on les trouve plus ou moins criblés de soufflures, surtout vers les parties rapprochées de l'extérieur. Ces cavités, que l'on a cru, pendant longtemps, remplies presque uniquement d'oxyde de carbone, renferment, en réalité, de l'hydrogène et de l'azote, souvent en majeure partie; ces gaz se sont trouvés emprisonnés au moment de la congélation. Leur solubilité diminuant avec l'abaissement de température, il est arrivé un moment où ils n'ont pu remonter jusqu'à la surface libre et se dégager dans l'atmosphère.

Un procédé empirique, qui réussit infailliblement, quand la réaction chimique de l'acier sur la matière du moule n'en vient pas contrarier l'effet ultérieurement, consiste dans une addition de silicium sous forme de fonte siliceuse. Le bain se calme instantanément, on ne voit pas de bulles gazeuses remonter à la surface, et les lingots, ainsi que les moulages obtenus dans des conditions de coulée convenables, sont sains et sans soufflures.

On n'est pas entièrement fixé sur la manière dont agit le silicium dans cette circonstance, mais son effet est indiscutable. En se fondant sur la décomposition de l'oxyde de carbone par le silicium avec production de silice et dépôt de carbone

$$Si + 2CO = SiO^2 + 2C$$

réaction très nette, découverte par le capitaine Caron, et, en admettant que les gaz qui produisent les soufflures, sont uniquement composés d'oxyde de carbone, on avait pensé que le silicium décomposait l'oxyde de carbone en dissolution dans le métal, produisant du carbone qui durcissait légèrement l'acier et de la silice qui, remontant à la surface, se combinait à l'oxyde de fer flottant sur le bain. On n'a jamais reconnu une augmentation notable de la teneur en carbone, par l'addition du silicium, mais comme le silicium est ajouté sous forme de fonte siliceuse, ce dosage serait difficile; d'un autre côté, il y a toujours un peu de scorie à la surface du bain, il est donc presque impossible de vérifier cette explication. Mais, si la majeure partie des gaz en dissolution dans l'acier est composée d'hydrogène, comme les expériences du docteur Muller, de Brandebourg, répétées avec succès par MM. Stead et Richards, de Middlesbro, semblent le prouver, il devient difficile d'expliquer cette *action absorbante* du silicium dans la production des aciers sans soufflures; on ne peut plus invoquer une action chimique du silicium sur l'hydrogène, puisqu'on n'en connaît pas; il ne pourrait y avoir qu'une action physique, analogue à l'absorption de l'hydrogène par le palladium, ou une augmentation de solubilité, comme on en voit pour certains sels qui sont plus solubles dans une dissolution saline que dans l'eau pure.

ACTION DU SILICIUM SUR L'ÉTAT DU CARBONE DANS LES FONTES. C'est tout récemment que l'on a découvert le rôle important que joue le silicium dans la constitution et la résistance des fontes, grâce aux travaux de MM. Turner, Ch. Wood et Stead, en Angleterre, et F. Gautier, en France.

Jusqu'à ces derniers temps, on considérait le silicium comme communiquant de la fragilité aux fontes; on n'avait fait que soupçonner son influence sur l'état de combinaison du carbone dans les fontes et la douceur qu'il leur communique pour le travail aux outils. En 1885, M. Turner, de Birmingham, dans une série d'expériences nombreuses, faites en incorporant des doses croissantes de silicium à un fer fondu artificiel renfermant 2 0/0 de carbone seulement, montra que le *sili-*

*cium à la dose de 1 0/0* donnait le *maximum de résistance à l'écrasement*, et à la dose de 2 0/0, le *maximum de résistance à la traction*, comparativement à la fonte non siliceuse et également carburée.

Ces travaux furent l'origine des recherches de MM. Ch. Wood et Stead, de Middlesbro. Ils essayèrent l'influence adoucissante d'une addition de silicium sur des fontes grises phosphoreuses de Cleveland d'abord, puis sur des fontes blanches de même provenance. Ils constatèrent un effet améliorant remarquable, et réussirent même à produire, par une incorporation de silicium suffisante pour correspondre à 2 0/0 de silicium dans le mélange, la transformation de la fonte blanche en fonte grise propre au moulage et d'un grain fin tout particulier.

Ces résultats remarquables avaient été loin d'être accueillis avec faveur par les métallurgistes anglais qui les avaient contestés, accusant le silicium de détériorer la fonte et de ne donner que des produits sans valeur pratique.

M. F. Gautier, reconnaissant, au contraire, qu'il y avait là une confirmation éclatante de principes théoriques à peine soupçonnés, fit expérimenter par les fondeurs français la fusion, au cubilot, de fontes blanches ordinaires avec du silicium condensé sous forme d'alliage à 90 de fer et 10 de silicium, et connu sous le nom de *ferrosilicium*.

Le résultat pratique fut très important, car il permit aux industriels français de communiquer, par cette addition de ferrosilicium, les qualités requises pour la fonderie, aux fontes nationales les plus ordinaires. Les fontes d'Ecosse employées en si grande quantité par les fondeurs français (80 à 100,000 tonnes annuellement) n'ont plus de raison d'être dans la pratique de nos fonderies. La fonte grise que l'on obtient ainsi par une addition de *ferrosilicium* à de la fonte blanche ou truitée, possède un grain fin et serré qui correspond à une bonne résistance à la traction et à une plus grande résistance au choc que la plupart des fontes grises ordinaires. On peut, par cette méthode, utiliser les vieilles fontes, jusqu'ici d'un emploi difficile ou impossible, en se guidant par le barème suivant :

| | |
|---|---|
| Bocages ordinaires | 95 |
| Ferrosilicium à 10 0/0 | 5 |
| Bocages ordinaires | 46 |
| Bocages mécaniques | 46 |
| Ferrosilicium | 8 |
| Bocages ordinaires | 45 |
| Fontes brûlées | 45 |
| Ferrosilicium | 10 |
| Fonte brûlée, barreaux de grille, etc. | 80 |
| Ferrosilicium à 10 0/0 | 20 |

On peut même, dans le cas où l'on emploierait exclusivement des barreaux de grille, mettre 25 0/0 de ferrosilicium, pour obtenir un meilleur résultat.

Il nous reste à dire quelques mots de la réaction par laquelle se fait la transformation de la fonte blanche en fonte grise par l'addition de silicium.

Dans la fonte blanche, tout le carbone est combiné, tandis que dans la fonte grise, une faible partie seulement du carbone est combinée, l'autre est à l'état de graphite. Dans une fonte blanche qui ne renferme pas de proportion notable de manganèse ou de chrome, le maximum de carbone combiné ne peut dépasser 4 0/0; de plus, la combinaison ou la dissolution du carbone dans le fer se fait avec absorption de chaleur. D'un autre côté, le silicium se combine au fer en toutes proportions et avec dégagement de chaleur. Il en résulte que, si à de la fonte blanche où tout le carbone est combiné ou dissous, on ajoute du silicium, celui-ci va s'emparer du fer avec production de chaleur et expulser le carbone sous forme de graphite ou de carbone insoluble, la fonte deviendra grise.

Cette explication donnée par M. F. Gautier se trouve corroborée par les faits suivants bien connus des métallurgistes. Inversement, toute soustraction de silicium à une fonte grise siliceuse la transforme en fonte blanche, comme on le voit dans l'opération Bessemer arrêtée au bout de quelques minutes de soufflage, après la combustion d'une partie du silicium; il en est de même dans le mazéage de la fonte grise où l'enlèvement de la majeure partie du silicium donne de la fonte blanche. Il n'est donc pas surprenant qu'en ajoutant du silicium à de la fonte blanche, on reproduise de la fonte grise.

INFLUENCE DU SILICIUM SUR LA RÉSISTANCE DES ACIERS. On a cru, pendant longtemps, que le silicium rendait les aciers fragiles, et c'est sur cette opinion qu'est établie encore actuellement, en Angleterre, la règle commerciale qui limite, suivant une certaine échelle, la teneur en silicium que peuvent avoir le spiegeleisen et le ferromanganèse qui servent de réducteurs de l'oxyde de fer, dans la fabrication de l'acier sur sole et au convertisseur. Ce qui a accrédité cette idée fausse, c'est que le silicium rend fragiles, en effet, les aciers trop carburés, le silicium exagérant la dureté due au carbone; mais il suffit d'abaisser la teneur en carbone pour obtenir, au contraire, par une addition judicieuse de silicium, une augmentation de résistance. La fabrication de l'acier au creuset favorise, par la réduction de la silice de l'argile, la formation d'aciers assez chargés de silicium. En voulant imiter, pour la fabrication des bandages et des essieux, certaines résistances remarquables obtenues, avec l'acier au creuset, par un fabricant de Sheffield, on est arrivé, en France, à se convaincre que ces résultats étaient dus à la présence du silicium à assez forte dose, et on a pu les obtenir couramment par une addition de silicium à des aciers faits sur sole ou au convertisseur Bessemer.

*SILICIURE DE FER (ou ferrosilicium). Parmi les siliciures de fer ou alliages carburés de silicium et de fer, on donne le nom de ferrosilicium au produit obtenu au haut-fourneau, et qui renferme de 10 à 15 0/0 de silicium.

Voici l'analyse d'un ferrosilicium à 10 0/0 de silicium tel qu'on l'emploie dans la fabrication des aciers spécialement siliceux et dans la conversion de la fonte blanche en fonte grise :

| | |
|---|---|
| Carbone combiné | 0.69 |
| Graphite | 1.12 |
| Silicium | 10.20 |
| Phosphore | 0.21 |
| Manganèse | 1.95 |
| Soufre | 0.04 |
| Fer | 85.79 |
| | 100.00 |

Le ferrosilicium le plus convenable pour la conversion de la fonte blanche en fonte grise est celui qui renferme le moins de manganèse, car ce dernier a sur le carbone un effet contraire; il tend à le combiner au fer, tandis que le silicium est ajouté pour détruire la combinaison ou la dissolution du carbone en présence du fer, qui constitue la fonte blanche.

*SILICOSPIEGEL. On donne le nom de silicospiegel aux alliages de fer et de manganèse renfermant une proportion notable de silicium.

Voici l'analyse d'un silicospiegel de composition courante :

| | |
|---|---|
| Fer | 69.04 |
| Carbone | 1.39 |
| Manganèse | 17.25 |
| Silicium | 12.25 |
| Phosphore | 0.07 |
| | 100.00 |

Le silicospiegel sert à incorporer du silicium aux aciers, pour empêcher les soufflures. On l'obtient au haut-fourneau.

SILLET. T. techn. Petit morceau de bois ou d'ivoire appliqué au haut du manche d'un violon, d'une guitare ou autre instrument à cordes, et sur lequel posent les cordes.

SILO. Fosse, cavité pratiquée dans la terre pour y déposer les grains et les conserver. — V. GRENIER.

SIMARRE. Sorte de soutane que certains magistrats, certains professeurs portent sous leur robe.

*SIMART (PIERRE-CHARLES). Statuaire, né à Troyes, en 1806, était fils d'un pauvre menuisier. Les dispositions qu'il fit voir dès son jeune âge lui valurent une pension de sa ville natale, et à dix-sept ans, il vint à Paris où il fut l'élève de Dupaty, Cortot et Pradier; il reçut aussi d'excellents conseils de Ingres. Ses premières œuvres furent quatre bas-reliefs pour la chaire de l'église Saint-Pantaléon, à Troyes, plusieurs bustes, et Coronis, jeune fille blessée par Apollon. En 1833, il remporta enfin le prix de Rome, avec le Vieillard et ses trois fils. De retour à Paris, en 1839, il exposa un Oreste au pied de l'autel de Minerve, puis il donna successivement : La Sculpture et l'Architecture, figures en bas-relief pour la façade de l'Hôtel de Ville; la Justice, l'Abondance, pour les colonnes de la barrière du Trône; la Philosophie, la Poésie épique, pour la bibliothèque du Luxembourg; La Vierge et l'enfant Jésus, une de ses œuvres les plus remarquables, pour la cathédrale de Troyes; la statue de Napoléon Ier et dix bas-reliefs, pour le tombeau de l'empereur, aux Invalides ; des statues et des cariatides à l'intérieur du nouveau Louvre. On le voit, les commandes officielles ne lui manquèrent pas, et la fortune était enfin venue compenser ses pénibles débuts. Ses connaissances archéologiques étaient très étendues et très sûres, et le duc de Luynes, pour lequel il avait déjà sculpté quatre figures symboliques, l'*Age d'or* et l'*Age de fer*, au château de Dampierre, lui demanda, en 1846, une restitution de la *Minerve* du Parthénon, dont il se tira heureusement, malgré les difficultés auxquelles il se heurtait. En 1857, une chute de voiture arrêta brusquement cette carrière déjà si bien remplie. Simart était membre de l'Institut depuis 1852.

**SIMBLEAU.** *T. techn.* Cordeau ou chaînette à l'usage des charpentiers pour tracer des arcs de cercle d'une étendue plus grande que celle des plus grands compas. || Il se dit aussi de l'assemblage des ficelles qui font partie d'un métier à tisser.

**SIMILOR.** Composition métallique formée d'un mélange de cuivre et de zinc, et ayant quelque analogie de couleur avec l'or. — V. CHRYSOCALE.

*SIMILI-MARBRE. Nom que l'on donne à des matériaux factices dont l'aspect est semblable au marbre.

*SIMILI-PIERRE. Nom des matériaux dont la densité est supérieure à celle de la brique et qui imitent la pierre.

* SIMONET (GEORGES-ANTOINE). Importateur, en France, de la fabrication de la mousseline, né à Tarare, en 1710, mort en 1778, à Charbonnières, près Lyon. Il acquit de bonne heure une grande expérience dans l'art du tissage, chez son père qui était marchand toilier ; puis ayant manifesté beaucoup de goût pour le dessin de fabrique et ayant fait dans cette branche de rapides progrès, il entra, à vingt-cinq ans, comme dessinateur-maître dans une maison de Lyon. A trente-cinq ans, il avait réalisé assez d'économies pour contracter une association commerciale dans le but de fabriquer des étoffes de soie, d'or et d'argent, mais il fut bientôt obligé de liquider, en raison du décès de son associé.

A partir de ce moment, l'établissement de manufactures de mousselines à Tarare devint sa constante préoccupation. C'était en 1754 ; à cette époque, l'industrie du filage du coton, importée par des fileuses venues de Normandie, s'établissait dans les montagnes qui avoisinent cette ville, où jusque là on n'avait filé et tissé que le chanvre. Avec les fils de coton grossièrement fabriqués au rouet, on ne voulait faire tout d'abord que des étoffes communes, mais Simonet, ayant le désir d'introduire dans sa ville natale la fabrication de la mousseline, accaparée jusque là par la Suisse, se rendit à Saint-Gall et Zurich, pour en étudier le tissage. Il demanda au Ministre du commerce, M. de Trudaine, la protection de l'Etat et, sur sa réponse bienveillante, disposa, quelque temps

après, sa maison de Tarare en atelier ; il y installa les premiers métiers à mousseline que l'on vit en France. Il tirait le fil de Nantua, et pour obtenir des ouvriers capables de former des élèves, conclut un traité onéreux avec une famille suisse de Saint-Gall, qui s'expatria moyennant une forte somme d'argent. Malheureusement, le coton filé à Nantua, grossier et inégal, ne permettait pas à la France de rivaliser avec les cotons fins et bien fabriqués de l'étranger ; Simonet engloutit la majeure partie de sa fortune dans les luttes et les sacrifices où l'avait entraîné la poursuite de son but. Durant quinze ans encore, il poursuivit avec une sorte d'acharnement la solution du problème qu'il s'était posé, il remplaça les fils de Nantua par ceux de Tarare, mais un jour vint où il dut se déclarer vaincu. Il liquida sa situation et paya toutes ses dettes, puis alors rassembla ses ouvriers, leur fit part de sa situation, mais s'efforça de leur communiquer l'ardente foi qu'il avait dans une œuvre dont il entrevoyait l'avenir. Il ne se trompait pas. Après qu'il eut quitté Tarare, en 1773, et qu'il se fut retiré à Charbonnières où il mourait cinq ans après, dans l'indigence, on vit, dans sa ville natale, l'industrie des mousselines se relever tout à coup par suite de l'introduction des filés de coton de la Suisse ; depuis ce temps, on sait qu'elle s'est toujours soutenue, et qu'elle a considérablement progressé. Restée veuve avec quatre filles et réduite à une situation des plus précaires, Mme Simonet, qui s'était montrée aussi zélée et aussi dévouée que son mari lui-même dans l'accomplissement de la tâche gigantesque que celui-ci avait entreprise avec tant d'ardeur, se trouvait, en 1804, âgée de quatre-vingts ans et affligée de cécité, lorsqu'un décret de Napoléon Ier lui assura une pension viagère de 1,200 francs. Les termes du décret portaient que cette pension était accordée « à la veuve de Georges-Antoine Simonet, *créateur des manufactures de mousseline de Tarare* ». Mme Simonet ne jouit que peu de temps de cette récompense, mais ses filles obtinrent la reversibilité de la pension. — A. R.

*SIMONIN (LOUIS-LAURENT). Ingénieur et publiciste industriel, né le 22 août 1830, à Marseille, mort à Paris, le 10 juin 1885. Elève de l'Ecole des mines de Saint-Etienne, dont il sortit, en 1852, avec le brevet d'ingénieur, il fit de nombreux voyages, pour explorer les mines, en France, en Italie et en Californie. Chargé successivement de missions nouvelles dans l'Amérique du Nord, notamment dans l'Etat du Michigan et au Lac supérieur, il fut ensuite choisi comme commissaire de la France à l'Exposition de 1876, de Philadelphie, et fit partie du jury de l'Exposition universelle de 1878. Il se fit encore remarquer comme journaliste et conférencier ; toutes les questions d'économie politique, de statistique, de géographie, de commerce extérieur, de travaux publics lui étaient familières. Il avait été décoré de la Légion d'honneur, en 1867, et promu officier le 14 janvier 1879. Il a publié divers ouvrages d'une grande portée industrielle.

* SIMOUSSE. *T. de sell. et de bourr.* Nom des

ornements de laine que l'on met à la bride des mulets.

**SINOPLE.** *T. de minér.* Variété de quartz hyalin, presque opaque, d'un rouge vif. || Minerai d'or mêlé de galène et de blende. || *Art hérald.* Couleur verte que l'on représente, dans la gravure des armoiries, par des hachures obliques qui vont de l'angle dextre du chef à l'angle senestre de la pointe.

**SINUS.** *T. de trigon.* Considérons une circonférence dont le rayon est égal à l'unité de longueur, et sur cette circonférence un arc A B; on appelle *sinus de cet arc* la longueur de la perpendiculaire B P abaissée du point B sur le diamètre O A qui passe par l'autre extrémité de l'arc. On donne au sinus le signe + ou le signe — d'après la règle suivante : on convient que les arcs comptés à partir du point A sont positifs s'ils sont dirigés dans un certain sens, et négatifs dans le sens contraire. Dès lors, le sinus sera positif si la perpendiculaire B P est située, par rapport au diamètre O A, du même côté que les petits arcs positifs, négatif dans le cas contraire. Le sinus d'un angle est le sinus de l'arc que cet angle intercepte sur une circonférence dont le rayon est égal à l'unité de longueur décrite du sommet comme centre. — V. Trigonométrie.

**Sinus verse.** *T. de trigon.* Dans le cercle de rayon égal à l'unité de longueur, on appelle *sinus verse de l'arc* A B, la portion du diamètre O A comprise entre le point A et le pied P de la perpendiculaire abaissée du point M sur ce diamètre. Le sinus verse d'un arc $x$ est égal à l'excès de l'unité sur le cosinus de cet arc :

$$\sin \text{ verse } x = 1 - \cos x$$

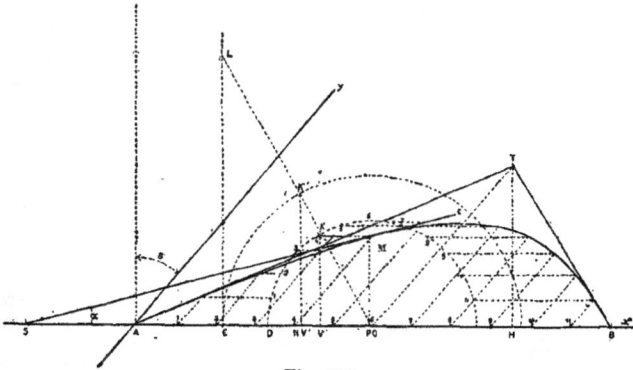

Fig. 166.

**\*SINUSOÏDE.** La sinusoïde est une courbe définie par l'équation générale

$$(1) \qquad y = b \sin \frac{x}{a}$$

$b$ et $a$ étant deux constantes.

De cette définition on peut déduire que la courbe rencontre l'axe des $x$ pour toutes les valeurs de $\frac{x}{a}$ qui seront un multiple de $\pi$; à ces points de rencontre, la courbe présentera des points d'inflexion; elle se composera, par suite, d'une série indéfinie d'arcs identiques alternativement situés au-dessus et au-dessous de l'axe des $x$; ces arcs ayant une ordonnée maxima égale

à $b$ et une tangente parallèle à l'axe des $x$ pour toutes les valeurs de $\frac{x}{a}$ égales à un multiple de $\frac{\pi}{2}$.

Il suffit donc d'étudier un de ces arcs, dont la figure 166 donne une représentation dans le cas le plus général des coordonnées obliques faisant entre elles un angle de 90° — β.

La tangente à la courbe en un point M quelconque fait avec l'axe des $x$ un angle $\alpha$, dont la tangente trigonométrique a pour expression :

$$\operatorname{tg} \alpha = \frac{\cos \beta \dfrac{dy}{dx}}{1 + \sin \beta \dfrac{dy}{dx}}$$

qui devient en remplaçant $\frac{dy}{dx}$ par sa valeur

$$(2) \qquad \frac{dy}{dx} = \frac{b}{a} \cos \frac{x}{a} = \frac{1}{a} \sqrt{b^2 - y^2}$$

$$(3) \qquad \operatorname{tg} \alpha = \frac{\cos \beta \sqrt{b^2 - y^2}}{a + \sin \beta \sqrt{b^2 - y^2}}$$

La valeur de la sous-tangente est :

$$(4) \qquad \frac{y}{\dfrac{dy}{dx}} = a \operatorname{tg} \frac{x}{a} = \frac{ay}{\sqrt{b^2 - y^2}}$$

*Tracé pratique.* La grande étendue de la variation du rayon de courbure et la continuité que présente la sinusoïde dans cette variation, ont fait adopter cette courbe pour le tracé du chenal des rivières navigables, soit qu'il s'agisse de simples rectifications de ce chenal (V. Rivières canalisées), soit qu'on veuille améliorer le cours de ces rivières par l'établissement d'un lit mineur rassemblant entre des digues longitudinales toutes les eaux d'étiage, comme sur le Rhône.

Le problème pratique à résoudre pour le tracé de la courbe est alors le suivant : *Tracer un arc de sinusoïde tangent aux points* A *et* B *aux droites données* T A *et* T B.

La détermination des coefficients de l'équation (1) est facile à faire avec ces données.

Pour

$$x = A B \frac{x}{a} = \pi \text{ d'où } \frac{AB}{a} = \pi \text{ et } a = \frac{AB}{\pi}.$$

Exprimant que la courbe est tangente à T A en A on a, en faisant $y = o$ et remplaçant $a$ par sa valeur dans (3), le point O étant le milieu de A B,

$$tg\,\alpha=\frac{b\cos\beta}{\dfrac{AB}{\pi}+b\sin\beta}=tg\,\widehat{TAB}=\frac{OT\cos\beta}{\dfrac{AB}{2}+OT\sin\beta}$$

d'où

$$b=\frac{2OT}{\pi}$$

L'équation de la courbe à tracer est donc

$$y=\frac{2OT}{\pi}\sin\frac{\pi}{AB}x.$$

Pour tracer cette courbe par points, décrivons la demi-circonférence de rayon

$$OD=\frac{2OT\cos\beta}{\pi}=\frac{2TH}{\pi}$$

et divisons la droite A B et la demi-circonférence en un même nombre de parties égales. Si, par deux points correspondants N et K de cette double division, nous menons des parallèles aux axes des coordonnées, ces droites se couperont en un point M de la courbe cherchée.

Pour le démontrer, décrivons la circonférence du rayon $OE=\dfrac{AB}{\pi}$, et reportons sur cette circonférence la division faite sur la circonférence OD; le point K' correspondra au point K; l'arc EK'=AN et

$$K'V'=\frac{AB}{\pi}\sin\frac{\pi}{AB}AN.$$

La similitude des triangles OKV et OK'V' donne

$$KV=K'V'\frac{2OT\cos\beta}{AB}=\frac{2OT\cos\beta}{\pi}\sin\frac{\pi}{AB}AN$$

Or

$$MN=\frac{MP}{\cos\beta}=\frac{KV}{\cos\beta}=\frac{2OT}{\pi}\sin\frac{\pi}{AB}AN$$

M est donc bien un point de la courbe cherchée.

Pour tracer la tangente SM en ce point, on a, d'après (4), en remplaçant $a$ par sa valeur, la sous tangente

$$SN=\frac{AB}{\pi}tg\frac{\pi}{AB}x=EL.$$

Il suffira donc de porter NS=EL, tangente trigonométrique de l'angle KOA dans le cercle de rayon $\dfrac{AB}{\pi}$ et de joindre SM pour avoir la tangente à la courbe en M. — (J. C. A.) C.

I. **SIPHON**. *T. de phys.* (on écrit aussi *syphon*). Instrument destiné à transvaser les liquides, sans le secours d'aucune force mécanique, par le seul effet de la pression atmosphérique. Le siphon usuel est un simple tube recourbé en V ou en U renversé, à branches ordinairement inégales, la plus courte plongeant dans le liquide à transvaser, la plus longue servant à le déverser à un niveau inférieur à celui qui correspond à l'extrémité de la plus petite branche. Celui des laboratoires est en verre ou en caoutchouc; dans l'industrie, il est en fer-blanc, quelquefois en platine, pour les acides; il est en fonte pour les égouts, en maçonnerie pour les conduites d'eau. Le principe sur lequel repose l'emploi du siphon est très simple; son fonctionnement est dû à la différence des pressions que supporte le liquide aux deux extrémités du tube, ou plutôt à la différence de niveau du liquide dans les deux vases où plongent les deux branches de l'instrument. Voici comment on explique l'écoulement continu du liquide : supposons le siphon plein d'eau (amorcé), la petite branche plongeant dans le liquide et la grande tenue fermée. D'après les lois de l'hydrostatique, la pression est la même dans les deux branches au niveau du premier vase. Au-dessous de ce plan dans la grande branche, les couches de liquide supportent la pression de celles qui sont au-dessus. Si l'on débouche, la colonne d'eau tombera; mais comme il ne peut se faire de vide au-dessus d'elle, le liquide suivra d'une manière continue, et l'écoulement se fera en vertu de la différence des niveaux.

On exprime algébriquement, de la manière suivante, le fonctionnement du siphon : soient $h$ et $h'$ les distances verticales des deux niveaux A et B à la section C la plus élevée du siphon, et H hauteur d'une colonne liquide ($10^m,3$ d'eau) représentant la pression atmosphérique. La pression exercée en C par le liquide dans le sens ACB est représentée par une colonne d'eau ayant pour hauteur H—$h$ et pour base la section du tube en C; de même, la pression en C, dans le sens BCA est H—$h'$. L'écoulement aura nécessairement lieu dans le sens de la plus grande pression. Si $h'$ est plus grand que $h$, on aura pour cette différence

$$(H-h)-(H-h')\ \text{ou}\ h'-h.$$

Quand $h=h'$, l'écoulement cesse. Quant à la vitesse d'écoulement dans ces conditions, elle est, d'après le principe de Torricelli, en faisant abstraction des frottements :

$$v=\sqrt{2g(h'-h)}$$

Si le liquide s'écoule dans l'atmosphère, $h'$ reste constant lorsque $h$ augmente; quand on aura $h=h'$, $v$ sera nul, c'est-à-dire que l'écoulement cessera. Si l'écoulement se fait dans un vase, $h'$ diminue à mesure que $h$ augmente; la vitesse ira alors en diminuant plus rapidement, et l'écoulement cessera quand les deux niveaux seront dans le même plan horizontal.

Le siphon peut aussi fonctionner dans des milieux de densités différentes.

*Amorcement du siphon.* On emploie, pour amorcer le siphon, différents moyens, suivant la nature des liquides à transvaser. Le procédé ordinaire consiste à aspirer avec la bouche à l'extrémité de la plus longue branche, quand la nature du liquide permet de procéder ainsi, ou en remplissant d'abord les deux branches pour les renverser ensuite en plongeant la plus courte dans le liquide, avec la précaution de tenir chacune des deux, bouchées avec un doigt jusqu'après l'immersion. Dans le cas où le liquide n'est pas inoffensif, on emploie, pour raréfier l'air dans le siphon, une boule en caoutchouc, soit un tube en caoutchouc que l'on comprime entre les doigts en se rapprochant de plus en plus de l'ouverture d'écoulement. Le plus souvent, le siphon est muni à sa partie inférieure d'un tube qui remonte le long de la grande branche et qui est quelquefois surmonté d'une boule avec un tube d'aspiration. D'autrefois, cette boule est fermée. Après l'avoir chauffée pour dilater l'air qu'elle contient et bouché l'ouverture inférieure, on plonge la petite branche dans le liquide à transvaser. A mesure que la température s'abaisse, le liquide monte dans la petite branche, et quand il est arrivé au-dessous du niveau, on débouche le siphon.

On amorce aussi en soufflant de l'air avec un tube dans la petite branche ou dans un vase où elle aboutit. — C. D.

Dans les siphons en maçonnerie, on ferme, soit avec un robinet, soit par tout autre moyen, les extrémités des deux branches qu'on remplit par une tubulure placée au sommet de la courbure du tube. Dans certains appareils, on emploie une petite pompe qu'on fixe au sommet de la courbure, afin d'aspirer le liquide dans les deux branches pour le faire écouler ensuite par la plus longue dès que l'amorçage a été ainsi effectué.

*Siphon intermittent.* Nom donné à un petit appareil dans lequel le tube de siphon est recourbé de telle façon que sa longue branche descende verticalement en dessous du vase, tandis que sa plus courte branche se replie sur elle-même en venant présenter son extrémité ouverte vers le fond de ce vase. Si l'on verse un liquide dans ce vase l'eau s'élève graduellement dans la branche courte et, dès qu'elle atteint intérieurement le sommet de la courbure, le siphon se trouve amorcé de lui-même et l'écoulement du liquide contenu dans le vase commence instantanément pour continuer jusqu'à ce que l'extrémité de la petite branche soit entièrement découverte. Le fonctionnement de cet appareil explique le phénomène des *fontaines intermittentes* qu'on rencontre dans la nature, et dont plusieurs localités présentent de curieux exemples.

*Siphon pour eaux gazeuses.* On applique le nom de *siphon* aux vases en verre qu'on emploie pour les eaux et limonades gazeuses — V. EAUX GAZEUSES.

*Siphons pour conduites d'eau.* Dans l'établissement des conduites d'eau de grande longueur, on désigne sous le nom de *siphons* les portions de la conduite infléchies au-dessus ou au-dessous du niveau d'écoulement libre, pour franchir en ligne droite les cours d'eau et les vallées, sans être obligé d'avoir recours à des travaux d'art très coûteux. Les siphons constituent des conduites forcées dont la longueur et la flèche sont quelquefois considérables. La dérivation de la Vanne en contient 27 et celle de la Dhuis 24, parmi lesquels celui du Grand Morin, avec une longueur de 2,936 mètres et une flèche de 72 mètres, et celui de Villemomble, dont la longueur est de 4,881 mètres et la flèche de 27 mètres. On emploie les siphons avec des tuyaux en fonte ou en tôle, dont l'épaisseur est calculée en raison de la pression qu'ils doivent supporter. Les joints doivent être exécutés avec beaucoup de soins. Les siphons par dessous sont munis, aux extrémités, de vannes servant à les isoler au besoin, de joints de dilatation et de robinets de vidange. Les siphons par dessus sont

généralement portés par des ponts; ils doivent être munis de tuyaux d'évent pour l'échappement de l'air (V. DISTRIBUTION D'EAU). A Paris, c'est à l'aide de deux siphons ménagés dans le lit de la Seine que les égouts de la rive gauche envoient leurs eaux dans le collecteur de la rive droite. — V. EGOUTS.

*Siphons déversoirs.* Les propriétés des siphons ont été utilisées pour évacuer le trop plein des réservoirs et des biefs de canaux dont la retenue exige une réglementation précise et surtout automatique, principalement lorsqu'ils sont exposés à recevoir à l'improviste de grandes quantités d'eau, à la suite des pluies d'orages et que le niveau de l'eau s'y trouve établi de façon que la moindre surélévation peut entraîner l'inondation des terrains riverains ou le déversement par dessus les digues. Avec des vannes automobiles, dont l'étanchéité est toujours imparfaite, on perd des quantités importantes de l'eau si précieusement emmagasinée; de plus ces engins, ne marchant qu'à de longs intervalles, perdent leur sensibilité et sont exposés à faire défaut au moment du besoin. Les déversoirs de superficie laissent également perdre beaucoup d'eau par les vagues que soulèvent les vents d'orage; ils exigent en outre une longueur considérable que l'on ne peut pas toujours réaliser. On a trouvé une troisième solution dans l'emploi d'énormes siphons métalliques auxquels on a donné le nom de *siphons déversoirs*. Les premiers appareils de ce genre ont été établis par Girard pour évacuer le trop plein des biefs du canal du Midi ; mais la disposition adoptée exigeait de grandes variations de niveau pour produire ou suspendre leur fonctionnement. M. Hirsch a triomphé de cet inconvénient en accolant à chaque siphon déversoir un petit siphon complémentaire dont l'orifice supérieur est ouvert au niveau de la retenue et qui, par conséquent, s'amorce aussitôt que ce niveau est dépassé, ou se désamorce dès qu'il est redescendu

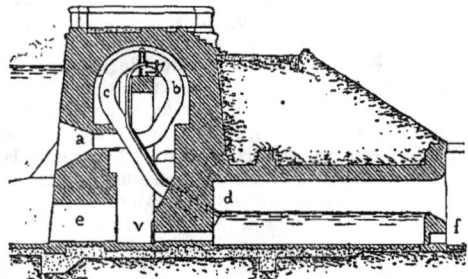

Fig. 167. — *Siphons déversoirs installés à travers le barrage de Mittersheim.*

à la hauteur normale. Le système, ainsi perfectionné, a été appliqué avec succès au réservoir de Mittersheim, construit pour l'alimentation d'une partie du canal des houillères de la Sarre ; l'appareil se compose de deux siphons-déversoirs qui débitent ensemble 6m,50 cubes par seconde, et qui règlent automatiquement le niveau de la retenue à moins de 5 centimètres. Chaque siphon est constitué par de gros tuyaux en fonte, de 0m,70 de diamètre extérieur, contournés en forme de boucle *a b c d* (fig. 167) dont le coude supérieur est placé au niveau de la cote réglementaire. L'orifice supérieur *a*, débouche dans la masse d'eau du réservoir ; l'orifice inférieur *d*, débouche dans un bassin en maçonnerie, maintenu plein d'eau par un petit barrage *f*, de façon que cet orifice reste constamment noyé. Le petit siphon amorceur est formé par un tube de 0m,15, dont l'extrémité inférieure est maintenue noyée dans le même bassin que celle du gros tuyau. Dans le haut, ce tube est recourbé horizontalement et se termine par une cuvette en fonte renversée, largement évasée dans tous les sens. Le bord intétérieur de cette cuvette est arasé à la hauteur du niveau réglementaire ; le bord extérieur à 5 centimètres au-dessus. Le siphon et son amorceur sont en communication permanente au moyen d'un tube commun dont le raccordement sur le siphon est étendu à une demi-circonférence complète. Tout le système est logé dans un puits rectangulaire en maçonnerie qui communique librement avec le réservoir par un aqueduc *e*, et dans lequel une vanne de fond *v* permet de faire les chasses nécessaires au dévasement. Dès que l'eau du réservoir dépasse le niveau normal, elle pénètre dans l'amorceur, et, en s'écoulant, aspire l'air contenu dans le gros tuyau. Le siphonnement s'établit et dure jusqu'à ce que l'eau soit abaissée de façon à découvrir l'orifice de l'amorceur. Alors l'air rentre dans les tuyaux, et l'appareil cesse de fonctionner. (La description détaillée des siphons de Mittersheim a été publiée dans les *Annales des ponts et chaussées*, 1869, 1er semestre.)

Une autre application des siphons déversoirs a été faite sur une échelle encore plus grande, par M. Ribaucourt, au bassin de Saint-Christophe qui sert à la décantation des eaux du canal de Marseille. Les siphons ont 1m,10 de diamètre intérieur. Les circonstances locales exigeant une réglementation beaucoup plus étroite, quelques millimètres seulement, l'amorcement et le désamorcement sont obtenus à l'aide de deux appareils distincts. L'amorceur est une sorte d'éjecteur à tuyère qui a pour fonction de produire rapidement un vide énergique dans le siphon. Le désamorceur est un tube en U dont la branche la plus courte est terminée par un entonnoir dont le bord circulaire est arasé au niveau de la retenue normale. L'amorceur et le désamorceur sont reliés l'un à l'autre et avec la courbe supérieure du siphon par un robinet commun. La quantité d'eau qui pénètre dans les désamorceurs règle le fonctionnement des siphons qui marchent : soit par intermittences plus ou moins prolongées, soit d'une façon continue, de façon à limiter à une fraction de millimètre les variations du niveau dans le bassin. Les siphons déversoirs de Saint-Christophe sont décrits dans la 21e livraison du *Portefeuille de l'Ecole des ponts et chaussées*. — J. B.

*Siphon pour canalisation du gaz.* Appareil qui se place sur les conduites de distribution du gaz, afin de recueillir les liquides que produisent les condensations des éléments volatils, et de permettre l'évacuation de ces liquides.

Quand il s'agit des canalisations souterraines, les siphons sont généralement des cuvettes en fonte, de dimensions plus ou moins grandes, complètement fermées et branchées directement sur les conduites, ou placées en contrebas et reliées avec elles par un branchement en plomb : ces cuvettes se posent aux parties où existent des déclivités de terrain formant des contre-pentes, et empêchant l'écoulement des liquides qui intercepteraient le passage du gaz. Ces liquides sont extraits au moyen d'une petite pompe spéciale, dite *pompe à siphon*, dont le tuyau d'aspiration se place dans un tube en fer qui traverse le couvercle de la bâche en fonte du siphon, et qui descend jusqu'à une petite distance, environ 3 à 4 centimètres, du fond de cette bâche.

On fait aussi quelquefois usage, pour les conduites souterraines, d'une autre disposition qu'on désigne sous le nom de *siphon perdu*, et qui consiste en un tube recourbé en U, ou bien un tube droit plongeant dans une cuvette, de façon que la branche ouverte du tube en U ou le bord supérieur de la cuvette, déversent automatiquement le liquide en excès. Lorsque ce genre de siphon est placé en contre-bas du sol, dans une sorte de puisard plus ou moins bien établi, le liquide s'écoule et se trouve absorbé dans la terre sans qu'on ait à s'en occuper. Mais ces appareils ont, en raison même de leur fonctionnement simple, des inconvénients graves : lorsque le liquide condensé vient à s'évaporer et n'est pas suffisamment renouvelé, ou bien encore lorsqu'un excès anormal de pression vient à se produire, le tube se vide ou se trouve débouché, et le gaz s'échappe par son ouverture ; lorsque l'appareil est dans un endroit sujet à être immergé par suite de pluies ou de crues, l'eau rentrant librement dans les conduites par la branche ouverte du siphon vient obstruer le passage du gaz. De sorte que ce genre d'appareil est dans bien des cas d'un emploi défectueux qu'il convient d'éviter.

Quand il s'agit de conduites extérieures, de tuyaux en plomb présentant des contre-pentes qui nécessitent l'application d'un appareil pour faire évacuer les condensations, les siphons employés à cet effet sont en cuivre et prennent la forme de bouchons à vis qu'on manœuvre aisément à la main. — G. J.

II. **SIPHON.** *T. de constr.* Dans l'industrie du bâtiment, on désigne ainsi des appareils que l'on place sur le parcours des tuyaux de vidange ou d'eaux ménagères pour intercepter les odeurs provenant, soit de la fosse, soit de l'égout. Ces appareils constituent eux-mêmes une portion de la conduite, recourbée de façon à retenir une partie des liquides évacués, que les gaz méphytiques ne peuvent traverser.

Au point de vue de la salubrité des habitations, l'usage des siphons est indispensable. Aussi est-il imposé par les règlements de police dans les villes comme Paris, où l'évacuation des eaux ménagères et des eaux vannes s'effectue directement à l'égout dans le cas des fosses mobiles. On place habituellement un de ces appareils au point où la conduite privée pénètre dans l'égout et plusieurs autres sur le parcours, suivant la longueur même de cette conduite, afin d'en faciliter le nettoyage et d'assurer complètement l'interception des odeurs.

Les caniveaux ou ruisseaux établis dans les cours, sont mis en communication avec les conduites d'évacuation souterraines par des cuvettes qui s'emmanchent sur une tubulure verticale ménagée dans la partie de cette conduite formant siphon. La figure 168 représente

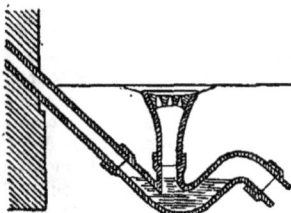

Fig. 168.

cette disposition. Il serait bon de courber en siphon les descentes d'eaux ménagères au point même où elles communiquent avec les pierres d'évier; les bondes dites *siphoïdes*, que l'on emploie généralement aujourd'hui pour fermer les trous d'évacuation de ces pierres ne sont pas toujours d'une efficacité réelle par suite de leur installation trop fréquemment défectueuse. La même disposition est applicable aux chutes ·d'aisances, à leur point de jonction avec les appareils de garderobe; ce perfectionnement est aujourd'hui réalisé par l'emploi, qui tend à se généraliser, des ap-

Fig. 169.

pareils *siphoïdes*, ou pourvus d'une fermeture hydraulique. Ces appareils se composent (fig. 169) d'une cuvette et d'un siphon placé au-dessous qui se remplit d'eau de manière à intercepter tout passage d'odeur entre le tuyau de chute et l'appareil.

**\* SIRÈNE.** *T. de phys.* Instrument destiné à mesurer le nombre de vibrations correspondant à un son donné, quelle qu'en soit l'origine : qu'il soit produit par un tuyau d'orgue, une corde, une anche ou une voix humaine. On connaît plusieurs sortes de sirène.

1° *Sirène de Cagnard de Latour*, imaginée en 1819. (V. pour la figure et la légende explicative : ACOUSTIQUE, t I, p. 54).

Pour faire comprendre l'emploi de cet instrument, quelques détails additionnels sont nécessaires. Les trous obliques de la plaque fixe sont, par exemple, au nombre de 12, disposés sur une même circonférence concentrique à cette plaque.

En regard de ces ouvertures se trouvent celles du plateau mobile; leur obliquité est de sens inverse. Quand la sirène est placée, par son porte-vent, sur une soufflerie, l'air passant par les ouvertures de la plaque fixe, arrive presque perpendiculairement contre les parois des trous du plateau mobile et le déplace, ce qui intercepte momentanément le passage de l'air et produit une condensation. Mais le plateau, par suite de la vitesse acquise, arrive à faire coïncider de nouveau les ouvertures avec celles du plateau fixe : une dilatation se produit et ainsi de suite. A mesure que la vitesse du plateau s'accélère, le son que rend la sirène s'élève peu à peu. Lorsqu'il a atteint la hauteur du son auquel on veut le comparer, il faut alors faire en sorte que l'unisson se maintienne pendant quelque temps, une ou deux minutes. Les aiguilles des cadrans du compteur étant au zéro, on pousse le bouton qui fait engrener la roue des unités sur la vis sans fin de l'axe de rotation. Chaque tour du plateau fait avancer cette roue d'une dent et l'aiguille d'une division sur le cadran. Quand cette roue a fait un tour entier (100 divisions du cadran), un petit buttoir, placé à la dernière dent, fait avancer d'une division la roue des centaines. Pour arrêter, à un moment précis, le mouvement du compteur, on pousse le bouton opposé, l'appareil se désengrène. On note alors le temps en secondes qu'a duré l'expérience. Il ne reste plus qu'à lire le nombre de divisions N sur le cadran des centaines et le nombre $n$ sur le cadran des unités ; le nombre de tours du plateau sera $100 N + n$ pendant le temps $t$. Le plateau ayant 12 trous, il y a pour chaque tour 12 vibrations complètes, ce qui donne pour le nombre de vibrations doubles par seconde :

$$\frac{12(100 N + n)}{t}$$

Le plateau mobile pourrait n'avoir qu'un seul trou, la hauteur du son, dans la même condition de vitesse, n'en serait pas changée, mais son intensité en serait beaucoup affaiblie.

La sirène peut fonctionner dans l'eau et dans un liquide quelconque, en la mettant en communication par un long tuyau avec un réservoir d'eau placé à une assez grande hauteur. C'est même à cette propriété qu'elle doit son nom. Cagnard de Latour s'était proposé, en la construisant, de démontrer que les liquides peuvent vibrer directement, comme les gaz, sans que le son leur soit communiqué par les vibrations d'un corps solide. Mais si la sirène chante dans l'eau, comme les enchanteresses de la Fable, les sons qu'elle y rend sont loin d'être agréables à l'oreille. En la faisant chanter dans l'huile, le mercure, etc., les produits ont encore, pour une même vitesse, la même hauteur ; mais le timbre en est modifié notablement.

*Sirène de Seebeck.* Quoique fondée sur le même principe que celle de Cagnard de Latour, la sirène de Seebeck a néanmoins une disposition différente. Le son est encore produit par le passage périodique de l'air à travers les trous d'un disque tournant, mis en mouvement par un mécanisme d'horlogerie. La vitesse est estimée à l'aide d'un compteur. Le disque est percé d'un grand nombre d'ouvertures, vis-à-vis desquelles on peut faire aboutir des porte-vent en caoutchouc communiquant avec la soufflerie. Pour obtenir avec cet instrument des sons de hauteurs différentes, isolés ou simultanés, on fait varier le nombre et la disposition des trous sur les diverses circonférences du disque, et l'on peut faire varier l'intensité du vent employé, en tirant plus ou moins, les clavettes qui ferment ou débouchent les ouvertures des porte-vent. L'appareil contient 9 disques de rechange qu'on adapte facilement au sommier circulaire. Ces disques ont des usages différents : l'un porte 8 séries de trous qui produisent à volonté les notes de la gamme des physiciens ; un autre donne les sons harmoniques.

*Sirène de Doves.* C'est la sirène de Cagnard de Latour perfectionnée, car le principe et les dispositions en ont été conservés. Doves a percé les disques de quatre séries d'ouvertures concentriques, qu'on peut faire parler ou taire à volonté, simultanément ou isolément, en enlevant ou en enfonçant les boutons correspondants pour donner passage au vent issu de la soufflerie. La première série (intérieure) est composée de 8 trous ; la seconde de 10, la troisième de 12 et la quatrième de 16. En ouvrant les séries 1e et 4e, on a deux sons à l'octave l'un de l'autre, quelle que soit leur hauteur absolue. En ouvrant les séries 1e et 3e, on obtient la quinte, les nombres de vibrations étant entre eux dans le rapport de 2 à 3 ; la 1e et la 2e donnant la tierce, etc.

*Sirène double d'Helmholtz.* Elle est composée de deux sirènes de Doves montées sur un même axe de rotation. Les disques de la sirène inférieure offrant des séries de 8, 10, 12, 18 trous ; les disques de la sirène supérieure présentent des séries de 9, 12, 15, 16 trous. On peut faire produire des sons à l'une ou l'autre des deux sirènes ou aux deux simultanément. De là des combinaisons assez nombreuses pouvant donner, outre des sons de hauteurs quelconques, tous les accords d'octaves, de quinte, de quarte, de tierce majeure, de tierce mineure, de seconde, de ton entier, de demi-ton. Une autre modification que Helmholtz a apportée à la sirène de Doves, c'est l'addition de deux boîtes mobiles autour des sirènes, ce qui permet, en les faisant tourner (au moyen d'un système de roues dentées) dans le même sens que les plateaux mobiles, de diminuer le nombre des rencontres des ouvertures et, par suite, d'abaisser le son de quelques unités de vibrations par seconde. De même, en tournant les boîtes en sens contraire du mouvement des disques, on élève le son. Ces boîtes renforcent le son et donnent le moyen d'obtenir facilement et de maintenir constant le rapport entre deux sons donnés.

*Sirène électrique* du Dr Weber. Elle se compose essentiellement d'une roue dentée métallique dont les entre-dents sont remplis d'une substance isolante. Un ressort, en communication avec un des pôles d'une pile électrique, appuie sur la jante de cette roue, dont l'axe est en rapport avec l'autre pôle de la pile. Entre ceux-ci est intercalé un téléphone. La roue reçoit son mouvement de rotation d'un mécanisme, et le nombre des tours est donné par un compteur adapté à l'axe. La sirène est simple ou multiple, suivant qu'on emploie une ou plusieurs roues dentées. Ce dernier cas, le plus fréquent, s'applique à l'étude des accords, des sons résultants, etc. M. Weber a fait application de sa sirène électrique à la perception des *sons moléculaires*, à des questions de physiologie, au piano-sirène, etc. (V. pour les détails *La lumière électrique* du 16 Mai 1885, p. 337.)
— C. D.

*Sirène marine.* — V. SIGNAUX, § *Signaux des ports.*

SIROP. On donne ce nom, ou celui de *saccharolé liquide* à des préparations à base de sucre, destinées, soit à conserver certaines matières altérables, soit à masquer la saveur de quelques produits qui entrent dans la confection des sirops. En mettant à part le *sirop type*, celui fait uniquement avec l'eau et le sucre, on divise les sirops en *simples* et en *composés*. Les premiers sont ceux dans lesquels il n'entre qu'une seule matière active ou aromatique, les seconds ceux dans lesquels plusieurs substances sont associées pour donner au produit les qualités qu'il doit posséder.

Comme véhicule, les sirops se font avec de l'eau, mais en pharmacie, on remplace quelquefois ce corps par le vin ou le vinaigre. Quant au sucre, c'est toujours la saccharose que l'on doit employer, dans la proportion de 2 parties pour 1 partie de dissolvant; parfois, certains sirops se font avec des quantités différentes, comme ceux des sucs de fruits acides pour lesquels on met 1,75 de sucre pour 1 partie de suc de fruits, ou ceux dans lesquels existe un principe amylacé, par exemple, comme dans le sirop de salsepareille, où l'on emploie 1,6 de décoction de racine pour 2 parties de sucre. Dans tous les cas, pendant la préparation, on aura soin de donner un degré de concentration voulu, comme nous allons l'indiquer. Exceptionnellement ou par suite de fraude, l'industrie

| Réactifs | Sirops de | | |
| --- | --- | --- | --- |
| | Sucre pur | Sucre interverti | Fécule |
| Addition de 3 à 4 vol. d'alcool à 90°. | Pas de précipité. | Pas de précipité. | Précipité blanc. |
| Ebullition avec volume égal d'une solution de potasse caustique. . . . . | Ne noircit pas. | Rougit, puis noircit. | Noircit. |
| Addition d'iodure ioduré de potassium | Pas de coloration rouge. | Pas de coloration rouge. | Coloration rouge. |
| Ebullition avec la liqueur cupro-potassique. . . . . . . . . . . . . . | Pas de réduction. | Abondante réduction. | Réduction. |

fournit aux liquoristes et aux distillateurs, des sirops faits avec d'autres matières que la saccharose, comme le glucose, par exemple ; ces produits ne peuvent être vendus qu'avec la mention spéciale de leur préparation, sous peine de se trouver poursuivis pour adultération de la marchandise. Il est facile, d'ailleurs, de distinguer les sirops de sucre de ceux auxquels on a additionné ou substitué à la saccharose du glucose ou du sucre de fruits ; en consultant le tableau de la page précédente, on retrouvera facilement ces fraudes.

Par l'emploi du polarimètre, on arrive également à faire cette distinction :

Le *sirop de sucre*, étendu de 9 volumes d'eau et essayé à +15°, au tube de 20 centimètres, donne une déviation à droite égale à +52°.

Le *sirop de sucre interverti*, par addition de 1/10 acide chlorhydrique et une chaleur de 70° environ, examiné dans un tube de 22 centimètres, à +15°, donne une déviation à gauche de —20°.

Le *sirop de fécule* dévie de +100° et n'est pas sensiblement altéré par l'action des acides.

La préparation des sirops peut se faire : 1° par solution à froid ; 2° par solution à chaud ; par solution à chaud avec concentration convenable. En effet, pour que les sirops puissent se conserver sans altération, il faut que les proportions de sucre et de liquide restent à un degré constant ; sans cela, par suite d'excès d'eau, ils fermentent et se décomposent ; par excès de sucre, résultant ou non d'un trop grand degré de cuisson, ils cristallisent et alors deviennent analogues à ceux qui possèdent trop d'eau. Pour juger de la cuisson convenable d'un sirop, on peut, avec une certaine habitude, se servir de signes physiques, ceux que l'on observe, par exemple, en soufflant à la surface du liquide (*cuisson à pellicule*), ou en laissant tomber la solution bouillante avec une cuiller (*cuisson au perlé, cuisson en nappe*), ou en étirant, entre le pouce et l'index, quelques gouttes de ce sirop (*cuisson au petit* ou *au grand filet*), ou, enfin, en prenant du sirop avec une écumoire et en soufflant au travers des trous pour former des bulles plus ou moins développées (cuisson *au petit* ou *au grand soufflé*). Etant données les proportions de sucre indiquées et celles d'eau nécessaires pour faire un sirop convenable, on peut se servir de la balance ; du sirop simple sera bien cuit dès qu'on aura obtenu 3,000 grammes de produit avec 2,000 grammes de sucre et une quantité indéterminée d'eau. Le procédé le plus employé est celui de l'aréomètre ou du densimètre, qui consiste à plonger dans le liquide obtenu l'un de ces instruments. Les sirops doivent peser bouillants : en hiver, 29° Baumé, soit 1,240 au densimètre, pour les sirops simples, et 30° Baumé, soit 1,251, pour les sirops composés ; en été, on les cuit à 30° Baumé, soit 1,251 de densité, et 32° Baumé, soit 1,272, pour les sirops composés ; à froid, c'est-à-dire à 15°, ces mêmes sirops doivent peser : les sirops simples, 34° Baumé en hiver, 35° en été, soit 1,295 à 1,306 de densité ; les sirops composés, 35 à 37° en hiver ou en été, soit 1,306 à 1,330 de densité.

Le tableau suivant indique le poids des sirops d'après le degré de consistance du liquide ; il a été dressé par M. Coulier, pour une température de 12°,5, mais ne donne pas d'erreur sensible à 15°.

| Degrés Baumé | Poids du litre | Degrés Baumé | Poids du litre | Degrés Baumé | Poids du litre | Degrés Baumé | Poids du litre | Degrés Baumé | Poids du litre | Degrés Baumé | Poids du litre |
|---|---|---|---|---|---|---|---|---|---|---|---|
| | gr. | | gr. | | gr. | | gr. | | gr. | | gr. |
| 0 | 998.4 | 13 | 1094 | 26 | 1210 | 39 | 1354 | 52 | 1536 | 65 | 1775.5 |
| 1 | 1005 | 14 | 1102 | 27 | 1220 | 40 | 1366 | 53 | 1552.5 | 66 | 1797 |
| 2 | 1012 | 15 | 1110.5 | 28 | 1230 | 41 | 1379 | 54 | 1569 | 67 | 1819 |
| 3 | 1019 | 16 | 1119 | 29 | 1240.5 | 42 | 1392 | 55 | 1586 | 68 | 1841.5 |
| 4 | 1026 | 17 | 1127.5 | 30 | 1251 | 43 | 1405 | 56 | 1603 | 69 | 1865 |
| 5 | 1033 | 18 | 1136 | 31 | 1262 | 44 | 1418.5 | 57 | 1620 | 70 | 1889 |
| 6 | 1040 | 19 | 1145 | 32 | 1272.5 | 45 | 1432.5 | 58 | 1638 | 71 | 1914 |
| 7 | 1047.5 | 20 | 1154 | 33 | 1283 | 46 | 1446.5 | 59 | 1656.5 | 72 | 1938 |
| 8 | 1055 | 21 | 1163 | 34 | 1295 | 47 | 1460.5 | 60 | 1675 | 73 | 1964 |
| 9 | 1063 | 22 | 1172 | 35 | 1306 | 48 | 1475 | 61 | 1694 | 74 | 1990 |
| 10 | 1070 5 | 23 | 1181.5 | 36 | 1318 | 49 | 1490 | 62 | 1714 | 75 | 2017 |
| 11 | 1078 | 24 | 1191 | 37 | 1330 | 50 | 1505 | 63 | 1734 | | |
| 12 | 1086 | 25 | 1200.5 | 38 | 1342 | 51 | 1520.5 | 64 | 1754.5 | | |

Les sirops, pour être agréables à l'œil, ont besoin d'être parfaitement limpides, on arrive à ce résultat par la clarification. Elle se pratique à l'aide du blanc d'œuf, ou à l'aide du papier, ou enfin avec le charbon animal. Le blanc d'œuf s'emploie toujours battu, soit avec l'eau, soit avec le véhicule qui va être transformé en sirop, mais on peut l'ajouter au mélange de sucre et de liquide, chauffer doucement de façon à provoquer une coagulation lente de l'albumine et enlever les écumes à mesure de leur production, ou porter tout d'abord le sirop à l'ébullition et y ajouter peu à peu le liquide albumineux ; c'est cette dernière méthode qui est le plus généralement suivie. Comme on ne peut clarifier tous les sirops à l'albumine, parce que ce corps peut précipiter certains principes actifs des sirops, comme le tannin, les alcaloïdes, etc., on clarifie souvent au papier. M. Desmarest a montré, en effet, qu'en employant par kilogramme de sucre, environ 3 grammes de papier non collé que l'on a soin de bien délayer dans le liquide à clarifier, et de déposer à la surface d'une chausse conique (chausse d'Hippocrate), on arrive à des résultats très bons, rapides et économiques, pourvu que l'on agisse à une température de 35 à 40°, et que l'on n'emploie pas de sirops trop cuits ; les sirops mucilagineux se clarifient bien par ce procédé. Le troisième moyen est celui qui utilise les propriétés absorbantes du charbon animal, lavé à l'acide chlorhydrique, pour bien le débarrasser de l'acide carbonique et de l'hydrogène sulfuré qu'il pourrait sans cela dégager parfois au contact de liqueurs légèrement acides. Il est employé, soit par simple mélange et agitation avec le sirop, soit sous forme de lits d'épaisseur plus ou moins grande, comme dans les filtres Dumont qu'emploie l'industrie, soit pendant la préparation même du sirop ; MM. Bussy et Payen, par exemple, ont montré qu'on obtenait un sirop très limpide en employant 50 kilogrammes de cassonade, 25 kilogrammes d'eau et 6 kilogrammes de noir granulé ; on porte à 70°, puis on laisse douze heures en contact, ensuite on cuit à l'ébullition et l'on passe. Ce procédé ne peut non plus être toujours employé, car on sait que le charbon animal condense dans ses pores les sels métalliques, absorbe les matières colorantes ou aromatiques ; dès lors, toutes les fois que ces produits sont utiles, il faut éviter l'emploi du charbon.

Il y aurait encore, pour être complet, à indiquer l'influence que peuvent exercer sur la conservation des sirops la nature des vases où se fait la cuisson du soluté, l'influence de l'embouteillage, de la nature végétale ou animale de la substance active, celle possible de la matière colorante ajoutée au sucre raffiné pour le blanchir (outremer, indigo, bleu de Prusse, etc., etc.), mais ce sont là des questions trop spéciales pour être traitées dans ce *Dictionnaire*. — J. C.

\* **SISAL** (Chanvre de). — V. Pitte.

**SISMOGRAPHE.** Instrument destiné à enregistrer les oscillations produites par les tremblements de terre et fonctionnant de la manière suivante :

Sous l'influence des secousses verticales, un poids conique suspendu à l'extrémité d'un fil de cuivre contourné en spirale vient plonger par sa pointe dans un bain de mercure, et par son contact ferme le circuit d'un électro-aimant dont l'armature est munie d'un crayon rouge qui trace, pendant toute la durée de la secousse, une série de traits sur une bande de papier ; celle-ci est entraînée par une première horloge que le courant met en mouvement, tandis qu'il en arrête une deuxième servant à indiquer l'heure à laquelle s'est produite la première oscillation.

Si les secousses sont horizontales, elles agissent sur un dispositif composé de quatre tubes remplis de mercure et placés dans les directions des quatre points cardinaux ; ces tubes sont à trois branches dont l'une est horizontale et les deux autres verticales. Un fil de fer plonge dans l'une de ces deux dernières branches tandis qu'au-dessus du mercure de l'autre est suspendue une petite pointe de platine ; enfin, dans la troisième branche se trouve un flotteur d'ivoire attaché à un fil de cocon enroulé sur une poulie munie d'une aiguille. Une secousse se produisant dans le sens de l'un des tubes, le mercure touche la pointe de platine et ferme le circuit qui vient agir sur un électro-aimant analogue au précédent, mais muni d'un crayon bleu ; en même temps l'aiguille de la poulie indique la direction et l'amplitude de l'oscillation. Si, au contraire, la secousse a lieu dans une direction intermédiaire à celles des tubes, on en est averti par le déplacement des aiguilles correspondantes.

\* **SIVEL** (Henri-Théodore). Né le 10 novembre 1834, à Sauve (Gard). Il était capitaine au long cours, et avait fait plusieurs fois le tour du monde, lorsqu'il s'adonna à la navigation aérienne. Il avait déjà fait un grand nombre d'ascensions et s'était distingué par plusieurs inventions utiles quand il résolut d'étudier la constitution chimique et physique de l'atmosphère. Il fit, dans ce but, le 24 mars 1875, une première ascension avec MM. Tissandier et Crocé-Spinelli, qui eut un grand succès, et le 15 avril suivant, les trois aéronautes s'élevèrent avec le même ballon, le *Zénith*, à une altitude de 8,000 mètres. Sivel et Crocé-Spinelli périrent asphyxiés. — V. Crocé-Spinelli.

\* **SIZING**. T. *techn.* Machine à encoller. — V. Encolleuse.

\* **SKEEZER**. — V. Squeezer.

\* **SKATING-RING**. — V. Glace artificielle.

\* **SLEEPING-CAR**. T. *de chem. de fer*. Dénomination anglaise, passée dans la langue française, et servant à désigner les vagons-lits dont sont munis maintenant la plupart des grands express du continent. C'est d'Amérique qu'ont été importés les *pullmann-car*, *sleeping-car*, *dinning-car*, et tous les types de *cars* qui composent aujourd'hui les trains de luxe.

\* **SLODTZ**. Famille de sculpteurs, originaire d'Anvers ; le père, *Sébastien* Slodtz, mort à Paris, en 1726, a pris part à la décoration de plusieurs des monuments élevés sous Louis XIV, notamment l'Hôtel des Invalides, où il a un *Saint Ambroise* et un beau bas-relief : *Saint-Louis envoyant des missionnaires dans les Indes*. Il a encore donné *Protée et Aristée*, à Versailles ; une *Pomone* qui ornait le parc de Marly ; son chef-d'œuvre, actuellement au jardin des Tuileries, est *Annibal mesurant au boisseau les anneaux des chevaliers romains tués à la bataille de Cannes*, auquel on ne reproche qu'un défaut d'expression. Ses fils *Sébastien-René* et *Paul-Ambroise*, cultivèrent la sculpture avec succès ; ce dernier, dessinateur au cabinet du roi, fut reçu académicien, en 1743, sur la présentation de la *Chute d'Icare*, aujourd'hui au musée du Louvre. Il était surtout connu comme décorateur et, avec son frère aîné, travailla au dais du maître autel, à l'autel de la Vierge, à Saint-Sulpice, à l'autel de Saint-Germain des Prés ; il fut chargé des fêtes données à Versailles, à l'occasion de la naissance du duc de Bourgogne, en 1751.

Mais le plus illustre de cette famille d'artistes est le plus jeune frère, *René-Michel*, dit « Michel-Ange », né à Paris, en 1705, mort en 1764. Pensionnaire du roi à Rome, après avoir remporté deux fois le second prix du concours, il resta en Italie dix-sept ans, et y exécuta des œuvres importantes : *Saint-Bruno refusant la couronne qu'un ange lui apporte*, pour l'église Saint-Pierre de Rome ; le tombeau du marquis Capponi, dans l'église Saint-Jean des Florentins ; enfin, le bas-relief du tombeau et le buste de Wlenghels, à l'église Saint-Louis des.Français. Il revint en France à l'occasion d'une commande qui lui fut faite par la ville de Vienne, en Dauphiné, pour un mausolée devant recevoir les dépouilles mortelles de M. de Montmorin, archevêque de Vienne, et de son successeur, le cardinal d'Auvergne (1747). Deux ans après, il était agréé de l'Académie. En 1758, il succéda à son frère dans la charge de dessinateur du cabinet du roi. Comme sculpteur, il est bien supérieur à ses.frères, qu'il aida souvent de ses conseils et de ses dessins. Ils avaient présenté en commun, pour la décoration du quai des Théatins, un projet de place qui ne fut pas exécuté, mais qui semble une belle conception. On doit à « Michel-Ange » seul le maître autel de l'église de Choisy, une copie du *Christ* de Michel-Ange, plusieurs figures décoratives dont la plus connue est l'*Été*, au jardin des Tuileries ; enfin, le tombeau de Languet, curé de Saint-Sulpice, où il s'est malheureusement inspiré de ce que la décadence italienne avait de plus exagéré ; on y regrette un mélange disgracieux de couleurs et une recherche d'effet qui valurent sans doute à cette œuvre son grand succès, à une époque où le goût était complètement dévoyé. Frédéric II fit les plus grands efforts pour attirer M. A. Slodtz à la Cour de Prusse, ne pouvant y parvenir, il lui confia plusieurs commandes importantes que la mort l'empêcha d'exécuter.

**SMALT.** *T. techn.* Silicate double de potassium et de protoxyde de cobalt, employé dans les arts depuis le milieu du XVI<sup>e</sup> siècle pour colorer en bleu d'azur. Pour l'obtenir, on fond ensemble du protoxyde de cobalt impur (safre), de la silice (sable) et de la potasse carbonatée, dans un creuset réfractaire, et lorsque la masse est en fusion tranquille, on refroidit brusquement le verre obtenu, afin de le rendre très fragile et de pouvoir plus facilement le bocarder et le passer à la meule pour le réduire, avec l'aide de l'eau, en poudre fine. Cette poudre délayée dans l'eau laisse de suite déposer une matière que l'on nomme *gros bleu* ou *bleu à poudrer*, dont une partie est vendue sous cet état ; le reste est pulvérisé plus finement. Après le dépôt du gros bleu, le produit qui se sépare le premier est une poudre grossière appelée *couleur*, viennent après les produits dits *échel* et *échel clair*. Le plus riche en couleur porte le nom de *bleu royal*.

Le smalt, qui s'est, peu après sa découverte, surtout fabriqué en Angleterre et en Bohême, se fait principalement, maintenant, en Prusse, en Suède et en Norwège ; ce dernier pays donne presque toujours de très beaux produits, riches en cobalt. Les résultats de l'analyse faite par Ludwig sont indiqués dans le tableau de la colonne suivante.

Le smalt a beaucoup servi, à une époque, pour

| | Smalt foncé | |
|---|---|---|
| | Allemand | Norwégien |
| Silice.. | 66.20 | 70.86 |
| Protoxyde de cobalt. | 6.75 | 6.49 |
| Potasse et soude. | 16.31 | 21.41 |
| Alumine. | 8.64 | 0.43 |
| Oxydes de fer, de nickel, de calcium ; acides arsénique, carbonique, et eau | 2.10 | 0.81 |
| | 100.00 | 100.00 |

azurer le linge, l'amidon, le papier ; pour colorer le verre, l'émail, la faïence et la porcelaine ; mais dans bien des cas, il a été remplacé depuis la découverte de l'outremer artificiel, par ce produit, lequel tend lui-même à céder la place aux couleurs d'aniline. Ce produit est encore cher pour certaines sortes qui valent jusqu'à 400 francs les 100 kilogrammes ; quant aux sortes communes (60 francs les 100 kilogrammes), comme le gros bleu, il a été utilisé dans les plantations de canne à sucre pour détruire les insectes nuisibles. — J. C.

\* **SMALTINE.** *T. de minér.* Syn. : *Arséniure de cobalt* (V. COBALT, § *Minerais*). Corps servant à la fabrication du bleu de cobalt, de l'acide arsénieux et du nickel ; il renferme aussi quelques centièmes de fer, alors que la *sufflorite*, une des variétés de smaltine est très ferrifère. Il existe en Norwège, à Skutterud, un autre arséniure de cobalt, la *skutterndite*, qui a pour formule $Co^2 As^3$, alors que la smaltine a pour formule $CoAs$ et contient au maximum 28,23 0/0 de cobalt.

**SMILLE.** *T. de maçonn.* Marteau à deux pointes avec lequel on fait le *smillage* ou le piquage du moellon et du grès.

\* **SMITHSONITE.** *T. de minér.* Zinc carbonaté cristallisé en petits rhomboèdres translucides ou opaques, à éclat vitreux et nacré, blancs, jaunes ou verdâtres ; d'une dureté de 5 ; d'une densité de 4,34 à 4.45 ; infusibles, solubles dans les acides, et contenant 35,08 d'acide carbonique et 64,92 d'oxyde de zinc.

Ce corps se trouve cristallisé et aussi en masses grenues, concrétionnées, fibreuses, compactes ou même à l'état terreux. Il est abondant à la Vieille-Montagne, en Carinthie, en Silésie. C'est un des meilleurs minerais de zinc. La variété appelée *Kapnite* est très ferrugineuse.

**SOC.** Partie de la charrue qui ouvre la terre et creuse le sillon. — V. CHARRUE.

\* **SOCIÉTÉS OUVRIÈRES.** SOCIÉTÉS COOPÉRATIVES. Il existe, en France, deux sortes d'associations coopératives : les *associations coopératives de consommation* et celles de *production*. Les premières sont beaucoup plus nombreuses que les dernières, parce qu'elles ne nécessitent ni autant de capitaux pour leur création, ni autant de capacités administratives pour leur fonctionnement. Les unes et les autres ne remontent guère qu'à une trentaine d'années.

*Sociétés de consommation.* Les sociétés de consommation, dans notre pays, sont constituées à peu près toutes sous la forme civile, c'est-à-dire pour leurs membres seulement ; elles ne font pas d'opérations avec les tiers. Bien que l'idée de leur établissement, d'abord dans les grandes villes, puis dans les centres industriels et dans les grandes administrations, dérive d'Angleterre où cette institution économique est pratiquée avec grand succès depuis soixante ans, sous la forme commerciale, c'est-à-dire à l'égard des tiers comme envers les associés, les coopérateurs français ont cru plus simple et moins aléatoire de restreindre leur débit, ou plutôt leur répartition entre les contractants. Leur préférence pour ce mode est basée sur la quiétude qui en résulte. Les avantages en perspective ne sont pas si grands que ceux dont bénéficient les coopérateurs anglais, mais les risques sont à peu près nuls. En effet, avec la forme civile, qui permet de considérer les associés comme les membres d'une même famille, on évite les frais de patente et le fisc de la régie. Les marchandises achetées en gros ne sont pas vendues au public, mais simplement distribuées en détail aux associés, de sorte qu'il n'y a pas là, à proprement dire, acte de commerce, et une loi du 1er décembre 1875 exempte des prélèvements du fisc les associations de travailleurs dont les ressources sont exclusivement alimentées par les cotisations de leurs membres.

Les premières associations coopératives de consommation ont d'abord été formées dans le genre des tontines. Un certain nombre de consommateurs se réunissaient, apportaient chacun une quote-part de 1 franc, 2 francs et plus selon les besoins, et signaient une convention par laquelle ces versements constituaient l'apport social collectif nécessaire à l'achat des denrées communes. Un gérant désigné par la collectivité recevait ces denrées dans un local loué ad hoc, et des distributeurs, à tour de rôle, venaient chaque soir faire la distribution selon les demandes des adhérents. Les acheteurs payaient au comptant et faisaient inscrire sur un livret le montant et les espèces de leurs achats pour qu'aux inventaires on leur attribuât leur part de bénéfices au prorata de leur consommation.

Cette combinaison était rudimentaire, en ce sens que la mise de fonds ne permettait pas des achats importants en cas de bon marché exceptionnel et que, d'autre part, la responsabilité était illusoire devant les achats onéreux et le déficit.

En outre, les premiers coopérateurs sur le terrain de la consommation, non seulement n'étaient pas suivis en assez grand nombre par leurs camarades, mais encore rencontraient une hostilité irréfléchie et systématique de la part des ménagères qui voyaient dans ce changement de leurs habitudes pour l'achat de leurs provisions une atteinte à leur indépendance et à leur dignité. Elles trouvaient une gêne dans le paiement immédiat et une contrainte dans l'inscription de leurs achats sur le livret qu'elles devaient présenter aux administrateurs. Ordinairement, les femmes des travailleurs s'attachent à tels ou tels fournisseurs, soit par le crédit qu'elles en obtiennent, soit par l'urbanité qu'elles rencontrent dans leur caractère commercial. Et puis, il faut bien le dire, elles mettent leur amour-propre dans la coquetterie de leurs enfants et dans la leur même. Or, chez les commerçants, elles ont, pour se donner satisfaction sur ce point, le crédit dont nous venons de parler et qui leur permet de virer leurs ressources sur ce genre d'emplettes, et aussi de compter un peu plus cher à leurs maris le coût des provisions du ménage.

C'est une petite supercherie sans portée, fâcheuse au point de vue moral, et à laquelle elles tiennent beaucoup. De là leur résistance et leur hostilité pour aller s'approvisionner au magasin coopératif. Il a fallu dix ans pour en apprendre le chemin à la centième partie de celles qui pouvaient y aller. Ce n'a été qu'au bout de ce temps, et alors qu'il leur a été prouvé que les marchandises du magasin coopératif étaient toujours de bonne qualité, qu'elles coûtaient meilleur marché, et qu'elles leur laissaient à la fin de chaque exercice trimestriel ou semestriel, un bénéfice dépassant les commodités dont elles se servaient auparavant, qu'elles décidèrent à seconder leurs maris dans ces vues économiques. Aujourd'hui encore, bien que le nombre des coopérateurs soit considérablement augmenté et qu'il aille toujours en progressant, les indifférents devant ces possibilités d'alimentation moins coûteuse forment l'immense majorité. Cela tient sans doute à ce que les ouvriers français, grâce à la fertilité du sol national, à la richesse productive industrielle et à la répartition de l'abondance dans toutes les familles, ont pu vivre jusqu'ici à l'état isolé. Chaque citoyen français tient essentiellement à sa liberté individuelle, et il n'en aliène une partie quelconque que devant la force majeure. Il ne faut pas chercher ailleurs la préférence des ouvriers et surtout de leurs femmes, pour les achats où bon leur semble et où il y a le moins de formalités à remplir. L'association s'est répandue plus rapidement à l'étranger qu'en France, parce que les ouvriers des autres pays sont plus pauvres que les ouvriers français. L'association se développe maintenant dans nos cités parce que la longue crise industrielle et commerciale que nous venons de traverser, en amenant le chômage chez nos travailleurs, les a appauvris et mis en demeure de pratiquer les moyens de vivre qu'ils ont à leur portée. Cette situation n'avait pas échappé au législateur.

— Dès 1865 une Commission extra parlementaire avait été nommée pour rechercher dans quelle mesure il était possible de rendre plus stables et plus efficaces les associations coopératives de consommation. Cette Commission n'avait pas pour but unique l'examen de ce côté de la question ; elle devait étudier la réforme des sociétés en général, et dans son programme figurait un chapitre ayant trait à l'amélioration des sociétés de consommation et de production. Cette étude donna naissance à un projet qui fut débattu au Corps législatif et au Sénat, et qui aboutit à la loi du 24 Juillet 1867, laquelle loi permet de constituer des associations coopératives sous la forme anonyme et à capital variable, par coupures d'actions de 50 francs, dont le dixième seulement, soit 5 francs, est exigible en souscrivant, et dont les neuf autres dixièmes, soit 45 francs, peuvent n'être jamais requis si l'association n'en a pas besoin. Quoi qu'il en soit, chaque associé est responsable vis-à-vis des tiers pour le total de sa souscription. Cette responsabilité, dont les limites sont déterminées d'avance, est la garantie des tiers et assure la confiance généralement accordée à ces associations. La forme commerciale entraîne la responsabilité illimitée, et la solidarité des associés en cas de spéculations malheureuses. Voilà pourquoi les coopérateurs français se sont arrêtés à la forme civile. Toutes les associations coopératives de consommation existant dans notre pays et dont le nombre, à présent, s'élève à quatre cents environ, fonctionnent sous l'égide de la loi du 24 juillet 1867. Le nombre de leurs sociétaires est de 150,000. Elles ont souscrit ensemble à peu près 4 millions de francs et consomment annuellement pour 25 à 30 millions de francs de marchandises. D'aucunes sont très prospères et toutes sont en dehors des risques de la faillite, précisément à cause de leur caractère civil et par leur manière de procéder. Elles calculent purement et simplement leurs prix de vente sur leurs prix d'achat, en tenant compte d'un certain déchet inévitable, et en défalquant leurs frais généraux, tels que location de leurs magasins de vente et rétribution de leurs préposés.

Nous pouvons citer la Société du 18ᵉ arrondissement de Paris, dont le siège est établi rue Doudeauville, qui a passé une première période de vingt ans au bout de laquelle l'association se trouvait dissoute de plein droit, et qui s'est reformée pour une nouvelle période avec son capital de réserve et ses mêmes éléments. Ses adhérents sont aujourd'hui au nombre de douze cents, son crédit est illimité, ses opérations s'élèvent à 500,000 francs par an, et son capital est assez élevé pour lui avoir permis d'acheter un terrain sur lequel elle fait construire un immeuble destiné à son siège social et à son magasin coopératif. Tels sont, à grands traits, l'ensemble et les détails des associations coopératives de consommation française.

*Sociétés de production.* Les associations coopératives de production sont moins nombreuses et plus difficiles à pratiquer. Elles n'existent guère qu'à Paris et dans quelques grandes villes de province. La capitale en compte une soixantaine dont une trentaine seulement ont leur existence assurée. Cette institution remonte à 1848, année où l'assemblée constituante vota un crédit de 3,000,000 de francs pour les aider à se constituer, en leur faisant des prêts à 5 0/0 d'intérêt. Cette facilité en fit créer une trentaine à Paris et autant dans les départements ; plusieurs revêtirent un caractère mixte, c'est-à-dire qu'elles furent composées de patrons et d'ouvriers. Cette tentative en grand, sans que les éléments qui y prirent part fussent suffisamment préparés, n'eut pas grand succès. Les trois quarts de ces associations disparurent au bout de peu de temps, après avoir mené une existence très agitée et très difficile. Il faut tenir compte, dans leur échec, de la période tourmentée sous laquelle elles fonctionnaient, et qui paralysait les affaires, par conséquent le travail et la production. Le coup d'État du 2 décembre 1851 apporta l'inquiétude et le trouble dans les esprits des associés, de telle sorte que quelques-unes seulement survécurent à cet événement politique.

Mais la cause dominante de la déconfiture de ces premières associations provient, comme nous le disons ci-dessus, du manque de connaissances spéciales des praticants. On s'était basé sur des théories n'ayant pas reçu d'application, et on s'était embarqué dans la production et l'échange sans posséder les notions administratives indispensables à la conduite des maisons de fabrication. On s'imaginait alors que le travail était tout et le capital presque rien ; qu'il suffisait de travailler et de produire pour vendre avantageusement et encaisser l'argent des acheteurs. On s'était fort peu préoccupé des conditions d'achat des matières premières, des possibilités de faire face aux échéances et de la sûreté des écoulements. Un autre côté défectueux de l'organisation coopérative de ce temps-là, et qui subsiste encore, bien qu'à l'état amoindri, était le manque d'autorité des gérants de ces entreprises sur ceux qu'ils étaient censé guider et commander, et le manque d'accord et de persévérance entre les associés eux-mêmes. Les coopérateurs travaillant à l'atelier ont toujours voulu réduire à leur plus simple expression l'initiative et les pouvoirs des gérants. Ils n'ont jamais compris que de la liberté d'action de ceux qui dirigeaient leurs entreprises collectives, dépendait leurs succès ou leurs revers, selon que cette liberté était plus ou moins comprimée.

Il ne fallait pas certainement qu'elle s'étendit à la licence, mais il n'était pas moins essentiel qu'elle eût des limites assez larges pour que ceux qui en usaient pussent saisir toutes les circonstances favorables à la prospérité de leurs opérations, soit pour l'achat des marchandises propres à la fabrication, soit pour la vente des produits fabriqués.

Lorsque les membres d'une association élisaient leur gérant, ils choisissaient parmi eux celui qu'ils croyaient le plus capable et le plus digne de les représenter. La veille, c'était le camarade estimé ; le lendemain, c'était l'ennemi, celui dont il fallait se défier, celui qui était soumis à la surveillance de chacun, et de tous les instants, celui à qui l'on rendait impossible la gestion des affaires communes, tant était déjà grand l'esprit soupçonneux chez les ouvriers. Aussi, il est arrivé ce qui ne pouvait manquer de se produire ; l'union et l'entente qui étaient essentielles pour la réussite de ce genre d'entreprise, firent place aux querelles et au désaccord. La déconfiture était fatalement au bout.

Les associations qui ne sombrèrent pas, ne furent pas exemptes de ces difficultés intestines, et il leur fallut longtemps pour comprendre et pratiquer les conditions de l'existence et de la réussite ; cinq ou six seulement traversèrent ces tâtonnements. Elles ont doublé le cap des tempêtes et voguent maintenant en sécurité.

D'autres associations de production se sont formées ensuite, d'intervalle en intervalle, au nombre d'une douzaine, jusqu'en 1870. La guerre franco-allemande mit un nouveau temps d'arrêt, et la désorganisation dans le mouvement économique des ouvriers. On ne peut dater une reprise sérieuse de la coopération productive qu'en 1882, alors que M. Waldeck-Rousseau, étant ministre de l'intérieur, nomma la Commission d'enquête extra-parlementaire des associations ouvrières, dont les études de ses membres et les dépositions des coopérateurs et des chefs de maison industrielle ou commerciale appelés devant elle, publiées en volumes et distribuées en mains compétentes par les soins du bureau administratif chargé de l'organisation de cette enquête, portèrent de nouveau, et d'une manière très méthodique, l'attention publique sur les questions de coopération et de participation aux bénéfices. Les *ouvriers laborieux et économes* crurent le moment favorable pour *essayer de nouveau la production directe au moyen de l'association*. Ceux des professions du bâtiment où la main-d'œuvre entre pour beaucoup dans la valeur du produit, se distinguèrent surtout dans cette voie.

— Dans l'espace de deux ou trois ans, Paris compta *soixante-douze associations coopératives de production* qui avaient souscrit ensemble 7,500,000 francs et versé 5,480,000 francs. En 1884, elles avaient exécuté ensemble pour près de 100 millions de travaux.

Les administrations publiques mirent beaucoup de bienveillance dans leurs relations avec ces associations, tant pour leur adjuger ou concéder des travaux que pour faciliter le paiement de leurs mémoires ou factures.

Vu l'inexpérience qui survit encore, bien que dans une moindre proportion, chez la plupart des administrateurs de sociétés coopératives, il est nécessaire, jusqu'à ce qu'ils aient acquis de plus amples connaissances administratives, de les guider, de les aider rationnellement dans la pratique de leurs affaires. Ce sont des *mineurs industriels* qui ont besoin de tuteurs pour se soutenir et agir comme l'exigent la régularité dans la direction et la concurrence dans le commerce.

Après le départ de M. Waldeck-Rousseau, du ministère de l'intérieur, ses successeurs eurent à s'occuper de questions politiques exigeant une solution immédiate, et ils négligèrent forcément les associations coopératives. Les hauts fonctionnaires des administrations publiques, chargés des adjudications ou concessions de travaux, voyant que les ministres n'y tenaient plus la main, se relâchèrent de leur bienveillance envers lesdites associations, et bientôt celles-ci virent renaître autour d'elles l'indifférence et même l'hostilité administratives.

Les complaisances qu'on leur accordait leur furent presque toutes retirées une à une, et leurs opérations se ressentirent de cet état de choses, à tel point que le marasme succéda à leur activité, et que la liquidation s'imposa chez la moitié de celles qui s'étaient constituées à la suite des travaux de la Commission d'enquête extra-parlementaire instituée au ministère de l'intérieur. Celles qui se sont maintenues, malgré la crise dont tout le monde a souffert, ont fait preuve d'organisation et d'esprit de conduite, et il ne faudrait qu'une reprise des affaires, qui aura certainement lieu un jour ou l'autre, pour leur permettre d'affermir leur existence. Leur vitalité sera la meilleure preuve de la praticabilité du principe sur lequel elles s'appuient.

— Il nous reste à examiner la législation qui régit les associations coopératives ouvrières de production. A leur début, en 1848, elles se constituèrent, pour la plupart, en nom collectif et à responsabilité limitée du gérant, avec la responsabilité et la solidarité entières de tous les associés, de telle sorte qu'en cas de déconfiture, les tiers pouvaient avoir recours *sur tous*, jusqu'à concurrence de l'avoir total de chacun. Plus tard, elles usèrent *de la forme anonyme et à capital fixe*. La loi du 24 juillet 1867 leur donna plus de latitude, et presque toutes celles qui existaient auparavant, modifièrent leurs statuts et se conformèrent à l'esprit de cette loi, qui leur permet de se mouvoir plus facilement et qui limite les risques encourus par les coopérateurs.

D'ailleurs, le dernier mot en cette matière n'est pas dit. Actuellement, un projet de loi modifiant la loi du 24 juillet 1867 est en discussion devant le Parlement, et il est probable que de nouvelles libertés seront accordées aux travailleurs qui désirent s'associer pour produire directement.

Telles sont, en résumé, les aperçus que nous pouvons donner sur l'organisation et le rôle des associations coopératives de production et de consommation. Si nous devions décrire à la fois dans leurs détails, leur caractère et leur fonctionnement, il nous faudrait un volume pour chacun des deux genres. Nous serions obligés de commencer par le groupement primaire, c'est-à-dire par la chambre syndicale professionnelle, dont une partie du but est de dresser ses membres à l'usage coopératif. Nous pourrions également faire intervenir dans cette voie les ouvriers occupés dans les maisons qui les intéressent dans leurs bénéfices. Ceux-là aussi s'attachent à la bonne gestion des affaires qu'ils contribuent à faire marcher.

Bref, nous concluons en disant que les chambres syndicales professionnelles organisées pratiquement, et bien pratiquées par leurs adhérents, ainsi que les maisons qui font participer les travailleurs qu'elles emploient dans les bénéfices de leurs entreprises, sont les pépinières coopératives et, tout en reconnaissant que, sauf une élite d'ouvriers trop peu nombreuse, la grande majorité des salariés n'est pas encore apte à travailler en dehors de la tutelle patronale ; tout en constatant qu'il faut au moins une génération pour aborder résolument ce problème, nous croyons que sa solution, dans la mesure du possible et selon les lois du progrès, est indispensable et inévitable dans un avenir peut-être moins éloigné qu'on ne le suppose généralement.

**SOCIÉTÉS INDUSTRIELLES.** Les sociétés industrielles ont joué, dans l'histoire des progrès accomplis par toutes les industries, un rôle trop considérable pour que notre *Dictionnaire* les passe sous silence ; nous allons résumer en quelques lignes, et suivant l'ordre chronologique de leur fondation, l'économie et l'agencement de celles d'entre elles qui ont été créées en France.

### Société d'encouragement pour l'industrie nationale.

La première en date est la *Société d'encouragement pour l'industrie nationale*, fondée en 1801, reconnue d'utilité publique le 21 avril 1824, et dont le but, disent les statuts, est « l'amélioration et le développement de toutes les branches de l'industrie *française* ». Son siège est à Paris. Elle se compose de membres ordinaires payant une cotisation de 36 francs par an ; de membres à vie, autorisés à verser un capital unique de 500 francs ; et de membres perpétuels-donateurs, admis à capitaliser leur cotisation à perpétuité par un paiement de 1,000 francs, et dont le droit est indéfiniment transmissible par succession. Les fonds provenant de ces souscriptions sont employés : 1° à décerner des prix pour l'invention, le perfectionnement et l'exécution des machines ou des procédés avantageux à l'agriculture, aux arts et aux manufactures ; 2° à introduire en France les procédés établis avec avantage dans les manufactures étrangères ; 3° à répandre l'instruction technique, soit par la voie de l'impression et de la gravure, soit en faisant former des élèves dans les branches d'industrie utiles à naturaliser ou à étendre en France ; 4° à faire des expériences nécessaires pour juger le degré d'utilité qu'il est possible de retirer des nouvelles inventions annoncées au public ». Comme on le voit, le but est complet, et il suffit de parcourir le *Bulletin* mensuel que publie cette Société pour être convaincu qu'il est atteint. Ce bulletin, qui se compose chaque fois d'un fascicule de six à sept feuilles d'impression avec des planches gravées sur cuivre et de nombreux dessins sur bois, contient les procès-verbaux des séances, les mémoires et les rapports adoptés dans ces réunions, des extraits des communications écrites ou imprimées de la correspondance, des articles de fond sur des sujets scientifiques et techniques utiles à l'industrie, des chroniques et revues exposant les découvertes nouvelles intéressant le commerce ou les arts, etc., et forme aujourd'hui une encyclopédie progressive des arts et métiers depuis le commencement du siècle ; sa collection se compose de trois séries : la première, comprenant 52 volumes, de 1801 à 1853 ; la seconde, avec 20 volumes seulement, de 1854 à 1873 ; la troisième, commençant au 1ᵉʳ janvier 1874 et actuellement en cours de publication.

La Société d'encouragement a placé à sa tête un bureau composé d'un président, quatre vice-présidents, deux secrétaires, un trésorier et deux censeurs nommés par un conseil d'administration. Ce dernier conseil est de cent membres et comprend 7 comités : 1° le comité des arts mécaniques (seize membres) ; 2° des arts chimiques (seize membres) ; 3° de l'agriculture (seize membres) ; 4° des arts économiques (seize membres) ; 5° de l'art des constructions et des beaux-arts appliqués à l'industrie (seize membres) ; 6° du commerce (dix membres) ; et 7° de l'emploi des fonds (dix membres). Ce conseil est chargé de prendre toutes les mesures nécessaires pour atteindre le but que se propose la Société ; il s'assemble dans son hôtel, à huit heures du soir, le deuxième et le quatrième vendredi de chaque mois ; deux fois par mois, les membres reçoivent un *compte-rendu* in-8° des séances, qui donne l'analyse des lectures et communications faites ainsi que l'ordre du jour de la séance suivante, et tient lieu de convocation.

Les prix que décerne la Société d'encouragement sont de divers genres. Tout d'abord, il y a les *grandes médailles*, au nombre de six, dont une est attribuée chaque année à l'auteur, français ou étranger, dont les travaux ont eu l'influence la plus favorable sur les progrès de l'industrie française, et qui sont : la médaille de l'architecture et des beaux-arts, à l'effigie de Jean Goujon ; celle de l'agriculture, à l'effigie de Thénard ; des arts physiques, à l'effigie d'Ampère ; du commerce, à l'effigie de Chaptal ; des arts mécaniques, à l'effigie de Prony ; et des arts chimiques, à l'effigie de Lavoisier. Il y a ensuite deux *grands prix* de 2,000 francs, l'un fondé par le marquis d'Argenteuil, l'autre fondé par la Société, alternant l'un avec l'autre, pour la distribution, tous les trois ans ; puis diverses *fondations* qui sont : 1° la fondation Gustave Roy, de 6,000 francs, décernée tous les six ans, pour le perfectionnement de l'industrie cotonnière ; 2° le prix Ephège Bande, de 5,000 francs, destiné à récompenser un progrès remarquable dans le matériel de

construction et de génie civil ; 3° la fondation Fourcade, de 800 francs, pour les ouvriers des fabriques de produits chimiques ayant le plus d'années de service dans la même maison ; 4° enfin, la fondation d'Aboville, de 10,000 francs, divisée en trois prix, qui doivent être attribués, avec intérêts échus, à tel manufacturier qui aura employé à son service, pendant une période déterminée, des ouvriers estropiés, amputés ou aveugles, et qui, par ce moyen, les aura soustrait à la mendicité. Outre cela, la Société d'encouragement met elle-même annuellement au concours un certain nombre de prix avec affectations spéciales pour chacun d'eux, relatifs aux arts mécaniques, chimiques, économiques, agricoles, etc. ; enfin, elle décerne des médailles aux contre-maîtres et ouvriers, sachant lire et écrire, qui lui sont signalés par les chefs d'établissements.

### Société des ingénieurs civils.

La Société des ingénieurs civils a été fondée, le 4 mars 1848, par un groupe d'anciens élèves de l'Ecole centrale des arts et manufactures ; elle a été reconnue d'utilité publique le 31 décembre 1860. Son but est, d'après ses statuts : « 1° d'éclairer, par la discussion et le travail en commun, les questions d'art relatives au génie civil ; 2° de concourir au développement des sciences appliquées aux grands travaux de l'industrie ; 3° d'étendre, par le concours actif de ses membres, l'enseignement professionnel parmi les ouvriers et les chefs d'industrie ou d'atelier ; enfin, 4° de poursuivre, par l'étude des questions d'économie industrielle, d'administration et d'utilité publique, l'application la plus étendue des forces et des richesses du pays ». Son siège, fixé à Paris, a été successivement établi à la Société d'encouragement (alors rue du Bac), puis au manège de la rue Duphot ; à l'imprimerie Chaix, rue Bergère, et enfin dans l'hôtel actuel qu'elle a édifié cité Rougemont. Ses membres, dont le nombre est illimité, se divisent en ordinaires (payant un droit d'admission de 25 francs, et une cotisation annuelle de 36 francs, pouvant être remplacée par une somme de 600 francs une fois payée) ; de membres associés et de membres honoraires exempts de toute cotisation. Dans les six mois qui suivent leur admission, les sociétaires doivent adresser au secrétariat de la Société, soit un mémoire sur une question industrielle et scientifique, soit une notice détaillée sur des travaux exécutés. Ceux-ci se réunissent régulièrement deux fois par mois, et les dernières réunions de juin et de décembre sont des assemblées générales dans lesquelles le trésorier soumet à l'approbation de la Société les comptes du semestre écoulé.

L'administration de la Société des ingénieurs civils et l'organisation de ses travaux sont confiés à un *comité* élu tous les ans dans l'assemblée générale de décembre et composé de trente membres. Dix de ces membres font partie du bureau et comprennent : un président, quatre vice-présidents, quatre secrétaires et un trésorier. De 1848 à 1860, le fauteuil de la présidence a été occupé neuf fois par des ingénieurs civils d'origines diverses (M. Eugène Flachat, cinq fois ; M. Perdonnet, M. Vuigner, deux fois ; et M. Stéphane Mony) et quatre fois seulement par des centraux (MM. J. Petiet, C. Polonceau, Ch. Callon et A. Faure) ; de 1861 à 1870, quatre fois par des ingénieurs civils d'origines diverses (M. Flachat, deux fois ; M. H. Tresca et M. le général Morin) et six fois par des centraux (MM. J. Petiet, Salvétat, Nozo, Love, Alcan et Vuillemin) ; enfin, de 1871 à 1885, trois fois seulement par des ingénieurs d'origines diverses (MM. Lavalley, H. Tresca et L. Martin) et douze fois par des centraux (MM. Yvon-Villarceau, Emile Muller, Molinos, Jordan, Richard, de Dion, J. Farcot, Gottschalk, H. Mathieu, E. Trélat, Marché et de Comberousse). Depuis 1876, les anciens présidents font, de droit, partie du comité.

Les travaux de la Société des ingénieurs civils sont renfermés dans un *Bulletin* qui, d'annuel jusqu'en 1875, est devenu trimestriel en 1875, bi-mensuel. en 1876, et mensuel depuis cette époque.

### Société industrielle de Mulhouse.

Cette Société a été fondée en 1825, et reconnue d'utilité publique par une ordonnance royale du 20 avril 1832. Ses statuts lui donnent pour but « l'avancement et la propagation de l'industrie, par la réunion sur un point central d'un grand nombre d'éléments d'instruction, par la communication des découvertes et des faits remarquables ainsi que des observations qu'ils auront fait naître, et par tous les moyens qui seront suggérés par le zèle des membres de l'Association pour en assurer le succès ». Elle se compose de membres ordinaires, payant une cotisation de 60 francs, s'ils résident à Mulhouse ou dans un rayon de 7 kilomètres autour de cette ville, et en cas contraire, de 50 francs ; de membres honoraires et correspondants, mais le paiement d'une cotisation unique de 1,000 francs donne le titre de donateur, avec droit transmissible à perpétuité de recevoir les publications de la Société.

Le siège de la Société est à Mulhouse. Durant trois ans, il a été établi à un second étage au-dessus d'un café ; puis il fut transporté, en 1828, dans un hôtel monumental qui lui fut généreusement offert par l'un de ses membres, M. Nicolas Kœchlin, et où se trouvent en même temps la Bourse et la Chambre de commerce. En 1875, un nouvel hôtel avoisinant le premier a été acheté par la Société pour y loger ses collections qui se trouvaient trop à l'étroit dans le premier.

La Société est régie par un conseil d'administration composé d'un président, de trois vice-présidents, d'un secrétaire, d'un secrétaire-adjoint, d'un économe, d'un bibliothécaire, d'un bibliothécaire-adjoint, et des présidents de huit comités spéciaux dénommés : 1° de mécanique ; 2° de chimie ; 3° d'histoire naturelle ; 4° des beaux-arts ; 5° du commerce ; 6° d'utilité publique ; 7° d'histoire et de statistique ; 8° de l'industrie du papier. Les présidents qui se sont succédé et qui tous, une fois élus, n'ont jamais été dépossédés de leur siège que par la mort seule, sont : MM. Isaac Schlumberger (1826-1839) ; Jean Zuber-Karth (1829-1834) ; Émile Dollfus (1834-1858) ; Daniel Dollfus (1858-1860) ; Nicolas Kœchlin (1861-1864) ; Auguste Dollfus depuis 1864.

Le *Bulletin* de cette Société, l'un des plus complets organes de ce genre, se publie aujourd'hui mensuellement. Il faut signaler, cependant, que, dès le principe, cette publication ne parut qu'à intervalles irréguliers ; le cinquième numéro, par exemple, complétant le premier volume, n'a vu le jour qu'en 1828. C'est dans ces premières années qu'il fut publié, par ses membres, un ouvrage in-4° de 486 pages avec cartes, la *Statistique générale du Haut-Rhin*, résultat d'une enquête qu'elle ouvrit elle-même sur la situation matérielle et morale de cette partie de l'Alsace, renfermant, entre autres, une série d'échantillons d'indiennes représentant l'histoire complète des progrès accomplis par cette fabrication dans la région, depuis 1746 ; 3° le musée historique de Mulhouse, renfermant tous les documents intéressant l'histoire de la ville ; 4° un musée de tableaux la plupart offerts par les membres de la Société ; 5° un médaillier placé sous la surveillance du comité d'histoire et de statistique. Une bibliothèque, renfermant plusieurs milliers de volumes, est journellement à la disposition des sociétaires.

Les diverses fondations de la Société de Mulhouse

sont : 1° l'association pour préserver les ouvriers des accidents de fabrique (1867) ; 2° le Cercle mulhousien (1868) ; 3° l'école de dessin (1828) ; 4° l'école de tissage (1861) ; 5° l'école de filature (1864) ; 6° l'école supérieure de commerce (1866) ; 7° l'Association des propriétaires d'appareils à vapeur (1867) ; enfin, de nombreuses créations en faveur de la classe ouvrière et de l'enseignement technique de la région mulhousienne. Dans un programme soigneusement élaboré par ses divers comités, cette Société met annuellement au concours une série de questions, pour les plus importantes desquelles quelques-uns de ses membres ont fondé des prix spéciaux de grande valeur.

### Société industrielle de Reims.

Cette Société a été fondée en 1833, et déclarée d'utilité publique le 17 novembre 1861. Son but est de « perfectionner et étendre l'industrie manufacturière et commerciale de Reims, en recherchant les inventions, économies et améliorations applicables à la fabrique, et en propageant les institutions propres à relever la condition morale et matérielle des ouvriers ». Elle se compose de membres titulaires, payant une cotisation annuelle de 100 francs s'ils habitent Reims ou la banlieue, et de 50 francs dans le cas contraire ; de membres correspondants ou honoraires, exempts de toute cotisation. Elle est gérée par un conseil d'administration composé d'un président, d'un vice-président, d'un trésorier, d'un secrétaire et d'un secrétaire-archiviste, et ses travaux sont élaborés dans sept comités dénommés : 1° de l'industrie des tissus et de la fabrication ; 2° de mécanique ; 3° de physique et de chimie ; 4° de commerce ; 5° des beaux arts ; 6° d'économie sociale et d'enseignement ; 7° de géographie. Le conseil d'administration se réunit le second vendredi de chaque mois, et les comités tous les trois mois au moins, sur la convocation de leurs présidents ; il y a, en outre, chaque année, deux assemblées générales, l'une en janvier, pour le renouvellement du bureau ; l'autre en août, pour l'attribution des prix du concours.

Bien qu'organisée en 1833, la Société industrielle de Reims ne fonctionna activement que dans les dix premières années de sa fondation. Elle institua, dans cette période, la Société des déchets ; ouvrit un cours gratuit de lissage et de montage ; assuma les frais des essais d'encollage et de tissage mécaniques pour lesquels elle acheta, en 1836, les trois premiers métiers à tisser qui aient battu mécaniquement à Reims, etc. ; mais, en 1843, eut lieu la dernière assemblée générale. Elle resta alors complètement délaissée, et quelques-uns de ses membres seulement continuèrent à s'occuper isolément des questions d'intérêt général. Durant cette période, il n'y eut pas de président, mais un conseil formé de cinq présidents de section ; la seconde année, on élut comme président M. Croutelle neveu, qui conserva ces fonctions neuf ans. La Société de Reims ne se réunit plus alors qu'en 1851, époque où elle vota 1,000 francs pour envoyer des délégués ouvriers à l'Exposition universelle de Londres, puis se reconstitua définitivement en décembre 1857. M. de Brunet fut élu président, M. Villeminot lui succéda en 1860 ; les comités se réorganisèrent ; sous l'impulsion de M. Maumené, d'importants travaux furent élaborés sur la manutention des laines et la fabrication des vins de Champagne ; des cours de dessin, de fabrication, de droit commercial furent créés ; une association fut fondée pour la construction des cités ouvrières (société qui, quelques années plus tard, céda la suite de ses affaires à l'Union foncière). Bref, à partir de cette époque, la Société de Reims entra dans une voie nouvelle d'activité dont elle ne s'est plus départie depuis lors. En 1866, M. Varnier succéda à M. Villeminot comme président, ceux qui ensuite ont été successivement à la tête de cette association industrielle sont : M. Aug. Walbaum

(1870); Martin-Ragot (1873); Ad. Dauphinot (1877); E. Garnier (1879) et C. Poulain (1882).

La *Société de Reims* publie, à intervalles irréguliers, un *Bulletin* dont la collection forme actuellement 65 fascicules seulement et près de 14 volumes. Elle a institué des cours publics et gratuits de chauffage et conduite des machines à vapeur, de géométrie descriptive, etc., un cours secondaire pour les jeunes filles, etc.

### Société industrielle d'Amiens.

Cette Société a été créée le 15 décembre 1860. Elle se compose de membres titulaires résidants (payant une cotisation annuelle de 50 francs); de titulaires non résidants (36 francs) et de membres correspondants ou honoraires; les résidants peuvent devenir membre à vie par le versement d'une somme de 100 francs. Elle est administrée par un conseil composé d'un président, d'un vice-président, d'un premier et second bibliothécaire. Ce Conseil et ses comités se réunissent séparément, et une fois par mois en assemblée générale.

La *Société industrielle d'Amiens* a publié depuis sa fondation un *Bulletin* mensuel; elle décerne annuellement divers prix et récompenses suivant un programme divisé en quatre catégories : 1° arts mécaniques et construction; 2° filature et tissage; 3° agriculture, histoire naturelle, physique et chimie; 4° économie politique et sociale; mais ce qui la distingue particulièrement de beaucoup d'autres sociétés du même genre, ce sont les nombreux cours qu'elle a organisés dans la ville d'Amiens, suivis par des élèves auxquels elle décerne, après concours, des récompenses spéciales. Ces cours, au nombre de onze, sont les suivants : 1° cours théorique de tissage; 2° de tissage pratique; 3° de teinture; 4° de mécanique; 5° de coupe de velours et de coton; 6° d'allemand; 7° d'anglais (hommes); 8° d'anglais (dames); 9° de comptabilité commerciale (hommes); 10° de comptabilité commerciale (dames); enfin, 11° de géographie commerciale.

Cette Société a organisé à Amiens diverses expositions à différentes époques, et un musée commercial permanent. Deux tables décennales de ses travaux ont été publiées : la première en 1875, la seconde en 1884.

### Société des sciences industrielles de Lyon.

Cette Société date de 1862. Elle se compose de membres titulaires payant une cotisation de 30 francs; de membres correspondants payant 15 francs; et de membres honoraires. Elle se divise en comités dans lesquels se répartissent les sociétaires suivant leurs spécialités et leur compétence; et elle est administrée par un conseil pris parmi les membres titulaires résidant à Lyon et composé : d'un président; de deux vice-présidents; d'un secrétaire général et de deux secrétaires-adjoints; d'un trésorier; d'un archiviste-bibliothécaire; d'un conservateur des machines et collections; d'un économe et de quatre conseillers. Elle a, comme moyens principaux d'action, des concours et des conférences publiques, et elle publie trimestriellement, sous le titre d'*Annales de la Société des sciences industrielles de Lyon*, les procès-verbaux de ses séances et ses travaux.

### Société industrielle de Saint-Quentin et de l'Aisne.

Cette Société a été fondée, le 5 octobre 1868, sur l'initiative de la Chambre de commerce de Saint-Quentin; elle a été déclarée d'utilité publique le 23 novembre 1876. Elle se compose de membres ordinaires, payant une cotisation de 50 francs; et de membres adjoints, correspondants et honoraires, ne payant rien. Elle est gérée par un conseil composé d'un président; d'un vice-président; d'un trésorier; d'un secrétaire; d'un vice-secrétaire et d'un archiviste-bibliothécaire. Quatre comités sont formés dans son sein portant les noms de : 1° physique et mécanique; 2° chimie et industrie agricole; 3° commerce et industrie des fils et

tissus; 4° économie politique et sociale; chaque membre s'y inscrit suivant sa qualité. Elle se réunit annuellement le premier samedi des mois de février, avril, juin, août et décembre. Elle publie trimestriellement un *Bulletin* spécial de ses travaux.

Ce qui distingue surtout la Société de Saint-Quentin, ce sont, comme à Amiens, ses cours, installés dans un local gratuitement offert par la ville, dont les portes sont ouvertes au public, qui sont: 1° cours de tissage à la main (théorie et pratique); 2° de tissage pratique (pour le tissage mécanique); 3° de mise en carte; 4° de dessin; 5° de broderie mécanique; 6° de mise en carte des dessins de broderie; 7° de lingerie (étude de la machine à coudre); 8° de mécanique; 9° de chauffage de machines à vapeur; 10° de chimie industrielle; 11° de construction; 12° de géographie industrielle et commerciale; 13° d'anglais; 14° d'allemand; 15° de droit commercial et industriel; 16° d'économie politique; 17° de sucrerie indigène; dans lesquels des primes et récompenses sont attribuées, à la suite d'un concours annuel, aux élèves les plus méritants.

En 1873, un groupe de membres de cette Société, après avoir fait appel à tous ceux qui emploient des ouvriers et aux personnes qui s'intéressent aux choses humanitaires, s'est constitué en *Société des logements d'ouvriers*, et a réalisé, sur divers points de la ville de Saint-Quentin, la construction de groupes de maisons très saines et suffisamment spacieuses destinées au logement de l'ouvrier de fabrique.

### Société scientifique industrielle de Marseille.

Cette Société a été fondée en 1871. Elle se compose de membres fondateurs, versant une cotisation annuelle de 50 francs; perpétuels, versant une somme unique de 1,000 francs; associés, n'habitant pas Marseille et versant une quotité annuelle de 20 francs. Elle est administrée par un conseil composé d'un président, de trois vice-présidents, de trois secrétaires, de deux bibliothécaires, d'un trésorier et de quatre commissaires, soit quatorze membres élus annuellement dans une assemblée générale des fondateurs, en décembre. Les membres de la Société se réunissent le deuxième jeudi de chaque mois. Tous les trois mois se publie un *Bulletin* contenant les procès-verbaux des séances, ainsi que la publication des travaux lus en séance mensuelle et approuvés par le Bureau; le tome XIV est actuellement en cours de publication.

En dehors de son *Bulletin*, la Société scientifique industrielle de Marseille a entrepris et publié deux ouvrages : *Note sur l'aménagement des ports de commerce* (1 vol. in-8°, de VIII-341 pages et 62 planches, 1875) et *Série des prix appliqués aux travaux de construction à Marseille*, avec détails sur chaque article par la section d'architecture (1re partie, 1 vol. in-12, de 292, ouvrage non encore terminé). C'est aussi sous les auspices que s'est fondé, en 1885, l'Association des propriétaires d'appareils à vapeur du sud est de la France.

### Société industrielle de Rouen.

Cette Société a été fondée, en 1872, par un groupe de trente personnes appartenant à l'industrie et au commerce rouennais; elle a été déclarée d'utilité publique le 18 juillet 1876. Elle ne comprend qu'une seule catégorie de membres dont la cotisation est fixée à 20 francs. Elle est administrée par un bureau composé d'un président, deux vice-présidents, un secrétaire de correspondance, un secrétaire de bureau, un secrétaire adjoint, un archiviste et un trésorier, tous éligibles en janvier de chaque année; et comprend des comités, nommant chacun au président, un secrétaire et un secrétaire-adjoint, et dénommés comités de : 1° chimie; 2° mécanique; 3° commerce et statistique; 4° histoire naturelle et hygiène; 5° beaux arts; et 6° utilité publique, se réunissant une fois par mois. Chaque premier vendredi du mois, la Société tient une séance générale. Elle publie un *Bulletin* bimensuel.

Parmi les fondations qui lui sont propres, il y a lieu de citer l'Association normande des propriétaires d'appareils à vapeur et la Société rouennaise pour prévenir les accidents de fabrique. Chaque année, elle distribue un certain nombre de médailles, d'après un programme de prix élaboré par ses divers comités.

### Société industrielle du nord de la France.

Cette Société a été fondée, en 1873, sur l'initiative de la Chambre de commerce de Lille et déclarée d'utilité publique le 12 août 1874. Elle se compose de membres ordinaires payant une cotisation annuelle de 50 francs et de membres fondateurs ayant opéré un versement unique de 500 francs. Elle est administrée par un bureau composé d'un président, quatre vice-présidents, un secrétaire général, un secrétaire du conseil, un bibliothécaire et un trésorier ; et elle comprend quatre comités dénommés : 1° de chimie ; 2° de filature et tissage; 3° de génie civil; 4° de commerce et d'utilité publique. Les comités se réunissent une fois par mois, et la Société tient mensuellement une assemblée générale. Le *Bulletin* qu'elle publie, l'un des plus substantiels et des plus réputés de France, est trimestriel.

La Société industrielle du Nord patronne : l'Association des propriétaires d'appareils à vapeur du Nord de la France en décernant chaque année des primes aux chauffeurs les plus méritants qui lui sont signalés; l'Institut industriel du Nord, auquel elle a accordé, dès le principe, une subvention de 5,000 francs pour le perfectionnement de son outillage ; et les cours municipaux de filature et de tissage en attribuant à ses élèves, à la suite d'un concours, des diplômes et certificats de capacité. Elle décerne, en outre, des prix pour les langues vivantes aux employés de commerce et aux élèves des écoles et lycées de la région, et son Comité de commerce récompense spécialement les comptables les plus méritants. Enfin, chaque année, elle décerne des prix et médailles aux lauréats d'un programme élaboré par ses comités, qui comprend un grand nombre de récompenses spéciales, telles que les quatre prix de fondation Kuhlmann, de 500 francs chacun ; le prix Agache, de 1,000 francs; les prix Roussel et Danel, de 500 francs chacun, etc., etc ; et elle organise à époques intermittentes des conférences technologiques publiques d'un grand intérêt. Cette Société est certainement l'une des plus actives du genre, et la région industrielle du Nord lui est redevable de travaux des plus importants.

### Société du commerce et de l'industrie lainière de la région de Fourmies.

Cette Société a été fondée le 11 décembre 1877, et déclarée d'utilité publique le 2 juillet 1886. Elle se compose de membres résidants et honoraires dont le nombre est limité à 150 ; la cotisation varie d'après le budget des dépenses, elle ne peut être inférieure à 20 francs ni supérieure à 40 francs. Elle se divise en quatre comités : 1° filature; 2° peignage; 3° tissage; 4° commerce général ; et elle est régie par un conseil d'administration composé de vingt membres choisis parmi les résidants; le bureau de ce conseil comprend un président, un vice-président, un secrétaire, un trésorier et un archiviste-bibliothécaire.

Jusque 1881, cette Société n'a pas publié de bulletin, mais elle s'est signalée par l'organisation, à Fourmies, d'un bureau de conditionnement et de mesurage (1875) et par l'établissement d'une succursale de l'Association des propriétaires d'appareils à vapeur du Nord de la France (1877) ; elle a manifesté son action à propos de diverses questions d'intérêt local, telles que le canal de la Sambre à la Meuse, le chemin de fer de Trélon à la Capelle, la défense des intérêts régionaux devant les

commissions d'enquête, la participation aux expositions, etc. A partir de 1881, elle a publié un *Bulletin* annuel d'abord, aujourd'hui semestriel.

La Société du commerce et de l'industrie lainière de la région de Fourmies, avec l'aide de subventions de la ville de Fourmies et de la commune de Wignehies, a organisé, depuis 1881, un concours annuel de chauffeurs, des cours spéciaux de peignage et de tissage, et un cours de dessin patroné par la municipalité. Elle s'est occupée, en 1886, de la création d'une école de filature à Fourmies, actuellement en période d'organisation par souscription et en bonne voie de formation.

### Société industrielle de Flers.

Cette Société a été fondée en 1875. Elle a son siège à Flers (Orne), centre de tissages de coutils de coton et de lin très importants. Elle se compose de membres titulaires payant 20 francs, et de membres honoraires à 10 francs. Elle est administrée par un bureau composé d'un président, d'un vice-président, d'un secrétaire général, d'un secrétaire des séances, d'un conservateur archiviste, d'un trésorier et de trois conseillers. Cinq comités ont été formés par ses soins : 1° de fabrication ; 2° de chimie ; 3° de mécanique; 4° de législation, commerce et statistique ; 5° de rédaction des rapports sur les documents envoyés à la Société. Elle publie semestriellement un *Bulletin* de ses travaux. Elle a son siège dans le local de l'Ecole industrielle de Flers, où se trouvent en même temps une bibliothèque et un musée organisés par ses soins.

### Société industrielle de l'Est.

Cette Société, la plus récente des Sociétés industrielles françaises, a été fondée en 1882, à Nancy, par un groupe d'ingénieurs de l'Ecole centrale. Elle se compose de membres ordinaires (payant un droit d'admission de 10 francs et une cotisation annuelle de 30 francs pouvant être rachetée par une somme de 500 francs donnant droit au titre de fondateur); de membres ordinaires et correspondants exemptés de toute cotisation. L'administration en est confiée à un bureau électif composé d'un président, de six vice-présidents, d'un secrétaire général, de trois secrétaires, d'un trésorier, d'un bibliothécaire et d'un bibliothécaire-adjoint; et l'organisation des travaux à six comités ainsi divisés : 1° mécanique; 2° physique, chimie, histoire naturelle, hygiène, agriculture; 3° architecture, travaux publics, arts industriels; 4° métallurgie, mines, salines, géologie ; 5° statistique, géographie, commerce, économie politique, tarifs de douanes et de transports ; 6° brevets d'invention, législation industrielle, assurances.

Jusqu'aujourd'hui, la Société industrielle de l'Est est encore quelque peu dans une période d'organisation. Elle a néanmoins, jusqu'ici, patroné l'Ecole professionnelle de l'Est en délivrant à ses élèves des prix et diplômes après examen; elle a fondé par souscription une bibliothèque volante à l'usage des contre-maîtres et ouvriers, et organisé, pendant l'hiver, des cours professionnels. Elle publie un *Bulletin* trimestriel et quelquefois semestriel, suivant le nombre et l'importance des travaux, mais cette publication ne se compose, jusqu'aujourd'hui, que d'une douzaine de fascicules. — A. R.

**SOCLE.** *T. d'arch.* Membre ordinairement carré sur lequel repose un édifice ou une colonne, et que l'on établit avec les matériaux les plus solides avec le profil et les dimensions qu'exigent les divers ordres d'architecture. || Par analogie, on donne ce nom au petit piédestal sur lequel on pose des vases, des bustes, etc.

**SOCQUE.** Par analogie à la chaussure de bois que portaient certains religieux, on donne ce nom à une chaussure de bois et de cuir qui s'adapte ordinairement à la chaussure ordinaire, et qui sert à garantir les pieds de l'humidité; les socquettes sont des espèces de *sabots*. — V. ce mot.

*SODA. Boisson préparée avec de l'eau gazeuse, que les Anglais appellent *soda-water* (eau de soude), dans laquelle on ajoute du sirop de groseille.

SODIUM. *T. de chim.* Métal monoatomique, découvert par voie d'électrolyse, en 1807, par H. Davy, et qui a pour symbole Na (Natrium), pour équivalent et pour poids atomique 23.

*Caractères.* C'est un métal d'un blanc d'argent, à éclat très brillant lorsqu'il vient d'être nouvellement coupé, et offrant alors à l'air une phosphorescence verte remarquable, mais se ternissant rapidement par absorption d'oxygène. A — 20° ce métal est dur, il est mou à la température ordinaire, fond à 95°5, et se volatilise au rouge, en répandant des vapeurs incolores. Sa densité est de 0,9722 (Gay-Lussac), il conduit bien la chaleur et l'électricité, et sa chaleur spécifique est de 0,2934. Fondu dans un tube scellé et contenant une atmosphère de gaz d'éclairage, il cristallise par refroidissement en octaèdres.

Le sodium est facilement oxydable à l'air, mais il l'est moins que le potassium; il décompose l'eau à froid, sans produire une chaleur suffisante pour enflammer l'hydrogène qui se dégage, à moins que l'on ait chauffé l'eau; il brûle alors avec une flamme jaune en provoquant souvent une violente explosion. A l'air, il s'enflamme à une température élevée (ce qui oblige à le conserver sous l'huile de naphte), en brûlant et donnant de la soude, mais si on le chauffe au milieu de l'oxygène, il engendre du peroxyde de sodium. Le sodium n'a pas autant d'affinité que le potassium, pour divers métaux ou métalloïdes; ainsi, on peut le chauffer avec du chlore sec, sans qu'il y ait combinaison; il en est de même lorsqu'on le fond à 200° avec du brome ou de l'iode. Il s'unit à un certain nombre de métaux, au mercure, par exemple, en produisant de l'incandescence, même lorsqu'il est porté à une douce chaleur, pour éviter les projections; cet amalgame se gonfle et cristallise en prismes enchevêtrés.

*Etat naturel.* Le sodium se retrouve dans l'organisme à l'état de chlorure et de phosphate surtout, puis de sulfate, et dans la bile, de glycocholate et de taurocholate. Il se rencontre dans les cendres de beaucoup de végétaux, surtout ceux marins; il ne présente qu'un nombre restreint de composés naturels, minéraux, mais tous sont industriellement employés. La *nitratine* est l'azotate de soude naturel; elle cristallise en rhomboèdres translucides d'éclat vitreux, incolores, blancs ou jaunâtres, d'une dureté de 1,5 à 2 et d'une densité de 2,09. Ces cristaux sont de saveur fraîche et amère, fusibles sur le platine en colorant la flamme en jaune, solubles dans l'eau; contenant 63,53 0/0 d'acide azotique et 36,47 de soude. On trouve très abondamment ce corps en masses grenues au Pérou et au Chili. Il sert pour la fabrication de l'acide azotique et de l'azotate de potasse. La *soude boratée* ou *borax, tincal,* est cristallisée en prismes

rhomboïdaux obliques de 87°, translucides, d'éclat résineux, incolores, d'une dureté de 2 à 2,5 et d'une densité de 1,71; ils sont solubles dans l'eau et d'une saveur alcaline, mais légère. Ces cristaux, que l'on trouve abondamment dans certaines régions de la Californie et du Thibet, renferment 37,65 d'acide borique, 16,23 de soude et 47,12 d'eau; humectés d'acide sulfurique, ils colorent la flamme en vert. Le borax est employé comme fondant. Les *carbonates de soude* sont variables: l'*urao* ou *trona* est un sesquicarbonate cristallisant en prismes rhomboïdaux obliques, de 47°30', à cassure inégale, translucides, d'un blanc jaunâtre, de saveur alcaline, d'une densité de 2,11 et d'une dureté de 2,5, donnant 42,58 0/0 d'acide pour 40 0/0 de soude et 17,42 d'eau. Ce carbonate se rencontre en masses grenues ou bacillaires en Afrique, dans le Fezzan, et en Egypte, dans les lacs Natron. Le *natron* ou *soda* se trouve le plus souvent en efflorescences cristallines, fortement alcalines, de teinte blanc-jaunâtre, et parfois en prismes rhomboïdaux obliques de 76°26'. Il est efflorescent. Il contient 15,38 d'acide, 21,68 de soude et 62,94 0/0 d'eau; c'est un carbonate neutre qui se trouve surtout dans l'eau des lacs Natron, en Hongrie, etc. Ces deux carbonates sont employés pour faire le verre, le savon, dans la teinture, etc. La *Gay-Lussite* est un carbonate double de chaux et de soude hydraté, cristallisant en prismes rhomboïdaux obliques de 68°50', avec cristaux allongés; ils sont translucides et blancs; d'une dureté de 2,5, d'une densité de 1,93. Ils contiennent: 35,81 de carbonate de soude, 33,78 de carbonate de chaux et 30,41 0/0 d'eau; ce carbonate est surtout abondant dans la Nouvelle Grenade, à Lagunilla.

Le *chlorure de sodium* (V. Chlorure, Saline et Sel, II). La *thénardite* est le sulfate ordinaire anhydre; elle est incolore, translucide et à éclat vitreux, cristallisant en prismes rhomboïdaux droits de 129°24'; sa densité est de 2,65, sa dureté de 2,5; elle contient 56,34 d'acide pour 43,66 de base. On la trouve pres de Madrid, dans les salines d'Espartinas. La *mirabilite* ou *sel de Glauber*, est l'hydrate du sel précédent, il est en longs prismes rhomboïdaux obliques de 86°31', vitreux, incolores, de saveur amère et fraîche, d'une densité de 1,48 et d'une dureté de 1,5 à 2, et efflorescents à l'air; ils renferment 24,85 d'acide sulfurique, 19,25 de soude et 55,90 0/0 d'eau. On trouve ce sel dans les salines d'Autriche, de Bohême, à Hallstadt notamment, dans l'eau de la mer, etc. La *glaubérite* est un sulfate double de soude et de chaux anhydre, cristallisant en prismes rhomboïdaux obliques de 83°20'; il est transparent, d'éclat vitreux, d'un blanc plus ou moins grisâtre, jaunâtre ou rouge; en partie soluble dans l'eau. Sa dureté varie de 2 à 3, sa densité est de 2,75. Il donne à l'analyse 57,56 0/0 d'acide sulfurique, pour 22,29 de soude, et 20,15 de chaux. Il se rencontre en Lorraine, à Vic; en Espagne, à Villarubia; au Pérou, etc. La *lœwéite*, la *blœdite*, la *symonyite*, sont des sulfates de soude et de magnésie hydratés que l'on a trouvés en Autriche.

La *cryolite* est du fluorure double de sodium et

d'aluminium; ses cristaux semblent être des prismes rectangulaires, leur cassure est un peu conchoïdale, leur éclat un peu nacré; les masses qui la constituent d'ordinaire sont d'un blanc jaunâtre, d'une densité de 2,96 et d'une dureté allant de 2,5 à 3. Ce corps, très fusible en un émail blanc et alcalin, dégage en présence de l'acide sulfurique de l'acide fluorhydrique. Il se trouve en quantités considérables au Groënland; il sert pour faire la porcelaine, pour l'extraction de l'aluminium, celle de la soude, etc. Il renferme 54,16 de fluor, 32,78 de sodium et 13,06 0/0 d'aluminium. Quelques silicates, comme l'orthose, l'albite, l'oligoclase, la labradorite, la néphéline, la cancrinite, la jadéite, l'achmite, la wernérite, l'eudyalite, divers micas, le mésotype, etc., contiennent encore de notables quantités de soude.

PRÉPARATION. Le sodium s'obtient comme le potassium, en réduisant le carbonate de soude par le charbon, sous l'influence de la chaleur; mais cette opération est plus facile à faire et moins dangereuse que la préparation du potassium. Depuis 1856, grâce aux travaux de H. Sainte-Claire-Deville sur l'aluminium, la fabrication de ce métal est devenue industrielle, et son prix est tombé à 13 et 14 fr. le kilogramme. Lorsqu'on veut préparer en grand le métal, on opère sur 6 parties de carbonate de soude desséché, 2 parties 1/2 de houille de Charleroi, ou de toute autre houille à longue flamme, et 1 partie de craie de Meudon (on remplace la houille par le charbon de bois lorsqu'on prépare seulement de petites quantités de sodium); on commence par bien pulvériser toutes les matières, on les mêle et on tamise pour rendre la masse bien homogène, puis enfin on en fait avec de l'huile une pâte sèche que l'on introduit dans des étuis de papier ou de toile pour constituer des gargousses du calibre des cylindres qui existent dans les fours. Ceux-ci sont tout à fait analogues à ceux destinés à la fabrication du potassium, et d'ordinaire ils offrent parallèlement deux cylindres réducteurs dans lesquels on n'a qu'à pousser les gargousses contenant le mélange déjà calciné, puis à les enlever avec des pelles spéciales pour leur substituer de nouveaux produits, lorsque les premiers ont fourni le métal utile. Le temps employé pour faire ce changement est celui nécessaire à l'enlèvement de l'argile qui fermait les cylindres et à l'application de nouveau but. Chaque opération exige quatre heures environ.

*Usages.* Le sodium sert surtout à la préparation de l'aluminium et du magnésium.

### DÉRIVÉS DU SODIUM.

Parmi les sels non oxygénés, nous n'avons guère à citer que le *chlorure de sodium*, Na Cl, déjà étudié aux mots CHLORURE, § *Chlorure de sodium*; SALIN, § *Sel gemme*; SEL, § II; puis les *bromure*, Na Br, et *iodure de sodium*, Na I, qui ont les mêmes propriétés et s'obtiennent de la même manière que les sels analogues à base de potassium, mais qui sont moins toxiques; puis les *sulfures de sodium* (V. SULFURE). Nous avons en outre signalé ailleurs l'usage du chlorure double de sodium et d'aluminium, et celui des chlorures décolorants (V. III, p. 329 et 333).

(V. III, p. 329 et 333)

#### COMPOSÉS OXYGÉNÉS.

L'oxygène s'unit au sodium pour former divers composés : un protoxyde, Na O...Na² O, qui est anhydre et n'a d'utilité que par son hydrate, Na O, H O...Na² H O; et un peroxyde, Na O²...Na² O², d'ailleurs sans emploi, et que l'on peut obtenir par la combustion du sodium dans l'oxygène, le protoxyde anhydre s'obtenant par la combustion à l'air.

**Hydrate de sodium.** Syn.: *Soude caustique.* C'est un corps qui se trouve sous la forme de masses d'un blanc opaque, à cassure fibreuse; déliquescent, puis efflorescent à l'air; il est caustique et d'une grande alcalinité. La densité de la soude est de 2,13, elle fond au rouge, puis se volatilise, mais moins facilement que la potasse; elle est assez soluble dans l'eau, qui à 15° peut en dissoudre les deux tiers de son poids; lorsque la dissolution a lieu à une basse température, il se forme un hydrate à 7 équivalents d'eau, qui fond à 6° en un liquide ayant une densité de 1,405.

La soude possède en général tous les caractères de l'oxyde de potassium.

PRÉPARATION. On dissout 3 parties de carbonate de soude cristallisé dans 15 parties d'eau, et on y ajoute un lait de chaux fait avec 1 partie de chaux vive pour 3 parties d'eau, en versant ce dernier peu à peu, lorsque la solution alcaline est à l'ébullition; il se forme du carbonate de chaux qui se précipite, et l'hydrate de soude reste en solution.

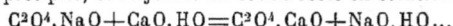

$$C^2 O^4, Na O + Ca O, H O = C^2 O^4, Ca O + Na O, H O ...$$
$$C O^3 Na^2 + Ca H O = C O^3 Ca + Na^2 H O.$$

Quand tout le carbonate alcalin est décomposé, si l'ébullition a été bien maintenue, le carbonate de chaux a une forme grenue et se dépose vite, pourvu que la liqueur soit assez diluée, c'est-à-dire que l'on ait eu soin de remplacer l'eau qui s'évaporait. Après repos, on jette sur une toile pour retenir le sel de chaux, on évapore le plus rapidement possible la solution alcaline, dans une bassine d'argent, et on obtient ainsi un résidu solide que l'on chauffe au rouge sombre, jusqu'à fusion ignée, puis que l'on coule en plaques sur une lame de cuivre ou sur un marbre, enduits de vaseline. Aussitôt refroidies, on casse ces plaques en fragments et on les enferme dans des vases hermétiquement clos. C'est là ce qui constitue la *soude à la chaux*; la solution concentrée seulement jusqu'à 1,332 au densimètre (36° Baumé), porte le nom de *lessive des savonniers*.

Pour purifier cette soude, on agit comme pour la potasse; on la reprend par l'alcool (2 vol.), et, après un repos de deux jours, la liqueur qui forme la couche supérieure du flacon est décantée, remplacée par de nouvel alcool, puis celui-ci est enlevé à son tour. On réunit ces liqueurs alcooliques, et on les distille pour séparer l'alcool, puis on chauffe le résidu dans une bassine d'argent, en fondant la masse, comme pour préparer la potasse à la chaux. Le produit coulé

| Poids de NaO ou de NaO.HO contenu p. 100 | Densité de la solution contenant le poids indiqué ci-contre en | | Poids de NaO ou de NaO.HO contenu p. 100 | Densité de la solution contenant le poids indiqué ci-contre en | | Poids de NaO ou de NaO.HO contenu p. 100 | Densité de la solution contenant le poids indiqué ci-contre en | | Poids de NaO ou de NaO.HO contenu p. 100 | Densité de la solution contenant le poids indiqué ci-contre en | |
|---|---|---|---|---|---|---|---|---|---|---|---|
| | NaO | NaO.HO | | NaO | NaO.HO | | NaO | NaO.HO | | NaO | NaO.HO |
| 1 gr. | 1.015 | 1.012 | 16 gr. | 1.233 | 1.181 | 31 gr. | 1.438 | 1.343 | 46 gr. | 1.637 | 1.499 |
| 2 | 1.020 | 1.023 | 17 | 1.245 | 1.192 | 32 | 1.450 | 1.351 | 47 | 1.650 | 1.508 |
| 3 | 1.043 | 1.035 | 18 | 1.258 | 1.202 | 33 | 1.462 | 1.363 | 48 | 1.663 | 1.519 |
| 4 | 1.058 | 1.046 | 19 | 1.270 | 1.213 | 34 | 1.475 | 1.374 | 49 | 1.678 | 1.529 |
| 5 | 1.074 | 1.059 | 20 | 1.280 | 1.225 | 35 | 1.488 | 1.384 | 50 | 1.690 | 1.540 |
| 6 | 1.089 | 1.070 | 21 | 1.300 | 1.236 | 36 | 1.500 | 1.395 | 51 | 1.705 | 1.550 |
| 7 | 1.104 | 1.081 | 22 | 1.315 | 1.247 | 37 | 1.515 | 1.405 | 52 | 1.719 | 1.560 |
| 8 | 1.119 | 1.092 | 23 | 1.329 | 1.258 | 38 | 1.530 | 1.415 | 53 | 1.730 | 1.570 |
| 9 | 1.132 | 1.103 | 24 | 1.341 | 1.269 | 39 | 1.543 | 1.426 | 54 | 1.745 | 1.580 |
| 10 | 1.145 | 1.115 | 25 | 1.355 | 1.279 | 40 | 1.558 | 1.437 | 55 | 1.760 | 1.591 |
| 11 | 1.160 | 1.126 | 26 | 1.369 | 1.290 | 41 | 1.570 | 1.447 | 56 | 1.770 | 1.601 |
| 12 | 1.175 | 1.137 | 27 | 1.381 | 1.300 | 42 | 1.583 | 1.456 | 57 | 1.785 | 1.611 |
| 13 | 1.190 | 1.148 | 28 | 1.395 | 1.310 | 43 | 1.597 | 1.468 | 58 | 1.800 | 1.622 |
| 14 | 1.203 | 1.159 | 29 | 1.410 | 1.321 | 44 | 1.610 | 1.478 | 59 | 1.815 | 1.633 |
| 15 | 1.219 | 1.170 | 30 | 1.422 | 1.332 | 45 | 1.623 | 1.488 | 60 | 1.830 | 1.643 |

en plaques constitue la *soude à l'alcool*. Pour avoir de la *soude chimiquement pure*, on décompose du sulfate de soude pur par l'hydrate de baryte, en dissolvant 160 grammes de sulfate dans de l'eau et y ajoutant même poids d'hydrate cristallisé également dissous dans de l'eau bouillante.

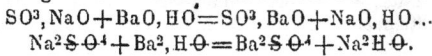
$$SO_3,NaO+BaO,HO=SO_3,BaO+NaO,HO...$$
$$Na_2SO_4+Ba_2,HO=Ba_2SO_4+Na_2HO.$$

Le sulfate de baryte se sépare facilement par le repos; on décante la liqueur et on l'évapore dans une bassine d'argent.

*Caractères des sels de soude.* Les solutions de ces sels ne précipitent ni par l'*hydrogène sulfuré*, ni par le *sulfure d'ammonium*, ni par la *potasse*, par l'*ammoniaque*, ou par les *carbonates alcalins*; elles ne précipitent pas non plus par l'*acide tartrique*, par l'*acide perchlorique*, par le *bichlorure de platine*, par le *sulfate d'alumine* (caract. distinct. d'avec les sels de potasse). Le *bimétaantimoniate de potasse* donne dans les solutions sodiques concentrées, un précipité blanc; l'*heptaiodate de potasse* y produit également un précipité blanc; l'*acide hydrofluosilicique* y forme, toujours dans les liqueurs concentrées, un léger précipité gélatineux. Les sels de sodium chauffés avec l'acide chlorhydrique donnent un produit qui décrépite sur les charbons ardents; ils colorent la flamme de l'alcool en jaune.

Examinés au spectroscope, les sels de sodium produisent une raie très vive dans le jaune, correspondant à la raie D de Fraunhofer; cette raie d'après Rutherford est formée par la juxtaposition de neuf raies superposées. Lorsque cette flamme est examinée avec un verre bleu coloré avec du cobalt, la flamme jaune de la soude disparaît, ce qui permet alors de retrouver les sels de potasse, dont le caractère de coloration de la flamme reste visible.

Nous n'indiquerons dans les sels de sodium, que ceux qui ont un intérêt industriel, tels sont:

L'*acétate de sodium*,

$$C_4H_3NaO_4,6HO.... C_2H_3Na_2O_2,6H_2O$$

(V. t. I, p. 12).

L'*arséniate disodique*,

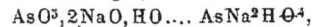
$$AsO_3,2NaO,HO.... AsNa_2HO_4,$$

sel incolore, à réaction alcaline, cristallisant en prismes rhomboïdaux obliques, gardant 24 équivalents d'eau, efflorescent, devenant anhydre à 200°, fondant au-dessous du rouge; sa densité est de 1,87. On le prépare en transformant d'abord de l'acide arsénieux (30 grammes) en acide arsénique, au moyen de l'acide nitrique, puis traitant le produit obtenu par une solution de carbonate de soude cristallisé (86 grammes dans 250 grammes d'eau). On concentre jusqu'à ce que la liqueur bouillante marque 1,33 (36° Baumé), et on laisse refroidir pour obtenir les cristaux.

L'*azotate de soude.* Syn.: *nitrate* $AzO_3,NaO...$ $AzNa_2O_3$ (V. I., p. 407).

L'*azotite de soude.* $AzO_3,NaO...AzNa_2O_2$, sel incolore, déliquescent, qui cristallise en prismes transparents, presqu'insolubles dans l'alcool. Pour l'obtenir, on met dans un creuset 50 parties d'azotate de soude avec 60 parties de plomb métallique, et l'on chauffe. Le plomb s'oxyde aux dépens de l'azotate:

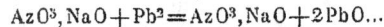

$$AzO_3,NaO+Pb_2=AzO_3,NaO+2PbO...$$
$$AzNa_2O_3+2Pb=AzNa_2O_2+Pb_2O;$$

la masse agitée, puis refroidie, est ensuite reprise par l'eau, et la liqueur décantée est traitée par l'acide carbonique jusqu'à saturation. La soude mise en liberté se carbonate, le plomb séparé se dépose, on filtre alors et on évapore la liqueur à pellicule. Il se sépare à ce moment des cristaux d'azotate de soude non décomposé, on enlève les eaux mères et on les évapore à siccité au bain-marie, puis on reprend le résidu pulvérisé par l'alcool à 95° bouillant. On laisse reposer les liqueurs, on décante la partie claire qu'on distille pour séparer l'alcool, et on obtient comme résidu solide, l'azotite de soude en aiguilles fines.

Le *borate de soude.* Syn.: *borax.*

$$NaO,2BoO_3,10HO... Bo_4O_7Na_2,10H_2O$$

(V. I, p. 799).

Il existe plusieurs carbonates de soude: le *car-*

*bonate anhydre*, $CO^2, NaO...CNa^2O^3$, n'a d'intérêt que par l'hydrate qu'il donne, c'est le *carbonate de soude ordinaire*, à 10 équivalents d'eau,

$$C^2O^4, NaO, 10HO.... CO^3Na^2, 10H^2O,$$

qui a été étudié (t. II, p. 135) ; le *sesquicarbonate de sodium* a été décrit sous le nom de *urao, trona* (V. § *Etat naturel*) ; enfin le *bicarbonate* ou *carbonate, acide de sodium*

$$2C^2O^4, NaO, HO... CO^3HNa^2$$

a aussi été étudié (t. II, p. 235).

Le *chlorate de sodium*, $NaO, ClO^5...Na^2ClO^3$, est décrit, t. III, p. 210.

L'*hypochlorite de soude* a été étudié au chapitre des CHLORURES DÉCOLORANTS, t. III, p. 333.

Il existe plusieurs phosphates de sodium, dont deux ne sont pas très employés : le *phosphate acide*, $PhO^4H^2Na^2$, et le *phosphate basique*

$$PhO^4Na^2.$$

Le *phosphate disodique* (ou phosphate neutre),

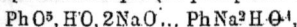

$$PhO^5, HO, 2NaO... PhNa^2HO^4,$$

se trouve sous deux formes : *anhydre*, il est alors en masses blanches, de saveur un peu salée, et perd 6,26 0/0 de son poids d'eau au rouge, en se transformant en pyrophosphate ; et *hydraté*, c'est sa forme ordinaire ; il contient alors 24 équivalents d'eau. Il cristallise en prismes rhomboïdaux obliques se déposant d'autant mieux que la température est plus basse ; sa densité est de 1,55 ; il fond à 34°,6, et s'effleurit à l'air en donnant un sel qui ne contient plus que 14 équivalents d'eau ; 100 parties d'eau à 15° en dissolvent 14,62. On le prépare avec la cendre d'os que l'on traite par l'acide sulfurique concentré,

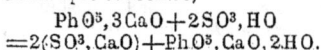

$$PhO^5, 3CaO + 2SO^3, HO$$
$$= 2(SO^3, CaO) + PhO^5, CaO, 2HO.$$

On reprend la masse par l'eau bouillante jusqu'à ce que la liqueur ne soit plus acide, puis on concentre le liquide jusqu'en consistance sirupeuse, pour faire déposer le sulfate de chaux dissous, enfin on décante et alors on ajoute une solution de carbonate de soude (125 grammes de carbonate par 100 grammes d'os calcinés) jusqu'à obtention de réaction alcaline :

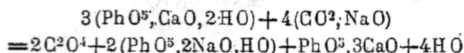

$$3(PhO^5, CaO, 2HO) + 4(CO^2, NaO)$$
$$= 2C^2O^4 + 2(PhO^5, 2NaO, HO) + PhO^5, 3CaO + 4HO$$

Le produit est jeté sur un filtre pour séparer le phosphate de chaux, lavé à l'eau bouillante, puis refiltré ; enfin, on concentre le liquide clair jusqu'à 25° Baumé (D = 1,21) pour avoir des cristaux de phosphate disodique. Ce produit garde souvent du sulfate de soude ; pour le purifier, on traite le sel par 2 fois son poids d'eau bouillante, et l'on agite ; on obtient ainsi, après refroidissement, une cristallisation confuse, on essore les cristaux et on les lave rapidement à l'eau froide, en répétant ces opérations jusqu'à ce que l'eau de lavage ne précipite ni le chlorure de baryum, ni l'azotate d'argent.

Le *pyrophosphate de soude*,

$$PhO^5, 2NaO... Ph^2Na^2O^7$$

est un sel amorphe, incolore, fondant au rouge sans décomposition ; sous cette forme il est anhy-

dre. Lorsqu'il est cristallisé, il est en prismes rhomboïdaux obliques, renfermant 10 équivalents d'eau, non efflorescents, solubles dans l'eau (10,92 0/0 à + 20°). Pour le préparer, on chauffe au-dessus de 100° le phosphate disodique jusqu'à ce qu'il ait perdu son eau de cristallisation, puis alors on l'introduit dans un creuset de platine et on le fait fondre pour enlever son eau de constitution. A ce moment, on le coule sur un marbre ou une plaque de cuivre, on laisse refroidir et on le pulvérise ; la poudre est reprise par 12 fois son poids d'eau bouillante ; on filtre et on concentre le produit jusqu'à ce qu'il marque 1,20 au densimètre (24° Baumé), et on laisse cristalliser lentement.

Le *phosphate de soude ammoniacal*,

$$PhO^5, NaO, Az^2H^4O, HO,$$

sert à l'état solide dans les essais par voie sèche, il porte alors le nom de *sel de phosphore*. Chauffé au rouge, il se déshydrate et perd son ammoniaque ; il réagit alors comme du *métaphosphate de soude*.

L'*hypophosphite de soude*,

$$PhH^2O^3, NaO... PhH^2O^2Na^2$$

est solide, en tables nacrées rectangulaires ; très déliquescent, soluble dans l'alcool absolu. On l'obtient en décomposant l'hypophosphite de chaux par le carbonate de soude.

Le *silicate de soude*, $SiO^4, NaO...SiNa^2O^2$. — V. SILICATE.

Le *sulfate de soude* neutre, $SO^3, NaO...SNa^2O^4$ — V. SULFATE.

Les *sulfites de soude*, neutre et acide, $SO^2, NaO...SNa^2O^3$ et $S^2O^4, NaO, HO...SNa^2HO^3$ — V. SULFITE.

Les *hydrosulfites de soude*, neutre et acide, $S^2O^2, 2NaO..., SNa^2O^4$ et $S^2O^2, NaO, HO... SHNa^2O^4.$ — V. SULFITE.

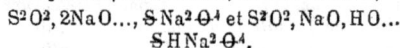

L'*hyposulfite de soude*,

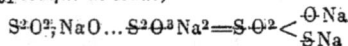

$$S^2O^2, NaO...S^2O^3Na^2 = SO^2 <{}^{ONa}_{SNa}$$

— V. SULFITE.

Le *sulfocarbonate de soude*,

$$CS^3, NaS... C^2Na^2S^6$$

produit très soluble dans l'eau, soluble dans l'alcool, déliquescent, de saveur fraîche puis hépatique, décomposable par la chaleur en charbon et en trisulfure de sodium. Il s'obtient en faisant digérer à 30° du sulfure de sodium dans du sulfure de carbone ; puis évaporant ensuite la solution. Il sert pour la destruction du phylloxéra.

*Dosage*. Le dosage du sodium dans une liqueur qui contient un sel de soude se fait comme celui de la potasse (V. POTASSIUM) à l'état de sulfate, mais en se rappelant qu'1 partie de sulfate de soude, $NaO, SO^3... SO^4Na^2$, représente 0,3239 de métal et 0,4366 de protoxyde. Quand il y a plusieurs métaux, il faut les précipiter successivement par l'action du sulfure d'ammonium, de l'hydrogène sulfuré, du carbonate d'ammoniaque, puis dans le résidu séparer la soude de la potasse, de l'ammoniaque, de la lithine, etc., que la liqueur peut encore contenir. Pour ces procédés, nous renvoyons aux traités d'analyse chimique. — J. C.

**SOFA** ou **SOPHA**. En Orient, espèce d'estrade couverte d'un tapis; chez nous, sorte de lit de repos à trois dossiers dont on se sert comme d'un siège.

**SOFFITE.** *T. d'arch.* Dans les ordres d'architecture, on désigne ainsi la face inférieure du larmier, celle qui regarde le sol; on l'appelle encore *sous-face*. Dans le langage ordinaire du bâtiment, on donne le nom de *soffite* à une poutre formant saillie au plafond d'une pièce ou d'un vestibule. Sur les deux faces verticales du soffite se retournent les moulures de la corniche qui orne généralement le plafond de la pièce. La face inférieure (le dessous) est habituellement aussi décorée d'une moulure formant cadre.

**SOIE.** La soie est un produit textile fourni, comme la laine, par le règne animal. Au point de vue industriel, c'est le fil dont un assez grand nombre de chenilles forment la coque où elles s'enferment, lorsqu'elles doivent se métamorphoser en chrysalide avant de devenir papillon.

La soie absolument brute, non préparée ni dévidée, constitue ce qu'on appelle la *bave* du cocon. Le dévidage du fil pelotonné par la chenille donne lieu à une première opération industrielle improprement appelée *filature*. Ce fil, qui prend le nom de *grège*, est travaillé dans une usine nommée *moulin* et devient, par le moulinage, la *soie ouvrée*, c'est-à-dire le véritable textile, la matière première de la chaîne et de la trame des tissus. Cocon, grège, soie ouvrée, tels sont donc les trois états sous lesquels la soie se présente dans le commerce et l'industrie.

Dans le cours de cet article, nous étudierons le textile sous ces trois aspects, mais nous ferons remarquer que si notre examen n'est fait que d'une façon sommaire et se borne à spécifier les particularités relatives à ces différents états de la soie, c'est que déjà notre *Dictionnaire* a présenté quelques données utiles, relatives au textile que nous examinons. Aux mots Cocon, Étouffage, Grès III, Magnanerie, etc., on trouvera tout ce qui a rapport à la constitution du fil, à l'éducation des vers et à la production proprement dite de la soie; les mots Filature de soie, Grège renseigneront d'une façon préliminaire ceux qui désireraient connaître plus particulièrement le textile sous cet aspect; enfin, une bonne partie de ce qui concerne la soie ouvrée se trouve déjà décrite aux mots Grenadine, Moulinage, Organsin, Ovale, Poil, etc. De plus, nous avons relaté aux mots Conditionnement, Déchets de soie, Fantaisie, Schappe, etc., nombre de faits particuliers à l'industrie de la bourre de soie, ainsi qu'à la détermination du taux d'humidité pour la vente et l'achat des produits. Nous n'aurons donc ici qu'à compléter ce que nous avons dit.

Nous allons tout d'abord, pour rentrer dans le cadre général de notre œuvre, faire connaître

l'histoire de la soie, que nous n'aurons à examiner ici qu'au point de vue de l'éducation du ver et de la production de la soie brute, puisque déjà l'histoire du textile a été faite en grande partie au mot Filature, § *Filature de soie.*

I. Historique. 1° *Époque chinoise* (jusqu'au vi° siècle) Le mûrier et la soie apparaissent dans les annales de la Chine dès la plus haute antiquité.

L'art d'élever les vers à soie et de tirer la soie de leurs cocons a été inventé par Siling-chi, femme de l'empereur Hoang-ti (2698 av. J.-C.). Le *Chou-king*, rédigé par Confucius, parle d'un tribut de soie sous le règne de Yu (2022 av. J.-C.). Le *Tcheou-li*, code de règlements écrits au xii° siècle avant notre ère, et des rituels antérieurs, mentionnent l'obligation imposée à l'impératrice et aux femmes de la Cour de s'appliquer à la cueillette de la feuille, à l'éducation des vers, au tirage et au tissage de la soie. Le *Chi-king*, recueil d'odes, antérieures au vi° siècle, montre les habitations entourées de mûriers, et parle de tissus en brocart.

Les étoffes de soie d'abord réservées pour la confection des étendards et des seules cérémonies religieuses, furent ensuite employées pour les vêtements des empereurs.

Le pays séricicole comprenait les contrées septentrionales qui forment aujourd'hui, en partie, les provinces de Chan-si, de Chen-si et du Chan-toung. Mais quelque limitée qu'ait été l'industrie séricicole, quelque lente qu'ait été son développement, son existence est constatée sans discontinuité jusqu'à notre ère. Postérieurement elle prend plus d'extension : sous la dynastie des Thsin, on voit les étoffes et la soie former une taxe par famille; la culture du mûrier s'étend au iv° siècle dans le pays de Chouh, qui répond au Sse-tchouen; enfin pendant les premiers siècles et même encore au viii° siècle, les étoffes de soie remplacent la monnaie dans les transactions.

Après la chute de la dynastie des Thsin, an 200 avant J.-C., des réfugiés chinois importent l'art d'élever les vers à soie en Corée, et cette industrie s'établit dans les provinces de Kang-wèn et de Kioung-sang. Elle s'y maintient et se répand dans toutes les localités abritées.

C'est de la Corée, vers le iii° ou iv° siècle de notre ère, sous le règne d'Ojin que, suivant les annales du Japon, le *Nippon-ki*, des mûriers furent importés dans le Japon. L'historien chinois Ma Touan-lin fait naître la sériciculture japonaise au moment où l'empereur Won-ti, s'empare d'une partie de la péninsule Coréenne, dans le 1er siècle avant notre ère. C'est également vers le iii° siècle de notre ère que les auteurs chinois parlent de mûriers dans le Ji-han, actuellement Ton-king.

Le règne des Han fut, on le sait, une époque glorieuse pour la Chine; l'époque de son expansion à l'est et à l'ouest. Aussi, les notions sur les contrées de l'Asie occidentale n'apparaissent dans les annales chinoises que sous la dynastie des Han, vers la fin du second siècle avant notre ère; il ne faut pas chercher trace d'exportation de soieries avant cette époque. Dans le premier siècle avant notre ère, les communications entre la Chine et l'Asie centrale deviennent plus fréquentes, et un commerce réel se constitue entre la Chine, le Khorassan, la Bactriane, l'Inde, le Khotan, la Perse. Les Romains commencent alors à connaître les soieries chinoises; et le luxe de César, étendant des voiles en soie au-dessus des spectateurs, dans les jeux donnés à Rome l'an 46 avant notre ère, fait sensation.

Le pays d'où viennent ces riches tissus est appelé par les Grecs et les Romains la *Sérique*, et aujourd'hui il paraît hors de doute que le peuple appelé les *Sères*, n'est autre que le peuple chinois. Le nom dérive de celui du ver à soie et de la soie; les Chinois disent *sse*, *sei* ou *serh*, les Coréens *sir*, les Mogols *Sirkel*, les Mandchoux *Sirghe* : les Grecs l'ont traduit, en nommant Σηρ (qui devait se prononcer sir), le ver à soie inconnu d'eux.

Les relations avec ce peuple lointain, grâce à la soie qu'il produit. deviennent plus fréquentes dans l'Asie occidentale pendant les premiers siècles de notre ère. Sous Marc Aurèle, une ambassade, en l'année 165, fut envoyée de Rome à Houan-ti. Des routes commerciales s'ouvrirent alors, et des transports réguliers par caravane furent établis entre l'empire Romain, l'Inde et le pays des Sères. Les marchands se dirigeaient, soit vers l'Asie centrale, soit par mer, vers les ports de l'Inde. Leurs itinéraires ont été étudiés et exposés par les géographes grecs : Strabon, Ptolémée et l'auteur du Periple de la mer Erythrie. Ptolémée ne se doutait pas qu'il avait un renseignement précis sur le nom du peuple qu'il nomme les Sérès, lorsqu'il désigne la contrée la plus orientale de l'Asie comme habitée par les Sines. Le pays des Sines et celui des Sérès est la Chine. Toutefois, les Sérès cachent avec un soin jaloux les secrets de la fabrication de la soie: et, si la vente des étoffes n'est pas prohibée, si la soie elle-même, probablement dénaturée par le décreusage, peut être exportée, des mesures très sévères défendent en Chine la sortie des œufs de vers à soie. Les marchands eux-mêmes, en admettant qu'ils apprissent quelque chose sur la manière dont les vers à soie étaient élevés chez les Chinois, avaient intérêt à cacher la vérité. Aussi les écrivains latins et grecs, des premiers siècles de notre ère, donnent-ils sur l'origine de la soie, les renseignements les plus erronés; tantôt ils la font cueillir sur les arbres comme le coton; tantôt ils la font extraire de l'écorce d'un arbre.

La mention d'une chenille fournissant la matière textile n'apparaît qu'au ive siècle dans les écrits des Pères et des docteurs de l'Eglise, et dans Pausanias. Mais il n'y a aucune notion exacte de la manière dont on tire la soie des cocons.

Il faut pour que les procédés chinois d'éducation du bombyx mori, et du dévidage des cocons soient connus dans l'Asie occidentale, qu'au ve siècle, en 419, une princesse chinoise, fiancée à un roi du Khotan, emporte par fraude des œufs de vers à soie dans son pays adoptif et y crée la sériciculture; puisqu'au vie siècle, deux moines persans, à prix d'or, pénètrent dans le Khotan et en emportent la précieuse semence pour la remettre à Justinien. Ainsi, au vie siècle seulement, paraît en Europe la sériciculture, c'est-à-dire la science d'élever dans les magnaneries les chenilles se nourrissant des feuilles du mûrier; puis de dévider leurs cocons pour en tirer la soie grège. Il semble que l'industrie est alors particulière à la Perse, car les noms arabes pour cocon, filadj; pour soie faite avec le cocon percé, qazz, pour soie tirée du cocon entier, ibrissim, sont les mots persans, pileh, quedj, ibrichim.

Cependant, on connaissait depuis longtemps dans l'Inde et dans l'Asie occidentale un véritable soie, extrait des cocons, une véritable soie. Les livres sanscrits, le Ramayana, le Mahabharata, etc., désignent par le mot kauceya, qui dérive de koça, enveloppe, gaîne, cocon, une étoffe faite de soie. Aristote parle d'une matière textile, qu'il nomme bombycine, βομϐυχια, fournie par les cocons d'un bombyx. Il cite l'île de Cos, comme le lieu où fut inventé le tissage de cette soie. Les auteurs latins, Pline, Ovide, Properce, Tibulle, Juvenal, Martial, le jurisconsulte Ulpien, Saint-Jérôme, parlent de leur côté d'étoffes bombycines auprès des étoffes sériques; et font comprendre qu'elles étaient faites avec une matière moins chère, mais qui néanmoins produisait un tissu brillant, fin, très recherché. Aristote dit que pour obtenir la bombycine, les femmes filaient les cocons au fuseau. Pline ajoute que les bombyx, qui fournissent ces cocons, tels que les bombyx de l'île de Cos, se nourrissent du frêne, du cyprès, du térébinthe et du chêne. Plus tard, vers le ive siècle, les auteurs se servent du mot subsericum, sous-soie, pour indiquer une matière plus grossière que la soie fine, la belle soie, alors nommée par opposition holosericum.

Ces renseignements suffisent pour déterminer ce qu'était ce produit soyeux, il ressemblait au produit que l'on obtient aujourd'hui avec les déchets de soie en les peignant et les filant. Il y a d'ailleurs une certaine analogie d'origine entre les mots bombycinum et bombax. Ce dernier mot servait à désigner une matière cotonneuse réduite à l'état de bourre. N'oublions pas que pour faire la bombycine, le subsericum, on recueillait les cocons percés d'où les papillons étaient sortis. C'est de la même manière que de tout temps les indigènes de l'Inde ont tiré parti des cocons déposés dans les forêts par les chenilles qui vivent en plein air, à l'état sauvage ; ils les amollissent par une immersion dans un bain alcalin, les enfilent à une baguette, puis attirent la veste soyeuse comme une étoupe qu'ils filent au fuseau.

En Chine comme dans beaucoup d'autres contrées où l'on rencontre des cocons déposés en plein air dans les bois, cocons que l'on nomme sauvages par opposition avec les cocons du bombyx domestiqué, on se sert du même procédé pour transformer en la matière soyeuse qui les compose. Aujourd'hui, on arrive à connaître une grande variété de ces cocons sauvages, et l'on a étudié les chenilles qui se nourrissent du chêne, de l'ailante, du ricin, etc. On a même retrouvé, paraît-il, dans le pachypasa otus, seul ver à soie vivant à l'état sauvage dans le bassin méditerranéen, l'ancienne chenille de l'île de Cos. Mais nous n'avons pas à faire ici l'étude des soies sauvages; nous avons voulu seulement établir que le produit, connu dans l'Asie occidentale, même avant notre ère, était une sorte de filoselle obtenu par un procédé tout différent de celui avec lequel les Chinois tiraient la soie, et que de plus il est probable que ce n'était pas un produit des cocons du bombyx du mûrier.

2° Epoque byzantine et arabe (du vie au xive siècle). Aussitôt que l'on eut à Constantinople le bombyx mori, et que l'on sut tirer la soie grège, cette industrie se répandit rapidement dans l'Asie méridionale et l'Asie occidentale. La grande recherche des étoffes de soie encourageait l'industrie nouvelle. L'édit de maximum, connu sous le nom de « édit de Dioclétien » publié au ive siècle, donne pour le prix d'une livre de soie 12,000 deniers, ce qui correspond à 778 francs le kilogramme, et quand cette soie était teinte en pourpre fine, teinture réservée pour l'empereur, elle valait autant que l'or, c'est-à-dire 3,440 francs le kilogramme. Sous Justinien, ces prix sextuplèrent.

On comprend avec quelle ardeur on s'occupa de sériciculture dans l'Asie occidentale. Du ve au ixe siècle de notre ère, la sériciculture s'étendit du Khotan à la mer Caspienne, enrichissant le Marawannahar et le Turkestan; les géographes arabes, Ibn-Haukal et Edrisi, citent les provinces qui avoisinent la mer Caspienne comme un centre séricicole très important. L'industrie de la soie descendit ensuite vers le golfe Persique, à travers le Khorassan, le Ghilan dont la soie est recherchée pendant tout le moyen âge, la Géorgie, la Roumélie et la Syrie.

Quant à l'Europe, en dehors de la ville de Constantinople, c'est la Grèce qui est la première contrée où la sériciculture apparaît aux xe et xie siècles; on cite les manufactures de Corinthe, Athènes et surtout Thèbes.

La sériciculture demeura renfermée dans l'Asie jusqu'au moment où, par suite des divisions qui éclatèrent parmi les Arabes, des émigrations musulmanes eurent lieu en Afrique, en Espagne et en Sicile. C'est, en effet, grâce à l'expansion des Arabes dans les contrées méditerranéennes, que la culture du mûrier se propagea, et s'établit dans les villes qui sont, pendant tout le temps des Croisades, renommées pour leurs soies. Citons Cabes et Sort, qui étaient près du golfe de Gabès, dans le territoire tunisien actuel; les districts de Jaen, de Séville et la ville d'Alméria, si célèbre pendant tout le moyen âge; enfin Messine et Palerme, où l'art grec s'unit plus tard à l'art arabe sous la domination normande.

Des contrées redevables aux Arabes de la sériciculture, exceptons toutefois la Calabre, ce pays qui eut si longtemps le nom de grande Grèce : il est probable, en effet, que les mûriers et l'art de la soie y furent transportés de la Grèce vers la fin du x<sup>e</sup> siècle, en raison de la fréquence des relations entre la Grèce et le sud de l'Italie; mais ajoutons que les Arabes se mêlèrent de bonne heure aux Grecs et eurent simultanément des établissements dans cette partie de la péninsule.

Cette période de la sériciculture, sa première étape en réalité en Europe, est très brillante et on peut la nommer la période arabe, elle dure depuis la conquête de l'Asie occidentale par les Arabes jusqu'au xiv<sup>e</sup> siècle.

3<sup>e</sup> *Époque italienne*. Il y eut, en réalité, des mûriers et des marchés de cocons dans la Haute-Italie, à Bologne et à Modène, à la fin du xiii<sup>e</sup> et au commencement du xiv<sup>e</sup> siècle, Crescenzio, le célèbre agronome italien qui écrivait en 1280, dit que le mûrier est connu dans les campagnes bolonaises. A Modène, en 1306, le peuple était appelé à délibérer sur une taxe sur les cocons, et en 1327, une filature privilégiée réclamait son droit sur les cocons qui arrivaient sur les marchés.

Mais c'est vraiment dans la seconde moitié du xiv<sup>e</sup> siècle qu'on rencontre la sériciculture un peu étendue en Italie; elle marche lentement; des prohibitions frappent à Lucques, à Bologne et à Florence l'exportation des feuilles de mûrier et des cocons, si les récoltes sont insuffisantes.

Un accroissement réel, un développement sérieux date en Italie seulement du xvi<sup>e</sup> siècle. C'est à cette époque qu'on établit dans le Piémont les premières filatures sous le règne de Philibert Emmanuel; aussi les traités italiens, qui parlent de soies employées par les métiers fonctionnant à Bologne, à Lucques et à Florence au xiii<sup>e</sup> siècle, citent les soies venant de l'Espagne, de la Sicile, de la Calabre, de la Géorgie, de l'Asie mineure, de la Syrie, de l'Inde et de la Chine. Ils ajoutent aux xiv<sup>e</sup> et xv<sup>e</sup> siècles : les soies de Modène, de Pistoia, de Pescia, de Lucques et des Marches.

4<sup>e</sup> *Période française*. De même que nous serions tentés de supposer que la culture du mûrier a été introduite dans la Haute Italie par les Génois, à raison de leurs continuelles relations avec les Arabes d'Espagne, de même nous admettons que les premiers mûriers entrèrent en France par la Provence, en raison des relations intimes qui existèrent entre cette contrée et le sud de l'Italie. Les vers à soie étaient élevés dans le comtat Venaissin au xiii<sup>e</sup> siècle et également en Provence.

Il devait y en avoir dans le Languedoc, car des relations continuelles ont existé depuis le xii<sup>e</sup> siècle entre Montpellier et l'Espagne, entre Montpellier et le Levant.

Enfin, la Septimanie (comté de Toulouse) a pu apprendre des Maures d'Espagne l'art de la soie.

Mais c'est au xiv<sup>e</sup> siècle, après l'exode des Lucquois, prolongé par les vicissitudes de la longue querelle des Guelfes et des Gibelins, que le tirage de la soie prend quelque importance dans le midi de la France. On rencontre la culture du mûrier et l'éducation des vers à soie, dans la seconde moitié du xv<sup>e</sup> siècle, en Languedoc et en Dauphiné et dans la Touraine. C'est également pendant la seconde moitié du xv<sup>e</sup> siècle que le moulinage se développe à Avignon et à Saint-Chamond; on avait commencé à fonder des usines à soie, dans ces deux villes au xiv<sup>e</sup> siècle.

Au commencement du xvii<sup>e</sup> siècle, grâce aux efforts d'Olivier de Serres et de Barthélemy Laffémas, vivement encouragés par Henri IV, la sériciculture se consolida en France. Alais, Ganges, le Vigan dans les Cévennes, Privas, les Vans et Joyeuse, dans le Vivarais, prennent alors de l'importance. N'exagérons rien cependant, et remarquons que sous le règne de Louis XIV, la récolte en France ne dépassa pas, dit-on, cent mille kilogrammes de cocons. Comme précédemment, Tours emploie

principalement les grèges d'Espagne, Lyon les grèges d'Italie et les grèges du Levant.

Au xviii<sup>e</sup> siècle, le marché de Lyon, qui est devenu le grand marché de toutes les soies connues, réunit les soies de France, celles d'Italie, celles d'Espagne, celles du Levant, dites *soies de mer*.

La sériciculture était donc à cette époque, établie dans toute l'Europe méridionale, dans les contrées suisses, le Tessin et les Grisons, et enfin dans les contrées autrichiennes, le Tyrol et l'Istrie; l'art de la soie y avait été importé d'Italie aux xvi<sup>e</sup> et xvii<sup>e</sup> siècles; il ne s'y est pas arrêté, et pour donner son histoire complète jusqu'à nos jours, il faut montrer les tentatives faites pour acclimater les mûriers dans l'Europe centrale et en Amérique. La jeune fille aux cheveux d'or, suivant les expressions poétiques de la légende japonaise pour représenter les chenilles aux cocons jaunes, après être allée de l'Inde au Japon, être repartie pour l'Occident, a continué ses pérégrinations, partout choyée, partout adulée.

5<sup>e</sup> *Essais de sériciculture dans diverses contrées d'Europe*. En Hongrie, depuis Ferdinand III, c'est-à-dire vers 1653, des tentatives de sériciculture sont signalées. Elles sont poursuivies par Marie-Thérèse et son fils Joseph II. Elles ne reçoivent un véritable élan qu'à dater du xix<sup>e</sup> siècle : on a récolté en Hongrie jusqu'à 800,000 kilogrammes de cocons. Mais depuis 1845, il n'en était presque plus question. Le gouvernement y revient.

En Allemagne, après une apparition au xvi<sup>e</sup> siècle, les mûriers furent plantés en grand nombre sous le règne de Frédéric-le-Grand : pendant quelques années la récolte fut de 7,000 kilogrammes de soie. L'œuvre tomba lorsque le grand monarque ne fut plus là pour la soutenir, elle fut reprise vers 1830. On récolte aujourd'hui quelques cocons dans le Brandebourg, la Poméranie, la Silésie, le Wurtemberg.

En Suisse, un essai fait dans le canton de Zurich au xvi<sup>e</sup> siècle, sans succès, ne fut plus répété.

En Belgique, on rencontre une culture de mûrier à Anvers au xvi<sup>e</sup> siècle, puis à Bruges au xvii<sup>e</sup> siècle, enfin dans le Brabant au xviii<sup>e</sup> siècle. Il n'y a plus rien aujourd'hui.

En Suède, dans l'île de Gothland, on maintient depuis la fin du siècle dernier de petites éducations donnant une moyenne de 400 kilogrammes de cocons.

En Angleterre, les essais, faits avec peu de succès en 1606 par Jacques I<sup>er</sup>, poursuivis dans le parc Saint-James par Charles I<sup>er</sup> en 1629, sont de temps à autre renouvelés dans le comté de Cork en Irlande et dans les comtés de Kent, de Devon et de Cornouailles.

Nous ne quitterons pas l'Europe sans mentionner le Portugal. Ici la sériciculture, malgré de nombreuses éclipses, a fait ses preuves comme industrie. Elle a dû y être introduite par les Arabes; il en est question à Coimbre vers 1472, puis vers 1752, quand le marquis de Pombal met une si grande énergie à la faire prospérer. Protégée de nouveau par la reine Marie I<sup>er</sup>, elle donne de beaux résultats à la fin du siècle dernier; on atteint une récolte de 36,000 kilogrammes de soie grège dans les premières années du xix<sup>e</sup> siècle. Suspendue pendant les guerres du premier Empire, elle est reprise et atteint son apogée de 1860 à 1870, à l'époque où le Portugal est appelé à fournir des œufs de vers à soie sains pour remplacer les graines de France infectées par la pébrine. La maladie ayant envahi les vers à soie portugais, la sériciculture fut ramenée à ce qu'elle est aujourd'hui dans les provinces de Traz-os-Montes, des deux Beira, et de l'Estramadure.

6<sup>e</sup> *La sériciculture en Amérique et hors d'Europe*. Dans l'Amérique, c'est le Mexique qui le premier reçut d'Europe les mûriers. Ils y furent introduits par Fernand Cortez au xvi<sup>e</sup> siècle. On n'a pas cessé d'y faire de petites éducations près de Oajaca, de Tetla et de Ixmiquilpan; et naguère encore, en mars 1886, paraissait un décret du gouverneur de l'Etat de Puebla accordant des primes aux producteurs de soies.

Enfin dans les Etats-Unis, la Virginie essaie au XVIIᵉ siècle la culture des mûriers, et Jacques Iᵉʳ y envoie des œufs de vers à soie. Au XVIIIᵉ siècle, c'est de la Géorgie et de la Caroline qu'on expédie quelques centaines de kilogrammes de soie grège en Angleterre ; mais le grand élan de la sériciculture dans l'Amérique du Nord commence vers 1825. Tous les Etats s'en occupent ; des sociétés nombreuses sont fondées. De grandes quantités de mûriers blancs et noirs, surtout de l'espèce dite multicaule, sont importées d'Europe. Quelques insuccès calmèrent cette grande ardeur, toutefois le mouvement ne s'est pas arrêté, on s'occupe de sériciculture dans l'Utah, dans la Californie, le Kansas et la Louisiane.

Dans l'Amérique centrale, on a fait de nombreux essais de sériciculture depuis quarante ans ; mais elle n'a pris racine que dans l'Uruguay et la République-Argentine ; cela tient à ce que de nombreux Italiens ont émigré dans ces contrées, et y ont apporté leur passion pour les vers à soie.

En Afrique, la sériciculture est établie au Maroc et en Algérie.

D'Australie on avait envoyé à l'Exposition de 1878 des soies grèges. Mais avec une population clairsemée, et une large exploitation agricole lucrative, il ne faut pas s'attendre à ce que l'industrie de la soie, récemment importée, s'y développe.

Enfin dans les îles Philippines comme dans les îles de la Sonde, on trouve quelques traces des efforts qu'ont faits les Espagnols et les Hollandais pour doter leurs colonies de sériciculture.

Le globe entier a été, on le voit, conquis par le mûrier et le ver à soie. Mais, à part l'Amérique où des stations apparaissent de nos jours, les grands centres de l'éducation des *bombyx mori*, et du tirage des cocons, sont les mêmes qu'au XVIIIᵉ siècle. Nous allons maintenant donner l'évaluation des quantités de soies grèges qui y sont produites.

II. STATISTIQUE. *Production*. Les intempéries pendant les six semaines que dure l'éducation des vers, la qualité des œufs mis à l'éclosion, enfin les soins donnés à la magnanerie, ont une influence considérable sur la récolte. Aussi, n'en est-il pas de plus aléatoire. D'autre part, suivant la nature des cocons récoltés, il y a de grandes variations dans leur rendement, c'est-à-dire dans la quantité de soie qui peut en être extraite. Dans de telles conditions, les statistiques publiées chaque année n'ont une importance réelle que par la comparaison qu'elles permettent d'établir entre différentes années, et, prise isolément, la statistique d'une année ne peut ni donner l'idée de la force productive réelle d'une contrée, ni permettre d'apprécier la valeur intrinsèque des races élevées. Il est donc indispensable de donner les chiffres de plusieurs années pour chaque pays.

Tout tableau de statistique soyère indique la quantité de *graines* mises à l'éclosion, la quantité des cocons récoltés, enfin la quantité de grèges obtenus en tirant ces cocons. On nomme *graines*, les œufs préparés pour l'incubation ; l'unité de poids adopté pour les graines est l'*once* équivalant à vingt-cinq grammes. L'usage des mots *vers* pour désigner la chenille du bombyx et *graine* pour désigner les œufs du papillon, a été introduit par les Arabes. Or la même quantité de graine élevée avec soin et intelligence peut donner trois fois plus de cocons que si elle est mal conduite. La même graine échoue dans une magnanerie et réussit dans une autre. Malgré l'excellente qualité de la graine, celle-ci peut donner de mauvais résultats dans une contrée à cause des circonstances climatériques. Ainsi, avec une once de graines de race de pays à cocons jaunes, on peut obtenir en Italie et en France jusqu'à 60 kilos de cocons, et cependant, à cause des échecs, la statistique de 1883 donne des moyennes

de 31 kilos par once en Italie et 24 en France ; avec une once de graines de race à cocons verts, on peut obtenir de 25 à 35 kilos de cocons, et pourtant la statistique de 1879 donne treize millions de kilogrammes de cocons pour un million d'onces de graines.

Si des graines nous passons aux cocons, nous constaterons des variations également considérables pour leur rendement. Pour produire un kilo de soie grège, il faut employer 10 kilos de cocons jaunes, s'ils proviennent d'une récolte favorisée par un temps exceptionnel et d'œufs soigneusement sélectionnés ; il faut avec d'autres cocons moins étoffés, employer 13 et 14 kilos ; il faut enfin, avec des cocons produits par des vers chétifs et contrariés dans leur développement, employer jusqu'à 16 et 17 kilos.

A ces observations, qu'on ajoute celles relatives aux épidémies et aux maladies qui viennent subitement décimer les chambrées de vers à soie, et on aura un aperçu des causes qui empêchent la statistique d'une année seule, d'être l'expression vraie de la sériciculture dans un pays. Nos chiffres mentionneront donc chaque fois, autant que nous le pourrons, la production de 1885 et celles de 1881 à 1884, notamment pour l'Europe.

Voici quelle a été la production de la soie en France, en 1885, dans les divers départements producteurs :

| | | |
|---|---|---|
| Gard. . . . . . . . . . | 1.850.300 kil. | de cocons. |
| Ardèche. . . . . . . . | 1.406.484 | — |
| Drôme. . . . . . . . . | 1.387.333 | — |
| Vaucluse. . . . . . . | 846.176 | — |
| Bouches-du-Rhône . . . | 135.153 | — |
| Var. . . . . . . . . . | 336.214 | — |
| Isère. . . . . . . . . | 267.135 | — |
| Hérault . . . . . . . | 116.375 | — |
| Lozère. . . : . . . : | 39.653 | — |
| Basses-Alpes . . . . . | 102.277 | — |
| Alpes-Maritimes. . . . | 13.590 | — |
| Savoie. . . . . . . . | 19.825 | — |
| Tarn. . . . . . . . . | 2.341 | — |
| Pyrénées-Orientales. . | 25.505 | — |
| Tarn-et-Garonne. . . . | 9.215 | — |
| Loire. . . . . . . . . | 4.710 | — |
| Hautes-Alpes . . . . . | 15.839 | — |
| Ain. . . . . . . . . . | 9.049 | — |
| Aveyron . . . . . . . | 2.996 | — |
| Rhône. . . . . . . . . | 1.757 | — |
| Haute-Garonne . . . . | 2.410 | —. |
| Lot. . . . . . . . . . | 201 | — |
| Aude. . . . . . . . . | 129 | — |
| Corse. . . . . . . . . | 23.500 | — |
| Total. . . . . | 6.618.167 kil. | de cocons. |

Ces 6,618,167 kilogrammes se décomposent de la manière suivante comme provenances de cocons :

| | |
|---|---|
| Races vertes originaires . . . . . | 170.905 kil. |
| Races vertes de reproduction. . . . | 185.243 |
| Races étrangères autres. . . . . . | 302.505 |
| Races indigènes. . . . . . . . . . | 5.959.514 |
| Total. . . . . | 6.618.167 kil. |

Sur ce chiffre, 165,552 kil. de cocons ont été consacrés au grainage par les producteurs et ont donné 456,391 onces de semences, dont 50 0/0 est exportée chaque année en Espagne, en Italie et principalement dans les divers pays du Levant.

La part réservée à la filature se trouve réduite à environ 6,452,000 kilogrammes de cocons, savoir :

| | |
|---|---|
| Cocons jaunes. . . . . . . . . . . | 6.096.000 kil. |
| Cocons verts. . . . . . . . . . . | 356.000 |
| Total. . . . . . . | 6.452.000 kil. |

Représentant en grège, au rendement moyen de :

| | | |
|---|---|---|
| 12 pour 1 . . . . | 508.000 kil. | de soie grège jaune. |
| 13 pour 1 . . . . | 27.000 — | — verte. |
| | 535.000 kil. | |

Contre 483.000 kilogrammes en 1884.

|  | 611.000 | — | en 1883. |
|---|---|---|---|
|  | 772.000 | — | en 1882. |
|  | 751.000 | — | en 1881. |

En Autriche, au rendement moyen de 12 kilogrammes pour 1, pour les races jaunes, et de 14 kilogrammes pour 1, pour les races vertes, il y a, en 1885, 2,076,000 kilogrammes représentant environ 168,000 kilogrammes de soie (101,000 kilogrammes grège verte et 67,000 kilogrammes grège jaune).

Contre 125.000 kilogrammes en 1882.

|  | 180.000 | — | en 1883. |
|---|---|---|---|
|  | 142.000 | — | en 1884. |

En Anatolie, au rendement moyen à la bassine de 15 à 16 kilogrammes pour les verts, de 10 à 11 pour les blancs, de 12 pour les jaunes, le produit de la récolte de 1885 est d'environ 172,000 kilogrammes, savoir :

| Grège verte | 6.000 kil. |
|---|---|
| — blanche | 19.000 |
| — jaune | 147.000 |
|  | 172.000 kil. |

En Syrie, la quantité de cocons récoltés s'est élevée à 2,081,200 ocques, soit 2,670,000 kilogrammes, représentant au rendement moyen de 12 kilogrammes pour 1 kilogramme de grège, 222,500 kilogrammes.

Contre 290.000 kilogrammes en 1883.

|  | 230.000 | — | en 1884. |
|---|---|---|---|

En Italie, le total de la production en soie grège, en 1885, a été de 2,457,000 kilogrammes, dont :

| Grège jaune | 1.315.000 kil. |
|---|---|
| — verte | 1.142.000 |

Contre :

| En 1881 | 2.965.000 kil. |
|---|---|
| En 1882 | 2.370.000 |
| En 1883 | 3.200.000 |
| En 1884 | 2.810.000 |

En Espagne, au rendement moyen de 12 kilogrammes pour 1, le produit en grège peut être évalué à 56,000 kilogrammes en 1885.

Contre 110.000 kilogrammes en 1882.

|  | 95.000 | — | en 1883. |
|---|---|---|---|
|  | 85.000 | — | en 1884. |

Mentionnons encore à Volo, Salonique, Andrinople, 1,500,000 kilogrammes cocons presque tous verts, représentant au rendement de 15 kilogrammes pour 1 de grège, 100,000 kilogrammes soie grège.

En Grèce, 300,000 kilogrammes cocons, représentant au rendement de 15 kilogrammes pour 1 de grège, 20,000 kilogrammes soie.

Dans le Caucase, 2,126,400 kilogrammes cocons. Le rendement a été détestable, et la qualité des cocons telle qu'on ne doit pas estimer le rendement à plus de 75,000 kilogrammes soie grège. On calcule ordinairement sur 1 kilogramme de grège pour 18 kilogrammes cocons. Comme races de graines, on compte 95 0/0 de reproductions japonaises. La récolte moyenne dans les années précédentes était évaluée à 200,000 kilogrammes de soies grèges, représentées par 3,200,000 kilogrammes de cocons environ.

En Perse, 275,000 kilogrammes soie grège, d'après M. Benjamin, consul des États-Unis à Téhéran.

En Asie centrale, 2,050,000 kilogrammes de soie, d'après M. Schuyler.

En Indo-Chine, 1,080,000 kilogrammes de soie, d'après M. Natalis Rondot qui subdivise cette production comme suit :

| Ton-King | 1.000.000 kil. |
|---|---|
| An-Nam | 20.000 |
| Cambodge | 10.000 |
| Siam | 1.000 |
| Laos | 5.000 |
| Basse-Cochinchine | 34.000 |
| Birmanie indépendante | 10.000 |

Dans l'Inde, 900,000 kilogrammes de soie. Sur cette production il a été exporté, en 1885, 445,000 kilogrammes, d'après les circulaires de la Chambre de commerce de Calcutta, soit 6,747 balles, pesant chacune 66 kilogrammes.

Au Japon, 4,200,000 kilogrammes de soie. Les soies sont désignées, en général, par le nom de la province où elles sont produites. La moitié de cette production est exportée.

En Corée, 10,000 kilogrammes de soie.

Enfin, en Chine, 9,800,000 kilogrammes de soie grège, d'après M. Natalis Rondot qui attribue :

| A la région septentrionale | 158.000 kil. |
|---|---|
| A la région centrale | 6.940.000 |
| A la région méridionale | 2.700.000 |

La moitié de cette production est exportée.

Si nous reprenons ces différents chiffres pour calculer la production totale, nous avons le tableau suivant :

| France | 535.000 kil. |
|---|---|
| Italie | 2.457.000 |
| Autriche-Hongrie | 168.000 |
| Espagne | 56.000 |
| Tessin | 15.000 |
| Roumanie | 13.000 |
| Volo-Andrinople | 100.000 |
| Grèce | 20.000 |
| Anatolie | 172.000 |
| Syrie | 222.500 |
| Caucase | 75.000 |
| Perse | 275.000 |
| Asie centrale | 2.050.000 |
| Indo-Chine | 1.080.000 |
| Inde | 900.000 |
| Japon | 4.200.000 |
| Corée | 10.000 |
| Chine | 9.800.000 |
|  | 22.148.500 kil. |

On estime que le commerce dispose chaque année de 10,000,000 de kilogrammes de soie grège.

En 1885, le syndicat des marchands de soie de Lyon évaluait à 8,948,500 kilogrammes la quantité des soies livrées au commerce.

Mais dans toutes les évaluations précédentes, il ne s'agit que de la soie tirée des cocons du bombyx du mûrier ; pour compléter la statistique de la matière textile employable, il faut ajouter :

1° La soie provenant des cocons faits par les vers autres que les bombyx : vers qui vivent à l'air libre sur le chêne, le ricin, l'ailanthe, etc.

La production en est évaluée par M. Natalis Rondot :

| Au Japon à | 12.000 kil. |
|---|---|
| En Chine à | 1.386.000 |
| Dans l'Inde à | 700.000 |
|  | 2.098.000 kil. |

C'est ce que l'on nomme la *soie sauvage*.

2° La soie provenant des *déchets* (V. ce mot) ; la production en est évaluée par M. Natalis Rondot à 3,400,000 kilogrammes. Les fils en sont connus, comme on le sait, sous le nom de *schappe* et de *fantaisie*.

III. LES PRODUITS. *Bave du cocon.* La bave est la soie telle qu'elle est sécrétée par la chenille ; elle est formée de deux brins qui se réunissent dans un canal très court placé en arrière de la trompe et qui se soudent au contact de l'air, et elle est composée de *fibroïne* ou soie pure, recouverte d'une matière gommeuse à laquelle on donne le nom de *grès* (fig. 170 à 173). La fibroïne représente 75 à 80 0/0 du poids des coques soyeuses. Le grès qui forme l'excédent est réparti en proportion très variable dans la bave, et il y en a beaucoup plus dans les fils qui supportent le cocon ou *blaze* que dans ceux qui forment la couche intérieure auxquels on a donné le nom de *pelette*.

Il y a lieu de tenir compte, dans la bave, du diamètre, de la longueur,

Fig. 170 à 172.

*A A* Baves du bombyx-mori. — *B* Bave de l'anthierea pernyi. — Grossissement : 200.

de la ténacité, de l'élasticité, de la couleur et du titre. Le *diamètre* est variable suivant les cocons : les baves des cocons du *bombyx mori*, qui sont les

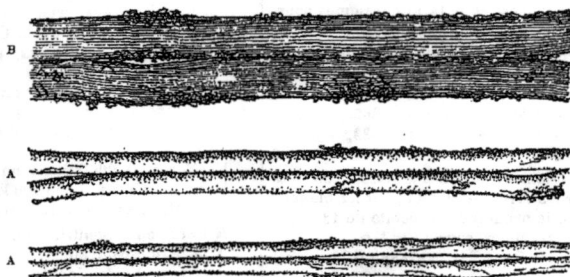

Fig. 173. — Le brin.

*A* Fibroïne. — *B* Grès.

plus en usage, varient de 7 millièmes de millimètre dans la plus fine à 36 millièmes dans la plus grosse, mais celle des cocons produits par les vers qui se nourrissent de plantes autres que le mûrier atteint un volume plus considérable. La *longueur* varie de 300 à 1,500 mètres par cocon. La *ténacité* est, en général, en rapport direct avec la grosseur de la bave, elle varie de 4 à 15 grammes pour le *bombyx* du mûrier. Il n'y a aucune relation à établir entre l'*élasticité* et la ténacité : une bave est très tenace et n'est pas ductile, et une bave ductile peut n'être pas résistante ; pour le *bombyx mori*, l'élasticité est de 8 0/0 dans les baves les plus faibles, et de 17 dans les plus élastiques ; la bave des cocons de vers, tels que l'*anthierea pernyi*, qui se nourrissent de plantes autres que le mûrier, au lieu d'être formée par un tuyau cylindrique rempli d'une matière homogène et transparente, est plate et striée (fig. 170, B), et a, en général, de

la ténacité et peu d'élasticité. La *couleur* est très variable. Dans le *bombyx mori*, il y en a trois fondamentales, le blanc, le jaune et le vert ; dans les cocons de vers à soie dits *vers sauvages*, il y a des teintes plus foncées, telles que l'orangé, le fauve et le gris de lin. Enfin, pour ce qui concerne le *titre* (poids pour une longueur fixe de 500 mètres), les cocons du *bombyx mori* donnent, en général, 85 milligrammes au minimum à 220 au maximum, et les cocons des vers à soie sauvages, de 160 à 430 milligrammes.

*Grège.* La grège est la soie formée par la réunion de plusieurs baves. Le grès, qui est soluble, peut être, ou dissous complètement (c'est ce qui arrive dans le *décreusage*, opération que le teinturier fait subir au textile lorsqu'il le cuit avant de le teindre [V. DÉCREUSAGE]), ou seulement ramolli de manière que les vestes du cocon maintenus adhérents par le grès se décollent et que la bave se dévide (c'est ce qui arrive si on réunit plusieurs cocons en agglutinant leurs baves en un seul faisceau pour en faire la grège). Faire la grège, c'est ce qu'on appelle *tirer* la soie ou, improprement, *filer* la soie, d'où le nom de *filatures* de soie donné aux usines.

Dans ces filatures, on trouve réunies par centaines des bassines en métal où l'eau est chauffée par un courant de vapeur (fig. 174). Il faut, pour chaque bassine, une ouvrière. Les cocons jetés dans l'eau chaude, chaque ouvrière procède à la première opération, dite *battage*, en frap-

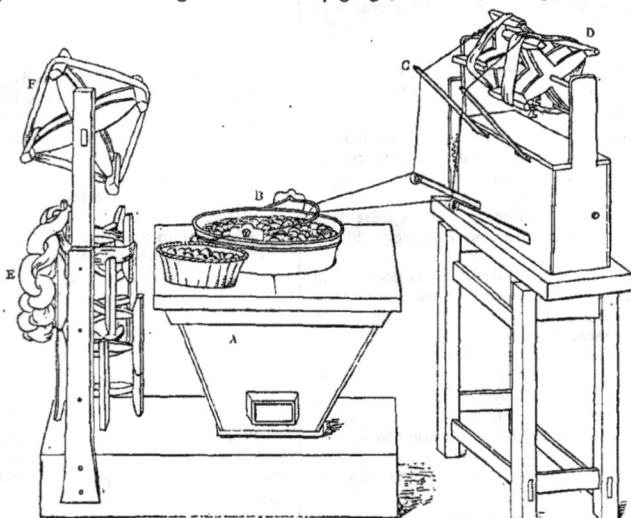

Fig. 174. — *Bassine primitive pour le tirage de la grège.*

*A* Fourneau. — *B* Bassine. — *C* Va-et-vient. — *D* Asples sur lesquels la grège s'enroule.
*E* Flotte levée et pliée. — *F* Guindre pour dévider la grège.

pant légèrement dans la bassine avec une *escoubette*, sorte de balai formé de branches de bruyère sèches : les premiers vestes se détachent alors et se feutrent pour former ce qu'on nomme les *frisons*; l'opération se poursuit, mais on a soin de diminuer la température afin de ne pas détacher trop de vestes; finalement, pour chaque cocon, la partie nerveuse et bonne de la bave est rencontrée par le balai, alors le *débavage* est terminé. L'ouvrière a en main un certain nombre de cocons qui vont pouvoir être dévidés d'une façon continue. Elle en détache 4, 5 ou 6, suivant la grosseur du fil qu'elle veut obtenir, et elle les groupe au centre de la bassine, réunissant les baves en un seul faisceau qui va constituer la *grège*. Cette grège est alors dirigée au travers d'un disque en agate (fig. 175), dit *filière*, placé au-dessus de la bassine, et va s'enrouler sur un *asple*, d'une circonférence de

2ᵐ,10 ordinairement, tournant avec une vitesse de 100 à 130 tours par minute. Lorsqu'on a ainsi accumulé un certain nombre de tours, on a ce qu'on appelle une *flotte* qu'on enlève et qu'on plie.

Dans la pratique, on tire habituellement deux fils de grège à la fois (fig. 176); l'un et l'autre passent dans une filière différente, s'enroulent ensuite l'un sur l'autre, sous une torsion de 100 à 200 tours, de manière à se débarrasser des boucles et à former par la friction un fil plus cylindrique, se séparent pour passer chacun par un crochet de verre dit *barbin* ou *trembleur*, se croisent une seconde fois l'un sur l'autre pour éviter les mariages, et, enfin, s'enfilent

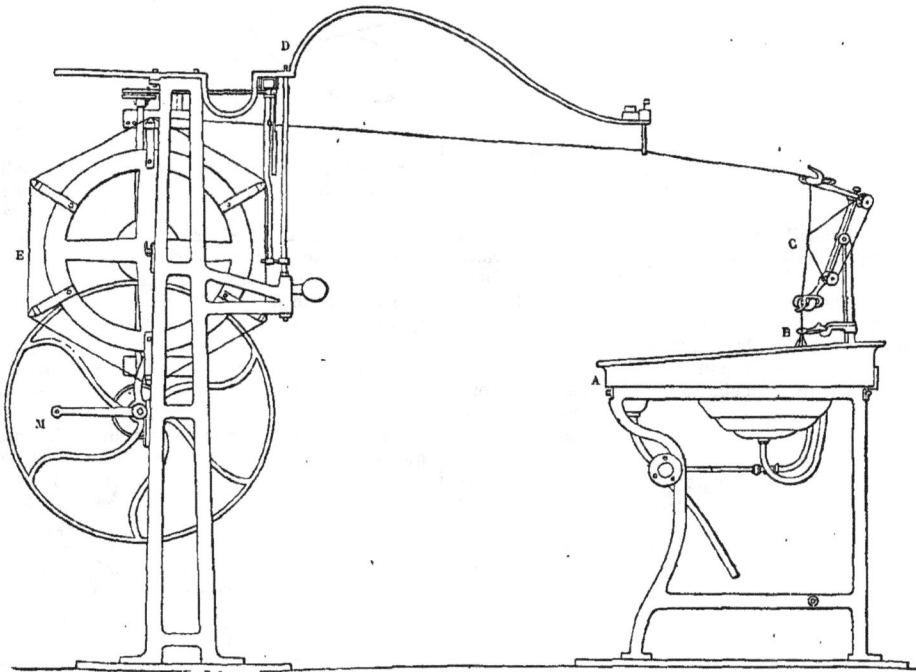

Fig. 175. — *Tour pour le tirage des cocons. Chauffage à vapeur.*

*A* Bassine. — *B* Agate. — *C* Croisure à la tavelette. — *D* Va-et-vient. — *E* Asple recevant la grège. — *M* Moteur.

séparément dans des boucles que porte un va-et-vient placé en avant de l'asple enrouleur. Lorsque le fil se dépose sur cet asple, il est encore humide, aussi fait-on circuler autour de lui un courant d'air chaud afin d'éviter les *gommures*, c'est-à-dire l'adhérence des grèges entre elles. Cette manière de dévider la grège porte le nom de *système Chambon*.

Cette méthode est remplacée, en Italie, par une autre dite *filature à la tavelle* (fig. 177), dans laquelle la grège, dévidée en un seul bout, prend sa croisure sur elle-même. Chaque bassine est pourvue de 4, 5 et même 6 filières, devant chacune fournir passage à un faisceau de baves. L'ouvrière tire 4, 5 ou 6 fils de grège simultanément, mais elle n'a pas à battre ses cocons. Devant chaque filière est une petite potence munie de deux guindres très

légers nommés *tavelettes*; de la filière, la grège passe sur le guindre supérieur, redescend sur celui de dessous, puis, avant de se rendre sur l'asple, se croise avec la première partie ascendante. En raison du nombre de fils que surveille l'ouvrière, on fait tourner les asples moins rapidement que dans le système Chambon; néanmoins, comme l'ouvrière n'a pas de temps à perdre pour préparer les cocons, puisque le battage se fait à part, la production de grège est plus considérable.

Mais, quel que soit le système employé, on doit surtout se préoccuper de la température de l'eau des bassines et de la vitesse de l'asple. Une trop grande cuisson amène le détachement précipité des boucles de la bave; une cuisson insuffisante occasionne de fréquentes ruptures. Quant à la vitesse de l'asple, elle détermine aussi des ruptures si elle n'est pas proportionnée à la résistance de la bave et, par suite, aux changements fréquents des cocons. Une irrégularité dans ces deux principes amène la présence de duvets (fig. 178 et 179) qu'on ne peut enlever, ou de bouchons qu'on enlève dans le moulinage par le procédé du *purgeage*. — V. ce mot.

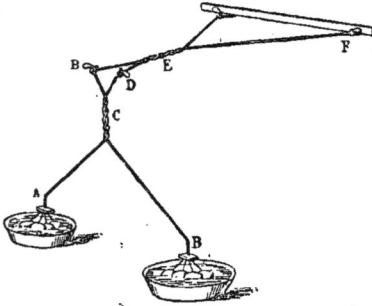

Fig. 176. — *Croisure à la Chambon.*

*A B* Grèges. — *C* Croisure. — *D D* Barbins. — *E* Seconde croisure. *F* Va-et-vient.

La *régularité* est une qualité essentielle de la grège, et comme la grosseur des cocons varie suivant les climats, il faut que l'ouvrière fasse un *triage* rigoureux pour les assortir. Il faut aussi, lorsqu'elle entame un lot, qu'elle détermine par plusieurs essais dans quelle proportion ils doivent être mélangés pour produire la grosseur de grège voulue; qu'elle mette à part les cocons neufs, les cocons dépouillés d'un tiers ou *pelettes rousses* et ceux dont le dépelotonnage est plus avancé, nommés *peaux* ou *pelettes claires*. Avec ces précautions, on arrive, en France et en Italie, à tirer des grèges, avec 3, 4, 5 et 6 cocons, d'une régularité telle que les flottes de 500 mètres, prises au hasard dans une balle de 100 kilogrammes, ne varient pas, en poids, de 0ᵍ,2 entre elles, tandis que, dans les contrées asiatiques, où l'on ne tient compte de rien et où l'on se contente de dévider le cocon tout simplement, les variations des flottes peuvent atteindre de 1 à 3 grammes.

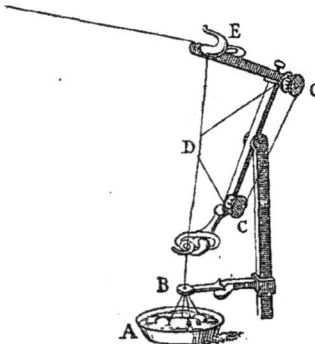

Fig. 177. — *Croisure à la tavelette.*

*A* Bassine. — *B* Agate. — *C C* Tavelettes. *D* Croisure. — *E* Barbin.

Le nombre de bassines occupées du tirage des cocons est, d'après les statistiques publiées par les gouvernements français et italiens, en 1883, de 16,404 pour la France, et de 82,965 pour l'Italie, sur lesquelles la crise actuelle paralyse 18,000 environ. Une fileuse peut tirer de 250 à 300 grammes par jour, mais cette production dépend de la qualité des cocons, de la grosseur de la grège et de l'habileté de l'ouvrière. On admet généralement qu'il faut employer 12 kilogrammes de cocons frais pour produire 1 kilogramme de soie grège; avec de très bons cocons, on a pu tirer 1 kilogramme de grège pour 10 kilogrammes de cocons, mais par contre, il y a des cocons peu étoffés dont il faut 20 kilogrammes. Desséchés, ces cocons donnent un rendement de deux tiers en moins. C'est sous la forme de *grège* que la soie est importée de l'Asie où le commerce est toujours assuré de trouver de quoi parer au déficit des récoltes européennes.

Fig. 178.

Suivant la provenance, le pliage et l'emballage des soies diffèrent essentiellement, mais nous ne saurions, sans entrer dans des détails que ne comporte pas cette étude, faire autre chose que de mentionner cette particularité.

*Soie moulinée.* La soie grège, quoique pouvant être introduite dans un tissu comme chaîne ou trame, n'est pas un fil, il lui manque la torsion; les baves qui la composent sont seulement agglutinées par le grès, et si on la décreuse, tous les brins s'écartent les uns des autres et se désagrègent. Tordre la soie grège, c'est ce qu'on appelle lui donner un *apprêt*, et comme la torsion qu'elle subit porte quelquefois le nom de *filage*, la soie qui en résulte est parfois appelée *soie filagée*. Il vaut mieux dire, comme presque tout le monde, *soie moulinée*, puisque les établissements où la soie subit la torsion se nomment *moulins de soie*; on se sert alors de l'expression *mouliner* qui veut dire tordre. En Italie, on dit *tirage* et *ouvraison* pour nommer la double opération que subit la soie pour être tirée en grège, puis moulinée.

Fig. 179.

La figure 180 représente un moulin primitif chinois.

En négligeant les soins de détail qui constituent l'art du moulinier, on peut dire que le moulinage de nos jours se résume dans : 1° le dévidage; 2° le doublage; 3° le tordage. On a vu, au mot MOULINAGE, le détail de ces opérations, nous n'avons donc pas à y revenir. Dans chacune d'elles, le moulinier doit viser principalement à faire peu de déchets et à produire de la soie nette. Au dévidage, parmi la grande variété de grèges de toute nature, de tout tirage, de toute régularité, de toute netteté qu'il peut rencontrer, il faut qu'il distingue quelles sont les soies qui se dévideront mieux avec l'humidité et quelles sont celles qui se dévideront mieux avec la sécheresse; il faut qu'il juge s'il aura un meilleur compte à dévider la soie sans la purger, parce qu'étant irrégulière et bouchonneuse, elle pourrait se rompre souvent; il faut que, dans le purgeage, il sache à propos employer le drap, le cuir ou l'acier, et régler l'ouverture du ressort par laquelle doit passer la grège, de manière à intercepter les bouchons d'une grosseur déterminée, la netteté plus ou moins parfaite dépendant de ce passage; il faut enfin, s'il est en présence d'une grège très irrégulière, qu'il sache choisir cette grège, séparer les parties grosses des parties fines, précaution indispensable non pas seulement pour régulariser la soie ouvrée, mais encore pour assurer la bonne ouvraison, c'est-à-dire la torsion uniforme des deux fils. Lorsque la grège simple ou doublée va subir la torsion sur le moulin de filage ou sur le moulin de tors, il doit veiller avec un soin extrême au mouvement giratoire du *fuseau*, broche en fer qui porte le *roquet* ou bobine et donne la torsion, il ne faut pas que ce fuseau oscille. Il tient, par conséquent, grand compte du godet en verre, ou *carcagnole*, qui supporte la pointe sur laquelle le fuseau pivote, de l'appui régulier et constant de la courroie qui, par son frottement sur les fuseaux, les entraîne, du poids des fuseaux, de la parfaite convexité des bois du moulin qui portent les fuseaux; il doit, enfin, corriger l'irrégularité de torsion résultant de la

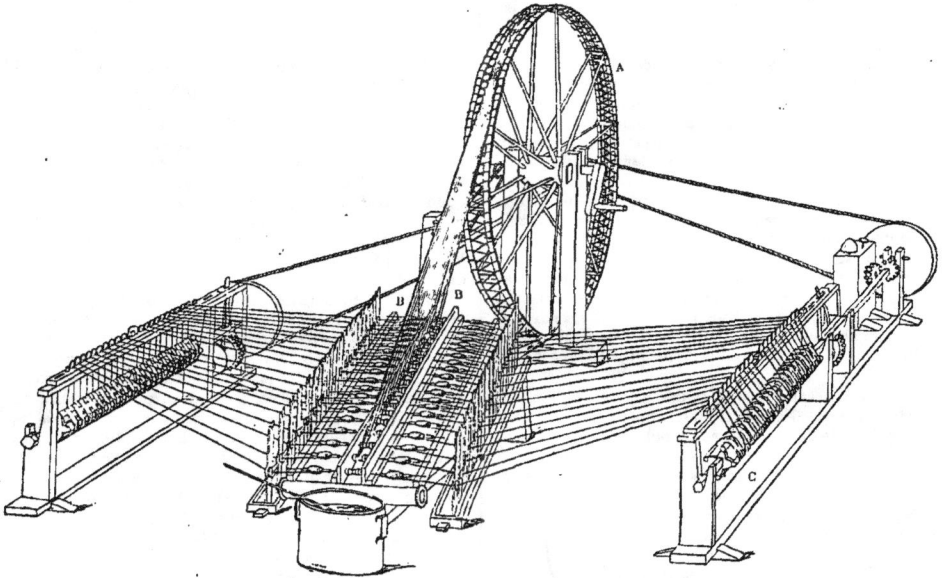

Fig. 180. — *Moulin primitif chinois.*

*A* Roue motrice. — *B B* Rangs de fuseaux. — *C C* Petits asples sur lesquels la soie s'enroule.

variation du diamètre de la *roquelle*, à mesure que celle-ci se couvre de la soie.

Dans la fabrication de la trame, il n'y a qu'un très faible apprêt final; les deux grèges qui la composent n'ont subi ni torsion ni filage; la soie ouvrée en trame ne saurait en aucune façon être employée comme chaîne, elle n'a pas assez de cohésion, sa torsion n'étant que de 100 à 120 tours par mètre; à l'*organsin* (V. ce mot), au contraire, on donne un second apprêt final, de même qu'aux soies destinées à la *grenadine*, au *crêpe*, etc. — V. ces mots.

IV. Situation comparée des pays producteurs. *Italie.* Les Italiens ont réussi à réaliser un abaissement de prix dans les produits, mais en concentrant le travail dans de vastes usines où l'outillage le plus perfectionné est organisé. En même temps, pour lutter contre les maladies qui décimaient les récoltes de soie, ils se sont efforcés de créer, par des croisements intelligents et raisonnés, par des sélections persévérantes, quelques races nouvelles, vigoureuses, à cocons bien étoffés, et ils ont pris l'initiative de tous les procédés et de toutes les machines pouvant les aider à lutter contre le bon marché des soies asiatiques.

D'une manière générale, la crise, que subit la sériciculture, a commencé par les déficits des récoltes, et continué par la révolution qui s'est faite dans les mœurs et les costumes. Les événements qui ont depuis vingt ans amoindri la richesse publique, ont diminué les fortunes privées et fait prédominer partout la loi du bon marché. Non seulement, aujourd'hui, le consommateur ne veut plus d'étoffes de soie pure, mais il ne s'inquiète plus de la perfection et de la bonté du tissu. Par suite de ce besoin d'un textile à bas prix, les soies asiatiques, favorisées par la facilité et la rapidité des transports, se sont précipitées sur les marchés européens. Or, ni la force productive de l'Asie, ni le minimum de prix auquel les conditions économiques de la Chine ou du Japon permettent aux producteurs de descendre ne sont connus. La filature européenne s'est donc trouvée en concurrence avec des prix qui ont été toujours en baissant sans que la baisse fît diminuer la quantité importée; elle était obligée ou de s'effacer, ou de lutter par le bon marché.

Les Italiens ont supporté vaillamment cette baisse qui, depuis dix-sept ans a amené progressivement une diminution de moitié dans le prix de la soie ; baisse d'autant plus pénible et énervante qu'elle a été constante et sans trève.

Grâce à leurs efforts, la récolte des cocons aujourd'hui en Italie, représente les deux tiers d'une très belle récolte d'autrefois. Les éducateurs, par les croisements des races, par les reproductions des bonnes races japonaises, par la reconstitution des races jaunes indigènes, arrivent à des rendements de plus en plus élevés; avec les graines indigènes on a eu, en 1885, un rendement de 28 kil. 34 par once de 27 grammes; avec les graines japonaises, on a produit un rendement de 25 grammes. Dans l'année 1886, l'once de 27 grammes a fourni, en cocons jaunes, 35 kil. 78 et en cocons verts de reproduction, 30 kil. 84.

Les filateurs, chez eux, cherchent encore par tous les moyens possibles à économiser les frais, à réduire la main-d'œuvre, aidés jusqu'à un certain point par l'abandon de la perfection dans les produits, et le sacrifice consenti par le consommateur de leur qualité à leur bas prix. Ainsi, ils séparent le battage et l'opèrent à une température moindre; ils filent à une eau moins chaude que les filateurs français; ils font tourner moins vite; donnent à la même fileuse plus de fils à dévider; en un mot, ils cherchent à produire beaucoup et atteignent à une production de 450 à 500 grammes de soie par bassine chaque jour, c'est-à-dire le double de la production en France.

Les mouliniers se sont outillés pour donner satisfaction avec toutes sortes de grèges aux demandes multiples de la consommation ; ils n'ont reculé devant aucune transformation de l'outillage : purgeoirs, roquets, fuseaux, machines à brover la grège, utilisant l'acier partout, marchant avec une grande vitesse. Ce que ces efforts persévérants et cette lutte incessante ont produit, est merveilleux.

L'Italie est, grâce à cela, toujours à la tête de l'industrie séricicole : sa filature produit près de trois millions de kilogrammes de grège et son moulinage près de quatre millions cinq cent mille kilos de soies ouvrées.

Elle voit, malgré les progrès réalisés ailleurs, la renommée de ses organsins de Piémont persister comme au commencement de ce siècle, alors que la Chambre de commerce de Lyon les déclarait indispensable à la manufacture lyonnaise; elle voit toutes les fabriques rechercher, à cause de leurs qualités spéciales, les organsins et trames de Milan, les grèges de la Toscane, de Naples et de Messine, de Fossombrone et du Frioul.

Elle a exporté, en 1885, 4,174,300 kilos de soies, grèges ou ouvrées, valant 239,586,500 francs. Sur cette quantité, elle a envoyé, à la France, pour sa consommation, 806,305 kilos de soie grège et 716,662 kilos de soies ouvrées. D'autre part, l'importation des soies a été en 1885, de 734,500 kilos, valant 29,392,000 francs.

Il faut rattacher à l'Italie le Tyrol méridional, l'Istrie, le district de Goritz, la Dalmatie, en un mot les provinces séricicoles de l'Autriche-Hongrie dont la production a été évaluée à 168,000 kilos de soie.

Partout ailleurs, dans la région méditerranéenne, en Espagne, où la récolte des cocons qui était de 8,000,000 de kilos en 1850 n'est plus que de 700,000 kilos environ, et où cependant la nature du sol et du climat favorise si remarquablement la qualité des cocons, dans le Levant et au Caucase où les statistiques constatent une diminution considérable dans les récoltes et un affaiblissement des races de vers à soie, il y a un découragement profond chez les éducateurs.

*France.* La France n'a pas échappé à ce découragement, et devant la baisse de prix des cocons qui de 6 fr. 25, moyenne d'il y a vingt ans, est descendu à moins de 4 fr.

le kilogr., les magnaniers se sont peu à peu abstenus. Cette branche d'agriculture, autrefois source de richesse pour les populations du Midi, a cessé d'être lucrative : on y renonce. La récolte des cocons, qui a atteint dans les années prospères de 1845 à 1850, 20,000,000 de kilos, est réduite au tiers, soit 7,000,000 de kilos, bien triste situation si on considère que, en 1820, on évaluait déjà à plus de 5,000,000 de kilos la récolte des cocons en France.

La filature française, avec l'apport des cocons importés de l'étranger, produit un peu plus du tiers de ce qu'elle produisait de soie grège en 1850. Cette production est évaluée à 800,000 kilos pour 27,000 bassines environ.

Le moulinage n'a pas diminué sensiblement et se tient avec 376,000 tavelles distribuées dans 1,078 établissements à 2,300,000 kilos de soie ouvrée environ, au lieu de 2,600,000 ; les grèges étrangères l'alimentent en grande partie; mais bien rudes sont ses sacrifices, et bien dures sont ses souffrances !

Cependant les méthodes créées par M. Pasteur pour se procurer des œufs sains et reconstituer des races vigoureuses sont appliquées en France avec intelligence : l'exportation énorme des graines d'origine française dans tout le bassin de la Méditerranée est la preuve du succès de nos graineurs. En 1886, l'once de 25 grammes des œufs de nos races à cocons jaunes a rendu 34k,24 de cocons ; et l'once de graines faites avec les races étrangères acclimatées a rendu 32k,64. Nous avons donc des rendements plutôt supérieurs à ceux qu'obtiennent les éducateurs en Italie où les races à cocons verts sont plus abondantes qu'en France. Les filateurs, toutes les fois qu'on leur demande de reproduire ces grèges qui, à chaque exposition, établissaient la supériorité de certaines soies françaises, savent les fournir tout aussi excellentes. Les mouliniers luttent, pour la perfection de leurs ouvraisons, avec leurs concurrents d'Italie ; mais toute cette organisation est faite en vue des soies de premier ordre, et les tissus qui les employaient jadis sont complètement délaissés. Il en coûte trop pour produire en France les cocons de nos belles races de vers à soie, et pour tirer de ces cocons la grège. Les mouliniers se sont laissé distancer par les mouliniers italiens dans l'utilisation des grèges de toute provenance et de toute qualité ; ils n'ont pas modifié suffisamment leur outillage. Et puis, disons-le d'une manière générale, les conditions économiques au milieu desquelles le travail industriel doit fonctionner en France sont moins bonnes que celles qu'il trouve à l'étranger.

Tout est encore prêt pour le réveil de la sériciculture française, et l'on pourra revoir sa grande prospérité telle qu'elle existait il y a quarante ans. Mais le réveil ne naîtra qu'avec le retour de la mode aux riches et belles étoffes. Quand aura-t-il lieu ? Il semble que pour 1887 il y ait un indice de ce revirement prochain.

Les tableaux de douane donnent pour les valeurs des soies importées en France : 171,831,000 francs en 1885, et pour celle des soies exportées : 74,206,000 francs, et pour le poids des soies grèges ou ouvrées, à l'importation : 4,250,156 kilos, à l'exportation : 1,639,419 kilos.

La France est le pays où l'industrie consomme le plus de soie. Par une singulière dérision du sort, les quelques grèges de tout premier ordre que les fabricants de Lyon peuvent employer dans certains tissus exceptionnels, sont demandées à la Chine et au Japon ! Après avoir reçu, au début de la sériciculture, les procédés chinois pour faire de la bonne soie, il y a treize cents ans, c'est nous qui maintenant faisons profiter les Chinois de notre expérience et leur donnons des armes pour nous combattre. Au VIe siècle, nous filions en Europe à la mode chinoise, à la mode *sérique* ; au XIXe siècle les Chinois filent à la manière européenne ! Et, à cause de la nature des cocons qui peuvent être tirés à Changhaï et à Yokohama, les grèges blanches qui arrivent des filatures à l'européenne établies près des villes, sont préférées à nos plus excellentes grèges jaunes; elles ne sont ni plus régulières, ni plus nettes, ni plus nerveuses, mais elles perdent moins de poids au décreusage, elles sont d'une nature plus légère, et elles se chargent plus facilement en teinture; toutes qualités qui dépendent des cocons. Heureusement le nombre de ces filatures est très restreint; mais de même que l'Italie et la France ont vu dans le courant de ce siècle une concurrence se former contre elles par les perfectionnements introduits dans la sériciculture en Espagne et dans le Levant, de même elles assistent aujourd'hui à la création d'une nouvelle concurrence dans l'extrême Asie. Ce développement de la filature par les procédés européens dans l'Asie est le fait le plus remarquable à noter pour ce qui concerne la filature dans la seconde moitié du xixᵉ siècle : il débute dans le Levant, à Salonique, Andrinople, Brousse, Beyrouth ; maintenant il s'étend dans le Bengale, la Chine et le Japon.

*Chine.* La Chine a une production en soie inconnue. M. Natalis Rondot, qui a réuni avec une grande patience les éléments de la statistique, et qui était dans une position exceptionnelle pour recueillir les documents les plus nombreux et les plus exacts, évaluait pour l'année 1880, cette production à 9,832,000 kilos de soie grège. Le mûrier se rencontre partout, en Chine, jusque dans les parties les plus septentrionales du Kan-sou. Les soies tirées par des procédés encore primitifs, sont très irrégulières : avant de les envoyer en Europe, les maisons européennes, établies dans les ports, les font choisir, assortir et classer par nature et par grosseur. La Chine a pu exporter jusqu'à 5,800,000 kilos de soie en 1856, et on ne sait pas quelle quantité de grèges pourrait être livrée à l'exportation si des prix élevés attiraient les soies de l'intérieur. Elle fournit actuellement, en moyenne depuis quelques années, de 3 à 4,000,000 de kilogrammes, partie en grèges jaunes produites dans les provinces de Chantoung, Hou-peh, Sse-tchouen, et connues, d'après les noms des lieux de production, sous les appellations de *Sinchew, Mien-chew, Koopun, Sichong* ; partie en grèges blanches, produites dans les provinces de Tché-kiang et de Kang-sou, et connues sous les noms généraux de *tsatlee* et *tay-saam*, partie en grèges dites de *Canton*, parce qu'elles sont embarquées à Canton, et viennent de la province de Kouang-toung, tandis que les autres grèges, venant des provinces septentrionales, sont expédiées de Chang-Hai.

Voici un tableau qui montre, d'après l'exportation, la transformation opérée depuis dix ans dans ces divers genres de soie :

|  | Récoltes de 1877 | Récoltes de 1885 |
|---|---|---|
|  | balles | balles |
| Tsatlees. . . . . . . . . . . | 33.530 | 25.780 |
| Kahings. . . . . . . . . . . | 4.530 | 4.980 |
| Hangchow. . . . . . . . . . | 1.200 | 2.100 |
| Taysaam. . . . . . . . . . . | 4.650 | 2.840 |
| Haining. . . . . . . . . . . | 650 | » |
| Filature européenne. . . . . | » | 800 |
| Redévidées. . . . . . . . . . | 3.740 | 6.850 |
| Soies jaunes. . . . . . . . . | 1.000 | 6.850 |
| Soie sauvage. . . . . . . . . | 200 | 5.000 |
| Arrivages supplémentaires. . | 3.500 | 800 |
|  | 53.000 | 56.000 |

On n'exporte pas de soies ouvrées de la Chine, parce que l'industrie européenne tire meilleur parti des grèges. Mais le moulinage est comme la filature très répandu en Chine ; et, au début des exportations, les poils et certains

organsins de Sou-tcheou-fou et de Canton avaient été appréciés. Il n'y a nulle part d'établissements proprement dits : les métiers à tordre sont dans les boutiques ou des tisserands ou des marchands de soie. L'emploi des *poils*, soie grège filagée à un bout, est le plus répandu.

*Japon.* Au Japon, la sériciculture a comparativement plus progressé qu'en Chine. Sous l'impulsion du gouvernement, les usines concentrant un certain nombre de bassines se sont élevées; on évalue à plus de dix-sept mille le nombre des bassines réunies dans de grandes usines, et à plus de 700,000 kilos la production de soies grèges tirées d'après les procédés européens. Aussi, dans les exportations du Japon, on constate un accroissement notable des grèges dites *de filatures*: de 4,000 balles en 1880, cette exportation s'élève à 12,000 en 1885, tandis qu'il y a un mouvement inverse dans l'exportation des anciennes soies fines connues sous le nom de *grappes* (fig. 181). La production totale de la grège est évaluée à plus de 4,000,000 de kilos sur lesquels on exporte près

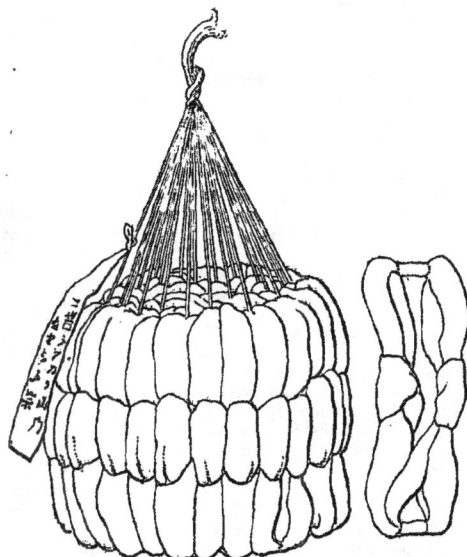

Fig. 181. — *Pliage en grappe, usité au Japon.*
A Flotte grège. — B La grappe. — C Étiquette du filateur.

de 1,750,000 kilos. C'est une matière textile de beaucoup supérieure dans l'ensemble à la soie chinoise et comme régularité et comme finesse : elle est mieux tirée. Outre les 26,760 balles grèges, expédiées en 1885, le Japon a envoyé 7,392 balles de déchets.

Dans la zone nord du Japon se trouvent les provinces séricicoles d'Oshiou, Iwaschiro, Iwaki, d'où viennent les grèges connues sous le nom de *Hamaski, Kakedah, Sindaï*. Les 26,760 balles exportées en 1885 du Japon, comprennent 3,800 Kakedah, 1,100 Sendaï, 2,100 Hamaski. Dans la zone centrale sont les provinces de Djochiou, Koshiouet Sinshiou, d'où viennent les *Ida*, les *Shimonita*, les *Maibash*. C'est la zone des soies fines. Dans la zone australe, on ne cite comme importante que la province de Mino d'où viennent les *Sodat*. Les premières grèges exportées, en 1859, furent des Sodaï, puis des Maibash. Aujourd'hui, on exporte des soies de toutes les provinces.

Le moulinage, au Japon comme en Chine est très divisé : il n'a pas réalisé les mêmes progrès que la filature. Les soies ouvrées sont consommées par les fabriques indigènes.

*Inde.* Dans l'Inde, la production est très difficile à apprécier, et les statistiques varient beaucoup. Nous avons pris la moyenne de 900,000 kilos soie grège. En additionnant toutes les soies, la Chambre de commerce de Calcutta fixe l'exportation, en 1885, à 6747 balles ou 445,000 kilos, dont 759 balles pour l'Angleterre et 5,988 pour le continent. Il y a sur ces soies exportées de l'Inde, 250,000 kilos, de grèges filées à l'européenne; soie qui a un emploi heureux dans des tissus spéciaux, mais qui demande des soins tout particuliers dans l'ouvraison. Les filatures sont dans les districts de Rajchanye, Maldah, Mourchidabad. Il est assez bizarre que les manufactures de l'Inde aient besoin de soies du dehors : elles consomment, nous avons déjà dit, près de 800,000 kilos de soie qu'on importe de la Chine, du Japon, de la Perse et de l'Asie centrale. Cela tient à ce que les fabricants de l'Inde ne trouvent pas dans les soies indigènes les qualités qu'ils recherchent pour leurs tissus. A Lahore, ce sont les soies de Boukhara qui sont consommées; à Poona, les soies de Chine.

Il n'y a pas de sériciculture dans les Présidences de Madras et de Bombay. Dans la Présidence du Bengale, les localités où elle est développée sont le Pundjab, l'Assam et surtout les provinces basses et chaudes où les vers à soie polyvoltins à cocons jaunes et à cocons verdâtres donnent des récoltes multiples. Le moulinage indigène est encore plus défectueux dans l'Inde que dans la Chine et au Japon. Les chaînes des tissus sont des organsins composés de deux grèges, non filagées, qu'on a réunies et fortement tordues dans un seul sens.

*Asie occidentale.* Après avoir ainsi exposé la situation des grands centres de sériciculture, en Europe, l'Italie et la France; en Asie, la Chine, le Japon et l'Inde; nous devrions parler de la *Perse* et de l'*Asie centrale* où se trouvent encore réunies la production de la grège et celle des soies ouvrées; mais les produits de ces contrées comme la plupart de ceux du Caucase ne paraissent plus sur nos grands marchés occidentaux. Les grèges vont en Russie et sont moulinées à Moscou pour la fabrique indigène, ou sont consommées en Turquie et dans l'Inde. On évalue l'exportation de la Perse à 183,000 kilos grège; celle du Caucase à 58,000 kilos; celle de l'Asie centrale, Turkestan, Boukhara, Kiva à 328,000 kilos.

Les provinces caucasiennes cependant où sont les gouvernements russes de Tiflis, Elisabethpol, Bakou et Erivan, peuvent à un moment donné reprendre un rôle important dans le commerce de la soie. Le gouvernement russe a établi une station séricicole à Tiflis, qui est le centre du mouvement commercial des soies et des cocons : l'étude de la reconstitution des races, les encouragements pour l'expansion des bonnes méthodes d'éducation et de tirage, tel est le but poursuivi. Il n'y a pas longtemps que la réputation de Nonka pour le grainage et les exportations des cocons rappelait l'ancienne renommée des contrées, situées au sud de la mer Caspienne.

Il n'y a, pour l'exportation des cocons, aucune préparation particulière à leur faire subir. Ils sont *étouffés*, c'est-à-dire soumis à une chaleur suffisante pour que la chrysalide soit tuée et ne puisse papillonner; puis étendus dans des coconnières, et séchés, comme tous les cocons qu'on veut conserver pour filer dans le courant de l'année. Lorsque la chrysalide est desséchée, et qu'il n'y a plus à craindre une fermentation, les cocons sont emballés et peuvent voyager sans inconvénient. Les importations de *cocons secs*, à laquelle se sont livrées les maisons grecques établies à Marseille, ont rendu de grands services aux filateurs italiens et français, pendant les années où les récoltes de France et d'Italie ont été si médiocres. Aujourd'hui, les importations de cocons secs sur les marchés de Marseille et de Milan atteignent à peine 600,000 kilogrammes de cocons, ce qui représente à raison de 4 kilos de cocons pour 1

kilo de soie grège, à peu près 150,000 kilos de soie. La maladie a considérablement affaibli la production dans le Levant où les races vertes de source japonaise prédominent, donnant de fort médiocres cocons.

L'importation des procédés perfectionnés de tirage tant à Brousse qu'en Syrie a d'ailleurs donné une grande plus-value aux grèges du *Levant* et modifié leur rôle dans la consommation européenne. Presque toutes les soies grèges de ces contrées luttent avec les soies italienne et française. On évaluait, en 1883, en grège, la production à 145,000 kilos pour la Turquie d'Europe; 470,000 pour la Turquie d'Asie, et 25,000 pour la Grèce;

Voici quels sont les centres séricicoles, marchés de cocons et de soies : dans la Caramanie : Tarsons et Satalie; dans la province de Samsoun : Amasia, Trébizonde, Sivas; dans la Syrie : Beyrouth; dans la province de Brousse; Brousse, Ismid, Biledjik; dans la province de Smyrne : Smyrne; dans la Macédoine : Salonique; dans la Thrace : Andrinople, Rodosto; dans la Thessalie : Volo; dans la Grèce : Calamata, Lépante et le Pirée. Toutes ces contrées où les récoltes sont faites aujourd'hui avec des graines de races françaises pourront, à un moment donné, avoir des races reconstituées et retrouver leur ancienne splendeur. On estimait, en 1863, la récolte du Levant à 17,000,000 de kilogrammes de cocons, c'est-à-dire plus d'un million de kilos de grège.

Ici s'arrête l'énumération des sources auxquelles l'industrie puise ses grèges. Il reste à parler des ouvraisons qui se font en Suisse, en Angleterre et aux Etats-Unis.

*Suisse.* Le moulinage suisse pour la grège est de création récente. Avant le xixe siècle, on n'ouvrait en Suisse que les produits des déchets de soie, aujourd'hui les moulins pour ouvrer la soie grège sont disséminés dans les cantons de Zurich, Bâle et Argovie; ils occupent de très jeunes enfants, et ont consommé en 1885, environ 295,000 kilos de grèges tant japonaises que chinoises et produit 227,000 de trames, 63,000 d'organsins; mais plus considérable est la production des schappes : il y a, en Suisse, 130,000 broches qui fournissent 850,000 kilos de fils.

*Angleterre.* Le moulinage, en Angleterre, date du xvie siècle, et il est question d'une corporation de mouliniers en 1629. Il prit une grande extension au xviiie siècle après que Lomb eut copié, par fraude, le dessin du moulin bolonais et l'eut reproduit en 1719. Les grèges à ouvrer venaient du Bengale et des échelles du Levant. La période la plus remarquable est celle qui suivit immédiatement la conclusion du traité de commerce de 1860; l'Angleterre put à travailler les soies asiatiques, l'Angleterre put en fournir aux fabriques du continent qui étaient forcées de recourir à ces soies pour suppléer au déficit des récoltes européennes. La quantité grèges moulinées à cette époque s'éleva à 2,900,000 kilos. Elle n'était, en 1883, que de 1,027,000 kilos, et les manufactures locales absorbent cette production. Le moulinage est établi en Angleterre dans les comtés de Chester, York, Essex, Derby, Norfolk et Lancastre. Il est parfaitement outillé, mais, à cause du prix de la main-d'œuvre, il ne semble pas pouvoir lutter avec les moulinages du continent. Il n'en est pas de même pour l'ouvraison des déchets de soie. La supériorité des moulins anglais est reconnue. Ce sont les Anglais qui font seuls les fantaisies en titres fins du numéro 140 à 200. Il y a en Angleterre plus de 100,000 broches qui produisent 800,000 kilos de fils.

*Etats-Unis.* Aux Etats-Unis, il n'y a pas de documents sur la production des moulinages. La Chambre de commerce de New-York évalue à 12,421,739 dollars la quantité des soies écrues importées aux Etats-Unis en 1885. D'autre part, la chambre syndicale des marchands de soie de Lyon dit que le Japon a envoyé en Amérique 11,143 balles, la Chine 5,417 balles par Chang-Hai et 8,584 caisses par Canton, ce qui ferait un total de plus de 1,200,000 kilos de grège environ. Il y a là un mouvement très important et de date toute récente. C'est dans le

Connecticut, à Mansfield, que fut établi le premier moulin en 1818. Comme le moulinage est joint au tissage, il n'y a point, à proprement parler, de commerce de soies ouvrées en Amérique. Le fabricant achète ses grèges et les ouvre suivant les besoins des étoffes qu'il produit. Il y a cependant des usines spéciales notamment pour la filature des déchets de soie.

V. ESSAIS ET TITRAGE DE LA SOIE. Pour employer judicieusement une soie, il faut en connaître la grosseur et la régularité. La soie est tenue pour un fil cylindrique; mais pour évaluer sa grosseur, son volume, on ne prend pas la mesure d'une section du cylindre, on pèse une longueur de ce fil. Peser 500 mètres d'une soie, c'est ce qu'on nomme *titrer* la soie. Chaque pesage forme un *titre*. La comparaison des poids, des titres, détermine la régularité. L'ensemble des épreuves faites sur une soie s'appelle *essai*.

On fait 20 épreuves ordinairement, c'est-à-dire on prélève 20 flotillons de 500 mètres chacun, et on pèse séparément chaque flotillon : la moyenne des 20 pesées représente ce qui sera le titre moyen de la soie, le titre qui permettra de comparer, comme grosseur, cette soie à une autre.

Le poids est exprimé en milligrammes. Le degré de la finesse d'un fil résulte, on le sait, du rapport entre un poids et une longueur déterminée; un congrès international tenu à Vienne en 1873 posa la question des unités de poids et des unités de longueur. Le congrès poursuivit son œuvre à Bruxelles en 1874, et enfin à Turin en 1875. C'est de ses résolutions que sortit la règle de faire des essais pour la soie sur la base de l'unité de longueur de 500 mètres et de l'unité de poids de 50 milligrammes; comme aussi de faire vingt essais pour avoir en grammes, le poids d'une longueur de 10,000 mètres.

Dans l'usage, on n'énonce pas le titre en grammes et fractions de grammes, mais en *deniers*. Voici l'origine de ce mot : autrefois le fabricant, qui compte la chaîne des tissus par *portée*, réunion de 80 fils, faisait ourdir une portée ayant 120 aunes de longueur, et, pour calculer quel serait le poids de sa chaîne, pesait cette fraction qui lui servait d'unité. Il avait, en deniers et en grains, le poids d'une longueur de 9,600 aunes. Plus tard, vers la fin du XVIIIe siècle, afin d'économiser la soie, on prit l'habitude de peser seulement 400 aunes, c'est-à-dire la vingt-quatrième partie de 9,600, et, comme le grain est la vingt-quatrième partie du denier, le nombre de grains obtenus pour 400 aunes était le même que le nombre de deniers qui auraient été trouvés pour 9,600. Bien qu'on eut dû énoncer des grains, on conserva l'ancienne appellation *denier*.

Lorsque, pour appliquer le système décimal, on abandonna les 400 aunes pour mettre la longueur à 500 mètres, on aurait dû exprimer le poids en milligrammes; on conserva, par habitude, le nom de denier : ce que l'on nomme *denier* est donc l'ancien grain de la livre poids de marc, et est équivalent à 53 milligrammes. Dire qu'une soie titre dix deniers, par exemple, c'est exprimer qu'une longueur de 500 mètres de cette soie a pesé 530 centigr.

Au renseignement de la grosseur, il est d'usage d'ajouter quelques données sur la qualité de la soie. Ainsi, pour une grège, l'*essayeur* ayant observé comment la soie se comporte au dévidage, ayant compté le nombre de fois qu'elle s'est brisée, apprécie combien de flottes pourront être surveillées par une seule ouvrière. Il base son calcul sur ce qu'une ouvrière aura besoin d'une heure pour réparer 60 ruptures, c'est-à-dire faire 60 nœuds; et divise 60 par le nombre de ruptures. Il dit donc d'une grège dont les flottes ont eu trois ruptures, que c'est une grège de 20 tavelles, c'est-à-dire une grège dont 20 flottes pourront être confiées à une même ouvrière pour leur dévidage simultané.

S'il s'agit d'une soie moulinée, l'*essayeur* donne le nombre de tours de la torsion. A l'aide d'un instrument fort simple composé de deux pinces, distantes de 50 cen-

timètres, l'une fixe l'autre reliée à un compteur, il détord le fil jusqu'à ce qu'une aiguille puisse le parcourir librement dans toute sa longueur, les grèges qui composent ce fil étant complètement isolées. Il a ainsi la torsion de la trame, et le second apprêt de l'organsin. S'il veut avoir le premier apprêt de l'organsin, c'est-à-dire le filage de chacune des grèges, il doit préalablement décreuser la grège, car sans cette précaution, il ne pourrait pas obtenir la désagrégation des baves, ni les détordre. Ce n'est pas tout : l'essayeur peut encore indiquer la netteté de la soie qu'il a examinée, son élasticité et sa ténacité. Pour la détermination de l'élasticité et de la ténacité, l'instrument employé est le *sérimètre*. — V. DYNAMOMÈTRE POUR FILS.

Nous n'entrerons pas dans le détail des soins et de l'attention qu'exigent toutes ces opérations dont les résultats sont transmis par ce qu'on appelle le *bulletin d'essai* ; on comprend de quelle importance est pour le fabricant de connaître le titre, la bonté, la netteté, l'élasticité et la ténacité de la soie.

La bave du *bombyx* a pour titre moyen, titre qui n'est pas en relation directe avec la dimension de son diamètre, 0$^g$,150 ou 2 deniers 86 ; pour ténacité, 9 grammes ; pour élasticité, 12 0/0.

La bave de l'*antheræa mylitta* a pour titre 0$^g$,424 ou 8 deniers ; ténacité, 33 grammes; élasticité, 21 0/0.

La grège la plus fine que l'on tire avec les cocons du bombyx, est une grège titrant 7 deniers, c'est-à-dire dont une longueur de 500 mètres pèse 371 milligrammes. Mais les grosseurs moyennes, usitées dans le commerce, se tiennent entre 10 et 13 deniers. Une bonne grège de 12 deniers a pour ténacité 50 grammes ; élasticité 20 0/0.

La grosseur des fils de déchets de soie est déterminée également par un pesage, mais les unités de mesure et de poids ne sont plus les mêmes. Le congrès international a placé les fils de déchets de soie au même rang que les filés, et il a été décidé que la grosseur de ces fils serait déterminée par le nombre de mètres contenus dans un gramme, la longueur de l'écheveau étant d'ailleurs fixée à 1,000 mètres, et que cette longueur serait exprimée par un numéro indiquant le nombre de 1,000 mètres compris dans un kilogramme. Ainsi le n° 140 représente la longueur de 140,000 mètres compris dans une pesée d'un kilo.

Dans le numérotage des fils de déchets de soie, le poids est donc fixe et la longueur variable. Dans le titrage des grèges et des composés de la grège, le poids est variable et la longueur est fixe. Le numéro 200 est un numéro très fin : si on cherche à comparer la finesse du fil qu'il représente avec celle d'une grège, on devra diviser 200,000 mètres par 500 mètres, unité pour la grège, ce qui donne 400 ; et diviser 1,000 grammes par ce quotient 400 ; on trouve ainsi que les 500 mètres de ce fil pèsent 2$^g$,500, ou en divisant par 0$^g$,053 pour avoir les deniers, 47 deniers. Le numéro le plus fin auquel on arrive dans le fil simple de déchet de soie est le numéro 300 qui correspondrait à une grège de 1$^g$,7 environ ou 32 deniers. Autrefois, quand on ne connaissait que le filage à la main, le fil le plus fin était le n° 80 qui correspond à la grosseur d'une grège titrant 6$^g$,2 ou 117 deniers.

La *condition* (V. ce mot) de Lyon a été autorisée par décret du 25 juin 1856 à ouvrir un bureau public de titrage. Elle ajoute, si on le désire, à tous les renseignements dont nous avons fait l'énumération, un renseignement sur la perte en poids qu'éprouve la soie lorsqu'on la décreuse : ce renseignement a pour but de fixer le fabricant sur le poids de soie pure qu'il aura après la cuite faite pour la teinture, c'est-à-dire après que la soie aura été débarrassée et de son grès et des matières étrangères qui auraient pu y être ajoutées ; on peut, en effet, charger la soie au moment où on la tire, par un mélange de substances à l'eau de la bassine, puis au moment où on la mouline par l'adjonction d'huile par exemple.

Le décreusage d'une grège pure, filée à l'eau naturelle, détermine une perte de 19 à 21 0/0 pour la soie blanche ou verte, et de 21 à 24 0/0 pour la soie jaune.

VI. CONSOMMATION DE LA SOIE. Un fait domine dans le commerce de la soie : chaque année toute la quantité de soie produite est consommée. Quelle place considérable doit donc être prise dans l'ensemble des transactions par un textile qui apporte un contingent de 14,000,000 de kilogrammes en poids, de plus de 550,000,000 de francs en valeur, et qui offre cet avantage, si précieux pour les transports, d'être d'une grande valeur sous un petit volume !

Dès que la soie entre dans le commerce, elle se présente avec ce double caractère : une recherche constante qui maintient son haut prix, la possibilité de supporter des frais de transports élevés. Elle a pris sa place marquée dans le courant commercial qui apporte de l'extrème Asie dans l'Asie occidentale, les pierres précieuses et les épices, tous les produits naturels ou industriels dont l'expédition d'Alexandre avait révélé l'existence et la source.

Au 1er siècle de notre ère, alors que la Chine septentrionale connaît seule l'art de la soie, on n'entend parler que des soieries chinoises ; et les auteurs latins disent qu'on effile ces tissus pour en retirer la matière première.

Au ve siècle, la sériciculture s'est grandement développée dans la Chine, divisée en deux empires : le Cathay au nord, la grande Chine au sud. La production de la soie dans la région centrale et dans la région méridionale, prospères sous la dynastie des Tsin, est assez considérable pour qu'une exportation de ce textile soit possible, et que les centres industriels où, dans l'Asie occidentale, on tisse le coton s'intéressent au tissage de la soie. Aussi, la consommation des étoffes de soie devient-elle bien plus générale : les Pères de l'Eglise signalent leur usage comme ruineux.

Aux soieries chinoises s'ajoutent les soieries persanes et les soieries byzantines. Alors commence la lutte entre les empereurs de Byzance et les rois de Perse, ceux-ci cherchant à monopoliser les soies qui arrivent de la Chine et le commerce des épices indiennes. Vainement les empereurs de Byzance s'efforcent d'ouvrir des relations avec l'extrême Orient, ici, par la mer Rouge, où ils ont le port de Clisma, et par l'Ethiopie, en remontant le Nil jusqu'à Coptos (aujourd'hui Keft), puis gagnant le port d'Adulis ; là, par l'Asie centrale, l'ambassade de Zémarkt en fait foi, en remontant vers la mer Caspienne et s'adressant aux Turcs qui ont conquis le Turkestan, la Boukharie et s'étendent de la Chine à la mer Caspienne. C'est vers la Perse que convergent les transports par terre et par mer. Les caravanes qui quittent la Chine à Serametropolis (Kan-cheou), traversent le Kaschgar, passent le défilé des monts Tsoung-ling, touchent à la tour de pierre (Takt-Soleyman, tour de Salomon), et arrivent à Samarkand. De là elles se dirigent vers Caboul, puis le Pendjabet les défilés de l'Hindoukouch. Leurs marchandises se répandent sur les marchés intérieurs où les réunions commerciales coïncident avec les pèlerinages.

Les soies et soieries de la Chine unies aux épices de l'Inde sont ensuite transportées par les marchands Gudjerates vers les ports indiens, Minnagara à l'embouchure de l'Indus, Barygaza, dans le golfe de Cambaye, Muziris sur la côte de Malabar, pour y être vendues aux marchands juifs, persans ou arabes qui les emportent vers le golfe Persique. Elles sont encore chargées sur les caravanes qui se dirigent à travers l'Asie, vers la Mésopotamie, en passant par Hécatompyle, le défilé des portes Caspiennes, Rhagœ et Ecbatane. Batné, dans la Mésopotamie, a une foire très célèbre où se font d'énormes transactions ; Nisibe, ville frontière, où est la douane de l'empire byzantin, est également dans la Mésopotamie, un marché important.

Ainsi, la Perse est maîtresse du commerce de la soie. Cette matière textile devient si rare dans l'empire de Byzance, par suite de cette concurrence, que les empereurs abandonnent à leur détresse les ateliers de la Syrie, et proclament le monopole de la soie en faveur des ateliers impériaux établis à Constantinople.

Survient au vie siècle l'heureuse introduction de la sériciculture dans l'Asie occidentale ; les Arabes peuvent s'emparer de la Perse, pousser leurs conquêtes jusqu'à la Mongolie, fermer aux chrétiens tout passage vers l'Asie orientale ; la soie ne manque plus à l'empire de Byzance.

Le développement de la sériciculture dans l'Asie occidentale est aidé par un climat si favorable, qu'il devient, dans les siècles suivants, impossible aux Arabes de songer à tisser toutes les soies qui passent par leurs mains. Ils n'hésitent même plus à propager l'art de la soie partout où ils s'établissent, et ajoutent aux centres producteurs de la soie en Asie, de nouveaux centres en Afrique, en Sicile et en Espagne. Constantinople devient alors un marché où arrivent les soies asiatiques et les soies espagnoles.

Toutefois, du viie au xe siècle, l'empire byzantin, réduit aux ateliers de Constantinople et de la Grèce, ne peut livrer aux orientaux que de rares étoffes dont l'emploi est limité aux ornements liturgiques, aux dons pour les églises, à la sépulture de morts illustres.

Au contraire, chez les Arabes, en Perse, en Egypte, en Espagne, règnent un luxe de soieries et une prospérité industrielle dont les géographes arabes : Edrisi, El-Takri, Ibn-Haukal, Maçondi, etc., nous ont transmis le merveilleux tableau.

Dans l'Europe occidentale, jusqu'au xiie siècle, alors même que les Croisades auront habitué les occidentaux à l'usage des soieries, la soie, le fil textile, n'arrive qu'en bien minime quantité en Italie, en France, en Angleterre. Les Normands, en revenant d'Orient, en butinent quelque peu sur les côtes d'Espagne. A Montpellier, aux foires de Champagne, si brillantes au xiie siècle, dans leurs pérégrinations à travers l'Europe, les marchands italiens, les négociants juifs, en apportent en même temps que les épices et les tissus. Mais cela fournit la matière de ces quelques travaux de broderie et de passementerie qui sont signalés à Paris, à Rouen et à Londres, sans pouvoir donner naissance à une industrie. On brode des bourses sarrazinoises, on fait des bonnets de soie, on tisse des rubans et galons pour les signets des livres et les passements des robes.

Au xiiie siècle, un grand changement se produit en Orient. Les Mongols conduits par Koubilaï-khan s'emparent de l'Asie centrale, de la Chine et de la Perse. Ils ouvrent aux chrétiens ce monde qui leur avait été fermé par les Mahométans. Les récits enthousiastes de Marco Polo, de Sanuto, de Pegoletti confirment ce que les Arabes avaient dit de l'abondance de la soie et des soieries.

En Chine, sous la dynastie des Soung, des Tang, comme sous la dynastie des Mongols, l'impôt perçu par le gouvernement en soie grège atteint un million de kilogrammes, et la soie, dans plusieurs principautés, fait fonction de monnaie. Suivant Pegoletti, on peut acheter en Chine vingt livres de soie grège ou cinq pièces de brocart pour cinq écus d'or. Dès lors, la matière première peut être exportée vers l'Occident en assez grande quantité pour qu'un tissage de soieries s'organise : c'est Lucques, puis Modène et Florence qui deviennent les premiers centres de l'industrie de la soie en dehors des contrées soumises aux Arabes et des contrées soumises à l'empire de Byzance. Au xive siècle, les étoffes italiennes prennent place auprès des étoffes du Levant. A la même époque, Grégoire X, qui a reçu de Philippe-le-Hardi en 1278 le comtat Venaissin, introduit la sériciculture à Avignon.

A dater du xive siècle, la sériciculture va conquérir de

nouveaux centres de production en Europe, et l'intérêt du commerce soyeux va être transporté d'Orient en Occident. Avant de constater ce changement, indiquons rapidement, pour toute la période que nous venons d'étudier, période pendant laquelle les seuls producteurs de soie sont les Chinois et les Arabes, quelles routes a suivies le commerce de la soie, et quels ont été les intermédiaires de ce commerce.

Les relations avec l'Inde par caravanes sont continuelles : la route par terre depuis Kan-tcheou, nommée Camexa par Pegoletti, jusqu'à Ourghenz, nommée par les Arabes Djorjania, sur l'Oxus est également suivie. Mais les communications les plus fréquentes entre l'Inde et la Chine existent par mer. Les ports de la Chine où se font les transactions sont Kouang-toung, Sincalan en Persan; Tsé-thoung, dans le Fokien, nommé par les Arabes Zeytounn; Khan-fou, à proximité de Hang-tcheou-fou, dans le Tche-kiang, ville très importante que les Arabes appellent Kin-sai. Un canal reliait Kin-sai à Khanbaligh, aujourd'hui Pékin, qui devint la capitale de la Chine sous les Mongols.

Les jonques chinoises qui depuis le IVe siècle viennent à Ceylan, continuent d'apporter la soie et les soieries, avec le girofle, l'aloès, etc., aux ports de la presqu'île indienne, quelquefois s'arrêtent dans la presqu'île de Malacca où se forme l'entrepôt de Kalah, parfois arrivent jusqu'au golfe Persique.

Les navires arabes et persans abordent dans plusieurs ports de Malabar (entre Goa et le cap Comorin), à Koulam, Calicut, Mangalore où ils prenaient le poivre indien et les produits de la Chine. Plus au nord, ils trouvent à Cambaye et à Baruth (l'ancien Barygaza), les marchandises apportées des marchés intérieurs de l'Inde par les Gudjerates et par les Banians, marchands mahométans indiens. Ils vont même dans les ports chinois où les musulmans ont une colonie. Du golfe Persique, les marchandises importées se répandent dans la Perse. Elles rejoignent dans les grands marchés de Bagdad, de Basra, de Mossoul, de Damas, de Soultanieh, de Tauris, de Rakka, d'Alep, les marchandises importées de l'Arménie, du Kourdistan et de la Géorgie. Les soieries persanes y ont une grande place ; les villes qui les fabriquent sont Bagdad, Damas, Yezd, Merv, Chouster, Chiraz. Les soies sont fournies par les contrées du Nord, le Taberistan, le Khorassan, le Djorjan et le Ghilan qui en produisent en abondance; par l'Asie Mineure où brille Antioche ; enfin par la Syrie où sont les importantes fabriques de Tripoli et de Tyr.

Des caravanes prennent tous ces produits et les portent au sud vers l'Égypte, à l'est vers la Syrie, au nord-est vers l'Asie-Mineure, au nord vers la mer Noire ou la mer Caspienne; leurs itinéraires sont souvent modifiés à cause de l'état de troubles où sont ces contrées, à cause des menaces des Turcs Osmanlis qui convoitent de les conquérir, à cause des vexations des émirs qui les gouvernent, enfin des exigences des sultans Mameluks qui ont succédé en Égypte aux Fatimites et au Toulonider. Mais leur objectif est toujours rempli : c'est de livrer tantôt dans un port de la Méditerranée, Acre, pendant longtemps le point d'arrivée des pèlerins, Lajazzo, Beyrouth, Tripoli, Alexandrie; tantôt dans un port de la mer Noire, Sinope ou Trébizonde, les épices, les tissus et la soie. Jérusalem a des foires importantes.

Les intermédiaires entre l'Asie et l'Europe, ce sont, d'une part : les Varègues russes qui ont de fréquentes relations avec Constantinople et font connaître les soieries et les soies dans l'est et le nord de l'Europe jusqu'en Islande; d'autre part, les nations qui naviguent dans la Méditerranée et qui ont succédé aux Grecs et aux Syriens, les Italiens, les Catalans, les marchands de Montpellier et de Marseille.

Mais la navigation de la Méditerranée appartient surtout aux Vénitiens et aux Génois, constamment jaloux les uns des autres, constamment en guerre. Dans tous les marchés de l'Asie occidentale, on rencontre les colonies commerciales des deux rivales ; et, de même, on les retrouve dans les pays de consommation : en France, en Angleterre, en Flandre, en Allemagne.

En ce qui concerne plus particulièrement la soie, il semble que dans le moyen âge les Génois s'en occupent plus activement que ne le font les Vénitiens. Ceux-ci ont un rôle politique considérable qui les absorbe : ils sont, après la quatrième Croisade, maîtres de la moitié de l'ancien empire byzantin et font un large commerce de toutes sortes de produits.

Les Génois sont en relations commerciales avec l'Espagne méridionale et avec la Sicile dès le XIe siècle. Ils sont dans l'île de Chypre qui produit la soie et les fils d'or. Ils ont une importante colonie à Péra, et surtout ils se sont de bonne heure établis sur les rives de la mer Noire qu'ils dominent par les colonies de Caffa, en Crimée, de Tana sur la mer d'Azof, et par leurs établissements au sud à Sinope et à Trébizonde. Bien plus, ils ont établi une navigation sur la mer Caspienne afin d'être en relations immédiates avec les provinces séricicoles. Ils accaparent la soie abondante dans ces contrées prospères où se trouvent Lahidjan dans le Ghilan, Amol dans le Taberistan, Strava (aujourd'hui Asterabad) à la limite des steppes au sud-est, puis, du côté de l'occident, Talich, Cheki dans l'Avran, Gandja (aujourd'hui Elisabethpol) dans la Géorgie, Chamaki et Kabala dans le Chirwan. On peut dire, ce semble, que grâce aux Génois l'industrie des soieries s'implante à Lucques et dans la Toscane; et qu'ils sont les pourvoyeurs des soies dont les noms, sur les marchés italiens, rappellent les pays que nous venons de parcourir, seta Ghella (Ghilan), seta Leggi (Lahidjan), seta Amali (Amol), seta Stravai (Strava), seta Gangia (Gandja). Ajoutons les soies des contrées voisines que les Génois trouvent sur les marchés du nord de la Perse, les soies du Khourdistan, de l'Aderbaijan, du Khorassan arrivant sous le nom de seta Soldania en Italie, ou encore celles de l'Asie mineure, seta Turchia. Plus tard, lorsque Gênes, ruinée par ses guerres contre Venise et le roi d'Aragon, ne sera plus une puissance militaire maritime, elle retrouvera dans l'industrie de la soie et le commerce de ses soieries, le moyen de lutter encore contre ses rivales, Venise et Florence.

Au XVe siècle, l'économie du commerce des soies, telle que nous venons de la tracer, subit de profondes modifications.

Les Turcs Osmanlis, établis depuis quelque temps, à Andrinople et dans l'Asie mineure s'emparent de Constantinople, de la Grèce, de la Syrie, de la Perse et de l'Égypte : ils détruisent partout les colonies chrétiennes, tolérant le commerce avec les occidentaux, mais en le limitant et en leur imposant de cruelles avanies. Le grand courant commercial de la mer Noire s'arrête : les Génois n'ayant plus de marine militaire, disparaissent. Les Vénitiens beaucoup plus forts, luttent, s'efforcent de conserver encore quelques îles et quelques comptoirs; et les Florentins qui, à dater du XVe siècle après la prise de Livourne, ont voulu avoir une navigation maritime, se montrent auprès des Vénitiens à Brousse, à Tripoli et à Alexandrie ; mais on sent que les transactions n'ont plus le même intérêt. C'est que la route des épices est complètement changée. La navigation qui était renfermée dans la mer Rouge et dans le golfe Persique a pris possession de l'Océan Atlantique : un trafic direct entre le Portugal et l'Inde existe dès la première année du XVIe siècle, et les Florentins, les Génois, les Vénitiens, sont obligés de venir s'approvisionner à Lisbonne. Dès lors le commerce de la soie et des soieries cesse d'être lié à celui des épices.

D'autre part, l'industrie de la soie s'est développée en Italie; elle est sollicitée par une consommation croissante, elle apporte éclat et richesses aux villes de Florence, Lucques, Bologne, Gênes, Venise et Milan.

Au xvi° siècle, la France prend place à son tour parmi les pays consommateurs de soie. Des ouvriers italiens émigrés ont fondé l'industrie des soieries à Orléans, Tours, Lyon, Nîmes; nommons également Avignon, bien que ce soit une ville papale. Bientôt même la France, grâce à l'intelligente initiative d'Henri IV, que secondent Ollivier de Serre et Barthélemy Laffemas, figure au nombre des contrées qui produisent la matière première.

Au xvii° siècle, de nouvelles fabriques apparaissent en Europe. Des métiers battent en Suisse, sur les bords du Rhin, en Belgique, en Hollande, en Angleterre. Les protestants, émigrant de France après la révocation de l'Edit de Nantes, viennent donner un élan considérable aux industries de Zurich, Crefeld, Amsterdam, Berlin et Londres.

Au xviii° siècle, l'axe du commerce des soieries et de la soie est donc déplacé : il a été porté dans l'Europe occidentale. Par suite de la découverte du passage par le cap de Bonne-Espérance, et du développement qu'a pris l'art de soie en Europe, les Italiens ont perdu le monopole qu'ils avaient gardé du xi° au xvi° siècle dans la Méditerranée; la transformation est complète.

Peu à peu ont disparu les noms qui dans les siècles précédents indiquaient l'origine orientale des tissus : camocas, siglaton, zetani, naco, baldachino. Le luxe, en Italie, en France, en Russie, en Angleterre, en Espagne, etc., a adopté les étoffes fabriquées en Europe : velours, damas, satin, drap d'or. Bien plus, l'Occident à son tour vend des soieries au Levant; et ce ne sont plus seulement les draps de France, d'Italie, de Flandre, mais aussi les soieries européennes qui servent aux transactions avec les Orientaux.

La facilité des communications et la sécurité des routes ont accru les voyages; les négociants de toute nationalité se rencontrent dans les divers marchés, et dans toutes les foires : Allemands, Italiens, Espagnols, Flamands, Suisses. Un nouveau débouché a été ouvert par suite de la découverte de l'Amérique : les colonies espagnoles, anglaises, hollandaises, françaises, consomment des soieries et des étoffes où entrent l'or et l'argent. L'Angleterre, avec un soin jaloux, s'efforce de garder à son industrie la consommation des colonies anglaises; mais les produits de la fabrique lyonnaise figurent largement dans les cargaisons que les flottes espagnoles emportent dans le Nouveau-Monde. Enfin, la ville de Paris a acquis pour le goût et les modes une suprématie partout acceptée; c'est le centre où convergent, et les voyageurs, et les marchands; on y fait un grand commerce de soieries.

Le déplacement pour le commerce de la soie est tout aussi sensible qu'il l'est pour le commerce des soieries. D'ailleurs les courants pour l'un et l'autre sont devenus de plus en plus distincts.

L'Asie, grande productrice toujours de soie, n'en envoie plus autant qu'autrefois. De Canton, seul port chinois ouvert aux Européens, quelques balles arrivent de temps à autre à Nantes, à Amsterdam ou à Londres. Du Bengale, les exportations sont plus considérables. Du nord de la Perse viennent les grèges Légis et Ardassines : une partie se dirige par terre par Astrakan et à travers la Russie vers Amsterdam; l'autre partie va, par mer, à Marseille et à Londres. La seule contrée asiatique qui représente un large apport dans les transactions en soies, c'est la Turquie d'Asie, avec les grèges Brousse, Mestoups, Alep, Beyruthinet, Tripolines, Caffrons : on les trouve presque toutes à Marseille, port déclaré franc depuis le xvii° siècle, où abordent les navires de toute nationalité.

Les plus puissantes nations maritimes sont à cette époque les Hollandais et les Anglais. Ils tiennent le commerce sur les Océans et dans la Méditerranée. Toutefois,

grâce au développement que Colbert a imprimé à la marine française et aux bonnes relations que les rois de France ont maintenues avec la Porte, le pavillon français bien accueilli dans le Levant, a une place très honorable auprès du pavillon hollandais et du pavillon anglais.

Mais, pour la soie, le commerce maritime n'a plus la même importance qu'il avait dans les siècles précédents. Le commerce international par terre l'emporte de beaucoup par son importance. C'est que les soies récoltées en Europe se substituent aux soies asiatiques, et sont de préférence adoptées pour l'industrie des soieries.

Lyon est le grand marché des soies. Elles y viennent, de Marseille et du Midi de la France, elles arrivent d'Italie par Pont de Beauvoisin; et l'obligation pour toutes de passer par la douane de Lyon, avant de pouvoir être mises en vente, a fait de cette ville le grand entrepôt des soies. Il s'en débite d'énormes quantités dans chacune des quatre foires annuelles, où, depuis la fin du xv° siècle accourent les négociants de toutes les parties de la France et de tout pays étranger. De larges privilèges favorisent les transactions faites dans ces foires; mais Lyon est surtout le marché des soies du continent.

Deux autres villes de l'Europe occidentale présentent un trafic de soie, ce sont : Amsterdam et Londres.

Amsterdam, nous l'avons dit, reçoit par voie de terre des grèges de la Perse. Elle reçoit par voie de mer les grèges du Levant que les navires hollandais vont chercher à Smyrne, en échange de draps et d'épices; et les grèges asiatiques qui arrivent de Batavia. Les Hollandais ont fondé des colonies dans l'Inde, dans les îles Moluque, dans les îles de la Sonde; ils sont en relations avec le Japon; leurs navires vont au golfe Persique et à Ceylan; et Batavia est le centre de ce commerce interocéanien comme du commerce direct avec Amsterdam. En Europe, ils font le commerce de la mer du Nord à la Méditerranée, de même qu'autrefois les Vénitiens et les Génois allaient de la Méditerranée à la mer Baltique. Amsterdam fait un grand commerce avec l'Angleterre et avec l'Allemagne, elle exporte les soieries de Harlem, les lainages de Leyde, les draps d'Utrecht, les toiles de Flandre; elle est la plus grande place pour les opérations de change.

Londres a un marché de soie beaucoup plus important que celui d'Amsterdam, mais il ne rayonne pas, et les transactions s'adressent à l'industrie locale des soieries établies à Spitatsfield et à Coventry. Après avoir pris sa large part en Amérique et créé de nombreuses colonies, le gouvernement anglais a adopté deux mesures prohibitives extrêmement rigoureuses : il a réservé aux seuls navires anglais tout transport soit dans la mère patrie soit dans les colonies, et il a déclaré que les seuls produits de l'industrie anglaise seraient admis dans la consommation des colonies. Auprès de l'industrie lainière et de l'industrie linière, figurait l'industrie séricicole; celle-ci avait besoin d'une matière première que le sol anglais ne produisait pas. De là l'apparition des Anglais sur le marché de la soie aux xvii° et xviii° siècles. Ils s'allient avec Schah Abbas lorsque celui-ci déclare la Perse indépendante de l'empire Ottoman, et s'installant dans le golfe Persique à Bender Abbassi, se mettent à proximité des soies de la Perse. Ils prennent pied dans l'Inde, auprès des Hollandais, et, après avoir fondé les comptoirs de Surate et de Bombay au xvii° siècle, s'emparent du Bengale au xviii° siècle profitant de la dislocation de l'empire du Grand Mogol en 1743. C'est là qu'ils créent leur sériciculture, et à la fin du xviii° siècle, sur 500,000 kilos de grège importée en Angleterre, il y en a 300,000 qui viennent du Bengale; 70,000 kilos sont fournis par la Chine et 130,000 par le Levant. Aucun sacrifice ne leur coûte pour assurer la suprématie de leur marine sur l'Océan; et tel sera son développement qu'en 1859, sur

5,500 navires qui passent annuellement au cap de Bonne-Espérance, il y en a plus de 2,000 qui sont Anglais, et 500 seulement sont Hollandais. La lutte des marines anglaise et hollandaise rappelle celle des marines vénitienne et génoise.

Il faut signaler la tentative faite par les Anglais pour obtenir, en 1738, la faculté de transporter leurs marchandises à travers la Russie vers la mer Caspienne. Ils ne purent déposséder les Arméniens, intermédiaires entre la Perse et la Russie depuis que les Italiens avaient quitté la mer Noire, fermée par les Turcs aux Occidentaux.

Les Arméniens vont jusqu'en Hollande, ils pénètrent en Russie par Kertch et Djoulfar. Ils ont au xviiie siècle une colonie importante à Astrakan, d'où ils commercent avec l'Inde, ils détiennent le commerce des soies du Ghilan, du Chirvau, d'Asterabad, après que Pierre-le-Grand, en 1722, enlève ces contrées à la Perse.

Pour clore l'énumération des routes par lesquelles au xviiie siècle circulent les soies d'Asie, mentionnons le service qui relie Trébizonde à Constantinople : il est fait par des navires turcs ou grecs. C'est une autre preuve de la persistance du commerce à suivre les mêmes voies en Asie.

Au xixe siècle de nouveaux changements se succèdent, et dans les routes que suit le commerce, et dans les intermédiaires, et dans l'importance relative des industries qui consomment la soie. Il faudrait, pour expliquer ces changements suivre les événements qui ont, à différentes reprises, si profondément modifié la géographie politique du globe, rechercher les conditions économiques au milieu desquelles s'est trouvé le tissage des soieries dans les différents centres de production ; montrer quelle influence sur les transports et les communications commerciales ont eue les merveilleuses découvertes de la science ; nous ne pouvons entrer dans ces détails.

La consommation de la soie n'a jamais cessé de croître. Depuis le commencement du xixe siècle, en ce qui concerne l'Europe, elle a quintuplé ; mais elle a changé de caractère : tandis que, autrefois, la soie n'entrait que dans les étoffes de luxe et constituait une sorte d'aristocratie parmi les textiles, elle entre aujourd'hui dans la composition de l'étoffe à très bon marché, étoffe tissée en soie pure ou étoffe mélangée de soie et de coton. Cette tend ;:ce de la soie à se démocratiser, si l'on peut se servir d'une semblable expression, à se répandre dans la grande consommation apparaît en France depuis que les fortunes sont amoindries : déjà sous le premier empire, la Chambre de commerce de Lyon se lamente des qualités des tissus que demande la consommation. Hors de la France, les fabriques rivales de celles de Lyon n'avaient conservé leur activité, qu'en se livrant à cette production des tissus d'un prix minime, à la portée du plus grand nombre de consommateurs. Lyon, qui avait gardé le monopole des étoffes riches, dût entrer dans cette même voie ; les mœurs le voulaient, les modes y poussaient par leur grande versatilité. A deux époques cependant, après de longues années de paix et au moment d'un réveil de prospérité plus ou moins réelle, à la fin de la monarchie de Juillet et à la fin du second Empire, il y eut un retour de la mode vers les étoffes riches, façonnées ou unies : mais il fut passager. Aujourd'hui, Paris demeurant toujours à la tête du mouvement et donnant le signal des modes à toutes les nations, on est descendu, pour les tissus où entre la soie, aux dernières limites du bon marché. De là vient, malgré la diminution des récoltes de soie en Europe, la persistance du bas prix de la matière première ; on ne tient plus compte des qualités de la soie, on ne recherche que le bon marché. Le fabricant s'ingénie à tirer parti de la soie la plus inférieure ; à économiser dans la contexture du tissu ; à suppléer par la charge des teintures ou par l'apprêt de l'étoffe à ce qui manque de consistance à celle-ci.

Avec des prix considérablement abaissés, et du moment qu'il a été possible de rencontrer des marchés où, malgré ces prix la marchandise arrive abondamment, la soie s'est répandue dans les emplois les plus variés. C'est par milliers que l'on compte les articles où il entre de la soie, quelque minime qu'en soit la quantité, quelque forme qu'ait la matière soyeuse. On peut donc dire que la soie se consomme par tous et dans tous les pays acquis à la civilisation.

Nous avons indiqué, en exposant la situation des pays producteurs de soie, les sources où le commerce des soies se procure la matière de ses transactions. Limitée par des conditions climatériques, la sériciculture est forcément resserrée dans une zone géographique ; elle s'y est développée, et il semble, industriellement parlant, car des tentatives d'éducation des vers à soie peuvent se faire dans toutes les latitudes, qu'elle ne puisse pas acquérir de nouveaux domaines. Mais il n'en est pas de même de la consommation, et il est impossible de décrire les mille canaux par lesquels circule la soie et de distinguer les qualités des soies consommées.

Le caractère de toutes les étoffes produites dans les vieux centres industriels qui conservent leur suprématie, Lyon, Zurich, Crefeld, Londres, et dans les nouveaux centres qui se forment, Moscou, Vienne, Paterson, c'est l'uniformité. Partout on a les mêmes procédés de fabrication, les mêmes types de tissus, les mêmes matières, soies ou fils de déchets de soie. — P.

*Bibliographie :* Anastisius : *Liber pontificatis ;* Barbaro : *Viaggio in Persia ;* Benedetto Dei : *Cronica ;* Bini : *I Luchesi in Venezia ;* Bini : *Su i Luchesi in Venezia ;* Bretschneider : *Notes on chinese travallers ;* Bock : *Geschichte der liturgischen gervander ;* Bavier : *La sériciculture au Japon ;* Bongi : *Della mercatura dei Luchesi ;* Canale : *Storia di genova ;* Capmany : *Memorias ;* Clugnet : *Géographie de la soie ;* Debernardi : *Il filatorista serico ;* Depping : *Histoire du commerce du Levant ;* Duseigneur : *Monographie du cocon ;* Fallmerayer : *Geschichte Trapezunt ;* Finlay : *The byzantine empire ;* Germain : *Histoire de Montpellier.* Géographes arabes : *Edrisi, Ibn Hauhal, Istachri, Aboulfeda, Ibn Batoutah ;* Hammer : *Constantinople ;* Heyd : *Histoire du commerce dans le Levant ;* Klaproth : *Tableaux de l'Asie ;* Liotard : *Memorandum the Silk in India ;* Luppi : *Dictionnaire de séricologie ;* Maillot : *Leçons sur le ver à soie ;* Marquardt : *Privatleben der Romischen ;* Francisque Michel : *Recherches sur les étoffes ;* Macrizi : *Histoire des sultans mameluks ;* Mas Latrie : *Histoire de Chypre ;* Muratori : *Antiquitates italicæ ;* D'Ohsson : *Histoire des Mongols ;* Pagnini : *Della decima, etc. ;* Pariset : *Histoire de la soie ;* Perret : *Monographie de la condition de Lyon ;* Pariset : *La Chambre de commerce de Lyon au XVIIIe siècle ;* Quatremère : *Mémoires sur l'Egypte et Histoire des Mongols ;* Remusat : *Le Khotan et Mémoires ;* Ritter : *Asien ;* Robinet : *Filature de la soie ;* Rock : *Textile fabrics ;* Rondot : *L'art de la soie ;* De Sacy : *Chrestomathie arabe ;* Scherer : *Histoire du commerce ;* Schuyler : *Turkistan ;* Sanuto : *Secreta fidelium crucis et Diarii ;* Turgan : *Grandes usines de France ;* Vivien Saint-Martin : *Mémoires ;* Wyckoff : *The silk goods of America ;* Yule : *Cathay ;* Publications périodiques et annuelles du gouvernement français, du gouvernement italien, des Chambres du commerce, des stations séricicoles, de la presse ; Meyer : *Geschichte der Zuricherischen seidenindustrie ; Arte della setta in Firenze ; Documents relatifs à l'histoire de France ; Rapports du laboratoire de soie à Lyon ;* etc., etc.

**Soie.** *Soies retorses.* Fils de soie moulinés ou fils de déchets de soie, réunis à plusieurs brins et retordus. Ils servent pour la couture, la broderie, la passementerie, la chenille, la dentelle, le lacet, etc. (V. Fils a coudre). En 1883, les Etats-Unis en ont fabriqué pour une valeur de 43 millions de fr. environ, l'Allemagne pour 12 millions, l'Angleterre pour 3 millions, la France pour 37 millions ; ce dernier chiffre se décompose en 19 millions pour la soie tirée du cocon et 18 pour la soie filée avec les déchets. Le grand centre producteur de soies retorses, en France, est Paris. || *Soies sauvages.* Produits fournis par les chenilles qui n'ont pas été élevées dans les magnaneries, appartenant à d'autres espèces que le *bombyx mori.*

Le mode de tirage de ces soies est tout à fait spécial. Comme le grès est beaucoup moins soluble, on plonge les cocons dans une lessive bouillante, puis lorsque la coque, par une ou deux immersions, se trouve suffisamment amollie, on tire la grège en tenant les cocons hors de l'eau ; c'est ce qu'on nomme la *filature à sec.* Au décreusage, cette soie ne perd que 6 à 10 0/0, tandis que celle du bombyx perd de 20 à 25 0/0. Les vers sauvages les plus répandus appartiennent au genre *antherœa* (*antherœa pernyi*, en Chine ; *antherœa mylitta*, dans l'Inde ; *antherœa-yamamri*, au Japon) qui se nourrit du chêne. Les soies provenant de ces vers arrivent en Europe sous le nom de *tussah* ; elles sont admises dans la fabrication de nombreux articles à Lyon et Roubaix comme en Angleterre et en Allemagne. Des tentatives ont été faites depuis longtemps pour acclimater les vers sauvages en France, notamment le ver de l'ailante (*philosamia cynthia*) et l'*antherœa pernyi*, mais ces essais n'ont pas donné de résultat industriel. || *Soie cuite* ou *décreusée.* Soie qui a subi différentes opérations que nous donnons à l'article Décreusage. || *Soie crue*, celle qui n'est pas décreusée avant la teinture. || *Soie grège.* Produit que donne la réunion des brins de cocons. || *Soie végétale.* Poils longs et soyeux que donne l'*asclépias.* — V. ce mot. || *Coton longue soie.* Sorte de coton à longs brins. || On donne le nom de *soie* à la partie du fer d'une épée, d'un sabre, d'un couteau qui pénètre dans le manche ou la poignée.

**SOIERIE.** Sous ce nom on comprend tous les tissus dans lesquels il entre de la soie.

Autrefois, les soieries avaient un cachet particulier : elles ne se composaient que de soie. Le mélange du coton et de la laine avec la soie était pour ainsi dire inconnu. Aussi les soieries étaient-elles les étoffes par excellence, admises par l'élégance et par le luxe pour les vêtements de cérémonie, conservant les qualités distinctives de la soie, c'est-à-dire le brillant et le doux toucher.

De nos jours, depuis le commencement du siècle, les étoffes dans la composition desquelles figurent simultanément le coton ou la laine avec la soie sont entrées dans la consommation journalière. De là deux grandes divisions comprenant chacune un nombre indéfini d'articles variés : *étoffes de soie pure, étoffes de soie mélangées.*

Les mêmes métiers et les mêmes procédés de fabrication sont utilisés, que l'on emploie dans le tissu, la soie pour chaîne et pour trame, ou que l'on emploie deux textiles différents, l'un pour la chaîne et l'autre pour la trame. Aussi s'efforce-t-on par des noms nouveaux, des noms de fantaisie qui ne portent, en eux-mêmes, aucune indication ni de matière ni de fabrication, de désigner à la consommation les articles de l'une et de l'autre catégorie. Mais tel article en vogue aujourd'hui est rejeté demain : la nomenclature des tissus compris sous le nom de *soieries* n'aurait que peu d'utilité, leur description ne pourrait même pas venir en aide aux archéologues des siècles futurs.

La véritable, la seule manière de décrire une étoffe c'est d'indiquer le jeu des fils de la chaîne : l'effet produit et qui constitue une *armure* dépend de la manière dont sont distribués les points de liage de ces fils, et de la longueur du fil qui flotte inactif. De semblables indications seraient très intéressantes pour permettre de retrouver dans le passé, des tissus dont la vogue a sauvegardé le nom de l'oubli ; mais elles ne peuvent prendre place que dans un dictionnaire spécial de tissus.

Nous nous bornerons à définir les types pour ainsi dire devenus classiques, types qu'on trouve à toutes les époques et que reproduit le tisseur chinois dans les provinces les plus reculées de la Chine. Ces types forment deux familles : les étoffes *unies*, les étoffes *façonnées.*

D'une manière générale, on peut dire que les étoffes *unies* sont celles qui peuvent être exécutées avec les *lisses* seules : l'effet qu'on produit, l'armure, est exécuté avec un petit nombre de fils de la chaîne. Lorsque l'armure est faite avec deux fils consécutifs, travail de la toile ordinaire qui s'exécute avec deux lisses, on obtient un *taffetas* (V. ce mot). Le mot *taffetas* vient du persan et il a été adopté au xiiie siècle. Suivant les matières employées, et suivant que l'on donne au tissu une contexture plus ou moins serrée, on fabrique avec cette armure les étoffes nommées ; *taffetas, florence, marceline, louisine* (dans lesquelles la chaîne et la trame sont en soies teintes cuites) ; *faille* (dans laquelle la trame est teinte souple) ; *foulard* (dans laquelle les chaîne et trame sont écrues) ; *crêpe* (dans lequel la chaîne et la trame sont de la grège fortement filagée) ; *gaze* (dans laquelle les trames sont assez éloignées de manière à former un tissu ajouré), etc. — V. ces mots.

Lorsque l'armure est faite avec plusieurs fils consécutifs et que les points de liage des fils de chaîne avec les trames forment une raie transversale, oblique, l'effet produit se nomme *sergé* (V. ce mot). Chacun des fils employés pour l'armure flotte au-dessus d'un même nombre de coups de trame qui peut être de deux au minimum. Le plus petit sergé est donc formé par trois fils. Comme on peut modifier la longueur de la bande et la direction du sergé, on forme avec cette armure des *chevrons*, des *losanges*, des *carreaux*, etc. De là un très grand nombre de tissus à effets variés : les *batavia, ras de Saint-Maur, virginie, royale, orléantine*, etc., sont des *sergés.*

Lorsque les points de liage ne se suivent pas régulièrement, et que l'armure est combinée de manière à ce que ce point de liage ne paraisse pas à l'endroit de l'étoffe, les deux fils voisins le couvrant, on obtient un    ssu à surface brillante et plate, c'est le *satin* (V. ce mot). En variant le nombre des fils employés pour l'armure, la position respective des points de liage, la longueur du flotté des fils, la nature des matières employées, on produit autant d'armures satinées différentes : leur énumération serait fort longue, *alcyone, satin princesse, satin atlas, satin duchesse, satin merveilleux, rhadamès,* etc. Le mot *satin* dérive de *zetani* qu'on trouve au XIVe siècle pour désigner un tissu originaire de la ville chinoise, nommée par les arabes Zeïtoun.

Pour augmenter l'effet de l'armure sans nuire à la solidité de la contexture du tissu, il est d'usage de subdiviser la chaîne en deux parties : l'une, la *toile*, ne sert qu'à lier la chaîne à la trame ; l'autre, le *poil*, doit produire l'effet cherché. C'est en créant une double chaîne que l'on a réussi à fabriquer des étoffes à grosses côtes horizontales telles que le *gros d'Ecosse*, et les étoffes velues telles que le *velours*, la *peluche* (V. ces mots) dans lesquelles le poil est mis en saillie puis coupé. Si le poil mis en saillie à l'aide de *fers* n'est pas coupé, les tissus prennent les noms de *peluche frisée* ou *bouclée, velours frisé* ou *épinglé*. Si sur la même étoffe il y a du velours frisé et du velours coupé, elle est dite *velours ciselé* ; les riches velours italiens du XVIe siècle étaient des velours ciselés. La différence de hauteur entre les deux poils de velours faisait donner au XVe siècle le nom de *alto basso* à cette magnifique étoffe.

Le *taffetas*, le *sergé*, le *satin* et le *velours* sont les armures unies fondamentales. On les retrouve dans les étoffes *façonnées* où le contraste de leurs effets, tantôt mats, tantôt brillants, est utilisé pour la représentation des dessins.

Ce qui distingue les étoffes façonnées, c'est qu'on y produit des effets par le jeu de fils trop nombreux pour être placés sur des lisses, et qu'on a recours aux mailles isolées, dites *maillons*, terminées par des pointes métalliques ou *aiguilles*, qui actionnent les *crochets* d'une *mécanique*. Aiguilles, mécanique renfermant les crochets, cartons interposés entre les aiguilles et les crochets de manière à laisser agir sur les aiguilles les seuls crochets correspondant au dessin, toutes ces inventions sont modernes et datent de cent ans. Vaucanson, Jacquard, Breton et une foule d'autres inventeurs ont attaché leur nom aux organes perfectionnés qui constituent le métier actuel.

Dans l'ancien métier qu'on rencontre encore dans les provinces de la Chine, et qu'on nomme le *métier à semples*, les maillons, qui doivent être soulevés pour laisser passer la navette sous les fils introduits dans ces maillons, sont attachés à une corde, nommée *semple* ; et un ouvrier spécial, appelé *tireur des lacs*, est chargé de tirer successivement chaque corde jusqu'à ce que les trames composant le dessin soient toutes mises à leur place. On comprend combien de difficultés offre l'exécution d'un dessin par de semblables procédés, et ce qu'est le maniement de cent à deux cents cordes. La substitution des crochets mécaniques, mus par un simple pédale, aux semples encombrants, a mis à la disposition du fabricant un clavier à ressources indéfinies. C'est par centaines qu'on

peut prendre des fils de chaînes pour multiplier les effets dans le dessin ou perfectionner l'exécution. Les mécaniques de huit cents crochets sont assez fréquentes, et on en a construit qui ont douze cents crochets.

L'imagination peut se donner carrière depuis le montage simple qui offre une chaîne remise suivie sur un corps de maillons, jusqu'au montage qui offre plusieurs chaînes, à remettage amalgamé, passées sur plusieurs corps de maillons et sur des séries de lisses, de *levée* ou de *rabat*, exécutant différentes armures. Aussi n'essayerons-nous de définir que les étoffes façonnées dont les noms sont le plus en usage.

Le tissu façonné le plus simple est le *taffetas façonné,* dans lequel un dessin est comme esquissé par un liséré qu'on obtient en laissant flotter soit la chaîne, soit la trame, tandis que le fond est un taffetas.

Le *taffetas pompadour* présente sur un fond taffetas des rayures armurées et des bouquets de fleurs. Il exige un montage à lisses et à corps : les lisses recevant les fils qui font le taffetas et les armures, et le corps de maillons recevant le poil qui produit les bouquets.

Le *damas* est le tissu dans lequel le dessin s'enlève en mat sur le fond qui est un *satin* ; une seule chaîne est employée ; les fils passent dans les maillons et dans les lisses de satin, et l'armure qui ressort dans le dessin mat n'est autre que l'armure du satin vue à l'envers. Le damas est dit *liséré*, lorsque le contour du dessin est indiqué par un trait d'une nuance différente de la nuance du fond, trait produit par une trame spéciale. V. DAMAS.

Le damas peut être *broché*. On dit qu'une étoffe est *brochée* quand elle porte, sur une partie de sa surface, un dessin exécuté à l'aide d'une trame qui a été appliquée sur cette seule partie du tissu et qui n'a pas traversé toute la largeur de ce tissu comme la trame qui fait le fond. L'avantage de ce procédé est d'économiser la matière première qui, en dehors du point où elle doit figurer, est complètement inutile. Presque toutes les anciennes étoffes, dans lesquelles on faisait apparaître l'or çà et là, pour en rehausser la richesse, sont *brochées*.

Lorsque la trame accessoire, or, argent ou soie, qui ne doit apparaître qu'à des points déterminés, laisse des brides plus ou moins longues, et passe dans toute la largeur, le tissu est alors nommé *lancé*. Chaque coup de trame de fond peut être accompagné d'une ou deux autres couleurs accessoires croissant partiellement la chaîne ; on énonce le nombre de trames ainsi employées dans une étoffe lancée, en disant que c'est une étoffe à deux ou à trois *lacs*. La plupart des anciens draps d'or, les plus riches, sont des étoffes lancées à deux lacs suivis, c'est-à-dire des étoffes dans lesquelles l'ouvrier a successivement fait passer la trame de soie qui lie le tissu, puis la trame or qui forme le dessin et qui est partiellement liée. On conserve néanmoins le nom de *draps d'or* à toutes les étoffes dans lesquelles l'or apparaît, ne fût-ce que pour brocher un ornement isolé ou un animal ou même une partie d'animal.

De nos jours les *brocarts* (V. ce mot), tissus d'or ou d'argent relevés de fleurs, de feuillages ou autres arabesques, sont exclusivement réservés aux ornements d'église : leur fabrication a bénéficié de tous les progrès qu'a faits le métier. Ce sont les seuls véritables *draps d'or*, car il est impossible de donner ce nom aux nombreuses étoffes brochées avec un fil d'or faux qui sont destinées à l'exportation, soit pour l'Amérique du Sud, soit pour l'Asie méridionale (Perse, Inde, Birmanie); le tirage de l'or est aujourd'hui complètement libre, et l'or trait n'est assujetti à aucune condition de titre.

Après tout, nos industriels ne travaillent pas pour l'art; et ils ont, lorsqu'ils fabriquent une étoffe, deux convenances à satisfaire : celle de la forme du costume et celle du prix demandé par la consommation. Nos vêtements, au XIXe siècle, n'ont jamais pu adopter les étoffes riches mais raides, qui ont eu la vogue pendant les siècles précédents, et, pour leur faire accepter le damas et les autres tissus façonnés, il a fallu modifier l'épaisseur de ces tissus. Aussi, pour retrouver le grand façonné, devons-nous le rechercher parmi les étoffes destinées à l'ameublement, et il serait juste, quand on parle des tissus façonnés, de distinguer les étoffes pour robes des étoffes pour meubles, bien que les métiers et les procédés de fabrication soient les mêmes.

C'est en examinant les étoffes pour meubles que nous nommerons trois tissus qui semblent appelés à conserver dans l'avenir la place qu'ils ont prise auprès des damas, nous voulons parler du *lampas*, du *droguet* et de la *brocatelle*. Dans le *lampas*, le fond est en satin ; et, le dessin, fait par la trame s'incruste pour ainsi dire. L'exécution de cette étoffe exige deux chaînes et trois remisses (trois séries de lisses), car le liage a lieu par une armure taffetas et une armure sergée. Dans le *droguet*, le fond est une armure quelconque sur laquelle le dessin s'enlève par un piqueté ou un velouté, c'est-à-dire par un effet de poil. Il y a donc deux chaînes ; un corps de maillons et une remisse de taffetas. Dans la *brocatelle* le dessin est fait par l'armure satin sur un fond qui est comme bosselé : la trame fait pour ainsi dire relief, et c'est pour cela que, pour le meuble, on emploie du fil comme trame. L'exécution demande deux chaînes et trois séries de lisses, car il y a un liage taffetas à l'envers et un liage sergé à l'endroit.

Auprès de ces riches et épaisses étoffes destinées aux tentures et aux meubles, nous avons, par un assez piquant rapprochement, à énumérer, pour terminer la nomenclature des tissus de soie, les étoffes diaphanes et vaporeuses, connues sous le nom de *tulles* et de *dentelles* (V. ces mots). Comment mieux faire ressortir les merveilleuses ressources offertes au tissage par la soie !

Nous n'avons pas placé le *tulle* à côté de la *gaze*, cet autre tissu ajouré si léger, et nous en avons fait une catégorie spéciale à cause du mode de fabrication qui est si différent. Le *tulle*, en effet,

est fabriqué à l'aide de bobines de métal portées par des chariots qui font une évolution autour de chaque fil de chaîne. Dans le *tulle bobin* (*Bobbin net lace*), les trames traversent obliquement le tissu dans toute sa largeur ; dans le tulle de *Bruxelles*, dit *tulle chaînette* (*hank net*), le passage est seulement d'un fil de chaîne au fil de chaîne voisin. Le *tulle grenadine* tire son nom de ce que la chaîne est de la soie ouvrée en grenadine avec torsion de 1,700 à 1,800 tours; le *tulle illusion* a pour chaîne un organsin plus fin et moins tordu. Le tulle est le réseau de la *dentelle* faite mécaniquement. Les dessins de la dentelle, l'*entoilage* ou le *grillé*, sont produits par le système des mécaniques usitées dans les étoffes façonnées. Du reste, les métiers pour faire le tulle ont été inventés dans le XIXe siècle, et on ne fabrique mécaniquement des tulles et des dentelles de soie à Nottingham, à Lyon et à Saint-Pierre-lès-Calais que depuis soixante ans environ.

Ni ces métiers, ni les métiers à tissage ordinaire sur lesquels se font les soieries unies et les soieries façonnées, ne sont réservés à la soie : ils forment le matériel de toute industrie textile. Le mélange du coton avec la soie n'a donc offert aucune difficulté, lorsque la consommation a demandé la production d'étoffes à très bon marché.

Toute la gamme des tissus, dont nous venons de parler, a été parcourue avec le mélange du coton à la soie. Mais il est convenu qu'il suffit qu'il y ait de la soie dans une étoffe mélangée pour que celle-ci entre dans la grande famille des soieries; tel satin, tel velours, tramé coton, qui fait partie des soieries, n'a pas, en poids, plus de 10 0/0 de soie.

De même que les noms d'*armures* et de *tissus* sont communs aux soieries pures comme aux soieries mélangées, de même d'autres désignations leur sont communes, que ces désignations rappellent des combinaisons particulières dans le tissage, ou des opérations postérieures au tissage.

Une étoffe est dite *rayée* quand la chaîne est divisée en différentes nuances qui forment les rayures. Cette étoffe rayée est dite *pékin* lorsque les rayures sont faites avec au moins deux armures différentes : une rayure taffetas et une rayure satin par exemple. L'étoffe est *quadrillée* lorsque les trames rappellent par leurs couleurs et par leurs dispositions les rayures de la chaîne : il y a des petits carreaux de deux couleurs ; il y a de grands carreaux écossais pour lesquels sept ou huit couleurs figurent, et dans les rayures de la chaîne, et dans les barres des trames.

Toute étoffe de soie pure ou étoffe mélangée, unie ou façonnée, peut, après avoir été levée du métier, subir une opération qui en modifie l'aspect : nous n'avons pas à décrire les procédés de ces opérations, mais nous devons en indiquer le but. Le *cylindrage*, passage avec pression sur un cylindre froid ou chauffé, a pour but de rendre la surface lisse et brillante, et de donner de la souplesse au tissu. Le *grillage* par la flamme du gaz, et le *rasage* à l'aide de lames placées en spirales sur un cylindre, doivent enlever le duvet qui ferait saillie. Le *polissage*, par le frottement répété de lames d'acier entrecroisées, donnera au tissu un aspect brillant et un toucher moelleux. L'*encollage* et le *gommage* ajoutent au tissu un corps étranger qui lui donne de la consistance et un toucher plus ferme. L'étoffe ainsi rendue plus rigide, est dite *apprêtée*. Le *glaçage* succède ordinairement au gommage, pour rendre au tissu du brillant. Le *gaufrage* (V. ce mot) a pour but d'incruster dans une étoffe le dessin tracé en relief sur un cylindre. Le *moirage* (V. ce mot) détermine l'écrasement partiel de la trame qui, perdant sa forme cylindrique, offre à la lumière de nouvelles surfaces réfléchissantes juxtaposées et différemment inclinées. Il est essentiel que ce soit la trame mise sous un pas qui s'écrase elle-même; aussi pour la *moire antique*, doit on replier le tissu sur lui-même et coudre les bords, de manière à maintenir chaque trame superposée à elle-même; et pour la *moire française*, fabrique-t-on deux pièces jumelles en même temps, afin de les placer ensuite exactement l'une sur l'autre, les trames passées en même temps se superposant. On dit : que la moire est *antique*, lorsque les effets sont produits au hasard, sous la pression d'une énorme *calandre*; qu'elle est *française* lorsqu'elle présente des effets réguliers, circulaires, dont on a préparé le tracé avec les dents d'une règle en bois avant de laminer les deux pièces, cousues l'une sur l'autre, entre deux cylindres chauffés.

L'*impression*, ou application, à l'aide de mordants, des dessins les plus variés, sur les étoffes, réussit très bien sur la soie. On peut dire

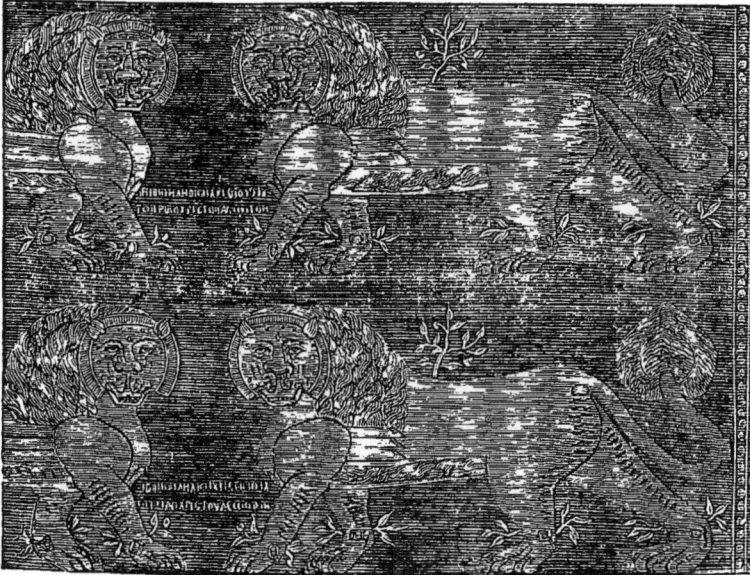

Fig. 182. — *Etoffe byzantine en soie du X*[e] *siècle. Fond pourpre, lions, feuillages et inscriptions en jaune.*

qu'on fait d'admirables *soieries peintes*, empruntant l'ancien nom de toiles peintes, donné aux cotonnades imprimées.

Terminons cette rapide énumération en mentionnant la *teinture en pièce*. Un grand nombre de tissus bon marché, foulard, satin, velours, damas, sont fabriqués avec des soies écrues, le fabricant se réservant de leur donner, postérieurement au tissage, la nuance demandée par la mode du moment. La teinture appliquée au tissu constitue ce qu'on nomme le *teint en pièce* : c'est une branche actuellement très florissante de l'industrie lyonnaise.

Si ces dernières opérations, la teinture postérieure au tissage, et la peinture des tissus, ont été signalées et appliquées depuis fort longtemps chez les peuples asiatiques, Chinois, Indiens, Caucasiens, et chez les Egyptiens, on ne peut en dire autant des autres opérations dont nous avons parlé.

L'étude des anciennes étoffes, au point de vue technique, n'a pas encore été faite. Il en a été question à Lyon, et, dans ce but, la chambre de commerce a réuni des modèles de tous les métiers qui ont été successivement mis à la disposition des ouvriers, en indiquant avec soin les modifications qui constituaient pour chacun d'eux un progrès. Il y a telle de ces modifications qui a permis d'apporter dans l'étoffe un perfectionnement parfaitement défini, et qui dès lors donne une date de la fabrication. La décomposition des échantillons peut donc aider à classer ces échantillons ; il suffit de juxtaposer un tissu byzantin du dernier siècle, un velours italien du XVIe siècle, et une étoffe lyonnaise pour meubles de la fin du XVIIIe siècle, pour comprendre quelle marche a faite l'industrie, grâce aux améliorations successives apportées à l'ancien métier à semples.

Jusqu'à présent, on s'est principalement préoccupé de déterminer les pays d'origine de nos vieilles soieries; Francisque Michel, en ne laissant inexploré aucun volume, où une étoffe fut mentionnée; le chanoine Bock, en recueillant avec tant de soin et d'habileté, les étoffes enfouies dans les tombeaux ou dans les trésors des cathédrales pour en former des collections; Daniel Rock en essayant de classer les matériaux si précieux renfermés dans le Kensington muséum. L'histoire de la production et du commerce des soieries, pour les siècles passés, est donc à peu près connue: il faudrait écrire maintenant à l'aide des étoffes l'histoire de la fabrication. On pourra, ce semble, le faire, car les pays asiatiques, où les traditions se maintiennent avec une immobilité étrange, fournissent les renseignements pour le point de départ. N'est-il pas, en effet, un métier primitif, ce métier à une seule lisse, dit *métier à ceinture*, parce que l'ouvrier chinois, à Yang-Tseu, se renverse en arrière et appuie le dos sur une ceinture de cuir qui actionne la chaîne et fait le passage à la navette? De même ce métier avec *lisses à pantins*, sur lequel l'ouvrier indien, à Thana, fabrique les taffetas à dessins géométriques? De même encore le *métier vertical*, avec la navette longue autant que l'étoffe est large, et avec la règle en bois, *spatha*, qui sert à réduire la trame.

Le métier que décrivent saint Aster, évêque d'Amasie, et saint Théodoret, évêque de Cyr, métier sur lequel on fabriquait avec la laine et le coton, en Syrie, au IV<sup>e</sup> siècle, des tissus avec personnages et fleurs, grâce à des cordes attachées aux fils de chaîne, n'est-il pas le métier à semples avec lequel on tisse encore aujourd'hui, en Chine, les taffetas façonnés, les étoffes à poils, les damas, les gazes façonnées, etc., dont une si curieuse collection fut apportée à Saint-Etienne, en 1845, par M. Isidore Hedde.

Fig. 183. — *Italie, fin du XIV<sup>e</sup> siècle.*

Cet outillage n'a pas été modifié pendant les périodes que nous appellerons «byzantine» et «arabe», c'est-à-dire du IV<sup>e</sup> au XIV<sup>e</sup> siècle de notre ère. On peut, en effet, avec lui, se rendre compte de la fabrication des étoffes anciennes que renferment les musées, étoffes dont les dessins de petites dimensions ont été exécutés avec un nombre de fils restreint, et avec des effets de chaîne ou de trame très simples.

Lorsqu'au XIV<sup>e</sup> siècle l'industrie des soieries est devenue italienne, lorsqu'au contact de l'art occidental elle a rejeté les vieux clichés où se reproduisaient avec une raideur mathématique les figures géométriques ou les animaux symétriquement affrontés, le métier s'améliore.

On rencontre dans les étoffes du XIV<sup>e</sup> siècle, soit de la Sicile, soit de Lucque, un dessin plus hardi et une exécution plus travaillée.

Au XVI<sup>e</sup> et au XVII<sup>e</sup> siècles, lorsqu'un grand élan est donné à tous les arts, sculpture, gravure, peinture, l'industrie de la soie en bénéficie elle aussi. Les splendides velours de Florence et de Venise, les riches étoffes italiennes et françaises attestent les énormes progrès réalisés et dans la préparation des matières premières, et dans l'art du dessinateur, et dans l'outillage.

Au XVIII<sup>e</sup> siècle, pendant que l'éclat de la fabrique italienne s'éteint et que la fabrique française atteint la plus grande splendeur, le foyer des recherches est à Lyon. Les améliorations incessamment poursuivies dans tous les instruments de travail, les perfectionnements dans le métier à semple, la création du métier à la grande tire, l'organisation spéciale d'une école de dessinateurs pour la décoration des tissus, conduisent à la réalisation de ces magnifiques étoffes style Louis-quinze et style Louis-seize.

Au XIX<sup>e</sup> siècle, l'industrie de la soie profite de tous les progrès qui sont réalisés dans les sciences et dans les arts. Le métier est complètement transformé, grâce à la mécanique à crochets qui permet d'utiliser des milliers de fils en donnant à chacun un jeu différent; les peignes reçoivent des dents en acier si fines que dans une largeur d'un centimètre, on peut en juxtaposer plus d'une centaine; la soie est poussée à une telle perfection que le fabricant peut, sans peine, tisser des fils qui ne pèsent pas 1 gramme sur une longueur de 500 mètres; enfin, les teinturiers ne cessent d'inventer des couleurs nouvelles. Aussi les fabricants, qui ne sont liés par aucun type décoratif de convention, s'abandonnent-ils à tous les caprices de leur imagination; et ils exécutent des tours de force comme fabrication et comme coloris.

Mais c'est assez s'arrêter sur les améliorations que l'art du tissage, indéfiniment perfectible, présente de nos jours; nous avons à passer en revue les différents pays où l'on fabrique des étoffes de soie, et à essayer de définir, pour chacun d'eux, les conditions dans lesquelles s'exécute le travail.

*Les soieries en France.* La France occupe la première place pour l'industrie de la soie en Europe, au xıxᵉ siècle; elle l'avait déjà conquise dans le siècle précédent, mais il y a quelques changements dans les centres de production qui, au xvıııᵉ siècle, apportaient leur contingent.

Rouen et Orléans, où l'on trouve des métiers depuis le xvᵉ siècle, ont renoncé au tissage de la soie.

Avignon, très florissante sous la domination des papes, concurrente redoutée des manufactures françaises jusqu'au xvıııᵉ siècle, ne compte plus que quelques métiers isolés travaillant pour les fabricants de Lyon.

Tours est bien déchue de son ancienne splendeur; ses manufactures, fondées en 1470, par Louis XI, et dirigées par d'habiles fabricants, pour la plupart italiens, avaient rapidement prospéré. Elles occupaient, au xvııᵉ siècle, 8,000 métiers, lorsque la révocation de l'édit de Nantes fut proclamée. Une grande partie des fabricants et des ouvriers émigrèrent en Angleterre et en Allemagne. Durant le xvıııᵉ siècle, le nombre des métiers varia entre 1,500 et 2,000. Aujourd'hui, on compte à peine 1,000 métiers fabricant des soieries à Tours, et la production s'élève à 6 millions de francs à peine.

Nimes, qui figure parmi les quatre grandes villes auxquelles Colbert donna des règlements pour la manufacture des draps de soie, n'a jamais eu une industrie très importante. Elle avait accueilli des colonies d'Italiens, et s'était occupée de sériciculture dès la fin du xıııᵉ siècle; elle devait, dans la pensée du roi de France, lutter avec Avignon qui venait d'être cédée aux papes; mais les taffetassiers de Nimes n'ont jamais eu à servir qu'une consommation locale assez restreinte. Les privilèges qu'ils obtinrent de Louis XII, en 1498, ne les aidèrent pas à prendre une grande extension. On retrouve encore quelques métiers, tissant des étoffes unies et façonnées, dans un quartier de la ville où ils se sont groupés depuis longtemps.

Paris, où sont signalés, au xıııᵉ siècle, des ouvriers tissant drape de soie et « veluyaux », où florissaient au xvııᵉ siècle les deux communautés d'ouvriers en drap de soie à la grande navette et de tissutiers à la petite navette, où, enfin, au commencement du xıxᵉ siècle, s'était établie une importante fabrication de châles; Paris ne figure plus, dans l'inventaire des centres producteurs de soieries, que pour la passementerie. On y fabrique des galons, des franges, des chenilles, en un mot toutes sortes de ces tissus étroits destinés à garnir les vêtements et les meubles, tissus sans cesse renouvelés, rajeunis, dans lesquels les fabricants déploient les ressources de la plus fertile imagination. La production des articles où entre la soie est estimée, pour les fabriques de Paris, à 70 millions de francs. C'est à Paris qu'on prépare et emploie la plus grande quantité de soies retorses et de cordonnets de schappe pour la couture, la passementerie, la broderie, les dentelles, etc.

Saint Etienne et Lyon étaient les autres manufactures de soieries françaises célèbres avant le xıxᵉ siècle; mais avant de rechercher ce qu'elles sont devenues, nous parlerons des manufactures nées dans le xıxᵉ siècle.

Saint-Pierre-lès-Calais possède une manufacture datant de soixante ans environ. On y fabrique uniquement les tissus à réseaux : les tulles et les dentelles. Le fond du tissu est en soie grège, le dessin est en cordonnet de schappe combiné avec la fantaisie blanche. Cette fabrication n'est devenue importante qu'après la découverte du métier, inventé à Nottingham, qui permet de produire mécaniquement le tulle. Les métiers viennent d'Angleterre. On estimait, en 1885, le nombre des métiers de tulle établis à Saint-Pierre-lès-Calais, à 1,800, et la consommation des matières premières à

| | |
|---|---|
| Soie filée. . . . . . . . . . . . . . | 80.000 kil. |
| Soie grège. . . . . . . . . . . . . . | 65.000 — |
| Coton . . . . . . . . . . . . . . . | 20.000 — |
| Bourre de soie. . . . . . . . . . | 88.000 — |

Quand la mode abandonne le soie, ces métiers travaillent la laine. La valeur de la production de la manufacture de Saint-Pierre-lès-Calais, au point de vue des soieries, est, en effet, très variable. Elle a atteint, en 1881, 75,000,000 de francs; elle n'était, en 1885, que de 20,000,000 de francs.

Roubaix et Amiens, où l'industrie de la laine et du coton est déjà ancienne, ont, depuis trente ans, essayé de mélanger la soie aux autres textiles. Le succès de ces tissus mélangés, parfaitement appropriés au goût et aux demandes de la consommation, a déterminé l'expansion, dans le Nord de la France, d'une fabrication importante d'étoffes qui s'adressent au mobilier et aux vêtements. Il est donc difficile d'évaluer le chiffre de cette production qui est essentiellement variable, surtout maintenant que la manufacture lyonnaise s'est mise à fabriquer des tissus similaires et à modifier ses anciennes étoffes de soie pure battues par les étoffes mélangées de Roubaix.

Si l'industrie de la soie compte, en France, comme nous venons de le dire, un assez grand nombre de centres de production, elle n'est, en réalité, soutenue et représentée que par deux manufactures : Saint-Etienne et Lyon, celles-ci éclipsant toutes les autres.

Saint-Etienne est le centre de la fabrication des rubans. Etablie depuis le xıııᵉ siècle, dans le Forez, cette industrie a débuté à Saint-Chamond, où l'on trouve, d'autre part, au xvᵉ siècle, le moulinage des soies organisé pour le compte des Italiens qui l'habitaient Lyon. Entre Saint-Etienne et St-Chamond il y avait, au commencement du xvıııᵉ siècle, 6,000 ouvriers occupés du tissage des rubans et lacets. Le développement de cette industrie fut rapide lorsque le métier *à la zurichoise* ou métier *à la barre*, sur lequel on peut tisser plusieurs pièces à la fois, s'est substitué au métier à haute-lisse disposé pour produire une seule pièce. Les ouvriers, habiles aux travaux mécaniques, vivant dans une région où la métallurgie et la fabrication des armes ont, de tout temps, été florissantes, apportèrent de continuels perfectionnements à ce métier, aujourd'hui presque transformé. Aidés par ces utiles collaborateurs, aidés par les teinturiers et les dessinateurs, les fabricants ont réussi à traverser les crises que les variations de la mode imposèrent à la production à différentes reprises. Ils ont à lutter contre la concurrence de la Suisse et de l'Allemagne, redoutables par le bon marché de la main-d'œuvre; ils ont à remplacer la clientèle américaine, car le marché de New-York qui, pendant longtemps, est demeuré leur principal débouché, leur est aujourd'hui à peu près interdit. Avec une persévérance qui ne se lasse pas, ils modifient leur tissage, se pliant chaque saison à la demande présente, faisant du broché, du façonné, du satin, du velours, adoptant le coton ou le fil. Pour satisfaire rapidement la consommation, ils n'ont pas hésité à substituer le régime de la manufacture à celui des métiers isolés. C'est, en somme, un centre fortement organisé. Il y a peu d'années, c'est à Saint-Etienne qu'on réussissait à produire les velours, chaîne schappe, qui jusqu'alors, était monopolisé par les Allemands

La production de St-Etienne était évaluée à 17,000,000, de francs en 1805 ; à 50,000,000, en 1834 ; à 120,000,000,

en 1872. Arrêtons-nous à cette date, qui est le point culminant, pour décomposer cette production ; elle comprend :

| | |
|---|---|
| Rubans unis ou façonnés, soie pure ou mélangée | 70 millions |
| Rubans de velours | 20 — |
| Galons | 6 — |
| Lacets et tresses | 15 — |
| Passementerie | 5 — |
| Rubans caoutchouc | 4 — |

et représente le travail de 20,000 métiers environ dont

Fig. 184. — *Italie, fond violet à dessins jaunes, fin du XIV* siècle (Musée du Louvre).*

1,500 sont mus par la vapeur ou par des moteurs hydrauliques. Les grands ateliers réunissant un grand nombre de métiers tendent à s'y substituer aux petits ateliers, dans le but de diminuer les frais. Il y a encore, néanmoins, beaucoup de ces petits ateliers dont les métiers appartiennent au patron, maître-ouvrier passementier, souvent propriétaire de la maison qu'il habite. Les fabricants, en général, prennent une spécialité de produits et concentrent leur intelligence et leur initiative sur ce produit. Nous insistons sur les détails de cette organisation, parce qu'ils constituent la différence entre l'industrie stéphanoise et l'industrie bâloise.

Aujourd'hui, le chiffre de la production n'est plus que de 65,000,000 de francs. Mais il faut remarquer que le prix moyen des produits a énormément diminué, tant à cause de la baisse des soies que par l'augmentation du mélange de coton. En consultant, pour 1885, les documents fournis par la Chambre de commerce de Saint-Etienne, on trouve que cette fabrique a fourni à la consommation intérieure de la France pour 45,771,000 francs et à l'exportation 19,134,000. Ce chiffre de l'exportation stéphanoise est le plus faible qu'on ait vu depuis de longues années ; il s'est élevé par moments à près de 100,000,000 de francs.

Lyon offre le même spectacle que nous a donné Saint-Etienne, d'un développement industriel merveilleux pendant le XIXe siècle. Elle a été moins cruellement frappée par les droits énormes qui pèsent sur les soieries à l'entrée dans les Etats-Unis, depuis la guerre de sécession, et par l'introduction de la fabrication des étoffes de soie en Amérique ; l'exportation des tissus pour les Etats-Unis a, en effet, seulement diminué, tandis que celle des rubans s'est presque complètement arrêtée. Mais Lyon a traversé d'autres épreuves qui lui ont été particulières, elle a eu des crises périodiques, des émeutes, des crises financières. De plus, elle a dû, deux fois, transformer son organisation, d'abord, pour transporter le travail dans les campagnes, hors de Lyon ; puis substituer les moteurs hydrauliques ou à vapeur au tissage à bras.

Comme Saint-Etienne, Lyon a dû se plier aux caprices incessants de la mode, passer de l'uni au façonné, de l'étoffe riche à l'étoffe bon marché, et réciproquement. Comme Saint-Etienne, Lyon a vu les concurrences les plus redoutables surgir en Angleterre, en Allemagne, en Suisse ; concurrences d'autant plus terribles que la vogue demeure à l'étoffe unie, la plus facile à produire, et que les progrès réalisés dans le matériel, progrès qui visent à faciliter l'exécution parfaite, tendent à annihiler la supériorité personnelle de l'ouvrier. Les fabricants lyonnais ont fait preuve de la plus grande et de la plus constante énergie ; ils ont montré, dans les crises les plus aiguës, avec quelle prudence ils opèrent et quel souci de leur crédit ils conservent.

Il est vrai que l'organisation de la manufacture, à Lyon, ôte aux fabricants une partie des mauvaises chances du chômage : les métiers ne leur appartiennent pas, et sont isolés dans de petits ateliers où l'ouvrier est maître de travailler pour celui qu'il préfère. Aucun contrat de longue haleine ne lie le fabricant et l'ouvrier qu'il occupe. Cette organisation a été conservée lorsque les métiers se sont répandus hors de la ville de Lyon ; elle est encore maintenue aujourd'hui, bien que les métiers se groupent dans les usines pour le travail mécanique. Le fabricant lyonnais loue la main-d'œuvre, au jour le jour, ici de l'entrepreneur qui a construit l'usine mue par une force mécanique, là du chef d'atelier rural. Le nombre de fabricants qui ont des usines à leur charge et sont propriétaires, est très limité. Cet état de choses auquel l'ouvrier lyonnais, avide d'indépendance, a toujours tenu, donne ce remarquable résultat que l'ouvrier demeure collaborateur pour le fabricant. Il a l'amour-propre de bien faire ; il concentre toute son intelligence sur les améliorations dont le métier est susceptible, et c'est à l'expérience pratique de l'ouvrier que l'industrie lyonnaise est redevable du plus grand nombre des perfectionnements réalisés.

Une autre force a été trouvée dans la spécialisation des articles. Un fabricant, et toute la série d'ouvriers qu'il occupe, n'ont d'attention que pour un genre de tissu ; ici le foulard, là le crêpe ou le tulle, ailleurs le satin, etc. Cette division existe pour les étoffes façonnées comme pour les étoffes unies ; telle maison fabrique l'étoffe pour meubles, telle autre le façonné pour robes. Chacun s'attache à faire une chose et à la bien faire ; aussi quel concours l'industrie lyonnaise a trouvé chez les teinturiers, les apprêteurs, les imprimeurs !

Quelle incessante recherche de nuances nouvelles pour le noir comme pour la couleur, manière à réveiller la consommation lorsqu'elle ne veut que de l'étoffe unie et que les dessinateurs ne sont pas appelés à l'exciter par la nouveauté des dessins : au xviii° siècle, la supériorité des couleurs teintes à Lyon était attribuée à la nature des eaux ; les teinturiers, au xix° siècle, ont établi leur supériorité par des découvertes de matières colorantes, par le perfectionnement de l'outillage, par des progrès incessants de manipulation. Quelles applications scientifiques ont été réalisées par les apprêteurs ; quelles connaissances spéciales, fruits d'une longue pratique, conquêtes successivement accumulées, ont été nécessaires pour

faire de l'apprêt un véritable art, apportant à chaque tissu son cachet particulier, sa perfection, ses qualités, sans lesquelles il n'eut pas été adopté par la consommation ! Quelle science, et des couleurs, et des mordants, et de la gravure des dessins, a été déployée par les imprimeurs sur étoffes au xix° siècle. On ne tarirait pas si on voulait descendre dans tous les détails de cet ensemble d'efforts qui a constitué et qui maintient la supériorité de la fabrique de Lyon ; efforts qui ne cessent de se répéter pour donner à tout produit sa perfection, qu'il s'agisse du grand façonné pour meuble ou de la satinette pour doublure d'écrins.

A la fin du xvii° siècle, après une période brillante pendant laquelle elle a lutté contre les fabriques italiennes, elle est désorganisée par l'édit de Nantes et par les tristesses de la fin du règne de Louis XIV. Le chiffre des métiers occupés descend à 2,500. Cent ans plus tard, en 1788, la fabrique occupe 18,000 métiers, c'est-à-dire le double du maximum qu'elle a eu précédemment, et elle éclipse ses rivales par la beauté et la perfection de ses produits que toutes les cours d'Europe recherchent. C'est à Lyon qu'on vient chercher les soieries qui se débitent à la foire de Leipzig, et les soieries qui vont s'embarquer à Cadix pour les colonies espagnoles. La consommation anglaise ne peut se passer des étoffes lyonnaises que la contrebande lui procure au péril des plus grands dangers. La production lyonnaise est alors évaluée à 60,000,000 de francs.

Détruite par la Révolution, la fabrique lyonnaise se reconstitue, en 1801, avec 5,000 métiers environ dont 300 seulement peuvent faire du façonné. Elle est en présence d'un ordre de choses nouveau. En France, des mœurs nouvelles ont créé des costumes nouveaux ; le luxe accepte les dentelles et les broderies sur vêtements, mais il repousse les tissus façonnés ; et, la mode, prise d'anglomanie, ayant mis en vogue les indiennes, les cotonnades imprimées, il faut, dans la fabrication des étoffes de soie unies, viser au bon marché. A l'extérieur, des lois prohibitives excluent les riches soieries lyonnaises des cours du Nord en Europe, et de la consommation anglaise. Tout est s'adonnant aux tissus d'un prix modeste, la fabrique lyonnaise se souvient que pour avoir la souveraineté industrielle, pour ne pas être dépassée par ses rivales, une fabrique de soieries doit avoir la maîtrise du façonné ; elle s'efforce de renouer les traditions du passé ; les fabricants sollicitent et obtiennent du gouvernement impérial des commandes d'étoffes destinées à meubler les palais, et avec ces tissus ils reforment la pépinière de dessinateurs et des ouvriers exceptionnels. Ses écoles de dessin sont réouvertes, l'élévation du style et la grâce ne

Fig. 185. — *Règne de Louis XIII, fond gris perle broché en or, en rouge et en blanc.*

tardent pas de reparaître dans les compositions qui, bientôt, s'imposent à la consommation et qui sont recherchées par les concurrents comme des modèles à copier. En même temps, fabricants et ouvriers se familiarisent avec le nouveau métier qui vient d'apparaître et qui a supprimé les semples; ils en étudient les organes, les améliorent; ils apprécient tous les avantages que cette mécanique ingénieuse pourra rendre lorsqu'il s'agira de produire rapidement en multipliant les créations de dessins exigés par une mode capricieuse.

Viennent les années de paix, les séries d'années qui, de temps à autre, relèvent la richesse publique, accroissent les fortunes et invitent le luxe à se développer; que les Expositions organisées par le gouvernement sans que la politique y intervienne, permettent aux fabricants de solliciter la consommation en la séduisant par les merveilles qu'ils peuvent lui fournir, et l'industrie lyonnaise montrera qu'elle est prête à reprendre la prééminence qu'elle avait au siècle dernier, qu'elle est toujours la grande manufacture.

En 1810, il y a, d'après la Chambre de commerce de Lyon, 12,000 métiers, et en 1824, 20,000 métiers occupés; on fabriquait à Lyon, en 1810, pour 53,000,000 de francs et, en 1824, pour 100,000,000 de francs d'étoffes de tout genre, unies et façonnées, soie pure ou étoffes mélangées, moirées, imprimées, etc. Il y avait bien peu de métiers façonnés sur le nombre. En 1845, le nombre des métiers atteignait près de 50,000, et l'exportation seule prenait pour 100 millions de francs d'étoffes de soie. En 1859, la production des étoffes façonnées

Fig. 186. — Soierie de Lyon Louis-quinze.

atteint 100,000,000 de francs, et près des trois quarts de cette production sont demandés par la consommation du dehors. Il n'y a pas un style déterminé : les fabricants n'ont qu'un soin, celui de donner à chaque consommateur le dessin qui lui plaît. Les étoffes de la Renaissance, celles du siècle de Louis XIV, le pompadour, les rayures, les petites fleurs en semis, les imitations des dessins japonais, les fleurs et feuillages, tant de nos jardins que de nos serres, tous les motifs sont reproduits.

Délaissée par la mode, l'étoffe façonnée n'abandonne pas sa place; elle se transforme, elle cesse d'être l'étoffe riche, luxueuse; elle devient, au besoin, du damas tissé en écru sur les métiers mécaniques et teint en pièce. La production en était descendue à 10,000,000 de francs, elle est remontée aujourd'hui à près de 60,000,000 de francs.

Remarquons-le, cette préoccupation de l'étoffe façonnée n'est pas exclusive, elle ne distrait pas les fabricants lyonnais des besoins de la grande consommation. S'agit-il de l'étoffe unie et celle-ci est-elle en vogue? la

fabrique de Lyon fournira, en 1876, jusqu'à 365,000,000 de francs en étoffe de soie pure unies. La mode veut-elle de l'étoffe mélangée, soie et coton? la fabrique lyonnaise se retournera et produira, en 1885, pour 120,000,000 de francs en tissus mélangés unis et pour 24,000,000 en tissus façonnés. C'est dans ce ressort, dans cette énergie, dans cette souplesse que l'industrie lyonnaise montre combien est puissante la sève qui l'anime!

Sa redoutable rivale était l'industrie anglaise; celle-ci avait, depuis le commencement du siècle, bénéficié de toutes les circonstances qui avaient déprécié l'industrie française; elle avait, par un merveilleux développement, aidé au développement non moins remarquable de la puissance coloniale de l'Angleterre, et atteint vers le milieu du siècle, le chiffre de 80,000 métiers pour la production des soieries. Lyon se plaignait de la concurrence, s'efforçait, par les mesures les plus violentes, d'empêcher que les secrets de sa fabrication fussent communiqués à Londres. Peu à peu, des principes économiques moins étroits ayant prévalu en matière de douanes et les relations internationales étant devenues plus faciles, les lyonnais reconnurent que leurs rivaux pouvaient être vaincus. Après 1860 et les traités de commerce qui laissent libre le commerce des soieries entre l'Angleterre et la France, les étoffes lyonnaises s'emparent des marchés anglais; l'Angleterre devient la principale cliente de Lyon, et, soit par sa consommation, soit par son commerce d'importation, donne la plus vive impulsion à l'industrie lyonnaise.

Plus récemment, c'est avec l'Allemagne et la Suisse que la lutte a été engagée. Mais sur les marchés si importants de Paris et de New-York, les fabricants de Lyon, par des efforts incessants, par une merveilleuse intuition, pour deviner et satisfaire la consommation en transformant sans cesse leurs produits, battent leurs concurrents cependant si ardents dans la lutte.

Voici quelques chiffres qui indiqueront les étapes de cette marche progressive si remarquable de l'industrie lyonnaise. En 1820, on consommait à Lyon 641,250 kilogrammes de soie; en 1824, 1,000,000 de kilogrammes dont les 2/5 étaient fournis par la sériciculture indigène, 3/5 par l'Italie; de nos jours, l'industrie lyonnaise consomme près de 4 millions de kilogrammes de soie qui lui sont fournis par tous les pays producteurs de soie, dans la proportion d'une moitié par l'extrême Asie, d'un quart par l'Italie, d'un huitième par le Levant et l'Espagne.

En 1824, elle produisait, disions-nous tout à l'heure, des étoffes pour une valeur de 100,000,000 de francs; sa production, aujourd'hui, représente 400,000,000 de francs.

En 1824, elle occupait 20,000 métiers renfermés dans Lyon; aujourd'hui, elle occupe plus de 100,000 métiers, dont 25,000 métiers mécaniques, répandus à Lyon et dans les départements voisins : Ain, Isère, Drôme, Savoie, Loire, Haute-Loire, Vaucluse.

Au reste, la Chambre de commerce de Lyon, en 1872, calculait la quantité de soie consommée, à Lyon, à 3 millions 760,000 kilogr. se divisant en 2,335,000 kilogr. soies ouvrées en France, 1,125,000 kil. soies ouvrées à l'étranger, 200,000 kil. soies employées en grèges; elle évaluait la production lyonnaise à 500,000,000 de francs, dont les deux tiers étaient exportés; elle estimait à 80,000 personnes le nombre de tous ceux appartenant aux divers états qui se groupent autour de l'industrie et du com-

| Groupe lyonnais et stéphanois. | Métiers mécaniques, Actifs | Inactifs | Totaux | Métiers à bras en activité |
|---|---|---|---|---|
| Ain (soie) . . . . . . . . | 391 | 127 | 518 | 3.745 |
| — (mélanges) . . . . . | 105 | 66 | 171 | » |
| Ardèche (soie) . . . . . . | 80 | 127 | 207 | 9 |
| Drôme (soie) . . . . . . | 148 | 152 | 300 | 35 |
| — (mélanges) . . . . | 44 | » | 44 | » |
| Gard (soie) . . . . . . . | 52 | 7 | 59 | 350 |
| — (mélanges) . . . . . | » | » | » | 1.755 |
| Isère (soie) . . . . . . . | 4.180 | 198 | 4.378 | » |
| — (mélanges) . . . . . | 153 | » | 153 | » |
| Loire (rubans) . . . . | 12.000 | 11.180 | 23.180 | 6.000 |
| Haute-Loire (soie) . . . | 280 | 20 | 300 | 840 |
| — (mélanges) . | 40 | 12 | 52 | 55 |
| Rhône (soie) . . . . . . | 2.110 | 30 | 2.140 | 34.945 |
| — (mélanges) . . . . | 255 | » | 255 | 558 |
| Saône-et-Loire (soie) . . | 250 | 30 | 250 | 735 |
| — (mélanges) . . | 160 | 80 | 240 | » |
| Savoie (soie) . . . . . . | 918 | 151 | 1.069 | 265 |
| Haute-Savoie (soie) . . . | 330 | 137 | 467 | 40 |
| Vaucluse (soie) . . . . . | 65 | » | 65 | 105 |
| Groupe du Nord. | 21.531 | 12.937 | 33.848 | 49.437 |
| Nord (soie et mélanges) | 10.165 | 106 | 10.271 | 5.172 |
| Aisne . . . . . . . . | » | » | » | 1.360 |
| Somme (soie) . . . . . | 150 | 50 | 200 | » |
| Orne . . . . . . . . | 1.900 | 10 | 1.910 | 200 |
| — (mélanges) . . . . | 60 | » | 60 | 1.500 |
| Oise (mélanges) . . . . | 48 | » | 48 | 35 |
| Groupe de l'Est. | 12.323 | 166 | 12.489 | 8.267 |
| Vosges (mélanges) . . . | 216 | 2 | 216 | 1.200 |
| Meurthe-et-Mos. (mél.) . | 3 | » | 5 | » |
| Groupe de Paris. | 219 | 2 | 221 | 1.200 |
| Seine (soie) . . . . . . . | 42 | 36 | 78 | 85 |
| Seine-et-Oise (mélanges) | » | » | » | 169 |
| Groupe de la Loire. | 42 | 36 | 78 | 254 |
| Indre-et-Loire (soie) . . . | » | » | » | 450 |
| Maine-et-Loire (mél.) . . | » | » | » | 264 |
| Divers. | » | » | » | 714 |
| Tarn-et-Garonne . . . . | 30 | 20 | 50 | » |
| Haute-Garonne (mélanges) | » | » | » | 80 |
| Haute-Vienne (mélang.) | 20 | 8 | 28 | 4 |
| Puy-de-Dôme (soie) . . . | 46 | 10 | 56 | 18 |
| — (mélanges) . . | 20 | » | 20 | » |
| Var (soie) . . . . . . . | » | » | » | 4 |
| | 116 | 38 | 154 | 106 |
| Totaux généraux . . . | 34.231 | 12.559 | 46.790 | 60.083 |

merce de la soie, c'est-à-dire : filature, moulinage teinture, apprêt, tissage, etc. Enfin, la Chambre de commerce estimait que cette industrie française représentait plus de 400,000,000 de francs de salaires.

En réunissant les productions des soieries dans les différents centres que nous venons d'examiner, on trouve qu'en France, la production soyeuse totale peut être évaluée à 600,000,000 de francs, sur laquelle la manufacture de Lyon fournit les deux tiers. D'après le tome XI de la statistique de la France, publiée par le gouvernement, et qui se rapporte à l'année 1883, voici comment peuvent se grouper, par région, les métiers travaillant aux étoffes de soie (V. le tableau de la colonne précédente).

Malgré cette grande variété de production, il y a des articles que la consommation française accepte des manufactures étrangères. Si on compare l'importation des soieries, en France, par exemple en 1883 et en 1885, on voit que cette importation a sensiblement augmenté. Dans ces dernières années, l'augmentation a lieu pour les tissus unis : ce sont les pongies de Chine et les corahs de l'Inde, dont une partie arrive par l'Angleterre et l'autre partie arrive directement, qui donnent cette augmentation.

Mais que sont ces importations si on les compare avec les exportations? (V. le tableau des exportations à la page 275).

*Importations des soieries étrangères en France, d'après les documents statistiques de l'administration des douanes.*

| | 1883 | 1884 | 1885 |
|---|---|---|---|
| Tissus de soie pure unis . . . . . . | 31.569.255 | 33.176.052 | 34.680.360 |
| Tissus de soie mélangée . . . . . | 5.062.764 | 4.867.840 | 6.424.570 |
| Autres articles . . | 6.505.981 | 4.535.108 | 3.635.070 |
| Totaux . . . | 43.138.000 | 42.579.000 | 44.740.000 |

Pour être équitable, il ne faut pas laisser seulement aux centres de productions, l'honneur de cette situation magnifique acquise par l'industrie de la soie en France. C'est à Paris que revient la gloire de lui donner l'impulsion, de la diriger, de l'inspirer. C'est à Paris que se décident le choix et la couleur des tissus qui serviront de garniture aux mille objets nommés « articles de Paris ». C'est à Paris, enfin, qu'à chaque saison, les confectionneurs et les couturières interrogent la consommation, tout en la guidant; fixent la forme du chapeau, du manteau, du corsage et de la jupe; arrêtent les plis, les draperies, les retroussis, les pouffs; déterminent les étoffes les plus convenables, et transmettent les impressions de la mode aux fabricants qui devront, à leur tour, faire les échantillons, créer la nouveauté et trouver le moyen de tenter les consommateurs tout en sacrifiant à leurs caprices. C'est ainsi que, tour à tour, réapparaît, avec une certaine périodicité, la vogue des dentelles, des rubans, des velours, des peluches, des satins, des étoffes unies, des étoffes façonnées, de la laine ou de la soie, du tissu épais et riche ou du tissu léger et bon marché. A coup sûr, la fabrique lyonnaise doit la continuité de sa merveilleuse prospérité à ses relations intérieures et continuelles avec Paris.

Reconnaissons toutefois, que dans chaque centre, à Saint-Pierre-lès-Calais comme à Roubaix, comme à Saint-Etienne, comme à Lyon, l'industrie de la soie, en France, trouve, pour lutter contre les industries rivales, cette organisation toute particulière à l'esprit français: chez l'ouvrier, l'amour de son métier et une intelligence pratique toujours à la recherche des améliorations; chez le dessinateur, le goût de la forme et l'invention toujours en éveil; chez le teinturier comme chez l'apprêteur, l'in-

Résumé par articles des exportations françaises de soieries de 1883 à 1885 (tissus, passementeries et rubans).

| Dénomination des articles | 1883. | 1884. | 1885. |
|---|---|---|---|
| Foulards écrus et imprimés................... | (1). | (1). | » |
| Etoffes de soie pure unies................... | 111.045.178 | 72.744.464 | 75.239.500 |
| Etoffes de soie pure façonnées............... | 29.878.560 (2) | 19.143.720 (2) | 8.488.700 |
| Etoffes de soie pure brochées de soie et étoffes mêlées de fil d'or et d'argent................ | 2.929.320 (3) | 3.072.900 (3) | 2.570.600 |
| Etoffes de soie mêlée d'autres matières......... | 69.076.236 | 65.500.000 | 60.688.000 |
| Crêpes unis et façonnés.................... | (4). | (4). | » |
| Tulles............................. | 38.980.760 | 25.867.170 | 30.122.400 |
| Rubans, même de velours (de soie pure ou mélangée). | 25.211.220 | 13.084.763 | 15.461.500 |
| Couvertures, gaze, dentelles, bonneterie, passementerie et tissus de bourre de soie............ | 33.024.614 | 37.420.749 | 29.172.100 |
| Totaux............... | 301.145.888 (5) | 236.822.000 (5) | 221.842.800 |

(1) A partir de 1878 les foulards ont été classés, suivant la matière dont ils sont tissés, dans les étoffes de soie pure unies ou les étoffes de bourre de soie.
(2) Y compris les étoffes brochées de soie.
(3) Non compris les étoffes brochées de soie.
(4) Les tableaux de la douane ne distinguent plus les gazes et les crêpes.
(5) Ces chiffres ont été obtenus par l'addition des divers articles de soieries mentionnés aux tableaux de l'administration des douanes.

cessante poursuite du perfectionnement dans l'outillage comme dans les manipulations; chez le fabricant, la connaissance approfondie des matières textiles et de leur emploi, l'entente de la tissure, l'art de tirer parti de tous ses auxiliaires, l'initiative hardie de toute transformation.

La supériorité de la France est ce groupement de forces qui sont toujours en travail; qui tendent à la perfection; qui se correspondent et se portent un mutuel appui.

*Les soieries anglaises.* L'Angleterre est, depuis des siècles, très prospère. La richesse publique s'y est constamment accrue; le commerce y a été favorisé par le développement d'une marine devenue la première du monde; l'industrie a bénéficié de nombreuses découvertes scientifiques et des améliorations incessantes apportées à la construction des machines. Le luxe qui, en Angleterre comme dans le reste de l'Europe, avait adopté les étoffes de soie, a donc pu leur demeurer fidèle. Dans ces conditions, l'industrie de la soie s'est développée sans secousses; elle a profité de l'acquisition des nombreuses et riches colonies; elle a échappé aux crises qui affaiblirent et ruinèrent, à la fin du xviiie siècle, les manufactures italiennes et françaises; elle avait bénéficié, on 1585, de l'émigration des mouliniers flamands, chassés d'Anvers, et, en 1685, de l'émigration des protestants français. Ajoutons que, depuis la fin du xviie siècle, les lois prohibitives qui plus sévères ne laissent entrer que grâce à la contrebande les étoffes étrangères, et réservent d'une manière absolue aux soieries de fabrication anglaise les marchés de l'Angleterre et de ses colonies.

Jamais la soie grège n'a manqué aux moulins pour soie qui sont établis en grand nombre en Angleterre pendant le xviiie siècle. L'Angleterre, pendant le blocus continental, trouvait à s'approvisionner de soies espagnoles en Portugal, de soies italiennes en Sicile, de soies du Levant à Malte; et, maîtresse de la mer, elle attirait à elle toute l'importation des soies de Chine et de l'Inde. Aussi, pendant la première moitié du xixe siècle, l'industrie de la soie anglaise a-t-elle été la plus florissante des industries similaires européennes.

Le moulinage, établi dans les comtés de Chester, York, Essex, Derby, Norfolk, Lancastre, a des moulins très bien construits; il tire un excellent parti des soies asiatiques qu'on ne sait pas dévider en France et en Italie, et il parvint, après que les droits ont été levés, en 1845, sur les soies écrues, à exporter plus de 100,000 kilogrammes de soies ouvrées. La consommation locale absorba, en 1859, 2,687,000 kilogrammes de soies. On comptait en Angleterre, en 1878, 842,538 broches de second apprêt, et il n'y en avait, en 1833, que 84,000.

Le tissage, favorisé sans doute par le développement du moulinage, prit pendant le xviiie siècle une sérieuse importance: on évaluait, en 1713, au moment de la discussion du traité d'Utrecht, à plus de 300,000 le nombre des personnes vivant de l'industrie de la soie à Londres; il présente, pendant la première partie du xixe siècle, le même accroissement de prospérité. L'industrie anglaise était considérée dès la fin du xviiie siècle, par l'industrie lyonnaise, comme une rivale redoutable. De nos jours, les principaux centres de production sont: Coventry, pour les rubans; Nottingham pour les tulles et les rubans; Bradford pour les velours; Norwich pour les crêpes; Manchester et Macclesfield pour les étoffes unies et façonnées. On comptait, vers 1820, de 10 à 12,000 métiers; en 1830, 50,000; et en 1859, 75,000 dont on évaluait la production à plus de 250,000,000 de francs.

Les fabricants anglais sont à l'affût de tout ce qui se produit, de tout ce qui s'invente sur le continent; on se plaint, à Lyon, des efforts qu'ils font pour attirer les teinturiers, les dessinateurs, même les fabricants lyonnais; on les accuse de se procurer, pour les copier, les dessins à peine inventés; ils sont considérés comme supérieurs par la perfection de l'outillage, métiers, peignes, navettes; ils donnent, grâce à l'emploi des soies de Chine très bien ouvrées, de l'épaisseur et un toucher particulier à leurs étoffes qui, à prix égal, sont préférées aux étoffes lyonnaises; ils ont sous la main des fils de coton et des fils de laine magnifiques de finesse et de netteté, qu'ils savent marier à la soie pour produire à bon marché; ils obtiennent de leurs moulins des soies qui leur permettent de fabriquer des crêpes inimitables; ils savent tirer parti des crises politiques de la France, des crises ouvrières particulières à la ville de Lyon, des crises commerciales qui, sur le continent et le Nouveau-Monde, paralysent la bonne volonté et l'ardeur des négociants. Si, de 1825 à 1856, l'industrie anglaise avait pu s'assimiler l'organisation indispensable pour la production des étoffes façonnées; s'il avait été dans le génie du peuple anglais de créer des œuvres de goût, la fabrique lyonnaise ne se serait peut-être pas relevée du coup porté par la Révolution.

En 1860, dès que la liberté du commerce des soies est établie entre l'Angleterre et la France, la situation change.

Après la réforme provoquée par Huskisson, en 1825, et qui avait abouti à laisser sur les soieries un droit d'entrée de 30 0/0 *ad valorem*, deux ou trois maisons de commerce seulement avaient ouvert des comptoirs aux étoffes françaises, et encore, en 1855, l'importation des soieries en Angleterre ne dépassait-elle pas 45,663,000 francs.

Après la mise en vigueur du traité de 1860, négocié par Cobden, tous les grands négociants de la Cité se firent acheteurs de marchandises françaises ; dans chaque maison la concurrence créée entre les chefs des rayons vint aider à l'écoulement des soieries de Lyon sur ce marché anglais qui est toujours demeuré le plus important de tous pour les étoffes de soie ; et aujourd'hui, les fabricants lyonnais ont tellement confiance dans la clientèle anglaise, qu'ils fondent des agences et dépôts de leurs marchandises à Londres, de manière à profiter de tous les débouchés ouverts au commerce anglais dans le monde entier. L'importation des soieries de France en

Fig. 187. — *Soierie française, brochée de couleur sur fond vert d'eau, première moitié du règne de Louis XV.*

Angleterre passe, de 70,000,000 en 1859, à 138,490,000 en 1862, et à 229,930,000 francs en 1867.

Toutefois, l'industrie anglaise conserve encore une grande puissance ; elle a son caractère, elle a sa consommation particulière dans le Royaume-Uni et dans les colonies d'outre-mer. C'est ainsi qu'elle se montre, à l'Exposition universelle de Paris, en 1867, avec ses moires antiques d'un grand effet, ses admirables popelines irlandaises et écossaises, ses façonnés, aux couleurs heurtées, qui choquent le goût français, mais qui ont leur destination ; ses rubans épais, ses étoffes mélangées, en un mot avec une série de tissus accusant la vitalité de la manufacture dans toutes les branches. La guerre franco-allemande lui est favorable et lui donne tous les clients qui échappent momentanément à la France. Le relevé des métiers mécaniques, en 1872, indique près de 12,000 métiers occupés.

Mais la lutte pour les prix de main-d'œuvre, avec les

*trade'unions*, désorganise la fabrique ; il devient impossible aux fabricants, même en allant en Ecosse, de trouver une main-d'œuvre en rapport avec celle que paient leurs concurrents du continent. L'abandon des soieries pour le costume qui ne veut plus d'étoffes riches et demande à la soie de venir seulement garnir les vêtements en laine, porte un coup sensible à l'industrie anglaise incapable de produire des tissus à très bas prix, malgré le développement et l'excellence de son outillage mécanique, et de lutter contre les étoffes suisses et allemandes. Une crise aiguë se déclare, qui sévit encore : elle a donné lieu à la formation d'une Commission d'enquête, et la déposition des fabricants de soieries de Macclesfield, concluant à une protection de la fabrique indigène par des droits d'entrée de 20 0/0 *ad valorem*, mis sur les étoffes étrangères, prouve qu'un découragement profond règne momentanément en Angleterre.

L'infériorité du fabricant anglais vis-à-vis du fabricant lyonnais, provient de ce qu'il travaille avec des capitaux plus considérables, qu'il a de grandes usines où souvent le moulinage est joint au tissage, que, conséquemment, il a plus de frais généraux. Une seconde cause d'infériorité est dans le manque d'instruction technique du personnel · tandis qu'à Lyon, le fabricant peut facilement changer d'articles et modifier sa production, le fabricant anglais est arrêté, au contraire, dès qu'une transformation est à introduire, et il n'est nullement secondé par ses employés eu ses ouvriers. Pour ce qui est des tissus bon marché que l'on fabrique à Crefeld, à Zurich, à Côme, le fabricant anglais ne peut les produire au même prix parce que les heures de travail imposées aux ouvriers, en Angleterre, sont insuffisantes pour que la main-d'œuvre puisse être abaissée. Les conditions économiques dans lesquelles il faut que le fabricant anglais produise ses tissus ne lui permettent de lutter que pour les tissus riches, dont la consommation ne veut pas. Telles sont les causes qui ont réduit la production des deux tiers.

L'industrie des rubans n'est pas mieux partagée que celle des tissus, et elle est aussi dans une période de souffrance.

Importation des soieries en Angleterre, en 1885, d'après le *Board of trade* :

| | |
|---|---|
| Etoffes. . . . . . . . . . . . . . | 5.596.314 liv. st. |
| Rubans. . . . . . . . . . . . . | 2.265 834 |
| Divers. . . . . . . . . . . . . . | 2.405.302 |
| | 10.267.450 liv. st. |

ou en francs, 256,686,250.

Sur lesquels la France figure pour :

| | |
|---|---|
| Etoffes. . . . . . . . . . . . . . | 3.890.475 liv. st. |
| Rubans. . . . . . . . . . . . . | 299.275 |
| | 4.189.750 liv. st. |

ou en francs, 104,743,750.

Exportation des soieries, en 1885, de fabrication anglaise :

| | |
|---|---|
| Etoffes ou satin. . . . . . . . | 436.749 liv. st |
| Mouchoirs, écharpes. . . . . . | 388.090 |
| Rubans. . . . . . . . . . . . | 45.462 |
| Tulles. . . . . . . . . . . : . . | 180.703 |
| Autres articles soie pure. . . . | 157.292 |
| Etoffes de soie mélangée. . . . | 749.647 |
| | 1.957.943 liv. st. |

ou en francs, 48,948,575.

Exportation des soieries étrangères :

| | |
|---|---|
| Etoffes ou satin . . . . . . . | 357.365 liv. st. |
| Rubans . . . . . . . . . | 122.590 |
| Autres tissus. . . . . . . . . . | 173.998 |
| | 653.953 liv. st. |

ou en francs, 16,348,825.

Cette situation, à peu près stationnaire, depuis 1880, peut être résumée ainsi :

| | |
|---|---:|
| Importation des soieries en Angleterre. | 275.000.000 fr. |
| Exportation      —      — | 67.000.000 |
| Importation des soies, y compris les déchets. . . . . . . . . . . . . . . | 65.000.000 |
| Exportation des soies, y compris les déchets. . . . . . . . . . . . . . . | 18.000.000 |

Les *soieries allemandes*. L'industrie allemande a eu un sort inverse de l'industrie anglaise ; elle a été favorisée par l'abandon des étoffes de soie pure et la recherche des étoffes bon marché. De tout temps, elle s'était occupée des étoffes mélangées, et sa principale production, le velours chaine schappe trame coton, est connue sous le nom de *velours allemand* sur toutes les places de consommation. Elle s'était organisée avec les métiers répandus dans la campagne, de manière à rencontrer la main-d'œuvre facile et surtout bon marché, les ouvriers ruraux étant sobres, habitués à une vie rude et pouvant se contenter de faibles salaires. C'était la compensation à l'infériorité de la position géographique qui éloignait la Prusse des centres producteurs de soie. Les fabricants y ont trouvé cet autre avantage d'échapper aux grèves, de pouvoir varier les prix de façon suivant les circonstances, et de conserver avec les ouvriers des relations cordiales. Les ouvriers sont intelligents, mais habitués à la fabrication d'un même article, ils ne savent pas, comme les ouvriers français, passer rapidement d'une production à une autre ; ils ne possèdent pas leur métier.

L'industrie allemande semble craindre de modifier cet ordre de choses. Elle se spécialise dans la production des étoffes à poil, velours et peluches. C'est ce qui explique le petit nombre de métiers mécaniques, 2,500, qu'on y signale, alors que les métiers mécaniques de la région lyonnaise s'élèvent à 25,000. Ceux-ci sont des métiers

Fig. 188. — *Dessin de Lyon Louis-seize.*

moins coûteux, moins compliqués, aptes à faire toute sorte de tissus autres que le velours. Du reste, cette prudence des fabricants est justifiée par la rapidité avec laquelle survient la surproduction par suite de l'instabilité des modes, et aussi par l'impossibilité où se trouve encore la manufacture allemande de satisfaire, comme le fait la manufacture française, aux créations incessantes d'articles nouveaux que demande la consommation.

Ce que l'on poursuit avec le plus de vigueur, à Crefeld, c'est l'éducation technique, le développement de l'instruction professionnelle et artistique, chez ceux qui se destinent à l'industrie.

Dans tous les cas, les fabricants ont admirablement su profiter du bon vent qui soufflait dans leurs voiles et, en présence de la vogue des tissus mélangés, ils se sont organisés pour donner à leur production le plus d'ampleur possible. On comptait en Prusse, en 1844, 25,000 métiers, on en compte aujourd'hui 70,000. La production s'élève à 200,000,000 de francs ; elle a presque triplé en quarante ans. Les exportations ont suivi le même accroissement, et dans l'exportation, la proportion des étoffes mélangées demeure près de moitié.

De la sorte, l'industrie allemande est devenue, sur un certain terrain, une concurrente très redoutable. On accorde, de plus, à leurs négociants un très grand savoir faire vis-à-vis du client. Ainsi, sur toutes les places de consommation apparaissent des représentants allemands, prodigues d'échantillons, offrant au consommateur de lui épargner tous les soins de transport, de douane ou de change, multipliant les complaisances afin de l'attirer au produit allemand. Mais, suivant les lois ordinaires, la manufacture allemande subit la concurrence des manufactures voisines ; depuis quatre ans les fabricants lyonnais et stéphanois ont fait d'immenses progrès dans l'emploi de la schappe pour velours et peluches ; les fabricants américains, de leur côté, s'efforcent de se passer des tissus d'Europe. Bref, une lutte ardente et parfois heureuse est soutenue contre les fabricants allemands, dans l'article qui semblait être depuis longtemps monopolisé entre leurs mains.

Crefeld est le grand centre des fabricants qui font tisser l'étoffe ; c'est à Crefeld que sont également les teinturiers ; ils teignent, et pour les tissus, et pour les rubans. L'industrie des rubans est établie à Elberfeld.

Citons pour mémoire quelques métiers qui battent à Francfort, entre autres, ceux qui font des étoffes mélangées d'or et d'argent destinées à l'Egypte et au Levant.

En prenant, afin d'avoir une moyenne, les statistiques des deux années 1884 et 1885, voici comment on décompose le mouvement commercial des manufactures allemandes, à Crefeld.

Nombre des métiers occupés :

|  | 1884 | 1885 |
|---|---|---|
| Velours en pièce, à la main | 22.085 | 15.785 |
| — à la mécanique | 1.018 | 2.149 |
| Rubans en pièce, à la main | 484 | 673 |
| — à la mécanique | 68 | 44 |
| Etoffes fabriquées à la main | 12.987 | 10.062 |
| — à la mécanique | 893 | 1.044 |
|  | 37.535 | 29.757 |

Quantités de matières employées :

|  | 1884 | 1885 |
|---|---|---|
| Soie | 432.335 kil. | 388.338 kil. |
| Schappe | 355.529 | 293.860 |
| Coton | 1.018.751 | 870.525 |
|  | 1.806.615 kil. | 1.552.723 kil. |

Destination :

|  | 1884 | 1885 |
|---|---|---|
| Allemagne | 28.855.751° | 28.267.113 mark |
| Autriche-Hongrie | 1.185.214 | 931.378 |
| Angleterre | 23.807.996 | 21.894.649 |
| France | 5.856.757 | 4.711.223 |
| Autres Etats d'Europe | 4.222.605 | 3.160.477 |
| Autres Etats hors d'Europe | 21.715.946 | 18.836.528 |
|  | 85.644.269 | 77.801.368 mark |

De même que l'exportation de Crefeld pour la France a diminué, de même celle pour les Etats-Unis décroît. Voici les chiffres du district consulaire des Etats-Unis :

|  | 1884 | 1885 |
|---|---|---|
| Rubans velours | 99.252 | 15.870 doll. |
| — soie | 1.543 | 534 |
| — soie mélangée | 12.535 | 2.576 |
| Tissus de soie | 229.030 | 139.678 |
| — mélangés | 799.445 | 624.611 |
| Velours | 2.798.343 | 2.111.121 |
| Peluche | 516.190 | 363.589 |
|  | 4.456.338 | 3.257.979 doll. |

La fabrique des rubans a atteint, en 1874, une production de 70,000,000 de francs ; mais ses fluctuations sont assez sensibles ; elle est répandue dans le grand duché de Bade, l'Alsace et la Prusse rhénane. A Elberfeld, Barmen, Ronsdorf et Crefeld, comme pour les étoffes, c'est le velours qui est le principal article tissé ; il y a des métiers disséminés dans la campagne, et il y a des métiers mécaniques réunis dans les villes.

Les *soieries suisses*. En Suisse apparaissent, au XIVe siècle, quelques métiers tissant en écru de la soie importée d'Italie et faisant des gazes pour voiles de religieuses, ou des rubans également pour ornements de tête. Au XVIe siècle, des réformés, chassés, pour cause de religion, arrivent de Locarno (Tessin) à Bâle et à Zurich et y introduisent les procédés italiens de moulinage utilisés pour la grège et pour les déchets de soie, et le tissage des soies teintes. A la fin du XVIIe siècle, ce sont les protestants français qui viennent, après la révocation de l'édit de Nantes, grossir le noyau des ouvriers s'occupant de la soie. Au XVIIIe siècle, enfin, il y a réellement, en Suisse, une industrie ; on fabrique des velours, des façonnés sur les métiers à la tire, des taffetas, des étamines, des mousselines de soie. Elle reçoit un accroissement, à la fin du XVIIIe siècle, par les ouvriers lyonnais que la Révolution de 1793 force d'émigrer, si bien qu'en 1800, elle commence le XIXe siècle avec 5,000 métiers ; c'était le nombre de métiers travaillant à Lyon ! Ses étoffes se répandent en Hollande, en Allemagne, en Espagne. En 1811, il y a 7,000 métiers qui produisent pour 5 millions d'étoffes de toutes sortes ; en 1835, ce nombre s'élève à 10,000 et la production à 17,000,000 ; en 1850, 12,400 métiers produisent pour 22,500,000 francs de tissus.

Nous sommes donc en présence d'une industrie qui, depuis le commencement du XIXe siècle, n'a pas cessé de croître dans différents cantons suisses, principalement dans le canton de Zurich. Nous devons, avant de continuer son histoire jusqu'en 1885, rechercher quelle a été sa constitution, quelles ont été les causes de son rapide succès.

L'industrie de la soie s'est constituée, dès le début, dans la Suisse comme dans les provinces rhénanes, avec des métiers éloignés des villes et disséminés dans la campagne. Cette organisation donne incontestablement des avantages pour le prix de la main-d'œuvre. L'ouvrier qui s'occupe alternativement des travaux de la campagne et du tissage demande un salaire moins élevé. De plus, il supporte plus facilement les chômages. Enfin, il est plus docile. Ce sont ces avantages que les fabricants lyonnais ont recherché lorsqu'après des grèves et des émeutes successives, ils provoquèrent l'émigration des métiers dans les départements voisins. Mais l'organisation dans la campagne a plusieurs inconvénients, entre autres la lenteur de production et l'obligation de spécialiser la fabrication. Les ouvriers ruraux (en général ce sont les femmes) tissent à leurs heures, lorsque les travaux de la campagne ne les réclament pas. Aussi produisent-ils beaucoup plus lentement que les ouvriers de la ville, uniquement occupés de leur tissage. Avec eux, le fabricant n'est jamais assuré de pouvoir livrer à jour fixe l'étoffe commise ; c'est cette lenteur de fabrication et cette incertitude de livraison qui ont nécessité la transformation actuelle du travail rural à main en tissage mécanique ; les commissionnaires, en effet, voulant être servis rapidement, et, devant les exigences capricieuses de la mode, attendant la dernière heure pour demander le tissu accepté par le consommateur, ne donnent, pour l'exécution, que la moitié du temps accordé autrefois.

Les ouvriers ruraux, d'autre part, n'ont pas l'amour de leur outil, ne connaissent pas toutes les ressources des organes du métier, n'ont pas l'esprit d'invention ; ils sont arrêtés par les moindres difficultés, ils sont désorientés dès que l'on change d'article. De là l'obligation pour le fabricant, s'il veut en tirer bon parti, de leur maintenir le même genre de travail ; l'impossibilité de suivre les caprices du consommateur avec ses créations multiples d'étoffes variées ; *a fortiori* l'impossibilité de produire le façonné qui exige le concours simultané et presque constant du fabricant, du dessinateur et de l'ouvrier. Aussi, tandis que les riches étoffes façonnées se fabriquaient dans les manufactures italiennes, françaises et anglaises, on n'en trouve ni en Allemagne, ni en Suisse. De même que nous avons vu la fabrication rhénane adopter un genre, le velours schappe, de même nous avons à citer pour la fabrication suisse, un genre, un tissu bon marché, une spécialité : le taffetas léger, uni, rayé ou quadrillé ; tissu brillant, fait avec des soies fines, dont on ne peut produire qu'une faible quantité journellement, et dont, conséquemment, la façon coûterait beaucoup plus cher dans une ville que dans la campagne. C'est à cet article tout à fait caractéristique que la fabrique suisse est redevable de son rapide et grand développement pendant la seconde moitié du XIXe siècle.

Tant que la consommation, en Europe et en Amérique, est demeurée fidèle aux étoffes de soie pure, les fabricants suisses se sont peu préoccupés de modifier leur production. Ils avaient des moments de pléthore, de surproduction quand la consommation faiblissait; alors ils modéraient le tissage en escomptant, dans une certaine mesure, le retour à peu près assuré de l'écoulement. Depuis quelques années, l'étoffe de soie et le taffetas mince ayant été abandonnés par la mode, les fabricants suisses ont dû modifier leur production. Ils sont encore favorisés puisque la vogue est aux tissus bon marché, et d'une fabrication facile. Aussi les trouve-t-on remplis d'ardeur et d'initiative. Pour avoir la main-d'œuvre bon marché, ils prennent des métiers dans le grand duché de Bade, dans la province de Côme à San Piétro, dans le Tyrol italien, à Roveredo ; ils créent des usines pour le tissage mécanique. Voyant leurs importations aux Etats-Unis diminuer d'importance à cause du développement de l'industrie américaine, ils se font fabricants aux Etats-Unis et s'établissent à Union-Hill, dans le New-Jersey.

Dans toutes leurs transformations, ils apportent le même esprit d'observation minutieuse, de ténacité, de patience, d'ordre, qui leur a, de tout temps, assuré le succès. Ainsi, les fabricants suisses sont les premiers qui aient pratiqué la division du travail ; créé des machines qui ourdissent les pièces dans toute la largeur, fil pour fil ; organisé le pliage pour marcher avec cet ourdissage perfectionné ; fait remonter les chaînes par avance de manière à faciliter et hâter le tissage ; apporté dans les moindres détails du métier mécanique, mû à grande vitesse, la recherche de la perfection. Ils y ont si bien réussi, que les fabricants lyonnais leur ont fait de nombreux emprunts pour le tissage mécanique. Ils ne sont pas organisés pour l'étoffe façonnée, bien qu'ils produisent des damas légers, des étoffes pour cravates et pour mouchoirs et qu'ils cherchent, depuis 1830, à étendre l'emploi des mécaniques Jacquard ; mais ils y travaillent car ils sont obligés, à cause de la consommation multiple à laquelle ils s'adressent dans les deux mondes, de varier beaucoup leur production. En ce qui concerne l'uni, ils fabriquent toutes sortes d'étoffes en soie pure ou mélangée.

Le centre de la production des tissus est Zurich. Le centre de la production des rubans est Bâle. Les fluctuations de la fabrication sont fréquentes ; cela tient à ce que l'industrie suisse s'adresse uniquement à l'exportation, n'ayant qu'une très faible consommation locale à satisfaire ; qu'elle est sujette à produire au delà des facilités de l'écoulement ; qu'enfin, elle reçoit le contre-coup des crises qui frappent chacun des pays avec lesquels elle est en relation.

Fig. 189. — *Soierie française, seconde moitié du XVIIIᵉ siècle (1774-1793).*

Les grands consommateurs des étoffes et des rubans suisses sont · l'Angleterre, les Etats-Unis, la France et l'Allemagne.

Il y avait, en 1855, dans la fabrique de Zurich (y compris les métiers disséminés dans les cantons de Schwitz, Zoug et Unterwald), 25,290 métiers qui ont employé 452,370 kilogrammes de soie. On n'en compte plus, en 1867, que 18,665 qui consomment 283,640 kilogrammes de soie. Leur nombre atteint 27,000, en 1872, avec une consommation de 491,200 kilogrammes ; 30,398, en 1882, employant 744,128 kilogrammes de soie et 262,233 kilogrammes de coton, en 1883, on compte 44,737 métiers ; en 1885, 33,195. Une transformation s'opère de nos jours, le métier à bras est abandonné et fait place au métier mû mécaniquement. Le nombre des métiers mécaniques est successivement de 927 en 1871 ; 1,420 en 1874 ; 3,154 en 1881 ; 4,120 en 1885.

La statistique détaillée, que publie la « Société de l'industrie de la soie » de Zurich, permet même de constater, outre le développement du tissage mécanique et l'introduction d'un plus grand nombre de métiers pour faire des étoffes façonnées, la production des tissus en écru ; elle indique qu'à Zurich ont été employés 88,064 kilogrammes de soie écrue et 93,677 kilogrammes de coton également écru. En même temps, ce relevé signale comme mis en teinture, en 1885 :

| | |
|---|---:|
| Organsins. . . . . . . . . . | 328.725 |
| Trames. . . . . . . . . . . | 332.269 |
| Schappes . . . . . . . . . | 7.732 |
| Coton. . . . . . . . . . . | 170.388 |

Il suffit d'ajouter à ces renseignements les désignations des étoffes fabriquées, marcelines, failles, louisines, tissus mélangés, sergés, satins, surahs, armures unies de toutes sortes, cravates, damassés, pour montrer que la manufacture suisse ne s'abandonne pas et tient à maintenir la place conquise par elle. L'exportation des étoffes suisses a été évaluée, pour 1885, par l'administration fédérale, à 70,683,825 francs.

La lutte est, il semble, encore plus difficile dans la production des rubans. Les droits de douane ferment l'Allemagne, la production indigène aux Etats-Unis rend impossible l'importation de rubans en Amérique, et les Etats-Unis absorbent un tiers de l'exportation bâloise.

L'Angleterre demeure seule une cliente pour Bâle. Nous retrouvons ici la situation déjà signalée pour Saint-Etienne. Les fabricants de Bâle, organisés en manufacture, s'efforcent, et par les mélanges avec le coton et la laine, et par les renouvellements des dessins dans le velours façonné et par l'abaissement des prix, de soutenir une concurrence devenue de plus en plus étroite. Ils sont en très petit nombre dans les cantons de Berne, de So-

SOIE

leure et d'Argovie, presque tous sont à Bâle. Les métiers leur appartiennent et sont réunis en grand nombre dans une même usine, de sorte qu'ils forment un petit nombre d'établissements. Les fabricants suisses occupent des métiers de rubans dans le grand duché de Bade et en Alsace.

La production s'est élevée progressivement de 20 millions, en 1846; à 45,000,000, en 1859; à 65,000,000 en 1872, année exceptionnelle; on ne parle plus que de 33,752,000 fr. en 1880. L'administration fédérale des péages, qui ne donnait jusqu'à présent les exportations qu'en poids, a évalué, en 1885, les rubans exportés à la somme de 28,572,905 francs seulement. En y ajoutant le chiffre donné pour les soieries exportées, on arrive donc à 99,156,700 francs pour la production totale de l'industrie suisse en 1885. Le tableau suivant extrait des publications officielles de l'administration fédérale des péages, aidera à faire comprendre les oscillations qu'a subies la production des soieries en suisse : ce sont les poids des exportations.

| Années | Etoffes | Rubans | Total |
|---|---|---|---|
| 1872 | 954.548 | 2.570.953 | 3.325.501 |
| 1873 | 1.151.882 | 1.762.454 | 2.917.336 |
| 1874 | 1.628.350 | 1.523.200 | 3.151.550 |
| 1878 | 1.030.200 | 1.725.000 | 2.755.200 |
| 1882 | 1.221.600 | 2.438.900 | 3.600.500 |
| 1884 | 1.442.000 | 2.226.700 | 3.668.700 |
| 1885 | 1.305.100 | 1.079.000 | 2.384.100 |

Nous croyons être dans le vrai en estimant, en moyenne, la production totale des étoffes et rubans, en Suisse, à la valeur de 130,000,000 de francs.

Les *soieries américaines*. Nous interrompons la revue des places européennes où fleurit l'industrie de la soie pour parler de la manufacture américaine. Elle est de date toute récente, mais elle a eu une influence considérable sur la production des soieries en Europe, et y a causé une véritable perturbation, parce qu'elle substitue, dans la consommation américaine, les étoffes indigènes aux étoffes importées de l'étranger, dans une proportion de plus en plus marquée. Les Etats-Unis ont été, en effet, un marché toujours grandissant pour les soieries européennes depuis le commencement du xix⁺ siècle. C'est en 1807 que la Chambre de commerce de Lyon signale les premières opérations faites sur la place de Lyon par les acheteurs américains, fidèles jusqu'alors aux seuls tissus anglais ; et depuis cette époque l'industrie lyonnaise s'est efforcée de conserver des relations régulières et importantes avec New-York. De leur côté, les fabricants allemands et suisses ont inauguré le système des consignations en Amérique, et largement assuré leur production en créant à New-York un écoulement de leurs tissus.

Chaque année, telle ou telle industrie est plus favorisée que sa rivale, c'est affaire de la mode. Ainsi, tantôt les rubans de Saint-Etienne sont plus demandés que ceux de Bâle : tantôt les soieries de Lyon perdent un terrain que gagnent les soieries de Crefeld.

On peut évaluer l'importation des soieries étrangères à New-York pendant les dix dernières années, à 30 millions de dollars en moyenne, annuellement.

Malgré le mouvement progressif de la consommation des étoffes de soie, déterminé par la prospérité du pays, il n'avait pas été question d'établir des métiers ; la cherté de la main-d'œuvre résultant de l'insuffisance de la population était un obstacle invincible. On avait fait des éducations de vers à soie dans quelques Etats, on avait essayé d'introduire le moulinage des soies grèges, mais on n'avait pas fabriqué de tissu.

Les métiers d'abord pour rubans, puis pour étoffes n ont été introduits aux Etats-Unis, qu'après l'établisse-

ment des droits énormes mis par le Gouvernement sur les produits étrangers importés, afin de payer les dettes contractées pendant la guerre de sécession. Ainsi, à son début, la manufacture américaine a ce caractère particulier qu'elle naît comme conséquence des droits de douane, après que le droit de 60 0/0 *ad valorem* a été mis sur les soieries étrangères ; en Europe, les droits ont été mis, comme droits protecteurs, après que l'industrie eut pris naissance.

Un autre caractère de l'industrie soyeuse américaine est celui-ci : elle n'a pas eu le régime des métiers isolés. Elle s'est implantée avec le régime de l'usine, avec le tissage mécanique ; elle est donc apparue armée de toutes pièces et munie de tous les perfectionnements que l'expérience de longues années avait introduits dans l'industrie de la soie en Europe. Ajoutons qu'aux Etats-Unis l'établissement industriel n'a pas compris le tissage seul de la soie, et que, pour la plupart, outre le tissage, on y trouve le moulinage et la teinture. Le fabricant achète la grège, la fait ouvrer suivant la destination qu'il lui donne dans le tissu, enfin la fait teindre. C'est une organisation toute spéciale, utile et peut-être indispensable dans un pays neuf ; mais il est incontestable que la division de ces opérations ne peut qu'être favorable aux progrès de chacune d'elles. En France, il y a un très petit nombre de fabricants qui aient réuni un atelier de tissage à une usine d'ouvraison ; en Angleterre, il y en a un plus grand nombre.

Avec les frais que coûtent de semblables installations, et avec une main-d'œuvre d'un prix élevé, la manufacture américaine ne peut lutter contre ses concurrentes européennes qu'à la condition de trouver une compensation à une situation économique aussi désavantageuse dans des droits protecteurs très élevés. Ces droits ne la préserveront pas certainement des crises qu'amènent, soit les discussions de salaire, soit les brusques caprices de la mode.

Comme étoffes, la fabrique américaine produit toutes celles qui peuvent être faites sur les métiers mécaniques ; elle a un excellent outillage. Elle entreprendra certainement tous les genres, et elle réussira d'autant mieux qu'elle n'emploie que de la jolie matière.

Son principal centre est Paterson, dans l'Etat de New-Jersey ; mais l'industrie se développe également dans les Etats de New-York, de Connecticut et de Pensylvanie. On évalue à 10,000 le nombre des métiers répandus dans ces divers centres.

Il est impossible d'apprécier sa production totale. M. Rondot l'évaluait à 42,700,000 francs en 1873 et, dans ce chiffre, il faisait figurer les rubans pour 12,200,000 francs et les passementeries pour 16,510,000 francs. En 1880, le *Census* estime la production totale de l'industrie de la soie aux Etats-Unis à 34,410,463 dollars; mais en y comprenant la production des soies à coudre et à broder qu'il fait figurer pour 6,995,635 dollars; cette production a dû s'accroître beaucoup, à en juger par les importations des soies écrues aux Etats-Unis. Dans l'année 1885, la valeur des soies importées de la Chine, du Japon et d'Europe dépasse une valeur de 60,000,000 de francs.

| Années | Soies grèges | | Cocons et déchets | |
|---|---|---|---|---|
| | Balles | Dollars | Paquets | Dollars |
| 1881 | 21.692 | 11.936.865 | 2.010 | 769.186 |
| 1882 | 21.889 | 14.040.808 | 3.040 | 948.402 |
| 1883 | 25.033 | 14.885.716 | 1.985 | 700.320 |
| 1884 | 23.404 | 13.777.908 | 2.252 | 589.083 |
| 1885 | 26.306 | 15.157.465 | 2.794 | 548.625 |

Les *soieries italiennes*. Pendant le blocus continental,

on n'entend citer dans Lyon, comme concurrente de la fabrique lyonnaise, que la seule fabrique de Gênes. Le tissage de la soie introduit dans la péninsule au XIIIe siècle, et si florissant pendant plusieurs siècles, a décliné au XVIIIe siècle et a fini par disparaître de Florence, Lucques, Milan, Venise, Turin et Palerme. L'Italie s'est adonnée à la culture du mûrier et a fait de la sériciculture la branche la plus importante de son agriculture ; elle est devenue, au XIXe siècle, le pays producteur par excellence pour la soie. Après la formation toute récente du royaume italien, des efforts sérieux ont été faits pour raviver l'ancienne industrie de la soie. La ville de Côme fut choisie comme la mieux placée pour avoir une population ouvrière nombreuse. La vogue des étoffes unies vint favoriser les débuts de l'industrie ; la fabrique de Côme prit rapidement place dans la consommation européenne, et elle fut, pendant quelques années, pour l'industrie lyonnaise, une rivale redoutée ; c'était au moment où la consommation

demandait les riches étoffes unies, failles et satins, exigeant l'emploi des matières premières de tout premier ordre. Depuis que la mode a abandonné l'étoffe de soie pure et exigé la production des étoffes bon marché, les fabricants italiens, malgré la possibilité d'avoir une main-d'œuvre peu élevée, n'ont pas pu maintenir la concurrence avec leurs rivaux. Ils sont admirablement placés pour se procurer les soies les mieux filées et les mieux ouvrées, mais ils sont moins favorisés que les fabricants suisses, allemands et français pour s'approvisionner de coton, de schappes, de soies asiatiques. En outre, ils n'ont pu encore créer ni le personnel, ni l'organisation nécessaires pour pouvoir transformer rapidement la production, et suivre la consommation dans ses demandes capricieuses et incessamment variées. Ils n'ont pas de tissage mécanique.

Appelés à déposer, dans une récente enquête douanière, les fabricants de Côme n'ont signalé d'autre remède à leur infériorité actuelle et à l'état stationnaire, depuis

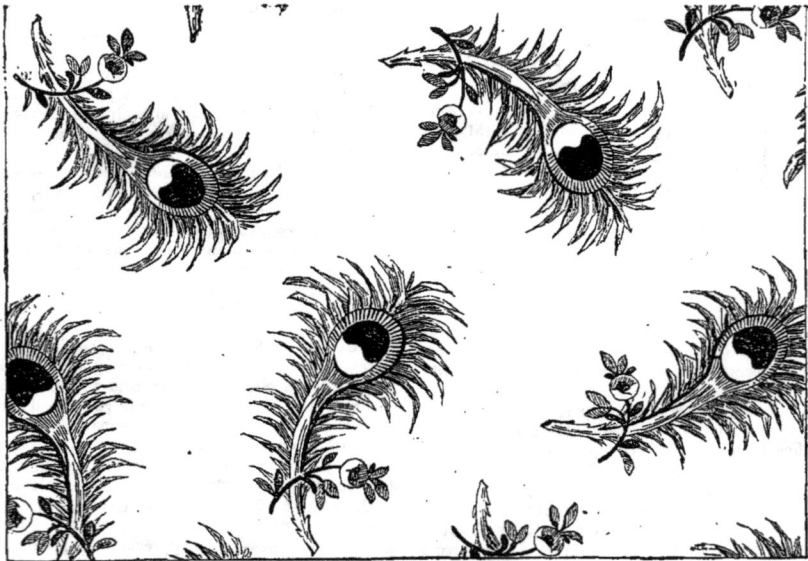

Fig. 190. — *Dessin commencement du XIXe siècle*

quelques années, de l'industrie italienne, que l'augmentation des droits d'entrée sur les tissus étrangers. Ils en sont réduits, comme les fabricants de Macclesfield, à avouer qu'ils regardent la lutte comme impossible.

Le chiffre des métiers était, à Côme, de 1,000 en 1841 ; de 5,000 en 1861 ; de 6,500 en 1873, produisant environ pour 18,000,000 de francs. Depuis cette époque, la production a augmenté d'un tiers environ ; pour toute l'Italie cette production est évaluée à 35,000,000 de francs, en 1885.

Voici, du reste, quelques renseignements sur les quantités de matières teintes à Côme à différentes époques :

| En 1873 | 75.000 kil. soie. |
| En 1877 | 83.000 — — |
| En 1881 | 98.130 — — |
| En 1884 | 100.000 — — |
| — | 19.000 — coton. |
| En 1885 | 115.000 — soie. |
| — | 26.000 — coton. |

On estime aujourd'hui qu'il y a, dans toute l'Italie, 14,000 métiers pour étoffes et 2,800 métiers pour rubans, dont 2,000 en Sicile. Sur les 14,000 métiers pour étoffes, on estime qu'il y en a 7,000 dans les provinces lombardes,

3,000 dans le Piémont, le reste un peu partout, à Lucques, à Udine, à Varèse, à San Leucio, à Cosenza. Dire qu'il y a dans la Toscane 126 métiers de tissage, et dans la Vénétie 40, c'est indiquer la complète décadence de ces anciennes fabriques.

La production italienne est presque en entier absorbée par la consommation locale. On constate, cependant, l'exportation de certains articles tissés spécialement pour l'Egypte, l'Autriche et l'Amérique.

Voici pour 1884 et 1885 les chiffres donnés par la douane pour l'importation et l'exportation des soieries :

|        | Importation     | Exportation     |
|--------|-----------------|-----------------|
| 1884   | 38,562,000 lires | 18,256,000 lires |
| 1885   | 45,723,000      | 15,449,000      |

Ce qui frappe le plus, dans le tableau des douanes, c'est l'accroissement de l'importation, en Italie, des tissus de soie mélangés. Evidemment, les fabricants italiens se défendent beaucoup plus facilement lorsqu'il s'agit des étoffes de soie pure. La totalité des étoffes mélangées qui entrent en Italie est absorbée par la consommation du pays et, il n'en entre pas dans l'exportation.

· Les *soieries d'Autriche*. On peut dire, malgré de fréquents essais dans les siècles antérieurs, qu'en Autriche, l'industrie des soieries est de date très récente. Elle s'établit dans la ville de Vienne.

· La cherté de la main-d'œuvre et les discussions avec les ouvriers déterminèrent bientôt les fabricants, à qui les métiers appartiennent, à porter une partie du tissage hors de la ville, dans les provinces septentrionales de l'empire; mais on a dû laisser dans Vienne, comme on l'a fait à Lyon, le tissage du façonné et des articles pour meubles.

· La fabrique autrichienne est protégée par des droits considérables qui s'élèvent jusqu'à 30 0/0 *ad valorem* sur certaines soieries étrangères. Sous l'empire de ce régime, les fabricants autrichiens entreprennent la production de toutes sortes d'articles. Il faut, en outre, noter que les genres les plus différents se rencontrent souvent dans le même établissement. Il en est de même pour la fabrication des rubans; il y en a de grands ateliers dans la Basse-Autriche, la Moravie et la Bohême. On y fait toutes sortes de rubans depuis les rubans façonnés les plus riches jusqu'aux rubans les plus grossiers.

La diversité de la fabrication est certainement un écueil pour les maisons qui s'y livrent. Elle est peut-être commandée par la grande variété des consommations, Vienne étant un marché limitrophe des pays orientaux.

Le nombre des métiers était évalué, en 1873, à 6,500 pour étoffes et 3,000 pour rubans.

L'exportation était alors de 23,000,000 de francs; la consommation en soie, de 250,000 kilogrammes.

Aujourd'hui, on estime qu'il y a 15,000 métiers.

Nous n'avons aucune donnée sur le quantum de cette production, mais elle doit inévitablement profiter de la protection à outrance accordée par le gouvernement de l'Autriche-Hongrie, puisque sous l'empire du tarif de douane, on voit constamment diminuer l'importation en Autriche des soieries étrangères.

Les *soieries de Russie*. Depuis le XVIII⁰ siècle, quelques métiers à tisser la soie ont été montés en Russie. Mais ce mouvement industriel ne se dessine que depuis quarante ans à peine. Il a été favorisé par la conquête des contrées asiatiques où la soie est abondamment récoltée, et par la fermeture du marché russe aux étoffes étrangères qui ont été frappées de droits d'entrée de plus en plus élevés.

Pendant longtemps, la fabrique russe a fait teindre les soies à Lyon, où elle les achetait. Aujourd'hui, un droit d'entrée de 35 0/0 frappe les soies teintes au dehors. L'industrie de la teinture est donc, elle aussi, établie en Russie.

Pour le moment, la fabrique russe demeure encore tributaire de l'Occident pour les soies ouvrées; elle ne saurait trouver dans les produits du Caucase et de l'Asie centrale les similaires des soies italiennes et françaises.

On compte, à Moscou, qui est le grand centre de l'industrie des soieries, 148 fabricants occupant 8,874 métiers et produisant des étoffes pour une valeur de 7,000,000 de roubles; il s'y fabrique, en outre, des rubans pour une valeur de 605,000 roubles, et des tissus ornés de broderies d'or et d'argent pour une valeur de 2,680,000 roubles. Dans le gouvernement de Vladimir, il y a 14 fabricants occupant 862 métiers produisant pour 780,000 roubles. Dans le gouvernement de Saint-Pétersbourg, la production est évaluée à 350,000 roubles; c'est donc une production de 45,000,000 de francs environ; elle était évaluée à 10,000,000 en 1824; à 16,000,000 en 1831; à 30,000,000 en 1852.

A la foire de Nijni-Novgorod, où se donnent rendez-vous Russes, Caucasiens, Khiviens, Bokhares, Kurdes, Chinois, Persans, etc., on a fait, en 1884, des transactions s'élevant au chiffre de 105,705,900 roubles; parmi les marchandises vendues sont citées : les soieries russes pour 10,200,900 roubles; les tissus européens pour 537,750 roubles; les tissus persans pour 25,000 roubles, et les tissus du Caucase pour 18,750 roubles.

Dans les provinces asiatiques de l'Empire russe, le Caucase et le Turkestan, il y a une industrie que nous ne comprenons pas dans l'évaluation ci-dessus énoncée; on n'en connaît pas l'importance. Il en est de ces contrées comme des autres contrées de l'Asie, où le tissage de la soie a pénétré au commencement de notre ère, et occupe une foule de métiers isolés, certainement bien primitifs encore. L'industrie russe a donc devant elle un vaste champ à exploiter, car l'usage de l'étoffe de soie est depuis bien longtemps répandu chez les Slaves, et la Russie a été une excellente cliente pour les riches tissus de Byzance, puis pour les étoffes italiennes et, en dernier lieu, pour les façonnés de Lyon.

· Quand les fabricants, malgré les droits protecteurs qui éloignent d'eux la concurrence étrangère, seront-ils en mesure de satisfaire à cette consommation? Quand seront-ils organisés et auront-ils un personnel instruit et capable? Ils sont à leur début; en attendant qu'ils soient à même de prendre une initiative, de créer une production ayant sa destination, ils se bornent à prendre pour modèles les étoffes allemandes, suisses et françaises, et à faire accepter à leur place les tissus similaires indigènes, nécessairement plus imparfaits. L'avenir dépend donc des progrès que sauront réaliser les fabricants dans l'éducation technique, industrielle, artistique de tous ceux qui doivent coopérer à l'industrie de la soie.

Pour le moment, la fabrication russe n'offre de vrai original et bien réussi que les tissus auxquels elle est, de tout temps, demeurée fidèle, nous voulons parler des brocarts. A l'Exposition universelle de 1851 et, tout récemment, à l'Exposition de Moscou, en 1882, ces magnifiques étoffes, conservant les traditions de l'art byzantin, rappelant dans leurs dessins la beauté du style décoratif russe, montrant dans leur exécution une perfection qu'une longue pratique seule peut donner, ont excité l'admiration. Dans le luxe de la Cour, et surtout dans l'éclat des cérémonies religieuses, il y a, en Russie, un souvenir de la somptueuse Byzance.

Les *soieries dans les divers pays d'Europe*. L'industrie de la soie a disparu de la Hollande, où il a existé jusqu'à 10,000 métiers et où, pendant les XVII⁰ et XVIII⁰ siècles, ont été produites des étoffes brochées qui ont eu une certaine réputation en Russie et en Pologne. Il y a encore, à Anvers, une petite production s'élevant à 900,000 francs environ, dernier vestige de l'ancienne industrie qui eut ses beaux jours au XVI⁰ siècle.

A Stockholm, invariable depuis son introduction, au XVII⁰ siècle, l'industrie de la soie maintient en activité de 200 à 300 métiers.

Lisbonne et Porto, centres de production des soies dans le Portugal, présentent un ensemble de 700 métiers environ, dont 50 sont mécaniques; la production peut être évaluée à 3,000,000 de francs.

En Espagne, l'industrie de la soie, si prospère du XI⁰ au XVI⁰ siècle, a décliné au XVIII⁰ siècle et ne s'est pas relevée. On trouve des métiers battant à Madrid, à Valence, à Barcelone et à Grenade, et fabricant des étoffes qu'absorbe la consommation locale. L'importance de cette production est inconnue; elle consomme des soies de toute nature, d'origine indigène ou d'importation.

Les *soieries de l'Inde*. En passant d'Europe en Asie, nous devons citer la fabrique syrienne, dont les centres de production sont Homs, Hama et Damas, production qui comprend des gazes, des satins, des étoffes rayées, des voiles, des tissus mélangés d'or et des tapis; la fabrique arménienne de l'Asie mineure; et les soieries de Yezd, de Rescht et de Kaschan.

L'exposition récente, faite à Londres, des produits de l'Inde, a appelé l'attention sur la fabrication si variée de cette contrée. On ne connaît, en Europe, que les foulards imprimés et les corahs écrus qui sont importés en Angleterre et en France; cette exportation, d'une valeur de 6,000,000 de francs environ, ne donne pas une idée d'une industrie qui consomme un million de kilogrammes de soie.

On tisse la soie dans toutes les contrées de l'Inde. Les tissus d'or et d'argent, nommés *trinkhalls*, fabriqués à Ahmadabad, à Surat, à Bénarès, présentent une grande variété de dessins : lignes géométriques, fleurs, feuillages, etc.; on s'en sert pour vêtements de cérémonie, coussins, *couvertures*, turbans, écharpes, etc.[La fabrication est la même que celle qui a été adoptée pour les brocarts en Occident. Les tissus imprimés, *sari, patolo, bandana*, sont d'une exécution merveilleuse : les fleurs ou dessins se détachent dans les réserves avec une grande pureté de nuances. A Delhi, ce sont les broderies, soie, or, argent qui l'emportent ; les points de broderie sont variés. A Amritsour, Lahore, Moultan, on fabrique des étoffes brochées ou façonnées : poissons, tortues, perroquets, fleurs de lotus figurent dans les dessins. Le travail est, en général, un travail de lancé ; la trame fait le dessin qui a un liséré tracé par l'organsin.

Un fait très curieux, révélé par cette exposition coloniale, c'est l'existence d'un *petit métier réservé* pour la fabrication des rubans sacrés sur lesquels sont inscrits les noms de Wishnou, et [qui fonctionne presque comme le métier dit Jacquard. On n'y trouve pas précisément des cartons, mais des petits carrés de corne percés de trous. La chaîne est de trois nuances : vert, blanc, cramoisi ; la trame cramoisie ; le dessin produit est très compliqué.

Les étoffes faites avec le tussah, la soie sauvage, sont largement fabriquées à Raipore, Chanda, Godavery. Il faut toute la patience d'un indien pour tirer si bon parti de la grossière matière filée par les indigènes avec les cocons qu'ils ramassent dans les forêts.

Calcutta est le grand entrepôt des soieries fabriquées dans le Pendjab et dans le Bengale, et évaluées à plus de 16,000,000 de francs. C'est de Calcutta que part la plus grande partie des soieries et des soies exportées en Birmanie, dans l'archipel indien, en Angleterre, en France, etc.

Les *soieries du Japon*. L'industrie japonaise s'est révélée lors de l'Exposition de Vienne, en 1873. Elle y a montré des étoffes très remarquables par le coloris, le dessin, l'habileté d'exécution. Les fabricants japonais, dans le tissage des petits dessins, montrent qu'ils possèdent une science technique très avancée, un goût très fin pour l'art décoratif, un sentiment profond des harmonies des couleurs, un esprit d'invention très fertile pour le dessin.

Les manufactures de soieries se rencontrent dans plusieurs provinces, les plus renommées sont : dans la province de Yamachiro, à Kioto, célèbre par ses taffetas blancs et ses étoffes brochées d'or; dans la province de Djoshiou, à Kiriou, célèbre par les étoffes légères, les crêpes unis ou rayés; dans la province de Goshiou, à Nagahama célèbre par ses velours. Le matériel est encore bien imparfait, mais la rapidité avec laquelle s'est perfectionné le tirage de la soie ne permet pas de douter que les Japonais ne s'assimilent très rapidement tous nos procédés de tissage les plus améliorés. Les Japonais sont plus redoutables que les Chinois pour les Européens. Leur exportation d'étoffes est encore très peu considérable, 20,000 pièces environ représentant une valeur de 232,000 francs dont la moitié pour la Corée et le tiers pour les Etats-Unis.

Les *soieries de Chine*. Les Chinois en éloignant tout contact avec les Européens, se privent de renseignements utiles. Ils ne peuvent, en se tenant isolés et en s'immobilisant dans leurs coutumes, réaliser aucun progrès ni recevoir aucune émulation. Tels ils étaient quand Marco Polo les visita au XIIIᵉ siècle, tels ils étaient, ce semble, quand la mission française, en 1845, recueillit des renseignements sur les tissus et les procédés de tissage usités en Chine. Ils font de tout : taffetas, satin, foulard, gazes, velours, peluches, brocarts. Ils n'ont pas une règle uniforme et emploient la matière qu'ils ont sous la main, tantôt en écru, tantôt en fil teint, tantôt en grège, tantôt en poil. Par ces mélanges, par l'utilisation simultanée des soies sauvages avec la soie du ver du mûrier, ils arrivent à produire des effets fort curieux.

Bien que les métiers battent, depuis la frontière de la Mongolie jusqu'à celles du Tonkin, on peut citer le Chen-Si et le Sse-Tchouen pour le tissage des velours ; le Ho-Nan pour les satins ; le Tche-Kiang pour les crêpes ; le Kiang-Sou pour les étoffes façonnées ; le Fo-Kin pour les popelines et les velours ciselés ; Canton pour les tissus légers. On sait que les Chinois excellent dans l'art de la broderie. Ils font, sous le nom de *ké-ssu*, par un travail analogue à celui des ouvriers des Gobelins, de véritables tableaux d'une grande finesse, qu'ils terminent en peignant certaines parties, appelant ainsi le pinceau en aide aux spoulins.

L'évaluation de toutes les soieries fabriquées en Chine serait impossible. On estime la production de la soie à plus de 10,000,000 de kilogrammes, et l'exportation à près de 5,000,000 de kilogrammes; le tissage indigène garde donc et emploie près de 5,000,000 de kilogrammes de soie. — P.

— V. la bibliographie de l'art. précédent.

**\*SOLACROUP** (ANTOINE-EMILE). Ingénieur et administrateur dont le nom reste attaché à la création des chemins de fer. Né à Bazerac (Lot-et-Garonne), le 21 février 1821, il entra à l'Ecole polytechnique à l'âge de dix-huit ans et en sortit comme élève ingénieur des ponts et chaussées. En 1846, au moment où le réseau des chemins de fer français commençait à se former, il entra au service de la Compagnie des chemins de fer du Centre, avec le titre d'ingénieur ordinaire des travaux de construction et d'entretien. Nommé, deux ans plus tard, ingénieur en chef du même service, il devint, en 1852, chef d'exploitation de la Compagnie d'Orléans, après la reconstitution de cette Compagnie par la fusion des lignes d'Orléans, du Centre, de Bordeaux et de Nantes. L'activité infatigable et les talents administratifs par lesquels se distingua Solacroup, dans cette carrière où tout était encore à créer, le firent appeler, malgré sa jeunesse, au poste important de directeur de la Compagnie, lors de la retraite de M. Didion, en mars 1862. Il conserva ces fonctions jusqu'à sa mort, survenue le 8 février 1880; pendant ces vingt années d'un labeur ininterrompu, qui ne contribua pas peu à abréger son existence, Solacroup résume l'histoire de la Compagnie d'Orléans dont il fut, en quelque sorte, l'incarnation. La naissance des réseaux secondaires des Charente et de la Vendée, avant la guerre de 1870 ; toutes les négociations pour le rachat de ces réseaux après la guerre; le *non possumus* auquel il crut devoir s'arrêter en face des prétentions qu'il rencontrait ; et en dernier lieu, la constitution d'un réseau d'Etat sur les ruines de ces petites lignes que le gouvernement rachetait onéreusement, ont été retracés à l'article PARIS-ORLÉANS (V. ce mot) ; nous n'y reviendrons pas ici, et nous nous bornerons à rendre hommage à la solide intelligence du directeur d'élite qui sut diriger d'une main ferme, au milieu de tant de difficultés, la barre du gouvernail qui lui était confiée. Donnant à tous l'exemple de l'assiduité au travail, se distinguant par la sûreté et par la promptitude de son jugement, Solacroup a honoré la grande industrie des chemins de fer, par sa science supérieure, par son mérite d'administrateur et par les qualités qui sont l'apanage de l'homme de bien.

**SOLE.** *T. techn.* Nom donné à toute pièce de bois posée à plat pour servir de pied à un engin quelconque; on dit aussi *semelles*; quand, au lieu d'être plates, les pièces de bois ont une section carrée, on les nomme *racineaux*.

En *métallurgie*, c'est la partie d'un four à réverbère où se font les réactions auxquelles on soumet les matières que l'on y traite. La sole d'un four à réverbère est de forme plus ou moins plate, avec une certaine pente vers l'orifice d'évacuation des produits finis ou des produits intermédiaires, et qui constitue le trou de coulée. La matière dont est composée une sole varie suivant les opérations auxquelles elle doit répondre.

La sole est quelquefois métallique, comme dans les fours à puddler où elle est en fonte; mais, dans ce cas, elle est toujours recouverte d'un enduit protecteur qui doit s'user dans le travail et qui, pour le puddlage, est une couche épaisse d'oxyde de fer.

Il y a lieu de distinguer les soles suivant leur composition chimique.

Les *soles siliceuses*, formées, soit de sable agglutiné par la chaleur, soit de briques réfractaires où l'élément siliceux domine, correspondent à un grand nombre d'industries, parmi lesquelles nous citerons le réchauffage du fer, la fusion de l'acier, la métallurgie du cuivre, etc.

Les *soles basiques*, formées de chaux, de magnésie ou d'un mélange de chaux et de magnésie (dolomie), ont apparu seulement depuis quelques années, lors de la déphosphoration sur sole. Elles sont généralement d'un plus grand entretien que les soles siliceuses, parce qu'elles s'usent en fournissant une base à la silice que l'on rencontre dans toute opération métallurgique; mais elles ouvrent un nouvel horizon aux réactions chimiques que l'on peut réaliser au four à réverbère.

La *sole neutre*, formée de fer chromé en morceaux et agglomérés par un mortier de fer chromé en poudre et de chaux, constitue, par son inertie aux réactions chimiques, une nouvelle sorte de sole d'une grande durée. On peut traiter, sur une sole de ce genre, des matières qui donnent lieu à des scories basiques ou siliceuses, indifféremment. Cette sole, nouvellement introduite dans l'industrie par MM. Valton et Rémaury, semble appelée à un certain développement, surtout si on réalise pratiquement une bonne qualité de briques en fer chromé, dont le maniement serait plus commode que celui des blocs de dimensions incertaines.

Dans la fabrication sur sole des alliages de manganèse (ferromanganèse), on a employé la *sole réductrice en carbone*, imaginée par Henderson, de Glasgow, et qui peut servir aussi dans la fusion du spiegel, en diminuant la perte de manganèse. La sole en carbone est formée de blocs de coke pulvérisé, agglomérés par du goudron, et

que l'on transforme en une masse solide par un chauffage en vase clos; le goudron se décompose et laisse un ciment de carbone qui fait un tout très homogène. Ces blocs servent à paver la sole en suivant les contours des plaques de fonte sur lesquelles on les pose, et on coule dans les joints un mastic de coke ou de graphite délayé dans du goudron. Par le chauffage du four, la sole forme une seule masse dont l'usage peut être assez long, si on évite toutefois les soulèvements et les combustions locales.

**SOLEIL.** *T. d'artif.* Pièce composée de fusées disposées autour d'un axe comme les rayons d'une roue, et qui donne des jets de feux brillants au moyen de combinaisons diverses. — V. PYROTECHNIE. ‖ *Art hérald.* Meuble de l'écu représenté par un cercle parfait, à face humaine, et entouré de seize rayons alternativement droits et ondoyants; son émail particulier est l'or.

\* **SOLEIL** (JEAN-BAPTISTE-FRANÇOIS). Célèbre opticien et constructeur d'instruments de physique, né à Paris, en 1798, mort dans la même ville, le 17 mars 1878. Il fut initié, par deux ingénieurs habiles, Hareing et Palmer, à l'art dans lequel il ne tarda pas à exceller. En 1823, Fresnel le chargea de la construction des lentilles annulaires pour les phares. Soleil apporta, dans l'exécution de ce travail, un haut degré de précision et contribua ainsi, pour une large part, au succès de l'entreprise. De 1823 à 1830, Soleil fut le témoin passionné de toutes les découvertes de l'illustre physicien; associé à ses travaux, il exécuta les nombreux appareils qui servirent à ses recherches. Dans cet intervalle, Soleil, mis en rapport par Fresnel avec les autres savants qui s'occupèrent de l'optique moderne, consacra tous ses efforts et son habileté exceptionnelle à l'avancement de cette branche de la physique. Parmi les nombreux instruments d'optique et de précision que Soleil a construits, tous avec le plus grand soin, il faut citer ceux qui lui ont fait le plus d'honneur, tant par leur exécution que par les perfectionnements qu'il y apporta de son chef : son *banc de diffraction*, appareil classique destiné à projeter tous les phénomènes d'interférences et de diffraction; son *goniomètre*, appareil employé à mesurer l'angle des axes dans les cristaux bi-axes; et spécialement son *saccharimètre optique* (qui porte son nom), véritable chef-d'œuvre de science pratique et de précision expérimentale, appareil qui sert à déterminer la richesse des dissolutions saccharines, à l'aide de leurs propriétés optiques découvertes par Biot et Arago. Soleil, en introduisant dans le polariscope de Biot la plaque à deux rotations, en a fait un instrument d'un usage sûr et facile. C'est Soleil qui eut le premier l'idée du *microscope photo-électrique* et en réalisa la construction; cet appareil fut perfectionné plus tard par Duboscq.

En 1849, il fut nommé chevalier de la Légion d'honneur.

\* **SOLÉNOÏDE.** — V. ÉLECTRICITÉ, § 74 *Solénoïdes.*

**I. SOLIDE.** *T. de géom.* On appelle *solide* une portion de l'espace limitée de toutes parts. La partie commune à un solide et à l'espace environnant est la *surface* de ce solide. On peut se la représenter comme une sorte d'enveloppe idéale sans épaisseur (V. SURFACE). L'étude des propriétés des solides, en ce qui concerne leur forme, se ramène évidemment à celle des propriétés de leur surface. Sous le rapport de l'étendue, il y a lieu de considérer : 1° l'aire de la surface qui limite le solide; 2° le volume de celui-ci. Ces deux quantités peuvent évidemment être déterminées dès qu'on connaît la surface. Aussi n'y a-t-il que très peu de choses à dire sur les propriétés géométriques des solides. Le véritable objet de la géométrie dans l'espace est l'étude des *surfaces*.

On dit communément que les solides ont trois dimensions. Cela veut dire, à proprement parler, que si l'on cherche à exprimer le volume d'un solide au moyen des longueurs d'un certain nombre de lignes droites servant à le définir, ce volume sera toujours exprimé par un produit de trois longueurs, c'est-à-dire que l'expression du volume comprendra, outre un certain nombre de facteurs numériques indépendants de l'unité de longueur, *trois facteurs* qui pourront être considérés comme les mesures des longueurs de trois certaines lignes. Si donc l'unité de longueur devenait deux ou trois fois plus petite, chacun de ces facteurs, mesure d'une certaine longueur, deviendrait deux ou trois fois plus grand, de sorte que ce produit deviendrait huit ou vingt-sept fois plus grand. En général, si l'unité de longueur est multipliée par un nombre quelconque *a*, la mesure du volume d'un solide sera multipliée par $\frac{1}{a^3}$.

Les solides limités de toutes parts par des surfaces planes sont appelés des *polyèdres*; toutes leurs faces sont des polygones (V. POLYÈDRE). Le cylindre et le cône droits circulaires, le tronc de cône droit circulaire et la sphère sont appelés les *corps ronds*. Les autres solides n'ont guère reçu de dénominations génériques; celles-ci s'appliquent bien plutôt aux surfaces. On dit pourtant *solide de révolution* pour désigner un solide engendré par une portion de plan limitée de toutes parts, en tournant autour d'un axe situé dans son plan. Un pareil solide est évidemment limité par une surface de révolution ou par un assemblage de plusieurs surfaces de révolution. — V. RÉVOLUTION.

*Angle solide.* On appelle ainsi l'espace indéfini compris entre plusieurs plans qui passent par un même point nommé *sommet*, et qu'on suppose limités à leurs intersections mutuelles. On dit aussi *angle polyèdre*. On distingue dans un angle solide : 1° ses *faces*, qui sont des angles plans; 2° ses *angles dièdres*, qui sont les dièdres formés par deux faces consécutives; 3° ses *arètes*, qui sont les droites d'intersection des plans des faces. Le plus simple des angles solides est l'*angle trièdre* ou simplement le *trièdre* formé par trois plans (V. TRIÈDRE). En faisant passer un plan par une arète et les arètes non contiguës, on décompose l'angle solide en un certain nombre de trièdres. Si l'on coupe un angle solide par une sphère ayant son centre au sommet, l'angle solide interceptera sur la surface de cette sphère une figure formée par des arcs de grand cercle, intersections respectives des plans des faces avec la sphère. Une pareille figure s'appelle un *polygone sphérique*. A chaque angle solide correspond ainsi un polygone sphérique et réciproquement. Aussi la théorie des angles solides est-elle identique à celle des polygones sphériques (V. POLYGONE). On dit qu'un angle solide est convexe lorsqu'il est situé tout entier d'un même côté d'une quelconque de ses faces prolongée indéfiniment. On démontre que dans tout angle solide, l'une quelconque des faces est plus petite que la somme des autres, et que dans tout angle solide convexe, la somme des faces est plus petite que quatre angles droits. Si l'on prolonge toutes les faces d'un angle solide au delà du sommet, on obtient un nouvel angle solide qui a les mêmes faces et les mêmes angles que le premier; mais ces éléments égaux ne sont pas disposés dans le même ordre, de sorte que les deux angles solides ne sont généralement pas superposables. Ils sont dits *symétriques* (V. ce mot). Un angle solide est dit *régulier* s'il a toutes ses faces égales et tous ses dièdres égaux. Un angle solide régulier est égal à son symétrique. Le solide compris à l'intérieur d'un angle solide entre les faces et un plan sécant qui coupe toutes les arètes est une *pyramide*. — V. ce mot.

II. **SOLIDE.** *T. de mécan.* Les corps solides tels que nous les rencontrons dans la nature sont loin de constituer des systèmes invariables; sous l'influence des forces qui leur sont appliquées, ils subissent des déformations plus ou moins considérables qui donnent naissance à des forces moléculaires nommées *réactions d'élasticité*. Il y a cependant une utilité incontestable à introduire dans l'étude de la science la notion d'un *solide invariable* ou indéformable. Cette manière de concevoir les corps solides conduira à des conséquences conformes à l'expérience toutes les fois que les déformations réelles seront assez petites pour pouvoir être négligées. D'un autre côté, l'étude géométrique du mouvement d'une figure invariable, et la résolution des problèmes de dynamique ou de statique qui se présentent quand on suppose que des forces quelconques sont appliquées à une pareille figure, est indispensable à l'établissement des théories mécaniques qui devront être employées pour les cas beaucoup plus difficiles et plus complexes où l'on sera obligé de tenir compte des déformations et des réactions qui les accompagnent. Aussi, la cinématique et la dynamique du *solide invariable* constituent-elles une des parties les plus importantes de la mécanique rationnelle. Nous avons eu déjà plusieurs fois l'occasion d'en parler à propos d'un grand nombre de questions telles que *moment d'inertie, mouvement, rotation,* etc. (V. ces mots). Nous allons grouper ici les principaux résultats de cette étude importante.

Le mouvement le plus général d'un solide invariable entièrement libre, peut être considéré comme formé d'une succession de mouvements hélicoïdaux s'effectuant pendant des durées infiniment petites autour d'un axe qui change à chaque instant de position. Il y a donc à chaque instant, dans le solide, une ligne droite dont les différents points ont tous des vitesses égales dirigées suivant cette droite : c'est l'*axe instantané de rotation et de glissement*. La vitesse d'un point quelconque du solide est la résultante de deux composantes rectangulaires dont l'une, dirigée suivant l'axe instantané, est la vitesse même de translation de cet axe, et dont l'autre est la même que si le corps tournait simplement autour de cet axe, ce qui fait dire que le mouvement élémentaire d'un solide est la résultante d'une rotation et d'une translation dirigée suivant l'axe de cette rotation (V. Mouvement, Rotation). Le mouvement le plus général d'un solide fixé en un point A se compose d'une succession de rotations de durées infiniment petites autour d'axes qui passent tous par le point A. Il y a donc à chaque instant une ligne droite dont tous les points ont une vitesse nulle, *c'est l'axe instantané*, et le mouvement élémentaire est une rotation autour de cet axe. Si enfin le solide est fixé en deux points A et B, son mouvement ne peut être qu'une rotation de vitesse angulaire variable autour de l'axe fixe AB.

Toutes les forces qu'on peut appliquer à un corps solide peuvent se réduire à deux dont l'une est appliquée en un point arbitraire du solide ou à une force unique appliquée en un point arbitraire et à un couple (V. Force, Mécanique, Statique). Les conditions d'équilibre d'un corps solide entièrement libre sont : 1° que la résultante unique soit nulle ; 2° que le couple soit nul. On les exprime en écrivant : 1° que les sommes des projections de toutes les forces sur trois axes passant par un même point et non situés dans un même plan sont nulles ; 2° que les sommes des moments de toutes les forces par rapport aux trois mêmes axes sont nulles. On obtient ainsi les six équations d'équilibre (V. Force, Mécanique, Statique). Pour obtenir les conditions d'équilibre d'un corps solide fixé en un point, on prend ce point fixe pour centre de réduction des forces. Alors la résultante est détruite par la fixité du point, et les conditions d'équilibre se réduisent à ce que le couple soit nul, ce qu'on exprime en écrivant que les sommes des moments de toutes les forces sur les trois axes de coordonnées sont nulles. Si enfin le solide est fixé en deux points A et B, il suffira d'écrire que la somme des moments des forces par rapport à la droite AB est nulle. Tels sont les principes qui servent à étudier les conditions d'équilibre des machines. Mais quand on a à considérer un système de plusieurs solides, il faut appliquer les équations à chaque solide isolément en introduisant parmi les forces qui agissent sur lui les réactions des pièces voisines. Le calcul de ces réactions présente souvent des difficultés spéciales. Dans certains cas même, il est impossible avec l'hypothèse du solide invariable, et l'on se trouve obligé de faire intervenir des considérations d'élasticité.

La dynamique des solides présente évidemment plus de complication. Il convient alors de considérer des éléments particuliers qui dépendent de la forme du solide et de la distribution de la matière à son intérieur. Ce sont : le *centre de gravité*, l'*ellipsoïde d'inertie*, les *axes principaux* et les *moments principaux d'inertie*. On démontre d'abord que le mouvement du centre de gravité est le même que si toutes les forces appliquées au solide étaient transportées parallèlement à elles-mêmes en ce centre de gravité, et que le mouvement du solide par rapport à trois axes de direction constante, passant par ce centre, est le même que si celui-ci était fixe. Il en résulte que l'étude du mouvement du corps solide se décompose en deux parties qui constituent l'une et l'autre des problèmes plus simples : 1° le mouvement de translation du centre de gravité se ramène ainsi au mouvement d'un point matériel dont la masse serait égale à la masse totale du corps ; 2° le mouvement de rotation du solide autour de son centre de gravité se ramène au mouvement de rotation d'un corps solide autour d'un point fixe. Pour obtenir les équations du premier problème, il suffit d'écrire que les sommes des projections des forces sur trois axes, en y comprenant la force d'inertie qui est égale au produit de la masse par l'accélération changée de sens, sont nulles. Quant au second problème, il est plus compliqué et a été résolu pour la première fois par Euler qui a donné les trois équations célèbres connues sous son nom. — ¡V. Rotation.

Dans bien des circonstances, il n'est pas permis de considérer les corps solides comme des solides invariables. L'étude expérimentale des phénomènes qui accompagnent les déformations des solides est du domaine de la *physique moléculaire*, c'est l'étude de l'*élasticité* des corps solides. Mais en cette matière, l'expérience seule serait peu instructive ; aussi est-il nécessaire d'introduire des hypothèses, et d'en déduire les conséquences logiques, l'expérience n'intervenant que pour contrôler la vérité des conclusions et, par suite, celle des hypothèses. Mais, quoique les hypothèses admises soient fort simples, les raisonnements et les calculs nécessaires pour en tirer des conclusions pratiques sont fort compliqués ; ils exigent l'intervention des parties les plus élevées des mathématiques, et l'étude théorique de l'*élasticité* constitue l'une des branches les plus importantes de la *physique mathématique*. Dans la pratique, cependant, on peut se contenter la plupart du temps d'hypothèses encore plus simples, qui, quoique manifestement inexactes, au moins dans les cas extrêmes, sont pourtant assez voisines de la réalité dans les limites que l'on a seulement besoin de considérer, pour conduire à des résultats conformes à l'expérience de l'industrie. C'est sur ces principes simplifiés qu'est fondée, en particulier, la théorie de la résistance des matériaux, qui est indispensable à l'industrie des machines et des constructions, et sans laquelle les grands travaux de l'industrie moderne deviendraient impossibles. — V. Pression, Résistance des matériaux.—M. F.

* **SOLIDIFICATION**. *T. de phys.* Phénomène in-

versé de la fusion. C'est le passage ou plutôt le résultat du passage d'un corps de l'état liquide à l'état solide, par abaissement de sa température. Les lois de la solidification sont analogues à celles de la fusion, mais inverses. A l'article Congélation (V. ce mot), les lois de ce phénomène, qui n'est qu'un cas particulier de la solidification, ont été exposées et développées. Nous en rappellerons seulement les énoncés en y ajoutant quelques remarques complémentaires.

1re loi. *Un liquide (lorsqu'il est pur) se solidifie toujours à une même température qui lui est propre, et qu'on nomme point de solidification de ce corps.* Ce point coïncide généralement avec le point de *fusion* (V. tableau des points de *fusion*, t. V, p. 149, et tableau des points de *congélation*, t. III, p. 766). Cette loi n'est pas rigoureuse en ce sens que la solidification d'un corps peut être abaissée notablement au-dessous du point de fusion. Elle ne s'applique qu'aux cas où le corps est placé dans les conditions ordinaires ou normales. Ainsi, le soufre, qui se solidifie ordinairement vers 111°, peut, avec des précautions et dans des conditions particulières de repos, à l'abri de l'air ambiant, rester liquide au-dessous de 100°. L'étain, qui fond à 225°, peut être conservé liquide à 23°. Le phosphore, qui fond à 42°, reste liquide jusqu'à 0° et même à —5°. Le gallium, qui fond à 29°,5, reste liquide à 0°, etc. Ces effets exceptionnels constituent le phénomène qu'on nomme *surfusion*. — V. ce mot.

2e loi. *Dès qu'un liquide commence à se solidifier et pendant toute la durée de sa solidification, sa température reste fixe, malgré les causes extérieures de refroidissement qui l'entourent, et quelle que soit la quantité de chaleur soustraite à chaque instant.* Cette loi se vérifie facilement en plaçant un thermomètre dans un creuset renfermant du soufre en fusion. Lorsque, dans le liquide abandonné au refroidissement spontané, le thermomètre est descendu à 111°, on le voit rester à cette température pendant un temps assez considérable (qui varie nécessairement avec la quantité de liquide employée, la nature du vase et la température ambiante), puis il reprend sa marche descendante et de plus en plus lente à mesure qu'il s'approche de la température ambiante.

3e loi (conséquence de la précédente). *Dans la solidification d'un corps, il y a toujours une certaine quantité de chaleur dégagée* (comme il y a absorption de la chaleur dans le phénomène de la fusion); c'est ce qu'on nomme *chaleur de solidification.* — V. Chaleur, § *Chaleur latente*, t. III, p. 495.

4e loi. *Dans la solidification d'un liquide, il y a toujours changement de volume;* généralement, c'est une diminution (V., pour les exceptions, Congélation, 4e *loi*).

Un autre mode de solidification est celui qui s'effectue sans le secours d'un abaissement de température. Lorsqu'un liquide, contenant une substance solide en dissolution (V. Fusion, § *Dissolution*), est abandonné à évaporation spontanée ou artificielle, il arrive un moment où la quantité de liquide restant est insuffisante pour retenir en dissolution toute cette substance ; alors une partie se dépose à l'état solide, tantôt amorphe, tantôt cristallin. — V. Cristallisation. — C. D.

**SOLIN.** *T. de constr.* Bande ou filet de plâtre dont on recouvre le joint formé par la rencontre d'un toit avec un mur qui monte plus haut, par la pénétration d'une lucarne ou d'une souche de cheminée dans la surface inclinée d'une couverture, et qui empêche la pluie de pénétrer à l'intérieur du comble par ce joint. Dans les couvertures en tuiles, on se contente ainsi d'un simple filet de plâtre ; mais dans les toits recouverts en zinc ou en plomb, la disposition adoptée est un peu plus complexe ; au long de la paroi verticale rencontrée par la toiture, on relève les feuilles de zinc ou de plomb, on recouvre ce rebord par des lames de métal, dites *bandes de solin*, clouées sur la maçonnerie, et par dessus le tout on traîne la bande de plâtre qui forme le solin proprement dit.

On applique encore ce nom, d'une manière générale, à toute bande de plâtre qui sert à boucher un vide existant entre le dormant d'une croisée et le nu de l'ébrasement ; entre le chambranle d'une porte et son bâti ; entre un poteau et un mur contre lequel ce poteau est adossé ; entre le carrelage d'une pièce et les murs de cette pièce, etc.

**SOLIVE.** *T. de constr.* Nom que l'on donne aux pièces de bois ou aux poutres en fer que l'on dispose parallèlement pour former les planchers en bois ou en fer qui séparent les différents étages d'un édifice. Les solives reposent, par leurs extrémités, soit sur les murs mêmes de la construction, soit, lorsque la portée est grande, sur des pièces de bois ou de fer à forte section, que l'on appelle *poutres-maîtresses.*

Dans les planchers en bois, on distingue, suivant la fonction qu'elles remplissent et la disposition qu'on leur donne : les *solives ordinaires*, placées comme nous venons de le dire ; les *solives d'enchevêtrure*, de plus fort équarrissage que les autres, et qui servent à porter les *chevêtres*, pièces de bois placées en avant des foyers de cheminée ; les *solives de remplissage*, assemblées dans les chevêtres par leurs deux extrémités ou par une seule, et recevant plus spécialement dans ce dernier cas, le nom de *solives boiteuses* (V. Plancher). Les solives ordinaires en bois sont à section carrée ou plus souvent rectangulaire, la hauteur ou côté vertical de cette section étant basée sur la longueur ou portée de la pièce. Dans son *Traité d'architecture*, M. Léonce Reynaud a adopté la relation suivante : $b = 0,05\, l$, dans laquelle $b$ représente cette hauteur de section et $l$ la longueur de la solive comprise entre les parements intérieurs des murs, et dans l'hypothèse d'un espacement des solives égal à une fois et demie leur épaisseur. Celle-ci est ordinairement comprise entre $\dfrac{b}{\sqrt{2}}$ et $\dfrac{b}{2}$.

Dans les planchers en fer, la section habituellement adoptée pour les solives a la forme d'un double T, et la hauteur de cette section est proportionnée à la portée des solives et à la charge qu'elles doivent avoir à supporter ; dans les conditions ordinaires, par exemple dans les maisons construites à Paris, cette hauteur varie de 0ᵐ,14 à 0ᵐ,18. Leur écartement habituel est de 0ᵐ,65 à 0ᵐ,80, d'axe en axe.

On appelle *solives à larges ailes*, des solives dans lesquelles les faces horizontales sont plus larges que dans les solives ordinaires ; elles se placent sous les cloisons légères qui ne montent pas de fond.

Les solives en fer ne sont pas droites comme celles en bois ; elles sont légèrement cintrées dans le plan vertical, de manière à présenter une flèche de 0ᵐ,005 par mètre. Lorsqu'elles sont supportées par des murs, elles sont scellées à chaque extrémité sur 0ᵐ,25 de longueur environ. Le mode appliqué à ce scellement est un point essentiel à considérer dans l'établissement des planchers ; la résistance et la durée des pièces en dépendent. Pour les solives ordinaires des planchers en bois, un scellement d'environ 0ᵐ,20 dans la maçonnerie est suffisant. Les solives d'enchevêtrure, destinées à supporter de plus lourdes charges, sont, dans toute bonne construction, maintenues au moyen de plates-bandes et d'ancres en fer scellées elles-mêmes dans la maçonnerie.

Pour les planchers en fer, on applique différents systèmes suivant la nature des maçonneries et l'emplacement des murs servant de points d'appui. Dans les murs en pierre de taille, les solives ordinaires sont simplement scellées en plâtre ou au ciment ; il serait bon qu'elles fussent terminées en queue de carpe ou logées dans des entailles en queue d'hironde et scellées au ciment. Dans les murs de moellons ou de briques, il faudrait les terminer également en queue de carpe et exécuter la maçonnerie qui doit les maintenir à bain de mortier de ciment, sur toute l'épaisseur du mur et sur 0ᵐ,50 environ de hauteur. Si les solives reposent sur un mur de refend, il suffit de les terminer carrément, et de fixer chacune d'elles à celle qui est établie dans son prolongement, de l'autre côté du mur, par une plate-bande en fer boulonnée sur toutes deux. Pour les pièces principales, telles que poutres et solives d'enchevêtrure, on maintient chaque scellement par une ancre traversant une ouverture pratiquée à l'extrémité d'une plate-bande que deux boulons fixent à la pièce. — V. PLANCHER.
— F. M.

**SOLIVEAU.** *T. de constr.* Petite solive de remplissage.

**I. SOLUTION.** *T. de chim.* Phénomène qui résulte du mélange ou de la combinaison d'un liquide avec un corps solide, liquide ou gazeux, et qui donne naissance à un nouveau liquide homogène.

La solution peut se faire en proportions variables, jusqu'à ce que le liquide soit saturé du corps, mais quand elle porte sur une solution de plusieurs principes, la saturation par l'un d'eux n'empêche pas la dissolution d'une nouvelle quantité d'un autre corps ; elle s'exécute par simple mélange, macération, infusion, digestion, décoction, lixiviation. Dans la solution, il y a toujours absorption de chaleur par suite des changements d'état et de l'écartement des molécules ; mais ce phénomène, suivant les circonstances, peut être sensible, nul ou suivi d'un dégagement de chaleur (solution d'une base dans un acide), par suite de réactions secondaires accompagnant la solution, et surtout des combinaisons.

**II. SOLUTION.** *T. de mathém.* Un problème est une question. La solution est la réponse à cette question. En général, le problème consiste à trouver un objet qui remplisse certaines conditions. La nature de cet objet dépend de la nature du problème. Ce peut être une figure de géométrie, un nombre, un système de forces, un mouvement, etc. Le but principal de l'algèbre est de ramener les questions qui concernent les objets concrets à des questions sur les nombres. On y arrive en définissant les objets que l'on peut avoir à considérer à l'aide de nombres qui sont les mesures de certains éléments de ces objets. La recherche d'un objet défini par l'énoncé se ramène ainsi à la recherche des nombres qui le caractérisent ; ceux-ci constituent les *inconnues* du problème. En représentant ces inconnues par des lettres, et en traduisant à l'aide des signes algébriques les conditions de l'énoncé, on obtient des égalités qui sont les *équations* du problème. Le problème se trouve ainsi ramené à la résolution d'un certain nombre d'équations à plusieurs inconnues. La plupart du temps, la résolution de ce système de plusieurs équations se ramène elle-même à la résolution d'une seule équation, ou à la résolution successive de plusieurs équations ne contenant chacune qu'une inconnue. Les nombres qui vérifient une équation donnée sont les *racines* de cette équation. Comme une équation algébrique admet, en général, autant de racines qu'il y a d'unités dans son degré, on conçoit qu'un problème soit susceptible de *plusieurs solutions*.

**\* SOMMEIL.** *Iconol.* Le Sommeil était fils de l'Érèbe et de la Nuit, frère de la Mort. Il avait pour fils Morphée et les Songes. On le représente assis sur un trône d'ébène, la tête ceinte de pavots et tenant à la main un sceptre de plomb. Parfois aussi, on le trouve sous les traits d'un génie tenant à la main des pavots et couché sur un flambeau renversé ; c'est ainsi que le représentent les statues antiques du Vatican et du musée des offices, à Florence. Les artistes modernes ont préféré les figures de femmes, comme prêtant davantage à l'élégance des formes et à la grâce que comporte facilement ce sujet.

**\* SOMMERARD** (ALEXANDRE DU). Archéologue français, né à Bar-sur-Aube en 1779, mort en 1842, entra d'abord dans l'armée, fit les campagnes de la République, puis quitta le service pour la Cour des Comptes. Très royaliste, il se laissa attribuer sans protestation un des chants politiques les plus populaires pendant les Cent Jours : *Rendez-nous notre père de Gand*. La place de conseiller référendaire, puis celle de conseiller maître furent la récompense de ce zèle. Depuis ses campagnes en Italie, il n'avait cessé de collectionner des œuvres d'art, qu'il achetait à cette époque à vil prix, et se forma bientôt la plus riche collection de meubles, peintures, sculptures, émaux, vitraux, céramique, manuscrits, qui se pût trouver en France. Il possédait d'ailleurs une science parfaite de toutes les parties de l'archéologie, et il en faisait part à ses visiteurs avec une politesse exquise et un désintéressement complet. Il a publié les résultats de ses observations, de ses lectures, de sa longue expérience dans un magnifique ouvrage : les *Arts au moyen âge* (1838-1846, 5 vol. in-8°), qui complète celui de Seroux d'Agincourt. Ce n'est pas un traité, mais une suite de réflexions, de critiques, de conseils même, qui sont d'une très grande utilité pratique pour les archéologues.

En 1832, sa collection prenant des proportions très grandes, du Sommerard loua l'Hôtel de Cluny, qui, faute d'occupant, allait être démoli, et y installa tous ses précieux objets, sauvant ainsi d'un désastre irréparable un des plus beaux monuments français du XVIᵉ siècle, en même temps qu'il donnait à ses collections du moyen âge, le cadre le plus riche et le mieux approprié. Après sa mort, et d'après le vœu de toute sa vie, sa collection fut achetée par l'État, avec l'Hôtel de Cluny, pour former un musée national d'art décoratif. On doit encore à Alexandre du Sommerard : des *Vues de Provins* (1822), où l'on remarque une des premières applications de la lithographie à la reproduction des monuments, et une notice sur l'*Hôtel de Cluny et le Palais des Thermes*, avec une belle étude sur l'art aux XVᵉ et XVIᵉ siècles (1834).

**\* SOMMERARD** (EDMOND DU). Fils du précédent, né à Paris en 1817, mort en 1886. Il succéda en 1842 à son père, comme directeur du musée de Cluny et fit partie de toutes les commissions et jurys oficiels, dans lesquels lui donnaient place sa situation et ses connaissances spéciales. Dès 1846 il fut nommé membre de la Commission des monuments historiques. En 1855, en 1863, en 1867, il fut membre du jury pour les beaux arts, l'ameublement et la décoration ; aux Expositions de Vienne et de Philadelphie, il était commissaire français ; enfin, il avait été promu en 1873, grand officier de la Légion d'honneur. Il a donné en 1882 une nouvelle édition du catalogue du musée, avec des réflexions et des études excellentes.

**SOMMET.** *T. de géom.* *Sommet* d'un angle, point de concours des côtés.

*Sommet* d'un polygone ; ce sont les points d'intersection de deux côtés consécutifs.

*Sommet d'un angle polyèdre.* Point où se rencontrent toutes les faces.

*Sommet d'un polyèdre.* Points où se rencontrent trois faces contiguës ou plusieurs faces contiguës ; les sommets d'un polyèdre sont en même temps les sommets des polygones qui constituent les faces de ce polyèdre. Dans une pyramide, on appelle plus spécialement *sommet* le point où se rencontrent toutes les faces de l'angle polyèdre qui, coupé par la base, constitue cette pyramide. — V. PYRAMIDE.

*Sommet d'un cône.* Point par où passent toutes

les génératrices. Quand une courbe admet un axe de symétrie, on appelle *sommet*, l'intersection de cette courbe avec l'axe. L'ellipse ayant deux axes de symétrie présente quatre sommets, l'hyperbole n'en a que deux, parce que l'un des axes ne rencontre pas la courbe. La parabole n'en a qu'un. D'une manière générale, on appelle *sommet* d'une courbe plane les points de cette courbe où le rayon de courbure présente un maximum ou un minimum. Les sommets correspondent à des points de rebroussement de la développée.

Quand une surface admet un axe de symétrie, les points d'intersection de cet axe avec la courbe s'appellent des *sommets*. L'ellipsoïde ayant trois axes qui rencontrent chacun la courbe en deux points, a 6 sommets. L'hyperboloïde à une nappe n'en a que 4, l'hyperboloïde à deux nappes, 2, et le paraboloïde un seul. — M. F.

**SOMMIER.** 1° *T. de constr.* Pierre placée à la naissance d'un arc appareillé en claveaux. Dans la construction de l'arc, cette pierre se pose la première au-dessus des piédroits et fait partie de ce qu'on appelle la *retombée* (V. ce mot). Dans une plate-bande, le sommier est une pierre taillée en coupe oblique pour recevoir le premier claveau de la plate-bande. || 2° Planche fixée dans les tableaux d'une fenêtre, à la partie supérieure d'une jalousie et sur laquelle sont assemblées les poulies et les cordes. || 3° *T. de fact. instr.* Dans un piano, on donne ce nom aux traverses en bois dur, assemblées à enfourchement avec le barrage qui les maintient à l'écartement voulu, et sur lesquelles sont fixées les chevilles qui servent à tendre les cordes. — V. CLAVIER et PIANO. || Sorte de coffre recevant l'air des soufflets de l'orgue pour le distribuer ensuite dans les différents tuyaux. || 4° *T. de typogr.* Pièces de bois parallèles qui, dans l'ancienne presse, traversaient d'une jumelle à l'autre en s'y assemblant à tenon et mortaise, et supportaient, l'une l'écrou de la vis qui exerce la pression, l'autre le train de la presse lorsqu'on opère le tirage. — V. IMPRIMERIE. || 5° *T. de lit.* Sorte de matelas servant à remplacer les anciennes paillasses, et dont l'élasticité est due soit au crin qu'il renferme, soit à un système de ressorts ; dans ce dernier cas, il porte plus spécialement le nom de *sommier élastique*. || 6° *Sommier ou support de grille.* Traverse en fonte ou en fer, placée perpendiculairement à la direction d'un fourneau et encastrée à chaque extrémité dans une galoche rivée ou fixée contre la paroi du foyer. Elle porte sur l'avant et sur l'arrière un rebord sur lequel viennent reposer les talons des barreaux de grille, de telle sorte que la surface de la grille soit à fleur avec celle du sommier. L'intervalle entre deux supports voisins doit être un peu plus grand que la longueur des barreaux, afin que ceux-ci puissent s'allonger, sans se gondoler, sous l'effet de la dilatation.

**I. SONDAGE.** *T. d'exploit. des min.* Un sondage ou forage est une opération qui, en général, a pour objet le percement dans le sein de la terre d'un trou cylindrique vertical descendant, dont le diamètre peut atteindre 5 mètres, et dont la profondeur peut dépasser 1,000 mètres. Un trou de sonde est constamment plein d'eau, et cette eau offre les avantages simultanés de rafraîchir l'outil d'attaque, de délayer la roche et de diminuer le poids des tiges.

**Sondages ordinaires.** La *sonde* est l'instrument servant à forer dans le sol des trous verticaux. Un équipage de sonde, considéré de bas en haut, comprend : l'*outil*, le *joint*, la *tige*, la *tête* et l'*engin* de manœuvre installé sur le sol à creuser.

*Outil.* On peut attaquer les roches en les concassant par un casse-pierres, bonnet carré à tête peu pointue, en les entaillant par un trépan, ou en les rodant par divers outils. Le *trépan* est un couteau en acier trempé à basse température; il peut être muni d'une amorce centrale ou d'oreilles latérales, et il peut aussi se composer de plusieurs couteaux alignés ou disposés en double Y, de façon à battre la circonférence du trou plus que le centre. On fait tourner le trépan d'un certain angle après chaque coup. La figure 191 représente une des formes les plus simples du *trépan*; c'est le trépan à oreilles doubles A et A', qui présentent deux tranchants destinés à entailler les roches. Il y a des trépans à un plus grand nombre de lames, quatre, six, selon les diamètres des trous à forer et selon la nature des roches à attaquer.

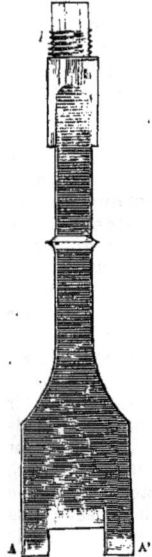

Fig. 191. — *Trépan à oreilles doubles.*

**A A' Oreilles** qui abattent la couronne produite par le trépan et mettent le trou de sonde au diamètre nécessaire.

L'action du trépan se conçoit aisément en regardant les deux figures 192 et 193 qui représentent l'outil d'abord dans sa remontée, et ensuite au moment de sa chute lorsqu'il vient frapper sur la roche à entamer. Le système d'accrochage qu'on voit sur ces deux figures se compose de deux leviers à déclic se refermant par l'effet du tirage pendant la montée, et s'ouvrant automatiquement pour laisser échapper de leurs mâchoires la tête de l'outil dès que la descente commence. La figure 192 montre les mâchoires fermées pendant qu'on relève l'outil, la figure 193 montre les mâchoires ouvertes qui viennent de lâcher prise et laissent l'outil retomber de tout son poids sur la roche qu'il entaille. Cet assemblage porte le nom de *coulisse Kind*, du nom de son auteur qui l'a employée avec succès, lors du forage du puits artésien de Passy.

L'*alésoir*, employé au rodage, se compose de deux flasques réunies par des lames un peu ventrues, de sorte que quand on tourne l'outil, il attaque la roche par son équateur. La *langue de carpe* est un outil plat ayant la forme d'une double virgule. Le *trépan rubanné* ou *tarière* est une sorte de grande vrille qui découpe un cylindre à la partie inférieure du trou. La figure 194 représente une *tarière dite à talon*, destinée à creuser et ensuite à ramener les matières à la surface du sol; la partie filetée A sert à faire le joint de l'outil avec la tige de la sonde; le talon B, par sa forme recourbée en cuiller, retient les matières et les ramène au dehors du trou quand on remonte l'outil. Le corps de la tarière C est formé, comme on le voit, d'une partie enroulée dans le même genre que les tarières servant à travailler le bois.

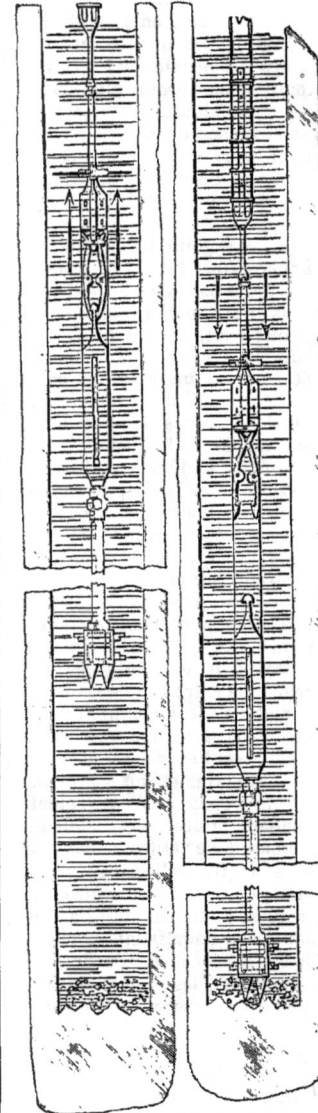

Fig. 192 et 193. — *Manœuvre du trépan avec la coulisse Kind : remontée de la tige avec le déclic fermé; chute du trépan, le déclic ouvert.*

On peut curer la partie inférieure d'un trou de sonde au moyen d'une *cuiller*, constituée par une tarière munie d'un appendice horizontal inférieur la fermant partiellement. L'outil habituel est la *cloche à boulet*, constituée par un cylindre ayant presque le diamètre du puits, et dont l'orifice inférieur est fermé par un boulet entouré d'arceaux. En sonnant avec cette cloche sur le fond du trou, elle s'emplit des matières cassées qui s'y trouvent, et en la remontant jusqu'au jour, elle garde ces matières.

*Joint.* L'outil est généralement relié à la tige par un joint à chute libre, de façon que les chocs ne se transmettent pas à la tige. Avec le joint d'Œynhausen la tige en montant soulève le trépan, mais quand le trépan en descendant choque le fond du trou, la tige continue encore à descendre. On l'arrête un peu plus tard en faisant choquer le levier de battage contre un obstacle fixe et élastique, en chargeant constamment le levier de battage d'un contrepoids pesant plus lourd que les tiges, mais moins lourd que les tiges plus le trépan, ou mieux encore en faisant choquer le levier de battage contre un poids posé sur des appuis et soulevé par lui à chaque coup.

Avec le joint Laurent et Degousée (fig. 195), le trépan T est porté par deux demi-hameçons H H, mobiles autour de points fixes, et dont les parties supérieures sont maintenues écartées par un ressort en cœur R. Leurs extrémités supérieures touchent à des loquets L, L, suspendus à la tige par des ressorts à boudin. Le trépan est entouré d'un *poids mort* muni d'arrêts. Quand on monte la tige, le trépan monte avec elle, mais dès que les loquets rencontrent les arrêts A, A, les demi-hameçons lâchent le trépan qui tombe. Quand on redescend la tige, il arrive un moment où la tête du trépan se réinsinue entre les deux demi-hameçons, de sorte qu'il suffit de donner à la tige un mouvement régulier de va-et-vient pour soulever et laisser retomber le trépan alternativement. Pendant la descente initiale de l'appareil, de petites cames mobiles C, C, reliées au poids mort, et s'insinuant entre les oreilles du trépan et les demi-hameçons empêchent le trépan de se déclencher. Pendant la remontée finale de l'appareil, les oreilles du trépan O, O, reposent sur une couronne du poids mort.

Fig. 194.
*Tarière à talon.*

*A* Partie filetée qui sert à visser l'outil à la tige. — *B* Talon. — *C* Corps de la tarière.

*Tiges.* Les tiges peuvent être en fer plein, en bois, en fer creux ou en corde. Les tiges en fer plein doivent être toutes identiques, bien rectilignes, à section carrée, octogonale ou ronde, construites en fer doux et nerveux. Si P est le poids de l'outil le plus lourd, ω le poids du mètre cube de la tige, h la longueur et x le côté de la tige supposée carrée, le travail maximum des tiges à la traction, par millimètre carré est

$$\frac{P + \omega h x^2}{1000.000\, x^2}.$$

On est dans de bonnes conditions de sécu-

rité en prenant ce travail égal à 2 K, ce qui donne :

$$x = \sqrt{\frac{P}{2000000 - \omega h}}.$$

Les tiges peuvent avoir chacune jusqu'à 12 mètres de longueur. Elles s'assemblent les unes aux autres, soit au moyen d'un enfoncement qui a l'inconvénient d'exiger l'emploi de deux boulons au moins, soit au moyen d'une vis qui oblige à ne tourner les tiges que dans un sens déterminé au risque de les dévisser. Dans ce cas, chaque tige doit se terminer à sa partie supérieure par une vis dont le diamètre soit égal à celui de la tige, et dont le filet soit assez gros pour que la vis ne soit pas cisaillée, et à sa partie inférieure par un écrou dont la longueur soit un peu supérieure à celle de la vis et dont la section pleine soit égale à celle de la vis.

Les tiges en bois doivent être faites en sapin de droit fil avec des armatures en fer assemblées à vis. Elles ont l'avantage de peser peu dans l'eau. Il est prudent de ne les faire travailler qu'à raison de 0k,7 par millimètre carré. Les tiges en fer creux ont l'avantage d'avoir plus d'aplomb à poids égal que celles en fer plein, et de permettre d'injecter par la partie centrale, de l'eau sous pression qui nettoie le fond du trou; mais elles sont malheureusement coûteuses et encombrantes. Une corde en chanvre ou en fil de fer a l'avantage d'être légère et de supprimer le temps perdu en montages ou démontages ; en adaptant à l'outil une hélice, on le fait tourner pendant sa chute.

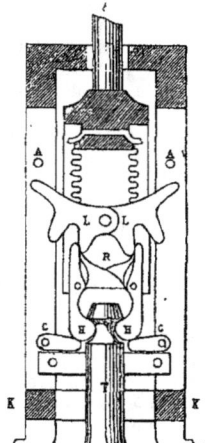

Fig. 195. — *Joint Laurent et Degousée,*

*T* Trépan. — *H* Demi-hameçons. — *R* Ressort en cœur. — *L* Loquets. — *t* Tige de suspension. — *A* Arrêts. — *C* Cames. — *O* Oreilles du trépan. — *K* Couronne du poids mort.

De distance en distance, on entoure la tige par des manchons en forme de cages qui ont presque le diamètre du trou de sonde; ils la guident et chacun d'eux peut se déplacer par rapport à elle, avec frottement, entre des arrêts distants de 2 ou 3 mètres. Ces manchons peuvent porter, en guise de parachutes, de petits parapluies en cuir qui s'ouvrent pendant la descente des tiges.

*Tête de sonde.* La tête de sonde qui relie la tige à l'engin se compose d'un étrier portant un boulon auquel est suspendu l'écrou dans lequel on visse la partie supérieure de la première tige. Le boulon porte l'écrou par une tige munie de deux trous dans lesquels on entre des manivelles perpendiculaires l'une sur l'autre ; cette tige est susceptible de s'allonger par une vis d'une longueur égale à une rallonge de tige. La tête de sonde se suspend par son étrier soit au câble qui sert pour le battage, soit à la chaîne du treuil au moyen duquel on monte l'outil.

*Engin extérieur.* La partie fixe de l'engin extérieur peut être une petite chèvre de maçon ou un véritable chevalement en tronc de pyramide quadrangulaire ayant une hauteur égale à la longueur totale des tiges qu'on veut sortir d'un coup. Quelquefois le trou de sonde est amorcé par un tuyau ayant le même diamètre que lui, dressé avec soin au milieu d'un puits cuvelé et muraillé. Une petite construction installée dans le voisinage comprend : 1° un bureau dans lequel on tient un registre soigné des opérations et on conserve des échantillons des roches traversées; 2° une forge pour entretenir les outils en bon état; 3° un logement pour un gardien.

Comme force motrice, on emploie en commençant, celle de l'homme qu'on fait travailler sur une manivelle de treuil à déclic, ou sur une roue à marche, puis on recourt à des chevaux tournant dans un manège, et enfin à une machine à vapeur installée pendant le commencement du forage. Une petite locomobile est d'un usage commode. Quelquefois on emploie une machine analogue à celles qui servent à l'*extraction* (V. ce mot), mais avec un volant très léger et un frein très puissant. On embraye ou on débraye la machine au moyen de courroies passant à volonté sur des poulies folles ou sur des poulies solidaires de leurs axes. Le cylindre doit être assez fort pour pouvoir démarrer à une grande profondeur, en intercalant au besoin des moufles qui gagnent en force ce qu'elles perdent en vitesse, et la détente doit être variable pour que la machine n'ait pas trop de force pendant le début du sondage.

Cette machine remplit les trois fonctions suivantes : descendre ou enlever les tiges, battre et curer le fond du trou. Au sommet du chevalement, il y a deux poulies sur lesquelles s'enroulent deux chaînes en sens inverse; l'une des extrémités de ces chaînes peut supporter l'étrier de la tête de sonde, l'autre s'enroule sur le treuil de la machine. Il en résulte que quand la machine marche et est embrayée avec le treuil, elle fait monter l'une des chaînes et descendre l'autre. Les tiges peuvent être soutenues ainsi par la chaîne qui monte ou par celle qui descend, et supportées également par une clé de retenue passant au-dessous de l'emmanchement de l'une d'elles; c'est dans cette position des tiges qu'on les allonge ou les raccourcit en vissant ou dévissant une tige supérieure par un tourne à gauche. Pour faire le battage à la machine, on accroche la tête de sonde à un câble plat, enroulé sur un secteur auquel on donne autour de son centre un mouvement alternatif au moyen de la machine en ayant soin de faire tourner après chaque coup les tiges et le trépan d'un certain angle autour d'un axe vertical au moyen des manivelles de la tête de sonde. Le curage se fait rarement à la tige et à la cuiller, mais plus habituellement à la corde et à la cloche à boulet. La corde s'enroule en plusieurs

couches autour d'un treuil spécial, qu'on peut embrayer avec la machine.

*Tubage.* On peut être obligé de tuber les trous de sonde, quand les roches au milieu desquelles ils sont percés foisonnent sous l'action de l'eau ou de la poussée des terres, ou bien sont ébouleuses à la façon des sables fins ou des argiles coulantes, ou bien encore sont parsemées de minéraux sans adhérence. Quelquefois, on évite l'emploi des tubes en refoulant dans le trou de sonde de l'argile que l'on découpe ensuite avec une tarière.

On a également recours au tubage lorsque les trous de sonde ont pour but de rechercher et d'amener à la surface du sol des nappes liquides existant à de plus ou moins grandes profondeurs. En atteignant ces nappes par un forage tubé, on obtient souvent l'ascension du liquide sous l'effort de la pression, qui s'exerce dans les cavités souterraines. On a aussi employé des tubages

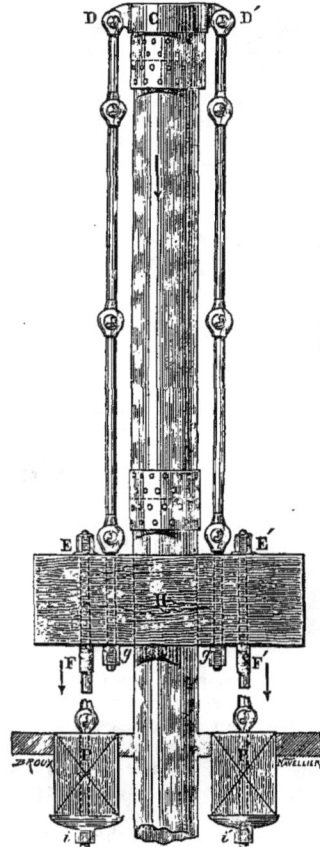

Fig. 196. — *Tubage des puits forés. Disposition employée pour l'enfoncement des tubes par traction.*

en bois, le puits de Lillers, foré en 1126, et fonctionnant encore, en offre un des plus curieux exemples. Toutefois, l'emploi du bois a été presque universellement abandonné, et remplacé par les tubes en tôle douce ordinaire ou en tôle galvanisée. — V. Artésien (Puits).

L'épaisseur de ces tubes qui augmente naturellement avec leur diamètre, doit être calculée de telle sorte qu'ils soient en état de résister aux pressions extérieures sous l'effort desquelles ils pourraient se déformer. On les introduit dans le trou de sonde par bouts dont la longueur peut varier depuis 2 jusqu'à 8 mètres, selon les diamètres. On les raccorde au moyen de manchons, comme on le voit sur la figure 196. Quand un premier bout de tuyau a été descendu bien verticalement dans le trou, on l'assemble avec le suivant par le manchon qu'on rive sur leurs extrémités. La descente des colonnes de tubes exige souvent, suivant la nature des terrains, des efforts plus ou moins grands ; on les enfonce par rotation ou par pression. On peut agir par chocs successifs d'un mouton frappant sur un tampon en bois d'orme ou autre bois dur placé sur la tête du tube supérieur. Mais les chocs répétés ont parfois, selon la nature des terrains, l'inconvénient d'ébranler les jonctions, et on remplace l'emploi du mouton par une pression continue, énergique, appliquée au moyen de vis de serrage sur l'extrémité du tubage à enfoncer. C'est cette disposition que représente la figure 196. Le tube supérieur porte un manchon C à oreilles DD' auxquelles sont fixées deux tiges T T' reliées à un collier H, enveloppant le tuyau en tôle. Ce collier est lui-même lié solidement par deux étriers E F, E'F' à deux pièces de bois P P' solidaires avec le plancher de l'engin servant à la manœuvre des outils de sondage. Si l'on tourne les écrous E E', s'appuyant sur les frettes en fer de la partie supérieure du collier, leur serrage fait appel sur les tiges filetées et tend à abaisser le collier H, lequel, en descendant, exerce une puissante traction sur les tiges T et T', et force par conséquent le tube à descendre verticalement.

Quand une colonne de tubes est posée et qu'on veut la réenfoncer dans une nouvelle

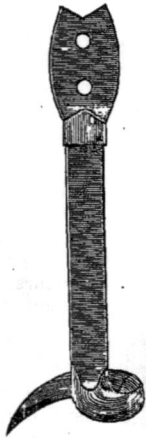

Fig. 197.—Caracole.

travée faite naturellement avec un diamètre égal au clair de l'ancien tube, il faut élargir cette nouvelle travée au moyen d'un élargisseur, sorte de paire de ciseaux que l'on ferme en faisant descendre un anneau qui l'enveloppe et que l'on ouvre en faisant monter un coin intérieur.

On peut avoir à retirer les tubes s'ils sont percés par l'oxydation, ovalisés par la pression, ou déchirés par les instruments, ou bien si on veut élargir le trou de sonde ou l'abandonner. On peut employer, à cet effet, l'arrache-tuyaux de Kind composé d'un bloc en bois ovoïde appelé navette ou fuseau, surmonté d'un cylindre métallique plein de sable, ouvert aux deux bouts, et porté par une cordelette spéciale. On descend cet appareil dans le trou de sonde, et quand on arrive au fond, on tire la cordelette, de façon à permettre au sable de coincer la navette contre le dernier tube, puis on tire fortement la navette de bas en haut. Si on échoue ainsi à enlever les tubes, on peut rendre l'opération plus commode en coupant les deux parties qui deviennent plus faciles à retirer séparément.

Le coupe-tuyaux est un cône portant un burin

appuyé vers l'extérieur par un ressort, mais maintenu à l'intérieur pendant la descente au moyen d'un organe analogue à celui de l'élargisseur.

*Accidents.* On peut rencontrer pendant le forage d'un trou de sonde des accidents de diverses natures : 1° si le trou a dévié par suite de la stratification ou de la schistosité du terrain, on comble la partie déviée avec du silex que l'on pilonne et on recommence le forage ; 2° s'il remonte dans le trou des sables coulants, on tube jusqu'au dessous de leur niveau, et ensuite on épuise avec la cloche à soupape ; 3° si un outil se coince, on tâche de le dégager par de petits mouvements montants, descendants ou rotatifs ; 4° si une rallonge de tige se casse vers sa partie inférieure, on peut aller la repêcher avec une caracole (fig. 197), sorte de crochet en fer en forme de spirale qu'on insinue autour d'une tige au-dessous de son emmanchement ; 5° si une rallonge de tige se casse vers sa partie supérieure, on la coiffe avec la cloche à écrou ou cloche à vis (fig. 198), outil en acier très dur, fileté intérieurement en forme de vis conique creuse, qu'on descend plein de suif et qu'on parvient à faire mordre sur la tige rompue, par une suite de mouvements de rotation qui finissent par incruster les filets de la vis sur cette portion de tige engagée dans la cavité conique. La partie inférieure A est la cloche filetée, B est un évidement ménagé au-dessus du cône creux pour faciliter l'expulsion des débris. Lorsqu'on juge que l'outil est suffisamment en prise, on le remonte avec la tige qu'il ramène au niveau du sol. Cette opération, comme d'ailleurs toutes celles qui consistent à remédier aux divers accidents survenus dans un sondage, exige une grande attention et une grande adresse de la part des ou-

Fig. 198.
Cloche à vis.

vriers chargés de la conduite du travail ; 6° si, par suite d'un défaut de tubage, il survient un éboulement pendant que les tiges sont dans le trou, on dévisse les tiges supérieures jusqu'à celle qui correspond à la hauteur où s'est produit l'éboulement, et, alors, en la coiffant avec la cloche à vis, on l'enlève en la dévissant à son tour. Puis on cure l'éboulement avec la cuiller sur la hauteur d'une nouvelle portion de tige qu'on coiffe et qu'on dévisse pareillement. On continue ainsi jusqu'au bas.

La cloche à clapets et la cloche à galets sont d'autres outils employés également pour retirer les tiges, dans les sondages de grand et de moyen diamètre. La tige se trouve pincée entre les clapets ou les galets qui s'écartent lorsque l'outil descend, et qui se resserrent avec force lorsqu'on le remonte. Lorsqu'une cuiller s'est rompue ou détachée, pour la retirer du fond d'un forage, il suffit généralement d'un crochet simple ou double qu'on descend au moyen d'une tige ou d'une corde. S'il arrive que la corde casse dans cette opération ou dans le *sondage à la corde*, et si l'outil suspendu à cette corde n'est pas trop solidement engagé dans le fond du trou, on réussit ordinairement à le retirer de ce trou en saisissant la corde avec la *gueule de brochet* (fig. 199) ou l'hameçon. On emploie encore, dans les cas plus difficiles, la *pince à vis* ou la *pince à encliquetage*.

Dans certains cas, lorsque, par exemple, le trou de sondage est trop petit pour y faire pénétrer les outils décrits ci-dessus, on a recours, pour l'extraction des tiges, à un moyen qui consiste à pratiquer sur l'extrémité accessible, un trou de mèche, puis à y faire pénétrer un *taraud* qui finit par fileter ce trou et s'incruster dans la tige, absolument comme dans l'opération du *taraudage* qu'on exécute dans les ateliers de mécanique ou de serrurerie.

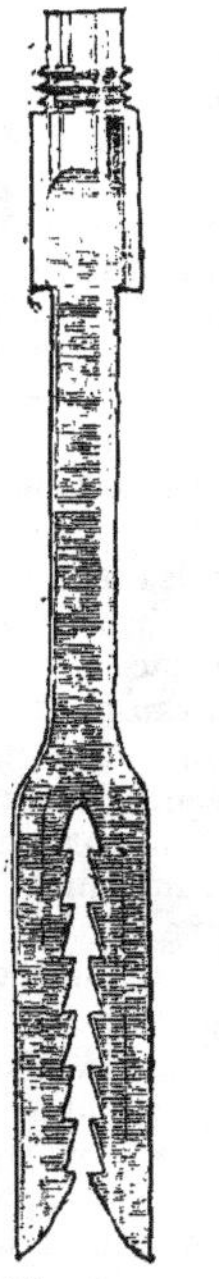

L'accident le plus fréquent est la chute d'un outil au fond du trou. On est averti de cet accident par l'état dans lequel remonte le trépan, et on s'éclaire sur sa nature exacte en prenant l'empreinte du fond au moyen d'un tampon de terre glaise, d'étoupe et d'huile. Si l'objet est incrusté dans la roche, on descend un rateau muni d'un pivot central autour duquel on le fait tourner de façon à labourer le fond du trou. Quand l'objet est détaché, on le ramène hors du trou par l'un ou l'autre des moyens suivants : 1° on peut battre de la terre glaise au fond du trou et remonter le tout ensemble avec une tarière à glaise ; 2° on peut employer le *tire-bourre* formé, comme le montre la figure 200, d'une ou deux hélices en sens inverse ayant leurs extrémités pointues comme celle d'un tire-bouchon ; 3° dans d'autres cas, on emploie l'*accrocheur à pince Lippmann*, qui se compose d'une tige terminée par une vis, puis par une pièce horizontale dont les extrémités servant d'axes de rotation à des leviers articulés, terminés à leur partie inférieure par des griffes pointues, et reliées à leur partie supérieure par des bielles à un écrou traversé par la vis. Selon qu'on tourne la vis dans un sens ou dans l'autre, on rapproche ou on éloigne les griffes de l'axe du trou ; 4° quelquefois, quand la nature des roches le permet et que les autres moyens sont impuissants, on détruit les objets par voie chimique ; à cet effet, on descend dans le trou une bonbonne d'acide qu'on écrase ensuite avec un coup de trépan, de façon à faire dissoudre l'outil par l'acide répandu dans le trou de sonde ; 5° dans certains cas, on fait sauter l'objet encombrant à la nitroglycérine ; 6°

Fig. 199.
*Gueule de brochet pour retirer les cordes rompues dans le trou de sonde.*

on a recours aussi, quelquefois, à l'emploi de leviers au moyen desquels on refoule par écrasement dans les parois du trou l'objet qu'on ne peut extraire par d'autres moyens.

*Résultats obtenus.* On peut admettre qu'en moyenne, l'enlevage et la descente prennent 14 0/0 du temps total, le battage 56 0/0, le curage 19 0/0, et les accidents 11 0/0. On avance environ d'un mètre par jour. Les frais d'un sondage dépendent naturellement de la dureté de la roche et du diamètre et de la profondeur du trou. Quand on fait un sondage dans le terrain tertiaire parisien, pour aller trouver le niveau d'eau à 120 mètres de profondeur, on compte 40 francs par mètre, plus 60 francs pour le tubage, et si on fait un sondage de 600 mètres de profondeur dans un terrain houiller, on compte 350 francs par mètre. Le sondage de Sperenberg, qui a atteint 1,272 mètres de profondeur dans un terrain très tendre, n'a coûté que 167 fr. par mètre.

**Sondage au diamant.** Ce procédé spécial, qui consiste à user la roche avec des diamants clairs défectueux (*borts*) ou avec des diamants noirs (*carbones*), a l'avantage d'effectuer le trou avec une grande rapidité. A Rheinfelden (Suisse), on a foré en un jour 23m,37. Les diamants sont sertis dans un *bit* en acier qui peut être plein ou annulaire, et dans ce dernier cas, a l'avantage de ramener au jour presqu'intégralement la colonne de roche qui occupait l'emplacement du trou foré. Le bit est porté par des tiges en fer creuses.

Quant on le fait tourner autour d'un axe vertical, chaque diamant décrit sur le fond du trou une strie circulaire, et les saillies entre ces stries attaquent l'acier et dessertissent les diamants.

Fig. 200.
*Tire-bourre.*

A Tenon fileté pour le raccordement avec la tige.

Dans ce cas, on va les repêcher au fond du trou avec un vieux bit entouré de glu. Il reste au centre du bit, quand il est annulaire, un témoin que l'on casse de temps en temps, au moyen d'un coincement, et que l'on remonte au jour dans la même position qu'il occupait au fond du trou, pourvu que les tiges soient portées par un câble plat. On force de l'eau à pénétrer sous pression par l'intérieur des tiges creuses, à laver le fond du trou et à remonter par l'extérieur. La dernière tige creuse à laquelle est vissée un bit annulaire contient le témoin que l'on enlève.

On imprime, à la surface, un mouvement de rotation rapide aux tiges (5 à 6 tours par seconde). Pour les faire descendre, on peut exercer une pression hydraulique sur une tête de piston, de façon à appuyer le bit contre le fond du trou. On peut encore communiquer, par deux roues ayant

un même axe, le mouvement de rotation à un pignon fixé à l'axe et à un long pignon taraudé en écrou et monté sur l'axe taillé en vis. La somme des rayons d'une roue et son pignon est naturellement égale à la somme des rayons de l'autre roue et de son pignon. Si les rayons des roues sont un peu différents, les deux pignons ont, l'un par rapport à l'autre, un mouvement hélicoïdal; et si le long pignon est maintenu à une hauteur constante, l'axe des tiges monte ou descend.

CONDUITE DES SONDAGES. Un sondage a généralement pour but la recherche d'une couche déterminée dans le sein de la terre, ou d'une nappe d'eau souterraine, suivant qu'il s'agit de minerais à trouver, soit de puits artésiens à établir.

Quelquefois, on fait de petits sondages avec un pieu muni d'une pointe bordée à sa partie supérieure par un petit fossé circulaire dans lequel on ramène des matières qu'on examine avec soin. D'autres fois, on fait un sondage proprement dit, en examinant à la loupe, après lévigation, les boues provenant du fond. Quand on croit être arrivé à la couche cherchée, on découpe un témoin avec un trépan en forme de cloche dentelée à la base, que l'on va prendre avec un emporte-pièce composé d'un cylindre intérieur, d'un cylindre extérieur, de loquets situés au bas et en dedans du cylindre extérieur et susceptibles de s'abaisser jusqu'à l'horizontale. En faisant tomber le cylindre intérieur sur les loquets, ceux-ci s'abaissent et font éclater le témoin à sa base; les loquets le soutiennent et on remonte l'emporte-pièce. Si le sondage est à très grand diamètre, on ramène de même des témoins simultanés sur tout son pourtour. Quand on veut des témoins rétrospectifs à une profondeur déterminée, on emploie le vérificateur de sondage, sorte de cylindre armé de griffes qu'on peut faire rentrer ou sortir. On fait sortir les griffes à la hauteur voulue, on tourne de façon à gratter les parois, et on reçoit la poudre dans un panier porté par l'appareil. Quand le sondage se fait au diamant avec un bit annulaire, on a naturellement des témoins sur toute la longueur du trou de sonde.

Si le sondage a pour but la recherche du sel, il faut pouvoir ramener les eaux du fond du trou; à cet effet, on sonde en descendant une boîte munie à sa partie inférieure et à sa partie supérieure de deux soupapes solidaires s'ouvrant toutes deux de bas en haut, puis on la remonte doucement.

On fait quelquefois, dans les mines, des trous de sonde horizontaux quand on craint de déboucher dans de vieux travaux remplis d'eau, descendants pour évacuer les eaux dans un étage inférieur muni d'une galerie d'écoulement ou d'un puisard, ou ascendants pour faciliter l'aérage.

On pratique parfois un sondage au centre d'un puits que l'on veut approfondir sous stot de façon à retrouver en dessous le prolongement de l'axe. Le foncement des puits Chaudron à travers les terrains aquifères (V. PUITS DE MINE) n'est rien autre chose qu'un vaste sondage. — A. B.

Applications des sondages. Les sondages s'emploient dans diverses circonstances :

1° Dans les travaux publics, lorsqu'il s'agit de reconnaître la nature d'un terrain pour établir les fondations d'un édifice, les piles d'un pont, ou tout autre travail exigeant la connaissance de la résistance ou de la composition des roches souterraines;

2° Dans les recherches des gîtes minéraux, métallifères, houillers ou autres. L'exploitation des mines applique chaque jour sur une vaste échelle les sondages à grand diamètre;

3° Dans les recherches des eaux souterraines, pour la création de puits artésiens, comme il a été déjà expliqué à ce mot, et pour la recherche d'eaux médicinales;

4° Dans les recherches et l'exploitation de puits à pétrole, ce qui est aujourd'hui une source de richesses pour certaines contrées dont le sous-sol contient d'immenses dépôts que la pression des gaz accumulés fait jaillir à la surface du terrain;

5° Dans la recherche et l'exploitation des gîtes salifères. Le tubage offre, dans ce cas, un moyen d'extraction commode. Lorsque les couches de sel gemme sont impures, on peut les exploiter par dissolution, en y enfonçant deux tubes concentriques qui viennent aboutir à la surface du sol; on envoie par le tube extérieur de l'eau pure qui dissout le sel, et par le tube intérieur on aspire, au moyen d'une pompe, l'eau salée produite par la dissolution du gîte. Quelquefois, on pratique deux trous distants l'un de l'autre d'une vingtaine de mètres, et garnis chacun d'un tube vertical, le premier servant à faire descendre l'eau pure qui va dissoudre la roche salifère, le second servant à faire monter l'eau salée.

PUITS INSTANTANÉS. Comme dernière application des sondages, nous citerons encore les puits forés ou puits instantanés, comme on les appelle assez improprement. Ce système a été, paraît-il, imaginé par un Américain, M. Norton, qui en a fait les premières applications avec un remarquable succès. Le principe en est simple : il consiste à enfoncer dans le sol un tube en fer de petit diamètre, dont l'extrémité inférieure est munie d'une pointe en acier trempé, de première qualité, au-dessus de laquelle les parois du tube sont percées de petits trous sur une certaine longueur. Lorsque la partie perforée du tube est parvenue dans une nappe aquifère, l'eau pénètre par les trous dans ce tube comme dans une crépine de pompe, et si elle ne s'y élève pas par une force ascensionnelle naturelle, on peut toujours l'aspirer et l'élever au moyen d'une pompe raccordée directement sur l'extrémité du tubage. La figure 201 montre la disposition généralement employée pour le forage de ce genre de puits. Un chevalet porté par trois pieds en bois maintient la partie supérieure du tube dans la position verticale; ce tube a ordinairement 35 millimètres de diamètre intérieur, et 3 à 4 mètres de hauteur; au-dessus de la pointe en acier trempé, il est percé, sur une longueur d'au moins 50 centimètres, de trous ayant un diamètre de 3 à 5 millimètres. On l'enfonce au moyen d'un mouton annulaire que deux hommes élèvent à l'aide de cordes enroulées sur des poulies, et qui retombe de tout son poids sur un anneau solidement fixé au tube par des boulons. On remonte cet anneau à mesure que le tube s'enfonce; puis, lorsque le premier tube a presque entièrement pénétré dans le sol, on visse à sa partie supérieure un second tube qu'on enfonce pareillement, puis un troisième tube succède au second, et ainsi de suite jusqu'à ce qu'on ait atteint la nappe aquifère. Quand on arrive à cette nappe, on aspire d'abord avec une pompe de l'eau boueuse qui a pénétré dans le tube, puis

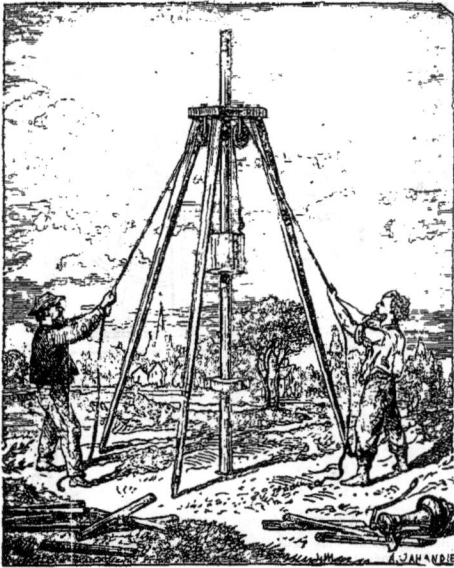

Fig. 201. — *Forage d'un puits instantané.*

bientôt l'eau s'éclaircit et devient, finalement, pure et limpide au bout de quelques heures.

Ce système dont les frais d'installation sont ordinairement minimes peut être employé avec avantage, aussi bien pour la recherche des eaux à diverses profondeurs que pour l'établissement de puits définitifs dont le débit est, en général, proportionné directement au diamètre du tube ascensionnel par lequel s'effectue l'aspiration de la pompe. On a fait en Amérique, en Abyssinie, et récemment encore, en Algérie, de nombreuses applications de ces puits instantanés, dont l'usage tend à se répandre de plus en plus. — G. J.

II. **SONDAGE.** Quand un navire veut approcher des côtes ou naviguer dans des parages peu connus, il est obligé, à chaque instant, de déterminer aussi exactement que possible, la profondeur de l'eau dans laquelle il se trouve de manière à éviter toute chance d'échouage ; il y parvient au moyen de l'opération du *sondage.*

— Pendant longtemps, le sondage des mers ou la détermination de leur profondeur, n'avait servi que pour les besoins de la navigation; mais à une époque plus rapprochée de nous, la curiosité scientifique conduisit à

opérer des sondages en pleine mer à de très grandes profondeurs. On n'avait alors en vue que la détermination de la forme de la terre ou l'étude de la composition des végétaux et des animaux qui peuvent vivre à ces profondeurs et sous des pressions énormes. C'est ainsi que dans l'expédition de l'*Astrolabe*, en 1826, Dumont-Durville faisait exécuter des sondages à 2,000 brasses ou 3,240 mètres environ. Au moment de l'apparition de la télégraphie électrique, et quand l'idée fut venue de relier l'ancien et le nouveau monde par un câble sous-marin, il fallut absolument déterminer la forme du fond à l'endroit du passage du câble. Il était de toute nécessité dans ce cas d'étudier la forme du fond pour pouvoir y faire reposer le câble sur tout son parcours.

Les sondages par petits fonds ne présentent pas de difficultés sérieuses ; il faut cependant remarquer que dans les cas de gros temps ou chaque fois qu'on se trouve dans un courant un peu vif, cette opération peut devenir très difficile ou tout au moins très peu sûre quand on emploie la sonde à main ordinaire. Il est préférable alors de faire usage des sondes Lecoëntre ou Walker, ou mieux encore de la sonde Thomson. — V. SONDE.

Jusqu'à 1830 mètres, et par beau temps, on peut opérer avec un plomb de 50 kilogrammes et une ligne de sonde ordinaire; mais pour des profondeurs plus grandes, il est bon d'enduire la ligne de cire pour diminuer son frottement sur l'eau et en empêcher l'imbibition, qui en diminue la résistance. On comprendra facilement l'importance de cette précaution, si l'on songe que pour une profondeur de 5,000 mètres, chaque centimètre carré de la surface de la ligne supporte une pression d'environ 500 kilogrammes.

On est averti de l'instant où le plomb de sonde est arrivé à destination dans le cas des petits fonds, par le mou que prend subitement la ligne à ce moment. Pour les grands fonds, ce moyen d'observation fait défaut, et l'on est obligé de déterminer par des expériences préalables, le temps nécessaire pour filer une certaine longueur de ligne en ayant soin d'employer des plombs et des lignes de différentes grosseurs. On partage alors généralement l'opération en deux parties : dans l'une on mesure la profondeur, et dans l'autre on prend un spécimen du fond ou sa température.

Pour la mesure de la profondeur, il faut employer un plomb de 100 à 150 kilogrammes et une ligne assez faible. On note le temps pendant lequel on laisse filer la ligne, et quand on juge que le fond est atteint, on la hâle à bord jusqu'à ce qu'elle casse. On admet que la résistance opposée par l'eau au mouvement ascensionnel est assez grande pour empêcher le plomb de quitter le fond, et le halage sur la ligne ne sert qu'à lui faire prendre autant que possible la forme d'une ligne droite. Pour obtenir un spécimen du fond, il suffit de suspendre le plomb par une ligne plus forte et suffisante pour permettre de le ramener à bord après qu'il aura touché le fond.

Les sondages par grands fonds avec un navire à voiles sont presque impossibles, parce que le navire est obligé de mettre en panne et dérive d'une quantité tout à fait inconnue. Il est donc de toute nécessité pour opérer dans des conditions convenables, d'employer un bateau à vapeur, et parmi les bateaux à vapeur, la préférence doit être accordée aux bateaux à hélice. On pourra ainsi régler ses mouvements sur l'état de la mer ou la force du courant, et se maintenir aussi exactement que possible au-dessus de l'endroit où on aura mouillé du plomb. Il faut remarquer que l'influence de la dérive du bateau sur la profondeur trouvée peut être considérable, et pour des courants de surface de 1 à 2 nœuds atteindre 20 et même jusqu'à 34 0/0 de la profondeur.

Les courants sous-marins ne produisent généralement sur la ligne qu'une sinuosité négligeable. Il est indispensable de sonder par l'avant et du côté du vent pour éviter le risque de faire brider la ligne sur l'étrave, ce qui peut amener une rupture. Si l'on sondait par l'arrière, on risquerait de prendre la ligne de sonde dans l'hélice.

Dans le cas où le navire a un mouvement de tangage, il faut employer des précautions extrêmement minutieuses pour éviter la rupture du fil au moment du halage à bord. Pour diminuer les chances de rupture, on peut employer l'accumulateur de Hodge, qui se compose d'un ou de plusieurs tuyaux en caoutchouc, réunissant les différents morceaux de la ligne. Ces tuyaux peuvent s'allonger de cinq ou six fois leur longueur, et absorber ainsi une partie du travail développé dans la traction produite sur la ligne par l'effet du tangage.

On a essayé de remplacer les lignes de sonde ordinaires en filin par des fils de fer ou d'acier. On est arrivé dans ces derniers temps à produire des fils d'acier très convenables pour cette opération, mais il faut veiller avec soin à ce qu'il ne se produise pas de coques au moment du déroulage, parce qu'elles amènent des ruptures fréquentes.

**I. SONDE.** Outre qu'il désigne l'instrument qu'on enfonce dans le sol pour en examiner la nature ou pour y pratiquer un trou de forage (V. Sondage), ce mot s'applique à un autre instrument destiné à mesurer la profondeur de la mer ou à donner des indications sur la nature du fond. On peut également l'employer pour déterminer la température de l'eau aux profondeurs atteintes, il suffit pour cela de lui adjoindre un thermomètre.

La *sonde à main ordinaire* se compose simplement d'un plomb ayant une forme tronconique. La grande base placée à la partie inférieure est creusée d'une cavité cylindrique qu'on enduit de suif; la petite base est terminée par un anneau sur lequel s'attache la ligne de sonde. On voit qu'en laissant tomber la sonde ainsi disposée, elle touchera le sol de façon que la grande base s'y appuie, et elle retiendra ainsi au moment du relevage quelques débris arrachés au fond et qui renseigneront sur sa nature. De petits rubans de couleurs fixés de distance en distance permettront d'apprécier la profondeur au moment où le plomb arrivera sur le fond. On doit avoir soin de ne relever la profondeur que quand la ligne est bien verticale. On voit, par conséquent, que les sondages avec la sonde à main sont très difficiles, surtout quand le navire possède une certaine vitesse ou que la mer n'est pas calme. Différents inven-

teurs ont cherché à réaliser des appareils propres à éliminer ces causes d'erreur. Nous citerons, dans ce genre, les sondes de Lecoëntre, de Walker et celle de sir W. Thomson.

*Sonde de Lecoëntre.* Cet appareil consiste en un plomb de sonde ordinaire creusé à sa partie inférieure de la cavité destinée à recevoir le suif, et portant à sa partie supérieure une hélice, dont la rotation pendant la descente se trouve enregistrée au moyen d'une vis sans fin montée sur son axe, et engrenant avec un système de roues dentées qui mettent en mouvement les aiguilles de plusieurs cadrans. L'hélice est folle sur son arbre et n'agit que dans un sens sur les aiguilles des ca-

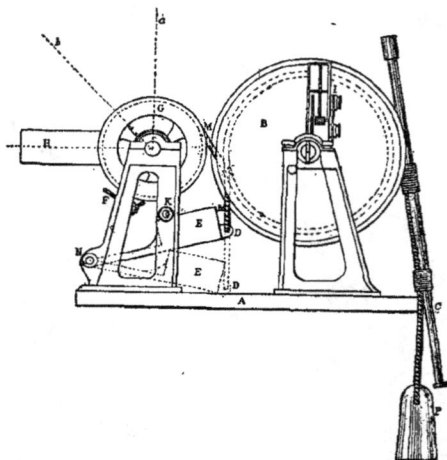

Fig. 202. — *Appareil de sondage de sir W. Thomson.*

*A* Socle supportant les bâtis de l'appareil. — *B* Tambour en fer. — *C* Tube mesureur en verre solidement relié à la ligne de sonde par deux amarrages. — *D* Point d'attache de la corde du frein au levier *E*. — *E* Levier formé d'un poids oscillant autour du point *N*; sa course est limitée par l'arrêt *K*. — *F* Cheville d'amarrage de l'autre extrémité de la corde du frein. — *G* Poulie à gorge d'enroulement de la corde du frein. — *H* Poids porté par la poulie précédente et pouvant prendre les positions *b* et *a*. — *I* Appareil d'horlogerie relié au tambour et indiquant le nombre de brasses filées. — *M* Corde du frein. — *P* Poids de sonde en fer de 10 kilogrammes environ.

*Nota.* Dans la position *H* le frein fait son maximum d'effort. Le poids *E* est complètement relevé et vient buter contre l'arrêt *K*. En *b*, position intermédiaire. En *a* le frein n'agit plus; le poids *E* vient buter sur le socle.

drans au moyen d'un système d'embrayage particulier. Au moment où on relève le plomb, elle tourne en sens inverse, mais elle n'agit plus sur les aiguilles des cadrans.

*Sonde de Walker.* Dans la sonde de Walker, le même principe est appliqué, c'est encore une hélice qui met en mouvement un système de roues dentées portant des aiguilles se déplaçant sur un cadran. On voit que ces deux systèmes de sonde sont basés sur la rotation de l'hélice; les indications qu'ils fourniront dépendront donc de la vitesse plus ou moins grande avec laquelle on laissera filer le plomb. Il faut donc, pour pouvoir compter sur leurs indications, ne les mettre qu'entre les mains d'hommes habitués à les employer, et les faire vérifier aussi souvent qu'on le pourra. La principale précaution à prendre sera de les tenir bien propres, et d'éviter soigneusement l'oxydation des pièces qui pourrait complètement fausser les résultats.

*Sonde de sir W. Thomson.* L'idée de sir W. Thomson a été d'enregistrer à chaque instant la profondeur atteinte par le plomb de sonde, par la mesure de la pression de la colonne liquide à cette profondeur. Il suffit pour cela d'adjoindre au plomb un tube de verre, fermé à sa partie supérieure, ouvert à sa partie inférieure pour laisser pénétrer le liquide au moment de l'immersion. Au fur et à mesure que le tube descend, le liquide monte à l'intérieur et la hauteur qu'il atteint peut servir de mesure à la profondeur. Il fallait avec ce système imaginer un moyen de conserver visible, après le relevage du tube, l'indication de la hauteur que l'eau avait atteinte à l'intérieur. Le premier moyen qui se présente à l'esprit consiste à enduire l'intérieur du tube d'une substance chimique changeant de couleur au contact de l'eau de mer. Après plusieurs essais avec de l'encre, de l'aniline, du prussiate rouge de potasse, on s'est arrêté au chromate d'argent possédant une teinte jaune tournant au blanc au contact de l'eau de mer (fig. 202).

L'emploi des tubes chimiques peut présenter certains inconvénients; on peut alors faire usage d'un tube spécial disposé de façon à retenir la colonne liquide. Ce tube porte à chaque extrémité une soupape dont le jeu est tel que pendant la descente de l'appareil, la soupape inférieure seule est ouverte et l'eau pénètre dans le tube en y comprimant l'air; pendant la montée, l'air comprimé s'échappe en soulevant la soupape supérieure au fur et à mesure qu'on approche de la surface. On évite ainsi les chances d'éclatement. Le *plongeur* est un poids cylindrique en fer d'environ 10 kilog. Il est retenu par une ligne formée de cordes de pianos. Le *tube mesureur* est amarré sur un bout de filin reliant la corde de piano et le plongeur. La ligne de sonde est enroulée sur un tambour dont l'axe met en mouvement un système d'horlogerie indiquant la longueur filée. La partie caractéristique de l'instrument inventé par sir W. Thomson consiste en un frein à frottement se composant simplement d'une corde portant un poids à l'une de ses extrémités, faisant un tour simple sur une poulie à gorge placée sur l'axe du tambour et venant passer sur une poulie voisine où elle est fixée à une cheville. Cette seconde poulie porte un poids qui peut prendre différentes positions déterminées qui permettent de faire varier l'effort du frein. La sonde ainsi constituée permet à deux hommes d'opérer un sondage quelle que soit la vitesse du navire. Il faut un quart de minute à une minute pour avoir le fond, et de une à quatre minutes pour relever l'instrument. Cet appareil expérimenté à bord du *Minotaur* a permis, au dire du capitaine, d'opérer, à la vitesse de 10 nœuds et par grosse mer, les sondages aussi facilement qu'au mouillage. La Compagnie française transatlantique en a à bord de ses paquebots et s'en déclare très satisfaite.

II. **SONDE**. *Inst. de chirurg.* Instrument droit ou courbe, cylindrique, en général, et creux, fermé par une de ses extrémités, mais offrant dans sa partie terminale une ou plusieurs ouvertures, et destiné à pratiquer, soit le cathétérisme de certains organes (urèthre, œsophage), soit à débarrasser certains autres des matières qui y ont été introduites, ou à en faire le lavage (estomac).

Les sondes offrent deux parties bien distinctes: une partie antérieure qui dans tous les cas reste extérieurement placée, elle porte le nom de *pavillon* et a quelquefois deux anneaux latéraux, et une portion terminale, rétrécie ou non (le *bec*), près de laquelle sont les ouvertures (*yeux*); elles sont rigides ou métalliques et alors en argent, en maillechort ou en étain (sondes de Mayor); ou flexibles, et alors fabriquées, soit avec un tissu de lin ou de soie, recouvert d'un enduit épais fait avec de l'huile de lin mélangée de litharge, et qui leur donne de la consistance, ce sont celles dites en gomme élastique, soit avec du caoutchouc vulcanisé. Dans tous les cas, elles ont leur surface bien polie, afin de faciliter leur glissement, et pour l'usage, on les enduit même souvent d'un corps gras.

**SONDEUR**. *T. de mét.* Celui dont la profession est d'examiner, d'explorer à l'aide d'une sonde.

\* **SONGE**. *Iconol.* Aucune composition antique représentant les songes ne nous est parvenue. Il en existait cependant, car on en trouve trace dans les auteurs. Parmi les peintures modernes, les plus connues sont un tableau de Michel-Ange, qui représente un jeune homme nu, assis sur une pierre creusée et contenant des masques; lui-même a dans la main un globe terrestre et se tourne vers un ange qui joue de la trompette. Autour de lui sont groupées des figures symboliques des sept péchés capitaux; l'original du *Songe* de Michel-Ange est perdu, mais il en existe des copies et des gravures qui permettent de s'en faire une idée exacte. Raphaël a peint le *Songe du chevalier* où un jeune homme couché, couvert de son armure, voit en rêve deux femmes qui représentent le *Plaisir* et le *Travail.*

Dans l'iconologie empruntée à l'histoire: le *Songe de Jacob*, le *Songe de Saint-Joseph*, le *Songe d'Athalie*, ont été fréquemment traités. Nous citerons les toiles du Titien, de Mola, de Strozzi, de Ziegler.

**SONNERIE.** Ce mot, qui indique les différentes pièces servant à faire sonner une horloge, une montre, une pendule, et étudiées au mot HORLOGERIE, s'applique à un appareil destiné à établir une communication d'appel entre des points éloignés par la production d'un son unique ou plusieurs fois répété. Dans les appartements, les *sonnettes* (V. ce mot) servent à cet usage; mais ces appareils tendent aujourd'hui à disparaître pour faire place aux *sonneries électriques* et aux *sonneries à air.*

**Sonneries électriques.** Réduite à sa plus simple expression, l'installation d'une sonnerie électrique comprend toujours au moins quatre parties: le générateur électrique, qui est ici une *pile*; la canalisation, formée de fils conducteurs convenablement isolés; le *contact*, ou appareil transmetteur, destiné à établir une communication électrique ou un circuit fermé entre la pile et la sonnerie, enfin la *sonnerie* elle-même. La pile utilisée le plus généralement, pour les sonneries électriques, est la pile Leclanché. Il va de soi que l'on emploie un nombre de couples ou d'éléments en rapport avec l'importance de l'installation, c'est-à-dire avec le nombre d'appareils intercalés

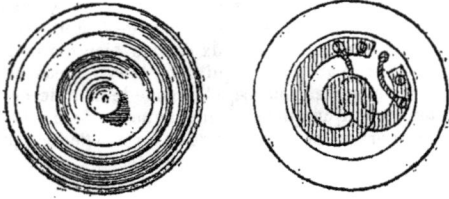

Fig. 203 et 204.

dans le circuit et la longueur du parcours. Trois éléments suffisent pour une installation ordinaire. Cette pile doit être placée à l'abri des grandes variations de température, dans un couloir de service par exemple, et dissimulée soit sur une tablette, soit dans une boîte spéciale à casiers, s'accrochant au mur.

Les *fils conducteurs* employés à l'intérieur des maisons sont en cuivre recouvert de gutta-percha et de coton, ou simplement de gutta-percha, ou bien encore de deux couches de coton dont l'une est enduite de goudron et l'autre de couleur assortie aux tentures des appartements. On doit les poser en les tendant sur les murs, de manière à toucher ceux-ci le moins possible, surtout dans les parties saillantes, qui finiraient par couper l'isolant; on les dissimule dans les moulures, les corniches, les angles de murs, etc. On maintient ces fils en place, de deux en deux mètres environ dans les parties droites et à une distance plus rapprochée dans les courbes, par de petits *isolateurs* en os fixés sur le mur à l'aide de clous et sur lesquels on enroule le fil d'un seul tour; pour les angles rentrants on se sert de crochets émaillés. Dans la traversée des murs, on préserve les fils de l'humidité en les recouvrant de tubes ou fourreaux en gutta-percha. Les ligatures, au point de jonction des fils, se font par torsion de ces fils l'un sur l'autre, sur une longueur de quelques centimètres, et après qu'on les a soigneusement grattés et nettoyés; on recouvre ensuite leur jonction d'une feuille mince de gutta-percha, puis d'une garniture de coton analogue à l'enveloppe des fils reliés.

Fig. 205.

Fig. 206.

A l'extérieur, on emploie des fils de fer galvanisé de 0m,002 de diamètre, supportés de loin en loin par des pitons et des crochets en fer vitrifié, ou mieux encore par des poulies, des anneaux et des cloches de suspension en porcelaine semblables à celles utilisées pour les lignes télégraphiques. Lorsque les conducteurs doivent passer sous terre, on a recours à des fils de cuivre

recouverts de gutta-percha, d'un ruban goudronné et d'une gaîne de plomb.

Les *contacts* ou *transmetteurs* permettent, par un simple mouvement mécanique, d'établir une communication électrique, de fermer un circuit sur un appareil ou une série d'appareils déterminés. Les plus simples sont les *boutons* ordinaires (fig. 203 et 204) en bois, en porcelaine, en ivoire, et qui renferment à l'intérieur deux paillettes de cuivre auxquelles viennent se fixer les extrémités des fils du circuit. La pression exercée sur le bouton met ces paillettes en contact, et permet le passage du courant électrique destiné à mettre en mouvement la sonnerie. Ce bouton est fixé sur le mur à l'aide de deux vis en bois. Dans les bureaux, les administrations et les hôtels, on fait usage de *contacts multiples*,

Fig. 207.

qui servent à appeler des personnes différentes et sont formés de boutons ordinaires réunis sur une monture unique, ou affectent des dispositions particulières. Certains autres appareils transmetteurs ont la forme et le nom de pédales, et se posent dans les parquets. Il y a aussi des contacts mobiles suspendus à l'extrémité d'un conducteur souple; on peut ainsi les placer à portée de la main au-dessus d'une table de travail ou de salle à manger. Il en est de plusieurs formes, notamment la poire simple (fig. 205), la presselle (fig. 206), la poire à plusieurs appels (fig. 207). Enfin, il y a les contacts de portes destinés à faire fonctionner une sonnerie automatiquement lorsqu'on ouvre ou que l'on ferme une porte.

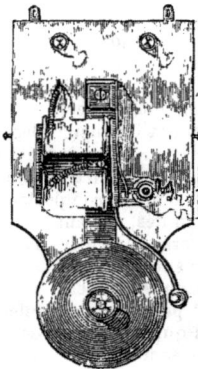

Fig. 208.

Les sonneries le plus habituellement employées sont celles dites *trembleuses*, dont le principe est dû au physicien Neef, et qui se composent essentiellement d'un timbre fixé sur une boîte et d'un marteau qui, mis en mouvement par le courant électrique, frappe sur le timbre. Le courant entre dans la sonnerie par une borne, passe par un *électro-aimant*, puis dans l'armature qui porte le marteau, et retourne à la pile par un ressort et une autre borne. Aussitôt que l'on ferme le circuit, l'armature est attirée par l'électro-aimant, le contact est détruit, et l'électro-aimant qui, par ce fait, ne reçoit plus le courant, cesse d'attirer l'armature qui retombe sur le ressort. Mais le circuit se trouvant de nouveau fermé par l'effet de cette chute, une nouvelle attraction a lieu, et le marteau acquiert un mouvement d'oscillation qui dure tant que le circuit est complet hors de l'appareil. Cette disposition que nous venons de décrire est une *sonnerie trembleuse droite*; on en fait de *forme pendante*, dans lesquelles le timbre est en dessous, et qui sont composées d'une plaque métallique sur laquelle sont montés le timbre, l'électro-aimant, le ressort antagoniste, l'armature et le marteau (fig. 208).

Voici comment on procède à l'installation complète d'une sonnerie d'appartement des plus simples, comprenant : une pile, des fils conducteurs, un bouton d'appel ou de contact et une sonnerie. On fait d'abord communiquer la sonnerie par l'un des fils conducteurs avec le pôle négatif (zinc) de la pile; ensuite on relie le pôle positif (charbon) à l'une des paillettes du bouton transmetteur, puis on réunit l'autre paillette à la seconde borne de la sonnerie. Il suffit alors d'appuyer sur le bouton pour faire retentir le timbre. La figure 209 représente un spécimen d'installation des plus usuelles, dans lequel le fil partant du zinc (pôle négatif) est représenté par un trait

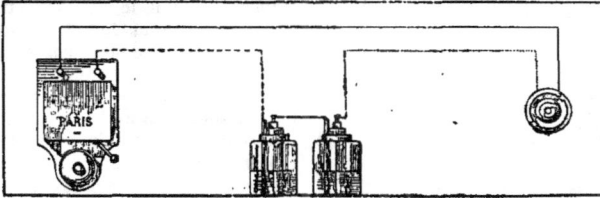

Fig. 209.

interrompu ; le fil du charbon (pôle positif) par une série de points ; le fil de jonction du bouton à la sonnerie, par une ligne pleine. Si l'on veut relier une même sonnerie à plusieurs boutons, on fait passer le courant positif par toutes les paillettes du même nom, et l'on réunit les autres à la seconde borne de la sonnerie .On peut encore établir soit une communication entre deux points avec demande et réponse à l'aide de trois fils, soit deux sonneries se répondant, attaquées chacune par un ou deux boutons, soit encore la même communication au moyen de quatre fils, ce dernier système permettant de brancher d'autres communications sur les fils de pile.

Des appareils spéciaux, appelés *tableaux indicateurs*, permettent de reconnaître avec une seule sonnerie, quel que soit le nombre des points d'attaque, d'où est venu l'appel, et cela par l'apparition automatique d'un numéro ou de tout autre signe conventionnel. On se sert de deux sonneries quand la personne que l'on doit avertir peut se trouver à l'un ou à l'autre de deux endroits différents.

L'emploi des sonneries mises en mouvement par l'électricité est fréquent sur les chemins de fer. Indépendamment des *grosses cloches* d'annonce (V. Cloche) et des sonneries trembleuses qui sont en usage pour contrôler la mise à l'arrêt

des *disques* (V. ce mot), on se sert encore de sonneries, dans un grand nombre de cas, pour doubler les indications optiques des appareils, et pour appeler l'attention des agents; ainsi les appareils de *correspondance* (V. ce mot) en sont également munis. Dans les postes télégraphiques, on se sert aussi de sonneries *à relai* qui peuvent communiquer avec plusieurs directions et sont armées de petits *voyants* rouges dont la chute indique quelle est la station qui demande à correspondre. La *sonnerie d'urgence*, imaginée par Lartigue, se compose d'une palette ordinairement maintenue en contact avec un aimant Hughes, et qui se détache quand un courant négatif passe dans cet aimant; elle met alors dans le circuit d'une pile locale, une trembleuse dont le timbre a un son distinct de celui des autres sonneries. Une pédale, placée sous l'appareil télégraphique, permet à l'agent d'arrêter le fonctionnement de la trembleuse et de remettre la palette en contact avec l'aimant. Le passage d'un courant positif n'aurait pas d'action sur la sonnerie. La sonnerie d'urgence est placée sur le trajet du fil commun qui met en relation la terre avec tous les appareils récepteurs du poste; tous les postes se servent, en temps normal, du courant positif, et on n'inverse le courant qu'en cas d'urgence, comme par exemple aux postes de secours, échelonnés en pleine voie sur la ligne, de manière à faire fonctionner la sonnerie d'urgence et à obtenir, pour cause de sécurité, une réponse, toute autre communication cessant.

**Sonneries à air.** Ces appareils, affectés au même objet que les sonneries électriques, fonctionnent de la manière suivante : en pressant sur de petites poires en caoutchouc, fixées à des tubes métalliques, on envoie dans ceux-ci de l'air destiné à mettre en mouvement un marteau qui frappe sur un timbre. Voici la description du mécanisme intérieur de l'un de ces appareils, représenté par la figure 210 : contre l'une des parois de la boîte BB' est placé un pignon P, sur l'arbre duquel est fixée une roue à rochet R et tourne une roue folle F. Un cliquet C T est constamment ramené sur la roue R par le ressort RT. Un second pignon P' engrène avec la roue F, qui commande une ancre A et donne au marteau M un mouvement rapide de va-et-vient produisant un battement continu sur le timbre T. Lorsqu'on presse sur la poire, l'air comprimé arrive dans le soufflet en caoutchouc S, soulève la crémaillère C qui agit sur le système de rouage pour faire tourner la roue à rochet R' en imprimant à l'ancre le mouvement oscillatoire destiné à produire la sonnerie. Dès que l'air comprimé cesse d'agir, le soufflet retombe et entraîne la crémaillère qui, ne commandant plus la roue R, empêche la sonnerie de fonctionner. Avec cette disposition, on utilise des tableaux indicateurs fonc

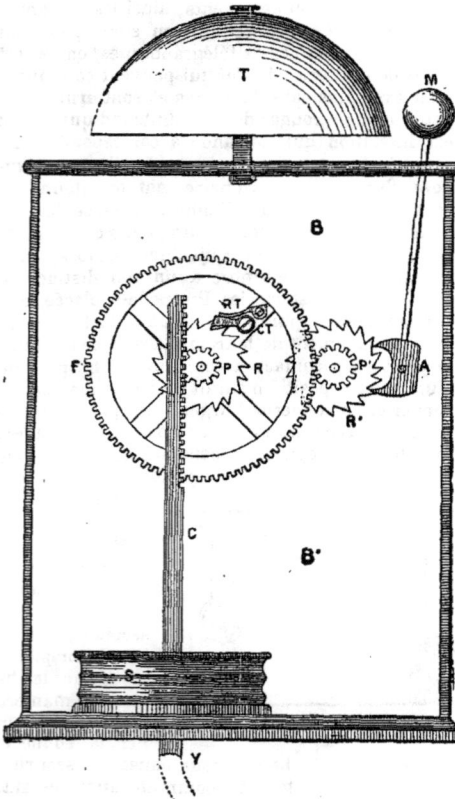

Fig. 210.

tionant comme ceux des sonneries électriques. —
F. M.

I. **SONNETTE**. Appareil employé pour le battage des pieux et des pilotis dans les travaux de fondation. L'opération consiste essentiellement à soulever et à laisser retomber alternativement une masse pesante, appelée *mouton* dont le choc sur la tête du pieu en détermine l'enfoncement. La théorie mécanique du battage ayant été donnée au mot Pilotis, nous n'y reviendrons pas, et nous nous bornerons à décrire les différentes espèces de sonnettes en usage.

Elles se répartissent en quatre classes :

1° La *sonnette à tiraudes* manœuvrée à bras d'hommes ; 2° la *sonnette à déclic* dont la manœuvre s'opère à l'aide de treuils, soit à manivelles, soit actionnés directement ou indirectement par la vapeur ou par l'eau sous pression ; 3° la *sonnette à vapeur* du type du marteau-pilon ; 4° la *sonnette balistique* dont le mouton est soulevé par l'action d'un explosif.

1° *Sonnette à tiraudes.* Elle se compose d'une charpente qui comprend, dans le plan d'appui sur le terrain, une semelle établie parallèlement à la

ligne des pieux à battre, et assemblée avec une queue et deux contre-fiches. Sur la semelle s'élèvent deux jumelles, entre lesquelles glisse le mouton guidé dans son mouvement par des oreilles. La partie supérieure des jumelles est reliée à la queue horizontale par une pièce oblique formant arc-boutant, et garnie d'échelons. Des contre-fiches symétriques placées dans le plan vertical formé par la semelle et les jumelles raidissent l'ensemble.

Un petit treuil dont la corde passe sur une poulie de faible diamètre au sommet des jumelles, permet d'assurer le pieu dans la position qu'il doit occuper, c'est ce qu'on appelle la « *mise en fiche du pieu* », et elle précède l'emploi du mouton. Une poulie de grand diamètre fixée vers la partie supérieure des jumelles porte la corde qui s'attache d'un côté au mouton, et qui se termine de l'autre par une poignée à laquelle s'accrochent les petites cordes ou tiraudes. Les manœuvres tirent ces cordes et les lâchent en cadence : on procède généralement par volées non interrompues de trente coups.

Le pieu mis en fiche, le maître charpentier ou *enrimeur*, modifie sa position au moyen de leviers jusqu'à ce que le mouton se trouve bien d'aplomb au-dessus de la *tête*, et fait donner un petit coup pour l'engager dans le sol. On procède alors à une première volée de trente coups à la suite de laquelle l'enrimeur vérifie la direction et la corrige au besoin avec un levier. L'opération continue de la même manière jusqu'à ce que le pieu ne pénètre plus que d'une faible quantité par volée de trente coups. Si on cesse alors le battage, le pilot est dit battu à « *refus* », et le refus est estimé par la hauteur d'enfoncement sous une volée. On appelle « *fiche* » la hauteur totale d'enfoncement.

La sonnette à tiraudes présente l'inconvénient de ne se prêter qu'à un soulèvement du mouton de 1m,50 environ, et qu'à des poids de mouton inférieurs à 400 kilogrammes, parce qu'elle ne peut employer un grand nombre de manœuvres à la fois, sans réduire beaucoup l'utilisation de leurs forces respectives. Elle ne saurait donc rendre de grands services dans les travaux importants.

2° *Sonnettes à déclic.* Le mouton est soulevé par un treuil à manivelles ou par un treuil à vapeur, qui peut en même temps servir à la mise en fiche. On a également appliqué au port de Cette un mouton actionné par un cylindre à vapeur à traction directe levant le mouton au moyen d'une chaîne mouflée pour obtenir une grande amplitude de course. En Angleterre, on fait usage sur quelques chantiers de treuils mus par l'eau sous pression.

Le déclic interposé entre la corde de soulèvement et le mouton affecte différentes formes : le plus simple consiste en un crochet qui s'engage dans l'anneau du mouton, et dont la queue assez longue, est reliée par une corde à un point d'attache fixé sur l'une des pièces du bâti de la sonnette. Lorsqu'on remonte le mouton, cette corde se tend et finit par faire basculer le crochet qui lâche le mouton : la longueur de la corde règle la hauteur de chute. Ce système a l'inconvénient de donner un choc au mouton lors de l'échappement.

Pour l'éviter, M. Bernadeau, conducteur des ponts et chaussées, a ajouté au crochet, du côté opposé à la tige d'échappement, une fourrure en bois et fer qui glisse entre les jumelles. Dans ce cas, la tige d'échappement se projette en avant de celles-ci; le mouvement s'opère soit d'une manière automatique comme dans le cas précédent, soit à la volonté de l'enrimeur. Un autre déclic, dit *déclic à tenailles*, est en forme d'X; les deux branches supérieures s'engagent lors de la montée dans l'ouverture d'une traverse qui se fixe sur les jumelles à la hauteur convenable, et sont forcées de se rapprocher en produisant le mouvement inverse sur les branches inférieures qui lâchent le mouton. Dans d'autres cas, une seule des branches de la tenaille est mobile et reliée à un système d'échappement. En général, il y a lieu de proscrire l'échappement automatique qui donne lieu à de fréquents accidents, et il est préférable de le faire manœuvrer directement par l'enrimeur. Aussi quelques constructeurs font-ils simplement débrayer le treuil au moment de la chute, et laissent-ils tomber la corde avec le mouton, mais les cordes s'usent rapidement dans ces conditions. Pour éviter une manœuvre spéciale, on s'attache à donner un certain poids au déclic de manière qu'il puisse descendre de lui-même; cette condition est particulièrement favorable si le treuil est à manivelles ou s'il est actionné par une locomobile sans changement de marche, parce que, dans ce cas, on débraye au moment de la chute du mouton.

Les sonnettes à déclic manœuvrent des moutons pesant de 500 à 900 kilogrammes: la partie du travail perdue en vibrations et en déformations du pilot étant d'autant plus faible que la masse est plus considérable, on a intérêt à augmenter celle-ci aux dépens de la hauteur de chute. A la fin de l'enfoncement, pour éviter d'écraser la tête du pieu sous les derniers coups, on interpose entre elle et le mouton un faux pieu en bois dur et consolidé par deux frettes en fer.

D'après les résultats obtenus sur divers chantiers, on peut estimer que le rapport entre l'action des sonnettes mues à bras et celles mues par la vapeur est d'environ 1/5 : le prix du battage est à peu près moitié plus faible dans le second cas que dans le premier, pourvu toutefois qu'on opère sur un grand nombre de pieux. On trouvera des renseignements complets à cet égard dans le tome II des *Procédés et matériaux de construction* par M. A. Debauve, ingénieur en chef des ponts et chaussées (Paris, Dunod, 1885).

3° *Sonnettes du type pilon*. La première sonnette de ce genre a été employée, en France, au pont de Tarascon, par M. l'ingénieur des ponts et chaussées Collet-Meygret, pour battre plus de 2,000 pieux à 15 mètres de profondeur dans un terrain où les sonnettes à déclic étaient impuissantes à obtenir une pénétration convenable. L'appareil acheté en Angleterre à M. Nasmyth, participait du type de pilon du même ingénieur. Le pilon était suspendu à l'aide d'une chaîne passant sur une poulie placée au haut de la bigue; il était guidé dans son mouvement par quatre bri-

des à crochets fixées sur la boîte en tôle qui servait d'enveloppe au mouton, et embrassant les bords de fortes bandes de tôle boulonnées sur les jumelles.

*Sonnette Lacour.* M. Lacour, entrepreneur de travaux publics, a imaginé un système de pilon beaucoup plus simple et moins coûteux que le précédent, et qui fonctionne soit à la main, soit

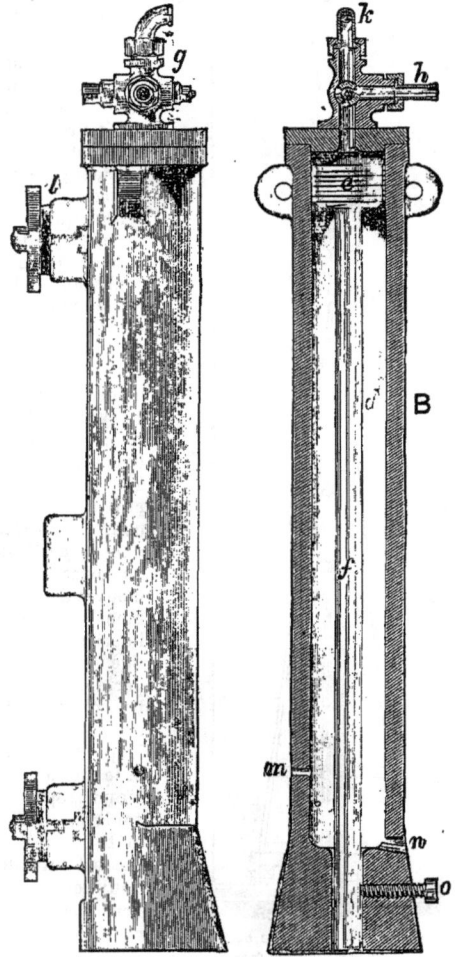

Fig. 211 et 212. — *Sonnette Lacour.*

automatiquement. Les figures 211 et 212 permettent de se rendre compte de son fonctionnement. Le mouton, proprement dit, est formé par un lourd cylindre en fonte B, dans lequel est logé le piston $e$, dont la tige $f$ traverse la base du mouton pour s'appuyer sur le pieu même qu'il s'agit de battre. Un orifice $n$, situé à la partie inférieure permet l'échappement de l'air contenu dans le cylindre au-dessous du piston ; un autre orifice $m$, situé à une distance du fond un peu plus grande que l'épaisseur du piston donne issue à la vapeur lorsque l'appareil dépasse la course maximum qu'il doit fournir normalement. La vapeur provenant d'une chaudière située sur le bâti de base de la sonnette ou d'une locomobile, est amenée à l'appareil par un tuyau flexible en caoutchouc, avec plusieurs épaisseurs de toile, tuyau dont l'extrémité vient se fixer, au moyen d'une ligature, sur la tubulure d'arrivée de vapeur *h*. L'autre tubulure *k* servant à l'échappement se recourbe en avant et débouche à l'air libre. Un robinet *g* sert à mettre, à volonté, en communication avec l'une ou l'autre de ces tubulures, la partie supérieure du corps cylindrique qui constitue le mouton. Des guides *l*, coulissant entre les jumelles assurent la rectitude de la course. Le fonctionnement est le suivant: l'ouvrier qui conduit l'appareil ouvre à l'admission le robinet de vapeur en tirant une corde fixée au levier de manœuvre de ce robinet, l'extrémité inférieure de la tige du piston portant sur la tête du pieu ou sur le faux pieu, le piston est fixé et le mouton qui l'enveloppe se soulève. Quand la hauteur voulue est atteinte, l'ouvrier ouvre brusquement l'échappement en tirant sur une corde qui actionne, en sens inverse de la première, le balancier de commande du robinet de distribution. Le mouton tombe alors sur le pieu, l'enfonce, et la même manœuvre est recommencée jusqu'à ce que le pieu soit battu au refus. Le battage fini, on fixe un câble sur les oreilles du mouton, et on le remonte à la partie haute de la sonnette, pour le poser sur un autre pieu, et ainsi de suite. Avec la manœuvre à la main, le mouton Lacour donne 50 coups par minute.

Si l'on veut obtenir de 80 à 100 coups par minute, on rend le mouvement automatique. A cet

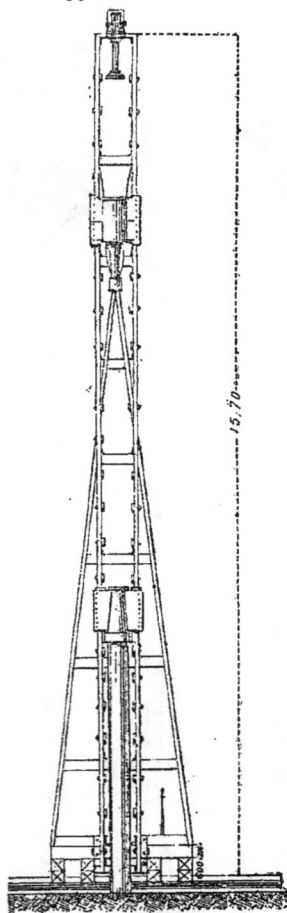

Fig. 213. — *Sonnette balistique. Elévation de face.*

effet, on fixe sur le pieu une corde dont l'autre extrémité s'attache à la tige du levier à contrepoids du robinet de vapeur, en réglant sa longueur de manière qu'elle soit tendue un peu avant que le mouton parvienne à l'extrémité de sa course. Quand on ouvre le robinet, le mouton remonte, et avant que le fond du cylindre vienne à rencontrer le piston, la corde se tend et ouvre le robinet à l'échappement. Le mouton tombe, mais alors le contrepoids du levier qui est trop faible pour faire, à l'état statique, tourner le robinet, continue son chemin, en vertu de l'inertie, et descend au moment où le mouton s'arrête. La clef du robinet est donc rouverte d'une manière subite par l'effet même du choc, le mouton est soulevé et ainsi de suite.

Cet appareil est très avantageux lorsqu'on a à opérer sur un nombre assez considérable de pilots, il fait de trois à cinq fois plus de travail que les sonnettes à déclic, et donne une sérieuse économie. La seule partie faible du système consiste dans le tuyau flexible qui, suivant le mouvement du piston, est constamment soumis à des chocs et s'use assez rapidement.

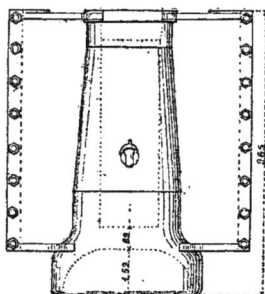

Fig. 214. — *Canon. Elévation de face.*

*Sonnette Figée.* Pour éviter cet inconvénient, MM. Figée de Haarlem, au lieu de faire reposer la tige du piston sur la tête du pieu à battre, opèrent l'admission de la vapeur par la tige même qui est creuse et présente sur la tête du piston deux orifices. La tige traverse dans un presseétoupes le couvercle du mouton, et porte à son extré-

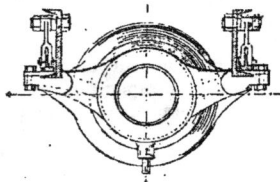

Fig. 215. — *Plan du canon.*

mité un robinet à trois voies. L'un des orifices communique avec la chaudière par un tuyau flexible; un autre sert à l'échappement, et le dernier correspond à la mise en équilibre du mouton. La tige du piston et le robinet sont fixés par un collier rivé à un fer à double T qui passe entre les deux montants de la sonnette, et repose par l'intermédiaire d'une griffe rivée à la poutrelle, sur la tête du pieu; celui-ci, de son côté, est maintenu en place, et guidé par un collier en fer fixé à une glissière passant entre les deux montants de la sonnette. Le fonctionnement se comprend de lui-même, et l'on voit qu'il peut être rendu automatique par l'emploi d'un dispositif analogue à celui que nous avons indiqué pour la sonnette Lacour.

Outre la suppression du tuyau flexible, les constructeurs prétendent encore avoir à leur actif les avantages suivants : 1° que la tige du piston ne traversant pas la base du mouton, l'eau condensée ne peut plus s'écouler sur la tête du pieu et l'amollir ; 2° que le mouton n'ayant aucun déplacement relatif par rapport au pieu, les coups frappés à faux sont évités, en même temps que la tige du piston ne peut être faussée.

La sonnette employée par M. Riggenbach pour le battage des pieux de fondation de la gare de Bienne est analogue comme principe à la précédente, mais l'échappement se produit par des orifices latéraux, ménagés dans le fût cylindrique au lieu de l'emploi d'un robinet à trois voies. Le cylindre de la sonnette de Bienne avait 0m,24 de diamètre et de course, et un poids de 450 kilogrammes ; il battait 200 coups à la minute.

4° *Sonnette balistique* (fig. 213 à 217). Le pieu est coiffé d'un canon (fig. 214 et 215) auquel le mouton sert de projectile. Ce dernier consiste en une masse de fonte du poids de 1,000 kil. environ, guidée dans son mouvement par deux nervures embrassant les branches latérales des fers à U qui forment les jumelles (fig. 216 et 217). Il est prolongé à sa partie inférieure par un piston à la base duquel sont disposées des bagues d'acier agissant comme des ressorts pour maintenir le piston contre les parois de l'âme lorsque celles-ci se sont dilatées sous l'action de plusieurs décharges successives. Le mouton est pourvu d'une cavité intérieure cylindrique dont nous indiquerons plus loin l'emploi pour l'arrêter.

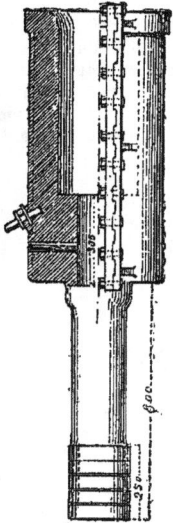

Fig. 216.
*Demi-coupe et demi-élévation transversales du mouton.*

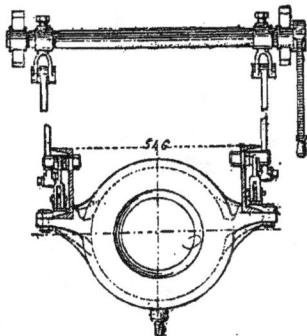

Fig. 217. — *Plan du mouton et du levier de manœuvre.*

Le canon emboîte la tête du pieu par une cavité de forme convenable, établie à sa base ; il est en acier et à âme lisse. Il se fixe sur les fers à U des montants à l'aide de nervures à retour, et l'âme s'évase légèrement vers la bouche pour mieux recevoir le piston du mouton.

Pour limiter la course du projectile, le bâti de la poulie supérieure qui sert à relever le canon, lorsqu'on change de pieu, porte un piston en fer que vient coiffer le mouton dans son mouvement ascensionnel : la compression de l'air dans la cavité cylindrique suffit pour arrêter le mouton. On dispose d'ailleurs pour le maintenir à une hauteur quelconque, d'un frein constitué par une cornière parallèle aux montants et qui, à l'aide d'un levier et d'une série de petites bielles, permet de serrer contre eux les nervures latérales du mouton.

Ceci posé, voici le fonctionnement de l'appareil : le mouton étant maintenu à une certaine hauteur à l'aide du frein, un ouvrier jette une cartouche de poudre de mine dans l'âme, l'homme chargé du frein laisse tomber le mouton qui pénètre dans le canon, y comprime l'air et commence l'enfoncement du pieu. L'échauffement de l'air dû à la compression détermine l'explosion de la cartouche, et le mouton est lancé de nouveau pendant que le recul agit sur le pieu. L'homme placé au frein saisit le mouton et l'arrête pour laisser au chargeur le temps de jeter une nouvelle cartouche, et l'opération recommence.

La sonnette balistique fournirait en toute circonstance d'excellents résultats, si le nombre de coups qu'on peut donner, n'était pas limité par l'échauffement rapide du canon qui amènerait l'explosion de la cartouche au moment où elle y est projetée ; elle ne saurait donc être employée pour le battage en terrain résistant, à moins qu'on n'entoure l'âme d'une circulation d'eau, ce qui ne paraît pas avoir encore été essayé en Amérique, où elle a reçu le plus d'applications. Par contre, le choc étant remplacé par une compression graduelle, le pieu ne subit ni déformation, ni écrasement, soit à la tête soit à la pointe, et l'enfoncement produit est de quatre à huit fois supérieur à celui qu'on obtient avec les moyens ordinaires. On estime à 1k,5 à 2 kilogrammes, la consommation de poudre pour enfoncer des pieux de 0m,25 de diamètre moyen à une profondeur de 8 à 9 mètres. — G. R.

II. **SONNETTE**. Petite cloche en cuivre ou en étain que l'on emploie et que l'on employait surtout avant l'usage des timbres et des sonneries électriques, pour établir une communication acoustique entre les différentes pièces d'un appartement ou de l'extérieur à l'intérieur. Le principe de l'établissement des sonnettes est celui-ci : s'il s'agit de faire arriver à la sonnette librement, sans frottements et le plus directement possible, un fil de fer tiré par la main de celui qui sonne, ce fil était destiné à traverser des murs, des cloisons, souvent même des étages. On obtient ce résultat au moyen de divers petits appareils : *ressorts, supports, mouvements, conduits et bascules*.

La sonnette est rivée par sa tige sur l'une des branches d'un ressort dont l'autre branche, enroulée en spirale, est elle-même fixée sur une broche ou pointe pénétrant dans le mur et tenant ainsi la sonnette suspendue en bascule. Le fil de tirage est attaché à l'extrémité libre de ce ressort, et un léger effort de traction effectué sur ce fil suffit pour bander le ressort et mettre en mouvement la cloche.

Les conduits sont de petits crampons en gros fil de fer à double pointe, entre lesquels passe le fil de tirage pour se soutenir lorsqu'il doit traverser une pièce entière. Les bascules sont des pièces à deux branches qui servent à changer tantôt la hauteur, tantôt la direction d'un fil de tirage. Outre les ressorts à bascule qui portent la sonnette proprement dite, il y a des *ressorts de rappel* et des *ressorts de renvoi* employés pour replacer le fil de tirage, qui pourrait être retenu par des frottements.

Le mouvement est imprimé au fil de tirage par l'intermédiaire d'un cordon ou d'un *coulisseau*, appareil monté sur platine et qui est dit, suivant sa forme et son mode de fonctionnement, à *poucier*, à *pompe* ou à *bascule*. — **F. M.**

‖ Marteau servant à prendre au poinçon l'empreinte en creux sur une matrice. ‖ Se dit des ficelles nouées à la lisière d'une pièce d'étoffe tarée, en face du défaut.

**\*SONNETTIER.** *T. de mét.* Celui qui fabrique des sonnettes.

**SOPHA.** — V. Sofa.

**SOPHISTICATION.** Opération par laquelle on altère la nature d'une substance en y introduisant d'autres substances d'un prix et d'une qualité inférieurs.

**SORBÉTIÈRE.** Vase cylindrique en étain, un peu conique par le bas, muni d'un couvercle qui le ferme hermétiquement, et dans lequel on prépare les liqueurs destinées à être servies en glaces ou en sorbets; il est placé dans un seau en bois plus élevé que la sorbétière, percé d'un trou à quelques centimètres du fond pour égoutter l'eau qui se forme par la dissolution des sels et la fonte de la glace.

**SORBIER.** *T. de bot.* Arbre de la famille des rosacées, série des pyrées, qui croît dans les bois, et est cultivé dans les jardins, à cause de ses fruits qui à maturité sont d'un rouge orangé; c'est le *pyrus (sorbus) aucuparia*, Gœrtn. Son écorce peut servir pour tanner et teindre en noir; le bois est recherché par les tourneurs, les graveurs sur bois, les charrons, pour les timons, essieux, vis de pressoirs; la racine sert surtout à faire des cuillers et des manches de couteaux.

Une variété très voisine du sorbier des oiseaux est le *sorbier domestique* ou *cormier* (*pyrus sorbus*, Gœrtn., *sorbus domestica*, L.), dont les fruits ramollis sur la paille se mangent sous les noms de *cormes* ou *sorbes*, et dont le bois sert surtout chez les ébénistes, menuisiers, armuriers et graveurs. — V. Cormier.

**SORGHO.** *T. de bot.* Genre de plantes de la famille des graminées, tribu des andropogonées, dont quelques espèces sont cultivées.

1° Le *sorgho vulgaire* (*sorghum vulgare*, Willd.), Syn. : *houlque, millet à balais, gros millet d'Inde.* C'est une plante annuelle, originaire de l'Inde, à feuilles engaînantes, à tige articulée pouvant attein-

dre 2ᵐ,50 et jusqu'à 4 mètres de hauteur et remplie de moelle. En France, on cultive cette plante sur les bords du Rhône et de la Garonne, à cause de son inflorescence, qui débarrassée des graines qu'elle renferme, sert dans le commerce à faire des balais. Cette culture, dans des alluvions humides, peut rapporter de 1,700 à 1,800 francs par hectare, pour une quantité de 4,000 à 4,200 kilogrammes de balais et 50 hectolitres de graines.

2° Le *sorgho sucré* (*sorghum saccharatum*, Wild.) Syn. : *Canne à sucre du nord de la Chine, houlque saccharine* (fig. 218). Originaire de l'Inde, cette plante

Fig. 218. — *Sorgho.*

fournit diverses variétés se distinguant par l'aspect de la tige, de l'épi et de la graine. La variété à glumes noires est considérée comme étant la plus saccharine; sa graine fut envoyée à la Société de géographie de Paris, en 1851, par notre consul de France à Schang-Haï (Chine), M. de Montigny. Actuellement la plante est cultivée dans le midi et le sud-ouest de la France, dans l'Algérie, l'Amérique, mais beaucoup moins qu'il y a vingt ans, époque à laquelle tout le monde voulait se livrer à sa culture.

Cette plante rend actuellement encore quelques services comme fourrage, mais, ainsi que son nom l'indique, elle contient du sucre que l'on extrait en grande quantité au Japon et en Chine; aussi, peu après son introduction en France l'a-t-on cultivée industriellement dans le but d'en extraire ce sucre. Les expériences qui ont été faites à ce sujet démontrent, en effet, que par hectare, on peut obtenir dans un terrain un peu humide, et convenablement fumé, 50,000 kilogrammes de cannes fraîches, donnant à maturité : 60 0/0 de leur poids de jus sucré, 3,500 kilogrammes de feuilles sèches et 5,000 kilogrammes de graines, produits ayant tous leur valeur séparément.

Des analyses nombreuses de M. Joulie (*Etudes sur le sorgho à sucre*, Paris, 1864), il résulte en effet, qu'il existe trois principes sucrés dans le jus du sorgho : du sucre cristallisable à pouvoir rotatoire de $+73°,8$, du glucose dextrogyre à pouvoir de $+56°$ et du sucre glucose lévogyre (lévulose) à pouvoir de $-106°$. Ces deux derniers constituant ce que l'on nomme généralement le *sucre réducteur*. Le sucre commence à être abondant à partir du deuxième nœud de la tige, et il est surtout constitué à maturité complète, par du sucre cristallisable, lequel diminue par la suite et devient sucre réducteur. Les moyennes trouvées par M. Joulie, dans 100 centimètres cubes de jus, sont les suivantes :

| Années | Sucre cristallisé | Sucre réducteur | Total |
|--------|-------------------|-----------------|-------|
| 1859 | 9.24 | 4.85 | 14.09 |
| 1861 | 12.19 | 3.65 | 15.94 |
| 1862 | 13.57 | 1.19 | 14.76 |

Plus récemment, M. Vivien, de Saint-Quentin, a trouvé pour du sorgho de Naples, analysé en février 1884, par hectolitre de jus :

| Composition centésimale | Deux tiers inférieurs des tiges | Tiers supérieur de la tige |
|-------------------------|----------------------------------|-----------------------------|
| Sucre prismatique crist. . . . | $5^k 714$ | $4^k 607$ |
| Sucre réducteur (dosé en glucose) . . . . . . . . . . . . | 8.295 | -7.200 |
| Matières organiques. . . . . . | 3.191 | 2.403 |
| Cendres . . . . . . . . . . . . | 0.800 | 1.200 |
| Eau. . . . . . . . . . . . . . . | 89.150 | 91.290 |
| | 107.150 | 106.700 |
| Acidité du jus. . . . . . . . | 0.23 | 0.30 |

Ces rendements peuvent aller jusqu'à 180 kilogrammes de sucre par hectolitre de jus, mais sont en moyenne de 120 à 135 kilogrammes ; il en résulte donc que le sorgho est une plante qui devait donner les plus grandes espérances pour la production du sucre, puisqu'elle fournit deux fois plus de ce produit que la betterave. Malheureusement toutes les usines qui se sont montées, aussi bien en France qu'en Amérique, ont toutes été obligées de fermer, par suite de diverses causes que nous allons énumérer maintenant, mais surtout de deux, qui se complètent mutuellement, et s'opposent parfois à ce que l'on puisse extraire du sucre cristallisable du jus, alors que l'analyse en dénote des proportions notables dans le liquide.

En sucrerie, on sait que le sucre incristallisable (glucose et lévulose) empêche de cristalliser au moins son équivalent de sucre cristallisable; il en résulte que suivant la maturité des fruits, qui n'est pas partout la même dans les plantes d'un même champ, il peut y avoir des proportions de sucre réducteur suffisantes pour que la cristallisation du sucre prismatique ne puisse se faire. C'est là la première cause des insuccès; elle est réelle, mais on peut l'éviter en laissant ces sucres fermenter et en cherchant à retirer de l'alcool du tout. Par hectolitre, avec la richesse moyenne indiquée, on peut obtenir théoriquement 28 hectolitres d'alcool absolu, tandis que, d'après Payen, la betterave n'en fournirait que 13 hectolitres (Joulie).

La seconde cause d'insuccès est plus grave, car on ne peut l'empêcher de se produire, dans tous les pays où existe le sorgho à balais. Elle a été signalée par notre excellent collaborateur, M. Leplay, qui a fort longuement étudié la question et publié dans le *Journal de pharmacie et de chimie* (3e série) de nombreux travaux sur ce sujet : c'est que, à mesure que l'on s'éloigne du moment où la première graine a été plantée, on voit la quantité de sucre, et par suite d'alcool, diminuer progressivement. Ainsi, dans les essais signalés par M. Leplay, la première année le rendement en alcool fut, par 100 kilogrammes de tiges, de 7 litres 50; la deuxième année, ce rendement descendit à 6 litres ; la troisième année à 4 litres 50; la quatrième année, le rendement ne fut plus que de 2 litres, et l'on reconnut que la diminution dans la proportion du sucre formé, était due à la fécondation du sorgho sucré par le sorgho vulgaire. Le croisement s'opérait sous l'influence des vents, et les graines que l'on récoltait fournissaient un sorgho hybride, dont la tige était remplie de moelle, ou n'était qu'à demi-moelleuse, et ne donnait que 15 à 20 0/0 d'un jus à peine sucré. Toutes les tentatives faites, pour empêcher cette fécondation à distance ayant échoué, il en est résulté que les distilleries et les sucreries qui avaient été montées dans le midi, en vue d'utiliser le sorgho, ont dû successivement se fermer. Il ne peut y avoir de chances possibles de succès que lorsque l'on cultivera le sorgho sucré dans des régions où le sorgho vulgaire n'est pas abondant et pour l'ensemencement, il faudra en outre, faire venir la graine des pays d'origine et même la renouveler chaque année. A cette condition seulement, on pourra tirer en France, ou ailleurs, le même parti du sorgho sucré, qu'on en tire en Chine et au Japon.

Quant à l'utilisation des graines, elle a été également tentée; mais à cause de l'enveloppe extérieure des fruits, et des glumes qui sont noires, la farine obtenue par la méthode ordinaire est noire, et donne un pain désagréable à l'œil, indigeste et levant mal. Pour avoir une farine blanche il faut décortiquer la graine sous des meules, comme pour l'orge que l'on veut *perler*. M. Joulie a également indiqué le moyen d'extraire des glumes, par l'action de l'acide sulfurique dilué, une belle matière tinctoriale rouge, qui teint bien avec un mordant acide, mais la vulgarisation des couleurs à base de dérivés de la houille a empêché de se livrer à l'extraction de ce principe colorant. — J. C.

*Bibliographie* : Comte de GASPARIN : *Cours d'agriculture;* D^r Adrien SICARD : *Monographie de la canne à sucre de la Chine, ou sorgho sucré,* 1858; Hip. LEFLAY : *Culture du sorgho sucré, Etudes chimiques sur le sorgho sucré,* 1858; *Journal de pharmacie,* 3^e série, XXXIII, p. 336; JOULIE : *Etudes expérimentales sur le sorgho à sucre,* Paris 1864; VIVIEN : *Traité complet de la fabrication du sucre en France,* Paris, 1876.

**\* SORNE.** *T. de métall.* Dans l'affinage de la fonte au *bas foyer,* on donne ce nom à une scorie, généralement peu siliceuse et assez riche en fer, qui se déposait dans le creuset.

**SOUBASSEMENT.** *T. d'arch.* Partie inférieure d'un édifice, celle qui le sépare du sol, qui en forme l'assiette.

— Les temples grecs étaient portés sur un soubassement appelé *stéréobate,* et ordinairement formé de trois degrés. Chez les Romains, le soubassement des temples, appelé *podium,* présentait habituellement une plinthe, un dé et une corniche comme les piédestaux; ce soubassement se prolongeait en avant et des deux côtés de la façade, et servait de support à des statues ou à des groupes divers.

Aujourd'hui, le mot *soubassement* s'applique, dans un sens très général, à la partie inférieure d'une construction; à sa base, traitée toujours il est vrai avec plus de simplicité que le reste de la façade, mais aussi avec des matériaux plus résistants, pierre dure, meulière, etc..., jointoyés de plus avec un ciment ou un mortier de chaux hydraulique pour éviter les effets destructeurs de l'humidité.

‖ *T. de constr.* Languette de plâtre disposée sous le manteau d'une cheminée, de manière à diriger la fumée vers le tuyau d'évacuation.

**SOUCHE.** *T. de constr.* Partie du corps d'une cheminée qui s'élève au-dessus d'un comble, soit que ce corps n'ait qu'un tuyau, soit qu'il en renferme plusieurs. ‖ Partie d'une fontaine sur laquelle les ajutages sont implantés.

**SOUCHET.** *T. techn.* Pierre de taille que l'on tire au-dessous du dernier banc des carrières.

**\* SOUCHETEUR.** *T. de mét.* Ouvrier carrier qui attaque les blocs de pierre par le bas, après que les trancheurs les ont isolés de la masse en ouvrant des tranchées verticales.

**SOUCOUPE.** Petite assiette sur laquelle on pose une tasse ou un gobelet de même matière.

**\* SOUDAGE.** *T. techn.* Opération qui consiste à faire une *soudure.* — V. ce mot.

**SOUDE.** *T. de chim.* On désigne spécialement sous ce nom, dans l'industrie, le carbonate de soude plus ou moins pur. Nous savons déjà que ce produit peut être naturel, puisqu'il constitue des variétés minéralogiques appelées *natron* d'une part, et *trona* ou *urao* de l'autre, dont la richesse est variable comme on peut le voir par les analyses suivantes :

| | Natron | | | | Trona ou Urao | | | |
|---|---|---|---|---|---|---|---|---|
| | Arménie (Ararat) | Arménie (Ararat) | Arménie (Ararat) | Aden | Egypte | Egypte | Fezzan | Mexique |
| Carbonate de soude. . . . . . . | 22.91 | 16.09 | 18.42 | 51.05 | 18.49 | » | » | » |
| Sesquicarbonate de soude. . . . . | » | » | » | » | 47.29 | 32.60 | 75.00 | 80.22 |
| Sulfate de soude. . . . . . . . | 16.05 | 80.56 | 77.44 | » | 2.15 | 20.80 | 2.50 | » |
| Chlorure de sodium. . . . . . . | 51.49 | 1.62 | 1.92 | 24.94 | 8.16 | 15.00 | » | » |
| Résidu insoluble. . . . . . . . | » | » | » | 4.35 | 4.31 | » | » | 0.98 |
| Eau . . . . . . . . . . . . . | 9.98 | 0.55 | 1.18 | 19.66 | 19.67 | 31.60 | 22.50 | 18.80 |

C'est surtout en Hongrie, entre le Danube et la Thiess; en Egypte, à l'ouest du Nil; en Arabie; au Thibet; sur les bords de la mer Noire et de la mer Caspienne; en Arménie, dans l'Indoustan; en Afrique, encore sur les bords du Sahara, du Soudan; puis, en Amérique (Colombie, Mexique) que l'on recueille et exploite ces produits.

Mais l'incinération des plantes marines, ainsi que celle des plantes croissant au bord de la mer ou de lacs salés, donne également lieu à un commerce assez grand, par suite du lessivage de ces cendres qui fournit du carbonate de sodium. De là, plusieurs sortes de soudes, qui ont dans les régions où on les prépare, des noms différents : *a*) la *barille* faite avec la plante de ce nom, *salsola soda,* L. (Chénopodiacées) et qui avait une grande renommée sous le nom de *soude de Malaga, de Carthagène, d'Alicante, des Canaries*; elle renfermait de 25 à 30 0/0 de carbonate de soude. On admettait dans la soude d'Alicante trois sortes spéciales : la *barille douce,* de qualité supérieure, de couleur cendrée, et bien fondue; la *barille mélangée,* plus noire et celluleuse, et enfin la *bourde,* mélangée de charbon et de matières terreuses; *b*) la *salicorne,* provenant de l'incinération des *salicorne annua,* L. et *salicornia arenaria,* L., cultivées auprès de Narbonne, et produisant la soude de ce nom, qui renferme à peu près 14 0/0 de carbonate; *c*) la *blanquette,* faite avec diverses plantes croissant entre Aigues-Mortes et Frontignan, la *salicornia herbacea,* L.; les *salsola tragus,* L.; *salsola clavifolia,* Lmk; *salsola kali,* L.; *salsola vermiculata,* Hortus parisiensis; *statice limonium,* L; *kochia sedoïdes,* Swartz; *atriplex portulacoïdes,* L.; *triglochin maritimum,* L.; cette soude, dite « d'Aigues-Mortes », contient de 3 à 8 0/0 de carbonate de potasse; *d*) la *soude de l'Araxe,* préparée en Arménie, et très employée dans la Russie méridionale: elle renferme la même quantité de carbonate que la précédente, et s'obtient à l'aide du *Reaumuria vermi-*

*culata*, L., et des *mesembryanthemum cristallinum*, L., et *mesembryanthemum glaciale*, Thunb. ; *e)* la *soude de varechs*, préparée sur nos côtes de Normandie et de Bretagne, avec le *fucus vesiculosus*, L., (algues) et autres algues constituant le goëmon ; elle est moins riche que la précédente ; *f)* le *kelp*, autre sorte de soude de varech, préparée sur les côtes d'Ecosse, d'Irlande, de Jersey, dans les Orcades, avec d'autres fucus, les *fucus serratus*, L., *fucus nodosus*, L., *laminaria digitata*, Lamour, *zostera marina*, D. C. ; enfin, *g)* les soudes préparées avec la *betterave* à sucre, à côté de la potasse, par le traitement du charbon de vinasses de distilleries (V. POTASSE). On fait encore de notables quantités de soude en Sardaigne, en Sicile, dans l'île de Ténériffe, au Maroc, etc.

On réserve plus spécialement le nom de *sel de soude* au carbonate obtenu artificiellement par les procédés que nous allons maintenant décrire. Mais disons tout d'abord que commercialement parlant, il y a surtout trois sortes de sels de soude : *a)* le *sel de soude carbonaté*, qui est anhydre, assez pur et ne renferme pas plus de 5 0/0 de soude caustique ; *b)* le *sel de soude caustique*, carbonate anhydre renfermant de 6 à 18 0/0 d'alcali caustique ; *c)* les *cristaux de soude*, qui ne contiennent plus de soude caustique, répondent à la formule $C^2O^4, 2NaO, 10HO... CO^3Na^2, 10 H^2O$, et contiennent 62,8 0/0 d'eau de cristallisation.

### Soude artificielle.

HISTORIQUE. L'emploi des alcalis s'imposant chez toutes les nations industrielles, comme matière de première nécessité, dès que les progrès de la chimie eurent permis, à la fin du siècle dernier, de connaître successivement la nature de la constitution des produits les plus utiles, et aussi les procédés à employer pour fabriquer ces produits, on chercha à se procurer en quantités suffisantes, la potasse et la soude. Les potasses, à cause du déboisement général de l'Europe centrale, étaient achetées en Russie et en Amérique ; quant à la soude elle manquait. Aussi, en 1775, l'Institut de France proposa-t-il un prix pour celui qui pourrait transformer le sel marin en carbonate de soude. De premiers résultats favorables furent obtenus par Malherbe, en 1777, puis en 1782, une petite usine fût fondée au Croisic, par Guyton de Morveau et Carny, pour produire la décomposition de l'eau salée par la chaux ; on n'obtient que de très faibles rendements. En 1789, de la Métherie proposa de transformer le sel en sulfate, puis de calciner celui-ci avec du charbon ; il n'obtient qu'un sulfure mêlé d'une quantité insignifiante de carbonate ; alors Leblanc, chirurgien de Philippe-Egalité, duc d'Orléans, proposa d'ajouter de la craie au mélange de sulfate et de charbon ; le problème était résolu.

Leblanc, avec les fonds du duc d'Orléans, créa une usine à Saint-Denis, en 1791, et prit un brevet où il décrivait, à peu de chose près, le procédé que l'on emploie encore aujourd'hui pour fabriquer la soude. Mais la tourmente révolutionnaire commençait à souffler, les biens du duc d'Orléans furent mis sous séquestre, la guerre empêcha l'Espagne de nous envoyer la soude qui jusqu'alors servait à peu près uniquement pour la fabrication du savon, et le comité de salut public somma, sur la demande de Carny, tous les fabricants de soude de faire connaître leurs procédés. C'était un désastre pour Leblanc, dont l'établissement commençait à fonctionner ; il ne put trouver les fonds pour faire marcher son usine, lorsqu'elle lui fut rendue (6 mai 1800), et il mourut malheureux et désespéré en 1806. — V. LEBLANC.

Même avant la mort de Leblanc, son procédé était exploité dans diverses usines, notamment celles de Payen, près Paris, de Dieuze, de Saint-Gobain, où d'Arcet lui apporta un premier perfectionnement en rendant les fours elliptiques, ce qui désulfurait la soude. Grâce à l'abolition du droit sur le sel, voté en Angleterre, en 1823, Muspratt monta, en 1824, auprès de Liverpool, une usine qui prit en fort peu de temps une importance colossale, et jusqu'à la moitié de ce siècle, le procédé de Leblanc, après avoir subi quelques modifications légères, fut le seul qui fut employé pour produire la soude nécessaire à l'Europe. En 1855, grâce à la découverte des gisements énormes trouvés au Groënland, la cryolithe fut utilisée d'abord à Oersund, près Copenhague, puis en Allemagne, à Harbourg, Prague, Mannheim, pour la fabrication des sels d'alumine et de la soude, jusqu'au moment où (1867) les Etats-Unis d'Amérique s'assurèrent la propriété exclusive de la cryolithe du Groënland.

En 1838, Dyar, Hemming, Grey et Harris prirent des brevets en Angleterre pour faire la soude par double décomposition, en traitant le chlorure de sodium par le bicarbonate d'ammoniaque, ce qui devait produire du bicarbonate de soude et du chlorhydrate d'ammoniaque. Les résultats obtenus furent malheureux ; en France, en 1854, Turck, de Nancy, puis Schloesing et Rolland prirent de nouveaux brevets pour l'exploitation de ce procédé ; ces derniers fondèrent, l'année suivante, une usine à Puteaux, que l'on fut forcé d'abandonner en 1868, pendant que, depuis 1865, M. Solvay, à Couillet (Belgique) avait créé une nouvelle usine pour fabriquer la soude, toujours par l'ammoniaque, mais avec un procédé modifié suivant les recherches faites par Marguerite et Sourdeval à Paris, et par J. Young, en Angleterre. On ne parla guère de cet établissement jusqu'en 1873, époque à laquelle on apprit, lors de l'Exposition de Vienne, que M. Solvay fabriquait par jour 40 à 50,000 kilogrammes de carbonate, et qu'il existait aussi en Russie (près Kama) et en Westphalie (à Schalke), des usines montées sur le même modèle. Actuellement, on en trouve en Angleterre, en Suisse, en France, en Hongrie, en Thuringe, etc., et elles font la plus grande concurrence au procédé Leblanc.

Il existe encore divers moyens qui ont été proposés pour obtenir de la soude, sans préparer de sulfate, comme le procédé Guyton de Morveau et Carny, qui ne donnait pas de résultats ; comme celui de Chaptal et Bérard, par l'intermédiaire de la litharge, qui donnait un oxychlorure de plomb et de la soude, mais était trop dispendieux ; ou ceux, plus nouveaux, dans lesquels on emploie la soude provenant d'autres sels, comme l'azotate de soude, lequel chauffé au rouge avec du charbon, ou du bioxyde de manganèse, ou même de la silice, donne comme réaction dernière de la soude ; mais tous ces procédés ne sont jamais devenus industriels, et nous n'en parlerons pas davantage. Il en sera de même des méthodes dans lesquelles on décompose le sulfate de soude produit, par l'oxyde de fer et le charbon (Kopp) ; par le sable blanc et le charbon (procédé de Saint-Gobain, 1874) quoique ce dernier donne d'assez bons résultats ; ou de ceux qui décomposent au rouge le chlorure de sodium en présence de la silice par la vapeur d'eau, procédé expérimenté en Autriche et en Angleterre ; ou le décomposent en présence de la bauxite, ou par l'acide silicique, etc. Les deux procédés vraiment importants à décrire étant ceux de Leblanc et de Solvay, c'est à leur étude que nous allons procéder.

I. PRÉPARATION DE LA SOUDE PAR LE PROCÉDÉ LE-BLANC. Cette méthode, qui a subi de nombreuses modifications de détail, depuis son application première, est toujours restée la même quant à sa théorie ; tout au plus peut-on y trouver une légère nuance dans l'explication des phénomènes qui se produisent, ainsi que nous allons le montrer. On commence d'abord par produire du sulfato de soude en traitant dans des fours (V. ACIDE CHLORHYDRIQUE), du sel marin ou du sel gemme par l'acide sulfurique impur :

$$NaCl + SO^3, HO = HCl + NaO, SO^3$$

ou

$$Na^2Cl + SH^2O^4 = HCl + Na^2SO^4$$

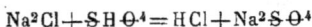

ou même, au lieu de sulfate de soude neutre, comme l'indique la réaction précédente, on emploie un mélange de bisulfate de soude et de sel marin, lequel se transforme, par une chaleur élevée, en sulfate neutre et en nouvel acide chlorhydrique,

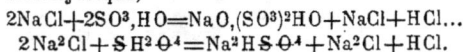

$$2NaCl + 2SO^3, HO = NaO, (SO^3)^2HO + NaCl + HCl...$$
$$2Na^2Cl + SH^2O^4 = Na^2HSO^4 + Na^2Cl + HCl.$$

On emploie, pour 100 parties de sel marin, 95 parties d'acide sulfurique à 60° Baumé (D=1,70) ou 104 parties d'acide à 55° Baumé (D=1,62).

Cette opération terminée, on transforme le sulfate de soude en soude brute, en mélangeant 100 parties de sulfate avec 100 parties de carbonate de chaux (ces chiffres varient entre 90 et 121 parties, suivant les usines), et 50 parties de charbon pulvérisé (40 à 75 parties, toujours suivant les usines), et l'on chauffe dans des fours spéciaux. D'après Dumas, il se produit deux réactions bien distinctes qui sont les suivantes :

a) Le sulfate de soude est réduit par le charbon, pour former du sulfure de sodium, avec dégagement d'acide carbonique,

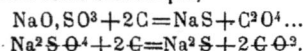

$$NaO, SO^3 + 2C = NaS + C^2O^4...$$
$$Na^2SO^4 + 2C = Na^2S + 2CO^2.$$

b) Puis le sulfure de sodium, en présence du carbonate de chaux, forme du carbonate de soude, du sulfure de calcium, de l'acide carbonique, avec chaux caustique,

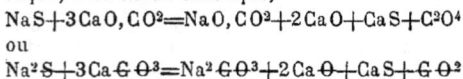

$$NaS + 3CaO, CO^2 = NaO, CO^2 + 2CaO + CaS + C^2O^4$$

ou

$$Na^2S + 3CaCO^3 = Na^2CO^3 + 2CaO + CaS + CO^2$$

Mais d'après Unger, il doit se former de l'oxysulfure de calcium et de la soude caustique, laquelle absorbe l'acide carbonique produit par la combustion du charbon que l'on a toujours l'habitude de mettre en excès, et il se forme alors du carbonate de soude.

La réaction peut se faire même sans admettre l'existence de la formation d'un oxysulfure (Scheurer-Kestner, Dubrunfault, J. Kolb). Ce qui est plus important à expliquer, c'est la production de l'oxyde de carbone qui brûle au-dessus des fours avec sa flamme bleue, et qui montre que l'opération approche de sa fin; nous ne l'avons pas vu figurer dans les équations indiquant la réaction. Unger a fait voir que ce corps ne se forme pas pendant la première partie de la réaction, mais qu'il est le résultat du contact du charbon au rouge sur le carbonate de chaux en excès, c'est une réaction qui suit la réduction du sulfate. En résumé, il y a donc trois périodes dans l'opération :

a) Celle de réduction du sulfate

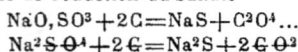

$$NaO, SO^3 + 2C = NaS + C^2O^4...$$
$$Na^2SO^4 + 2C = Na^2S + 2CO^2$$

b) La double décomposition qui s'opère entre le sulfure et le carbonate de chaux

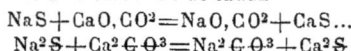

$$NaS + CaO, CO^2 = NaO, CO^2 + CaS...$$
$$Na^2S + Ca^2CO^3 = Na^2CO^3 + Ca^2S$$

c) La réduction partielle du carbonate de chaux employé en excès par le charbon

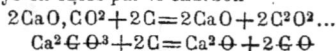

$$2CaO, CO^2 + 2C = 2CaO + 2C^2O^2...$$
$$Ca^2CO^3 + 2C = Ca^2O + 2CO$$

la chaux caustique lessivée fournit de la soude caustique.

Maintenant que nous connaissons la théorie de la formation du sel de soude, il nous faut voir quels sont les appareils employés pour cette fabrication :

1° *Production du sulfate de soude.* Elle se fait dans les fours qui ont été décrits pour la fabrication de l'acide chlorhydrique, mais ces fours étaient ouverts lors des premiers temps de l'exploitation du brevet. Plus tard, on remplaça ces appareils par ceux indiqués par Gossage (1836) qui étaient fermés, et qui, pendant un des temps de l'opération, agissaient comme appareil distillatoire, et, plus tard, par action directe du feu agissant à four ouvert, terminaient la transformation du chlorure en sulfate; Gamble (1839) perfectionna à son tour l'appareil en faisant deux compartiments dans le même four, c'est ce système qui porte le nom de *bastringue* (fig. 219) et dans lequel les deux compartiments contenant la matière première peuvent, à volonté, être réunis ou séparés, suivant le besoin, au moyen d'un registre; des carneaux entraînent les fumées et vapeurs des compartiments réunis ou séparés. Le compartiment le plus éloigné du foyer est celui dans lequel on faisait tomber le sel et l'acide, sur une sole en plomb, et où se produisait l'acide chlorhydrique que des tuyaux en poterie, placés supérieurement, entraînaient dans les appareils de condensation. C'est, notamment, dans ce compartiment que se formait le bisulfate de soude; on le décomposait en ouvrant le registre qui fermait le compartiment voisin, et en enlevant à la pelle le sel mélangé, pour le porter dans le second compartiment, qui, bien plus chaud, amenait la décomposition en sel neutre et acide chlorhydrique.

La condensation convenable, car l'on ne peut dire complète, de l'acide chlorhydrique, ne pouvant guère avoir lieu dans ces fours, on en a inventé un autre, à moufle et à cuvette, qui remédie aux inconvénients que nous venons de signaler. Il se compose d'un moufle en briques réfractaires et d'une cuvette en fonte avec voûte en briques, que l'on peut isoler l'un de l'autre par un registre à contrepoids. On introduit le sel dans la cuvette après l'avoir échauffé, puis on laisse écouler la quantité voulue d'acide, et on brasse la masse de temps à autre (fig. 220). Lorsque les deux tiers de l'acide chlorhydrique qui peut se former, se sont dégagés, la masse est devenue pâteuse; on fait mouvoir alors le registre qui établit la communication avec le moufle, on introduit le mélange dans cette partie qui a déjà été portée au rouge blanc; on chasse ainsi tout l'acide chlorhydrique restant, lequel se dissout dans des appareils de condensation fonctionnant assez bien pour absorber toutes les vapeurs acides. Si l'on en croit Tennant, de Glascow, qui traite 500,000 kilogrammes de sel marin par jour, il n'y a pas, avec ce four, d'inconvénient de voisinage, mais le fait est contesté en Angleterre même; ils sont imposés en Belgique. Le sulfate ainsi obtenu renferme 96,5 0/0 de sel pur, un peu de sulfate de chaux et de petites quantités de chlorure non décomposé.

Dans quelques régions de l'Angleterre, on traite le sel marin chauffé à 45° par l'acide sulfureux mélangé d'air et de vapeur d'eau, pour faire le sulfate de soude (Hargreaves et Robertson) et l'on obtient ainsi, paraît-il, de très bons résultats.

Depuis quelques années, on tend à employer, au lieu de ces fours où le travail manuel est pénible, des fours mécaniques dont un des meilleurs est celui proposé par M. Mac-Tear (fig. 221). Il comporte une cuvette centrale en fonte, dans laquelle sont déversés d'une manière continue le sel marin et l'acide sulfurique; le mélange, en débordant du vase, tombe sur la sole du four qui est en briques réfractaires, et là il est agité par le moyen de fourches qui divisent la masse animée d'un mouvement circulaire. Le chauffage s'effectue directement par contact de la matière avec les gaz résultant de la combustion du coke employé pour le chauffage. L'acide condensé est toujours mélangé de vapeur d'eau, et il est peu concentré.

2° *Formation de la soude brute.* Le sulfate étant mélangé intimement à de la craie et à du char-

bon, suivant les proportions que nous avons indiquées, mais qui doivent, dans tous les cas, contenir toujours un excès de charbon pour pouvoir en fournir assez si le mélange a été incomplet (à l'effet de remplacer ce qui n'a pas été oxydé, et indiquer la fin de l'opération par le dégagement d'oxyde de carbone), on introduit la masse dans des fourneaux à réverbère, après avoir eu soin de la briser en fragments assez volumineux. Ces fours, suivant les pays, sont de forme variable, à un ou deux étages. Dans ce dernier cas (fig. 222 et 223) la sole la plus élevée est séparée de la première par un espace de quelques centimètres seulement; elle sert à chauffer préalablement la masse, avant de déposer celle-ci sur la sole inférieure où se produit la calcination. Lorsque le mélange convenablement chauffé, fond et prend une consistance pâteuse, on le brasse avec de long rables de fer, ce qui fait dégager une assez grande quantité d'oxyde de carbone lequel s'enflamme et indique, lorsque sa combustion diminue sensiblement, qu'il est temps de défourner le produit. Pendant cette opération, on perd, en employant ce procédé de réduction du sulfate de soude, environ 20 0/0 du sodium contenu, lequel passe à l'état de combinaisons sodiques insolubles, d'après Scheurer-Kestner. Le produit calciné est alors enlevé en le faisant tomber dans des boîtes de tôle à bords peu élevés, et placées sur de petits vagonnets; on l'y laisse se refroidir.

L'inconvénient d'être obligé d'effectuer un travail dur et pénible à cause de la chaleur, par

Fig. 219. — *Bastringue ordinaire ou four à cuvette en plomb avec calcine à réverbère.*

B Foyer. — e Autel. — C Four à réverbère (calcine). — f Registre en fonte faisant communiquer la calcine avec le second compartiment. — h, h Tuyaux en grès conduisant l'acide chlorhydrique dans les appareils condenseurs P. — d Carneaux situés à droite et à gauche du registre f. — Q Réservoir en plomb pour l'acide sulfurique. — K Porte d'introduction du chlorure de sodium. g Plaque servant à faire tomber le sulfate dans la chambre I où le sel se refroidit.

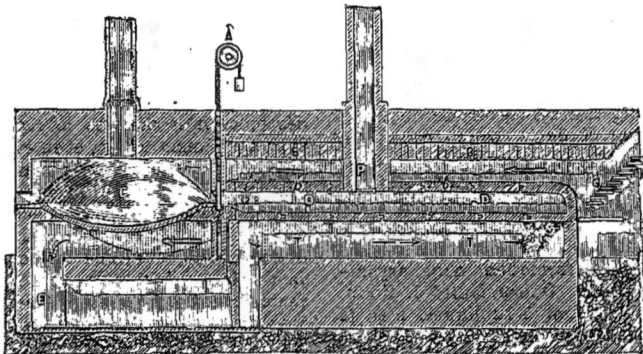

Fig. 220. — *Four à sulfate de soude avec cuvette en fonte, calcine et moufle.*

G Foyer. — D Calcine. — b Voûte inférieure et B voûte supérieure entre lesquelles circule la flamme. — T Conduite de retour de la flamme permettant l'échauffement de la sole de la calcine. — C Cuvette. — A Chaîne servant à manœuvrer le registre. — E Carneau de la cheminée.

suite de la nécessité d'un brassage fréquent, a fait inventer une autre sorte de four, celui dit *à sole tournante*, proposé par Elliot et Russel, en 1853, et perfectionné, plus tard, par Stevenson et Williamson. Dans cette disposition, le four est mis en communication avec un large cylindre en fer revêtu intérieurement de briques réfractaires et muni à l'extérieur de deux bandes métalliques saillantes reposant sur des roues à rainures accouplées (fig. 224). Un mouvement rotatoire pouvant être donné, au moyen d'un axe, à l'une des paires de roues supportant le cylindre, celui-ci reçoit également un mouvement de rotation par suite duquel la matière à calciner, que l'on a introduite, lorsque le

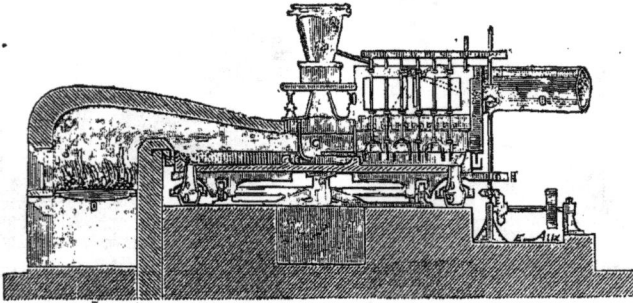

Fig. 221. — *Four à fabriquer le sulfate de soude (Méthode Mac-Tear).*

A Trémie de chargement du sel. — B Tuyau de dégagement des vapeurs d'acide chlorhydrique et des gaz de la combustion. — C Tuyau pour l'écoulement de l'acide sulfurique. — D Foyer. — E Cuvette en fonte où s'opère le mélange du sel et de l'acide. — I Ajutages par où tombe le sulfate dans la rigole J à joint étanche. — F Brassoirs en fonte mus par les engrenages et déterminant le mélange des corps réagissants. — H Engrenages. — K Pivot et galets du four.

cylindre était rouge de feu, au moyen d'une trémie qui s'ajuste contre une ouverture du cylindre, reçoit, pendant dix minutes environ, l'action de la chaleur; au bout de ce temps, on fait faire au cylindre un demi-tour sur lui-même, on laisse en repos cinq minutes, puis on opère

Fig. 222. — *Four à soude ordinaire à deux soles.*

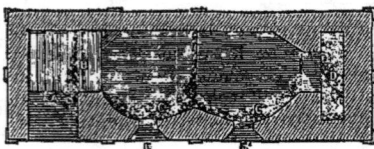

Fig. 223. — *Section horizontale du four ordinaire à deux soles.*

A Foyer. — B Autel. — C C' Soles inférieure et supérieure. — D Carneau. — E E' Portes de défournement de la soude brute.

une nouvelle demi-rotation et l'on réchauffe dix minutes, en agissant toujours ainsi jusqu'à ce que la masse soit en fusion. Alors le cylindre est tourné régulièrement, en faisant une révolution complète en l'espace de trois minutes, et l'on surveille la marche de l'opération en ouvrant de temps en temps le cylindre. Celui-ci offrant à la partie opposée du four, un axe creux donnant

dans une longue chambre voûtée, la flamme et les gaz traversent tout ce système pour aller ensuite se rendre dans la cheminée. Comme il se forme, pendant la réaction, un composé sodicocalcaire insoluble (Reidemester) qui diminue la quantité de calcaire en présence, ce qui augmente la teneur du produit en sulfure de sodium, on ajoute dans le four, vers la fin de l'opération, un mélange de sulfate de soude et de craie pulvérisés. Le premier décompose le cyanure de sodium qui s'est formé par l'action de l'azote ou de l'ammoniaque sur le charbon alcalin, et la craie décompose le sulfure de sodium de la masse ou celui qui s'est formé par l'opération précédente :

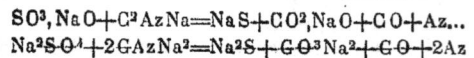

$$SO^3, NaO + C^2AzNa = NaS + CO^2, NaO + CO + Az...$$
$$Na^2SO^4 + 2CAzNa^2 = Na^2S + CO^3Na^2 + CO + 2Az$$

L'opération terminée, on fait tomber la soude brute dans un vase de fer, par l'ouverture qui sert à surveiller l'état de la masse et à l'introduire, et on laisse refroidir le produit. Celui-ci peut servir sans autre traitement à la fabrication du verre vert, du savon, au blanchiment, comme cela a lieu en Angleterre. Ce four n'est pas encore accepté partout, il a cependant l'avantage de donner une fabrication rapide puisqu'avec un four de $3^m,25$ de long et de $2^m,25$ de diamètre, on peut obtenir 700 kilogrammes de soude brute en deux heures, et que la perte en sodium est bien moindre que dans les fours à réverbère.

3° *Raffinage de la soude.* Cette purification de la soude brute a lieu au moyen de deux opérations successives : la lixiviation de la soude et l'évaporation des eaux chargées de carbonate de soude.

α) *lixiviation.* Pour donner de bons résultats, cette opération doit se faire rapidement, avec le moins d'eau possible, et à une température relativement basse; c'est ce que l'industrie ne peut encore guère obtenir, au moins au point de vue de la rapidité, et ce qui fait que presque toutes les lessives contiennent de notables quantités de monosulfure de sodium. La soude brute donne environ 58 0/0 de son poids de résidu insoluble dans l'eau (*marc de soude*).

Pour épuiser la soude, on se servait anciennement de tonneaux dans lesquels on introduisait la soude finement pulvérisée avec quatre fois son poids d'eau; on agitait le vase, puis on décantait le liquide auquel on ajoutait de nouvelle soude brute, pendant que de l'eau était versée sur le premier tonneau. Après trois ou quatre opérations successives, la liqueur était à peu près convenablement saturée et le marc épuisé. Cette opération a été abandonnée comme trop irrégulière et donnant trop de perte, par suite d'une lixiviation incomplète. On a remplacé ce procédé par l'emploi de cuves en tôle garnies, à 0m,25 du fond, d'une lame de tôle percée de trous (ou de bois percé également), et placées les unes à côté des autres, de manière à pouvoir, une fois qu'elles sont chargées de gros morceaux de soude, permettre des lavages successifs. Supposons que l'une des cuves soit chargée de soude nouvelle, qu'une seconde contienne de la soude déjà traitée une fois par l'eau, la troisième de la soude épuisée deux fois, etc., si l'on fait arriver à la fois dans toutes les cuves des eaux résiduelles d'opérations antérieures, et qu'on laisse le contact du liquide et du sel se faire pendant huit heures, on obtiendra, en ouvrant les robinets inférieurs qui garnissent chaque cuve, une lessive à un degré variable, mais qui, par la réunion, constitue un liquide marquant 25º Baumé environ. On enlève alors le marc qui est épuisé, on le remplace dans la dernière cuve par de nouvelle soude, et on renouvelle la lixiviation. Quant aux eaux-mères servant à épuiser la soude brute, on les obtient en traitant les résidus enlevés des cuves, par de l'eau portée à 50º. Ce procédé est encore abandonné presque partout.

L'appareil dit de « Clément Désormes » est un perfectionnement, car il permet une marche régulière et continue. Il est toujours constitué par des cuves fixes, mais plus nombreuses que dans le système précédent, au nombre de 14 à 15, et disposées en gradins; pour faire un traitement de soude brute, on commence par remplir ces cuves d'eau chaude, puis on introduit dans le bassin inférieur deux paniers métalliques à jour, contenant chacun environ 50 kilogrammes de soude pulvérisée, et on les y laisse de vingt-cinq à trente minutes pour les retirer ensuite et les plonger dans la cuve nº 2, de telle sorte que pendant un espace de huit heures de temps, l'eau étant maintenue à

40º environ, les paniers aient pu successivement passer par les 15 cuves et même en être retirés pour les laisser égoutter. Comme toutes ces cuves communiquent ensemble par un tube qui part de la partie inférieure pour arriver au sommet de la cuve placée plus bas, et que l'eau de la cuve inférieure s'est trouvée la première saturée, en vidant celle-ci, on arrive à permettre à toutes les cuves de déverser le liquide le plus dense qu'elles contiennent, ce qui permet de remplir d'eau la dernière cuve, celle du haut. On reçoit dans des bassins de repos la lessive saturée, laquelle il faut chauffer, par des tubes de vapeur, comme les cuves de graduation, afin d'empêcher la cristallisation des sels.

Dürre a proposé un système d'épuisement assez analogue, mais dans lequel il faut remonter la soude d'un premier dans un second bassin, puis d'un troisième dans un quatrième; l'opération se fait à froid dans les deux premiers bassins, à 44º dans le troisième, et à 56º dans la quatrième. La lessive ainsi obtenue est à 24º Baumé; on vide le bassin inférieur toutes les 3 heures pour remettre de l'eau nouvelle dans la dernière cuve.

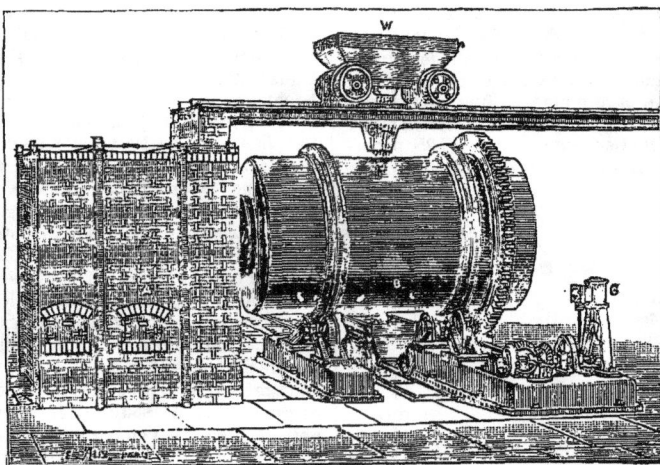

Fig. 224. — *Four tournant pour fabriquer la soude brute.*

A Foyer — B Four tournant en fonte. — b Ouverture permettant à la flamme de traverser le cylindre —C Trémie dans laquelle tombe le mélange à calciner déversé par le vagonnet W et entrant par f dans le four tournant. — d galets roulants. — e Roue dentée engrenant avec un pignon commandé par la petite machine à vapeur G.

Le procédé le plus pratique est celui de Shanks que l'on désigne sous le nom de filtration méthodique (fig. 225); il comporte 4 ou 8 cuves disposées sur un même plan et traversées par un courant d'eau, et comme les dissolutions sont d'autant plus denses qu'elles contiennent plus de sel en solution, et qu'une petite colonne du liquide presque saturé peut supporter une certaine hauteur de liquide d'une densité moindre, il en résulte qu'à mesure que le liquide pénètre, plus chargé, d'une cuve dans une autre, la hauteur de ce liquide s'abaisse, la plus grande hauteur de liquide existant dans la cuve contenant l'eau la plus pure. Chaque cuve ayant un double fond en tôle, percé de trous, et étant en communication avec la cuve voisine par un tube coudé à angle droit donnant dans cette seconde cuve, ou dans un caniveau de déversement, il en résulte que lorsque les eaux-mères passent sur la soude lavée trois fois, puis deux, puis une, et enfin sur la soude brute, elles se saturent facilement et d'autant plus vite qu'il y a plus de cuves en communication les unes avec les autres, jusqu'à un certain point cependant. Comme chaque cuve peut alternativement recevoir les eaux-mères, il y a une grande économie de main-d'œuvre et de temps, et l'on n'a qu'à vider la cuve dont le sel a été épuisé. Les liqueurs salées sont recueillies alors qu'elles possèdent une densité de 1,27 à 1,28, ce qui abrège dès lors le *temps d'évaporation et économise du combustible*, et en plus, l'opération se faisant vite et d'une façon continue, il y a très peu de sulfure de calcium entraîné pendant la lixiviation.

Quelle que soit la méthode de traitement de la soude brute, la lessive obtenue doit être clarifiée par repos, elle renferme d'autant moins de soude caustique qu'il y avait moins de chaux dans la liqueur ; la coloration verte ou brun-jaune qu'offrent certaines lessives est due à la plus ou moins grande quantité de peroxyde de fer existant primitivement dans les sels traités, et que les opérations décrites plus haut ont transformé, grâce à la présence de l'eau et du monosulfure de sodium produit, en sulfure de fer; 1 litre de lessive d'une densité de 1,25 contient environ 315 à 325 grammes de sels solides, qui sont les suivants :

| | |
|---|---:|
| Carbonate de soude.. | 228.30 |
| Hydrate de soude.. | 78.40 |
| Chlorure de sodium | 5.92 |
| Alumine.. | 4.83 |
| Silice. | 3.78 |
| Hyposulfite de soude. | 1.17 |
| Sulfite de soude. | 0.32 |
| Sulfure de sodium. | 1.12 |
| Cyanure de sodium. | 0.26 |
| Fer. | traces |
| | 324.10 |

Les lessives une fois obtenues, généralement dans les grandes usines de soude, on les purifie. Il n'est guère facile d'indiquer par quel procédé, car chaque fabrique a sa méthode propre, qu'elle s'efforce de garder secrète; ce que l'on peut dire d'une manière générale, c'est que la présence des sulfures est surtout à éviter. On peut désulfurer les lessives par injection d'air, la réaction se fait bien à 75°. L'oxyde de manganèse amène aussi rapidement ce résultat; en ajoutant 1 gramme de chlorure de manganèse par litre de lessive, on obtient un dépôt de protoxyde, lequel se peroxyde rapidement, et se réduit en présence du sulfure, pour se réoxyder ensuite et se réduire ainsi alternativement. On enlève encore les sulfures par l'addition d'oxyde de zinc, lequel passe à l'état de sulfure et se dépose ; *on le transforme en chlorure* par l'action de l'acide chlorhydrique, et celui-ci est ensuite employé pour faire du nouvel oxyde (Scheurer-Kestner).

Le ferro-cyanure de sodium qui existe dans nombre de lessives, est nuisible à la blancheur du sel ; pour le détruire, on peut chauffer la lessive à 180°; il se forme du sulfocyanure par suite de la présence d'hyposulfites dans le liquide, et il se précipite de l'oxyde de fer. En opérant sur des lessives carbonatées, et oxydées par injections d'air, on évite la formation de sulfure de fer et de

silico-aluminate de soude qui pourraient se faire à cette température.

*β Évaporation des solutions alcalines.* La lessive une fois obtenue, avant de la concentrer, on l'abandonne au repos, pour séparer les parties insolubles, et parfois, lorsqu'elle est trop chargée de sulfures, on décompose ceux-ci par des agents oxydants (sulfate de fer, chlorure de chaux, azotate de sodium, sels de plomb, oxyde de cuivre, fer spathique, ou même par l'air atmosphérique (Gossage). Cela fait on concentre : 1° parfois on évapore à siccité, dans un four à reverbère surmonté de cuvettes où l'on amène la lessive à marquer 33° Baumé, puis on fait arriver celle-ci sur la sole du four, laquelle a été recouverte d'une épaisse couche bien tassée de sel de soude, et portée au rouge sombre. Il se produit aussitôt une vive ébullition, la masse se boursoufle, puis se dessèche ; on la brasse avec des rables, puis l'on défourne ; on réchauffe une seconde fois, pour transformer le sulfure de sodium en sulfite et carbonater une partie de l'alcali libre. *Le sel est alors livré au commerce*, ou bien, comme cela a parfois lieu près de Newcastle, redissous et traité *par l'acide carbonique*, ce qui lui enlève la soude caustique; 2° ou bien on évapore dans une chaudière, en communication avec le réservoir à lessive. Quand la concentration est suffisante, on voit de petits cristaux se former, c'est du carbonate à un équivalent d'eau, on l'enlève et on ouvre la communication avec le réservoir, c'est le sel le plus pur; par l'évaporation, de nouvelles couches cristallines se forment, mais alors elles entraînent avec elles du sel marin, du sulfate de soude, contenus dans les eaux mères, puis plus tard de la soude caustique et du sulfure de sodium. En agissant ainsi, on obtient, bien que l'on essore les cristaux, ou parfois qu'on les lave avec une dissolution saturée de carbonate de soude, qui entraîne en partie les impuretés, des produits qui contiennent 90, 85, 80, 75, 70 parties de carbonate et le reste d'impuretés ; on dit alors ces soudes à 90 0/0, à 80, à 70 0/0 ou à 90, 80, 70°. Ce produit desséché, calciné et brassé, pour oxyder le sulfure de sodium est la *soude calcinée*. Lorsqu'on ne renouvelle pas constamment l'arrivée de la lessive dans la chaudière évaporatoire, on peut, en tenant compte du volume occupé par le liquide, recueillir un sel contenant un degré connu approximativement. Ainsi, en prenant de la lessive marquant 1,28 et en l'évaporant aux 7/12 de son volume, on isole des cristaux qui correspondent à un sel de soude raffiné à 57 0/0; en évaporant le reste aux 3/7, le sel correspond à une soude à 50 0/0, etc. Les produits obtenus de cette manière sont bien supérieurs à ceux préparés par évaporation à siccité. Lorsqu'on les réchauffe dans un four à reverbère, ils s'oxydent, le sulfure se transforme en sulfate et en sulfite, et il y a absorption d'acide carbonique ; le sel de soude est alors grisâtre. Pour le purifier, on y ajoute juste la quantité d'eau nécessaire pour le dissoudre à l'aide d'un courant de vapeur, on laisse reposer et on décante ; par évaporation, on obtient la *soude raffinée*.

### 4° Les *cristaux de soude*

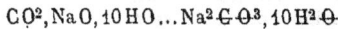

$$CO^2, NaO, 10HO...Na^2CO^3, 10H^2O$$

sont enfin obtenus par dissolution de la soude raffinée. On met de l'eau dans des chaudières coniques en tôle, puis on y plonge la soude renfermée dans des boîtes en tôle que l'on peut abaisser plus ou moins dans le vase, enfin on chauffe au moyen d'un courant de vapeur. Lorsque la solution marque de 30 à 32° Baumé, on l'envoie dans de grands bacs en tôle, où elle cristallise. Après cinq à six jours, on soutire les eaux mères par la partie inférieure des cristallisoirs, puis on enlève les cristaux, pour les redissoudre à nouveau. Cette fois l'opération se fait dans des chaudières coniques chauffées à feu nu, en n'ajoutant que fort peu d'eau. Par l'action de la chaleur, le sel fond dans son eau de cristallisation, on supprime alors le feu, on recouvre la chaudière et laisse en repos; le liquide une fois clarifié, on l'envoie dans un réservoir, et de là, dans des vases demi-sphériques de 50 centimètres environ de diamètre, et en métal; au bout de huit jours la cristallisation est complète; on trempe les vases dans l'eau bouillante pour faire détacher les cristaux adhérant aux bords, puis on met les pains de carbonate à égoutter et à sécher dans des étuves chauffées à 15°. On les met en baril avant qu'ils n'aient commencé à s'effleurir.

### 5° *Traitement des résidus.*

L'emploi du procédé Leblanc, pour la fabrication de la soude, a l'inconvénient de laisser une grande quantité de marcs ou *charrées*, qui par leur présence peuvent nuire considérablement par suite des sulfures qu'elles contiennent. Par les chaleurs de l'été elles peuvent dégager de l'hydrogène sulfuré désagréable à l'odorat et noircissant les peintures ou sulfurant les métaux, et sous l'influence des pluies se transformer en sulfures solubles et dès lors souiller les nappes d'eau souterraines. Cette quantité de sulfures laissés dans les résidus est assez considérable, puisque les charrées peuvent contenir de 37 à 39 0/0 de leur poids de sulfure de calcium et 1,80 à 2 0/0 de sulfure de fer; mais il y a encore dans ces résidus bien d'autres combinaisons sulfurées, puisque 80 0/0 du poids total du soufre employé dans la fabrication reste comme résidu, à l'état de sulfures, d'hyposulfite de calcium (2 à 3 0/0) et de sulfates de calcium et d'autres bases (1 à 2 0/0). Aussi, depuis de nombreuses années, a-t-on cherché à régénérer le soufre, pour éviter les inconvénients dus à la présence de ses dérivés, et pour réaliser des économies. Ce qu'il fallait surtout obtenir, c'était un résultat n'exigeant pas de grandes dépenses de temps ou d'argent. Plusieurs méthodes peuvent être employées.

D'après Schaffner, dont le procédé est celui le plus généralement suivi, on commence par préparer une lessive sulfureuse, après oxydation à l'air des charrées mises en tas. Celles-ci, par suite de l'échauffement produit, engendrent du polysulfure de calcium et de l'hyposulfite de calcium, et lorsqu'elles ont acquis une teinte vert-jaunâtre, on les lessive comme on a opéré avec la soude brute. Comme cette opération peut se faire dans les mêmes cuves à double fond, lorsqu'on a opéré une première lixiviation, on fait arriver dans le double fond un courant de gaz de cheminées contenant de la vapeur d'eau, de l'air chaud, de l'acide carbonique, etc.); ce traitement donne par lixiviation une notable quantité d'hyposulfite et moins de sulfures. Lorsque l'on a répété deux ou trois fois cette réoxydation et le lessivage des marcs, on réunit les liqueurs et on les traite par l'acide chlorhydrique; il se forme aussitôt du chlorure de calcium, de l'acide sulfureux, de l'eau, et du soufre qui se dépose; puis l'acide sulfureux formé en réagissant sur le polysulfure de calcium, le transforme en hyposulfite, avec nouveau dépôt de soufre.

Quand la décomposition est totale, on fait arriver un courant de vapeur dans le mélange pour entraîner l'acide sulfureux resté en dissolution, et l'on fait écouler le liquide contenant le chlorure de calcium et le soufre dans un bassin à double fond, lequel retient le soufre que l'on lave. Ce corps étant impur, pour le purifier, on fait avec de l'eau, du soufre et un peu de chaux, une pâte molle, puis on envoie dans la chaudière contenant le mélange, un courant de vapeur d'eau à 2 atmosphères environ de pression. Le soufre fond alors, gagne la partie inférieure du vase, son chlorure de calcium se dissout dans l'eau, et le sulfate de chaux reste en suspension dans le liquide; en soutirant le soufre à l'aide d'un robinet, on peut le recevoir dans des moules où il se refroidit. L'addition d'un lait de chaux au soufre précipité

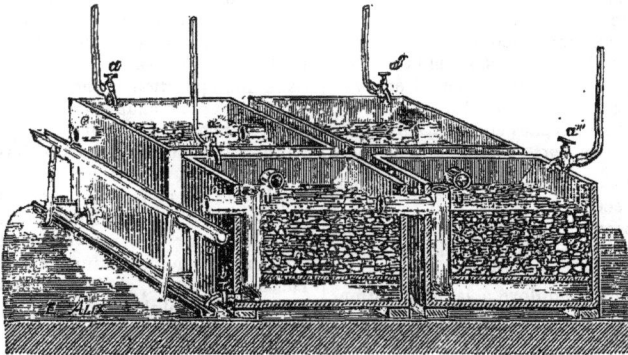

Fig. 225. — *Appareil à lixiviation de Shanks.*

a a' a" a'" Tubes et robinets à eau. — b Robinets d'écoulement de la lessive saturée. — d Caniveaux de déversement de la lessive. — U Tube vertical faisant passer la lessive dans une cuve voisine ou au dehors au moyen du tube d'embranchement horizontal e. — X Double fond en tôle perforée.

a ici pour but de faire du sulfure de calcium qui sature l'excès d'acide, s'il en existe dans le liquide; de plus, ce sulfure peut dissoudre le sulfure d'arsenic, dans le cas où le soufre aurait été arsenical. On retire ainsi 50 à 60 0/0 du soufre contenu dans les charrées.

L. Mond se sert pour oxyder les, marcs, des cuves dans lesquelles a eu lieù la lixiviation de la soude brute. Lorsque cette dernière opération est terminée, on met le double fond des cuves en communication avec un ventilateur énergique; la masse s'échauffe par suite de son oxydation, elle dégage de la vapeur d'eau et se recouvre superficiellement de taches blanches. Pour que l'opération marche bien, il faut que la température produite soit supérieure à + 40° afin d'avoir un dépôt de soufre convenable, et ne pas dépasser 60° (cette température peut s'élever jusqu'à 95°), afin d'éviter la formation de sulfate de chaux. En réglant à l'arrivée, les proportions de la lessive sulfureuse et de l'acide qui doit la décomposer, Mond a vu que l'on peut obtenir la précipitation du soufre, sans formation d'acide sulfureux, ou d'hydrogène sulfuré, à la condition que la lessive renferme 2 équivalents de sulfures pour 1 équivalent d'hyposulfite, car alors, d'après lui, on peut représenter la décomposition par l'équation suivante:

$$Ca S^2 O^3 + 2CaS^2 + 6HCl = 3CaCl^2 + 3H^2O + 4S + xS$$

Le lavage et la fusion du soufre s'opèrent comme dans le procédé précédent.

A Dieuze, on a employé une autre méthode de régénération du soufre, due à W. Hoffmann, et ayant pour but de régénérer à la fois le soufre et le manganèse employé à la préparation du chlore. Comme la première partie de l'opération nous occupe seulement ici, nous dirons que dans ce procédé on oxydait toujours les charrées par le contact de l'air, mais en y ajoutant du sulfure de fer (venant des résidus de chlore neutralisés) qui hâte l'oxydation. On obtenait après six à sept jours d'exposition à l'air, un produit qui lessivé donnait du polysulfure de calcium; et après de nouvelles réoxydations durant trois jours seulement, un liquide surtout chargé d'hyposulfite de calcium. Les polysulfures étaient transformés en hyposulfites par l'acide sulfureux, et cet hyposulfite de calcium décomposé par du sulfate ou du carbonate de soude, produisait de l'hyposulfite de soude, corps fort employé industriellement. Le soufre qui s'est précipité par suite de la réaction sur le polysulfure, se réunit sur le faux fond des bassins; on le lessive, sèche et fond, ou brûle pour le transformer en acide sulfureux. La régénération du manganèse par le procédé Wealdon a fait abandonner cette méthode.

MM. Schaffner et Helbig ont proposé un autre procédé qui réussit assez bien en grand, et qui a pour but de faire passer le soufre à l'état d'hydrogène sulfuré que l'on décompose ensuite. On traite le sulfure de calcium par le chlorure de magnésium à une haute température et en présence de la vapeur d'eau :

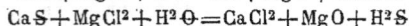

$$CaS + MgCl + HO = HS + MgO + CaCl...$$
$$CaS + MgCl^2 + H^2O = CaCl^2 + MgO + H^2S$$

On recueille l'hydrogène sulfuré, et dans le liquide résiduel on fait passer un courant de gaz acide carbonique qui régénère le chlorure de magnésium et donne du carbonate de chaux.

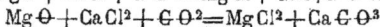

$$MgO + CaCl + C^2O^4 = MgCl + CaO, C^2O^4...$$
$$MgO + CaCl^2 + CO^2 = MgCl^2 + CaCO^3$$

Quant à l'hydrogène sulfuré, brûlé par un excès d'oxygène fourni par un courant d'air, il donne de l'acide sulfureux et de la vapeur d'eau, et alors, si l'on met en présence de l'eau (chargée de chlorure de calcium, qui régularise beaucoup la réaction), les gaz sulfureux et sulfhydrique, on obtient un dépôt de soufre et de l'eau :

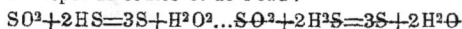

$$SO^2 + 2HS = 3S + H^2O^2...SO^2 + 2H^2S = 3S + 2H^2O$$

Mais la réaction est loin d'être aussi simple, et il se forme des acides thioniques qui gardent une partie du soufre.

M. Lombard de Bouquet est jusqu'à présent celui qui paraît avoir obtenu les meilleurs résultats. Dans son usine de Rassuen, il utilise le soufre à l'état d'hydrogène sulfuré et prépare en même temps le phosphate bicalcique. On commence par utiliser l'hydrogène sulfuré produit dans une opération antérieure pour préparer du sulfhydrate de chaux, en faisant passer ce gaz sur les charrées délayées dans de l'eau, puis après avoir soutiré à clair la dissolution de sulfhydrate, on la fait arriver dans une solution chlorhydrique de phosphate de chaux. L'acide phosphorique dégage de l'hydrogène sulfuré que l'on recueille pour une nouvelle opération, ou pour obtenir de l'acide sulfureux servant à faire de l'acide sulfurique, et il se précipite du phosphate bicalcique insoluble; on le filtre et on le lave pour le débarrasser du chlorure de calcium; il est assez pur et surtout exempt de phosphate tricalcique.

PRÉPARATION DE LA SOUDE PAR LA CRYOLITHE. Ce corps qui est un fluorure double d'aluminium et de sodium, renferme 32,78 0/0 de sodium. Deux procédés sont employés pour obtenir avec ce corps le sel de soude :

1° Voie humide. La cryolithe (7 parties) finement pulvérisée, est mélangée avec de l'hydrate de chaux (5 parties) et mise à bouillir avec de l'eau dans des vases de plomb, jusqu'à formation de fluorure de calcium insoluble et d'aluminate de soude. On décante la solution après repos, et l'on ajoute alors à la liqueur une nouvelle quantité de cryolithe pulvérisée; par l'ébullition, l'aluminate se décompose; il se forme de l'alumine insoluble et du fluorure de sodium, et quand on a siphonné la liqueur claire on la retraite à l'ébullition par l'hydrate de chaux. Il se précipite du fluorure de calcium et la soude caustique obtenue n'a plus qu'à être concentrée et évaporée à siccité; on la transforme ensuite en carbonate; 100 kilogrammes de cryolithe donnent par ce procédé 75 kilogrammes de carbonate de soude;

2° Voie sèche. On mélange intimement la cryolithe finement pulvérisée avec les deux tiers de son poids de chaux carbonatée, également pulvérisée, et l'on introduit le mélange dans un four à réverbère spécial, offrant deux foyers opposés. Le mélange étalé sur la sole est constamment remué pendant les deux heures que dure la calcination au rouge obscur (pour 500 kilogrammes de mélange) ; après ce temps, la masse est enlevée du four, on retire avec soin les parties qui trop chauffées ont subi la fusion et seraient difficiles à lessiver, puis on ajoute de l'eau froide au produit à peine refroidi, et enfin on reprend par l'eau bouillante. On obtient une solution colorée d'aluminate de soude, et comme résidu du fluorure de calcium,

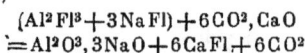

et

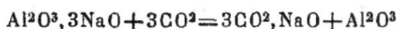

ou

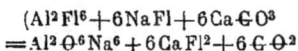

et

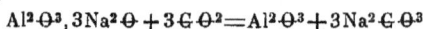

Le liquide mis dans des chaudières est alors saturé par les gaz qui se dégagent du four à calcination et qui contiennent une notable quantité d'acide carbonique. Il se forme donc du carbonate de soude et de l'alumine se dépose ; après repos, par concentration, on obtient directement des cristaux de carbonate de soude à 10 équivalents d'eau. La solution non concentrée, traitée par l'hydrate de chaux et chauffée ensuite jusqu'à siccité, puis fondue au rouge, donne une soude caustique très pure, contenant jusqu'à 75 0/0 d'hydrate de soude.

La soude à la cryolithe ne se fabrique plus en Europe qu'à OErrund, près Copenhague, puis en Amérique dans l'usine de la *Pensylvania salt manufacturing company*, près Pittsburg. La production de l'alumine pure est surtout rémunératrice dans ce procédé.

PRÉPARATION DE LA SOUDE PAR L'AMMONIAQUE. L'emploi de ce procédé avec les perfectionnements qui y ont été apportés depuis sa découverte, a produit une révolution considérable dans l'industrie de la fabrication de la soude par le procédé Leblanc, le seul qui ait été appliqué en grand jusqu'en 1873, ainsi que nous l'avons déjà dit. Devant l'extension considérable de la production des sels de soude par l'ammoniaque, une partie des soudières Leblanc ont dû arrêter ou diminuer leur fabrication, et si les mieux outillées seules survivent, c'est qu'elles trouvent une rémunération dans la production de l'acide chlorhydrique dont le prix tend à remonter (1887), et dans les dérivés de cet acide, surtout l'hypochlorite de chaux, le chlorate de potasse ; leur existence dépend donc uniquement de la proportion de chlore et d'acide chlorhydrique consommés. Mais, bien qu'à l'heure actuelle les fabriques de soude à l'ammoniaque livrent environ 42 0/0 des sels consommés par l'industrie, en vertu même de la nécessité de produire de l'acide chlorhydrique et du chlore, il n'est pas probable que les soudières Leblanc diminuent encore leur production, d'autant plus que l'on travaille toujours avec la plus grande ardeur à pouvoir mieux utiliser l'acide chlorhydrique qu'on

ne le fait jusqu'à présent, par suite de l'impossibilité où l'on est encore d'utiliser le chlore du chlorure de calcium.

La fabrication de la soude par l'ammoniaque repose, avons-nous dit, sur la double décomposition produite par le bicarbonate d'ammoniaque, en présence du sel marin :

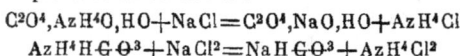

suivant les divers chimistes qui se sont occupés de cette question, le mode opératoire produisant la double décomposition est variable. La plupart du temps le bicarbonate d'ammoniaque n'est pas fabriqué à l'avance, on fait une solution de sel marin que l'on rend ammoniacale, puis on sature cette dissolution par l'acide carbonique et l'on sépare ensuite le bicarbonate de soude des eaux-mères. M. Schlœsing, est le seul qui, dans un procédé fonctionnant en grand, scinde totalement ces deux réactions, au lieu de les faire simultanément dans le même liquide. Dans son procédé, la préparation du bicarbonate d'ammoniaque est l'objet d'une opération spéciale, la réaction est conduite méthodiquement, et les pertes en ammoniaque sont absolument insignifiantes. C'est ce sel qui est mis dans la solution de chlorure de sodium et amène d'une manière complète les réactions indiquées.

La fabrication de la soude à l'ammoniaque comprend donc les opérations suivantes : 1° préparation de la solution de chlorure de sodium ammoniacale ; 2° saturation de cette solution par l'acide carbonique ; 3° enlèvement du bicarbonate de soude et sa séparation des eaux-mères ; 4° calcination du bicarbonate et utilisation de l'acide carbonique et de l'ammoniaque dégagés ; 5° traitement des eaux-mères contenant le carbonate et le chlorure d'ammonium.

1° *Préparation de la solution salée ammoniacale.* Cette préparation se fait au moyen d'appareils divers qui varient un peu avec chaque établissement, et qui par conséquent n'ont guère besoin de description ; ce qu'il importe le plus c'est de préparer une solution saline aussi pure que possible. Suivant les régions où sont établies les usines, on peut employer deux procédés : ou se servir d'eaux salées naturelles, comme celles que l'on a à proximité des mines de sel gemme, ou bien du sel marin. Dans le premier cas, on emploie une solution à 24°, et il est nécessaire de débarrasser la saumure des sels étrangers qu'elle renferme, comme les sels de chaux et de magnésie ; celle-ci est rendue insoluble par l'addition de chaux, il se produit du chlorure de calcium qui à son tour est décomposé par le carbonate d'ammoniaque. Solvay opère la purification à chaud par l'addition de carbonate de soude et de chlorure de chaux, ce qui donne de très bons résultats ; quant à la purification, en précipitant la magnésie sous forme d'arséniate ammoniaco-magnésien, elle n'est jamais entrée dans la pratique. Cette solution est ensuite rendue ammoniacale par l'arrivée dans la liqueur d'un courant de gaz ammoniac ; on obtient assez difficilement ainsi des

liqueurs bien chargées d'ammoniaque. La solution convenablement saturée a ensuite besoin
d'être filtrée au travers d'un feutre, puis on la
laisse refroidir avant de l'introduire dans le carbonateur.

L'emploi du sel solide est plus commode à cause
de la pureté des produits qui sont livrés par les
salines de l'ouest ou du midi, et parce qu'alors on
peut facilement, en régénérant le gaz ammoniac,
l'envoyer dans une cuve où il se dissout et
forme ainsi une solution dont on peut connaître
facilement la richesse en ammoniaque, et que l'on
envoie ensuite sur le sel solide pour dissoudre ce
dernier. M. Schlœsing, depuis qu'il a repris seul
(1877) les travaux commencés à Puteaux avec la
collaboration de M. Rolland (1854), a adopté ce
système ; M. Boulouvard également, mais la modification proposée par ce dernier a peut-être l'inconvénient d'occuper beaucoup de place.

*Carbonatation.* Lorsque la saumure ammoniacale est préparée dans les proportions approximatives de 2 équivalents ou même 1 équivalent 1/2
de chlorure pour 1 équivalent d'ammoniaque,
proportions qui sont les plus avantageuses en ce
sens que l'on utilise avec les 4/5 de l'ammoniaque employée toutefois en laissant du chlorure non
décomposé, dont le prix doit toujours être aussi bas
que possible (cette solution

Fig. 226. — *Appareil Boulouvard pour carbonater.*

marque environ 14 à 16° Baumé), on procède à la
carbonatation. Cette opération très importante et
très délicate, donne toujours une réaction incomplète, car le bicarbonate de soude en présence du
chlorure d'ammonium peut régénérer du sodium et
du carbonate d'ammoniaque. Elle se fait partout par
l'absorption méthodique des gaz des fours à chaux;
le gaz produit par le traitement du carbonate de
chaux par l'acide chlorhydrique n'étant plus guère
employé. Avant de recevoir le contact de l'acide
carbonique, la saumure échauffée par l'absorption
du gaz ammoniac, passe dans un réfrigérant où
un serpentin traversé par de l'eau froide abaisse
sa température, puis dans l'appareil d'absorption
où arrive l'acide carbonique. Cet appareil peut être
très variable dans sa forme, car il faut surtout
obtenir une carbonatation rapide permettant ainsi
d'éviter autant que possible la déperdition d'ammoniaque. Les anciens appareils construits à Puteaux, par Schlœsing et Rolland, sont actuellement
abandonnés, on ne se sert guère que de l'appareil
Solvay ou de celui de Boulouvard.

Le premier est un long cylindre verticalement
placé et composé par des cylindres de fonte superposés, assemblés les uns sur les autres et formant une hauteur de 15 à 20 mètres et plus; chacun d'eux porte à sa base une cloison convexe

percée de petits trous permettant le passage du
gaz et de la solution saline, passage d'ailleurs
assuré par la présence d'échancrures faites à la
circonférence de la cloison. On maintient cet ab-
sorbeur presque totalement rempli de liquide,
mais de façon à ce que le niveau de celui-ci
soit toujours à 3 mètres de l'extrémité supérieure
du cylindre, et on y fait arriver de l'acide carbonique de deux sources diverses et à des hauteurs
variables dans la colonne. Celui venant de la calcination de la chaux et qui n'est pas absolument
pur, arrive environ au tiers inférieur de la colonne (pour être plus vrai, à une hauteur proportionnelle à la marche de la réaction), et à la partie inférieure de l'appareil, on envoie de l'acide
carbonique pur provenant de la calcination du
bicarbonate de soude produit. De la sorte, le dernier gaz rencontre un liquide déjà chargé de bicarbonate et il s'y dissout, ce qui n'aurait pas lieu
avec un acide dilué, et supérieurement les gaz
dilués dissolvent facilement l'acide carbonique
mélangé d'azote. Les gaz non dissous se rendent
dans une tour remplie de coke, celui-ci étant
arrosé par une solution de sel marin, l'ammoniaque entraîné se trou-
ve dissous.

M. Boulou-
vard emploie
comme car-
bonateur une
série de dix
cylindres su-
perposés à
gradins. La
solution chlo-
rurée ammo-
niacale étant
introduite dans le plus élevé, elle descend peu à peu
jusqu'au cylindre opposé par lequel arrive l'acide
carbonique pur, en ayant rencontré vers le milieu
de son trajet, l'acide carbonique impur des fours à
chaux (fig. 226) ; des roues à augets placées dans
chaque cylindre favorisent la dissolution du gaz en
agitant le liquide, et en forçant une partie de ce gaz
à rester par moments, sous le liquide, avant de
descendre dans le cylindre inférieur. Un des avantages de cet appareil est de ne pas exiger la compression de l'acide carbonique à 1 1/2 et 2 atmosphères, comme dans l'appareil Solvay, mais il va
sans dire que si cette compression est produite,
l'opération n'en va que plus vite.

*Filtration du bicarbonate de soude.* Cette opération se fait encore de bien des manières différentes ; il faut surtout tâcher, pour qu'elle se
pratique facilement, d'opérer sur des cristaux de
moyenne grosseur ; ils sont trop gros lorsque la
carbonatation s'est faite lentement, ils sont trop
fins et par suite trop volumineux, lorsque l'opération s'est produite à une température élevée et
trop rapidement. Pour séparer les eaux mères,
M. Schlœsing (ici nous ferons remarquer une fois
pour toutes, que, pour ce nouvel outillage, cet
industriel n'a pas eu de collaborateur, comme le
feraient croire de récents articles publiés sur son

procédé, et que les brevets sont pris à son nom seul) se sert d'une essoreuse fermée et à alimentation continue. Lorsque l'appareil est suffisamment plein, on arrête sa marche, et on y fait arriver une première quantité d'eau de lavage, qui enlevant les solutions salines sera réunie aux autres liquides destinés à être distillés; un second lavage pouvant entraîner un peu de bicarbonate de soude, on réserve le liquide pour un lavage suivant.

M. Boulouvard a proposé l'emploi de la presse hydraulique, mais ce procédé ne s'est guère généralisé. Il n'en est pas de même de la méthode Solvay qui est basée sur l'emploi du vide ; son appareil le plus pratique est constitué par une caisse divisée en compartiments séparés, dont le

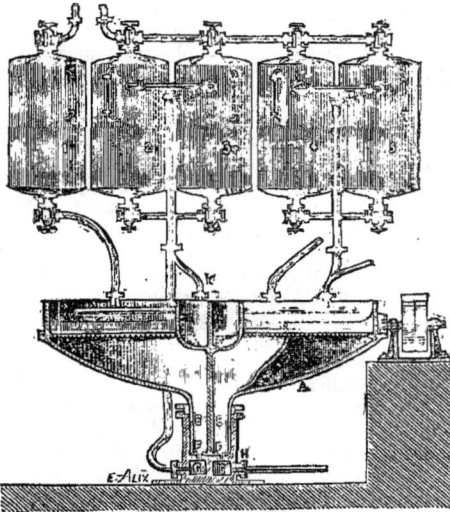

Fig. 227. — Appareil de M. Solvay, pour filtration méthodique dans le vide.

A Caisse à fond parabolique divisée par des cloisons rayonnantes en plusieurs compartiments. — BB Prolongements de la caisse formant autant de filtres qu'il y a de compartiments. — FF Ouvertures donnant communication avec la boîte H faisant commutateur. — 1, 2, 3, 4, 5 Réservoirs communiquant par les tuyaux K avec les compartiments G et la boîte H.

couvercle est formé par une plaque de tôle recouverte d'une étoffe, mais qui se prolonge inférieurement, pour se mettre en communication avec l'appareil produisant le vide. Le liquide à filtrer étant déposé sur la toile, lorsque le vide est fait, la liqueur claire se rend dans un réservoir, et un dispositif spécial permet de l'envoyer dans des réservoirs placés au-dessus de la caisse, de telle sorte qu'avec ce liquide on peut laver un des compartiments. Lorsque le lavage est complet, un ressort permet de changer ce compartiment de place et d'en faire arriver un nouveau : de telle sorte que toute la masse de bicarbonate se trouve successivement lavée (fig. 227).

4° *Dessiccation et torréfaction du bicarbonate*. Le grand nombre de dessiccateurs et de torréfacteurs qu'on a inventés, prouve qu'on en cherche encore un bon. Une règle s'impose pour cette partie du travail, ne pas aller vite, et ne pas atteindre une température trop élevée, sans quoi on fond le sel et on enferme dans la masse des noyaux de bicarbonate qui résistent à la torréfaction. La dessiccation se fait à une température de 45°, au moyen de gaz chauds, formés surtout d'acide carbonique, puis après l'entraînement des 20 0/0 d'eau interposée, qui restent ordinairement dans le sel, on chauffe davantage. La décomposition du bicarbonate commence vers 60°, mais ne se termine qu'au rouge sombre, car les dernières portions d'acide carbonique ne s'enlèvent que très difficilement. Tous les appareils (Solvay, Schlœsing, Boulouvard, Péchiney et Cie, etc.) sont disposés, comme nous l'avons indiqué, pour recueillir tout l'acide carbonique pur qui se dégage alors, mais comme ce dernier est mélangé de vapeur d'eau, chargée de bicarbonate d'ammoniaque, on fait passer d'abord le gaz

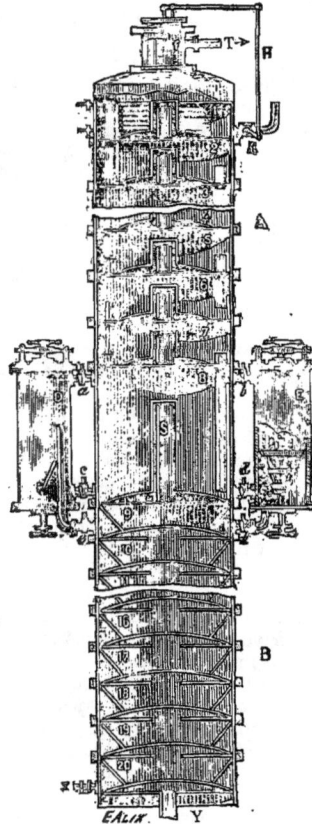

Fig. 228. — Appareil à colonne pour la régénération de l'ammoniaque (Méthode Solvay).

A, 1, 2... 8 Compartiments où se rectifient les vapeurs ammoniacales dégagées dans les compartiments B, 9... 20. — S Serpentin traversé par de l'eau froide pour saturer les vapeurs dans les compartiments supérieurs. — F Partie de l'appareil qui renferme le régulateur à flotteur agissant par le levier H sur le robinet d'alimentation K. — D et E Récipients recevant la chaux ou la magnésie dans des paniers à claire-voie susceptibles d'être isolés par les robinets c a et d b. — X Tuyau d'écoulement des eaux épuisées. — T Tuyau de dégagement des vapeurs ammoniacales. — Y Tuyau d'introduction de la vapeur servant à la distillation.

dans un appareil réfrigérant. La vapeur d'eau et le sel ammoniacal sont ainsi séparés, et l'acide carbonique enlevé par une pompe aspirante et foulante est envoyé dans le carbonateur.

Le carbonate de soude ainsi obtenu est léger (D = 0,7 à 0,8 au lieu de 1,2), pulvérulent et non caustique. Ce sont là des inconvénients dans quelques circonstances, pour son emploi en verrerie notamment, et pour son transport, dont le prix devient ainsi plus grand. On a cherché à y remédier par la fusion dans des fours, où il s'agglomère ; par l'addition d'une certaine quantité de soude mélangée au produit. On reconnaîtra toujours les sels de soude fabriqués par le procédé à l'ammoniaque : à l'eau qu'ils contiennent ; à leur chlorure de sodium que ne renferment pas les sels dus au procédé Leblanc ; à leurs prix inférieurs de 3 à 5 francs ; au fer plus abondant que dans ces derniers bien fabriqués, que la présence du sulfate de soude permet toujours de reconnaître facilement.

Nous venons de décrire les différentes phases de la fabrication de la soude à l'ammoniaque, mais pour comprendre comment ce procédé a pu faire descendre assez rapidement la valeur de la soude 80 à 85°, qui est actuellement (1887) de 21 à 24 fr. lés 0/0 kilos, alors qu'en 1873 à l'époque où s'est révélé sérieusement le procédé Solvay, ce même produit valait 30 à 35 fr., il nous faut maintenant indiquer comment on évite la perte d'argent et de produits utiles, en traitant les résidus.

On commence par *régénérer l'ammoniaque contenue dans les eaux mères du bicarbonate de soude;* celle-ci s'y trouve sous deux états, de sesquicarbonate et de chlorhydrate. Le difficile n'est pas d'enlever les premières portions d'ammoniaque contenues dans le liquide, mais bien les dernières qui ne se dégagent que très difficilement, et rendent l'opération délicate, à cause des frais de combustible que l'on est obligé de faire à la fin de l'opération, laquelle est on le comprend des plus importantes. M. Solvay se sert d'un appareil à colonne, divisé par des cloisons perforées en de nombreux compartiments (fig. 228). Le liquide à décomposer y arrive par la partie supérieure en quantité déterminée par le fonctionnement même de l'appareil ; dans la partie inférieure se trouve une ouverture donnant accès à de la vapeur d'eau. Les liquides en tombant successivement sur les cloisons y rencontrent des vapeurs ammoniacales et s'enrichissent peu à peu jusqu'au moment où ils sont obligés de passer par des vases latéraux renfermant de la chaux vive ou de la magnésie. Là s'opère la décomposition, du carbonate et du chlorure de calcium se forment, et l'ammoniac mis en liberté passe successivement dans les compartiments inférieurs, ainsi que les eaux épuisées. Ces dernières s'écoulent par un robinet latéral situé au bas du dernier compartiment, pendant que le gaz ammoniac est obligé de retraverser toute la hauteur de la colonne pour gagner son robinet de sortie.

Les eaux résiduelles provenant de cette opération contiennent donc maintenant, en outre du chlorure de sodium, du chlorure de calcium ou de magnésium, suivant la base employée pour dégager l'ammoniaque de sa combinaison. Tous les efforts des fabricants de soude à l'ammoniaque tendent à arriver à produire du chlore avec ces résidus.

Jusqu'à présent, on n'a rien trouvé de sérieux, comme procédé de fabrication de l'acide chlorhydrique avec le chlorure de calcium. Solvay a bien proposé un procédé par suite duquel on concentre les liqueurs pour obtenir le chlorure de sodium,

puis ce dernier séparé, on ajoute de l'argile ou du sable à la solution de chlorure calcique, et on évapore à siccité. Les matières obtenues sont alors chauffées au rouge dans des cornues à moufle, en présence d'un courant de vapeur d'eau. Il se forme du silicate de chaux et de l'acide chlorhydrique

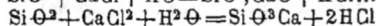

$$SiO^2 + CaCl + HO = SiO^2, CaO + HCl...$$
$$SiO^2 + CaCl^2 + H^2O = SiO^3Ca + 2HCl$$

Malheureusement cet acide étant très dilué, on est obligé de le faire passer dans du chlorure de calcium pour enlever l'eau, et les frais de production sont plus élevés que la valeur de l'acide. Cette question de décomposition du chlorure de calcium est du reste très travaillée actuellement, et nous croyons qu'elle est sur le point d'être résolue au moyen de l'électrolyse.

Quant au traitement du chlorure de magnésium, pour en extraire du chlore ou de l'acide chlorhydrique, il n'a fourni longtemps que des résultats absolument nuls, cependant il est probable que les efforts persévérants de MM. Péchiney et Cie, de Salindres, finiront par réussir. Il a été démontré que pour obtenir une bonne décomposition du chlorure de magnésium, il faut d'abord transformer celui-ci en oxychlorure, en fondant à chaud le chlorure avec de la magnésie, résultant d'une opération antérieure ; on dessèche ensuite la masse à une basse température, ce qui déshydrate le produit, et empêche que plus tard, sous l'influence d'une température élevée, une certaine quantité de chlore libre n'entre en combinaison ; puis enfin on calcine, en portant entre 700 et 1000°, en faisant arriver dans le four un courant d'air qui entraîne le chlore mis en liberté et forme un mélange gazeux contenant 10 à 15 0/0 de chlore. La magnésie laissée comme résidu est encore un peu chargée de chlore, mais dans cet état elle peut quand même servir à la décomposition du chlorure d'ammonium. Enfin le chlore du chlorure de sodium peut à son tour être utilisé. MM. Carey, Gaskell et Hurter ont signalé en effet, que si l'on chauffe à 400°, dans un courant de vapeur d'eau, un mélange à équivalents égaux de sulfate de soude et de sulfate d'ammoniaque, on obtient de l'ammoniaque et du bisulfate de soude :

$$SO^3, NaO + AzH^4O, SO^3 = AzH^3 + (SO^3)^2, NaO.HO.$$
$$SO^4Na^2 + SO^4(AzH^4)^2 = 2AzH^3 + 2SO^4Na^2H.$$

Il ne suffit plus pour obtenir la soude par ce procédé que de substituer le sulfate de soude au chlorure de sodium, et alors l'ammoniaque reste dans les eaux mères à l'état de sulfate au lieu d'y être à l'état de chlorhydrate. Le bisulfate de soude obtenu comme résidu, broyé et chauffé avec du sel marin dans un four à réverbère, dégage de l'acide chlorhydrique. On évite ainsi tous les résidus de la fabrication ordinaire de la soude ; malheureusement, le prix de revient de la soude, en se servant de ce procédé, est aussi élevé que par le procédé Leblanc.

**ESSAI DU SEL DE SOUDE.** Le sel de soude, en dehors du carbonate de soude, contient presque toujours de certaines quantités de soude caustique, de sulfate de soude, de chlorure de sodium et de sulfure de sodium, plus des traces de composés de chaux, d'alumine et d'acide silicique. On reconnaît le *sulfate* par la solution de chlorure de baryum, laquelle titrée permet de faire le dosage; pour retrouver le *chlorure de sodium* il faut sursaturer la liqueur avec de l'acide azotique et y verser une solution titrée d'azotate d'argent qui précipite le chlorure à l'état de chlorure d'argent, soluble dans l'ammoniaque; pour rechercher le *sulfure de sodium*, on ajoute à la solution de sel de soude, de l'acétate de plomb, la liqueur se trouble, devient brune, et en même temps il se forme un précipité blanc; quant à la *soude* caustique, on la recherche en mélangeant la dissolution avec un excès de chlorure de baryum. On filtre, ce qui sépare le sulfate et le carbonate de baryte formés, puis l'on essaie le liquide avec un papier de curcuma; s'il brunit, c'est qu'il y a de la soude libre. Pour retrouver la chaux, on sature la solution alcaline avec de l'acide azotique, on évapore à siccité, on ajoute de l'ammoniaque, puis on verse une solution d'oxalate d'ammonium; si la liqueur se trouble et devient blanche, c'est l'indice de la présence de la chaux. Enfin pour mettre la *silice* en liberté, on peut prendre une partie du résidu saturé par l'acide azotique et évaporé à sec, on le reprend par l'eau distillée, la silice reste insoluble.

TITRAGE DES SELS DE SOUDE. Il y a dans le commerce diverses variétés de sels de soude: le *sel calciné*, le *sel raffiné*, le *sel caustique*, puis les cristaux de soude. Les premiers sont broyés, le sel caustique est granulé. La teneur de ces sels en alcali, en un mot leur titre ou leur degré ne s'exprime pas dans tous les pays de la même manière. En France, les degrés (d'après la méthode Descroizilles), représentent la quantité d'acide sulfurique pur neutralisé par 100 parties de soude; en Angleterre, le titre indique la richesse centésimale, en oxyde de sodium (NaO), tandis qu'en Allemagne, il indique la richesse en carbonate de soude. Les degrés anglais correspondent à peu de chose près au titre pondéral (c'est-à-dire à la proportion de soude anhydre) appelé aussi *degré Gay-Lussac* en France. Le tableau suivant indique cette correspondance des divers degrés usités:

| Degrés Descroizilles (titre alcalimétrique) $SO^3,HO$ | Degrés Gay-Lussac (titre pondéral) $NaO$ | Degrés anglais $NaO$ | Degrés allemands $CO^2,NaO$ | Degrés Descroizilles (titre alcalimétrique) $SO^3,HO$ | Degrés Gay-Lussac (titre pondéral) $NaO$ | Degrés anglais $NaO$ | Degrés allemands $CO^2,NaO$ | Degrés Descroizilles (titre alcalimétrique) $SO^3,HO$ | Degrés Gay-Lussac (titre pondéral) $NaO$ | Degrés anglais $NaO$ | Degrés allemands $CO^2,NaO$ |
|---|---|---|---|---|---|---|---|---|---|---|---|
| 0.79 | 0.5 | 0.51 | 0.85 | 22.92 | 14.5 | 14.69 | 24.79 | 45.04 | 28.5 | 28.87 | 48.73 |
| 1.58 | 1.0 | 1.01 | 1.71 | 23.71 | 15 | 15.19 | 25.65 | 45.83 | 29 | 29.38 | 49.59 |
| 2.37 | 1.5 | 1.52 | 2.56 | 24.50 | 15.5 | 15.70 | 26.50 | 46.62 | 29.5 | 29.89 | 50.44 |
| 3.16 | 2 | 2.03 | 3.42 | 25.29 | 16 | 16.21 | 27.36 | 47.42 | 30 | 30.39 | 51.29 |
| 3.95 | 2.5 | 2.54 | 4.27 | 26.08 | 16.5 | 16.73 | 28.21 | 48.21 | 30.5 | 30.90 | 52.14 |
| 4.74 | 3 | 3.04 | 5.13 | 26.87 | 17 | 17.22 | 29.07 | 49.00 | 31 | 31.41 | 53.00 |
| 5.53 | 3.5 | 3.55 | 5.98 | 27.66 | 17.5 | 17.73 | 29.92 | 49.79 | 31.5 | 31.91 | 53.85 |
| 6.32 | 4 | 4.05 | 6.84 | 28.45 | 18 | 18.23 | 30.78 | 50.58 | 32 | 32.42 | 54.71 |
| 7.11 | 4.5 | 4.56 | 7.69 | 29.24 | 18.5 | 18.74 | 31.63 | 51.37 | 32.5 | 32.92 | 55.56 |
| 7.90 | 5 | 5.06 | 8.55 | 30.03 | 19 | 19.25 | 32.49 | 52.16 | 33 | 33.43 | 56.42 |
| 8.69 | 5.5 | 5.57 | 9.40 | 30.82 | 19.5 | 19.76 | 33.34 | 52.95 | 33.5 | 33.94 | 57.27 |
| 9.48 | 6 | 6.08 | 10.26 | 31.61 | 20 | 20.26 | 34.20 | 53.74 | 34 | 34.44 | 58.13 |
| 10.27 | 6.5 | 6.59 | 11.11 | 32.40 | 20.5 | 20.77 | 35.05 | 54.53 | 34.5 | 34.95 | 58.98 |
| 11.06 | 7 | 7.09 | 11.97 | 33.19 | 21 | 21.27 | 35.91 | 55.32 | 35 | 35.46 | 59.84 |
| 11.85 | 7.5 | 7.60 | 12.82 | 33.98 | 21.5 | 21.78 | 36.76 | 56.11 | 35.5 | 35.96 | 60.69 |
| 12.64 | 8 | 8.10 | 13.68 | 34.77 | 22 | 22.29 | 37.62 | 56.90 | 36 | 36.47 | 61.35 |
| 13.43 | 8.5 | 8.61 | 14.53 | 35.56 | 22.5 | 22.80 | 38.47 | 57.69 | 36.5 | 36.98 | 62.40 |
| 14.22 | 9 | 9.12 | 15.39 | 36.35 | 23 | 23.30 | 39.33 | 58.48 | 37 | 37.48 | 63.26 |
| 15.01 | 9.5 | 9.63 | 16.24 | 37.14 | 23.5 | 23.81 | 40.18 | 59.27 | 37.5 | 37.99 | 64.11 |
| 15.81 | 10 | 10.13 | 17.10 | 37.93 | 24 | 24.31 | 41.04 | 60.06 | 38 | 38.50 | 64.97 |
| 16.60 | 10.5 | 10.64 | 17.95 | 38.72 | 24.5 | 24.82 | 41.89 | 60.85 | 38.5 | 39.00 | 65.82 |
| 17.39 | 11 | 11.14 | 18.81 | 39.51 | 25 | 25.32 | 42.75 | 61.64 | 39 | 39.51 | 66.68 |
| 18.18 | 11.5 | 11.65 | 19.66 | 40.30 | 25.5 | 25.83 | 43.60 | 62.43 | 39.5 | 40.02 | 67.53 |
| 18.97 | 12 | 12.17 | 20.52 | 41.09 | 26 | 26.34 | 44.46 | 63.22 | 40 | 40.52 | 68.39 |
| 19.76 | 12.5 | 12.68 | 21.37 | 41.88 | 26.5 | 26.85 | 45.31 | 64.01 | 40.5 | 41.03 | 69.24 |
| 20.55 | 13 | 13.17 | 22.23 | 42.67 | 27 | 27.35 | 46.17 | 64.81 | 41 | 41.54 | 70.10 |
| 21.34 | 13.5 | 13.68 | 23.08 | 43.46 | 27.5 | 27.86 | 47.02 | 65.60 | 41.5 | 42.04 | 70.95 |
| 22.13 | 14 | 14.18 | 23.94 | 44.25 | 28 | 28.36 | 47.88 | 66.39 | 42 | 42.55 | 71.81 |

Quant à l'opération du titrage, elle s'effectue par les procédés alcalimétriques ordinaires (V. ALCALIMÉTRIE), aussi bien pour la soude, que pour la soude carbonatée, en ayant soin, avec la soude, d'opérer à l'ébullition pour chasser l'acide carbonique, et de tenir compte de l'équivalent de la soude anhydre qui est 31 et de celui de la soude hydratée NaO,HO qui est de 40. Lorsqu'on fait l'essai de la soude commerciale, on opère ainsi qu'il a été dit à l'article POTASSIMÉTRIE, en pesant 6g,20 de la soude à essayer (1/5e de 31); on fait avec ce sel une solution représentant 250cc dont on prélève 50cc que l'on neutralise avec la solution acide normale, versée à l'aide d'une burette divisée en 1/10e de centimètres cubes; chaque dixième d'acide versé, représente 0g,25 de soude (NaO) contenue dans 100 grammes de sel essayé. Si l'on utilise les burettes spéciales pour ces opérations, on agit en suivant le procédé Gay-Lussac; alors le poids de soude pure, équivalant à 5 grammes d'acide sulfurique est de 31$^g$,63.

En suivant ces procédés, on a le *titre pondéral* de la soude essayée, par rapport à de la soude supposée anhydre; pour exprimer ce résultat en soude hydratée, il faut le multiplier par 1,293 (rapport de l'équivalent de l'hydrate de soude, par rapport à la soude, soit $\frac{40}{31}$), et pour l'exprimer en carbonate, par 1,710 $\left(\text{rapport de } \frac{53}{31}\right)$. Le *degré alcalimétrique* (Descroizille) se rapporte au poids d'acide neutralisé, comme nous l'avons dit. On le détermine en traitant 5 grammes de sel; ce degré est avec le titre pondéral dans le rapport $\frac{3,163}{5}$. Ainsi, étant connu le degré alcalimétrique, le titre pondéral sera $\frac{3,163 \times D}{5}$ (D étant le degré trouvé), ou pour transformer ce titre en degré alcalimétrique, on aurait $\frac{5 P}{3,163}$ (P étant le titre pondéral).

Pour doser l'alcali caustique existant dans le carbonate, on détermine d'abord le titre pondéral de là soude, en opérant sur 6$^g$,20 de produit, comme nous l'avons expliqué; puis, on prélève ensuite 100$^{c3}$ de la liqueur alcaline et on les met dans un vase de 250$^{c3}$ avec un peu d'eau et du chlorure de baryum neutre, jusqu'à cessation de précipité, on complète les 250$^{c3}$, on bouche le vase et on laisse en repos. On prend alors 50$^{c3}$ de cette liqueur et on y dose la baryte restée en solution, car celle-ci y est également en quantité équivalente à la soude renfermée dans les 50$^{c3}$ de la liqueur. D'après les proportions dans lesquelles a été faite la liqueur, les 50$^{c3}$ représentent 2,5 fois moins de sel à essayer que lors de la recherche du titre pondéral total, alors 1/10$^e$ de centimètre cube employé, représente un poids de soude 2,5 fois plus fort que dans le 1$^{er}$ cas 0,25 × 2,5 soit 0$^g$,625 de soude (NaO) contenue dans 100 parties de produit.

On peut encore faire un premier essai à chaud, en titrant l'alcali total, puis faire un second essai alcalimétrique, à froid, en ajoutant au liquide du bleu Poirrier C. 4. B. qui rougit seulement par les alcalis caustiques et ne se modifie pas en présence des carbonates alcalins ou des acides faibles. — J. C.

**SOUDER.** *T. de constr.* Souder, c'est joindre ensemble, d'une manière durable, les extrémités de deux pièces de métal, barres ou plaques, soit en les amenant d'abord à une demi-fusion par l'action de la chaleur, et les martelant ensuite l'une sur l'autre, ce qui a lieu pour le fer, soit en employant la *soudure*, par exemple, pour le plomb, l'étain, l'or et l'argent.

Pour souder deux pièces de fer, on commence par les *amorcer*, c'est-à-dire par les étirer en bec de flûte. Quelquefois on *brase* ces pièces, c'est-à-

dire qu'on incorpore entre elles une soudure ou un alliage d'autres métaux.

On soude le plomb et le cuivre de la manière suivante : on enduit de résine les endroits où l'on ne veut pas que la soudure prenne, on décape à l'acide ceux où l'on veut appliquer cette soudure, et on verse celle-ci. Les plombiers font usage d'un outil spécial qu'ils appellent *fer à souder*; c'est une petite masse de cuivre ou d'acier, terminée en biseau, placée à l'extrémité d'une tige en fer munie elle-même d'une poignée en bois. Avec cette masse, chauffée dans un brasier de charbon et appliquée à l'endroit de la superposition des deux pièces, l'ouvrier fond l'alliage qui doit servir de soudure.

Depuis trente ans environ, on a perfectionné cet outil en le maintenant continuellement chauffé au moyen d'un chalumeau à gaz dont la flamme peut être réglée à volonté suivant une température bien plus constante que celle fournie par l'ancien brasier. Le manche du fer à souder est alors creusé d'un canal intérieur amenant le gaz et l'air de combustion, et l'extrémité de l'outil est échauffée par le jet de flamme ainsi dégagé; c'est la disposition imaginée par M. Delayssins de Richemond dans son chalumeau aérhydrique.

Il y a divers genres de soudures applicables à différents métaux tels que le plomb, le cuivre, le zinc ou le fer-blanc. La *soudure des ferblantiers* comprend 2 parties d'étain et 1 de plomb; celle des plombiers, 2 parties de plomb et 1 d'étain ou parties égales de plomb et d'étain. On soude les pièces de cuivre avec un alliage composé de 2 parties de cuivre et 1 de zinc, ou bien encore de 1 d'étain fin et 1 de plomb.

**SOUDEUR.** *T. de mét.* Ouvrier qui fait des soudures.

**SOUDIÈRE.** Usine où l'on fabrique la soude artificielle.

**SOUDOIR.** *T. techn.* Outil qui sert à faire des soudures.

**SOUDURE.** Outre la composition métallique fusible qui sert à souder l'endroit même où deux pièces sont jointes (V. SOUDER), on nomme *soudure* l'opération par laquelle on réunit ces deux parties métalliques. Les corps qui se soudent par eux-mêmes, sans intervention de substances étrangères, sont peu nombreux. Il n'y a guère que le fer, à différents états de carburation, la fonte (dans certaines conditions) ainsi que le platine, qui jouissent de cette propriété.

Pour que le *fer* se soude sur lui-même, il faut : 1° que le contact des parties à souder soit aussi parfait que possible; il est donc nécessaire d'éviter ou de détruire l'oxydation qui se produit inévitablement pendant le chauffage, et dans ce but, on projette du sable qui forme avec l'oxyde un silicate fusible; 2° que la température à laquelle on chauffe les deux pièces soit suffisante pour produire leur ramollissement; 3° que les deux pièces soient pressées énergiquement l'une contre l'autre pour assurer le contact et pour exprimer le silicate interposé. Il résulte d'une expérience de M. Faye, que dans le vide, la soudure du fer se fait remarquablement bien sans pression ni choc, lorsque la température est suffisamment élevée par le passage d'un courant électrique.

Le fer un peu carburé, l'*acier*, par exemple, se soude moins bien que le fer; il faut certaines précautions, l'oxydation ayant lieu d'une manière intense avant que la température soit suffisamment élevée pour amener l'adhérence. On y arrive en empâtant les surfaces à souder avec de l'argile ou des compositions plus ou moins complexes, où entrent principalement du borax et de la résine.

La *fonte* se soude sur elle-même d'une manière assez *satisfaisante*, en opérant de la manière suivante. Prenons, par exemple, un laminoir auquel on veut souder un collet. On forme un moule de la partie à réparer, en ayant soin de pratiquer deux évents, l'un pour l'entrée de la fonte liquide et l'autre pour la sortie. On fait passer alors un courant de fonte au travers du moule, de manière à porter au rouge blanc la partie cassée et produire un *commencement* de ramollissement; on arrête l'arrivée de la fonte et la soudure est opérée.

La soudure du *fer* est la plus importante, c'est celle qui a rendu, depuis la découverte de ce métal, les plus grands services à l'humanité; c'est sur elle qu'est fondée la métallurgie du fer, depuis l'affinage de la fonte jusqu'à la fabrication des fers profilés; grâce à elle, les particules de fer, dès leur affinage, se réunissent en une masse dont l'homogénéité s'accroît avec l'élimination des scories interposées. Le paquetage et le laminage reposent également sur cette propriété remarquable.

Le *platine* se soude aussi sur lui-même, grâce à la double propriété qu'il possède de résister à l'oxydation et de prendre à une certaine température l'état pâteux. Il n'est pas même nécessaire de chauffer quand le platine est très divisé, comme, par exemple, l'éponge de platine résultant de la calcination du chloroplatinate; dans ce cas, une forte compression suffit.

Quant aux autres métaux, on n'obtient leur soudure que par l'addition d'un alliage plus fusible qu'eux-mêmes et par un décapage au moyen du borax qui a la propriété de dissoudre les oxydes métalliques. Cet alliage fusible, qui sert à souder les métaux, porte aussi le nom de *soudure* et varie avec les corps qu'il est destiné à réunir.— V. Souder.

Pour les grosses barres de fer, la soudure se réalise facilement, sans interposition de matières étrangères, par simple rapprochement des parties à réunir coupées seulement en biseau avec surépaisseur de métal, lorsqu'on peut amener celles-ci à la température du rouge vif et les soumettre à un véritable travail de forge. Cette soudure s'opère en martelant à la main ou mécaniquement suivant la grosseur des pièces; elle s'applique plutôt aux petites en raison de la rapidité avec laquelle la chaleur se perd par rayonnement, ce qui abaisse la température au-dessous du point

de soudure, elle réussit particulièrement bien avec le fer puddlé, surtout avec certaines nuances de métal phosphoreux. L'acier *ou métal* fondu tel qu'on le prépare actuellement d'après les procédés Siemens ou Bessemer, présente plus de difficultés de soudure, et celle-ci échoue généralement dès que le métal est un peu dur; mais, même avec le métal dur, ou fer fondu, obtenu par la méthode basique ne tenant guère plus de carbone que le fer puddlé, la soudure reste encore parfois bien incertaine et exige souvent l'interposition de matières spéciales telles que le borax. Cette considération de la soudure forme l'une des principales difficultés de la substitution définitive de l'emploi du métal fondu au fer puddlé dans la plupart des applications journalières. Lorsque la pièce en fer vient à se casser, il importe de pouvoir la reconstituer en en soudant les morceaux, et on n'y réussit pas toujours sûrement avec le métal basique qui, d'autre part, a cependant l'avantage d'être plus homogène et plus malléable que le fer puddlé. Les Compagnies de chemin de fer proscrivent encore l'emploi du métal fondu pour toutes les ferrures de vagons, mais il y a lieu de penser que cette décision n'est pas définitive, et il est incontestable qu'avec des ouvriers sachant travailler ce métal, consentant à s'astreindre à toutes les précautions spéciales qu'il exige, on peut réaliser une soudure souvent meilleure qu'avec le fer puddlé, et nous avons pu constater que dans les essais à la traction par chocs réitérés, tels que le pratique la Compagnie de Lyon, la rupture se produit souvent en dehors même des régions de soudure.

Pour les métaux autres que le fer, comme le cuivre par exemple, qui se ramollit cependant avec facilité, la soudure présente de grandes difficultés et ne réussit guère par le seul martelage; elle se pratique surtout sur des pièces de dimensions relativement faibles. Ce travail exige alors de grandes précautions pour ne pas déformer les deux parties à réunir; on amène celles-ci à un état voisin de la fusion et on les rattache par interposition de métal fusible; mais le succès dépend en grande partie de l'habileté du tour de main de l'ouvrier. Dans certains cas, toutefois, il faut éviter toute interposition de métal étranger, comme, par exemple, dans la préparation des vases destinés aux industries chimiques, car l'emploi d'un autre métal pourrait donner lieu à des réactions étrangères qu'il importe absolument d'éviter. On pourrait citer ainsi les vases servant au transport ou à la conservation des acides, les chambres de plomb de l'industrie de l'acide sulfurique; on conçoit combien il est essentiel, dans ces différentes applications, d'avoir une soudure bien *autogène*, c'est-à-dire obtenue par la fusion seule, sans interposition de corps étrangers. On y réussit aussi par l'application du chalumeau à hydrogène et à air ou *aérhydrique* de M. Desbassyns de Richemont, avec lequel on obtient des dards de flamme très intenses.

Dans le travail de soudure du plomb, par exemple, l'ouvrier rapproche les parties à réunir, préalablement nettoyées ou décapées avec le grattoir ; il tient à la main une mince baguette de plomb sur l'extrémité de laquelle il dirige le jet du chalumeau pour l'amener à l'état de fusion, il ramollit en même temps les extrémités des deux pièces qu'il maintient en contact sous une pression énergique, et grâce à l'interposition de la baguette fondue, il remplace sur la région soudée la partie de métal enlevée au décapage, et il peut même arriver à donner à celle-ci le même aspect qu'au reste de la pièce, si la soudure est faite avec soin et habileté.

La soudure autogène présente aussi une grande importance pour les métaux précieux comme l'or ou l'argent et surtout le platine. La soudure du platine, en particulier, présentait de grandes difficultés en raison de la température élevée qu'exige la fusion de ce métal ; on est arrivé à la réaliser, dans ces dernières années, grâce aux belles recherches bien connues de M. Sainte-Claire-Deville, mais elle ne se pratique encore couramment que dans les deux grandes fabriques d'Angleterre et de France, la maison Mathey et Quennessen, d'après des procédés dans lesquels le tour de main de l'ouvrier entre, d'ailleurs, pour une grande part.

L'application des courants électriques de grande intensité permettant d'obtenir de hautes températures, a fourni un moyen nouveau et des plus intéressants de réaliser les soudures autogènes. Il suffit, en effet, de rapprocher les deux parties à souder sous une compression énergique, en faisant passer un courant de grande intensité à travers le joint ; on a soin de ne prendre qu'une faible portion des pièces comme conducteurs et on développe ainsi une température élevée qui détermine la fusion de la soudure.

On est arrivé à souder, par exemple, les fils de cuivre et de fer employés dans la télégraphie, la téléphonie et les différentes machines électriques, et on évite ainsi, comme on voit, des joints massifs ou de grande résistance électrique.

Dans la communication qu'il a faite à ce sujet, en janvier 1887, devant la Société des arts et métiers et dont on trouvera le compte-rendu dans la *Lumière électrique* à laquelle les empruntons les figures qui suivent (nº du 22 janvier 1887), M. Thomson annonce qu'il a pu souder des fils de cuivre de 11 millimètres, et des barres de fer de 22 millimètres, cette soudure nécessitant, dit-il, l'emploi d'un courant de plus de 20,000 ampères, dépassant en intensité tout ce qu'on a obtenu jusqu'à présent avec une seule machine sur un seul conducteur. La différence entre les épaisseurs des tiges de fer et de cuivre soudées par des courants d'intensité égale, tient à la plus faible résistance du cuivre et la plus grande facilité avec laquelle il laisse échapper la chaleur pendant l'opération.

Les tiges de cuivre et de fer ainsi préparées ont pu, d'ailleurs, être courbées ou tordues sans que le point de soudure ait aucunement souffert, et la grosseur des pièces qu'on pourra ainsi assembler ne paraît limitée que par la puissance des appareils dont on dispose.

La soudure des tuyaux a pu aussi être effectuée avec succès sur les différents métaux employés à cet usage, comme le fer, la fonte, le laiton, le cuivre ou le plomb ; ce procédé sera surtout précieux pour les conduites de vapeur et d'air comprimé, en ayant soin seulement d'y réserver de temps en temps des parties repliées pour permettre la dilatation. On peut appliquer également le procédé à la fabrication ou à la réparation des lames sans fin, telles que les scies à ruban, les bandages des roues, les cercles de tonneaux et de cuves, ainsi que pour les chaînons de fer et d'acier. On arrive même à souder, par ce procédé, les outils et les pièces de machines-outils de toute nature, comme les filières, les forets, les fraises, les tarières, les ciseaux et poinçons, les pointes de tour et outils de tourneur, etc. On conçoit immédiatement tous les avantages que présente l'application de ce procédé de soudure, puisqu'il permettra non seulement de réparer les outils brisés ou fendus, mais même de les obtenir à l'avance dans les conditions les plus favorables, en employant, par exemple, deux qualités d'acier dans un même outil, l'une pour le tranchant, l'autre pour le corps de l'instrument.

D'après M. Thomson, le nouveau mode de soudure serait encore plus économique que le procédé ordinaire, malgré la perte de chaleur inévitable par la chaudière, la machine à vapeur et la transformation en courant électrique. Il faut observer, en effet, que le chauffage est limité au seul point de jonction, ce qui diminue considérablement toutes les causes de perte extérieure de chaleur ; en outre, le travail est beaucoup plus rapide et n'exige aucun déplacement des pièces pendant l'opération.

Le procédé adopté, pour obtenir un courant de grande intensité, consiste à employer une machine à courants alternatifs dont le courant est transformé en un autre beaucoup plus intense à l'aide d'un appareil spécial appelé *transformateur*. Le courant ainsi obtenu est amené dans la pièce à souder et l'on exerce sur le joint, une pression suffisante dès qu'on atteint la température nécessaire.

La machine à courants alternatifs employée est de petites dimensions, elle pèse 225 kilogrammes et peut absorber, néanmoins, une puissance relativement considérable de 25 chevaux, en marchant à une vitesse de 1,800 tours par minute. Comme elle ne fonctionne que par intervalles, avec des repos prolongés pendant lesquels elle se refroidit, il n'en résulte ainsi aucun danger d'échauffement exagéré. Elle produit à pleine charge, dit M. Hospitalier (*Nature*, nº du 29 janvier 1887), un courant de 20 ampères et 600 volts que le transformateur ramène à 1 volt et 12,000 ampères ; comme il serait difficile d'installer des commutateurs directs sur de pareils courants, on est amené à régler l'opération en introduisant des résistances variables dans le circuit primaire ou dans le circuit d'excitation de la machine à courants alternatifs, ou en introduisant dans le circuit principal de 20 ampères, une bobine de fer dont on augmente ou on diminue le coefficient de self-induction en enfonçant plus ou moins un noyau de fer à l'intérieur.

Quant aux transformateurs, ils sont à circuit magnétique ouvert ou fermé, suivant qu'ils sont employés pour les pièces de petite ou de grosse section.

Le transformateur à circuit ouvert, (fig. 229 et 230), se compose d'une bobine d'induction dont le noyau P, en fil de fer, a 30 centimètres de long sur 37 millimètres de large; le premier fil qui l'entoure est traversé par les aimants alternatifs de la machine inductrice. La couche de fil extérieur, ou bobine secondaire, est formée de 64 fils montés en dérivation et consti-

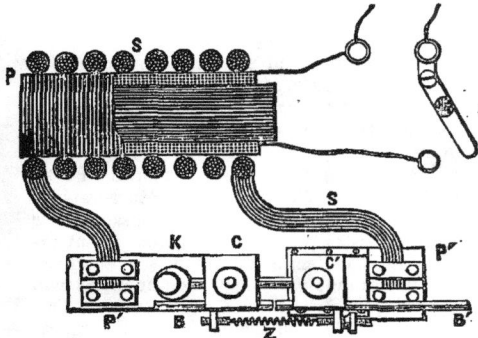

Fig. 229. — *Transformateur à circuit ouvert pour la soudure électrique des petites pièces. Coupe par l'axe.*

tuant 8 spires S enroulées autour de la bobine primaire; les extrémités de ces fils sont fixées sur des plaques de cuivre P', reliées aux écrous massifs CC' servant à maintenir les pièces à souder. L'un de ces écrous peut glisser sur la plaque et tend à rapprocher les pièces BB' sous l'action d'un ressort Z dont on règle la tension à volonté. Une came K permet de séparer les écrous pendant qu'on ajuste les pièces sur l'appareil.

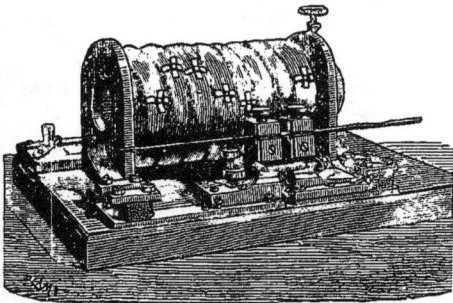

Fig. 230. — *Transformateur à circuit ouvert. Vue extérieure.*

Le transformateur à circuit fermé (fig. 231 et 232), qui est destiné à souder les pièces de grosses dimensions, comprend une bobine primaire ou circuit inducteur, formée d'un certain nombre de tours de fils enroulés en un anneau P de 30 centimètres de diamètre, sur 6 de largeur et 18 d'épaisseur. La bobine secondaire, ou circuit induit, est formée d'une barre unique de cuivre' E recourbée en un seul tour au-dessus du circuit inducteur; les bornes de cette barre se prolongent extérieurement en lignes droites parallèles S, et sont pourvues, à leurs extrémités, de puissants cram-

pons CC' destinés à recevoir les pièces à souder DD. Ces crampons peuvent être écartés ou rapprochés à volonté, grâce à la flexibilité de la barre de cuivre qui est amincie en E et peut s'ouvrir ou se fermer sous la pression de la vis K et du ressort Z. Les

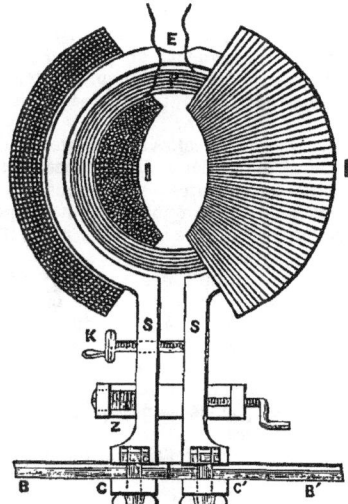

Fig. 231. — *Transformateur à circuit fermé pour la soudure électrique des grosses pièces. Coupe.*

circuits inducteur et induit sont enveloppés dans une bobine en fil de fer en forme d'anneau I, ménageant, toutefois, un certain vide pour permettre la libre flexion du circuit induit.

Les pièces à souder sont soigneusement avivées pour assurer un bon contact électrique avec les

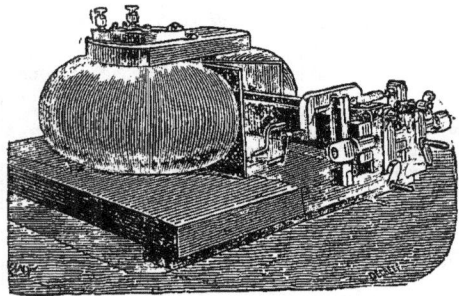

Fig. 232. — *Transformateur à circuit fermé. Vue extérieure.*

crampons; on les rapproche ensuite en y projetant un peu de borax en poudre, ou s'il s'agit d'un métal facilement fusible, comme l'étain ou le plomb, on emploie un peu de chlorure de zinc, de résine ou de suif. Pour des pièces de même section et de même métal, le joint se place à distance égale des écrous; mais avec des sections ou des métaux différents, la pièce la plus petite ou la plus fusible doit recevoir la saillie la plus courte pour favoriser l'échauffement de la partie plus grosse ou moins fusible.

Les pièces sont amenées au contact et serrées dans les écrous épousant le mieux possible leurs formes; on fait alors passer le courant dans le circuit primaire; dès que la température s'élève, les pièces se rapprochent sous l'influence de la fusion et du ressort qui les presse, et l'opération se termine instantanément; on peut, d'ailleurs, au besoin, consolider le joint en martelant le point de soudure pendant le passage du courant.

Des projections de parcelles métalliques peuvent se faire jusqu'à deux mètres de distance, lorsque les pièces maintenues entre les crampons ne se rejoignent pas pendant le ramollissement du métal, et il convient de prendre certaines précautions pour éviter tout accident.

M. Thomson poursuit des mesures précises afin de pouvoir apprécier la résistance mécanique de la soudure par rapport à celle du métal lui-même; mais les expériences exécutées déjà, montrent qu'elle n'est pas diminuée par cette opération, et il est arrivé souvent que la rupture s'est produite dans les parties saines de la pièce, en dehors de la soudure.

Ces résultats permettent d'espérer qu'on obtiendra, dans l'avenir, des alliances métalliques auxquelles on n'aurait jamais songé avant la soudure électrique.

**SOUFFLAGE.** *T. de p. et chauss.* Opération qui a pour but d'exhausser les pavés, sans les enlever, pour les garnir de sable neuf en dessous et dans les joints. — V. PAVAGE. ‖ *T. de verr.* Action de souffler le verre, et qui consiste à façonner un objet de cette substance en en *cueillant* une petite quantité au bout d'une *canne* ou tube de fer, et en soufflant par l'autre extrémité.—V. CRISTALLERIE, VERRERIE. ‖ Opération en usage dans certains métiers et notamment la *boyauderie* et la *chapellerie*. — V. ces mots. ‖ *T. de métall.* — V. SOUFFLERIE.

*****SOUFFLARD.** *T. d'exploit. des min.* Nom que l'on donne à des jets de gaz hydrogène carboné qui s'échappent abondamment par une petite ouverture; on dit aussi *souffleur*.

**SOUFFLERIE.** Se dit généralement de toute *machine soufflante*. Il peut convenir à certaines industries de ne pas produire la combinaison du combustible avec l'air par *tirage naturel* et d'y substituer le *soufflage*. Définissons, en effet, ces deux modes de combustion.

Le tirage naturel étant obtenu par la différence de poids entre la colonne d'air chaud de la cheminée et une colonne d'air froid de même hauteur, il en résulte, dans le four, une dépression, un *appel d'air*, qui entretient sans doute la combustion, mais qui facilite, par toutes les fissures, une entrée d'air froid; celle-ci est souvent nuisible aux réactions réductrices que l'on cherche à faire prédominer dans le four, et elle retarde, d'ailleurs, d'autant la combustion, puisque cet air, qui entre par les portes, ne passe pas par la grille. De plus, il se présente fréquemment des cas où la nature du combustible, soit seul, soit mélangé

aux substances métalliques qu'il doit échauffer et modifier dans leur composition chimique, correspond à une résistance trop grande au passage de l'air, et la combustion par tirage naturel serait trop ralentie. Le soufflage, au contraire, en concentrant l'arrivée d'air sur le combustible, et précisément à l'endroit où sa présence est seule utile, produit une pression dans le four et s'oppose aux rentrées d'air, refroidissantes ou oxydantes, qui ne peuvent que nuire, en général, aux réactions que l'on se propose d'amener.

Le tirage naturel peut produire, cependant, des températures très élevées et permet, notamment, de fondre le verre, l'acier doux, etc., quelle que soit la capacité du combustible; mais le soufflage, en faisant passer, dans un temps donné, une plus grande quantité d'air au contact du combustible, permet d'élever la température rapidement, sans que les influences refroidissantes, par conductibilité des parois et par rayonnement extérieur, aient le temps de prendre une importance aussi grande que dans la combustion lente. C'est ainsi que, dans l'opération Bessemer, l'accélération considérable obtenue dans la combustion des substances étrangères que renferme la fonte, permet de maintenir le métal affiné à l'état liquide, tandis que les mêmes réactions chimiques se passant dans un four à puddler ou dans un bas-foyer, ne parviennent, malgré la présence d'une quantité importante de combustible brûlé, qu'à réaliser un métal qui ne peut se maintenir à l'état liquide et donne des produits solides.

Dans le développement croissant de la métallurgie et du chauffage industriel, qui a suivi une marche parallèle à la civilisation, l'homme a cherché de bonne heure à activer la combustion par le soufflage. Ce besoin s'est imposé primitivement dans la réduction des minerais de fer où le mélange du combustible et du minerai, plus ou moins menus, plus ou moins tassés, ne permettait pas le passage de l'air d'une manière suffisamment rapide.

— Nous voyons, actuellement, les peuples sauvages, qui produisent du fer par la méthode directe, recourir au *soufflet* pour activer la combustion. Des peaux de bêtes, façonnées en forme d'outres et alternativement gonflées, puis dégonflées, sont encore le moyen primitif qu'ont dû employer également les premiers artisans.

Le fonctionnement du soufflet, dans sa forme primitive a été grandement amélioré par l'invention de la soupape. Une languette de cuir, s'ouvrant de dehors en dedans, restant fermée pendant le dégonflement et permettant à l'air de rentrer, a constitué un progrès considérable. Mais le cuir, plus ou moins humide, plus ou moins bien tanné, s'use rapidement, et on a senti le besoin de constituer le soufflet de parties fixes et de parties mobiles où le cuir seulement était employé. Ce perfectionnement, dont nous voyons de nombreux exemples dans les livres VI, VII et IX de l'ouvrage d'Agricola (*De re metallica*), publié en 1548 et qui est le plus ancien que nous ayons sur l'industrie des mines et la métallurgie, a permis de réaliser le soufflet de forge de nos pères, constitué par des plaques fixes au nombre de deux, trois au plus, de forme trapézoïdale et reliés entre eux par des bandes de cuir; l'air comprimé se rassemblait dans un *porte-vent* métallique. C'est ce que l'on peut appeler le *soufflet à parois flexibles*.

A la fin du xvi° siècle, ou au commencement du xvii°, on inventa, en Franconie, le *soufflet à parois inflexibles* ou *soufflet de bois*. Il se compose d'une caisse se mouvant autour d'un axe porté par une surface immobile et présente le grand désavantage d'occasionner un frottement incommode des surfaces en contact, outre la présence d'un *espace nuisible* assez considérable par le défaut de rapprochement de la partie mobile et de la partie fixe.

Le troisième pas dans la soufflerie a été la suppression du mouvement angulaire du soufflet de bois, et son remplacement par un mouvement de translation d'un plateau dans une caisse immobile; on avait créé le *soufflet à piston*. On parvint ainsi, à mieux empêcher les pertes d'air, à amoindrir les frottements tout en supprimant la charnière.

Nous n'insisterons pas sur cet historique de la souf-flerie, dans son enfance d'abord, puis dans son développement depuis les trois derniers siècles; nous passerons rapidement à l'état présent.

On n'emploie plus, comme *machine soufflante*, que des machines à piston, qui ne diffèrent, comme forme extérieure du cylindre soufflant, comparativement aux cylindres à vapeur, que par la disposition des clapets d'aspiration et du tuyau de refoulement. Les machines soufflantes sont donc composées de deux sortes de cylindres; un cylindre à vapeur et un cylindre soufflant. Il en résulte plusieurs dispositions.

1° Le cylindre à vapeur et le cylindre soufflant sont placés horizontalement; la tige du piston du

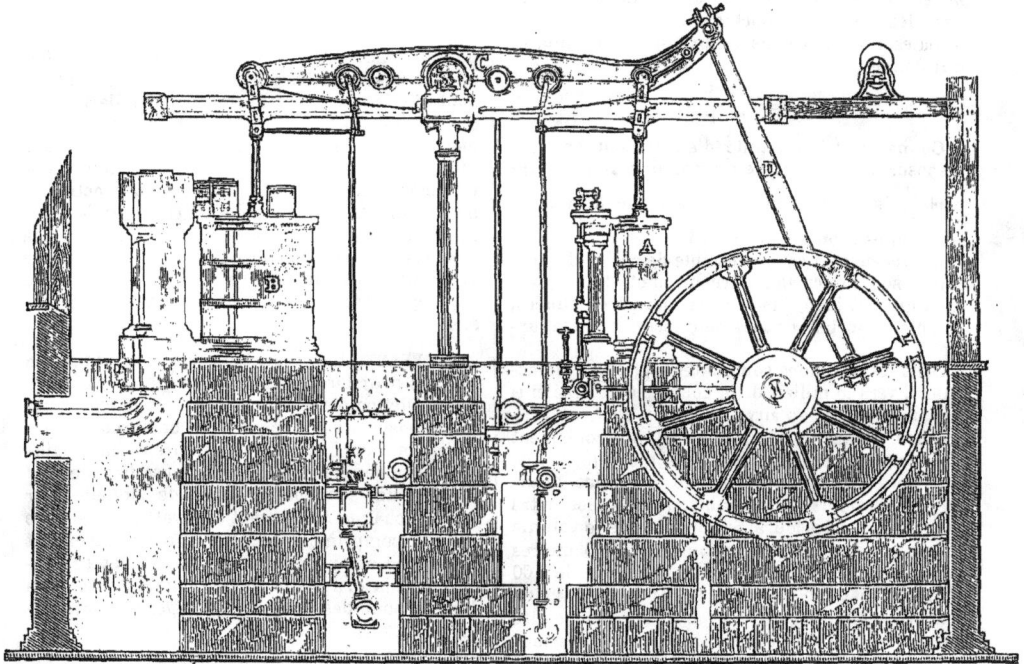

Fig. 233. — *Machine soufflante.*

A Cylindre à vapeur. — B Cylindre soufflant. — C Balancier. — D Bielle actionnant le volant.

cylindre à vapeur est dans le prolongement de la tige du cylindre soufflant;

2° Les deux cylindres sont placés verticalement l'un au-dessus de l'autre, ce qui donne deux variantes. Tantôt le cylindre soufflant est en dessous, tantôt, ce qui est le cas le plus fréquent, il est en dessus. Cette disposition est la plus adoptée parce qu'elle comporte plus facilement l'emploi d'un ou deux volants qu'il est plus naturel de ne pas mettre à une grande hauteur;

3° Enfin, les deux cylindres sont placés verticalement, l'un à côté de l'autre, mais à une certaine distance, de manière à pouvoir en relier les tiges par un balancier. Il arrive alors, fréquemment, que l'on prolonge une des extrémités du balancier au moyen d'une bielle, de manière à commander un volant.

La figure 233 donne la disposition générale d'une machine soufflante à balancier et volant. On se sert de clapets à grande surface pour l'entrée et la sortie de l'air; on a essayé, sans succès, les tiroirs; il se produisait des frottements qui échauffaient inutilement l'air en absorbant de la force motrice, le gaz, à l'entrée comme à la sortie, acquérant une trop grande vitesse.

En général, les machines soufflantes de grande puissance, telles que celles qui sont employées dans la métallurgie du fer, sont actionnées par de la vapeur produite par l'utilisation des gaz des fourneaux et, par conséquent, sans dépense spéciale de combustible; cependant, il convient, pour économiser cette vapeur et lui rendre l'excès disponible pour d'autres emplois, d'adopter la condensation quand l'approvisionnement d'eau n'est pas une difficulté.

*Calcul du volume d'air fourni par les machines soufflantes à piston.* Si un volume d'air V à la pression P est transformé en un volume V' à la pression P', la loi de Mariotte donne la relation :

$$P'V' = PV \text{ d'où } V' = \frac{P}{P'}V.$$

Mais à cause des fuites, que l'on ne saurait éviter dans les machines les plus parfaites, le volume obtenu à la pression P', en appelant V le volume engendré par le piston, est

$$Q = m\frac{P}{P'}V ;$$

*m* est un coefficient qui ne saurait dépasser 0,90 dans les meilleures machines neuves, et qui peut s'abaisser à 0,75 dans la pratique courante, ce qui donne :

$$Q = 0,75\frac{P}{P'}V.$$

Connaissant la quantité d'air Q dont on veut disposer dans l'unité de temps, ainsi que le rapport $\frac{P}{P'}$ de la pression atmosphérique à la pression requise, on en conclura V.

*Régulateurs.* Il est impossible de parler de machines soufflantes sans dire un mot des *régulateurs* qui ont joué, jusqu'à ces dernières années, un rôle important dans la soufflerie en métallurgie.

Dans les machines soufflantes à piston, l'air acquiert, vers le milieu de la course, une accélération plus grande qu'aux extrémités. Pour se rapprocher autant que possible d'un écoulement d'air constant dans les appareils métallurgiques, on a imaginé des capacités plus ou moins grandes, à volume fixe ou variable, interposées entre la soufflerie et les fours. Supposons que le volume d'air engendré par une machine soit de 5 mètres cubes par cylindrée, avec un réservoir de 100 mètres cubes de capacité, le rapport de 1/100 donnera, comme il serait facile de s'en rendre compte, le maximum d'écart entre les pressions extrêmes obtenues, soit une oscillation d'un centimètre à un centimètre et demi de mercure, quand on marche à un excès de 20 centimètres de mercure sur la pression atmosphérique.

Ces régulateurs se sont faits en tôle de fer et avaient la forme d'un grand cylindre ou même, quelquefois, d'une sphère, c'étaient les *régulateurs à volume fixe* ; on en a fait aussi de souterrains et en maçonnerie. D'autres fois, ils étaient hydrauliques et à *volume variable*, et se composaient de cloches ou de gazomètres flottant sur l'eau.

Actuellement, et surtout dans la métallurgie du fer, où l'emploi des appareils de capacité considérable pour élever la température du vent s'est imposé d'une manière absolue, sous forme de Whitwell et de Cowper-Siemens, la nécessité des régulateurs a complètement disparu. Ce sont ces grandes capacités, à demi-remplies seulement par des empilements de briques ou des murailles de 18 mètres de hauteur sur 5 à 7 mètres de largeur, qui font parfaitement l'office de régulateurs,

et les réservoirs, qui remplissaient un but analogue, ont disparu des usines.

Les *souffleries hydrauliques* ont joué un rôle considérable dans la métallurgie, vu la simplicité avec laquelle elles utilisaient le cours d'eau voisin. Nous leur reprocherons, surtout en ce qui concerne les fours à cuve, d'introduire au contact du combustible, de l'air aussi chargé d'humidité qu'il est possible, ce qui ne saurait être qu'un désavantage. En admettant que la vapeur d'eau se décompose au contact du combustible incandescent, il y a d'abord, en cet endroit où l'intensité de la température est requise à son plus haut degré, une cause de refroidissement. Si l'hydrogène ainsi mis en liberté joue, quelque part dans le fourneau, un rôle réducteur, ce ne peut être qu'en produisant de la vapeur d'eau qui se redécompose plus haut et, en résumé, l'hydrogène ne fait que traverser inutilement le fourneau en entraînant de la chaleur. Parmi les souffleries hydrauliques, la plus simple est la *trompe* employée presque exclusivement dans les forges catalanes ; mais il a été imaginé beaucoup d'autres machines soufflantes hydrauliques actuellement tombées en désuétude, telles sont : les *machines à cloches*, les *machines à tonneaux*, les *tympans* et les *cagnardelles* (vis d'Archimède tournant en sens inverse de sa marche ordinaire et plongée presque entièrement dans l'eau). — F. G.

**SOUFFLET.** Instrument destiné à produire un courant d'air forcé afin d'activer la combustion. Le soufflet employé dans les usages domestiques se compose de deux flasques en bois, réunies par une membrane flexible ou garniture de cuir maintenue par des cerceaux ; l'une de ces flasques est munie d'une soupape par le jeu de laquelle l'air aspiré à chaque écartement des plateaux se trouve ensuite comprimé par leur rapprochement et chassé par une petite tuyère ; ce soufflet se manœuvre à la main, à l'aide de poignées découpées dans chacune des flasques. || *Soufflet de forge.* — V. SOUFFLERIE.

**SOUFFLEUR, EUSE.** *T. techn.* Celui qui souffle les ouvrages de verrerie. || Dans un chantier, celui qui surveille le transport et la pose des pierres. *Machine souffleuse.* Appareil employé dans différentes industries pour donner du vent, purger des conduites d'air, etc.

**\* SOUFFLOT** (JACQUES-GERMAIN). Architecte, né à Irancy, près d'Auxerre, en 1713, mort à Paris, en 1780 ; très jeune, il montra pour l'architecture, un goût prononcé que son père ne fit qu'encourager en lui donnant les meilleurs maîtres et en l'envoyant en Italie où il fut admis, grâce à l'ambassadeur Saint-Aignan, parmi les pensionnaires du roi. Il était encore à Rome qu'ayant appris, par hasard, le projet des chartreux de Lyon, de reconstruire leur église, il envoya les plans d'un dôme qui fut aussitôt accepté. Soufflot, parvenu à la renommée, se plaisait à citer cette coupole comme son meilleur ouvrage. A son retour d'Italie, il s'arrêta plusieurs années à Lyon, retenu par des travaux importants : la *Loge du change* (1745), devenu un temple protestant, et la belle façade de l'Hôtel-Dieu, à laquelle on ne peut reprocher que le défaut de proportions du dôme qui est trop large et trop élevé, mais il convient de dire que le bureau de l'administration de l'hôpital en avait fait changer les plans sans consulter l'artiste. Tous ces édifices portent la trace des fortes études antiques que Soufflot avait faites. Appelé à Paris, il fut nommé membre de l'Académie royale d'architecture (1749), reçut le contrôle des bâtiments à Marly, puis à Paris ; en même temps, il entreprenait à Lyon la construction du Grand Théâtre, jugé alors très remarquable, mais qui, devenu insuffisant, dut être reconstruit en 1826.

En 1757, à la suite d'un vœu de Louis XV, un concours avait été ouvert pour la reconstruction de l'église Sainte-Geneviève, à Paris, qui tombait en ruines. Les plans de Soufflot furent adoptés, et les travaux commencèrent aussitôt. Mais il ne put les conduire que jusqu'à la naissance du dôme ; les critiques très vives qu'il eut à subir au sujet de la solidité de son œuvre, surtout les attaques de l'architecte Patte, son rival, lui portèrent un coup mortel. Il succomba à une maladie de langueur, dans les bras de l'abbé de l'Épée, son ami. Peut-être s'était-il rendu compte de l'imperfection de son œuvre ; en effet, non seulement l'église nouvelle ne répondait pas aux nécessités du culte, ce dont on s'inquiétait peu du reste à cette époque, mais ses conditions de solidité elles-mêmes étaient douteuses. Rondelet continua l'œuvre de Soufflot, mais, dès 1796, les piliers qui soutenaient le dôme fléchirent sous le poids, et il fallut les consolider par une lourde maçonnerie qui gâte entièrement l'effet. Néanmoins, le Panthéon, par sa grandeur imposante, par la galerie élégante qui soutient la coupole, enfin par l'harmonie de ses proportions, est l'édifice religieux le plus original et le plus remarquable du XVIIIᵉ siècle. La place même qui entoure l'église devait recevoir une décoration en rapport avec le monument ; une seule façade fut élevée par Soufflot, c'est celle de l'École de droit ; on a, depuis, construit parallèlement celle de la mairie du 5ᵉ arrondissement. Enfin, on doit à Soufflot un livre intéressant : *Recueil de plusieurs parties d'architecture*, 1767, in-folio avec planches. En 1829, on a transféré au Panthéon le corps de son architecte.

**SOUFFLURE.** *T. de métall.* On donne ce nom aux cavités que l'on rencontre dans certains métaux coulés, tels que l'argent, le cuivre, le nickel et le fer fondu pur. Ces cavités sont formées par des gaz de nature variée qui se dégagent pendant la coulée et avant la solidification. L'addition de certains corps, formant un alliage ou un composé, empêche la production de ces soufflures. Le zinc ou l'étain, mélangés au cuivre, forment des laitons ou des bronzes qui se moulent parfaitement. Le fer, allié au carbone ou au silicium, dans les proportions qui constituent la fonte de moulage, ne donne pas, en général, des pièces soufflées ; tandis que la fonte blanche, moins siliceuse

et où le carbone est entièrement combiné, en est souvent très chargée. L'acier peut s'obtenir sans soufflures par certains artifices physiques ou chimiques. Plus l'acier est doux, plus il est difficile de l'obtenir homogène sous forme de pièce moulée ; cette difficulté varie, d'ailleurs, avec les procédés qui ont servi à l'obtenir fondu et que l'on peut ranger dans l'ordre suivant : acier refondu au creuset, acier sur sole, acier Bessemer et, enfin, acier Thomas.

L'*acier soufflé* se comporte, à la coulée, de plusieurs manières. Tantôt les gaz se dégagent par ébullition, comme dans le vin de Champagne, tantôt, et c'est le cas le plus fréquent, le métal reste calme à la surface et projette un grand nombre d'étincelles ; celles-ci sont produites par des bulles de gaz qui proviennent de l'intérieur et qui brisent la croûte naissante en entraînant des particules d'air. Il y a aussi des aciers qui restent calmes pendant un certain temps, puis la croûte solidifiée s'élève lentement par suite d'une sorte de gonflement de la masse, et il se produit une grande quantité de soufflures. D'autres fois, ce boursouflement projette une partie du métal hors du moule, et quand l'effervescence est calmée, celui-ci n'est plus rempli que d'une sorte de tube sans épaisseur.

Lorsqu'on casse des lingots d'une coulée souffleuse d'acier, à différents états de solidification, ce que l'on obtient facilement en renversant les lingotières pour vider l'excédent de métal non encore solidifié, on aperçoit les phénomènes suivants que présentent les cassures : la première croûte, celle qui s'est formée au contact du moule, surtout si celui-ci est métallique, est généralement solide ; ce n'est que plus tard, à une certaine distance, que commencent les soufflures qui s'accroissent en longueur, perpendiculairement à la surface de refroidissement ; elles sont donc horizontales dans un lingot placé verticalement. On dirait des trous formés par des larves qui ont rongé le métal en s'avançant de l'extérieur à l'intérieur, ou les alvéoles d'une ruche à miel. D'où proviennent ces soufflures ? Il y a deux explications possibles en ce qui concerne l'acier. Dans l'argent, comme dans le cuivre, les soufflures et le rochage sont dus au dégagement de gaz qui avaient été, auparavant, absorbés par le métal. L'eau, qui dissout l'azote et l'oxygène de l'air, les restitue, quand elle se congèle, au moins en partie, et la glace présente souvent, par sa structure radiale perpendiculaire à la surface refroidissante, un aspect analogue à celui des aciers soufflés ; on a donc supposé qu'il devait y avoir analogie entre les causes ; que les gaz dégagés par l'acier provenaient de l'atmosphère ou du fourneau, et qu'après avoir été absorbés par le métal liquide ils étaient expulsés du métal solide ; c'est la *théorie de l'absorption*. D'autres métallurgistes supposent que les gaz de l'acier se forment, au moment de la solidification, par réaction de l'oxyde de fer sur le carbone avec production d'oxyde de carbone ; c'est la *théorie de la réaction*. On voit que cette dernière préjuge la nature des gaz en dissolution et ne comporte que les produits de l'oxydation du carbone comme devant être présents dans l'acier, tandis que la première ne suppose qu'une chose, c'est que le métal a retenu une partie des gaz qui l'ont traversé, quels qu'ils soient d'ailleurs.

Le métal, à la fin du soufflage, quand la décarburation est complète, contient de l'oxygène combiné au fer ou en dissolution. L'addition du spiegeleisen enlève cet oxygène et ajoute en même temps la quantité de carbone voulue. Cette désoxydation du bain est faite par le manganèse et par le carbone avec formation d'oxyde de manganèse qui passe dans la scorie, et d'oxyde de carbone qui brûle à l'air en acide carbonique et produit ce qu'on appelle la *flamme du spiegel*.

Cette réaction de l'oxygène du bain sur le carbone du spiegel, commencée au convertisseur, se continue dans la poche et peut se prolonger jusque dans les lingotières; c'est ce qui produit le bouillonnement et le pétillement superficiel avec projection d'étincelles dans le métal coulé.

Les faits ne sont pas tous d'accord avec cette manière de voir. D'abord, le métal sursouflé et tout à fait décarburé, produit souvent à la coulée, sans qu'il soit nécessaire d'y rien ajouter, plus de gaz que si on y avait fait une addition de spiegel; le volume de ces gaz peut même dépasser celui du bain; d'où viennent-ils puisqu'on n'a pas provoqué la réaction du spiegel qui, seule, devrait leur donner naissance? D'un autre côté, il est un moyen radical pour l'élimination ou la prévention des soufflures dans l'acier, c'est l'*addition d'une quantité suffisante de silicium*. C'est un fait pratique qui a été reconnu empiriquement, d'abord à Bochum (Westphalie); puis, de là, transporté aux aciéries Krupp et, pendant longtemps, ces deux usines furent les seules à produire des aciers complètement sans soufflure par une addition de fonte très siliceuse, dont elles surent garder le secret.

Cette influence si curieuse de l'addition du silicium dans les aciers fut retrouvée, en 1869, par les ingénieurs de Terre-Noire, en ajoutant à de la fonte siliceuse fondue sur la sole d'un four Siemens-Martin, des quantités croissantes de riblons d'acier; l'apparition des soufflures coïncidait avec l'élimination du silicium, et ils en conclurent qu'il y avait une relation entre ces deux faits, ce que l'addition de fonte siliceuse à un bain d'acier leur prouva d'une manière irréfutable.

Comment expliquer cette action du silicium sur les soufflures? Un chimiste français, le capitaine Caron, avait démontré, en 1863, que le silicium décomposait l'oxyde de carbone avec production de silice et dépôt de carbone, or, jusqu'à ces dernières années, et avant les expériences du Dr Müller, de Brandenburg, on avait cru que les gaz renfermés dans les soufflures de l'acier étaient uniquement et exclusivement de l'oxyde de carbone. Il était donc naturel d'expliquer l'influence du silicium sur les soufflures de l'acier par cette décomposition si remarquable de l'oxyde de carbone. Mais, d'un autre côté, il a été prouvé, par l'analyse chimique, que le silicium n'est pas oxydé quand on l'ajoute à un bain d'a-

cier renfermant de l'oxyde de fer en dissolution. Dans l'action du spiegel, il n'y aurait donc que le manganèse et le carbone qui jouent un rôle; on ne pourrait expliquer par la présence du silicium, qu'il fût possible de prévenir la formation de l'oxyde de carbone et les soufflures. La réaction: $Si + 3O = SiO^3$ qui empêcherait celle du carbone sur l'oxygène $C + O = CO$ n'est donc pas prouvée. D'un autre côté, comme on ne peut nier l'action du silicium pour empêcher les soufflures de l'acier, M. Gautier a proposé d'expliquer le phénomène de la manière suivante à laquelle s'est rallié M. Müller. Quels que soient les gaz en dissolution dans l'acier, l'*addition de silicium a pour effet d'augmenter leur solubilité dans l'acier*, et d'empêcher leur dégagement pendant la solidification. De même, dans la métallurgie d'autres métaux, une faible quantité de plomb dans le cuivre, ou de magnésium dans le nickel, empêche la formation des soufflures.

Quels sont donc les gaz qui forment les soufflures de l'acier? On a supposé, pendant longtemps, d'après une expérience peu rigoureuse de M. Bessemer, que les gaz dégagés par l'acier pendant la solidification, aussi bien que ceux qui renferment les soufflures, étaient uniquement composés d'oxyde de carbone. En 1873, MM. Troost et Hautefeuille montrèrent que la fonte, l'acier fondu et le fer pouvaient absorber, par chauffage à 800°, pendant un temps assez long, des quantités importantes de gaz où l'hydrogène et l'azote jouaient le rôle principal, comparativement à l'oxyde de carbone, et que ces corps pouvaient également, dans certaines circonstances, dégager des quantités importantes de ces mêmes gaz. C'est aussi ce qu'a trouvé M. Parry, des aciéries d'Ebbw-vale, pour les gaz dégagés par la fonte et l'acier. M. Régnard avait également signalé l'odeur d'ammoniaque en même temps qu'une production d'hydrogène, par des cassures fraîches de lingots d'acier plongés dans l'eau. M. Harmet avait aussi cru reconnaître l'hydrogène parmi les gaz dégagés par les lingots d'acier en travail de solidification. Tel était l'état de la question en ce qui concerne la nature des gaz solubles dans l'acier, ou qu'il était possible d'en extraire, quand M. Müller fit les expériences suivantes; il prit différents échantillons de fonte, de lingots d'acier, des pièces d'acier forgé, etc., et les fora par en dessous en les maintenant entièrement plongés dans un liquide, qui était de l'eau, de l'huile de lin ou même du mercure; le foret pénétrait, au moyen d'un presse-étoupes, par le fond du réservoir qui renfermait le liquide. Quand la cavité obtenue était suffisamment grande, on transvasait dans une éprouvette les gaz qu'elle renfermait, et on en faisait l'analyse.

Le tableau de la page 330 donne les principaux résultats obtenus.

Tous ces aciers avaient au moins 0,25 0/0 de silicium et 0,6 0/0 de manganèse (à l'exception des deux échantillons correspondant à du métal non manganésé).

Ces expériences de M. Müller ont prouvé aussi

| Nature du corps | Volume de gaz p. 100 | Hydrogène | Azote | Oxyde de carbone |
|---|---|---|---|---|
| Rail Bessemer souffleux | 48 | 90.3 | 9.3 | » |
| Acier pour ressort. . . . | 21 | 81.9 | 18.1 | » |
| Bessemer avant addition de Spiegel. . . . . . | 60 | 88.8 | 10.5 | 0.7 |
| Rail de la même opération . . . . . . . . . | 45 | 70 | 23 | » |
| Fonte Bessemer. . . . . | 15 | 86.5 | 9.2 | 4.3 |
| Acier Martin avant addition de Spiegel . . . | 25 | 67 | 30.8 | 2.2 |
| Lingot Bessemer. . . . . | 16.5 | 68.8 | 30.5 | » |
| Rail d'acier obtenu sans addition de mangan. . | 51 | 78.1 | 20.8 | 0.9 |
| Rail d'acier dens. 7,824. | 17 | 92.4 | 5.9 | 1.4 |

que la pression à laquelle se trouvaient ces gaz, variait de 2,5 à 6 atmosphères.

MM. Stead et Richards répétèrent la même série d'essais en Angleterre et trouvèrent des résultats analogues.

Enfin, en maintenant des lingots, au sortir de la fosse de coulée, dans des cavités en maçonnerie fermées par un double couvercle, MM. Stead et Pattinson ont reconnu que l'atmosphère de ces sortes de puits avait la composition suivante :

Azote . . . . . . . . . . . . . . . . . 62 à 69
Hydrogène . . . . . . . . . . . . . . 25 à 18
Oxyde de carbone. . . . . . . . . . 8 à 6
Acide carbonique. . . . . . . . . . 4 à 5
Eau. . . . . . . . . . . . . . . . . . « à »

L'oxygène avait disparu par la combustion d'un peu de carbone provenant de quelques morceaux de coke jetés dans le puits et avait produit l'oxyde de carbone et l'acide carbonique; mais l'hydrogène provenait certainement de l'exsudation par la surface extérieure du lingot.

Quelle que soit la nature des soufflures de l'acier, il est intéressant de constater que l'on peut maintenant, avec la plus grande certitude, produire de l'acier complètement sans soufflures. Il n'en faut pas conclure, cependant, que toute pièce peut être coulée en acier sans soufflures, quelles que soient sa forme et son épaisseur.

Pour obtenir un bain d'acier sans soufflures, il faut éviter l'oxydation qui peut donner lieu à la réaction du carbone sur l'oxyde de fer en dissolution. On y arrive en maintenant une certaine quantité de manganèse; à mesure qu'il tend à passer dans l'acier, l'oxygène est absorbé par ce métal. On ajoute alors un mélange de ferro-manganèse et du ferro-silicium ou du silico-spiegel, alliage tout formé de silicium, de manganèse et de fer, et l'on coule. Si l'on a eu soin d'avoir des moules bien secs, en matière bien réfractaire, etc., on peut espérer avoir un moulage sans soufflures. En coquille, c'est-à-dire dans un moule en fonte, la réussite est certaine, la réaction du moule sur l'acier étant nulle et ne donnant lieu à aucun dégagement de gaz. — F. G.

|| *T. de verr.* Nom donné aux cavités qui, sous l'action d'un gaz, se forment dans la masse du verre pendant le travail. || On appelle également

*soufflures,* les saillies que présente un enduit lorsqu'il se détache de la maçonnerie.

**SOUFRAGE.** *T. techn.* Action d'enduire de soufre les allumettes, d'exposer aux vapeurs du soufre divers produits et notamment les laines et les soies pour les blanchir (V. BLANCHIMENT, SOUFROIR), de désinfecter les locaux, des vêtements (V. DÉSINFECTION), de traiter par le soufre les vignes attaquées de l'oïdium.

**SOUFRE.** *T. de chim.* Corps simple, métalloïde, ordinairement diatomique, mais pouvant posséder parfois une atomicité plus grande ; solide, de couleur jaune citrin pouvant aller parfois au jaune orange; translucide quand il est cristallisé, mais plus fréquemment opaque ; cassant, insipide, à peu près inodore, conduisant mal la chaleur et l'électricité. Il peut acquérir l'électricité négative lorsqu'on le frotte avec de la laine ou avec une peau de chat. Sa densité varie entre 1,98 et 2,06 (cette dernière étant celle du corps cristallisé). Soumis à l'action de la chaleur, il fond vers 114°; il constitue alors un liquide jaune clair, et la température s'élève rapidement jusqu'à 140° ; elle reste stationnaire entre 145 et 165°, puis ensuite s'élève rapidement jusqu'à 250°, point où elle s'arrête encore quelque temps, par suite de l'absorption d'une nouvelle quantité de chaleur latente; à ce degré, la masse est devenue visqueuse, d'un brun rouge, et elle ne se renverse pas si l'on retourne le vase ; de plus, si l'on projette brusquement dans de l'eau froide, ce soufre fondu et à 250°, on obtient une modification allotropique du corps, le *soufre mou* (S. *s*), insoluble dans le sulfure de carbone, qui reste plastique et étirable, propre à prendre des empreintes, pendant un certain temps, mais qui redevient jaune citrin, dur et cassant par la suite, ou si on le chauffe à 100°. Si on chauffe le soufre davantage, vers 340°, il redevient fluide, enfin à 448°, il bout et émet alors des vapeurs d'un brun rouge foncé, dont la densité varie avec la température (D' à 500° = 6,654, et 2,21 à 1000°) et dans lesquelles le cuivre brûle comme dans l'oxygène. Ce qui prouve bien que le soufre mou a absorbé une certaine quantité de chaleur latente, c'est que si dans un matras rempli d'eau bouillante, on verse du soufre venant d'être fondu (114°), on constate un refroidissement de l'eau; mais si on y ajoute aussitôt du soufre mou, à la température de 98°, on voit la chaleur remonter à 100°, et le soufre mou passer immédiatement à l'état ordinaire en devenant opaque et citrin; le soufre mou n'est donc que du soufre ordinaire plus de la chaleur latente.

Le soufre brûle avec une flamme bleue, à une basse température, mais si on élève fortement celle-ci, la flamme devient jaune et monochromatique. Ce corps est insoluble dans l'eau, peu soluble dans l'alcool, l'éther, le chloroforme, bien soluble dans les carbures d'hydrogène, le sulfure de carbone, l'essence de térébenthine (surtout à chaud), les huiles volatiles, les huiles grasses (il forme alors des solutions dites *baumes*), l'aniline, les alcalis, etc. Il est polymorphe : 1° par la fusion, on l'obtient en prismes transparents clino-rhombiques (variété $\alpha$), devenant opaques avec le temps, friables, et donnant alors' de petits cristaux octaédriques; 2° à l'état naturel, ou lorsqu'on l'obtient par évaporation de sa dissolution dans le sulfure de carbone, il est en octaèdres orthorhombiques (variété $\beta$); ces cristaux portés à 124° peuvent devenir prismatiques. La forme dépend d'ailleurs de la température à laquelle s'opère la cristallisation, car dissous dans l'essence de térébenthine, il se dépose à chaud des cristaux de la variété $\alpha$, et à froid des cristaux de la variété $\beta$. Le soufre peut encore prendre une autre forme par la condensation lente de ses vapeurs (fleur de soufre), il prend la forme utriculaire, et lorsqu'on le précipite d'une solution d'un dérivé du soufre (hyposulfites, polysulfures), il est alors amorphe et presque blanc.

Sous le rapport de son état électrique, ce corps est non moins intéressant; ainsi, si l'on soumet à l'action d'un courant électrique une solution de polysulfure, d'hydrogène sulfuré, il se dépose au pôle positif du soufre cristallisé, soluble dans le sulfure de carne, c'est du *soufre électro-négatif* comme d'ailleurs les variétés $\alpha$ et $\beta$; mais si on décompose des hyposulfites par des acides ou du chlorure de carbone par l'eau, on obtient un produit blanchâtre dans le premier cas, orangé dans le second, insoluble dans le sulfure de carbone, c'est la variété $\gamma$, qui est du *soufre électro-positif*; le *soufre trempé* ou soufre mou, constitue la variété $\delta$, qui est instable.

Au spectroscope, le soufre montre des bandes colorées dans le vert, le bleu et le violet.

*Propriétés chimiques*. Ce corps joue un rôle analogue à l'oxygène dans les combinaisons, et s'unit à presque tous les corps simples. Il se combine directement au sélénium, au phosphore, à l'arsenic, au bore, au silicium et à la plupart des métaux; l'hydrogène brûle dans sa vapeur en formant de l'acide sulfhydrique; à l'air il s'oxyde en brûlant et forme de l'anhydre sulfureux; l'acide azotique, l'eau régale, chauffés avec lui, ou à la longue, l'oxydent et le transforment en acide sulfurique; avec les bases caustiques, l'eau de chaux, il donne du sulfhydrate et des hyposulfites:

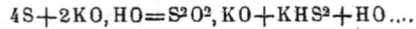

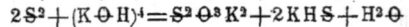

$$4S + 2KO, HO = S^2O^2, KO + KHS^2 + HO \ldots$$
$$2S^2 + (KOH)^4 = S^2O^3K^2 + 2KHS + H^2O$$

(le sulfhydrate en présence d'un excès de soufre devient plus tard un polysulfure). Mélangé avec de la limaille de fer et humecté d'eau, il s'échauffe et projette à la fin des matières qui s'enflamment à l'air (volcan de Lemery), et il se produit du protosulfure de fer hydraté. Le soufre porté à l'ébullition avec de l'aniline donne de l'hydrogène sulfuré et un produit de substitution.

*Etat naturel*. Le soufre se retrouve dans tous les règnes de la nature. Dans l'économie animale il se rencontre dans divers produits, comme les acides biliaires, la taurine, la cystine, un peu dans l'albumine; pendant les mauvaises digestions, il se produit abondamment dans l'intestin, de l'hydrogène sulfuré, dû à la décomposition des sulfates pris dans l'alimentation; parfois, le mucus bronchique contient également de l'hydrogène sulfuré. On le retrouve encore dans les glandes salivaires de quelques mollusques, comme le *dolium galea*, L. et quelques gastéropodes, par suite de la décomposition des sulfates contenus dans l'eau de mer. On en constate enfin dans la laine, la corne, etc. Le règne végétal présente

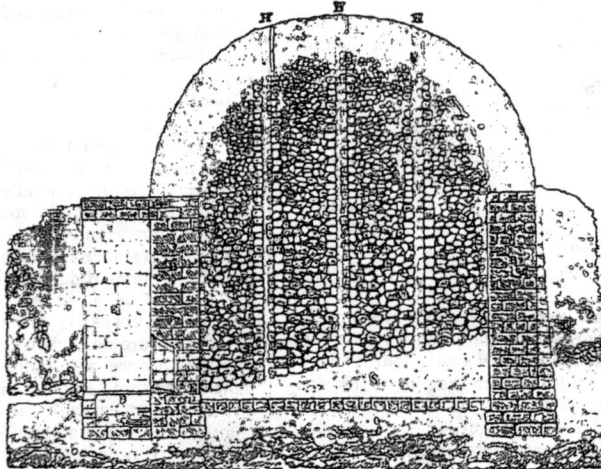

Fig. 234. — *Calcarone. Coupe.*

B Murs en calcaire revêtus intérieurement de plâtre. — C La morte ou ouverture de communication avec l'extérieur. — S Sole faisant plan incliné suivant F F. — H H' Cheminées verticales réservées pour le passage de l'air. — D Cuvette où se réunit le soufre fondu.

aussi certaines plantes qui contiennent normalement du soufre, telles sont celles appartenant à la famille des crucifères; l'essence d'ail est également sulfurée. Dans le règne minéral, le soufre ou ses dérivés abondent. On retrouve le soufre à l'état natif, dans le voisinage des volcans éteints ou en activité; il peut être cristallisé, et alors mêlé à de la célestine ou à des calcaires, parfois il est en filons, en masses, en enduits, mêlé à du gypse, à de l'argile, à de la marne, ou sur des lignites. Il est tellement abondant en Sicile, que ce pays en exporte annuellement environ 300 millions de kilogrammes, d'une valeur de 60 millions de francs; il se trouve en dépôts superficiels dans les solfatares de Pouzzoles (Italie), de Vulcano (îles Lipari), d'Islande, de la Guadeloupe. Il forme parfois, au contraire, des dépôts profonds dits *solfares*, dont la Sicile compte plus de 250; on en retrouve en outre dans le Caucase, à Radoboj (Croatie), à Szwoswice (Galicie), à Czarkow (Pologne), dans la province de Murcie (Espagne), dans la Tunisie, l'Egypte, sur les bords de la mer rouge (Suez), à Corfou (îles Ionniennes), en Italie, à Latera, à Scrofano ; en Amérique, dans l'Etat

Fig. 235. — *Appareil à distillation du soufre.*

dè Nevada, et dans celui de Puebla. En France, on ne connaît que deux gisements de soufre, ceux d'Apt (Vaucluse), de Florac (Lozère), qui sont inexploités; mais il s'en forme encore de nos jours, par suite de la réduction des sulfates, en présence des matières organiques, ainsi, qu'on en a trouvé des échantillons, place de la République, à Paris, il y a quelques années.

Le soufre existe aussi à l'état combiné; c'est ainsi que dans les eaux sulfureuses, on trouve des quantités notables d'hydrogène sulfuré, qui en se décomposant au contact de l'air, laisse sur les

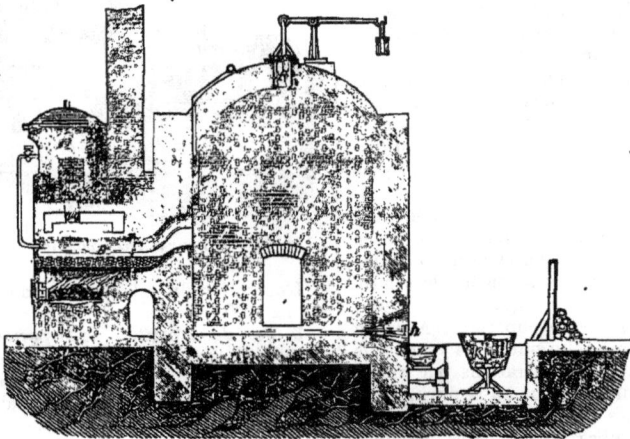

Fig. 236. — *Appareil perfectionné pour le raffinage du soufre.*

parois des dépôts de soufre; que l'on rencontre dans l'air, dans le voisinage des volcans en activité, de très notables quantités d'anhydride sulfureux; que certaines eaux renferment des proportions notables d'acide sulfurique, comme le Rio-Vinagre, en Amérique, et les eaux de la grotte de Zoccolino. Il ne faut pas oublier non plus les

nombreux sulfures métalliques qui se trouvent si abondamment répandus dans le sol, sous forme de filons (sulfure de fer, de cuivre, de zinc, d'antimoine, etc., etc.), et les sulfates, qui parfois forment des amas d'une épaisseur considérable, comme le sulfate de chaux, en particulier.

PRÉPARATION. Le soufre s'obtient de différentes manières suivant la nature du minerai traité et suivant sa richesse.

1° *Par fusion. a*) Lorsqu'on traite un minerai très riche, on se contente d'introduire les morceaux concassés, dans des chaudières en fonte, que l'on chauffe à feu nu ; après fusion, on enlève la gangue à la cuillère, puis le soufre est coulé ensuite dans des terrines humides où il se solidifie et forme des pains que l'on brise en fragments pour les expédier. Ce soufre ne contient pas plus de 3 0/0 de matières étrangères.

*b*). La gangue précédente, ou le minerai moins riche, sont fondus dans des fourneaux à cuve. Ces fourneaux possédant des prises d'air latérales, le soufre s'enflamme à la surface du fourneau, et le soufre qui fond, traverse toutes les roches et s'écoule par le bas. On le recueille dans des vases en bois ou en tôle, pour le mouler immédiatement et le laisser refroidir.

*c*) Par le procédé des *calcarones*, dit aussi des *meules*, surtout employé en Sicile (fig. 234); il consiste à réunir sur la sole inclinée du calcarone, d'abord des blocs de minerai très pauvre que l'on dispose de façon à former une voûte, que l'on fait s'incliner vers la partie antérieure en faisant une sorte de rigole par où s'écoulera plus tard le soufre fondu; on recouvre cette voûte avec plusieurs centaines de mètres cubes de minerai et l'on recouvre ensuite le tout par les résidus pulvérulents. Comme on a eu soin de réserver un tuyau central et des évents latéraux, comme dans la fabrication du charbon de bois par le procédé des forêts, on comprend que lorsqu'on a jeté de la paille allumée au centre du calcarone, le soufre s'enflamme. Après quelques heures, on bouche toutes les ouvertures et on abandonne l'appareil à lui-même ; au bout de six à dix jours, on commence à laisser écouler le soufre fondu. On le recueille d'abord dans des formes en bois, puis on le dispose en pains de 50 à 60 kilogrammes.

2° *Par distillation.* Ce procédé beaucoup plus

rationnel donne un meilleur rendement et tend à remplacer le premier. Il s'exécute aussi de manières diverses (fig. 235): *a*) Le minerai riche est parfois introduit dans des séries de pots en terre AA', munis de couvercles et que l'on remplit du produit à traiter ; ceux-ci sont engagés dans des fourneaux de galère, et lors de l'application de la chaleur, le soufre se volatilise et se rend par un tuyau assez large *c c'* dans un vase extérieur BB' où il se condense. *b*) Dans d'autres pays on remplace les vases en terre, par des chaudières en fonte que l'on chauffe directement en envoyant les gaz du fourneau au-dessous d'un grand réservoir rempli de minerai, lequel se trouve ainsi déjà chaud lorsqu'on l'introduira dans l'appareil distillatoire. Le soufre est condensé comme dans le procédé précédent. *c*) MM. Gill et Thomas ont enfin proposé de faire fondre le soufre et de le séparer de sa gangue, au moyen de vapeur d'eau portée à 130°.

Le soufre obtenu par fusion est du *soufre brut* ; il ne contient guère que 90 à 92 0/0 de soufre pur, dont une partie (2 à 3 0/0) est insoluble dans le sulfure de carbone ; le reste est constitué par du carbonate de chaux ou de la célestine, des matières charbonneuses et de la silice.

RAFFINAGE. Cette purification du soufre s'effectue surtout à Catane, à Porto, à Empedochi, en Sicile, mais en France, à Marseille. L'appareil employé est celui construit primitivement par Michel, puis perfectionné par Lamy et par Dujardin (fig. 236). Il consiste en deux cylindres horizontaux en fonte B, débouchant dans une grande chambre en briques A, voûtée supérieurement, offrant à son sommet une ouverture *l*, pouvant se clore hermétiquement, et en bas une porte latérale *h*, que l'on ouvre et ferme du dehors. Au-dessus des cylindres que l'on chauffe directement, se trouve un vase D qui s'échauffe par les gaz perdus de la combustion et dans lequel on met du minerai. Pour faire une opération, on commence par chauffer les deux cylindres, en agissant d'abord sur le premier ; le soufre brut fond puis distille et passe dans la chambre, dont la température est maintenue à 112°, lorsque l'on veut avoir du soufre en canons. Lorsque la distillation est environ à moitié faite dans le premier cylindre, on chauffe le second, puis l'on fait descendre dans le premier une certaine quantité du soufre déjà en fusion dans le vase supérieur. Avec un appareil monté comme celui que nous venons de décrire, on peut faire six opérations par vingt-quatre heures, ce qui correspond à la purification de 1,800 kilogrammes de soufre. Ce dernier arrivant dans une chambre à 112°, passe bientôt à l'état liquide, s'écoule le long des parois de la chambre et se réunit sur le fond. De là il s'écoule dans une chaudière à côté de laquelle est disposé l'outillage nécessaire pour le couler en canons ; depuis quelque temps, cette opération se fait assez rapidement à l'aide d'une roue horizontale à la circonférence de laquelle sont placés les moules.

Pour obtenir la *fleur de soufre*, c'est-à-dire le soufre à l'état utriculaire, on a soin de laisser tomber la température de la chambre au-dessous de 110°, et de ne faire par vingt-quatre heures que deux distillations de 150 kilos de soufre, parce que sans cela, la fusion du produit aurait lieu. On retire le soufre pulvérulent au moyen pelles introduites par l'ouverture latérale G.

La modification proposée par Dujardin dans le procédé de raffinage du soufre, consiste à se servir, pour vaporiser le produit, d'une cornue lenticulaire pouvant contenir de 600 à 700 kilogrammes de soufre, que l'on introduit préalablement fondu dans une chaudière placée au-dessus de la cornue.

Fig. 237. — *Four à décomposition de la pyrite de fer.*

L'opération du raffinage entraîne une perte de 10 à 20 0/0.

3° *Par décomposition de la pyrite de fer*. Le bisulfure de fer $FeS^2$ contient environ 53, 3 0/0 de soufre ; si on lui en enlevait seulement la moitié, il serait encore propre à la préparation du sulfate de fer. Par l'action de la chaleur, on retire seulement 13 à 14 0/0 de soufre, afin de ne pas altérer les vases en argile dans lesquels se fait l'opération.

Pour en isoler le soufre, on introduit le minerai dans des tubes cylindriques en terre réfractaire D, que l'on place, en les inclinant, dans un four chauffé par un foyer F (fig. 237). Leurs orifices se ferment avec des disques en terre cuite, dont l'antérieur, placé inférieurement, est percé de trous, de façon à maintenir le sulfure et à laisser passer le soufre fondu ou en vapeur ; à la suite de ce disque l'extrémité du tube présente un tuyau en argile G qui dirige le soufre isolé dans un réservoir R contenant de l'eau.

Ce soufre est verdâtre par suite de la présence du sulfate de fer ; on le débarrasse de ce corps par une nouvelle distillation. Il contient également de l'arsenic, car les pyrites renferment toujours de 0,9 à 1,8 0/0 de sulfure d'arsenic et parfois beaucoup plus ; pour enlever ce corps, on mêle le soufre pulvérisé avec de l'azotate de potasse et on fond la masse ; en reprenant par l'eau on enlève le sulfate et l'arséniate de potasse formés. On reconnaît du reste que du soufre contient de l'arsenic en l'agitant avec de l'ammoniaque et en laissant douze heures en contact ; on décante, on évapore à siccité et on reprend par l'eau, l'addition d'acide chlorhydrique produit un précipité jaune de sulfure d'arsenic. Lorsque le soufre est coloré en jaune orangé, cela tient à la présence du thallium que renferment certaines pyrites, comme celles d'Espagne (0,29 0/0). Le résidu de la purification du soufre extrait des pyrites, et que l'on débarrasse par distillation des matières étrangères, est souvent désigné sous le nom de *soufre cabalin*.

4° Par *décomposition de la chalcopyrite*. Ce cuivre sulfureux est traité dans différents endroits : Agordo (Vénétie), Wicklow (Irlande), Mühlbach (Salzbourg). On grille le minerai en tas de deux millions de kilogrammes à la fois, en opérant absolument comme pour la fabrication du charbon de bois dans les forêts, ou plus rarement dans des fours. Le poids indiqué donne 20,000 kilogrammes de soufre.

5° Par la *décomposition des sulfures et des hyposulfites*. C'est le procédé que l'on emploie pour régénérer le soufre des charrées de soude (V. Soude). Cette opération se faisant avec dégagement d'hydrogène sulfuré, celui-ci est décomposé parfois, soit au moyen de l'acide sulfureux, soit par les procédés décrits au même article Soude.

6° Par la *décomposition de l'anhydride sulfureux* obtenu lors du grillage de quelques minerais, comme la blende ; en dirigeant l'anhydride sur des charbons ardents, on forme de l'acide carbonique qui se dégage, et il se dépose du soufre.

7° Par suite de la *purification du gaz de houille*. La houille étant souvent chargée de pyrite de fer, le gaz préparé avec cette houille a besoin d'être désulfuré avant d'être livré à la consommation ; c'est ce que l'on obtient en le faisant passer sur du peroxyde de fer répandu sur des corps poreux

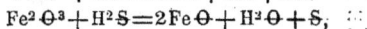

$$Fe^2O^3 + HS = 2FeO + HO + S\ldots$$
$$Fe^2O^3 + H^2S = 2FeO + H^2O + S,$$

puis il se forme du sulfure de fer. Pour décomposer celui-ci on l'expose à l'air humide, le sulfure ferreux se transforme en hydrate ferrique, et il se dépose du soufre.

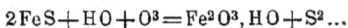

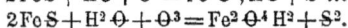

$$2FeS + HO + O^3 = Fe^2O^3, HO + S^2\ldots$$
$$2FeS + H^2O + O^3 = Fe^2O^4H^2 + S^2.$$

On a calculé qu'à Londres, la houille employée annuellement pour faire du gaz d'éclairage, renferme 10 millions de kilogrammes de soufre.

*Usages du soufre.* Ce corps sert surtout à préparer l'acide sulfurique ; il entre dans la composition de la poudre à tirer et de bien des articles de pyrotechnie. Un de ses grands emplois est encore dans le soufrage de la vigne et du houblon (le 1/4 du soufre produit est utilisé pour le soufrage) ; la fabrication des produits chimiques prépare avec le soufre : l'acide sulfureux, les sulfites, les hyposulfites, tous les sulfures métalliques, le sulfure de carbone, le cinabre, l'or mussif, l'outremer. Il sert à sceller les métaux et surtout le fer, dans la pierre ; à prendre des empreintes, quand il est à l'état de soufre trempé ; à la fabrication des allumettes ordinaires et phosphoriques ; à vulcaniser le caoutchouc et la gutta-percha ; à préparer des mèches pour le mutage des vins. C'est encore un produit utilisé en médecine comme parasiticide dans les affections cutanées d'origine animale (gale) ou végétale (microsporon furfur, etc.). Il est en outre excitant et sudorifique, et s'administre dans les empoisonnements saturnins pour faire un composé insoluble (PbS) facile à éliminer.

Dérivés du soufre. Parmi les composés haloïdes que nous avons à indiquer, il faut compter :

*L'hydrogène sulfuré* ou *acide sulfhydrique*. — V. Sulfhydrique.

*L'iodure de soufre*, SI…$S^2I$, corps gris noirâtre, brillant, que l'on peut obtenir cristallisé par l'action de l'iodure d'éthyle sur le chlorure de soufre, mais qui d'ordinaire est amorphe. Il fond à 60°, est insoluble dans l'eau, se décompose par la distillation, par l'action de l'alcool. On l'obtient en fondant à une basse température 32 parties de soufre avec 127 parties d'iode. C'est un corps très instable.

Le *sulfure de carbone* (V. II, p. 238).

Les composés oxygénés du soufre constituent ce que l'on appelle la série thionique, mais beaucoup d'entre eux n'ont qu'un intérêt scientifique. Ceux utilisés directement ou à cause de leurs dérivés sont :

*L'acide hydrosulfureux*, SO, HO…$SO^2H^2$, dont le sel de soude est parfois employé, et qui se prépare en mettant des lames de zinc décapées et coupées en petits fragments, avec une solution concentrée et refroidie de bisulfite de sodium.

*L'anhydride sulfureux*, $SO^2$…SO.—V. t. I, p. 27 et Sulfureux.

*L'acide sulfureux hydraté*, $SO^2$. HO…$SO^3H^2$. — V. t. I, p. 27 et Sulfureux.

*L'anhydride sulfurique*, $SO^3$…$SO^3$. — V. I, p. 28 et Sulfurique.

*L'acide sulfurique hydraté*, $SO^3$, HO…$SO^4H^2$. — V. t. I, p. 28 et Sulfurique.

*L'acide hyposulfureux*, $S^2O^2$, HO…$S^2O^3H^2$, employé pour les sels qu'il fournit. — V. Sodium, § *dérivés*.

Recherche du soufre. Elle peut se faire de différentes manières :

1° *Par voie sèche*. Si la substance est de nature minérale, on peut la pulvériser, la mélanger avec du carbonate de sodium, et l'essayer au cha-

lumeau, sur du charbon, au feu de réduction. On
obtient du sulfure de sodium qui, humecté d'eau,
noircit une lame d'argent ou un papier à l'acétate
de plomb. Il faut faire l'essai à la chandelle, car
le gaz et l'huile de colza sont sulfurés par eux-
mêmes, puisqu'une perle de soude promenée
dans la flamme du gaz se sulfure assez pour donner une coloration rouge par le nitroprussiate de
soude. Les sulfures grillés dans un tube ouvert
dégagent de l'anhydride sulfureux reconnaissable
à son odeur ; les sulfates chauffés avec du
charbon et en tube fermé, dégagent ce même
gaz.

Les composés sulfurés volatilisés dans la flamme
de l'hydrogène pur, donnent à celle-ci une teinte
bleu violacé lorsqu'on la refroidit, et cette flamme
examinée au spectroscope montre les nombreuses
bandes vertes, bleues et violettes que nous avons
signalées.

2° *Par voie humide.* On reconnaît les solutions de
sulfures au dégagement d'hydrogène sulfuré qu'y
provoque la présence d'un acide ; ces solutions
fournissent avec l'azotate d'argent un précipité
noir ; avec les sels plombiques, un précipité de
même couleur ; avec le nitroprussiate de soude,
une coloration pourpre. Les sulfures inattaquables par les acides, traités par l'eau régale, donnent de l'acide sulfurique, et par conséquent les
caractères des sulfates. — V. SULFATE.

Pour retrouver du soufre dans des matières
organiques, on porte celles-ci à l'ébullition avec de
la soude ; on fait un sulfure qu'on caractérise
ensuite directement, ou en faisant de l'acide sulfhydrique ; on peut encore les attaquer par l'acide
azotique et le chlorate de potasse, et alors faire de
l'acide sulfurique qu'on recherchera également ;
cette dernière forme est celle généralement préférée quand on veut en même temps faire le titrage du soufre. Mais pour ces dosages spéciaux,
comme ils peuvent se faire en transformant également le soufre en sulfure, en acide sulfhydrique
ou sulfureux, ou même en le précipitant à l'état
de corps simple, nous renverrons aux ouvrages
spéciaux d'analyse chimique. — J. C.

SON ACTION EN MÉTALLURGIE. Nous avons montré
(V. MÉTALLURGIE) le rôle important que joue le
soufre dans les procédés qui permettent d'extraire de leurs gangues, certains métaux, tels que
le *plomb* et le *cuivre*. Pour les produits dérivés du
fer : fonte, acier, fer malléable, le soufre joue, au
contraire, un rôle nuisible que nous définirons
brièvement.

Dans la fonte, le soufre diminue la fluidité et
rend difficile la production *du gris*, par la combinaison du carbone et l'élimination du graphite. Il
tendrait, d'ailleurs, à diminuer la résistance. La
quantité de soufre qui passe dans la fonte, est
d'autant plus faible que la température à laquelle
on l'obtient est plus élevée et que le lit de fusion
est plus calcaire. La présence d'une certaine quantité de manganèse facilite le passage du soufre
dans le laitier, soit que le manganèse se transforme en sulfure, soit que la silice se portant sur
l'oxyde de manganèse, laissé la chaux libre de se
combiner au soufre. Dans l'acier, le soufre dimi-

nue la malléabilité à chaud, sans que l'on puisse
facilement remédier à ce défaut. Une teneur supérieure à un millième se fait déjà sentir d'une
manière fâcheuse. Dans le fer, le soufre produit
un état rouverain qui amène la cassure à chaud,
et rend le laminage difficile sans criques.

*SOUFREUR, EUSE. T. *de* mèt. Celui, celle qui
prépare le soufre pour divers usages industriels.

SOUFRIÈRE. Dépôt naturel du soufre, lieu où
on le recueille.

*SOUFROIR. T. *techn.* Étuve dans laquelle on
opère le blanchiment des laines et des soies, en
les soumettant à l'action de l'acide sulfureux.

A Lyon, les chambres à soufre sont creusées
dans les parois des rochers qui bordent le cours
de la Saône ; elles sont maçonnées, quelquefois
garnies de plomb, et munies d'ouvertures pour la
ventilation, afin de pouvoir y pénétrer quand l'o-
pération est terminée. On y fait brûler le soufre
dans des terrines en fonte, et, pendant la saison
froide, on y entretient une petite circulation de
vapeur au travers de tuyaux. Aussitôt que la
masse est en feu, on ferme la porte le plus vite
possible pour que le textile ne se pique pas de
petites taches rouges. La combustion continue jusqu'à ce que l'atmosphère soit appauvrie d'oxygène.
Le soufrage dure de vingt à quarante heures suivant le blanchiment que l'on veut obtenir de la
soie, puis on ventile énergiquement, et on *désou-
fre* les matteaux en les lissant dans des baquets
pleins d'eau.

*SOUILLARD. T. *de constr.* Trou percé dans un
entablement ou dans un mur pour livrer passage
à l'eau d'un chéneau, ou dans une dalle pour laisser aller à un puisard les eaux d'un tuyau de descente ; dans ce dernier cas, la dalle elle-même
porte le nom de *souillard.* || Pièce de bois de char-
pente assemblée sur des pieux, et placée devant
les glacis entre les piles d'un pont.

SOULIER. Chaussure, ordinairement de cuir,
qui couvre le pied ou une partie du pied, et qui
s'attache par-dessus au moyen de cordons, d'une
boucle ou de boutons ; elle se compose de quatre
parties : l'*empeigne* ou le devant, les *quartiers* qui
emboîtent le talon et montent jusqu'à la cheville,
la *semelle*, et le *talon* qui sert à élever le pied. —
V. CHAUSSURE.

SOUPAPE. T. *de mécan.* Les soupapes font partie de la classe assez nombreuse des obturateurs
qui servent à intercepter ou établir le passage
des fluides, liquides ou gazeux, dans les conduites ; tels sont les clapets, les valves, les robinets, etc. Les soupapes et les clapets sont caractérisés par ce trait commun qu'ils fonctionnent
librement sous l'influence du fluide, et ils ne diffèrent entre eux que par leur mode de mouvement.
Le nom de *clapet* est réservé généralement aux organes qui sont munis d'une articulation et dont le
mouvement est angulaire ; ils sont aujourd'hui
peu employés, parce qu'ils sont d'un ajustage
difficile, et que la charnière gêne l'application du
clapet sur son siège ; l'emploi du cuir gras et du

caoutchouc diminue un peu cet inconvénient, et on se sert encore quelquefois de clapets dans les grandes pompes à eau, où le fluide circule lentement, et dans les machines soufflantes ou les compresseurs qui exigent des organes très légers.

Dans les soupapes proprement dites, l'obturation est réalisée par un disque dont la face de contact reste, pendant le soulèvement, parallèle au siège sur lequel il s'appuie, lors de la fermeture. Leur forme circulaire permet de les exécuter sur le tour et d'obtenir, économiquement, une grande précision. Le joint entre le disque et son siège peut être conique ou plat; avec le joint conique, l'étanchéité n'est obtenue qu'à l'aide d'un rodage assez délicat, et il faut peu de chose pour empêcher le contact; la forme plate est préférable parce qu'elle assure une retombée plus exacte et qu'elle permet, dans beaucoup de cas, d'interposer une rondelle de cuir ou de caoutchouc. Le mouvement du disque est guidé par un appendice, généralement placé par dessous, et formé, soit d'une tige, soit d'un cylindre creux percé d'ouvertures latérales, soit de trois ou quatre ailettes verticales convergentes. Le guidage doit être assez long pour que la soupape, tout en retombant très librement sur le siège, ne puisse pas se placer en biais et rester suspendue en s'arc-boutant. Pour que le passage ouvert par la levée de la soupape soit équivalent à celui que présente la section libre du siège, il faut que cette levée soit égale au quart du diamètre du cercle de section équivalente. C'est à cette catégorie qu'appartiennent les soupapes de sûreté, à levier ou à ressort, appliquées aux appareils à vapeur et aux appareils hydrauliques (V. Soupape de sûreté). On remplace quelquefois, pour les pompes d'alimentation des chaudières, le disque plat par un boulet creux; ce système est plus difficile à exécuter et à entretenir que le précédent; son emploi n'est guère justifié que parce qu'il assure l'obturation, quelles que soient l'inclinaison ou les trépidations de l'appareil. — V. Pompe, § *Pompes alimentaires des chaudières à vapeur*.

La soupape très large, imaginée par Girard, est excellente pour les grands appareils à élever l'eau; sa levée est considérable, et sa légèreté lui permet de suivre facilement la vitesse du piston; cette légèreté est compensée, pour la descente, par un ressort très doux, réglé de manière à ramener le disque sur son siège avec une pression décroissante et assurer le contact sans choc, au moment où le piston passe le point mort. Les ressorts peuvent être placés extérieurement, de façon que l'on règle leur tension à volonté pendant la marche.

Dans les pompes Letestu, la soupape d'aspiration et celle de refoulement, qui fait partie intégrante du piston, sont fermées par des clapets en cuir d'une forme particulière. Le siège de ces soupapes est formé par un cône en cuivre évasé vers le haut et percé d'un grand nombre de trous; il est doublé, intérieurement, d'un cône en cuir, découpé en bandes suivant les génératrices; l'eau pénètre par les trous et soulève les bandes de cuir qui retombent ensuite et sont appliquées par la pression du liquide contre les orifices. Dans le piston, les bandes de cuir dépassent légèrement le bord du cône, et leur saillie, en s'appuyant sur la paroi du cylindre, forme la garniture étanche du piston.

Lorsque les robinets atteignent de grandes dimensions, on les remplace par des soupapes dont le disque est soulevé à la main, à l'aide d'une tige qui traverse, par un presse-étoupe, le couvercle de la boîte contenant la soupape; cette tige est filetée à sa partie supérieure et se manœuvre au moyen d'une petite manivelle ou d'un petit volant (V. Robinet, fig. 468). La disposition doit être telle que cette pression s'exerce au-dessus du disque, pour qu'en cas de rupture de l'assemblage, celui-ci reste fermé; cette condition est importante surtout pour les soupapes de prise de vapeur.

Pour diminuer l'effort de soulèvement, on a imaginé des soupapes à double siège dites *soupapes équilibrées*. Les sièges sont formés par deux anneaux superposés A (fig. 238), reliés par des nervures verticales; ils sont recouverts par une cloche mobile B percée d'outre en outre, et tournée en deux

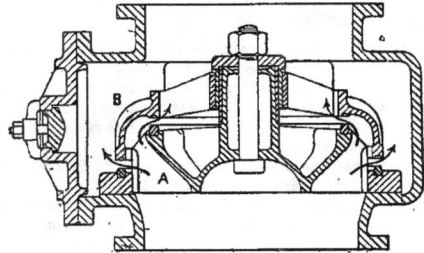

Fig. 238. — *Coupe d'une soupape équilibrée.*

points qui coïncident avec les anneaux. Les parties soumises à la pression du fluide sont réduites à la superficie des zones de contact projetées parallèlement à l'axe, et l'effort de soulèvement est indépendant de la section offerte au débit. La levée peut être réduite au huitième du diamètre.

On nomme *soupape à cloche*, celle dans laquelle le fluide s'introduit latéralement et s'échappe par la partie inférieure; *soupape tubulaire* celle dans laquelle l'introduction se fait par le bas et l'écoulement a lieu latéralement.

Pour les grands débits, on doit tenir compte que si la section d'écoulement des soupapes est à peu près proportionnelle au carré de leur diamètre, leur poids l'est au cube de cette même dimension; il y a donc quelquefois intérêt à multiplier les soupapes, malgré la complication qui en résulte.

Les soupapes équilibrées ont été inventées, il y a près d'un siècle, par Hornblower; elles sont employées depuis longtemps pour la distribution de la vapeur dans les machines d'épuisement de Cornouailles; leur exécution est cependant assez difficile, lorsque l'on veut éviter les effets de l'usure et de la dilatation. — J. B.

**Soupape de sûreté.** Organe disposé **sur** les récipients renfermant de la vapeur ou un autre fluide à haute tension et qui comprend un orifice rond, à lèvres minces, appelé *siège* et recouvert par un clapet au centre duquel est appliquée une charge correspondant à la pression maximum que la soupape a pour objet de limiter.

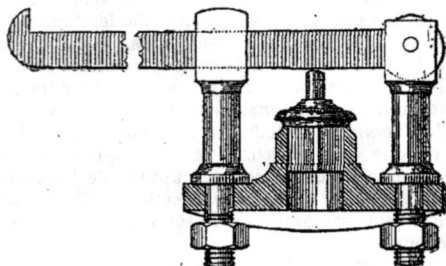

*Fig. 239.*

La charge est transmise au clapet par l'intermédiaire d'une tige verticale appelée *pointeau*, sur laquelle agit directement un poids ou un ressort, ou indirectement, un levier combiné avec un poids ou un ressort (fig. 239).

— L'invention de la soupape est due à Denis Papin qui en donna la description en 1682. Selon toute vraisemblance Papin pressentait l'insuffisance de cet engin pour limiter la pression, car il dit de cet appareil : « Quand la température s'élève, la soupape se soulève et *avertit* que le point de cuisson est atteint. »

*Insuffisance du soulèvement.* Le rôle de la soupape comme appareil avertisseur, a une valeur pratique indéniable, mais c'est à tort qu'on lui attribue la propriété de limiter la pression dans les récipients sur lesquels elle est placée. Le soulèvement, sans augmentation de pression, atteint à peine deux dixièmes de millimètres, quel que soit le diamètre ; il en résulte que le débit est proportionnel à la circonférence de la soupape au lieu d'être proportionnel à sa section.

L'ordonnance du 22 mai 1843, relative aux appareils à vapeur, indique une formule, pour le calcul des diamètres à donner aux soupapes. Cette formule suppose un débit à pleine section pour une production de 100 kilogrammes de vapeur par mètre carré de chauffe et par heure ; malgré l'exagération évidente de cette production, le soulèvement des soupapes ordinaires est tellement faible que les diamètres obtenus par l'application de la formule sont insuffisants pour limiter la pression.

M. le baron de Burg a fait, en Autriche, des essais nombreux lui permettant d'affirmer que pour limiter, à 3 kilogrammes par centimètre carré, la pression dans une chaudière de 120 mètres carrés de chauffe, le diamètre de la soupape devrait avoir $1^m,200$.

L'ancienne formule administrative

$$d = 2,64 \sqrt{\frac{\text{surface}}{\text{pression} + 0,6}}$$

indique pour cette chaudière un diamètre de 0,155 millimètres.

*Règlement d'administration.* L'article 6 du 30 avril 1880, titre Ier, dit expressément : « L'orifice de chacune des soupapes doit suffire à maintenir, celle-ci étant au besoin convenablement déchargée ou soulevée, et quelle que soit l'activité du feu, la vapeur dans la chaudière à un degré de pression qui n'excède en aucun cas la limite indiquée par le timbre. »

L'obligation est formelle, et cependant il existe un nombre fort restreint d'installations qui satisfassent aux prescriptions de l'article VI. Pour décharger une soupape ou

la soulever, il faut que le fluide en excès soit canalisé, afin que l'opérateur puisse approcher de l'appareil. En général, les soupapes dégagent librement la vapeur en excès, on ne peut donc sans danger les décharger ou les soulever pendant leur fonctionnement.

*Théorie.* Si nous faisons abstraction des dimensions de la soupape, du poids de masse à écouler dans le temps et par unité de section, pour considérer l'organe à l'état d'équilibre ou de repos, puis à l'état de fonctionnement, nous aurons, dans le premier cas, l'égalité $P = C$, dans laquelle P représente la pression de la vapeur au maximum de tension indiquée par le timbre, et C la charge antagoniste qui fait équilibre à cette pression. Dans la période de fonctionnement, il entre dans l'équation des éléments complémentaires. La dépression variable du fluide en écoulement au-dessous de la soupape étant représentée par D, la valeur de P en sera diminuée d'autant, le frottement des ailettes directrices du clapet, des articulations du levier, de la vapeur sur les organes constitueront une puissance négative que nous appellerons R ; pour conserver l'équilibre des forces, il sera nécessaire d'introduire une valeur positive compensatrice que nous appellerons V. L'équation du fonctionnement s'écrira donc comme suit :

$$P - D + V = C + R.$$

A quelle source convient-il de puiser cette puissance V ?

Field, Kitson, Croll, Montupet, etc., ont préconisé des dispositions mécaniques dans lesquelles le rapport des leviers qui amplifient la charge est convenablement modifié à mesure que la soupape se lève. Ces combinaisons, fort ingénieuses, ne se sont guère répandues car, indépendamment de leur complication, elles ont l'inconvénient de faciliter le calage des soupapes. Marmel, Ménard, Maurel et Truel, etc., ont disposé, à côté des soupapes équilibrées par la charge de vapeur, un piston directement chargé dont le fonctionnement, en provoquant la décharge sur une face de la soupape, en produisait le brusque soulèvement ; mais chacun sait combien l'ouverture instantanée d'un grand orifice d'évacuation présente de dangers ; ce dispositif ne s'est pas vulgarisé malgré sa puissance d'action.

Enfin, d'autres inventeurs ont cherché la solution dans l'addition à la soupape d'un compensateur qui utilise la veine fluide en écoulement pour provoquer le soulèvement plus ou moins grand de la soupape. Ces appareils sont très répandus, en Angleterre, en Amérique, sous le nom de *pap-safety valves*. John Ahston, Adams, Codron, Lethuillier-Pinel, Dulac ont obtenu des effets variés à l'aide de ces compensateurs. Citons encore les soupapes de Sodmer, de Klotz, de Castelnau, dans lesquelles on fait agir la vapeur, prise à l'état statique, dans une partie éloignée de la chaudière, pour soutenir l'organe qui agit indirectement sur l'orifice d'évacuation. Ces ingénieuses combinaisons entraînent une complication et un accroissement de dépenses qui en entravent l'application.

Cette condition de maintenir la levée de la

soupape malgré la réduction locale des pressions résultant de l'écoulement, a donné lieu à des recherches, à des tentatives de toute nature ; indépendamment de cette condition indispensable, il importe d'assurer un guidage aussi parfait que possible des pièces mobiles pour empêcher les coincements; il est également important d'empêcher que les parois du siège ne soient exposées à venir serrer la soupape ou les guides par leur dilatation, il convient de leur laisser, à cet effet, un jeu suffisant pour éviter ce serrage. C'est un accident de cette nature qui a déterminé la terrible explosion des chaudières de Thunderer, en 1874.

Pour empêcher le calage des soupapes, il importe de diminuer le plus possible le nombre des pièces extérieures accessibles au chauffeur. La soupape à charge directe présente, sous ce rapport, d'incontestables avantages. Pour obtenir un grand débit avec une faible levée, on peut diminuer le diamètre des soupapes en augmentant leur nombre, mais on augmente ainsi les chances de fuites et le nombre des ouvertures sur la chaudière. Quant aux soupapes différentielles, leur double portage est incompatible avec l'étanchéité du contact, elles ont donné lieu à d'intéressantes tentatives à cause de leur dispositif rationnel et simple. Quelle section convient-il de donner aux soupapes pour écouler toute la vapeur que le générateur est susceptible de produire à une pression connue? Ces dimensions peuvent être déterminées théoriquement en partant des lois de l'écoulement de la vapeur ; les travaux de Regnault, de Zeuner, de Rauquine, de Napier, de Wilson, ont élucidé la question d'une façon suffisante pour éviter toute chance d'erreur. Dans une étude très substantielle que M. Richard a consacrée aux soupapes de sûreté (V. *Revue générale des chemins de fer*, n° de mars 1881), on trouvera le résumé complet des travaux de ces différents auteurs. Il convient de considérer l'état particulier de la veine fluide en écoulement, résultant de la pression absolue $p_1$ à l'intérieur de la chaudière, du volume spécifique du fluide écoulé sous cette pression, de la pression absolue $p_2$ de l'atmosphère où s'écoule le fluide et du volume spécifique correspondant, de la vitesse d'écoulement du fluide et du volume spécifique correspondant.

Ces considérations conduisent, d'après M. Richard, aux résultats indiqués dans le tableau de la colonne suivante.

Les recherches, les expériences des auteurs précités, établissent que le débit en poids par unité de section d'un ajutage parfait serait donné par la formule :

$$m = \frac{p}{70}$$

pourvu que :

$$p_1 \geqslant \frac{5}{3} p_2.$$

Partant de ces données, on peut calculer les dimensions que devra présenter une soupape pour évacuer sans augmentation de pression toute la vapeur produite par une chaudière, en supposant cet écoulement à pleine section. Si nous appelons :

| Pressions absolues de la chaudière en kilogr. par centimètre carré | Vitesse de masse m en kilogr. par centimètre carré d'orifice et par seconde | Vitesse $\omega$ en mètres par seconde |
|---|---|---|
| 2 | 0.0229 | 480 |
| 3 | 0.0300 | 605 |
| 4 | 0.0370 | 680 |
| 5 | 0.0430 | 730 |
| 6 | 0.0490 | 773 |
| 7 | 0.0520 | 805 |
| 8 | 0.0570 | 830 |
| 9 | 0.0590 | 850 |
| 10 | 0.0610 | 875 |
| 11 | 0.0630 | 895 |
| 12 | 0.0650 | 910 |
| 13 | 0.0670 | 925 |
| 14 | 0.0690 | 940 |

A la section d'écoulement des soupapes en centimètres carrés; V la quantité de vapeur par heure produite par la chaudière; $k$ le coefficient de contraction de l'orifice d'écoulement qui n'est pas en ajutage parfait; $k'$ le coefficient de réduction de l'orifice par les ailettes et les guides, nous arrivons à la formule suivante :

$$A = \frac{\dfrac{V}{3600}}{\dfrac{p_1}{70}(1 - k - k')} = \frac{V}{51,4 p_1} \times \frac{1}{1 - k - k'}$$

En prenant, par exemple, une chaudière de locomotive d'une surface de chauffe égale à 100 mètres, vaporisant 5,000 kilogrammes par heure sous une pression de 10 kilogrammes, et prenant

$$k = 0,35 \quad \text{et} \quad k' = 0,10,$$

cette formule donnerait les résultats suivants :

$$A = \frac{5000^k}{51,4 \times 10} \times \frac{1}{0,55} = 17^{cm2},67.$$

Nous reproduisons à titre de comparaison pour l'appréciation de ce résultat, le tableau de la page suivante établi par M. Richard, et donnant les formules admises par différents auteurs et dans divers pays pour le calcul de la soupape de sûreté.

S' est l'aire de la soupape en pouces ou centimètres carrés; $d$ diamètre en pouces ou en centimètres carrés;

G la surface de grille en pieds ou en pouces carrés;

S la surface de chauffe totale en pieds ou en pouces carrés;

C la consommation de houille par heure en livres ou en kilogrammes;

$p$ la pression effective en livres par pouce carré ou en kilogrammes par centimètre carré.

Les colonnes 3 et 4 donnent les résultats de l'application de ces différentes formules à une locomotive du type considéré plus haut en supposant en outre :

G = 2^{mq},230 ;

C = 1,150 kilogrammes.

| | Mesures anglaises | Mesures françaises | A | d | Nombre de soupapes |
|---|---|---|---|---|---|
| Etats-Unis... | $S' = \dfrac{S}{25}$ | 2,8 S | 280 | 9.5 | 4 |
| Molesworth... | $S' = 0,8 \, G$ | 55,6 G | 128 | 9.0 | 2 |
| Marine anglaise. | $S' = 0,5 \, G$ | 35,0 G | 77 | 10.0 | » |
| Thurston.... | $S' = \dfrac{5 \, S}{2(p+20)}$ | $120 \dfrac{S}{p+1,4}$ | 105 | 11.6 | » |
| — ... | $S' = \dfrac{4 \, c}{p+10}$ | $\dfrac{4 \, c}{p+0,7}$ | 430 | 12.0 | 4 |
| Rankine.... | $S' \, 0,006 \, V$ | 0,085 V | 420 | 11.5 | 4 |

Formule réglementaire imposée en France par le décret du 22 mai 1843 :

$$d = 2,64 \sqrt{\dfrac{S}{p+0,6}}.$$

Ces différentes formules ont entre elles une divergence évidente, la raison de ce fait est dans l'impossibilité d'obtenir de la soupape un soulèvement suffisant.

L'expérience démontre que les résultats de la formule théorique offrent une sécurité complète si on les applique au débit effectif de la soupape. En admettant une section d'écoulement de 17,67 pour un poids de vapeur de 5,000 kilogrammes par heure à 10 kilogrammes de pression, le diamètre de la soupape varie de la manière suivante en raison du soulèvement :

Soulèvement égal au 1/4 du diamètre, soit 12 millimètres, $d = 48$ millimètres.

Soulèvement égal à 3 millimètres, $d = 166$ millimètres.

Soulèvement égal à 5/10 de millimèt., $d = 1^m,120$.

Ce dernier chiffre est en concordance avec le diamètre de 1,20 indiqué par le baron de Burg, pour limiter la pression dans un générateur de 120 mètres carrés.

On ne saurait donner preuve plus convaincante de la nécessité pratique et économique d'une ouverture éventuelle à pleine section des soupapes de sûreté. Les soupapes à compensateur réunissent au plus haut degré le double avantage de la simplicité et de l'efficacité ; nous décrirons successivement trois systèmes caractérisant nettement les divers modes de fonctionnement de ces soupapes en suivant, pour cette description, l'ordre de leur création.

La soupape Adams, représentée en coupe (fig. 240) est à charge directe par ressort ; le compensateur doit donc faire équilibre simultanément à la dépression du fluide en écoulement et à l'accroissement de résistance engendré par la compression du ressort.

Dans ce but, le plan du clapet a été augmenté d'un rebord assez large dans lequel on a creusé une gorge circulaire qui ne laisse entre sa lèvre extérieure et la bride qu'un espace très réduit. Une saillie verticale, venue de fonte avec la bride, forme une gorge antagoniste et concentrique avec la gorge du clapet, dont le but est de redresser verticalement le fluide en écoulement.

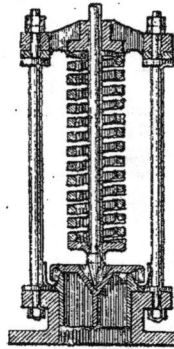

Fig. 240.
*Soupape Adams.*

Quand la pression approche de la limite maximum, le clapet se soulève, le fluide frappe le fond de la gorge du compensateur, et se contracte entre cette gorge et le siège en soulevant le clapet. A mesure que le soulèvement s'accentue, le volume de la veine augmente, ainsi que la section d'écoulement, entre le compensateur et le siège de la soupape ; il suffirait donc de donner au ressort une élasticité convenable pour que le soulèvement s'accentuât, sous l'action du fluide en écoulement ; mais à mesure que la soupape se soulève, la dépression augmente d'intensité et de surface avec la section d'écoulement, le compensateur, en raison de sa forme, a une action brusque au début et graduellement décroissante. Pour ce motif, le soulèvement maximum des soupapes Adams oscille entre 2 et 3 millimètres, il ne peut atteindre le quart du diamètre sans un accroissement sensible de la pression.

Tout en constituant un perfectionnement considérable, cette soupape ne donne donc pas le maximum d'effet utile ; elle limite rigoureusement la pression quand le diamètre adopté est suffisant. Son emploi s'est généralisé sur les chaudières de navires et de locomotives à cause

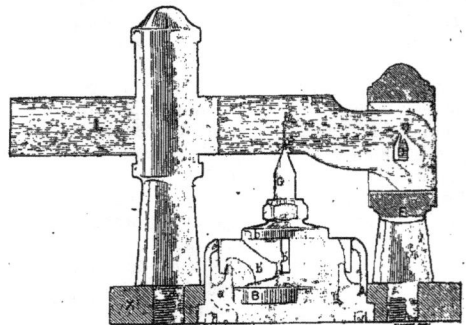

Fig. 241. — *Soupape Lethuillier-Pinel.*

de l'absence de leviers et de contrepoids, et de l'importance relative de son débit.

Dans un concours public institué en 1876, par le *Nautical magazin*, on a constaté, dit-il, qu'une soupape Adams de 76 millimètres de diamètre, timbrée à $4^k,2$ par centimètre carré, et montée sur une chaudière vaporisant 126 kilogrammes par heure, se soulevait exactement sous cette pression, et retombait sur son siège dès que celle-ci s'abaissait à $4^k,16$, pour se soulever de nouveau à $4^k,20$, soit au bout de 13 minutes environ. Elle a conservé ce fonctionnement très régulier pendant plus d'une heure. Nous avons pu constater également dans des expériences faites au Nord français sur une soupape de ce type qu'elle donnait des résultats satisfaisants.

La soupape Lethuillier-Pinel, que son inventeur a dénommée *à échappement progressif* est représentée en coupe figure 241, et chargée par la combinaison d'un levier et d'un poids. Comme la précédente, cette soupape est à compensateur, mais la charge à vaincre étant sensiblement constante, le dispositif adopté par le constructeur et les effets qu'il en obtient diffèrent essentiellement du type précédent.

Le clapet B est surmonté d'un disque *b* parallèle au plan du clapet et venu de fonte avec lui. La soupape est contenue dans une enveloppe A faisant corps avec le siège, et la partie supérieure *a* de cette enveloppe est recourbée vers l'intérieur de l'appareil, de façon à diriger le fluide en écoulement sur la tranche et au-dessous du disque compensateur *b*. Quand le clapet se soulève, l'intérieur de l'enveloppe est rempli par le fluide,

qui, dirigé par le rebord supérieur *a* de l'enveloppe, frappe sur le disque *b* et provoque le soulèvement du clapet. A mesure que ce clapet se soulève, le disque sort de l'enveloppe et la veine fluide le frappe exclusivement en dessous ; il résulte de cet état de choses, d'abord un soulèvement lent et graduel, avec léger accroissement de pression, puis, la brusque ouverture de la soupape à pleine section. Cette ouverture donnant issue à un volume considérable de vapeur, provoque nécessairement un rapide abaissement de la pression ; la soupape n'étant plus soutenue par un courant d'intensité suffisante, oscille quelques instants, puis s'abaisse rapidement jusqu'à fermeture complète.

Les essais faits sur cette soupape par M. Rolland, ingénieur de l'Association normande, sont traduits graphiquement par le diagramme représenté figure 242. Les temps sont portés en abscisses, les pressions sont indiquées par les ordon-

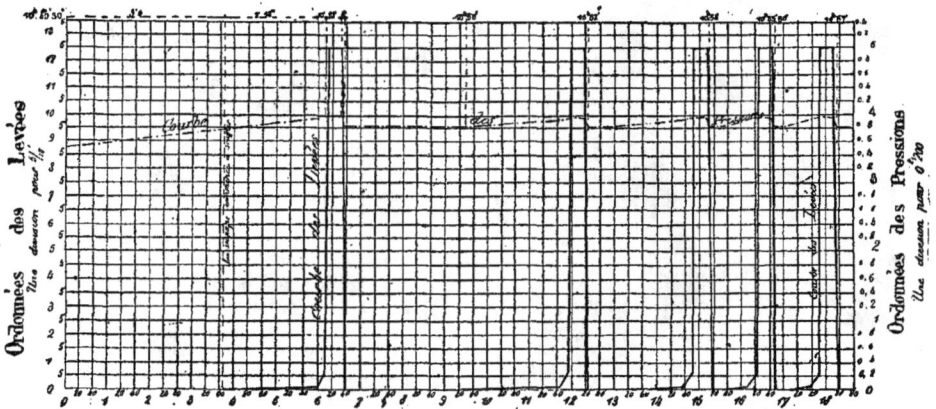

Fig. 242.

nées de droite, les hauteurs, par les ordonnées de gauche.

La chaudière fournissant la vapeur avait 28 mètres carrés de chauffe, le diamètre de la soupape était de 50 millimètres, soit 19 centimètres carrés de section. Le premier soulèvement de la soupape eut lieu concurremment avec le fonctionnement du moteur alimenté par la chaudière ; les soulèvements suivants furent produits pendant l'arrêt du moteur. Le soulèvement lent et faible au début augmente avec la pression ; de 3$^k$,750 à 4 kilogrammes, l'échelle des pressions intermédiaires est parcourue en trois minutes et vingt secondes avec un soulèvement total de 5/10 de millimètres. Cette période du fonctionnement a une grande analogie avec le soulèvement de la soupape ordinaire, puis brusquement à la pression limite de 4 kilogrammes, le clapet se soulève de 12 millimètres, soit du quart de son diamètre, offrant à la vapeur le maximum d'orifice d'écoulement. Quatre secondes plus tard, la pression s'étant abaissée à 3$^k$,800, le levier éprouve quelques oscillations, puis s'abaisse jusqu'à fermeture de la soupape.

Le moteur est arrêté, le feu, activement poussé, produit une série de phénomènes semblables aux précédents à 10 h. 50, 10 h. 52, 10 h. 54, 10 h. 55 et 10 h. 57.

Toute la vapeur produite passe par la soupape, les soulèvements sont d'autant plus rapprochés que la production est plus active ; il y a soulèvement graduel avec accroissement de pression, puis ouverture à pleine section, diminution de pression et fermeture du clapet. La durée du fonctionnement, le temps écoulé entre deux soulèvements, dépendent évidemment du rapport entre la surface de chauffe, la contenance du générateur et le diamètre de la soupape. Plus le cube d'eau contenu aura d'importance, plus la pression interne sera élevée, plus la période de soulèvement lent sera longue, plus le poids de vapeur écoulé par la soupape sera considérable.

Si l'expérience précitée avait été faite sur une chaudière multitubulaire de faible contenance, la pression aurait augmenté beaucoup plus rapidement, puisqu'il y aurait eu moins de calories à fournir à la masse liquide, la durée du fonctionnement à pleine section aurait été beaucoup moindre, et les intervalles entre chaque soulèvement beaucoup plus rapprochés.

Ce qui ressort clairement de cet essai, c'est la possibilité de limiter rigoureusement la pression au maximum indiqué par le timbre, et dans les cas nombreux où la masse liquide a un grand volume, d'éviter par une manœuvre du registre, faite en temps utile, l'ouverture brusque de la soupape. Chacun sait les inconvénients graves que ce brusque dégagement de vapeur peut faire naître dans des circonstances déterminées et fréquentes.

Le volume considérable de vapeur que cette soupape est susceptible de dégager, impose l'emploi d'une canalisation du fluide en excès. Cette canalisation, de longueur variable, offre une résistance à l'écoulement d'autant plus grande que la

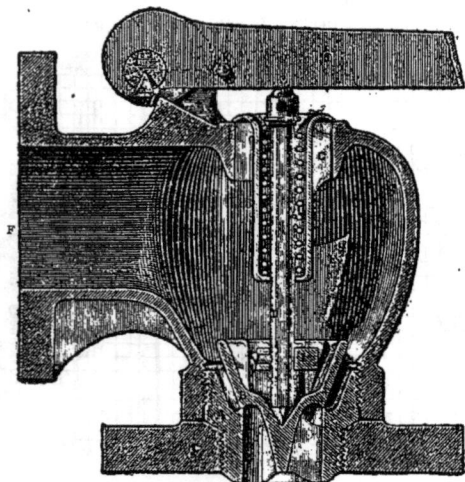

Fig. 243. — *Soupape Dulac.*

section d'écoulement est plus faible; il en résulte la nécessité d'augmenter sensiblement le diamètre du disque *b*, de réduire la section d'écoulement comprise entre ce disque et la lèvre recourbée *a* de l'enveloppe et d'augmenter la courbure de cette lèvre pour donner au compensateur la puissance nécessaire au maintien de l'équilibre des forces.

La soupape Dulac, représentée figure 243 en coupe longitudinale, est, comme les précédentes, pourvue d'un compensateur dont la forme et la puissance varient avec les résistances à vaincre, sans que le principe et le fonctionnement de l'appareil soient modifiés. Ce compensateur est formé d'un ajutage A, divergent, droit ou convergent, dans lequel pénètre le tronc de cône B, d'angle variable, dont la petite base forme clapet et dont la grande base émerge au-dessus de l'ajutage. La charge est obtenue, soit directement à l'aide d'un poids ou d'un ressort, soit par la combinaison de ces éléments avec un levier J transmettant la charge au clapet à l'aide du pointeau D.

Pour les installations fixes, la soupape et le

compensateur occupent la base d'un récipient E pourvu d'une tubulure latérale d'évacuation F, dont la section est de beaucoup supérieure à la section de la soupape. En outre, ce récipient est pourvu d'un clapet d'équilibre G dont la section libre est égale à celle de la soupape; ce clapet est maintenu sur le récipient à l'aide d'un ressort à boudin H concentrique au pointeau et comprimé par cet organe. Quand la pression est voisine de la limite maximum, le clapet se soulève, la vapeur se répand dans l'espace compris entre l'ajutage A et le cône B, pour s'écouler par l'orifice annulaire en pressant sur le cône dont elle provoque le soulèvement. A mesure que ce soulèvement s'accentue, la section de dégagement annulaire grandit entre le cône et l'ajutage en même temps que le volume de la veine en écoulement, tandis que la surface du tronc de cône plongé dans l'ajutage diminue.

Si le soulèvement du clapet provoque un dégagement de vapeur suffisant pour engendrer une contre-pression dans l'enveloppe E, le clapet d'équilibre G se soulève en comprimant le ressort H, et transmet au levier J une pression égale à la contre-pression qui agit sur la soupape. L'équilibre des forces reste constant. Le ressort du clapet d'équilibre sert, en outre, à régler le fonctionnement du compensateur en libérant, par sa détente pendant le soulèvement, une fraction de la charge antagoniste qui s'ajoute à la charge que supporte la soupape.

Il suffit donc de calculer la section d'écoulement, les diamètres respectifs du cône et de l'ajutage, et les angles divergents droits ou convergents de ces organes, en raison des résistances à vaincre, pour établir l'équilibre des forces dans tous les moments. Quand ces conditions sont remplies, il existe un rapport constant entre le volume du fluide en excès et le soulèvement de la soupape, qui a pour conséquence la limitation de la pression. Le fonctionnement n'est pas intermittent, il cesse avec la cause qui l'a produit.

Le diagramme du fonctionnement (fig. 244) met nettement en relief les propriétés de ce compensateur.

Dans l'expérience considérée, la soupape de 25 millimètres de diamètre, est placée sur une chaudière à tubes Ficlot de 33 mètres carrés de chauffe. La surface de la grille est de 1 m,50 d. q. Les temps sont portés en abscisses sur le diagramme, les ordonnées de droite indiquent la pression de la vapeur, les ordonnées de gauche indiquent le soulèvement de la soupape. Toute la vapeur générée s'écoule entre cette soupape et son siège. Le soulèvement s'opère graduellement, il atteint le maximum de 5 millimètres 4/10 après quatre minutes de fonctionnement et fait alors équilibre à la production de la vapeur, dont la tension a augmenté de 1 hectogramme.

La fermeture du registre réduit en deux minutes le soulèvement de la soupape à 5/10 de millimètres. L'alimentation froide et l'ouverture de la porte du foyer provoquent la fermeture de la soupape en soixante secondes à une pression semblable à celle qui a provoqué le soulèvement.

La perte de fluide est rigoureusement limitée à la fraction nuisible, sans provoquer une chute de pression dont la fréquence est nécessairement onéreuse.

Cette soupape limite à la fois la pression et le volume de vapeur évacué, son fonctionnement régulier et lentement progressif ne peut engendrer de perturbation.

Pour les soupapes dont la charge augmente avec le soulèvement, le grand diamètre du tronc de cône augmente, l'angle de l'ajutage devient droit ou convergent de manière à augmenter la puissance du compensateur et obtenir l'équilibre des forces dans tous les moments. Le fonctionnement conserve une régularité d'allure qui est la caractéristique de cette soupape.

Les diverses solutions, dont la description précède, ont l'énorme avantage de faire disparaître radicalement les chances d'explosion par accroissement graduel de la pression. La soupape perfectionnée n'est plus seulement un appareil avertisseur, mais elle justifie le titre de « soupape de sûreté. »

On a proposé récemment d'appliquer aux générateurs une soupape de détresse destinée à évacuer l'eau contenu dans le générateur quand la pression limite serait dépassée. Chacun sait, en effet, qu'à volume égal l'eau emmagasinée à la même pression contient soixante-quinze fois plus de chaleur que la vapeur. Il semble donc judicieux, *a priori*, d'éliminer la cause de danger, mais en supposant que cette élimination soit possible dans

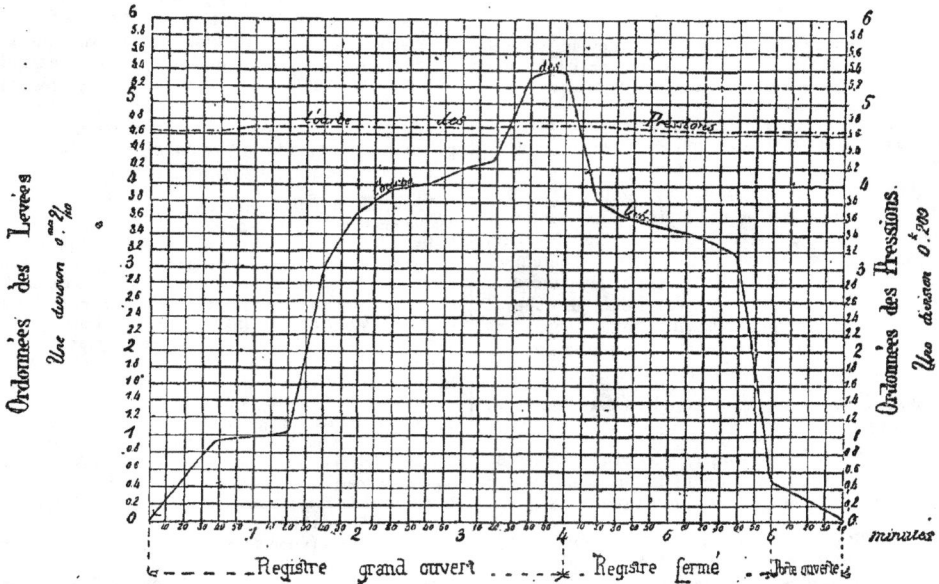

Fig. 244.

un temps très court, le générateur est exposé à l'action d'un feu violent qui provoquera sa dislocation. En outre, un dilemme se pose : si l'évacuation est très rapide, que faire de l'eau surchauffée qui s'échappe par la soupape, et si l'évacuation est lente, que ne faut-il pas redouter de l'affaiblissement des parois non rafraîchies en présence d'une pression excessive et du volume d'eau contenu dans le générateur?

Les soupapes de sûreté modernes conservent l'eau, et puisqu'il est parfaitement prouvé qu'elles limitent la pression, nous croyons l'évacuation de l'eau plus nuisible que désirable, au double point de vue de la sécurité et de la durée de la chaudière. Limiter la perte de vapeur à la quantité dangereuse sans compromettre la durée du générateur, nous semble la solution la plus désirable; cette solution est devenue nécessaire depuis le décret du 29 juin 1886 qui impose l'emploi des clapets de retenue de vapeur pour les chaudières

groupées en batterie. Le fonctionnement éventuel de ces clapets, en supprimant brusquement l'écoulement de vapeur, implique l'emploi d'une soupape de sûreté limitant rigoureusement la pression.

— A l'article CHAUDIÈRE, nous avons reproduit les dispositions législatives relatives aux appareils à vapeur, et le lecteur en s'y reportant trouvera les articles 6, 8 et 9 du décret du 6 avril 1880 qui concernent plus spécialement les soupapes : nous complétons ces renseignements en reproduisant le décret du 29 juin 1886 prescrivant l'emploi de clapets de retenue de vapeur pour les appareils groupés en batterie.

Article premier. Lorsque plusieurs générateurs de vapeur, placés à demeure, sont groupés sur une conduite générale de vapeur, en nombre tel que le produit, formé comme il est dit à l'article 14 du décret du 30 avril 1880, en prenant comme base du calcul le timbre réglementaire le plus élevé, dépasse le nombre de 1,800, lesdits générateurs sont répartis par séries correspondant chacune à un produit au plus égal à ce nombre ; chaque série est munie d'un clapet automatique d'arrêt, disposé de façon à éviter, en cas d'explosion, le déversement de la vapeur des séries restées intactes.

Art. 2. Lorsqu'un générateur de première catégorie est chauffé par les flammes perdues d'un ou plusieurs fours métallurgiques, tout le courant des gaz chauds doit, en arrivant au contact des tôles, être dirigé tangentiellement aux parois de la chaudière.

A cet effet, si les rampants destinés à amener les flammes ne sont pas construits de façon à assurer ce résultat, les tôles exposées aux coups de feu sont protégées, en face des débouchés des rampants dans les carnaux, par des murettes en matériaux réfractaires, distantes des tôles d'au moins 50 millimètres et suffisamment étendues dans tous les sens pour que les courants de gaz chauds prennent des directions sensiblement tangentielles aux surfaces des tôles voisines, avant de les toucher.

Art. 3. Les dispositions de l'article 35 du décret du 30 avril 1880 sont applicables aux prescriptions du présent règlement.

Art. 4. Un délai de six mois est accordé aux propriétaires des chaudières existant antérieurement à la promulgation du présent règlement, pour se conformer aux prescriptions ci-dessus.

Art. 5. Le ministre des travaux publics est chargé de l'exécution du présent décret qui sera inséré au Bulletin des lois.

**SOUPENTE.** En outre de ces réduits pratiqués dans la partie haute d'une pièce pour y coucher certaines personnes, ou pour tout autre usage, on désigne encore sous ce nom, non seulement les fortes courroies qui servent à suspendre le corps d'une voiture ou à maintenir un cheval dans l'appareil appelé *travail*, mais encore, *en mécan.* la disposition à l'aide de laquelle on tient en suspension, un treuil, une grue.

**SOUPIÈRE.** Vase dans lequel on sert le potage, la soupe.

**SOUPIRAIL.** *T. de constr.* Ouverture pratiquée à la partie inférieure d'un bâtiment pour donner du jour et de l'air aux caves et aux sous-sols.

\* **SOUPLE.** En *t. de mét.*, la soie assouplie s'appelle le *souple*, et le traitement des souples porte aussi le nom d'*assouplissage* ou de *souple* proprement dit. Ce traitement comprend quatre parties qui sont : 1° le dégraissage; 2° le blanchiment; 3° le soufrage; 4° l'assouplissage. Ces quatre opérations se réduisent à la première et à la dernière si la soie ne doit pas être blanchie.

Le *dégraissage* consiste à passer la soie dans deux bains de savon tièdes, puis à la laver. — V. Dégraissage de la soie.

Le *blanchiment* consiste à plonger pendant dix à quinze minutes, la soie placée en matteaux sur des bâtons, dans un bain à la température de 20 à 35°, formé d'une eau régale préparée en mélangeant 5 parties d'acide chlorhydrique avec une d'acide nitrique, qu'on étend d'eau de façon à ramener le mélange à 2°,5 ou 3° Baumé.

Le *soufrage* n'est autre que le séjour plus ou moins long de la soie dans des chambres où l'on produit de l'acide sulfureux. — V. Soufroir.

Enfin, l'*assouplissage* proprement dit ou *souple*, qui dure plus ou moins longtemps suivant le genre de soies à traiter, consiste à faire subir au textile, sans lavage préalable, une immersion

prolongée dans l'eau bouillante additionnée de crème de tartre. L'opération s'effectue dans une barque en bois contenant environ 3 kilogrammes de ce sel pour 800 litres d'eau; on chauffe avec un serpentin étamé que traverse la vapeur. La soie est manœuvrée et lissée sur ce bain pendant une heure et demie en moyenne. On la voit changer d'aspect et s'assouplir peu à peu en se gonflant; elle devient douce à la main, spongieuse, absorbe plus facilement l'eau, et se prête mieux à la teinture. On termine par un bain d'eau tiède destiné à bien rincer la fibre. — A. R.

\* **SOURCE** (Coulée en). *T. de métall.* On dit qu'un métal est coulé *en source* lorsqu'il pénètre au moyen d'un conduit, à la partie la plus basse du moule et s'élève peu à peu jusqu'à la partie supérieure. Par la coulée en source, on évite la dégradation intérieure des moules sous l'action mécanique du jet métallique ou des éclaboussures, qui se produisent souvent. Quand par la coulée en source, un même conduit vertical est destiné à produire plusieurs moulages ou plusieurs lingots, *per ascensum*, on donne à ce conduit, par lequel se fait l'arrivée du métal, le nom de *mère*.

\* **SOURCE.** *Iconol.* Dans l'iconologie antique, les sources étaient figurées par les naïades, leurs divinités, sous les traits de femmes jeunes et jolies, couronnées de plantes et de fleurs aquatiques. Souvent elles s'appuyaient sur une urne d'où s'échappait une eau limpide. Parmi les compositions modernes les plus connues sur la source, on doit citer en première ligne celle d'Ingres, aujourd'hui au Louvre. C'est une jeune fille nue, au regard un peu vague et étonné, qui soulève au-dessus de son épaule une urne d'où tombe la source : elle a été gravée par Léopold Flameng et Calamatta. Henri Lehmann a peint les *Filles de la source*, et Henner, *Biblis changée en source.* Dans un ordre d'idées moins symbolique, Feyen Perrin a exposé en 1873, les *Cancalaises à la source*; Jules Breton, *la Source au bord de la mer*, à l'exposition universelle de 1867; Gustave Brion, *la Source miraculeuse* (salon de 1855); Cabat une *Source dans les bois* (salon de 1864); Emile Breton, *Une source* (salon de 1868); Charles Leroux, *Une source* (salon de 1870). Enfin, dans un des meilleurs tableaux de Français, exposé en 1874, deux nymphes s'apprêtent à se baigner dans une source ombragée par de beaux arbres. En sculpture, nous citerons *la Source et le ruisselet* (salon de 1869), par Emile Chatrousse; *la Source de l'Yvette*, par Léon Fourquet (salon de 1874), et *Biblis changée en source*, par Suchetet, qui a obtenu un prix du salon en 1880.

**SOURDINE.** *Instr. de mus.* Dispositif variable selon les instruments, et destiné à amortir les sons. La sourdine du violon, de la basse, de l'alto, etc., est une sorte de peigne en bois, ivoire ou métal, à trois dents évidées, que l'on enchâsse sur le chevalet; celle du piano se compose d'une pédale actionnant des réglettes de bois garnies de peau, qui viennent s'appliquer sur les cordes; celle des hautbois et des clarinettes est formée par un pavillon rentrant en dedans et muni d'une petite ouverture; enfin, la sourdine du cor est constituée par un simple cône de carton percé d'un trou à sa base et que l'on place dans le pavillon.

\* **SOUS-CHEVRON.** *T. de constr.* Pièce de bois de faible équarrissage employée dans la charpente d'un comble cintré ou d'un dôme pour recevoir l'assemblage des chevrons courbes.

**\*SOUS-DOUBLIS.** *T. de constr.* Se dit d'une rangée de tuiles posées à plat, de façon à former égout, et destinées à être recouvertes d'une autre rangée qui porte le nom de *doublis*.

**\*SOUS-ÉGALISOIR.** Crible en peau et tamis en crin dont on se sert dans les poudreries, pour opérer la séparation des grains trop fins et de la poudre.

**SOUS-FAÎTAGE** et **SOUS-FAÎTE.** *T. de constr.* Pièce de charpente rattachée au faîtage par des entretoises et reliant entre eux les poinçons des fermes pour consolider celles-ci et s'opposer à leur déversement.

**SOUS-GARDE.** *T. d'arqueb.* Pièce de fer dont le milieu forme une sorte de cercle, dit *pontet*, et qui se visse sous la crosse d'une arme à feu, de façon à protéger la gâchette contre les chocs qui pourraient faire partir la détente.

**\*SOUS-MAIN.** Feuilles de papier dont on se sert pour écrire, pour serrer des notes, et qu'on laisse sur son bureau.

**SOUS-ŒUVRE.** *T. de constr.* Reprendre *en sous-œuvre*, c'est reconstruire la partie inférieure d'un bâtiment sans ébranler le haut de la construction que l'on soutient par des chevalements et des étais, et dont les baies sont maintenues par des croisillons et des couchis.

**\*SOUS-PLANAGE.** *T. de mécan.* Travail de chaudronnerie qui consiste en un planage au marteau effectué par l'ouvrier sur des parties planes qui viennent d'être assemblées par une brasure, telles que des fonds de casserolle, par exemple, dans le mode de préparation par fond rapporté. Le sous-planage a pour but de bien aplanir et égaliser l'endroit de la liaison ; il est remplacé par un ébarbage à la lime lorsque la forme des pièces ne permet pas de l'opérer, comme sur les tuyaux coudés par exemple.

**SOUS-SOL.** *T. de constr.* Etage qui, situé immédiatement au-dessous du rez-de-chaussée, est en partie souterrain ; on y dispose ordinairement des magasins, des celliers, des caves, etc.

**\*SOUS-SOLEUSE.** Sorte de *charrue.* — V. ce mot.

**SOUS-TANGENTE.** *T. de géom.* On appelle *sous-tangente* d'un point d'une courbe, la longueur de l'axe de cette courbe comprise entre l'ordonnée et la tangente au point.

**\*SOUS-TENDER.** *T. de mécan.* Appareil faisant partie de l'installation de l'injecteur-réchauffeur système Mazza, et qui consistait en un réservoir spécial suspendu au-dessous du tender et dans lequel s'opérait le mélange de l'eau d'alimentation avec la vapeur d'échappement. — V. INJECTEUR et RÉCHAUFFEUR.

**\*SOUS-TRAITANT.** — V. TÂCHERON.

**SOUTACHE.** Tresse de galon, lacet étroit que l'on applique sur certains vêtements, pour y figurer des dessins d'ornementation.

**SOUTANE.** *T. du cost. eccl.* Sorte de robe longue, à manches étroites, et boutonnée de haut en bas, que portent les ecclésiastiques ; on appelle *soutanelle* une petite soutane qui ne descend que jusqu'aux genoux.

**SOUTE.** *T. de mar.* Magasins construits dans l'entrepont ou dans la cale d'un navire pour recevoir les munitions et les provisions, et qui, suivant leur destination, portent les noms de *soute aux poudres* (V. POUDRES ET SUBSTANCES EXPLOSIVES, § *Emmagasinage*), *soute aux biscuits*, *soute aux voiles*, *soute au vin*, etc.

**\*SOUTENANT.** *Art. hérald.* Se dit d'un ou de plusieurs animaux qui paraissent soutenir quelque pièce.

**SOUTÈNEMENT.** — V. MUR.

**\*SOUTENU, NUE.** *Art hérald.* Se dit du chef lorsqu'il paraît posé sur une devise ou de la bande posée sur un filet, et encore du cep de vigne lorsque son échalas est d'un autre émail.

**\*SPALTER.** *T. techn.* Sorte de pinceau qui sert au vernissage.

**SPARADRAP.** *T. de méd.* Etoffe de fil, coton ou soie, enduite généralement sur une seule face, d'une couche uniforme de masse emplastique adhésive et souple. Cette masse se dépose sur l'étoffe après fusion, en employant deux procédés : tantôt par le couteau, en ayant soin de tenir le tissu bien tendu et en déposant rapidement une ou plusieurs couches bien égales d'emplâtre fondu ; tantôt par le *sparadrapier*, instrument dans lequel la matière fondue est versée entre des lames métalliques fixes, qui laissent glisser au-dessous d'elles la toile que l'on tire régulièrement.

Le sparadrap le plus employé est celui à l'emplâtre diachylum gommé qui sert surtout à réunir les bords des plaies faites avec section de la peau. Les sparadraps au thapsia, vésicants, à la colle de poisson (taffetas d'Angleterre) sont encore très employés.

**\*SPARRE.** *T. techn.* Nom du jonc ou sparte avec lequel les corroyeurs frottent les peaux pour les adoucir.

**SPART** ou **SPARTE.** *T. de bot.* Le nom de *sparte* est souvent donné, en industrie, à l'*alfa* (V. ce mot). Cependant, scientifiquement parlant, l'alfa et le sparte sont deux graminées qui sont tout à fait différentes l'une de l'autre. Elles croissent ensemble, en Algérie et en Espagne, et servent aux mêmes usages. Le sparte (*lygæum spartum*, L.) a la tige traçante, et de cette tige, qui fait l'office d'axe, sortent les racines à la partie inférieure et des feuilles à la partie supérieure, lesquelles, presque régulièrement rangées, lui donnent à peu près l'aspect d'une arête de poisson ; le chaume qui s'élève du centre des feuilles est terminé par une spathe jaunâtre en forme de capuchon qui sert d'abri à ses deux fleurs.

Pour l'usage, les feuilles de l'alfa sont préférables à celles du sparte, elles sont plus fibreuses et plus solides. — A. R.

**SPARTERIE.** On désigne sous ce nom les divers ouvrages, tels que descentes de lit, cordes, nattes, tapis, paniers, chaussures, etc., tressés, soit en alfa, soit en crin végétal ou en toute autre fibre qui s'en rapproche par sa contexture et son aspect.

La sparterie d'alfa se fabrique dans tous les pays méditerranéens, mais notamment en Espagne et en Algérie ; la sparterie tressée avec d'autres fibres végétales se fait dans la plupart des pays tropicaux. En Espagne, on ne fit, dès le principe, avec l'alfa, que des semelles d'espadrilles ; encore aujourd'hui, un grand nombre de villages n'utilisent pas l'alfa d'une autre façon et, dans certaines communes de la côte, notamment à Betera, Naguero, Villavieja, Santa Pola et Millares, les trois quarts des habitants en fabriquent journellement une centaine de paires habituellement vendues 6 cuartos la paire. Puis on en fit des vases dits de *sparte*, des cabas, des balais, des claies, des nasses, des filets ; mais ce ne fut que plus tard qu'on songea à en confectionner des cordes et des nattes. Dans un certain nombre de boutiques de villages de l'Espagne, on vend tout ensemble ces divers objets dont les uns proviennent de véritables fabriques et d'autres sont issus de l'industrie domestique : la population pauvre, notamment d'une partie de la Marche, de Valence, de Murcie et même de l'Andalousie, se livre au travail de l'alfa. Dans tout le pays, actuellement, les cordes en alfa, qui pourrissent difficilement au contact de l'eau, servent, à l'exclusion de toutes autres, dans les norias et les puits pour l'extraction des eaux ; on les utilise aussi dans les constructions pour élever des poids et opérer des tirages de grande résistance. Pour les fabriquer, on fait macérer la plante dans les mares et lagunes, puis on la broie, soit au moyen de maillets à la main, soit avec une machine, et on finit par la peigner. L'industrie de la natte est concentrée, en quelque sorte, à Crevillent, Santa Pola et Torrevieja ; elle a été apportée à Crevillent par un Marseillais, Manuel Martinet, qui longtemps travailla seul avec ses frères dans un souterrain et vendit ses nattes, à très bon prix, à Madrid ; à sa mort, ses frères propagèrent l'industrie dans le pays, et celle-ci s'y trouve maintenant généralisée au point que les nattes d'alfa remplacent les tapis dans presque toutes les habitations de la classe moyenne.

En Algérie, où l'extraction de l'alfa est faite en presque totalité par des ouvriers espagnols nommés *sparteros*, on n'utilise pour la sparterie que les feuilles de choix dont on fait un triage spécial. Celles-ci ne doivent être ni trop jeunes ni trop vieilles ; dans le premier cas, elles sont courtes et contiennent peu de filaments ; dans le second cas, elles sont dures et cassantes. Pour les utiliser, on les bat à l'aide de fortes machines dans lesquelles des pilons écrasent la plante préalablement humectée. Le battage, dont le résultat est de désagréger quelque peu la matière végétale en mettant à nu la fibre proprement dite, est

suivi d'un piquage au peigne sur des appareils spéciaux.

Quant à la sparterie faite avec des fibres autres que celles d'alfa, notamment avec les filaments végétaux fournis par certains palmiers, la préparation en diffère suivant les pays producteurs et varie selon les matières fibreuses employées. — A. R.

*SPATARD. *T. de métall.* Sorte de laminoir employé pour la dernière passe des petits fers plats. — V. LAMINAGE.

**SPATH.** *T. de minér.* Nom donné à quelques minéraux qui ont, comme l'indique l'étymologie allemande du mot *spath*, une texture lamellaire.

On désigne, sous cette dénomination, des corps bien différents :

*Spath adamantin.* Syn. : *Corindon.* — V. ce mot.

*Spath brunissant.* Nom donné à la *dolomie*, lorsqu'elle devient brune ou noire par l'action du chalumeau ; cet effet est dû à ce que ces variétés spéciales renferment une très forte proportion de carbonate de fer au lieu d'en contenir seulement quelques centièmes.

*Spath fluor.* Syn. : *Fluorine, fluorure de calcium.* — V. t. II, p. 71.

*Spath pesant.* Syn. : *Barytine.* Baryte sulfatée. — V. t. I, p. 530.

**SPATULE.** Instrument de bois, d'os ou de métal, suivant l'usage qu'on veut en faire, et dont l'une des extrémités est arrondie, tandis que l'autre, plus large et aplatie, est taillée soit droite, tantôt en sifflet ; on s'en sert dans un grand nombre de professions pour étendre, étaler, remuer certaines substances, opérer des rebouchages, des lissages, etc.

**SPECTRE.** *T. de phys.* On donne ce nom à l'image irisée produite sur un écran par un rayon de lumière blanche (lumière solaire) qui a traversé un *prisme* (V. ce mot). Cette image oblongue est l'épanouissement de l'image ronde que donnerait le rayon solaire dans la chambre obscure sans l'interposition du prisme. Les couleurs qui composent la lumière blanche étant *simples* (c'est-à-dire indécomposables à nouveau par un autre prisme) et inégalement réfrangibles, se séparent au sortir du prisme et s'étalent dans l'ordre suivant de réfrangibilité croissante : rouge, orangé, jaune, vert, bleu, indigo, violet. C'est d'ensemble de ces couleurs qu'on donne le nom de *spectre solaire*.

Si l'on promène dans toute l'étendue du spectre et même au delà, un thermomètre très sensible (pile thermo-électrique linéaire), on constate que la température va en croissant, du violet au rouge et même au delà du rouge (rayons infra-rouges). Ce *spectre calorifique* a ses *bandes froides*, comme le spectre lumineux a des raies obscures. Quant aux propriétés chimiques du spectre, elles vont en croissant du rouge au violet et dans la partie *ultra-violette*.

Les rayons ultra-violets possèdent la propriété de provoquer la *phosphorescence* de certaines substances.

Observé à l'œil nu, le spectre solaire paraît con

tinu; mais avec une lunette on voit des solutions de continuité nombreuses qu'on nomme *raies du spectre*. Elles occupent des positions fixes bien déterminées, servant de points de repères pour les couleurs.

*Spectres des lumières artificielles*. Les corps *solides* ou les *liquides* amenés à l'incandescence donnent des *spectres continus*, sans raies obscures. A mesure qu'on élève leur température, des rayons successivement rouges, orangés,..... violets, viennent s'ajouter aux rayons calorifiques obscurs, et ce n'est que quand la lumière devient blanche que tous les rayons violets apparaissent. Les corps *gazeux* donnent un *spectre discontinu*, formé de *lignes brillantes* séparées par de larges intervalles obscurs. Ces lignes brillantes sont, par leurs couleurs et leurs positions fixes, caractéristiques pour chaque substance. — V. ANALYSE SPECTRALE, t. I, p. 157. — C. D.

*SPECTROSCOPE. *T. de phys.* Instrument destiné à observer les spectres produits par la décomposition de la lumière solaire ou de lumières artificielles, dans le but de déterminer la position, l'étendue et la couleur des *raies* que montrent ces spectres, raies qui sont en rapport avec la nature des substances incandescentes et servent, par suite, à les caractériser. Il en résulte que l'analyse d'une flamme au moyen du spectroscope peut déceler la nature des corps, généralement métalliques, qui entrent dans sa constitution. C'est à MM. Kirchoff et Bunsen qu'on doit l'invention du spectroscope (1860).

Le spectroscope ordinaire se compose essentiellement de trois lunettes montées sur un même pied et dont les axes convergent vers les faces d'un prisme en flint. La première, lunette proprement dite, avec objectif et oculaire, peut tourner autour du prisme; elle est munie de boutons pour la *mettre au foyer* et pour l'*incliner* plus ou moins sur la face du prisme. La seconde lunette amène la lumière à étudier; elle la fait d'abord converger, au moyen de lentilles, puis la dirige en faisceaux parallèles sur le prisme. La troisième est destinée à évaluer la distance des raies; à cet effet, son extrémité antérieure est munie d'un *micromètre* (lame de verre portant 250 divisions en parties égales) éclairé par une flamme de gaz. On obtient facilement, à l'aide de ce système, les spectres parallèles de deux flammes comparatives.

Pour mieux étaler le spectre et en étudier les différentes régions dans leurs détails, on emploie des *spectroscopes à plusieurs prismes*. Dans les observations ordinaires, on se sert du *spectroscope vertical*. En astronomie, on emploie le *spectroscope à vision directe*, adapté à une lunette astronomique, ou même tenu à la main, pour l'observation de la chromosphère solaire. — C. D.

**SPÉCULUM.** *T. de chirurg.* Instrument dont le nom latin signifie *miroir*, et qui sert à dilater l'entrée de certaines cavités du corps, de façon à permettre, soit de voir l'état d'un organe situé profondément, soit de porter à l'intérieur d'une partie malade un instrument ou un remède. Il y

avait jadis un assez grand nombre d'instruments de ce genre, que, suivant leur destination, on désignait sous les noms de *speculum ani*, *oculi*, *auris*, *buccæ*, *uteri* et *gutturæ*; les quatre premiers et le dernier sont actuellement tout à fait abandonnés; ceux qui servent à l'exploration des organes génitaux féminins servent seuls, mais leur nombre est très grand. Ceux les plus ordinaires ont la forme d'un tube conique, évasé par un côté; ils sont en métal poli, bien luisant, parfois en verre étamé, protégé par de l'ébonite. Le manche, tenu par l'opérateur, permet d'écarter plus ou moins les valves pour offrir un plus vaste champ d'exploration.

**SPERMACÉTI.** Syn. de *blanc de baleine*. — V. cet article.

**SPHÈRE.** *T. de géogr. et d'astr.* 1° *Sphère terrestre*, globe en carton ou en plâtre monté sur un pied traversé par un axe métallique qui figure l'*axe polaire*. Perpendiculairement au milieu de cet axe est tracé l'*équateur*; puis, suivant l'axe, les *méridiens*, et parallèlement à l'équateur, les *cercles parallèles* parmi lesquels il faut distinguer les *tropiques* et les *cercles polaires*. Sur ce canevas sont figurés les continents, les îles, dans leurs proportions avec les dimensions de la sphère, puis les divisions géographiques, les fleuves, les montagnes, les positions des villes, etc. 2° *Sphère céleste*. Les anciens croyaient que les étoiles étaient toutes fixées sur une sphère en cristal. Vu leur grand éloignement, elles peuvent être, en effet, regardées comme situées à la même distance sur la surface d'une sphère d'un immense rayon dont la terre occupe le centre. C'est la miniature de cette sphère idéale qu'on représente sur un globe dit *sphère céleste*, en relief ou en creux sur lequel sont marquées, avec leurs distances angulaires, les étoiles depuis la première jusqu'à la sixième ou la huitième grandeur, reliées par groupes, dits *constellations*, tels que la grande ourse, la petite ourse, dont la première étoile sert à marquer le pôle nord. 3° *Sphère armillaire*. Elle se compose de deux cercles, l'un horizontal, porté par quatre supports aboutissant au pied de l'appareil; l'autre vertical, retenu par le bas dans une entaille faite au pied de l'instrument et latéralement dans deux entailles faites sur le cercle horizontal, au nord et au sud. Cet instrument étant orienté (c'est-à-dire le cercle vertical placé dans le méridien), on obtiendra le *midi vrai*, en notant le moment où l'ombre pure de la partie antérieure de ce cercle se projettera exactement sur le milieu de la partie postérieure.

Dans le système des anciens, le centre de la sphère armillaire est occupé par la terre. Autour d'elle sont placés : le soleil, la lune, les planètes. Dans le système moderne, le soleil occupe le centre; les planètes, ainsi que la terre et la lune, sont distribuées par ordre de distance. Mais cette disposition ne peut donner une idée de ces éloignements relatifs. — C. D.

**SPHÉROÏDAL** (Etat). *T. de phys.* Etat qu'affecte une petite quantité de liquide exposé sur un corps très chaud et dans lequel il n'émet que très peu de vapeur, l'ébullition ne se faisant pas en ces conditions. Ce nom lui a été donné par M. Boutigny, d'Evreux (qui a étudié le phénomène d'une manière spéciale), parce qu'alors le liquide se réunit en *sphère*. M. Boutigny croyait voir là un *nouvel état de la matière*, et avait même imaginé d'expliquer, par ce moyen, la formation des corps célestes. Son système n'a pas été accepté, mais ses nombreuses expériences sont devenues classiques. L'état sphéroïdal s'explique aujourd'hui très simplement, on lui a donné le nom de *caléfaction*. — V. ce mot.

Aux expériences instituées pour démontrer que dans la *caléfaction* le liquide *ne touche pas* la plaque chaude, nous ajoutons la suivante qui est aussi simple que concluante : sur une plaque de cuivre percée de trous comme une écûmoire et chauffée au rouge sombre, on dépose, avec une pipette, quelques gouttes de liquide (eau, alcool ou éther); celles-ci roulent sur la plaque sans passer par les trous; tandis que la plaque étant froide ou seulement à la température de 90°, le liquide passerait.

M. Boutigny a vu dans la vaporisation sphéroïdal une des causes d'explosion des chaudières à vapeur. Cette explication a soulevé de sérieuses objections, et l'on connaît aujourd'hui d'autres causes efficaces dont la vaporisation sphéroïdale ne peut rendre compte.

La caléfaction explique naturellement différents effets qui paraissent extraordinaires, tels que l'application de la main ou de la langue sur un fer rouge sans qu'il en résulte de brûlure. Dans ce cas et dans tous ses analogues, il n'y a pas contact; l'organe est préservé par une couche de vapeur résultant de la caléfaction d'une petite quantité de liquide ou de sueur. C'est ainsi qu'en mouillant ses mains avec de l'éther, on peut les plonger dans l'eau bouillante sans éprouver la moindre douleur. — C. D.

**SPHÉROMÈTRE. T. de phys.** Instrument destiné, dans le principe, à mesurer avec précision le rayon d'une sphère ou d'une lentille sphérique, c'est ce qui lui a valu son nom, donné par l'inventeur Cauchoix. Mais le sphéromètre est employé aujourd'hui à évaluer l'épaisseur des corps de petites dimensions et à d'autres usages qui seront mentionnés plus loin. La pièce principale du sphéromètre (fig. 245) est une *vis* à pointe mousse qui s'engage dans un *écrou* porté par trois pointes d'acier formant un triangle équilatéral. L'axe de la vis, normal au plan du triangle, passe par le centre du cercle circonscrit. La tête de la

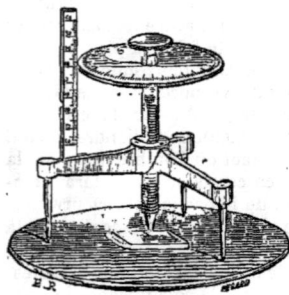

Fig. 245. — *Sphéromètre.*

vis est un large limbe gradué en 500 parties égales' qui tourne devant une *règle* verticale taillée en biseau du côté du limbe et fixée à l'écrou; elle porte des divisions égales au pas de la vis (lequel est ordinairement de 1/2 millimètre). Pour un tour du disque, sa face supérieure s'abaisse d'une division ou de 1/2 millimètre. Quand le limbe a tourné de une division, la vis s'est déplacée de 1/500 de 1/2 millimètre, c'est-à-dire de 1/1000 de millimètre. Il y a proportionnalité entre le mouvement de rotation et le mouvement axial. L'instrument est posé sur un plan de verre épais et bien dressé. Ses dimensions n'excèdent guère $0^m,15$ à $0^m,20$.

Après avoir placé l'instrument sur le plan de verre, on amène la pointe de la vis au contact exact de ce plan sans soulever aucun des trois pieds. Dans cette position, le zéro du limbe doit coïncider avec le zéro de l'échelle; s'il en était autrement, il faudrait tenir compte de la différence dans les mesures à effectuer. On relève la vis et l'on place au-dessous d'elle, sur la plaque de verre, l'objet dont on veut mesurer l'épaisseur. On répète sur lui l'opération précédente avec les mêmes précautions. On note le nombre N de divisions de la règle (c'est-à-dire le nombre de tours de la vis) et le nombre de divisions *n* du limbe. L'épaisseur *e* est alors donnée par la formule :

$$e = \frac{N}{2} + \frac{n}{1000}.$$

*Principaux usages du sphéromètre.* Vérifier si une surface est plane; si les deux faces d'une lame sont parallèles; mesurer le diamètre d'un fil de platine, de verre, etc.; l'épaisseur d'une feuille d'or, d'un fil de soie, de laine, de coton; vérifier si une surface est sphérique; enfin, déterminer le rayon d'une sphère, d'une lentille ou d'un miroir sphériques.

Fig. 246.

Dans ce cas, on pose l'instrument de manière que ses quatre pieds touchent la sphère. La quantité dont il a fallu soulever la vis au-dessus du plan de verre donne la hauteur DC (fig. 246) de la zone ADB, ou la flèche *h*. Les trois pointes forment un triangle équilatéral dont le côté *c* est connu et, par suite, le rayon

$$Ac \text{ ou } r = \frac{c}{\sqrt{3}}$$

du cercle circonscrit. Le rayon *x* de la sphère sera donc :

$$x = \frac{r^2 + h^2}{2h}$$

ou en fonction de *c*

$$x = \frac{1}{2}\left(\frac{c^2}{3h} + h\right).$$

C. D.

**\*SPHYGMOGRAPHE.** Instrument destiné à mesurer et à enregistrer la force des battements du pouls. — V. Enregistreur.

**\*SPHINX.** *Iconol.* Le sphinx appartient exclusivement à la mythologie égyptienne, et on n'est pas d'accord sur son véritable symbolisme ; il est probable qu'il faut y voir une divinité particulière. Les Egyptiens le représentaient sous la forme d'un lion à buste de femme ou de bélier, et cette ,figure est d'un heureux effet décoratif, aussi en a-t-on souvent usé, sans nécessité religieuse et uniquement pour la beauté de ses lignes. En Egypte, il reste encore un grand nombre de sphinx sculptés dans la pierre et dans le granit. Quand les artistes égyptiens voulaient représenter un prince ou le soleil, ils donnaient au sphinx une tête d'homme, et plus tard on fit des sphinx à têtes d'oiseaux ou d'animaux.

Dans la mythologie grecque, le sphinx devient un animal fabuleux, arrêtant les passants, leur proposant des énigmes et dévorant ceux qui ne pouvaient les expliquer. Œdipe devina un de ses problèmes les plus difficiles et, de dépit le monstre se précipita dans la mer. Les Romains semblent avoir adopté cette figure énigmatique, et ils l'avaient donnée pour attribut à la Prudence et au soleil, à qui rien n'est caché. Parmi les statues modernes, nous citerons les deux sphinx enlevés à Sébastopol et placés à la porte du jardin des Tuileries ; ils sont dus au sculpteur russe Ramazanoff.

En peinture, le *Sphinx posant son énigme à Œdipe* a été traité, dans des toiles célèbres, par Ingres (musée du Louvre) et par Gustave Moreau (salon de 1864) ; enfin, nous rappellerons le *Repos de la Sainte Famille*, abritée dans les bras du sphinx, par M. Luc-Olivier Merson, et *Bonaparte interrogeant le sphinx*, par M. Gérôme.

**\*SPIEGEL, SPIEGEL EISEN.** *T. de métall.* On donne le nom de *spiegel eisen* (fonte miroitante, fonte spéculaire, fonte à facettes) à une fonte fortement manganésifère que l'on a produite, primitivement, en Allemagne, dans le pays de Siegen. On l'y obtient, par le traitement au haut-fourneau, de carbonate de fer et de manganèse, préalablement grillés.

Lorsque le chauffage du vent ne dépassait pas 400°, on n'avait qu'un rendement médiocre, et la teneur en manganèse ne dépassait pas 7 à 8 0/0. On ne pouvait produire des laitiers assez chargés en chaux pour déplacer convenablement l'oxyde de manganèse, et une grande partie de celui-ci passait dans les laitiers sous forme de silicate de protoxyde. Actuellement, en élevant la température du vent, on a pu, avec le même lit de fusion, obtenir 10 et 12 0/0 de manganèse.

On fait, maintenant, du spiegel beaucoup plus riche en traitant les minerais manganésifères de Carthagène et de Grèce, et l'on appelle *spiegel* toute fonte manganésifère ayant, au plus, 25 0/0 de manganèse. A cette teneur, cette fonte est attirable à l'aimant, tandis qu'à une plus forte dose de manganèse, elle cesse de l'être, et on lui donne alors le nom de *ferromanganèse*. — V. ce mot.

**SPINELLE.** *T. de minér.* — V. RUBIS.

**\*SPINELLI** (JOSEPH-EUSTACHE-CROCÉ). Aéronaute. — V. CROCÉ-SPINELLI.

**SPIRAL, SPIRAUX.** *T. d'horlog.* Petit ressort roulé en spirale quand il doit être placé dans les montres, et en hélice quand on l'adapte dans les chronomètres de marine. Une de ses extrémités est attachée à poste fixe et l'autre est fixée à l'axe même du balancier. Les oscillations à droite, à gauche de ce balancier, quand il est mis en mouvement par le rouage, sont le résultat de la réaction élastique du ressort. La figure 405 de l'article HORLOGERIE, nous représente un spiral de montre, et la figure 236 de l'article CHRONOMÈTRE, un spiral de chronomètre.

— L'introduction du spiral dans les montres augmenta tellement la régularité de leur marche, que la découverte fit grand bruit et fut disputée. Il paraît certain que Hooke, savant anglais, fit faire un spiral et l'adapta à une montre, mais qu'elle ne vit jamais le jour. Ce fut Huyghens qui le premier (en 1675) en rendit publique la découverte.

Ce premier progrès fut suivi, mais de longues années après, d'un second, l'invention du spiral *isochrone*, c'est-à-dire qui rend d'égale durée en temps, les oscillations, longues ou courtes du balancier.

On arrive au spiral isochrone par deux méthodes : 1° celle de Pierre Le Roy, qui, ayant observé qu'avec un spiral très long, les grandes oscillations s'accomplissaient en plus de temps que les très courtes, et réciproquement, en avait conclu qu'une longueur de ressort intermédiaire, réaliserait l'isochronisme des oscillations du balancier ; ce qui était exact ; 2° en ramenant vers l'intérieur les extrémités du spiral, selon certaines courbes cherchées.

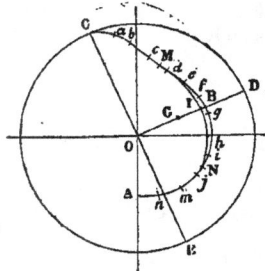

Fig. 247.

C'est la méthode postérieure à celle de Pierre Le Roy, qui est assez généralement adoptée aujourd'hui. M. Phillips, de l'Institut, a publié la théorie de ces courbes terminales ; dans son savant *Mémoire sur le spiral réglant*, il démontre que si les courbes terminales d'un spiral cylindrique satisfont aux conditions suivantes (soient ABMC la courbe, G le centre de gravité de la courbe et O le centre du spiral) : 1° que OG soit perpendiculaire au rayon OC où la courbe ABMC se détache des spires ; 2° que OG soit une troisième proportionnelle au rayon OC et à la longueur ABMC de la courbe, ou que l'on ait :

$$OG = \frac{(OC)^2}{ABMC}.$$

Un tel spiral, c'est-à-dire se terminant à ses deux bouts par deux courbes parallèles de cette espèce, offrira les propriétés suivantes : 1° le centre de gravité du spiral sera sur l'axe du balancier ; 2° ce spiral restera toujours, en s'ouvrant et se refermant, bien cylindrique et concentrique à l'axe, et sa force croîtra proportionnellement à l'angle de rotation du balancier (principe de l'isochronisme) ; 3° le balancier n'exercera dans son mouvement, et par le fait du spiral, aucune pression latérale contre les parois des trous où roulent ses pivots.

Le spiral est employé aussi dans des instruments de précision, tels que baromètres, manomètres, etc. Quelque minime que paraisse cette pièce elle est devenue l'objet d'une fabrication d'une certaine importance, puisqu'aujourd'hui il existe cinq fabriques de spiraux. Voici quelques détails sur les procédés employés dans ces établissements. Le métal, assez généralement de l'acier anglais, est tréfilé, en fils allant d'une extrême finesse jusqu'à une grosseur d'un millimètre environ, dans une filière à trous en diamant.

La deuxième opération, le polissage, unifie la surface, et la débarrasse des matières grasses qu'il a fallu employer pour le tréfilage.

Ce fil rond, pour être aplati, passe ensuite sous les rouleaux d'un laminoir, qui doit fonctionner avec une extrême précision, afin que le fil aplati soit bien de même épaisseur et de même largeur sur toute sa longueur. Ces différentes opérations donnent à l'acier qui n'est pas trempé, le degré d'élasticité nécessaire pour qu'il remplisse bien ses fonctions. Le fil ayant été roulé sur des bobines, puis coupé en lames de longueur égale, on enroule l'une sur l'autre, à l'intérieur d'un petit tambour ou barillet, deux ou trois, etc., lames coupées. Avec deux lames l'écartement des spires est d'une épaisseur, avec trois deux épaisseurs, etc. Cela fait, les petits barillets sont placés sur une plaque chauffée à la couleur bleue pour l'acier. Ce degré de chauffe fixe la forme du spiral en lui laissant son élasticité.

Les spiraux sont ensuite classés : suivant leurs diamètres, et suivant leurs forces, mesurées avec des instruments *ad hoc*, puis ils sont encartés par douzaines, et mis dans le commerce. Les spiraux en acier, ne sont pas généralement trempés : mais on en fait cependant pour les montres supérieures qui ont été trempés par un procédé analogue à ceux que l'on emploie pour fixer la forme. Quant aux spiraux des chronomètres de marine, on les enroule, pour les tremper, sur un moule cylindrique. On en a fait aussi d'excellents en palladium et en or alliés. — c. s.

**SPIRALE.** *T. de géom.* Courbe plane composée d'une infinité de spires, et dont le rayon polaire croît ou décroît suivant une certaine loi pendant qu'il tourne constamment dans le même sens autour du pôle. Dans la spirale d'Archimède, par exemple, le rayon polaire croît proportionnellement à l'angle de rotation.

**SPIRE.** Un seul des tours d'une ligne spirale, que l'on nomme *tour de spire*. || *T. d'arch.* Base de colonne, lorsque la figure ou le profil de cette base va en serpentant.

\* **SPITZ KASTEN** ou *caisses pointues*. *T. d'exploit. des min.* Appareil employé au classement des matières pulvérulentes, par *équivalence*, c'est-à-dire suivant la valeur de la fonction $a(D-1)$, $a$ étant le diamètre moyen d'un grain, et D son poids spécifique moyen ; il est décrit à l'article LAVAGE ET PRÉPARATION MÉCANIQUE DES MATIÈRES MINÉRALES, § I, *Minerais métalliques*.

\* **SPOULINAGE** ou **ESPOULINAGE**. *T. de tiss.* Dans la fabrication de certains tissus brochés, c'est la façon d'entrelacer les fils de chaîne par des laines de couleurs différentes en exécutant un travail assez semblable à celui que fait la dentellière. — V. CHÂLE.

**SQUARE.** Mot anglais, et passé dans notre langue pour désigner un jardin entouré d'une grille, établi sur une place publique. — V. JARDINS.

\* **SQUEEZER.** 1° *T. de métall.* Lorsque la *loupe* de fer, provenant du puddlage, est toute ruisselante de scories, il importe de la serrer, de la comprimer, pour la débarrasser de cette impureté qui entraîne du soufre et du phosphore. C'est ce que l'on obtient au moyen d'une presse à mâchoires qui porte le nom de *squeezer*. Cet appareil n'épure qu'imparfaitement le fer ; aussi lui a-t-on substitué presque partout le martelage au pilon, qui exprime beaucoup mieux les scories. || 2° *T. de blanch.* Sorte de laminoir en bois au moyen duquel on enlève aux tissus le liquide dont ils sont imprégnés au sortir des bains ; on dit aussi *cylindre compresseur*.

**STABILITÉ.** *T. de mécan.* On dit qu'un système de points matériels est *en équilibre* lorsque les effets des forces qui agissent sur lui se détruisent mutuellement, de telle sorte que le système reste en repos s'il y était déjà, ou se meut comme s'il n'était soumis à l'action d'aucune force (V. ÉQUILIBRE). On dit que l'équilibre est *stable* si, le système étant déplacé d'une quantité suffisamment petite, les forces qui agissent sur lui tendent à le ramener à sa position d'équilibre ; il est dit *instable* dans le cas contraire. Il peut arriver que pour certains déplacements, les forces tendent à ramener le système à sa position d'équilibre, tandis que pour d'autres, elles l'en éloigneraient. L'équilibre alors, n'est ni stable, ni instable ; mais, au point de vue pratique, il est évident qu'un pareil genre d'équilibre est inadmissible et constitue un véritable état d'*instabilité*. Il peut arriver aussi que l'équilibre subsiste quels que soient les déplacements du système ; dans ce cas, il est dit *indifférent*. L'exemple très simple d'un point pesant mobile sur une surface fera bien comprendre ces différents états d'équilibre. Le point sera en équilibre toutes les fois qu'il se trouvera occuper une position de la surface où le plan tangent est horizontal. L'équilibre sera stable si dans le voisinage de cette position, la surface est tout entière au-dessus du plan tangent ; il sera instable si la surface est au-dessous du plan tangent ; nous aurons le second genre d'instabilité, si la surface, étant à courbures opposées, se trouve coupée par son plan tangent de manière qu'il y en ait une partie au-dessus et une autre au-dessous. On comprend, en effet, que si l'on déplace le point pesant sur la portion de la surface qui va en s'élevant, il tendra à redescendre vers sa position d'équilibre, tandis qu'il s'en éloignera davantage si on le déplace dans la région qui va en descendant. Enfin, l'équilibre d'un point pesant reposant sur un plan horizontal est *indifférent*.

La recherche des conditions de stabilité de l'équilibre est généralement beaucoup plus difficile que celle des conditions de l'équilibre lui-même.

Tandis que le principe des *travaux virtuels* (V. MÉCANIQUE, STATIQUE) fournit un procédé général pour écrire, dans tous les cas, les équations d'équilibre d'un système matériel soumis à des forces données, il est impossible, au contraire, de donner des règles qui permettent de traiter d'une manière uniforme tous les problèmes de stabilité. Il faut se résigner à traiter isolément chaque cas particulier. Il y a cependant un principe général, qui a été démontré par Lejeune-Dirichlet, et qui peut rendre de grands services lorsqu'il est applicable; voici en quoi il consiste : lorsque le système considéré est tel qu'il existe une *fonction des forces* ou *potentiel* (V. ce mot), la condition nécessaire et suffisante pour que l'équilibre soit stable, c'est que la valeur que prend le potentiel pour la position d'équilibre soit un *minimum*. Par exemple, s'il s'agit d'un système de corps pesants soumis à la seule action de la pesanteur, la fonction potentielle se réduit au produit du poids du système par la hauteur du centre de gravité au-dessus d'un plan horizontal arbitraire. Il y aura équilibre toutes les fois que les déplacements quelconques que l'on pourrait imprimer au système, déplaceraient son centre de gravité suivant des directions horizontales, et l'équilibre sera stable si le centre de gravité se trouve plus bas que dans toutes les positions voisines. Ainsi, un corps solide suspendu par un point sera en équilibre si la verticale menée par le point de suspension passe par le point de gravité; l'équilibre sera stable si le centre de gravité est au-dessous du point de suspension, instable dans le cas contraire. L'équilibre serait indifférent si le point de suspension coïncidait avec le centre de gravité. De même, un ellipsoïde à trois axes inégaux reposant sur un plan horizontal sera en équilibre stable s'il repose par l'extrémité de son petit axe et en équilibre instable s'il repose par l'extrémité de son grand axe. On aurait le deuxième genre d'instabilité en le faisant reposer par l'une des extrémités de son axe moyen. Une sphère reposant sur un plan horizontal est en équilibre indifférent.

Dans la pratique, il ne suffit pas que l'équilibre soit stable, il est encore une circonstance qui pourrait être dangereuse et qu'il faut éviter avec soin; il pourrait se faire qu'une position d'équilibre instable fût très voisine d'une position d'équilibre stable. Dans ce cas, il est bien vrai que pour de petits déplacements, les forces tendraient à ramener le système à sa position d'équilibre stable, mais s'il se produisait des déplacements plus considérables, la position d'équilibre instable pourrait être atteinte et dépassée, et tout le système se trouverait renversé. Par exemple, on sait qu'un corps pesant reposant par plusieurs points sur un plan horizontal est en équilibre stable toutes les fois que la verticale menée par son centre de gravité tombe dans l'intérieur du polygone de sustentation. Si cependant cette verticale tombait trop près du contour de ce polygone, un léger déplacement du corps solide pourrait suffire à l'amener en dehors, et alors, le corps au lieu de venir se replacer sur sa base se renverserait complètement.

Le frottement intervient dans bien des cas pour assurer la stabilité d'un système matériel; il présente, en effet, cette circonstance remarquable qu'il constitue une force agissant souvent avec une grande énergie pour s'opposer au mouvement, mais incapable de le produire elle-même. Aussi le frottement peut-il maintenir en repos des systèmes qui, sans lui, ne seraient nullement en équilibre, et qui, grâce à son action, ne peuvent se déplacer qu'autant que les forces qui agissent sur eux deviennent supérieures aux résistances dont il est la cause. C'est ainsi qu'un corps pesant peut être abandonné en toute sécurité sur un plan incliné, pourvu toutefois que la pente ne soit pas trop raide ; qu'une vis convenablement construite ne peut pas se desserrer d'elle-même, etc. — V. FROTTEMENT.

**Stabilité des corps flottants.** L'étude de la stabilité des corps flottants présente une importance capitale pour l'art des *constructions navales*. — V. cet article, § *Stabilité*.

**Stabilité des constructions.** Les constructions de toutes sortes que l'on établit pour l'habitation, les besoins des communications ou les exploitations industrielles, doivent être installées de manière à résister, sans se détériorer, aux nombreux agents de destructions auxquelles elles peuvent se trouver exposées. Les considérations économiques qui s'imposent de plus en plus dans notre siècle aux travaux de toute nature, exigent que ce résultat soit atteint avec le moins de dépenses possible, c'est-à-dire qu'il faut employer aussi peu de matière et aussi peu de main-d'œuvre qu'on peut le faire sans compromettre la solidité ni la durée de l'ouvrage. Les causes de destruction en présence desquelles on se trouve sont de deux sortes : les unes, telles que l'action de l'eau et de l'air atmosphérique et les métaux et les maçonneries, agissent à la longue pour détériorer les matériaux qui entrent dans la composition de l'ouvrage, et leur enlever les qualités de résistance et de solidité qu'elles possédaient au début. Les autres sont les forces mécaniques qui tendent à disjoindre les divers éléments de la construction, et qui la détruiraient en un temps très court si elle n'était pas établie avec assez de solidité pour y résister sans dommage. Les moyens à l'aide desquels on peut lutter contre les premières causes, et prolonger la durée des constructions en les entretenant, aussi longtemps que possible, en bon état, sont très variés et dépendent de la nature des matériaux employés, mais il n'entre pas dans le cadre de cet article de les analyser. Quant à l'étude des dispositions à employer pour mettre la construction en état de résister aux efforts mécaniques qu'elle aura à supporter, elle constitue la recherche des *conditions de stabilité* de l'ouvrage, et dépend de la théorie de la *résistance des matériaux* (V. ce mot). Sans entrer dans des détails techniques, nous allons cependant montrer, par quelques exemples simples, comment la théorie de la résistance des matériaux peut être appliquée à la recherche des conditions de stabilité de quelques genres de constructions.

*Stabilité des murs.* Un mur, suivant l'usage auquel il est destiné, peut avoir à supporter des efforts de nature différente. Il importe de se rendre compte, tout d'abord, des actions qui s'exerceront sur lui. Les murs des maisons d'habitation n'ont généralement à résister qu'à des forces verticales provenant soit de leur propre poids, soit du poids des poutres qui viennent s'appuyer sur lui. Les fermes supérieures elles-mêmes ne déterminent généralement pas d'efforts horizontaux, ceux-ci s'exerçant uniquement sur le *tyran*. Dès lors, il suffira de donner au mur une épaisseur suffisante pour qu'il puisse résister à l'écrasement dans sa partie inférieure qui est la plus chargée ; on calculera donc le poids total de la construction, que l'on répartira par mètre courant sur les murs qui le supportent. Une table des coefficients de résistance à l'écrasement suivant la nature des matériaux employés, permettra ensuite de déterminer l'épaisseur qui assure la stabilité. En général, on se dispense de tout calcul, et l'on se contente d'appliquer des règles empiriques consacrées par l'expérience et bien connues des architectes. — V. MUR.

Un mur isolé, tel qu'un mur de clôture, n'aura à supporter que son propre poids. Aussi la forme la plus rationnelle qu'il conviendrait de lui donner, serait celle d'un solide d'égale résistance ; c'est ce que l'on doit faire pour des murs de grande hauteur. Mais les murs d'une élévation moyenne reçoivent généralement la même épaisseur sur toute la hauteur, épaisseur que l'on détermine, en écrivant que le poids par mètre carré est égal à la charge de sécurité. — V. MUR, § *Mur de clôture.*

Dans les deux cas, surtout si le mur est très élevé, il faudra augmenter notablement l'épaisseur ainsi calculée, afin que le mur puisse résister à l'action du vent qui constitue une force horizontale souvent assez considérable. Aussi est-on quelquefois obligé de le consolider par des *contreforts.* Les murs de *soutènement* ont à résister à la pression des terres, les murs de réservoir à l'action de l'eau. Les données de la question étant la densité des terres, l'inclinaison sur la verticale du plan du parement intérieur, l'angle de frottement de la terre contre la maçonnerie et, enfin, l'angle de frottement des terres sur elles-mêmes, lequel est égal à l'inclinaison sur l'horizon d'un talus qui se soutiendrait de lui-même, on commence par calculer la pression qui s'exercerait en un point quelconque du mur. Ce calcul ne laisse pas que d'être très compliqué. On le simplifie en introduisant des hypothèses qui, quoique n'étant pas rigoureusement exactes sont cependant assez voisines de la réalité pour pouvoir être admises dans la pratique, ainsi que cela a été démontré par l'expérience. On peut ainsi construire la *courbe des pressions*, en prenant pour abscisses des longueurs comptées sur la ligne de plus grande pente du parement intérieur et pour ordonnées, les pressions aux points correspondants. On considère alors le mur comme formé de tranches horizontales susceptibles de glisser les unes sur les autres avec un coefficient de frottement $f$ déterminé par l'expérience. Cette hypothèse sur la constitution du mur qui revient à négliger la cohésion de la maçonnerie, ne peut que contribuer à augmenter la sécurité. On conçoit ainsi que le mur peut être détruit de deux manières différentes. La portion supérieure pourra glisser sur la portion inférieure, le long d'un plan horizontal, ou bien tourner autour d'une arête horizontale située dans le plan du parement extérieur. On aura donc à examiner ces deux modes de rupture et à écrire : 1° que pour toute assise, la pression totale qui s'exerce sur la partie supérieure est plus petite que le frottement, c'est-à-dire plus petite que le poids de cette portion supérieure multiplié par le coefficient de frottement ; 2° que le moment de la poussée totale qui s'exerce sur la partie supérieure par rapport à l'horizontale du parement extérieur située dans une assise quelconque, est inférieure au moment du poids de la partie supérieure du mur. On voit ainsi qu'il faudra exprimer en fonction de la distance au sommet : 1° le poids P de la partie du mur, supérieure à l'assise considérée et la poussée T totale qui s'exerce sur cette portion ; 2° les moments M et N de ces deux forces et écrire que les minimum des différences P $f$ — T et M — N sont positifs. On obtiendra ainsi des inégalités qui, devant être remplies toutes deux, donneront le minimum de l'épaisseur. Au lieu de ce calcul assez compliqué, on emploie souvent une formule simplifiée due à Navier, et que l'on trouvera à l'article MUR. L'analyse précédente convient aux murs des réservoirs pourvu qu'on remplace la densité des terres par celle de l'eau qui est 1 et l'angle de frottement des terres sur elles-mêmes par 0.

*Stabilité des fermes.* Pour trouver les conditions de stabilité d'une ferme, on commencera dans une première approximation, par négliger le poids de la charpente, et ne considérer que celui de la couverture et des charges accessoires que la ferme pourra supporter (eaux de pluies, neiges, approvisionnements logés dans les combles, etc.). On supposera que le poids de la couverture est uniformément réparti sur les albalétriers, et, par des décompositions de forces très simples, on répartira ce poids sur chaque pièce de la charpente de manière à déterminer l'équarrissage de chacune. On reprend ensuite le calcul en introduisant le poids de la charpente, pour lequel on considère comme exactes les valeurs des équarrissages trouvés précédemment ; on obtient ainsi une seconde approximation qui suffit largement aux besoins de la pratique.

*Stabilité des fondations.* La fondation est la partie d'une construction la plus importante mais aussi la plus difficile à établir avec toutes les garanties de solidité et de stabilité ; le moindre faute commise dans son exécution pourrait avoir des conséquences irréparables. Il importe, avant tout, de l'établir sur un terrain incompressible. Pour le reste, il faut déterminer avec soin les efforts verticaux ou horizontaux qu'elle aura à subir soit par le poids de la construction qu'elle supporte, soit par la poussée des terres ou la pression des eaux. Le choix des moyens à employer, l'importance des maçonneries à effectuer dépendra de la grandeur de ces efforts et de la nature des terrains. Nous ne pouvons ici que nous borner à ces généralités. Les fondations des machines ne paraissent pas avoir été, jusqu'ici, l'objet d'études spéciales de la part des ingénieurs compétents. On trouvera dans le tome VI de la *Mécanique générale* de M. Résal, un assez grand nombre de fondations de machines diverses.

*Stabilité des voûtes.* La question de la stabilité des voûtes, surtout des voûtes biaises, est une des plus difficiles et des plus complexes de la mécanique appliquée. Nous ne pourrions l'aborder ici sans allonger outre mesure cet article; nous en exposerons les principes au mot Voûte. — M. F.

**\*STADIA.** On désigne sous ce nom des appareils qui servent à déterminer d'une manière approchée la distance d'une troupe armée afin de régler le tir des armes à feu. Il en existe de différents types, mais le principe consiste toujours à déduire la distance, de l'angle sous lequel on voit un objet de dimensions connues, le plus souvent un fantassin ou un cavalier.

**STALACTITE.** *T. de géolog.* Lorsque les eaux d'infiltration traversent des couches assez épaisses de chaux carbonatée, grâce à la présence de l'acide carbonique qu'elles contiennent toujours, elles dissolvent une certaine quantité de calcaire, qui passe alors à l'état de bicarbonate de chaux. Si par une cause quelconque, ces eaux viennent à s'évaporer à l'air libre, il se produit alors un dépôt très léger, caverneux, de consistance terreuse : c'est ce que l'on nomme le *tuf*. Ce dépôt est dû à l'évaporation de l'acide carbonique, qui laisse autour des herbes, des mousses, etc., l'enduit de calcaire. Lorsqu'au contraire, l'évaporation se produit dans des grottes souterraines, le suintement de l'eau se faisant en des places déterminées, les gouttes d'eau déposent en cet endroit seulement le carbonate de chaux insoluble, et comme l'eau s'échappe toujours du même point, il en résulte qu'il se forme des cônes renversés au sommet de la voûte, lesquels vont en croissant régulièrement; c'est ce que l'on appelle des *stalactites*. Ce qui tombe sur le sol y produit d'abord un enduit superficiel, puis, l'eau arrivant toujours à la même place, un phénomène inverse au précédent se produit; les cônes sont ici droits avec le sommet en haut, ce sont les *stalagmites*. Quand ces dernières ont rejoint les pendentifs de la voûte il se forme alors de véritables colonnes.

**STALAGMITE.** *T. de géolog.* — V. Stalactite.

**STALLE.** *T. d'arch.* On désigne ainsi des sièges disposés par rangées sur le pourtour du chœur dans une église, et destinés au clergé. Les stalles les plus complètes se composent d'une *sellette* ou tablette mobile servant de siège, d'un *dossier* élevé surmonté d'un *dais* sculpté, d'*accoudoirs* ou *accotoirs* évasés en forme de spatule et limitant la stalle de chaque côté. Sous la sellette est fixée une sorte de culot ou console qui, lorsque la tablette est relevée, permet à la personne qui occupe la stalle de s'appuyer tout en restant debout. Ce culot porte les noms de *misé-*

*ricorde* et de *patience*. Un marche-pied ou socle isole les pieds des assistants du contact de la pierre ; cette disposition générale est affectée aux stalles *hautes*. Dans les stalles *basses* le dossier est moins élevé et n'est pas surmonté d'un dais. Le dossier de ces derniers sièges est souvent disposé de manière à former prie-dieu pour les stalles supérieures.

*Stalles d'écurie.* Séparations en bois placées dans les écuries pour limiter la place des chevaux. On a étendu la désignation à ces places mêmes. Il y a les stalles *volantes* et les stalles *fixes*. Les premières, dites aussi *bat-flancs*, sont des panneaux en planches jointives, suspendus, d'une part à la mangeoire, par un crochet, de l'autre au plafond par une corde ou par une chaîne. Dans les écuries d'une certaine importance, on établit des stalles fixes en bois. — V. Constructions rurales, § Écuries. — F. M.

*Stalle de théâtre.* Dans une stalle de spectacle, c'est un siège moins confortable que le fauteuil, mais cependant muni de bras; il est numéroté et situé à l'orchestre, au balcon et même au parterre.

**\*STANNAGE.** *T. techn.* Dans les opérations qui précèdent la teinture, on donne ce nom à celle qui consiste à imprégner le tissu d'une dissolution d'étain.

**\*STANNATE.** *T. de chim.* Se dit des sels qui résultent de la saturation de l'oxyde d'étain, $SnO^2$... $Sn\Theta$, par une base. Ceux alcalins sont seuls solubles. Leur formule générale est $MO, SnO^2, HO$... $M^2Sn\Theta^3, H\Theta$. Calcinés au rouge ils se décomposent, l'oxyde d'étain abandonnant sa base; leur solution est instable, et au bout de quelque temps, elle devient gélatineuse; l'alcool y fait naître un précipité d'acide métastannique. Ceux alcalins cristallisent facilement. On les obtient en dissolvant l'acide stannique dans un alcali, ou en fondant l'hydrate stannique, $SnO^2, HO + HO$... $H^2Sn\Theta^3$, avec un alcali, ou encore par voie de double décomposition.

Le *stannate de soude* est à peu près le seul qui soit employé industriellement. Il a pour formule $NaO, SnO^2, 3H^2O^2$... $Na^2Sn\Theta^3, 3H^2\Theta$. Il est blanc, cristallisé en tables hexagonales, soluble dans l'eau surtout à froid (67,4 0/0 à 0° et 61,3 à 20°), insoluble dans l'alcool. On le prépare en traitant l'étain par une lessive de soude bouillante avec addition d'azotite de soude (Robert) ou en faisant bouillir l'étain avec du plombite de sodium (Haefely). Il sert dans l'impression des toiles peintes, comme mordant pour les couleurs-vapeur. — V. t. IV, p. 959.

Le *stannate de potasse* lui est tout à fait analogue.

**\*STANNIFÈRE.** Qui contient de l'oxyde d'étain; qui est à base d'étain.

**\*STANNINE.** *T. de minér.* Syn. : *étain sulfuré*. Corps en masses compactes d'un gris d'acier, à éclat métallique, à cassure inégale, opaque, d'une dureté de 4 et d'une densité de 4,30 à 4,51. Il cristallise quelquefois en cubes. L'acide nitrique le dissout partiellement en donnant une liqueur bleue et un dépôt de soufre mêlé d'oxyde d'étain. La composition générale est

$$2\,RS, Sn^2(R=Cu, Fe, Zn).$$

L'analyse de sulfure d'étain de Bohême a donné à Rammelsberg : soufre 29,05, étain 25,65, cuivre 29,38, fer 6,24, zinc 9,68. Il sert comme minerai d'étain.

*STANNIQUE (Acide). *T. de chim.* Syn. : *bioxyde d'étain.* — V. Etain, t. IV, p. 959.

*STASSFURTITE. — V. Borax.

STATION. *T. de chem. de fer.* Point de la ligne où les trains stationnent et font arrêt. En principe, on distingue les stations des gares, en ce qu'elles n'offrent pas aux trains, de garage qui leur permet de quitter les voies principales de circulation. — V. Gare.

STATIQUE. On appelle *statique* (du latin *stare*, se tenir debout) la partie de la mécanique qui a pour objet la recherche des conditions que doivent remplir les forces appliquées à un système matériel quelconque pour le faire *équilibre* sur ce système. On sait qu'on entend par *équilibre*, l'état d'un système matériel sollicité par des forces dont les effets se neutralisent mutuellement, de telle sorte que le système reste en repos s'il y était déjà, ou se meut comme s'il n'était soumis à aucune force. Le problème général de la statique ainsi défini, n'est au fond qu'un cas particulier de l'un des deux problèmes généraux de la dynamique (V. Mécanique). Mais comme nous l'avons expliqué à l'article Mécanique, l'importance des questions qui s'y rattachent est considérable, et l'étude de l'équilibre forme ainsi un chapitre étendu de la *Mécanique rationnelle*. Aussi a-t-on cherché à séparer complètement la *statique* du reste de la mécanique, et à faire de la *science de l'équilibre*, une science indépendante ayant ses principes et ses procédés particuliers.

En statique, on considère une force comme une cause physique agissant sur un point d'un corps solide et tendant à mettre ce corps en mouvement. On est ainsi conduit à distinguer dans une force : 1° son *point d'application*; 2° sa *direction*, qui est celle du mouvement que prend le point d'application partant du repos sous l'action de la force; 3° son *intensité*. On conçoit, en effet, que de deux forces données, l'une puisse exercer un effort plus violent que l'autre, de sorte que l'*intensité* d'une force est une grandeur mathématique. Seulement, il importe de bien préciser la nature de cette grandeur, et il est indispensable de définir avec soin ce qu'on entend par deux forces égales, et une force égale à la somme de deux autres. Ces définitions ne laissent pas que de présenter quelques difficultés qui tiennent à l'obligation qu'on s'est imposée, de considérer les forces *indépendamment du mouvement qu'elles tendent à produire*. On y arrive cependant à condition d'admettre les trois principes suivants, qui sont du reste assez évidents pour ne laisser aucune obscurité dans l'esprit :

1° Si une ou plusieurs forces sont appliquées en un même point d'un corps solide et dans une même direction, on pourra toujours maintenir ce corps en équilibre en appliquant au même point, et en sens inverse, une force d'intensité convenable ;

2° Si plusieurs forces appliquées en un même point d'un corps solide, suivant une même ligne droite, les unes dans un sens, les autres dans l'autre se font équilibre, elles se feront encore équilibre si on change la direction de la droite suivant laquelle elles agissent, ou si on les transporte sur la même droite ou sur une autre droite en un point quelconque du même corps ou d'un autre corps.

Pour l'intelligence complète de ce principe, il faut se représenter une force comme une cause physique susceptible d'être déplacée, de manière à agir sur un point quelconque et dans une direction quelconque, tout en conservant une qualité intrinsèque qui est justement l'*intensité* ;

3° Si un corps solide est en équilibre, il ne cessera pas de l'être si on lui applique deux ou plusieurs forces se faisant équilibre, ou si, parmi les forces qui agissent sur lui, on en supprime plusieurs qui se font équilibre.

On dit alors que *deux forces sont égales lorsqu'il est possible de les équilibrer séparément par une même troisième force.*

A l'aide du troisième principe on peut établir que si deux forces F et F' sont égales, tout système de force qui équilibrerait F équilibrerait aussi F'. Soit, en effet, Φ la force capable d'équilibrer séparément F et F', et qui a ainsi servi à constater leur égalité, et S un système équilibrant F. Le corps sera encore en équilibre si on applique dans un sens S et Φ, dans l'autre F et F'. Mais on peut supprimer Φ et F qui se font équilibre, il ne reste plus que S et F' et l'équilibre subsiste. Il résulte de là que l'égalité de deux forces ayant été constatée à l'aide d'une force antagoniste Φ, se retrouvera toujours vérifiée si l'on emploie une autre force antagoniste ou même un système de plusieurs forces. On en conclut aussi que si deux forces sont égales à une troisième, elles sont égales entre elles, puisque toute force équilibrant la troisième équilibrera les deux premières. Ces développements étaient nécessaires pour rendre légitime la définition de l'égalité.

On dit qu'*une force R est égale à la somme de deux autres F et F' lorsqu'on peut trouver une même force qui équilibre séparément, soit R, soit le système des deux forces F et F' appliquées au même point dans la même direction.* On remarquera que d'après cette définition les deux sommes F+F' et F'+F sont nécessairement égales. On vérifiera, comme précédemment, que toute force qui équilibrerait F et F' équilibrera aussi R, de sorte que toutes les forces égales à la somme de deux autres sont égales entre elles, car si l'on a trouvé deux forces R et R' égales à F+F', toute force qui équilibrerait le système F et F', équilibrera aussi R et R' séparément. La somme de plusieurs forces est déterminée par l'addition des deux premières, du résultat avec la troisième et ainsi de suite; mais il importe de vérifier que le résultat est indépendant de l'ordre des opérations. On sait par l'arithmétique qu'il suffit de faire cette vérification pour trois forces. Soit donc F, F', F'' ces trois forces supposées appliquées au même point dans la même direction, R une force capable d'équilibrer le système F, F', F'', Φ une force capable d'équilibrer R, et enfin S une force capable d'équilibre le système F' et F'; d'après le troisième principe et la définition de l'addition, il y aura équilibre si l'on applique d'un côté R et S, et de l'autre le système FF'F'' et une force égale à F+F'. Mais on peut supprimer S et le système FF' qui se font équilibre; il reste R et le système F+F',F'', et l'équilibre subsiste. R est donc équilibré par F+F'+F'', et Φ=F+F'+F''. La somme des trois forces est donc telle qu'on peut l'équilibrer par une force R qui équilibrerait aussi le système des trois forces données, résultat indépendant de l'ordre des termes.

Ces définitions permettent de traiter les forces comme des grandeurs mathématiques et de les mesurer comme toutes les autres grandeurs. L'unité généralement adoptée est empruntée à la pesanteur : c'est le gramme ou le kilogramme. La mesure effective des forces s'obtient en équilibrant la force considérée avec une certaine force antagoniste, et en équilibrant ensuite celle-ci avec un certain nombre de poids marqués.—V. FORCE, § *Mesure des forces.*

Pour aborder maintenant l'étude véritable de la statique, on la fera reposer sur quelques nouveaux principes déduits de l'expérience, ou plus exactement, admis *a priori*, et vérifiés par l'accord de leurs conséquences avec l'expérience; nous numéroterons ces principes à la suite des trois précédents :

4° Une force unique appliquée en un point quelconque d'un corps solide le met nécessairement en mouvement;

5° Une force unique appliquée en un point d'un corps solide fixé en un point O, de manière à ne pouvoir que tourner autour du point O, le mettra nécessairement en mouvement, à moins que sa direction, prolongée si c'est nécessaire, ne passe au point fixe. Dans ce dernier cas, le corps sera en équilibre, et l'on dira que la force est détruite par la fixité du point O ou équilibrée par la réaction de ce point. — V. FORCE, RÉACTION ;

6° Si un corps solide est fixé en deux points O et O', de manière à ne pouvoir que tourner autour de la droite OO', toute force appliquée en un point de ce corps le mettra en mouvement à moins que sa direction, prolongée si c'est nécessaire, ne rencontre la droite OO', ou lui soit parallèle, auquel cas le corps sera en équilibre, et l'on dira que la force est détruite par la fixité de la droite, ou équilibrée par deux réactions appliquées respectivement en O et O';

7° Si plusieurs forces agissent en un même point A d'un corps solide dans des directions différentes, on pourra toujours leur faire équilibre en appliquant au point A dans une direction convenable, une force d'intensité convenable..

Il convient de remarquer au sujet de ce principe que sous l'action des forces données, le point A se déplacerait suivant une certaine direction AX, de sorte qu'en exerçant en sens inverse sur lui, un effort d'intensité convenable, on conçoit qu'on empêcherait le mouvement de se produire. La direction suivant laquelle il faut exercer cet effort ne peut, en général, être déterminée *a priori*, et cette détermination constituera l'un des premiers problèmes de la statique. Il est cependant un cas où des considérations de symétrie permettent de prévoir cette direction ; le résultat de cette prévision constitue le huitième principe ;

8° Si deux forces *égales* sont appliquées en un même point A d'un corps solide, on peut leur faire équilibre en appliquant au point A une force d'intensité convenable dirigée en sens inverse de la bissectrice de leur angle ;

9° Si un corps solide, ou même un système matériel quelconque est en équilibre, il restera en équilibre après qu'on aura fixé certains de ces points; on introduit des conditions de liaisons qui empêcheraient certains mouvements de se produire.

Ce principe, d'une grande généralité, est d'une application constante en statique ;

10° Deux forces appliquées aux deux extrémités d'une ligne droite, et dans la direction de cette droite se font équilibre, si elles sont égales et dirigées en sens inverse; elles mettent le corps en mouvement dans tous les autres cas.

A l'aide du neuvième et du cinquième principe, on peut établir facilement que, réciproquement, si deux forces se font équilibre, elles sont égales, et agissent en sens inverse suivant la même ligne droite; il suffit pour cela de fixer alternativement les points d'application des deux forces données.

Il résulte aussi du dixième principe accompagné du troisième, qu'on peut, sans changer l'état d'équilibre d'un corps, transporter le point d'application d'une force en un point quelconque de sa direction, pourvu qu'on suppose ce point invariablement lié au solide, et qu'on ne change ni l'intensité, ni la direction, ni le sens de la force. On en conclura que, réciproquement, si deux forces sont *équivalentes*, c'est-à-dire si elles peuvent être substituées l'une à l'autre sans modifier l'état d'équilibre du corps, elles sont égales et agissent suivant le même sens dans la même ligne droite.

On appelle *résultante* d'un système de forces, une force égale et opposée à une autre qui ferait équilibre au système donné. Il résulte de ce qui précède qu'un même système de forces ne peut avoir qu'une résultante, car s'il en admettait deux, ces deux là seraient équivalentes et seraient alors égales et dirigées dans le même sens suivant la même droite. La *résultante* est à elle seule *équivalente* au système des forces données, et peut remplacer le système dans toutes les questions de statique.

Remplacer plusieurs forces par leur résultante, c'est *composer* ces forces.

La recherche de la résultante de deux forces, par la statique pure, donne lieu à d'assez grandes difficultés. Lorsqu'on fait reposer toute la mécanique sur la cinématique, on déduit immédiatement la composition des forces de la composition des mouvements accélérés qui s'établit géométriquement avec la plus grande facilité. Mais quand on veut s'interdire de considérer les mouvements des points d'applications, on est obligé d'avoir recours à des détours de raisonnements fort pénibles. Dans l'enseignement on emploie maintenant une démonstration fort ingénieuse qui est due à Sturm, mais que nous ne reproduirons pas; on la trouvera dans tous les traités de mécanique élémentaire. Rappelons seulement que deux forces appliquées au même point se composent suivant la règle bien connue du parallélogramme, et plusieurs suivant la règle du polygone. — V. Force, § *Composition des forces.*

Viennent ensuite la théorie des *moments* (V. ce mot), la composition des forces parallèles, et la théorie si ingénieuse des *couples,* imaginée par Poinsot (V. Force, § *Composition des forces*). On sait qu'on appelle *couple* le système formé par deux forces égales, parallèles et de sens contraire, mais non directement opposées. Un pareil système tend évidemment à faire tourner le corps auquel il est appliqué.

Nous avons donné à l'article Moment, les règles relatives à l'équivalence et à la composition des couples.

La théorie des forces parallèles conduit à la notion du *centre des forces parallèles* et à celle du *centre de gravité* (V. Centre). Un chapitre important de la statique comprend les procédés propres à déterminer les centres de gravités des volumes et des surfaces. La méthode générale qui résout ce problème important repose sur la théorie des moments des forces par rapport à un plan (V. Moment). Cette même théorie fournit aussi la démonstration des théorèmes de Guldin qui peuvent servir suivant les cas, soit à la détermination des aires et des volumes des corps de révolution, soit à la détermination des centres de gravité. En voici les énoncés :

*La surface engendrée par une ligne plane tournant autour d'un axe situé dans son plan et qui ne la traverse pas, est égale à la longueur de cette ligne, multipliée par la circonférence que décrit son centre de gravité.*

*Le volume engendré par une aire plane limitée tournant autour d'un axe situé dans son plan et qui ne la traverse pas, est égal au produit de cette aire par la circonférence que décrit son centre de gravité.*

On s'occupe ensuite de la composition des forces appliquées à un même corps solide. Il est d'abord aisé d'établir que toutes les forces appliquées dans un même plan se réduisent à une seule ou à un couple. La question est un peu plus difficile lorsqu'il s'agit de forces dirigées dans des plans différents. Il existe deux méthodes distinctes pour l'aborder. La première, qui est la méthode de Poinsot, a été exposée au mot Force; elle conduit à réduire toutes les forces du système à une force unique appliquée en un point arbitrairement choisi et à un couple. La résultante ne dépend pas du choix du centre de réduction; elle est toujours la résultante des forces données transportées parallèlement à elles-mêmes au point fixe; mais le moment du couple dépend essentiellement du

choix du centre de réduction. On peut choisir ce centre de manière que le plan du couple soit perpendiculaire à la direction de la force. On voit alors que le système des forces données se ramène à une force unique et à un couple agissant dans un plan perpendiculaire, de sorte que le corps tendra à se déplacer dans la direction de cette force et à tourner en même temps autour de cette direction. Son mouvement au début sera donc hélicoïdal. Il n'est pas sans intérêt de comparer ce résultat avec une proposition importante de cinématique, à savoir que le mouvement élémentaire le plus général d'un corps solide est un mouvement hélicoïdal. Il y a du reste une analogie complète entre la réduction des forces par la méthode de Poinsot, et la composition de plusieurs mouvements simultanés attribués à un corps solide, à tel point qu'on pourrait déduire la solution du premier problème de la théorie cinématique du second.

On suit souvent dans l'enseignement, une marche différente de celle de Poinsot et dont voici le principe : on fait voir d'abord que toutes les forces appliquées aux corps solides peuvent se réduire à trois appliquées en trois points arbitraires A, B, C. Il suffit pour cela de joindre le point d'application M de chaque force aux trois points A, B, C, de décomposer cette force suivant les trois directions AM, BM, CM, et de transporter les trois composantes respectivement aux points A, B, C; il ne reste plus qu'à composer entre elles toutes les forces appliquées en A, B ou C. On montre ensuite, par un raisonnement que nous ne reproduirons pas, que ces trois forces peuvent se réduire à deux dont l'une reste appliquée en un quelconque des trois points A, B, C, de sorte que le système est réduit à deux forces dont l'une est appliquée en un point arbitraire A.

Ce mode de réduction se ramène enfin au premier, car si au point A où est appliquée la première résultante R, on applique deux forces opposées, égales et parallèles à la deuxième R', on pourra composer l'une d'elles avec R, et il restera une résultante R″ appliquée en A et le couple R′ — R′.

Si l'on considère les moments de toutes les forces du système par rapport au centre de réduction A, qu'on les représente par leurs axes, et qu'on compose ces axes comme des forces (V. Moment), on reconnaît qu'aucune des opérations effectuées n'a pu modifier cet axe résultant, de sorte qu'il est le même que l'axe du moment de la deuxième force résultante R′ qui ne passe pas par A. Celui-ci du reste n'est autre chose que l'axe du couple définitif, et les axes des moments des forces données ne sont autre chose que les axes des couples introduits dans la méthode de Poinsot, ce qui établit l'identité presque complète de la théorie des couples et de celles des moments.

Quelle que soit la marche de raisonnement qu'on ait suivie, les conditions d'équilibre d'un corps solide entièrement libre seront : 1° que la résultante R″ soit nulle; 2° que l'axe du couple résultant soit nul, conditions qui s'expriment analytiquement en écrivant :

1° Que les projections de la résultante R″ sur trois axes rectangulaires sont nulles ;

2° Que les projections de l'axe du couple résultant sur trois axes rectangulaires sont nulles.

Comme la projection de la résultante de plusieurs droites sur un axe est égale à la somme des projections des composantes sur le même axe, les conditions précédentes pourront s'exprimer facilement en fonction des données. Si X,Y,Z, sont les projections sur les trois axes de coordonnées d'une force appliquée en $x,y,z$, les projections de l'axe du moment de cette force par rapport à l'origine des coordonnées seront déterminées facilement, de sorte qu'en faisant les sommes indiquées, la condition (1) donnera les trois équations dites de *translation* :

$$\Sigma X = 0$$
$$\Sigma Y = 0$$
$$\Sigma Z = 0$$

et la condition (2) les trois équations dites de *rotation* :

$$\Sigma(Zy - Yz) = 0$$
$$\Sigma(Xz - Zx) = 0$$
$$\Sigma(Yx - Xy) = 0$$

Telles sont les six équations d'équilibre d'un corps solide entièrement libre.

Si le corps solide est fixé en un point O, on prendra ce point pour centre de réduction. La force R″ sera détruite, et la condition d'équilibre se réduit à écrire que le couple résultant est nul. Analytiquement, il n'y a plus à considérer que les trois équations de rotation, en prenant le point O pour origine des coordonnées.

Si, enfin, le corps solide est fixé en deux points O, O', on prendra l'un de ces points pour centre de réduction. La force R″ sera encore détruite ainsi que l'une des forces du couple ; l'équilibre exige donc que l'autre force R' du couple rencontre la droite OO' ou lui soit parallèle, c'est-à-dire que son moment par rapport à cette droite soit nul. Si alors on prend cette droite pour axe des $x$, il n'y aura plus qu'à écrire que la première des équations de rotation :

$$\Sigma(Zy - Yz) = 0.$$

Arrivée en ce point, la partie théorique de la statique est pour ainsi dire terminée. Il ne reste plus qu'à faire l'application des principes précédents aux systèmes articulés qui constituent les machines. On appelle *machines simples*, celles qui ne se composent en dernière analyse, que d'une seule pièce solide plus ou moins gênée dans son mouvement, telles que le *levier*, le *treuil*, la *poulie*, la *balance*, etc. (V. ces mots). Les principes précédents donnent immédiatement les conditions qui doivent assurer leur équilibre. Les machines composées sont formées de plusieurs pièces articulées, ou reliées entre elles par des cordes, chaînes, etc. Pour trouver les conditions d'équilibre d'un pareil système, il faut chercher séparément les conditions d'équilibre de chaque pièce, en introduisant, parmi les forces qui agissent sur elle, les réactions des pièces voisines, tensions des cordons ou chaînes, etc., réactions qu'on appelle les *forces de liaison*. Celles-ci sont des inconnues

de la question ; mais en écrivant que toutes les pièces sont séparément en équilibre, on obtient généralement plus d'équations qu'il n'y a de réactions, de sorte qu'on peut déterminer ces dernières, et qu'il reste encore des conditions à remplir, lesquelles sont les conditions d'équilibre entre les forces appliquées à la machine.

Il arrive quelquefois que les principes précédents ne donnent pas assez d'équations pour déterminer les réactions : tel est le cas d'un corps solide pesant, reposant sur un plan horizontal par plus de trois points, car il y a une infinité de manières de décomposer une force en quatre autres parallèles passant par quatre points donnés. L'indétermination tient ici à ce qu'on a considéré les solides comme absolument *indéformables*, hypothèse contraire à la réalité. Pour lever ces indéterminations lorsqu'elles se présentent, il faut faire appel aux résultats de la théorie de l'élasticité ; mais alors on sort de la statique proprement dite.

On complètera la statique par la recherche des conditions d'équilibre d'un fil auquel sont appliquées des forces quelconques. La figure d'équilibre du fil s'appelle un *polygone* ou une *courbe funiculaire*. Nous avons donné au mot CORDE, les principes de cette théorie.

Enfin, l'*hydrostatique* (V. ce mot) ou étude des conditions d'équilibre des fluides doit encore être considérée comme faisant partie de la statique.

Il convient de remarquer que la recherche des conditions d'équilibre d'un système à liaisons par les méthodes de la statique pure fait intervenir dans les équations les forces de liaison qu'il faut ensuite éliminer. Il existe pour traiter ces problèmes une autre méthode absolument générale qui ne les fait pas intervenir, et qui consiste à écrire que, pour tout déplacement compatible avec les liaisons, la somme des travaux des forces qui agissent sur le système est nulle. Ce *principe du travail virtuel*, qui donne la solution générale de toutes les questions d'équilibre, devrait être le couronnement de toute la statique ; mais par son énoncé même où intervient la notion de déplacement, il sort des limites imposées à la statique pure, sans compter que sa démonstration exige l'intervention du principe de cinématique concernant la composition des mouvements. — V. MÉCANIQUE. — M. F.

**STATIQUE GRAPHIQUE.** La statique graphique a pour objet la substitution de constructions géométriques aux calculs numériques, pour la résolution des problèmes de mécanique qui intéressent l'art de l'ingénieur, et particulièrement pour l'étude des conditions d'équilibre, de stabilité et de résistance des ouvrages d'art de toutes sortes. L'avantage de cette nouvelle méthode graphique sur les anciennes méthodes de calcul devient de plus en plus évident à mesure que la statique graphique est mieux étudiée et plus employée. Non seulement le tracé des épures est beaucoup plus expéditif et beaucoup moins fatigant que les longues manipulations de chiffres ; mais encore les procédés graphiques comportent des vérifications incessantes, qui ne permettent pour ainsi dire pas de laisser échapper la moindre erreur; en même temps l'esprit suit aisément toutes les phases de la résolution du problème, ce qui constitue encore une garantie de plus.

— Si l'on voulait rechercher les premières origines de l'idée de remplacer les calculs par des constructions graphiques, il faudrait remonter jusqu'à Euclide et aux géomètres grecs. On trouve, en effet, dans les *Eléments* d'Euclide un grand nombre de problèmes résolus graphiquement, qui répondent exactement à certains problèmes d'algèbre ou d'arithmétique. Telles sont, par exemple, la construction de la moyenne proportionnelle entre deux longueurs, la construction de deux longueurs connaissant leur somme ou leur différence et leur produit, etc. Mais, comme nous l'avons expliqué au mot Géométrie, les Grecs ne s'occupaient jamais de la mesure des lignes qui figuraient dans leurs figures de géométrie, de sorte qu'ils ne paraissent pas avoir bien saisi la correspondance étroite entre la méthode graphique, et la méthode arithmétique. Quant à ce qui est des temps modernes, nous ferons remarquer que depuis longtemps on enseigne un chapitre de géométrie relatif à la *construction des formules algébriques*, de manière à bien montrer que la solution d'un problème, même traité par l'algèbre, peut être obtenue, soit par la réduction des formules en nombres, soit par des constructions graphiques. En 1839, Cousinery publia un ouvrage ayant pour titre le *Calcul par le trait*; mais ce livre est resté à peu près oublié pendant près de trente ans. Ce n'était, au reste, qu'une sorte de traité de construction graphique des formules algébriques, qui ne saurait à aucun titre, être considéré comme un ouvrage de statique. La science qui nous occupe n'a pas pour objet de remplacer le calcul numérique d'une formule par une épure, mais bien de substituer, autant que possible, des considérations géométriques aux méthodes algébriques elles-mêmes, de manière à ne faire appel à l'analyse que le moins possible; de plus, comme son nom l'indique, elle se borne à traiter les questions de statique et de résistance des matériaux. Le fondateur de la statique graphique est Culmann qui publia, en 1866, à Zurich, son ouvrage si estimé : *Die graphische statik*. D'abord enseignée à l'Ecole polytechnique de Zurich, la statique graphique fut très appréciée en Allemagne, où elle se répandit rapidement. Les Français firent plus longtemps avant de s'en occuper ; ce n'est qu'en 1880 que parut la traduction française de l'ouvrage de Culmann. Depuis cette époque la statique graphique a fait de notables progrès, et plusieurs géomètres, parmi lesquels nous citerons notre éminent collaborateur Maurice Lévy, ont cherché à perfectionner ses méthodes et à étendre son domaine. En même temps les ingénieurs ont compris son importance et l'ont définitivement introduite dans la pratique. Aujourd'hui, plusieurs grandes usines, entre autres celle de M. Eiffel, le grand constructeur si connu aujourd'hui, se servent presque exclusivement des méthodes graphiques.

Il nous est impossible d'entrer dans des détails étendus sur les procédés techniques de la statique graphique; nous nous bornerons à faire comprendre les principes fort simples sur lesquels elle repose, et à montrer comment on peut les appliquer à quelques exemples.

Le point de départ est la règle du polygone pour trouver la résultante de plusieurs forces, et le théorème qui s'en déduit, à savoir que la condition nécessaire et suffisante pour que plusieurs forces appliquées au même point se fassent équilibre, c'est que les droites qui représentent ces forces portées les unes à la suite des autres avec

leur longueur et leur direction propre forment un polygone fermé. Une condition non moins importante à établir, c'est celle de l'équilibre de plusieurs forces situées dans un même plan. Il faut d'abord que la somme des projections de toutes ces forces sur un axe quelconque soit nulle, c'est-à-dire que transportées parallèlement à elles-mêmes les unes à la suite des autres, elles forment un polygone fermé. Mais ce n'est pas suffisant, car dans ces circonstances les forces données pourraient se réduire à un couple. Pour trouver la condition supplémentaire, raisonnons sur quatre forces, par exemple, $F_1, F_2, F_3, F_4$ (fig. 248 et 249), soit $f_1 f_2 f_3 f_4$ le polygone fermé formé par ces forces placées les unes à la suite des autres, polygone que nous appellerons *polygone des forces*. Prenons un point quelconque $o$ dans le plan de ce polygone et joignons-le aux quatre sommets $f_1 f_2 f_3 f_4$. Prenons maintenant un point arbitraire $A_1$ sur la force $F_1$, et menons par ce point une parallèle $A_1 X$ à $o f_4$ et une parallèle $A_1 A_2$ à $f_1 o$ laquelle rencontre en $A_2$ la force $F_2$; par $A_2$ menons $A_2 A_3$ parallèle à $f_2 o$ qui rencontre $F_3$ en $A_3$, puis $A_3 A_4$ parallèle à $f_3 o$ et enfin $A_4 Y$ parallèle à $f_2 o$. Décomposons maintenant chacune des forces $F_1, F_2,$

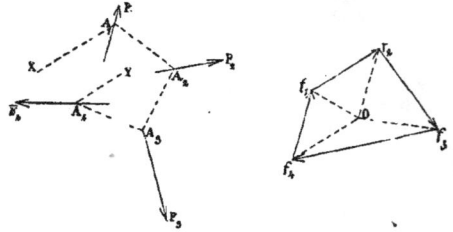

Fig. 248 et 249.

$F_3, F_4$ suivant les deux côtés de la ligne brisée $X A_1 A_2 A_3 A_4 Y$ qui la rencontrent. Il est visible que $F_1$ sera remplacé par deux forces égales respectivement à $f_1 o$ et $o f_1$, $F_2$ par deux forces égales à $f_1 o$ et $o f_2$ et ainsi de suite. Sur chaque côté de la ligne brisée $A_1 A_2 A_3 A_4$ seront donc appliquées deux forces égales et contraires qui se détruisent, et il ne restera plus que le couple formé par les deux forces contraires égales à $o f_1$ et appliquées suivant $A_1 X$ et $A_4 Y$. La condition d'équilibre cherchée est donc que le polygone $X A_1 A_2 A_3 A_4 Y$ se ferme. Ce polygone a reçu le nom de *polygone funiculaire*, parce qu'il représente la figure d'équilibre d'un fil auquel seraient appliquées les forces $F_1, F_2, F_3, F_4$, les tensions des différents cordons étant représentées respectivement par $o f_1, o f_2, o f_3, o f_4$ (V. Corde). On l'appelle aussi quelquefois *polygone articulé*, et cette dénomination est même préférable, parce que, pour certaines dispositions de la figure, les tensions de quelques cordons pourraient être remplacées par des compressions : c'est ce qui arriverait notamment pour tous les cordons, si dans la figure 248 on changeait le sens de toutes les forces. Quoiqu'il en soit, on voit que les conditions d'équilibre sont : 1° que le polygone des forces soit fermé; 2° que le polygone funiculaire soit fermé.

Le point $o$ qu'on nomme le pôle a été choisi arbitrairement, ainsi que le point A sur la force $F_1$. Il y a donc une infinité de manières de tracer le polygone funiculaire. On démontre aisément la propriété suivante qui est fondamentale dans la méthode de Culmann :

Si pour le même système de forces on construit deux polygones funiculaires avec deux pôles différents $o$ et $o'$, les points de rencontre des côtés correspondants de ces deux polygones sont sur une même droite parallèle à la ligne des pôles $oo'$. Dans le cas particulier où les deux polygones funiculaires seraient construits avec le même pôle, en changeant le point A, les côtés correspondants seraient parallèles, ce qui est évident sur la figure.

Une application importante des principes précédents est la réduction de plusieurs forces parallèles à deux forces parallèles agissant suivant des droites données. Soient $F_1, F_2, F_3$ (fig. 250 et 251) les forces données, et AX, BY les deux droites données, nous allons chercher deux forces dirigées suivant AX et BY et capables d'équilibrer le système $F_1 F_2 F_3$ ; elles seront évidemment égales et opposées aux deux résultantes cherchées $R_1 R_2$. Le

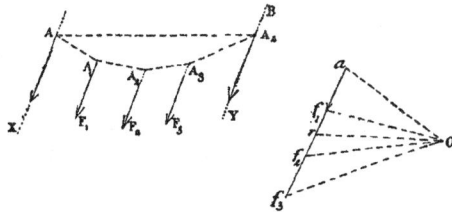

Fig. 250 et 251.

polygone des forces se réduit à la seule droite $af_1f_2f_3$, la somme des deux résultantes $R_1 R_2$ étant égale à $af_3$. Prenons un pôle quelconque $o$, et construisons le funiculaire $AA_1 A_2 A_3 A_4$ qui se ferme par la droite $A_4 A$. Menons dans le polygone des forces $or$ parallèle à $A_4 A$. Les forces cherchées sont respectivement égales à $ar$ suivant AX et $rf_3$ suivant BY.

On peut aussi réduire un système de forces quelconques à trois forces agissant suivant trois droites données non parallèles. Il suffit pour cela de chercher d'abord la résultante des forces données, et de la décomposer en deux forces dont l'une est dirigée suivant l'une des trois lignes droites données, et l'autre suivant la diagonale du quadrilatère formé par ces trois droites et la résultante considérée. On décompose ensuite cette dernière composante suivant les deux autres côtés du quadrilatère.

Les moments des forces par rapport à un point peuvent aussi se représenter très simplement. Considérons trois forces $F_1, F_2, F_3$ (fig. 252 et 253); traçons le polygone des forces $af_1f_2f_3$ et le polygone funiculaire dont les côtés extrêmes parallèles à $oa$ et $of_3$ se coupent en D. La résultante serait égale à $af_3$ et appliquée en D. Abaissons du centre C des moments, la perpendiculaire CI sur R. Le moment sera $R \times CI$. Menons par le point C la

droite LK parallèle à la résultante, et abaissons $oh$ perpendiculaire sur $af_3$; les deux triangles DLK et $af_3 o$, étant semblables, on a :

$$\frac{LK}{CI} = \frac{af_3}{oh}$$

ou
$$CI \times R = LK \times oh = M.$$

Donc le moment M est égal au produit de la distance polaire de la résultante par la parallèle à cette résultante, menée par le centre des moments et comprise entre les côtés extrêmes du polygone funiculaire. Si $oh$ est égal à l'unité de longueur, cette parallèle LK représente exactement le moment.

Tels sont les principes fort simples et fort ingénieux qui constituent la base de la statique graphique. Nous allons montrer comment on peut les appliquer à la théorie des poutres droites.

On sait que l'une des questions les plus importantes de cette théorie est la recherche de l'effort tranchant et du moment fléchissant en une sec-

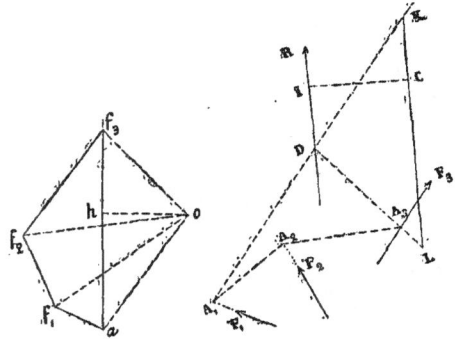

Fig. 252 et 253.

tion quelconque (V. FLEXION, RÉSISTANCE DES MATÉRIAUX). Ce problème sera résolu graphiquement si l'on peut construire des courbes ayant pour abscisses les portions de la poutre, et pour ordonnées, l'une l'effort tranchant, l'autre le moment fléchissant. Considérons d'abord une poutre non pesante reposant sur deux appuis A et B (fig. 254 et 255), et chargée en un certain nombre de points de poids $P_1, P_2, P_3, P_4$. Construisons le polygone des forces qui se réduit à la seule ligne droite $ap_1 p_2 p_3 p_4$, puis le polygone funiculaire $A_0 A_1 A_2 A_3 A_4 A_5$ en prenant le pôle à une distance de $ap_4$ égale à l'unité. Menons $or$ parallèle à $A_0 A_5$, les réactions N et N' sur les appuis seront $ra$ et $p_4 r$. Pour une section D comprise entre $P_3$ et $P_4$, par exemple, l'effort tranchant sera $N + P_1 + P_2 + P_3$ ; quant au moment fléchissant, c'est la somme des moments par rapport à D des forces N, $P_1, P_2, P_3$. Si l'on ne considère que ces forces, les côtés extrêmes du polygone funiculaire seront $A_0 A_5$ et $A_3 A_4$; la résultante des forces est verticale. Donc, d'après ce qui a été dit plus haut, le moment fléchissant sera la portion de verticale EF menée par D et comprise à l'intérieur du polygone funiculaire. C'est pourquoi ce polygone s'appelle quelquefois *polygone des moments*.

Concevons maintenant qu'on décompose la charge $P_2$ en deux autres $P_2'$ et $P_2''$; les verticales de $P_2'$ et $P_2''$ rencontreront en $\alpha$ et $\beta$ les côtés $A_1A_2$ et $A_2A_3$ du polygone funiculaire; la portion $\alpha A_2 \beta$ de ce polygone sera remplacée par la simple ligne droite $\alpha\beta$. En menant dans le polygone des forces la droite $O\mathcal{J}$ parallèle à $\beta$, on obtiendra les valeurs $p_1\mathcal{J}$ et $\mathcal{J}p_2$, de $P_2'$ et $P_2''$. Cette remarque sert pour les cas où les charges reposent sur la poutre par des pièces intermédiaires.

Pour passer du cas des charges concentrées à celui d'une charge continue répartie sur la poutre suivant une loi quelconque, nous décomposerons la poutre en une série de segments, et nous appliquerons la charge qui porte sur chacun d'eux en son centre de gravité. Nous serons ramenés au cas précédent, et nous pourrons tracer un polygone funiculaire qui tendra vers une ligne courbe quand on augmentera indéfiniment le nombre des segments. Il est à remarquer que d'après le mode de décomposition, et la propriété du centre de gravité, la substitution de charges concentrées à une charge continue n'altère pas le moment fléchissant pour les sections qui séparent les intervalles. Il suit de là, que si nous subdivisons les intervalles, le nouveau polygone passera par les points où l'ancien était coupé par les verticales qui limitaient les intervalles primitifs. Il en résulte que la courbe funiculaire limite, ou *courbe des moments*, est inscrite dans le polygone primitif, et que les points de contact sont ceux où le polygone est coupé par les verticales qui limitent les intervalles. On voit ainsi combien la courbe des moments est facile à tracer.

La section dangereuse, celle où le moment fléchissant est maximum, s'obtient immédiatement en menant avec deux équerres une tangente parallèle à la ligne droite $A_0A_3$ qui ferme la courbe. La valeur de ce moment maximum est la portion de verticale comprises entre les deux parallèles.

Quant à la courbe des efforts tranchants, sa construction n'offre aucune difficulté; elle est circonscrite au polygone obtenu en menant en A une ordonnée égale à $-N$, en $P_1$ une ordonnée égale à $-A+P_1$, en $P_2$ une ordonnée égale à $-A+P_1+P_2$, etc. On reconnaît immédiatement à l'inspection de ce polygone que le moment fléchissant en un point D est égal au rectangle construit sur AN et AD, diminué des rectangles ayant pour bases respectives $DP_1$, $DP_2$, etc., et pour hauteur $P_1$, $P_2$, etc.; c'est-à-dire à l'aire du polygone

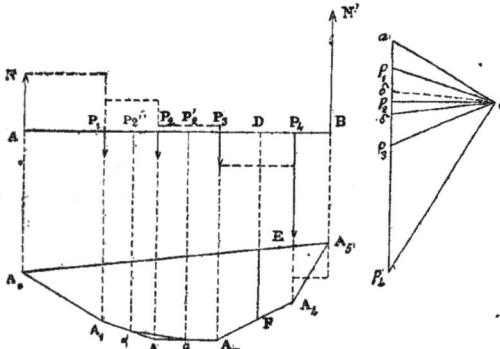

Fig. 254 et 255.

des efforts tranchants. A la limite, ce moment est donc l'aire de la courbe des efforts tranchants limitée à la section considérée, ce qui démontre que l'effort tranchant est la dérivée du moment fléchissant par rapport à la longueur du segment de poutre.

On conçoit aisément comment ces constructions devraient s'appliquer si la poutre avait à supporter, outre une charge continue, des charges discontinues placées en des points quelconques. S'il doit y avoir, en outre, des charges accidentelles et variables, ce qui est le cas pour les poutres de pont, on doit d'abord chercher le mode de répartition de ces charges le plus défavorable. Dans bien des cas la statique graphique fournit pour cet objet des méthodes qu'il nous est impossible de développer; d'autres fois on sera obligé d'opérer par tâtonnement.

L'étude des poutres à treillis présente une application importante de la statique graphique qui a donné lieu à de nombreux travaux. Dans une pareille poutre, les barres ne travaillent que par tension ou compression. On peut admettre comme une approximation suffisante que les poutres à treillis se comportent, dans leur ensemble, comme des poutres pleines, et déterminer par la méthode précédente l'effort tranchant et le moment fléchissant en une section quelconque. Mais il faut aussi déterminer les réactions qui se développent dans les barres.

On peut y arriver par différents moyens. L'une des méthodes la plus employée est celle des sections; elle repose sur la remarque suivante: si l'on coupe la poutre, supposée plane et placée dans un plan vertical, par une section, la partie qui se trouve, par exemple, à gauche de la section exerce sur la partie qui est à droite un effort qui est équilibré par les tensions ou compressions des barres. Or, l'effort exercé par la partie supprimée se réduit à une force, l'effort tranchant et un couple dont le moment est le moment fléchissant. Ces deux éléments étant connus, on peut les composer en une force unique, et la question revient à décomposer cette force en d'autres agissant suivant les barres. Si donc la section ne rencontre que trois barres, le problème sera déterminé et facilement résoluble. Cette méthode n'est pas toujours facilement applicable. M. Cremona en a indiqué une autre qui repose sur la considération des *figures* dites *réciproques*; le défaut d'espace nous empêche d'en indiquer même le principe, malgré l'importance de la théorie des figures réciproques.

Lorsqu'une poutre repose sur plusieurs appuis,

on sait que l'on ne peut pas déterminer les réactions des appuis par les principes seuls de la statique, et qu'il faut faire intervenir la théorie de l'élasticité. Si l'on suppose les dimensions transversales assez petites pour qu'on puisse les traiter comme des infiniment petits du premier ordre, et si l'on admet qu'il en est de même des déplacements dus à la flexion, l'équation différentielle de la courbe déformée est :

$$\frac{d^2 y}{dx^2} = \frac{\mu}{\mathrm{EI}},$$

$\mu$ étant le moment fléchissant, E le coefficient d'élasticité, et I le moment d'inertie de la section (V. Flexion, Résistance des matériaux). C'est sur cette équation qu'est fondée la méthode analytique pour la détermination des réactions des appuis. M. Seyrig a indiqué une méthode graphique qui repose sur l'assimilation de la courbe déformée avec une courbe funiculaire. Dans les mêmes conditions d'approximation, l'équation d'une courbe funiculaire, dont les différents points seraient chargés d'une force verticale $p$, rapportée à l'unité de longueur, serait :

$$\frac{d^2 y}{dx^2} = \frac{p}{\mathrm{U}},$$

U étant la tension. On pourra donc construire la courbe déformée en traçant par les méthodes ordinaires une courbe funiculaire, dont la charge rapportée à l'unité de longueur serait en chaque point $\mu$, et dont la tension serait EI. Il suffit de décomposer la poutre en sections de longueur $a$, et de porter sur une verticale des longueurs égales au produit $\mu a$, de $a$ par la valeur de $\mu$, correspondant à chaque section, puis de prendre un pôle à une distance de cette verticale égale à EI. En joignant ce pôle aux différentes extrémités des longueurs $\mu a$, on obtient des droites parallèles aux divers éléments du polygone funiculaire qui, à la limite, deviendront la courbe déformée. Il faut seulement remarquer que, pour pouvoir tracer l'épure, il est nécessaire de multiplier toutes les ordonnées par un coefficient suffisamment grand, ce qui revient à adopter une échelle différente pour les produits $\mu a$ et la distance polaire EI.

Quand on veut appliquer cette théorie aux poutres continues, on se heurte à une difficulté : c'est que $\mu$ dépend précisément des réactions des appuis, de sorte qu'on ne peut tracer, a priori, la courbe déformée ; mais celle-ci se trouve déterminée par les conditions suivantes : 1° elle doit passer par tous les appuis ; 2° la portion de courbe située à gauche d'un appui doit se raccorder tangentiellement avec la portion de droite. Ce sont au reste les mêmes conditions qui servent à la détermination analytique des réactions. Il nous est impossible d'insister davantage sur cette méthode élégante ; disons seulement qu'elle se prête très facilement aux complications qui pourraient se présenter telles, par exemple, qu'une variation de I, due à un changement brusque ou continu dans la forme ou les dimensions du profil de la poutre, ou une variation de E, due à un changement dans la matière dont la poutre est formée. La même méthode permet encore de tenir compte de l'effet de l'abaissement des appuis, soit par suite de la charge, soit par suite d'une variation de température.

De ce que nous avons pris nos exemples dans la théorie des poutres droites, il ne faudrait pas croire que les applications de la statique graphique fussent limitées à ce genre d'études. La statique graphique fournit tout aussi simplement le moyen d'effectuer les déterminations nécessaires à l'étude de la stabilité de toute espèce de construction. On peut l'appliquer avantageusement aux calculs relatifs aux combles, aux voûtes, aux murs de soutènement, à la poussée des terres, etc. ; c'est du reste une science toute récente, qui est appelée sans doute, à faire de grands progrès, et à simplifier d'énormes proportions la partie la plus pénible et la plus fastidieuse des occupations des ingénieurs. — M. F.

*Bibliographie* : Cousinery : *Le travail par le trait*, Paris, 1839 ; A. Favaro : *Leçons de statique graphique*, traduction par P. Terrier, les deux premiers volumes seulement ont paru, Paris, 1879-1885 ; C. Culmann : *Traité de statique graphique*, traduit par MM. Glasser, Jacquier et Valat, sur la 2e édition allemande 1866, Paris, 1880 ; H. Muller et T. Seyrig : *La statique graphique et ses applications*, in-8°, Paris, 1886 ; H. Maurer : *Statique graphique appliquée aux constructions*, Paris, 1882 ; P. Laurent : *Les premiers principes de la statique graphique*, Paris, 1882 ; Cremona : *Les figures réciproques en statique graphique*, traduit par Bossut, Paris, 1885.

**STATUAIRE.** On donne le nom de *statuaire* à la partie la plus importante de la sculpture, celle qui a pour résultat la ronde-bosse ou la représentation des êtres animés, particulièrement de la figure humaine dans des morceaux isolés, et aussi au sculpteur qui fait des statues — V. Sculpture.

**STATUE, STATUETTE.** Grande, petite figure en pied, de plein relief.

**STEAM-BOAT** (*stimbôtt*), **STEAMER** (*stimeur*). Bateau à vapeur.

\***STÉARATE.** *T. de chim.* Nom des sels résultant de la saturation des bases par l'acide stéarique. Leur formule générale est $C^{36} H^{33} O^4 M...$ $C^{18} H^{35} O^2 M$. Ils sont solides, cristallisés, neutres ou acides. Les premiers se dissolvent sans altération dans 10 à 20 parties d'eau chaude, mais au delà, ils se décomposent en donnant lieu à la formation d'un stéarate acide ; ils sont solubles dans l'alcool, plus à chaud qu'à froid ; insolubles dans l'éther et dans l'eau saturée de sels, propriété que l'on utilise dans la fabrication des savons ; ils sont décomposés par les solutions métalliques avec formation de stéarates métalliques insolubles (marbrures du savon bleu de Marseille) ; ils sont décomposés par les acides qui mettent l'acide stéarique en liberté. Les stéarates terreux sont insolubles. Ils sont tous assez fusibles.

\***STÉARINERIE.** *T. de techn.* Établissement où l'on fabrique le produit improprement appelé *acide stéarique*, et qui est, en réalité, un mélange d'acides stéarique et margarique.

Comme ce corps ne sert qu'à la fabrication des *bougies stéariques*, et qu'il a été donné, au mot Bougie, tous les procédés employés industriellement pour isoler ces corps des principes gras qui les contiennent, nous n'avons pas à revenir ici sur cette fabrication. — V. aussi GLYCÉRINE et SAVON.

**STÉARINIER.** Fabricant de stéarine, de bougies, de savon, etc.

**STÉARIQUE** (Acide). *T. de chim.* Acide monoatomique, de la série acétique, ayant pour formule $C^{36}H^{36}O^4... C^{18}H^{36}O^2$, découvert par Chevreul, en 1811.

*État naturel.* Ce corps est celui qui est le plus répandu dans tous les acides gras solides; il constitue en partie les corps gras animaux et végétaux, mais s'y trouve alors à l'état d'éther glycérique; c'est sous cette forme qu'il est mélangé à l'acide margarique (ou palmitique) et à l'acide oléique dans les graisses, le spermacéti, etc., pour les produits animaux; le beurre de cacao, les huiles d'olive, de moutarde noire, etc., pour les produits végétaux.

*Propriétés.* Il est solide, cristallisé en aiguilles ou, lorsqu'il se dépose d'une solution dans l'alcool bouillant, en lames brillantes et nacrées, de la forme d'une losange dont les angles obtus seraient arrondis; ces cristaux sont blancs, minces, incolores, inodores et de toucher gras. Il fond à 70°, émet des vapeurs blanches vers 360°, et se décompose au delà; aussi, pour le distiller, est-on obligé d'opérer dans le vide ou avec l'aide de la vapeur surchauffée. Sa densité est égale à 1 entre $+9$ et $10°$, elle est de 1,01 à $+4$, et de 0,854 s'il est fondu.

Ce corps est insoluble dans l'eau, très soluble dans l'alcool bouillant d'où il se sépare par refroidissement, dans l'éther froid (1/8), dans l'alcool absolu à froid (1/40); soluble dans le chloroforme, l'acide acétique, les alcalis. Il brûle avec une flamme blanche éclairante; fondu ou en solution alcoolique, il donne, avec le tournesol, la réaction acide.

Le chlore, le brome, donnent des produits chlorés ou bromés; l'acide sulfurique le dissout à une douce chaleur sans l'altérer, car l'addition d'eau le reprécipite sous forme de flocons blancs; mais si on chauffe fortement, il y a dégagement d'acide sulfureux et formation d'acide élaïdique fondant à 44° centigrades. L'acide azotique l'attaque à l'ébullition et le transforme en acides subérique, pimélique, adipique, succinique, etc. L'acide phosphorique anhydre le déshydrate; le perchlorure de phosphore l'attaque vivement à une douce chaleur, en dégageant de l'acide chlorhydrique, un hydrocarbure et formant un nouveau produit solide. Distillé avec de la chaux, l'acide stéarique donne de la stéarone; ce corps se forme encore lors de la distillation à feu nu de cet acide, et il y a en plus production d'acide carbonique, de vapeur d'eau, d'acides acétique et butyrique, d'acétones et d'hydrocarbures de la série $C^{2n}H^{2n}$. Chauffé avec de l'oxygène et du noir de platine, l'acide stéarique donne, à 200°, de l'acide carbonique et de la vapeur d'eau; le permanganate de potasse réagit absolument de la même manière. Enfin, l'acide stéarique forme des composés éthérés avec les alcools et leurs homologues, comme la man-

nite, la pinite, les sucres, la glycérine, la cholestérine, etc.

PRÉPARATION. Nous avons déjà dit que l'acide stéarique (stéarine du commerce) est un mélange d'acides stéarique et margarique, et que l'on en a donné la préparation au mot BOUGIE.

Pour isoler l'acide stéarique et l'avoir pur, on peut prendre le produit commercial et le faire cristalliser plusieurs fois, par traitement avec l'alcool bouillant, de façon à ne recueillir que le produit solide qui fond à 70°; malgré de nombreuses cristallisations, cette méthode ne lui enlève pas tout l'acide margarique.

Un autre moyen consiste à préparer du bistéarate de potasse, et à faire ensuite cristalliser le produit obtenu par décomposition avec un acide, dans de l'alcool bouillant, toujours jusqu'à ce que le produit solide fonde à 70°.

Heintz le prépare en saponifiant les corps gras, puis en décomposant le savon obtenu par l'acide chlorhydrique, séparant les acides gras isolés et les reprenant par l'alcool bouillant. On traite le liquide bouillant par de l'acétate de plomb, de baryte ou de magnésie, lesquels précipitent en partie le stéarate formé. Celui-ci, recueilli, est à son tour décomposé par l'acide chlorhydrique faible; on le fait cristalliser dans l'alcool jusqu'à ce qu'il fonde bien à 70°.

*Applications.* L'acide stéarique pur est sans emploi; mais mélangé, il sert considérablement dans l'industrie, soit pour la fabrication des bougies, soit pour celle des savons; nous donnons, dans le tableau ci-dessous, les proportions d'acides gras contenues dans le produit commercial vendu sous le nom d'acide stéarique:

| Proportions | | Points | |
|---|---|---|---|
| d'acide margarique | d'acide stéarique | de fusion | de solidification |
| 10 | 90 | 67°2 | 62°5 |
| 20 | 80 | 65.3 | 60.3 |
| 30 | 70 | 62.9 | 59.3 |
| 40 | 60 | 60.3 | 56.5 |
| 50 | 50 | 56.6 | 55.0 |
| 60 | 40 | 56.3 | 54.5 |
| 70 | 30 | 55.1 | 54.0 |
| 80 | 20 | 57.5 | 53.8 |
| 90 | 10 | 60.1 | 54.5 |

J. C.

**STÉATITE.** *T. de minér.* Variété de talc compact qui se trouve souvent à la surface du quartz, du calcaire, des topazes, etc., et qui constitue un silicate de magnésie ferro-aluminifère hydraté. Elle a pour formule $3MgO, 4SiO^2, H^2O^2$, et cristallise en lames hexagonales, très faciles à cliver, nacrées, translucides, de coloration très variable (blanche, grisâtre, verdâtre), flexibles et onctueuses au toucher. Leur dureté est de 1, la densité de 2,7. Ce corps est inattaquable par les acides et fond difficilement, au chalumeau, en un émail blanc.

On en trouve de très beaux échantillons en Bavière, en Cornouailles, en Chine. Sous le nom de *craie de Briançon*, ce corps est employé pour tracer, surtout chez les tailleurs ; réduit en poudre, il sert à faciliter les frottements et est quelquefois désigné improprement sous le nom de *poudre de savon*.

**STÈLE**. *T. d'arch.* Grande pierre placée debout directement sur la terre ou au-dessus d'une pierre tumulaire, et destinée à recevoir une inscription.

— C'est en Egypte qu'on trouve les stèles les plus anciennes, et en même temps les plus curieuses, car leurs inscriptions se rapportent à tous les événements de l'histoire ou de la vie pratique. La plupart de ces stèles sont en pierre calcaire, en granit rose ou noir. — V. Egypte.

Les stèles grecques sont plus souvent plates, et composées d'une portion rectangulaire surmontée d'un fronton elliptique sur lequel est sculpté en relief un ornement aux contours très découpés. La matière employée ici est le marbre. Chez les Romains, la stèle est encore en usage, mais elle devient plutôt une cippe, une colonne brisée ou un terme surmonté d'un buste. Chez les Gaulois, les menhirs peuvent encore être considérés comme des monuments de même nature.

*STENHEIL (LOUIS-CHARLES-AUGUSTE). Peintre, né à Strasbourg, en 1834, mort en 1884, élève de Decaisne, débuta par des tableaux de sainteté. Plus tard, Stenheil s'est livré surtout à des recherches de peinture archéologique où il se fit bien vite un nom, attendu le peu de rivaux qu'il avait dans cette voie aride et la véritable valeur de ses restitutions. L'administration des Beaux Arts a trouvé une excellente application du talent de Stenheil dans les cartons de vitraux de nos monuments historiques. On lui doit de fort belles œuvres en ce genre : le *Mariage de la Vierge*, le *Mauvais riche*, une restauration d'un panneau du XIIIe siècle, un *Etat des peintures de la Sainte Chapelle*, où il a restauré les vitraux, donné les dessins du dallage et de plusieurs peintures murales ; il a aussi restauré les vitraux de la cathédrale de Strasbourg. Il était décoré et avait reçu un diplôme d'honneur à la suite de l'Exposition de 1878.

**STÉNOGRAPHIE**. Art permettant d'écrire aussi vite que la parole, en se servant de signes conventionnels et d'une grande simplicité, tels que la perpendiculaire, l'oblique, l'horizontale, l'arc de cercle tourné en différents sens, la boucle et le point, que l'on dispose de diverses manières suivant le système de sténographie employé, et toujours en supprimant tout ce que les organes vocaux n'articulent pas ou qui n'est point perçu par l'oreille. Depuis quelques années, plusieurs inventeurs ont tenté de fixer la parole, non plus avec la main, mais à l'aide de divers appareils ; nous citerons entre autres le *sténographe* de Michela dont on a fait l'essai au sénat italien, et qui permet, à l'aide d'un clavier, d'écrire rapidement sur une bande de papier continue.

**STÉRÉOBATE**. *T. d'arch.* Sorte de soubassement sans moulures qui supporte un édifice.

**STÉRÉOGRAPHIE**. Art de représenter les solides sur un plan.

*STÉRÉOMÈTRE. Appareil propre à évaluer la densité des corps solides.

*STÉRÉOMONOSCOPE. — V. Stéréoscope.

* STÉRÉORAMA. Carte topographique en relief faite au moyen de pâte de papier.

**STÉRÉOSCOPE**. Instrument d'optique à vision binoculaire permettant de voir des images avec la sensation du relief.

— La découverte de la vision stéréoscopique est due à Wheatstone, et remonte à 1838. C'est lui qui a démontré le premier, que la différence entre les images produites sur les deux yeux par la vision d'un objet unique, donnait l'impression ou la sensation du creux et du relief. A l'époque de cette découverte, la photographie n'existait pas encore, et Wheatstone dut recourir à des lignes et à des figures géométriques pour donner une démonstration évidente du principe. Il montra que deux lignes tracées sur deux feuilles de papier verticales donneraient en se superposant, la sensation d'une ligne horizontale ; que des cônes, des cubes, des pyramides tracées sur du papier et formant des images plates, donnaient la sensation d'objets solides et en relief. Mais pour obtenir cette sensation, il fallait que chacune des figures ci-dessus indiquées fut dessinée deux fois : une, telle qu'elle était vue par l'œil gauche, l'œil droit étant fermé, et l'autre, vue par l'œil droit, l'œil gauche étant clos. Pour faire arriver ces deux images sur les deux rétines comme si elles émanaient d'un seul et même objet solide, il a fallu résoudre le problème d'optique qui a donné naissance à l'instrument appelé *stéréoscope*, et c'est David Brewster qui, en 1850, construisit cet instrument tel qu'il est encore. Il eût l'idée de couper en deux parties une lentille quelconque, et de placer la moitié gauche devant l'œil droit et la moitié droite devant l'œil gauche, en conservant les lignes de section bien parallèles entre elles, et parallèles à l'axe du visage, soit perpendiculaires à l'axe des deux yeux ; on obtient ainsi deux véritables prismes, et tous les objets vus par l'œil droit sont déviés vers la gauche et ceux vus par l'œil gauche sont déviés vers la droite.

Il ne s'agit donc plus que d'espacer convenablement les deux dessins et de les placer à une distance des yeux qui dépend du foyer de la lentille. La superposition des deux images sera la conséquence immédiate de cette disposition, et il en résultera l'effet stéréoscopique ou autrement dit la sensation du relief.

Les premiers stéréoscopes ont été construits en France, vers 1850, par MM. Soleil et Duboscq, et un de ces instruments fut exposé par M. Duboscq à l'Exposition universelle de 1851, et bientôt après l'emploi de la photographie Daguerrienne à l'obtention de la double image vint remplacer les dessins et les lithographies.

Grâce à la photographie, on put bientôt substituer aux images opaques, sur papier ou sur métal, des images visibles par translucidité, ce qui complétait l'emploi du stéréoscope et rendait les effets obtenus bien plus attrayants.

Le stéréoscope à réflexion totale ou à miroir est celui qui fut inventé par Wheatstone, mais il a été abandonné depuis et remplacé par le stéréoscope lenticulaire de Brewster. Il est bon de donner, par des diagrammes très simples, une idée de chacun de ces deux systèmes. Le stéréoscope de Wheatstone est formé de deux cloisons verticales parallèles A D et A' C', réunies à une planchette D C munie à son centre de deux ouvertures placées à la distance, l'une de l'autre, qui sépare normalement les deux yeux (fig. 256).

Au milieu du système, en dedans, sont placés deux miroirs, parfaitement plans, de façon à former un angle dièdre MPM' de 90°, tel que le plan A"Q, bissecteur de cet angle, soit parallèle aux cloisons AD et A'C', et perpendiculaire au plan de l'écran, suivant une ligne qui partage en deux parties égales la distance LR. L'œil gau-

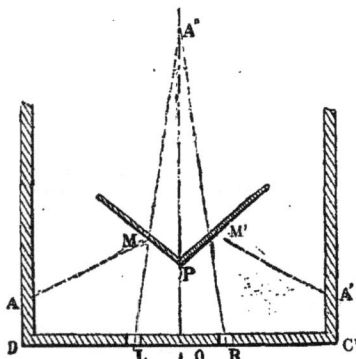

Fig. 256. — *Stéréoscope de Wheatstone.*

che appliqué en L, verra l'image A en M, et l'œil droit appliqué en R verra l'image A' en M'; l'impression simultanée sera celle de l'objet lui-même placé en A" au delà des miroirs et vu par les deux yeux appliqués en L et en R. La réflexion renversant la position des images, il faut placer à droite l'image vue de l'œil gauche et à gauche celle qui est vue de l'œil droit.

A cet instrument, on a généralement substitué le stéréoscope lenticulaire de Brewster. C'est l'instrument bien connu de tout le monde, composé d'une boîte en bois, carton ou métal, et dans laquelle on a remplacé les miroirs par de simples prismes obtenus, ainsi qu'il a été dit plus haut, par la section en deux d'une même lentille biconvexe de 20 centimètres de foyer environ et de 10 centimètres de diamètre.

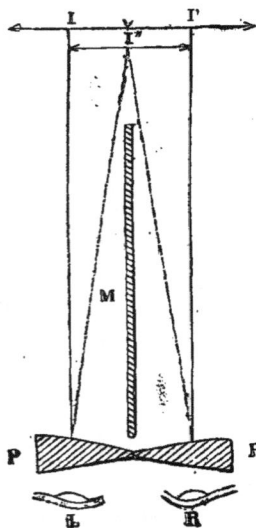

Fig. 257.
*Stéréoscope de Brewster.*

Ces deux prismes sont placés sur la partie antérieure de la boîte ou chambre stéréoscopique de façon que leur écartement soit égal à celui des yeux. Voici l'explication du phénomène : dans le diagramme (fig. 257), l'observateur a ses deux yeux en L et R, en face des deux prismes PP'; au fond de la boîte se trouvent les deux images I et I', une

cloison M sépare la boîte, au milieu, en deux parties égales. L'image stéréoscopique ou en relief vient se former en I" dans la partie centrale, image virtuelle qui résulte de la superposition des deux images réelles I et I'.

Cette disposition est la plus courante, c'est celle qu'on adopte le plus généralement pour la construction des stéréoscopes ordinaires; mais il est encore d'autres formes très intéressantes et que l'on pourrait vulgariser plus qu'on ne l'a fait jusqu'ici; c'est, par exemple, celle du stéréoscope réfracteur à réflexion totale, imaginée aussi par Sir David Brewster.

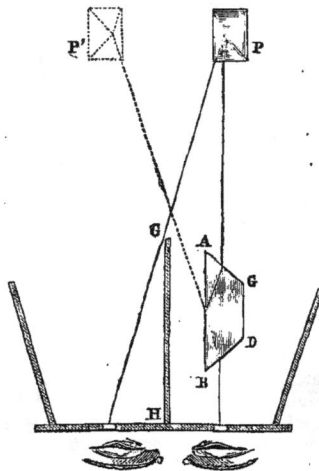

Fig. 258.

Elle n'exige qu'une seule image P des objets tels qu'on les voit d'un seul œil, le deuxième dessin P' est virtuel, et est formé par la réflexion totale du premier sur la base AB du prisme ou du tronçon de prisme interposé entre l'œil et l'image (fig. 258).

La base AB du prisme ABCD doit être assez grande pour que l'œil, placé en R, puisse embrasser la totalité du dessin réfléchi. On met en GH un diaphragme noirci qui intercepte les rayons étrangers au trajet direct. Grâce à ce système, on voit bien deux images, mais elles n'ont pas entre elles la dissemblance qui distingue deux images vues l'une de l'œil gauche et l'autre de l'œil droit. Néanmoins, la sensation de relief est très marquée. M. Dubosc a appliqué ce système pour la superposition des grandes images. Il a placé, à côté l'un de l'autre, deux prismes isocèles rectangulaires dont les hypoténuses sont en regard l'une de l'autre. La réfraction amène les dessins à se réfléter complètement sur les surfaces intérieures, les rayons convergents des prismes sont reçus par les lentilles amplifiantes, et les yeux perçoivent la sensation du relief des deux images qui se superposent. Sans lentilles supplémentaires, l'image serait un peu plus petite que l'original; au moyen des lentilles on lui donne la grandeur que l'on veut. Cette même disposition a permis à M. Dubosc de construire un appareil panoramique, et il a résolu le problème d'une façon très élégante.

Les épreuves sont introduites par le haut de la boîte et placées côte à côte de sorte qu'elles sont renversées de 90°; pour les redresser parallèlement à la ligne qui joint les yeux, M. Duboscq a remplacé les demi-lentilles réfringentes ordinaires par deux prismes rectangulaires à réflexion totale, mais dont les hypoténuses sont inclinées de 45° à l'horizon en supposant les images horizontales. Cette inclinaison redresse les images de 90° et leur permet d'être vues, comme dans le stéréoscope ordinaire.

M. Duboscq a appliqué le stéréoscope panoramique ou phénakisticope, de telle sorte qu'on peut ainsi avoir simultanément, non seulement la sensation du relief, mais aussi celle du mouvement. On reconstitue, en un mot, la nature solide et animée à l'aide de cette double et si ingénieuse disposition.

Il existe bien d'autres sortes d'instruments appropriés à la vision binoculaire en vue de la stéréoscopie, beaucoup d'ouvrages de physique ont traité cette intéressante question au sujet de laquelle on trouvera de précieux renseignements dans le *Cosmos* (abbé Moigno), dans la *Monographie du stéréoscope* de H. de la Blanchère, etc.

D'après ce qui précède, il est entendu que la vision binoculaire n'est pas indispensable pour avoir la sensation du relief puisqu'on peut l'obtenir même avec une seule image. On a dû remarquer, d'ailleurs, que si l'on examine l'image de la chambre noire sur la plaque dépolie, on y voit les objets naturels rendus avec leur relief, aspect qui se transforme en effet de perspective seulement une fois l'image imprimée photographiquement. A quoi attribuer ce résultat? C'est ce que M. A. Claudet a cherché à expliquer dans un fascicule intitulé le *Stéréomonoscope*, ce mot désignant un instrument dont le principe est fondé sur la propriété inhérente au verre dépoli de présenter en relief l'image de la chambre obscure.

Cet instrument, dit M. Claudet, n'est qu'une chambre obscure ordinaire à laquelle on adapte deux objectifs achromatiques. Les deux objectifs sont fixés chacun sur un cadre glissant horizontalement au moyen d'une coulisse, ce qui permet de leur donner l'écartement nécessaire pour que deux images stéréoscopiques placées devant la chambre noire puissent chacune se réfracter sur le centre de la glace dépolie.

Les deux images stéréoscopiques sont montées séparément et peuvent également, en glissant chacune dans une coulisse, venir se placer devant un des objectifs dans la position exigée par l'écartement des objectifs. Au moyen de vis de rappel adaptées aux cadres portant les objectifs et à ceux portant les images, on peut graduellement, et avec la plus grande précision, les rapprocher ou les éloigner pour faire coïncider les deux images sur la glace dépolie, jusqu'à ce qu'elles se confondent en une seule image.

Plus on allonge le foyer, plus il faut écarter les images. Cette façon de montrer les images stéréoscopiques permet de les faire voir à plusieurs personnes à la fois; puis qu'on peut les observer aussi bien de loin que de près. Si l'on intervertit l'ordre des images placées devant la chambre obscure, l'effet sur la glace dépolie devient pseudoscopique, mais en regardant avec un pseudos-

cope, l'effet redevient stéréoscopique. Si l'on regarde l'image de la glace dépolie en fermant un œil, elle perd son relief; de même que si, en inclinant la tête, on regarde avec les deux yeux placés sur la même ligne verticale.

**Photographie stéréoscopique.** Depuis l'invention de la photographie, la création des images stéréoscopiques s'effectue sans difficulté. Il suffit d'opérer avec deux objectifs conjugués placés en avant d'une chambre noire séparée par une cloison dans sa partie médiane. La distance des deux objectifs est normalement celle de l'intervalle qui existe en moyenne entre les deux yeux. D'ailleurs, suivant les besoins, pour des objets très éloignés, on peut exagérer le relief en augmentant l'écartement entre les deux objectifs.

Les vues sont donc reproduites par deux à la fois et elles représentent bien, chacune, l'image du même objet, soit vu par l'œil droit, soit vu par l'œil gauche. Ces images sont imprimées sur papier et, en ce cas, l'opacité du support, oblige à les éclairer par en haut avec un miroir qui les inonde de lumière, ou bien on en fait des diapositifs sur verre doublé d'une plaque dépolie pour adoucir l'effet.

La science s'est emparée du stéréoscope pour ses observations, et l'on construit des microscopes binoculaires permettant d'examiner les préparations avec la sensation du relief, ce qui ajoute beaucoup à la vérité des impressions. Quant aux appareils photographiques spéciaux et aux procédés opératoires, il n'est rien de particulier à en dire, si ce n'est que l'impression des vues sur verre, à voir par translucidité, doit être exécutée à l'aide de préparations aussi dépourvues que possible de tout réseau perceptible, c'est pourquoi l'on fait usage, soit de l'albumine, soit du collodion comme véhicule de la substance sensible transformée par la lumière en une matière colorante métallique.

Les couleurs ont aussi été appliquées à la décoration des images stéréoscopiques, mais sans grand succès jusqu'ici; pourtant, à l'aide de notre procédé de *photochromie* (V. ce mot), nous sommes arrivés à obtenir, pour les corps métalliques surtout, des effets que nul autre moyen n'a jamais pu produire. Il y a, dans cette voie, un vaste champ nouveau à explorer. — L. V.

**STÉRÉOTOMIE.** Réduite à sa signification étymologique (στερεός solide, τέμνω je taille), la stéréotomie est l'art de tailler les matériaux qui entrent dans les constructions. Comme le fer se travaille par forgeage et que la fonte est coulée, ces substances ne sont jamais taillées. La stéréotomie n'a donc à s'occuper que des pièces de bois et des pierres. Mais le plus souvent l'art, ou plutôt la science qu'on enseigne sous le nom de *stéréotomie*, comprend trois parties : 1° l'étude des formes qu'il convient de donner à chacune des pièces d'une construction de charpente ou de maçonnerie pour en assurer la solidité; 2° la représentation par la méthode des projections de chacune de ces pièces et la détermination des polygones où des surfaces courbes qui en constituent les faces; 3° les procédés employés pour obtenir un solide de bois ou de pierre égal à celui qu'on a déterminé. Il est bon de remarquer, au sujet de la première partie, que la stéréotomie n'a pas à s'occuper, en général, des conditions imposées aux diverses pièces par la nécessité de résister aux efforts qu'elles auront à subir. L'étude de ces conditions, qui dépend de la théorie de la *résistance des matériaux*, impose bien à la vérité des règles générales dont il est important de ne pas s'écarter dans la pratique, mais, tout au moins dans les ouvrages courants, les formes générales des diverses·pièces sont déterminées depuis longtemps par l'expérience, et l'on n'a plus qu'à suivre, à cet égard, les usages établis. Si la théorie de la résistance doit intervenir, c'est surtout pour déterminer les *dimensions* de ces pièces, tandis que la stéréotomie interviendra pour préciser, dans chaque cas particulier, les formes dont on connaît le type général, afin que les pièces s'assemblent exactement, et que les pressions et tensions se transmettent bien dans le sens nécessaire. Ainsi restreinte, cette première partie de la stéréotomie ne dépend plus guère que de la géométrie; les méthodes qu'on y emploie sont celles de la géométrie descriptive, de sorte que cette première partie de la stéréotomie, aussi bien du reste que la seconde, ne constitue, en somme, qu'une application de la géométrie descriptive à l'art des constructions. Quant à la troisième partie, elle fait encore appel aux méthodes de la géométrie descriptive, mais elle comprend aussi des détails techniques et des procédés de métier.

Les conditions que doivent remplir les constructions en bois ou en pierre étant fort différentes à cause de la diversité même de nature de ces deux sortes de matériaux, la stéréotomie se divise naturellement en deux parties qui concernent la *coupe des bois* et la *coupe des pierres*.

Les constructions en bois portent, en général, le nom de *charpente*. Les pièces de bois qui les composent affectent la forme de parallélipipèdes plus ou moins longs, entaillés en certaines régions pour s'assembler avec les pièces contiguës. Elles ne doivent pas avoir à subir d'efforts de flexion et ne doivent travailler que dans le sens de leur longueur qui est celui des fibres du bois. La disposition des *fermes* (V. ce mot) a été imaginée pour répondre à cette exigence : les *arbalétriers* travaillent par compression; et le tyran par *traction*. Lorsque des pièces de bois doivent se rencontrer ou s'appuyer l'une sur l'autre, il faut les entailler pour qu'elles puissent se pénétrer; on obtient ainsi ce qu'on appelle un *assemblage* (V. ce mot). Il existe un très grand nombre d'assemblages qui répondent à des besoins différents dont l'étude détaillée constitue une partie importante de la *coupe des bois*.

Parmi tous les ouvrages de charpenterie, les *combles* sont ceux que l'on a le plus souvent à exécuter. Dans le cas le plus simple et le plus fréquent où la surface à couvrir est un rectangle, le comble comprendra une ou plusieurs *fermes* situées dans des plans verticaux perpendiculaires aux grands côtés du rectangle, et deux *croupes* (V. ce mot) aboutissant aux petits côtés. Les différentes pièces qui entrent dans une ferme ou dans une croupe, *poinçons, tyrans, arbalétriers, empanons*, etc., s'assemblent les unes aux autres d'une manière plus ou moins compliquée. La *stéréotomié* apprend à déterminer la forme exacte de chaque pièce et des assemblages qui la terminent. On y arrive assez facilement par la géométrie descriptive, car le problème se ramène, en définitive, à des intersections de polyèdres. La difficulté s'augmente lorsque la surface à recouvrir est un parallélogramme; dans ce cas, les croupes des extrémités sont nécessairement *biaises*. Deux solutions se présentent alors pour donner aux pièces une forme convenable : la première, qui est préférable au point de vue de la régularité et de l'élégance de la charpente, consiste à prendre pour profil des pièces un parallélogramme déterminé par le biais de la construction; on ·dit alors que les pièces sont *délardées* ou *débilardées*. Malheureusement, cette méthode conduit à des épures compliquées, et la taille des bois en prisme à base parallélogramme entraîne une assez grande perte de matière. L'autre solution, plus économique, consiste à placer les pièces à section rectangulaire dans une position oblique, de manière que les faces latérales soient parallèles aux petits côtés de l'édifice. Les pièces alors sont dites *déversées*.

Pour tailler une pièce de charpente, on commence par l'équarrir à la dimension convenable (V. Équarrissement) ; ensuite il faut la *ligner* et la *contre-ligner*, c'est-à-dire qu'il faut faire apparaître sur les deux faces les projections de l'axe; pour cela, on prend les milieux des petits côtés d'une des faces et on trace une ligne droite entre ces milieux. Ensuite, on place la pièce sur le chantier, de *niveau* et de *devers*. La placer de niveau, c'est l'installer sur des cales de manière que la *ligne* tracée sur la face supérieure soit horizontale; la placer de devers c'est l'installer de telle sorte que la droite perpendiculaire à la *ligne* sur la face supérieure, soit aussi horizontale. On se sert, pour ces deux opérations, du niveau de maçon. Le fil à plomb appliqué sur les deux bouts de la pièce, aux extrémités de la *ligne*, permet de trouver deux points de la ligne qu'il faut tracer sur la face inférieure. On recommence ensuite la même série d'opérations sur les deux autres faces.

Les charpentiers font, sur un sol préparé à cet effet, l'épure de la charpente qu'ils ont à exécuter. Sur cette épure les pièces sont représentées

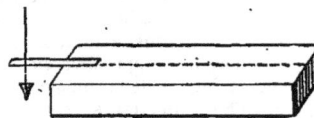

Fig. 260.

par leurs axes. Pour tailler les assemblages, on applique les pièces sur l'épure de manière que leur axe se projette exactement sur la *ligne* de l'épure qui les représente. Pour y arriver, la pièce étant placée de niveau et de devers, on applique sur sa face supérieure, le long de la *ligne*, une règle qui la dépasse un peu, et l'on promène, le long de cette règle, un fil à plomb dont la pointe doit décrire la ligne de l'épure (fig. 260).

Quand deux pièces doivent se croiser ou s'assembler, on les applique l'une au-dessus de l'autre sur l'épure et l'on *pique* sur chacune la portion qui devra être occupée par l'autre, en se servant du fil à plomb pour cet objet (fig. 261) ; on dessine alors sur chaque pièce, en utilisant les *piqûres*, les projections de l'assemblage. Un maître

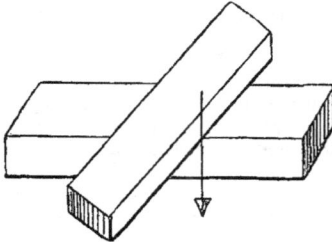

Fig. 261.

charpentier relève les tracés faits sur les pièces, y ajoute les indications nécessaires, et numérote les parties de deux pièces qui doivent se correspondre; il ne reste plus qu'à entailler le bois avec les outils habituels suivant les indications.

Il est encore une application fort importante de la stéréotomie, c'est la détermination de la forme des pièces qui entrent dans la construction d'un *escalier* et surtout du *limon* (V. ESCALIER). Autrefois, le limon avait la forme d'un solide limité latéralement par deux surfaces cylindriques à génératrices verticales, et supérieurement et inférieurement par deux surfaces gauches. Aujourd'hui, pour éviter l'effet disgracieux de ces sortes de limons, on les entaille à la partie supérieure en forme de crémaillère, afin qu'ils puissent recevoir les marches tout en étant parfaitement dissimulés (V. ESCALIER). Le limon est nécessairement composé de plusieurs pièces dont l'assemblage ne laisse pas que de présenter certaines difficultés.

Un article spécial a été consacré à la taille des pierres (V. COUPE DES PIERRES). Nous n'y reviendrons donc pas ici ; mais nous ferons observer que c'est surtout dans la construction des voûtes de toutes sortes que la stéréotomie trouve ses applications les plus intéressantes. La disposition des *lits*, c'est-à-dire des surfaces le long desquelles doivent se toucher les différentes pierres de la voûte ou *voussoirs* constitue l'*appareil* de la voûte.

L'appareil d'une voûte biaise présente déjà d'assez grandes difficultés ; il en existe deux systèmes : le système orthogonal et le système hélicoïdal. Les intersections de deux voûtes, les voûtes dont l'axe est oblique à l'horizon, ou *arcs rampants*, les voûtes en *arc de cloître*, les voûtes en *tour ronde* dont l'*intrados* ou surface inférieure est la moitié supérieure d'un tore placé horizontalement, la voûte d'escalier dite *vis de St-Gilles*, dont l'intrados est la surface engendrée par le mouvement hélicoïdal d'un demi-cercle autour d'un axe vertical, donnent lieu à d'intéressants problèmes qui, du reste,

se résolvent très facilement par les procédés élémentaires de la géométrie descriptive. On arrive ainsi très aisément à déterminer la forme des *voussoirs*, et particulièrement des *voussoirs de tête* ou d'*arêtes* qui sont ceux dont les formes présentent le plus de complications. —V. VOÛTE. — M. F.

*STÉRÉOTYPEUR. Synonyme de clicheur.

STÉRÉOTYPIE. Art de reproduire les caractères mobiles de l'imprimerie en planches solides et inaltérables. — V. CLICHAGE.

STÉTHOSCOPE. Instrument qui sert à ausculter la poitrine et quelques autres cavités. —V. ACOUSTIQUE, § *Application*.

*STIBINE. 1° *T. de minér.* Syn. : *Antimonite*. Antimoine *sulfuré*, $Sb^2S^3$. Ce corps, abondamment répandu dans les roches éruptives, est ordinairement en masses fibreuses et grenues, laminaires ou compactes, mais parfois aussi en beaux prismes rhomboïdaux, droits, irisés et d'éclat métallique. Leur cassure est inégale, ils sont opaques et de couleur gris d'acier ; leur dureté est de 2, la densité de 4,6 à 4,7. Ils sont très fusibles, volatils ; dégagent de l'hydrogène sulfuré lorsqu'on les traite par l'acide chlorhydrique, et laissent une poudre blanche d'acide antimonique, par l'action de l'acide nitrique.

Ce corps contient 28,24 0/0 de soufre et 71,76 d'antimoine. C'est le principal minerai d'antimoine.

2° *T. de chim.* Radicaux organo-métalliques formés par la combinaison de l'antimoine avec les radicaux alcooliques.

STIL DE GRAIN. *T. d'impr. et de peint.* Matière colorante jaune, plus ou moins intense, qui se vend sous forme de petits trochisques, et qui est fabriquée, soit avec la décoction des graines du *rhamnus infectorius*, L. (graine d'Avignon), ou du *rhamnus saxatilis*, L., cultivé dans toute l'Asie Mineure et surtout à Konia, Angora, Kaïsaria, où il porte le nom de *djehri* ; Smyrne et Samsun, qui sont les villes d'où on exporte ces graines à Marseille et en Angleterre, en expédiaient jadis près d'un million de kilogrammes.

Le *stil de grain* se prépare en faisant une décoction alunée des graines des divers rhamnus, puis en y ajoutant de la craie très blanche et très finement pulvérisée, jusqu'à précipitation totale de la matière colorante. On recueille la pâte sur une toile, on la fait égoutter, puis on la met en troschiques, et on la laisse sécher à l'ombre. Ce produit est souvent imité avec les décoctions de matières végétales jaunes (bois jaune, curcuma, gaude, quercitron, etc.). On l'emploie pour la teinture à la détrempe, pour mettre les parquets en couleur, pour teindre les cuirs, quelques fibres, et aussi pour l'impression des étoffes communes et des papiers peints, mais sa nuance est peu solide.

*STILBITE. *T. de minér.* Syn. : *Desmine.* Silicate double d'alumine et de chaux hydraté. Il a pour formule : $Al^2O^3, 3SiO^2 + CaO, SiO^2 + 6HO$. C'est un corps qui se trouve ordinairement en cristaux prismatiques rhomboïdaux, groupés en gerbes, à cassure inégale, translucides, d'éclat vitreux et nacré. Leur coloration est blanche, jaunâtre ou rouge; ils ont une dureté de 3,5 à 4, et une densité de 2,09 à 2,20; traités par l'acide chlorhydrique, ils s'attaquent mais ne laissent pas déposer de silice hydratée gélatineuse. Ils contiennent le plus souvent 57,41 0/0 de silice, 16,43 d'alumine et 8,93 0/0 de chaux, laquelle est souvent remplacée par de petites quantités de potasse ou de soude.

**\*STIPITE.** On donne ce nom à des combustibles minéraux analogues aux *lignites* (V. ce mot) qui existent dans le terrain jurassique, et qui comprennent d'abondantes tiges de cycadées. On en trouve en France, dans l'Aveyron et dans le Gard.

**\*STOC.** *T. de métall.* Assemblage de pièces de bois verticales et de fort équarrissage, destiné à supporter la chabotte dans laquelle s'encastre l'enclume.

**STORAX.** — V. BAUME, § *Baume cinnamique.*

**STORE** (vient du latin *storea*, natte). Tenture qu'on place aux fenêtres d'une chambre ou d'une voiture, et qu'on peut lever ou baisser. Il y a lieu de distinguer les stores en étoffe (basin, coutil, soie, etc.) et les stores en jonc ou bois découpé, les premiers ne se faisant que sur commande chez les tapissiers-garnisseurs, les seconds constituant, au contraire, une fabrication spéciale et se vendant tout faits.

— Paris est le principal centre de fabrication, mais quelques grandes villes, notamment Lyon, Marseille, Bordeaux, Lille ont vu se fonder des ateliers créés spécialement en vue de la fabrication locale. En général, ces stores sont peints à la main, l'impression à la planche ou par moyens mécaniques n'a pas donné jusqu'ici de résultats suffisamment satisfaisants pour ce genre de travail.

**\*STOT** ou **ESTAU.** *T. d'expl. des min.* Nom d'une masse de rocher que l'on laisse intacte dans une mine entre deux étages en exploitation, ou entre l'extrémité inférieure d'un puits et un autre puits qu'on perce dans le prolongement du premier.

**STRAPONTIN.** Siège pouvant se lever ou s'abaisser en abattant, que l'on installe, soit sur le devant, soit aux portières de certaines voitures, ou dans les salles de théâtre afin d'augmenter le nombre des places, mais avec le grave inconvénient de rendre la circulation difficile.

**STRASS.** *T. de bijout.* Variété de cristal très plombifère qui sert à la préparation des pierres précieuses artificielles.

Le strass ou matière incolore qui sert de base, dans toutes ces imitations, est une matière très réfringente et à laquelle la taille arrive à donner presque tous les feux du *diamant* (V. ce mot, § *Imitation du diamant*). Chimiquement, c'est un sel incolore que l'on peut considérer comme un borosilicate de potassium, de sodium et de plomb, correspondant à la formule

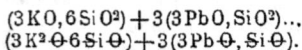

$$(3\,K\,O, 6\,Si\,O^2) + 3\,(3\,Pb\,O, Si\,O^2)...$$
$$(3\,K^2\,O\,6\,Si\,O) + 3\,(3\,Pb\,O, Si\,O).$$

M. Douault-Wieland a publié dans son Mémoire envoyé à la Société d'encouragement la composition des différentes formules qu'il employait pour faire le strass :

|  | 1 | 2 | 3 | 4 |
|---|---|---|---|---|
| Cristal de roche pulvér. | 100.0 | 100.0 | » | » |
| Sable blanc, pur..... | » | » | 100.0 | 100.0 |
| Minium ......... | 155.3 | 154.2 | » | » |
| Carbonate de plomb... | » | » | 158.9 | 236.9 |
| Potasse à l'alcool.... | 53.1 | 56.2 | 14.7 | 33.3 |
| Borate de soude calciné | 6.8 | 6.3 | 4.8 | 10.0 |
| Acide arsénieux..... | 0.3 | 0.2 | 0.2 | » |

Pour préparer le strass, on pulvérise finement toutes les substances, puis on les mélange et on les passe au travers d'un tamis de soie; lorsque les poudres sont bien mêlées on les met dans un creuset de Hesse, et on le chauffe doucement jusqu'à ce que l'affinage se fasse en se refroidissant très doucement. On obtient ainsi une masse sans bulles et sans stries, que l'on colore à volonté suivant la nature de la pierre à imiter. — V. PIERRES PRÉCIEUSES ARTIFICIELLES. — J. C.

**STRATIFICATION.** Manière d'être de certaines roches étendues en surface parallèlement les unes aux autres, et formant des couches superposées. ||Dans un sens plus général, c'est l'opération par laquelle on dispose par lits superposés des corps que l'on veut combiner ensemble.

**STRIE.** *T. techn.* Espèce de nuages ou de filets qui semblent enchâssés dans le verre, et qui proviennent de l'inégale densité des parties. || *T. d'arch.* Se dit des cannelures avec listel qui ornent les colonnes et les pilastres.

**\*STRONTIANE.** *T. de chim.* Oxyde de strontium. — V. l'art. suivant.

**\*STRONTIUM.** *T. de chim.* Corps simple, métallique, ayant pour symbole Sr, pour équivalent 43,75, et pour poids atomique 87,5. Il a été découvert par Crawford, dans le carbonate naturel de ce corps, la *strontianite*, de Strontian (Ecosse).

*Propriétés.* C'est un métal diatomique, de couleur jaune foncé, de densité égale à 2,54 et qui a été rangé dans la première famille des métaux, entre le calcium et le magnésium. Il brûle, lorsqu'on le chauffe à l'air, avec un très vif éclat qui finit par diminuer par suite de l'oxyde qui se forme à la surface; il est attaqué lentement à froid par le chlore et l'iode, par l'eau; les acides énergiques (azotique, chlorhydrique, sulfurique) le dissolvent en formant des sels. Il fond au rouge naissant.

*Etat naturel.* On ne trouve ce métal que sous un petit nombre de combinaisons : 1° la *strontianite* ou strontium carbonaté, $Sr\,O, C\,O^2... Sr\,C\,O^3$, se rencontre en cristaux prismatiques isomorphes de l'aragonite, ou en masses fibreuses, bacillaires, grenues, d'éclat vitreux et de cassure un peu grasse, blancs, jaunâtres ou verdâtres. Leur dureté est de 3,5 et la densité de 3,68 à 3,71. Ce corps, chauffé au chalumeau, donne une flamme pourpre (surtout si on a humecté avec un peu d'acide chlorhydrique). Il contient 29,83 d'acide carbonique et

70,17 d'oxyde de strontium. On le trouve surtout en Ecosse et en Westphalie; à Léogang (Salsbourg), à Braunsdorf, à Clausthal (Saxe). Il sert à la fabrication des sels de strontium et en pyrotechnie; 2° la *strontianocalcite* est de l'aragonite contenant de la strontianite; 3° la *célestine* ou sulfate de strontiane est incolore ou en cristaux blancs ou bleus, de forme prismatique rhomboïdale et droite, d'éclat vitreux et un peu nacré; d'une dureté de 3 à 3,5 et de 3,9 à 4 comme densité. Ce corps est insoluble dans les acides, il décrépite par la chaleur et fond en émail blanc; il contient 43,59 d'acide sulfurique et 56,41 0/0 d'oxyde de strontium. On le trouve en beaux cristaux mélangés de soufre cristallisé, à Girgent (Sicile); au lac Erié (Etats-Unis); etc. Il sert surtout à faire l'azotate et le chlorure employés pour les feux d'artifice; 4° la *brewstérite* est un silicate double d'alumine et de métaux alcalins (baryum et calcium) hydraté, dans lequel il y a 8,89 0/0 de strontium. Elle se trouve en petits cristaux prismatiques blancs ou jaunâtres, d'éclat vitreux, de dureté égale à 5 ou 5,5 et de densité égale à 2,45. On l'a surtout trouvée à Strontian (Ecosse).

PRÉPARATION. Si Crawford a, le premier, reconnu l'existence de ce métal, c'est à Davy que l'on doit le procédé qui a servi à l'isoler à l'état de pureté pour la première fois; c'est au moyen de l'électrolyse de l'hydrate de strontium. Il fit avec cet hydrate pulvérisé et mouillé, une petite capsule dans laquelle on mit un peu de mercure, et qui fut posée sur une lame de platine en communication avec le pôle positif d'une pile de 500 paires; le pôle négatif étant constitué par un fil de platine plongeant dans le mercure, lorsque le courant passa, il se forma un amalgame de strontium qui, chauffé dans un tube rempli de vapeur de pétrole, laissa le métal alcalin.

Mathiessen obtint le même résultat par l'électrolyse du chlorure de strontium fondu. Caron prépara le métal avec ce même corps, mais en opérant la réduction du chlorure par le sodium en présence d'un autre métal comme l'étain, l'antimoine, le plomb ou le bismuth. Enfin, Franz prépara du strontium en faisant d'abord un amalgame de sodium à 25 0/0, et en y ajoutant une solution concentrée de chlorure de strontium, puis portant le tout à 90°. On obtient ainsi un amalgame de strontium que l'on porte au rouge naissant, dans un courant d'hydrogène, pour isoler le métal que l'on a sous forme d'une masse fondue.

### DÉRIVÉS DU STRONTIUM

Parmi les composés haloïdes un seul est employé :

**Chlorure de strontium.** Ce corps a pour formule $SrCl...SrCl^2$; il cristallise en longues aiguilles qui gardent 6 équivalents d'eau, sont déliquescentes, fusibles dans leur eau de cristallisation et se déshydratent par l'action de la chaleur en donnant un émail blanc. Ce corps est soluble dans l'alcool, et forme facilement des chlorures doubles. On l'obtient, soit en mélangeant le sulfate de strontium pulvérisé avec du charbon et portant à une haute température, ce qui donne du sulfure de strontium que l'on décompose ensuite par l'acide chlorhydrique; soit en chauffant ce même sulfate pulvérisé avec de la limaille de fer; il se produit de l'oxyde de fer et du sulfure que l'on décompose comme dans le premier procédé.

Parmi les composés oxygénés, nous avons d'abord à envisager les oxydes de strontium, mais le protoxyde seul est utilisé.

**Protoxyde de strontium.** $SrO...Sr\Theta$. Syn. : *Strontiane.* Anhydre, ce corps se présente sous la forme d'une masse poreuse, grisâtre, fixe et infusible; sa densité est de 3,9; il s'altère vite en attirant l'humidité ou l'acide carbonique de l'air. Le chlore au rouge le transforme en chlorure. On le prépare en calcinant l'azotate de cette base dans une cornue en porcelaine ou en calcinant au feu de forge un mélange de carbonate de strontiane et de charbon. Son *hydrate*, qui a pour formule $SrO,H^2O^2...SrH^2\Theta^2$, cristallise en longues aiguilles, gardant 8 équivalents d'eau lorsqu'on l'obtient par la saturation de ce liquide. Ces aiguilles sont déliquescentes et absorbent aussi l'acide carbonique de l'air; elles perdent, par une température de 100°, 7 équivalents d'eau, puis si l'on continue à les chauffer, elles fondent au rouge sombre et se transforment, au delà, en strontiane anhydre. Il suffit, pour obtenir cet hydrate, de laisser l'anhydride en contact avec l'eau.

Ce corps sert depuis quelque temps dans la raffinerie.

**Azotate de strontium.** $SrO,AzO^5...$ $(Az\Theta^3)^2Sr$. Sel solide, de saveur fraîche et piquante; il est en cristaux anhydres si on l'obtient par l'évaporation à chaud et se présente alors sous forme d'octaèdres ou de cubo-octaèdres d'une densité de 2,96, ou de cristaux hydratés lorsque ceux-ci se déposent à froid; dans ce cas, ils se présentent sous forme de prismes chinorhombiques, à 5 équivalents d'eau, d'une densité de 2,3, efflorescents, se déshydratant à 100°, solubles dans l'eau, insolubles dans l'alcool, fondant au rouge, et se décomposant au delà en azotite, puis en oxyde de strontium. Ce sel est employé en pyrotechnie, car il communique aux corps combustibles, comme le charbon ou le soufre, une belle couleur rouge, en brûlant.

**Sulfate de strontiane.** $SrO,SO^3...SrS\Theta^4$. Ce produit artificiel est en poudre blanche très peu soluble dans l'eau ainsi que dans les acides chlorhydrique ou azotique, mais soluble dans le chlorure de sodium d'où l'acide sulfurique le précipite en une poudre si ténue qu'en général ce corps passe toujours au travers des pores du papier à filtrer. Il est important de noter que la présence de l'acide métaphosphorique ou des citrates alcalins empêche la précipitation du sulfate de strontium. Il fond au rouge, sans décomposition, et est facilement réduit par le charbon à une haute température. On l'obtient en traitant l'azotate ou le chlorure, par l'acide sulfurique dilué ou un sulfate soluble.

*Caractères des sels de strontium.* Ces sels sont incolores et ont une grande analogie avec ceux de baryum, mais ils ne sont pas vénéneux comme ces derniers.

Leur solution traitée par l'*acide sulfhydrique* ou le *sulfure d'ammonium* ne donne pas de précipité; avec la *potasse*, précipité blanc, d'hydrate cristallin (dans les liqueurs concentrées); avec l'*ammoniaque*, rien; avec les *carbonates alcalins*, avec le *carbonate d'ammoniaque*, précipité blanc, insoluble dans un excès de réactif; avec l'*oxalate d'ammoniaque*, précipité blanc, pulvérulent, soluble dans l'acide chlorhydrique et les sels ammoniacaux, peu soluble dans l'acide oxalique ou l'acide acétique; avec l'*acide sulfurique* faible ou les *sulfates* solubles (même celui d'oxyde de calcium), précipité blanc, soluble dans l'acide chlorhydrique, décomposé à l'ébullition par les carbonates alcalins (caract. d'avec les sels de calcium); avec l'*acide hydrofluosilicique*, rien; avec le *chromate neutre de potassium*, précipité jaune, cristallin, lent à se former (dans les liqueurs concentrées seulement); avec le *bichromate de potassium*, rien; avec le *succinate d'ammoniaque*, précipité lent à se former (dans les liqueurs concentrées); avec le *ferrocyanure de potassium*, trouble (liq. concent.); avec le *ferricyanure de potassium*, rien; avec l'*acide oxalique* ou l'*oxalate acide de potasse*, précipité dans les liqueurs étendues, et que l'addition d'ammoniaque facilite. La solution de *sulfate de strontium* est sans action sur les autres sels de strontium (caract. distinctif d'avec les sels de baryum). Au spectroscope, les sels de ce métal montrent une raie rouge vers la raie C de Fraunhofer, et une raie bleue entre F et G. Les sels de strontium mélangés à de l'alcool, donnent à la flamme de ce liquide une coloration rouge qui, vue avec un verre bleu, paraît pourpre.

Dosage du strontium. Le dosage de ce corps se fait à l'*état de sulfate*. On ajoute à la solution du corps faiblement acidulée par l'acide chlorhydrique ou l'acide azotique (la liqueur ayant surtout été bien débarrassée, comme nous l'avons dit, de l'acide métaphosphorique ou de l'acide citrique qu'elle aurait pu contenir) un excès d'acide sulfurique étendu, et de l'alcool, en volume égal au volume de la liqueur, puis on laisse reposer douze heures; on filtre, lave le dépôt à l'alcool, on sèche et calcine. Quand on ne peut employer l'alcool, on concentre la liqueur acide, puis on laisse en repos vingt-quatre heures avant de filtrer, laver et calciner. Le poids de résidu obtenu multiplié par 0,5223 (rapport de l'équivalent du strontium à celui du sulfate, 43,75/83,75), donne la quantité de strontium contenue dans le précipité, et multiplié par 0,6179 (rapport de 51,75/83,75) celui de la strontiane (SrO). — J. C.

STRYCHNINE. *T. de chim.* Alcaloïde végétal découvert par Pelletier et Caventou dans la noix vomique. Il a pour formule :

$$C^{42}H^{22}Az^2O^4...C^{21}H^{22}Az^2O^2.$$

La strychnine cristallise en octaèdres rectangulaires droits; elle est excessivement peu soluble dans l'eau (1/7000$^e$) et peu soluble dans l'alcool (1/1200$^e$), insoluble dans l'éther, mais soluble dans les huiles volatiles, les acides et le chloroforme. Sa solution est excessivement amère, elle dévie à gauche le plan de la lumière polarisée; l'alcaloïde est infusible et anhydre, c'est un poison des plus énergiques, qui provoque par son absorption des contractions tétaniques. La strychnine s'altère à l'air et absorbe l'acide carbonique; à 315° elle dégage du carbonate d'ammoniaque; chauffée avec la potasse, elle donne de la quinoléine liquide rappelant l'odeur d'amandes amères; l'acide nitrique fumant forme avec elle un nitrate de nitrostrychnine, tandis que l'acide ordinaire la salifie simplement; elle donne un iodure avec l'iode; l'acide azoteux l'oxyde en fixant de l'eau et la transforme en oxystrychnine,

$$C^{42}H^{28}Az^2O^{12}...C^{21}H^{28}Az^2O^6$$

et en bioxystrichnine,

$$C^{42}H^{28}Az^2O^{14}...C^{21}H^{28}Az^2O^7.$$

*État naturel.* La strychnine est contenue à l'état d'igasurate de strychnine dans la noix vomique, la fève de Saint-Ignace et les upas tieuté, antiaris et toxicaria.

*Réactions.* La strychnine est un alcali tertiaire qui, d'après Schützenberger, est probablement un mélange de trois alcaloïdes différents. Elle se reconnaît aux caractères suivants : avec le *bioxyde de manganèse* ou le *bioxyde de plomb et un peu d'acide sulfurique*, coloration bleue violacée, fugace, devenant rouge avec un excès de réactif; avec le *bichromate de potasse et l'acide sulfurique*, même réaction; la solution d'un sel de strychnine donne avec le *tannin*, un précipité blanc; avec le *chlore gazeux*, un précipité blanc nuageux; avec le *sulfomolybdate d'ammoniaque*, une coloration bleue à la longue; avec le *carbonate de potasse*, rien à froid, mais précipité d'un précipité blanc à l'ébullition; avec le *sulfocyanate de potasse*, un précipité blanc caséeux. Les *acides sulfurique* et *azotique* formant des sels avec cette base ne donnent pas de réaction.

Préparation. Pour l'obtenir, on se sert de la noix vomique ou de la fève de Saint-Ignace; on pulvérise grossièrement ces corps, et on les mélange avec de la chaux éteinte et de l'eau, puis on laisse sécher. On introduit alors la masse dans un appareil à déplacement, et on la traite par de l'alcool amylique brut ou par l'huile de pétrole; le produit étant épuisé, on agite le liquide avec de l'acide sulfurique étendu; après repos, on décante la couche aqueuse, et on la concentre au bain-marie; par le refroidissement, le sulfate de strychnine qui s'est formé cristallise, et les eaux-mères gardent du sulfate de brucine et d'igasurine. Les cristaux de sulfate de strychnine étant repris par l'eau, laissent déposer la strychnine par addition d'ammoniaque, on n'a plus qu'à purifier ceux-ci en les reprenant par de l'alcool à 80° bouillant, et à les faire recristalliser. — J. C.

STUC. *T. techn.* D'une manière générale, on appelle *marbres artificiels* ou *stucs* des enduits dont la composition a pour base la chaux ou le plâtre durcis. On désigne plus particulièrement sous le nom de *stuc* le plâtre gâché avec de la gélatine ou de la colle forte, ou calciné avec de l'alun.

— L'emploi du stuc dans l'architecture remonte à là plus haute antiquité. Les Assyriens, les Egyptiens, les Grecs et les Romains, en faisaient usage pour le revêtement des murs. Ces derniers donnaient le nom d'*opus marmoratum* à un enduit dont on couvrait les plafonds et les murs, et qui était un mortier mêlé de marbre pulvérisé; il présentait une surface polie et se recouvrait ordinairement de peintures ou de brillantes couleurs. La désignation d'*albarium opus* était attribuée à un stuc plus fin et plus blanc que le précédent, et que l'on appliquait par couches minces sur les autres enduits. Les revêtements en stuc étaient aussi fort en usage dans l'architecture musulmane.

De nos jours, on est arrivé à donner à la pierre à plâtre durcie des colorations variées, et le poli du marbre. Voici comment on prépare le stuc à la colle : on calcine la pierre à plâtre, on la laisse refroidir, puis on la pulvérise ; on la passe au tamis de soie et on la détrempe avec de l'eau *collée*, c'est-à-dire contenant de la colle de Flandre de première qualité. L'imitation des marbres s'obtient par le mélange du plâtre à des couleurs minérales. Pour faire les veines, on procède ainsi : on détrempe à la colle chaude, dans des plats vernissés, les couleurs que l'on remarque dans le marbre à imiter ; on délaye avec chacune de ces eaux colorées un peu de plâtre en poudre; on forme ainsi de petites plaques ou galettes que l'on découpe par tranches pour les étendre ensuite sur le noyau de l'ouvrage qu'on veut faire et les y aplatir au moyen d'une truelle. On imite les *marbres-brèches* par l'introduction dans la pâte, de stucs colorés. Le polissage est une opération délicate qui s'effectue avec le grès pilé et une molette de pierre ; les cavités qui se forment sont rebouchées avec du stuc plus liquide; on passe ensuite à la pierre ponce, et on rebouche les trous jusqu'à ce que la surface soit parfaitement unie. Ce poli se donne avec la pierre de touche et le brillant avec un chiffon légèrement enduit de cire.

Quelquefois, on applique le stuc liquide et à l'aide de la brosse, en superposant une vingtaine de couches.

Le *plâtre aluné* est composé de morceaux de gypse calcinés dans des fours à réverbère et trempés, à leur sortie du four, durant deux ou trois heures, dans une eau contenant 10 0/0 d'alun. Le mélange est ensuite réduit au rouge vif, pulvérisé et tamisé. Un procédé plus simple, mais inférieur pour la qualité du produit, consiste à mêler à du plâtre en poudre de la poussière d'alun très divisée et à gâcher le tout. Le plâtre aluné s'applique par couches après gâchage; au bout de plusieurs jours, l'enduit peut être poli par le ponçage. — F. M.

**STUCATEUR.** T. de mét. Ouvrier qui fait, qui applique le stuc.

* **STUFFING-BOX.** T. de mécan. Syn. : *Boîte à étoupe, presse-étoupe.* Appareil destiné à intercepter la communication entre deux milieux, tout en laissant passer une tige animée d'un mouvement de va-et-vient. Le stuffing-box se compose d'une *boîte*, coulée, en général, avec la cloison qui sépare les deux milieux, et remplie de matière élastique et imperméable (étoupe, filasse, cuir et

parfois métal) que l'on comprime à l'aide d'un bouchon ou *chapeau*, de façon à éviter les fuites, sans cependant exercer sur la tige mobile une pression trop grande qui, par frottement, occasionnerait une augmentation d'usure et de résistance. Ce chapeau en bronze ou fonte, se fixe à la boîte au moyen de boulons, généralement au nombre de deux lorsque la tige est conduite par un parallélogramme, afin de pouvoir osciller légèrement avec celle-ci. Lorsqu'il s'agit de presses hydrauliques et de pompes d'injection, on remplace le plus souvent la matière élastique par une garniture en cuir embouti.

Le graissage s'obtient facilement, si le presse-étoupe est vertical, en évasant le chapeau de façon à former réservoir d'huile, mais s'il est horizontal, il faut, ou établir à l'une des extrémités de l'appareil un godet garni d'une mèche humectant continuellement la tige, ou placer simplement sur la partie cylindrique de la boîte, un réservoir à huile mis en communication avec la garniture et la tige.

* **STYBOLINE.** Genre de tissu dont la chaîne est en fil de lin et la trame en fil de laine; on en forme plusieurs couches superposées et soudées ensemble par une couche de caoutchouc, pour remplacer le cuir dans la confection des rubans de cardes à laine.

**STYLE.** Voilà un de ces mots originaux dont la compréhension large et le sens extensif embrassent des idées très distinctes, mais parfaitement rattachées entre elles par le lien de l'étymologie. Le *stylus* latin était un poinçon terminé, à son extrémité opposée, par une sorte de spatule et servant à tracer des caractères sur des tablettes enduites de cire (V. PLUME A ÉCRIRE). Le burin, ou pointe du moderne *aquafortiste*, dessinant les lignes, les contours que doit accuser l'acide, et qui formeront, après la morsure, la représentation qu'il s'agit de figurer, donne une idée assez exacte du *stylus* ancien. Quand Horace recommande de retourner souvent le *stylus*, il conseille d'effacer le mot qu'on vient de tracer, pour en chercher un meilleur, et de substituer à des pensées vulgaires, pauvrement exprimées, des idées originales traduites en bon langage.

C'est ainsi que le mot *style* est devenu synonyme de convenance, de choix, d'originalité, et qu'il est passé de la langue littéraire dans celle de l'art et de l'industrie. Un peintre, un statuaire, un architecte, un constructeur de machines, un fabricant de meubles, de tissus et autres produits industriels, a du style personnel et en donne à tout ce qui s'exécute sur ses dessins, à tout ce que créent, d'après ses inspirations, ses élèves, ses ouvriers, ses collaborateurs de tout ordre.

— Les meilleurs critiques d'art, les maîtres de l'esthétique ancienne et moderne, ont toujours été d'accord sur ce point; depuis Platon jusqu'à Victor Hugo, on a identifié le style, en toutes choses, avec le choix, la convenance, l'originalité du fond et de la forme; on l'a défini avec raison « le caractère propre de la composition et de l'exécution ». C'est dans ce sens qu'on a pu dire : « Le style — en art et en industrie, aussi bien qu'en littérature — c'est l'homme même ».

Deux écrivains, placés aux antipodes de la pensée

humaine, Marivaux et Joseph de Maistre, ont une commune appréciation du style : sur ce terrain, le catholique austère et le peintre des mœurs efféminées du XVIIIe siècle, se rencontrent et se mettent d'accord : « le style a un sexe, » dit Marivaux; « le style est un accent, » réplique Joseph de Maistre; « les paysans mêmes ont du style, » ajoute Balzac ; et Voltaire, qui avait à lui seul autant d'esprit et de bon sens que tous les critiques et tous les esthéticiens réunis, résume, en une phrase typique, tout ce qu'on a écrit, tout ce qu'on pourra écrire sur l'originalité, la personnalité du style en architecture, en peinture, en sculpture et même en industrie : « Le style, dit l'auteur du *Temple du goût*, rend singulières les choses les plus communes, fortifie les plus faibles, donne de la grandeur aux plus simples ». Avant lui, Pascal, le grand géomètre avait dit : « Quand on voit le style naturel, on est tout étonné et ravi, car on s'attendait de voir un auteur et on trouve un homme. » C'est au fond la même pensée et la même doctrine.

Il faut pourtant se garder de confondre le style artistique et industriel avec la fantaisie et l'incorrection; il y a aussi loin de la distinction à la banalité, que de l'originalité à la bizarrerie. Le goût personnel de l'artiste et de l'industriel doit être l'inspirateur et le modérateur suprême du fond et de la forme. En architecture, par exemple, les mille et mille arabesques du style sarrazin, les figurations multiples du style ogival peuvent dégénérer en faux goût, et ce n'est pas sans raison que Fénelon en comparait l'abus aux subtilités de la scholastique. Mais là même où l'imagination luxuriante des « ymagiers ou tailleurs d'ymages » s'est donné ample carrière, l'originalité créatrice a eu pour limite les règles générales des deux architectures et le goût de l'époque : architectes et sculpteurs ont pu avoir leur style personnel, mais ils l'ont subordonné, cependant, au genre et au goût de leur temps.

C'est dans ce sens qu'on donne le nom de *style* aux grandes conventions artistiques résultant de l'accord général des hommes de goût. Les anciens auteurs ont distingué les styles simple, tempéré et sublime ; les architectes de l'antiquité nous ont transmis les règles des styles dorique, ionique, corinthien, toscan et composite, cadres trop étroits peut-être, mais dans lesquels, cependant, les vrais architectes ont su se mouvoir, comme les véritables écrivains ont su se faire une originalité, en innovant dans la tradition. Le *style*, qu'il ne faut pas confondre avec *les styles*, est donc, en littérature comme en art, le caractère propre d'une même époque ou d'une même école, en même temps que la note particulière et originale des œuvres d'un seul et même homme. Ce qui ressemble à tout, ce qui est banal, ressassé, *poncif*, peut être correct au fond, mais est dépourvu de style; ce qui porte, au contraire, malgré quelques incorrections de détail, la marque d'une même époque ou d'une même école, le cachet d'une personnalité, la griffe du lion enfin, cela est trouvé, cela est original, cela a du style.

— En matière d'art, les meilleures écoles de style sont les musées; en matière d'industrie, rien ne vaut les grandes collections technologiques, comme enseignement et comme sources d'inspiration. Parcourez les galeries du Louvre, étudiez les milliers d'objets de toute nature répartis et méthodiquement classés dans les nombreuses salles de ce palais où l'art, nouveau souverain du monde, a remplacé les royautés anciennes; toutes les formes que l'art a revêtues, chez les nations les plus diverses, se montrent à vos yeux et vous révèlent la manière propre, originale, dont chaque peuple a compris le beau, aux diverses époques de son histoire, la forme particulière et nationale qu'il a su donner aux choses de l'art, le style enfin qu'il s'est créé dans le domaine artistique. Egypte, Inde, Assyrie, Grèce, Italie ancienne, livrent là tous leurs secrets, tandis que, dans les salles d'ethnographie, les mille peuplades des deux Amériques, de l'Océanie, du Continent africain, les civilisations étranges de l'Asie centrale et de l'extrême Orient étalent à nos yeux les produits d'un art singulier, tel que le comprennent et le pratiquent les races jaunes, noires et cuivrées, dont l'esthétique diffère tant de celle de la race blanche ou caucasique.

Allez ensuite au musée de Cluny, où sont réunis et intelligemment groupés les spécimens les plus originaux de l'art du moyen âge et de la Renaissance : là aussi vous prendrez les meilleures leçons de style ; là vous vous rendrez compte de ce qu'on appelle avec raison la couleur historique et locale ; vous constaterez l'originalité de la conception, le particularisme de la forme, le style propre à chaque peuple, à chaque époque, à chaque école, à chaque croyance, à chaque maître.

Même constatation au Conservatoire des Arts et Métiers, où sont réunis les modèles les plus variés construits depuis plusieurs siècles par les ingénieurs et les technologistes, et même au Conservatoire de musique, où l'on a réuni une très curieuse collection d'instruments en usage chez tous les peuples.

Ces deux musées, comme ceux du Louvre et de Cluny, sont, nous le répétons, de véritables écoles de style, dans le sens artistique et industriel du mot : en montrant les innombrables formes que le génie humain a su donner à la pensée, en la traduisant originalement pour les oreilles et pour les yeux, ils suscitent la conception, forment le goût, développent l'imagination de l'industriel et de l'artiste, et l'amènent à se faire un style propre, par l'assimilation autant que par la puissance créatrice. Les industries de l'ameublement, de l'orfèvrerie, du bibelot artistique, pour n'en citer que quelques-unes, ont beaucoup gagné à l'étude et à la reproduction intelligente des modèles anciens ; elles sont arrivées à créer des meubles, des bijoux, des curiosités de *style*, de même que la visite assidue des musées a conduit les artistes modernes à pasticher fort ingénieusement l'art grec et romain, le moyen âge et la Renaissance, les écoles italiennes, espagnoles, flamandes, les styles byzantin, roman, ogival : éclectisme immense d'où le véritable artiste sait faire sortir la note originale, la forme personnelle, le style enfin qui sera, même dans les choses imitées, la caractéristique de son époque et de son individualité. — L. M. T.

**STYLET.** Sorte de poignard dont la lame très menue est ordinairement triangulaire.

**STYLOBATE.** *T. d'arch.* Soubassement ayant base et corniche, et formant un piédestal continu sous un rang de colonnes.

**STYRAX.** — V. Baume, § *Baumes cinnamiques.*

\*SUAGE. *T. techn.* En outre de l'outil dont se sert le serrurier pour forger les pièces en demi-rond, le *suage* désigne encore l'enclume et l'instrument à l'aide desquels le chaudronnier fait les rebords des chaudrons.

**SUBLIMATION.** *T. de chim.* Opération ayant pour but de réduire à l'état de vapeurs, un corps solide, volatil sans décomposition, et que l'on condense ensuite, soit pour le purifier, soit pour le faire cristalliser, ou même pour l'obtenir sous forme pulvérulente. La sublimation n'est qu'une distillation sèche.

**SUBLIMÉ.** I. Corps qui a subi la sublimation. II. *Sublimé corrosif.* Syn. : *bichlorure de mercure.*— V. CHLORURE et MERCURE.

*SUBSTITUT. *T. de chim.* ou *d'impr.* Corps qui, dans une opération, peut être substitué à un autre. Cette dénomination est pour ainsi dire synonyme de *succédané,* mais cependant elle s'emploie spécialement dans quelques cas particuliers. Ainsi, par exemple, on désigne en teinture sous le nom de *substitut d'indigo,* une couleur bleue, à base de campêche oxydé par l'acide chromique. Le *substitut de gomme* des Anglais, n'est autre que la dextrine. On a proposé sous le nom de *substitut de garance,* un mélange de bois de Lima ou autres bois rouges, avec du quercitron, des bois jaunes ; et M. Poirrier vend sous la même désignation un mélange d'alizarine et de purpurine artificielles, avec flavopurpurine, etc. ; le *substitut de cochenille* est du ponceau de xylidine ; les *substituts d'orseille* sont des ponceaux d'aniline transformés (rouge de naphtaline, etc.).

**SUBSTRUCTION.** On désigne ainsi, d'une manière générale, toutes les parties d'un édifice comprises au-dessous du niveau du sol. Plus spécialement, on donne ce nom aux travaux souterrains exécutés pour consolider des fondations établies sur un mauvais sol, en particulier sur un sol miné par des carrières. Dans ce dernier cas, les substructions consistent en piles de maçonnerie reliées ou non par des arcs et placées aux endroits où les pressions exercées par la construction doivent être les plus fortes.

*SUC (ETIENNE-NICOLAS-EDOUARD). Sculpteur, né à Lorient en 1802, mort à Nantes en 1855, était d'origine italienne, et fit ses premières études sous la direction de Hubac, artiste qui dirigeait les ateliers de sculpture du port de Lorient. Il vint ensuite à Paris, dans l'atelier de Lemaire, pour s'y perfectionner, et retourna, en 1830, à Nantes où il s'établit définitivement. Il se fit remarquer au salon de 1834 par un bon début, *Jeune pêcheur breton agaçant un crabe,* très fin d'expression en même temps que vigoureux de facture. Il exposait aussi cette année là un buste du *Général Demoustier* dont le marbre lui fut commandé par le ministère. D'ailleurs, ce fut toujours dans le portrait que Suc fut le plus remarquable, on ne lui a guère dû par la suite qu'une œuvre excellente : *la Petite mendiante* (salon de 1838). A dater de cette époque l'artiste fut dévoyé par l'enthousiasme d'amis maladroits. Il était né pour des œuvres gracieuses et naïves, on le lança dans la sculpture décorative, où il ne pouvait réussir. Suc avait compris, trop tard, qu'il n'avait pas suivi sa voie, et il est mort découragé par cette erreur de toute sa vie.

**SUCCÉDANÉ.** *T. de pharm., de mat. méd.,* de

*techn.* Ce mot, venant de *succedere,* succéder, quoique ne représentant pas absolument l'idée de substitution, a pourtant la même signification usuelle, que le mot *substitut.* Il s'applique à des corps qui, doués de mêmes propriétés, peuvent se remplacer mutuellement.

**SUCCIN.** *T. de mat. méd.* Résine fossile ayant la plus grande analogie avec la résine fournie actuellement par le *pinus dammara,* Lamb. On désigne encore ce produit sous le nom d'*ambre jaune,* de *karabé.* — V. AMBRE.

*SUCCINIQUE (Acide). *T. de chim.* Acide polybasique à fonction simple. Il a pour formule :

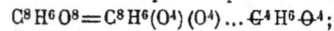

$$C^8 H^6 O^8 = C^8 H^6 (O^4) (O^4) \dots C^4 H^6 O^4 ;$$

sa synthèse a été réalisée par Maxwel Simpson.

*Propriétés.* C'est un corps solide, cristallisé en prismes rhomboïdaux, incolores, inaltérables à l'air, d'une densité de 1,55; soumis à l'action de la chaleur, il fond à 180°, bout à 235°, et donne alors de l'*anhydride succinique,* $C^8 H^4 O^6 \dots C^4 H^4 O^3$. Il est soluble dans l'eau (1/8e), assez soluble dans l'éther, très soluble dans l'alcool. L'hydrogène naissant à 280°, le change en acide butyrique $C^8 H^8 O^4 \dots C^4 H^8 O^2$ avec formation d'eau, mais un excès d'hydrogène le transforme en hydrure de butylène, $C^8 H^{10} \dots C^4 H^{10}$; il résiste bien aux agents oxydants : cependant l'oxyde d'argent avec l'acide succinique bromé donne de l'acide malique, $C^8 H^6 O^{10} \dots C^4 H^6 O^3$, et avec l'acide bibromé de l'acide tartrique $C^8 H^6 O^{12} \dots C^4 H^6 O^6$.

Inversement, on peut faire la synthèse de l'acide succinique : 1° en traitant l'acide butyrique par un oxydant (Dessaignes),

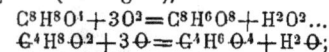

$$C^8 H^8 O^4 + 3 O^2 = C^8 H^6 O^8 + H^2 O^2 \dots$$
$$C^4 H^8 O^2 + 3 O = C^4 H^6 O^4 + H^2 O ;$$

2° en réduisant l'acide malique au moyen de l'hydrogène naissant fourni par l'acide iodhydrique,

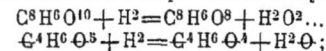

$$C^8 H^6 O^{10} + H^2 = C^8 H^6 O^8 + H^2 O^2 \dots$$
$$C^4 H^6 O^5 + H^2 = C^4 H^6 O^4 + H^2 O ;$$

3° par la même réaction sur l'acide tartrique (Schmidt),

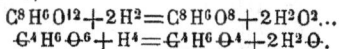

$$C^8 H^6 O^{12} + 2 H^2 = C^8 H^6 O^8 + 2 H^2 O^2 \dots$$
$$C^4 H^6 O^6 + H^4 = C^4 H^6 O^4 + 2 H^2 O.$$

Cet acide se forme par la fermentation alcoolique (en petites quantités), par celle du malate de chaux; par la distillation sèche du succin; par l'oxydation des corps gras complexes, au moyen de l'acide azotique.

*État naturel.* On a rencontré l'acide succinique dans certains liquides animaux, notamment dans celui de l'hydrocèle; le règne minéral en fournit par la distillation de certains lignites; enfin, divers végétaux en contiennent, comme l'absinthe, la laitue vireuse; dans la térébenthine et les produits des pins et sapins, on en rencontre de notables quantités.

PRÉPARATION. 1° On distille du succin et on reçoit les vapeurs dans un vase refroidi. Le produit cristallisé est recueilli et comprimé dans des doubles de papier buvard, puis mis à bouillir avec de l'eau acidulée par l'acide nitrique qui le débarrasse des produits pyrogénés qui ont passé à la distillation avec l'acide succinique. Il ne reste plus qu'à le faire recristalliser ; 2° on le prépare encore en faisant un mélange de fromage pourri délayé dans 3 parties d'eau et 1 partie de malate de chaux. On laisse la fermentation se faire entre 30 et 40°, et après quelques jours on reprend par l'eau acidulée par l'acide sulfurique, on fait bouillir et on filtre. La chaux reste insoluble à l'état de sulfate, et la liqueur concentrée donne l'acide succinique. Il sert à faire les succinates.

**Succinates.** Ceux alcalins et celui de magnésium sont très solubles dans l'eau. En solution ils donnent les caractères suivants : avec le *chlorure de calcium*, précipité blanc cristallin (dans les liq. concent.), dans les liqueurs peu concentrées, l'addition de 2 volumes d'alcool fait naître le précipité, qui est soluble dans le chlorure d'ammonium ; avec l'*azotate d'argent*, précipité blanc, soluble dans l'ammoniaque, dans l'acide azotique, peu soluble dans l'acide acétique ; avec le *chlorure ferrique*, précipité rouge brun, soluble dans les acides étendus ; avec l'*acétate de plomb*, précipité blanc, amorphe, soluble dans un excès, mais se reprécipitant, par la suite, en cristaux ; avec l'*acide azotique*, rien, même à chaud.

Les succinates alcalins sont très employés comme réactifs, pour séparer, par exemple, l'acide ferrique des oxydes ferreux ou manganeux. Le plus employé est le *succinate neutre d'ammoniaque*,

$$C^8 H^6 O^8 (Az H^3)^2 ... C^4 H^4 O^4 (Az H^4)^2 ;$$

il est en prismes hexagonaux, très solubles dans l'eau, dans l'alcool, d'une densité de 1.367 ; il s'altère à l'air en perdant de l'ammoniaque, et par distillation se transforme en *succinimide*,

$$C^8 H^5 O^4 Az ... C^4 H^4 O^2 (Az H),$$

ammoniaque et eau. On l'obtient en saturant par l'ammoniaque une dissolution d'acide succinique et évaporant sous une cloche avec de la chaux ou dans le vide. — J. C.

\* **SUCETTE.** *T. de raff. de sucre.* Appareil dont se servent les raffineurs de sucre pour activer, au moyen du vide, l'opération de l'égouttage des pains. — V. RAFFINERIE, § *Raffinage des sucres, égouttage forcé.*

\* **SUCRAGE.** Addition de sucre aux moûts et aux vins, faite dans le but, soit de conserver le produit fermenté, soit d'augmenter la richesse alcoolique (V. CHAPTALISAGE). Il est indispensable, lorsqu'on veut obtenir le dernier résultat, d'*intervertir le sucre de canne* par 3/1000 d'acide sulfurique ou 9/1000 d'acide tartrique et d'agir à 100°.

\* **SUCRATE.** Syn. : *saccharate. T. de chim.* Nom que l'on donne aux saccharates formés pendant la fabrication du sucre et que nous étudions au mot SUCRERIE.

\* **SUCRATERIE.** Etablissement dans lequel on extrait le sucre des mélasses.

La loi du 29 juillet 1884 sur l'impôt du sucre, en prenant pour base de l'impôt non plus le sucre fabriqué comme la législation précédente, mais la matière première qui sert à le produire, c'est-à-dire la betterave sur un rendement en sucre déterminé par la loi elle-même, a mis dans le commerce un produit nouveau, la mélasse libérée d'impôt, c'est-à-dire un produit contenant 45 à 50 0/0 de sucre indemne d'impôt ; en effet, l'impôt ayant été perçu sur la betterave elle-même, lorsque le rendement légal de la betterave a été obtenu, les produits supplémentaires, sucre et mélasse, se trouvent affranchis de tout droit. Or, comme le droit sur le sucre est de 50 francs les 100 kilogrammes, le sucre qui pouvait être retiré de la mélasse trouvait une plus value de 50 centimes par kilogramme, et cette plus value par 100 kilogrammes de mélasse devait être d'autant plus grande que les procédés employés en retireraient plus de sucre.

L'osmose appliqué avec succès dans beaucoup de sucreries, même avant la loi de 1884, c'est-à-dire sans le bénéfice procuré par la franchise du droit, prenait une nouvelle importance dans la fabrique de sucre ; mais malgré son développement rapide sous l'influence de la loi de 1884, les mélasses libérées d'impôt étaient bien loin d'être absorbées par ce procédé. Ces mélasses ne trouvaient plus alors d'autre écoulement que pour la distillerie qui ne pouvait les payer qu'un prix relatif à celui de l'alcool, dans lequel les avantages du sucre libéré d'impôt qu'elles contenaient étaient perdus pour le fabricant. C'est dans ces circonstances que plusieurs établissements s'organisèrent pour extraire le sucre des mélasses libérées d'impôt. Ils furent désignés sous le nom de *sucreries*, et s'ils sont annexés à une sucrerie ou à une raffinerie, ils prennent les noms de *sucrerie sucraterie* ou de *raffinerie sucraterie*.

Sous l'influence de la création de ces établissements, la mélasse libérée acquit rapidement une plus value considérable ; ainsi, tandis que la mélasse dirigée sur la distillerie avait une valeur de 12 francs les 100 kilogrammes, les mêmes mélasses libérées dirigées sur la sucraterie acquéraient une valeur de 18 francs les 100 kilogrammes et même plus. De là de nombreuses réclamations des distillateurs de mélasse contre la loi bienfaisante de 1884 les privant ainsi d'une matière première qui, depuis la naissance de la sucrerie de betterave, n'avait trouvé de valeur et d'emploi qu'en distillerie, et qu'ils considéraient comme devant leur appartenir, au moins comme droit d'ancienneté. Mais toute entrave à l'extraction du sucre de la mélasse aurait complètement faussé les principes et le but de la loi de 1884, et en aurait faussé les bons effets au point de vue surtout de la concurrence des sucres allemands sur le marché français. En effet, le développement des sucrateries a été un grand stimulant pour le progrès et a provoqué l'étude de différents procédés nouveaux dont nous donnerons la description à l'article SUCRERIE, § *Extraction du sucre de la mélasse.* — H. L.

**SUCRE.** *T. de chim.* On donne, en général, le nom de *sucre* à des alcools hexatomiques, présentant une saveur spéciale, dite *sucrée*, et contenant toujours douze équivalents de carbone (ou $C^6$) ou un multiple de 12. On peut diviser d'une première manière tous ces principes en les distinguant en :

1° *sucres animaux* :

Sucre diabétique, ou du foie, glucose,
$$C^{12}H^{12}O^{12}...C^6H^{12}O^6,$$

Inosine, ou sucre musculaire,
$$C^{12}H^{12}O^{12}...C^6H^{12}O^6,$$

Lactose, ou sucre de lait. — V. Lactose.
$$C^{24}H^{22}O^{22}...C^{12}H^{22}O^{11},$$

Galactose, ou sucre de lait modifié,
$$C^{12}H^{12}O^{12}...C^6H^{12}O^6,$$

et 2° *sucres végétaux* comprenant toutes les autres espèces.

Mais cette distinction un peu arbitraire, ne tient nul compte des propriétés chimiques de ces corps, aussi les a-t-on rangés bien plus scientifiquement de la manière suivante (Berthelot) :

1° Sucres renfermant un excès d'hydrogène par rapport aux proportions de l'eau :

Mannite, dulcite, isodulcite, sorbite,
$$C^{12}H^{14}O^{12}...C^6H^{14}O^6,$$

Pinite, quercite, $C^{12}H^{12}O^{10}...C^6H^{12}O^5$ ;

2° Sucres renfermant l'hydrogène et l'oxygène dans les proportions voulues pour former de l'eau et en équivalent égal à celui du carbone; on leur donne le nom générique de *glucoses*. Tels sont : le glucose ordinaire ou sucre de raisin (V. Glucose); la lévulose; la galactose; l'eucalyne; la sorbine; l'inosine; la dambose; ils ont tous pour formule $C^{12}H^{12}O^{12}...C^6H^{12}O^6$ ;

3° Les sucres ayant encore l'hydrogène et l'oxygène, dans les proportions voulues pour former de l'eau, mais en moindre quantité que l'équivalent du carbone. Ce sont les saccharoses.

Tels sont : le sucre de canne, sucre prismatique ou saccharose ordinaire, la mélitose, la mélézitose la tréhalose ou mycose, la lactose et la maltose. Ils sont tous isomériques, comme les glucoses, et ont pour formule $C^{24}H^{22}O^{22}...C^{12}H^{22}O^{11}$.

*Caractères généraux des principes sucrés.* En outre de leur goût spécial, ces corps sont solubles dans l'eau, ils ne sont pas volatils sous l'action de la chaleur qui les altère rapidement; ils se combinent aux bases en formant des *sucrates* analogues aux alcoolates, mais brunissent par l'action de la chaleur et se décomposent, à 150°, en hydrogène et en acide oxalique. Soumis à l'action des acides, les sucres éprouvent des actions variables avec leur nature ; ainsi, l'acide sulfurique les carbonise, mais cette action peut avoir lieu à froid (saccharose); à chaud, au-dessous de 100° (glucose), ou au delà de 100° (mannite). L'acide chlorhydrique exerce une action analogue, mais il faut porter la température jusqu'à 200° pour carboniser la mannite. L'acide azotique exerce une réaction plus spéciale qui permet de grouper les sucres en deux classes, ceux qui se transforment en acide mucique, et ceux qui fournissent de l'acide saccharique.

Principes sucrés se transformant en :

### Acide mucique.

Dulcite. . . . . . . . . . . $C^{12}H^{14}O^{12}...C^6H^{14}O^6$

| | | |
|---|---|---|
| Galactose . . . . . . . . | $C^{12}H^{12}O^{12}$ | $...C^6H^{12}O^6$ |
| Lactose . . . . . . . . . | $C^{24}H^{12}O^{22}$ | $...C^{12}H^{22}O^{11}$ |
| Mélitose . . . . . . . . | $C^{24}H^{22}O^{22}$ | $...C^{12}H^{22}O^{11}$ |
| Gommes solubles . . . | | |
| — insolubles.. . } | $C^{12}H^{10}O^{10}$ | $...C^6H^{10}O^5$ |

### Acide saccharique.

| | | |
|---|---|---|
| Mannite. . . . . . . . . | $C^{12}H^{14}O^{12}$ | $...C^4H^{14}O^6$ |
| Lévulose . . . . . . . . | $C^{12}H^{12}O^{12}$ | $...C^6H^{12}O^6$ |
| Glucose ordinaire. . . . | $C^{12}H^{12}O^{12}$ | $...C^6H^{12}O^6$ |
| Saccharose . . . . . . . | $C^{24}H^{22}O^{22}$ | $...C^{12}H^{22}O^{11}$ |
| Maltose . . . . . . . . . | $C^{24}H^{22}O^{22}$ | $...C^{12}H^{22}O^{11}$ |
| Tréhalose . . . . . . . | $C^{24}H^{22}O^{22}$ | $...C^{12}H^{22}O^{11}$ |
| Mélézitose. . . . . . . | $C^{24}H^{22}O^{22}$ | $...C^{12}H^{22}O^{11}$ |
| Saccharine . . . . . . . | $C^{24}H^{22}O^{22}$ | $...C^{12}H^{22}O^{11}$ |
| Dextrine. . . . . . . . | | |
| Amidon. . . . . . . . } | $C^{12}H^{10}O^{10}$ | $...C^6H^{10}O^5$ |
| Ligneux. . . . . . . . | | |

Sous l'influence de la fermentation, les principes sucrés fermentent, directement ou après interversion, c'est-à-dire après l'action des acides; ils donnent toujours lieu, par cette réaction, à la production d'alcool avec dégagement d'acide carbonique pour les deux derniers groupes, avec dégagement d'hydrogène en plus pour la première classe. Les saccharoses se modifient d'abord en glucose, par fixation des éléments de l'eau, les glucoses donnant de la mannite, etc.

Ils exercent presque tous une action spéciale sur la lumière polarisée à l'exception d'un petit nombre, qui sont sans action, mais la déviation produite est lévogyre ou dextrogyre :

Pouvoir rotatoire des principes sucrés :

### Nul.

| | | |
|---|---|---|
| Dulcite. . . . . . . . . | $C^{12}H^{14}O^{12}$ | $...C^6H^{14}O^6$ |
| Glucose inactif. . . . . | $C^{12}H^{12}O^{12}$ | $...C^6H^{12}O^6$ |
| Inosine. . . . . . . . . | $C^{12}H^{12}O^{12}$ | $...C^6H^{12}O^6$ |

### Dextrogyre.

| | | | |
|---|---|---|---|
| Isodulcite. . . . | $C^{12}H^{14}O^{12}$ | $...C^6H^{14}O^6$ | $+$ 8°07 |
| Lactose. . . . . | $C^{24}H^{22}O^{22}$ | $...C^{12}H^{22}O^{11}$ | $+$ 49.3 |
| Glucose. . . . . | $C^{12}H^{12}O^{12}$ | $...C^6H^{12}O^6$ | $+$ 57.6 |
| Eucalyne. . . . | $C^{12}H^{12}O^{12}$ | $...C^6H^{12}O^6$ | $+$ 65° |
| Saccharose. . . | $C^{24}H^{22}O^{22}$ | $...C^{12}H^{22}O^{11}$ | $+$ 73.8 |
| Galactose. . . . | $C^{12}H^{12}O^{12}$ | $...C^6H^{12}O^6$ | $+$ 83.3 |
| Mélézitose. . . | $C^{24}H^{22}O^{22}$ | $...C^{12}H^{22}O^{11}$ | $+$ 88.5 |
| Mélitose. . . . . | $C^{24}H^{22}O^{22}$ | $...C^{12}H^{22}O^{11}$ | $+$ 102° |
| Maltose . . . . | $C^{24}H^{22}O^{22}$ | $...C^{12}H^{22}O^{11}$ | $+$ 139.3 |
| Amidon soluble | $C^{12}H^{10}O^{10}$ | $...C^6H^{10}O^5$ | $+$ 216° |
| — insoluble | $C^{12}H^{10}O^{10}$ | $...C^6H^{10}O^5$ | $+$ 248° |
| Tréhalose. . . . | $C^{24}H^{22}O^{22}$ | $...C^{12}H^{22}O^{11}$ | $+$ 220° |

### Lévogyre.

| | | | |
|---|---|---|---|
| Coniférine . . . . | $C^{32}H^{22}O^{16}$ | $...C^{16}H^{22}O^8$ | $—$ ? |
| Populine. . . . . | $C^{40}H^{22}O^{16}$ | $...C^{20}H^{22}O^8$ | $—$ variable |
| Inuline de l'althea} | $C^{12}H^{10}O^{10}$ | $...C^6H^{10}O^5${ | $—$ 26° |
| — de l'année} | | | $—$ 32° |
| Amygdaline. | $C^{40}H^{27}AzO^{22}$ | $...C^{20}H^{27}AzO^{11}$ | $—$ 35.5 |
| Arabine . . . | $(C^{12}H^{10}O^{10})^n$... | $(C^6H^{10}O^5)^n$ | $—$ 36° |
| Phlorizine. . . | $C^{42}H^{24}O^{22}$ | $...C^{21}H^{24}O^{10}$ | $—$ 39.9 |
| Sorbine. . . . | $C^{12}H^{12}O^{12}$ | $...C^6H^{12}O^6$ | $—$ 46 9 |
| Salicine. . . . | $C^{26}H^{18}O^{14}$ | $...C^{13}H^{18}O^7$ | $—$ 55.8 |
| Lévulose . . . . | $C^{12}H^{12}O^{12}$ | $...C^6H^{12}O^6$ | $—$ 106° |
| Mannite . . . . | $C^{12}H^{14}O^{12}$ | $...C^6H^{14}O^6$ | $—$ 150.8 |

Tous les principes sucrés remplissent là fonction d'alcools hexatomiques et se combinent avec les acides organiques pour faire des éthers. Jusqu'à présent, ils n'ont pas encore été obtenus par voie synthétique.

**Sucre prismatique.** Syn. : *Saccharose, sucre de canne.* C'est celui que l'on veut généralement désigner sous le nom de *sucre.* On peut le considérer, ainsi d'ailleurs que tous les saccharoses, comme étant un éther mixte constitué par des glucoses condensés en une seule molécule, car la formule $C^{24}H^{22}O^{22}...C^{12}H^{22}O^{11}$ peut se dédoubler en

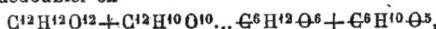

$$C^{12}H^{12}O^{12}+C^{12}H^{10}O^{10}...C^6H^{12}O^6+C^6H^{10}O^5,$$

ce qui se produit, en effet, par la fermentation qui amène la production de glucose et de lévulose aux dépens de la saccharose, avec absorption d'eau.

*Propriétés.* C'est un corps solide, cristallisant en prismes rhomboïdaux obliques, hémiédriques, à six faces terminées par des pyramides également à six faces (sucre candi), durs, inaltérables à l'air, phosphorescents quand on les brise dans l'obscurité. Sa saveur sucrée est très prononcée, mais elle est moindre pour le sucre réduit en poudre par percussion directe ou sciage, par suite de la production d'un état moléculaire nouveau. Le sucre de canne est hygrométrique, sa densité est de 1,606; il est dextrogyre, et son pouvoir rotatoire, qui ne varie pas avec la température, est de $\alpha j=73°,8$. Le sucre se dissout bien dans l'eau; à froid, l'eau en dissout 2 fois son volume, avec abaissement de température (sirops); à $+80°$, elle en dissout 4 volumes, et 5 à $100°$; ces solutions se dialysent bien, ce qui a été utilisé dans l'industrie sucrière pour la purification des produits; l'alcool froid dissout peu de sucre, et quand il est concentré, il le précipite des solutions aqueuses; le sucre est insoluble dans l'éther.

Par l'action de la chaleur, la saccharose fond à $+160°$, commence par brunir légèrement (*sucre d'orge*), puis la masse se colore davantage, il se forme de la lévulosane, $C^{12}H^{10}O^{10}...C^6H^{10}O^5$, et du glucose ordinaire, le produit devient odorant et il y a production d'une substance visqueuse appelée *caramel* (saccharide de Pelouze) entre 190 et 210°. — V. CARAMEL.

Si l'on continue à chauffer ce caramel dans une cornue, on peut en obtenir de l'oxyde de carbone, de l'acide carbonique et de l'éthylène, et il reste un charbon léger et brillant dans lequel M. Reichenbach a trouvé un principe amer, sirupeux, déliquescent, qu'il a nommé *assamare.*

Le sucre traité par l'amalgame de sodium, c'est-à-dire mis en présence de l'hydrogène naissant, se transforme en mannite; avec les acides, l'action produite varie avec la nature de l'acide, sa concentration et le degré de température, et même quelques circonstances concomitantes, parfois, notamment avec l'acide sulfurique. Ainsi, du sucre cristallisé trituré avec de l'acide sulfurique concentré, devient brun, puis noir; l'acide a absorbé de l'eau, et il y a eu du carbone de mis en liberté. Si l'on sature maintenant l'acide par du carbonate de chaux, on forme du sulfate de chaux, il

se dégage de l'acide carbonique, et l'on obtient de *l'acide sulfo-saccharique* (Péligot) analogue à l'acide sulfo-glucique et jouissant de la propriété de fournir, par la chaleur, de l'acide sulfureux et de l'acide acétique.

*Sucre interverti.* Si, au lieu d'acide concentré, on prend de l'acide sulfurique dilué, celui-ci agit par action de présence, car un autre acide agit de même; il y a interversion, et formation de lévulose avec fixation d'eau :

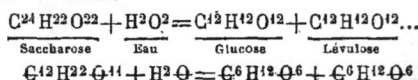

$$C^{24}H^{22}O^{22}+H^2O^2=C^{12}H^{12}O^{12}+C^{12}H^{12}O^{12}...$$

| Saccharose | Eau | Glucose | Lévulose |
|---|---|---|---|

$$C^{12}H^{22}O^{11}+H^2O=C^6H^{12}O^6+C^6H^{12}O^6$$

c'est le *sucre dit interverti* (V. SUCRERIE) qui est constitué par le mélange de ces deux sucres; malgré les recherches qui ont été faites dans le but d'opérer la transformation inverse, on n'a pas encore pu y arriver, et la synthèse du sucre de canne, saccharose, reste à faire.

Si maintenant on fait bouillir une solution sucrée avec ce même acide dilué (ou avec de l'acide chlorhydrique), pendant quelque temps, on obtient de *l'acide glucique*, $C^{24}H^{18}O^{18}...C^{12}H^{18}O^9$ (Persoz), qui, par un plus long contact, brunit, devient *acide apoglucique*, $C^{48}H^{26}O^{26}...C^{24}H^{26}O^{13}$, pour se transformer enfin en produits ulmiques; tandis que si l'on a opéré dans un matras à très petite ouverture, ou à froid dans un vase fermé, pourvu que l'on agisse sur une certaine masse, on obtient de la *sacchulmine*, corps cristallisable, et de *l'acide sacchulmique* qui est incristallisable; ces deux corps sont ceux qui se forment dans la préparation de l'élixir vitriolique de Mynsicht. Les acides végétaux agissent de même, mais plus lentement ou avec l'aide de la chaleur, ce qui explique pourquoi, dans les fruits, les sucres que nous venons de citer (lévulose et glucose) sont à parties égales quand il y a maturation complète; lorsque ces fruits contiennent du sucre de canne, celui-ci est d'abord peu abondant et se forme aux dépens du sucre interverti, ce qui explique le développement de la saveur sucrée.

L'acide azotique, à chaud, transforme le sucre en acide oxalique; à froid, il s'y combine, comme le font les acides tartrique, acétique, butyrique, etc., à 100 ou 120°, en donnant des composés analogues aux glycérides; cet acide mélangé d'acide sulfurique et refroidi à $-3°$, donne, avec le sucre, de la *saccharode tétranitrique*, qui détone par le choc. Disons enfin que l'acide sulfurique mélangé au bichromate de potasse ou au bioxyde de manganèse forme, avec le sucre, de l'acide formique, $C^2H^2O^4...C^1H^2O^2$, et un sulfate correspondant.

En contact avec les bases, le sucre peut jouer, dans certains cas, le rôle d'acide, et former des *sucrates* ou *saccharosides*, mais sa réaction varie avec ces mêmes bases, la température, etc. Ainsi, du sucre fondu avec de la potasse, à une température modérée, donne de l'acide acétique, $C^4H^4O^4...C^2H^4O^2$, de l'acide formique, et de l'acide propionique, $C^6H^6O^4...C^3H^6O^2$. Fondu, au contraire, avec la même base, mais à une température élevée, il y a production d'acide carbonique et d'oxalate de potasse. La chaux vive n'exerce pas d'action sur le sucre, mais hydratée, elle forme avec lui un sucrate, plus soluble à froid qu'à chaud, que l'on décompose ensuite par l'acide carbonique pour en retirer la saccharose (V. Sucrerie). Les sucrates de chaux, de baryte, etc., dissolvent quelques sels, même ceux insolubles dans l'eau, et des oxydes, ce qui explique pourquoi des oxydes, en présence du sucre, ne se précipitent pas lorsqu'on y verse un alcali; ainsi, l'oxyde de cuivre d'une solution de sulfate n'est pas précipité, lorsqu'on ajoute de la potasse à une solution sucrée.

Certains sels réagissent sur le sucre : le bichlorure de mercure, avec une solution de saccharose, donne lieu à la production d'acide chlorhydrique et à un précipité de protochlorure de mercure ; le chlorure de sodium se combine au sucre pour former un produit qui a pour formule,

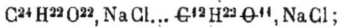

$$C^{24}H^{22}O^{22}, NaCl... C^{12}H^{22}O^{11}, NaCl ;$$

l'acétate de plomb est sans action sur le sucre; ce produit ne réduit pas, à froid, les sels de cuivre ou la liqueur cupro-potassique, mais à la longue, par l'altération du sucre, et par dédoublement, il y a réduction.

Les ferments n'agissent pas de suite sur la saccharose, mais après le dédoublement ils la transforment en alcool, acide carbonique, etc. Dans l'économie, cette réaction ne se fait pas partout, le sucre n'est pas modifié, par la pthyaline, dans la bouche; il l'est peu, dans l'estomac, par le suc gastrique, mais il est vite altéré dans le suc intestinal par l'action du ferment inversif (Cl. Bernard). La levure de bière amène vite la fermentation alcoolique et, par suite, le dédoublement de la saccharose ; mais si cette levure a été chauffée, il se produit de la fermentation visqueuse, ou si la levure est restée longtemps exposée à l'air, il y a fermentation acétique et même butyrique, si on a des ferments très avancés. Les fruits, qui renferment des ferments liquides (Buiguet), s'altèrent rapidement après leur maturation, par suite du dédoublement qui ne tarde pas à se faire, aux dépens du sucre cristallisable.

*État naturel.* Le sucre prismatique ne se retrouve pas dans l'organisme animal, mais un grand nombre de végétaux en contiennent, comme la canne à sucre, le sorgho, dans leurs tiges; la carotte, la betterave, dans leurs racines; l'érable, dans sa sève; les fruits, dans leur mésocarpe; etc.

*Usages.* Le sucre est un aliment très employé; il sert encore en pharmacie, comme adjuvant pour aider à l'absorption de produits actifs (pâtes, pastilles, tablettes, chocolats), comme correctif, pour donner une saveur plus agréable et masquer d'autres saveurs (sirops, électuaires, saccharures et saccharolés); c'est, de plus, un puissant agent de conservation (confitures, conservation du beurre, etc.).

Dosage du sucre cristallisable. Pour doser le sucre cristallisable, il faut commencer par l'intervertir. On verse ensuite dans un ballon en verre 90 centimètres cubes d'eau distillée et 1 centimètre cube d'acide sulfurique au 1/10, on porte à l'ébullition, puis on y projette 1 gramme de sucre cristallisé desséché; on fait bouillir quelques minutes, puis on refroidit immédiatement la liqueur en plongeant le ballon dans l'eau froide, et l'on complète le volume de 100 centimètres cubes. Avec cette liqueur, on titre une liqueur cupro-potassique avec laquelle on fait ensuite le titrage des liqueurs sucrées, en partant de ce fait : que la molécule de saccharose (=342) ayant fixé de l'eau, la molécule de lévulose et de glucose est plus grande, car $2C^{12}H^{12}O^{12}=360$. Dès lors, en multipliant le chiffre obtenu par 1,0526 (rapport de 360/342), on a le poids du sucre interverti contenu dans l'échantillon analysé ; 105$^{s}$,26 de sucre interverti correspondent donc à 100 grammes de sucre cristallisable, et 104,25 parties de sucre interverti réduisent le même volume de liqueur cupropotassique que 100 parties de glucose.

Dosage des sucres bruts. — V. Sucrerie, § *Du contrôle chimique et de la direction chimique dans la fabrication et le raffinage des sucres.*

|| *Sucre de fécule et d'amidon.* — V. Glucose. ||
*Sucre sablé.* Sucre réduit en grains pulvérulents. || *Sucre d'orge.* Sucre coloré auquel on conserve la transparence par une addition de vinaigre et que l'on coule sur un marbre huilé pour le rouler ensuite en petits cylindres lorsqu'il a pris une certaine consistance par le refroidissement. || *Sucre retors ou tors.* Sucre d'orge tressé après avoir été rendu opaque par une manipulation prolongée. || *Sucre de pomme.* Sucre d'orge blanc, aromatisé à la fleur d'oranger ou au citron. || *Sucre rosat.* Sucre de pomme coloré à la cochenille. || *Sucre de fruit.* Sucre délité avec le jus de certains fruits, puis desséché à l'étuve. || *Sucre de chiffon.* — V. Cellulose. || *Sucre candi.* — V. Candi.

**SUCRERIE.** Industrie qui a pour objet la fabrication des sucres bruts qui sont généralement traités ensuite dans les *raffineries* (V. ce mot); établissement où se pratiquent les opérations de la sucrerie.

Historique. Le sucre ordinaire, sucre de canne, paraît être connu depuis les temps les plus reculés; selon les auteurs les plus anciens, il est originaire de l'Inde, les Chinois l'ont fabriqué à une époque très ancienne qui ne peut être précisée. Théophraste, né 371 ans avant notre ère, en parle comme découlant à l'état de miel d'une espèce de roseau. Pline en 62, Varron en 16 avant J.-C., Lucain en 39 de notre ère, en font mention, il était alors désigné sous le nom de sel Indien, miel d'Asie, suc d'Arabie, de l'Inde ; la canne à sucre avait été transportée dans l'Arabie et la Perse.

En 1090, les croisés en arrivant en Syrie, y trouvèrent pour la première fois la canne à sucre qui devint le régal des soldats.

En 1148, la canne à sucre était introduite dans l'île de Chypre et, en 1384, le Delta du Nil était couvert de plantations de cannes; la ville du Caire possédait des entrepôts considérables de sucre où les négociants de l'Europe entière venaient s'approvisionner; au xive siècle, la canne était cultivée à Rhodes, en Morée à Malte. Les Arabes en étendant leur domination le long de la mer jusqu'au détroit de Gibraltar en emportaient avec eux à Sousa; la Centa, la Sicile et le royaume de Naples fournissaient déjà beaucoup de sucre au commerce; au xve siècle la culture de la canne se développait en Espagne, à Grenade et à Murcie, et de là à Madère, aux Iles du Cap vert et de Saint-Thomas, aux Canaries.

En 1644, les Français l'importèrent à la Guadeloupe ; en 1650 à la Martinique et en 1651 à la Louisiane. Les Portugais l'introduisirent au Brésil d'où les Anglais l'importèrent au xviiie siècle à la Barbade, à Saint-Christophe, puis à la Jamaïque.

La facile naturalisation de la canne dans ces climats chauds et la facile extraction de son principe sucré, donnèrent une importance considérable à la production et au commerce du sucre, surtout dans les pays qui possédaient des colonies ; en 1785, l'Angleterre consommait déjà par année 80 millions de kilogrammes de sucre, et à cette époque le sucre de betterave n'avait pas encore paru ; c'est seulement en 1605, qu'Olivier de Serres, jardinier d'Henri IV, reconnut dans la racine de betterave un principe doux sucré.

En 1747, Margraff, chimiste de Berlin, établissait que le sucre qui existe dans la betterave est le même que celui de la canne et qu'il pouvait être extrait à l'état cristallisé ; en 1795, Achard, autre chimiste de Berlin poursuivant les études de son collègue Margraff, organisait, avec les secours accordés par le roi de Prusse, la première fabrique de sucre de betterave aux environs de Berlin, et présentait au roi, en 1799, des échantillons de sucre de betterave que l'on pouvait produire d'après ses comptes, à raison de 44 centimes le kilogramme.

Au commencement de ce siècle, la question de la fabrication du sucre de betterave, après quelques essais de fabrication encourageants, était soumise, en France, à une Commission de savants nommés par l'Institut, et Dayeux rapporteur concluait *qu'on ne pouvait jamais espérer, en France, tirer avec utilité pour le commerce, du sucre de la racine de betterave.*

Cependant, sous l'influence du blocus continental établi par un décret de l'Empereur Napoléon, daté de Berlin du 21 novembre 1806, le prix du sucre s'était élevé, en France, à 6 francs la livre.

Malgré l'opinion des savants, des hommes persévérants poursuivaient l'étude de la fabrication du sucre de betterave et le 2 janvier 1812, M. Benjamin Delessert, raffineur de sucre à Paris, remettait des échantillons de sucre de betterave à Chaptal, en lui déclarant qu'il fabriquait du sucre de betterave à Passy.

Les encouragements du gouvernement français, le haut prix du sucre, l'exemple de M. Benjamin Delessert furent un stimulant énergique pour l'établissement des sucreries. Sur tous les points de la France, on essaya la culture de la betterave, et l'on éleva des fabriques de sucre avec plus d'enthousiasme que de succès ; 1814 vit cesser le blocus continental, et tous nos ports et leurs entrepôts, furent envahis par les sucres de canne étrangers, si longtemps prohibés; le sucre tomba à très bas prix.

Une seule fabrique resta debout et put continuer sa fabrication, celle de M. Crespel-Delisse à Arras ; à son exemple, on reprit courage, et dix années plus tard, 1836, le nombre des fabriques était de 436 situées dans 37 départements, produisant 40 millions de kilogrammes; c'était presque la moitié de la consommation du sucre en France.

La lutte était grande entre le sucre colonial et le sucre indigène; celui de nos colonies payait 40 francs de droits par 100 kilogrammes et était protégé contre les sucres de canne étrangers par une surtaxe de 20 francs, jusqu'alors le sucre de betterave était resté indemne de droits; mais le 18 juillet 1837 il fut imposé de 15 francs par 100 kilogrammes, dont 10 francs applicables en juillet 1838 et l'intégralité de l'impôt le mois de juillet de l'année suivante. Les effets de cette mesure furent désastreux, 166 fabriques disparurent, et la production qui avait été l'année précédant l'application de l'impôt, de 49 millions de kilogrammes, tombait à 22 millions.

On avait cru que cet impôt tuerait la fabrication du sucre de betterave; mais l'année suivante la production reprit, et en présence d'une semblable vitalité, le gouvernement poussé par l'intérêt des colonies et des ports de mer et, il faut le dire, par un assez grand nombre de fabricants de sucre de betterave eux-mêmes, proposa aux chambres législatives : l'interdiction de la fabrication du sucre de betterave; le rachat des fabriques et leur destruction. C'est grâce au talent de Thiers et à son influence que cette industrie fut conservée à la France, mais le principe de l'égalité d'impôt entre les deux sucres fut adopté.

Malgré cette nouvelle entrave, cinq années après (1847), la production s'élevait à 99 millions de kilogrammes.

Pendant cette lutte la fabrication du sucre de betterave se développe dans tous les pays d'Europe où le climat est tempéré, en Belgique, Allemagne, Autriche, Russie; elle a commencé même à prendre naissance dans le nord de l'Espagne, en Italie, et dans certaines parties de l'Amérique : au Canada, en Australie, au Chili, etc.

La production du sucre de betterave qui était, en 1878, de 1 milliard 405 millions de kilogrammes s'est élevée, en 1885, à 2 milliards 554 millions dans lesquels l'Allemagne seule entre pour 1 milliard 154 millions de kilogrammes.

La fabrication du sucre de canne a également progressé dans de grandes proportions, sa production qui était dans le monde entier, en 1878, de 1 milliard 808 millons s'élevait, en 1885, à 6 milliards 519 millions.

Le sucre interverti (V. Sucre, § *Sucre interverti*) est souvent désigné sous les noms génériques de *glucose*, d'*incristallisable*, de *sucre réducteur*. La chaleur réduit dans de grandes proportions son pouvoir rotatoire, et Dubrunfaut a reconnu qu'une solution de ce sucre ayant une rotation de 22° à gauche et à la température de 14°, chauffé à 52°, perd la moitié de sa rotation qui se trouve ainsi ramenée à 11°. Cette propriété est due au lévulose seul qu'il contient. L'étude comparée de certaines propriétés de la saccharose et du sucre interverti, qui n'en est qu'une transformation, nous permettra de faire saisir les différentes influences utiles ou nuisibles pouvant se présenter dans la fabrication du sucre cristallisable, entré dans la consommation à l'état de sucre pur; nous renverrons, en outre, au mot Sucre, § *Sucre prismatique*.

*Comparaison de la saccharose et du sucre interverti.* Ils se rencontrent tous deux dans un grand nombre de plantes (racines, tiges et fruits), dont les plus employées pour la fabrication du sucre sont : la tige de canne à sucre et la racine de betterave. Depuis quelque temps, on a cependant cherché à extraire le sucre cristallisable des tiges du sorgho sucré, et de la sève du palmier ; mais jusqu'à présent, le rendement obtenu à l'aide de ces plantes est trop faible pour que nous nous arrêtions longtemps sur ce genre de fabrication.

La canne à sucre contient toujours les deux sucres, tandis que la betterave arrivée à maturité ne contient que de la saccharose; cette différence est très importante à signaler au point de vue de l'étude des procédés à appliquer dans chacune de ces industries.

Ces deux sucres sont solubles dans l'eau froide et dans l'eau bouillante, mais tandis que par refroidissement, la saccharose cristallise pour donner le *sucre candi* (de même rotation), la dissolution du sucre interverti (rotation à gauche) laisse cristalliser le glucose (rotation à droite) qu'elle contient, sous forme d'aiguilles mal définies, réunies et groupées en mamelons semblables à la tête du chou-fleur, et l'eau mère qui reste est un lévulose incristallisable dont la rotation à gauche se trouve augmentée.

La saccharose en dissolution dans l'eau se transforme avec le temps en sucre interverti, l'ébullition hâte cette transformation qui peut devenir complète, et une ébullition prolongée détruit une partie du lévulose ; la rotation qui était à gauche se rapproche alors du zéro, puis passe à droite. La présence des sels (nitrate de potasse et de soude, chlorure de potassium et de sodium) paraît hâter la transformation de la saccharose en sucre interverti sous l'influence de l'eau, tandis que celle d'un alcali caustique (potasse, soude, chaux, strontiane, baryte), empêche complètement cette transformation.

Tandis que la solubilité de la saccharose va en diminuant avec l'augmentation du degré alcoolique pour devenir nulle dans l'alcool absolu, le sucre interverti est beaucoup plus soluble dans l'alcool fort, et laisse cristalliser du glucose par refroidissement.

Le sucre interverti subit la même décomposition que la saccharose sous l'influence de la chaleur. — V. Sucre, § *Sucre prismatique.*

Les bases potasse, soude, chaux, strontiane, baryte, forment avec la saccharose en dissolution dans l'eau, des combinaisons définies désignées sous le nom de *sucrates* : ceux de potasse et de soude sont solubles dans l'eau froide et bouillante ; celui de chaux selon sa composition plus ou moins basique est soluble ou insoluble, il en est de même du sucrate de strontiane ; le sucrate de baryte ne forme qu'une seule combinaison avec le sucre, elle est à peu près complètement insoluble dans l'eau froide et dans l'eau bouillante ; ces sucrates sont décomposables par tous les acides, même par l'acide carbonique.

Les combinaisons de sucre avec la chaux, la strontiane et la baryte ont été étudiées, en 1838, par Peligot, et la propriété de ces bases de rendre le sucre insoluble a été utilisée, en 1849, par Dubrunfaut et Leplay pour l'extraction du sucre des mélasses. Ces divers procédés, après avoir été abandonnés sous l'influence d'une législation nuisible au progrès et à leur application, sont revenus en faveur, et constituent aujourd'hui une partie importante de la fabrication du sucre par la méthode dite *des sucrates.*

Les bases potasse, soude, chaux, strontiane, baryte, ajoutées à une dissolution de sucre interverti, au lieu de conserver le sucre comme avec la saccharose, le détruisent, en le transformant en acides glucique et apoglucique, qui entrent en combinaison avec ces bases pour former des glucates et des apoglucates décomposables par les acides forts, mais indécomposables par l'acide carbonique.

Les acides très étendus d'eau, transforment la saccharose en sucre interverti, même à froid,

mais l'action est beaucoup plus rapide sous l'influence de la chaleur, il suffit d'un millième d'acide tartrique du poids du sucre, pour opérer cette transformation que l'on utilise dans l'analyse des sucres bruts.

Certains sels, particulièrement les sels de cuivre, de mercure, d'argent, sont réduits par le sucre interverti, tandis qu'ils sont sans action sur la saccharose. On a fondé sur la propriété réductrice du sucre interverti, un procédé de dosage de ce sucre en mélange avec le sucre ordinaire au moyen de dissolutions alcalines de sulfate de cuivre titrées, de Fehling, Viollette, Possoz, etc.

Le sucre obtenu directement des jus sucrés de betterave ou de canne possède une saveur, une odeur et une composition chimique qui rappellent son origine ; on le désigne sous les noms de *sucre brut de betterave, sucre brut de canne* ou *cassonade,* et avant de passer dans la consommation, il est soumis au *raffinage* (V. RAFFINERIE, § *Raffinage des sucres*) ; il porte alors le nom de *sucre raffiné.*

Nous traiterons d'abord de la fabrication du *sucre de betterave,* puis du *sucre de canne,* du *sucre de sorgho* et du *sucre d'érable.*

### SUCRE DE BETTERAVE

Nous renverrons au mot BETTERAVE pour la culture, la récolte et la conservation de cette plante, et nous n'ajouterons ici que quelques remarques et faits nouveaux.

Depuis plusieurs années, toutes les études se sont concentrées sur la production par la culture d'une betterave à richesse en sucre élevée et d'un maximum de rendement à l'hectare. M. Vilmorin, par la production d'une betterave à grande richesse en sucre, a trouvé, en France et à l'étranger, de nombreux imitateurs ; nous citerons encore, en France, les betteraves Desprez, Simon Legrand, Olivier Lecq, Brabant, Dervaux ; en Allemagne, les betteraves Knauer, Klein, Wanzleben, etc.

On a remarqué : qu'en éloignant les betteraves entre elles dans le sol, on en facilitait le développement en volume ou en poids ; que leur rapprochement produisait l'effet contraire, et que les betteraves arrivées au même point de végétation étaient d'autant plus riches en sucre qu'elles étaient plus petites.

En Allemagne, où l'impôt sur la betterave a singulièrement développé les progrès de la culture et de la fabrication, on produit depuis bien des années déjà, des betteraves à sucre, pesant en moyenne chacune, 500 à 600 grammes, tandis qu'en France, il y a quelques années encore, cette moyenne était de 1,500 grammes à 2,000 grammes ; on croyait, en effet, que le rendement en poids à l'hectare était incompatible avec la richesse en sucre de la betterave, et c'est pour ce motif que la culture d'une betterave améliorée à grande richesse saccharine a rencontré une si grande résistance en France ; mais de nombreuses expériences ont établi que cette betterave améliorée, lorsqu'elle est acclimatée dans la même région de culture, peut donner un rendement en poids à l'hectare suffisamment rémunérateur.

Ainsi, le problème de la production d'une betterave à grande richesse saccharine et à grand rendement à l'hectare paraît être réalisé dans les conditions suivantes :

1° Graines provenant de mères à grandes richesses saccharines obtenues par sélection ;

2° Rapprochement des betteraves entre elles dans le but de limiter leur développement en volume ;

3° Emploi des engrais appropriés à ce développement ;

4° Acclimatation régionale des betteraves mères et appropriation du sol pour obtenir le maximum de betteraves à l'hectare.

La culture, depuis quelques années, en France, est entrée dans cette voie qui est appelée à prendre une grande extension sous l'influence de l'achat de la betterave selon sa richesse en sucre, déterminée par la densité du jus. Une seule influence dont on ne connaît pas encore bien l'importance reste à déterminer : c'est l'influence atmosphérique, et particulièrement celle du beau temps, de la pluie, sur la richesse en sucre de la betterave à l'arrière saison, c'est-à-dire en septembre et octobre.

L'expérience acquise dans la dernière campagne de 1885, semble établir que contrairement à l'opinion générale, les pluies de septembre et d'octobre n'ont produit sur les betteraves de races perfectionnées par la sélection, qu'une réduction très limitée de la richesse acquise pendant la sécheresse de juillet et d'août, tandis qu'au contraire elles avaient eu beaucoup plus d'influence sur les autres betteraves.

Les années suivantes permettront seules de trancher cette question importante à l'ordre du jour en ce moment.

Fabrication. La fabrication du sucre de betterave comprend les opérations générales suivantes :

1° Réception de la betterave en fabrique ; détermination de la tare et du poids brut et net, au point de vue du compte avec le cultivateur ; détermination du poids net, lavage et pesage au point de vue de la perception de l'impôt ;

2° Division de la betterave ; extraction du jus ;

3° Défécation, ancienne carbonatation, double carbonatation ;

4° Filtration des jus et sirops, première et deuxième filtration ;

5° Evaporation ;

6° Cuite des sirops évaporés et filtrés ;

7° Turbinage de la masse cuite en grain de premier jet, sucre en grain, sirop d'égout de premier jet ;

8° Travail des bas produits en deuxième et troisième jets, mélasse.

Nous allons successivement décrire ces différentes opérations en donnant à l'appui les dessins des appareils employés.

1° *Réception de la betterave en fabrique, détermination de la tare et du poids net au point de vue du compte avec le cultivateur, lavage et pesage au point de vue de la perception de l'impôt.*

Le cultivateur ou son agent, d'accord avec l'agent du fabricant, prélève une quinzaine de betteraves sur le lot acheté ; celles-ci nettoyées au couteau ou lavées à la brosse pour les débarrasser de la terre qui les entoure toujours, sont pesées avant et après le nettoyage, et la différence constitue le poids du déchet qu'il faut faire subir à la livraison entière, auquel vient s'ajouter celui du collet s'il n'a pas été suffisamment enlevé. Le poids brut de toute la livraison, déduction faite du déchet constaté sur l'échantillon, constitue donc le poids net à payer au cultivateur.

Lorsque le fabricant achète la betterave à la densité, c'est sur ce lot qu'il établit la densité moyenne du jus.

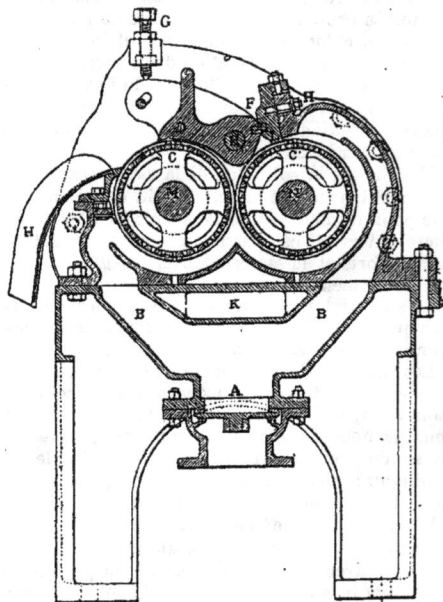

Fig. 261. — *Presse Dujardin.*

*A* Soupape d'introduction de la pulpe. — *B B* Conduits de pulpe. — *C C'* Cylindres filtrants. — *D* Volet de compression. — *E* Axe fixe. *F* Joint métallique formé par une réglette en fer. — *G* Vis de réglage du volet. — *H* Gouttière pour la pulpe pressée. — *K* Rigole d'écoulement du jus. — *L* Obturateur longitudinal maintenu près de la surface cylindrique *C'* au moyen de vis. — *M N* Axes des cylindres filtrants mis en mouvement par une roue dentée actionnée par une vis sans fin.

Ce n'est qu'après les opérations suivantes de la fabrication que l'on perçoit l'impôt : la betterave sortant, soit des chariots ou des vagons qui l'amènent, soit du magasin dans lequel on la conserve en tas, est jetée dans une trémie d'où un élévateur, au moyen de palettes fixées sur une chaîne ou sur une courroie sans fin, la conduit dans un laveur à tambour ou à hélice. Le premier de ces appareils se compose d'une auge en tôle remplie d'eau dans laquelle tourne un cylindre en tôle perforée renfermant les betteraves qui y sont soumises à une agitation continue pour les débarrasser d'une grande partie de la terre. Le deuxième fonctionne au moyen d'un arbre sur lequel sont placés, suivant une spirale, des bras en bois qui, par leur disposition, lavent et poussent à la fois les betteraves d'une extrémité à l'autre de l'appareil ; celles-ci, après avoir traversé le laveur, tombent dans un épierreur, muni d'un arbre avec bras en fonte tournant dans une auge en tôle qui sert à enlever les pierres et la terre qui reste, puis sur un treillage égoutteur où, par un examen rapide, on élimine celles qui sont dé-

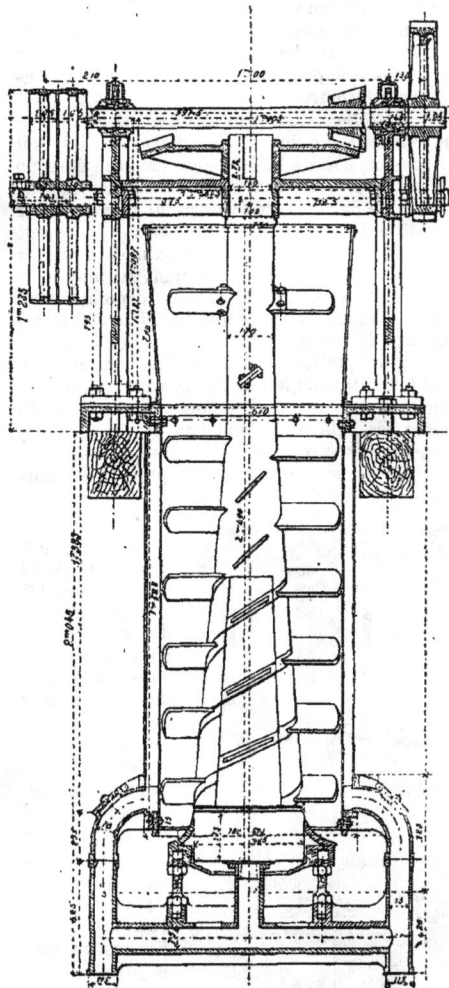

Fig. 262. — *Presse Klusemann pour la compression des cossettes.*

fectueuses, altérées, les collets trop prononcés, enfin toutes les parties que le fabricant n'a pas d'intérêt à comprendre dans le poids sur lequel doit porter l'impôt.

Ainsi triée, la betterave tombe dans un réservoir bascule réglementaire, accepté par l'Administration des impôts, où elle est exactement pesée par les employés de la régie qui constatent eux-mêmes le poids, et le portent au compte du fabricant sur un registre spécial qui servira à établir sa redevance à l'État.

2° *Division de la betterave et extraction du jus.* La division de la betterave s'opère au moyen d'une *râpe* (V. ce mot), lorsque le jus doit être extrait par pression, et au moyen d'un *coupe-racine* (V. ce mot) lorsqu'on opère par lixiviation ou diffusion.

L'extraction du jus se faisait autrefois, en France, en enfermant la betterave, réduite à l'état de pulpe par la râpe, dans des sacs que l'on empilait ensuite avec des claies en fer, sur le plateau d'une presse hydraulique, pour les comprimer fortement. On pouvait obtenir par ce moyen, avec une betterave contenant 95 0/0 de jus, environ 75 à 80 0/0 de celui-ci ; il résultait donc une perte de 15 à 20 0/0 de la matière première à laquelle il fallait ajouter une dépense en sacs et en main-d'œuvre considérables.

Depuis une quinzaine d'années, on a substitué

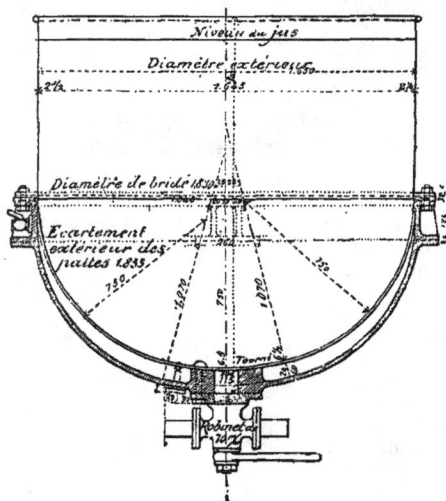

Fig. 263. — *Chaudière de défécation à double fond.*

à ce procédé, l'emploi de presses, dites *continues*, dont l'avantage est d'économiser les sacs et une grande partie de la main-d'œuvre ; la perte en jus dans la pulpe pressée est, il est vrai, plus grande encore que précédemment, mais on a remédié à cet inconvénient en soumettant cette pulpe à une seconde pression après lui avoir fait subir une macération dans de l'eau froide ou tiède, et on retrouve ainsi la plus grande partie du sucre retenu dans la pulpe. Cette méthode a le désavantage de donner des jus très faibles et chargés de pulpe folle, c'est-à-dire très ténue.

Nous donnons (fig. 261) l'une des presses continues qui a le mieux réussi, et connue sous le nom de presse Dujardin.

Dans ces dernières années, tous les procédés d'extraction du jus par pression ont été généralement abandonnés et remplacés par le déplacement méthodique, au moyen de l'eau chaude, du jus de la betterave divisée en menus morceaux, dits *cossettes*. — V. COUPE-RACINE.

Cette opération, inventée et pratiquée en France,

par Mathieu de Dombasle, sous le nom de *macé-ration*, puis abandonnée et réinventée en Alle-

Fig. 264. — *Four à chaux, système Perret.*

magne sous le nom de *diffusion*, s'est depuis une dizaine d'années développée dans toute la sucrerie allemande dont la concurrence sur le marché français, force aujourd'hui nos fabricants à adopter ce procédé à cause des nombreux avantages qu'il présente. En effet, la diffusion permet d'obtenir d'une seule opération, et avec une grande économie de main-d'œuvre et de force mécanique, tout le sucre contenu dans la betterave coupée en cossettes. Sur 430 fabriques existant en France, 345 possèdent la diffusion, et l'on peut prédire que dans un avenir prochain, sous l'influence de l'impôt sur la betterave, elles la possèderont toutes (V. DIFFUSION). A leur sortie du diffuseur les cossettes épuisées sont déversées dans des presses dont la figure 262 représente un des types. Cette presse continue permettant de traiter 50 tonnes de betteraves en vingt-quatre heures, se compose d'un tronc de cône en tôle perforée servant de surface filtrante, au centre duquel se meut, avec une rotation de cinq à six tours par minute, un arbre vertical muni de palettes en hélice. Les cossettes versées par la partie supérieure, sont comprimées et sortent par le bas à l'état de pulpe que l'on vend pour la nourriture des bestiaux, tandis que le liquide, après avoir traversé la tôle perforée, est recueilli par une enveloppe extérieure.

3° *Défécation, ancienne carbonatation, double carbonatation.* Le jus de betterave sortant soit des presses, soit de la diffusion, est reçu dans un vase mesure, destiné à déterminer son volume, puis écoulé dans un réservoir muni d'un agitateur et additionné d'une certaine quantité de lait de chaux dont on détermine approximativement la proportion de chaux qu'il contient au moyen de l'aréomètre de Baumé; il marque ordinairement de 20 à 25°, et contient alors par litre 200 à 250 grammes de chaux.

Selon la qualité des betteraves, on emploie de 10 à 12 litres de lait de chaux à 25° Baumé par hectolitre de jus, quelquefois même 14 et 15 suivant les difficultés que l'on rencontre dans les opérations suivantes, difficultés qui disparaissent le plus souvent par l'emploi d'une plus grande quantité de lait de chaux.

Le mélange, bien opéré par une agitation suffisante, est envoyé à l'aide d'une pompe ou d'un monte-jus dans des chaudières où doit s'effectuer l'opération que l'on désigne sous le nom de *défécation*, et qui sont munies d'un double fond dans lequel pénètre la vapeur (fig. 263). Quand la chaudière est chargée de jus *chaulé*, on chauffe et avant l'ébullition, on arrête la vapeur et on ouvre le robinet d'air. — V. le mot DÉFÉCATION.

Les jus clairs sont alors soumis à la *carbonatation*; à cet effet, ils sont envoyés dans des chaudières rondes à fond plat, munies d'un serpentin et d'un barboteur à acide carbonique provenant d'un four à chaux dont la figure 264 repré-

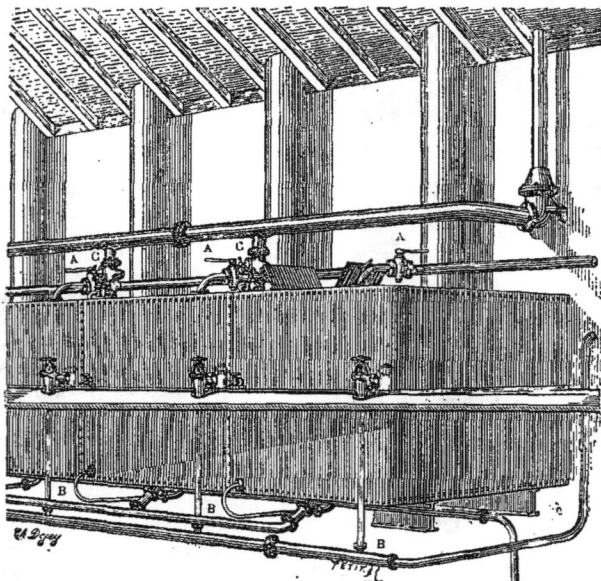

Fig. 265. — *Chaudières à carbonater, fermées, avec couvercles et cheminées.*

*A A A* Robinets d'arrivée des jus à carbonater. — *B B B* Tuyaux d'arrivée de vapeur.
*C C* Robinets amenant l'acide carbonique aux barboteurs.

sente un des types, et sont carbonatés jusqu'à saturation. Ce procédé, inventé par Rousseau, est peu employé maintenant, on lui préfère la méthode Périer et Possoz, dite de la *double carbonatation*, et qui se pratique de la manière suivante :

Les jus, après chaulage dans les bacs jaugés, sont envoyés aux chaudières de *première carbonatation* (fig. 265), qui sont carrées, et contiennent un serpentin pour le chauffage et des barboteurs pour le gaz acide carbonique. Chaque chaudière chargée, est chauffée entre 40 et 45° ; on ouvre alors la soupape d'admission d'acide carbonique, et on continue à élever graduellement la température jusqu'à 70°. Cette opération terminée, l'alcalinité du jus doit être de 1,5 à 2 grammes par litre.

Il est certains caractères auxquels l'ouvrier peut saisir le moment où la carbonatation est achevée, afin d'arrêter l'arrivée d'acide carbonique, c'est surtout lorsqu'il commence à se former un dépôt grumeleux qui se sépare facilement en laissant un jus clair et brillant. Ces caractères s'observent dans une cuiller remplie de jus prélevé de temps en temps au cours de l'opération ; ils sont faciles à saisir lorsqu'on opère le traitement car-

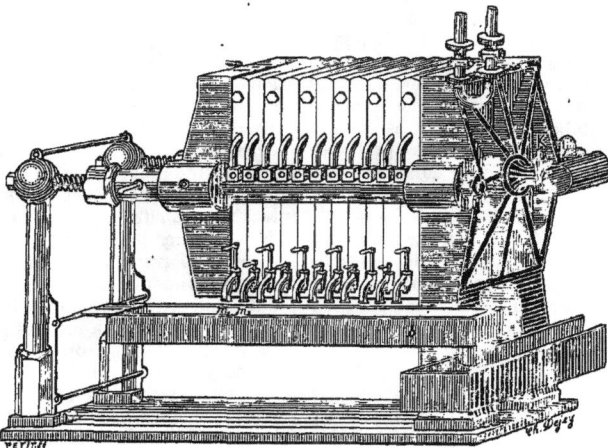

Fig. 266. — *Filtre-presse.*

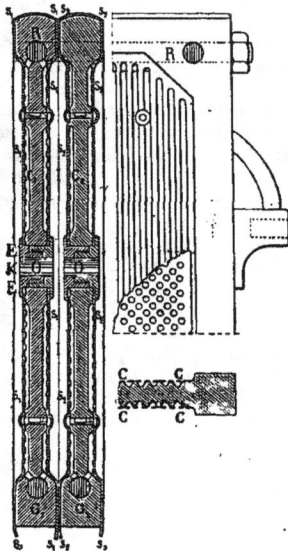

Fig. 267 à 269. — *Détails des plateaux du filtre-presse.*

bonique sur un jus préalablement chauffé, mais deviennent plus difficiles à observer si l'on procède à froid, et dans ce cas, il est préférable d'avoir recours aux réactifs chimiques. C'est sans doute cette nécessité qui fait généralement donner la préférence à la carbonatation, dite *trouble*, pratiquée sur le jus chaud, quoique le plus souvent l'épuration du jus soit moins complète qu'en opérant à froid. Dans les deux cas, lorsque la carbonatation est terminée, le jus doit être chauffé à 90° et même 100°.

L'emploi de l'acide carbonique a pour effet de transformer la chaux en carbonate de chaux qui, en prenant naissance, coagule et précipite à l'état insoluble une grande quantité de matières étrangères accompagnant le sucre dans le jus ; mais il est nécessaire pour que cette épuration se produise au maximum, qu'il reste de la chaux libre dans le liquide carbonaté, et que, par conséquent, le jet d'acide carbonique soit arrêté avant que toute la chaux se trouve précipitée à l'état de carbonate ; c'est dans cette opération que l'intervention du chimiste devient nécessaire ; nous ferons d'ailleurs connaître l'importance de son concours en traitant plus loin du contrôle chimique dans la fabrication du sucre.

Le jus carbonaté est envoyé dans des filtres-presses qui en séparent les écumes, c'est-à-dire toutes les matières précipitées à l'état insoluble, et donnent un liquide clair, légèrement coloré en jaune. Ces appareils (fig. 266 à 269) se composent d'une série de plateaux cannelés, en fonte, carrés ou rectangulaires, et recouverts d'une toile filtrante dont l'ouverture centrale est fortement serrée contre les bords de chaque plateau par des écrous en bronze EE, formant douille. Le jus carbonaté arrivant par le canal KOO dans l'intervalle I, filtre à travers les serviettes $S_1 S_1$, $S_2 S_2$..., puis traverse les plaques perforées CC,...qui soutiennent ces dernières, et coule entre les cannelures des plateaux pour se réunir à la base de chacun d'eux dans des rigoles $G_1$, $G_3$..., et sortir par les robinets correspondants $m_1$, $m_2$.... Lorsqu'il s'agit de laver les écumes pressées, on ferme $m_1$, $m_3$, et le robinet du tuyau central K, tandis qu'on laisse ouverts $m_2$, $m_4$... ; on fait alors arriver, sous pression, par les conduits R, l'eau ou la vapeur qui se répand à la surface des plateaux impairs, traverse les serviettes $S_1 S_1$, $S_3 S_3$..., puis les tourteaux d'écume I, et enfin les serviettes $S_2 S_2$, $S_4 S_4$,.., pour s'écouler par les rainures des plateaux pairs dans les rigoles $G_2$, $G_4$... qui correspondent aux robinets ouverts.

Le jus, à sa sortie des filtres-presses, est envoyé, au moyen de pompes ou de monte-jus, dans des chaudières semblables à celles utilisées pour la première carbonatation, contenant les mêmes serpentins, et dans lesquelles doit être pratiquée l'opération désignée sous le nom de *seconde carbonatation*.

A chaque chaudière remplie de jus, on ajoute deux à trois litres de lait de chaux par hectolitre, puis on chauffe à l'ébullition, et on fait arriver de l'acide carbonique, jusqu'à saturation complète ou en arrêtant l'opération assez à temps pour

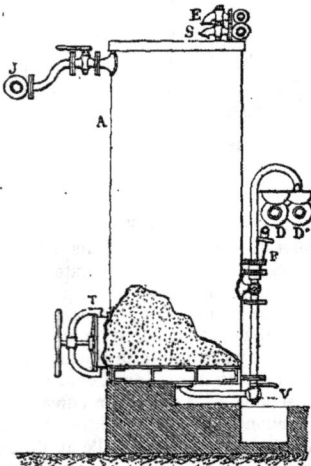

Fig. 270. — *Filtre à noir ouvert.*

A Corps du filtre. — T Trou d'homme pour la sortie des noirs — J Conduite du sirop à filtrer. — S Conduite du jus à filtrer. — E Conduite d'eau chaude. — D Conduite du jus filtré. — D' Conduite du sirop filtré. — V Robinet d'écoulement des eaux de vidange. — F Tuyau de vapeur de lavage des noirs.

laisser une certaine alcalinité caustique au liquide ($0^g,1$ à $0^g,2$ par litre) ; nous ferons connaître ultérieurement les avantages et les inconvénients de ces deux méthodes. Le jus, ainsi traité, va se déposer dans des décanteurs, et lorsqu'il est clair, on le filtre encore, puis on envoie le dépôt aux filtres-presses, comme précédemment.

Cette deuxième carbonatation a pour but de compléter l'épuration produite par la première ; les jus qui en sortent sont bien moins colorés, et les caractères qui indiquent que ces opérations ont été bien pratiquées sont les suivants : 1° jus clairs, brillants, décolorés ; 2° certaine alcalinité, absence complète de chaux et de sels de chaux.

4° *Première et deuxième filtration des jus et sirops.* Avant l'introduction, dans la fabrication du sucre, du procédé Perrier et Possoz (défécation trouble et double carbonatation 1860), c'est-à-dire avec le procédé Rousseau (défécation claire et carbonatation simple), la filtra-

tion sur le noir animal en grain était une nécessité. Mais dans l'application du procédé Perrier et Possoz, cette opération a été successivement diminuée et s'est trouvée réduite à une filtration mécanique et à un lavage du noir ayant déjà servi à la filtration des sirops provenant de l'évaporation du jus. On est même arrivé dans ces dernières années à recommander la suppression du noir animal dans la deuxième filtration des sirops.

Au noir animal en grain, qui cependant a rendu de grands services dans les différentes phases de la fabrication du sucre de betterave, on a proposé de substituer le sable, c'est-à-dire une filtration mécanique avec une matière complètement inerte; en outre, depuis deux ou trois ans, on a inventé différents filtres mécaniques à grandes surfaces de couches filtrantes à travers divers tissus, d'un montage et d'un nettoyage faciles, auxquels on a donné généralement la préférence ; ce sont les filtres Puvrez, Loze et Helaers, de Buck, etc.

Nous comprenons parfaitement la possibilité de la suppression du noir animal dans la filtration du jus et même dans celle du sirop, et son remplacement par une filtration mécanique, puisque le point important est d'obtenir des jus et sirops parfaitement limpides ; mais à la condition de pratiquer d'une manière parfaite, l'épuration du jus dans la défécation trouble et dans la double carbonatation, car lorsque ces opérations laissent à désirer, et c'est le plus grand nombre de cas, la filtration des sirops sur le noir animal en grain est indispensable.

C'est dans le travail des bas produits et surtout dans l'application de l'osmose, que se font sentir le défaut d'épuration dans la défécation trouble et la suppression de la filtration sur le noir ; aussi ne peut-on qu'engager les fabricants qui désirent tirer un bon parti de leurs bas produits, à conserver leur matériel de filtration (fig. 270), de régénération du noir en grain et spécialement pour le travail des bas produits.

5° *Evaporation des jus filtrés.* Cette évaporation se fait généralement maintenant dans un appareil désigné sous le nom de *triple effet*, inventé par un ingénieur français, M. Rillieux. Il a pour résultat d'apporter une grande économie de combustible dans l'évaporation des liquides de faible densité comme le jus de betterave, en utilisant les vapeurs d'échappement des différentes machines employées dans l'usine ainsi que celles provenant de l'évaporation du jus lui-même.

Cet appareil dont la fig. 271 est une représentation théorique, fonctionne de la façon suivante : la vapeur arrivant du ballon collecteur de toutes les vapeurs de détente de la fabrique, entre dans la caisse N° 1 par la soupape S, se répand autour des tubes, et retourne avec son eau condensée, par le tuyau $a a'$, dans un autre ballon où elle est reprise par la pompe alimentaire des générateurs ; la vapeur provenant de l'ébullition du jus N° 1 passe par un vase de sûreté et se rend autour des tubes N° 2 (s'il y a du jus entraîné, il tombe au fond de la double enveloppe E); la pompe aspirante enlève par le tuyau $b b'$ la partie condensée, tandis que l'excédent va par B" B'", chauffer les tubes du N° 3 concurremment avec la vapeur provenant du jus N° 2 ; l'eau condensée est aspirée ainsi que la vapeur excédente par les tuyaux C C, d d'. Enfin, la vapeur provenant du jus N° 3 passe au condenseur où elle est éteinte par une pluie d'eau, en haut et en bas, et le tout est aspiré, par le gros tuyau D D', au moyen d'une pompe. La circulation des jus est indiquée par des flèches.

Suivons maintenant, dans tous ses détails, la marche des vapeurs et celle du jus, d'après la vue d'ensemble que représentent les figures 272 et 273.

*Marche des vapeurs.* Les vapeurs d'échappement venant des diverses machines de l'usine par les tuyaux a se réunissent dans le ballon A ; le robinet a" peut en laisser échapper l'excès dans l'atmosphère, et le robinet a' peut y amener de la vapeur directe, si elle fait défaut.

La vapeur passe en B par le tuyau b, circule entre les tubes, et l'eau condensée est conduite par le tuyau de retour b' dans un ballon où puise la pompe alimentaire des générateurs, et où se rend également l'eau condensée dans le ballon A. Les vapeurs provenant de l'ébullition du jus de la première caisse passent par le vase de sûreté C et le tuyau C' dans la surface de chauffe de la deuxième caisse ; l'eau condensée s'échappe par d'c pour aller au condenseur à injection, et l'excès des vapeurs passe dans le surface de chauffe de la troisième caisse par le robinet c'.

Les vapeurs provenant de l'ébullition du jus

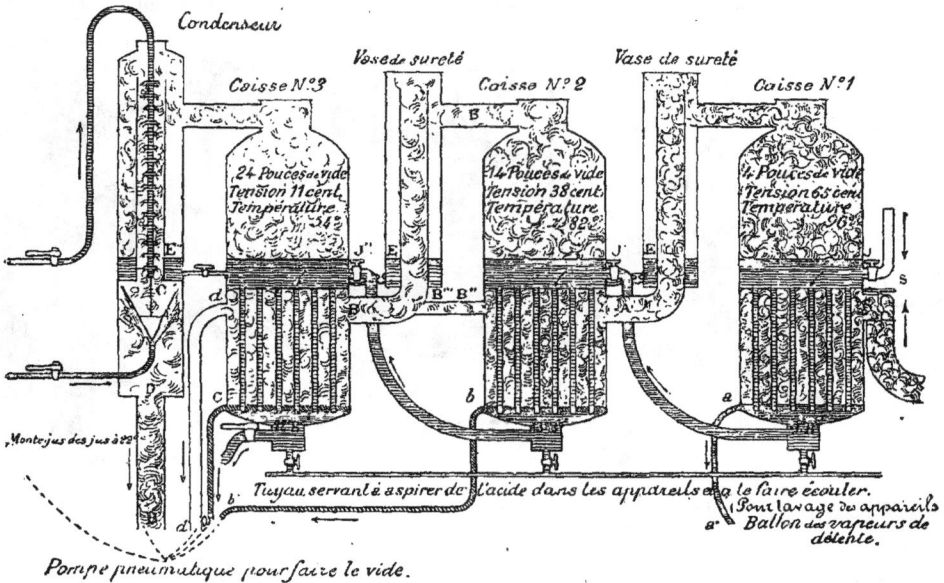

Fig. 271. — *Coupe théorique de l'appareil à triple effet.*

| | |
|---|---|
| Eau de condensation. | |
| Vapeur provenant du jus. | |
| Jus (hachures horizont. claires). | |
| Vapeur provenant de l'eau. | |
| Eau (hachures horizont. foncées). | |

de la deuxième caisse sont conduites par la tubulure G, dans le vase de sûreté D, puis par D' dans la surface de chauffe de la troisième caisse ; l'eau condensée s'échappe par d, et l'excès de vapeur par le robinet D" ; enfin, les vapeurs produites dans la troisième caisse passent par la tubulure G' et le tuyau H dans le vase de sûreté E, puis par E' dans le condenseur F où arrivent aussi l'excès de vapeur, surtout par D", et les retours d'eau c et d. Dans ce condenseur est lancé par le robinet f, un jet d'eau froide qui condense les vapeurs et dont on règle l'intensité suivant le degré de vide à obtenir ; toutes les vapeurs sont aspirées par la pompe pneumatique. Pour trans-

former l'appareil en appareil à double effet, on ferme G et G' et on ouvre G", en même temps on ferme c' D" et d.

*Marche du jus.* Au moyen du robinet J, à portée de la main de l'ouvrier, et du tuyau J K, on peut faire communiquer le réservoir servant à alimenter l'appareil, soit avec le vide du condenseur E par II (pour aspirer le jus dans le bas par le tuyau L), soit avec le vide de la première caisse par I' I' (ce qui permet de remplir celle-ci par le tuyau M et le robinet R). A l'aide du robinet R', on fait passer le jus de la première caisse dans la deuxième, puis par le robinet R" de la deuxième dans la troisième.

Les robinets N, N', N", P, représentés en plan, servent, en cas d'accident, à vider l'une quelconque des caisses. En marche, N" seul est ouvert, et permet au jus de la troisième caisse de passer dans le monte-jus T (mis en communication par t' avec le vide du condenseur) en ouvrant le robinet O. Le jus évaporé est ensuite conduit par le tuyau U au bac réchauffeur, lorsqu'après avoir fermé O on met la vapeur dans le monte-jus.

Pour laver l'appareil, on fait arriver par le tuyau S, de l'eau acidulée dans les trois caisses; les robinets Q Q' Q" servent de vidange à cette eau.

6° *Cuite des sirops de premier jet.* Les jus évaporés dans le triple effet marquent de 20 à 25° Baumé; filtrés sur le noir, ou mécaniquement, ils doivent être de nouveau évaporés jusqu'à un degré suffisant pour laisser cristalliser la plus grande partie du sucre qu'ils contiennent, on les soumet alors à l'opération désignée sous le nom de *cuite* et l'on obtient des masses cuites, dites *masses cuites de premier jet.*

La cristallisation du sucre peut être opérée de deux manières différentes : soit après la cuite par le refroidissement des sirops (*cuite au filet*), soit pendant la cuite (*cuite en grain*).

Depuis l'application de la défécation trouble, le premier procédé est généralement abandonné, et remplacé par le second; cette préférence est justifiée par un rendement en sucre plus élevé. En effet, la masse cuite au filet contient de 9 à 10 0/0 d'eau, tandis que cuite en grain, elle n'en contient que 4 à 5 0/0, soit une différence de 5 0/0; or, 1 kilogramme d'eau dissolvant 2 kilogrammes de sucre, les 5 0/0 d'eau en plus doivent donc retenir 10 0/0 de sucre, ce qui constitue un abaissement de rendement en sucre des masses cuites au filet de 15 kilogrammes à l'hectolitre. Ces masses cuites au filet (sirops de premier jet) rendent ordinairement à l'hectolitre, de 55 à 60 kilogrammes de sucre que l'on ne peut turbiner qu'au bout de sept à huit jours, tandis

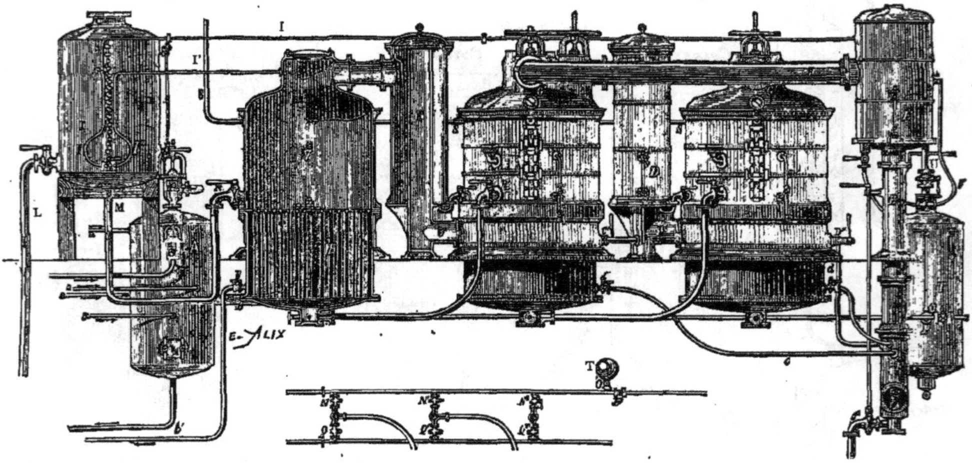

Fig. 272 et 273. — *Appareil d'évaporation à triple effet, pouvant évaporer 1,800 hectolitres de jus en vingt-quatre heures. Plan des tuyaux du bas.*

que, cuites en grain, elles en donnent de 70 à 78 que l'on peut traiter immédiatement. Le sucre en grain offre encore l'avantage de se présenter en cristaux plus durs, plus volumineux, plus faciles à épurer par la turbine, que ceux provenant de la cuite au filet qui sont plus mous, moins gros et beaucoup plus difficiles à débarrasser de la mélasse. Dans ce dernier cas, on peut opérer dans les chaudières évaporatoires à air libre, tandis que pour la cuite en grain la chaudière à faire le vide est indispensable, nous représentons cette dernière (fig. 274) avec son vase de sûreté à droite. — V. RAFFINERIE, § *Raffinage des sucres.*

7° *Turbinage des masses cuites de premier jet, sucre en grain, sirops d'égout de premier jet.* A la sortie de l'appareil à cuire dans le vide, la masse cuite en grain est reçue dans un grand bac carré à fond plat, à rebord d'environ 0m,50 de hauteur; elle possède assez de consistance pour s'écouler et prendre un niveau uniforme dans le réservoir où elle est reçue, mais elle ne doit pas laisser surnager de liquide; elle est à une température d'environ 70° et peut être turbinée immédiatement. Dans certaines fabriques, cependant, on préfère attendre dix-huit à vingt-quatre heures, le turbinage en est alors plus difficile, et le rendement en sucre n'augmente pas sensiblement lorsque la cuite a été bien faite.

Avant d'être mise dans la turbine, la masse cuite en grain doit passer dans un moulin à sucre muni d'un agitateur, où elle se trouve additionnée d'une quantité suffisante de sirop étendu d'eau, pour délayer la mélasse très dense qu'elle contient. En sortant du moulin, elle doit être moins pâteuse et bien uniforme dans toutes ses parties, on la turbine alors jusqu'à ce qu'il ne s'en écoule plus de sirop, puis elle est claircée à la vapeur détendue, et autant que possible privée d'eau de condensation qui doit enlever le reste de mélasse adhérant aux cristaux.

Le sucre ainsi obtenu, se présente en grains cristallisés, isolés, parfaitement blancs et assez réguliers, se rapprochant beaucoup de la pureté du sucre raffiné; il est connu dans le commerce sous le nom de *sucre en grain n° 3*, et titre en sucre pur de 99 à 99,5 0/0, avec un peu plus de soin dans le clairçage, on obtient un produit parfaitement pur qui pourrait passer directement dans la consommation et que l'on désigne sous le nom de *raffinade*.

Le sirop qui s'écoule de la turbine porte le nom de *sirop d'égout de premier jet*, et est soumis à une suite d'opérations que nous avons désignées. sous le nom de travail des bas produits; quant au sucre extrait, il représente environ les 2/3 de celui contenu dans la masse cuite en grain de premier jet.

8° *Travail des bas produits en deuxième et troisième jets*, *donnant pour résidu la mélasse*. Le sirop sortant du turbinage du sucre en grain de premier jet est immédiatement recuit au filet. Dans un grand nombre de sucreries, cette deuxième cuite est pratiquée à la bassine, c'est-à-dire à air libre; mais on a remarqué que souvent les sirops ainsi traités éprouvaient un mouvement de fermentation à l'empli pendant la cristallisation du sucre, et dans certaines fabriques, on a remplacé la cuite à air libre, qui se fait à une haute température (115° à 120°), par la cuite dans le vide à 80°.

Les masses cuites ainsi obtenues portent le nom de *masses cuites de deuxième jet*; on les laisse en cristallisation environ six semaines, après lesquelles elles peuvent être turbinées, non plus à la vapeur, comme les masses cuites de premier jet, mais délayées au moulin à sucre avec de la mélasse d'égout, sortant du même turbinage, et étendue d'eau. Le plus souvent, cependant, on laisse ces masses cuites de deuxième jet en cristallisation pendant tout le temps du travail des betteraves, soit environ quatre - vingt - dix

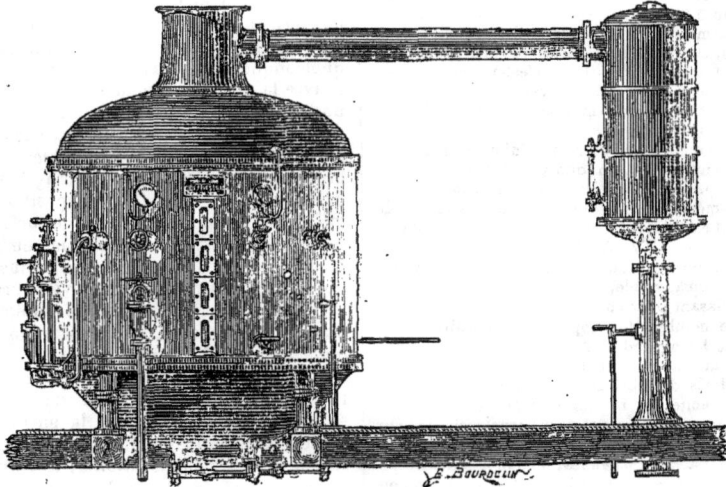

Fig. 274. — *Chaudière close pour cuir en grain dans le vide.*

jours, pour ne les turbiner qu'après la campagne; c'est ce qui se pratique surtout dans les fabriques qui possèdent l'osmose.

Le sucre obtenu, dit *sucre de deuxième jet*, est toujours coloré, en cristaux assez réguliers, plus ou moins empâtés de sirop selon le turbinage ou la clairce employée. Parfois, on termine le clairçage en ajoutant un demi-litre d'eau très froide dans chaque turbine; cette eau contribue à dégager le sucre d'une grande partie de la mélasse qu'il retenait, et à le rendre plus sec et d'un titre saccharimétrique plus élevé.

Ce sucre de deuxième jet retient toujours une certaine quantité de matières salines qui diminuent son titre saccharimétrique commercial, car si son titre saccharimétrique est de 92° à 93°, son titre commercial, déduction faite du coefficient des cendres, n'est plus guère que de 88°. Le rendement par hectolitre de masse cuite, en sucre de deuxième jet, varie entre 40 et 50 kilogrammes suivant la qualité des masses cuites de premier jet.

Les sirops sortant de ce dernier turbinage sont recuits au filet et envoyés dans des cristallisoirs généralement de très grandes dimensions. Ces masses cuites, pour être épuisées complètement de tout le sucre qu'elles peuvent donner par cristallisation, doivent rester en bac pendant trois ou quatre mois après lesquels la partie cristallisée est turbinée à la manière des masses cuites de deuxième jet.

Le sucre ainsi obtenu est désigné sous le nom de *sucre de troisième jet*; il est généralement en grains plus petits et plus colorés, plus pâteux et moins purs que ceux de deuxième jet.

Le rendement à l'hectolitre est très variable, quelquefois seulement de 10 à 15 kilogrammes, d'autres fois de 25 kilogrammes et au-dessus; il dépend du rapport du sucre aux sels des masses cuites de premier et de deuxième jets, et il arrive souvent qu'il est à peine suffisant pour payer les frais de cette troisième opération; c'est pour ce motif que la plupart des fabricants de sucre qui pratiquent l'osmose préfèrent en faire l'application aux sirops d'égout de deuxième jet, ils en augmentent le rendement en sucre de troisième jet qui, le plus souvent, atteint 40 et 45 kilogrammes à l'hectolitre, et hâtent la cristallisation de la masse cuite qui s'opère alors en deux mois; on obtient un sucre beaucoup plus pur, contenant moins de matières salines et d'un titre saccharimétrique plus élevé.

La partie liquide provenant de ce sucre de troisième jet sans osmose, constitue la mélasse, c'est-à-dire un résidu ne pouvant plus donner de sucre par une cuite nouvelle et une mise en cristallisation. — V. MÉLASSE.

*Sucreries existant en France, importance de leur production, matériel employé à la fabrication.* Dans la campagne de 1884 à 1885, il existait, en France, 483 fabriques de sucre de betterave disséminées dans 22 départements, et ayant produit 310 millions de kilogrammes de sucre; 100 de ces fabriques produisent chacune par campagne environ 5,000 sacs de sucre, c'est-à-dire 500,000 kilogrammes, mais il en est dont la fabrication s'élève à 60,000 sacs, et une seule a atteint jusqu'à 90,000 sacs soit en poids 9 millions de kilogr., c'est-à-dire une production journalière de 90,000 kilogrammes de sucre correspondant au travail de 1 million à 1,200,000 kilogr. de betteraves par 24 heures.

Cette grande quantité de sucre, produite par une seule sucrerie, ne peut avoir lieu que par l'adjonction à la sucrerie, de râperies isolées plus ou moins distantes de la fabrique elle-même, dans lesquelles le jus est extrait de la betterave et expédié à la sucrerie centrale à l'aide de tuyaux souterrains. — V. RÂPERIE.

Les râperies amenant à la sucrerie centrale une abondance de jus considérable, il fallut organiser un matériel plus puissant pour en extraire le sucre; fallait-il augmenter le nombre des appareils nécessaires à la fabrication, ou les agrandir? Augmenter le nombre des appareils, c'était augmenter le personnel et par conséquent les frais de fabrication, on résolut d'en augmenter la capacité, et il faut le dire, ce fut là une grande hardiesse de nos ingénieurs-constructeurs. On arriva ainsi à construire des appareils de sucrerie de dimensions *tout à fait inconnues, et que l'on aurait pu croire impossibles à réaliser*, si le succès n'était venu en donner la confirmation; des chaudières à déféquer et à carbonater de 300 à 400 hectolitres au lieu de 40, des appareils à cuire dans le vide d'où s'échappent, en une seule cuite, 120 à 150,000 kilogrammes de masse cuite de premier jet.

A tout ce grand développement de moyens de production où toute la science la plus avancée de l'ingénieur a reçu son application, il a manqué un élément de succès, la science de la chimie appliquée à la culture et à la fabrication, la production d'une betterave à grande richesse saccharine, et les moyens d'en obtenir le plus grand rendement en sucre. Tel est le problème que la fabrication du sucre aborde en ce moment, stimulée par la nouvelle législation sur l'impôt du sucre, perçu sur le poids de la betterave entrant en fabrication sur un rendement en sucre déterminé par 100 kilogrammes de betteraves, et dont la solution pourra seule permettre de lutter contre l'envahissement du sucre allemand sur le marché français.

EXTRACTION DU SUCRE DE LA MÉLASSE. Nous avons dit que la mélasse, telle qu'elle sort du sucre de troisième jet dans la fabrication du sucre de betterave, contenait pour 100 kilogrammes, 50 kilogrammes de sucre.

On produit en moyenne, avec des betteraves de qualité ordinaire, pour 100 kilogrammes de su-

cre brut fabriqué au premier, deuxième et troisième jets, de 60 à 70 kilogrammes de mélasse; ce produit représente donc, pour 100 kilogrammes de sucre fabriqué, de 30 kilogrammes à 35 kilogrammes de sucre éliminé dans la mélasse. On voit par ces nombres, l'intérêt qu'a le fabricant d'extraire le sucre de la mélasse; il peut, dans ce but, employer les procédés suivants :

1° L'osmose ou l'analyse osmotique de Dubrunfaut;

2° La méthode des sucrates insolubles.

1° *Application de l'osmose à l'extraction du sucre des mélasses dans la fabrication du sucre de betterave.* Cette application de l'osmose est basée sur ce fait que le sucre contenu dans la mélasse est arrêté dans sa cristallisation par la présence des sels qui l'y accompagnent.

Il existe, en effet, dans la mélasse épuisée par cristallisation, un rapport à peu près constant entre le sucre et les sels, et lorsqu'on arrive à rompre cette sorte d'équilibre en enlevant, par un moyen quelconque, une partie des sels, la mélasse recouvre la propriété de donner par cristallisation une nouvelle quantité de sucre.

Les principes qui servent de base à l'osmose ont été établis pour la première fois, dans un brevet pris par Dubrunfaut, en avril 1854; la difficulté était de trouver une disposition d'appareil qui puisse présenter une grande surface de membrane osmosante, et ce n'est que neuf années plus tard, en juillet 1863, après de nombreux essais, que Dubrunfaut, dans un nouveau brevet, décrit le premier appareil qui ait été employé dans l'industrie du sucre, et auquel il a donné le nom d'osmogène. — V. OSMOSE.

L'épuration produite par l'osmose, c'est-à-dire la quantité de sels éliminés dans le même temps, est : 1° en raison directe de la surface active du papier parchemin en fonction d'osmose; 2° en raison directe de l'élévation de la température de la mélasse et de l'eau; 3° en raison directe de la densité initiale de la mélasse; 4° en raison directe de l'abaissement de la densité de la mélasse par la fonction de l'osmose, c'est-à-dire par le courant fort, cet affaiblissement de densité de la mélasse pouvant même servir de mesure au degré d'épuration produit, c'est-à-dire à la quantité de sels éliminés dans les eaux d'exosmose; 5° en raison inverse de la densité des eaux d'exosmose. Il faut, en outre, remarquer qu'il passe toujours à travers le papier parchemin, en même temps que les sels, une certaine quantité de sucre qui se retrouve dans les eaux d'exosmose, et que cette quantité varie avec la proportion des sels contenus dans la mélasse; plus le coefficient salin est élevé, et plus la quantité de sucre éliminée avec les sels, dans les eaux d'exosmose, est grande; signalons encore que les quantités de sucre et de sels éliminés d'un même liquide, dans le même espace de temps, dépendent également de l'état de parcheminage, de l'épaisseur et de la qualité du papier parchemin.

L'osmogène Dubrunfaut perfectionné, tel qu'il est livré aujourd'hui à l'industrie (fig. 275), présente une surface active de papier parchemin de 44 mètres, et contient 100 cadres en bois : 50 de ceux-ci sont munis d'une arête à la partie supérieure et peints d'une certaine couleur, tandis que les 50 autres n'ont pas d'arête et sont colorés différemment. Tous les cadres de même couleur servent au *même* usage, soit à la *mélasse*, soit à l'*eau*, et tantôt à la mélasse, tantôt à l'eau ; on les range de façon à alterner les deux couleurs, de sorte que, si le cadre n° 1 est utilisé à la mélasse, le cadre n° 2 sera un cadre à eau, le n° 3 un cadre à mélasse, le n° 4 un cadre à eau et ainsi de suite ; on pourrait admettre sans inconvénient l'ordre opposé.

Chaque cadre, qu'il soit destiné à la mélasse ou à l'eau, a chacune de ses traverses, inférieure et supérieure, percée de deux trous ronds, situés l'un à droite l'autre à gauche, et lorsque tous les cadres sont rapprochés et serrés, ces trous se trouvent placés l'un vis-à-vis de l'autre,

et forment ainsi des conduits horizontaux destinés à la rentrée et à la sortie des liquides. Il y a donc, dans un osmogène ainsi monté, quatre conduits ; deux d'entre eux sont mis en communication avec l'intérieur des cadres impairs par de petits tuyaux en cuivre placés verticalement dans l'épaisseur du cadre, et de façon que deux de ces tuyaux qui se correspondent soient, l'un à droite sur la traverse inférieure, l'autre à gauche sur la traverse supérieure ; les deux autres conduits communiquent avec l'intérieur des cadres pairs à l'aide d'une disposition inverse. Par conséquent, si tous les cadres impairs sont séparés par une feuille de papier parchemin, un liquide arrivant par le conduit inférieur de droite se répandra dans l'intérieur de ces cadres, et sortira par le conduit supérieur de gauche ; il en sera de même pour les cadres pairs, mais en sens contraire.

Dans l'osmogène complet, la mélasse doit tou-

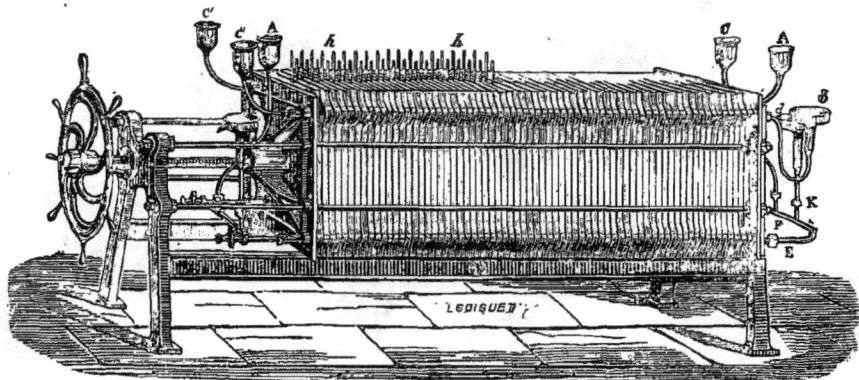

Fig. 275. — *Osmogène Dubrunfaut perfectionné, à 100 cadres.*

C'C' Entonnoirs à eau. — C" Tube en entonnoir destiné à éliminer l'air du conduit de sortie de la mélasse osmosée qui s'écoule par l'éprouvette b. — h, h... Tubes d'air en verre, placés à la partie supérieure de chaque cadre. — A, A Entonnoirs servant à l'introduction de la mélasse dans les cadres. — d Éprouvette destinée à la sortie des eaux d'osmose.

jours pénétrer dans chaque cadre à mélasse par la partie inférieure et sortir osmosée par la partie supérieure. L'eau, au contraire, suivra dans chaque cadre à eau une marche inverse, et le tuyau qui l'amène devra se relever jusqu'à la partie supérieure des cadres, afin de maintenir ceux-ci constamment remplis d'eau. Cette disposition permet d'isoler complètement les cadres à mélasse de ceux à eau, et d'éviter tout mélange entre les deux liquides autrement qu'à travers le papier parchemin.

Chaque cadre est garni de ficelles ou de barrettes assez rapprochées, destinées à soutenir les feuilles de papier parchemin.

Depuis l'expiration du brevet Dubrunfaut (1878), il a été livré à l'industrie du sucre divers osmogènes, tous basés sur les mêmes principes : 1° osmogène évaporateur à double osmose ; 2° osmogène évaporateur à osmose forte ; 3° osmogène à vapeur à triple effet.

L'*osmogène évaporateur à double osmose* (fig. 276) présente 86 mètres carrés de surface active de papier parchemin, c'est-à-dire le double du

précédent ; il contient 127 cadres, dont 63 destinés à la mélasse, sont semblables entre eux, et 63 destinés à l'eau, également semblables entre eux, mais différant des premiers ; le 127° porte le nom de *cadre séparateur* et *alimentateur*, et présente une disposition spéciale.

Les cadres B, B', sont placés comme dans l'osmogène Dubrunfaut, et forment ici deux groupes dont chacun est composé d'un même nombre de cadres à eau et de cadres à mélasse.

Dans le premier groupe A, dit *évaporateur*, l'osmose est pratiquée à haute densité, c'est-à-dire que le liquide en osmose dans les cadres à mélasse s'y trouve à la même densité qu'à son entrée dans l'appareil ; il s'introduit dans la mélasse, à travers la feuille de papier parchemin, la même quantité d'eau que dans l'osmose ordinaire, et si l'on ne faisait pas fonctionner le serpentin de vapeur F, on obtiendrait dans le réservoir D, comme à l'éprouvette des osmogènes ordinaires, un liquide osmosé à 10 ou 15° Baumé ou plus ou moins élevé, selon la vitesse donnée à l'introduction de la mélasse dans l'appareil ; mais si l'on fait arriver la vapeur dans le serpentin F, l'eau s'évapore, le liquide contenu en D se concentre, sa densité augmente, et il s'établit dans l'intérieur des cadres à mélasse un double courant : *courant per ascensum* du liquide dilué par l'introduction de l'eau à travers le papier parchemin; *courant per descensum* du liquide évaporé par la vapeur passant dans le serpentin, et devenu plus dense ; ce double courant peut être réglé de manière à établir une densité uniforme dans le liquide en osmose dans l'intérieur des cadres à mélasse, de sorte que la quantité d'eau évaporée dans le réservoir D par le serpentin F, est égale à la quantité d'eau amenée par l'osmose dans les cadres à mélasse.

Dans le deuxième groupe de cadres A', l'osmose y est pratiquée comme dans les osmogènes ordinaires avec affaiblissement de degré; le cadre séparateur et alimentateur C sépare ces deux groupes, et reçoit la mélasse ayant subi une première osmose dans l'évaporateur pour la distribuer dans le deuxième groupe où se pratique une nouvelle osmose à la manière ordinaire.

L'osmogène évaporateur à double osmose a pour avantage sur tous les autres osmogènes : 1° d'éliminer de la mélasse, en une seule osmose, de 65 à 70 0/0 de la quantité de matières salines qu'elle contient, lorsque les autres osmogènes ne peuvent en enlever, en une première osmose, que 40 à 45 0/0 et, par une deuxième osmose, que 20 à 25 0/0; 2° de donner des mélasses osmosées pouvant être immédiatement cuites en grain, et de rendre, après quatre jours de cristallisation, autant de sucre que les osmogènes ordinaires avec deux cuites au filet et deux cristallisations successives après quatre mois; 3° de donner un sucre en

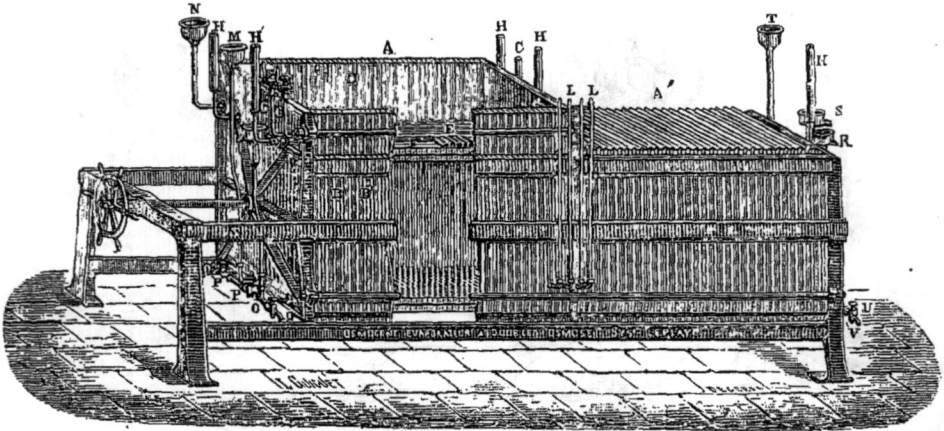

Fig. 276. — *Osmogène évaporateur à double osmose.*

F Conduits mettant en communication l'intérieur des cadres avec le réservoir D. — G G' Robinets d'introduction et de sortie de vapeur du serpentin F. — H H... Tubes d'air. — L L Tubes indicateurs en verre. — M et N Tuyaux d'alimentation de la-mélasse et de l'eau. — O Eprouvette des eaux d'exosmose. — P P Tuyaux pouvant mettre en communication les cadres à eau et les cadres à mélasse. — Q et Q' Robinets de vidange des cadres à eau et à mélasse. — R Eprouvette de la mélasse osmosée à double osmose. — S Eprouvette à eaux d'exosmose de la double osmose. — T Entonnoir à eau, double osmose. — U Tuyau pouvant mettre en communication les cadres à eau et à mélasse de A'. — V et V' Robinets de vidange des cadres à eau et à mélasse.

grain titrant 94 à 95° net, alors que le sucre obtenu par la cuite au filet ne titre que 88° net; 4° de donner des mélasses qui, réosmosées à la sortie de la turbine, peuvent rentrer à peu près indéfiniment dans la cuite en grain suivante jusqu'à épuisement presque complet en sucre ; enfin, 5° de pouvoir régénérer la mélasse des eaux d'exosmose en une seule opération et dans des conditions bien plus économiques que par les osmogènes ordinaires, et d'en retirer de la mélasse régénérée qui, réosmosée, donne du sucre par la cuite en grain, comme la mélasse ordinaire, et des eaux salines d'exosmose dont les sels de potasse peuvent être transformés très économiquement en nitrate de potasse, salpêtre, par le procédé Leplay.

Dans le but d'utiliser les osmogènes ordinaires existant déjà dans les sucreries, M. Leplay construit un appareil seulement évaporateur qui peut leur être accolé, quel que soit leur modèle, et donne les mêmes avantages que l'osmogène évaporateur à double osmose; il porte le nom d'*osmogène évaporateur à osmose forte.*

Les résultats obtenus dans l'application de l'osmose à l'extraction du sucre des mélasses, sont très variables selon que l'on pratique une ou plusieurs osmoses successives, soit avec les osmogènes ordinaires Dubrunfant et autres, soit avec ou sans l'osmogène évaporateur à double osmose, avec ou sans régénération de la mélasse d'exosmose, avec ou sans le procédé d'extraction des sels de potasse pris à l'état de nitrate.

1° Avec les osmogènes ordinaires, on obtient par 100 kilogrammes de mélasse mise en osmose : par une seule osmose, cuite au filet, après deux mois de cristallisation, 16 à 17 kilogrammes de sucre; par une nouvelle osmose (soit deux osmoses successives), après deux nouveaux mois de cristallisation, 8 à 9 kilogrammes ; soit ensemble en 4 mois, 24 à 26 kilogrammes ; 2° avec l'osmose perfectionnée (osmogène évaporateur à double osmose), on obtient par la cuite en grain après quatre jours de cristallisation, 22 à 23 kilogrammes ; 3° avec le même procédé n° 2, et rentrées successives de la mélasse provenant du turbinage de la cuite en grain osmosée et cuite en grain, 36 à 37 kilogrammes ; 4° avec le même procédé n° 3 et la régénération de la mélasse d'exosmose pour sucre et la cuite en grain, 40 à 42 kilogrammes ; 5° avec le même procédé n° 4 et l'extraction des sels des eaux salines de réosmose à l'état de nitrate de potasse, on obtient 40 à 42 kilogrammes de sucre et 7 à 8 kilogrammes de nitrate de potasse. Il est à remarquer que ce nitrate se vend 45 francs les 100 kilogrammes, c'est-à-dire beaucoup plus cher que le sucre, dont le prix n'est que de 28 francs, non compris le bénéfice du droit lorsqu'on opère avec des mélasses libérées d'impôt.

Outre les osmogènes qui viennent d'être décrits, il existe un nouvel appareil désigné sous le nom d'*osmogène à vapeur à triple effet*, qui est une curieuse application de la vapeur à l'extraction des sels de la mélasse et particulièrement de la mélasse d'exosmose, mais n'étant pas encore entré dans la pratique, nous ne le citerons que comme mémoire, tout en le considérant comme susceptible d'un grand avenir.

2° *Extraction du sucre des mélasses par la méthode des sucrates insolubles.* Tous les procédés employés ont pour but la combinaison chimique du sucre soit avec la chaux, soit avec la strontiane, soit avec la baryte qui, comme nous l'avons dit plus haut, forment avec le sucre des combinaisons désignées sous le nom de *sucrates*, insolubles dans l'eau en présence d'une quantité suffisante de base. Pour être insoluble, le sucrate de baryte n'exige qu'un équivalent de baryte pour un équivalent de sucre, il est très stable, et cette stabilité lui donne un avantage considérable. Le sucrate de strontiane demande trois équivalents de base, il est moins stable, et se dédouble facilement sous l'influence de l'eau, en strontiane et en sucrate soluble. Il en est de même de la chaux qui exige également trois équivalents de chaux pour sa précipitation, et qui se dédouble avec la plus grande facilité en sucrate plus basique insoluble et en sucrate moins basique soluble. Ces différences dans les propriétés chimiques des différents sucrates ont conduit à un assez grand nombre de procédés, tous basés, il est vrai, sur les mêmes principes d'insolubilité du sucrate formé, mais ne différant entre eux que par quelques détails. Nous allons les passer en revue :

1° *Procédé barytique* (Dubrunfaut et Leplay, 1849 ; Leplay et Badot, 1884 et 1885). Il est basé sur ce fait : que lorsqu'on mélange une dissolution de baryte bouillante avec de la mélasse également chauffée, dans la proportion d'un équivalent de baryte pour un équivalent de sucre, il se forme un précipité insoluble qui, lavé à l'eau froide ou chaude, constitue le sucrate de baryte, c'est-à-dire une combinaison insoluble de sucre et de baryte ; en traitant cette combinaison par l'acide carbonique, il se produit du carbonate de baryte insoluble, et le sucre mis en liberté se dissout dans l'eau et constitue une dissolution à 15° ou 20°

Baumé ne contenant que du sucre pur ; si le sucrate a été bien lavé, toutes les impuretés qui étaient contenues primitivement dans la mélasse, restent dans les eaux mères et dans les eaux de lavage.

Ce procédé, appliqué de 1849 à 1852 dans plusieurs fabriqués en France et dans une seule jusqu'en 1875, a succombé sous les coups répétés d'une législation néfaste sur l'impôt du sucre, et sur le haut prix exigé pour la régénération de la baryte du carbonate, mais depuis la loi de 1884, l'étude en a été reprise, et on est arrivé à des résultats nouveaux et économiques qui donnent de grands avantages à l'extraction du sucre par la baryte, non seulement de la mélasse, mais du jus de betterave lui-même.

2° *Procédé à la strontiane* (Dubrunfaut et Leplay, 1849 ; Scheibler, 1882). Une dissolution de strontiane bouillante ajoutée à de la mélasse, se comporte comme la baryte, c'est-à-dire qu'il se forme immédiatement un sucrate de strontiane, mais qui ne devient insoluble que lorsqu'un équivalent de sucre se trouve en présence de trois équivalents de base ; il se décompose très facilement sous l'influence du temps, du refroidissement et des lavages, et se dédouble en strontiane qui cristallise et en sucrate de strontiane bibasique soluble ; Scheibler a utilisé cette propriété dans son procédé d'extraction du sucre de la mélasse. Le sucrate de strontiane obtenu est traité par l'acide carbonique comme il a été dit ci-dessus pour le sucrate de baryte.

3° *Procédés à la chaux*. A. *Procédé Manoury* (1877). Préparation d'un mélange de chaux hydratée et de mélasse, dit *mélassate de chaux*. Son épuration par l'alcool dilué dissout les matières étrangères, et laisse comme résidu du lavage un sucrate de chaux plus ou moins pur qu'on traite par l'acide carbonique pour en obtenir le sucre ou qu'on emploie à la défécation du jus de betterave pendant la fabrication.

B. *Procédé de l'élution* (Scheibler, 1865, Seyfert, 1872 ; Bodenbender, 1877). Emploi de la chaux vive pour préparer le mélassate de chaux, et épuration de ce mélassate par l'alcool dilué à 35° ; traitement par l'acide carbonique pour en obtenir le sucre, ou réemploi dans la défécation.

C. *Procédé de l'élution* (Weinrich, 1878). Préparation du mélassate de chaux avec l'hydrate de chaux, en opérant à chaud, soit 100° ; moulage du mélassate qui se prend en masse par refroidissement ; division à l'état de sable, lessivage à l'alcool plus ou moins fort à 70°, puis à 40° alcooliques. Le sucrate lavé et débarrassé de l'alcool, est employé à la défécation du jus.

D. *Procédé Breverman* (1879). Dissolution de la mélasse dans l'alcool avec addition de chaux délayée également dans l'alcool ; emploi du sucrate insoluble dans la défécation du jus.

E. *Procédé par précipitation Sostmann* (1880). Epuration préalable à froid de la mélasse par un traitement au chlorure de calcium, à l'alcool et à l'acide carbonique, puis traitement de la dissolution par la chaux vive, formation du sucrate de chaux insoluble, lavage à l'alcool, emploi du sucrate de chaux débarrassé d'alcool dans la défécation du jus de betterave.

Tous ces procédés sont basés sur l'insolubilité du sucrate de chaux dans l'alcool plus ou moins dilué qui, malheureusement, précipite, en plus ou moins grande quantité suivant les méthodes employées et son degré alcoolique, certaines impuretés en même temps que le sucrate de chaux; aussi, le traitement du sucrate par l'acide carbonique donne-t-il des dissolutions sucrées qui contiennent de la mélasse ne permettant guère d'obtenir le sucre cristallisé ; ces procédés seront donc utilisés de préférence pour la défécation du jus de betterave.

F. *Procédé de la substitution* (Steffen, 1878). Il se rapproche des précédents par l'utilisation de la chaux, mais en diffère en ce qu'il n'emploie pas d'alcool; il est basé sur la formation et la séparation du sucrate tribasique de chaux dans une dissolution sucrée contenant des sucrates de chaux mono et bibasique, portée à l'ébullition et même à une température plus élevée.

Le sucrate bibasique soluble, formé à froid, se transforme par l'ébullition en sucrate tribasique insoluble, et le traitement des eaux mères par une nouvelle quantité de chaux forme de nouveau après refroidissement, des sucrates mono et bibasique solubles qui, portés encore à l'ébullition, se transforment en sucrate tribasique insoluble. On peut ainsi, par plusieurs traitements successifs, retirer une grande partie du sucre contenu dans la mélasse à l'état de sucrate plus pur que celui obtenu par l'emploi de l'alcool.

Une innovation apportée à ce procédé par Steffen, en 1884, consiste à employer, au lieu d'hydrate de chaux, de la chaux caustique réduite en poudre, dans l'énorme proportion de 60 kilogrammes de chaux par 100 kilogrammes de mélasse.

G. *Procédé à la chaux avec addition de chlorure de calcium et de soude caustique* (Dubrunfaut et Leplay, 1859; Leplay, 1867; Louis Lefranc, 1886). La difficulté de former le sucrate de chaux tribasique insoluble conduit à ajouter un sel de chaux à la mélasse, tel que le chlorure de calcium, et d'y précipiter la chaux par l'addition de soude caustique en équivalent avec le chlorure de calcium employé.

L'opération se pratique comme dans le procédé précédent; on ajoute à la dissolution de mélasse dans l'eau saturée de chaux, la quantité de chaux qui lui manque pour former un sucrate tribasique par l'addition du chlorure de calcium, on porte à l'ébullition, puis par la soude caustique, précipitant la chaux, pour ainsi dire à l'état naissant, on forme avec le sucre un sucrate tribasique insoluble. Celui-ci reste imprégné d'une grande quantité de sels, particulièrement de chlorure de sodium qu'il est indispensable d'enlever par des lavages réitérés pendant lesquels le sucrate tribasique se transforme en un sucrate quintebasique et même encore plus basique, insoluble, et des sucrates mono et bibasique solubles, qui se dissolvent dans les eaux de lavage, et constituent une perte en sucre.

Ce procédé n'a pas encore fait ses preuves, qui ne seront concluantes que lorsque du sucrate ainsi produit, on en aura retiré le sucre cristallisé sans mélange avec le jus.

Cette longue énumération des différents procédés proposés pour l'extraction du sucre des mélasses montre tout l'intérêt attaché à cette question. Il est à remarquer que toutes les méthodes basées sur l'emploi de la chaux ont surtout pour but, non pas d'extraire le sucre de la mélasse à l'état cristallisé, mais de produire un sucrate de chaux devant être employé à la défécation du jus de betterave ; dans ces conditions, il est difficile de se rendre compte de la valeur du procédé comme extraction de sucre pur et comme rendement, et les tentatives qui ont été faites dans ce but n'ont pas permis d'attacher à ces traitements une bien grande importance économique.

Les deux procédés réels, incontestables de l'extraction du sucre de la mélasse par les sucrates, sont donc la baryte et la strontiane. Le procédé barytique, par la pureté des sirops obtenus, par le bas prix de la régénération de la baryte, par les dépenses bien moins considérables pour son installation, paraît avoir une grande supériorité sur la strontiane et devoir survivre aux autres moyens de précipitation du sucre à l'état de sucrates.

H. *Procédé Marguerite* (1868). Vivien et Nugues ont de nouveau appelé l'attention sur le procédé Marguerite essayé également sans succès en 1868. Il consiste à dissoudre la mélasse dans l'alcool à 90° additionné d'acide sulfurique. Ce traitement a pour résultat d'éliminer la potasse et la soude à l'état de sulfates insolubles dans l'alcool, tandis que le sucre et les acides végétaux et minéraux, mis en liberté par l'acide sulfurique, restent en dissolution ; on neutralise par un lait de chaux qui précipite les sels de chaux et les matières colorantes. Le sucre seul reste en dissolution; il peut être obtenu soit par l'addition d'une plus ou moins grande quantité d'alcool très fort (absolu), alors il se dépose en cristaux sous l'influence d'une amorce de sucre cristallisé, soit encore par la cuite en grain du liquide débarrassé de l'alcool qu'il contient.

Des essais faits dans ces derniers temps par Vivien chez M. Raguet, distillateur à Chauny (Aisne), sur 100 kilogrammes de mélasse de betteraves par opération, font espérer que les perfectionnements apportés par MM. Vivien et Nugues, rendront ce procédé manufacturier.

### SUCRE DE CANNE

La fabrication du sucre de canne se fait encore dans un grand nombre de localités avec des appareils inventés au siècle précédent, et désignés sous le nom de batterie du Père Labat ; le fabricant, ou plutôt le planteur, cultive sa canne (V. CANNE A SUCRE) et la transforme en sucre, c'est la sucrerie agricole dans toute sa simplicité.

La canne arrivée à maturité est coupée et livrée immédiatement à la fabrication du sucre; tout retard entre la coupe et la mise en travail occasionne des altérations dans le jus, qui diminuent son rendement.

Le jus sortant du moulin, après dépôt dans un réservoir, est envoyé avec le résidu de l'extraction du jus nommé *bagasse*, dans une série de chaudières chauffées à feu nu. L'ensemble de celles-ci, au nombre de cinq, porte le nom d'*équipage*; la chaudière la plus éloignée du foyer se nomme la *grande*, c'est la cinquième, celle qui reçoit le jus froid et dans laquelle doit s'opérer la défécation; la quatrième se nomme la *propre* parce qu'elle reçoit le jus déféqué et clair; la troisième, le *flambeau*; la deuxième, le *sirop* et la première, la *batterie*. Le jus passe successivement de la cinquième à la quatrième, de la quatrième à la troisième, de la troisième à la deuxième où il s'évapore pour arriver dans la première où s'opère la cuite.

Après cuisson, le sirop est mis en cristallisation dans des bacs en tôle, et après cristallisation (soit vingt-quatre à trente-six heures), la masse grainée est versée dans des tonneaux en bois nommés *boucauts*, placés debout, et dont le fond supérieur est enlevé et le fond inférieur percé de trous dans

lesquels on enfonce des tiges de cannes; c'est par ces trous imparfaitement bouchés que s'écoule la mélasse. Lorsque le sucre est suffisamment égoutté, on enlève les cannes, on bouche les trous avec une bonde, on met en place le fond supérieur, et le boucaut ainsi rempli est expédié en Europe, tandis que la mélasse est envoyée à la distillerie pour en faire du rhum.

Ce moyen rapide de fabrication, est à la portée de tout le monde, il exige de faibles frais d'installation, peu de main-d'œuvre et de temps, mais il entraîne à des pertes en sucre considérables. En effet, sur les 16 à 18 0/0 de sucre que contient la canne, il n'en donne que 5 à 6; ce produit est, en outre, à très bas titre, et éprouve des altérations et un déchet considérable pendant le voyage en Europe.

Diverses modifications furent apportées à ce procédé, telles que la défécation et la cuite à la vapeur dans les chaudières à vapeur Wetzel, mais elles n'apportèrent pas d'amélioration bien sensible au prix de revient. Cependant, la fabrication du su-

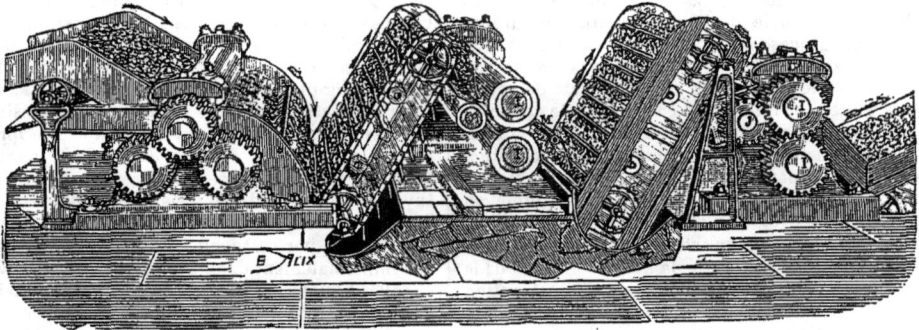

Fig. 277. — *Moulin Cail à trois cylindres pour presser les cannes à sucre.*

cre avec la canne ne pouvait rester indifférente devant les grands progrès accomplis et en cours d'accomplissement dans la fabrication du sucre de betterave, aussi les plus grands efforts furent-ils tentés dans le but d'implanter les machines et procédés qui avaient réussi pour le sucre de betterave. La multiplicité et l'exiguïté des sucreries de cannes se prêtaient difficilement à l'emploi de ces machines et appareils qui exigeaient un personnel intelligent et spécial pour les conduire; il se forma alors des fabriques centrales où les cultivateurs renonçant à la fabrication du sucre, livrèrent leurs cannes et en reçurent en paiement le produit qu'ils auraient pu en obtenir. La fabrication transforma alors complètement son outillage et ses procédés, on produisit le sucre en grain blanc de premier jet, puis des deuxième, troisième et même quatrième jets; la quantité de mélasse fut réduite dans de grandes proportions, et les moyens d'extraire le jus furent perfectionnés; les moulins généralement employés qui ne donnaient que 55 à 60 et 65 0/0 au maximum du jus de la canne, qui en contenait 90, furent rendus plus puissants. Un prix de 100,000 francs fut proposé par la Chambre d'agriculture de la Pointe-à-Pitre pour le fabricant qui élèverait le rendement

en sucre de 1,159 0/0 du poids de la canne, et fut décerné à M. Chassaing, par le Conseil général de la Guadeloupe. — V. MOULIN A CANNES A SUCRE.

Dans le moulin à cannes avec imbibition et repression que nous donnons (fig. 277), les cannes amenées sur un tablier sans fin, tombent, après un premier passage entre les cylindres sur un plan incliné où elles sont arrosées par un tube E percé de trous; après mouillage, une noria CC' les remonte pour les faire passer entre les cylindres I I' J; puis elles sont arrosées par le tube M, amenées par une dernière noria CC' entre de nouveaux cylindres I I' J et entraînées par un tablier sans fin.

Pour obtenir une plus grande quantité de jus de la pression de la canne, M. Faure emploie un appareil qu'il a surnommé *défibreur Faure*.

Aujourd'hui, le progrès va plus loin, à l'imitation de ce qui se passe dans la fabrication du sucre de betterave, la diffusion est appliquée avec succès. Un rapport récemment publié par le professeur Wiley, chimiste du département de l'agriculture aux Etats-Unis d'Amérique, donne d'intéressants détails sur l'application de ce procédé dans deux fabriques de sucre de canne que la Compagnie de Fives-Lille a montées en Espagne: l'une située à *Alméria*, pratiquant la diffusion sur la canne, et l'autre, située à *Torre del Mar* près Malaga, pratiquant la diffusion sur la bagasse; ce rapport établit, avec analyses à l'appui, l'épuisement à peu près complet de la canne et de la bagasse, jusqu'à 3 0/0 du jus, tandis que les moulins ordinaires donnent une perte de 30 à 32 et que les moulins les plus perfectionnés avec repression et imbibition donnent une perte de 16 à 18 0/0; mais un autre fait également très important, c'est que le glucose n'augmente pas pendant la diffusion.

Le jus, sortant de la diffusion, est traité comme nous l'avons vu pour la betterave; c'est-à-dire qu'il est soumis à la carbonation trouble ou à la double carbonatation, aux filtres-presses pour séparer les écumes, à l'appareil à triple effet pour l'évaporation, à une filtration mécanique, et à la cuite en grain dans l'appareil à cuire dans le vide.

Le matériel d'une sucrerie de canne perfectionnée est donc identique à celui d'une fabrication du sucre de betterave; cependant, la composition du jus est bien différente, et nécessite certaines pratiques qui ne doivent pas être les mêmes dans les deux cas; ainsi, le jus de canne contient naturellement du glucose qui n'existe pas dans le jus de betterave; on sait que l'action de la chaux sur le glucose le transforme en un glucate de chaux très soluble et très coloré en noir, cette action se produit avec le temps à toutes les températures, elle est instantanée et complète à l'ébullition lorsque la quantité de chaux est suffisante; il résulte de là que dans la carbonatation trouble, on ne doit employer que strictement la quantité de chaux nécessaire pour obtenir un jus parfaitement clair et limpide, et opérer la saturation à froid; le jus ne doit être chauffé que lorsque la saturation est complète. C'est pour ne pas avoir tenu compte de cette action de la chaux sur le glucose que la méthode des jus et sirops alcalins, qui joue un rôle si précieux dans la fabrication du sucre de betterave, n'a jamais réussi pour la canne. On comprend que la carbonation trouble faite à froid, donne de bons résultats, tandis que la double carbonatation, faite à chaud malgré la petite quantité de chaux employée, soit plus dangereuse qu'utile.

La mélasse, épuisée par plusieurs cristallisations successives, se trouve en quantité très réduite; le sucre n'y est pas arrêté dans sa cristallisation par la quantité de sels qu'elle contient comme dans la mélasse de sucrerie de betterave, mais par la quantité de glucose. Les procédés d'extraction du sucre cristallisable de la mélasse, pratiqués dans la fabrication du sucre de betterave, tels que l'osmose et la méthode des sucrates lui seraient appliqués sans succès; mais le point de perfection à atteindre dans la fabrication du sucre de canne est d'empêcher la formation de glucose pendant la fabrication, par une marche rapide dans les opérations, car il vient augmenter la quantité qui existe déjà naturellement dans le jus de canne, et par suite la quantité de mélasse ou résidu de fabrication.

La fabrication du sucre de canne placée dans ces conditions n'a rien à envier à la fabrication du sucre de betterave, le progrès à réaliser est donc d'y remplacer les moulins par la diffusion.

### SUCRE DE SORGHO

De nombreux essais ont été faits pour extraire le sucre de la tige du sorgho sucré; mais le succès de cette fabrication ne peut être assuré, qu'en remplissant rigoureusement les conditions que nous avons indiquées en traitant de cette plante. — V. Sorgho, § *Sorgho sucré.*

Les procédés employés sont des plus simples; ils ne présentent pas plus de difficultés que ceux de la fabrication du sucre de canne; le jus est aussi pur que celui de cette dernière, il ne contient pas plus de glucose lorsque la plante est arrivée à maturité, et tous les moyens employés pour l'extraire et pour en obtenir le sucre, sont applicables sans restriction.

### SUCRE D'ÉRABLE

Dans le nord des Etats-Unis et au Canada, on retire du sucre de la sève de l'érable, *aur saccharum*, connu en Amérique sous le nom de *maple.* Cette sève n'est pas très riche en saccharose, n'en contient, environ, que 4 0/0, mais elle renferme, en outre, du glucose et seulement des traces insignifiantes de sels et d'autres matières.

La fabrication du sucre d'érable est excessivement simple; à la fin de février, c'est-à-dire après l'hiver, on entaille l'écorce de l'arbre jusqu'à l'aubier, et l'on dispose, dans cette entaille, un tuyau en bois dont on dirige la sortie vers un vase de terre placé au pied de l'arbre. La sève qui s'écoule par ce tuyau est recueillie et évaporée immédiatement dans une chaudière en cuivre chauffée à feu nu, et aussitôt que le sirop a atteint une consistance convenable, on le verse dans des moules où il se prend en masse par refroidissement; il se présente alors sous forme de briquettes analogues aux morceaux de savon de toilette; il est d'un gris jaunâtre desséché, peu déliquescent et devient quelquefois très dur. Il contient, en général, 81 0/0 de sucre cristallisable, et 19 0/0 d'incristallisable.

— L'écoulement de la sève dure environ six semaines et donne en 24 heures 10 à 12 litres; un arbre produit en moyenne 2 kilogrammes de sucre. Trois personnes peuvent soigner 250 arbres, donnant par conséquent pendant la saison, 500 kilogrammes de sucre.

Il se fabrique, environ, 12 millions de kilogrammes de sucre d'érable chaque année en Amérique.

Du CONTRÔLE CHIMIQUE ET DE LA DIRECTION CHIMIQUE DANS LA FABRICATION ET LE RAFFINAGE DES SUCRES. On désigne sous le nom de *contrôle chimique*, dans les sucreries et dans les raffineries, l'analyse chimique des produits en cours de travail, laquelle a pour but de contrôler les opérations et d'en vérifier les résultats.

Depuis le régime de l'impôt sur la betterave, en vigueur en Allemagne depuis 1840, il n'existe pas, chez nos voisins, de fabrique de sucre sans laboratoire et sans chimiste, aussi le contrôle chimique y est-il pratiqué d'une manière régulière. Il se résume principalement, en ce qui concerne l'extraction et le raffinage du sucre, dans une espèce de comptabilité chimique où l'on porte au débit du « compte sucre » la quantité de sucre constatée par l'analyse dans la matière première entrée en travail (la betterave dans la fabrication du sucre, le sucre brut dans le raffinage des sucres), et au crédit du même compte, la sortie du sucre d'après l'analyse des différents produits fabriqués ; la différence en moins dans le crédit du compte représente la perte en sucre dont on recherche la justification par l'analyse des différents résidus : dans les pulpes, les écumes, l'évaporation, la filtration, la cuite, pour la fabrication du sucre ; dans les écumes, le noir animal, les eaux de dégraissage, la cuite, pour le raffinage.

A l'aide de cette méthode, chacun sait exactement, autant que l'état actuel de l'industrie sucrière le permet, la quantité de sucre entrée dans le travail, celle qui en est sortie et celle que l'on perd dans les résidus. En ajoutant au sucre obtenu le chiffre total des *pertes justifiées*, on trouve constamment un déficit représentant les pertes en sucre *non justifiées*, et dont il reste à rechercher les causes.

On estime, en moyenne, à 3 0/0 du sucre fondu la perte au raffinage dans laquelle les pertes non justifiées entreraient pour les deux tiers et même les trois quarts. Le contrôle chimique présente moins d'exactitude en sucrerie ; il est beaucoup plus difficile de reconnaître, sans erreur, la quantité moyenne de sucre qui se trouve dans plusieurs centaines de mille kilogrammes de betterave entrant chaque jour en fabrication, que dans un lot de sucre brut.

En France, la nécessité d'annexer le laboratoire et le chimiste à l'usine a été peu comprise au début, et ce n'est que depuis quelques années que les fabricants français ont reconnu les services que pouvaient rendre les connaissances chimiques appliquées à leur industrie, et encore dans beaucoup de sucreries, le séjour du chimiste n'y est-il que temporaire.

De nombreuses analyses ont permis de conclure à la nécessité de maintenir une certaine alcalinité dans tous les produits en cours de fabrication pour éviter ce que l'on appelle la fermentation et, par suite, la transformation du sucre en glucose ; c'est là un point de première importance à réaliser et que nous signalons tout particulièrement.

C'est surtout à l'épuration du jus de betterave par la chaux, dans les opérations désignées sous les noms de *carbonatation trouble*, de *première* et de *deuxième carbonatation*, que le contrôle chimique s'exerce dans les sucreries françaises. Il semble que les règles à suivre pour ces opérations, sont parfaitement définies et appliquées à peu près dans toutes les usines. On dit qu'il suffit de laisser une certaine quantité d'alcalinité dans les jus à la première et à la deuxième carbonatation pour que ces traitements soient parfaitement exécutés, et que les jus ainsi obtenus soient dans la suite à l'abri de toute altération ; aussi le contrôle chimique, en France, se borne-t-il

le plus souvent, à l'examen de l'alcalinité des jus. Cependant, lorsqu'on examine les mélasses, c'est-à-dire le dernier produit, on y rencontre très souvent des preuves de diverses altérations du sucre (glucose et ses dérivés), produites par l'absence d'une alcalinité suffisante dans les produits en cours de fabrication ; on y rencontre également des sels de chaux à acides organiques à équivalent élevé, tels que les glucates, les apoglucates, les métapectates qui prouvent que les opérations de la défécation et de la double carbonatation n'ont pas été faites avec la perfection désirable, et qui ont pour résultat d'augmenter les difficultés du travail des bas produits et la quantité de mélasse, tout en diminuant le rendement en sucre.

Pour éviter ces altérations et leurs funestes conséquences, il est nécessaire d'entrer dans quelques détails. L'alcalinité dans les jus, après la première défécation et la deuxième carbonatation, n'est pas due exclusivement, comme on le dit et comme on le croit trop ordinairement, à la chaux ; elle provient de la chaux, de la potasse ou de l'ammoniaque, et le plus souvent, de ces trois bases réunies en proportions variables. La chaux est due à une saturation incomplète pendant la défécation ; la potasse est produite par la décomposition des sels de potasse dont l'acide peut former une combinaison insoluble avec la chaux, tels que les oxalate, malate, tartrate de potasse, et l'ammoniaque provient de la décomposition des sels ammoniacaux qui existent toujours dans le jus de betterave, et de la réaction de la chaux sur les matières azotées, asparagine et autres.

La carbonatation trouble, pour être réalisée dans les meilleures conditions, doit être pratiquée à froid (25 à 30°), puis achevée à une température voisine de l'ébullition ou même à l'ébullition. Dans ces conditions, tous les sels de chaux sont éliminés, pourvu, toutefois, que le jus ait une certaine alcalinité et que cette alcalinité soit due à de la chaux ; il se forme alors avec les matières organiques, une combinaison basique de chaux, désignée sous le nom d'*organate de chaux*, et qui est insoluble dans le jus contenant un excès de cette base. Les sels de chaux n'existent qu'en très petite quantité dans le jus de betterave avant la défécation, mais il s'en produit pendant cette opération, par la décomposition des sels ammoniacaux et des matières organiques azotées ; il s'en forme également par la réaction de la chaux sur le glucose que contient le plus souvent la betterave et qui se trouve transformé en glucate de chaux soluble. Aussi, lorsque ce glucose s'y trouve en certaine quantité, comme il arrive vers la fin de la campagne, surtout lorsque les betteraves conservées en tas ou en silo ont végété, la quantité de glucate formé est considérable et présente plus de difficultés pour une élimination complète en première carbonatation ; on n'y arrive que par l'emploi d'un excédent de chaux. A ces causes de production des divers sels de chaux, il faut ajouter l'action de la chaux elle-même sur les pulpes folles dont le jus est le plus souvent accompagné lorsqu'il provient des râpes et presses continues; elle les transforme en pectate et en métapectate de chaux solubles.

La première carbonatation ne peut être considérée comme parfaite que lorsque les sels de chaux ont été éliminés d'une manière complète; il ne suffit plus alors, pour la deuxième carbonatation, que d'ajouter dans le jus clair séparé des écumes, une nouvelle quantité de chaux, mais en bien moins grande proportion, soit environ 12 à 15 0/0 de la première, puis de pousser la saturation par l'acide carbonique, de façon à maintenir dans le jus une certaine alcalinité caustique que l'on désigne, en général, sous le nom impropre de chaux et que l'on traduit même à tort, dans les analyses, en quantités de chaux, CaO. Cette alcalinité, comme nous l'avons dit ci-dessus, peut être due à trois bases : chaux, potasse et ammoniaque. Le jus, ainsi composé, se comportera d'une manière bien différente, selon que l'une ou l'autre de ces bases sera prépondérante: pendant l'évaporation, la chaux sera précipitée en grande partie sous forme de carbonate de chaux insoluble; l'ammoniaque se dégagera à l'état de gaz; la potasse elle-même pourra disparaître en tout ou en partie, par son action sur les matières azotées et particulièrement sur l'asparagine qui existe généralement dans la betterave et qui se trouve transformée, sous l'influence de l'alcali caustique, en ammoniaque et en aspartate de potasse.

La quantité de potasse libre, contenue dans le jus et restée à l'état caustique après la deuxième carbonatation, est très variable; elle dépend de la présence en plus ou moins grande quantité des sels de potasse à acides végétaux (oxalique, tartrique, malique) existant dans le jus et dont l'acide peut donner naissance à une combinaison insoluble avec la chaux, mais lorsqu'il n'y a que peu ou pas de ces sels, mais des acétates, lactates, etc. de potasse, indécomposables par la chaux, l'alcalinité du jus défécqués ne peut être due qu'à de la chaux et à de l'ammoniaque qui disparaissent dans la suite des opérations.

On ne connaît pas bien les influences qui contribuent à former dans la betterave en végétation des oxalates plutôt que des acétates, c'est-à-dire des sels de potasse décomposables plutôt que des sels non décomposables par la chaux; cependant, nous avons fait remarquer que lorsque les jus défécqués proviennent de betteraves arrivées à bonne maturité, ils contiennent toujours une assez grande quantité de potasse libre après la défécation, ce qui indiquerait que les acides oxalique, malique, tartrique, prendraient naissance surtout lors de la maturité des betteraves.

Il résulte de ce qui précède, que l'alcalinité des jus, constatée après la deuxième carbonatation, n'est pas une garantie suffisante de l'alcalinité des sirops et masses cuites en cours de travail et de leur préservation de toute fermentation. Lorsque la potasse caustique prédominant est suffisante dans la masse cuite de premier jet, la fabrication est toujours très facile, et la fermentation n'est pas à craindre dans le travail des bas produits. Tout le succès de ces opérations, telles

qu'elles viennent d'être indiquées, dépend donc de la présence de la potasse libre dans les jus défécqués et de sa persistance dans la masse cuite de premier jet.

Nous avons décrit les phénomènes chimiques de la carbonation trouble et de la double carbonatation dans les conditions où ces opérations doivent être pratiquées, pour l'élimination complète des sels de chaux dans la première carbonatation; mais dans beaucoup de fabriques, on ne procède pas ainsi, il en résulte que le plus souvent les sels de chaux n'étant que partiellement éliminés dans la première carbonatation, il faut les écarter dans la deuxième. En effet, on a observé que la chaux pouvait disparaître dans cette dernière opération, en poussant l'action de l'acide carbonique jusqu'à saturation complète. On y arrive dans certains cas, par exemple lorsque le jus défécqué contient de la potasse libre en quantité suffisante : la saturation complète transforme alors cet alcali caustique en carbonate de potasse qui précipite la chaux à l'état de carbonate insoluble, exactement comme le ferait l'addition du carbonate de soude, mais dans ce cas, l'épuration n'est plus la même que dans la première carbonatation où les sels de chaux (organate, glucate, apoglucate, pectate, métapectate), sont complètement éliminés, acide et base, la chaux seule est précipitée ici, et l'acide organique restant en combinaison avec la potasse, constitue une impureté qui n'existait pas dans le jus naturel. Cette pratique a un autre inconvénient encore, c'est que la potasse qui n'a pas été utilisée à cette double décomposition ne se trouve plus dans le jus à l'état caustique, mais sous forme de carbonate, et malgré l'alcalinité qu'il présente aux réactifs employés, il n'a plus aucune action préservatrice contre l'altération du sucre dans les opérations suivantes.

Il résulte de ces observations, que si le contrôle chimique de la fabrication est limité à la surveillance de l'alcalinité pendant la carbonatation, comme cela arrive le plus souvent, en négligeant de l'appliquer dans les opérations suivantes, il se produit souvent de telles altérations dans le travail des bas produits, que le sucre lui-même se transforme et disparaît en partie. Toutes ces altérations peuvent être évitées en étendant le contrôle chimique à tous les liquides sucrés en cours de travail et particulièrement aux masses cuites de premier jet. L'analyse chimique industrielle de ces masses cuites et des autres produits sucrés, telle qu'elle doit être recommandée et pratiquée (V. MÉLASSE) doit servir : 1° à rectifier le travail dans les opérations qui précèdent la cuite de premier jet, s'il est défectueux; 2° à assurer le travail des bas produits contre toute altération du sucre, en y maintenant une alcalinité suffisante à l'aide de la soude caustique; 3° à établir d'une manière incontestable, la quantité de sucre que cette masse cuite doit fournir en premier, deuxième et troisième jets, et la proportion de mélasse qu'elle renferme; 4° à déterminer la quantité de sucre que cette mélasse doit donner, soit par l'osmose perfectionnée, soit par les divers autres procédés dont nous avons parlé.

Les résultats obtenus des analyses des masses cuites de premier jet, exécutées à ces quatre points de vue, permettent de renseigner le fabricant: sur les difficultés qui peuvent se présenter; sur les fautes qui peuvent être commises dans la fabrication; sur les moyens à employer pour les éviter et pour ramener le travail à la perfection au point de vue du maximum de rendement en sucre en premier, deuxième et troisième jets, et du minimum de mélasse; enfin, sur l'extraction du sucre des mélasses, surtout par l'osmose perfectionnée dont les résultats peuvent être constants et assurés avec une mélasse provenant d'une bonne fabrication. L'industriel doit y trouver, en outre, l'avantage de connaître à l'avance : la quantité de sucre que chaque masse cuite de premier jet doit lui donner par 100 kilogrammes ou par hectolitre en sucre de premier, deuxième et troisième jets; la quantité de sucre à l'état de mélasse, et la quantité de sucre que cette mélasse doit donner par l'osmose perfectionnée.

En constatant le nombre d'hectolitres de chaque masse cuite de premier jet, et en multipliant ce nombre par la quantité de sucre libre, accusée par l'analyse dans chacun de ces hectolitres, on aura la proportion de sucre que doit rendre la totalité de la masse cuite en premier, deuxième et troisième jets. En faisant le même calcul sur le sucre à l'état de mélasse et sur la mélasse contenue également dans la totalité de la masse cuite, on aura la quantité de sucre à l'état de mélasse et par suite celle que pourra donner l'osmose, et en opérant de même pour chaque cuite de premier jet pendant toute la campagne, on aura des nombres qui représenteront les quantités théoriques de sucre, de mélasse et de sucre d'osmose que doit donner la fabrication.

En portant dans un compte spécial, comme entrée, la quantité de sucre théorique ainsi établie par l'analyse, et comme sortie, la quantité de sucre obtenue en premier, deuxième et troisième jets en osmose et en mélasse, si le total du sucre sorti est moins élevé que le total du sucre entré, il faudra en accuser les imperfections de la fabrication, chercher où elles se produisent et étudier les moyens de les éviter.

Pour ne pas multiplier de semblables analyses qui doivent être le plus souvent complètes, il suffirait de réunir en un seul, des échantillons égaux prélevés pendant une semaine dans chaque cuite de premier jet, et d'en faire l'analyse comme ci-dessus; en multipliant le sucre extractible et la mélasse accusés par ces analyses, on obtiendrait des nombres représentant le sucre libre et la mélasse produits par le travail de la semaine. Les mêmes analyses doivent être pratiquées sur les masses cuites de deuxième et troisième jets et sur les mélasses ainsi que sur les masses cuites d'osmose et d'exosmose.

Nous avons rangé au nombre des produits provenant de l'altération du sucre cristallisable par l'absence d'une petite quantité d'alcali, le glucose et les dérivés du glucose (Dubrunfaut); mais à mesure que l'analyse chimique des matières sucrées, et particulièrement de la mélasse,

se perfectionne, on y découvre de nouveaux produits d'altération du sucre, et au glucose et aux dérivés, il faut ajouter, comme récemment découverts, *un sucre optiquement neutre* (Leplay) et diverses matières dextrogyres, telles que la *raffinose* (Loiseau), la *saccharine* (Péligot) et d'autres substances dont les causes de production sont encore peu connues, mais qui établissent que la mélasse est pour une partie importante un produit de l'altération du sucre cristallisable; tous les efforts du contrôle chimique devront donc être dirigés vers le but, non pas d'obtenir de la mélasse pour en retirer le sucre qui a échappé à la destruction, mais d'en prévenir la formation.

On voit, par cet exposé, que le contrôle chimique a pris, en France, une autre direction qu'en Allemagne, où il sert à déterminer les pertes en matière sèche et en sucre dans les opérations de la fabrication et le raffinage, tandis qu'en France, tout en constatant les pertes en sucre dans les résidus, il a en outre pour but: l'étude des transformations que le sucre éprouve pendant les opérations de la fabrication; les influences sous lesquelles elles se produisent et les moyens de les éviter. Il est facile de comprendre que ces deux méthodes ne sont pas exclusives l'une de l'autre, et, qu'au contraire, elles se complètent l'une par l'autre; seulement, la dénomination de *contrôle chimique* ne répond plus à leur réunion et devrait être remplacée par celle de *direction chimique* qui caractérise d'une manière plus parfaite le rôle que sont appelés à jouer la chimie et le chimiste dans le travail des sucres.—H. L.

*Bibliographie :* MARGRAFF : *Opuscules chimiques,*1762; DUTRÔNE : *Précis sur la canne à sucre,* 1791; ACHARD : *Traité complet sur le sucre européen,* 1812; DUBRUNFAUT : *Art de fabriquer le sucre de betterave,* 1825; Id. : *L'agriculteur manufacturier,* 1830; B. DUREAU : *Fabrication du sucre de betterave,* 1858; WALKHOFF : *Traité de la fabrication du sucre,* 1870; STAMMER : *Fabrication du sucre,* 1875; BASSET : *Guide pratique du fabricant de sucre,* 1875; VIVIEN : *Traité complet de la fabrication du sucre en France,* 1876; Paul HORSIN-DEON : *Traité théorique et pratique de la fabrication du sucre,* 1882; PELLET et SENSIER : *La fabrication du sucre de betterave,* 1883; LEPLAY : *Chimie théorique et pratique des industries du sucre,* 1883; DUBRUNFAUT : *L'osmose et ses applications industrielles,*1873; LEPLAY : *L'osmose et l'osmogène Dubrunfaut,* 1884; LEPLAY : *Suppression de la mélasse par l'osmose perfectionnée,* 1887; WILEY : *The Sugar Industrie,* 1885; PÉLIGOT et DUBRUNFAUT : *Comptes rendus hebdomadaires des séances de l'Académie des sciences;* DUREAU : *Journal des fabricants de sucre;* TARDIEU : *La sucrerie indigène.*

|| Le mot *sucrerie* s'applique encore aux friandises préparées avec du sucre, et dans ce cas, ne s'emploie guère qu'au pluriel.

**SUCRIER.** *T. de mét.* Celui qui travaille à la fabrication du sucre. || Petit vase de métal, de porcelaine ou autre matière destiné à contenir le sucre de table ou de ménage.

**\*SUDRE** (JEAN-PIERRE). Lithographe, né à Albi, en 1783, mort à Paris, en 1867, fut élève de David et camarade d'Ingres. Dès l'apparition, en France, de la lithographie, vers 1820, Sudre s'enthousiasma pour le procédé nouveau et y apporta avec sa grande science du dessin, des perfectionnements dus à ses observations personnelles, qui firent faire de grands progrès à la lithographie d'art. Il donna d'abord, de 1820 à 1823, une suite de portraits pour le Panthéon français, dont plusieurs furent tirés et vendus à part. On est frappé de la ressemblance que sa manière offre avec celle de Ingres. D'ailleurs, des liens d'amitié l'unissaient toujours au grand peintre, et il a reproduit plusieurs de ses tableaux : *Deux odalisques*, la *Chapelle sixtine*, pierre très remarquable pour l'époque et de très grandes dimensions ; *Chérubini et la Muse*, *OEdipe et le Sphinx*, la *Source*, la *Muse de la musique* qui compte parmi ses œuvres les meilleures, et plusieurs portraits. Néanmoins, Sudre est plutôt estimé comme un propagateur de l'art lithographique que comme un de ses plus habiles représentants, parce que, comme beaucoup d'artistes, il s'en est tenu aux procédés qui lui étaient particuliers, sans chercher à profiter des perfectionnements que d'autres apportaient à un art si nouveau et si variable dans ses applications.

**SUÈDE et NORWÈGE** (A l'Exposition de 1878 [1]). La Commission royale de Suède présidée par M. Ehrenheim, ancien ministre, dirigée par M. Jualin Dannfelt, commissaire général, et par M. le colonel Staaf, commissaire-adjoint, avait organisé au Trocadéro, avec le concours du savant docteur A. Hazelius, un musée d'ethnographie scandinave extrêmement curieux ; des Finlandais et des Lapons, de grandeur naturelle et revêtus de leurs costumes nationaux, y étaient représentés dans l'exercice de leurs occupations quotidiennes, des vues de villages et de districts, des scènes panoramiques, pleines de lointains, de détails et de personnages complétaient ce musée qui initiait le visiteur aux mœurs et aux habitudes de ces habitants du Nord. Au Champ de mars, la section des royaumes de Suède et de Norwège offrait, sur la rue des Nations, la vue d'une des constructions de ce pays ; des bois équarris auxquels on avait laissé leur coloration naturelle avaient été seuls employés, ce qui donnait à cette façade un caractère très original et très pittoresque.

*Statistique et industrie de la Suède.* Nous devons à l'obligeance du Commissariat, l'excellent catalogue rédigé par M. H.-J.-Af. Petersens, secrétaire de la Commission royale, et le très intéressant exposé statistique dû à la plume autorisée de M. Elie Sidenbladh, secrétaire du bureau central de statistique de Suède ; à l'aide de ces documents, nous avons pu relever les côtés saillants de l'industrie suédoise et la part qu'elle a prise à l'Exposition de 1878.

La Suède qui a le bonheur de n'être point exposée aux catastrophes intérieures et aux guerres extérieures, a vu doubler sa population depuis le commencement de ce siècle ; on comptait aux derniers recensements 4,429,713 habitants.

L'activité industrielle a été lente à naître dans ce pays de longs hivers, où les conditions climatériques font aux populations agricoles, isolées dans leurs bourgs ou hameaux, une obligation de créer au foyer domestique les objets nécessaires à leur existence. Dans cette industrie patriarcale, qui ne sépare pas les enfants de leurs parents, on a spécialement en vue de confectionner les choses utiles à la famille dont tous les membres concourent ainsi au bien-être général, soit que ces travaux suppriment des dépenses, soit qu'ils amènent de petits salaires, car

aux environs des centres industriels, les femmes reçoivent des fabricants, la matière première, et elles confectionnent dans leurs demeures des étoffes de laine, des cotonnades, des toiles, des dentelles, des ouvrages en cheveux, en osier, etc. Pénétrées de l'utilité de donner une vie nouvelle à l'industrie domestique suédoise, plusieurs sociétés se sont fondées dans le but patriotique de l'initier aux progrès de la mécanique et de développer chez les populations rurales le goût et l'habileté industriels.

L'exploitation des mines constitue une des grandes industries de la Suède dont les fers sont réputés dans le monde entier. Pour exploiter les gisements métallifères, les ingénieurs suédois n'ont point recours à l'exploration par sondage ; l'étendue en longueur et en largeur est explorée, comme au siècle dernier, par l'emploi de la *boussole de mine* ; placée à des points divers du voisinage immédiat d'un gisement présumé, l'inclinaison de l'aiguille révèle, s'ils existent, la présence et l'emplacement des gisements. On abandonne les mesures magnétiques lorsque les gisements sont recouverts de couches meubles puissantes ; on se sert alors des appareils de sondage.

La profondeur des mines suédoises est si peu considérable que la descente se fait au moyen d'échelles ; après divers essais, on est revenu aux degrés et aux échelles employées aux mines de cuivre de Falun (1,200 pieds), de Bersbo (1,300 pieds), à la mine de galène argentifère de Sala (1,100 pieds), à celle du cuivre de Solstad (1,100 pieds), aux mines de fer du Taberg Vermlandais (860 pieds), et de Dalkarlsberg (800 pieds), cependant on vient d'installer à cette dernière, une machine de hissage pour faire descendre et remonter les ouvriers. Cette machine a été construite par M. C. Bratt, ingénieur-juré.

L'exploitation du fer occupait, à l'époque de l'Exposition, 24,134 ouvriers, et son exportation est considérable. En 1876, il a été expédié de Suède en France : massiaux, 26,000 quintaux (1,000 quintaux suédois = 42,5 tonnes) ; fer en barres, 231,000 quintaux ; fer en bandes, fils, verges, etc., 93,000 quintaux. L'Angleterre est le principal débouché pour les fers de Suède.

Le cuivre qui occupe le second rang dans la richesse minérale du royaume, a produit, en 1876, 659,390 quintaux ; on y trouve encore un peu d'or, l'argent, le plomb, le nickel, le zinc, le manganèse, etc.

L'exploitation forestière est la source la plus précieuse de la fortune de ce pays ; son exportation s'élève à la moitié de l'exportation totale ; il est sorti en 1876, en madriers et planches, 96,792,000 pieds cubes, et en 1877, 105,427,000 pieds cubes ; en poutres et poutrelles, 1876, 17,502,000 pieds cubes ; 1877, 16,796,000 pieds cubes.

Les madriers et les planches de la Suède, recherchés dans les pays les plus lointains, font l'objet d'actives affaires internationales. La France en a reçu, en 1876, 18,000,000 de pieds cubes et 131,000 poutres et poutrelles. Une industrie nouvelle qui prend de jour en jour une plus grande extension, est celle de la parqueterie et de la menuiserie mécaniques ; ses produits sont aujourd'hui envoyés en France en assez grande quantité.

Dans ses rapports producteur du fer, le travail du dur métal occupe un grand nombre d'ouvriers ; le centre le plus important, Eskilstuna, le Sheffield de la Suède, embrasse toutes les branches de la fabrication du fer et de l'acier, forges, coutelleries, serrureries, armureries, etc.; les objets fabriqués sont justement estimés pour l'excellence de la matière et leur qualité de fabrication.

L'extraction de la houille n'a pas toute l'extension désirable, Höganäs, dans la Scanie est le seul point d'exploitation ; cette pénurie de combustible minéral paralyse dans une certaine mesure le développement de l'industrie métallurgique qui doit avoir recours au combustible fourni par les vastes forêts ou par les marais tourbeux.

Les allumettes suédoises, bien connues en France, depuis que les allumettes françaises sont l'objet d'un monopole, entrent aussi pour une large part dans le chiffre d'exportation. La célèbre fabrique de Jönköping, la plus importante de toutes, qui produisait, en 1870, 84 millions de boîtes, a atteint, en 1876, le chiffre de 200 millions, donnant une valeur totale de 4 millions de francs ; 900 ouvriers travaillent à la fabrique et 900 autres confectionnent des boîtes dans leurs demeures. Le nombre total des ouvriers occupés dans cette industrie est de 4,084, dont 1,888 femmes.

C'est avec l'Angleterre que la Suède fait le plus grand commerce ; viennent ensuite le Danemark, les villes hanséatiques et la France.

Les produits français sont les vins, les eaux-de-vie, les sucres et les cafés ; les produits suédois sont les fers en barres et autres, les madriers et planchers, l'avoine.

L'industrie suédoise a suivi depuis longtemps une si grande progression que la valeur de la fabrication qui n'était, en 1860, que de 69,109,000 francs, se chiffrait, en 1875, par 172,728,000 francs, sans compter les mines et hauts-fourneaux.

La création des chemins de fer est une des gloires du gouvernement suédois qui n'a reculé devant aucun sacrifice pour doter le royaume de ce puissant élément de progrès ; en 1856, il n'existait aucune voie ferrée pour locomotive ; aujourd'hui, le réseau des chemins de fer suédois forme une longueur plus considérable que partout ailleurs, étant donnés les chiffres comparatifs de population. Les lignes de l'Etat avaient à l'époque de notre dernière Exposition universelle un parcours de 1,591 kilomètres, celles des entreprises privées 3,323, soit un total de 4,914 kilomètres en exploitation ; 1,422 kilomètres étaient en construction ; depuis quelques années le même réseau complet comprend environ 6,936 kilomètres de lignes ferrées appartenant à l'Etat ou aux entreprises privées.

*Statistique et industrie de la Norwège.* La section norwégienne avait pour commissaire général MM. Christophersen, et pour président M. le Dr Broch,-ancien ministre et membre correspondant de l'Institut. Dans un travail fort intéressant sur le Royaume de Norwège et le peuple norwégien, M. le Dr Broch a étudié la constitution de son pays, ses produits et son histoire ; nous allons lui emprunter les chiffres statistiques qui doivent entrer dans le cadre de ce *Dictionnaire*.

Les peuples suédois et norwégien, sagement gouvernés, ont toujours joui d'une paix si profonde, qu'ils ont pu mettre les forces actives des deux pays au service des grandes questions d'intérêt local et de progrès général. Malgré la rigueur de leur climat, ils ne sont point restés stationnaires, et ils ont une large part dans toutes les conquêtes de la science et de la civilisation. Au point de vue de la population, la Norwège est, avec la Suède, le pays de l'Europe où elle s'est accrue le plus rapidement. Le recensement de 1815 donnait un nombre de 918,000 habitants norwégiens, on en comptait, à la fin de 1877, 1,864,000.

L'exploitation des forêts et l'exportation des bois de pins et de sapins constituent l'élément le plus important de la richesse norwégienne ; en 1870, on comptait 662 scieries occupant 6,350 bras ; en 1865, les fabriques d'allumettes, les huileries et les fabriques de papier occupaient 50,780 personnes. L'exportation, en France, des bois du pays a été en moyenne, pour les années 1870 à 1874, de 321,600 stères.

La Norwège, bien moins riche en métaux que la Suède, en produit cependant quelques-uns. On extrait l'argent à Kongsbeig, la production qui était en 1851-55 de 5,710 kilogrammes est descendue en 1871-75 à 3,624 ; le cuivre et le fer occupent dans les mines et les usines 1,200 ouvriers, et ne donnent que de faibles chiffres de production ; on trouve aussi le zinc, le plomb, le chrome, le cobalt et le nickel, ce dernier y est assez largement exploité pour avoir donné, en 1875, un chiffre de 34,550 tonnes d'extraction. La Norwège a été jusqu'ici le pays principal

pour la production du nickel; dit M. Broch; elle a fourni plus de 1/3 de la production totale de ce métal.

En 1850, il n'existait guère en Norwège, d'autres industries que celles qui avaient pour objet la fabrication grossière des articles de consommation locale ; les fours à chaux, les moulins, la brasserie, les distilleries d'eaux-de-vie et la construction navale avaient seuls une organisation assez sérieuse pour arriver à quelques résultats, mais, dit M. Broch, « un grand nombre de jeunes gens sont allés chercher l'instruction dans les meilleures écoles techniques de l'étranger, et aujourd'hui la Norwège a, dans les différentes branches de l'industrie, un assez grand nombre d'ingénieurs capables. Les anciens privilèges ont peu à peu été retirés ou rachetés, les droits d'entrée sur les matières premières que l'industrie tirait de l'étranger ont été successivement abolis. Le principe de protection que l'on avait autrefois essayé d'établir, a, par suite du traité de commerce avec la France en date du 14 février 1865, laissé le champ ouvert au libre échange. Loin que, comme on le croyait autrefois, la concurrence avec les pays étrangers ait pu nuire à l'industrie norwégienne, alors encore faible, elle n'a fait que l'exciter.

La Norwège est, à un assez haut degré, appropriée aux établissements industriels, principalement en ce qui regarde la force motrice que donnent les innombrables chutes d'eau du pays. Proportionnellement au nombre de ses habitants, elle tient le premier rang parmi les flottes de navigation commerciale ; à la fin de 1875, elle avait 7,814 navires, jaugeant ensemble 1,419,300 tonneaux et montés par 60,281 hommes d'équipage. Ces chiffres donnent par 1,000 habitants, pour la Norwège, 781 tonneaux, tandis que la proportion du tonnage à la population, accorde, pour l'Angleterre, 210 tonneaux par 1,000 habitants, et à la France, 28 seulement ; si l'on considère le tonnage absolu, la Norwège occupe encore le troisième rang parmi les puissances maritimes ; en 1875, l'Angleterre comptait 6,088,000 tonneaux de jauge, les Etats-Unis, 3,752,000, la Norwège 1,419,300, et la France 1,028,000. La valeur de la flotte norwégienne qui était de 39.000,000 en 1850, s'élevait en 1875, à 267,000,000.

*Arts décoratifs.* De l'art décoratif proprement dit, à l'exception des quelques tables en marbre poli, de broderies exécutées au tambour par les jeunes filles serves et de dentelles de même origine, il n'y aurait rien à citer, si nous ne devions rappeler les curieuses reproductions en relief et en trompe-l'œil de scènes populaires à l'aide de mannequins habilement modelés, sculptés et vêtus. Les vieilles mœurs et les anciens costumes de la Dalécarlie, de la Laponie, de la Sudermanie, sont représentés dans cette sorte de tableaux en relief avec une conscience et un sentiment de l'effet pittoresque qui attirent et retiennent la foule.

*SUEUR. T. de mét.* Ouvrier qui travaille le cuir après le tanneur. — V. CORPORATIONS OUVRIÈRES.

*SUEZ (Canal de). — V. CANAL.

SUIE. T. de chim. Variété de noir de fumée se déposant dans l'intérieur des cheminées et imprégnée dans des proportions variables, quoique toujours faibles, des produits de la décomposition ignée du bois ou des autres combustibles. Celle fournie par le bois est seule utilisée ; elle contient des sels ammoniacaux, de l'acide acétique, de la créosote, des matières empyreumatiques, une huile jaune et amère, l'*asboline* de Braconnot, etc. Elle a été employée pour la coloration des tissus ou des fibres végétales.

SUIF. Terme général sous lequel on désigne la graisse des ruminants, mais plus spécialement celle du mouton que ses qualités rendent plus propres à la fabrication de la chandelle, de la bougie et des savons. Les suifs sont composés de proportions variables de carbone, d'oxygène et d'hydrogène. || *Suif végétal.* Substance particulière qu'on extrait de l'arbre à suif (*crotum sebiferum*, L.) qui croît en Chine ; son fruit contient, sous une enveloppe, des petites noisettes sphéroïdes qui, fondues, donnent une matière grasse avec laquelle les Chinois font des chandelles. || *Suif de montagne.* Sorte de cire fossile, très voisine de la hatchetine, qui, ayant la consistance molle de la cire, est d'un blanc jaunâtre ou jaune, et fond très facilement sous l'influence de la chaleur. C'est un carbure d'hydrogène solide à équivalents très élevés.

**SUINT.** Enduit gras et poisseux qui recouvre la laine telle qu'elle existe sur le corps du mouton.

— Ce qui intéresse surtout dans le suint au point de vue industriel, c'est ce qu'on appelle le *salin du suint*, résultat de la calcination de l'extrait sec obtenu par concentration des eaux de désuintage des laines brutes. Vauquelin, auquel on doit les premières indications sur la composition de ce salin, fit ressortir que c'était « une véritable potasse légèrement carbonatée. » Vers 1859, Maumené et Rogelet firent connaître l'importance industrielle et la valeur de ce résidu, et imaginèrent un procédé de traitement industriel de ces eaux ; ce procédé, breveté en France et en Angleterre, fut installé par eux dans un certain nombre de peignages, et peu à peu il se répandit ; il est aujourd'hui partout adopté. Tout dernièrement M. Buisine, de Lille, a appelé l'attention sur le suint comme source d'acide acétique et d'acide benzoïque.

**\* SUISSE (La)** (A l'Exposition universelle de 1878) (1). Nous devons à l'obligeance de M. le docteur Krummer, directeur du bureau fédéral de statistique, les renseignements qui suivent.

Au dernier recensement du 1ᵉʳ décembre 1870, la Suisse comptait 2,669,147 habitants, excédant de 161,977 âmes sur le recensement du 10 décembre 1860. Dans cette population, on compte 240 pour 1,000 de langue française contre 690 de langue allemande, 54 pour 1,000 de langue italienne et 16 pour 1,000 de langue romanche.

L'horlogerie est la plus importante des industries suisses, elle occupe 23,055 ouvriers et 12,273 femmes, dans les cantons de Berne, Vaud, Neuchâtel et Genève ; viennent ensuite la filature, le tissage et la broderie que l'on exerce dans les cantons de Zurich, Berne, Bâle-ville, Bâle-campagne, d'Appenzell, Saint-Gal, d'Argovie et de Thurgovie, et qui donnent du travail à un nombre considérable d'ouvriers ; les femmes y sont en très grande majorité.

La longueur totale du réseau des chemins de fer suisses, exploités en 1878, était de 2,554 kilomètres. Il faut y ajouter le tunnel du Saint-Gothard dont la longueur est de 14,920 mètres.

Le commerce général annuel de la Suisse est approximativement estimé à 700,000,000 de francs pour l'importation et à 650,000,000 pour l'exportation.

Le commerce de la Suisse avec la France accuse une augmentation énorme de 1856 à 1866. Depuis 1867 la différence n'est pas très sensible.

Les principaux articles d'exportation en France sont les suivants : soie grège, bourre filée, étoffes de soie, vaches, fromages, peaux, fils de coton écrus, toiles écrues

et blanches, mousseline brodée, broderie à la main et à la mécanique, bijouterie, bois de construction.

Les principaux articles importés de France en Suisse sont : bœufs, vaches, porcs, tissus de soie, céréales, graines, sucres raffinés, huiles, bois de chêne, coton, laine, garance, houille, vins, alcool, velours, draps, étoffes diverses, livres, peaux préparées et corroyées, chapeaux, bijouterie, ferronnerie, chaudronnerie, mercerie, meubles, habillements.

*Arts décoratifs.* La lisière prend toujours sur le drap. En raison de la petite étendue de son territoire, on peut dire que la Suisse n'est composée que de lisières, elle n'a donc point d'art original. Ses artistes sont allemands, italiens ou français. Il y a un demi-siècle, Diday et sa suite Calames, tentèrent avec un certain succès mondain d'imposer aux amateurs le paysage alpestre. Si les œuvres du dernier conservent encore quelque faveur, cette vogue, qui s'éteint d'ailleurs, s'attache au talent de l'artiste et non au genre qu'il traitait, et s'il en fallait donner une preuve, il suffirait de constater quelle petite place ce genre occupait dans l'exposition de la Suisse. Ses meilleurs peintres sont des familiers de nos expositions annuelles et à ce point que beaucoup de visiteurs auront été surpris de rencontrer dans cette section, des œuvres qui leur étaient depuis longtemps connues et qu'ils croyaient françaises. Les deux industries locales par excellence sont : l'horlogerie et la boîte à musique. Dans la première où l'art pourrait intervenir, il n'en est pas question. Les boîtes de montres tendent plutôt à s'épaissir, à s'enrichir par le poids du métal que par la décoration ; quant à la seconde, un très habile industriel français, Eugène Raingo, fit une grosse fortune il y a quelque quarante ans, en inventant le tableau paysage à musique. Tout le monde a vu de ces peintures bizarres où s'étalait une rivière avec un clocher à cadran, une rivière avec des petits bateaux et qui jouait au retour de l'heure, la *Prière de la Muette* ou le *Galop de Gustave.* La tradition se perpétue, et le tableau-horloge fait fureur dans les pampas de l'Amérique du Sud et chez les Mormons du Lac salé. Pour nous, cela ne nous regarde plus. Nous n'avons retrouvé quelque sentiment d'art décoratif que dans l'exposition collective des artisans zurichois, qui avaient exécuté une chambre entièrement meublée dans le style des demeures patriciennes suisses du xviᵉ siècle, et dans le très étonnant salon réservé aux broderies, un salon neigeux, charmant, virginal, tout entier tendu de blanches mousselines et de toutes les merveilles de la broderie à la main, des chefs-d'œuvre ; et à la mécanique, des œuvres étonnantes de délicatesse dans des prix accessibles à toutes les bourses. Nous ne disons rien des étoffes de soie. On en fait d'excellents parapluies ; c'est la spécialité de Zurich. Cela relève de la seule industrie.

**\* SULF** ou **SULFO...** Préfixe dérivé du latin *sulfur*, et qui s'introduit, en chimie, dans le nom d'un corps pour indiquer que celui-ci renferme du soufre.

**\* SULFATATION.** 1° *T. de métall.* Opération qui a pour but de transformer en sulfates certains minerais, comme les sulfures métalliques. Elle se fait par simple grillage à l'air, en ménageant le feu. Elle a pour avantage de fournir ainsi des produits la plupart du temps solubles, comme les sulfates de fer, de cuivre, en place de minerais insolubles, comme les pyrites de fer et les pyrites doubles de fer et de cuivre, etc.

2° *T. de techn.* Opération ayant pour but de préserver des pièces de bois de l'altération qu'elles pourraient éprouver à l'air ou sous le sol, par l'influence des agents extérieurs, au moyen de leur imbibition par la solution de sulfate de cuivre. D'après MM. Châuviteau et Knal, il faut,

SULF

pour avoir de bons résultats, plonger le bois à protéger dans une solution saline à 7 0/0, portée à 70° centigrades. Les bois ainsi préparés s'entourent d'une enveloppe injectée, très mince, mais protectrice néanmoins, qui les rend imputrescibles, inattaquables par les insectes, incombustibles et noircissant seulement au feu.

**SULFATE.** *T. de chim.* Genre de sel formé par la saturation des bases au moyen de l'acide sulfurique. Ces corps ont pour formule générale

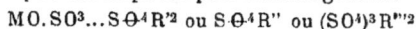

$$MO.SO^3...SO^4R'^2 \text{ ou } SO^4R'' \text{ ou } (SO^4)^3R'''^2$$

selon l'atomicité du métal, c'est-à-dire que le rapport de l'oxygène de la base à celui de l'acide est 1 : 3 dans les sulfates ordinaires ou neutres; les bisulfates ou sulfates acides ont pour formule

$$MO,S^2O^6,HO...SO^4HR'.$$

Les sulfates neutres sont, le plus souvent, cristallisés avec de l'eau (souvent 7 équivalents) qu'ils perdent en partie par la chaleur, mais il faut porter à 200° pour enlever le dernier équivalent; ils sont, en général, solubles dans l'eau, bien que ceux de calcium, strontium et argent le soient peu; et ceux de plomb, de baryum pas du tout; il faut en excepter le sulfate mercurique que l'eau décompose en sulfate acide soluble et en sulfate basique insoluble, comme d'ailleurs presque tous les sulfates basiques. Au rouge, quelques sulfates sont volatils sans décomposition (ceux de lithium, potassium, sodium), d'autres perdent de l'anhydride sulfurique (ceux de magnésium, calcium, plomb); le sulfate ferreux perd d'abord de l'anhydride sulfureux, puis de l'anhydride sulfurique, et laisse du sexquioxyde de fer pour résidu, tandis que l'oxyde de zinc au rouge dégage de l'oxygène et de l'acide sulfureux et laisse un protoxyde. Les sulfates sont décomposés au rouge par le charbon qui forme, avec les uns des oxydes (sulfate de zinc, de magnésium), laisse le métal en liberté avec d'autres (bismuth, cuivre, argent, mercure), ou produit des sulfures (sulfate de plomb) ou même des oxysulfures (sulfate manganeux); l'hydrogène a une action analogue, car il réduit à l'état d'oxyde le sulfate de magnésium; à l'état de sulfure, celui de potassium; et à l'état d'oxysulfure, le sulfate manganeux. Quelques solutions de sulfates sont réduites à la longue par les matières organiques (gomme, sucre, cellulose, etc.), c'est de cette manière que se forment certaines eaux sulfureuses à base d'acide sulfhydrique, et pour cette cause que les puits mal soignés, surtout ceux à pompe en bois, dégagent une odeur sulfhydrique que l'on attribue souvent à des infiltrations de fosses d'aisances.

*Caractères des sulfates.* Les sulfates solubles ne sont pas influencés par l'addition d'*acides*; le *chlorure de baryum* y produit un précipité blanc, lourd, insoluble dans les acides chlorhydrique ou azotique; l'*acétate de plomb* y forme un précipité blanc, lourd, insoluble dans l'acide azotique étendu, soluble dans les acides azotique et chlorhydrique concentrés et bouillants, soluble dans le tartrate d'ammoniaque; l'addition de *zinc* et d'*acide chlor-*

*hydrique* dans une solution de sulfate ne produit pas de réaction; l'*alcool* précipite en général les sulfates en solution; ces corps calcinés avec un mélange de charbon et de carbonate de soude donnent des sulfures alcalins.

Nous donnons les principaux sulfates employés par l'industrie :

**Sulfate d'aluminium.** Ce corps a pour formule $Al^2O^3,3(SO^3)...S^3Al^2O^{12}$; il est incolore, forme de nombreux hydrates, est décomposable par la chaleur rouge, en donnant de l'alumine, et est très soluble dans l'eau. On le prépare au moyen de l'alumine -hydratée nouvellement précipitée (l'alumine anhydre est très lentement attaquée par l'acide sulfurique) que l'on traite par l'acide sulfurique étendu de son volume d'eau, en versant celui-ci sur la gelée d'alumine et en agitant jusqu'à dissolution totale. On filtre et concentre pour obtenir des cristaux.

**Sulfates doubles d'alumine et d'une autre base.** — V. ALUN.

**Sulfate d'ammoniaque** (V. t. I, AMMONIAQUE). Le sulfate neutre, $AzH^4O,SO^3...(AzH^4)^2SO^4$, étant à la base de tous les dérivés ammoniacaux, et l'objet d'une fabrication très importante, nous compléterons ce qui a déjà été dit à son sujet par les renseignements suivants :

*Etat naturel.* On le trouve dans le voisinage du Vésuve et de l'Etna, constituant l'hydrate appelé *mascagnine*, puis, en grande abondance, dans l'eau des lagoni de Toscane, avec divers sels et l'acide borique; enfin, dans la même région, à l'état de *boussingaultite*, mélange constitué en grande partie de sulfate d'ammonium et de sulfates de fer, de sodium, de magnésium, que l'on trouve dans la terre des lagunes.

PRÉPARATION. 1° En Toscane, on livre maintenant de grandes quantités de sels divers, résidus de la fabrication de l'acide borique, dont il suffit de concentrer les eaux-mères. L'évaporation de l'eau des lagoni ayant donné à la liqueur une densité de 1,070 à 1,080, à 80°, il se sépare des cristaux d'acide borique, après l'enlèvement duquel, des concentrations convenables permettent d'obtenir les produits secondaires. A Travale, en particulier, le traitement du produit de quatre suffioni donne journellement :

| | |
|---|---:|
| Acide borique cristallisé . . . . . . . . . . . | 150 kil. |
| Sulfate d'ammoniaque . . . . . . . . . . . . | 1.500 |
| — de magnésium . . . . . . . . . . . | 1.750 |
| — de fer et de manganèse. . . . . . . | 750 |
| — de potassium, de sodium, de ruthenium (traces) . . . . . . . . . . | 850 |
| | 5.000 |

En dehors de la fabrication de ce sulfate, au moyen des eaux ammoniacales de la préparation du gaz d'éclairage et des eaux-vannes, procédés qui ont été décrits dans le tome I, il nous faut encore citer la méthode qui utilise les produits de la distillation sèche des os. Dans toutes ces opérations, on se sert : 1° d'acide sulfurique faible, comme celui qui sort des chambres de plomb; 2° on prépare encore ce sulfate en faisant passer les eaux brutes chargées de carbonate d'ammoniaque, dans des caisses percées inférieurement de trous, puis remplies de sulfate de chaux en poudre grossière, jusqu'à double décomposition complète :

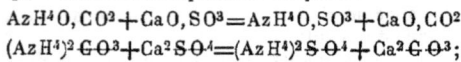

$$AzH^4O,CO^2 + CaO,SO^3 = AzH^4O,SO^3 + CaO,CO^2$$
$$(AzH^4)^2CO^3 + Ca^2SO^4 = (AzH^4)^2SO^4 + Ca^2CO^3 ;$$

on concentre ensuite pour faire cristalliser ; 3° on prépare le sulfate par l'oxydation du sulfite d'ammonium obtenu par le traitement de la solution de carbonate d'ammoniaque impur, par l'acide sulfureux résultant du grillage des pyrites, de la blende, etc. Ce sulfite étant agité au contact de l'air, ne tarde pas à se transformer en sulfate ; 4° par le traitement des eaux ammoniacales à l'aide du sulfate de plomb obtenu par le grillage modéré de la galène ; on obtient comme résidu du carbonate de plomb mélangé de sulfure de plomb indécomposé (Michiel). Avec tous les procédés que nous venons d'indiquer, on obtient un produit cristallisé, coloré par le goudron ou la matière brune des eaux-vannes. Il faut les purifier : pour cela, on reprend les cristaux par l'eau et on filtre la solution sur du noir animal, puis on concentre à nouveau pour faire recristalliser par refroidissement, ou bien on chauffe jusqu'à ce que les cristaux se forment ; dans ce dernier cas, on enlève immédiatement ceux-ci, on les fait égoutter dans des paniers, et on dessèche sur des briques réfractaires. Quant au goudron qui peut encore souiller les cristaux, on le détruit par la chaleur, en chauffant modérément les cristaux sans que la température puisse réagir sur le sel et le décomposer. Il suffit de redissoudre et de faire cristalliser, après filtration, pour avoir du sel bien blanc ; 5° enfin, on fait parfois passer directement les gaz provenant de la distillation de la houille, au travers d'une colonne remplie de coke sur lequel tombe régulièrement un filet d'acide sulfurique étendu d'eau (Wilson).

*Usages.* Le sulfate d'ammoniaque sert à faire l'ammoniaque, son chlorhydrate, et, en général, tous les sels ammoniacaux, l'alun ammoniacal, etc. Il est excessivement employé comme engrais ; la solution à 1/10° a été préconisée pour rendre les tissus incombustibles.

**Sulfate de baryum.** — V. BARYUM.

**Sulfate de calcium.** — V. CALCIUM et PLÂTRE.

**Sulfate de cuivre.** — V. CUIVRE.

**Sulfate de fer.** — V. FER.

**Sulfate de magnésium.** — V. MAGNÉSIUM.

**Sulfate de manganèse,** $MnO,SO^3...SMn^2O^4$.

Il se présente à l'état anhydre ou hydraté ; dans le premier cas, c'est une masse pulvérulente, incolore, de densité égale à 3,1, mais qui, hydratée, peut avoir 4 équivalents d'eau, — il est alors en gros cristaux roses, dérivés du prisme rhomboïdal droit et perdant un équivalent d'eau par la dessiccation ; sa densité est de 2,09 ; il se forme dans les solutions chaudes entre 20 et 30° ; — ou avoir 7 équivalents d'eau lorsqu'il se dépose à froid ; il cristallise alors en prismes rhomboïdaux obliques très efflorescents. Ce corps est le résultat de la préparation de l'oxygène, celui de la réaction de l'acide sulfurique sur le bioxyde de manganèse. Pour l'obtenir, on prend le résidu qui contient ce sulfate et du sulfate de sesquioxyde, on délaie dans l'eau froide, et on y ajoute une solution d'acide sulfureux en excès. Après quelque temps de contact, on chauffe : l'acide sulfureux s'oxyde aux dépens de l'oxyde manganique et passe à l'état d'acide sulfurique, formant alors du sulfate manganeux. On filtre, on ajoute quelques gouttes d'acide azotique pour peroxyder le fer qui se trouve presque toujours dans la liqueur, et on évapore à siccité. On reprend par l'eau, et on ajoute au produit un peu de carbonate de chaux ; celui-ci sature l'acide sulfurique libre et précipite le sesquioxyde de fer. On filtre à nouveau, et on concentre la liqueur jusqu'à 44° Baumé ; on a les cristaux de sulfate par le refroidissement.

**Sulfate de mercure.** — V. MERCURE.

**Sulfate de plomb.** — V. PLOMB.

**Sulfate de potassium,** $KO,SO^3...K^2SO^4$. Ce sel, à l'état anhydre, cristallise en prismes orthorhombiques à six pans terminés par des pyramides hexagonales, durs, inaltérables à l'air, de saveur salée et amère ; d'une densité de 2,57 ; peu solubles dans l'eau (10 0/0 à 15° et 26,3 0/0 à 100°), plus solubles dans les solutions de sulfates alcalins ; très peu solubles dans l'alcool faible et insolubles dans l'alcool absolu. Ce corps se retrouve à l'état natif ; il existe dans les cendres de varech, dans les salins de betteraves, dans les mines de Stassfurt ; il se forme, en outre, dans diverses opérations industrielles. Il sert dans la fabrication des aluns et dans celle de la potasse artificielle.

**Sulfate de sodium.** $NaO,SO^3...SO^4Na^2$, est la formule du sulfate neutre, celui qui est le plus employé. Il est anhydre, incolore, peut cristalliser en octaèdres d'une densité de 2,73, fusibles au rouge et volatils au delà, sans décomposition. Ordinairement, ce sel est hydraté : il peut renfermer 7 équivalents d'eau, est en prismes rhomboïdaux droits, incolores, pouvant absorber à l'humidité de nouveaux équivalents d'eau, ce qui constitue le sulfate de soude ordinaire ou sel de Glauber. Celui-ci cristallise en prismes rhomboïdaux obliques, volumineux, striés, incolores, d'une densité de 1,481, efflorescents à l'air en perdant de l'eau, fusibles à 33° en perdant également leur eau. Il est soluble dans l'eau avec refroidissement, et offre, suivant la température, un pouvoir dissolvant très variable : à 0°, l'eau en dissout 12,16 0/0 ; à 15°, 35,96 0/0 et à l'ébullition de sa solution saturée ; 210,67 0/0 ; mais à 34°, elle en dissout 412,2 0/0 en donnant des *dissolutions sursaturées* ; si l'on dépasse cette température, le sel se dépose à l'état anhydre. Il est insoluble dans l'alcool absolu et peu soluble dans l'alcool faible. Il se forme dans la préparation de l'acide chlorhydrique, mais pour l'employer, il faut le débarrasser, par l'addition de carbonate de chaux, de son excès d'acide ; après avoir porté à l'ébullition, on filtre, on lave le résidu à l'eau chaude, et on évapore jusqu'à ce que du sel anhydre se dépose. Alors, on laisse refroidir, les cristaux formés se redissolvent, et l'on a des cristaux à 10 équivalents d'eau, que l'on égoutte et sèche rapidement.

**Sulfate de strontium,** $SrO,SO^3...SO^4Sr$. Il est en poudre blanche très peu soluble dans l'eau froide (1/15000) et dans l'eau bouillante (1/3840), et se dissout également peu dans l'acide chlorhydrique et dans l'acide azotique ; sa solution précipite les sels de baryte ; il s'obtient par double décomposition avec un sel de strontium et un sulfate soluble.

**Sulfate de zinc,** $ZnO,SO^3...SO^4Zn$. Ce sel, anhydre, est incolore, d'une densité de 3,4 et décomposable au rouge blanc. Il forme avec l'eau un hydrate à 7 équivalents d'eau (couperose blanche, vitriol blanc) qui cristallise en prismes rhomboïdaux droits, de saveur fraîche, puis styptique ; sa densité est de 1,95 ; il est efflorescent et peut perdre à l'air 6 de ses équivalents d'eau, mais il faut le porter à 200° pour enlever le dernier. Il est soluble dans l'eau, qui, à 10°, en dissout 138,2 0/0, et 653,5 0/0 à 100°. Il est acide au tournesol. Ce corps est le résidu de la préparation de l'hydrogène par le zinc et l'acide sulfurique ; pour le séparer, on commence par saturer l'acide par le carbonate de chaux, après repos on décante, on fait bouillir et on verse dans la liqueur un peu de chlorure de chaux pour peroxyder le fer. Du sesquioxyde de fer se dépose, on filtre, on lave le résidu à l'eau bouillante et on évapore les liqueurs à 45° Baumé. Par le repos, les cristaux se déposent et on les essore.

Un certain nombre de sulfates organiques sont également employés par l'industrie, surtout pour l'impression et la teinture des fibres et des étoffes ; nous citerons les suivants :

**Sulfate d'aniline,**

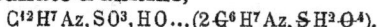

$$C^{12}H^7Az,SO^3,HO...(2C^6H^7Az,SH^2O^4).$$

Il est en aiguilles incolores, d'éclat particulier, solubles dans l'eau, peu solubles dans l'alcool faible, moins encore dans l'alcool absolu, et insolubles dans l'éther ; il est inaltérable à 100°. On l'obtient en mélangeant peu à peu l'acide avec l'aniline ; il se forme aussitôt un amas de cristaux que l'on exprime ou essore et que l'on fait recristalliser.

**Sulfate de cyanine,**

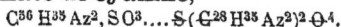

$$C^{56}H^{35}Az^2,SO^3....S(C^{28}H^{35}Az^2)^2O^4.$$

Il est en masses légères, brillantes, d'un beau rouge, perd 4 équivalents d'eau par la chaleur sans éprouver la fusion, mais se décompose à 120°. On l'obtient en chauffant l'iodocyanine avec un excès d'acide sulfurique ; il se dégage des vapeurs d'iode et d'acide sulfureux, on filtre, et on mélange la liqueur filtrée avec de l'ammoniaque ; le sulfate se dépose en flocons d'un brun rouge qu'on lave jusqu'à ce que l'eau ne sorte plus colorée en bleu ; puis on fait ensuite une liqueur saturée à chaud, qui, par refroidissement, donne les cristaux de sulfate de cyanine.

**Sulfate de quinine basique,**

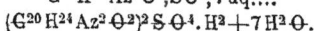

$$C^{40}H^{24}Az^2O^4,SO^3,7aq....$$
$$(C^{20}H^{24}Az^2O^2)^2SO^4.H^2+7H^2O.$$

C'est le seul qui soit employé ; il est en aiguilles soyeuses, amères, efflorescentes, renfermant 14,45 0/0 d'eau de cristallisation et 74,31 de quinine. A 100°, il se déshydrate totalement et devient phosphorescent ; il se dissout dans 755 parties d'eau à froid et dans 30 parties à 100°, dans 60 parties d'alcool absolu, dans 36 parties de glycérine, mais est insoluble dans le chloroforme et dans l'éther ; ses solutions sont lévogyres

$$ar=-147°,74$$

et elles offrent, lorsqu'elles sont légèrement acides, une fluorescence bleue très manifeste.

Pour le préparer, on prend 1,000 grammes de quinquina pulvérisé grossièrement, et on les fait bouillir à plusieurs reprises avec 12 litres d'eau acidulée par 60 grammes d'acide chlorhydrique. On réunit les liqueurs et on y ajoute 100 grammes de chaux préalablement éteinte et transformée en lait clair par six fois son poids d'eau ; on obtient un précipité d'alcaloïdes avec excès de chaux ; on le dessèche à l'étuve, on le pulvérise, puis on le reprend par l'alcool à 90°, bouillant. On filtre, on distille pour retirer l'alcool, puis on délaye le résidu dans l'eau distillée, et l'on fait bouillir en versant peu à peu dans le liquide de l'acide sulfurique à 1/10e qui dissout les alcaloïdes. Alors on ajoute au produit 20 grammes de charbon animal purifié, et on laisse en contact quelque temps, puis on filtre ; on sature immédiatement le liquide par l'ammoniaque jusqu'à ce qu'il ne reste plus qu'une acidité très faible, et on laisse cristalliser. On purifie les cristaux en les reprenant par trente fois leur poids d'eau distillée, et finalement on les dessèche à l'étuve, au-dessous de 36°.

Ce sel étant souvent falsifié par excès d'eau, addition de matières minérales fixes, de glucosides, de matières sucrées, d'acides gras, d'amidon et surtout avec d'autres sulfates d'alcaloïdes du quinquina, on doit toujours en faire l'essai, à cause de son grand emploi comme médicament fébrifuge.

**Sulfate de rosaniline,** $C^{40}H^{19}Az^3,HO,SO^3...$ $(2C^{20}H^{19}Az^3,SH^2O^4)$. Il est sous forme de belles aiguilles d'un brun jaune, décomposables par l'eau en acide sulfurique et en sulfate acide, et décomposables également par la chaleur. On l'obtient par saturation directe de la base par l'acide.

**Sulfate de safranine,** $C^{41}H^{20}Az^4,SO^3,HO...$ $C^{21}H^{20}Az^4,SH^2O^4$. Il est cristallisable et assez soluble dans l'eau ; il se forme par saturation directe de la base.

**Sulfate de toluidine,**

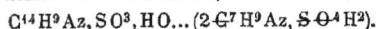

$$C^{14}H^9Az,SO^3,HO...(2C^7H^9Az,SO^4H^2).$$

Il se présente sous forme de cristaux blancs, très solubles dans l'eau, moins solubles dans l'alcool et peu dans l'éther. Pour le préparer, on verse goutte à goutte de l'acide sulfurique dans une solution éthérée de toluidine.

**Sulfate de zinc et d'aniline.** Syn. : *Sulfate de zinc-anile,* $C^{12}H^7Az,ZnO,SO^3...(2C^6H^7Az,ZnSO^4)$. Il est en lamelles brillantes, nacrées, douces, assez solubles dans l'eau ; il s'obtient en versant une solution étendue de sulfate de zinc dans de l'aniline. Il y a d'abord dissolution, puis le précipité se forme, et pour l'avoir cristallisé, on chauffe la liqueur pour dissoudre les cristaux ;

on concentre un peu et on laisse refroidir, alors les lames nacrées se forment.

**Sulfate d'indigo.** — V. Indigo.

**Sulfate de nitrosyle,** ou cristaux des chambres de plomb. — V. Acide, § *Acide sulfurique*, et Sulfurique (Acide). — j. c.

**SULFHYDRATE.** *T. de chim.* Sel acide ayant pour formule générale MS, HS...HMS$^2$, formé avec les oxydes des métaux de la première famille et l'acide sulfhydrique. Ils sont solubles dans l'eau, incolores, de saveur et d'odeur hépatiques désagréables, dues à la décomposition continuelle que leur fait éprouver l'acide carbonique de l'air; il y en a de volatils, comme celui d'ammonium, les autres sont décomposés par la chaleur; ceux de calcium, de magnésium n'existent qu'en dissolution. Ils s'altèrent à l'air en jaunissant, et forment des hyposulfites, avec d'autres composés plus sulfurés; les oxydes des décomposent en donnant lieu à la formation de sulfures métalliques.

On distingue les sulfhydrates des monosulfures en ce que les derniers donnent, avec le *chlorure de manganèse*, un précipité de sulfure sans dégagement d'acide sulfhydrique, tandis que les premiers produisent le même précipité, mais dégagent de l'acide; une dissolution neutre et concentrée d'un *sel zincique*, d'un *sel ferreux* ou *manganeux* donne le même résultat.

On les obtient par l'action de l'hydrogène sulfuré, sur les oxydes des métaux de la première section, mais en tenant compte des proportions de l'hydrogène sulfuré et de la base. Ainsi, en faisant réagir équivalents égaux des deux corps, on a le sulfhydrate,

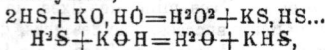

$$2\,HS + KO, HO = H^2O^2 + KS, HS...$$
$$H^2S + KOH = H^2O + KHS,$$

mais si le sulfhydrate formé trouve un excès de potasse, il se transforme aussitôt en monosulfure de sodium, KS... K$^2$S.

Il y a peu de sulfhydrates de sulfures employés.

**Sulfhydrate d'ammoniaque.** Syn. : *sulfure d'ammonium*, HS, AzH$^4$S... S(AzH$^4$)$^2$. Il cristallise en aiguilles brillantes, incolores, à réaction alcaline, très solubles dans l'eau, volatile, se colorant en jaune à l'air et s'altérant par oxydation :

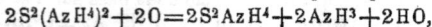

$$2\,S^2(AzH^4)^2 + 2O = 2S^2AzH^4 + 2AzH^3 + 2HO,$$

c'est-à-dire qu'il se forme du bisulfure d'ammonium, puis l'oxygène continuant à réagir, des sulfures de plus en plus sulfurés, du soufre se dépose et de l'hyposulfite d'ammoniaque se produit. Cette liqueur altérée et chargée de soufre est très précieuse, elle s'emploie pour dissoudre quelques sulfures, celui d'étain notamment.

La dissolution de ce sulfhydrate sert continuellement dans l'analyse chimique; elle doit s'évaporer sans résidu, ne pas précipiter par le sulfate de magnésie ou le chlorure de calcium (ammoniaque libre, carbonates alcalins); avec l'acide chlorhydrique, elle ne doit donner qu'un dépôt laiteux de soufre, sans précipité coloré (métaux). On l'obtient en faisant passer un courant d'hydrogène sulfuré dans un volume donné d'ammoniaque jusqu'à ce que le liquide cesse d'absorber l'hydrogène sulfuré. On a ainsi une dissolution de sulfhydrate de sulfure d'ammonium, alors on ajoute au liquide un volume d'ammoniaque liquide égal au volume primitif, ce qui donne le sulfhydrate ordinaire,

$$S^2(AzH^4)\,H + AzH^3 = S^2(AzH^4)^2.$$

**Sulfhydrate de sulfure de sodium,**
$$NaS, HS...NaHS.$$

Il est toujours en dissolution aqueuse, jaunâtre; on l'obtient en faisant passer, jusqu'à refus, un dégagement d'acide sulfhydrique dans une solution refroidie de soude d'une densité de 1,453 que l'on a étendue du double de son volume d'eau.

**Sulfhydrate de sulfure de calcium,**
$$HS, CaS...CaHS.$$

Ce corps sert pour le débourrage des peaux.

**SULFHYDRIQUE** (Acide). *T. de chim.* HS = H$^2$S. Ce corps a été entrevu par Cartheuser et Baumé, mais réellement découvert, en 1773, par Rouelle; Schèele et Berthollet l'ont étudié. On lui a successivement donné le nom d'*air hépatique, air puant, sulfidehydrique, acide hydrothionique, hydrogène sulfuré.*

*Propriétés.* C'est un corps gazeux, incolore, répandant une odeur d'œuf pourri, d'une densité de 1,19, et dont 1 litre pèse 1$^g$,54. Il est liquéfiable à 0° avec une pression de 16 atmosphères, ou à —74°, en un corps incolore, d'une densité de 0,90; puis solidifiable à —85° en une masse transparente. Il est délétère, et, d'après Casper, réagit en décolorant et altérant les globules rouges du sang, mais il n'agit pour ainsi dire pas sur les animaux inférieurs. Il est instable, n'est pas comburant et éteint les corps en ignition, mais il est combustible et brûle avec une flamme bleue. Si on le fait brûler dans une éprouvette, il donne lieu à la production de vapeur d'eau, d'acide sulfureux et à un dépôt de soufre :

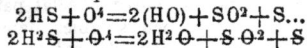

$$2\,HS + O^4 = 2(HO) + SO^2 + S...$$
$$2\,H^2S + O^4 = 2H^2O + SO^2 + S;$$

si on enflamme un jet de gaz se dégageant par un tube effilé, il y a seulement production de vapeur d'eau et d'acide sulfureux :

$$HS + 3O = HO + SO^2...\ H^2S + O^3 = H^2O + SO^2;$$

enfin si l'on écrase la flamme avec un corps froid, le soufre se dépose, parce qu'ici, comme dans le premier cas, il n'y a pas assez d'oxygène pour le brûler.

L'acide sulfhydrique mélangé avec de l'acide sulfureux anhydre, ne donne pas lieu à une réaction; mais avec cet acide humide ou en dissolution, il y a dépôt de soufre :

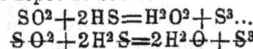

$$SO^2 + 2HS = H^2O^2 + S^3...$$
$$SO^2 + 2H^2S = 2H^2O + S^3.$$

Si la réaction se fait à une température un peu élevée, il peut y avoir oxydation de l'acide sulfhydrique, c'est ce qui arrive dans les salles de bains, où en présence de corps poreux, comme les tentures, l'acide sulfureux et la vapeur d'eau, pouvant se trouver à une température de +50°, donnent lieu à la production d'acide sulfurique qui ne tarde pas à détruire les étoffes. L'acide sulfhydrique est soluble dans l'eau; ce liquide, à 0°, en dissout 4$^{lit}$,37; à +15°, 3$^{lit}$,23; à +20°, 2$^{lit}$,90 et cette solution s'altère vite en s'oxydant et laissant déposer du soufre

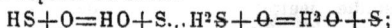

$$HS + O = HO + S ... H^2S + O = H^2O + S;$$

il est peu soluble dans l'alcool $0^{lit.},17$; il se dissout dans les solutions alcalines,

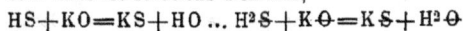

$$HS + KO = KS + HO ... H^2S + KO = KS + H^2O$$

Avec les métalloïdes, l'acide sulfhydrique est dédoublé en ses éléments

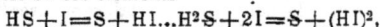

$$HS + I = S + HI ... H^2S + 2I = S + (HI)^2,$$

c'est là la réaction employée pour procéder au dosage de cet acide (V. SULFHYDROMÉTRIE); il se combine au carbone, à une haute température, pour faire un liquide épais, le sulfure de carbone; avec les métaux alcalins, il y a décomposition de cet acide, ils absorbent le soufre et il y a dégagement d'hydrogène

$$2(HS) + K = H + KS, HS ...$$
$$2H^2S + K = H^3 + KHS^2;$$

mais avec les métaux ordinaires, il y a production des sulfures correspondants.

L'acide sulfurique décompose l'acide sulfhydrique

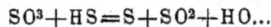

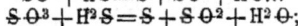

$$SO^3 + HS = S + SO^2 + HO ...$$
$$SO^3 + H^2S = S + SO^2 + H^2O;$$

il ne faut donc jamais essayer de dessécher l'acide sulfhydrique sur de l'acide sulfurique. L'acide azotique donne lieu à une réaction analogue,

$$AzO^5 + HS = S + AzO^4 + HO$$

Avec les oxydes, il y a formation de sulfures, et la réaction est quelquefois assez vive pour amener l'inflammation du gaz, c'est ce qui a lieu avec le bioxyde de plomb sur lequel on projette un jet d'acide sulfhydrique; il se forme, en outre, de la vapeur d'eau et d'autres produits oxydés du soufre.

Il réduit à chaud les chromates, iodates et bromates, le permanganate de potasse; il donne, avec l'émétique, un précipité rouge brique; avec les sels de zinc, un précipité blanc; avec le perchlorure de fer, il y a d'abord décoloration, puis formation d'un précipité blanc jaunâtre, mélange de soufre et de protoxyde de fer.

L'acide sulfhydrique se reconnaît : 1° à son odeur spéciale, rappelant les œufs pourris; 2° à la flamme bleue qu'il donne en brûlant; 3° à ce qu'il colore en noir une lame d'argent et le papier réactif à l'acétate de plomb.

*Etat naturel.* L'acide sulfhydrique est la partie active de certaines eaux minérales naturelles, comme celles d'Enghien, de Barèges, des Eaux-Bonnes; il se produit abondamment dans les fumerolles, de Pouzzoles, d'Aguano; par la réduction des sulfates en dissolution, en présence des matières organiques. Il se forme également dans l'économie animale, dans les gaz intestinaux notamment; par suite de la décomposition des sulfures par l'acide chlorhydrique, dans le colon; on le retrouve aussi dans les gaz d'expiration, par altération des mucus bronchiques. C'est lui qui se forme dans les fosses d'aisances et que les ouvriers désignent sous le nom de *plomb*. Il joue sur les végétaux un rôle analogue à celui de l'acide carbonique.

PRÉPARATION. Il existe surtout deux procédés de préparer cet acide :

1° En traitant dans un matras du sulfure d'antimoine purifié, légèrement granulé plutôt que pulvérisé, par de l'acide chlorhydrique à 22° (4 volumes pour 1 de sulfure), en chauffant et en recueillant le gaz sur du mercure

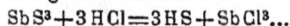

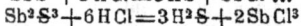

$$SbS^3 + 3HCl = 3HS + SbCl^3 ...$$
$$Sb^2S^3 + 6HCl = 3H^2S + 2SbCl^3$$

un kilogramme de sulfure produit 100 grammes d'acide sulfhydrique ou $64^{lit.},6$.

2° Avec le sulfure de fer que l'on traite par l'acide chlorhydrique ou par l'acide sulfurique, en ayant soin d'étendre ces acides d'eau, on a :

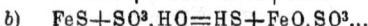

*a)*
$$FeS + HCl = HS + FeCl ...$$
$$FeS + 2HCl = H^2S + FeCl^2$$

*b)*
$$FeS + SO^3, HO = HS + FeO, SO^3 ...$$
$$2FeS + (SHO^4)^2 = H^2S + (FeSO^4)^2;$$

1 kilogramme de sulfure de fer donne 375 grammes d'acide sulfhydrique, soit 243 litres de gaz. Il n'y a jamais, dans ce cas, formation d'un acide pur, car le sulfure de fer contenant toujours du fer non attaqué, l'acide produit est toujours mélangé d'hydrogène.

Lorsque l'on veut préparer l'acide sulfhydrique en dissolution, on fait rendre le gaz dans une série de flacons de Woolf, dont le premier est destiné à retenir, dans l'eau qu'il contient, les acides chlorhydrique ou sulfurique entraînés par les gaz; on a parfois indiqué d'y ajouter un peu de quintisulfure de potassium, lequel, avec l'acide chlorhydrique, dégagerait à nouveau de l'acide sulfhydrique. Le second et le troisième flacons contiennent de l'eau distillée bouillie qui sert à dissoudre le gaz. Au sortir de ces flacons, l'acide sulfhydrique est absorbé par un soluté de perchlorure de fer, ou conduit sous un foyer, car il faut se rappeler que l'air qui en contient 1/800 est asphyxiant.

L'hydrogène sulfuré est fréquemment employé en analyse, puis pour transformer les sels ferriques en sels ferreux; dans l'industrie, il sert à faire les sulfhydrates et à transformer la nitrobenzine en aniline. — J. C.

\* **SULFHYDROMÉTRIE.** *T. de chim.* Procédé inventé par Dupasquier, de Lyon, pour doser l'acide sulfhydrique libre existant dans un liquide. Il est basé sur la réaction que nous avons indiquée, d'après laquelle l'acide sulfhydrique en présence de l'iode fait de l'acide iodhydrique et dépose du soufre, de sorte que dès que l'acide sulfhydrique est totalement décomposé, le plus petit excès d'iode peut être indiqué par la couleur bleue que forme cet iode avec l'hydrate amylacé.

On fait la liqueur titrée d'iode en pesant exactement 10 grammes d'iode pur et sec et les mettant dans un flacon jaugé de 1,000 centimètres cubes, puis on ajoute une solution de 15 grammes d'iodure de potassium pur, et l'on complète avec de l'eau le volume de 1,000 centimètres cubes.

Alors on prend un volume bien exact de liqueur sulfhydrique, 100 centimètres cubes d'ordinaire, et on le met dans un vase à précipiter, avec quelques gouttes d'eau amidonnée; on a eu soin, auparavant, de rechercher approximativement la teneur du liquide en acide sulfhydrique, car Bunsen a montré que si cette liqueur contient plus de 0,0004 d'acide sulfhydrique, la réaction est incomplète, et il faut diluer la liqueur. Ceci vérifié, on verse avec le *sulfhydromètre* (tube divisé en degrés d'un demi-centimètre cube et en dixièmes de degré) ou avec une burette ordinaire divisée en dixièmes de degré, la liqueur iodée, et l'on agite constamment. Dès que l'hydrogène sulfuré est totalement détruit, une goutte de solution iodée provoque la coloration bleue. Alors, pour connaître le poids d'hydrogène sulfuré contenu dans les 100 centimètres cubes de solution, on note le nombre $n$ de centimètres cubes employés; or, comme chaque centimètre cube de liqueur représente 0,01 d'iode, ce chiffre sera $n \times 0,01$. D'un autre côté, on a le rapport 17/127 représentant, le numérateur, l'équivalent de l'acide iodhydrique, et le dénominateur celui de l'iode, puisque la réaction se passe à volumes égaux. De telle sorte que $\dfrac{x}{11 \times 0,01} = \dfrac{17}{127}$ d'où l'on tire $x = \dfrac{17\,(11 \times 0,01)}{127} = n \times 0,1338$, c'est-à-dire qu'en multipliant le nombre de centimètres cubes employés par 0,1338, on a le poids de l'acide sulfhydrique contenu dans la liqueur, et en remplaçant dans les calculs 17, par 16, équivalent du soufre, le poids de ce dernier corps.

Ce procédé de dosage peut s'appliquer aux sulfures solubles, à la condition de diluer considérablement les solutions de ces derniers, mais il faut remplacer, dans les calculs, 17, l'équivalent de l'acide sulfhydrique, par le chiffre représentant l'équivalent du sulfure que l'on dose, 55 pour le monosulfure de potassium, 39 pour celui du sodium, etc.

Pour le dosage dans les eaux minérales, on emploie une solution iodée décime, c'est-à-dire 10 fois plus faible que celle indiquée, à cause de la petite quantité de corps contenue dans ces liquides. Il faut de plus se rappeler, dans ces cas spéciaux, que si l'iode détruit l'équivalent d'acide sulfhydrique ou de monosulfure, il en détruit 2 d'hyposulfites, et, dès lors, il est important de s'assurer si l'eau minérale contient ces derniers corps. Dans ce cas, on commence par précipiter l'hydrogène sulfuré ou les sulfures en agitant 150 centimètres cubes d'eau minérale avec du carbonate de plomb et en opérant dans un vase que l'on remplit hermétiquement et agite bien; puis, après filtration, comme le sel de plomb n'a pas agi sur les hyposulfites, on dose ceux-ci avec la liqueur iodée, et un second dosage, sans précipitation, donne le soufre total. Le calcul par différence indique la proportion des autres corps. — J. C.

**SULFITE.** T. *de chim.* Sel formé par l'acide sulfureux et les bases; cet acide étant bibasique forme deux classes de sels, les sulfites neutres,

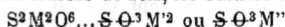

$$S^2 M^2 O^6 \dots S O^3 M'^2 \text{ ou } S O^3 M''$$

ou encore $3(S O) M'''^2$ et les sulfites acides ou bisulfites, $S^2 H M O^6 \dots S O^3 M'H$.

Les sulfites neutres sont insolubles dans l'eau, les sulfites et bisulfites alcalins y sont, au contraire, solubles, les derniers sont alcalins au tournesol.

Ces sels offrent une grande analogie avec les carbonates, leurs isomorphes; quelques-uns sont anhydres (ceux de baryum, strontium, plomb, argent), ceux de potassium cristallisent avec 2 équivalents d'eau, celui de magnésium avec 3 équivalents, et celui de sodium avec 10. Portés au rouge, ils se décomposent en donnant des sulfates et des sulfures, ou des oxydes et un dégagement d'acide sulfureux; chauffés avec du charbon, ils sont réduits en sulfures ou en oxydes; le protochlorure d'étain, le zinc avec l'acide chlorhydrique les réduisent également. Tous les corps oxydants, comme le chlore, l'acide azotique, l'air, les transforment en sulfates, et cette oxydation très facile, en fait des corps antizymotiques et antiputrides assez énergiques. Portés à l'ébullition avec du soufre, ils se transforment en hyposulfites

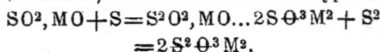

$$S O^2, M O + S = S^2 O^2, M O \dots 2 S O^3 M^2 + S^2$$
$$= 2 S^2 O^3 M^2.$$

*Caractères des sulfites.* Ceux en solution, avec les *acides*, laissent dégager de l'acide sulfureux sans former un dépôt de soufre; avec le *chlorure de baryum*, ils donnent un précipité blanc, très peu soluble dans l'eau, soluble dans l'acide chlorhydrique; avec le *bichlorure de mercure*, précipité blanc, ne noircissant pas; avec l'*acide chromique* ou le *permanganate de potassium*, il y a réduction; avec le *perchlorure de fer*, décoloration au bout de quelque temps; avec le *zinc* et l'*acide chlorhydrique*, dégagement d'acide sulfhydrique; avec le *nitro-prussiate de sodium*, dans une liqueur légèrement acidulée par l'acide acétique et un peu de sulfate de zinc, précipité ou coloration pourpre (caract. distinct. d'avec les hyposulfites); avec l'*azotate d'argent*, précipité blanc, soluble dans l'ammoniaque.

PRÉPARATION. Ceux solubles s'obtiennent en faisant passer un courant d'acide sulfureux dans une solution ou dans de l'eau tenant en suspension une base alcaline ou un carbonate alcalin; ceux insolubles se préparent par double décomposition.

Il n'y a guère que les sulfites de soude d'employés.

**Sulfites de soude.** *Sulfite neutre de sodium*, $S O^2, Na O \dots S Na^2 O^3$. C'est un sel incolore, alcalin, cristallisé en prismes rhomboïdaux obliques, à 7 équivalents d'eau, d'une densité de 1,561, soluble dans l'eau avec un maximum à 33°.

On l'obtient avec le bisulfite de soude que l'on traite par le carbonate de même base en léger excès

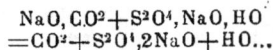

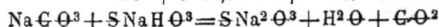

$$Na O, C O^2 + S^2 O^4, Na O, H O$$
$$= C O^2 + S^2 O^4, 2 Na O + H O \dots$$
$$Na C O^3 + S Na H O^3 = S Na^2 O^3 + H^2 O + C O^2$$

On porte le mélange à l'ébullition, et on évapore rapidement pour éviter le contact de l'air dans le ballon où se fait l'opération; on bouche le vase lorsque les cristaux commencent à se former. Il sert comme agent de conservation de matières organiques diverses, de l'albumine, des cadavres (par injection veineuse [Sucquet]), etc.

**Sulfite acide de sodium.** Syn. : *Bisulfite.*

$$S^2O^4, NaO, HO... SNaH\Theta^3.$$

C'est un sel inodore, à réaction acide, très altérable à l'air, anhydre, mais le plus souvent hydraté et alors cristallisé en aiguilles prismatiques très solubles dans l'eau.

On l'obtient en dirigeant un courant d'acide sulfureux lavé, dans un flacon de Woolf au fond duquel on a placé du carbonate de soude recouvert d'une couche d'eau; il se fait d'abord du bicarbonate de soude qui tombe au fond du vase par suite du déplacement de l'acide carbonique, puis celui-ci est chassé par l'acide sulfureux; il se fait du sulfite neutre,

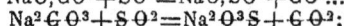

$$NaO, CO^2 + SO^2 = NaO, SO^3 + CO^2...$$
$$Na^2 CO^3 + SO^2 = Na^2 O^3 S + CO^2;$$

celui-ci se sature enfin et devient sulfite acide. Il faut avoir soin de refroidir le flacon dans lequel se produit le sel, et d'absorber $SO^2$ qui se dégage vers la fin de l'opération, soit avec un lait de chaux, soit avec une solution de potasse ou de soude. Il sert pour le blanchiment des fils, des lainages, de la paille, etc.

*Hydrosulfite de sodium.* Il en existe deux, un acide, $S^2O^2, NaO, HO... SO^3H^2Na^2$, l'autre neutre qui a deux équivalents de base; le premier seul est important, car c'est un réducteur puissant qui, en fixant de l'oxygène, se transforme en bisulfite; il décolore à froid le permanganate, la teinture de tournesol, réduit l'indigo en indigo blanc, mais il est si altérable à l'air qu'on ne doit le préparer qu'au moment de s'en servir; les acides le colorent en jaune; l'azotate d'argent y fait naître un dépôt gris noir d'argent réduit; le sulfate de cuivre ammoniacal produit à froid, avec cet hydrosulfite, un précipité jaune rouge d'hydrure cuivreux.

Pour le préparer, on commence par faire du bisulfite de soude, puis on prend un vase à ouverture très étroite, dans lequel on met le plus possible de tournure de zinc très légère, laissant par conséquent une grande surface vide dans le flacon, que l'on remplit ensuite avec du bisulfite; puis on bouche hermétiquement et on plonge dans l'eau froide. Le zinc s'oxyde aux dépens du bisulfite qu'il transforme en hydrosulfite,

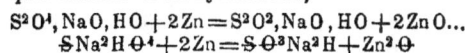

$$S^2O^4, NaO, HO + 2Zn = S^2O^2, NaO, HO + 2ZnO...$$
$$SNa^2H O^4 + 2Zn = SO^3Na^2H + Zn^2O$$

après une demi-heure environ, la réaction est terminée, le liquide est incolore et inodore.

*Hyposulfite de sodium.* — V. t. V, p. 761.

**Sulfite de chaux.** Il a les propriétés de celui de soude et se prépare de même, et s'emploie à la dose de 0ᵍ,80 par litre pour la conservation des jus sucrés (sucs de poires, pommes, coings, groseilles, mûres, etc.).

* **SULFOCARBONATE.** *T. de chim.* Corps résultant de l'action du sulfure de carbone sur les sulfures alcalins. Les sulfocarbonates, solubles dans l'eau, présentent les caractères suivants : avec l'*acétate de plomb*, précipité rouge; avec le *sulfate de cuivre*, précipité brun; avec le *bichlorure de mercure*, précipité jaune sale; avec l'*azotate d'argent*, précipité jaune terne; avec le *chlorure de baryum*, précipité blanc cristallin, de sulfocarbonate de baryte; ces corps distillés avec de l'acide acétique et de l'acétate de plomb se décomposent en reproduisant du sulfure de carbone qui passe dans le récipient, et forment du sulfure de plomb qui reste comme résidu.

Un seul est préparé industriellement, c'est le *sulfocarbonate de potassium* que l'on emploie contre le phylloxéra de la vigne. Ce corps a pour formule $CKS^3$ ou $CS^2, KS... CK^2S^3$; il est solide, jaune, cristallisé, soluble dans l'eau. On l'obtient en mélangeant dans un flacon à parois épaisses, une solution de sulfure de potassium assez concentrée et du sulfure de carbone en équivalent un peu plus grand que celui du sulfure alcalin. On bouche le vase, on agite vivement et on plonge dans de l'eau à 50°. Le sulfure de carbone se dissout dans le liquide et il reste, après quelque temps, à la partie supérieure, une couche aqueuse que l'on rejette.

Les sulfocarbonates acides se préparent par voie de double décomposition; ils sont insolubles dans l'eau.

* **SULFOCYANURE.** *T. de chim.* Syn. : *Sulfocyanate.* Sel résultant de la combinaison, à l'aide de la chaleur, du soufre avec les cyanures; celui de potassium offre seul de l'intérêt.

**Sulfocyanure de potassium.** $KCyS^2...$ $KCyS$. Il est cristallisé en aiguilles, de saveur fraîche et salée, hygrométrique, et par conséquent très soluble dans l'eau avec laquelle il produit un abaissement de température de —38°; chauffé à l'abri de l'air, il fond, devient transparent, puis, par le refroidissement, se solidifie en cristaux opaques; mais à l'air il se décompose par la chaleur. Sa dissolution s'altère également à l'air. On l'obtient en fondant du cyanure de potassium avec du soufre, ou des sulfures d'étain ou d'antimoine; dans ces derniers cas, les métaux se trouvent séparés. On peut encore l'obtenir en chauffant dans un matras du cyanure ferroso-potassique avec moitié de son poids de soufre. On reprend par l'eau et on filtre pour séparer le persulfure de fer formé; la liqueur rougit, on la décolore par un peu de carbonate de potassium; on filtre, on évapore à siccité et on reprend par l'alcool qui ne dissout pas le carbonate. Le sulfocyanure de potassium est le réactif le plus sensible des sels de fer au maximum, avec lesquels il donne une coloration rouge sang; il sert aussi à reconnaître la présence des composés nitreux dans l'acide azotique; il y produit encore une coloration rouge.

**Sulfocyanure de mercure,**
$$Hg^2CyS^2...Hg^2CyS,$$
obtenu par double décomposition avec l'azotate de protoxyde de mercure et le cyanure de potassium, et mêlé avec un peu d'azotate de potasse, il constitue le jouet d'artifice que l'on a désigné sous le nom de *serpent de Pharaon.*

\*SULFO-OLÉATE. *T. de chim. et de teint.* Mordant gras adopté surtout pour la teinture en rouge d'Andrinople. On l'obtient en ajoutant peu à peu, et à froid, 20 0/0 d'acide sulfurique à 66° Baumé, à de l'huile d'olives. Après un contact suffisant, on neutralise avec des cristaux de soude; l'huile ainsi obtenue est parfaitement miscible à l'eau.

**SULFURE.** *T. de chim.* Ce sont des corps qui résultent de l'action directe du soufre sur les métaux ou les métalloïdes, ou sont les sels de l'acide sulfhydrique. Ils correspondent aux oxydes, et peuvent, comme ces derniers, présenter divers degrés de sulfuration; ils peuvent même s'unir entre eux pour faire des sulfosels, par exemple, par dissolution de ceux insolubles dans ceux solubles (le sulfure d'antimoine se dissout bien dans le monosulfure de sodium).

Leur formule générale est

$$MS - MS^2 - M^2S^3 - MS^3 - MS^4 - MS^5,$$

ou varie encore beaucoup plus, suivant l'atomicité du métal. Ainsi $HHS$ représentant l'acide sulfhydrique, $R'RS$ ou $(R')^2S$ sera le monosulfure alcalin, $(R'')S$ le monosulfure alcalino-terreux ou celui des métaux lourds; $M(S^2)''$ représente les bisulfures, $M(S^3)''$ les trisulfures, $(MS^4)''$ les quadri ou tétrasulfures, $M(S^5)''$ les pentasulfures. On ne connaît pas de corps contenant plus de 5 atomes ou équivalents de soufre.

Les monosulfures alcalins sont solubles dans l'eau, incolores, mais ils se colorent à l'air et prennent une teinte jaune par suite de la formation de polysulfure; les autres sont insolubles dans l'eau et dans les acides faibles. Les bisulfures sont peu nombreux, ceux de potassium, de baryum, d'étain correspondent aux bioxydes de ces métaux, mais celui du fer n'a pas d'oxyde correspondant; les trisulfures sont peu importants, ceux alcalins ressemblent aux autres polysulfures; les tétrasulfures sont souvent mal déterminés, mais les pentasulfures sont, au contraire, bien définis, ils n'ont pas d'oxydes analogues et sont peu stables.

Ceux dont les métaux ne fondent qu'à une haute température sont plus fusibles que ces derniers, et réciproquement; quelques-uns sont décomposés facilement par la chaleur, d'autres sont plus stables (zinc), certains ne peuvent perdre tout le soufre qu'ils renferment (pyrites de fer, de cuivre); il y en a qui sont volatils (sulfures de mercure, d'arsenic). L'air humide les altère, et, en général, les transforme en sulfates; les sulfures solubles ou ceux délayés dans l'eau sont décomposés par le chlore; l'hydrogène les réduit à chaud; la vapeur d'eau convertit, à chaud, divers sulfures en oxydes avec dégagement d'acide sulfhydrique. Les acides, et surtout l'acide chlorhydrique, attaquent les sulfures et donnent lieu à la formation d'un sel, avec dégagement d'hydrogène sulfuré, et dépôt de soufre pour les polysulfures.

Les sulfures peuvent parfois se combiner avec les oxydes correspondants pour faire des *oxysulfures.* C'est ce qui a lieu lorsque l'on chauffe un sulfate dans un tube, et qu'on y fait passer un courant d'hydrogène sulfuré; c'est ce qui se produit avec l'antimoine, le manganèse, le zinc, le cobalt (Arfwedson).

*Caractères des sulfures.* Ceux solubles traités par les *acides* dégagent de l'hydrogène sulfuré, avec dépôt ou non de soufre, suivant le degré de sulfuration du corps; le gaz sulfhydrique est reconnu à son odeur et à ce qu'il noircit un papier réactif à l'acétate de plomb; avec l'*acétate de plomb*, précipité noir, insoluble dans les acides étendus, soluble dans l'acide chlorhydrique bouillant; avec l'*azotate d'argent*, précipité noir; avec le *nitroprussiate de sodium*, coloration rouge violacé intense que l'acide sulfhydrique non saturé ne produit pas; les sulfures noircissent une lame d'argent.

PRÉPARATION. Les sulfures peuvent s'obtenir de diverses manières : 1° avec du soufre et un métal bien pulvérisé et que l'on met en contact. La réaction peut avoir lieu directement à froid (mercure, cuivre), ou avec l'intermédiaire d'un peu d'eau (fer), ou à une température plus ou moins élevée (fer, cuivre, étain). Cette combinaison est toujours accompagnée d'un dégagement de chaleur, quelquefois elle a lieu avec production de lumière; 2° en chauffant le soufre avec un oxyde métallique ou un composé oxygéné d'un métalloïde (oxyde de cuivre, acide arsénieux); 3° en faisant arriver un courant d'acide sulfhydrique sur un métal chauffé (étain) ou sur un oxyde porté au rouge (plomb, fer) ou dans une dissolution saline (azotate de plomb, etc.). Nous avons signalé au mot SULFHYDRATE qu'avec les métaux alcalins, ce sont des sulfhydrates de sulfures que l'on obtient finalement par cette opération; 4° en faisant arriver du sulfure de carbone sur un oxyde chauffé au rouge (titane); 5° en réduisant par le charbon ou par l'hydrogène, les sulfates, sulfites et hyposulfites (baryum, plomb); 6° enfin, en chauffant quelques métaux, le fer, par exemple, avec un sulfure de métalloïde, comme le sulfure d'antimoine.

Un grand nombre de sulfures sont employés industriellement, et ici nous ne voulons pas parler de la métallurgie des métaux qui s'opère très fréquemment à l'aide de la réduction des sulfures métalliques; ils servent pour des usages spéciaux; bon nombre d'entre eux ont été déjà étudiés précédemment, aussi nous bornerons-nous à les signaler.

**Sulfure d'ammonium.** — V. SULFHYDRATE.
**Sulfure d'antimoine.** — V. ANTIMOINE.
**Sulfure d'argent.** — V. ARGENT.
**Sulfure d'arsenic.** — V. ORPIMENT et RÉALGAR.
**Sulfure de baryum.** — V. BARYUM.
**Sulfure de cadmium.** — V. CADMIUM.
**Sulfure de calcium.** — V. CALCIUM.
**Sulfure de carbone.** — V. CARBONE.
**Sulfure de cuivre.** — V. CUIVRE.
**Sulfure d'étain.** — V. ÉTAIN.
**Sulfure de fer.** — V. FER.
**Sulfure de mercure.** — V. MERCURE.
**Sulfure d'or.** — V. OR.
**Sulfure de plomb.** — V. GALÈNE, ALQUIFOUX.
**Sulfures de potassium.** Le *monosulfure*

*de potassium* est amorphe, cristallin, rougeâtre, d'odeur hépatique, déliquescent, soluble dans l'eau et dans l'alcool, fusible au rouge. Il a pour formule KS...K²S. On l'obtient : 1° en faisant passer un courant d'hydrogène sulfuré dans une solution de potasse caustique ; 2° en calcinant un mélange de charbon et de sulfate de potasse pulvérisés (1 partie de charbon pour 3 de sulfate). On porte au rouge vif dans un creuset recouvert, puis après réaction, on reprend le produit refroidi par de l'eau, on filtre, on évapore et on fait cristalliser ; il contient souvent alors du carbonate. S'il y a excès de charbon, le sulfure est très divisé et est pyrophorique, c'est-à-dire qu'il est tellement oxydable qu'il s'enflamme à l'air lorsqu'on le fait tomber doucement. C'est le *pyrophore de Gay-Lussac* (prendre 20 grammes de sulfate finement pulvérisé et 10 grammes de noir de fumée, et chauffer dans une cornue en recueillant les gaz sous l'eau et en évitant le contact de l'air). Le *foie de soufre* est un trisulfure mélangé de sulfate et de sulfite de potasse. Il est amorphe, d'odeur hépatique, jaune ou verdâtre lorsqu'il contient un peu de fer ; il blanchit à l'air (par formation de sulfate et de sulfite), est soluble dans l'eau, dans l'alcool. On l'obtient en chauffant dans un matras, 2 parties de soufre avec 4 parties de carbonate de potasse sec.

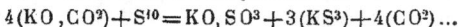

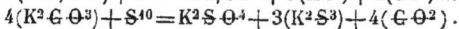

$$4(KO, CO^2) + S^{10} = KO, SO^3 + 3(KS^3) + 4(CO^2)...$$
$$4(K^2 CO^3) + S^{10} = K^2 SO^4 + 3(K^2 S^3) + 4(CO^2).$$

ou pour ceux qui admettent la formation d'un quintisulfure

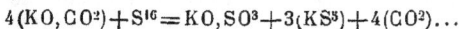

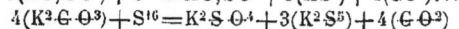

$$4(KO, CO^2) + S^{16} = KO, SO^3 + 3(KS^5) + 4(CO^2)...$$
$$4(K^2 CO^3) + S^{16} = K^2 SO^4 + 3(K^2 S^5) + 4(CO^2)$$

le *quintisulfure de potassium*, KS⁵...K²S³, ressemble au précédent, mais est plus saturé. On l'obtient en faisant bouillir une solution de carbonate de potasse (ou de la potasse à 35° Baumé) avec du soufre

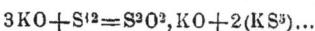

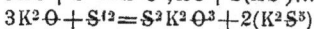

$$3KO + S^{12} = S^3O^2, KO + 2(KS^5)...$$
$$3K^2O + S^{12} = S^2 K^2 O^3 + 2(K^2 S^5)$$

il se forme en même temps de l'hyposulfite de potassium.

Ce sulfure se distingue du précédent en ce que, traité par l'acide chlorhydrique, il ne dégage pas d'hydrogène sulfuré, parce qu'en effet, si celui-ci tend bien à se former pendant la réaction, comme il rencontre là de l'acide hyposulfureux produit, ce dernier s'empare aussitôt de l'acide sulfhydrique naissant, le décompose, et donne comme réactions secondaires et seules visibles, de l'eau et un abondant dépôt de soufre, ainsi que le montre la formule suivante :

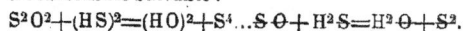

$$S^2O^2 + (HS)^2 = (HO)^2 + S^4...SO + H^2S = H^2O + S^2.$$

**Sulfures de sodium.** Les sulfures du sodium sont analogues à ceux du potassium : le *monosulfure de sodium* cristallise avec 9 équivalents d'eau, en prismes rhomboïdaux droits, déliquescents, altérables à l'air, d'une densité de 2,49. Sa formule est NaS...Na²S. On l'obtient par des procédés analogues à ceux employés pour le monosulfure de potassium.

Ce sel corrode la peau, dissout la laine, les tissus ; il sert, pour cela, à faire des pâtes épilatoires et pour la mégisserie fine.

Le *bisulfure* n'a pas d'usage ; le *trisulfure* est analogue à celui de potassium et s'obtient comme lui ; le *quintisulfure*, NaS⁵...Na²S⁵, s'obtient en solution : 1° en faisant bouillir 24 parties de monosulfure de sodium dissous, dans 20 parties d'eau, avec 12,8 de soufre ; ou 2° en concentrant à 42° Baumé 60 parties de lessive des savonneries contenant 20 parties de soufre qui s'y dissolvent ; il contient toujours de l'hyposulfite.

**Sulfure de zinc.** Il existe à l'état naturel, c'est la *blende* (V. ce mot) ; mais il s'obtient aussi artificiellement. On le prépare mal par l'action de la chaleur sur le soufre et le métal, mais il se forme si on y ajoute un peu de cinabre ; on remplace le zinc par son sulfate, ou encore par la réduction de ce sel par le charbon. Il ne fond qu'à une température très élevée, sans être volatil au rouge blanc ; obtenu par la précipitation d'un sel de zinc par l'hydrogène sulfuré ou les sulfures alcalins, il contient un équivalent d'eau qu'il perd à 150° en redevenant jaune au lieu de rester blanc comme lors de sa précipitation. — J. C.

**SULFUREUX** (Acide). *T. de chim.* Syn. : *Sulfuryle*, SO²...SO². Ce corps a été décrit par Libavius et sa composition élémentaire a été donnée par Lavoisier. Nous compléterons ici ce qui a trait à l'histoire de ce corps dont il a été déjà fait mention t. I, article ACIDE. L'anhydride sulfureux se trouve sous la forme gazeuse, liquide et solide, et non uniquement sous la forme liquide ainsi que cela semblerait résulter du titre du dernier paragraphe consacré à cet acide. Sous la forme de gaz, bien qu'il ne soit pas comburant, il permet cependant la combustion de quelques corps ; ainsi le potassium y brûle avec intensité en faisant un polysulfure, du sulfate et du sulfite de potassium ; l'étain chauffé y brûle, et le fer, dans les mêmes conditions, y devient seulement rouge ; le plomb précipité, l'oxyde cuivrique, l'antimoine pulvérisé s'y transforment en sulfures ; les solutions alcalines l'absorbent pour donner des sulfites correspondants.

L'eau, à 0°, en dissout 79,8 volumes et seulement 39,4 volumes à +20°. Cette solution est très oxydable ; à l'air, elle se convertit très rapidement en acide sulfurique. C'est un réducteur énergique qui enlève l'iode à l'acide iodique et aux iodates, en mettant l'iode en liberté, lequel on reconnaît à la teinte brune que prend la liqueur, à la coloration bleue que prend un papier iodo-amidonné que l'on met en contact avec cette solution, et à la teinte également bleue que prend un papier réactif imprégné de sulfate ferrique et de ferricyanure de potassium. Il réduit encore les sels ferriques en sels ferreux, l'acide phosphorique en acide phosphoreux, l'azotate mercurique en mercure métallique. Il réagit sur les oxydes de l'azote (V. ACIDE SULFURIQUE, § *Fabrication*) ; il agit comme désinfectant en se combinant à l'ammoniaque et en détruisant l'acide sulfhydrique ;

il forme des hyposulfites avec quelques sulfures qu'il dissout (ceux de manganèse, de zinc, de fer) et dissout également quelques phosphates.

Ce corps gazeux, refroidi à —10°, prend la forme liquide (Bussy) ; il en est de même lorsqu'on le soumet à une pression de 3 atmosphères. Il est alors incolore, très mobile, à peine réfringent, d'une densité de 1,45 alors que celle du gaz est de 2,23. Il bout à —8°, sous la pression ordinaire, ce qui le rend excessivement volatil, et son changement d'état amène un refroidissement très vif, susceptible de congeler le mercure (—40°).

Lorsqu'on met l'anhydride liquide en contact avec un mélange d'anhydride carbonique solide et d'éther, il y a abaissement à —79°, et solidification de l'acide sulfureux. Le corps liquéfié agit à la façon du sulfure de carbone ; il dissout facilement le brome, l'iode, le phosphore, et se mêle bien au chloroforme, à la benzine, à l'éther.

*Etat naturel.* L'acide sulfureux ne se retrouve à l'état naturel que mélangé aux gaz qui se dégagent des volcans, ou en dissolution dans les eaux du voisinage de ces derniers.

Préparation de l'anhydride gazeux. Ce corps s'obtient de bien des manières : 1° par la combustion du soufre, ou par celle des pyrites, ou encore par celle de la blende que l'on commence à griller beaucoup, en Westphalie et dans la haute Silésie, toujours pour la fabrication de l'acide sulfurique ; 2° par l'oxydation du soufre par la chaleur, en contact avec certains oxydes métalliques (bioxyde de manganèse, oxyde de cuivre), ou avec l'acide sulfurique,

$$S + (SO^3)^2 = 3(SO^2) .·. S + 2(SO^3) = (SO^2)^3 ;$$

3° en chauffant l'acide sulfurique avec quelques métaux (mercure, cuivre)

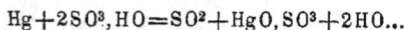

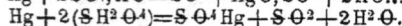

$$Hg + 2SO^3, HO = SO^2 + HgO, SO^3 + 2HO...$$
$$Hg + 2(SH^2O^4) = SO^4Hg + SO^2 + 2H^2O.$$

Ce procédé, employé dans les laboratoires, permet d'avoir le gaz sec. On le reçoit d'abord dans une solution aqueuse d'acide sulfureux, où il se lave, puis on le fait passer à travers un tube de chlorure de calcium, où il se dessèche, et on le recueille enfin sur le mercure ; 4° par la combustion de l'acide sulfhydrique provenant du traitement des charrées sulfureuses (V. Soude, § *Traitement des résidus*) ; 5° par le procédé Melsens, en réduisant à 300° par le soufre, l'acide sulfurique, dans de grands vases de terre ou de fonte remplis de pierre ponce (V. Glace artificielle, § *Machines Pictet à acide sulfureux liquide*). Ce procédé, commode industriellement, donne, dans les laboratoires, un dégagement trop lent, et a l'inconvénient d'obstruer fréquemment les tubes à dégagement, par suite du petit diamètre de ces tubes ; 6° avec le soufre pulvérisé (5 parties) et le sulfate ferreux (12 parties) également pulvérisé ; il suffit de chauffer doucement le mélange dans un ballon pour avoir le gaz sulfureux, et comme résidu un sulfure de fer pyrophorique (Stolba) ; 7° pour préparer la solution d'acide sulfureux dans l'eau, on réduit d'ordinaire l'acide sulfurique (120

parties) par le charbon concassé grossièrement (20 parties),

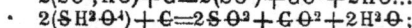

$$2(SO^3, HO) + C = 2(SO^2) + CO^2 + 2HO...$$
$$2(SH^2O^4) + C = 2SO^2 + CO^2 + 2H^2O ;$$

le gaz est recueilli dans des flacons de Woolf, dont le premier sert de flacon laveur ; quant à l'acide carbonique, étant peu soluble dans l'eau, il se dégage.

Préparation de l'anhydride liquide. On peut, pour obtenir l'acide sulfureux liquide, se servir des procédés de réduction de l'acide sulfurique par le cuivre, le mercure ou le charbon, mais dans tous les cas, après avoir purifié le gaz par lavage, on le dessèche dans un tube à chlorure de calcium, puis, au lieu de le recueillir sur le mercure, on le. fait se rendre dans un matras à long col ou dans un ballon, au moyen d'un tube de dégagement qui plonge jusqu'au fond du vase, également à long col, que l'on a placé au milieu d'un mélange réfrigérant. Le gaz se refroidissant dès son arrivée dans le vase, se liquéfie aisément, et comme le vase prend la température ambiante, il facilite la liquéfaction du gaz qui le traverse. Quand le récipient, que l'on a dû choisir en verre épais et résistant, est suffisamment rempli, on l'effile à la lampe sans sortir du mélange réfrigérant, puis on ferme totalement, et on conserve dans un lieu frais. Il suffit ensuite de briser la partie effilée du tube pour pouvoir se servir du liquide.

Depuis quelque temps, on se sert encore d'un vase de forme spéciale pour conserver l'anhydride liquéfié, parce que ce vase permet à volonté d'utiliser le produit sous la forme liquide ou de la gazeuse. Il est représenté par la figure 278. En ouvrant le robinet *a*, on permet à l'anhydride gazeux de se liquéfier et de remplir le réservoir A plongé dans le mélange réfrigérant, puis tous les robinets étant fermés, le liquide se conserve dans le vase ; si l'on veut utiliser le produit sous la forme qu'il conserve alors, on ouvre les robinets *c* et

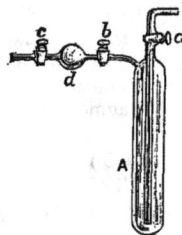

Fig. 278. — *Tube pour conserver l'anhydride sulfureux liquéfié.*

*b.* Le liquide, exerçant une pression notable, il faut alors employer des vases résistants, cette pression est, en effet, de :

| | | |
|---|---|---|
| 1.5 atmosphère à....... | 0° |
| 2 — à...... | + 7° |
| 3 — à.... | + 18° |
| 4 — à..... | + 26° |
| 4.5 — à... | + 30° |

le liquide, sort donc avec d'autant plus de force que la température est plus élevée ; mais si on veut se servir du produit à l'état gazeux, on ouvre seulement le robinet *b*, le liquide passe alors dans l'ampoule *d*, et l'on referme le robinet *b* ; ouvrant ensuite le robinet *c*, le liquide en arrivant à l'air prend en partie la forme gazeuse.

L'anhydride sulfureux se conserve également très bien dans les siphons à eaux gazeuses, dans l'appareil spécial que nous avons décrit sous le nom de *frigorifère de Vincent* ou, enfin, dans des vases métalliques en tôle qu'il n'attaque pas. C'est ainsi que le livre M. Pictet, pour faire la glace artificielle par son procédé. — J. C.

**SULFURIQUE** (Acide). *T. de chim.* Nous avons déjà, dans le premier volume de ce *Dictionnaire*, consacré au mot ACIDE, § *Acide sulfurique*, un chapitre à l'histoire et à la fabrication de ce produit, et nous ne ferons ici qu'indiquer quelques perfectionnements apportés à la fabrication, pour modifier économiquement l'industrie de la soude et ne pas perdre, comme jadis, le soufre contenu dans bien des corps.

La fabrication de l'acide sulfurique anglais, par la combustion du soufre libre, est aujourd'hui presqu'abandonnée ; à peine un millième de la production obtenue se fait-il ainsi. La préparation de cet acide, exempt d'arsenic, se fait à Marseille surtout, et le produit est réservé, en général, pour les opérations où il est indispensable d'employer un acide d'une grande pureté. C'est la méthode de préparation par la calcination des pyrites, qui, actuellement, est adoptée presque universellement, quoique ce mode de fabrication donne assurément des acides sulfuriques moins purs que ceux obtenus par la combustion du soufre, et qu'ils contiennent, selon l'origine des pyrites employées, des corps étrangers et surtout de l'arsenic, du sélénium, du thallium, de l'indium, etc., dont on sait, d'ailleurs, les débarrasser au besoin.

Il est nécessaire de donner quelques renseignements sur ces procédés qui ont été préconisés pour utiliser tout le soufre contenu dans divers produits, soit naturels, soit artificiels, et qui constituent la troisième source à laquelle on peut puiser pour se livrer à la fabrication de l'acide sulfurique. Nous voulons parler, en dehors des marnes soufrées, des sulfures naturels, comme la blende, la galène, ou des mattes plombifères ou cuivreuses, résultats d'opérations métallurgiques, ou encore de résidus industriels, comme ceux provenant de l'épuration du gaz d'éclairage, ou des résidus de verrerie, etc.

L'industrie métallurgique étant obligée, pour l'obtention des métaux, d'opérer fréquemment le grillage de certains sulfures, il en résulte que, dans le voisinage de ces établissements métallurgiques, l'atmosphère renferme des quantités considérables d'acide sulfureux, lequel altère d'une façon des plus grandes, les qualités de l'air, aussi bien pour l'homme que pour les animaux et les plantes, mais réagit en plus bientôt comme corps acide, lorsque, oxydé, il retombe sous forme d'acide sulfurique dilué, dans les condensations météorologiques. Les dégâts occasionnés de la sorte nécessitant souvent le remboursement de très fortes sommes, il en est résulté, que, tout autant dans le but d'assainir que d'économiser ces dépenses journalières en argent et en produits utiles perdus, on a essayé de condenser tous les produits nuisibles, acide sulfureux, fluor, arsenic, plomb, zinc, etc., en condensant dans des chambres de plomb interposées entre les fours à grilles et les cheminées, tous les éléments jadis envoyés dans l'atmosphère. On peut se rendre compte de l'utilité de cette amélioration en disant que, d'après les évaluations de Leplay, pour le sud du pays de Galles seulement, on peut estimer la perte en soufre annuelle à 46,000 tonnes, lesquelles se dégageaient à l'état d'acide sulfureux avec les fumées.

Actuellement, on emploie dans quelques régions, la blende, la galène, les mattes métalliques, seules ou mêlées avec des proportions variables de pyrites, à la fabrication de l'acide sulfurique. Près d'Aix-la-Chapelle, à Stolberg, à Oberhausen, à Lethmate, à Rosdzin, on emploie, depuis 1870, la blende que l'on grille dans les fours Hasenclever ; ce qui permet d'utiliser de 18 à 20 0/0 de soufre sur les 25 à 32 0/0 que ces minerais renferment. Le four que nous venons d'indiquer est muni d'un long conduit incliné à 43° par lequel on introduit la blende concassée, et comme ce canal est muni intérieurement de tablettes entre lesquelles passent les gaz, le minerai se grille peu à peu et arrive finalement sur un cylindre tournant, en fonte, qui le renvoie dans le moufle où on l'étale avec soin, puis on le fait parvenir peu à peu sur la sole où le grillage s'achève.

Les minerais complexes à pyrite cuivreuse, mélangés d'autres sulfures, peuvent être brûlés dans des fours à cuves, pourvu qu'ils renferment au minimum 25 0/0 de soufre ; c'est ce qui a lieu dans le Harz, à Oker, ou encore à Freiberg. La galène ne renfermant souvent pas plus de 13 à 14 0/0 de soufre, doit toujours être mélangée avec des pyrites assez riches, lorsqu'on veut la traiter pour la fabrication de l'acide sulfurique. Quant aux mattes plombifères ou cuivreuses, on peut les utiliser dans les fours Gerstenhœfer, décrits dans le premier volume ; c'est ce qui se fait dans le Mansfeld notamment ; à Freiberg, et dans le Harz, on emploie les fours à cuve.

Nous avons eu déjà l'occasion de signaler combien la fabrication du gaz d'éclairage perdait d'énormes quantités de soufre, mélangées à la houille sous forme de pyrite de fer. Pendant la production du gaz, le soufre passe à l'état d'acide sulfhydrique, et pour désulfurer le gaz, il faut faire circuler celui-ci dans des caisses où il rencontre du sulfate de fer ou de l'hydrate de protoxyde de fer, mêlé de sciure de bois. Il se forme alors un dépôt de soufre, du sulfure de fer et de l'eau, d'après les équations suivantes :

$$Fe^2O^3, 3HO + 3HS = 2FeS + S + 6HO...$$
$$Fe^2(OH)^6 + 3H^2S = 2FeS + S + 6H^2O,$$

puis quand la masse est en grande partie sulfurée, on l'expose à l'air où l'absorption d'oxygène et d'eau la retransforme en hydrate de sesquioxyde :

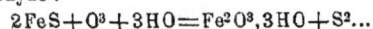

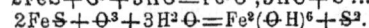

$$2FeS + O^3 + 3HO = Fe^2O^3, 3HO + S^2...$$
$$2FeS + O^3 + 3H^2O = Fe^2(OH)^6 + S^2.$$

Le fer étant utilisé indéfiniment alors que le soufre

s'élimine, il survient un moment où le corps absorbant ne peut plus servir. Pour enlever le soufre qu'elle contient, on traite la masse par l'eau bouillante qui enlève les sels ammoniacaux, puis on fait bouillir avec de la chaux pour décomposer les sulfocyanures formés, car tous ces corps seraient très nuisibles dans la fabrication de l'acide sulfurique ; enfin, le cyanure double obtenu est décomposé par du sulfate de potasse, et il donne ainsi du prussiate jaune. Cette utilisation du soufre est opérée à Londres, à Berlin, à Liesin, ainsi qu'à Aubervilliers, dans l'usine de la Compagnie de Saint-Gobain.

Nous avons signalé enfin, que dans les verreries, on peut encore trouver des résidus propres à l'extraction du soufre pouvant servir à la fabrication de l'acide sulfurique. Tel est le sulfate de soude ; nous avons déjà dit comment on peut l'employer pour faire de l'acide fumant ; la Compagnie de Saint-Gobain a également fait breveter un procédé qui permet de le transformer, à l'état d'acide sulfureux et de soufre, par la réaction du sable et du charbon :

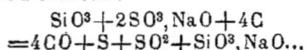

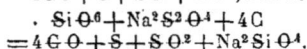

$$SiO^3 + 2SO^3, NaO + 4C$$
$$= 4CO + S + SO^2 + SiO^3, NaO...$$
$$SiO^6 + Na^2S^2O^4 + 4C$$
$$= 4CO + S + SO^2 + Na^2SiO^4.$$

**Acide sulfurique de Nordhausen.** La fabrication de cette sorte d'acide a été longtemps concentrée en Bohême, dans la maison Starck, mais depuis quelque temps, certaines industries employant des quantités considérables de cet acide, et la production ne suffisant plus, on a cherché à fabriquer ce corps plus économiquement. On opère surtout par la distillation du bisulfate de soude. On peut, soit opérer un mélange de 100 parties de sulfate de soude anhydre, 2 parties de sulfate de potasse et 2 parties de plâtre, puis après avoir introduit dans des cornues de grès et additionné d'acide sulfurique en proportions convenables pour faire du bisulfate, chauffer jusqu'à calcination ; il se forme d'abord du pyrosulfate de soude, puis il se dégage ensuite, d'abord de l'eau chargée d'un peu d'acide sulfurique, puis de l'acide concentré, et enfin de l'acide fumant, que l'on recueille à part, dans des vases contenant de l'acide à 66° ; soit décomposer le sulfate anhydre par l'acide borique. On a proposé également (Wolters) l'emploi du sulfate de magnésie que l'on introduit dans le pyrosulfate de soude, lorsque celui-ci est en fusion ignée. En continuant l'action de la chaleur, de l'acide fumant se dégage, et le sulfate double qui reste est repris par l'eau ; par des concentrations convenables, on sait (V. SALINE) que l'on peut en obtenir la séparation.

**Acide sulfurique anhydre.** L'anhydride sulfurique sans applications industrielles, autrefois, sert actuellement dans la fabrication des couleurs organiques. Aussi a-t-on cherché à l'obtenir synthétiquement. Divers procédés ont été proposés, ils reposent tous sur l'emploi de corps poreux pouvant provoquer la combinaison de gaz incapables de s'unir par simple présence, comme l'acide sulfu-

reux et l'oxygène. Le platine chauffé au rouge, la mousse de platine, le sable, le verre pilé, quelques oxydes (de fer, de cuivre, de chrome), etc., peuvent être employés pour préparer l'anhydride sulfurique ou l'acide sulfurique fumant. Comme l'acide sulfurique, à une température élevée, peut se dissocier facilement en acide sulfureux, oxygène et eau, si l'on sépare l'eau, il reste deux gaz en proportions voulues pour faire l'anhydride (Winkler), c'est ce que l'on peut réaliser ; ou bien on peut encore décomposer le sulfate de fer ou de soude dans des cornues en grès, puis faire passer le mélange d'acide sulfureux et d'oxygène obtenu sur le corps poreux (Neale). Quoique ces opérations soient réalisables, il est à remarquer qu'il est assez difficile de se procurer des vases qui soient de nature à résister à la température capable de dissocier l'acide sulfurique et à l'action corrosive de cet acide. Malgré cela, plusieurs fabriques, comme la Badische Soda and Anilin fabrick, celles de Schlebüsch, de Mansheim, etc., livrent l'anhydride à 98 0/0 de SO³ et 2 0/0 de SH²O⁴ dans des tonneaux en fer-blanc, et au prix de 3 fr. 10 le kilogramme. Il paraît être obtenu par la distillation de l'acide fumant.

FABRICATION DE L'ACIDE SULFURIQUE. Nous donnerons à ce sujet, la description du *four Malétra*, aujourd'hui universellement adopté dans les fabriques d'acides, et à l'aide duquel on obtient une désulfuration si complète des pyrites (elles ne contiennent plus que 0ᵍ,5 à 0,8 0/0), que le sesquioxyde qui en résulte peut être très facilement vendu et utilisé pour divers usages, notamment pour faire des couleurs de tons jaunes, bruns, violacés, absolument comme le *caput mortuum*, le colcothar, résidu de la fabrication de l'acide de Nordhausen, si employé par la marine, notamment à Hambourg, et servir surtout comme minerai de fer, très estimé dans les hauts fourneaux ; c'est pour ce dernier usage que sont livrés maintenant tous les résidus des établissements Malétra.

Ce four qui, depuis 1870, a été adopté par la plupart des usines d'acide sulfurique, a été imaginé par l'un des directeurs des établissements Malétra, M. Juhel ; il est à étages superposés, ce qui permet une manipulation facile et une désulfuration presque aussi complète qu'on peut le désirer, grâce à une combustion méthodique, d'après laquelle la pyrite, à mesure qu'elle se grille de plus en plus, rencontre de l'air toujours plus riche en oxygène, ce qui n'existait pas dans les fours mixtes et permet la combustion des poussières de pyrite, indépendamment de celle de la pyrite en gros fragments. Ce four réalise des conditions très favorables d'économie, comme construction et comme main-d'œuvre, et il est, en plus, d'une grande simplicité, ce qui explique la faveur avec laquelle il a été accepté sur tout le continent.

La figure 279 donne une idée de ce four. Pour le mettre en marche, après avoir allumé le foyer *a*, on chauffe le four jusqu'au rouge naissant, en facilitant le tirage par l'ouverture de la porte *h* ; cette température obtenue, on charge la sole *t*, puis successivement les étages *g*, *f*, *e*, *d*, *c*, et l'on enlève le feu en défournant le charbon par la porte *b* que l'on mure ensuite pour éviter l'accès de l'air qui ne doit entrer que par le conduit *l*. Après un temps variable, mais régulier, qui est de quatre à six heures, au moyen d'un râteau, on fait tomber la pyrite grillée en *t* dans le canal V, puis on fait descendre successivement la pyrite de *g* en *t*, de *f* en *g*, etc., et on recharge l'étage *c*. L'air circulant entre tous ces étages, se charge bientôt d'acide sulfureux, puis pénètre par la buse *m* dans la chambre à poussière *n* d'où il se rend enfin dans un canal *o*, commun aux différents

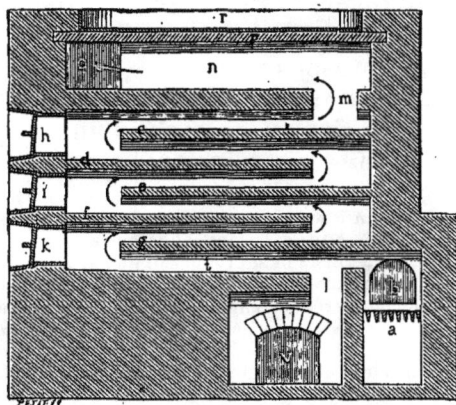

Fig. 279. — *Four Malétra pour la combustion des pyrites.*

fours, si l'on en a groupé plus de deux. Au-dessus de la chambre à poussière, on place le plus souvent un plafond en tôle épaisse *p* sur lequel repose une chaudière *r* à concentration d'acide sulfurique. Quelques modifications sans importance sont à réaliser lorsque l'on groupe plus de deux à trois fours par rang, mais elles ne changent en rien la disposition des étages, et ne portent que sur l'emplacement des foyers ou sur celui de la cave qui reçoit la pyrite désulfurée.

*Chambres de plomb.* Les constructeurs ne soudent plus, actuellement, le fond aux parois verticales en ménageant des ouvertures qui permettent de faire des prises d'essais; ce genre de construction a bien été essayé, mais il a été promptement abandonné; on se contente de la fermeture par joint hydraulique, la paroi verticale trempant dans l'acide de la cuvette. Cette disposition donne de bons résultats et dispense des soudures, toujours onéreuses dans ces sortes d'appareils.

Quant aux appareils autres que la tour à coke, employés pour la condensation des vapeurs nitreuses, nous ferons remarquer que les acides nitreux, absorbés par l'acide sulfurique à 62° Baumé dans l'appareil à coke de Gay-Lussac, ne peuvent être utilisés à nouveau, qu'à la condition d'être séparés de l'acide sulfurique. Pour produire cette séparation, il faut diluer et chauffer l'acide sulfurique nitreux; ce résultat est obtenu par la *dénitrante*, petite colonne en pierre de Volvic munie à sa base d'une injection de va-

peur d'eau, ou par la tour de Glower, appareil beaucoup plus important qui, tout en dénitrant les acides nitreux, sert à refroidir les gaz et à concentrer l'acide des chambres. Les gaz nitreux proviennent de la décomposition du nitrate de soude par l'acide sulfurique opérée dans des cuvettes placées près des fours à pyrites, ou de l'acide nitrique versé sous forme de pluie dans la tour de Glower.

Quant à la disposition des chambres de plomb, elle est elle-même assez variable; à l'origine, on n'avait qu'une seule chambre le plus souvent, mais le système de trois chambres a bientôt succédé à celui d'une chambre unique. Ces trois chambres sont d'inégale capacité, une grande, une moyenne et une petite, aussi leurs *cubes* sont-ils très variables; on a été depuis 1,000 mètres cubes jusqu'à 10,000 mètres cubes; dans ces dernières années pourtant, ce sont les chambres de 5 à 6,000 mètres cubes qui ont eu la préférence.

*Concentration de l'acide sulfurique.* Dans la pratique, on consomme seulement de 275 à 300 kilogrammes de houille de bonne qualité, pour faire, en vingt-quatre heures, 1,700 à 1,800 kilogrammes d'acide concentré.

*Appareils à cuvette.* L'appareil de Faure et Kessler, que nous avons décrit au mot ACIDE SULFURIQUE, ne s'est pas propagé autant qu'on le pensait lors de son apparition, car si sa dépense d'installation est moindre que celle d'un vase tout en platine, il a bien fallu reconnaître, à l'usage, que son entretien journalier devient très onéreux, aussi a-t-on peu à peu abandonné cet appareil pour se servir d'autres vases de platine à grande surface et à fond plat, dont l'un des plus employés est celui que représentent les figures 280 et 281. Pour faciliter l'évaporation, on a imaginé de faire circuler l'acide dans le fond du vase, d'une manière régulière, à l'aide de cloisons verticales concentriques; l'acide, s'écoulant par A et dont le niveau est réglé par le trop plein D, circule dans les cloisons, suivant la direction des flèches, puis arrive concentré au centre du vase, et s'écoule par le tuyau latéral B. D'après les inventeurs, MM. Lebrun et Desmoutis, l'appareil distillatoire du modèle de 0$^m$,50 de diamètre pèse 25 kilogrammes et peut donner journellement de 4,500 à 4,800 kilogrammes d'acide concentré, n'occasionnant qu'une dépense de 13 à 16 kilogrammes de houille par 100 kilogrammes d'acide, en bonne marche; le joint du chapiteau et de la cuve est hydraulique et alimenté par les acides faibles ou petites eaux qui s'écoulent par le trop plein C du joint et qui marquent 5 à 6° Baumé, même lorsque l'on produit de l'acide à 66° pleins.

Tous ces appareils donnent un acide concentré contenant de 93 à 96 0/0 de SO$^3$,HO ; mais certaines industries ayant besoin d'acide plus concentré que ce dernier et moins que l'acide fumant de Nordhausen, dont le prix est trop élevé, peuvent employer maintenant un acide sulfurique à 66° Baumé, contenant 99,5 0/0 de SO$^3$,HO et qui est obtenu aux établissements Malétra par cristallisation de l'acide monohydraté, puis par essorage, pour séparer les cristaux d'avec leurs eaux mères.

THÉORIE DE LA FABRICATION DE L'ACIDE SUL-
FURIQUE. Les chimistes ont été fort longtemps à
expliquer d'une manière absolument exacte les
réactions qui se passent pendant la formation de
l'acide sulfurique.

Clément et Desormes ont les premiers démontré
que pour obtenir cet acide, la quantité d'azotate
que l'on décompose est loin de fournir la proportion d'oxygène nécessaire à la formation de l'acide
sulfurique. Pour eux l'acide azotique n'est que
l'instrument de l'oxydation complète du soufre ;
sa base, l'acide azoteux, prend à l'air de l'oxygène,
et la vapeur d'eau introduite opère le dégagement
du gaz nitreux qui a dû se combiner avec lui.
Cette explication est encore admise, en partie du

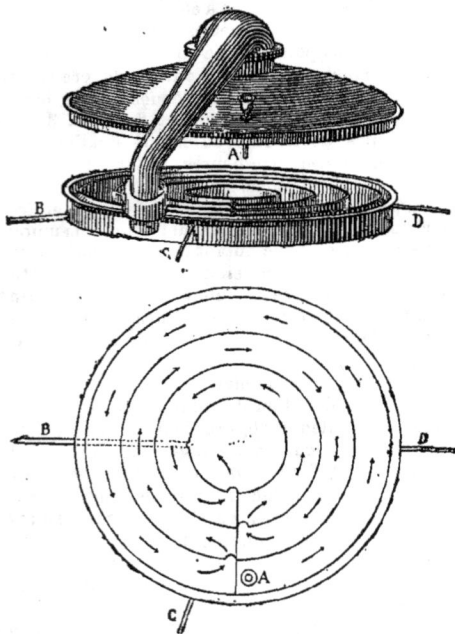

Fig. 280 et 281. — *Elévation et plan de l'appareil
pour la concentration de l'acide sulfurique.*

moins. En 1812, Sir H. Davy signala que les gaz
nitreux et sulfureux qui ne se combinent pas à
sec, sont susceptibles de s'unir en présence de la
vapeur d'eau, surtout si on diminue l'afflux de
l'air. Si on réalise, en effet, l'expérience, en faisant
arriver dans un ballon de l'acide hypoazotique, de
l'acide sulfureux, et fort peu de vapeur d'eau, on
voit les parois se recouvrir de *cristaux incolores,*
et les vapeurs rutilantes disparaissent rapidement.
Ces cristaux constituent ce que l'on appelle les
*cristaux des chambres de plomb, l'acide nitrososulfu-
rique, le sulfate de nitrosyle* ; dès qu'ils sont en
contact avec un excès de vapeur d'eau, ils disparaissent avec effervescence, se dédoublent en
anhydride azoteux et en acide sulfurique, puis
l'anhydride est lui-même changé par l'eau en
bioxyde d'azote et en acide azotique, puis le

bioxyde d'azote s'oxyde à nouveau si l'on fait
arriver de l'air et reproduit de l'acide hypoazotique. Davy admet donc que cette formation des
cristaux des chambres de plomb constituerait un
phénomène intermédiaire nécessaire dans la formation de l'acide sulfurique, et il exprimait ainsi
les réactions qui se passent dans la fabrication :

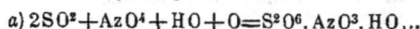

$$a)\ 2SO^2 + AzO^4 + HO + O = S^2O^6, AzO^3, HO\dots$$

Cristaux des chambres<br>de plomb

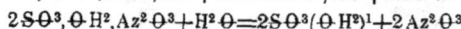

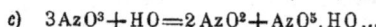

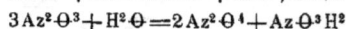

$$2SO^2 + 2Az^2O^4 + H^2O = 2SO^3, OH^2, Az^2O^3$$

Cristaux des chambres<br>de plomb

$$b)\ S^2O^6, AzO^3, HO + HO = 2SO^3, HO + AzO^3\dots$$
$$2SO^3, OH^2, Az^2O^3 + H^2O = 2SO^3(OH^2)^4 + 2Az^2O^3$$

$$c)\ 3AzO^3 + HO = 2AzO^2 + AzO^5, HO\dots$$
$$3Az^2O^3 + H^2O = 2Az^2O^4 + AzO^3H^2$$

Mais cette théorie donne beaucoup trop d'importance à la formation des cristaux des chambres
de plomb, et dans la fabrication on sait fort bien
que ces derniers ne se produisent guère, ou même
ne se forment pas du tout, quand les appareils
fonctionnent régulièrement, aussi Berzélius donne-
t-il une autre théorie généralement acceptée Pour
lui, quand le bioxyde d'azote se trouve en contact
avec l'air, il absorbe de l'oxygène, forme de l'acide
nitreux, lequel s'hydrate, et l'acide sulfureux
enlève à ce dernier l'oxygène et l'eau dont il a
besoin pour faire l'acide sulfurique hydraté. Quant
à l'acide nitreux, il redevient bioxyde d'azote, lequel recommence la série des réactions. Cette
dernière est, comme on le voit, celle que Davy
avait signalée précédemment ; quant aux autres,
elles sont mieux développées dans la théorie proposée par Péligot.

Ce chimiste admet que l'acide sulfureux, dès
qu'il se trouve en contact avec l'acide azotique,
décompose celui-ci en lui enlevant un équivalent
d'oxygène ; dès lors, l'acide hypoazotique formé
trouvant de la vapeur d'eau se dédouble en
bioxyde d'azote et en acide azotique, et l'oxyde,
en présence de l'air, s'oxyde pour engendrer de
nouvel hypoazotide, et la série des décompositions recommence :

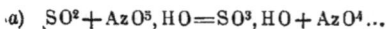

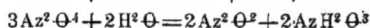

$$a)\ SO^2 + AzO^5, HO = SO^3, HO + AzO^4\dots$$
$$SO^2 + 2AzO^3H = SH^2O^4 + Az^2O^4$$

$$b)\ 3AzO^4 + 2HO = AzO^2 + AzO^5, HO\dots$$
$$3Az^2O^4 + 2H^2O = 2Az^2O^2 + 2AzH^2O^3$$

$$c) AzO^2 + 2O = AzO^4\dots Az^2O^2 + O^2 = Az^2O^4$$

Cependant, d'après les travaux de Weber et de
Winckler, il paraît résulter que des réactions secondaires doivent se former nécessairement et
d'une façon concomittante, parce qu'il est démontré que l'acide hypoazotique et l'acide azoteux
peuvent réagir directement sur l'acide sulfureux
et le transformer en acide sulfurique, alors qu'ils
rencontrent de la vapeur d'eau et de l'oxygène en
excès, car sans cette condition ils restent inaltérés.

L'action qui se passe peut s'exprimer par les
formules suivantes :

a) $AzO^4 + 2SO^2 + 2HO = 2SO^3, HO + AzO^2 \ldots$

$Az^2O^4 + 2SO^2 + 2H^2O = 2(SH^2O^4) + 2AzO$

et

b) $AzO^3 + SO^2 + HO = SO^3, HO + AzO^2 \ldots$

$Az^2O^3 + SO^2 + H^2O = SH^2O^4 + 2AzO$

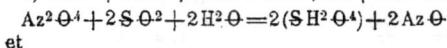

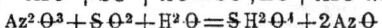

PURIFICATION DE L'ACIDE SULFURIQUE. L'acide tel qu'il sort des chambres de plomb, est tellement impur qu'il ne peut pas servir pour un grand nombre d'industries; aussi est il nécessaire de le purifier, d'autant plus que, lorsqu'il doit être concentré, la présence de composés nitreux amènerait forcément l'attaque des vases en plomb ou en platine, dans lesquels se fait la concentration.

D'après Kullmann, l'acide du Harz contient, par kilogramme, comme impuretés:

| | |
|---|---|
| Arsenic (métallique) | 0.088 |
| Antimoine | 0.394 |
| Cuivre | 0.013 |
| Fer | 0.081 |
| Zinc | 0.087 |
| Plomb | traces |

mais l'acide de l'usine d'Oker contient souvent jusqu'à 0,5 d'arsenic, et celui de Plan d'Aren a fourni près de 0,231 de plomb. Les divers corps que l'on trouve en plus dans l'acide du commerce sont les acides arsénieux et arsénique, les vapeurs nitreuses, l'acide azotique, l'acide sulfureux, le sélénium, le thallium, l'alumine, la chaux, les alcalis soude et potasse, les matières organiques.

L'acide, en sortant des chambres de plomb, est toujours débarrassé des composés nitreux. Divers procédés ont été indiqués, mais le plus employé est celui qui consiste à ajouter au liquide 3 à 4 grammes, par kilogramme, de sulfate d'ammoniaque; on chauffe jusqu'à émission de vapeurs blanches abondantes. Les composés nitreux (acide azoteux, hypoazotique et azotique), réagissent sur l'ammoniaque du sel pour former de l'azote et de l'eau, ainsi qu'on le voit par l'équation suivante qui indique la réaction avec l'acide azoteux:

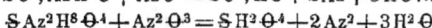

$SO^3, AzH^4O + AzO^3 = SO^3, HO + 2Az + 3HO \ldots$

$SAz^2H^8O^4 + Az^2O^3 = SH^2O^4 + 2Az^2 + 3H^2O$

On laisse un peu refroidir, puis on ajoute 8 à 10 grammes, par kilogramme, de bioxyde de manganèse granulé, et l'on porte à l'ébullition en agitant. La présence de ce corps oxyde l'acide arsénieux et le fait passer à l'état d'acide arsénique non volatil. On laisse alors refroidir l'acide, on décante et l'on redistille, en mettant de côté les premières portions qui passent (20 à 30 grammes pour 1 kilogramme) parce qu'elles contiennent les produits volatils. On recueille ensuite le liquide qui distille, et l'on continue jusqu'à ce qu'il reste environ le quart du volume primitif.

2° On peut encore purifier l'acide en précipitant certains corps au moyen de l'hydrogène sulfuré, après toutefois avoir enlevé les composés nitreux par le procédé déjà indiqué. Pour cela, diverses méthodes peuvent servir: 1° parfois on emploie hydrogène sulfuré gazeux; pour l'utiliser, on commence par verser l'acide peu à peu et en agitant, dans 4 fois son poids d'eau, puis on y fait arriver lentement un courant de gaz, en élevant le liquide à la température de 70°; après un certain temps on bouche les vases contenant l'acide et l'on abandonne quelques jours au repos. Il se dépose du soufre, des sulfures de plomb, d'arsenic; on décante et on reconcentre l'acide. L'hydrogène sulfuré dissous s'en va avec la vapeur d'eau; 3° le plus généralement on met dans l'acide à 50°, une certaine quantité de sulfure de baryum, corps qui a pour avantage de n'introduire dans le liquide aucun corps soluble et de précipiter à la fois l'arsenic, le plomb, le sélénium, l'antimoine, tout en décomposant l'acide sulfureux et les acides arsénicaux; l'hydrogène sulfuré qui se dégage est d'autant plus énergique qu'il agit à l'état naissant. On peut encore employer dans le même but le sulfure de sodium, mais on laisse 0,3 à 0,4 0/0 de sulfate de soude dans l'acide; les hyposulfites de soude ou de baryte servent également; le sulfate de baryte insoluble rend le dernier sel préférable, car le sulfate se dépose par le repos avec le sulfure d'arsenic formé.

*Usages de l'acide sulfurique.* En outre des emplois divers de l'acide sulfurique, dont nous avons déjà parlé, il convient de faire remarquer que dans l'industrie, cet acide est utilisé à divers degrés de concentration.

Ainsi, on se sert d'acide à 60° et au-dessus, pour la préparation de l'acide chlorhydrique, du sulfate de soude et des dérivés de ces deux produits (soude, chlorures décolorants, verres, etc.), du superphosphate de chaux et de divers engrais; des acides acétique, azotique, borique, carbonique, chromique, citrique, fluorhydrique, oxalique, stéarique, sulfureux, etc.; du brome, de l'iode, du phosphore; des divers sulfates, notamment ceux d'alumine, d'ammoniaque, de baryte, de chaux, des aluns, etc. On l'emploie également en métallurgie, pour l'obtention de l'argent, du cobalt, du cuivre, du nickel, du platine; pour étamer ou galvaniser le fer; pour l'argenture, la dorure, l'entretien des piles télégraphiques, le tannage des peaux, l'épuration des huiles, la fabrication de diverses couleurs (garancine, dérivés du goudron de houille), du parchemin végétal, de l'alcool, de l'éther, de la dextrine, du bichromate de potasse, etc.

L'acide à 66°, non purifié, sert pour la séparation des acides gras par distillation, pour épurer les huiles minérales ou végétales, fabriquer le coton nitrique (pyroxyline) ou le collodion, la nitrobenzine, les composés organiques azotés, l'oxygène, etc., et aussi à dessécher les gaz, comme dans le procédé Deacon. L'acide à 66° pleins sert pour la désargentation de l'or et du cuivre, de la nitroglycérine, des acides sulfoconjugués.

Enfin l'acide sulfurique de Nordhausen sert pour dissoudre l'indigo, pour purifier l'ozokérite, la fabrication de l'alizarine artificielle, de la résorcine, du cirage, etc.

La fabrication de l'acide sulfurique (à 66°) en Europe a été évaluée à 883,000 tonnes environ (Post, 1875) dont près des deux tiers seraient d'origine anglaise. — J. C.

*Densités des solutions d'acide sulfurique (d'après J. Kolb).*

| Degrés Baumé | Densité | 100 parties en poids contiennent | | Degrés Baumé | Densité | 100 parties en poids contiennent | | Degrés Baumé | Densité | 100 parties en poids contiennent | |
|---|---|---|---|---|---|---|---|---|---|---|---|
| | | En SHO⁴ | En SO³ | | | En SHO⁴ | En SO³ | | | En SHO⁴ | En SO³ |
| 0 | 1.000 | 0.9 | 0.7 | 23 | 1.190 | 25.8 | 21.1 | 45 | 1.453 | 55.4 | 45.2 |
| 1 | 1.007 | 1.9 | 1.5 | 24 | 1.200 | 27.1 | 22.1 | 46 | 1.468 | 56.9 | 46.4 |
| 2 | 1.014 | 2.8 | 2.3 | 25 | 1.210 | 28.4 | 23.2 | 47 | 1.483 | 58.3 | 47.6 |
| 3 | 1.022 | 3.8 | 3.1 | 26 | 1.220 | 29.6 | 24.2 | 48 | 1.498 | 59.6 | 48.7 |
| 4 | 1.029 | 4.8 | 3.9 | 27 | 1.231 | 31.0 | 25.3 | 49 | 1.514 | 61.0 | 49.8 |
| 5 | 1.037 | 5.8 | 4.7 | 28 | 1.241 | 32.2 | 26.3 | 50 | 1.530 | 62.5 | 51.0 |
| 6 | 1.043 | 6.8 | 5.6 | 29 | 1.252 | 33.4 | 27.3 | 51 | 1.540 | 64.0 | 52.2 |
| 7 | 1.052 | 7.8 | 6.4 | 30 | 1.263 | 34.7 | 28.3 | 52 | 1.563 | 65.5 | 53.5 |
| 8 | 1.060 | 8.8 | 7.2 | 31 | 1.274 | 36.0 | 29.4 | 53 | 1.580 | 67.0 | 54.9 |
| 9 | 1.067 | 9.8 | 8.0 | 32 | 1.285 | 37.4 | 30.5 | 54 | 1.597 | 68.6 | 56.0 |
| 10 | 1.075 | 10.8 | 8.8 | 33 | 1.297 | 38.8 | 31.7 | 55 | 1.615 | 70.0 | 57.1 |
| 11 | 1.083 | 11.9 | 9.7 | 34 | 1.308 | 40.2 | 32.8 | 56 | 1.634 | 71.6 | 58.4 |
| 12 | 1.091 | 13.0 | 10.6 | 35 | 1.320 | 41.6 | 33.8 | 57 | 1.652 | 73.2 | 59.7 |
| 13 | 1.100 | 14.1 | 11.5 | 36 | 1.332 | 43.0 | 35.1 | 58 | 1.672 | 74.7 | 61.0 |
| 14 | 1.108 | 15.2 | 12.4 | 37 | 1.345 | 44.4 | 36.3 | 59 | 1.691 | 76.4 | 62.4 |
| 15 | 1.116 | 16.2 | 13.2 | 38 | 1.357 | 45.5 | 37.2 | 60 | 1.711 | 78.1 | 63.8 |
| 16 | 1.125 | 17.3 | 14.1 | 39 | 1.370 | 46.9 | 38.3 | 61 | 1.732 | 79.9 | 65.2 |
| 17 | 1.134 | 18.5 | 15.1 | 40 | 1.383 | 48.3 | 39.5 | 62 | 1.752 | 81.7 | 66.7 |
| 18 | 1.142 | 19.6 | 16.0 | 41 | 1.397 | 49.8 | 40.7 | 63 | 1.774 | 84.1 | 68.7 |
| 19 | 1.152 | 20.8 | 17.0 | 42 | 1.410 | 51.2 | 41.8 | 64 | 1.796 | 86.5 | 70.6 |
| 20 | 1.162 | 22.2 | 18.0 | 43 | 1.424 | 52.8 | 42.9 | 65 | 1.819 | 89.7 | 73.2 |
| 21 | 1.171 | 23.3 | 19.0 | 44 | 1.438 | 54.0 | 44.1 | 66 | 1.842 | 100.0 | 81.6 |
| 22 | 1.180 | 24.5 | 20.0 | | | | | | | | |

**SUMAC.** *T. de bot.* Arbrisseaux de la famille des térébinthacées, tribu des anacardiacées, employés pour les matières astringentes qu'ils contiennent.

Le sumac commercial, *sumac roure ou des corroyeurs*, *rhus coriaria*, L., nous vient en balles de 50 à 60 kilogrammes. Il est constitué par une poudre grossière, plus ou moins fine et chargée de buchettes (surtout pour les sortes inférieures), de couleur jaune verdâtre, de saveur astringente, d'odeur particulière, pénétrante et assez agréable; elle est faite avec les feuilles et les jeunes tiges que l'on rase au niveau du sol, pour les sécher au soleil et les passer à la meule. Les sortes les plus estimées proviennent de Sicile (Alcámo ou Carini); puis viennent celles d'Espagne (Malaga, Priego), puis, comme sortes communes (Molina, Valladolid); de Portugal (Porto), d'Italie (Trieste), et enfin, de France (Fauvis [Var, Brignolles], Donzère [Côtes du Rhône, Comtat], de Redon [Lot, Tarn, Garonne]).

Le sumac sert encore pour la teinture en noir et en gris, pour l'impression des étoffes, comme succédané de la noix de galles :

Le *rhus pentaphyllum* (Desf.) est employé, en Algérie, pour préparer et teindre les cuirs dits maroquins.

Le *rhus semialata* (Murray) fournit l'excroissance dite *galle de Chine*, très employée actuellement pour donner le produit appelé *tannin à l'eau.*
— J. C.

*SUNN. *T. de bot.* On désigne sous ce nom une fibre textile qui provient d'une légumineuse-papilionacée, le *crotalaria juncea*, L., répandu dans l'Inde entière et dans les îles de la Sonde où elle est cultivée depuis longtemps pour sa fibre corticale;

cette fibre est exportée parfois en Europe, elle est connue, en Angleterre, sous le nom de *sunnhemp*, et désignée, en France, sous les noms de *chanvre brun* des Indes, *chanvre de Madras*, *de Bombay*, *de Wuckonoor*, *lin de Travancore*, etc. On le fait parfois passer pour du chanvre ordinaire.

Bien qu'il soit reconnu que le sunn ait plus de force quand la graine est mûre, la récolte se fait alors que la plante est fleurie. On coupe les tiges à la racine ou on les arrache, et on en forme des bottes de 10 à 12. On fait ensuite immerger le pied dans l'eau pendant quelques jours pour attendrir cette partie qui, sans cela, serait dure et grossière, puis on met les faisceaux entiers dans des fossés pendant deux ou trois jours. La décortication se fait alors immédiatement comme pour le jute.

**SUPERFICIE.** *T. de géom.* On appelle *superficie* l'étendue d'une surface limitée dans tous les sens. La superficie est une grandeur susceptible de mesure. Le nombre qui mesure la superficie d'une surface s'appelle l'*aire* de cette surface. Sans doute l'unité de superficie pourrait être arbitraire comme les unités de longueur ou de poids; mais comme on ne mesure pas directement ces sortes de grandeurs, et qu'on conclut la mesure d'une superficie de celle des longueurs qui servent à définir la surface considérée, à l'aide de calculs dont la géométrie fournit les principes, il est avantageux d'établir une relation entre l'unité de superficie et l'unité de longueur. Ce qu'il y a de plus commode et de plus pratique, c'est de prendre pour unité de superficie la superficie du carré construit sur l'unité de longueur. C'est dans cette hypothèse que sont établies les formules de géométrie qui servent à calculer les aires, et dont nous donnons les principales au mot Surface. Ainsi, si l'on prend le *mètre* pour unité de longueur, on prendra le mètre carré pour unité de superficie.

Pour évaluer la superficie des champs et des pièces de terrain, il existe d'anciens usages d'après lesquels on emploie des unités spéciales. Lorsqu'on a établi le *Système Métrique* à la fin du siècle dernier, on aurait pu sans doute se contenter du *mètre carré* pour unité de superficie agraire ; mais on n'a pas cru devoir rompre avec ces anciens usages, et l'on a donné des noms spéciaux à certains multiples du mètre carré afin de les employer spécialement aux mesures agraires. Il ne faut jamais perdre de vue, pour la comparaison des diverses unités de superficie que les aires des figures semblables sont entre elles comme les carrés des côtés homologues, de sorte que le carré construit sur le décamètre qui vaut dix mètres contient 100 fois le mètre carré. De même l'hectomètre carré, ou carré construit sur un hectomètre contient 100 décamètres carrés, etc. De même encore, la toise valant six pieds, la toise carrée valait six fois six ou trente-six pieds carrés.

Nous donnons ci-dessous la nomenclature des mesures de superficie françaises ainsi que leur comparaison avec les mesures anciennes et étrangères.

### Tableau I.

*Mesures de superficie françaises. Mesures générales.*

*Millimètre carré*. . Carré d'un millimètre de côté. Millionième partie du mètre carré.

*Centimètre carré*. . Carré d'un centimètre de côté. Dix millième partie du mètre carré.

*Décimètre carré*. . Carré d'un décimètre de côté. Centième partie du mètre carré.

Mètre carré. . . . Carré d'un mètre de côté. *Unité principale.*

*Décamètre carré*. . Carré de dix mètres de côté. Cent mètres carrés.

*Hectomètre carré*.. Carré de cent mètres de côté. Dix mille mètres carrés.

*Kilomètre carré*. . Carré de mille mètres de côté. Un million de mètres carrés.

*Myriamètre carré*. Carré de dix mille mètres de côté. Cent millions de mètres carrés.

*Mesures agraires.*

Centiare.. . . . . . Centième partie de l'are. Mètre carré.

Are. . . . . . . . Unité principale. Décamètre carré.

Hectare. . . . . . Cent ares. Hectomètre carré.

### Tableau II. — *Anciennes mesures de superficie.*

*Ligne carré* . . . . $\frac{1}{746496}$ de la toise carrée ; $\frac{1}{144}$ du pouce carré = $0^{mq},000005 = 5^{mmq}$.

*Pouce carré* . . . . $\frac{1}{5184}$ de la toise carrée ; $\frac{1}{144}$ du pied carré = $0^{mq},000733 = 733^{mmq}$.

*Pied carré*. . . . $\frac{1}{36}$ de la toise carrée = $0^{mq},105521$.

*Toise carrée*. . . . $3^{mq},7987$.

*Perche des Eaux et Forêts* (1) . . . . $51^{mq},07 = 0^{are},5107$.

*Arpent des Eaux et Forêts (100 perches)* . . . . . $5107^{mq},20 = 51^{ares},072$.

(1) L'arpent valait généralement 100 perches, mais la valeur de la perche variait considérablement d'une province à l'autre.

*Perche de Paris*. . $34^{mq},19 = 0^{are},3419$.

*Arpent de Paris (100 perches)* . . $3418^{mq},87 = 34^{ares},1887$.

### Tableau III. — *Mesures de superficie étrangères.*

| | | |
|---|---|---|
| Angleterre.. . | Yard carré . . . . . . | 0,836097 m. q. |
| | Rod (perch carré. . . . | 25,291939 |
| | Rood (1210 yards carrés). . . . . . . . . | 10,116775 ares. |
| | Acre (4840 yards car.). | 40.467100 |
| Amsterdam. . | Morgen. . . . . . . . . | 81,286 ares. |
| Bâle. . . . . . | Juchart . . . . . . . . . | 31,905 |
| Berlin. . . . . | Grand morgen. . . . . . | 56,736 |
| | Petit morgen . . . . . . | 25,534 |
| Berne. . . . . | Juchart de bois.. . . . . | 38,727 |
| Dantzick. . . . | Morgen. . . . . . . . . . | 55,642 |
| Ecosse. . . . . | Acre. . . . . . . . . . . | 51,419 |
| Espagne. . . . | Fanegada . . . . . . . | 45,984 |
| | Arranzada. . . . . . . . | 38,652 |
| Genève. . . . | Arpent. . . . . . . . . | 51,661 |
| Hambourg.. . | Scheffel de terre arable.. | 41,984 |
| | Morgen. . . . . . . . . | 96,525 |
| Hanovre. . . . | Morgen. . . . . . . . . | 25,915 |
| Irlande . . . . | Acre. . . . . . . . . . . | 65,549 |
| Naples. . . . | Moggia. . . . . . . . . | 33,426 |
| Nuremberg. . | Morgen de terre arable.. | 47,272 |
| | Morgen de pré. . . . . . | 21.270 |
| Portugal . . . | Geira. . . . . . . . . . | 58,275 |
| Prusse . . . . | Morgen. . . . . . . . . | 25,526 |
| Rhin. . . . . . | Morgen. . . . . . . . . | 85,158 |
| Rome. . . . . | Pezza. . . . . . . . `.. | 26,406 |
| Russie. . . . . | Déciatine (2400 sagènes carrés). . . . . . . . | 109,250 |
| Saxe. . . . . . | Acre. . . . . . . . . . | 55,098 |
| Suède. . . . . | Tuneland. . . . . . . . | 49,329 |
| Suisse. . . . . | Faux. . . . . . . . . . | 65,674 |
| Vienne . . . . | Joch. . . . . . . . . . . | 57,598 |
| Toscane. . . . | Quadrato. . . . . . . . . | 34,062 |
| Zurich. . . . . | Acre commun. . . . . . | 32,404 |
| | Acre de bois. . . . . . . | 36,004 |
| | Acre de pré. . . . . . . | 28,804 |

*SUPERPHOSPHATE. T. de chim. et d'agric.* — V. Phosphate.

*SUPERSTRUCTURE. T. techn.* Se dit de toute construction élevée sur une autre et, en particulier, dans les chemins de fer. Les travaux de construction d'un chemin de fer comprennent : d'une part l'*infrastructure*, c'est-à-dire l'établissement de la plate-forme de la voie (acquisitions de terrains et terrassements) ; la construction des travaux d'art et des bâtiments (ponts, viaducs, souterrains, déviations, passages à niveaux, maison de garde et stations) ; d'autre part, la *superstructure*, c'est-à-dire la pose de la voie et des signaux, le mobilier et l'outillage des gares, le télégraphe, etc.

**SUPPORT.** Outre l'objet placé sous un autre pour le soutenir, le consolider, ce mot employé au pluriel désigne, en *Art hérald.*, les figures qui soutiennent un écusson.

**SURBAISSEMENT.** *T. d'arch.* Dans une voûte surbaissée, c'est le rapport de la hauteur verticale du sommet de l'intrados au-dessus des naissances à l'ouverture de la voûte.

*SURBOUT. T. de mécan.* Pièce de diverses machines, en bois et tournant sur pivot, destinée à supporter des assemblages de charpente.

**\*SURCHAUFFE.** *T. de mécan.* Etat de la vapeur chauffée dans les mêmes conditions qu'une masse gazeuse, lorsqu'elle est isolée de son liquide générateur. La surchauffe ainsi définie est étudiée, au point de vue industriel, à l'article suivant (V. SURCHAUFFEUR) avec les appareils qui la produisent; nous nous occuperons ici seulement de l'état de l'eau des chaudières à vapeur auquel M. le commandant Trève a donné le nom d'*état de surchauffe* et de l'influence qu'il peut avoir sur les explosions de ces appareils.

Dans différentes communications présentées à l'Académie des sciences, en 1882 et 1883, M. Trève attira l'attention sur l'état de surchauffe dans lequel peut se trouver accidentellement l'eau des chaudières lorsqu'elle a été entièrement privée d'air par une longue ébullition. « Dans ce cas, dit-il, le liquide se surchauffe, c'est-à-dire que sa température peut s'élever de 30 à 40° au-dessus du point normal d'ébullition ». C'est un cas qui, d'après lui, se rencontrerait fréquemment dans la pratique industrielle. Il arrive ordinairement, en effet, que le chauffeur en quittant sa chaudière à la fin de la journée de travail, la laisse à une pression encore considérable de 4 atmosphères environ et bien remplie d'eau qui, *bouillant* pendant la nuit, se dépouille de l'air qu'elle contient, et emmagasine de la chaleur qu'elle ne peut pas restituer sous forme de vapeur; le lendemain matin, il retrouve sa chaudière pleine d'eau non encore refroidie sous une pression d'une atmosphère et demie environ, il pousse le feu sans alimenter, et peut amener ainsi une production subite de vapeur.

La surchauffe est donc caractérisée par un état dans lequel le liquide se trouverait à une température supérieure à celle de la vapeur; c'est un état d'équilibre éminemment instable, et s'il vient à être rompu, il peut se produire un dégagement subit de vapeur et un accroissement de pression susceptible d'entraîner des accidents.

Pour les prévenir, M. Trève proposait de munir la chaudière, d'un thermomètre plongé dans l'eau et indiquant en même temps la pression de vaporisation correspondante, de manière à permettre le rapprochement avec la pression indiquée au manomètre, le désaccord indiquerait, en effet, qu'il y a surchauffe et danger. On y joindrait un tube en fer placé à la partie inférieure et par lequel on pourrait injecter de l'air à une pression supérieure à celle de la vapeur. La communication de M. Trève eut un grand retentissement dans le monde industriel, et une Commission spéciale fut nommée au Ministère des travaux publics pour l'étude de cette question. On trouvera dans les *Annales des mines*, 8° série, t. V, 1884, le rapport qu'elle a publié à cette occasion. Elle y montre que si les phénomènes de surchauffe ont pu produire quelques explosions accidentelles, ce sont là des cas excessivement rares, car il est très difficile déjà, même dans une expérience de laboratoire, d'amener un liquide à l'état de surchauffe, et il ne semble donc pas que les conditions nécessaires, mal définies il est vrai, puis-

sent se rencontrer facilement sur des chaudières industrielles.

Les expériences sur les liquides surchauffés sont toujours, en effet, un peu capricieuses, et ne réussissent pas également bien; cependant, on peut admettre, dit la Commission, que le concours des circonstances suivantes est à peu près nécessaire pour amener le retard de l'ébullition : les parois doivent être bien unies, parfaitement nettoyées et bien mouillées par le liquide; celui-ci doit être absolument purgé d'air et de gaz en dissolution; le vase contenant le liquide doit être plongé dans un bain à une température bien uniforme, de manière à éviter autant que possible les courants engendrés par un chauffage inégal.

L'état de surchauffe est très instable, on ne peut le réaliser qu'en apportant les précautions les plus minutieuses dans le nettoyage des vases, l'expulsion des gaz et de l'air dans le liquide et dans la conduite du chauffage; cet état se détruit, enfin, sous l'influence des causes les plus diverses et même les plus légères, contact d'un corps solide, qui n'ait pas été immergé longtemps dans le liquide bouillant, et même contact d'une simple bulle gazeuse, inégalité de chauffage, secousses, vibrations, etc. On voit par là combien la réalisation des conditions de surchauffe paraît difficile dans la pratique industrielle, où les chaudières présentent toujours des parties rugueuses, le chauffage est nécessairement irrégulier, etc., la seule condition favorable peut résulter du manque d'air dans l'eau de la chaudière à la suite d'une ébullition prolongée. En fait, on cite peu de cas de surchauffe, et il ne paraît pas que les cas signalés aient jamais été observés d'une manière bien précise. Il faut reconnaître, cependant, qu'un certain nombre d'explosions se produisent à la reprise du travail, comme l'indique M. Trève, mais ce fait peut s'expliquer aussi par la grande activité que le chauffeur est alors obligé de donner au feu afin d'obtenir une pression de vapeur suffisante pour vaincre la résistance qui se produit toujours au départ dans les divers organes de transmission.

La Commission a cherché, enfin, à réaliser la surchauffe par l'expérience directe en se plaçant dans les conditions les plus favorables. Elle a cherché à déterminer, par exemple, si l'ouverture brusque de la prise de vapeur sur un générateur lentement refroidi pendant une nuit avec registre et cendrier fermés, ne déterminerait pas un commencement d'ébullition provoquant une ascension brusque du manomètre, mais elle n'a pu observer aucun mouvement anormal dans ces conditions. Elle a cherché à relever enfin, par l'intermédiaire d'une pile thermo-électrique, les différences de température que pouvaient présenter les bains d'eau et de vapeur d'une même chaudière, mais elle n'a jamais observé non plus une différence supérieure à 2°; la température du pôle vapeur de la pile étant toujours plus faible. Cet écart peut s'expliquer, d'ailleurs, par le rayonnement sur ce pôle des parois de la chaudière dont la température est inférieure à celle de la vapeur. On a essayé enfin, sans plus de succès, de provoquer le phénomène de la surchauffe en agissant sur de l'eau privée complètement d'air en dissolution par une ébullition prolongée.

Ces observations montrent bien que la surchauffe ne peut avoir sur les explosions l'influence prépondérante qui lui avait été attribuée d'abord.

En dehors de cette cause de surchauffe, générale à toutes les chaudières, due au chauffage d'une eau entièrement privée d'air et dont l'ébullition peut se trouver ainsi retardée, il peut se produire aussi certains cas où les parois de la chaudière se trouvent échauffées d'une manière dangereuse, et qu'on désigne aussi dans la pratique industrielle sous le nom général de *surchauffe*, mais cette expression vise alors surtout le métal plutôt que l'eau ou la vapeur.

Ainsi, par exemple, lorsque le ciel du foyer est découvert d'eau, la paroi correspondante n'étant plus rafraîchie arrive à une très haute température, elle se trouve surchauffée si le feu n'est pas arrêté immédiatement par le chauffeur. Cet accident, des plus dangereux, affaiblit beaucoup la résistance des tôles qui peuvent dès lors s'écraser. Au rouge, la résistance du cuivre est diminuée de 90 0/0, et l'explosion peut alors être considérée comme certaine; à 250°, sa résistance est diminuée déjà de 25 0/0, et il y a danger.

La surchauffe peut encore résulter de la présence de dépôts adhérents lesquels interceptent tout contact entre la paroi et l'eau, qui pourrait la rafraîchir, et elle se produit même aussi quelquefois avec des dépôts boueux qui rendent l'eau pâteuse et gênent le dégagement de la vapeur. On l'observe également quelquefois dans les chaudières tubulaires lorsque les tubes sont trop rapprochés et disposés de manière à gêner le dégagement des bulles de vapeur. On préviendra évidemment cet accident par une installation raisonnée de la chaudière, et surtout par une conduite soignée du feu et l'observation attentive du niveau d'eau de la chaudière. Il sera nécessaire, enfin, d'exécuter des lavages d'autant plus fréquents que l'eau est plus incrustante.

Il convient d'observer à ce sujet que la surchauffe peut déterminer l'explosion, non seulement par l'affaiblissement de la résistance des parois, mais aussi par la vaporisation brusque de l'eau arrivant sur une tôle portée à une température de 400° ou même du rouge. Aussi, dès qu'il s'aperçoit d'une surchauffe, le mécanicien doit-il abattre son feu le plus rapidement possible, sans chercher à alimenter, comme cela pourrait paraître naturel au premier abord.

**\* SURCHAUFFEUR.** *T. de mécan.* Appareil destiné à réchauffer la vapeur lorsqu'elle est isolée de son liquide générateur sur son parcours de la chaudière au cylindre de la machine à vapeur. On sait, en effet, que la vapeur d'eau saturée présente l'inconvénient d'avoir des pressions très rapidement croissantes avec les températures, ce qui rend presque impossible de dépasser un chiffre correspondant à une pression de 10 à 12 atmosphères.

On ne peut donc amener sans danger la vapeur à une température supérieure qu'en la surchauffant pour ne pas tomber dans des pressions exagérées absolument irréalisables. Dans ces conditions, le courant de vapeur isolé du liquide est pris à la température $t_2$ qui peut être égale à 150°, et échauffé comme le serait une masse gazeuse, en opérant par exemple sous pression constante pour l'amener à une température $T_2$ qui peut aller à 300°. Il absorbe ainsi une quantité de chaleur supplémentaire $c(T_2 - t_2)$, $c$ étant la chaleur spécifique sous pression constante.

Cette disposition présente l'avantage théorique d'élever sensiblement la température d'application de la vapeur qui sert à déterminer le rendement limite de la machine fonctionnant d'après le cycle de Carnot. Ce rendement limité s'exprime en effet, comme on sait, par la formule suivante :
$$x = \frac{t_2 - t_1}{t_2 + 273},$$
dans laquelle $t_2$ est la température d'arrivée de la vapeur supposée plus haut à 150°, et $t_1$ celle du condenseur de la machine qui peut être au minimum de 40° environ; on obtient donc $x = 0,260$ dans le cas de la vapeur simplement saturée, tandis qu'en surchauffant à 300°, la formule donnerait bien $x = \frac{T_2 - t_1}{T_2 + 273} = 0,4$. Il faut observer toutefois qu'il serait tout à fait impossible de compter sur ce résultat, car la détente de la vapeur dans le cylindre se produit nécessairement sans dégagement de la chaleur latente de vaporisation correspondant à cette température, et si on calcule le rendement possible en introduisant les coefficients spécifiques propres de la vapeur d'eau, on trouve que la limite résultant de ce calcul ne peut pas dépasser, par la surchauffe, 0,297, ce qui tient, comme on le comprend immédiatement, à ce que la quantité de chaleur apportée par la surchauffe $c(T_2 - t_2) = c(300-150)$ ne dépasse pas 70 calories environ et représente un apport presque insignifiant pour ainsi dire comparé à la quantité de chaleur déjà absorbée par la vapeur à 150°. La chaleur latente de vaporisation à cette température est en effet égale à 0,48 (V. *Cours de machines*, par Callon, Paris, Dunod, 1873). Cette nouvelle limite de 0,297, qui représente une augmentation de 7 à 8 0/0, est loin d'être en proportion avec l'écart des températures parce que la majeure partie de la chaleur est appliquée au corps à la température $t_2$ et non à $T_2$, et le rendement pratique est d'autant plus rapproché de la limite inférieure $\frac{t_2 - t_1}{a + t_2}$ que la quantité de chaleur absorbée pendant la vaporisation est plus considérable relativement à celle de surchauffe.

Quoi qu'il en soit, on a fait de nombreuses tentatives pour réaliser l'application industrielle de la vapeur surchauffée; M. Testut de Beauregard avait essayé d'utiliser à cet effet les bains métalliques en faisant passer le courant de vapeur dans un serpentin baigné dans un métal en fusion, et il avait pu réaliser des températures de 250° à 600° et même au-dessus. Il espérait ainsi pouvoir utiliser la détente de la vapeur dans des conditions analogues à celles des masses gazeuses en se mettant à l'abri des condensations dues à l'influence des parois, qui se produisent inévitablement avec la vapeur saturée.

Les lois de la vapeur surchauffée, qui ont été étudiées toutefois par Hirn, sont peu connues, et on ne doit peut-être pas admettre complètement l'assimilation absolue avec celles des gaz permanents; quoi qu'il en soit, ces diverses applications dont l'installation présentait de nombreuses difficultés, n'ont pas donné les résultats qu'on en attendait, et il semble que ce serait plutôt par l'emploi d'un fluide mixte formé d'un mélange d'air chaud et de vapeur qu'il conviendrait de rechercher à remplacer la vapeur saturée telle qu'on l'emploie actuellement dans la plupart des machines thermiques. On aurait ainsi un mélange possédant une partie des propriétés des gaz parfaits, et dont la condensation serait ralentie par la présence de l'air; au point de vue adiabatique, il aurait l'avantage de ne pas déterminer un vide absolu par sa condensation.

Dans la pratique actuelle, la surchauffe n'est guère appliquée que comme moyen d'assécher la vapeur et de recueillir une partie de la chaleur perdue des gaz dégagés. On fait passer, à cet effet, la vapeur humide sortant de la chaudière dans un réservoir en serpentin chauffé par les gaz de la combustion arrivant de la cheminée; l'eau entraînée se vaporise en partie, et la vapeur arrive plus sèche dans les cylindres. C'est un moyen économique de réduire le primage; mais on ne cherche pas à proprement parler à surchauffer la vapeur, ce qui aurait l'inconvénient, en pratique, de donner une vapeur trop sèche qui ne lubrifierait plus les organes oscillants, comme le fait la vapeur humide, et pourrait déterminer ainsi des grippements.

Les appareils surchauffeurs sont donc plutôt, comme le remarque M. Callon, des appareils sécheurs ayant à vaporiser la proportion moyenne d'eau de 7 à 8 0/0 entraînée dans la vapeur. Si on suppose celle-ci à la température de 150° correspondant à la pression de 5 atmosphères environ, on reconnaît facilement qu'il suffit, à cet effet, de leur donner 5 à 6 0/0 seulement de la quantité de chaleur contenue dans la vapeur.

Les appareils surchauffeurs sont surtout employés sur les chaudières marines, où ils sont disposés à la base de la cheminée pour recueillir la chaleur perdue des gaz dégagés. Ce sont généralement des réservoirs ou des serpentins baignés de toutes parts par le courant gazeux; nous n'insisterons pas, d'ailleurs, sur la description de ces appareils, en raison des détails que nous avons donnés sur l'installation de ces chaudières à l'article spécial. — V. Chaudière a vapeur.

* **SURCOT.** Par analogie à cette sorte de spencer que les femmes portaient autrefois sur leur corsage, on donne ce nom à un vêtement de sauvetage, composé d'une veste sans manches, rembourrée de sciure de liège et garnie de boîtes de métal hermétiquement fermées.

* **SURELL.** Ingénieur en chef des ponts et chaus-

sées, ancien Directeur de la Compagnie des chemins de fer du Midi, et membre du Conseil d'administration de cette Compagnie, né en 1813, décédé le 11 janvier 1887. C'est dans les Hautes-Alpes qu'il commença sa carrière d'ingénieur. Les torrents qui descendent des montagnes de cette région, entraînant la terre végétale et laissant la misère et l'aridité derrière eux, furent étudiés par lui d'une manière toute spéciale. Dans l'ouvrage qu'il publia sur ce sujet et qui fut couronné par l'Académie des Sciences, en 1842, il analyse cette cause de dévastation et indique les moyens d'y remédier, par le gazonnement et le reboisement des montagnes. Ces moyens, mis en pratique par l'Administration des Forêts, ont déjà profondément modifié la situation lamentable qui existait à cette époque. Attaché pendant dix années à la navigation du Rhône (1842-52), après d'importantes notes sur l'endiguement et l'assainissement des Bouches-du-Rhône, il fut appelé en 1853 au poste d'ingénieur en chef de la construction de la Compagnie du Midi, dont il devint Directeur en 1854. Il eut alors à former tout le service de l'exploitation où tout était à créer, et en 1859 discuta, avec M. de Franqueville, en ce qui concerne la Compagnie du Midi, les célèbres conventions qui ont duré jusqu'en 1883. Après un labeur incessant de plus de seize années, à la suite de la guerre où il avait dû s'installer à Bordeaux, il demanda à être relevé de ses fonctions de Directeur et, à partir de cette époque, prit place dans le Conseil d'administration de la Compagnie, où il continuait à apporter l'appoint de son expérience et de ses lumières. — V. *Revue générale des chemins de fer*, janvier 1887.

**SÛRETÉ.** T. de mécan. Ce mot s'applique, en général, à tout système destiné à mettre à l'abri d'un danger, l'appareil sur lequel il est fixé. || *Soupape de sûreté.* Soupape laissant, par son soulèvement, échapper de la vapeur lorsque celle-ci dépasse une certaine pression (V. Soupape). || *Verrou et serrure de sûreté.* Appareils qu'il est plus difficile d'ouvrir et même de forcer que les verrous et serrures ordinaires.

* **SURETTE.** Sorte de tissu natté en jute qui sert à faire des sacs, des emballages, etc.

**SURFACE.** T. de géom. On appelle *surface* la limite qui sépare un corps de l'espace environnant. La surface n'a pas d'épaisseur; elle n'a que deux dimensions. Pour les études de géométrie, il est indispensable de s'habituer à considérer les surfaces, abstraction faite des solides qui ont pu servir à en fournir la notion. Lorsqu'une ligne se déplace dans l'espace, le lieu des positions successives qu'elle occupe est la *surface* engendrée par cette ligne dans son mouvement. Une surface est définie dès qu'on connaît son mode de génération. Sous ce rapport, les surfaces ont été classées en différentes familles; telles sont les *surfaces réglées* engendrées par le mouvement d'une ligne droite, lesquelles comprennent comme cas particuliers les *surfaces développables* (V. Développable), les *conoïdes*, les *cônes*, les *cylindres*, le *plan*

(V. ces mots); les *surfaces de révolution* (V. Révo-
LUTION); les surfaces *hélicoïdales* (V. Hélicoï-
DAL), etc.

Par chaque point d'une surface on peut mener,
en général, à cette surface, une infinité de *tangentes* qui sont toutes contenues dans un même
plan nommé *plan tangent* (V. Tangent, Tangente).
Les points qui font exception à cette règle sont
des *points singuliers*. Toutes les surfaces jouissent
d'un certain nombre de propriétés générales relatives à la courbure des lignes qu'on peut tracer
sur chacune d'elles par un même point. A ces
théorèmes fort intéressants s'attachent les noms
célèbres d'Euler, de Monge et de Meusnier (V.
Meusnier, Monge, Sécant, Section). Dans la
géométrie analytique, une surface est représentée par une équation entre les coordonnées
de chacun de ses points. Les surfaces peuvent
alors être classées d'après le degré de leur équation lorsque celle-ci est algébrique. Ainsi le plan
est la seule surface du premier degré. Les surfaces du second degré comprennent les cylindres
et les cônes à base circulaire droits ou obliques,
les cylindres à base hyperbolique ou parabolique,
les *ellipsoïdes*, *hyperboloïdes* et *paraboloïdes*. — V.
ces mots.

Une surface limitée de toutes parts constitue
une étendue susceptible de mesure. La mesure
des surfaces est une des questions les plus importantes de la géométrie. Il est bon de remarquer que les surfaces ne se mesurent pas directement par comparaison avec l'unité de superficie;
mais la mesure des surfaces est toujours ramenée à celle des longueurs. La géométrie fournit
des formules qui permettent de calculer la mesure d'une surface, c'est-à-dire *l'aire* de cette surface, dès qu'on a mesuré les longueurs de certaines lignes qui servent à la définir. L'ensemble
des opérations qu'il faut effectuer pour obtenir cette
aire porte le nom de *quadrature* (V. ce mot). Il est
important de se bien rappeler que les formules
de géométrie relatives à la mesure des surfaces,
ne sont exactes qu'autant qu'on établit entre
l'unité de longueur et l'unité de surface une relation qui sert d'hypothèse dans les raisonnements
par lesquels on démontre ces formules. A cet
égard, la convention universellement adoptée est
de prendre pour unité de surface la superficie du
carré construit sur l'unité de longueur. Deux
surfaces qui ont la même aire, sans être superposables, sont dites *équivalentes*.

Nous donnons, ci-après, le résumé des principales formules relatives à la mesure des surfaces.

*Rectangle.* $S = ab$, $a$ et $b$ étant les deux côtés.

*Parallélogramme.* $S = ah$, $a$ étant l'un des côtés
et $h$ la hauteur correspondante, c'est-à-dire la
distance du côté opposé à celui-là.

*Triangle.* $S = \frac{1}{2}ah$, $a$ étant l'un des côtés et $h$ la
hauteur correspondante;

$$S = \sqrt{p(p-a)(p-b)(p-c)},$$

$p$ étant le demi-périmètre, $a, b, c$ les trois côtés;

$$S = pr = (p-a)r_1 = (p-b)r_2 = (p-c)r_3 = \sqrt{rr_1r_2r_3},$$

$r$ étant le rayon du cercle inscrit, $r_1 r_2 r_3$ les rayons
des cercles exinscrits respectivement dans les angles opposés aux côtés $a, b, c$ ;

$$S = \frac{abc}{4R},$$

R étant le rayon du cercle circonscrit;

$$S = \frac{1}{2}bc \sin A = \frac{a^2 \sin B \sin C}{2 \sin A}.$$

$$S = p^2 tg\frac{A}{2} tg\frac{B}{2} tg\frac{C}{2} = r^2 cotg\frac{A}{2} cotg\frac{B}{2} cotg\frac{C}{2},$$

A, B, C étant les trois angles du triangle respectivement opposés aux côtés $a, b, c$.

Ces diverses formules permettent de calculer
l'aire d'un triangle à l'aide de données très diverses.

*Quadrilatère.*

$$S = \frac{1}{4}\sqrt{(2mn+a^2-b^2+c^2-d^2)(2mn-a^2+b^2-c^2+d^2)}$$

$a, b, c, d$ étant les quatre côtés consécutifs, $m$ et $n$
les diagonales.

Si le quadrilatère est inscriptible, la formule se
simplifie :

$$S = \sqrt{(p-a)(p-b)(p-c)(p-d)},$$

$p$ étant le demi-périmètre.

*Trapèze.*

$$S = \frac{(a+b)h}{2},$$

$a$ et $b$ étant les deux bases, ou côtés parallèles, et
$h$ la hauteur ou distance des deux bases.

*Polygone.* Pour trouver l'aire d'un polygone, on
le décompose en triangles par des diagonales, ou
mieux, en triangles et en trapèzes au moyen
d'une diagonale et des perpendiculaires abaissées
des différents sommets sur cette diagonale. Par
ce dernier moyen, on n'aura à mesurer que des
longueurs portées sur deux directions perpendiculaires.

*Polygone régulier.* $S = \frac{1}{2}pa$, $p$ étant le périmètre, et $a$ l'apothème.

*Triangle équilatéral.* $S = \frac{a^2\sqrt{3}}{4}$, $a$ étant le côté.

*Hexagone régulier.* $S = \frac{3a^2\sqrt{3}}{2}$, $a$ étant le côté.

*Cercle.* $S = \pi r^2$, $r$ étant le rayon.

*Secteur circulaire* (surface comprise entre un arc
et deux rayons).

$$S = r^2\left(\frac{n}{360} + \frac{p}{21600} + \frac{q}{1296000}\right)$$

l'angle du secteur contenant $n^o, p', q''$.

*Segment circulaire* (surface comprise entre un
arc de cercle et la corde). C'est la différence entre
le secteur et un triangle :

$$S = \frac{1}{2}r^2(\alpha - \sin\alpha),$$

$\alpha$ étant l'angle des rayons extrêmes, exprimé
en parties du rayon.

*Ellipse.* $S = \pi ab$, $a$ et $b$ étant les deux axes.

*Parabole.* Un segment de parabole compris entre

un arc de la courbe et la corde correspondante est équivalent aux deux tiers du parallélogramme construit sur cette corde et la tangente parallèle.

*Cylindre droit circulaire.* Surface latérale :

$$S = 2\pi r h;$$

surface totale :

$$S = 2\pi r (r + h),$$

$r$ étant le rayon, et $h$ la hauteur.

*Cône droit circulaire.* Surface latérale :

$$S = \pi r a;$$

surface totale :

$$S = \pi r (r + a),$$

$r$ étant le rayon, $a$ l'apothème ou génératrice.

*Tronc de cône droit circulaire à bases parallèles.* Surface latérale :

$$S = \frac{\pi}{2}(r + r')a;$$

surface totale :

$$S = \pi\left(\frac{a(r + r')}{2} + r^2 + r'^2\right),$$

$r$ et $r'$ étant les rayons des deux bases et $a$ l'apothème ou génératrice.

*Sphère.* $S = 4\pi r^2$, quatre fois le grand cercle.

*Zone* (portion de la surface de la sphère comprise entre deux plans parallèles).

$$S = 2\pi r h$$

$r$ étant le rayon, et $h$ la hauteur, c'est-à-dire la distance des deux plans parallèles. Cette formule s'applique encore quand l'un de ces deux plans devient tangent à la sphère. La zone alors n'a plus qu'une base et prend le nom de *calotte*. Si $h = 2r$, la zone recouvre toute la sphère, et l'on retrouve, en effet, la formule précédente.

*Fuseau* (portion de la surface de la sphère comprise entre deux plans qui passent par le centre) :

$$S = 2r^2 a$$

ou

$$S = 4\pi r^2\left(\frac{n}{360} + \frac{p}{21600} + \frac{q}{1296000}\right)$$

suivant que l'angle du fuseau est exprimé en parties du rayon ($a$), ou en degrés, minutes et secondes ($n° p' q''$).

*Triangle sphérique.* $S = r^2 \iota$, $\iota$ étant l'excès sphérique, c'est-à-dire l'excès de la somme des trois angles du triangle sur deux droits, exprimé en parties du rayon.

Si $A, B, C$ sont les trois angles du triangle exprimés en degrés, minutes et secondes, la surface du triangle aura pour expression :

$$S = \frac{\pi r^2}{180}(A + B + C - 180°).$$

*Polygone sphérique convexe.* $S = r \varepsilon$, $\varepsilon$ étant l'excès sphérique, c'est-à-dire l'excès de la somme des angles sur autant de fois deux droits qu'il y a de côtés moins deux, exprimé en parties du rayon.

On peut souvent obtenir l'aire d'une surface de révolution à l'aide du théorème suivant dû à Guldin :

*La surface engendrée par une ligne plane qui tourne autour d'un axe situé dans son plan et qui ne la traverse pas, a pour mesure le produit de la longueur de cette ligne par celle de la circonférence que décrit son centre de gravité.*

C'est ainsi qu'on peut trouver la surface du tore :

*Tore.* $S = 4\pi^2 R r$, $r$ étant le rayon du cercle générateur, et $R$ la distance de son centre à l'axe.

Rappelons enfin un théorème très important dans les applications pratiques : les aires de deux surfaces semblables sont entre elles comme les carrés des lignes homologues. — M. F.

**SURFACE DE CHAUFFE.** *T. de mécan.* Surface des parois d'une chaudière à vapeur qui est en contact avec les produits gazeux de la combustion. On distingue la surface de chauffe directe, qui est celle des parois du foyer directement exposée au rayonnement du combustible incandescent, et la surface de chauffe indirecte qui est simplement léchée par le passage des produits gazeux sortis du foyer. La surface de chauffe directe exerce évidemment une part prépondérante dans la puissance de vaporisation de la chaudière, et elle est prise souvent comme mesure de celle-ci. Aux divers articles relatifs aux générateurs à vapeur (V. Chaudière, Locomotive, Navire, Traction, etc...), nous avons résumé d'ailleurs les principales données relatives aux surfaces de chauffe.

La *surface de grille* est aussi un élément qui peut servir à apprécier dans une certaine mesure la puissance de vaporisation de la chaudière, puisqu'elle donne la surface de combustible incandescent, et elle permet d'évaluer aussi l'activité du tirage, par la surface libre qu'elle offre au passage de l'air.

La *condensation par surface*, obtenue sans mélange de la vapeur à condenser avec l'eau qui la refroidit, la transmission de température s'opérant à travers une paroi métallique, a été étudiée au mot Condenseur, et nous n'y reviendrons pas ici.

**SURFAIX.** Large sangle, en cuir ou étoffe, destinée à retenir une couverture sur le dos d'un cheval ou à maintenir la selle en passant par dessus les autres sangles.

**\*SURFILAGE.** *T. techn.* Nouvelle torsion donnée aux matières textiles qui ont déjà subi l'opération du filage. || Ce terme s'applique spécialement à l'industrie de la laine cardée, dans laquelle le métier à filer intervient dans certains cas deux fois : une première pour amincir les boudins fournis par la carde, et une seconde pour transformer ces mèches en fils fins. Le premier passage équivaut à l'action des bancs à broches dont on fait usage pour le travail du coton et du lin, ou à celle des étirages à frottoirs de la laine peignée.

**SURJET.** *T. techn.* Espèce de couture qui s'exécute en tenant les deux étoffes bord à bord l'une sur l'autre, et en les traversant toutes deux à chaque point d'aiguille.

**SURMONTÉ.** *Art hérald.* On dit qu'une pièce est surmontée lorsqu'elle en a une autre au-dessus d'elle qui la touche immédiatement.

**\*SURMOULAGE.** *T. techn.* Se dit de tout moulage pris sur un autre moulage.

**SURPLIS.** *T. du cost. eccl.* Vêtement d'église,

blanc et descendant à mi-jambe, que les ecclésiastiques portent par-dessus la soutane et dont les larges manches sont parfois remplacées par deux ailes plissées qui pendent par derrière.

**SURPLOMBER.** *T. d'arch.* Se dit des parties supérieures d'une construction, lorsqu'elles sont hors de l'aplomb des parties inférieures.

**SURSATURATION.** *T. de chim.* Action de saturer un liquide en dépassant les limites de la *saturation.* — V. ce mot.

**\*SURTONTE.** *T. de peauss.* Opération effectuée après le lavage des peaux, et qui consiste à couper les extrémités des poils et à enlever les brins trop durs et abîmés ; c'est également la laine obtenue par cette opération, et qui ne peut être utilisée que pour des ouvrages grossiers.

**SURTOUT.** Ce nom ne s'applique pas seulement à ce vêtement très ample que l'on met par dessus les autres, mais aussi aux grandes pièces d'orfèvrerie ou de poterie qui, de tout temps, ont figuré dans les grands repas, sur le milieu des tables.

**SUSPENSION.** *T. de mécan. Suspension à la Cardan.* Mode de suspension permettant à un objet de conserver sa position, malgré les déplacements du support. — V. CADRAN. || *Point de suspension.* Point fixe autour duquel peut se mouvoir un corps qui y est suspendu. || Objet d'ameublement suspendu au milieu du plafond et qui constitue un appareil d'éclairage ou d'ornement.

**SYCOMORE.** — V. ÉRABLE.

**\*SYÉNITE.** *T. de minér.* Sorte de roche qui constitue un véritable granite, dans lequel manquerait le quartz. Elle est constituée par de l'orthose, de l'amphibole (hornblende), du mica magnésien et de l'augite, avec souvent un peu de sphène, d'oligoclase ou de zircon. Sa densité est de 2,75 à 2,9.

Les syénites sont des roches neutres et basiques de la période granitique éruptive ancienne, cependant celles des Vosges paraissent être de formation bien plus récente. Par suite de la couleur rougeâtre du feldspath, contrastant agréablement avec la nuance vert foncé de l'amphibole, ces roches sont très employées pour l'ornementation des édifices ; elles sont dures et résistent très bien à l'air.

**SYMBOLISME.** Représentation figurée d'un personnage, d'un phénomène naturel ou d'une idée métaphysique.

— Chez les peuples dans l'enfance ou chez les peuples de l'Orient dont l'imagination est plus vive, le symbolisme est une nécessité et un moyen à la fois ; une nécessité parce que leur esprit a besoin de trouver dans les idées surnaturelles des allégories poétiques, dramatiques, même obscures parfois, qui séduisent ou qui frappent ; un moyen parce que les prêtres ne pouvant se livrer à un enseignement complet de la religion, tirent un grand parti de ces quelques images qui contiennent toute une pensée. Aussi retrouvons-nous chez les peuples différents d'origine, les mêmes allégories fondamentales, pour ainsi dire ; c'est qu'elles représentent des idées générales nécessaires à l'établissement d'une religion, et qu'on a éprouvé le besoin de les rendre sensibles par une transposition de l'abstrait à une réalité idéale, si l'on peut s'exprimer ainsi. Tel est l'œuf cosmogonique qu'on ren-

contre sur les monuments mythiques des Japonais, des Hindous, des Grecs ; le serpent, qui joue un si grand rôle dans les théologies phénicienne, hindoue, égyptienne, chaldéenne, et dans la religion chrétienne qui en dérive, etc. Les Égyptiens, dont la religion était mystérieuse et gardée dans ses principes par un corps de prêtres fanatiques et jaloux, nous offrent le véritable type du symbolisme dans les pyramides, dans les hiéroglyphes, dans le sphinx, qui en est la représentation la plus remarquable.

Tout autre est le symbolisme des Grecs, il s'humanise, il descend jusqu'à nous ; les dieux ne sont plus que des hommes idéalisés, ils pensent, ils parlent, ils agissent, ils aiment comme nous, et l'immortalité seule les distingue. Pour l'Hindou, le premier des dieux est un monstre à cent bras ; pour un Grec, c'est un homme fort et majestueux, qui ne s'élève au-dessus des autres que par la fierté de l'attitude, la profondeur et la sérénité du regard, la beauté des traits, la force et l'élégance du corps. On voit combien les conditions de l'art sont changées.

Et cependant, les idées les plus hautes sont cachées sous ces enveloppes grossières, et si l'esprit veut aller au delà de la matière et les chercher, il les découvre sans peine. Les symboles de Saturne, de Jupiter, le dieu de l'air et de la vie, de l'Amour, de Pandore, de Prométhée, sont à notre portée, et sont dignes d'inspirer l'artiste. Aussi, après tant de chefs-d'œuvre de toutes les époques, la mythologie grecque est-elle encore la plus féconde en interprétations artistiques.

Au contraire, le symbolisme chrétien est restrictif pour l'art, parce que émanant des religions asiatiques, il a abandonné le symbolisme humanisé pour retourner au mysticisme. Ses allégories, ses emblèmes, ont besoin d'une explication, encore celle-ci est-elle en beaucoup de cas, imparfaitement saisie par notre esprit habitué à tout reporter aux formes naturelles.

Dans la sculpture et dans la peinture, l'histoire de Jésus ou celle de l'Ancien Testament ont surtout séduit les artistes du moyen âge, et c'est plutôt dans l'architecture qu'il faut chercher les traces du symbolisme ; on le trouve à chaque pas dans nos cathédrales.

L'architecture civile n'a que faire du symbolisme, et il n'est guère employé de nos jours que dans les commandes officielles, sous la forme très réduite de l'allégorie, lorsqu'on place dans un monument une femme qui selon les besoins du lieu, figurera la science, la musique, l'agriculture ou l'instruction ; un attribut suffit alors pour lui assigner un caractère. Nous sommes loin de la symbolique du moyen âge, que condamne sans doute la raison, mais qui a été pour l'art un précieux ressort. — C. DE M.

**SYMÉTRIE.** *T. de géom.* On distingue en géométrie trois espèces de symétrie :

1° *La symétrie par rapport à un point :* deux figures sont symétriques par rapport à un point O qui prend le nom de *centre de symétrie* lorsqu'elles se correspondent point par point de telle sorte que deux points correspondants soient sur une ligne droite passant par O et à égale distance de part et d'autre de ce point ;

2° *La symétrie par rapport à un axe :* deux figures sont symétriques par rapport à une droite X Y qui prend le nom d'*axe de symétrie* lorsqu'elles se correspondent point par point, de manière que deux points correspondants se trouvent sur une droite perpendiculaire à l'axe X Y et à égale distance de part et d'autre du pied de cette perpendiculaire ;

3° *La symétrie par rapport à un plan :* deux figures sont symétriques par rapport à un plan P qui prend le nom de *plan de symétrie*, lorsqu'elles se correspondent point par point, de manière que deux points correspondants soient sur une même perpendiculaire au plan P et à égale distance de part et d'autre du pied de cette perpendiculaire.

On dit aussi qu'une figure est symétrique par rapport à un centre, un axe ou un plan, lorsqu'elle se compose de deux parties symétriques l'une de l'autre. C'est ainsi qu'un ellipsoïde, par exemple, a trois axes, trois plans et un centre de symétrie. Deux figures symétriques par rapport à un axe sont superposables, comme on le voit immédiatement en faisant tourner l'une des deux figures de 180° autour de l'axe. Au contraire, deux figures symétriques par rapport à un centre ou par rapport à un plan ne sont pas en général superposables. On démontre que toutes les figures symétriques d'une figure S, soit par rapport à un centre, soit par rapport à un plan, sont égales entre elles, de sorte que pour étudier les propriétés de ces figures, il suffit d'étudier celles de l'une d'entre elles, en choisissant de la manière la plus avantageuse le centre ou le plan de symétrie. Ainsi, en prolongeant les arêtes d'un angle polyèdre, on forme un angle polyèdre symétrique du premier par rapport à son sommet. On en conclut que deux angles polyèdres symétriques ont les mêmes faces et les mêmes angles dièdres disposés dans l'ordre inverse. On établit de même que deux polyèdres symétriques ont leurs faces égales, leurs dièdres égaux, et leurs angles polyèdres symétriques. On en conclut aisément qu'ils sont équivalents, c'est-à-dire qu'ils ont le même volume. Cette propriété se généralise sans peine, et deux solides symétriques ont leurs surfaces égales et leurs volumes égaux.

Deux figures planes symétriques sont toujours superposables, car il est facile de voir que dans ce cas, quel que soit le mode de symétrie qu'on ait défini, il existe toujours un axe de symétrie.

Les figures symétriques jouent un grand rôle dans les arts et l'industrie, à cause de la régularité de leurs formes et de l'avantage qui résulte d'une heureuse répartition des efforts mécaniques de part et d'autre du centre, de l'axe ou du plan de symétrie. — M. F.

**SYMÉTRIQUE.** *T. de géom.* — V. SYMÉTRIE. || *T. d'algèb.* On dit qu'une équation, ou une fonction est symétrique par rapport à certaines lettres $x, y, z...$ lorsqu'on peut, sans changer l'équation ou la fonction, permuter deux ou plusieurs de ces lettres $x, y. z...$

**SYNCHRONISME.** *T. de mécan.* (du grec σύν, avec, χρόνος, temps). C'est la propriété de deux mouvements révolutifs ou oscillatoires qui s'accomplissent dans la même période de temps ; ces deux mouvements sont dits *synchrones*. Tel est le cas de deux pendules dont les oscillations s'effectuent dans le même temps. On sait que la durée d'oscillation d'un pendule simple est donnée par la formule :

$$t = \pi \sqrt{\frac{l}{g}}$$

où $l$ représente la longueur du pendule, et $g$ l'intensité de la pesanteur. Dans la pratique, il est impossible de construire un pendule *simple*, puisqu'on ne peut supprimer ni le poids de la tige, ni les dimensions de la lentille. On comprend alors qu'on puisse avoir besoin de déterminer la longueur du pendule simple qui oscillerait dans le même temps qu'un pendule composé donné ; c'est ce qu'on appelle la *longueur du pendule synchrone.* — V. PENDULE.

**SYNDICATS PROFESSIONNELS.** Le syndicat est la réunion des syndics. Le syndic, dit Littré, est celui qui est élu pour prendre les intérêts d'un corps. Les *syndicataires* sont ceux qui font partie d'une chambre syndicale. On peut aussi les qualifier de « syndiqués. »

— Les anciennes organisations professionnelles d'avant la Révolution avaient leurs syndics, dont les attributions se confondaient avec celles des maîtrises et des jurandes. La révolution de 1789 supprima, on le sait, cette organisation qui subsista dans les mœurs, et presqu'aussitôt renaquit sous d'autres formes et pour d'autres buts. C'est ainsi qu'en 1798, des associations syndicales légales furent fondées en France en vue de certains travaux agricoles. Cette loi de 1798 autorisa la formation de sociétés pour se protéger contre les inondations et pour faire des irrigations. Il a fallu une loi spéciale à cette époque, parce que celle des 14-17 juin 1791 n'eût pas permis que plus de vingt personnes se réunissent et s'associassent même pour faire chose publique utile. Nous voyons encore dans le dictionnaire Littré qu'un « syndic d'arrosage » est un fonctionnaire chargé, dans le Dauphiné et le Valais, de diriger les eaux de manière que sous la forme d'irrigations, elles ne nuisent à personne et profitent à tous. Une loi du 16 septembre 1807, toléra aussi le groupement des propriétaires pour opérer les dessèchements. Une loi du 27 avril 1838 permit l'association syndicale pour l'assèchement et l'exploitation des mines. Une autre loi du 10 juin 1854 donna pouvoir aux propriétaires riverains de s'associer en vue du drainage des rivières non navigables.

En vertu de ces lois, il existait, en 1864, 2,475 associations syndicales dans 63 départements. Elles ont fait : 857 travaux d'endiguement ; 804 travaux de curage, d'assainissement et de dessèchement ; 750 travaux d'irrigation ; 60 travaux de drainage.

Mais ces lois, édictées de 1798 à 1864, ne s'étendaient pas aux gens de métiers, dont les réunions et les associations restèrent soumises aux prescriptions des articles 291 à 294 du code pénal. Il y eut bien, par autorisations spéciales, des syndicats de bouchers, de boulangers et de plusieurs professions du bâtiment, mais leurs syndics étaient plutôt les représentants de l'administration, auprès des syndicataires, que les défenseurs des intérêts professionnels ; leurs attributions subissaient entièrement le contrôle de la préfecture de police. Les membres des corporations ouvrières se groupaient en sociétés de secours mutuels ou s'affiliaient au compagnonnage. Cette situation dura jusqu'en 1864. A cette époque, le principe syndical reçut son application par les éléments corporatifs. Les ouvriers se syndiquèrent pour obtenir des augmentations de salaire, et les patrons en firent autant pour résister au mouvement de ceux qu'ils salariaient. Ainsi, d'un côté on s'armait contre le patronat, et, de l'autre le syndicat était une arme contre les entreprises des syndiqués adverses.

Dès 1866, se forma à Paris l'*Union nationale du commerce et de l'industrie*, composée de syndicats patronaux appartenant plus particulièrement au commerce, et dont le siège fut établi au n° 10 de la rue de Lancry, où il est encore à présent. Cette fédération compte 80 chambres syndicales patronales réunissant ensemble 8,000 adhérents. Plusieurs de ces groupements agrégés rayonnent dans toute la France. Les bureaux des chambres syndicales de l'*Union nationale du commerce et de l'industrie* forment le syndicat général, lequel s'occupe des affaires d'ensemble de la fédération entière. Les décisions de chaque chambre syndicale, touchant les intérêts collectifs industriels et commerciaux, doivent être soumises à l'examen et à l'approbation du syndicat général qui seul, en pareils cas, reste chargé des relations de l'*Union* avec les pouvoirs publics.

La nature des études faites par l'*Union nationale* a surtout porté sur la revision des traités de commerce, l'établissement des tarifs de douane, la revision des tarifs de chemins de fer relatifs au transport des marchandises, et surtout sur les réformes fiscales qui intéressent plus particulièrement le commerce.

Le législateur s'est souvent appuyé sur les discussions et les résolutions du syndicat général, pour élaborer les projets de lois touchant les matières commerciales et industrielles.

En dehors de l'*Union nationale du commerce et de l'industrie*, fonctionnent à Paris deux autres fédérations de chambres syndicales patronales : 1° l'*Union des chambres syndicales de l'industrie et du bâtiment*, dont le siège est établi au n° 3 de la rue de Lutèce; 2° le *Comité central des chambres syndicales*, siégeant au n° 39 de la rue Sainte-Croix-de-la-Bretonnerie.

Le groupe des syndicats de la rue de Lutèce remonte à une cinquantaine d'années; il s'appelait alors le *Groupe de la Sainte-Chapelle*. Il réunit maintenant 18 chambres syndicales des industries du bâtiment, et le nombre de ses adhérents est presque aussi élevé que celui de l'*Union nationale* de la rue de Lancry.

Les syndicats du comité central sont au nombre de 35 et appartiennent en majorité à la grande industrie. Ils sont également très importants, à la fois par les intérêts qu'ils représentent et par le nombre de leurs adhérents.

Il y a, en outre, depuis une dizaine d'années, des syndicats de patrons dans les centres industriels de province.

Quant aux syndicats d'ouvriers, dont le nombre est de près de 1,000 en France, dont 250 à Paris, ils se sont accrus très rapidement à partir de 1872, et depuis cette époque, le but constant de ceux qui en étaient composés d'éléments les plus pratiques, a été d'obtenir la législation pour se soustraire aux prescriptions des articles 291 à 294 du code pénal, qui les empêchait de se fédérer et qui les plaçait sous l'arbitraire administratif.

Une première fédération des chambres syndicales ouvrières fut fondée en 1868. Elle se fit surtout remarquer par son caractère anti-patronal, et par l'ardeur qu'elle mit à organiser les grèves qui troublèrent l'industrie française de 1868 à 1870. Cette fédération fut dissoute par la guerre franco-prussienne, et ses principaux éléments furent dispersés après la chute de la Commune de Paris.

En 1873, une union syndicale ouvrière prit naissance avec les statuts réorganisés de la capitale. Ses tendances étaient essentiellement modérées. Elle répudiait la grève et voulait que toutes les ressources des syndicats, en dehors des frais généraux indispensables à leur administration, fussent réservées pour être plus tard, quand le moment eût été jugé propice, employées dans la coopération.

Malheureusement, nous étions sous le régime ombrageux du 24 mai 1873, et le gouvernement commit la faute de dissoudre cette union syndicale ouvrière pacifique et pratique. A cause de cette dissolution intempestive, de légaux qu'ils étaient, les ouvriers syndiqués devinrent frondeurs et se tinrent aux frontières de l'illégalité. Par dépit, ils écoutèrent, sans les approuver d'une manière inquiétante, les apôtres de la révolution sociale.

Les chambres syndicales ouvrières désagrégées, continuèrent à vivre isolément et à poursuivre leur régularisation qu'ils obtinrent enfin par l'édiction de la loi du 21 mars 1884.

Un peu avant que cette loi ne fut votée, les syndicats ouvriers se divisèrent sur la question de savoir si elle était opportune. Une minorité repoussait toute espèce de loi, tandis que la majorité en réclamait une. De cette majorité imbue du sentiment légal, résulta l'*Union des chambres syndicales ouvrières de France*, dont les membres désirent l'accord avec les patrons sur le terrain professionnel, par des concessions réciproques, et de cette minorité sortit l'*Union fédérale*, qui recruta dans les cercles d'études sociales, et dont l'esprit est révolutionnaire.

La loi du 21 mars 1884 accorde aux syndicats professionnels le droit d'ester en justice, de recevoir des dons et legs, de posséder l'immeuble où est établi leur siège social, d'organiser des bureaux pour les offres et les demandes de travail, d'intervenir dans les questions d'apprentissage et d'enseignement professionnel, de créer dans leur sein et avec leurs éléments des caisses de prévoyance et de secours mutuels contre le chômage, la maladie et la vieillesse, et de former entre eux des unions pour étudier les affaires qui portent sur les intérêts généraux du travail, de l'industrie ou du commerce. Ces unions peuvent embrasser divers métiers ou professions et différentes localités.

Pour obtenir leur légalisation, les syndicats de patrons et d'ouvriers, ont tout simplement à déposer leurs statuts et les noms de leurs administrateurs ou directeurs à la mairie de la localité où le siège syndical est établi. La préfecture de la Seine reçoit les déclarations constitutives des syndicats professionnels de Paris.

Les étrangers ne peuvent être administrateurs ni directeurs des syndicats professionnels, ni les français qui ne jouissent pas de leurs droits civils.

L'*Union des chambres syndicales ouvrières de France* a noué, il y a quatre ans, des relations avec les chambres syndicales patronales de l'*Union nationale du commerce et de l'industrie*.

Les délégués des deux institutions ont organisé des conférences mixtes, dans lesquelles les orateurs ont discuté contradictoirement des ordres du jour préparés d'avance et d'un commun accord. Ces discussions ont porté sur les grèves et sur les accidents résultant du travail. Les opinions émises de part et d'autre ont montré qu'un rapprochement entre patrons et ouvriers n'offrait aucune difficulté insurmontable.

En somme, le rôle des chambres syndicales ouvrières consiste dans la défense des intérêts généraux professionnels ouvriers, comme par exemple la meilleure application des contrats d'apprentissage, l'organisation mieux comprise des cours professionnels, la réforme de l'institution des prud'hommes, le maintien du taux des salaires, et même l'examen des tarifs de douane, à l'importation et à l'exportation des objets de la fabrication qui les concerne.

Il existe enfin, à part les deux catégories de syndicats que nous venons d'étudier, des syndicats agricoles qui se sont constitués après l'édiction de la loi du 21 mars 1884. Ils existent tous en province et sont déjà au nombre de 250. Ils ont pour but de relever l'agriculture nationale, tant par l'acquisition de champs d'expérience où les ressources collectives permettent l'emploi d'un outillage perfectionné qui économise les bras et laboure plus profondément la terre, que par le groupement des moyens individuels pour lutter contre l'envahissement des produits étrangers. Ces champs d'expérience des syndicats agricoles sont des sortes de succursales des fermes écoles ou fermes modèles.

Voici d'ailleurs, le programme du syndicat des agriculteurs de l'arrondissement de Brives (Corrèze) qui a été l'un des premiers fondés :

1° Le syndicat a pour but de faciliter aux personnes qui en font partie, les moyens de se communiquer les idées qu'elles croient utiles, afin de les propager, soit par des séances publiques, soit par l'impression des mémoires qui en seront jugés dignes ;

2° De favoriser le développement de l'emploi des engrais, des semences de bon choix, des instruments perfectionnés et applicables au pays ;

3° D'organiser des concours spéciaux concernant : la production horticole, viticole, fruitière, maraîchère, fromagère ; la bonne tenue des étables, des fumiers, des purins, les irrigations, l'amélioration du bétail ; l'industrie chevaline et mulassière ; l'industrie laitière ;

4° De tenir des réunions en plein champ, où la société convoquera tous les cultivateurs, pour être témoins d'expériences faites sur un ou plusieurs points de l'arrondissement, avec des instruments nouveaux, ou pour mettre en œuvre des procédés qu'on ne comprend qu'en les voyant de ses propres yeux ;

5° D'acheter des machines ou instruments qui pourront servir de modèles à tous les cultivateurs de l'arrondissement ;

6° D'exercer, en outre, son action par l'enseignement, par la discussion orale des questions d'intérêt général ou local ayant trait à l'agriculture, par des conférences agricoles et publiques.

Chaque membre paye une cotisation annuelle de 2 francs. Cette petite somme rend la société accessible à tous les cultivateurs de l'arrondissement.

Nous croyons devoir signaler, en outre, ce passage du programme syndical des vignerons de Sancerre :

« 1° Faire l'ouvrage des sociétaires dans l'impossibilité momentanée de faire leurs vignes, soit par accident ou maladie, soit par suite des appels des vingt-huit jours et des treize jours ;

« 2° Acheter les matières premières et les outils relatifs à la profession, afin que les sociétaires les payent moins cher ;

« 3° Faciliter l'écoulement des vins récoltés par les membres de la société, et plus généralement, s'occuper des intérêts vinicoles de la localité ;

« 4° Organiser, dès que faire se pourra, une petite banque de prêt mutuel, où les sociétaires pourront trouver à bon compte les avances ou les escomptes dont ils auront besoin. »

En résumé, il y a actuellement en France environ 2,000 syndicats professionnels, dont 400 de patrons, 1,350 d'ouvriers, et 250 d'agriculteurs.

**SYPHON.** — V. Siphon.

**SYSTYLE.** *T. d'arch.* Ordonnance d'architecture suivant laquelle l'entre-colonnement est de deux diamètres ou quatre modules.

# T

**TABAC.** *Tobacco* (anglais), *tabak* (allemand). Nicotiana des botanistes; plante annuelle de la famille des solanées.

Historique. Le tabac est originaire de l'Amérique, et dans presque toutes les parties du nouveau monde, surtout au Mexique, on retrouve les traces de l'usage qu'en faisaient les anciennes peuplades indiennes. Dans les récits des premiers voyageurs européens à travers l'Amérique, il est parlé d'une légende indienne qui attribue au tabac une origine divine : il aurait été apporté sur la terre, avec le maïs et le haricot, par un bon génie et donné à deux chasseurs, en récompense d'une généreuse hospitalité. Les Indiens fumaient pour guérir de toutes les maladies, et aussi pour se donner une sorte d'ivresse que l'habitude rendait agréable. Ils employaient quelquefois des procédés qui effrayeraient les fumeurs contemporains les plus endurcis : des feuilles de tabac étaient brûlées sur des charbons ardents, et la fumée était aspirée par le nez, au moyen d'un roseau fourchu dont les deux branches étaient introduites dans les narines. Nous supposons que ce procédé était tout à fait exceptionnel. En général, on brûlait les feuilles de tabac dans des roseaux, ou roulées dans des feuilles de palmier ou de maïs, et on aspirait la fumée par la bouche. Les Indiens connaissaient aussi la pipe ; ils la faisaient en pierre dure, plus ou moins sculptée. La pipe en terre cuite, avec tuyau, est originaire d'Europe.

C'est Christoph Colomb qui, en 1492, à son retour d'Amérique, signala le premier l'habitude qu'avaient les Indiens de fumer le tabac. Les premiers plants furent rapportés en Europe par un médecin espagnol, F. Hernandez ; Jean Nicot, ambassadeur de France près la cour de Portugal envoya quelques pieds à la cour de Catherine de Médicis vers 1560. C'est de Portugal également que le cardinal Santa Cruz l'apporta en Italie, en même temps que l'évêque Tarnabon le rapportait de France. En Angleterre, le tabac pénétra vers 1580. Quelques années après, on le trouve en Allemagne, en Russie, en Turquie, etc.

Dans la Chine et dans l'Inde, on cultivait le tabac et on en usait au XVIIe siècle ; on n'a pas encore de renseignements précis sur l'origine de la plante dans l'extrême Orient ; elle y a peut-être existé de tout temps, comme en Amérique.

En Europe, le tabac fut d'abord employé comme médicament ; on lui attribuait les vertus les plus extravagantes, et la guérison de toutes les maladies. L'habitude vint vite d'en user en pleine santé, comme moyen de distraction ; dans chaque pays s'étaient créés des modes de consommation particuliers : en France, généralement on prisait ; en Hollande, en Angleterre, on fumait la pipe. Bientôt la consommation fut assez importante pour constituer une branche de commerce sérieuse ; les tabacs étaient surtout fournis par l'Amérique, mais la culture indigène s'organisa partout. Ce fut en vain que les monarques tentèrent de s'opposer à cette invasion, que les priseurs et les fumeurs furent menacés de l'excommunication papale, qu'un czar et un sultan prescrirent de leur couper le nez, de les mettre à mort, on fumait et on prisait toujours de plus en plus. Les gouvernements renoncèrent bien vite à la lutte, et pensèrent à tirer profit des nouveaux besoins de leurs sujets. Le premier qui frappa le tabac d'un impôt fut Richelieu, en 1621, soixante ans après que la plante avait été introduite en France. Cet impôt a subi bien des changements, et il est arrivé à constituer aujourd'hui plus du dixième des recettes du budget français. Dans tous les pays du monde, on a suivi l'exemple de la France, on a frappé le tabac d'un impôt, perçu de différentes façons, mais les résultats n'atteignent nulle part ceux que donne le monopole français.

Hygiène. Il y a bien longtemps qu'on ne pense plus aux vertus médicinales du tabac. Les innombrables publications faites dans toutes les langues, par les médecins et les apothicaires du XVIIe et même du XVIIIe siècle sur le traitement de toutes les maladies par le tabac, ou bien au contraire sur ses influences morbides, sont reléguées au fond des bibliothèques et fourmillent tellement d'erreurs, d'insanités qu'elles disparaîtront bientôt pour toujours. Aujourd'hui, on prise et on fume par mode d'abord, puis par plaisir et par habitude. C'est chez beaucoup d'hommes une nécessité de l'existence, et ni les sociétés de tempérance, ni les gouvernements ne pourront arracher ce nouveau besoin. Leur rôle est plutôt de protéger les produits contre les altérations et les fraudes. Celui des médecins est de nous éclairer sur l'action du tabac, et de rechercher les remèdes contre les maladies que l'abus entraîne. A ce point de vue, on peut déplorer le petit nombre d'observations, de travaux sérieux qui ont été faits sur un sujet aussi universel. Le tabac, diton, détruit la volonté, la mémoire, trouble les fonctions digestives, le système nerveux, etc. Toutes ces affirmations ne sont fondées sur aucun ensemble d'observations, d'expérimentations précises. A ceux qu'épouvante l'usage universellement répandu de nos jours, nous dirons : avons-nous la vie plus courte, le moral et l'intelligence plus affaiblis que nos ancêtres du moyen âge ? Depuis l'origine du monde tous les hommes, de toutes les races ont usé de stimulants. Le tabac est peut-être un des plus innocents !

*Législation. Impôt. Différents modes de perception et résultats.*

L'impôt de 40 sous le 100 pesant établi par Richelieu en 1621, était perçu par la ferme générale, et ne rapportait guère à l'État que 100 à 200,000 livres par an. Vers la fin du XVII° siècle, la ferme spéciale du tabac fut sous-louée à un particulier, pendant une vingtaine d'années, puis reprise par la ferme générale pendant tout le XVIII° siècle. La culture avait été interdite dans presque toutes les provinces. Chaque année avait vu croître les revenus, et en 1790, la ferme payait 32,000,000 de livres à [l'État. On consommait en France environ 7,000,000 de kilogrammes, qu'on vendait 4 livres tournois la livre.

L'assemblée nationale décréta la liberté de la culture et de la fabrication, et se contenta d'un droit de douane qui rapporta 5,000,000 à peine pendant quelques années. On y ajouta des licences pour les fabricants, des droits sur la vente, sur la culture, mais en 1810, le Trésor français ne percevait annuellement que 20,000,000 à peine, chiffre bien inférieur au revenu de la ferme générale.

Un décret de Napoléon I°r, du 29 décembre 1810 vint subitement changer la face des choses, en établissant au profit de l'État le monopole exclusif de l'achat, de la fabrication et de la vente, et une sévère réglementation de la culture. On lit dans les considérants de ce décret : « le prix du tabac fabriqué est resté le même qu'au temps de la ferme générale, et la plus grande partie des revenus se partage entre quelques fabricants peu nombreux. Nous acquerrons une branche de revenus que l'on évalue à près de 80,000,000, sans augmenter les charges du peuple, et la possibilité de réduire d'une pareille somme les autres contributions. » Les 80,000,000 espérés par Napoléon ont été réalisés en 1845 et se sont élevés, en 1884, à 306,000,000 de bénéfice net.

Nous vivons encore sous le régime du monopole créé par le décret du 29 décembre 1810. Voyons quelles sont les principales dispositions de ce décret :

Titre premier. La régie des droits réunis est chargée de l'achat, de la fabrication et de la vente des tabacs.

Titre 2. La quantité d'hectares à cultiver chaque année en tabac sera fixée par le ministre.

Tout particulier qui voudra cultiver du tabac devra demander chaque année l'autorisation préfectorale.

Titre 3. Dans le courant de janvier de chaque année, l'administration fixera les prix de la récolte suivante, pour chaque arrondissement, et pour chacune des trois qualités de tabac. On fixera trois séries de prix qui devront être appliqués suivant que la récolte sera bonne, médiocre, ou mauvaise.

Titre 4. La régie établira des magasins dans tous les centres de culture, où les tabacs seront reçus, classés et payés comptant.

Titre 5. Dispositions générales. Fraude.

Un deuxième décret du même jour règle le mode de paiement des indemnités pour les tabacs et les fabriques que l'État prend à son compte.

Un troisième décret du 12 janvier 1811 organise l'administration spéciale des tabacs, avec un directeur général à la tête, fixe le personnel des magasins de feuilles, des manufactures, des entrepôts de vente et des débits.

Sous la Restauration, le monopole fut régularisé par des ordonnances royales. En 1840, une loi le proroge jusqu'au 1°r janvier 1852. Depuis lors, il a été soumis tous les dix ans à la sanction des Chambres. Actuellement il est voté jusqu'au 1°r janvier 1893.

L'Administration des Tabacs fut modifiée à diverses reprises, tantôt isolée, tantôt jointe à d'autres services. Depuis 1860, elle forme une direction générale du ministère des finances, et elle porte le titre qui lui avait été donné il y a vingt ans, quand on l'avait chargée du service des poudreries : Direction générale des manufactures de l'État.

Les prix de vente des tabacs sont restés à peu près stationnaires depuis 1816 à 1872. Ainsi, le tabac ordinaire à priser et à fumer s'est vendu 8 francs le kilogramme pendant toute cette période et a été porté par la loi du 29 février 1872 à 12 fr. 50 le kilogramme. De très nombreuses ordonnances, arrêtés, lois ont été promulgués pour autoriser la création de nouveaux produits et en fixer les prix.

Nous donnons dans le tableau ci-dessous, la marche de la consommation et les bénéfices réalisés par le monopole :

| Années | Quantités vendues aux consommateurs | Recettes totales | Bénéfices réalisés effectivement |
|---|---|---|---|
| | kilogr. | fr. | fr. |
| 1816 | 10.355.219 | 55.301.062 | 33.355.321 |
| 1832 | 10.977.829 | 67.488.182 | 47.751.597 |
| 1842 | 16.853.586 | 100.715.235 | 73.804.142 |
| 1852 | 20.492.527 | 131.239.335 | 98.746.319 |
| 1862 | 28.547.464 | 221.217.705 | 167.773.492 |
| 1871 | 26.969.564 | 218.215.699 | 168.108.535 |
| 1872 | 27.031.625 | 269.633.571 | 218.720.336 |
| 1882 | 35.049.043 | 364.244.794 | 296.591.974 |
| 1884 | 36.374.366 | 377.628.922 | 306.034.257 |

Du 1°r juillet 1811 au 31 décembre 1884, le monopole a rapporté 8,783,000,000 à la France. Dans la même période, tandis que les quantités vendues annuellement s'élevaient de 10 à 36,000,000 de kilogrammes, c'est-à-dire étaient triplées, le bénéfice s'élevait de 33 à 306,000,000 de francs, c'est-à-dire était augmenté de 9 fois sa valeur primitive. Cette différence provient de l'augmentation de prix des tabacs ordinaires, et surtout de la création d'un grand nombre de produits de luxe d'un prix élevé; d'ailleurs le prix de revient a été sensiblement abaissé en moyenne, malgré les charges imposées par les produits de luxe. On s'en rendra compte par l'examen des chiffres suivants :

| | 1816 | 1884 |
|---|---|---|
| Prix moyen de vente du kilogr. . . . | 5 34 | 10 38 |
| Bénéfice moyen sur 1 kilogr. . . . . . | 3 22 | 8 41 |
| Prix de revient moyen du kilogr.. . . | 2 12 | 1 97 |

Les *législations étrangères* peuvent se rapporter à quatre types différents :

1° *Monopoles exercés par les gouvernements.* Ces monopoles existent en Autriche-Hongrie, Italie, Espagne, Roumanie, Lichtenstein et San Marino.

Aucun d'eux ne donne des résultats comparables à ceux du monopole français. L'Autriche-Hongrie, qui s'en rapproche le plus, fait un bénéfice de 113,000,000 de francs sur 46,000,000 de kilogrammes vendus par elle annuellement. Ces divers États, joints à la France, représentent en population à peu près le tiers de l'Europe.

2° *Monopoles affermés.* Ce système vient d'être supprimé en Italie, il va être adopté en Espagne, il existe en Tunisie et en Turquie.

3° *L'Angleterre* a interdit complètement la culture dans tout le Royaume uni. Les droits d'importation sont très élevés, il existe des licences de fabrication.

4° *Pays de liberté.* Dans tous les autres états d'Europe et dans toute l'Amérique, la culture et la fabrication sont libres. Mais il existe partout des impôts, perçus soit à l'importation, soit à l'exportation, tantôt sur la culture, tantôt sur la fabrication et la vente.

Ainsi, les Etats-Unis protègent leurs cultures indigènes par des droits sur l'importation. Au contraire, les Havanais frappent d'impôt leurs exportations.

L'Allemagne perçoit des droits sur le commerce, la culture et la fabrication des tabacs. Le gouvernement a vainement essayé d'établir le monopole, il a rencontré dans le Reichstag une résistance absolue. Depuis 1879, la culture y est soumise à des règlements analogues à ceux de la régie française.

CARACTÈRES ET COMPOSITION. Le tabac est une plante annuelle, de cette famille des solanées, qui produit toute une série de poisons narcotiques. On la rencontre sur toute la surface du globe, soit à l'état sauvage, soit en cultures plus ou moins soignées, mais c'est sous le climat des tropiques qu'elle prospère le mieux.

Ses caractères généraux sont les suivants : racines fibreuses : tige cylindrique, rameuse, d'une

Fig. 282. — *Plant de tabac écimé.*

hauteur qui varie de 0m,40 à plus de 2 mètres (fig. 282) ; feuilles de dimensions variables, toujours grandes, relativement à l'ensemble de la plante, et fortement nervées ; fleurs en panicules à l'extrémité des rameaux, ayant un calice d'une seule pièce, une corolle régulière avec cinq étamines et un pistil (fig. 283) ; fruit oblong, consistant en une capsule à 2 loges renfermant des semences rondes et tellement petites qu'un centimètre cube en contient de 4 à 6,000.

Le tabac contient un poison narcotique violent : la *nicotine.* — V. ce mot.

Le nombre des variétés de cette plante est considérable d'autant plus que ses caractères secondaires changent continuellement avec le sol, le climat, etc. Les botanistes en ont fait des classifications qui ne s'accordent pas toujours entre elles, et qui présentent peu d'intérêt pour la science, et pas du tout pour l'industrie. On peut, avec Jussieu, ramener *toutes ces variétés à trois types :*

1° *Nicotiana macrophylla* (tabac à grandes

feuilles), originaire du Maryland. Fleur rouge ou rougeâtre ; tige se ramifiant à la partie supérieure ; feuilles très écartées de la tige, implantées à angle droit ; nervures secondaires presque perpendiculaires sur la nervure médiane.

2° *Nicotiana tabacum,* originaire de la Virginie. Fleur rouge ou rougeâtre ; tige se ramifiant à la partie supérieure ; feuilles très rapprochées sur la tige, implantées à angle aigu, lancéolées, souvent boursouflées ; nervures secondaires à angle aigu avec la nervure médiane, parenchyme épais.

3° *Nicotiana rustica.* Fleur vert jaune, tige se ramifiant à partir du sol ; feuilles très écartées sur la tige et sur les branches, implantées à angle droit, pétiolées ; nervure médiane épaisse ; ner-

Fig. 283. — *Fleur de tabac.*

vures secondaires perpendiculaires à la nervure médiane, parenchyme boursouflé, lisse, épais.

La plante sauvage qui pousse dans les contrées peu habitées est petite et grossière ; elle est consommée uniquement par les habitants pauvres de ces pays. Mais partout où la civilisation a pénétré, elle s'est emparée de ces plantes, les a cultivées et transformées. Chaque pays et même chaque localité ayant son sol et son climat particuliers, a obtenu une espèce spéciale à peu près fixe qui change quand on la transporte en d'autres lieux. Aussi, la classification organique de Jussieu ne correspond pas du tout à celle qu'exigent les besoins du commerce et de l'industrie. On désigne les tabacs par leur lieu d'origine. On dit : tabac de Kentucky, de Hongrie, de Sumatra, de Pas-de-Calais, etc., et on les classe en trois groupes correspondant à leur mode d'utilisation :

1° Tabacs épais, gras, forts en nicotine, pour la fabrication des tabacs à priser et à mâcher.

2° Tabacs légers, aromatiques, destinés à être hachés et fumés.

3° Tabacs fins, résistants, de bonne couleur, bien combustibles, destinés à la confection des cigares.

Les vertus du tabac résident surtout dans la feuille ; c'est la seule partie de la plante qu'on utilise. La tige est détruite sur le sol ou dans les magasins. Presque toujours on empêche la floraison en écimant la plante ; la fleur n'est conservée que sur les porte-graines ou sur les plantes ornementales.

La feuille se compose d'une nervure médiane, la *côte*, qui la fixe à la tige, de *nervures* secondaires transversales, plus ou moins rapprochées, souvent sinueuses, et diversement inclinées sur la côte, selon les espèces, et enfin du *parenchyme* ou tissu. La côte est très souvent enlevée au moment de la fabrication et détruite comme la tige. Il ne reste donc comme réellement utilisé que les petites nervures et le parenchyme.

Le tissu d'une feuille de tabac est formé d'un grand nombre de matériaux dont les proportions varient avec l'espèce, l'âge de la plante, la position de la feuille sur celle-ci, avec le sol, les engrais, le climat, etc. Ces matériaux sont d'abord de la cellulose ou ligneux qui forme la charpente, en second lieu des matières minérales, combinées entre elles ou aux principes organiques : acides sulfurique et phosphorique, chlore, potasse, chaux, magnésie, ammoniaque, fer, silice ; ensuite des matières organiques : acides malique, citrique, oxalique et pectique, nicotine, résines, et enfin des huiles essentielles : nicotianine, etc. Ces essences encore peu connues paraissent constituer l'arome du tabac. L'analyse et le dosage de toutes ces matières rentrent dans le domaine de la chimie. — V. Nicotine.

Au point de vue de l'action que le tabac fabriqué exerce sur nos organes, on distingue en lui trois vertus différentes :

1° La *force*, qui paraît presque toujours proportionnelle à la quantité de nicotine ;

2° L'*arome* qui tient à la présence d'huiles essentielles ;

3° Le *montant* qui dans le tabac à priser, est produit par l'ammoniaque développée pendant les fermentations.

Les tabacs ne peuvent guère être consommés régulièrement quand ils contiennent plus de 3 à 4 0/0 de nicotine, sans produire des troubles organiques. D'autre part, ils sont écœurants quand la nicotine vient à disparaître.

Nous avons défini à l'article Cigare, la combustibilité du tabac et ce qui la constitue.

Le tabac contient beaucoup d'eau ; une partie, la plus faible, est engagée chimiquement avec les autres matières que nous venons de citer ; l'autre partie est libre dans les tissus, et constitue l'humidité. On la mesure en exposant le tabac pendant deux heures dans une étuve à 100° et en constatant la perte de poids.

Ainsi, le caporal ordinaire a 18 ou 19 0/0 d'humidité, le tabac à priser 33 à 34 0/0.

Tout le monde sait combien l'humidité du tabac varie facilement, même quand il est protégé par des enveloppes de papier ou des boîtes. Ces variations nuisent aux qualités de goût et d'arome des produits fabriqués.

Culture. Nous avons vu que le fruit du tabac était une capsule de la grosseur d'un gland, contenant par milliers des graines extrêmement petites. On sème ces graines au printemps ; quelques mois après, on repique les petits plants dans les champs, après trois mois environ de végétation, le tabac est mûr et la récolte des feuilles peut-être faite. Voici la théorie, mais la pratique n'est pas aussi simple, comme nous allons le voir.

Beaucoup de personnes ont cultivé dans leur jardin des pieds de tabac ; la plante pousse presque sans soins, elle donne ses feuilles, ses fleurs, sa graine, elle orne bien un parterre ; mais au point de vue industriel, la qualité de ses feuilles est très inférieure, et on a reconnu la nécessité d'empêcher la floraison, pour rejeter la végétation dans la feuille.

Dans la culture industrielle, on ne cultive donc qu'un nombre restreint de plantes entières pour en retirer la graine. On les appelle : des *porte-graines*. Elles sont choisies parmi les plantes les plus vigoureuses, et exposées de manière à recevoir le plus possible d'air, de chaleur, de lumière et à éviter l'hybridation. Quand les capsules sont mûres, on les récolte une à une, ou par bouquets, on les dessèche, et on peut les égrener de suite ou attendre le moment des semis.

La *graine* conservée dans un flacon bien bouché garde son efficacité pendant dix ans au moins. Les meilleures graines ont trois ou quatre ans, elles sont lourdes (poids spécifiques 0,85. à 0,95), de grosseur uniforme ; aussi a-t-on soin de vanner, de tamiser, de bluter la graine tout venant pour enlever les poussières et les petites graines.

Il ne faudrait pas croire qu'une variété de tabac se reproduit en tout pays par sa graine. Plantez des graines de Havane en France, vous obtiendrez du tabac français plutôt que du Havane. Il faut de longs essais pour changer les espèces, les améliorer et les fixer. La régie française impose à ses planteurs des graines de son choix, qui proviennent presque toujours des espèces locales, et de plantations spécialement surveillées par elle.

*Semis.* Dans les pays chauds, ils peuvent se faire en pleine terre, mais sous nos climats on les établit dans des couches chaudes protégées contre le froid, la pluie, les insectes. On sème à graines sèches ou à graines germées, en mélangeant celles-ci avec du sable ou des cendres, pour les mieux répartir. Un gramme de graine suffit pour un mètre carré et demi de semis. Il faut arroser ceux-ci tous les jours, les éclaircir, enlever les herbes, les insectes, etc.

La *transplantation* se fait après deux mois environ, quand les plants ont 6 à 8 feuilles et 10 centimètres de haut. Les champs destinés à la culture doivent avoir été labourés avec soin et bien fumés avec des engrais azotés et potassés. Partout aujourd'hui on dispose les plants en quinconce à des distances régulières. Plus les pieds sont rapprochés, plus les tabacs sont fins et légers. On peut cultiver depuis 10 à 45,000 pieds à l'hectare. Les jeunes plants doivent être arrosés, protégés du soleil et de la pluie.

*Sarclage, binage.* Ces opérations ont pour but d'enlever les mauvaises herbes, d'ameublir la terre; elles sont plusieurs fois répétées.

On *butte* les pieds, c'est-à-dire qu'on relève la terre autour, pour fortifier les racines et on en-

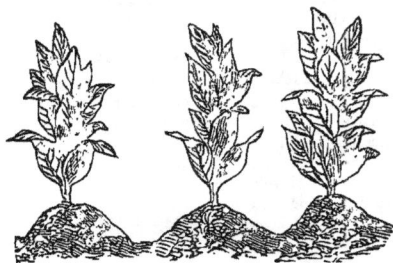

Fig. 284. — *Pieds de tabac cultivés.*

fouit les feuilles basses. Pendant ces opérations on remplace les manquants (fig. 284).

L'*épamprement* consiste à enlever les mauvaises feuilles, et à ne laisser sur chaque pied qu'un nombre fixe de feuilles, variables selon l'espèce.

*Ecimage.* On coupe avec les ongles la cime de la plante pour empêcher la floraison.

*Ebourgeonnement.* On enlève tous les bourgeons qui poussent le long de la tige à la suite de l'écimage.

Enfin, la culture demande à être surveillée journellement pour être protégée contre les nom-

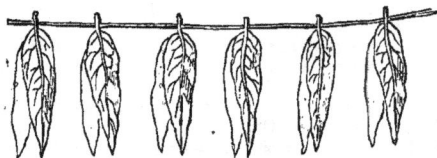

Fig. 285. — *Chapelet de feuilles au séchoir.*

breuses chenilles qui dévorent les racines et la tige, contre les plantes parasites. Les feuilles sont d'ailleurs sujettes à plusieurs maladies, la rouille, la nielle, le blanc; elles sont facilement détériorées par la grêle, la pluie, le vent.

La culture du tabac est donc très aléatoire, et les récoltes varient beaucoup en qualité et en quantité; elle exige une grande quantité d'engrais, qui heureusement se retrouve en grande partie l'année suivante. Il est très difficile d'obtenir plusieurs récoltes consécutives sur la même terre, il faut que celle-ci soit reposée par d'autres cultures.

*Récolte.* Quand les feuilles sont mûres, c'est-à-dire marbrées de jaune, veloutées et qu'elles commencent à se gondoler, on les récolte soit une à une, en les détachant de la tige, soit en bloc, en coupant la plante près de la terre. Dans le premier cas, qui se rencontre surtout dans les climats tempérés, on enfile les feuilles dans une ficelle qui passe à travers le gros bout de la côte, ou bien on les lie sur des bâtons et on transporte les chapelets ainsi formés dans le séchoir (fig. 285). Quant la plante a été coupée à sa base, comme cela se fait sous les climats chauds et secs, on la suspend par son pied dans les séchoirs.

*Dessiccation.* La première opération qu'on fait subir aux feuilles est la dessiccation; elles se ramollissent et perdent assez rapidement les trois quarts de leur poids, par évaporation d'eau. Les procédés de dessiccation varient avec les climats; comme la récolte se fait en automne, que dans bien des pays le temps est mauvais à cette saison, on est souvent obligé de construire des séchoirs fermés, quelquefois même chauffés ou enfumés. Pour une raison inverse, on a recours aux séchoirs fermés dans les climats très chauds où le soleil est trop ardent. Quand on est dans un climat sec, tempéré, on suspend les chapelets en plein air, en les protégeant au besoin contre la pluie.

*Fermentation. Triage. Manocage. Emballage.* Les feuilles sèches doivent subir ensuite une fermentation qui les colore, diminue leur force; on les trie par qualité, et on les met par petites bottes de 40 ou 50, liées à la base avec une feuille ou tout autre lien; ces petites bottes s'appellent *manoques.* Celles-ci sont enfin emballées soit en balles, soit en caisses, soit en tonneaux ou *boucants.*

Ces diverses opérations ne se font pas toujours dans le même ordre. En France, les planteurs font sécher les feuilles, les trient et les manoquent, puis livrent les manoques à la régie qui les fait fermenter et emballer.

En Amérique, les planteurs ont souvent recours à la fermentation en boucants. Les manoques triées sont emballées de suite et fermentent après l'emballage.

Enfin dans les pays comme Sumatra, Java, où l'on cultive des tabacs fins pour cigares, on ne fait le triage et le manocage qu'après la fermentation, quand les feuilles ont pris leur couleur définitive. C'est le système le plus rationnel; c'est en effet après fermentation qu'on peut le mieux trier et classer les feuilles, donner à chacune sa destination vraie, en un mot, tirer le meilleur parti possible d'une récolte.

La fermentation est une opération importante, qui donne au tabac sa qualité, mais qui devient très dangereuse si elle est mal surveillée. Elle se fait en grandes masses dans des locaux sans aérés convenablement, peu éclairés. La température s'élève dans l'intérieur des masses à 35 ou 40°; quelquefois on la laisse même monter davantage. Les masses sont démolies une ou plusieurs fois, les manoques secouées ou battues, de façon à limiter et à uniformiser la fermentation. Les manoques sont emballées partout sous une forte pression, au moyen de presses à vis ou hydrauliques.

Les tabacs bien soignés se conservent longtemps en balles ou en boucants, et peuvent attendre sans danger le moment où ils seront expédiés aux fabriques. En général, ils sont mis en œuvre un an ou deux après leur récolte, mais ils peuvent attendre plus longtemps.

*De la culture en France.* Elle est organisée d'après le décret de 1816 que nous avons vu plus haut; 22 départements sont autorisés à cultiver; 30 magasins de réception et de fermentation sont répartis dans les centres de culture. Un service spécial de commis, vérificateurs, contrôleurs et inspecteurs, ayant à sa tête un directeur de culture ou le directeur de la manufacture voisine, est chargé de la surveillance et des réceptions.

Chaque année, l'Administration fixe le nombre d'hectares à cultiver l'année suivante. Dans chaque département, elle établit des types de qualités et fait connaître les prix qui seront accordés. Un règlement général de la culture est publié dans chaque département. Ainsi, les planteurs autorisés par le préfet, doivent établir leurs plantations en lignes régulières, laisser sur chaque pied le nombre réglementaire de feuilles, de façon que les employés puissent faire le compte exact des feuilles de la plantation. Les mauvaises feuilles, les bourgeons, les pieds doivent être détruits sur place. Le planteur récolte les feuilles en automne, les emporte chez lui, les fait sécher, les trie par qualités (1re, 2e et 3e qualités et nonmarchands) et les met en manoques. Au mois de janvier, il les transporte au magasin de culture de la région.

Les employés de la régie surveillent et dirigent toutes ces opérations, visitent en tout temps les plantations et les domiciles des planteurs.

Les tabacs sont reçus et classés par qualités, par une Commission composée de représentants des planteurs et de l'Administration. Le décompte de chaque planteur est fait immédiatement d'après la quantité livrée et les qualités fixées par la Commission. Le paiement est fait au comptant. Les prix des tabacs varient dans les limites suivantes :

|  | 1re classe | 2e classe | 3e classe | Non marchands |
|---|---|---|---|---|
|  | les 100 kil. | les 100 kil. | les 100 kil. | les 100 kil. |
| Maximum. . | 145 | 112 | 90 | 70 à 10 |
| Minimun.. . | 130 | 110 | 80 | 60 à 10 |

Les tabacs sont fermentés et emballés dans les magasins par les soins des agents de l'Administration. Ils perdent dans ces opérations environ 14 0/0 de leur poids.

La culture pour l'exportation est autorisée par la loi, mais elle ne se pratique que sur quelques hectares, à la frontière.

Tableau des départements de culture, des quantités récoltées en 1885, et des variétés de tabac (V. le tableau de la colonne suivante).

Nombre d'hectares cultivés : 15,000.

*Cultures exotiques. Algérie.* La culture étant libre, l'État français achète de gré à gré, aux planteurs qui viennent offrir leurs tabacs. Il existe 3 magasins analogues à ceux de France : Alger, Blidah et Bône; les quantités achetées dépassent un peu 3,000,000 de kilogrammes chaque année.

Les Arabes et les colons ont des procédés de culture différents.

On reproche au tabac d'Algérie de brûler souvent très mal.

*Europe.* L'Angleterre est le seul pays où la culture n'existe pas.

| | |
|---|---|
| La Hongrie produit.... | 40 à 60.000.000 de kilog. |
| La Russie . . . . . . . . | 50.000.000 env.    — |
| L'Allemagne. . . . . . . . | 30 à 50.000.000   — |
| La Turquie. . . . . . . . | 30 à 35.000.000   — |
| La Grèce. . . . . . . . . | 4 à 5.000.000   — |
| L'Italie. . . . . . . . . . | 6 à 8.000.000   — |
| La Suède . . . . . . . . . | 3 à 4.000.000   — |
| La Belgique . . . . . . . | 2 à 3.000.000   — |
| La Hollande.. . . . . . . | 1 à 2.000.000   — |

| Départements | Quantités livrées | Variétés |
|---|---|---|
|  | kilogr. |  |
| Lot. . . . . . . . . . | 2.028.790 | Tabacs forts et épais, pour les tabacs à priser et à mâcher. |
| Nord. . . . . . . . . | 1.363.597 | |
| Ille-et-Vilaine . . . . | 840.916 | |
| Lot-et-Garonne. . . . | 3.292.614 | Tabacs propres à la fabrication des scaferlatis et des intérieurs de cigares. |
| Pas-de-Calais. . . . . | 1.641.913 | |
| Vaucluse. . . . . . . | 390.306 | |
| Alpes-Maritimes.. . . | 37.975 | |
| Puy-de-Dôme. . . . . | 35.168 | |
| Var . . . . . . . . . . | 17.603 | |
| Bouches-du-Rhône . . | 9.306 | |
| Dordogne . . . . . . . | 3.801.443 | Tabacs fins propres à la couverture des cigares. |
| Isère. . . . . . . . . . | 1.908.642 | |
| Gironde. . . . . . . . | 1.596.097 | |
| Savoie. . . . . . . . . | 561.300 | |
| Meurthe-et-Moselle . . | 483.838 | |
| Haute-Savoie . . . . . | 330.254 | |
| Haute-Saône . . . . . | 241.322 | |
| Corrèze. . . . . . . . | 91.191 | |
| Landes. . . . . . . . . | 83.177 | |
| Hautes-Pyrénées. . . . | 77.949 | |
| Vosges. . . . . . . . . | 35.908 | |
| Meuse . . . . . . . . . | 7.811 | |
| Total. . . . . . . | 18.877.120 | |

Les autres États produisent à peine 1,000,000 de kilogrammes par an.

Les tabacs d'Europe sont presque tous de qualités ordinaires, et se consomment dans le pays d'origine sous forme de produits communs.

La France achète 2 à 3,000,000 de kilogrammes à la Hongrie et 1,000,000 à la Russie.

Les tabacs d'Allemagne, cultivés pour plus des deux tiers sur les bords du Rhin, de Bade à Mayence, sont fins, légers en général, mais de goût médiocre et souvent peu combustibles.

Quant aux tabacs de Turquie, ils sont tout à fait exceptionnels : tout le monde connaît ces petites feuilles jaunes, gommeuses, extrêmement aromatiques. Les meilleurs crus, ceux de Giubeck, récoltés en Roumélie, se vendent de 20 à 50 francs le kilogramme. Tous ces tabacs, ainsi que ceux de Grèce, d'Asie mineure servent à faire les tabacs d'Orient.

*États-Unis d'Amérique.* C'est le plus grand pays producteur du monde; en 1884, la récolte s'est élevée à 245 millions de kilogrammes, sur lesquels la moitié sont exportés. Les crus principaux sont le Kentucky, le White Burley, le Maryland, le Virginie, le Seed Leaf.

Tous les états d'Europe sont tributaires des États-Unis pour l'achat des tabacs.

*Cuba.* Voir l'article CIGARES.

Le *Mexique* et le *Brésil* fournissent des tabacs très aromatiques. Le tabac de Brésil est le plus combustible du monde entier. Les crus les plus connus, mais de moindre importance, sont :

Saint-Domingue, Esmiralda, Palmyra, Porto-Rico, Varinas, Cumana, Paraguay, Rio-Grande.

*Asie.* La *Chine* donne des tabacs jaune paille qui sont un peu employés en Angleterre. Le Japon, la Cochinchine, l'Inde, le Tonkin, ne produisent que de très médiocres variétés. La Birmanie est plus favorisée, chaque année la France achète 1 ou 2,000,000 de tabac de Birmanie (Bispat, Poolah).

*Manille.* La culture et la fabrication sont libres depuis deux ans; elles y sont très développées, et approvisionnent tout l'Extrême-Orient de cigares.

*Java, Sumatra.* Les Hollandais y ont installé des cultures extrêmement importantes. Les produits se vendent à Amsterdam et sont employés en Europe à la couverture des cigares chers.

Java produit 20,000,000 de kilogrammes valant 50 millions de francs ; Sumatra, 9,000,000 de kilogrammes valant 40,000,000 de francs.

FABRICATION. Le tabac se consomme de trois manières différentes : 1° On le mâche sous forme de feuilles enroulées ou plaquées ; 2° on le prise en poudre ; 3° on le fume, dans la pipe, en cigarettes ou en cigares.

Les tabacs supérieurs, de bonne qualité peuvent se consommer purs ; les autres ont souvent un goût de cru, très variable, qui fatigue et écœure; aussi les produits mis en vente sont presque toujours des mélanges dans lesquels chaque tabac apporte ses qualités propres ; on obtient par ce moyen plus de fixité, on peut utiliser toutes les espèces et abaisser les prix de revient. L'appréciation de la valeur d'un tabac, de la faveur dont il jouira, de l'influence qu'il aura dans un mélange est très délicate. Elle est d'autant plus difficile qu'il y a autant de goûts que de consommateurs, que le tabac varie beaucoup d'une variété et même d'une récolte à une autre.

En général, chaque pays consomme d'abord les tabacs qu'il produit ; il y ajoute, pour les produits de luxe surtout, des feuilles exotiques qu'on trouve facilement sur les nombreux marchés que le commerce international a établis dans le monde entier. Les consommateurs de chaque pays s'habituent aux produits qu'ils trouvent à leur portée, et apprécient peu ce que fabriquent leurs voisins. Aussi les échanges de produits fabriqués sont très faibles par rapport au commerce des matières premières. Les cigares de la Havane échappent seuls à cette loi.

Dans les pays de libre fabrication, les produits fabriqués sont très variés et ont peu de fixité,

c'est l'inverse dans les grandes exploitations comme celle du monopole français. Les régies s'attachent avec grand soin à régler leurs achats de matières premières et leurs mélanges, de façon à offrir toujours les mêmes produits.

Autrefois, on ajoutait aux tabacs des matières très variées destinées à modifier le goût, l'odeur, la combustibilité. Le goût du public s'est éloigné de ces adultérations. La régie française y a renoncé depuis longtemps ; elle n'ajoute aux feuilles de tabac qu'un peu de sel destiné à empêcher les moisissures. En Angleterre, en Allemagne, on trouve souvent dans les tabacs des parfums, des jus de fruits, des matières végétales, (café, chicorée, feuilles d'arbres, etc.) ou enfin des matières minérales (sels de potasse, de chaux, etc.). On peut dire que ces matières sont toujours malsaines et cachent la mauvaise qualité des tabacs employés. Leur présence, souvent difficile à constater, se reconnaît à la couleur, à l'odeur, par un examen au microscope, par le dosage et l'analyse des cendres, ou enfin par des réactions chimiques qui décolorent le tabac.

La fabrication des tabacs est à la portée de tout le monde ; aussi l'industrie dans les pays où elle est libre est très divisée et manque un peu d'intérêt. Elle n'est utile à étudier que dans les grandes exploitations où l'on retrouve les applications des progrès qu'ont fait depuis un siècle les sciences pures ou industrielles. A ce point de vue, la France a une organisation qu'on peut citer comme modèle dans son ensemble ; c'est elle que nous décrivons dans cet article et l'article suivant.

COMPOSITION DES TABACS. Chaque année l'Administration centrale arrête la composition du mélange de feuilles pour chaque produit à fabriquer. Nous indiquons ci-dessous les principales compositions ; elles varient peu d'une année à l'autre.

| Scaferlati caporal | | Tabac à priser | | Tabac à mâcher ordinaire | | Cigares à 0,05 | |
|---|---|---|---|---|---|---|---|
| Kentucky | 24 | Virginie | 30 | Virginie | 20 | Kentucky | 40 |
| Maryland | 16 | Kentucky | 8 | Kentucky | 25 | Hongrie | 5 |
| Levant | 4 | Français corsés et débris | 62 | Français | 55 | Alsace | 7 |
| Hongrie | 24 | | | | | Algérie | 6 |
| Français, légers | 32 | | | | | Français | 42 |
| | 100 | | 100 | | 100 | | 100 |

L'Administration fait expédier par les magasins de transit et de culture à chaque manufacture les quantités de feuilles nécessaires. Voyons maintenant comment les manufactures fabriquent.

**Tabac à priser.** Autrefois, les priseurs achetaient des feuilles roulées en carottes et les faisaient râper par des râpeurs jurés. Cette habitude a presque disparu. Cependant, la manufacture de Morlaix fabrique encore pour la Bretagne des carottes, espèce de rôles très comprimés et fortement imbibés de jus, qui sont plus souvent fumés que prisés.

La fabrication de la poudre à priser est au point de vue industriel la plus intéressante des fabrications françaises.

Les feuilles de tabac arrivent en manufacture à

l'état de *manoques*, qu'il faut d'abord délier et éplucher ou comme on dit *époularder*. Pour ne pas les briser, il faut auparavant les mouiller et les laisser s'assouplir. Après l'époulardage, on mouille les feuilles avec des jus de tabac concentrés et salés. L'eau assouplit le tissu, et provoque plus tard la fermentation ; le jus apporte des matières fermentescibles, et le sel empêche la fermentation putride. Ces mouillades se font à l'arrosoir ou à l'aide de tuyaux et de lances, ou dans un grand cylindre analogue au torréfacteur que nous verrons plus loin.

Les feuilles bien imbibées sont *hachées grossièrement* dans un appareil formé d'un tambour tournant muni de fortes lames ; elle subissent ensuite la première *fermentation en masses*, et à l'air libre. Les masses sont d'énormes tas de 40,000 kilogrammes dans lesquels on lance de l'air au moyen de pompes foulantes. La température s'élève peu à peu jusqu'à 80°, puis elle s'abaisse. Après quatre mois la masse est démolie ; le tabac est en grosses mottes noires, . encore souples, d'une odeur acétique. Il a acquis son arome, sa couleur uniformément brune ; il est prêt à être râpé.

Le *râpage* (fig. 286) se fait dans des moulins formés d'une noix pesante A qui oscille dans une cuvette en fonte B ; toutes deux sont armées de lames de fer qui déchirent le tissu des feuilles. Les matières tombent au sortir des moulins dans une gaine en bois à l'intérieur de laquelle tourne une vis d'Archimède C ; elles sont conduites dans une noria DD qui les monte à l'étage supérieur et les déverse sur un tamis ou dans un blutoir E. Le bon

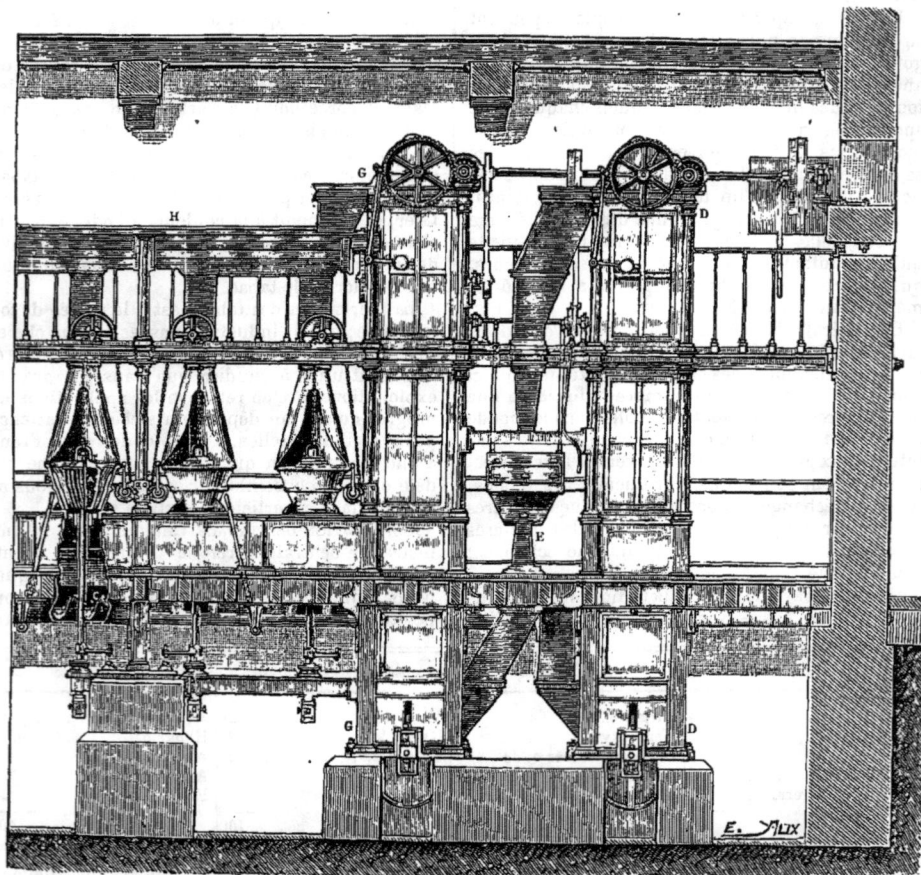

Fig. 286. — *Disposition générale des moulins à râper et des tamis, dans la fabrication du tabac à priser.*

grain est séparé et emporté dans de grandes *cases* dites *de râpés secs*. Le grain trop gros tombe à la partie inférieure d'une deuxième noria GG qui le remonte au deuxième étage. Il est reçu dans une vis d'Archimède H et distribué aux moulins.

L'alimentation des moulins est continue, et le mouvement circulaire des matières est fait automatiquement jusqu'à ce qu'elles soient transformées en poudre de grain convenable.

Le *râpé sec* est repris dans les cases, mouillé à l'eau salée et tamisé. Il est mis ensuite dans des cases fermées, d'une contenance de 15,000 kilo-

grammes, où il subit, pendant un an, une deuxième fermentation en vase clos ; il y acquiert son montant par suite de la formation d'ammoniaque, et forme le *râpé parfait* qui est tamisé et emballé en tonneaux.

**Tabac à mâcher. Rôles.** Le tabac à mâcher se vend sous forme de cordes formées d'un noyau intérieur recouvert de feuilles étalées. Ces cordes, ou, comme on dit en fabrique, ce *filé*, sont mises en pelotes de divers poids qu'on appelle *rôles*.

En France, on fabrique : des rôles menu-filés,

des rôles ordinaires, des rôles à prix réduits, qui diffèrent par la composition et la grosseur.

Comme dans la fabrication de la poudre, les manoques sont époulardées, puis mouillées avec des jus salés. On trie les feuilles fines, on enlève leurs côtes, et on les étale pour en faire les couvertures ou robes.

Le *filage* des menu-filés se fait à la main sur un tambour horizontal mobile autour de son axe.

Celui des rôles ordinaires ou à prix réduits est fait au moyen d'une grosse bobine mécanique, auprès de laquelle se trouvent trois petits cylindres parallèles. Une ouvrière introduit entre les trois cylindres de petits paquets de feuilles qui forment les intérieurs (fig. 287) ; une autre place les robes étalées entre deux cylindres, comme dans un laminoir. Le filé se forme et va s'enrouler

sur la bobine. Quand celle-ci est pleine, on déroule le filé, on fait les pelotes ou rôles que l'on comprime fortement dans des moules en bois, sous une presse hydraulique. Le jus s'extravase et donne aux rôles la couleur foncée, si recherchée des consommateurs. Après quelques jours de séchage dans des armoires chauffées, les rôles sont ficelés, plombés et emballés en tonneaux.

En Amérique, les tabacs à chiquer se fabriquent surtout sous forme de plaquettes.

### Tabac à fumer. Scaferlatis.

La régie française fabrique une assez grande variété de scaferlatis, dont nous donnerons la liste plus loin. Nous ne décrirons en détail que la fabrication du tabac ordinaire : *le caporal.*

Nous avons déjà donné la composition du mé-

Fig. 287. — *Rouet mécanique pour la fabrication des rôles ordinaires.*

lange des feuilles. Celles-ci sont utilisées entièrement, avec leurs côtes ; il en résulte peut être quelque inconvénient pour l'aspect du tabac haché, on y trouve parfois des *bûches* ; mais le goût est adouci, la combustibilité est améliorée par la côte. On enlève cependant le gros bout de celle-ci, en *écabochant* les manoques au moyen d'une cisaille ; après une mouillade légère, les manoques sont époulardées, puis mouillées une deuxième fois avec de l'eau salée ; le tabac reçoit ainsi un peu moins de 30 0/0 d'eau et 1,7 0/0 de sel. Après un séjour de vingt-quatre heures en dépôt, les feuilles sont *capsées*, c'est-à-dire rangées une à une, bien parallèlement dans des sangles et transportées au hachage. Le capsage est nécessaire pour obtenir une bonne coupe ; les côtes se présentent normalement au couteau, elles sont coupées en travers et ne donnent pas de bûches. Chacune de ces opérations constitue un atelier distinct dans presque toutes les manufactures. Quelques-uns font exécuter toutes les opérations

par les mêmes ouvrières ; les manoques sont alors déliées, rangées, mouillées en une seule fois dans une caisse qui les transporte au hachage.

Les hachoirs français sont des guillotines à mouvement alternatif ; les feuilles sont introduites sur une épaisseur de 12 à 15 centimètres entre deux toiles sans fin, et arrivent fortement comprimées devant le couteau qui en abat des tranches de 1 millimètre d'épaisseur. L'avancement du tabac et des toiles est produit au moyen d'une roue à 450 dents. Les couteaux sont changés et aiguisés tous les quarts d'heure. Le tabac haché est torréfié à 100° environ, pour détruire les germes de fermentation et opérer un dessèchement à peu près complet. Ce travail se faisait autrefois à l'air libre, sur des tables en tôle chauffées ; le torréfacteur actuel constitue un grand perfectionnement, soit pour la régularité de l'opération, soit au point de vue hygiénique (fig. 288). C'est un grand cylindre A A qui tourne sur des galets C C sous l'action d'une roue

RR, et qui est muni intérieurement de quatre hélices ; il est placé dans un massif de maçonnerie, au-dessus d'un feu de coke BB'. Le tabac entrant par une trémie DE, dont le débit se règle par un appareil M*eje'*, est entraîné par l'hélice, parcourt le cylindre où il rencontre un courant d'air chaud, et sort par l'autre extrémité PP'. Les gaz du foyer passent en SS, puis sont emmenés par la soupape *x* et le canal V dans une grande cheminée, où les rejoint l'air qui arrive au torréfacteur par les conduits *qq* et T' et en sort par T''.

Immédiatement après la torréfaction, le tabac, encore chaud, passe dans un deuxième cylindre, analogue au précédent, mais non chauffé et traversé par un courant d'air appelé par un ventilateur. Il en sort froid et sec, et il est mis en grandes masses de maturation pendant un mois environ.

Le paquetage se fait au fur et à mesure des besoins, au moyen d'une machine à eau comprimée, desservie par trois ouvrières : une, à gauche, pèse le tabac dans une main en tôle ; une autre, à droite, place le papier et la vignette sur la buse de l'entonnoir ; la troisième prend l'entonnoir, le place sur la machine, y verse le tabac, et achève le paquet. La machine (fig. 289 et 290) se compose : d'un cylindre vertical A en fonte dans lequel arrive de l'eau comprimée à 7 atmosphères ; à l'intérieur, d'un piston, sur la tête extérieure duquel se trouve un double moule en fonte B qui reçoit l'entonnoir C, et au-dessus du moule, d'un mandrin à ressort D, contre lequel le tabac vient se comprimer quand le robinet R de la machine est ouvert et que le piston s'élève. L'entonnoir reste suspendu à des crochets EE lorsque le piston redescend, le paquet

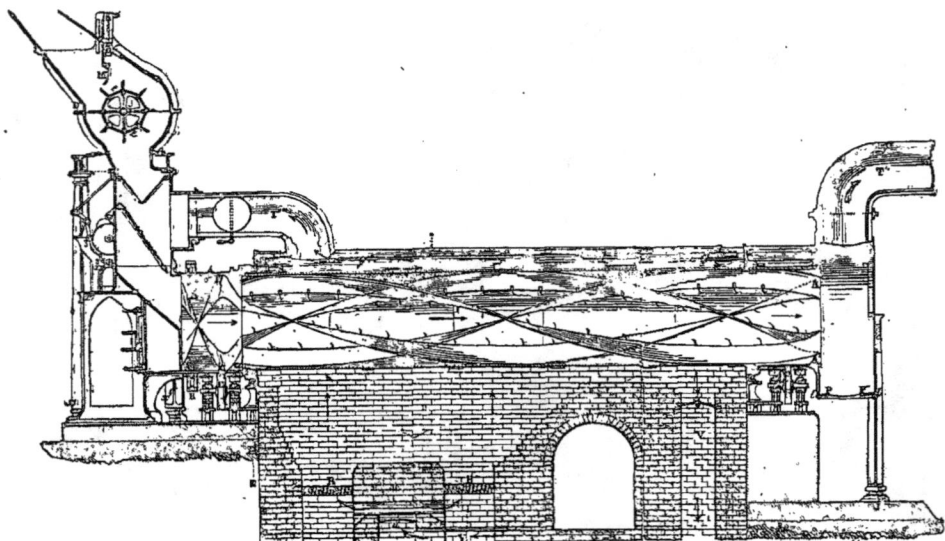

Fig. 288. — *Torréfacteur. Coupe longitudinale.*

reste dans le moule. Le rendement de cette machine est de 3 à 400 paquets à l'heure.

Le poids des paquets est vérifié au moyen d'une balance ingénieuse, qui sépare automatiquement les paquets bons des trop lourds et des trop légers. Une griffe les dépose sur le plateau de la balance, et deux ou trois secondes après, le paquet tombe : verticalement, s'il a le poids réglementaire ; dans une glissière à gauche s'il est trop léger ; dans celle de droite s'il est trop lourd. Le mouvement des glissières est provoqué par le contrepoids de la balance. On fait des paquets de 500, de 100 et de 40 grammes ; ils sont tous emballés en tonneaux.

Les scaferlatis autres que le caporal sont :

1° *Les tabacs d'Orient* : giubeck, à 45 francs le kilogramme ; vizir supérieur, à 35 francs le kilogramme ; vizir, à 25 francs le kilogramme ; levant supérieur, à 20 francs le kilogramme ; levant ordinaire, à 16 francs le kilogramme. Ce sont des

mélanges de tabacs de la Macédoine et de l'Asie mineure. La composition et le triage des feuilles sont les seules opérations délicates de ces fabrications. Ces tabacs se vendent en boîtes pour les qualités supérieures, en paquets pour les autres ;

2° *Les tabacs étrangers*, à 16 francs le kilogramme, Maryland, Varinas, Lattaquié, Virginie ;

3° *Le caporal supérieur*, à 16 francs le kilogramme, vendu en paquets bleus de 50 grammes. Cette fabrication est aujourd'hui très importante ; elle ressemble à celle du caporal ordinaire ; toutefois, le mélange de feuilles n'est pas le même, et on enlève une grande partie des côtes ; enfin la coupe est fine ;

4° *Les scaferlatis à prix réduits*, qui comprennent le tabac de cantine pour l'armée et les tabacs de zones, vendus sur la frontière à des prix de plus en plus faibles pour lutter contre la contrebande, savoir : tabac de troisième zone, à 8 francs le kilogramme ; tabac de deuxième zone, 5 francs le kilogramme ; tabac de première zone, à 3 francs et à 1 franc 50 centimes le kilogramme ; tabac de cantine, à 1 franc 50 centimes le kilogramme.

Ces produits sont des mélanges de feuilles non-marchandes françaises et de tabacs exotiques bon marché, Inde, Ukraine, etc., et sont hachés à une grosse coupe ;

5° La régie française vend dans les débits spé-

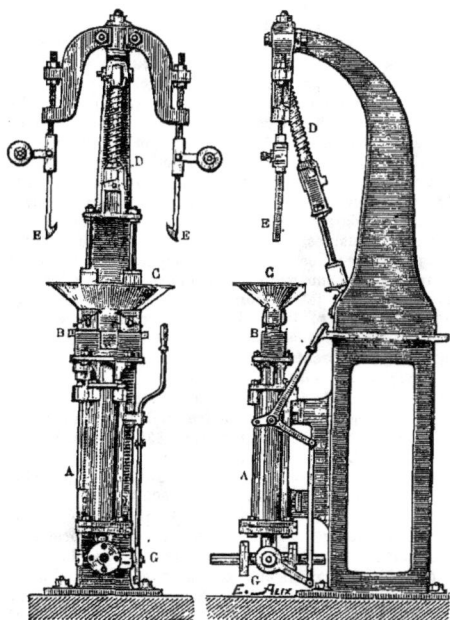

*Fig.* 289 et 290. — *Machine à paqueter le tabac à fumer.*

ciaux du Grand hôtel, etc., des scaferlatis anglais (Bird's eye) et américains (Richmond gem), achetés à l'étranger.

### Cigares, Cigarettes. — V. ces mots.

*Prix de revient* Nous avons déjà indiqué, en traitant la question de l'impôt, que celui-ci s'élevait en moyenne à 8 fr. 41 par kilogramme sur toutes les espèces et qualités de tabac vendues par la régie, et que le prix de revient moyen était de 1 fr. 97.

Dans ce prix de revient,

| | |
|---|---|
| Le prix d'achat des tabacs entre pour 62 0/0, soit. | 1 23 |
| Les frais de transports, 3 0/0, soit. . . . . . . | 0 05 |
| Les frais d'exploitation, 35 0/0, soit . . . . . . . | 0 69 |
| | 1 97 |

Le capital total de la régie, comprenant les bâtiments, mobiliers, machines, ustensiles, fournitures diverses des magasins, manufactures et entrepôts est estimé à 45 millions de francs.

L'impôt n'est pas uniformément réparti sur les divers produits. Ainsi, les cigares de la Havane ne sont frappés que d'un impôt à peu près égal à leur prix de revient, tandis que le tabac à priser ordinaire, qui se vend aux débitants 11 fr. 50 et aux consommateurs 12 fr. 50 le kilogramme ne coûte à l'Etat que 1 fr. 70 le kilogramme.

Le prix de revient du caporal à fumer ordinaire est d'environ 2 fr. 50 le kilogramme.

VENTE DES TABACS EN FRANCE. C'est l'Administration des

contributions indirectes qui en est chargée. Dans chaque arrondissement, il existe un entrepôt de tabacs fabriqués, approvisionné par la manufacture voisine et qui vend les tabacs aux débitants. Le prix, déterminés par l'Administration, sont inférieurs d'environ 10 0/0 à ceux que les débitants doivent demander aux consommateurs.

Voici quelques-uns des principaux :

| | Prix de vente | |
|---|---|---|
| | aux débitants | aux consommateurs |
| Poudre Rôles Scaferlati } ordinaires . . . . | le kilogr. 11 50 | le kilogr. 12 50 |
| | les 250 cig | les 250 cig. |
| Cigares à 0,10. . . . . . . . . | 22 » | 25 » |
| — à 0,075. . . . . . . . | 16 50 | 18 75 |
| — à 0,05. . . . . . . . | 11 » | 12 50 |

Trois entrepôts spéciaux à Paris (Gros-Caillou, Grand-Hôtel, Bourse) et cinq en province (Le Hâvre, Bordeaux, Marseille, Nice, Lyon), vendent directement au consommateur les produits de luxe, principalement les cigares de la Havane et les tabacs d'Orient.

Il existe, en France, 43,500 bureaux de tabac, qui ont vendu, en 1884 : 35,854,742 kilogrammes de tabac pour 404,573,875 francs ; sur ce chiffre, ils ont eu 35,844,156 francs de remise, de sorte que l'Etat a reçu 368,729,719 francs.

Les débits de tabac sont accordés par le gouvernement comme récompenses de services rendus, principalement aux veuves de fonctionnaires civils et militaires. Ils sont divisés en 2 classes, suivant qu'ils rapportent plus ou moins de 1,000 francs. La liste des personnes qui ont droit de solliciter l'une ou l'autre classe est fixée par la loi. C'est une Commission permanente de sénateurs et de députés, qui examine, approuve ou rejette les demandes. Le ministre fait les nominations pour les débits de 1re classe, sur la liste de la Commission, au fur et à mesure des vacances. Les débits de 2e classe sont accordés par les préfets.

On a souvent proposé d'affermer la vente des tabacs en France. On pense que ce système réaliserait une économie de 7 à 8,000,000 sur les 35,000,000 dépensés aujourd'hui.

*Ventes à l'exportation.* La régie française vend à des prix réduits les tabacs destinés à l'exportation. Les primes accordées sont différentes suivant les quantités demandées ; nous donnons, ci-après, un certain nombre de prix :

| Tabacs | | Prix du kilogr. en France | Prix à payer par kilogramme pour l'exportateur | |
|---|---|---|---|---|
| | | | Levées inférieures à 100 kilogr. | Levées égales ou supérieures à 100 kil. |
| | | fr. | fr. | fr. |
| Cigares de la Havane { à 1 » | | 250 » | 220 | 214 |
| (le kil. est de 250 cig.) { à 0 50 | | 125 » | 115 | 113 |
| Cigares de France. . { à 0 10 | | 25 » | 20 | 18 |
| (le kil. est de 250 cig.) { à 0 05 | | 12 50 | 9 | 8 |
| Cigarettes { hongroises supérieures. . . | | 40 » | 30 | 26 |
| (le kilogr. est de 1,000 cigarettes). { françaises ordinaires. . | | 15 » | 11 | 10 |
| Tabacs ordinaires { à priser . . . . . à mâcher . . . à fumer . . . | | 12 50 | 7 | 6 |

Les tabacs sont livrés, si l'exportateur le désire, dans l'entrepôt voisin de la frontière par laquelle ils doivent sortir.

Afin de faciliter ces exportations, l'Administration a passé des contrats avec des négociants, pour la vente à l'étranger des produits français, mais les exportations restent, en somme, dans des limites restreintes, elles n'atteignent pas 200,000 kilogrammes par an; on doit attribuer en partie ce faible développement aux formalités nombreuses et compliquées que la douane impose aux exportateurs.

*Vente des jus et des feuilles.* L'Administration vend aux agriculteurs, aux horticulteurs, aux pharmaciens, etc.

1° Des jus de tabac à raison de 0 fr. 04 par litre et par degré. Ainsi, le litre de jus à 10° Baumé se vend 0 fr. 40.

2° Des débris de feuilles à 1 franc le kilogramme.

*Droits à l'importation.* Il est permis d'introduire, en France, des tabacs fabriqués à l'étranger, à condition de payer à la frontière un droit de douane qui a été fixé, ainsi qu'il suit, par la loi du 13 juin 1878.

| | | |
|---|---|---|
| Cigares, cigarettes. . . . . . . . . | 36 fr. par kil. réel. | |
| Tabac à priser, à mâcher. . . . . . | 15 — | — |
| — à fumer du Levant. . . . | 25 — | — |
| — de toute origine. . . . . . | 15 — | — |
| Autres. . . . . . . . . . . . . . | Prohibés. | |

Les colis, boîtes de cigares ou paquets de tabac sont revêtus par la douane d'une vignette spéciale. Il es interdit de faire le commerce de ces tabacs; l'Administration ne tolère ces importations qu'à titre d'usage personnel, et elle a limité à 10 kilogrammes la quantité qu'une personne peut importer dans une année.

*Consommations diverses.* En 1884, la consommation totale des tabacs en France a été de 0ᵏ,961 par individu. Elle a varié de 0ᵏ,342 par individu dans le département de la Lozère à 2ᵏ,315 dans celui du Nord.

La consommation se répartit ainsi entre les diverses fabrications.

| | |
|---|---|
| Tabac à fumer . . . . . . . . . . . | 67 0/0 |
| — à priser. . . . . . . . . . . | 19 |
| Cigares . . . . . . . . . . . . . . | 10 |
| Cigarettes (vendues par la régie) . . . | 2 |
| Tabac à mâcher. . . . . . . . . | 2 |
| | 100 |

La moyenne des consommations par an et par individu, dans les principaux états de l'Europe est la suivante :

| | |
|---|---|
| Hollande. . . . . . . . . . . . . . | 2ᵏ8 |
| Allemagne. . . . . . . . . . . . . | 1.7 |
| Belgique. . . . . . . . . . . . . . | 1.5 |
| Autriche. . . . . . . . . . . . . . | 1.4 |
| Angleterre. . . . . . . . . . . . . | 0.650 |
| Italie. . . . . . . . . . . . . . . | 0.6 |

**TABACS** (Manufactures des). La ferme générale qui fut chargée de la fabrication des tabacs pendant les xviɪᵉ et xviɪɪᵉ siècles avait établi des manufactures dans les villes suivantes : Paris, Tonneins, Toulouse, Dieppe, Cette, Valenciennes, Morlaix, Le Hâvre.

En 1790, quand l'Assemblée nationale eut décrété la liberté de la fabrication, de nombreuses fabriques s'élevèrent immédiatement sur tous les points du territoire; leur nombre s'accrut avec une telle rapidité qu'en 1804 on en comptait de 1,200 à 1,500. La fraude suivant la même marche ascendante, on dut recourir à de fortes taxes ou licences pour arrêter leur développement; on parvint ainsi à faire disparaître les petits fabricants, et en 1810, il n'existait plus officiellement que 300 fabriques, la plupart assez importantes, et qui rapportaient de gros bénéfices à leurs propriétaires. C'est, raconte-t-on, la vue des diamants portés par la femme d'un des gros fabri-

cants de Paris, qui donna à Napoléon Iᵉʳ la pensée de décréter le monopole au profit de l'Etat. La régie chargée, en 1811, de l'exploitation du monopole, après l'expropriation de toutes les fabriques, ne conserva dans tout l'empire que 10 usines placées à : Bordeaux, Le Hâvre, Lille, Lyon, Marseille, Morlaix, Paris, Strasbourg, Tonneins, Toulouse.

Ces usines eurent à fabriquer environ 10,000,000 de kilogrammes, composés principalement de tabac à priser, carottes et tabac haché pour la pipe; elles employaient, à cet effet, des machines assez primitives et mues à bras d'hommes. Jusqu'en 1835, la consommation resta à peu près stationnaire, et inférieure à 13,000,000 de kilogrammes par an. A partir de cette époque, elle s'éleva régulièrement chaque année, et atteignit en 1854 le chiffre de 20,000,000 de kilogrammes. La science vint heureusement, pendant cette période, au secours de l'industrie, et l'introduction des machines à vapeur, le mouvement mécanique donné aux machines-outils, en augmentant considérablement le rendement de celles-ci, permirent à la régie de suffire à la consommation sans créer de nouvelles usines. Ce fut en 1831, en effet, qu'on commença à doter un certain nombre d'usines de machines à vapeur ; en même temps, on étudiait et on transformait les appareils de fabrication : on créait le râpage mécanique de la poudre, les hachoirs, le torréfacteur, etc.

En 1854, de nouveaux besoins qui avaient surgi brusquement modifièrent la situation. C'est vers cette époque qu'apparaît le petit cigare à un sou de Tonneins, il inaugurait dans la fabrication un nouveau mode de préparation qui eut pour conséquence un développement rapide de la consommation. Avant 1835, on fabriquait moins de 50,000,000 de cigares par an, et 1,200 ouvrières suffisaient à cette confection. Vingt ans après, en 1854, le chiffre s'élevait déjà à 275,000,000, mais dans les seules années 1855 et 1856, il fut à peu près doublé, et atteignit presque 500,000,000 par an. Or, cette fabrication ne se faisait et ne peut encore se faire aujourd'hui, qu'à la main; le personnel ouvrier dut donc être doublé en deux ans. Les difficultés du recrutement, la nécessité de créer de nouveaux locaux, les inconvénients résultant d'une trop grande accumulation de personnel en un point, amenèrent la fondation de nouvelles usines. Le nombre de celles-ci a dû suivre la marche de la consommation annuelle qui s'est élevée de 11,000,000 de kilogrammes en 1811, à 20,000,000 en 1854 et à 36,000,000 en 1884 ; celle des cigares, en particulier, qui était inférieure à 50,000,000 de cigares en 1835, de 275,000,000 en 1854, est arrivée à 900,000,000 en 1884, de sorte qu'au lieu de 1,200 cigarières, nous en avons en France aujourd'hui de 14 à 15,000. Ce qui a contribué encore à augmenter le nombre des ateliers et le personnel, c'est la multiplication des espèces et des formes de produits fabriqués et en particulier, c'est la création des diverses fabrications de cigarettes, qui, malgré l'introduction des machines, emploient encore près de 1,000 ouvrières.

Les dates auxquelles les usines ont été successivement créées sont les suivantes :

Dieppe, 1854 ; Paris-Reuilly, 1856 ; Châteauroux, 1857 ; Nantes, 1857 ; Nice, 1860 ; Metz, 1862 ; Nancy, 1862 ; Riom, 1869 ; Pantin, 1877 ; Le Mans, 1877 ; Dijon, 1884 ; Orléans, 1886 ; Limoges (projetée).

La manufacture de Paris-Reuilly fut créée dans le but spécial de traiter les cigares de la Havane. C'est à elle qu'est réservée à peu près exclusivement la fabrication de tous les cigares d'un prix supérieur à 0 fr. 10.

La manufacture de Nice fondée par les Italiens a été conservée par la régie française après la cession, en 1860, de la ville de Nice à la France.

En 1870, la France a perdu, avec l'Alsace-Lorraine, les deux manufactures de Metz et de Strasbourg.

Il existe donc actuellement 20 manufactures, et on installe de nouveaux ateliers provisoires à Limoges.

Le choix des lieux de fondation des diverses manufactures a été fait de manière à les répartir uniformément sur tout le territoire ; mais il a fallu tenir compte aussi des offres de terrains, de bâtiments, d'indemnités faites par les municipalités à l'Etat, des ressources que présentaient les villes au point de vue personnel ouvrier. Enfin, la faveur d'un haut fonctionnaire n'a pas toujours été étrangère aux décisions prises par le gouvernement.

Tous ces établissements ont été créés sur les terrains ou dans des bâtiments cédés par les municipalités. La manufacture de Paris (Gros-Caillou), la plus importante de France est celle dont l'installation laisse le plus à désirer au point de vue des locaux ; elle attend depuis trente ans sa reconstruction. Les seules qui soient entièrement neuves sont celles de : Marseille, Tonneins, Nantes, Le Mans, Châteauroux, Reuilly, Dijon, Riom, Nancy, Orléans.

Toutes les manufactures fabriquent des cigares à 0 fr. 05 et à 0 fr. 10, et des scaferlatis. Châteauroux, Reuilly et Dijon sont à excepter pour ce dernier produit. Les fabrications de la poudre et des rôles sont au contraire réservées à un petit nombre d'établissements.

Au point de vue administratif, toutes les manufactures sont organisées sur le même modèle. Elles ont à leur tête un directeur, un ingénieur et un contrôleur de comptabilité ; les ateliers sont groupés par sections qui correspondent aux diverses espèces de produits fabriqués ; l'une des sections se compose d'ouvriers d'arts et métiers qui construisent en partie et entretiennent les bâtiments, le matériel et les machines. Le personnel secondaire se compose de chefs de sections et de contremaîtres, surveillants et ouvriers des deux sexes au nombre de 23,000. Ces derniers sont, à de rares exceptions près, payés à la tâche, d'après les bases qui sont fixées de façon à procurer des salaires équivalents à ceux des autres industries locales. La paie a lieu tous les dix jours. Une majoration de 4 0/0 des salaires faite par l'Administration au nom de chaque ouvrier permet à celui-ci de se retirer à cinquante ou soixante ans avec une retraite. Un certain nombre d'établissements ont établi des sociétés de secours mutuels, coopératives, des asiles et des crèches.

Enfin, les manufactures relèvent toutes d'une division de la Direction générale des manufactures de l'Etat, au ministère des finances. A côté de cette Administration centrale se trouve à Paris : un service des constructions et machines, une commission d'achat et d'expertise, un laboratoire central, une école d'application pour les jeunes ingénieurs.

Nous donnons, ci-dessous, le tableau des espèces et des quantités de tabac expédiées par chaque manufacture pendant l'année 1884 :

| Manufactures | Tabacs supérieurs et ordinaires | | | | | Tabacs à prix réduits | Divers | Total | Observations |
|---|---|---|---|---|---|---|---|---|---|
| | Cigarettes | Cigares | Scaferlatis | Rôles | Poudre | | | | |
| | kilogr. | kilogr. | kilogr. | kilogr. | kilogr. | kilogr. | kil. | kilogr. | |
| Bordeaux.... | » | 283.063 | 1.076.415 | 35.510 | » | 125.050 | 1.014 | 1.521.052 | Le kilog. de scaferlati, rôle et poudre est un poids réel. |
| Le Hâvre... | » | 111.038 | 859.088 | » | 595.222 | 104.227 | 125 | 1.669.698 | |
| Lille...... | » | 114.604 | 535.310 | 69.600 | » | 5.330.975 | » | 6.049.489 | |
| Lyon...... | » | 160.720 | 1.059.185 | 83.979 | 563.849 | 636.113 | » | 2.503.846 | |
| Marseille.... | 73.238 | 242.369 | 923.537 | 102.001 | 37.139 | 73.472 | » | 1.451.716 | Le kilog. de cigares représente 250 cigares. |
| Morlaix.... | » | 274.675 | 584.855 | 552.654 dont 459,081 de carottes. | 773.991 | 148.944 | 350 | 2.335.469 | |
| Paris (G.-C.). | 588.430 | 167.109 | 1.820.016 | 268.830 | 1.880.753 | 145.370 | » | 4.870.526 | Le kilog. de cigarettes représente 1.000 cigarettes. |
| Tonneins.. | ». | 208.651 | 1.164.656 | » | » | 117.855 | 8 | 1.491.170 | |
| Toulouse.... | 13.900 | 310.202 | 984.770 | » | 774.458 | 64.700 | » | 2.148.030 | |
| Dieppe.... | » | 239.276 | 863.837 | » | » | 98.063 | » | 1.201.176 | |
| Paris-Reuilly. | 5.766 | 132.002 | » | » | » | » | » | 137.768 | |
| Châteauroux.. | » | 337.620 | » | 31.810 | 2.084.180 | 7.941 | » | 2.461.551 | |
| Nantes..... | 139.152 | 337.896 | 1.963.423 | » | » | 212.027 | » | 2.652.498 | |
| Nice...... | » | 256.093 | 560.414 | » | » | 163.295 | 740 | 980.542 | |
| Nancy..... | 109.548 | 177.538 | 238.044 | » | » | 1.032.769 | 2.070 | 1.559.969 | |
| Riom...... | » | 72.180 | 1.151.659 | » | » | 69.720 | » | 1.293.559 | |
| Pantin.... | 6.236 | 75.475 | 534.060 | » | » | » | » | 615.771 | |
| Le Mans... | 5.798 | 84.149 | 1.111.690 | » | » | 135.290 | » | 1.336.927 | |
| Dijon..... | » | 121.320 | » | » | » | » | » | 121.320 | |
| | 942.077 | 3.705.980 | 15.429.959 | 1.144.393 | 6.709.592 | 8.465.769 | 4.307 | 36.402.077 | |

La manufacture d'Orléans a commencé à fabriquer des cigares en 1886.

Approvisionnements. Nous avons vu plus haut comment l'Administration achète les tabacs cultivés en France. Ces tabacs sont répartis ensuite entre toutes les manufactures.

Les tabacs exotiques sont achetés en balles ou en boucants, prêts à être mis en œuvre ; cette fourniture est adjugée publiquement, sur des types préparés par la régie. Les marchés particuliers sont exceptionnels. Les balles ou boucants sont livrés par les négociants dans 5 magasins de transit : Marseille, Bordeaux, Le Hâvre, Dieppe, Dunkerque. Chaque colis est échantillonné. Les échantillons sont envoyés à Paris, examinés par la Commission d'expertise par comparaison aux types et classés ou refusés.

Tableau des quantités et des espèces exotiques achetées par l'Administration en 1884 :

1° Feuilles d'Amérique.

| Espèces | Quantités | Prix par 100 kil. |
|---|---|---|
| | kilogr. | fr. |
| Virginie........ | 2.130.462 | 119 98 |
| Kentucky....... | 5.535.505 | 115 52 |
| Maryland....... | 3.887.210 | 127 70 |
| Mexique........ | 5.873 | 833 70 |
| Ohio.......... | 428 | 140 » |
| Esmeralda...... | 58.929 | 460 » |
| Brésil......... | 1.570.897 | 151 81 |
| Rio-Grande..... | 227.211 | 110 18 |
| Palmyra....... | 74.995 | 300 » |
| Colombie....... | 2.367 | 226 » |
| Santo-Domingo.... | 33.014 | 238 49 |

2° *Feuilles d'autres provenances.*

| Espèces | Quantités | Prix par 100 kil. |
|---|---|---|
| | kilogr. | fr. |
| Alsace-Lorraine. . . . | 2.611.316 | 89 72 |
| Manille. . . . . . . . . | 3.758 | 278 64 |
| Samsonn. . . . . . . . . | 406.257 | 106 23 |
| Inde. . . . . . . . . . . | 301.606 | 46 88 |
| Levant supérieur . . . . | 36.324 | 466 43 |
| Hongrie. . . . . . . . | 2.609.669 | 97 11 |
| Ukraine. . . . . . . . | 1.098.063 | 45 43 |
| Crimée. . . . . . . . . | 612 | 182 34 |
| Sumatra . . . . . . . . | 46.535 | 897 40 |
| Java. . . . . . . . . . | 189.561 | 473 95 |

A ces quantités il faut ajouter les tabacs achetés par les consuls, savoir :

Feuilles de Havane, 152,711 kilogrammes à 811 fr. 74 les 100 kilos ; divers, 56,977 kilogrammes.

*Total général des tabacs exotiques en feuilles achetées* en 1884, 21,049,683 kilogrammes.

Nous rappellerons que la culture française a produit 18,877,120 kilogrammes en 1885, et qu'on achète 3,000,000 de kilogrammes en Algérie.

**\*TABARRE.** Règle en bois de sapin, de plusieurs mètres de longueur, employée pour le tracé des grandes épures.

**\*TABATIER, IÈRE.** *T. de mét.* Ouvrier, ouvrière des manufactures de tabacs. — s. B.

**TABATIÈRE.** Petite boîte de poche où l'on met du tabac en poudre. Les parties de la tabatière sont : la cuvette, le couvercle monté à charnière et entrant légèrement dans la gorge du bord du contour de la cuvette ; le bec est la partie saillante qui dépasse sur le contour et permet de lever plus facilement le couvercle.

HISTORIQUE. L'usage de la tabatière devint général en France dans la seconde moitié du XVIII° siècle. On disait d'abord *tabaquière* ; le mot *tabatière* prévalut ; mais les gens de bel air le trouvant « ignoble, » dirent *botte* pour se distinguer du peuple.

La Régence (1715-1723) fut l'époque du développement de l'usage des tabatières. Alors les grands seigneurs avaient des tabatières à profusion et s'en paraient comme d'un bijou à la mode. Ces boîtes étaient en or ciselé, gravé, émaillé, en écaille brune ou blonde, cerclée, piquée d'or de couleur ; en porcelaine dure de Saxe ; en pâte tendre de Sèvres, de Mennecy ou de Chantilly ; en nacre, en burgau, en ivoire, en pierre dure, en vernis Martin, etc. Des médaillons de toutes sortes, des mosaïques, des miniatures et des émaux, concouraient à l'ornementation de ces charmants bijoux. Ouvrir sa tabatière, prendre une prise, l'aspirer, fermer la boîte et secouer son jabot du bout des doigts, était un art que nos gentilshommes possédaient à merveille.

Ce luxe tout monarchique de la tabatière disparut avec la Révolution.

Aujourd'hui, la tabatière a été remplacée par la tabatière simple faite en belle matière. Toute sorte de matériaux naturels ou factices ont été mis à l'essai pour ce genre de fabrication.

Le travail de la tabatière comprend différentes opérations : l'ouvrier commence par *mettre en blanc*, c'est-à-dire par dégrossir la matière, puis il fait le moulage ; tantôt il découpe la tabatière dans un morceau plein en bois, en corne ou en ivoire,

tantôt il découpe des tablettes de nacre, de corne et de bois précieux qu'il place ensuite sur un fût en bois blanc. Quand il se sert d'écaille, il découpe les différentes parties de matière dont la réunion doit former la tabatière, ensuite il les soude à chaud avec de la poussière d'écaille. Le moulage terminé, l'ouvrier procède à la fabrication de la charnière, à l'ajustage et à l'emboîtage du couvercle ; les charnières en cuivre sont faites par des ouvriers spéciaux, dits *charniéristes*. Enfin, la tabatière est gravée, incrustée et polie. Les filets, les arabesques, les chiffres en métal destinés à être incrustés dans l'écaille, sont découpés et collés légèrement à la place qu'ils doivent occuper, puis enfoncés à l'aide d'une presse à chaud. Les incrustations en nacre, en ivoire et en bois sont faites à la main. En France, on ne vernit pas les tabatières, on les polit presque toujours, et on en garnit l'intérieur avec de l'écaille. Un ouvrier tabletier peut faire seul une tabatière complète ; il n'existe pas même de dessinateurs pour cet article, qui est complètement abandonné à l'ouvrier. Il en résulte que le travail est rarement divisé dans cet industrie spéciale.

En général, les tabatières fabriquées à Paris sont supérieures à celles que l'on fait dans les autres villes de France ou à l'étranger : on les exporte indistinctement pour tous les pays. — s. B.

*Bibliographie :* MAZE-SENCIER : *Le livre des collectionneurs ; Statistique de l'industrie à Paris pour 1860,* art. *Tabletterie ;* PAUL ROUAIX : *Dictionnaire des arts décoratifs,* v° *Tabatière.*

|| *Fenêtre à tabatière.* Fenêtre percée sur un toit et dont le châssis s'ouvre d'une seule pièce. || *Fusil à tabatière.* Sorte de fusil se chargeant par la culasse. — V. FUSIL.

**TABERNACLE.** 1° Ce mot par lequel les Israélites indiquaient l'endroit le plus retiré du temple où les vases sacrés et les tables de la loi étaient déposés, a été conservé par le culte catholique pour désigner un petit édicule en forme de temple, élevé au-dessus de l'autel pour y enfermer les hosties consacrées. || 2° Espace réservé autour d'un robinet pour en faciliter la manœuvre à l'aide d'une clef à long manche.

I. **TABLE.** On donne le nom de *tables*, en menuiserie, à toutes les surfaces planes portées en l'air par un ou plusieurs pieds. Les tables, dit M. Henry Havard, sont employées aux usages les plus divers, et leurs formes, ainsi que les proportions, varient suivant les usages auxquels on les destine. On en fait de carrées, de rondes, d'ovales, de courbes, de hautes et de basses, avec tiroirs, comme les tables à ouvrages et les tables-bureaux, ou sans tiroirs, comme les tables de salon et les tables de salle à manger ; à un seul pied, comme les guéridons ; à trois, mais plus souvent à quatre, comme la généralité des tables usitées dans le mobilier courant. Il y a aussi des tables à coulisse et à rallonges. Les tables de luxe sont en acajou, en palissandre, en chêne, en ébène, etc. ; d'autres sont en marqueterie, en marbre ou en mosaïque. On fait également des tables de café en fer et en cuivre avec dessus en verre ou en porcelaine, etc.

HISTORIQUE. L'origine de la table se perd dans la nuit des temps. Les Egyptiens (leurs peintures le prouvent) en faisaient usage pour leurs repas. Chez les Grecs et les Romains, elle apparaît à l'antiquité la plus haute. Déjà dans le livre X de la *République* de Platon, nous voyons une « multitude de lits et de tables. » Le poète Cratinus, de son côté, fait mention de « tables d'érable à trois pieds ; » et Callia, dans ses *Cyclopes*, raille la « voluptueuse Ionie dont les tables sont si splendides. »

C'est sous le gouvernement de Pompée que parurent les premières tables de citre (*citrus*), bois de la Mauritanie, que nous appelons aussi *thuya*, et dont la rareté primitive a donné lieu à une folle curiosité d'avoir de ces tables. Tout cabinet devait alors posséder sa *table de citre*. Aussi, dit Pline, les femmes les reprochaient-elles à leurs maris, quand ceux-ci leur reprochaient les perles. « Celle de Cicéron existe encore, et ce qui est surtout étonnant, ajoute l'auteur latin, c'est que, malgré son peu de fortune, il la paya cependant alors un million de sesterces (210,000 francs). On cite aussi la table d'Asinius Gallus, qui coûta 1,100,000 sesterces (231,000 francs).

Le moyen âge connut aussi les tables de luxe. Comme les riches avaient conservé l'habitude de prendre les repas couchés sur des divans, suivant la mode romaine, on s'explique la forme et le genre de décoration de ces tables d'or et d'argent que nos pères possédaient. Charlemagne en fit faire quatre : une d'or et trois d'argent, celles-ci ornées des plans cavaliers et des cartes de Rome, de Constantinople et du monde entier. La table dressée sur ses pieds et le banc pour s'asseoir, prirent le dessus après les trois siècles de fer qui pesèrent sur l'humanité quand Charlemagne ne la protégea plus, et alors qu'on n'avait plus ni or pour faire les tables, ni moelleux coussins pour se reposer. Les tables à manger, surtout quand elles étaient d'une certaine dimension, n'étaient alors posées que sur des tréteaux ; c'était un moyen de leur donner à volonté la grandeur dont on avait besoin. On en a des exemples dans le *Débat de la Damoyselle et de la Borgeoise*, in-4° gothique du xvᵉ siècle. Les miniatures du temps nous montrent, en général, les convives assis autour d'une table en demi-cercle, mais largement échancrée à son centre, pour laisser un passage aux gens de service.

Mais avec le xviᵉ siècle, les tables deviennent des meubles meublants, que l'art et la renaissance couvrent de sculptures sur les bords de la tablette, sur la ceinture et sur les pieds qui prennent des formes fantaisistes d'animaux, de chimères, etc.

L'introduction chez nous de la table circulaire, coïncide avec l'avènement de ces mœurs sociales, aimables, de cette cordialité, que le xviiᵉ siècle a généralisées en France. On renonça à la table carrée lorsqu'on commença à placer les invités sur des chaises ou sur des escabeaux, et non plus sur de longs bancs incommodes et droits, comme cela se pratiquait encore au temps de Gabrielle d'Estrées. En effet, avec Louis XIV, les tables en bois doré remplacent les bois sombres employés jusque-là. Les pieds droits en forme de gaines ou courbés en consoles rengorgées, soutiennent des tablettes le plus souvent rectangulaires, parfois ornées d'une marqueterie de pierres dures. La galerie d'Apollon, au Louvre, possède des tables en bois doré de cette époque. Boule a laissé également des tables remarquables, dans lesquelles on voit apparaître la courbe et le galbe qui caractériseront le style de la régence.

Avec le style Louis XV, les pieds deviennent fragiles à cause de l'exagération de leur courbe en S et aussi de leur amincissement périlleux. Mais le style Louis XVI vient mettre ordre à cette exagération, en faisant prédominer la ligne droite et la marqueterie dans l'ornementation du dessus des tables. Riesener, l'ébéniste de la cour, a laissé des tables qui sont des merveilles d'élégance comme forme et comme détails d'ornementation. Les tablettes de marbre blanc et les petites galeries à jour sont fréquentes dans les tables de cette époque. Enfin, pour répondre au succès littéraire du *Voyage du jeune Anacharsis* et aux tentatives réactionnaires et pseudo-antiques de Vien, Gouthières paraît avoir inventé ces tables de porphyre à gaines ornées de figures de bronze, qui firent florès pendant toute la durée du premier Empire, dans les magasins de l'ébéniste Jacob. Deux de ces tables furent vendues 23,999 livres, 19 sols (il faudrait aujourd'hui tripler ces sommes), et 19,580 livres deux autres tables de jaspe vert, également accommodées par Gouthières « dans le style égyptien, » dit le *Catalogue du duc d'Aumont* (1788).

Ajoutons que Beaumarchais, devenu riche et fastueux, rassembla mille objets d'art, parmi lesquels on remarquait « une table à écrire qui lui avait coûté 30,000 francs. » — S. B.

*Bibliographie* : Henry HAVARD : *L'art dans la maison ;* Léon de ROSNY : *Variétés orientales*, ch. *Thuya de Barbarie ;* De LABORDE : *Glossaire français du moyen âge,* vᵉ *Table.*

II. **TABLE**. *T. de constr.* Grande plaque de métal qui sert de revêtement. ‖ 2° Panneau rectangulaire ou carré entouré d'une sorte de cadre de couleur différente de celle de la table. ‖ 3° *T. de chem. de fer. Tables de pression.* Petits coins de bois placés parfois sous les extrémités des traverses pour augmenter la stabilité de la voie. ‖ 4° *T. techn.* Chaîne ou toile sans fin employée dans diverses machines pour amener les matières filamenteuses à certains organes qui les préparent au filage. ‖ 5° Surface de fonte sur laquelle se coule le verre pâteux dans la fabrication des glaces. ‖ 6° Sorte d'établi à l'usage de divers métiers, notamment des plombiers, sur lequel ils coulent le plomb ; des imprimeurs du papier peint qu'ils nomment *table d'impression ;* des peintres en bâtiments pour broyer leurs couleurs, et qu'ils nomment *table à broyer.* ‖ 7° Partie plane et aciérée de l'enclume du forgeron. ‖ 8° Bassins rectangulaires où se recueillent les eaux des salines à différents degrés de concentration. — V. SALINE. ‖ 9° *T. d'exploit. des min.* Nom de divers appareils employés dans la préparation mécanique des matières minérales, soit pour le scheidage, soit pour le classement par densité (tables dormante, tournante, à secousses, de Rittinger). ‖ 10° Forme plate de certains cristaux. ‖ 11° Pierre précieuse taillée de manière que la surface en soit plane. ‖ 12° *Table d'harmonie.* Partie d'un instrument sur laquelle les cordes sont tendues, afin d'en augmenter la sonorité. ‖ 13° Figurément, on donne le nom de *table* à un index servant à faire trouver facilement les matières ou les mots que renferme un livre, et au résumé méthodique des matières d'un ouvrage, assez succinct pour qu'il puisse être envisagé d'un seul coup d'œil. ‖ 14° Table d'Ampère. — V. ÉLECTRICITÉ, § 99.

**TABLEAU.** 1° Pour ne parler que de son acception en *techn.*, le tableau est la partie de l'épaisseur d'une baie de porte ou de fenêtre qui se trouve en dehors de la fermeture. — V. FENÊTRE. ‖ 2° Panneau de bois noirci ou d'ardoise, sur lequel on trace des lettres ou des figures. || 3° En *typogr.*, c'est un ouvrage à cadre et à filets. || 4° Nom de l'encadrement formé par les deux piliers montants d'une vanne et la traverse supérieure. || 5° *T. de mar.* Cadre placé à l'arrière du navire et dans lequel se trouve le nom du bâtiment; on dit aussi *écusson.*

**TABLETIER, IÈRE.** *T. de mét.* Celui, celle qui fabrique ou vend de menus ouvrages de bois ou d'ivoire, des jeux de dames, d'échiquiers, etc. — V. TABLETTERIE.

**TABLETTE.** 1° *T. de constr.* Planche horizontale tantôt adossée à un mur, tantôt placée dans un placard, un meuble, et sur laquelle on pose divers objets. || 2° Plaque de marbre, de pierre ou de bois, suivant qu'elle est destinée à recouvrir le chambranle d'une cheminée, l'appui d'une croisée ou d'un balcon, le bord d'un réservoir, d'un bassin, etc. || 3° *T. de pharm.* Saccharolés solides à base de sucre très finement pulvérisé, et mis en pâte au moyen d'un mucilage et d'une ou plusieurs substances médicamenteuses.

**TABLETTERIE.** La tabletterie est de l'ébénisterie en petit, comprenant un nombre infini d'objets variés inventés par le goût du jour, le caprice, la fantaisie, et modifiés constamment par la mode, tenant tantôt du tournage, de la marqueterie, du cartonnage et de l'estampage. Les jeux divers, dames, échecs, nain-jaune, tric-trac, jeux de patience, étagères, boîtes, étuis, etc., sont du domaine de la tabletterie.

HISTORIQUE. Au moyen âge, on faisait en France des petits meubles en ivoire, en os et en nacre ou des incrustations d'ivoire et de nacre. Sous François Iᵉʳ, les sculpteurs en ivoire produisirent ces objets précieux, coffrets, gobelets et autres dont on a conservé d'admirables spécimens dans les collections publiques, et le travail de l'ivoire demeura purement artistique jusqu'à la fin du règne de Louis XIV, époque à laquelle les maîtres *peigniers, tabletiers, tourneurs,* et *tailleurs d'ivoire* commencèrent à faire un plus grand nombre d'articles de petite tabletterie. Les peigniers ne fabriquaient généralement que des *peignes* (V. ce mot); les tabletiers faisaient les pièces nécessaires pour jouer aux échecs, aux dames, au tric-trac; des billes de billard, des crucifix de bois et d'ivoire, et toutes sortes d'ouvrages tournés, tels que montants de cannes, de lorgnettes et de lunettes; des tabatières (V. ce mot), des bonbonnières, des boîtes à savonnettes, et autres objets en os, en ivoire ou en bois d'ébène, de Brésil, de mérisier, d'olivier, etc. etc. Les anciens statuts des tabletiers, renouvelés en 1505, et confirmés successivement par Henri III, Henri IV et Louis XIV, furent confondus, en 1776, avec ceux des luthiers et des éventaillistes. Quelques années après, la Révolution arrêta complètement le travail de l'ivoire à Paris aussi bien qu'à Méru (Oise), où il avait pris une certaine importance pendant le XVIIIᵉ siècle. L'art succomba dans cette catastrophe, mais l'industrie recommença timidement ses tentatives vers l'année 1800 par la fabrication de petits objets comme les cure-dents et les cure-oreilles. Les progrès de la tabletterie furent rapides surtout pendant la Restauration, et en 1830, cette industrie exportait déjà ses produits en grande quantité. Depuis cette époque elle n'a cessé de se développer à Paris, à Méru et à Saint-Claude, où l'on fait beaucoup d'articles pour l'exportation.

Aujourd'hui, la petite ébénisterie est le dernier mot de la tabletterie parisienne, elle ne peut aller plus loin sans envahir le domaine des Fourdinois, des Sauvrezy et de leurs émules. Quelle distance il y a entre la tabletterie autrefois renfermée dans la confection des menus objets de corne, d'os et d'ivoire, qui ne livrait à la consommation que des objets usuels et de fabrication courante, et l'industrie qui a fait la réputation des Tahan et des Sormani! Jadis, les tabletiers abandonnaient à des spécialistes, ivoiriers, sculpteurs, graveurs, apprêteurs de laque et peintres, l'exécution de toutes les pièces de luxe; de nos jours, tout s'exécute sous la direction des maîtres fabricants, les artistes ne sont plus que les traducteurs intelligents et habiles d'une idée conçue par un autre, et leur travail consiste uniquement à donner un corps et une réalité à des créations dont ils ne connaissent que les côtés dont la mise en relief leur est confiée.

Les articles de tabletterie sont très nombreux, et chacun d'eux est l'objet d'un travail particulier où se révèle l'habileté des ouvriers de plusieurs départements, notamment dans la Seine-Inférieure et l'Oise. Quant aux articles en ivoire, ils sont commencés et terminés à Paris, mais le travail intermédiaire se fait dans le département de l'Oise. Les ouvriers parisiens *écouennent* les dents d'éléphant, c'est-à-dire qu'ils en enlèvent la couche extérieure ou couenne pour mettre à jour le grain de l'ivoire; ils scient ensuite et débitent cette matière en morceaux dont la forme et les dimensions varient suivant l'usage qu'on en veut faire. Ainsi préparés, les morceaux d'ivoire sont envoyés à Méru pour y être creusés et recevoir quelques façons à l'extérieur, puis ils reviennent à Paris où ils sont terminés, sculptés et remis au bijoutier-garnisseur chargé de faire les fermetures et les garnitures en métal. Il existe bien à Paris des façonniers qui se livrent aux mêmes travaux que les ouvriers du département de l'Oise, mais ils sont très peu nombreux.

Dans la tabletterie, comme dans toutes les industries où la mode fait sentir son influence, les produits tirent leur plus grande valeur du goût qu'ils révèlent et de leur nouveauté. Aussi, les tabletiers de Paris ont-ils atteint une supériorité que ne leur disputent ni l'Allemagne, ni l'Angleterre, ni la Chine, ni le Japon. Dans chacun de ces pays, on peut fabriquer plus d'objets de ce genre qu'à Paris, mais la façon, l'élégance, la légèreté, tout ce qui constitue le bon goût ne se rencontre que dans les objets de fabrication parisienne. Cette supériorité s'étend surtout aux ouvrages de tabletterie de luxe, coffrets à bijoux, petits meubles coquets, nécessaires de voyage, caves à liqueurs, boîtes à cigares, à jeux, à gants et d'autres charmants petits objets qui sont le complément indispensable du salon et du boudoir. — S. B.

**\* TABLEUR.** *T. de mét.* Ouvrier qui fait les tables d'harmonie de certains instruments de musique.

**TABLIER.** 1° Outre l'espèce de vêtement que les femmes, les enfants et certains ouvriers mettent devant eux pour préserver leurs habits, on donne ce nom au morceau de cuir fixé devant les sièges d'une voiture pour abriter de la pluie ceux qui s'y trouvent assis. || 2° Plate-forme qui constitue le plancher d'un pont et, particulièrement dans les ponts en fer, ensemble de ce plancher et des poutres armées qui le soutiennent. — V. Pont. || 3° *T. de métall.* Plaque de tôle ou de fonte disposée près de l'entrée d'un laminoir pour permettre d'engager facilement les barres entre les cylindres. || 4° *T. de mécan.* Appareil employé dans certaines machines pour l'entraînement des matières. || 5° *T. de fumist.* Rideau de tôle placé devant une cheminée afin d'en régler le tirage.

**TABOURET.** Siège sans dossier ni bras, dont la forme est variée ; quelques-uns peuvent se lever ou s'abaisser à volonté à l'aide d'une crémaillère, d'une vis ou d'un ressort ; le tabouret dont les dimensions sont très réduites sert pour poser les pieds lorsqu'on est assis. || *T. de mécan.* Sorte de lanterne adaptée aux machines employées à puiser l'eau des carrières.

**\*TACHÉOMÈTRE.** *T. de géod.* Instrument assez compliqué, imaginé par Porro, officier supérieur du génie piémontais, et qui a pour objet de déterminer la hauteur angulaire, l'azimut et la distance d'un objet observé. Il se compose comme le *théodolite* (V. ce mot)d'une lunette mobile sur un cercle vertical divisé et d'un cercle horizontal. Mais il comprend en plus un indicateur magnétique à l'aide duquel on peut déterminer la direction du méridien quand on connaît la déclinaison magnétique. Un système particulier comprenant un niveau à bulle d'air permet de mesurer l'angle que fait l'axe optique de la lunette avec l'horizon sans être obligé de pratiquer le retournement autour de l'axe vertical comme cela se fait avec le théodolite. Quant à la mesure des distances, on l'obtient en visant une règle divisée verticale, ou *mire parlante*, installée au point observé. A cet effet, le réticule de la lunette comporte des fils horizontaux qui se projettent sur l'image de la mire parlante. On conçoit que la distance de la mire étant inversement proportionnelle à la grandeur de l'image d'une division est directement proportionnelle au nombre de divisions observées entre deux fils horizontaux. L'écartement de ces fils est réglé de telle façon qu'une simple lecture donne immédiatement la distance en kilomètres ou en hectomètres. Il suffit pour cela que cet écart soit égal à la longueur de l'image d'une division vue de 1 kilomètre ou de 1 hectomètre. — M. F.

**TÂCHERON.** Syn. : *Marchandeur, sous-traitant.* Ouvrier auquel on fournit tous les matériaux, et qui s'engage à faire, soit seul, soit avec d'autres, une partie d'un travail dont l'estimation et les conditions d'exécution sont déterminées à l'avance par traité. C'est surtout dans les travaux publics que sont employés les tâcherons, qui s'associent en général et se partagent le prix de l'ouvrage, dont le paiement est le plus souvent échelonné suivant l'état des travaux.

**\*TACHYDRITE.** *T. de minér.* Chlorure double de calcium et de magnésium hydraté,

$CaCl + 2MgCl + 12HO...CaCl^2 + 2MgCl^2 + 12H^2O$.

Ce sel est jaune et très déliquescent, il est très fusible, et à 18°, 100 parties d'eau en dissolvent 160,3 parties. Il est fort abondant à Stassfurt, près Magdebourg, et contient : chlorure de calcium, 21,46 ; chlorure de magnésium, 36,77 ; eau, 41,77 ; il se trouve avec la carnallite et la kiésérite, dans l'anhydrite.

Il sert à la préparation des sels de magnésium.

**\*TACHYLEMME.** — V. Calculer, § *Machines à calculer.*

**\*TACHYMÈTRE.** Instrument spécialement en usage sur les chemins de fer et destiné à mesurer la vitesse. Le *dromoscope* (V. ce mot), dont nous avons déjà donné la description, est une sorte de tachymètre ayant le caractère d'un véritable signal s'adressant aux mécaniciens ; mais la plupart des tachymètres, dans la stricte acception du mot, sont des appareils de contrôle, ayant plutôt un intérêt rétrospectif qu'une application directe à la modération de la vitesse.

Le système le plus simple consiste à prendre le mouvement sur l'essieu d'un véhicule, et à le transmettre à un crayon qui trace les indications sur une bande de papier qu'un mouvement d'horlogerie fait dérouler d'une quantité proportionnelle au temps écoulé ; connaissant le nombre de tours de roue, c'est-à-dire l'espace dans un temps donné, on en déduit la vitesse. M. Napoli a imaginé un ingénieux appareil à ailettes et à cadre mobile qui donne l'indication de la vitesse ainsi obtenue sur un cadran gradué empiriquement.

Le contrôleur Brunot, en usage sur les trains de la Compagnie du Nord, sert surtout à faire une vérification automatique et contradictoire des chiffres des heures d'arrivée et de départ. C'est une boîte renfermant un mouvement d'horlogerie et un disque de carton faisant un tour complet en douze heures ; un crayon peut se déplacer horizontalement sur ce carton au moyen d'une came en développante de cercle sur laquelle s'appuie la branche d'un levier très flexible, sensible aux oscillations produites par les trépidations de la marche du train ; sous l'influence de ces oscillations, le crayon trace une série de points sur le disque, et les arrêts sont indiqués par une interruption du tracé. — V. Signal.

Les tachymètres en usage sur le chemin de fer du Saint-Gothard et sur le réseau de Berg-Marche, sont fondés sur l'emploi de pédales placées, de kilomètre en kilomètre, le long des rails de la voie, et qu'un ressort tend à ramener à sa position initiale quand elle est pressée par les boudins des roues des véhicules ; le mouvement de la pédale se transmet à un appareil de contact électrique placé sur l'accotement de la voie, et la fermeture du circuit se transmet au contrôleur placé dans la station, soit par un appareil Morse, soit par une horloge ; une bande de papier qui se déroule d'une quantité proportionnelle au temps écoulé, est marquée d'un point à chaque fermeture de circuit, et l'on a ainsi l'indication exacte du moment précis où le premier véhicule d'un train passe à un endroit déterminé de la voie; on en déduit la vitesse. Le contrôleur Jousselin et Garnier repose à peu près sur le même principe.

Le tachymètre électrique, construit par M. Digney, sur les indications de M. Bandérali, ingénieur du matériel et de la traction au chemin de fer du Nord, se compose de contacts fixes ou crocodiles espacés sur la voie, sur lesquels frotte la brosse des machines, de manière à recueillir ce courant qui se transmet, sur la machine, à un appareil enregistreur, muni d'un mouvement d'horlogerie et de crayons; l'un des deux crayons, animé de mouvements isochrones, trace les minutes, et l'autre ne marque le papier que quand la machine passe sur un contact fixe; en comptant le nombre de points compris entre les marques de deux passages successifs, on a le temps employé à franchir une distance connue, et par conséquent la vitesse de la marche.

— V. *Etudes sur l'Exposition de 1878*, Lacroix, édit.; *Lumière électrique*, 1883.

**TAFFETAS. T. de tiss.** Nom donné à des tissus de soie qui se font en toutes nuances, et qui sont employés pour robes, confections, etc. (V. SOIERIE). On donne le même nom à l'armure qui sert à les fabriquer et qui, dans certains centres industriels se nomme aussi *toile* ou *uni* ou *lisse*. Elle est produite par le croisement le plus simple qu'il soit possible d'adopter entre les fils et les duites, et consiste à faire passer chaque duite alternativement sur un fil et sous le suivant, et à donner aux fils une évolution semblable, en laissant baissé chacun d'eux sous une duite pour le lever sur la suivante. Le rapport de l'armure taffetas comprend deux fils et deux duites, et est représenté par la figure 292. Cette armure sert de base à

Fig. 292.

un-grand nombre de tissus, calicots, cretonnes, mousselines, toiles, batistes, failles, etc., qui varient d'aspects suivant la nature et la finesse des fils employés, et qui servent à un grand nombre d'usages variés. — V. TISSAGE. || **T. de pharm.** Variété de sparadrap à base de colle de poisson, et qui doit son nom à ce que l'on emploie pour le confectionner des bandes de taffetas noir, blanc ou rose, ainsi que de la baudruche. — V. SPARADRAP.

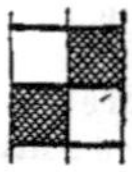

**TAFIA.** Alcool obtenu par la fermentation des mélasses provenant de la fabrication du sucre de canne. — V. RHUM.

**TAIE.** Sorte de sac de toile, de fil ou de coton, qui sert d'enveloppe à un oreiller.

**TAILLANDERIE.** Art de fabriquer les instruments tranchants de toute nature. La taillanderie offre donc une certaine analogie avec la coutellerie qui peut être considérée comme une de ses branches. Au point de vue de la vente, la taillanderie fait partie de la quincaillerie.

—De toutes les industries, la taillanderie est certes la plus ancienne, car les instruments coupants et perforants sont les premiers dont la civilisation ait eu besoin.

Après les haches, les couteaux et les grattoirs en silex, on employa les métaux qui se trouvaient sous leur forme métallique à l'état naturel : l'or, l'argent, le cuivre, le bronze que l'on obtint ensuite des minerais mixtes, puis enfin le fer; l'acier ne vint que plus tard. A ces époques primitives où la rareté du fer en faisait presque un métal précieux, les socs de charrue se transformaient en glaives, pour reprendre leur rôle agricole quand la paix était venue. Franchissant le moyen âge pour arriver aux temps modernes, la taillanderie est un art tout Français, que les persécutions répandirent à l'étranger.

Au XIVe siècle, la taillanderie de Châtellerault était la première du monde au dire de l'ambassadeur de Venise. Au XVIe siècle, les Anglais et les Espagnols ne se servaient que de taillanderie française. A cette époque, des flamands maltraités par le duc d'Albe allèrent s'établir en Angleterre où le comte de Shrewsbury, les installa aux environs de Sheffield, déjà renommé pour sa coutellerie.

Sous Louis XIV, la révocation de l'édit de Nantes fit émigrer en Allemagne de nombreux taillandiers qui y importèrent leur industrie.

Les objets faisant partie de la taillanderie sont : les haches, cognées, serpes, couperets; les planes, ciseaux et gouges des menuisiers et des sculpteurs; les fers de rabots, varlopes, bouvets, les faux et faucilles, les outils des tailleurs de pierres et maçons; les pics, pioches, pelles, bêches, houes, sarcloirs, râteaux; les coutres, socs et versoirs des charrues; les mèches, les tarières, les vrilles, les compas, les rabots pour la pierre et le plâtre, les calibres de moulures, les scies à bois, les scies à ruban, les scies à pierres, les scies à métaux, les ressorts, les pièges pour les oiseaux et autres animaux, taupes, renards, etc. Tous ces objets sont vendus à la grosse ou à la douzaine.

La taillanderie comprend les gros ouvrages dans lesquels le forgeage l'emporte sur le reste du travail et le constitue même tout entier; cette partie de la taillanderie rentre alors dans la platinerie qui alimente encore des feux d'affinerie dans les Ardennes, et çà et là dans le reste de la France. On y fabrique au martinet des socs et des versoirs de charrues, mais cette industrie tend de plus en plus à disparaître, par l'emploi des socs en acier.

La lutte pour l'existence, qui oblige certains maîtres de forges à dénaturer le plus possible leurs produits, tend à éparpiller entre différents producteurs, l'ancienne spécialité de la taillanderie dont tous les articles sortaient, autrefois, des mêmes maisons; tel est le cas des pelles, des bêches, des pioches, des marteaux, des socs en acier, de tous les articles qui constituent la taillanderie brute.

Les usines spéciales de taillanderie, tendent à conserver la seule fabrication des objets ne nécessitant qu'un matériel peu compliqué, forges, meules, polissoirs, et dans lesquels le travail manuel du finissage a une importance prépondérante, alors que les forges ont accaparé les pièces qui pouvaient être produites mécaniquement par laminage, découpage à la presse, emboutissage, etc. Ces usines peuvent donc occuper un personnel très variable, depuis 2 ou 3 compagnons jusqu'à 150 et 200 ouvriers.

Tous les objets constituant la taillanderie sont le plus souvent en fer, avec une mise d'acier dans laquelle est aiguisé le tranchant. Pour les ciseaux et gouges à travailler le bois, cette mise se trouve d'un seul côté; dans les autres outils, elle constitue toute la partie travaillante. Les nouveaux procédés de production de l'acier, tendent à faire fabriquer des outils entièrement avec ce métal; certains d'entre eux, du reste, ne peuvent être faits autrement.

Après le forgeage, le soudage de la mise d'acier, l'émeulage, le polissage, on donne un dernier aiguisage pour abattre le morfil, puis vient, pour certains outils, l'emmanchage.

Les faux ont un dos en fer et une lame faite d'un acier spécial pouvant être martelé à froid sur l'enclume du faucheur; cette lame forgée, est battue à froid, trempée, et aiguisée sur des meules de 3 mètres de diamètre, puis polie à l'émeri, et battue une dernière fois. On fabrique aussi des lames de faux en acier, rivées à un dos de fer, ou tout en acier. Les faucilles sont également en fer et acier, on les taille après aiguisage, on les trempe, on les émeule à nouveau, on les polit et les emmanche; certaines faucilles ne sont pas dentelées.

La fonte malléable a trouvé de nombreuses applications dans la taillanderie; une infinité d'objets d'un forgeage difficile, qui se faisaient autrefois en fer, le sont maintenant en fonte malléable que l'on cémente, après son recuit, pour la vendre sous le nom d' « acier fondu ». Tels sont les sécateurs, les lames de couteaux et ciseaux, etc. La fabrication à outrance, à bon marché, qui caractérise l'époque actuelle, a encore été poussée plus loin dans la taillanderie; on coule en fonte ordinaire des hachettes, des couperets, des marteaux de vitriers, dont l'émeulage et le polissage masquent ensuite la nature, et que les quincailliers achètent de 16 à 40 francs les 100 kilogrammes pour les revendre ensuite à la pièce en réalisant un fort bénéfice.

Les objets de taillanderie sont trempés à l'eau froide, à l'eau chaude, à l'eau de savon, à la graisse ou à l'huile, suivant la nature de ces objets et le genre de travail auquel ils sont destinés. Après la trempe, on leur donne un recuit qui dépend également de l'usage auquel ces pièces sont destinées.

Les ciseaux à froid sont recuits de. . . . .    220 à 330°
Les cisailles, de . . . . . . . . . . . . . .    230 à 245°
Les pioches et les outils de jardinage de .    245 à 255°
Les haches et les planes de . . . . . . .    255 à 263°
Les grands ciseaux de . . . . . . . . . .    260 à 265°
Les ressorts de. . . . . . . . . . . . . .    270 à 280°
Les scies de. . . . . . . . . . . . . . . .    280 à 295°
Les scies à ruban de . . . . . . . . . . .    295 à 310°

La cémentation au prussiate de fer joue aussi un rôle important dans la taillanderie ainsi que la trempe en paquets. — BR.

**TAILLANDIER.** *T. de mét.* Celui qui fabrique des outils propres à tailler et à couper. — V. l'article précédent.

**TAILLANT.** Tranchant d'un outil ou d'une arme. || *T. de métall.* Couteaux circulaires formés par les cannelures des cylindres d'une *fenderie.* — V. ce mot.

I. *TAILLE. T. d'exploit. des min.* On nomme ainsi un morceau de couche quadrangulaire, que l'on exploite séparément en faisant avancer parallèlement à lui-même un de ses côtés appelé *front de taille.* La direction de l'avancement, qui est perpendiculaire au front de taille, peut être tracée dans la couche suivant sa trace horizontale, suivant sa ligne de plus grande pente ascendante ou descendante, ou suivant une direction intermédiaire, et la taille est appelée *chassante, montante, descendante, inclinée montante* ou *inclinée descendante.* Les tailles montantes ont comme inconvénient que lorsqu'il y a du *grisou* (V. ce mot) il tend à s'accumuler à leur front: aussi leur emploi est-il dangereux dans les mines grisouteuses. Les tailles descendantes ne sont possibles que dans les mines absolument sèches, et exigent que l'on remonte les matières extraites jusqu'à leur origine: on n'y recourt que d'une manière exceptionnelle. Les tailles chassantes s'appellent *chasses* quand leur largeur ne permet le travail qu'à un homme, et les tailles montantes s'appellent dans le même cas *enlevures.* Nous donnons à l'article MINES des exemples divers de l'emploi des tailles dans l'exploitation de ces gisements.

II. **TAILLE.** 1° Action ou manière de couper un corps de façon à lui faire prendre une certaine forme. || 2° *T. de mécan. Taille des limes.* Opération par laquelle on pratique des aspérités sur la semelle d'une lime, pour lui permettre d'attaquer la matière que l'on veut travailler. — V. LIME. || 3° *Pierre de taille.* Pierre taillée ou qui doit l'être pour entrer dans une construction. || 4° *T. de grav.* Incision que l'on fait avec le burin dans la planche de cuivre ou de toute autre matière. — V. GRAVURE. || 5° *T. de lapid. et de verr.* Façon que l'on donne aux pierres précieuses, aux cristaux, aux verres en les taillant. — V. CRISTAL DE ROCHE, CRISTALLERIE, DIAMANT, JOAILLERIE.

**TAILLÉ.** *Art hérald.* Se dit de l'écu divisé en deux parties égales par une ligne diagonale de l'angle gauche du chef à l'angle droit de la pointe.

**TAILLE DES PIERRES.** Nous avons parlé de cette opération au point de vue théorique dans notre article COUPE DES PIERRES, auquel nous renvoyons le lecteur. Nous y avons expliqué les termes: *taille par beuveau* ou *par panneaux* et *taille par équarrissement*; nous n'avons donc ici qu'à nous occuper des procédés d'exécution particuliers que ces opérations exigent et des outils qui sont employés pour les effectuer.

Parlons d'abord de ceux-ci; on distingue: le *petit ciseau,* à tranche étroite et tige carrée de 0^m,015 de côté, qui sert à faire les *ciselures* ou *plumées* (entailles planes et rectilignes que l'ouvrier commence par tracer autour de la surface qu'il se propose de dresser); le *grand ciseau,* de 0^m,025 de côté et de 0^m,20 de longueur, employé pour le même objet que l'outil précédent; les *poinçons,* sorte de ciseaux dans lesquels la tranche est remplacée par une pointe, qui ont de 0^m,16 à 0^m,23 de longueur, et dont la section est ronde ou carrée et mesure, dans ce dernier cas, 0^m,025 de côté ; on les utilise pour faire l'abatage ou le dégrossissage des refouillements ; la *pioche à pierre dure*, dont les pointes sont à quatre pans et qui, longue de 0<sup>m</sup>,43 à 0<sup>m</sup>,45, est montée sur un manche de 0<sup>m</sup>,27 à 0<sup>m</sup>,30 de longueur ; le *marteau bretté* appelé aussi *laye*, marteau à deux tranchants munis de dents et dirigés parallèlement au manche, l'un des tranchants restant quelquefois uni ; le *rustique*, marteau bretté dont les dents sont beaucoup plus écartées que dans la laye ; ces deux derniers outils servant au travail des surfaces déjà dégrossies au poinçon ou à la pioche ; la *gradine*, qui a la forme d'un ciseau, mais dont le tranchant est denté, et qui est employée pour le même travail que la laye ou le rustique ; le *marteau à deux têtes*, qui sert à frapper sur la tête des ciseaux et poinçons lorsque la pierre est dure ; le *maillet en bois*, employé pour le même usage, dans le cas de la pierre tendre ; la *boucharde*, marteau à têtes carrées, munies d'un grand nombre de pointes de diamant, et qui sert à dresser la surface des pierres dures ; le *têtu*, gros marteau en fer aciéré, portant une tête carrée d'un côté et une pointe de l'autre ; et employé pour dégrossir les pierres qui exigent beaucoup d'abatage ; la *ripe*, tige en fer dont les extrémités sont recourbées en sens contraire et se terminent par des tranchants en acier dont l'un est denté et l'autre uni ; elle sert à donner le dernier fini aux surfaces dressées.

Les différentes opérations de la taille sont : le *dégrossissage* à la pioche ou au poinçon ; la *taille* à la boucharde ou au rustique ; le *layement* au marteau bretté ; le *passage à la ripe*.

Ce qui importe surtout, c'est de rendre les surfaces bien planes, c'est-à-dire éviter qu'elles présentent un *gauche* et suivre bien exactement le tracé fait par l'appareilleur. Le premier travail est l'*abatage* ou enlèvement des parties superflues, qui s'exécute au moyen du poinçon ou de la pioche, dont la pointe, en pénétrant comme un coin dans la pierre, en fait sauter les éclats. L'ouvrier vérifie, à l'aide de règles en bois, si la surface du bloc devient plane ; il emploie aussi des équerres pour s'assurer de la normalité des surfaces qui doivent se couper à angle droit. Ce premier travail fournit une surface assez rugueuse ; le tailleur de pierre trace alors au ciseau sur le pourtour du parement à dresser, une *ciselure* ou *plumée* de 0<sup>m</sup>,02 à 0<sup>m</sup>,03, puis il dégrossit ce parement au rustique ou à la boucharde. Cela fait, l'ouvrier taille le parement, au marteau d'abord, puis le repasse à la laye ; enfin, lorsque la pierre est en place, il enlève les balèvres, bouche les joints et ragrée le tout à la ripe. Ces diverses opérations et les circonstances dans lesquelles elles se produisent, ont encore donné lieu aux dénominations de *taille préparatoire*, *taille rustique*, *taille layée*, *taille circulaire* (celle de parements convexes ou concaves, ou celle à double courbure en plan et en élévation) ; et *taille double*, celle qui consiste à retailler ce qui l'a été déjà, comme un caniveau, ou celle qui a lieu après un piochement, un refouillement et un évidement d'angle.

Pour les pierres trop dures telles que les grès,

les granits et autres analogues, on fait les plumées avec le marteau à pointe, le ciseau ne pouvant alors entamer la pierre.

Dans l'exécution des travaux, on appelle *taille sur le chantier*, une taille faite sur un emplacement ou *chantier* disposé, à cet effet, près de l'édifice à construire. Cependant, la taille de quelques parties ne peut se faire qu'après la pose ; c'est ce qu'on nomme *taille sur le tas* ; le *ravalement* ou régularisation des parements se fait ainsi. La taille des parements de moulures se fait ordinairement sur le tas pour la pierre tendre ; il en est de même pour les pierres dures lorsque les moulures comportent des profils de petites dimensions. On exécute seulement sur le chantier des tailles d'*épannelage* qui consistent à préparer la masse dans laquelle on doit faire des moulures. Pour les pierres très dures, et lorsque les moulures ont de grandes dimensions, il y a avantage à faire la taille complète sur le chantier.

Nous venons d'énumérer succinctement les outils et les procédés manuels employés pour la taille de la pierre ; aujourd'hui, on applique, dans un grand nombre de cas, le travail de la machine à cette opération. Dans la plupart des engins imaginés pour dresser ou tourner la pierre, des outils de différentes formes agissent en tranchant les inégalités de la surface. D'autres machines, employées notamment en Angleterre, et parmi ces dernières, celles inventées par MM. Brunton et Trier, sont pourvues d'outils tournants qui roulent sur la surface de la pierre et enlèvent les inégalités par une simple pression, concentrée pendant la durée du contact de l'outil sur une très petite surface. — F. M.

*TAILLE-CRAYON. Petit instrument pour tailler mécaniquement les crayons au moyen d'une lame tranchante dirigée suivant une des génératrices du cône intérieur.

TAILLE-LÉGUMES. Sorte d'emporte-pièce à l'aide duquel on façonne les racines et les tubercules.

*TAILLE-MÈCHES. Instrument qu'utilise le cirier pour couper les mèches d'égale longueur dans la fabrication des chandelles et des bougies.

*TAILLE-MER. T. de mar. Pièce saillante appliquée sur le devant de l'étrave d'un navire, et servant à fendre l'eau.

TAILLE-PLUME. Instrument pour tailler d'un seul coup une plume à écrire.

*TAILLE-RACINES. Instrument permettant de couper en spirale les navets et les pommes de terre, pour la décoration et la garniture des plats.

*TAILLERIE. Art de tailler les cristaux et les pierres fines, et atelier où s'exécute ce travail. Les pierres fines, quelle que soit leur nature, se taillent par des procédés analogues à ceux employés pour le *diamant* et dont nous avons donné la description à ce mot, § *Opérations de la taille*. Il n'est pas cependant nécessaire de les cliver comme on est obligé de le faire pour le diamant, et parfois on peut remplacer l'*égrisée* par de la poussière d'émeri, et le disque en acier du tour par un autre disque en fer, cuivre ou plomb, suivant la dureté de la matière à travailler.

**TAILLEUR.** Artisan ou industriel qui fait ou vend des habits. Les tailleurs se divisent en quatre classes distinctes : les *tailleurs-apiéceurs*, les *tailleurs-confectionneurs* (V. CONFECTION), les *tailleurs-fripiers* et les *tailleurs sur mesure*.

HISTORIQUE. L'habillement est une partie de nous-mêmes, a dit Buffon. C'est ce qu'avaient pensé nos ancêtres, qui, il y a quinze siècles, avaient déjà recours aux tailleurs. En effet, les fouilles archéologiques exécutées jadis aux boulevards Saint-Marcel et de Port-Royal ont mis à jour une stèle qui nous révèle l'existence au IIIe siècle de notre ère d'un industriel lutécien, dont la race s'est singulièrement développée dans le Paris moderne : c'est un prédécesseur lointain des Dusautoy et des Richard Laurent : c'est le tailleur Géminius, *vestiarius*, dit le texte latin; il n'y a pas à s'y méprendre.

Au moyen âge, le *vestiarius* romain céda la place à plusieurs corporations d'ouvriers, dont les noms indiquaient la spécialité. Ainsi les *brauliers de fil* cousaient les braies en fil et les ornaient de légères broderies ; les *chauciers*, qui plus tard prirent le nom de *chaussetiers*, faisaient en drap, en toile ou en soie, les chausses, qui tenaient lieu de bas; les *tailleurs de robes* fabriquaient les vêtements que, pendant les XIIIe et XIVe siècles, se portèrent par-dessus la cotte, tels que les robes, les manteaux, les surcots, les housses, les houppelandes, etc. Il y avait aussi les tailleurs de *robes vères*, qui préparaient les robes fourrées ou garnies de pelleteries, et les *rafraîchisseurs de robes*, chargés seulement de la réparation des vêtements. Plus tard, d'autres tailleurs s'appelèrent *doubletiers*, du vêtement appelé *doublet*, et enfin *pourpointiers*, lorsque la cotte ou vêtement de dessous, raccourcie de tout ce qui dépassait la ceinture, eut pris, à partir de 1390, le nom de *pourpoint*. — V. COSTUME.

Au commencement du XVIIe siècle, il n'existait plus que deux corporations de tailleurs : celle des maîtres tailleurs d'habits et celle des maîtres marchands pourpointiers, chaussetiers. Pour mettre fin aux procès qui s'élevaient sans cesse entre les deux communautés, Louis XIV les réunit et leur donna de nouveaux statuts en 1660.

Jusqu'en 1789 les tailleurs exercèrent leur métier dans des conditions très favorables, grâce au luxe déployé dans les vêtements. La Révolution porta un grave préjudice à leur industrie en faisant disparaître la soie, le velours, les riches doublures, les broderies et autres ornements, et en amenant l'usage des formes simples dans les habits.

Un moment, sous le premier empire, l'art du tailleur essaya de se réveiller, et prodigua sur les habits étroits et bizarres qu'on portait alors, toutes les merveilles qu'on pouvait obtenir de l'aiguille et du fer à repasser. La piqûre d'un collet d'habit et la tournure à lui imprimer par le carreau exigeaient plus de temps que la confection d'un habillement complet tel qu'on le porte aujourd'hui; mais ces façons dispendieuses n'étaient pas en harmonie avec les goûts modernes, et les tailleurs comprirent bientôt qu'à nos vêtements simples il ne fallait qu'une coupe élégante, de bonnes étoffes et une couture parfaite. C'est en travaillant d'après ce principe que nos tailleurs sur mesure ont conservé à leurs produits la faveur dont les habits français ont toujours joui à l'étranger. — S. B.

*Bibliographie :* GARSAULT : *L'art du tailleur, contenant le tailleur d'habits d'hommes, les culottes de peau, etc.*, 1769 ; *Recherches sur les vêtements des hommes, particulièrement sur les culottes*, *augmentées de notes critiques*, 1803 ; *Histoire des tailleurs d'habits*, *Mosaïque* du 2 août 1873 ; *Statistique de l'industrie de Paris*, 1860, art. *Tailleurs*.

**Tailleur.** On donne aussi ce nom à celui qui taille une matière quelconque; le *tailleur de pierres* est celui qui donne à la pierre la forme qu'elle doit avoir pour la construction; on distingue encore le *tailleur de cristaux*, le *tailleur de diamants*, etc. Autrefois, on donnait le nom de *tailleur d'images* au sculpteur.

**TAILLOIR.** *T. d'arch.* Partie supérieure du chapiteau des colonnes, consistant en une sorte de tablette carrée sur laquelle porte l'architrave; on la nomme aussi *abaque*.

**TAIN.** 1° *T. de phys.* Pellicule formée d'un alliage d'étain et de mercure (4 parties d'étain pour 1 de mercure) qu'on dépose sur la face postérieure des glaces pour que la lumière s'y réfléchisse et donne les images des objets placés devant elle. — V. ÉTAMAGE, § *Étamage des glaces*. || 2° *T. de mar.* Chantier disposé de façon à recevoir la quille d'un navire en construction ou en réparation; on écrit aussi *tin*.

**\*TALABOT** (PAULIN). Ingénieur des chemins de fer, né à Limoges en 1799, mort à Paris le 24 mars 1883. Reçu en 1819, dans les premiers rangs, à l'École polytechnique, il entra dans le corps des ponts et chaussées. Après quelques années passées à Brest, il fut attaché à Bourges au canal du Berry, puis chargé, en 1829, à Nîmes du service du canal de Beaucaire. Pendant ces quelques années passées au service de l'État, il suivit avec une avide curiosité la révolution qu'accomplissait, en 1814, Georges Stephenson en appliquant la machine à vapeur à la traction des vagons sur les voies de fer depuis longtemps en usage dans les mines : il se lia avec G.-Robert Stephenson, son fils, c'est ce qui décida de la voie dans laquelle il devait entrer. De 1830 à 1835, il organisa et construisit un premier chemin de fer destiné à amener jusqu'au Rhône, à Beaucaire, les produits du bassin houiller d'Alais, alors peu connu et dont il avait deviné l'importance. En 1837, il constitua la *Compagnie des mines de la Grand'Combe et des chemins de fer du Gard*; et, en 1839, il livra à l'exploitation, de Nîmes à Beaucaire, le premier chemin de fer établi en France, sur un type qui depuis n'a pas varié. A celui-ci succéda, en 1843, la ligne de Marseille à Avignon : il y construisit deux ouvrages d'une extrême hardiesse et qui aujourd'hui encore servent de modèle aux ingénieurs, le *viaduc de Tarascon* et le *souterrain de la Nerthe*, ce dernier constituant le plus important travail de cette nature qui existe dans notre pays. En 1851, la ligne se compléta d'Avignon à Lyon, et les chemins de Montpellier à Cette et à Nîmes, réunis aux précédents, formèrent, en 1852, la *Compagnie de Lyon à la Méditerranée*. A cette première fusion succéda celle de toutes les voies de fer qui sont au nord de Lyon, fusion qui, organisée en principe en 1857, ne fut réalisée en fait qu'en 1862. La *Compagnie Paris-Lyon-Méditerranée* fut constituée, et M. Talabot en devint le directeur général.

Malgré les labeurs incessants de l'administration d'une pareille affaire, se reposant avec confiance sur un collaborateur éminent qu'il s'était choisi,

Audibert, il trouva le temps d'organiser les plus grandes entreprises industrielles de notre époque : les docks de Marseille, les mines de Mokta et la Compagnie générale de navigation à vapeur, les chemins de fer Algériens et la Société Algérienne ; en Autriche, les chemins de fer du Sud ; en Italie, les chemins Lombards. Et quand, en 1873, la mort vint inopinément lui enlever son collaborateur Audibert, il donna ce spectacle surprenant d'un vieillard de 74 ans ressaisissant d'une main ferme le gouvernail et se remettant avec résolution à l'œuvre de sa jeunesse. Il conserva pendant neuf ans encore la direction de cette vaste entreprise, malgré la perte de la vue dans les dernières années. Nommé directeur honoraire, il mourut quelques années après, à l'âge de 85 ans.

**TALC.** *T. de minér.* Silicate de magnésie assez voisin de la stéatite qui est bien plus hydratée ; il contient toujours un peu de fer et d'alumine. Sa formule est $3MgO, 4SiO^2, HO...3Mg^2O, 4SiO, H^2O$. Il est en lames hexagonales à clivage facile, translucide, à cassure esquilleuse, flexible, doux au toucher, de coloration blanche ou blanc verdâtre, verte ou rosée. Sa dureté est de 1 à 1.5, sa densité de 2,5 à 2,8. Au chalumeau, il fond difficilement et est inattaquable aux acides.

*****TALOCHE.** *T. techn.* Planche mince et rectangulaire dont l'une des faces est munie d'un manche par lequel le maçon la saisit pour étendre sur le parement d'un mur ou sous un plafond, le plâtre qu'il a placé sur l'autre face bien dressée de la taloche.

**TALON.** 1° Partie saillante d'une chaussure fixée sous la semelle, et sur laquelle repose le derrière du pied. || 2° *T. d'arch.* Moulure concave par la partie inférieure et convexe par le haut ; le *talon renversé* est celui dans lequel la partie convexe est en bas. || 3° *T. de mar.* Extrémité arrière de la quille d'un navire. || 4° *T. de chem. de fer.* Partie opposée à la pointe d'une aiguille de voie ferrée. || 5° *T. de typogr.* Pièce fixée à angle droit sur l'un des côtés du composteur pour retenir les lettres qu'il renferme. || 6° Angle supérieur de la crosse d'un fusil. || 7° Fer destiné à protéger l'extrémité inférieure d'une hallebarde ou d'une lance. || 8° *T. de serrur.* Partie d'un pène de serrure qui le fait arrêter contre le cramponnet. || 9° Coude ménagé à l'extrémité d'une pièce de serrurerie pour le retenir ou le fixer. || 10° *T. techn.* Renflement d'une lame de couteau fermant et qui s'appuie contre le ressort de fermeture. || 11° Saillie d'un essieu, destinée à éviter les déplacements latéraux. || 12° Dans une dentelle, le talon est formé par le croisement régulier de deux fils de fond autour des fils de rives ou lisières.

**TALUS.** *T. de p. et chauss.* Pente inclinée d'un terrain, et, par extension, surface de ce terrain. Dans l'exécution des terrassements, les talus servent à raccorder le sol naturel avec les bords de la voie artificielle (route, plate-forme de chemin de fer, fond de canal) qu'on doit créer. Si elle se trouve en déblai, les talus constituent des sections faites dans le terrain naturel pour l'établissement de cette voie. Si elle est en remblai, les talus sont les surfaces suivant lesquelles on a dressé les terres rapportées qui limitent les massifs des levées. Les conditions différentes de ces ouvrages obligent donc à distinguer les talus de déblai de ceux de remblai ; ils donnent d'ailleurs lieu, les uns et les autres, à deux natures d'opération, le règlement et la consolidation.

1° *Talus de déblai. Règlement.* On les exécute suivant des surfaces aussi planes que possible dans la terre ordinaire ou la roche tendre, afin d'éviter les dégradations que pourraient produire les eaux en s'accumulant dans les creux. A cet effet, on casse sur place les bosses trop saillantes, et on remplit les creux en laissant aux végétations le soin de détruire les petites inégalités qui restent. Si l'on veut un règlement plus parfait, on laisse, au moment de la fouille, un peu de gras en arrêtant les fouilles à quelques centimètres de la surface définitive. Un taluteur fait, de distance en distance, des saignées de 0m,20 à 0m,25 de large dont le fond est exactement dressé suivant le profil. Puis le gras resté entre les saignées est enlevé à la pioche.

Dans les tranchées en rocher plus ou moins dur, l'inconvénient du ravinement par les eaux n'est pas à redouter, et on laisse à peu près la surface telle que la produit le travail de la fouille.

L'inclinaison qui convient au talus de déblai varie suivant la nature du terrain et la profondeur des tranchées. Les valeurs suivantes sont celles qu'on rencontre le plus ordinairement.

|  | Hauteur | Base |
|---|---|---|
| Roches non gélives | 10 | 1 |
| Roches tendres | 3 ou 4 | 1 |
| Sables et graviers | 1.5 | 1 |
| Terres franches et légères | 1 | 1 |
| Argiles | 0.5 | 1 |

Dans certains cas, on augmente progressivement la base par rapport à la profondeur de la tranchée.

*Consolidation.* Les talus établis suivant la pente naturelle du terrain sont sujets à deux sortes de dégradations : les unes, superficielles, dues au ravinement causé par les pluies ou à l'action du vent quand les tranchées sont faites dans des sables mouvants ; les autres, internes, et suscitant des éboulements.

On se défend contre les dégradations superficielles : soit au moyen de semis ou de plantations ; la luzerne, le chiendent, le trèfle, les genêts, etc., sont employés pour les premiers, les essences à croissance rapide et à racines pivotantes telles que le faux acacia pour les secondes ; soit à l'aide de gazonnements et de clayonnages ; soit par un fossé de ceinture creusé le long des crêtes pour arrêter les eaux tombées en dehors de la voie, et les conduire dans une série de caniveaux pavés établis suivant les lignes de plus grande pente du talus (cette disposition ne doit d'ailleurs être employée dans les terrains très perméables) ; soit en établissant sur la surface du talus des banquettes en gradins avec pente transversale vers l'intérieur des terres et communication avec les fossés ; soit en remplaçant, à la surface du talus, les mauvaises terres par des terres de bonne qualité qu'on dame fortement; soit enfin, sur les canaux principalement, par des *perrés*. — V. ce mot.

Dans les tranchées très profondes, on établit, en outre, sur la crête du talus des banquettes pour amortir la chute des eaux et empêcher les terres détachées de s'accumuler au pied des talus.

Les dégradations internes et les éboulements par lesquels elles se manifestent, sont dues à la présence de l'argile dans les terrains où sont ouvertes les tranchées. M. de Sazilly, ingénieur en chef des ponts et chaussées, a publié sur ce sujet dans les *Annales des ponts et chaussées* (1er semestre de 1851), un Mémoire devenu classique; il y signale que l'argile est imperméable, mais qu'elle absorbe lentement l'eau traversant les couches perméables qui lui sont superposées, et finit, de compacte qu'elle était à l'état sec, par perdre toute cohésion : son talus naturel s'abaisse graduellement suivant son état d'imbibition, et arrive à zéro. Ces inconvénients sont accentués en hiver par la congélation superficielle du terrain qui détermine une accumulation d'eau à l'intérieur, et par la débâcle qui lui succède au moment du dégel; et si la masse argileuse présente des fissures préexistantes et des plans de clivage, les éboulements peuvent prendre un volume considérable. M. de Sazilly voyait dans ces phénomènes la seule cause des éboulements, et pour y obvier, il a proposé de recueillir les eaux provenant de la couche perméable qui recouvre le terrain glaiseux, dans une cuvette en maçonnerie hydraulique voisine de la surface, et à peine entaillée dans la masse argileuse. Cette cuvette établie parallèlement à la tranchée, communique avec le fossé longitudinal de celle-ci, par des rigoles transversales ménagées de distance en distance au droit de ses points bas. On peut aussi, pour plus d'économie, remplacer les rigoles et pierrées par des tuyaux de drainage disposés en écharpes sur les talus, et se contournant, après un certain parcours, pour venir déboucher dans les fossés de la tranchée. Ces précautions ne dispensent pas d'ailleurs, de celles qui ont été indiquées plus haut pour prévenir les dégradations superficielles, mais elles excluent l'emploi des plantations d'arbustes dont les racines pourraient déranger les pierres.

La théorie de M. de Sazilly n'explique pas les éboulements en masse, qui se propagent à grande distance et qui sont dus à la rupture d'équilibre des masses glaiseuses. Pour arrêter de pareils mouvements ou pour les prévenir, on étaie le massif dont on a affaibli le pied, et on supplée à la poussée des terres enlevées, par l'emploi de murs de soutènement très épais en pierres sèches qui assainissent en même temps le terrain supérieur. Dans certains terrains très mauvais, et pour des tranchées très profondes, on peut aussi procéder à leur assainissement par galeries de mines établies au-dessous de leur base et communiquant avec le massif par des forages verticaux. Tels sont les travaux *préventifs* de consolidation, mais quand il y a lieu de réparer les éboule-

ments, on emploie, suivant le cas, trois méthodes différentes :

1° Enlever complètement les parties éboulées, et mettre à nu un nouveau talus solide que l'on dresse convenablement et auquel on applique les moyens préventifs. Cette méthode ne peut guère s'appliquer que pour des éboulements assez peu considérables, sans quoi le prix de revient serait excessif.

2° Enlever seulement les parties éboulées qui obstruent la voie, et dresser le reste suivant un talus régulier ; puis établir au pied des parties ameublies un mur de soutènement. Mais il faut pour que ce système réussisse, pouvoir disposer d'un terrain suffisamment résistant pour y asseoir ce mur.

3° On n'enlève, comme dans le système précédent, que les parties éboulées les plus indispensables : puis on assainit le reste par de grandes coupures verticales pratiquées de haut en bas à travers la masse jusqu'à ce qu'on ait rencontré le sol non ameubli. Ce sol est découpé en gradins enveloppant la courbe des glissements, et sur lesquels on établit des murs en pierres sèches formant des cloisons filtrantes et mises en communication avec les fossés. Ces pierrées sont réunies entre elles par des arceaux également en pierres sèches qui affleurent le talus.

Cette dernière méthode, la plus usitée, doit d'ailleurs être combinée avec la seconde dans le cas particulièrement difficile où l'établissement des pierrées provoquerait de nouveaux éboulements.

2° *Talus de remblai. Réglement.* Ces talus, comme ceux de déblai, sont dressés, suivant des surfaces planes, lisses, lorsqu'on emploie des terres, irrégulières, si le remblai est formé de blocs de rocher. Dans le premier cas, si les talus ne sont pas dressés convenablement pendant le régalage, on les pilonne avec une dame plate, ou on les ratisse pour en faire disparaître les rugosités, en rapportant au besoin ou enlevant à la bêche un peu de terre en certains points.

On s'attache à donner aux talus l'inclinaison que prennent naturellement les matériaux qui les composent: la pratique a fourni pour les différentes terres les résultats suivants :

| | Base | Hauteur |
|---|---|---|
| Terre dure et compacte . . . . . | 0.70 | 1 |
| Terre ordinaire et légèrement humide. . . . . . . . . . . . . | 1.00 | 1 |
| Terre sèche en poudre. . . . . . | 1.35 | 1 |
| Sable fin, rond et sec. . . . . . | 1.75 | 1 |

Ce dernier est très rarement employé parce qu'il peut être balayé par le vent, en sorte qu'on admet, en général, pour inclinaison maximum 3 de base pour 2 de hauteur.

*Consolidation.* Les talus de remblai sont exposés aux mêmes dégradations superficielles que les talus de déblai; les divers systèmes de défense indiqués plus haut s'y appliquent de la même manière. Les mouvements des talus de remblai tiennent soit à des causes extérieures dont la principale est le manque de solidité du terrain sur lequel ils reposent, soit à des causes intérieures inhérentes à la masse elle-même. Ces dernières proviennent du défaut d'homogénéité des terres employées à la confection des remblais, inconvénient qu'il est presque impossible d'éviter avec les procédés usuels d'exécution de ce genre de terrassements.

Les mottes de terre glaise mélangées avec la terre ordinaire laissent entre elles des vides considérables dans lesquels l'eau s'introduit et fait gonfler l'argile en la ramollissant, et lorsque ces vides, laissés par le foisonnement, disparaissent avec lui, le remblai se tasse en produisant soit sur la plate-forme, soit sur les talus, des creux où l'eau se réunit et d'où elle pénètre dans la masse.

Pour parer au manque de solidité du terrain d'assiette, on exécute sur l'emplacement des remblais une fondation avec enceinte de pieux et palplanches, ou l'on bat des pilotis ; on peut encore, dans les terrains vaseux ou tourbeux, enlever la couche instable jusqu'à la profondeur où on trouve le sol compact et la remplacer par de bonne terre. On a également appliqué, principalement en Hollande, des lits de fascines, destinés à répartir la pression sur une plus grande surface. Dans certains cas, on donne à la plate-forme en fascines une forme convexe, et on construit d'abord les parties latérales du remblai de manière à maintenir la flèche de cette espèce de voûte, sous laquelle se tasse la partie compressible du sol.

On a cherché à *prévenir* les éboulements dus aux causes intérieures en exécutant les remblais avec un noyau central en glaise recouvert de terres saines au sommet et sur les talus ; mais il faut pour cela que le déblai donne à la fois de la glaise et de la terre dans des conditions économiques de répartition, ce qui arrive rarement. Un remblai de ce genre peut être assaini d'une manière préventive par la méthode préconisée par M. de Sazilly, pour les talus en déblai, où l'argile est surmontée de terre perméable. On a aussi essayé de faire des remblais entièrement argileux : l'expérience n'est pas encore suffisante à l'égard de ces derniers, pour qu'on puisse se prononcer d'une manière définitive, mais il convient de faire remarquer que les dépenses d'entretien montent au double de celles des remblais en terre végétale faits à la brouette.

La réparation des éboulements s'exécute d'après les mêmes principes que pour les déblais. On y établit des pierrées transversales équidistantes réunies par des arceaux. Ces pierrées ne s'arrêtent pas à la courbe du glissement, mais pénètrent jusqu'au terrain solide. Quand les éboulements se produisent sur les deux faces d'un remblai, les pierrées des deux faces sont établies vis-à-vis les unes des autres, et on les réunit par une pierrée transversale de 2 mètres de hauteur que l'on fait en galerie, s'il s'agit d'un remblai élevé. Le même système est appliqué dans les sections qui se trouvent en déblai d'un côté et en remblai de l'autre. On emploie aussi des murs de soutènement en maçonnerie ou des massifs de butée en bonne terre rapportée.

*Entretien des talus et des ouvrages d'assainissement.* A l'entretien ordinaire de la surface gazon-

née plantée ou semée des talus, il est indispensable d'ajouter la surveillance constante des travaux de consolidation, surtout pendant la saison humide. Le fonctionnement des écoulements d'eau, barbacanes, tuyaux, conduits divers doit être l'objet de soins attentifs, afin qu'il soient préservés des obstructions dues à la congélation et à toute autre cause. On doit également, autant que possible, déblayer la neige et ne pas la laisser fondre sur les talus. Ces mesures d'entretien sont particulièrement nécessaires dans les premières années qui suivent l'exécution des travaux de consolidation. — G. R.

*Bibliographie.* Outre les Manuels concernant l'exécution des terrassements, on consultera avec fruit sur cette question, le Mémoire de M. de SAZILLY (*Annales des ponts et chaussées*, 1er semestre de 1851); *Voie, matériel roulant, etc. des chemins de fer*, par M. COUCHE; *Le cours de routes*, de M. Léon DURAND-CLAYE (*Encyclopédie des travaux publics*, Baudry, édit.); *Les procédés et matériaux de construction*, par M. DEBAUVE, t. I, *Terrassements*, Dunod, édit.

|| *T. de tiss.* Angle rentrant que produit la superposition des fils de chaîne aux extrémités des rouleaux dépourvus de rebord.

**\*TALUTAGE.** Opération qui consiste à dresser les talus. — V. TALUS.

**\*TALUTEUR.** Ouvrier qui dresse les talus. Un bon taluteur peut faire de 4 à 5 mètres carrés de surface par heure.

**I. TAMBOUR.** Instrument de musique à percussion, constitué par une caisse de forme cylindrique, dont les deux fonds sont tendus de peaux, sur l'une desquelles on frappe avec des baguettes pour en tirer des sons.

HISTORIQUE. De tout temps, le tambour paraît avoir été connu en Asie. Il était employé en Chine, environ 2000 ans avant notre ère, pour indiquer les divisions de la nuit ; mais on en a trouvé des fragments dans des tombeaux égyptiens qui sont d'une époque beaucoup plus ancienne.

Les Grecs et les Romains n'ont eu connaissance de cet instrument qu'à l'époque de la décadence. L'opinion qui attribue aux Maures d'Espagne l'introduction du tambour dans l'Europe moderne est regardée comme douteuse ; mais ce qui cependant est certain, c'est que le mot *tambour*, que les anciens écrivains français écrivaient *tabor*, *tabur* et *tabour*, n'est autre chose que l'arabe *al tabor*.

Thoinot Arbeau, dans son *Orchésographie*, imprimée en 1589, enseigne la manière de battre du tambour. On y lit : « Le tambour des Perses (duquel usent aulcungs Allemans, le portant à l'arçon de la selle) est composé d'une demy sphère de cuyvre bouchée d'un fort parchemin d'environ deux pieds et demy de diamètre et font bruit comme d'un tonnerre quand ladicte peaul est touchée avec bastons. »

La forme du tambour n'a pas sensiblement varié depuis le XVe siècle. Comme nous l'apprend Estienne Pasquier, ce furent les soldats eux-mêmes qui, au début de la Renaissance, nommant la partie pour le tout, imaginèrent d'appeler *caisse* l'instrument, que l'on écrivit d'abord *quesse*.

Dans la langue pittoresque du gamin de Paris, l'instrumentiste se nomme actuellement *tapin*, du verbe *taper*. Ce nom de *caisse* a produit la dénomination de *caisse claire*, *caisse roulante* et *grosse caisse*, lesquelles répondent aux trois variétés de tambours dont on se sert aujourd'hui dans la musique militaire et dans les orchestres. — V. Caisse, II.

**II. TAMBOUR. 1° T.** *d'arch.* Chacune des assises de pierres cylindriques formant le fût des colonnes qui ne peuvent être faites d'un seul bloc. || 2° Ouvrage de menuiserie formant une enceinte fermée par plusieurs portes, et disposé aux entrées d'une salle ou d'un édifice, pour empêcher les courants d'air et étouffer les bruits extérieurs. || 3° Cylindre creux sur lequel se tend l'étoffe que l'on veut broder à l'aiguille. || 4° Appareil mesureur d'un *compteur à gaz.* — V. cet article. || 5° *T. de tiss.* Machine à l'aide de laquelle s'opère le lisage des tissus façonnés, et lisage obtenu à l'aide de cette machine. || 6° Machine à sécher les tissus. — V. Apprêt, Séchoir. || 7° Grand cylindre des cardes. || 8° *T. de mar.* Construction légère, en bois ou en tôle, qui entoure en partie les roues à aubes d'un navire à vapeur, et met ainsi l'équipage et les passagers à l'abri des éclaboussures projetées par les roues. || 9° *T. de mécan.* Cylindre en bois ou en fonte calé sur un arbre de transmission, et qui sert à communiquer les mouvements de cet arbre à une machine-outil ou à tout autre engin, au moyen de courroies.||10° *Tambour de garde.* Entourage en tôle mince, ou formé d'un grillage, pour défendre l'accès d'un engrenage ou d'une pièce animée d'un mouvement rapide. || 11° *T. d'horlog.* Nom donné au cylindre qui contient le grand ressort d'une montre et qui transmet le mouvement aux différents rouages. || 12° *T. d'exploit. des min.* Partie des bobines sur laquelle les.câbles servant à l'extraction, s'enroulent ou se déroulent.

**TAMBOURIN.** Cet instrument est de deux espèces, *le provençal et le basque.* La première a une caisse plus longue, plus étroite que celle du tambour ordinaire. Le tambour à *grelots,* appelé, on ne sait pourquoi, *tambour de basque,* car les Basques ne l'ont jamais connu, est d'origine orientale.

C'est une peau tendue sur un petit cerceau dans l'épaisseur duquel on pratique des ouvertures pour y insérer des grelots ou des lames de cuivre, que l'on fait sonner en remuant l'instrument de différentes façons et en le frappant, soit à pleine main, soit du bout des doigts, et quelquefois des poings, des coudes et des genoux.

— On en a trouvé plusieurs modèles dans les tombeaux de l'ancienne Égypte, qui l'avait introduit également dans les fêtes sacrées et dans celles de l'amour. Il y en avait de trois sortes, dont le son devait différer autant que la forme. L'un était rond, l'autre formait un carré ou un parallélogramme allongé, et le troisième se composait de deux châssis carrés séparés par une barre, et sans doute chaque partie était accordée différemment. Tous se frappaient avec la main et servaient à accompagner la harpe et les autres instruments.

Le tambourin était aussi employé, sous le nom de *tympanum,* par les Grecs et les Romains, dans les fêtes de Cybèle. Les danseuses qui participaient aux fêtes religieuses comme celles qui venaient égayer le repas, avaient presque toujours ce tambour à la main ou les crotales. Pour jouer de cet instrument, on le tenait en l'air d'une main, et de l'autre on frappait sur la peau,

ou bien on frôlait celle-ci légèrement avec un ou plusieurs doigts. Quand le *tympanum aigu* était garni de sonnettes ou de lames métalliques (*tintinnabula*), il suffisait de l'agiter un peu pour produire quelque bruit.

**TAMIS.** Instrument employé pour passer les matières pulvérulentes et les liquides, et composé d'un tissu de crin, de soie ou d'une toile métallique, tendu à l'aide d'un ou plusieurs cadres de bois dont la forme et la disposition varient suivant l'usage. — V. Crible, Mouture.

**TAMISAGE.** *T. techn.* Opération qui consiste à passer au tamis différentes substances, dans le but d'éliminer certains corps étrangers.

**TAMISER (Machines à).** L'opération du tamisage a, dans l'impression sur étoffes particulièrement, une importance spéciale, car il est indispensable d'obtenir des bains et des couleurs d'une parfaite homogénéité. L'appareil le plus simple pour tamiser une couleur, un épaississant ou un apprêt, est le tamis ordinaire en métal, en crin ou en soie, d'un grain approprié à la masse à passer. Au moyen d'une batte ou d'un pinceau, on fait passer le liquide qui se trouve en quelque sorte forcé à travers les mailles du tamis. Dès 1850, MM. Larsonnier, de Puteaux, avaient perfectionné le tamisage en faisant fonctionner mécaniquement le pinceau sur un tamis fixe. MM. Dollfus-Mieg, de Mulhouse, ont construit un appareil très ingénieux, où le pinceau fonctionne à l'instar de la main. Il décrit non pas un cercle, mais une série de courbes représentant l'action du tamisage à la main. L'opération est facilitée par un mouvement circulaire donné au tamis pendant que le pinceau a son action propre et en sens inverse du mouvement du tamis. Un autre moyen encore assez employé, mais un peu plus dispendieux, consiste à exprimer la masse à tamiser à travers des sacs de toile appropriée. On remplit ces sacs avec la masse, puis deux ouvriers prennent des bâtons ronds, les appuient fortement dans le haut du sac contre les parois de celui-ci et rapprochant ces deux bâtons autant que possible, descendent le long du sac en le pressant. La masse est tamisée au bout de quelques passes. On emploie, en Angleterre, un appareil fondé sur le même principe, mais agissant mécaniquement : ici, au lieu de presser sur le sac avec deux bâtons mobiles, ce sont les deux bâtons qui sont fixes et peuvent s'écarter à volonté, le sac est pendu à vis que l'on peut faire monter ou descendre; une fois le sac rempli, on fait monter la vis qui force le sac à passer entre les deux bâtons et ainsi exprime la masse. On emploie aussi un cylindre dans lequel se meut un piston, le bas du cylindre est garni d'un tamis, on emplit le cylindre de l'empois et le piston venant à agir du haut en bas sur la couleur, force celle-ci à passer par le tamis. Ridge a appliqué la presse hydraulique au tamisage: un réservoir est muni, dans le haut, d'un couvercle fermant hermétiquement et dans le bas d'un tamis mobile, contre lequel vient buter la tige d'une presse hydraulique, comme le piston d'un cylindre; le tamis monte et exprime la masse qui, sollicitée à passer par le tamis, tombe sur un plan incliné d'où elle s'écoule dans une cuvette destinée à la recevoir.

Enfin, la machine à tamiser par le vide, dont les parties principales sont : un réservoir surmonté d'un entonnoir au fond duquel est un tamis; à ce réservoir est adapté un tuyau avec robinet le reliant à l'appareil destiné à produire le vide. Celui-ci peut être obtenu par le moyen d'un tube d'aspiration en communication avec le condenseur d'une machine à vapeur, ou par une pompe à air quelconque, ou encore par l'effet de la condensation de vapeur d'eau par un jet d'eau froide. Le vide produit, on ouvre le robinet en communication avec le réservoir, et par l'effet de la pression atmosphérique, la masse passe de l'entonnoir, par le tamis, dans le baquet placé au-dessous et dans le réservoir. Pour une masse épaisse, il faut de 40 à 50 centimètres de vide à l'indicateur, tandis que les couleurs claires passent avec 10, 15 centimètres. — **J. D.**

*Bibliographie* : *Traité des apprêts* par J. Dépierre, Paris, chez Baudry; *Dictionnary of Arts and mines*, par Dr Ure.

*** TAMPICO** (Crin ou chanvre de). Variété de fibre d'aloès extraite de l'*agave mexicana*, et exportée principalement du port de Tampico en Europe; elle sert à faire du crin végétal. En Angleterre, on la désigne du nom de *mexican grass*.

**I. TAMPON.** 1° Gros bouchon de matière quelconque, destiné à fermer un trou ou à en diminuer l'ouverture. || 2° Morceau d'étoffe, de drap, ou de peau, roulé et parfois rempli de coton, dont on se sert pour frotter ou imprégner d'un liquide. Il s'emploie, en particulier, pour étendre le vernis sur une planche à graver en taille-douce, ou pour introduire du noir dans les tailles de cette planche lorsqu'elle est gravée. || 3° Drap recouvert d'une encre spéciale que l'on vient prendre avec un timbre. || 4° *T. d'artill.* Morceau de bois fermant l'âme d'une bouche à feu lorsqu'elle ne tire pas. || 5° *T. de constr.* Dalle de pierre ou plaque de fonte destinée à clore l'ouverture d'une fosse d'aisances; d'un puits ou la bouche d'un égout.

**II. TAMPON.** *T. de chem. de fer.* Sur les vagons de chemins de fer, les tampons forment des pièces ménagées aux deux extrémités longitudinales du châssis pour transmettre les chocs provenant des réactions des autres véhicules dans un train en marche. Le tampon est formé ordinairement par un disque vertical en fer garni quelquefois d'une fourrure en bois, monté au centre sur une tige horizontale en fer qui se prolonge ordinairement sous le châssis pour se relier aux ressorts des vagons, soit que ceux-ci soient disposés spécialement pour absorber les chocs, ou qu'ils soient communs pour les efforts de choc et de traction. Les tampons sont encore retenus d'ailleurs, par des ressorts spéciaux de choc contenus dans le boisseau extérieur au châssis qui reçoit la tige; ce sont généralement des ressorts spirales, ou quelquefois des rondelles élastiques en caoutchouc ou en acier, type Belleville.

On donne généralement aux disques de tampons une surface tantôt plane, tantôt bombée, en répartissant les deux types de manière à ce qu'ils se trouvent toujours en présence lorsque deux tampons sont amenés en contact pour l'attelage. L'opposition de la forme bombée pressant sur une surface plane a pour but de ramener la pression vers le centre des disques, lorsque les deux vagons attelés prennent une inclinaison relative, dans le passage des courbes par exemple, et elle évite ainsi de fausser les tiges. On réalise cette disposition, en faisant toujours correspondre diagonalement, sur chaque véhicule les tampons convexes avec les tampons plats; un vagon vu de bout doit présenter, par conséquent, un tampon plat à droite et un bombé à gauche.

Cette répartition des tampons n'est cependant plus observée d'une manière unanime, et elle a été abandonnée sur la Compagnie de l'Est, par exemple, où on a trouvé avantage à n'avoir qu'un type unique de tampons toujours plats. Il faut observer d'autre part que, si les tampons de véhicules consécutifs ne se trouvent pas à la même hauteur, par suite de l'inégalité d'usure des bandages, ou de la flexion des ressorts, cette opposition de formes peut entraîner certains dangers de déraillement, dès que le tampon bombé est le plus haut, car le véhicule dont il fait partie tend à se trouver soulevé.

On rencontre encore quelques vagons de marchandises dont les brancards se prolongent aux deux extrémités pour former contact par leurs abouts sans tampon spécial; ces véhicules n'ont alors aucun appareil élastique pour absorber les chocs qu'ils reçoivent, c'est la disposition dite à *tampons secs*. Elle est d'ailleurs tout à fait nuisible pour la conservation du matériel, et elle tend à disparaître définitivement. || *Tampon de lavage*. Bouchon vissé obturant les ouvertures ménagées dans les chaudières à vapeur pour le lavage et le remplissage de celles-ci.

**TAM-TAM** ou **GONG CHINOIS.** Instrument de musique à percussion, en usage chez les Orientaux et introduit en Europe au XVIII° siècle. C'est un disque en bronze de 0m,40 à 0m,70 de diamètre, dont les bords sont relevés. Le métal a été battu et écroui à coups de marteau, ce qui lui donne une grande élasticité à laquelle contribue aussi l'état de compression dans lequel ses bords maintiennent la plaque. Lorsqu'avec un bâton à tampon garni de peau, on frappe cet instrument à petits coups précipités, en allant de la circonférence au centre, on en tire des sons multiples qui éclatent bientôt comme par explosion, en produisant des effets étranges, que Savart a comparés à ceux que donne une feuille de tôle que l'on agite dans les théâtres, pour imiter les éclats du tonnerre. — **C. D.**

**TAN.** Ecorce de chêne pulvérisée, utilisée en tannerie. Généralisant, mais à tort, le sens de ce mot, on s'en sert quelquefois pour désigner toute autre matière tannante. Le tan est très altérable; aussi le *poudrier*, local où il est emmagasiné, doit être à l'abri de l'humidité; malgré cela, à la suite d'un séjour trop prolongé, la poudre fermente, son titre en tannin s'abaisse, on la dit alors *échauffée* ou *éventée*. Le tanneur a donc intérêt à n'entretenir dans son poudrier qu'un approvisionnement faible de tan, pouvant parer à la consommation durant cinq ou six jours au plus. Au moment de sa sortie, la poudre est bassinée dans le magasin même avec de l'eau ou mieux avec du jus de tannin ; ce travail a pour but de donner plus de corps à la matière, et d'éviter ainsi la formation de poussières aussi incommodes pour les ouvriers qu'elles sont onéreuses pour le patron. — V. Tannerie.

**'TANGENT, TE.** *T. de géom.* On appelle tangente à une courbe au point A, la position limite d'une sécante qui tourne autour du point A lorsque le point d'intersection de cette sécante avec la courbe (le plus voisin de A) se rapproche indéfiniment du point A; celui-ci s'appelle le *point de contact*. La perpendiculaire à la tangente au point de contact s'appelle la *normale* à la courbe (V. Normal). Lorsque la courbe est définie géométriquement, il est souvent possible de trouver une propriété de la tangente qui en définit la direction. C'est ainsi que la tangente au cercle est perpendiculaire à l'extrémité du rayon du point de contact ; la tangente à l'ellipse fait des angles égaux avec les rayons vecteurs du point de contact, etc. Si la courbe est définie par une équation, on obtiendra la tangente en un point par l'application de règles qui dépendent de la géométrie analytique et dont nous allons rappeler les principes.

*Tangente aux courbes planes.* L'équation de la courbe en coordonnées cartésiennes définit l'ordonnée en fonction de l'abscisse. On démontre que le coefficient angulaire de la tangente au point $x, y$, est la dérivée $\frac{dy}{dx}$ de l'ordonnée par rapport à l'abscisse. Par conséquent l'équation de la tangente sera, en désignant par X Y les cordonnées courantes :

$$Y - y = \frac{dy}{dx}(X - x).$$

Si l'équation de la courbe n'est pas résolue par rapport à $y$, elle sera de la forme

$$f(x, y) = o,$$

et la tangente aura pour équation :

$$(X - x)\frac{df}{dx} + (Y - y)\frac{df}{dy} = o.$$

Si, enfin, on met l'équation de la courbe sous forme homogène en introduisant une troisième variable $z$, et en remplaçant $x$ et $y$ par $\frac{x}{z}$ et $\frac{y}{z}$ l'équation de la tangente prendra la forme suivante, très commode et très usitée :

$$X\frac{df}{dx} + Y\frac{df}{dy} + Z\frac{df}{dz} = o.$$

Si la courbe présente des branches infinies et que le point de contact s'éloigne indéfiniment sur une de ces branches, la tangente tend, en général, vers une position limite qui est l'*asymptote* à la branche de courbe considérée. L'asymptote jouit de cette propriété que le point de la courbe s'en rapproche indéfiniment quand il s'éloigne à l'infini sur la branche de courbe. Lorsqu'une courbe présente des points doubles ou multiples, les tangentes aux différentes branches de courbe, qui viennent se croiser en ce point forment un faisceau de droites dont on obtient l'équation en transportant d'abord l'origine des coordonnées au point multiple, et en égalant ensuite à 0 l'ensemble des termes du degré le moins élevé dans l'équation. Si les deux tangentes en un point double se confondent, ce point est le point de contact de deux branches tangentes ou c'est un point de rebroussement. Il peut arriver aussi que lorsqu'une sécante tourne autour d'un de ses points d'intersection avec la courbe, deux points d'intersection voisins viennent simultanément se confondre avec celui-là pour une certaine position de la sécante, alors cette position limite est celle d'une tangente particulière qui rencontre la courbe en *trois points confondus* au lieu de deux. Une pareille tangente traverse la courbe au point de contact qui prend alors le nom de *point d'inflexion* (V. Inflexion) et où le rayon de courbure est infini.

Si l'on imagine qu'une tangente roule sans glisser sur la courbe, les différents points de la tangente décriront des courbes parallèles qui sont appelées les *développantes* de la courbe proposée. On peut décrire l'une de ces développantes en déroulant un fil préalablement enroulé sur la courbe (V. Développante). L'angle de deux tangentes infiniment voisines est l'*angle de contingence*. — V. Courbure.

Lorsque la courbe est définie géométriquement, et qu'on a déduit de sa définition une propriété assez simple de la tangente, on peut se servir de cette propriété pour trouver une construction géométrique de la tangente passant par un point donné ou parallèle à une direction donnée ; c'est ainsi que la géométrie élémentaire enseigne des procédés faciles pour construire la tangente au cercle, à l'ellipse, à l'hyperbole ou à la parabole. Souvent, on peut considérer une courbe comme engendrée par le mouvement d'un point d'une figure plane qui se déplace suivant une loi déterminée. Dans ce cas, la théorie du *centre instantané de rotation* fournit pour la construction de la tangente une méthode très générale qui a été exposée pour la première fois par Roberval (V. Rotation). Cette méthode s'applique très facilement à l'ellipse, à la cycloïde et aux épicycloïdes, etc.

Deux courbes planes sont dites *tangentes* lorsqu'elles ont la même tangente en l'un de leurs points communs.

*Tangente aux courbes gauches.* La tangente à une courbe gauche se définit comme la tangente à une courbe plane. Toutes les perpendiculaires qu'on peut mener à la tangente au point de contact sont des *normales* ; elles sont toutes contenues dans un même plan perpendiculaire à la tangente, et qu'on appelle le *plan normal* (V. Normal). En coordonnées cartésiennes une courbe est représentée par deux équations qui établissent des relations entre les trois coordonnées $x, y, z$, d'un point, et d'où l'on peut déduire deux relations entre les différentielles $dx$, $dy$, $dz$, de ces coordonnées.

Les équations de la tangente au point $x,y,z$, sont alors :

$$\frac{X-x}{dx} = \frac{Y-y}{dy} = \frac{Z-z}{dz}.$$

On peut aussi représenter une courbe en exprimant les coordonnées d'un de ses points en fonction d'un paramètre variable $t$. Les cosinus directeurs de la tangente sont alors proportionnels aux dérivés des coordonnées du point de contact par rapport à ce paramètre, et les équations de la tangente sont :

$$\frac{X-x}{x'_t} = \frac{Y-y}{y'_t} = \frac{Z-z}{z'_t}.$$

Les courbes gauches peuvent présenter, comme les courbes planes, des *points d'inflexion* où la tangente rencontre la courbe en trois points confondus ; en ces points le rayon de courbure est infini.

On démontre que la plus courte distance de deux tangentes infiniment voisines est un infiniment petit du troisième ordre par rapport à la distance des deux points de contact. Il en résulte que le lieu des tangentes à une courbe gauche est une surface développable dont la courbe donnée est l'*arête de rebroussement* (V. Développable). Les courbes gauches ont, comme les courbes planes, des *développantes* qui appartiennent à la surface développable, lieu des tangentes, et qui sont sur cette surface les trajectoires orthogonales des génératrices ; ce sont donc des lignes de courbure de cette surface.

Lorsque deux tangentes voisines se rapprochent indéfiniment, le plan qui passe par l'une d'elles et est parallèle à l'autre, tend vers une position limite qui constitue le *plan osculateur*. Ce plan est aussi la position limite du plan qui passe par trois points infiniment voisins sur la courbe. Il est tangent à la surface développable, lieu des tangentes, de sorte que celle-ci est l'enveloppe des plans osculateurs à la courbe donnée (V. Osculateur). La perpendiculaire au plan osculateur menée par le point de contact est la *binormale*. La normale située dans le plan osculateur est la *normale principale*.

Parmi les courbes gauches les plus usitées dans les applications, l'hélice est la plus importante ; la tangente à l'hélice jouit d'une propriété importante : c'est qu'elle fait un angle constant avec les génératrices du cylindre sur lequel est tracé l'hélice. — V. Hélice.

*Tangente aux surfaces.* La théorie des tangentes aux surfaces étant intimement liée à celle du plan tangent, nous passons immédiatement à l'étude abrégée du plan tangent.

*Plan tangent.* On dit qu'une droite est tangente à une surface quand elle est tangente à une courbe tracée sur cette surface. Il y a donc, en chaque point de la surface, une infinité de tangentes. On démontre que, sauf en des points exceptionnels, toutes ces tangentes sont situées dans un même plan qui a reçu le nom de *plan tangent*. L'équation de la surface étant :

$$f(x, y, z) = 0,$$

le plan tangent au point $x,y,z$, aura pour équation

$$(X-x)\frac{df}{dx} + (Y-y)\frac{df}{dy} + (Z-z)\frac{df}{dz} = 0.$$

Si l'équation de la surface est rendue homogène par l'introduction d'une quatrième variable $t$, l'équation du plan tangent prendra la forme symétrique :

$$X\frac{df}{dx} + Y\frac{df}{dy} + Z\frac{df}{dz} + t\frac{df}{dt} = 0.$$

On obtiendra l'équation d'une tangente quelconque au point $x, y, z$, en adjoignant à l'équation du plan tangent celle d'un plan quelconque passant par $x, y, z$.

$$(X-x)\frac{dt}{dx} + (Y-y)\frac{df}{dy} + (Z-z)\frac{df}{dz} = 0$$
$$A(X-x) + B(Y-y) + C(Z-z) = 0.$$

Les points où les tangentes ne sont pas dans un même plan sont des *points singuliers*. En ces points, en général, le lieu des tangentes est un cône du second degré, ce qui leur a fait donner le nom de *points coniques* ; mais il peut se présenter aussi d'autres singularités ; il peut arriver, par exemple, que les points singuliers au lieu d'être isolés forment une ligne sur la surface.

Le plan tangent coupe la surface suivant une courbe qui présente un point double au point de contact ; mais les deux branches de courbes qui viennent se croiser en ce point ne sont réelles que si la surface est à courbures opposées ; autrement ces deux branches sont imaginaires et, dans le voisinage du point de contact, le plan tangent n'a pas d'autre point commun avec la surface que le point de contact. Ainsi, le plan tangent à la sphère n'a qu'un point commun avec la surface, tandis que le plan tangent à l'*hyperboloïde* à une nappe ou au *paraboloïde hyperbolique* (V. ces mots), coupe la surface suivant deux génératrices rectilignes.

Si la surface est une *surface réglée*, c'est-à-dire un lieu de lignes droites, le plan tangent en un point quelconque contient évidemment la génératrice rectiligne. En général, le plan tangent n'est pas le même pour tous les points de la génératrice ; lorsque le point de contact parcourt la génératrice dans toute son étendue, le plan tangent tourne autour de celle-ci de manière à effectuer un demi-tour complet ; la surface est alors une *surface gauche* ; mais il y a aussi des surfaces réglées dont le plan tangent reste le même tout le long de la génératrice : ce sont les *surfaces développables* (V. Développable). Tels sont les cylindres et les cônes. Le plan tangent à une surface développable est la position limite du plan mené par une génératrice parallèlement à la génératrice infiniment voisine. Ces surfaces ont été ainsi nommées parce qu'elles peuvent s'appliquer sur un plan sans déchirure ni duplicature. Il y a encore une autre particularité qui distingue les surfaces développables des autres sous le rapport de leurs plans tangents. C'est que les plans tangents aux surfaces ordinaires peuvent recevoir toutes les directions possibles, de sorte qu'on peut mener à ces surfaces un ou plusieurs plans tangents parallèles à un plan donné, tandis qu'on ne peut mener à une surface développable un plan tangent parallèle à un plan donné qu'autant que celui-ci vérifie une certaine condition qui équivaut à être parallèle à une génératrice. De même, par un point de l'espace, on peut mener à une surface non développable une infinité de plans tangents qui enveloppent un cône circonscrit à la surface, tandis que par un point donné, on ne peut mener qu'un plan tangent ou un nombre limité de plans tangents à une surface développable. Ces différences seront facilement saisies si l'on compare les plans tangents à une sphère ou à un cône.

Il existe certaines catégories de surfaces dont les plans tangents possèdent une propriété commune qui peut aider à les déterminer dans la pratique. Ainsi, le plan tangent à la sphère est perpendiculaire à l'extrémité du rayon du point de contact. Le plan tangent à une surface de révolution est perpendiculaire au plan méridien qui contient le point de contact, etc. Dans le cas général, le plan tangent à une surface sera déterminé par les tangentes à deux courbes tracées sur la surface. On choisira dans chaque cas particulier ces deux courbes de manière à obtenir la détermination pratique la plus facile.

La perpendiculaire menée au plan tangent par le point de contact, s'appelle la *normale* à la surface. Tout plan passant par la normale est perpendiculaire au plan tangent; il est dit *plan normal*. — V. NORMAL.

Deux surfaces sont dites *tangentes* lorsqu'elles ont le même plan tangent en l'un de leurs points communs; elles sont *bitangentes* si elles sont tangentes en deux points, etc. Il peut arriver que deux surfaces aient le même plan tangent tout le long d'une certaine ligne ; elles sont alors *circonscrites* le long de cette ligne.

*Plan tangent à une courbe*. On nomme ainsi tout plan qui passe par la tangente. — M. F.

**TANGENTE.** *T. de trigon.* La tangente d'un arc compté sur un cercle dont le rayon est égal à l'unité de longueur, est la portion de la tangente à l'une des extrémités de cet arc comprise entre le point de contact et le rayon qui passe par l'autre extrémité. Cette longueur est considérée comme positive ou négative d'après la convention suivante : on fait choix sur le cercle d'un point origine à partir duquel on compte les arcs positivement dans un sens, négativement dans l'autre, et par où l'on mène la tangente au cercle. Dès lors, la tangente de l'arc recevra le signe $+$ si elle est située du même côté de l'origine que les petits arcs positifs, le signe $-$ dans le cas contraire. Il suit de là que les arcs positifs plus petits qu'un quadrant ont leur tangente positive, les arcs compris entre un et deux quadrants ont une tangente négative, etc. La tangente croît toujours avec l'arc ; elle ne change pas si l'arc augmente de deux quadrants. La tangente d'un arc est égale au quotient du sinus de cet arc par le cosinus. On appelle *tangente d'un angle*, la tangente de l'arc que cet angle intercepte sur une circonférence de rayon égal à l'unité de longueur, lorsqu'on place son sommet au centre de cette circonférence. — V. TRIGONOMÉTRIE. — M. F.

**TANGENTIEL.** *T. de mathém.* Qui dépend des tangentes. On appelle *coordonnées tangentielles*, un système particulier de coordonnées dans lequel une droite dans le plan, ou un plan dans l'espace sont caractérisés par des nombres dits *coordonnées* de cette droite ou de ce plan. Une courbe plane est alors représentée par une équation qui exprime une propriété commune de toutes ses tangentes ; une surface est représentée par une équation qui exprime une propriété commune de tous ses plans tangents. — M. F.

*TANGHINIE (Bois de). *T. de bot.* Arbre de la famille des apocynacées, tribu des plumériées, originaire de Madagascar, le *tanghinia* (Syn. : *cerbera*) *madagascariensis*, Dupet. Thou. C'est un bel arbre, de 10 mètres de hauteur, dont le bois est employé en menuiserie et en ébénisterie de luxe.

*TANGON. *T. de mar.* Longues pièces de bois placées en saillie du navire pour recevoir les embarcations.

*TANGUE. Sable calcaire très fin qu'on emploie dans certaines constructions.

**TANNAGE.** Le tannage a pour objet la transformation d'une peau en cuir, c'est-à-dire en un corps nouveau, imputrescible, compact, composé de tannin combiné à la matière animale d'une manière indissoluble. Bien que le tannage soit considéré par la généralité des savants et la tannerie française, comme le résultat d'une combinaison chimique, certains le rangent au nombre des phénomènes physiques; pour ceux-ci, le principe tannant pénètre mécaniquement dans la peau, enveloppe les fibres qui, dès lors isolées, ne peuvent plus se coller ensemble. Le technologiste allemand Knapp, partisan ardent de cette dernière théorie, est amené à regarder comme un véritable tannage l'action des sels de fer, de chrome, d'alumine sur la matière animale. La théorie chimique est basée sur ce fait : qu'un cuir au tannin ne peut être dédoublé en tannin et en peau donnant de la gélatine; tandis que les produits similaires obtenus avec les sels minéraux ne résistent pas à des lavages appropriés. Le cuir, en outre, est un corps jouissant de propriétés particulières différentes de celles de la peau. Enfin, M. Muntz, dans ses *Études sur la peau*, a montré que la matière fixée pendant le tannage a une composition centésimale différente de celle du tannin.

*TANNÉ, ÉE. *Art hérald.* Couleur orangée qu'on exprime par des lignes diagonales partant du chef senestre; on les distingue du pourpre par la lettre I.

*TANNÉE. La matière végétale dont le tanneur a retiré la majeure partie du tannin, constitue la *tannée*. Ce déchet est surtout utilisé comme agent de chauffage; on s'en sert parfois comme engrais, principalement dans le jardinage; on a réussi à le convertir en pâte à papier, mais le classement de cette fabrication dans la catégorie des industries insalubres sera un obstacle à sa vulgarisation.

La *motte*, ce combustible si utile à la classe ouvrière, est fabriquée avec de la tannée qui, pressée à l'état humide dans des moules, soit par piétinement, soit mécaniquement, a été séchée à l'air. Dans les tanneries, la tannée sert à l'alimentation des fourneaux des machines à vapeur. A cet effet, on l'égoutte en la faisant passer dans des presses analogues à celles des sucreries de canne, et à sa sortie, elle contient encore 35 0/0 d'eau environ (fig. 292 et 293). Avant cette heureuse innovation, due à M. Bréval, le séchage des tannées fait à l'air était une opération longue et coûteuse.

Le tanneur nomme *bourrier*, la tannée complètement essorée au soleil, il s'en sert pour faciliter la mise en marche des fourneaux. Carbonisée et réduite en poudre fine, la tannée est utilisée

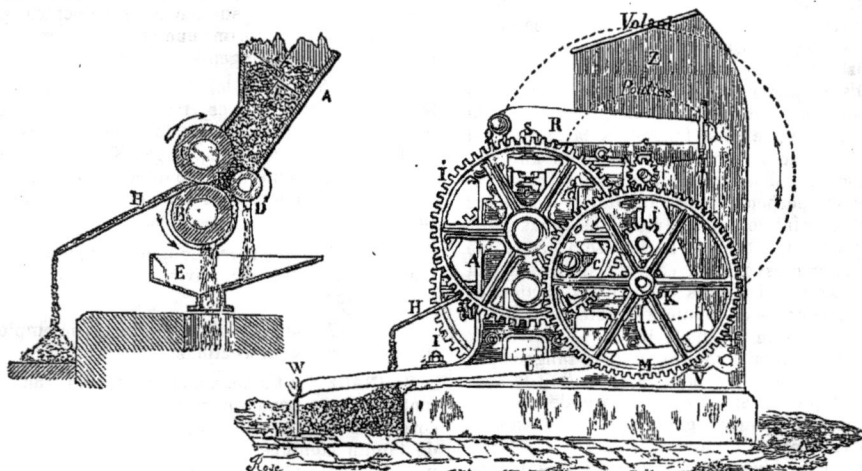

Fig. 292 et 293. — *Coupe et élévation de la presse à tannée, système Bréval.*

Fig. 292 : *A* Trémie recevant la tannée humide. — *B* Cylindre inférieur à surface lisse. — *C* Cylindre presseur à surface cannelée. — *D* Cylindre distributeur à surface cannelée. — *E* Récipient dans lequel tombe l'eau extraite de la tannée. — *F* Séparateur de l'eau. — *I* Malaxeur à quatre branches, facilitant la descente de la tannée dans la trémie.
Fig. 293 : *A* Bâti de la machine. — *B C* Cylindres presseurs. — *H* Tablier recevant la tannée pressée. — *I* Grande roue d'engrenage. — *J* Pignon de commande des rouleaux. — *K* Pignon intermédiaire. — *M* Grande roue d'engrenage intermédiaire. — *N* Pignon de commande. — *R* Levier supérieur mû par la vapeur, transmettant la pression aux cylindres. — *U* Levier inférieur. — *V* Arbre réunissant les leviers *U* de droite et de gauche. — *W* Extrémité du levier *U*, supportant par une tige verticale des contrepoids. — *Y* Fosse dans laquelle sont les contrepoids agissant sur *U*. — *Z* Trémie recevant la tannée humide.

dans la fabrication de certains charbons agglomérés. La cendre de tannée constitue enfin, pour les prairies, un amendement précieux, riche en potasse. — L. N.

**TANNERIE.** Industrie du tannage, établissement où l'on tanne les peaux.

Historique. La tannerie est assurément l'une des industries les plus anciennes. Alors que l'homme, pour uniques moyens d'existence, n'avait que la chasse et la pêche, il est probable qu'il songea pour se garantir luimême à utiliser la dépouille de la bête vaincue. Certes, il ne dut pas la tanner selon les méthodes actuelles, mais lui faire subir un apprêt quelconque pour la rendre imputrescible : l'exposer, soit à l'air simplement, soit audessus d'un foyer. On est conduit à cette dernière supposition par l'existence de ce procédé primitif, chez nombre de peuples actuels, encore sauvages. Les Baskirs, par exemple, tribu des moins civilisées de la Russie, soumettent la peau à l'action de la fumée. L'homme employa ensuite comme agents : le lait aigri, l'urine, les matières grasses, etc...·et enfin le tannin.

Dès l'antiquité la plus reculée, on voit le cuir jouer un rôle considérable dans la consommation. Il apparaît sous forme d'habillement, de couche, de bouclier, de cuirasse, d'outre, de récipients variés, et plus tard les Hébreux dotent l'humanité de ce puissant agent civilisateur : le parchemin.

L'homme préhistorique utilisait la peau du renne, bien plus, il la travaillait ainsi que semble l'établir la découverte de certains outils spéciaux en silex.

L'expression « pellicea tunica » se rencontre plusieurs fois dans la Genèse ; Homère immortalise le nom de Tychius le tanneur ; il nous décrit les puissants boucliers en peau de taureaux dont ses héros faisaient usage, il mentionne également l'emploi des peaux et des cuirs dans la fabrication des chaussures, des courroies, des vêtements, etc., et Virgile vient confirmer dans l'*Eneide* tous ces usages antiques (1).

MM. P. Lacroix et Sevré dans leur *Histoire de la chaussure*, ont décrit cette partie de l'habillement, parfois d'un luxe inouï, chez les Romains, les Goths, les Gaulois. Au moyen âge, les vêtements en peau étaient encore d'un usage fort répandu.

L. Figuier, dans les *Merveilles de l'industrie*, donne comme première ordonnance relative à la police des cuirs, celle qui fut rendue sous Philippe Ier, en 805. Un édit de juin 1585 relate qu'en 1085, les juges royaux élaborèrent des statuts sur la police des cuirs. Philippe VI le Valois rendit une ordonnance, août 1345, pour réprimer les abus commis par les tanneurs de Paris. Ne pouvait s'établir tanneur à Paris, y est-il dit, que celui

(1) D'après les chroniques orientales, ce fut Nemrumus qui, 3,000 ans avant notre ère, indiqua aux Sidoniens l'art d'utiliser les peaux pour l'habillement. Les Chinois attribuent à Tchin-Fang, ou au fondateur de la dynastie des Chang (1766 av. J.-C ) la découverte du tannage.

qui, fils de maître ou autre, en avait acheté la charge, après un apprentissage de cinq ans et la réception des maîtres jurés.

« Quand il aura esté trouvé pour suffisant, il jurera sur saints pardevant lesdits maistres qu'il y fera et y fera faire bonne œuvre et loyale en son pouvoir sans y faire souffrir, ni consentir, ni commettre fraude, ni mauvaise œuvre, et au cas qu'il sçaura qu'aucun fera le contraire, il le révélera auxdits maistres jurez.

« Que ès villes de Paris, Gisors, Pontoise et Chaumont seront quatre prudhommes jurez dudit mestier, pour regarder et visiter toute manière de cuir tanné. Si par eux il est trouvé bon et loyal et bien suffisamment tanné qu'il soit signé d'un certain seing. »

Tout tanneur, vendant un cuir non revêtu du seing ou ne remplissant pas les conditions exigées, était condamné à une amende de 10 sols. Cette ordonnance atteignit également les bouchers « coûtumiers de mouiller et abreuver à l'eau le cuir en poil pour le faire plus gros et paraistre meilleur et le plus vendre aux tanneurs. »

Les *cordoüanniers, baudroyeurs, conroyeurs* et *sueurs* furent soumis à la visite hebdomadaire d'une Commission de huit membres. De plus : « que nuls dudit mestier de conroyeur de cordoüan ne puissent ouvrer de nuit mais ouvrer depuis jour commençant jusqu'au jour faillant. Que nuls ne puissent ouvrer dimanches et festes d'apôtres ni à jour qui est festable ni au samedy depuis le dernier coup de vespres. »

Cette ordonnance peu libérale fut réimprimée en 1745. Henri IV, juin 1585, confirma les édits de Charles VII et Louis XI. Tous les cuirs furent alors soumis à l'examen de quatre maîtres jurés, en présence d'un prud'homme et d'un bourgeois notable, élu chaque année en assemblée de ville.

Comme il avait été reconnu que les contrôleurs, nommés jusqu'alors sans attributions ni salaires, fraudaient eux-mêmes, le roi créa dans chaque ville un office de contrôleur-marqueur, avec un droit de 2 sols par cuir fort ou douzaine de veaux. Le bourgeois recevait 20 sols par jour de déplacement.

Une foule de lois bursales suivirent cette ordonnance, et l'industrie des cuirs ne tarda pas à être envahie par une véritable armée de *visiteurs, contrôleurs, prud'hommes, vendeurs, lotisseurs, déchargeurs*, sans connaissances spéciales pour la plupart, et ne poursuivant qu'un but, pressurer les fabricants. L'exportation des peaux en poils atteignit à ce moment une proportion effrayante. Edits sur édits furent alors rendus, il en résulta une complication, une confusion telles dans les lois que, d'après De La Lande, avoir à juger un délit commercial commis dans les cuirs, était pour les officiers de la Cour des aides un motif de vive terreur.

Un arrêt du Conseil, datant de 1731, montre le peu de liberté laissé au manufacturier. Tout gros cuir devait subir un tannage de trois ans, savoir : un an dans la chaux vive et deux années de taillis, la poudre renouvelée tous les six mois.

En 1759, Louis XV supprima tous les fonctionnaires attachés au contrôle des cuirs. Un droit unique fut établi sur la matière finie, remboursable dans le cas d'exportation ; seuls les cuirs verts exportés furent lourdement imposés. Ce fut là le dernier édit général rendu sur la tannerie ; dans la suite, il fut modifié partiellement par des lettres patentes.

La répression des fraudes n'était pour ces réglementations qu'un faux prétexte ; c'est, en effet, dans le mauvais état des finances gouvernementales que l'on doit en rechercher la véritable source. A tout prix, on voulait de l'argent. Le résultat ne tarda pas à se manifester : l'industrie fut littéralement paralysée, le progrès étouffé. Ce fut en vain que les tanneurs protestèrent ; leur unique ressource fut l'émigration, et le commerce étranger s'enrichit ainsi de nos connaissances et de nos capitaux. De

1760 à 1775, le nombre des tanneries françaises fut réduit dans la proportion fabuleuse de 75 0/0 ! La Révolution devait faire cesser cet état de choses déplorable ; elle supprima impôt et marque. On sait quel essor prodigieux prit l'industrie française, aiguillonnée par les besoins impérieux suscités par ce régime de guerre qui, commencé en 1793, ne devait se terminer qu'en 1815 ; la tannerie, cette pourvoyeuse de l'équipement, devait plus que toute autre se transformer. Un arrêté du 11 brumaire an III, chargea le chimiste Berthollet de perfectionner l'art du tanneur, et lui alloua à cet effet un crédit. Sur la recommandation de Berthollet, le Comité engagea Armand Séguin à continuer les essais qu'il avait déjà tentés. Ce savant avait acquis le premier une connaissance à peu près exacte sinon du tannage du moins du tannin. Le 21 nivôse an III, la Convention sur la proposition faite au nom du Comité du salut public par Fourcroy, vota une récompense publique à Séguin, auteur d'une méthode rapide de tannage. Ce procédé, basé sur l'emploi de l'acide sulfurique comme adjuvant et de jus riches de tannin comme agent, réduisait à quinze jours la durée de travail, alors qu'elle était de trois ans auparavant. Les produits de cette fabrication répandue aussitôt sur tout le territoire ne répondirent point aux conditions désirables ; on avait du cuir, mais du mauvais cuir. Séguin, en butte alors à des attaques sans nombre, fut condamné à des amendes exorbitantes, la Restauration le tira de prison.

Il appartient à l'histoire de rendre justice à ce savant. On doit reconnaître, en effet, que s'il s'avança trop dans ses promesses, sa découverte du moins permit d'équiper, momentanément il est vrai, promptement, les armées de la République ; or à cette époque le temps s'était plus que de l'argent, c'était la victoire.

L'excès de rapidité dans la fabrication porta atteinte à la réputation de la tannerie française qui toutefois, ne tarda pas à reconquérir un rang prépondérant dans la lutte internationale, ainsi que l'attestent les Expositions de 1855, 1867, 1878, et cela grâce surtout à l'outillage mécanique qui fit son apparition vers 1840.

Actuellement, la supériorité des produits français, particulièrement ceux de Paris, Châteaurenault, Givet, Pont-Audemer, Saint-Saëns, Lyon, Milhau est universellement reconnue. La période qui suivit les événements néfastes de 1870-71 fut florissante pour la tannerie ; les vides à combler étaient si grands ! Mais depuis 1879 la consommation s'est sensiblement ralentie, l'étranger sait mieux utiliser ses produits naturels, aussi la situation de la tannerie comme celle de beaucoup d'autre industries est loin d'être prospère.

D'après un vieux proverbe, qui n'a d'autre mérite que son extrême vieillesse : « pour être tanneur, il faut être grand, fort et bête, » c'est avec plus de justesse qu'on a reproché à la tannerie d'être routinière ; cependant ce défaut est légitime en partie. Le capital nécessaire est si considérable, les opérations si longues, que tout essai devient chose difficile et coûteuse. Toutefois, on doit reconnaître que de toute part des recherches sont faites, et le moment est proche, où la tannerie, s'appuyant sur des bases raisonnées que seule la chimie peut lui donner, marchera de pair avec les autres industries. En France, il n'existe pas une ville de 1,500 âmes sans tanneur.

La statistique suivante donnera une idée de l'importance commerciale de la tannerie française.

En 1873, il a été livré à la boucherie :

| | |
|---|---:|
| Bœufs et taureaux | 550.520 |
| Vaches | 841.190 |
| Veaux | 2.734.540 |
| Moutons | 5.115.180 |
| Agneaux | 1.492.740 |
| Porcs | 2.925.060 |

On peut regarder ces chiffres, dont l'évaluation est

très difficile à faire, comme inférieurs de beaucoup à la réalité; en effet, le recensement fait en 1885 à Paris, où le contrôle est aisé, montre qu'il a été tué dans cette seule ville :

| | |
|---|---:|
| Bœufs. | 154.275 |
| Vaches. | 40.418 |
| Veaux. | 128.353 |
| Moutons. | 1.250.140 |
| Porcs. | 143.709 |

*Importation en 1885.*

| | Kilogr. | Francs |
|---|---:|---:|
| Peaux brutes fortes | 41.423.660 | val. de 59.375.160 |
| Totalité des peaux brutes | 77.658.191 | — 188.566.348 |
| Peaux préparées. | » | — 40.774.000 |
| Ecorces à tan | 12.126.706 | — 1.872.181 |
| Sumac. | 5.943.627 | — 2.190.124 |

*Exportation en 1885.*

| | Kilogr. | Francs |
|---|---:|---:|
| Peaux brutes fortes. | 25.028.010 | val. de 43.104.598 |
| Totalité des peaux brutes | » | — 74.700.000 |
| Peaux tannées fortes | 3.068.288 | — 15.957.770 |
| Peaux corroyées fortes. | 6.936.860 | — 63.561.520 |
| Totalité des peaux préparées. | » | — 104.214.000 |
| Chaussures. | » | — 71.099.950 |
| Totalité des ouvrages en cuir. | » | — 142.594.000 |
| Ecorces à tan | 40.551.480 | — 5.271.690 |
| Sumac. | 642.390 | — 122.050 |

TECHNOLOGIE. Avant d'aborder le travail dans ses différentes phases, il n'est pas sans intérêt de donner quelques détails sur les matières elles-mêmes dont le tanneur fait usage.

*Peaux.* La tannerie opère sur trois catégories : les *peaux fraîches*, les *peaux salées*, les *peaux sèches*; ces dernières, souvent sèches et salées, sont surtout d'importation étrangère.

La majeure partie des peaux de pays passent des mains du boucher dans celles d'un commissionnaire dont le rôle est de faciliter l'approvisionnement du tanneur; les services rendus à la tannerie par cet intermédiaire sont très onéreux, aussi a-t-elle songé maintes fois à s'en passer.

Une peau fraîche qui ne peut de suite entrer en travail doit, pour se conserver, être soumise au salage, opération se pratiquant, soit à sec, soit dans un bain. Dans le premier cas, on étale une peau, poil contre terre, et on répand du sel en gros cristaux sur le côté chair, en ayant soin d'en munir surtout les parties saignantes et charnues comme la tête, les oreilles, les plus susceptibles de s'altérer; on rabat ensuite les extrémités que l'on fait ressortir légèrement en frottant chair sur chair. Sur cette première peau, on en étale une seconde qui subira le même traitement, mais dont la tête est mise à droite de la précédente. On continue toujours ainsi, et on obtient une pile cylindrique de peaux qui prend le nom de *meule*.

Le salage en bain consiste à laisser passer la peau, une nuit environ, dans de l'eau salée; à sa sortie, elle est roulée en *manchon*, le poil en dedans. La quantité de sel varie avec le temps de conservation et le poids de la peau: 3 kilogrammes suffisent pour une peau moyenne de 35 kilogrammes qui doit attendre quinze jours; mais les produits venant de Buénos-Ayres, de Monte-

video, du Japon, sont salés à raison de 7,8 kilogrammes par pièce.

Le séchage, pratiqué surtout en Amérique, est une opération très simple se réduisant à l'exposition de la peau au soleil, chair en dessus. Les peaux séchées de cette manière se reconnaissent facilement à leurs bordages munis d'encoches qui ont servi à les accrocher aux chevilles fichées dans le sol et destinées à les tenir tendues. Il n'est pas rare, surtout lorsque l'opération se fait à peu de distance du sol, que les prodnits soient piqués, résultat dû à la fermentation activée par l'humidité terrestre. A cette pratique défectueuse, on préfère le séchage à l'ombre sur des perches.

En Auvergne, il y a peu de temps encore, les peaux étaient séchées; on les plaçait, à cet effet, chair en dedans, à cheval sur des perches, suivant la ligne dorsale, et on les saupoudrait de farine de marrons d'Inde, dont l'odeur a la propriété d'écarter les mites.

Les peaux étrangères proviennent de l'Allemagne, la Suisse, l'Asie, l'Amérique centrale, l'Amérique du Sud; ces dernières sont de très bonne nature, mais malheureusement détériorées par les marques de feu dont elles sont couvertes, il serait à souhaiter que les propriétaires de ces régions fissent usage d'un autre système pour distinguer leurs troupeaux. On les classe d'après le pays de provenance qui leur cède son nom, en *saladeros* et *mataderos*; ces derniers sont moins estimés et sortent d'établissements qui considèrent la peau comme un produit secondaire.

Le poids des grosses peaux, telles que bœufs, taureaux, vaches, est marqué en livres au moyen d'encoches conventionnelles faites à la queue, cette pratique est très ancienne, en voici la clef :

$$\text{( I )} \quad \text{( II )} \quad \left(\overline{\text{II}}\right) \quad \left(\frac{\overline{\text{II}}}{\text{I}}\right) \quad \left(\frac{\text{III}}{\text{II}}\right) \quad \text{(IIIII)} \quad \left(\text{ou} + \right)$$

$$\quad 20 \qquad 40 \qquad 50 \qquad 55 \qquad 77 \qquad 100$$

Le prix d'une peau, variant d'ailleurs suivant la loi générale de l'offre et de la demande, est basé sur le poids et l'état, c'est-à-dire suivant qu'elle est pourvue ou privée : des cornes, des os du crâne; crottée ou non; fraîche, salée ou sèche. Les bœufs moyens sont moins estimés que les vaches, de là le vieux dicton : « en tannerie, tous bœufs sont vaches, comme en boucherie toutes vaches sont bœufs ».

Les veaux sont vendus par douzaine avec ou sans tête, cette dernière catégorie est d'un prix plus élevé, étant donné que la tête de veau tannée n'a qu'une faible valeur.

Le tanneur est victime de fraudes nombreuses, et souvent il paye comme cuir : de l'eau, du sable, de la terre de pipe, du sulfate de baryte, etc. Les peaux de gros bœufs sont spécialement destinées à la fabrication des cuirs forts, des courroies; celles de vaches, de veaux constituent les cuirs de molleterie; du cheval, on tire des semelles inférieures ou premières et des empeignes; le cuir de taureau, très spongieux, est généralement scié, la fleur est surtout employée pour les capotes de voiture.

Au point de vue anatomique, la peau (fig. 294) se compose : de l'épiderme C, tissu stratifié formé, de l'intérieur à l'extérieur, de cellules sphériques, polygonées, pavimenteuses, ces dernières constituent la couche cornée. L'épiderme percé de petites ouvertures donnant passage aux poils, à la sueur, est en état de développement continu et se renouvelle sans cesse; du tissu réticulaire D, qui ne se reproduit pas; c'est le siège des papilles nerveuses et des pigments; du derme ou chorion, tissu formé de fibres entrelacées, douées d'élasticité; c'est sur cette partie que porte l'opération du tannage; du tissu adipeux, jouant le double rôle de réservoir des matériaux de combustion ou graisse et d'écran contre le refroidis-

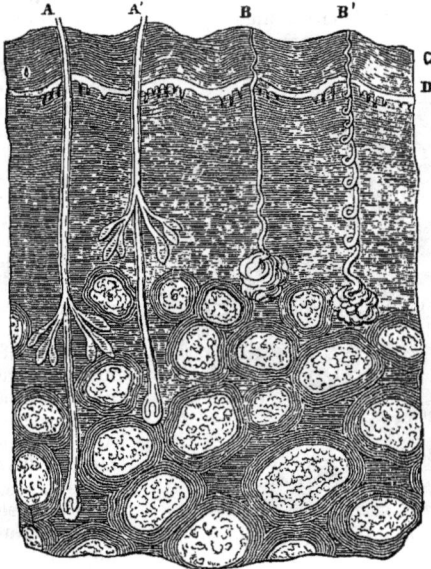

Fig. 294. — *Section d'une peau.*

sement. Les poils A A', B B' sont des productions épidermiques s'enfonçant dans le derme.

*Matières tannantes* (V. Ecorces tannantes). Les écorces de chêne (*quercus robur, quercus pedunculata, quercus sessiliflora*) les plus estimées sont celles des taillis de seize à dix-huit ans; aussi, trois fagots d'écorce de baliveaux sont-ils regardés comme l'équivalent de deux fagots d'écorces de seize ans. Une bonne écorce doit avoir : sa face extérieure blanche, sa face intérieure rougeâtre, son épiderme et son liber minces, une saveur fortement astringente.

Livrée par le marchand de bois à l'état de fagots, l'écorce est coupée en *écorçons*, fragments de 3 à 6 centimètres, au moyen du coupe-écorce, instrument se rapprochant du hache-paille (fig. 295). On la conserve généralement en fagots sous de vastes hangars; cependant, il est préférable de suivre l'exemple donné par quelques tanneurs qui l'emmagasinent à l'état d'écorçons; la matière tient ainsi moins de place et, offrant moins

de surface de contact à l'air, s'altère moins; l'unique soin à prendre est de la préserver de l'humidité, de même que les fagots doivent être à l'abri de la pluie. Les écorçons sont, suivant les besoins, pulvérisés, soit au pilon, soit à la noix. Le moulin à tan le plus répandu ne diffère du moulin à café que par ses fortes dimensions et sa puissance. La vitesse de marche d'une noix ne doit pas dépasser 60 tours à la minute, sinon, une notable partie du tannin se trouve altérée par échauffement.

L'écorce du chêne *kermès*, connue sous le nom de *garrouille*, est surtout employée dans le midi de la France et en Belgique; elle donne un cuir léger, ferme, mais d'une couleur rouge et d'une odeur particulière. Cette variété de chêne est très commune en Algérie et dans le midi de l'Europe.

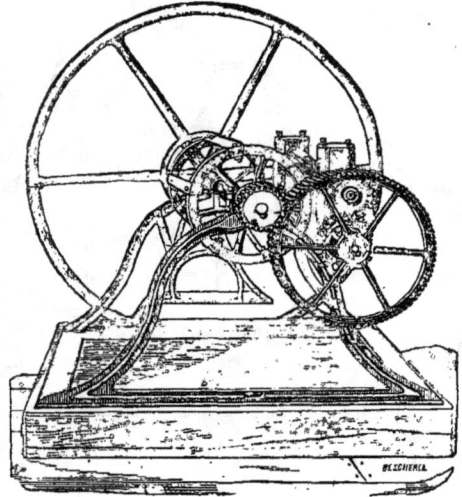

Fig. 295. — *Coupe-écorce, mécanisme intérieur.*

Sous le nom d'*avelanèdes* ou de *valonées*, on désigne les capsules des glands du *quercus œgilops* originaire d'Orient; employées surtout en Angleterre, elles commencent à l'être en France.

Les glands du *quercus cerris* piqués par le *cynips quercus calicis*, se couvrent de galles nommées *knopperns*, très riches en tannin (30 à 35 0/0), dont la tannerie autrichienne fait une grande consommation.

Le bois de châtaignier (*castanea vesca*) était, depuis longtemps, employé en teinture, lorsque Alégatière songea à l'utiliser pour le tannage. Livré par le commerce en bûches de dimensions variables, mais ne dépassant guère 1$^m$,30 de long, ce bois est vendu au poids ou au volume. Les bûches sont réduites en poudre par une machine nommée *tritureuse* (fig. 296), dans laquelle le bois est poussé, par une griffe à mouvement automatique, contre un disque vertical armé de dents et animé d'une vitesse de 6 à 800 tours par minute.

Le sumac (*rhus coriaria* et *rhus myrtifolia*) est

utilisé pour le tannage des peaux destinées à la maroquinerie. Le sumac de Sicile est plus estimé que celui du midi de la France. En juillet et août, on abat les rameaux, on les laisse sécher sur place, puis, par un battage, on sépare les feuilles qui, pulvérisées, sont vendues au tanneur. On peut estimer à 1,000 kilogrammes de feuilles la production d'un hectare.

Quelques rares tanneurs emploient le *libidibi* ou *divi-divi*, gousses du *cæsalpinia coriaria*, et le bois du *quebracho colorado*, originaires de l'Amérique centrale.

Souvent le moulin à tan, dont le conducteur se nomme, en tannerie, *pile-tan*, est installé dans la tannerie elle-même; bien qu'on réduise par cette disposition les frais de main-d'œuvre, il est préférable de l'en éloigner, pour mettre la fabrique à l'abri des incendies si fréquents dans les moulins; les frais se trouvent d'ailleurs compensés par l'abaissement de la prime d'assurance.

*Eaux.* Il est accepté, en tannerie, que la fabrication du cuir à semelle, nécessite une eau dure, tandis que celle du cuir mou exige une eau douce. On est même allé jusqu'à prétendre que la qualité de certains cuirs était due uniquement aux propriétés des eaux de la contrée. Il est plus rationnel de rejeter ces notions empiriques et absolues. Toute eau est bonne en tannerie; l'industriel intelligent doit seulement modifier ses opérations suivant les qualités de l'eau qu'il a à sa disposition. C'est en donnant aux façons une durée plus ou moins longue qu'il atteindra le but; quant à la correction de la dureté des eaux au moyen d'agents chimiques, ce n'est pas là une méthode d'une pratique courante.

*Chaux.* La chaux dont le tanneur fait usage est de la chaux grasse, elle doit donc être aussi pure que possible et fournir une bouillie très homogène; cette dernière qualité est essentielle si l'on veut que les peaux soient également attaquées. L'industriel doit surtout rejeter une chaux contenant une certaine quantité d'oxyde de fer; la peau en effet qui, après avoir absorbé ce corps, en aurait été ensuite purgée, se tacherait dans

le courant de la fabrication par suite de la formation du tannate de fer.

La chaux doit être conservée dans un local fermé afin d'éviter une carbonatation trop grande, et tenue naturellement à l'abri de l'humidité.

*Jus de tannin.* La vieille tannerie se contentait de mettre les peaux en contact avec de l'écorce et de l'eau; la matière tannante appauvrie, mais non épuisée, était ensuite séchée et brûlée; une quantité considérable de tannin se trouvait ainsi perdue, bien plus, cette tannée trop acide ne pouvait être qu'un engrais détestable. Aujourd'hui, on est plus pratique, plus économe, le cuir mis avec l'écorce est abreuvé avec des jus de tannin obtenus par le traitement des tannées. Ce traitement est un lessivage méthodique opéré dans un train de cuves de fortes dimensions, nommées généralement *fosses à jus* ou *fosses aigres*; l'acidité, l'*aigreur* des produits explique cette dernière dénomination. Le tanneur n'eût qu'à copier ce qui se faisait dans une sucrerie marchant par diffusion. Soit un jeu de trois fosses aigres A, B, C, munies de faux fonds *a*, *b*, *c*, chacune d'elles communique avec sa voisine par un canal partant de sa partie inférieure pour aboutir à la partie supérieure de l'autre *k*, *m*, *n*. Supposons A, B remplies de tannée et de jus, le contenu de A étant moins riche que celui de B, et C remplie de tannée fraîche. Sur A, *cuve morte*, on fera couler de l'eau qui, chassant devant elle le liquide préexistant, filtrera à travers la tannée et se chargera des principes tannants qui y restent; le liquide qui est en B passera en C et constituera le jus le plus fort, dès lors utilisable. A deviendra à son tour cuve de tête, lorsque sa tannée épuisée sera remplacée par de la fraîche, tandis que B sera cuve morte. Le jeu est donc facile à comprendre; à mesure que leur teneur en tannin augmente, les jus rencontrent de la tannée de plus en plus riche; leur marche est très régulière en vertu du principe des vases communicants, elle est facilitée d'ailleurs, par les différences de densité.

Dans la pratique, les fosses, au nombre de quatre au moins par jeu, sont, soit en bois, soit en maçonnerie; on leur donne la forme cylindrique

Fig. 296. — *Machine à triturer le bois de châtaignier (à mouvement automatique).*

*A* Volant. — *B* Poulie de commande. — *C* Courroie de commande. — *D* Disque dévorateur. — *F* Scies. — *E* Plaque avec griffe à mouvement automatique, glissant de *M* à *L*. — *H* Galet tendeur.

la plus convenable au déplacement des liquides, et les dimensions ordinaires sont de 4 mètres de profondeur sur 2ᵐ,50 de diamètre.

Toutes les tannées ne sont pas de même richesse ; celles provenant de *seconde poudre* sont moins riches que celles de troisième, mais le sont plus que celles de première; aussi quelques praticiens ont-ils pour chaque série de

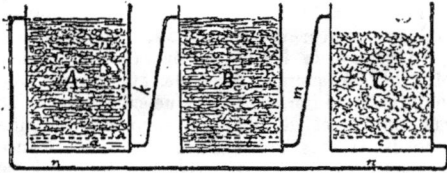

Fig. 297.

tannée un train spécial de fosses aigres; ils disposent de cette manière de plusieurs catégories de jus dont la richesse individuelle est constante, dont la richesse par série est différente. La teneur en tannin des jus obtenus ne dépasse guère 0,4 0/0. Ce sont là des jus bien pauvres et tous les tanneurs ne s'en contentent pas. Certains, en effet, emploient comme agent principal de tannage, des jus, mais des jus forts; on ne saurait trop encourager la tannerie à entrer dans cette voie si logique, que couronnera le succès, si, toutefois, elle a soin d'y apporter un jugement sain, un esprit méthodique. Les industriels qui opèrent ainsi, renforcent leurs jus de *fosses aigres*, soit avec des extraits, soit avec des jus forts qu'ils fabriquent eux-mêmes. Les extraits livrés par le commerce, dans des proportions croissantes chaque jour, sont à l'état liquide, titrant en moyenne 20 0/0, ou à l'état solide, approchant de 90 0/0. Le tanneur a intérêt à faire lui-même des jus forts, mais non des extraits. Le procédé le plus rationnel est le lessivage à chaud d'écorces ou de bois pulvérisés; il est bon de ne pas dépasser 100°, et d'éviter l'accès direct de la vapeur sur la matière à épuiser, sinon les produits sont très colorés; or, toute décoloration se traduit par une perte sensible de tannin, ce qui vient s'ajouter à la quantité détruite par la chaleur. En opérant ainsi, on obtient des jus d'une richesse voisine de 3 0/0.

Lorsqu'on veut traiter de gros copeaux de bois, par exemple les résidus faits par la tritureuse de chatagnier, le lessivage devient insuffisant, on procède alors par infusion sous pression dans un autoclave, et les jus sont décolorés par filtrage sur de la tannée; dans ce cas seulement, on doit faire intervenir la pression malgré les inconvénients qu'elle présente. Un tanneur distingué, M. Baudin, de Brou, conseille l'emploi de l'acide sulfurique, à dose convenable, pour neutraliser, dans la fabrication des jus forts, les bases contenues dans le végétal.

Il est très important pour les tanneurs, on le conçoit, de connaître la richesse des jus dont ils font usage; malheureusement, peu en sont capables, un titrage étant une opération assez délicate. Les uns se servent du pèse-tannin, instrument tout à fait inexact, ne donnant que des résultats de densité que tout autre corps que le tannin peut faire varier. D'autres apprécient la richesse d'un jus d'après son acidité au goût, c'est là un procédé qui ne peut être que très approximatif, quelle que soit l'habileté de celui qui l'emploie. De vieux praticiens, enfin, se guident, mais bien à tort, sur l'intensité de coloration.

Les méthodes de dosage sont très nombreuses; les seules, cependant à conseiller sont : 1° celle de MM. Müntz et Ramspacher, la plus rationnelle, basée sur l'absorption du tannin par la peau; 2° celle de Lowenthal modifiée par Neubauer, basée sur l'oxydation du tannin par le permanganate de potasse en présence du carmin d'indigo; moins exacte, elle a l'avantage d'être très rapide; 3° celle de R. Wagner, consistant dans la précipitation du tannin par une solution concentrée de sulfate de conchonine; le rouge de rosaniline servant d'indicateur dans la réaction; 4° le tannomètre Terreil, présenté par M. Dumas à l'Académie des sciences, en mars 1874. Cet instrument est fondé sur la propriété que possèdent les matières organiques astringentes d'absorber l'oxygène très rapidement lorsqu'elles sont mises en présence des dissolutions alcalines; propriété observée pour la première fois par Chevreul.

**Cuir à la chaux.** VACHE ET BOEUF. Les peaux, à leur arrivée dans la tannerie, sont rangées par sortes dans le magasin de cuir en poil; là, les peaux fraîches qui ne doivent entrer en travail qu'au bout de quelques jours d'attente sont salées légèrement, on utilise pour cette opération le sel provenant du balayage des peaux salées étrangères.

*Rafraîchissage.* Avant de tanner, on doit débarrasser la peau de son poil, de ses chairs, on ne peut y arriver qu'en détruisant l'effet du premier traitement dont le but était la conservation, il faut donc que le tanneur rende la peau attaquable; pour cela, il use du lavage à l'eau, de la *trempe*. La matière reprend ainsi son état primitif de souplesse, du même coup la majeure partie des détritus inévitables qui se sont attachés à elle, est entraînée par l'eau; tandis que le reste, suffisamment détrempé, cédera facilement devant l'effort de l'ouvrier.

En appliquant la trempe aux peaux fraîches, on a surtout en vue le nettoyage. Après les avoir débarrassées des cornes et des os du crâne, on les met flotter dans l'eau, soit d'un bassin, soit d'une rivière. Tantôt elles sont fixées à des pieux; l'ouvrier enfile alors successivement chaque peau par l'un des trous de la tête, elles s'étendent d'elles-mêmes et forment une pile ; tantôt elles sont fixées par l'intermédiaire de chaînes à des crochets et disposées par paquets de 5 à 10 pièces.

Quelques heures suffisent pour la trempe d'une peau fraîche normale, mais il est aisé de comprendre qu'un laps de temps ne peut être fixé d'une façon catégorique. Entre la durée de la trempe à donner et l'état de propreté de la peau, il existe une relation étroite que tout tanneur respecte dans la mesure du possible. On doit encore tenir compte de la saison et des qualités de l'eau : au moment des chaleurs, la durée des opétions est réduite, de même lorsque l'eau dont on se sert est douce ; l'inverse a lieu lorsqu'on travaille en mauvaise saison ou avec une eau dure.

En thèse générale, quarante-huit heures de flottage sont nécessaires au moment de la crotte (novembre, décembre, janvier), tandis qu'en juin, juillet, août, vingt-quatre heures suffisent; les peaux salées exigent quarante-huit heures de trempe, les peaux sèches au moins soixante-douze heures. Il est utile, en outre, pour bien faire *revenir* les peaux sèches, surtout si elles sont salées, de les retirer après chaque jour de trempe, de les fouler et de leur donner un court séjour de pile. Certains tanneurs opèrent mécaniquement ce travail, ils se servent alors de tonneaux purgeurs ou de foulons alimentés même à l'eau chaude.

Le courant de l'eau favorisant le lessivage, le tanneur qui peut le faire doit pratiquer la trempe en rivière ; dans le cas d'un courant trop vif, il lui sera toujours aisé d'amortir le choc au moyen d'un râtelier en bois ou d'une grille. On a quelquefois reproché à ce système de trempe, de favoriser la détérioration des peaux par suite de leur frottement contre les pierres ; mais c'est là une crainte vaine, la peau protégée d'ailleurs d'un côté par les poils, de l'autre par les chairs, est un corps trop souple pour être entamé par le gravier.

Les peaux sèches après une trempe convenable, subissent un traitement nommé *craminage* ou *rafraîchissage*. On se sert pour cela d'un *chevalet* et d'un *couteau*. Le chevalet est l'appui sur lequel la peau est étendue, il consiste en une masse de bois, affectant la forme d'un demi-cylindre mesurant environ 1 mètre de hauteur et 0m,20 de rayon ; sa face extérieure et supérieure est recouverte d'une plaque de zinc. Ce chevalet est disposé en pente, retenu à son extrémité inférieure par une patte scellée dans le sol, il est soutenu à sa partie supérieure par un croisillon en bois nommé *jambettes*. Ce support est mobile ; l'ouvrier peut donc, suivant sa taille, modifier la pente du chevalet. Le couteau servant au craminage est à deux manches, on le nomme *couteau de rivière* ou *demi-rond*, dans certains pays; en Auvergne par exemple, il prend le nom de *herbon*.

L'ouvrier place la peau sur le chevalet et poussant devant lui le couteau, il exerce sur la chair une pression suffisante pour faire sortir la peau sale, de plus il arrache les grosses parties charnues et les masses graisseuses, mais s'attache surtout à enlever le vernis formé par la crasse et à ouvrir les parties contractées par le raccornissement.

Pour les peaux fraîches, on se contente d'enlever la crotte après une première nuit de boisson.

*Pelanage.* La trempe et le rafraîchissage laissent des peaux possédant la souplesse qu'elles avaient à l'état frais et débarrassées de toute souillure ; ce sont des peaux *revenues*, *reverdies*. Il s'agit dès lors, d'enlever le poil et les chairs, tel est le but du traitement de la chaux ou *pelanage*.

L'atelier où se fait ce travail se nomme *chambre de pelains*. L'orthographe de ce mot est très variable, on trouve *pelin*, *plin*, *plain*, *plein*, *pelain* : bien que *plein* se rencontre dans les arrêts du conseil les plus anciens, nous adopterons *pelain* et *pelanage* comme nous paraissant plus logiques. La sole de cet atelier est cimentée et légèrement en pente des bords au centre. Suivant la ligne médiane de plus grande longueur se trouvent, en nombre variable, les *pelains* : cuves tantôt rondes, tantôt carrées, creusées dans le sol et maçonnées.

En France, le local est généralement clos le plus hermétiquement possible, afin d'avoir une température intérieure presque constante et de ralentir l'accès de l'air extérieur dont l'acide carbonique, ainsi qu'on le verra, a une influence fâcheuse. En Angleterre, pays où l'industrie se montre avare de bâtiments, le pelanage, au contraire, se fait en plein air ; le travail est plus lent et moins bon.

Les pelains, dont les dimensions les plus ordinaires ont 1m,50 de profondeur sur 1 mètre de rayon, se divisent en *trains* composés de deux éléments au moins : le *pelain mort* et le *pelain neuf*; quelquefois, on compte un ou plusieurs intermédiaires, nommés *pelain gris* ou *faible*. Pour faire un pelain neuf, on éteint dans une cuve 250 à 300 litres de chaux, et par des additions d'eau successives, on forme un lait; après un certain temps de service, ce même pelain deviendra *mort* ou, suivant le cas, *gris*.

Les peaux sont d'abord *amorties*, c'est-à-dire mises au nombre de vingt ou vingt-cinq dans un pelain mort, préalablement agité au *bouloir*. Après douze heures de submersion, elles sont retirées et mises en pile à côté du pelain ; elles restent ainsi *en retraite* pendant douze heures ; elles passent ensuite en pelain neuf où elles séjournent douze heures et subissent enfin une nouvelle retraite jusqu'à ce que l'ébourrage soit possible ; ce moment est atteint lorsque les poils du crâne et des genoux peuvent être arrachés facilement.

La chaux saponifie les matières grasses du bulbe pileux, et dilate la peau en désagrégeant les cellules et les fibres ; cette réaction est activée par la température, aussi le temps de séjour à donner à la dernière pile, varie-t-il avec la saison ; en moyenne, la retraite est de cinq à six jours en été, de huit en hiver.

Le pelanage réclame de nombreux soins; un pelain mort trop riche risque de brûler les peaux, si le lait de chaux n'est pas homogène, les peaux sont inégalement attaquées ; l'ouvrier doit enfin veiller à ce que les peaux mises en pile, se recouvrent mutuellement et soient bien étendues, afin d'éviter la formation de mauvais plis et de réduire les surfaces en contact avec l'atmosphère, par suite la carbonatation.

L'ancienne tannerie mettait en pratique le vieux dicton « qui plane, tanne », fort contesté aujourd'hui. Un séjour trop prolongé dans la chaux, détruit profondément la cohésion des fibres animales; le tannin rencontrant dans la suite une résistance plus faible pénètre plus facilement, mais le cuir obtenu est énervé et sans consistance. Il ne faut donc pas oublier que l'unique but du pelanage est de permettre le dépilage et l'écharnage; la chaux est un mal nécessaire dont on doit réduire l'effet aux surfaces de la peau, et nous dirons « qui pelane trop, tanne mal. »

Dans la plupart des fabriques, il est d'usage de rejeter comme inutile, nuisible même, la partie liquide des pelains morts; M. Baudin s'est élevé avec raison contre ce gaspillage; la richesse en chaux, faible il est vrai, de ce liquide peut encore être utilisée avec succès. Il suffit pour cela, d'égoutter les pelains morts dans un bassin spécial, où les peaux subiront une partie de leur première trempe; l'amortissage sera dès lors mieux préparé et le pelanage d'une durée plus courte. Lorsqu'un pelain neuf a reçu 90 à 100 peaux, il devient pelain mort; cette règle n'est pas générale, étant donné que chaque tanneur conduit ses pelains d'une façon plus ou moins différente.

Les tanneries où l'outillage mécanique est très développé ont leurs pelains munis d'un agitateur; tantôt la masse est mise en mouvement par un moulinet analogue à celui des *cuves ovales*, tantôt les peaux sont accrochées à des traverses, mobiles dans le sens vertical.

*Ébourrage.* Sortant de l'atelier des pelains, la peau est rincée en rivière, puis *ébourrée*. L'ouvrier *ébourreur* commence par faire sa *couche*, c'est-à-dire qu'il installe sur son chevalet une peau pliée en deux, chair sur chair, de préférence un veau si la fabrique le travaille. Sur cette première peau, formant une couche élastique, il étale celle qu'il doit ébourrer, la tête à la partie supérieure du chevalet. Les oreilles et les masses cartilagineuses adhérentes sont supprimées au couteau à lame droite, mais avec ménagement pour que le *lisseur* en ramenant les bords puisse combler, en partie, le trou formé; cela fait, l'ouvrier prenant le couteau à deux manches, dont il s'est déjà servi pour le craminage, enlève le poil suivant la ligne dorsale en remontant à mesure son cuir; de chaque côté de ce premier trait, il en fait un autre, et finit par les bordages et la tête, en faisant tourner la peau sur son chevalet. Un ébourreur habile évite de porter les mains à la peau qu'il travaille, son couteau lui suffit pour la monter, la faire descendre ou la faire glisser sur le chevalet.

Les parties les plus dures à ébourrer sont le crâne, les genoux et les fesses si l'animal était crotté. L'ébourrage est un travail rude et fatigant, principalement en hiver; d'une part, le poil cède à cette époque difficilement; d'autre part, l'atelier est presque en plein air.

*Écharnage.* Les peaux ébourrées sont mises en rivière; l'ouvrier les reprend pour les écharner. L'*écharnage* consiste dans l'enlèvement des chairs adhérentes au derme; on se sert pour cela, du couteau de rivière et de la *faulx*, instrument tranchant à deux manches. Les faulx peuvent être ramenées à deux types : la faulx de Châteaurenault et celle de Paris; cette dernière, nommée aussi *tranchant*, est plus cintrée. La qualité de cet outil est une chose fort importante, la bonté du travail en dépend, et le meilleur ouvrier ne

peut faire qu'un mauvais écharnage s'il n'a entre les mains une bonne faulx : celles de Châteaurenault (Hytier) ont la réputation d'être les meilleures (fig. 298).

On suit pour l'écharnage la même marche que pour l'ébourrage. L'ouvrier procède en *poussant au couteau*, les parties tendres, surtout les flancs, et en tranchant à la faulx pour le reste; il doit autant que possible se servir du couteau car, moins brutal que la faulx, cet outil épargne la peau, en terme de métier n'*affame* pas; ainsi, une petite vache doit, sauf les bordages, être poussée entièrement au couteau. Si un écharnage trop vif est ruineux pour le patron, un écharnage trop super-

Fig. 298. — *Ouvriers travaillant de rivière.*

ficiel ne lui est guère plus avantageux; le butteur viendra, en effet, pendant le lissage (V. Corroyage) enlever ce que l'écharneur aura laissé de trop et le tannin absorbé par les chairs sera perdu. Le fabricant qui vend ses produits tannés, mais non lissés, n'a cela même aucun intérêt à mal écharner; sa marchandise aurait un aspect désagréable, ne serait pas *propre*, et tout acheteur, quelque peu connaisseur, ne s'y laisserait pas prendre. On a songé à ébourrer et à écharner mécaniquement; mais si les machines présentées dans ce but soient assez nombreuses, aucune d'elles jusqu'à présent n'a donné un travail bien satisfaisant, leur description est donc inutile; le principe adopté est tantôt celui des foulons, tantôt celui des lisseuses. — V. Corroierie.

*Purgeage.* La chaux forme en se combinant avec

le tannin un tannate de chaux, sel brunissant à l'air; il en résulte qu'une peau soumise au tannage prend, si elle contient de la chaux, une teinte rouge brun qui la déprécie beaucoup; ce tannate de chaux, en outre, est un obstacle au tannage rapide et complet; la peau ne donne dans ces conditions qu'un cuir *maigre*, *tôlé*, de qualité inférieure. Le tanneur doit donc purger la peau de la chaux qu'elle contient après l'écharnage. Trois systèmes sont généralement adoptés : le *travail à la main*, le *travail mécanique*, le *travail aux acides*.

Le premier consiste à passer fortement le couteau rond sur chair et sur fleur. On répète cette façon nommée *recoulage* jusqu'à ce que l'eau chassée de la peau soit claire; on alterne avec des trempes soit en rivière, soit en bassins, en hiver on va jusqu'à soixante-douze heures de *boisson*. On remplace une fois, le couteau rond par la *queurse* ou *cœurse*, pierre à aiguiser en forme de plaque carrée ou rectangulaire quelquefois même triangulaire, emmanchée comme le couteau de rivière et se manœuvrant de la même manière. On donne à cette opération du purgeage le nom de *grand'façon* ou *dernière façon de fleur et de chair*.

Le travail mécanique se fait au moyen d'un vaste *tonneau* en bois de chêne cerclé de fer, le rayon varie entre 1ᵐ,15 et 1ᵐ,50, la largeur entre 1 mètre et 1ᵐ,25. Un système de poulies et d'engrenages imprime à l'appareil un mouvement de rotation autour de son axe horizontal (fig. 299).

L'axe est creux et livre passage à un jet d'eau réglé par un robinet extérieur; à l'intérieur sont disposées des chevilles en bois; sur la surface courbe est pratiquée une porte; en outre, des trous, ménagés de distance en distance, permettent l'écoulement de l'eau.

On charge à raison de 3 à 6 peaux suivant la force, soit 350 demi-kilogrammes, et après avoir ouvert le robinet d'eau, on met en marche. En général, le séjour des peaux dans le tonneau n'excède pas trois heures, et le travail est fractionné en plusieurs traitements entre lesquels on donne des trempes.

Ce procédé est très économique, on lui repro-

che d'être brutal et d'énerver la peau, surtout dans les parties tendres; mais ce défaut dépend en majeure partie de l'allure donnée à l'instrument; le mouvement doit être très lent (10 à 12 tours par minute), afin que les peaux roulent sur les parois intérieures. Les chevilles dont l'utilité est incontestable lorsqu'il s'agit du *tonneau à fouler*, deviennent ici une cause de chocs inutiles, certains tanneurs les suppriment et s'en trouvent bien.

Quant au traitement par les acides, il est de beaucoup le plus restreint. On emploie des bains aiguisés à l'acide sulfurique ou chlorhydrique, ou tartrique, ou oxalique. Ce travail demande beaucoup de prudence, on risque fort, surtout avec l'acide sulfurique et l'acide chlorhydrique, d'altérer la peau; on obtient alors un cuir cassant dont la fleur est laide. L'acide tartrique donne de bons résultats, mais son prix élevé rend son usage peu pratique.

Quel que soit le moyen adopté, le tanneur évite avec soin l'exposition à l'air de la peau non vidée de chaux. La présence de l'acide carbonique dans l'atmosphère déterminerait la formation de carbonate de chaux, sel difficile ensuite à éliminer, étant donnée son insolubilité, et qui plus tard attaqué par l'acide tannique donnerait naissance à du tannate de chaux.

Une peau complètement purgée de chaux est douce au toucher; dans le cas contraire, les cristaux de carbonate de chaux dont se recouvre la surface, donnent une sensation de rudesse qui fait dire à l'ouvrier que la chaux est *remontée*.

Telles sont les différentes opérations préparatoires: rafraîchissage, pelanage, ébourrage, écharnage, purgeage, dont l'ensemble prend en tannerie le nom de *travail de rivière*, dénomination fort juste puisque le principal agent est une rivière et que par raison d'économie de main-d'œuvre les ateliers sont placés sur les bords d'un cours d'eau. Ces travaux, qui de prime abord paraissent si grossiers, sont très délicats et demandent pour être bien faits, des *ouvriers de rivière* habiles, intelligents et assez consciencieux pour ne *couler* aucune façon.

*Passerie. Mise en couleur.* Les produits livrés

Fig. 299. — *Tonneau purgeur.*

par le travail de rivière prennent le nom de *peaux en tripes* ; leur rendement par rapport au poids de queue varie pour la boucherie de pays entre 75 et 90 0/0 suivant l'état de sicsité et de charge, et se tient, pour les peaux étrangères, dans le voisinage de 120 0/0.

La façon suivante est la *mise en couleur*. Dans les fabriques dépourvues de l'outillage mécanique nécessaire, on encuve les peaux avec des jus faibles de tannin, et on les lève et on les rabat jusqu'à cinq, six fois par jour, afin que la teinte prise soit uniforme ; vingt-quatre heures suffisent. Le travail est beaucoup plus rapide et mieux fait lorsqu'on a recours à une cuve dont le contenu peut être agité par un batteur mécanique. La disposition la plus convenable est celle de la cuve dite *ovale* ou *tournante*. A l'intérieur de cette cuve

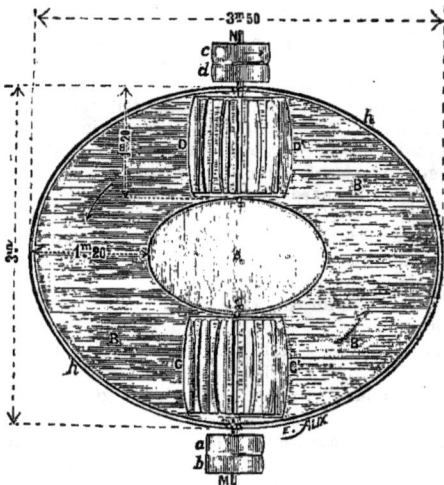

Fig. 300. — *Cuve ovale (projection horizontale).*

*A* Tambour plein. — *B* Espace annulaire, empli de liquide. — *C C'*, *D D'* Moulinets. — *a, c* Poulies fixes. — *b, d* Poulies folles. — *M, N* Arbres de transmission. — *h* Paroi extérieure de la cuve.

de forme ovale est un tambour plein en bois ; deux moulinets à palettes, dont les arbres reposent d'une part sur le tambour, de l'autre sur les parois extérieures, impriment en tournant en sens contraire, un mouvement de rotation au liquide enfermé dans l'espace annulaire (fig. 300). On emplit la cuve de jus faible que l'on additionne de tannée pauvre et après avoir mis en marche les moulinets, on y jette les peaux ; entraînées par le courant, elles sont alors soumises à une agitation continue bien plus régulière que celle qui se produit dans une cuve ronde munie d'un seul batteur. Un séjour d'une heure dans une cuve tournante suffit pour donner à la peau une belle teinte jaune d'une uniformité parfaite.

*Courant.* A la mise en couleur succède le *courant*. Les peaux sont encuvées avec du jus titrant 0,2 à 0,3 0/0 ; trois fois par jour elles sont levées, placées sur un *râtelier*, sorte de claie en bois, puis rabattues. Pendant les quatre à cinq jours

de durée de l'opération, on entretient la richesse du jus par des adjonctions quotidiennes de tan. Là encore l'emploi des cuves ovales est préférable ; la main-d'œuvre se trouve alors simplifiée, et le temps de séjour réduit de moitié. Plusieurs fois par jour, on met en mouvement les moulinets, mais pendant quelques minutes seulement afin d'opérer un simple déplacement de matières. Une agitation de trop longue durée aurait pour conséquence le plissage de la fleur, la peau serait *grenée*, défaut très grave, car le grain ainsi formé persiste dans les opérations suivantes, et le lissage lui-même ne peut le faire disparaître complètement.

Les manipulations multiples que s'impose le tanneur au début du tannage, résultent de l'extrême sensibilité de la peau, de la délicatesse de la fleur. Le moindre accident se traduit par une différence de teinte ; la bulle d'air elle-même, qui emprisonnée dans un pli n'en aura pas été chassée, empêchera, là où elle se trouve, le contact du jus, et produira dès lors une tache blanche, un *vent*.

S'il est nécessaire de répartir d'une manière égale l'action du tannin sur les différentes parties de la peau, savoir en modérer l'intensité ne l'est pas moins. Un jus trop riche *saisit* en effet, et sous cette action trop énergique la fleur se plisse, devient rugueuse ; aussi certains tanneurs remplacent-ils dans le courant, le tan par de la tannée.

Les *repos* ou *arrêts* suivent le courant. Dans le cas ordinaire, le premier arrêt se fait dans la cuve de courant, mais lorsqu'on s'est servi de cuves ovales, les peaux sont décantées dans une cuve dite *de repos* à raison de 600 kilogrammes, soit 12 à 18 pièces suivant la force. Dans les arrêts, on ne lève pas les peaux ; ce n'est point cependant, ainsi qu'on l'a prétendu quelquefois et comme semblerait l'indiquer la dénomination, une période d'inaction ; la quantité d'écorce mise dans le repos constitue en effet un réservoir cédant peu à peu son tannin. Cette somme de tannin se divise en deux portions : l'une fermente, produit de l'acide acétique et de l'acide lactique qui gonflent la matière animale, l'autre est assimilée.

Après le premier repos, on en donne un deuxième, puis un troisième, et souvent même un quatrième ; leur durée moyenne respective est de cinq, douze, quatorze et seize jours, l'alimentation de chacun d'eux est de 150 kilogrammes de tan ; la force des jus doit aller en augmentant du premier au dernier, mais on ne peut sans danger dépasser 0,5 0/0. Si la richesse des jus dans un repos s'affaiblit trop, le gonflement, but principal de l'opération, s'arrête ; le tanneur dit que la peau *s'abat* ou *retombe* ; le succès du tannage est dès lors gravement compromis ; la peau, quels que soient les soins que l'on prenne dans la suite, ne donnera qu'un cuir mal nourri, d'un rendement inférieur. Beaucoup de tanneurs, afin de réduire ces chances d'accident, ne font pas usage des repos et les remplacent par une série de courants à alimentation quotidienne. Pour la même raison, on est obligé, en été, de réduire la durée des repos car, la chaleur activant la fermentation et l'assimilation du tannin, la richesse des jus baisse rapidement.

Ces différentes opérations constituent le travail de *passement* ou *bassement*; la *passerie*, atelier où elles se font, doit de préférence être close, le travail est alors plus régulier, la température étant moins variable, de plus, on évite, en hiver, la congélation si funeste aux repos. Les cuves, soit en bois, soit en maçonnerie, généralement enfoncées dans le sol, sont rangées en catégories ou *trains*; on a le train de premier repos, le train de deuxième repos, etc.; les peaux d'une cuve constituent une *coudrée*.

Lorsqu'une coudrée est remplacée dans une cuve par la suivante, les uns envoient le jus sur les fosses aigres, et font la nouvelle cuve avec du jus neuf; d'autres se servent du même jus, et se contentent de le transvaser et d'enlever la tannée; cette dernière manière de faire est préférable comme nécessitant moins de main-d'œuvre et favorisant l'acidification.

Il est, dans les bassements, une pratique défectueuse que la routine a érigée en loi : c'est l'égouttage des peaux chaque fois qu'elles changent de repos. Or, ce sont les jus qui provoquent le gonflement, il est donc bien évident que l'égouttage se traduit par une perte de temps; de plus, se faisant à l'air libre, il favorise l'oxydation qui a pour effet de plisser la peau et d'en foncer la teinte. C'est le même phénomène qui se produit, mais alors d'une manière beaucoup plus sensible, lorsqu'une peau n'est pas complètement recouverte par le liquide, la partie exposée à l'air brunit et reste tachée, il y a eu oxydation.

Tannage. *Refaisage.* Si l'on coupe une peau sortant de passerie, et que l'on considère la section, on s'aperçoit que, seuls, les bords sont teintés; c'est qu'en effet, le tannage n'a été, dans toutes les opérations précédentes, qu'une action secondaire; la peau, extrêmement gonflée, a été amenée à un point tel qu'elle absorbera facilement le tannin, mais elle n'est pas tannée. Trop tendre pour être mise en *fosse* où elle serait comprimée, elle passe en *refaisage*, opération intermédiaire qui lui permettra de se tanner tout en restant gonflée.

Certains tanneurs donnent un *refaisage à sec*, c'est-à-dire avec faible quantité de liquide, mais alors, pour être logiques, ils devraient supprimer la dénomination de *refaisage*, ce qu'ils font revenant à donner une première fosse.

Seul, le *refaisage à gué*, c'est-à-dire avec abondance de jus, est rationnel, car il est le véritable trait d'union entre le *bassement* et la *fosse*. C'est dans une cuve pouvant contenir 50 à 60 peaux que le refaisage s'opère généralement. On commence par emplir au tiers la cuve avec du jus, c'est ce que l'on nomme *faire le gué*; deux ouvriers, après avoir répandu sur le liquide un *vent* de poudre, jettent une peau, l'étalent le mieux possible à l'aide de perches et la recouvrent de poudre, puis ils en jettent une seconde recouverte de tan à son tour et continuent ainsi. Bientôt, par le fait du flottage des cuirs et de l'imbibition de la poudre,

le jus diminue, le refaisage se termine presque à sec, mais peu à peu, la masse s'humecte et fonce, les peaux se trouvent alors recouvertes par le jus, et cela sans être pressées. Lorsque la dernière peau est couverte de poudre, on *charge*, c'est-à-dire qu'on met au milieu une quantité de tannée telle que, répandue sur le refaisage, elle constitue une couche de 0$^m$,20 à 0$^m$,25 d'épaisseur. Dès que le niveau du liquide est définitivement établi, on étale cette tannée, et le refaisage ainsi recouvert, se trouve à l'abri des variations de température.

La quantité de poudre employée est de 40 0/0 environ du poids de queue, et on a soin de la répartir proportionnellement à l'épaisseur de la peau; l'ouvrier doit donc couvrir les parties fortes, telles que la culée, la gorge, plus abondamment que les flancs ou les pattes.

On reproche avec raison à ce système de rendre difficiles la distribution de la poudre et l'écartement des peaux, surtout au début; on peut constater, en effet, lorsqu'on lève un tel refaisage, que la poudre, en certaines places, fait complètement défaut. On remédie à cet inconvénient en se servant d'un cadre en bois, comme fond flottant; la masse ne s'enfoncera que lentement sous l'influence de la charge, la peau peut alors être étalée aisément et, comme le jus ne la recouvre pas, il est facile de répartir la poudre convenablement. La durée du refaisage varie entre trente et quarante-cinq jours.

Dans le cas du refaisage à sec, on opère comme pour la mise en fosse, aussi le lecteur voudra bien se reporter à cette partie. Seule, la quantité de poudre mise à la disposition de la peau varie, elle est, ainsi que pour le refaisage à gué, de 40 0/0 environ du poids de queue.

L'état de mouture de la matière tannante a son importance; trop grossière, la poudre offre le danger de marquer la fleur tendre encore, mais il faut éviter de tomber dans l'excès contraire, étant donné qu'un liquide pénètre difficilement une matière fine et pressée.

*Fosses.* Après le temps de séjour voulu en refaisage, les cuirs sont lavés et rincés dans une cuve contenant du vieux jus, ou bien balayés et mis ensuite en *fosse*, dernière opération du tannage.

Les fosses sont de grandes cuves, généralement rondes, de 3 à 4 mètres de profondeur sur 2 mètres de diamètre, tantôt en bois, tantôt en maçonnerie. Dans la plupart des fabriques, elles sont enfoncées dans le sol jusqu'à leur niveau supérieur, mais des inconvénients multiples font abandonner de plus en plus ce système. Une tannerie est située au bord d'une rivière, il en résulte que les fosses placées en terre sont en partie plongées dans la nappe d'eau souterraine, et soumises, dès lors, à une température basse et variable; de plus, il ne serait pas impossible qu'il s'établisse, à travers la paroi, un courant entre le jus chargé de tannin et le liquide extérieur; ce n'est là qu'une simple hypothèse, mais elle semble justifiée par ce fait : qu'une fosse enfouie dans le sol ne tarde pas, si elle est laissée vide, à s'emplir d'un liquide noirâtre contenant des traces de tannin. Sous l'influence de la poussée extérieure, les fosses en vidange se déforment et souvent remontent, les réparations sont difficiles et coûteuses. Il est donc préférable de les placer sur le sol, et de les isoler avec de la tannée. On forme ainsi un *carré de fosses*, on y ménage une série de drains qui s'opposent à toute formation de nappe d'eau, et jamais les cuirs ne sont tachés par des suintements. Lorsqu'on fait usage de fosses en maçonnerie, il n'est pas rare, surtout au début de leur service, de voir les peaux tachées sur les bordages, ce sont des taches de tannate de chaux, résultant de la combinaison du tannin avec la chaux de la maçonnerie.

L'ouvrier *coucheur* commence par étaler au fond de la fosse une *sole* de tannée de quelques centimètres qu'il recouvre de poudre, puis il étend un cuir dont il efface les plis et rabat les extrémités; il répand alors sur la surface une couche de poudre, ménageant les parties faibles, nourrissant particulièrement les parties épaisses et ayant bien soin de garnir chaque duplicature. Sur ce premier cuir, de la même manière, il en couche un deuxième, puis un troisième, etc., séparant chaque cuir par un lit de poudre. Afin de maintenir horizontal le niveau de la fosse, le coucheur prend la précaution de croiser les cuirs en tournant toujours dans le même sens; il fait donc en sorte que le côté gauche de la gorge de chacun d'eux porte sur le côté droit de celui qui précède, ou *vice versa*. Le dernier cuir couché (le nombre des pièces est parfois de 150), on fait une couverture de 0m,20, 0m,25 avec de la tannée fraîche, puis on *abreuve*, c'est-à-dire qu'on laisse couler dans la fosse la quantité de jus nécessaire pour la remplir. Le mode d'abreuvage varie légèrement: tantôt on fait couler le jus sur la couche de tannée ou sur une toile, tantôt on le lance dans une boîte carrée, d'une vingtaine de centimètres de large, placée contre la paroi de la fosse et allant jusqu'au fond; munie de trous sur toute sa longueur, cette boîte laisse le jus s'écouler dans la masse. Cette dernière disposition est préférable, car elle permet d'épuiser rapidement le liquide lorsque le moment du levage est arrivé. Certains tanneurs abreuvent, au contraire, la fosse à mesure qu'on la couche, afin de diminuer le tassement. Le *coucheur*, ouvrier spécialiste, car la répartition de la poudre réclame une certaine habileté, est aidé par un *serveur*; celui-ci amène du poudrier les corbeilles de tan bassiné et les descend, ainsi que les cuirs, dans la fosse. On donne à cette première *mise en poudre*, qui se fait la fleur en dessus, une durée de trois à quatre mois; au bout de ce temps, les cuirs sont levés, balayés avec soin et recouchés en *seconde poudre*. On met alors au fond de la fosse les cuirs qui, précédemment en occupaient la partie supérieure, et le couchage se fait la chair en dessus; bien que l'on ne doive pas attacher à cette manière d'opérer une importance trop grande, il est évident qu'elle égalise pour chaque cuir les conditions de milieu. Cette seconde poudre dure de quatre à cinq mois et se fait, comme la première, à raison de 80 à

90 0/0 de matière tannante par rapport au poids de queue.

Ainsi qu'on a dû le remarquer, plus on approche du terme final, plus on *augmente la durée* des opérations et la quantité de tannin mise à la disposition de la peau; c'est la conséquence du principe fondamental du tannage: plus une peau s'est assimilé de tannin, plus elle est réfractaire à une absorption nouvelle; et voilà pourquoi le tanneur habile attache une importance capitale au gonflement de la peau.

La tannerie moderne a une tendance à diminuer la quantité de poudre en augmentant proportionnellement la richesse des jus; c'est alors qu'elle a recours aux extraits et aux jus forts dont nous avons parlé au début. Cette substitution est d'une logique incontestable. Le tannin, en effet, ne passe pas directement de l'écorce dans la peau, il faut, avant son assimilation, qu'il se dissolve dans le liquide qui sert en quelque sorte de véhicule; on économise donc le temps en offrant à la peau une partie de ce tannin en dissolution. De plus, le tannage est le résultat d'un état d'équilibre qui se fait entre la matière animale, le liquide et l'écorce; par suite, sa rapidité est en raison directe de la richesse du jus; or, par l'adjonction d'extraits, on peut arriver à un titre que n'atteindra jamais le jus des fosses aigres en présence de l'écorce et du cuir.

La peau qui entre en fosse est suffisamment avancée pour qu'on ne risque pas de la saisir, et sans crainte, on peut abreuver avec des solutions de 1 à 2 0/0 de tannin; toutefois, on doit veiller à l'homogénéité parfaite du jus et éliminer tout extrait trop coloré. Ce système permet de réduire au moins d'un mois la durée de chaque poudre.

La chaleur, ainsi que nous avons déjà eu l'occasion de le mentionner, active le tannage, aussi dans quelques tanneries, abreuve-t-on les fosses aux jus chauds. Cette pratique demande de grandes précautions; une trop grande chaleur altère profondément la matière animale, et il n'est pas prudent de dépasser 35°.

*Séchage.* Sortant de seconde poudre, le cuir est mis entre les mains du lisseur qui, sur le bord de la fosse, le coupe de tête en queue suivant la ligne dorsale. Les cuirs incomplètement tannés, c'est-à-dire ceux qui présentent dans leur coupe, principalement à la culée, un filet blanchâtre, sont recouchés en troisième poudre.

La peau tannée et coupée entre alors en *corroierie*. — V. ce mot.

Cependant, tous les tanneurs ne lissent pas leurs produits de fosses, beaucoup d'entre eux les vendent aux corroyeurs, soit *frais de fosse*, soit en *croûte*. Dans le premier cas, l'acheteur prend le cuir tel qu'il sort de la dernière poudre, après douze à vingt-quatre heures d'égouttage. Le *cuir en croûte* est le même produit à l'état sec. Le *séchage* ou *essorage* s'opère dans un local nommé *séché*; il est obtenu par des expositions à l'air alternées avec des mises en pile, afin d'en régulariser la marche et de contrarier la formation de mauvais plis. Un cuir est dit *sec de fond* lorsque l'humidité ne se perçoit plus à la main;

en réalité, il contient encore 7 à 10 0/0 d'eau. Le séchage à air libre est long, en général, et dépend complètement de la température; si, grâce aux persiennes mobiles dont l'atelier est pourvu, il est toujours possible de le ralentir, il n'est pas aisé, on le conçoit, de l'accélérer; de plus, par les temps humides ou orageux, le cuir se couvre quelquefois, par places, de taches noires qui sont des moisissures, des champignons. Tous ces inconvénients font que certains tanneurs, outre une *sèche à air libre*, ont une *sèche chaude*. Le local est semblable, mais parcouru par des tuyaux de vapeur, et l'air chaud est réparti par un ou plusieurs agitateurs à ailettes (fig. 301).

Telles sont les différentes opérations du tannage à la chaux des grosses peaux; le produit doit être ferme, d'une couleur jaune noisette, et sa coupe noire. Le rendement final par rapport au poids de queue varie avec chaque fabricant, il peut s'évaluer à 52 0/0, mais en général, se tient dans le voisinage de 48 0/0 dans l'abat de Paris; au moment de la crotte, il descend beaucoup plus bas.

Une exposition rapide de la fabrication du veau, du cheval, de la chèvre, du cuir fort ou jusé suffira au lecteur, grâce à l'analogie existant entre ces branches diverses de la tannerie et le travail à la chaux décrit précédemment.

VEAU. La qualité essentielle du veau est la souplesse, on doit donc veiller à son gonflement; dans ce but, certains tanneurs le laissent séjourner, pendant un temps plus ou moins long, dans des *confits*, bains faits avec de vieilles eaux corrompues, riches en matières organiques. Après un passage dans une série de 3 ou 4 pelains, le veau est ébourré, écharné au couteau, et les parties épaisses (gorge, tête) sont dégrossies à la machine à baisser; la peau est étalée sur une tablette munie de rebords dont on peut régler la hauteur; un couteau à lame plate, en glissant sur ces rebords, enlève les masses de chair trop épaisses. Les têtes et *baissures* de gorges constituent un déchet de 50 kilogrammes par 100 pièces moyennes.

Soumises au tonneau, les pièces sont purgées avec soin et passent ensuite huit jours dans les cuves ovales; chaque coudrée de 150 veaux reçoit 100 kilogrammes de tan répartis quotidiennement; le grain étant, dans cette fabrication, une qualité pour la fleur, on en favorise la formation par des agitations fréquentes.

On donne, après cela, deux refaisages à gué consécutifs d'un mois, avec 30 à 40 0/0 de tan, puis une poudre de trois mois, avec 70 à 800/0; mais on prend la précaution de coucher les veaux pliés en deux, fleur contre fleur, on met ainsi à l'abri de toute altération cette face si délicate qui doit être blanche et fine.

CHEVAL. Le cheval est travaillé de rivière, comme la vache; l'écharnage doit être particulièrement net. Il subit deux encuvages de dix à quatorze jours dans les cuves ovales; le premier se fait avec de la tannée, le second avec du tan, à raison de 120 kilogrammes pour 40 peaux. Il passe ensuite quinze à trente jours en refaisage avec 50 0/0 de poudre, sortant de refaisage, il est couché avec 100 0/0 de poudre, une première fois la fleur en dessus, puis une seconde fois la chair en dessus; chacune de ces deux fosses dure environ deux mois. Lorsque les besoins l'exigent, on active cette fabrication, mais au détriment du rendement; on porte alors à quatre le nombre des encuvages, de dix à quatorze jours chacun, et on lève après un refaisage d'un mois alimenté à raison de 100 0/0.

La méthode dite *hambourgeoise*, pratiquée surtout dans le Hanovre et les contrées voisines (pays de la fabrication du « cheval » par excellence), est quelque peu différente. La peau subit 4 cuves,

Fig. 301. — *Sèche ou séchoir à air libre.*

on la coupe alors transversalement, le tannage des parties antérieures les plus minces se termine par une fosse de deux à trois mois; celui des parties postérieures s'achève aux jus chauds.

CHÈVRE, MOUTON. Cette catégorie de peaux sert à la confection du maroquin. Lorsque la toison doit être sacrifiée, on emploie la méthode ordinaire de planage, mais le plus souvent, la laine a assez de valeur pour être conservée; on étale alors sur le côté chair une pâte composée de chaux et d'orpin; après une pile de douze à vingt-quatre heures, l'ébourrage et l'écharnage sont possibles. La délicatesse des peaux réclame de grandes précautions de la part de l'ouvrier.

La beauté du maroquin dépendant de la vivacité de la teinte qu'on doit lui donner pendant le travail du maroquinage proprement dit, le tannage ne doit pas altérer la teinte blanche de la peau; dès lors, on est obligé d'éliminer l'écorce de chêne et de châtaignier et de faire usage du sumac.

Les moutons sont cousus deux à deux, la fleur en dedans; les sacs ainsi formés sont garnis de sumac en poudre, fermés et jetés dans des cuves pleines de jus de sumac, renforcé avec la même matière tannante. Les peaux de chèvre sont mises une à une dans des cuves analogues, munies d'agitateurs.

Fig. 302. — *Ouvriers se servant d'une machine à refendre.*

Le tannage de 100 peaux nécessite 400 kilogrammes de sumac de Sicile et un flottage de trois à quatre jours.

**Cuir verni.** Dès 1780, l'Angleterre comptait plusieurs fabriques de cuir verni, mais ce n'est guère qu'en 1801 que la première maison de ce genre fut fondée en France, à Pont-Audemer, par M. Plummer.

Le tannage du cuir verni est identique à celui des cuirs de molleterie, mais toute la peau de bœuf ou de vache n'est pas travaillée pour devenir du cuir verni. La peau est sciée entre fleur et chair; la meilleure face, nommée *vache*, sera employée, tandis que l'autre, nommée *croûte*, ne pourra faire que des semelles inférieures.

C'est après le travail de rivière que le sciage s'o-

père; seule la *machine à refendre* (fig. 302) peut donner une section nette. La peau, pressée par un ensemble de tranches mobiles contre une boîte en cuivre, vient se présenter au tranchant d'une lame douée d'un mouvement de va-et-vient rapide (4 à 500 par minute).

**Cuir de Russie.** Le cuir de Russie est généralement fabriqué avec de la peau de vache, mais quelquefois avec du veau. Originaire de Russie, cette fabrication se fait aujourd'hui un peu partout. Sortant du travail ordinaire de rivière, la peau est plongée pendant quarante-huit heures dans un bain acide, monté par un mélange de farine de seigle et de farine d'avoine additionné de sel (1 kilogramme de seigle et 500 grammes d'avoine pour 10 peaux).

La peau ainsi gonflée, par suite de la fermentation développée dans le bain, subit alors deux encuvages consécutifs de huit à dix jours chacun ; ces cuves ne sont pas alimentées avec de l'écorce de chêne, mais avec un mélange d'écorces de saule, de peuplier et de bouleau.

La peau est dès lors tannée et prête à subir les apprêts qui lui donneront l'odeur et la couleur particulières au cuir de Russie.

**Cuir fort ou cuir jusé.** Le cuir à la *jusée*, ou cuir de Liège, fut d'abord fabriqué, ainsi que cette seconde dénomination l'indique, en Belgique. Il serait difficile de fixer la date certaine de son apparition dans l'industrie, mais cette méthode de tannage, basée sur l'action de jus d'écorces aigris, ne s'établit que difficilement en France. Les tanneurs français s'accordaient, cependant, à la trouver meilleure que la fabrication à l'orge, mais la regardaient comme plus délicate, plus exigeante sous le rapport des eaux et des conditions atmosphériques ; ils n'osaient l'entreprendre.

— Ce fut à Bayonne que le premier établissement des *cuirs forts*, façon Liège, s'installa autorisé par lettres patentes du 16 mai 1749. Les produits eurent du succès, et deux ans plus tard des négociants de Toulouse, MM. Duclos, fondèrent un établissement analogue à Lectoure, et obtinrent du roi l'emplacement d'un ancien bastion et l'usage d'une fontaine publique. L'Etat encouragea vivement ces industriels ; un arrêt du Conseil, en 1754, accorda à leur maison le titre de manufacture royale et exempta leurs ouvriers de vingt-cinq ans de service dans la milice ; le fisc lui-même ne dut percevoir aucun droit sur les cuirs, soit à leur entrée, soit à leur sortie.

Malgré cela, un verbal des tanneurs de Bretagne (1756), fait connaître que la plupart d'entre eux ne voulaient tenter la nouvelle fabrication que si les tanneurs de Paris leur donnaient l'exemple. Ce fut alors que la grande manufacture de Saint-Germain fit du cuir jusé ; bientôt la méthode se répandit rapidement dans tout le royaume, et la tannerie française fut sur le point de tomber dans l'excès contraire ; de fervents adeptes du cuir jusé n'hésitèrent pas, en effet, à prêcher la proscription du cuir à la chaux.

Il y a une quarantaine d'années cette industrie était encore très florissante en France, mais aujourd'hui elle est fort restreinte ; la cordonnerie renonce de plus en plus aux semelles en cuir jusé comme étant trop lourdes et trop solides. L'armée est le principal consommateur de ce produit dont Givet s'est fait une spécialité. En Belgique, au contraire, cette industrie s'est toujours maintenue, les principaux centres sont Stavelot, Namur et Dinant.

FABRICATION. Les opérations se suivent dans le même ordre que pour le cuir à la chaux, seuls les procédés de gonflement diffèrent ; pour le cuir jusé, et c'est là le caractère distinctif de sa fabrication, on ne se sert pas de chaux ; de plus, on ne travaille comme cuir fort que les peaux lourdes de bœuf.

Pour préparer les peaux à l'ébourrage et à l'écharnage, on les soumet, après le rafraîchissage, à la fermentation putride qui développe dans la masse des cellules un gonflement dont l'effet est de rompre toute adhérence entre le cuir proprement dit et les corps qui y sont attachés. Ce résultat, hâtons-nous de le dire, est atteint par un commencement de putréfaction.

Lorsqu'une peau est exposée pendant un certain temps dans une atmosphère confinée, elle ne tarde pas, ainsi que toute autre matière animale placée dans les mêmes conditions, à devenir le siège de phénomènes de décomposition, de putréfaction. Les savants travaux de Pasteur ont montré que l'agent principal de cette fermentation est un vibrion auquel de petits infusoires des bactéries préparent la voie ; le tanneur dit que le cuir *s'échauffe*, et a nommé *échauffe* la méthode de gonflement par fermentation. Suivant que l'opération se fait naturellement ou avec le concours d'agents étrangers, tels que la chaleur, la vapeur, elle prend le nom d'*échauffe naturelle, échauffe à la fumée, à la vapeur, à l'étuve.*

*Echauffe naturelle.* Les peaux sont pliées le poil en dedans suivant la ligne dorsale, la tête, le ventre et les bordages rabattus et, dans cet état, que l'on nomme *manchon*, placées en piles de 12 à 15, puis abandonnées à elles-mêmes dans un atelier clos. Dès que le gonflement est suffisant pour permettre l'enlèvement du poil, on arrête l'opération. Une fermentation prolongée altère la peau dans sa constitution, mais une fermentation insuffisante expose la fleur à être abîmée par l'ébourrage, le tanneur doit donc suivre pas à pas le phénomène dans son évolution et saisir le moment propice ; en moyenne, il faut un jour en été et quatre à cinq en hiver. Afin de régulariser la marche de la fermentation, on sale toutes les peaux en magasin, même les fraîches.

*Echauffe à la fumée.* La chaleur favorisant la fermentation, on a été amené à chauffer l'atelier où les peaux étaient placées. Au milieu de la chambre, on fait un feu de tannée qu'on recouvre de façon à supprimer les flammes. Les peaux sont étendues, le poil en dessus, par piles de 12, et la chambre close avec soin. Le temps de séjour varie de un à trois jours. Cette échauffe est beaucoup plus régulière que la précédente, car les parties non recouvertes sont soumises à la chaleur, mais elle offre l'inconvénient de rendre pénible à l'ouvrier toute station trop longue dans l'atelier. On a songé à se servir de poêles, mais on a dû y renoncer, car la chaleur qu'ils produisent est *sèche*.

*Echauffe à la vapeur.* En 1838, un tanneur de Saint-Germain-en-Laye, M. Delbut, préconisa un système d'échauffe basé sur l'emploi direct de la vapeur, et présentant comme avantages : une notable réduction de temps et une propreté plus grande dans le travail. L'atelier, construit en matériaux inaltérables, est muni d'un ou plusieurs jets de vapeur qui viennent déboucher, soit directement au milieu, soit sous un faux plancher percé de nombreuses ouvertures. Les peaux sont étalées, le poil en dehors, sur des perches horizontales soutenues par des tiges verticales mobiles. La température est portée entre 20 et 25° ; dans ces conditions, un séjour d'un jour est suffisant. La séparation des cuirs facilite la surveillance qui, dans ce système, doit être plus active que dans les autres. On reproche à l'échauffe à la vapeur de ramollir le cuir.

*Traitement à la jusée.* En 1748, un inspecteur, M. Guimard, envoyé par le Conseil pour contrôler une méthode nouvelle de tannage, dite de *Valachie*, importée par M. Teybart, semble être le premier à avoir fait des essais pour la préparation des peaux au dépilage par l'emploi de jus de tannée faibles, nommé *jusée*. M. Guimard conclua de ses expériences qu'il fit à Pau, que le traitement à la jusée devait être préféré comme écartant les dangers d'une fermentation trop rapide et permettant à l'ouvrier de faire six fois plus d'ouvrage. L'opération s'effectue dans un train de cinq ou six cuves remplies de jus de tannée aigris, constituant au point de vue de l'acidité et de la richesse une série graduée. Les peaux mises d'abord dans la cuve la plus faible passent ensuite dans chacune des autres, et pendant leur séjour y sont levées et rabattues au moins deux fois. Le travail dure environ trois jours en été et cinq en hiver.

Cette méthode est presque complètement abandonnée aujourd'hui; elle donne un cuir cassant dont la fleur a été saisie.

Le système consistant dans l'enfouissement des peaux dans un tas de fumier ne se pratique plus, la fermentation était très irrégulière et fort difficile à surveiller.

*Ebourrage, écharnage.* Quel que soit le genre de préparation adopté, la peau est ébourrée et écharnée sur le chevalet de rivière. L'ouvrier ébourreur conduit son couteau à contre-poil, et afin de rendre son travail plus facile sème sous ses coups du sable fin; on se sert quelquefois de cendres, mais cette matière a le grave inconvénient de se fixer à la peau et de ne pouvoir en être détachée que difficilement. Après l'écharnage fait au couteau et à la faulx, l'ouvrier, à l'aide d'un couteau ou plus communément d'une vieille faulx à laquelle il a enlevé un manche, râcle la fleur afin d'enlever le vernis formé par la crasse et supprimer les poils oubliés.

*Gonflement, tannage.* Les peaux en tripes subissent d'abord un courant de huit jours environ, elles sont levées et rabattues deux ou trois fois par jour. La cuve de tête est additionnée de 1 à 2 kilogrammes d'acide sulfurique ou d'acide chlorhydrique, quelquefois même ce traitement s'étend aux autres cuves, mais dans certaines régions on se contente, pour provoquer le gonflement, des acides naturels contenus dans la jusée. On ne met, en général, que six cuirs par cuve, afin d'éviter le tassement qui s'opposerait au gonfle-

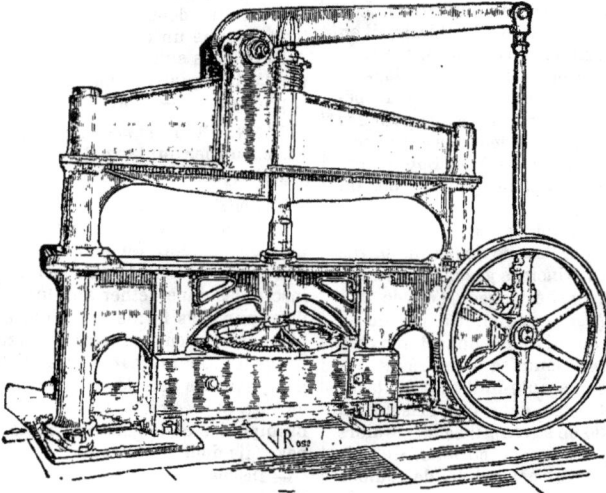

Fig. 303.

ment; pour régulariser l'approvisionnement des cuves de repos, on a alors deux courants marchant de front.

Le courant est suivi de deux, trois ou quatre repos d'une durée moyenne de dix jours, et alimentés dans la plupart des fabriques avec des écorçons qui, ne cédant que lentement leur tannin, ne peuvent saisir la fleur.

Le tannage se continue ainsi que pour les cuirs à la chaux par le refaisage et les fosses. La première fosse dure trois mois et se fait à raison de 90 0/0 de poudre; le coucheur pour mieux étaler les cuirs et effacer les plis formés, fend les extrémités telles que gorge, contre-cœur, pattes et fessons.

La durée de la deuxième fosse est de quatre mois, celle de la troisième de cinq; la dépense de chacune d'elles est de 100 0/0 de poudre.

*Séchage, battage.* Le séchage des cuirs forts demande beaucoup de soins. A sa sortie de fosse, le cuir est balayé, puis tendu par la *cornière* (trou fait par la suppression des cornes) dans le *séchoir* ou *sèche*; on asperge d'eau les parties qui sèchent trop vite, particulièrement les pattes, et on dresse les extrémités recoquillées. Lorsque le degré de sèche est un peu avancé, on donne une *pile* de vingt-quatre heures. Une pile est composée de trente à quarante cuirs dont on a soin de plier les pattes de derrière à la hauteur du jarret et les pattes de devant à la hauteur du genou; la tête de chaque cuir repose sur la culée du précédent, cette disposition, qui a pour but de maintenir le niveau horizontal, fait souvent nommer ce genre de pile, *pile carrée*; sur le dernier cuir, on place un large plateau en bois que l'on charge de poids. Le séchage se continue par des expositions à l'air séparées par des mises en pile; on donne au moins trois piles à chaque peau, ce qui porte à huit et dix jours le temps nécessaire pour un séchage parfait et régulier.

Le cuir sec est battu au marteau (fig. 303), puis placé en magasin, local dont la température doit être maintenue constante, et d'où l'on doit exclure surtout l'humidité et le soleil.

*Procédés divers.* Arriver à réduire la durée des opérations en tannerie, devait tenter plus d'un chercheur, aussi est-ce par centaines que l'on peut chiffrer le nombre de brevets relatifs à cette industrie, pris tant en France qu'à l'étranger; en faire ici une analyse complète serait donc dépasser les limites que ce *Dictionnaire* s'est imposées. Nous éliminerons tous les procédés physiques qui, d'ailleurs jusqu'à présent, n'ont donné que des résultats insignifiants. La plupart de ces brevets ont poursuivi l'accélération du filtrage du liquide tannant à travers la peau, et tour à tour le vide, la pression, l'agitation, la circulation, l'évaporation furent mis à contribution.

Seul, le tannage à *la flotte*, inventé par Macbride devait passer dans la pratique courante; modifiée depuis par chaque tanneur, cette méthode, suivie particulièrement en Angleterre, revient à remplacer le refaisage et les fosses par des mises en cuves ; les produits sont tannés plus rapidement, mais manquent de fermeté.

Quant à l'utilisation de la chaleur, on a déjà vu ce qu'il faut en penser; ce fut Gettlife qui, le premier, prit un brevet pour son emploi (1811).

Parmi les procédés basés sur la chimie, il en est quelques-uns présentant un certain intérêt.

En 1833, F. Boudet proposa pour le dépilage de remplacer la chaux par la soude caustique. L'opération est plus rapide, mais peu agréable pour les ouvriers dont les mains ne tardent pas à être corrodées par la soude. C'est encore à M. Boudet que l'on doit l'emploi pour le délainage de l'orpin ou sulfure jaune d'arsenic.

D'après le procédé donné par Knapp, en 1858, on remplace le tannin par l'oxyde de fer ou l'oxyde de chrome allié à des principes gras. Le cuir obtenu ainsi est un mélange hétérogène, l'oxyde peut donc en être extrait (V. TANNAGE). On plonge la peau dans un bain au dixième de sel d'oxyde de fer ou de chrome; soumise à de fréquentes agitations, elle y reste quarante-huit heures ; levée et égouttée, elle est jetée dans une dissolution savonneuse (1/20 à 1/30 de savon), il se forme alors un savon d'oxyde de fer ou de chrome. Ce cuir résiste à l'eau, mais il est peu solide, de couleur désagréable, et s'il n'est préparé avec beaucoup de soin il devient cassant.

En 1877, M. Carlo Paresi de Mortara présenta à la *Société française d'hygiène*, un procédé basé sur l'emploi du perchlorure de fer. Ebourrée et écharnée, la peau est soumise à l'action du mélange suivant : eau 100, perchlorure de fer 10, chlorure de sodium 5. Le tout maintenu à une température de 15 à 20°. On peut ainsi obtenir un cuir en trois mois.

La même méthode, quelque peu modifiée (le sel de fer est remplacé par un sel de chrome), est actuellement adoptée par certains industriels en Angleterre.

Ces différents systèmes tendent à exclure le tannin; il n'en est pas de même pour celui découvert, en 1886, par M. E. Roy, ingénieur chimiste français. Ce procédé nouveau est appelé à jouer un rôle considérable en tannerie, étant donné le résultat vraiment surprenant que son emploi a permis d'obtenir.

Frappé de l'analogie existant entre la peau et la laine, M. E. Roy a songé à transporter dans le domaine de la tannerie ce qui, en teinture, est d'une pratique courante, le mordançage. Il découvrit que les phosphates terreux ou alcalino-terreux dissous et l'acide phosphorique libre, peuvent jouer le rôle de mordants et que, particulièrement le phosphate de chaux acide,

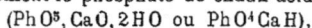

$$(PhO^5, CaO, 2HO \text{ ou } PhO^4CaH),$$

permet d'exagérer dans de fortes proportions le pouvoir d'assimilation de la peau ; de là le procédé de la phosphatation.

Sortant du travail de rivière, la peau est soumise à une série de 3 encuvages consécutifs, d'une durée moyenne de huit jours. Le titre de ces bains, montés au jus fort de tannin, est amené à 1, 2, 3° Baumé, grâce à des additions de liqueur phosphatée. On met ensuite en fosse, comme dans le travail ordinaire. Des gros cuirs, d'un tannage parfait, ont été obtenus ainsi en soixante-seize jours. Le phosphate augmentant la puissance d'assimilation de la peau, le cuir fabriqué est plus dense; il en résulte que la phosphatation donne un rendement supérieur.

Huit jours suffisent pour le tannage des veaux ; pendant les quatre premiers seulement, on fait agir le phosphate. — L. N.

**TANNEUR.** *T. de mét.* Celui qui dirige une tannerie, ouvrier qui tanne les cuirs. — V. TANNERIE, § *Historique.*

**TANNIN** (*acide tannique*). *T. de chim.* Sous ce nom, la chimie classe une série de corps extraits du règne végétal. Ce sont des acides faibles, solubles dans l'eau, moins solubles dans l'alcool, insolubles dans l'éther absolu, et se présentent à l'état pur sous forme de poudre amorphe, d'un blanc faiblement jaunâtre, à saveur fortement astringente. Comme caractères distinctifs, ils donnent, avec les sels de fer, une coloration noir bleu ou vert, et précipitent les solutions de matières albuminoïdes et de gélatine. Se combinant avec la peau, ils donnent le cuir.

— Depuis longtemps, la tannerie utilisait les végétaux; mais sans en connaître le principe actif. Le botaniste Gledisch, de l'Académie de Berlin, dans une nomenclature qu'il dressa, en 1754, indique : *le bois de chêne, châtaignier* ; *l'écorce de chêne, peuplier, hêtre, aulne, bouleau*; *les feuilles de chêne, châtaignier, saule, sorbier, sumac*; *les fleurs de myrtille, pimprenelle, plantain, millepertuis* ; *les fruits de grenadier, aulne, sorbier, prunier*; *les racines de statice, fougère, nénuphar*; *les excroissances de tamarix, galles.*

Depuis, la liste n'a fait que s'accroître et B.-J. Bernardin cite dans l'ouvrage *Cuirs et peaux*, de C. Vincent, plus de 350 matières tannantes.

Armand Séguin, 1793, désigna le premier, sous le nom de *tannin*, le principe actif tiré de l'écorce de chêne. Dans la suite, le tannin fut étudié par Berzélius, par Proust qui, suivant l'origine, en distingua plusieurs espèces; Pelouze qui donna une méthode de préparation; Chevreul, Strecker, Kawalier, Knopp, Wagner, Müntz, Löwe, Schiff, etc.

Bien que tous les tannins présentent des caractères génériques qui permettent de les grouper en une seule famille, ils ne sont pas identiques; les plus connus sont : l'acide gallotannique, $C^{27}H^{22}O^{17}$, fourni par la noix de galle; l'acide quercitannique, $C^{27}H^{22}O^{17}$, fourni par le chêne ordinaire, découvert par Séguin; l'acide cachou-tannique, $C^{17}H^{18}O^7 + 3H^2O$, fourni par le cachou, découvert par Strecker; l'acide morintannique, $C^{18}H^{16}O^{10}$, fourni par le bois jaune, découvert par Chevreul; l'acide cafétannique, $C^{14}H^{16}O^7$, fourni par le café, découvert par Pfaff., et l'acide quinno-tannique, $C^{14}H^{16}O^7$, fourni par le quinquina découvert par Blasiwetz.

On adopte généralement cette classification basée sur le genre botanique producteur; cependant, il en a été proposé d'autres. L'une d'elles, s'appuyant sur la coloration obtenue avec les sels de fer, distingue : 1° le tannin colorant en noir bleu (chêne, noix de galle, sumac...); 2° le tannin colorant en noir (cachou, café, saule...); 3° le tannin colorant en gris verdâtre (absinthe, rathania, ortie...).

Cette classification est peu admissible, étant donné que la noix de galle, en présence de l'acide tartrique ou de l'acide acétique, produit une coloration verte, tandis qu'avec d'autres tannins colorant normalement les sels ferriques en vert, on obtient, par l'adjonction d'une faible quantité d'alcali, une teinte bleue.

Wagner proposa deux grandes classes : le tannin *physiologique* et le tannin *pathologique*.

Le premier, seul, peut transformer la peau en cuir, le précipité qu'il donne avec la gélatine est peu altérable et le produit de sa distillation est de l'acide oxyphénique. Le second se dédouble sous l'action des acides étendus, en acide gallique et glucose; distillé, il produit de l'acide pyrogallique, et le précipité qu'il donne avec la gélatine est très altérable. Le peu de précision de cette méthode fait qu'elle n'est adoptée que par un nombre restreint de chimistes.

Strecker a donné le premier la formule du tannin; il découvrit, de plus, son dédoublement en acide gallique et glucose sous l'influence d'acides étendus; partant de là, il le rangea dans la classe des glucosides. Knopp et Kawallier repoussèrent cette interprétation, et attribuèrent la formation du glucose à la décomposition des impuretés dont l'acide tannique est toujours accompagné. Cette dernière hypothèse est fort contestée, car alors il ne devrait se produire qu'une faible quantité de glucose, ce qui n'a pas lieu.

M. Müntz, amené dans ses études sur le tannage, à rechercher les modifications éprouvées en fosse par les jus d'écorce, a reconnu le dédoublement en glucose, acides gallique, acétique, lactique, formique, carbonique.

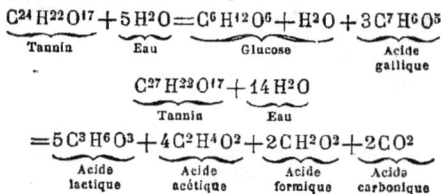

$$C^{24}H^{22}O^{17} + 5H^2O = C^6H^{12}O^6 + H^2O + 3C^7H^6O^5$$

| Tannin | Eau | Glucose | Acide gallique |

$$C^{27}H^{23}O^{17} + 14H^2O$$

| Tannin | Eau |

$$= 5C^3H^6O^3 + 4C^2H^4O^2 + 2CH^2O^2 + 2CO^2$$

| Acide lactique | Acide acétique | Acide formique | Acide carbonique |

L'absence de l'air dans les fosses, ainsi que le fait remarquer l'auteur, exclut dans ce cas toute oxydation; de plus, la quantité d'acides formés étant en raison inverse des quantités de tan-

nin absorbées par la peau, il est bien évident qu'ils ne peuvent provenir que de la décomposition du tannin. Ainsi se trouve écartée l'équation proposée par Kawalier,

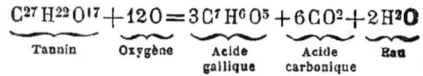

$$C^{27}H^{22}O^{17} + 12O = 3C^7H^6O^5 + 6CO^2 + 2H^2O$$

| Tannin | Oxygène | Acide gallique | Acide carbonique | Eau |

M. Würtz, se basant sur ce que : contrairement aux véritables glucosides, les acides tanniques sont amorphes, tend à admettre que le tannin est une combinaison de gomme et de dextrine; de la transformation de la dextrine résulterait le glucose.

Dans une même essence, la teneur en tannin varie avec l'âge du végétal et la saison; aussi l'écorçage se fait-il de préférence sur des chênes de seize à vingt ans, et au moment de la sève.

Le tannin, acide faible, est précipité par nombre d'acides énergiques : les acides chlorhydrique, sulfurique, phosphorique, etc... A l'ébullition, l'acide chromique donne avec lui un précipité brun. Sous l'influence d'un ferment végétal, le *pénicillium glaucum*, la dissolution tannique, exposée à l'air, se dédouble en acide gallique et glucose. Chauffé, il fond et, vers 210°, donne de l'acide carbonique, de l'acide pyrogallique et de l'acide métagallique.

Le tannin se combinant avec les bases : soude, ammoniaque, chaux, etc., donne des tannates de soude, d'ammoniaque, de chaux... qui, exposés à l'air, s'oxydent rapidement et se colorent en brun: Büchner a nommé acide tannoxylique et tannomélanique ces produits secondaires. Le tannate de plomb renferme trois équivalents de plomb substitués à trois équivalents d'hydrogène, l'acide tannique est donc tribasique. On obtient l'acide tannique pur en épuisant à l'éther hydraté, suivant la méthode Pelouze, de la poudre de noix de galle (excroissance produite par les feuilles et les branches du *quercus infectoria* par la piqûre du *cynips gallæ tinctoriæ*). Le produit du lavage, abandonné au repos, se divise en deux couches; l'inférieure est chargée de tannin, l'éther anhydre constitue la couche supérieure.

MM. Wole et Schiff sont arrivés à la synthèse du tannin en partant de l'acide gallique. Wole oxyde l'acide gallique au moyen de l'azotate d'argent; au bout de vingt-quatre heures, il se forme dans le mélange exposé à la lumière, un dépôt d'argent métallique, le liquide évaporé laisse une masse jaune, visqueuse, possédant toutes les propriétés du tannin. Schiff attaque, à une température voisine de 120°, l'acide gallique par le perchlorure de phosphore; il y a production d'acide chlorhydrique et une poudre jaune qui, lavée successivement à l'eau salée, à l'alcool et à l'éther, laisse du tannin. Si on remarque que, partant du phénol contenu dans le goudron de houille et passant par le phénate de soude, l'acide salicylique, l'acide iodosalicylique, on arrive, par un traitement à la potasse, à la production de l'acide gallique, on voit que la synthèse complète du tannin a été obtenue. Malheureusement, ce sont là des procédés de laboratoire qui, vu leur longueur, leur prix de revient, sont loin encore d'entrer dans le domaine industriel.

Le tannin est utilisé principalement en tannerie et dans la fabrication des encres; la sucrerie marchant par le râpage en emploie de faibles quantités pour le lavage des sacs; la médecine tire parti de ses propriétés astringentes; on s'en sert enfin, pour traiter les vins attaqués par la graisse. — L. N.

**\* TANTALE.** *T. de chim.* Corps simple, métallique, ayant pour équivalent 91 et pour poids atomique 182, découvert à la fois, en 1801, par Hatchett, et par Eckeberg, mais le métal isolé par le premier chimiste, fut tout d'abord désigné comme étant du *colombium*; ce fut Wollaston, qui en 1809, montra l'identité de celui-ci avec le tantale d'Eckeberg. C'est une poudre noire, prenant l'éclat métallique par le brunissage, d'une densité de 10,78; brûlant à l'air avec une flamme vive, en donnant de l'anhydride tantalique,

$$Ta\,O^5 ... Ta^2 O^5.$$

Il est inattaquable par les acides énergiques, même par l'eau régale, excepté par l'acide fluorhydrique, surtout additionné d'acide azotique; le chlore le transforme à chaud, en un chlorure volatil, le sulfate acide de potasse fondu l'attaque. Il s'allie avec quelques métaux (fer, aluminium).

*État naturel.* Le tantale est rare; ses minerais peu nombreux. On connaît la *tantalite*, tantalate de fer, cristallisé en prisme rhomboïdal droit, opaque, d'éclat métallique faible, noir, d'une dureté de 6 à 6,5 et d'une densité de 7 à 8; il est infusible et inattaquable par les acides. Sa formule est $TaO^5, FeO ... Ta^2 O^5, Fe^2 O$; il contient 86 0/0 d'acide tantalique et 14 d'oxyde ferreux, avec un peu d'acide stannique et d'oxyde manganeux. On le trouve à Kimito et à Tamela en Finlande; en Suède, à Fahlun, à Brodbo; à Bodeumais, en Bavière; à Chanteloubes, près Limoges. La *tapiolite* de Finlande a la même composition, mais cristallise en prismes à base carrée. L'*yttrotantale* est un tantalate d'Yttria, toujours engagé dans l'orthose; sa cassure est inégale, son éclat résineux; il est noir passant au jaune, d'une dureté de 5 à 5,5 et d'une densité de 5,3 à 5,8; il est infusible et inattaquable par les acides. Celui d'Ytterby contient 60 0/0 d'acide tantalique; 20 à 30 0/0 d'yttria; 7,9 d'oxyde de calcium; 3,9 d'oxyde ferreux et 6,7 d'eau. Il se trouve en diverses localités de Suède.

Préparation. Pour obtenir le tantale, on se sert d'un de ses minerais que l'on chauffe avec 3 fois son poids de bisulfate de potasse, dans une marmite de fonte, et l'on reprend par l'acide chlorhydrique faible; l'acide tantalique reste comme résidu, mélangé à de l'acide niobique.

Pour isoler ces acides, on les fait passer à l'état de fluosels. On les fait bouillir dans de l'eau avec de l'acide fluorhydrique, et on y ajoute 0$^g$,25 de fluorhydrate de fluorure de potassium, par gramme d'acide; par le refroidissement, le fluotantalate se dépose en longues aiguilles qu'on lave sur un filtre jusqu'à ce que les eaux de lavage ne se colorent plus par la teinture de noix de galles. Les eaux mères concentrées donnent de nouveaux cristaux, qui doivent toujours être exempts de lamelles (fluoxiniobate). En reprenant ce fluotantalate par le potassium ou le sodium, on isole le tantale; on chauffe dans un creuset de fer 3 parties de sel et 1 de potassium ou de sodium; au rouge sombre, la réaction se fait avec incandescence, il suffit ensuite de reprendre la masse par l'eau, pour séparer la poudre noire qui constitue le tantale.

*Caractères des tantalates.* Les sels solubles du tantale se décomposent facilement à l'air en donnant des sels insolubles.

Leur solution portée à l'ébullition avec l'*acide sulfurique* étendu, donne un précipité partiel, que l'addition d'ammoniaque rend complet; avec l'*acide azotique* ou l'*acide chlorhydrique*, précipité soluble dans un excès d'acide, insoluble dans la potasse; avec l'*acide acétique* ou l'*acide oxalique*, rien; avec l'*acide tartrique*, l'*acide citrique*, rien; avec l'*acide cyanhydrique* ou les *cyanures*, rien; avec les *sels ammoniacaux*, précipité blanc; avec les *sulfures*, rien; avec l'*azotate d'argent*, précipité blanc noircissant à l'ébullition; avec l'*azotite mercureux*, précipité jaune verdâtre; avec le *bichlorure de mercure*, rien; avec le *ferrocyanure de potassium*, précipité floconneux jaune, après acidification de la liqueur, mais ne se formant pas en présence de l'acide tartrique, légèrement soluble dans l'acide chlorhydrique; avec la *teinture de noix de galles*, précipité jaune pâle (dans les liquides acides); avec le *zinc* en présence de l'acide chlorhydrique à l'ébullition, pas de coloration bleue, lorsque le tantalate est bien exempt de composés du niobium.

Dosage. Le tantalate ou les composés de tantale ramenés à cette forme et débarrassés des corps étrangers et des dérivés du niobium, est calciné pour enlever l'eau et l'acide sulfurique qu'il peut encore garder, puis pesé avec soin, et ce chiffre multiplié par le rapport 91/131 ou 0,6945 (rapport de l'équivalent du tantale à celui de l'acide tantalique), donne le poids du tantale existant dans l'acide pesé. — J. C.

**\* TAPETTE.** *T. de tiss.* Nom donné dans certaines régions aux secteurs qui, par leur réunion, forment les plateaux à rainures destinés à actionner les marches des métiers à tisser les velours de coton.

**TAPIOCA** ou **TAPIOKA.** *T. de mat. méd.* Produit alimentaire fourni par le *manihot utilissima*, Pohl., plante de la famille des euphorbiacées, tribu des jatrophées. Ce végétal, originaire de l'Amérique tropicale, où il est maintenant cultivé sur une très grande échelle, possède des racines blanc grisâtre, assez analogues comme forme à celles des dahlias, souvent longues de 1 mètre et plus, avec 20 à 30 centimètres de diamètre, gorgées d'une fécule particulière contenue dans les cellules, et d'un latex qui circule dans ses vaisseaux propres.

Pour extraire la fécule alimentaire que contient cette racine, on commence par la monder de son écorce, puis on la réduit en pulpe, au moyen de râpes, et on l'enferme dans des sacs de palmier, fort longs et étroits, mais faits avec une étoffe tissée de telle façon que cette étoffe peut à volonté s'allonger ou se rétrécir suivant le besoin. Il y a encore quelques années, les indigènes suspendaient cette poche remplie de pulpe, à une longue perche posée horizontalement sur des supports en bois, puis après avoir un certain nombre de fois allongé et raccourci le sac, ils accrochaient au-dessous de celui-ci, une lourde marmite en métal, laquelle agissant par son poids, exprimait le suc qui tombait à l'intérieur du vase; actuellement, comme un certain nombre d'établissements ont été créés spécialement en vue de cultiver le manihot pour fabriquer le tapioca, l'expression se fait avec de fortes presses ordinaires. Les produits que l'on prépare ainsi sont divers : la *couaque* et la *cassave* s'obtiennent avec la fécule exprimée et restée dans le sac, la première étant d'abord séchée sur des claies, puis criblée, et ensuite chauffée dans des vases de fer, jusqu'à commencement de torréfaction; la seconde étant préparée en étendant la pulpe en gâteaux minces que l'on chauffe sur des plaques de fer, et formant une sorte de biscuit solide. Le liquide exprimé a entraîné de l'amidon, celui-ci lavé et séché à l'air constitue la *moussache* ou *cipipa*, mais séché sur des plaques chaudes, et en partie cuit après s'être aggloméré en grumeaux durs et irréguliers, il prend le nom de *tapioca*. Quels qu'ils soient, tous ces produits ont besoin d'être soumis à une forte chaleur, car la racine de manihot employée pour leur préparation contient de l'acide cyanhydrique, tout formé, ou se produisant à l'air, si bien qu'il est nécessaire de volatiliser cet acide par l'action de la chaleur avant de se servir de la fécule pour les usages alimentaires.

Le tapioca du commerce est en grumeaux très durs, un peu élastiques; il contient de l'amidon non altéré, car gonflé dans l'eau, il bleuit fortement par l'eau iodée. Ces grains gonflés, examinés au microscope, présentent des globules sphériques de très petite dimension ($0^{mm},01$ à $0^{mm},04$) et non altérés; ils sont convexes et arrondis d'un côté; et avec une ou plusieurs facettes de l'autre. Le hile, placé du côté convexe est ponctiforme ou étoilé, considérablement dilaté dans les grains gonflés et plissés par la torréfaction. A la lumière polarisée, on voit une croix noire qui disparaît peu après lorsqu'on tourne le prisme analyseur, puis des téguments gonflés et plissés. Le tapioca ne se dissout pas totalement dans l'eau, il y forme à chaud, un empois transparent et visqueux; mais porté à l'ébullition dans une grande quantité d'eau, il laisse déposer une partie insoluble qui, au microscope, se présente sous la forme de flocons muqueux.

Le tapioca le plus renommé vient de Rio-Janeiro, il est plus blanc que celui de Bahia; il nous en vient aussi de la Réunion, de la Guyane, des Indes, de Java; les Chinois en font une grande consommation. D'après certains auteurs, le nombre d'individus qui se nourrissent exclusivement de fécule de manioc apprêtée en bouillie ou en potage, dépasse de beaucoup celui des hommes qui vivent de froment.

Le tapioca est souvent falsifié avec la fécule de pommes de terre, avec laquelle on prépare un produit d'imitation dont les grains sont toujours arrondis et plus blancs.; on l'obtient en humectant de la fécule et la projetant sur des plaques de cuivre chauffées à 100°. Le tapioca est encore parfois mélangé de sagou, dont on reconnaît facilement les grains au microscope, car ceux-ci sont ovoïdes, allongés, souvent rétrécis en col à une des extrémités; d'un diamètre de $0^m,03$ à $0^m,08$, ils offrent une ou deux facettes à chaque extrémité, dont la moins large porte un hile circulaire et parfois étoilé ou linéaire. — J. C.

**TAPIS.** D'une manière générale, ce mot s'entend de toute étoffe, de tout tissu destiné à couvrir une table, une estrade, soit comme objet d'ornement, soit comme objet d'utilité; mais désigne plus spécialement le tissu épais fixé ou non sur un parquet, et qui doit être foulé aux pieds.

HISTORIQUE. Presque toujours, ceux qui ont traité l'histoire des tapis l'ont unie entièrement à l'histoire des tapisseries. Nous devons ici les séparer complètement et nous attacher seulement à parler des premiers.

Avant 1789, les tapis ne furent que de grands morceaux de luxe, l'industrie des genres communs n'existait pas, et seuls l'ameublement et la teinture avaient profité des grandes leçons des Manufactures royales de tapisserie. Ce furent Aubusson et Felletin qui commencèrent à fabriquer, le premier des *tapis veloutés* et *ras* de qualité supérieure, le second des *tapis communs*. Dans ses *Eléments de statistique*, publiés en 1805, Jacques Peuchet dit qu'à cette époque il ne se produisait pour ainsi dire plus de tapisseries qu'aux Gobelins, les *moquettes* notamment commençaient à devenir d'un grand usage, sans que toutefois la consommation en fût bien régulière; on les faisait alors beaucoup à Abbeville, Amiens et Rouen. A Aubusson, celui qui sut le mieux répandre les produits de la fabrication de cette ville dans la consommation usuelle, sans rien leur ôter de leur cachet original, a été M. Sallandrouze de la Mornaix, dont le nom de père en fils s'est personnifié dans cette industrie et encore de nos jours y figure au premier rang.

La paix générale, après la chute du premier Empire, fut l'occasion d'un grand mouvement d'expansion dans la fabrication des tapis. On vit alors à quel point l'Angleterre avait su pousser la consommation de ces articles, et comment, pour satisfaire un besoin général, des manufactures étaient arrivées à produire économiquement des tissus communs. Nos fabricants commencèrent à tourner leurs vues de ce côté; et dès 1819, en n'accordant aux tapisseries fines qu'une médaille d'argent et en réservant la médaille d'or pour un autre concours et pour d'autres tissus, le jury de l'Exposition qui s'ouvrit alors à Paris, détermina la direction dans laquelle il voulait qu'on se plaçât. Quatre ans plus tard, en 1823, le nombre des fabriques s'était accru, et le chiffre du prix de vente avait baissé : tous les genres à la fois s'étaient perfectionnés.

En 1827, apparaît le *tapis à points noués* : c'était commercialement un genre nouveau de fabrication qui commençait à se répandre, il ajoutait à la solidité des tissus riches de haute laine.

En 1834, deux modifications importantes voient le jour. D'une part, au lieu de laine, on adopte dans les tissus du genre de la Savonnerie l'usage du fil de *chanvre* ou de *coton* pour les chaînes, afin d'éviter la destruction par les insectes; d'autre part, on applique le *métier jacquard* au tissage des moquettes et des tapis communs. De 1839 à 1844, on constate enfin de grands progrès dans la fabrication des moquettes et des tapis ras d'Aubusson, qui prennent une plus grande place dans la consommation générale.

La Révolution de 1848 vient pour un instant entraver les efforts de l'industrie, mais l'année 1849 est marquée par l'invention du *tapis-chenille*, l'une des plus remarquables qui aient été introduites dans cette fabrication, bien que ce genre de tissu ne puisse jamais être mis en comparaison avec la moquette pour la solidité.

La première Exposition universelle (1851) donna une impulsion favorable à l'industrie des tapis; on vit alors apparaître la *moquette à cinq grilles* (à cinq chaînes de couleur), et en Angleterre, le *genre Bruxelles* qui est la moquette bouclée, et le *tapis* dit *d'Axminster* (velouté en haute laine et à nœuds); enfin M. *Bright*, membre du Parlement, tisse pour la première fois à la mécanique sur un métier inventé par Wood, de la moquette bouclée en laine, qu'il essaie, sans succès toutefois, d'*imprimer* directement.

En 1855, la moquette à chaîne imprimée, fabriquée sur des métiers *mécaniques du système Scharp*, dont on avait fait antérieurement de multiples essais en Angleterre notamment par Whytock, dans l'usine gigantesque de M.Crossley, à Halifax, obtenait un plein succès: la Grande Bretagne triplait avec sa fabrication le chiffre de sa production. Les États-Unis commencent alors à monter des fabriques de tapis et l'amélioration des teintures dans tous les genres est un des faits à constater.

Actuellement, nous sommes les fournisseurs du monde entier pour les tapis riches et les belles qualités et même pour nombre de qualités communes, mais les Anglais de leur côté occupent le marché extérieur pour la vente des tapis imprimés et des genres à bas prix, y compris les *tapis de jute, feutres,* etc.

En France, le siège principal de la fabrication des tapis français est toujours établi dans le département de la Creuse. Aubusson qui est le grand centre, fabrique tous les genres, surtout les ras et les veloutés; Felletin ne vient qu'après. Nous citerons ensuite: Nîmes, Tourcoing et Beauvais pour la moquette, la chenille et le velouté; Abbeville et Amiens pour la moquette seule. En Angleterre: Kidderminster, Durham, Glascow, Edimbourg et Halifax sont les centres principaux de fabrication; ce pays excelle surtout pour le tapis ras, la moquette bouclée et à grilles, et la moquette imprimée sur chaîne. A Vienne, en Bohême, en Silésie, il y a des fabriques de tapis où, depuis quelques années, on a fait de grands efforts pour varier les genres de tissus et où on en produit qui ne manquent pas de mérite. En Allemagne, on imite surtout le genre Smyrne en façon commune, et l'on fait la carpette, les basses qualités d'écossais et les différents tissus qui servent à la confection des sacs de voyage. Les autres pays d'Europe ne sont guère à citer; mais en dehors du Continent, il y a lieu de mentionner, en raison de leur importance, les produits en ce genre de l'Inde et de la Perse.

### TAPIS FRANÇAIS

Les principaux genres sont les veloutés, les ras, les moquettes et chenilles, les vénitiens, les écossais et les jaspés.

**Tapis veloutés.** Il y a deux sortes de tapis veloutés: les *veloutés haute lisse*, qui se faisaient autrefois exclusivement aux Gobelins, qu'on fabrique surtout maintenant dans les fabriques particulières, à Aubusson, et dont la fabrication diffère, comme nous allons le voir, de celles des tapisseries, bien que ces tissus se montent sur des métiers identiques; et les *veloutés haute laine* qui se confectionnent en haute et basse lisse, principalement à Beauvais et un peu à Tours et Aubusson, pour descentes de lit et devants de foyer, et pour lesquels on emploie des matières plus grossières que pour les premiers.

Les tapis veloutés haute lisse présentent, comme leur nom l'indique, une surface veloutée, résultant d'un ensemble de *points*, ou pour mieux dire de fils de laine dont on ne voit que les extrémités, arrêtés chacun par un double nœud sur deux fils de chaîne. La chaîne est enlacée et double; elle se combine, soit avec les fils de la surface veloutée, soit avec une trame et une duite, dont aucune partie n'apparaît au dehors. L'ouvrier voit l'*endroit* et non l'envers du tapis, contrairement à ce qui se passe dans la fabrication des tapisseries proprement dites.

Pour les tapis veloutés haute laine, la laine formant velours est seulement passée au lieu d'être nouée et croisée sur la chaîne; c'est la grande différence, outre celle de la matière, qui existe entre ces tapis et les veloutés haute lisse.

Dans l'un et l'autre cas, le montage de la chaîne se pratique dans les mêmes conditions que pour les tapisseries, seulement on a soin, lorsqu'on ourdit, de ranger les fils de manière que chaque portée de dix fils ait le dixième d'une couleur différente des neuf autres. Les dixièmes fils ou dizaines répondent à des points noirs tracés sur le tableau servant de modèle, distancés comme les fils de couleur et disposés de manière à former ensemble des carrés qui ont la largeur de dix fils. C'est là tout ce qui tient lieu de dessin et qui sert à guider l'ouvrier au lieu et place du calque du tapissier, sauf, cependant, lorsqu'il s'agit de petits sujets chargés de détails où l'on dessine directement sur la chaîne; c'est en comptant les fils que l'ouvrier peut s'y reconnaître. Les carrés dont nous parlons ont 25 millimètres de côté; ils comprennent 10 points en largeur et 7 en hauteur, ce qui fait en tout 70. Les ouvriers tournent le dos au côté par où vient la lumière, et sont en face du métier et du modèle, ce dernier placé un peu au-dessus de leur tête. Le tableau servant de modèle est coupé par bandes horizontales que l'on attache sur la perche des lisses, de manière que les points du modèle répondent aux fils de couleur de la monture et que l'artiste puisse voir ce qu'il a à exécuter.

Les instruments dont se servent les ouvriers qui travaillent aux tapis veloutés sont: 1° la *broche* sur laquelle s'enroule la laine colorée; 2° le *tranche-fil*, branche d'acier recourbée d'un côté et terminée de l'autre par une lame tranchante; 3° un peigne en fer qui sert à tasser le tissu; 4° des *ciseaux* dont les branches sont recourbées et qui servent à ébarber et tondre le velours du tapis; 5° une *aiguille à presser*; 6° une autre *aiguille* destinée à refaire les points isolés qu'il y a lieu de recommencer dans une partie achevée.

Le *point*, comme nous l'avons dit, qu'on appelle encore *point de la Savonnerie* ou *des Gobelins*, parce qu'il a été longtemps spécial à la fabrication des tapisseries de ces établissements, est ce qui constitue le velouté haute lisse et le distingue des autres étoffes. Voici comment on s'y prend pour le faire : l'ouvrier, après avoir, avec la main gauche, amené vers lui le fil sur lequel il doit commencer, passe simplement avec la main droite le fil de laine qu'il doit employer derrière le fil de la monture. Ensuite, il attire de son côté, à l'aide de la lisse, le fil suivant, sur lequel il fait un nœud coulant qu'il serre bien ferme; mais comme ce nœud sur le fil ne formerait pas le ve-

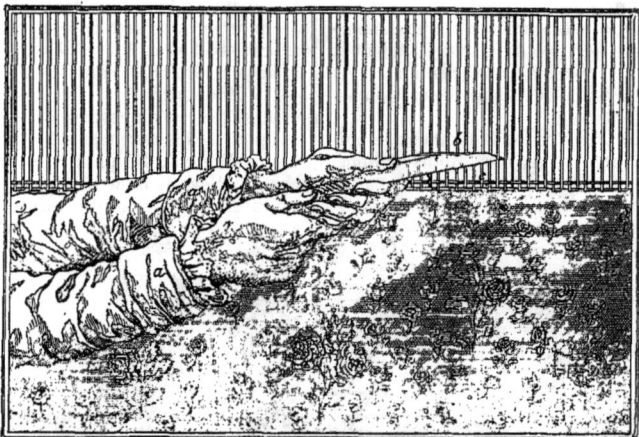

Fig. 304. — *Travail des tapis veloutés.*

louté, l'ouvrier a soin, avant de le serrer, de placer le tranche-fil et d'embrasser avec la laine la partie arrondie de ce tranche-fil; la laine enveloppant ainsi le tranche-fil forme des anneaux que l'ouvrier coupe en tirant cet instrument lorsque celui-ci est entièrement couvert. Quand une rangée de points est faite sur toute la largeur du tapis, l'ouvrier joint ensemble tous les points par un fil de chanvre très fort, qu'il appelle *duite*, passé d'un bout à l'autre du tapis entre les deux nappes de la chaîne et dans l'ouverture que laisse le

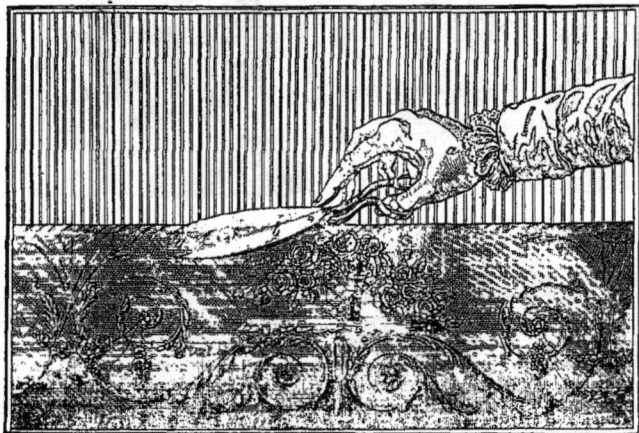

Fig. 305. — *Travail des tapis veloutés. Tonte.*

bâton de verre dit d'*entre-d'eux* ou de *croisure* qui maintient l'écartement de ces nappes. Il recommence ensuite sa rangée de points et passe un nouveau fil dans l'ouverture que laissent les fils de derrière, ramenés par devant au moyen des lisses, et les fils de devant abandonnés à eux-mêmes, fils qu'il a soin de tenir assez lâches pour qu'ils suivent toutes les inflexions des fils de

la chaîne. De cette manière, les points se trouvent comme enchâssés. Ces passées, la dernière surtout, sont utiles au point de vue de la solidité du tapis. Enfin, l'ouvrier tasse avec le peigne les points et les fils de chanvre, ceux-ci entrent dans l'intérieur du tissu et y demeurent invisibles.

Les anneaux de laine étant coupés par le tranche-fil, laissent des bouts d'inégale longueur, d'un aspect défectueux, et qui doivent être ébarbés avec les ciseaux à branches recourbées que nous avons mentionnés tout à l'heure (fig. 305). Cette opération présente d'assez grandes difficultés, car la beauté du tapis dépend en grande partie de la précision apportée à la *tonte*. Les bouts de laine ébarbés forment alors le *velouté* de l'étoffe.

La fabrication de ce genre de tapis diffère donc essentiellement de la tapisserie proprement dite; l'aspect du tissu, au lieu d'être lisse, est de plus, velouté. Le fil de laine employé par l'ouvrier en tapis est ordinairement composé de cinq à six brins, quelquefois de neuf, de nuances différentes mais de même valeur, appropriées et combinées de manière à former des teintes qui imitent bien le modèle. Pour le velouté haute lisse, la moyenne de production ne dépasse pas un mètre carré par an et par ouvrier; pour le velouté haute laine, elle est beaucoup plus considérable. — V. Gobelins, Savonnerie et Tapisserie.

**Tapis ras.** Cette espèce de tapis, désignée

encore sous le nom de *tapis d'Aubusson*, parce que longtemps il a été un produit spécial et à peu près exclusif des manufactures d'Aubusson et de Felletin, se fait à basse lisse, et le dessin s'en exécute à l'envers et par la trame. On le fait d'un seul morceau, comme les tapis veloutés, avec lesquels il partage une destination commune. La perfection de ce genre de travail dépend du talent et de l'intelligence de l'ouvrier. La fabrication en est établie aujourd'hui, surtout à Abbeville et Amiens.

**Tapis moquette.** Ces tapis tiennent le milieu entre les veloutés et les ras. Moins solides, mais moins chers que les veloutés, plus chauds et d'un emploi plus facile que les ras, ils répondent mieux aux besoins de notre époque; aussi leur usage se propage-t-il de jour en jour, non seulement sous la forme de descentes de lit, de devants de foyer et de tapis d'appartement, mais encore sous celle de portières, tentures et étoffes d'ameublement. Ces produits se fabriquent, soit à la main, soit sur des métiers mécaniques à la Jacquard qui ont été appropriés au tissage de cet article (systèmes Sharp, Moxon et Glayton, etc.), le dessin s'exécute naturellement par la chaîne. — V. Moquette.

On distingue d'une manière générale, dans les moquettes, les *veloutées* et les *épinglées*. Ces dernières diffèrent des premières en ce que la broche qui élève la laine est ronde au lieu d'être à rainure: l'ouvrier retire cette broche sur le côté sans couper la laine qui, par suite, forme à cha-

Fig. 306. — *Métier mécanique à tisser les moquettes imprimées.*

que point une espèce de boucle (d'où le nom de *moquettes bouclées* sous lesquels on les désigne parfois). Ces tapis à dessins répétés, se fabriquent à la pièce, par lés de 55 à 60 centimètres de large, se rapprochant à volonté. On n'emploie les moquettes veloutées qu'en tapis proprement dits (devants de foyer, descentes de lits, etc.), tandis que les moquettes épinglées ou bouclées conviennent très bien pour tentures de croisées, portières, garnitures de meubles, etc.

On distingue encore, dans les moquettes: les *moquettes unies* et les *moquettes imprimées* qui comportent des teintes variées. Ces dernières se tissent aujourd'hui avec une chaîne imprimée; celle-ci est enroulée bien tendue sur d'énormes tambours, et imprimée de stries transversales en couleur au moyen d'une rondelle mobile dans un encrier porté par un chariot glissant sur un rail; plusieurs allées et venues du chariot tracent des bandes plus ou moins larges à des places calculées d'avance avec une extrême précision. On colore ainsi cette chaîne de toutes les teintes qui entrent dans le dessin, et on la dispose sur l'arrière du métier à tisser; à l'avant, se trouvent le rouleau qui entraîne le tissu fabriqué et le cylindre porte-baguette. A chaque mouvement des harnais du métier, le cylindre lance une verge qui soulève la chaîne pour former une boucle de chaque fil; suivant la manière dont le fil de laine a été disposé, il se trouve que cette boucle est tantôt de fond, tantôt de différentes couleurs dont la juxtaposition forme des fleurs et des dessins parfaitement réguliers. Cette étoffe, dont le type est loin d'avoir la netteté de la moquette à la main, offre un aspect brillant, quoique les fonds en soient toujours un peu brouillés et que les couleurs imprimées ne puissent avoir la solidité des couleurs teintes. L'avantage obtenu est l'extrême rapidité du travail qui donne environ 30 mètres par jour au lieu de 3; aussi voit-on vendre cette fausse moquette au prix très modéré de 4 fr. 50 à 8 francs, suivant la richesse des dessins.

Un assez grand nombre de localités se livrent à la production des moquettes, citons : Aubusson, Nîmes, Tourcoing, Abbeville, Amiens, Roubaix, etc.

**Tapis chenille.** Ce tissu, autrefois presque entièrement réservé aux descentes de lits et devants de cheminées, a pris sa place dans la fabrication courante, grâce aux procédés dont on se sert pour créer la chenille elle-même que l'on introduit ensuite et que l'on tisse dans un canevas. Une ouvrière commence, en lisant un dessin qua-

drillé, à disposer à côté les uns des autres des fils de laine de couleurs variées, coupés d'une longueur égale à la largeur de l'étoffe qu'on se propose de tisser, puis elle livre cette série à une tisserande qui emprisonne chaque fil dans une chaîne très lâche et la fixe avec une trame très serrée par un gros peigne battant à main; l'étoffe ainsi produite, est placée dans une machine à découper dont la pièce principale est un cylindre à vingt couteaux circulaires qui tranchent transversalement les fils de laine de chaque côté du nœud qui les retient; ces fils se redressent instantanément, et il se forme ainsi de longs rubans de chenille que l'on découpe et que l'on porte au tissage proprement dit. Avant de faire mouvoir les lisses, l'ouvrier introduit alors entre les fils de la chaîne

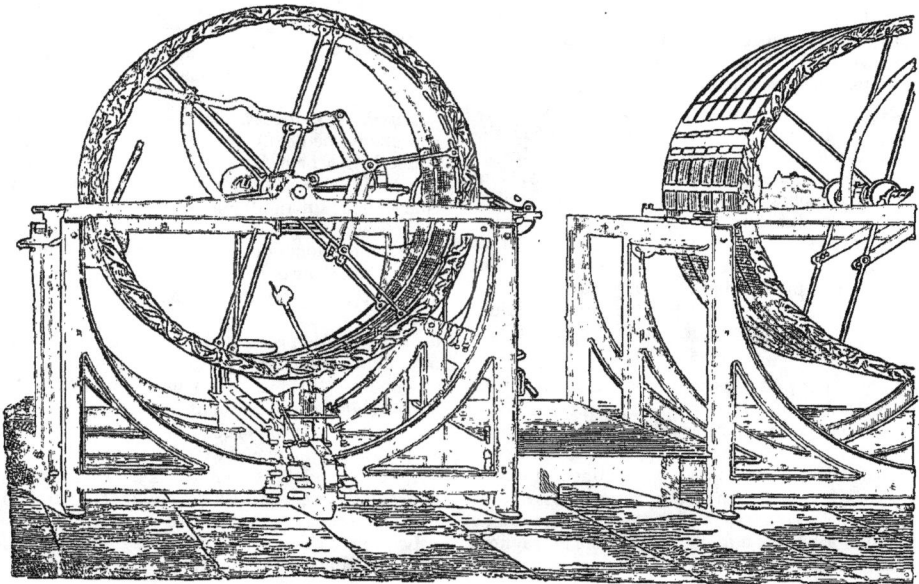

Fig. 307. — *Tambour à imprimer les chaînes destinées à la fabrication des moquettes imprimées.*

sa bande de chenille que la suite du travail vient fixer définitivement. On obtient de la sorte des tapis d'un bel effet, d'un prix fort variable.

Depuis quelques années, on fabrique une sorte de tapis chenille, dit *à chaîne mobile*, inventé à Nîmes. Le dessin, étant mis en carte de grandeur naturelle, reçoit en ce cas, sur chaque couleur, un numéro qui désigne la nuance à employer. La mise en carte, ainsi préparée, passe entre les mains d'un traducteur qui met dans une nouvelle carte, divisée en carreaux de grandeur d'exécution, toutes les couleurs de la mise en carte représentées par des chiffres. Ce travail est remis ensuite à un liseur qui, par le moyen suivant, place dans chaque carreau les fils de laine des nuances désignées par les chiffres : si un dessin se compose de 400 coups de trame, on prépare 400 lamettes de bois sur lesquelles sont collés, à distance voulue, des tuyaux de carton séparés par un petit inter-

valle; ces tuyaux correspondent aux carreaux de la carte en chiffres, et reçoivent les fils de laine à l'appel des numéros et à tour de rôle; les bouts de laine placés dans les tuyaux les dépassent, à une extrémité, de 2 centimètres environ, et à l'autre, de 2 mètres et plus, à volonté. Ce sont les lamettes ainsi préparées et remplies de laine qu'on appelle les *chaînes mobiles*; elles sont placées sur des cadres et remises à l'ouvrier tisseur qui les fait pénétrer, l'une après l'autre, dans une chaîne horizontale; les bouts de laine y sont fixés par une trame de liage; une broche articulée fait remonter la laine, un ciseau la sépare des tuyaux, et un petit mécanisme placé au devant du métier laisse toujours sortir 2 centimètres de laine à l'extrémité des tuyaux pour être employés au tour suivant; la chaîne mobile, si elle est de deux mètres, glisse dans les tuyaux en laissant à chaque tour 2 centimètres pour l'étoffe. On obtient ainsi une parfaite reproduction du dessin, les tuyaux ne permettant pas à l'ouvrier de s'écarter de la place qui lui est assignée, et venant à chaque tour se placer mécaniquement les uns au-dessus des autres.

**Tapis vénitiens.** Ces tissus, que l'on appelle encore simplement *vénitiennes*, sont destinés à couvrir des rampes d'escalier ou des antichambres, et ont une largeur variant de 25 centimètres à 1 mètre. Leur fabrication, assez restreinte, ne se fait guère qu'à Paris et à Bordeaux, et un peu à Aubusson et Felletin. On les fabrique généralement sur métiers simples ; on a essayé d'y appliquer la mécanique Jacquard, mais les tentatives qui ont été faites ont été assez infructueuses, et l'on n'a pu obtenir par ce procédé de tissage que des tissus à côtes qui ne pouvaient convenir pour l'usage auquel on les destinait. Le dessin de ces tapis, s'exécutant par le jeu des lames, ne peut consister qu'en rayures.

**Tapis à double face.** Ces tapis sont encore appelés *tapis écossais*. Ils forment généralement un simple nappage tissé sur un mètre de large, le plus souvent à deux couleurs, et dont l'envers présente la disposition inverse de l'endroit. On les fabrique au jacquard, à Tourcoing et à Nîmes. Les *brochés* en ce genre ne diffèrent des autres que sous le rapport du brochage qui permet d'employer des couleurs variées. D'ordinaire, la chaîne est en coton, rarement en laine ; comme qualité, c'est une sorte d'intermédiaire entre les moquettes et les jaspés.

**Tapis jaspés.** Ces tapis sont aussi exécutés sur métiers simples. On emploie, pour les fabriquer, tout ce que les autres tissages ont laissé de moins fin ; ils se composent d'une forte trame en étoupe revêtue de laine, la chaîne étant une grosse laine teinte dans les cuves où des matières plus belles ont déjà absorbé ce que la couleur a de plus parfait. Leur dessin consiste en rayures ou fonds chinés qui se produisent par la combinaison des lames. On les fait par lés d'un mètre environ. Leur fabrication a lieu dans toutes les villes où l'on fabrique des tapis, et partout où il y a des déchets de laine : Tourcoing, Aubusson, Nîmes, Bordeaux et même Tours en livrent au commerce d'assez grandes quantités ; comme on les vend depuis 2 francs et qu'ils sont généralement très solides, ils peuvent être considérés comme les moins chers de tous les tapis de laine.

Quel que soit le procédé par lequel ils aient été tissés, la plupart des tapis fabriqués en France passent à une tondeuse exactement semblable à la machine qui sert à tondre les toiles : une brosse en spirale autour d'un cylindre en enlève les fragments de laine qu'une lame hélicoïdale a détachés de la surface. Les tapis sont ensuite apprêtés, cylindrés et roulés en pièces d'environ 40 mètres.

### TAPIS ÉTRANGERS

Tous les genres de tapis fabriqués en France que nous venons de décrire sont aussi pour la plupart fabriqués à l'étranger. Pour aider à perfectionner leur fabrication, quelques contrées ont établi chez elles des manufactures subventionnées par l'État ; citons parmi les principales, la *fabrique royale de Deventer*, en Hollande, établie en 1790, et depuis 1848, transformée en société anonyme et occupant 300 ouvriers, et la *manufacture royale de tapis de Windsor*, en Angleterre, qui s'attache surtout à l'imitation des vieilles tapisseries. Mentionnons encore d'importantes compagnies américaines, telles que le *Bigelow carpet Company*, à Clinton (Massachusetts), qui fabrique surtout les tapis connus dans le monde industriel sous le nom de *Jacquart Brussels and Wilton carpets*, et la Compagnie *Smith and sons*, de Yonkers (New-York), renommée pour ses tapis au tube qui sont une concurrence dangereuse pour nos fabricants de Nîmes. Mais la fabrication étrangère la plus remarquable et sur laquelle nous croyons nécessaire de nous arrêter, est celle des tapis dits *d'Orient*, qui méritent une mention spéciale.

**Tapis d'Orient.** Dans ces tapis, il n'entre pas un atome de fil ou de coton, et la laine est nouée brin à brin ; il en résulte qu'en la foulant aux pieds, on ne fait que serrer le nœud et, par conséquent, qu'ajouter à leur solidité. De plus, comme la laine en est très longue, quand une ou deux générations ont passé dessus, la suivante les envoie à la tonte et se trouve avoir des tapis encore fort bons, qu'un Européen prendrait pour des tapis neufs. Les Orientaux sont peu partisans du progrès, ils professent une horreur instinctive pour toute innovation ; leurs tapis sont chauds, moelleux, durables, peu leur importe que la laine ne donne que des teintes plates, peu leur importent leurs dessins ; ceux-ci consistent toujours en rayures, grecques, arabesques, carrés, losanges, à peine quelques tentatives de rosaces et de fleurs grossières, jamais de feuillage, d'architecture, de nature morte ou vivante.

Le tapis de Smyrne se fabrique dans l'Anatolie, et principalement à Ouchack, Gaurdès et Koula ; chacune de ces trois villes donne un cachet particulier à ses produits. C'est à Ouchack surtout que se fabriquent les tapis à haute laine. Les ouvrières sont toutes d'origine turque ; les femmes grecques sont, en revanche, exclusivement employées à la fabrication du *kilim*, tapis à double face. A Ouchack, on compte 2,000 métiers, dont 600 environ sont en activité toute l'année ; 3,000 ouvrières femmes, 500 jeunes filles travaillent au tissage. Elles sont payées seulement à raison de 4 à 4 fr. 50 par semaine. Chaque femme tisse par jour, en moyenne, de 20 à 25 centimètres de longueur sur 60 centimètres de largeur. La France achète maintenant, par an, 22,000 mètres carrés de ces tapis de Smyrne, et l'Angleterre 53,000. L'Amérique n'en prend pas en tout plus de 16,000. On tisse encore à Smyrne, outre le tapis à nœud pure laine, d'autres dont la chaîne est en fil de chanvre ou de lin, et des moquettes. Les mêmes tapis, moins beaux, se fabriquent en Algérie. Les tapis algériens sont de quatre sortes : 1° la *serbia* ou tapis moquette, c'est le plus remarquable, tant sous le rapport de la qualité de la laine employée que par l'agencement des nuances; 2º le *guelif*, qui se distingue par la longueur de ses poils et sa confection bien soignée; 3º le *hambel*, simple tissu croisé qui a cependant beaucoup de force et de durée, servant à la fois de tapis et de couverture, dessiné avec bandes longitudinales de couleurs diversement alternées; 4º le *métrah*, qui ressemble, à certains égards, à la serbia, mais a le poil ras comme le hambel. Le prix de revient de ces différents tapis est très difficile à fixer dans notre colonie, il varie suivant le cours des laines et les arrangements pris avec les ouvriers tisseurs, lorsqu'ils ne sont pas confectionnés dans les familles, ce qui arrive fréquemment. On les fabrique sous la tente, et on en voit assez peu dans le commerce, car ils n'entrent guère dans la circulation que par suite du partage des biens, de vente par autorité de justice, ou lorsque le besoin et la misère forcent les détenteurs à s'en défaire. Les métiers employés sont très simples, ils consistent en quatre perches dont deux sont posées verticalement et deux horizontalement; la trame est étendue sur les deux perches horizontales, et le tissu se fait au moyen d'une navette grossière appelée *retab*; elle est serrée avec un peigne en fer nommé *khelala*. Les femmes arabes lavent, cardent, peignent et filent elles-mêmes la

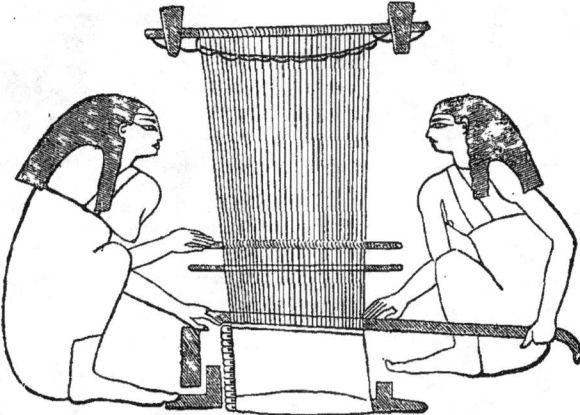

Fig. 308. — *Le métier de haute lisse chez les anciens égyptiens.*

laine destinée à la préparation de ces tapis. Les fils sont teints par des teinturiers juifs du pays qui ont presque seuls la spécialité de ce travail. Le tissage se fait ensuite par un ouvrier spécial qui compose en même temps le dessin en se faisant aider par les femmes de la famille; cet ouvrier va de douar en douar porter son industrie, il reçoit en moyenne 10 francs par mètre de tapis de 2m,50 de large et l'hospitalité du chef de la tente. Les tapis algériens se fabriquent plus particulièrement à Kalace et aux environs de Mascara ainsi que dans les tribus des environs de Biskra et Constantine. — A. R.

**TAPISSERIE.** Dans son acception générale, la tapisserie s'entend de tout ouvrage fait au métier ou à l'aiguille avec de la laine, de la soie, des fils d'or, etc. pour couvrir la nudité des murs, faire des tentures, recouvrir des meubles, confectionner des pantoufles, etc.; mais sans entrer dans les nombreuses variétés de genres, nous devons ici distinguer les deux grandes branches de la tapisserie : la *tapisserie de haute et basse lisse* et la *tapisserie à l'aiguille*, nous allons les étudier successivement.

## Tapisserie de haute et basse lisse.

HISTORIQUE. Trois mille ans avant l'ère chrétienne, des artistes égyptiens ont figuré sur les parois de l'hypogée de Beni-Assan-el-Gadim, les divers métiers qui étaient pratiqués de leur temps pour la fabrication de la tapisserie; parmi ces peintures, on trouve deux tapissiers travaillant la haute lisse (fig. 308). Cette constatation rend inutile toute dissertation sur les origines de la tapisserie.

Nous allons suivre l'histoire et l'art de la tapisserie depuis cette époque jusqu'à nos jours, en nous arrêtant davantage aux périodes où il a brillé d'un éclat particulier. Il est inutile d'ajouter que la forme de notre travail s'oppose aux détails et nous oblige à procéder à grands traits et par ensemble.

A Babylone, à Ninive, en Perse, chez les Hébreux, la tapisserie paraît avoir joué un rôle important dans la décoration, mais à la vérité ce sont les textes seulement qu'on peut invoquer.

La Grèce pratiquait la haute lisse, le métier de Pénélope est représenté sur un vase de Chiusi remontant à quatre cents ans environ avant Jésus-Christ. Phidias semble avoir employé les tapisseries mobiles à la décoration du Parthénon; Alexandre en recouvrit sa tente.

Les Romains qui mettaient à contribution les arts et les artistes des pays conquis, ne manquèrent pas d'apprécier les qualités décoratives de la tapisserie. Ovide en décrit minutieusement les procédés techniques. Une loi de l'empereur Constantin promulguée en l'an 337, accorde des privilèges à trente-six professions se rapportant aux constructions des édifices et à la décoration des intérieurs; on trouve dans la nomenclature des teinturiers, des potiers, des pelletiers, etc., mais les tapissiers font défaut; depuis cette époque et jusqu'au XIIe siècle. il n'y a aucune certitude que les étoffes figurées dans les miniatures et les mosaïques soient réellement des tapisseries lissées, mais au XIe siècle le doute ne paraît plus être possible et les juges compétents déclarent que divers fragments conservés dans les musées et attribués à ce siècle sont bien réellement des tapisseries; nous reproduisons le spécimen appartenant au Musée de la Chambre de commerce de Lyon (fig. 309)(1). Il faut at-

(1) Notre article était imprimé lorsque M. Gerspach, administrateur de la Manufacture nationale des Gobelins, nous a fait la communication suivante :

Le musée des Gobelins vient d'acquérir une suite de tapisseries égyptiennes provenant de l'hypogée d'Akhmim, ancienne Panopolis, découverte en 1885. Ces pièces sont des tapisseries de haute lisse absolument semblables à la fabrication des Gobelins; elles ont été exécutées par des Coptes, très probablement du Ive au XIIe siècle de l'ère chrétienne. Le style des plus anciennes se rapproche beaucoup de l'antiquité, d'autres ont le caractère oriental. Ces tapisseries sont, en général, des ornements de vêtements civils ou religieux, elles ont été trouvées sur les corps des chrétiens coptes ensevelis dans l'hypogée et constituent, pour le moment (1887), les plus anciennes tapisseries connues. — N. d. l. R.

teindre le XIVᵉ siècle pour sortir enfin des doutes et des obscurités ; en 1303 on trouve l'expression de *tapissier en haute lisse* (on a écrit tantôt *lisse*, tantôt *lice*) et dans la première moitié du siècle des ateliers de tapisseries de haute lisse fonctionnent à Arras, à Bruxelles, à Tournai et à Paris. Nicolas Bataille, tapissier parisien, produit,

Fig. 309. — *Tapisserie de haute lisse des XIᵉ et XIIᵉ siècles (Musée de Lyon).*

entre autres, la tapisserie d'Angers, l'*Apocalypse*, mesurant, en six pièces, plus de 700 mètres superficiels. L'élan est donné, rois, princes, grands seigneurs s'adressent à Bataille, à son associé Bourdin et à d'autres tapissiers qui livrent à leurs clients des toiles montrant des scènes de l'Ancien et du Nouveau-Testament, des épi-

Fig. 310. — *La Vierge glorieuse, 1485 (Musée du Louvre).*

sodes de l'histoire ancienne et contemporaine, des sujets tirés des romans de chevalerie

La ville d'Arras tient la spécialité à ce point que les Italiens donnent encore aujourd'hui le nom d'*arrazi* aux tapisseries de toutes provenances. Vers la fin du XIVᵉ siècle, il semble que la tapisserie ait été la principale décoration des églises et des habitations somptueuses ; en 1381, l'inventaire de Charles V en mentionne une quarantaine, et en 1404, celui de Philippe-le-Hardi en indique environ soixante-quinze. Au commencement du siècle les compositions sont très simples, la coloration est sommaire, le rendu est sobre, les personnages sont superposés, raides et sertis d'un trait noir; plus tard, les couleurs s'accentuent, l'expression est plus forte, le dessin devient plus correct.

Le·xv⁰ siècle est regardé comme l'âge d'or de la tapisserie. Au début, Paris, livré à la conquête, produit peu. Arras reste en pleine vogue, on y compte près de 100 tapissiers. Pierre Feré livre, en 1402, à la cathédrale de Tournay, la célèbre tenture en quatorze scènes, de la vie

de Saint Piat et de Saint Eleuthère. Les ducs de Bourgogne étalent un luxe inouï de tapisseries partout où ils se trouvent dans les châteaux comme dans les camps. Charles-le-Téméraire abandonne aux vainqueurs après les batailles de Granson et de Nancy, les tapisseries de sa tente dont neuf pièces sont au Musée de Berne, entre autres: l'Adoration des mages, la Justice de Trajan, l'Histoire d'Herkinbald, et paraît-il, quelques pièces au Musée de Nancy: l'Histoire d'Assuérus et d'Esther et une moralité la Condampnacion de Souper et de Banquet.

Arras ne fut pas seul; Tournay, Lille, Douai, Valen-

Fig. 311. — Sacre de saint Rémi, évêque de Reims; fac simile d'un dessin de la Tapisserie de Reims, à la cathédrale de cette ville (1509-1530).

ciennes, Ypres, Audenarde, Bruxelles, Enghien, et en France, mais dans une mesure plus restreinte, Lyon, Troyes, Reims, Avignon, Rennes et le comté de la Marche produisent des tentures plus ou moins importantes. L'Italie possède quelques ateliers dirigés par des Flamands et des Français, mais l'art de la tapisserie a de la peine à s'acclimater dans les pays chauds. Il ne paraît pas qu'il y ait eu des manufactures de tapisserie en Allemagne au xv⁰ siècle, et il n'est pas prouvé que les Suisses en aient fabriquées à cette époque. Dans le grand nombre d'ouvrages de ce siècle, on peut citer : Les Vertus et les Vices, d'après Van Eyck; la Passion, d'après Van der Weyden; le Baptême de Clovis et la Prise de Soissons, de la cathédrale de Reims; l'Histoire de David et de Bethsabée, du Musée de Cluny; et par dessus tout, la

Vierge glorieuse, tapisserie flamande de 1485, léguée au Musée du Louvre par le baron Davillier (fig.310); si on juge une époque par ses chefs-d'œuvre, le xv⁰ siècle n'a peut-être pas été surpassé pour le sentiment réel de la décoration. Sans doute, on trouve là comme avant et comme après, des erreurs et même des aberrations de dessin, mais que de charme dans le sentiment mystique, dans l'expression des figures, dans la simplicité des draperies, dans la franchise des tons, dans l'étude de la nature bornée à la forme, et dans l'interprétation libre des effets ! La bordure qui depuis a joué un rôle si important, était réduite d'abord à des bandes plates, on y mit ensuite des feuillages, des fleurs et des fruits, et vers la fin du xv⁰ siècle, on ajoute pour l'égayer quelques petits animaux; souvent aussi la tapisserie était bornée par des motifs d'architecture se rattachant à l'ensemble de la composition. Le progrès réalisé durant cet âge d'or de la tapisserie résulte de ce fait considérable : les modèles sont presque toujours composés exprès pour les tapisseries, et les tapissiers ont pour but non d'imiter la peinture et de donner le change, mais d'interpréter le modèle dans l'esprit qui a guidé son auteur.

Le xvie siècle marque une étape décisive dans notre art ; l'influence flamande toute puissante au siècle précédent est battue en brèche par l'Italie ; aux compositions simples, naïves, sincères, touchantes, d'un sentiment qui déborde, succède un style qui se rapproche davantage de la peinture (fig. 311). La tapisserie suit le mouvement général de la Renaissance « elle prend un caractère plus élégant, le style s'élargit et s'épure, les compositions deviennent plus libres, plus gaies, plus abondantes ; elles perdent leur forme rigide, le nu apparaît dans toute sa puissance, les effets se multiplient, il semble que l'air et la lumière ont pénétré dans les tapisseries comme dans les habitations ». Nous allons passer en revue les ateliers

des Flandres, de l'Italie, de France, d'Allemagne et d'Angleterre.

Après la prise d'Arras par Louis XI, en 1477, les tapissiers se dispersèrent dans les Flandres, et la fabrique de Bruxelles prit une importance si considérable que Léon X confia, en 1515, à Pierre van Aelst le soin de diriger la fabrication de la célèbre tenture Les Actes des Apôtres dont le pape avait commandé les cartons à Raphaël. Un peintre, Van Orley, élève de Raphaël, fut chargé de suivre le travail. La tenture fut regardée comme la plus haute expression de l'art de la tapisserie ; Vasari la juge en ces termes : « On est stupéfait en regardant cette suite, l'exécution tient du prodige. On conçoit à peine comment il est possible, avec de simples fils, de donner une finesse pareille aux cheveux et à la barbe et de rendre la morbidesse des chairs. C'est un travail plutôt divin qu'humain ; les eaux, les animaux, les habitations y sont représentées avec une perfection telles qu'ils paraissent peints à l'aide du pinceau et non tissés ». Il y a dans cette dernière phrase un fait de la plus

Fig. 312. — La guérison du paralytique, pièce de la tenture des Actes des Apôtres, d'après Raphaël.

grande gravité pour notre art ; Vasari si fin connaisseur admire d'autant plus une tapisserie qu'elle se rapproche davantage des effets de la peinture ; cette théorie a été funeste à la tapisserie, nous le verrons plus loin. Les Actes des Apôtres après avoir été dispersés, sont au Vatican depuis le commencement du xixe siècle ; ils ont été souvent reproduits quelquefois fort médiocrement (fig. 312).

Après Raphaël, Jules Romain et d'autres peintres italiens fournissent des modèles aux tapissiers flamands : l'Histoire de Scipion, les Fruits de la guerre, l'Histoire de Psyché entre autres séries résultant de cette collaboration ; mais les Belles chasses de Guise sont flamandes de modèle et de tissage, l'un étant de Van Orley et l'autre de Geubels. La prospérité de la fabrique de Bruxelles et celle de quelques autres villes flamandes s'éteint dans la seconde moitié du siècle.

Nous passons en Italie ; Hercule II, duc de Ferrare, reprend la fabrication avec deux tapissiers flamands et les modèles de Battista Dosso ; les Métamorphoses sortent de l'atelier ainsi que d'autres suites importantes. Florence eut son « Arazzeria Medicea » que les Medicis entretiennent pendant cent cinquante années. Ils com-

mandèrent au Bronzino, à Salviati, à Bacchiacca des modèles qui furent exécutés par des flamands ; les tapisseries florentines sont, en général, d'une qualité médiocre, elles descendent même au-dessous du médiocre à l'époque où un peintre flamand Van den Straten prit la direction de la fabrication.

En 1530, François Ier créa à Fontainebleau, une manufacture royale de tapisserie ; sous la direction de Serlio, architecte italien ; on traduisit les modèles du Primatice et de Matteo del Nassaro, peintre de Vérone. Philibert Delorme succéda à Serlio sous Henri II, et le style changea aussitôt ; ce sont des arabesques et des fantaisies dans le genre de Ducerceau qui caractérisèrent alors cette fabrication bien française ; le Musée des Gobelins possède quelques pièces qui peuvent être attribuées à l'atelier de Fontainebleau dont la fermeture eut lieu sans doute vers 1560. Henri II avait fondé à Paris à l'hôpital de la Trinité, rue Saint-Denis, une manufacture de tapisserie dont les peintres furent A. Caron et H. Lerambert qui fournirent les modèles de l'Histoire de Maurole et d'Artémise ; de l'Histoire de Coriolan et de l'Histoire du Christ ; Maurice Dubourg était le principal tapissier de cet atelier très remarquable par ses produits. Henri IV appela à Paris des tapissiers flamands, les établit rue Saint-Antoine dans le couvent des Jésuites, puis au Palais des Tournelles, et enfin en 1603 dans la maison des frères Gobelin. Un important atelier de haute lisse a existé, en 1607, dans une des grandes galeries du Louvre, il était dirigé par Laurent et Dubourg, et exécutait des ouvrages d'après les modèles de Simon Vouet. Tous les ateliers parisiens furent absorbés dans le grand établissement créé par Colbert.

L'histoire des manufactures des Gobelins, de Beauvais, d'Aubusson et de Felletin, etc., a été écrite dans ce *Dictionnaire*, nous n'avons pas à y revenir ; nous devons cependant, sans chercher à amoindrir les fondations de Louis XIV, faire remarquer que les ateliers parisiens de la première moitié du xviie siècle ont peut-être été trop éclipsés par la renommée des Gobelins. Il suffit de citer les noms de Caron, Lerambert, Vouet, L. Guyot, Lesueur, H. Corneille, Le Poussin, Philippe de Champagne pour faire comprendre l'intérêt que les princes attachaient aux établissements qu'ils patronnaient. Paris manquait il est vrai de tapissiers français, on en fit venir des flamands, qui tout en conservant leur technique, prirent le style des maîtres qui leur fournissaient des modèles. La manière s'élargit, le genre du tableau d'histoire est adopté, les plans sont multipliés, les effets de perspective aérienne sont accusés, le nu est modelé. Les bordures s'élargissent; les motifs sont empruntés à l'architecture, à l'ornement, combinés avec la flore et la figure humaine ; ce sont de véritables compositions, distinctes trop souvent de l'esprit du sujet principal. Parmi les importantes tapisseries exécutées à Paris avant la fondation de la manufacture royale des meubles de la couronne aux Gobelins, on doit citer encore les tapisseries de Saint-Merri, les *Amours de Gombaut et de*

Fig. 313. — *Le mariage de Louis XIV, pièce de la tenture l'Histoire du roi, d'après Le Brun (Gobelins, XVIIe siècle).*

*Macée*, cités par Molière dans l'*Avare*, d'après Guyot, l'*Histoire de Diane*, d'après Dubreuil, l'*Histoire de saint Gervais et de saint Protais*, d'après Lesueur, la *Vie de la Vierge*, d'après Philippe de Champagne, l'*Histoire de Moïse*, d'après Le Poussin, les *Actes des Apôtres*, d'après Raphaël, etc. Les entrepreneurs de tapisseries recevaient du roi des indemnités de premier établissement et des pensions annuelles ; ils devaient maintenir en fonctions un nombre de métiers déterminé, et prendre des apprentis aux frais de l'Etat ; ils pouvaient travailler pour qui leur faisait des commandes, le roi payait les siennes comme un simple particulier ; sans être absolument tarifées, les tapisseries ne devaient pas, à qualité égale, être vendues plus cher que celles qui venaient des Flandres. Toute cette organisation avait un but essentiel : affranchir la France des pays étrangers.

En dehors de Paris, les villes d'Amiens et de Tours possédaient des ateliers de tapisserie assez importants recrutés dans la première manufacture des Gobelins ; on trouve aussi des métiers à Arras et à Charleville où demeurait Pepersaek qui travailla également à Reims pour les églises. On ne peut omettre l'atelier de Maincy, fondé par Foucquet à côté de son château de Vaux, qui dura une dizaine d'années ; le surintendant demanda des modèles à Le Brun avant que Louis XIV ait songé à donner à cet artiste la direction des Gobelins.

L'Allemagne eut quelques fabriques au xviie siècle ; ce furent d'abord des Flamands que les princes firent venir à Munich, puis après la révocation de l'édit de Nantes, un français d'Aubusson, Mercier, dirigea les travaux qui ne donnaient que des résultats assez ordinaires.

En Angleterre, une importante manufacture fut installée par Jacques Ier à Mortlake, elle n'eut qu'une existence d'une cinquantaine d'années ; la France possède de cette fabrique une suite de l'*Histoire de Vulcain* et des *Actes des Apôtres* donnée par Jacques II à Louis XIV ; il est inutile d'ajouter que ce sont des œuvres de tapissiers Flamands.

La tapisserie apparaît aussi à cette époque en Danemark et en Russie.

Florence travailla beaucoup, mais sans éclat au XVII⁰ siècle; ce fut un Parisien, Pierre Féval, qui dirigea les travaux pendant près de cinquante ans. A Rome, le car-dinal Barberini fonda une fabrique qui donna de bons résultats grâce à de bons modèles et de bons tapissiers Flamands et Français.

Fig 314. — *Les bœufs, pièce de la tenture des* Indes, *d'après Desportes (Gobelins, XVIII⁰ siècle).*

Bruxelles occupe au commencement du siècle près de quinze cents tapissiers, mais les ouvrages sont loin de valoir ceux du siècle précédent ; les modèles de D. Te-niers leur donnèrent cependant une vogue peu méritée ; les ateliers des Leynier et des Van den Hecke sont parmi les plus connus.

Fig. 315. — *Visite de la galerie des Gobelins, par Edouard Colbert, marquis de Villacerf et de Payens, etc.*

Désormais, les Gobelins et Beauvais feront la mode dans les ateliers de tapisseries, et les établissements royaux ne seront eux-mêmes qu'un exact reflet d'une cour qui donne le ton à la société élégante et frivole du XVIII⁰ siècle. Aux anciennes tentures religieuses, aux compositions historiques plus récentes, succéderont des sujets galants, des scènes de chasse sans carnage, des aventures comiques, des intérieurs du sérail Mais, si ces modèles sont moins nobles et moins sévères, ils sont charmants et donnent peut-être mieux que les autres la note facile de l'esprit français (fig. 316). C'est sous le règne de Louis XV, et peut-être à la suite d'un caprice de Mᵐᵉ de

Pompadour, que les Gobelins firent pour la première fois des tapisseries pour meubles. Sous Louis XVI, les sujets deviennent plus sérieux, ce sont de nouveau des scènes historiques, mais dans un cadre étroit, sans grandeur ; à ce moment, soit faute d'invention, soit faute d'argent, on commence à copier des tableaux que les peintres n'avaient nullement composés pour la tapisserie. Ce fut une erreur dont les effets se sont fait sentir jusqu'à une époque voisine de nous ; elle entraîna l'art de la tapisserie dans une voie déplorable dont on a grand peine à la faire sortir. On avait oublié que dans cet art, qu'à défaut d'un nom plus spécial, on nomme tantôt l'*art décoratif*, tantôt l'*art appliqué à l'industrie*, la première règle est qu'il faut tenir compte des qualités expressives des matières mises en œuvre, et que par suite, le modèle doit être fait exprès pour l'interprétation auquel il est destiné. La copie des tableaux a entraîné la décadence de la tapisserie, elle a enlevé au tapissier toute sa personnalité, au lieu d'un interprète elle en a fait un copiste ; elle a enlevé aux peintres un vaste champ d'études et de travaux, et bientôt le terrain est devenu stérile faute de culture. L'exiguïté des appartements modernes, la recherche du bon marché ont également paralysé la fabrication de la tapisserie. Nous devons reconnaître cependant que depuis une quinzaine d'années on fait de sérieux efforts pour rentrer dans une pratique plus raisonnée, et qu'on recommence à demander aux artistes des modèles spéciaux.

Nous n'avons pas à suivre les Gobelins, Beauvais et Aubusson dans leurs travaux du XVIIIe siècle, la chose ayant été faite dans ce *Dictionnaire*. Lille, Cambrai, Nancy, Florence, Rome, Naples, Vienne, Madrid, Munich, Berlin, Bruxelles, Audenarde, Gand, firent marcher quelques métiers au XVIIIe siècle mais sans éclat, les Gobelins et Beauvais éclipsaient tout, et si les autres fabriques ont eu quelques pièces intéressantes, elles sont généralement dues aux transfuges des deux grandes manufactures françaises.

La situation actuelle de la tapisserie n'est certes pas brillante si on la compare aux temps passés ; cependant, ce bel art tient encore un rang distingué. Les Manufactures nationales des Gobelins et de Beauvais, soutiennent leur ancienne renommée ; si elles entretiennent un nombre moindre de tapissiers, au moins sont-elles en jouissance de crédits réguliers en leur qualité d'établissements de l'État, tandis que durant tout le XVIIIe siècle elles n'ont cessé d'être en quête d'argent toujours promis, mais obtenu toujours avec peine et accordé avec une extrême parcimonie. Aubusson a toujours les anciens métiers de basse lisse que mettent en action environ cinq cents tapissiers dont un quart de femmes à peu près . la production comporte des tentures et des meubles ; ce dernier genre perd chaque année de son importance parce que les marchands préfèrent vendre des garnitures d'étoffes qui s'usent plus vite. A Rome, la manufacture fondée en 1710 à l'hospice de Saint-Michel, avait encore, en 1885, six tapissiers de haute lisse. A Madrid, la manufacture de Santa Barbara dont les métiers de

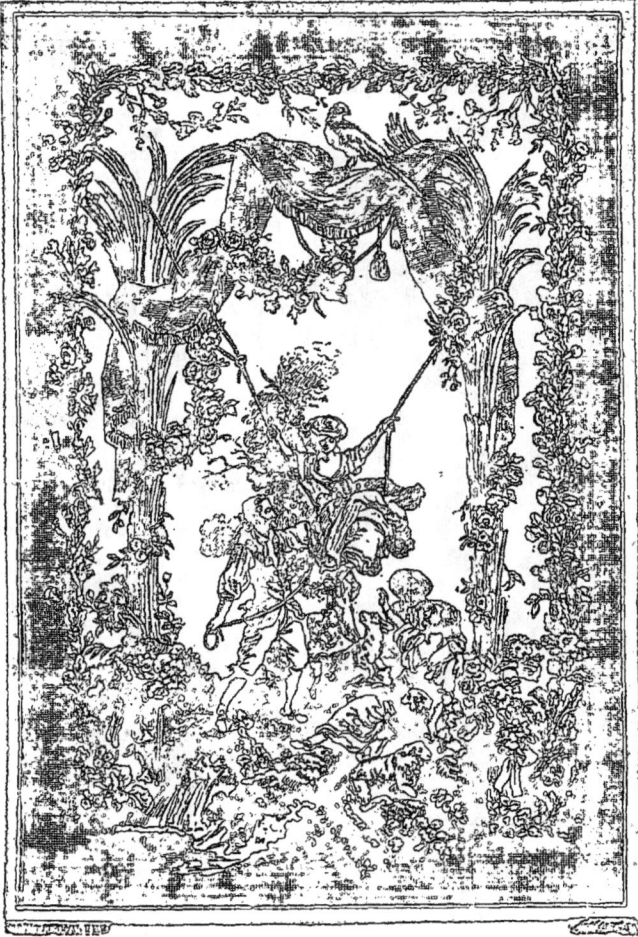

Fig. 316 — *La balançoire, d'après Boucher (Beauvais, XVIIIe siècle).*

haute lisse datent de 1720, donne de l'ouvrage à trois ou quatre tapissiers. En Belgique, on constate quelques symptômes de renaissance; en 1857, un amateur fonda à Jingelmunster un petit atelier de basse lisse, et vers 1870 la ville de Malines vit s'établir un semblable établissement favorisé de quelques commandes de l'État et des communes ; tous les tapissiers sont d'Aubusson. C'est également de cette contrée que les princes de la famille royale d'Angleterre firent venir, en 1876, près de soixante tapissiers pour les établir à Windsor, dans une manufacture particulière qui jouit de quelque vitalité grâce aux commandes de l'aristocratie anglaise ; mais après la mort du duc d'Albany, fils de la reine et protecteur de l'œuvre, l'établissement périclita pour fermer bientôt ses portes. En résumé, sans la France, la tapisserie moderne n'existerait pas.

TECHNOLOGIE. On lit dans le « Dictionnaire » de Savary : « On peut faire cet ameublement de toutes sortes d'étoffes, comme de velours, de damas, de brocart, de brocatelle, de satin de Bourges, de calmande, de cadis, etc.; mais quoique toutes ces étoffes, taillées et montées, se nomment *tapisseries*, on ne doit proprement appeler ainsi que les hautes et basses lisses, les bergames, les cuirs dorés, les tapisseries de tentures de laine et ces autres que l'on fait de coutil sur lequel on imite avec diverses couleurs les personnages et la verdure de la haute lisse. » Donc, au XVIIIᵉ siècle encore, l'expres-

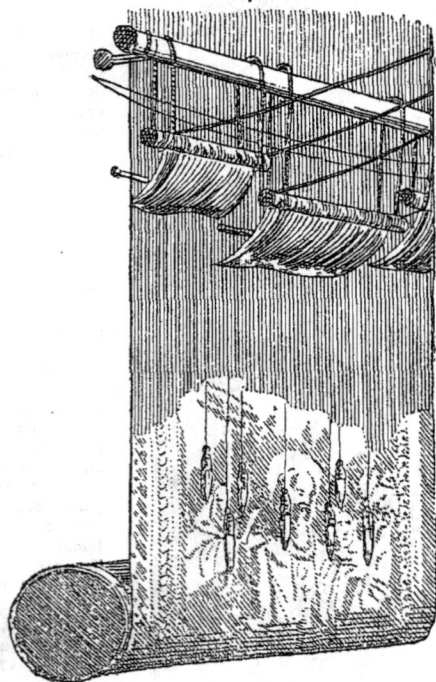

Fig. 317. — *Métier de haute lisse.*

sion *tapisserie* ne s'appliquait pas à un produit spécial, même de notre temps on confond quelquefois la broderie avec la tapisserie et le même mot désigne la *tapisserie à l'aiguille* sur canevas et la *tapisserie tissée*. C'est de cette dernière que nous nous occuperons tout d'abord.

La tapisserie est un tissu composé d'une chaîne et d'une trame ; elle est de haute ou basse lisse selon que le métier est vertical ou horizontal. Plusieurs des métiers de haute lisse employés aux Gobelins, datent de Louis XIV ; ils ont été améliorés quelque peu vers la fin du XVIIIᵉ siècle et dans ces dernières années. Nous allons décrire ces appareils. Les métiers (fig. 317) se composent de deux cylindres horizontaux dits *ensouples* placés à 3 mètres environ l'un de l'autre dans le même plan vertical et maintenus par des montants dits

*cotrets*. Les cylindres sont garnis à leurs extrémités d'une frette dentée en fer et d'un tourillon; ils s'engagent par ces tourillons dans des coussinets de bois et y tournent lorsque c'est nécessaire; les coussinets sont mobiles dans l'intérieur des *cotrets* au moyen de rainures dans lesquelles ils glissent, et les *ensouples* sont mis en mouvement au moyen de leviers. La longueur des métiers varie de 4 à 7 mètres. En 1880, M. Darcel, administrateur, fit construire un métier en fer. — V. GOBELINS.

Lorsqu'on veut employer un métier, on commence par établir la chaîne, on donne à chaque fil 1ᵐ,50 de plus que la longueur de la tapisserie à exécuter, puis on tend sur les ensouples, l'excédent étant enroulé sur le cylindre supérieur. Les fils sont tendus verticalement à une distance égale les uns des autres ; la tension sur les anciens métiers est d'environ 3 kilogrammes par fil, sur le nouveau métier en fer elle peut atteindre un degré beaucoup plus élevé. La chaîne étant réglée, on passe entre les fils un tube de verre de 2 centimètres de diamètre, appelé *bâton de croisure*, de manière que les fils nᵒˢ 1, 3, 5, 7, etc., soient d'un côté du bâton et les fils nᵒˢ 2, 4, 6, 8, etc., de l'autre ; puis le tapissier se place derrière la nappe de chaîne et attache tous les fils d'*avant* avec autant de boucles de ficelle appelées *lisses*, dont les bouts sont retenus à une perche maintenue à 0ᵐ,30 de la chaîne ; le fil d'*arrière* reste libre, il s'appelle *fil de croisure*, le fil embarré dans la lisse s'appelle *fil de lisse*.

Le modèle est placé derrière le tapissier qui a eu soin préalablement d'en calquer les parties qu'il va mettre en œuvre ; le calque est reporté sur la chaîne au moyen de l'encre, mais ce calque sur une surface souple et avec solutions de continuité, ne constitue, en réalité, qu'une suite de points de repère et ne dispense nullement le tapissier de savoir très bien dessiner.

Ceci fait, on procède au tissage. Le bâton de croisure étant à 0ᵐ,60 au-dessus du niveau de l'ouvrage et la rangée des lisses à 0ᵐ,50, le tapissier passe la main gauche au-dessus des lisses entre les fils séparés par le bâton de croisure et pressant du plat de la main tournée de son côté, il fait venir à lui un certain nombre des fils de croisure ; alors la main droite passe, dans l'espace ainsi ouvert, de gauche à droite, la broche ou flûte garnie de la laine ou de la soie qui doit former la trame; après ce mouvement, la moitié des fils de chaîne est couverte par une passée nommée *demi-duite*; puis abandonnant cette première position, la main gauche vient peser sur les lisses, et la main droite passe le fil de laine de droite à gauche pour former la seconde demi-duite et composer ainsi la duite complète. La superposition des duites constitue la trame qui reproduit le dessin et la coloration du modèle. Chaque broche est garnie d'une seule couleur, et le tapissier met en mouvement le nombre de broches nécessaire. Les duites sont assurées par un tassement au moyen de la pointe de la broche et du peigne de tisserand. A mesure de l'avancement du travail, la tapisserie est roulée sur l'ensouple inférieure. Plusieurs tapissiers peuvent travailler les uns à côté des autres sur un même métier.

Dans le métier de basse lisse, la chaîne est tendue horizontalement, et le carton est placé sous la chaîne ; primitivement, ce carton était le modèle même, de sorte que la tapisserie reproduisait le dessin en contre partie. Neilson, entrepreneur de basse lisse aux Gobelins, imagina vers le milieu du siècle dernier, de substituer au modèle peint, un calque placé en sens contraire, et Vaucanson combina le métier de façon à permettre de le lever ; ces importants changements eurent pour résultat la reproduction directe du modèle, la faculté pour l'ouvrier de juger à son gré son travail, et la possibilité de mettre le modèle peint sous les yeux des tapissiers ; mais tel est l'esprit de routine que dans les ateliers d'Aubusson, la plus grande partie des métiers sont à présent encore de l'ancien type. Les fils de chaîne du métier de basse lisse sont mis en mouvement par des pédales, ce qui permet au tapissier d'employer ses deux mains à la manœuvre des broches ou flûtes chargées de laines ou de soie, de là une plus grande rapidité dans le travail,

Fig. 318. — *Métier de haute lisse.*

et par suite un prix de revient inférieur d'environ un tiers à qualité égale.

A l'aspect d'une tapisserie, il est très difficile de distinguer si elle est en haute ou en basse lisse ; les tapissiers eux-mêmes s'y trompent souvent, et ce n'est que par exception qu'il est possible de se prononcer en trouvant à l'envers de l'ouvrage certains nœuds spéciaux à la haute lisse, mais ces nœuds n'existent pas forcément.

A la vue du travail, les visiteurs des ateliers de tapisseries ne manquent jamais de demander la quantité qu'un tapissier peut exécuter en une année. On ne peut répondre à cette question que d'une façon très vague. Un modèle compliqué et chargé de détails est évidemment plus long à exécuter qu'un modèle simple, peu modelé, et avec des fonds unis ; mais si on donne le même modèle à deux tapissiers ayant à peu près le même temps de pratique, on pourra obtenir des résultats presque identiques ou présentant des différences de 20 à 30 0/0. Il n'est pas possible non plus de comparer la fabrication des Manufactures nationales qui ne cherchent que la perfection avec celle de l'industrie privée. Nous donnerons cependant quelques indications à titre de curiosité. Aux Gobelins, dans un modèle largement traité, mais comportant des figures humaines nues et drapées, le plus fort producteur de notre temps est arrivé à $2^m,50$ carrés dans une année, tandis que d'autres travailleurs assidus ne peuvent atteindre que $0^m,80$ carrés par an avec un modèle délicat et compliqué ; en moyenne, on produit dans cet établissement 1 mètre carré par an et par tapissier. A Aubusson, en basse lisse, un tapissier peut arriver dans les qualités communes à 20 mètres par an, et dans les qualités fines de 6 à 10 mètres : peu d'ouvriers parviennent à gagner de 12 à 1,500 francs par an, ils travaillent tous aux pièces sauf quelques premiers qui font très spécialement les carnations. Il serait possible de développer les facultés natives de ces tapissiers de la Creuse qui pratiquent la tapisserie de père en fils depuis plus de deux siècles ; il faudrait pour cela perfectionner l'outillage, donner aux apprentis une instruction générale et technique raisonnée, et fournir aux ateliers de bons modèles. C'est là, selon les uns, la mission de l'État et, selon les autres, le rôle des fabricants réunis en syndicat à cet effet. La question mérite d'être étudiée et tranchée, la tapisserie étant devenue une industrie d'art, absolument française.

**Tapisserie à l'aiguille.** Les tapisseries à l'aiguille diffèrent de celles confectionnées au métier par l'application du *point de broderies,* en ce que, dans la fabrication des secondes, on forme simultanément le fond et le sujet sur une chaîne tendue; au lieu que, dans la confection des premières, le fond et le sujet ne peuvent se former qu'alternativement, et sur un tissu préalablement disposé, que l'on désigne sous le nom de *canevas.*

Les tapisseries à l'aiguille sont souvent désignées sous le nom de *tapisseries de points,* à cause des points dont elles sont formées, et auxquels on donne des dénominations différentes, soit en raison de la manière dont on les fait sur le canevas (*point de croix de chevalier, double point de croix, petit point, gros point, point des Gobelins,* etc.), soit en raison des pays d'où ils viennent (*point de France, d'Angleterre, de Hongrie, de Berlin*), etc.

Cinq éléments sont nécessaires pour le travail de la tapisserie à l'aiguille. Ce sont: 1° le canevas dont les fils reçoivent et dirigent le point; 2° un appareil en bois pour le tendre convenablement, dit *métier à tapisserie;* 3° le dessin que l'on veut imiter; 4° des fils de laine ou de soie diversement colorés et différemment assortis; 5° une aiguille à tête large et à pointe émoussée avec laquelle on passe librement les fils colorés au travers des mailles carrées du canevas.

Il y a différentes manières de travailler au métier de tapisserie à l'aiguille: 1° à *points comptés* ou à *points de compte,* ce qui se fait en se servant d'une tapisserie modèle qu'on achète toute faite, et qu'on imite sur la partie correspondante du canevas en comptant successivement avec une épingle les points de telle ou telle nuance du modèle et les carreaux du canevas qui doivent les recevoir; 2° par *tapisserie* dessinée, soit en se servant d'un « papier-canevas » dont les traits et les couleurs remplissent exactement les carreaux qui répondent chacun à un point de tapisserie; soit en suivant un dessin tracé sur le canevas lui-même, au trait, avec ou sans ombres coloriées, et en plaçant les fils colorés suivant son goût personnel et la nature des objets; soit enfin en copiant à travers un papier-canevas transparent un dessin lithographié ou gravé, coloré par les procédés ordinaires; le numéro de ce papier, c'est-à-dire le nombre des carreaux comptés sur une mesure de longueur de 25 millimètres, détermine alors la dimension du dessin que l'on veut exécuter sur un morceau de canevas d'un numéro donné.

**TAPISSIER.** *T. de mét.* Ouvrier ou industriel qui fait ou qui vend toute sorte de meubles de tapisserie et d'étoffe, qui se charge aussi de tendre les tapisseries dans une maison, et de garnir les sièges.

— Les statuts des tapissiers remontent à l'année 1258, ils furent confirmés successivement de 1290 à 1776 (V. Corporations ouvrières). Au moyen âge, les tentures étaient d'un usage général. Celles suspendues par des clous à crochet, recouvraient entièrement les murs ou servaient, en guise de portières, à séparer les pièces.

Les riches courtines qui enveloppaient les lits, les étoffes brodées et les tapis de velours, qui drapaient les meubles, enfin les espèces de housses que l'on jetait sur les chaises, exerçaient l'art du tapissier, dont les coupes, pratiquées d'après certaines traditions, produisaient alors de larges plis aux effets artistement combinés.

De même que pour les autres ouvrages d'art, les ameublements, au temps de la Renaissance, dépassèrent encore en magnificence ceux de la période précédente. Au xvii° siècle, les tapisseries, le velours, le damas, le cuir, ornaient les appartements. (V. Cuir doré et Tenture): les mémoires du temps parlent quelquefois de ces ameublements, et nous apprennent en quelle étoffe étaient tendus les appartements de certains personnages. Louis XIV avait huit tapissiers servant par quartier et faisant ses meubles.

Sous Louis XV, les tapissiers déployèrent toute leur habileté dans la décoration des boudoirs et dans la confection des sièges, qu'ils s'attachèrent à rendre confortables. Les ouvrages de leur profession étaient alors considérables; ils avaient acquis le privilège de fournir toute la garniture des lits, chaises et fauteuils.

— Aujourd'hui, l'art du tapissier comprend: la coupe, l'arrangement, la pose des tentures et ciels-de-lit, des rideaux de croisées et de portières; la garniture des divans, canapés, fauteuils, chaises et sièges de toutes formes et de noms divers, en crin, en étoupe, en varech; la couverture de ces mêmes meubles en étoffes de toute espèce, en velours, en damas, en satin, en camelot et en cuir; le choix des franges, la confection des tabourets de pieds, la pose et le nettoyage des tapis et leur conservation pendant l'été; enfin la pose des bourrelets aux portes et aux fenêtres.

**TAPISSIÈRE.** *T. de carross.* Sorte de voiture suspendue et ouverte sur les côtés, dont on se sert, non seulement pour le transport des meubles, mais aussi pour celui de certaines marchandises, et pour les promenades populaires dans les environs de Paris.

\*TAPOTEUSE. *T. techn.* Machine qui sert à répartir dans les moules la pâte de chocolat, par des chocs répétés. — V. Chocolat.

**TAQUET.** 1° *T. de tissage.* Nom donné à des pièces en cuir, mobiles le long des boîtes qui terminent les battants des métiers à tisser, et qui, reliés à la batterie, servent à lancer la navette à travers la chaîne. Ils prennent différentes formes suivant la manière dont ils sont actionnés par les fouets, mais doivent toujours être durs, élastiques et résistants. La peau de buffle est généralement employée à leur fabrication, et il convient, avant d'en faire usage, de les tremper dans de l'huile de lin, puis de les faire sécher complètement. — V. Tissage. || 2° *T. de mar.* Sorte de crochet de bois qui sert à amarrer diverses manœuvres. || 3° *T. de men.* Petit morceau de bois taillé destiné à maintenir l'encoignure d'un meuble. || 4° *T. de chem. de fer.* On désigne sous le nom de *taquet d'arrêt,* ou plus brièvement, de *taquet,* une pièce mobile, fixée sur la voie, et destinée à s'opposer à ce que les véhicules ne dépassent un point déterminé. On place généralement des taquets sur les voies de garage où stationnent les vagons, près du point où l'entrevoie se réduit à 1m,75, de manière qu'ils ne viennent pas engager les croisements de voie; leur but est encore d'empêcher la dérive des vagons poussés par le vent, ou bien par les manœuvres de gare. Le modèle de taquet le plus simple est une cale en bois que l'on peut rabattre sur l'un des rails et qui forme, dans cette position, un obstacle au roulement; mais ce taquet primitif est souvent impuissant à arrêter les vagons circulant avec une certaine vitesse et ne provoque tout au plus que leur déraillement. On fait alors usage d'un système composé de deux cales articulées sur des bielles qui peuvent se rabattre à l'intérieur de la voie et que relie soit un bout de rail, soit mieux encore un crochet de retenue. Si le taquet doit être, comme dans les postes d'enclenchement, manœuvré à distance au moyen d'une transmission rigide, on a recours à un balancier dont chaque extrémité commande le rabattement d'une des cales.

**TAQUOIR.** *T. de typogr.* Morceau de bois tendre sur lequel on frappe en le promenant sur le châssis d'une forme de composition, pour égaliser les lettres en abaissant celles qui sont trop hautes.

\* **TARABISCOT.** Nom donné à la petite cavité séparant une moulure d'une autre ou d'une partie lisse, et à l'outil à fût, analogue au bouvet, qui exécute ce travail.

\* **TARARE.** *Instr. agr.* Lorsque le grain sort du contre-batteur ou des secoueurs des machines à battre, il est accompagné de poussières, de fragments de paille, de mottes de terre, de balles, de grains cassés, de mauvaises graines, etc.; il faut lui faire subir un premier nettoyage dans une machine appelée *tarare débourreur*. Ce premier nettoyage est grossier, il consiste à enlever les matières plus légères que le grain; un *criblage* accompagne toujours cette opération et enlève les matières plus lourdes et plus volumineuses que le grain. Celui-ci, ainsi obtenu, n'est pas encore *marchand*, il faut lui faire subir, dans le grenier, un second nettoyage dans un *tarare finisseur*, dit encore *tarare cribleur*, qui donne le blé propre. Ces deux tarares ne diffèrent que par certaines dimensions et l'énergie de leur travail; plusieurs machines font les deux opérations d'un seul coup. Les tarares sont souvent montés directement sur les batteuses et, dans ce cas, prennent des formes et des dimensions spéciales exigées par les bâtis des batteuses, mais dans tous les cas leur principe est exactement le même que celui des tarares séparés : le grain placé dans une trémie, tombe sur des grilles animées de secousses et reçoit l'action d'un courant d'air chassé par un *ventilateur* (V. Nettoyage des grains). La meunerie emploie fréquemment des tarares qui, au lieu de refouler de l'air dans la masse des grains, l'aspire au travers de cette dernière; ces machines inventées par Childs portent les noms de *tarares américains* ou *tarares aspirateurs*. — V. Nettoyage des grains.

En agriculture, les tarares sont mis en mouvement par deux hommes; un à la manivelle, l'autre au chargement et au déchargement; ils se relayent de temps à autre. Le débit maximum pratique des tarares agricoles ne dépasse pas 10 à 12 hectolitres à l'heure; les petits modèles donnent de 3 à 4 hectolitres. On a construit pour certaines industries des *tarares spéciaux* pour les graines de betteraves, de maïs, féverolles, lentilles, cafés, etc., etc. — M. R.

**TARAUD.** *T. techn.* Outil en acier trempé qui porte des filets de vis sur lesquels on a abattu des pans, ou creusé des rainures, afin de former des arêtes coupantes sur chacun des filets. Les parties évidées du taraud servent au dégagement de la matière enlevée lorsqu'on taraude un écrou, c'est-à-dire quand on imprime en creux, dans un trou pratiqué sur un morceau de métal, les filets qui sont en saillie sur le taraud. Les tarauds sont coniques ou cylindriques; les premiers servent à ébaucher les filets des écrous et les seconds à les terminer, à les rendre à la dimension voulue, pour qu'il n'existe que le jeu nécessaire au fonctionnement d'une vis, ou d'un boulon, dans l'écrou. Le taraud est terminé par une tête carrée ou rectangulaire à pans arrondis, sur laquelle on emmanche un outil appelé *tourne-à-gauche*, à l'aide duquel on fait aller et venir le taraud dans son écrou. La dimension des bras du tourne-à-gauche varie avec la grosseur du taraud employé. On désigne sous le nom de *taraud-mère*, un taraud cylindrique avec lequel on confectionne les *peignes*; ce taraud, placé entre les deux pointes d'un tour, est assujetti à un mouvement circulaire continu, l'ouvrier appuie fortement contre les filets du taraud une lame d'acier non trempé, de manière que les filets soient découpés dans cette lame; lorsque la découpure est très nette, le *peigne* est terminé, il ne reste plus qu'à le tremper pour pouvoir s'en servir, soit pour faire un taraud semblable au taraud-mère, soit pour reproduire un filet de même pas sur un objet quelconque. Le mode de formation des filets avec un peigne s'exécute sur un tour et est désigné sous le nom de *filetage à la volée*. — V. FILETAGE. — E. V.

**TARAUDAGE.** Opération qui consiste dans la formation de filets sur un boulon, ou dans un écrou, avec une *filière* (V. ce mot), un taraud ou une machine à tarauder. Le taraudage à la main s'effectue, comme nous venons de le dire ci-dessus, avec un tourne-à-gauche et un taraud, s'il s'agit d'un écrou, ou avec une filière, si l'on doit confectionner un boulon ou une vis. Dans tous les ateliers un peu importants, on se sert de machines à tarauder; ces dernières se composent de coussinets logés au centre d'un plateau de tour et pouvant se rapprocher de l'autre, s'il est nécessaire d'opérer deux passes pour parfaire le filet sur l'objet à tarauder. Exemple : lorsque l'on doit former des filets sur un tube assez mince, les parois du tube pourraient céder sous l'action du découpage du métal, si on formait les filets en une seule passe. L'objet à tarauder est maintenu fixe pendant que les coussinets tournent; il ne peut que s'avancer vers les coussinets à mesure que les filets se forment. Lorsque l'opération est terminée, un mouvement du plateau en sens inverse dégage l'objet. Pour le taraudage des écrous, le taraud est maintenu entre les mors du plateau, tout en pouvant se rapprocher de l'écrou fixé entre les mors d'un chariot; on rencontre parfois la disposition inverse, surtout pour les petits écrous, ceux-ci marchent sur le taraud d'une quantité égale au pas, pour chaque tour du taraud.

Les figures 319 à 321 montrent les divers modes d'assemblage des coussinets dans leur filière. Dans la figure 319, les coussinets sont en deux morceaux, ils sont guidés par une cannelure carrée qui s'emboîte, à frottement dur, sur une saillie de même forme que porte l'intérieur du cadre de la filière. Le serrage est effectué par la vis qui traverse le fût de la filière.

La figure 320 représente une filière du système Whitworth dont les coussinets sont en trois morceaux : la partie de droite est fixe dans le cadre, les deux parties de gauche sont ajustées dans le corps de la filière, de manière à pouvoir être serrées par un coin actionné par une vis dont la tête

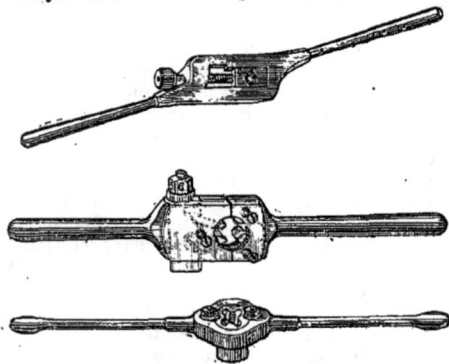

Fig. 319 à 321. — Filières.

porte des numéros de repère indiquant le degré de serrage.

La figure 321 montre une filière portant un coussinet d'un seul morceau, maintenu par une plaque serrée par deux vis sur le cadre de la filière; elle sert à tarauder les boulons, ou des tuyaux spéciaux, en une seule passe. C'est une véritable filière simple, armée de bras d'une longueur suffisante pour surmonter la résistance à vaincre pendant l'opération du taraudage.

Il existe beaucoup d'autres agencements de coussinets qui tiennent plus ou moins de ces trois modes. Dans tous les cas, les morceaux d'acier fondu, destinés à être transformés en coussinets, sont d'abord ajustés sur ou dans la filière, on y perce ensuite un trou du diamètre convenable, et on les taraude sur place. Le taraud-mère est saisi entre les mors d'un étau et les bras de la filière servent comme tourne-à-gauche. Lorsque les filets sont parfaitement formés, les coussinets sont terminés, il ne reste qu'à y découper des échancrures dont la forme varie avec les divers constructeurs, pour donner du tranchant aux arêtes des filets et permettre à la matière enlevée de se dégager, et enfin à les tremper, pour qu'ils ne s'émoussent pas lorsqu'on s'en sert pour tarauder. Pendant cette dernière opération, il y a non seulement dé-

coupage, mais encore refoulement de la matière, aussi doit-on diminuer un peu le diamètre de la partie devant porter les filets, afin qu'après la formation complète ce diamètre n'excède pas celui du blanc du boulon, c'est-à-dire de la partie non taraudée. La différence entre les deux diamètres primitifs doit être d'autant plus accentuée que le pas du filet à former est plus grand. — E. N.

*TARBES (Atelier de constructions). Cet atelier a été créé pendant la guerre par le colonel d'artillerie de Reffye qui, tout d'abord, avait installé à Nantes la fabrication des mitrailleuses et des canons de 7. Il ne fut organisé d'une façon définitive qu'au mois de janvier 1872. Grâce à son directeur, chargé de reconstituer le plus rapidement possible le matériel de notre artillerie, il prit alors une grande importance qu'il a du reste conservée depuis. C'est de cet atelier que sont sorties toutes les bouches à feu du système de Reffye, mises en service après la guerre, aussi bien les canons de 5 et de 7 que les canons de 138 millimètres avec presque tout le matériel y afférent. Aujourd'hui encore, on y usine des bouches à feu en acier, on y fabrique des projectiles et construit des affûts métalliques.

*TARDIEU. Une famille très nombreuse d'artistes de talent a illustré ce nom. Le premier connu, Nicolas, qui vivait dans la première moitié du XVIIe siècle, eut quatre fils, Charles, Claude, Jean et Nicolas-Henri, tous graveurs; parmi eux, Nicolas-Henri est le plus en vue. Né en 1674, mort en 1749, il était élève d'Audran et de Lepautre. Il devint membre de l'Académie, en 1720, sur la présentation du portrait du duc d'Antin, d'après Rigault. Il excellait dans le rendu des tons et des couleurs, et a laissé des planches fort remarquables parmi lesquelles : les Batailles d'Alexandre, d'après Le Brun; l'Apparition de Jésus à Madeleine, d'après Coypel; le plafond du Palais-Royal, de Coypel; l'Embarquement pour Cythère, d'après Watteau. Sa seconde femme, Marie-Anne Hortemels, née en 1682, morte en 1727, cultivait aussi la gravure avec succès; on lui doit d'excellents portraits.

Leur fils, Jacques-Nicolas, né à Paris, en 1716, mort en 1791, fut élève de son père. Il fut reçu à l'Académie, en 1749, sur la présentation des portraits gravés de Bon Boullogne, d'après Allou, et de Claude le Lorrain, d'après Nounotte. Il a gravé aussi l'Apparition de Jésus à la Vierge, d'après le Guide; les Misères de la guerre et le Déjeuner flamand, d'après Téniers; les portraits de son père, d'après Van Loo; de Marie-Antoinette, d'après Nattier; de Simon Belle, du président Jeannin, de Madame Dubocage. Ses deux femmes, Jeanne Duvivier, d'une célèbre famille d'artistes, et Elisabeth Tournay, se firent un nom dans la gravure à côté de lui; la seconde surtout a laissé des œuvres dignes d'être citées : le Concert, d'après de Troy; la Marchande de moutarde, d'après Hutin; le Joli dormeur, d'après Jeaurat; la Vieille coquette, d'après Dumesnil.

Charles-Jean, dit Tardieu Cochin, fils du précédent, né à Paris en 1765, mort en 1830, se consacra à la peinture. Elève de Regnault, il a envoyé aux divers salons : la Halte en Egypte; Jean Bart à la Cour; la Conversion du duc de Guyenne; l'Aveugle au marché des Innocents; etc.

Il nous faut maintenant revenir à *Jean*, fils de Nicolas, qui eut pour fils *Pierre-François*, né en 1714, mort en 1774; élève de son oncle, *Nicolas-Henri*. On lui doit notamment : le *Jugement de Pâris*; *Persée et Andromède*, d'après Rubens, et une partie des planches, d'après Oudry, pour l'édition des fables de La Fontaine. Pour se conformer aux traditions de sa famille, il avait épousé une artiste, Marie-Anne Rousselet, de la famille des Rousselet, membre de l'Académie royale de peinture, qui a laissé de belles planches surtout celle de *Saint-Jean-Baptiste*, d'après Van Loo.

Enfin, *Claude*, second fils de *Nicolas*, est le chef de la branche la plus importante pour le nombre et la valeur de ses représentants; son fils, *Pierre-Joseph*, eut vingt-six enfants, parmi lesquels *Jean-Baptiste-Pierre* (1746-1616) qui, le premier, prit le titre de graveur-géographe; *Pierre-Alexandre* (1756-1844), élève de Jacques-Nicolas Tardieu et de Wille, l'un des membres les plus connus de cette famille. Il s'appliqua surtout à imiter la manière de Nanteuil et de Gérard Edelinck. Il fut élu membre de l'Institut, en 1822, en remplacement de Bernic. Il excellait à rendre le fini des détails et les délicatesses de touche du tableau qui lui servait de modèle. On cite de lui : *Saint Michel*, d'après Raphaël; *Saint Jérome*, d'après le Dominiquin; *Judith*, d'après Allori; *Ruth et Booz*, d'après Hersent; les portraits de *Marie-Antoinette*, d'après M^me Vigée-Lebrun; de *Montesquieu*, d'après David; de *Napoléon*, d'après Isabey; de *Henri IV*, de *Voltaire*, de *Charles XII*, de *Stanislas* ; c'est à lui aussi qu'on a dû les planches des assignats. Le plus illustre de ses élèves est Desnoyers. Son frère, *Antoine-François*, dit *Tardieu de l'Estrapade* (1757-1822), est également très connu comme graveur-géographe. Il a gravé la plupart des beaux atlas du commencement de ce siècle.

Son fils, *Antoine* (1788-1841), est également célèbre comme graveur et comme géographe. Graveur du dépôt de la marine et du dépôt des fortifications, il a, en outre, organisé un commerce d'estampes florissant. Son œuvre la plus considérable, mais assez médiocre, est l'*Iconographie universelle* ou *collection des Portraits de tous les personnages célèbres* (Paris, 1820 à 1828), comprenant environ 800 portraits. Ses planches de la *Colonne de la grande armée* sont plus estimées. Comme géographe, il a gravé l'*Atlas de géographie ancienne*, de Rollin, d'après d'Anville (1818); celui du *Voyage d'Anacharsis*; celui de l'*Histoire universelle*, de Léger (1836) ; etc. Ses fils ont abandonné les arts pour la science. L'aîné, *Ambroise-Auguste*, a été doyen de la Faculté de médecine.

**TARGE.** *T. d'arm. anc.* Sorte de grand bouclier qui était ordinairement de forme ovale ou taillé en losange.

**TARGETTE.** *T. de constr.* Petite plaque métallique qui porte un verrou plat.

**TARIÈRE.** *T. de men.* Sorte de grande vrille destinée à percer des trous ronds dans le bois, et composée d'une forte mèche en acier fixée par sa queue, et à angle droit, dans un manche de longueur telle qu'on puisse le faire tourner avec les deux mains. || Sonde servant à extraire de la terre des échantillons du terrain où l'on veut forer un puits. || *T. techn.* Outil de forme variable employé dans les sondages pour retirer les matières tendres ou désagrégées déjà par les trépans. — **V.** Sondage. || On donne le même nom à une machine avec laquelle on fore d'un seul coup dans des roches tendres des galeries de mine ayant une section circulaire de plus de 2 mètres de diamètre. Des outils mus par des roues épicycloïdales décrivent des épitrochoïdes en grattant le front de taille dont les débris tombent sur une toile sans fin qui les porte à un vagon. Cette machine a été essayée dans le percement du tunnel sous la Manche.

**TARIF.** Tableau qui indique le prix de certaines denrées ou d'objets fabriqués, ou encore les droits de transport, d'entrée, de sortie, de passage, etc., de certaines choses.—V. Chemins de fer, Douane.

**TARLATANE.** Sorte d'étoffe claire en coton, très apprètée, fabriquée le plus souvent au métier à bras, que l'on fait de différentes largeurs, depuis 1^m,50 jusqu'à 2^m,10, et dont la réduction en chaîne et en trame varie de 12 à 18 fils au centimètre. Ce tissu a le défaut de s'érailler facilement, n'étant soutenu que par l'apprêt. Tarare est, en France, le principal centre de production; à l'étranger, on en fabrique surtout en Suisse. Le tissage se fait par l'armure taffetas. On s'en sert pour moustiquaires, ornements et draperies pour fêtes, banderoles, robes de bals, etc. — A. R.

\* **TAROLE.** Instrument de musique de la famille des tambours. — V. Caisse, II.

**TAROT.** Nom de la feuille de papier qui forme le dos de la *carte à jouer*. — V. cet article.

**TARTAN.** *T. de tiss.* Etoffe de laine à carreaux, depuis longtemps en usage en Ecosse, et qui a été employée en France sous forme de *châle*.— V. ce mot.

**TARTRATE.** *T. de chim.* Sels qui résultent de la saturation de l'acide tartrique par une base; ceux le plus employés sont tous des tartrates droits (V. Acide tartrique); ils sont du reste de deux sortes, ou acides ou neutres, puisque l'acide qui les forme est tétratomique et bibasique. Leur formule générale est

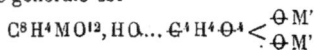

$$C^8 H^4 M O^{12}, H O... C^4 H^4 O^4 < {}^{O M'}_{O M'}$$

pour les sels neutres, et

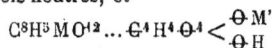

$$C^8 H^5 M O^{12}... C^4 H^4 O^4 < {}^{O M'}_{O H}$$

pour ceux acides.

Les tartrates se reconnaissent aux caractères suivants : par la calcination, ils dégagent une odeur de caramel; ceux solubles donnent, avec les réactifs : par l'*eau de chaux*, à froid, un précipité blanc, soluble par l'agitation, dans un excès d'acide tartrique (caract. distinct. d'avec les acides citrique et malique); avec les *sels de calcium*, rien (caract. distinct. d'avec l'acide oxalique), mais le précipité blanc se forme si l'on sature l'acide par l'ammoniaque; avec le *sulfate de potasse*, précipité cristallin de crème de tartre, ne se formant que dans les solutions neutres ou alcalines (caract. distinct. d'avec les acides citrique et malique); avec l'*acétate de plomb*, précipité blanc, soluble dans l'acide azotique et dans l'ammoniaque; avec l'*azotate d'argent*, précipité blanc, soluble dans l'acide azotique, dans l'ammoniaque, noircissant à l'ébullition; avec le *perchlorure de fer*, rien; avec l'*acétate de potasse* acidulé par l'acide acétique, précipité cristallin de bitartrate de potasse, mais rien dans les liqueurs étendues; avec le *chlorure d'or*, réduction à la longue; avec l'*acide sulfurique*, à chaud, dégagement d'acide carbonique, puis d'oxyde de carbone et enfin d'acide sulfureux et puis coloration noire de la masse.

Un certain nombre de tartrates sont très employés.

### Bitartrate de potasse.

$$C^8 H^5 K O^{12} ... C^4 H^5 K^2 O^6,$$

Syn. : *Crème de tartre*. Il est en prismes rhomboïdaux droits, de saveur acide, répand une odeur de caramel lorsqu'on le chauffe, est peu soluble dans l'eau (1/184 à 0° et 1/116 à 140°) et insoluble dans l'alcool. Ce sel, par l'action de la chaleur, se transforme en *flux noir*, c'est-à-dire en un mélange de carbonate de potasse et de charbon, et calciné avec deux fois son poids de nitrate de potasse, constitue le *flux blanc*.

Ce sel existe tout formé dans les cornichons, les ananas, les fraises, la pomme de terre, la garance, et surtout dans les tamarins et les raisins verts.

Pour le préparer, on recueille le tartre brut qui se dépose au fond des tonneaux de vin, on le pulvérise et on le jette dans l'eau; le bitartrate se dissout en entraînant un peu de matière colorante. On mélange avec un peu de charbon animal, on passe et on évapore. Les cristaux qui se déposent après cette opération sont encore un peu colorés, on y ajoute de l'argile délayée dans l'eau et exempte de chaux, l'alumine forme alors une laque avec la matière colorante et se précipite. Ce sel garde toujours un peu de tartrate de chaux; il est souvent falsifié par du sable, du mica, corps insolubles, et par du bisulfate de potasse que l'on retrouve avec un sel de baryum. Il sert à préparer tous les autres tartrates, en teinture et en impression.

### Tartrate neutre de potasse,

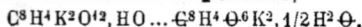

$$C^8 H^4 K^2 O^{12}, H O ... C^8 H^4 O^6 K^2, 1/2 H^2 O.$$

Il est en prismes rectangulaires, solubles dans 4 parties d'eau froide et en toutes proportions dans l'eau bouillante. On l'obtient en saturant le précédent par du carbonate de potasse à l'ébullition, dans une bassine d'argent, jusqu'à neutralisation.

### Tartrate double de potassium et de sodium.

Syn.: *Sel de Seignette*, $C^8 H^4 NaKO^{12}, 4 HO ... C^4 H^4 O^6$, NaK, $4 H^2 O$. Il a été découvert par Seignette, de La Rochelle, en 1673, et sa préparation en resta secrète jusqu'en 1731, époque à laquelle Bouldue et de Grosse la découvrirent à leur tour. Il cristallise en prismes droits à 8 ou 10 pans, est efflorescent, de saveur salée, soluble dans 2 fois

et demie son poids d'eau froide. A cause de sa forme cristalline, on l'a appelé *sel en tombeaux*. On l'obtient en chauffant dans une bassine d'argent, 4 parties de crème de tartre dissoute dans 12 parties d'eau, et en y ajoutant peu à peu 3 parties de carbonate de soude, jusqu'à cessation d'effervescence.

Ce sel est purgatif et sert, en chimie, pour faire le tartrate double de cuivre employé pour le dosage du glucose.

Les autres tartrates ont la plus grande analogie avec ceux de potassium, pour les sels neutres, acides, ou doubles, des différentes bases; mais il en est une autre variété, c'est celle qui se forme par l'union du tartrate acide avec les oxydes métalliques ayant pour formule. $MO^3$, qui a besoin d'être étudiée à part. On donne à ces sels le nom d'*émétiques*; ils ont pour formule

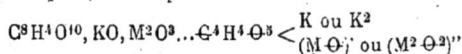

$$C^8 H^4 O^{10}, KO, M^2 O^3 ... C^4 H^4 O^5 < \frac{K \text{ ou } K^2}{(M O)' \text{ ou } (M^2 O^2)''}$$

suivant l'atomicité de l'oxyde combiné, comme pour le ferricum, par exemple, le groupement $Fe^2 O^2$ étant diatomique. Ces composés abandonnent de l'eau vers 200°, avec perte d'une fonction alcoolique.

Les plus employés sont les suivants:

### Tartrate borico-potassique.

Syn. : *Crème de tartre soluble*,

$$C^8 H^4 O^{10}, BoO, KO ... C^4 H^4 O^6 (Bo O) K.$$

Ce corps n'est pas cristallisable, il a une saveur très acide, est soluble dans son demi-volume d'eau, mais offre parfois des parties insolubles, par suite d'un état moléculaire particulier (Soubeiran); par la chaleur, il se dédouble en acide borique et en crème de tartre, en répandant l'odeur de caramel. Sa solution, traitée par un excès d'acide sulfurique, fournit un résidu qui, mêlé à l'alcool, donne à la flamme de celui-ci une coloration verte ($Bo O^3$). Il s'obtient en faisant bouillir, pendant une demi-heure: 4 parties de crème de tartre, 1 partie d'acide borique cristallisé et 24 parties d'eau; puis, au bout de ce temps, concentrant en consistance convenable pour que le corps coulé en plaques se solidifie par refroidissement.

### Tartrate ferrico-potassique,

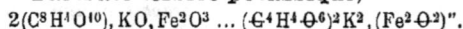

$$2(C^8 H^4 O^{10}), KO, Fe^2 O^3 ... (C^4 H^4 O^6)^2 K^2, (Fe^2 O^2)''.$$

Il a été décrit, au XVIIe siècle, par Angelus Sala; c'est un corps incristallisable, ordinairement en paillettes minces, d'un brun rougeâtre, de saveur atramentaire, très soluble dans l'eau, décomposable à 120° avec dégagement d'acide carbonique; sa solution dans l'eau ne donne pas les caractères du fer, lequel est masqué par l'acide tartrique, aussi elle ne précipite ni par la potasse, ni par le cyanure jaune de potassium. Pour le préparer, on prend 10 parties de crème de tartre et on les dissout dans 6 parties d'eau bouillante; on y ajoute une quantité de peroxyde de fer hydraté correspondant à 4,3 parties de peroxyde desséché. On fait digérer le tout pendant deux heures à 60° environ, on filtre et on étale la solution en couches minces que l'on évapore à l'étuve, entre 40 et 50°.

**Tartrate antimonico-potassique.** Syn.: *Émétique, tartre stibié*. $C^8H^4O^{10}$, $SbO^3$, $KO$, $2aq$ ... $C^4H^4O^5$, $(SbO)$, $K,H^2O$. Il a été découvert, en 1631, par Mynsicht, mais sa préparation normale n'a été donnée qu'en 1648, par Glauber. C'est un sel incolore de l'éther-acide antimonico-tartrique, cristallisant en octaèdres à base rhombe, à un équivalent d'eau, d'une densité de 2,58, blanc, opaque, efflorescent, pendant son équivalent d'eau à 100°, soluble 1 partie dans 145 parties d'eau froide, et 1,9 d'eau bouillante, de saveur amère et désagréable, vomitif et toxique; il a un pouvoir rotatoire considérable, $\alpha j = +156°,2$.

Une forte chaleur le décompose, il dégage de l'acide carbonique et des matières empyreumatiques et laisse, comme résidu, du carbonate de potasse, du charbon et du protoxyde d'antimoine, et, au rouge sombre, de la potasse et de l'antimoine; ce dernier résidu, calciné avec du noir de fumée, donne un mélange qui détone par l'addition d'eau.

La solution d'émétique offre des caractères chimiques particuliers, différant de ceux de l'antimoine. Ainsi, elle donne : avec la *potasse*, un précipité blanc, soluble dans un excès de réactif; avec l'*ammoniaque*, un précipité dans les liqueurs concentrées et bouillantes, insoluble dans un excès de réactif; avec l'*eau de chaux*, un précipité blanc; avec l'*acide sulfurique* ou les *sulfates solubles*, un précipité blanc; avec l'*acide chlorhydrique*, un précipité blanc, d'oxychlorure; avec le *tannin*, un précipité jaune sale, de protoxyde d'antimoine uni à du tannin et à de l'acide gallique; avec l'*acide sulfhydrique* ou les *sulfures*, une coloration jaune rougeâtre, dans laquelle un acide amène le dépôt d'un précipité jaune; avec l'*appareil de Marsh*, on obtient des taches miroitantes d'antimoine métallique; le *zinc* précipite également ce dernier corps.

Pour préparer l'émétique, on fait bouillir une solution de crème de tartre (10 parties) dans 70 parties d'eau, avec 7,5 parties d'oxyde d'antimoine précipité. D'après Jungfleisch, l'acide tartrique étant à la fois acide bibasique et alcool biatomique, sature une de ses fonctions acides en se combinant à la potasse, et le tartrate acide formé, en présence de l'eau bouillante, s'éthérifie par l'action de l'oxyde d'antimoine pour former un éther de l'acide antimonieux $SbO^3HO$. L'émétique est le produit de ces deux réactions successives; il est à la fois monopotassique, éther antimonieux, acide monobasique et alcool mono-atomique

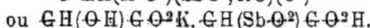

$$C^8HK(H^2O^2)(SbO^3,HO)(O^4)^2$$

ou $CH(OH)CO^2K$, $CH(SbO^2)CO^2H$.

Ce corps est très employé dans la médecine, mais il sert considérablement dans l'industrie des toiles peintes. — *s. c.*

**TARTRIFUGE.** *T. techn.* Nom que l'on donne, dans l'industrie, aux diverses préparations destinées à détruire les incrustations de chaudières à vapeur.

**TARTRIQUE** (Acide). *T. de chim.*

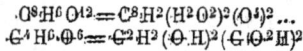

$$C^8H^6O^{12} = C^8H^2(H^2O^2)^2(O^4)^2 ...$$
$$C^4H^6O^6 = C^2H^2(OH)(CO^2H)^2$$

Cet acide-alcool est connu depuis l'usage du vin, puisqu'il se déposait dans les vases contenant ce liquide, sous forme de bitartrate brut; mais il n'a été isolé que par Schéele (1769). Sa composition fût donnée par Berzélius, en 1815, et ce savant démontra l'analogie que possède ce corps avec l'acide racémique, de Kestner (1822); plus tard, Pasteur montra que cet acide racémique est, en effet, formé par le mélange d'un acide tartrique droit et d'un acide tartrique gauche. Il existe, d'après ce qui précède, différentes sortes d'acide tartrique : un acide tartrique droit; un acide tartrique gauche; un acide racémique (inactif), mélange des deux précédents; et un acide tartrique inactif, dérivant de l'acide succinique.

Les acides droits et gauches, combinés à l'état d'acide racémique, existent en petite quantité dans le raisin; on peut les dédoubler.

Jungfleisch a le premier obtenu par voie de synthèse un corps doué de pouvoir rotatoire, en partant du bromure d'éthylène, le transformant en dicyanhydrine, laquelle engendre de l'acide succinique, pouvant à son tour produire de l'acide tartrique. Celui-ci, à +175°, avec l'eau, donne de l'acide paratartrique se dédoublant en acides tartriques droit et gauche.

L'acide *tartrique ordinaire* est l'acide droit. C'est un acide-alcool bibasique et bialcoolique, cristallisant (anhydre) en prismes rhomboïdaux obliques et hémièdres, incolores, inodores, se brisant difficilement (caract. d'avec l'acide citrique); d'une densité de 1,764. Par la chaleur, il fond à 135° centigrades et se modifie en ses variétés optiques (l'acide racémique, l'acide tartrique gauche, puis l'acide inactif), et il dégage, en se décomposant, l'odeur de caramel, en même temps qu'il s'électrise. Il est dextrogyre, mais son pouvoir rotatoire varie fortement avec la dilution des solutions aqueuses : celles qui contiennent $p$ grammes d'acide 0/0 ont le pouvoir

$$\alpha D = +15°,06 - 0,131\, p.$$

Il est soluble dans 1,36 partie d'eau à 22° et dans 2 parties d'alcool. Avec les bases, il forme quatre sortes de sels, des tartrates neutres, acides, des sels doubles à acide et à oxyde; les ferments le transforment en acides acétique, butyrique et valérique; le brome s'y dissout sans faire de bromoforme; chauffé en tube clos à 400°, avec de l'acide chlorhydrique, il donne des acides pyrotartrique, métatartrique et racémique; chauffé avec le bioxyde de manganèse, il s'oxyde; avec le minium, il donne, à chaud, du formiate de plomb et de l'acide carbonique, et avec la potasse, de l'oxalate et de l'acétate de potasse.

*Caractères.* Cet acide répand l'odeur de caramel par la chaleur; ses solutions, avec la *potasse*, donnent un précipité de bitartrate, cristallin, (dans les liqueurs acides seulement); avec l'*acide chlorhydrique*, un précipité par l'agitation; avec le *chlorure de potassium*, un précipité blanc; avec les sels de *chaux à acides organiques*, un précipité

blanc (caract. distinct. d'avec l'acide oxalique);
avec l'*eau de chaux*, à froid, un précipité blanc
(caract. distinct. d'avec les acides citrique et malique); avec le *sulfate de potasse*, précipité cristallin si l'acide tartrique est en excès; avec le
*chlorure d'or*, l'*azotate d'argent*, réduction métallique à l'ébullition.

*État naturel.* Il existe, combiné à la potasse ou
à la chaux, dans l'oseille, la rhubarbe, l'ananas,
le poivre, le tamarin, etc., surtout dans les raisins.

*Synthèse.* On peut obtenir artificiellement l'a-
cide tartrique : 1° en oxydant le dérivé bromé de
l'acide succinique, puis en précipitant par l'oxyde
d'argent :

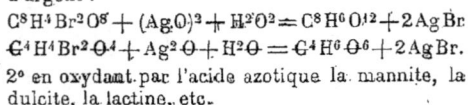

$$C^8H^4Br^2O^6 + (Ag^2O)^2 + H^2O^2 = C^8H^6O^{12} + 2AgBr.$$
$$C^4H^4Br^2O^4 + Ag^2O + H^2O = C^4H^6O^6 + 2AgBr.$$

2° en oxydant par l'acide azotique la mannite, la
dulcite, la lactine, etc.

PRÉPARATION. Pour l'obtenir, on pulvérise 75
grammes de bitartrate de potasse, et on les fait
fondre dans 500 grammes d'eau bouillante, puis
on y ajoute peu à peu de la craie pulvérisée (30
grammes environ) jusqu'à ce que la liqueur ne
fasse plus effervescence par l'addition de la craie.
Il se forme du tartrate neutre de potasse et du
tartrate de chaux insoluble se précipite

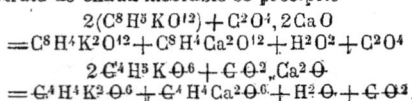

$$2(C^8H^5KO^{12}) + C^2O^4, 2CaO$$
$$= C^8H^4K^2O^{12} + C^8H^4Ca^2O^{12} + H^2O^2 + C^2O^4$$

$$2C^4H^5KO^6 + CO^2, Ca^2O$$
$$= C^4H^4K^2O^6 + C^4H^4Ca^2O^6 + H^2O + CO^2$$

On verse alors dans la liqueur claire une solution
contenant 30 grammes de chlorure de calcium
sec; il se forme par double décomposition du
chlorure de potassium et du tartrate de chaux,

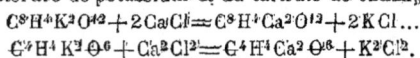

$$C^8H^4K^2O^{12} + 2CaCl = C^8H^4Ca^2O^{12} + 2KCl.$$
$$C^4H^4K^2O^6 + Ca^2Cl^2 = C^4H^4Ca^2O^6 + K^2Cl^2.$$

On réunit les précipités, on les lave avec de l'eau
pour enlever le chlorure de potassium formé,
puis on traite par l'acide sulfurique; il se forme
du sulfate de chaux, et l'acide tartrique est mis
en liberté,

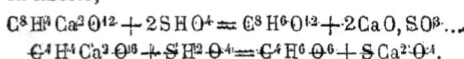

$$C^8H^4Ca^2O^{12} + 2SHO^4 = C^8H^6O^{12} + 2CaO, SO^3...$$
$$C^4H^4Ca^2O^6 + SH^2O^4 = C^4H^6O^6 + SCa^2O^4.$$

On filtre au mélange chaud, puis le liquide clair
est évaporé au bain-marie, en consistance sirupeuse; l'acide tartrique se dépose par refroidissement. Si la liqueur concentrée se troublait (cristaux de sulfate de chaux); il faudrait filtrer avant
de faire la concentration.

Lorsqu'on prépare l'acide tartrique avec le tartre brut ou les lies de vin, on les délaie dans 4 ou
5 fois leur poids d'eau, puis on y ajoute peu à
peu de l'acide chlorhydrique dilué pour dissoudre les sels. Celui-ci met l'acide tartrique en liberté, fait des chlorures de potassium et de calcium; on filtre et on lave le résidu. On additionne
alors la liqueur claire de carbonate de chaux, et
il se forme du chlorure de calcium qui reste en
solution alors que le tartrate de chaux se précipite. On le traite alors comme on l'a indiqué plus
haut (Kestner).

L'acide tartrique est quelquefois frelaté avec
du bisulfate de potasse, ce que l'on reconnaît
avec le chlorure de baryum; avec de la crème de
tartre, et que l'on retrouve en dissolvant par l'alcool qui enlève l'acide libre et pas les sels.

La préparation de l'acide tartrique se fait actuellement en grand, aux environs de Londres,
à Lyon, à Thann, à Pforzheim, à Heilbronn, à
Pesth et à Vienne, et la production annuelle, venant surtout du traitement des lies, est de 2 millions 550,000 kilogrammes, d'une valeur de près
de 10 millions de francs. Cet acide sert dans
la teinture et dans l'impression des tissus, en
photographie, en médecine et pour faire des
boissons gazeuses. — J. C.

**TAS.** *T. techn.* Petite enclume portative qu'on
appelle aussi *tasseau*; les serruriers donnent le
même nom à une enclume dont la table a des formes différentes pour emboutir et relever le fer en
barre. || Bloc d'acier sur lequel on essaye la sono-
rité des monnaies. || Sorte de matrice en usage
dans divers métiers.

**TASSE.** Petit vase à boire à bords peu élevés,
et que l'on fait en métal, en bois, en faïence, en
porcelaine.

**TASSEAU.** *T. de charp. et de men.* Morceau de
bois fixé entre les arbalétriers et les pannes d'une
ferme, et tringle également en bois, clouée soit sur
les côtés d'une armoire ou dans l'angle d'un mur
pour soutenir une tablette, soit sur la face verticale d'une solive pour supporter les bardeaux du
plancher; on s'en sert encore dans la couverture
de zinc pour y fixer les couvre-joints. || *T. de constr.*
Tas en plâtre placé dans un angle pour y recevoir
un ustensile quelconque. || Petit mur de brique
employé comme support. || Scellement fait aux
pieds des sapines ou écoperches d'un échafaudage à
l'aide de fragments de moellons maçonnés avec
du plâtre.

**TASSEMENT.** *T. de constr.* On dit qu'un mur
*tasse*, qu'il éprouve un *tassement*, quand sa hauteur
au-dessus du niveau du sol diminue par suite de
la pression qu'exercent sur eux-mêmes ou sur le
sol qui les supporte les matériaux qui composent
ce mur; ainsi la compressibilité du terrain et la
trop grande épaisseur des joints de mortier sont
des causes de tassement. On comprend aisément
que si cet effet se produit d'une manière égale
dans toutes les parties de la maçonnerie, il n'y ait
pas danger pour la solidité de celle-ci; mais si le
terrain de fondation est inégalement compressible
dans toute son étendue, si le mur est composé de
parties offrant des poids différents, il y a tassement
inégal et danger de désunion, de rupture même,
dans la maçonnerie. Si cet effet est à craindre
pour un mur de clôture, par exemple, à plus forte
raison doit-on le redouter dans l'ensemble d'une
construction, composée de matériaux très divers
et offrant des points d'appui sur lesquels les charges viennent plus particulièrement s'exercer. De
là ces crevasses qui se produisent fréquemment
dans les constructions, ces déchirements qui ont
lieu à la jonction des murs de face et de re-

fend, ou des remplissages et des parties formant points d'appui.

Les moyens d'éviter ces effets désastreux, qui peuvent entraîner la ruine de l'édifice où ils se produisent, résident dans le choix d'un terrain suffisamment résistant pour les charges qu'il aura à supporter, dans la répartition judicieuse de ces charges, dans l'emploi de joints d'épaisseur aussi faible que possible et exécutés avec des matières liaisonnantes de très bonne qualité. Dans les vieilles constructions romaines, faites en briques plates, on rencontre, il est vrai, des joints ayant 0m,025 et même 0m,05 d'épaisseur; ces constructions n'ont résisté qu'à cause de l'excellente qualité des éléments constitutifs du mortier, fait le plus souvent avec de la pouzzolane. De nos jours, l'épaisseur des joints ne dépasse guère 0m,01 dans la maçonnerie en briques; dans les maçonneries très bien faites, elle descend même jusqu'à 0m,005. L'épaisseur des joints de la maçonnerie en pierres de taille varie de 0m,004 à 0m,01. L'emploi du mortier de ciment se recommande ici de préférence au plâtre.

Les terres rapportées sont sujettes à un tassement très prononcé par suite de l'action de la pesanteur qui tend à combler les vides produits par le foisonnement lors du déblai de ces terres. — F. M.

*TAUMATROPE ou THAUMATROPE (de deux mots grecs qui signifient : merveille par rotation). Instrument d'optique fondé sur la persistance des sensations produites par la lumière sur la rétine. Si l'on dessine, par exemple, un oiseau sur l'une des faces d'un carton et une cage sur l'autre, et qu'on fasse tourner rapidement ce carton autour de la droite qui le partage symétriquement; l'œil percevra en même temps les deux images, c'est-à-dire verra l'oiseau dans la cage. Chacune des deux images se présente à l'œil avant que l'image précédente ait diminué notablement d'intensité, et pour obtenir ce résultat il faut faire tourner l'instrument d'autant plus vite qu'il est plus éclairé. Le *phantascope* et le *phénakisticope* sont fondés sur le même effet de persistance. — C. D.

*TAUREAU. *Art hérald.* Dans le blason, cet animal paraît de profil la queue retroussée sur le dos, le bout tourné à sénestre, ce qui le distingue du bœuf dont la queue est pendante.

TAUTOCHRONE. *T. de phys.* Courbe telle qu'un mobile pesant, qui tombe le long de sa concavité, met toujours le *même temps* pour arriver au point le plus bas, quel que soit le point de départ. Huyghens a découvert que cette courbe est la *cycloïde*, courbe engendrée par un point de la circonférence d'un cercle qui roule, sans glisser sur une ligne droite.

*TAVELAGE. *T. techn.* Dévidage de l'écheveau de soie grège sur une bobine, en vue du *moulinage.* — V. ce mot.

*TAVELETTE. *T. techn.* Guindre léger dont on fait usage dans le système de tirage de la grège dit *filature à la tavelle.* — V. SOIE.

*TAVELLE. *T. techn.* Ensouple sur lequel est envidé un écheveau de fil (soie, lin, laine, etc.)

*TAXIDERMIE. *T. techn.* Art de bourrer la peau des animaux, et par extension, de les préserver et les monter de façon à leur donner l'aspect de la vie.

Nous ne pouvons avoir la prétention de décrire ici, avec détails, les manipulations qui constituent, par leur ensemble, la taxidermie; elles ne peuvent porter que sur les mammifères, les oiseaux, les reptiles, les poissons et quelques crustacés; on sait que certains animaux comme les insectes, n'ont besoin que d'être conservés à l'abri de l'humidité, tandis que d'autres doivent être plongés dans un liquide conservateur approprié, variable parfois, mais qui est le plus généralement de l'alcool. — V. NATURALISTE.

*TÉ. *T. techn.* Nom donné généralement à toute pièce dont la forme ou la section est celle d'un T. C'est ainsi qu'on désigne : en particulier, certaines ferrures de cette forme, destinées à consolider les assemblages de menuiserie; les traverses qui relient les pieds d'un meuble; la réunion de trois branches de tuyau; cette sorte de double règle qu'on emploie dans le dessin linéaire en faisant glisser la branche la plus courte le long de la planche à dessin, tandis qu'à l'aide de l'autre branche on trace des lignes droites et parallèles; etc.

TECHNOLOGIE (du grec *techné* art, et *logos* discours). C'est la science qui embrasse les procédés des arts et des métiers. De création moderne, la technologie doit, après avoir retracé et décrit l'histoire des diverses branches de l'industrie, en suivre les développements et rechercher les applications nouvelles des sciences, afin de les mettre à la portée des praticiens qui les ignorent.

Le champ ouvert aux investigations du *technologiste* est si vaste, les matières et les produits employés par l'ingénieur, le fabricant, le manufacturier sont si nombreux, les objets fabriqués manuellement ou mécaniquement sont si considérables, qu'un seul homme ne saurait aujourd'hui posséder tout entière cette science qui grandit chaque jour avec les progrès successifs des arts et des sciences appliqués à l'industrie, aussi les encyclopédies comme la nôtre ou les ouvrages techniques doivent-ils recourir aux connaissances multiples des hommes spéciaux.

TECK (bois de). *T. de techn.* Bel arbre de la famille des verbénacées, le *teka grandis,* Link (syn.: *tectona grandis,* Lin. fils).

Les feuilles de cet arbre sont employées aux pays d'origine pour teindre en pourpre la soie ou le coton, avec addition d'acide citrique. C'est surtout le bois qui est recherché pour les constructions civiles et encore plus pour les constructions navales, à cause de sa solidité des plus grandes jointe à une grande légèreté. Il est de couleur fauve brunâtre, de texture fibreuse, de toucher onctueux; il répand une odeur forte, qui rappelle celle de la tanaisie, aussi l'appelle-t-on à Bourbon, *bois puant,* mais cette propriété est précieuse car elle éloigne les insectes, et donne ainsi au bois une très longue durée. Il est susceptible de prendre un beau poli. Quelques auteurs ont prétendu, sans donner de preuves sérieuses à l'appui, que ce bois était toxique et laissait dans les plaies des esquilles dangereuses par leur nature même; ce fait a été reconnu être complètement erroné. Le bois coupé perpendiculairement à l'axe, présente de très nombreuses couches concentriques, dont chacune est plus dense et de couleur plus foncée du côté du centre, il paraît transparent dans les parties claires; cette disposition permet, en ébénisterie, d'obtenir de jolis effets décoratifs.

\* **TEILLAGE.** Opération dont le but est de briser l'axe ligneux de la tige du lin ou du chanvre, et de le séparer de la fibre proprement dite; on dit aussi *tillage*.

Le teillage comprend deux opérations : la première dite *broyage* (et selon les cas, *maillage, macquage*, etc.), par laquelle on broie la paille pour la forcer à se détacher plus facilement de la filasse; la seconde, le *teillage* proprement dit (quelquefois *écouchage, écanguage, espadage*, etc.), qui sert à enlever les parties de chènevotte que l'opération précédente y a laissées. L'une et l'autre de ces opérations se font à la main ou à la mécanique.

1° **Broyage.** *Broyage à la main.* Le plus répandu des instruments à broyer à la main, très employé dans quelques fermes du Nord, de la Belgique et de la Hollande, porte le nom de *macque, maillet flamand* ou *cassebras*. C'est une sorte de battoir en bois dur et pesant, muni d'un long manche recourbé. La partie inférieure, destinée à frapper directement sur le lin, a environ 0$^m$,15 de largeur sur 0$^m$,30 de longueur et 0$^m$,10 d'épaisseur. Pour s'en servir, un ouvrier place les tiges en éventail sur un sol uni et sec, puis les retenant par une extrémité avec le pied, il frappe sur l'autre bout et sur le milieu rapidement et avec énergie; lorsqu'il juge que la paille a été bien brisée, il secoue les tiges, et il attaque le bout opposé. Cette méthode est sans danger pour les fibres et donne de bons résultats, mais elle est un peu longue.

En Normandie, la macque est remplacée par un autre instrument très connu sous le nom de *broie*. Celui-ci se compose de deux planches, longues de 2 mètres à 2$^m$,50 sur une largeur de 0$^m$,60 à 0$^m$,65, retenues ensemble par une lame de tôle formant charnière et pouvant facilement se recouvrir l'une l'autre. La planche inférieure est soutenue aux quatre coins, à 0$^m$,70 du sol, par des pieds solides en bois, de manière à conserver une position stable, et la planche du haut est terminée par un manche dont on a soin d'arrondir les bords pour la plus facile manœuvre de l'appareil. On a creusé sur la seconde planche, deux longues mortaises larges de 0$^m$,075, correspondant à deux planchettes de même épaisseur au revers du couvercle; ces planchettes peuvent s'enfoncer dans les mortaises d'une longueur de 0$^m$,1 au moins. Pour se servir de la broie, l'ouvrier saisit de la main droite, par le manche, et soulève la pièce supérieure; de la main gauche,

il engage une poignée de lin dont il a mis d'abord les pieds des tiges au même niveau, et il rapproche fortement et à plusieurs reprises les deux mâchoires, ramenant peu à peu la poignée à lui, pour que la paille soit brisée dans toutes ses parties. Il répète ce mouvement plusieurs fois, en secouant le lin, pour faire tomber la chènevotte, et, lorsque la première partie est suffisamment broyée, il retourne la poignée, pour travailler de la même manière l'extrémité qu'il tenait dans la main. Cet instrument est très employé en Normandie, mais il faut avouer que son emploi est extrêmement défectueux. On ne réussit jamais, en effet, à laisser intact le tégument fibreux, car le lin n'est pas élastique lorsqu'il est en paille, et les tiges, encore rigides et cassantes, ne peuvent jamais sans inconvénient supporter la forte tension à laquelle elles sont brusquement soumises.

*Broyage mécanique.* La question du broyage du lin à la mécanique a été longtemps à l'étude avant d'être amenée à la réalisation. C'est à Milan, en 1784, qu'en est venue la première pensée; il est alors question dans le troisième volume des *Opuscules choisis*, imprimés en cette ville, de remplacer le travail du lin à la mécanique par celui de trois cylindres cannelés mis en mouvement à bras d'hommes. Cette machine ne fut pas adoptée, mais quelques années plus tard, en 1816, un nommé James Lee, manufacturier à Oldbow, près Londres, fit revivre cette question, et prit en Angleterre le premier brevet pour deux machines à briser le lin, destinées à remplacer la broie à mâchoires alors seule employée. La première de ces machines, dont le nom peut être traduit en français par celui de *briseuse*, était composée de cinq cylindres cannelés auxquels on communiquait un mouvement d'oscillation combiné avec la rotation de leurs axes; la seconde, la *finisseuse*, comprenait trois cylindres à mouvement très lent, précédés de planchettes à bords rabattus et arrondis qui se rapprochaient entre elles pour débarrasser le lin de sa chènevotte; MM. Hill et Williams, de Bandy, apportèrent ensuite quelques modifications à ces machines.

Nous venons de voir que le principe du broyage à la main consistait à détacher la paille du lin en frappant perpendiculairement sur la tige, les broyeuses mécaniques, au contraire, écrasent généralement le lin en le broyant au moyen de rouleaux.

L'une des plus employées, la *broyeuse picarde*, par exemple, se compose de deux rouleaux cylindriques, assez fortement cannelés, au travers desquels on fait passer les tiges de lin. Celles-ci sont étendues sur une tablette en bois, qui précède les rouleaux, et dès que leur extrémité se trouve engagée dans les cannelures, un ouvrier tourne une manivelle adaptée au rouleau inférieur, et imprime au lin un mouvement de va-et-vient. Il donne trois ou quatre tours de cylindre en avant et en arrière, puis finalement un dernier coup pour faire passer les tiges, alors complètement broyées, sur une seconde tablette de bois correspondant à celle du devant : il vient relever la poignée pour la teiller ensuite. A chaque extrémité des rouleaux, une vis de pression permet de modifier plus ou moins la force du broyage. Sauf quelques modifications, ce modèle est peu variable en France.

En Allemagne, dans presque toutes les provinces qui cultivent le lin, et particulièrement en Westphalie, on emploie un instrument spécial, dit *brisoir*, composé d'un rouleau cannelé auquel un ouvrier imprime un mouvement de va-et-vient sur une table également cannelée. Un second ouvrier, qui tient le lin, le retourne de temps en temps et le secoue plusieurs fois, afin que les chènevottes se détachent des tiges. Cet instrument n'est en somme qu'une variété de la broyeuse picarde.

L'une des machines à broyer le plus employées dans le Nord, est celle qui est connue sous le nom de *broyeuse américaine* (fig. 322).

Le broyage est effectué dans cette machine par deux paires de cylindres cannelés posés sur deux bâtis en fonte reliés entre eux par des entretoises. Ces cylindres sont deux à deux de pas différents, ceux de la première paire ont 14 dents, ceux de la seconde 18. Les cylindres supérieurs sont, en outre, fixés dans des coussinets à charnière avec ressorts en caoutchouc, de façon que leur pression peut être plus ou moins modérée suivant la nécessité du broyage. Tout le principe de la machine consiste dans le mouvement de ces rouleaux, ce mouvement est circulaire

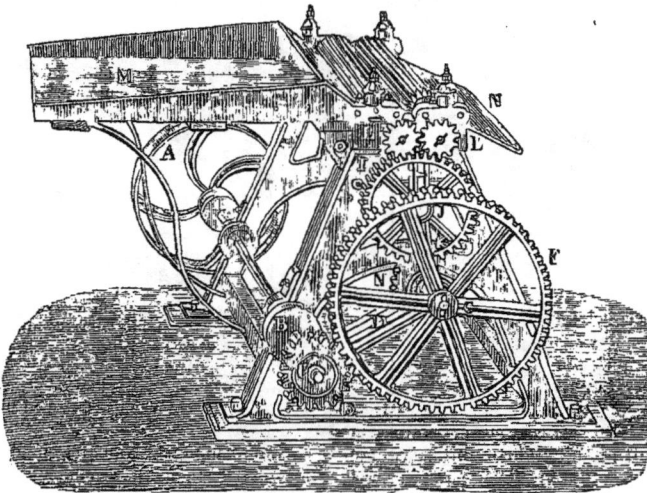

Fig. 322. — *Broyeuse américaine.*

et continu, différentiel par rapport à chacun d'eux, et alternatif. Voici comment il est obtenu : l'arbre de commande porte une poulie A (comprenant poulie folle et poulie fixe), recevant le mouvement d'une transmission quelconque, et tournant toujours à la même vitesse ; sur l'extrémité de l'arbre qui sert d'axe aux poulies et au bout qui leur est opposé, est calé un plateau en fonte B portant un bouton de manivelle C, sur lequel est fixé un pignon E engrenant avec une roue F calée sur un axe G ; une bielle D réunit les deux axes C et G, et sur le même axe G est monté un pignon N engrenant avec la roue I tournant folle sur l'axe J ; cette roue engrène avec les deux pignons LL' calés sur les cylindres inférieurs opérant le broyage. Les deux axes J et G sont reliés entre eux par une bielle K. Il est évident que le bouton excentrique C communique à tout le système un mouvement de va-et-vient régulier transmis par les bielles D et K. En même temps le pignon E, qui engrène avec la roue F,

communique à cette dernière un mouvement circulaire, transmis jusqu'aux cylindres broyeurs par les pignons N I LL'. Il résulte de ces mouvements combinés que les textiles engagés entre les cylindres sont, non seulement broyés, mais encore frottés et secoués. Cette machine tient peu de place ; son prix, qui varie suivant les modèles, est généralement peu élevé.

Enfin, en dehors des nombreux types de machines à broyer à la mécanique, types très nombreux qui se rapprochent plus ou moins de ceux dont nous venons de parler, l'une des dispositions qui nous semblent le plus remarquables, est celle connue sous le nom de *broyeuse Cail*, du nom du constructeur. Cette machine se compose d'un bâti de fonte A (fig. 323) sur lequel sont placés des cylindres inférieurs cannelés ; ceux-ci, dont le nombre peut beaucoup varier, sont en fonte, à cannelures progressives de plus en plus fines, et tournent au moyen d'engrenages coniques CD ; ils reçoivent ce mouvement de rotation, la moitié sur le côté droit de la machine et l'autre moitié sur le côté gauche, au moyen de 2 arbres B, qui eux-mêmes sont mis ne mouvement par deux engrenages coniques OP, et par un arbre R qui est placé transversalement. Ce dernier reçoit lui-même son mouvement de l'arbre principal T auquel sont adaptées les poulies, au moyen d'engrenages cylindriques L, L', L², L³, L⁴. On peut changer à volonté les intermédiaires L¹, L², L³, pour augmenter ou diminuer la vitesse.

Sur le même arbre que les poulies, se trouvent placés un volant K, dont l'effet est de régulariser le mouvement de la machine, et un excentrique qui, par la bielle H, communique le mouvement à deux tiges de fer plat, sur lesquelles sont articulés, au moyen de tourillons, les bras G, qui ont leur point d'attache sur l'axe des cylindres inférieurs. Les cylindres cannelés supérieurs I sont libres dans leurs coussinets dont les deux parties sont pressées l'une contre l'autre au moyen d'un ressort formé d'une lame d'acier contournée en hélice. Si la matière vient à passer en trop grande quantité, ou qu'un corps étranger s'y trouve mélangé, ce qui peut faire briser les cannelures, le ressort cède, et le rouleau supérieur s'écarte du rouleau inférieur pour reprendre sa position lorsque la machine en est débarrassée. Par le mouvement de la machine, les bras G oscillent autour des tourillons, comme le font les balanciers des machines à vapeur. Les cylindres supérieurs I étant de même cannelure que les cylindres inférieurs, il en résulte que, dans leur mouvement circulaire alternatif, ils engrènent en quelque sorte avec les cylindres inférieurs et sont par conséquent obligés de tourner autour de leur axe.

Cette machine donne les meilleurs résultats. Elle broie beaucoup de tiges à la fois, et peut alimenter à elle seule plusieurs machines à teiller ; elle nous semble avoir beaucoup avancé la question pratique du broyage mécanique du lin. Seulement, en raison de son prix excessivement élevé (5 à 8,000 fr.), comparativement aux autres broyeuses, elle n'est employée jusqu'ici que dans les très grandes exploitations, et elle sera encore très longtemps ignorée de la petite et de la moyenne culture.

2º **Teillage.** *Teillage à la main.* Les instruments qui servent au teillage à la main varient beaucoup avec les diverses contrées. Dans le Nord, en Belgique, en Hollande, on se sert, pour écanguer, d'une planche longue et verticale à laquelle on donne le nom de *poisset*, et d'un instrument à main appelé *écang*, *écouche* ou *épadon*. Le poisset a environ 1m,40 de hauteur sur 0m,35 de large et 3 à 4 centimètres d'épaisseur ; il est maintenu solidement à sa base sur une autre planche épaisse, horizontale qui lui sert de patin, et il est muni sur le côté, à peu près à 80 centimètres du pied, d'une entaille d'environ 8 centimètres de hauteur sur 15 à 18 de profondeur. L'écang est une espèce de couperet en bois dur

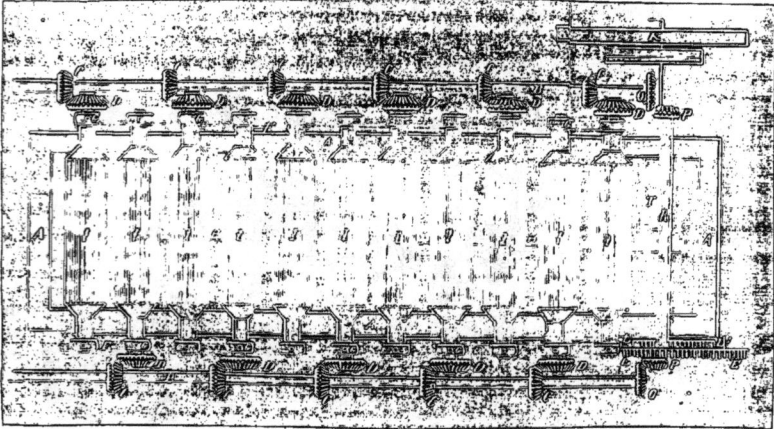

Fig. 323. — *Broyeuse Cail Plan.*

et mince, muni d'un manche, garni dans le haut et sur la partie extérieure, d'une lame en bois qui dépasse en avant et qui sert à donner de la force au coup. Le manche doit être uni et plat, parce que l'instrument est ainsi moins susceptible de tourner dans la main. Pour se servir du poisset, l'ouvrier prend de la main gauche une poignée de lin bien dressée qu'il tient avec fermeté et la place sur l'arête inférieure de l'échancrure ; cette arête est taillée en biseau afin que l'écang, en tombant, ne soit pas arrêté par le bord et ne coupe pas la filasse. Puis, avec l'écang, le teilleur frappe le lin en lançant à fond son instrument qui est relevé aussitôt par une corde placée à la hauteur des genoux du travailleur, laquelle sert en même temps à protéger ses jambes et à diminuer la fatigue de ses mouvements. Il recommence ensuite la même opération jusqu'à ce que la filasse soit complètement dépouillée de sa paille. Il tourne et retourne le lin autant que le besoin s'en fait sentir, et n'attaque l'autre côté que lorsqu'une extrémité est bien dégagée.

L'écang à teiller, employé dans le Nord, est généralement en bois de noyer. On le fait toujours assez lourd et long, de manière que le coup obtienne plus de volée et que le bras soit relevé sans effort par la sangle du bas. Mais dans certaines contrées de la Picardie, de la Bretagne, de la Seine-Inférieure, on se sert d'un instrument appelé *petite écangue*, tout à fait semblable comme disposition à l'écangue flamande, mais beaucoup plus affiné et à spatule plus courte ; il n'y a pas alors de sangle au bas de la planche à teiller. Au premier abord, un ouvrier pourrait être tenté de se servir de cet instrument en raison de sa légèreté, mais ce serait une erreur. Il ne peut, en effet, lancer à fond la petite écangue comme il veut, il est obligé, pour ainsi dire, de retenir son coup ; alors le lin n'est jamais assez battu, les extrémités en sont imparfaitement travaillées, et on n'obtient, dans ce cas, que des filasses à pieds chargés et à tête mal travaillée.

En dehors du poisset et de l'écang, le teilleur de lin est toujours muni de quelques petits instruments spéciaux destinés à affiner son lin. Dans le Nord, tous ont, par exemple, un *peigne* en bois et une sorte de couteau émoussé, en bois, auquel ils donnent le nom de *râcloir*. Le peigne sert, après le teillage, à enlever la paille de la tête où elle est toujours plus adhérente; le râcloir est utilisé pour unir le lin, et pour lui donner un bel aspect marchand. Dans d'autres pays, le peigne en bois est remplacé par une sorte de carde à main qui n'est autre qu'une planchette à manche sur laquelle on a grossièrement cloué quelques morceaux d'une garniture de carde en cuir.

*Teillage à la mécanique.* L'un des instruments le plus employés dans le Nord pour le teillage automatique, est celui qui est désigné sous le nom de *moulin flamand* ou *irlandais*. Le type le plus ancien se compose de plusieurs lattes en bois, mobiles autour de l'axe d'une manivelle qu'on peut faire tourner à volonté; le lin broyé, placé dans l'échancrure d'une planche à teiller fixe, reçoit les coups des lattes au fur et à mesure de leur rotation. Dès le principe, ce moulin, au moyen duquel on peut teiller, par jour, 10 à 15 kilogrammes de lin et dont le prix varie de 30 à 60 francs, a été peu employé parce que sa manœuvre exigeait trois personnes; l'une pour donner le mouvement, la seconde pour soumettre le lin à l'action des lattes, la troisième pour préparer les poignées et les recevoir après le travail. Aujourd'hui, il n'en est pas ainsi, et le moulin est beaucoup plus en vogue depuis qu'on a trouvé le moyen de le faire manœuvrer par une seule personne; il a suffi d'adapter à la manivelle une bielle, et à cette bielle une tige fixe munie d'une pédale; l'ouvrier teilleur peut alors, en appuyant sur la pédale, faire tourner à lui seul le moulin. Les différents moulins à teiller fondés sur ce principe ne diffèrent guère, suivant les pays, que par le nombre des lattes, la matière dont celles-ci sont faites (fer ou bois) et la forme plus ou moins heureuse des lattes.

En dehors de ces machines, on peut rencontrer un grand nombre de teilleuses plus ou moins ingénieuses (systèmes Mertens, Lepage, Ray-

Fig. 324. — *Teilleuse-piqueuse Cardon avec machine à peigner.*

nal, etc.), toutes fondées plus ou moins sur le système du travail par friction. Mais dans ces derniers temps, un nouveau principe consistant à piquer le lin en paille entre les aiguilles de deux peignes animés d'un mouvement de va-et-vient l'un contre l'autre, a été imaginé par M. Cardon, à Lille. La figure 324 représente une teilleuse-piqueuse Cardon, sortant des ateliers de construction de M. A. Dujardin, à laquelle a été adjointe une machine à peigner. Le lin, dans cette machine, entre en paille et non broyé par une extrémité, il en sort peigné par l'autre. La machine à piquer est séparée de la machine à peigner par une secoueuse à lattes qui fait tomber les pailles insuffisamment détachées par les aiguilles. La teilleuse-peigneuse qui, avec la machine à peigner coûte 12,000 francs, est certainement l'un des outils les plus ingénieux qui aient été imaginés dans ces derniers temps pour le travail du lin en paille. — A. R.

\*TEILLEUR, EUSE. *T. de mét.* Ouvrier, ouvrière qui s'occupe du teillage : on dit aussi *tilleur, euse.*

I. TEINTURE. Nous commencerons par établir nettement la distinction entre la *teinture* et l'*im-* *pression.* Ces deux parties si intéressantes de l'industrie textile poursuivent le même but général, la coloration des étoffes; souvent elles emploient les mêmes agents, colorants ou mordants; quelquefois elles se donnent la main, comme dans les genres : *impression par réserve, impression par enlevage, impression par mordançage et teinture;* mais toujours l'impression et la teinture diffèrent par leurs procédés et par leurs résultats. Dans la teinture, les bains sont toujours bien fluides et relativement étendus; dans l'impression, au contraire, ils sont toujours rendus épais et visqueux par des épaississants et relativement concentrés. Dans la teinture, le bain peut et doit imprégner complètement la fibre; dans l'impression, le bain reste et se fixe aux seuls endroits des fibres ou tissus où il est appliqué. Dans l'impression, la couleur n'est fixée qu'à la surface, et l'intérieur de la fibre n'est pas coloré; c'est une sorte de peinture sur peigné (genre Vigoureux), sur filé (chinage), sur étoffe (impression proprement dite); dans la teinture, la matière colorante est fixée sur et dans la fibre, la coloration est extérieure et intérieure à la fois; ce n'est plus la peinture ou teinture *sur* la fibre, mais de la teinture *sur* et *dans* la fibre.

Nous renvoyons aux articles CHINAGE, CHINÉ, CHINER (Machine à), IMPRESSION SUR TISSUS, VIGOUREUX, pour la partie impression. Nous renvoyons aussi à BLANCHIMENT, CHAPELLERIE, CHEVREAU, COLORATION DES BOIS, CORNE, FLEURS ARTIFICIELLES, MAROQUIN, MÉGISSERIE, PAPETERIE, PLUMES, etc. pour le blanchiment et la coloration des bois, des chapeaux, de la corne, des fleurs artificielles, des peaux, du papier, des plumes, nous réservant d'ajouter seulement quelques remarques complémentaires sur ces applications de la chimie, et en particulier sur la teinture des cuirs.

HISTORIQUE. L'art de la teinture remonte à l'origine même des sociétés. L'homme à l'état sauvage, autrefois comme aujourd'hui, s'est plu à se colorer les cheveux, les dents, la peau, ou à fixer des nuances plus ou moins éclatantes sur des lambeaux de vêtements. D'après la Bible, Oliab savait travailler en étoffes, tissus de fils de différentes couleurs et en broderies d'hyacinthe, de pourpre. Salomon faisait revenir de Tyr des étoffes teintes en bleu, en écarlate et en cramoisi. Des momies égyptiennes ont été trouvées entourées de bandelettes bleues.

Chez les Grecs, le rouge était consacré à Jupiter, le vert bleuâtre à Neptune, le vert éclatant à Cybèle, le bleu céleste à Junon, le jaune d'or à Vénus.

Chez les Romains, dans les jeux du cirque, au temps de Domitien, les conducteurs des chars étaient partagés en six sections distinguées chacune par une couleur : les blancs, les rouges, les bleus, les verts, les dorés, les pourpres. Pline (liv. XXXV, chap. XLII) nous apprend que le genre d'impression par mordançage et teinture était pratiqué en Egypte; parlant des Romains, il nous donne quelques détails intéressants sur la pourpre de Tyr, genre de teinture dans lequel excellaient les Phéniciens, et mentionne encore (liv. XXXV, chap. XXVII) une autre matière colorante, l'indigo, comme étant déjà employée en teinture. D'après Bischoff, auteur allemand du dernier siècle, les matières colorantes utilisées chez les Grecs et les Romains étaient : la pourpre, le coccus ou écarlate, le kermès, le sang des oiseaux, l'orcanette, le fucus, le genêt, la violette, le lotus medicago arborea, l'écorce de noyer et le brou de noix, la garance, le pastel. Malheureusement les Grecs et les Romains regardant le travail manuel comme indigne d'un homme libre ne prêtèrent aucun intérêt aux procédés de teinture et négligèrent de nous en transmettre la description.

M. de Beaulieu, officier de marine, chargé par Dufay d'une mission dans les Indes orientales, relativement aux procédés de teinture des indiennes, nous décrit un genre de teinture en indigo, rentrant dans le genre impression par réserve. Les toiles bleues et les mouchoirs de Madras, les cachemires, le rouge des Indes, le Paliacat, le nankin des Indes et de la Chine, l'indigo (*indicum*), la cuve d'Inde, les Perses, sont autant de noms consacrés par l'histoire pour assurer à l'Asie orientale la gloire d'avoir trouvé les premiers procédés de l'art de la teinture.

Jusqu'au XIII° siècle de notre ère, les arts ont disparu de l'Occident, emportés par le torrent des invasions des barbares du Nord. Alors le retour des croisades ramène avec l'art de colorer les étoffes quelques nouveaux produits qui en facilitent les opérations et au premier rang desquels il faut citer l'alun de Roche ainsi nommé de la ville de Rocca. En 1300, le hasard conduit Frederigo Oricelli (Ruccellai) à découvrir l'orseille par la réaction des produits ammoniacaux sur la matière colorable de certains lichens. Bientôt la découverte du Nouveau-Monde en ouvrant de riches mines d'or à l'avidité des aventuriers offrait à la teinture des mines non moins précieuses dans l'emploi du rocou, du campêche, du bois de Brésil et

surtout de la cochenille comme matières colorantes. Vers 1550, Gilles Gobelin, de Reims, établit une teinturerie à Paris, sur les bords de la Bièvre, et pose dans l'établissement de « la Folie Gobelin » les premiers fondements de la Manufacture nationale des Gobelins. Le rouge que l'on obtenait d'abord avec la cochenille et le mordant d'alumine était vineux, mais en 1630 un Hollandais, Corn. Drebbel, fait une découverte importante, celle du mordant écarlate dont Colbert achète le secret pour le donner à la fabrique des Gobelins. En 1770, Michel Haussmann, de Colmar, établit à Rouen une teinturerie en rouge de garance ou rouge turc ou rouge d'Andrinople, ainsi nommée du premier berceau de cette teinture qui resta longtemps secrète. En 1787, grâce aux essais et représentations du chimiste Dufay, l'indigo d'abord repoussé par les industriels et banni par les gouvernements, obtient enfin droit de cité dans les teintureries européennes. Ainsi, chaque siècle apporte son tribut pour enrichir la gamme des couleurs, tandis que la teinture marchant à la lumière des travaux si remarquables des Dufay, des Hellot, des Macquer, des Haussmann, des Berthollet, des Chaptal, des Koechlin, des Chevreul, etc. prend chaque jour de nouveaux développements en s'appropriant les perfectionnements de la mécanique et les découvertes de la physique et de la chimie.

On aurait pu croire alors que la teinture n'avait plus qu'à se replier sur elle-même pour perfectionner ses procédés, lorsque la chimie étonna le monde par l'apparition d'une série de couleurs dont l'éclat surpassait tout ce que l'on avait jamais vu. Le bloc de houille était devenu la mine inépuisable de ces matières colorantes artificielles dont la série ouverte en 1856, continue encore de s'accroître tous les jours.

Sans doute, la découverte de l'acide picrique remonte à 1788, son utilisation industrielle à 1849; sans doute, celle de la muréxide due à Proutt remonte à 1818, mais, c'est à partir de 1856 que les matières colorantes artificielles apparaissent comme par enchantement. C'est ainsi que nous avons successivement, en 1856, la mauvéine de Perkin ; en 1858, la fuchsine d'Hofmann et de Verguin ; en 1859, la coralline de Persoz ; en 1861, les violets d'Hofmann, et les bleus de Lyon de Girard et de Laire ; en 1862, les bleus alcalins de Nicholson et le vert à l'aldéhyde de Cherpin ; en 1863, le vert à l'iode d'Hofmann et le noir d'aniline de Lighfoot d'Accrington ; en 1866, le violet de méthylaniline de Lauth et Bardy, les bleus de diphénylamine de Girard et de Laire, et l'induline de Martius et Griess ; en 1867, les violets benzylés de Lauth et Grimaux, et le rose de Magdala, de Schiendt, de Vienne ; en 1868, la safranine de Perkin ; en 1869, l'alizarine de Græbe, Libermann et Caro ; en 1871, le brun de phenylènediamine de Caro et Griess, et les phtaléines de Bœyer ; en 1872, le vert et de méthylaniline ; en 1876, la chrysoïdine de Caro et Witt, l'écarlate de Biebrick de Nietzki dans la série tétrazoïque de Kekulé ; en 1877, les tropéolines de Poirrier, le vert malachite de Fischer et Dœbner, et le bleu méthylène de Caro, le bleu d'anthracène de Prudhomme et Brunck ; en 1878, les ponceaux de Meister, Lucius et Bruning, le vert acide ; en 1882, les indophénols de Horace Kœchlin et Witt, puis le rouge Congo, l'auramine, la galloflavine, la benzopurpurine, la benzoazurine, la rosazurine, la naphtorubine, etc., etc. Nous sommes loin, bien loin de cette routine de l'Inde préparant aujourd'hui de la même manière ce qu'elle préparait il y a deux mille ans lorsqu'elle teignait les voiles des vaisseaux d'Alexandrie ; nous sommes loin de cette routine de l'Europe qui rejetait, au XVII° siècle, comme « aliment du diable, » l'indigo que lui apportait Odoardo Barbora ; nous sommes loin de cette routine des indienneurs de l'époque de la Révolution française lorsque Chaptal parvint à créer de toutes pièces l'alun qu'il leur offrait en concurrence avec l'alun de Rome.

Pendant que toutes ces découvertes de la chimie appliquée viennent chaque jour enrichir la palette du teinturier, la mécanique se met aussi au service de la teinture pour l'aider dans la voie du progrès. La grande concurrence pousse aux grandes installations et à la grande production. Il en résulte une tendance de plus en plus prononcée à substituer le travail mécanique à la main de l'ouvrier. La teinture en pièces et les apprêts avaient dû depuis dix ans perfectionner de plus en plus leur outillage, mais la teinture en matières restait en arrière; aujourd'hui, l'industrie marche résolument vers la teinture mécanique du peigné et des écheveaux.

Suivant avec intérêt ces transformations et ces progrès, participant à ce mouvement qui porte les teinturiers de l'avenir à l'étude raisonnée des principes, dans les écoles nationales ou municipales, nous pouvons dire chaque jour avec plus de vérité que la teinture n'est plus comme elle le fut durant tant de siècles, un recueil de recettes ou de formules empiriques et décousues, mais qu'elle est un art reposant sur des règles bien précises, une science partant de données théoriques pour arriver par des méthodes régulières aux résultats les plus merveilleux.

Nous allons maintenant tracer les grandes lignes de l'art de la teinture aux différents points de vue :

1° De sa théorie ;

2° Des mordants à employer ;

3° Des matières colorantes à fixer;

4° Des opérations de l'atelier : A des opérations préparatoires à la teinture et du blanchiment; B des opérations de teinture, partie mécanique et partie chimique; C des apprêts;

5° Des essais pratiques.

### THÉORIE DE LA TEINTURE.

Souvent on a défini la teinture l'art de faire pénétrer dans les fibres textiles des matières colorates, et de les y retenir fixées au moyen de certains agents désignés sous le nom de mordants. Cette définition doit être rejetée comme étant évidemment incomplète : la teinture en indigo, en noir d'aniline, en jaune de chrome, en bleu de Prusse, en rose de carthame, en bleu alcalin, et les teintures nombreuses en matières colorantes artificielles sur laine et sur soie ne sauraient trouver place dans cette définition, car on chercherait vainement dans ces teintures l'agent fixateur ou mordant.

M. Chevreul, si compétent dans ces questions, a défini la teinture: « un art qui consiste à imprégner aussi profondément que possible le ligneux, la laine, la soie et la peau de matières colorées, qui y restent fixées mécaniquement ou par affinité chimique, ou enfin, à la fois mécaniquement et par affinité. »

Trois genres de teintures comprendraient donc théoriquement toutes les teintures possibles. Dans le premier genre ou par imprégnation mécanique, on peut donner, comme exemple, les gris-perle obtenus aux Gobelins sur laine et sur soie, au moyen d'un mélange d'outremer et de charbon; et plus solides à l'air que les mêmes nuances produites par les procédés ordinaires. Au deuxième genre, ou par imprégnation chimique, se rapporte la teinture que l'on obtient en plongeant pendant plusieurs heures la fibre de soie dans une dissolution d'un sel de peroxyde de fer. On se retrouve dans le troisième genre de teinture, ou par imprégnations mécanique et chimique simultanées, si, après avoir passé la fibre de soie dans le sel de peroxyde de fer, on la fait passer, avant de laver, dans un bain alcalin.

Dans ces exemples, qui ont été choisis comme types, les choses apparaissent avec clarté. Le charbon et l'outremer, réduits en poudre impalpable, sont en mélange et en suspension dans le bain dans lequel la fibre est plongée, et pénètrent dans la fibre avec le liquide, mais ne peuvent être retenus que mécaniquement par adhésion et par interposition. Au contraire, dans la solution de sel de peroxyde de fer, la fibre de soie enlève à l'acide du peroxyde de fer, et les affinités chimiques sont manifestement en jeu. Enfin, par l'action du bain alcalin, la nuance rouille est beaucoup plus foncée que sans l'intervention de l'alcali, car, à l'oxyde de fer fixé par affinité chimique, vient s'ajouter l'oxyde qui a été précipité par l'alcali et qui reste adhérent par son interposition mécanique.

Après ce premier aperçu sur la théorie des phénomènes généraux de la teinture, si, voulant approfondir davantage cette question, nous demandons aux savants de nous préciser la nature de cette cause ou de cette force qui détermine cette adhérence si variable entre les deux corps, fibre et principe colorant, leurs réponses ne sont que trop divergentes et montrent la complexité du problème.

Les uns, avec Walter Crum, veulent à tort ne voir dans les phénomènes généraux de la teinture qu'une simple action capillaire, la matière colorante ou un oxyde avec lequel doit se combiner la matière colorante venant remplir les sachets, sacs ou canaux des fibres, et y résistant à la séparation par lavage et par moyens mécaniques. C'est revenir, en les rajeunissant dans les détails, aux théories de Hellot et de Lepileur d'Apligny. M. Persoz, qui a exposé ces vues de Walter Crum, les a combattues en montrant que le coton dans une solution d'alun, enlève de l'alumine par une action particulière; que, dans les couleurs imprimées, la surface seule est teinte sans que la couleur ait pénétré dans les pores de la fibre; que bien des faits, en teinture comme en impression, sont inexplicables par la seule action vésiculaire, puisque les mordants gras, l'empois d'amidon et les épaississants divers, l'oxyde d'étain, seraient plutôt dans cette théorie des obstacles à la coloration des étoffes, tandis qu'au contraire l'expérience prouve qu'ils la favorisent.

D'autres savants, à la suite de Berthollet, Macquer, Bergmann, attribuent aux affinités chimiques un rôle trop exclusif, et iraient jusqu'à faire dépendre cette adhérence de la force d'attraction qui unit les corps atome à atome pour constituer des édifices moléculaires différents. Cette théorie paraîtrait avoir pour conséquences la désorganisation de l'étoffe et le changement de propriétés de la matière colorante, ce qui est manifestement contraire à l'expérience, car la fibre, débarrassée de la matière colorante, a conservé toute sa résistance, et la matière colorante, fixée sur la fibre, présente les réactions caractéristiques qu'elle offrait avant sa fixation.

D'autres enfin, et nous croyons que là est la vérité, savent faire la part des actions chimiques et de l'action mécanique. Persoz explique l'adhérence des matières colorantes aux tissus de laine, soie et coton, par une juxtaposition immédiate et simple de la couleur sur la fibre, comme l'on observe dans la cristallisation des sels isomorphes. La juxtaposition de la matière colorante et de la fibre serait comparable à la superposition des lames d'alun de chrome sur des cristaux d'alun d'alumine, et l'adhérence de la couleur à la fibre correspondrait à cette adhérence que présentent les deux faces superposées dans les cristaux.

D'après Kuhlmann, dont les conclusions s'appuient sur des expériences du plus vif intérêt, on peut établir : que la composition chimique du corps à teindre a la plus grande influence sur la fixation du colorant sur la fibre ; que les teintures sont de véritables combinaisons chimiques, et que les effets dus à la capillarité et à la structure particulière de la matière filamenteuse ne sont que secondaires.

D'après Chevreul, l'aptitude d'une fibre à fixer de la couleur dépend de la nature de cette fibre et procède souvent aussi des propriétés particulières de la matière colorante elle-même ; pour lui, les phénomènes de teinture se rapprochent de ceux qu'on considère comme dépendants des forces moléculaires, causes de l'action chimique.

M. Verdeil a présenté sur ce sujet, à l'Académie des sciences, un travail remarquable dont nous relevons les conclusions : les fibres de la laine et de la soie ont la propriété de fixer directement une certaine proportion de la base des sels employés comme mordants, et la proportion de base fixée par l'étoffe mordancée, et, par suite, la proportion du principe colorant retenu par l'étoffe est très faible ; la transparence de la fibre et son diamètre ont une action sensible sur le degré de coloration qu'elle peut acquérir ; il n'y a point de ligne de démarcation bien nette entre les causes physiques, chimiques et mécaniques auxquelles on peut attribuer les phénomènes de teinture.

Enfin, les théories nouvelles de M. Witt sur les matières colorantes artificielles nous porteraient à regarder ces colorants comme des corps chromogènes renfermant un groupe salifiable qui donne à ces corps une fonction acide ou basique, de telle sorte que ces colorants auraient une affinité chimique pour les mordants basiques ou acides appliqués sur fibres végétales, et pour la laine et la soie, qui paraissent être des amides pouvant avoir la fonction acide ou la fonction basique. Ainsi s'expliqueraient les affinités naturelles de la laine et de la soie pour les matières colorantes et la nécessité du mordançage du coton.

Mais, si le problème de la teinture est si complexe, s'il est impossible de faire dépendre la fixation des couleurs d'un principe à application constante sur lequel s'accordent les savants, heureusement, au point de vue des opérations générales, il est facile de formuler le petit code de lois sur lesquelles repose pratiquement la teinture. Si la matière colorante à fixer est insoluble et s'il n'y a pas, industriellement parlant, de dissolvant approprié, alors il faut produire la matière colorante dans et sur la fibre elle-même. S'il y a un dissolvant industriellement applicable, cette matière, insoluble dans l'eau, est mise en dissolution au moyen du dissolvant, et alors, si l'affinité de la fibre, par rapport à la matière colorante, l'emporte sur celle du dissolvant, la fibre se teint, la matière colorante étant attirée et précipitée du dissolvant sur la fibre ; si, au contraire, l'affinité du dissolvant l'emporte sur celle de la fibre pour la matière colorante, il faut recourir à un artifice particulier pour opérer le déplacement de la matière colorante en présence de la fibre, soit par l'action d'une chaleur humide, soit par l'oxydation, soit par l'enlèvement du dissolvant. Si la matière colorante est soluble, et si la fibre a une affinité naturelle pour cette matière colorante, c'est le cas de teinture le plus facile, et il n'y a alors que deux éléments, la fibre et le colorant, sans l'intermédiaire d'aucun corps étranger ; mais, si la fibre n'a pas ou n'a que peu d'affinité pour le colorant, on a recours à un corps intermédiaire ou mordant, qui ait de l'affinité pour la fibre et pour la matière colorante. C'est avoir entrevu tous les procédés généraux de teinture, si l'on excepte un procédé spécial qui n'a eu que des applications fort restreintes, et seulement sur les fibres animales. On peut donc distinguer six procédés généraux de teinture, auxquels se rattachent tous les procédés particuliers :

1º *Par modification de la fibre* ; c'est le cas de la teinture en jaune, sur laine et sur soie, avec l'acide azotique, il se forme de l'acide xanthoprotéique dans la fibre ; c'est encore le cas des marrons, que l'on obtenait sur laine seulement en la manœuvrant à chaud dans un bain de plombite de soude ou de chaux ; il se formait du sulfure de plomb avec le soufre de la laine ;

2º *Par double décomposition* ; exemples : les jaunes de chrome et les bleus de Prusse ;

3º *Par oxydation* ; c'est le cas du noir d'aniline, pour lequel on ne connaît pas de dissolvant approprié ; c'est le cas de l'indigo blanc se transformant en indigo bleu ; c'est le cas des teintures du noir au campêche et des nuances du cachou ; c'est le cas des nuances bistre et rouille, qui s'achèvent par oxydation ;

4º *Par enlèvement du dissolvant* ; c'est le cas du rose de carthame, des bleus alcalins, du rocou ;

5º *Par affinité naturelle de la fibre pour la matière colorante* ; dans ce procédé peuvent rentrer toutes les teintures en matières colorantes artificielles sur laine et sur soie ;

6º *Par mordançage* ; c'est le genre le plus important ; il est employé pour toutes les grandes teintures d'ameublement sur laine et sur soie, et d'une manière générale pour les teintures sur coton en matières colorantes naturelles ou artificielles.

Ces indications trouvent leur complément d'explications dans la suite de notre étude. — V. Mordants et Procédés de teinture.

MORDANTS.

**1° Nature des mordants.** On peut dire que si les teintures des anciens étaient solides, c'est parce qu'ils connaissaient l'emploi des mordants. Quand Pline nous parle des substances incolores qui étaient appliquées suivant différents dessins sur un tissu qui, plongé ensuite dans un bain, prenait des nuances différentes, il nous prouve que différents mordants étaient déjà employés non seulement pour fixer les colorants, mais encore pour en modifier la nuance. D'après Hellot et Lepileur d'Apligny, les mordants auraient eu pour effet d'ouvrir les pores de la fibre pour permettre à la matière colorante de mieux s'y introduire. L'action des mordants est interprétée tout autrement aujourd'hui, et avec raison. Bien qu'il paraisse avoir été emprunté à l'industrie décorative, ce mot *mordant* ne peut avoir en teinture la même signification. Tandis que, dans la dorure sur bois, par exemple, le mordant ne sert qu'à retenir fixé à la surface du bois l'or en poudre ou en feuilles, sans apporter de modification à la couleur de l'or, le mordant du teinturier, au contraire, doit pénétrer toujours dans l'intérieur de la fibre, souvent pour y attirer et retenir fixée la matière colorante, quelquefois pour en modifier la nuance.

Un mordant en teinture, au sens le plus général, est un corps auxiliaire servant à fixer dans telle coloration déterminée, telle matière colorante sur telle fibre. Ce corps auxiliaire ou intermédiaire, entre la fibre et le colorant, a une affinité élective pour telle fibre; c'est pourquoi, il est si facile de fixer sur laine et si difficile de fixer sur coton le mordant de chrome du bichromate de potasse. Le mordant a aussi une affinité élective pour telle matière colorante; ainsi, l'alumine fixée sur calicot a plus d'affinité pour la garance que pour le campêche, et plus d'affinité pour ce dernier que pour le quercitron; aussi, peut-on expérimentalement déplacer le quercitron par le campêche et le campêche par la garance, transformant ainsi la teinture jaune primitive en teinture violette, puis en teinture rouge. Le mordant exerce une influence marquée sur la solidité des teintures : ainsi, le violet au campêche avec l'alumine résiste au lavage et s'altère rapidement à l'air; le violet au campêche, avec un sel d'étain, résiste à l'air, mais non au lavage; le noir au campêche, avec le bichromate, résiste à la fois au lavage et à l'air. Cette solidité dépend encore des conditions dans lesquelles le mordant est appliqué, soit avant, soit pendant, soit après la teinture, soit à froid, soit à chaud.

Nous diviserons les mordants, au point de vue du rôle qu'ils jouent, en *mordants proprement dits* et en *mordants modificateurs*, les premiers n'ayant qu'une action, concourir à la fixation des matières colorantes, celle de fixer le colorant et celle de modifier sa nuance. Au point de vue de leur origine ou de leur constitution chimique, les mordants sont minéraux ou organiques. Nous allons faire quelques remarques sur les principaux, et nous renvoyons à MORDANT;

**2° Des différents mordants.** Un seul métalloïde joue le rôle de mordant, c'est le soufre des hyposulfites. Tous les autres mordants minéraux sont des mordants métalliques, et la partie utile, au point de vue du mordançage dans ces composés salins employés comme mordants, est l'oxyde métallique qu'ils renferment. Ainsi, les acides minéraux des métalloïdes ne sont pas des mordants, quoi qu'ils soient si généralement désignés comme tels dans les ateliers de teinture. Les sels dont la base est soluble ne peuvent pas être des mordants, à moins que leur acide ne soit un oxyde métallique. Ainsi, les sels de potasse, de soude, d'ammoniaque, ne sont jamais mordants par leur base et ne peuvent l'être que par leur acide, comme les chromates, les manganates, les aluminates, les stannates, les plombates, mais non les sulfates, les chlorures, les azotates; le sulfate de soude, le chlorure de sodium, le tartre ou bitartrate de potasse, ne sont pas des mordants, bien que souvent ils soient considérés comme tels dans les ateliers, et qu'ils aient un rôle utile dans certaines teintures. Les sels des métaux rares ou précieux, industriellement parlant, ne peuvent être des mordants: tel est le cas des sels de platine, d'or, d'argent, de mercure, ce dernier métal étant de plus proscrit des ateliers par raison d'hygiène. Il ne reste donc, comme mordants minéraux, que des composés d'aluminium, de chrome, de cuivre, d'étain, de fer, de manganèse, de plomb, de zinc. — V. ALUMINE, ALUN, CHROMATE, CHROME § *Sulfate double de chrome et de potasse*, COUPEROSE, CUIVRE, § *Acétates de cuivre*, CYANURE, ÉTAIN, § *Oxydes d'étain*, § *Chlorures d'étain*, FER, MANGANATE, PERMANGANATE, PLOMBATE, pour les mordants métalliques, et CACHOU, CORPS GRAS, RICIN (acide sulforicinique), TANNIN pour les mordants organiques.

Parmi les mordants, les plus importants sont sans contredit les mordants de fer, d'alumine et de chrome. Les mordants de fer couramment employés sont: le sulfate de fer, le pyrolignite de fer et le rouil. Le sulfate de fer sert pour les brunitures avec campêche ou bois jaune ou tannin (V. § *Nuances rabattues*) pour les noirs sur laine, sur soie, sur coton (V. § *Noirs*); le pyrolignite sert aussi pour les brunitures, pour les noirs, c'est le pied de fer moderne; le rouil sert pour les rouillages sur soie dans les noirs chargés, pour les teintures en rouille sur coton, pour les bleus de Prusse en deux bains (V. § *Teintures minérales* et § *Noirs chargés*). L'alumine sert pour l'alunage de la soie, et alors après avoir laissé les soies une nuit en sotte ou en volte, dans la barque d'alunage, on les rince en eau calcaire; elle sert aussi dans le mordançage de la laine et du coton. Le bichromate sert pour le mordançage de la laine, seulement quand il est employé comme mordant, mais il joue souvent un rôle d'oxydant et comme tel il fixe le cachou et le campêche dans les gris et les noirs.

**3° Mordançage** (V. ce mot). Comme explications supplémentaires, nous ferons les remarques suivantes : 1° le mordançage des fibres de soie se fait généralement à froid, le mordançage du coton à tiède, le mordançage de la laine à chaud ; 2° les mordançages de la soie se font presque exclusivement en alunage pour les teintures aux bois, et en rouillage pour les noirs ; 3° les mordançages sur laine se font presque exclusivement en alun et tartre, ou en bichromate et tartre, ou en fer et cuivre avec tartre, ou en tartre et composition d'étain ; 4° si quelquefois on ajoute un peu de sel de zinc ou un peu de sel d'étain, c'est comme mordant auxiliaire ou complémentaire ; 5° avec les matières colorantes artificielles sur fibres de laine, si on ne met que de l'acide et du sulfate de soude, ou du bisulfate de soude, ou de l'acide seul, ces corps ne jouent pas le rôle de mordants, mais servent de corps auxiliaires pour faire monter la nuance, ou pour faciliter l'uni ; il en est de même du sulfate de soude, employé si souvent dans les teintures de soie ; 6° les mordançages du coton sur écheveaux se font souvent par deux opérations successives entre lesquelles il y a dégorgeage, mais sans rinçage : comme tannin (1er bain), avec émétique ou acétate d'alumine, ou alun, ou pyrolignite de fer, ou gélatine (2e bain, après lequel on peut rincer) ; le tannin du premier bain n'est fixé que par le deuxième bain. On peut fixer de l'alumine, ou de l'étain, ou du plomb après passage dans un premier bain de savon. On peut aussi se servir de stannate de soude, et fixer par alun ce qui forme par double décomposition du stannate d'alumine ; on peut fixer du fer par le carbonate de soude, en deuxième bain, ou du chrome par l'acétonitrate de chrome, ou le chromate chromique dissous dans l'acide nitrique, au moyen d'une exposition à l'air, après passage dans le mordant de chrome additionné de glycérine ; 7° le mordançage doit être fait en deux bains, par formation d'un composé insoluble, il n'y a pas rinçage après le premier bain ; ce rinçage aurait, en effet, pour inconvénient de dépouiller la fibre d'une partie au moins du produit dont elle est imprégnée ; mais le rinçage peut avantageusement avoir lieu après le second bain, puisque le mordant insoluble est formé, et que le lavage n'enlèvera que l'excédent de l'un ou de l'autre corps employé ou les éléments non fixés ; 8° si le mordançage ne comporte qu'un passage dans un seul bain de mordant, le rinçage peut avoir lieu si la fibre a fixé à l'état insoluble l'un des éléments du mordant employé (un oxyde généralement), ou si le calcaire de l'eau a pour effet de fixer l'oxyde : c'est ainsi que l'on rince les laines après mordançage au chromate, et les soies en eau calcaire, après alunage pour fixer l'alumine. Le rinçage n'a pas lieu dans les autres cas. Par conséquent, si, dans certains procédés, on se contente de faire un passage en un seul bain, sans qu'il y ait lieu à précipitation d'oxyde métallique par affinité de la fibre, ou à fixation de mordant par rinçage en eau calcaire, c'est que le produit dont la fibre est imprégnée, est susceptible de former avec la matière colorante un composé insoluble. C'est ainsi que la fuchsine est souvent fixée dans les ateliers par un simple mordançage en tannin ou quelquefois en savon ; mais alors on opère en bain de fuchsine relativement court, pour que le tannin ou le savon ne tombe pas dans le bain du colorant ;

9° quand les rinçages doivent avoir lieu, ils se font à la main ou à la machine. Les rinçages et lavages à la main sont encore journellement et exclusivement employés dans les petits ateliers pour les matières non tissées. Dans les grandes teintureries en matières, mais surtout dans les teintureries pour pièces, on opère mécaniquement. En général, les machines pour teindre en bobines se prêtent au rinçage en bobines, ainsi que les machines à teindre en écheveaux. Quand on a recours à des machines spéciales pour rinçages, elles ne diffèrent pas de celles que l'on a vues aux articles APPRÊT, BLANCHIMENT ; ce sont pour les écheveaux, les machines à laver (système Rickli), les laveuses circulaires, etc.; pour les tissus, la roue à laver (*dash-wheel*), les machines système Tulpin et système Depierre. — V. BLANCHIMENT.

### DES MATIÈRES COLORANTES.

Le teinturier n'a pas grand intérêt à connaître dans les détails l'extraction ou la fabrication des matières colorantes, mais il peut lui être utile de se rendre compte de la nature des produits qu'il emploie, tant pour mieux les grouper dans son esprit, que pour mieux saisir les procédés de mordançage et de teinture qui conviennent à leur application sur les différentes fibres. C'est dans ce sens que le tableau des pages suivantes pourra lui être utile, en lui mettant sous les yeux, comme dans une vue d'ensemble, les renseignements les plus importants.

Nous divisons ce tableau en trois sections, A, B, C : A, pour les matières colorantes minérales ; B, pour les matières colorantes naturelles ; C, pour les matières colorantes artificielles. Dans la première section, nous n'avons que bien peu de matières colorantes, et aucune d'elles n'est achetée toute faite par le teinturier, mais toutes sont formées sur fibres. Dans la deuxième section, les produits sont plus nombreux, mais plusieurs formules sont encore incertaines, et les formules bien déterminées des autres colorants ne laissent guère entrevoir de lien scientifique qui les rattache l'une à l'autre ; c'est pourquoi nous les avons placées par nuances, en commençant par les nuances fondamentales, le rouge, le bleu, le jaune, et prenant ensuite les nuances composées, le violet, le vert, l'orangé. Dans la troisième section, de beaucoup la plus riche, il était plus nécessaire encore de faire une classification. La disposition par nuances n'avait rien de scientifique et amenait de la confusion dans les idées au point de vue de la nature des colorants ; la classification par importance industrielle était discutable et de plus variable ; la classification d'après les chromophores, dans la théorie de M. Witt, n'est pas encore développée d'une manière assez complète ni assez certaine ; la classification d'après les noyaux auxquels se rattachent les colorants nous a paru plus simple et plus claire, et nous avons :

1° Dérivés de la benzine qui se rattachent, à quelques exceptions près, au chromophore des rosanilines. — V. la suite p. 509.

### A. Des matières colorantes minérales

*Pour ce tableau et les suivants nous avons adopté les notations atomiques.*

| Dénominations | Constitution | Préparation | Remarques |
|---|---|---|---|
| 1. Bleu de Prusse : Raymond. | $Cy^{18} Fe^7$ ou $(Cy^6 Fe)^3 (Fe^2)^2$ | Prussiate jaune sur sel ferrique. | Aucune matière colorante minérale n'est appliquée directement en teinture, excepté pour azurage. Ces matières colorantes sont formées sur la fibre par le teinturier. |
| 2. Jaune de chrome. | $Cr O^4 Pb$ | Bichromate de potasse sur acétate neutre de plomb. | |
| 3. Orange de chrome. | $Cr O^4 Pb . Pb O$ | Eau de chaux sur chromate jaune formé avec l'acétate basique de plomb. | |
| 4. Rouille (chamois, nankin...). | $Fe^2 O^3 . 3H^2 O$ ou $Fe^2 (OH)^6$ | Soude sur sel ferrique. | |

### B. Des matières colorantes naturelles.

| Dénominations | Constitution | Préparation | Remarques |
|---|---|---|---|
| I. 1. Cochenille. | $C^9 H^8 O^5$ (?) acide carminique. | Du coccus cacti. | 1. L'alizarine artificielle a détrôné l'alizarine de la garance. |
| 2. Garance. | $C^{14} H^8 O^4$ alizarine. | Des alizaris ou racine du rubia tinctorum. | 2. L'indigotine naturelle est reproduite par des procédés qui jusqu'à ce jour sont plutôt scientifiq. qu'industriels. |
| 3. Carthame. | $C^{14} H^{16} O^7$ acide carthamique. | De la fleur du carthamus tinctorius. | |
| 4. Bois rouge. | $C^{22} H^{18} O^7$ brésiline. | Du tronc d'arbres du genre cœsalpinia. | |
| 5. Santal. | $C^8 H^6 O^3$ santaline. | Du tronc d'arbres du genre pterocarpus. | 3. On reproduit aussi l'orcéine. |
| II. 1. Indigo, | $C^8 H^5 Az O$ indigotine. | Des feuilles du genre indigofera. | 4. La découverte de la galléine permet d'espérer que l'on pourra reproduire la matière colorante des bois de teinture. |
| 2. Campêche. | $C^{16} H^{14} O^6$ hématoxyline. | Du tronc de l'hematoxylon campechianum. | |
| III. 1. Bois jaune. | $C^{13} H^{10} O^6$ maclurine $\begin{cases} \text{morin jaune.} \\ \text{ac. morin tannique} \end{cases}$ | Du tronc du morus (maclura) tinctorum. | |
| 2. Gaude. | $C^{20} H^{14} O^8$ lutéoline. | Des feuilles et graines du réséda lutéola. | 5. V. Carmin, Carmine, Cochenille, Garance, Carthame, Bois de Brésil, Lima, Fernambouc, Santal, Barwood, Camwood, Indigo, Quercitron, Campêche, Gaude, Lutéoline, Curcuma, Orseille, Chlorophylle, Rocou. |
| 3. Quercitron. | $C^{27} H^{18} O^{12}$ quercétine. | De l'écorce interne du quercus tinctoria. | |
| 4. Curcuma. | $C^{10} H^{10} O^3$ curcumine. | De la tige souterraine du curcuma tinctoria. | |
| 5. Graines de Perse. | $C^{12} H^{10} O^5 . 2H^2 O$ rhamnine. | Des baies du nerprun et de divers rhamnus. | |
| IV. 1. Orcanette. | $C^{35} H^{40} O^8$ (?) anchusine. | Des racines de l'anchusa tinctoria. | |
| 2. Orseille. | $C^7 H^7 Az O^3$ orcéine. | De l'action de l'oxygène et de l'ammoniaque sur certains lichens. | |
| V. 1. Lo-kao. | $C^{28} H^{33} O^{17} . Az H^4$ lokaïne. | Des écorces de divers rhamnus. | |
| 2. Chlorophylle. | Phylloxanthine et phyllocyanine. | Des feuilles vertes des plantes. | |
| VI. 1. Rocou. | $C^8 H^6 O^2$ bixine. | Des graines du bixia orellana. | |

### C. Des matières colorantes artificielles.

| Dénominations | Constitution | Préparation | Remarques |
|---|---|---|---|
| I. Fuchsine (rubine, magenta, roséine). | $C^{20} H^{21} Az^3 O$ | Oxydation de l'huile d'aniline pour rouge. Accessoirement : cerise, marron, grenadine, brun, etc. | 1. Nous n'avons donné pour la formule de la matière colorante acide qui vient former le sel étant de peu d'importance. |
| Fuchsine acide. | $C^{20} H^{20} (S O^3 H) Az^3 O$ | Dérivé sulfoconjugué du précédent | |
| Violet Hofmann. | $C^{20} H^{17} (CH^3)^4 Az^3 O$ | Iodure de méthyle sur rosaniline en présence d'alcali, 3, 4 ou 5 méthyles. | 2. Les bases ont été représentées avec une molécule d'eau conformément à la théorie de Rosenstiehl. |
| Violet de méthyle. | $C^{19} H^{14} (CH^3)^5 Az^3 O$ | Diméthylaniline en présence de l'air et du chorure de cuivre. | |
| Violet de Paris. | $C^{13} H^9 Az^3 (CH^3)^5 (C^6 H^5) O$ | Isomère du précédent. | 3. Les formules brutes auraient rompu tout lien entre des corps naturellement unis. |
| Violet de phényle (impérial): | $C^{20} H^{19} (C^6 H^5)^2 Az^3 O$ | Aniline sur rosaniline (1 ou 2 phényles substitués). | |
| Violet de benzyle (de Paris 6 B) | $C^{19} H^{13} Az^3 (CH^3)^5 (C^7 H^7) O$ | Chlorure de benzyle sur violet de diméthylaniline. | 4. Les formules de constitution auraient pu paraître plus obscures à beaucoup de lecteurs, étaient |
| Violet cristallisé. | $C^{19} H^{13} Az^3 (CH^3)^6 O$ | Phosgène sur diméthylaniline en présence de $Al^2 Cl^6$. | |
| Violet acide 6 B. | $C^{19} H^{12} Az^3 (CH^3)^6 O . S O^3 H$ | Dérivé sulfoconjugué du précéd. | |
| Bleu de Lyon, à l'alcool. | $C^{20} H^{18} (C^6 H^5)^3 Az^3 O$ | Aniline sur rosaniline (3 phényles substitués). | |
| Bleu de diphénylamine. | $C^{19} H^{16} (C^6 H^5)^3 Az^3 O$ | Acide oxalique sur diphénylamine. | |

| Dénominations | Constitution | Préparation | Remarques |
|---|---|---|---|
| Bleu alcalin (Nicholson). | $C^{20} H^{15} (C^6 H^5)^3 (S O^3 Na) Az^3$ | Dérivé monosulfonate du bleu de Lyon. | plus sujettes à discussion pour certains corps, et se trouvent pour un grand nombre de matières colorantes dans les articles correspondants. |
| Bleu soluble (bleu coton). | $C^{20} H^{14} (C^6 H^5)^3 (S O^3 Na)^2 Az^3$ | Di et trisulfonate du bleu de Lyon. | |
| Bleu Victoria B. | $C^{19} H^{15} (C H^3)^4 (C^{10} H^7) Az^3 O$ | Phényle-α-naphtylamine sur tétraméthyl-diamido-benzophénone. | |
| Vert à l'aldéhyde. | $C^{22} H^{27} Az^3 S^2 O$ | Hyposulfite sur bleu à l'aldéhyde. | 5. Nos formules mettent en relief l'hydrocarbure commun et les diverses substitutions de radicaux alcooliques ou de sulfoxyles. |
| Vert à l'iode. | $C^{10} H^{16} (C H^3)^3 Az^3 . (C H^3 Io)^2 H^2 O$ | Iodure de méthyle sur le violet de méthylaniline. | |
| Vert de méthylaniline. | $C^{20} H^{16} (C H^3)^3 Az^3 . (C H^3 Cl)^2$ | Chlorure de méthyle sur le violet de méthylaniline. | |
| Vert malachite (Victoria). | $C^{19} H^{14} (C H^3)^4 Az^2 O$ | Aldéhyde benzoïque sur diméthylaniline en prés. du chlor. de zinc | |
| Vert brillant (Victoria nouveau). | $C^{19} H^{14} (C^2 H^5)^4 Az^2 O$ | Aldéhyde benzoïque sur diéthylaniline en prés. du chlorure de zinc. | 6. La Société Léonard et Cie, de Mühleim lance les azophosphines pour faire concurrence à la phosphine. |
| Vert liquide (acide). | $C^{19} H^{13} (S O^3 Na)(C H^3)^2 (C^7 H^7)^2 Az^2 O$ | Sulfonate des précédents ou des verts renfermant une base tertiaire benzylée. | |
| Aurantia (sel). | $C^{12} H^4 (Az O^2)^6 Az . Az H^4$ | Acide azotique sur diphénylamine. | |
| Auramine. | $C^{13} H^0 (C H^3)^4 Az^3$ | Chlorure d'ammonium sur tétraméthyl-diamido-benzophénone. | |
| Phosphine. | $Az <^{C^6 H^4 . Az H^2}_{C^{13} H^7 Az H^2} Az O^3 H$ | Pourrait se préparer par nitration et réduction de la phényl-acridine, se prépare avec les produits secondaires de la fabrication de la fuchsine. | |
| II. Acide picrique. | $C^6 H^3 (Az O^2)^3 O$ | Acide nitrique sur acide phénique. | 1. Certaines matières colorantes, comme la lutécienne, la nopaline, l'écarlate, la coccine sont des mélanges de safrosine avec fluorescéine nitrée ou de safrosine avec jaune de naphtol. |
| Aurine. | $C^{19} H^{14} O^3$ | Lavage à l'alcool de la coralline commerciale. | |
| Acide rosolique. | $C^{20} H^{16} O^3$ | Diazotation de la rosaniline et ébullition dans l'eau. | |
| Coralline jaune. | $\left.\begin{array}{c} C^{19}H^{14}O^3 - C^{20}H^{16}O^3 - C^{19}H^{16}O^6 - C^{20}H^{18}O^3 \end{array}\right\}$ | Acide sulfurique et oxalique sur acide phénique. | |
| Coralline rouge (péonine). | | Ammoniaq. à 140° sur corall. jaune. | 2. La coralline jaune est un mélange de produits qui se forment simultanément dans la réaction. |
| III. Jaune de naphtol et jaune S. | $C^{10}H^6 (Az O^2)^2 O$ et $C^{10}H^5 (Az O^2)^2 (SO^3H)O$ | Nitration du naphtol α (p. S sulfoconjugaison). | |
| Rose de Magdâla. | $C^{30} H^{21} Az^3, H^2 O$ | Oxydation de la naphtylamine ou mieux naphtylamine sur azodinaphtyldiamine. | 3. La coralline rouge serait une amide de la coralline jaune. |
| IV. Alizarine pr violet | $C^{14} H^8 O^4$ | Soude caustique sur l'anthraquinomonosulfonate de soude. | 4. A l'exception de la rosonaphtylamine qui est une base et qui donne avec un acide le rose de Magdala, les autres produits dérivés de l'acide phénique, de la naphtaline, de l'anthracène, de l'acide phtalique représentent l'élément acide et donnent avec les bases. la soude surtout, les matières colorantes. |
| Alizarine pr rouge. | $C^{14} H^8 O^5$ | Soude caustique sur l'anthraquinodisulfonate de soude. | |
| Orange d'alizarine. | $C^{14} H^7 (Az O^2) O^4$ | Acide nitrique sur alizarine sèche avec dissolvant. | |
| Bleu d'anthracène. | $C^{17} H^9 Az O^4$ | Glycérine sur nitroalizarine en présence d'acide sulfurique. | |
| V. Eosine. | $C^{20} H^6 Na^2 Br^4 O^5$ | Brome sur fluorescéine, dissolution dans soude. | |
| Erythrosine. | $C^{20} H^6 Na^2 Io^4 O^5$ | Iode sur fluorescéine, dissolution dans soude. | |
| Safrosine (éosine BN) | $C^{20} H^6 Na^2 Br^2 (Az O^2)^2 O^5$ | Bromuration et nitration de la fluorescéine. | |
| Erythrine. | $C^{20} H^6 (C H^3) Na Br^4 O^5$ | Acide éthysulfurique sur éosine. | |
| Chrysoline. | $C^{20} H^{10} Na (C^7 H^7) O^5$ | Acides phtalique et sulfurique sur benzylrésorcine. | |
| Galléine. | $C^{20} H^{10} O^7$ | Acide phtalique anhydre sur acide pyrogallique. | |
| Cœruléine. | $C^{20} H^8 O^6$ | Acide sulfuriq. à 200° sur galléine. | |
| Phloxine. | $C^{20} H^4 Na^2 Cl^2 Br^4 O^5$ | Bromuration de la fluorescéine obtenue par ac. dichlorophtalique. | |
| Rose Bengale. | $C^{20} H^4 Na^2 Cl^2 Io^4 O^5$ | Iodation de la fluorescéine dichlorée (V. précédent). | |
| Auréosines. | $C^{20} H^{12} O^5$ avec substitution de Cl | Chlore (J) (brome et iode R) sur fluorescéine dissoute dans soude | |
| Rubéosines. | $C^{20} H^{12} O^5$ avec substitution Az O^2 | Nitration des auréosines. | |
| Primerose. | $C^{20} H^6 (C^2 H^5) Na Br^4 O^5$ | Acide méthylsulfurique sur éosine. | |
| Pyrosines (mandarine à l'alcool). | $C^{20} H^6 (C^2 H^5) Na Io^4 O^5$ | Acide éthylsulfurique sur érythrosine | |

| Dénominations | Constitution | Préparation | Remarques |
|---|---|---|---|
| VI. a) Jaune acide ou solide (Grœsler). | $C^6H^3(SO^3H)^2 - Az=Az-C^6H^4(AzH^2)$ | Former le diazo-amido, le transformer en amido-azo et sulfo-conjuguer. | 1. Quelques matières colorantes comme le jaune indien, la citronine, le rouge français sont des mélanges : les deux premiers de dérivés mono et dinitrés de l'orangé IV, le jaune indien contenant beaucoup moins de dérivés dinitrés que la citronine, le rouge français 20 parties de roccelline et 30 parties orangé II. |
| Chrysoïdine. | $C^6H^5 - Az=Az-C^6H^3(AzH^2)^2$ | Chlorure de diazo sur méta-phénylène-diamine. | |
| Vésuvine (brun Bismark). | $C^6H^5 - Az=Az-C^6H^3(AzH^2)^3$ | Nitrite de soude sur méta-phénylène diamine. | |
| Indulines. | $C^6H^5(C^6H^4) - Az=Az-C^6H^4(AzH^2)$ | Sel d'aniline sur amidoazobenzol. | |
| Tropéoline Y. | $C^6H^4(SO^3H) - Az=Az-C^6H^4(OH)$ | Diazo de l'ac. sulfaniliq. s. phénol. | |
| Tropéoline O (chrysoïne). | $C^6H^4(SO^3H) - Az=Az-C^6H^3(OH)^2$ | Diazo de l'acide sulfanilique sur résorcine. | |
| Tropéoline D (orangé III hélianthine) | $C^6H^4(SO^3H)-Az=Az-C^6H^4-Az(CH^3)^2$ | Diazo de l'acide sulfanilique sur diméthylaniline. | 2. Dans les ponceaux et les Bordeaux, il y a deux séries isomères, l'une plus rouge, l'autre plus jaune ; la première dans laquelle entre le sel de sodium de l'acide naphtol-β-disulfonique appelé pour cette raison sel R, la seconde préparée par le sel de sodium de l'acide β naphtol-α-disulfonique appelé sel G. |
| Tropéol. OOO (orangé IV). | $C^6H^4(SO^3H) \cdot Az=Az-C^6H^4-AzH(C^6H^5)$ | Diazo de l'acide sulfanilique sur diphénylamine. | |
| Tropéoline OOO n° 1 (orangé I). | $C^6H^4(SO^3H)Az=Az-C^{10}H^6OH \; \alpha$ | Diazo de l'acide sulfanilique sur naphtol α. | |
| Tropéoline OOO n° 2 (orangé II). | $C^6H^4(SO^3H)Az=Az-C^{10}H^6.OH \; \beta$ | Diazo de l'acide sulfanilique sur naphtol β. | |
| Tropéoline OOOO. | $C^6H^5 - Az=Az-C^{10}H^5(OH)(SO^3H)$ | Diazobenzol (sel de) sur naphtol sulfonique. | |
| Roccelline (orselline, écarlate). | $C^{10}H^6(SO^3H) - Az^2-C^{10}H^6.OH \; \beta$ | Diazo de l'acide naphtionique sur naphtol β. | |
| Rouge solide A. | $C^{10}H^6(SO^3H) - Az^2-C^{10}H^6.OH$ | Diazo de l'ac. naphtion. s. naphtol | 3. Le ponceau 2R serait obtenu avec la métaxylidine, le ponceau 3R avec cumidine ou cymidine. |
| Rouge solide B. | $C^{10}H^6.OH-Az^2-C^{10}H^5(AzO^2)(SO^3H)$ | Diazo de l'acide nitronaphtionique sur naphtol. | |
| Rouge solide C. | $C^{10}H^7 - Az^2-C^{10}H^5.OH(SO^3H)$ | Diazo de la naphtylamine sur naphtol monosulfonate. | |
| Rouge solide D. | $C^{10}H^6(SO^3H)-Az^2-C^{10}H^4.OH(SO^3Na)^2$ | Diazo de l'acide naphtionique sur naphtol disulfonate de sodium. | |
| Ponceaux R et J (xylidine). | $C^8H^9 - Az^2-C^{10}H^4.OH(SO^3H)^2$ | Chlorure de diazoxylol sur β naphtol disulfonate R ou G. | |
| Ponceaux 2R, 3R. | $C^9H^{11} - Az^2-C^{10}H^4.OH(SO^3H)^2$ | On opère sur des isomères ou des homologues supér^rs de la xylidine | |
| Ponceaux 3g (rouge d'anisol) | $C^6H^3(SO^3H)(CH^3)O-Az^2-C^{10}H^6OH$ | Diazo de l'anisolsulfonate sur β naphtol. | |
| Coccinine. | $C^6H^4(CH^3)O-Az^2-C^{10}H^4.OH(SO^3H)^2$ | Diazo de l'anisidine sur β naphtol disulfonate R. | |
| Bordeaux R et J. | $C^{10}H^7 - Az^2-C^{10}H^4.OH(SO^3H)^2$ | Diazo de naphtylamine sur naphtol β disulfonate. | |
| VI. b) Ecarlate de Biebrich 3B (ponceau extra 3B). | $Az=Az-C^6H^4(SO^3H)$ <br> $\mid$ <br> $C^6H^3(SO^3H)$ <br> $\mid$ <br> $Az=Az-C^{10}H^6.OH$ | Diazo de l'amidoazobenzolsulfonate sur β naphtol. | 1 Cette série VI b) renferme les colorants dits tétrasoïques, parce qu'ils renferment deux fois le chromophore $(-Az=Az-)$ ou $(Az^2)$''. <br> 2. On obtient des colorants qui renferment trois fois le même chromophore. <br> 3. L'azarine, livrée sous forme de pâte comme l'alizarine, est une combinaison de bisulfite de soude avec le produit désigné dans ce tableau ; il y aurait eu rupture partielle de la double liaison azoïque et fixation des éléments du bisulfite, chaque $(-Az=Az-)$ serait devenu <br> H SO²Na <br> $(-Az-Az-)$ <br> 4. Ces composés bisulfitiques sont l'objet d'une attention particulière au point de vue des applicat. |
| Crocéine (Ponceau de). | $Az=Az-C^6H^4(SO^3H)$ <br> $\mid$ <br> $C^6H^4$ <br> $\mid$ <br> $Az=Az-C^{10}H^5.OH(SO^3H)$ | Diazo de l'amidoazobenzolsulfonate sur β naphtol sulfonique. | |
| Chrysamine ou flavophénine. | $C^6H^4-Az=Az-C^7H^5O^3$ <br> $\mid$ <br> $C^6H^4 -Az=Az-C^7H^5O^3$ | Diazo de la benzidine sur acide salycilique. | |
| Rouge Congo. | $C^6H^4-Az=Az-C^{10}H^7(SO^3H)Az$ <br> $\mid$ <br> $C^6H^4-Az=Az-C^{10}H^7(SO^3H)Az$ | Diazo de la benzidine sur l'acide naphthionique. | |
| Benzopurpurine. | $C^6H^3(CH^3)Az=Az-C^{10}H^7(SO^3H)Az$ <br> $\mid$ <br> $C^6H^3(CH^3)Az=Az-C^{10}H^7(SO^3H)Az$ | Diazo de la tolidine sur l'acide naphthionique - homologue supérieur du R. Congo. | |
| Rosazurine. | $C^6H^3(OC^2H^5)Az=Az-C^{20}H^7(SO^3H)Az$ <br> $\mid$ <br> $C^6H^3(OC^2H^5)Az=Az-C^{10}H^7(SO^3H)Az$ | Ether du tétrazo-diphényle sur acide β naphthionique. | |
| Benzoazurine. | $C^6H^3(OC^2H^5)-Az=Az-C^{10}H^6(SO^3H)O$ <br> $\mid$ <br> $C^6H^3(OC^2H^5)-Az=Az-C^{10}H^6(SO^3H)O$ | Ether du tétrazo-diphényle sur acide sulfonique de α naphtol. | |
| Bleu azoïque. | $C^6H^3(CH^3)-Az=Az-C^{10}H^6(SO^3H)O$ <br> $\mid$ <br> $C^6H^3(CH^3)-Az=Az-C^{10}H^6(SO^3H)O$ | Diazo de la tolidine sur β naphtol sulfonique. | |
| Azarine. | $SO^2<^{C^6H^4O-Az=Az-C^{10}H^7O}_{C^6H^4O-Az=Az-C^{10}H^7O}$ | Diazo de la diamido-dioxy-benzolsulfone sur β naphtol. | |

| Dénominations | Constitution | Préparation | Remarques |
|---|---|---|---|
| VI. c) Safranines (1). | $C^n H^{2n-21} Az^4 Cl$ (formule générale) | Paradiamine, monamine, acide minéral et oxydant. | 1. Les safranines forment une série comprenant des isomères, des homologues et des dérivés, exemple : l'améthyste dérivé éthylé, la mauvéine. $C^{21}H^{19}(C^2H^3)Az^4$ dérivé phénylé. |
| Mauvéine. | $C^{27} H^{24} Az$. H Cl | Oxydation d'un sel d'aniline. | |
| Indulines. | $C^{18} H^{15} Az^3$. H Cl | Déshydrogénation de l'aniline sous l'influence des dérivés azoïques, il y a formation d'ammoniaque, phénylation et production de p. phénylène diamine. | 2. Les indulines, les nigrosines et le noir d'aniline sont étroitement unis. |
| Induline 3 B. | $C^{30} H^{23} Az^5$. H Cl | | |
| Induline 6 B. | $C^{36} H^{27} Az^5$. H Cl | | |
| Bleu de méthylène. | $C^{16} H^{18} Az^4 S$. H Cl | Oxydant ($Fe^2 Cl^6$) sur diméthyle-p. phénylène-diamine (traitée par $H^2 S$) ou sur p. nitroso-diméthyle-aniline. | 3. Ces colorants divers VI. c) se rattachent aux colorants azoïques par la p. phénylène diamine. |
| Color. de Lauth (2). | $C^{12} H^{10} Az^3 S$. Cl | | |
| Indophénols. | $Az < {C^6 H^4 - Az(C H^3)^2 \atop C^{10} H^6 . O}$ | P. phénylène-diamine diméthylée sur α naphtol ou p. nitroso-diméthyle-aniline sur α naphtol. | 4. La murexide rappelle la pourpre des anciens tirée du murex. |
| Nigrosine. | $C^{18} H^{12} (C^6 H^5)^3 Az^3$ ? | Aniline sur nitrobenzine à 240° en présence de $Sn Cl^2$. | 5. L'acide chrysophanique (rhéine) se trouve dans la rhubarbe, et la barbaloïne dans l'aloès des Barbades. |
| Noir. | $(C^6 H^5 Az)^n$, $n =$ probablement 3 ou 4 ou plutôt 5. | Bichromate de potasse et ac. sulfuriq. sur chlorhydrate d'aniline. | |
| VII. Murexide. | $C^8 H^8 Az^6 O^6$ | Acide azotique sur acide urique. puis action de $Az H^3$. | |
| Grenat soluble de Casthelaz. | $C^8 H^4 (Az H^4) Az^5 O^6$ | Cyanure de potassium sur acide picrique, puis chlor. d'ammonium | |
| Acide aloétique. | $C^{14} H^4 (Az O^2)^4 O^2$ | Acide azotique sur barbaloïne donne acides aloétique et chrysammique et sur acide chrysophanique donne ac. chrysammique. | |
| Acide chrysammique | $C^{14} H^4 (Az O^2)^4 O^4$ | | |
| Acide chrysophaniq. | $C^{14} H^8 O^4$ (is. de l'alizarine). | | |
| Cyanine-chinoline. | $C^{28} H^{35} Az^2 Io$ | Chinoline (quinoléine), lépidine, dispoline du quinquina (cinchonine) traitées par iodure d'amyle et le produit traité par potasse (K O H). | |
| Cyanine-lépidine. | $C^{30} H^{39} Az^2 Io$ | | |
| Cyanine-dispoline. | $C^{32} H^{43} Az^2 Io$ | | |
| Acide rufigallique. | $C^{14} H^8 O^8$ | Acide sulfurique sur acide gallique ou tannique. | |
| Galloflavine. | ? | Alcali caustique sur acide gallique (en sol. alc.). | |
| Gallocyanine. | ? H. Kœchlin 1882. | Nitroso-diméthyle-aniline sur acide galliqne. | |

(1) Chromophore des safranines, d'après M. Nietski :

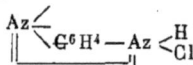

$$ \begin{matrix} Az \\ \| \end{matrix} < \!\! \diagdown \; C^6 H^4 - Az < {H \atop Cl} $$

(2) Chromophore des colorants de M. Lauth :

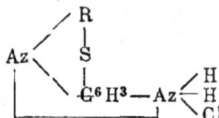

$$ Az <\!\! \begin{matrix} R \\ | \\ S \\ | \\ C^6 H^3 \end{matrix} - Az \!-\! {H \atop \underset{Cl}{H}} $$

(Suite de la p. 505). $\quad C <\!\! \diagdown C^6 H^4 - Az <\!\! {H \atop \underset{Cl}{H}}$

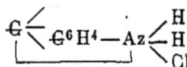

2° Dérivés de l'acide phénique dont le principal colorant, l'acide picrique, se rattache au chromophore, $Az O^2$ ;

3° Dérivés de la naphtaline parmi lesquels un colorant jaune ayant pour chromophore $Az O^2$ ;

4° Dérivés de l'anthracène, ayant pour chromophore $C^2 O^2$ ou $2 C O$ de l'anthraquinone ;

5° Dérivés de l'acide phtalique anhydre ayant pour chromophore

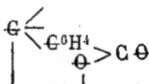

$$ C <\!\! \diagdown {C^6 H^4 \atop O} > C O $$

6° Dérivés azoïques avec chromophore

$$ (- A = Az -) $$

et comprenant : a) azoïques proprement dits ; b) tétrazoïques ; c) colorants se rattachant aux dérivés azoïques ;

7° Dérivés qui ont leur origine en dehors du goudron.

### DES PROCÉDÉS DE TEINTURE.

Si nous jetons un coup d'œil sur l'ensemble des opérations que le teinturier peut avoir à exécuter, il nous sera facile de voir qu'elles peuvent être comprises dans trois catégories. Dans la première, nous classerons les opérations qui ont pour but de dépouiller la fibre de ses impuretés naturelles ou accidentelles ; dans la seconde, les opérations qui ont pour but de donner à la fibre une coloration déterminée; dans la troisième, les opérations qui ont pour but de communiquer à la fibre l'apparence et le toucher désirable. Dans chacune de ces séries d'opérations, nous avons à distinguer la partie mécanique comprenant les appareils employés, et la partie chimique, indiquant les conditions de durée, de température, de dosages propres à assurer le succès des opérations.

A. Des opérations préparatoires de la teinture et du blanchiment. Nous renvoyons aux articles Blanchiment, Débouillage, Décreusage, Dégraissage,. Dessuintage, et nous n'ajouterons que quelques réflexions pratiques :

1° pour l'emploi du chlorure de chaux, il est à recommander de le bien. mouiller d'abord, ce qui s'obtient en le broyant avec un peu d'eau pour en former une bouillie. Par cette précaution, on évitera dans le bain de blanchiment ces globules de chlorure de chaux en suspension dans l'eau, globules qui, en s'attachant à la fibre, en compromettent plus ou moins la solidité. Le teinturier, pour plus de commodité, peut se procurer le chlorure de chaux liquide marquant environ 15° et devenu d'un emploi courant.

2° Depuis quelque temps, on propose aux teinturiers un produit nouveau, breveté en 1876, par le comte Van Dienheim Brochocki, de Boulogne, et vendu d'abord sous le nom d'*essence de Boulogne*, et actuellement sous celui de *chlorozone*.

Un savant professeur anglais, M. Mils, avait étudié le chlorozone et en avait fait l'objet d'une communication qui appelait sérieusement sur ce produit l'attention des chimistes et des industriels. D'après ce savant, cet agent de blanchiment, en apparence si semblable à l'eau de javel, en différait notablement d'après l'expérience, car « un échantillon teint en rouge turc se décolore complètement par une ébullition de trois minutes avec le chlorozone, tandis qu'avec le chlorure de soude de même titre chlorométrique, on n'arrive, même après une longue ébullition, qu'à un blanchiment imparfait. » Pour M. Mils, le chlorozone contenait un agent oxydant plus actif que l'hypochlorite de soude, il devait être constitué principalement par l'hypochlorite de sodium plus ou moins chargé de peroxyde de chlore, et peut-être d'oxydes inférieurs du chlore.

Mais MM. G. Lunge et L. Landolt ont fait sur le chlorozone une nouvelle étude dont ils ont publié les résultats (1), résumés dans le *Moniteur scientifique*, liv. 532, avril 1886. Ces deux chimistes ont suivi à la lettre toutes les indications du brevet du comte Brochocki, même dans les détails qui leur paraissaient compliquer inutilement la préparation du produit, et ils ont obtenu un chlorozone qu'ils ont analysé avec le plus grand soin en faisant en double toutes les déterminations. La conclusion de leur étude est que le chlorozone n'a rien de nouveau, que les réactions qui se passent dans sa formation sont celles connues depuis longtemps, donnant naissance à l'hypochlorite de soude et à l'acide hypochloreux libre ; que ce pro-

(1) *Inaugural dissertation von Ludw. Landolt et die chemische industrie*, 1885.

duit n'est autre chose qu'une dissolution d'acide hypochloreux libre dans une solution de sel marin contenant une quantité insignifiante de chlore libre et de chlorate de potassium, et ne contenant ni acide chloreux, ni acide hypochlorique, ni peroxyde de chlore.

Après ces réserves au point de vue scientifique, nous devons dire qu'au point de vue pratique, des essais ont été entrepris par des industriels et jugés satisfaisants; ils portaient sur la pâte à papier, sur le lin et le chanvre, pour diminuer le nombre et la durée des expositions sur le pré. Ce produit, d'un emploi plus commode que le chlorure de chaux, ménagerait davantage la fibre, permettrait de conserver le bain de blanchiment et d'obtenir un blanc plus parfait.

3° Il y a quelques années, M. Delabove entreprit l'exploitation d'un procédé qu'il avait breveté, une société par actions fut fondée, et une blanchisserie de toiles fut installée près d'Armentières. Le procédé repose essentiellement sur la formation d'un hypochlorite d'alumine en faisant réagir sur du chlorure de chaux du sulfate d'alumine, ce qui donne lieu à une double décomposition. Ce procédé ne fournit pas les résultats que l'on se croyait en droit d'attendre. MM. Lunge et Landolt ont étudié l'hyperchlorite ainsi formé, et ne lui ont découvert aucune propriété nouvelle; il contient de l'acide hypochloreux libre, ce qui le rend plus efficace comme agent de blanchiment.

4° M. Hermite avait voulu réaliser un mode de blanchiment par l'électricité, application que nous avions signalée, en 1878, devant la Société industrielle du Nord. Le courant électrique provenant de dynamos traversait un bain contenant en dissolution du chlorure de magnésium. Le sel était décomposé, mais se régénérait. Le but pratique qui était poursuivi. principalement était le crémage du lin, question très importante, mais la nouvelle méthode, jusqu'à ce jour, n'a pas réussi à détrôner l'ancienne, et nous devons attendre pour nous prononcer, au point de vue du prix de revient, les nouveaux essais qui se préparent.

5° Il y a quelques années, on faisait le blanchiment de la laine par un procédé dit *au leucogène*. Ce produit, fabriqué par M. Chaudet, de Reims, et baptisé d'un nom qui pourrait convenir à tous les agents de blanchiment, consistait essentiellement en bisulfite de soude. Ce procédé au leucogène était couramment employé. Le peigné blanchi au leucogène était moins beau que le peigné blanchi au soufroir, mais le blanc était plus solide ou jaunissait moins vite. Avec le procédé au soufroir, une installation spéciale était nécessaire, le travail était forcément intermittent, et le blanchiment ne se faisait qu'avec beaucoup de lenteur, tandis que dans le procédé au leucogène, la marche de l'opération était des plus faciles, et le blanchiment devenait une opération semblable à une teinture à la barque ; le procédé au soufroir exposait le fabricant à des accidents dans les apprêts, l'acide sulfureux qui était resté dans la laine réagissant sur certaines nuances avec lesquelles le blanchi avait été mélangé en filature, tandis que le procédé au leucogène n'exposait pas à cet accident quand on ne forçait pas la dose du produit pour gagner du temps. Il est vrai que le peigné blanchi au soufroir était quelquefois, à la demande du fabricant, soumis chez le teinturier à une opération, dite *dessoufrage*, qui débarrassait la fibre de son acide sulfureux, mais cette opération était une manipulation supplémentaire, et le peigné ne faisait que perdre en beauté. Le blanchiment au leucogène était souvent dit *blanchiment sans soufre*. L'azurage se faisait souvent dans le bain même de blanchiment. Pour la soie, le procédé au leucogène n'a guère été accepté, le procédé au soufroir est exclusivement suivi. Le dessoufrage demande des eaux calcaires comme celles de Lyon et devient une difficulté avec celles de Saint-Chamond.

6° En lisant dans ce *Dictionnaire*, à l'article Décreusage, le traitement de la soie par le savon pour la dépouiller *d'une partie de son grès*, on a pu s'étonner de voir les quantités énormes de savon employées, proportions qui s'élèvent à plus de 45 0/0 du poids de la soie dans les deux opérations du dégommage et de la cuite. Pour les hommes du métier, cette manière d'opérer est comprise ; pour les autres, nous voulons leur faire remarquer qu'ils se méprennent étrangement lorsqu'ils cherchent d'autres moyens de traitement pour faire l'économie de ces 45 0/0 de savon, car le savon n'est nullement perdu. Le teinturier l'emploie même pour les teintures de la soie préférablement à un bain de savon neuf et, par conséquent, le décreusage de la soie ne représente aucune dépense de matière employée.

7° L'eau oxygénée, découverte, en 1818, par Thénard, n'était restée, jusqu'à ces derniers temps, qu'un produit de laboratoire n'ayant que les applications les plus restreintes. Le prix de revient faisait obstacle à l'emploi de ce corps dont les propriétés étaient bien connues et les applications signalées ; mais aujourd'hui, son usage se généralise. Nous avons donné à Eau oxygénée, les détails relatifs à sa fabrication industrielle, à ses propriétés et à son emploi. Nous signalerons cependant en passant, le blanchiment des tissus pure laine, des tissus laine et coton, des soies, particulièrement des soies tussah. L'eau oxygénée ne lutte pas pour les fibres végétales contre le chlore traditionnel, mais elle doit être préférée à l'acide sulfureux pour la laine et pour la soie, quand il s'agit d'obtenir un blanchiment véritable par destruction de la matière colorante. Les bains de blanchiment sont aussi courts que possible, ils sont maintenus alcalins le plus souvent par l'ammoniaque, les fibres sont plongées dans le bain qui reste couvert pendant que les réactions se produisent. Cette application est un progrès dans la pratique du blanchiment, et se substitue dans le traitement de la soie tussah, au blanchiment par le permanganate de potasse ou par le bioxyde de baryum.

8° Après avoir fait le blanchiment sur laine à l'acide sulfureux gazeux ou en dissolution, sur soie à l'acide sulfureux gazeux, sur fibre végétale au chlore, le teinturier fait souvent une opération complémentaire quand la fibre doit rester bien blanche et qu'elle ne doit pas passer en teinture. Il reste, en effet, sur ces fibres, une coloration jaune plus ou moins prononcée qu'il s'agit de faire disparaître ou de masquer par un azurage. Conformément aux principes posés depuis longtemps par M. Chevreul, on masque ce jaune par une légère addition de violet, ce qui forme du gris. Le jaune reste évidemment sur la fibre, du violet est ajouté, du gris est formé, mais ce gris est moins perceptible à l'œil que le jaune, et il s'est produit un effet bien sensible de blanchiment. Les substances employées pour cet azurage sont le bleu d'outremer, le bleu de Prusse, le bleu d'indigo, le carmin d'indigo et des violets B ou bleus R en matières colorantes artificielles et en particulier le violet acide 6 B.

Comme vue synthétique sur la partie chimique du blanchiment, nous n'avons que trois principes à poser : 1° ou bien on blanchit les fibres avec des liquides colorés en masquant une coloration par la nuance complémentaire ; il n'y a là qu'un effet physique et un effet physiologique, le blanchiment n'est qu'apparent, la teinte jaune reparaîtra à mesure que la nuance complémentaire passera ; ou bien 2° on se sert de l'acide sulfureux gazeux ou de l'acide sulfureux en dissolution dans l'eau et provenant, soit de la réaction de l'acide sulfurique sur le charbon, soit de la décomposition des sulfites ou des bisulfites ou du leucogène ; il n'y a là qu'une combinaison peu stable de l'acide sulfureux avec la matière colorante, le blanchiment n'est qu'apparent, la teinte jaune reparaîtra quand l'acide sulfureux, qui n'est retenu sur la fibre que par de faibles affinités, redeviendra libre et laissera à découvert la matière colorante jaune avec laquelle il formait un composé incolore ; ou bien enfin, 3° on met en jeu les affinités puissantes du chlore ou de l'ozone, c'est le blanchiment sur le pré, c'est le blanchiment au chlore, aux hypochlorites, au chlorozone, aux manganates et permanganates, au bioxyde de baryum, à l'eau oxygénée ; alors ce blanchiment est un vrai blanchiment, la matière colorante jaune a été détruite, la coloration que reprendrait la fibre ne pourrait provenir que des agents extérieurs.

B. Des opérations de teinture proprement dites. Les fibres qui sont soumises au travail du teinturier sont d'origine végétale ou animale. Elles sont dans différents états de préparation : avant filature, après filature, après tissage. Avant filature, ce sont les blousses, la laine en toison, le coton en laine, la laine peignée, la bourre ; après filature, ce sont les écheveaux de soie, de laine, de coton, de jute, de ramie… ; après tissage, ce sont les tissus pure laine, les mélangés laine et coton, les chaîne-coton, les velours de lin, de coton, etc. Nous donnerons une idée générale de ces opérations de la teinture en considérant successivement la partie mécanique et la partie chimique.

### § 1. *Partie mécanique.*

Pour la teinture sur fibres avant filature, jusqu'à ces dernières années, le matériel n'avait rien de spécial : des cuvelots, des terrines, des barques rectangulaires étaient les appareils dont se servait le teinturier en matières. Le chauffage se faisait d'abord et se fit durant de longs siècles à feu nu, mais ce chauffage était coûteux, embarrassant, exigeait des appareils métalliques. Ce chauffage à feu direct n'est plus guère employé, en France, que dans les pays où le charbon serait d'un prix trop élevé pour le chauffage des générateurs. Il est aussi employé aux Gobelins qui ne peuvent avoir à compter avec l'eau provenant de la condensation de la vapeur, qui n'opèrent que sur de faibles quantités de laine, qui n'ont à chauffer que quelques petites bâches et qui, en vue de la solidité de leurs teintures, tiennent à pouvoir élever la température des bains de quelques degrés au-dessus de la température ordinaire des bains de teinture.

Dans toutes les teintureries où le travail se fait en grand, dans les barques pour 50 ou 100 kilogrammes à la fois, c'est le chauffage à la vapeur, soit par double fond et avec échappement de vapeur, soit le plus souvent par un tube qui se trouve au fond de la cuve et qui est percé de trous pour la vapeur qui s'échappe alors dans le bain. Ce dernier mode est le plus, industriel, le plus économique, le plus répandu. Il a pour inconvénients de modifier les conditions du bain, de communiquer au liquide une agitation qui ne permet pas de dépasser 95°, d'occasionner quelquefois des taches et du feutrage. Pour combattre, au moins en partie, ces effets nuisibles, on recouvre le tuyau par un double fond perforé. Depuis quelques années, la teinture de la laine peignée passe par

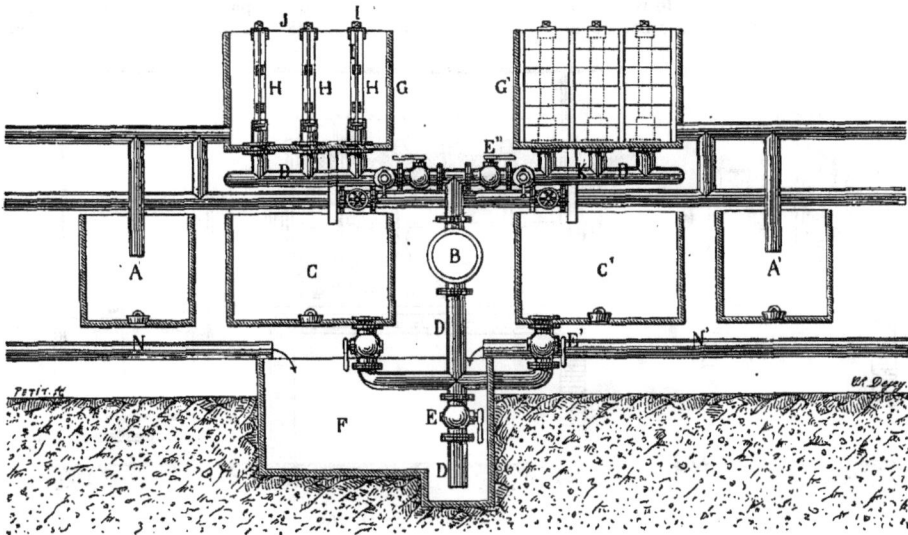

Fig. 325. — *Appareil de M. Hauschel pour la teinture en bobines.*

une phase de transformation et l'on n'a pu que s'intéresser vivement aux efforts qui ont été faits pour réaliser la teinture du peigné en bobines. Il ne s'agissait pas seulement d'entrevoir une économie de main-d'œuvre dans la solution de ce problème, mais encore et surtout, une question de perfection de travail. Le peigné pouvant être mieux traité se comporte plus avantageusement en filature, puisque la teinture en bobines fait éviter le feutrage qui occasionne plus de déchets et ne permet pas d'arriver aux mêmes numéros de fils.

Tous les systèmes qui ont été brevetés peuvent se rapporter à deux classes : les systèmes à pompe et les systèmes sans pompe. Décrivons d'abord un appareil dans chaque genre.

Le dispositif de M. Th. Hauschel fig. (325) est un système en partie double, c'est-à-dire que, symétriquement par rapport à l'axe général du système, il y a deux ensembles d'organes absolument identiques, fonctionnant alternativement, l'un étant en marche pendant que l'autre est en préparation. De chaque côté se trouvent des cuves G G' pour la teinture, des bacs A A' pour la préparation des bains, des bacs C C' plus grands que les précédents pour l'utilisation des bains ayant déjà servi et devant traverser à nouveau une ou plusieurs fois encore les bobines en teinture. Le fond des cuves G G' est traversé par les embranchements d'un tube D qui apporte le bain, et sur ces embranchements sont vissés des tubes H perforés sur leur longueur, et dans lesquels s'enfoncent des pistons I à tiges formées de plusieurs parties assemblées bout à bout. Le peigné est embobiné sur ces tubes perforés formant cannelles, lesquels sont ensuite vissés aux ajutages du fond des cuves ; on règle par les pistons la hauteur à laquelle doit s'élever le bain dans les tubes d'après la hauteur sur laquelle est enroulée la bobine, et on ferme ces tubes par un couvercle J, qui se visse à leur extrémité supérieure. Cet ensemble est complété par des conduites d'eau et de vapeur. Dans l'axe du système ou batterie, se trouve la pompe B qui peut à volonté faire fonctionner l'une ou l'autre des deux parties, ainsi qu'une cuve F établie à un niveau inférieur à tout le système, munie d'un puisard dans lequel plonge le tube D en communication avec la pompe et recevant alternativement les bains de chaque côté de la batterie par les conduites N N'. Le bain étant préparé, la cuve à teindre bien disposée avec les bobines serrées l'une contre l'autre, le liquide du premier bain est amené dans le puisard, la pompe est mise en activité, les soupapes et les robinets étant convenablement manœuvrés; le liquide venu de A par N dans F, passe par D, E, D, E'', par les embranchements de D dans les tubes de la cuve G', traverse le peigné, passe par K dans C' d'où la pompe l'aspire par E', le robinet E, ayant été fermé, le refoule de nouveau dans la cuve à teindre, et ainsi de suite continuant à faire circuler le bain autant qu'il est nécessaire pour l'opération.

Tel est, dans ses principaux détails, le fonctionnement de la machine de M. Hauschel, breveté à la date du 22 août 1884. Un perfectionnement a été apporté à cette disposition pour permettre, par le simple jeu de robinets, de renverser la circulation du bain sans arrêt de la machine à teindre.

D'autres systèmes à pompe ont été brevetés par MM. Boucheron, Denutte, Obermaïer, etc. Le principe général est toujours le même dans ces appareils : il y a toujours circulation du bain entretenue par l'action d'une pompe, dans un sens seulement ou quelquefois dans les deux sens, alternativement à travers les bobines. Celles-ci forment un lit aussi homogène que possible pour offrir partout la même résistance (système Denu'te), ou sont placées dans des pots

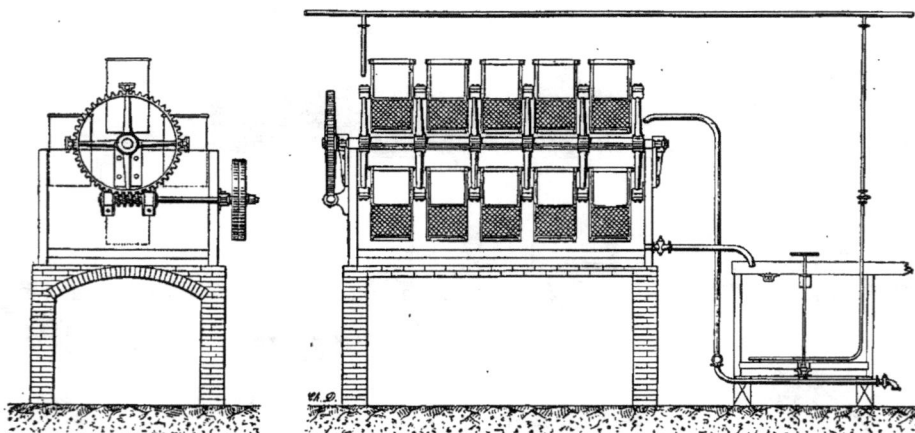

Fig. 326 et 327. — *Appareil de M. Harmel.*

cylindriques à parois pleines (systèmes de Boucheron et Obermaïer), ou formées sur des tubes perforés (système Hauschel, Giessler...).

La machine brevetée par M. Harmel est un système indépendant de la pompe et utilisant le mouvement de rotation pour entretenir la circulation du bain. Sur un axe horizontal, susceptible d'être mis en mouvement par un pignon et une vis sans fin, on dispose, dans des plans parallèles perpendiculairement à l'axe, des bras figurant les ailes d'un moulin. Les six plans parallèles de ces bras (fig. 326 et 327) déterminent cinq intervalles dans chacun desquels se trouve une série de quatre pots cylindriques à surface latérale pleine et à bases perforées. Une bobine de laine peignée est introduite dans chaque pot, maintenue à une pression qui peut être réglée, et le couvercle est fermé. Si l'on plonge verticalement l'un de ces pots ainsi disposés dans l'eau d'une cuve, en exerçant une certaine pression, le liquide passera par le fond perforé, traversera la bobine et, continuant à s'élever, remplira tout le cylindre. Lorsque l'on soulèvera ce pot verticalement, la colonne liquide au-dessus de la bobine fera elle-même pression, traversera de nouveau la bobine et s'écoulera par le fond dans la cuve; on aura ainsi à travers les bobines une double circulation. Ce résultat est obtenu pour les vingt bobines à la fois par le mouvement de l'arbre. Les pots, à cause du mode de suspension, restent dans la position verticale pendant le mouvement de rotation, s'emplissent et se vident par la base inférieure, et la machine faisant chaque tour en quelques minutes, la teinture s'obtient dans de bonnes conditions de régularité. Ce système, qui fonctionne chez M. Harmel, au Val-des-Bois, est adopté dans trois teintureries à Tourcoing. Nous devons ajouter qu'il est difficile d'arriver à plus de simplicité de mécanisme, à plus de régularité de marche, à plus de garanties contre les causes d'arrêt de fonctionnement, à plus de facilité pour l'échantillonnage. Nous avons vu faire la teinture dans cet appareil à notre grande satisfaction.

D'autres systèmes sont encore indépendants de la pompe : M. Bertrand se sert de la pression d'une colonne d'eau, M. Vassart de la pression de la vapeur agissant dans la cuve à teindre pour produire la circulation des bains.

Nous mentionnerons encore la teinture du peigné, non plus en bobines, mais au dévidoir, de M. Rummelin. Nous avons voulu donner quelques détails sur cette question en raison de son importance et de son actualité.

On a aussi lancé, depuis quelques années surtout, la teinture mécanique des écheveaux. Nous commençons par dire que, sur ce point, la question se pose dans des conditions toutes différentes de la question de teinture du peigné. Nous pensons qu'il s'agit non plus principalement de la perfection du travail, mais plutôt, et même exclusivement, de l'économie de main-d'œuvre. Il faut alors tenir compte des conditions pratiques dans lesquelles se fait la teinture, et il n'est pas possible de porter une appréciation absolue. A-t-on à opérer habituellement sur de fortes parties de matières textiles, et la teinture de ces fibres exige-t-elle un grand nombre d'opérations ou bien est-elle d'un travail pénible pour l'ouvrier? Alors la teinture mécanique des écheveaux se recommande ou s'impose d'autant plus par elle-même. La teinture en noir d'aniline sur coton, se faisant par

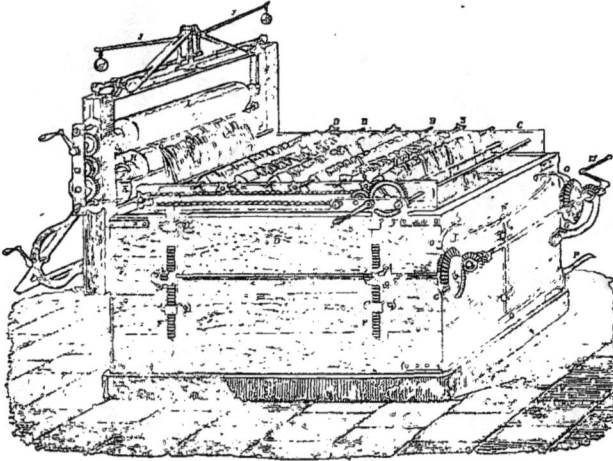

Fig. 328. — *Appareil de M. Deshayes pour la teinture en écheveaux.*

passes de 50 kilogrammes à la fois, et étant d'un travail nuisible à la santé des ouvriers, devrait se faire à la machine. La teinture de la soie, surtout en noirs chargés, représentant un travail de plusieurs journées et d'une quarantaine d'opérations, peut avantageusement employer la machine à teindre les écheveaux. Si l'on n'avait à teindre que par petites quantités et dans des genres qui demandent peu d'opérations, alors la machine n'offre plus les mêmes avantages, mais nous ne devons pas perdre de vue que la tendance actuelle de l'industrie est de monter de grandes installations, et d'opérer en grand pour lutter contre la concurrence.

Tout le principe de ces machines à teindre les écheveaux est d'imiter ce que fait la main de l'ouvrier. Les écheveaux sont disposés sur des *lisoirs*, bâtons de bois, de bambou, de verre, de cuivre, qui reposent par leurs extrémités sur les longs côtés de la barque et sont parallèles les uns aux autres. Deux ouvriers, de chaque côté de la barque, saisissent d'une main successivement l'extrémité de chaque lisoir et de l'autre main les écheveaux qui sont sur chaque moitié du lisoir, renversent les écheveaux faisant plonger dans le bain la partie qui était au-dessus du bain et *vice versa*, puis avancent le bâton sur les bords de la barque en faisant traîner l'écheveau à la surface du bain, ce qui s'appelle *liser*. Dans tous les systèmes des machines actuellement employées ou essayées, les lisoirs sont passés dans les écheveaux et reposent par leurs extrémités sur un cadre rectangulaire. Dans la machine de M. Deshayes (fig. 328), ce châssis CC peut s'élever au moyen d'une crémaillère F, mue par la manivelle M et la roue d'angle G, et peut s'abaisser dans la cuve D par la même crémaillère, lorsque l'on appuie le pied sur la pédale P qui réagit sur le ressort N destiné à soulever les cliquets OO; les lisoirs EE ont une section triangulaire avec une des faces arrondie, et portent une étoile ou petite roue dentée à une de leurs extrémités; ces étoiles, sur deux lisoirs voisins, ont une position alternante; une chaîne de Vaucanson vient de chaque côté de la barque, en rencontrant les étoiles, imprimer un mouvement de rotation à chaque lisoir; à cause de la disposition, deux lisoirs voisins tournent en sens contraire l'un de l'autre, ce qui est nécessaire pour éviter que les écheveaux ne s'emmêlent. Après une immersion suffisante dans le bain, le châssis est relevé au moyen de la crémaillère, soulevant avec lui les lisoirs et les écheveaux qui s'égouttent et qui sont ensuite essorés à une extrémité de la barque par un dispositif très simple. Deux cylindres L et H, sont engagés dans un bâti et peuvent tourner en exerçant l'un sur l'autre une pression qui peut être réglée à volonté par l'intermédiaire des leviers JJ. Le cylindre L est recouvert de toile, le cylindre H porte une échancrure dans laquelle on engage successivement chacun des lisoirs chargé de ses écheveaux, de manière que la partie arrondie du lisoir complète la surface cylindrique de H. Par le mouvement des cylindres les écheveaux sont pressés, le liquide tombant dans la cuvette K retourne dans la barque, et les écheveaux se trouvent de l'autre côté des cylindres presseurs tout prêts pour une nouvelle passe, si cette opération est nécessaire pour la reproduction de la nuance. Cette machine a pour avantages d'éviter les effets nuisibles de la torsion à l'espart, et de réaliser une importante économie de main-d'œuvre.

M. Edouard Decock, à Roubaix, a breveté, au 6 septembre 1886, une machine à teindre les écheveaux. Le but qu'il s'est proposé a été d'exécuter automatiquement tous les détails de manipulation qu'exécute la main de l'ouvrier dans la teinture des écheveaux. Il y est parvenu, non sans complication de mécanisme, mais d'une manière très ingénieuse. Sa machine se caractérise par les manivelles qui accomplissent le lisage, et par le guide-matières qui empêche les fibres de se brouiller. Les manivelles viennent saisir successivement les écheveaux qui s'étalent sur chaque lisoir, les entraînent dans leur mouvement comme le ferait la main de l'ouvrier, les amènent à la position horizontale, puis les abandonnent, de façon à faire subir à l'écheveau une renverse comme dans le lisage à la main. Le guide-matières tient les fibres bien étalées sur le lisoir, suspendues bien verticalement dans le bain, évite absolument qu'elles s'emmêlent et qu'elles se soulèvent par le bouillonnement du bain que l'on doit chauffer, ce qui arrive souvent dans les machines à teindre les écheveaux de laine, et ce qui occasionne des irrégularités de teinture.

M. César Corron, administrateur délégué à la direction générale de la Société anonyme de la teinturerie Stéphanoise, a breveté, en mars 1886, une machine à teindre les écheveaux pour laquelle il a pris trois certificats d'addition dont le dernier en date de mars 1887. Avec les nouveaux perfectionnements, l'appareil se prête aux exigences des opérations de la teinture.

Cette machine (fig. 329) se compose essentiellement d'organes propres à donner un mouvement rectiligne alternatif et un mouvement de rotation. Le premier permettra d'aller prendre successivement chaque lisoir pour le porter d'avant en arrière ou *vice versâ*. Le deuxième mouvement servira à exécuter ce déplacement. Un troisième mouvement peut à volonté être obtenu

et a pour but de faire tourner sur lui-même chaque porte-matteaux pendant qu'il est déplacé. La force motrice est fournie à la machine par des courroies agissant sur les poulies P. Au moyen d'un débrayage automatique N, l'arbre de commande H reçoit alternativement un mouvement dans un sens ou dans l'autre; cet arbre de commande communique les deux mouvements nécessaires : l'un circulaire par le pignon G et l'engrenage hyperboloïde F pour faire tourner des fourchettes J, l'autre rectiligne alternatif par le pignon D et la crémaillère C pour faire marcher le chariot E le long de la glissière A. Un levier qui n'est pas représenté sur la figure permet, quand on veut liser, de mettre le secteur denté L en place pour que chaque engrenage cylindrique K, arrivé à la hauteur de L, puisse engrener avec ce secteur et fasse un tour complet en entraînant dans ce mouvement le porte-matteaux, qui a été saisi au passage par l'une des fourchettes. Dans la figure 329 il n'y a que six prises de porte-matteaux, mais ce nombre est variable. Les lisoirs ont une forme particulière et reposent dans des encoches sur le bord du cadre fixe. Un système de douilles, de taquets avec ressorts et d'articulations assurent le fonctionnement automatique des fourchettes.

Dans ces conditions, si le lèse n'est pas nécessaire, les porte-matteaux pris à l'avant d'un chariot ou cadre mobile sont simplement déposés à l'arrière, après avoir exécuté un mouvement de recul de 60 à 65 centimètres et, au retour de l'appareil, ce mouvement se fait en sens inverse et constitue le va-et-vient exactement comme les ouvriers ont l'habitude de le donner. Si le lèse est nécessaire, le dispositif spécial comprenant le moteur L et chaque engrenage K, permet de l'obtenir par la rotation individuelle des porte-matteaux. M. Corron a aussi imaginé un système de turbine ayant pour but de faire l'essorage sans débâtonner, et un système pour faire le dressage des fils automatiquement.

MM. Gillet et fils, à Lyon, sont inventeurs de plusieurs appareils pour la teinture des fils, soit

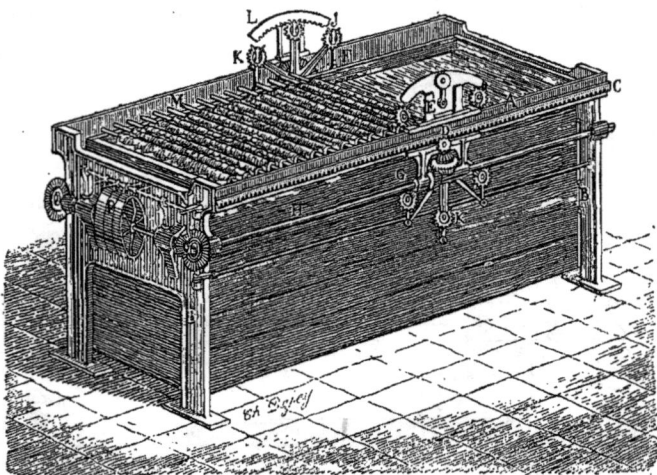

Fig. 329. — *Appareil de M. Corron pour la teinture en écheveaux.*

A Glissière — B Supports de la glissière. — C Crémaillère. — D Pignon de la crémaillère. — E Chariot. — F Engrenage hyperboloïde portant les fourchettes qui doivent prendre les lisoirs. — G Pignon de commande. — H Arbre de commande. — J Fourchette pour la prise des lisoirs. — K Engrenage pour la rotation des lisoirs. — L Secteur denté pour la rotation. — M Porte-matteaux ou lisoirs. — N Débrayage automatique. — P Poulies motrices.

par immersion directe des écheveaux disposés, comme à l'ordinaire, sur des bâtons reposant sur crémaillères, soit en supprimant les lisoirs et en disposant les fils par lits dans des paniers à claire-voie, puis faisant l'immersion en plongeant les paniers dans le bain ou en soulevant le bac à la hauteur convenable par un ascenseur hydraulique.

Nous voulons encore mentionner la machine à teindre les écheveaux de MM. Pierron et Dehaître. Elle consiste essentiellement en un tourniquet sur lequel sont disposés les écheveaux et qui tourne dans le bain. Ce système, comme idée fondamentale, a beaucoup d'analogie avec le système de M. Rummelin, ou teinture au dévidoir pour laine peignée.

Les machines à teindre les fibres après tissage, consistent essentiellement en cylindres qui entraînent mécaniquement le tissu dans le bain de teinture, de façon à faire immerger toutes les parties de la pièce le même temps dans le bain et à faire entrer celle-ci alternativement par l'un et par l'autre bout, afin d'établir des compensations relativement à la richesse du bain en matière colorante. De plus, ce genre d'étoffe peut exiger que la pièce soit teinte au large pour éviter les plis et les cassures, ou bien cet inconvénient n'est pas à craindre, et l'on peut alors teindre en boyau ou en corde. De là des différences de dispositifs.

La machine de M. C. Corron, l'infatigable travailleur de la teinture mécanique, se prête à la teinture au large et à la teinture en corde. Pour la teinture au large, elle comporte tous les organes des figures 330 et 331, et quand la pièce a été déroulée, les deux bouts sont rattachés ensemble; pour la teinture en corde, on supprime les rouleaux élargisseurs B, et il n'est pas utile de relier les deux bouts de la pièce. Elle a pour but, comme

toutes les machines similaires, de réaliser une économie dans la main-d'œuvre en remplaçant avantageusement les ouvriers qui tournent les tourniquets et ceux qui promènent les pièces dans les barques; elle réclame, comme avantage spécial, un progrès vers la perfection du travail en déposant le tissu dans le bain en plis réguliers et au large, en lui faisant subir une lèche plus grande en le mouvementant dans les barques d'une façon plus continue que dans les autres systèmes, et en évitant les cassures et les coups de bâtons si nuisibles aux tissus.

Quelques genres spéciaux exigent d'autres dispositions jugées meilleures au point de vue pratique. La teinture en bleu de cuve pour laine emploie le dispositif de la figure 332. A est un sac en filet de corde fixé sur un cercle de bois, B est la cuve à teindre enfoncée en grande partie dans le sol, une sorte de treuil permet d'abaisser ou d'élever le sac dans lequel on a disposé la laine en flocons ou l'étoffe à teindre. Pour la teinture du calicot et de la toile, la pièce est teinte comme

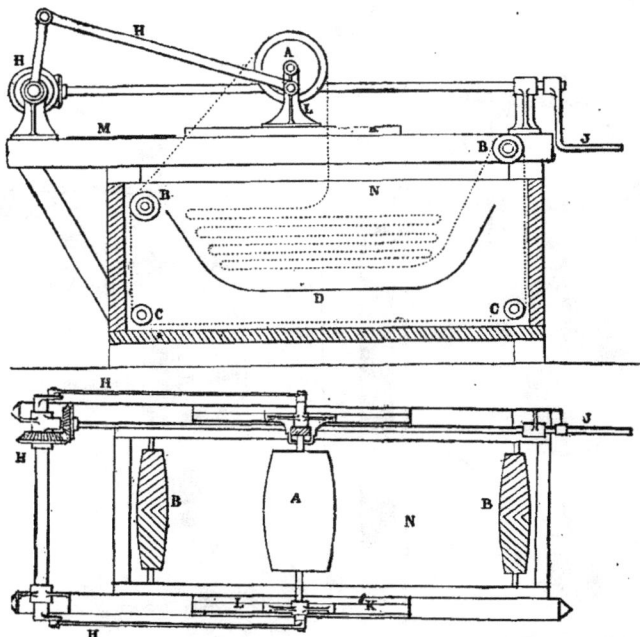

Fig. 330 et 331. — *Machine de M. Corron pour la teinture en pièces.*

*A* Tourniquet ou cylindre tournant toujours dans le même sens ou recevant un mouvement de va-et-vient. — *B* Rouleaux élargisseurs pour maintenir le tissu au large. — *C* Rouleaux d'appel pour assurer la formation des plis réguliers dans le bain. — *D* Planchette de protection pour protéger le tissu dans le bain et éviter ainsi l'enroulement sur le rouleau d'appel. — *H* Organe pour le mouvement de va-et-vient. — *K* Coulisse guidant le tourniquet dans sa marche. — *L* Glisseurs supportant le tourniquet. — *M* Tablette recevant le tissu. — *N* Cuve ou barque à teindre.

le montre la figure 333, après avoir été tendue sur la *champagne* (V. ce mot). Pour la teinture des draps de laine en indigo, on emploie la cuve à roulettes, ainsi nommée de deux séries de roulettes en bois horizontales pouvant tourner sur elles-mêmes autour de leur axe, l'une des séries étant presque à fleur du bain, l'autre à quelques centimètres au-dessus du fond de la cuve. La pièce passe d'une manière continue sur les diverses roulettes montant et descendant dans la cuve, puis entre deux rouleaux exprimeurs qui les attirent avec une vitesse déterminée et, enfin, sur des roulettes en dehors de la cuve pour l'exposition à l'air en vue du déverdissage. Les appareils pour teinture et savonnage des articles garancés consistent essentiellement en cuves, en bois ou en tôle, chauffées à la vapeur par le fond, couvertes au moyen d'un toit en bois, munies d'un tourniquet placé au-dessus du bain et sur lequel passent continuellement les pièces en boyau ou en corde et ayant leurs deux bouts cousus l'un à l'autre pour former un circuit fermé ; une sorte de râteau empêche les pièces de se mêler.

Après la teinture en garance ou en alizarine, souvent on fait le vaporisage : parfois on opère dans des chambres en bois dans lesquelles arrive la vapeur, on marche alors à la pression d'une atmosphère, et il faut plus de temps pour l'opération ; mais le plus souvent on se sert d'autoclaves, l'opération est alors abrégée, et la pression s'élève à une atmosphère et demie et même

Fig. 332. — *Cuve pour la teinture des laines par l'indigo.*

deux atmosphères. La figure 334 représente un autoclave de la maison Fontaine à la Madeleine-Lille. Cet appareil est en tôle avec un cylindre intérieur en cuivre pour éviter les taches de rouille et perforé pour l'admission de la vapeur. C'est dans ce cylindre que sont disposées les fibres qui doivent être soumises au vaporisage. L'appareil est muni d'un manomètre, d'un robinet pour l'échappement de l'air, d'une admission, d'un échappement de vapeur et d'un couvercle en fonte qui s'assujettit par des boulons et auquel est fixée une garniture en cuivre servant de couvercle au cylindre intérieur pour préserver les fibres des gouttes d'eau de condensation.

Pour les appareils complémentaires, machines à dégorger, à laver, à rincer, à sécher, nous renvoyons aux articles BLANCHIMENT, SÉCHOIR.

## § II. *Partie chimique.*

A'. DES TEINTURES AVEC LES MATIÈRES COLORANTES MINÉRALES. 1° *Bleu de Prusse*, $Cy^{18}Fe^7$ ou $(Cy^6 Fe)^3(Fe^2)^2$. L'introduction du bleu de Prusse en teinture est due à Haussmann, à la fin du XVIIIe siècle. Raymond père, professeur à Montpellier, obtint le prix Napoléon, de 25,000 francs, pour avoir su appliquer, en 1811, le bleu de Prusse à la soie. Raymond fils, en 1822, obtint une médaille d'argent, de la Société d'encouragement, pour avoir résolu le même problème sur laine. En 1839, à l'Exposition, une médaille d'or fut décernée à MM. Merle, Malartic, Poncet, gérants à Saint-Denis, de la Société des bleus de France, qui produisit les bleus de France par l'addition du sel d'étain.

Fig. 333. — *Coupe de la cuve pour la teinture des calicots en bleu d'indigo.*

*Sur soie.* Généralement on suit le procédé en deux bains : 1° passage en sel ferrique ; 2° passage en prussiate jaune. La soie, bien dégorgée de son savon, si elle est cuite, est manœuvrée sur un bain de nitro-sulfate ferrique qui peut avantageusement être additionné de sel d'étain, la soie tordue et égouttée par économie sur le bain de fer qui se conserve, est rincée à grande eau préférablement calcaire, puis passée de 50 à 60° en bain de prussiate jaune acidulé pouvant contenir, pour les nuances foncées, jusqu'à 8 0/ de prussiate et 8 0/0 d'acide chlorhydrique du poids de la soie. Le bleu est formé, et il est susceptible d'un merveilleux virage par l'action d'un bain froid d'ammoniaque étendue (2 0/0).

*Sur laine.* La teinture des bleus de Prusse ou des bleus de France sur laine est celle qui offre le plus de difficultés, qui demande le plus de temps, et qui présente les plus grandes différences de marche. Pour nous borner aux indications les plus importantes, disons d'abord qu'il y a .des procédés dans lesquels on emploie des sels de fer et des procédés sans sels de fer. Dans le premier cas, on mordance à 30° en nitro-sulfate de fer à 2° Baumé avec 2 0/0 sel d'étain et 2 0/0 tartre, puis on manœuvre vers 80° dans un bain à 1 0/0 de prussiate jaune et 4 0/0 acide oxalique ou acide sulfurique. Dans le deuxième cas, procédés sans

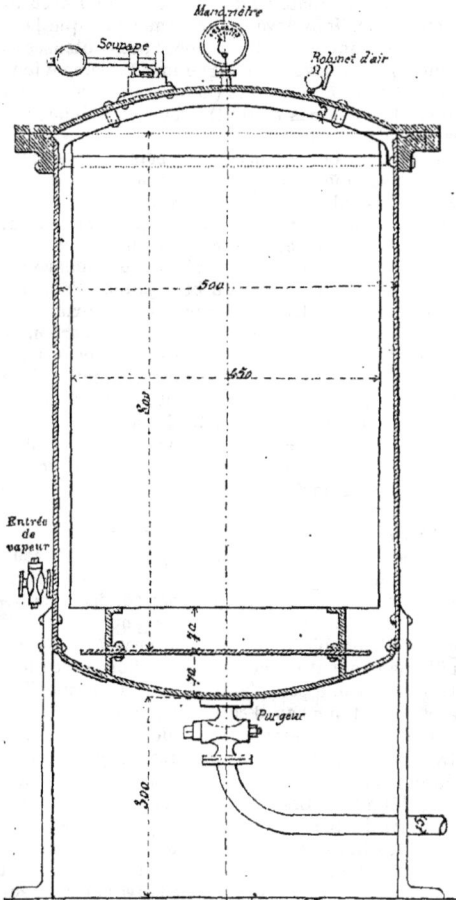

Fig. 334. — Autoclave.

sels de fer comme on le faisait le plus souvent sur laine, il y a de grandes divergences suivant les ateliers : les uns marchent avec le ferro-cyanure ou prussiate jaune 8 0/0 ; d'autres avec le ferricyanure ou prussiate rouge 5-7 0/0 ; les uns ajoutent de l'étain 4-600 grammes sel d'étain et 2-3 0/0 oxymuriate d'étain ; d'autres n'en mettent pas ; les uns mettent du tartre 5-7 0/0 et acide sulfurique 12-15 0/0 ; d'autres de l'acide sulfurique 12 0/0 et du chlorhydrate d'ammoniaque 5 0/0 ; les uns ne font qu'un bain ; d'autres procèdent en deux bains. Ces teintures demandent en général cinq heures, on

laisse reposer du jour au lendemain, on fait un ou plusieurs avivages, et l'on met à la nuance avec campêche, ou violet de Paris, ou bleu d'aniline. La pratique seule a pu déterminer les conditions de dosages, de température, de durée de la teinture, ainsi que les conditions d'intervalles entre la teinture et les avivages.

*Sur coton.* Ces bleus sur coton sont très faciles à obtenir et se font toujours en deux bains : 1° nitrosulfate de fer à 3 ou 4° Baumé additionné pour bleu de France de 2 0/0 de sel d'étain ; 2° prussiate jaune 20 grammes par litre ou environ 4 0/0 avec la moitié à peu près de son poids en acide sulfurique. On peut remonter les nuances en bain tiède de campêche ou de violet d'aniline ; pour les bleus avec sels de fer :

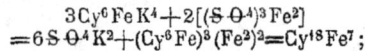

$$3Cy^6FeK^4 + 2[(SO^4)^3Fe^2]$$
$$= 6SO^4K^2 + (Cy^6Fe)^8(Fe^2)^2 = Cy^{18}Fe^7 ;$$

pour les bleus sans sels de fer :

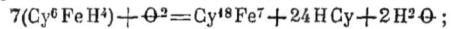

$$7(Cy^6FeH^4) + O^2 = Cy^{18}Fe^7 + 24HCy + 2H^2O ;$$

2° *Jaune de chrome,* $CrO^4Pb$. C'est à Lassaigne que l'on doit, vers 1820, cette application intéressante. Cette teinture se fait toujours en deux bains : le premier est en acétate de plomb ; la fibre est manœuvrée dans ce premier bain, puis tordue et non rincée ; le deuxième est en bichromate de potasse. Cette teinture ne s'emploie pas sur soie et bien peu sur laine. Alors le bain d'acétate est à 2° Baumé, et il faut éviter d'élever trop la température, ce qui pourrait noircir la laine à cause du soufre qu'elle contient ; celui de bichromate est un peu acidulé. C'est sur coton que ce genre de teinture a pris de l'importance : le premier bain marque de 1 à 3° Baumé et se donne vers 30° ; le deuxième est préparé avec 3-5 0/0 de bichromate et quelquefois 1 0/0 acide sulfurique. Dans certains ateliers, on remplace l'acétate par le pyrolignite de plomb ; dans d'autres, on se sert toujours d'acétate plus ou moins basique pour avoir le jaune bouton d'or. Pour obtenir les oranges de chrome, il faut de l'acétate basique formé en faisant bouillir l'acétate neutre avec de la litharge ; il faut ensuite fixer le plomb, ce qui se fait souvent à froid, avec un lait de chaux, puis passer au chromate pour avoir le jaune et terminer en eau de chaux claire et à chaud pour faire monter la nuance orange. On peut aussi opérer par la cuve au plombate de chaux pour les ateliers qui ont à faire couramment les jaunes et oranges de chrome ;
pour les jaunes :

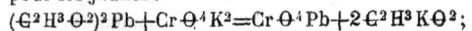

$$(C^2H^3O^2)^2Pb + CrO^4K^2 = CrO^4Pb + 2C^2H^3KO^2 ;$$

pour l'orange :

$$(C^2H^3O^2)^2Pb + PbO + CrO^4K^2$$
$$= CrO^4Pb, PbO + 2C^2H^3KO^2.$$

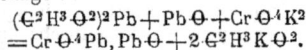

3° *Rouille* $Fe^2(OH)^6$ ou $Fe^2O^3, 3H^2O$. Ces teintures pourraient être obtenues en passant d'abord en sulfate de fer, puis en carbonate de soude, puis en oxydant par exposition à l'air ou par passage en bain de chlorure de chaux. Mais il est préférable de se servir de nitro-sulfate de fer marquant depuis des fractions de degré jusqu'à plusieurs degrés, 3-4° Baumé, puis passer en soude et faire sécher. Cette teinture n'a pas d'emploi sur laine, elle n'a pas davantage d'emploi comme teinture définitive sur soie, mais elle est très importante comme rouillage des soies dans les noirs chargés (V. NOIR). Enfin, sur coton elle est très couramment employée pour nuances : crème, ventre de biche, beurre frais, chamois, aventurine, et alors elle est des plus simples. Le premier bain est en nitrosulfate de fer ; le deuxième en soude à 1 ou 2° Baumé ou en eau de chaux. La teinture bistre ne se fait aussi que sur coton. On passe en sel manganeux, puis en soude caustique, et on oxyde ensuite à l'air ou mieux en chlorure de chaux. Cette teinture sert de base pour la teinture du noir d'aniline par le procédé Lauth.

B′. DES TEINTURES AVEC LES MATIÈRES COLORANTES NATURELLES. I. *Teintures en rouge.* 1° *Carmin de safranum. Sur soie.* Dessoufrées avec soin, les soies sont lisées à froid sur un bain composé d'eau très limpide, de la quantité de carmin de safranum en rapport avec la nuance et additionné de jus de citron. On obtient ainsi, suivant la dose de carmin, la nuance rose ou la nuance cerise. On peut donner un avivage à tiède pour toucher craquant avec jus de citron. Par raison d'économie de safranum, les soies reçoivent souvent un peu d'orseille pour tons grenats. Pour les nuances ponceau, nacarat, saumon, les soies doivent être piétées préalablement en rocou. Les ponceaux au safranum sont dits *ponceaux fins*, ils ont beaucoup de fleur, mais craignent les acides, les alcalis, la lumière.

*Sur laine.* N'est pas employé.

*Sur coton.* On fait le rose au carthame. La matière colorante, l'acide carthamique, tenue en dissolution par le carbonate de soude est ajoutée en proportion voulue au bain légèrement acidulé ou aluné ; on y manœuvre le coton, la matière colorante se fixe ; un lavage à l'eau froide légèrement acidulée à l'acide acétique termine la teinture.

2° *Bois rouges. Sur soie.* Les nuances au bois du Brésil se font sur soie alunée dans un bain de Brésil plus ou moins nourri et à froid ou à tiède, suivant la nuance à obtenir. Pour les ponceaux, il faut donner un pied de rocou, puis un alunage ou un engallage et faire la teinture. Autrefois, on se servait pour ces teintures de la physique rouge qui contenait à la fois le mordant, composition d'étain, et la matière colorante, brésiline.

*Sur laine.* Différentes variétés de bois rouges sont employées, toujours avec mordançage. Ce mordançage consiste en sulfate d'alumine ajouté au bain de teinture, 4-5 0/0, et acide sulfurique 1-2 0/0, ou bien il a lieu préalablement avec bichromate, comme l'ont pratiqué jusqu'à ces dernières années presque tous les teinturiers pour faire les marrons sur peigné avec campêche, bois jaune et bois rouge sur mordant de bichromate, le peigné étant au sortir du bain de mordant mis en tas du soir au lendemain et rincé avant teinture. Mais nous ferons remarquer que, dans ces nuances, c'était le rouge qui tenait le moins au foulon ; on l'a remplacé aujourd'hui, dans les mêmes nuances, par l'alizarine. L'orseille est employée à faire des grenats sur laine avec du sulfate de soude et de l'acide

sulfurique dans le bain de colorant, mais elle est plutôt utilisée dans les nuances composées dans le genre bonneterie, et alors encore sur bain acide qui la vire au grenat et lui donne plus de solidité. Le calliatour est aussi employé sur laine pour des nuances bonneterie qui, sans être belles, ont au moins l'avantage d'être solides. On marche deux à trois heures avec calliatour associé, suivant les besoins, à du bois jaune ou à du campêche, puis on fait la bruniture avec du sulfate de fer ou du sulfate de fer et de cuivre ou avec du bichromate. Nous devons faire remarquer que dans ce procédé qui donne des nuances peu coûteuses et solides, les laines sont presque inévitablement feutrées, teintes à la barque (mais nous en avons vu qui ne l'étaient pas du tout) teintes en bobines par la machine Harmel.

*Sur coton.* Les nuances avec bois rouge se font à tiède sur mordançage en alumine fixée au tannin, mais plus souvent en oxymuriate d'étain. Pour les ponceaux, on donne un pied de rocou, on passe en sumac, puis en oxymuriate d'étain, alors on peut laver et on teint avec du bois rouge associé au besoin avec du bois jaune. Pour les nuances au santal, on mordance en oxymuriate d'étain à 3-4° Baumé, on fixe l'étain par du carbonate de soude, puis on teint, d'abord à froid, puis montant jusqu'à l'ébullition que l'on maintient environ une heure. Pour faciliter la teinture, on pourrait ajouter un peu de carbonate de soude qui dissout la matière colorante résinoïde du santal, mais les nuances sont moins vives. Pour brunir et faire le grenat, on se sert de pyrolignite de fer.

3° *Cochenille. Sur soie.* Les ponceaux à la cochenille sont dits aussi *ponceaux fins*, comme ceux au safranum, par opposition à ceux de bois de Brésil ou *ponceaux faux.* Ils sont solides à la lumière et supérieurs aux autres pour le grand genre d'ameublement. Les teintures à la cochenille demandent beaucoup d'attention, parce que la soie n'a que peu d'affinité pour la cochenille, et ne prend que peu d'éclat comparativement à la laine pour une même quantité de cochenille fixée. La soie ne doit pas être soufrée, le jaune de la fibre n'étant que d'un effet favorable pour la teinture définitive. Les soies reçoivent d'abord un bon alunage. Le bain de teinture est préparé avec noix de galles fines concassées 20-30 0/0, avec cochenille 10-20 0/0 ; on fait bouillir, on ajoute un peu d'alun, on écume les matières fauves et résineuses ; dans le bain épuré, on ajoute de la composition d'étain et du tartre, 6 0/0 de chacun des deux produits, puis on verse de ce bain dans la quantité d'eau voulue, environ 25 à 30 litres par kilogramme à teindre, on lise les soies deux heures vers 100°, et on laisse au repos cinq à six heures, avant de rincer et faire sécher. On peut, suivant les nuances, ajouter de la cochenille ammoniacale pour le violet, ou du fer pour la bruniture, ou du jaune pour le ponceau.

*Sur laine.* La chaudière doit être en cuivre étamé, les eaux doivent être pures, exemptes de calcaire, ou bien il faut faire le bain, c'est-à-dire commencer par les nuances qui doivent être plus foncées. Les mordants employés sont les sels d'alumine, mais mieux et presque exclusivement les sels d'étain. Les expériences faites à l'Ecole de Verviers, sous la direction de M. Havrez, ont établi : que la crème de tartre a une influence jaunissante, et que la proportion de 4-8 0/0 suffit pour le ponceau ; que la composition d'étain par l'acide nitrique tourne la nuance au ponceau ou à l'écarlate, en formant de l'acide nitrococcusique aux dépens d'une partie de l'acide carminique, et que 15 0/0 de composition suffit pour l'écarlate des Gobelins 3 R 11 *t* ; que, si l'on remplace l'acide nitrique par le nitrate d'ammoniaque dans la composition d'étain, la nuance va de l'écarlate vers le violet, ce qui démontre l'effet utile de l'acide nitrique ; qu'une augmentation de dose de cochenille de 2 0/0 du poids de la laine hausse l'intensité d'un ton ; qu'une ébullition d'une demi-heure en plus dans le même bain peut hausser d'un ton les échantillons ; qu'une exposition de huit jours à l'air a fait hausser d'un ton les ponceaux ; enfin, qu'il serait peu avantageux de partager la composition d'étain entre le bain de mordant et le bain de rougie. Ces résultats d'expériences démontrent l'influence des doses de tartre et de composition, de la température, de la durée, de la marche opératoire et de la nature de la composition.

La composition doit être faite lentement pour qu'elle ne soit pas brûlée. Ces compositions d'étain sont d'une composition très variable. D'après Pelouze, il faut : acide azotique 8 parties, chlorhydrate d'ammoniaque 1 partie, étain 1 partie, eau pure 2 parties, ajoutée après dissolution de l'étain mis par fractions dans le mélange d'acide et de sel ; d'après Chevreul : étain 10 parties, acide azotique à 34° Baumé 80 parties, chlorhydrate d'ammoniaque 10 parties ; d'après Dumas : eau de pluie 15 litres, chlorure de sodium 750 grammes, acide azotique à 35° Baumé 15 litres, étain effilé 2,375 grammes ; dans certains ateliers : étain 1 partie, acide azotique 2 parties, acide chlorhydrique 5 parties. Ces nuances sur laine demandent beaucoup de soins dans les manipulations. Bien qu'il soit possible de teindre sans mordançage préalable, cependant il est préférable de le faire en tartre et composition d'étain avec un peu de cochenille ; on fait ensuite la teinture à la température de l'ébullition, en ajoutant, suivant les cas, du fustel, du quercitron, de la graine de Perse. Après la teinture, on fait souvent un avivage avec tartre, composition et un peu de cochenille. La cochenille préférée est la cochenille zacatille. Dans certains ateliers, on remplace un peu de la cochenille par la *laque-dye* ; mais alors il faut bien laver à tiède pour enlever tout ce qui reste de résine et de laque.

Dans les ateliers, on pratique souvent un autre procédé, dit *rapide*, pour obtenir le ponceau : sans mordançage préalable, on teint la laine dans un bain contenant : eau de pluie, acide oxalique 8 0/0 environ, sel d'étain, la moitié de l'acide oxalique, et 10-12 0/0 de cochenille ajoutée après dissolution complète des mordants. On n'emploie pas la cochenille sur coton. Pour garance, V. ALIZARINE ARTIFICIELLE.

II. *Teintures en bleu. 1° Campêche. Sur soie.* Ces bleus par lesquels on cherchait à remplacer partiellement l'indigo, nommés *bleus d'Inde* et *bleus faux teint*, sont aujourd'hui complètement abandonnés. Pour les obtenir, il fallait faire un mordançage en verdet 3-5 0/0, on teignait à froid en bois d'Inde 30-50 0/0, on avivait au besoin par un passage en savon chaud.

*Sur laine.* Le bain de mordançage qui donne, sur laine, avec le campêche, la nuance bleue, contient du sulfate de cuivre ou du bichromate de potasse, ce dernier tendant à donner du noir bleu. L'alun qui se trouve souvent indiqué dans différentes recettes, donnant un violet, a pour effet d'ajouter du rouge. Voici différents mordançages : pour le bleu de roi, dit aussi *bleu d'enfer*, alun 10, tartre 2, vitriol bleu 1 ; alun 10 kilogrammes, bichromate de potasse 1 kilogramme ; la teinture se fait avec dose variable de campêche, 15-30 0/0. Quelquefois on mordance en alun et tartre, puis on met dans le même bain le campêche en quantité convenable pour la hauteur du bleu qui se développe lorsque l'on ajoute du sulfate de cuivre.

*Sur coton.* On piète en campêche à 2° Baumé, on ajoute verdet, on entre à froid, et on monte jusqu'à 100° en manœuvrant continuellement pour bien unir,

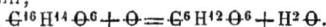

$$C^{16}H^{14}O^6 + O = C^6H^{12}O^6 + H^2O.$$

2° *Indigo*, $C^8H^5AzO$. Ces bleus sont le grand teint en bleu lorsqu'ils sont faits à la cuve. La cuve est toujours une dissolution dans un alcali d'un indigo bleu transformé en indigo blanc.

*Sur soie.* Depuis les beaux bleus artificiels, le bleu de cuve est beaucoup moins employé sur soie. La cuve se préparait souvent avec : indigo bleu, 1 partie ; zinc en poudre ou préparat 1 partie ; ammoniaque liquide, 3 parties. Le zinc décomposant l'eau donne lieu à une production d'hydrogène qui réduit l'indigo bleu en indigo blanc qui se dissout dans l'alcali ; cette dissolution sert à monter la cuve. On met la quantité d'eau voulue, on ajoute la proportion d'indigo réduit, on additionne d'un peu de sulfure de sodium pour empêcher l'oxydation de l'indigo blanc de la cuve, et on peut teindre.

*Sur laine.* On n'a connu et employé, jusqu'à ces dernières années, que les cuves à fermentation qui exigeaient des praticiens habiles pour le montage, la conduite et la surveillance pour prévenir ou guérir leurs maladies. On peut lire sur cette question, aux articles FERMENT, FERMENTATION, § *Fermentation butyrique*, INDIGO, ce qui se rapporte au montage pratique et à la théorie de ces cuves. Depuis une quinzaine d'années, l'industrie a exploité la cuve à l'hydrosulfite brevetée (1871) par MM. Schutzenberger et de Lalande. M. Descat-Leleux, de Lille, a exploité une licence pour les départements du Nord et du Pas-de-Calais, et M. Alf. Motte, de Roubaix, a établi une succursale à Amiens pour le département de la Somme. Le brevet est aujourd'hui dans le domaine public. On trouvera au mot INDIGO, le montage de la cuve à l'hydrosulfite dont les équations chimiques suivantes résument la théorie :

$$3 S O^3 NaH + Zn =$$
$$S O^2 NaH + S O^3 Na^2 + S O^3 Zn + H^2 O$$
$$S O^2 NaH + Na O + 2 C^8 H^3 Az O =$$
$$C^{16} H^{12} Az^2 O^2 + S O^3 Na^2.$$

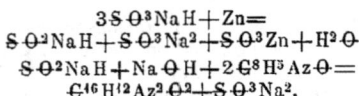

Quand la cuve est montée, on peut faire la teinture dans l'appareil représenté par la figure 331, ou à la continue (fig. 330 et 331). — V. Cuvage d'indigo.

*Sur coton.* On emploie plus spécialement la cuve à la couperose pour le montage et dont voici la théorie chimique :

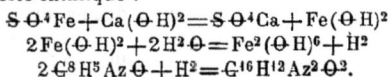

$$S O^4 Fe + Ca (O H)^2 = S O^4 Ca + Fe (O H)^2$$
$$2 Fe (O H)^2 + 2 H^2 O = Fe^2 (O H)^6 + H^2$$
$$2 C^8 H^5 Az O + H^2 = C^{16} H^{12} Az^2 O^2.$$

Cette vieille cuve à la couperose dont nous avons parlé au mot Indigo, § *Cuve à la couperose et au fer* a gardé sa place parce qu'elle est peu coûteuse et facile à conduire. La teinture, pour un bon travail, exige un certain nombre de cuves de différentes richesses en indigo et dans lesquelles passe successivement la fibre pour arriver à une intensité déterminée. Chacune porte un nom d'atelier : *déblanchisseuses* nos 1 et 2, *secondes petites* nos 1 et 2, *secondes fortes* nos 1 et 2, *sous-corseuses* nos 1 et 2, *corseuse, finisseuse* et leur ensemble forme un jeu ou batterie. Après un passage dans une cuve, il y a toujours un aérage ou déverdissage qui dure trois à quatre fois autant de temps que le passage dans la cuve.

M. Collin a breveté une cuve à fermentation qui repose sur une conduite plus rationnelle de la fermentation butyrique par la culture ou la préparation du desmobactérium ou ferment, et prétend réaliser par cette marche, d'importantes économies sur la consommation d'indigo. L'industrie n'est pas encore fixée sur ce point. D'un autre côté, on travaille très activement à remplacer l'indigo, sinon par l'indigotine artificielle, du moins par d'autres produits, comme le bleu d'anthracène dont l'emploi dans la draperie se généralise.

Dans les teintures pour le grand ameublement, le bleu de cuve s'impose pour la soie et pour la laine; pour d'autres genres, on se sert de sulfate d'indigo dit aussi *composition d'indigo* qui répond au mélange d'acides sulfoindigotique et sulfopurpurique et plus souvent encore de carmin d'indigo ou sulfoindigotate de soude. Pour l'emploi de ces produits : avec le carmin, sur soie et sur laine, il faut ajouter de l'acide; avec la composition il faut plutôt, pour la soie, neutraliser en partie par du carbonate de soude et, en tout cas, ne pas ajouter d'acide. Faisons remarquer qu'avec ces produits les nuances sont piquées ou mal unies et moins belles si l'on n'observe pas les conditions voulues de température, de temps et de quantité d'acide sulfurique. Pour la laine, il est bon de mettre du sulfate de soude ou du chlorure de sodium avec l'acide, ou mieux encore, de mordancer à l'alun ou au sulfate d'alumine avec crème de tartre et alors on supprime l'acide sulfurique. Pour le coton, on ne se sert que pour le de carmin, seulement pour arriver à une reproduction conforme d'échantillon, et jamais avec acide, mais avec alun.

Le carmin est un dérivé de l'indigo offrant beaucoup de facilité au teinturier, mais bien éloigné du bleu de cuve pour la solidité à l'air, à l'eau et aux alcalis.

III. *Teintures en jaune.* L'épine-vinette donne des nuances jaune pâle, le curcuma des nuances jaune doré. Le curcuma est une nuance très fugace, à moins qu'il ne soit mélangé à d'autres très solides. La matière colorante est peu soluble dans l'eau, mais à mesure que la fibre en prend au bain, le bain en reprend à la poudre de curcuma, et la fibre monte en couleur. L'acide étendu fait apparaître la belle nuance jaune d'or. La gaude, les graines de Perse et d'Avignon, le quercitron et ses dérivés, flavine et chryséine, sont employés avantageusement en raison de leur prix et de leur solidité. C'est la gaude qui donne les nuances les plus solides à l'air, aussi est-elle exclusivement la matière colorante jaune de la teinture des Gobelins.

*Sur soie.* Les jaunes sur soie, à part le curcuma et l'épine-vinette, demandent un mordançage en alumine. Pour la gaude, après avoir fait monter la nuance, on peut ajouter dans le même bain un peu de carbonate de potassium pour dorer les soies et, s'il faut dorer davantage encore, on a recours au rocou qui se dissout très bien dans le bain de carbonate. Le quercitron s'emploie, sur soie, pour les gros verts parapluie. Les nuances aux graines, moins solides que celles de la gaude, gagnent en beauté par l'emploi des sels d'étain.

*Sur laine.* La gaude, dans la teinture des Gobelins, se fait sur mordançage avec 20 0/0 alun et 12 0/0 crème de tartre. La graine de Perse s'emploie souvent avec acide oxalique et sel d'étain, celui-ci dans la proportion de la moitié de l'acide oxalique qui est mis dans la proportion de 4-5 0/0 du poids de la laine. Ce même mordant permet de marier la graine de Perse avec la cochenille pour les nuances saumon. D'une manière générale, le mordançage de la laine pour les matières colorantes végétales jaunes se compose de 16-20 0/0 d'alun, 4-8 0/0 crème de tartre remplacée quelquefois par 5-6 0/0 de sulfate de soude et en ajoutant avantageusement 1-2 0/0 sel d'étain; le bouillon dure de une à deux heures. La matière colorante se met souvent dans le bain de mordant déjà tiré. Les eaux calcaires sont utiles pour le gaudage: à leur défaut, un passage en eau légèrement alcaline par l'ammoniaque ou par le carbonate de soude dore la nuance. Le curcuma monte sur laine non mordancée, le bain de teinture étant chauffé et acidulé.

*Sur coton.* Ces teintures en bois jaune, en quercitron, en gaude, se font sur mordançage en alumine (avec l'acétate ou l'alun) bien fixée par silicate de soude par exemple. On peut aussi teindre sur mordant de sel d'étain. Les sels de fer et de chrome font virer les nuances obtenues avec ces matières colorantes à l'olive, ou au réséda, ou au jaune et gris verdâtres.

Il est donc important, pour avoir des nuances plus franches sur soie, laine, coton, d'éviter la présence du fer et, par conséquent, de ne faire les mordançages qu'avec de l'alun épuré.

IV. *Teintures en violet. Sur soie.* L'orcanette et l'orseille sont les deux matières colorantes naturelles qui permettent d'obtenir les violets directs. L'orcanette doit être dissoute dans l'alcool, cette solution ajoutée au bain de savon préparé pour la teinture, et les soies doivent être alunées ; avec l'orseille, le mordançage ou alunage ne se fait pas. On prépare avec de l'eau une décoction d'orseille en pâte ordinaire, et on teint en bain neutre ou alcalin, évitant toute influence d'acide qui pourrait faire tourner au grenat. En 1857-1858, la pourpre française vint réaliser un progrès en apportant des nuances plus solides que celles de l'orseille ordinaire, et susceptibles d'être virées par carmin d'indigo ou de safranum. La teinture s'effectuait toujours en bain neutre ou alcalin pour obtenir le violet évêque.

Des violets composés étaient obtenus avec un pied de cramoisi de cochenille et une teinture en bleu de cuve ; c'était le grand teint pour ameublement. Pour d'autres genres, on se servait de physique violette, contenant comme mordant la composition d'étain, et comme matière colorante le campêche.

*Sur laine.* Nous n'avons pas de violet direct en matière colorante naturelle. Le violet grand teint des Gobelins est produit avec bleu de cuve et cochenille. On a mis souvent à profit, comme pour la soie, le rôle des sels d'alumine et des sels d'étain comme mordants modificateurs pour obtenir avec le campêche des violets, et alors, ou bien on faisait un mordançage préalable et on teignait en campêche, ou bien on employait la physique violette.

*Sur coton.* On ne connaissait aussi pour le coton que les violets avec fond de bleu de cuve, puis mordançage, puis teinture en rouge au bois, ou les violets avec mordançage en alun ou en sel d'étain et teinture au campêche, ou enfin, les violets à la physique, reposant sur les mêmes principes que les précédents.

V. *Teinture en vert. Sur soie.* Le Lo-Kao, ou vert de Chine, a fait plus de bruit qu'il n'a reçu d'applications. C'était le premier vert direct connu, tous les autres étaient obtenus par le bleu et le jaune. En 1848, M. Daniel Kœchlin-Schouch avait signalé, sur des toiles peintes de Chine, une matière colorante verte inconnue en Europe. M. Persoz était arrivé aux mêmes résultats. Le R. P. Hellot, missionnaire, rapporta du vert de Chine, qui fut l'objet de travaux remarquables de la part de MM. Persoz et Michel de la Quarantaine. Le vert coûtait 500 francs le kilogramme, mais il était magnifique à la lumière artificielle. Toutes les difficultés relatives à son emploi étaient résolues quand le hasard fit découvrir le vert Cherpin, qui relégua dans l'oubli le vert de Chine.

Les autres verts en matières colorantes minérales et naturelles étaient toujours des nuances composées de jaune et de bleu. Les grands teints étaient obtenus par un pied de gaude, puis couverture en bleu de cuve. D'autres verts étaient obtenus avec le même pied, puis avec couverture au sulfate d'indigo saturé de manière à n'être plus que très peu acide. On peut encore aluner les soies et obtenir le vert désiré dans un seul bain avec sulfate d'indigo, graines de Perse et dissolution d'étain. Enfin, les verts se faisaient encore avec un pied de bleu Raymond et teinture au bois jaune, au quercitron ; mais ces verts ne pouvaient être que rabattus, à cause du fer que contient le bleu Raymond.

*Sur laine.* Les verts directs, avec le Lo-Kao et la chlorophylle, ne sont guère restés qu'à l'état d'essais ; les verts composés grand teint s'obtiennent par un pied de cuve, puis mordançage, puis teinture en jaune et les autres avec du sulfate d'indigo et du curcuma, ou du bois de Cuba, ou du quercitron, ou de la gaude, ou, mieux encore, avec de l'acide picrique, ou du jaune de naphtol pour obtenir une nuance franche. Dans les ateliers, quelquefois on se dispense de tout mordançage, et l'on met le bain de teinture de l'acide sulfurique et du sulfate de soude ; quelquefois, on fait un mordançage et la teinture dans le même bain, ajoutant les matières colorantes dans le bain de mordançage après que les mordants sont tirés. Pour les grands teints pour foulon on mordance en bichromate, on laisse reposer en tas une nuit, on rince, on teint avec du campêche et du bois jaune.

*Sur coton.* Les verts composés étaient aussi les seuls pratiques et n'avaient aucun éclat. Ils s'obtenaient avec fond de bleu de cuve, puis mordançage en alun, et teinture en bois jaune ou quercitron. Dans une autre marche, on formait le vert avec bleu de Prusse et chromate de plomb, en procédant soit par teinture en bleu, puis fixation du composé de plomb, puis passage au bichromate, soit passage en acétate de plomb, puis teinture en bleu de cuve, puis passage au bichromate de potasse.

VI. *Teintures en orangé. Sur soie.* Le rocou était le seul représentant en matière colorante pour obtenir directement l'orangé. Pour cela, on dissout la bixine dans la potasse ou la soude, 3/4 à 1 de soude pour 1 de rocou, on met la quantité d'eau voulue, on manœuvre au moins à tiède la soie non mordancée, la nuance monte, c'est l'aurore au rocou ; un rinçage à l'eau conserve cette nuance ; si l'on veut rougir un peu, pour avoir un orangé, il faut passer à froid en acide acétique ou en alun. Ces rocous se font comme nuance définitive, mais aussi pour donner des pieds pour ponceaux.

Les orangés composés sont formés d'un rouge et d'un jaune, et varient avec ces deux colorants.

*Sur laine.* Le seul orangé direct serait le rocou, peu employé, excepté sur la pièce chaîne-coton. Il est dissous par la potasse ou la soude et appliqué sans mordançage préalable. Les orangés composés se font avec de la gaude et de la garance, le mordant est alors en alun et tartre ; ou bien avec de la cochenille et de la graine de Perse ; et on met dans le bain de l'acide oxalique et du sel d'étain. D'autres jaunes et d'autres rouges pourraient être employés avec mordançage en alun et tartre.

*Sur coton.* Le rocou nous donne des nuances directes en dissolvant la matière dans le carbonate de potasse ou de soude, en manœuvrant le coton pendant 20 à 30 minutes, et en passant ensuite en acide sulfurique faible pour fixer la bixine. Le pied de rocou servait aussi pour des ponceaux et pour piéter les bleus de cuve. M. Lacombe vient de faire une conférence à la Société industrielle du Nord de la France pour les moyens de rechercher le rocou comme pied dans les toiles bleues.

Les autres orangés étaient obtenus par l'association de deux matières colorantes, bois jaune ou quercitron et bois rouge sur mordançage en alumine ou en étain.

VII. *Des nuances rabattues.* a) *Procédés de bruniture.* Toutes les nuances que nous venons de passer en revue sont bien éloignées des nuances franches; il vaudrait mieux dire que la teinture ancienne ne les connaissait guère, surtout pour les violets, les verts, les bleus. Mais, dans toutes les explications qui précèdent, on se proposait pour but d'obtenir chaque nuance aussi fleurie, aussi pure, aussi franche que possible, et, par conséquent, on voulait éviter de rabattre ou d'ajouter du noir dans la nuance. Au contraire, dans les nuances rabattues, on se propose d'ajouter plus ou moins de noir, c'est-à-dire en adoptant l'échelle choisie par M. Chevreul dans ses études sur la classification des nuances, d'ajouter 1, 2, 3... et jusqu'à 9 dixièmes de noir, le noir étant représenté par 1 ou 10/10. — V. COULEUR, § *Classification des couleurs.*

Cette question des nuances rabattues est un des points encore obscurs de la teinture, tant pour le jeune homme qui fait son apprentissage dans l'atelier, que pour celui qui veut étudier les principes de l'art. Le praticien se trouve dans les nuances rabattues en face du problème le plus compliqué pour analyser au coup d'œil la nuance et trouver la marche à suivre pour la reproduire; c'est là surtout que le praticien a l'occasion de se montrer plus fort qu'un autre. Celui qui veut prendre les choses de plus haut et chercher les principes ou les règles au milieu des mille et mille échantillons de nuances rabattues, se trouve perdu comme dans un labyrinthe sans fil conducteur. C'est pour ces derniers que nous allons essayer de poser quelques principes qui faciliteront l'étude de la teinture.

1° On peut rabattre une nuance en ajoutant sa complémentaire; ainsi, on rabat un rouge par un vert, et *vice versâ.* Si les matières colorantes ne sont employées qu'en petites quantités, les nuances, bien que rabattues, sont pourtant des nuances claires. Alors elles sont dites *nuances mode* et sont considérées comme étant toutes formées de bleu, de jaune et de rouge, et comme formant trois séries : nuances mode dans lesquelles domine le rouge, nuances mode dans lesquelles domine le bleu, nuances mode dans lesquelles domine le jaune. Si les trois couleurs s'éteignent réciproquement ou se rabattent complètement, on a les gris, qui sont les fractions du noir et qui, montés de plus en plus dans la même gamme, conduisent au noir; 2° on peut rabattre une nuance : par un passage en couperose ou en bichromate, s'il y a sur la fibre du campêche; par une addition de campêche dans le bain de teinture, s'il y a sur la

fibre du fer ou du chrome; par un passage en fer, s'il y a sur la fibre du tannin, du sumac, du cachou, du bois jaune; par une addition de tannin ou de sumac, s'il y a sur la fibre un mordant de fer; 3° on rabat une nuance en ajoutant une matière colorante de même nuance, mais moins pure, et qui, par ses impuretés, a pour effet de noircir : comme le campêche qui apporte du jaune avec du violet sur le mordant d'alumine; comme l'orseille, qui apporte aussi du jaune en donnant un ton grenat sur le bain acide; comme le sulfate d'indigo, qui apporte avec le bleu du jaune et du rouge; 4° on rabat en ajoutant du bleu, comme du carmin d'indigo, ou du violet formé de rouge et de bleu, le bleu étant la couleur la plus sombre; 5° on rabat enfin en ajoutant du noir. On peut préparer un bain de noir comme suit : pour 200 litres d'eau, 500 grammes de noix de galles fines et bien concassées, 2 kilogrammes sumac, 5 kilogrammes couperose verte, 1 kilogramme campêche; faire bouillir, laisser reposer, prendre le clair, tel est le bain de noir qui permet aux Gobelins de donner la dose ou le nombre de dixièmes de noir ou de rabat qui convient à chaque échantillon, exécuté d'abord invariablement en nuance franche.

b) *Noirs.* Généralement, on regarde la teinture en noir comme étant la plus facile des teintures; c'est là une erreur. Il y a tant de variétés de marche suivant les différentes fibres et même suivant les différents états de préparation d'une même fibre, et suivant les différents genres de tissus dans lesquels elle doit entrer; il y a tant de différences entre les noirs au point de vue du fond et du reflet, de la solidité à l'air et aux lavages, du prix de revient, etc., qu'il est souvent bien plus difficile de reproduire tel noir que de reproduire telle nuance.

Les réactions chimiques fondamentales pour la teinture du noir au campêche sur les différentes fibres sont les mêmes : c'est toujours la réaction des sels de fer ou de cuivre, ou du bichromate sur le campêche, cette réaction donnant un noir plus ou moins bleuté, dont on peut à volonté faire disparaître le reflet bleuté par l'addition de bois jaune en quantité convenable, un excès ayant pour effet de produire un noir verdâtre. Nous ferons remarquer que les sels de fer et de cuivre ou les sulfates de fer et de cuivre s'emploient sur toutes les fibres; que le bichromate ne s'emploie pas sur la soie, qu'il ne s'emploie pas sur coton en premier bain ou en premier passage, mais qu'il s'emploie souvent pour laine, comme mordant, avec tartre, et, qu'enfin, il s'emploie encore, et alors sur laine et sur coton, comme agent fixateur et oxydant. Dans certains cas, à la réaction du fer ou du cuivre sur le campêche, vient s'ajouter la réaction du même sel sur un tannin quelconque, soit bleu comme tannin de la noix de galles, ou sumac, comme tannin de châtaignier, ou redoul; soit vert, comme cachou; c'est un noir qui s'ajoute à un noir. Complétons par quelques indications spéciales :

*Sur soie.* Les noirs sur soie constituent tout un art et un art important. Il faut distinguer les noirs sur soie écrue, sur soie cuite, sur soie souple; les noirs pour cordonnet, pour velours, pour peluche, etc.; les noirs non chargés et les noirs chargés, cette charge pouvant être très variable, jusqu'à 200 et 300 0/0.

Les noirs non chargés peuvent se faire de plusieurs manières : 1° on mordance la soie en alun, sulfate de fer, sulfate de cuivre; on donne un pied de jaune et on teint en campêche sur bain de savon; 2° pour les noirs anglais, on donne à 60° une bruniture avec 50 0/0 de campêche, 50 0/0 de bois jaune, 5-6 0/0 couperose verte, 2 0/0 verdet ou acétate de cuivre; on fait ensuite la teinture avec 50 0/0 de savon et 50 0/0 de campêche, en chauffant de 50-75°; on termine par un avivage avec 2-4 0/0 d'huile dans une solution alcaline, et par un lustrage ou passage à la lustreuse. Quelquefois, on fait précéder toutes ces opérations de deux à trois rouillages, ce qui fait retrouver 8 à 12 des 26 0/0 de la cuite.

Pour les noirs chargés sur soie écrue, on donne un premier engallage à 100 0/0 du poids de la soie, puis un premier pied de fer, et on laisse aérer; on rentre en fer et on aère de nouveau. On donne un deuxième engallage avec 150 0/0 du poids de la soie, et un second pied de fer comme précédemment, et ainsi de suite pour une troisième et une quatrième série d'opérations. La charge va en croissant avec les séries d'opérations : avec 1 engallage et un pied de fer, on obtient environ 30 0/0 de charge ; avec 2 engallages et 2 pieds ensemble, 70 0/0 de charge; avec trois séries d'opérations, 120 à 130 0/0 de charge; avec quatre séries, environ 200 0/0 de charge. Il faut ensuite donner un adoucissage au savon, puis un avivage à l'huile émulsionnée.

On a pu obtenir des charges encore plus fortes sur soies bien brillantes et d'un bel toucher, en faisant successivement jusqu'à six et sept rouillages, suivis chacun d'un savonnage bouillant, puis le bleutage, puis deux et trois teintures superposées, comprenant chacune cachoutage, bruniture au pyrolignite de fer et teinture au campêche. Ces courtes indications correspondent à une quarantaine d'opérations dans l'atelier.

*Sur laine.* On distingue, au point de vue des réactions chimiques : les noirs engallés, les noirs au tartre, les noirs directs; au point de vue commercial : les noirs de Sedan, de Verviers, d'Elbeuf, de Tours, de Bédarieux, de Genève.

Les noirs engallés, ainsi improprement nommés, puisqu'ils sont obtenus sans tannin, sont des noirs au chromate; on fait le mordançage avec 1 1/2 à 2 0/0 de bichromate du poids de la laine, on laisse reposer une nuit en tas, on rince avant teinture; on teint en campêche pour noir bleuté, et on ajoute du bois jaune pour noir noir.

Les noirs au tartre, ainsi nommés à tort, car, dans le procédé précédent, on ajoute souvent aussi du tartre au bichromate dans le bain de mordançage, et, de plus, dans aucun procédé le tartre ne fait le noir, sont des noirs au fer et au cuivre ; ils se font avec mordançage en sulfate de fer, sulfate de cuivre et tartre; puis teinture en campêche avec bois jaune. Les noirs directs sont ainsi

nommés, parce que le teinturier les obtient d'un seul jet, d'une seule opération, sans mordançage préalable, ni bruniture ultérieure, ce qui les distingue des autres noirs sur laine qui comptent toujours avec deux opérations, une avec les colorants, l'autre avec les mordants. Ces noirs directs se font d'après différentes recettes, en utilisant la propriété de l'acide oxalique de tenir en dissolution les composés métalliques, les sels de fer, et d'empêcher ainsi le campêche de tourner. On met dans le même bain, en présence, l'acide oxalique, le sulfate de fer, le bichromate, le campêche.

Les draps de Sedan et d'Elbeuf ont un pied de bleu de cuve. Pour les autres noirs on se sert, avec le campêche, d'un tannin (redoul ou redon pour Bédarieux), sumac (Tours, Montauban). Les noirs bleus sont au bichromate, les noirs verts tiennent à la proportion de bois jaune, les noirs violetés tiennent à une addition d'orseille ou de calliatour, de garance ; les noirs noirs à la dose convenable de bois jaune ou curcuma et de sumac.

*Sur coton.* Indiquons d'abord, d'après Schutzenberger, un procédé très économique de teinture au bichromate : à 500 litres de campêche à 2° Baumé, on ajoute 1$^k$,5 de bichromate de soude et 3$^k$,5 d'acide chlorhydrique. Les tissus sont passés dans ce mélange, dont on élève la température jusqu'à l'ébullition. La fibre prend une nuance bleu indigo foncé qui passe au noir bleuté par un lavage à l'eau calcaire. Les proportions précédentes sont pour 100-120 pièces, de 10 kilogrammes chacune. On fait souvent, pour fils à coudre, un noir foncé de trois couches de bleu superposées : premier passage en bois de campêche, puis passage en acétate de cuivre, c'est la première couche; on répète deux autres fois encore les deux mêmes opérations dans le même ordre pour les deux autres couches, et on termine par un savonnage. Le premier bain de cuivre souvent, le deuxième et le troisième bain de cuivre quelquefois, sont remplacés par du sulfate de cuivre par raison d'économie. Un procédé généralement suivi consiste à passer en tannin ou en extrait de châtaignier à 2° Baumé, puis en pyrolignite de fer, ou en mélange de pyrolignite d'alumine et de fer à 4° Baumé; puis, enfin, à mettre en teinture avec campêche et quercitron ou bois jaune. Quelquefois on renverse cette marche. On passe d'abord dans un bain de campêche, souvent avec cachou; puis en bruniture avec fer et cuivre; on revient quelquefois sur le premier bain de campêche et de cachou en y ajoutant du bois jaune, puis on passe en pyrolignite de fer; on achève quelquefois par un passage en bichromate.

Dans ces teintures au cachou, nous touchons à un genre de nuances très importantes comme peu coûteuses et très solides : on passe d'abord en cachou avec sulfate de cuivre dans le bain, puis au chromate; s'il y a lieu de brunir, on brunit au fer entre le passage en cachou et le passage en chromate; s'il y a lieu d'aller vers le jaune ou le rouge, on met dans le bain de cachou la dose convenable de bois jaune ou de bois rouge, suivant l'échantillon de mode à reproduire.

C'. DES TEINTURES AVEC LES MATIÈRES COLORANTES

ARTIFICIELLES. *I. Marches générales. Sur soie.* Les soies sont toujours teintes par l'une ou l'autre des trois méthodes : 1° ou bien elles sont teintes après mordançage, et ce mordançage, en exceptant les rouillages pour les noirs, est pour ainsi dire exclusivement un alunage ; ce cas se présente quand la matière colorante n'a pas d'affinité pour la fibre de la soie, comme on l'a vu pour quelques matières colorantes naturelles ; mais quand il s'agit des matières colorantes artificielles qui ont toutes, généralement parlant, de l'affinité pour la soie, le mordançage ou l'alunage n'a pas lieu, et les matières colorantes se fixent directement ; 2° ou bien la matière colorante supporte bien l'acide, sans aucun changement de nuance, et alors on teint sur bain acide, soit acide acétique comme pour le jaune métanil, soit acide sulfurique comme pour le jaune de naphtol S, l'azoflavine, la fuchsine acide, et en général les matières colorantes sulfoconjuguées ; 3° ou bien le savon est nécessaire ou utile pour bien unir la matière colorante sur la fibre, et alors on teint sur bain de savon neutre, si la matière colorante craint un peu l'acide comme pour la safranine, le violet au méthyl, vert victoria et vert brillant, bleu alcalin (que l'acide précipiterait dans le bain), ou sur bain de savon coupé par l'acide, comme pour fuchsine, cerise, érythrine, rouge solide, vert lumière S, orange, ponceau, éosine, érythrosine, phloxine, rose bengale, bleu soluble, induline, etc., et dans le cas d'emploi du savon, rinçage après teinture, et presque toujours avivage, suivant les cas, à l'acide acétique ou à l'acide sulfurique, pour donner à la soie un toucher craquant.

*Sur laine.* La teinture des laines en matières colorantes artificielles est des plus faciles ; ce n'est qu'exceptionnellement, comme nous le verrons pour quelques cas particuliers, que l'on fait la teinture sur mordançage préalable. Dans tous les autres cas, ou bien la matière colorante est sensible aux acides, et alors on teint directement, après avoir fait avec soin la dissolution de la matière colorante, comme pour fuchsine, cerise, violet au méthyl, violet rouge, vésuvine, etc., ou bien la matière colorante supporte très bien l'acide, et alors on teint sur bain acidulé par acide sulfurique, comme pour jaune naphtol S, jaune solide, orange II, orangé O, ou sur un bain acidulé par l'acide acétique, comme pour orange N, érythrosine, phloxine ; ou bien enfin avec le bisulfate de soude, qui peut être acheté par le teinturier, mais qu'il forme le plus souvent lui-même en versant de l'acide sulfurique sur du sulfate de soude : c'est le cas de la fuchsine S, vert lumière S F, du vert victoria, vert brillant, ponceau, rouge solide et rouge orseille, érythrine, bleu soluble, nigrosine, induline, etc. Dans quelques cas, on met un peu d'alun ou de bichlorure d'étain dans le bain de teinture, comme pour les verts, les ponceaux, le bleu soluble.

*Sur coton.* Ici, contrairement à ce que nous venons de voir pour la soie et la laine, nous devons toujours mordancer, soit en tannin et émétique en deux bains, et c'est le cas de la fuchsine, du violet rouge, du violet au méthyl, des verts victoria et brillant, bleu marin, bleu méthylène, phosphine, écarlate, safranine, chrysoïdine et vésuvine, soit en tannin et sel d'étain, ou savon et sel ou bichlorure d'étain, comme pour bleu soluble, nigrosine et induline ; soit en stannate de soude et alun coupé avec cristaux de soude, le stannate d'alumine étant produit sur fibre en deux bains, et c'est le cas de ponceau, érythrine, éosine, rose bengale, érythrosine, phloxine, orange, azoflavine.

II. *Marches spéciales.* 1° *Bleu alcalin sur soie et sur laine.* Cette teinture se fait toujours en deux opérations. Dans la première, le bleu alcalin est mis en dissolution dans un bain alcalin qui est un bain de savon pour la soie, et un bain de carbonate ou silicate ou plus souvent borate de soude pour la laine. Ce bain est suffisamment alcalin quand la fibre lisée dans ce bain n'y devient que d'un blanc bleuâtre. Dans la deuxième opération qui est nécessaire, on fait un passage en bain acide, et la fibre prend instantanément la riche coloration du bleu alcalin ou du bleu Nicholson. Le bleu alcalin est le triphénylrosaniline monosulfonate de sodium, l'acide du second bain fixe sur la fibre la triphénylrosaniline monosulfonique qui est la matière colorante. Ce cas est une teinture par enlèvement du dissolvant. On arrive à la conformité de nuance par tâtonnement en faisant passer quelques fils dans le bain acide.

2° *Galléine et cœruléine, bleu d'anthracène sur laine.* L'emploi de ces matières colorantes nouvelles tend à se généraliser surtout pour la draperie. La consommation du carmin d'indigo est menacée indirectement par ces produits bleus ou contenant du bleu et du bleu plus solide que l'acide sulfo-indigotique. Le mordançage est commun à ces matières colorantes artificielles, et consiste à liser la laine en peigné ou en écheveaux, ou à faire passer la pièce dans le bain avec 2 0/0 de bichromate et autant de tartre. La cœruléine, le bleu d'anthracène, l'alizarine sont des matières colorantes dont les applications sont pleines d'avenir.

3° *Alizarine sur laine et sur coton, rouge turc ou rouge d'Andrinople.* L'alizarine a remplacé la garance presque complètement et, comme celle-ci, elle a peu d'importance pour la soie, une grande importance pour la laine dans les grands teints, et surtout une importance de premier ordre pour le coton. L'Écosse, l'Angleterre, la Russie, l'Amérique en font la plus grande consommation. La France commence à se lancer dans la même voie.

Les procédés à la garance sur coton étaient d'une longueur désespérante : il y avait le décreusage, les bains bis avec fiente de mouton, les bains blancs avec huile tournante, les sels, le dégraissage, l'engallage, l'alunage, le lavage d'alun, le garançage, l'avivage, le rosage pour la marche en gris ; après le lavage d'alun, avant garançage, on répétait les bains blancs, les sels, le dégraissage, l'engallage, l'alunage, le lavage d'alun pour la marche en jaune ; dans l'une comme dans l'autre marche, les bains de fiente étaient donnés deux et trois fois, les bains blancs quatre ou six fois, enfin, cette teinture n'exigeait guère moins de trois mois d'opérations. Dans la suite, les rouges de Rouen demandaient cinq ou six semaines. Aujourd'hui, les conditions de la fabrication exigeraient cette teinture comme les autres, en quelques jours.

Au milieu des nombreux procédés publiés pour la teinture en alizarine artificielle, on peut, avec M. Horace Kœchlin, ramener à quelques principes la marche opératoire pratique : 1° fixation d'alumine, soit avec tannin et acétate d'alumine ou alun, c'est l'engallage et l'alunage du procédé ancien ; 2° teinture en alizarine, c'est le garançage ; 3° passage en acide sulfoléique ou en sulféate ou sulforicinate de soude ou d'ammoniaque, ce qui répond aux bains blancs ; 4° vaporisage à 1 atm. 1/2 et avivage au savon avec addition de carbonate de soude, ce qui répond à l'avivage ancien. On a réduit cette interminable teinture à ses principes les plus simples en prouvant qu'il fallait et qu'il suffisait de mettre en présence sur la fibre : l'alumine, le corps gras et l'alizarine. Le progrès a tenu à la substitution des sulfodérivés des corps gras aux huiles tournantes et à la substitution de l'alizarine artificielle à la garance.

Sur la laine, le rouge garance militaire comprend : 1° un mordançage au bouillon pendant deux à trois heures avec 25 0/0 alun et crème de tartre 6 0/0, quelquefois avec addition de son ; 2° la rougie ou garançage qui, souvent, n'a lieu qu'après un regos plus ou moins prolongé des laines sur le mordançage ; pour cette rougie, 60 0/0 de garance, durée deux heures, de 80 à 85°, quelquefois avec un peu de sumac et toujours avec composition d'étain qu'il est préférable de n'ajouter qu'à la fin de l'opération.

Avec l'alizarine artificielle, les mordançages sont : ou bien alun 10-20 0/0 et tartre 5-10 0/0, ou bichromate 2 0/0 avec ou sans tartre ; la teinture se fait avec addition d'acide acétique dans le bain d'alizarine, puis addition d'acide sulforicinique, lavage, quelquefois vaporisage et savonnage.. Ce rouge sera un progrès pour la draperie militaire.

4° *Noir d'aniline sur coton.* Tout le monde connaît aujourd'hui le fameux noir d'aniline et les fameux brevets par lesquels M. Grawitz prétend, ou a prétendu, revendiquer à son profit la propriété du noir d'aniline. Depuis dix ans, M. Grawitz attaque l'industrie et la traîne devant les tribunaux. Il a d'abord été débouté de ses demandes par le tribunal de Lille, condamné aux frais du procès et à des dommages-intérêts après expertise par trois chimistes de Lille. Il a interjeté appel, a obtenu une nouvelle expertise et, fort des conclusions du rapport des trois experts de Paris, il a fait rendre, par la Cour de Douai, un arrêt d'expédients ; se sentant plus fort encore par cet arrêt, qui pourtant n'était valable qu'entre les parties, il s'est attaqué à toute l'industrie et, en particulier, à l'industrie roubaisienne. L'affaire de Roubaix est venue devant le tribunal de Lille qui a ordonné une troisième expertise; alors second appel à Douai, mais la Cour a maintenu le jugement de Lille, nommé les mêmes experts

de Lille ; l'industrie attend dans ce semestre ce dernier rapport et compte sortir réhabilitée de cette lutte si regrettable. On verra si M. Grawitz a un noir qui est le sien; si les Roubaisiens n'ont pas un noir qui leur appartient ; si on ne peut pas continuer à faire du noir sans craindre d'être inquiété. Le procédé généralement décrit, consiste dans la formation du chlorhydrate d'aniline avec aniline et acide chlorhydrique, puis dans la formation du bain de teinture avec chlorhydrate d'aniline, avec bichromate de soude, avec assez d'acide pour saturer la potasse du bichromate de soude et le sesquioxyde de chrome résultant de la décomposition de l'acide chromique. On marche une heure à froid, on chauffe pour arriver en une demi-heure à 80° et plus, et on maintient un quart d'heure au-dessus de 80°. Les doses sont en aniline 8-10 0/0 du poids de coton, en bichromate 10-15 0/0. Ne nous arrêtons pas davantage à ce noir d'aniline verdissable ou inverdissable, dont la nature n'est pas encore bien déterminée, ni à M. Grawitz dont un grand chimiste traitant la question du noir d'aniline, n'a même pas cité le nom parmi ceux qui ont trouvé le noir d'aniline ou en ont perfectionné l'emploi ; ni à ces brevets dont un autre grand chimiste, qui les a étudiés à fond en poursuivant tous les calculs d'équivalents chimiques, a démontré les prétentions ridicules ; ni à ces procédés divers de noirs d'aniline que des procès retentissants ont fait connaître au loin.

Questions complémentaires. 1° *Des eaux.* Le teinturier doit connaître les eaux dont il se sert ; l'analyse hydrotimétrique (V. Eau, Hydrotimètre) répondra à ce besoin. Il doit savoir corriger son eau; sans doute, il sait faire son bain, c'est-à-dire que le plus souvent soit avec de l'alun, ou du tartre, ou du savon, en faisant bouillir son eau, il formera une écume qu'il enlèvera, ou bien en faisant passer d'abord dans son bain de teinture les laines qui doivent être teintes en nuances foncées, il aura un bain qui se prêtera à des nuances plus délicates, mais cette manière d'agir est plus longue, plus coûteuse, n'est praticable que sur de petites quantités d'eau. Nous pensons que le teinturier doit avoir à sa disposition de l'eau calcaire et de l'eau corrigée et savoir dans quelles circonstances il lui est avantageux de se servir de l'une ou de l'autre : des eaux calcaires, par exemple pour les noirs au campêche, pour les rinçages sur alun ou sur rouil, et des eaux corrigées pour les dissolutions de savon, pour les dissolutions de matières colorantes artificielles, pour les rinçages des nuances délicates.

2° *Des savons.* Le teinturier doit toujours se servir d'un bon savon, sans corps gras ni alcali libres, sans mauvaise odeur, très soluble, et par suite d'un rinçage facile. Sur ce point, il est arrivé souvent que des teinturiers ne considérant la question du savon qu'au point de vue de l'économie, ont fait un mauvais travail qui leur a été très préjudiciable ; les corps gras laissés dans les fibres avaient communiqué au tissu une mauvaise odeur. Quand le savon est bien choisi, l'eau bien corrigée, ces accidents sont sûrement évités.

3° *Des fibres textiles.* Les articles Chanvre, Coton,

FIBRE, LAINE, LIN, PHORMIUM, RAMIE, SOIE, etc., ont donné les renseignements sur les provenances, les variétés, les caractères des fibres textiles. Au point de vue des procédés de teinture, nous avons distingué des procédés pour la soie, des procédés pour la laine et des procédés pour le coton, mais nous devons faire remarquer : que ces derniers sont applicables aux différentes fibres végétales ; que le jute se teint très facilement dans les nuances qui servent le plus ordinairement pour les tentures d'ameublement, ainsi que l'aloès et le coco dans les nuances pour la sparterie ; et que la ramie, qui, en principe général, peut se teindre comme le coton, exige une attention et des connaissances particulières pour présenter le brillant que réclame l'industrie. La ramie, en effet, coûte plus cher que le coton, est susceptible d'un brillant qui la rapproche de la soie mais que les opérations mécaniques et chimiques peuvent faire varier très sensiblement. Les opérations de torsion, en filature, diminuent le brillant, les lustreuses par lesquelles on fait passer la ramie teinte en écheveaux tendent à la rendre brillante et soyeuse. Il y a des mordançages et des teintures qui enlèvent tout le brillant et ne peuvent donner aucun bon résultat, il faut donc tenir compte de cette condition pour faire choix du procédé de teinture à suivre et choix de la matière colorante à employer dans la reproduction d'un échantillon. Enfin, même pour les matières qui s'y prêtent le mieux, le brillant est d'autant plus difficile à obtenir que la nuance doit être plus foncée.

Le teinturier en soie ne doit jamais oublier que la soie craint les alcalis, et que les procédés dans lesquels on les emploie, comme pour le décreusage de la soie tussah, sont d'une application très délicate et exposent aux plus graves préjudices si les opérations ne sont pas suivies avec le plus grand soin. La soie, au contraire, aime le savon qui lui donne du craquant, du brillant, et permet, dans la plupart des cas, d'obtenir des nuances très unies. La soie prend aussi du craquant sur un bain de teinture ou un bain d'avivage légèrement acide.

Le teinturier en laine doit aussi se défier des alcalis dans les dégraissages, des sels de plomb qui noircissent la laine, des matières grasses qui empêchent la teinture, des savons insolubles de calcium ou de fer qui donnent lieu à des teintures piquées. La laine aime le tartre qui lui donne un bon toucher, qui facilite l'uni du mordançage et sert comme substance auxiliaire sans être par lui-même un mordant. La laine se teint à chaud, à moins que l'on ne veuille pas qu'elle prenne trop de colorant, comme dans la teinture en pièces chaîne-coton, ou à moins que cette température ne soit nuisible à la matière colorante, comme il arrivait pour le vert à l'iode, pour la fuchsine ordinaire, pour le carmin d'indigo à cause de l'acide sulfoviridique. Dans beaucoup de cas, la teinture se fait un bain acide.

Le teinturier en coton doit se défier des bains acides, car lorsque le coton sèche sur un bain acide il est brûlé, c'est ce qui arrive après le vi-

triolage dans la teinture en bleu de cuve et dans le blanchiment au chlore. Quand le coton se sèche, l'acide se concentre sur la fibre ; quand le coton est sec la fibre est perdue. Il doit aussi se défier du chlore et observer rigoureusement les conditions de durée et de force déterminées suivant les cas. Il doit encore se mettre en garde contre des réactions ultérieures d'oxydation qui peuvent se produire lentement sur la fibre et qui ont pour effet de l'affaiblir. De bons rinçages, un antichlore, comme l'ammoniaque ou le bisulfite, un passage en savon lui offriront des garanties contre une altération de la fibre.

4° *Tissus de différentes fibres.* L'industrie, toujours si ingénieuse à créer de nouveaux articles, a composé des tissus de différentes fibres teintes en écheveaux, et a varié à l'infini, par le tissage, les effets de la coloration. Puis elle, elle a tissé en écru ces différentes fibres et a demandé à la teinture de les teindre en uni, c'est-à-dire le coton et la laine, par exemple, dans la même nuance et au même ton ; puis elle a demandé de teindre la laine en une nuance et le coton en une autre nuance. Pour le premier problème, il faut, en principe général, donner de l'affinité au coton par un mordançage et atténuer les affinités de la laine en évitant une température élevée pour équilibrer le plus possible les affinités des deux fibres ; dans le second problème, il faut faire choix du mordant et de la matière colorante qui ne prennent que sur l'une des deux fibres, et faire deux teintures successives. Ces problèmes, facilement abordables pour ceux qui se sont attachés à l'étude des principes, sont des plus difficiles et des plus inabordables à ceux qui n'ont pour toute richesse que leur routine.

5° *Teintures spéciales.* Nous ne ferons que compléter ici par quelques observations ce qui a déjà été donné aux mots BLANCHIMENT, CHAPELLERIE, COLORATION DES BOIS, DES JOUETS, DES LIQUIDES, DES MÉTAUX, DES PIERRES, FLEURS ARTIFICIELLES, MAROQUIN, MÉGISSERIE, PAPETERIE, PEAU, PLUME, sur la teinture de ces différents articles.

Le chlorure de chaux du commerce, ou le chlore liquide, ou le chlore gazeux, ou le chlorozone, est l'agent de blanchiment pour les pâtes à papier qui sont formées de fibres végétales, et la plupart des tissus qui entrent dans la confection des fleurs artificielles. L'outremer et le bleu de Prusse servaient exclusivement pour l'azurage, et l'on corrigeait la teinte verdâtre produite par le bleu employé et la teinte jaune du papier en ajoutant du campêche. Aujourd'hui, les matières colorantes artificielles offrent de nouvelles ressources par le mélange du bleu et du rouge ou du violet complémentaire du jaune qu'il faut masquer sur la fibre. L'eau oxygénée est devenue un précieux agent dans le blanchiment des plumes qui peuvent ensuite être teintes dans les nuances les plus variées. Dans les indications données au mot FLEUR, on remarquera l'emploi des apprêts d'amidon et de gomme pour fixer des couleurs sur le nansouk, le jaconas, la batiste, le taffetas, le satin, la mousseline, la percaline, etc., c'est là plutôt une application de la matière colorante sur la fibre qu'une teinture de la fibre. Mais si l'on voulait faire une teinture proprement dite, il suffirait d'appliquer les principes posés plus haut pour la teinture des fibres végétales, et l'on aurait un tissu teint en uni et dans lequel on peut, avec les emporte-pièces, découper les pétales de certaines fleurs, comme pavots, bluets, œillets, œillettes, marguerites. On fixe quelquefois la matière colorante par passage dans un bain de mordant; ainsi, on peut passer le tissu dans une solution d'éosine épaissie à la gomme, on fait sécher, et on passe ensuite dans un bain d'acétate de plomb lequel fixe l'éosine en formant une belle laque qui est le sel de plomb de la tétrabromofluorescéine. Quant au nuançage des pétales découpés préalablement et qui doivent être panachés et travaillés au gabarit ou au pinceau, il sort du cadre de la teinture.

6° *De l'hygiène.* L'ouvrier teinturier, comme tout autre, doit éviter les courants d'air; il doit avoir des sabots pour se prémunir contre l'humidité des pieds qui est un danger plus spécial des teintureries; il doit, en tordant à l'espart, se garder d'avoir les jambes mouillées par le liquide qui dégorge en abondance et, pour cela, mettre un récipient au-dessous de l'espart et se protéger le bas des jambes; il doit éviter de goûter et d'avaler de ses drogues, celles-ci étant presque toujours des poisons; il doit prendre de grandes précautions contre les dangers d'incendie et contre l'absorption des vapeurs par la respiration s'il doit se servir souvent de benzine pour détacher des pièces; s'il est au magasin des drogues, ayant continuellement à les manipuler, il doit se précautionner contre l'absorption des poussières qui, souvent, sont très nuisibles, comme celles des fuchsines arsenicales, celle de l'acide picrique, etc. qui peuvent amener un empoisonnement lent; s'il fait réagir de l'acide sulfurique sur du ferrocyanure de potassium, il doit se souvenir qu'il se forme de l'acide cyanhydrique qui est un poison très violent; s'il fait les mordançages au bichromate, l'ouvrier ne doit pas avoir les mains entamées; quand il fait son chlorhydrate d'aniline, il doit être dans un endroit bien aéré parce que les vapeurs d'aniline attaquent le système nerveux; en somme, on voit que dans plusieurs opérations de mordançage en bichromate, de teinture en noir d'aniline, il serait désirable, au point de vue hygiénique, de voir la machine remplacer la main de l'homme. Cependant, nous pensons que, dans les ateliers, on prend chaque jour plus de précautions, que les fabricants de produits chimiques veillent davantage à ne pas livrer des produits nuisibles par eux-mêmes ou par les impuretés provenant du procédé suivi pour leur préparation, que les contre-maîtres alternent avec plusieurs ouvriers un même travail plus pénible, que les ouvriers eux-mêmes savent mieux se garantir, que plusieurs opérations nuisibles sont de plus en plus ou complètement abandonnées, que les ateliers qui se construisent sont dans des conditions plus hygiéniques et, ce qui nous confirme dans cette appréciation que nous voudrions croire exacte, c'est que l'état civil d'une grande ville industrielle comme Roubaix ne signale aux décès aucune maladie caractéristique qui paraisse sous la dépendance de la profession d'ouvrier teinturier.

C. DES APPRÊTS. Le teinturier en peigné n'a guère à se préoccuper de cette question. Quand il a teint sa matière, il la fait passer aux gills-box, opération mécanique qui a pour but de dissimuler le feutrage qui a pu se produire et de rendre la partie conforme à l'échantillon en faisant des mélanges avec un lot plus foncé ou plus clair suivant le résultat à atteindre. Quand cette conformité a été obtenue, le teinturier a fini sa tâche, les opérations de filature forment un fil de numéro voulu, le tissage en fait une pièce qui passe souvent par les apprêts pour recevoir un foulonnage sur teinture déjà faite. Quand le teinturier a teint des fils, il n'y a guère lieu de leur donner des apprêts puisque ces fils doivent être d'abord employés au tissage, excepté pour les fils à coudre qui doivent réunir une belle apparence avec une grande solidité. Alors tous les fils portés sur des bobines se déroulent et passent dans un bain de glaçage, puis sont brossés mécaniquement et sont disposés en bobines ou en pelotes. Si le tissu a été fait en écru et s'il doit recevoir un foulonnage, ce foulonnage se fait avant teinture, puis viennent la teinture et les apprêts. Cette méthode paraît être la plus rationnelle : foulonner d'abord le tissu, puis faire la teinture qui alors peut offrir plus de facilité pour l'emploi des matières colorantes et plus de richesse de ton. Quant aux apprêts des tissus, ils constituent une branche spéciale de l'industrie qui a pris, de nos jours, une grande importance à cause de l'outillage que ces opérations nécessitent. La figure 335 montre cette dernière opération qui doit donner au tissu l'œil et la main désirables pour tenter la clientèle, et nous renvoyons aux articles AMIDON, APPRÊT, DEXTRINE, ÉPAISSISSANT, FÉCULE, GÉLATINE.

### ESSAIS PRATIQUES.

Nous n'avons pas à donner à cette question de longs développements, puisqu'elle a été traitée au mot ESSAI, § *Essai des étoffes* et § *Essai des matières colorantes*, mais nous croyons utile de fournir quelques indications spéciales qui mettront le teinturier sur la voie des essais à entreprendre.

Le teinturier peut avoir à faire des essais pratiques à des points de vue différents : 1° pour préciser les conditions dans lesquelles il doit se trouver relativement au procédé qu'il applique ; 2° pour s'assurer qu'il n'est pas trompé sur le produit qu'il croit acheter ; 3° pour reconnaître, avant de faire un achat, quel est le produit le plus avantageux pour lui parmi les produits similaires qui lui sont offerts ; 4° pour rechercher la marche suivie ou le procédé employé pour produire tel échantillon donné.

Entrons dans quelques détails sur ces quatre séries d'essais : la première qui intéresse le succès de ses opérations ; la deuxième et la troisième qui intéressent sa bourse ; la quatrième qui intéresse encore sa bourse sans doute, mais aussi son amour-propre professionnel.

*Série A. a)* Essai de l'eau (V. Eau et Hydrotimètre, Hydrotimétrie); *b)* essai du savon relativement à l'alcalinité, aux corps gras libres, à la résine, à la solubilité (V. Savonimétrie); *c)* essai de couperose verte : si elle est acide, si elle contient du cuivre, de l'alumine (V. Couperose); *d)* essai de couperose bleue : si elle contient du fer; *e)* essai de l'alun : s'il contient du fer; *f)* essai du sulfate d'alumine : s'il est acide et s'il contient du fer; *g)* essai du pyrolignite ou acétate d'alumine : s'il contient du fer; *h)* détermination de la marche de la température qui convient à chaque teinture, par le thermomètre d'atelier; *i)* détermination de la concentration des bains de mordants, par le pèse-acides Baumé; *j)* détermination de la concentration des bains de chlorage et de vitriolage, par le pèse-Baumé.

*Série B. a)* Essai du savon : eau contenue et résine (V. Savonimétrie); *b)* essai du chlorure de chaux : dosage du chlore (V. Chlorométrie); *c)* essai des soudes et potasses (V. Alcalimétrie); *d)* essai des acides, des pyrolignites, du rouil, du chlore liquide, par pèse-Baumé; *e)* essai des cachous (V. Cachou);

Fig. 335. — *Apprêt des étoffes, dernière opération de la teinture.*

*A* Cuvette contenant l'empois. — *a* Rouleau qui trempe dans l'empois et le transporte sur l'étoffe. — *B B* Cinq cylindres chauffés par la vapeur, autour desquels passe le tissu. — *F* Étoffe et marche de l'étoffe. — *C* Tuyau pour l'arrivée de la vapeur et sa distribution dans les chambres. — *E* Rouleau qui reçoit le tissu apprêté. — *D* Rouleau extenseur.

*f)* essai des cochenilles. — V. Cochenille, § *Essai des cochenilles* et § *Falsifications de la cochenille.*

*Série C. a)* essai du cachou, du tannin, du sumac, de l'extrait de chataîgnier : procédé de Hammer par aréomètre et procédé de Terreil par tannomètre; *b)* essai des extraits liquides ou solides; *c)* essai du campêche; *d)* essai du rocou; *e)* essai de l'indigo; *f)* essai de la cochenille; *g)* essai de l'aniline; *h)* essai de matières colorantes artificielles : richesse comme colorant, présence du sucre, du sulfate de soude ou de magnésie, de l'amidon, du chlorure de sodium. Dans les différents essais comparatifs des colorants, trois méthodes se présentent : méthode chimique consistant généralement dans la décoloration avec des liqueurs titrées; méthode physique, consistant dans l'emploi des colorimètres; méthode industrielle, généralement suivie dans les ateliers, consistant dans un essai par teinture. — V. Cochenille, Colorimètre, Essai, § *Essai des matières colorantes.*

*Série D. a)* Essai pour reconnaître si un produit donné comme colorant est un seul composé pur ou un mélange de matières colorantes : 1° saupoudrer du papier blanc de la matière à essayer et asperger le dessous du papier avec de l'alcool au moyen d'un pulvérisateur, on aura souvent une indication très nette; 2° pour les matières colorantes azoïques, il est préférable de laisser tomber un peu de produit à la surface de l'acide sulfurique pur incolore contenu dans un verre ; dans le cas de mélange, les grains du produit prendront des colorations différentes ; 3° dissoudre un peu de matière à essayer comme pour la teinture d'un écheveau, dans une éprouvette, et épuiser le bain avec de petits morceaux de laine ; dans le cas de mélange, il pourra y avoir des variations de nuances sur les flocons de laine et dans le bain, et cet essai est très important pour le teinturier qui devrait voir dans ce cas une difficulté particulière pour obtenir avec ce produit des teintures unies ; *b*) essai pour reconnaître une matière colorante : se reporter aux propriétés des matières colorantes traitées dans ce *Dictionnaire*, ou recourir aux tableaux de réactions qui ont été publiés dans plusieurs ouvrages : Bolley et Kopp : *Essais chimiques* ; *c*) essai pour reconnaître sur fibre le mordant et le colorant employés : 1° opérer sur 5 grammes de fibres, incinérer, et dans les cendres, rechercher le métal en procédant comme il est indiqué à la recherche des bases (V. Analyse) ; s'assurer auparavant de la présence ou de l'absence du tannin ; 2° pour les colorants, V. Essai, § *Essai des matières colorantes*.

*Conclusion.* Plus on observe les développements de la teinture et plus on reste convaincu que cette branche si importante de la chimie appliquée est en voie de transformation et de progrès, plus aussi on sent le besoin des connaissances théoriques pour aborder avec intelligence et succès les problèmes qui se posent chaque jour. Les mordants et les matières colorantes doivent être mieux connus dans leurs préparations, dans leurs propriétés, dans leurs affinités pour les fibres, dans les procédés rationnels de leur fixation, dans la résistance de ces composés fixés à l'acide, au savon, aux alcalis, aux agents atmosphériques. Ces études ne peuvent être faites dans l'atelier, elles doivent précéder l'apprentissage de l'atelier, elles ont leur place marquée dans ces écoles professionnelles que le gouvernement et les municipalités des villes industrielles se font un devoir de fonder dans leur sollicitude pour les vrais intérêts de l'industrie française. Ces institutions abrègent considérablement la route pour l'industriel de l'avenir, les connaissances qu'il y aura acquises éclaireront sa marche dans la spécialité qu'il se sera choisie, et lui permettront, non seulement de suivre les progrès, mais encore de marcher en avant pour sa fortune particulière et la gloire de son pays. — v.

*Bibliographie* : *De la teinture des soies*, par Marius Moyret ; *De la teinture au XIXᵉ siècle*, par Grison ; *De la teinture du coton*, par Renard ; *Des teintures à mordant*, par Van Laer ; *Moniteur scientifique*, du Dᵣ Quesneville ; *Dictionnaire de chimie pure et appliquée* de Wurtz ; *Encyclopédie chimique*, de Frémy ; *Teinture et apprêts des tissus de coton*, par L. Lefèvre ; *Dictionnaire des arts et manufactures*, par Laboulaye.

**Teinture sur cuir.** Moïse, dans l'Exode (chap. XXV, vers. 4 et suiv.), fait mention de peaux de mouton teintes en orangé et autres couleurs ; la teinture sur cuir était donc connue et pratiquée chez les anciens. En France cependant, ce ne fut qu'au commencement du XVIIIᵉ siècle que l'on cessa pour ce produit d'être tributaire du Levant, et cela, grâce surtout aux travaux du docteur

Granger. Ce médecin français parvint, dans le cours d'une mission, à pénétrer le secret des méthodes suivies par les Orientaux, pour fabriquer leurs beaux cuirs rouges, jaunes, verts, et à son retour, divulgua généreusement le résultat de ses recherches.

Les couleurs trouvent leur utilisation dans la teinture proprement dite et dans le vernissage des cuirs. — V. Vernis.

**Teinture.** C'est aux matières colorantes naturelles que cette industrie s'adresse le plus ordinairement, cependant on tire avantageusement des couleurs d'aniline, et c'est aux indications données par Springmühl que l'on doit cette innovation.

*Matières colorantes naturelles.* Les plus employées sont : la *cochenille*, l'*orseille*, l'*indigo*, la *gaude*, la *graine d'Avignon*, l'*épine-vinette*, les *bois de campêche, de Brésil*, etc. Tantôt seules, tantôt juxtaposées, ces matières permettent d'obtenir une gamme de teintes excessivement variée. Ainsi pour produire le rouge, on utilise la cochenille ; pour l'écarlate, la cochenille, le bois de Brésil ; pour le grenat, l'orseille ; pour le jaune, la graine d'Avignon, la gaude, la racine d'épine-vinette, le bois jaune ; pour le bleu, l'indigo ; pour le brun, le mordoré, le puce, le bois de campêche ; pour la teinte havane, le bois rouge de Pernambouc ; pour le noir, le bois de campêche avec l'acétate de fer ; pour le vert, l'indigo sur le jaune ; pour le violet, le rouge sur le bleu ; pour les teintes pensée, lilas, la cochenille sur le bleu, etc.

On teint soit au plongé (V. Maroquinerie), soit à la brosse. Pour pratiquer cette dernière opération, on étale la peau, convenablement rincée, sur une table recouverte d'une plaque de zinc, cette table est légèrement bombée et munie de rebords afin d'éviter les pertes de liquides. La peau est étalée, la chair en dessous, et doit adhérer uniformément sur la table ; à cet effet, on opère comme pour la *mise au vent* (V. Corroierie), mais en se servant d'une *étire* en caoutchouc durci.

A côté de la table se trouve disposée une série de vases renfermant les différentes solutions colorantes. L'ouvrier étend d'abord sur la fleur, un *mordant*, soit à l'alun, soit au chlorure d'étain, soit encore un mélange d'urine et de bichromate de potasse, puis il brosse avec la couleur choisie.

La teinture en rouge s'opère d'une manière toute particulière. Les belles peaux seules sont réservées pour cette couleur et teintes avant d'être tannées. Pliées en deux, chair contre chair, et les bords réunis aussi exactement que possible par une couture, elles sont plongées dans un mordant à l'alun ou mieux au chlorure d'étain qui donne plus d'éclat à la teinte. Le mordant doit être peu concentré, porté à une température tiède, et n'agir que quelques instants sur la peau. Egouttées et tordues à leur sortie, les peaux sont soumises ensuite à une façon sur chevalet dont le but est d'expulser l'excès de mordant et d'effacer les plis formés par la torsion. On les plonge ensuite dans la solution colorante, et après une demi-heure d'agitation, on renouvelle la teinture ; deux passements suffisent pour donner une couleur vive et uniforme. Dès lors, pour opérer le tannage, on n'a qu'à découdre les bords sur une petite longueur, afin d'introduire le sumac, et le sac, recousu aussitôt, est soumis au liquide tannant. — V. Tannerie.

La solution colorante renferme, en général, 3 à 400 grammes de cochenille par douzaine de peaux. Additionnée d'un peu d'alun ou de crème de tartre, elle est pendant quelques instants portée à l'ébullition dans un récipient en cuivre, puis filtrée sur un linge fin. La teinture à l'indigo est la seule qui se pratique à froid; la méthode est analogue à celle que l'on emploie pour la teinture des tissus. La teinture en noir se fait de diverses manières.

Pour le cuir en suif, on emploie une dissolution de sulfate ou d'acétate de fer ou mieux encore de la bière aigrie dans laquelle on a laissé digérer de la limaille de fer. Le cuir est étalé à l'étire, chair en dessous, sur une table, puis on enlève l'excès de graisse en frottant énergiquement la fleur avec des débris de peau généralement. Cela fait, on donne une première couche de noir soit avec un torchon, soit avec une brosse; cette première couche une fois sèche, on en donne une seconde et même une troisième.

Pour le cuir ordinaire, on opère généralement ainsi : le cuir étant bien collé sur la table, on le brosse d'abord au chromate, puis avec une dissolution de bois de campêche, et enfin avec un mélange de vitriol vert et de vitriol bleu. La peau a pris alors une belle couleur noire, on la lave à grande eau, et on la laisse sécher. Mais si l'on tient à ce que cette couleur noire ne prenne pas avec le temps un reflet grisâtre, on applique sur la fleur une couche d'*apprêt*; cette opération se fait à la brosse, et après le lavage du cuir. L'apprêt est ordinairement un mélange de nigrosine et de gomme-laque. On additionne de gomme-laque blonde une solution de 50 grammes de borax par litre d'eau, on porte le tout à l'ébullition jusqu'à dissolution complète. On laisse reposer, puis on décante la partie liquide à laquelle on ajoute 60 à 80 grammes de nigrosine.

En 1836, Kresse prit un brevet pour la teinture du cuir en noir. Son procédé consiste dans l'application successive de couches différentes : les deux premières couches se font avec de l'urine, les deux suivantes avec une décoction de bois de campêche et de bois jaune (2/3 de bois de campêche pour 1/3 de bois jaune), enfin les deux dernières se font avec une dissolution d'écorce d'aune, de noix de galle et de citron gâté, soumise à la fermentation, et dans laquelle on a laissé digérer du fer. On laisse ensuite sécher en ayant soin de redresser de temps en temps le cuir.

*Couleurs d'aniline.* Les matières colorantes naturelles, demandant ainsi qu'on l'a vu, un mordançage pour se fixer au cuir, il n'en est pas de même pour les couleurs d'aniline, et c'est là le point différentiel capital, la matière tannante du cuir joue, dans ce dernier cas, le rôle de mordant. Les peaux destinées à être teintes en couleurs claires sont tannées au sumac, celles qui devront recevoir une teinte foncée peuvent supporter le tannage au tan ou au cachou. Bien plus, le blan-

chissage à l'acide sulfurique qui, pour les cuirs teints avec les matières colorantes naturelles, est d'un emploi courant, devient ici inutile.

Le traitement varie avec le degré de concentration que l'on donne au liquide colorant. Si la liqueur est fortement colorée, on peut opérer par séries; dans le même bain, on peut aller jusqu'à plonger à la fois une vingtaine de peaux, en ayant soin de les accoupler deux à deux, chair contre chair. Pendant le temps de trempe, qui dure une heure environ, on soumet les peaux à une agitation continue. Dans les grandes manufactures où le mécanisme est développé, les bains de teinture sont munis d'un ou de plusieurs moulinets; dans les autres, ce sont les ouvriers qui remuent la masse soit avec des perches, soit avec des bouloirs; dans quelques endroits même, les peaux sont piétinées. Lorsque l'on fait usage de liqueurs colorantes faibles, on est obligé de restreindre par cuve le nombre de peaux et de multiplier les bains; on en donne généralement trois renouvelés après chaque immersion. Les couleurs d'aniline prennent assez difficilement, lorsqu'elles sont offertes en dissolutions faibles; aussi n'est-il pas rare de se voir dans la nécessité, pour faire adhérer le pigment colorant à la peau, de replonger celle-ci dans une solution de sumac; après un séjour de douze à vingt-quatre heures, on la sèche, puis de nouveau on la soumet à la teinture.

Lorsqu'à un cuir on veut donner une teinte composée, on doit appliquer chaque teinte séparément; on se sert autant d'une série de bains. On arrive à foncer quelques couleurs telles que le rouge, le nankin, etc., en faisant agir le bichromate de potasse ou le nitrate de fer qui est encore plus énergique. On ne mélange pas ces sels à la matière colorante, mais on les applique sous forme de bains ordinairement, entre chaque cuve de couleur. De même, il est facile de perfectionner une teinte par des bains supplémentaires. Cette pratique s'étend même aux anciennes couleurs obtenues avec les bois de teinture, et que l'on veut régénérer; les couleurs d'aniline s'appliquent très bien sur celles-ci, particulièrement sur les bruns et les marrons. Ces juxtapositions de matières colorantes de nature différente ne réussissent bien que si les teintures végétales ont été fixées les premières.

La préparation de la solution de couleur d'aniline réclame certains soins. La cuisson doit être lente, et pendant le temps qu'elle dure, la masse doit être remuée, sinon elle s'attache en partie au fond de la chaudière, ne tarde pas à être brûlée, et la teinture dans ces conditions n'est plus utilisable. On prolonge l'ébullition durant quelques instants afin que la dissolution soit complète, puis on laisse reposer, on décante alors la partie claire, on filtre même sur un linge, et l'on rejette la partie louche, qui, employée, ne pourrait donner une teinte uniforme. Dans la pratique, on ajoute à la coralline une petite quantité de borax qui a pour effet de rehausser la teinte; cette addition se fait dans la proportion de 100 grammes de borax pour 2 kilogrammes de coralline.

La peau teinte est séchée soit à l'air, soit à l'étuve ; puis comme la teinture l'a rendue légèrement cassante, on la frotte avec un chiffon imbibé d'un peu d'huile de lin. Quelquefois même, afin de donner un peu de souplesse, surtout aux cuirs teints en rouge, violet, vert, on étale sur fleur une couche de vernis renfermant 100 grammes environ de lactarine par litre d'eau ou bien encore un mélange d'eau et d'alun auquel on a ajouté de la dextrine puis de la glycérine ; pour 100 litres d'eau : 300 grammes d'alun, 250 grammes de dextrine et $1^k,250$ à $1^k,500$ de glycérine. — L. N.

II. **TEINTURE.** T. de pharm. Syn. : Alcoolés. On donne ce nom à tout médicament officinal à base d'alcool, et qui a été préparé par solution, macération ou lixiviation, car on réserve le nom d'alcoolat à celui qui a été distillé, ou celui d'alcoolature à celui préparé avec des plantes fraîches. Les teintures sont simples ou composées, suivant qu'il entre une ou plusieurs substances dans leur composition ; elles peuvent être sucrées (élixirs [V. ce mot]) ; acides, comme l'eau de Rabel ; métalliques, comme les teintures de Mars, simple ou tartarisée, etc. ; un grand nombre sont incolores, ce qui explique le nom d'alcoolés préféré à celui de teinture.

Pour préparer les teintures, les Codex de 1866 et 1884 prescrivent d'employer l'alcool éthylique à 60, 80 ou 90° centésimaux, en prenant 5 parties d'alcool pour 1 de matière convenablement divisée, afin que l'alcool exerce plus facilement sur elle son action dissolvante. Le procédé par solution s'emploie peu ; c'est dans ce cas que l'on se sert d'alcool à 90°, comme pour dissoudre le camphre, l'iode ; l'alcool à 80° convient pour les matières animales et les substances chargées de matières résineuses (ambre gris, cantharides, cochenilles, musc, succin, gaïac, scammonée, assafœtida, galbanum, girofle, vanille, safran, etc., teinture vulnéraire et balsamique ; la dissolution se fait par macération. L'alcool à 60° s'applique à tous les végétaux ou parties de végétaux non résineux, dont les principes actifs sont solubles dans l'eau (aloès, cachou, colchique, ipéca, quinquina, ratanhia, teintures composées de raifort, de gentiane) ; la lixiviation est préférée pour faire ces teintures. La substance doit être réduite en poudre demi-fine et mise dans un appareil à déplacement de forme cylindrique ou conique, fermé à sa partie supérieure, et dont la douille garnie d'une feuille de coton cardé, est engagée dans le col d'une carafe. On tasse modérément la poudre, on pose à la surface un peu de coton ou une rondelle d'étoffe, et on y verse peu à peu, avec précaution, assez d'alcool pour imbiber la poudre. Après vingt-quatre heures, on ajoute de l'alcool pour déplacer le premier jusqu'à ce que l'alcool préparé pour l'opération soit épuisé. On fait des teintures éthérées avec de l'éther hydrique à 0,758 de densité, toujours par lixiviation. Ces produits filtrés, si cela est nécessaire, sont conservés dans des flacons bien bouchés et ordinairement à l'abri de la lumière, surtout pour quelques-uns (iode, etc.), par suite des modifications que cet agent peut occasionner.

**Teinture pour les cheveux.** — V. EAUX DE TEINTURE.

**Teinture des bois.** La teinture ou coloration des bois est l'art d'ajouter des tons plus vifs à la teinte naturelle de ces bois, ou d'en changer complètement la couleur. Les bois exotiques ont rarement besoin d'être colorés artificiellement, ce n'est que pour imiter leurs nuances sur les bois indigènes que l'industrie a recours aux teintures. On colore ainsi les bois en nuances si variées et si curieusement accidentées, qu'on peut tirer un parti fort avantageux pour l'ébénisterie, des bois les plus communs.

On trouve dans la nature des bois accidentellement colorés, des nuances qui, certainement, n'appartiennent pas à l'arbre lui-même. Il n'a fallu souvent que des clous plantés dans des arbres pour teindre en violet de grands espaces dans le bois. Il y a deux modes de teintures : le premier consiste à communiquer au bois une teinte uniforme, c'est à lui qu'on a recours pour imiter les bois exotiques ; dans le second cas, on n'applique la couleur que sur certains endroits. — V. COLORATION DES BOIS.

**TEINTURIER, IÈRE.** Celui, celle dont le métier est de teindre les étoffes ; on distingue encore les teinturiers-apprêteurs et les teinturiers dégraisseurs, dont la profession est suffisamment indiquée par le nom.

— Les teinturiers commencèrent par former trois communautés. Une sentence rendue par le prévôt de Paris,

Fig. 336. — Atelier de teinturier au XVIe siècle, d'après une gravure du temps.

le 17 novembre 1383, distinguait les teinturiers de grand teint et ceux du petit teint. Il s'était créé, en outre, une troisième communauté des maîtres marchands teinturiers de soie, de tous fils, laine, lin, chanvre et coton, dont Henri IV renouvela les statuts en 1604. Les règlements qui fixaient les attributions des teinturiers du grand-teint et du petit teint étant tombés en désuétude, de nouveaux statuts leur furent confirmés en 1679.

Quant aux teinturiers-dégraisseurs (V. DÉGRAISSEUR), dont les établissements spéciaux ne se sont formés qu'après la Révolution, leur nombre n'a pas cessé de s'accroître depuis cette époque. Non seulement ils décousent les vêtements pour les envoyer à la teinture chez les maîtres-teinturiers, mais ils nettoient les étoffes de laine, de soie, les velours, les dentelles, etc. Ils s'occupent de là teinture en noir des fonds de cachemires de l'Inde, genre de travail qui remonte à 1840.

**TÉLÉGRAPHE, TÉLÉGRAPHIE.** Du TÉLÉGRAPHE EN GÉNÉRAL. 1. Le télégraphe a pour objet le transport rapide de la pensée à toute distance. Le temps et l'espace sont les deux grands obstacles qui limitent les manifestations de la volonté : l'*écriture*, fixant la pensée, la rend indépendante du temps ; le *télégraphe* (*qui écrit de loin*), anéantissant la distance, l'affranchit de l'espace. La pensée s'exprime par la *parole*, l'*écriture* ou les *signaux*.

2. *Transmission de la parole.* La parole est le mode le plus complet d'expression de la pensée : le *desideratum* serait donc de faire entendre la parole à toute distance. On a d'abord cherché à augmenter la portée de la voix : de là le porte-voix, les tuyaux acoustiques et le *téléphone à ficelle,* qui marque la transition du *transport* de la voix à sa *reproduction* à distance par l'intermédiaire de l'électricité (*téléphones articulants*).

Le téléphone transmet la parole ; le *phonographe* l'enregistre et peut la reproduire sur place à toute époque. En enregistrant avec le phonographe la parole reproduite par le téléphone, on réaliserait le *desideratum* théorique d'une parole affranchie à la fois du temps et de la distance. Quelques essais ont été faits dans ce sens (*téléphonographe*).

La transmission de la parole par ces divers instruments, le porte-voix excepté, exige un lien spécial (tuyau ou fil) entre les deux correspondants. Le *photophone* et le *thermophone* suppriment cet intermédiaire et le remplacent par les radiations lumineuses ou calorifiques d'un faisceau éclairant : le nom de *radiophonie* englobe ces deux ordres de phénomènes, dont la portée pratique n'est pas encore établie.

3. *Transmission de l'écriture.* Le *transport* de l'écriture s'effectue par les *mouvements de translation.* Les moyens de communication par translation sont : 1° les moyens ordinaires de la poste (piéton, vélocipède, cheval, navires et chemins de fer) ; 2° les moyens extraordinaires (ballons, pigeons-voyageurs) ; 3° la poste atmosphérique ou le *télégraphe pneumatique* (V. plus loin) en usage pour le transport des messages à l'intérieur des grandes villes.

Par l'intermédiaire de l'électricité, on *reproduit* à distance le langage écrit, quelle que soit d'ailleurs sa forme (écriture ordinaire, dessin, musique, etc.) : c'est l'objet des *télégraphes autographiques, pantélégraphes, pantographes électriques.*

Enfin, la découverte de la radiophonie a fait concevoir la possibilité de reproduire télégraphi-
quement les images obtenues dans une chambre noire, en combinant l'action de la lumière sur le sélénium avec un récepteur fondé, par exemple, sur le principe des télégraphes autographiques. Tel est le but des *téléphotographes, télectroscopes, téléphotes.*

4. *Transmission des signaux.* Le transport de l'écriture étant un moyen de communication trop lent pour les grandes distances, on a songé à exprimer la pensée à l'aide de signaux susceptibles d'être rapidement transmis par les agents naturels. De là une double étude : 1° application des signaux à l'expression de la pensée ; 2° phénomènes physiques propres à leur transmission.

Pour exprimer la pensée par des signaux ou des combinaisons de signaux, on a recours aux *langues télégraphiques* qui sont au nombre de 3.

*a*) La *langue hiéroglyphique, symbolique* ou *idéographique,* emploie les signaux à représenter des phrases convenues à l'avance sur une éventualité prévue : c'est la plus brève, car elle exprime par un seul signe une idée complète ; mais elle est impuissante pour annoncer les faits imprévus. Elle est employée sur les chemins de fer pour les indications relatives à la sécurité de la marche des trains (sémaphores, disques, etc.), dans la marine, etc. On ne s'en sert guère dans le service télégraphique actuel que pour les indications réglementaires et conventionnelles de transmission ; c'est souvent une abréviation du mot à exprimer. On a proposé de l'appliquer sous forme de *sténographie* à la transmission des dépêches.

*b*) Dans la *langue numérique,* les signaux et leurs combinaisons fournissent des chiffres qui représentent des lettres, des mots et des phrases que l'on consigne dans un double vocabulaire : l'un pour traduire les idées en signaux, l'autre pour traduire les signaux en idées. C'est la langue du vocabulaire Chappe, en usage dans l'ancienne télégraphie aérienne française et dans l'appareil électrique Foy-Bréguet, qui a marqué, en France, la transition entre la télégraphie aérienne et la télégraphie électrique, alors que beaucoup de dépêches devaient encore emprunter à la fois la voie aérienne et la ligne électrique. On s'en sert souvent encore pour le langage secret. Avec un vocabulaire de 99 pages, contenant chacune 99 lignes, on pourra former 99 × 99 groupes de 4 chiffres dont les deux premiers indiqueront la page, et les deux derniers la ligne : ainsi 0304 voudra dire « cherchez à la ligne 4 de la page 3. »

La langue numérique est très féconde, car elle permet d'exprimer beaucoup d'idées par peu de signes, en faisant entrer l'ordre des chiffres dans la signification des groupes. De là la conception d'une langue télégraphique universelle (*télégraphie sériaire*) reposant sur la création de familles d'idées, l'idée la plus générale (la famille) étant représentée dans un nombre par le chiffre le plus élevé, les mille, par exemple ; le genre, par les centaines ; l'espèce, par les dizaines, et l'individualité par le chiffre des unités ; mais la nécessité d'une traduction assez longue, les chances d'erreur, etc., ont empêché ce système de prévaloir sur le système alphabétique.

*c)* La *langue alphabétique* affecte les signaux à la représentation des lettres de l'alphabet. C'est une langue simple, elle peut exprimer toutes les idées possibles, mais elle prend beaucoup de temps. L'étude des *alphabets* ou combinaisons de signaux élémentaires représentant les lettres et signes conventionnels de l'écriture est indispensable pour apprécier le mérite d'un système télégraphique.

### DES ALPHABETS TÉLÉGRAPHIQUES

**5. Principes.** Tous les alphabets télégraphiques formés au moyen de signaux conventionnels reposent sur certains principes communs, exposés avec beaucoup de clarté par M. Baudot dans un travail inédit auquel nous ferons quelques emprunts.

Supposons que des fenêtres d'un appartement, on veuille correspondre par signaux avec un lieu éloigné d'où ces fenêtres sont visibles.

Si l'on disposait de 25 fenêtres, chacune pourrait représenter une lettre de l'alphabet; en arborant un drapeau à la première fenêtre, par exemple, on désignerait la lettre A ; à la seconde, on désignerait la lettre B. Tous les caractères de l'alphabet pourront donc être représentés par les positions différentes d'un même signal.

Une seule fenêtre suffirait si on disposait de 25 drapeaux de couleurs ou de formes différentes.

Un moyen plus pratique consiste à représenter chaque lettre, non plus au moyen d'un drapeau unique, mais par une des combinaisons distinctes qu'il est possible de faire en montrant *séparément* ou *simultanément* le drapeau à plusieurs fenêtres. Admettons, par exemple, que chaque fenêtre puisse être vue sous deux aspects, *avec* ou *sans* drapeau. La première fenêtre fournit 2 *variations* ou 2 signes : O (sans drapeau), D (avec drapeau), qui combinées avec celles que fournit la seconde, donnent lieu à 4 combinaisons ; en combinant chacune de celles-ci avec les 2 variations que permet une troisième fenêtre, on obtient 8 combinaisons et ainsi de suite :

$$O\dots\begin{cases}OO\dots\begin{cases}OOO\\OOD\end{cases}\\OD\dots\begin{cases}ODO\\ODD\end{cases}\end{cases}$$

$$D\dots\begin{cases}DO\dots\begin{cases}DOO\\DOD\end{cases}\\DD\dots\begin{cases}DDO\\DDD\end{cases}\end{cases}$$

En ajoutant une fenêtre, on multiplie à chaque fois le nombre des combinaisons déjà obtenues par 2 (nombre des variations d'aspect qu'elle peut fournir).

Avec 5 fenêtres, on aurait 32 combinaisons; avec 6, 64, etc., avec $n$ fenêtres, on obtiendrait $2^n$ combinaisons; mais une des combinaisons correspondant à l'absence du signal à toutes les fenêtres, on aura en définitive $2^n-1$ combinaisons *actives*.

**6.** Supposons maintenant que chaque fenêtre puisse être vue sous trois aspects : 1° sans dra-

peau (O); 2° avec un drapeau rouge (R); 3° avec un drapeau blanc (B). Une fenêtre fournit 3 variations (O, R, B) ; en les combinant avec chacune de celles que fournit une seconde fenêtre, on a 9 combinaisons qui, combinées à leur tour avec les trois variations données par une troisième fenêtre, forment un total de 27 combinaisons. Avec $n$ fenêtres, on aura $3^n$ combinaisons, et retranchant la combinaison *passive* correspondant à l'absence de tout signal, on aura $3^n-1$ combinaisons *actives*.

En résumé, on peut faire voir un objet quelconque occupant une position déterminée (une fenêtre), c'est le *signal*. Cet objet peut revêtir 2, 3, etc., aspects différents, ce sont les *variations* du signal. Si ces variations ne sont pas en nombre suffisant pour représenter les lettres dont on a besoin, on emploie plusieurs objets (fenêtres) occupant chacun une position distincte et formant autant de *signaux*. En combinant ensemble les variations de tous ces signaux, on obtient des combinaisons représentant autant de *signes* différents.

Avec $n$ signaux, pouvant présenter chacun V variations, on aura $V^n$ combinaisons et $V^n-1$ signes *actifs*.

**7.** Ces considérations sont identiques à celles qui président à la formation des divers systèmes de numérations écrites. Pour former tous les nombres avec quelques signes primitifs ou chiffres, il a fallu utiliser leurs combinaisons.

Dans la numération décimale en usage, le nombre des signes primitifs est de dix, lesquels désignent une valeur nulle (0), l'unité (1), l'unité ajoutée à elle-même (2), $2+1=3$, etc., jusqu'à 9.

Au delà de 9, il faut prendre deux chiffres qui fournissent alors $10^2$ ou cent combinaisons obtenues en ajoutant un signe à chacun des dix signes primitifs :

| | | | |
|---|---|---|---|
| 00 | 10 | 20 | 90 |
| 01 | 11 | 21 | 91 |
| 02 | 12 | 22 | 92 |
| . . . | . . . | . . . | . . . |
| 09 | 19 | 20 | 99 |

En ajoutant un signe à chacune de ces combinaisons, on obtient $10^3$ ou 1000 combinaisons de 3 chiffres au plus pouvant représenter mille nombres différents. Il s'agit de définir la combinaison que l'on affecte à tel nombre. On convient alors de donner à chaque chiffre 2 valeurs : l'une résultant du signe, l'autre de sa position ou de son rang. Cette dernière est un coefficient qui multiplie la valeur propre du chiffre. Dans le système décimal, le coefficient de position du premier chiffre à droite est 1, celui du 2e chiffre est 10, celui de 3e est 100, etc.

Dans la numération *binaire*, le nombre des signes est de deux, O ou la valeur nulle, I ou l'unité. Avec deux répétitions, on obtient 4 combinaisons; avec 3 répétitions, 8 combinaisons :

$$O\dots\begin{cases}OO\dots\begin{cases}OOO\ (0)\\OOI\ (1)\end{cases}\\OI\dots\begin{cases}OIO\ (2)\\OII\ (2+1)\end{cases}\end{cases}$$

$$
\text{I . . .}\begin{cases} \text{10 . . .}\begin{cases} \text{100 (4)} \\ \text{101 (4+1)} \end{cases} \\ \text{11 . . .}\begin{cases} \text{110 (4+2)} \\ \text{111 (4+2+1)} \end{cases} \end{cases}
$$

Avec $n$ répétitions, on a $2^n$ combinaisons.

Pour la représentation des nombres, on attribue encore à chaque chiffre deux valeurs : sa valeur propre et la valeur relative à sa position qui est un coefficient multipliant sa valeur propre. Ce coefficient est $2^0$ ou 1 pour le premier chiffre à droite, $2^1$ pour le second, $2^2$ pour le troisième, et enfin $2^n$ pour le $n^e$. On simplifie la notation en supprimant les zéros qui précèdent les chiffres significatifs.

Tous les systèmes de numération peuvent donc servir à créer un alphabet de signaux télégraphiques si l'on remplace chacun des signes conventionnels (chiffres) par un signal télégraphique distinct.

8. Dans les alphabets qui précèdent, les *signaux* sont différenciés par leur *position* (fenêtres sur la façade d'un bâtiment).

Ils peuvent être différenciés par le *moment* de leur apparition (apparitions successives d'un drapeau à une même fenêtre): le *temps* intervient alors comme élément de variation des signaux.

Comme *exemple*, supposons que par une fenêtre on puisse montrer *successivement* l'un ou l'autre de deux drapeaux, un rouge (R) et un blanc (B). En se bornant à une seule apparition, on obtiendra deux signes ; en faisant apparaître successivement un drapeau 2 fois, on en aura 4 ; 3 fois, 8, et ainsi de suite, chaque apparition multipliant par 2 le nombre des signes déjà obtenus :

$$
\text{R . . .}\begin{cases} \text{RR . . .}\begin{cases} \text{RRR} \\ \text{RRB} \end{cases} \\ \text{RB . . .}\begin{cases} \text{RBR} \\ \text{RBB} \end{cases} \end{cases}
$$

$$
\text{B . . .}\begin{cases} \text{BR . . .}\begin{cases} \text{BRB} \\ \text{BRR} \end{cases} \\ \text{BB . . .}\begin{cases} \text{BBR} \\ \text{BBB} \end{cases} \end{cases}
$$

En portant à $n$ le nombre des apparitions successives de l'un ou l'autre drapeau, on obtiendra $2^n$ signes.

Dans le cas actuel, il n'y a pas de combinaisons passives; le nombre total des signes obtenus sera donné par la somme des nombres de signes correspondant à 1, 2, 3…$n$ apparitions successives de l'un ou l'autre drapeau, c'est-à-dire par

$$
2 + 2^2 + 2^3 \ldots + 2^n.
$$

En résumé, on peut faire voir un objet (drapeau) pendant un instant, cette apparition constitue un signal ; on fait ensuite voir l'objet 2, 3 fois de suite, ces apparitions constituent autant de signaux ; l'objet peut être vu sous 2, 3 aspects distincts (drapeaux de différentes couleurs) qui forment les *variations* du signal. Si l'objet peut présenter V variations, en allant jusqu'à $n$ répétitions ou apparitions successives, on obtiendra un nombre total de signes distincts égal à

$$
V + V^2 + V^3 + \ldots + V^n
$$

Le nombre des répétitions n'est limité que par le temps que l'on veut consacrer à la formation des signes ; mais les difficultés de préparation et de lecture sont beaucoup plus grandes que lorsque les signaux sont différenciés par leur position.

9. *Applications*. Un signal unique, sans répétition, suffit pour désigner une lettre, si l'on dispose d'*appareils synchroniques*, par exemple de deux pendules marchant parfaitement d'accord et dont les aiguilles parcourent des cadrans alphabétiques. Quant au poste expéditeur, l'aiguille passe sur la lettre que l'on veut désigner, l'agent fait un signal au correspondant qui note alors la lettre sur laquelle se trouve à ce moment l'aiguille de son propre cadran.

— Ce mode de correspondance a été essayé par les frères Chappe (§ 25). D'après Polybe, Æneas le tacticien (336 avant J.-C.) aurait imaginé un système analogue pour passer des avis dans les camps. Aux deux stations se trouvaient deux vases identiques remplis d'eau à la même hauteur : sur l'eau nageait un flotteur en liège portant un bâton vertical divisé, chaque division avait une signification convenue. Les vases étaient percés d'un orifice leur assurant le même écoulement. A un signal donné par l'élévation d'une torche, l'orifice était ouvert par les deux correspondants, puis fermé dès que la torche était abaissée, et on regardait la division de la tige qui se trouvait en face du bord du vase.

Un même signe permet encore de représenter tous les caractères d'une écriture si on peut le répéter autant de fois qu'il y a de caractères. Ainsi, un point (o) représentera une lettre, deux points une autre lettre, etc.

Les deux remarques suivantes, applicables d'ailleurs à tous les systèmes, permettent de simplifier la transmission, et de réduire le nombre de signes nécessaires à la représentation d'un message :

a) *Ordre de fréquence des lettres*. Les groupes les plus simples doivent être employés à la représentation des lettres qui se répètent le plus souvent dans la langue du pays ; malheureusement, l'ordre de fréquence n'est pas le même dans les langues des divers pays ;

b) *Passage des lettres aux signes et inversement*. Un même groupe peut représenter à la fois une certaine lettre et un certain chiffre ou signe de ponctuation, mais à la condition de le faire précéder d'un signe conventionnel indiquant le changement de signification. Aux groupes nécessaires pour représenter toutes les lettres, il suffira d'ajouter un autre groupe prévenant le correspondant que l'on passe des lettres aux chiffres ou inversement (§ 81).

Au lieu d'un seul groupe de points, on peut en employer deux ou plusieurs. Concevons les lettres de l'alphabet occupant respectivement une case dans un carré subdivisé comme une table de Pythagore. Une lettre sera définie par les numéros d'ordre des rangées horizontale et verticale, à l'intersection desquelles elle se trouve ; elle pourra donc être représentée par deux groupes de points. Ainsi, la lettre qui se trouve sur la quatrième rangée horizontale et la deuxième colonne verticale sera représentée par (●●●● ●●). Polybe décrit un télégraphe de ce genre : l'opérateur avait à sa gauche et à sa droite des torches cachées par des murailles ; le nombre des torches montrées à gauche indiquait la rangée ; celui des torches montrées à droite l'ordre occupé dans la rangée.

10. Au lieu d'être placés *successivement* sur une même ligne, les points peuvent être enregistrés *simultanément* sur des droites horizontales comme sur une portée musicale. Chaque lettre est alors représentée par un certain nombre de points placés sur une même verticale, à des hauteurs différentes. Tels sont les alphabets que Vail décrit dans sa notice sur le « télégraphe électro-magnétique, 1847 », et dont Morse se serait servi tout d'abord. Les points étaient produits par plusieurs plumes *écrivant ensemble* ou *séparément*, chaque plume étant, par suite, commandée par un organe spécial. L'étude revient à celle des combinaisons formées par des signaux simultanés, distingués les uns des autres par leurs positions respectives, chacun d'eux pouvant revêtir deux aspects différents (§ 5).

Avec des points sur 2 lignes (ou 2 plumes), on peut faire 3 signes :

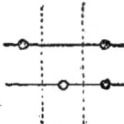

Avec des points sur 3 lignes (3 plumes), on fera 7 signes :

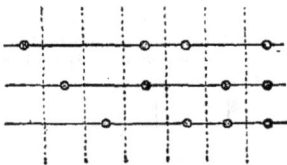

Avec des points sur $n$ lignes ($n$ plumes), on fera un nombre de signes égal à la somme des combinaisons que l'on peut former avec $n$ objets pris 1 à 1, puis 2 à 2, 3 à 3 et, enfin, $n$ à $n$, c'est-à-dire $2^n - 1$ combinaisons, résultat auquel on arrive encore par le raisonnement suivant calqué sur celui du § 5 : sur chaque ligne il peut y avoir un point ou *rien*. En combinant successivement chacune des situations où peut se trouver la première ligne, avec chacune de celles où peut se trouver la seconde, on a $2^2$ combinaisons, lesquelles, combinées avec chacune des 2 situations où peut se trouver la troisième, donnent $2^3$ signes. Avec $n$ lignes, on aura $2^n$ combinaisons ; mais dans ce nombre se trouve la combinaison correspondant à l'absence de signaux sur toutes les lignes ; le nombre de combinaisons actives sera donc $2^n - 1$.

Si $n = 4,5,6$, on aura $15,31,63$ combinaisons. Avec 6 lignes (6 plumes) au plus, on pourra représenter tous les signes de l'alphabet (*Witehouse*, 1855) ; en utilisant la remarque *b*) du § 9, il suffira de 5.

Au lieu de procéder en formant successivement les combinaisons 1 à 1, 2 à 2, donnons aux points

placés sur la première ligne la valeur $2^0 = 1$, à ceux placés sur la seconde la valeur $2^1 = 2$, à ceux sur la troisième la valeur $2^2 = 4$, et enfin sur la $n^{me}$ la valeur $2^n$.

En s'arrêtant à 3 lignes, les sept premiers nombres seront représentés *dans leur ordre* par la somme des valeurs des sept colonnes du tableau :

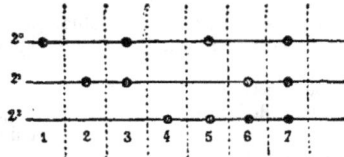

En remplaçant le point par le signe 1 et figurant par 0 l'absence de point, remontant de bas en haut, on aura la représentation des sept premiers nombres dans la numération binaire (§ 7), que l'on simplifie en supprimant le zéro qui précède le premier chiffre significatif, c'est-à-dire : 1, 10, 11, 100, 101, 110, 111.

Pour diminuer le nombre des lignes, il faut augmenter le nombre des variations ou d'aspects différents qu'un signal peut présenter sur chaque ligne. Si, au lieu de 2 variations, on dispose de 3, on aura avec deux lignes $3^2$, et avec trois $3^3$ combinaisons dont $3^3 - 1 = 26$ combinaisons actives, l'une d'elles correspondant à l'absence de signaux sur toutes les lignes ou à la situation de non-activité. Davy (1838) et Highton (1848) se sont servis de ces 26 combinaisons. Avec V variations sur $n$ lignes, on aurait $V^n - 1$ combinaisons actives (§ 6).

11. *Langue Morse*. Le plus souvent on se sert de deux signes ou signaux élémentaires faits successivement : un point (●) et un trait (—), un point à droite et un point à gauche d'un repère, ou bien l'un au-dessus, l'autre au-dessous ; un déplacement court et un long, ou à droite et à gauche, ou en haut et en bas ; un son bref et un son prolongé, une note aiguë et une note grave, un éclair de lumière et un éclair prolongé, deux feux ou deux drapeaux de couleurs ou formes différentes, etc. Le temps intervient alors dans toutes les combinaisons (§ 8).

Prenons, par exemple, le *point* et le *trait* (langue Morse). Avec ces deux signaux isolés, on peut représenter deux lettres. En ajoutant à chacun d'eux un autre point ou trait, on aura 4 nouveaux signaux, soit en tout 6. En ajoutant à chacun des 4 signaux doubles un autre point ou trait, on formera 8 signaux triples, soit en tout 14 signaux :

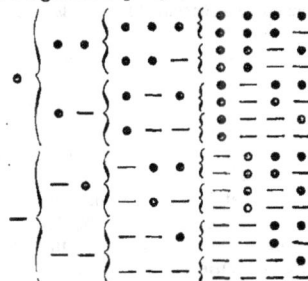

et ainsi de suite. Si chacun des deux signes peut être répété $n$ fois, on pourra former :

$$2 + 2^2 + 2^3 + \ldots + 2^n = 2^{n+1} - 2$$

combinaisons.

En portant à 4 le maximum des éléments d'un signal, on aura 30 signaux, c'est-à-dire presque le nombre nécessaire pour représenter les lettres de l'alphabet et les chiffres. En le portant à 5, on a 62 combinaisons, c'est-à-dire plus qu'il n'en faut pour les lettres, les chiffres et les signes de ponctuation.

La langue Morse peut être perçue par les trois sens de la vue, de l'ouïe (sons brefs et longs) et du toucher. Elle permet à un sourd-muet de correspondre avec un aveugle par des pressions courtes ou longues exercées sur la main, et de cette façon un sourd-muet devenu aveugle pourrait encore correspondre.

· 12. Le trait horizontal peut être remplacé par un trait vertical (systèmes Herring et Estienne). Le trait peut lui-même être remplacé par un point que l'on distingue du premier en le plaçant à une hauteur différente : tel est l'alphabet dit de *Steinheil* ou de points sur deux droites parallèles, avec la condition que deux points ne se trouvent jamais sur la même normale, comme dans les appareils à 2 styles commandés par un même fil, de telle sorte que les 2 styles opèrent toujours séparément.

Ci-dessous, nous montrons les signaux Steinheil avec les signaux Morse correspondants :

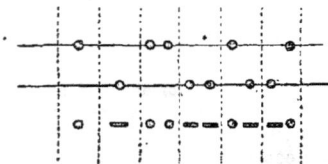

— Dans un brevet pris en 1845, Highton donne une application de la numération binaire à la traduction de signes conventionnels composés de points sur deux lignes, émis successivement. Les points de la ligne supérieure ont tous la valeur zéro (0), ceux de la ligne inférieure ont, suivant leur rang, les valeurs $2^0, 2^1, 2^2, \ldots, 2^n$. La somme des valeurs de tous les signes donne un nombre qui correspond à la lettre ou au mot représenté par la combinaison de signaux.

Ainsi la combinaison suivante :

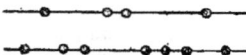

correspond au nombre 10110011101 écrit dans la notation binaire habituelle, nombre dont la valeur est

$$1024 + 0 + 256 + 128 + 0 + 0 + 16 + 8 + 4 + 0 + 1$$

ou 1437.

13. Si les signaux consistent dans les déviations d'une aiguille suspendue, à droite ou à gauche de sa position d'équilibre, les déviations à droite répondront aux traits, et les déviations à gauche aux points de l'alphabet Morse (galvanomètres ou appareils à une aiguille).

Un style immobile appuyant sur une bande de papier, qui se déroule sous lui, trace une ligne

droite ; s'il est dévié, tantôt à droite, tantôt à gauche de la position de repère, il tracera une ligne ondulée.

La langue Morse sera encore applicable, les bosses supérieures représentant les traits, et les bosses inférieures figurant les points (Siphonrecorder de la télégraphie sous-marine, ondulateurs).

· — Gauss et Weber ont employé les déviations d'un barreau aimanté à droite et à gauche de sa position d'équilibre ; mais chaque lettre était toujours représentée par cinq oscillations du barreau. Le nombre des combinaisons est donc celui que donnent cinq signaux combinés ensemble et pouvant se montrer sous deux aspects (§ 5), c'est-à-dire $2^5$ ou 32. Toutes les combinaisons sont actives, la position d'équilibre ou de repos n'entrant pas dans le compte.

14. Deux signes primitifs (● —) fournissent trente combinaisons en allant jusqu'aux groupes de quatre signes. Avec trois signes primitifs, il suffirait de s'arrêter aux combinaisons de trois éléments pour obtenir 39 signaux $(3 + 3^2 + 3^3)$. Avec quatre signes primitifs (points et traits sur deux lignes parallèles produits par deux plumes fonctionnant séparément), on aurait vingt combinaisons en limitant à deux le nombre maximum des éléments de chaque combinaison, et quatre-vingt-quatre $(4 + 4^2 + 4^3)$ en poussant jusqu'à trois.

Dans le télégraphe multiple écrivant de Meyer, les lettres en caractères Morse, au lieu de se suivre horizontalement, se présentent les unes au-dessous des autres, en sorte que chaque lettre occupe une ligne horizontale distincte : il en résulte que l'absence de point ou de trait constitue un véritable signe, et que sur chaque ligne les signes *point*, *trait* ou *rien*, peuvent occuper quatre positions distinctes : le commencement, la fin de la ligne et deux positions intermédiaires.

En tournant la bande de 90°, de manière à placer les colonnes horizontalement, on voit qu'on se trouve dans le cas d'une portée de quatre lignes pouvant recevoir chacune les variations ● — et 0. Le nombre des combinaisons sera donc $3^4 - 1 = 80$ (§ 6).

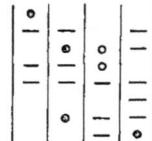

15. La transmission d'une lettre représentée par des signaux conventionnels donne lieu à quatre opérations successives : 1° préparation des signaux qui, dans l'alphabet adopté, représentent la lettre à transmettre ; 2° transmission proprement dite ; 3° traduction de la combinaison reçue ; 4° transcription de la lettre qui représente le signal traduit. Après les deux premières opérations, le signal est arrivé à destination, et le télégraphe a terminé son rôle. La première opération est faite par le préposé à la transmission ; la seconde dépend de l'agent physique par lequel s'opère la transmission ; les deux dernières opérations sont *purement locales* : dans la plupart des stations de télégraphie, elles sont faites par le préposé à la réception qui, connaissant l'alphabet adopté, traduit les signaux conventionnels et écrit les dépêches en caractères ordinaires à mesure de leur réception. Il faut alors que le nombre de ces combinaisons ne soit pas trop considérable, sinon il

faut recourir à un vocabulaire. Dans un grand nombre de télégraphes électriques, c'est l'appareil lui-même qui effectue la traduction des signaux en caractères ordinaires.

Il est clair que plus les signaux primitifs ou élémentaires sont nombreux, moins il sera nécessaire de les répéter souvent pour obtenir un nombre déterminé de combinaisons, et plus ces combinaisons seront rapidement transmises; mais, pour augmenter le nombre des signaux élémentaires, il faut les compliquer : or, toute complication d'un signal retarde sa formation au départ et sa traduction à l'arrivée. La simplicité des signaux, la netteté de leur formation et la facilité de leur traduction passent souvent avant les avantages du nombre. De là le succès de la langue Morse dans les systèmes de télégraphie électrique où la traduction n'est pas automatique.

16. *Phénomènes physiques propres à la transmission des signaux.* D'une façon générale, on peut utiliser comme agents télégraphiques tous les phénomènes de propagation des vibrations moléculaires.

Ainsi :

1° Les déplacements produits par la transmission des pressions dans les liquides : *télégraphe hydraulique.*

— Un télégraphe hydraulique ou à niveau d'eau consiste en un tube horizontal recourbé à ses deux extrémités: ce tube est rempli d'eau, et le niveau est indiqué dans chaque branche verticale par un flotteur muni d'un index placé en regard d'une règle divisée. Si, à un bout, on fait baisser le niveau au moyen d'un piston, le niveau s'élève d'autant à l'autre bout, et si chaque division de l'échelle porte une lettre, il sera facile de transmettre une dépêche. Un système de ce genre a fonctionné autrefois sur le chemin de fer de Blackwal à Londres, sur une distance de 5 kilomètres, pour annoncer le départ des trains. En 1859, M. de Lucy a proposé un autre télégraphe hydraulique, dans lequel l'eau est retenue à chaque bout par une membrane; en frappant sur l'une d'elles, les vibrations se transmettent jusqu'à l'autre avec la vitesse du son dans l'eau ; *les signaux seraient rendus sensibles* à l'aide d'un petit levier soulevé par la membrane et dont l'extrémité munie d'un style laisserait des traces sur une bande de papier. M. de Lucy proposait de remplacer par ce télégraphe hydraulique les câbles sous-marins. Un signal aurait mis dix-huit secondes de Calais à Douvres, et une demi-heure de Valentia à Terre-Neuve. Cette idée a été reprise par M. Tommasi, dans un appareil exposé à Vienne en 1873 (télégraphe hydro-électrique). M. Tommasi employait de l'eau préalablement *forcée,* dans l'espoir que la colonne se déplacerait alors tout d'une pièce comme une tige solide.

2° Les déplacements produits par la transmission des pressions dans l'air : *télégraphe à air.*

— Ainsi, la pression exercée sur une poire en caoutchouc pleine d'air est transmise par un tube à une poche qui se gonfle et déclenche soit un mécanisme qui fait avancer une aiguille d'une division, comme dans certains télégraphes à cadran ou les *horloges pneumatiques* ; soit le marteau d'un timbre comme dans les sonneries à air de Walcker; soit le pène d'une serrure, remplissant ainsi l'office du cordon d'une porte. Avec une poire de $0^m,07$ sur $0^m,05$ et un tube en plomb de $0^m,005$ de diamètre, on peut transmettre un signal à 250 mètres.

M. Marcel Deprez a montré qu'on pouvait réaliser la transmission simultanée des signaux dans les deux sens

(*duplex*) avec un télégraphe à air comprimé (V. *Journal de physique,* 1874, p. 83). A l'Exposition d'électricité de 1881, MM. Humblot et Terral ont exposé un *télégraphe* duplex de ce genre, calqué en quelque sorte sur le duplex électrique constitué par un *Pont de Wheatsone à branches égales* (§ 88). Les piles sont remplacées par des *soufferies*; des robinets, étranglant plus ou moins le passage de l'air, servent de rhéostats ; la ligne est une conduite, d'air, et l'atmosphère remplace la terre comme réservoir commun.

3° La propagation du son : *télégraphe acoustique* (V. plus loin) ou la transformation réciproque des vibrations sonores en vibrations électriques : *téléphone.* — V. ce mot;

4° La propagation de la lumière : *télégraphe aérien* (V. plus loin) ou, *optique,* ou plus généralement, la propagation des radiations lumineuses ou calorifiques,

La *chaleur rayonnante* pourrait être utilisée comme agent de transmission en la concentrant par un miroir convergent sur une pile thermo-électrique qui ferait dévier un galvanomètre. Les radiations calorifiques interviennent d'ailleurs comme les radiations lumineuses dans les phénomènes de la *radiaphonie.* — V. PHOTOPHONE.

5° La propagation de l'électricité par les fils conducteurs : *télégraphe électrique.* — V. plus loin.

La classification qui précède est établie au point de vue du phénomène physique de propagation qui est utilisé pour la transmission des signaux. Mais il est clair que tous les signaux usités dans la télégraphie sont *acoustiques* ou *optiques,* en ce sens qu'ils sont toujours perçus par l'ouïe ou par la vue. Les signaux se distinguent encore en signaux *fugitifs,* qui disparaissent après avoir été formés, et signaux *persistants,* qui subsistent après leur formation.

### TÉLÉGRAPHE ACOUSTIQUE

17. Le parti que l'on peut tirer du son pour les communications télégraphiques, surtout pour faire connaître des *événements imprévus,* était connu des anciens.

— César en fait mention dans ses *Commentaires* : « Quand il arrivait des *événements extraordinaires,* les Gaulois s'avertissaient par des cris qui étaient entendus d'un lieu à l'autre; de sorte que le massacre des Romains, qui avait été fait à Orléans au lever du soleil, fut su à neuf heures du soir en Auvergne ».

Kircher (1550) et Schwenter (1636) ont fait des traités sur les signes auriculaires; ils voulaient parler avec des instruments de musique, en traduisant en notes les lettres de l'alphabet. Le chevalier Morland (1670) inventa en Angleterre des trompettes parlantes, qui donnaient au son beaucoup d'intensité. Bergstrasser (1784-88) qui, sous le titre de *Sinthématographie,* a publié plusieurs volumes sur les moyens de correspondre de loin et sur l'application des signaux à l'art de la guerre, proposa l'emploi du canon, des tambours, des trompettes et des cloches.

Dans la collection des *Voyages* de Bernouilli à Berlin, on trouve la description d'un instrument formé de cinq cloches, pouvant exprimer tous les signes de l'alphabet.

Des essais sur la propagation du son dans les tuyaux furent faits, en 1782, par dom Gantey ou Gauthey sur les tuyaux qui conduisent l'eau de la pompe de Chaillot. Dom Gantey proposa à l'Académie des sciences deux moyens absolument nouveaux « pour faire parvenir une dépêche avec la plus grande célérité. En se servant du premier, dit-il, on pourra donner un signal à plus de cent lieues en moins d'une minute, et ce signal aura le double avantage d'être prompt et secret, puisqu'il pourra partir d'un endroit secret, fermé et clos, et parvenir à un lieu semblable, sans qu'on puisse s'en apercevoir dans l'intervalle; il aura lieu bien plus la nuit que le jour et en toute saison, et pourra se donner et se renouveler à toute heure, en tout temps et sans aucune nouvelle dépense; enfin, il pourra se porter à trente lieues en quelques secondes, sans stations intermédiaires; et il n'est question ni d'électricité ni d'aimant. Avec le second moyen, je crois pouvoir me flatter de faire parvenir l'avis le plus détaillé et l'instruction la plus longue à cent lieues dans une demi-heure. »

Condorcet et Milly, chargés par l'Académie des sciences d'examiner la découverte, déclarent dans un rapport du 15 juin 1782, que le premier moyen leur paraît praticable, ingénieux, nouveau, et que l'appareil ne sera ni cher, ni incommode. Mais l'auteur voulut garder le secret qui resta enfermé sous pli scellé dans les archives de l'Académie. Quant au second moyen, c'était l'emploi de longs tuyaux : « avec une montre dans un tuyau de 110 pieds, on entendait à l'autre bout le bruit du balancier beaucoup plus fort et plus distinctement que si la montre eût touché l'oreille. »

Dom Gantey ajoutait : « on pourrait établir un courant d'air dans les tuyaux, le son trouverait moins de résistance dans une colonne d'air entraînée dans la même direction, et il recevrait une double impulsion qui contribuerait à le porter à une plus grande distance. »

Les expériences de l'Académie des sciences (1738) avaient fixé à 340 mètres environ par seconde, la vitesse de propagation du son dans l'air; celles de Colladon et Sturm sur le lac de Genève (1827) donnèrent pour la vitesse dans l'eau 1,435 mètres, soit plus de quatre fois celle de l'air; enfin, les expériences classiques de Biot sur les tuyaux en fonte de l'aqueduc d'Arcueil montrèrent que, dans la fonte, la vitesse de propagation du son était 10,5 plus grande que dans l'air.

L'expérience journalière apprend d'ailleurs que la portée du son est très étendue lorsque la transmission s'effectue à travers les corps solides; en appuyant l'oreille par terre, on entend de très loin la marche d'un train ou le piétinement de chevaux, le bruit du canon se distingue ainsi à plus de 40 kilomètres.

Les parties solides de la tête transmettent les sons à l'organe de l'ouïe avec la plus grande facilité : un diapason qui vibre faiblement se fait encore entendre si on le pose sur le front ou sur les dents; lorsque la surdité ne résulte que d'un défaut des organes extérieurs, un sourd entend les paroles prononcées dans un tuyau dont il saisit le bout opposé dans les dents.

18. Les signaux acoustiques sont d'un usage général dans tous les systèmes de télégraphie pour *appeler* l'attention du correspondant. Les tubes acoustiques ont un sifflet d'appel; les télégraphes, les postes d'incendie, les chemins de fer ont des sonneries. Le *sifflet électro-moteur*, de MM. Lartigue et Forest, prévient le mécanicien, aveuglé par le brouillard ou la neige, que sa locomotive passe devant un disque à l'arrêt. Les téléphones ont aussi leur signal d'appel; le son strident de la roue dentée de M. Cooke, ou l'anche vibrante des systèmes Siemens et Gower, ou l'appel phonique de M. Sieur. L'appel *fugitif* devient *persistant* par les sonneries à mouvement d'horlogerie; le plus souvent, il est accompagné d'un *indicateur visible d'appel*; c'est un *voyant* déclenché par le signal d'appel dans la plupart des sonneries; dans la téléphonie, on a le signal visible d'Ader.

Le clairon dans l'armée, le sifflet dans la marine, le canon constituent des télégraphes acoustiques. La langue Morse s'adapte très bien au clairon et au sifflet, ainsi qu'aux sirènes et aux sifflets à vapeur des navires et à la trompette à vapeur des phares.

La *télégraphie musicale* de Sudre, basée d'abord sur l'emploi des cinq notes du clairon, a été réduite ensuite aux trois notes, *sol, ut, sol*, du clairon d'ordonnance.

19. Les signaux acoustiques, sans lien solide entre les deux correspondants, ont une portée limitée; si l'on admet un lien, on pourra employer les tubes acoustiques en caoutchouc ou en métal (speaking-tube). Les coudes, les angles brusques diminuent l'intensité des sons transmis, tandis que les courbes continues ne lui font subir que peu d'altération. L'intensité se conserve mieux quand la surface intérieure du tube est polie, et on peut aller fort loin avec des tubes formés de métaux sonores, si on a soin de les isoler du sol le plus possible. On utilise aussi la propagation à travers les solides élastiques. Si l'on appuie l'oreille à l'extrémité d'une longue poutre, le plus léger choc s'entend à l'autre extrémité; la *lyre magique* de Wheastone transmet ses sons à une caisse sonore à travers une longue tige de sapin. Deux personnes parlant très bas et tenant les extrémités d'un fil entre les dents s'entendent à une grande distance.

C'est un fait bien connu des ouvriers du télégraphe qu'on peut correspondre entre deux poteaux d'une ligne télégraphique, un des observateurs frappant sur un poteau des coups rythmés dans la langue Morse, le second mettant son oreille contre le poteau éloigné.

Le *téléphone à ficelle* est une application des mêmes principes.

Enfin, les vibrations sonores étant convertibles en vibrations électriques et *vice versa*, un fil conducteur permettra de transmettre électriquement les sons et la parole articulée, c'est l'objet du téléphone *musical* ou *chantant* et du téléphone *articulant* ou *parlant*. — V. TÉLÉPHONE.

La transmission électrique des sons a encore donné naissance à la *télégraphie harmonique*, § 93.

### TÉLÉGRAPHE AÉRIEN OU OPTIQUE

20. Les yeux seuls ou armés de télescopes aperçoivent les signaux lumineux à de très grandes distances; la vitesse de la lumière est de 300,000 kilomètres par seconde, soit un million de fois plus grande que celle du son dans l'air. Les signaux peuvent être produits et perçus par des instruments simples et peu coûteux. Enfin, ils n'exigent pas entre les stations un conducteur spécial qu'il faut entretenir et protéger en tout temps contre les accidents extérieurs, et défendre contre l'ennemi en temps de guerre. Ainsi, simplicité, rapidité, économie et sécurité, la télégraphie optique réunit toutes ces qualités; mais elle est souvent interrompue par le brouillard et les circonstances atmosphériques. Si elle a été justement remplacée par la télégraphie électrique pour l'établissement des communications

permanentes, elle rend encore de grands services pour l'installation rapide de communications provisoires à petite distance.¯

21. La télégraphie optique est aussi ancienne que le monde, elle remonte aux premiers hommes qui ont allumé des feux sur des hauteurs pour faire des signaux convenus.

— La construction de la tour de Babel aurait eu pour but d'établir un point central de communication entre les divers peuples, et l'Écriture apprend que des colonnes de feu et de fumée guidaient les Israélites à travers le désert.

Dans la tragédie d'Agamemnon, Eschyle trace une véritable ligne télégraphique s'étendant du Mont-Ida au palais des Atrides, avec stations intermédiaires. C'est par des feux échelonnés dans ces stations qu'Agamemnon aurait transmis à Clytemnestre la nouvelle de la prise de Troie. L'ancienne Grèce était parsemée de tours et de phares pour les signaux.

Nous avons déjà mentionné (§ 9) les moyens de correspondre par des signaux phrasiques ou alphabétiques décrits par Polybe (150 av. J.-C.), comme usités dans l'art de la guerre.

Annibal fit élever des tours d'observation en Afrique et en Espagne, pour transmettre des signaux phrasiques. Les Romains suivirent l'exemple; la tour Magne, à Nîmes, fut érigée dans ce but. En Espagne, les Maures firent de même. Les Chinois avaient élevé des machines à feu sur la Grande muraille, pour donner l'alarme sur toute la frontière, en cas de menace des Tartares. Ils employaient, ainsi que les Indiens, des feux qui produisaient une lumière assez brillante pour percer les brouillards, et que ni le vent, ni la pluie ne pouvaient éteindre. Autour de Constantinople des feux placés sur huit montagnes signalaient les mouvements des Sarrazins.

22. Jusqu'au xviᵉ siècle, le télégraphe aérien se borna à annoncer des événements prévus ou à transmettre des phrases convenues. Le système alphabétique était connu de Polybe, mais le mode de transmission était lent et ne pouvait servir qu'à transmettre des ordres ou à faire passer des avis à une ville assiégée. Au xviᵉ siècle, on se préoccupa de donner plus de généralité, au langage des signaux. Les savants du moyen âge égarés par l'amour du merveilleux, avaient cherché immédiatement les moyens de correspondre à de grandes distances, sans communication et sans signes ostensibles. Paracelse et autres déclaraient communiquer avec leurs adeptes par le moyen d'aiguilles aimantées par le même aimant, se mouvant sympathiquement au centre de cadrans alphabétiques. En 1617, le jésuite Strada dans ses Prolusiones académicæ, met cette merveille en vers latins : « il suffit, dit-il, de diriger une des aiguilles sur une lettre avec une tige de fer pour que l'aiguille du cadran éloigné se porte sur la même lettre. » Le P. Leurechon, dans ses Récréations mathématiques (1626), ajoute cependant : « je n'estime pas qu'il se trouve un aimant qui ait telle vertu. »

Roger Bacon au xiiiᵉ siècle avait émis l'idée qu'on pouvait voir à grande distance en se servant de miroirs concaves : il disait que César s'était servi de ce moyen pour voir d'un côté à l'autre de la Manche, quand il se préparait à attaquer la Grande-Bretagne. Porta, l'inventeur de la chambre obscure et l'auteur de la Magie naturelle, parlait d'établir un télégraphe en faisant réfléchir, sur la surface de la lune, des signaux formés sur la terre. Le Père Kircher, l'inventeur de la lanterne magique, traite de chimérique l'idée de Porta, mais il veut employer les rayons réfléchis de la lune et du soleil pour établir une correspondance télégraphique. « Son procédé, dit Chappe l'aîné, était d'écrire sur un miroir de métal les lettres des mots qu'il voulait transmettre; on plaçait à quelque distance une lentille de verre, au travers de laquelle on réfléchissait, avec le miroir, les rayons du soleil sur le lieu où l'on voulait les faire parvenir. Ce lieu doit être une chambre dont les murs intérieurs sont peints en noir. L'image des caractères tracés sur le miroir se dessine sur la muraille, etc. La même méthode peut servir pendant la nuit en recueillant les rayons d'un flambeau ou de la lune avec un verre propre à grossir les objets. »

Le système de télégraphie optique, aujourd'hui en usage, se retrouve à l'état rudimentaire dans le télégraphe de Kesler; ce dernier enfermait, à l'intérieur d'un tonneau couché par terre, une lampe munie de son réflecteur; au devant du tonneau était une trappe qu'on levait ou abaissait, de façon à démasquer ou cacher à volonté la lampe placée dans le tonneau : on levait la trappe une fois pour la lettre A, deux fois pour la lettre B, etc.

C'est toujours la méthode alphabétique de Polybe; Becher et Schott voulurent la perfectionner : ils proposèrent de se servir de boîtes de paille ou de foin, qu'on ferait rouler sur cinq mâts distincts ; chaque mât porterait cinq divisions, et chaque division aurait la valeur d'une lettre correspondant à la position de la boîte de foin. Un flambeau remplacerait celle-ci pendant la nuit. Becher déclara ensuite qu'il n'emploierait plus que deux signaux; c'est alors la mise en pratique de l'alphabet de points sur plusieurs lignes parallèles (§ 10) : l'application aux signaux de la numération binaire aurait ainsi précédé sa découverte par Leibnitz.

Le télégraphe de Robert Hooke se rapproche davantage du télégraphe aérien moderne ; aux drapeaux et aux pavillons, Hooke substitua les formes des corps opaques isolés dans l'atmosphère. En 1684, à la Société royale de Londres, il exposa des idées précises sur la manière de placer les stations, sur le plus ou moins de lumière qui éclaire les machines suivant leurs différentes positions, et sur la direction du rayon visuel. Les signaux étaient formés par des planches peintes en noir, élevées au milieu d'un châssis.

23. C'est le français Guillaume Amontons qui, en 1690, découvrit la vraie méthode de télégraphie aérienne, par l'emploi de lunettes et de stations intermédiaires. Fontenelle, dans son éloge d'Amontons, nous apprend qu'il fit deux expériences à petite distance, il est vrai, mais par le même moyen, on pourrait, ajoute-t-il, « faire savoir tout ce qu'on voudrait à une très grande distance, par exemple de Paris à Rome, en très peu de temps, comme en trois ou quatre heures, et même sans que la nouvelle fut sue dans tout l'espace d'entre-deux..... Le secret consistait à disposer dans plusieurs postes consécutifs des gens qui, par des lunettes de longue-vue, ayant aperçu certains signaux du poste précédent, les transmissent au suivant, et toujours ainsi de suite, et ces différents signaux étaient autant de lettres d'un alphabet dont on n'avait le chiffre qu'à Rome et à Paris. La plus grande portée des lunettes faisait la distance des postes, dont le nombre devait être le moindre qu'il fut possible : et comme le second poste faisait des signaux au troisième à mesure qu'il les voyait faire au premier, la nouvelle se trouvait portée à Rome presqu'en aussi peu de temps qu'il en fallait pour faire les signaux à Paris. »

Cette définition s'applique exactement au télégraphe Chappe imaginé un siècle plus tard (1792).

24. Avant d'arriver à Chappe, il convient de citer les recherches de Bergstrasser, professeur à Hanau, sur l'application des nombres aux signaux (1784-88). Dans sa Sinthématographie il passe en revue tous les moyens d'écrire de loin imaginés avant lui, « l'air, le feu, la fumée, des feux réfléchis sur les nuages, l'artillerie, des fusées, des explosions de poudre à canon, des flambeaux, des vases remplis d'eau, le son des cloches, des trompettes, des tambours, des instruments de musique, des cadrans, des drapeaux, des fanaux, des pavillons, et « même la lune », ajoute malicieusement Chappe,

« car les expériences de Porta ne lui paraissent pas impossibles. »

Ayant très peu de signaux primitifs, il les combine par l'arithmétique binaire ou quaternaire, de façon à n'avoir besoin que de deux ou quatre signes distincts : il invente même une arithmétique particulière fondée sur la combinaison des puissances de 4 et de 5, qu'il appelle la *tessaropentade*.

Il imagine aussi le *télégraphe vivant*, et en 1787, il dressait un régiment prussien à transmettre des signaux que les soldats exécutaient par le *mouvement des bras*; le bras droit étendu horizontalement signifiait 1, le bras gauche de même 2, les deux bras ensemble 3, le bras droit en l'air 4, le gauche en l'air 5. Une autre idée, reprise depuis, est celle de faire correspondre deux personnes qui ne se voient pas, en les munissant d'un miroir avec lequel elles dirigent les rayons du soleil sur un objet placé à l'ombre (ou sur un nuage), la répétition de ce signal à intervalles fixes était la base de l'alphabet. C'est déjà un *télégraphe solaire*.

25. Les premiers essais de Chappe portèrent sur des appareils synchroniques (§ 9) : un signal instantané était fait à l'instant où les aiguilles de deux pendules parfaitement d'accord passaient sur certains points de leurs cadrans, marquant ainsi le moment de lire les signaux inscrits sur ce cadran. Dans son rapport du 25 juillet 1793 à la Convention, Lakanal constate que Chappe employa tout d'abord l'électricité dans ce but, devançant ainsi le télégraphe anglais de Ronalds (1816-1823), mais que la difficulté d'isoler le conducteur lui fit regarder son projet comme *chimérique*. Il remplaça l'électricité par le son, et, en 1790, il exécuta, avec ses frères, une expérience entre deux stations à 400 mètres de distance; quand l'aiguille du cadran passait sur le signal voulu, on produisait un bruit intense en frappant l'une contre l'autre deux casseroles de cuivre. Le 2 mars 1791, Claude Chappe fit une expérience publique entre deux stations distantes de 15 kilomètres; cette fois, lorsque l'horloge de la station de départ passait sur le signal à transmettre, on faisait pivoter sur elle-même une planche rectangulaire de bois, placée à 4 mètres au-dessus du sol et dont l'une des faces était peinte en noir et l'autre en blanc.

La difficulté d'avoir, sur toute l'étendue d'une longue ligne, des chronomètres parfaitement d'accord, le fit renoncer aux appareils synchroniques; il songea alors à des combinaisons de couleurs ou *voyants*, mais comme le discernement des couleurs à distance était une grande difficulté, il remplaça les couleurs par la forme des corps. Après avoir longtemps étudié les formes les plus aisées à reconnaître à de grandes distances, il adopta la forme allongée, parce qu'elle se dessine le mieux dans le ciel. Breguet construisit la machine, qui diffère peu de celle qui a été si longtemps en usage sous le nom de télégraphe aérien. Un parent de Chappe, Delaunay, ancien diplomate, composa un premier vocabulaire comprenant 9,999 mots, représentés chacun par un nombre.

Le 22 mars 1792, Claude Chappe présentait son appareil à la barre de l'Assemblée législative. Il lui avait donné le nom de *tachygraphe* (qui écrit vite); c'est Miot (avril 1793) qui conseilla à Ignace Chappe, frère aîné de Claude, de remplacer cette désignation par celle de *télégraphe* (qui écrit de loin) qui rappelle l'idée de distance. Sur le rapport de Romme (1er avril 1793), la Convention vota les fonds nécessaires aux frais de l'expérience, qui fut exécutée le 12 juillet 1793, entre le parc de Saint-Fargeau, à Ménilmontant, et Saint-Martin-du-Tertre, sur une longueur de 33 kilomètres, avec une station intermédiaire où se trouvaient deux *stationnaires*, l'un ayant l'œil à la lunette, l'autre tenant la manivelle de la machine à signaux. Sur le rapport de Lakanal (25 juillet 1793), la Convention rendit un décret donnant à Chappe le titre d'*ingénieur-télégraphe*, aux appointements de lieutenant du génie, et chargeant son comité de salut public « d'exa-

miner quelles sont les lignes de correspondance qu'il importe à la République d'établir dans les circonstances présentes. »

Sous l'inspiration de *Carnot*, le Comité décida (4 août 1793) que l'on établirait d'urgence les lignes conduisant à la frontière du Nord (Paris-Lille) et à celle de l'Est (Paris-Strasbourg-Landau) ; ces deux directions étaient commandées par l'intérêt militaire.

La ligne de Paris à Lille fut en état de fonctionner vers la fin d'août 1794. La première dépêche qui, de la tour Sainte-Catherine, à Lille, arriva au dôme du Louvre, à Paris, apporta à la Convention la nouvelle de la reddition de Condé (1er septembre 1794). Tels furent les débuts du télégraphe aérien. Le 9 mars 1851, l'appareil de Chappe cessa de couronner la tour du ministère de l'intérieur; il subsista en Algérie jusqu'en 1859, et de 1854 à 1856, il rendit encore des services dans la guerre d'Orient.

26. Les principes suivants, posés par Chappe, sont d'une application générale dans tous les télégraphes optiques.

La *visibilité* des objets lumineux ou éclairés est proportionnelle à leur surface, mais l'intensité est en raison inverse du carré de la distance. *La visibilité se mesure d'ailleurs par la différence entre la lumière de l'objet et celle du fond sur lequel il se détache.* Le jour, le fond du ciel à l'horizon est blanc, les signaux aériens doivent être noirs; la nuit, l'horizon est noir, les signaux doivent être lumineux. Un télégraphe de jour doit donc être élevé sur l'horizon afin d'avoir un fond très éclairé sur lequel les signaux se détachent par contraste et se projettent au-dessus de tout objet terrestre. Il doit conserver une teinte noire et mate dans toutes les positions du soleil par rapport à lui.

Mais si l'objet est plus éclairé que l'horizon, il devra se détacher sur un fond noir; c'est le cas des télégraphes optiques à lumière artificielle; c'est aussi le cas du *télélogue Gaumet*, consistant à lire avec une longue vue de grandes lettres en papier argenté collées sur des feuillets de toile noire mate réunis en album.

Pour la *forme et le contour des objets*, un point noir sur un fond blanc se voit de moins loin qu'une ligne de même largeur; donc, la surface doit être plutôt allongée que circulaire ou carrée. De deux lignes de même largeur, la plus longue se voit de plus loin. Deux lignes tracées l'une à côté de l'autre paraissent n'en faire qu'une, si la distance entre elles ne dépasse pas d'un quart la largeur de chaque ligne. Quant aux couleurs, le rouge et le vert sont celles que l'on voit le plus loin; mais le rouge a une supériorité marquée. Un fait important est que deux lumières, l'une à travers des verres incolores, l'autre à travers des verres colorés, se distinguent dès qu'elles deviennent visibles, que l'atmosphère soit transparente ou brumeuse. Le jour, au delà de 15 ou 20 kilomètres, toutes les couleurs se réduisent à deux; le blanc pour les objets éclairés directement par le soleil, le noir pour ceux qui sont dans l'ombre. Plus le rayon visuel s'éloigne du sol, plus il est garanti des brumes qui s'amassent près de la terre, des fumées des habitations, des ondulation produites dans l'atmosphère par les différences de température, et du mirage. Quand l'atmosphère est pure, on peut apercevoir une tour à 40 kilomètres, une montagne à 60 ou 80, une chaîne de glaciers à 120 ou 160. Les lunettes rapprochent la distance, mais l'éclairement diminue avec le grossissement. A distance et à surfaces égales, un corps lumineux se voit mieux la nuit qu'un corps opaque le jour. Aussi, les anciens qui n'avaient pas de lunettes, préféraient les signaux de nuit. Enfin, la distance à laquelle les signaux peuvent être transmis est limitée par la sphéricité de la terre et la propagation rectiligne de la lumière. L'expérience a encore démontré que les corps détachés dans l'atmosphère, vus à de grandes distances, se déforment lorsqu'ils réfléchissent directement la lumière du soleil. Aussi est-il utile de former le télégraphe avec des lames inclinées afin de ménager des parties obscures par la divergence des reflets de lumière, et de faire contraster, par ce moyen, le télégraphe avec la diaphanéité de l'atmosphère. Ces lames donnent d'ailleurs plus de légèreté au télégraphe et amortissent la force du vent. De là la forme de rectangle allongé formant persienne adoptée par Chappe.

27. La machine à signaux de Chappe (fig. 337) se compose de trois pièces mobiles : le *régulateur* A B, de 4 mètres de longueur, et deux *indicateurs* ou *ailes* AC, BD de 1 mètre de long. Deux contrepoids en fer, attachés chacun à une tige assez mince pour n'être pas visible à distance, permettent de déplacer les ailes sans effort. Le régulateur est fixé par son milieu à un mât, qui s'élève au-dessus du poste où se trouve le stationnaire.

Les trois pièces mobiles sont en forme de persiennes et peintes en noir; leur assemblage constitue un système soutenu par un seul point d'appui, l'extrémité du mât, autour duquel il peut librement tourner. Elles se meuvent à l'aide de cordes de laiton, manœuvrées de l'intérieur du poste à l'aide d'un petit appareil, qui est la reproduction en petit du télégraphe extérieur, en sorte que ce dernier ne fait que répéter les mouvements imprimés à la machine intérieure.

Le régulateur *ab* du petit appareil commande le régulateur A B du grand par la corde qui s'enroule sur les poulies placées sur leurs axes respectifs; de même les leviers *ac* et *bd*, tirant sur les cordes allant de ces leviers aux ailes A C et B D, donnent à ces ailes la position qu'ils occupent.

Le régulateur peut prendre quatre positions : verticale, horizontale, oblique de droite (à 45°), oblique de gauche. Chaque aile tournant autour de A ou B, de 45 en 45°, peut occuper, par rapport au régulateur, huit positions correspondant à un angle aigu, droit ou obtus, au-dessus et au-dessous de A B, ou suivant l'expression technique *ciel* ou *terre*.

On conserve sept de ces positions, en supprimant celle qui est dans le prolongement du régulateur. Chaque indicateur fournit donc sept signaux, et chacun de ces signaux pouvant être associé aux sept de l'autre indicateur, on a 7×7 = 49 signaux. Comme le régulateur peut occuper lui-même quatre positions, on dispose finalement de 49×4 = 196 signaux.

Mais, au milieu des mouvements exécutés par les pièces de l'appareil pour former un signal, comment *marquer* au poste suivant le signal définitif qu'il doit reproduire à son tour? Les frères Chappe ont décidé que tous les signaux seraient *formés* sur l'oblique de droite ou de gauche, mais qu'aucun signal n'aurait de valeur, et par conséquent ne pourrait être écrit et répété, que lorsque, après avoir été formé sur l'un ou l'autre des obliques, il serait *assuré* en le transportant tout formé soit à l'horizontale, soit à la verticale.

Les quarante-neuf signaux ont quatre-vingt dix-huit significations en partant de l'oblique de droite pour être affichés horizontalement ou verticalement, autant en partant de l'oblique de gauche; mais il serait nécessaire de noter à chaque fois l'oblique d'où ils sont partis. Pour faciliter la reconnaissance, il était convenu que les signaux partant de l'oblique de gauche donneraient seulement les *signaux réglementaires* pour la police des lignes, et que ceux partant de l'oblique de droite serviraient seuls à la correspondance.

La plus grande vitesse atteinte correspondait à l'échange

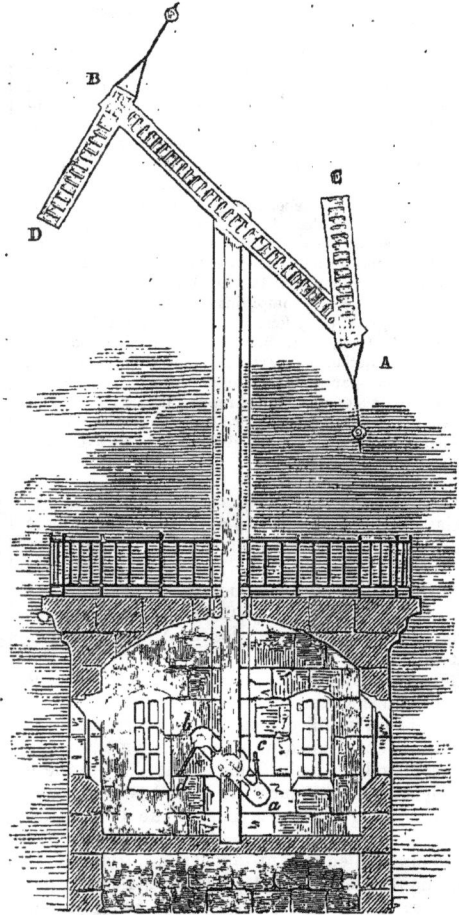

Fig. 337. — *Machine à signaux de Chappe.*

de trois signaux par minute, soit vingt secondes pour les six temps en lesquels se décomposait la manœuvre d'un signal : 1° observer le signal du correspondant formé à l'oblique; 2° former son propre signal; 3° observer si le signal est porté à l'horizontale ou à la verticale; 4° porter le sien de même; 5° l'écrire; 6° vérifier si le poste suivant le reproduit exactement.

De Paris à Toulon, sur un parcours de 860 kilomètres, avec 120 télégraphes, le premier signal arrivait en douze minutes, et la correspondance suivie marchait à raison de un signal par minute.

28. Pour le vocabulaire, Chappe adopta la langue numé-

rique (§ 4) : quatre-vingt douze des signaux primitifs formés à l'oblique de droite donnaient les nombres de 1 à 92. Le vocabulaire contenait quatre-vingt douze pages renfermant chacune quatre-vingt douze mots ( soit $92^2 = 8,464$ mots). Pour chaque mot il fallait donc deux signaux : le premier donnait la page, le second la ligne.

Chappe y ajouta un *vocabulaire phrasique*, composé de groupes de trois signaux, le premier définissant le vocabulaire ; puis un vocabulaire géographique.

29. Le télégraphe aérien de jour ne fonctionnait guère que six heures sur vingt-quatre; il était donc très important d'avoir un télégraphe de nuit, d'autant que la nuit est plus favorable que le jour à la limpidité de l'atmosphère; il n'y a plus de vapeurs ni de fumées, les brumes sont, en général, basses, etc. Deux solutions se présentaient : 1° suspendre au régulateur et aux indicateurs des lanternes qui, par leurs positions respectives, reproduiraient la forme du signal transmis ; 2° éclairer le télégraphe tout entier par la projection d'une lumière. La première seule fut l'objet de quelques essais, qui n'eurent pas de suite à cause de la difficulté de trouver un combustible convenable : à noter cependant le système Treutler, appliqué autrefois sur les chemins de fer prussiens, dans lequel l'éclairage des indicateurs était indépendant de leurs mouvements; les ailes étaient munies de réflecteurs renvoyant les signaux sur la voie. L'avènement du télégraphe électrique interrompit les essais.

30. En Algérie, où il fonctionna de 1844 à 1859, le télégraphe de Chappe fut simplifié : il ne consista plus qu'en un régulateur fixe avec deux indicateurs mobiles, le tout soutenu par deux poteaux croisés en X. L'appareil pouvait se démonter, se replier facilement et être transporté à dos de mulet. Pour la guerre de Crimée (1854-56), on fit usage d'un système analogue avec ailes en tôle.

31. La télégraphie optique est aujourd'hui organisée pour le service des armées en campagne et des forteresses; on en fait usage en Algérie, en Tunisie et au Tonkin. En raison de la facilité avec laquelle les lignes électriques peuvent être coupées, elle est appelée à jouer un rôle important dans les pays envahis, les investissements de places, etc.

Gauss a fait la première application de la lumière solaire à la transmission des signaux. Il a démontré qu'un miroir de quelques centimètres carrés peut projeter à plus de 40 kilomètres une lumière égale à celle d'une étoile de première grandeur, s'il est disposé de façon à renvoyer sur l'œil de l'observateur une portion de l'image du soleil. Les signaux consistent en une série d'éclairs obtenus en faisant tourner le miroir ou en le cachant. L'œil nu peut percevoir six éclairs par seconde. L'*héliotrope* (V. ce mot), imaginé par Gauss, pour donner un signal géodésique de jour, a été utilisé récemment par le général Perrier qui l'a beaucoup simplifié. En 1855, Leseurre a appliqué la même idée en Algérie; il a fait usage d'éclairs longs et brefs, combinés suivant le code Morse. L'*héliographe* (V. ce mot) de Leseurre, simplifié par M. Mance, a rendu des services à l'armée anglaise dans le Zoulouland, l'Afghanistan, etc.

Dans le système de Leseurre, un premier miroir mobile est disposé de façon à réfléchir les rayons solaires dans la direction de l'axe de la terre; un autre miroir fixe réfléchit ces rayons une seconde fois et les renvoie dans la direction de la station correspondante. On obtient les intermittences lumineuses, soit en maintenant le miroir fixe écarté de la position d'éclair par un ressort et l'y ramenant par le doigt en le faisant buter contre un arrêt, soit en plaçant sur ce miroir un obturateur formé de lames minces, que le jeu d'un manipulateur relève ou rabat comme celles d'une persienne. Les éclairs longs et brefs pourraient être enregistrés par un papier photographique glissant d'un mouvement uniforme au foyer d'un objectif. Pour reconnaître leurs positions respectives, les deux correspondants font tourner leur appareil de telle sorte que le faisceau lumineux projeté balaye l'horizon; dès que l'un d'eux aperçoit le faisceau, il s'oriente dans la direction du point d'où partent les éclairs, et envoie un éclair fixe sur lequel l'autre s'oriente à son tour.

M. Mance (1877) n'emploie qu'un seul miroir R dont le centre est percé d'un trou derrière lequel on place l'œil (fig. 338). A une dizaine de mètres en avant, on dispose un jalon muni de deux repères

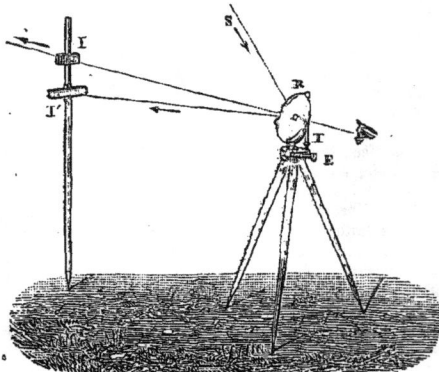

Fig. 338. — *Appareil de M. Mance.*

mobiles; le repère supérieur I est un anneau métallique que l'on place à la hauteur voulue pour qu'il se trouve sur la ligne joignant la station correspondante au centre du miroir; le second repère I', placé un peu au-dessous du premier, est une barre transversale de bois de $0^m,30$. Le miroir est manœuvré par une clef Morse TE. Quand la clef est relevée, c'est sur cette barre que se porte le faisceau S réfléchi par le miroir ; quand on abaisse la clef, le faisceau se transporte sur le repère supérieur qui est dans la ligne de communication. L'agent qui transmet a la certitude que ses signaux parviennent à la station correspondante quand il voit ce repère s'éclairer chaque fois qu'il presse la clef. Au repos, la clef est constamment abaissée pour que le correspondant connaisse toujours la position du poste opposé; si la lumière disparaît, c'est que l'on transmet. Les signaux de cet appareil ont été perçus à des distances variant de 15 à 30 kilomètres et atteignant même 60 par temps très clair. La vitesse varie, suivant l'habileté et la pratique des observateurs, de 5 à 12 mots par minute.

**32.** Comme lumière artificielle, on emploie le plus souvent une lampe à pétrole à mèche plate; quelquefois on active la combustion par un jet d'oxygène.

Le dispositif de la belle expérience de Fizeau pour la mesure de la vitesse de la lumière constitue un véritable télégraphe optique. Il suffit de substituer à la roue dentée un écran manœuvré par une clef Morse. En donnant des dimensions convenables au diaphragme de la lunette d'émission, on peut limiter beaucoup le champ de visibilité des signaux et faire, par exemple, qu'ils ne soient vus que d'une fenêtre sur laquelle cette lunette serait dirigée.

Les modifications apportées à ce dispositif n'ont eu d'autre but que de le simplifier et de l'adapter à un instrument portatif.

Généralement, la lampe est placée au centre d'un réflecteur sphérique (fig. 339), de façon à obtenir un faisceau réfléchi qui, après avoir traversé la source, vient s'ajouter au faisceau direct : le faisceau total est reçu sur une lentille R qui le con-

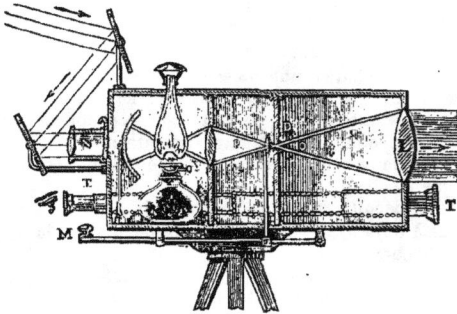

Fig. 339. — Télégraphe optique.

centre au foyer principal O d'un objectif L. Un peu en avant du diaphragme D placé à ce foyer, se trouve un écran qui, manœuvré par une clef Morse M, produit des éclairs longs et brefs. L'appareil est muni d'une lunette TT qui sert à l'orienter et à percevoir les signaux transmis par le correspondant et dont l'axe optique doit être parallèle à celui du système d'émission.

**33.** Ces appareils peuvent également fonctionner avec la lumière solaire; il suffit de remplacer les organes d'éclairement (réflecteur, lampe et lentille) par un tube portant d'un côté un miroir plan (porte-lumière) qui projette les rayons solaires dans l'intérieur, et de l'autre une lentille concentrant les rayons au foyer de l'objectif. L'orientation du soleil ne permettant pas toujours de recevoir directement ses rayons sur le miroir du porte-lumière, on fait souvent usage de miroirs auxiliaires pour les diriger sur ce dernier par des réflexions successives.

Si le premier miroir auxiliaire, lequel reçoit directement la lumière solaire, fait partie d'un héliostat à mouvement d'horlogerie, on ramènera à une direction fixe les rayons réfléchis que le mouvement du soleil déplace continuellement.

**34.** La portée de ces appareils de *campagne* va-

rie de 10 à 20 kilomètres, suivant que l'on fait usage de la lampe à pétrole ou de la lumière solaire. Les correspondants qui ignorent leurs positions respectives les retrouvent et s'orientent en balayant l'horizon avec le faisceau lumineux projeté par leurs appareils, ainsi qu'il a été dit à propos du système Lescurre (§ 31). A de petites distances, entre deux points qui s'aperçoivent, la *mise en station* est très simplifiée par de simples observations faites à l'œil nu.

Pour éviter autant que possible que les signaux soient surpris par des étrangers, il importe de réduire le champ de l'appareil. On a songé aussi à polariser la lumière émise, par l'introduction sur son trajet d'un prisme de Nicol; la lunette de réception est également pourvue d'un Nicol. La manipulation consisterait à faire tourner le Nicol polariseur de manière à rendre sa section principale tantôt parallèle, tantôt perpendiculaire à celle du nicol analyseur de la lunette. L'œil placé à la lunette observerait seul un éclat dans le premier cas, une extinction dans le second, tandis qu'à côté de lui le jet de lumière paraîtrait fixe et permanent.

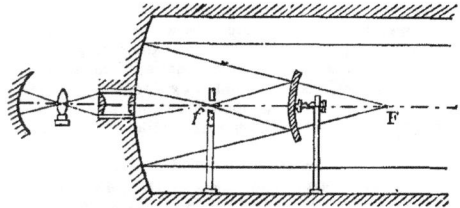

Fig. 340. — Projecteur Mangin.

Au lieu de signaler par intermittences lumineuses, on peut encore employer une lumière permanente, mais dont on fait varier la couleur par l'interposition de verres colorés en vert ou en rouge.

**35.** Pour les communications à grande distance entre deux stations fixes (service des places fortes, par exemple), on emploie des projecteurs ou appareils, dits de *position*, qui permettent de correspondre à des distances dépassant 40 et atteignant 90 kilomètres. Les objectifs des instruments de campagne sont remplacés par des miroirs télescopiques. Le projecteur Mangin (fig. 340) dérive du télescope de Cassegrain. C'est un cylindre (ou une caisse rectangulaire allongée) dont l'une des faces, celle dirigée vers le correspondant, est ouverte, l'autre est fermée par un miroir sphérique concave de 0m,40 d'ouverture.

Le miroir est percé à son centre d'un trou dans lequel passe un petit tube contenant un collimateur ou la lentille du système éclairant (lampe à pétrole et réflecteur) placé extérieurement de l'autre côté du miroir. Le collimateur dirige dans l'intérieur un faisceau conique qui converge en un point *f* situé entre le miroir concave et le foyer principal F de ce dernier. Entre ces deux foyers, on dispose un petit miroir convexe que l'on manœuvre avec une vis de telle sorte que l'image virtuelle qu'il donne de *f* coïncide avec le foyer principal F du grand miroir. Le faisceau conique émanant de *f*, après une première réflexion sur le miroir convexe et une seconde sur le miroir concave, émergera de l'appareil en faisceau cylindrique parallèle à l'axe. L'obturateur, manœuvré par une pédale, est appliqué contre le diaphragme à petite ouverture placé en *f*.

L'appareil télescopique est muni de deux lunettes : un *chercheur* à champ étendu, et une lunette puissante mais à champ restreint pour achever la mise en position et servir à la réception.

On peut également adapter l'héliostat à ces instruments, et faire usage de la lumière solaire.

36. Les signaux de nuit ont une grande importance dans les opérations géodésiques.

L'exposé des opérations faites en 1787, pour la jonction des observatoires de Paris et Greenwich, par Cassini, Méchain et Legendre donne des détails curieux sur les feux employés par les commissaires anglais, « feux qu'ils tenaient des Indiens, mais qu'ils ont perfectionnés ». La force et la vivacité de ces feux étaient telles que même à travers la pluie et les brouillards, ils s'apercevaient encore à de grandes distances. Les parois de la boîte à feu brûlaient en même temps que la matière, de sorte que le foyer de lumière n'était pas caché ; la durée de la combustion ne dépassait pas deux minutes trois quarts ; ni le vent, ni la pluie ne pouvaient les éteindre. Du cap Blanc-Nez, on aperçut, à la vue simple, le feu de Dunkerque « aussi brillant que Vénus à l'horizon dans sa grande clarté ». La distance est de 45 kilomètres. Une simple lampe de quinquet, placée devant un réflecteur, fut vue par Méchain, dans la lunette de son instrument, à 58 kilomètres ; elle paraissait comme une étoile de huitième grandeur.

Pour la nouvelle mesure de la méridienne de France, MM. Perrier et Bassot se sont servi, en 1877, d'un appareil Mangin à objectif de 0m,20 de diamètre et 0m,60 de distance focale.

La lampe est à pétrole et à mèche plate de 0m,002 d'épaisseur. L'ouverture focale est ronde, et a 0m,005 de diamètre ; le faisceau lumineux émergeant de l'objectif a une amplitude de 1°, et peut être dirigé sûrement à l'aide d'une lunette auxiliaire dont l'axe est parallèle à celui du collimateur. Avec cet appareil, on produit, par l'illumination de l'objectif, des signaux visibles, par des temps favorables, à l'œil nu, jusqu'à 80 kilomètres de distance ; les images, obtenues au foyer d'une lunette géodésique, paraissent le plus souvent colorées en rouge, mais sont rondes, à contours bien limités, de teinte uniforme, et offrent, lorsqu'elles deviennent fixes, une bissection facile et sûre, comparable à celle des étoiles de première ou de deuxième grandeur.

37. Un télégraphe optique permanent fonctionne entre l'île de Gorée et la presqu'île de Dakar. Enfin, en 1883, M. Adam a réussi à échanger des signaux optiques entre l'île Maurice et la Réunion, à une distance de 245 kilomètres.

On a vu, § 24, qu'en 1784, Bergstrasser cite comme moyen de correspondance l'emploi de *feux réfléchis sur les nuages*. En prenant aussi des nuages comme écran, et projetant sur eux des faisceaux lumineux interrompus, M. Léard (1875) a réussi à établir une communication optique entre deux stations séparées par des obstacles (collines, par exemple) qui les empêchent de se voir directement : les signaux ont l'aspect d'une queue de comète.

38. On peut correspondre optiquement par des *pavillons*, *lanternes* ou *fusées*. Sur les principes de la *télégraphie musicale* (§ 18), Sudre (1827) avait imaginé un télégraphe aérien fondé sur l'emploi de 3 signaux seulement : 3 disques, ou 3 fanaux, ou 3 fusées de couleurs différentes, échelonnés à des hauteurs diverses ; ces 3 signaux étaient la représentation visuelle des trois sons du clairon, ils occupaient la même place qu'eux sur une *portée* de trois lignes, en sorte qu'un soldat-clairon qui les voyait pouvait les signaler à un poste d'où ils ne pouvaient être vus.

Comme systèmes de télégraphie optique, mentionnons encore les signaux de la marine (Code Reynold) pour la correspondance des navires entre eux, les *sémaphores* de la marine, avec lesquels les navires correspondent par le Code commercial ; les signaux de port et de marée, les *électrosémaphores* des chemins de fer, etc.

Ajoutons que le Code Morse est applicable à tous les signaux faits avec des drapeaux, lanternes, etc. Sir W. Thomson a proposé de s'en servir pour la distinction des phares : chaque phare enverrait son indicatif, par exemple, la première lettre de son nom, en langue Morse, à l'aide d'éclairs longs et brefs produits par des écrans tournants.

### TÉLÉGRAPHE ÉLECTRIQUE

39. L'électricité a une vitesse de propagation de même ordre que celle de la lumière ; son emploi n'est pas limité par la condition de se propager en ligne droite, mais il exige un intermédiaire entre les deux stations : cet intermédiaire, c'est la ligne électrique.

Dès la découverte de la bouteille de Leyde, on songea à employer l'électricité comme moyen de correspondance télégraphique.

— La première mention d'un appareil de ce genre se trouve dans une lettre publiée par le *Scot's Magazine*, recueil écossais, sous le titre : « Méthode expéditive pour transmettre la pensée à l'aide de l'électricité. » Elle est datée de Renfrew, 1er février 1753, et est signée d'une simple initiale : on l'attribue à Charles Morison ou Marshall. L'auteur suppose, entre deux stations, un faisceau de fils parallèles en nombre égal à celui des lettres de l'alphabet : ces fils sont supportés, tous les 20 mètres, et isolés de leur support par « une jointure de verre ou de mastic de joaillier, pour empêcher qu'ils n'arrivent au contact de la terre ou de quelque corps conducteur. » Au bout de chaque fil, une petite boule est suspendue au-dessus d'une fiche de papier sur laquelle la lettre se trouve écrite. Les fils correspondant aux lettres qu'on veut transmettre sont portés, à l'aide d'un bâton de verre, au contact d'une machine électrique, et immédiatement à l'autre bout, les boules électrisées soulèvent les fiches placées en regard.

Lesage exécuta à Genève, en 1774, un télégraphe fondé sur le même principe, et il en donne la description dans une lettre datée de Berlin, 22 juin 1782. « On peut concevoir un tuyau souterrain de terre vernissée, dont la cavité soit séparée de toise en toise par des diaphragmes ou cloisons de terre vernissée, ou de verre, percés de vingt-quatre trous pour donner passage à autant de fils d'archal que ces diaphragmes doivent soutenir et maintenir séparés. A chacune des extrémités de ce tuyau sont vingt-quatre fils, s'écartant horizontalement, en se rangeant comme les touches du clavecin, et au-dessus de cette rangée de bouts de fil sont distinctement tracées les vingt-quatre lettres de l'alphabet, tandis qu'au-dessous est une table couverte de vingt-quatre petites feuilles d'or, ou autres corps bien attirables et bien visibles. Le correspondant actif, ou celui qui veut se faire entendre, touchera les bouts de fil avec un tube de verre préalablement frotté, selon l'ordre des caractères de l'écrit qu'il aura devant les yeux ; et le correspondant passif tracera sur le papier des caractères pareils à ceux sous lesquels il aura vu jouer l'attraction. »

Dans son *Voyage en France*, Young raconte qu'en 1787, il a vu chez Lavoisier, une machine à signaux présentée par Lomond, et fondée sur la divergence d'un électroscope à balle de sureau.

En 1787 aussi, Betancourt faisait passer la décharge d'une bouteille de Leyde entre Aranjuez et Madrid ; Salva, en 1796, présentait à l'Académie de Madrid un mémoire sur l'application de l'électricité à la production des signaux. Reiser (1794) proposait de transmettre l'étincelle électrique par des fils renfermés dans des tubes de verre : la décharge éclairerait les lettres de l'alphabet découpées sur des carreaux de verre recouverts de bandes d'étain (carreaux fulminants). »

Cavallo, dans son *Traité d'électricité* (1795), propose d'employer à la transmission des signaux l'inflammation de substances combustibles ou détonantes (poudre, phosphore, hydrogène phosphoré, etc.) par l'explosion d'une bouteille de Leyde.

Ronalds (1823) transmet des signaux à 12 kilomètres avec un télégraphe à cadran analogue à celui qui servit aux premiers essais de Chappe (§ 25). La communication était établie par une ligne souterraine composée d'un conducteur de cuivre isolé dans des tubes en verre, protégés eux-mêmes par une enveloppe de bois goudronné. Le cadran tournait sous l'action d'un mouvement d'horlogerie, et le signal était lancé au moment où la lettre voulue passait devant un repère fixe. A l'état normal, le fil était relié au cylindre d'une machine électrique, et à l'autre bout, la balle de sureau d'un électromètre était déviée de la verticale ; le signal était donné par le retour de la balle à la verticale au moment où le fil était déchargé subitement par le correspondant.

Henry Highton, de Rugby (1845), emploie également une bouteille de Leyde en distinguant les signaux par le nombre et l'intervalle des étincelles ; mais il propose de plus, d'utiliser les décharges positives et négatives obtenues, en mettant à volonté l'une des armatures en communication avec la ligne et l'autre avec la terre, et d'enregistrer les signaux sur une bande de papier humectée d'une solution à 30 0/0 d'acide sulfurique qui la rend conductrice. La bande pliée en double se déroule entre deux boules de fer qui touchent chacune de ses surfaces et sont reliées l'une à la ligne, l'autre à la terre. Le trou produit par l'étincelle, est contigu au fil de ligne si la décharge est négative, et contigu au fil de terre si elle est positive. En dépliant la bande, on a ainsi des trous sur deux lignes pouvant représenter des nombres dans la notation binaire (§ 12). Si le papier est, en outre, imbibé de chromate de plomb, il sera décoloré au passage de l'étincelle. Le signal d'avertissement ou d'alarme est donné par le pistolet de Volta, ou l'inflammation de la poudre.

40. La découverte de la pile Volta (1800) permit de substituer aux machines statiques et aux bouteilles de Leyde, une source d'électricité permanente, à grand débit et à faible tension, et par suite d'un isolement beaucoup plus facile. Peu après, la constatation des propriétés chimiques du courant conduisit à l'invention du *télégraphe électro-chimique*, fondé sur la décomposition de l'eau dans un voltamètre.

Laissant de côté le télégraphe *intime* de Jean Alexandre (1802), dont le secret n'a pas été divulgué, et qui était vraisemblablement un cadran alphabétique, le télégraphe électro-chimique de Sœmmering est la première application du courant électrique à la transmission des signaux.

L'appareil que Sœmmering présenta, le 29 août 1808, à l'Académie de Munich comprend : un faisceau de 35 fils isolés par de la soie et aboutissant d'un côté à 35 pointes d'or placées au fond d'une cuve pleine d'eau. Les lettres de l'alphabet et les dix premiers nombres sont inscrits en regard des pointes. Au moment où l'un des fils est mis à l'autre bout en communication avec le pôle positif d'une pile, et un autre fil avec le pôle négatif, deux bulles, l'une d'oxygène et l'autre d'hydrogène, en se dégageant sur les deux pointes d'or correspondantes, indiquent deux lettres. L'hydrogène, le plus abondant des deux gaz, désignait la première lettre, et l'oxygène la seconde. Le mécanisme d'avertissement est fort ingénieux : au-dessus de deux pointes voisines, est placée une petite cloche suspendue à l'un des bras d'un fléau de balance, et équilibrée par une boule percée d'un trou, enfilée sur l'autre bras. En reliant aux pôles d'une pile les fils correspondant aux deux pointes, qui gaz remplissent la cloche, la soulèvent et, le fléau basculant, la boule glisse, tombe dans un entonnoir et de là dans une capsule formant timbre ou déterminant la détente d'une petite horloge à réveil mise ainsi en action.

En reproduisant le mémoire de Sœmmering, Schweiger (1838) rappelle qu'on peut obtenir l'appel par la détonation d'un pistolet de Volta ; il fait remarquer qu'on peut réduire à deux le nombre des fils en employant deux piles d'intensités différentes, en faisant entrer en ligne de compte la durée du dégagement du gaz et celle des interruptions ; enfin, il propose d'inscrire les indications télégraphiques au moyen de caractères que l'on presserait contre un papier blanc, recouvert d'un papier chargé de sanguine ou de noir de fumée.

41. La publication, par Œrstedt (1819), de l'action du courant sur une aiguille aimantée, et l'invention, par Schweiger (1820), du *multiplicateur*, amenèrent la création d'une seconde catégorie de télégraphes électriques : les *télégraphes à aiguilles*, fondés sur le principe du galvanomètre.

Le 2 octobre 1820, un mémoire présenté à l'Académie des sciences et reproduit dans les *Annales de physique et de chimie*, Ampère s'exprime ainsi : « On pourrait, au moyen d'autant de fils conducteurs et d'aiguilles aimantées qu'il y a de lettres, établir à l'aide d'une pile placée loin de ces aiguilles, et qu'on ferait communiquer alternativement par ses deux extrémités à celles de chaque conducteur, former une sorte de *télégraphe* propre à écrire tous les détails qu'on voudrait transmettre, à travers quelques obstacles que ce soit, à la personne chargée d'observer les lettres placées sur les aiguilles. En installant sur la pile un clavier dont les touches porteraient les mêmes lettres et établiraient la communication par leur abaissement, ce moyen de correspondance pourrait avoir lieu avec facilité et n'exigerait que le temps nécessaire pour toucher d'un côté, et lire de l'autre chaque lettre. »

Le premier télégraphe à aiguilles fut construit à Saint-Pétersbourg, vers 1832, par le baron Schilling. Celui-ci avait été en relation avec Sœmmering dès 1810; ils avaient imaginé ensemble de recouvrir les fils d'une solution de caoutchouc, puis de vernis. Schilling s'occupa d'améliorer l'isolement des fils, et il réussit à obtenir des fils suffisamment isolés pour pouvoir envoyer le courant sous l'eau. En 1812, il fit sauter, à travers la Néva, des mines, dont il obtenait l'inflammation à l'aide de deux charbons de bois taillés en pointe; en 1814, il refit cette expérience à travers la Seine. Peu avant sa mort (août 1837), il travaillait à la construction d'un câble sous-marin devant relier télégraphiquement Cronstadt à Pétersbourg, à travers le golfe de Finlande.

Le télégraphe de Schilling consistait en une aiguille aimantée horizontale, suspendue par un fil de soie au centre d'un multiplicateur de Schweiger; sous l'aiguille, il avait placé un disque de papier teinté en deux couleurs, pour mieux distinguer ses mouvements; afin d'atténuer l'effet des trépidations, le fil de suspension était prolongé au-dessous de l'aiguille et se terminait par une petite masse de platine plongeant dans une coupe à mercure. *Il eut le premier l'idée qu'il n'était pas indispensable d'avoir autant de conducteurs que de signes.* Après avoir employé cinq aiguilles, il réduisit son appareil à une seule, et obtint tous les signaux nécessaires pour la correspondance, en combinant les déviations de l'aiguille dans les deux sens. L'avertissement était donné au commencement de la correspondance par une sonnerie, déclenchée par la chute d'une petite balle de plomb que faisait tomber la pointe de l'aiguille aimantée.

Gauss et Weber, en 1834, avec un télégraphe à un seul circuit analogue à celui de Schilling, établirent une communication entre l'Observatoire et le cabinet de physique de l'Université de Gœttingue. Les signaux étaient donnés par les déviations lentes d'un barreau aimanté, placé au centre d'un cadre de fils parcouru par le courant; la suspension du barreau portait un miroir, présentant sa face à une lunette dont le pied était muni d'un châssis à coulisse dans lequel glissait une échelle divisée, que l'on observait par réflexion à travers la lunette. Les mouvements du barreau étaient accusés par le déplacement de l'image de l'échelle. C'est le premier *galvanomètre à miroir*.

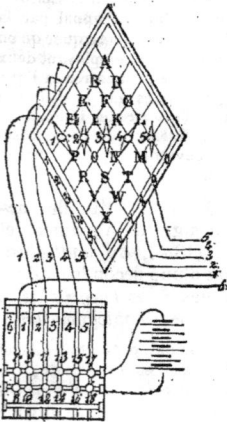

Fig. 341. — Télégraphe Wheatstone et Cooke.

Pour la production du courant, Gauss et Weber utilisèrent un des phénomènes d'*induction* récemment découverts par Faraday (1831) : un fort aimant droit était fixé verticalement sur un socle, et le long de l'aimant pouvait glisser une bobine de fil dont les extrémités aboutissaient aux deux conducteurs télégraphiques. En déplaçant *rapidement* la bobine depuis le milieu jusqu'à l'extrémité de l'aimant, on obtient un courant d'induction; le mouvement inverse donne un courant de sens contraire. Un déplacement lent n'influe pas sur le barreau suspendu. Avec une machine magnéto-électrique fournissant un courant de direction déterminée et un commutateur envoyant ce courant à volonté dans l'un ou l'autre des fils conducteurs, on obtient aussi des déviations dans les deux sens. Dans le système de Gauss et Weber, chaque signal comportait cinq émissions de courant successives, soit positives, soit négatives (§ 13).

42. Dans tous les systèmes qui précèdent, le circuit était entièrement métallique; ainsi, dans les télégraphes à une aiguille, par exemple, il fallait un fil d'*aller* joignant l'un des pôles de la pile à l'un des bouts du circuit galvanométrique, et un fil de *retour*, joignant l'autre bout à l'autre pôle. En 1837, Steinheil fit une découverte d'une importance capitale pour l'avenir de la télégra-phie électrique en *remplaçant par la terre le conducteur de retour*.

En 1847, Watson avait fait sur la Tamise des expériences d'électricité statique dans lesquelles le sol servait de fil de retour dans un circuit parcouru par une décharge électrique; mais, avant Steinheil, on n'avait pas songé à utiliser ce rôle de la terre dans les circuits télégraphiques. Cependant, au moment où Steinheil faisait sa découverte, et avant qu'elle ne fût publiée, Alexander d'une part, Wheatstone et Cooke de l'autre, imaginaient des télégraphes à plusieurs fils dans lesquels le retour à la pile s'effectuait par un même fil.

Le télégraphe d'Alexander, d'Edimbourg (1837) comprenait trente aiguilles aimantées, actionnées par trente fils aboutissant à un clavier à touches; l'abaissement d'une touche établissait la communication de l'un des pôles de la pile avec l'un des fils, et de l'autre pôle avec un *fil additionnel*, commun à tous les circuits.

En juin de la même année (1837), Wheatstone et Cooke prirent brevet pour un télégraphe à cinq aiguilles verticales (fig. 341). L'appareil, comprenant cinq galvanomètres, nécessitait six fils, dont un pour le retour du courant. Les cinq galvanomètres étaient placés derrière un cadre en losange, sur lequel étaient tracées diagonalement entre elles les 20 lettres principales de l'alphabet; l'un des bouts du fil de chaque galvanomètre correspondait à l'un des fils de ligne, et les autres bouts venaient se réunir à un même fil, qui complétait ainsi 5 circuits différents. Pour désigner les différentes lettres indiquées sur le cadran, il suffisait de diriger le courant à travers deux des galvanomètres, de manière que les aiguilles déviées pussent pointer ensemble vers la même lettre. La désignation des chiffres se faisait par la déviation d'un seul galvanomètre; chaque galvanomètre pouvant indiquer deux chiffres suivant le sens de la déviation. L'instrument pour envoyer les signaux (*transmetteur* ou *manipulateur*) était un clavier de six touches à ressort dont les cinq premières étaient reliées aux 5 fils galvanométriques et la sixième au fil de retour. Chaque touche était munie de deux boutons, et en pressant l'un ou l'autre de ces boutons, on mettait le fil correspondant en communication avec l'un ou l'autre des pôles de la pile. Pour envoyer une lettre, on abaissait simultanément un bouton positif et un bouton négatif appartenant à deux des cinq premières touches; pour transmettre un chiffre, on abaissait un bouton de la sixième touche, et un bouton de l'une des cinq autres. Ultérieurement l'appareil fut réduit à deux aiguilles, en faisant entrer dans la composition des signaux le nombre des courants; puis le fil destiné à compléter le circuit fut remplacé par une communication avec la terre aux deux postes. Le télégraphe à cinq aiguilles desservit, en 1838, sur le railway du Great Western la première ligne électrique mise en exploitation, et fonctionna jusqu'en 1846.

Le télégraphe de Steinheil, construit en juillet 1837, reliait l'Observatoire de Munich aux bâtiments de l'Académie des sciences. Le générateur d'électricité était une machine d'induction magnéto-électrique à rotation dont les courants étaient redressés par un commutateur à mercure; la manivelle était remplacée par un balancier horizontal à boules, analogue à celui des presses à timbrer. En manœuvrant ce balancier à la main dans un sens ou dans l'autre, on changeait à volonté le sens du courant.

Tous les télégraphes imaginés antérieurement donnaient seulement des signaux *optiques*; l'appareil de Steinheil donne à volonté des signaux *acoustiques* ou des signaux *enregistrés*, c'est à la fois un télégraphe *acoustique* et un télégraphe *écrivant*. Le récepteur, ou la partie de l'appareil qui exécute les signaux (fig. 342), est un simple cadre galvanométrique, à l'intérieur duquel pivotent sur pointes deux barreaux aimantés horizontaux

D, D, placés dans le prolongement l'un de l'autre; avec deux pôles contraires en regard. Sur ces pôles sont vissés deux bras supportant chacun une coupe à bec très fin, dans laquelle on met de l'encre qui vient former un ménisque à l'ouverture du bec: en face des becs H K, se déroule une bande de papier. Quand le courant traverse le cadre, les deux aimants dévient du même côté, un des becs touche le papier et y dépose un point noir sur une certaine ligne, tandis que l'autre bec s'éloigne. Quand le courant change de direction, ce dernier touche à son tour le papier et laisse une trace sur une ligne différente de la première.

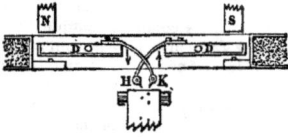

Fig. 342. — Récepteur Steinheil.

Deux petits aimants fixes N, S, facilitent le retour des barreaux suspendus à la position de repos, dès que le courant a cessé. Le papier reçoit ainsi sur deux lignes différentes les traces laissées par l'un ou l'autre des becs. Tel est le système écrivant. Les points ne sont jamais produits simultanément, et l'alphabet exige au plus quatre points pour une lettre (§ 12).

Pour avoir un télégraphe acoustique, il suffit de disposer deux timbres sonores susceptibles d'être frappés par les barreaux au moment de leur déviation. La distinction des signaux est très nette, si les sons rendus diffèrent d'un intervalle de sixte. A Munich, les deux stations étaient reliées par un fil aérien en cuivre allant de l'une des bornes du générateur à l'une des bornes du récepteur; les autres bornes étaient reliées dans chaque station à une plaque de cuivre enterrée.

**43.** Le phénomène de l'aimantation temporaire du fer doux sous l'action du courant électrique (Arago, 1821) a donné naissance à la troisième grande catégorie de télégraphes électriques : les télégraphes électro-magnétiques.

La première application industrielle de l'électro-aimant se trouve mentionnée dans la patente de Wheatstone et Cooke de juin 1837, relative au télégraphe à cinq aiguilles. C'est l'alarme ou le moyen d'appeler l'attention du correspondant en faisant passer le courant électrique à travers un électro-aimant frappant sur un timbre ou déclenchant une sonnerie à mouvement d'horlogerie.

Peu après (1838-39), Steinheil et Bain, chacun de leur côté, se servirent de l'électro-aimant pour transmettre le mouvement d'une horloge unique à un nombre quelconque de cadrans à aiguilles et pour faire marcher plusieurs horloges d'accord; mais la première application de l'électro-aimant au télégraphe écrivant est due à Morse.

Fig. 343.

Suivant Morse, c'est à l'année 1832 qu'il faudrait faire remonter la date de la construction de son premier appareil. Ce n'est toutefois qu'en septembre 1837 qu'il donna de la publicité à son invention: Dans le télégraphe primitif de Morse, le récepteur se composait d'un mouvement d'horlogerie déroulant horizontalement une bande de papier. Un crayon vertical appuyait sa pointe contre cette bande: il était fixé à une tige suspendue et susceptible de se déplacer dans le sens de la largeur de la bande. Cette tige était solidaire d'une armature placée en regard d'un électro-aimant. Par le passage du courant, l'armature était attirée, et le crayon se trouvait successivement déplacé puis ramené à sa position normale, décrivait une série de signes en zig-zag; les émissions longues et courtes étaient donc figurées par des dents de scie B plus ou moins larges (fig. 343). Le transmetteur (fig. 344) était à composition préalable, les signaux taillés dans de petits blocs de cuivre, offraient l'aspect de dents de scie plus ou moins larges et plus ou moins écartées. Ces blocs étaient fixés sur une règle ou composteur que l'on faisait glisser sous l'organe devenu depuis la clef Morse. C'était un levier horizontal mobile autour d'un axe; l'un des bras portait un fil métallique recourbé en ∩, l'autre était muni d'un talon. Quand les dents des types rencontraient le talon, le levier basculait, et les extrémités du fil plongeaient dans deux coupes pleines de mercure, dont l'une était reliée à la ligne L et l'autre à la pile P. La communication de la ligne avec la pile, établie par ce fil recourbé, durait tant que le levier était soulevé; dans l'intervalle de deux dents, le levier basculait en sens contraire sous l'action d'un petit contrepoids.

Fig. 344.

A ce transmetteur automatique avec composition préalable, Morse substitua le manipulateur dit clef à ressort. le ressort lame D (fig. 345) avait une extrémité E encastrée dans un bloc relié à la ligne b, l'autre extrémité C était terminée par un bouton formant marteau, et en regard se trouvait l'enclume A où aboutissait le fil de pile a; on établissait le contact en pressant le marteau contre l'enclume, et la durée du contact déterminait la durée du signal.

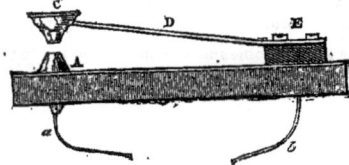

Fig. 345.

Morse imagina également un manipulateur à clavier alphabétique, pour la transmission automatique des signaux. Le clavier comprenait autant de clefs à ressort que l'alphabet contient de lettres et de chiffres; les lames ou touches avaient une extrémité fixée par des vis sur une règle de cuivre en communication avec la ligne; l'autre extrémité était munie d'un bouton sur lequel était gravée la lettre, et sous ce bouton se trouvait une petite roue à friction. Au-dessous s'étendait un cylindre horizontal à noyau central métallique, mais recouvert d'une enveloppe de bois, dans laquelle étaient incrustés des points et des traits en cuivre représentant les lettres ou chiffres; chaque lettre ou chiffre occupait une partie du pourtour de la tranche cylindrique située dans le plan vertical de la touche correspondante. Tous les signes en cuivre étaient reliés à l'axe métallique du cylindre et par lui à la pile. Lorsque le cylindre tournait, il suffisait d'abaisser une clef en pressant sur le bouton pour transmettre la lettre gravée en caractères romains sur le bouton, et en langue Morse sur le cylindre.

Dans le télégraphe Morse, employé aux Etats-Unis en 1844, le manipulateur était la clef à ressort et le récepteur un appareil à style; l'armature de l'électro-aimant de ce récepteur formait l'un des bras d'un fléau dont l'autre bras portait une pointe sèche ou un crayon, qui venant appuyer contre la bande, quand l'armature était attirée, laissait sur le papier tournant un gaufrage ou une marque au crayon de longueur correspondant à la durée de l'émission.

**44.** Le premier télégraphe qui ait donné les dépêches en caractères ordinaires d'imprimerie est le *télégraphe-presse électro-magnétique*, imaginé en 1837, par l'américain Alfred Vail, collaborateur de Morse. Il appartient à la classe des *appareils imprimeurs à mouvements synchroniques*.

Un mécanisme d'horlogerie fait tourner à chaque station une roue des types. C'est une roue sur le pourtour de laquelle étaient placés des types retenus seulement par de petits boudins; chaque type est muni de deux petites oreilles $hh$ (fig. 346). Le mouvement des roues est commandé par deux pendules, portant à la partie infé-

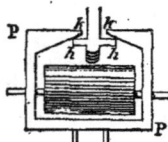

Fig. 346.

rieure une masse de fer qui oscille entre deux électro-aimants. Les deux roues tournant d'accord, si, à un moment donné, on envoie un courant électrique dans les deux électro-aimants, ce courant arrête les pendules à l'instant où les masses de fer arrivent auprès des bobines, et traverse en même temps un troisième électro-aimant spécial dont l'armature abaisse une *presse* PP, munie d'une fourchette $kk$; les bras $k$ de la fourchette saisissent les oreilles $h$ du type et les projettent contre le papier.

**45.** Edward Davy, dans son télégraphe électro-chimique à trois fils (1838) (fig. 347), paraît s'être servi le premier d'un relais, c'est-à-dire d'un appareil propre à mettre en action une seconde pile (pile locale) au moyen du courant produit par une première pile à distance (pile de ligne).

Les signaux obtenus sont des combinaisons de points tracés sur une portée. Pour former ces combinaisons,

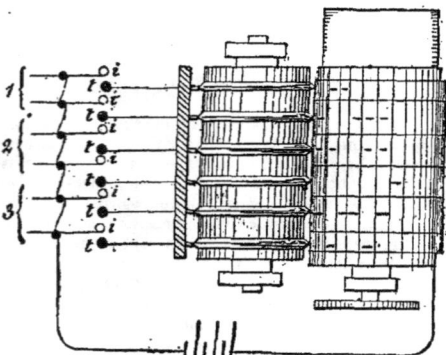

Fig. 347. — *Télégraphe Edward Davy.*

Davy utilise les deux effets distincts que peuvent produire, avec un fil, des courants positifs et négatifs. Au point de départ, chaque fil est en relation avec deux clefs, la première permet l'envoi d'un courant positif et la seconde d'un courant négatif.

A l'arrivée, chaque fil est relié à un relais composé de deux galvanomètres que le courant traverse successivement dans des directions opposées, et dont les aiguilles ont leurs mouvements limités par deux butoirs métalliques; à l'état de repos, elles pressent contre des butoirs isolés $i$; quand le courant de ligne traverse leurs bobines pour aller à la terre, l'une des aiguilles vient sur le second butoir $t$ (butoir de travail), l'autre reste sur le butoir isolé. Toutes les aiguilles sont reliées au pôle d'une pile

*locale*, et le mettent en relation avec le *butoir* contre lequel elles appuient. Les six butoirs de travail sont eux-mêmes reliés à six anneaux de platine à section triangulaire entourant un cylindre de bois, et frottant par leur arête contre un autre cylindre à treuil placé parallèlement au premier. Ce second cylindre qui est métallique, communique avec l'autre pôle de la pile locale; il est enveloppé d'un tissu chimique (morceau de calicot imprégné d'un mélange d'iodure de potassium et de chlorure de calcium) et est mis en rotation par un poids agissant sur le treuil qui fait aussi tourner le cylindre frotteur. Les traces laissées par le frottement des anneaux au moment du passage du courant se répartissent de cette façon sur six tranches du cylindre; mais comme à chaque fil correspondent deux anneaux frotteurs, l'un actionné par la clef positive, l'autre par la clef négative, un couple d'anneaux ne donne qu'une trace, et le maximum du nombre de traces sur une même génératrice est de trois. Chaque fil pouvant se trouver dans les trois états : positif, négatif ou neutre, on a vu (§ 10) que le nombre de combinaisons était de $3^3 - 1 = 26$.

**46.** A titre de curiosité seulement, nous mentionnerons le *télégraphe électro-physiologique* de Worselmann de Heer (1839), avec dix fils aboutissant à dix touches sur lesquelles on place les dix doigts pour recevoir les signaux consistant en une commotion, dont on apprécie la signification télégraphique par le numéro d'ordre des doigts qui la ressentent. Le même clavier sert de manipulateur, mais il agent transmetteur a ses doigts gantés.

Le télégraphe imprimeur de Bain (1840) était, comme celui de Vail, à mouvements synchroniques; la dépêche s'imprimait en hélice sur un cylindre revêtu d'une feuille de papier.

Le *télégraphe à disque tournant* ou à cadran alphabétique de Wheatstone date des années 1840 et 1841. Dans les brevets qu'il prit à cette époque, le célèbre physicien spécifie un certain nombre de dispositions importantes : le moyen d'utiliser le mouvement alternatif de l'armature d'un électro-aimant à la mise en mouvement directe d'une roue à rochet; l'emploi du fil fin pour la construction des bobines des électro-aimants destinés à être actionnés à très grande distance; la substitution au courant de la pile du courant des machines électriques pour le fonctionnement des télégraphes électro-magnétiques; le moyen d'actionner une grosse cloche avec une force électrique très faible; le mécanisme d'impression de la dépêche sur une bande de papier en caractères romains; le *rhéostat* et un moteur électrique.

La figure 348 montre le mécanisme du récepteur à ca-

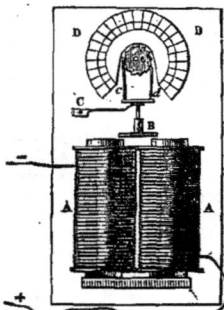

Fig. 348. — *Récepteur à cadran.*

dran; un disque de fer doux B, placé en regard de l'électro-aimant AA, est attiré dès que le courant électrique traverse cet électro-aimant, et est ramené par le ressort de rappel C à sa position primitive, dès que le courant est interrompu. En fermant et rompant alternativement le circuit, le disque B prend donc un mouvement de va-et-vient, que l'on transforme en mouvement circulaire par le moyen de deux tiges $c$ et $d$, dont les extrémités agissent sur les dents d'une roue à rochet $e$ : $c$ tirant une dent quand B s'abaisse, $d$ poussant une dent quand B se relève. La roue tourne ainsi d'une demi-dent chaque fois que B est attiré ou repoussé, et il en est de même du disque de papier ou *cadran* D D fixé sur cette roue. Sur la circonférence de ce cadran, on a écrit les lettres de l'alphabet ou d'autres signes, en nombre double (soit 24) du nombre des dents de la roue d'échappement. Le mécanisme est renfermé dans une boîte, et une plaque de cuivre, placée devant le cadran, porte une *fenêtre* qui ne permet de voir qu'un caractère à la fois. On peut à volonté amener chacune des lettres devant l'ouverture, en établissant ou rompant le circuit un nombre suffisant de fois. Au mouvement du cadran, on substitua plus tard celui d'une aiguille parcourant les divisions d'un cadran alphabétique fixe.

Le manipulateur (fig. 349) est un disque tournant sur lequel on a gravé, entre deux cercles concentriques, les lettres ou signes. Autour de sa circonférence rayonnent de petites tiges de bois, placées en face de chaque lettre : en saisissant une de ces tiges, on peut faire tourner le disque de manière à amener une lettre quelconque en face d'un arrêt A. Au-dessous du disque, et lui servant de support, se trouve un cy-

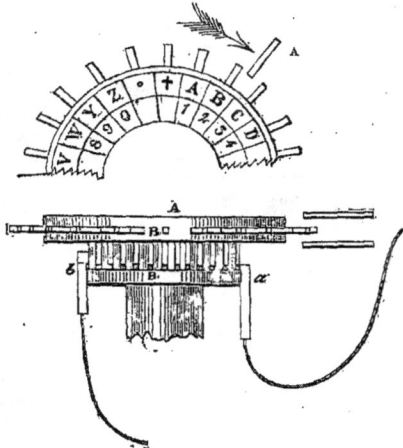

Fig. 349 et 350. — *Manipulateur à cadran.*

lindre métallique B B (fig. 350) tournant avec lui ; la partie supérieure de ce cylindre porte sur son pourtour douze entailles remplies par de l'ivoire, de sorte qu'elle présente des bandes égales alternativement conductrices et isolantes. Un ressort *b* relié à la pile frotte contre ces bandes, tandis qu'un autre ressort *a* relié à la ligne frotte contre la partie inférieure, tout entière métallique, du cylindre. Quand on fait tourner le disque, le courant électrique est envoyé sur la ligne ou interrompu suivant que le premier ressort est en contact avec une bande de cuivre ou une bande d'ivoire.

Wheatstone a imaginé beaucoup de manières de transformer le mouvement alternatif de l'armature en un mouvement circulaire intermittent du cadran. Le mode direct est insuffisant quand on veut transmettre à de grandes distances, c'est-à-dire avec de faibles courants. Alors, le cadran à signaux est mis en rotation par un mouvement d'horlogerie commandé par un ressort ou un poids. Mais un mécanisme alternatif, analogue à une ancre d'échappement, ne permet à la roue d'avancer que d'une demi-dent, chaque fois que l'armature est attirée par l'électro-aimant ou rappelée par le ressort. C'est aussi par l'adjonction d'un mouvement d'horlogerie que Wheatstone est parvenu à faire sonner à distance un timbre ou des cloches, à imprimer les lettres par percussion, à produire en un mot une multitude d'effets mécaniques.

Son télégraphe imprimeur à cadran fut le premier *imprimeur à échappement*. Pour obtenir cette impression, il substituait au disque de papier du récepteur, un disque très mince de métal, coupé de la circonférence au centre de manière à former vingt-quatre ressorts à l'extrémité desquels étaient placés les caractères, et il ajoutait un mécanisme dont la détente, produite par un électro-aimant, faisait agir un marteau qui frappait le caractère contre un cylindre, sur lequel étaient enroulées alternativement plusieurs feuilles de papier blanc et de papier noirci, de façon à avoir du même coup plusieurs copies de la dépêche.

C'est encore en 1840 que Wheatstone présenta à la Chambre des Communes le plan d'un télégraphe sous-marin entre Douvres et Calais. Son télégraphe à cadran fut importé, en France, en 1842, et fonctionna entre Paris, Saint-Cloud et Versailles, sur le chemin de fer.

47. La première ligne électrique construite par les soins du gouvernement français, fut la ligne en fil de cuivre de Paris à Rouen. Elle fut décidée en novembre 1844 et achevée en mai 1845. La France possédait en ce moment un réseau aérien très complet ; la substitution du télégraphe électrique au télégraphe aérien ne pouvant s'exécuter que progressivement, et les dépêches pour arriver à destination devant emprunter tantôt la voie électrique tantôt la voie aérienne, il était avantageux, au début, d'avoir un appareil électrique reproduisant les signaux du télégraphe Chappe. MM. Foy et Bréguet furent ainsi conduits à réduire à huit le nombre des positions qu'une aiguille pouvait occuper en tournant autour de son centre, de façon à reproduire les angles de 45 en 45° utilisés dans le système Chappe.

Fig. 351.

Afin d'avoir une analogie complète entre les deux systèmes de signaux, on juxtaposait deux aiguilles indépendantes, représentant les deux indicateurs de Chappe (fig. 351) et fonctionnant chacune à l'aide d'un fil de ligne spécial.

Le télégraphe écrivant de Morse remplaça définitivement l'appareil *français* de Foy-Bréguet à la fin de 1853. Le cadran alphabétique, modifié par Bréguet, fonctionne encore dans un certain nombre de stations de chemins de fer (§ 79).

48. L'*Electric telegraph company* qui s'organisa en Angleterre, en 1846, pour exploiter la télégraphie, adopta le *télégraphe à deux aiguilles* de Wheatstone et Cooke ; ce télégraphe (fig. 352) comprend : deux galvanomètres verticaux, deux poignées pour la manipulation, et par

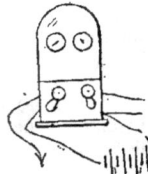

Fig. 352.

suite exige deux fils distincts pour fonctionner. Il est formé de la réunion en un seul de deux instruments distincts. Chaque aiguille fonctionne isolément et correspond à celle des poignées qui se trouve au-dessous ; les mouvements à droite et à gauche concourent à la formation des signaux. Pour transmettre, on saisit dans chaque main une des poignées, et on les incline vivement à droite ou à gauche, isolément ou ensemble, autant de fois qu'il est nécessaire, suivant la lettre que l'on veut reproduire. Le plus grand nombre de mouvements successifs exigés par une lettre est de trois.

Plus tard, l'appareil fut réduit à une seule aiguille, et le *single needle* est encore en usage en Angleterre (§ 66)

## PRINCIPES GÉNÉRAUX DE LA TÉLÉGRAPHIE ÉLECTRIQUE

49. Tout système de télégraphie électrique comprend : un ou plusieurs conducteurs réunissant deux stations, et, à chacune des stations, une

source électrique, un appareil servant à envoyer le courant (*manipulateur*), un appareil permettant d'observer ou d'enregistrer son passage lorsqu'il est envoyé par l'autre station (*récepteur*), et différents appareils accessoires ayant pour but d'assurer et de faciliter le service.

La *terre* pouvant compléter le circuit (§ 42), un seul fil conducteur est suffisant pour une ligne télégraphique. L'un des pôles de la pile et l'un des côtés du récepteur sont mis en communication avec la terre, et, quand un des postes transmet, le circuit complet se trouve constitué par la pile, le manipulateur, la ligne, le récepteur du poste correspondant et la terre.

Le fil conducteur (V. FIL TÉLÉGRAPHIQUE) est en fer ou en cuivre ; il est, soit suspendu en l'air à des supports isolants (V. ISOLATEUR) fixés sur des *poteaux* (V. POTEAU, § *Poteau télégraphique*) ou des appuis (lignes aériennes); soit entouré d'une substance isolante, telle que la gutta-percha ou le caoutchouc (V. CÂBLE TÉLÉGRAPHIQUE), et placé sous terre (lignes souterraines) ou immergé dans l'eau (lignes sous-marines).

50. *Source électrique.* C'est ordinairement une *pile voltaïque* (V. PILE ÉLECTRIQUE) dont un des pôles est relié à la terre et l'autre à la ligne par l'intermédiaire du manipulateur. Quand on veut desservir par la même pile un grand nombre de circuits, on la décompose en plusieurs séries parallèles, ayant toutes leur pôle négatif à la terre : la première série comprendra, par exemple, 100 éléments ; la seconde, 80, et son pôle positif sera relié au pôle positif du 80e élément de la série précédente ; la troisième aura 60 éléments, et son pôle positif sera relié aux pôles positifs des 60es éléments des deux séries précédentes, et ainsi de suite ; la dernière série ayant 20 éléments et son pôle positif relié aux 20es éléments des séries précédentes. On aura ainsi une *échelle de potentiels* de 20 à 100 ; les lignes les plus courtes seront reliées au potentiel 20, et seront desservies par le groupe de plus faible résistance ; la ligne la plus longue sera reliée au potentiel 100 et sera desservie par l'ensemble de tous les groupes.

On peut substituer aux piles des machines magnéto ou dynamo-électriques à courant continu, actionnées par un moteur spécial : ces machines ayant une résistance intérieure très faible, peuvent aussi desservir plusieurs circuits : en associant en tension 4 machines de 25 volts, par exemple, on disposera de tensions de 25, 50, 75 et 100 volts. Ou bien on prendra une machine unique, avec l'un de ses pôles directement à la terre et l'autre relié à la terre par l'intermédiaire d'une série de bobines de résistances égales : on constituera ainsi une échelle de potentiels décroissant régulièrement d'une bobine à la suivante, et on reliera les fils de ligne à tel ou tel des points de jonction de 2 bobines, suivant l'intensité du courant que l'on veut obtenir.

On peut encore remplacer les piles voltaïques par des piles secondaires ou accumulateurs.

Quelquefois l'électricité est fournie par une petite machine d'induction très simple que l'on fait

mouvoir à la main ; le manipulateur se confond alors avec la machine.

Quand on se sert de courants induits pour faire des signaux, il ne faut pas perdre de vue que chaque courant a une durée très courte, et qu'il est toujours suivi d'un courant de direction opposée.

51. *Manipulateur.* Le manipulateur sert à mettre à volonté le fil de ligne en communication avec la pile : lorsque le sens du courant émis ne doit pas changer, il peut donc se composer simplement de deux pièces métalliques placées dans le circuit et qu'il suffit de séparer ou de mettre en contact pour interrompre ou envoyer le courant. Mais, pour laisser à l'agent qui reçoit, la faculté de couper la transmission de son correspondant, en envoyant un courant qui, pendant l'intervalle des émissions, fait fonctionner le récepteur de ce dernier, on forme

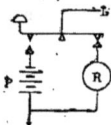

Fig. 353.

le manipulateur (fig. 353) d'un levier relié à la ligne L et qui oscille entre deux butoirs : l'un, dit de *repos*, communique avec la terre ; l'autre, dit de *travail*, avec la pile P (clef Morse). Le récepteur R est placé soit entre le butoir de repos et la terre, et il ne marche que sous l'influence du courant du correspondant, soit sur le parcours du fil de ligne, et il fonctionne alors quel que soit le poste d'où part le courant.

Quelquefois le fil de ligne est parcouru par un courant continu, fourni par une pile placée en un point quelconque du circuit : le manipulateur se réduit alors à un simple interrupteur.

52. Certains récepteurs nécessitent des courants de sens différents, soit que le changement de sens doive avoir lieu à volonté, soit que les courants alternent à chaque émission : le manipulateur doit alors, suivant les besoins, mettre l'un des pôles de la pile en communication avec la terre et l'autre avec la ligne, et réciproquement (§ 77).

Si l'on se sert de deux piles reliées à la terre par leurs pôles contraires, le manipulateur met le fil de ligne en communication avec le pôle libre de l'une ou l'autre de ces piles.

53. Les manipulateurs varient d'ailleurs de forme avec les récepteurs qu'ils desservent. La manœuvre du manipulateur s'effectue habituellement à la main : elle est plus ou moins régulière, suivant l'habileté des employés, et sa rapidité est loin de correspondre au rendement que l'on peut obtenir d'un fil.

Les *manipulateurs à clavier* remédient en partie à ces inconvénients (§ 68).

La transmission peut être rendue complètement automatique par la *composition préalable*.

54. *Récepteur.* Le courant possède plusieurs propriétés qui permettent d'observer son passage, et, par conséquent, peuvent servir à donner des signaux. Celles que l'on utilise le plus dans la télégraphie sont, dans l'ordre historique, la décomposition des sels métalliques (récepteurs électro-chimiques) ; la déviation de l'aiguille aimantée (récepteurs à aiguille ou galvanomètres), et sur-

tout l'aimantation temporaire du fer doux (récepteurs à électro-aimant).

**55.** *Récepteurs électro-chimiques.* — Supposons qu'une feuille de papier, imprégnée de cyanoferrure jaune de potassium et maintenue un peu humide, soit posée sur une plaque de cuivre reliée au sol, et que sur son autre face appuie un style de fer en relation avec le pôle positif d'une pile dont l'autre pôle est à la terre, il se produira une action chimique, et le sel se transformera en bleu de Prusse au point où le fer touche le papier. Si donc deux postes sont reliés par un fil, et si, à l'un d'eux, la feuille de papier se meut sous le style, celui-ci laissera une trace bleue pendant tout le temps que le courant sera envoyé par le correspondant. Ou bien on fera appuyer sur le papier deux styles de fer très voisins, reliés l'un à la ligne, l'autre à la terre ; le courant reçu suivra la surface du papier d'une pointe à l'autre, et selon qu'il sera positif ou négatif, la coloration sera produite par la pointe communiquant avec la ligne ou par l'autre.

Le papier, pour être conducteur, doit être humide et un peu acide : on conserve l'humidité du papier en ajoutant à la solution un sel déliquescent, tel que l'azotate d'ammoniaque. On obtient un papier très sensible en employant une solution amidonnée d'iodure de potassium.

**56.** *Récepteurs à aiguille aimantée.* Un simple galvanomètre peut constituer un récepteur télégraphique : on forme les signaux en tenant compte du nombre et du sens des déviations.

**57.** *Récepteurs à électro-aimant.* L'aimantation temporaire du fer doux sous l'action du courant fournit une grande variété d'appareils.

Quand un courant traverse un électro-aimant E (fig. 354), c'est-à-dire un fil isolé enroulé autour

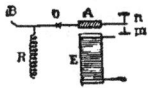
Fig. 354.

d'un cylindre ou noyau de fer doux, ce cylindre s'aimante et attire une petite palette ou *armature* en fer doux A, placée en face et mobile autour d'un axe O. Dès que le courant cesse, l'armature est ramenée à sa position primitive par un ressort R (ressort de *rappel* ou ressort *antagoniste*). Deux pointes, *m n* (*butoirs*) limitent sa course et l'empêchent soit de toucher le noyau de fer doux, soit de trop s'éloigner. En plaçant un timbre en regard d'un petit marteau terminant en B, la tige O B de la palette, chaque attraction produira un son, et on aura un *télégraphe acoustique.*

En remplaçant le marteau par une plume imbibée d'encre, un crayon ou une pointe sèche, et le timbre par une bande de papier qui se déroule d'un mouvement uniforme, les signaux seront enregistrés sur cette bande, et on aura un télégraphe *écrivant.*

Le mouvement alternatif de la palette peut être transformé en mouvement de rotation : à l'extrémité B de la tige de la palette (fig. 355), concevons un ressort B C terminé par un cliquet engagé entre deux dents d'une roue à rochet, qu'un ressort fixé en M empêche de tourner dans un autre sens que celui indiqué par la flèche ; à chaque émission de

courant, la roue avancera d'une dent, et une aiguille, fixée au centre de cette roue, avancera d'une division sur un *cadran alphabétique* portant un nombre de divisions égal à celui des dents de la roue (*cadrans alphabétiques à mouvement direct*).

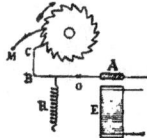
Fig. 355.

La force magnétique développée est quelquefois trop faible pour faire tourner la roue ; on fait alors produire la rotation par un mouvement d'horlogerie, et le courant n'a plus d'autre fonction que de *déclencher* ce mouvement : la tige de l'armature arrête la *roue d'échappement ;* à chaque émission de courant, une dent seule peut passer, et la roue tourne d'une division (*cadran alphabétique à mouvement d'horlogerie*). En limitant à un déclenchement l'effet du courant électrique, on peut, à de longues distances, mettre en mouvement des appareils qui semblent exiger une grande force, et actionner des sonneries puissantes (sonneries à mouvement d'horlogerie).

Si l'on fait tourner une roue sur le pourtour de laquelle sont gravés en relief les caractères de l'alphabet, imprégnés d'encre d'imprimerie (*roue des types*), et que, par un moyen quelconque, on fasse agir au moment où la roue s'arrête un petit marteau qui presse une bande de papier contre le caractère situé en face, on aura un *appareil imprimeur.*

Dans les récepteurs qui précèdent, on obtient les signaux en variant soit le nombre et la durée (signaux Morse), soit le nombre seul des émissions (cadrans alphabétiques). Dans les récepteurs à *mouvements synchroniques,* on utilise la durée de l'intervalle de temps qui sépare deux émissions ou deux interruptions de courant pour représenter une lettre par une seule émission ou une seule interruption.

Concevons aux deux extrémités d'une ligne deux mécanismes d'horlogerie identiques, faisant tourner chacun une aiguille devant un cadran alphabétique. Si, à un instant donné, les deux aiguilles occupent la même position, elles passeront simultanément devant les mêmes lettres. Pour transmettre une lettre, la station de départ enverra un courant au moment où l'aiguille passe devant cette lettre : ce courant, traversant à chaque station un électro-aimant, actionne deux armatures dont les déplacements arrêtent les aiguilles sur la lettre transmise, ce qui permet d'en faire la lecture. Les aiguilles se remettent à tourner dès que le courant cesse. Ou bien, les aiguilles sont arrêtées sur une même lettre quand le courant ne passe pas, et une émission déclenche les deux mouvements d'horlogerie : les aiguilles tournent alors ensemble, et on interrompt le courant quand l'aiguille du poste transmetteur passe devant la lettre à envoyer.

**58.** *Trembleurs.* Un *trembleur* est un récepteur installé de façon à produire lui-même des interruptions de courant : l'armature est alors en mouvement tout le temps que le courant est envoyé par le poste correspondant. La fig. 356 montre le mécanisme d'un trembleur. Le courant traversant l'électro-aimant E, la palette est attirée, et sa tige cesse de toucher le butoir n; le courant est alors interrompu, et le ressort de rappel ramenant la tige au contact de n, le courant passe de nouveau : il se produit une série de vibrations qui persistent tant que les communications restent ainsi établies. Ce mouvement de l'armature est utilisé le plus souvent pour faire frapper un marteau sur un timbre (*sonneries trembleuses*), quelquefois aussi pour faire tourner une aiguille devant un cadran : on augmente l'amplitude des vibrations en rendant le butoir n un peu élastique, ou en lui ajoutant un petit ressort qui prolonge son contact avec la tige.

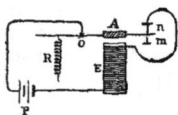

Fig. 356.

59. *Electro-aimant* (V. ce mot). Les électro-aimants sont ordinairement formés de deux cylindres parallèles en fer doux, ou noyaux, réunis par une culasse du même métal; les deux branches sont entourées par le fil conducteur enroulé soit sur une bobine, soit directement sur le fer doux, de telle sorte que, lorsque le courant passe, il se développe aux extrémités libres, deux pôles contraires qui agissent sur une même armature en forme de palette ou de cylindre. Quelquefois, une seule des branches est entourée de fil conducteur : l'électro-aimant est dit alors *boîteux*, et, dans ce cas, l'armature est souvent articulée sur l'extrémité de la branche nue, qui, lors du passage du courant, lui donne une aimantation contraire à celle des pôles qui doit l'attirer. Dans certains appareils, l'électro-aimant est droit; l'armature peut aussi être articulée sur le pôle opposé à celui qui doit l'attirer (fig. 357).

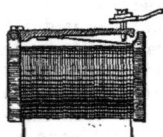

Fig. 357.

L'armature cylindrique d'un électro-aimant à deux branches peut être entourée d'un fil et devient alors un petit électro-aimant mobile, qui, traversé par le courant, prend des pôles contraires à ceux de l'électro-aimant fixe.

60. *Armatures aimantées.* On peut employer des armatures en acier aimantées : le ressort de rappel est alors suffisamment tendu pour maintenir l'armature éloignée à l'état de repos, de façon qu'elle ne soit attirée que si le courant développe dans l'électro-aimant un pôle inverse de celui qu'elle présente. En intercalant dans le circuit deux électro-aimants avec armatures aimantées en sens contraires, et en reliant les électro-aimants de façon que le même courant les traverse dans des directions opposées, on pourra obtenir à volonté la marche de l'un ou de l'autre en changeant le sens de l'émission. On augmente ainsi le nombre des signaux élémentaires dont on dispose : les deux armatures feront, par exemple, frapper deux marteaux sur deux timbres différents.

Souvent, l'armature aimantée oscille entre les deux pôles d'un électro-aimant; on doit alors, à chaque émission, changer le sens du courant qui la fait mouvoir alternativement vers l'un ou l'autre de ces pôles. Le ressort antagoniste est ainsi remplacé per un courant inverse.

On peut aussi employer une aiguille de fer doux verticale, suspendue par un bout à l'intérieur d'une bobine qui l'aimante par le passage du courant, et dont l'autre bout, qui dépasse la bobine, peut osciller entre les deux pôles d'un aimant permanent.

Une palette ou cylindre en acier se désaimante facilement : on préfère prendre une armature de fer doux, et l'articuler sur un fort aimant qui lui communique son magnétisme ou la *polarise*.

61. *Electro-aimants polarisés.* En plaçant l'électro-aimant sur un aimant permanent, on communique à ses noyaux une polarité déterminée.

L'électro-aimant Hughes (fig. 358) agit par répulsion; il consiste en un aimant permanent en fer à cheval, dont chaque branche est surmontée d'un électro-aimant droit (noyau de fer doux entouré d'une bobine de fil). Les noyaux ainsi polarisés maintiennent au contact l'armature en fer doux, qui est sollicitée en sens opposé par un ressort R auquel elle n'obéit que si le courant traverse les bobines de façon à développer dans les noyaux une aimantation contraire à celle qu'ils reçoivent de l'aimant. Quand le courant a cessé, l'électro-aimant reprend sa force attractive; mais, comme la distance a augmenté, cette force peut n'être pas suffisante, et il faut alors ramener l'armature au contact par un moyen mécanique (§ 81).

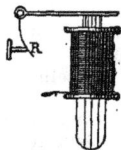

Fig. 358.

L'électro-aimant Siemens (fig. 359) se compose d'un fort aimant recourbé à angle droit, dont une des branches est verticale et soutient le pivot S d'une armature polarisée; cette armature, formée d'une tige légère SH de fer doux, oscille entre les deux pôles de l'électro-aimant qui reçoit le courant de la ligne, et dont la culasse est fixée sur la branche horizontale de l'aimant, qui développe des pôles de même nom dans les deux noyaux. Lorsque le courant passe, il augmente la polarité de l'une des branches et diminue celle de l'autre : l'armature est attirée par la première

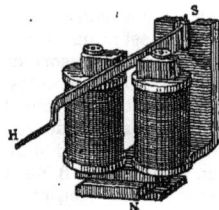

Fig. 359.

Si les deux butoirs mn qui limitent la course de l'armature sont placés du même côté par rapport à la ligne SH qui passe par le pivot et le milieu de la distance des deux pôles (fig. 360), l'armature, quand le courant est interrompu, est toujours attirée par le même pôle de l'électro-aimant, et ne se déplace que lorsque le courant ayant un sens convenable affaiblit suffisamment le magnétisme de ce pôle en augmentant celui de l'autre. L'instrument fonctionne alors sous l'action de courants d'un sens déterminé, et se règle, suivant l'intensité de ce courant, en déplaçant les deux butoirs qui sont placés sur un petit chariot.

Fig. 360.

Si, au contraire, les butoirs *mn* sont placés d'un côté différent de la ligne médiane SH (fig. 361), l'armature reste attirée d'un côté ou de l'autre, suivant le sens du dernier courant reçu : il faut alors changer le sens du courant à chaque émission.

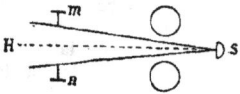

Fig. 361.

L'électro-aimant Stroh (fig. 362 et 363) comprend deux bobines à noyaux séparés (sans culasse), formant par suite deux électro-aimants droits distincts, et une armature composée de deux petites palettes polarisées en sens contraire par un aimant permanent N S et fixées au même axe ; ces palettes oscillent ensemble, l'une entre les deux pôles supérieurs et l'autre entre les deux pôles inférieurs des deux électro-aimants droits, chacune étant attirée par un des pôles et repoussée par l'autre, et les deux actions s'ajoutant. La course des palettes est limitée par une petite tige fixée sur l'axe, qui oscille entre deux butoirs très rapprochés. Il est à remarquer que les palettes ne sont pas en contact avec l'aimant, et qu'elles sont polarisées par influence : l'aimant peut être rapproché ou éloigné, suivant l'intensité du courant reçu.

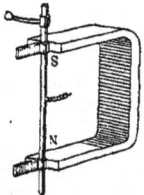

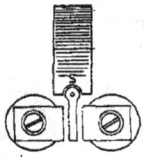

Fig. 362 et 363.

Dans l'électro-aimant d'Arlincourt (fig. 364), l'armature a, polarisée par un aimant permanent, oscille non entre les extrémités des branches NS de l'électro-aimant, mais entre deux petites masses de fer adaptées aux noyaux entre les bobines et la culasse. Lorsque le courant passe, il développe un pôle magnétique à chacune des extrémités de l'électro-aimant, en même temps qu'un pôle de nom contraire, mais un peu plus faible, sur la masse placée de l'autre côté de la bobine. Lorsque le courant cesse, la polarité des deux masses change instantanément de signe, devient donc de même nom que celle des extrémités correspondantes, mais elle disparaît promptement. L'armature mo-

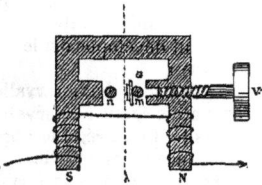

Fig. 364.

bile est donc attirée vers l'une des deux masses au moment du passage du courant de ligne, puis elle s'en éloigne aussitôt que le courant est interrompu, sans qu'il y ait besoin d'un ressort de rappel. Le réglage s'opère en faisant varier la grandeur de l'une des masses par une grosse vis V en fer que l'on enfonce plus ou moins. Si les butoirs *mn* sont disposés de telle sorte que l'armature soit plus rapprochée du côté où elle est sollicitée par le courant que de l'autre, elle s'appuiera toujours sur le butoir placé de ce côté, et restera immobile tant que le courant traversera les bobines; au moment de son interruption, les polarités changeant brusquement, elle sera vivement repoussée contre l'autre butoir ; mais cette action magnétique s'affaiblissant promptement, elle reviendra spontanément dans sa position première. Ce double mouvement rapide, connu sous le nom de *coup de fouet*, est utilisé dans la construction de certains *relais de décharge* (§ 74).

L'électro-aimant Willot est une combinaison du système d'Arlincourt avec le système Stroh. Les deux palettes polarisées de l'électro-aimant Stroh oscillent chacune entre deux masses polaires, situées de part et d'autre des joues des deux bobines, de façon que les actions s'ajoutent. Cet électro-aimant est peu sensible aux petites variations dues aux courants telluriques.

Dans l'électro-aimant Baudot (fig. 365), l'armature, polarisée par un aimant permanent, pivote autour d'un axe horizontal situé au-dessus des pôles de l'électro-aimant, et s'incline vers l'un ou l'autre de ces pôles, suivant le sens du courant.

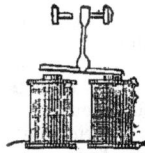

Fig. 365.

Le fer doux conserve toujours, après son aimantation, des traces de magnétisme d'autant plus sensibles que cette aimantation a été plus grande (magnétisme rémanent); d'autre part, l'extra-courant dû à la cessation du courant et à la désaimantation, prolonge l'action de ce courant, et tend également à *coller* l'armature dans la position où elle a été mise par son passage. Pour que l'armature fonctionne régulièrement sous l'action de courants se succédant rapidement, il faut atténuer ces effets autant que possible. Les électro-aimants polarisés sont moins affectés que les électro-aimants ordinaires, car la variation de leur magnétisme est moindre. On accélère encore la désaimantation par l'emploi de culasses et d'armatures coupées, ou bien séparées en deux par des pièces de cuivre. Pour les récepteurs à grande vitesse, il faut réduire la masse des noyaux et des armatures, et supprimer la culasse, c'est-à-dire remplacer un électro-aimant en fer à cheval par deux électro-aimants droits distincts : ce sont les conditions remplies par l'électro-aimant de Stroh. Enfin, il est souvent préférable d'assembler les bobines *parallèlement* plutôt qu'en *série* ; le courant, au lieu de parcourir successivement les deux bobines, se bifurque entre elles et les parcourt parallèlement; l'une des bobines sert de dérivation à l'autre. Ces diverses modifications diminuent la force attractive, mais on y remédie en donnant aux pièces mobiles une grande légèreté. Dans certains instruments de *décharge*, il est, au contraire, utile de retarder la désaimantation de fer doux, afin de prolonger l'effet du courant un peu au delà de la durée de l'émission. On obtient ce résultat en plaçant entre les extrémités de la bobine une dérivation qui complète un circuit pour l'extra-courant, ou un condensateur, dont la décharge s'ajoute à l'extra-courant.

62. *Relais et appareils de translation.* Les *relais d'appareils* ont pour objet de suppléer à la faiblesse du courant d'arrivée sur les longues lignes, lorsque les récepteurs nécessitent une certaine intensité de courant pour fonctionner. Leur seul rôle consiste à fermer le circuit d'une pile spéciale placée au poste d'arrivée, *pile locale*, dont on peut à volonté

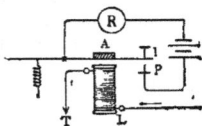

Fig. 366.

régler la force, et dont le courant actionne l'appareil à signaux. Les relais ordinaires (fig. 366) comprennent simplement un électro-aimant intercalé dans le circuit de la ligne LT, et une armature A dont le jeu est limité par deux butoirs IP. L'armature est en communication avec l'un des pôles de la pile locale à travers le récepteur R, et, à chaque passage du courant de ligne, vient toucher le butoir relié à l'autre pôle.

Quelle que soit la sensibilité des relais ou des récepteurs, il peut arriver que, par suite de l'isolement imparfait des lignes, ils ne puissent fonctionner lorsque les deux postes en communication sont très éloignés. On pourrait y remédier en plaçant en un point intermédiaire une pile et un relais. Le relais marcherait sous l'influence du courant de l'un des postes extrêmes, et, à chaque attraction de l'armature, mettrait la seconde partie du conducteur et, par suite, le récepteur de l'autre poste en communication avec la pile du poste intermédiaire ; mais cette simple disposition ne permettrait pas au second poste de répondre au premier. On a donc été conduit à juxtaposer, au poste intermédiaire, deux relais dont chacun marche sous l'influence des émissions provenant de l'une des stations extrêmes, et envoie un courant à l'autre station. A cet effet, les communications sont établies de façon que le courant reçu d'un côté arrive à l'armature de l'un des relais, passe au butoir qui touche cette armature à l'état de repos, se rende au fil de l'électro-aimant du second relais, puis à la terre ; ce dernier électro-aimant attire son armature, reliée elle-même à la seconde partie de la ligne, contre un butoir en communication avec la pile, et envoie le courant à l'autre station (fig. 373). Les choses se passent d'une manière analogue lorsque le courant reçu au poste intermédiaire vient de l'autre côté. Ce système de deux relais constitue un *appareil de translation* (§ 72).

Tous les récepteurs qui comportent une armature oscillant entre deux butoirs peuvent être utilisés pour la translation ; il suffit d'isoler ces trois pièces les unes des autres et d'établir les communications comme il vient d'être dit. Le butoir que touche l'armature lorsque le courant ne passe pas, est dit *butoir* ou *contact de repos;* et l'autre, *butoir* ou *contact de pile ou de travail;* ils remplissent, pendant la translation, le même office que les deux butoirs du manipulateur (§ 51).

Les relais constitués avec des électro-aimants ordinaires fonctionnent toujours de la même manière quel que soit le sens du courant reçu, et ne peuvent servir avec des appareils qui comportent des changements de sens dans sa direction. Les relais constitués avec des électro-aimants à armatures aimantées (§ 60) ou des électro-aimants polarisés (§ 61), peuvent servir, suivant la disposition donnée aux butoirs entre lesquels oscille l'armature, soit à la transmission à *simple courant*, soit à celle avec *double courant* (§ 74 et 75)..

63. *De la transmission télégraphique.* La transmission télégraphique sur les lignes d'une certaine longueur éprouve des difficultés tenant à des causes diverses : 1° à l'état des fils : les pertes à la terre, auxquelles on remédie soit par l'augmentation de la pile, ou mieux en diminuant sa résistance par l'addition d'éléments en surface, soit par l'emploi de récepteurs peu résistants, enfin, par celui de relais et de translations; les dérivations d'un fil à l'autre, dont les effets sont très atténués lorsque la ligne est toujours parcourue par un courant permanent, comme dans la transmission à double courant; l'induction mutuelle des fils, etc.; 2° à la nature des appareils, rémanence et extra-courants, par exemple (§ 61) ; 3° aux courants naturels, qui obligent quelquefois à employer un fil de retour, afin que le circuit n'ait aucune communication avec la terre ; 4° au mode même de propagation de l'électricité. Le courant, en effet, ne se transmet pas instantanément d'un bout à l'autre d'une ligne télégraphique; le fil se charge d'abord, et le courant n'atteint l'intensité voulue pour faire fonctionner le récepteur qu'au bout d'un temps d'autant plus grand que la ligne est plus longue. De même, lorsqu'on interrompt le courant, la charge électrique s'écoule par les extrémités du fil, prolonge l'action du courant sur le récepteur d'arrivée, et produit l'effet dit *courant de retour* au poste d'émission.

Ces phénomènes s'accentuent encore davantage sur les lignes sous-marines et souterraines, qui se comportent comme de véritables bouteilles de Leyde, par suite de la communication avec le sol de leur enveloppe protectrice.

Si toutes les émissions et tous les intervalles avaient une égale durée (points égaux à intervalles égaux), il s'établirait dans le fil un régime régulier, et, avec des instruments assez sensibles, la lecture serait toujours très nette ; mais la formation des signaux entraînant nécessairement des inégalités dans les durées d'émission ou d'interruption, il en résulte dans les signaux reçus une confusion qui impose une limite à la vitesse du travail.

On arrive, par différents moyens, à reculer cette limite et à augmenter le rendement des lignes.

On y parvient, par exemple : en mettant après chaque émission, au poste de départ, le fil de ligne en communication directe avec la terre pour faciliter la décharge, ou, mieux encore, en le faisant communiquer pendant un instant avec une pile donnant un courant contraire (*manipulateurs et relais à décharge*); en alternant le sens du courant (*transmission à double courant*); lorsque les émissions et les intervalles ont des durées inégales, en affaiblissant l'intensité du courant pendant la dernière partie des longues émissions,

et en envoyant sur la ligne un petit courant pendant la dernière partie des longues interruptions (*transmission à courants compensés*).

64. *Appareils accessoires.* Ces appareils ont pour but de faciliter et d'assurer le service des transmissions télégraphiques. Les *clefs* (V. CLEF TÉLÉGRAPHIQUE) permettent à volonté d'envoyer ou d'interrompre le courant, de changer sa direction, de mettre un appareil en court circuit, etc.

Les *commutateurs* (V. ce mot) donnent la possibilité de changer promptement et facilement les

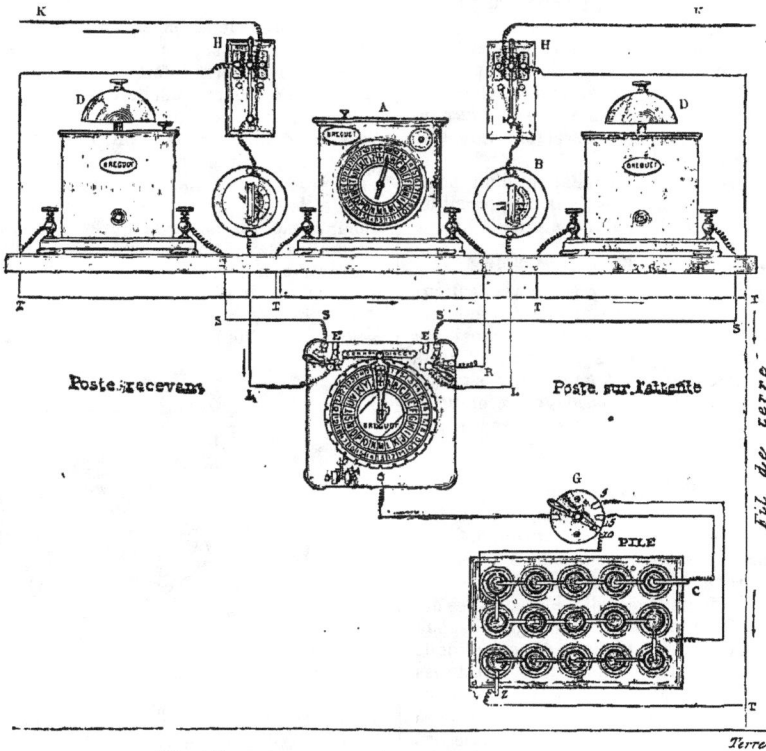

Fig. 367. — *Installation d'un poste à deux directions.*

*E E'* Manipulateur. — *A* Récepteur. — *D D* Sonneries. — *B* Boussole destinée à accuser la présence de l'électricité dans le circuit. — *H H* Parafoudres. — *C Z* Pile avec son fil de terre *Z T* et son commutateur *G* servant à envoyer sur la ligne un courant de cinq, dix ou quinze éléments. — *K L*, *K L* Fils de la ligne télégraphique. — *T T* Fil de terre. — *S S* Fils de sonnerie.

communications dans les postes par un simple déplacement de ressorts ou de chevilles métalliques qui mettent en relation des pièces de cuivre auxquelles aboutissent les fils conducteurs.

Les *galvanomètres* ou *boussoles* (V. ces mots) permettent de constater le passage du courant et de mesurer son intensité.

Les *rhéostats* (V. ce mot) servent à régler l'intensité des courants; les *condensateurs* (V. CONDENSATION ÉLECTRIQUE ET MAGNÉTIQUE) à produire des courants de très courte durée, à séparer les courants télégraphiques des courants téléphoniques, etc.; avec des rhéostats et des condensateurs, on construit des *lignes artificielles* dont on a besoin dans certains systèmes de transmission.

Les *paratonnerres* ou *parafoudres* (V. ce mot)

ont pour but de mettre à l'abri des décharges électriques dues à l'action des orages sur les fils conducteurs, les employés et les appareils.

Enfin, les *sonneries* (V. SONNERIE, § *Sonneries électriques*) servent à appeler l'attention des employés : le marteau qui frappe le timbre est mis en mouvement, soit par un mécanisme d'horlogerie, soit directement par l'armature de l'électro-aimant qui reçoit le courant de la ligne.

Il est utile que l'employé absent sache, dès son retour, qu'il a été appelé; à cet effet, le signal acoustique est complété par un signal optique; c'est un *indice* ou *voyant* que met en évidence, soit le mouvement de l'armature, soit le déclenchement.

On a une sonnerie à mouvement direct ou fixant à l'armature le marteau qui doit frapper le timbre, mais il faut plusieurs émissions du courant pour produire un signal suffisamment prolongé ; avec le mécanisme du *trembleur* (§ 58), les interruptions se produisent automatiquement. Les sonneries *trembleuses* sont quelquefois munies d'une tige *indicatrice* qui se soulève sous l'action d'un ressort au premier mouvement de l'armature, et fait connaître que la sonnerie a fonctionné. Cette tige peut établir une communication entre la pile du poste et le fil de l'électroaimant de la sonnerie qui fonctionne alors jusqu'à ce que l'employé vienne l'arrêter.

Une seule sonnerie peut desservir plusieurs fils aboutissant à un même poste, si l'on intercale sur le parcours de chacun des fils un relais qui ferme le circuit d'une pile locale. Les *tableaux indicateurs d'appel* sont formés de relais semblables réunis sous un petit volume.

La figure 367 montre l'installation d'un poste de chemin de fer à deux directions. L'appareil télégraphique est un cadran alphabétique (§ 79).

### APPAREILS ET SYSTÈMES TÉLÉGRAPHIQUES

65. On peut adopter diverses classifications pour les appareils et systèmes de télégraphie, selon le point de vue auquel on se place. Ainsi, on peut les diviser en appareils à signaux fugitifs (optiques ou acoustiques), et appareils à signaux persistants ou enregistrés ; les signaux enregistrés peuvent être conventionnels ou reproduire soit la lettre imprimée, soit l'écriture ordinaire, etc.

Nous passerons d'abord en revue les appareils destinés aux installations simples, c'est-à-dire celles dans lesquelles la ligne n'est occupée jamais que par une seule transmission à la fois, et nous examinerons successivement les appareils à signaux indépendants (à aiguille, Morse et ses dérivés, etc.), puis ceux dont chaque signal dépend du précédent (à cadran, imprimeurs, etc.); nous aborderons ensuite les installations multiples permettant à plusieurs employés travaillant simultanément de transmettre ou de recevoir à l'aide d'un fil de ligne unique; nous terminerons par quelques indications sur la transmission par les lignes sous-marines.

66. *Appareils à aiguilles.* Dans l'appareil à une aiguille (*single needle*), encore en usage sur quelques lignes anglaises, le manipulateur est placé entre le récepteur et la terre ; c'est un cylindre horizontal muni de pièces métalliques contre lesquelles frottent des ressorts reliés aux pôles de la pile, à la ligne et à la terre. En inclinant à droite ou à gauche une poignée qui fait corps avec ce cylindre, on met le pôle positif à la ligne et le négatif à la terre, ou inversement. Lorsque la poignée est verticale, le courant venant de la ligne se rend à la terre après avoir traversé le récepteur, qui est un simple galvanomètre dont l'aiguille aimantée est lestée à sa partie inférieure pour qu'au repos elle soit verticale. Les signaux sont formés par les déviations à droite ou à gauche de l'aiguille; certaines lettres exigent quatre mouvements successifs: en donnant la signification du

point aux déviations dans un sens, et celle du trait aux déviations contraires, on peut se servir de la langue Morse.

Pour éviter la désaimantation de l'aiguille par les courants atmosphériques, on peut substituer à l'aiguille aimantée une aiguille de fer doux polarisée par un aimant permanent; quelquefois le cadre galvanométrique est remplacé par un électro-aimant. On obtient un appareil acoustique en remplaçant par des timbres de tonalités différentes les butoirs qui limitent la course de l'aiguille.

67. SYSTÈME MORSE ET SES DÉRIVÉS. Dans le système Morse, les signaux sont marqués par des traits de longueurs différentes sur une bande de papier se déroulant d'un mouvement à peu près uniforme, chaque signal étant produit par une émission distincte de courant. Le nombre de signes élémentaires est de deux seulement : le *point* produit par une émission brève du courant, et le *trait* produit par une émission de longueur triple. On donne la durée d'un point aux intervalles des éléments d'une même lettre, celle d'un trait aux intervalles des lettres, et celle de deux traits aux séparations des mots.

68. *Manipulateurs Morse.* Le manipulateur Morse ordinaire (fig. 368) se compose d'un levier métalli-

Fig. 368. — *Manipulateur Morse.*

que *ll'* qu'on fait osciller en appuyant sur un bouton de façon à lui faire toucher l'un ou l'autre des deux butoirs métalliques placés au-dessous, l'un *p'* de la partie antérieure, l'autre *p* de la partie postérieure. Un ressort R ramène toujours le levier dans la dernière position lorsqu'on n'exerce aucune pression sur le bouton. Le levier est en relation avec la ligne par son axe de rotation et de plus, en général, par un petit fil qui assure la communication; le butoir sur lequel appuie le levier à l'état de repos communique avec la terre par l'intermédiaire du récepteur, et le butoir sur lequel appuie le levier quand on l'abaisse, est relié à la pile.

*Manipulateurs et transmetteurs automatiques.* Les trois éléments, point, trait et intervalle, qui constituent la langue Morse, doivent avoir entre eux une relation définie pour donner des signaux parfaitement lisibles. La *transmission automatique* a pour but de faciliter à l'agent qui transmet la formation régulière de ces signaux et à celui qui reçoit, la lecture des signaux transmis. On a proposé, par exemple, d'employer comme manipulateur une poignée analogue à celle qui sert à manœuvrer les appareils à aiguille ; inclinée dans un sens, elle produirait un contact très court donnant le point et, en sens contraire, un contact plus long donnant le trait ; mais il faut que la poignée soit toujours manœuvrée avec une vitesse uniforme, et rien ne règle la durée des intervalles. On a construit également des claviers (*claviers à signaux*) sur les touches desquels sont marqués des points et des traits ; chaque touche, en s'abaissant, soulève un levier qui établit avec un organe tournant uniformément (*distributeur*) un contact long ou court suivant que la touche porte un trait ou un point ; en abaissant simultanément un nombre convenable de touches de chaque espèce, on transmettra une lettre à chaque tour.

Les *distributeurs* actuels consistent en une roue d'ébonite portant incrustée sur sa surface une série de lamelles en cuivre, égales, très rapprochées et isolées les unes des autres. Le jeu des touches envoie le courant de la pile dans les lamelles sur lesquelles il est recueilli par un frotteur tournant relié à la ligne. L'abaissement de la première touche *point* envoie le courant dans la lamelle 1, celui de la première touche *trait* l'envoie à la fois dans les lamelles 1 et 2, la lamelle 3 est reliée à la terre pour séparer les signaux, et ainsi de suite.

Ou bien, le clavier est *alphabétique*, c'est-à-dire qu'il comprend autant de touches que de lettres et de signes, il suffit d'abaisser une touche pour obtenir la lettre correspondante toute formée sans avoir à se préoccuper des éléments qui la composent. Un clavier alphabétique peut toujours être superposé à un clavier à signaux, l'abaissement des touches du premier déterminant, dans les leviers du second, les déplacements nécessaires pour reproduire la lettre inscrite sur cette touche.

Dans le système Ailhaud, les signaux représentant les lettres sont reproduits en relief sur les tranches de disques montés tous sur un même axe qui est entraîné par un mécanisme d'horlogerie. A chaque disque correspond un levier frotteur commandé par une touche du clavier. En abaissant l'une quelconque des touches, on dégage le mouvement d'horlogerie, et l'on soulève un de ces leviers ; ce dernier, en pressant sur les reliefs du disque situé en face, produit les émissions de courant qui représentent la lettre indiquée sur la touche. Avec cette disposition, toutes les lettres correspondent à des espaces égaux et, par suite, sont inégalement espacées ; on y remédie en rendant le déroulement automatique : la bande du récepteur commence à se dérouler au moment du passage du premier courant de chaque lettre, et s'arrête spontanément dès que les émissions ne se succèdent pas immédiatement.

*Composition préalable.* Le temps que met un employé à composer un signal ou une lettre est bien supérieur à celui pendant lequel la ligne est occupée par les courants qu'il envoie. Le télégraphiste le plus habile se fatigue et ne peut soutenir longtemps le maximum de travail dont il est capable. On a donc songé à *diviser le travail* et à rendre la transmission de la dépêche indépendante de sa composition ; de cette façon, on peut

écouler mécaniquement par un seul fil un nombre de dépêches limité seulement par la durée des courants électriques nécessaires à la production des signaux et par la durée des intervalles qui doivent les rendre distincts. Les dépêches sont préparées à l'avance par plusieurs employés travaillant simultanément (*composition préalable*), puis envoyées successivement, avec une très grande rapidité, par un *transmetteur automatique*.

Le transmetteur de Siemens comporte une série de blocs entaillés dont les reliefs représentent les lettres de l'alphabet Morse ; on fait passer rapidement ces blocs disposés à la suite les uns des autres dans la rainure d'une tringle (*composteur*), sous un style qui, par ses mouvements de va-et-vient, produit les émissions et interruptions de courant. Les blocs peuvent, d'ailleurs, être entaillés de manière à satisfaire aux diverses exigences d'une transmission rapide : inversion du sens du courant, mise à la terre ou envoi d'un courant de décharge.

On peut aussi perforer les signaux à l'emporte-pièce dans une bande de fort papier au moyen de poinçons actionnés, soit par trois touches (point, trait, intervalle), soit par un clavier alphabétique. Tantôt la bande se déroule d'un mouvement uniforme entre un cylindre en communication avec la pile et un ressort frotteur en relation avec la ligne, de manière à établir un contact chaque fois que ce dernier passe sur une perforation ; tantôt elle se déroule sous l'extrémité d'un levier qui se déplace au passage d'une perforation, et établit un contact entre la pile et la ligne.

L'organe électro-magnétique du récepteur Morse ordinaire n'est pas susceptible de fonctionner assez rapidement pour comporter l'emploi d'un transmetteur à composition préalable, mais on en fait usage avec les récepteurs électro-chimiques (§ 70) et avec le récepteur Wheatstone (§ 76).

*69. Récepteur Morse.* Le récepteur comprend un mouvement d'horlogerie, à poids ou plus généralement à ressort, régularisé par un volant, et qui fait tourner une bande de papier entre deux cylindres, lorsqu'on le déclenche pour recevoir une dépêche. Un électro-aimant attire, à chaque passage du courant, une armature (palette ou cylindre de fer doux) solidaire d'un levier oscillant autour d'un axe ; ce levier se termine d'un côté par un style qui vient marquer les signaux sur la bande. Deux butoirs limitent, de l'autre côté, la course de l'armature qu'un ressort antagoniste ramène à la position de repos après chaque émission.

Dans les premiers appareils, le style consistait en une pointe sèche qui produisait des gaufrages en refoulant le papier dans une rainure pratiquée sur l'un des cylindres ; ce gaufrage exigeant une certaine force, l'appareil était complété par un relais.

Froment remplaça la pointe sèche par un crayon appuyant constamment sur la bande et se déplaçant transversalement à chaque passage du courant : le crayon tournait sur lui-même de façon à s'user régulièrement dans tous les sens ; les si-gnaux avaient alors une forme dentelée. M. Cache-leux (1854) obtint l'impression en prenant pour style un tire-ligne plongeant dans l'encre. M. John (1856) imagina la molette plongeant en partie dans un encrier et mise en rotation par le mouvement d'horlogerie : l'électro-aimant attirait la molette contre le papier. MM. Digney (1857) ont donné au récepteur Morse sa forme actuelle (fig. 369) : la molette tourne mais ne se déplace plus ; au le-vier de l'armature est fixée une lame élastique terminée par un biseau ou *couteau* qui soulève le papier contre la molette au passage du courant. La molette s'imprègne d'encre en frottant contre un tampon humide tournant, soit par le frotte-ment de la molette, soit par le mécanisme d'hor-

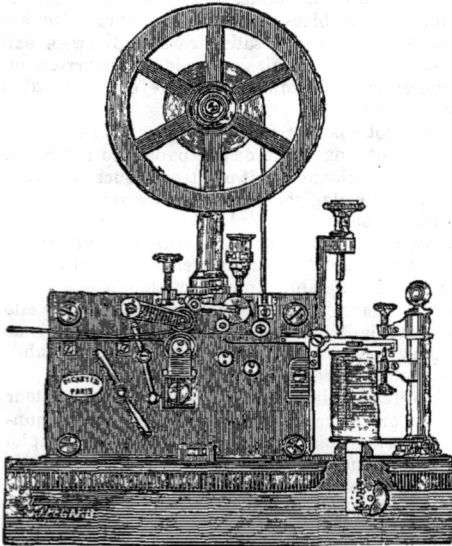

Fig. 369. — *Récepteur Morse.*

logerie. Le papier-bande en rouleau est placé sur un rouet. Le réglage s'effectue, soit par le ressort de rappel qui agit sur l'armature, soit par une roue à crémaillère qui rapproche ou éloigne les pôles de l'électro-aimant.

Le système d'encrage des récepteurs de Wheat-stone mérite d'être signalé ; la périphérie de la molette passe en tournant dans la rainure d'une roue à gorge qui tourne en plongeant à moitié dans un encrier : par capillarité, l'encre remplit la rainure, et la molette s'imprègne sans frotte-ment.

Généralement, le mouvement d'horlogerie est déclenché et arrêté en agissant à la main sur un levier dont on s'est servi quelquefois comme ma-nette d'un commutateur, pour mettre la ligne sur appareil ou sur sonnerie. Avec le déclenchement automatique, le premier courant transmis déter-mine le déroulement de la bande qui s'arrête de lui-même quelques secondes après l'émission du dernier signal.

**70.** *Systèmes Morse électro-chimiques.* La récep-tion électro-chimique (§ 55) ne comportant d'au-tre mouvement mécanique que le déroulement du papier préparé, la transmission des signaux peut être très rapide si l'on se sert d'un transmetteur automatique ; toutefois, sur les lignes un peu lon-gues, on ne peut dépasser une certaine vitesse, les signaux se confondant lorsqu'ils se succèdent de trop près. De plus, le papier présentant tou-jours une grande résistance au passage de l'élec-tricité, la production des signaux par la décom-position chimique nécessite un courant intense. Divers procédés ont été tentés pour détruire les *queues de courant* qui amènent la confusion des signaux, notamment l'emploi de *contre-courants locaux* réglés par des rhéostats ou celui d'ex-tra-courants produits par des électro-aimants en dérivation. L'appareil primitif de Bain (1846) comprend un transmetteur à bande perforée et un récepteur à style de fer P appuyant sur un papier B imbibé d'une solution chimique (cyanoferrure de potassium ou iodure de potassium amidonné) (fig. 370).

Dans l'appareil Chauvassaignes et Lambrigot, la préparation du papier se produit mécaniquement au moment de l'impression, au moyen d'un pin-ceau imprégné de la dissolution et placé en avant de la pointe de fer. Ce pinceau humecte seule-ment la partie médiane de la bande dont les bords restent secs, ce qui rend le papier moins fragile.

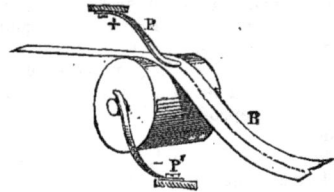

Fig. 370. — *Récepteur Bain.*

Les signaux à transmettre sont tracés à la résine sur une bande de papier métallique qu'on fait dé-rouler au-dessous d'un petit tube aboutissant à un réservoir plein de résine en fusion, et qu'on soulève contre l'orifice du tube par un levier semblable à la clef Morse. Pour transmettre, on fait passer la bande entre un cylindre métalli-que relié à la terre et un style en relation à la fois avec la ligne et avec le pôle positif de la pile dont l'autre pôle est à la terre. Quand le style passe sur le métal, le circuit est fermé localement, et lorsqu'il passe sur la résine, le courant est en-voyé sur la ligne.

**71.** *Lecture au son. Parleurs.* Les signaux élé-mentaires du Morse étant très simples, on arrive à les distinguer à l'oreille par le bruit que fait l'armature en heurtant ses butoirs, et à suivre les transmissions sans les *lire* sur une bande. Les parleurs sont des récepteurs dans lesquels on supprime la partie destinée à l'impression des si-gnaux, et qui comprennent simplement un électro-aimant et son armature montés sur un socle for-mant caisse de résonance pour obtenir une grande sonorité. Souvent, ils consistent (fig. 371) en un électro-aimant boiteux dont l'armature est fixée, par une lame flexible, à un bras porté par le noyau sans bobine et séparé de lui par une pièce isolante; le butoir inférieur est remplacé par le noyau même de la bobine.

On les emploie beaucoup pour remplacer les sonneries ou servir de relais de sonneries; on les munit quelquefois d'un voyant que le mouvement de l'armature déclenche mécaniquement ou qui est monté sur un barreau aimanté actionné par la bobine de l'électro-aimant au moment du passage du courant.

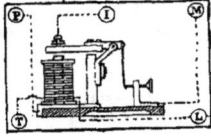

Fig. 371.

Enfin, ramenés à un tout petit volume, les parleurs sont très commodes pour les essais des lignes et le service de la télégraphie militaire. Afin de mieux accentuer la durée des signaux, on peut faire vibrer l'armature pendant toute la durée de l'émission en employant l'artifice du *trembleur*, c'est-à-dire en intercalant dans le circuit l'armature et son butoir (parleur-ronfleur).

72. *Récepteurs et parleurs à translation.* Les instruments destinés à la réception sont munis seulement de deux bornes, L et T, où aboutissent les extrémités du fil qui entoure l'électro-aimant et auxquelles on attache respectivement le fil de ligne et le fil de terre. Dans ceux destinés à la translation (fig. 372), les vis-butoirs entre lesquelles oscille l'armature sont isolées l'une de l'autre et du reste de l'appareil; le butoir supérieur ou de *repos* est en communication avec une borne I, et le butoir inférieur ou de *travail* avec une borne P; enfin, l'armature est en relation, par son axe et le massif de l'appareil, avec une borne M. Les deux instruments dont se compose une translation ont donc chacun cinq bornes L, T, M, P, I. La translation entre deux lignes 1 et 2 (fig. 373), par deux récepteurs ou parleurs, s'établit par les communications suivantes : la ligne 1 à $M_1$, la ligne 2 à $M_2$, $I_1$ à $L_2$, $P_1$ à la pile 1, $L_1$ à $I_2$ et $P_2$ à la pile 2. A l'aide de commutateurs et de manipulateurs convenablement disposés, la station intermédiaire peut rentrer dans le circuit et communiquer avec les postes extrêmes.

Si on se sert d'un parleur (fig. 372) comme relais local ou relais de sonnerie, la borne I n'est pas uti-

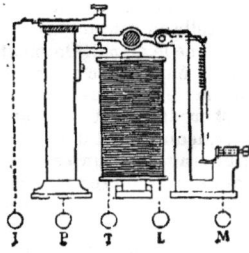

Fig. 372.

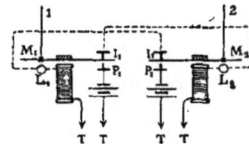

Fig. 373

lisée; on attache en L et T les fils de ligne et de terre; en M, un fil aboutissant au récepteur (ou à la sonnerie), et en P le pôle de la pile locale dont l'autre pôle arrive également au récepteur.

73. *Modes de communication.* Les bureaux importants d'un réseau télégraphique sont, autant que possible, reliés entre eux, soit directement, soit par l'intermédiaire de relais, et sont desservis par des appareils spéciaux à grande vitesse. Lorsque le travail sur une ligne n'est pas continu, un même fil dessert ordinairement plusieurs bureaux, et l'organisation du service dépend des circonstances et varie avec les pays; tantôt les deux sections du fil aboutissent à des appareils récepteurs dans chacun des postes intermédiaires, où l'on établit une *communication directe* pendant un intervalle de temps déterminé, lorsqu'elle est demandée; tantôt on installe dans ces postes une *translation* qui leur permet de rentrer dans le circuit à volonté ou sur l'appel des correspondants; quelquefois ils sont placés en *dérivation*, et le courant en se bifurquant arrive à chacun d'eux avec une intensité suffisante, si l'on a soin d'égaliser au besoin avec des rhéostats les résistances des diverses dérivations (à l'aide de *rappels par inversion de courant*, avec armatures polarisées, un poste principal peut communiquer séparément à volonté avec deux postes secondaires); ou bien encore les appareils de diverses stations sont *embrochés* dans le même circuit et, à chacune d'elles on peut appeler par un signal spécial une quelconque des autres qui reçoit la dépêche sans que ces dernières aient à s'en préoccuper (*embrochage ordinaire*); ou, enfin, un courant permanent circule sur la ligne en traversant tous les récepteurs, et la transmission, à chacun des postes, s'effectue par des ruptures de circuit opérées par le manipulateur (*embrochage à courant continu*).

74. *Transmission à simple courant sur les longues lignes.* Pour la transmission sur les longues lignes, *par simple courant interrompu*, on emploie des manipulateurs à décharge et des appareils de translation à décharge; le levier ou l'armature, en passant de la position d'émission à celle de réception touche, pendant un instant, à l'aide d'un ressort convenablement disposé, un contact relié à la terre (ou à une pile contraire, § 75).

On emploie également des *relais* (ou *parleurs*) à décharge, constitués par un électro-aimant à dérivation que l'on interpose entre la ligne qu'il s'agit de décharger et la pile de ligne; dans la figure 374, le manipulateur ou le relais transmetteur de la translation est représenté en 1, 2; $r$ est l'électro-aimant du relais de décharge, *po* sa palette munie d'un ressort qui prolonge mécaniquement la durée du contact 3 avec la terre; *d* la dérivation qui offre un passage à l'extra-courant de la bobine pour prolonger la fermeture du contact 3 encore quelques instants après que le levier 1-2 a repris

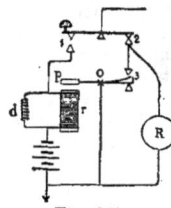

Fig. 374.

sa position de repos ; R le récepteur ou le relais de réception. Le *coup de fouet* de l'électro-aimant d'Arlincourt (§ 61) peut aussi être utilisé comme moyen de produire la décharge en plaçant l'appareil au poste de départ, et en faisant communiquer la ligne avec l'armature mobile, tandis que le butoir qu'elle vient toucher pendant un instant au moment de la cessation du courant, est relié à la terre.

Grâce à la sensibilité des relais actuels, non seulement leur intercalation sur une ligne n'est plus une cause de retard, mais on ramène les conditions de transmission sur une très longue ligne à celles d'une ligne de longueur moyenne en interposant un nombre convenable de relais.

**75.** *Transmission à double courant.* Dans ce système de transmission, les courants positifs et négatifs peuvent être *permanents, intermittents* ou *à compensation.*

*a) Courants permanents.* La ligne est constamment parcourue par un courant pendant la transmission. Le courant *direct* ou *d'impression* détermine la formation du signal, le courant *inverse* ou *d'espacement* détermine la cessation du signal et occupe la ligne pendant les intervalles. Cette présence continuelle d'un courant sur le conducteur atténue beaucoup les effets des dérivations des fils voisins sur les lignes aériennes. Le relais ou récepteur doit être polarisé ; le courant inverse joue le rôle du ressort antagoniste, et les deux courants étant influencés de la même manière par l'état électrique de la ligne, ces relais seraient sans réglage s'il n'y avait pas à tenir compte de l'action des courants naturels qui s'ajoutent à l'un des courants et diminuent l'autre.

Le relais Siemens (§ 61) est le plus employé si les deux courants sont d'égale intensité, les butoirs sont placés de chaque côté de la ligne médiane, et on est dans les meilleures conditions de sensibilité ; mais le plus souvent, la pile contraire ayant simplement pour but de décharger la ligne, et non de faire un travail mécanique, est plus faible que la pile directe (les 2/3 ordinairement), et les deux butoirs sont placés du même côté de la ligne médiane, comme dans le cas de la transmission à simple courant.

Le manipulateur doit être disposé de telle sorte que, pendant la transmission, le fil de ligne soit isolé du récepteur et relié à l'une ou l'autre des piles inverses, et que, pendant la réception, il soit relié au récepteur. De là la nécessité d'un commutateur. Avec un manipulateur *ordinaire*, il faudra relier le contact de repos à la manette d'un commutateur qui le met en communication, soit avec le récepteur, soit avec la pile inverse. En abaissant la clef, on envoie le courant direct; en le relevant, on envoie le courant inverse. Ou bien, comme dans le manipulateur Siemens, un ressort agit latéralement sur le levier de façon à le déplacer pour le mettre en relation avec le récepteur pendant les intervalles des transmissions, en enlevant sa communication avec les piles. On fait souvent usage du manipulateur Varley qui permet d'allonger ou de diminuer la durée des contacts avec l'une ou l'autre pile, suivant l'état de la ligne.

Avec cette disposition, pendant la transmission, le poste qui transmet ne peut être coupé par son correspondant. Si le courant contraire n'a pas d'autre but que de décharger la ligne, il n'est pas nécessaire qu'il occupe la ligne pendant toute la durée des intervalles des signaux : l'emploi d'un *relais de décharge,* analogue à celui décrit § 74, donne alors au correspondant la faculté de couper. Ce relais de décharge porte aussi le nom de *commutateur automatique.*

Avec des relais polarisés et des commutateurs à décharge, on peut établir une translation entre deux lignes desservies par le système à double courant, et aussi entre une ligne desservie à simple courant et une ligne desservie à double courant. Ce dernier cas se présente quand il s'agit de relier une ligne aérienne courte à un câble sous-marin.

*b) Courants intermittents.* Si un relais polarisé est réglé de façon que les deux butoirs soient disposés symétriquement de chaque côté de la ligne médiane, l'armature reste dans la position où elle a été placée par le dernier courant émis. On peut alors obtenir à volonté des points ou des traits avec des émissions d'égale durée, et la longueur du signal dépend, non plus de la durée du courant, mais du temps qui s'écoule entre l'émission du courant direct qui ferme le circuit local et commence le signal, et celle du courant inverse qui ouvre ce circuit et termine le signal. On peut ainsi reproduire les signaux Morse avec des courants égaux et de courte durée, tels que les courants induits. Un point est produit par un courant positif instantané suivi immédiatement d'un courant négatif instantané; un trait, par un courant positif très court qui commence l'impression, laquelle continue pendant l'interruption, et se termine après un temps suffisant pour la confection du trait, par l'envoi d'un courant négatif très court. Cette disposition est souvent employée dans les transmetteurs automatiques à composition préalable.

*c) Courants compensateurs.* Dans la transmission à double courant permanent, comme dans la transmission ordinaire à simple courant, la vitesse est limitée par la confusion que l'inégalité des émissions et des intervalles tend à introduire dans les signaux reçus. Ainsi, dans la lettre R (○—○), le point qui précède le trait est raccourci et tend à disparaître, le trait est allongé et tend à se confondre avec le dernier poin qui est aussi un peu allongé. On y remédie, en partie, dans le système à double courant, en réduisant la durée ou l'intensité du courant inverse qui n'a plus d'autre rôle que celui d'un courant de décharge.

Avec des courants intermittents, toutes les émissions sont égales; la transmission est ramenée à celle d'une *série de points*; mais, les intervalles entre les émissions étant nécessairement inégaux, il en résulte, à une certaine vitesse, des déformations en sens contraire de celles produites par les courants permanents. Dans la lettre R, le point qui précède le trait est allongé, et celui qui vient après est raccourci.

Les *courants compensateurs* ont pour but de ramener la transmission à celle d'une *série de points à intervalles égaux*. Pour compenser les variations de la charge du fil, au lieu d'arrêter complètement les courants aussitôt après leur émission, on se borne à les affaiblir par leur passage à travers un *rhéostat de compensation*. Si la résistance de ce rhéostat est nulle, on retombe sur les courants permanents; si elle est infinie, sur les courants intermittents. Entre les deux extrêmes, on trouve la résistance appropriée à l'état de la ligne. Si celle-ci est bien isolée, on se rapprochera du système intermittent; si elle offre des pertes notables, on se rapprochera du système permanent.

76. *Appareil automatique de Wheatstone*. Il permet l'emploi à volonté, soit de courants perma-

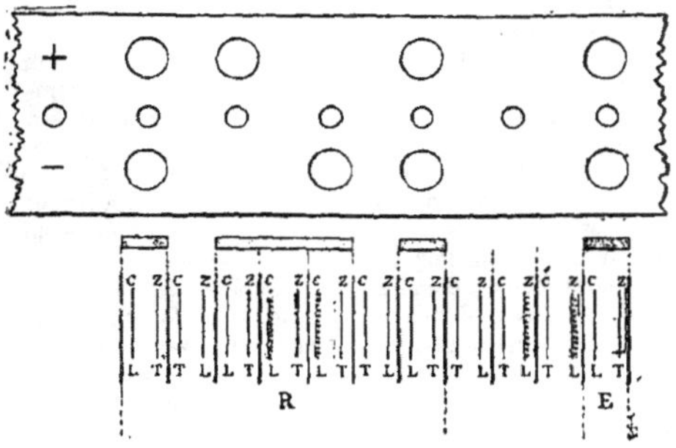

**Fig. 375 et 376.**

nents, soit de courants intermittents, soit de la compensation.

Au départ, les signaux sont représentés, sur une bande de papier huilé, par deux rangées de trous parallèles perforés à l'avance (fig. 375 et 376). Les trous de la rangée supérieure correspondent à l'émission positive qui commence les signaux; ceux de la rangée inférieure à l'émission qui les termine. La

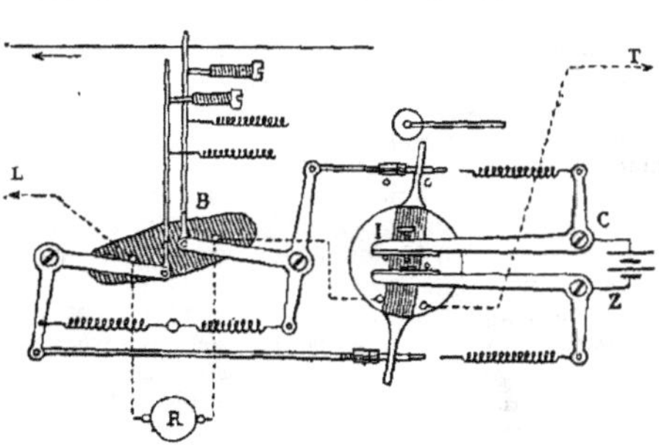

**Fig. 377.**

rangée intermédiaire forme une crémaillère qui, en passant sur une roue dentée, entraîne la bande placée sur le *transmetteur automatique*. La bande se déroule ainsi au-dessus de deux aiguilles légèrement inclinées en sens contraire par rapport à la verticale (fig. 377), et qui sont animées d'un mouvement de va-et-vient, l'une s'élevant tandis que l'autre s'abaisse, sous l'action d'un balancier B auquel un mécanisme d'horlogerie communique un mou-

vement oscillatoire. Chacune des aiguilles suit le mouvement du balancier toutes les fois qu'elle rencontre un trou sur la bande, et est arrêtée au moment où elle rencontre la bande, si aucun trou n'est en regard. Dans le premier cas, elle entraîne un levier qui agit sur un commutateur inverseur I, et met, par exemple, le pôle positif en communication avec la ligne L, et le pôle négatif avec la terre T. Le commutateur reste dans cette position jusqu'à ce que l'autre aiguille, pénétrant dans un des trous de la seconde rangée, le ramène à sa position primitive de la même manière, et inverse les communications en faisant succéder un courant négatif à un courant positif. Le rhéostat de compensation R se trouve introduit dans le circuit lorsque l'aiguille ascendante ne rencontre pas de perforation.

Dans cet appareil, les contacts ont lieu entre des leviers et des pointes de platine, et la bande perforée règle simplement le mouvement des pièces de contact; de même que, dans les métiers à la Jacquard, le carton percé de trous détermine le passage des fils de la trame.

Le récepteur est un enregistreur Morse à électro-aimant de Stroh (§ 61); le système d'encrage est décrit § 69.

Quant à la préparation des bandes, elle s'effectue à l'aide de *perforateurs* à trois touches (point, trait, intervalle) commandant les poinçons nécessaires pour percer, soit deux trous sur une même ligne normale (point) en même temps qu'un trou intermédiaire pour l'entraînement de la bande, soit deux trous formant une oblique (trait) avec deux trous intermédiaires, soit enfin un seul trou de la rangée du milieu (intervalle).

77. *Appareils Morse à deux styles*. En se servant d'armatures polarisées, on peut faire agir deux styles sur une même bande, et avoir deux séries parallèles de signes : les uns produit par le courant positif, et les autres par le courant négatif. Comme manipulateur, on emploie le plus souvent la *double clef à inversion* (fig. 378 et 379). Elle se compose de deux ressorts dont l'un est relié à la ligne L et l'autre à la terre T; à l'état de repos, ils pressent de bas en haut contre une traverse métallique (pont) reliée à

**Fig. 378 et 379.**

l'un des pôles de la pile et, quand on abaisse l'un d'eux, il vient appuyer contre une seconde traverse placée au-dessous, et reliée à l'autre pôle P. Avec cette disposition, on envoie le courant positif ou le courant négatif en abaissant l'un ou l'autre ressort; à l'état de repos, un pôle de la pile est toujours isolé; enfin, le courant venant de la ligne se rend à la terre par l'intermédiaire de la traverse supérieure.

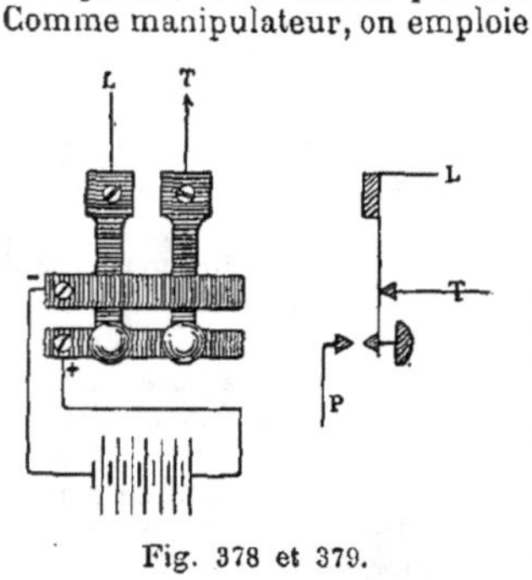

Steinheil, à qui est dû le premier appareil à double style (§ 42), avait combiné un alphabet avec quatre signaux élémentaires, un point et un trait produits par le courant positif, un point et un trait par le courant négatif. Au lieu de points et traits sur deux lignes parallèles, on se contente aujourd'hui de *points* sur deux lignes ; on rend toutes les émissions égales, et on rapporte les signaux à l'alphabet Morse ordinaire, en attribuant la valeur de trait aux signes produits par un des sens du courant (§ 12).

Le premier appareil automatique de Wheatstone (1858) donne des signaux de ce genre. Les émissions de courant sont déterminées par le passage d'aiguilles à travers les trous percés sur la bande (fig. 380 et 381), les trous supérieurs correspondant aux émissions positives (points), les trous inférieurs aux émissions négatives (traits).

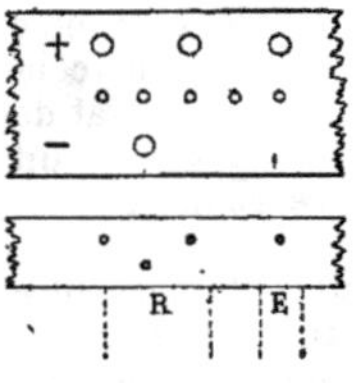

Fig. 380 et 381.

Dans l'appareil à double style de M. Herring, et dans celui de M. Estienne, les signaux sont ceux du Morse ordinaire (point et trait) ; mais le trait est vertical et est frappé d'un seul coup par l'un des styles, sous l'action d'une émission de durée égale à celle du point (§ 12). L'une des armatures aimantées commande le style *point*, et l'autre le style *trait*. On manipule à l'aide de la double clef à inversion.

Le *rapide américain*, de MM. Foote et Goodspeed, a un récepteur électro-chimique à deux styles : deux pointes de fer rapprochées, reliées l'une à la terre, l'autre à la ligne, appuient sur la bande de papier chimique, et laissent l'une ou l'autre une trace, suivant le sens du courant reçu (fig. 382). Ces traces se trouvent ainsi sur deux lignes parallèles, et offrent l'aspect des points et des

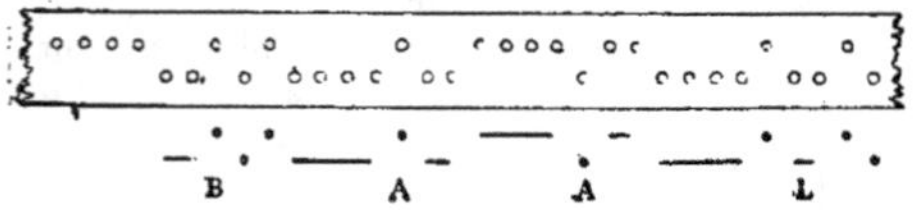

Fig. 382.

traits du Morse ordinaire. La transmission est à composition préalable : au départ, la bande est perforée à l'aide d'un clavier alphabétique dont les touches commandent les poinçons nécessaires pour percer successivement chaque lettre Morse, en remplissant les conditions suivantes : 1° un point est représenté par un seul trou ; 2° un trait est représenté par deux trous consécutifs placés sur la même ligne ; 3° l'intervalle de séparation entre deux lettres est représenté par une série de quatre trous consécutifs placés sur la même ligne ; il est perforé en même temps que chaque lettre et la précède dans le sens de l'avancement du papier ; 4° afin d'éviter la confusion par les *queues de courant* (§ 70), deux signaux consécutifs quelconques (point, trait, séparation) ne peuvent se trouver sur la même ligne ; par

suite, les mêmes signaux d'une même lettre peuvent se trouver tantôt sur la ligne supérieure, tantôt sur la ligne inférieure.

La bande perforée se déroule entre un cylindre relié à la ligne et deux frotteurs en relation, l'un avec une pile positive, l'autre avec une pile négative, les trous se succèdent de telle sorte, qu'entre deux émissions successives il n'y ait pas d'intervalles sensibles ; les deux émissions successives de même signe composant le trait se succèderont de façon à donner un signal unique à l'arrivée ; la lecture des signes doit être faite dans l'ordre où ils se succèdent, sans tenir compte de la ligne sur laquelle ils se trouvent, la séparation des lettres et des mots étant figurée par des traits plus longs.

**78.** *Appareils à plusieurs fils de ligne.* Si on dispose de plusieurs fils, chacun d'eux pourra commander un récepteur à un style ou à deux styles, suivant que l'on fera usage d'un seul sens ou des deux sens du courant. On obtiendra ainsi une très grande variété d'alphabets composés de points seulement, ou de points et de traits, sur plusieurs lignes parallèles (§§ 6 et 10). Davy (1838) avec trois fils, et employant les deux sens du courant, formait vingt-six combinaisons avec des points sur six lignes parallèles (§ 45). Les frères Highton (1848) ont imaginé plusieurs appareils fort ingénieux, dans lesquels les signaux sont formés, comme dans l'appareil de Davy, par des combinaisons d'envoi de courants positifs ou négatifs sur un ou plusieurs fils. Le clavier est alphabétique, et il suffit d'abaisser une touche pour faire automatiquement la combinaison nécessitée par le caractère qu'elle représente. A l'arrivée, chaque fil est relié à un électro-aimant commandant deux armatures polarisées, influencées l'une par le courant positif, l'autre par le courant négatif.

Witehouse (1855) employait six fils reliés respectivement, d'un côté à six boutons destinés à les mettre en communication avec la pile, de l'autre à six styles parallèles appuyant sur une bande de papier chimique. Les traces laissées par les courants envoyés par un ou plusieurs conducteurs donnaient soixante-trois combinaisons $(2^6 - 1)$.

Il se servait soit d'un manipulateur *simple* à six boutons, soit d'un manipulateur *composé* à soixante-trois boutons (clavier alphabétique), chaque bouton abaissé formant automatiquement la combinaison d'émissions correspondant au caractère gravé sur lui. Il réduisit ensuite son appareil à cinq fils donnant seulement trente et une combinaisons $(2^5 - 1)$, puis à un seul fil. Dans ce dernier, les signaux nécessaires à la formation d'une lettre occupaient tous le même temps, celui nécessaire à l'envoi de cinq courants consécutifs. Au moyen d'une sorte de *distributeur* (§ 68), qui était en même temps une machine électro-magnétique, les courants successifs étaient *formés*, puis étaient envoyés sur la ligne par le manipulateur. Celui-ci était composé de trente et une touches, qu'il suffisait d'abaisser pour obtenir la combinaison correspondante ; les touches restaient abaissées automatiquement et se relevaient d'elles-mêmes lorsque le signal était terminé. A l'arrivée, on obtenait sur un récepteur électro-chimique des traces sur cinq lignes parallèles, chaque combinaison étant automatiquement séparée de la suivante par une bande transversale. Tous les courants de marque étaient de même sens ; mais, pour obtenir des traces nettes, chacun d'eux était suivi d'un courant de sens contraire.

**79.** APPAREILS A CADRANS. On comprend sous cette désignation générale tous les appareils dont es signaux sont indiqués par une aiguille mobile tournant en face d'un cadran sur lequel ils sont marqués. Ces signaux sont ordinairement les caractères de l'alphabet (*cadrans alphabétiques*), et le mouvement de l'aiguille, produit par une succession d'émissions et d'interruptions de courant, s'arrête lorsqu'elle se trouve en face de la lettre transmise. Le manipulateur a pour but de produire facilement le nombre des émissions nécessaires à la transmission d'une lettre quelconque. Ordinairement, il se compose d'une manivelle articulée au centre d'un cadran portant les mêmes lettres ou signes que le récepteur, et que l'on fait tourner à la main. Par l'intermédiaire d'une roue à gorge sinueuse, cette manivelle fait osciller un levier entre deux butoirs : le levier est relié à la ligne qu'il met en communication avec le récepteur ou avec la pile, suivant qu'il touche l'un ou l'autre des deux butoirs.

Le récepteur comprend un électro-aimant dont l'armature, à chaque passage ou interruption de courant, fait mouvoir une aiguille qui tourne devant un cadran sur lequel les signaux se suivent dans le même ordre que sur le manipulateur. Quelquefois, l'armature agit directement sur l'axe qui porte l'aiguille, par l'intermédiaire du cliquet et d'une roue à rochet (*cadrans à mouvement direct*); il faut alors un courant assez intense afin d'obtenir une force magnétique suffisante pour entraîner la roue et l'aiguille. On obtient ordinairement la rotation de l'aiguille au moyen d'un mécanisme d'horlogerie (*cadrans à mouvement d'horlogerie*), l'armature ayant alors pour fonction unique de laisser, à chacun de ses mouvements, passer une des dents d'une roue d'échappement.

A l'état de repos, l'aiguille du cadran et la manivelle du manipulateur sont placées dans une position déterminée (*blanc* ou *croix*); si l'on fait tourner la manivelle, et si on s'arrête sur une lettre quelconque, le courant est envoyé et interrompu un nombre de fois convenable pour amener l'aiguille du récepteur sur la même lettre, qui sert de point de départ pour la lettre suivante.

Lorsqu'il y a désaccord entre le manipulateur d'un poste et le récepteur de l'autre, on revient de part et d'autre à la position de repos. Ce résultat s'obtient, pour le récepteur, en pressant à la main, un certain nombre de fois, un bouton qui agit sur l'armature. Des dispositions particulières permettent de ramener l'aiguille à la croix par une seule pression sur le bouton, cette pression ayant pour effet de libérer pendant un instant le mouvement d'horlogerie ou d'en dégager l'aiguille.

Les appareils à cadran (modèle Bréguet) sont encore employés par quelques Compagnies de chemins de fer (fig. 367); mais on leur substitue peu à peu le Morse, qui a l'avantage de conserver la trace des signaux reçus.

Le manipulateur peut être automatique, comme, par exemple, le clavier alphabétique de Froment. Dans le manipulateur Chambrier, une aiguille, montée sur le même axe qu'un interrupteur, est mise en mouvement par un mécanisme d'horlogerie devant un clavier circulaire portant les let-

tres. On l'arrête en enfonçant une manivelle dans un cran en face de la lettre que l'on veut transmettre, sans avoir à se préoccuper de la régularité du mouvement. Cette disposition permet de faire mouvoir la manivelle dans les deux sens.

On peut employer les machines électro-magnétiques pour faire fonctionner les appareils à cadran ; mais il faut modifier ces derniers, les courants induits n'ayant qu'une très courte durée et changeant de direction à chaque émission. Tantôt l'armature est en fer doux, et fait une oscillation complète à chaque passage du courant; tantôt elle est polarisée, et conserve la position qu'elle occupe jusqu'à l'envoi d'un courant de direction contraire. La machine électro-magnétique est mise en mouvement par la manivelle du manipulateur, et un courant induit est émis lorsque cette manivelle passe d'une lettre à la suivante (Siemens et Halske). Cette manœuvre est assez fatigante, et l'intensité du courant varie avec la vitesse de rotation. Wheatstone a remédié à ces inconvénients en rendant indépendant de la manipulation le fonctionnement de la machine électromagnétique, qu'on fait tourner avec une des mains, pendant qu'avec l'autre on abaisse les touches d'un clavier alphabétique circulaire. Au centre de ce clavier tourne une aiguille en relation avec l'arbre de la machine électro-magnétique ; elle s'en dégage et s'arrête lorsqu'elle arrive en face d'une touche abaissée, et, en même temps, la communication avec la ligne est interrompue. Cet appareil, dont les dimensions sont très petites, et qui fonctionne sans mouvement d'horlogerie, est employé en Angleterre sur un certain nombre de lignes d'intérêt privé.

80. *Appareils imprimeurs à échappement (ou cadrans imprimeurs).* Pour imprimer directement des lettres en caractères ordinaires, il suffit d'avoir une roue tournant en face d'une bande de papier et portant en relief tous les caractères de l'alphabet (*roue des types*) imprégnés d'encre par leur frottement contre un tampon, et un marteau qui presse le papier contre le caractère à transmettre au moment où ce dernier arrive en face. L'avancement de la bande doit d'ailleurs être commandé par le jeu du marteau pour que les lettres se suivent à des distances égales.

La roue des types peut être mise en mouvement par une série d'émissions de courant comme l'aiguille des appareils à cadrans. Quant à l'impression, on l'obtient par divers procédés, sans qu'il soit nécessaire d'avoir un second fil de ligne, en faisant agir le marteau au moment opportun, soit directement, soit par l'intermédiaire d'un mécanisme d'horlogerie spécial. On a, par exemple, deux électro-aimants à armatures aimantées, dont l'un produit le mouvement de la roue des types et l'autre celui du marteau, ce dernier fonctionnant seulement au moment de l'inversion du courant au poste expéditeur (Du Moncel, Digney, Mouilleron, etc.). Ou bien les deux électro-aimants sont inégalement sensibles, celui qui commande le jeu du marteau n'agissant que lorsque le courant a une certaine durée, c'est-à-dire lorsqu'on arrête le manipulateur sur la lettre à transmettre (Siemens). Ou encore, le courant de la ligne ne traverse qu'un seul électro-aimant qui fait mouvoir la roue des types, et dont l'armature oscille entre un butoir et un ressort; la pression est faible lorsque les émissions se succèdent rapidement; mais, si le courant persiste un instant, le ressort cède, vient toucher une pièce fixe, ferme un circuit local et produit l'impression (Bréguet).

On peut enfin employer un moyen purement mécanique pour l'impression ; ainsi, la roue des types sera munie de chevilles, en nombre égal à celui des lettres, qui soulèvent une pièce articulée, et ne la laissent pénétrer entre elles que lorsque l'arrêt dure un instant; l'enfoncement de cette pièce dégage le mécanisme imprimeur (Brett, House, etc.).

Les appareils imprimeurs sont quelquefois complétés par une aiguille qui marque sur un cadran les signaux transmis, l'impression ne servant alors qu'à contrôler la transmission et en garder la trace.

A citer, entre autres, l'imprimeur d'Arlincourt, où le *coup de fouet* de son électro-aimant (§ 61) est utilisé pour l'impression. Deux armatures aimantées se meuvent, l'une entre les deux pôles ordinaires de l'électro-aimant; l'autre, dont la polarité est inverse, entre les deux masses de fer formant renflement. La première, sous l'action d'une série de courants alternatifs positifs et négatifs se succédant rapidement, fait tourner la roue des types; la seconde oscille, comme la première, tant que les courants se suivent rapidement; mais, dès que le circuit est interrompu par suite de l'arrêt sur une lettre, le coup de fouet se produit, et la seconde armature change un instant de position : le circuit d'une pile locale qui actionne le mécanisme imprimeur se trouve alors fermé par l'introduction des butoirs et des armatures, qui sont intercalés dans le circuit.

Les appareils imprimeurs à *deux fils* sont encore usités pour la transmission des dépêches de Bourse à un certain nombre d'abonnés dans la même ville. Un seul manipulateur est placé au poste central : il comporte un mouvement d'horlogerie qui fait tourner une aiguille en face d'un cadran, et une roue qui émet des courants de sens alternés. Des touches sont disposées sur un clavier circulaire ; quand on abaisse l'une d'elles, le mouvement s'arrête lorsque l'aiguille arrive en face, et, à ce moment, un courant est émis dans le second fil. Les récepteurs sont placés chez les abonnés. Chacun d'eux comprend une roue des types mise directement en mouvement par un électro-aimant relié au premier fil. Un second électro-aimant est en relation avec l'autre fil; lorsqu'il est traversé par un courant, il agit sur un levier qui soulève le papier contre la roue des types et fait avancer la bande. Afin d'établir la concordance entre l'aiguille du manipulateur et les roues des types des différents récepteurs, ces derniers sont automatiquement arrêtés dans une position fixe correspondant au *blanc*, quand on reste quelque temps sans abaisser une touche. En appuyant sur la touche

du *blanc*, le poste transmetteur dégage toutes les roues des types, au moment où l'aiguille du manipulateur passe devant cette touche, et, de cette façon, la dépêche est reçue chez les abonnés sans aucune intervention de leur part.

81. *Appareils imprimeurs à mouvements synchroniques.* Cette catégorie comprend les appareils dont les roues des types des postes correspondants tournent synchroniquement, de façon à présenter toujours les mêmes caractères en face d'un marteau, le rôle du courant se réduisant à faire fonctionner ce marteau, lorsque le caractère voulu est arrivé en regard. Vail a décrit un imprimeur de ce genre dès 1837 (§ 44): à chaque lettre transmise, la roue des types s'arrête; il en résulte une certaine lenteur, tant par l'arrêt lui-même que par l'impossibilité d'obtenir une grande vitesse avec des mouvements synchroniques s'effectuant par saccades. On appelle quelquefois télégraphes à mouvements *électro-synchroniques* les imprimeurs dans lesquels l'échappement est combiné avec le synchronisme.

APPAREIL HUGHES. La difficulté qui consiste à maintenir le synchronisme malgré le mouvement irrégulier du mécanisme imprimeur, et à permettre de rétablir facilement l'accord entre les deux appareils en communication, n'a été complètement résolue que par M. Hughes : son appareil, breveté dès 1858, a reçu depuis quelques modifications dues principalement à MM. Hughes et Froment, et est actuellement en usage dans la plupart des Etats de l'Europe; le mouvement de la roue des types est *continu*, et l'impression s'opère *au vol*.

L'appareil comprend trois axes distincts, mis en mouvement par le même mécanisme d'horlogerie. Sur l'un d'eux est fixée la roue des types, que nous supposerons d'abord divisée en 28 parties égales, chaque division portant en relief une lettre de l'alphabet, sauf une qui est vide et servira à la séparation des mots. Le second axe, qui constitue le manipulateur, est vertical ; il porte un bras horizontal tournant avec la même vitesse angulaire que la roue des types, au-dessus d'un disque percé de trous disposés circulairement. Chaque trou est traversé par une tige métallique ou *goujon*, qui est en relation avec une des touches d'un clavier sur lequel sont marqués les mêmes signes que ceux de la roue des types: un *blanc*, correspondant à l'espace vide; les goujons sont reliés au pôle de la pile, et le bras horizontal, ou *chariot*, au fil de ligne. Quand on abaisse une touche, le goujon correspondant se soulève, et, au moment où le chariot passe au-dessus, un contact métallique s'établit, le courant est envoyé au poste correspondant. Le troisième axe, destiné à produire l'impression, est mis en mouvement par l'intermédiaire d'un électro-aimant, au moment du passage du courant. Cet axe porte des cames dont l'une soulève un petit marteau et applique contre la roue des types une bande de papier, qu'une seconde came fait avancer. Malgré l'intermittence du mouvement de l'axe imprimeur, celui du chariot et de la roue des types n'est pas altéré, grâce à l'addition d'un volant et d'un régulateur à lame vibrante.

Deux appareils identiques sont placés aux extrémités de la ligne, et les axes tournent synchroniquement. Si les positions des roues des types sont les mêmes, chaque lettre transmise à l'un des postes se reproduit à l'autre. L'impression a lieu au poste de départ comme au poste d'arrivée, le courant traversant l'électro-aimant avant de se rendre sur la ligne.

Pour corriger les écarts de synchronisme entre les deux roues des types, ces roues ne sont pas calées, mais simplement montées à frottement sur leurs axes.

Au moment où l'axe imprimeur soulève le marteau, une came spéciale (*came correctrice*) fixée à cet axe, s'engage entre les dents d'une roue dentée (*roue correctrice*), solidaire de la roue des types, et fait avancer ou reculer cette dernière, sans rompre sa liaison avec le rouage moteur, de façon à amener exactement un caractère en face du marteau. La concordance entre les correspondants se trouve ainsi rétablie à chaque impression, pourvu que l'écart ne dépasse pas la moitié de l'espace qui sépare deux lettres.

Pour établir l'accord entre les deux appareils au commencement de chaque transmission, sans arrêter le moteur, une petite pédale permet de désembrayer et d'arrêter la roue des types, lorsqu'elle arrive dans une position déterminée : le premier courant qui traverse l'électro-aimant la remet aux prises avec le moteur, en soulevant la pédale par un excentrique placé sur l'axe imprimeur. Chaque transmission doit donc commencer par l'abaissement de la touche dite *blanc des lettres*, qui correspond à cette position. Au moment du passage du chariot sur le goujon relié à cette touche, le courant est envoyé et produit l'embrayage de la roue des types, au départ aussi bien qu'à l'arrivée.

L'électro-aimant Hughes est un électro-aimant polarisé, agissant par répulsion (§ 61). Lorsque le courant traverse les bobines, de façon à développer dans les noyaux une aimantation contraire à celle que développe l'aimant permanent, il diminue l'attraction, et l'armature s'éloigne au moment où la force du ressort antagoniste l'emporte. Dans ce mouvement, le levier fixé à l'armature laisse tomber un cliquet qui met l'axe imprimeur en relation avec le moteur; cet axe effectue une révolution pendant laquelle il produit l'impression, fait avancer le papier, ramène l'armature au contact, et, par suite de la force acquise, fait monter sur un plan incliné, porté par le levier de l'armature, le cliquet, qui, se trouvant ainsi soulevé, rompt la relation qu'il avait établie.

On peut faire varier la vitesse de rotation en déplaçant une masse métallique fixée sur la lame vibrante, ce qui permet à l'un des postes de régler sa vitesse sur l'autre.

Pour obtenir les chiffres et signes de ponctuation, *sans augmenter* le nombre des touches, des goujons et des dents de la roue correctrice, M. Hughes emploie l'artifice suivant, connu sous le nom de *passage des lettres aux chiffres* ou *mécanisme*

*d'inversion* (§ 9). La roue des types est partagée en 56 divisions : toutes celles de rang pair portent les lettres, et celles de rang impair les chiffres et signes divers, dans l'ordre où ils sont marqués sur le clavier, de sorte qu'après chaque lettre est placé, sur la roue des types, un chiffre ou signe inscrit sur la même touche que cette lettre. Deux des 28 touches du clavier (*blanc des lettres* et *blanc des chiffres*) correspondent à deux espaces vides sur la roue des types. Quand on veut imprimer les signes de la série impaire, on abaisse la touche *blanc des chiffres*; celle-ci met en jeu la came correctrice, qui, pénétrant dans l'intervalle correspondant des dents de la roue correctrice, agit sur un petit levier, lequel fait tourner la roue des types de 1/56 de tour; en sorte que les caractères suivants imprimés sont ceux de la série impaire. On revient aux signes de la série paire (lettres) en appuyant sur la touche *blanc des lettres* (dont l'abaissement doit toujours précéder la transmission), ce qui produit l'effet inverse.

La durée de la rotation de l'axe imprimeur est égale à celle qu'emploie le chariot pour passer au-dessus de quatre goujons successifs : pour que deux lettres puissent être transmises dans le même tour, il faut donc que la seconde soit séparée de la première au moins par quatre touches. On appelle *combinaison*, la série des lettres qui peuvent être imprimées dans un même tour de la roue des types (*int*, par exemple). On compte, en moyenne, que l'on peut faire une lettre et demie par tour. La vitesse de rotation varie avec la longueur de la ligne : elle est en moyenne de deux tours par seconde.

Pour les appareils destinés aux lignes sous-marines, on divise le chariot de façon à produire, après l'envoi du courant de travail, une mise à la terre du fil de ligne ou une émission de courant de sens contraire, afin de décharger le conducteur.

*Déclenchement automatique.* L'impression devant avoir lieu aussi bien au départ qu'à l'arrivée, pour que les conditions mécaniques soient les mêmes de part et d'autre, le courant traverse les bobines de l'appareil transmetteur; il en résulte, sur les longues lignes, une difficulté dans le réglage, par suite des différences d'intensité des courants qui traversent les bobines, suivant que l'on transmet ou que l'on reçoit. En faisant produire au départ le déclenchement de l'axe imprimeur par un moyen mécanique, au moment du passage du chariot sur le goujon soulevé, le courant peut aller directement sur la ligne sans traverser l'électro-aimant. On diminue ainsi la résistance du circuit, et les deux correspondants peuvent travailler avec des courants de même sens.

82. *Autres imprimeurs à mouvement continu.* Dans les appareils Rouvier et Olsen, on utilise les deux sens du courant. M. Rouvier se sert de deux électro-aimants Hughes ordinaires, dont les armatures agissent sur deux roues des types montées sur le même axe, de façon à amener l'une ou l'autre de ces roues en face de la bande de papier. M. Olsen emploie un seul électro-aimant, avec deux armatures inversement polarisées, agis-

sant sur deux cames voisines fixées sur le même arbre que la came correctrice, et qui, suivant le sens du courant, viennent l'une ou l'autre presser le marteau imprimeur, de façon à imprimer : l'une les lettres de rang pair, l'autre celles de rang impair. La roue correctrice n'a plus que 14 dents au lieu des 28 de l'appareil Hughes; comme le travail de correction, qui s'effectue à chaque passage du courant, limite beaucoup la vitesse de rotation, cette modification doit augmenter notablement la vitesse, de 1/3 environ dans la pratique.

En Amérique, on emploie l'imprimeur de Phelps, basé sur les mêmes principes que le Hughes.

*Transmission automatique.* Supposons qu'on développe, suivant une ligne droite, la rangée circulaire de trous traversés par les goujons, et que ceux-ci soient dans un même plan vertical et munis de poinçons, de façon à perforer, quand on travaille sur le clavier, une bande de papier se déroulant au-dessus d'eux; si la vitesse de déroulement est telle qu'un point de la bande passe d'un goujon au suivant dans le temps que le bras du chariot met à passer d'un trou à l'autre, il suffira ensuite de faire dérouler avec la même vitesse cette bande perforée entre un cylindre relié à la pile et un ressort relié à la ligne.

Pour obtenir les lettres correspondantes sur un imprimeur, placé à l'autre extrémité de la ligne, M. Olsen a complété son appareil par un manipulateur automatique.

**83.** *Traduction en lettres imprimées, des combinaisons de traces formées par les appareils à signaux indépendants.* Les frères Highton (1848) avaient imaginé un traducteur pour transformer en caractères typographiques les vingt-six combinaisons de leur appareil à trois fils (§ 78). Chaque fil aboutissait à un électro-aimant commandant deux armatures inversement polarisées. Par l'intermédiaire de leviers et de cordes, une roue portant vingt-six types était commandée par les six armatures de façon à amener le type à l'avant-dessus de la bande de papier. A cet effet, les trois armatures commandées par les courants positifs font tourner respectivement la roue de une, trois, neuf divisions, et celles commandées par les courants négatifs de deux, six, dix-huit divisions. En actionnant les six armatures, soit seules, soit combinées, on peut amener la roue dans l'une quelconque de vingt-six positions différentes, et par suite, le type voulu au-dessus de la bande; l'impression s'effectue alors par un mécanisme particulier, puis tout revient au repos.

Dans une autre disposition, les armatures n'ont pas de travail mécanique à exécuter, elles n'ont qu'à *aiguiller* un courant local de façon à l'amener sur un électro-aimant déterminé, parmi vingt-six électro-aimants semblables, dont le fonctionnement détermine la projection, contre une bande de papier, d'un caractère gravé sur une tige commandée par son armature. Dans ce but, chacune des six armatures commandées par les électro-aimants de ligne est munie d'appendices en forme de ∩ destinés à établir des communications électriques entre des godets de mercure dans lesquels ils peuvent plonger. Les deux armatures du premier électro-aimant étant au repos, un courant local est conduit dans une direction qui se trouve modifiée si l'une ou l'autre des armatures est déplacée. Les trois voies qui peuvent, *suivant le cas,* être ouvertes au courant local, arrivent aux appendices des armatures du deuxième électro-aimant, qui, suivant les *positions qu'elles occupent,* peuvent modifier de trois façons différentes la direction du courant arrivant par l'une ou l'autre des trois voies. Les neuf routes dont l'une

quelconque est offerte au courant, arrivent aux armatures du troisième électro-aimant qui, suivant leur position, *peuvent les continuer dans l'une ou l'autre de trois di*rections différentes; vingt-sept conducteurs partent donc des armatures du troisième électro-aimant. Pour éviter l'usure inutile de la pile, on supprime celui d'entre eux qui suit le courant local lorsque toutes les armatures sont au repos; les vingt-six autres sont reliés respectivement aux vingt-six électro-aimants imprimeurs.

Wheatstone (1859) avait imaginé également un *traducteur* des signaux de points sur deux lignes, fournis par son appareil automatique à deux styles (§ 77). C'était une roue portant trente types et commandée par deux rangées parallèles de quatre touches; les quatre touches de la première rangée faisaient tourner respectivement la roue de une, deux, quatre, huit divisions quand elles étaient abaissées; celles de la deuxième rangée la faisaient tourner de deux, quatre, huit, seize divisions. Or, chaque signal formé sur la bande du récepteur comprenant un maximum de quatre points situés sur l'une ou l'autre des deux lignes parallèles, on pouvait figurer la disposition relative de ces points en appuyant successivement sur les touches du traducteur occupant des positions symétriques. Le caractère gravé sur la roue qui correspondait à la combinaison de points ainsi reproduite était alors amené dans une certaine position où il s'imprimait sur une bande de papier.

En 1874, M. Baudot a breveté un appareil à *un fil* traduisant en caractères *typographiques* les combinaisons de courant. Le manipulateur était formé de six touches reliées à six lamelles d'un *distributeur* (§ 68) sur lesquelles un frotteur relié à la ligne glissait d'un mouvement uniforme. A l'arrivée, un frotteur semblable mettait successivement la ligne en communication avec six lamelles d'un distributeur, reliées à six électro-aimants. Les deux frotteurs tournant synchroniquement mettaient ainsi successivement, par l'intermédiaire de la ligne, les six touches du manipulateur en communication respective avec les six électro-aimants du récepteur. Ceux-ci reproduisaient donc à l'arrivée l'une des soixante-trois combinaisons que pouvaient faire les touches au poste de départ. Le fonctionnement des six électro-aimants déterminait le déplacement d'une roue des types. Le premier la faisait tourner d'une division, le deuxième de deux, le troisième de quatre, le quatrième de huit, le cinquième de seize et le sixième de trente-deux. Comme dans la première disposition de Highton et dans le traducteur de Wheatstone, les diverses combinaisons de ces mouvements permettaient d'amener le caractère choisi au-dessus d'une bande de papier. L'impression se faisait alors automatiquement, puis tout revenait à la position de repos.

Les deux opérations qu'exigeait la réception d'un caractère (c'est-à-dire : 1° la préparation du signal par le fonctionnement des armatures; 2° la rotation de la roue des types et l'impression) se faisant successivement, et la deuxième étant toute locale, il était naturel de mettre la ligne en relation avec d'autres *récepteurs* pendant que s'effectuait cette dernière opération. De là l'idée du *multiple imprimeur* (§ 91).

**84.** IMPRIMEUR. BAUDOT. L'imprimeur actuel de Baudot (1881) dérive de l'appareil à 5 plumes, qui, fonctionnant ensemble ou séparément, produisaient des points sur cinq lignes parallèles (§§ 10 et 78). Le nombre de combinaisons que l'on peut obtenir est alors de $2^5$ ou 32, y compris celle qui correspond à la non-activité de la transmission. A chacun des postes extrêmes se trouve un *distributeur* (fig. 383) comprenant un secteur C continu relié à la ligne, et un secteur de même angle au centre, subdivisé en cinq contacts, lesquels, au départ, sont reliés à cinq touches constituant le manipulateur, et, à l'arrivée, à cinq relais polarisés $R_1, R_2...R_5$ (fig. 384) (§ 61). Chaque touche (fig. 383) est constituée par une clef à ressort $l$ qui, au repos, presse contre son butoir supérieur H (*butoir de repos*), et, sous l'action du doigt, presse contre son butoir inférieur B (*butoir de travail*). Les cinq butoirs de repos sont reliés à une pile négative, et les cinq butoirs de travail à une pile positive. Les armatures des cinq relais polarisés (fig. 384) sont disposées de façon à être pressées sur le butoir de droite (butoir de repos) ou le butoir de gauche (butoir de travail) suivant que les bobines sont parcourues par un courant négatif (courant de repos) ou positif (courant de travail). Elles sont réglées de façon à rester dans la position où les a placées le dernier courant émis. Chaque distributeur est parcouru par un frotteur double, mettant le secteur continu en communication successivement avec les lamelles du secteur discontinu.

Supposons que les frotteurs animés de la même vitesse soient partis au même moment de deux points symétriques; il est facile de voir que, successivement et par l'intermédiaire de la ligne et des deux distributeurs, la touche 1 du poste de départ sera mise en communication avec l'électro-aimant 1 de l'arrivée, la touche 2 avec l'électro-aimant 2,

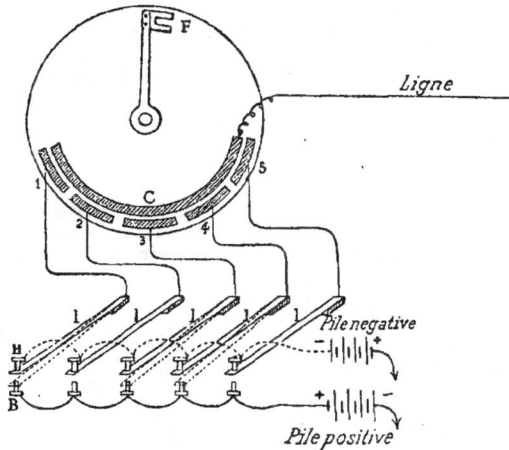

Fig. 383. — *Manipulateur Baudot.*

etc., et, si les doigts de l'opérateur ont abaissé une ou plusieurs touches, les armatures des électro-aimants correspondant aux touches abaissées se déplaceront et resteront appuyées sur leur butoir de travail; les cinq armatures reproduisent ainsi exactement les positions données aux touches correspondantes du manipulateur.

Les électro-aimants étant polarisés, les armatures gardent la position prise, et la combinaison est conservée jusqu'au moment où un courant négatif de *rappel* ramène toutes les armatures au repos; le rôle de ces électro-aimants est alors terminé. On pourrait en observant ou en registrant la position des armatures interpréter le signal émis, mais il s'agit de le transformer en une lettre imprimée. Ce travail s'effectue *localement*: on commence par transférer la combinaison obtenue sur une autre série d'électro-aimants (fig. 384) faisant partie du mécanisme du traducteur. Les cinq armatures des relais $R_1, R_2...$ sont reliées ensemble à un contact K; un autre contact K' est relié à une pile locale; le frotteur double F' arrive sur les contacts K et K' qu'il réunit pendant un instant; les cinq butoirs de travail des armatures sont reliés respectivement à cinq électro-aimants $E_1, E_2...E_5$. Quand le frotteur F' arrive en K, le courant de la pile locale est envoyé respectivement aux cinq armatures, mais il ne passe que par celles qui sont en contact avec leur butoir de travail, et va actionner les électro-aimants correspondants de la deuxième série. Ce *transfert* de la combinaison à une nouvelle série d'organes rend, dès ce moment, les relais disponibles, et permet de les utiliser à nouveau pour un autre signal.

La traduction de la combinaison *emmagasinée* dans les électro-aimants $E_1, E_2..$ s'effectue par l'intermédiaire d'un organe spécial dit *combinateur* (fig. 385 à 387). M. Baudot a donné diverses formes, toutes fort ingénieuses, à cet organe dont le but est de produire électriquement ou mécaniquement, la projection d'une bande de papier contre une roue des types

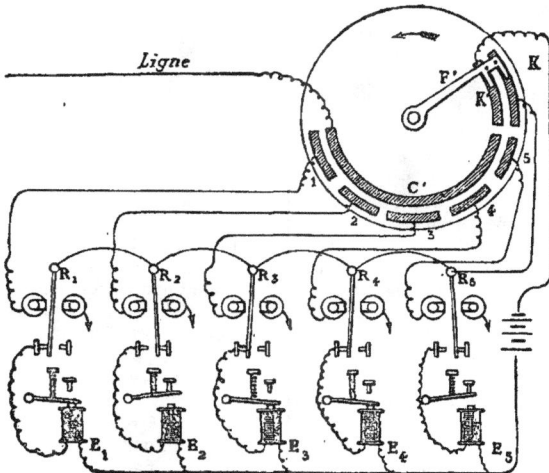

Fig. 384. — *Récepteur Baudot.*

présentant en ce moment à la bande, le caractère correspondant à la combinaison formée par les armatures. Le combinateur actuel est mécanique, et fonctionne comme il suit : soit un disque D tournant autour d'un axe A, dont la tranche peut servir de point d'appui à cinq leviers $l_1, l_2, l_3, l_4, l_5$, disposés à la suite l'un de l'autre, et articulés respectivement sur cinq axes $o$ parallèles. A sa partie supérieure, chaque levier porte une sorte de marteau à deux têtes, par lequel il se trouve en contact avec celui qui le précède et celui qui le suit. Il résulte de cette disposition que tous les leviers trouvent par leur partie supérieure un point d'appui sur leur voisin de droite, et par suite qu'un autre levier $l'$ placé en tête, ne peut obéir au ressort $r$, qui le sollicite à s'incliner vers la droite, que si les cinq leviers suivants sont en état d'exécuter le même mouvement. D'autre part, le disque D, sur lequel les cinq leviers peuvent prendre un second point d'appui par leur extrémité inférieure, est entaillé sur sa circonférence; au passage d'une encoche sous l'un d'eux, celui-ci cesse d'être soutenu, mais, en raison de la solidarité du ressort $r$ avec l'ensemble des cinq leviers, le levier considéré ne peut

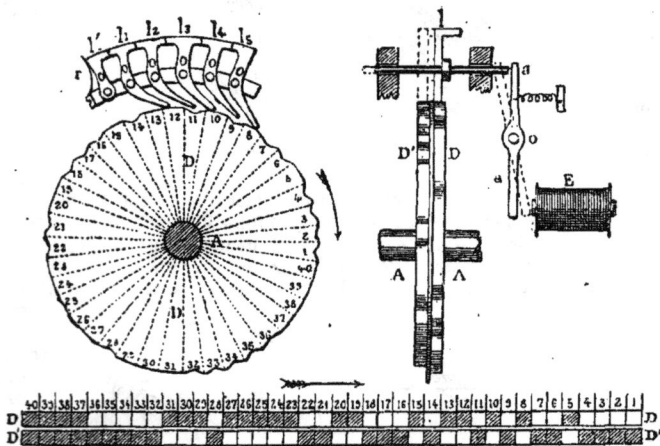

Fig. 385 à 387. — *Combinateur Baudot.*

obéir à l'impulsion de ce ressort que si, au même instant, le disque présente des encoches au-dessous de chacun des autres leviers. Or, précisément le disque D est entaillé de façon à ce que cette coïncidence ne se produise qu'une fois par tour.

Lorsque le disque D tourne, il présente successivement devant l'ensemble des leviers les divisions de 1 à 5, puis de 2 à 6, de 3 à 7, et enfin de 32 à 36. Les encoches sont pratiquées de telle sorte que, dans chacune des trente et une premières positions du disque, les parties pleines fournissent des points d'appui à autant de combinaisons différentes de ces leviers, c'est-à-dire à un quelconque des leviers isolément et à deux, trois ou quatre quelconques d'entre eux simultanément; à la trente-deuxième position seulement, les cinq leviers trouvent chacun devant eux une encoche et basculent ensemble.

Il s'agit maintenant de rendre ce mouvement de bascule possible à un moment déterminé de la révolution du disque. Ce résultat ne peut être obtenu qu'à la condition de substituer des

entailles aux parties pleines qui, à ce moment même, offrent à certains des leviers des points d'appui sur le disque D. Cette substitution s'obtient de la façon suivante : derrière le disque D est appliqué un autre disque D' entaillé comme lui sur sa circonférence, mais d'une façon *complémentaire*, c'est-à-dire de telle sorte que les encoches de D' correspondent aux saillies de D, et réciproquement. Chacun des leviers $aa$, commandé par l'armature d'un électro-aimant E, peut, par exemple, être déplacé latéralement avec son axe $o$, de façon à se trouver soit sur le disque D, soit sur le disque D'. Dans l'une ou l'autre position, chacun des leviers reste en contact avec ses voisins par la partie élargie de la tête.

Si, avant de mettre les disques en mouvement, on fait de cette façon passer un ou plusieurs leviers sur D', cette substitution modifiera complètement l'ordre dans lequel se succèdent les combinaisons de leviers trouvant des points d'appui sur les disques pendant la révolution de ces derniers, et change le point de la révolution où les cinq leviers, perdant simultanément tout point d'appui, cèdent à l'impulsion du ressort qui fait basculer leurs têtes de gauche à droite.

Au lieu de correspondre à la trente-deuxième position du disque, le point de la révolution où se produit cet effet correspond maintenant à la position où les leviers *déplacés*, et ceux-là seulement, trouvent simultanément des points d'appui sur D; cela résulte de ce que D' présente des encoches en regard des parties pleines de D.

En résumé, chaque combinaison distincte de leviers déplacés et amenés sur le disque D' déterminera l'oscillation de l'ensemble des leviers en un point de la révolution des disques correspondant à cette combinaison. Le rôle des cinq leviers $l_1, l_2, l_3, l_4, l_5$ qui, pendant la révolution des disques, *cherchent* le point où ils doivent accuser par une oscillation la combinaison que forme leur ensemble, leur a fait donner le nom de *chercheurs*.

Il reste à montrer comment cette oscillation des chercheurs, qui peut s'effectuer en trente-deux points différents de la révolution des disques, permet d'obtenir l'impression sur une bande de papier d'un des trente-deux caractères de la roue des types. Par l'intermédiaire du levier L et de la tige $t$ (fig. 388), le mouvement de bascule des chercheurs détermine la projection, vers la gauche, du cylindre I, lequel porte une bande de papier P P qui vient ainsi frapper la circonférence de la roue R des types R, montée comme les disques D et D' sur l'axe A. Pendant une révolution de cet axe, chacun des types passe successivement devant la bande de papier dans le même temps que les divisions correspondantes des disques passent sous les chercheurs. Dès lors, l'oscillation des chercheurs s'effectuant en un point déterminé de la rotation des disques, déterminera la projection du papier sur un des types de la roue, et précisément sur celui qui correspond à ce point. Par conséquent, à chacune des trente-deux combinaisons auxquelles les cinq chercheurs peuvent donner lieu lorsqu'on les place sur l'un ou l'autre des disques D et D', correspondra, après une révolution de l'axe A, l'impression d'un caractère distinct, spécial à la combinaison effectuée. Les cinq chercheurs étant respectivement commandés par les armatures des cinq électro-aimants qui ont reproduit la combinaison formée par l'ensemble des cinq touches du poste de départ, on voit qu'à chaque combinaison faite au départ avec les cinq touches du manipulateur, correspondra à l'arrivée, l'impression sur une bande de papier d'un caractère distinct. Comme la traduction de la combinaison qui correspond au *repos* des cinq touches est inutile, on ajoute une partie pleine à la trente-deuxième division

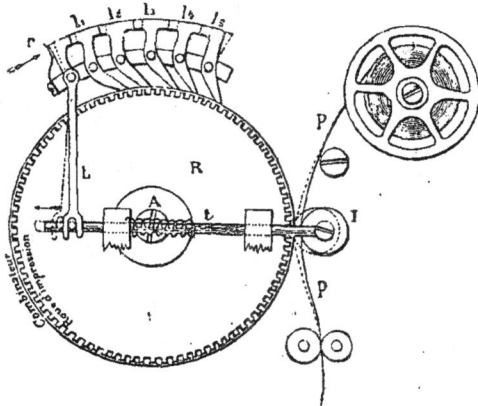

Fig. 388. — *Mécanisme d'impression.*

du disque D pour empêcher l'oscillation des chercheurs sur cette combinaison.

Une disposition imitée de l'appareil Hughes permet d'utiliser le même signal conventionnel pour représenter soit une lettre, soit un chiffre ou signe de ponctuation; il existe, à cet effet, deux signaux pouvant produire un espace blanc sur la bande de papier: le *blanc des chiffres* pour les espaces blancs précédant les chiffres, et le *blanc des lettres* pour ceux précédant les lettres. Lorsque le signal blanc des chiffres arrive au combinateur, un mécanisme agit sur une *pièce d'inversion* qui donne un déplacement angulaire à la roue des types: le signal blanc des lettres produit l'effet inverse.

Le synchronisme entre les postes correspondants est maintenu au moyen d'un courant émis par l'un d'eux à chaque tour, et qui, par l'intermédiaire d'un électro-aimant, agit sur le mécanisme de l'autre.

Bien que la ligne soit toujours occupée par un courant, la transmission peut être troublée par l'inégalité de charge résultant de deux émissions

successives de courants de même sens; on y remédie à l'aide de dispositions spéciales qui affaiblissent la seconde émission, par l'intercalation d'une résistance dans le circuit, ou par une dérivation à la terre.

85. APPAREILS AUTOGRAPHIQUES OU PANTÉLÉGRAPHES. Ces appareils ont pour but de reproduire, à distance, l'écriture ordinaire, les dessins et en général tout ce que l'on peut tracer sur une feuille de papier. — V. AUTOGRAPHE.

Le résultat peut être obtenu directement; car tout mouvement d'un point dans un plan peut être décomposé en deux mouvements élémentaires, soit deux mouvements de translation, soit deux mouvements de rotation, soit un mouvement de rotation et un mouvement de translation. A l'aide d'une combinaison d'engrenages et de leviers, les deux mouvements élémentaires qui définissent la position du style de départ sont communiqués à un crayon ou une plume, par l'intermédiaire de deux électro-aimants actionnés chacun par un fil de ligne distinct. La solution la plus simple consiste dans l'emploi d'un appareil analogue au pantographe des dessinateurs; les leviers reliés au style de départ agissent sur des roues interruptrices qui, tournant dans un sens ou dans l'autre, envoient sur la ligne des émissions positives ou négatives dont le nombre dépend de la grandeur de la rotation. Ou bien, on fait mouvoir parallèlement à elles-mêmes deux tiges rectangulaires, le sommet de leur angle représentant le point mobile; ce mouvement introduit dans le circuit des résistances variant d'une façon continue, et à l'arrivée, les armatures des électro-aimants prennent des mouvements dont l'étendue dépend de l'intensité des courants.

86. Le problème est résolu d'une façon plus pratique, avec un seul fil de ligne, en faisant parcourir à deux styles une série de lignes parallèles, le style de départ produisant des émissions de courant, celui d'arrivée les enregistrant sur une feuille de papier.

Dans l'appareil de Backwell (1851), la dépêche à transmettre est tracée avec une encre isolante sur un papier métallique (feuille d'étain) communiquant avec le pôle d'une pile mise à la terre par son autre pôle; le style de départ est relié à la ligne qui aboutit au style d'arrivée dont la pointe de fer parcourt une feuille de papier préparé au cyanoférrure de potassium, et communiquant avec la terre. Si les deux styles ou les deux plateaux ou cylindres métalliques sur lesquels reposent les feuilles de papier se déplacent par l'effet d'un mécanisme d'horlogerie, de façon que les pointes décrivent des lignes droites d'un bout à l'autre de la feuille, et si, à la fin de chaque ligne, les styles ou les plateaux avancent un peu dans le sens perpendiculaire, les styles décriront une série de lignes parallèles, et si leurs mouvements sont parfaitement synchroniques, on obtiendra sur le papier chimique la reproduction du texte en lettres blanches (correspondant aux interruptions du courant) qui ressortent sur un fond de lignes bleues parallèles, résultant de la décomposition chimique par le passage du courant.

Pour obtenir les lettres en bleu sur un fond blanc, il faut produire l'émission au moment du passage du style sur l'encre isolante et l'interruption pendant son passage sur le métal; pour cela, au poste de départ (fig. 389), au lieu de placer la pile P entre la terre et le papier métallique, on la met en dérivation entre la ligne L et la terre T, en sorte que son pôle positif est en communication avec le style S et la ligne, et son pôle négatif avec le papier métallique et la terre.

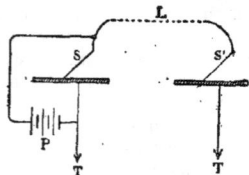

Fig. 389.

Les systèmes Caselli, d'Arlincourt et Edison reproduisent la dépêche par décomposition chimique, les systèmes Meyer et Lenoir la reproduisent à l'encre sur du papier ordinaire.

*Appareil Caselli.* Un long pendule communique son mouvement au style par un levier articulé et une vis sans fin; le style avance à chaque oscillation et parcourt une surface légèrement courbe où se trouve posé, au départ, le papier métallique sur lequel la dépêche est écrite, et, à l'arrivée, un papier chimique. Le mouvement du pendule est entretenu par l'action, sur une armature de fer doux placée à sa partie inférieure, d'un électro-aimant animé par une pile locale; les interruptions du courant local sont produites par le pendule d'un régulateur indépendant, à la marche duquel est subordonnée celle du grand pendule. Le style est disposé de manière à ne toucher les surfaces que pendant le mouvement du pendule dans un sens, mais on peut utiliser le mouvement inverse pour une seconde transmission. Le synchronisme se règle par la condition qu'une droite tracée sur la feuille d'étain, hors du texte et normalement à la marche du style, se reproduise à l'arrivée dans la même situation. Les dépêches reçues sur papier chimique peuvent être reproduites sur une feuille d'étain, pendant la réception, puis servir à une réexpédition sur un autre poste, à l'aide d'un procédé dû à M. Lambrigot.

*Appareil d'Arlincourt.* L'impression est électrochimique et s'obtient par l'intermédiaire d'un relais d'Arlincourt qui permet d'opérer plus de cent fermetures du courant local par seconde. Les feuilles de papier, au départ et à l'arrivée, s'enroulent sur deux cylindres mis en mouvement par des moteurs dont la marche est réglée par une double tige vibrante hélicoïdale. Le cylindre transmetteur tourne un peu plus vite que le cylindre récepteur, de telle sorte qu'il présente au style une génératrice correspondant à la marge du texte, plus tôt que ne le fait le même organe à la station d'arrivée; il est arrêté dans cette position jusqu'au moment où le cylindre récepteur arrivant à son tour dans la même situation envoie un courant qui le remet en marche.

*Appareil Meyer.* La dépêche est reproduite à l'encre sur une feuille de papier ordinaire, qui est disposée au-dessous d'un cylindre portant un pas d'hélice, et qui avance un peu après chaque révolution. L'hélice s'imprègne d'encre en frottant contre un tampon, de sorte que si le papier était maintenu soulevé contre elle, il emporterait la trace d'une série de lignes parallèles très rapprochées; mais ce soulèvement n'a lieu que lorsqu'un courant local, traversant un électro-aimant spécial, fait mouvoir une armature. La fermeture de ce circuit local est commandée par un relais très sensible qui reçoit le courant du poste correspondant.

Au départ, le papier métallique est enroulé sur un cylindre tournant également d'un mouvement uniforme; le style le parcourt en décrivant une hélice à spires très rapprochées, et envoie le courant sur la ligne quand il passe sur l'encre. Le synchronisme est obtenu à l'aide d'un pendule conique. — V. Autographe.

*Appareil Lenoir.* Le moteur, à chaque poste, est une petite machine électro-magnétique qui fait tourner un cylindre sur lequel est enroulé, au départ, le papier métallique, à l'arrivée, une feuille de papier ordinaire. Le synchronisme est obtenu à l'aide d'un régulateur à force centrifuge. Un chariot qui avance parallèlement au cylindre lui présente d'une part un style qui frotte sur le papier métallique, et de l'autre une plume imbibée d'encre actionnée par un électro-aimant polarisé qui laisse une trace à chaque passage du courant. La ligne est parcourue par un courant très intense quand le style transmetteur passe sur une partie encrée, et par un faible courant de sens contraire quand il touche le papier. M. Lenoir est arrivé, par un procédé spécial, à reproduire à distance des épreuves photographiques.

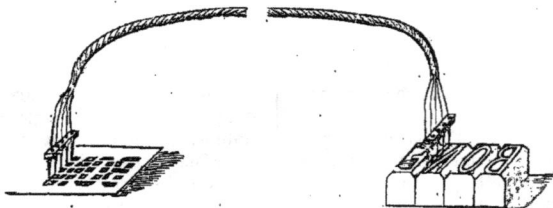

Fig. 390. — *Typo-télégraphe Bonelli.*

*Appareil Edison.* Les dépêches à transmettre sont écrites sur du papier ordinaire épais à l'aide d'un crayon dur. Ce papier est enroulé sur un cylindre vertical tournant, contre lequel frotte une pointe qui, en passant sur les dépressions faites par le crayon, exécute un mouvement presque imperceptible, mais suffisant pour produire la fermeture d'un circuit et envoyer un courant sur la ligne. Ce courant agit, à l'arrivée, sur un papier chimique enroulé sur un cylindre tournant synchroniquement avec le cylindre de départ, et y laisse des traces qui correspondent aux traits marqués par le crayon.

87. *Typo-télégraphes.* L'inconvénient des appareils qui précèdent est d'exiger un très grand nombre d'émissions de courant pour la reproduction d'une lettre ; il y a, de plus, une perte de temps due à ce que, les caractères de l'écriture ordinaire n'ayant pas des dimensions uniformes, on est obligé de faire parcourir au style un espace plus grand que celui du corps de l'écriture.

M. Bonelli a eu l'idée de composer les dépêches au moyen de types romains qui peuvent être transmis par cinq passages du style et, afin de simplifier l'appareil en évitant la nécessité du synchronisme, il employait cinq fils de ligne reliés, au départ et à l'arrivée, à cinq styles juxtaposés en forme de peigne (fig. 390). Avec des appareils synchroniques, un seul fil suffit évidemment, les cinq passages du style s'effectuant successivement et non plus simultanément. Dans l'appareil de Cook, les styles sont entraînés parallèlement aux lignes de l'écriture, par une vis sans fin ; ces styles ne frottent que dans un sens déterminé, et arrivés au bout de leur course, doivent revenir sans travailler à leur point de départ. M. Cook évite le temps perdu par ce retour, en employant des vis directrices à double filet croisé, entraînant chacune deux styles qui se déplacent dans des sens contraires ; de cette façon, pendant que l'un des styles revient à sa position primitive sans produire de travail, l'autre frotte et transmet. Les chariots, qui portent les types et le papier de réception, restent immobiles pendant le mouvement des styles ; quand ceux-ci sont au bout de leur course, les chariots se déplacent de un cinquième de la hauteur commune des lettres, normalement à la ligne tracée par les styles. Cet appareil a donné entre Paris et Lyon un rendement de cinquante-trois mots par minute.

M. Edison remplace les types par une bande de papier que l'on perfore à l'avance suivant cinq lignes parallèles. La perforation s'effectue à l'aide d'un clavier, sur les touches duquel il suffit d'appuyer pour produire sur la bande des trous disposés de manière à représenter les diverses lettres de l'alphabet.

Citons encore, à titre de curiosité, les *typo-télégraphes électro-chimiques à maquette* fondés sur l'emploi de la *lettre universelle*, sorte de diagramme (fig. 391) renfermant les éléments des différentes lettres de l'alphabet, et dont on prend telle ou telle partie suivant la lettre à transmettre. Aux deux stations, des pointes traçantes marchant synchroniquement parcourent le diagramme, et le

courant ne passe que lorsque les styles suivent les sinuosités correspondantes à la lettre à transmettre.

MM. Vavin et Fribourg ont proposé une lettre universelle (fig. 392) formée de onze lamelles reliées à autant de contacts placés sur un distributeur. Au départ, on passe une encre isolante sur les parties inutiles du type, et on met les autres en relation avec la pile. Le courant arrive sur les lamelles correspondant aux parties utiles de la lettre à transmettre, passe sur la ligne, et est envoyé par le distributeur d'arrivée sur les lamelles correspondantes d'un type placé sur une feuille de papier chimique.

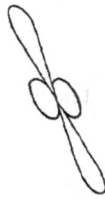

Fig. 391.

Fig. 392.

M. Sieur emploie une maquette unique à onze lamelles (fig. 393) se rapprochant des caractères d'imprimerie. Un clavier alphabétique envoie le courant dans ceux des contacts du distributeur qui correspondent à la lettre voulue, et dispense ainsi de la composition préalable. A l'arrivée, une bande de papier chimique est placée entre le type et une plaque reliée à la terre. Les distributeurs portent onze contacts reliés aux touches du manipulateur et aux lamelles du type récepteur ; un douzième contact envoie le courant, après l'impression, dans un électro-aimant dont l'armature fait avancer la bande.

Fig. 393.

### TRANSMISSIONS SIMULTANÉES.

88. *Transmission simultanée de deux dépêches en sens contraires (duplex).* Gintl, puis Siemens, ont démontré, dès 1853, la possibilité de transmettre simultanément deux dépêches en sens contraires par le même fil. Le récepteur de chacun des postes, afin de marcher sous l'influence du courant reçu dans quelque position que se trouve le manipulateur, doit être placé entre la ligne et ce manipulateur, qui établit alternativement la communication avec la pile et la terre. Il faut de plus que le récepteur ne fonctionne pas lorsque le courant émane de son propre poste. On obtient ce dernier résultat de bien des manières différentes, soit par des moyens électriques, soit par des moyens électro-mécaniques. Comme moyens électriques, on peut appliquer toutes les méthodes de mesure électrique connues sous le nom de *méthode de réduction à zéro*, c'est-à-dire les méthodes de mesure des résistances connues sous le nom de *méthode différentielle* et de *méthode du pont Wheatstone* (V. ÉLECTROMÉTRIE, PONT, § *Pont de Wheatstone*, RÉSISTANCE), ainsi que la méthode de comparaison (des forces électromotrices de deux piles, dite *méthode de compensation* ou de Poggendorff. Nous nous bornerons aux deux méthodes les plus employées : la méthode différentielle et celle du pont.

*Méthode différentielle.* La bobine de l'électroaimant est munie de deux fils distincts enroulés en sens contraire, et qui sont tous les deux en relation, d'un côté avec le manipulateur, tandis que de l'autre, un des fils est relié à la terre par l'intermédiaire d'un *rhéostat*, et l'autre à la ligne. Dans la figure 394, ce récepteur est représenté par

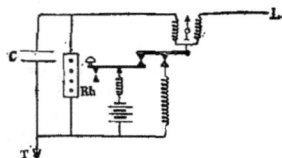

Fig. 394.

un galvanomètre différentiel (souvent chacun des fils constitue une des deux bobines de l'électro-aimant, et le même récepteur peut alors servir à la transmission ordinaire ou à la transmission duplex).

Supposons que l'un des postes envoie seul le courant, celui-ci traversera en sens contraires les bobines du récepteur au départ : une partie ira sur la ligne L et l'autre à terre T par le rhéostat ; le récepteur restera au repos si les deux courants sont égaux, ce qu'on réalise en rendant la résistance du rhéostat équivalente à celle des conducteurs qui forment l'autre circuit (ligne et récepteur de l'autre poste). Il suffit de faire varier la résistance du rhéostat de façon que l'appareil n'accuse aucun signal pendant que l'on transmet. Si le courant vient du poste correspondant, il traverse un seul des fils du récepteur, et se rend directement à la terre par le manipulateur sans passer par le second fil, en raison de la résistance de celui-ci.

Enfin, supposons que les deux correspondants envoient ensemble le courant. On peut considérer chacun des courants comme agissant isolément, et l'effet résultant sur les électro-aimants comme égal à la somme algébrique des actions dues à chacun des courants. Or, chaque récepteur est insensible au courant qui part de son propre poste et fonctionne sous l'influence du courant émis par le correspondant ; celui-ci produit donc le même effet que dans le cas où il est seul envoyé. En somme, si les courants s'ajoutent sur la ligne (c'est-à-dire si les postes travaillent l'un avec le courant positif, l'autre avec le courant négatif) l'aimantation de l'électro-aimant est due à l'excès du courant de ligne sur le courant local qui traverse le second fil du récepteur ; si les courants se détruisent sur la ligne, l'aimantation de l'électro-aimant est due au courant local qui traverse ce second fil.

Le duplex s'applique donc aux transmissions à double courant, à l'automatique Wheatstone, par exemple (§ 76).

Le courant reçu par chacun des postes se rendant à la terre, soit directement, soit en passant par la pile, on égalise les deux chemins en intercalant une résistance égale à celle de la pile sur le trajet du manipulateur à la terre. Lorsqu'à l'un des postes on passe de la position d'émission à celle de réception, le circuit se trouve rompu pendant un instant au manipulateur, mais il se complète par le second fil de l'électro-aimant ; la force magnétique développée par le courant du correspondant ne change pas ; car, si le nombre

de tours parcourus par ce courant est double, son intensité est réduite de moitié par suite de l'augmentation de résistance.

Dans certains cas, il peut être nécessaire d'éviter, pendant la transmission, l'isolement au manipulateur ; ce résultat s'obtient (fig. 394) par l'adjonction d'un second levier en communication avec le récepteur, et qui appuie sur un contact relié à la terre ; le levier ordinaire est relié à la pile. En pressant sur le bouton, pour manipuler, l'autre extrémité soulève le second levier et rompt la communication avec le sol au moment où s'établit la communication avec la pile.

*Méthode du Pont.* L'appareil récepteur (fig. 395) est placé sur la diagonale d'un parallélogramme dont deux côtés adjacents sont reliés par leur

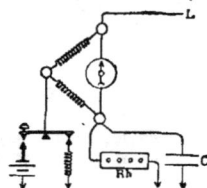

Fig. 395.

point de contact au manipulateur, tandis que les deux autres côtés sont formés, l'un par la ligne L et le poste correspondant, l'autre par un rhéostat en communication avec le sol, qui constitue le quatrième sommet du parallélogramme. Quand on transmet, aucun courant ne traverse le récepteur si les produits des résistances des côtés opposés du parallélogramme sont égaux, condition facile à remplir en intercalant des résistances convenables sur les trois côtés dont on dispose. Si, au contraire, le courant est envoyé par le correspondant, une partie passe par la diagonale et fait fonctionner le récepteur, dont le jeu est indépendant de la position du manipulateur de son propre poste. La première application de cette méthode a été faite par Maron, en 1863.

*Emploi de condensateurs.* En fait, la transmission simultanée exige que l'on établisse dans chaque poste un circuit local ou une *ligne artificielle*, dont l'état électrique soit à chaque instant identique à celui de la ligne télégraphique, s'il s'agit de la méthode différentielle ou du Pont à branches égales ; dans un rapport déterminé, dans le cas du Pont à branches inégales. Si la ligne *réelle* n'a qu'une capacité faible, un simple rhéostat suffira pour constituer une ligne artificielle ; mais, si la ligne réelle possède à la fois résistance et capacité, la ligne artificielle devra être formée de rhéostats et de condensateurs c (fig. 394 et 395). Cette addition de condensateurs, expérimentée dès 1855, a été mise dans la pratique, en 1872, par M. J.-B. Stearns.

*Transmission duplex par l'appareil Hughes.* Pour appliquer la transmission duplex à l'appareil Hughes, on intercale dans la diagonale d'un pont les bobines d'un appareil à déclenchement automatique.

*Transmission duplex par l'appareil automatique de Wheatstone.* Il suffit de supprimer la *compensation* (§ 76) et d'employer un électro-aimant différentiel. La translation s'obtient à l'aide de relais spéciaux (relais Preece du *Post office*) avec rhéostats et condensateurs.

**89.** *Transmission simultanée de deux dépêches dans le même sens (diplex ou biplex).* Stark (1855) a donné de ce problème une solution générale reposant sur les variations d'intensité que l'on peut obtenir en manœuvrant deux manipulateurs, l'un envoyant des courants d'une certaine intensité, l'autre des courants d'une autre intensité, et les deux ensemble des courants différents des deux premiers. Les deux récepteurs ou relais, intercalés l'un et l'autre dans le circuit à la station correspondante, doivent être disposés de façon que l'un d'eux marche sous l'action du premier courant, l'autre sous l'action du second, et qu'ils fonctionnent tous les deux lorsque le troisième courant les traverse.

Dans le système Edison, chaque poste est muni de deux relais dont un, polarisé, n'est actionné que par des courants positifs ayant une intensité égale ou supérieure à une intensité déterminée $+a$; le second est un relais ordinaire réglé de façon à ne marcher que lorsqu'il est traversé par des courants au moins égaux à $3a$, positifs ou négatifs.

Au départ, sont disposés deux manipulateurs et deux piles, dont une comprend deux fois plus d'éléments que l'autre. Le courant de la plus petite pile circule seul quand les deux manipulateurs sont au repos, et envoie sur la ligne un courant négatif $-a$, qui n'agit sur aucun des relais. Si le premier manipulateur est abaissé seul, les deux piles s'ajoutent, un courant $-3a$ est envoyé et n'actionne que le relais ordinaire. Le second manipulateur, manœuvré seul, envoie le courant de la petite pile de façon à donner un courant $+a$ qui ne fait marcher que le relais polarisé; enfin, les deux manipulateurs abaissés ensemble, envoient un courant $+3a$, produit par les deux piles réunies, qui agit sur les deux relais.

*Transmission quadruple (quadruplex).* En combinant les deux systèmes de double transmission en sens contraires et de double transmission dans le même sens, on réalise le *quadruplex* en usage sur quelques lignes, en Amérique et en Angleterre. Les deux méthodes employées sont celles du pont pour le duplex, et d'Edison pour le diplex. Les deux manipulateurs sont placés à chaque poste, entre le sommet du pont et la terre, et les deux relais, dont l'un est polarisé et l'autre réglé de façon à n'obéir qu'à des courants assez intenses, sont intercalés dans la diagonale du pont.

### TRANSMISSIONS MULTIPLES

**90.** *Transmission multiple proprement dite.* Dans les systèmes de transmission simple, le fil de ligne reste sans emploi pendant la fraction des intervalles de séparation des signaux qui ne sert pas à la décharge de la ligne. Le temps pendant lequel la ligne n'est pas utilisée est relativement très grand quand la transmission est subordonnée à la formation des signaux, car la durée de cette opération purement mécanique est bien supérieure à celle qui est nécessaire au passage des courants destinés à la reproduction des signaux. La *transmission multiple* a pour objet d'utiliser, dans une certaine mesure, les intervalles

pendant lesquels le fil reste libre dans une transmission, en les consacrant à d'autres transmissions par le même fil; elle peut être envisagée à deux points de vue, suivant qu'on intercale, soit les signaux, soit les lettres des autres transmissions, entre les signaux et les lettres de la transmission primitive.

Considérons deux postes en communication par le système Morse. Quand l'un des postes transmet, il envoie à l'autre son courant d'une manière intermittente pour produire des points et des traits; entre ces émissions, la ligne est libre. Alors, pendant la durée des intervalles, *agrandis* s'il est nécessaire, on pourra, sans troubler la transmission primitive, détacher le fil de ligne des deux appareils en communication, et le faire aboutir à deux autres appareils. Si, dans la transmission primitive, un temps égal est consacré à chaque signal (point ou trait), et si on laisse entre deux signaux successifs un temps égal à la durée du plus long signal (trait), un signal quelconque pourra être échangé dans cet intervalle entre les deux nouveaux correspondants : on obtiendra ainsi deux transmissions distinctes s'effectuant dans une même période de temps, mais non *simultanées*, puisque les courants ne circulent que *successivement* sur les lignes (système Rouvier). Un second mode consiste à espacer régulièrement, non plus les signaux élémentaires, mais les lettres de la première transmission en conservant à chaque lettre un temps égal à la durée de la lettre la plus longue, et donnant la même durée à l'intervalle de deux lettres consécutives, de telle sorte qu'une lettre quelconque puisse être transmise dans cet intervalle entre deux nouveaux correspondants.

Si la manipulation est réglée de telle sorte qu'un temps égal à la durée du plus long signal ou de la plus longue lettre soit consacré à tous les signaux ou à toutes les lettres et qu'entre deux signaux successifs on laisse l'intervalle de $n-1$ traits, ou entre deux lettres un intervalle de $n-1$ fois la lettre la plus longue, on pourra, pendant chaque durée d'un trait ou d'une lettre, relier la ligne à 2 nouveaux appareils, et obtenir ainsi la transmission de $n$ dépêches distinctes dans la même période de temps. Dans chacun des postes en communication successive avec la ligne, l'employé aura, pour préparer un signal, tout le temps pendant lequel la ligne est reliée aux autres postes. En principe, ce mode d'utilisation de la ligne (*division du temps*) est inférieur à la *composition préalable* (§ 68) qui sépare complètement la transmission de la manipulation (*division du travail*) ; car, dans ce dernier système, chaque signal ou lettre n'occupe la ligne qu'un temps proportionnel à la longueur du signal ou de la lettre, tandis que dans la transmission multiple, le point prend autant de temps que le trait, ou la lettre la plus courte que la lettre la plus longue. D'autre part, la transmission automatique n'exige aucun synchronisme; dans la transmission multiple, au contraire, il est indispensable que les postes correspondants des deux stations soient exactement au même instant en communication avec la ligne et, par suite, que ces communications soient réglées par des appareils synchroniques. Mais la transmission multiple offre le grand avantage de ne changer en rien l'organisation habituelle de l'exploitation télégraphique; chaque poste travaille avec son correspondant dans une indépendance complète des autres postes placés sur le même fil, et en quelque sorte comme s'il était seul avec lui; il peut donc, comme dans une transmission simple, interrompre son travail, rectifier ses erreurs, collationner, etc., en un mot n'abandonner la dépêche qu'avec la certitude qu'elle est parfaitement reçue. La transmission multiple permet de proportionner le nombre des employés à l'importance du travail, et celui-ci variant pour une même ligne aux différentes heures de la journée, on pourra, avec un appareil à 4 transmissions, par exemple, n'utiliser, suivant les besoins, que 3, 2 ou une seule transmission, et réduire dans la même proportion le personnel qui dessert la ligne. Enfin, elle peut être appliquée à la réunion par un même fil d'un centre avec plusieurs stations moins importantes, chacune de celles-ci ayant à sa disposition une ou plusieurs fractions de la période pour communiquer avec la station centrale.

On a vu qu'une transmission multiple en langue Morse peut être obtenue en espaçant régulièrement, soit les signaux élémentaires qui composent les lettres, soit les lettres elles-mêmes. Le premier mode a été imaginé par M. Rouvier, en 1858; le second a été réalisé par M. Meyer, en 1872. Dans chacun de ces modes, il faut: 1° avoir aux deux extrémités de la ligne deux commutateurs se mouvant identiquement de la même manière et mettant au même instant la ligne en communication avec les appareils qui, dans une fraction de la période, doivent correspondre ensemble; 2° subordonner à ces mouvements les jeux des manipulateurs.

*Système Meyer.* Dans ce système, la transmission de chaque lettre occupe la ligne pendant le temps qui correspond à la lettre la plus longue, et entre chaque lettre d'une même transmission, on laisse un intervalle égal à $n-1$ fois la précédente, s'il doit y avoir $n$ transmissions distinctes dans la même période. Le passage du fil de ligne d'un poste à l'autre s'effectue au moyen de *deux distributeurs* (§ 68) parcourus par des frotteurs tournants reliés à la ligne. Ces distributeurs sont divisés en autant de secteurs qu'on veut avoir de transmissions, 4 par exemple. Chaque secteur porte douze lamelles incrustées dans l'ébonite et isolées les unes des autres; la première correspond à un point, l'ensemble des deux premières à un trait, la troisième a pour fonction de séparer les éléments d'une même lettre et de décharger le fil, soit par une communication avec la terre, soit par l'envoi d'un courant inverse. Cette disposition répétée dans toute l'étendue de chaque secteur donne le moyen de former quatre signaux élémentaires, points ou traits. A cet effet, les 8 divisions qui correspondent à des signes sont en relation avec 8 leviers oscillant chacun entre un butoir de pile et un butoir de terre. Ces leviers

sont mis en mouvement par des touches alternativement noires et blanches; l'abaissement d'une touche noire envoie le courant dans la division du secteur à laquelle son levier est relié et produit un point; l'abaissement d'une touche blanche met en même temps en relation avec la pile la division qui lui correspond et la précédente, et produit un trait. Pour transmettre une lettre, on abaissera les touches de façon à former les signaux élémentaires qui la constituent, et on les maintiendra abaissées pendant que l'aiguille du distributeur parcourt le secteur correspondant : ce moment est indiqué par un frappeur de cadence.

Le récepteur comprend un relais recevant tous les courants de ligne et quatre mécanismes imprimeurs commandés chacun par un électro-aimant actionné par une pile locale. Comme dans l'*appareil autographique Meyer* (§ 86), l'impression s'opère par la projection du papier contre une hélice. Concevons un cylindre d'une longueur de $0^m,20$ sur la surface duquel est taillée en saillie une hélice d'un pas égal à la longueur du cylindre; divisons ce cylindre en 4 parties égales de $0^m,05$ chacune, on aura divisé l'hélice en quatre quarts. Éloignons ces quatre parties en les transportant parallèlement à elles-mêmes le long d'un axe commun, de telle sorte qu'elles conservent leurs positions relatives, c'est-à-dire que chaque quart d'hélice se projette successivement suivant un quart du cercle figurant la projection de l'hélice entière sur un plan perpendiculaire à l'axe.

Si, au-dessous de chaque partie du cylindre, on place une bande de papier immobile, dans un tour de l'axe, chacun des points de l'hélice viendra au contact de la bande, et si l'hélice est imprégnée d'encre, dans le premier quart de tour le premier quart d'hélice tracera sur sa bande un trait prolongé; dans le second quart de tour, ce sera le second quart d'hélice, et ainsi de suite.

Au-dessous de chaque cylindre de reproduction est placé un châssis métallique sur l'arête duquel est pliée la bande de papier, laquelle est entraînée d'un mouvement continu et avance de 3 millimètres par tour de l'axe. Tant que le courant de ligne ne traverse pas le relais, les bobines des électro-aimants des récepteurs sont parcourues par un courant local qui maintient les châssis éloignés des cylindres; mais à la réception d'un courant de ligne, le circuit local est rompu, et la bande se rapproche du cylindre placé au-dessus. Les fractions de l'hélice sont placées sur le même axe que l'aiguille du distributeur, quand cette aiguille parcourt le premier quadrant, tous les points du premier quart d'hélice se placent successivement en regard de la bande de papier, et si, à ce moment, on abaisse une touche du premier clavier, on produit sur cette bande un point ou un trait; les autres bandes sont aussi rapprochées de leur cylindre, mais elles n'ont pas au-dessous d'elles l'arête saillante de l'hélice et ne reçoivent pas d'empreinte. Pendant le passage de l'aiguille sur le second quadrant, le second quart d'hélice a seul son arête saillante en regard de la bande, et seul peut produire des empreintes, et ainsi de suite.

Les lettres émises sur un clavier sont ainsi reproduites sur la bande du récepteur correspondant, suivant des lignes parallèles distantes de 3 millimètres, et chaque lettre occupe une ligne distincte (§ 14). L'aiguille du distributeur fait 75 tours par seconde. Le mouvement est régularisé par un pendule conique, dont on règle la longueur par la condition que tous les signes émis par la première touche de l'un des claviers se reproduisent sur la bande à une égale distance du bord. On empêche les écarts de s'accumuler en rectifiant le synchronisme, à chaque tour, à l'aide d'un *courant de correction* que l'un des postes émet au moment du passage du frotteur sur un contact spécial du distributeur : ce courant, arrivant dans l'autre poste, agit sur un électro-aimant qui, par l'intermédiaire d'une roue à rochet, détermine l'avancement ou le retard de l'appareil.

Dans l'appareil décrit, les différents récepteurs desservis par le même distributeur sont reliés par un axe commun ; dans l'appareil à *récepteurs indépendants*, chaque récepteur est muni d'un mécanisme d'horlogerie qui est déclenché par un courant local envoyé un instant avant que le frotteur arrive sur le secteur correspondant. On a construit des multiples Meyer à 4 et 6 transmissions.

91. *Multiples imprimeurs de Baudot.* Dans les appareils imprimeurs, le fonctionnement du mécanisme d'impression exige un temps notable ; en rendant ce mécanisme purement local, la ligne pourra être détachée de l'appareil et utilisée à d'autres transmissions.

Or, dans l'imprimeur de Baudot (§ 84), la transmission des signaux et leur traduction en une lettre imprimée sont des opérations tout à fait indépendantes. Car, lorsque les 5 relais, dont les armatures reproduisent par leur mouvement le signal envoyé, ont transféré leur signal aux 5 armatures des électro-aimants des traducteurs, ils sont immédiatement prêts à en recevoir un autre. Lorsque les 5 armatures de ces seconds électro-aimants ont cédé à leur tour ce signal aux chercheurs en les plaçant sur l'un ou l'autre disque du combinateur, leur rôle est terminé et elles peuvent être utilisées aussitôt pour emmagasiner un autre signal. Ainsi, l'indépendance mutuelle des organes par lesquels passe successivement le signal, permet de les utiliser dès qu'ils sont libres et débarrassés du signal précédent. Spécialement, le plus important de ces organes, le fil de ligne, pourra être utilisé pour la transmission d'un *nouveau signal*, même alors que celui qui vient d'être reçu occupe et immobilise les armatures des relais qui l'ont emmagasiné. Il suffit pour cela de disposer les distributeurs de départ et d'arrivée, de telle sorte que le nouveau signal, préparé par un second manipulateur, soit expédié immédiatement après le premier et puisse être reçu dans un second groupe de relais desservant un second traducteur. Le distributeur est encore divisé en autant de secteurs que l'on veut obtenir de transmissions distinctes, 2, 3, 4 et même 6, selon les besoins du trafic.

92. *Multiples Morses à courants vibratoires.* On appelle *courants vibratoires, pulsatoires ou ondulatoires*, des courants de durée égale et très courte émis à intervalles égaux et très rapprochés. Si entre la pile et le butoir de travail d'une clef Morse, on interpose un interrupteur automatique, coupant et rétablissant la communication un certain nombre de fois par seconde, l'abaissement plus ou moins prolongé de la clef déterminera l'envoi sur la ligne d'une série plus ou moins longue de ces émissions courtes qui, reçues dans un relais spécial, produisent le même effet qu'un courant continu pendant la durée d'un trait ou d'un point.

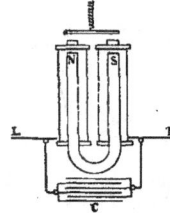

Fig. 396.

Le relais doit être à la fois *sensible*, pour que l'armature soit déplacée par le passage de la première émission, et *paresseux* pour qu'elle ne revienne pas au repos dans l'intervalle de deux émissions successives. On obtient ce résultat en favorisant la condensation magnétique et en retardant la désaimantation sans augmenter l'inertie de l'armature ; par exemple, en faisant pénétrer dans l'intérieur des bobines les branches d'un aimant permanent en fer à cheval NS et plaçant en dérivation sur la ligne LL un condensateur C (fig. 396).

On obtiendra une transmission multiple en séparant par un intervalle convenable les émissions successives d'une même transmission, de façon à intercaler entre elles des émissions appartenant à d'autres transmissions.

M. Sieur (1878) a obtenu une transmission double dans le même sens, en se servant d'un inverseur analogue à celui du transmetteur Wheatstone (§ 76), ou constitué par des diapasons entretenus électriquement (système Mercadier [fig. 397]), qui divise le temps en intervalles

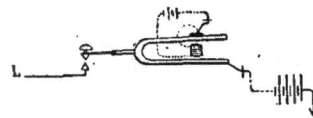

Fig. 397.

égaux alternativement occupés par des courants contraires. Ces courants sont recueillis à l'arrivée par des relais dont les armatures polarisées fonctionnent, l'une sous l'action des émissions positives, l'autre sous l'action des émissions négatives.

Dans le système Delany (1882-84) (fig. 398), en usage sur quelques lignes anglaises, la division du temps est effectuée par un distributeur D garni de lamelles métalliques équidistantes, très rapprochées et isolées les unes des autres, sur lesquelles passe un frotteur tournant relié à la ligne L. Pour une transmission double, les contacts impairs sont tous reliés au poste 1 et les contacts pairs au poste 2 ; pour *n* transmissions, on forme des séries successives de *n* contacts, et on relie au poste 1 les *n* premiers contacts de chaque série, au poste 2 les *n* seconds, et au poste *n* les *n* derniers.

Dans chaque poste, le groupe de contacts correspondant est relié au levier d'une clef Morse (ou d'un relais local actionné par cette clef) qui le met en relation, soit avec la pile, soit avec le relais récepteur R.

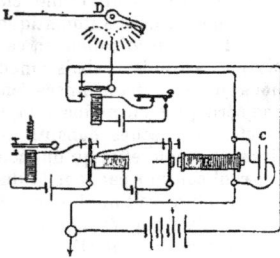

Fig. 398.

Le synchronisme des frotteurs s'obtient en les plaçant, dans chaque station, sur l'axe d'une *roue phonique de La Cour*; c'est une roue dentée en fer doux dont les dents passent très près des pôles d'un électro-aimant sans les toucher. Un courant électrique dont les intermittences sont réglées par les vibrations, entretenues électriquement, d'un diapason ou d'une lame vibrante, traverse les spires de l'électro-aimant dont les pôles exercent des attractions périodiques sur les dents les plus rapprochées; des courants correcteurs rectifient le synchronisme. Le relais récepteur est un relais polarisé avec condensateur en dérivation (fig. 396). On facilite la décharge par une mise à la terre entre chaque contact du distributeur. Le distributeur du *sextuple* anglais a 84 contacts, dont 72 pour la transmission des signaux et les autres pour les corrections du synchronisme. Le distributeur faisant 3 tours par seconde, on a 252 contacts par seconde. Lorsque la longueur ou la capacité de la ligne augmente, il faut augmenter le nombre de contacts de chaque groupe et réduire, par suite, le nombre des transmissions.

93. *Télégraphes harmoniques.* En 1860, M. l'abbé Laborde signalait à l'Académie des sciences cette expérience curieuse, que si plusieurs courants vibratoires sont émis simultanément sur une ligne par des lames vibrantes donnant des notes différentes, et si des lames accordées respectivement avec celles du transmetteur sont placées à l'arrivée en regard d'un même électro-aimant, traversé par tous les courants vibratoires, chaque lame du transmetteur choisit au récepteur sa lame correspondante et la fait vibrer de préférence à toutes les autres. « On pourrait évidemment, ajoute-t-il, fonder sur cette expérience un nouveau système de télégraphie. »

Cette idée a été réalisée par M. Elisha Gray et par M. La Cour, en 1874, et M. Gray a donné le nom d'*analyseurs* aux récepteurs vibrants qui opèrent une *sélection* dans les courants complexes émis sur la ligne et s'approprient chacun celui qui lui convient. Mais, dès 1865, M. de Coincy avait imaginé sur ce principe un moyen de rappeler à volonté des bureaux intercalés dans le même circuit.

Dans le système Gray (fig. 399), le poste d'arrivée comprend quatre électro-aimants à deux branches $R_1 R_2 R_3 R_4$ traversés successivement par le courant venant de la ligne et ayant chacun pour armature une lame vibrante encastrée par une extrémité à l'un des pôles, l'autre extrémité vibrant librement très près de l'autre pôle. Ces quatre lames ont des tonalités différentes.

Lorsqu'un de ces électro-aimants est parcouru par une série de courants d'intensités variables, la lame est attirée à chaque accroissement, et, en vertu de son élasti-

cité, s'éloigne à chaque diminution ou cessation de courant; mais ces mouvements ne peuvent acquérir une certaine amplitude que si la succession des attractions correspond aux vibrations naturelles de la lame. Au poste de départ sont placées quatre autres lames $V_1 V_2 V_3 V_4$ qui vibrent d'une façon continue, et dont chacune a la même tonalité que celle d'une des lames du poste d'arrivée; leur mouvement est entretenu au moyen d'électro-aimants et de piles locales, dont le circuit est alternativement ouvert et fermé par un contact à chaque oscillation. Une pile de ligne correspond à chaque lame et se trouve dans le circuit général; mais, pendant le mouvement vibratoire, une dérivation, établie par un contact de la lame et d'un butoir spécial, en neutralise une partie, et il en

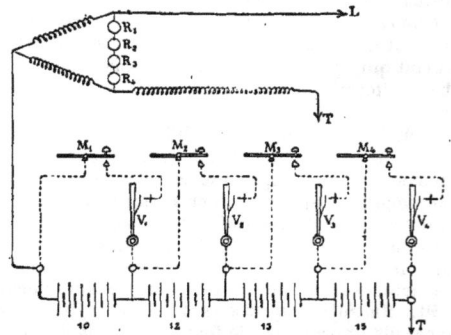

Fig. 399.

résulte sur la ligne, des courants ondulatoires dont les variations correspondent aux vibrations de chacune des lames. Si, à l'aide d'un manipulateur Morse ordinaire M, on interrompt le courant émis par une de ces lames, les vibrations de celle qui lui correspond au poste d'arrivée s'arrêtent. La lecture des signaux reçus pourrait se faire au son; mais on facilite cette lecture à l'aide de parleurs ou d'enregistreurs qui reproduisent distinctement les signaux transmis; à cet effet, sur l'extrémité de la lame vibrante de chaque *relais* s'appuie un petit levier recourbé, dit *cavalier*, dont les vibrations sont un peu plus lentes; ces deux pièces ferment un circuit local comprenant le parleur et une pile; tant que la lame vibre, le contact est de trop courte durée pour actionner le parleur ou l'enregistreur qui ne marche que pendant l'arrêt des vibrations. On obtient ainsi quatre transmissions simultanées dans la même direction; en plaçant les quatre relais dans la diagonale d'un pont de Wheatstone (fig. 399), dont le sommet est relié à la pile, on a une transmission octuple.

M. La Cour, de Copenhague, envoie des courants vibratoires à l'aide d'un diapason entretenu électriquement et placé entre la pile et le manipulateur. Le récepteur consiste en un diapason de fer doux (fig. 400), dont chaque branche passe dans l'intérieur d'une bobine traversée par le courant; les extrémités du diapason sont placées très près des pôles de deux électro-aimants verticaux parcourus aussi par le courant; ceux-ci prennent des ai-

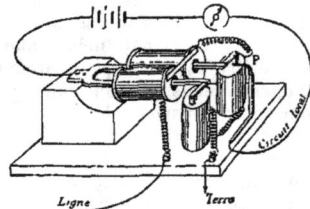

Fig. 400.

mantations contraires à celles des branches du diapason sur lesquelles ils agissent. Il s'établit dans le diapason récepteur des vibrations à l'unisson de celles du transmetteur' et qui amènent une des branches au contact d'un ressort complétant le circuit d'une pile et d'un récepteur ou relais. Avec un certain nombre de diapasons de notes différentes, on obtiendra des vibrations superposées qui seront analysées à l'arrivée par des diapasons à l'unisson des correspondants. M. La Cour propose d'appliquer la transmission harmonique à l'autographe Caselli, en remplaçant le style unique par un peigne, dont chaque dent jouerait le rôle de la clef interposée entre la pile et le diapason.

Les récepteurs harmoniques laissent passer les courants continus de faible intensité, comme les courants télégraphiques, sans en accuser l'existence. On pourra donc superposer une transmission Morse à une transmission harmonique.

94. TÉLÉGRAPHIE ET TÉLÉPHONIE SIMULTANÉES. Dans un brevet pris en 1870, M. Varley propose de faire fonctionner un appareil téléphonique (et par cette expression il entend seulement un appareil propre à la transmission des notes musicales et non le téléphone articulant dont l'invention date de 1876) concurremment avec des appareils télégraphiques ordinaires, par la superposition d'ondulations électriques rapides et alternées qui n'altèrent pas pratiquement le pouvoir mécanique ou chimique des courants télégraphiques, mais qui peuvent produire des signaux perceptibles à l'oreille. Un électro-aimant offre, en effet, au premier moment, une grande résistance au passage d'un courant électrique et est, en quelque

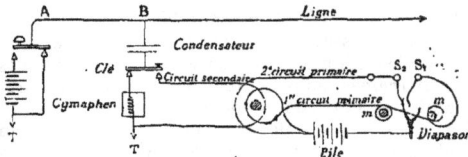

Fig. 401. — Système Varley.

sorte, opaque aux courants inverses très rapides. Dans la figure 401, A est une installation Morse ordinaire, B l'installation téléphonique dans laquelle un condensateur est interposé entre la ligne et la clef. Le système comporte, en outre, une pile, un diapason vibrant, une bobine d'induction ayant deux circuits primaires et un circuit secondaire et, enfin, un appareil adapté à la réception des signaux ondulatoires et que M. Varley appelle cymaphen. L'une des branches du diapason se prolonge entre 2 ressorts $S_1 S_2$; quand elle touche le ressort $S_1$, le premier circuit primaire est fermé et le courant traverse les électro-aimants $mm$ qui sont dans ce circuit, lesquels attirent chacun de leur côté une des branches du diapason; quand elle touche $S_2$, un courant passe par le second circuit primaire. De cette façon, les électro-aimants maintiennent le diapason en vibration et des courants interrompus sont envoyés alternativement dans les deux circuits primaires. Ceux-ci, étant enroulés en sens inverse, les courants induits dans le circuit secondaire sont alternativement de polarité opposée, d'où une série d'ondulations électriques en nombre égal à celui des vibrations du diapason. Quand on abaisse la clef, ces ondulations chargent et déchargent alternativement le condensateur, envoyant ainsi sur la ligne une série correspondante d'ondulations alternées.

Comme cymaphens, M. Varley propose divers instruments : un condensateur chantant, c'est-à-dire un condensateur, formé de feuilles de papier sec et de feuilles métalliques : les charges et décharges rapides produisent une note musicale; ou un fil d'acier passant à l'intérieur d'une hélice et tendu entre 2 chevalets placés sur une boîte de résonance : deux aimants en fer à cheval sont placés de chaque côté du fil qui, s'aimantant par l'action du courant, est attiré et repoussé d'un aimant à l'autre; ou une tige de fer entourée d'une hélice et qui produit un son par ses aimantations et désaimantations successives; ou une languette d'harmonium aimantée placée dans l'intérieur d'une hélice. Le fil d'acier et la languette aimantée ne parlent que lorsque les vibrations transmises sont en harmonie avec celles que peut produire le fil ou la languette, et par conséquent deux ou plusieurs séries de vibrations peuvent actionner deux ou plusieurs séries d'appareils accordés différemment, d'où le moyen d'obtenir plusieurs transmissions simultanées. En introduisant un inverseur de courant fonctionnant synchroniquement entre le condensateur de réception et un Morse ordinaire, celui-ci sera actionné par les courants alternatifs. Enfin, ce système peut être combiné avec le système duplex et, de plus, en intercalant des électroaimants dans le circuit, on peut diviser la ligne en sections qui laissent passer les courants ordinaires et arrêtent les ondes; de cette façon, en même temps que le fil est employé sur toute sa longueur à la communication entre les stations extrêmes, on peut aussi transmettre des messages locaux sur ses différentes sections.

95. Anti-induction des fils. La membrane ou diaphragme du téléphone articulant ne rend un son que si le champ magnétique dans lequel elle est placée subit de brusques variations d'intensité, mais elle obéit aux plus petites variations, du moment qu'elles sont brusques. Si un téléphone est interposé dans un fil desservi au Morse, on entend un bruit sec à chaque émission et cessation du courant, et l'on peut distinguer les signaux par l'intervalle de ces bruits; il en est de même si le téléphone est placé sur un fil voisin d'autres fils par lesquels s'échangent des transmissions télégraphiques ou téléphoniques, à cause des courants induits que ces transmissions développent dans le fil considéré. Le téléphone subit l'influence de tout ce qui peut déterminer une variation brusque de son champ magnétique; l'ensemble de tous les courants provenant, soit de l'induction et des dérivations des fils voisins, soit même des dérivations de fils éloignés arrivant sur le fil téléphonique par l'intermédiaire des plaques de terre ou conduites d'eau et de gaz, soit enfin des variations de potentiel de la terre aux extrémités du circuit, se traduit dans le téléphone par un crépitement

continuel bien connu sous le nom de *friture télé-phonique*. Le seul procédé efficace pour combattre ces effets est d'employer un fil de retour, c'est-à-dire une ligne à double fil. L'induction des fils voisins sera annihilée si les deux fils constituant le circuit téléphonique sont équidistants de chacun des fils de toutes les lignes voisines; le circuit étant sans communication avec la terre, on est débarrassé en même temps des courants dérivés par le sol. Ce résultat s'obtient facilement avec des fils recouverts, car il suffit de corder ensemble le fil d'aller et le fil de retour. Pour les lignes aériennes, si l'on a deux fils téléphoniques et un fil télégraphique, on placera ce dernier entre les fils téléphoniques et à égale distance de chacun d'eux; s'il y a plusieurs fils télégraphiques, on prendra pour fils téléphoniques deux conducteurs voisins auxquels on donnera la disposition *en torsade*, imaginée par M. Hughes, et consistant à changer à chaque poteau les positions relatives des deux fils. Ainsi, au premier poteau le fil A est verticalement au-dessus du fil B $\left(\dfrac{A}{B}\right)$; au second A est à droite de B (B A) et dans le même plan horizontal; au suivant A est verticalement au-dessous de B $\left(\dfrac{B}{A}\right)$, puis à gauche de B et dans le même plan horizontal (A B); les deux fils reprennent ensuite successivement ces diverses positions.

*Système Van-Rysselberghe*. L'intensité des courants induits dépend surtout de la rapidité de variation d'intensité des courants inducteurs : si ceux-ci passent brusquement de zéro à I ou de I à zéro, le courant induit sera très fort; il sera faible si le passage d'une valeur à l'autre se fait *graduellement*. En fait, le téléphone reste insensible

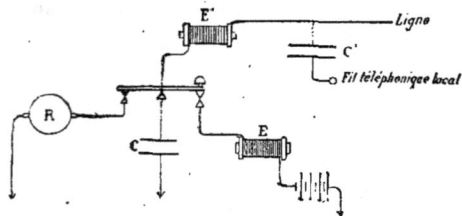

Fig. 402.

aux courants télégraphiques si on supprime la brusquerie des émissions et des interruptions, si on fait *fuser* le courant en allongeant sa période variable; c'est ce que l'on obtient en interposant sur chaque fil télégraphique (fig. 402), entre la pile et le manipulateur, un électro-aimant *graduateur* E, c'est-à-dire un électro-aimant ordinaire avec noyau de fer relativement gros, de façon à produire des extra-courants intenses et en ajoutant au besoin des condensateurs C, C' en dérivation sur le circuit.

Condensateurs et électro-aimants agissent comme des réservoirs qui, à la fermeture du circuit, absorbent une certaine quantité de courant pour la restituer au moment de la rupture.

Les fils télégraphiques voisins du fil étant munis des *appareils anti-inducteurs*, il est facile d'adapter un des fils de la ligne à la transmission simultanée par télégraphe et téléphone, puisque les électro-aimants des appareils télégraphiques ordinaires sont insensibles aux courants ondulatoires et que le téléphone est insensible aux courants télégraphiques dont les variations sont *amorties*. La figure 402 montre l'installation : E et E' sont des électro-aimants graduateurs (bobine de 500 ohms), C un condensateur d'anti-induction (2 microfarads), et C' le condensateur-séparateur, d'une capacité de 1/2 microfarad, qui suffit pour barrer le passage aux courants télégraphiques, tout en transmettant intégralement les courants vibratoires du téléphone.

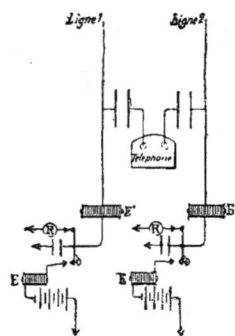

Fig. 403.

Pour combattre l'induction téléphonique, on emploie le *double fil* (fig. 403); mais chacun des deux fils peut être utilisé en même temps pour le service télégraphique en installant le poste téléphonique en dérivation entre les deux fils de ligne à travers les condensateurs séparateurs.

### TÉLÉGRAPHIE SOUS-MARINE

**96.** TRANSMISSION SUR LES LIGNES SOUS-MARINES. Pour les longues lignes aériennes et sur les lignes souterraines, on peut remédier aux retards produits par la condensation en fractionnant les lignes en sections de longueurs restreintes, et en plaçant aux points intermédiaires des appareils de translation; mais pour les lignes sous-marines, ce fractionnement n'est pas possible.

Lorsqu'il s'agit de câbles de faible longueur, on emploie le système Morse avec les procédés de décharge décrits §§ 74 et 75; on fait surtout usage de la transmission à double courant permanent (§ 75, *a*). L'inégale durée des signaux Morse a pour résultat de donner au conducteur une charge différente suivant que l'on transmet un point ou un trait. Le manipulateur *à compensation*, de Sir Ch. Bright, remédie en partie à cet inconvénient; en appuyant sur la poignée de la clef, on soulève un levier dont la course est dirigée par un mouvement d'horlogerie, et qui vient buter contre un arrêt; au moment où ce contact est établi, la pile est supprimée en partie, et l'intensité du courant diminue tout en restant suffisante pour maintenir le récepteur sur contact.

Lorsque les émissions se succèdent rapidement, la ligne n'a plus le temps de se décharger, elle est parcourue continuellement par un courant dont l'intensité prendrait une valeur déterminée s'il s'établissait un régime comme dans la transmission d'une série de points à intervalles égaux, mais qui varie avec des courants de durée inégale et diversement espacés. Les signaux ne peuvent plus se distinguer alors que par les accroissements ou diminutions de ce courant continu dont la valeur constitue un terme de comparaison ou zéro qui, fixé dans l'état du régime, change mais avec une certaine lenteur dans la transmission Morse. Le relais Allan-Brown, à zéro mobile (fig. 404 et 405), permet d'apprécier la variation d'intensité du courant par rapport à ce zéro mobile; la disposition est analogue à celle du relais Siemens, mais l'armature est maintenue, à l'état de repos, à égale distance des deux pôles par un double ressort antagoniste ; son jeu, qui n'est pas limité par des butoirs, dépend de l'intensité du courant,

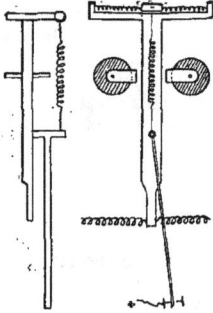

Fig. 404 et 405.

et lorsque le relais est traversé par une série d'émissions successives de même sens, elle se rapproche peu à peu de l'un des pôles. Le contact destiné à fermer le circuit local est donné par une tige annexe pivotée sur l'armature, dont elle suit toutes les oscillations. L'angle formé par la tige et l'armature est donc variable et d'autant plus grand que l'attraction magnétique est plus forte; mais comme la tige se meut entre deux butoirs très rapprochés, elle donne un contact avec la pile à tout mouvement de l'armature en avant, et se pose contre le butoir de repos à tout mouvement en arrière. On a donc un zéro mobile, c'est-à-dire un point de repos toujours très voisin du point de contact, quelle que soit la position de l'armature. Ce relais peut aussi servir dans la transmission à double courant, chacun des butoirs étant alors en communication avec une pile spéciale.

Sur les longues lignes sous-marines, il importe, au point de vue de la conservation des câbles, de ne faire usage que de forces électro-motrices très faibles, et d'éviter l'emploi de courants prolongés. On a donc été conduit à donner à toutes les émissions une égale durée en utilisant les deux sens du courant et attribuant, pour conserver la langue Morse, la valeur du point au courant positif et celle du trait au courant négatif (§§ 12, 77); les appareils sont d'une très grande sensibilité afin que l'on puisse distinguer le sens des émissions par la simple variation du courant reçu.

Pour empêcher la transmission d'être troublée par les courants naturels, on interpose, sur le parcours de la ligne, des condensateurs dont les armatures sont reliées à chacun des côtés du conducteur (Varley, 1860).

Tantôt un seul condensateur est disposé à l'une des extrémités du câble; le plus souvent on en place aux deux extrémités. Le conducteur ne peut plus être parcouru par un courant permanent et les courants terrestres ne troublent plus les signaux que s'ils varient brusquement d'intensité. La transmission ne peut d'ailleurs s'effectuer avec cette disposition que par une série d'émissions de durées égales, positives et négatives.

**97. Appareil à miroir de Sir W. Thomson (galvanomètre parlant).** Un tube en cuivre est introduit au centre du cadre circulaire autour duquel sont enroulés les tours de fil; à l'intérieur de ce tube est fixé, par le haut et le bas, un fil de suspension portant un miroir sur le dos duquel est collé un très petit aimant. Le miroir réfléchit sur un écran placé à une distance de $0^m,50$ à 1 mètre l'image d'un point lumineux fixe, et fait connaître, par le déplacement de cette image, le sens du courant qui traverse le fil du cadre. A l'état de repos, un fort aimant, dont les branches embrassent le cadre, maintient l'aimant suspendu dans un plan normal à l'axe de la bobine. Si plusieurs émissions de même sens se suivent, la déviation augmente peu à peu, l'aimant n'ayant pas le temps de revenir au zéro entre chacune d'elles, mais l'accroissement s'opère par saccades, et on arrive facilement, avec un peu d'habitude, à lire les signaux ainsi transmis.

Quant au manipulateur, c'est la double clef à inversion de courant, décrite § 77.

Le galvanomètre parlant ne laisse pas de traces des signaux reçus; mais, par des procédés photographiques, ceux-ci pourraient être enregistrés sur une bande de papier.

*Siphon Recorder.* Dans le siphon Recorder, sir William Thomson a résolu le problème de faire enregistrer directement les signaux par l'organe mobile du récepteur, sans augmenter son inertie et sans ralentir ses mouvements. L'appareil consiste en un petit cadre, entouré de fil fin faisant partie du circuit de la ligne, et placé entre les deux pôles d'un fort aimant permanent en fer à cheval. Les lignes de force du champ magnétique ainsi constitué sont concentrées sur le cadre à l'aide d'un noyau en fer doux *fixe* occupant le centre de ce cadre, qui tourne autour de lui. C'est la disposition adoptée depuis dans le *galvanomètre apériodique* de MM. Deprez et d'Arsonval, et dans le *relais électro-dynamique* de Siemens. On a un champ magnétique encore plus intense en remplaçant l'aimant permanent par l'électro-aimant de Faraday, consistant en deux forts électro-aimants droits, dont les bobines sont parcourues par un courant local constant, qui développe deux pôles contraires aux extrémités en regard, entre lesquelles se trouve le cadre suspendu. A ce cadre, qui suivant le sens du courant reçu oscille à droite ou à gauche de sa position d'équilibre, est relié par un fil de cocon, un petit siphon capillaire en verre dont l'extrémité supérieure plonge dans un réservoir d'encre d'aniline, et dont l'extrémité inférieure dépose l'encre sur une bande de papier qui se déroule d'un mouvement uniforme. Le siphon suit les oscillations du cadre, et trace sur le papier une courbe dont les ondulations figurent les signaux (§ 13).

Pour éviter le petit frottement de l'encre sur le papier, sir W. Thomson fait projeter l'encre contre le papier par attraction électrique. L'organe dit *ink-spirter* (cracheur d'encre) est un petit multiplicateur d'induction statique (V. ÉLECTRICITÉ, § 47), dit *mouse-mill* ou moulin électrique, mis en mouvement par le mécanisme d'entraînement du papier. Le réservoir d'encre est relié au collecteur de cette machine, et le papier rendu conducteur par une dissolution de nitrate d'ammoniaque repose sur une plaque de cuivre reliée au sol.

La vitesse de transmission de cet appareil, comme celle du galvanomètre à miroir, peut être augmentée par l'emploi de courants de compensation. On a imaginé plusieurs systèmes de décharge ayant pour but de ramener rapidement la ligne à l'état neutre dans l'intervalle qui sépare la transmission de deux signaux. Dès 1854, M. Varley eut l'idée d'envoyer un courant négatif, après chaque émission positive; en 1856, il fit suivre un courant positif d'un courant de même nom plus faible, suivi lui-même d'un courant négatif de décharge; en 1858, sir William Thomson proposa l'emploi de trois courants de même durée, mais de forces inégales, alternativement positifs et négatifs; enfin, en 1863, M. Varley imagina le manipulateur, dit *curb-key* qui, pour former un signal, envoie une série de 4 ou 5 émissions alternatives, de même intensité, mais de durée inégale. L'*automatic curb-sender*, de Thomson et Jenkin résout le même problème à l'aide d'un transmetteur automatique et d'une bande de papier perforée à l'avance.

**98.** *Système duplex appliqué aux câbles sous-marins.* Dans la transmission duplex, la ligne artificielle doit reproduire autant que possible les conditions électriques de la ligne réelle : sur les lignes aériennes longues, on arrive à compenser les effets de charge et de décharge en plaçant un simple condensateur en dérivation entre l'origine du rhéostat et la terre; mais quand il s'agit de lignes sous-marines, il importe que la résistance et la capacité soient uniformément distribuées sur la ligne artificielle comme elles le sont sur le câble sous-marin. M. Varley (1858) a construit le premier câble artificiel à l'aide de résistances égales placées en série les unes à la suite des autres, et de condensateurs égaux reliés par une de leurs plaques aux points de jonction de deux résistances consécutives et par leur autre plaque à la terre. Il est clair que plus on pousse loin la subdivision de la résistance et de la capacité totales, plus on se rapproche des conditions électriques d'une ligne sous-marine. En 1872, M. de Sauty a appliqué cette disposition dans des essais de duplex par le pont sur les câbles de Lisbonne-Gibraltar-Malte. M. Muirhead (1875) s'est proposé de construire un rhéostat tel que chaque unité de ses divisions représente, tant en résistance qu'en capacité, une unité correspondante du câble réel, de telle sorte que la charge et la décharge du rhéostat et du câble aient la même intensité et s'effectuent dans le même temps. Il a cherché à obtenir d'abord ce résultat en employant comme conducteur de sa ligne artificielle du papier buvard, contenant moitié de son poids de plombagine, lequel formait aussi l'une des armatures d'un condensateur à papier paraffiné, dont l'autre

armature était une feuille d'étain reliée au sol; chaque partie du conducteur possédait ainsi une certaine condensation. Actuellement, il emploie, au lieu de papier plombaginé, des bandes étroites de papier d'étain qui offrent une grande résistance en même temps qu'elles forment l'une des armatures du condensateur. Il importe qu'au moins dans leurs premières parties, les lignes réelle et artificielle soient bien identiques; il suffit pour cela d'ajouter une petite longueur de ligne artificielle aux deux extrémités du câble. Pour éviter que la charge et la décharge s'effectuent trop brusquement, on introduit des résistances assez élevées en avant des deux lignes. S'il y a des défauts dans le câble, M. Muirhead introduit aux points correspondants de la ligne artificielle des dérivations à la terre, imitant les pertes de la ligne réelle.

M. Ailhaud (1877) a réussi à *duplexer* les câbles de Marseille-Alger sans ligne artificielle spéciale, en se servant simplement de condensateurs ordinaires accompagnés de rhéostats permettant de régler la durée de leur charge ou de leur décharge ainsi que le moment où elle s'opère. La disposition est une combinaison du pont et du système différentiel. Le récepteur (galvanomètre à miroir ou siphon-recorder) est muni de deux circuits enroulés en sens inverse : l'un d'eux est introduit dans la diagonale du pont; l'autre, renfermant un condensateur et un rhéostat, aboutit d'une part au sommet du pont où se trouve le rhéostat normal qui équilibre le câble, et de l'autre à la terre. On donne à ce dernier rhéostat la résistance voulue pour que l'appareil reste au

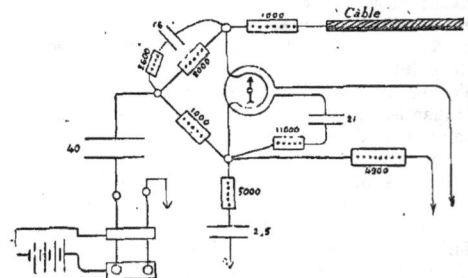

Fig. 406.

repos sous l'action de courants permanents (équilibre normal); puis on équilibre les courants de charge et de décharge en réglant le condensateur et son rhéostat. On complète le réglage et on évite les vibrations dans le récepteur à l'aide de deux autres systèmes de condensateurs et rhéostats, placés l'un en dérivation sur la branche du pont reliée au câble, l'autre en dérivation sur le rhéostat normal. La figure 406 donne le diagramme de l'installation d'un câble d'Alger à Marseille d'une longueur de 500 milles marins environ, présentant une résistance de 5500 ohms et une capacité de 140 microfarads.

Sur ce câble le système duplex avec siphon-recorder est combiné avec la transmission automatique disposée pour l'envoi de courants positifs et négatifs d'égale durée, comme dans le système Wheatstone de 1858 (§ 77).

99. Rendement des appareils usuels. Le rendement des appareils télégraphiques s'évalue en mots par minute, le mot comprenant 5 lettres, plus une lettre pour l'intervalle des mots, soit 6 lettres; ou en dépêches à l'heure, la dépêche type comprenant en moyenne 30 mots, dont 20 taxés et 10 pour les indications de service, répétitions, collationnements, etc. La première évaluation donne une idée de la vitesse de transmission réelle de l'appareil; la seconde tient compte des facilités qu'il offre à l'exploitation. Sauf indication contraire, ces rendements se rapportent à des lignes ordinaires d'une longueur d'environ 500 kilomètres.

*Cadran alphabétique.* Pour un tour de manivelle, 13 émissions, et 13 interruptions du courant : à un tour de manivelle par seconde, on obtient 10 mots par minute. L'appareil ne laisse pas de traces et ne convient pas à un service suivi.

*Appareil Morse.* En moyenne, 20 mots par minute et 25 dépêches simples à l'heure. A cette vitesse, le même employé peut facilement recevoir et écrire en même temps; on peut aller au delà, en recevant au son.

*Imprimeur Hughes.* La roue des types faisant 2 tours par seconde, et en comptant en moyenne 3 lettres pour 2 tours, on a 180 lettres ou 30 mots par minute. Le rendement pratique est de 50 dépêches à l'heure, soit le double du Morse.

*Imprimeur Baudot.* La roue des types fait en moyenne 165 tours par minute, avec une lettre par tour. On a donc 165 lettres par minute, et en pratique 48 dépêches simples, soit sensiblement le même rendement que le Hughes.

*Télégraphe automatique Wheatstone.* Le travail moyen d'un employé perforant ou traduisant est de 25 dépêches à l'heure. Entre Paris et Marseille (863 kilomètres) le transmetteur passe une série de 10 dépêches en cinq minutes. Le rendement est de 80 à 85 dépêches à l'heure avec 5 employés de chaque côté.

Avec relais à Lyon, 100 à 125 dépêches à l'heure.

*Systèmes duplex.* Ils doublent à peu près le rendement des appareils auxquels on les applique.

*Systèmes multiples.* Ils multiplient le rendement de chaque poste par le nombre de postes placés sur la même ligne.

*Galvanomètre à miroir.* 12 à 15 mots par minute sur les câbles atlantiques de 2,500 à 2,000 milles marins.

En pratique, sur les câbles moyens de 500 milles, 20 mots par minute ou 25 dépêches à l'heure.

Le siphon en Duplex avec transmission automatique, donne sur ces derniers câbles, 25 à 30 mots par minute dans chaque sens, soit 60 dépêches par heure. — J. R.

## TÉLÉGRAPHIE MILITAIRE

La télégraphie militaire sert à faciliter, en temps de guerre, la mobilisation, les mouvements des troupes et à assurer les communications électriques entre le quartier général et l'état-major des corps d'armée, des divisions, des brigades et des avant-postes.

— En France, l'organisation de la télégraphie militaire remonte à l'année 1874. Ce service a été divisé en quatre branches principales, savoir : 1° le service de la télégraphie légère, création postérieure au décret de 1874; 2° le service de marche ou de première ligne; 3° le service d'étapes ou de deuxième ligne; 4° le service des forteresses. Le service territorial est assuré dans les mêmes conditions qu'en temps de paix.

I. *Télégraphie légère.* Le service de la télégraphie légère a pour mission de mettre à la disposition de la cavalerie tous les moyens de communication rapide, tels que les télégraphes électriques et optiques, téléphones,

signaux, etc., et de lui permettre à l'aide d'un outillage simple et portatif de détruire les lignes ennemies. A cet effet, chaque régiment de cavalerie comprend six télégraphistes dont un maréchal des logis, ces militaires ayant passé six mois à l'Ecole de cavalerie de Saumur pour y recevoir les notions élémentaires de télégraphie militaire.

II. *Service de marche ou de première ligne.* Le service de marche ou de première ligne est destiné à relier le quartier général du corps d'armée avec les quartiers généraux des autres corps d'armée, et d'assurer ses communications avec la base d'opération ou les places fortes importantes situées dans le voisinage, en utilisant le réseau existant et en créant les lignes nécessaires.

Le personnel de ce service ainsi que celui d'étapes et de forteresses se recrute dans le personnel du Ministère des télégraphes soumis à la loi du recrutement, ayant ou non passé sous les drapeaux, mais ayant reçu l'instruction professionnelle télégraphique, et parmi les fonctionnaires, agents et sous-agents volontaires du même département, qui ont contracté un engagement de trois ans vis-à-vis de leur administration.

Ce personnel, qui est constamment à la disposition du Ministère de la guerre, est astreint, en cas de mobilisation, à toutes les obligations du service militaire, jouit de tous les droits de belligérants [1].

Sur le pied de guerre, les sections attachées à une armée, sont placées sous les ordres d'un directeur qui relève du chef d'état-major. Ces sections divisées en trois ateliers se composent : d'un personnel technique, d'un matériel technique et d'un matériel roulant.

1° *Personnel technique d'une section de 1re ligne.* Le personnel technique d'une section de première ligne comprend : 4 officiers fonctionnaires, 10 télégraphistes, 6 chefs d'équipe, 6 maîtres-ouvriers, 22 ouvriers et 3 cavaliers-plantons du train des équipages; ce dernier corps fournit un détachement chargé de la conduite et de l'entretien du matériel roulant. Cet ensemble, commandé par un chef de section, constitue un effectif de 76 hommes, de 48 chevaux et de 12 voitures, non compris les auxiliaires qui y seraient adjoints éventuellement et dont le nombre est fixé à 5 télégraphistes manipulants et à 10 ouvriers.

Les auxiliaires télégraphistes qui renforceraient le personnel ordinaire des sections forment deux catégories : les auxiliaires manipulants et les ouvriers. Les auxiliaires manipulants sont choisis parmi les anciens militaires qui, pendant leur séjour au régiment, ont été instruits au service de la télégraphie et, en cas d'insuffisance, parmi les réservistes provenant des hommes n'ayant jamais servi qui, par leur profession ou leurs connaissances spéciales, paraissent susceptibles d'être affectés à ces emplois. Les ouvriers sont désignés parmi les hommes de la réserve de l'armée active, provenant de la catégorie dite *à la disposition*, qui savent lire, écrire et compter, sont vigoureux et ont l'habitude du maniement des outils de terrassier ou des outils d'ouvriers en bois ou en fer.

2° *Matériel technique.* Le matériel technique comprend lui-même : le matériel de poste électrique, téléphonique ou optique et le matériel de ligne.

Le matériel de poste se compose principalement de piles portatives, formées de douze éléments Leclanché montés en tension et contenus

[1] Les grades correspondant aux emplois occupés par les fonctionnaires et agents qui en font partie sont les suivants :
*Fonctionnaires supérieurs :* directeur de télégraphie, lieutenant-colonel; sous-directeur de télégraphie, chef d'escadron. *Fonctionnaires :* chef de section, capitaine; sous-chef de section, lieutenant; chef de poste, sous-lieutenant. *Agents :* télégraphistes, adjudants. *Sous-agents :* chef d'équipe, maréchal des logis; maître-ouvrier, brigadier; ouvrier, soldat.
Ce personnel forme un effectif de 2,000 hommes; il se répartit en directions, parcs et sections organisés et instruits dès le temps de paix.

dans une boîte étanche, d'appareils de campagne et d'accessoires divers.

L'appareil portatif de campagne est du type Morse (fig. 407 et 408). D'un poids de 8 kilogrammes environ, il présente dans son ensemble, sur une planchette de 30 centimètres de longueur et 10 de largeur, un poste télégraphique complet. On y trouve un commutateur A, un paratonnerre à stries B, un galvanomètre G, un manipulateur D et un récepteur E. Deux lignes et deux sonneries peuvent aboutir à ce poste. Le commutateur A se prête à de nombreuses permutations. Il per-

met de mettre à volonté : 1° les deux lignes sur sonneries en réunissant respectivement les plaques L¹ et L² aux plaques S¹ et S²; 2° l'une sur sonnerie et l'autre sur appareil en reliant l'une des plaques L à la plaque A; 3° les deux lignes en communication directe en mettant une fiche entre L¹ et L². Le paratonnerre à stries porte sur son plateau supérieur 3 fourchettes dont l'une centrale, plus longue que les deux autres, facilite en la faisant toucher un bouton $t$ relié à la terre, la mise de la ligne sur paratonnerre. En l'enfonçant davantage, on établit une communication entre

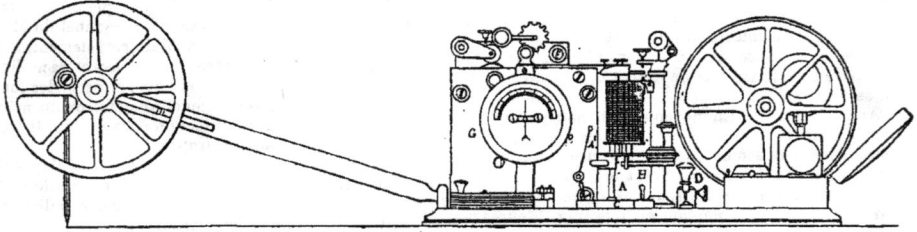

Fig. 407. — *Elévation de l'appareil portatif de campagne.*

les deux plateaux et, comme le plateau inférieur est toujours compris dans le circuit, la ligne, en cas d'orage, est mise à la terre. Le galvanomètre G (V. GALVANOMÈTRE), vertical à cause de la faible résistance des lignes militaires, est placé bien en vue sur la platine antérieure renfermant le mouvement d'horlogerie. Le manipulateur est identique à ceux des bureaux ordinaires; toutefois, un commutateur bavarois à deux branches, placé derrière l'appareil, permet de vérifier immédiatement l'état des communications du poste. L'une des branches est reliée au massif du manipulateur, l'autre est placée sous la vis de réglage A. En les réunissant par une fiche, et en appuyant sur la poignée, le courant de la pile du poste attire l'armature de l'appareil. Les autres parties de l'appareil sont analogues à celles du type Morse ordinaire (V. TÉLÉGRAPHE, TÉLÉGRAPHIE, § *Système Morse et ses dérivés*). Les bornes L¹, L², S¹, S² sont respectivement reliées aux plaques L¹, L², S¹, S² du commutateur bavarois; le bloc A de cet instrument est réuni au massif du manipulateur par l'intermédiaire du galvanomètre et de la plaque inférieure du paratonnerre à laquelle il est relié directement. Ce massif est lui-même en communication avec l'une des extrémités du fil des bobines de l'électro-aimant, tandis que l'autre extrémité aboutit à la terre par la borne T qui reçoit également le fil venant du bouton $t$ du paratonnerre. La borne P est réunie à l'enclume antérieure du manipulateur et à la vis inférieure de la colonne H; la borne I correspond à la vis supérieure de la même colonne. Un manchon en ébonite ou en buis, isole ces deux vis qui, ainsi que la borne M, communiquant au massif de l'appareil, ont des fonctions électriques pour l'établissement des relais ou translateurs. Enfin, une pièce $c$, dépendant du manipulateur, rend facile l'installation du courant continu.

Le parleur de campagne, dans ses dispositions

essentielles, ne diffère pas du parleur ordinaire. Le principe électrique est le même, seul un manipulateur y est adjoint ainsi qu'un commutateur de forme spéciale qui remplit le même but que la pièce $c$ du Morse de campagne pour l'établissement du courant continu. De plus, à l'aide d'une simple dérivation du courant et d'un petit ressort interrupteur placé au-dessus de l'armature, on produit, pendant la durée des émissions de courant, un ronflement permettant aux télégraphistes les moins bien doués, d'apprendre rapidement à lire au son.

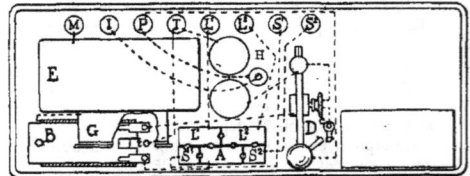

Fig. 408. — *Plan de l'appareil portatif de campagne.*

On se sert, depuis peu, d'un appareil nouveau, appelé *vibrateur*, employé en connexion avec un téléphone. Le vibrateur se compose, dans ses parties principales, d'un électro-aimant et d'une bobine d'induction. Il offre le double avantage de percevoir les signaux sur une ligne très mal isolée et de ne pouvoir fonctionner avec d'autres appareils. Cette dernière propriété empêche toute surprise de la part de l'ennemi.

Le matériel de ligne sert à la construction rapide des lignes volantes ou fixes, et à la réparation ou à la destruction des lignes existantes. Il comprend avant tout un câble recouvert d'une enveloppe isolante et une enveloppe protectrice, ce qui permet de l'employer indistinctement en tranchée, dans l'eau, ou d'être suspendu en l'air pour constituer une ligne aérienne. Ce câble est enroulé par fractions de 1,000 mètres autour d'une bobine creuse en tôle d'acier à larges rebords; ses deux bouts sont dénudés et disposés de façon à pouvoir vérifier facilement son état. La pose de ce câble se fait à l'aide de perches, isolateurs et d'un outillage spécial.

3° *Matériel roulant.* Le matériel roulant se compose de voitures-postes, de chariots, de voitures dérouleuses, de voitures légères, de chariots-fourragères et de fourgons contenant tout le matériel de construction et d'exploitation. Chaque section en possède suffisamment pour pouvoir déployer 40 kilomètres de fils. En cas de besoin, les parcs d'approvisionnement, placés derrière ces sections, leur fournissent le matériel manquant. L'aménagement intérieur et les communications électriques des voitures-postes sont disposés pour desservir quatre lignes par chacune d'elles. Un matériel technique sommaire destiné à parer aux besoins urgents est, de plus, transporté dans ces voitures. Celles-ci sont munies, à l'arrière, de châssis et de ferrures sur lesquelles on place les bobines de câble. Une manivelle fixée sur un axe facilite l'enroulement et le déroulement du fil suivant le cas.

*Construction d'une ligne.* On choisit un parcours direct offrant tout à la fois le moins d'obstacles et le plus de points d'appui naturels. Par suite, il n'existe pas de règle absolue, et le tracé des lignes est laissé à l'initiative des fonctionnaires qui en dirigent la construction. Dans les pays accidentés où les voitures ne peuvent pénétrer, il est fait usage d'une brouette en fer sur l'axe de laquelle on place les bobines de câble; deux hommes traînent la brouette et le déroulement s'opère. Le relèvement d'une ligne s'effectue d'une façon inverse à celle qui vient d'être indiquée pour la construction. La vitesse de construction d'une ligne militaire, lorsque les circonstances l'exigent, peut être considérablement accrue en fractionnant la ligne et en chargeant un atelier de construire la première section tandis qu'un deuxième atelier, partant avec l'avant-garde d'une brigade, établira la deuxième section.

Les sections de première ligne peuvent être chargées de relier les avant-postes au front d'une armée. Pour cela, il faut faire usage d'un matériel électrique très léger que deux hommes portent facilement. Mais les difficultés qu'a semblé présenter ce genre de correspondance, ont été en partie évitées par la substitution au réseau électrique d'un *réseau optique* venant se rattacher aux lignes électriques des corps principaux. A l'aide de fanions et de lanternes, les sentinelles avancées sont mises à même de communiquer avec les troupes de soutien ou le poste télégraphique le plus rapproché. Dans le jour, ce genre de correspondance optique s'échange à une distance de 700 à 1,000 mètres; la nuit avec des lanternes pourvues d'obturateurs on échange des signaux dont la portée est de 2 à 5 kilomètres. Au moyen de lunettes d'un grossissement plus ou moins fort, on peut encore augmenter cette distance.

III. *Service d'étapes ou de deuxième ligne.* Le service d'étapes ou de deuxième ligne offre quelque analogie comme composition, avec le service de première ligne, mais son matériel est moins léger. Il est chargé de relier le réseau établi par ce dernier avec celui de l'intérieur, de desservir les postes d'approvisionnement, les gares des chemins de fer de campagne, et de pourvoir au ravitaillement des sections de première ligne. Destiné plutôt à l'exploitation des lignes existantes, construites ou réparées, ce service est pourvu d'un personnel manipulant relativement nombreux.

IV. *Service des forteresses.* Le service des forteresses relie les ouvrages fortifiés entre eux et établit leurs communications avec le réseau général, à défaut de lignes électriques, il assure la correspondance optique des forteresses entre elles.—M. G.

## TÉLÉGRAPHE PNEUMATIQUE.

Les avantages du télégraphe électrique diminuent en même temps que la distance des points entre lesquels on veut correspondre, et s'il s'agit d'envoyer un grand nombre de dépêches à petite distance, le *transport* deviendra préférable à la *transmission.* On a été ainsi conduit, pour l'échange des dépêches entre les divers quartiers d'une ville, à substituer au télégraphe électrique le *télégraphe pneumatique* ou *poste atmosphérique.*

Les lignes pneumatiques sont établies avec des tuyaux soudés à recouvrement, et faits en fonte ou en fer suivant qu'ils doivent être posés en terre ou accrochés le long des parois des galeries d'égout. Les dépêches sont enfermées dans des étuis à double enveloppe, l'une extérieure en cuir, l'autre intérieur en tôle de fer. On forme un train avec plusieurs boîtes placées à la suite l'une de l'autre dans l'intérieur des tuyaux. Un piston composé d'un tronc de cône en fer creux muni à sa partie supérieure d'une collerette en cuir, transmet aux boîtes la pression de l'air comprimé. Les appareils d'envoi et de réception se composent d'une boîte communiquant d'une part avec la ligne et de l'autre avec un double branchement commandé par des valves, qui mettent la boîte et la ligne en relation soit avec le réservoir d'air comprimé, pour l'expédition des trains, soit avec l'échappement à l'air libre pour leur réception. On atteint aisément avec ce système une vitesse de un kilomètre par minute. Il est clair que l'aspiration par le vide peut être substituée à la poussée par l'air comprimé.

Le télégraphe pneumatique a été inauguré à Londres en 1858, à Paris et à Berlin en 1866, à Vienne en 1875. Il n'est encore appliqué qu'à de très petites distances; mais on a proposé de l'étendre à des distances plus grandes en plaçant en des points intermédiaires des *relais* automatiques substituant au courant d'air épuisé par le frottement contre les parois du tuyau, un nouveau courant d'air produit par des compresseurs installés sur ces points.

*Bibliographie :* Chappe l'aîné : *Histoire de la télégraphie,* 1824 ; L'abbé Moigno : *Traité de télégraphie électrique,* 1852 ; Blavier : *Traité de télégraphie électrique,* 1867 ; Bontemps : *Les systèmes télégraphiques,* 1876 ; Culley : *Hand book of practical Telegraphy, Manuel de télégraphie pratique,* traduction française de 1882 ; Ternant : *Les télégraphes,* 1881 ; Du Moncel : *Applications de l'électricité; Annales télégraphiques; Journal of the*

Society Telegraph Engineers and Electricians ; Rapports du jury de l'Exposition internationale d'électricité de 1881, etc., etc.

\*TÉLÉMÈTRE (du grec τηλε, loin, et μετρον, mesure). On dit aussi quelquefois, mais à tort, *télomètre*. Instrument destiné à la mesure rapide des distances.

La recherche des instruments de cette nature, qui date de vingt à vingt-cinq ans seulement, est encore aujourd'hui une question toute d'actualité; elle est née du besoin de pouvoir estimer, pour ainsi dire instantanément et avec une approximation suffisante, la distance qui, sur le champ de bataille, sépare des troupes d'artillerie ou même d'infanterie des positions occupées par l'ennemi, de façon à utiliser, dans les meilleures conditions possibles, les grandes portées et la grande précision des armes rayées.

— En dehors des stadias, que l'on doit classer cependant dans la catégorie des télémètres, malgré leur grande simplicité et les résultats grossiers qu'elles fournissent, les deux premiers instruments télémétriques qui aient été construits sont le *télomètre* du colonel du génie Goulier, professeur à l'Ecole d'application d'artillerie et du génie, à Metz, et le *télémètre* du capitaine d'artillerie Gautier. Ces deux instruments qui datent, le premier de 1864 et le second de 1867, étaient en expérience dans l'artillerie française lorsqu'éclata la guerre de 1870. Quelques officiers surent en tirer un bon parti sur les champs de bataille de 1870-71 ; aussi, à la paix, l'étude des instruments de ce genre fut-elle reprise avec une nouvelle ardeur. Cette recherche passionna bientôt les inventeurs, aussi bien à l'étranger qu'en France, et depuis lors, le nombre de télémètres qui ont été construits, expérimentés ou même simplement imaginés, est devenu si considérable, que nous renoncerons, non seulement à les décrire, mais même à les citer tous; nous nous bornerons à résumer les principes qui doivent servir de base à l'établissement de pareils instruments pour qu'ils soient capables de fournir des résultats acceptables, ainsi que les principales conditions auxquelles ils doivent satisfaire pour être d'un usage pratique suivant le service auquel on les destine.

Dans un moment d'engouement, bon nombre d'inventeurs et même d'officiers étaient disposés à croire qu'une fois la distance connue, il suffirait de prendre la hausse correspondante pour avoir un bon tir. Il faut bien se garder d'exagérer ainsi l'importance des télémètres, la connaissance même exacte de la distance ne peut dispenser du réglage du tir par l'observation des points de chute, car les différences de portée résultant des conditions atmosphériques variables chaque fois suffiraient à rendre illusoire la grande précision de l'instrument. Inutile donc de chercher dans la mesure de la distance avec un télémètre une précision : il suffit que l'erreur de l'instrument, ajoutée dans le cas le plus défavorable à l'erreur commise par le tir du premier coup, ne donne pas un écart total trop considérable et capable de retarder le réglage du tir. Afin de guider les inventeurs dans leurs recherches et leur éviter de nombreuses dépenses et de graves déceptions, le lieutenant-colonel Peigné a publié en 1879, dans la *Revue d'artillerie*, une formule pratique des télémètres qui est une relation simple entre les éléments de la question et permet de poser d'abord les conditions mathématiques du problème à résoudre matériellement par l'instrument.

Tous les instruments imaginés jusqu'ici se divisent en deux classes bien distinctes : la première comprend tous ceux qui sont basés sur l'emploi de méthodes géométriques qui, toutes, se ramènent à la résolution d'un triangle dont on connaît un des côtés qui sert de base, et dont on mesure les angles, la distance cherchée étant un des autres côtés. Dans la seconde, qui est moins nombreuse, se trouvent les instruments pour l'établissement desquels on a recours à l'observation de certains phénomènes physiques et utilise, en particulier, la connaissance de la vitesse du son.

I. Dans la première classe, on peut répartir les instruments en quatre groupes, suivant la méthode suivie pour la résolution du triangle, méthode qui varie suivant la base choisie ; cette base peut être, soit un objet éloigné dont une dimension est connue, soit la hauteur de l'œil de l'observateur au-dessus de l'horizontale passant par le point visé; la base peut encore être mesurée sur le terrain ou, enfin, fournie par l'instrument lui-même.

1° On prend une base éloignée constituée par une quantité connue, telle que la hauteur d'un fantassin, d'un cavalier, du mât d'un navire, etc., placés à la distance cherchée, et on considère le triangle formé par les rayons visuels dirigés sur les extrémités de l'objet supposé orienté normalement par rapport à la distance à mesurer. La mesure de la distance se trouve alors ramenée à la construction d'un triangle semblable qui permet de construire une ligne proportionnelle à la distance inconnue.

Tel est le principe des stadias et autres appareils du même genre qui n'exigent que l'emploi de la vue simple; avec ces appareils primitifs, ou bien on place une règle graduée à une distance connue de l'œil, et on cherche la graduation correspondant à la hauteur apparente de l'objet; ou bien, au contraire, on mesure la distance à laquelle il faut mettre une règle de longueur constante pour que les rayons visuels, passant par les extrémités de la règle, coïncident avec ceux passant par les extrémités de l'objet. De même qu'en astronomie, on peut aussi avoir recours à l'emploi des appareils optiques pour la mesure des hauteurs apparentes des objets terrestres.

Tous ces appareils sont d'une construction assez simple et d'un emploi facile, mais sont entachés d'un grand nombre d'erreurs provenant soit d'une mauvaise appréciation ou observation de la base, soit de son inclinaison.

2° On peut prendre pour base la hauteur de l'œil de l'observateur au-dessus de la surface de niveau qui passe par l'objet dont on veut avoir la distance, et mesurer l'angle que fait le rayon visuel avec l'horizontale, angle dit de dépression. Les télémètres de ce genre, ou *télémètres de dépression*, ne sont guère utilisés que dans les batteries de côte et à bord des navires. On suppose alors que la surface de l'eau forme un plan horizontal; toutefois, il est des circonstances où l'on doit tenir compte de la sphéricité de la terre, ainsi que des erreurs dues à la réfraction et aux variations de la marée. Des tables ou l'instrument lui-même permettent, en général, de faire les corrections nécessaires.

On distingue deux sortes de télémètres de dépression : ceux avec lesquels on mesure directement l'angle de dépression, et ceux qui le mesurent par sa tangente. Parmi ces derniers ins-truments, nous citerons l'appareil de pointage automatique du capitaine Deport, de l'artillerie de terre, appareil actuellement réglementaire sur les côtes de France, pour le service des batteries hautes. Avec cet appareil, qui s'adapte à la pièce, le pointeur peut, par une simple visée; arriver à donner directement et automatiquement l'angle à la pièce sans avoir besoin de connaître autrement la distance, avantage fort appréciable, surtout pour le tir sur but mobile.

3° Le plus souvent, surtout en campagne, la base naturelle fait défaut, et on a alors recours à l'emploi d'instruments avec lesquels on est obligé de mesurer, sur le terrain même, une ligne qui servira de base. Dans ce cas, deux visées doivent être faites, soit successivement par le même opérateur, soit simultanément par deux opérateurs, aux deux extrémités de la base, exactement sur le même point du but. Les instruments basés sur ce principe se divisent en deux groupes, ceux qui ne résolvent qu'un triangle rectangle, et ceux qui résolvent un triangle dont les angles sont quelconques.

Les appareils basés sur la résolution d'un triangle rectangle comprennent : ceux qui mesurent l'angle directement, et ceux qui le mesurent par sa tangente, c'est-à-dire par la construction d'un triangle semblable au triangle du terrain.

Les télémètres qui rentrent dans la première de ces catégories sont, soit à visée directe, soit à simple ou double réflexion. Dans le premier cas, on mesure par la méthode ordinaire l'angle formé par les deux directions ; dans l'autre, on a recours à l'emploi, soit d'un miroir disposé de façon telle que l'image réfléchie de l'une des droites coïncide avec l'autre droite vue directement, soit d'un système de deux miroirs dont l'intersection est disposée normalement au plan des deux droites et que l'on oriente de telle façon que l'image doublement réfléchie de l'une des droites coïncide avec la seconde. De la mesure de l'angle formé, soit par les miroirs entre eux, soit par le miroir unique avec un repère tracé sur l'appareil, on déduit l'angle cherché. Au lieu de deux miroirs ordinaires on peut employer, comme instruments à double réflexion, des prismes qui naturellement ne peuvent servir qu'à construire des angles déterminés, généralement des angles droits, mais en revanche, donnent une plus grande précision. On peut, du reste, transformer les prismes en instruments de mesure d'angle à l'aide d'un artifice qui consiste dans l'emploi d'un prisme déviateur placé sur le trajet du rayon émergeant, et qui dévie ce rayon d'un angle variable que l'on peut mesurer.

Les appareils à visée directe sont plus faciles à manier que les appareils à réflexion, ils exigent moins d'habitude et d'habileté, et donnent une image plus nette, mais ils sont généralement lourds et encombrants ; aussi la plupart des appareils construits pour le service en campagne sont-ils à réflexion.

Les instruments à visée directe ou à réflexion, usités en arpentage et en géodésie pour la mesure des angles sur le terrain, tels que les graphomè-tres, goniomètres, tachéomètres, théodolites, sextants, etc., peuvent être utilisés, ainsi qu'un certain nombre d'autres appareils de mesure des angles construits spécialement en vue de la télémétrie, et servir aussi bien pour la résolution de triangles quelconques que pour celle de triangles rectangles. D'autres appareils, parmi lesquels le télémètre Goulier, qui fait partie de l'armement des batteries de campagne en France, ne permettent que la mesure des angles voisins de 90°, et ne peuvent, par suite, être employés que pour la résolution des triangles rectangles ; la plupart de ces instruments portent avec eux un ruban qu'il suffit de tendre pour avoir la longueur de la base. Enfin, il existe certains autres appareils, tels que le télémètre Gautier, qui sont à angles constants, mais à base variable proportionnelle à la distance et ne peuvent, par suite, servir qu'à la résolution d'un triangle déterminé.

Les télémètres dans lesquels on mesure l'angle aigu du triangle rectangle par sa tangente sont basés sur le principe de la construction d'une ligne, soit directement, soit inversement proportionnelle à la distance ; dans ce dernier cas, la valeur mesurée qui fait connaître la distance va en diminuant pour une même base à mesure que cette distance augmente, ce qui est une condition peu favorable à la précision ; en outre, la méthode exige le tracé de deux angles droits et la mesure de deux longueurs.

Les télémètres construits pour la résolution d'un triangle quelconque sont basés sur la méthode générale de triangulation employée dans l'arpentage, la topographie ou la géodésie, méthode qui consiste à mesurer aux deux extrémités de la base les angles que font avec cette base les rayons visuels dirigés sur le point dont on veut mesurer la distance. Si les visées aux deux extrémités de la base ne sont pas simultanées, l'appareil ne peut servir qu'à mesurer la distance de points qui restent immobiles pendant un certain temps ; si le but se déplace et que la transmission des résultats des deux visées ne soit pas instantanée, la distance calculée correspondra à une position du but antérieure au moment où cette distance est connue.

C'est surtout dans la manière d'obtenir la simultanéité des visées et la rapidité de la transmission que diffèrent les appareils de ce genre ; la simultanéité s'obtient en faisant les visées à un signal, donné d'une façon telle qu'il soit aperçu en même temps par les deux opérateurs ; la transmission se fait, soit par les moyens acoustiques, soit par les moyens optiques, soit par les moyens électriques.

4° Les instruments qui portent en eux-mêmes leur base résolvent tous, forcément, des triangles dans lesquels la base est très petite par rapport à la distance à mesurer ; ces triangles, que l'on appelle triangles linéaires, sont presque tous rectangles ou peuvent être assimilés à des triangles rectangles, justement à cause de la petitesse de leur base. Dans certains de ces instruments, la mesure des deux angles est faite successivement par le même observateur qui vise le même point des deux extrémités de la base. Dans d'autres, pour opérer plus rapidement, on emploie deux observateurs qui visent simultanément le même point. Enfin, dans les instruments plus perfectionnés, les rayons lumineux arrivant du but aux deux extrémités de la base, sont, par un artifice quelconque, généralement par réflexion dans des miroirs ou des prismes, ramenés dans un instrument de visée unique. L'observateur perçoit alors simultanément deux images du but, et mesure l'écartement angulaire des rayons, soit en déterminant l'écart linéaire des images, soit en faisant tourner l'un des appareils de réflexion jusqu'à ce que l'on obtienne la coïncidence des images, et mesurant le déplacement angulaire ainsi obtenu. La base étant très petite, ne doit être susceptible d'aucune déformation, et les angles doivent être mesurés avec une grande rigueur.

II. Pour terminer, il nous reste à dire quelques mots des instruments qui sont fondés sur l'utilisation de la connaissance de la vitesse du son. Pour l'appréciation de la distance, dans ce cas, on profite du tir de l'ennemi lui-même pour noter le temps écoulé entre l'apparition de la lumière du coup de fusil ou du coup de canon, et le moment où l'on perçoit le bruit de la détonation; cette durée, mesurée d'une façon quelconque, est ensuite multipliée par la vitesse du son. Pour la mesure du temps, on peut avoir recours à l'emploi, soit d'un chronomètre ou de compteurs quelconques, soit d'instruments spéciaux qui utilisent l'écoulement d'un liquide ou la chute d'un corps convenablement ralentie, tels que le télémètre de combat du major de l'artillerie belge, Le Boulengé. Dans ce cas, l'instrument donne le calcul tout fait, et il suffit d'une simple lecture pour connaître la distance cherchée. Cette méthode de mesure des distances, si simple en théorie, n'est que fort rarement applicable dans la pratique, sur le champ de bataille, à cause du grand nombre de coups de fusil et de coups de canons qui se succèdent sans que l'on puisse discerner bien exactement la lumière et le bruit correspondant à chacun d'eux; elle est, en outre, sujette à bien d'autres causes d'erreurs provenant, soit des conditions atmosphériques, soit de l'opérateur lui-même, et n'est pas, par suite, susceptible de donner un bien grand approximation. Toutefois, les appareils de ce genre ont l'avantage d'être, en général, peu coûteux, faciles à transporter et à consulter, même la nuit, et peuvent, dans certains cas, rendre de réels services.

— V. le *Mémorial d'artillerie de marine*.

**TÉLÉPHONE, TÉLÉPHONIE.** La *téléphonie* est une science qui a pour but de permettre la transmission des ondes sonores d'un point à un autre, le point de réception de ces ondes étant trop éloigné du point d'émission, ou la disposition des lieux étant telle que l'ouïe seule ne suffise plus pour percevoir nettement ces sons.

Pour atteindre le but proposé, deux procédés ont été employés jusqu'à présent : le premier, fondé sur la conservation mécanique des ondes sonores comprend l'ensemble des appareils, tels que :

porte-voix, tuyaux acoustiques, etc.; le second, basé sur des moyens électriques, a pris un développement beaucoup plus considérable que le premier, et on lui a donné le nom de *téléphonie*. Nous ne nous occuperons, dans cet article, que de ce dernier mode de transmission, le premier rentrant dans l'étude des applications de l'acoustique.

Les appareils dont on se sert en téléphonie, au point d'émission et au point de réception, portent le nom générique de *téléphones*.

En 1837, les physiciens américains Page et Henry, en envoyant un courant dans un circuit métallique entourant une barre de fer, courant qu'ils interrompaient et rétablissaient rapidement, arrivèrent à faire rendre des sons à la barre de fer. En 1840, Marrian, physicien anglais, qui avait repris les études de Page et Henry à ce sujet, crut reconnaître que ces sons sont dus à des vibrations moléculaires produites par l'allongement et le raccourcissement successifs de la lame de fer sous l'influence de l'aimantation et de la désaimantation se succédant à des intervalles de temps très rapprochés. Le fer doux est, en effet, une substance très magnétique, et l'on sait qu'il suffit de faire passer un courant dans le voisinage d'une pièce de fer doux pour l'aimanter. Cette aimantation cesse d'ailleurs en même temps que le courant. En 1843, un physicien génevois, De la Rive, retrouva les sons qu'avaient déjà obtenus ses prédécesseurs en faisant passer directement le courant dans la lame de fer doux, sans se servir comme eux, d'une bobine entourant la barreau.

Enfin, Philippe Reis, maître d'école à Friedrichsdorff, près de Homburg, reprit les recherches de ses devanciers et travailla sans relâche, de 1852 à 1861, à un appareil qu'il présenta en octobre 1861, sous le nom de *téléphone* à la Société de physique de Francfort. Son appareil était accompagné d'un long rapport se terminant par les conclusions suivantes : 1° chaque son ou combinaison de sons venant frapper le tympan produit sur lui des vibrations dont la marche peut être représentée par une courbe; 2° la marche de ces vibrations produit seule en nous le sentiment de la perception du son, et chaque changement de marche dans la courbe amène un changement de perception.

« Ainsi, quand il sera possible de produire des vibrations dont les courbes seront semblables à celles d'un son ou d'une combinaison de sons, nous aurons la même sensation que celle qu'aurait produite sur nous ce son ou cette combinaison de sons. »

Ces principes ont servi à P. Reis à la réalisation d'un instrument qui, quoique imparfait, permit la transmission, à distance, des vibrations musicales, qui sont plus simples que celles de la voix.

Voici la description de cet appareil (fig. 409) auquel P. Reis donna le nom de *téléphone* : au point d'émission se trouve un bloc prismatique en bois *a b c d e q o*, percé

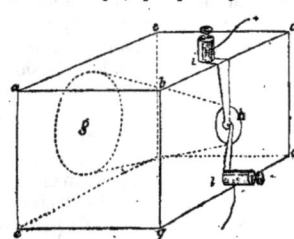

Fig. 409. — *Appareil de P. Reis transmettant les vibrations musicales.*

d'une ouverture conique *g h* destinée à conduire les vibrations sonores. En *h*, l'armature est fermée par une membrane en boyau de porc. Sur la face supérieure du bloc est une borne *i* en relation avec la membrane par une bande métallique qui se termine au centre de la membrane par un petit disque en platine. Sur la face où se trouve la membrane est une autre borne *l* de laquelle part également une bande métallique portant à son extrémité un fil de platine disposé perpendiculairement à cette bande et venant reposer sur le disque de platine *h*. De la borne *i*, part un conducteur traversant une batterie de piles pour aller au point où l'on doit percevoir les sons émis devant l'appareil précédent, il se contourne alors en spirale de fil de cuivre recouvert de soie et revient à la borne *l*. Cette spirale, placée au point de réception, a 150 millimètres de long ; elle comprend sept tours de fil et comporte un noyau formé par une aiguille à tricoter, dont les extrémités dépassent la spirale de 50 millimètres et reposent sur deux chevalets placés sur une caisse sonore.

Voici comment Reis expliquait le fonctionnement de son appareil :

« Quand on parle en *g*, la membrane *h* vibre, repousse le fil de platine terminant la bande métallique venant de *l*. Cette bande reste en arrière après la première vibration, et le courant est interrompu. A chaque vibration la membrane revient faire buter le disque en platine contre le fil et referme le courant ; on a donc là des émissions et des interruptions brusques de courant.

« Ces ouvertures et ces fermetures de courant se répercutent au point de réception et, agissant conformément aux lois des phénomènes découverts par Page et Henry, produisent des vibrations dans l'aiguille formant le noyau de la spirale de fil de cuivre.

« La lame de fer donnera un son dont la hauteur correspondra au nombre des interruptions produites dans un temps donné, c'est-à-dire que la lame reproduit les sons qu'on a transmis à l'appareil interrupteur.

« La hauteur du son reçu sera en rapport avec le son émis, car plus ce dernier aura été élevé, plus il aura donné de vibrations par seconde, et par suite plus l'interrupteur aura donné d'interruptions par seconde. »

Reis réussit à produire devant la Société de physique de Francfort l'expérience suivante : on chantait devant l'appareil de transmission une mélodie sur un ton peu élevé, et des personnes placées près de l'appareil de réception, situé à une distance de 100 mètres environ du premier, percevaient nettement la mélodie exécutée. Le téléphone quoique encore bien rudimentaire était donc inventé.

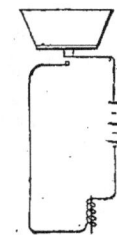

Fig. 410.

*Diagramme de la première installation de P. Reis.*

Le principe de l'appareil de P. Reis (fig. 410) était donc le suivant : employer des courants galvaniques pour transmettre des sons, et pour cela faire naître ces courants par les vibrations de la parole.

Cet appareil ne fut pas examiné sérieusement par la Société de physique de Francfort. P. Reis le représenta alors l'année suivante, en 1862, à la Freis deutches Hochstift (Institut allemand de Freis), puis, en 1864, à l'Association des naturalistes allemands qui tenait sa session annuelle à Giessen. Il fut vivement félicité par cette dernière Association, mais rien ne fut fait pour propager la nouvelle invention. La figure 411 représente cet appareil tel que l'a donné Reis, dans la *Zeitschrift-Deutsch-Œstreirichen Telegraphensverein*, en octobre 1862.

Devant le pavillon A *a* on parle, on chante, ou on joue d'un instrument de musique, et on fait ainsi vibrer la membrane *b* qui est en contact avec le stylet *c d* ; celui-ci par son extrémité *d* se trouve à une certaine distance d'une tige *g h* qu'il touche à chaque vibration ; il est, en outre, en communication avec le conducteur par *n e e* et le support du pavillon, tandis que la tige est reliée à la pile B par *f*.

Au poste récepteur C est un électro-aimant *mm* actionné par le courant de la pile et subissant les interruptions produites par les vibrations de la membrane *b*. Devant cet électro-aimant se trouve une armature mobile *p p i* qui est réglée par un ressort à boudin *s* et une tige *t*, et dont les chocs contre l'électro reproduisent les sons avec plus d'intensité que ne le faisait le premier appareil de Reis. Ce récepteur était placé sur une caisse sonore.

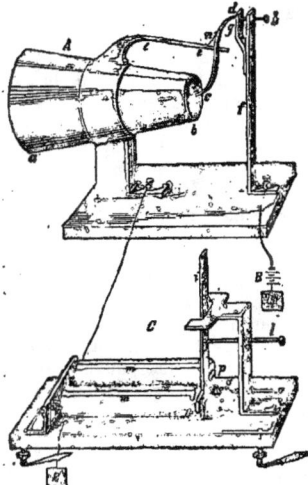

Fig. 411. — *Appareil de P. Reis perfectionné.*

Dans cette disposition, on voit que Reis n'avait plus qu'un conducteur, et que le retour se faisait par la terre.

Cet appareil ne donna pas de résultats pratiques, et son inventeur tombé dans l'oubli, mourut le 14 janvier 1874.

Malgré l'insuccès de la nouvelle création, la question fut bientôt reprise mais comme aucun des appareils suivants ne donna de résultats bien importants, nous nous contenterons de signaler les principaux noms qui ont place dans cet historique, tels que S. Yeates et Dullon (1865), Cromwell Varley, de Londres (1870), Paul La Cour, de Copenhague (1874), et nous arrivons, enfin, à Graham Bell et à Elisha Gray, les deux Américains auxquels revient l'honneur d'avoir su faire de la téléphonie une science pratique.

### TÉLÉPHONES MAGNÉTO-ÉLECTRIQUES.

Le téléphone magnéto-électrique, inventé par Graham Bell, professeur de l'hospice des sourds-muets, à Boston, a fait sa première apparition en 1876, à l'Exposition de Philadelphie (fig. 412). Un barreau cylindrique *m*, en acier aimanté, porte

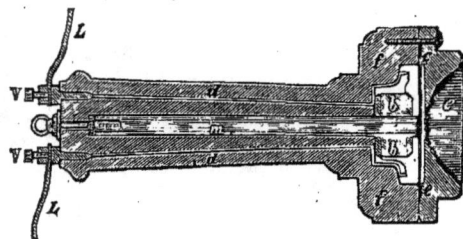

Fig. 412. — *Téléphone Graham Bell.*

autour de l'une de ses extrémités une bobine *b b* en fil isolé très fin. Devant cette bobine se trouve une mince plaque de tôle de fer *cc* de forme circulaire et fixée, par sa circonférence, devant l'embouchure *e* sur le boîtier en ébonite *ff* qui renferme le tout. Les extrémités des deux fils sortant de la bobine sont soudées aux deux tiges en cuivre *d*, *d*, qui les mettent en contact avec les deux bornes V, V servant à maintenir les fils du circuit LL.

Supposons l'une de ces bornes V, reliée par un fil à la borne correspondante d'un second téléphone semblable, placé à une certaine distance, l'autre borne de chacun des deux appareils reliée à la terre; si l'on parle dans l'embouchure e du premier téléphone, les vibrations résultant de l'émission de la voix se communiquent à la membrane cc, de manière qu'elle s'approche et s'éloigne alternativement du barreau aimanté m, et il se produit dans la puissance magnétique de ce dernier des variations correspondantes; celles-ci déterminent dans le fil de la bobine des courants induits qui se transportent le long des tiges dd et s'élancent sur la ligne. En arrivant au deuxième téléphone, les courants traversent la bobine bb et produisent dans le barreau m des augmentations et des diminutions d'aimantation et, par suite, des vibrations, dans la plaque cc. Ces vibrations correspondant exactement à celles transmises au premier appareil par la voix de la personne qui parle, reproduisent dans le deuxième les paroles prononcées. Il est évident que ces deux téléphones étant absolument semblables peuvent être employés indistinctement comme récepteur ou transmetteur.

Le téléphone Bell a provoqué, dès sa première apparition, bien des tentatives de modifications dans le but de réaliser un effet plus fort dans la transmission; nous n'en citerons que quelques-unes.

Tandis que l'inventeur utilise seulement l'un des pôles de son barreau aimanté, F.-A. Gower les fait agir tous les deux sur la plaque vibrante. Dans la figure 413, représentant un téléphone Gower, auquel on a enlevé la membrane vibrante, l'aimant NOS est recourbé en demi-cercle et tourne vers le centre ses deux pôles, munis chacun d'une bobine ovale.

Fig. 413. — *Téléphone Gower.*

Le fil de ligne entre par l'une des bornes du boîtier métallique renfermant l'aimant, traverse successivement les deux bobines et quitte le téléphone par la seconde borne de la capsule. L'action produite est plus énergique que dans le téléphone Bell; mais les sons sont plus métalliques. La plaque vibrante en fer-blanc, beaucoup plus grande et plus épaisse que celle des appareils ordinaires, est fixée sous le couvercle de la boîte, que nous avons supposé enlevé sur la figure. L'appel se produit par la disposition suivante : sur la plaque vibrante se trouve une anche d'harmonium mise en vibration par l'air soufflé dans un tube acoustique fixé à une ouverture circulaire pratiquée au centre du couvercle du boîtier; la plaque, entraînée dans le

mouvement, produit dans les bobines le même effet que la parole, mais dans des proportions considérables, et les courants induits qui en résultent déterminent dans le téléphone de l'autre poste un son aigu rappelant celui d'une trompette d'enfant.

Le téléphone Siemens, construit comme le précédent avec des dimensions plus grandes que celui de Bell, utilise aussi les deux pôles de l'aimant, qui est recourbé en fer à cheval. Sa forme extérieure ressemble à celle de l'appareil Bell et son rendement est supérieur à celui de ce dernier. L'appel se fait à l'aide d'une languette de sifflet, dont les vibrations se transmettent à la plaque vibrante, comme dans le téléphone Gower.

Fig. 414. — *Téléphone Ponny.*

Le téléphone Ponny, ou Ponny Crown (fig. 414) donne aussi d'excellents résultats : un seul pôle a de l'aimant recourbé m, agit sur la bobine b placée devant la plaque cc en regard de l'embouchure e.

Mais, jusqu'à présent l'appareil le plus perfectionné est le téléphone Ader représenté, en coupe et de profil, par les figures 415 et 416. L'aimant A recourbé en forme de cercle porte à ses deux extrémités deux bobines ovales très rapprochées BB, devant lesquelles se trouve la plaque vibrante ronde MM, fixée par sa circonférence au boîtier métallique O. Un couvercle également métallique C, dans lequel est vissée l'embouchure en ébonite E, est muni au centre d'une bague en fer doux XX, qui renforce l'action magnétique de l'aimant. Les fils de ligne se fixent sous les bornes N, N.

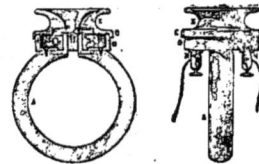

Fig. 415 et 416. — *Téléphone Ader.*

Dans le téléphone d'Arsonval, l'un des pôles de l'aimant recourbé approximativement en cercle, porte une bobine, tandis que l'autre est muni d'un anneau en fer qui enveloppe cette bobine. Cet appareil est très puissant.

### TÉLÉPHONES A PILE, MICROPHONES.

Les sons transmis par un téléphone magnéto-électrique devant lequel on parle, peuvent être reproduits à l'autre extrémité de la ligne par un autre téléphone identique; mais les courants engendrés par cette disposition sont trop faibles pour permettre d'utiliser le téléphone magnéto-électrique comme transmetteur et comme récepteur pour l'échange des communications, surtout lorsque les distances sont un peu considérables.

C'est Edison qui, le premier, a indiqué les moyens

d'augmenter la puissance de ces courants. Se basant sur ce fait acquis par de nombreuses expériences, que la résistance opposée par le charbon au passage du courant varie avec la pression exercée sur ce charbon, il a construit le *transmetteur téléphonique à pile* (fig. 417). C'est une pastille de charbon (noir de fumée) déposée dans une cuvette en ébonite, dont le fond métallique est en contact avec une plaque en cuivre vissée dans la boîte, métallique également, du transmetteur. Sur la pastille C repose un disque en platine P, et un bouton en os A transmettant à ce disque les vibrations du diaphragme en tôle D.

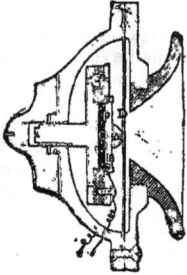

Fig. 417. — *Transmetteur téléphonique à pile, d'Edison.*

Un circuit est établi par le disque P, la pastille, la pièce en cuivre et la boîte du transmetteur, le fil inducteur d'une bobine d'induction et une pile. Le fil secondaire de la bobine est relié à la ligne à travers un ou deux téléphones qui servent pour la réception. Si l'on parle devant l'embouchure de cet appareil, les vibrations du diaphragme D, transmises par le bouton A et par le disque P à la pastille, déterminent dans cette dernière, par des variations de pression, des variations de résistance et, par suite, des variations d'intensité dans le courant de pile qui traverse le circuit primaire de la bobine d'induction. Des courants induits sont, par ce même fait, engendrés dans le circuit secondaire de la bobine, et ces courants agissent sur le téléphone récepteur placé à l'autre extrémité de la ligne avec une énergie beaucoup plus grande que celle que pouvait produire un téléphone magnéto-électrique.

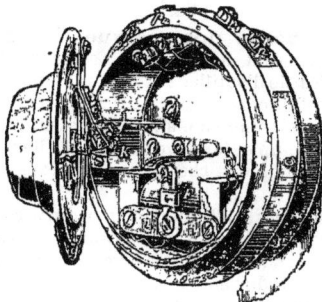

Fig. 418. — *Microphone Berliner.*

Les transmetteurs connus sous le nom de *microphones*, sont basés sur le même principe. Dans le microphone Berliner (fig. 418), un disque en charbon *a* est fixé au centre du diaphragme en tôle ; un crayon de charbon *b* est supporté par une bande en cuivre *c* munie d'une charnière, qui la rattache au couvercle *g* du transmetteur par la

tige *d*. Les charbons *a* et *b*, appliqués l'un contre l'autre, sont intercalés par la lame *f* et le contact *k*, avec le fil primaire de la bobine d'induction *i i*F, dans le circuit d'une pile. En parlant devant l'embouchure *e*, les vibrations du diaphragme sont reproduites par le charbon *a*, et il en résulte dans le contact microphonique entre *a* et *b* des variations de résistance qui, dans la bobine d'induction, donnent naissance, comme pour le transmetteur Edison, à des courants induits très énergiques correspondant à ces variations.

Dans le microphone Blake (fig. 419), un charbon, porté par un ressort *r*, est placé derrière le diaphragme *cc*, à la hauteur du centre de ce dernier ; entre le charbon et le diaphragme se trouve un autre ressort *r'* terminé par une pièce qui appuie, d'un côté et avec une pointe en platine, contre le charbon, et de l'autre contre le diaphragme. Les deux ressorts *r* et *r'*, et par conséquent le charbon et la pointe en platine, sont reliés par des fils L et *b* à la pile B et au circuit primaire de la bobine d'induction d'un téléphone *t*, comme dans les appareils précédents ; la pression qui existe entre ces organes fixés aux extrémités de ces ressorts peut être modifiée à volonté au moyen de la vis V qui, agissant sur le plan incliné de la tige mobile *n*, approche ou éloigne cette dernière du diaphragme *cc*.

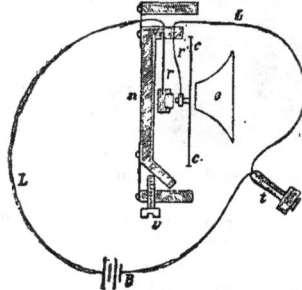

Fig. 419. — *Microphone Blake.*

Dans le microphone Crossley (fig. 420 et 421), le diaphragme est en bois. Au-dessous d'une mince planchette en sapin DD, sont disposés, en forme de losange, quatre crayons de charbon reposant chacun par ses extrémités sur la paroi inférieure d'une alvéole pratiquée dans quatre blocs également en charbon, vissés sous la planchette. Ce diaphragme DD est fixé lui-même par ses quatre coins au-dessous du couvercle d'une boîte, au centre duquel est percée une ouverture carrée, pour parler. Les vibrations de la planchette entraînent alors les blocs de charbon, qui modifient, dans leur mouvement, le contact avec les crayons. Le losange de charbon est réuni par

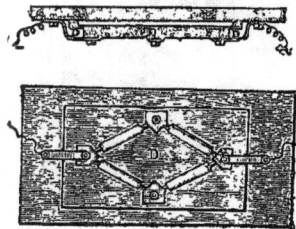

Fig. 420 et 421. — *Microphone Crossley.*

deux côtés avec le circuit de pile, dans lequel est intercalé le fil primaire de la bobine d'induction, de sorte que le courant arrivant à l'un des blocs se partage en deux : une partie passe par le crayon de droite, le bloc suivant et le deuxième crayon du même côté, l'autre par le crayon de gauche, le bloc et le deuxième crayon, puis les deux courants se rencontrent au bloc auquel est relié le deuxième fil de pile et quittent par ce fil le microphone.

Le microphone Ader (fig. 422) se compose de dix crayons de charbon AAA..., rangés en deux séries de cinq chacune, et pouvant jouer dans les trous

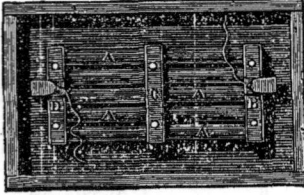

Fig. 422. — *Microphone Ader.*

de trois barres de charbon, parallèles B, C, D, fixées en dessous d'une planchette en sapin qui sert de membrane vibrante et reçoit les vibrations de la voix. Cette planchette est collée sur un cadre en caoutchouc reposant sur le couvercle d'une boîte en forme de pupitre (fig. 423), au milieu duquel a été pratiquée une ouverture carrée assez grande pour que les charbons n'aient pas à frotter contre le bois et soient libres dans leurs vibrations. Dans l'intérieur de la boîte se trouvent : une bobine d'induction et un levier-commutateur avec des ressorts de contact permettant de rompre le circuit microphonique, lorsque l'appareil est au repos, et de faire passer la ligne, soit dans la sonnerie d'appel lorsque l'appareil est à la position d'attente, soit dans

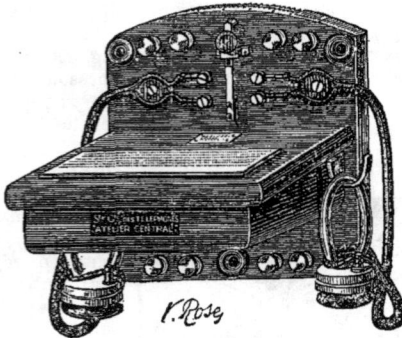

Fig. 423. — *Appareil Ader.*

le fil secondaire de la bobine d'induction et dans les récepteurs lorsque l'on communique. Les deux positions du levier-commutateur sont obtenues : en suspendant le récepteur au crochet qui termine ce levier, pour amener le commutateur à la position correspondant à l'attente (ligne sur sonnerie, circuit du microphone ouvert), ou bien en retirant ce récepteur du crochet, pour avoir la position de communication (ligne sur bobine d'induction et récepteurs, circuit microphonique

fermé). On peut se rendre compte du fonctionnement de ce commutateur par l'inspection de la figure 432.

La figure 423 représente, en perspective, l'appareil transmetteur Ader, muni de ses deux téléphones Ader, qui servent de récepteurs, et tel qu'il est installé chez les abonnés du réseau de Paris, mais on le rend parfois mobile en le montant sur pied ; il peut être alors facilement déplacé dans la pièce, et se pose simplement sur une table.

Dans le microphone Berthon (fig. 424), le contact est établi par de la grenaille de charbon maintenue dans une bague en ébonite collée au

Fig. 424.
*Microphone
Berthon.*

centre d'une mince membrane également en charbon. Une deuxième membrane identique est disposée, parallèlement à la première, de telle façon que, sans toucher la bague, elle en soit cependant assez rapprochée pour que la grenaille de charbon vienne buter contre elle, mais ne puisse pas sortir de la bague. En parlant devant cette seconde membrane, les vibrations qui lui sont communiquées, produisent dans la grenaille de charbon, des variations de pression qui ont pour effet de faire varier la résistance du circuit microphonique, comme dans les microphones décrits plus haut.

Dans les bureaux centraux du réseau de Paris, l'appareil employé se compose du microphone Berthon et d'un téléphone Ader, rendus solidaires par une poignée métallique. Cette disposition extrêmement commode, puisqu'elle permet de laisser la main droite absolument libre, présente encore l'avantage de remuer la grenaille chaque fois qu'on se sert de l'appareil, et par suite d'avoir des contacts microphoniques sans cesse renouvelés, ce qui est une certitude de parfait fonctionnement.

**Téléphonie domestique.** Les sonneries électriques sont devenues un des éléments indispensables de l'outillage d'une maison. Un nouveau perfectionnement était à apporter à ce système déjà si commode, afin d'éviter les allées et venues des employés, des commis, des domestiques appelés par leurs chefs, leurs patrons et leurs maîtres.

Les appareils téléphoniques ordinaires étaient trop compliqués, trop encombrants, et trop chers pour être utilisés comme appareils domestiques, car ceux-ci doivent répondre aux qualités suivantes : être simples, d'une pose facile, d'un prix modéré et ne pas se déranger.

La Société générale des téléphones a créé, à cet effet, deux types d'appareils : l'appareil domestique Ader et l'appareil domestique Berthon.

L'appareil Ader se présente sous deux formes : la première comporte une sonnerie (la sonnerie peut être indépendante) enfermée dans une boîte à laquelle est fixé, par un cordon, un récepteur Ader servant à la fois de transmetteur et de récepteur ; la deuxième (fig. 425) comprend le même boîtier que précédemment, mais l'appareil téléphonique se compose de deux récepteurs Ader réunis par une poignée métallique que l'on tient de l'une ou l'autre main, de manière à appliquer contre l'oreille l'un des récepteurs, tandis que l'autre se trouve vis-à-vis la bouche et sert de transmetteur. Ces deux dispositions, entièrement magnétiques, n'emploient les piles que pour actionner la sonnerie.

L'appareil domestique Berthon se présente également sous deux formes : la première à *applique fixe* (fig. 426) comporte un boîtier sur lequel se trouve fixé un microphone, système Berthon ; un récepteur Ader est relié par un cordon à ce boîtier, muni en son centre d'un bouton d'appel actionnant une sonnerie ; la deuxième, dite *appareil combiné* se compose du même boîtier que précédemment, mais le microphone au lieu d'en être solidaire est relié au récepteur par une poignée métallique.

Fig. 425.
*Appareil domes-
tique Ader.*

Le microphone combiné Berthon-Ader et l'appareil double Ader laissent la main droite libre, et permettent d'écrire en même temps qu'on écoute ; ce sont, en somme, les appareils ordinaires simplifiés, dans lesquels on a supprimé la bobine d'induction des microphones ; ils fonctionnent parfaitement à 500 mètres et remplissent, par conséquent, les conditions exigées pour franchir les distances que l'on rencontre dans le genre de téléphonie qui nous occupe.

Les principaux cas qui peuvent se présenter en téléphonie domestique peuvent se résumer dans les cinq suivants :

1° Installation de simples communications téléphoniques entre deux points. C'est le cas où il y aurait à relier deux bâtiments, deux pièces ou deux services quelconques dans une propriété, un immeuble, un appartement, une maison de campagne, un château, une ferme, des bureaux

d'administration, une maison de commerce, une usine, etc.; on peut alors relier ces deux points par 1, 2 ou 3 fils (fig. 427), suivant que le retour se fait par la terre ou qu'on se sert de deux piles ou d'une seule;

2° Installation complétant une installation de sonneries électriques déjà existante. On peut transformer cette dernière en une installation de microphones ou de téléphones domestiques, par l'emploi des fils, sonneries, tableaux indicateurs, et fils existants. Dans ce cas, chacun des postes appelle le poste central et peut lui parler, mais comme dans une installation de sonneries, celui-ci ne peut appeler l'un ou l'autre des autres postes;

Fig. 426.
*Appareil domes-
tique Berthon
à applique fixe.*

3° Lorsqu'il n'existe pas de sonneries électriques, on peut établir des microphones ou des téléphones, et mettre les divers postes en communication avec un tableau indicateur à disposition électrique placé près des domestiques ou, dans l'antichambre, près des garçons de bureau ; il est alors facile d'envoyer, de toutes les pièces reliées à ce tableau, des ordres qui pourront être immédiatement exécutés, et supprimer ainsi tout dérangement inutile; l'installation diffère seulement par le nombre des conducteurs réunissant les appareils au tableau indicateur, suivant que l'on désire ou non que de celui-ci on puisse appeler par sonnerie les personnes auxquelles il est relié; dans la première hypothèse, ils sont au nombre de trois, et de deux dans la dernière. Pour ce genre d'installations, on se sert ordinairement de petits câbles à deux ou trois conducteurs de couleurs distinctes, qui rendent la pose des fils très facile.

4° Installation de microphones ou de téléphones domestiques permettant à un directeur d'administration ou d'usine, au chef d'une maison de commerce, d'un établissement ou d'un service quelconque, de communiquer de son cabinet, avec les bureaux qu'il dirige. S'il existait déjà une

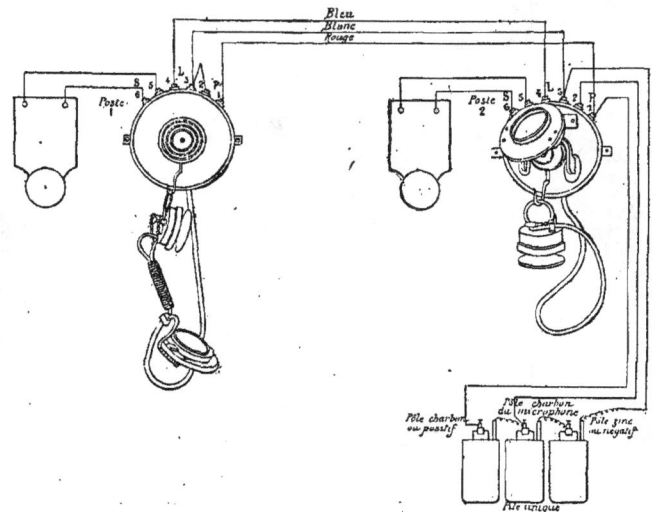

Fig. 427. — *Installation avec trois fils de ligne.*
L L Ligne à trois conducteurs, formée par les fils 1 1, 3 3, 4 4. — 5 6 Bornes de chaque poste reliées aux deux bornes de leur sonnerie respective.

installation de sonneries électriques, les fils, tableaux indicateurs, sonneries et piles existants peuvent être employés à l'installation, mais, dans le cas contraire, on dispose les appareils soit pour permettre au directeur d'appeler son personnel, sans être appelé par lui, soit pour que les agents puissent appeler leur chef et réciproquement;

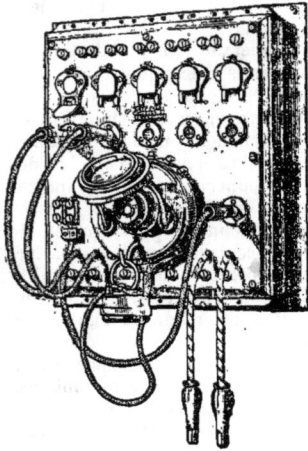

Fig. 428. — *Premier type de poste central.*

5° Installation de microphones ou de téléphones domestiques destinés à établir à l'aide d'un tableau indicateur électrique central dont la manœuvre peut être confiée à un garçon de bureau, des communications entre les différents services d'une administration, d'une usine, d'un établissement quelconque.

Dans ces cinq types d'installations, une pile unique, centrale, composée de quelques éléments Leclanché, suffit, quel que soit d'ailleurs le nombre d'appareils et leur répartition dans l'immeuble ou l'usine; les accessoires employés, tels que piles, tableaux, commutateurs, sont des réductions des appareils analogues de la téléphonie ordinaire; ainsi, pour le cinquième cas, on

Fig. 429 à 431. — *Deuxième type de poste central.*

établit un poste central qui n'est qu'une réduction d'un poste central de téléphonie ordinaire (fig. 428 à 431) (V. plus loin). Les applications de la téléphonie domestique se répandent de plus en plus, et son utilité est tous les jours plus appréciée.

**Réseaux téléphoniques.** Dans les réseaux téléphoniques, les postes des abonnés sont reliés au bureau central, soit par un seul fil, avec retour du courant par la terre (*réseau à simple fil*), soit par deux fils (*réseau à double fil*) et, dans ce cas, la communication s'établit sur un circuit complètement métallique; mais de ces deux systèmes, c'est le premier qui est le plus communément employé.

Quelle que soit la disposition adoptée, l'installation d'une ligne d'abonné comprend : A. le *poste* chez l'abonné; B. la *ligne* reliant ce poste au bureau central; C. le *signal avertisseur*, au bureau central.

I. RÉSEAUX A SIMPLE FIL. A. *Poste d'abonné.* Il se compose généralement : d'un microphone comme appareil transmetteur, d'un ou de deux téléphones comme récepteurs, d'une pile pour le microphone, d'une pile ou d'un générateur magnéto-électrique pour l'appel au bureau central, d'une sonnerie pour la réception de l'appel du bureau central, et d'un paratonnerre. Cependant dans certains réseaux, la transmission de la parole se fait par un téléphone que l'on a substitué au microphone.

De tous les systèmes que nous avons mentionnés plus haut, ce sont les types Ader et les appareils Blake qui ont été le plus généralement employés comme microphones, Bell et Ader comme récepteurs; comme pile, l'élément Leclanché est adopté presque partout; mais dans ces derniers temps l'élément de Lalande et Chaperon à potasse

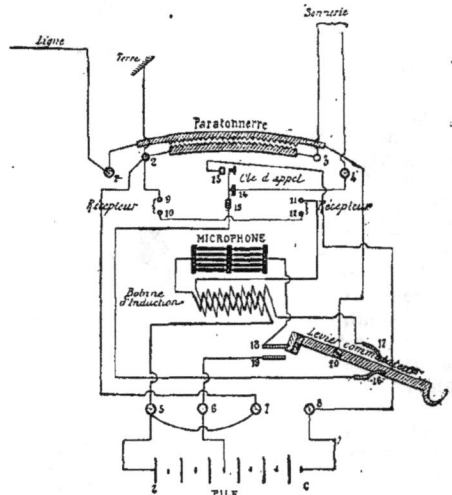

Fig. 432. — *Diagramme du poste microphonique Ader.*

caustique (excitateur) et à oxyde de cuivre (dépolarisant) a trouvé de nombreuses applications à cause de sa constance. Lorsque l'appel doit être fait par courant de pile, on combine les éléments du microphone avec trois éléments Leclanché, ce qui, pour les postes Ader, porte à 6 le nombre des éléments composant la pile de l'abonné.

Dans la figure 432 représentant un poste microphonique Ader, en diagramme, les trois premiers éléments de la pile (rattachés à l'appareil par les fils aboutissant aux bornes 5 et 6) desservent le microphone et entrent en fonction lorsque le levier-commutateur, en basculant, établit un contact entre les deux ressorts 18 et 19; le circuit microphonique est alors formé comme suit : pile, 6, 19, 18, microphone, circuit inducteur de la bobine d'induction, 5, pile. Si, à ce moment, l'abonné parle, les variations d'intensité des courants de ce circuit produites par les vibrations de la plaque en bois, qui porte les charbons du microphone, donnent naissance, dans le circuit secondaire de la bobine d'induction, à des courants induits correspondant à ces vibrations ; ceux-ci suivent le chemin : terre, 2, 9, récepteurs, 11, circuit secondaire de la bobine d'induction, 17, 20, 1, ligne, et vont actionner le téléphone récepteur que tient à l'oreille la téléphoniste du bureau central. Pour appeler à ce bureau, l'abonné n'a qu'à appuyer sur le bouton de la clef d'appel; il établit ainsi une communication entre 13 et 15, ce qui lui permet de lancer sur la ligne le courant de la pile entière de son poste, par : terre, 7, 5, pile, 8, 13, 15, 16, 20, 1; le courant d'appel envoyé par le bureau central suit la ligne inverse, c'est-à-dire entre par 1 dans l'appareil, et passe par 20, 16, 15, 14, 4 dans la sonnerie, d'où il s'écoule à la terre par 3, 2.

La figure 433 montre le diagramme d'un poste d'abonné dans lequel le microphone est remplacé par un télé-

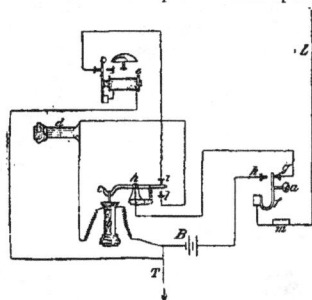

phone; L est le fil de ligne, T celui de terre, a la clef d'appel, B la pile, b le téléphone récepteur, d le téléphone transmetteur h le levier commutateur et e la sonnerie.

Fig. 433. — Diagramme d'un poste sans microphone.

Pour assurer l'écoulement du courant à la terre, la borne 2, de la figure 432, par exemple, est reliée par un fil aux conduites d'eau ou de gaz de la maison, et de préférence aux deux à la fois; après avoir soigneusement approprié le tuyau d'arrivée sur une longueur de 5 à 6 centimètres, on enroule sur cette partie, en spires serrées, l'extrémité du fil que l'on a préalablement décapé. Mais si ces conduites font défaut, on creuse un puits dans la cour ou en un endroit humide pour y enfoncer une barre de fer à l'extrémité supérieure de laquelle on attache une corde de trois fils d'acier galvanisé, tandis que l'autre bout est soudé au fil qui part de la borne 2; une goutte de soudure maintient en contact intime le fil ou la corde avec les conduites ou la barre de fer.

Dans l'intérieur d'une maison, on fait usage,

comme fil d'installation, d'un conducteur en cuivre de 0,9 de millimètres, recouvert d'une gaîne en gutta autour de laquelle s'enroule un ruban de coton, de couleur correspondant à celles des tentures de la pièce ; les fils sont fixés aux murs par des petits cavaliers en fer ou par des isolateurs en os qui servent également pour les installations des sonneries électriques. La Société générale des téléphones donne la préférence à

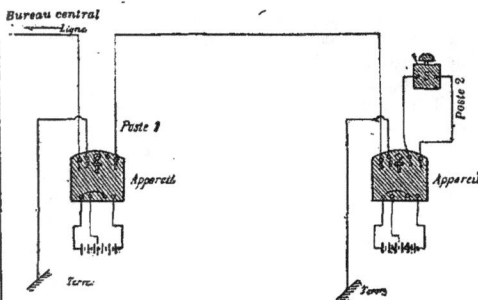

Fig. 434. — Installation avec commutateur secret.

des isolateurs en bois percés de trous destinés à permettre une bonne tension des fils et à en assurer le parallélisme ; on peut ainsi distinguer plus facilement les fils en cas de recherches à la suite de dérangements, et d'autre part, les conducteurs étant maintenus à une certaine distance des murs, sont à l'abri des attaques de l'humidité.

Pour que l'abonné puisse entendre l'appel du bureau central dans différentes pièces de la maison ou à l'extérieur, on greffe sur la sonnerie de l'ap-

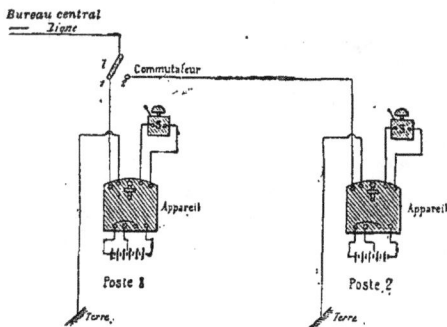

Fig. 435. — Installation avec commutateur simple.

pareil plusieurs sonneries supplémentaires, qui fonctionnent en même temps que celle du poste.

Il se présente très fréquemment que l'abonné demande à entrer en communication avec le réseau, de deux pièces différentes ou de deux points différents situés dans le même immeuble; on a recours alors à l'une des deux combinaisons suivantes :

1. Deux postes avec commutateur secret (fig. 434). Le deuxième appareil occupe la place de la sonnerie du premier poste; tout appel venant du bureau central traverse le premier appareil par 1, 2,

puis le deuxième par 3, 4 et, enfin, la sonnerie S de ce dernier poste pour passer à la terre par 5, 6 ; c'est donc au deuxième poste que parviennent les signaux d'appel faits par le bureau et c'est lui qui répondra. Mais si la communication intéresse l'autre poste, il le préviendra, soit par une sonnerie indépendante de l'installation téléphonique, soit par un tube acoustique ou par un autre moyen quelconque, celui-ci n'aura plus alors qu'à porter les récepteurs à l'oreille et parler; en retirant du crochet de suspension le récepteur de droite, il aura fait basculer le levier-commutateur, ce qui aura eu pour effet d'exclure du circuit le deuxième poste, en détruisant le contact entre les points 16 et 20 (fig. 432). Les deux postes peuvent appeler au bureau central en appuyant sur le bouton d'appel de leur appareil; mais il est évident que le deuxième ne pourra ni appeler, ni parler pendant que le premier se servira de la ligne.

2. *Deux postes avec commutateur simple* (fig. 435). Les appels du bureau central parviennent au premier poste ou au deuxième, suivant que la lamelle *l* du commutateur est tournée sur le plot 1 ou sur le plot 2. Cette disposition trouve surtout son application lorsque l'abonné se tient pendant un certain temps dans l'une des pièces (maga-

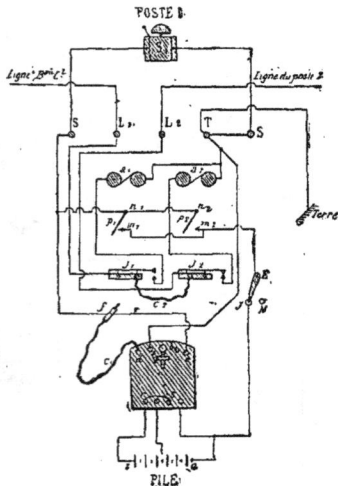

Fig. 436. — *Tableau à deux directions.*

sin, bureau, etc.) et passe ensuite dans l'autre (appartement, etc.); il n'a qu'à tourner alors la lamelle *l* sur l'un ou l'autre des deux plots 1 et 2 pour mettre l'appareil correspondant en relation avec la ligne qui le relie au bureau central.

Lorsque les deux postes doivent, en outre, pouvoir communiquer entre eux, il devient nécessaire de prendre des dispositions pour que le bureau central, s'il avait à faire un appel pendant que les deux stations sont en conversation, puisse se faire entendre, ou que l'un des postes puisse donner un signal d'appel pendant que l'autre se trouve en communication avec le bureau central. On ar-

rive à ce résultat par l'emploi du *tableau à deux directions* représenté en diagramme par la figure 436. $L_1$ et $L_2$ sont les bornes auxquelles aboutissent les fils de ligne venant du bureau central et du deuxième poste; en T est attaché un fil allant à la terre, et aux deux bornes S, S, est reliée la sonnerie $S_1$ du poste. $J_1$ $J_2$ sont deux commutateurs appelés

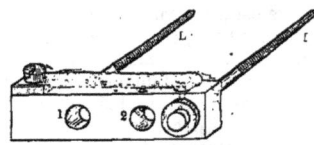

Fig. 437. — *Jackknife à simple fil.*

*Jackknifes* (fig. 437), qui se composent chacun d'une pièce rectangulaire de laiton percée de deux trous 1, 2, et munie d'un ressort qui porte une goupille traversant la masse de la pièce en dépassant légèrement l'affleurement du trou 2 ; deux boulons L et I, munis d'écrous, servent à fixer le jackknife contre la planchette du tableau, l'un d'eux L, est simplement vissé dans la masse du jackknife et fait, par conséquent, corps avec elle, tandis que l'autre I, est isolé de cette masse par un tube en ébonite, mais trouve un contact métallique avec elle par l'intermédiaire d'une goupille (isolée elle-même de la pièce par un autre tube en ébonite) qui appuie contre le ressort. Si une cheville est introduite dans le trou 2 du jackknife, le ressort est soulevé par la goupille qui y est fixée, et le contact entre la masse du commutateur et le bouton I est détruit; par contre, le ressort n'est pas soulevé, si la cheville est placée dans le trou 1. Dans la figure 436, nous avons, pour plus de clarté, disjoint du corps du jackknife le contact entre le ressort et le boulon I. Les indicateurs d'appel qu'emploie le tableau à deux directions portent le nom d'*annonciateurs*. Ils se composent (fig. 438) d'un électro-aimant A à deux bobines, monté sur une pièce en fonte portant l'axe O; à l'état de repos, l'armature, qui pivote autour de cet axe, maintient par un crochet le clapet P, mais lorsque, sous l'influence d'un courant d'appel, cette armature est attirée, le crochet quitte le clapet qui tombe, frappe contre l'enclume C, et ferme en même temps le circuit

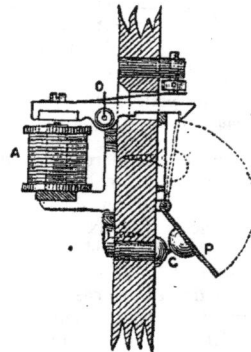

Fig. 438. — *Annonciateur Berthon-Niaudet.*

d'une pile dans lequel est intercalée une sonnerie. Dans la figure 436, $a_1$ et $a_2$ représentent les deux bobines des deux électro-aimants A; $p_1$ et $p_2$ les deux clapets P; $m_1$ et $m_2$ les deux enclumes C et $n_1$ et $n_2$ les charnières autour desquelles tournent les deux clapets $p_1$ et $p_2$. Au-dessous des deux jackknifes est installé l'appareil (Ader) du premier poste, et en *d* est attaché un cordon souple $c_i$, avec âme en fil de fer enroulée en spirale, qui vient se terminer à une cheville en cuivre *f* munie d'une poignée en ébonite ; dans les bureaux centraux, on donne plus communément à cette cheville, le nom de *fiche*. E est un commutateur ordinaire dont nous verrons plus loin les fonctions.

Tout appel fait par le bureau central suit le chemin $L_i$, $J_i$, $a_i$, T, et terre ; mais en traversant $a_i$, il fait tomber le clapet $p_i$ qui vient fermer le circuit local de la sonnerie $S_i$ par $p_i$, $m_i$, $m_2$, E, J, pile, $r$, $s$, $t$, T, S, sonnerie, S et $n_i$. De même, les appels du deuxième poste envoient un courant par $L_2$, $J_2$, $a_2$, T, et terre, et font tomber $p_2$ qui ferme le circuit de la sonnerie $S_i$. Pour répondre à un appel du bureau central, l'abonné au premier poste introduit la fiche *f* dans le trou 2 du jackknife $J_i$, et porte ensuite les récepteurs à l'oreille ; si, pendant la conversation, le deuxième poste voulait appeler, l'annonciateur $a_2$ en préviendrait le premier ; de même que, en cas de communication entre les deux stations de l'abonné, l'annonciateur $a_i$ signalerait l'appel fait par le bureau central.

Le poste peut aussi mettre en communication entre eux le bureau central et la deuxième station à l'aide d'un cordon semblable à celui qui est attaché à la borne *d* de son appareil et terminé à chacune de ses extrémités par une fiche de même modèle que la cheville *f*. Il appelle le poste demandé et introduit l'une des fiches du cordon $c_2$ dans le trou 2 du jackknife de la première ligne (poste appelant) et la deuxième dans le trou 1 du jackknife de l'autre ligne (poste appelé) ; de cette manière, l'un des annonciateurs, celui du poste appelé, est laissé en dérivation sur la ligne, puisque la fiche en entrant dans le trou 1 du jackknife ne soulève pas le ressort et ne détruit pas le contact entre la masse et le boulon I ( fig. 437). Dans le diagramme de la figure 436, la communication est établie entre le bureau central

Fig. 439. — *Annonciateur américain à trois directions.*

et le deuxième poste par les deux fiches du cordon $c_2$. Le ressort du jackknife $J_2$ n'étant pas soulevé, l'annonciateur $a_2$ est en dérivation sur la ligne, et à la fin de la conversation, il suffira, à l'un des deux postes ainsi reliés, d'appuyer sur le bouton d'appel pour actionner $a_2$ et informer ainsi le premier poste que le cordon $c_2$ peut être retiré. Comme la sonnerie S fonctionne jusqu'à

ce que le clapet $p_i$ ou $p_2$ soit relevé, si un appel venait à se produire pendant l'absence de l'abonné, la pile risquerait de s'user rapidement, aussi a-t-on paré à cet inconvénient en ajoutant au tableau le commutateur E, dont la manette est portée, lorsqu'on s'absente, sur le plot N, de sorte que le signal reste produit, mais ni la pile ni la sonnerie n'entrent en jeu.

Ces tableaux peuvent être disposés pour recevoir un grand nombre de directions. Les figures 439 et 440 montrent des types à 3 lignes différant seulement par les annonciateurs qui sont remplacés dans le deuxième par des indicateurs-trembleurs fonctionnant de la manière suivante : chaque ligne est munie d'un électro-aimant dont l'armature est fixée à un ressort très flexible, de sorte que à chaque émission de courant fait par le poste appelant, cette armature vient buter contre le noyau de l'électro et ferme le circuit local de la sonnerie ; mais aussitôt l'émission du courant arrêtée, le ressort ramène vivement l'armature en arrière et lui imprime pendant quelques secondes, un mouvement oscillatoire auquel prend part une petite pancarte collée sur l'extrémité de l'armature même et qui, portant le numéro de la ligne, indique au poste la station qui fait l'appel.

Plusieurs personnes habitant le même immeuble et ne faisant pas un usage très suivi du téléphone peuvent s'associer pour prendre un abonnement en commun au réseau.

Dans le cas de deux abonnés à desservir par la même ligne, l'installation se fait à l'aide de *relais polarisés* (fig. 441) : $R_i$ et $R_2$ sont des relais de polarités différentes, G, G des galvanomètres, $S_i$ et $S_2$ des sonneries.. Au premier poste, l'appareil transmetteur et récepteur est du type ordinaire, et n'est représenté que par la clef d'appel et le levier-commutateur ; au deuxième, il est muni, en outre, de deux ressorts *t*, *s*, et d'une borne supplémentaire *m* (nous n'avons indiqué, *pour ces deux appareils*, que les organes absolument indispensables à l'explication du fonctionnement du système). Le courant d'appel du bureau

Fig. 440. — *Annonciateur à trois directions avec indicateurs-trembleurs.*

central passe par $a$, 1, 2, $d$, $g$, $r$, $q$, $l$, $u$, $R_2$, $v$, $y$, $R_i$, $z$, terre, mais suivant le sens du courant émis, c'est $R_2$ ou $R_i$ qui est actionné, et le relais mis en fonctionnement ferme le circuit local (pile,

3, $x$, $S_2$, $i$, $h$, $o$, $n$, ou bien, pile, 4, $j$, $S_1$, $c$, $b$, $e$) des sonneries $S_2$ ou $S_1$.

Lorsque le premier poste est en communication, le circuit est établi par $a$ (récepteurs, circuit secondaire de la bobine d'induction [fig. 432]), $b$, $m$, $s$, $t$, $h$, $k$, et la terre ; car le levier de ce poste étant relevé, le contact entre 1 et 2 est détruit, et le deuxième poste est exclu de la ligne. Si ce dernier voulait, en ce moment, sonner au bureau central en appuyant sur le bouton d'appel, son circuit de ligne se trouverait ouvert, et il ne pourrait faire dévier l'aiguille du galvanomètre G de son appareil, ce qui l'avertirait que la ligne est occupée. Il ne lui est pas non plus possible d'entendre la conversation échangée entre son co-abonné et le bureau central, car en prenant les récepteurs pour écouter, il ferait basculer le levier-commutateur de son appareil, détruirait ainsi le contact entre les ressorts $s$ et $t$, et interromprait la communi-

cation. Il en est de même si la conversation était engagée entre le deuxième poste et le bureau central, car le premier poste couperait, de son côté, la ligne en cherchant à écouter ce qui se dit.

Les deux abonnés en appuyant simplement sur le bouton d'appel de leurs appareils respectifs, sonnent au bureau central où la téléphoniste dispose de deux clefs spéciales accouplées qui lui permettent d'envoyer sur la ligne des courants actionnant l'un ou l'autre des deux relais $R_1$ et $R_2$.

C'est à l'aide d'autres appareils, combinés avec des mouvements d'horlogerie, que l'on peut desservir jusqu'à six abonnés par une même ligne.

B. *Ligne.* Du poste de l'abonné au premier isolateur extérieur, on emploie un fil isolé semblable à celui de l'installation intérieure, mais protégé, en outre, par une toile et une gaine en plomb ; c'est seulement à partir de ce premier isola-

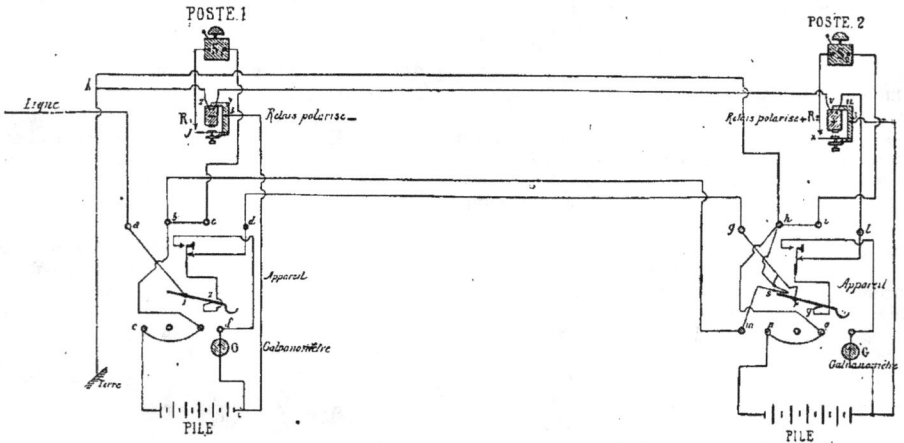

Fig. 441. — *Installation desservant deux abonnés par la même ligne.*

teur que commence la ligne proprement dite, en fil d'acier galvanisé ou de bronze siliceux, et qui aboutit à la tourelle du bureau central. Lorsque plusieurs lignes suivent un parcours parallèle, on utilise les mêmes points d'appui pour toutes, et l'on fait usage de potelets en bois ou en fer, munis d'un certain nombre de bras horizontaux qui supportent les isolateurs (herses).

Toutes les lignes d'un réseau convergent vers la *tourelle de concentration* placée sur le toit de la maison dans laquelle est installé le bureau central. Cette tourelle se compose d'une série de montants, constitués comme les jumelles de herses, et moisés de distance en distance entre les jantes à joints croisés de cercle en fer en ⊔ ; elle est couverte d'une toiture en zinc terminée par un paratonnerre. Un fil isolé à la gutta, recouvert d'un ruban de coton et protégé par une gaine en plomb, prend la ligne à l'isolateur de la tourelle et l'amène à son paratonnerre spécial installé, soit dans l'intérieur du bureau, soit dans une boîte fermant hermétiquement et déposée sur le plancher de la tourelle. Du paratonnerre, le fil de

ligne passe à la *rosace* placée généralement dans une pièce attenant au bureau central proprement dit, où s'opère la mise en communication des abonnés.

La rosace se compose d'une guérite en bois, dont les parois sont percées, au milieu, d'une grande ouverture circulaire. De petites pièces rectangulaires en laiton (serre-fils) munies de bornes aux extrémités, sont disposées, dans la direction des rayons, sur la circonférence d'un cercle concentrique à celui de cette ouverture. C'est à ces pièces qu'aboutissent d'abord les lignes des abonnés, pour être ensuite amenées aux tableaux du bureau central par des fils parfaitement isolés qui, partant des serre-fils, se réunissent au centre de la guérite pour pénétrer par groupe de 25 dans la salle des communications. Les fils forment ainsi l'enveloppe de quatre cônes, dont les bases sont constituées par les rosaces, et dont le sommet commun est au centre de la guérite. Par cette disposition, on peut interchanger ces fils pour un groupement rationnel des abonnés sur les tableaux et, en cas de dérangements, faire les re-

cherches dans deux directions, en retirant des
bornes des serre-fils les lignes à examiner, et en
opérant vers le bureau central, sûr le fil qui pénètre dans l'intérieur de la guérite, et vers la ligne
et le poste d'abonné, sur le fil qui monte à la tourelle.

Les lignes d'abonnés sont presque toujours en fil
nu pour les réseaux aériens à simple fil, et les
câbles sont peu employés jusqu'à présent; mais
lorsque ces réseaux sont *souterrains*, les fils de ligne
se composent d'une âme en cuivre enveloppée
dans une gaine de gutta-percha, recouverte d'une
toile, puis d'une hélice en fil de fer galvanisé, afin
d'éviter les effets d'induction des fils les uns sur
les autres.

C. *Signal avertisseur.* Dans le bureau central,
la ligne de l'abonné traverse d'abord un jackknife, puis un annonciateur, et passe enfin à la
terre. Le jackknife et l'annonciateur desservant la
même ligne, portent le même numéro d'ordre qui,
pour l'annonciateur, est inscrit derrière le clapet P
(fig. 438), et n'est visible que lorsque celui-ci, par
suite d'un appel fait par l'abonné, vient à tomber; pour le jackknife, il est indiqué par une étiquette placée immédiatement au-dessus et rela-
tant en même temps, le nom et, l'adresse de
l'abonné.

Dans la partie du panneau qui reste disponible
entre deux tableaux est installée une clef-d'appel
(fig. 442 et 443), dont le ressort est muni, à son
extrémité, d'un cordon souple à âme métallique,
semblable à ceux que nous avons vus employés
pour les tableaux à deux ou à plusieurs directions, et terminé par une fiche. Le point *h* de
la clef d'appel est relié au fil induit d'une bobine d'induction, placée derrière le panneau, et ce
fil à sa sortie se rattache, par un cordon souple,
au récepteur d'un appareil combiné Berthon-Ader,
ou autre, et passe ensuite à la terre. Le fil inducteur de cette même bobine d'induction traverse
d'un côté le transmetteur (microphone) de l'appareil de bureau, puis un jackknife spécial, dit
*jackknife de pile*, et aboutit au *commutateur des
piles*, qui le met en contact avec le pôle zinc de
la pile du microphone, tandis que l'autre extrémité est au pôle cuivre. La clef est, en outre, reliée
à la pile de vingt-cinq à trente éléments (Leclanché) qui sert pour l'appel.

Lorsqu'un abonné appuie sur le bouton *c* de
son appareil, la pile du poste envoie sur la ligne,
par terre, pile, *f*, *a*, *b*, un courant qui, en traversant l'annonciateur, fait tomber le clapet et prévient le bureau par le bruit résultant de la chute
de cette plaque et par le tintement d'une sonnerie.
La téléphoniste relève alors la porte de l'annonciateur, et arrête ainsi la sonnerie; elle introduit ensuite la fiche dans le trou 2 du jackknife portant
le même numéro que l'annonciateur en question,
puis elle appuie une fois ou deux sur la clef d'appel et répond à l'abonné en se servant de l'appareil de bureau.

Pour mettre en communication deux abonnés
dont les annonciateurs se trouvent sur deux tableaux voisins, la téléphoniste procède comme
nous l'avons indiqué pour le premier poste dans

les installations chez les abonnés avec tableaux
à deux ou à plusieurs directions; mais lorsque les
annonciateurs des deux lignes à relier appartiennent à des tableaux éloignés, il faut recourir aux
*conjoncteurs*. Les tableaux, à cet effet, ont été
réunis par groupes de deux dont les numéros sont
indiqués, pour chacun d'eux, sur un bloc triangulaire visible, par exemple, dans le haut de la figure 442, laquelle représente le groupe n° 3 composé des tableaux desservant les cinquante lignes
comprises entre les numéros 100 et 125 d'une part,
126 et 150 de l'autre. Sous ces tableaux, et un peu
en avant, se trouve un panneau, sur lequel sont
vissées, pour chaque groupe, des séries de petites
plaques rectangulaires en laiton percées d'un trou
au milieu et munies de bornes aux extrémités; ce
sont les *conjoncteurs*. Le nombre de ces pièces dé-

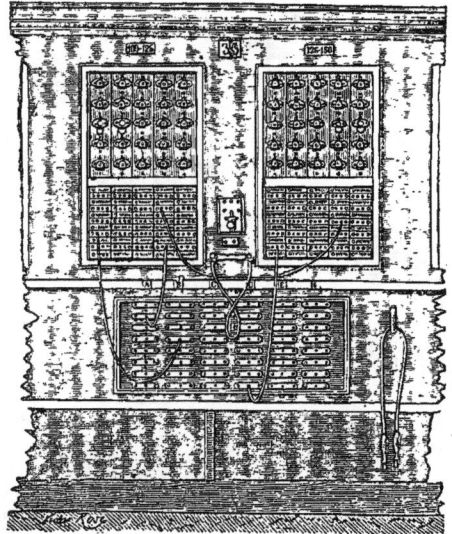

Fig. 442. — *Disposition de deux tableaux groupés
d'un bureau central.*

pend de l'importance du bureau, car chaque tableau de conjoncteurs se compose de six séries
verticales et d'autant de séries horizontales que
l'on compte de groupes; ces dernières séries portent les numéros des groupes (1, 2, 3, 4, 5...), tandis que les premières sont indiquées par les lettres A, B, C, D, E et F.

A l'aide de fils placés derrière les tableaux, on
a relié les conjoncteurs de manière à réunir par
un même fil, ceux qui ont les mêmes coordonnées
(chiffres et lettres). On conçoit, dès lors, que pour
établir la communication entre deux abonnés, dont
l'un se trouve, par exemple, dans le groupe 3 et
l'autre dans le groupe 8, il suffit de relier, par
des cordons souples munis de fiches, les jackknifes des deux lignes avec deux conjoncteurs
placés l'un au-dessous du groupe 3, l'autre au-
dessous du groupe 8, et ayant les mêmes coordonnées, par exemple 3 A. Pour éviter des confu-
sions, on choisit toujours le premier conjoncteur

disponible dans la série horizontale qui porte le numéro du groupe auquel appartient l'abonné appelant. On s'efforce, en outre, de grouper sur un même tableau ou sur des tableaux voisins, les abonnés qui correspondent le plus souvent entre eux, et on y arrive facilement par la disposition de la rosace, au moyen de laquelle il est possible de changer de place les abonnés dans le bureau, sans rien déranger aux lignes, ainsi que nous l'avons montré précédemment.

Les piles qui desservent les appareils et les clefs d'appel installées entre les tableaux, sont logées dans une chambre spéciale sur des dalles en verre. La pile de chaque microphone se compose de trois éléments Leclanché en série, mais comme ceux-ci se polarisent assez vite avec le ser-

vice presque constant qu'ils sont appelés à faire, surtout dans la journée, on les a installés partout en double. C'est cette disposition que nous avons représentée dans la figure 443 pour l'un des appareils combinés du bureau. Suivant que la lame $p$ du commutateur des piles est tourné sur $s$ ou sur $t$, l'appareil fonctionne à l'aide de $P_2$ ou de $P_1$; ce changement se fait d'un seul coup pour toutes les piles et de la manière suivante : au signal d'une pendule installée dans le bureau central et qui fait tinter une sonnerie toutes les demi-heures, une téléphoniste pousse, à l'aide d'un levier commandant des renvois, les lames de tous les commutateurs sur le plot libre en ce moment, $s$ ou $t$; une demi-heure après, toutes les lames $p$ sont ramenées de la même manière dans leur pre-

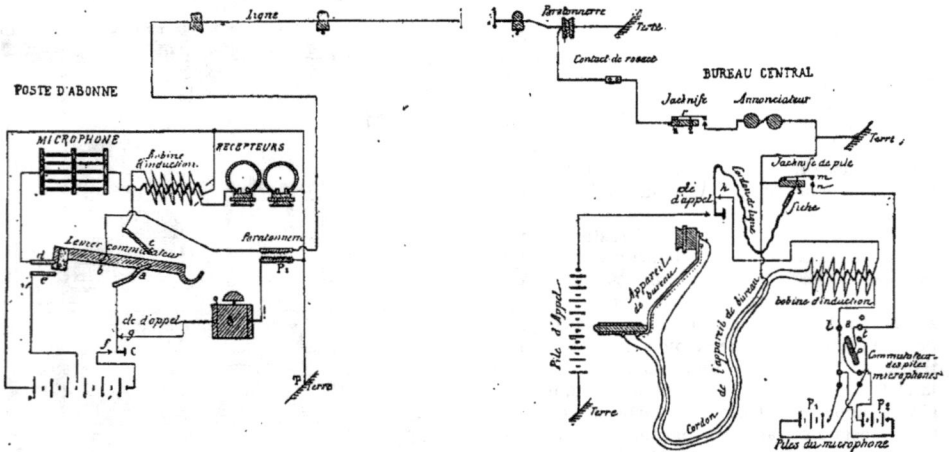

Fig. 443. — *Installation d'un poste d'abonné et du bureau central.*

mière position et mettent à nouveau en service les éléments qui se sont reposés pendant ce laps de temps.

Quant à la pile d'appel elle est commune à toutes les clefs d'appel du bureau.

II. Réseaux a double fil. En France, le réseau de Paris est le seul qui soit monté à double fil. Son installation repose sur les mêmes principes que ceux indiqués plus haut pour le simple fil, mais il a fallu apporter, notamment aux appareils des bureaux centraux, d'importantes modifications pour les approprier aux exigences du circuit complètement métallique.

A. *Poste d'abonné.* Le fil qui relie l'appareil avec la terre a été remplacé par un conducteur parallèle à la ligne jusqu'au bureau central. Pour les installations combinées avec deux ou plusieurs appareils, telles que celles qui ont été décrites plus haut, le jackknife simple est remplacé par un *jackknife pour double fil*, et les cordons souples sont munis de deux conducteurs, et reliés à des fiches de forme telle qu'elles permettent d'établir deux contacts courants au lieu d'un. Le passage à la terre est donc ainsi supprimé partout pour la transmission de la parole et pour l'appel.

Mais en dehors des combinaisons d'appareils

ci-dessus que nous venons d'examiner, le double fil rend possible l'application de deux modes d'installation très appréciés par les abonnés, et dont nous allons indiquer brièvement les principes.

L'une de ces dispositions permet de grouper quatre abonnés sur la même ligne double, ces quatre postes pouvant appeler, être appelés et communiquer isolément avec le réseau sans dérangement pour les autres co-abonnés; c'est une extension du système de deux postes à relais polarisés que nous avons mentionné précédemment. On peut se rendre compte par la figure 444 de l'idée qui a présidé à la combinaison de ce système : quatre postes d'abonnés 1, 2, 3, 4 étant munis de relais polarisés, et un passage à la terre étant ménagé entre les postes 2 et 3, de façon que, avant et après ce contact à la terre, se trouvent chaque fois deux relais de polarités différentes; on peut appeler le poste 1 et celui-là seulement si l'on appuie, au bureau central, sur la clef n° 1 qui envoie un courant positif sur la ligne $lm$; on appellera le poste 2 en appuyant sur la clef n° 2; le poste 3 par la clef n° 3, et le poste 4 par la clef n° 4, ces deux derniers envoyant leur courant sur le fil $rn$; les quatre clefs sont rattachées à des piles, dont les pôles, positif ou négatif, sont reliés à la terre. Le passage à la terre, en T, est coupé automatiquement à l'aide d'un électro-aimant actionné par un courant local, lorsque l'un quelconque des postes retire du crochet de suspension le récepteur de son appareil; la communication de ce poste s'établit donc par un circuit métallique. En outre, en retirant le récepteur de son crochet, l'abonné fait apparaître à tous les postes de la ligne, un signal indiquant que celle-ci est occupée, ce qui évite tout appel infructueux de la part de ceux-ci. Des dispositions semblables à celles que nous avons vues à propos des postes à deux relais polarisés, empêchent les abonnés de la ligne de surprendre la conversation échangée entre l'un d'eux et le réseau.

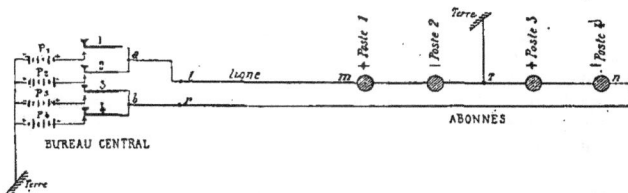

Fig. 444. — *Disposition permettant de grouper quatre abonnés sur la même ligne double.*

La seconde combinaison, possible seulement avec le double fil, a pris le nom d'*appel direct* et se compose (fig. 445) d'une ligne double ayant en un point quelconque B de son parcours une dérivation I entre les deux fils, et à l'une de ses extrémités un relais R, dont le fil d'entrée et le fil de sortie sont enroulés parallèlement autour du noyau, et dont la boucle finale est mise en contact avec la terre. Si on relie les deux bouts *l* et *r* de l'autre extrémité de cette ligne à une pile P, dont l'un des pôles est en contact avec la terre, le courant produit par la pile suivra parallèlement les deux fils, traversera et actionnera le relais R et passera ensuite à la terre, en supposant toutefois, que les sections de ligne *lm* et *rn* sont de même résistance, ainsi que les sections *mo* et *np* pour qu'il ne s'écoule pas de courant par I. Par contre, si on substitue à la pile P une autre pile P₁, dont l'un des pôles est relié au fil *l*, et l'autre au fil *r*, le courant suivra en partant de *l* le chemin indiqué par les flèches pointillées, c'est-à-dire qu'il se bifurquera en *m* pour passer en partie par *m,n,r*, pile, et en partie par *n,o*, R,*p,n,r*, pile; il aura ainsi actionné I (qui peut être un électro), mais n'aura pas fait agir le relais R, par suite du mode d'enroulement des fils dans ce dernier.

Dans l'application, AB et RB sont deux lignes d'abonnés aboutissant, en B, au bureau central. La communication étant établie à demeure entre

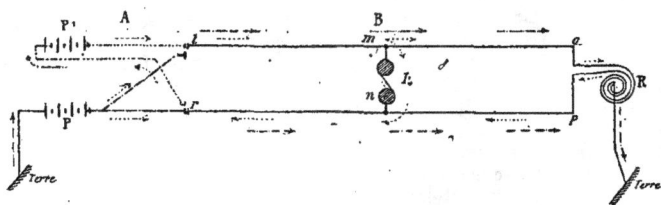

Fig. 445. — *Disposition à appel direct.*

ces deux lignes avec un annonciateur I en dérivation, ainsi que cela se fait pour toute communication, les deux abonnés A et R ont la faculté, soit de s'appeler directement sans avoir recours à l'intervention de la téléphoniste du bureau central, soit d'appeler cette dernière pour lui demander tout autre abonné du réseau. Les deux postes A et R sont munis de deux clefs d'appel pouvant envoyer sur la ligne des courants correspondant à ceux des deux piles P et P₁, et disposent, en outre, d'un relais à double enroulement R relié à la terre.

B. *Ligne.* A l'exception de quelques parties en dehors des fortifications, les *lignes* téléphoniques de Paris sont toutes souterraines, et c'est un peu au-dessus de la naissance des voûtes des égouts que sont suspendus, à des crochets scellés dans la maçonnerie, les câbles contenant les lignes.

Chaque conducteur est formé d'une corde de 3 fils de cuivre de 0,5 de millimètre, recouverte d'une épaisseur de 2,5 millimètres de gutta-percha et d'un guipage de coton de couleur spéciale (blanc, bleu, jaune, marron, noir, rouge ou vert). Les conducteurs de la même couleur sont câblés deux à deux, et forment sept câbles de teintes différentes que l'on réunit par une nouvelle torsion en une corde de sept lignes doubles parfaitement isolées; un fort ruban de toile, puis une gaine en plomb protègent le tout contre les accidents. Le diamètre extérieur du câble ainsi composé est de 18 millimètres, son isolation kilométrique de 1000 mégohms, sa capacité de 0,20 microfarads, et sa résistance de 30 ohms par kilomètre.

Les câbles sont amenés depuis le bureau central, par sections de 400 mètres, jusqu'à proximité de la maison habitée par l'abonné; la dernière longueur de 400 mètres une fois posée, on soude sur deux fils de même couleur les deux conducteurs d'un câble spécial, que l'on fait passer autant que possible par le branchement d'égout particulier à l'immeuble pour l'amener dans la cour, où il monte alors le long des chéneaux de descente des eaux, jusqu'à l'étage occupé par l'abonné; on le fixe au mur à l'aide des crochets dont font usage les gaziers pour leurs tuyaux en plomb. Si la maison ne possède pas de branchement d'égout, il faut faire une tranchée sous le trottoir. Dans les deux cas, le câble est protégé à sa sortie du sol et jusqu'à environ 2 mètres de hauteur, au moyen d'un tube en fer; il pénètre ensuite dans l'appartement par un percement pratiqué dans le mur, et vient aboutir à l'intérieur à un bloc d'ébonite muni de deux lamelles en laiton bien isolées servant de serre-fils pour chacun des deux conducteurs. A partir de ce bloc, l'installation est faite avec du fil d'appartement, comme nous l'avons déjà dit pour les réseaux à simple fil.

Pour les réseaux souterrains, la rosace est généralement placée dans le sous-sol du bureau central; les câbles y sont amenés par un branchement d'égout spécial, et l'ouverture pratiquée dans le mur pour leur donner passage est fermée par une épaisse plaque en fonte scellée dans la maçonnerie et percée d'une série de trous, par chacun desquels entre un câble. Des jetons en zinc avec numéros à jour, attachés de distance en distance sur tout le parcours, permettent de reconnaître chaque câble en cas de recherches pour dérangements ou de modifications à apporter aux conducteurs.

Les rosaces, en général au nombre de quatre dans les grands bureaux, ne peuvent contenir chacune que trente-six câbles au maximum; elles sont disposées comme celles des réseaux à simple fil, seulement les serre-fils, ayant à desservir deux conducteurs pour chaque ligne, sont combinés par paires sur un même bloc d'ébonite, et les fils qui renvoient les lignes dans le bureau central sont également accouplés deux à deux sous un guipage trempé dans la paraffine.

C. *Signal avertisseur*. L'installation du bureau central proprement dit est identique à celle que nous avons décrite plus haut. Suivant la forme de la pièce, les conditions d'éclairage, la quantité de tableaux à aménager, etc., les panneaux supportant les tableaux sont rangés en fer à cheval sur trois côtés de la salle, ou bien sont disposés dos à dos et parallèlement au milieu de la pièce, ce qui crée, pour ainsi dire, deux bureaux jumeaux, les panneaux affectant la forme d'une longue galerie à l'extérieur de laquelle se trouvent les tableaux, ou bien encore la salle est sectionnée par trois galeries parallèles desservant chacune six tableaux de chaque côté.

Les annonciateurs sont du type représenté par la figure 438, mais leur résistance a été augmentée. Les jackknifes à double fil peuvent être considérés comme résultant de la combinaison de deux jackknifes à simple fil, juxtaposés parallèlement et isolés l'un de l'autre par une feuille d'ébonite; seulement, l'une des deux masses ou lamelles en cuivre ne porte pas de ressort. Les fils de ligne viennent se serrer, l'un sous une vis fixée dans la lamelle en cuivre de devant, l'autre sous la lamelle postérieure; l'annonciateur est rattaché de même par l'entrée, à l'une de ces lamelles, et par la sortie, à l'autre; les conjoncteurs se composent, de la même façon, de deux conjoncteurs du simple fil séparés et isolés l'un de l'autre.

Le cordon souple de ligne (fig. 443) est formé par la réunion de deux conducteurs isolés et recouverts d'une double tresse en coton et soie, et

se termine par une fiche disposée de telle façon que lorsqu'elle est introduite dans l'un des trous du jackknife, elle établisse un contact entre le premier conducteur et la lamelle de devant, et entre l'autre conducteur et la lamelle postérieure. A cet effet, l'un des fils du cordon aboutit à une cheville identique à celle du simple fil, tandis que l'autre est fixé à une douille en cuivre au centre de laquelle se trouve cette cheville qui doit dépasser la douille de l'épaisseur d'une lamelle; les trous du jackknife sont, en outre, modifiés de façon que pour la lamelle postérieure leur diamètre corresponde à celui de la cheville centrale, et pour la lamelle antérieure au diamètre extérieur de la douille. La clef d'appel étant ici munie de deux ressorts au lieu d'un, lorsqu'on appuie sur le bouton de cette clef on établit deux contacts : l'un entre le premier ressort et le pôle positif de la pile d'appel, l'autre entre le deuxième ressort et le pôle négatif de cette même pile; on évite ainsi tout point commun entre les différentes lignes du réseau.

L'appareil combiné (fig. 446) n'est pas attaché d'une façon constante au tableau, comme dans l'ins-

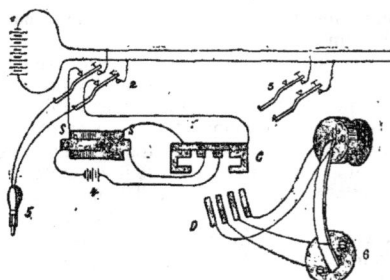

Fig. 446. — *Appareil combiné.*

tallation à simple fil; un commutateur C encastré dans le panneau au-dessous de la clef d'appel, présente à fleur du bois quatre points de contact auxquels aboutissent, derrière la boiserie, des fils reliant la bobine d'induction SS, la pile du microphone 4 (placée elle-même dans la chambre spéciale affectée aux piles) et la clef d'appel 2, qui est munie du cordon de ligne et de la fiche à double 5. A l'appareil combiné, sont attachés quatre conducteurs réunis en un cordon souple recouvert par un double guipage de soie et coton, et se terminant par une fiche D munie de quatre ressorts. La téléphoniste tient constamment son appareil 6,7 auprès d'elle, et lorsqu'elle veut répondre à un appel, elle introduit la fiche D dans le commutateur C et porte la fiche 5 dans le jackknife de la ligne sur laquelle l'appel s'est produit.

Les piles des microphones du bureau central sont composées de trois éléments de Lalande, et la pile d'appel compte trente à quarante éléments du même système, ou bien vingt-cinq à trente éléments de Leclanché; le commutateur des piles est supprimé en raison de la grande constance des éléments de Lalande.

La figure 447 donne une vue d'ensemble de l'un des bureaux centraux de Paris, qui est installé avenue de l'Opéra.

Le réseau parisien a été divisée en douze circonscriptions téléphoniques comportant chacune un bureau central installé d'après les indications qui précèdent. Afin de pouvoir mettre en communication les abonnés appartenant à des bureaux différents, on a établi un certain nombre de lignes, dites *lignes auxiliaires*, reliant chaque bureau avec chacun des autres. Ces lignes auxiliaires ne vont pas directement d'un bureau à l'autre par le chemin le plus court, on les a, au contraire, fait toutes aboutir à une rosace centrale située au sous-sol du bureau de l'avenue de l'Opéra, où les conducteurs provenant de tous les autres bureaux sont fixés à des serre-fils disposés sur des blocs en ébonite, et répartis, comme pour les lignes d'abonnés, autour de l'ouverture circulaire de la rosace.

Pour établir une communication entre deux bureaux, on réunit par un conducteur double les deux blocs d'ébonite auxquels aboutissent respectivement les câbles de ces deux postes; on peut ainsi régler très facilement le nombre des lignes auxiliaires, et faire varier ce nombre suivant la fréquence des communications demandées entre deux bureaux.

— Le réseau de Paris compte actuellement 5,150 abonnés effectivement reliés (septembre 1887). Ces lignes d'abonnés augmentées des lignes auxiliaires représentent un

Fig. 447. — *Bureau central de l'avenue de l'Opéra.*

développement de plus de 7,000 kilomètres de conducteurs doubles, soit 14,000 kilomètres de conducteurs simples; sur ce nombre, 3,200 kilomètres de conducteurs sont affectés aux lignes auxiliaires.

Les villes de Lyon, Marseille, Bordeaux, Nantes, Le Hâvre, Rouen, Alger, Oran, Saint-Pierre-lès-Calais et Saint-Etienne comptent ensemble 2,251 abonnés (mai 1887), et sont exploitées par la Société générale des téléphones. Les réseaux de Roubaix, Reims, Lille, Troyes, Dunkerque, Saint-Quentin, Elbeuf, Armentières et Halluin, installés et exploités par l'Etat, donnaient, d'après le *Journal télégraphique*, publié par le bureau international des administrations télégraphiques, à Berne (10 décembre 1885), un total de 1,062 abonnés. Nous trouvons aussi le tableau suivant dans les nᵒˢ 3 à 5 (année 1886) de ce même journal :

| postes | | abonnés | |
|---|---|---|---|
| Allemagne | 12.333 | Luxembourg | 120 |
| abonnés | | Pays-Bas | 2.493 |
| Autriche | 3.092 | Portugal | 826 |
| Belgique | 3.484 | Russie | 5.280 |
| Danemark | 1.370 | Suède | 5.914 |
| Espagne | 601 | postes | |
| France | 7.175 | Suisse | 5.111 |
| Grande-Bretagne | 15.452 | Etats-Unis | 151.056 |
| Italie | 8.340 | Etc., etc. | |

Le service des communications est permanent; il est fait par des femmes dans la journée, et par des hommes pendant la nuit. On compte, en moyenne, une téléphoniste par groupe de 30 à 35 lignes, et il se produit quotidiennement, à Paris, 15,000 demandes de communications téléphoniques entre huit heures du matin et sept heures du soir.

L'abonnement pour une ligne au réseau de Paris (Société générale des téléphones), est de 600 francs par an, les frais d'installation étant complètement à la charge de la Société; pour deux lignes il est de 1,100 francs, et pour trois lignes et au-dessus, de 500 francs par ligne. Ces prix sont valables pour tout point de la ville placé à l'intérieur des fortifications, mais en dehors de celles-ci, l'abonné prend à sa charge, les frais de construction de la ligne à partir des fortifications jusqu'à son domicile, et les frais annuels d'entretien de cette ligne et de redevance kilométrique à l'Etat.

Pour les réseaux de province, la Société générale des téléphones demande pour un abonnement 400 francs par an; pour deux, 375 francs par an et par poste, et pour trois, 350.

Les conditions d'abonnement aux réseaux téléphoniques de l'Etat sont différentes : l'abonné paye 200 francs par an pour toute la ligne à l'intérieur de l'octroi, et à ce prix s'ajoute une taxe de 5 francs par an pour chaque section de 200 mètres de ligne au delà de la limite d'octroi; l'abonné a en plus à sa charge, tous les frais de première installation de la ligne et de ses appareils, ainsi que l'achat de ces derniers.

Dans toutes les villes possédant un réseau, des postes téléphoniques, connus sous le nom de *cabines téléphoniques*, sont reliés aux bureaux centraux, et mis à la disposition du public, qui peut, moyennant une légère redevance se mettre en communication depuis ces postes, avec les abonnés du réseau, ou bien avec une autre cabine. Paris possède actuellement 72 de ces cabines publiques établies dans les bureaux des postes et des télégraphes; le tarif pour ces communications est fixé à 50 centimes par cinq minutes de conversation. Les bureaux des postes et des télégraphes délivrent aussi aux abonnés du réseau, sur la présentation de leur contrat, une carte d'abonnement dont le prix est de 40 francs par an, et qui leur permet de communiquer dans tous les bureaux ci-dessus, ainsi que dans les cabines téléphoniques installées dans les bureaux centraux de la Société générale des téléphones. En outre, cette dernière remet à tous ses abonnés, des cartes personnelles leur donnant droit de communiquer gratuitement dans toutes les cabines de ses bureaux centraux; chaque abonné ayant droit à autant de cartes qu'il a d'abonnements à la Société.

Pour les réseaux de province, le tarif de communication dans les cabines téléphoniques est fixé à 25 centimes par cinq minutes de conversation.

Une autre facilité offerte par la Société générale des téléphones à ses abonnés de Paris consiste dans la *transmission et la réception des dépêches par téléphone*. Moyennant un supplément de 50 francs par an, les abonnés de Paris peuvent, à toute heure du jour ou de la nuit, téléphoner leurs dépêches (en langue française seulement) au bureau central télégraphique de la rue de Grenelle, et les recevoir par la même voie, le texte des dépêches adressées aux abonnés de ce service devant être précédé du mot « Téléphone. » Toute dépêche ainsi téléphonée est en même temps confirmée par le service ordinaire des tubes pneumatiques.

Les mêmes dispositions sont prises pour la province.

Il existe dans presque tous les pays des lignes reliant téléphoniquement deux réseaux entre eux (*lignes interurbaines*), mais plusieurs de ces installations utilisent le système Van-Rysselberghe, qui permet de greffer la communication téléphonique sur les fils existants du télégraphe. En France, nous avons les lignes interurbaines de Lille-Roubaix-Tourcoing, Elbeuf-Louviers, Paris-Reims, Rouen-Le Hâvre, auxquelles il faut joindre la ligne internationale Paris-Bruxelles.

**Téléphonie militaire.** Dans une place forte il est nécessaire d'établir un réseau téléphonique aussi complet que possible.

Le siège du commandement se trouvant généralement dans le corps de place et les forts étant répartis tout autour, on établira un *premier réseau* de deux séries de lignes : la première composée de lignes rayonnantes allant du corps de place à chacun des forts et ouvrages de la place, sera peu exposée et pourra se faire aérienne jusqu'à l'approche des forts ; la deuxième réunira tous les forts entre eux sans passer par le corps de place, et sera souterraine. Cette disposition permettra donc au commandant de la place et aux commandants des forts de communiquer constamment entre eux même si l'un des forts venait à être pris.

Un *deuxième réseau* encore très utile, se composera, comme précédemment, de deux séries de lignes : la première allant également du corps de place à chacun des forts servira exclusivement à l'artillerie pour l'exécution de ses tirs ; la deuxième la plus importante parce qu'elle est destinée au service de l'observation, aura un centre dans chaque fort et se composera de lignes rayonnant de ce fort et s'étendant à l'extérieur jusqu'à une distance d'au moins huit kilomètres ; ces lignes qui seront aériennes, formeront une série de mailles de deux kilomètres de côté, et seront disposées de façon à comprendre entre elles les observatoires placés aux alentours de chaque fort ; en formant ainsi des mailles de deux kilomètres, un homme muni d'un câble d'un kilomètre seulement pourra toujours se rattacher au réseau.

Dans chaque fort et au corps de place, seront disposés deux postes téléphoniques : l'un pour le premier réseau, et l'autre pour le deuxième ; chacun d'eux comprendra : un transmetteur (généralement microphonique), deux récepteurs, un tableau annonciateur et un système d'appel.

Chaque fort sera, en outre, relié à ses batteries annexes par un poste volant muni d'un téléphone magnétique, de deux récepteurs et d'un appel phonique correspondant à un poste analogue placé dans le fort.

Le matériel de poste volant est confié aux *observateurs*, auxquels on donne, en outre, un kilo-

mètre de câble enroulé sur un tambour qu'ils portent sur leur dos et qui leur permettra de se rattacher au réseau ; lorsqu'ils sont à leur poste, ils doivent avoir le transmetteur à proximité des lèvres et le récepteur aux oreilles. Malgré l'installation téléphonique, il est préférable dans une place forte de ne pas supprimer le service télégraphique qui devra toujours être employé pour transmettre les ordres généraux importants, dont il laissera une trace.

Dans l'appareil Colson, le récepteur et le transmetteur (fig. 448), tous deux identiques, sont du type électro-magnétique et se composent d'un aimant demi-circulaire $P_2$ avec retour. $P_1$ au centre formant pôle et muni de deux goupilles dont la première $P_1$ sert d'axe à la bobine d'induction B tandis que la seconde $P_2$ monte jusqu'à hauteur du bord supérieur de la boîte et vient toucher un anneau en fer doux

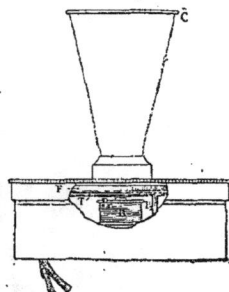

Fig. 448. — *Téléphone Colson.*

F. Le diaphragme T est placé au-dessus de la bobine B et au-dessous de l'anneau dont il est séparé par plusieurs rondelles minces de laiton. Les deux pôles sont donc constitués, l'un par l'anneau central, l'autre par le cercle de fer doux, de sorte que la plaque ainsi polarisée du centre à la circonférence est soumise tout entière, ainsi que la bobine, à l'action du champ magnétique. Les transmetteurs sont munis d'un cône C formant embouchure et destiné à conduire la voix.

Ce téléphone n'ayant pas d'appel, l'opérateur doit toujours avoir l'appareil aux oreilles, pour qu'on puisse, à un moment quelconque, communiquer avec lui.

L'appareil Colson est complété par un câble à double fil enroulé sur un petit treuil que l'opérateur porte sur son dos et qui repose sur une plaque de bois qu'on met à terre lorsqu'on est arrivé au poste d'observation.

Mais les téléphones magnétiques, du type Colson, ne pouvant servir que pour des distances relativement faibles, on a cherché à employer des appareils microphoniques munis de 2 ou 3 éléments que transporte l'observateur dans une boîte. Il ne faut pas alors songer à faire un appel par piles, car le nombre des éléments deviendrait trop considérable, mais on peut employer un appel électro-magnétique et se servir, par exemple, du magnéto-call Siemens, ou encore de l'appel phonique Sieur, ou de l'appel magnéto-électrique Abdank. Parmi les microphones les plus employés, on trouve celui d'Ader que l'on dispose sous la forme ordinaire de pupitre dans les bureaux centraux des places fortes. MM. Paul Bel et d'Arsonval ont également modifié leur appareil en vue des bureaux centraux.

*Appareil Berthon.* Comme poste volant, M. Berthon a disposé son téléphone combiné dans une boîte portative contenant également la bobine d'induction et une sonnerie dont le bouton d'appel est à la partie inférieure.

*Poste de Branville.* M. de Branville a mis en expérience au camp de Châlons un appareil très portatif (fig. 449), composé d'un transmetteur B, type Ader réduit, et de deux récepteurs accrochés en DD' à l'intérieur de la boîte (dont nous avons supposé le couvercle rabattu en arrière) et montés en dérivation sur la ligne par les bornes J J' et K K'; par la traction exercée sur les crochets DD', ces récepteurs coupent la pile du microphone et l'empêchent ainsi de s'user; mais il suffit d'en retirer un pour rétablir le courant. La boîte G renferme l'appel phonique Sieur qui n'est mis dans la ligne que lorsqu'on appuie sur le bouton g. L'appareil porte un paratonnerre E à pointes, et le commutateur à manette F peut mettre le poste à la terre quand son contact 'est placé sur la borne T₁, tandis que sur le contact L₁ il forme un élément mobile de la ligne. Les bornes I I' reçoivent les fils de ligne et de terre, et les bornes I" I''' les fils de la pile de microphone placée dans la boîte A'. Dans les nombreux appareils de Branville, il y a, en outre de l'appel phonique, un appel Siemens (magnéto-call) permettant d'opérer la chute d'un annonciateur au bureau central; le poids du poste sans magnéto est de 3ᵏ,950.

Une question très importante est celle des appels; M. Colson est arrivé à les supprimer dans le cas où il s'agit de faire des observations de courte durée autour du fort, mais cela n'est pas gé-

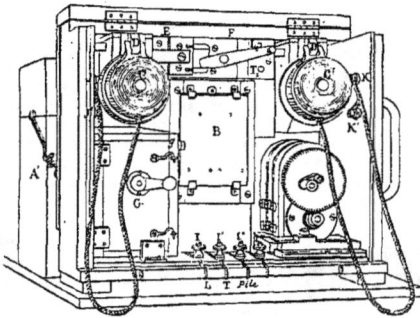

Fig. 449. — *Poste de Branville, type de Châlons.*

néral. Il est nécessaire d'avoir toujours un bon appel permettant non seulement à l'observateur d'appeler le bureau central, mais encore au bureau central d'appeler le poste volant.

*Appareil militaire anglais.* Dans la disposition employée comme appareil militaire portatif, en Angleterre (fig. 450), le transmetteur est un microphone, et le récepteur un téléphone. La pile microphone n'est mise en service que pendant le temps où l'on parle, et se repose lorsqu'on écoute; en outre, on peut se servir du téléphone comme appareil transmetteur si le microphone venait à manquer. Un appel phonique adapté à la bobine d'induction sert pour les appels.

Le récepteur R et le microphone M forment un appareil double, genre Berthon-Ader, dont le manche est coupé et dont les deux parties sont séparées par un ressort isolant. En tenant ce manche en main sans opérer de pression, a est séparé de b, mais au contraire, si l'on serre la main, a et b sont en contact et forment un véritable appareil double. A est un bouton destiné à l'appel, I un interrupteur, P une pile de 2 éléments et B une bobine d'induction, dont le fil induit est relié à la ligne par une de ses extrémités, tandis que l'autre est en communication avec la terre.

Supposons qu'on veuille appeler le poste central, on presse sur le bouton A sans opérer le serrage de l'autre main, en sorte que le courant de la pile P passe par l'interrupteur et le fil inducteur; l'interrupteur fonctionne alors à la façon d'un interrupteur de bobine de Rhumkorff, et les fermetures et ouvertures de courants produisent des courants induits qui, à l'autre extrémité de la ligne, pénètrent dans le récepteur

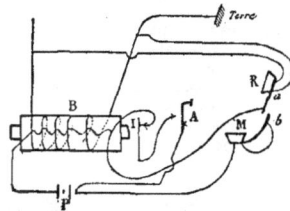

Fig. 450. — *Appareil anglais.*

placé en dérivation sur cette ligne et le font vibrer. On opère de la même façon pour appeler du poste central un poste volant quelconque; c'est alors le récepteur R qui vibre.

Tant qu'on presse sur le bouton A, l'appel a lieu, et quand on veut parler, on serre la main; a vient alors buter contre b et le courant de la pile, ne passant plus par A, passe par le microphone, comme dans un appareil ordinaire. Afin d'éviter que la pile ne s'use lorsqu'on écoute, on desserre la main et le courant est interrompu; on entend par R qui est en dérivation sur la ligne.

— ED. B. et Lˢ. V.

*Bibliographie :* Collections des *Bulletins de la Société internationale des électriciens,* de l'*Electricien,* de la *Lumière électrique,* de la *Zeitschrift für Electro Technik.* du *Journal télégraphique;* L'*année électrique,* par Ph. DELAHAYE (1884-1886); *Construction des réseaux téléphoniques,* par H. VIVAREZ; *La téléphonie à grande distance,* par MOURLON; *La télégraphie et la téléphonie,* par GUILLEMIN; *Les téléphones usuels,* par MOURLON; *Nouveaux appareils de téléphonie militaire,* par LELEU; *Die technik des Fernsprechnens,* par le Dʳ WIETLISBACH; *Téléphone, microphone et radiophone,* par Th. SCHWARTZ; *La téléphonie,* par E. BÈDE; *Installation du réseau téléphonique de Paris,* par BERTHON et NIAUDET; *Les réseaux téléphoniques de Bordeaux,* par BONEL; *L'électricité à l'Exposition de l'Observatoire de Paris,* par JUPPONT; *Traité d'électricité industrielle,* par CADIAT et DUBOSCQ.

**TÉLESCOPE.** *T. d'opt.* Instrument dans lequel on observe, à l'aide d'un oculaire, l'image réelle d'un objet éloigné, fournie par un miroir concave.

— Lorsque, peu de temps après l'invention des lunettes on voulut construire des instruments à objectif réfracteur, capables d'amplifier considérablement les dimensions apparentes des objets éloignés, on s'aperçut bien vite que les images perdaient de leur netteté et s'entouraient d'irisations colorées extrêmement gênantes. Ce phénomène est dû, comme on le sait, à la dispersion de la lumière, c'est-à-dire à ce que les rayons des différentes couleurs, étant inégalement réfrangibles, ne viennent pas former leur foyer au même point (V. Achromatisme, Dispersion); on le désigne sous le nom d'*aberration de réfrangibilité*. On parvint à atténuer l'inconvénient qui en résultait en employant pour objectifs des lentilles à très longs foyers; mais alors les lunettes prirent des dimensions exagérées. L'une de celles que Cassini avait fait construire, pour l'Observatoire de Paris, mesurait plus de 50 toises. Newton ne croyait pas qu'il fût jamais possible de corriger ce grave défaut des lunettes parce qu'il pensait que la dispersion était toujours proportionnelle à la réfraction. Cette opinion était erronée; mais à cette époque le grand nom de Newton faisait autorité, et son appréciation fut alors universellement acceptée. Un physicien anglais, Grégory, eut, cependant, l'idée de construire des instruments d'optique qui ne donneraient lieu à aucune aberration de réfrangibilité en utilisant, au lieu de l'image fournie par une lentille, celle que produirait un miroir concave; il inventa ainsi le *télescope*.

Diverses dispositions ont été adoptées pour recevoir cette image et l'observer facilement. Grégory,' préoccupé sans doute de pouvoir diriger son instrument vers l'objet éloigné, comme on le fait avec une lunette, avait imaginé de percer d'un trou le centre du miroir, et de placer dans le tube, un peu en avant du foyer, un petit miroir concave PQ (fig. 451) de centre O' qui recevait les rayons issus de l'image réelle et renversée A'B' fournie par le grand miroir. Ce petit miroir donne ainsi une deuxième image A"B", agrandie et redressée qu'on observe avec l'oculaire. Pour la mise au point, Grégory avait supprimé le tirage et l'avait remplacé par une vis Rʳ permettant de déplacer le petit miroir PQ. On conçoit, en effet, que l'image réelle A"B" donnée par ce petit miroir change de place avec lui, de sorte qu'en l'éloignant et le rapprochant du fond du tube, on pouvait amener l'image A"B" à la distance nécessaire de l'oculaire fixe pour que l'image virtuelle A'"B'", fournie par cet oculaire, vînt se former à la distance de la vision distincte.

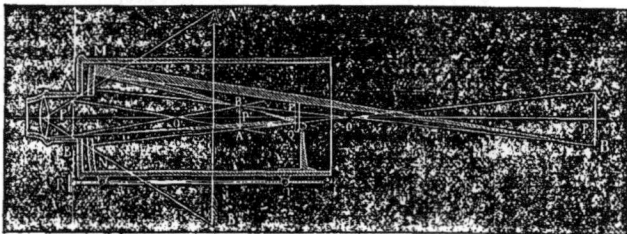

Fig. 451. — *Télescope Grégory.*

La disposition adoptée par Grégory était vicieuse parce qu'elle supprimait la partie centrale du miroir, c'est-à-dire celle-là qui donnerait justement les images les plus nettes; en outre, le miroir ainsi percé, était plus sujet à se déformer. Aussi Newton, qui avait eu l'idée des télescopes sans connaître les travaux de Grégory, proposa de conserver le miroir entier et un peu en arrière du foyer, il plaçait un petit miroir plan MN (fig. 452) incliné à 45° sur la direction de l'axe; le faisceau lumineux est alors rejeté dans une direction perpendiculaire à l'axe; l'image réelle vient se former sur le côté en A"B", où il est facile de l'observer avec un oculaire placé convenablement.

Dans le télescope de Cassegrain, le grand miroir est percé d'un trou central, comme dans celui de Grégory; seulement le petit miroir concave est remplacé par un miroir convexe qu'on place en FH (fig. 453), entre le grand miroir et l'image réelle; on obtient ainsi une image réelle, renversée et agrandie A"B" qu'on observe avec l'oculaire.

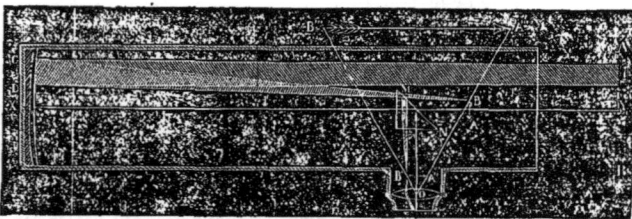

Fig. 452. — *Télescope de Newton.*

Ces trois systèmes présentent un inconvénient qui leur est commun, et qui consiste dans la perte de lumière produite par les deux réflexions successives; il était donc à désirer que, pour ne pas trop diminuer la clarté des images, on put se passer du second miroir employé par Newton et Grégory. Herschel qui a tiré un si grand parti du télescope y est parvenu en inclinant un peu le grand miroir, par rapport au tuyau qui lui est adapté de manière que l'image d'un objet qui se trouverait en face de ce tube se trouvât rejeté de côté et vînt se former sur le bord de l'ouverture antérieure. L'observateur se plaçait en avant du tube et observait cette image à l'aide d'une loupe qu'il tenait à la main; il devait pour cela tourner le dos au ciel et regarder dans l'intérieur du tube.

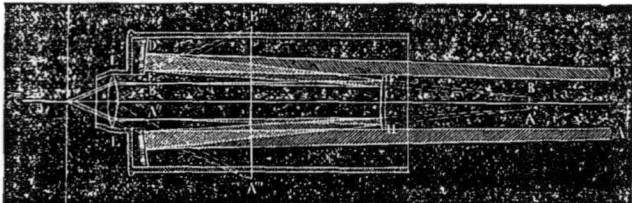

Fig. 453. — *Télescope de Cassegrain.*

Herschel construisait ses télescopes lui-même; le plus grand qu'il ait employé était formé d'un miroir de 1ᵐ,47 de diamètre; la distance focale de ce miroir était de 12 mètres, le tuyau avait par conséquent aussi cette longueur; le grossissement pouvait être poussé jusqu'à six mille fois. Un pareil instrument, dont le miroir seul pesait plus de 1,000 kilogrammes, était très difficile à manier; aussi Herschel fut-il obligé d'installer toute une construction de charpentes, de mâts et de poulies pour pouvoir donner à son télescope l'orientation convenable. Plus tard, un télescope plus grand encore a été construit par Lord Ross.

Si les télescopes présentent sur les lunettes l'avantage de ne donner lieu à aucune aberration de réfrangibilité, ils ont, en revanche, l'inconvénient d'absorber une portion considérable de la lumière qu'ils reçoivent. Il résulte des expériences d'Herschel que sur 1,000 rayons lumineux qui tombaient sur les miroirs de ses télescopes, il n'y en avait que 673 qui étaient réfléchis, tandis que si ces mille rayons tombaient sur une lame de verre à faces parallèles de l'épaisseur des oculaires d'un fort grossissement, il en passait 948 à travers cette lame. On comprend, d'après cela, que pour atteindre le même grossissement avec un télescope qu'avec une lunette, il est indispensable de donner au miroir du télescope des dimensions beaucoup plus grandes que celles de l'objectif de la lunette, afin de conserver aux images la même clarté dans les deux cas. Aussi, lorsqu'après 1758, Dollond eût trouvé le moyen de construire des objectifs de lunettes achromatiques, les astronomes abandonnèrent l'usage des télescopes pour revenir aux lunettes.

Depuis une quinzaine d'années, pourtant, les télescopes sont revenus en faveur, grâce à un perfectionnement considérable qui a été introduit par Léon Foucault dans leur construction. Autrefois les miroirs des télescopes étaient en métal poli; on employait pour les fabriquer une sorte de bronze dont la composition variait avec les constructeurs. Foucault eut l'idée de les fabriquer en verre argenté. Il inventa à la fois la méthode des retouches locales pour donner au miroir la forme convenable, et le procédé d'argenture chimique qui permet de déposer sur sa *face antérieure* une couche d'argent d'un pouvoir réfléchissant énorme (V. ARGENTURE). Les miroirs ainsi construits présentent sur les anciens miroirs de métal des avantages considérables; d'abord le verre est bien moins sujet à se déformer que le métal; ensuite le procédé des retouches locales permet de donner facilement à la surface concave une forme géométrique précise. Foucault n'a pas adopté la forme sphérique; il préfère, avec raison, celle d'un paraboloïde de révolution qui assure la convergence rigoureuse en un point unique des rayons parallèles à l'axe, ce qui donne une netteté parfaite aux

images, au moins dans le centre du champ. Enfin, l'argenture chimique assure aux appareils Foucault un pouvoir de réflexion qui n'est pas comparable à celui des anciens télescopes. Les télescopes Foucault sont montés d'après le système de Newton : seulement le miroir plan incliné est remplacé par un prisme à réflexion totale qui absorbe moins de lumière. La figure 454 montre la disposition adoptée par M. Secrétan pour les télescopes montés équatorialement de manière qu'on puisse leur adapter un mouvement d'horlogerie qui leur fait suivre le mouvement diurne apparent des astres.

L'observatoire de Paris possède le plus grand télescope qui ait jamais été construit : c'est un appareil du système Foucault dont le miroir mesure 2 mètres de diamètre. Il est monté en équatorial, et un puissant mouvement d'horlogerie, d'une construction parfaite, permet de maintenir pendant plusieurs heures le même point du ciel au centre du champ. Le miroir a été taillé par M. Martin, élève de Foucault, la partie mécanique et le mouvement d'horlogerie sortent des ateliers d'Eichens. Avant la construction de ce télescope géant, le plus puissant qui existait était celui de l'observatoire de Melbourne, établi en 1870; mais celui-ci est formé d'un miroir de métal et monté d'après le système Cassegrain. Le diamètre du miroir est de 1m,22, et la distance focale de 8m,54. — M. F.

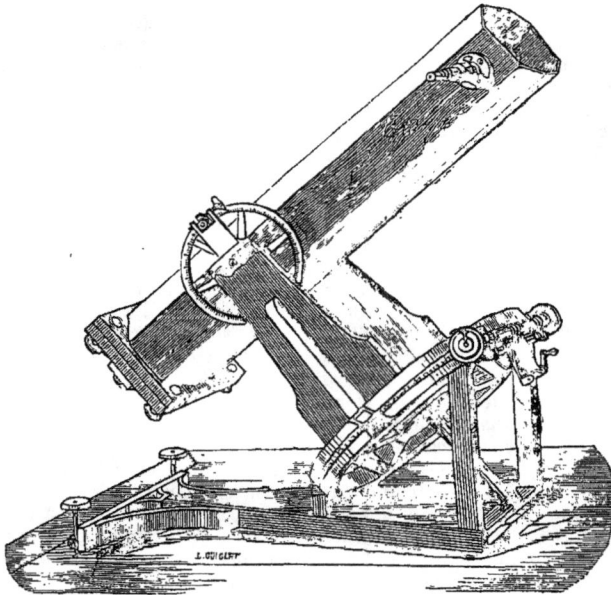

Fig. 454. — *Télescope Foucault monté en équatorial.*

*Bibliographie :*
J. GRÉGORY : *Optica promota seu abdita radiorum reflectorum et refractorum mysteria geometrice enuclata*, London, 1663; NEWTON : *An account of a new catadiaptrical telescope* (*Philosophical Transactions*, 1669, p. 4004 et 4009; 1672, p. 4032 et 4034); NEWTON : *Considerations concerning the catadioptrical télescope pretended to be improved and refined by M. Cassegrain* (*Philosophical Transactions*, 1672, p. 4056); HERSCHEL : *Description of a forty feet reflecting telescope* (*Philosophical transactions*, 1795, p. 347).

\*TÉLESTÉRÉOSCOPE. Instrument d'optique (imaginé par Giraud-Teulon) permettant de voir en relief les objets ou dessins éloignés qui, à l'œil nu, paraissent dépourvus de relief.

**TELLIÈRE.** Sorte de papier employé pour l'écriture et l'impression des circulaires, et qui doit son nom à ce qu'il fut fabriqué la première fois, pour les bureaux de Le Tellier ; il a pour dimensions $0^m,45$ et $0^m,35$.

**TELLURE.** *T. de chim.* Métalloïde voisin du soufre, et de symbole Te, correspondant à 64 comme équivalent, et à 128 comme poids atomique ; signalé en 1782, par Müller, de Reichenstein ; il a été décrit par Klaproth, en 1798, et bien étudié par Berzélius.

*Propriétés.* Il cristallise en rhomboèdres blancs de 86°57', brillants, fragiles, d'une dureté de 2,5 et d'une densité de 6,25. Il conduit bien la chaleur et l'électricité, fond à 500°, et se volatilise au delà, en donnant des vapeurs jaune d'or. Il brûle avec une flamme bleu clair, avec teinte verte à l'intérieur et se transforme en oxyde de tellure, $Te^2O^4$... $Te\,O^2$, en dégageant une faible odeur que l'on attribue à des impuretés (sélénium) ; cette flamme donne un spectre de bandes. A froid, l'acide sulfurique dissout le tellure en se colorant en rouge pourpre, et l'eau reprécipite le métalloïde ; mais à chaud, l'acide est réduit en acide sulfureux et de l'acide tellureux cristallisé se dépose par refroidissement. Ce métalloïde ne décompose pas l'eau au rouge ; l'acide azotique concentré le transforme en acide tellureux, l'eau régale en acide tellureux et tellurique, $Te^2O^6,H^2O^2$...$Te\,O^4H^2$ ; l'acide chlorhydrique est sans action sur lui. Chauffé avec du carbonate de potassium ou avec de la lessive de potasse, il se transforme en tellurure et tellurite de potassium, et en tellurate par sa fusion avec de l'azotate de potasse.

*Etat naturel.* Les divers états du tellure sont toujours rares. On le trouve à l'*état natif*, mélangé avec de petites quantités d'or et de fer, à Facebay, en Transylvanie. On connaît quelques tellurures : la *mélonite* ou tellurure de nickel, rencontrée en Californie ; l'*altaïte*, tellurure de plomb, trouvé aux monts Altaï ; l'*elasmose*, tellurure auro-plombifère, ordinairement en masses laminaires, opaques, d'éclat métallique, grises, d'une dureté de 1 et d'une densité de 7 à 7,2. Il contient d'après Klaproth 32,2 de tellure, 54 de plomb, 9 d'or, 3 de soufre, 0,5 d'argent et 1,3 de cuivre ; il existe à Nagyag, en Transylvanie ; la *tétradymite*, ou tellurure de bismuth, en cristaux rhomboédriques, mâclés par quatre, de couleur plombée, de densité égale à 7,4 à 7,5, contenant 47,84 0/0 de tellure et 51,16 de bismuth ; on l'a trouvé en Hongrie et au Cumberland ; la *hessite* ou argent telluré qui est en masses grenues d'un gris de plomb, d'une dureté de 2,5 à 3 et de 8,31 à 8,83 de densité, contient 62,79 d'argent pour 37,21 0/0 de tellure et se trouve dans l'Altaï, à Nagyag ; la *sylvane* ou *tellure graphique*, en prismes rhomboïdaux droits, allongés, de 94°,26', d'un gris d'acier et à éclat métallique, leur dureté varie de 1,5 à 2 et la densité de 7,99 à 8,33. Petz a indiqué que ce tellurure contient 58,81 0/0 de tellure, 26,47 d'or, 11,31 d'argent, 2,75 de plomb et 0,66 d'antimoine, on le rencontre à Nagyag, à Offenbanya.

SÉPARATION DU TELLURE. On emploie généralement la tétradymite qui est le minerai le plus riche en tellure, pour isoler ce métalloïde. On réduit ce minerai en poudre fine, puis on en fait une pâte avec son poids de potasse d'Amérique et d'huile d'olive, et on porte au rouge blanc dans un creuset couvert. Après refroidissement, on reprend par l'eau bouillie qui dissout le tellurure de potassium, lequel se décompose à l'air et abandonne des paillettes de métalloïde impur. Le sulfure et le séléniure de tellure qui restent dans la liqueur sont ensuite décomposés par l'action de l'acide chlorhydrique (Berzélius). Pour purifier le tellure, on le pulvérise et on le fait bouillir huit à dix heures avec une solution de cyanure de potassium ; le soufre et le sélénium forment alors des sulfocyanate et séléniocyanate de potassium, on filtre, on précipite le sélénium par l'acide chlorhydrique, on filtre à nouveau, et l'on porte la liqueur claire à l'ébullition avec du sulfite de soude ; le tellure pur se précipite au bout de quelque temps.

*Caractères distinctifs.* Les tellurures sont, en général, décomposés par les acides, avec dégagement d'hydrogène telluré, reconnaissable à son odeur sulfhydrique, à sa flamme bleue, mais dont la solution brunit à l'air ou par l'action du chlore en donnant du tellure (caractère distinctif d'avec l'hydrogène sulfuré).

Les tellurites dissous donnent, avec l'*acide chlorhydrique*, une liqueur jaune, et ne dégagent pas de chlore par l'ébullition ; un excès d'eau en précipite l'acide tellureux lorsqu'ils ne sont pas trop acides ; l'*hydrogène sulfuré*, le *sulfhydrate d'ammoniaque* y produisent un précipité brun, soluble dans le sulfhydrate d'ammoniaque et dans les alcalis ; avec l'*acide sulfureux*, l'*acide phosphoreux*, il y a réduction, dans les liqueurs acidulées par l'acide chlorhydrique.

Les tellurates sont décomposés au rouge et dégagent de l'oxygène ; leur solution ne précipite pas par l'eau ; ceux neutres sont précipités en blanc par le *chlorure de baryum*, et le précipité est soluble dans les acides ; l'*hydrogène sulfuré* y donne à la longue un précipité brun ; les tellurates en solution chlorhydrique sont réduits par l'*acide sulfureux*, et cette solution, à l'ébullition, dégage du chlore et précipite après par l'eau, par suite de formation d'acide tellureux. — J. C.

\*TÉLODYNAMIQUE. *T. de mécan.* Qui exerce une puissance à distance. || *Câble télodynamique.* Câble en fil de fer, analogue à ceux employés sur les bâtiments à vapeur et dont on se sert pour transmettre au loin une force motrice. — V. TRANSMISSION et IV CÂBLE EN FIL DE FER.

\*TELPHÉRAGE. C'est le nom donné par le professeur Fleeming Jenkin à l'application aux *chemins de fer aériens* (V. ce mot) de l'électricité comme force motrice. Dans ce système, les véhicules sont suspendus par leurs roues à un câble tendu sur des poteaux, avec l'isolation nécessaire pour qu'il puisse en même temps servir de conducteur pour le passage du courant ; les véhicules sont assemblés de façon à composer plusieurs trains, et chaque train est mis en mouvement par un moteur dynamo-électrique, installé sur un véhicule qui joue le rôle de locomotive.

— Lors des premiers essais, le circuit était partagé en sections isolées de longueur uniforme, reliées les unes aux autres par des contacts mobiles; la longueur de chaque train était un peu plus grande que celle d'une section, de manière à comprendre un de ces contacts entre les roues extrèmes. Lorsqu'un train pénétrait dans une section, la première roue ouvrait le contact qui reliait cette section avec la précédente et l'en séparait; de sorte que pour maintenir la continuité du circuit, le courant était obligé de passer par les roues du train et par un fil qui les reliait, fil dans lequel se trouvait intercalé le moteur électrique. Celui-ci commandait les roues motrices par une combinaison de poulies réduisant la vitesse de rotation dans une proportion convenable. La dernière roue du train refermait le contact mobile et rétablissait la communication directe entre les sections. Le courant traversait successivement tous les trains, ce qui présentait l'inconvénient d'exiger une grande force électromotrice et rendait très difficile l'emploi du block-système automatique; les clefs de contact étaient nombreuses et pouvaient être rapidement mises hors d'usage. Dans un second système, dû à la collaboration de MM. Ayrton et Perry, on employa pour le passage du courant, un câble auxiliaire; chaque train était muni, sur toute sa longueur, d'un fil nu, mis en contact avec des brosses suspendues au câble auxiliaire; le câble porteur servait pour le retour du courant. L'emploi du câble auxiliaire augmentait les frais d'installation et les contacts étaient toujours imparfaits.

C'est alors que M. Jenkin imagina le système à sections croisées (cross over system) dans lequel on n'emploie que les câbles porteurs pour le passage du courant. Ces câbles, au nombre de deux, l'un pour l'aller, l'autre pour le retour des trains, sont fixés, à 2m,50 d'écartement, aux extrémités de traverses en bois coiffant les poteaux. Ils sont partagés en sections qui sont reliées alternativement d'un câble à l'autre, par des conducteurs transversaux, comme l'indique le schéma (fig. 455) dans lequel le trait plein A B C D indique la marche du courant partant de la machine et le

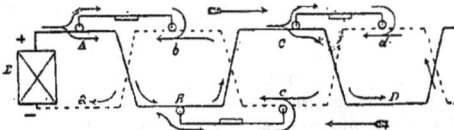

Fig. 455. — *Marche du courant dans le telphérage Jenkin (cross over system).*

trait ponctué *a, b, c, d*, le retour de ce même courant; pour le premier circuit, les attaches des extrémités des sections sont parfaitement isolées; pour le second, on ne prend aucune précaution, et les communications avec le sol, en réduisant le potentiel des sections correspondantes, diminuent de moitié la résistance du circuit. Dans une application de ce système, faite en 1885, par la Compagnie du Telphérage, à la station de Glynde (Sussex), sur une longueur de 1,600 mètres, les poteaux ont 6 mètres de hauteur et sont à 22 mètres de distance; les sections ont 40 mètres de longueur. La voie est établie avec des tiges en acier de 20 millimètres de diamètre, qui sont moins flexibles que les câbles généralement employés; des con-

trepoids, suspendus à des chaînes, sont placés à peu près à chaque kilomètre, pour maintenir la tension de la voie. Cette tension est vérifiée par le procédé employé pour la pose des fils télégraphiques, procédé basé sur le nombre de vibrations. On a reconnu, par l'expérience, que vingt-cinq vibrations en quinze secondes correspondent à une tension de 1,000 kilogrammes, et trente-sept vibrations à 2,250 kilogrammes. Dans les courbes, les tiges sont remplacées par une espèce de cornière à grandes ailes, avec un bourrelet ménagé sur l'aile verticale; les poteaux sont alors rapprochés à 4m,30.

Chaque train a 44 mètres de longueur; il est par conséquent toujours à cheval sur deux sections, et une dérivation du courant s'établit à travers le moteur et le met en mouvement. Cette dérivation change de sens à chaque section, ce qui n'a pas d'inconvénient dans les moteurs excités en série, dont la rotation ne change pas de sens, quelle que soit la direction du courant qui les traverse. Pour obtenir l'entraînement des véhicules, on a d'abord installé, à côté des roues porteuses du locomoteur, deux roues horizontales comprimées sur le câble par des ressorts. Les roues étaient commandées par un équipage de poulies et de galets de friction, réduisant la vitesse dans une proportion convenable. A Glynde, on s'est contenté de commander directement les roues porteuses, et pour obtenir assez d'adhérence, on les a garnies avec un boudin en caoutchouc, dont l'usure est malheureusement assez rapide. Avec un locomoteur pesant environ 120 kilogrammes et un moteur électrique actionné par un courant de 6 ampères et 200 volts (environ 2 chevaux) on a remorqué, à la vitesse de 7,250 mètres à l'heure, un train de 10 vagonnets portant ensemble 1,500 kilogrammes. Un régulateur à boules à axe horizontal sert de disjoncteur pour ouvrir ou fermer le courant, suivant que la vitesse reste en dessous ou en dessus du chiffre normal. Du reste les moteurs, couplés en quantité et parcourus par un courant à peu près égal, ne peuvent guère se rejoindre. Les véhicules sont du modèle habituel, suspendus chacun à un train de deux roues à gorge; ils sont reliés par des barres en bois articulées; le véhicule moteur est placé au milieu du train.

Une dynamo E, placée à l'une des extrémités de la ligne, fournit le courant qui est en marche normale de 200 volts et 24 ampères. La perte à l'extrémité de la ligne ne dépasse pas 12 volts, et les pertes par dérivation sont insignifiantes. Avec une génératrice plus forte, l'installation pourrait suffire pour transporter 84,000 tonnes par an avec douze trains en marche journalière. On peut évaluer les frais d'installation, pour un transport de 150 tonnes par jour à 1,600 mètres, à 25,000 francs par kilomètre, et le prix du transport de la tonne par kilomètre à 25 centimes. On doit ranger parmi les systèmes de telphérage celui que M. Lartigue a désigné sous le nom de *transbordeur*; ce système, caractérisé par l'équilibre des charges de part et d'autre d'un rail unique et surélevé, a été essayé il y a quelques années, à une exposition agricole. Le courant passait par le rail porteur, traversait le moteur électrique et revenait par un fil relié à deux galets appuyés sur un fil de retour par une petite bielle. Le mécanicien pouvait, à l'aide d'un commutateur et d'un rhéostat, renverser ou modérer la marche du moteur. La vitesse obtenue atteignait 18 kilomètres à l'heure. — J. B.

**TÉMOIN.** 1° *T. techn.* On désigne ainsi, en technologie, tout objet conservé comme preuve de certaines opérations. || 2° *T. de p. et chauss.* Butte laissée de distance en distance par les terrassiers pour permettre d'évaluer le cube des terres enlevées. || 3° *T. de min.* Échantillon que l'on prend à une certaine profondeur dans un terrain, au moyen de divers appareils de sondage. || 4° *T. de typogr.* Marge dépassant les autres, et qui indique que l'on a mal exécuté la garniture de la feuille. || 5° *T. de rel.* Feuillet laissé en entier par l'ouvrier pour montrer qu'il a rogné le moins possible les marges.

*TEMPLE, TEMPLET ou TEMPIA. *T. de tiss.* Sur les métiers à tisser, l'étoffe fabriquée tend à se rétrécir immédiatement en arrière du peigne, par suite des ondulations que font les duites à travers les fils de la chaîne. Pour que le tissu conserve sa largeur régulière, et surtout que les fils latéraux, ceux des lisières en particulier, n'éprouvent pas une trop grande fatigue on fait usage de tendeurs qui maintiennent encore un moment la pièce tissée à la largeur sur laquelle la chaîne est rentrée dans le peigne. Ces tendeurs portent, suivant les régions, le nom de *temples, templets* ou *tempias.* Dans le tissage à bras, ils se composent de deux règles, armées chacune à l'une de ses extrémités de picots qui se plantent dans les lisières, ou de pince qui les saisissent; elles sont reliées l'une à l'autre par une ficelle et produisent la tension de l'étoffe lorsqu'on les applique sur elle. L'ouvrier est obligé de les déplacer à mesure que son travail avance. Dans les métiers mécaniques, les temples sont constitués par des sortes de boîtes, disposées des deux côtés du métier, en avant du peigne, et dans lesquelles passent les deux bords de l'étoffe, que des petits cylindres garnis de picots et renfermés dans ces boîtes saisissent et maintiennent transversalement. La forme et la disposition des cylindres à picots varient suivant les tissus sur lesquels ils doivent agir. Ce sont tantôt de petits cylindres en fer ou en cuivre sur lesquels les picots sont simplement taillés ou relevés au burin, tantôt des séries de disques garnis de petites aiguilles en acier, et montées obliquement sur un axe parallèle au plan de l'étoffe, tantôt encore des disques placés dans le plan de l'étoffe et garnis de pointes à leur circonférence.

*TEMPLE. *T. de mét.* Sorte de règle en bois à l'usage du charron et dont l'une des extrémités est arrondie et percée d'un trou pour y faire passer la cheville de la *selle* ; elle sert à marquer la distance à laquelle il faut placer les mortaises dans les jantes des roues.

**TEMPS.** *Iconol.* Chez les anciens, le Temps était représenté sous les traits d'un vieillard armé d'une faux, placé sur un globe ou sur une roue, et tenant à la main

un sablier; le plus souvent aussi ils lui donnaient des ailes, pour marquer sa rapidité; c'est ainsi qu'on le trouve dans les représentations figurées des Grecs et des Romains; d'où ses divers attributs ont passé sans changement dans l'art moderne. Les Égyptiens, toujours portés davantage au symbolisme, figuraient le Temps sous les traits du crocodile ; on peut voir dans nos musées beaucoup de divinités de formes humaines, à tête de crocodile, qui expriment le symbole de l'éternité. Chez les Grecs, comme chez les Hindous et les Persans, le Temps ou Saturne est le père des dieux, le principe *créateur* par excellence.

Le Temps a inspiré un grand nombre d'artistes modernes; nous citerons, en peinture : le *Temps couronnant le Travail et punissant l'Oisiveté,* par Rubens; le *Temps faisant triompher la Vérité religieuse,* par le même ; le *Temps vaincu par l'Amour, Vénus et l'Espérance,* par S. Vouet, gravé par Michel Dorigny; le *Temps coupant les ailes de l'Amour,* par Van Dyck; une composition magistrale du Poussin : le *Temps faisant triompher la Vérité,* qui est au Louvre; elle a été souvent gravée, notamment par Gérard Audran. Les sculptures sont plus rares, nous rappellerons pourtant le groupe qu'on voyait autrefois dans les jardins de Marly, le *Temps tirant le Mérite de l'obscurité et le couronnant,* et le *Temps découvrant la Vérité,* par Fr. Roger (Salon de 1887).

**TÉNACITÉ.** Propriété, en vertu de laquelle certains corps supportent un poids, ou résistent à un tiraillement considérable sans se rompre; elle existe surtout dans les métaux; un fil de fer de 2 millimètres de diamètre peut supporter, sans se rompre, un poids de 250 kilogrammes, et pour la même grosseur de fil, on trouve qu'un fil de cuivre ne supporte que 137 kilogrammes, un fil de platine 124, d'argent 85, d'or 68, de zinc 50, d'étain 15. — V. MÉTAUX, § *Ténacité.*

**TENAILLE.** 1° *T. techn.* Outil composé de deux mâchoires en acier, appelées *mors,* munies chacune d'un manche, et réunies par une goupille autour de laquelle elles peuvent tourner pour se rapprocher et saisir les objets. Parmi les différents types, nous citerons : la *tenaille à chanfreiner* dont les mors sont inclinés pour permettre de chanfreiner la pièce qu'ils serrent; la *tenaille à vis,* sorte de petit étau à main, employé par les serruriers ; la *tenaille de menuisier* à mâchoires aplaties et recourbées, et dont l'une des mâchoires se termine ordinairement par un *pied de biche* pour arracher les clous; les tenailles utilisées en métallurgie, dites *tenaille à écrevisse, tenaille à réchauffer, tenaille à coquille,* et de forme variable suivant chacune de ces applications; la *tenaille du treillageur* munie de mâchoires à tranchant aciéré pour couper les fils de fer, etc. || 2° En *verrerie,* c'est encore à l'aide de tenailles particulières, souvent portées par des roues, qu'on saisit les cuvettes pour en vider le verre sur la table de coulage. — V. GLACERIE. || 3° *T. de fortif.* Ouvrage composé de deux faces formant un angle rentrant dont le sommet se trouve du côté des défenseurs; ou encore, ouvrage destiné à couvrir une courtine, et composé d'une partie parallèle à cette dernière et de deux ailes.

*TENANT. *Art hérald.* Se dit des personnages de convention qui accompagnent l'écu et semblent le garder ; les animaux qui occupent les mêmes positions prennent le nom de *supports*.

**TENDER. T.** *de chem. de fer.* Véhicule qui contient les approvisionnements d'eau et de charbon que la locomotive doit dépenser en marche ; il se compose de plusieurs paires de roues supportant un châssis et une caisse divisée en deux parties : le réservoir d'eau ou *caisse à eau* (V. III Caisse, § *Caisse à eau du tender*) et le magasin à charbon. Le tender est toujours rattaché étroitement à la locomotive qu'il alimente : il fait, en quelque sorte, partie intégrante de cette machine au point de vue de l'exploitation des chemins de fer, et il n'en est jamais séparé que pour des nécessités de réparation. Certaines machines n'ont pas de tender, mais, dans ce cas, elles portent elles-mêmes leur approvisionnement d'eau et de charbon, ce sont des *locomotives-tenders*, ayant alors des chaudières de dimensions restreintes, pour laisser plus d'espace disponible ; elles sont généralement chargées de remorquer les trains légers, comme ceux de banlieue, présentant des arrêts fréquents pendant lesquels elles peuvent renouveler leurs approvisionnements, la quantité d'eau et de combustible qu'elles peuvent emporter étant toujours nécessairement fort limitée. Au chemin de fer de l'Ouest, on s'est servi de ces machines-tenders pour la traction des trains express ; mais comme la provision d'eau emportée sur la machine était insuffisante, on avait dû emporter l'appoint sur une caisse à eau suspendue au-dessous du fourgon du train. Cette disposition compliquée des plus incommodes pour la composition des trains et pour les manœuvres, avait été essayée aussi sur le chemin du Midi.

En reportant les approvisionnements d'eau et de combustible sur la machine, on a bien l'avantage d'économiser un véhicule formant un poids mort considérable et d'augmenter en même temps le poids adhérent ; mais par contre, ce poids varie alors dans des limites fort étendues par la consommation elle-même, et il en résulte des perturbations dans le mouvement de la machine par les changements continuels de position du centre de gravité, et, d'ailleurs, la nécessité d'emporter actuellement de fortes provisions, oblige à conserver le tender malgré le surcroît de résistance qu'il entraîne.

On avait bien essayé aussi, lorsqu'on a voulu obtenir pour la première fois, dans l'histoire des chemins de fer, des locomotives très puissantes, de faire intervenir le tender pour augmenter le poids adhérent et l'effort moteur de la machine qu'il alimente, mais devant les dispositions compliquées auxquelles on s'est trouvé conduit, on a dû y renoncer complètement pour revenir à un véhicule tout à fait indépendant. Nous rappellerons seulement, sans y revenir, différents types de machines essayés à l'occasion du concours du Semring, en 1851, dont nous avons parlé à l'article Locomotive, notamment celui de la *Batavia*, dans lequel les roues du tender étaient rattachées à celles de la machine par l'intermédiaire de chaînes articulées. Celles-ci leur laissaient une certaine liberté d'oscillation, tout en les transformant, en quelque sorte, en roues motrices et augmentant le poids adhérent de toute la charge qu'elles supportaient. Rappelons aussi le type Engerth simplifié qui s'est conservé plus longtemps dans la pratique des chemins de fer, et dans lequel le tender fait corps avec la machine en se prolongeant par deux branches en fer à cheval qui viennent embrasser la boîte à feu et s'articuler, en se réunissant, sur un pivot ménagé devant celle-ci, au-dessous du corps cylindrique.

Toutes ces dispositions compliquées sont abandonnées maintenant, mais si le tender n'intervient plus dans la détermination de l'effort moteur de la locomotive, c'est lui qui limite toujours le parcours maximum qu'elle peut fournir sans arrêt, puisque la consommation ne peut pas dépasser sa capacité de transport. Aussi, dans l'organisation des trains rapides, lorsqu'on a voulu franchir de longues étapes, atteignant 100 à 120 et dépassant même aujourd'hui 150 kilomètres, s'est-on trouvé obligé de transformer peu à peu les tenders en les agrandissant continuellement pour les mettre en état de recevoir les approvisionnements d'eau et de charbon qu'exige un pareil parcours. Les premiers tenders pouvaient recevoir 5 à 6 mètres cubes d'eau et 2,000 kilogrammes de charbon, leur poids à vide n'atteignait pas 10 tonnes et 18 à 20 tonnes en charge, deux essieux suffisaient à les porter ; mais actuellement, sur les types les plus récents, l'approvisionnement d'eau est porté à 16 mètres cubes, et celui du charbon à 4,000 kilogrammes, comme sur les tenders des machines rapides du Nord et de Lyon, qui effectuent des étapes de 150 kilomètres sans arrêt (Calais, Amiens, 166 kilomètres, Paris-La Roche 155 kilomètres, La Roche-Dijon 160 kilomètres). Le poids de ces tenders atteint 16 tonnes à vide et 32 tonnes en charge, ils ont trois essieux supportant chacun 11 à 12 tonnes. On trouvera un tableau comparatif complet des dimensions des tenders des différentes Compagnies en consultant l'étude publiée sur ce sujet, par M. Deghilage (V. *Revue générale des chemins de fer*, n° d'avril 1884).

Il est intéressant de signaler, encore, la disposition originale adoptée en Angleterre, par M. Ramsbottom, ingénieur du *North Western Railway*, pour suppléer à l'insuffisance de volume du tender, et permettre le remplissage de la caisse à eau sans arrêt du train en marche. Des bacs remplis d'eau, dirigés dans le sens de l'axe de la voie, sont installés, à cet effet, en certains points déterminés en palier de la ligne, et lorsque le train passe au-dessus, le mécanicien abaisse sa machine un tuyau recourbé à son extrémité d'avant en forme de trompe, et qui vient plonger dans la boîte : l'eau s'élève dans le tube par la pression résultant de la seule vitesse de marche du train, sans aucune pompe spéciale, et elle arrive ainsi jusque dans la caisse à eau du tender. Avec les dimensions adoptées sur le *North Western*, l'expérience montre que le ravitaillement est assuré dès que la vitesse de marche atteint seulement 36 kilomètres à l'heure, et on voit que, dans ces conditions, les machines des trains de marchandises, qui marchent habituellement, en Angleterre, à des vitesses peu différentes, peuvent également y avoir recours, ce qui permet, comme on voit, d'employer presque exclusivement ces bâches pour l'alimentation, pour éviter de prendre de l'eau dans les réservoirs des stations qui n'en possèdent que de mauvaise qualité. En France, il n'en serait pas de même à cause de la faible vitesse de marche des machines à marchandises, et ce mode ingénieux de ravitaillement ne s'est pas répandu chez nous.

La disposition habituelle des tenders varie peu sur la plupart des chemins de fer d'Europe, et nous n'avons guère de particularités intéressantes à signaler sur les parties communes aux autres véhicules. Le châssis est entièrement en fer, ses longerons presque toujours extérieurs aux roues; il supporte une caisse à eau en tôle en forme de fer à cheval, et le charbon est approvisionné entre les branches du fer à cheval. Quand les machines brûlaient du coke, ce combustible, étant de faible densité, était accumulé jusque sur les caisses et maintenu par des hausses. Les roues du tender sont toujours munies de freins commandés par une manivelle placée à la portée du chauffeur qui les actionne dans tous les arrêts; un timbre rattaché souvent à une ficelle placée à la main du conducteur du train, dans le fourgon, est disposé fréquemment sur la caisse du tender, et sert à donner au mécanicien le signal du départ dans les arrêts. Les essieux sont généralement au nombre de deux, et quelquefois de trois, comme nous l'avons dit plus haut.

En Amérique, où les parcours effectués sans arrêt sont souvent fort longs, le volume d'eau chargé sur le tender est très considérable, et ces véhicules sont supportés sur trois et quelquefois quatre essieux formant alors deux boggies articulés, comme sur les vagons ordinaires de ce pays.

**\* TENDEUR.** 1° *T. de chem. de fer.* Vis à filets carrés, filetée en sens inverse sur les deux moitiés de sa longueur, portant sur chacune d'elles un écrou muni d'un manchon qui sert à réunir les crochets d'attelage de deux vagons successifs qu'on veut atteler, et à mettre en tension les ressorts de traction sur lesquels agissent les barres de ces crochets. Le serrage des tendeurs s'opère au moyen d'un levier spécial placé au milieu de la vis et solidaire avec elle; les hommes chargés de la manœuvre des vagons le tournent à la main pour déterminer le rapprochement longitudinal des écrous qui entraînent les maillons et les crochets. Cette manœuvre peut devenir assez dangereuse, car elle oblige les hommes d'équipe à s'introduire entre les vagons, et ils ne se conforment pas toujours à la précaution qui leur est recommandée cependant, d'éviter de passer entre les tampons où ils peuvent se trouver écrasés si l'un des vagons vient à être refoulé. On a essayé différentes dispositions pour permettre cette manœuvre en se tenant en dehors des vagons, avec un tendeur commandé par un levier spécial, surtout sur les véhicules à

voie étroite; mais ces dispositions se sont peu répandues dans la pratique, et il est préférable, lorsque la largeur de la voie est assez réduite pour le permettre, d'adopter des types de véhicule à tampon de choc unique.

Pour le graissage des filets de vis des tendeurs, il est intéressant de signaler qu'on a dû renoncer à l'emploi de l'huile ou de la graisse, car ces matières, en se combinant avec la poussière et l'oxyde de fer, forment un mastic qui, en séchant, finit par s'opposer au mouvement de la vis dans ses écrous. Le meilleur lubrifiant qu'on puisse employer est le graphite qui a, toutefois, l'inconvénient de disparaître à la pluie. La *Revue générale des chemins de fer* cite, à ce sujet, n° de juin 1879, la disposition imaginée par M. Dulken pour obtenir un graissage continu de la vis des tendeurs, au moyen d'un cylindre en graphite logé dans un trou ménagé à l'intérieur de l'écrou, et qui est constamment appuyé au contact du filet de vis par un contrepoids. || 2° *T. de constr.* Dispositif analogue au tendeur employé dans les chemins de fer et, dont on se sert pour opérer la tension des fils métalliques d'une clôture ou d'une ligne télégraphique. || 3° *T. de charp.* Sorte de bride dans laquelle se visse avec écrous, les deux parties qui composent le tirant en fer d'une ferme. || 4° *T. de mécan.* Petite poulie mobile autour d'un axe, et que l'on fait agir soit à l'aide d'un poids qui l'entraîne, soit au moyen d'un ressort, sur l'un des brins d'une courroie ou d'une corde, de façon à la tendre plus ou moins en l'obligeant à suivre un plus long parcours que le trajet naturel.

**TENETTE.** *Instr. de chirurg.* Sorte de pince en acier trempé, qui sert à saisir et à extraire les calculs de la vessie; on l'écrit plus ordinairement au pluriel. || *T. techn.* Petites tenailles qui servent pour l'étamage, et qu'on nomme aussi *tenelles.*

**TENEUR.** *T. de mét. Teneur de copie.* Ouvrier qui, dans la correction d'une épreuve d'imprimerie, lit le manuscrit à haute voix, pendant que le correcteur suit sur l'épreuve. || *Teneur de lisières.* Ouvrier qui, dans une lainerie, aide le laineur à tirer par les lisières le drap au large.

**TÉNIA** ou **TŒNIA.** *T. de constr.* Filet placé sous les triglyphes et séparant la frise dorique de l'architrave.

**TENON.** 1° *T. de maçonnerie.* Saillie de forme ronde, carrée ou trapézoïdale, ménagée sur le joint d'une dalle pour entrer, par encastrement, dans une entaille de même forme, pratiquée sur le joint de la dalle contiguë. Certains phares éloignés des côtes et destinés à résister à de violents coups de mer, sont construits par assises de pierres s'encastrant les unes dans les autres par tenons et entailles, de manière à ne former qu'un seul bloc. || 2° *T. de charp.* Languette laissée à l'extrémité d'une pièce de charpente, et qui entre dans une entaille ou *mortaise* ménagée dans une autre pièce; les deux bois se trouvent ainsi assemblés à *tenon et mortaise.* On donne au tenon une longueur de 0ᵐ,10 environ et une épaisseur de 0ᵐ,03; il occupe toute la largeur de la pièce qui le porte. On a soin d'y percer un trou rond pour recevoir une cheville qui traverse aussi les *joues* de la mortaise et fixe l'assemblage. Très souvent, le tenon est renforcé à sa base, c'est-à-dire pourvu d'une plus grande épaisseur ; on l'appelle, dans ce cas, *tenon à renfort*. On fait aussi des tenons de diverses formes, en *queue d'aronde*, par exemple. || Le tenon est encore employé pour l'assemblage des pièces qui composent les ouvrages de menuiserie.

**I. TENSION.** *T. de mécan.* Lorsqu'un fil, une corde ou une pièce solide est sollicitée par des forces qui tendent à en augmenter la longueur, les molécules s'écartent de leur position normale d'une quantité quelquefois inappréciable mais qui, dans certains cas, peut être mesurée et déterminée. Il se développe alors, entre les molécules ainsi écartées les unes des autres, des forces d'élasticité qui tendent à les rapprocher, et dont l'intensité augmente avec l'écartement des molécules. L'allongement du fil ou de la barre se continue jusqu'à ce que ces forces d'élasticité fassent équilibre aux forces extérieures. Ce sont les forces ainsi développées entre les molécules d'un corps solide écartées les unes des autres qui prennent le nom général de *tension*. Pour simplifier les études relatives à la tension des barres et des fils, on peut, dans bien des cas, se contenter de l'hypothèse suivante qui a le mérite d'être fort simple ; on imagine que le fil ou la barre est constitué par des tranches parallèles qui s'écartent les unes des autres dès que le fil ou la barre est tendu par des forces extérieures. Dès lors, chaque tranche peut être assimilée à un solide invariable ou même à un simple point matériel, car on peut, dans la plupart des cas, négliger ses dimensions transversales. Chaque point du fil ou de la barre est alors attiré par les points voisins, et la résultante de toutes les attractions exercées sur lui par les points qui sont d'un certain côté, constitue la *tension* du fil au point et du côté considéré. Chaque point est ainsi soumis à l'action de deux tensions qui sont directement opposées, si la forme du fil ou de la barre est une ligne continue, mais qui font un angle si le point est lui-même le sommet d'un angle. Lorsqu'il y a équilibre, chaque point doit être en équilibre sous l'action de ces deux tensions et des forces extérieures qui lui sont appliquées. Il résulte de là que, si les forces extérieures sont réparties d'une manière continue sur la longueur du fil ou de la barre, celle-ci affecte la forme d'une ligne continue, et les deux tensions sont, en chaque point, égales et opposées. Dans le cas contraire, où les forces sont appliquées en des points séparés, le fil prend la forme d'un polygone dont les sommets sont les points d'application des forces extérieures. Il en résulte aussi que si, sur une certaine longueur, le fil n'est soumis à aucune force extérieure, cette portion du fil sera rectiligne et la tension y sera constante. Si, dans les mêmes conditions, le fil était assujetti à rester sur une surface donnée, il aurait toujours une tension constante, mais il prendrait la forme d'une ligne géodésique de la surface. Tels sont les principes qui servent à mettre en *équation* les problèmes relatifs à l'équilibre et aux mouvements des fils ou des systèmes de barres articulées ; seulement, s'il s'agit de barres solides, on les suppose indéformables et conservant toujours la forme rectiligne. Dans bien des cas, les barres et poutres ne peuvent être considérées comme absolument indéformables, et il n'est pas permis d'en négliger complètement les dimensions transversales. La théorie devient alors plus compliquée ; il faut introduire des hypothèses nouvelles, et cette étude constitue la *théorie de la flexion*. Ajoutons enfin que la tension ne saurait croître indéfiniment ; il y a une limite, nommée *limite d'élasticité*, qu'elle ne peut dépasser. Si cette limite n'est pas assez grande pour équilibrer les forces extérieures, les molécules continuent à s'écarter, et il y a rupture. — V. Corde, Flexion, Force, § *Forces de réaction*, Réaction, Résistance, § *Résistance des matériaux*, Rupture. — M. F.

**II. TENSION.** *T. de phys.* 1° *Tension de l'électricité statique.* Énergie avec laquelle l'électricité répandue à la surface d'un corps tend à s'échapper au dehors. On admet généralement que l'électricité, en se distribuant sur un corps y forme, au-dessous de sa surface, une couche extrêmement mince ; pour un point quelconque de la surface, l'électricité est toujours repoussée par celle des points opposés. Elle exerce contre l'air une pression, une *tension* qui est la même aux différents points d'une surface sphérique, mais qui diffère pour les corps non sphériques. On sait que l'électricité s'accumule vers les pointes ou sur les arêtes ; c'est là que la couche électrique a le plus d'épaisseur, c'est là que la tension atteint son maximum d'énergie. Laplace a démontré que la tension en un point est proportionnelle au carré de l'épaisseur de la couche électrique (V. Électricité, Potentiel). || 2° *Tension de l'électricité dynamique.* On peut regarder comme synonymes les expressions de *tension*, *différence de potentiel*, *force électro-motrice* (ou cause du flux électrique). Cette force électro-motrice E est liée à l'intensité I du courant électrique et à la résistance R que lui oppose le fil conducteur, par la formule de Ohm :

$$I = \frac{E}{R}.$$

Quand un courant constant traverse un conducteur, la tension est la même en tous les points du circuit. S'il y a une différence de potentiel entre deux points de ce conducteur, le flux électrique s'écoulera du point où la tension est la plus haute, vers celui où elle est la plus faible. La tension s'évalue en volts au moyen du voltmètre (1 volt égale à peu près la force électro-motrice d'un élément ordinaire de Daniell). Les courants des machines dynamo-électriques peuvent atteindre des milliers de volts. || 3° *Tension de vapeur*, *tension de liquide.* La tension ou force élastique d'une vapeur est la pression qu'elle exerce contre les parois des vases qui la renferment ; elle se mesure à l'aide des manomètres. Un liquide introduit dans le vide (vide barométrique, par exemple) donne de la vapeur qui atteint instantanément sa *tension maxima*, s'il y a excédent du liquide. On nomme *tension maxima* ou *maximum de tension* d'une vapeur, à une température donnée, la pression la plus grande qu'elle puisse supporter sans se liquéfier. Un abaissement de température amène une diminution de tension. Une diminution de volume par compression d'une vapeur saturée ne produit pas de changement de tension, mais une liquéfaction partielle de la vapeur. Un liquide ne peut donc exister qu'autant qu'une pression suffisante s'oppose à son expansion; cette tendance du liquide à prendre l'état gazeux, tendance qui croît rapidement avec l'élévation de la température, se nomme *tension de liquide*.

**Tension superficielle des liquides.** *T. de phys.* Des physiciens distingués, entre autres, MM. Plateau et Ath. Dupré, ont admis, pour expliquer certains phénomènes capillaires, l'existence d'une sorte de membrane très mince enveloppant les liquides et douée d'une certaine force élastique qu'ils ont nommée *tension superficielle*. Des expériences nombreuses semblent justifier cette hypothèse; d'autres physiciens nient l'existence de cette tension et affirment que la théorie de Laplace et celle de Gauss suffisent pour expliquer tous les effets de capillarité sans recourir à cette tension. — C. D.

III. **TENSION.** *T. de tiss.* Action que produit sur la chaîne un frein agissant sur le rouleau d'ensouple, pour opposer une résistance régulière au déroulement de la chaîne. — V. TISSAGE.

**TENTE.** Sorte de pavillon fait de peau ou d'étoffe, principalement de grosse toile, dont on se sert en pleine campagne pour se mettre à l'abri des injures du temps.

— La tente est l'habitation primitive particulière aux peuplades nomades; les patriarches de l'histoire sainte demeuraient exclusivement sous la tente; il en est encore de même, de nos jours, des Arabes, des Kalmoucks, etc. Ces tentes sont, le plus habituellement, faites, soit de peaux d'animaux, soit d'étoffes de poil de chameau ou autres tissus du même genre imperméables à la pluie, soutenues par une charpente légère en bois composée de perches et de lattes.

Dès la plus haute antiquité, les peuples sédentaires ont songé, eux aussi, à utiliser les tentes dans leurs expéditions guerrières, surtout pendant la mauvaise saison.

Les armées grecques et romaines traînaient leurs tentes à leur suite et les dressaient toutes les fois qu'elles établissaient leur camp. Il en fut de même au moyen âge dans les expéditions de longue durée, en particulier pendant les Croisades. Mais comme les armées ne tenaient que fort rarement campagne l'hiver et se cantonnaient pour prendre leurs quartiers d'hiver, l'emploi des tentes devint de moins en moins fréquent. Ce fut Louis XIV qui fit reprendre à ses troupes l'usage des tentes; on en distribua d'abord à la maison militaire du roi, puis ensuite à toute l'infanterie. Au commencement de la Révolution, les armées de la République renoncèrent à l'emploi des tentes, dont le transport était trop embarrassant et aurait entravé la rapidité de leurs mouvements; pendant toutes les guerres de la Révolution et de l'Empire, les troupes bivouaquèrent.

Lors de la conquête de l'Algérie, les soldats imaginèrent de se former un abri en réunissant deux à deux leurs sacs de campement, et en les soutenant à l'aide de deux piquets, de là l'idée de la tente-abri que fit adopter le maréchal Bugeaud et qui fut rendue réglementaire non seulement pour les troupes d'Afrique, mais encore pour toute l'armée française, C'est avec la tente-abri que toutes les troupes ont fait la campagne de 1870-71. La tente-abri n'est plus distribuée qu'aux troupes faisant campagne hors d'Europe.

L'usage de la tente, surtout de la tente-abri, présente, en effet, plus d'inconvénients que d'avantages : lorsque le terrain est détrempé, l'homme est moins bien sous une pareille tente que près d'un feu de bivouac; de plus, les tentes sont trop visibles de loin, trop faciles à compter et peuvent donner à l'ennemi des indications trop précises sur l'effectif des troupes.

Aujourd'hui, dans toutes les nations européennes, on ne fait plus usage des tentes que dans les camps d'instruction, et encore, toutes les fois qu'on le peut, fait-on construire de préférence des baraquements. Les tentes qui sont fournies actuellement par le service du campement sont de deux modèles : la tente elliptique ou ancien modèle, qui peut recevoir 16 hommes d'infanterie ou 12 de cavalerie; la tente conique, la seule réglementaire aujourd'hui en Europe, qui peut servir pour 12 fantassins ou 10 cavaliers.

La tente conique, dite *à muraille* (fig. 456), a 6 mè-

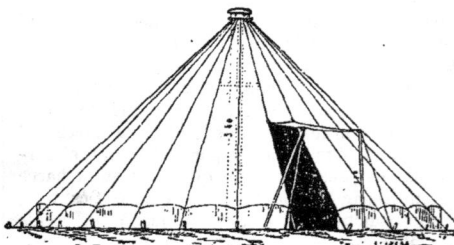

Fig. 456. — *Tente conique, à muraille.*

tres de diamètre à la base; la toile est soutenue en son centre par un montant vertical de 3ᵐ,40 de hauteur, et tendue sur son pourtour à l'aide de cordes de tension dont les anses s'engagent dans les entailles de vingt-quatre piquets plantés obliquement dans le sol. Aux deux extrémités d'un même diamètre, la toile est libre sur une certaine étendue et forme deux auvents ou portières que l'on peut maintenir levés à l'aide de supports. L'aération est, en outre, assurée par une ouverture ménagée près du champignon en cuir qui termine la tente à la partie supérieure et par l'intervalle qui sépare la toile de tente du sol. Cet intervalle peut être fermé à l'aide d'une seconde toile, dite *muraille*, qui forme volant et dont le prolongement qui reste en contact avec le sol, toujours plus ou moins humide, est appelée vulgairement *toile à pourrir* et doit être remplacée assez fréquemment. Cette toile est fixée à l'aide de vingt-quatre petits piquets, et peut être levée à volonté. Le montant supporte deux tablettes circulaires servant d'étagères et munies de porte-manteaux.

Quatre hommes sont nécessaires pour dresser une tente; après avoir tracé un cercle de 6 mètres de diamètre, deux d'entre eux, placés sous la toile, engagent le montant dans le champignon et le dressent verticalement, les deux autres tendent la toile en enfonçant les piquets.

Autant que possible, les tentes doivent être dressées sur un lieu élevé et bien aéré ; on doit éviter l'humidité et creuser tout autour un petit fossé pour assurer l'écoulement des eaux. Pendant le jour, il faut renouveler l'air avec le plus grand soin. On doit éviter de creuser le sol sous la tente, ce qui permet, il est vrai, en hiver, d'obtenir une habitation plus vaste et surtout plus chaude, mais présente, au point de vue hygiénique, de graves inconvénients.

En campagne, les ambulances transportent les tentes nécessaires, soit pour abriter en cas de mauvais temps les chirurgiens qui opèrent, soit pour protéger momentanément les blessés contre les intempéries des saisons, lorsque, pour s'établir à proximité du champ de bataille, on a dû renoncer à utiliser les habitations. La tente conique peut être, au besoin, utilisée dans ce cas, et recevoir douze blessés au plus sur des brancards disposés en éventail autour du montant central ; cependant, les inconvénients qu'elle présente ont fait chercher un autre modèle, et le type qui semble avoir la préférence est la tente système Tollet, type A, dite de *champ de bataille*, construite à peu près sur le même modèle que la grande tente Tollet adoptée récemment par le Ministère de la guerre pour les hôpitaux de campagne. Cette tente présente une forme ogivale qui, non seulement augmente sa stabilité et sa solidité, mais encore a pour avantage d'augmenter sa capacité intérieure et de permettre de se tenir debout dans la plus grande étendue. L'enveloppe est en toile imperméable, l'ossature, en fer, s'élève sur une semelle qui repose sur le sol, ce qui dispense de l'emploi des piquets tout en permettant de résister aux vents les plus violents ; des ouvertures garnies de toile à canevas, qu'on peut ouvrir ou fermer à volonté, servent à l'aération ; grâce à un lé en toile transparente, l'éclairement intérieur est assuré même lorsque toutes les ouvertures sont fermées. Cette tente peut contenir 6 brancards ou servir d'abri à seize hommes ; son montage est facile et rapide quel que soit le terrain ; son poids, qui n'est que de 95 kilogrammes, permet de la transporter à dos de mulet.

A la suite de nombreux essais faits en Algérie et en Tunisie, le Ministère de la guerre a adopté, pour faire partie du matériel des hôpitaux de campagne, la tente Tollet, type B, dite d'*ambulance*, qui a 15 mètres de long sur 6 de large et peut contenir 20 lits de malades et jusqu'à 28 lits d'hommes bien portants en laissant à chacun d'eux 12 à 18 mètres cubes d'air. Elle diffère du modèle précédent par ses dimensions ; l'enveloppe est double, celle extérieure est en toile, celle intérieure en coton ; ces deux enveloppes retiennent entre elles un matelas d'air suffisant pour protéger l'intérieur contre la chaleur aussi bien que contre le froid.

La tente Mignot-Mahon, essayée récemment au camp du Rouet, près de Marseille, semble préférable à la tente Tollet ; elle recouvre une surface elliptique de 16 mètres de long sur 10 de large et peut contenir 32 lits ou 38 brancards d'ambulance. Son poids n'est que de 450 kilogrammes, et il ne faut que trois heures pour la dresser.

La Société française de secours aux blessés a adopté, dans le même but, la tente d'ambulance modèle Riant, qui peut recevoir 12 blessés ou malades. Elle est formée également, d'une double enveloppe soutenue par une charpente composée d'un double faîtage supporté par des colonnes.

Dans tous ces modèles, l'enveloppe peut se relever aisément sur les côtés et être disposée en vérandah ; de cette façon, les blessés ou malades, tout en restant sous l'abri, se trouvent comme s'ils étaient en plein air. — V. aussi l'article Baraquement.

Le Ministère de la guerre a adopté, en 1886, en vue du service des subsistances, une tente à chevalets mobiles, système Favret. Cette tente est destinée à servir de boulangerie mobile, en campagne, ou de paneterie, et peut encore, au moyen d'aménagements particuliers faciles à effectuer, être utilisée comme magasin, réfectoire de station, halte-repas, ambulance ou casernement. Elle se compose d'une charpente en bois de chêne recouverte d'une toile, et formée de une ou plusieurs travées, de façon à pouvoir, à volonté, augmenter la contenance du local. Le poids et les dimensions des pièces permettent de les charger sur toutes sortes de véhicules et même à dos de mulet ; deux hommes peuvent monter une travée en une demi-heure et la démonter en un quart d'heure environ.

**TENTURE.** Tapisserie, pièce de cuir gaufré ou d'étoffe quelconque, tendant les murs d'une chambre, etc. Ce mot s'applique également aux pièces d'étoffes de deuil qui sont tendues, lors d'un convoi ou d'un service, dans l'intérieur et à l'extérieur de l'église, ainsi qu'à la maison mortuaire.

Historique. Lorsque le goût du luxe pénétra dans Rome avec les dépouilles de l'Asie, les tentures orientales furent recherchées avec passion et atteignirent quelquefois des prix excessifs. Dans le nombre figuraient les tapisseries à la façon d'Attale, « attalica aulæa », étoffes mélangées de fil d'or, citées par Properce comme des merveilles de délicatesse et de fini. Au rapport de Valère-Maxime, ces belles tentures garnissaient les murs des riches intérieurs. On les drapait entre les colonnes, elles servaient de portières, comme chez nos amateurs d'aujourd'hui.

Avec l'effondrement de l'empire romain et le transport à Constantinople de la puissance impériale, on vit de toute part affluer dans la nouvelle capitale du monde les débris du luxe de l'Europe épuisée en même temps que les richesses inépuisables de l'Orient. Dès lors, les tentures asiatiques, dites « attaliques », entrèrent dans la parure de la cité byzantine. Justinien en avait à profusion dans son palais.

Ce n'est qu'après l'invasion des Francs, des Germains, des Goths et autres peuplades barbares, que l'on voit les arts refleurir en Europe. Dans les cathédrales, les tentures brodées de perles remplaçaient alors les peintures murales. La plupart de ces riches étoffes venaient de l'Orient par l'empire grec.

Le moyen âge mit à la mode les tentures en tapisserie, qu'on tendait aux longues traverses en bois attachées autour des salles et des chambres, comme on le voit dans les miniatures (V. Tapisserie). Ces tentures ou *courtines* (expression du temps) étaient assorties avec les meubles et contrastaient parfois avec les saisons. Ainsi, comme le prouve l'*Inventaire des chambres et parements du roi Charles-Quint*, dressé à Bruxelles en mai 1536, en été, on se trouvait au milieu des neiges ; en hiver, au milieu de la verdure et des fleurs. Toutes ces tentures s'attachaient aux murailles à l'aide d'anneaux passés dans des clous à crochet. Ajoutons que les châtelaines du xve siècle avaient des chambres tendues spécialement de satin jaune ou de satin rouge pour faire leurs couches ; mais, rapporte la vicomtesse de Furnes, dans un petit in-12 gothique intitulé *Les honneurs de la Cour*, la couleur verte était, à cet égard, exclusivement réservée à la reine et aux princesses du sang, lesquelles accouchaient dans des lits de satin vert disposés dans des chambres tendues de la même étoffe.

Au xvie siècle, on continua d'employer les tentures dans l'ameublement, pour éviter les rhumes et les courants d'air. Les chambres étaient tendues d'épaisses tapisseries tombant en plis sur le plancher et recouvrant les portes mêmes. « Quant à orner les portes, dit Philibert de l'Orme (Livre VIII), cela n'est que argent perdu, et lesdicts ornements ne se voient à cause de la tapisserie qui est *tousjours* devant une porte. » Tallemant des Réaux nous montre la persistance de cette coutume au xviie siècle. Comme en général les portes fermaient mal et bruyamment, les *portières*, ou ce qu'on appelait aussi l'*huis vert*, arrêtaient le vent et étouffaient le bruit.

Nos aïeux, du reste, plus amoureux du confortable qu'on est porté à le croire, avaient double logement, c'est-à-dire la *salle basse* pour l'été, et la *salle haute* pour l'hiver. Ils avaient aussi la double garniture pour les murs : des tapisseries de laine en hiver, des tentures de cuir en été. — V. CUIR DORÉ.

La *chambre de parade*, au Louvre, salle du Musée appelée ainsi sous Louis XIV, et dont les admirables boiseries sont connues de tout le monde, a été ornée, en 1829, de tapisseries ajustées sur les murailles. Ces tentures en étoffes tissées de soie, d'or et d'argent, simulant des peintures en grisaille, offrent des compositions empruntées à l'histoire de Débora, dans le premier Livre des Juges.

A partir de 1667, année où fut organisée définitivement la *Manufacture royale des Gobelins*, qui poussa si loin l'art et la gloire de la tapisserie française, les tentures décorèrent les palais et les châteaux à profusion. Tandis que la Savonnerie couvrait le sol de ses tapis épais, les Gobelins tapissaient les murs, et les tapissiers mettaient toutes les combinaisons en œuvre pour faire valoir la beauté des tentures confiées à leurs soins. — V. TAPISSERIE.

### Tentures de toiles et d'étoffes peintes.

Dans leur description de pompes royales ou de fêtes publiques, les chroniqueurs du moyen âge font souvent mention de toiles peintes à la main pour la décoration des rues et des palais. Dans son *Dictionnaire du mobilier français*, Viollet-le-Duc nous apprend que l'Hôtel-Dieu de Reims en possède une nombreuse collection, datant de la fin du xve siècle ou du commencement du xvie.

« ..... Il ne paraît pas, ajoute-t-il, qu'avant le xive siècle, les intérieurs des appartements, en France, fussent tendus de tapisseries de haute lisse, du moins nous ne trouvons à cet égard aucun renseignement certain, mais plutôt de toiles peintes et d'étoffes. »

> « ..... En haut font tendre les cortines,
> Ou il y a estoires divines,
> . De la loy anciennes pointes
> De maintes bonnes coulors taintes. «

Jusqu'au xviie siècle, on combinait la toile peinte aux effets de tissage pour les étoffes d'ameublements ou d'ornements d'église ; on était même arrivé à une rare perfection ; il suffit, pour s'en convaincre, d'examiner les spécimens de cette fabrication, la grande tapisserie conservée au Garde-Meuble, dernier vestige de la peinture à la main, et représentant Louis XIV entouré de sa cour ; les couleurs en sont aussi vives qu'au moment même de leur application.

De nos jours, plusieurs tentatives ont été faites pour remplacer les tapisseries, les toiles peintes à la main, en usage autrefois. Il y a près de vingt ans, un architecte de Paris, M. Guichard, un des fondateurs et membre honoraire de l'Union centrale des beaux-arts, avait uni ses efforts à ceux de deux industriels, pour arriver à fabriquer des tentures imprimées, solides, ayant un cachet artistique, et pouvant s'appliquer à la décoration des appartements avec toute la garantie de la conservation du coloris. Ce sont ces résultats qu'obtint peu après l'ancienne maison Chiffray, de Maromme (Seine-Inférieure).

Les moyens mis en œuvre pour réaliser ce programme furent : le choix de dessins de styles inspirés par des documents anciens ou de motifs d'ornements avec emblèmes ; l'emploi des couleurs les plus solides de la peinture, fixées à l'aide d'huiles ou de vernis ; l'impression de ces couleurs sur des étoffes fortes et de grande largeur. Cette dernière condition a permis de faire, avec leur encadrement, des panneaux sans couture, ayant plus de 2 mètres de hauteur et plus de 10 mètres de long.

Nous citerons, comme exemple de ce genre de fabrication, les panneaux qui existent aujourd'hui (1887) dans la salle du conseil de la Banque de France, lesquels ont été fabriqués et posés en 1874. Ces panneaux, imprimés avec des planches d'un dessin spécial, appartenant à la Banque, montrent les qualités de ces tentures au point de vue décoratif et sous le rapport de la solidité.

Malgré ses qualités, il était difficile à ce genre de devenir un article de grande consommation, principalement à cause de son prix et du temps demandé pour la fabrication.

Ceux qui se sont occupés de l'impression pour tenture murale ont été amenés à simplifier les dessins, à les rendre plus légers, à employer des motifs détachés, tels que lions, chimères, hermines, fleurs héraldiques, écussons, initiales, etc., et pour arriver à opposer plus complètement ces tentures aux papiers peints, on a cherché à diminuer l'écart de prix existant, et à activer la fabrication. Comme matière textile, on a généralement donné la préférence au jute.

Certains articles dans lesquels on a eu en vue le bon marché sont imprimés sur fond écru, l'étoffe restant telle qu'elle sort du tissage, sans décreusage d'aucune espèce ; dans les genres plus soignés, au contraire, l'étoffe décreusée reçoit une teinte de fond avant l'impression. Les nuances les plus employées comme fond sont alors les tons écrus, paille, maïs, réséda, olive, gris-bleu, vert et bleu antiques, grenats, rouges, terre-cuite et cuivre, suivant la fabrication, par les moyens suivants : 1° par teinture, et en ayant soin d'employer les matières colorantes de la garance, le cachou, les bleus au prussiate, les verts à la céruléine. On obtient de la sorte des nuances irréprochables comme durée ; 2° par l'emploi du foulard ou d'un rouleau gravé, qui imprime en uni, une couleur vapeur fixée ensuite et lavée.

Pour les étoffes destinées à recevoir des couleurs d'application, on a quelquefois simplement recours à des couleurs du même genre, composées le plus souvent d'une dissolution colorée contenant, par litre, 25 à 30 grammes de gomme adragante, ou 100 grammes de colle de poisson, pour obtenir plus d'adhérence. Ces couleurs sont appliquées à l'aide d'un rouleau qui imprime en uni comme dans les fonds, pour couleurs vapeur, ou à l'aide de la planche et de la brosse, ou de la brosse seulement. Dans ces deux derniers cas, l'ouvrier applique la couleur à l'aide d'une planche unie, généralement garnie d'étoffe, et brosse ensuite légèrement pour effacer les jonctions des différents coups de planche ; on imbibe fortement la brosse, et on la passe sur l'étoffe comme on ferait d'un pinceau. L'addition à la couleur de 50 grammes de glycérine par litre en facilite l'emploi pour obtenir un bel uni et de la souplesse.

L'impression se fait par les moyens ordinaires, avec les couleurs que nous avons indiquées à l'article IMPRESSION, § *Impression sur jute*, c'est-à-dire des couleurs à l'huile, contenant environ 3 parties d'huile blanche pour 5 parties d'huile cuite et les couleurs d'application. Toutefois, dans l'impression des panneaux qui peuvent présenter une grande surface, il est bon que l'étoffe soit fortement tendue sur la table à imprimer ; l'habitude permet d'apprécier à peu près l'allongement que l'étoffe pourra subir au moment de la pose, et il faut en tenir compte dans l'impression.

Les velours jute, gaufrés et imprimés, ont été aussi employés dans la tenture et l'ameublement : quand on fait l'impression après le gaufrage, on a recours aux couleurs d'application, en augmentant légèrement la proportion du gommage pour permettre à la planche de prendre la couleur sur le châssis. Ces velours peuvent également être gaufrés et imprimés simultanément par le procédé de MM. Legrand frères, procédé que nous avons déjà décrit. Les velours jute, en écru ou teinté, et gaufrés, sont très employés depuis longtemps déjà ; ceux gaufrés et imprimés le sont moins à cause de la difficulté qu'offre l'impression après le gaufrage, parce que le tissu s'allonge ou se resserre, ce qui oblige à avoir quelquefois le même dessin gravé pour l'impression sur plusieurs dimensions. — V. I. COULEUR, § *Couleur au point de vue esthétique.*

Dans ces dernières années, l'art décoratif s'est enrichi de ces nouveaux genres de tentures artistiques d'un heureux effet et dont nous allons donner un aperçu : on emploie des tissus blancs (laine et soie) présentant l'aspect repsé des tapisseries et qui, après une préparation spéciale, sont soumis à l'épreuve d'une application solide des couleurs qu'ils doivent recevoir et livrés au peintre.

Ces tissus, encollés et mordancés, sont fortement tendus sur des châssis pour offrir à l'artiste une surface rigide ; au moyen du poncif, le décorateur indique le tracé de son dessin et le peint le panneau par les procédés ordinaires de l'aquarelle, mais avec des couleurs spéciales, avec cette particularité que, pour éviter le coulage des tons les uns sur les autres, les couleurs qu'il emploie doivent être additionnées d'une dissolution de gomme.

Lorsque l'artiste a terminé sa peinture, le panneau est porté à l'étuve de vaporisage dans le but de fixer la couleur, ainsi que cela se pratique dans l'*impression sur tissus* (V. ce mot). Après le vaporisage, la tenture est lavée et rincée, puis brossée pour enlever les empâtements et les excès de couleurs non combinées avec les fibres du tissu, et enfin soumise au séchage rapide à l'essoreuse. Le tissu est alors traversé par la couleur dont la vigueur et le fondu sont tout à fait remarquables ; cependant, il peut arriver que quelques tons doivent être ravivés, dans ce cas, l'artiste procède aux retouches nécessaires, et l'on recommence l'opération du fixage de ces nouvelles couleurs par l'action de la vapeur.

Ce beau procédé, qui appartient à M. Chamagne, a été l'objet d'un rapport favorable de la *Société centrale des architectes* qui a émis l'avis « de le voir employé surtout à la création d'œuvres décoratives originales, et non uniquement à l'imitation des anciennes tapisseries ».

*Bibliographie :* Francisque MICHEL : *Recherches sur le commerce, la fabrication et l'usage des étoffes de soie, d'or et d'argent en Occident, principalement en France pendant le moyen âge ;* Albert JACQUEMART : *Histoire du mobilier,* liv. II : *Tentures, étoffes ;* Henry HAVARD : *L'art dans la maison* liv. II, chap. 5 : *Etoffes et tissus ;* Spire BLONDEL : *L'art intime et le goût en France,* ch. *Les tapis et les tentures ;* O. LAMI : *L'art français et l'Exposition des beaux-arts appliqués à l'industrie ;* G. WITZ : *Sur les nouvelles tentures artistiques, Bulletin de la Société industrielle de Rouen,* 1881, p. 337.

**\* TÉRÉBENTHÈNE.** *T. de chim.* Syn. : *Essence de térébenthine.* C'est le produit obtenu avec la térébenthine de Bordeaux, par distillation, et qui se présente sous la forme d'un liquide incolore, d'odeur pénétrante et éthérée, d'une densité de 0,864, bouillant à 159°, très réfringent, et déviant à gauche la lumière polarisée de —42°,3 (teinte sensible). Notons ici que ces caractères sont ceux du carbure dimère pur, $C^{20}H^{16}...C^{10}H^{16}$, obtenu en incorporant la térébenthine brute avec un mélange de carbonate de potasse et de chaux, puis distillant dans le vide entre 50 et 60°.

Ce liquide est insoluble dans l'eau, soluble dans l'éther, l'alcool (sur cette dernière propriété est basée la préparation du corps appelé *hydrogène liquide,* qui est une dissolution alcoolique de cette essence ; puis la préparation des extraits odorants des fleurs). Il absorbe très rapidement l'oxygène de l'air (théorie de la peinture à l'huile), modifie pour la même raison l'indigo ordinaire en indigo blanc ; les globules sanguins en les rendant impropres à l'hématose, et oxyde les produits organiques.

L'essence de térébenthine ne se modifie pas par la distillation, mais chauffée à 250°, dans un tube scellé, elle change d'odeur, de propriétés, de densité, de pouvoir rotatoire, et fournit deux produits : l'*isotérébenthène,* $C^{20}H^{16}...C^{10}H^{16}$, qui a une densité de 0,84, un pouvoir rotatoire dextrogyre de +10°, un point d'ébullition de 177°, et qui est analogue à l'essence de citron, et la *méta-*

*térébenthène* qui a pour formule $2(C^{20}H^{16})$... $2(C^{10}H^{16})$, pour densité 0,91, bout à 360°, donne avec l'acide sulfurique ou le fluorure de bore des composés isomériques ou polymériques. En effet, si on traite l'essence de térébenthine par l'acide sulfurique, on constate une forte élévation de température pouvant aller jusqu'à provoquer l'ébullition, et une transformation isomérique, car en lavant le liquide avec de l'eau, pour entraîner l'acide, on obtient un carbure isomère, le *térébène*, $C^{20}H^{16}$, n'ayant pas de pouvoir rotatoire, une odeur rappelant la muscade, une densité de 0,86, bouillant à 160°, et moins oxydable que l'essence de térébenthine; puis du *colophène*, $C^{30}H^{24}$... $C^{15}H^{24}$, également sans pouvoir rotatoire, visqueux, dichroïque, bouillant à 320°, de densité 0,91; enfin du *ditérébène*, $C^{40}H^{32}$... $C^{20}H^{32}$, très visqueux et bouillant à 400° seulement. Le fluorure de bore, avec 1/100 en poids, par rapport au poids de l'essence, transforme totalement celle-ci en sesquitérébène ou colophène.

L'acide chlorhydrique réagit sur l'essence de térébenthine en la transformant en *camphre artificiel* ou éther camphochlorhydrique,

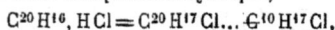

$$C^{20}H^{16}, HCl = C^{20}H^{17}Cl... C^{10}H^{17}Cl,$$

qui correspond au camphre de Bornéo, et qui, traité par les oxydants faibles, se transforme en camphre ordinaire; avec ce produit se forment un monochlorhydrate liquide, $C^{20}H^{16}, HCl$, et un dichlorhydrate cristallisé,

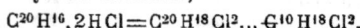

$$C^{20}H^{16}, 2HCl = C^{20}H^{18}Cl^2... C^{10}H^{18}Cl^2.$$

L'acide azotique réagit très énergiquement sur l'essence de térébenthine; si on l'emploie concentré ou mêlé à l'acide sulfurique, il peut y avoir explosion avec inflammation; mais étendu, il agit en oxydant lentement et en produisant de l'acide toluique, $C^{16}H^8O^1... C^8H^8O^2$, et de l'acide téréphtalique, $C^{16}H^6O^6... C^8H^6O^3$.

Le chlore, le brome, l'iode forment avec l'essence de térébenthine des produits de substitution; l'eau se combine avec cette essence et peut donner deux corps différents : l'*hydrate de camphène*, $C^{20}H^{16}(H^2O^2)$, obtenu en décomposant le stéarate de camphène par la chaux, il est cristallisé, analogue au camphre, et joue le rôle d'alcool, et le *dihydrate de térébenthène*, terpine, hydrate de terpilène. — V. TERPINE.

L'essence de térébenthine sert beaucoup en peinture; elle s'emploie encore comme dissolvant des résines, du caoutchouc; en médecine, elle s'utilise comme excitant et stimulant à l'extérieur et à l'intérieur; c'est le meilleur antidote du phosphore. — J. C.

**TÉRÉBENTHINE. T. de mat. méd.** Mélange visqueux exsudant naturellement des pins et sapins ou du mélèze, et constitué par une résine amorphe ayant pour formule $C^{88}H^{62}O^8... C^{44}H^{62}O^4$, dissoute dans une huile essentielle de la formule $C^{20}H^{16}... C^{10}H^{16}$. La térébenthine, après s'être écoulée des arbres, perd généralement sa transparence, si on la laisse sécher à l'air, et elle durcit en même temps qu'elle devient granuleuse; ce changement provient d'une absorption d'eau qui,

se combinant au principe résineux, forme un acide cristallin, l'*acide abiétique* ou *sylvique*; mais on peut, en recueillant le produit au moment où il découle de l'arbre, lui conserver sa transparence en enlevant immédiatement l'essence avant l'oxydation de celle-ci ou avant que la térébenthine n'ait éprouvé le contact de l'eau. Celle du Canada fait cependant exception, car elle ne fournit jamais avec l'eau de principe cristallin; il est d'ailleurs possible que certaines térébenthines soient encore dans ce cas, vu la grande différence existant dans quelques propriétés des huiles volatiles que l'on retire de plusieurs d'entre elles.

Les térébenthines employées sont les suivantes :

1° La *térébenthine d'Alsace* ou de *Strasbourg*, *térébenthine du sapin* ou *térébenthine au citron*. Elle provient du *pinus picea*, L. (*abies pectinata*, D. C.), et est contenue dans de petites utricules situées sous l'écorce de l'arbre, car les canaux résinifères se rencontrent surtout dans cette partie du végétal. On l'en extrait en crevant ces utricules à l'aide de petits cornets en fer-blanc, recueillant la partie fluide, puis réunissant tout le produit pour le filtrer ensuite dans des entonnoirs d'écorce. C'est surtout dans les Alpes et dans les Vosges que l'on s'occupe de la récolte de cette térébenthine. Le liquide d'abord laiteux devient, par le repos, de couleur jaune clair, il a une consistance huileuse, une saveur aromatique un peu amère, une densité égale à 1, un pouvoir rotatoire lévogyre de — 3°, il se mêle bien à l'acide acétique cristallisable, à l'alcool absolu, à l'acétone, et donne des solutions acides avec le chloroforme, la benzine, l'éther, l'alcool amylique. Cette térébenthine est assez siccative, et se durcit rapidement avec 1/16 de son poids de magnésie; elle donne 27 0/0 d'essence par distillation, et le produit qui reste (colophane) est une résine friable. L'essence nouvellement rectifiée est lévogyre et bout à 163°. Cette térébenthine est constituée par :

| | |
|---|---:|
| Essence.. | 33.50 |
| Résine insoluble | 6.20 |
| Abiétine | 10.85 |
| Acide abiétique | 46.39 |
| Extrait aqueux contenant de l'acide succinique | 0.85 |
| Perte | 2.21 |
| | 100.00 |

La térébenthine d'Alsace, malgré son parfum agréable, est un peu abandonnée actuellement.

2° La *térébenthine d'Amérique* ou de *Boston*. C'est une variété de térébenthine commune qui est fournie par le pin des marais, *pinus palustris*, Mill. (*pinus australis*, Mich.), ainsi que par le *pinus tæda*, L. Elle se présente sous la forme d'un liquide visqueux, de couleur jaunâtre, un peu opaque, mais devenant transparent à l'air, d'odeur agréable, de saveur chaude, légèrement amère. Avec le temps, elle se sépare en deux couches : une supérieure fluorescente et transparente, l'inférieure granuleuse et trouble, montrant des cristaux d'acide abiétique de forme courbe ou elliptique. Cette térébenthine se récolte en faisant aux arbres depuis novembre jusqu'à mars, des entailles nommées *boxes*, qui constituent, à partir de 15 ou 30 centimètres au-dessus du sol, des poches d'une capacité de un litre, et n'attaquant que la partie supérieure de l'aubier. La récolte commence dès le mois de mars, en ayant soin d'aviver les bords de la plaie tous les huit à dix jours. On enlève la térébenthine à l'aide d'une cuillère spéciale (dip). Quant à la composition de ce produit, elle est la même que celle de la térébenthine suivante, laquelle est le type.

3° La *térébenthine de Bordeaux* ou *térébenthine commune*. Elle est fournie par divers pinus, suivant le pays où on la récolte ; le *pinus maritima*, Poiret, *pinus pinaster*, Soland, en France ; le *pinus laricio*, Poiret, en Corse et en Autriche. Pour la récolter, on pratique sur le tronc des arbres une plaie longitudinale appelée *care*, pénétrant à une profondeur de un centimètre dans le bois, laquelle on rafraîchit tous les dix jours, environ pendant trois mois. On fixe un vase à la partie inférieure de l'incision, et l'on y reçoit la térébenthine qui découle d'arbres ayant environ trente ans, et que l'on exploite ainsi pendant cinquante à soixante années ; la térébenthine qui se concrète sur l'arbre porte le nom de *galipot* ou *barras*, en France ; de *scrape*, en Amérique et de *gum thus*, en Angleterre.

4° La *térébenthine d'Allemagne*. Elle provient des *pinus austriaca*, L., *pinus sylvestris*, L., *pinus rotundata*, L., arbres qui croissent spontanément en Allemagne, en Finlande, et en Russie.

Ces trois dernières sortes de térébenthines sont dites « communes »; elles contiennent une résine et 15 à 30 0/0 d'une essence formée de divers carbures de la formule $C^{20}H^{16}$... $C^{10}H^{16}$, avec traces d'essence oxygénée, et variant d'ailleurs avec les différentes parties d'un même arbre et l'espèce végétale, ce qui fait que ces produits offrent des différences d'odeur, de densité (0,856 à 0,870), de point d'ébullition (152° à 172°) et de pouvoir rotatoire (dextrogyre ou lévogyre). Quant à la résine préparée par distillation de la térébenthine (colophane), sa formule est $C^{88}H^{62}O^8$... $C^{44}H^{62}O^4$ ; c'est un anhydride de l'acide abiétique, car, mélangée avec de l'alcool faible et tiède, elle s'hydrate, et donne 90 0/0 d'acide abiétique cristallin, fait qui se produit à l'air et par les temps humides.

Ces térébenthines en découlant de l'arbre sont liquides et transparentes, mais deviennent blanchâtres et un peu solides à l'air ; on les fond à l'air ou par la chaleur d'un foyer, et on filtre au travers de paille ou d'une toile métallique. C'est alors un produit épais, devenant grenu, trouble et comme laiteux, puis se séparant en deux couches, une semi-fluide supérieure, transparente, l'autre résinoïde, cristalline ; la masse répand une odeur forte, caractéristique, la saveur est âcre, amère et nauséeuse ; elle se dessèche en deux heures si on l'est étalée en couches minces, et se solidifie avec 1/28 de son poids de magnésie. Les térébenthines communes sont solubles dans l'alcool, l'éther, les huiles fixes et volatiles, le sulfure de carbone, et donnent de 25 à 27 0/0 d'essences lévogyres.

Ces térébenthines servent à faire de l'essence de térébenthine, la colophane, et sont employées pour préparer divers onguents et emplâtres.

5° *Térébenthine de Briançon* ou *de Venise, térébenthine du mélèze*. Elle est fournie par le *pinus larix*, L. (*larix europœa*, D. C.), grand arbre des montagnes du centre de l'Europe, très cultivé en Angleterre et en Ecosse. Elle se récolte en France, dans le Tyrol (surtout à Trente, Méra, Bautgen), en Suisse, en Piémont, etc., en pratiquant, au printemps, un trou avec la tarière, de façon à atteindre le centre du tronc de l'arbre. Ces trous, faits à une hauteur de $0^m,30$ du sol, sont alors bouchés jusqu'à l'automne, époque à laquelle on enlève avec une cuillère appropriée, la résine qui s'est accumulée et dont le poids atteint environ 500 grammes ; parfois, on fait ainsi plusieurs trous sur un même tronc, et on les laisse ouverts, ce qui augmente le rendement en térébenthine et peut lui faire atteindre jusqu'à 4 kilogrammes ; mais cette méthode a l'inconvénient de nuire à la qualité du bois et d'épuiser l'arbre, lequel, au bout de quarante à cinquante ans, ne produit plus.

Cette térébenthine constitue un liquide épais, jaune pâle, légèrement fluorescent, sans granulations ni cristaux, souvent nébuleux, d'odeur analogue à celle de la térébenthine commune, quoique plus faible, de saveur aromatique, résineuse, âcre et amère ; elle s'épaissit à l'air, et reste transparente ; elle ne durcit pas avec la magnésie (caractéristique). Elle contient 15 0/0 d'une essence bouillant à 157°, lévogyre de 6°,4', alors que la résine dissoute dans l'acétone est, dextrogyre de $+12°,6'$ en colonnes de 5 centimètres de longueur. Ce produit agité avec de l'eau cède à ce liquide de l'acide formique et un peu d'acide succinique, mais sa colophane agitée avec ce même liquide, ne donne pas de cristaux d'acide abiétique, bien que sa formule chimique soit identique.

Elle a les usages des térébenthines communes, et sert aussi en médecine vétérinaire.

6° *Térébenthine du Canada, baume du Canada*. Elle provient du *pinus balsamea*, L. (*abies balsamea*, Marsh.), ainsi que du *pinus fraseri*, Pursh., arbres habitant le nord et l'ouest des Etats-Unis, la Nouvelle-Ecosse, le Canada, la Pensylvanie, la Virginie, etc.

Ce produit, d'abord nébuleux lorsqu'il sort des canaux résinifères, devient ensuite transparent, sa consistance est celle du miel, il est de couleur paille, légèrement verdâtre, et fluorescent ; son odeur est aromatique et agréable, et sa saveur âcre et un peu amère ; il s'épaissit avec le temps. Sa densité est de 0,998 ; mêlée dans la proportion de 4 parties avec 1 partie de benzine, cette térébenthine est dextrogyre de $+2°$, dans un tube de 5 centimètres ; elle est soluble en toutes proportions dans le chloroforme, la benzine, l'éther, l'alcool amylique, à chaud ; elle se mélange au sulfure de carbone avec lequel elle donne un liquide trouble, à l'acide acétique cristallisable, à l'acétone, à l'alcool absolu, et le soluté chaud abandonne ensuite un abondant résidu amorphe (caractéristique) ; elle se solidifie avec 1/16 de magnésie. Elle renferme de 17 à 24 0/0 d'essence, et la résine, si la distillation a eu lieu avec de l'eau, garde celle-ci et ne la cède qu'entre 100 et 176°. Quant à l'essence, elle renferme le carbure $C^{20}H^{16}$ et une essence oxygénée; elle distille à 167°, sa densité est de 0,863 et au polarimètre, elle est lévogyre de —5°,6', mais si on la porte à 170° elle est lévogyre de —7°,2, alors que la colophane obtenue, dissoute dans 2 parties de benzine, est dextrogyre de +8°,5. La résine est imparfaitement soluble dans l'alcool absolu bouillant, et ne donne pas, avec l'eau, d'acide abiétique. La composition de cette térébenthine est la suivante :

| | |
|---|---:|
| Essence. . . . . . . . . . . . . . . . . . . . | 24.0 |
| Résine soluble dans l'alcool absolu. . . . . . | 59.8 |
| Résine soluble dans l'éther seulement . . . . | 16.2 |
| | 100.0 |

On la récolte sur l'écorce de l'arbre en ponctionnant les vésicules qui s'y forment, en filtrant au soleil le produit recueilli, ou encore en faisant des incisions à l'écorce. Elle nous vient de Québec et de Montréal, et sert pour les mêmes usages que les autres térébenthines, mais en plus pour le montage des préparations microscopiques, à cause de la propriété qu'elle a de rester toujours transparente et de ne pas donner de cristaux ; on s'en sert encore pour faire quelques vernis.

7° *Térébenthine de Chio* ou *de Chypre*. Cette sorte est exceptionnellement fournie par un arbre de la famille des térébinthacées, le *pistacia terebinthus*, L., commun sur les côtes de la Méditerranée, dans l'Asie Mineure, la Syrie, la Palestine, l'Afghanistan, et même le nord de l'Afrique, les îles Canaries, etc. Ce produit est moins abondant que les précédents, et l'île de Chio n'en fournit environ que 850 livres par an. Il est jaune clair, transparent, peu fluide, devient cassant à l'air, son odeur est agréable, sa saveur est faible. Il est souvent souillé par des impuretés, car la térébenthine qui découle spontanément ou à la suite d'incisions est récoltée sur les branches ou sur le trou, voir même sur des pierres plates que l'on amoncelle au pied des arbres ; après fusion au soleil dans de petits paniers, elle est mise en petits tonneaux.

Comme constitution, on y retrouve la présence d'une résine analogue à l'*x* résine du mastic, soluble dans l'alcool, et 14,5 0/0 d'une essence de 0,869 de densité, laquelle bout à 161°, dévie à droite de +12°,1, et renferme le carbure $C^{20}H^{16}$ uni à un peu d'essence oxygénée.

Cette térébenthine sert peu en France ; en Grèce, elle est souvent employée pour aromatiser les vins. — J. C.

**TERME.** *T. d'arch.* Pierre carrée surmontée d'une tête humaine, image du dieu *Terme* des Romains; on donne le même nom à des statues d'homme ou de femme, sans bras, et dont la partie inférieure est terminée en gaîne. On s'en sert pour la décoration des jardins.

\* **TERMINUS.** — V. GARE.

. \* **TERNAUX** (GUILLAUME-LOUIS). Manufacturier, né à Sedan, en 1765, mort en 1833; devint, à l'âge

de seize ans, directeur de la fabrique de draps de son père, forcé de s'expatrier, et releva cet établissement qu'on avait laissé péricliter. Il prit part au mouvement révolutionnaire, quoique restant dans la modération, fit partie de la municipalité de Sedan, et dut quitter la France sous la menace d'une arrestation, après qu'il eut ordonné avec ses collègues l'expulsion des commissaires envoyés par l'Assemblée nationale pour s'assurer de la personne de Lafayette. Il avait mis à l'abri une grande partie de sa fortune, et il occupa ses loisirs forcés, à étudier, en Allemagne et en Angleterre, les procédés de fabrication des laines. Rentré après Thermidor, il s'occupa tout spécialement de l'imitation des châles de Cachemire et de l'acclimatation, en France, des chèvres du Thibet, essai qui donna les meilleurs résultats. Il était parvenu à une grande fortune qu'il compromit en négligeant ses affaires pour une politique incertaine, hésitante, qui ne lui valut que des déboires. Louis XVIII l'avait nommé baron, et le Gouvernement le maintint pendant longtemps à la tête des fonctions commerciales. Il avait essayé aussi, mais en vain, d'introduire chez nous le système de la conservation des grains en silo, et il en avait donné l'exemple dans sa propriété de Saint-Ouen.

\* **TERPINE.** *T. de chim.* Syn. : *Hydrate de terpilène, dihydrate de térébenthène,*

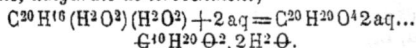

$$C^{20}H^{16}(H^2O^2)(H^2O^2) + 2 aq = C^{20}H^{20}O^4 2 aq...$$
$$C^{10}H^{20}O^2, 2H^2O.$$

Corps cristallisé en prismes rhomboïdaux droits, inodores à froid, sans pouvoir rotatoire; soluble dans 22 parties d'eau bouillante et dans 200 parties d'eau froide; soluble dans presque tous les dissolvants. A 200°, il perd son eau de cristalisation, fond au delà et se sublime ensuite; chauffé à 200° avec les acides organiques, il donne des éthers; chauffé avec l'acide sulfurique étendu, il se déshydrate et se change en terpinol,

$$(C^{20}H^{16})^2 H^2 O^2 ... C^{20}H^{34}O;$$

l'acide chlorhydrique le transforme en dichlorhydrate, avec élimination d'eau, $C^{20}H^{16}(HCl)^2$.

La terpine se produit : 1° par l'hydratation directe de l'essence avec l'eau, après quelques mois; 2° en laissant dans un vase ouvert : 4 volumes d'essence de térébenthine, 3 parties d'alcool à 80° et 1 partie d'acide azotique ; on comprime les cristaux formés, et on les purifie en les faisant recristalliser dans l'alcool et en ajoutant quelques gouttes de potasse pour saturer l'acide nitrique qui a pu être entraîné; 3° en abandonnant, dans un mélange d'alcool et d'acide nitrique le terpinol. Il existe autant de variétés isomériques de terpines qu'il y a de différentes sortes d'essences de térébenthine.

\* **TERPSICHORE.** *Iconol.* Muse qui présidait à la danse et aux chants lyriques. On la représente sous les traits d'une jeune fille, au visage riant, portant la lyre à la main, une couronne de lauriers sur la tête, et quelquefois ayant à ses pieds un modèle de théâtre, ou un vase, prix des vainqueurs dans les jeux olympiques. Elle est la mère des Sirènes. La représentation antique la plus connue de Terpsichore est la belle statue trouvée à Tivoli et placée au Vatican; la plupart des autres statues antiques paraissent s'en être inspiré, et il est probable que son auteur est un des grands maîtres de l'art.

Parmi les modernes, Le Sueur, dans la décoration de l'hôtel Lambert, P. Baudry, au foyer de l'Opéra, Schutzomberger (salon de 1861), ont peint des figures isolées de Terpsichore. Le sculpteur Le Comte a exposé, en 1771, une Terpsichore assise sur un char traîné par des amours, entourée de bacchantes et des Grâces, basrelief. Canova a envoyé au Salon de 1812 une Terpsichore très remarquable, et diverses figures décoratives ont été modelées par F. Roubaud (au grand théâtre de Lyon), Malknecht, Gruyère, etc. A l'Exposition universelle de 1867, on a remarqué un joli groupe de Otto Kœnig : *Terpsichore donnant des leçons à Bacchus enfant.*

*TERRA COTTA. *T. techn.* Nom italien par lequel on désigne souvent les poteries employées dans les ornements d'architecture.

**TERRAGE.** *T. de raff. de suc.* Opération par laquelle on blanchissait autrefois le sucre en étendant, sur la base des pains, une bouillie d'argile blanche, dont l'eau, en traversant la masse, entraînait le sirop coloré adhérent aux cristaux; elle est partout remplacée, maintenant, par le clairçage. — V. RAFFINERIE, § *Raffinage des sucres,* B. *Clairçage.* || *T. de céram.* Opération spéciale à la porcelaine, décrite à l'article ENGOMMAGE.

**TERRASSE.** *T. de constr.* 1° On désigne ainsi l'ensemble des travaux nécessaires à la transformation du sol, en vue de l'établissement de constructions ou d'ouvrages d'art.— V. TERRASSEMENT, TERRASSIER. || 2° Levée de terre ordinairement maintenue par un mur de soutènement en maçonnerie sèche ou liaisonnée avec du mortier. — V. MUR, § *Mur de soutènement.* || 3° Genre de couverture qui offre, au lieu d'une toiture à faîtage et à deux pentes au sommet d'un édifice, une surface plane légèrement bombée ou inclinée pour empêcher le séjour des eaux pluviales. Les peuples de l'Orient, de l'Afrique du nord, de l'Italie couvrent leurs maisons en terrasses. Ce mode est peu usité en France. Quand on l'applique, on exécute la terrasse en dalles minces, en ciment, en bitume ou en plâtre recouvert de tables de plomb reliées entre elles par des joints à ourlet ou mieux par des joints creux, de manière à ne pas arrêter le pied. || 4° Veine tendre dans une pierre dure ou dans un bloc de marbre. || 5° Partie d'une pierre précieuse qui ne peut prendre le poli. || 6° *Art hérald.* La terrasse se distingue de la champagne dont elle a la forme, en ce que, au lieu d'être rectiligne, la ligne qui la détermine présente des sinuosités arrondies.

**TERRASSEMENT.** Action de remuer et de transporter des terres. L'exécution des terrassements suppose la rédaction préalable d'un projet comportant le tracé des voies à créer, et le calcul des volumes de terre sur lesquels on opère.

Le tracé étant adopté, la rédaction définitive du projet repose sur plusieurs opérations dont la première est la rédaction de l'avant-projet. L'avant-projet est destiné à donner une idée générale de l'ouvrage à établir; il montre si le tracé projeté présente toutes les raisons d'utilité que l'on recherche, et comme les calculs y sont établis

d'une façon suffisamment approximative, il permet de se rendre compte, dans une certaine mesure, des dépenses à faire, et de l'importance que pourra prendre le projet définitif. On joint toujours à l'avant-projet une carte de la contrée, carte qu'on se procure, soit au cadastre ou mieux encore au Ministère de la Guerre, et sur laquelle on dessine à l'encre rouge le tracé adopté; souvent même on y indique par des encres de différentes couleurs, les divers tracés qui ont été particulièrement étudiés. La carte elle-même est accompagnée d'un plan général comprenant le terrain environnant le tracé, et dressé à une échelle suffisante pour qu'on puisse y développer les indications fournies par la carte, telles que limites des propriétés, cours d'eau, habitations, cotes de nivellement, courbes de niveau; on en déduit enfin, quand on le peut, la cote maxima des inondations si la contrée est sujette à ces fléaux. A ces différentes pièces, on joint encore le profil en long et des profils en travers. En général, quand il s'agit d'une route ou d'une voie ferrée, le profil en long comporte les indications suivantes figurant sur une série de six parallèles à la ligne de terre, entre lesquelles on inscrit : 1° la distance entre les piquets; 2° la distance cumulée de chaque piquet à l'origine; 3° la cote du terrain pour chaque piquet; 4° la cote du projet pour chaque piquet; 5° les paliers, pentes et rampes du projet avec indication de leur déclivité et de leur longueur; 6° les alignements droits avec indications de leur longueur, et les courbes avec mention de leur rayon, de leur sens et de leur développement; quant aux profils en travers, si l'ouvrage à exécuter doit être le même d'une extrémité à l'autre, on se contente de dessiner un seul profil, dit « profil type », donnant la largeur de la voie, son bombement, la hauteur des trottoirs ou accotements, leur largeur, les dimensions du un des fossés, les dispositions des banquettes, l'écartement des rails, la dimension de l'entre-voie, etc. Les profils en travers, dont on multiplie souvent le nombre, sont ceux du terrain naturel; c'est par leur examen qu'on arrive à se rendre exactement compte de la valeur du terrassement à exécuter. Enfin, nous signalerons encore, comme pièces à l'appui de l'avant-projet, les ouvrages d'art qui sont dessinés sur des planches à part, et à une échelle variant avec la quantité de détails qu'on veut indiquer. A ces diverses pièces qui donnent pour ainsi dire la représentation graphique du travail projeté, viennent se joindre une série d'autres, tels que : *l'avant-métré des travaux,* destiné à faire connaître les quantités d'ouvrages de chaque espèce qu'il y aura à exécuter; le *bordereau des prix* qui donne la somme d'argent à laquelle est évaluée chaque élément d'ouvrage, par unité, par mètre linéaire, par mètre carré, par mètre cube ou par kilogramme; le *détail estimatif* où l'on calcule la dépense prévue, tant pour chaque partie du projet que pour son ensemble; et, enfin, le *mémoire,* dans lequel on fait connaître et l'on discute les résultats auxquels on est arrivé, et qui justifie le tracé adopté au point de vue économique et utilitaire.

On voit d'après ce qui précède que, dans le tracé d'un ouvrage quelconque de terrassement, la partie importante et sur laquelle repose toute l'économie du projet, consiste dans la connaissance exacte de la quantité de terre à remuer ou à transporter; on l'évalue par la *cubature des terrasses*. On fait usage de plusieurs méthodes pour opérer la cubature des terrasses; nous nous bornerons à signaler la plus communément employée et connue sous le nom de *méthode de la moyenne des aires*. Elle consiste à mesurer la surface de deux profils, et à multiplier leur demi-somme par la longueur de l'entre-profil, le terrain étant supposé horizontal. On conçoit que cette méthode n'est exacte que dans le cas tout à fait exceptionnel où la projection du solide ainsi imaginé se confond avec le rectangle. Cependant, on peut arriver à une approximation suffisante, dans la pratique, si l'on multiplie le nombre des profils, surtout dans les passages difficiles de l'ouvrage. Dès lors si l'on applique cette méthode au terrain naturel et au tracé définitif, et qu'on fasse la différence des deux cubatures ainsi obtenues, on a immédiatement la quantité de terre à remuer. Cette différence sera positive ou négative, suivant qu'on sera en remblai ou en déblai. Quant à la mesure du profil lui-même, elle s'effectuera par toutes les méthodes connues de la mesure des aires; cependant, on emploie souvent la procédé suivant qui est très expéditif et donne des résultats satisfaisants : on dessine à une échelle convenable la surface du profil sur un papier quadrillé dont chaque carré représente, à l'échelle adoptée, une surface déterminée, puis on compte combien de carrés entiers sont enfermés dans l'aire du profil, en négligeant les fractions trop faibles de carré, et en comptant, au contraire, comme entier un carré dont la presque totalité est enfermée dans la surface à mesurer. C'est évidemment là, comme nous venons de le dire, une méthode approchée, mais dont l'application est très facile et qu'un peu d'habitude rend suffisamment exacte pour la pratique. A côté de cette méthode couramment employée, il en est d'autres, très simples aussi, basées sur l'usage de certains instruments, tels que le planimètre d'Amsler et la roulette de Dupuis. On peut encore se servir, pour calculer l'aire des profils, soit de tables dressées au moyen de formules, telles que celles de M. Lefort ou de M. Lalanne, soit de règles analogues, en principe, à la règle à calcul (règles Toulon et Le Brun-Raymond), soit du profilomètre de M. Ziégler, soit enfin de tableaux graphiques dont la construction est fondée sur la propriété de l'anamorphose géométrique, découverte et utilisée par M. Lalanne. Nous renvoyons le lecteur aux traités spéciaux pour la description de ces diverses méthodes.

La cubature de la terrasse une fois connue, on se rend facilement compte de la *compensation*, c'est-à-dire de l'équivalence entre le déblai et le remblai, ou du rapport qu'il y a entre ces deux valeurs. Dans tout terrassement, c'est un point capital d'obtenir l'équilibre entre le remblai et le déblai; l'avant-projet doit donc être étudié de ma-

nière à réaliser autant que possible cette importante condition. Lorsque le remblai est à portée immédiate du déblai, les terres tirées de ce dernier peuvent être transportées de suite au remblai par les moyens que nous étudierons dans la suite de cet article. Si le déblai est supérieur au remblai, on jette ordinairement l'excédent en berge de la voie projetée; dans le cas contraire, on procède par *emprunt*, c'est-à-dire qu'à proximité du remblai, on fait une fouille dont les matériaux sont portés au remblai; cette fouille prend le nom de *chambre d'emprunt*. Ces deux derniers cas sont les plus défavorables, et on ne s'y résout que si, dans la suite du travail, on peut utiliser l'excédent de terres, ou si l'on est appelé à rencontrer un excédent qui servira à combler la chambre d'emprunt.

Connaissant la masse de terre à remuer, il faut encore chercher à quelle distance les déblais devront être portés, soit aux remblais, soit aux dépôts; cette recherche prend le nom de *mouvement des terres*. Elle a surtout pour but de fixer la dépense des terrassements dont le prix varie avec la distance de transport. Pour ne pas multiplier ces prix, on en applique un seul au transport de tous les déblais, que l'on suppose tous faits à une distance moyenne générale. Si l'on doit employer différents modes de transports, brouettes, tombereaux ou vagons, il faut calculer la distance moyenne pour chacun de ces genres de transport; on commence donc par diviser les déblais et remblais en masses correspondantes, puis on établit la moyenne des distances de chaque déblai à la masse correspondante de remblai, et enfin on cherche la moyenne générale de toutes ces moyennes partielles. Ces recherches différentes seraient à la fois pénibles et longues s'il fallait les établir d'après les données numériques du projet; on effectue donc ces calculs à l'aide de véritables épures, qu'on appelle *épures du mouvement des terres*, qui abrègent beaucoup le travail et le rendent à la fois plus pratique et surtout plus visible. Ces épures s'établissent d'après plusieurs méthodes, mais nous citerons, d'une façon toute particulière, la méthode Lalanne, qui est la plus simple tout en donnant une grande exactitude. L'épure ayant nettement défini le mouvement des terres, ce dernier est couché en entier dans un tableau détaillé, où des colonnes ménagées *ad hoc* renferment les numéros des profils, le cube des déblais pour chacun d'eux, le foisonnement des terres, le cube définitif des déblais, le cube des remblais pour chaque profil, le cube à employer dans la longueur répondant à chaque profil, les excès des cubes des déblais sur les remblais, etc., etc... Ce tableau, qui se joint aux pièces de l'avant-projet, porte le nom de *tableau du mouvement des terres*.

Le projet définitif établi d'après les données ci-dessus, on procède au terrassement proprement dit, dont tous les points sont indiqués sur le plan et sur le terrain, à l'aide des piquets qui ont servi à l'étude. Ces piquets repérés sur le profil en long y figurent avec leurs cotes par rapport au nivellement général, et leur niveau par rapport au déblai ou remblai à faire. Un autre piquetage est fait ensuite sur les chantiers, et a pour but de définir d'une façon très exacte les pieds et les cotes des talus, les extrémités de la plate-forme, la largeur des fossés, en un mot tous les détails du travail à exécuter. Le piquetage terminé et vérifié, on commence le terrassement qui comprend les cinq opérations suivantes : 1° fouille; 2° chargement; 3° transport; 4° déchargement; 5° réglage.

La *fouille* a pour but d'ameublir la terre de manière à la rendre facilement transportable. En terrain ordinaire, la fouille se fait à la *pioche*, au *pic*, si la terre est mélangée de cailloux, ou enfin, à la *tournée* qu'on appelle plus communément *pioche* et qui rassemble au bout du même manche les deux outils précédents. Si la terre est tendre et compacte sans cailloux, on se sert aussi du *louchet* avec lequel le terrassier détache des mottes qu'il casse au fur et à mesure avec son outil, comme le fait le jardinier qui bêche une terre. Comme nous venons de le dire, la tournée ou pioche est l'outil le plus usité pour la fouille; l'ouvrier qui la manie se place devant le terrain à fouiller, et avance au fur et à mesure que la terre ameublie est enlevée. On fait souvent usage du procédé par *abattage*, qui s'applique seulement aux terres compactes. A cet effet, l'ouvrier creuse à l'aide de la pioche une saignée à la base d'un certain bloc à abattre, puis il en pratique une autre de haut en bas et de chaque côté du même bloc. Ce dernier se trouve alors en porte-à-faux sur toute la masse, et si l'on enfonce de forts pieux de haut en bas, perpendiculairement à la saignée inférieure, on finit par ébranler la masse de terre suspendue. Elle se détache et, dans sa chute, elle se brise et s'ameublit d'elle-même. Ce procédé est très rapide et produit une somme de travail considérable moyennant peu d'efforts et peu de temps; il est malheureusement souvent dangereux, et le chef de chantier ne doit en prescrire l'emploi qu'avec beaucoup de prudence. Ce que nous venons de dire s'applique au terrassement en terrains ordinaires; s'il s'agit de déblais en rocher, on opère à l'aide du pic et de la pince outils avec lesquels on enlève la fouille par éclats plus ou moins forts, suivant la nature du roc qu'on a devant soi. Si l'on opère une fouille dans un terrain dont les matériaux peuvent avoir une certaine valeur, tels que calcaires durs ou tendres, grès, meulières, etc..., et que l'importance de la fouille permette la conservation de ces matériaux, celle-ci s'exploite à la trace comme une *carrière* (V. ce mot). Enfin, lorsque la fouille a lieu en rocher, on opère l'exploitation à la mine (V. POUDRES et SUBSTANCES EXPLOSIBLES, § *Mode d'emploi de la poudre de mine*) à l'aide d'explosifs comme la poudre et la dynamite.

Le *chargement* est l'opération qui consiste à placer la terre ameublie ou les matériaux exploités dans des véhicules destinés à les porter, soit en remblai ou en dépôt quand il s'agit de terres, soit à des magasins spéciaux quand il s'agit, au contraire, de matériaux à utiliser dans la construction de travaux d'art ou qui peuvent être vendus et venir ainsi atténuer le prix total du travail projeté.

Le *transport* comprend, d'après ce qui précède, l'enlèvement des matériaux du pied de la fouille pour les amener à l'endroit désigné pour le déchargement. Le transport des terrassements peut se faire de plusieurs manières : 1° simplement à la pelle, c'est-à-dire que la terre ameublie est enlevée par des pelleteurs et lancée à une certaine distance qu'on évalue en moyenne à 4 mètres en terrain horizontal; de là, d'autres pelleteurs peuvent reprendre cette terre et la rejeter de nouveau à 4 mètres plus loin, et ainsi de suite. C'est évidemment un mode de transport qui n'est employé que lorsque le chemin à parcourir ne dépasse pas 20 à 30 mètres. Au delà de cette distance, on fait usage de différents véhicules; le plus simple est la *brouette* (V. ce mot) et s'applique à des transports atteignant 90 mètres. Pour permettre aux rouleurs de donner le maximum du travail utile dont ils sont capables, les brouettes ne roulent pas à même sur le sol qui, surtout aux environs des fouilles, est toujours très défectueux; on les fait circuler sur un plancher formé généralement de deux madriers accouplés et qu'on nomme *plats-bords*. Tout ce qui vient d'être dit sur le transport à la brouette ne s'applique, bien entendu, qu'au cas du transport sur un terrain horizontal. Dans le cas d'un transport sur une rampe, les relais doivent être modifiés puisque le rouleur doit vaincre, non seulement l'effort de roulement, mais encore l'effort de la pesanteur. On s'applique alors à déterminer des longueurs de relai suivant la pente, de telle façon qu'il puisse être franchi dans le même espace de temps qu'un relai de 30 mètres sur un terrain horizontal. Ainsi, l'expérience a montré qu'une rampe inclinée au 1/2 était la plus avantageuse, et que, sur cette rampe, le rouleur parcourt 20 mètres dans le temps qu'il mettrait à parcourir 30 mètres à plat. Dans une rampe inclinée au 1/2, la longueur du relai devra donc être fixée à 20 mètres.

Enfin, et c'est un cas fréquent, si les dimensions ou la forme de la fouille ne permettent pas de ménager des rampes, il faut enlever les terres verticalement du fond de la fouille à la surface du sol où s'opérera le chargement de la brouette. Dans ce cas, le transport de la terre se fera à la pelle; on évalue à 1$^m$,60 la hauteur à laquelle un pelleteur peut élever la même masse de terre que s'il la jettait à 4 mètres horizontalement; et à 0$^m$,80 le transport horizontal effectué en même temps que le jet vertical; avec ces données, on disposera, suivant la profondeur de la fouille, un ou plusieurs relais pour amener la terre à la surface du sol où elle sera chargée. Il faudra donc placer les pelleteurs, autant que possible, sur des gradins élevés de 1$^m$,60 et de 0$^m$,80 de largeur, gradins pratiqués sur le terrain même de la fouille ou exécutés à l'aide d'échafaudages spéciaux.

Ainsi que nous l'avons dit, le transport à la brouette ne s'applique que lorsque la distance à parcourir ne dépasse pas 90 mètres. Au delà de cette distance, il est préférable d'employer le *tombereau* attelé de 1, 2 ou 3 chevaux. Le tombereau, comme la brouette, se charge à la pelle, mais dans son chargement même, il y a certaines mesures à appliquer qu'il est bon de faire connaître. Au moment de la charge, l'attelage ne travaille pas et constitue ainsi une perte dans l'effet utile du transport; il est donc essentiel d'effectuer cette opération dans le plus petit espace de temps possible. Aussi admet-on, en principe, que la charge doit s'exécuter avec le plus grand nombre de pelleteurs. Cependant, ce nombre ne saurait être accru dans toutes proportions, et il faut disposer ces ouvriers de façon qu'ils se gênent le moins possible. Pour rendre le chargement plus rapide, on peut avoir plus de tombereaux que de chevaux, de façon à ce qu'un tombereau parti en décharge, il en reste au moins un dételé, qu'on charge pendant le transport du premier. Au retour, le tombereau vide est mis en place, les chevaux dételés sont attelés au tombereau chargé et repartent immédiatement.

Nous ne citerons que pour mémoire certains modes de transport peu employés, c'est d'abord le transport au camion, véhicule à deux roues et traîné par deux hommes, et qui a environ la capacité de dix brouettes. Le camion n'est que très rarement utilisé comme moyen de transport; le prix de revient en est très élevé, de plus, le travail auquel il soumet les hommes est loin de présenter l'effet utile maximum dont ils sont susceptibles. On fait aussi usage, dans certains cas, du transport à la corbeille ou au panier. Ce moyen est, de tous ceux employés, le plus défectueux et ne peut s'appliquer que dans une contrée très accidentée et pour des déblais peu importants.

Enfin, on utilise beaucoup, aujourd'hui, le transport des terres par vagons sur voie ferrée normale ou sur voie étroite. On conçoit aisément que lorsque le tracé dont il faut faire le terrassement s'applique à la construction d'un chemin de fer, et l'on vient placer la voie ferrée au fur et à mesure de l'avancement des travaux, on pourra l'utiliser de suite pour effectuer le transport de la fouille. Dans ce cas, on fait usage de vagons spéciaux et d'un matériel de traction qui a été examiné en détail à l'article CHEMIN DE FER, § *Chemins de fer portatifs*. Si la fouille est destinée à toute autre construction et présente quelque importance, on pourra faire usage d'une façon très utile et très économique des chemins de fer à voie étroite, dits *porteurs universels*, avec une traction par chevaux ou par locomotive. Il y a, il est vrai, dans ce cas, des frais assez considérables comme première installation, mais ces dépenses se récupèrent et au delà, par la promptitude et la régularité qu'on peut donner aux transports. D'ailleurs, ces moyens de transport tendent à s'appliquer de plus en plus, et les perfectionnements qui ont été apportés, tant dans la construction du matériel roulant que dans les dispositions du matériel fixe, voies, traverses, aiguilles, etc..., permettent d'utiliser les porteurs universels, même dans des fouilles d'importance relativement faible. C'est, du reste, à l'entrepreneur de peser le pour et le contre de ces différentes méthodes de transport, de façon à donner satisfaction, et aux exigences du cahier des charges, et au chiffre des bénéfices qu'il cherche à réaliser.

Nous avons signalé ci-dessus les modes de transport le plus fréquemment adoptés et ceux qui peuvent s'appliquer en toutes circonstances; il en est cependant bon nombre d'autres imaginés pour l'exécution de grands travaux, mais s'appliquant presque à des exploitations exceptionnelles et que des besoins spéciaux ont pleinement justifiés. C'est ainsi que les travaux du canal de Suez ont fait adopter tel ou tel système de monte-charges qui ont prouvé leur utilité par les effets qu'ils ont produit. Le canal de l'Est a utilisé aussi des monte-charges très pratiques pour amener la fouille du fond à la surface. L'exploitation du ciment de la Porte de France, à Grenoble, se sert avec succès, pour le transport de ces matériaux, de câbles aériens. On trouve aussi, principalement dans les exploitations minières, les transports par chaîne flottante. Enfin, on emploie fréquemment des plans inclinés spéciaux pour transporter des terres; ce procédé fonctionne notamment, en Suisse, sur des pentes de 15° alors que tous les autres moyens eussent été fort longs et très coûteux. Ce sont là, comme nous l'avons dit, des cas particuliers qui exigent alors des installations dont le principe ne saurait se généraliser aux cas ordinaires de la pratique.

Le *déchargement* est l'opération la plus simple : pour la brouette, il se fait en renversant celle-ci; quant au tombereau, sa construction est telle que le coffre peut basculer facilement et laisser tomber les terres sur le sol. Lorsque les matériaux sont un peu collants, on râcle à la pelle le coffre du tombereau pour enlever le tout. Cette opération exige environ trois minutes. Avec les transports au vagon, le déchargement s'effectue en faisant basculer la caisse disposée à cet effet.

Les grandes entreprises de terrassement utilisent actuellement des excavateurs qui font à la fois la fouille, le transport à une certaine distance, soit par couloirs, soit par des appareils spéciaux analogues, en principe, à une courroie sans fin et désignés sous le nom de *transporteurs*, et le déchargement sur vagons ou sur chalands.

Le *réglage*, qui est la dernière opération du terrassement, consiste à former les talus avec le remblai apporté, ou à régulariser les talus lorsque ceux-ci ont été pratiqués en déblais. Le réglage comporte à lui seul toute une série de travaux qui concernent la construction, la consolidation et la préservation des talus, travaux pour lesquels nous renvoyons le lecteur à l'article TALUS.

On voit, d'après ce qui précède, qu'étant donné un terrassement à effectuer, il n'est pas indifférent d'employer tel ou tel outil, tel ou tel mode de transport. Généralement, lorsqu'il s'agit de la création d'une voie d'une certaine étendue, chemin de fer, route ou canal, on divise le tracé en plusieurs sections qui ont leur existence propre et leurs moyens d'action déterminés par les considérations relatives à la nature du sol ou à la distance dans les transports. On pose souvent comme principe que la durée du travail est le facteur principal, et qu'il faut la réduire dans la plus grande proportion, ce qui amène à dire qu'il est nécessaire de mettre sur le chantier le plus grand nombre d'ouvriers possible. Ce peut être là un principe qui a sa valeur, mais qu'il ne faut pas vouloir suivre aveuglément. Le trop grand nombre d'ouvriers tend quelquefois à amener une gêne sérieuse dans le travail et, par suite, un ralentissement dans son exécution. De plus, la nature du sol peut s'opposer à l'emploi d'un nombreux personnel, de même que la forme de la fouille; si cette dernière, par exemple, offrait un accès difficile à de nombreux véhicules, il serait inutile de multiplier le nombre des terrassiers, puisque l'enlèvement des matériaux ne pourrait se faire aussi rapidement que leur production. Enfin, on emploie quelquefois la méthode dite « des emprunts et dépôts », qui consiste à rejeter les terres sur le bord de la fouille, quitte à faire des emprunts d'autre part pour former le remblai, de manière à éviter les transports lointains, et l'on peut presque échelonner un nombre pour ainsi dire indéfini de travailleurs. Mais le travail est doublé dans ce cas, et ce procédé ne convient que pour des transports à des distances considérables. D'ailleurs, l'organisation d'un chantier s'effectue en se basant sur l'analyse des prix de terrassement et de transport dont nous allons indiquer les formules générales.

On admet qu'un homme de force moyenne fait, en fouille, le travail suivant.

Pour des terres végétales, terres légères,
1 mètre cube en . . . . . . . . . . . . . 0h,5 à 0h,7
Pour des terres franches, 1 mètre cube en.. 0.8 à 0.9
Argiles compactes        —        — .. 1.2 à 1.5
Tufs et graviers compacts    —        — .. 1.8 à 2.0

Quant au jet à la pelle, plusieurs expériences ont montré, qu'un pelleteur de force moyenne peut jeter un poids de terre de 2k,750 toutes les cinq secondes à 4 mètres de distance horizontale.

D'après ces chiffres, c'est environ un poids de 2,000 kilogrammes par heure qu'un pelleteur peut transporter à 4 mètres de distance. Ce poids reste constant, son volume varie seul, suivant la densité de la matière qui compose la fouille. Si l'on appelle $d$ cette densité, le temps employé par un pelleteur pour lancer 1 mètre cube de terre à 4 mètres, sera représenté par la valeur $\dfrac{d}{2000}$. Réciproquement le volume de déblai enlevé à la pelle en une heure par un ouvrier sera : $\dfrac{2000}{d}$.

S'il s'agit d'élever les terres verticalement, nous avons vu qu'il ne faut compter que sur une élévation de 1m,60 et un transport latéral de 0m,80, il en résulte que pour élever les terres d'une hauteur moyenne H à une distance L, le temps employé sera le même que si le transport avait lieu horizontalement à une distance L+2H, puisque si H=1m,60 et L=0m,80, auquel cas L+2H=4 mètres, le travail est le même que pour un jet de pelle horizontal de 4 mètres.

Il devient facile à l'aide de ces données expé-

rimentales d'évaluer le prix du transport à la pelle de 1 mètre cube de déblai à une distance donnée. Soit P le prix d'une heure de travail et L la distance donnée : il faudra d'abord $\dfrac{L}{4}$ pelleteurs, qu'on paiera $P \times \dfrac{L}{4}$ pour une heure de travail; or, le volume de déblai transporté étant $\dfrac{2000}{d}$ le prix d'un transport d'un mètre cube, sera : $x = \dfrac{P L d}{4 \times 2000}$.

Quand il s'agit de terres moyennes, la densité du mètre cube peut être évaluée à 1600, la formule devient alors : $x = \dfrac{P L}{5}$.

Le prix du transport à la brouette se détermine d'une façon analogue, en partant du volume moyen qu'elle peut contenir. Soit L la distance, P le prix d'un rouleur à l'heure, V sa vitesse à l'heure; il parcourt, aller et retour, une distance de 2L; il emploie donc à chaque voyage un temps $\dfrac{2L}{V}$, et la dépense qu'il occasionne est $P\dfrac{2L}{V}$; pour une brouette de capacité C le prix du transport d'un mètre cube est donc: $x = \dfrac{2 P L}{C V}$.

Et si, comme l'a démontré l'expérience, la capacité $c$ de la brouette est égale à $\dfrac{1}{30}$ de mètre cube, et V=3000 mètres, la formule devient

$$x = \frac{2 P L}{100} \text{ ou } \frac{P L}{50}.$$

A cette dépense il faut ajouter le prix du chargement de la brouette; or, on admet, en moyenne, qu'un homme est capable, dans ces circonstances, de charger le quart en plus de ce qu'il produirait dans un jet de pelle, soit environ 2,500 kilogrammes à l'heure, et si l'on prend 1,600 kilogrammes comme densité du mètre cube de déblai, le chargement produira 1m3,56 à l'heure; au prix P à l'heure le chargement revient à $\dfrac{P}{1,56} = 0,64 P$.

Quant au tombereau, son prix de transport est fonction du chargement, puisque lorsque ce dernier s'opère, le tombereau ne travaille pas, et est cependant payé. Nous avons vu plus haut que les chargeurs se tiennent environ à 1 mètre du tombereau qui a 2 mètres de haut; cela revient à dire qu'ils ont un jet de pelle de 5 mètres et qu'ils y emploient un temps égal aux $\dfrac{5}{4}$ du jet de pelle normal, c'est-à-dire une fraction égale à $\dfrac{d}{1600}$ pour un mètre cube. Si P est le prix de l'heure d'un pelleteur, sa charge coûtera donc pour 1 mètre cube $\dfrac{P d}{1600}$. Mais quand le conducteur se joint aux chargeurs, comme son temps est déjà payé avec celui de l'attelage, son travail est gratuit, et si l'on désigne par N le nombre des chargeurs, et $\frac{1}{f}$ la quantité de fouille que charge le conducteur pendant qu'un pelleteur de profession fait 1 mètre cube, l'on ne paie que N fois un travail qui est en réalité $N+\frac{1}{f}$. Le prix du chargement se réduit donc à $\dfrac{N}{N+\frac{1}{f}} \times \dfrac{P\,d}{1600}$, et si l'on fait $N=3$, $\frac{1}{f}=\frac{1}{2}$ et $d=1600$, ce prix revient à 0,86 P.

La durée du chargement d'un tombereau de capacité C est égale au temps qu'un homme emploie à charger un mètre cube, divisé par le nombre de chargeurs et multiplié par la capacité C, c'est donc en une heure $\dfrac{d\,C}{1600\left(N+\frac{1}{f}\right)}$.

Le prix du transport au tombereau peut donc se calculer facilement : L étant la distance à parcourir et V la vitesse, chaque voyage, comme pour la brouette, se composera de 2 L augmenté ici du temps de chargement qui pour une capacité C est $\dfrac{d\,C}{1600}\times\dfrac{1}{\left(N+\frac{1}{f}\right)}$. Le temps du déchargement est indépendant du cube et peut être évalué à 0,04 d'heure ; on représente alors ces deux quantités par la fraction $\frac{l}{V}$, $l$ étant le chemin qui eût été parcouru à la vitesse V pendant le temps perdu ; donc la durée d'un voyage est $\dfrac{2L+l}{V}$ et sa dépense $P\times\dfrac{2L+l}{V}$, si P est le prix du tombereau à l'heure. Or, pour cette somme, on transporte le volume C à une distance L, et le prix $x$ du transport d'un mètre cube devient $x=\dfrac{P(2L+l)}{C\,V}$.

Les différentes expériences ont montré que la valeur moyenne de V est égale à 3,000 mètres à l'heure, et la capacité C environ de :

$0^{\text{m}3},43$ pour un tombereau à . . . . 1 cheval.
$1^{\text{m}3},14$    —      —    . . . . 2 chevaux.
$1^{\text{m}3},83$    —      —    . . . . 3 chevaux.

Les frais de transport par vagons se calculent par la même formule que nous venons d'établir pour le tombereau $x=\dfrac{P(2L+l)}{C\,V}$, les quantités P, L, $l$, C et V étant relatives au train. Mais il faut y ajouter une constante par mètre cube, pour représenter l'intérêt et l'amortissement du matériel roulant et du matériel de traction (si la traction s'opère par locomotives), la pose, les déplacements et la dépose de la voie, le salaire des gardiens et aiguilleurs, etc. Ces frais se calculent approximativement en tenant compte de la durée probable des travaux, et on divise la somme obtenue par le cube des déblais à transporter. Nous ne nous étendrons pas sur ce calcul préférant renvoyer le lecteur au tableau de la colonne suivante.

Dans son ouvrage intitulé *Procédés et matériaux de construction*, M. l'ingénieur en chef Debauve

| Moyen de transport | Formule donnant en francs le prix de revient du transport de 1 mètre cube de terre à la distance moyenne $d$ | Limites d'application des formules |
|---|---|---|
| Brouette. . . . | 0,006 $d$ | 12 mèt. (camion). 61 — (tombereau). 40 — (vagonnet). |
| Camion.. . . . . | 0,05 + 0,0017 $d$ | 417 mèt. (tomber.). 135 — (vagonnet). |
| Tombereau à un cheval. | 0.30 + 0,0011 $d$ | 125 mèt. (vagon à chevaux). |
| Vagonnet et voie ferrée portative (traction de chevaux). | 0,225 + 0,000412 $d$ + 0,000.000.2 $d^2$ (vagonnet de 0ᵐ,5, voie de 0ᵐ,60) | Le vagonnet est toujours supérieur au tombereau pour les distances pratiques (695 mèt., vagon de 1ᵐ,5). |
| Vagon et voie ferrée (traction de chevaux). | 0,40 + 0,000.3 $d$ (vagon de 1ᵐ,5) 0,392 + 0,000.21 $d$ (vagon de 3 m. cub.) | 440 mèt. (locomot.) |
| Vagon et voie ferrée (traction de locomotives) locomotive de 20 tonnes. | 0,44 + 0,000.101 $d$ + 0,000.000.017 $d^2$ (vagon de 3 m. cub.) | |

donne le résumé général suivant des prix de revient pour le transport de 1 mètre cube de terre ordinaire à la distance $d$ par les divers moyens de transport :

« Il ne faut pas oublier, ajoute M. Debauve, que ces formules doivent être appliquées dans les limites pour lesquelles elles ont été établies. Elles supposent que le prix de la journée de manœuvre est de 3 francs, et que les voies ferrées sont construites avec rampes ne dépassant pas 0ᵐ,006 par mètre. Elles supposent, en outre, ce qui doit attirer l'attention des entrepreneurs, que l'amortissement est seulement de 20 0/0 par an ; enfin, elles ne comprennent pas le bénéfice et les frais généraux de l'entreprise, et doivent de ce chef, être majorées de 15 0/0. »

Les prix de revient donnés par les formules ci-dessus ne s'appliquent qu'aux déblais ordinaires où le foisonnement est faible et dont la densité est voisine de 1,600 kilogrammes au mètre cube. Mais pour les déblais rocheux, qui pèsent de 1,800 à 2,000 kilogrammes à l'état compact, et où le foisonnement est généralement considérable, on ne peut employer ces formules qu'après avoir procédé à des expériences qui permettent d'évaluer le foisonnement. On pourra alors se rendre compte de la fraction de mètre cube à laquelle correspond un poids de 1.600 kilogrammes de déblais rocheux, et c'est à cette fraction seulement qu'on devra appliquer les formules. La charge des roches lourdes se réduit, d'ailleurs, par jour et par ouvrier, à 4 mètres cubes en véhicule élevé, et à 6 mètres cubes en véhicule bas. A titre de renseignement général, nous indiquerons qu'en Allemagne, on majore de 50 0/0 les prix de transport lorsqu'on a affaire à des roches. — G. R.

*Bibliographie.* Il y a un nombre considérable de manuels et d'ouvrages spéciaux publiés sur les terrassements. Nous conseillerons, parmi les ouvrages les plus nouveaux, le volume de l'*Encyclopédie des travaux publics*, relatif aux *Routes*, par M. Léon Durand-Claye, et le premier volume de l'ouvrage *Procédés et matériaux de construction*, de M. Debauve. On consultera également avec fruit la *Notice sur les méthodes graphiques pour l'expression des lois à trois variables pour l'établissement de diverses tables utiles à l'art de l'ingénieur*, publiée par M. Lalanne, dans les Notices du Ministère des travaux publics (Exposition universelle de 1878), et le Mémoire de M. Le Brun-Raymond sur l'*Emploi de la règle logarithmique aux calculs de terrassement* (*Mémoires de la Société des ingénieurs civils*, 1886).

**TERRASSIER.** Ce nom qui désigne l'entrepreneur ou l'ouvrier chargé des terrassements s'applique encore aux appareils destinés à l'excavation et au transport des déblais. Les terrassiers se confondent dans la pratique, avec les excavateurs (V. Drague), et nous n'en parlerions pas à nouveau si nous n'avions à décrire quelques récents appareils exécutés pour les chantiers de Panama.

L'un de ceux-ci, dit *terrassier à vapeur*, a été imaginé par M. Le Brun, de Creil (fig. 457) : 1° pour permettre à l'axe de roulement des châssis supportant le poids total de l'engin, d'être placé, en cours de travail, à une grande distance du bord de la fouille, condition excellente quand on opère dans des terrains peu consistants ; 2° pour éviter dans une certaine mesure le ripage des voies et les arrêts qui en résultent, tout en enlevant une largeur de 4m,50 de tranchée sur toute la longueur que comporte l'installation d'un chantier. L'appareil travaille *en fouille*, comme les excavateurs Couvreux. Il repose sur un châssis inférieur roulant sur deux voies parallèles à la fouille et portant un chariot mobile à course variable, qui se déplace

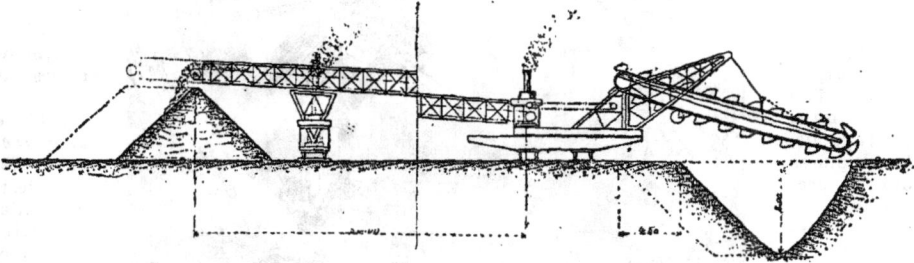

Fig. 457. — *Dessin schématique d'un terrassier à vapeur.*

perpendiculairement à l'axe de la tranchée. C'est sur l'avant-bec de ce chariot que sont disposés l'elinde et les tourteaux d'entraînement de la chaîne à godets. La partie du châssis opposée à la fouille porte les moteurs et le générateur de vapeur. La translation des déblais de fouille en cavalier s'effectue par l'intermédiaire d'un premier transporteur, sur lequel se déversent les godets, et qui se décharge lui-même sur un second transporteur à courroie. Les deux transporteurs étant fixés à l'arrière du chariot mobile, reculent vers le cavalier, à mesure que la chaîne à godets avance dans la fouille, ce qui permet de répartir uniformément les déblais sur les cavaliers sans la dépense d'un réglage à la main.

Le premier transporteur peut également servir à décharger sur des wagons, si on ne décharge pas en cavalier.

Pendant le travail, on prépare une nouvelle voie double pour le terrassier sans gêner son fonctionnement, et on l'y amène avec ses transporteurs, quand la section de la tranchée que comporte la longueur de l'avant-bec, soit 4m,50, est achevée.

L'appareil réalise d'excellentes conditions de stabilité et peut exécuter des fouilles variant de 5 à 8 mètres de profondeur ; il peut enlever sans ripage, suivant la longueur des chantiers de 100 à 200,000 mètres cubes de déblais, dans des proportions variant de 3 à 4,000 mètres d'extraction par jour. Il est malheureusement d'un poids considérable (170 tonnes en charge, y compris le poids de la poutre du transporteur à courroie), tandis que les excavateurs construits pour une extraction de 1,800 à 2,000 mètres cubes par jour ne pèsent guère que de 55 à 60 tonnes.

Nous signalerons également le terrassier Jacquelin et Chèvre modifié par M. Ch. Bourdon et destiné au travail dit *en cunette*, c'est-à-dire sur la plate-forme même du terrassement. Les engins disposés pour le travail en fouille exigent, en effet, que le terrain naturel soit assez uni sur le bord du terrassement à effectuer pour permettre la pose de la voie qui les porte, et de celles qui conduisent à la décharge. Pour attaquer le terrain au niveau de la plate-forme, on emploie les excavateurs Couvreux, mais ils ne peuvent travailler qu'à l'élargissement ; l'avancement et l'élargissement peuvent au contraire, s'opérer soit avec les excavateurs à cuiller (V. Drague) qui donnent un travail intermittent, soit avec le terrassier Jacquelin et Chèvre, ou l'excavateur universel Gabert et celui de M. Sayn, à travail continu par chaîne dragueuse.

Dans le premier de ces engins (fig. 458), la chaîne dragueuse est portée par une poulie métallique triangulaire qui guide la chaîne en pressant les godets contre le sol à attaquer, et en assure le remplissage. Une disposition spéciale d'attache des godets sur la chaîne permet de leur faire conserver les déblais pendant le transport, et d'en effectuer la décharge complète au moment où ils arrivent au-dessus de la trémie de déchargement. Pour obtenir l'attaque en avancement ou en élargissement, cette trémie est placée au-dessus d'un pivot autour duquel peut se mouvoir tout l'appareil dragueur; elle communique soit avec un couloir, soit avec un transporteur qui enlève les déblais et les conduit jusqu'aux vagons. La stabilité est assurée dans toutes les positions en plaçant la machine motrice et sa chaudière sur la même plate-forme que l'élinde, et en rendant l'ensemble mobile autour d'un axe vertical. Le tourteau de la chaîne à godets est commandé par des courroies, afin d'éviter, au moyen d'un glissement sur la poulie, les ruptures qui se produiraient en cas de résistance exceptionnelle. Le mouvement d'avancement de l'appareil

Fig. 458. — *Terrassier pour le travail en cunette.*

étant forcément discontinu, on l'opère simplement à l'aide d'un treuil à main. Cette dernière disposition a permis de diminuer le poids total, et l'engin actuel ne pèse que 30 tonnes et ne comprend que des pièces légères et faciles à transporter, condition importante pour un excavateur qui doit commencer le travail dans les tranchées. La place occupée par ce terrassier est assez réduite pour lui permettre d'exécuter une tranchée même à simple voie sans aucun arrêt dans la manœuvre du vagon. Enfin, il peut déblayer d'un seul coup des terrains ayant jusqu'à 8 et 10 mètres de hauteur.

L'excavateur Gabert travaille, comme le précédent, au moyen d'une chaîne dragueuse qui peut, ainsi que le mécanisme moteur, tourner sur une plate-forme. Un double ressort placé à la partie supérieure de l'élinde est destiné à appliquer le godet contre le sol et à éviter les ruptures en cas de résistance anormale. Cet engin ne fait travailler qu'un godet à la fois, et l'opération s'effectue par éboulement, en sorte que la chaîne peut se trouver engagée sous les terres, défaut qui lui est d'ailleurs commun avec tous les excavateurs du type Couvreux disposés pour opérer en décapement. Il ne peut attaquer à plus de deux mètres au-dessus du niveau du sol, parce que la faible inclinaison de l'élinde ne permettrait pas aux godets de conserver toute leur charge. Enfin, il exige une plate-forme trop large pour qu'on puisse l'employer à des tranchées à voie unique. Il peut donner, comme le précédent, un déchargement continu, et en lui appliquant une élinde plus longue et une chaîne dragueuse analogue à celle des excavateurs Couvreux, on peut l'employer au travail en fouille, ce qui lui a fait donner par ses constructeurs le nom d'*excavateur universel.* — G. R.

**I. TERRE.** Nom général donné à un grand nombre de substances différentes, et dont nous indiquerons simplement la synonymie ou les caractères.

*Terre alumineuse*, lignite mélangé de terre et de pyrite ou d'argile bitumino-pyriteuse; elle sert pour faire l'alun. On en trouve dans le département du Rhône, puis en Allemagne à Muskau, Schermeisel, Gleissen, etc.; *terre amère* des anciens chimistes, syn.: *magnésie*; *terre anglaise*, mélange d'argile plastique et de silex pulvérisé servant à confectionner les poteries, syn.: *cailloutage*; *terre animale*, os pulvérisés servant à l'extraction du phosphore; *terre arable*, partie de la surface de notre planète sur laquelle croissent les végétaux, et que peuvent remuer l'action de la bêche ou de la charrue; c'est un mélange en proportions très variables, de sable, d'argile, de calcaire, de matières organiques, etc. Elle se forme par suite de la décomposition des roches ignées ou sédimentaires, sous l'influence de l'oxygène de l'air ou de l'acide carbonique, sous celle de l'eau, ou bien encore par suite de phénomènes de transport, par l'action des glaciers, par celle des cours d'eau et des mers, et le mélange, dans tous les cas, de détritus organiques animaux et surtout végétaux. La terre arable comprend quatre sortes bien différentes (de Gasparin): 1° les sols sablonneux, terres légères, et à la limite, les terres franches, quand il y a 70 à 80 0/0 de sable; 2° les terres calcaires; 3° les sols argilo-calcaires, terres marneuses, terres fortes calcaires; 4° les sols argileux, terres fortes siliceuses, terres argilo-siliceuses. Quant à leurs propriétés physiques, à leur pouvoir absorbant, à l'analyse de leur constitution, aux causes qui déterminent leur fécondité ou leur stérilité, nous renvoyons aux ouvrages de chimie ou d'agriculture proprement dite ; *terre à foulon*, argile smectique fusible, servant au dégraissage des draps, à charger le papier, à falsifier l'outremer, à clarifier le miel, les corps gras liquides ; on en trouve de bonnes qualités à Issoudun (Indre), à Villeneuve-Septème (Isère), à Flavin (Aveyron), en Alsace, etc. ; *terre à porcelaine*, argile infusible, syn. : *kaolin* ; *terre bolaire*, argile mélangée de sesquioxyde de fer hydraté ; sous le nom de *terre glaise* elle sert au modelage artistique, et passée au four, elle prend le nom de *terre cuite* ; *terre damnée*, des alchimistes, c'est le sulfate de soude, résidu de la fabrication de l'acide chlorhydrique ; *terre de carmin*, résidu de la préparation de l'acide carminique, mêlé à du carbonate de chaux, et employé dans la fabrication des papiers peints ; *terre de Cassel, terre de Cologne*, variétés de lignite exploitées à Bruhl et à Liblar, près Cologne, que l'on délaye dans l'eau, puis moulée en cônes, ou mise en trochisques ; elles s'emploient dans la peinture à l'huile, ou à la détrempe, pour avoir des tons bruns très solides ; on s'en est encore servi pour falsifier le tabac râpé ; *terre d'Italie, terre de montagne*, argile contenant aussi de l'hydrate de sesquioxyde de fer, mais de coloration différente des terres précédentes, elle s'emploie également en peinture. Il y en a beaucoup en Saxe, et en France, à Saint-Georges-sur-Prée (Cher), à Bitry (Nièvre), à Pourrain, à Diges, à Toucy (Yonne) ; *terre du Japon*, syn. : *cachou* ; *terre d'ombre*, autre variété d'argile ferrugineuse brunâtre, servant à la fabrication des papiers peints, dans la peinture, etc., elle vient d'Ombrie ; *terre d'os* (V. *terre animale*) ; *terre de pipe*, mélange d'argile assez pure, de sable et d'un peu de craie ou de fritte calcaire, servant à confectionner les pipes ; *terre de Sienne*, argile ferrugineuse donnant des tons bruns roux, surtout lorsqu'elle est brûlée (calcinée), elle sert beaucoup en peinture, et est extraite des environs de la ville de Sienne ; *terre élémentaire* ou *primitive*, c'était le dernier résidu de la décomposition d'un corps pour les philosophes anciens ; *terre émaillée, terre vernissée.* — V. CÉRAMIQUE, FAÏENCE ; *terre glaise*, argile fusible servant pour la confection des briques, tuiles, carreaux, moulages, elle contient 63 0/0 de silice, 32 d'alumine et 0,4 d'oxyde de fer ; *terre à infusoires*, syn. : *tripoli fossile*, terre siliceuse que l'on trouve en abondance à Oberohe (Hanovre) qui est constituée par des carapaces de diatomées fossiles (V. RANDHANITE) et qui sert surtout pour la fabrication de la dynamite, pour falsifier l'outremer, le papier, le savon, pour faire du verre soluble, de l'émail, pour polir, aiguiser et nettoyer, pour la fabrication de la cire à cacheter (comme remplissage), pour celle des briques légères, pour composer un mastic pour la pierre, pour éviter l'élévation de température dans les glacières, les parois des coffres-forts, les magasins à poudre, etc. ; *terre limoneuse*, résidu de la putréfaction sous l'eau des produits végétaux ; *terre mercurielle, terre métallique*, élément constitutif des métaux, d'après Stahl, mélangé avec le phlogistique, la plus ou moins

grande proportion de la terre, faisait seule varier les propriétés des différents métaux ; *terre noire de Picardie*, lignite brun très chargé de pyrites, employé pour fertiliser les terres, à cause de la présence du fer sulfuré qu'il contient ; *terre pesante*, syn. : *baryte* ; *terre réfractaire*, celle qui résiste à un feu violent sans se fondre ou se vitrifier ; on en fait des briques, des fourneaux, des creusets, etc. ; *terre rouge d'Italie*, ocre jaune calcinée, lévigée, et employée en peinture ; *terre salée*, couche d'argile ou de marne mélangée de fortes proportions de chlorure de sodium que l'on trouve avant d'arriver au pétrole, dans les gisements de ce liquide ; *terre sigillée*, argile contenant du sesquioxyde de fer anhydre, d'un blanc rosé et que l'on employait autrefois en médecine ; *terre siliceuse* (V. SILICE) ; *terre végétale* (V. § *terre arable*) ; *terre verte de Vérone*, syn. : *céladonite*, matière terreuse verte provenant de la décomposition du pyroxène et employée en peinture ; *terre vitrifiable*, syn. : *silice.* — V. ce mot.

II. **TERRE**. *T. de phys.* A l'origine de la télégraphie électrique, on employait pour la correspondance, un fil d'aller et un fil de retour. On remarqua bientôt que la *terre* pouvait remplacer le second fil, à la condition de mettre, à chacune des deux stations, une plaque métallique enfoncée dans un sol humide et tenue en communication avec l'un des pôles de la pile locale, tandis que l'autre pôle était rattaché au fil de ligne, c'est ce qu'on nomme une *terre*. Quand au rôle de la terre en cette circonstance il est multiple (V. ABSORBANT). Le globe terrestre, en effet, se comporte à la fois comme un conducteur qui supplée à sa médiocre conductivité par la grandeur de sa section (les courants s'y propageant en tous sens), et comme électrolyte, dont la résistance doit varier avec la conductibilité des matériaux qui le constituent dans l'intervalle des plaques de communication. Les cours d'eau qui sillonnent sa surface, en toutes les directions, les filons métallifères ou carbonifères qui s'y trouvent, ou l'interposition des roches granitiques, calcaires, terrains plus ou moins secs, doivent nécessairement influer sur la résistance que la terre oppose au passage des courants issus des fils télégraphiques. On avait d'abord regardé cette résistance comme insignifiante, mais, en pratique, on l'évalue moyennement à 4 ou 5 kilomètres de fil télégraphique.

Lorsque les *prises de terre* sont faites sans précautions, la résistance du sol peut être accrue dans d'énormes proportions. En ces derniers temps, on a reconnu qu'une *bonne terre*, faite dans des conditions appropriées, pouvait diminuer très sensiblement la résistance du globe terrestre et faciliter la correspondance, et de plus, présenter, dans un cas donné, une ligne de facile écoulement à la foudre. Mais la difficulté est plus grande qu'on ne pourrait le croire. Les expériences de M. Grüner à ce sujet, ont montré quels soins minutieux il faut apporter à la confection et à la pose des plaques métalliques (ou des blocs de coke à grain fin) de communication, pour obtenir les meilleures conditions de conductibilité, de sûreté et de durée (V. LUMIÈRE ÉLECTRIQUE, t. IV, p. 45). On a fait différentes tentatives de télégraphie sans fil, la terre servant de conducteur. Mais les résultats obtenus, quoique très curieux déjà, n'ont pas permis néanmoins d'employer ce moyen avec sûreté pour correspondre à des distances un peu grandes; d'ailleurs ce mode de communication exigeait l'emploi de piles électriques d'un grand nombre d'éléments. — c. d.

**TERRE CUITE.** Nous avons déjà indiqué, à plusieurs reprises, quelles sont, au point de vue pratique et industriel, les applications de la terre cuite (V. BRIQUE, CÉRAMIQUE, FAÏENCE, POTERIE, etc.); il nous reste maintenant à parler de la terre cuite considérée sous son côté plastique, et à examiner le rôle important qu'elle joue dans l'art, en renvoyant à l'article RESTAURATION DES OBJETS D'ART, pour indiquer les procédés de réparation.

HISTORIQUE. A toutes les époques, la terre, essentiellement maniable, a été pour les artistes un objet de prédilection.

De la main du plasticien ou sculpteur en argile, dont l'art se trouvait originairement étroitement lié à celui du potier, sortirent non seulement les anses et les autres ornements des vases, mais encore des ouvrages en relief et des figures en ronde-bosse, où le génie plastique des Grecs se montra dans toute sa magnificence. Aussi, dès l'antiquité, voyons-nous la terre cuite appliquée à la décoration des édifices publics, aussi bien qu'à l'embellissement des portiques et des vestibules des demeures privées. La merveilleuse collection de l'ancien musée Campana, au Louvre, montre à quel point les anciens recherchaient, pour leurs constructions, les appliques de terre, telles que mascarons, antéfixes, moulures ornées, etc. Ces larges plaques à bas-reliefs présentent, sous la forme la plus savante, les sujets de l'histoire homérique, d'autres relatifs à la mythologie, et jusqu'à des sujets de genre, comme la vendange, etc.

Les Étrusques ont aussi aimé passionnément la terre cuite, témoin ces magnifiques tombeaux, surmontés de personnages de grandeur naturelle, qui nous révèlent, après plus de trois mille ans, la richesse du costume des anciens habitants de l'Italie centrale.

Quant aux produits de la plastique grecque proprement dite, ils sont sans nombre. Les anciens nous ont laissé des modèles ravissants en ce genre, tels que les petites statuettes, dites de la *cynératque*, dont la plupart portent encore des traces de couleur. Dans la riche collection du Louvre, toute une muette population de terres cuites où dominent en général la gaieté et le rire, nous fait connaître la vie familière, les costumes et les attitudes d'une civilisation qui florissait quatre cents ans avant notre ère. Telles sont les figurines en terre cuite trouvées à Tarse, en Cilicie, et à Tanagra, en Béotie. Impossible de rester indifférent devant la grâce et la délicatesse de ces divinités mignonnes, protectrices du foyer antique, que l'on posait dans l'intérieur des maisons de la Grèce et de l'Asie-Mineure. Telle de ces figures, avec son modelé fin, sa douce coloration, est aussi précieuse qu'une antique de marbre ou de bronze, aussi vivante que tout ce qu'anime le prestige de l'art. Ces statuettes, irréprochables de proportion, ont une extrême élégance de mouvement et d'ajustement, l'exécution est très poussée; les têtes sont retouchées et les cheveux fouillés avec un soin particulier, en sorte que des figures sorties d'un même moule prennent sous la main de l'artiste, une individualité évidente.

La Renaissance italienne se passionna à son tour pour la sculpture en terre cuite. A côté des marbres inimitables des maîtres de cette époque, se placent les merveilleux bustes d'homme, dans le genre des terres cuites italiennes de MM. Dreyfus et Davillier, ou bien encore le ravissante statuette de jeune femme florentine, exposée au Trocadéro, en 1878, par M. Charles André.

Mais c'est surtout au xviiie siècle que la terre obéissante, cédant à la spontanéité de l'inspiration et conservant les hardiesses du pouce et de l'ébauchoir, devint la matière préférée des sculpteurs, particulièrement des protraitistes. Lemoyne, Bouchardon, Pajou, Houdon, Caffieri et Falconet mirent alors en faveur la sculpture en terre cuite, dans laquelle on retrouve, mieux que dans le marbre ou le plâtre, le travail direct du maître et l'empreinte originale de ses inspirations. La couleur même de la terre cuite ayant plus de douceur et d'harmonie dans l'expression de la figure humaine, convenait mieux par cela même aux sujets gracieux. La terre cuite était donc très appréciée des connaisseurs, qui payaient fort cher les œuvres-maîtres. Mais de tous les modeleurs en terre cuite, le plus fécond, était Clodion, avec son art de sculpture pour les appartements, avec cet art où personne n'a su apporter, comme lui la réduction du croquis, de l'esquisse, d'une chose, en un mot, qui n'a rien de la lourdeur de la glaise dans laquelle elle est faite, et qui est toute improvisation et tout esprit.

Nos artistes modernes ne dédaignent pas la terre cuite; Charles Lebourg et Carpeaux, entre autres, ont produit, en ce genre, une foule d'œuvres spirituelles et gracieuses. — s. b.

**\*TERRE-NOIRE.** La Compagnie des fonderies et forges de Terre-Noire, La Voulte et Bességes, résulte de la fusion successive d'établissements miniers et métallurgiques, situés dans les départements de la Loire, de l'Ardèche et du Gard, et constitués en Société anonyme par décret du 22 janvier 1859. Les trois centres métallurgiques de cette Compagnie sont :

1o *La Voulte* (Ardèche) qui transforme en fonte brute ou fonte moulée les minerais de fer de La Voulte, du Lac et de Saint-Priest, situés dans ce département;

2o *Bességes* (Gard), qui traite, avec les houilles de Lalle, les minerais du Travers, ainsi que ceux que fournissent les Pyrénées et l'Algérie, pour fer et acier;

3o *Terre-Noire* (Loire), qui transforme, en fer, les fontes de l'Ardèche; et, en acier, les minerais de l'Isère et de l'Algérie.

La Compagnie des fonderies et forges de Terre-Noire, La Voulte et Bességes, s'est élevée au premier rang des établissements métallurgiques, après 1862, par les perfectionnements importants qu'elle a apportés successivement dans la fabrication des aciers.

C'est à son initiative, éclairée par la science, que l'on doit :

1o La suppression du martelage des lingots dans la fabrication des rails d'acier ;

2o La transformation directe de la fonte prise au haut-fourneau, en acier Bessemer, avec une régularité qu'on osait à peine espérer ;

3o L'introduction, dans la fabrication des aciers doux, des alliages à haute dose de manganèse ;

4o La fabrication du ferromanganèse par des procédés économiques, et la vulgarisation de son emploi ;

5o L'utilisation du ferromanganèse dans la production des aciers doux contenant une proportion de phosphore quatre fois plus considérable que ce que permettait l'emploi du spiegel ;

6o La vulgarisation du rôle important que joue le silicium dans la production des aciers sans soufflures ;

7° La fabrication d'aciers sans soufflures possédant des propriétés mécaniques, comparables à celles des aciers forgés;

8° La production d'alliages de silicium et de manganèse pour obtenir ces aciers sans soufflures d'une qualité spéciale;

9° C'est elle qui a osé faire les premiers projectiles en acier moulé et trempé, et qui a réussi à leur faire prendre, avec avantage, la place des projectiles en fonte durcie par la trempe;

10° Elle a réussi également à faire des canons en acier coulé par un procédé qui a été adopté par la Suède pour son artillerie;

11° Elle a essayé, la première, la fabrication des blindages et cuirassements en acier coulé, qui tendent à être employés dans les fortifications fixes;

12° Enfin, c'est aux progrès généraux qu'elle a su réaliser, dans la fabrication des rails d'acier, qu'elle a pu abaisser leur prix, de manière à permettre aux chemins de fer français de supprimer les rails en fer.

**TERRE-PLEIN.** Surface plane, unie, formée d'un amas de terres rapportées, soit pour constituer terrasse, soit pour servir de chemin de communication; dans la fortification, le terre-plein est destiné à recevoir les défenseurs ou les pièces en batterie.

**\*TERRESINE.** *T. de p. et chauss.* Matière inventée par Busse pour remplacer le mastic bitumineux de Seyssel dans la préparation des trottoirs et des chaussées. Au lieu d'être fait avec un mélange de malthe (asphalte) et de calcaire que l'on applique après fusion sur une couche de sable, la nouvelle matière est constituée de goudron de houille, de calcaire et de soufre. Elle s'emploie de la même manière et avec grand succès.

**TERRINE.** Vaisseau de terre ayant la forme d'un tronc de cône renversé et très évasé; le même nom s'applique des préparations culinaires conservées dans de petits vases ordinairement en faïence et hermétiquement fermés.

**\*TESSIÉ DU MOTAY.** Né en 1819, mourut, au Canada, le 5 juin 1881. On doit à la fertile imagination de cet inventeur, une foule de créations originales dont la plupart avaient un côté faible, car elles échouaient presque au berceau, mais il est certain que d'autres en recueilleront ultérieurement le fruit. C'est ainsi qu'il s'était successivement appliqué au perfectionnement de la fabrication des acides gras, à la locomotion par l'air comprimé, à l'extraction de l'oxygène et de l'azote de l'air atmosphérique, à l'application de la lumière oxyhydrique, au blanchiment des matières textiles par les permanganates, à la déphosphoration de la fonte, à la fabrication et au blanchiment du papier de bois et de paille; enfin, à la production des émaux photographiques, de concert avec Maréchal, de Metz. Toutes ces industries nouvelles donnaient les plus brillantes promesses, mais le chagrin de les voir échouer successivement décida leur promoteur à aller chercher en Amérique, le succès que son pays lui refusait. Il était, à sa mort, directeur de l'exploitation des mines de cuivre du lac Ontario. Les plus importantes de ses créations sont la fabrication continue du gaz oxygène par la calcination et la réoxydation des permanganates aux dépens de l'air atmosphérique, ainsi que son système d'éclairage par la lumière oxyhydrique qui, en 1877, fut essayée pendant plusieurs mois à Paris, sur la place de l'Opéra.

**\*TESTELIN** (Louis). Peintre et graveur, né à Paris, en 1615, mort en 1655, était fils de Gilles Testelin, peintre de Louis XIII, et fut placé dans l'atelier de Simon Vouet; son habileté de main lui valut, fort jeune, des travaux de confiance. Il aida Ph. de Champagne dans ses peintures du palais Cardinal, et Le Brun dans l'ornementation de l'église des religieuses du Val-de-Grâce. On cite de lui, en peinture : la *Résurrection de Tabitha,* au musée de Rouen; le plafond de la maison du financier Bordier, au Raincy, représentant l'*Histoire de Proserpine*; les grisailles du pavillon de Guéménée, place Royale, du palais de Fontainebleau et de l'hôtel d'Avaux, rue Sainte-Avoye; il fut membre fondateur de l'Académie de peinture et de sculpture, et en devint l'un des professeurs. Comme graveur, il a laissé quelques estampes finement burinées.

Son frère *Henri,* dit *le jeune,* né à Paris, en 1616, mort, à La Haye, en 1695, fut également fondateur de l'Académie et premier peintre du roi, son morceau de réception est le *Portrait de Louis XIV séant sur son lit de justice,* au musée de Versailles; il a, en outre, dans les galeries du Palais, la *Prise de Dôle,* le *Passage du Rhin* et la *Reddition de la citadelle de Cambrai,* dont il donna l'esquisse d'après Van der Meulen.

**TÊTE.** *T. techn.* Nom qu'on emploie pour désigner divers objets ou certains ouvrages de construction, et dont nous allons donner les applications principales. || 1° *Tête de marteau.* Masse ronde ou carrée opposée à la pointe ou panne d'un marteau. || 2° *Tête de clou, tête de vis.* Extrémité d'un clou sur laquelle on frappe pour l'enfoncer, et partie d'une vis que l'on a disposée pour permettre de la faire tourner. || 3° *T. de filat.* Ensemble des paires de cylindres qui, dans une machine à étirer, donne en une seule fois, au ruban, la totalité de l'allongement. || 4° *T. de verr. Coulage en tête.* Procédé par lequel on coule les glaces en tenant la cuvette du côté le plus rapproché de la *carcaise.* || 5° *T. de rel. Tête de nègre.* Couleur noire à reflets rougeâtres. || 6° *T. de serrur. Tête de palastre.* Cloison de la serrure dans laquelle passe le pêne; on dit aussi *têtière.* || 7° *T. de typogr. Ligne de tête.* Première ligne, en haut de la page, et indiquant la pagination et le titre courant. || 8° *T. de mécan. Tête de câbestan.* Partie de cette machine recevant les extrémités des barres à l'aide desquelles on la fait manœuvrer. || 9° *T. de chem. de fer. Tête de ligne.* Station située à l'extrémité d'une ligne de chemin de fer. || *Fourgon de tête.* Celui des fourgons placé immédiatement après le tender. || 10° *T. de p. et chauss.* Pavé placé à la rencontre de deux ruisseaux. || 11° *T. de constr. Tête de chat.*

Petit moellon presque rond. || 12° *Tête de chevalement*. Pièce de bois horizontale reposant sur deux étais, et destinée à soutenir une construction que l'on reprend en sous-œuvre. || 13° *Tête de voussoir*. Face antérieure et postérieure d'un voussoir. || 14° *Tête de mur*. Extrémité d'un mur généralement terminée par une chaîne de pierre ou une jambe étrière. || 15° Plateau circulaire du tour à potier nommé aussi *girelle*.

**TÊTIÈRE.** *T. techn.* Partie d'un soufflet quelconque ou est fixée la buse par où sort le vent. || *T. de typogr.* Garniture formant les têtes des pages. || *T. d'arm.* Sorte de chanfrein qui servait, aux xv° et xvi° siècles, à protéger le haut de la tête des chevaux de guerre.

**TÉTRAÈDRE.** 1° *T. de géom.* Solide limité par quatre faces planes triangulaires, assemblées trois à trois à chaque sommet. Si ces faces sont des triangles équilatéraux, le tétraèdre est *régulier*. Le tétraèdre est le plus simple des polyèdres, et tout polyèdre est décomposable en tétraèdres, comme tout polygone l'est en triangles. || 2° *T. de cristall.* Forme élémentaire et simple qu'on peut regarder comme dérivée du cube ou du rhomboèdre, en prolongeant jusqu'à leur rencontre les faces qui coupent chacun des sommets du solide primitif. La disposition des quatre molécules occupant le sommet d'un tétraèdre explique les formes cristallines d'un grand nombre de composés chimiques. Si les molécules sont de même nature, de même forme, à distances égales, le tétraèdre sera *régulier*; dans le cas contraire, il sera plus ou moins irrégulier, homoèdre ou hémièdre.

**TÉTRASTYLE.** *T. d'arch.* Qui a quatre colonnes de front; qui est précédé d'un portique à quatre colonnes.

**TÊTU.** *T. techn.* Gros marteau à tête carrée d'un côté, à pointe de l'autre, et qui sert à abattre la pierre pour la dégrossir près des arêtes.

**TEXTILE.** — V. Fibres textiles.

**\* THALIE.** *Myth.* Une des neuf muses, fille de Jupiter et de Mnémosine, présidait à la comédie, aux festins, et aussi, on ne sait trop par quel rapprochement, à l'agriculture. Elle était couronnée de lierre, elle tient à la main un masque et porte à ses pieds des brodequins. Autour d'elle sont les attributs de l'agriculture, le *pedum* et la charrue. Dans les peintures d'Herculanum, elle est revêtue d'une tunique à franges. Les figures peintes ou sculptées de Thalie sont nécessairement de peu d'intérêt; même dans les œuvres d'art où l'on trouve réunies les neuf sœurs, elle a toujours une importance moindre que Terpsichore ou Melpomène, par exemple dans le bas-relief du Louvre, dans les peintures de Civita, dans le tableau de Tintoret à Hampton-Court. Nous pouvons citer néanmoins parmi les figures isolées de Thalie, celles de Vlenghels, gravée par Jeaurat; de Clint, gravée par Th. Lupton; d'Eust. Le Sueur, gravée par Audouin, et de P. Baudry, pour le foyer de l'Opéra.

**THALLIUM.** *T. de chim.* Corps simple, métallique, ayant pour symbole Tl, pour équivalent et pour poids atomique 204; il a été découvert par Crookes, en 1861, dans les boues sélénifères des fabriques d'acide sulfurique du Harz, au moyen de la méthode spectroscopique; mais il fut considéré par lui, comme étant un métalloïde de la famille du soufre. L'année suivante, Lamy démontra que c'était bien un métal; du reste, c'est aux recherches de ce savant, et à celles de Kuhlmann que l'on doit la connaissance de presque toutes les propriétés et combinaisons de ce nouveau corps.

*Propriétés.* Le thallium se rapproche beaucoup du plomb, comme propriétés physiques; il est mou, se raye sous l'ongle, est brillant lorsqu'on le coupe, mais s'oxyde vite en ternissant; il laisse sur le papier une trace noire bordée de jaune; sa densité est de 11,853 à + 11° (de la Rive); sa chaleur spécifique de 0,0335; il fond à 290°; lorsqu'on le plie, il fait entendre un cri spécial, comme l'étain; il n'est pas bon conducteur de la chaleur ou de l'électricité. Il est caractérisé par la magnifique raie verte que donne son spectre (elle est placée vers le 120° degré de l'échelle Bunsen, ou au n° 1442,6 de l'échelle Kirchhoff), et une autre très faible et fugitive située un peu plus à gauche (106° degré); mais, d'après Nicklès, ce spectre peut être masqué par la présence de la soude.

Le thallium est tellement oxydable qu'on le conserve dans l'eau bien purgée d'air par l'ébullition, ou dans une atmosphère d'azote ou d'acide carbonique; sous ce rapport, il a sa place à côté des métaux alcalins. Il s'unit directement à chaud, au soufre et au sélénium; facilement, au chlore, au brome, à l'iode; avec les vapeurs de phosphore. Il se dissout, à froid, dans l'acide sulfurique en dégageant de l'hydrogène; l'acide chlorhydrique agit peu sur lui; l'acide azotique le transforme en azotate cristallin; il est déplacé de ses combinaisons par le zinc, mais, à son tour, il déplace le cuivre, l'argent, le plomb, le mercure, l'or, de leurs solutions. Il forme de nombreux alliages avec les métaux, mais ces alliages sont altérables à l'air ou par l'acide sulfurique étendu, à l'exception de celui d'étain, il forme divers composés organiques. Toutes les combinaisons du thallium tachent la peau en blanc, elles sont très vénéneuses et bien plus actives que celles du plomb. Le thallium se retrouve surtout dans les pyrites, mais dans la proportion de 1/100,000 seulement.

Extraction. La faible proportion de ce métal contenue dans les pyrites, le fait extraire des boues des chambres de plomb; mais, quand on emploie les pyrites thallifères pour la préparation de l'acide sulfurique, comme le thallium est volatil, on a soin de le condenser, avec les produits solides entraînés, dans une chambre placée en avant des chambres de plomb. Ce métal se trouve dans ces dépôts dans la proportion de 0,5 à 1 0/0; on le retire aussi des eaux-mères formant le résidu de la fabrication du sulfate de zinc.

Les divers composés du thallium n'ayant pas d'emploi industriel, nous nous contenterons de donner ici les caractères des sels de ce métal.

*Caractères des sels de thallium.* Ces sels, toujours incolores, à moins que leurs acides ne soient colorés, se divisent en sels au maximum et au minimum.

1° *Sels thalleux*. Avec l'*acide chlorhydrique* et les *chlorures solubles*, précipité blanc, caillebotté, soluble dans l'eau bouillante, et donnant, par l'acide azotique bouillant, des lamelles jaunes de sesquichlorure; avec l'*hydrogène sulfuré*, précipité noir, dans les solutions alcalines seulement (caract. distinct. d'avec le plomb); avec les *sulfures alcalins*, précipité noir, insoluble dans un excès, soluble dans les acides; avec l'*iodure de potassium*, précipité jaune, insoluble dans un excès, presque insoluble dans l'eau; avec le *bromure de potassium*, même réaction; avec les *alcalis*, les *carbonates alcalins*, rien; avec le *chromate neutre de potassium*, précipité jaune, un peu soluble dans les acides bouillants; avec le *phosphate de sodium*, précipité gélatineux (solut. concentrées); avec l'*oxalate d'ammoniaque*, précipité blanc, cristallin, soluble dans un excès d'eau (l'acide oxalique ne donne rien); avec le *ferrocyanure de potassium*, précipité soluble dans un excès de réactif (liq. concent.); avec le *sulfocyanate de potassium*, précipité blanc, cristallin, soluble dans l'eau bouillante.

Tous ces sels colorent la flamme en vert.

2° *Sels thalliques*. Ils sont bien moins stables que les précédents : avec l'*acide chlorhydrique*, les *chlorures solubles*; rien, mais s'il y a un peu de sel thalleux, précipité jaune de sesquichlorure; avec la *potasse*, les *carbonates alcalins*, précipité brun, léger; avec l'*ammoniaque*, même réaction, complète seulement à chaud; avec l'*iodure de potassium*, précipité brun, d'iode libre, et d'iodure thalleux, que la chaleur rend jaune par volatilisation de l'iode; avec le *chromate neutre de potassium*, rien; avec les *acides oxalique et phosphorique*, précipité blanc; avec l'*acide arsenique*, précipité jaune, gélatineux; avec le *ferrocyanure de potassium*, précipité jaune, devenant vert à chaud; avec le *sulfocyanate de potassium*, précipité gris foncé.

Pour les sels, le dosage du thallium, nous renvoyons aux traités de chimie générale. — J. C.

**THÉ. T.** *de mat. méd.* Le produit désigné sous ce nom est la feuille du *thea chinensis*, Sims., plante de la famille des ternstrœmiacées, qui croît spontanément et est cultivée en Chine, au Japon, en Cochinchine, ainsi que dans quelques contrées de l'Asie orientale et méridionale, voir même au Malabar et au Brésil (fig. 459). L'arbrisseau qui fournit le thé est rameux, toujours vert, il a de 1$^m$,60 à 1$^m$,95 de haut; ses feuilles sont alternes, mais leurs formes, les dimensions, la couleur, la pubescence, varient avec l'âge. Jeunes, elles sont droites, entières, revêtues d'un léger duvet; âgées, elles sont elliptiques, aiguës, dentées, assez fermes, glabres, luisantes, d'un vert intense et de 5 à 8 centimètres de longueur sur 3 de largeur. Les fleurs sont blanches, assez grandes, à pédoncule court, solitaires, ou réunies en petit nombre à l'aisselle des feuilles supérieures.

Le thé s'est répandu en Europe, en 1666, par suite du négoce de la Compagnie des Indes orien-

tales. Il comprend diverses sortes commerciales qui toutes proviennent du même arbre, mais dont les différences, très tranchées, peuvent être dues soit au climat où s'est développé l'arbre, soit à l'âge des feuilles (on fait trois cueillettes par an), à l'époque où s'est faite la récolte, aux préparations qu'on lui a fait subir, comme la torréfaction simple, pour les thés verts, ou la fermentation pour les variétés noires; à la coloration artificielle qu'on lui a donnée; aux aromates qui lui ont été ajoutés pour le parfumer.

Fig. 459. — *Feuilles et fleurs de thé.*

Comme composition, le thé agit surtout par la présence d'une forte quantité de tannin, et les matières spéciales qu'il renferme; d'après Mulder, il a la composition suivante :

|  | Chine | | Japon | |
|---|---|---|---|---|
|  | Hyson | Congo | Hyson | Congo |
| Huile volatile . . . . . | 0.79 | 0.60 | 0.98 | 0.65 |
| Chlorophylle. . . . . . | 2.22 | 1.84 | 3.24 | 1.28 |
| Cire . . . . . . . . . | 0.28 | ? | 0.32 | ? |
| Résine. . . . . . . . | 2.22 | 3.64 | 1.64 | 2.44 |
| Gomme . . . . . . . | 8.56 | 7.28 | 12.20 | 11.08 |
| Tannin et acide gallique | 17.80 | 12.88 | 17.56 | 14.80 |
| Caféine ou théine. . . . | 0.43 | 0.46 | 0.60 | 0.65 |
| Matière extractive. . . | 22.80 | 20.60 | 21.68 | 18.64 |
| — colorante particul. | 23.60 | 19.12 | 20.36 | 19.88 |
| Caséine.. . . . . . . | 3.00 | 2.80 | 3.64 | 1.28 |
| Cellulose. . . . . . . | 17.08 | 28.32 | 18.20 | 27.00 |
| Cendres . . . . . . . | 5.56 | 5.24 | 4.76 | 5.36 |
|  | 104.34 | 102.78 | 105.18 | 103.06 |
| Humidité. . . . . . . | 23.15 0/0 | 33.72 0/0 | » | » |

Le commerce sépare le thé en deux grandes classes, les thés noirs et les thés verts, ordinaires ou perlés; nous indiquons, ci-dessous, les subdivisions de ces sortes :

**Thés noirs.** *Thé pekoë*, à pointes blanches, pakho. Jeunes feuilles de la première récolte, à pointes blanches : infusion jaune; très aromatique, mais l'arome est dû à des graines d'*olea fragrans*, qu'on y retrouve souvent, ou à des fleurs d'oranger, de mongorium sambac, de camélia sesanqua, de rose, de jasmin, ou à de la vanille.

*Thé pekoë d'Assam*, différant surtout par l'absence de duvet blanchâtre sur les pointes des feuilles.

*Thé pekoë orangé*. Il se mêle souvent au suivant et se vend alors à Londres sous le nom *howqua*.

*Thé Congo*, koong-fo; en feuilles minces, courtes, d'un

noır grisâtre, fait avec les premières feuilles ou les plus jeunes de la troisième récolte.

*Thé pouchong*, paou-schung; assez analogue au suivant, mais donnant une infusion verte.

*Thé Souchong*, seaou-schung; en feuilles minces, larges, concassées, roulées dans le sens de la largeur, sans duvet blanchâtre; infusion jaune, très forte.

*Thé Bohea ou Bouy*, woo-e, boui-bou: 1º thé de Fokien, et 2º thé de Canton. Mélanges de feuilles âgées, de toutes sortes et de la dernière récolte, à coloration brun clair ou verdâtre; de poussières et de fragments de pétioles. Infusion rougeâtre à goût de fumée, donnant un dépôt noir.

### Thés verts.
*Thé Hyson* ou *Hayswen*, he-schum, formé de feuilles de la première récolte, bien roulées en longueur. Infusion jaune citron; c'est la première sorte.

*Thé poudre à canon*, choo-cha, gun-powder. C'est la sorte précédente, mais dont les feuilles ont été pliées transversalement de façon à faire de petites boules; on y ajoute aussi des feuilles de deuxième récolte. Leur coloration est vert noirâtre; l'infusion est vert doré.

*Thé impérial*; le vrai est réservé pour la famille impériale.

*Thé impérial perlé*. Il est formé de feuilles âgées, roulées en petites boules, mais plus grosses que le thé poudre à canon, serrées et dures, présentant l'apparence de perles d'un vert argenté, de saveur agréable.

*Thé schoulang*, téhulan; il offre les caractères de l'hyson, mais a été aromatisé avec les fleurs de l'olea fragrans.

*Thé hyson-junior*, yu-tseen; il est constitué par de petites feuilles d'un vert jaunâtre, répandant l'odeur de violettes.

*Thé tonkay*, tun-ke, song-lo; formé par les feuilles les plus âgées de la troisième récolte, de couleur jaunâtre, d'odeur forte, mal roulées; donnant une infusion jaune foncé, âpre. Il est très inférieur.

*Thé hyson skin*; constitué par des feuilles d'un jaune brun, à peine roulées, avec graines de thé; il a peu d'odeur, un goût ferrugineux; son infusion est jaune foncé et trouble.

Il existe encore d'autres sortes, mais qui sont beaucoup plus rares, du moins dans nos pays; tel est par exemple, le *thé en briques*, qui est formé de feuilles brisées avec petits rameaux, et poussières; on humecte le tout au moyen de la vapeur d'eau, on comprime dans des moules en bois, puis on laisse sécher à l'air. Cette sorte est surtout envoyée en Mongolie et en Tartarie.

Aussitôt après la récolte des feuilles, lorsque l'on veut faire des thés verts, on les sèche rapidement, de façon à leur conserver leur couleur et leurs principaux caractères; au contraire, lorsqu'on veut préparer des thés noirs, on sèche longtemps après la cueillette, et on laisse subir aux feuilles un commencement de fermentation qui change la couleur naturelle, en même temps que d'autres modifications se produisent. Là ne se borne pas le travail que subit le thé, car même en Chine, et dès les premiers temps de la fabrication, on a eu l'habitude de colorer artificiellement les feuilles, en ajoutant lors de la dernière torréfaction, pour 20 livres de feuilles, une cuillerée de gypse, une de curcuma et deux à trois cuillerées d'indigo, le tout bien pulvérisé et passé au travers d'une mousseline; on roule pendant une heure les feuilles dans ce mélange, qui, prétend-on, n'enlève rien à l'arome, mais donne un plus bel aspect, parce que le gypse, tout en fixant la teinte, donne l'aspect du duvet qu'ont les jeunes feuilles.

En admettant, ce qui n'est pas possible, que cette coloration ne soit pas une fraude, car les sortes les plus belles, celles qui viennent par la Russie, et valent jusqu'à 150 francs le kilogramme, n'ont jamais ces colorations artificielles, mais en admettant, disons-nous, qu'on tolère cette coloration en Chine, le thé offre, à cause de son prix élevé, des falsifications nombreuses que nous allons étudier.

FALSIFICATIONS. Le thé peut offrir diverses sortes de falsifications :

1º *Coloration factice*. Elle est donnée avec l'indigo, le bleu de Prusse, les sulfates de fer et de cuivre, le curcuma, le chromate de plomb, auxquels il faut ajouter pour les diverses imitations de variétés, le gypse, le talc, le kaolin, la craie, le carbonate de magnésie, le cachou, le campêche, la plombagine et le micaschiste;

2º *Par substitution de feuilles d'arbres différentes*, à celles du thea. M. E. Collin a groupé de la façon suivante, les principales feuilles que l'on a pu retrouver dans des échantillons de thé falsifié :

Feuilles allongées rétrécies à la base : prunellier, prunus spinosa, fraxinus excelsior, sambucus nigra, salix caprea, laurus nobilis, planera crenata (orme de Chine), olea chinensis, epilobium angustifolium, veno-beno (Archipel indien).

Feuilles ovales, arrondies à la partie supérieure terminées en pointe à la partie inférieure: fraisier.

Feuilles ovales, terminées en pointe à la partie supérieure, arrondies à la base : rosier, églantier, peuplier.

Ces substitutions se font sur une si large échelle, qu'en 1877, on a détruit d'un seul coup 1,500 kilogrammes de thé épuisé, putréfié, et mêlé de 1/5º de feuilles d'olivier;

3º Par le *thé épuisé*. Cette fraude est très sévèrement punie en Chine, puisqu'elle peut comporter la peine de mort, mais s'y fait journellement, toutefois;

4º Par *addition de faux thé* (lie-thea), mélange de grabeaux de thé et de feuilles étrangères agglomérées avec du sable et colorées artificiellement en vert. Ce produit se désagrège dans l'eau chaude, et contient souvent assez de gomme pour que l'infusé se trouble plus ou moins par l'addition d'alcool (cette fraude se fait beaucoup à Londres; en 1843, on a poursuivi plusieurs fabriques de lie-thea).

ESSAI DU THÉ. On voit par l'énumération que nous venons de faire, combien on peut trouver de sortes de matières étrangères dans le thé. Pour essayer cette matière, on peut procéder de la façon suivante :

1º On place un poids donné de thé sur un tamis de soie, et l'on fait tomber sur les feuilles un léger filet d'eau froide pendant quatre à cinq minutes. On sèche le résidu à une légère chaleur. S'il y a fraude, le résidu devient souvent noir; on recueille le dépôt de l'eau de lavage, et on l'examine au microscope pour y retrouver les poudres qui ont pu servir à enrober et colorer le thé;

2° On place un échantillon de thé noué dans une mousseline fine, dans un verre à pied plein d'eau tiède, puis on agite doucement pendant quelque temps pour développer les feuilles qu'on laisse à part pour les examiner ultérieurement. Le dépôt recueilli dans le fond du verre est examiné au microscope et avec les réactifs. On fait alors l'étude des feuilles, après les avoir bien étalées, et les avoir séchées entre des doubles de papier (pour plus de certitude on les compare avec les feuilles que nous avons indiquées précédemment et que l'on a dû se procurer pour servir de types), puis on procède à l'examen du dépôt :

Ce dépôt peut être : α) de l'*indigo*, que la chaleur détruira en émettant des vapeurs violettes et produisant une odeur cyanique; il est insoluble dans les dissolvants, excepté l'acide sulfurique; sa couleur disparaît par l'action des sulfures alcalins, du chlore, du sulfate ferreux; il forme de l'acide picrique avec l'acide azotique; β) du *bleu de prusse* : sous l'influence de la chaleur ce corps se détruit, mais sans émettre de vapeurs colorées ou odorantes, il est insoluble dans l'alcool, l'éther, soluble dans l'acide oxalique; il se décolore en présence de l'acide sulfurique, et redevient bleu par l'addition d'alcalis faibles; il n'est pas modifié par le chlore; il est détruit par la potasse, mais régénéré par l'addition d'un sel ferrique; γ) du *curcuma* : cette matière jaune est détruite par la chaleur, insoluble dans l'eau, soluble dans l'alcool, l'éther ; elle brunit par le contact des alcalis et rejaunit après saturation; elle se fixe sur la soie sans mordant, ce qui est une exception parmi les matières végétales ; δ) du *chromate de plomb* : cette matière, également jaune, se reconnaît en traitant par l'acide azotique, à froid, pendant trois à quatre heures ; on évapore ensuite l'acide jusqu'à siccité, puis on le reprend par l'eau distillée, et l'on essaye la solution par les réactifs ; elle donne par l'iodure de potassium un précipité jaune, soluble dans un excès de réactif; par le chromate de potasse, un précipité jaune, soluble dans la potasse; par les sulfates solubles un précipité blanc noircissant par l'hydrogène sulfuré, ou les sulfures alcalins ; par la potasse, un précipité blanc, soluble dans un excès de réactif; les feuilles du thé coloré par ce produit portées à l'ébullition avec de la potasse, cèdent une partie de l'acide chromique fixé sur les feuilles et que l'on reconnaît aux réactions des chromates ; ε) du *graphite* : ce corps tache le papier en noir, résiste au chlore, à l'acide azotique bouillant, au mélange d'acide chlorhydrique et de chlorate de potasse ; ζ) du *sable ferrugineux* : il résiste à la calcination, est coloré en jaune, rouge ou brun, croque sous la dent et raye le verre ; η) du *sulfate de chaux* : ce corps fixe, est peu soluble dans l'eau, qui précipite alors par le chlorure de baryum ou l'oxalate d'ammoniaque ; il est soluble dans l'acide chlorhydrique; réductible par le charbon, en donnant un sulfure, d'où se dégage de l'acide sulfhydrique par l'action des acides ; θ) du *talc* : ce produit ne s'altère pas par la chaleur, est blanc comme le précédent, mais onctueux au toucher, attaquable par l'acide chlorhydrique, et donnant un dépôt gé-

latineux de silice; la liqueur contient du chlorure de magnésium, qui précipite après sursaturation par l'ammoniaque, avec le phosphate de sodium; ι) des *carbonates de chaux* ou *de magnésie* : ils sont blancs, font effervescence par les acides, et la liqueur fournit aux réactifs les caractères de la chaux ou de la magnésie; κ) du *kaolin* : corps infusible, attaqué au rouge vif par le carbonate de soude, en produisant un silicate et un aluminate, décomposables par l'acide chlorhydrique.

Ces essais ayant permis de reconnaître les deux premières causes d'altération du thé, pour retrouver si cette substance n'a pas été frelatée en l'épuisant primitivement, il faut rechercher les proportions des matières utiles que le produit peut contenir : λ) *dosage du tannin*. On prend 1 gramme de thé, et on le fait bouillir pendant une demiheure dans 120 grammes d'eau distillée, puis une seconde fois avec 60 grammes. On réunit les liqueurs, on les mesure, et on en prend 1/10° pour les précipiter par une solution de gélatine alunée (eau distillée 500, gélatine 2, alun 0,75). On fait un premier essai pour se renseigner sur la quantité de réactif nécessaire pour précipiter tout le tannin, puis on obtient un résultat précis avec une nouvelle opération, en ayant soin de doser auparavant le volume de liqueur nécessaire pour précipiter un poids donné de tannin pur (0$^g$,25 de tannin dissous dans 180 grammes d'eau, par exemple). D'après M. Allen qui a indiqué cette méthode, on peut considérer comme normale, la proportion de 12,5 0/0 de tannin dans le thé noir, de 19 0/0 dans le thé vert. Il faut, en faisant cet essai, s'assurer que le thé n'a pas été frelaté par d'autres matières astringentes, comme le cachou, les feuilles de prunier, etc. ; μ) *dosage du ligneux*; on épuise les feuilles par l'eau bouillante, puis on les dessèche et on pèse. Le thé noir de bonne qualité donne un poids de 50,5 à 51,2 0/0 de résidu; le thé vert de 56,7 à 60,8 0/0; ν) *dosage de la gomme*. Dans l'infusion obtenue par le traitement précédent, et filtrée, on dose la gomme en évaporant en consistance sirupeuse, et reprenant par l'alcool méthylique pur. On isole la gomme, on la lave à l'alcool, on sèche et on pèse. On a trouvé les résultats suivants pour du thé épuisé :

| | Thé d'origine | Thé épuisé |
|---|---|---|
| Humidité. . . . . . . . . . . . | 9.2 | 11.1 |
| Matière insoluble (ligneux). . . | 58.7 | 81.5 |
| Gomme . . . . . . . . . . . . | 10.5 | 3.8 |
| Tannin . . . . . . . . . . . . | 15.2 | 3.3 |

notons que ces chiffres peuvent varier pour la gomme, puisqu'on est obligé d'en ajouter à nouveau pour enrouler les feuilles épuisées ; ξ) M. Allen recommande aussi pour retrouver les matières étrangères, de faire avec le thé suspect un extrait aqueux, que l'on soumet à l'action de l'acide sulfurique et du bioxyde de manganèse, puis ensuite à la distillation; il a ainsi obtenu de l'acide salicylique dans le cas de falsification avec des feuilles de saule ou de peuplier, de l'essence d'amandes amères avec celles de prunier sauvage, de laurier cerise, de pêcher; le thé pur fournit dans ce cas de l'acide quinovique ; ο) *dosage de la théine*. On épuise 5 grammes de thé pulvérisé par l'eau bouillante, puis on précipite la liqueur par l'acétate de plomb en léger excès; on filtre, on chasse le plomb par un courant d'hydrogène sulfuré, on filtre à nouveau, et on évapore lentement au bain-marie jusqu'à cristallisation. On reprend le résidu par le chloroforme, et on évapore au bain-marie. On obtient ainsi la théine, que l'on purifie, si besoin est, par un nouveau traitement chloroformique. Le thé noir donne 1,4 0/0 de théine, le thé vert 2,4 0/0 et jusqu'à 5,8. On reconnaît la nature du produit en le chauffant avec de la chaux sodée; on obtient du cyanure de sodium; traitée par l'acide azotique fumant, à l'ébullition, elle devient jaune, et en évaporant à siccité le résidu avec de l'ammoniaque, il se forme une coloration rouge pourpre, comme avec l'acide urique (Riegel); ζ) le *dosage des cendres*, sur 1 gramme de thé.

*Succédanés.* Plusieurs plantes ont été proposées ou sont employées comme succédanés du thé; c'est ainsi qu'aux Antilles on emploie l'*eupatorium ayapana*, Vente., qui croît à Bourbon et dans l'île de France; au Mexique, au Guatémala, le *psoralea glandulosa*, Lin.; à la Nouvelle-Grenade, l'*alstonia thœformis*, Wild., et plus au nord, le *gaulteria procumbens*, Lin.; à la Nouvelle-Hollande, le *correa alba*, Vente.; dans l'archipel des Kourils, le *pedicularis tanata*, Lin., et chez les tartares Thehary, la *tormentilla erecta*, Lin., et puis surtout, dans l'Amérique du sud, le *maté*, thé du Paraguay, *ilex paraguariensis*, A. Saint-Hil., qui contient 0,70 0/0 de théine.

*Commerce.* Le thé nous vient dans des caisses vernissées, doublées de lames de plomb ou d'étain, avec feuilles sèches ou feuilles de papiers peints pour rendre les caisses imperméables à l'air; ces caisses sont revêtues de nattes de bambou très serrées, ou de peaux, mais ce dernier emballage est surtout réservé pour les thés envoyés par terre, en Russie (thés de la caravane). Le revenu annuel de la Chine avec le commerce du thé, est évalué à 200,000,000 de francs. La consommation de l'Angleterre est annuellement de 25,000,000 de kilogrammes, celle de l'Amérique de 17 à 18 millions; celle de la Hollande de 1 million de kilogrammes, et celle de la France de 300,000 kilogrammes, bien qu'elle ait plus que doublé depuis 1853.

*Usages.* Le thé forme, en infusion, une boisson alimentaire aromatique et excitante; en poudre, c'est également un excitant énergique. — J. C.

**THÉÂTRE.** Nous n'avons à considérer l'édifice où l'on représente des œuvres lyriques ou dramatiques qu'au seul point de vue de sa construction, mais pour l'intelligence du sujet qui nous occupe, nous croyons indispensable d'en faire l'exposé historique.

HISTORIQUE. *Antiquité.* Pas plus en architecture qu'en histoire naturelle, il n'y a d'éclosion spontanée; nos théâtres qui comptent parmi les édifices les plus compliqués de notre civilisation, ont eu pour précurseurs, ceux de l'antiquité, si simples au contraire et si grandioses. Aussi ne peut-on parler de ceux-là sans rappeler ceux-ci.

D'origine grecque, où les représentations dramatiques faisaient partie des cérémonies religieuses lors des fêtes de Bacchus (fait initial pour l'intelligence de l'architecture et de la littérature dramatique), les théâtres grecs étaient élevés en plein air, en pierre ou en marbre, pour recevoir la population d'une cité et même d'une de ces petites Républiques minuscules. Plus tard, ils furent imités par les Romains qui les propagèrent partout, avec leur civilisation.

Tous comprenaient invariablement : 1° l'*amphithéâtre*, ou *cavea*, pour les spectateurs; 2° à la base, un espace demi-circulaire appelé *orchestra* pour les évolutions; 3° la *scène*, où était représentée l'action dramatique.

De ces trois parties, la plus importante était l'amphithéâtre, de forme demi-circulaire (fort outrepassée chez les Grecs, suivant une proportion calculée, afin de grouper plus d'auditeurs, autour d'un vaste orchestre, sans élargir le diamètre et pour mieux retenir la voix), composé de gradins de pierre, étagés, divisés : 1° en secteurs dits *cunei*, par des escaliers rayonnants, puis, 2° en couronnes séparées par des paliers et des murs d'appui, appelées *précinctions*. Sous les gradins étaient aménagés les accès, les dégagements et les couloirs dits *vomitoires*.

L'orchestra, au bas des gradins, fut d'abord très vaste chez les Grecs (fig. 460), chez lesquels l'art était originairement le culte de la religion et de la patrie; aussi contenait-il, l'autel de Bacchus, devant lequel évoluaient, selon les rites sacrés, les chœurs et les danses. Il fut ensuite réduit au demi-cercle indispensable, par les Romains (fig. 461) qui, attirés seulement par la curiosité, n'en avaient plus besoin, ayant supprimé les cérémonies religieuses; et il fut aussi réservé aux magistrats et aux dignitaires civils et militaires.

La **scène**, élevée en face de l'amphithéâtre, au-dessus de l'orchestre, dont elle était séparée par un petit mur appelé *pulpitum*, haut de 1ᵐ,70 en moyenne, se développait sur une largeur d'environ les deux tiers du grand diamètre. Petite et éloignée chez les Grecs, elle reçut plus tard de grands développements en largeur chez les Romains qui, l'ayant rapprochée, la firent servir, aux déploiements d'une mise en scène plus imposante et compliquée, et même à des exhibitions. Elle était fermée sur trois côtés par un grand mur, plus élevé que les portiques, magnifiquement décoré de niches, orné de statues, de colonnes et de panneaux, des marbres les plus riches, et percé de trois ou cinq portes, pour les communications avec le *postscenium* situé derrière la scène et contenant les vestiaires, les magasins; celle du milieu dite *royale*, était réservée aux dieux, aux héros, au maître; les deux autres, aux personnages secondaires; celles de côté étant supposées conduire à la campagne, servaient aux étrangers. Tandis que les Grecs adossèrent leurs amphithéâtres contre les collines, les Romains les construisirent au milieu des villes.

Le dessous des gradins, portés alors par des voûtes rampantes, servit à loger les escaliers rayonnants et multiples qui facilitèrent beaucoup l'accès à toutes les places, et la sortie rapide; puis, de larges couloirs de circulation, parmi lesquels ceux du pourtour, y formèrent de vastes portiques étagés, suffisants pour abriter une grande partie des spectateurs, en cas de pluie, et d'un grand effet architectural.

Les représentations dramatiques étaient très simples, quelques décors, symboliques suivant l'action, s'appliquaient sur des prismes droits à base triangulaire; ils étaient montés sur pivots et distribués de chaque côté de la scène, à la façon de nos décors de coulisse; on les faisait tourner, pour qu'ils représentassent au public la face sur laquelle était appliquée le genre de décoration exigé par la pièce, et lui indiquassent le lieu de la scène. Ces décors représentaient : 1° pour la tragédie, des colonnades et des statues; 2° pour la comédie, un intérieur d'habitation, comme un atrium ou une entrée; 3° pour la satire, de la verdure, des rochers, des paysages.

En outre, pour compléter la machinerie, le plancher du proscenium, élevé comme nous venons de le dire, était en partie encavé, pour loger les machines servant à élever les nues et les divinités célestes qui dénouaient l'action (*Deus ex machinâ*), puis percé de trappes par lesquelles apparaissaient et disparaissaient les divinités infernales. Lorsque les circonstances l'exigeaient, on dressait aussi sur la scène un matériel scénique, peint ou à relief, même des colonnes. Le mur du pulpitum était évidé, pour loger une sorte de paravent qu'on élevait en guise de rideau, pendant les entr'actes, afin de dissimuler un instant la vue du plancher aux premiers spectateurs. Sur cette estrade, devant ces

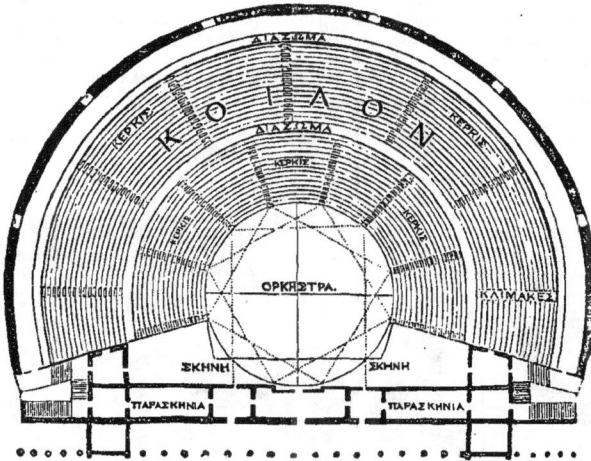

Fig. 460. — *Théâtre grec.*

*Koîlon* en grec ou amphithéâtre; partie réservée aux jeux du théâtre : *Orchestra* et *Skêné*, scène ; *Diazôma*, galerie de circulation , *Klimakes*, escalier.

vastes amphithéâtres, couverts de milliers de spectateurs, les acteurs, pour obvier aux inconvénients de l'éloignement, paraissaient exhaussés sur de hauts brodequins, la figure recouverte de grands masques de métal, indiquant clairement à tous le caractère du personnage représenté, et servant à enfler la voix. La déclamation rythmée donnait, en outre, du relief aux paroles. Avec le caractère de la tragédie grecque, dans laquelle agissent non des individus, mais des types immortels, ces représentations essentiellement symboliques étaient avant tout destinées à saisir l'esprit, à frapper l'imagination. Aussi s'explique-t-on cette disposition architecturale, et comprend-on la grandeur de ces immenses assemblées, dans lesquelles d'innombrables auditeurs, réunis par la communauté de patrie, de cité, de religion, se voyaient, et éprouvaient ensemble, ces mêmes émotions, les mêmes enthousiasmes.

Les Romains substituèrent les spectacles et leurs attractions, à la tragédie et aux représentations symboliques, et même avec la décadence ils remplacèrent les comédies par des pantomimes, l'orchestre reprit la forme usitée chez les Grecs, mais pour être livré aux animaux dressés aux combats, etc., finir par être converti presque en cirques.

*Moyen âge, Renaissance et du XIIᵉ au XIXᵉ siècle.*

Après l'effondrement du monde romain, l'oubli de la littérature classique, la destruction ou la transformation de ces édifices, le goût du théâtre reparut au moyen âge, en même temps que l'affranchissement des communes, et il ne tarda pas à entrer dans les mœurs.

Comme dans l'antiquité, le public fut d'abord attiré par des *farces* plus ou moins burlesques; puis, en présence de l'entraînement général, l'Église subissant le fait, s'en empara et chercha à moraliser le théâtre, pour le convertir en moyen d'action. Alors se formèrent des confréries munies d'un privilège, allant de ville en ville représenter leur répertoire tantôt en plein air, dans les cours d'auberges, alors entourées de plusieurs étages de balcons; tantôt aussi dans les salles banales louées aux hospices ou aux corporations; mais toujours sur des estrades provisoires, des tréteaux, pour les farces; des échafaudages pour les mystères, représentant : 1° au centre, la *maison* ou le lieu de l'action; 2° au-dessus, le *paradis*, pour la récompense; 3° au-dessous, *l'enfer*, pour le châtiment (fig. 462).

Le premier théâtre fixe, en France, fut ouvert en 1402, à Paris, par les confrères de la Passion, dans la grande salle de l'hôpital de la Trinité, rue Saint-Denis, en vertu d'un privilège conféré par lettres patentes du roi Charles VI. Plus tard, après un court séjour à l'hôtel de Flandre, ces confrères achetèrent, en 1548, une dépendance de l'hôtel de Bourgogne, rue Mauconseil, où ils bâtirent, avec plus de recherche, un théâtre permanent, peut-être le premier de l'Europe, qui devint bientôt célèbre sous le nom de *Théâtre de l'hôtel de Bourgogne.*

En 1574, un second théâtre permanent fut installé dans une dépendance de l'hôtel du *Petit-Bourbon*, dont il prit le nom. Cette salle, de forme carrée, eut une plate-forme ou parterre, et un amphithéâtre de gradins, entouré d'au moins un rang de loges. Elle subsista jusqu'en 1659, date de sa démolition, pour faire place à la colonnade du Louvre (on sait que Molière y joua).

Lorsqu'en 1634, une petite troupe rivale, qui avait dé-

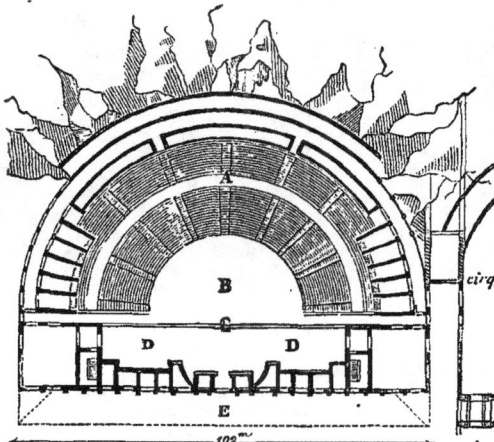

Fig. 461. — *Théâtre gallo-romain à Orange.*

*A* Theatrum, amphithéâtre. — *B* Orchestrum. — *C* Pulpitum — *D* Proscenium. — *E* Postcenium.

buté sur un théâtre situé dans le Marais, à l'hôtel d'Argent, et qui prospérait par le jeu des *farces*, fusionna
avec celle de l'hôtel de Bourgogne, qui avait reçu le premier privilège, cette salle reçut une décoration fixe en bois,
plus confortable et mieux appropriée aux spectacles du
jour. La scène formait une estrade très élevée, occupant
toute la largeur et encadrée, comme la scène antique, sur
les trois côtés, par un décor permanent représentant un
édifice en pierre. On n'y accédait que par les deux portes
de côté (fig. 463). Restaurée et transformée plusieurs fois,
cette salle, grâce à ses rajeunissements successifs, servit
jusqu'au milieu du xviii° siècle. Un plan de Dumont, 1763,
nous montre sa dernière transformation; on peut dire
qu'elle fut le berceau de l'art dramatique en France.

Mais la première salle de spectacle spéciale, construite
*ad hoc*, avec une installation complète, ornée et décorée
architecturalement, fut celle du cardinal de Richelieu,
élevée au Palais-Royal par l'architecte Lemercier, en
1640. Plus tard, cette salle devenue propriété royale, fut
concédée à Molière, qui y fit faire des changements importants, notamment pour la vue de la scène, tels que le
rétrécissement de l'extrémité des gradins supérieurs.
Ensuite d'autres remaniements successifs finirent par lui
donner la forme, dite en U évasé, indiquée par Blondel
(1750), dans le plan du Palais-Royal, donné dans son
grand ouvrage sur l'architecture française.

Au xviii° siècle, les architectes des salles élevées à
Paris, notamment : Dorbay, dans celle de la Comédie-

Fig 462. — *Scène du moyen âge.*

Française, rue de l'Ancienne-Comédie; Moreau, dans
celle de l'Opéra, au Palais-Royal, et dans toutes les
grandes villes de province, conservèrent cette forme en
U évasé, adaptée au terrain, c'est-à-dire en lui donnant
plus ou moins de largeur ou de profondeur, et entourée
de loges superposées et formant balcons.

Aussi, cette branche de l'architecture languissait-elle,
lorsqu'enfin le génie de deux architectes français : Gabriel et Louis (ce dernier surtout), vint éclairer presque
toutes les difficultés de l'architecture théâtrale; ces deux
maîtres s'appuyant sur les essais précédents et notamment sur les résultats obtenus en Italie, inventèrent des
dispositions nouvelles qui firent de prime-saut des salles
de l'Opéra du château de Versailles et de l'Opéra de
Bordeaux, deux chefs-d'œuvre différents, dont nous
allons parler.

*Période de perfectionnement.* Pendant que les Italiens
perfectionnaient ainsi leurs types de salles, plutôt de

musique que de spectacle, les architectes français ne
restaient pas inactifs. En 1753, Gabriel, chargé de construire, dans le château de Versailles, une salle royale,
pour les représentations de l'Opéra, conçut et fit exécuter
la splendide salle que nous y admirons encore. Profitant
de l'expérience acquise, sur les qualités acoustiques de la
forme en ellipse tronquée, il l'adopta et dressa sur toute
la surface de la salle un magnifique amphithéâtre pour
fauteuils libres, puis l'entoura de deux étages de balcons,
bien dégagés, et ornés de beaux bas-reliefs en bois dorés; il les couronna par une galerie en retraite formant
*loggia*, qui lui donna ce grand air de magnificence, si
caractéristique, et aussi l'aspect d'une salle d'assemblée
dans laquelle tout ce beau monde de cour, à l'aise pour
étaler ses toilettes, retrouvait la splendeur des galeries
de fête.

Puis vint Victor Louis, qui de 1777 à 1780 construisit
à Bordeaux, pour le théâtre de cette capitale de la

Guyenne, le premier édifice complet et isolé qu'on ait vu en France, dans lequel, outre de nombreuses améliorations et perfectionnements, il trouva des motifs qui depuis ont fait école ; les portiques, le vestibule, l'atrium, le grand escalier (qui a servi de modèle à celui de l'Opéra de Paris), le foyer, la salle et son admirable plafond, ainsi que la scène et ses dégagements sont dignes d'admiration.

Outre la disposition si neuve et si heureuse du vestibule et de l'atrium ou cour intérieure, au milieu duquel se développe un magnifique escalier, l'habile architecte, artiste de génie, imagina pour la salle un plafond d'une disposition caractéristique et originale, et réalisa enfin toutes les conditions du problème architectural comme régularité, ampleur et effet ; la grandeur monumentale y est alliée à l'élégance ; aussi ses proportions heureuses, et sa belle décoration en firent le couronnement, le *crescéndo* naturel de l'harmonie.

Quelques années après (1787), le même architecte, chargé à Paris de la construction du Théâtre-Français (fig. 464) (alors les *Variétés amusantes*) au Palais-Royal, y fit une nouvelle application de son système. En l'agrandissant, il modifia heureusement le plan de la salle, pour lui donner plus de profondeur et se rapprocher de la courbe italienne ; le demi-cercle du fond fut raccordé avec l'avant-scène par deux lignes courbes, bien calculées pour l'acoustique et la vue ; aussi le succès a-t-il été complet. Malgré tous les changements qu'elle a dû subir depuis sa construction, et qui ont complètement défiguré sa belle disposition architecturale, cette salle est encore considérée comme l'une des meilleures de Paris.

Primitivement décorée dans le beau style de l'époque (Louis-seize), elle fut changée radicalement sous le Consulat dans le style froid du jour (sans doute pour encadrer les tragédies, alors à la mode). Une colonnade ionique,

Fig. 463. — *Scène Louis XIII.*

très simple de détails, d'un caractère très sévère, remplaça les grandes arcades corinthiennes, et la coupole se changea en plafond à voussures, sur la forme en fer à cheval qu'elle a conservée depuis. Cette salle, restaurée de nouveau par Fontaine, en 1823, perdit ses colonnes et reprit l'aspect plus en rapport avec une salle de comédie, qu'elle a encore conservé dans la dernière restauration de 1881 ; mais malheureusement elle n'a pas retrouvé sa coupole.

Appelé, en 1792, par la Montansier à construire, place Louvois, le théâtre dit des *Arts*, qui devint plus tard l'Opéra, Louis perfectionna encore cette courbe en l'ovalisant davantage. Aussi fut-il amené par cet agrandissement à élargir les bases des pendentifs, qu'il établit sur des pans coupés, posés chacun sur deux colonnes, entre lesquelles il répéta les loges d'avant-scène. Grâce à cet arrangement, la salle, quoique allongée, put conserver sa coupole sphérique inscrite dans un carré, dont les quatre côtés (aux angles abattus) s'appuyèrent sur trois calottes hémisphériques et sur l'arc-doubleau de l'avant-scène.

Cette disposition à la fois plus grandiose et plus gracieuse, a été reportée dans la salle provisoire de la rue Le Peletier qui a servi de type à celle du nouvel Opéra ; c'est son plus bel éloge.

Peu avant la construction de la salle du théâtre Français, au Palais-Royal, Peyre et de Vailly, en 1780, avaient construit, près du palais du Luxembourg, le théâtre de l'Odéon, dont l'incendie de 1797 n'a laissé subsister que l'extérieur, le foyer et les escaliers qui sont grandioses. Il fut, à Paris, le premier théâtre isolé, formant monument, entouré de portiques d'une utilité appréciée, malgré leur lourdeur, et pourvu d'escaliers spacieux. C'est dans cette salle qu'eut lieu le premier essai d'éclairage à l'huile par des lampes à courant d'air, dits *quinquets*, du nom de leur inventeur (1783).

La salle Favart, qui fut l'Opéra-Comique ; qu'un effroyable incendie vient de détruire, fut élevée en 1783, par le duc de Choiseul. Plusieurs fois incendiée, elle n'avait conservé que sa façade dans le style froid de l'époque, et encore était-elle défigurée par des saillies de portiques, buffets, etc.

*Période moderne.* La Révolution interrompit ce splendide essor architectural de l'art français. Quoique le goût du théâtre fut alors très répandu et très populaire, l'industrie privée qui se substitua aux grands seigneurs dans la construction des nouvelles salles, n'y vit qu'une exploitation commerciale, et ne songea qu'à réaliser de grands bénéfices, sans souci de l'architecture et de la décoration ; il en fut de même sous la Restauration qui vit

Fig. 464. — *Théâtre Français (1787).*

cependant une très belle éclosion, restée célèbre, de l'art musical et de la Comédie. Seule, la salle de l'Opéra provisoire de la rue Le Peletier, élevée à la hâte par MM. Debret et Duban, fut décorée avec le goût fin, élevé, qui distingue toutes les œuvres de ce dernier maître ; malgré l'économie imposée à cette construction éphémère, ils donnèrent néanmoins un grand caractère à la décoration. Obligés d'utiliser une partie de la salle Louvois, ils l'agrandirent en y introduisant d'heureuses modifications qui augmentèrent le charme de cette élégante composition, et de ses heureuses proportions par rapport à l'échelle humaine.

Les exigences de l'industrie privée, en voulant utiliser à Paris des terrains presque impossibles, obligèrent les architectes à des combinaisons de plans d'une ingéniosité étonnante ; rien ne les rebuta, ni l'irrégularité de la forme, ni la bizarrerie de leur raccordement avec la voie publique, souvent par de longues allées étroites, aboutissant non dans l'axe de la salle, mais sur un côté quelconque, au risque de répartir la foule fort inégalement, dans des couloirs souvent fort étroits.

Même avec des crédits insuffisants, l'habileté parisienne sut faire des prodiges. Le plan de l'ancien théâtre lyrique au boulevard du Temple, construit en 1846, pour Alexandre Dumas, sous le nom de Théâtre-Historique, par l'architecte de Dreux, était un chef-d'œuvre en son genre. Les théâtres des Variétés, du Palais-Royal et du Gymnase, construits sur des terrains irréguliers, sont également des exemples des plus ingénieuses combinaisons de plans.

Parmi les nombreux théâtres démolis de l'ancien boulevard du Temple, dit « du Crime », on se rappelle celui du Cirque, célèbre par ses pièces militaires et ses féeries, construit à la fois pour théâtre et représentations équestres. Seul l'Ambigu, élevé par MM. Lecointre et Hittorf,

présente un monument complet. Mais dans toutes ces salles, élevées par la spéculation, dans le but de faire beaucoup de recettes avec peu de dépenses, c'est-à-dire de faire tenir le plus grand nombre possible de spectateurs dans le plus petit espace, l'art et le confort furent assez négligés. Tandis qu'en province, où les théâtres étaient des édifices municipaux, on en eut plus de souci ; nombre de grandes villes édifièrent des théâtres beaucoup plus convenables, telles sont : Lyon où Chenavard, n'ayant qu'un terrain restreint, arrangea sous la salle un vestibule très original ; Le Hâvre où Brunet Desbaines éleva un joli monument à l'extrémité du grand bassin ; Moulins ; Toulon, où Charpentier, préoccupé l'un des premiers de la ventilation et de l'éclairage, établit, de concert avec le docteur Tripier, un système rationnel.

Lorsqu'en 1859, les percements de différents boulevards et rues, entraînèrent la démolition des théâtres du boulevard du Temple et du Vaudeville, la ville de Paris, se substituant à l'initiative privée, entreprit elle-même

Fig. 465. — *Nouvel-Opéra.*

la construction des nouveaux théâtres, et leur affecta des emplacements et des terrains plus spacieux. L'intervention du budget municipal fit faire d'immenses progrès à la construction des théâtres de second ordre ; le public vit enfin se réaliser une grande partie des améliorations depuis longtemps réclamées. Les architectes du théâtre Lyrique et du Châtelet, M. G. Davioud, de la Gaîté, M. Cusin, et du Vaudeville, M. A. Magne, y apportèrent un soin particulier et y développèrent chacun leur talent particulier, non seulement dans les distributions, mais encore dans la décoration.

Grâce à l'administration du célèbre préfet de la Seine, le baron Haussmann, et à ses architectes, Paris eut enfin des salles de spectacles confortables et monumentales, brillamment décorées, précédées de porches et de vestibules convenables, desservies par des escaliers larges, faciles et suffisants, accompagnées de toutes les dépendances nécessaires : foyers, vestiaires, buffets ; puis pourvues de scènes larges et de tous les locaux de service. C'est pour ces édifices que furent : 1o importés et perfectionnés les plafonds lumineux, dont nous reparlerons au chapitre spécial de l'éclairage des théâtres ; 2o inventées les machines en fer.

La province, de son côté, participa à l'entraînement,

les municipalités apportèrent plus d'attention aux constructions théâtrales, pzrmi lesquelles nous pouvons citer le théâtre de Reims.

Enfin, le nouvel Opéra de Ch. Garnier (fig. 465), vint marquer l'apogée de l'art, non seulement en ce genre de construction, par la magnificence de la décoration extérieure, par la beauté et la richesse des matériaux, mais aussi par l'ampleur de toutes les parties de l'édifice, notamment dans les accès, les escaliers, les dégagements, par le confortable des installations, et encore par la beauté grandiose de l'architecture.

### PRINCIPES GÉNÉRAUX DE LA CONSTRUCTION DES THÉÂTRES MODERNES

*Exposé des conditions auxquelles ils doivent satisfaire.* Un théâtre étant un édifice dans lequel le spectacle de la mise en action d'un poème lyrique, dramatique ou comique est offert au public, le programme de sa construction comprend nécessairement deux grandes divisions distinctes à envelopper dans un ensemble, pour constituer un tout, c'est-à-dire un monument, sauf à l'architecte à profiter des différences entre les parties pour introduire la variété dans l'unité et trouver, dans ces différences mêmes, les motifs d'une silhouette caractéristique. Les deux grandes divisions de l'édifice commun sont : 1° la partie où se tient le public : la *salle* de spectacle, avec ses accès, ses annexes et ses dégagements de tout genre ; 2° celle où est représentée l'action : la *scène* avec ses services et ses dépendances.

*Accès.* Le monument qui les réunit, appelé par extension *théâtre*, du nom antique *theatrum*, donné autrefois à l'ensemble de la scène, étant un édifice où est invité le public et même la foule, doit naturellement être situé, autant que possible, au centre des villes, de préférence sur une place publique, s'offrir à la vue, être d'un accès facile et avoir un aspect agréable. A cette nécessité de faciliter l'accès se joint aussi celle d'éviter les communications d'incendie, aussi est-il logique d'imposer l'isolement des théâtres. La sécurité et la commodité deviennent ainsi les auxiliaires de l'art.

C'est à Bordeaux que l'on vit pour la première fois un théâtre monumental isolé, et plus tard à Paris, où l'Odéon resta longtemps un exemple unique. Il fallut les grands travaux de l'administration Haussmann pour construire deux théâtres complètement dégagés, puis le grand Opéra.

Des deux grandes divisions qui forment le théâtre, la plus importante est celle de la salle, qui couvre en moyenne la moitié de toute la surface occupée. Cette partie comprend : 1° les entrées pour l'arrivée des spectateurs, la descente de voiture, les abris pour attendre l'ouverture des portes, portiques et porches, les promenoirs ; 2° l'attente dans le ou les vestibules ; 3° le contrôle ; 4° la séparation du public, suivant les catégories de places, pour l'accession aux différents étages, escaliers et couloirs ; 5° la salle. La deuxième partie comprend la scène, ses dépendances, ses annexes et l'administration.

*Entrées.* L'arrivée la plus encombrante est celle des voitures, surtout dans les théâtres de luxe des grandes villes où la majorité des spectateurs munie de billets vient en voiture ; les dames ne pouvant être exposées à la pluie, il faut à cette partie du public, des descentes à couvert appropriées à ses besoins, à ses habitudes ; aussi, dans les pays aristocratiques, leur donne-t-on la place d'honneur.

Dans notre société, les descentes à couvert sont, il faut l'avouer, un des embarras de l'architecte chargé de la construction d'un théâtre ; ceux qui ont vu les projets présentés au concours de l'Opéra, en 1860, ont pu se rendre compte de cette difficulté. Le plus souvent, pour la résoudre, on a recours à ces parapluies vitrés, dits *marquises*, et on les applique au-dessus des entrées latérales ; c'est, effectivement, une solution simple et efficace, ce genre d'abri, suspendu en l'air, laissant toute liberté aux évolutions des voitures. Ces légères constructions, bien comprises, bien exécutées comme ferronnerie, peuvent accompagner l'architecture monumentale sans la déformer. Celle du théâtre situé place du Châtelet, à

Paris, si souvent débaptisé que nous ne savons comment le nommer, et celle du théâtre de Genève, au-dessus des entrées latérales, peuvent être citées comme exemples.

Louis, en construisant la façade du théâtre Français, sur une rue étroite, s'était parfaitement rendu compte de toutes ces nécessités des entrées, et il leur a donné satisfaction avec son portique, si ouvert, si dégagé, si accessible. La saillie du balcon couronnant l'entablement du rez-de-chaussée couvre le trottoir étroit, ajouté depuis, et abrite les spectateurs qui descendent de voiture ; c'est une autre solution, également acceptable, simple, économique de terrain et de dépense que nous avons adoptée, pour les mêmes raisons, à notre théâtre de Reims, en la rendant plus efficace par la suppression du trottoir.

*Portiques.* Le portique ou premier vestibule, qui sert à la fois, d'abri en attendant l'ouverture des portes, de promenoir pendant les entr'actes, de dégagement pour faciliter la sortie, de station entre les escaliers et la voie publique, doit être, pour son but multiple, très spacieux, profond même, largement ouvert, conformément à la tradition antique, et autant que possible ouvert sur les trois façades.

Le public doit y trouver : les bureaux de vente des billets d'entrée ; les portes d'accès au vestibule du contrôle, suffisantes pour les deux catégories de spectateurs (ceux qui ont des places retenues et ceux qui viennent les prendre) ; enfin, aux extrémités, les portes des escaliers de sortie. Les premières, celles de l'entrée, au nombre de trois au moins, doivent être disposées de façon à faire *converger* les arrivants munis de billets, vers le contrôle où ils les échangent, tandis que les secondes, celles de sortie, doivent, au contraire, *diviser* la foule dans tous les sens et empêcher tout encombrement, en un mot préparer la *diffusion*.

*Vestibules.* Dans les grandes villes, les distances étant longues, nombre de spectateurs, pour plusieurs motifs, arrivent au théâtre avant l'ouverture des portes : les uns munis de leurs numéros de places, les autres venant les prendre. Aussi, pour éviter aux premiers la gêne de la queue, à tous les courants d'air et permettre la communication avec les vestiaires, dispose-t-on, dans les grands théâtres, des vestibules d'attente en avant du contrôle. S'il n'y a qu'un seul vestibule, on lui donne alors une grande profondeur, de façon à atteindre le même but, en établissant des divisions avec de simples barrières ou paravents ; l'effet architectural y gagne beaucoup plus de caractère et de grandeur, l'œil, pouvant embrasser l'ensemble, en est plus impressionné.

Le vestibule du théâtre de Bordeaux, quoique le premier construit, a été disposé en prévision de tous ces besoins d'une société élégante ; aussi peut-il passer pour un modèle de commodité, de goût et d'entente de l'esthétique architecturale.

Lorsqu'en 1861, la ville de Paris fit reconstruire quatre théâtres, elle a malheureusement mesuré parcimonieusement le terrain à ses architectes, et ne leur a pas permis de donner aux vestibules une importance proportionnée à la foule qu'on voulait attirer dans ces édifices. Par contre, au grand Opéra, Ch. Garnier a pu donner au vestibule d'attente une superficie proportionnelle au monument, dans lequel il occupe le dessous du foyer, et il l'a décoré en harmonie avec l'ensemble.

*Vestibule du contrôle.* Généralement, la plupart des théâtres n'ont qu'un seul vestibule qui porte ce nom. Quoi qu'il en soit, le vestibule du contrôle est à la fois la station d'arrivée et le point de départ de tous les spectateurs, car c'est de là qu'ils se divisent, suivant leurs catégories de places, pour se rendre promptement, par des voies distinctes, à chaque étage. Comme ce vestibule est aussi, pendant les entr'actes, une station centrale, il faut encore y trouver, en plus des ouvertures précitées, des portes de communication avec les dépendances, cafés, buffets, water-closets, vestiaires, etc.

*Escaliers.* Leur importance dans les édifices à étages, comme accès et voies de communication, s'accroît dans les théâtres en raison de la multiplicité des étages et de la foule qui les fréquente. Non seulement il les faut nombreux, mais encore ils doivent être spacieux et faciles, s'annoncer clairement, en un mot, être bien à la disposition du public, se présenter sous ses pas. Aussi leur construction est-elle toujours une des difficultés imposée à l'architecte ; car, sans la surface, ils ne peuvent avoir, ni les développements nécessaires pour adoucir les montées et les courbes, ni l'élargissement des paliers, ni les dégagements proportionnels, et c'est d'ordinaire le terrain qui est le plus parcimonieusement mesuré.

En principe, chaque catégorie de places doit être desservie par un escalier particulier, partant du vestibule du contrôle, et aboutissant aux couloirs de la salle, de préférence aux angles du carré circonscrit. Aussi, quelle que soit l'importance d'un théâtre et ses conditions locales, la nomenclature des escaliers comprend : 1° l'escalier d'honneur ; 2° les escaliers conduisant du contrôle à chaque étage ; 3° ceux de communication particulière entre les étages ayant accès au foyer ; 4° les escaliers de sortie.

En tous pays, les salles de spectacle étant aussi utilisées pour des fêtes (bals ou concerts), dont l'escalier est comme un préambule, il est donc nécessaire que l'escalier d'honneur se présente le premier. On comprendra donc que dans les théâtres où l'architecte a été maître du terrain, il ait fait de cet escalier un des plus riches motifs décoratifs de l'édifice. En tout cas, simple ou double, il faut qu'il débouche sur l'avant-foyer.

Dans les derniers théâtres édifiés récemment, à Paris, sauf au grand Opéra, il n'y a pas d'escalier d'honneur, mais de grands escaliers d'accès à tous les étages, qui commencent généralement à celui du parterre, auquel on accède du vestibule par de grandes rampes, comme au Châtelet.

Quels qu'ils soient, la beauté et la commodité des escaliers dépendent de l'*observation des principes généraux sur ce sujet délicat ; soit à propos de l'emmarchement qui donne la douceur des rampes ; de l'écartement de celles-ci, qui les dégage ; de la proportion des côtés qui, lorsqu'elle est à l'avantage de la profondeur, facilite le jeu de la perspective ; de l'ajourage des murs et des gardes-corps, qui leur donne de la légèreté, de la gaieté, un effet aérien (c'est pour cette raison que les architectes du xviiᵉ et du xviiiᵉ siècles ont inventé les arcades vitrées et les fausses croisées en glaces polies) ; de la hauteur qui, en faisant paraître la cage comme inondée d'air, semble faciliter la montée aux personnes fatiguées ; enfin, de l'observation de l'échelle humaine dans tous les détails pour éviter de diminuer les allants et venants ; aussi, pas de grosses moulures apparaissant à travers les jambes ou au-dessus de la tête.

Au grand Opéra, l'escalier d'honneur (fig. 466) qui monte dans l'atrium, amplification magnifique de celui de Bordeaux, est une des merveilles de l'édifice. Quant aux escaliers secondaires, qui conduisent à toutes les places, on ne peut leur demander que la commodité, mais il la faut complète ; leur largeur doit être proportionnée au nombre des spectateurs qui y passent pour se rendre à leur place, en livrant passage à deux ou trois personnes de front. Les rampes parallèles sont préférables à celles circulaires, surtout dans les théâtres populaires, et lorsqu'elles peuvent être doubles ; car alors elles évitent des rencontres et rompent les poussées. Celles du grand Opéra, sur les côtés de l'atrium, sont des modèles à citer, à imiter, même sans leur donner tant d'ampleur.

Quant aux escaliers de communication entre les étages, ils trouvent naturellement leur place dans les angles des couloirs, en dehors des courants de la foule.

*Couloirs.* Les galeries qui entourent la salle à chaque étage, communément appelées *couloirs*, en complètent l'accès, puisqu'elles la précèdent et servent d'antichambre à chaque catégorie de places. Elles doivent donc avoir une surface proportionnelle au nombre de ces places, puisqu'elles sont destinées à contenir le même nombre de personnes, debout il est vrai, mais circulant ou stationnant devant les vestiaires ; aucune ne devant être gênante pour le passage des autres, ni gêné par le développement des portes des loges. Celles-ci, en raison de leur multiplicité, ne pouvant ouvrir qu'en dehors, opposent à la sortie une série d'entraves dont il faut tenir compte en augmentant la largeur. Même dans les petits théâtres, les couloirs doivent donc être larges et calculés pour assurer le développement d'une porte de 65 à 70 centimètres, avec le passage de deux ou trois personnes.

Pour l'éclairage du service de jour et l'aérage de la salle, en été, il est utile que chaque côté d'un couloir ait une fenêtre sur une cour de service, d'ailleurs indispensable pour les accessoires dont nous parlerons.

*Foyers.* Ainsi nommés parce que, autrefois, avant le chauffage des salles par les calorifères et surtout par le gaz, les spectateurs venaient s'y réchauffer, tandis qu'aujourd'hui, c'est tout le contraire ; comme on étouffe dans les salles, on vient prendre l'air aux foyers. En outre, les spectateurs dispersés dans les différentes places s'y donnent rendez-vous pendant les entr'actes, comme sur une place publique, pour y causer, s'y promener; aussi, destinés à recevoir beaucoup

Fig. 466. — *Escalier du Grand-Opéra.*

de visiteurs, la plupart étrangers les uns aux autres, la forme de galerie est-elle la plus convenable, celle qui se prête mieux aux allées et venues.

Leurs dimensions procèdent donc de deux considérations : 1° la surface qui doit être suffisante pour contenir à l'aise environ la moitié des spectateurs des places qui y ont accès; 2° le rapport des proportions entre la longueur et la largeur, celle-ci devant être suffisante pour permettre à deux ou trois files de promeneurs de passer sans se heurter. Même dans les petits théâtres, elle ne peut être moindre de 4 à 5 mètres, et dans les plus grands, elle ne doit pas, sans inconvénients, dépasser 10 mètres, afin de ne pas trop éloigner les groupes, ni les faire évoluer dans un vide relatif, ce qui serait attristant. Or, la longueur, pour les mêmes raisons, ne peut guère dépasser six fois la largeur dans les grands, et sept fois dans les petits, ni être inférieure à quatre fois. Si la longueur est grande, il faut en rompre la monotonie en fermant les extrémités par des motifs particuliers, faisant fond derrière de larges arcades qui, en interrompant la sécheresse des lignes discontinues, forment des ressauts, des arrêts de lignes en même temps que des retraites pour les causeurs. La hauteur est une affaire d'esthétique, suivant l'impression que veut causer l'architecte : le calme, l'admiration ou l'étonnement.

Quant à l'emplacement, le foyer devant être précédé d'un large palier et se trouver à proximité des escaliers et des couloirs de la salle, il ne peut être logiquement que dans l'axe du monument, sauf impossibilité de terrain. Aussi, pour profiter de l'analogie des formes, le place-t-on généralement au-dessus du portique ou du vestibule.

Dans les théâtres aux façades circulaires, concentriques à la courbe de la salle, ou en saillie sur celle-ci, comme au théâtre d'Anvers, l'impossibilité de trouver un foyer convenable, à moins de le placer sur un des côtés où alors il est d'un accès difficile, est une des raisons qui ont fait et feront toujours écarter cette disposition originale, malgré les avantages qu'elle peut présenter dans le plan d'une ville ; les façades circulaires n'ayant pas d'axe et les portiques de même forme offrant peu de facilité d'accès.

Parmi les foyers des théâtres de Paris, celui du grand Opéra, hors de pair au monde, est exceptionnel aussi par l'ampleur de ses annexes ; celui de l'Odéon n'est guère qu'un promenoir dans la cage de l'escalier ; l'Opéra-Comique, détruit aujourd'hui, n'avait qu'un immense salon ; la Comédie française possède un corridor auquel on a ajouté récemment un salon. Parmi les nouveaux, ceux des théâtres de la place du Châtelet sont bien compris, l'un d'eux est précédé d'une loggia très agréable sur un théâtre souvent bondé de monde ; celui du Vaudeville est un élégant salon circulaire.

En province, comme théâtre de moyenne dimension, celui de Reims, qui forme une longue galerie de 32 mètres sur 6, est terminé à chaque extrémité par des salons ouverts sur de grandes arcades qui n'interrompent ni la circulation, ni la perspective, mais la terminent par des motifs plus riches qui achèvent la décoration.

Salle. Les salles de spectacle étant destinées à recevoir, pendant plusieurs heures, un grand nombre de personnes qui veulent voir et entendre le développement d'une action jouée, parlée

ou chantée, dans son milieu propre, et figurée en fac-simile par des peintures dites « décorations, » doivent remplir plusieurs conditions complexes, difficiles à faire concorder et nécessitant des études d'ordre différent que nous allons examiner successivement en les classant ainsi : 1º dimensions; 2º forme architecturale; 3º disposition et distribution; 4º acoustique; 5º décoration; 6º éclairage: 7º chauffage et ventilation; 8º sortie du public.

1º *Dimensions.* Parmi les mesures d'une salle, la plus significative par rapport au nombre des spectateurs, celles dont toutes les autres dépendent, c'est la largeur ou le diamètre au-devant des loges. On peut compter, d'après Cavos, par chaque mètre de diamètre, dans une salle à 3 étages y compris le rez-de-chaussée, 65 places confortables ; dans une salle à 4 étages, 90 places confortables, et dans une salle à 5 étages, 110 places confortables, et dans une salle à 6 étages, 125 places, à raison de trois rangs dans les loges mais les gradins des amphithéâtres supplémentaires en plus ; c'est-à-dire qu'une salle de mille places, à trois étages aura $1,000/65 = 15^m,30$ de diamètre. Mais il est évident que les grands diamètres de 18, 19 et 20 mètres, autorisent seuls l'emploi de 5 et 6 étages, et que l'allongement de la courbe en ellipse change ces proportions en permettant d'augmenter le nombre des spectateurs.

Il y a lieu, en outre, dans l'application, de tenir compte : 1º des amphithéâtres supérieurs, pour les places à bon marché, où on peut superposer nombre de sièges et de banquettes, et ainsi modifier sensiblement la règle ; 2º de cette observation que les spectateurs des derniers étages et des places de côté, ne voyant la scène que sous un angle aigu, on n'y peut placer que deux rangées (le nombre des étages doit aussi être proportionné au diamètre ; donc à petite salle, peu d'étages); 3º de ce que l'ouverture de la scène ne peut guère être inférieure aux trois cinquièmes du diamètre de la salle.

2º *Forme architecturale.* Les représentations de l'Opéra et celles du drame, différant autant par les moyens d'action qu'elles emploient que par les effets cherchés, exigent une disposition quelque peu différente de la salle où elles se produisent. Ainsi, dans un *théâtre lyrique*, l'acoustique doit dominer la question d'optique, comme dans les salles italiennes qui sont des modèles. Au contraire, dans les salles consacrées au drame et à la comédie, avec les finesses de notre mise en scène, les spectateurs veulent, avant tout, bien voir l'action représentée et entendre toutes les délicatesses de la parole. L'éloignement est alors une gêne, et la position de côté devient presque pénible. Pour pouvoir suivre tous les mouvements de la scène, il faut que toutes les places soient disposées de telle façon que tous les rayons visuels convergent librement sur toute la scène, au-delà du proscénium, ce qui ne peut être obtenu qu'avec une scène très large et peu profonde, sauf à circonscrire le lieu entre des décors inclinés.

Dans les capitales, où chaque théâtre est affecté à un genre particulier de spectacle, ces principes peuvent être adoptés à la lettre ; mais en province, où il faut des salles destinées à toutes les représentations, depuis celles de l'opéra et de la féerie jusqu'à celles des proverbes et saynètes, la différence des règles à observer est d'autant plus grande, ainsi que la difficulté de trouver un moyen terme, une forme acceptée : il faut adopter une courbe intermédiaire, dite « circulaire », parce qu'on peut y inscrire un cercle parfait. Elle est composée d'un demicercle raccordé avec le cadre par deux arcs dont le centre est sur la tangente au cercle, l'ouverture de la scène étant des trois quarts du diamètre.

3° *Disposition et distribution.* Ces premiers points résolus, quelles que soient la forme de la salle, sa profondeur et sa largeur, la disposition des étages ne peut se faire que suivant deux systèmes bien différents : la disposition italienne et la disposition française.

La première, justifiée par les mœurs de ce pays, s'explique par la préférence des Italiens pour la musique ; à la simplicité architecturale, se joint le fractionnement des spectateurs dans leurs loges, leur isolement relatif, l'aspect froid de l'ensemble et, par conséquent, de l'assemblée.

Tout le contraire est la disposition française, si ouverte, si propice à l'animation, à l'expansion de la gaieté. Dans celle-ci, peu de séparations entre les spectateurs, plus de pilastres entre les loges ; au lieu des hauts accoudoirs pleins, de légers garde-corps galbés et même ajourés ; partout, mise en lumière des personnes, éloignement des jours. Les spectateurs sont ainsi dégagés, et rapprochés les uns des autres seulement par des cloisons très basses, à mi-hauteur, presque invisibles. Personne n'y est isolé, tout le monde se voit, suit ensemble le développement de l'action qui se déroule sur la scène, jouit des mêmes plaisirs : aussi l'émotion y est-elle promptement communicative. Au lieu d'être dans une cour fermée percée de fenêtres, le spectateur du rez-dechaussée se trouve entouré d'estrades chargées de monde. Enfin, les balcons, en rapprochant les personnes, leur facilitent la vue de la scène ; seulement, pour satisfaire à la logique et aux principes de l'architecture, il faut reconnaître que ces saillies, en cachant les murs, dissimulent aussi les supports du plafond ou de la voûte.

Avec cette disposition, dite « française », en tenant compte du cérémonial usité dans toute grande réunion, lors même qu'on y vient pour rire, le problème, pour l'architecte, consiste à trouver une ordonnance architecturale qui : 1° épouse la forme de la salle ; 2° s'adapte à l'ouverture de la scène ; 3° porte naturellement les balcons, le plafond ou la coupole ; 4° réduise le volume ou le nombre des points d'appui tout en leur faisant aussi supporter les balcons, sans que leur légèreté n'inquiète ni ne heurte l'harmonie générale des proportions.

Deux dispositions architecturales répondent également bien aux difficultés du problème. La plus ancienne est le motif de la coupole sur quatre pendentifs, imaginé par V. Louis, à Bordeaux, appliqué par lui, à Paris, au Théâtre

français (avant sa transformation sous le Consulat), à l'Opéra de la place Louvois, et par Ch. Garnier à l'Opéra de Paris ; la seconde est celle de la coupole portée sur un pourtour d'arcades, comme au théâtre de la place du Châtelet et perfectionné au théâtre de Reims.

L'installation des spectateurs est une difficulté d'un autre ordre, mais intéressante pour le public.

Le pourtour, sous les loges du premier étage, est occupé dans la plupart des théâtres par des loges dites « baignoires ou loges grillées », généralement recherchées, non seulement de certains spectateurs, mais aussi des dames de la société qui, pour raison de demi-deuil ou autre, ne veulent pas s'exposer à tous les regards.

Le plancher de l'orchestre, en contre bas de $1^m,20$ du proscénium, quoique de niveau pour les instrumentistes, est la base de la courbe montante du plancher, aussi en résulte-t-il un ressaut à la séparation. Comme les premiers spectateurs regardent au-dessus d'eux, la montée du plancher et des sièges est d'abord faible afin que les spectateurs des rangs extrêmes ne voient pas trop en face, puis elle se relève en s'allongeant, suivant une courbe que M. Lachez (*Traité d'acoustique*) appelle *auditovisuelle*, calculée pour que chacun puisse apercevoir la scène au-dessus de son voisin (de $0^m,05$ à $0^m,10$ au fur et à mesure que l'on monte) en prenant, toutefois, cette précaution que les rangées de sièges concentriques soient répartis de telle sorte que chaque tête se trouve en face de l'intervalle qui sépare les deux têtes placées devant elle.

Le plancher des loges de baignoires, de niveau avec le couloir, doit être élevé au-dessus de celui de la platea, de telle sorte qu'au sommet, l'appui arrive au niveau des têtes des spectateurs du parterre assis ; mais cette différence étant trop difficile à obtenir dans les longs amphithéâtres, on préfère supprimer les baignoires du fond de la salle et utiliser le dessous pour y prolonger les stalles-banquettes.

Dans certains théâtres parisiens, notamment au Châtelet, ces enfoncements sont excessivement profonds ; sans doute, on y voit la scène, on y entend bien, mais que dire de ces *soupentes* basses et sombres qui semblent faites exprès pour emmagasiner la chaleur et les miasmes ? L'expansion et le rire y sont comme comprimés, étouffés.

Le premier étage, de niveau avec le foyer, contient les meilleures places, les plus chères ; c'est le *piano nobile* des Italiens ; il doit donc être traité en proportion de son importance, comme confort et comme décoration. Aussi, le plus souvent, pour tirer parti de cette situation avantageuse, on profite de la liberté que le système français laisse aux lignes de l'architecture, pour lancer en avant et en contrebas des coupes sur lequel on installe des *fauteuils* dits *de balcon* fort recherchés du public ; c'est une gracieuse annexe qui ajoute à l'animation de la salle, et n'a d'autre inconvénient que de couvrir une partie des stalles du dessous et d'ombrager les baignoires.

Le deuxième étage, de même dimension, est généralement semblable au premier étage, moins le balcon, qui est exceptionnel dans certains théâtres; il est distribué en loges particulières ou communes par entrecolonnements. Celles-ci sont alors occupées par des stalles fixes posées sur des gradins.

Le troisième étage, dans les grands théâtres, est

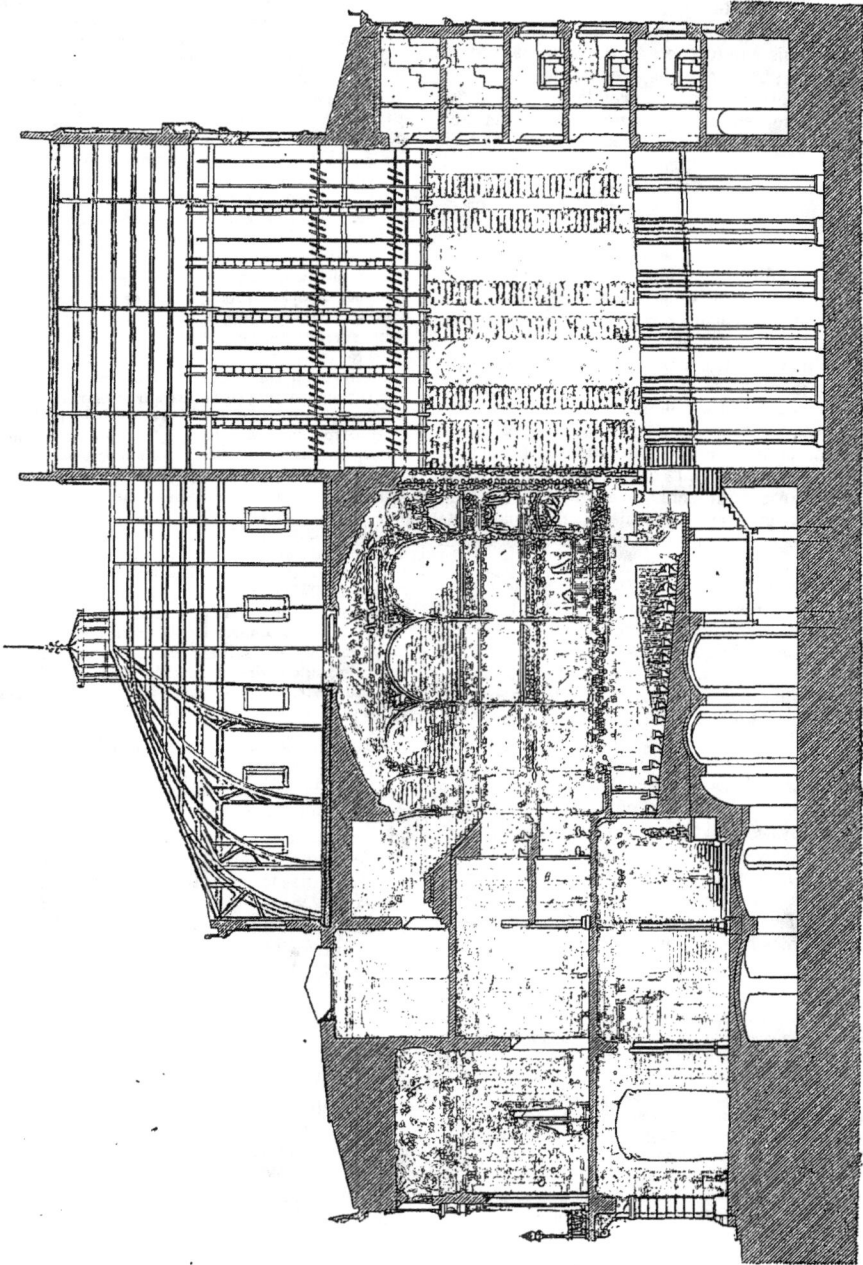

Fig. 467. — *Coupe du théâtre de Reims.*

aussi distribué en loges; mais dans les petits, il est le plus souvent agrandi, prolongé au-dessus du couloir; il forme ainsi un vaste amphithéâtre supérieur pour les places à bon marché. Comme il vient le dernier, on peut lui donner une élévation proportionnelle au nombre de places et, par conséquent, confortables, hygiéniques, surtout lorsqu'une ventilation bien comprise enlève l'excès de chaleur.

Grâce au dégagement des arcades supérieures

et à la hauteur du plafond, ces gradins peuvent être suffisamment élevés pour assurer à chacun la vue de la scène. Quant à l'audition, elle y est toujours excellente.

A chaque étage, le bien-être du spectateur dépend de trois conditions : 1° de l'espace qui lui est attribué ; 2° de son siège, et 3° de l'angle visuel avec la scène. Pour la première, il faut que la surface soit suffisante pour pouvoir se remuer, la durée du spectacle étant généralement de trois heures, non compris les entr'actes ; or, on sait qu'un homme assis sur une banquette occupe une surface moyenne de un tiers de mètre, soit 0m,50 sur 0m,65 à 0m,70 ; les pieds peuvent, en outre, s'engager sous le siège de devant. Dans une loge, où l'on est plus emboîté, il faut compter 0m,10 de plus en chaque sens, même pour les places de face, et plus encore pour ceux qui regardent de côté, car la surface à leur attribuer dépend de l'inclinaison des séparations des loges avec les appuis et de leur direction sur la scène. L'angle visuel suivant lequel les spectateurs des loges, du premier et du deuxième, voient la scène au-dessus du balcon et surtout au-dessus des têtes des spectateurs du premier rang, varie dans chaque loge, et à chaque étage ; il oblige à un relèvement progressif des sièges des places de côté, au fur et'à mesure qu'elles se rapprochent de la scène.

Aux amphithéâtres des places supérieures, nulle difficulté ne s'opposant à la graduation, elle peut être aussi rapide que l'exige l'angle visuel.

*4° Acoustique.* Il ne suffit pas d'assurer à chaque spectateur la vue de la scène, il faut encore se préoccuper de lui faire entendre convenablement tout ce qui s'y dit, principalement tout ce qui s'y chante, ainsi que tous les sons de l'orchestre. C'est un autre problème beaucoup plus difficile, car si l'acoustique est une science dont les exigences sont connues, ses lois ne sont pas toutes définitivement fixées, surtout pour les architectes.

Quels sont ces principes ? Nous ne pouvons faire mieux que d'en présenter l'exposé d'après l'excellent *Traité sur l'acoustique des salles de réunions*, de notre honoré confrère M. Th. Lachez.

« On donne, dit-il, le nom de *son* à la sensation que nous éprouvons par le fonctionnement de l'organe de l'ouïe ; d'un autre côté, on applique le mot son à l'ébranlement vibratoire des corps qu'on appelle alors *sonores*, aux ondulations des milieux ambiants qui les transmettent et, enfin, à la sensation perçue. Or, le son, ajoute-t-il plus loin, se propage dans l'air en *ondes sphériques* ; c'est un ébranlement produit par différentes causes dans les molécules de ce fluide, et dont l'intensité diminue en raison du carré des distances. Dans les espaces *non finis*, par l'effet de la résistance et du frottement d'ailleurs très faible, des molécules aériennes, les oscillations périodiques et les ondulations finissent par s'éteindre complètement ; ces ondulations s'étendent d'autant plus loin que la puissance de production a été plus intense au lieu même de l'ébranlement. Mais, dans les espaces *finis*, au contraire, les oscillations ondulatoires se répercutent sur les parois ; elles font entendre, en se condensant en quelque sorte dans un espace ainsi limité, le son qui, en s'étendant librement ailleurs, devient bientôt trop faible pour être perçu ; c'est comme une lumière qui ne peut éclairer qu'à une faible distance dans un espace sans limites, mais qui éclaire parfaitement si elle se trouve dans un espace limité par des parois réfléchissantes.

« Le son n'occasionne qu'une oscillation, un mouvement de raréfaction et de refoulement alternatif de va-et-vient. Ces oscillations plus ou moins étendues ou limitées, engendrent des ondes qui se propagent de proche en proche, absolument comme les rides circulaires sur l'eau ; seulement les *ondes aériennes sont sphériques* et se forment avec une très grande rapidité (en moyenne 340 mètres par seconde à l'air libre).

« Les ondes sonores qui se propagent sphériquement, presque indéfiniment au milieu des espaces libres, se réfléchissent dans les espaces limités ; car l'onde directe et l'onde réfléchie font des angles égaux avec la normale des corps ou des surfaces qui font obstacle à leur marche indéfinie ; en un mot, l'angle d'incidence est égal à l'angle de réflexion. La réflexion est plus complète, plus parfaite sur des parois réfléchissantes, unies, polies, résistantes. Pour se faire une idée de la répercussion des sons sur des surfaces de nature différente, comme le marbre, le bois ou des étoffes moelleuses, qu'on se figure une bille d'un corps dur tombant perpendiculairement sur chacune de ces surfaces : sur le marbre, la bille rebondit d'une manière parfaite à cause de l'élasticité des deux corps durs ; sur le bois, la bille ne rebondit que faiblement, et très peu sur l'étoffe moelleuse.

« Les parois minces, en participant à l'ébranlement général de ces ondes, absorbent une partie de leur force vive ; tandis que les parois résistantes, au contraire, redoublent à chaque réflexion, l'intensité des ébranlements sonores, les continuant ainsi, alors que les parois molles, souples et surtout flottantes, les absorbent ou les éteignent. Il en résulte donc que les espaces limités, les parois qui ne sont pas répercutantes, en ajoutant leurs vibrations propres à celles réfléchies, les modifient utilement ou non, suivant les circonstances. Les résonances résultent des vibrations ainsi imprimées à la masse de l'air, et les échos qui ramènent les sons à un même point sont au nombre de ces résultats. »

Des principes qui précèdent, il découle que, par la disposition des parois qui limitent les salles et par le choix des matériaux, l'architecte et le tapissier peuvent favoriser les ondulations sonores ou les étouffer, mais dans une salle de spectacle, le problème qui consiste à n'utiliser qu'en connaissance de cause les résultats de ces propriétés différentes des corps, aussi bien que celles des parois de l'ameublement que des spectateurs, se complique d'autres exigences venant de l'architecture, des usages, des scènes ouvertes et absorbantes.

En résumé, voici les desiderata de M. Lachez, pour la construction d'une salle destinée aux spectacles en musique :

*Salle.* Lui donner à la fois une forme évasée sur le fond et resserrée vers la scène (sans doute, comme celle de Bayreuth, construite par Richard Wagner) ; éviter les grosses colonnes, les hautes cloisons de division dans les galeries (car, ou elles donnent des résonances locales, ou elles produisent des assourdissements, à moins de les utiliser habilement), le croisement des ondes, à cause de leur répercussion intempestive sur les surfaces éloignées du lieu de l'émission ; utiliser les ondes directes, renforcées simplement dans le lieu d'émission afin de n'éprouver dans aucun point, ni échos, ni résonances désagréables ; préférer les surfaces répercutantes, c'est-à-dire solides, dans les petites salles ; établir les gradins des amphithéâtres sur une base solide, telle que voûtes en maçonnerie, plutôt que sur charpentes légères, afin qu'ils ne puissent pas vibrer sous l'influence des ondulations sonores, les graduer suivant une courbe également favorable à l'audition et à la vision (dite *auditovisuelle*).

*Orchestre*. L'installer sur un sol ferme et l'entourer de parois résistantes.

*Scène*. Lui donner peu de hauteur, très peu de profondeur et la rétrécir; remplacer les décors en toile par d'autres composés de parements plus résistants, n'absorbant pas les sons, mais les répercutant, c'est-à-dire revenir aux dispositions des scènes antiques, mais *diminuendo*, ce qui est tout à fait inconciliable avec les spectacles modernes, ainsi qu'on peut le voir au Trocadéro.

M. Lachez n'a, malheureusement, pas eu l'occasion de construire un théâtre; aussi est-il resté dans les hauteurs de la théorie scientifique; nous pensons que s'il se fut trouvé aux prises avec les difficultés de la pratique, il se serait relâché de ses principes au risque d'encourir, lui aussi, de la part d'autres savants, les reproches qu'il adresse à divers architectes, d'avoir sacrifié, à ce qu'il appelle les préjugés de l'Ecole des beaux-arts, les usages de l'architecture monumentale, etc... Mais ce qu'il n'a pu faire, d'autres l'ont tenté, car ce problème de l'acoustique préoccupe depuis longtemps les architectes; récemment, MM. Davioud et Bourdais, en 1875, ont présenté à l'administration un projet d'opéra populaire pour neuf mille spectateurs, dans lequel ils ont appliqué rationnellement les principes de l'acoustique : scène très réduite proportionnellement à l'amphithéâtre, peu profonde et terminée par une conque engendrée par une courbe spéciale; proscénium extrêmement saillant (1/2 de la profondeur totale de la scène); orchestre en zone très longue; amphithéâtre immense (diamètre, 60 mètres) formé par une courbe de la forme demandée par M. Lachez, très développée en face de la scène et très resserrée au cadre, de façon à bien retenir et répercuter sur les spectateurs, les sons émis à l'orchestre et au proscénium; voûte parabolique, calculée dans le même but.

En résumé, jusqu'à présent, en Europe, la salle de spectacle de Bayreuth, construite par Richard Wagner, pour ses représentations des Niebelungen, est la seule qui ait été édifiée ingénieusement et logiquement par un musicien, suivant ses idées sur l'acoustique; nous ne la connaissons que par des dessins, mais nous doutons que jamais nos yeux, peut-être trop mondains, s'habituent à passer trois ou quatre heures entre les deux murs de cet amphithéâtre, du reste, grandiose.

En France, les idées, même les plus justes, ont besoin même d'être revêtues d'une forme agréable pour être acceptées du public.

5° *Décoration*. Les salles de spectacle étant aussi des salles de réunion où les Français en particulier aiment à venir voir le spectacle et la salle, le plaisir cherché y dépend aussi de son aspect. L'architecte doit donc se préoccuper de sa physiono-

mie particulière aux lumières, avec les spectateurs qui l'animent. La toilette de la salle, c'est sa coloration sans laquelle elle ne peut ni être présentée au public, ni concourir à une décoration intérieure; son rôle est d'autant plus important, qu'indépendamment des rapports généraux relatifs aux personnes, qui sont fixes, il y a ceux avec la mise en scène qui sont changeants et ne doivent jamais lui faire tort en attirant trop la vue.

Les grands effets, attrayants ou imposants, admissibles et naturels dans les autres grandes salles d'assemblée (églises, galeries de palais, salles de réunions), peuvent être déplacés dans une salle de spectacle, car l'attention ne doit jamais être détournée de la scène. Quels que soient le luxe de la société, la richesse de la décoration, il faut lui donner quelque chose de neutre, y mettre une sorte de sourdine. Cette considération, inéluctable dans l'achèvement d'un cadre, doit être une des raisons primordiales dans le choix des colorations et dans l'application de la dorure.

Le choix de la couleur n'est effectivement pas une question de fantaisie; pour avoir sa poésie, celle-ci n'en obéit pas moins à des lois. S'il y a des couleurs qui consolident les objets, qui les amplifient, il y en a d'autres qui les allègent; les unes les éclairent, les autres les éteignent, les atténuent; en tous cas, elles envoient des reflets sur les objets voisins qui modifient leur coloration propre et, de plus, par la loi du contraste simultané, elles s'affaiblissent au voisinage des unes, s'exaltent au contact des autres, ainsi que l'a démontré M. Chevreul dans sa théorie des couleurs complémentaires (1839).

Dans une salle d'assemblée, le premier but est de mettre les personnes en *valeur*, surtout leurs physionomies et leurs toilettes, et d'éviter les reflets fâcheux du fond; le second est d'enlever l'architecture, supports, bandeaux et couronnements qui encadrent les groupes ou bouquets de têtes et portent le plafond, la grande surface à couvrir. Aussi, tous les architectes peuvent-ils regretter l'abandon des anciens ciels, avec leurs amours ailés dans les nuages et leurs allégories planant dans l'azur. Le point de départ de la coloration est le tour des loges, c'est-à-dire du pourtour. Le rouge, qui est soutenu et meublant, sans absorber trop de lumière, chauffe les yeux et envoie des reflets qui soutiennent les carnations, les bijoux et les toilettes; aussi est-il par excellence la couleur des tentures de salons et la plus facilement chatoyante dans les ombres par l'effet des semis, du quadrillage et du moirage. Variable à l'infini, qu'il soit pourpré, vermillonné ou même orangé, il est le coloris de fond le plus sûr d'une salle de fêtes.

6° *Eclairage de la salle*. L'éclairage ou ici la mise en lumière des personnes et des choses qui les accompagnent, puisque l'objet en vue, la scène, a le sien particulier et caché, outre son but utile, constitue un élément de gaîté, de richesse qu'il importe de distribuer méthodiquement et décorativement pour éviter un écueil choquant dans certains théâtres.

Si, en principe, dans un salon, dans une salle d'assemblée, le lustre milieu, image du soleil, est décoratif et éclaire de la façon la plus logique, la plus favorable, de face et de haut, les personnages en les faisant briller sur les fonds qu'il éloigne au profit des dimensions ainsi agrandies, il n'en est plus de même dans les salles aussi vastes que celles qui nous occupent, et il faut reconnaître qu'un foyer unique de lumière, brillant en raison de l'espace à éclairer, présente plusieurs inconvénients, outre l'énorme développement. de chaleur produit par autant de becs. En effet, descendu trop bas afin d'éclairer, d'égayer le rez-de-chaussée et les loges du premier étage, il gêne considérablement les spectateurs des places supérieures; au contraire, relevé trop haut, ce sont les loges des premier et deuxième étages qui reçoivent les ombres des saillies de balcon, et celles-ci sont en raison de la quantité de lumière projetée; il y a donc là un cercle vicieux. Pour y remédier, on a essayé divers moyens : 1° la multiplication des appliques contre les montants des loges principales, surtout lorsqu'il y avait des colonnes, c'est-à-dire sur plusieurs points du pourtour; mais alors, on a retrouvé dans les loges supérieures le même inconvénient (la chaleur) que dans l'illumination *a giorno* des salles italiennes où, les soirs de grandes fêtes, chaque montant de loge, à chaque étage, porte une applique de trois ou cinq bougies. Sans doute, l'aspect est féerique vu de l'orchestre, mais cette multitude de bougies disposées par bouquets, a le défaut capital de développer, pour les places au-dessus, une lumière aveuglante et une chaleur insupportable dont on ne se préserve qu'imparfaitement par des écrans, sans pouvoir éviter la réverbération de la lumière. Il faut aussi avouer que, même vue de la *platea*, cette illumination scintillante produit devant les loges supérieures une atmosphère lumineuse qui cache la vue des dames.

La lumière électrique est entrée, depuis quelques années, dans une nouvelle phase, par l'invention des lampes à incandescence qui, avec le fractionnement de la lumière en vase clos et leur continuité, offre une solution satisfaisante du problème de l'éclairage hygiénique consistant, non pas seulement à éclairer la salle agréablement sans trop de dépenses, mais aussi à éviter les grandes ombres des balcons, par conséquent à faire pénétrer dans les places de dessous de la lumière directe, sans incommoder les spectateurs qui sont au-dessus, et surtout sans chauffer la température de la salle et absorber son oxygène. Car, il ne faut pas l'oublier, un bec de gaz, outre la chaleur qu'il dégage, absorbe par heure autant d'oxygène que deux personnes et répand dans l'air ambiant de l'acide carbonique, de l'oxyde de carbone et autres gaz délétères, tels que l'acide sulfureux, l'ennemi mortel des peintures. A ce seul point de vue, la substitution de l'électricité au gaz apportera une grande amélioration hygiénique et écartera les causes d'incendie; elle peut facilement se faire à l'aide de lampes Edison de huit ou de seize bougies, qui équivalent à un bec d'Argant et à deux bougies de gaz, et que l'on

adapte sur les appareils qui portent les becs de gaz, ainsi qu'on a fait à l'Opéra et dans nombre de théâtres. N'ayant pas besoin d'air pour brûler, n'étant alimentées que par un fil et n'offrant pas de contact au feu, ces lampes peuvent être fixées dans les emplacements où tout autre lumière est impossible.

7° *Chauffage et ventilation*. Le chauffage des théâtres présente des difficultés, non seulement en raison du cube d'air à chauffer, de la diversité des locaux qui n'ont pas besoin d'être élevés à la même température, mais encore de ce que ces édifices ne sont habités que la nuit, quelques heures seulement, par des personnes immobiles, étagées jusqu'au plafond, pour ainsi dire à des latitudes différentes. Aussi le chauffage doit-il y être combiné à la ventilation. Si, en effet, l'un a pour but d'élever de plusieurs degrés la température de l'air enfermé, confiné, l'autre doit renouveler cet air, afin d'éviter l'accumulation de la chaleur, et évacuer tous les gaz, acide carbonique, etc., produits par l'éclairage, la chaleur humaine et la respiration.

Les trois grandes divisions d'un théâtre, les vestibules, les couloirs, la salle ne n'exigent ni le même chauffage, ni le même fonctionnement. S'il faut, pendant toute la soirée, maintenir le même degré dans les vestibules, les escaliers et les couloirs, ainsi que sur la scène et dans les dépendances, il n'en est pas de même pour la salle, où l'éclairage brillant et les spectateurs développent une chaleur qui devient bientôt gênante, surtout aux étages supérieurs : 42 calories par spectateur et par heure. Aussi, faut-il y combiner le chauffage avec la ventilation, afin de modérer la température, tout en remplaçant l'air vicié.

Or, le chauffage par circulation de vapeur, tel qu'il a été essayé est très coûteux et disproportionné aux résultats à obtenir, car on ne peut chauffer une salle de spectacle par des poêles, comme une classe, puisqu'en même temps il faut y insuffler de l'air pour remplacer celui qui y est aspiré par la ventilation. Il est donc préférable de chauffer, au préalable, cet air sans le dessécher, au contact de tubes d'eau chaude, c'est-à-dire recourir à un système mixte, en remplaçant le foyer du système à air chaud par une chaudière chauffant l'eau destinée à remplir les tubes formant surface de chauffe. L'oxydation et la surchauffe des surfaces métalliques sont ainsi évitées, car l'eau absorbe l'excès de chaleur du foyer; l'appareil à circulation fermée, placé au-dessus, n'éprouvant qu'une température modérée, ne se dilate pas d'une façon sensible, les joints restent hermétiques. On est ainsi plus maître de régler le degré de l'air, car le chauffage d'une salle exige des intensités variables pour envoyer beaucoup de chaleur avant l'arrivée du public, puis pour la diminuer progressivement, pendant la soirée, tout en évitant le refroidissement au rez-de-chaussée et l'accumulation de chaleur dans les étages supérieurs; en effet, si cet air chaud rencontre au plafond des parois froides, il s'y refroidit, diminue de volume, augmente en densité, devient plus lourd que le volume d'air qu'il déplace et, par conséquent, redescend, chargé des impuretés ramassées, se réchauffer pour remonter ensuite, mouvement de va-et-vient qui produit des courants désagréables. Tandis qu'au contraire, avec des parois supérieures bien pleines et bien calfeutrées, la chaleur s'accumule contre elles au fur et à mesure qu'elle augmente, l'air se dilate, échauffe les couches inférieures, surtout jusqu'à la hauteur du rideau de la scène où le vide du cintre et du gril peut déterminer un appel, à moins qu'il n'y ait équilibre. Cette élévation de la température étant due en grande partie à l'éclairage au gaz, l'emploi de lampes électriques épargne l'évacuation de cet excédent de chaleur et des produits de la combustion; il ne reste plus que ceux provenant de la respiration et beaucoup moins dangereux.

Par le procédé précédent, on ne peut transporter la chaleur qu'à de faibles distances, aussi son adoption entraîne-t-elle la nécessité d'avoir un calorifère pour chaque division de l'édifice.

La disposition par circulation d'eau chaude étant trop lente à chauffer et à refroidir, est insuffisante dans les brusques variations de température, elle est, en outre, d'une uniformité de chauffage incompatible avec le service intermittent d'un théâtre; aussi ne peut-elle être employée directement, mais seulement par voie indirecte, en chauffant l'air dans une chambre de mélange placée sous la salle dans laquelle il est ensuite envoyé par un propulseur mécanique.

Jusqu'à présent, l'installation la plus perfectionnée de ce mode de chauffage combinée avec la ventilation, est celle de l'Opéra de Vienne (Autriche), due au docteur Karl Bohm. En hiver, l'air pris dans le square voisin est élevé à une température de 17 à 20° en passant dans une chambre de chauffe traversée par une multitude de petits tubes (10,000 mètres) de 0$^m$,025, remplis de vapeur à 5 atmosphères, puis insufflé, par un ventilateur, dans toutes les parties de la salle par le plancher même du parterre et par les points les plus bas des loges et galeries. En été, au contraire, on rafraîchit l'air aspiré du dehors en le faisant passer souterrainement à travers de l'eau pulvérisée mécaniquement, et le même ventilateur l'insuffle dans la salle par les mêmes ouvertures, mais surtout par le rez-de-chaussée, tandis que l'excès de chaleur des étages supérieurs et celle de 1,100 becs de gaz pour l'éclairage, est aspiré, dans le haut, par des conduits chauffés par des rampes de gaz, qui convergent dans la cheminée du lustre (elle-même chauffée et munie d'un ventilateur).

Grâce à des agencements, à des mécanismes, l'ordonnateur est maître de régler à son gré et à tout instant la température ou la ventilation des diverses parties du théâtre; aussi le résultat est-il parfait, de l'aveu de tous. Mais à quel prix? On ne le dit pas. Cependant ce bien-être luxueux ne peut être obtenu dans les salles ordinaires où il faut se contenter de n'y pas être incommodé, comme cela arrive trop ordinairement; car les salles de spectacle qui sont à étages et habitées jusqu'au plafond ne sont pas dans le cas des églises et des salles de réunion habitées seulement au rez-de-chaussée où on peut chauffer sans se préoccuper de l'accumulation de la chaleur dans les couches supérieures. Même avec l'éclairage électrique, il y aura toujours un excès de chaleur nuisible aux spectateurs de cet étage dénommé ironiquement le *paradis.*

On ne peut donc se dispenser de ventiler d'une façon continue et réglée, en aspirant l'air vicié au moyen d'orifices de sections calculées et d'un moteur qui entraîne un volume d'air déterminé pour ne pas produire de courants d'air insupportables, ce qui n'a lieu qu'à la condition de remplacer les sorties par des rentrées équivalentes. Or, ces rentrées, pour ne pas être gênantes, doivent être à la température moyenne de la salle et d'un cube proportionné au remplacement.

Tel est le programme de tout système comportant, par conséquent, l'élévation de la température de l'air à introduire pour le renouvellement, sa vitesse, d'où son cube, et les sections des orifices d'évacuation.

Le règlement de ces deux services doit composer une harmonie hors de laquelle il n'y a que désordre et courants d'air aigus; c'est un problème difficile, qui ne peut se résoudre d'après une formule empirique, mais exige un calcul, suivant les différences de température.

Les conditions particulières de chaque salle, ne permettant pas l'usage d'une formule générale, obligent à une étude spéciale pour chaque cas particulier; c'est à l'observation qu'il faut demander les raisons déterminantes du choix d'un système et au calcul les détails de l'application.

La ventilation présentant plus de difficultés que le chauffage, on comprend combien la substitution de l'éclairage électrique à l'éclairage au gaz, tout en évitant la plus grande cause d'augmentation de chaleur et de viciation de l'air dans les salles, enlèverait, par contre, la possibilité d'utiliser la chaleur du lustre pour l'appel de l'air vicié dans la cheminée centrale d'évacuation et obligerait à l'emploi d'un appareil ventilateur mû par un moteur mécanique, plus facile à régler, à modérer qu'un appel par la chaleur de brûleurs à gaz. Plus de dépense, mais plus de profit.

Malgré ces essais coûteux, le problème à résoudre reste donc toujours posé à l'ordre du jour des préoccupations des hygiénistes et des architectes.

8° *Sortie du public.* Après avoir diverti les spectateurs, leur avoir rendu agréable un séjour de plusieurs heures, il reste à faciliter leur sortie sans désordre; car celle-ci a lieu, pour tous au même moment. Il faut prévoir aussi les cas d'accidents: incendie, tumulte, panique, c'est-à-dire l'évacuation complète de la salle en trois ou quatre minutes, et sans précipitation. D'abord, comme les places de chaque étage se vident en même temps, il faut que chaque couloir du pourtour ait une largeur et une surface suffisantes pour contenir à l'aise les spectateurs de chaque étage, que par conséquent il présente une surface proportionnelle au moins à la moitié de celle que les spectateurs occupent assis, et qu'il soit largement ouvert sur les escaliers.

Enfin, à l'inverse du mouvement des entrées, où les escaliers d'accès qui, d'un centre, le contrôle, conduisent les spectateurs à leurs places, dans l'espace d'une demi-heure, il faut que ceux affectés à la sortie les dispersent en quelques minutes au dehors, sur les voies publiques qui entourent l'édifice, par conséquent aboutissent à des issues divergentes sur les trois façades, augmentent, à chaque étage, en proportion du nombre des personnes qui y descendent, en largeur ou en quantité, et enfin, que les passages et les portes à deux vantaux se développent au dehors, aient la largeur des dernières marches.

Scène. A la suite de la salle où sont les spectateurs, se trouve la *scène*, sur laquelle est représenté le spectacle et où se développe le poème lyrique, tragique ou comique, exposé d'une série de faits et de situations qui nécessitent la mise en mouvement de nombreux personnages et la vue des lieux où se passe l'action, c'est-à-dire l'apparence de la vérité. Or, l'illusion à laquelle nous tenons absolument, ne peut s'obtenir que par un simulacre aussi exact que possible de ces lieux, montagne ou forêt, palais ou prison, au moyen de nombreuses peintures de toutes formes, dites *décors*, accompagnées de meubles et autres objets réels; puis des personnes qui concourent à l'action, les *acteurs* et les *figurants*.

Il faut donc que la surface de la scène suffise non seulement à tous ces déploiements, mais encore à leur préparation, leur montage ou démontage et rangement hors de la vue du public, et rapidement, au moyen d'une machinerie compliquée. Or, cette promptitude de manœuvres ne peut être obtenue qu'autant que les *machinistes* trouvent sur les côtés des dégagements suffisants; car, après avoir circonscrit l'action dans un étroit espace, il faut pouvoir l'ouvrir tout à coup, et l'étendre jusqu'à figurer la nature sous les formes les plus diverses : plaines, forêts, cours d'eau, même la mer ; en un mot passer d'un cabinet ou d'un cachot à une place publique ou à une campagne animée. De là, nécessité d'affecter à l'ensemble de la scène un bâtiment immense, surtout en largeur et en hauteur, de l'accompagner de vastes annexes.

C'est le cadre de l'avant-scène qui détermine les proportions et les dimensions de la scène; cependant, quelle qu'elle soit, la profondeur a une limite imposée par la nature : la taille des acteurs et des figurants.

Effectivement, si le peintre peut simuler sur les toiles, les horizons les plus lointains, il ne peut diminuer proportionnellement les personnes qui doivent en approcher; aussi les décors figurant les lieux habités ne peuvent-ils guère être éloignés de plus de 16 à 18 mètres sans disproportions choquantes, à moins de recourir aux enfants, ce qui n'empêche pas de représenter au delà sur des toiles de fond, les perspectives les plus fuyantes pour lesquelles les peintres ont, sur leur palette, toutes les facilités d'éloignement. Contrairement à l'opinion des décorateurs du xviii⁰ siècle, qui faisaient faire des scènes plus profondes que lar-

ges, les grandes profondeurs ne sont pas nécessaires pour produire de grands effets. Celle du grand Opéra, qui a été prévue pour tous les déploiements imaginables, n'a que 27 mètres. Mais, par contre, la largeur et la hauteur sont plus que jamais indispensables pour répondre aux exigences de la mise en scène et satisfaire aux exigences des spectateurs impatients, lors des entr'actes et dans les changements à vue.

Quoique le contenant doive être fait pour le contenu, nous ne parlerons pas de celui-ci, le matériel scénique ayant été traité à l'article Machinerie théâtrale.

Rappelons seulement que les décorations s'enlèvent, s'abaissent ou rentrent dans les coulisses; ce qui exige pour leur manœuvre, que le plancher de la scène et celui des dessous soient ajourés, et mobiles par bandes transversales, dites *grandes rues*, *petites rues*, et que, par conséquent, les charpentes de support soient dans le même sens. Seulement malgré les charges à porter, et contrairement aux règles de la bonne construction, elles ne peuvent être reliées entre elles que par des crochets mobiles et faciles à décrocher pour le passage des pièces, tout en offrant de la résistance. Il faut donc remédier à cette faiblesse, par une combinaison de supports qui, malgré la longueur des sablières, donne le maximum de stabilité; ce qui ne peut être obtenu que par la multiplication des points d'appui.

Chacune des solives de ce plancher à jour, est ainsi devenue une sablière de ferme, ou mieux de pan de bois, facilement acceptée, malgré les inconvénients de cette multiplicité. Chacun de ces pans de bois dits *fermes*, se compose de poteaux de fond espacés de 2 mètres et de 0ᵐ,20 à 0ᵐ,30 d'échantillon dans les grandes scènes. Les pieds des poteaux reposent sur des sablières, dés ou parpaings en pierre, disposés transversalement, pour recevoir, en même temps, les trois poteaux, des trois fermes qui constituent un plan, et assurer ainsi leur stabilité et leur fixité. Les écartements entre les plans sont de 2ᵐ,20 compris les petites rues. Chaque cours de poteau est coiffé d'une sablière transversale, dite *chapeau de ferme*, placée parallèlement au plan de la scène, soit avec une pente de 0ᵐ,035 à 0ᵐ,040 par mètre, comme il a été dit précédemment. L'écartement de 2 mètres, des poteaux de la ferme, même suffisant pour le passage des tambours, diminue la portée des sablières, qui peuvent ainsi être faites avec une section réduite. Sous chaque sablière, les poteaux sont reliés par des crochets mobiles, en fer, que l'on décroche pour le passage des pièces à monter ou à descendre. Dans le premier dessous, chaque poteau est remplacé par deux jumelles, espacées de 0ᵐ,09 à 0ᵐ,12; chaque cours de jumelles porte une sablière dite *costière*. Les deux costières laissent entre elles un vide de 0ᵐ,025 à 0ᵐ,030, dans lequel passe le tenon des chariots portant les décors de coulisse; aussi la sablière du deuxième dessous qui reçoit les jumelles, porte-t-elle un rail en fer sur lequel glissent les chariots. Les jumelles à leur tour, sont reliées, sous les grandes et petites rues, par des crochets en fer mobiles ; à leurs extrémités, les abouts des costières et des sablières sont fortement étrésillonnés par deux fortes longrines parallèles aux murs latéraux ; au delà, c'est-à-dire après la double largeur de la demi-levée, le plancher de chaque côté, jusqu'aux murs latéraux, est porté par des solivages construits d'après les méthodes ordinaires.

Les fentes de 0$^m$,025 à 0$^m$,030 entre les jumelles, se bouchent avec des tringles en bois garnies de ferrures pour les empêcher de passer en dessous, on les pose avant les ballets. Le plancher du proscenium, celui de la scène jusqu'au manteau d'arlequin, sont composés de madriers jointifs posés dans le sens longitudinal.

Ce mode de construction, avec ses innombrables potelets, convertit les dessous des grands théâtres en une véritable forêt de poteaux. Il est vrai que les machinistes s'en accommodent pour y clouer, visser, boulonner toutes les pièces mobiles de la machinerie, cassettes, tambours, treuils, suivant les besoins de la mise en scène ; mais elle n'en constitue pas moins un encombrement, et par la grande quantité de bois emmagasiné sur un seul point, un grand danger d'incendie.

Depuis longtemps, on cherche à simplifier cette construction compliquée, qui a pour elle, il est vrai : l'ancienneté, la facilité des modifications, et la multiplicité des moyens d'attache qui l'ont fait résister à les critiques.

L'incendie de l'Opéra de la rue Le Peletier, en obligeant à activer les travaux d'achèvement, fit abandonner les essais de machinerie mécanique ; on retourna à l'ancien système en se contentant de le perfectionner. Les poteaux en bois furent alors remplacés par des colonnes en fonte espacées de 7 mètres ; les sablières, les chapeaux de ferme et les costières, par des poutres en tôle de cornière, présentant ainsi plus de résistance et de stabilité, moins de matières combustibles et, surtout, dégageant les dessous toujours trop encombrés.

Mais on doit regretter que l'administration n'ait pas apporté plus d'attention au projet de machinerie hydraulique présenté par M. Quéruel, ingénieur civil à Paris, dans lequel des pistons remplacent les contrepoids, le plancher de la scène rendu mobile, peut être élevé, abaissé ou incliné au moyen de l'ouverture d'un robinet comme dans la presse hydraulique. Ce système ingénieux, le seul digne de notre siècle scientifique, réduit à un jeu de robinet les manœuvres les plus compliquées, celles qui exigent aujourd'hui tant de complication. La Société *Aspholeia* de Vienne a déjà construit la machinerie des théâtres de Pesth, Hall et Munich, sur ce système, dont le *Génie civil* (octobre 1885) a donné une description assez complète. Voici la description sommaire de cette machinerie : le plancher de la scène est entièrement supporté par dix-huit presses placées sur trois rangées de six et supportées par des massifs carrés de béton dont les faces ont 2$^m$,50 de largeur. La scène est divisée en six plans ; chacun d'eux de 3 mètres de profondeur sur 12 mètres de largeur, forme un tout distinct pouvant être soulevé ou abaissé d'un bloc. Il comprend d'abord une trappe

ayant 1$^m$,30 de profondeur sur 11 mètres de large, puis deux trappillons de 0$^m$,40 sur 20 mètres, par lesquels on monte ou descend de 11$^m$,50 les grands décors ; enfin, trois costières, fentes minces où passe la tige des mâts qui supportent les châssis des décors détachés. Ces mâts sont portés par un chariot qui roule sous la costière. Outre ces six plans de 3 mètres, il y a, tout contre l'avant-scène, un plan de 2 mètres de profondeur qui n'est pas mobile, mais porte à droite et à gauche, pour pouvoir faire apparaître et disparaître une personne seulement, deux trappes circulaires montées, ainsi que le siège du souffleur, sur des pistons hydrauliques de 10 centimètres de diamètre. Sous chaque plan il y a trois presses. Leur piston a 65 centimètres de diamètre. On a adopté un grand diamètre de piston et une pression relativement faible pour assurer un guidage plus parfait. Les pistons sont surmontés de chapiteaux placés au niveau du premier dessous dans la position normale. Les chapiteaux des deux pistons de droite et de gauche portent sur des colonnes les cinq poutres en fer qui soutiennent le plancher d'un plan. En ouvrant à la fois l'admission d'eau sous pression dans les deux pistons, on fait monter tout le plan horizontalement. L'arrêt à hauteur voulue est déterminé à l'avance par une chaîne fixée au piston et qui porte toutes les dix mailles (20 centimètres), un crochet qu'on peut attacher au levier d'une soupape de fermeture. Si on a accroché ce levier à des longueurs de chaîne inégales dans les deux pistons, le plan se placera obliquement ; les poutres reposent sur des colonnes par des œillets longs d'un côté, de manière à permettre ce mouvement ; on peut ainsi représenter un vrai flanc de montagne. Le plan peut être monté à 4 mètres au-dessus ou descendu à 2$^m$,30 au-dessous de la scène. Dans sa position normale, il est soutenu extérieurement par quatre fortes colonnes, et ne repose sur les pistons que d'une manière secondaire.

Le piston du milieu, de 0$^m$,65 de diamètre, sert à monter ou descendre toute la trappe de 1$^m$,30 sur 11 mètres ; il peut la monter à 4 mètres de hauteur. Pour cela, le chapiteau porte un bâti approprié, car la trappe se divise en trois parties égales pouvant se mouvoir d'une manière indépendante. Chacune de ces parties est portée sur un petit piston qui entre dans le grand piston de l'une des trois presses situées en dessous. Le grand piston sert donc de corps de presse au petit, et les deux peuvent fonctionner indépendamment. La course des petits pistons est de 7 mètres dans les rangées de presses latérales et de 5 mètres dans la rangée du milieu ; tel est le début de la machinerie de l'avenir, dont nous avons donné tous les dessins dans notre *Traité*.

ANNEXES. Ce sont d'abord : les remises à décors, cases latérales dans lesquelles sont repliées les feuilles de décoration du répertoire courant ; la rampe d'accès ; le ou les magasins des accessoires, dits la *régie* ; le dépôt des appareils d'éclairage : portants, herses, rampes, tuyaux, etc. ; le poste du luminariste ; le poste des pompiers de service ; enfin, le cabinet du régisseur et les foyers pour les artistes, les figurants, les musiciens. Puis viennent les loges d'artistes, hommes et femmes; les vestiaires des figurants, des comparses; les loges des habilleurs, coiffeurs, costumiers, tailleurs, couturières, etc.; les magasins de costumes et les ateliers de couture; enfin, l'administration, la conciergerie, la caisse et la direction.

*Éclairage des théâtres.* Au théâtre, la crainte du feu est réellement le commencement de la sagesse. Heureusement les progrès de la science électrique, permettent d'espérer la substitution de cet éclairage à celui du gaz hydrogène. Les problèmes relatifs à la division, au fractionnement, étant résolus par la lampe à incandescence; celui relatif aux arrêts, à l'allumage par des appareils très ingénieux, ces applications ne peuvent manquer de se multiplier.

PRÉCAUTIONS CONTRE L'INCENDIE. La multiplicité des toiles tendues, la présence d'un nombreux mobilier léger, la proximité des lumières de tous ces objets inflammables, font des théâtres les édifices les plus exposés aux incendies violents.

Aussi des règlements de police, parfaitement raisonnés, minutieusement décrits, énumèrent-ils toutes les précautions à observer dans le service, la surveillance, l'éclairage et le chauffage et enfin le sauvetage: Grâce à cette prévoyance et aussi à la vigilance des pompiers de service, la tranquillité devrait être parfaite; mais comme en toutes choses, il faut compter avec les oublis, les maladresses et les accidents fortuits, il est prudent de diminuer les risques en écartant les causes premières, en opposant des obstacles à la propagation des flammes, et en assurant la promptitude des secours et l'évacuation rapide du public.

*Diminution des risques.* Ceux-ci proviennent: de l'approche du feu de corps inflammables, combustibles; de l'échauffement de corps gras fermentescibles; de la carbonisation lente; d'explosion du gaz; de la chute de la foudre. Le remède est évidemment d'abord dans les soins, les précautions, la tenue de la maison; puisqu'on sait qu'en été, la fermentation de chiffons gras sur un plancher suffit pour mettre le feu (c'est, en effet, une des causes d'incendie des fabriques de tissus); puis dans la substitution des matériaux incombustibles à ceux qui sont inflammables, comme les ouvrages en maçonnerie à ceux en bois, ce qui est facile dans un édifice à destination permanente, non sujet comme nos habitations, aux changements de distribution. La substitution de la lumière électrique au gaz de houille ou autre; celle des calorifères à eau chaude, à ceux à air surchauffé. La suppression ou, au moins, l'obstruction des coffres horizontaux ou verticaux qui, en cas d'incendie, deviennent, pour les flammes, des cheminées d'appel, et les portent rapidement à de grandes distances.

Grâce aux progrès de l'industrie des briques creuses, à ceux de la métallurgie, dans la fabrication des fers à chaînages, à la fabrication des ciments à prise rapide, la construction des voûtes légères n'a jamais été plus facile. Rien ne s'oppose donc à ce que dans nos théâtres, hors de la scène, les voûtes soient substituées aux solivages, notamment autour de la salle, comme dans presque tous les théâtres italiens; les carrelages aux planchers; les voûtes coniques aux fardements en menuiserie sous les gradins, en y élevant de distance en distance des cloisons d'arrêt pour les flammes et les courants d'air; les hourdis en briques creuses ou en plâtre sur grillages aux fardements; les revêtements en stuc (à la truelle ou à la brosse) aux lambris de bois; enfin surtout les marches en pierre, aux marches en bois. Les charpentes des grands combles ne peuvent évidemment être qu'en fer, dans la machinerie, la fonte et le fer peuvent remplacer le bois pour les poteaux et les sablières inférieures.

Mais le matériel scénique, les décorations, ne peuvent être rendus moins inflammables, que par l'application de diverses préparations, parmi lesquelles l'amiante serait la plus efficace; mais le moyen de la fixer n'est pas encore complètement trouvé. On emploie généralement sur les bois, le silicate de potasse dissous dans l'eau, additionné de soude, appliqué à deux ou trois couches; sur les décors, une dissolution de borax et d'acide borique.

Grâce à la lampe à incandescence, la plupart des parties d'un théâtre peuvent être éclairées par la lumière électrique sauf à avoir toujours des lampes ou lanternes de sûreté dans les couloirs et les escaliers, passages en quantité suffisante pour guider la foule à la sortie, et éviter les encombrements et les paniques. Sur la scène les précautions doivent être minutieuses et incessantes, aucun bec ne doit être libre; les verres des lanternes doivent être protégés contre les chocs par des grillages, les herses, les portants, les rampes, de même. Les raccords des herses doivent être préparés, dans le même plan vertical que les prises de gaz, afin d'éviter que le tuyau d'alimentation en caoutchouc ne soit mis en contact avec une pièce de décoration.

Pour le chauffage, on doit: proscrire les appareils dans lesquels l'air est chauffé directement au contact de cloches au batteries en fonte, susceptibles de rougir et par conséquent d'envoyer de l'air surchauffé dans les planchers ou contre les boiseries, les meubles, etc.; isoler les conduits de 0m,12 de toute matière combustible, entourer les bouches de bandes d'encadrement en terre cuite, pierre ou marbre.

Mais quelles que soient les précautions prises, les soins, la vigilance, un théâtre a trop de recoins où ne peuvent passer les rondes, et où passent et sont passés des machinistes, des gens de service et autres parmi lesquels il faut craindre les fumeurs de cigarettes; il contient aussi, exposé à l'air, trop de substances légères facilement inflammables pour qu'un incendie n'y soit pas toujours à redouter.

Il faut donc, dans la construction des théâtres, se préoccuper de restreindre les effets, les accidents, en localisant un incendie dans la partie où il a éclaté, en empêchant la propagation de proche en proche par des murs de refend, dont les ouvertures, même celles de la scène, soient fermées par des rideaux de fer manœuvrés par des pistons hydrauliques, en évitant la première conséquence, l'expansion des gaz et de la fumée qui peuvent porter ailleurs un autre fléau plus terrible que le feu, l'asphyxie, par des moyens de construction (cheminées d'échappement), d'**extinction** (distribution d'eau et arrosage de la partie du bâtiment dans laquelle éclate le feu), puis de sauvetage.

*Sauvetage des personnes. Facilités de sortie.* On connaît les effets du fameux cri d'alarme : *au feu!* au théâtre, ils sont plus désastreux pour les personnes que ceux du fléau lui-même. Pour éviter une panique, toujours à redouter, il faut que chaque spectateur et chaque employé de la scène sache, que quoi qu'il arrive, sa ligne de retraite est assurée par la multiplicité et la largeur des voies de dégagement; il faut qu'il sache bien qu'en quelques minutes il peut être dehors.

Outre les sorties de la salle, que nous avons énumérées précédemment au chapitre spécial : *couloirs, escaliers, portes,* et les précautions de construction, les escaliers en pierre, les couloirs dallés, il faut : 1° et ceci dépend du fermier de la salle, que dans toutes les places communes, parterre, orchestre, amphithéâtres supérieurs, la circulation soit facilitée par des passages rapprochés et larges, aboutissant à des portes battantes à deux vantaux sur les couloirs; 2° que ceux des étages supérieurs aient des portes ouvrant sur des terrasses et des fenêtres; 3° que les portes extérieures des escaliers de sortie, soient faciles à ouvrir du dedans sur le dehors, puis ajourées par des panneaux vitrés, sauf à y appliquer des grilles, car on ne peut songer sans épouvante, qu'à l'Opéra-Comique comme à Nice, à Vienne, à Exeter, des spectateurs affolés ont été trouvés asphyxiés derrière des portes de sortie, et qu'un simple bris de vitre pouvait sauver.

La sortie de la scène présente pour les machinistes plus de difficultés; néanmoins, dans les dessous, la substitution de la fonte et du fer au bois, diminue considérablement les surfaces de contact de matières combustibles, les chances d'incendie, et facilite les dégagements, il n'y a plus de forêts de poteaux; mais il faut encore pour assurer la retraite, une porte de sortie au niveau du rez-de-chaussée, et remplacer dans les grandes scènes, les vieux escaliers en bois par d'autres en pierre qui ne prendront pas plus de place dans les angles et aboutiront sur la scène, près des portes de sortie.

CONSTRUCTION DES BÂTIMENTS. La salle et la scène étant les seules parties qui puissent réclamer une construction originale, nous ne décrirons que les parties ou dispositions particulières nécessitées par celles-ci. Les autres rentrent dans la pratique ordinaire du bâtiment, sauf à tenir compte des précautions contre les risques d'incendie et mentionnées au chapitre spécial, combinées avec celles du sauvetage telles que l'emploi des matériaux incombustibles, les isolements, etc.

*Salle.* Avec la disposition française, dont les étages ne sont que des balcons dégagés, la construction d'une salle présente des difficultés particulières que les progrès de la construction métallique ont heureusement aplanies.

La construction des solivages des balcons saillants, nécessite des combinaisons particulières. Autrefois, les architectes, avec la construction en bois, n'avaient que la ressource des solives en bascule maintenues à leur portée dans le mur par un solide encastrement; aujourd'hui, l'emploi des fers à T, et des tôles découpées, assemblées avec des cornières, permet d'augmenter à la fois les saillies et la solidité.

La construction des solivages se fait généralement suivant deux types, selon qu'il y a ou qu'il n'y a pas de colonnes à la façade des loges. Dans le premier cas, les solivages sont composés : 1° de poutres en tôle et cornières qui reposent sur le mur d'enceinte ou de pourtour du couloir et sur ces colonnettes en fonte, puis s'avancent en avant de toute la saillie de l'encorbellement. Comme la colonne monte de fond, pour ne pas la couper au passage de la poutre, on dédouble celle-ci en deux moises, entre lesquelles passe la colonne; 2° de solives parallèles assemblées contre les poutres; 3° de hourdis en plâtre. Dans le deuxième cas, toutes les solives sont rayonnantes et en bascule, depuis le fond des loges, solidement encastrées dans le mur du pourtour de la salle (un gros mur). Elles reposent sur une sablière en fer circulaire, noyée dans la cloison des loges, en formant saillie dans les amphithéâtres supérieurs. Toute la solidité de cette combinaison repose sur la résistance de l'encastrement, aussi les murs de pourtour des salles ainsi construites sont-ils maçonnés en ciment de Portland, car chaque solive forme un bras de levier auquel il faut faire un contrepoids égal à la saillie et à la charge.

Les extrémités des solives sont réunies par une ceinture qui les relie, et lorsque les saillies sont trop longues, il est prudent d'étrésillonner fortement les solives, afin d'obtenir ainsi de l'ensemble, un demi-cône renversé maintenu contre les avant-scènes.

*Combles.* Quelles que soient les subdivisions de l'édifice accusées extérieurement et correspondant à ses différentes parties, le comble de la salle ne peut être élevé que sur le mur d'enceinte du couloir, sa portée est donc toujours grande de 20 à 30 mètres, aussi exige-t-elle une combinaison particulièrement résistante, le dessus de la salle étant souvent occupé par des ateliers de décoration. Les entraits faisant fonction de poutres peuvent être soulagés par des tirants de suspension descendant des arbalétriers. Le premier comble en fer élevé sur un édifice public fut celui du Théâtre-Français, 1787, hourdi en poteries avec les fers de l'époque, qui étant martelés ne pouvaient avoir que des dimensions très petites et de faibles sections, d'où la nécessité de recourir à une multitude d'assemblages; de là la forme compliquée de toutes les fermes construites avec ces fers.

Depuis, cette forme a fait école, les combles circulaires sont passés dans l'usage pour couvrir les théâtres, même ceux de la ville de Paris, élevés sur la place du Châtelet, en 1861, mais suivant un profil aplati, le dessus de la salle n'étant occupé que par les appareils et les cheminées de ventilation.

Lorsque la décoration de la salle est combinée avec des colonnes de fonte, celles-ci peuvent être

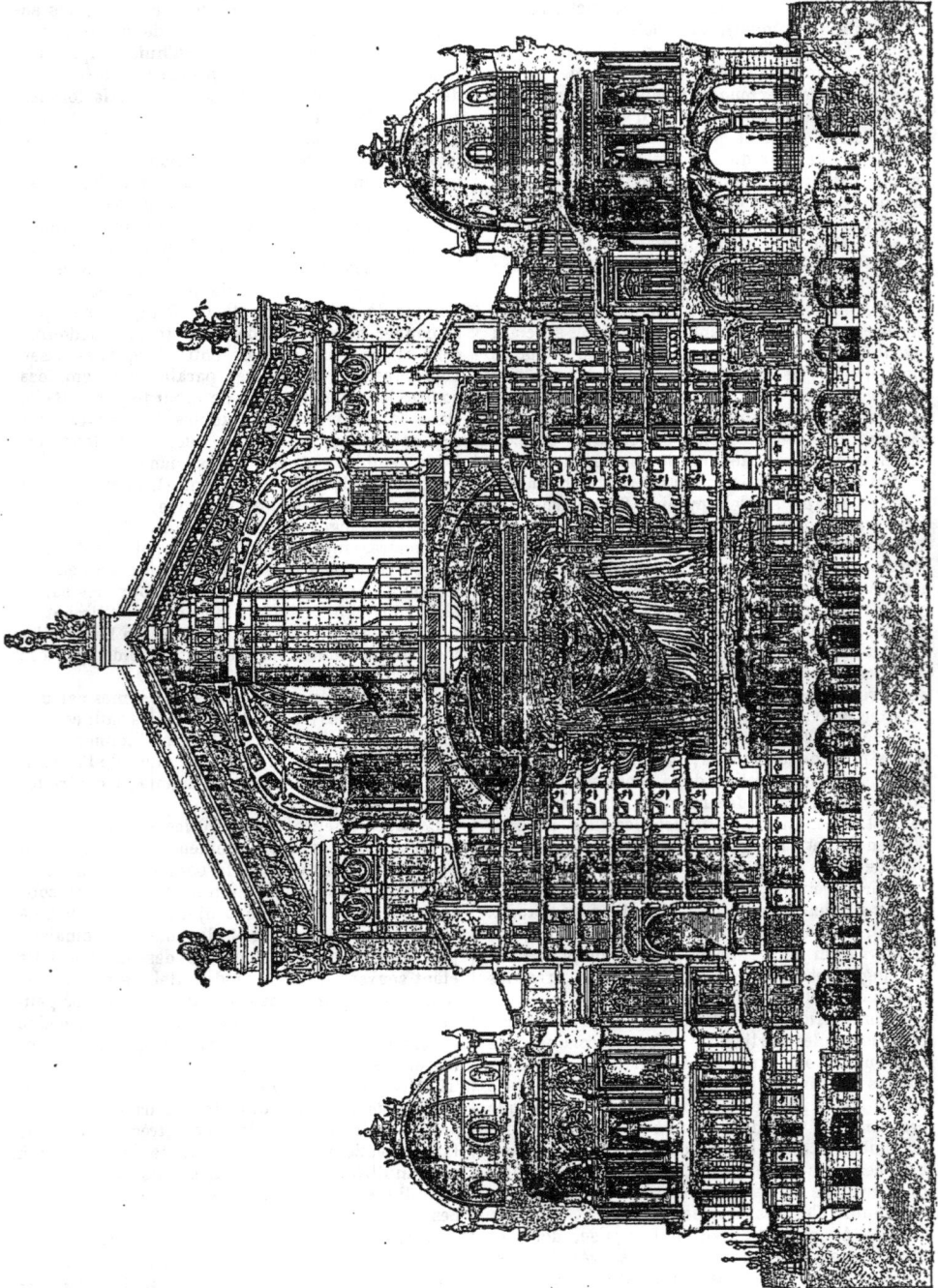

Fig. 468. — Coupe transversale de l'Opéra de Paris.

prolongées sous les entraits et les poutres pour diminuer ainsi leur portée, augmenter leur résistance et, par conséquent, faciliter l'utilisation du des-

sus de la salle pour ateliers de décorateurs. Les combles en coupoles comme ceux de l'Opéra (fig. 468) et du théâtre de Genève, qui en est une ré-

.duction, se construisent facilement avec des fermes rayonnantes; toutes les pannes formant autant de ceintures concentriques, la poussée qui serait un inconvénient majeur de cette forme au-dessus de murs aussi élevés et percés de nombreuses ouvertures, est ainsi fort atténuée.

*Scène.* Ce large bâtiment dont nous avons exposé les dimensions n'offre de particularité de construction que pour le comble qui ne peut prendre de point d'appui que sur les murs latéraux; il est d'autant plus chargé qu'il a à supporter tout le poids des toiles et des contrepoids, des corridors et du gril.

Les entraits qui portent ce gril doivent donc offrir une grande résistance à la flexion, aussi pour éviter de leur donner une trop grande élévation qui constituerait un terrain perdu, on les relie aux arbalétriers par des aiguilles de suspension qui les subdivisent et les soulagent considérablement. Nous citerons, comme exemples de comble de la scène du théâtre Lyrique et du Châtelet, celui du théâtre de Reims, et le grand Opéra dont la scène, avec les réserves de décors, a une dimension inusitée de 54 mètres; les points d'appui portent sur les pignons, espacés seulement de 27 mètres, par des pannes monumentales ayant la forme de poutres en treillis de $1^m,40$ de hauteur, auxquelles sont suspendus les planchers du gril, au moyen de tiges verticales qui soutiennent des longrines sur lesquelles reposent des solives légères en fer. — ALPH. G.

A consulter : Les ouvrages d'architecture, et surtout le savant *Traité général de la construction des théâtres*, 62 planches, de notre excellent collaborateur A. GOSSET (Baudry, édit. Paris).

\*THÉBAÏNE. T. *de chim.* Syn. : *paramorphine.* Alcaloïde de l'opium, découvert en 1835 par Thiboumery. Il a pour formule

$$C^{38} H^{21} Az O^6 \ldots C^{19} H^{21} Az O^3,$$

est en lamelles cristallines, fondant à 139°, insolubles dans l'eau froide, l'éther, très solubles dans l'alcool chaud, le chloroforme, la benzine; c'est le plus énergique des alcaloïdes de l'opium.

L'opium renferme $0^g,15$ 0/0 de thébaïne. Pour obtenir cette dernière, on traite l'opium divisé par l'alcool amylique qui dissout la morphine et la narcotine, puis on agite le résidu avec de la benzine et après quelque temps de contact on décante. En additionnant le liquide d'ammoniaque, on précipite la thébaïne, que l'on purifie par plusieurs cristallisations.

THÉIÈRE. Sorte de bouilloire dans laquelle on fait infuser le thé, et aussi vase de métal ou de porcelaine dans lequel on le sert sur une table.

\* THÉMIS. *Myth.* Fille du Ciel et de la Terre, elle est la déesse de l'ordre, la protection du droit et la personnification de la Justice. On la représente avec un bandeau sur les yeux, tenant une balance d'une main et de l'autre un glaive.

\* THÉNARD (LOUIS-JACQUES, baron). Célèbre chimiste, né le 4 mai 1777, à la Louptière (Aube) mort le 21 juin 1857, à Paris. Fils de pauvres cultivateurs, n'ayant reçu de leçons que celles du curé de son village, il alla à Paris, à 17 ans, avec deux

de ses camarades, pour s'y instruire. Les premiers temps furent pénibles. Thénard suivait avec assiduité les leçons de Fourcroy et de Vauquelin. Admis dans le laboratoire de ce dernier, il se fit remarquer par son ardeur et sa sagacité. En 1797, Vauquelin le fit entrer comme professeur dans une institution de Paris, et l'année suivante, Fourcroy et Vauquelin le faisaient nommer répétiteur à l'Ecole polytechnique. Ce fut là qu'il se lia intimement et travailla avec Gay-Lussac. Après divers travaux sur les combinaisons de l'arsenic et de l'antimoine avec l'oxygène et le soufre, après des recherches sur les phosphates, les tartrates, etc., il eut le bonheur, sur l'initiative du ministre Chaptal, de trouver la préparation du magnifique bleu qui porte son nom. En 1803, sa discussion avec Berthollet sur les oxydes à proportions fixes lui valut les plus vifs témoignages d'intérêt de la part de son illustre contradicteur. Le 15 avril 1804, Thénard remplaça Vauquelin à sa chaire du collège de France où il professa la chimie transcendante, tandis qu'à la Sorbonne il faisait un cours élémentaire des plus suivis.

En 1807, après que Davy eut décomposé la potasse et la soude par l'électricité, Thénard et Gay-Lussac parvinrent, en 1808, à extraire le potassium et le sodium par des procédés purement chimiques, et à l'aide de ces métaux, ils firent la découverte du bore. Ils contribuèrent aussi à la découverte du chlore. En 1810, Thénard fut nommé professeur à l'Ecole polytechnique et élu membre de l'Académie des sciences. En 1818, il fit la plus belle de ses découvertes, celle de l'eau oxygénée. Il fut nommé, en 1814, membre de la Légion d'honneur; en 1827, commandeur; en 1842, grand-officier; en 1821, doyen de la Faculté des sciences de Paris; en 1823, administrateur du Collège de France; en 1825, créé baron par le roi Charles X; de 1827 à 1830, il fut député de l'Yonne; en 1832, pair de France. Quelques mois avant sa mort, il fonda la société de secours des amis des sciences, à laquelle il fit un legs considérable, après y avoir affilié tous ses amis.

Les travaux de Thénard sont nombreux, nous ne pouvons en énumérer ici la longue liste (plus de 40) qu'on trouvera dans les *Annales de chimie* et dans les *Mémoires de l'Académie des sciences.* Nous citerons seulement les principaux : *Traité de chimie théorique et pratique,* suivi d'un *essai de philosophie chimique* et d'un *précis sur l'analyse,* Paris, 1813-1816, 4 vol. in-8°, 6e édition, 1833-36, 5 vol. in-8°, ouvrage qui fit autorité en Europe pendant vingt-cinq ans, et que l'on consulte encore aujourd'hui malgré les récents progrès de la science (avec Gay-Lussac); *Recherches physiques et chimiques faites à l'occasion de la grande batterie électrique donnée par l'Empereur,* Paris, 1809, 2 vol. in-8° (avec le même); *Recherches physico-chimiques sur la pile, sur les propriétés chimiques et physiques du potassium et du sodium,* 8 vol, in-8°, 1811; *Nouvelles expériences galvaniques* (avec Fourcroy et Vauquelin); *Annales chimio,* XXXIX; *Sur l'oxydation des métaux en général et en particulier du fer,* t. LVI; *Sur l'eau oxygénée,* 8 mémoires, t. VIII et XI. — C. D.

*THÉNARD (baron PAUL), fils du précédent, né en 1810, mort le 8 août 1884 au château de Talmay (Côte-d'Or), chimiste, membre de l'Académie des sciences (section d'économie rurale). Il débuta dans la science par un travail remarquable sur les *combinaisons du phosphore avec l'hydrogène*, suivi bientôt de nouvelles recherches sur la chimie minérale et la chimie organique. Mais il s'arrêta vite dans cette carrière, l'agriculture l'attirait, et dans le beau domaine de Talmay où il avait fixé sa résidence, il entreprit les recherches de chimie agricole qui lui ont valu sa réputation. Soumettant à l'analyse l'étude des réactions complexes qui se produisent dans le sol arable, il établit le rôle, si important, de l'oxyde de fer qui, en se réduisant dans la terre et en s'oxydant ensuite au contact de l'air, facilite l'assimilation des engrais minéraux. On lui doit aussi de précieux travaux sur les agents qui, au sein de la terre, déterminent la désagrégation des roches et facilitent l'introduction des substances minérales dans le tissu des végétaux. Il est encore l'auteur d'une série de recherches sur les produits bruns et noirs qui se forment dans le fumier, par la décomposition des végétaux, en présence de l'ammoniaque. Enfin, c'est lui qui le premier proposa l'emploi du sulfuré de carbone pour combattre le phylloxéra.

THÉODOLITE. *T. d'astr.* et de *géod.* Instrument qui sert à déterminer la distance zénithale d'un point terrestre ou céleste visé avec une lunette, ainsi que l'angle que fait le plan vertical passant par ce point avec un certain plan vertical pris pour origine, angle qu'on appelle *azimut* du point visé.

Le théodolite qu'on nomme quelquefois *cercle azimutal,* se compose en principe, d'une lunette fixée à un cercle divisé vertical mobile autour d'un axe horizontal, le tout monté sur un axe vertical fixé à un cercle divisé horizontal. L'instrument est représenté (fig. 469). On conçoit que pour qu'il puisse donner des indications exactes, il importe que l'axe de l'appareil soit absolument vertical. A cet effet, le pied est formé d'un trépied muni de trois vis calantes qui permettent d'en rectifier la position. Un niveau à bulle d'air fixé à l'axe de rotation sert à s'assurer que celui-ci est bien vertical ; cette condition est en effet réalisée quand, en faisant tourner l'instrument, la bulle du niveau reste constamment entre ses repères. S'il en était autrement, on rectifierait facilement la position de l'axe en agissant sur les vis calantes. Il importe aussi que l'axe autour duquel peut tourner le cercle vertical soit *parfaitement horizontal.* On arrive à réaliser cette condition en agissant sur une vis spéciale qui modifie la position de cet axe, et en s'aidant d'un niveau à bulle d'air mobile muni de deux pieds terminés en forme de V et qu'on applique sur l'axe dans deux positions opposées, c'est-à-dire en mettant l'un des pieds d'abord à droite et ensuite à gauche, ou inversement. Il faut que dans ces deux positions la bulle se trouve entre ses repères. — V. NIVEAU.

Ajoutons que les deux cercles divisés sont mu-nis de pinces permettant de les fixer dans une position invariable. Ces pinces sont reliées à des vis de rappel qui permettent, une fois l'un des cercles calé, de le faire tourner par des mouvements très doux, ce qui est indispensable à la précision des pointés. La lunette porte dans son plan focal un réticule formé de deux fils croisés dont l'un est généralement vertical, l'autre horizontal. Le pointé consiste à placer la lunette de telle sorte que l'image du point visé vienne se former sur la croisée des fils du réticule. Enfin, en face des cercles divisés, sur la partie fixe de l'instrument, se trouvent des verniers servant d'index, avec des loupes destinées à en rendre la lecture plus facile.

L'instrument étant réglé comme il a été dit plus

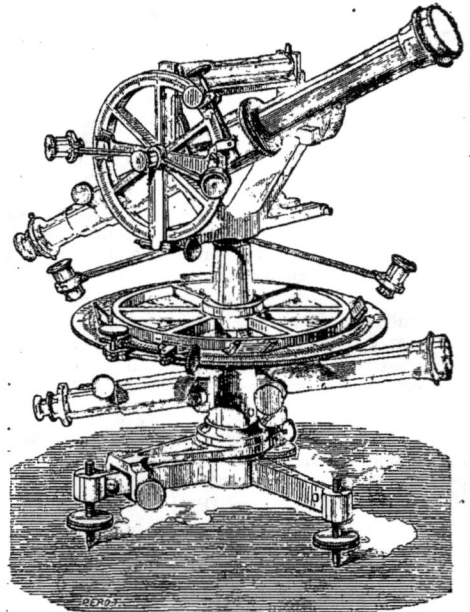

Fig. 469. — *Théodolite.*

haut, on déterminera la distance zénithale d'un point A, c'est-à-dire l'angle que fait le rayon visuel OA avec la verticale, par la méthode du retournement en opérant de la manière suivante : après avoir placé le cercle vertical à peu près dans le plan vertical du point A, on fait tourner la lunette jusqu'à ce que ce point A apparaisse dans le champ ; on cale alors le cercle horizontal et le cercle vertical à l'aide des vis de pression. On agit ensuite sur les vis de rappel qui manœuvrent ces deux cercles jusqu'à ce que l'image du point A vienne se placer sur la croisée des fils, et on lit la division *n* du *cercle vertical* indiquée par le vernier ; puis on décale les deux cercles, et on fait tourner l'appareil de 180° autour de l'axe vertical. La lunette se retrouve alors dans le même plan vertical, mais son axe optique y occupe une position symétrique par rapport à la verticale, c'est-à-dire que s'il était, par exemple, à droite de cette verticale, il se retrouve maintenant à gauche et à la même distance. Par conséquent, pour ramener cet axe optique dans la direction du rayon visuel O A, il faudra le faire tourner d'un angle double de celui qu'on veut mesurer. On recommencera donc le pointé dans cette nouvelle position, et si l'on désigne par $n'$ la division indiquée par le vernier, la distance zénithale cherchée sera $\dfrac{n-n'}{2}$ ou $\dfrac{n'-n}{2}$ suivant que $n$ sera plus grand ou plus petit que $n'$. Remarquons que si l'instrument avait été dirigé vers le zénith, la lecture qu'on aurait faite eut été la moyenne $\dfrac{n+n'}{2}=p$ entre les deux lectures $n$ et $n'$.

L'observation précédente fait donc connaître la lecture au zénith ou *collimation zénithale* qui évitera de répéter l'opération du retournement dans les observations suivantes, et permettra d'obtenir la distance zénithale d'un second point B par un seul pointé et une seule lecture. Si en effet $m$ est la division indiquée par le vernier quand on a visé B, il est clair que $p-m$ ou $m-p$ représente l'angle dont il faut faire tourner l'axe optique de la lunette pour l'amener de la position verticale à la position OB, c'est-à-dire la distance zénithale de B.

L'angle de deux plans verticaux se mesure beaucoup plus facilement, car on le lit immédiatement sur le cercle horizontal. Il suffit, en effet, de pointer successivement les deux objets A et B, et de lire les divisions $m$ et $m'$ correspondantes sur le cercle horizontal. La différence $m-m'$ ou $m'-m$ mesure évidemment l'angle dont il faut faire tourner l'appareil pour passer du plan vertical contenant A au plan vertical contenant B. Le plus souvent les azimuts sont comptés à partir du plan méridien pris comme origine (V. Méridien). Il importe donc de déterminer la lecture du cercle horizontal correspondant au cas où le plan du cercle vertical coïncide avec le plan méridien; on y arrive par la méthode des *hauteurs correspondantes*, en observant une même étoile avant et après son passage au méridien. Lorsqu'elle se trouve à la même hauteur, le plan bissecteur des deux plans verticaux qui contiennent ces deux positions, est le plan méridien. Si donc $n$ et $n'$ désignent les lectures relevées sur le cercle horizontal lors des deux observations, la moyenne $\dfrac{n+n'}{2}$ sera la lecture correspondante au méridien ou la *collimation méridienne*. La connaissance de cette collimation permet de déterminer ensuite chaque azimut par une seule observation et une seule lecture, de même qu'on détermine la distance zénithale par une seule lecture quand on connaît la collimation zénithale.

On voit sur la figure une deuxième lunette placée au-dessous du cercle horizontal. Cette lunette dont les mouvements sont très restreints, permet de s'assurer que la position de l'instrument ne s'est pas modifiée dans le cours des observations. A cet effet, on vise avec cette lunette, au début des opérations, un point éloigné qui doit se retrouver sur la croisée des fils du réticule à la fin de la série d'observations. Cette deuxième lunette peut aussi servir à appliquer la méthode de la répétition aux déterminations d'azimut. — V. Cercle répétiteur, Répétition.

Le théodolite est un instrument précieux pour l'astronomie, la géodésie, l'hydrographie, etc. Il est de petites dimensions, facilement portatif, et permet de déterminer en peu de temps la latitude du lieu d'observation, la position du plan méridien, etc. — M F.

**THERMALES** (Eaux). — V. Eaux minérales et thermales.

*** THERMO.** Préfixe qui indique la chaleur.

*** THERMO-BAROMÈTRE.** *T. de phys.* Sorte de thermomètre à air, ouvert à sa partie supérieure, et maintenu à une température constante. En représentant par $v$ le volume occupé par le gaz sous la pression 760 millimètres, par $r$ le rayon du tube où se trouve l'index, par $h$ la quantité dont cet index s'éloigne de la position qui correspond à la pression normale 760 millimètres et par $x$ la différence de pression, on aura :

$$760 \pm x = \frac{760\,v}{v \mp \pi r^2 h};$$

le signe supérieur correspond au cas où la pression dépasse 760 millimètres, et le signe inférieur au cas où cette pression est $<760$ millimètres. Si la température varie, il faut une graduation particulière pour la température.

La première idée du thermo-baromètre est due à Amontous; d'autres physiciens l'ont poursuivie et modifiée, en sorte que l'instrument est devenu un *sympiézomètre*. — C. D.

*** THERMOCHIMIE.** Branche nouvelle de la chimie ayant pour objet de déterminer les lois de la chaleur dégagée ou absorbée par un système de corps simples ou composés, lors de leurs combinaisons ou de leurs décompositions. Pressentie par Lavoisier, étudiée par divers chimistes, la thermochimie n'a pris son développement doctrinal que depuis les travaux considérables de M. Berthelot. C'est lui, en effet, qui en a formulé et démontré les principes généraux, à la suite d'expériences nombreuses faites avec le plus grand soin. Ce sont ces principes qui président à la mécanique chimique. Nous ne pouvons ici que les énoncer en donnant quelques exemples à l'appui. L'aperçu suivant est extrait du grand ouvrage de M. Berthelot : *Essai de mécanique chimique fondé sur la thermochimie*, 2 vol in-8° (1879), ainsi que des *Tableaux des principales données numériques relatives à la thermochimie* (*Annuaire du bureau des longitudes*, 1881 et 1886), et des *Principes généraux de la thermochimie* (*Annales de chimie et de physique*, 5ᵉ série, t. IV, p. 5, 7, 1875), et aussi des *Principes de thermochimie*, cours professé par M. Berthelot au collège de France (*Revue scientifique*, t. XV, p. 861, 1875).

La thermochimie, dit M. Berthelot, repose sur trois principes qui sont résumés dans les énoncés fondamentaux suivants : le principe des travaux moléculaires ; le principe de l'équivalence calorifique des transformations chimiques, autrement dit principe de l'état initial et de l'état final ; le principe du travail maximum.

L'application de ces principes préside à la mécanique chimique.

I. *Principe des travaux moléculaires.* La quantité de chaleur dégagée dans une réaction quelconque mesure la somme des travaux chimiques et physiques accomplis dans cette réaction. Ce principe fournit la mesure des affinités chimiques. Il ne se démontre pas *a priori*, mais il est fondé sur la concordance constante de ses conséquences avec les faits observés. Il résulte de là que la chaleur dégagée dans une réaction est précisément équivalente à la somme des travaux qu'il faudrait accomplir, en sens inverse, pour rétablir les corps dans leur état primitif.

Ces travaux sont à la fois chimiques (changements de composition) et physiques (changements d'état ou de condensation). Les premiers seuls peuvent servir de mesure aux affinités. La chaleur dégagée dans les actions chimiques peut être attribuée aux pertes de forces vives, aux transformations de mouvement, enfin aux changements relatifs, qui ont lieu au moment où les molécules hétérogènes se précipitent les unes sur les autres pour former des composés nouveaux.

En général, la *chaleur de combinaison moléculaire*, laquelle exprime le travail des forces chimiques (affinités), doit être rapportée à la *réaction des gaz parfaits opérée à volume constant*, c'est-à-dire que les composants et les composés doivent être tous amenés à l'état de gaz parfaits et réagir dans un espace invariable.

A défaut de ces conditions, qu'il est rarement possible de réaliser, il est permis de rapporter les *réactions du corps à l'état solide*, comme on le fait déjà pour les chaleurs spécifiques, d'après la loi de Dulong. Dans cet état, l'influence de la pression extérieure et celle des changements de température sont devenues peu sensibles, et, par suite, tous les corps sont plus comparables que dans les autres états. Les quantités de chaleur ne varient guère, tant que l'intervalle des températures auxquelles on opère les réalisations ne surpasse pas 100 à 200°. Nous ne pouvons faire ici l'exposé des méthodes expérimentales employées par M. Berthelot, ni décrire ses appareils calorimétriques, ni entrer dans le détail de ses calculs; nous relaterons seulement quelques-uns de ses principaux résultats numériques, comme types de ses ingénieuses et persévérantes recherches qui ont duré quinze ans (V. e tableau I, p. 660).

II. *Principe de l'équivalence calorifique des transformations chimiques*, autrement dit *principe de l'état initial* et de l'*état final*. Si un système de corps simples ou composés, pris dans des conditions déterminées éprouve des changements physiques ou chimiques, capables de l'amener à un nouvel état, sans donner lieu à aucun effet mécanique extérieur au système, la quantité de chaleur dégagée ou absorbée par l'effet de ces changements, dépend uniquement de l'état initial et de l'état final du système ; elle est la même, quelles que soient

la nature et la suite des états intermédiaires. Exemple : on peut déterminer la transformation du carbone et de l'oxygène en acide carbonique par deux voies différentes : soit en opérant directement, $C+O^2=CO^2$, ce qui dégage $+47$ calories pour 6 grammes de carbone (diamant) et 16 grammes d'oxygène ; ou bien en formant d'abord de l'oxyde de carbone, $C+O=CO$, ce qui dégage $+12^{cal.},9$, puis en changeant l'oxyde de carbone en acide carbonique, $CO+O=CO^2$, ce qui dégage $+34^{cal.},1$; la somme de ces deux nombres est encore égale à $+47,0$.

Le principe, presque évident dans cet exemple, cesse de l'être dans la plupart des circonstances. Mais on démontre sa généralité à l'aide du principe des travaux moléculaires combiné avec celui des forces vives. Il en résulte des conséquences importantes et nombreuses que M. Berthelot groupe sous six dénominations, savoir :

1° Théorèmes généraux sur les réactions ;

2° et 3° Théorèmes sur la formation des sels solides et dissous ;

4° Théorèmes sur la formation des composés organiques ;

5° Théorèmes sur la chaleur mise en jeu dans les êtres vivants ;

6° Théorèmes sur la variation de la chaleur de combinaison avec la température. Chacun de ces théorèmes est suivi de sa démonstration.

III. *Principe du travail maximum. Tout changement chimique, accompli sans l'intervention d'une énergie étrangère, tend vers la production du corps ou du système de corps qui dégage le plus de chaleur.* On peut concevoir la nécessité de ce principe, en observant que le système qui a dégagé le plus de chaleur possible ne possède plus en lui-même l'énergie nécessaire pour accomplir une nouvelle transformation. Tout changement nouveau exige un travail, lequel ne peut être exécuté sans l'intervention d'une énergie étrangère. Au contraire, un système susceptible de dégager encore de la chaleur par un nouveau changement, possède en lui-même l'énergie nécessaire pour accomplir ce changement, sans aucune intervention auxiliaire.

Les énergies étrangères dont il s'agit ici, sont celles des agents physiques : chaleur, électricité, lumière ; l'énergie de désagrégation développée par la dissolution ; enfin l'énergie près réactions chimiques simultanées à celle que l'on envisage.

Le principe du travail maximum, tel qu'il vient d'être énoncé, est tout à fait général ; mais il règle seulement la possibilité des réactions, sans qu'il soit permis d'en conclure leur nécessité. Celle-ci dépend à son tour de certaines conditions fort simples qui se résument dans le théorème suivant :

*Toute réaction chimique susceptible d'être accomplie sans le concours d'un travail préliminaire, et en dehors de l'intervention d'une énergie étrangère, se produit nécessairement, si elle dégage de la chaleur.* Telles sont les réactions suivantes, qui comprennent des classes entières de phénomènes : union des acides et des bases dissous ; déplacements des corps halogènes, dans leurs composés hydrogénés et métalliques ; déplacement des métaux dans les dissolutions salines ; déplacement des acides et des bases insolubles, par les acides et les bases solubles, etc. Dans tous les cas, la prévision des phénomènes chimiques se trouve ramenée à la notion purement physique et mécanique du travail maximum accompli par les forces moléculaires.

M. Berthelot a découvert et énoncé ces principes généraux, et en a établi la réalité et la signification véritable depuis quinze ans, non par des

TABLEAU I. *Formation des gaz par l'union des éléments gazeux, les composés étant rapportés à un même volume, 22$^{lit}$,32 (1 + α t) sous la pression normale.*

| Noms | Eléments | Equivalent composé gazeux | Chaleur |
|---|---|---|---|
| Ac. chlorhydrique. . | $H + Cl$ | 36.5 | $+ 22^{cal},0$ |
| Ac. bromhydrique. . | $H + Br$ | 81.0 | $+ 13.3$ |
| Ac. iodhydrique. . . | $H + I$ | 128.0 | $- 0.8$ |
| Eau. . . . . . . . . | $2(H + O)$ | $9 \times 2$ | $+ 29.5 \times 2$ |
| Ac. sulfhydrique . . | $2(H + S)$ | $17 \times 2$ | $+ 3.6 \times 2$ |
| Ammoniaque. . . . | $H^3 + Az$ | 17 | $+ 12.2$ |
| Protoxyde d'azote. . | $2(Az + O)$ | $22 \times 2$ | $- 10.3 \times 2$ |
| Bioxyde d'azote . . . | $Az + O^2$ | 30 | $- 21.6$ |
| Acide azoteux. . . . | $2(Az + O^3)$ | $.38 \times 2$ | $- 11.1 \times 2$ |
| Ac. hypoazotique. . | $Az + O^4$ | 46 | $- 2.6$ |
| Ac. azotique. . . . | $2(Az + O^5)$ | $54 \times 2$ | $- 0.6 \times 2$ |
| Ac. azotique hydraté | $Az + O^6 + H$ | 63 | $+ 34.4$ |
| Ac. sulfureux. . . . | $2(S + O^2)$ | $32 \times 2$ | $+ 35.8 \times 2$ |
| Ac. sulfurique. . . . | $2(S + O^3)$ | $40 \times 2$ | $+ 48.2 \times 2$ |
| Ozone . . . . . . . | $2(O + O^2)$ | $24 \times 2$ | $- 14.8 \times 2$ |
| Ac. carbonique. . . | $2(CO + O)$ | $22 \times 2$ | $+ 34.1 \times 2$ |
| Alcool. . . . . . . | $C^4H^4 + H^2O^2$ | 46 | $+ 16.9$ |

TABLEAU II. *Formation des sels solides, depuis l'acide et la base anhydres, tous deux solides.*

| Noms | Eléments | Chaleur dégagée |
|---|---|---|
| | solide | cal. |
| Azotates. . . . . | $AzO^5 + HO$ | $+ 1.1$ |
| | $AzO^5 + KO$ | $+ 64.2$ |
| | $AzO^5 + NaO$ | $+ 54.4$ |
| | $AzO^5 + BaO$ | $+ 40.7$ |
| | $AzO^5 + SrO$ | $+ 38.1$ |
| | $AzO^5 + CaO$ | $+ 29.6$ |
| | $AzO^5 + PbO$ | $+ 21.4$ |
| | $AzO^5 + AgO$ | $+ 19.2$ |
| Iodates. . . . . . | $IO^5 + KO$ | $+ 51.6$ |
| | $IO^5 + BaO$ | $+ 34.9$ |
| Phosphates. . . . | $1/3 PhO^5 + HO$ | $+ 4.9$ |
| | $1/3 PhO^5 + NaO$ | $+ 39.8$ |
| | $1/3 PhO^5 + CaO$ | $+ 26.7$ |
| Sulfates. . . . . | $SO^3 + HO$ | $+ 9.9$ |
| | $SO^3 + KO$ | $+ 71.3$ |
| | $SO^3 + NaO$ | $+ 61.7$ |
| | $SO^3 + BaO$ | $+ 51.0$ |
| | $SO^3 + SrO$ | $+ 47.8$ |
| | $SO^3 + CaO$ | $+ 42.0$ |
| | $SO^3 + PbO$ | $+ 30.4$ |
| | $SO^3 + ZnO$ | $+ 19.7$ |
| | $SO^3 + CuO$ | $+ 19.5$ |
| | $SO^3 + AgO$ | $+ 28.0$ |
| Carbonates. . . . | $CO^2 + KO$ | $+ 40.3$ |
| | $CO^2 + NaO$ | $+ 34.9$ |
| | $CO^2 + BaO$ | $+ 25.0$ |
| | $CO^2 + CaO$ | $+ 18.7$ |

TABLEAU III. *Formation des sels solides, depuis l'acide anhydre gazeux et la base solide.*

| Noms | Eléments | Chaleur dégagée |
|---|---|---|
| | | cal. |
| Azotates. . . . . | $AzO^5 + KO$ | $+ 70.7$ |
| | $AzO^5 + NaO$ | $+ 60.9$ |
| | $AzO^5 + BaO$ | $+ 47.8$ |
| Sulfates. . . . . | $SO^3 + KO$ | $+ 76.6$ |
| | $SO^3 + NaO$ | $+ 67.2$ |
| | $SO^3 + BaO$ | $+ 56.9$ |
| | $2SO^3 + KO$ | $+ 95.7$ |
| Carbonates. . . . | $CO^2 + KO$ | $+ 43.3$ |
| | $CO^2 + NaO$ | $+ 37.9$ |
| | $CO^2 + BaO$ | $+ 28.0$ |
| | $CO^2 + SrO$ | $+ 26.7$ |
| | $CO^2 + CaO$ | $+ 21.7$ |
| | $CO^2 + PbO$ | $+ 10.8$ |
| | $CO^2 + AgO$ | $+ 9.8$ |

TABLEAU IV. *Formation des sels solides, d'après l'acide hydraté et la base hydratée, tous deux solides.*

| Noms | Eléments | Chaleur dégagée |
|---|---|---|
| | | cal. |
| Azotates. . . . . | $AzO^6 K$ | $+ 42.6$ |
| | $AzO^6 Na$ | $+ 36.1$ |
| | $AzO^6 Ba$ | $+ 31.7$ |
| | $AzO^6 Sr$ | $+ 29.2$ |
| | $AzO^6 Pb$ | $+ 19.7$ |
| | $AzO^6 Ag$ | $+ 18.0$ |
| Iodates. . . . . . | $IO^6 K$ | $+ 31.5$ |
| | $IO^6 Ba$ | $+ 25.6$ |
| Sulfates. . . . . | $SO^4 K$ | $+ 40.7$ |
| | $SO^4 Na$ | $+ 34.7$ |
| | $SO^4 Ba$ | $+ 33.0$ |
| | $SO^4 Sr$ | $+ 29.5$ |
| | $SO^4 Ca$ | $+ 24.7$ |
| | $SO^4 Mn$ | $+ 15.6$ |
| | $SO^4 Zn$ | $+ 11.9$ |
| | $SO^4 Cu$ | $+ 10.5$ |
| | $SO^4 Pb$ | $+ 19.9$ |
| | $SO^4 Ag$ | $+ 17.9$ |

raisonnements *a priori*, mais par la comparaison et la discussion d'une multitude d'expériences, dont voici les plus décisives : la combinaison, la décomposition, le changement isomérique, la substitution, la double décomposition, les équilibres chimiques, les actions consécutives ou préalables, les phénomènes auxiliaires, la nécessité des réactions. Le savant chimiste a posé les problèmes et assigné les premiers principes d'une science nouvelle, plus générale que la description individuelle des propriétés, de la fabrication et des transformations des espèces chimiques. Il a envisagé les lois mêmes des transformations et recherché les causes, c'est-à-dire les conditions prochaines qui les déterminent.

Les règles théoriques et pratiques de la calorimétrie ont servi à calculer les nombres contenus dans une centaine de tableaux qui renferment les chaleurs de combinaison des éléments et des corps composés, les chaleurs relatives aux changements d'état (fusion, vaporisation, dissolution), les chaleurs spécifiques des corps gazeux, liquides, solides et dissous ; vaste ensemble au sein

TABLEAU V. *Formation des principaux oxydes métalliques.*

| Noms | Composants | Equivalents | Chaleur dégagée | |
|---|---|---|---|---|
| | | | Etat solide | Etat dissous |
| | | | cal. | cal. |
| Potasse............ | $K+O$ | 47.1 | + 48.6 | + 82.3 |
| | $K+O+HO$ | 56.1 | + 69.8 | + 82.3 |
| | $K+H+O^2$ | 56.1 | + 104.3 | + 116.8 |
| Soude............. | $Na+O$ | 31.0 | + 50.1 | + 77.6 |
| | $Na+O+HO$ | 40.0 | + 67.8 | + 77.6 |
| | $Na+H+O^2$ | 40.0 | + 102.3 | + 112.1 |
| Ammoniaque........ | $Az+H^3+2HO$ | 35.0 | $v$ | + 21.0 |
| | $Az+H^5+O^2$ | 35.0 | » | + 90.0 |
| Chaux............. | $Ca+O$ | 28.0 | + 66.0 | + 75.05 |
| | $Ca+O+HO$ | 37.0 | + 73.5 | + 75.05 |
| | $Ca+H+O^2$ | 37.0 | + 108.0 | + 109.55 |
| Strontiane.......... | $Sr+O$ | 51.8 | + 65.7 | + 79.1 |
| | $Sr+O+HO$ | 60.8 | + 74.3 | + 79.1 |
| | $Sr+H+O^2$ | 60.8 | + 108.8 | + 113.6 |
| Baryte............ | $Ba+O$ | 76.5 | $x$ | $x+14.0$ |
| | $BaO+O$ | 84.5 | + 6.05 | » |
| | $BaO^2+HO^2$ | 101.5 | + 5.1 | » |
| Magnésie.......... | $Mg+O+HO$ | 29.0 | + 74.9 | » |
| | $Mg+H+O^2$ | 29.0 | + 109.4 | » |
| Alumine........... | $Al^2+O^3+3HO$ | 78.4 | +195.8 ou 65.3$\times$3 | » |

TABLEAU VI. *Formation des principaux chlorures et sulfures.*

| Noms | Composants | Equivalents | Chaleur dégagée | |
|---|---|---|---|---|
| | | | Etat solide | Etat dissous |
| | | | cal. | cal. |
| Chlorure de potassium...... | $K+Cl$ | 74.0 | + 105.0 | + 100.8 |
| — de sodium........ | $Na+Cl$ | 58.5 | + 97.3 | + 96.2 |
| — d'ammonium....... | $Az+H^4+Cl$ | 53.5 | + 76.7 | + 72.7 |
| — de calcium........ | $Ca+Cl$ | 55.5 | + 85.1 | + 93.8 |
| — de strontium....... | $Sr+Cl$ | 79.3 | + 92.3 | +' 97.8 |
| — de baryum........ | $Ba+Cl$ | 104.0 | $x+31.7$ | $x+32,7$ |
| — d'aluminium....... | $Al^2+Cl^3$ | 132.9 | + 53.6$\times$3 | +79.3$\times$3 |
| Sulfure de potassium....... | $K+S$ | 55.1 | + 51.1 | + 56.2 |
| Polysulfure de potassium..... | $KS+S^3$ | 103.1 | + 6.2 | + 2.6 |
| Sulfure de sodium......... | $Na+S$ | 39.0 | + 44.2 | + 51.6 |
| Polysulfure de sodium...'.. | $NaS+S^3$ | 87.0 | + 5.1 | + 2.5 |
| Sulfure d'ammonium........ | $Az+H^4+S$ | 34.0 | » | + 28.4 |
| Polysulfure d'ammonium..... | $AzH^3+HS+S^3$ | 82.0 | + 20.0 | » |
| Sulfure de calcium......... | $Ca+S$ | 36.0 | + 46.0 | + 49.0 |
| — de strontium........ | $Sr+S$ | 59.8 | + 47.6 | + 53.0 |
| — de baryum......... | $Ba+S$ | 84.5 | $x-15.6$ | » |
| — d'aluminium........ | $Al^2+S^3$ | 75.0 | + 62.2 | » |

duquel les travaux de plusieurs générations de physiciens et de chimistes se trouvent pour la première fois réunis et coordonnés en un système commun. Le problème se partage en deux autres : l'étude de la combinaison et de la décomposition envisagées en soi ; c'est la *dynamique chimique* et l'étude de l'état final qui résulte des actions réciproques entre les corps simples et composés : c'est la *statique chimique*.

Le principe du travail maximum, aussi simple que facile à comprendre, ramène tout à une double connaissance, celle de la chaleur dégagée par les transformations, laquelle se calcule sans peine au moyen des tableaux précédemment indiqués, et celle de la stabilité propre de chaque composé. Non seulement cette règle unique de la statique moléculaire fournit des données nouvelles et fécondes pour la théorie, aussi bien que pour les applications, mais la figure même de la chimie et la forme de ses enseignements se trouvent par là changées. Le but en devient d'autant plus élevé que, par une telle évolution, la chimie tend à sortir de l'ordre des sciences descriptives, pour rattacher ses principes et ses problèmes à ceux des sciences purement physiques et mécaniques. Elle se rapproche aussi de plus en plus de cette conception idéale, poursuivie depuis tant d'années par les efforts des savants et des philosophes, et dans laquelle toutes les spéculations et toutes les découvertes concourent vers l'unité de la loi universelle des mouvements et des forces naturelles. — c. d.

*THERMODYNAMIQUE. T. de phys.* La découverte de l'équivalence du travail mécanique et de la chaleur a donné une impulsion nouvelle aux études de physique théorique et appliquée. Un grand nombre de savants français et étrangers se sont attachés à faire ressortir toutes les conséquences de l'idée nouvelle et, à la suite de leurs travaux, la physique mathématique s'est enrichie d'un chapitre nouveau et fort étendu qui a reçu le nom de *thermodynamique*, et qui a pour objet l'étude des phénomènes calorifiques en considérant la chaleur comme un mode de mouvement ou, plus exactement, en considérant toute quantité de chaleur comme l'équivalent d'une certaine quantité de travail mécanique. L'importance de cette théorie est aussi considérable au point de vue des applications industrielles qu'à celui du développement de la science pure. Nous avons donné au mot CHALEUR, § *équivalent mécanique*, un résumé des notions fondamentales de la thermodynamique avec leur application à l'étude théorique des machines thermiques et en particulier de celles à vapeur. On trouvera, au mot MOTEUR, l'étude thermodynamique des moteurs à gaz; enfin, dans les nombreux articles du *Dictionnaire* consacrés à l'électricité, on trouvera des applications fréquentes de la thermodynamique aux phénomènes électriques.

Les considérations théoriques développées à l'article CHALEUR ont montré comment la thermodynamique permettait de préciser les meilleures conditions de marche des machines pour obtenir le rendement maximum, elles ont prouvé en même temps, toute l'importance des relevés de diagrammes de pression sur les machines en marche, puisque c'est seulement par la comparaison avec les diagrammes théoriques établis par la thermodynamique qu'on peut apprécier le fonctionnement pratique des machines.

— Nous ne croyons pas qu'il soit utile de donner ici des développements qui feraient nécessairement double emploi avec les articles précédents. Il nous suffira de rappeler quelques données historiques, et de signaler avec précision les principes fondamentaux sur lesquels repose la science qui nous occupe. Rumford doit être considéré comme ayant porté le premier coup à l'ancienne idée fausse de l'indestructibilité de la chaleur considérée comme un agent spécial, car il démontra, à la fin du siècle dernier, que l'on pourrait, à l'aide du frottement, tirer d'un même corps une quantité indéfinie de chaleur; mais son expérience est restée oubliée pendant plus de cinquante ans. Vers 1830, Sadi Carnot publia son fameux ouvrage : *Réflexions sur la puissance motrice du feu*, dans laquelle il formulait pour la première fois cet énoncé remarquable qu'on pouvait produire du travail en transportant de la chaleur d'un corps chaud sur un corps froid, mais qu'il était impossible d'effectuer le transport inverse sans dépense de travail. Ce principe de Sadi Carnot est resté l'un des principes fondamentaux sur lesquels repose toute la thermodynamique.

Enfin, c'est en 1842 que Joule, en Angleterre, Mayer, en Allemagne et Colding, en Danemark, arrivèrent presque en même temps à formuler nettement le principe de l'équivalence entre la chaleur disparue et la quantité de travail mécanique produit, à savoir que toutes les fois qu'on produit du travail par la chaleur, il disparaît une quantité de chaleur proportionnelle au travail produit. Quelques années plus tard, Clapeyron, en France, et Clausius, en Allemagne, combinant le principe de Carnot avec celui de Mayer, s'attachèrent à déduire les conséquences nombreuses et importantes que comporte cette nouvelle manière d'envisager la chaleur, et fondèrent

ainsi la thermodynamique considérée comme une science spéciale. Depuis lors, un nombre considérable de physiciens ont suivi la voie si brillamment ouverte, et la thermodynamique est devenue aujourd'hui un des chapitres les plus étendus de la physique mathématique. Il nous est impossible de citer tous les savants qui ont contribué à son développement. Nous mentionnerons seulement les travaux de M. Hirn et les intéressantes expériences qu'il exécuta à Colmar sur les machines à vapeur.

On rattache quelquefois à la thermodynamique une théorie connue sous le nom de *théorie cinétique des gaz parfaits* dans laquelle on considère les gaz comme formés de particules impénétrables, animées d'une très grande vitesse ; les phénomènes de pression seraient dus aux chocs de ces molécules sur les parois du vase, et la température du gaz mesurerait la force vive moyenne de ces molécules. Il importe de bien remarquer que la thermodynamique est indépendante de cette théorie. Celle-ci n'est, à tout prendre, qu'une hypothèse qui est loin d'être entièrement vérifiée, tandis que la thermodynamique proprement dite reposant sur des principes indiscutables, ne peut conduire qu'à des conséquences absolument au-dessus de toute contestation. — M. F.

\*THERMO-ÉLECTRICITÉ. Partie de la physique ayant pour objet la production et la mesure des courants électriques engendrés par la chaleur, soit dans un circuit métallique homogène ou hétérogène, soit dans un circuit en partie métallique et en partie non métallique, ou enfin totalement non métallique, solide ou liquide (V. ÉLECTRICITÉ, § 59 *thermo-électricité*; § 60 *phénomène thermoélectrique*). Les appareils employés en thermo-électricité sont d'abord les *piles thermo-électriques* (V. THERMO-MULTIPLICATEUR et PILE ÉLECTRIQUE, § *Piles thermo-électriques*). Les *piles, soudures, pinces, aiguilles thermo-électriques, thermomètres électriques*, sont tous fondés sur le même principe : la production de courants électriques par l'inégalité de température des deux soudures de métaux différents : bismuth-antimoine ou fer-cuivre, ou sulfure de fer-cuivre, etc., et pour les températures élevées, platine-palladium. — V. THERMOMÈTRE, § *Thermomètre électrique de Becquerel* et § *Thermomètre électrique de Siemens*. — C. D.

\*THERMOGRAPHE. T. de phys. Le thermographe, qui fonctionne à l'observatoire de Montsouris depuis 1867, est un thermomètre formé par un tube Bourdon (analogue à ceux des baromètres et des manomètres du même constructeur), en métal mince, écroui, aplati en une sorte de ruban creux, dont la section forme une ellipse allongée. Au lieu d'être recourbé dans un plan perpendiculaire au grand axe de l'ellipse, il est tordu autour de son axe en forme de tire-bouchon à spire très allongée. Le tube exactement rempli d'alcool méthylique est fixé par l'une de ses extrémités, l'autre est libre et munie d'une aiguille. La dilatation de l'alcool *détord* le tube d'un angle proportionnel à cette dilatation et que l'aiguille rend apparent. L'aiguille munie d'un style inscrit ses mouvements sur un cylindre qui tourne par le moyen d'une horloge, en sorte que les courbes tracées par l'instrument sont en rapport connu avec les heures de la journée. L'appareil est si sensible que le passage d'un nuage produit des effets marqués, bien que l'instrument soit placé à l'ombre et au nord.

Le thermographe du P. Secchi, lequel a figuré à l'Exposition universelle de 1867, avec les autres appareils du météorographe du même auteur, est un simple fil de cuivre de 16 mètres de longueur, tendu sur une poutre en bois le long de laquelle il se replie plusieurs fois en contournant des poulies. Ce fil est fixé à une de ses extrémités sur la poutre (dont la dilatation est négligeable), à l'autre, il aboutit à un levier qu'il déplace par sa dilatation ou sa contraction. Ce levier porte une aiguille armée d'un crayon qui inscrit tous ses mouvements sur une feuille de papier appliquée sur un cylindre mis en rotation continue par une horloge.

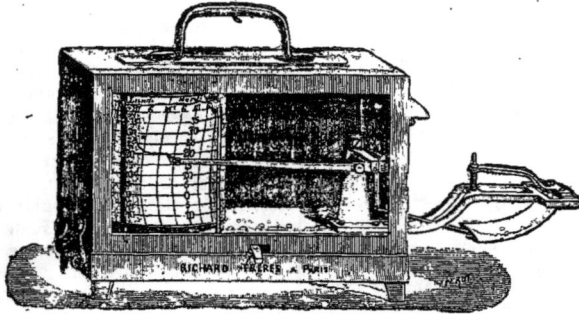

Fig. 470.

Le thermographe photographique enregistre d'une manière continue les indications d'un thermomètre ordinaire disposé de manière qu'un rayon

Fig. 471.

de lumière, émanant d'un bec de gaz, éclaire, dans la chambre obscure, le sommet de la colonne mercurielle de l'instrument et la photographie sur une feuille de papier sensible fixée autour d'un cylindre dont la rotation est engendrée par un mouvement d'horlogerie. Les températures sont ainsi indiquées correspondant aux temps écoulés à partir d'une ligne de repère. — c. 'D.

Les thermographes Richard, assez généralement employés, se composent simplement d'un cylin-

dre qu'un mécanisme d'horlogerie fait tourner autour de son axe, et d'un style mis en mouvement par l'organe sur lequel agit la chaleur, ce style étant muni d'une plume de forme spéciale, destinée à tracer le diagramme sur une bande de papier fixée autour du cylindre par une simple barette de métal. L'organe percepteur de la température est ordinairement formé de parties métalliques souples, subissant une déformation par la dilatation de liquides convenablement choisis dont les changements de volume sont constants et comparables entre eux.

La figure 470 représente un thermomètre destiné à enregistrer la température du milieu où il est placé, c'est le type adopté par le bureau central météorologique de France pour les observatoires, c'est également celui employé dans les tourailles de brasserie, les séchoirs, etc. L'organe sensible et déformable de cet appareil est composé d'un tube courbe en cuivre, de section méplate et rempli en entier d'un liquide difficile à congeler qui est ordinairement de l'alcool. Le volume du tube thermométrique étant faible et sa surface très grande, l'instrument est d'une sensibilité parfaite et se met rapidement en équilibre de température avec l'air ambiant. La figure 471 représente la disposition adoptée pour enregistrer la température de milieux clos de tous côtés et dans lesquels il est impossible de placer l'organe enregistrant de l'appareil; on y fait alors seulement pénétrer le tube thermométrique que l'on relie par une tige à un mécanisme analogue à celui de l'appareil précédent, mais placé à l'intérieur.

Il existe encore divers types de thermographes se rapprochant plus ou moins de ceux que nous venons d'examiner, mais leur description nous entraînerait trop loin, et nous renvoyons pour leur étude à la *Notice sur les instruments enregistreurs*, de MM. Richard frères.

\* **THERMO-MAGNÉTISME.** *T. de phys*. Partie de l'électro-magnétisme qui traite des courants électriques produits par la chaleur. — V. THERMO-ÉLECTRICITÉ.

\* **THERMOMANOMÈTRE.** *T. de phys*. Il y a, entre la force élastique de la vapeur d'eau et sa température, une relation que les expériences de Regnault ont fait connaître. En sorte qu'au lieu de mesurer directement la pression de la vapeur au moyen d'un manomètre, on peut l'évaluer aussi d'après sa température; l'instrument employé à cet effet, se nomme *thermomanomètre*. C'est un thermomètre pouvant marquer 200° et plus, renfermé dans un tube de fer qui pénètre dans la chaudière à vapeur. L'espace compris entre le thermomètre et l'enveloppe est rempli de limaille de cuivre. L'instrument porte une échelle sur laquelle sont inscrites les pressions jusqu'à 15 atmosphères et au delà, en regard de chaque température. C'est cette double indication qui a valu à l'instrument le nom de thermomanomètre.

**THERMOMÈTRE. T. de phys.** Instrument destiné à mesurer le degré de température des corps, des milieux liquides ou gazeux, et non les quantités absolues de chaleur qu'ils renferment. La dilatation ou l'accroissement de volume des corps par la chaleur étant un phénomène général (à peu d'exceptions près), c'est de lui qu'on se sert pour évaluer le degré de chaleur des corps. Les instruments employés à cet effet, se nomment *thermomètres*, et les substances qu'on emploie doivent : 1° se dilater uniformément entre les limites de température auxquelles on les soumet, 2° revenir exactement au volume initial lorsque la température redevient la même. La dilatation des corps solides est faible, mais assez régulière; celle des liquides est notablement plus grande et celle des gaz est considérable. Il y a des thermomètres complètement solides, d'autres formés de liquides ou de gaz renfermés dans des enveloppes de verre. Les liquides employés ordinairement sont le mercure et l'alcool.

**Thermomètre à mercure.** C'est le plus usité des thermomètres à liquides, et celui qui donne les indications les plus régulières entre des limites assez étendues. Il se compose d'un tube capillaire terminé par un réservoir sphérique, cylindrique ou ellipsoïdal. Le tube (tige) porte une échelle qui indique les degrés de température de l'instrument quand le sommet de la colonne liquide atteint telle ou telle division.

*Construction.* On choisit un tube capillaire dont l'intérieur soit bien cylindrique, on s'en assure en introduisant dans le tube une petite colonne de mercure de 2 ou 3 centimètres dont la longueur doit rester constante dans toutes les positions qu'on peut lui donner d'un bout à l'autre du tube; on dit alors que celui-ci est bien calibré. A l'une des extrémités de ce tube, on soude une boule en verre surmontée d'un tube effilé. L'autre extrémité est ensuite fondue et fermée à la lampe; on la chauffe fortement, et l'on y souffle, aux dépens de l'épaisseur du tube, un réservoir qui prend la forme d'une *olive allongée*. Pour introduire le mercure dans le tube, on chauffe le réservoir et la boule pour chasser une partie de l'air, et on plonge dans le mercure bien pur l'extrémité du tube. L'air intérieur se refroidit, sa force élastique diminue, et du mercure monte dans le tube. Quand on juge que la quantité de liquide introduite est suffisante pour remplir le réservoir et le tube, on retourne l'instrument. Le mercure, malgré sa grande densité, ne pénètre pas dans le réservoir par suite de la résistance que lui offre l'air comprimé qui ne peut

diviser la colonne liquide dans le tube capillaire. En inclinant le tube puis le redressant à diverses reprises, ou par secousses, on fait pénétrer du mercure dans le réservoir, mais on ne parvient pas ainsi à le remplir entièrement. Pour atteindre ce but final, on dispose le réservoir au-dessus d'un réchaud, ou mieux, tout l'instrument sur une grille inclinée sous laquelle on met des charbons allumés. On fait ainsi bouillir le mercure dont la vapeur entraîne avec elle les dernières traces d'air et d'humidité. On laisse refroidir en retirant du tube une quantité convenable de liquide. On y arrive en portant l'instrument à une température un peu supérieure à la plus haute qu'il doive indiquer; du mercure s'échappe de la tige, et on ferme l'extrémité à la lampe.

*Détermination des points fixes.* Pour que les indications des divers thermomètres soient comparables entre elles, on a adopté pour *points fixes* la température constante de la glace fondante (le zéro du thermomètre) et celle de la vapeur d'eau bouillante (le 100e degré) également constante. Pour déterminer exactement le zéro, on se sert d'un récipient (fig. 472) en laiton porté sur trois pieds, à fond percé, au centre du quel on place le réservoir du thermomètre qu'on entoure de glace pilée ou de neige, le tout étant placé en un lieu où la température est supérieure à celle

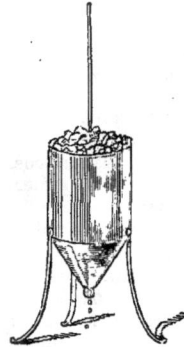

Fig. 472.

de la glace fondante. Lorsqu'après un certain temps, le niveau du liquide reste invariable, on marque en ce point un trait sur le tube, ce sera le zéro de l'échelle. Pour déterminer le 100e degré, on emploie un appareil dû à M. Regnault (fig. 473). Il se compose d'une sorte de chaudière cylindrique en laiton surmontée d'un cylindre de plus petit diamètre faisant cheminée; un autre cylindre de diamètre un peu plus grand recouvre celui-ci en ne laissant entre eux qu'un espace de 0m,01 environ. La partie supérieure de ce cylindre est

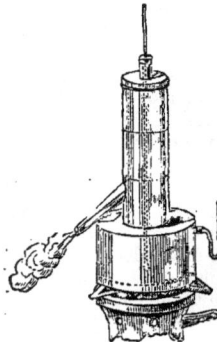

Fig. 473.

fermée par une plaque percée d'une ouverture par laquelle on introduit le thermomètre que l'on fixe à hauteur convenable avec un bouchon, la boule du thermomètre affleurant seulement le liquide. Toute la colonne de mercure de l'instrument est dans la vapeur qui circule entre les deux enveloppes et sort par la partie inférieure. Un manomètre à eau, en communication, d'une part avec la vapeur de la chaudière, et de l'autre avec l'air extérieur, indique à tout instant que la vapeur est à la pression atmosphérique lors. de l'ébullition qui doit être maintenue jusqu'à ce que le niveau du mercure dans le tube reste constant, un peu au-dessus du bouchon. On marque en ce point un trait, ce sera le 100° degré.

Les deux points fixes étant déterminés, on partage l'intervalle en 100 parties égales (soit par une construction géométrique, soit au moyen de la machine à diviser); ce sont les *degrés* de l'instrument dit alors *thermomètre centigrade*. On prolonge ces divisions au-dessus de 100° jusqu'à l'extrémité de la tige et au-dessous de 0°, jusqu'à la naissance du réservoir; ces dernières sont affectées du signe — (moins). Quand, au moment de la détermination du 100° degré, le baromètre ne marque pas 760 millimètres, il y a une correction à faire; elle est, d'après Wollaston, de 1° pour 27 millimètres de différence de pression au-dessus ou au-dessous de la pression normale, 760 millimètres.

*Échelles thermométriques diverses.* Outre la graduation centésimale, due à Celsius d'Upsal, en 1741, on fait aussi usage d'autres graduations. Dans le thermomètre dit « de Réaumur, » l'intervalle entre les deux points fixes est divisé en 80 parties égales; de sorte que 80° Réaumur valent 100° centigrades; par suite, 1° Réaumur = 100/80 ou 5/4 centigrades. Donc, pour transformer des degrés Réaumur, il faut les multiplier par 5/4 ou ajouter 1/4 de leur nombre. Réciproquement, pour transformer des degrés centigrades en Réaumur, il faut les multiplier par 4/5.

L'échelle de Fahrenheit (encore usitée en Angleterre, dans l'Amérique du Nord, en Russie, en Hollande) marque 32° à la température de la glace fondante et 212° à celle de l'eau bouillante. L'intervalle est divisé en 212-32 ou 180 parties égales. Pour transformer des degrés Fahrenheit en centigrades, il faut d'abord en retrancher (algébriquement) 32 et multiplier le résultat par le rapport 180/100 ou 9/5. Réciproquement, pour transformer des degrés centigrades en Fahrenheit, il faut les multiplier par 5/9 et ajouter 32 au résultat.

**Thermomètre à alcool**. Sa construction est plus simple que celle du thermomètre à mercure. Il n'est pas nécessaire de souder une boule à la partie supérieure du tube. Après avoir dilaté l'air du réservoir, on plonge le tube dans l'alcool. A mesure que l'air intérieur se refroidit, l'alcool monte dans le tube et atteint une partie du réservoir. On retourne alors l'instrument, on fait bouillir le liquide dont la vapeur chasse l'air et l'humidité. En plongeant rapidement l'extrémité ouverte dans l'alcool tiède ou même froid, le liquide monte rapidement dans le réservoir et le remplit

complètement, ainsi que le tube. S'il restait une bulle d'air, on la ferait sortir en tournant rapidement le thermomètre en fronde. On règle la course, on ferme le tube en laissant de l'air. Le zéro de ce thermomètre s'obtient comme pour le thermomètre à mercure, mais on ne peut déterminer de même le 100° degré, car l'alcool bout à 78°. On se contente de placer l'instrument dans un bain marquant une température voisine de 60 à 70° que l'on constate avec un thermomètre à mercure gradué directement. Le reste s'achève comme précédemment. Pour rendre plus apparente la position du sommet de la colonne liquide, on colore l'alcool en rouge avec l'orseille ou la racine d'orcanette, ou la cochenille, ou en bleu au moyen de l'aniline.

Les échelles des thermomètres sont généralement tracées sur les tubes mêmes; quelquefois sur une tablette en métal, en bois ou en porcelaine. On fait aussi usage d'éther, de sulfure de carbone et de divers autres liquides tels que le chlorure d'éthyle, le chlorure de méthyle, etc., pour évaluer des températures très basses, ces liquides ne se congelant pas à ces froids intenses.

**Thermomètre à minima et à maxima de Rutherford.** Le thermomètre *à minima* bien connu est un thermomètre à alcool dont le tube est tenu horizontal; il renferme un index d'émail en forme de petite bobine qui reste immergée dans le liquide. Lorsque la température baisse, l'alcool se contracte et entraîne avec lui l'index léger qui ne peut vaincre la résistance que lui offre le ménisque terminal. Quand la température s'élève, le liquide passe autour de l'index qu'il laisse en place indiquant le minimum par sa partie antérieure.

Le thermomètre *à maxima* est un thermomètre ordinaire à mercure dans le tube duquel on a introduit un petit index d'acier qui flotte au-dessus du mercure. Tant que la température s'élève, le mercure en se dilatant pousse l'index en avant (le tube étant horizontal); quand la température baisse, le liquide se retire et laisse l'index en place. Cet instrument a un grave inconvénient : l'index reste souvent noyé dans le mercure, et d'autres fois il reste adhérent au liquide. On dispose ordinairement sur la même planchette les deux instruments dans des positions inverses; de sorte qu'en inclinant cette planchette dans un même sens, on fait arriver les deux index au contact de leurs liquides respectifs. C'est ce qu'on appelle *armer* les thermomètres.

**Thermomètre à maxima de Negretti et Zambra** (fig. 474). Dans ce thermomètre, à mercure, l'index mobile est remplacé par un petit cylindre en émail, de quelques millimètres de longueur, qui obstrue la tige presque complètement, très près du réservoir. Pour qu'il ne puisse se déplacer, on chauffe la tige en cet endroit et on la courbe légèrement. Tant que la température s'élève, le liquide en se dilatant a toujours assez de force pour vaincre l'obstacle et se répandre dans le tube; quand la température a atteint son maximum et s'abaisse, le liquide se concentre et tend à rentrer dans le réservoir, mais l'obstacle que lui oppose le petit espace entre le tour du cylindre est assez grand pour vaincre la cohésion du liquide; en sorte que la colonne sortie reste

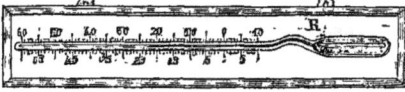

Fig. 474.

en place, et il se fait un vide dans le réservoir. La partie antérieure de la colonne marque donc le *maximum* de température. Pour remettre l'instrument en expérience, on le redresse verticalement et, au besoin, on lui donne une légère secousse, ce qui suffit pour que la colonne de mercure du tube rejoigne le liquide du réservoir.

**Thermomètre à bulle d'air.** Un thermomètre *ordinaire* à mercure peut être facilement transformé en thermomètre à maxima en séparant la colonne liquide par une bulle d'air qui s'oppose à la réunion des deux parties. On tient compte, naturellement, dans l'évaluation de la température maxima de l'étendue, en degrés, qu'occupe la bulle d'air sur l'échelle thermométrique. Cet instrument peut de même être transformé en thermomètre ordinaire.

**Thermomètres de précision.** La construction de ces instruments exige des précautions minutieuses dans les détails desquelles nous ne pouvons entrer ici; nous nous bornerons à énumérer les principales. Comme il est impossible de trouver un tube capillaire parfaitement cylindrique sur une étendue de $0^m,15$ à $0^m,20$, on est obligé de le diviser en parties d'égal volume (et non d'égale longueur), et de déterminer la capacité du réservoir en fonction d'une des divisions du tube, opération très délicate pour laquelle nous renvoyons aux traités de physique. On construit des thermomètres qui donnent avec exactitude les dixièmes de degrés et même les vingtièmes et les cinquantièmes de degré.

Parmi les thermomètres de précision, nous devons citer : le *thermomètre à air*, le plus exact de tous ; le *thermomètre calorimétrique* de M. Berthelot, employé dans ses recherches de thermochimie; le *thermomètre à poids*, sans graduation, par lequel on évalue la température au moyen du poids du mercure sorti de l'instrument; les *thermomètres métastatiques*, de Walferdin, à tubes extrêmement fins, à graduation arbitraire, donnant pour de faibles variations de température, des appréciations à 1/100, 1/200 de degré; les *thermomètres à maxima et à minima, à déversement,* du même auteur, spécialement usités pour mesurer les températures à de grandes profondeurs (puits artésiens, fond de la mer); ils sont alors protégés par une enveloppe métallique; le *thermomètre raccourci* ou *à réservoir intermédiaire,* où les degrés sont en petit nombre depuis 30° jusqu'à 50°, mais ont une étendue qui permet d'estimer à 1/20 et même à 1/50 de degré près

une température; ils trouvent leur application en médecine, en physiologie; le *thermomètre hypsométrique* de Regnault, fondé sur le même principe, allant de 50° à 110° pour mesurer la hauteur des montagnes ou la profondeur des mines, par la température de l'ébullition de l'eau; les *thermomètres fractionnés* ou *sectionnés,* de M. Huette, dont chacun sert à évaluer des températures comprises entre des limites peu étendues; l'un va, par exemple, de —20 à —10°, une autre de —12 à 0°, une troisième de 0 à +10°, etc. Sur les tiges de ces instruments, chaque degré occupe une longueur de plus d'un centimètre, ce qui permet l'évaluation d'une température à 1/20 et à 1/40 de degré.

Il faudrait encore faire la comparaison des divers thermomètres à air, à mercure, à alcool, etc. et celle des thermomètres à mercure dans le verre et dans le cristal; on y constaterait des différences sensibles.

**Thermomètre métallique de Bréguet** (fig. 475). Il est fondé sur l'inégale dilatabilité des métaux. Une plaque formée de trois lames d'argent, or et platine soudées ensemble, est passée au laminoir et réduite à une très faible épaisseur,

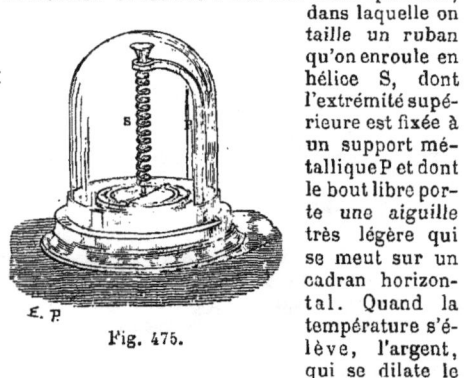

Fig. 475.

dans laquelle on taille un ruban qu'on enroule en hélice S, dont l'extrémité supérieure est fixée à un support métallique P et dont le bout libre porte une aiguille très légère qui se meut sur un cadran horizontal. Quand la température s'élève, l'argent, qui se dilate le plus, et qui est placé à l'intérieur, détord l'hélice, et l'aiguille se déplace sur le cadran; si la température s'abaisse, l'hélice se déroule, et l'aiguille tourne en sens contraire. Cet instrument est très sensible.

**Thermomètre à cadran.** Une large bande formée de cuivre et de fer soudés ensemble est roulée en spirale plate comme un ressort de pendule. Fixée par un bout et libre à l'autre, elle se déforme par variation de température, et son extrémité libre déplace un levier à crémaillère qui engrène sur un pignon portant une aiguille dont les mouvements amplifiés se voient sur un cadran. L'instrument, qui a la forme d'un baromètre anéroïde, se gradue, ainsi que le précédent, par comparaison avec un thermomètre ordinaire.

**Thermomètre électrique de Becquerel.** Cet instrument (fig. 476) est fondé sur les actions thermo-électriques (V. Thermo-électricité). Il se compose de deux fils, l'un en fer *f,* l'autre en cuivre *c,* soudés bout à bout en S, et entourés (à la suite de la soudure) de gutta-percha, pour empêcher leur contact, les préserver de toute altération, et diminuer autant que possible, l'influence du milieu ambiant. Cette première partie de l'appareil est placée au point dont il s'agit d'évaluer la température. La seconde, identique à la première, est réunie à celle-ci par des fils conducteurs qui peuvent être aussi longs qu'on le désire ; cette dernière soudure est placée dans un tube C contenant du mercure. Le tout est plongé dans l'eau d'un vase E ou encore dans une éprouvette hermétiquement fermée, contenant de l'éther. Un tuyau, communiquant à un soufflet, est immergé dans l'eau ou l'éther, et dans ce dernier cas, un autre tuyau est adapté à la partie supérieure de l'éprouvette pour donner issue à l'air. Enfin, un galvanomètre très sensible G est intercalé dans le circuit, et un thermomètre T plonge dans le

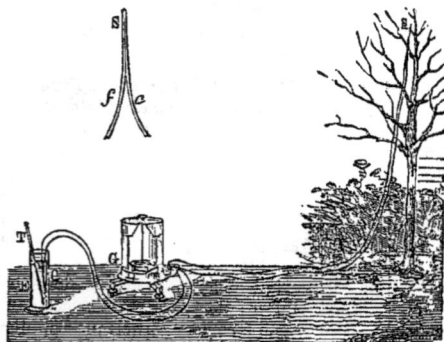

Fig. 476.

liquide du vase ou de l'éprouvette. Si la température des milieux où sont placées les deux soudures est différente, un courant thermo-électrique naîtra et fera dévier l'aiguille du galvanomètre. Pour la ramener au zéro (auquel cas les soudures seront à la même température), on refroidira ou l'on réchauffera le bain, selon le sens de la déviation de l'aiguille. Dans le premier cas, on fera agir le soufflet qui, produisant l'évaporation de l'eau ou de l'éther, abaissera la température; dans le second, on chauffera l'éprouvette avec la main ou au moyen d'eau tiède. Lorsque l'aiguille du galvanomètre restera stationnaire au zéro, on lira sur le thermomètre la température du bain qui sera égale à celle de la soudure éloignée. Ce thermomètre est employé avec avantage pour explorer la température de la terre ou de la mer à diverses profondeurs, et celle de l'air à différentes hauteurs.

**Thermomètre électrique de Siemens.** Au lieu des soudures électriques de Becquerel, pour évaluer la température d'un point éloigné ou inaccessible, MM. Siemens se servent de deux petites *bobines de résistance égale*. L'une d'elles est descendue, par exemple, au fond de la mer, tout en restant en communication, par un fil isolé, avec l'autre bobine placée sur le navire, dans un bain d'eau ou d'huile, avec un thermomètre. Le fil des deux bobines forme un circuit fermé dans lequel on intercale une pile électrique et un galvanomè-

tre. Si la température des deux bobines est la même, leur résistance électrique est aussi la même. Quand la température diffère de l'une à l'autre, la conductibilité change par suite. Si l'on chauffe ou si l'on refroidit le bain jusqu'à une température telle que l'aiguille du galvanomètre reste au zéro, la température du bain, indiquée par le thermomètre qui s'y trouve est égale à celle du fond de la mer où plonge l'autre bobine.

*Usages du thermomètre.* Il sert à mesurer, non seulement la température des appartements, mais en général, celle de l'air à différentes hauteurs dans l'atmosphère, celle du sol à différentes profondeurs (houillères, tunnels, grottes), celle de la mer à diverses profondeurs. On l'emploie surtout en physique, en météorologie, en chimie, en physiologie, en médecine (dans les fièvres, les inflammations locales). Il est aussi d'un usage continuel dans les industries du chauffage, les distilleries, raffineries, brasseries, chaudières à vapeur; on le consulte dans la cuisson des vitraux peints; on l'emploie dans les bains, les serres, les magnaneries, etc. Il avertit, en mer, du voisinage des bancs de glace.

L'instrument doit être placé à l'air libre, au Nord, à l'abri du soleil et de la pluie, au-dessus d'un terrain gazonné pour éviter les effets de réverbération du sol. — c. d.

*THERMOMÉTRIE. T. de phys.* Partie de la physique qui a pour objet l'étude des moyens de mesurer la chaleur. Elle comprend la construction des thermomètres, leur comparaison, leur mode d'observation et les applications qu'on peut faire de ces instruments dans diverses circonstances spéciales (V. l'article précédent). La thermométrie proprement dite ne s'occupe pas de déterminer les quantités absolues de chaleur des corps, mais seulement de mesurer leurs degrés de température. La *calorimétrie* s'occupe spécialement de déterminer les quantités de chaleur comparative que possèdent les corps, celles qu'ils absorbent ou dégagent dans des conditions déterminées : chaleurs spécifiques ou capacités thermiques; chaleurs latentes de fusion et de volatilisation; chaleur de combinaison, de décomposition, etc.

*THERMOMÉTROGRAPHE. T. de phys.* Thermomètre, imaginé par Six et Bellani, marquant en même temps le *maximum* et le *minimum* de température. Il se compose d'un thermomètre à alcool dont le réservoir est très grand et renversé. Le tube recourbé en siphon renferme du mercure; au-dessus de ce liquide, dans les deux tubes, il y a de l'alcool, et la partie supérieure se termine par un réservoir à demi rempli de ce dernier liquide. Au-dessus du mercure, dans chaque branche, se trouve un index en émail creux contenant un bout de fil de fer; ces index sont aplatis du côté du mercure, tandis que du côté opposé, ils sont étirés en fil fin et contournés qui s'appuie contre les parois du tube et fait ressort. Par la dilatation de l'alcool dans le grand réservoir, l'index de la seconde branche est repoussé et reste en place pour indiquer le *maximum*, et lorsque la température baisse, l'index de la première branche est repoussé par le mercure et conserve la position que lui fait prendre le *minimum* de température. Après l'observation, on ramène en place les index à l'aide d'un aimant. Cet instrument n'est pas très exact et présente le grave inconvénient que ses index sont souvent noyés par le mercure ou entraînés par adhérence lors du retrait du liquide.

On lui préfère les thermomètres à maxima et à minima séparés de Rutherfort, et mieux ceux de Negretti et Zambra.

*Thermométrographe à pointage de Bréguet.* C'est le thermomètre métallique du même inventeur, disposé de manière que son aiguille se meuve dans un plan horizontal au-dessus d'une feuille de papier, comprenant 24 sections égales, animée d'un mouvement de rotation par une horloge qui d'heure en heure produit sur le tube à encre d'imprimerie dont l'extrémité de l'aiguille est munie, un léger choc qui fait imprimer un point noir sur le papier.

Le *thermométrographe photographique* n'est autre que le *thermographe photographique*. — V. THERMOGRAPHE. — C. D.

* **THERMO-MULTIPLICATEUR.** *T. de phys.* Appareil destiné à constater et à mesurer les faibles variations de température des corps par le moyen de courants thermo-électriques que la chaleur engendre dans des conditions déterminées. Il se compose de deux parties distinctes : une *pile thermo-électrique de Melloni* et un *galvanomètre* à fil court et gros, très sensible.

La pile de Melloni est formée d'une série de petits barreaux de bismuth recourbés, alternant avec des barreaux d'antimoine de même forme. Les éléments réunis forment un prisme (ou un cube), et sont isolés les uns des autres (excepté aux points de soudure) par de petites bandes de papier verni. Toutes les soudures de rang pair aboutissent à une même face du prisme et les soudures impaires à la face opposée. On les recouvre d'une couche de noir de fumée dont le pouvoir absorbant est maximum. La pile est montée dans une gaîne en laiton portée par un pied de même métal sur lequel l'étui peut prendre différentes positions plus ou moins inclinées. Les éléments extrêmes de la pile sont reliés par un fil au galvanomètre à fil court et gros, les courants étant généralement très faibles, il faut que les résistances soient très minimes. Pour faire usage de l'instrument, on lève l'opercule de la face qui ferme l'étui et sur laquelle on fait agir la chaleur ; un courant thermo-électrique se manifeste par la déviation de l'aiguille du galvanomètre, et les déviations, pour de faibles variations de température, sont proportionnelles aux intensités des courants électriques.

Melloni a fait usage de son système thermo-multiplicateur très sensible pour déterminer les lois de la chaleur rayonnante. Les physiciens se servent d'une *pile thermo-électrique linéaire* pour étudier la distribution de la chaleur (les bandes froides) dans le spectre solaire. — C. D.

* **THERMOPHONE.** — V. PHOTOPHONE.

* **THERMO-RÉGULATEUR.** *T. de phys.* Appareil destiné à produire automatiquement la régulation de la chaleur dans un espace donné ; c'est-à-dire à maintenir une température, sinon absolument constante, du moins comprise entre des limites suffisamment rapprochées. Ce résultat s'obtient en utilisant les effets de la dilatation des corps (solides, liquides ou gazeux) par la chaleur, soit à l'aide d'un mécanisme, soit par l'intervention de l'électricité, ou plutôt de l'électro-magnétisme, ce qui est le cas ordinaire. Parmi les divers systèmes de thermo-régulateurs, nous citerons le suivant qui est un des plus simples. Il suppose seulement que la source de chaleur, vapeur, air chaud, chaleur d'une flamme de gaz, circulation d'eau chaude, etc., est toujours plus que suffisante pour atteindre le maximum qu'on ne veut pas dépasser, et que cette source ne peut descendre que très peu au-dessous de cette limite. L'appareil est un thermomètre ordinaire à mercure dont le tube n'est pas fermé et donne passage à deux fils métalliques isolés l'un de l'autre communiquant chacun avec l'un des pôles d'une pile. Le fil le plus long reste plongé constamment dans le mercure du thermomètre ; l'autre a son extrémité fixée vis-à-vis du degré du thermomètre qu'on ne veut pas dépasser, 18° par exemple. Tant que le mercure reste au-dessous du fil le plus court, la chaleur peut augmenter sans inconvénient, mais dès que le mercure atteint 18°, le courant électrique passe dans les deux fils et agit sur un électro-aimant placé dans le circuit. Cet organe électro-magnétique est disposé de manière à agir sur un levier qui tend à fermer plus ou moins l'ouverture par laquelle arrive la chaleur (soupape, robinet, registre) ; la température tend alors à s'abaisser, et bientôt le mercure descend, quitte le fil conducteur, le courant est interrompu, la chaleur arrive plus abondante et les mêmes alternatives se répètent à des intervalles plus ou moins rapprochés, selon les dispositions de l'appareil. Quelquefois, le fil plongeant dans le mercure traverse la paroi du réservoir sans passer par le tube, tandis que l'autre fil passe par le tube ouvert. Si l'on ne ferme pas celui-ci à la lampe, mais seulement avec un bouchon de caoutchouc, c'est afin de faire varier la distance du fil à la surface du mercure, c'est-à-dire pour déplacer à volonté la position du fil correspondant au maximum de température. L'appareil se simplifie lorsque l'on se contente de faire marquer le maximum ou le minimum à l'aide d'une sonnerie électrique. Alors c'est un simple *avertisseur*.

Si l'on craignait que la source de chaleur ne descendît au-dessous d'un minimum déterminé, il faudrait alors employer un deuxième électro-aimant qui agirait pour élever la température, soit en activant le tirage, soit en donnant passage à de l'air chaud, etc.

Dans ce cas, on donne au thermomètre la forme d'un tube recourbé en U, dont la partie inférieure contient du mercure où plonge un fil de platine passant par la partie coudée du tube. Le réservoir qui termine la première branche est complètement rempli d'huile de paraffine (mauvais conducteur de l'électricité) qui repose ainsi sur le mercure. Un second fil de platine passe à travers ce réservoir et vient aboutir au degré minimum fixé d'avance. Un troisième fil de platine, passant dans un bouchon qui ferme la seconde branche, vient aboutir au degré maximum de température. Chacun de ces fils est relié avec un des pôles d'une pile et traverse un électro-aimant disposé de manière à agir sur un robinet donnant passage à de l'air froid ou à de l'air chaud.

Lorsque la température s'élève, l'huile du réservoir se dilate, chasse dans la seconde branche le mercure qui finit par atteindre le fil conducteur qui s'y trouve ; le courant passe, et le mécanisme agit pour amener de l'air froid ; mais la température baisse, le liquide du réservoir se contracte, le mercure revient dans la première branche, atteint le fil conducteur qui s'y trouve et détermine le passage d'un courant électrique et l'arrivée de l'air chaud, et ainsi de suite, avec des alternatives qui restent toujours comprises entre des limites qu'on peut resserrer à volonté.

Une application intéressante de ce système a été faite, par MM. Leroy et Durand, à la régulation de la vapeur surchauffée dans la fabrication des bougies stéariques, opération délicate qui doit se faire rapidement et à la température de 250° environ sous l'influence d'un courant de vapeur. Le système régulateur a pour effet de faire arriver en temps utile, alternativement de la vapeur à une température supérieure à 250° ou de la vapeur à un degré bien inférieur à 250°.

A l'aide des thermo-régulateurs, on entretient la température des étuves, des couveuses artificielles, des serres, des magnaneries, des appartements, des salles de théâtre, des hôpitaux, etc., avec des variations qui ne dépassent pas un degré et même un demi-degré quand on emploie la flamme du gaz. — C. D.

* THERMO-RHÉOSTAT. *T. de phys.* 1° Les rhéostats, en général, sont des appareils de résistances graduées qu'on introduit dans les courants électriques pour en mesurer l'intensité (V. RÉSISTANCE ÉLECTRIQUE, § *Bobines étalons, rhéostats, boîtes ou caisses de résistances*). Lorsque le rhéostat s'applique aux courants thermo-électriques, il porte le nom de *thermo-rhéostat* ; il est à gros fil très court n'offrant qu'une très faible résistance. || 2° Dispositif qui a pour but de maintenir constante la température d'un milieu avec une source de chaleur variable ; à ce titre les *thermo-régulateurs* (V. ce mot) sont des *thermo-rhéostats*.

* THERMOSCOPE. *T. de phys.* Instrument qui sert à évaluer les faibles différences de température de deux milieux. On le nomme aussi *thermomètre différentiel* ; c'est Rumford qui lui a donné ce nom. L'instrument se compose de deux boules en verre (de 3 à 4 centimètres de diamètre) réunies par un long tube horizontal, maintenu au moyen d'un pied en bois et dont les deux extrémités sont recourbées verticalement ; dans ce tube se trouve une goutte d'acide sulfurique concentré qui sert d'index. Lorsque la température

des deux boules est la même, l'index doit se trouver au milieu du tube. La graduation de l'instrument se fait par comparaison avec un thermomètre ordinaire placé dans les mêmes conditions que l'une des boules ; ce ne sont d'ailleurs que des *différences* de degré que marque le thermoscope.

L'instrument présente une autre disposition due à Howard, et dans laquelle le tube intermédiaire contient une colonne liquide ainsi que l'une des boules placée plus bas que l'autre. En général, les thermoscopes servent dans les expériences relatives à la chaleur rayonnante ; ce sont des instruments très sensibles. — C. D.

* THERMO-SIPHON. *T. de constr.* On donne ce nom aux appareils de chauffage par circulation d'eau chaude (V. CHAUFFAGE, § *Chauffage par l'eau chaude*). Dans ces sortes d'appareils, la partie la plus importante est la chaudière qui doit être installée de manière à assurer la meilleure utilisation du calorique fourni par la combustion de la houille. Le chauffage par l'eau chaude étant à peu près le seul qui convienne complètement au chauffage des serres, les questions qu'il soulève ont été étudiées et approfondies dans ces dernières années par un grand nombre de constructeurs. Nous allons décrire deux nouveaux types de chaudières qui paraissent être des modifications plus ou moins heureuses de la chaudière Mathian (V. CHAUFFAGE, § *Chauffage par l'eau chaude*), et qui nous ont été indiqués par M. Lusseau.

La figure 477 représente une disposition dont la surface de chauffe est égale à 50 fois celle de la grille. Elle se compose d'un foyer et de deux chaudières cylindriques et concentriques, reliées entre elles par des tubulures disposées en spirales, de telle sorte que l'effet de la combustion se produit directement et également sur chacune d'elles.

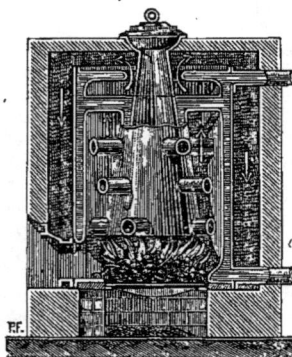

Fig. 477.

La partie supérieure de la chaudière extérieure forme un plateau annulaire qui ramène l'eau au-dessus du vide laissé entre les deux chaudières, de telle sorte que les gaz de la combustion sont obligés, pour se dégager, de venir frapper ce plateau en lui abandonnant une grande partie des calories qu'ils contiennent, puis de passer entre ce plateau et la trémie pour être renversés extérieurement suivant la direction des flèches. L'alimentation a lieu automatiquement, par une trémie conique placée au-dessus du centre du foyer ; l'inclinaison des parois oblige le charbon à descendre graduellement au fur et à mesure que le vide se fait par la chute des cendres dans le cendrier.

Le deuxième type (fig. 478) présente une très grande puissance de chauffe sous un très petit volume, puissance qui est due, d'une part à la forme ondulée de la paroi du foyer, d'autre part aux tubes d'échappement des gaz de la combustion également ondulés, disposés en spirales légèrement inclinées et traversant la masse d'eau contenue dans la chaudière. Ces gaz, à leur sortie des tubes, viennent, comme dans le type précédent, frapper un plateau rempli d'eau, passent près de la trémie, sont renversés à l'extérieur de la

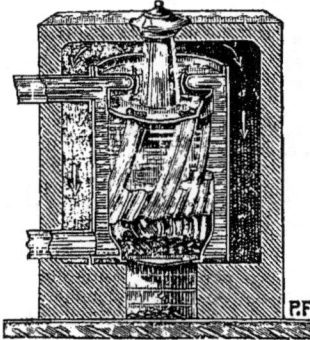

Fig. 478.

chaudière suivant la direction des flèches, et s'échappent finalement par un carneau supposé en avant sur la figure. Cet appareil donne, suivant l'inventeur, 7,000 calories utilisables par kilogramme de houille.

\* **THÉSÉE.** Fils d'Egée, roi d'Athènes, un des héros populaires de l'antiquité, s'illustra, comme Hercule, par des actes de courage et de force.

Dans l'antiquité, c'est surtout au temple qui lui était consacré à Athènes qu'il faut rechercher les représentations figurées du héros. Micon y avait peint la *Guerre des Amazones* et le *Combat des Athéniens contre les Centaures* ; Polygnote, *Thésée prouvant à Minos qu'il est fils de Neptune.* Dans la frise, on a sculpté le *Combat de Thésée contre les Pallantides*, et il nous est parvenu plusieurs œuvres d'art représentant le *Combat contre les Amazones* et *Thésée vainqueur du Minotaure.* Enfin, une des plus célèbres statues grecques, enlevée du fronton du Parthénon et placée au British Museum, représente Thésée couché, couvert d'une peau de lion. C'est un chef-d'œuvre incomparable; nous l'avons donné à l'article Grec. Parmi les modernes, nous rappellerons en peinture, *Thésée combattant les Amazones*, par Pierino del Vaga ; *Thésée soulevant la pierre sous laquelle son père Egée a caché ses armes*, par Le Poussin et par Angelica Kauffmann ; *Thésée domptant le taureau de Marathon*, par Carle Van Loo.

Les représentations sculptées de Thésée sont plus remarquables encore. Canova a fondé sa réputation avec *Thésée vainqueur du Minotaure*, plus tard il a donné *Thésée vainqueur d'un Centaure* ; Rude a également débuté par *Thésée ramassant un palet* ; au jardin des Tuileries on a placé le *Thésée vainqueur du Minotaure*, par Ramey, exposé au Salon de 1827 ; enfin, Barye a emprunté à l'histoire du héros deux de ses groupes en bronze les plus connus : le *Centaure et le Lapithe* et *Thésée combattant le Minotaure* qui passe pour un de ses chefs-d'œuvre. Nous citerons encore *Thésée enfant*, par Falguière (Salon de 1865), et *Thésée jetant à la mer le brigand Scyron*, par Ottin (Salon de 1869).

\* **THÉTIS** et **THÉTYS**. *Iconol*. Néréide, mariée malgré

elle à Pélée, un simple mortel, parce que sur la foi d'un oracle lui prédisant un fils plus illustre que son père, aucun dieu ne voulut lui donner sa main. Elle eut pour fils Achille, et sa vie se trouve le plus souvent mêlée, dans l'histoire et l'iconographie avec celle du héros. On la confond aussi avec Thetys, fille de la Terre et d'Uranus, femme de l'Océan. Ainsi la statue antique en marbre de Paros que possède le musée du Louvre représente évidemment cette dernière divinité, ainsi que le tableau de Luca Giordano, au musée de Florence, celui de Le Brun dans la galerie d'Apollon, connu aussi sous le nom de *Triomphe d'Amphitrite* ; *Apollon sortant des eaux de Thétis*, par Jouvenet ; *Neptune caressant Thétis*, par Rosso ; *Apollon chez Thétis*, groupe en marbre à Versailles, et le groupe en marbre de Gabriel de Grupello, sculpté pour une fontaine, et qui se trouve au musée de Bruxelles.

Thétis, mère d'Achille, se trouve dans plusieurs morceaux antiques, notamment sur un bas-relief d'Amalfii, et dans une peinture de Pompéi : *Thétis suppliant Jupiter en faveur d'Achille* ; Rubens a peint les *Noces de Thétis et de Pélée*, et *Thétis suppliant Jupiter* ; Nicolas Viengels : *Thétis plongeant Achille dans les eaux du Styx* ; Gérard : *Thétis portant les armes d'Achille*, destiné à servir de pendant au triomphe de Galathée, par Raphaël, qui nous appartenait alors ; Ingres : *Thétis suppliant Jupiter*, grande toile actuellement au musée d'Aix ; H. Regnault : *Thétis apportant à Achille les armes forgées par Vulcain*, composition qui a valu au peintre le grand prix de Rome, en 1866, et qui fut très remarquée malgré ses défauts de facture ; enfin, nous citerons un envoi de Rome de M. Lafrance : *Thétis recevant les armes d'Achille* (1873).

**THIBAUDE.** Tissu grossier fait avec le poil de vache et dont on se sert pour doubler les tapis de pied.

\* **THIÉBAUT** (Victor). Fondeur, est né en 1828, à Paris. Sa maison fut créée, en 1789, par son aïeul *Cyprien* Thiébaut, et développée par son père qui parvint à une grande renommée industrielle par une foule d'innovations et l'extension considérable qu'il a donnée à la fonderie de cuivre.

Ce fut en 1847 que la direction de cette maison passa aux mains de Victor Thiébaut. Initié, par huit années d'études spéciales et de travaux manuels à toutes les difficultés de son art, il a vaillamment continué l'œuvre de ses prédécesseurs. Très versé dans la science du moulage, il entreprit, vers 1852, le bronze de monument. Les premières productions en ce genre furent les figures allégoriques placées aux angles du piédestal de la colonne commémorative du Congrès de Bruxelles, et la statue du roi Léopold qui couronne ce monument et ne mesure pas moins de 4m,50 de hauteur. Ces travaux, exécutés dans la fonderie royale de Belgique, à Liège, valurent à leur auteur la croix de l'ordre de Léopold.

Depuis cet heureux début, il a produit une série d'œuvres qui ont mis le sceau à sa réputation artistique ; nous citerons entre autres : le *groupe de la fontaine Saint-Michel* ; la *statue de Napoléon Ier*, placée au faîte de la colonne Vendôme ; la *statue du prince Eugène*, autrefois placée en face de la mairie du XIe arrondissement; les *Divinités aquatiques* et la *Victoire Stylite*, du square des Arts-et-Métiers ; le *Polyphème* colossal de la fontaine de Médicis, au Luxembourg ; les *Portes de bronze*, du nouveau Palais de Justice ; enfin, une collection d'hommes célèbres disséminés sur les places ou dans les monuments publics des principales villes de France.

La guerre de 1870 a donné à M. Thiébaut une nouvelle occasion de montrer toute la souplesse de son talent industriel; durant le siège de Paris, ses ateliers, transformés en fonderie de canons, fournirent plus de cent pièces de rempart ou de campagne au gouvernement de la Défense. En 1871-72, secondé par son fils, il a réparé, avec talent, les nombreuses altérations subies, pendant le siège, par la colonne de la Bastille. En 1873-74, le père et le fils ont, en collaboration, reconstruit et avec la même intelligence, la colonne Vendôme, abattue sous la Commune.

Continuant les traditions paternelles, M. Thiébaut s'est maintenu à un rang distingué dans les diverses Expositions où il a figuré. A l'Exposition universelle de 1867, notamment, il remporta une médaille d'or, et à celle de 1873, à Vienne, le diplôme d'honneur. Un grand malheur est venu frapper cet homme de bien, il est devenu aveugle et ne peut plus diriger, que par ses conseils et son expérience, l'établissement qui lui doit la meilleure part de sa prospérité.

Cette maison célèbre est aujourd'hui dirigée par MM. Thiébaut frères, et c'est à eux que l'on doit les plus grandes œuvres monumentales produites par la fonderie depuis 1872.

*THIERRY (JOSEPH-FRANÇOIS-DÉSIRÉ). Peintre décorateur, né en 1812. Thierry, élève de Gros, fut d'abord un peintre de paysage distingué et nombre de ses toiles parurent au Salon; il obtint même une médaille en 1844. Plus tard, il entreprit la décoration; il travailla dans l'atelier de Philastre, puis s'associa avec Cambon, et de la réunion de ces deux hommes de talent surgit un progrès nouveau dans la peinture de théâtre.

Thierry était doué d'une grande imagination et il excella dans le paysage, surtout dans la reproduction des sites grandioses ou sauvages, et tandis que Cambon réussissait à merveille l'architecture riche ou sévère, Thierry n'était pas moins heureux dans l'architecture pittoresque ou la fantaisie romantique.

Cambon et Thierry ont peint pour l'Opéra le célèbre décor de la cathédrale du *Prophète*, puis les superbes toiles du *Juif-Errant*, de *Jérusalem*, et une multitude d'autres. Ils ont aussi beaucoup travaillé pour l'Opéra-Comique, pour le Théâtre-Lyrique du boulevard du Temple; ils réussirent admirablement dans le *Faust* de Gounod, ainsi que dans nombre de grands ouvrages représentés à la Porte Saint-Martin.

Thierry avait été décoré de la Légion d'honneur en 1863; il est mort le 11 octobre 1866.

* THIERRY. Famille d'imprimeurs dont le premier en date est *Pierre*, imprimeur champenois, qui vint à Paris, en 1514, s'établir chez Gaillot-Dupré. Son fils *Henri* mit au jour quelques beaux volumes imprimés avec des caractères élégants; il demeurait rue Saint-Jacques, à l'enseigne du *Soleil d'or*. Le neveu et successeur de *Henri*, nommé *Rollin*, mort en 1623, associé avec ses deux beaux-frères, Nicolas Dufossé et Pierre Chevalier, est surtout connu comme imprimeur en titre de la Ligue. Il avait pour marque trois épis de riz, par allusion à son nom (*Thier-ris*). Son fils *Denis Ier* (1609-1657) faisait partie de la *Société du grand navire* et avait pour marque un saint Denis; enfin son fils *Denis II*, mort en 1712, syndic des libraires, avait pour marque la *Ville de Paris*. Libraire de Boileau, il fit, dit-on, une grosse fortune, et mit au jour un grand nombre d'ouvrages importants, parmi lesquels : l'*Histoire de France de Mézeray* (1685), les *Commentateurs sur la coutume de Paris*, par Ferrière (1685); *Corpus juri canonici* par les Pithou (1687); *Œuvres de Molière* (1682), première édition complète; *Œuvres de Boileau* (1701); *Fables choisies de La Fontaine* (1618), édition originale.

*THIMONIER (BARTHÉLEMY). Né à l'Arbresle (Rhône), en 1793, mort à Amplepuis, en 1857, inventeur de la machine à coudre. Il a eu le sort de bien des inventeurs français; il est mort dans la misère après avoir doté son pays d'une application nouvelle de la mécanique, aux résultats considérables, et dont les étrangers ont tenté de s'attribuer tout le mérite. Si c'est aux Américains principalement qu'on doit les perfectionnements qui ont rendu la machine à coudre tout à fait pratique, c'est bien Thimonier qui en a eu l'idée première et qui a construit, en 1830, à Amplepuis, où il vivait depuis son mariage, la première machine imitant le point de chaînette. Pour aller à Paris et en tirer partie, Thimonier, sans aucunes ressources, fit le chemin à pied, montrant son invention en échange d'un dîner; malheureusement, dans la capitale, on ne comprit pas l'importance de sa découverte, et il faillit se faire écharper par les ouvriers tailleurs. Découragé, il revint à Amplepuis, et vécut misérable jusqu'à l'Exposition de Londres, en 1851, où il parvint enfin à faire valoir l'utilité de sa machine. C'est tout juste si pendant les quelques années qui lui restaient à vivre, il se trouva ainsi que sa famille à l'abri du besoin. L'invention de Thimonier est surtout considérable pour les services qu'elle rend depuis que d'importants perfectionnements lui ont été apportés.

*THOMASSIN. Famille de graveurs, originaire de Champagne. Le premier en date, *Philippe*, était né à Troyes, en 1546; il est mort à Rome dans un âge très avancé. Il était élève de Cort, et mérite d'attirer l'attention surtout parce qu'il fut le maître de Callot, Dorigny et Nicolas Cochin. Il a gravé, d'un burin clair et vigoureux, environ deux cents planches, dont les plus connues sont celles du *Recueil des portraits des souverains et des capitaines les plus illustres* (1600), dédié à Henri IV. On cite encore l'*Adoration des rois*, et la *Sainte-Famille*, d'après Zuccharo; la *Rédemption*, d'après Georges Vasari.

Son neveu *Simon*, né à Troyes vers 1652, mort à Paris, en 1732, fut élève de son père qui gravait des cachets, et plus tard d'Etienne Picart. On lui doit notamment, le *Ravissement de Saint-Paul*, d'après Le Poussin; *Saint Ambroise et Théodore*, d'après Bon

Boullongne; *Jésus parmi les docteurs*, d'après Le Sueur; *Saint Benoît en contemplation*, d'après Ph. de Champaigne, et la *Transfiguration*, d'après Raphaël, un recueil des statues du parc et du château de Versailles.

Enfin, son fils *Henri Simon*, né en 1688, à Paris, mort en 1741, fut élève de son père et de Benoît Picart. Son chef-d'œuvre est la *Mélancolie*, d'après Féti. Nous citerons encore : la *Femme au bain*, d'après Rubens; le *Magnificat*, d'après Jouvenet; les *Disciples d'Emmaüs*, d'après Véronèse; *Coriolan*, d'après Lafosse; la *Peste de Marseille*, d'après de Troy; le *Retour du bal*, d'après Watteau, et nombre de portraits, la plupart très remarquables. Il était membre de l'Académie de peinture depuis 1728.

\* **THOMIRE** (Pierre-Philippe). Ciseleur et fondeur en bronze, né à Paris, en 1751, mort en 1843. On lui doit non seulement d'excellentes pièces sorties de ses moules, mais les efforts les plus louables et les plus profitables pour assagir le style Louis-quinze, trop exubérant, et le combiner avec les principes de l'antique, c'est donc un artiste dans toute l'acception du mot. Il avait fait de fortes études chez les sculpteurs Pajou et Houdon, et lorsqu'il se fût consacré au métier, il obtint d'eux des commandes qui le mirent en lumière, notamment la fonte du célèbre *Ecorché* et celle du *Voltaire assis* dont une reproduction devait être envoyée à l'impératrice de Russie. Peu après, Thomire, déjà célèbre, fut chargé du service commandé par Louis XVI en souvenir du traité de Paris qui consacrait l'indépendance des Etats-Unis; attaché à la ciselure des manufactures royales, il devint le collaborateur des sculpteurs Chaudet, Pigalle, Rolland, etc. Malheureusement la Révolution ferma ses ateliers, et le laissa dix ans dans l'inaction; seul, le retour d'un gouvernement plus stable et plus éclairé le tira de l'oubli; il cisela alors la *Psyché* et la *Toilette* offertes par la Ville de Paris à Marie-Louise, à l'occasion de son mariage, le *Berceau du roi de Rome*, des surtouts de table pour les Tuileries, et beaucoup d'autres pièces importantes pour les souverains étrangers. On peut dire néanmoins que la mode s'était éloignée de lui, pour lui préférer certains de ses élèves qui n'avaient pas son talent. Maintenant on a mieux compris la réelle valeur de ses œuvres; aussi sont-elles très recherchées des amateurs.

\* **THORIUM**. *T. de chim.* Métal découvert en 1828 par Berzélius, dans un minerai de Brewig (Norwège). Il a pour symbole Th, pour équivalent et pour poids atomique 234, ou mieux 232,4 d'après Nilson. Il se présente sous forme de poudre foncée formée par des cubo-octaèdres réguliers. Sa densité est de 10,92, sa chaleur spécifique 0,02787. Il n'est pas altérable à l'air, même à 120°, mais brûle avec éclat au-dessous du rouge. Il est attaqué facilement à chaud par le chlore, le brome, l'iode, le soufre, l'acide sulfurique faible ou concentré, l'acide chlorhydrique, mais l'acide azotique a peu d'action et l'eau ne réagit pas sur lui.

Il existe à l'état naturel : dans la *thorite*, l'oran-

gite (silicates contenant de 57 à 74 0/0 de ThO); dans la *monazite*, phosphate de cérium qui contient 18 0/0 d'oxyde de thorium; dans l'*euxénite*, niobate de titane (avec 6,28 de ThO).

Nous renverrons pour l'extraction du thorium et l'étude de ses dérivés, aux *Traités de chimie générale*, et nous dirons seulement que ses sels se reconnaissent aux caractères suivants : avec les *alcalis caustiques*, précipité blanc d'hydrate, insoluble dans un excès d'alcali; avec les *carbonates et bicarbonates alcalins*, précipité blanc, soluble dans un excès de réactif; avec le *sulfure d'ammonium*, précipité blanc d'hydrate; avec l'*acide oxalique*, précipité blanc, insoluble dans l'eau, légèrement dans l'eau acidulée; avec le *sulfate de potasse*, précipité cristallin, insoluble dans un excès; avec le *ferrocyanure de potassium*, précipité blanc, non cristallin. — J. C.

\* **THOUVENIN** (Joseph). Relieur, né à Paris, en 1790, mort dans la même ville, en 1834, apprit son art chez Bozérian jeune, et s'attacha à reproduire les procédés des maîtres de la belle époque; c'est ainsi qu'il fut appelé, inconsciemment, à donner son nom à la reliure dite *à la fanfare*, sur laquelle les ornements, poussés au fer, sont composés de rinceaux, de feuillages et de compartiments dorés. Ce genre, pratiqué surtout par Eve, relieur de Henri III, n'avait pas de nom, mais Thouvenin ayant imité une reliure d'Eve pour un volume intitulé *Les fanfares des Roule-Bontemps de la haute et basse cocaigne* (1613), le premier mot de ce titre servit aux collectionneurs pour baptiser les reliures de ce genre. Outre de nombreux ouvrages remarquables, qui en avaient fait le premier relieur de son temps, on doit à Thouvenin le laminage du carton pour les plats, et un judicieux usage du maroquin du Levant. Il était relieur du roi Louis-Philippe. Il mourut sans que la fortune fût venue récompenser ses efforts, et sans avoir reçu d'autre distinction que celle d'une médaille d'argent à l'Exposition de 1823.

**THUYA**. *T. de bot.* Arbre de la famille des conifères, originaire du nord de l'Afrique, le *tuya articulata*, Shaw. (callitris quadrivalvis, Vente.), qui est célèbre par son bois résineux, incorruptible, et qui, d'après Broussonet, est assurément l'arbre qui fournit la sandaraque, puisque cette résine abonde au Maroc sur le *juniperus oxicedrus*, L., ne croît pas en Afrique. Son bois sert pour faire des constructions civiles et navales, des pieux, des barres de clôture; il résiste bien à l'humidité. Il est susceptible de prendre un beau poli, ce qui le fait employer par l'ébénisterie pour la confection des meubles de luxe; on écrit aussi *thuia*.

\* **THYMOL**. *T. de chim.* Corps de la famille des phénols benzéniques, ayant pour formule

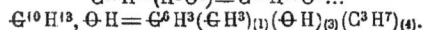

$$C^{20}H^{12}(H^2O^2)=C^{20}H^{14}O^2\dots$$
$$C^{10}H^{13}, OH = C^6H^3(CH^3)_{(1)}(OH)_{(3)}(C^3H^7)_{(4)}.$$

Il a été entrevu par Doveri, puis étudié par MM. Lallemand, Engelhardt et Latschinoff.

*Propriétés.* Ce corps, qui est isomère avec l'acide cyménique, est solide; il cristallise en prismes rhomboïdaux obliques, aplatis en tables, striés parallèlement aux côtés et parfois très volumineux; d'odeur agréable, analogue à celle de l'essence de thym, de saveur poivrée; il fond à 44°, et peut rester longtemps en surfusion ; il bout à 230°; il est peu soluble dans l'eau (1/3000), mais très soluble dans l'alcool, l'éther, l'acide acétique concentré; il est caustique et antiseptique. Il se combine avec les alcalis pour faire des *thymates* ; il donne avec le chlore et le brome des produits de substitution ; l'un d'eux, le thymol pentachloré, chauffé, donne du crésyloltrichloré, du propylène et de l'acide chlorhydrique gazeux. Avec les acides, il donne des réactions variables : avec l'acide azotique, un dérivé trinitré; il se dissout dans l'acide sulfurique et forme des dérivés sulfoconjugués, mais à 240° il se transforme en un produit visqueux, salifiable; il fournit des éthers organiques ; traité par le sodium et l'acide carbonique, il produit de l'acide thymotique, $C^{22}H^{14}O^6 \ldots C^{14}H^{14}O^3$.

Le thymol dissous dans l'acide sulfurique et additionné d'acide sulfurique concentré et d'azotite de potasse, se colore en vert, puis en bleu, et si l'on ajoute de nouveau deux volumes d'acide sulfurique et verse le tout dans l'eau, il se précipite alors une matière violette, de nature résineuse.

*État naturel*. Il existe dans l'essence de thym, dont il constitue environ la moitié, et y est mélangé avec du thymène et du cymène; on l'a également retrouvé dans l'essence de monarde (*monarda punctata*, Lin., labiées) et dans celle de l'ammi de l'Inde (*ptychotis ajowan*, D. C., ombellifères).

PRÉPARATION. 1° On l'obtient le plus souvent en agitant l'essence de thym avec une solution assez concentrée de soude; on décante la liqueur alcaline, on l'étend d'eau et on sature par l'acide chlorhydrique. Le thymol se sépare à l'état liquide mélangé avec un peu de carbures. On distille en recueillant ce qui passe entre 220 et 240°; on l'obtient solide par refroidissement.

2° On peut encore le préparer avec l'aldéhyde cuminique nitrée, que l'on traite à froid par le perchlorure de phosphore; on obtient un corps huileux complexe, qui après lavage à l'eau, est séparé au moyen de l'éther. Ce corps dissous dans l'alcool est alors traité à une température voisine de 0°, par le zinc et l'acide chlorhydrique. Il se fait de la cymidine, qui convertie en sulfate et additionnée d'azotite de soude, puis d'acide sulfurique étendu, donne du thymol. On isole celui-ci en acidulant la liqueur et distillant dans un courant de vapeur d'eau.

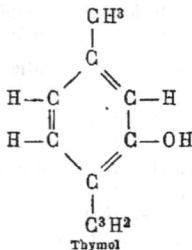

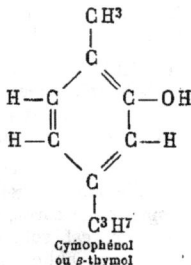

Thymol        Cymophénol ou β-thymol

Il existe quelques isomères du thymol, comme le *cymophénol* ou *carvacrol* obtenu avec l'essence de cumin traitée par l'acide phosphorique anhydre, ou en chauffant le cymène avec de l'acide sulfurique pour faire un sulfoconjugué, qui fondu avec la potasse, donne le *β-thymol* (Pott), le *carvacrol* de Schweitzer, différant par le groupement moléculaire. — J. C.

**TIARE.** Sorte de bonnet orné de trois couronnes que porte le pape dans certaines solennités.

— Cet ornement de tête qui était un des symboles de la souveraineté chez les Orientaux, était, dans les premiers temps de l'Église catholique, une mitre ronde et élevée, Alexandre III, au XII° siècle, l'entoura d'une couronne en signe de souveraineté; Bouiface VIII en ajouta une seconde que Urbain V ou Benoît XII surmonta d'une troisième pour symboliser la triple royauté du souverain pontife, la royauté spirituelle sur les âmes, la royauté temporelle sur les États romains et la souveraineté mixte sur les rois. Le Vatican a possédé de nombreuses tiares fort riches, dont les pierres ont été souvent aliénées pour payer les dettes de la cour romaine. Après le Concordat, Napoléon donna à Pie VII une tiare qui fut estimée à 220,000 francs. Elle existe toujours: sa coupole est formée de huit rubis, de vingt-quatre perles et d'une émeraude; la croix est composée de douze brillants; celle que la reine d'Espagne fit fabriquer pour Pie IX, en 1855, est estimée 300,000 francs.

\* **TICKET.** Petit carton, cachet, qui est la représentation d'un prix payé pour avoir un droit d'entrée dans un endroit, de parcours sur une ligne de chemin de fer, etc. — V. BILLET, § *Billet* ou *Ticket*.

**TIERCE.** *T. d'impr.* Épreuve qui sert à vérifier les dernières corrections portées sur le bon à tirer, et à constater qu'aucune lettre n'est tombée pendant le transport de la forme. || *Art hérald.* Se dit d'une face formée de trois angles.

**TIERCERON.** *T. d'arch.* Nervure de voûte ogivale qui partage en deux parties l'angle compris entre le formeret et la croisée, et qui aboutit à la lierne.

**TIERS-POINT.** *T. d'arch.* Courbure des voûtes gothiques composées de deux arcs de cercle. || Point de section qui est au sommet d'un triangle équilatéral. || Lime triangulaire qu'on emploie pour affûter les dents de scie.

\* **TIERS-POTEAU.** *T. de constr.* Pièce de bois de sciage, employée pour les cloisons légères.

**TIGE.** Nom donné assez généralement aux objets ou parties d'objets de forme allongée. || 1° En *mécan.*, la tige est une pièce prismatique ou cylindrique, destinée à transmettre le mouvement sous l'action de forces parallèles à sa longueur, et terminée par deux têtes dont l'une au moins est logée dans une douille de piston. || 2° En *arch.*, ce mot désigne le fût d'une colonne ou cette sorte de branche qui, partant d'un fleuron, porte le feuillage d'un rinceau d'ornement. || 3° *T. techn.* Partie qui relie l'anneau au panneton d'une clef. || 4° Corps d'un clou. || 5° Partie qui supporte l'œil d'un caractère typographique. || 6° Partie de la chaussure qui entoure la jambe ou seulement la cheville et le cou-de-pied. || 7° Prolongement du tourillon d'un cylindre de laminoir, sur lequel sont calées les roues d'engrenage destinées à communiquer le mouvement d'un cylindre à l'autre. || 8° *T. d'arqueb. Carabine à tige.* Sorte de carabine que l'on charge en tassant la poudre autour d'une petite verge fixe sur laquelle on pose ensuite la balle.

\* **TIGÉ, ÉE.** *Art hérald.* Se dit des fleurs ou des plantes dont la tige est d'un émail particulier.

**TILBURY** (du nom de l'inventeur). Sorte de cabriolet léger et découvert que les Anglais ont importé en France.

**TILLAC.** *T. de mar.* Pont supérieur d'un navire.

**TILLEUL.** *T. de bot.* Genre d'arbres de la famille des tiliacées, qui comprend diverses espèces cultivées en Europe et dans l'Amérique du Nord. Sans nous arrêter à l'utilisation de ses feuilles en médecine, nous devons relater ici que son bois, blanchâtre, léger, tendre, d'un grain fin et égal, est facile à travailler pour les ouvrages de tour, et qu'on en fait des sabots et des objets de boissellerie, mais il est peu propre à la menuiserie; d'une espèce d'Europe (*tilia europea*), on extrait un liber que l'on expédie en grande quantité en Angleterre, et qui forme en Russie l'objet d'un commerce des plus importants.

Ce liber est divisé en bandelettes fibreuses dont on fait des paillassons et des nattes, et qui sont détachées des arbres en mai ou en juin, au moment où la sève est abondante et où l'écorce se sépare du tronc avec facilité. On abat pour cela les arbres les plus gros, lorsqu'ils ont environ de 6 à 8 pieds de diamètre, et on en arrache le tissu protecteur au moyen d'un instrument tranchant en os. On divise ce tissu en bandelettes de 8 pieds de longueur environ, que l'on attache les unes au-dessus des autres sur des poteaux pour les conserver droites, et que l'on trempe ensuite dans l'eau dormante, pendant plusieurs mois, pour en séparer plus facilement la partie charnue. On sépare alors, les différentes couches de l'écorce, des rubans plus ou moins fins suivant la place qu'ils occupent, pour les faire ensuite sécher à l'ombre dans les bois. Au bout de quelque temps, on forme de ces rubans des tresses, des cordes, des chaussures que l'on emploie dans le pays et que l'on exporte en Europe. Les arbres coupés repoussent très vite.

Un grand nombre de rayons médullaires traversent le liber frais n'ayant encore subi aucune préparation. En les détruisant, le rouissage laisse une substance percée de trous comme un filet.

— Les trois quarts des fibres exploitées sont consommées en Russie, un quart seulement est exporté par les ports d'Archangel, Saint-Pétersbourg et Riga comme couvertures de bottes de lin. Cette exportation peut être évaluée, en moyenne, à 14,000,000 de pièces.

**TIMBALE.** 1° *Instr. de mus.* Instrument de percussion, composé de deux bassins semi-sphériques en cuivre, d'inégales dimensions, et recouverts chacun d'une peau d'âne ou de bouc, dont on règle la tension suivant l'intonation, par un cercle de fer muni de plusieurs écrous; on se sert, pour en jouer, de baguettes de bois à tête enveloppée parfois dans une éponge ou simplement recouverte d'un morceau de peau. — V. INSTRUMENTS DE MUSIQUE. || 2° Gobelet de métal qui a la forme d'un verre sans pied. || 3° Sorte de moule en cuivre qui sert à confectionner la croûte de pâtisserie dans laquelle on sert différentes préparations culinaires.

**I. TIMBRE.** *T. de phys.* On distingue dans un son trois qualités essentielles : la *hauteur* ou tonalité, qui dépend de la *vitesse* des vibrations du corps sonore; l'*intensité* ou la force du son, qui tient à l'*amplitude* de ces vibrations, et le *timbre*, qui résulte de la *forme* des vibrations, par suite de la coexistence de plusieurs sons émis simultanément par le même corps sonore. Deux ou plusieurs sons de même hauteur et de même intensité peuvent impressionner diversement l'oreille. Tel est l'effet d'une même note, suivant qu'elle est produite par un violon, une flûte, un piano, un ophicléide, etc. C'est cette différence des sons de chacun de ces instruments qui constitue son *timbre*. Les vibrations qui produisent la même note sont égales en nombre, en intensité, mais elles varient quant à la *forme*. Cette forme est *pendulaire* ou *composée*. Elle est pendulaire, quand les vibrations sont régulières, analogues aux oscillations d'un pendule, ou comme celles d'une lame rigide de métal ou de verre (diapason, harmonica, boîte à musique, etc.), où le son émis est *simple* et à peu près identique, malgré la diversité de nature des lames vibrantes. La forme est *composée*, dans le cas des instruments à cordes, à anches, ou en cuivre. Les vibrations n'y ont pas la régularité des oscillations pendulaires. A celles qui donnent le son fondamental, s'en ajoutent d'autres, de rapidité diverse, qui rendent des sons plus aigus. Ces sons concomitants sont nommés *sons harmoniques* ou *hypertons* (*obertones*, en allemand). Le timbre varie suivant que tel ou tel harmonique domine ou manque dans la note émise. Pour les harmoniques agréables à l'oreille et réellement musicaux, les nombres de vibrations sont entre eux comme la suite naturelle des nombres entiers. Ainsi, le nombre de vibrations de $ut_1$, par exemple, étant pris pour unité, ceux des harmoniques de cette note seront :

$$ut_1 \quad ut_2 \quad sol_2 \quad ut_3 \quad mi_3 \quad sol_3 \quad ut_4, \text{ etc.}$$
$$1 \qquad 2 \qquad 3 \qquad 4 \qquad 5 \qquad 6 \qquad 8$$

Quand les harmoniques ne suivent pas cette série, ils sont discordants, désagréables. C'est le timbre qui donne en quelque sorte la *couleur* au son, et c'est pour cette raison que les Allemands le désignent par le mot *klangfarbe* (couleur du son).

Le *timbre* est donc une chose assez complexe; son explication, qui ne date que des travaux d'Helmholtz, repose sur différents faits, dont le plus important est celui qui vient d'être indiqué : la coexistence de plusieurs harmoniques dans un son produisant sur l'oreille une sensation unique. Un second fait est celui qui est relatif au renforcement des sons par la présence d'un corps sonore voisin, corde, vase, caisse résonante, etc. Il a conduit Helmholtz à la construction et à l'emploi des *résonateurs*, et, par suite, à l'analyse des sons des instruments et de la voix humaine. Le *résonateur* est basé sur le fait de la communication du mouvement et de l'aptitude de certaines masses limitées de gaz à vibrer à l'unisson de certains sons. Un résonateur d'Helmholtz est une sphère creuse en métal mince, présentant deux ouvertures diamétralement opposées; l'une, assez grande, qu'on tourne du côté d'où vient le son à analyser; l'autre, petite, terminée par un tube qu'on introduit dans l'oreille. Tout résonateur ne *parle* que sous l'influence d'un son déterminé et unique, marqué sur son bord. Il est facile, d'après cela, de comprendre l'usage de l'instrument pour l'analyse des sons. Helmholtz en l'appliquant à la voix humaine a constaté que les harmoniques dominants de chaque voyelle sont : $si_4^b$ pour *a*;

$si_3^b$ pour *e*; $ré_6$ pour *i*; $si_5^b$ pour *o*; $fa_2$ pour *u*.

Après l'analyse, on a réalisé la synthèse des sons; c'était la contre-épreuve de la méthode. Les facteurs d'orgues en ont fait leur profit; ils savent maintenant comment on peut obtenir des effets de flûte, de trompette, etc., à l'aide de tuyaux additionnels. A chaque note fondamentale ils ajoutent un ou plusieurs harmoniques plus ou moins élevés (jusqu'au 6e ou 7e) et plus ou moins renforcés, c'est ce qu'ils nomment des *fournitures*. On peut donc, par ce procédé de superposition des sons, modifier à volonté le timbre d'un son simple donné sans que l'oreille cesse de percevoir une sensation unique. Enfin, il résulte de diverses expériences que, pour les instruments à vent, les timbres sont les mêmes avec toutes matières employées.

Dans les fonderies de cloches, par exemple, il a toujours été difficile de conserver un timbre et une sonorité d'une grande pureté. M. Elie Deyres, de Bordeaux, après de longues expériences, est arrivé à une solution mathématique de la loi des sons qui lui permet de préciser, par le seul fait du moulage, l'imperceptible nuance d'un comma.

|| On emploie en acoustique des espèces de cloches en bronze ayant la forme de demi-sphères ou de calottes sphériques, tantôt vides, tantôt contenant un liquide, pour montrer le mode de vibrations de ces vases, par le frottement de l'archet. On se sert de timbres analogues, tantôt plus petits, pour les usages domestiques ou pour les sonneries électriques des appartements; tantôt grands, pour les avertisseurs électriques des chemins de fer. Dans ces deux cas, les timbres sont renversés et fixés par leur sommet, comme les timbres des pendules et des horloges. || Nom des cordes placées au-dessous de la caisse d'un tambour pour en augmenter le son. — C. D.

II. **TIMBRE.** 1° Marque imprimée sur le papier dont la loi oblige de se servir pour les actes ou les écritures qui peuvent être produits en justice, et encore pour les affiches apposées sur la voie publique par les particuliers. || 2° Estampille. Cachet que l'on appose sur une lettre, un paquet,

et qui est la représentation du prix de son transport par les bureaux de poste. || 3° Empreinte à sec ou encrée que l'on appose au moyen d'un appareil fixe ou mobile sur des papiers, des titres, des documents quelconques. || 4° *Timbres à dater* ou *à numéros*. — V. Numéroteur. || 5° *Timbre en caoutchouc*. Ils consistent dans un cliché d'une composition typographique, comprenant des timbres ou griffes, dont on fait, à froid, un moule minéral en creux. Après avoir séché et chauffé ce moule, on en prend l'empreinte en relief sur une feuille de gomme-caoutchouc additionnée de soufre, au moyen d'une presse, qui vulcanise le caoutchouc en même temps qu'elle le comprime. Il ne reste plus qu'à coller les timbres à la gomme laque sur un cuivre emmanché. Le caoutchouc étant soluble dans l'huile, les timbres de caoutchouc ne peuvent pas s'employer avec de l'encre grasse. L'encre qui leur convient le mieux se prépare avec des couleurs d'aniline dissoutes dans de l'eau étendue de glycérine. Ces timbres en caoutchouc, grâce à un léger retrait, ont plus de finesse que le type, et ils présentent une ténacité remarquable. || 6° *T. d'arm. et de blas*. Ce mot s'applique encore à la partie bombée d'un casque, et par analogie, on donne le même nom dans l'*art hérald.*, au casque, au bonnet, au mortier qui surmonte un écu; on dit alors *arme timbrée*.

**TIMON.** *T. de carross*. Longue pièce de bois fixée à l'avant-train d'une voiture, d'un chariot ou d'une charrue, et de chaque côté de laquelle on attelle les chevaux ou les bœufs; s'il s'agit d'une voiture de luxe, on dit plus généralement *flèche*.

\* **TIMONERIE.** *T. de mar*. Endroit du gaillard d'arrière d'un navire où se trouve l'habitacle qui contient la boussole.

**TIN.** *T. techn*. Billot que les charpentiers emploient pour supporter les pièces de bois qu'ils travaillent; les charpentiers de navire donnent ce nom aux pièces de bois formant chantier et disposées de façon à travailler la carène d'un bâtiment; on écrit aussi *tain*.

**TINE.** *T. techn*. Sorte de seau dans lequel on transporte de l'eau, les vendanges de la vigne au pressoir, ou dans lequel on transporte pour conserver le lait et la crème. || Tonne qui n'a qu'un fond, et destinée à recevoir le minerai extrait de la mine.

\* **TINET.** *T. techn*. Bâton recourbé en arc à l'aide duquel les bouchers suspendent un animal entier. || Bâton pour faciliter le transport des tines ou tinettes.

**TINETTE.** *T. techn*. Récipient de forme cylindrique dans lequel on transporte des matières différentes; les tinettes cerclées de fer constituent les fosses mobiles. — V. Vidange.

\* **TINKAL** ou **TINCAL**. — V. Borax.

\* **TINNE.** *T. techn*. Nom des tonneaux malaxeurs ou broyeurs employés dans les fabriques de céramique, de briques, etc.

I. **TIRAGE.** *T. techn*. On désigne par le nom de

*tirage*, le mouvement ascensionnel d'une colonne d'air chaud s'élevant à l'intérieur d'une cheminée en fonction, sous l'action motrice de la pression que l'air froid exerce à la partie inférieure du conduit vertical. La couche d'air chaud qui sort d'un tuyau de cheminée est pressée de haut en bas par la pression atmosphérique qui s'exerce à l'orifice de sortie, et de bas en haut par cette pression à l'orifice inférieur. La hauteur des deux colonnes d'air étant la même, et la colonne d'air chaud étant plus légère que celle d'air froid, l'équilibre ne peut s'établir, et la colonne d'air froid poussant devant elle la colonne d'air chaud, détermine son mouvement ascensionnel qui s'appelle le *tirage de la cheminée*.

Nous avons déjà donné, aux mots CHAUFFAGE et CHEMINÉE, le principe théorique du *tirage*, et les formules qui permettent de calculer la vitesse de la colonne d'air. Cette vitesse $v$ est déterminée par la différence qui existe entre le poids des deux colonnes d'air chaud et d'air froid, et peut se traduire par l'expression :

$$v = \sqrt{2\,g\,H\,a(t'-t)};$$

H étant la hauteur verticale du tuyau dans lequel s'élève l'air chaud ; $a$ le coefficient $= 0,00367$ de la dilatation de l'air ; $t$ la température de l'air extérieur ; $t'$ la température moyenne de l'air échauffé, supposée constante dans la longueur du tuyau.

Nous ne reviendrons pas ici sur ces données théoriques, exposées dans les articles ci-dessus mentionnés, nous n'y ajouterons seulement que quelques mots relatifs au calcul du *maximum de tirage* d'une cheminée. Représentons la vitesse effective de l'air chaud dans la cheminée, par la formule

$$v = \sqrt{\frac{2g}{m}\,H\,a(t'-t)},$$

ou par l'expression plus simple

$$v = \sqrt{\frac{H\,a\,(t'-t)}{M}},$$

en désignant par $m$ et M des nombres constants, dont la valeur dépend de la nature, de la forme et de la dimension intérieure de la cheminée ; les autres lettres conservent la même signification que celle qui leur a été attribuée précédemment.

Si nous désignons par V le volume d'air écoulé en une seconde dans une cheminée carrée, dont le côté sera représenté par D, on aura :

$$V = D^2 v = D^2 \sqrt{\frac{H\,a(t'-t)}{M}};$$

et en désignant par Q le poids de ce volume V d'air écoulé dans l'unité de temps, la valeur de Q s'exprime comme suit :

$$Q = D^2 \sqrt{\frac{H\,a(t'-t)}{M}} \times \frac{1^k,3}{1 \times a\,t'}$$

$$= 1^k,3 \times D^2 \sqrt{\frac{H\,a}{M}} \times \frac{t'-t}{(1+a\,t')^2};$$

$1^k,3$ étant le poids d'un mètre cube d'air à 0° et sous la pression barométrique 0m,76, la valeur

$\dfrac{1^k,3}{1+a\,t'}$ est le poids d'un mètre cube d'air à la température moyenne intérieure de la cheminée. Cette dernière expression de la valeur de Q permet de voir que, pour une hauteur H déterminée, le débit est maximum quand $\dfrac{t'-t}{(1+a\,t')^2}$ est aussi maximum, ce qui arrive quand

$$t' = \frac{1}{a} + 2t = 273 + 2t.$$

Ainsi, par exemple, si on suppose $t$ égal à 12°, température à peu près moyenne, le maximum de tirage correspondrait à $t' = 297$ et en chiffres ronds $t' = 300°$. On voit, d'après cela, qu'en faisant évacuer les gaz à la sortie d'une cheminée avec une température de 300° environ, on peut réaliser les conditions du maximum de tirage.

**Tirage artificiel.** Lorsqu'il est établi par la seule action du courant ascensionnel dû à l'échauffement de la colonne gazeuse, le tirage est désigné sous le nom de *tirage naturel*. Il suffit, en général, pour les foyers domestiques et pour la plupart des foyers industriels, dans lesquels on ne consomme pas plus de 110 à 120 kilogrammes de charbon par heure et par mètre carré de surface de grille. Ce tirage est alors réglé par des registres, et peut varier aussi suivant l'ouverture des cendriers. Il existe des cas où la combustion a besoin d'être activée, lorsqu'il faut, par exemple, brûler une quantité de combustible plus considérable que n'en comporte la dimension de la grille, ou lorsqu'on veut utiliser des combustibles de moindre qualité. On a recours alors au *tirage artificiel* ou *tirage forcé*, qui consiste en diverses combinaisons ayant pour but de déterminer sous la grille un appel d'air plus actif, et en quantité plus grande qu'on ne peut le faire avec le tirage naturel.

A cet effet, on a employé : de nombreux petits jets de vapeur, provenant d'un tuyau pourvu de trous de faible diamètre ; des barreaux de grille creux dans lesquels circule la vapeur provenant de la chaudière et s'échappant par des trous convenablement disposés le long de ces barreaux ; des *souffleurs à jet de vapeur*, lançant par entraînement un violent courant d'air sous la grille. Nous ne pouvons entrer ici dans la description des nombreuses inventions, plus ou moins fumivores, auxquelles a donné lieu la recherche du meilleur système pour activer la combustion. L'un de ceux qui tend le plus à se répandre, avec les souffleurs à vapeur, est le fumivore Orvis, qui se compose d'une sphère métallique creuse A (fig. 479), au centre de laquelle se trouve une tuyère F, placée devant le tuyau E qui débouche dans le foyer ; un second tube D, communiquant librement avec l'atmosphère, et avec une conduite B, allant du dôme de vapeur à la chaudière, complète cet appareil.

Lorsque la vapeur est admise en B, elle s'échappe par le cône d'injection F, pour être projetée dans le tuyau E. A ce moment, il se produit, par la tubulure D, une aspiration énergique de l'air extérieur, qui est insufflé avec la vapeur dans le foyer, de façon à augmenter la quantité des gaz combustibles et à les brûler d'une manière assez complète pour qu'on n'aperçoive qu'un léger nuage blanchâtre au sommet de la cheminée, ce qui prouve en faveur de la fumivorité de cette disposition.

On peut encore produire le tirage artificiel, à l'aide de ventilateurs ou de souffleries, ou enfin au moyen de jets de vapeur lancés dans la cheminée; ce dernier mode est universellement

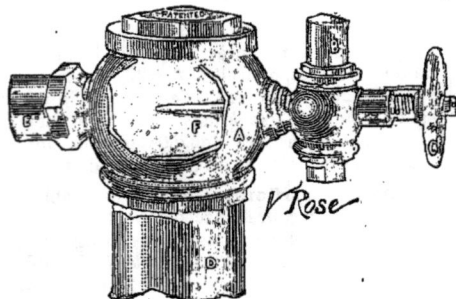

Fig. 479.

adopté sur les locomotives. La vapeur produisant l'appel d'air dans la cheminée provient de l'échappement des cylindres; on peut compter le nombre des coups des pistons par le nombre des *poufs* qui se font entendre dans la cheminée. Comme il est indispensable que cette vapeur conserve, à la fin de son action dans le cylindre, une pression supérieure à celle de l'atmosphère, afin de pouvoir s'échapper avec une certaine vitesse, elle maintient par suite une contre-pression sur la face du piston contre laquelle elle vient d'agir; de là une perte de travail mécanique due à cette contre-pression et, en outre, à la quantité de chaleur qu'elle possède à la sortie du cylindre et qui se disperse dans l'atmosphère. Quoi qu'il en soit, il a été reconnu que c'était, pour les chemins de fer, le mode le plus simple pour déterminer un tirage artificiel capable de faire brûler 200 à 400 kilogrammes de charbon par heure et par mètre carré de grille.

Dans la marine, il est des circonstances où l'on doit éviter de se faire entendre, afin de pouvoir, par exemple, approcher un ennemi par surprise. C'est pour ce motif que certaines chaloupes à vapeur sont munies d'un appareil appelé *silencieux*, qui consiste en un récipient d'un volume assez grand pour que la vapeur sortant des cylindres, s'y détende d'abord, avant de se rendre dans la cheminée, pour activer le tirage. Elle s'écoule alors constamment par des buses disposées autour de la base de la cheminée, sans produire aucun bruit.

Dans les machines à condensation, on ne peut pas recourir à ce moyen pour créer un tirage artificiel. On emprunte alors le jet de vapeur à la chaudière même, ce qui permet d'accélérer l'élévation de la pression au taux du régime de marche, attendu qu'on peut ouvrir le robinet du jet aussitôt la formation de la vapeur dans la chau-

dière. Le bruit produit dans la cheminée par ce jet continu est d'autant plus strident que la pression de la vapeur est plus élevée, ceci est un grave inconvénient. En outre, pour les machines à condensation par surface, il manque, pour l'alimentation monohydrique, toute l'eau qui aurait été produite par la condensation de la quantité de vapeur qu'on a laissé s'échapper dans l'atmosphère, d'où la nécessité d'une *réparation* plus abondante, c'est-à-dire d'un plus large emprunt à l'eau de circulation, pour compléter l'alimentation nécessaire au fonctionnement des chaudières.

*Tirage forcé en vase clos.* Sur les torpilleurs, on fait usage d'une disposition que l'on désigne sous le nom de *tirage forcé en vase clos.* Un ventilateur actionné par la machine principale, ou par une machine spéciale, refoule l'air dans une chambre de chauffe dont toutes les issues ordinaires sont hermétiquement fermées. L'air est donc obligé de se frayer un passage par la cheminée, en soulevant un clapet automatique situé sous la grille, sur l'avant du cendrier. On maintient habituellement la pression de cet air entre 8 et 12 centimètres d'eau, selon que la section des tubes est moins ou plus obstruée par la suie ou les mamelons qualifiés du nom de *nids d'hirondelles* qui se forment contre la plaque de tête de la boîte à feu.

Parfois enfin, à bord ou dans les usines, la conduite d'air sous pression se ramifie en autant de branches qu'il y a de cendriers dans la chambre de chauffe; l'air afflue ainsi dans chacun des cendriers dont les portes sont fermées. On évite par ce moyen, les inconvénients du tirage forcé en vase clos, dont le moindre est d'exposer le bas du corps des chauffeurs à un courant d'air froid, pendant que la partie supérieure se trouve dans un milieu dont la température s'élève à 40, 50°, et même davantage, au bout d'un certain temps de marche.

*Mesure du tirage.* On peut déterminer l'activité d'un tirage au moyen de divers instruments, tels que les *anémomètres* et les *manomètres à deux branches.* L'anémomètre donne la vitesse d'écoulement de la colonne d'air chaud, tandis que le manomètre indique directement la différence de pression produite par le mouvement ascensionnel de cette colonne; il donne par conséquent la véritable mesure du tirage. Si nous considérons un manomètre à deux branches, comme les types que nous avons décrits à ce mot (V. MANOMÈTRE), pour la mesure des pressions du gaz d'éclairage, on conçoit qu'en mettant la branche fermée en communication avec l'intérieur de la cheminée, l'aspiration produite par l'appel intérieur de l'air chaud produira une élévation du liquide dans cette branche fermée et une dépression dans la branche ouverte, qui reste en communication avec l'atmosphère. La différence de niveau des deux branches représente alors la mesure du tirage.

MM. Richard frères ont construit des *manomètres à cadran*, et un type de *manomètre enregistreur*, qui s'appliquent aussi bien à la mesure du tirage qu'à celle de la pression du gaz d'éclairage. La seule inspection de la figure 480 fait suffisamment comprendre les dispositions de ces appareils sur la description desquels nous croyons inutile d'insister. Ils sont basés, comme le manomètre à cadran employé pour les fortes pressions, sur l'action d'une membrane très souple, sollicitée

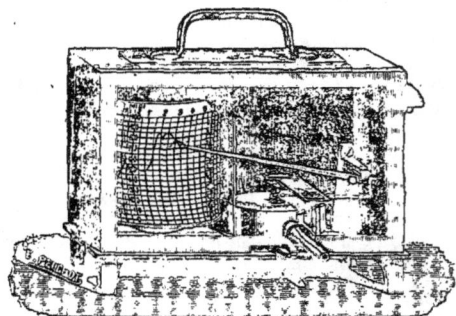

Fig. 480. — *Manomètre enregistreur.*

d'un côté par la pression ou l'aspiration dont on veut mesurer l'intensité, et de l'autre côté par la pression atmosphérique. — G. J.

II. **TIRAGE.** *T. de mécan.* Effort suffisant pour entretenir le mouvement uniforme d'un véhicule sur une chaussée ordinaire. L'expression de *traction* est réservée spécialement au tirage des vagons sur les voies ferrées. — V. TRACTION.

La détermination théorique de l'effort absorbé par le tirage des véhicules suivant les différentes natures du sol, constitue un problème industriel de la plus grande importance, et de savants expérimentateurs, parmi lesquels nous rappellerons seulement les noms illustres de Coulomb, du général Poncelet, du général Morin, de Dupuit, ont essayé d'établir des formules empiriques donnant la valeur de cet effort d'après les dimensions des roues considérées. Notre savant collaborateur, M. Grandvoinnet, a montré à l'article spécial (V. ROULEMENT) les difficultés que soulevaient ces différentes formules, surtout en ce qui concerne le cas des rouleaux, et il a exposé la théorie qu'il propose d'y substituer avec les formules qui s'en déduisent. Nous ne reviendrons pas ici sur cette discussion, nous examinerons seulement le tirage des véhicules proprement dits, en rappelant les meilleures dispositions à adopter dans le chargement pour réduire l'effort qu'il exige.

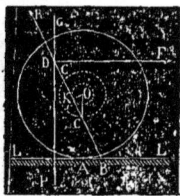

Fig. 481. — *Composition des forces agissant sur les roues des véhicules pour déterminer l'effort de tirage.*

L'effort de tirage des voitures se calcule théoriquement d'après la méthode habituelle en partant des données suivantes déduites de la résistance au roulement. Pour une voiture à deux roues, par exemple, on considère qu'elle se tient en équilibre sous l'influence des forces diverses qui la sollicitent, telles qu'elles sont indiquées sur la figure 481; le poids P du véhicule, la force d'entraînement F qui déter-

mine le tirage, et la réaction du sol R. Celle-ci est représentée par deux forces parallèles appliquées aux deux roues et transmises par elles au véhicule au point de contact avec l'essieu; ces deux forces donnent, d'ailleurs, une résultante unique égale à leur somme, et passant par le milieu de l'essieu. D'après la théorie du roulement, la réaction du sol n'est pas appliquée sur la roue directement au point de contact géométrique A, mais en un point B situé à une certaine distance $\delta$ en avant de A, distance qui dépend de la nature du sol et du rayon de la roue $r$. De plus, cette réaction n'est pas dirigée suivant la verticale ACO, mais suivant une droite inclinée BR faisant avec celle-ci un angle égal à l'angle de frottement φ. Elle passe à une certaine distance KO de l'axe de l'essieu égale à $\rho \cos \varphi$, $\rho$ étant le rayon de l'essieu OC, et elle rencontre la direction prolongée de la force de tirage F en un point déterminé D. On comprend immédiatement que pour l'équilibre de la voiture, il est nécessaire que la verticale du centre de gravité passe par ce point. Si on observe même que la route à suivre par le véhicule comporte toujours des variations d'inclinaison, on verra qu'il est nécessaire que le centre de gravité se confonde même avec D, autrement la voiture se penchant en arrière dans les rampes, ou tombant en avant dans les pentes, la verticale du centre de gravité se déplacera par rapport aux deux autres forces qui resteront immobiles sur la voiture. Dans ces conditions, l'équilibre pourra s'établir seulement grâce aux réactions du cheval, lequel devra résister à la contrepression éprouvée de bas en haut tendant à le soulever, ou à la poussée inverse appuyant la dossière suivant les cas.

On voit par là que le centre de gravité, devant se trouver placé nécessairement sur la direction de l'effort moteur, se trouvera reporté d'autant plus en arrière que cet effort sera plus élevé, et on devra tenir compte de cette indication dans la répartition de la charge par rapport à l'essieu.

Quant à la longueur $\delta$ qui détermine la distance du point d'application de la réaction du sol, par rapport au contact géométrique, elle est déterminée, d'après M. Dupuit, par une expression de la forme $\delta = k \sqrt{r}$; elle n'augmente donc pas proportionnellement au diamètre de la roue, comme l'avait pensé Coulomb. Cet élément $\delta$ de même que le rayon $\rho \cos \varphi$, détermine la valeur de l'angle d'inclinaison de la réaction, et il y a intérêt à ce que cet angle soit aussi faible que possible pour que la réaction se rapproche de la normale et donne pour l'effort de tirage une composante plus réduite.

Dans les voitures à quatre roues, les réactions exercées par le sol sur les deux essieux présentent une inclinaison différente, celle de l'essieu d'arrière dont les roues sont généralement plus grandes étant la plus rapprochée de la normale, leurs directions prolongées se rencontrent en arrière de ce dernier essieu, et donnent une résultante qui doit se confondre pour l'équilibre avec celle des deux autres forces en présence, l'effort de traction et le poids de la voiture. La composition des forces ainsi effectuée montre qu'il est avantageux de reporter la charge en arrière pour diminuer le tirage, suivant une pratique bien connue d'ailleurs des voituriers.

On admet en général, d'après les expériences du général Morin, que l'effort de tirage est proportionnel à la charge remorquée. Cet effort atteint habituellement $\frac{1}{20}$ à $\frac{1}{30}$, il peut même s'abaisser exceptionnellement jusqu'à $\frac{1}{50}$, mais il s'élève aussi parfois jusqu'à $\frac{1}{7}$; il présente donc les variations les plus considérables suivant l'état des chaussées, et c'est la réduction énorme qu'il subit sur les voies ferrées qui a été le point de départ de la merveilleuse extension des chemins de fer à notre époque. — V. TRACTION.

Nous reproduisons dans le tableau suivant quelques-uns des principaux coefficients résultant des expériences effectuées, en 1837, par le général Morin, à Metz, pour déterminer le rapport de l'effort de tirage à la charge remorquée.

| | Voitures de roulage | Charrettes |
|---|---|---|
| *l* largeur de la jante.... | 0m,10 à 0m,12 | 0m,10 à 0m,12 |
| *r* rayon des essieux.... | 0.032 | 0.032 |
| *r'* rayon des petites roues. | 0.55 | 1.00 |
| *r''* rayon des grandes roues | 0.85 | » |
| *fr* moment de frottement de l'essieu....... | 0.00208 | 0.00208 |
| | Effort de tirage | Effort de tirage |
| Accotement des terres en très bon état...... | 0.031 | 0.022 |
| Accotement solide couvert d'une couche de granit de 0,05 à 0,06 d'ép. | 0.096 | 0.067 |
| Sol en terre ferme recouvert de 0,10 à 0,15 de gravier, ou route neuve. | 0.103 | 0.071 |
| Route en empierrement très bon état, au trot. . | 0.017 | 0.012 |
| Route un peu humide avec quelques cailloux.... | 0.024 | 0.017 |
| Route avec ornière et boue | 0.039 | 0.027 |
| Route très mauvaise avec ornières profondes. . | 0.060 | 0.042 |
| Pavés en grès sec. . . . | 0.014 | 0.010 |

Le poids de la voiture peut être évalué souvent au 1/3 ou au 1/4 de la charge totale.

En ce qui concerne les chevaux de trait, on peut admettre que l'effort maximum qu'ils sont susceptibles de développer varie de 50 à 70 kil. Dans une marche continue au trot (vitesse de 3m,50 à 4 mètres) les chevaux de diligence peuvent traîner 800 kilogrammes en faisant 24 kilomètres par jour; au grand trot, il faudrait limiter la charge à 500 kilogrammes en leur demandant seulement 20 kilomètres.

La vitesse du cheval au petit pas est de 1 mètre à la seconde, au grand pas elle peut atteindre 2 mètres, au trot 4 mètres et au galop 10 mètres.

La charge que le cheval peut porter à dos varie entre 100 et 175 kilogrammes; elle atteint rarement 200 kilogrammes.

III. **TIRAGE**. 1° *T. d'impr.* Opération qui a pour but, après la mise en train, d'obtenir l'impression d'une forme typographique, d'une estampe, d'une lithographie. — V. IMPRIMERIE. || 2° *T. techn.* Action de faire passer les métaux par la filière. || 3° Action de faire passer le fil de cocon sur le dévidoir pour former la soie grège. || 4° Traction qu'on opère sur les étoffes pour les élargir. || 5° *Tirage à poil.* — V. GARNISSAGE. || 6° *Tirage à la poudre.* Le tirage à la poudre et à la dynamite dans les mines et dans les carrières est une opération qui a fait l'objet du § *Mode d'emploi de la poudre de mine* de l'article POUDRES ET SUBSTANCES EXPLOSIVES.

**TIRANT**. 1° *T. de constr.* Tige ou pièce de fer destinée à maintenir l'écartement entre deux objets et à les consolider. Les tirants sont principalement employés dans les fermes des combles où on en rencontre, pour ainsi dire, dans toutes les directions. Ils sont verticaux, horizontaux ou inclinés; leur section varie avec l'effort de traction qu'ils sont appelés à supporter (V. FERME, POINÇON). Dans l'intérieur des chaudières, surtout dans celles à faces planes, on place une véritable forêt de tirants dont le but est de permettre à ces surfaces de résister à la pression intérieure à laquelle elles sont assujetties, sans se gondoler. Connaissant la valeur de cette pression et l'étendue des surfaces à consolider, on détermine le nombre et la dimension des tirants à placer. Les uns sont terminés par une patte d'oie que l'on rive contre les faces de la chaudière, les autres par un crochet qui s'emboîte dans une agrafe, d'autres, enfin, sont taraudés et portent des écrous, l'un à l'intérieur, l'autre à l'extérieur de la chaudière, afin de pouvoir faire un joint sous les rondelles des écrous. Entre les plaques de tête des boîtes à tubes, on place un certain nombre de *tubes tirants*; ces tubes, un peu plus épais que ceux ordinaires, sont taraudés à chaque extrémité et reçoivent un écrou, ou sont vissés, selon les cas, dans l'épaisseur des plaques de tête. || 2° *T. de carross.* Pièces de l'avant-train, symétriquement placées par rapport à la cheville ouvrière, et assemblées dans les embrasures perpendiculaires à la *sellette.* Pour l'attelage à un cheval, les tirants forment avec les bouts des *armons* ou les extrémités de la *ceinture*, les gueules de loup dans lesquelles s'encastrent les brancards, tandis que pour ceux à deux chevaux ils sont simplement soudés à la barre d'attelage sur laquelle les traits sont fixés. En arrière, ils se prolongent par les *queues de tirant* qui se relient, soit ensemble, soit aux fourchettes ou aux armons, suivant la disposition de l'avant-train. || 3° Morceau de cuir placé des deux côtés de certains souliers, pour permettre, à l'aide de boucles ou d'agrafes, de fixer la chaussure sur le cou-de-pied. || 4° Chacune des anses, cousues aux tiges d'une botte ou d'une bottine et par lesquelles on saisit celle-ci pour se chausser. || 5° *Cordon* que l'on tire pour fermer une bourse. || 6° Nœud de cuir dont on se sert pour bander les cordes qui tendent la peau du tambour. || 7° *Tirant d'eau. T. de mar.* Distance verticale comprise entre le dessous de la quille et la ligne de flottaison d'un navire. Les chiffres indiquant le tirant d'eau sont inscrits sur trois lignes que l'on nomme : *perpendiculaires avant, milieu* et *arrière.* Le tirant d'eau moyen se lit sur la perpendiculaire du milieu ; la différence de tirant d'eau est marquée par l'écart entre les chiffres affleurés par l'eau sur les perpendiculaires avant et arrière.

\* **TIRANTE.** *T. techn.* Outil de chapelier, au moyen duquel on confectionne le fond d'un chapeau.

\* **TIRAUDE** (Sonnette à). Sorte de sonnette employée pour le battage des pieux et des pilotis, et que l'on manœuvre à bras d'homme au moyen de petites cordes, dites *tiraudes.* — V. I. SONNETTE, § *Sonnette à tiraudes.*

\* **TIRE.** *T. de tiss.* Avant l'invention du métier Jacquard, on donnait le nom de *tire* au métier avec lequel on fabriquait les étoffes façonnées, en *tirant* des ficelles ou lacs manœuvrés de façon à produire les effets voulus par la disposition des mailles.

**TIRE-BALLE.** *T. d'arqueb.* Sorte de tire-bouchon à deux branches, vissé à l'extrémité de la baguette de fusil, et dont on se sert pour décharger, sans faire feu, une arme se chargeant par la gueule ; on dit également *tire-bourre.*

\* **TIRE-BONDE.** Outil destiné à arracher la bonde d'un tonneau.

\* **TIRE-BORD.** *T. de constr. nav.* Instrument en bois formé d'une vis et d'un écrou, et qu'on emploie dans les chantiers de construction pour mettre en place le bordage d'un navire.

**TIRE-BOTTE.** Crochets de fer à l'aide desquels on saisit les tirants d'une botte ou d'une bottine que l'on veut mettre. || Planchette munie d'une entaille où l'on introduit le pied pour se déchausser.

**TIRE-BOUCHON.** Vis de fer ou d'acier, fixée à un anneau ou perpendiculairement à un manche de bois ou de métal, et dont on se sert pour déboucher les bouteilles.

\* **TIRE-BOUCLES.** *T. de charp.* Outil employé par les charpentiers pour dresser l'intérieur d'une mortaise.

**TIRE-BOURRE.** *T. d'arqueb.* — V. TIRE-BALLE. || *T. de pap.* Outil utilisé, en papeterie, pour enlever de la pâte les ordures qui s'y trouvent. || *T. d'exploit. des min.* Outil permettant de retirer certains objets des trous de sondage. — V. SONDAGE, § *Accidents.*

**TIRE-BOUTON.** Petit crochet destiné à faire passer les boutons dans les boutonnières.

\* **TIRE-CLOU.** Lame de fer mince dont l'une des extrémités, recourbée, est munie de dents pour arracher les clous.

\* **TIRÉE.** Syn. : *Ployée. T. de tiss.* Pendant l'o-

pération du tissage, c'est la longueur d'étoffe qui s'enroule en une seule fois sur l'ensouple ou le déchargeoir. || Se dit encore, en général, de toute quantité d'un produit qu'un ouvrier peut faire en une seule fois.

\* **TIRE-FAUSSET.** Pince à l'aide de laquelle on tire les faussets.

\* **TIRE-FEU.** *T. d'artill.* Instrument servant à enflammer les étoupilles, les fusées à friction, et composé d'un crochet qui vient saisir la boucle de tirage du rugueux et que l'on tire au moyen d'une ficelle.

\* **TIRE-FILET.** Outils de formes diverses, employés pour pousser des filets, soit sur le bois, soit sur les métaux.

**TIRE-FOND.** 1° *T. de chem. de fer.* Vis à bois employée pour fixer sur les traverses, les coussinets des rails à double champignon ou le patin des rails Vignole (V. RAIL). Le tire-fond se termine par une tête à base carrée qui vient serrer le rebord du coussinet ou du patin, et qui évite la nécessité d'y percer des trous. Les tire-fonds ont sur les crampons l'avantage d'une extraction plus facile et, comme on ne les enfonce pas à coups de marteau, on ne risque pas d'en détacher la tête, comme cela arrive quelquefois avec les crampons. Avec des tire-fonds bien enfoncés, on empêche le *claquement* du rail sur la traverse, et l'on évite la destruction rapide de cette dernière. Les tire-fonds s'opposent, en outre, au glissement transversal du rail ; on les introduit par rotation au moyen d'une clef, dans un trou de tarière d'un diamètre un peu inférieur à celui du corps de la pièce. On a remarqué, toutefois, que dans les essences tendres, l'arrachement du tire-fond avait pour conséquence de laisser un trou agrandi et des fibres ligneuses désorganisées. || 2° *T. techn.* Longue vis dont la tête est un anneau et que l'on fixe au plafond d'une pièce pour y suspendre une lampe, un lustre ou un ciel de lit ; les tonneliers s'en servent, avec une vis plus courte, pour tirer et faire entrer dans la rainure la dernière douve du fond d'un tonneau ; on en fait encore usage pour extraire des projectiles, les fusées qu'on n'a pu enlever avec le *tire-fusée.*

\* **TIRE-FUSÉE.** *T. d'artill.* Appareil destiné à extraire les fusées des projectiles creux.

\* **TIRE-JOINT.** *T. de constr.* Tige de fer recourbée que l'on fait glisser le long d'une règle pour marquer et lisser les joints des pierres ou des briques.

**TIRE-LIGNE.** *T. de dess.* Petit instrument servant à tracer des lignes à l'encre de Chine ou à la couleur, et composé d'un manche de bois ou d'ivoire pénétrant dans une douille munie de deux lames d'acier à pointe mousse et de même longueur, que l'on peut rapprocher plus ou moins à l'aide d'une vis. S'il s'agit de tracer des courbes, on remplace par le tire-ligne l'une des pointes d'un *compas.* — V. ce mot. || *T. de plomb.* Sorte de couteau tranchant par le bout seulement, employé par les plombiers pour tracer des lignes sur le plomb avant de le couper.

**\*TIRE-LISSE.** *T. de tiss.* Dans le métier à tisser ce sont les leviers qui agissent sur les lisses pour les baisser après qu'elles ont été levées.

**TIRE-PIED.** *T. de bourr. et de cordonn.* Grande lanière de cuir, employée par les bourreliers et les cordonniers pour fixer leur ouvrage sur un genou, et qu'ils maintiennent tendue à l'aide du pied.

**\*TIRE-PLOMB.** *T. techn.* Sorte de rouet pour donner au plomb la forme de lanières ou baguettes dont on fait usage, par exemple, pour monter les vitraux.

**TIRE-POINT.** *T. techn.* Syn. : *Tiers-point.* — V. ce mot.

**\*TIRE-POUSSE.** *T. de tiss.* Crochet disposé de manière à permettre au tisseur de redresser, sans les déplacer, les aiguilles courbées du métier Jacquard.

**\*TIRERIE.** Usine où l'on fabrique du fil de fer de petite dimension; le nom de *tréflerie* est plus particulièrement réservé aux fabriques de fils de gros diamètre.

**TIRET.** *T. de typogr.* Petit trait dont on se sert pour indiquer, dans le dialogue, le changement d'interlocuteur, et que l'on substitue parfois, en dehors du dialogue, aux crochets d'une parenthèse. || *T. de constr.* Pièce employée comme arcboutant dans la charpente d'un moulin.

**TIRETAINE.** Tissu dont la chaîne est en fil de lin ou de chanvre et la trame de laine cardée des plus communes. Cette étoffe se fait presque toujours croisée; elle est épaisse, forte et unie; quelquefois on la presse, d'autres fois on la tire à poil : sa largeur est de 60 centimètres.

**\*TIRETOIRE.** *T. techn.* Outil du tonnelier. || Instrument destiné à extraire les incisives et les racines de la mâchoire inférieure.

**\*TIRETTE.** *T. techn.* Plaque de tôle servant à régler le tirage de la cheminée d'un fourneau de distillation. || *T. de cordonn.* Morceau de cuir utilisé pour remettre sur la forme un escarpin.

**TIREUR.** *T. de mét.* 1° Celui qui puise dans la chaudière, le plomb fondu, pour le couler dans les moules. || 2° Ouvrier chargé d'appliquer le mordant sur les toiles peintes ou la couleur sur le papier peint. || 3° *T. de tiss. Tireur de lacs.* — V. Jacquard (Mécanique). || 4° *Tireur d'or et d'argent.* Ouvrier qui étire l'or et l'argent en fils, au moyen de filières.

**I. TIROIR.** *T. de mécan.* Organe des machines à vapeur qui sert à ouvrir et à fermer alternativement l'admission de vapeur dans les lumières du cylindre de la machine. Le tiroir est formé ordinairement d'une sorte de coquille renversée d'où lui est venu son nom, qui oscille sur une surface plane formée par la table des lumières, il est presque toujours conduit actuellement par le mécanisme même de la machine, qui entretient ainsi son mouvement d'une manière automatique. On sait que cette idée, si simple cependant, n'a pas été réalisée de prime abord, et dans les premières machines, l'admission de vapeur était simplement commandée à la main, et le soin d'ouvrir et de fermer les lumières en temps utile était alors confié à un ouvrier spécial.

Il en est encore de même aujourd'hui sur les machines actionnant certains outils spéciaux sur le travail desquels il importe de pouvoir faire varier incessamment et à volonté la rapidité et l'intensité des coups de piston; c'est le cas, par exemple, pour les marteaux-pilons qui sont conduits le plus souvent par un ouvrier spécial d'après les indications du chef marteleur. On a recours aussi quelquefois à cette disposition sur certaines machines d'épuisement fonctionnant sur une avaleresse, lesquelles rencontrent fréquemment des conditions de marche fort irrégulières selon la rapidité des venues d'eau qu'elles ont à épuiser.

Hors ces cas particuliers et tout spéciaux, on peut dire que le mouvement du tiroir est toujours entretenu par la machine elle-même, et le mécanicien n'intervient que pour le régler, en agissant sur les appareils correspondants : cataractes des machines d'épuisement, coulisse de distribution, etc. Nous avons étudié à l'article spécial (V. Distribution) le rôle du tiroir dans la distribution, et nous n'y reviendrons pas ici, nous examinerons seulement les tiroirs au point de vue de la meilleure disposition à leur donner.

Il convient de s'attacher à réduire le travail absorbé par la manœuvre et le déplacement des organes, travail qui est fort important, car la pression de vapeur dans la boîte de distribution appuie nécessairement sur le dos des tiroirs et s'oppose ainsi à leur déplacement. On s'attache donc à limiter les dimensions de ces organes et la course maxima qu'ils doivent fournir.

Pour réduire l'étendue du glissement tout en conservant aux orifices la section nécessaire, on leur donne une forme rectangulaire très allongée dans le sens normal et réduite dans le sens du glissement. Nous avons examiné d'ailleurs à l'article Distribution, différentes dispositions cinématiques qu'on peut adopter pour commander le mouvement du tiroir afin de réduire la course totale, de démasquer rapidement les lumières au moment de l'admission, et de prévenir le laminage de la vapeur. On peut obtenir de larges orifices d'admission même avec une course réduite, en adoptant un type de tiroir à canal, percé d'ouvertures intérieures qui se découvrent en même temps que les lumières et augmentent ainsi la section libre offerte au passage de la vapeur. Tel est, par exemple, le tiroir Trick, le plus simple de tous les types analogues. Dans cette disposition, l'augmentation du nombre des canaux d'admission est obtenue en relevant légèrement la glace des lumières de manière à former une saillie sur laquelle déborde le tiroir dans sa course, le canal intérieur se trouve ainsi démasqué lorsque la glace est dépassée. Ce type est fréquemment appliqué en Allemagne, mais malgré sa grande simplicité, il ne paraît pas réaliser en pratique, d'une manière bien prononcée, les effets avantageux qu'on pouvait en attendre, ce qui paraît bien indiquer que le laminage de la vapeur, qu'il a pour but d'empêcher, n'a pas une gravité bien considérable. Quelques ingénieurs admettent cependant, remarque M. Couche, qu'il aurait permis de réduire sensiblement la section des lumières, en la ramenant de 1/10 à 1/20 de la section des pistons, ce qui permet, par suite, de réduire en même temps la course du tiroir lui-même et le travail qu'elle absorbe.

La disposition des glaces en saillie appliquée par M. Trick est toujours préférable, même quand on n'applique pas le tiroir à canal, car elle permet d'éviter le bourrelet qui se forme toujours autrement aux points extrêmes de la course du tiroir.

On s'est attaché, enfin, à réduire la pression totale qui pèse sur le tiroir en soustrayant une partie plus ou moins considérable de la surface de cet organe à l'action de la pression de la vapeur.

On y parvient par divers artifices, soit en disposant sur le dos du tiroir, l'appareil appelé *compensateur*, formé d'un large cylindre creux généralement elliptique, muni d'un rebord extérieur qui traverse le couvercle de la distribution par une large boîte à étoupe. La base du cylindre formée par le dos du tiroir, se trouve ainsi complètement isolée de la vapeur. La difficulté évidente est toujours d'obtenir un contact intime avec un faible serrage. La présence du compensateur a d'autre part l'inconvénient de prévenir tout mouvement vertical du tiroir qui a besoin de se soulever quelquefois pour permettre, par exemple, l'échappement de l'eau de condensation qui pourrait s'accumuler dans le cylindre. Cette disposition n'est plus guère appliquée d'ailleurs que sur les machines marines.

On a essayé également, sans beaucoup de succès, l'application du tiroir à dos percé, raméné alors à la forme d'une sorte d'anneau oscillant qui frottait à la partie supérieure contre le couvercle de la boîte; l'échappement se faisant par un orifice pratiqué dans le couvercle même, et que le tiroir ne devait jamais dépasser.

Citons enfin, les tiroirs suspendus rattachés sur le dos par une bielle à double articulation avec un gros piston oscillant dans un cylindre alésé ménagé à travers le couvercle de la boîte. Le piston se trouve ainsi soulevé par la pression de la vapeur, et il exécute des oscillations continuelles à la demande de la bielle suivant les déplacements du tiroir. Cet appareil, connu sous le nom de *suceur*, n'a jamais donné non plus des effets bien établis, et il est peu appliqué actuellement.

Lorsque les lumières sont reportées aux extrémités du cylindre, comme il convient de le faire pour réduire les espaces nuisibles, on se trouverait amené, si on voulait les masquer à la fois par un tiroir unique, à donner à cet appareil une longueur exagérée, qui augmenterait ainsi, dans une forte mesure, la pression totale exercée par la vapeur. Il convient évidemment, dans ce cas, d'employer deux demi-tiroirs rattachés par une tige commune qui les rend solidaires, chacun d'eux oscillant devant l'une des lumières; l'échappement se fait alors par un orifice commun, ménagé dans l'épaisseur des parois de la boîte, et rattaché

par un canal spécial avec une lumière d'échappement pratiquée sous chaque demi-tiroir immédiatement à côté de la lumière d'admission correspondante.

On trouvera, au sujet de ces diverses dispositions, des renseignements détaillés dans une savante étude publiée par M. Haton de la Goupillière (*Annales des mines*, 1879, 2e série).

Le moyen le plus simple de soustraire le tiroir à la pression de la vapeur, est évidemment d'adopter un tiroir cylindrique formé de deux pistons oscillant devant les lumières et rattachés par une tige commune. On peut adopter, par exemple, la forme de tiroir en D qui avait été appliquée par Watt sur ses premières machines, avec tige creuse à travers laquelle s'opère la circulation de la vapeur pour la distribution. Cette disposition, fort avantageuse en théorie, n'a cependant guère réussi en pratique à cause des complications d'entretien qu'elle entraîne.

M. Ricour a repris toutefois, récemment, l'application des tiroirs en forme de pistons rattachés par une tige pleine. En la combinant avec celle des soupapes de rentrée d'air représentées figures 488 et 489, il est arrivé à obtenir les résultats les plus satisfaisants, et il a pu augmenter grandement le rendement des machines, ainsi que nous l'exposons au mot TRACTION. Dans les dispositions qu'il a adoptées, le mouvement des tiroirs cylindriques s'opère sans contact avec la glace des lumières pendant la marche à régulateur fermé et avec un simple frottement d'étanchéité pendant l'admission de vapeur. En fait, l'usure devient presque insensible; d'après les expériences de M. Ricour, sur les machines du réseau de l'État, on arrive à peine à 1 millimètre après un parcours de 200,000 kilomètres, tandis qu'on aurait atteint ce chiffre au bout de 3,000 kilomètres avec les tiroirs plans ordinaires. Ces expériences présentent donc un grand intérêt en montrant que le problème de l'application des tiroirs cylindriques peut être considéré comme résolu. Le type auquel s'est arrêté M. Ricour est représenté dans les figures 482 à 488.

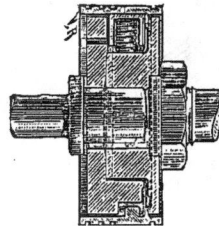

Fig. 482. — *Coupe verticale du tiroir cylindrique montrant l'assemblage des différentes pièces.*

Le tiroir comprend deux distributeurs oscillant en face des lumières, rattachés par une tige qui les rend solidaires comme l'indique la figure 488; ces pistons sont constitués, de leur côté, chacun par deux souches, mâle et femelle, emboîtées l'une dans l'autre et comprenant entre elles un segment cylindrique les enveloppant extérieurement, et destiné à assurer le joint avec les parois du cylindre de distribution formé par une chemise en fonte rapportée dans la chambre (fig. 482). Ce segment est une lame enroulée sur les deux souches, comme dans les pistons suédois, elle porte extérieurement quatre rainures destinées à faciliter le graissage et qui assurent en même temps la transmission de la contre-pression sur toute la surface dans la marche avec régulateur fermé; elle est maintenue à l'intérieur par une nervure saillante qui vient occuper exactement l'espace ménagé entre les deux souches pour la recevoir, de manière à ce que l'assemblage forme un joint étanche, empêchant toute issue de la vapeur vers la tige. Dans les dispositions les plus récentes, on interpose entre la souche mâle et le segment, une couronne en tôle d'acier représentée figures 483 et 484, qui repousse continuellement la nervure interne, comme l'indique la figure 482. On est arrivé ainsi à empêcher tout matage de la souche mâle, et on n'a seulement qu'une légère usure due au frottement de la nervure dans les petits déplacements relatifs de la souche et du segment. Cette usure n'altère,

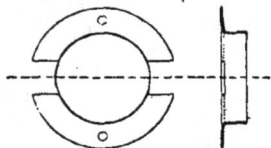

Fig. 483 et 484. — *Couronne en tôle d'acier emboutie, interposée entre la souche mâle et le segment extérieur du piston du tiroir pour assurer le joint.*

d'ailleurs, aucunement l'étanchéité du tiroir, si on observe la précaution recommandée par M. Ricour de creuser sur la souche mâle une petite rainure circulaire en dedans de la partie en rebord polie par l'usure, et de la remplir d'étain en face du joint. Cette nervure *m m* est représentée figures 486 et 487, et on retrouve la partie étamée formant joint dans le bas de la coupe (fig. 482). Les deux lèvres du segment montés sur les souches, laissent entre elles, une fois rapprochées, un vide en forme de ligne brisée; elles ont ainsi le jeu nécessaire pour pouvoir se rapprocher en fermant ce vide sous une pression extérieure.

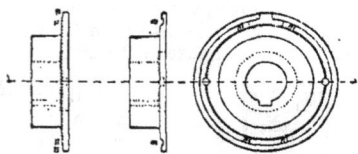

Fig. 485 à 487. — *Coupe et vue extérieure de la souche mâle.*

Un couvre-joint à ressort repoussé continuellement contre la paroi du distributeur cylindrique assure l'obturation du joint. Le piston est guidé, en outre, par des chapeaux à ressorts logés dans des trous spéciaux ménagés sur le contour de la souche femelle. La répartition de ces trous, la bande donnée aux ressorts sont étudiées de manière à assurer le centrage exact du segment qui se trouve maintenu, d'autre part, par un ergot pour empêcher toute rotation relative. Suivant l'expression de M. Ricour, ces trois ressorts sont comparables à trois petits tampons qui ne donnent aucune bande au segment tout en le maintenant bien centré. Ils se contractent sous l'action d'une pression extérieure, et ils laissent le segment

se fermer librement tout en donnant cependant un assemblage étanche lorsque le régulateur est ouvert. La vapeur arrivant dans la boîte à tiroir, entre les deux pistons distributeurs, pénètre en effet dans l'intervalle laissé libre entre le segment et le corps de chaque piston, et elle applique ainsi la surface cylindrique du segment contre la paroi du cylindre, en même temps qu'elle presse énergiquement la nervure contre le rebord plan de la souche mâle.

Quel que soit le type employé, et surtout avec le tiroir plan, il convient de réduire l'effort absorbé par le glissement du tiroir en diminuant le coefficient de frottement par l'emploi des métaux appropriés, comme le bronze ou les alliages d'anti-friction. L'usure est reportée de préférence sur le tiroir dont le remplacement est plus facile que celui de la table des lumières; cet organe est préparé souvent en bronze et quelquefois en fonte, mais toujours en métal moins dur que la glace des lumières. On emploie souvent aussi le métal

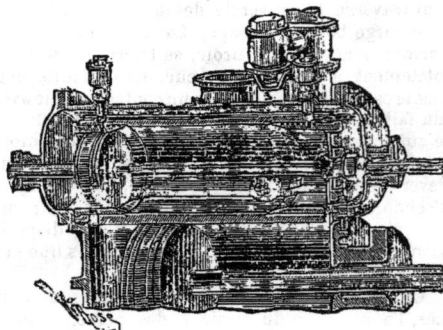

Fig. 488. — *Coupe d'une boîte de distribution de vapeur avec ses graisseurs, munie de tiroirs cylindriques et d'une soupape de rentrée d'air.*

anti-friction dans le but de réduire les frottements, mais non sous forme de revêtement, on le coule seulement dans des rainures venues de fonte sur la base du tiroir et préalablement étamées pour assurer l'adhérence; toutefois, l'utilité de cette application, en l'absence d'expériences précises, est encore contestée. On a même essayé de substituer un frottement de roulement à celui de glissement en faisant porter le tiroir sur des rouleaux, mais cette application ingénieuse n'a pu réussir en pratique en raison de la difficulté d'assurer l'étanchéité des joints.

La tige qui conduit le tiroir plan est toujours guidée aux deux bouts, elle n'est jamais solidaire avec le tiroir, elle porte seulement un cadre forgé reposant sur les rebords en entourant celui-ci complètement. C'est d'ailleurs la disposition représentée figure 489 où l'on retrouve la section des deux côtés du cadre embrassant le tiroir. Le cadre doit toujours laisser au tiroir un certain jeu de bas en haut sans l'appliquer par lui-même sur la table, car il est maintenu déjà par la pression de la vapeur, et il importe que le tiroir puisse se soulever librement en cas de besoin, pour évacuer l'eau et les gaz comprimés qui peuvent être rejetés par les lumières. On interpose quelquefois cependant, un ressort spécial entre le cadre et le tiroir pour empêcher tout claquement de celui-ci; mais cet accessoire ne paraît pas indispensable, surtout avec des glaces de lumières horizontales ou peu inclinées.

Les tiroirs proprement dits, plans ou cylindriques, sont souvent remplacés par des soupapes ou même des robinets sur certains types modernes de machines, ainsi que nous l'avons signalé déjà aux articles spéciaux (V. DISTRIBUTION et MACHINE). Cette substitution supprime la relation nécessaire qu'entraînent les tiroirs ordinaires entre les diverses phases de la distribution. Les dispositions adoptées pour assurer l'entraînement des divers organes de distribution donnent souvent, en effet, pour les soupapes d'échappement, un mouvement tout à fait indépendant de celui des soupapes d'admission. Les soupapes étant commandées par un déclic, l'ouverture ou la fermeture s'opère aussi d'une manière instantanée, et beaucoup plus rapidement qu'avec les tiroirs. D'autre part, l'espace nuisible peut être réduit au strict minimum en reportant directement ces appareils sur les fonds des cylindres.

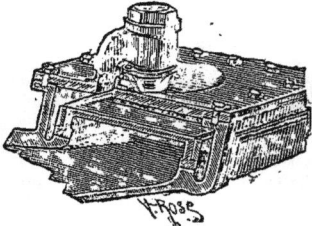

Fig. 489. — *Coupe d'une botte de distribution avec tiroir plan, munie d'une soupape de rentrée d'air.*

II. TIROIR. 1° *T. de men.* Sorte de caisse sans couvercle, entrant à coulisse dans un meuble, et que l'on manœuvre à l'aide de boutons ou de poignées; elle est, en outre, parfois munie d'une serrure. || 2° *T. techn.* Nom donné au cylindre de la machine à friser les tissus. || 3° Pièce d'un fusil fixant le canon au fût. — V. FUSIL, § *Armes à tiroir.*

*TISOIR, TISONNIER. Tige de fer droite ou courbe dont on se sert pour attiser un feu et en retirer les cendres.

TISSAGE. Action de tisser, c'est-à-dire entrelacer des fils, les uns en longueur, les autres en largeur pour produire un tissu.

HISTORIQUE. *Tissage du coton.* Nous ne parlerons pas ici de la fabrication à la main qui, pour ce textile, n'offre aucune particularité qui soit digne d'être signalée, et nous arriverons de suite au tissage mécanique. Les débuts de ce système de tissage se sont produits en Angleterre. Suivant la mention que nous avons trouvée dans un ouvrage intitulé *Les transactions philosophiques abrégées*, de John Lowthorp (imprimé à Londres en 1700), un premier essai fut fait, en 1695, par H. de Gennes; toutefois, il ne paraît pas qu'on ait donné suite alors à cette idée, qui n'eut qu'un commencement d'exécution. Mais, en 1765, un tissage mis en mouvement par l'eau fut édifié par M. Garside, de Manchester; cet établissement était garni de métiers appelés *swivel*, probablement ceux inventés

par Vaucanson et décrits par Roland de la Platière dans l'*Encyclopédie*. Cette fabrique travailla longtemps, mais comme elle ne produisait pas en somme de résultats avantageux, elle dut être abandonnée.

Le premier métier à tisser le coton mécaniquement qui fonctionna à l'aide de la machine à vapeur fut inventé par le Rév. E. Cartwright, et reçut dès le principe le nom de *powerloom*. La relation des circonstances qui amenèrent cette invention se trouve mentionnée dans l'*Encyclopédie britannique*, écrite par Cartwright lui-même : « Étant à Maltock, dit-il, je me trouvai en compagnie avec quelques habitants de Manchester; la conversation tomba sur les machines à filer d'Arkwright (V. FILATURE DE COTON, § *Historique*). Une des personnes présentes fit observer qu'aussitôt que la patente d'Arkwright serait expirée, on établirait un si grand nombre de filatures, et que l'on filerait tant de coton, que l'on ne pourrait trouver assez de bras pour le tisser. Je répondis qu'Arkwright devait ensuite appliquer son esprit à monter un métier à tisser. Chacun de se récrier et de soutenir que la chose était impossible; tous les habitants de Manchester émirent unanimement l'avis que la chose était peu probable. J'essayai pourtant de prétendre que la chose n'était pas impossible, et je fis remarquer que tout récemment on avait montré à Londres un automate jouant aux échecs. Affirmeriez-vous, messieurs, dis-je à mes interlocuteurs, qu'il est plus difficile de construire une machine propre à tisser qu'une autre qui fasse tous les divers mouvements que comporte ce jeu compliqué? Peu de temps après, une circonstance particulière m'ayant rappelé cet entretien, je fus frappé de la pensée que, comme dans un tissage uni, ainsi que je comprenais alors ce travail, il ne devait y avoir que trois mouvements qui se succéderaient, il serait peu difficile de les reproduire et de les répéter. Plein de ces idées, j'employai sur le champ un charpentier et un serrurier à les mettre à exécution. Aussitôt que la machine fut terminée, je me procurai un tisserand pour monter la chaîne, qui était de matières semblables à celles dont on fait ordinairement la toile à voile. A ma grande satisfaction, une pièce de toile telle qu'elle, fut le produit de cet essai. Comme je n'avais jamais réfléchi auparavant à aucun objet mécanique, soit en théorie, soit en pratique, que je n'avais jamais vu un métier à tisser en œuvre, et que je ne connaissais rien à sa constitution, on supposera facilement que mon premier métier doit avoir été une machine très grossière. La chaîne fut placée verticalement, le peigne tombait avec une force d'au moins cinquante livres, et les ressorts qui lançaient la navette auraient été assez forts pour lancer une fusée à la congrève. Enfin, il fallait la force de deux hommes très vigoureux pour actionner lentement la machine, et seulement pendant peu de temps. Imaginant, dans ma simplicité, que j'avais accompli tout ce qui était nécessaire, je pris une patente le 4 avril 1785, pour assurer ce que je croyais être alors une propriété très précieuse. Profitant cependant de ce que je voyais, je construisis un métier à peu près semblable, dans ses principes généraux, à ceux que l'on fait maintenant, mais ce ne fut qu'en 1787 que je complétai mon invention, et je pris ensuite, le 1er août de cette même année, ma dernière patente pour le tissage. »

Cartwright établit un tissage à Doncaster, mais il dut bientôt abandonner cet établissement qui ne réussit pas. Cependant le Parlement, quelques années plus tard, sur la demande de quelques manufacturiers de Manchester, lui accorda une somme d'argent pour le récompenser de ses efforts. Cartwright céda alors sa licence à Grimshaw, de Manchester, qui éleva un tissage mû par une machine à vapeur; cette autre fabrique marcha environ un an, puis fut dévorée par un incendie. Plusieurs années s'écoulèrent alors sans qu'on fît de tentative nouvelle dans le Lancashire. Il fallut attendre jusqu'en 1789 pour voir un sieur Austin, de Glascow, *inventer un métier à tisser* le coton mécaniquement, et perfectionner ce métier en 1798; en 1800, M. Montheith fit construire, à Pollockshaws, un vaste bâtiment pour y faire marcher deux cents de ces métiers.

En 1803, Thomas Johnson, de Bradburg, inventa la première *encolleuse*. Jusque-là, les chaines étaient apprêtées par petites parties, au fur et à mesure qu'elles étaient déroulées de l'ensouple; pendant cette opération, lo métier cessait de travailler. Avec cette invention, toute chaîne étant encollée d'une seule fois en dehors du métier à tisser, celui-ci ne subit plus d'interruption dans sa marche.

A Manchester, en 1806, on monta une première fabrique composée de métiers à tisser mus à la vapeur et s'en collés. Peu de temps après, deux autres fabriques s'établirent à Stockport; une quatrième fut établie à Westhougton. Dans ces divers essais de tissage par la vapeur, de grands perfectionnements furent apportés, soit dans la construction des métiers, soit dans le mode d'ourdir la chaîne et de préparer la trame pour la navette. Ces changements avantageux, auxquels vinrent s'en joindre d'autres, appliqués plus spécialement à la filature de coton, déterminèrent une impulsion très grande dans le tissage mécanique des fils de ce textile. Tout d'abord, la production augmenta; avant l'invention de l'encolleuse, il fallait un tisserand pour chaque métier marchant à l'aide de la machine à vapeur, tandis qu'à partir de l'emploi de cette machine, un enfant de quatorze à quinze ans, de l'un ou de l'autre sexe, put diriger deux métiers à vapeur, et au moyen de ces métiers tisser trois ou quatre fois autant d'étoffe que le plus habile ouvrier travaillant à la main. De plus, le nombre des métiers s'accrût d'une façon considérable; en 1818, il y avait à Manchester, Stockport, Middleton, Hyde, Stayley-Bridge, et dans les environs de ces localités, quatorze établissements dont l'ensemble représentait 2,000 métiers. Trois ans après, en 1821, le nombre des fabriques, dans les mêmes centres producteurs, s'était élevé à 32, et celui des métiers à 5,732. En 1827, on n'y comptait pas moins de 11,000 métiers à tisser mus par la vapeur en pleine activité. Enfin, l'enquête de 1834 permit de constater encore une augmentation considérable. Grâce à ces développements successifs, le tissage du coton ouvrit en Angleterre un champ aussi fécond qu'immense au travail et à l'emploi des capitaux, et amena un prodigieux accroissement du chiffre de la population dans les différentes localités du Lanarkshire et du Lancashire, où elle installa ses principaux centres de production.

En France, la fabrication des tissus de coton ne fut importée qu'au commencement de notre siècle. A l'Exposition de 1802, une seule pièce de mousseline française fut présentée à l'appréciation du Jury, encore celui-ci douta-t-il sérieusement qu'elle sortît des manufactures du pays.

Saint-Quentin fut la première ville qui, en 1803, commença à tisser notoirement le coton. Cette cité avait été, avec Cambrai, Péronne et Valenciennes, le centre d'une fabrique de linons et de batistes, qui avait fleuri longtemps; la contrée adjacente était peuplée d'un grand nombre de tisserands exercés à exécuter les tissus les plus délicats; et la fabrique y avait atteint, vers 1787, l'apogée de sa prospérité. Peu de temps après, il s'opéra un changement dans le goût des consommateurs, la demande diminua progressivement, et avec elle le nombre des métiers en activité: cet état de souffrance dura quelques années. On songea alors que des tisserands assez habiles pour faire la batiste et le linon, pouvaient être employés avec succès à la fabrication de toute autre étoffe, si délicate qu'elle fût, et que l'on avait sous la main tous les éléments nécessaires pour confectionner en grand des tissus de coton auxquels le public accordait le plus de faveur. Cette idée, mise en pratique, rendit la vie et le mouvement à l'industrie de ces contrées, et l'influence de ce changement fut si heureuse que, de 1803 à 1818, la population de Saint-Quentin augmenta d'un quart. Les premières étoffes que l'on fabriqua dans cette ville furent des basins, on fit ensuite des calicots pour l'impression, bientôt après des percales, et enfin des mousselines unies ou à dessins.

Vers la même époque, un mouvement à peu près semblable s'opéra dans l'industrie de Tarare, et nous avons rapporté à ce propos les efforts accomplis dans cette ville par A. Simonnet. — V. SIMONNET.

Après le décret du 12 février 1806, rendu par Napoléon Ier, prononçant la prohibition absolue de tous les tissus étrangers, la Normandie, l'Alsace, la Flandre, la Belgique, la Picardie, le Beaujolais, se couvrirent de tissages de coton. Les débouchés réservés exclusivement à leurs produits que nos fabriques trouvaient en Italie, dans le royaume de Naples, en Espagne et en Portugal, enfin chez toutes les nations alliées de la France, furent pour elles, jusqu'à l'époque de la Restauration une source de richesse et de prospérité. Notre industrie était dans une situation florissante; toutefois les procédés dont on se servait dans nos établissements n'atteignaient pas, il s'en fallait de beaucoup, la perfection de ceux employés par les Anglais.

Mais bientôt arrivèrent les désastres de 1814. L'invasion étrangère amena avec elle les tissus de coton de l'Angleterre. Au même moment, le droit énorme dont le gouvernement impérial avait frappé à l'entrée chaque kilogramme de coton en rame fut brusquement levé par le comte d'Artois, lieutenant général du royaume. Par suite de cette réunion de circonstances, les prix de nos produits manufacturés subirent une baisse écrasante. Ce fut un nouvel élan donné à la prospérité des fabriques anglaises, ce fut par contre la ruine de nos manufacturiers, entre autres de Richard-Lenoir, le plus célèbre d'entre eux. — V. LENOIR.

La paix de 1814, en rétablissant les relations commerciales entre l'Angleterre et la France, permit à nos fabricants d'aller puiser dans les manufactures de nos concurrents le secret de leur art. Bientôt de remarquables changements s'opérèrent dans le système de nos tissages et notamment dans notre fabrication des toiles peintes; il en résulta économie et perfection.

Peu de temps après l'orage de 1815, le gouvernement français, appréciant la haute importance qu'avait acquise le travail manufacturier, comprit que cette importance devait être conservée pour la puissance et l'indépendance nationales. Il comprit qu'étant privée de protection, la création industrielle de Napoléon, la plus précieuse de ses conquêtes, la plus populaire et aussi la seule qui nous restât, allait bientôt être anéantie. Ce fut de cette pensée que s'inspira la loi du 28 avril 1816, qui réserva à la fabrication française la consommation de la France, en fils et tissus de coton. En 1817, nos manufactures, privées des marchés que la conquête leur avait ouverts, restreintes à la consommation d'une population bien peu supérieure à celle de 1790, mettaient pourtant en œuvre, non plus 4,000,000 de kilogrammes, comme en 1790, non plus 8,000,000 comme en 1813, mais 12,000,000 de kil., dont 1,000,000 étaient exportés en tissus. A cette même date, l'Angleterre fabriquait, il est vrai, 45,000,000 de kilogrammes de coton. Le résultat constaté à cette époque était donc celui-ci: la France, depuis 1790, avait triplé sa production, l'Angleterre quadruplé la sienne.

Depuis cette époque, l'industrie du tissage du coton, définitivement implantée en France, a fait des progrès considérables, et les différents genres qu'elle représente se sont spécialisés dans diverses villes; la broderie de coton a aujourd'hui son siège principal à Saint-Quentin, le tulle de coton à Calais-Saint-Pierre, les articles unis et fantaisie à Roubaix et dans le Nord, le velours de coton à Amiens, etc.; et chacun de ces centres concourt d'une façon efficace à la réalisation du progrès et à l'augmentation de la richesse en France.

*Tissage du lin.* La fabrication des tissus de lin remonte à l'époque la plus reculée, mais elle s'est faite plus longtemps à la main que les étoffes de coton; aussi devons-nous examiner d'une façon plus spéciale ce genre de fabrication. Rappelons ici que les Grecs étaient vêtus de toile de lin, d'après les témoignages d'Hérodote et de Thucydide; que le lin était cultivé en Grèce et travaillé en grande quantité dans ce pays; que les Romains portaient le lin comme vêtement de dessous, c'est-à-dire en tunique, mais qu'il paraît à peu près constant que l'usage du linge de corps ne s'introduisit à Rome que très tard.

Au moyen âge, le lin était pour ainsi dire le seul textile qui se tissât couramment, mais néanmoins il restait très rare, et sa cherté formait obstacle à ce qu'il fût d'un usage général. La Hollande, la Frise et le Brabant, dont les produits en ce genre acquièrent plus tard une si haute

Fig. 490. — *Atelier de tisserand au XVIe siècle, d'après une gravure du temps.*

renommée, ne commencèrent à fabriquer des toiles que vers la fin du XIIIe siècle. A cette époque, le linge de corps était chose si merveilleuse que la reine Isabeau de Bavière, femme du roi Charles VI, ayant apporté dans son trousseau trois douzaines de chemises de Hollande, cette particularité remarquable fit grande sensation à la cour de France. Environ un siècle plus tard, Anne de Bretagne, qui épousa Charles-VIII, enrichit les armoires royales de l'hôtel Saint-Paul et de la tour du Louvre, de quatre douzaines et demie de chemises et de six paires de draps filés par les femmes du comté de Cornouailles, qui avaient voulu donner à leur bien aimée duchesse, devenue reine de France, un témoignage de leur amour et de leur vénération.

Mais si le *linge de corps* n'était abondant, au XIVe siècle, ni en France, ni dans les autres pays de l'Europe, en revanche le *linge de table* avait déjà atteint dès lors une grande perfection. Rien de plus beau, de plus splendide, que les services de table fabriqués en Hollande et dans les Pays-Bas, dans la période du XIVe au XVIIe siècle. Chaque nappe, chaque serviette représentait des fleurs, des fruits, des animaux, ou des sujets complets avec personnages et paysages de l'histoire sainte et de l'histoire

profane. De nos jours encore, on conserve, en Espagne, le magnifique service de linge de table offert par les bourgmestres et notables bourgeois de Bruxelles au trop fameux duc d'Albe.

La France et les autres États de l'Europe furent longtemps tributaires des Pays-Bas et de la Hollande pour l'industrie toilière. Sous le règne de Louis XIV, et grâce à l'administration sage et prévoyante du ministre Colbert, des fabriques de linge damassé, gravé et armorié, furent établies simultanément dans plusieurs provinces, notamment dans la Picardie, l'Artois, la Lorraine et la Flandre; par suite, nous fûmes affranchis d'un tribut onéreux; de plus, les produits de nos manufactures, encouragés par le gouvernement, arrivèrent à rivaliser, soit pour la finesse et la bonne qualité des matières, soit pour la perfection et l'originalité des dessins, avec les toiles étrangères destinées au service de la table.

Au XVIIIe siècle seulement, le linge devint plus commun, par suite du perfectionnement des mœurs d'abord, de l'application plus rigoureuse des soins et des précautions hygiéniques, mais surtout lorsque le tissage du lin bénéficia des perfectionnements apportés dans l'industrie du tissage du coton et put, comme pour ce dernier textile, être fait mécaniquement vers la fin du siècle et notamment au début du suivant. Tout y gagna : l'agriculture, l'industrie et la santé publique.

De nos jours, presque toutes les contrées de l'Europe produisent des toiles de lin à la mécanique, mais ce sont surtout l'Angleterre, la Belgique, la France et l'Allemagne qui viennent au premier rang sous le rapport de la fabrication.

*Tissage de la laine.* La laine étant la première matière textile dont l'homme se soit servi pour ses besoins, le tissage de cette fibre à la main a existé dès la plus haute antiquité. Chez tous les peuples anciens, on tissait des étoffes de laine, mais cette fabrication étant, notamment chez les Romains et les Grecs, abandonnée aux esclaves, le tissage fit peu de progrès. Dans les Gaules, au temps des empereurs, cette industrie était représentée par des manufactures importantes où l'on fabriquait des tissus rayés ou à carreaux appelés *saies* (*sagum*), dont le dessin ressemblait aux plaids écossais, et qui étaient destinés à l'habillement des soldats; Arras tenait alors le premier rang chez nous : outre les étoffes pour vêtements militaires, on y fabriquait des draps d'une couleur rouge, à l'imitation du *rouge de Phénicie* si célèbre autrefois sous le nom de *pourpre de Tyr*; à Saintes, à Langres, on confectionnait des étoffes à longs poils. Toutefois, la production des tissus de laine n'était pas concentrée exclusivement dans quelques centres de fabrication ; on peut dire que dans chaque famille, à cette époque, on confectionnait à la main tous les vêtements de laine nécessaires aux membres qui la composaient.

Comme toutes les autres industries, celle du tissage des laines périt dans ce grand cataclysme social que provoqua l'invasion des hordes barbares. Dans le but de suppléer autant que possible à la difficulté des échanges, les gens riches établirent dans leurs maisons des fabriques particulières où l'on tissait la laine et le lin pour les besoins de la famille et même pour leurs amis.

Cette situation dura jusqu'au temps des croisades; alors il s'opéra dans l'industrie et le commerce une recrudescence marquée, une complète révolution; car les Européens, grâce à ces expéditions lointaines, retrouvèrent dans l'Asie, ce berceau des civilisations primitives, les traces des sciences et des arts, et en recueillirent les précieux débris. L'Italie fut la première à tirer parti de ces découvertes rapportées de l'Orient. Bientôt les Pays-Bas (Belgique et Hollande), notamment Bruges, Anvers, Gand et plusieurs autres villes commerçantes, profitant de leurs relations suivies avec les cités manufacturières de l'Italie, empruntèrent à cette contrée ses procédés de fabrication, et, s'occupant surtout des lainages, exploitèrent cette industrie avec succès. Les manufactures des Pays-Bas atteignirent une haute prospérité, et long-temps elles fournirent à peu près exclusivement aux besoins et au luxe de toutes les nations de l'Europe; leurs fabriques étaient alimentées de matières premières par les laines importées d'Angleterre, de France, d'Al-lemagne et d'Espagne, car dans ces divers pays on ne savait pas en tirer parti.

Vers la fin du xv⁰ siècle, les Anglais commencèrent à mettre en œuvre la laine de leurs troupeaux, la France n'entra plus tard dans la lice industrielle où l'Angle-terre luttait avec les Bays-Bas. Jusqu'au règne de Henri IV, nous fûmes tributaires de ces pays pour la plus grande partie de notre consommation. L'anéantisse-ment de la Ligue et la publication de l'Edit de Nantes, en rétablissant la tranquillité, en ramenant la confiance dans les esprits, contribuèrent à relever l'industrie fran-çaise de la situation languissante à laquelle l'avaient réduite les troubles politiques nés des dissentiments religieux. De cette époque datent les premiers établisse-ments importants, et la fabrication des tissus de laine s'installa chez nous sur le pied d'une véritable indus-trie.

A peu près dans le même temps, le roi d'Espagne, Philippe III, ayant chassé de ses Etats le petit nombre de familles maures tolérées jusque-là dans le royaume de Grenade, ces étrangers, accueillis en France, dotèrent nos provinces méridionales de plusieurs branches d'in-dustrie; ils fondèrent les principales fabriques de draps qui existent encore de nos jours à Carcassonne et dans quelques autres localités du Midi.

Sully, quoiqu'il fît consister surtout dans l'agriculture la prospérité du pays, imprima lui-même une assez forte impulsion à l'industrie lainière; car, en favorisant la production des bestiaux chez nous, en y introduisant plusieurs races ovines de qualité supérieure, il augmenta notablement la quantité de laines que nos fabricants pouvaient tirer du sol français.

La mort funeste et inattendue d'Henri IV, et la crise qui en fut la suite, arrêta brusquement les progrès de la fabrication des étoffes de laine commencée sous les plus brillants auspices. Le règne de Louis XIII fut un temps d'arrêt pour l'industrie de notre pays. Mais Colbert, en portant des regards soutenus sur les manufactures, ra-nima, en l'excitant au plus haut point, cette ardeur industrielle qu'avaient développée les heureuses années du règne de Henri IV; sous l'administration vigilante et éclairée de ce grand ministre, on vit s'élever sur tous les points du territoire français des fabriques de produits nouveaux, créées par les industriels de l'Italie et de la Hollande, que des offres séduisantes avaient décidé à venir se fixer chez nous.

En 1646, Nicolas Cadeau fonda dans la ville de Sedan, cette célèbre manufacture de drap fin, façon de Hollande, dont la réputation sous le titre de drap de Sedan n'a fait que grandir depuis son origine jusqu'à nos jours. Gosse Van Robais, attiré de Hollande à Abbeville, en 1665, par d'énormes concessions, y fabriqua des « draps fins façon de Hollande et d'Espagne », disent les lettres pa-tentes de fondation signées de la main de Louis XIV. Le mouvement une fois donné se propagea dans toute la France; on vit surgir bientôt les manufactures d'Elbeuf, du Languedoc, de Tours, de Paris, du Beaujolais, de Lyon, d'Amiens, de Rouen, de Vienne, etc.

En 1681, la maison Ricard, Langlois et Cⁱᵉ, de Lou-viers, obtint un certain nombre de privilèges pour une spécialité de fabrication analogue à celle d'Abbeville. Alors sortit tout à coup de l'obscurité une bourgade sans importance jusqu'à ce moment, mais dans laquelle était exploitée, depuis assez longtemps déjà, la fabrication des tissus de laine de qualité inférieure, dans des propor-tions assez fortes.

Bientôt Elbeuf, situé à peu de distance de Louviers,

s'émut des concessions obtenues par cette dernière ville; et, à dater de cette époque, s'établit entre les habitants de ces deux localités une émulation qui devint une concurrence véritable, à mesure que chacun de ces centres arriva à donner plus de développement à sa production.

Les progrès réalisés dans la fabrication des draps fins, à la suite de la création des divers établissements dont nous venons de parler, se maintinrent jusqu'au delà de 1723. Voici ce que l'on trouve à cet égard dans le Dic-tionnaire universel de Savary (in-4⁰, 1740 à 1754): « On peut dire, sans prévention, que les manufactures françaises ont atteint un si haut degré de perfection pour les draperies, principalement pour les draps façon d'Es-pagne et d'Angleterre, que le royaume se trouve présen-tement en état de passer absolument de ceux des Anglais et des Hollandais. » On voit par le passage qui précède, que la révocation de l'Edit de Nantes, arra-chée à Louis XIV, en 1685, après la mort de Colbert, bien que funeste à l'industrie générale de notre pays, n'eut pas des conséquences graves pour la fabrication des draps fins, mais il n'en fut pas de même pour celle des tissus de laine ordinaire; et cela, parce que la pre-mière de ces spécialités de produits n'était pas comme la seconde, exclusivement exploitée par les protestants si cruellement frappés par la mesure impolitique de la ré-vocation. La plupart des manufactures, nouvellement créées en vue de la production des draps fins, traversè-rent donc cette crise sans en être sensiblement ébranlées.

Mais sous le règne de Louis XV, les industries de luxe étant presque les seules qui fussent favorisées, elles prirent un essor rapide, aux dépens de toutes les autres, tandis que les fabriques de draps d'Elbeuf, de Sedan, d'Ab-beville et de Louviers durent alors restreindre considé-rablement leur production. Lors de l'avènement de Louis XVI, en 1774, un mouvement de recrudescence se manifesta dans notre industrie drapière; nos manufac-turiers reprenaient courage et entrevoyaient déjà un avenir prospère; par malheur, le fatal traité d'échanges, conclu entre la France et l'Angleterre par les soins de M. de Vergennes, vint anéantir de nouveau les espé-rances qui semblaient prêtes à se réaliser. Les suites de cette imprudence furent désastreuses pour notre industrie des tissus de laine. Nos voisins, qui avaient fait de grands progrès dans l'art de produire à bas prix, couvrirent en peu de temps nos places de tissus de toute sorte en laine, coton, etc., et d'une foule d'articles de consommation universelle et quotidienne.

On ne tarda pas à comprendre l'énormité de la faute que l'on avait commise; nombre de manufactures fran-çaises sombrèrent, notre consommation intérieure pen-dant bien des années fut uniquement alimentée de marchandises anglaises; puis au moment où notre indus-trie de tissus de laine, toute étourdie de cette rude se-cousse, allait sortir de son inaction et suivre le mouve-ment progressif qui se faisait sentir pour beaucoup d'autres, survint la tourmente révolutionnaire qui la paralysa de nouveau.

Nous passons rapidement sur la période de 1790 à 1815. Grâce au blocus continental qui mettait les indus-triels un instant à l'abri de l'envahissement de l'Angle-terre, le règne de Napoléon fut pour toutes les branches de l'industrie une ère de découvertes et de progrès. Les bénéfices réalisés par de grands manufacturiers, habiles et entreprenants, furent employés à la création d'im-menses ateliers qui donnèrent une importance presque immédiate à des localités auparavant obscures ou igno-rées, parmi lesquelles nous citerons Mulhouse et Roubaix, qui doivent à cette époque florissante les germes de richesse et d'activité qui depuis ont fructifié et se sont constamment développés.

De 1815 à 1830, la fabrication des étoffes de laine eut à subir plusieurs rudes épreuves, mais elle en sortit vic-torieusement, car l'usage des tissus de laine s'était généralisé, soit en France, soit à l'étranger, l'usage des étoffes de laine était devenu pour les classes pauvres, comme pour celles aisées, un indispensable besoin, la soie et le velours n'entraient plus dans le costume masculin et le costume des femmes avait admis les tissus de laine foulée.

C'est de 1818 seulement que date pour nos fabriques l'introduction des machines sur une grande échelle pour la fabrication des étoffes de laine. A cette époque, on voit adopter la machine à carder et à filer de John Cockerill, la tondeuse Collier, les machines à fouler, etc. En 1834, M. Bonjean, ancien élève de l'école polytechnique et fabricant de draps à Sedan, introduisit dans cette ville la draperie fantaisie. A partir de cette époque, l'industrie drapière sut reconquérir la première place et prouver que dans cette branche industrielle, la France n'avait rien à envier à aucune nation. — A. R.

*Tissage de la soie.* — V. SOIERIE.

TECHNOLOGIE DU TISSAGE. Les tissus sont toujours formés par des fils qui se lient en s'entrelaçant, de manière à donner à l'étoffe son épaisseur et la force qu'elle doit présenter dans tous les sens.

Une partie de ces fils sont disposés les uns à côté des autres, et tous parallèlement entre eux dans le sens de la longueur de la pièce d'étoffe, et constituent la *chaîne* que l'on établit pour l'opération préparatoire de l'*ourdissage* (V. ce mot). On dispose toujours sur ses deux bords un certain nombre de fils plus forts, destinés à retenir la trame, et qui produisent, dans les pièces tissées, ces petites bordures latérales bien connues sous le nom de *lisières*.

Les autres fils sont dirigés perpendiculairement à ceux de la chaîne et constituent la *trame*; ils sont fournis, lors du tissage, par un fil continu que l'on passe, au moyen d'une *navette*, alternativement d'un bord à l'autre de la chaîne. Chaque passage de la trame produit donc un fil transversal auquel on donne le nom de *coup de trame* ou de *duite*, tandis que l'on réserve plus spécialement le nom de *fils* pour désigner les fils de la chaîne.

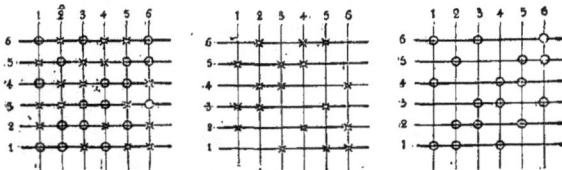

Fig. 491 à 493. — *Représentation des armures.*

L'aspect d'une étoffe dépend de : 1° de la nature et du mode de filature des fils dont elle se compose; 2° du mode de répartition de ces fils, suivant leur nature, leur grosseur ou leur couleur, aussi bien dans la chaîne que dans la trame; 3° du degré de rapprochement de ces fils, c'est-à-dire de la *réduction* de la chaîne et de la trame; 4° enfin, de la manière dont les fils et les duites se lient et s'enlacent les unes avec les autres, c'est-à-dire de l'*armure* qui a été adoptée pour la confection de cette étoffe.

On se rend immédiatement compte des trois premiers points; nous avons à nous arrêter davantage au quatrième.

ARMURES, *leur représentation.* Si l'on examine de près une étoffe, on voit que chaque duite *passe* ou *flotte* sur un ou plusieurs fils, puis qu'elle va se lier à la chaîne en passant *sous* un ou plu-

sieurs des fils suivants, pour continuer ainsi, d'une manière plus ou moins variée, son trajet à travers toute la largeur du tissu. Nous donnerons à cette marche le nom d'*évolution*, et nous l'énoncerons en disant, par exemple, que la duite passe *sur deux fils, sous un, sur un, sous deux*, etc. Remarquons dès maintenant que, lors du tissage l'on est amené à *lever* les fils sous lesquels passe la trame, tandis qu'on *laisse* à leur niveau ceux qui doivent être recouverts par elle. Il résulte de là une autre manière d'énoncer l'évolution d'une duite en indiquant le nombre des fils qui sont alternativement levés ou *pris* et *laissés*, nous pourrons donc dire aussi que l'évolution de la duite correspond à *deux laissés, un pris, un laissé, deux pris*, etc.

Les duites successives ont des évolutions différentes afin que chaque fil de la chaîne ait, lui aussi, passé sur certaines duites et se soit lié à d'autres en passant sous elles. Les fils ont donc des évolutions que l'on peut énoncer comme celles des duites en disant, par exemple, qu'un fil est *laissé une fois, pris deux fois, laissé une fois, pris une fois, laissé une fois*, etc., pour indiquer qu'il baisse sous la première duite, puis qu'il lève sous les deux suivantes pour passer ensuite sous la quatrième, sur la cinquième, sous la sixième, etc.

Ces évolutions des duites à travers les fils, et des fils à travers les duites peuvent être représentées au moyen de notations très simples, et qui rendent compte, lorsque l'on s'est familiarisé avec elles, de l'effet que produit le tissu.

Dans les cas simples, on figure les fils de la chaîne par des lignes verticales et les duites par des lignes horizontales. La rencontre d'un fil et d'une duite est représentée par l'intersection d'une ligne verticale et d'une ligne horizontale : on y met une croix $\times$ lorsque le fil passe sur la duite, ou un rond O lorsque la duite recouvre le fil. On compte les fils en allant de gauche à droite, et les duites en remontant (afin de considérer comme première celle que le tisserand a passée en premier lieu).

L'un des deux signes suffit, l'absence de l'autre en tenant lieu. Les figures 491 à 493 représentent donc la même armure dans laquelle l'évolution de la première duite consiste en *deux laissés, un pris, un laissé, deux pris*; celle de la seconde en *un pris, deux laissés, un pris, un laissé, un pris*; la troisième duite passe *sous deux fils, sur deux, sous un, sur un*, etc. De même, le premier fil est *laissé une fois, pris une fois* et *laissé une fois*, et ainsi de suite des autres.

Dans les cas plus compliqués, on représente les fils et les duites par les intervalles que laissent entre elles les lignes verticales et horizontales. Le croisement d'un fil et d'une duite est alors figuré par un carré (ou un rectangle) que l'on met en couleur lorsque le fil passe sur la duite et que l'on laisse en blanc quand la duite recouvre le fil, à moins qu'on n'indique une signification différente de la couleur.

La figure 494 représente, avec ces notations, la même armure que les précédentes.

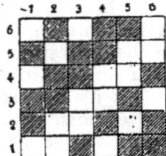

Fig. 494.

Ces figures, auxquelles on donne quelquefois le nom de *bref*, rendent compte de l'aspect du tissu si l'on observe qu'une série horizontale de cases blanches équivaut à une bride de trame tendue à la surface de l'étoffe, et une série verticale de cases en couleur à une bride semblable produite par un fil de chaîne.

DÉCOMPOSITION ET ANALYSE DES TISSUS. Les tisseurs peuvent avoir à créer des tissus nouveaux; c'est alors leur imagination et leur expérience qui devra les guider dans le choix des matières premières, des couleurs, de la réduction et dans la combinaison des armures. Mais il leur arrive souvent d'être amenés à reproduire des étoffes déjà existantes dont ils devront tout d'abord déterminer l'armure, puis les autres éléments, nature, grosseur et torsion des fils, répartition des couleurs, etc.

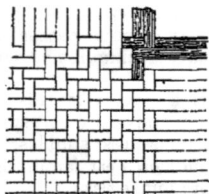

Fig. 495. — *Décomposition d'un tissu.*

Pour déterminer l'armure, on effectue la décomposition du tissu. A cet effet, l'on en coupe un échantillon de grandeur convenable dont on enlève un certain nombre de fils et de duites, comme le fait voir la figure 495. En se plaçant alors de manière à être bien éclairé, la lumière venant obliquement de gauche, et en s'aidant d'une loupe et d'une pointe, on examine la marche de la duite supérieure à travers les fils de la chaîne, pour la noter, au fur et à mesure, sur la première ligne d'un papier quadrillé, d'après l'un des systèmes de notations que nous venons d'examiner. On enlève ensuite cette duite pour procéder de la même manière à l'égard de la seconde, puis de la troisième, etc. Si cela était plus facile, on pourrait observer les marches des fils à travers les duites et les noter verticalement sur les lignes du papier.

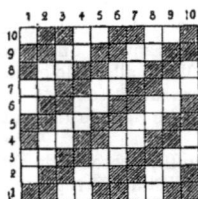

Fig. 496.

En opérant ainsi, on obtient des dessins tels que ceux des figures 496 à 498 (la figure 496 ré-sulterait de la décomposition du tissu que représente la figure 495).

En examinant ces figures, on voit que dans chacune d'elles il se trouve d'abord un certain nombre de fils dont les évolutions sont différentes les unes des autres, mais qu'ensuite ces mêmes évolutions se reproduisent identiquement et dans le même ordre pour les séries ou périodes suivantes composées toutes du même nombre de fils. Dans la figure 496, les quatre premiers fils sont différents les uns des autres, mais leurs évolutions se repètent identiquement dans toutes les périodes de quatre fils qui se succèdent les unes aux autres. Dans la figure 497, ces périodes sont constituées chacune par cinq fils. Dans la figure 498, les fils 6, 7 et 8 reproduisent bien les évolutions

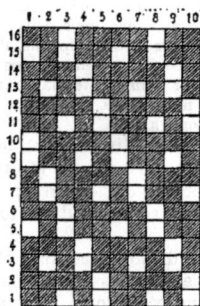

Fig. 497.

qui se trouvent déjà dans les fils précédents, mais suivant un ordre inverse; les périodes identiques sont constituées par des groupes composés chacun de 8 fils. Chacune de ces périodes qui, suivant les cas, peuvent comprendre un nombre plus ou moins considérable de fils et s'étendre quelquefois même à tous les fils de la chaîne, constituent un *rapport de l'armure en chaîne* ou, par abréviation, un *rapport-chaîne*. Les mêmes observations s'appliquent également aux duites : les périodes qu'elles forment prennent le nom de *rapport-trame*. Ces rapports se composent, dans les tissus représentés par les figures 496 à 497 respectivement, de 4, 10 et 8 duites.

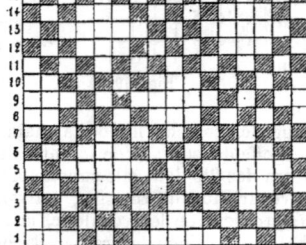

Fig. 498.

Il suffit que l'on connaisse l'ensemble d'un *rapport-chaîne* et d'un *rapport-trame*, c'est-à-dire un rapport complet de l'armure pour que la contexture du tissu soit complètement déterminée, puisque ces rapports se répètent sans variations sur toute la largeur et la longueur du tissu.

Les figures 499 à 501 représentent donc complètement la contexture du tissu. C'est à ces figures que l'on donne le nom de *bref* ou de *mise en carte*.

Il ne faut jamais oublier que, par suite de la succession régulière des rapports, le dernier fil est suivi d'un fil identique au premier et qu'il en est de même des duites. On peut considérer comme premier l'un quelconque des fils ou l'une quelconque des duites du rapport; ce sont généralement des considérations de symétrie ou de bon aspect des mises en cartes qui guident dans ces choix. C'est pour ce motif aussi que les figures 502 et 503 sont identiques, quoi que d'aspects différents. La seconde n'est autre chose que la copie de la première en y commençant le rapport par la dernière duite.

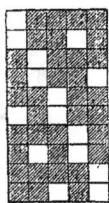

Fig. 499.

MÉTIERS A TISSER. Ce que nous venons de dire suffit pour faire voir comment on peut combiner et composer des armures et, pour rendre compte de l'infinie variété de combinaisons que peuvent présenter les évolutions des fils et des duites dans des rapports d'armure comprenant quelquefois tous les fils de la chaîne. Mais, outre ces armures variées que la fantaisie peut créer, il en est d'autres qui sont pour ainsi dire classiques et qui servent de base à un grand nombre de tissus. Pour les examiner avec fruit et nous rendre compte de leur exécution, il faut que nous jetions d'abord un coup d'œil sur la disposition et le mode de fonctionnement des métiers à tisser, qui se composent des mêmes organes produisant les mêmes effets lorsqu'ils sont mis en mouvement par l'ouvrier lui-même, ou lorsqu'ils sont actionnés mécaniquement.

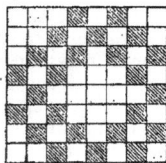

Fig. 500.

Les figures 504 et 505 donnent, la première, une coupe et, la seconde, une vue de face d'un métier à tisser à bras dont la largeur varie suivant les étoffes qu'il est destiné à fabriquer.

Le rouleau d'ensouple A, autour duquel est enroulée la chaîne, est placé dans des supports, en arrière du métier; la chaîne s'en déroule sous forme d'une nappe régulière pour se diriger horizontalement vers les organes opérateurs G et H qui la transforment en un tissu, lequel, après avoir passé sur la traverse fixe C, nommée *poitrinière*, va s'enrouler autour du rouleau D retenu par un encliquetage qui le maintient et empêche l'étoffe de se dérouler. Comme, d'autre part, le rouleau d'ensouple A est retenu par un frein constitué par des cordes B chargées de poids, la chaîne reste toujours bien tendue. L'ouvrier est placé en avant du métier, tantôt debout, tantôt assis sur une banquette E, et exécute le tissage en produisant :

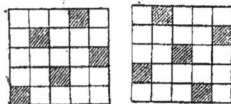

Fig. 501.

1° L'ouverture de la chaîne, résultant de la levée des fils qui doivent recouvrir la duite et la baisse de ceux qui doivent être recouverts par elle;

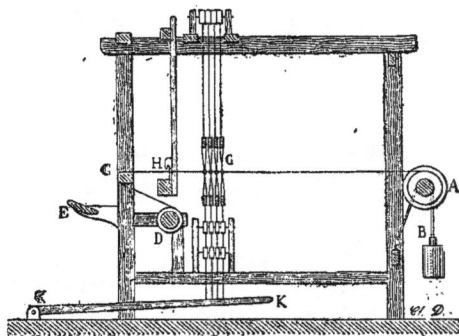

Fig. 502 et 503.

2° Le passage de la duite, au moyen d'une navette renfermant une bobine de trame qu'il lance d'un bord à l'autre de la chaîne, entre les deux nappes dans lesquelles elle a été ouverte;

3° Le rapprochement de la duite, qui vient d'être passée au moyen d'un *peigne* ou *ros.*

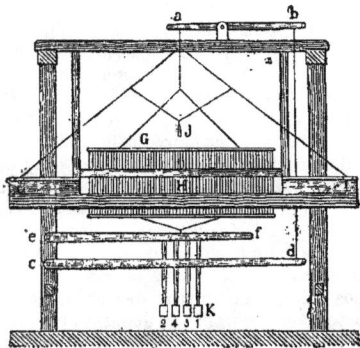

Fig. 504 et 505. — *Métier à tisser à bras.*

Ces mêmes effets se reproduisent successivement pour toutes les duites que renferme l'étoffe.

L'ouverture de la chaîne est produite par des organes placés en G et que l'ouvrier met en mouvement avec ses pieds; nous en reparlerons un peu plus loin. En avant de ces organes se trouve le battant, constitué par une pièce de bois placée transversalement sous la chaîne, et portée à droite et à gauche de la chaîne par deux montants qui lui permettent d'osciller autour d'un axe disposé à la partie supérieure des métiers à bras, ou vers le bas de ceux qui sont mus mécaniquement. Il porte le *peigne* (V. ce mot, II) qui est maintenu à sa partie supérieure par un chapeau ou poignée fixée aux montants, et au moyen duquel l'ouvrier le met en mouvement. Les fils de la chaîne sont passés, soit isolément, soit par groupes de deux ou plusieurs entre les dents ou broches de ce peigne qui peut ainsi avancer ou reculer librement. Enfin, le battant se prolonge à droite et à gauche par des boîtes L, dans lesquelles la navette peut se loger après chacun de ses passages. Des taquets mobiles le long de ces boîtes sont mis en rotation, au moyen de ficelles, avec une poignée J que l'ouvrier tient dans sa main et sur laquelle il agit pour déterminer les passages de la navette. L'ouvrier n'a donc qu'à pousser, avec l'une de ses mains, le battant jusque près des organes G et à agir avec l'autre sur la poignée pour déterminer le passage d'une duite, qu'il ramène à sa place en attirant le battant vers lui; les dents du peigne la poussent devant elles et la serrent contre les précédentes. Les métiers mécaniques opèrent le tissage au moyen d'organes tout à fait analogues, mais différemment agencés, et qui reçoivent mécaniquement leurs mouvements par des bielles, roues d'engrenages, excentriques, etc.

Quant à l'ouverture de la chaîne, ou en termes techniques, la formation de la *foule* ou du *feuillet*, elle est produite par des *mailles* ou *maillons*, traversés chacun par l'un des fils, et suspendus entre des boucles en forts fils de coton, laine ou soie, auxquelles on donne les noms de *lisses* ou *lissettes*. Lorsque les armures sont compliquées et renferment un grand nombre de fils à évolutions différentes, ces lisses sont actionnées par des *mécaniques Jacquard* (V. JACQUARD (Mécanique) et MÉCANIQUE, § *Mécanique Jacquard-Vincenzi*). Elles sont rattachées chacune au moyen d'une corde d'arcade, guidée par la planche d'empoutage à l'un des crochets de cette mécanique, qui doit être placée assez haut pour que les cordes ne soient que peu inclinées. Il a été dit, à l'article JACQUARD, comment ces crochets sont élevés ou laissés baissés par la griffe avant le passage de chaque duite, suivant la manière dont est percé le carton qui a agi.

Quand les armures sont plus simples et ne contiennent qu'un nombre peu considérable de fils à évolutions différentes, on rattache les lisses de tous les fils de même évolution, par le haut et par le bas, à des baguettes en bois, pour en former des *lames* (V. ce mot 4°). Il suffit alors de relier au moyen d'une ou de deux ficelles, chaque lame à l'un des crochets de la mécanique qui, établie alors d'une manière plus robuste et plus solide, prend le nom de *mécanique d'armure* ou, dans certaines régions, de *ratière*. Le fonctionnement de cette mécanique, ainsi que le rôle des cartons, restent les mêmes que dans le cas précédent. Il n'est possible de faire usage de semblables lames que lorsque leur nombre ne dépasse pas une vingtaine, afin que l'espace qu'elles occupent ne devienne pas trop grand.

Lorsqu'enfin, le nombre des duites du rapport-trame est peu considérable (inférieur à 12 environ dans le tissage à bras et certains métiers mécaniques, et à 5 ou 6 dans les autres cas), on actionne ces lames au moyen de leviers *a b*, *ef* et *c d* en relation avec des marches KK sur lesquelles agissent les pieds de l'ouvrier dans les métiers à bras, ou des excentriques dans les métiers mécaniques.

Le mode d'action des métiers à tisser ne diffère, pour les tissus variés que l'on peut avoir à exécuter, que par la manière dont s'opère l'ouverture de la chaîne, qui peut être produite, 1° dans les cas simples, par des lames actionnées par des marches; 2° lorsque le rapport-trame est plus grand et que le rapport-chaîne reste peu étendu, par des lames commandées par une mécanique d'armure; et 3° dans les cas les plus complexes, par une mécanique Jacquard.

La mécanique Jacquard, il est vrai, pourrait répondre à tous les cas, mais on a recours, chaque fois que cela est possible, aux autres méthodes qui sont plus simples et qui, tout en rendant plus facile l'opération proprement dite du tissage, ne nécessitent que des frais et des mains-d'œuvre accessoires moins onéreuses.

Nous nous occuperons d'abord des tissus simples qu'il est possible d'exécuter au moyen de lames. Les fils de la chaîne ourdie doivent, avant qu'on effectue leur montage sur le métier, être rentrés dans les mailles des lames et passés entre les dents du peigne. La première de ces opérations porte le nom de *remettage*, et doit se faire d'après les données de l'armure, *de manière à ce*

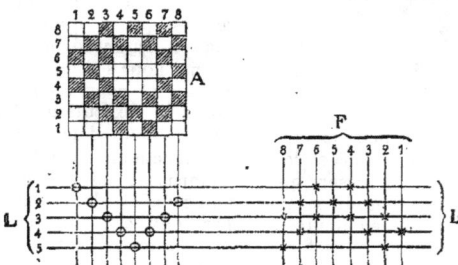

Fig. 506.

*que les fils qui ont même évolution passent dans les mailles d'une même lame, et que les fils dont les évolutions sont différentes soient rentrés dans des mailles appartenant à des lames différentes.* Cette règle doit toujours être observée, quoique l'on soit conduit quelquefois à dédoubler certaines lames qui seraient trop chargées. Les lames doivent être ensuite disposées sur le métier, et reliées aux marches de manière à ce que, pour chaque duite, la foule voulue s'opère bien exactement, c'est-à-dire que les lames qui conduisent les fils qui doivent recouvrir la duite soient levées, et que celles qui correspondent aux fils recouverts par la trame s'abaissent en même temps.

Toutes les circonstances de cet agencement peuvent être représentées par des tracés semblables à celui de la figure 506, dans lesquels A donne l'armure; les lignes verticales qui s'en échappent figurent les fils du rapport-chaîne, et les lignes horizontales LL' les lames nécessaires à l'exécution du tissu. On place à l'intersection de chaque fil et de la lame à laquelle appartient la maille dans laquelle il doit être rentré, un petit rond qui figure cette maille. Les lignes verticales F, du côté droit de la figure, représentent les foules successives, et sur chacune d'elles, on marque par une croix les lames qui doivent être levées.

La position de ces croix se déduit du pointé de l'armure en suivant chaque fil qui doit lever jusqu'à la lame dans laquelle il est rentré, puis cette lame jusqu'à la foule que l'on considère. Pour la troisième duite, par exemple, il faut lever les fils 2, 4, 6 et 8; en suivant ces fils, on voit qu'ils sont ensemble rentrés dans les lames 2 et 4 qui devront être marquées par des croix sur la troisième ligne verticale figurant la troisième foule laquelle correspond à cette troisième duite.

Nous rappelons que, les fils se comptant de gauche à droite, il est aussi d'usage de considérer comme première la lame la plus éloignée de l'ouvrier et, par suite, de compter les lames en allant d'arrière en avant sur le métier et de haut en bas dans les figures. Les foules se succèdent de droite à gauche, comme l'indiquent les numéros.

Les foules indiquent l'action que doit produire sur les lames une marche du métier à bras, ou une position du jeu d'excentriques du métier mécanique, ou un carton de la mécanique d'armure.

ARMURES FONDAMENTALES. On donne généralement le nom d'*armures fondamentales* à quatre types d'armures ou grains qui servent de base à un grand nombre de tissus. Ce sont : 1° l'*armure toile*, nommée aussi *taffetas*, ou *uni*, ou *lisse* ; 2° l'armure *croisé*, ou *casimir*, ou *batavia* ; 3° le *sergé* et 4° le *satin*.

*Armure toile*. L'armure toile résulte du croisement le plus simple qu'il soit possible d'adopter, et qui consiste à faire passer chaque duite alternativement *sous* un fil et *sur* le suivant, et chaque fil alternativement *sur* une duite et *sous* la suivante. Pour l'exécuter, il faudra donc, lors du passage de la première duite, lever tous les fils qui occupent des rangs impairs dans la chaîne et baisser les fils pairs, puis pour le passage de la deuxième duite, lever au contraire les fils pairs et baisser les fils impairs. La troisième duite devient semblable à la première, la quatrième à la seconde.

Fig. 507.
*Armure toile.*

Le rapport-chaîne se compose donc de deux fils et le rapport-trame de deux duites, comme l'indique la figure 507.

L'exécution du tissu pourrait se faire au moyen de deux lames, conduisant l'une les fils impairs et l'autre les fils pairs, mais, pour que les mailles de ces lames ne soient pas trop serrées sur chacune d'elles, on les dédouble, comme l'indique la figure 508, et l'on rentre les fils de rangs impairs dans les deux premières lames et les fils pairs dans les deux dernières, suivant un remettage sauté (V. REMETTAGE). On ouvre la première foule en levant les deux premières lames et en abaissant en même temps les deux dernières, et la seconde foule en donnant à ces lames le mouvement inverse.

Malgré sa grande simplicité, cette armure fournit un grand nombre de tissus qui varient d'aspect avec la nature, la finesse, le degré de torsion et la couleur des fils, tels que les taffetas, les popelines, les calicots, les cretonnes, les mousselines, les toiles de lin, les toiles à voiles, etc. La surface de ces étoffes est unie, présentant le même aspect à l'endroit et à l'envers, et laissant voir des points d'égale étendue formés alternativement par la chaîne et la trame. Mais si l'on fait usage d'une chaîne fine et très réduite et d'une trame plus grosse, les duites marquent bien leur passage à travers la chaîne qu'elles relèvent en côtes régulières, séparées les unes des autres par des sillons nettement tracés que l'on remarque bien dans les *fuilles* et autres tissus analogues.

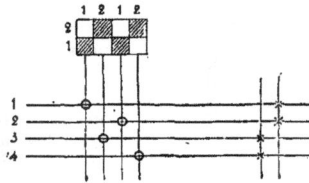

Fig. 508. — *Remettage de la toile.*

*Armure croisé ou croisé batavia*. Le rapport-chaîne se compose en général de quatre fils, mais quelquefois aussi de six ou de huit. La première duite passe dans chaque rapport sous la première moitié des fils et sur la seconde, les duites successives sont semblables entre elles, mais déplacées chaque fois d'un fil ; le rapport-trame se compose donc de duites ayant successivement leurs points de départ sur tous les fils du rapport-chaîne auquel il est égal. L'armure batavia a été décrite déjà à l'article *cachemire de l'Inde* (V. ce mot) et est représentée par la figure 509, qui montre qu'il faut, pour l'exécuter, un jeu de 4 lames, dans lesquelles il faudra ouvrir

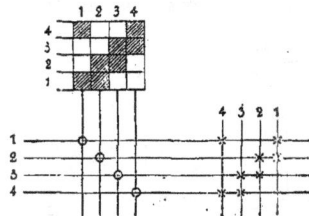

Fig. 509. — *Croisé batavia ou casimir.*

quatre foules qui se répéteront régulièrement pour tous les rapports-trame. Le remettage est suivi.

Le batavia établi sur un rapport de 6 fils et 6 duites, nécessiterait de même 6 lames et 6 foules, etc.

Les tissus exécutés au moyen de ces armures sont caractérisés par des côtes d'égales largeurs, faites alternativement par des brides de chaîne et des brides de trame, et qui vont obliquement d'un bord à l'autre de l'étoffe ; l'envers y est semblable à l'endroit, sauf un relief plus grand que prennent les côtes du côté où leur direction est opposée à celle de la torsion des fils.

*Exécution des toiles et des croisés*. Les lames destinées à produire les foules de la toile se montent d'une manière très simple dans les métiers à tisser, en raison de cette circonstance que le groupe formé par les deux premières se meut toujours à l'inverse du groupe que forment les deux dernières. Il suffit donc de suspendre ces deux groupes de lames aux deux extrémités de ficelles que l'on fait passer sur des galets disposés à la partie supériéure du métier pour que la première foule se produise en abaissant le groupe des deux dernières lames au moyen d'une pédale ou marche à laquelle elles sont rattachées par leur partie inférieure, et la seconde foule en abaissant de la même manière le groupe des deux premières lames au moyen d'une seconde marche semblable. Dans les métiers à bras, le mouvement est donné aux marches par les pieds de l'ouvrier et, dans les métiers mécaniques, par des excentriques, comme l'indique la figure 510. Ces excentriques, au nombre de deux, agissent chacun sur l'une des marches et font un tour pendant qu'il se tisse un rapport-trame, c'est-à-dire pendant que l'arbre moteur du métier fait deux tours.

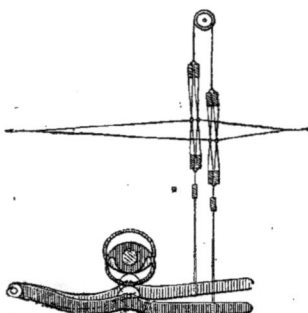

Fig. 510. — *Commande des lames pour toile.*

L'armure du croisé-batavia fait voir, de même

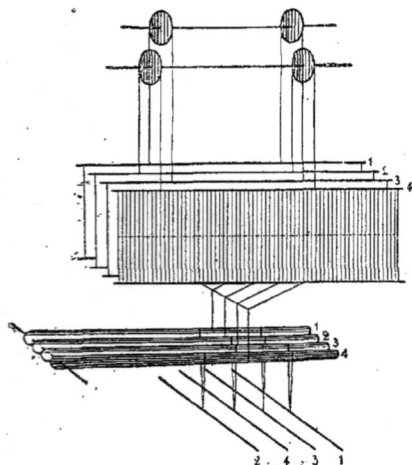

Fig. 511. — *Disposition des lames pour un croisé batavia, exécuté sur métier à bras.*

que pour la toile, que les lames 1 et 3, ainsi que les lames 2 et 4, se meuvent aussi à l'inverse l'une de l'autre et peuvent être soutenues à l'aide de ficelles que l'on fera passer sur deux systèmes de galets (fig. 511) à axes fixes. Dans les métiers à bras, les lames sont rattachées, par le bas, chacune à un tire-lame sur lequel viennent agir les marches. Chaque foule est produite par l'action du pied de l'ouvrier sur une marche. Il devra

donc y avoir quatre marches que l'on disposera comme l'indique la figure 511, la première à droite et la seconde à gauche, afin que les actions

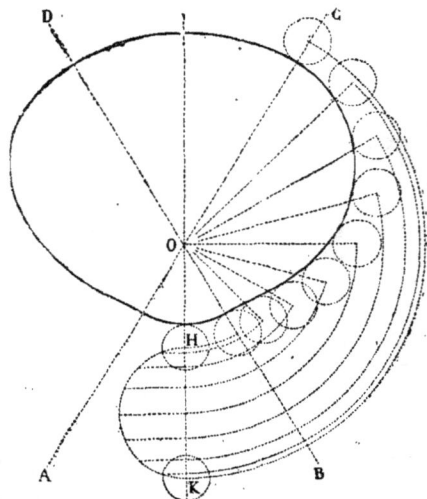

Fig. 512. — *Tracé des excentriques pour armure toile.*

des deux pieds de l'ouvrier puissent se succéder régulièrement et sans gêne. La première marche, destinée à produire la première foule, sera rattachée aux tire-lames des deux lames 3 et 4 qui

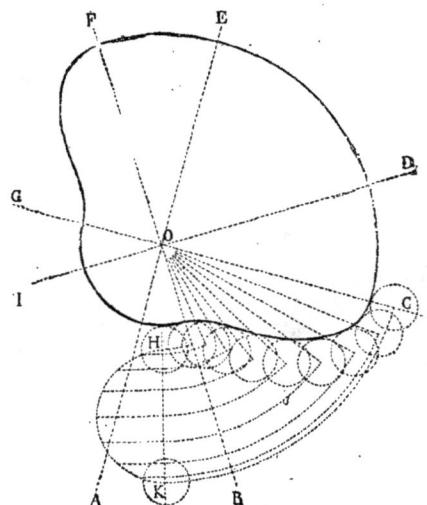

Fig. 513. — *Tracé des excentriques pour croisé-batavia.*

doivent baisser; la seconde marche agira de même sur les lames 1 et 4; la troisième sur les lames 1 et 2; et la quatrième sur les lames 2 et 3.

Dans les métiers mécaniques, les pieds de l'ouvrier sont remplacés par un système de quatre excentriques qui agissent sur quatre marches rattachées chacune directement à l'une des lames.

Pour chacune des quatre duites du rapport-trame, ces excentriques tournent ensemble d'un quart de tour et, en raison de leurs formes, déterminent les positions des lames. Chaque excentrique agit sur une lame et représente le mouvement de l'un des fils du rapport-chaîne à travers les duites du rapport-trame. La foule résulte de l'action simultanée des excentriques sur les différentes marches dans l'un des angles dont ils tournent pour chaque duite. Les quatre excentriques sont ici semblables entre eux, mais chacun d'eux est déplacé d'un quart de tour par rapport au précédent. Les figures 512 et 513 donnent les tracés de ces excentriques pour la toile et pour le croisé batavia.

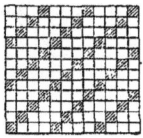

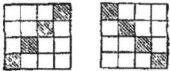

Fig. 514 à 516.
Armure sergé.

*Armure sergé.* Le sergé peut s'établir sur un rapport-chaîne comprenant un nombre variable de fils que l'on indique à la suite du mot *sergé* : *sergé de 3, sergé de 5*, etc. Chaque duite lie avec l'un des fils du rapport et flotte *sur* ou *sous* tous les autres et, pour les duites successives, les points de liage se placent successivement sur tous les fils du rapport-chaîne ; ce déplacement des points de liage prend le nom de *décochement* et se fait ici en avançant d'un fil ou *par un fil*. La figure 514 représente un rapport d'un sergé de 4 ; les cases en couleur indiquent les liages, et les cases blanches les flottés que produit la trame lorsqu'on la fait passer sur les fils, ou la chaîne dans le cas contraire.

Fig. 517.
Satin de 5.

Dans le premier cas, le sergé est fait par la trame et prend le nom de *sergé-trame* ; dans le second, c'est un *sergé-chaîne*. La figure 514 représente un ensemble de 3 rapports-chaîne et trame et fait voir qu'avec un effet par la trame, le tissu sera recouvert de flottés de trame séparés les uns des autres par des points de liage, qui tracent à sa surface des lignes droites allant obliquement d'un bord à l'autre du tissu, ce qui caractérise cette armure. Elles s'écartent en allant de la gauche vers la droite lorsque l'armure est établie comme dans la figure 515, et de la droite vers la gauche lorsque l'on adopte le pointé de la figure 516. Dans le premier cas, on dit que le *grain est à droite*, dans le second que le grain *est à gauche*.

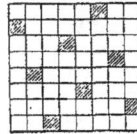

Fig. 518. — Satin de 8.

L'on voit immédiatement que l'envers de l'étoffe est différent de l'endroit et présente l'effet inverse : l'envers d'un sergé par la trame grain à droite est un sergé par la chaîne avec grain à gauche.

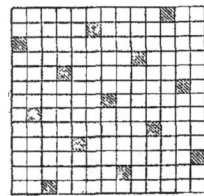

*Armure satin.* Dans les *satins* (V. ce mot), l'évolution des duites se fait comme dans les sergés, mais le décochement est de plus d'un fil. Il doit être représenté par un nombre qui soit premier avec le rapport-chaîne et plus grand que 1, d'où il résulte que les satins ne peuvent pas être établis sur des rapports

Fig. 519. — Satin de 13.

égaux à 6 ou inférieurs à 5. Les points de liage se disséminent régulièrement à la surface de l'étoffe pour y couper les brides de trame ou de chaîne qui la recouvrent. Les figures 517 à 519 représentent des satins de 5, 8 et 13.

Lorsque l'effet est produit par des flottés de chaîne, on peut augmenter la réduction en chaîne, de manière à ce que les points de liage disparaissent complètement sous les brides voisines : l'étoffe prend alors un brillant très vif caractéristique des satins. Le même résultat est obtenu en augmentant la réduction en trame des satins par la trame. L'envers des tissus prend alors son aspect de satin et se rapproche de celui d'une toile ou d'un sergé.

Serge remettage suivi — Satin remettage sauté

5 4 3 2 1

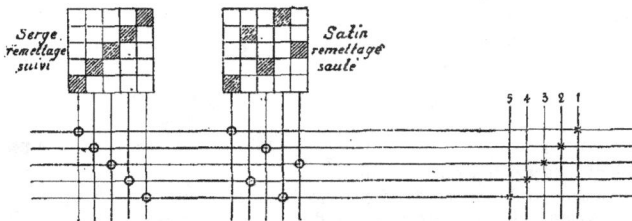

Fig. 520. — Remettage des sergés et des satins.

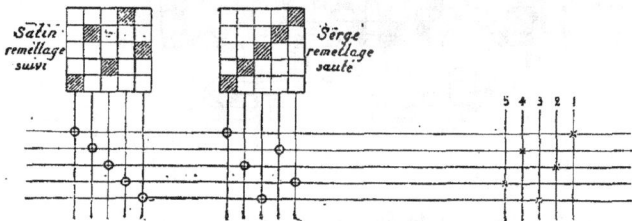

Satin remettage suivi — Serge remettage sauté

5 4 3 2 1

Fig. 521. — Remettage des sergés et des satins.

*Exécution des sergés et des satins.* Dans ces deux armures, les fils du rapport chaîne sont tous différents les uns des autres et doivent être conduits chacun par une lame. Il faut donc autant de lames qu'il y a de fils au rapport. De même les duites diffèrent les unes des autres et nécessitent un même nombre de foules différentes. Les rapports chaîne et trame sont toujours égaux entre eux, de même que les nombres de foules et de lames. Un satin ne diffère du sergé de même rapport que par son décochement. On peut passer de l'une des armures à l'autre en changeant, soit le marchage, c'est-à-dire l'ordre dans lequel les foules se succèdent, soit le remettage des fils dans les lames. Les figures 520 et 521 en rendent compte pour des sergés et satins de 5.

Il serait encore possible de disposer les lames dans les métiers à tisser, comme dans le cas des

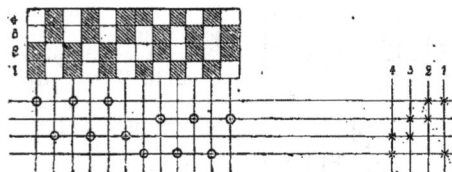

Fig. 522. — *Cannelé contre-semplés.*

toiles et des croisés, mais il faudrait faire usage, pour les suspendre, de systèmes de galets assez compliqués, aussi adopte-t-on de préférence d'autres dispositions. Dans le tissage à bras, chaque lame est suspendue à un *bricoteau a b*, lequel est relié par une ficelle à une *contre-marche c d* (fig. 505), elle est rattachée par le bas à un *tire-lame ef*. Il y a donc, les uns devant les autres, autant de ces bricoteaux, contre-marches et tire-lames que de lames. L'ouvrier, pour chaque duite, agit sur une marche KK, laquelle est rattachée au moyen de ficelles aux contre-marches de toutes les lames qui doivent lever, et aux tire-lames de toutes celles qui doivent baisser. Il y a autant de ces marches que de foules différentes dans le rapport-trame, et l'ouvrier les parcourt d'une manière régulière qui constitue le *marchage*; il faut les grouper dans un ordre qui lui permette d'exécuter facilement les mouvements de ses pieds.

Pour le tissage mécanique, on fait de préférence usage des métiers généralement employés aussi pour les mérinos et autres tissus de laine à armure croisé-batavia,

Fig. 523. — *Cannelé ondulé par la chaîne.*

ils actionnent par le haut les lames tendues par le bas, soit au moyen de petits ressorts, soit par des systèmes convenables de galets. La figure 550 représente un de ces métiers : *a* tringles auxquelles sont fixés les bras *b* qui servent à suspendre les lames, et les bras *c* qui les relient aux marches *d f; g* excentriques

agissant sur les galets *e* qui portent les marches. Ces excentriques sont montés sur le moyeu d'une roue *h*, actionnée par un pignon calé sur l'arbre moteur et leur faisant faire un tour pendant que

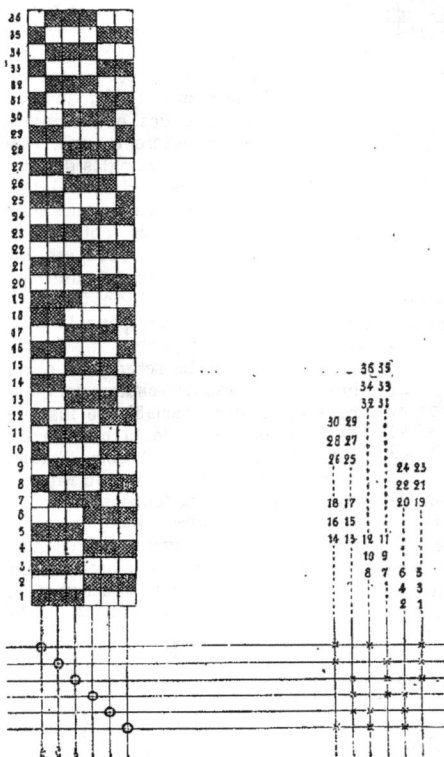

Fig. 524. — *Cannelé ondulé par la trame.*

le battant donne autant de coups qu'il y a de duites dans le rapport trame. Il doit y avoir autant de tringles *a*, de marches et d'excentriques que de lames. Les excentriques se tracent comme ceux que l'on emploie pour les toiles et les croisés, mais en partageant leur tour entier en autant d'angles égaux que le rapport-trame contient de duites.

*Armures dérivées des armures fondamentales.* On peut, par différentes modifications, déduire des précédentes un grand nombre d'armures nouvelles.

En doublant ou triplant les duites de la toile, on obtient des cannelés par la chaîne, produisant, lorsque la réduction en chaîne est suffisante, des côtes transversales, larges et plates. Pendant le tissage, il faut disposer de chaque côté de la chaîne quelques fils évoluant autrement que ceux du fond pour retenir les duites qui passent plusieurs fois dans la même foule. En opérant de la même manière à l'égard des fils de la chaîne, et en augmentant suffisamment la réduction en trame, on forme des cannelés par la trame, à côtes longitudinales.

Les nattés s'obtiennent en doublant à la fois les fils et les duites, avec des réductions égales en chaîne et en trame. Les fils et les duites multiples semblent alors former comme de petits rubans nattés ensemble.

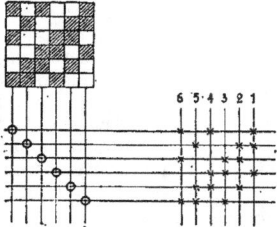

Fig. 525. — Diagonale.

Les cannelés peuvent être contre-semplés comme l'indique la figure 522. Les côtes se brisent et produisent les effets connus sous les noms de *grains de poudre*, *pavés de Paris*, etc., qui peuvent être obtenus avec les mêmes mouvements de lames que le croisé-batavia, mais avec un remettage différent qu'indique la figure 522.

Fig. 526. — Dérivé d'un satin.

Les autres combinaisons s'exécutent plutôt au moyen de mécaniques d'armure, dont les cartons sont figurés à la droite de la figure 523 et représentant un tissu à côtes transversales ondulées.

Le même cannelé ondulé, par effet de trame, est représenté par la figure 524. Il nécessite six lames avec remettage suivi, et 36 foules qui seront produites par une mécanique d'armure garnie de 36 cartons, percés et enlacés comme l'indique la figure, ou sur métiers à bras par 3 groupes de deux marches chacun, que l'ouvrier abaissera dans l'ordre qu'indiquent les numéros.

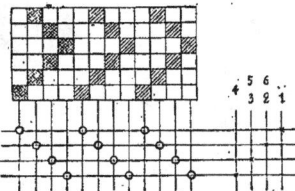

Fig. 527. — Chevron longitudinal.

Les *sergés* donnent lieu à un grand nombre de dérivées que l'on obtient en conservant le *décochement par un fil*, mais en modifiant l'évolution de la duite. Elles sont toutes caractérisées par les côtes allant obliquement d'un bord à l'autre de la pièce et qui leur font donner le nom générique de *diagonales*. Le croisé-batavia est la première de ces dérivées déduites du sergé de 4. La figure 525 en représente une autre établie sur un rapport de 6 fils.

Le rapport-trame est toujours égal au rapport-chaîne, et il faut autant de lames et de cartons à la mécanique d'armure qu'il y a de fils ou de duites dans ces rapports. Le tissage sur métiers à bras peut se faire au moyen de marches aussi longtemps que ce rapport ne dépasse pas 12 ou 15 duites.

Les mêmes modifications apportées aux *satins* donnent lieu à des armures produisant quelquefois de bons effets, mais souvent aussi mauvais. La figure 526 est établie d'après un satin de 8.

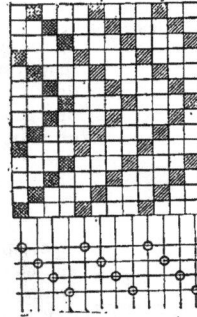

Fig. 528. — Chevron.

*Chevrons.* Les sergés et les diagonales qui en dérivent se transforment en chevrons, c'est-à-dire en zigzags dirigés dans le sens de la longueur de la pièce lorsque l'on adapte un marchage à retour, c'est-à-dire lorsqu'après avoir tissé un ou plusieurs rapports-trame, en suivant l'ordre direct des foules, on en produit un ou plusieurs en reprenant ces mêmes foules dans l'ordre inverse.

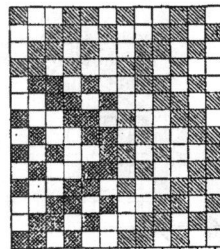

Fig. 529. — Chevron dérivé d'une diagonale.

Au métier à bras, il suffit pour cela que l'ouvrier modifie les mouvements de ses pieds sur les marches, tandis qu'au métier à mécanique d'armure, il faut augmenter le nombre des cartons et les enlacer dans l'ordre suivant lequel les foules se succèdent.

La figure 527 représente 3 rapports-chaîne d'un semblable chevron produit par un rapport direct et un rapport inverse du sergé de 4 (le premier rapport est figuré par des hachures plus fortes).

Le chevron à branches plus allongées, de la figure 528, résulte de deux répétitions du rapport direct, suivies de deux répétitions du rapport inverse. On produirait de même des chevrons à branches inégales, en répétant un certain nombre de fois le rapport direct, et en continuant par un nombre différent de répétitions du rapport inverse.

La figure 529 représente la transformation en chevron de la diagonale de la figure 525.

On transforme de même les sergés et les diagonales en chevrons transversaux par la répétition symétrique des fils du rapport-chaîne, laquelle résulte simplement de l'emploi d'un remettage à pointe au lieu du remettage suivi qui convient aux armures simples. Le remettage à

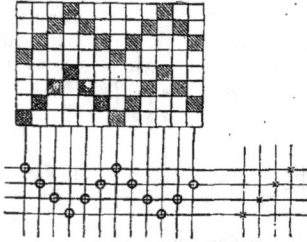

Fig. 530. — *Chevron transversal.*

pointe se fait en remettant d'abord les fils, en suivant l'ordre régulier des lames, puis en revenant en sens inverse pour les fils suivants. La première et la dernière lame conduisent alors moins de fils que les autres et doivent, en conséquence, être munies d'un moins grand nombre de mailles. La figure 530 représente un chevron à branches courtes fourni par un remettage à pointe sur des lames montées pour un sergé de 4. Les mêmes lames produisent, dans la figure 531, un chevron à branches allongées et inégales résultant du mode de re-

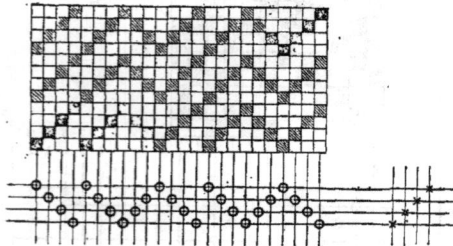

Fig. 531. — *Chevron transversal à branches inégales.*

mettage adopté. Elles rendent compte, sans autres explications, des effets auxquels elles correspondent.

Il est inutile de multiplier les exemples que le lecteur pourra créer lui-même en prenant comme point de départ, d'abord la diagonale de la figure 525, puis toutes les autres combinaisons qu'il lui sera facile d'imaginer.

*Losanges.* En combinant les deux moyens que nous venons d'examiner, marchage à retour et remettage à pointe, les sergés et diagonales se transforment en effets de losanges. Les armures 532 et 533 dérivent du sergé de 4, la première par un simple marchage à retour et remettage à pointe, la seconde en remettant deux courses directes suivies de deux courses à retour, et en effectuant le marchage de la même manière; dans les deux cas, le fil de pointe est reporté sur la première lame.

C'est au moyen de cette combinaison que l'on exécute les tissus connus sous les noms d'*œils de mouche* et d'*œils de perdrix*, fréquemment employés pour serviettes de toilette, et dans lesquels le fond à effets de losanges est bordé, soit longitudinalement seulement, soit aussi transversalement vers les extrémités par un chevron produit par les mêmes lames, mais au moyen d'un remettage ou d'un marchage suivis. La figure 534 rend compte de cet effet dans lequel on augmenterait le nombre des chevrons, en remettant un plus grand nombre de courses suivies.

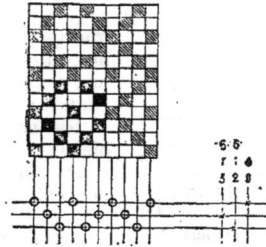

Fig. 532. — *Losange.*

*Diagonales contrariées.* Enfin, on peut se servir des diagonales pour composer de nouveaux tissus, en en modifiant le remettage ou en en répétant les fils dans un ordre différent. Cette manière d'opérer est indiquée par la figure 535, dont l'armure B résulte uniquement de la manière dont les fils sont rentrés dans les lames qui, par un remettage suivi, auraient fourni la diagonale A.

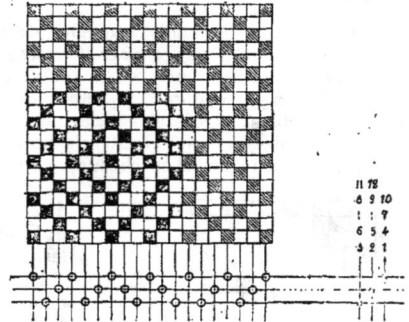

Fig. 533. — *Losange composé.*

Les mêmes modifications pourraient se faire dans le marchage seulement, ou à la fois dans le remettage et la marchage.

*Tissus gaufrés.* En employant les armures que nous venons d'examiner, on forme des tissus dont la surface paraît sensiblement plane, mais certains croisements amènent les fils et les duites à se placer à des niveaux différents dans l'étoffe et à produire ainsi des effets de relief ou de gaufré souvent très remarquables. La figure 536 fournit le tissu connu sous le nom de *nid d'abeilles*, souvent employé pour flanelles, linge de toilette, etc., et qui semble formé par des sortes de pyramides dont les bases carrées sont formées par les premiers fils et les premières duites de chaque rapport, et dont les sommets s'enfoncent dans l'étoffe. Le rapport de l'armure comprend 8 fils, mais pourrait être plus grand, il faut 5 lames avec remettage à pointes et 8 foules que l'on produit au moyen de 8 cartons à la mécanique d'armure, mais qui pourraient être déterminées aux métiers à bras à l'aide de 5 marches et d'un marchage à retour.

*Tissus à jour.* Lorsqu'entre deux fils il se produit un croisement général de toutes les duites, ces deux fils tendent à être écartés l'un de l'autre, et il en est de même des

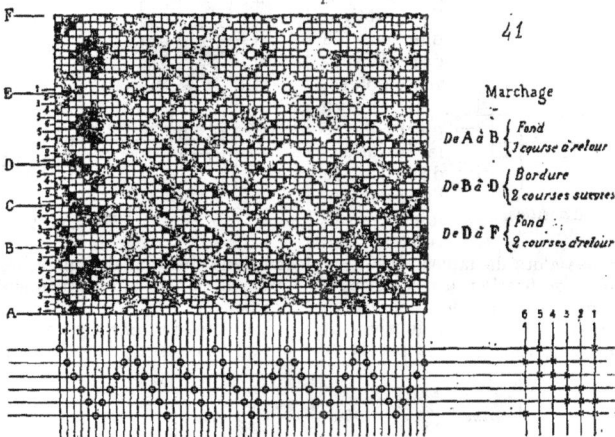

Fig. 534. — *Œil de mouche.*

duites entre lesquelles tous les fils se croisent. Si donc, un certain nombre de fils sont peu liés par des duites qui leur permettent de glisser, ils se rassembleront en une sorte de faisceau qui sera maintenu à une certaine distance d'un faisceau semblable formé par les fils suivants, par suite du croisement des duites qui se produirait entre eux. Le même effet se produirait à l'égard des duites. Dans l'armure de la figure 537, les groupes successifs de 5 fils constitueront de semblables faisceaux, ainsi que les groupes de 5 duites, et il se produira des jours entre les cinquième et sixième fils, de même qu'entre les derniers et les premiers de chaque rapport; il en sera de même des duites, de sorte que le tissu formera un genre de canevas à jours qui est quelquefois employé dans les mousselines façonnées pour rideaux ou dans certains tissus pour robes. La *mignonnette* en est une variante.

Le tissu pourra s'exécuter au moyen de 4 lames, avec le remettage indiqué par la figure, et en y produisant 10 foules successives au moyen de 10 cartons de mécanique d'armure.

*Tissus à rayures longitudinales en différentes armures.* On exécute souvent des tissus formant des

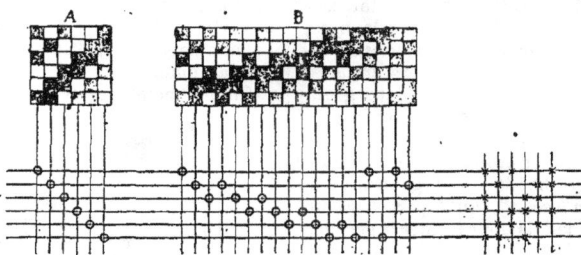

Fig. 535. — *Diagonale contrariée.*

bandes longitudinales en deux armures différentes. Il suffit, pour les exécuter, de disposer au métier à tisser deux groupes de lames dont le premier sera établi pour exécuter l'une des armures, comme si elle devait se faire seule, et le second pour la seconde armure. Les fils des premières bandes seront rentrés dans les lames du premier groupe et passeront librement entre les mailles de celles du second (ces mailles étant inutiles devront être supprimées); les fils des secondes bandes seront de même passés à travers les lames du premier groupe qui n'auront pas d'action sur eux, et dans les mailles des lames du second groupe. Pour chaque duite il faudra former la foule en ouvrant à la fois les lames des deux groupes.

Pour déterminer, par exemple, sur un fond de toile des filets en satin de 5, il faudra disposer, pour la toile, un premier groupe de 2 ou mieux de 4 lames, et pour les bandes de satin un second groupe de 5 lames, dans lesquelles les fils seront rentrés comme l'indique la figure 538.

Pour que les bandes de satin produisent des filets brillants sur le fond mat de la toile, il faudra adopter un satin par la chaîne, avec une forte réduction, que l'on obtient en rentrant, dans les dents du peigne, un plus grand nombre de fils dans chaque dent pour le satin que pour la toile, par exemple, pour la toile, deux fils en dent, et pour le satin, trois ou quatre ou même cinq fils. Le rapport-trame se compose d'un nombre entier de rapports de chacune des armures, et est par suite égal au plus petit nombre divisible à la fois par ces deux rapports. Dans notre exemple, il est donc égal à dix, plus petit nombre divisible à la fois par deux et par cinq.

C'est de la même manière que l'on tisse les *basins* constitués par des bandes alternativement en sergé de trois par la trame et en sergé de six par la chaîne avec plus forte réduction en chaîne.

En faisant alterner un rapport de sergé de 4 par la trame avec un rapport du même sergé par la chaîne, les bandes que forment la seconde armure font relief sur les premières, et l'on obtient une sorte de côtelé souventemployé.

Il arrive parfois que les évolutions des fils de l'une des armures existent dans l'autre. Il ne faut pas alors de lames spéciales, mais il suffit d'une modification du remettage. Nous en citons comme exemple les bandes en natté sur fond batavia, qu'on emploie souvent en draperie et qui sont représentées par la figure 539.

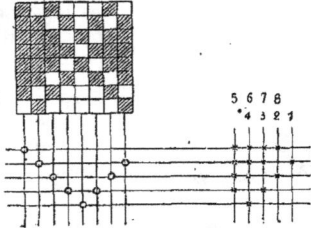

Fig. 536. — *Nid d'abeilles.*

Dans tous ces tissus les largeurs des bandes dépendent du remettage.

*Tissus à bandes transversales.* Pour exécuter des tissus formant des bandes transversales en différentes armures, il faut rentrer les fils de la chaîne dans un groupe de lames capable d'exécuter soit l'une, soit l'autre des armures données, c'est-à-dire qui contienne un nombre de lames divisible à la fois par les rapports-chaîne de ces armures. Au métier à bras, on pourra disposer deux groupes de marches, produisant, le premier la première armure, et le second la seconde. L'ouvrier travaillera sur le premier groupe jusqu'à ce qu'il ait amené la première bande à la largeur voulue, puis il passera au second, qu'il parcourra un nombre convenable de fois pour former la seconde bande. Avec mécanique d'armure il faudra disposer un nombre de cartons égal au nombre de duites que contient l'ensemble des bandes qui forment le dessin.

Pour couper un fond toilé par des bandes de satin de cinq par la trame, on opérera le rentrage dans 10 lames, qui correspondent à 5 répétitions du rapport de 2 fils de la toile et à 2 répétitions du rapport de 5 fils du satin. Un groupe de 2 marches produira la toile, et un second groupe de 5 marches sera disposé pour exécuter le satin.

*Damiers.* En combinant les deux effets on obtient des tissus dont le fond est coupé dans les deux sens par des bandes d'armures différentes, ou des damiers, souvent employés pour le linge

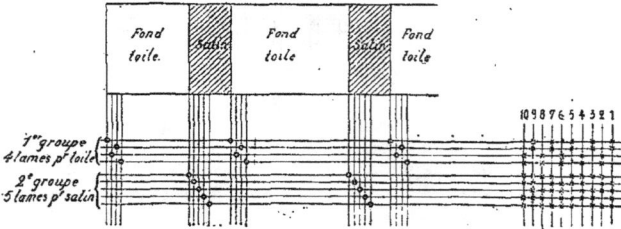

Fig. 538. — *Rayures satin sur fond toile.*

de table dit *ouvré.* Ces damiers sont obtenus par des bandes longitudinales dans chacune desquelles l'on fait alterner des bandes transversales en satin de 5 par la chaîne et par la trame. La figure 540 en rend compte, et fait voir que le remettage sauté doit se faire par un certain nombre de fils remis sur les 5 premières lames suivi d'un même nombre de fils remis sur les 5 dernières lames. Au métier à bras on disposerait deux groupes de 5 marches chacun que l'ouvrier parcourra alternativement un certain nombre de fois.

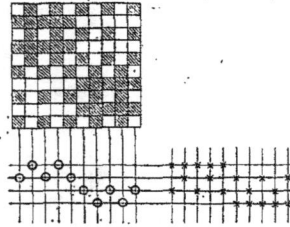

Fig. 537. — *Tissu à jour.*

Les damiers fleuris se font au moyen de 3 groupes de 5 lames en rentrant habituellement : 45 fils dans le premier groupe, 10 dans le second, 10 dans le troisième; 5 dans le second, 10 dans le troisième et 10 dans le second. Le marchago s'effectue au métier à bras de la même manière sur 3 groupes de 5 marches chacun et au métier à mécanique d'armure au moyen de 90 cartons. La figure 541 donne le symbole de ce montage, les parties hachées indiquent le satin par la trame.

On peut combiner et exécuter de la même manière d'autres dessins produits par des combinaisons différentes de bandes longitudinales, dont les armures varient pour former en même temps des bandes transversales, et produire des bordures par une simple modification de la largeur de ces bandes par suite d'un remettage ou d'un marchage différents.

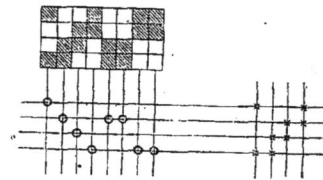

Fig. 539. — *Bande en natté sur fond batavia.*

*Tissus doubles.* Rien n'est plus facile que de tisser en même temps deux pièces d'étoffe de manière à ce qu'elles se superposent sur le métier à tisser. Il suffit pour cela de disposer, derrière le métier, deux chaînes établies chacune comme si l'étoffe à laquelle

elle se rapporte devait s'exécuter seule, et de les rentrer dans deux groupes ou corps de lames placés l'un devant l'autre. On tissera ensuite, alternativement une duite de la première pièce en ouvrant sa chaîne et en laissant baissés tous les fils de l'autre, puis une duite de la seconde pièce, en ouvrant la seconde chaîne, et en levant en même temps tous les fils de la première. La première pièce se formera au-dessus de la seconde.

Si l'on ne faisait usage que d'une seule trame, elle passerait constamment de l'une à l'autre des deux pièces qui se trouveraient ainsi reliées par leurs bords et formeraient un tuyau, mèche de lampe, ou sac sans couture. L'exécution en est représentée par la figure 542, dans laquelle les fils et les duites de rangs impairs forment la partie supérieure, et les fils et duites de rangs pairs la partie inférieure du tuyau aplati. Pour que les deux faces se raccordent sans irrégularités des

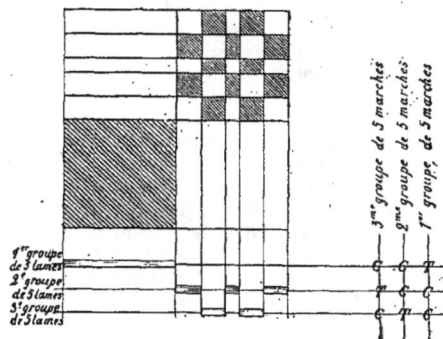

Fig. 540. — Damier.

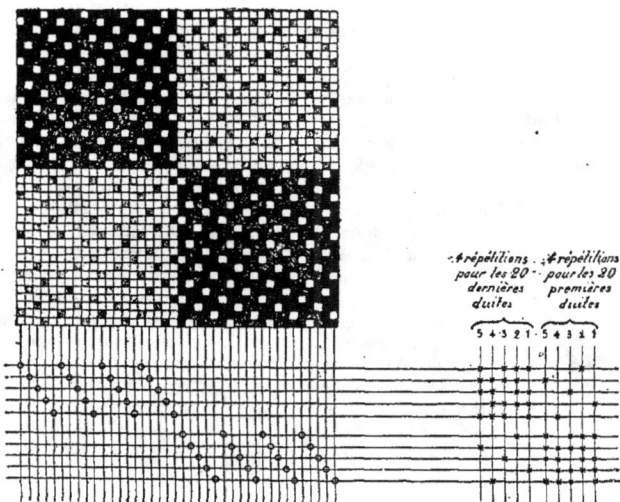

Fig. 541. — Damier fleuri.

deux côtés, il faut que le nombre total des fils soit égal à un multiple du rapport chaîne de l'armure commune aux deux pièces, diminué du dérochement.

Le tissage de deux pièces distinctes exécutées ainsi simultanément ne présenterait que des inconvénients ; il faudra le même matériel et plus de temps que si on les tissait l'une après l'autre. Mais on a fait souvent usage, notamment en draperie, pour pardessus, de tissus doubles simulant

un drap et sa doublure. Les deux pièces sont tissées comme il vient d'être dit, en faisant lier à de petits intervalles, la chaîne supérieure avec la trame inférieure ou réciproquement, mais en ayant soin que ces liages soient dissimulés aussi bien d'un côté que de l'autre.

On peut augmenter l'épaisseur du tissu en passant, entre les deux chaînes, des duites d'une trame spéciale, qui formeront comme une couche de ouate interposée entre l'étoffe et sa doublure ; lors de leur passage on lèvera la chaîne supérieure tout entière, en laissant baissés tous les fils de la chaîne inférieure.

Dans tous ces tissus doubles, les armures des deux faces peuvent être différentes l'une de l'autre ; chaque corps de lames sera établi en vue de l'armure du tissu qu'il doit faire, comme si l'autre n'existait pas, et le nombre des duites du rapport trame sera égal au double du plus petit commun multiple des rapports trame des deux armures que l'on combine, augmenté s'il y a lieu du nombre des duites de fourrure intercalées entre les deux chaînes.

Si les fils et les duites de l'une des pièces avaient une couleur différente de ceux de l'autre, il en serait de même des deux faces du tissu, mais l'on pourrait après un certain temps, faire

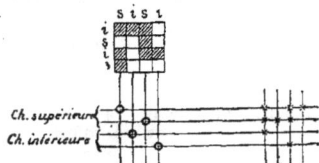

Fig. 542. — Toile double.

venir en dessus, l'étoffe qui s'était formée en dessous, et obtenir ainsi des bandes transversales de deux couleurs. Il serait facile, par un moyen analogue de produire des rayures longitudinales, ou des damiers, en appliquant ce que nous avons dit précédemment.

Les tissus doubles peuvent ainsi se combiner, par rayures longitudinales ou transversales, avec des tissus simples. Les parties doubles prendront alors un certain relief, sur les parties simples, et l'on peut, par ce moyen faire saillir un effet qui, dans le cas ordinaire, resterait en fond.

Lorsque les filets, auxquels on veut ainsi donner du relief, ont peu de largeur, on atteint le même résultat en les soutenant simplement par des flottés de chaîne ou de trame. C'est ainsi que l'armure de la figure 543 fournit une belle diagonale à 3 filets relevés en relief (remettage suivi sur 12 lames, et tissage par 24 foules produites par un même nombre de cartons à la mécanique d'armure).

*Tissus à double face.* Si les deux tissus que l'on adosse en quelque sorte l'un à l'autre sont couverts par le même élément, étant formés, par exemple, tous deux par du satin chaîne, on peut rendre commun l'autre élément qui reste invisible. Il faut alors, si les effets sont par la chaîne, ourdir les deux chaînes d'envers et d'endroit, et pour le passage de chaque duite les ouvrir toutes deux à la fois, l'une en satin chaîne et l'autre de manière à ce qu'elle produise du satin chaîne en dessous, c'est-à-dire suivant le pointé d'un satin trame. La figure 544 en rend compte, l'armure adoptée étant un satin de 8; les liages de chaîne d'envers sont marqués en noir, ceux de la chaîne d'endroit par des hachures.

Si les effets sont par la trame on fait usage d'une seule chaîne, réduite comme elle doit l'être dans l'un des tissus, et on l'ouvre, par exemple, suivant le pointé d'un satin trame lors du passage des duites d'endroit. et suivant celui d'un satin chaîne pour le passage des duites d'envers. Ces duites alternent régulièrement par une duite d'endroit et une duite d'envers.

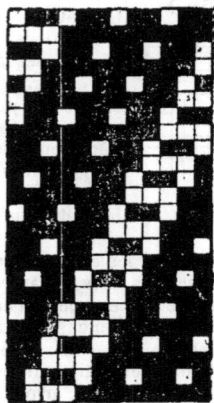

Fig. 543. — *Diagonale en relief.*

*Tissus façonnés.* Jusqu'à présent nous avons étudié des tissus dont l'effet s'étend régulièrement sur toute leur surface, ou dans lesquels des armures différentes se combinent d'une manière très simple, par bandes, rayures ou damiers. Mais on peut sur la surface de ces tissus, produire des dessins ou figures décoratives de dimensions, de formes et de couleurs variées, qui devront s'y disséminer d'une manière régulière. C'est à ces genres d'étoffes que l'on donne plus spécialement le nom de *tissus façonnés.*

Lorsque les dessins sont peu compliqués et que le rapport-chaîne ne contient qu'un nombre peu grand de fils à évolutions différentes (20 à 25 au maximum) on peut les exécuter au moyen de lames actionnées par des mécaniques d'armure. Dans le cas contraire, il faut avoir recours à la mécanique Jacquard (V. JACQUARD) qui actionne les fils par des corps de maillons, lesquels, dans certains cas, peuvent être combinés avec des lames pour simplifier le tissage ou les opérations préparatoires. Les dessins peuvent être produits : 1° *par la combinaison de plusieurs armures différentes*; 2° *par l'emploi de chaînes supplémentaires dont les fils viennent paraître du bon côté de l'étoffe pour former les dessins, tandis qu'ils restent à l'envers dans les parties de fond*; 3° *en réalisant les mêmes effets par des duites supplémentaires qui alternent avec celles du fond*; 4° *par la combinaison de ces différents moyens.*

Dans tous les cas, on commence par composer les dessins, tels qu'ils devront apparaître sur l'étoffe, en les dessinant et les peignant sur du papier avec leurs couleurs variées ou les effets d'ombre et de lumière qu'ils devront présenter. Ces premières compositions portent le nom d'*esquisses*, et sont reprises par des dessinateurs spéciaux qui les transforment en *mises en cartes* ou *brefs* (V. CARTE [Mise en]) représentant les évolutions que devront avoir les fils et les duites dans le tissu. Ils font usage pour cela d'un papier quadrillé spécial, qui se désigne dans le commerce sous le

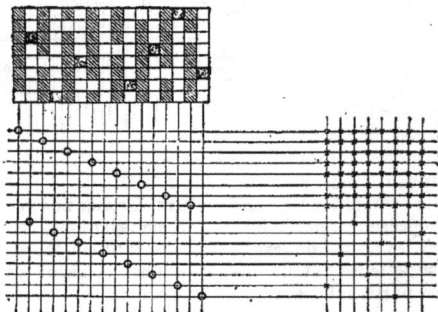

Fig. 544. — *Satin double face.*

nom de *papier de mise en carte* (fig. 545 à 547), en le choisissant de manière à ce que ses réductions soient proportionnelles à celles qu'aura le tissu en chaîne et en trame, et y tracent les contours des dessins en les amplifiant dans le rapport des réductions du papier et du tissu. On peut se contenter d'indiquer les différentes armures à employer, par des teintes plates étendues sur les parties correspondantes du dessin, ou détailler les liages en les pointant en noir sur la couleur.

Les mises en carte sont prises par le liseur (V. LISAGE) qui, d'après elles, tisse à la main un rapport de l'armure dans un semple, lequel sert à percer les cartons au moyen d'une machine à piquer.

*Tissus façonnés par combinaisons d'armures.* Dans ces genres de tissus le fond se fait par une des armures régulières que nous connaissons et le dessin par une autre armure fournissant un reflet différent.

La lingerie emploie, sous le nom de *brillantés*, des étoffes de coton, généralement blanches, à fond toile, sur lesquelles se détachent de petits dessins produits simplement par des flottés de la trame, c'est-à-dire par une interruption de l'armure de toile. Ces tissus peuvent s'exécuter, généralement, au moyen de lames actionnées par des mécaniques d'armure; ils conduisent à adopter des remettages qui varient suivant les formes des dessins, et qui peuvent être suivis ou à pointe ou irréguliers comme celui que représente la figure 548. Dans la mise en carte les fils marqués en couleur doivent rester baissés; ils pourraient être remis suivi sur 20 lames, mais les répétitions des mêmes évolutions permettent de réduire ce nombre à 15 en adoptant le remettage indiqué. Il faut toujours, à la mécanique d'armure, autant de cartons qu'il

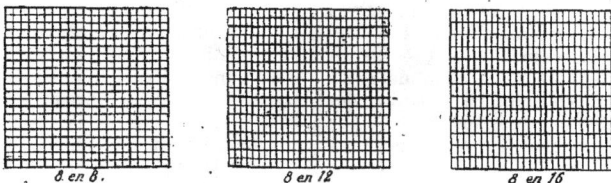

8 en 8.     8 en 12     8 en 16

Fig. 545 à 547. — *Papier de mise en carte.*

y a de duites au rapport trame, soit 20 dans notre exemple.

Le dessin sera produit ici par des flottés de trame; dans certains tissus de laine, soie, etc., on les détermine souvent aussi par des flottés de chaîne que l'on obtiendrait en faisant lever les fils marqués, c'est-à-dire en prenant pour bon côté de l'étoffe l'envers de celui que nous avons supposé. L'armure du fond pourrait être un sergé, satin ou tout autre, au lieu d'une toile.

Les *damas* en soie ou en laine, employés pour tentures, de même que les damassés pour linge de table, en lin ou en coton, sont constitués par un fond en satin chaîne sur lequel se détachent des dessins, fleurs, bouquets ou sujets variés en satin par la trame. La réduction en trame y est sensiblement égale à celle de la chaîne, de sorte que l'envers est sem-

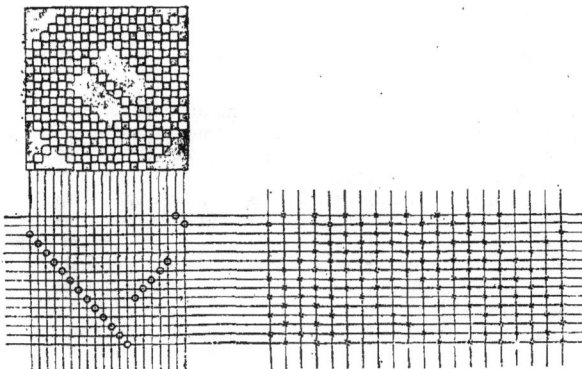

Fig. 548. — *Brillanté.*

blable à l'endroit, sauf interversion des effets. Les satins sont ordinairement établis sur des rapports de 8 fils dans les soieries et de 5 fils dans les tissus de laine, lin ou coton. Le montage des métiers, pour l'exécution de ces tissus, est basé sur la remarque suivante : 1° le satin par la trame se fait, dans une chaîne disposée comme d'habitude, en rentrant les fils dans 5 lames et en faisant lever, pour chaque duite, l'une de ces lames dans le sens indiqué par le décochement du satin; 2° si la chaîne était relevée plus haut que le chemin que parcourt la navette, il suffirait, pour exécuter un satin par la chaîne, que tous les fils soient rentrés également dans 5

lames, dont une s'abaisserait, lors du passage de la duite, de manière à rabattre au-dessous du trajet de la navette, les fils qu'elle actionne. Pour effectuer des satins de 8, il faudrait employer des groupes de 8 lames. Si donc, dans une chaîne destinée à produire un damas, avec son bon côté en dessous, on élève tous les fils qui correspondent aux parties dessin en laissant baissés ceux du fond, il suffira de produire, pour déterminer les liages des satins, les actions que nous venons d'indiquer soit au moyen de deux corps de lames, l'un pour la levée, l'autre pour le rabat soit, comme cela se pratique plutôt aujourd'hui, au moyen d'un seul groupe de lames à mailles allongées actionné par une mécanique d'armure capable de laisser une lame à son niveau, ou de l'élever, ou de l'abaisser. La levée des fils, en arrière des lames, sera produite par un corps de maillons commandé par une mécanique Jacquard dont l'action pourra être indépendante de celle de la mécanique d'armure. Les cartons seront percés de manière à faire lever en masse les fils dans les parties dessin, sans que l'on ait à se préoccuper du liage du satin qui est produit par les lames.

La mécanique Jacquard détermine donc le passage des fils de l'effet fond à l'effet dessin, et réciproquement. Ce passage peut se produire à des moments différents pour les fils successifs qui devront être rentrés alors un à un dans les maillons du corps, mais on peut aussi, lorsque l'on ne recherche pas une grande délicatesse dans le tracé des contours du dessin, ou lorsque la réduction en chaîne est assez forte, rassembler ces fils pour les faire passer par groupes de l'un des effets dans l'autre; les fils qui composent chaque groupe sont alors rentrés ensemble dans un même maillon, mais se séparent ensuite pour passer un à un dans les mailles des différentes lames. Le nombre des crochets de la mécanique se trouve réduit alors dans la proportion du nombre des fils que l'on actionne par un même maillon. On peut de même réduire le nombre des cartons en conservant la même répartition des parties fond et dessin pendant plusieurs duites successives qui sont alors semblables quant à l'action de la mécanique Jacquard sur laquelle le même carton continue à agir, mais différentes quant à celle de la mécanique d'armure qui produit le liage et dont les cartons changent après chaque duite. La mise en carte sert au piquage des cartons Jacquard seulement, et chacune de ses lignes verticales ou horizontales représentent plusieurs fils ou plusieurs duites en même temps qu'un maillon ou un carton. La figure 549 rend compte d'un semblable montage, à 4 fils au maillon pour fond et dessin en satin de 8. La mécanique d'armure détermine les 8 foules des satins par la levée des lames marquées d'une croix × et le rabat de celles qui sont marquées d'un rond ○.

Ce montage permet, dans le tissage des linges de table d'exécuter, au moyen d'une même mécanique Jacquard, et sans en changer les cartons, les services complets composés d'un certain nombre de serviettes et d'une nappe de dimensions doubles ou triples présentant le même dessin amplifié. Il suffit pour cela d'effectuer le rentrage par un fil au maillon pour les serviettes, et par 2 ou 3 fils au maillon pour les nappes et, en même temps, de maintenir, pendant le tissage de 2 ou 3 duites, l'action du même carton dans la nappe, tandis que ces cartons agissent régulièrement les uns après les autres pour les duites successives des serviettes. Il faut, bien entendu, en passant du tissage des serviettes à celui de la nappe, modifier l'empoutage pour que les maillons se répartissent sur une largeur double ou triple aussi.

Lorsqu'il entre plus de deux armures dans la composition d'un tissu ces simplifications ne peuvent plus être adoptées, il faut rentrer les fils un à un dans les maillons et faire agir sur la mécanique Jacquard des cartons dans lesquels le pointé des armures est complètement détaillé.

*Tissus façonnés par chaînes supplémentaires.* On peut, au moyen de chaînes supplémentaires, produire des dessins dont les couleurs seront variées à volonté et qui seront, en quelque sorte, brodés sur la surface de l'étoffe. Il suffit pour cela de disposer, outre la chaîne du fond, qui ne subit aucune modification, pas plus dans sa commande que dans sa composition, une seconde chaîne dont les fils resteront baissés dans toutes les parties fond, et seront levés chaque fois qu'ils devront concourir à la formation du dessin qui, comme on le voit, sera déterminé par des brides de la chaîne de dessin, tendues à la surface de l'étoffe et plus ou moins liées avec elles. Dans les parties où le tissu de fond reste visible, la chaîne de dessin forme, au contraire, des brides tendues

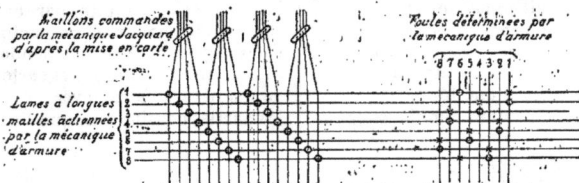

Fig. 549. — *Montage par corps et lisses pour damas ou damassés.*

à l'envers; on les coupe quelquefois après le tissage, ou bien on les lie de distance en distance avec la trame de fond. Lorsque, sur le trajet d'un même fil, le dessin doit présenter plusieurs couleurs différentes, on remplace le fil de dessin unique par une série de fils qui sont levés les uns ou les autres, suivant la couleur de la partie correspondante du dessin. Il est bon alors de former plusieurs chaînes différentes en ne réunissant sur le même rouleau d'ensouple que des fils de même couleur, de manière à ce que le fil nécessaire à la formation du dessin se puise, en quelque sorte, dans l'une ou l'autre de ces chaînes. Suivant la complication de l'armure du fond et du dessin, on pourra faire usage de lames pour actionner les fils ou bien être conduit à employer la mécanique Jacquard, ou encore à combiner les deux moyens. Dans un cas comme dans l'autre, les lames ou les maillons se partagent en autant de groupes ou corps qu'il y a de chaînes. Les premiers crochets de la mécanique commandent le premier corps, les crochets suivants le second, etc. Dans la mise en carte, le fond du tissu est représenté par le papier sur lequel le dessin est peint avec les couleurs qu'il devra présenter sur le tissu, ou avec d'autres couleurs conventionnelles. Pour chaque duite, il faudra percer la partie du carton qui correspond au premier corps d'après l'armure du fond du tissu, et les parties qui correspondent aux autres corps d'après les données de la mise en carte dont les différentes couleurs correspondent à ces différents corps. Les tissus qu'il est possible de produire d'après ces principes varient à l'infini par la forme des dessins, leurs couleurs et les combinaisons des flottés et liages des chaînes de dessin que l'on peut adopter, mais leur exécution se fera toujours d'après les mêmes données.

*Piqués.* Lorsque la chaîne de dessin est fortement tendue pendant le tissage, elle soulève les parties de tissu sous lesquelles elle passe en déprime, au contraire, celles qu'elle recouvre. C'est sur ce fait que repose la fabrication des piqués très employés en lingerie. La chaîne de fond y tisse une toile régulière avec les duites successives, et les fils de la seconde chaîne, dite chaîne de piqué, très fortement tendus pendant le tissage, lèvent de distance en distance, chaque fois sur deux duites, pour produire de petites piqûres profondes dont l'ensemble forme le dessin. Le relief du fond est ordinairement augmenté par des duites d'une trame plus grosse que l'on passe sous la toile de fond et sur les fils de piqué qui ne sont pas levés sur cette toile. Ces grosses duites succèdent chacune à deux duites de fond. On fait alterner les fils par 2 fils de fond et un fil de piqué. Les fils de fond sont rentrés dans un premier corps de quatre lames pour tisser de la toile; les fils de piqué dans un second corps dont le nombre des lames ainsi que le remettage dépendent du dessin. Ce second corps peut, lorsque le dessin devient grand, être remplacé par un corps de maillons. Le remettage dans le peigne se fait par 3 fils en dent, en ayant soin que le fil de piqué se trouve toujours entre 2 fils de fond. Pour les duites de fond, on ouvre le premier corps en toile, et on fait lever les lames du second corps suivant les indications de la mise en carte. Pour les grosses duites, on lève tout le premier corps en même temps que les lames ou les maillons du second qui ont levé sur les 2 duites de fond précédentes. On a fait usage, à différentes époques, de piqués à effets de couleurs, pour gilets et autres pièces de vêtements.

*Tissus façonnés par trames supplémentaires.* Les dessins en couleur peuvent aussi être produits sur la surface des tissus au moyen de trames dont les duites alternent avec celles du fond, en passant ou flottant à l'envers de l'étoffe partout où elles ne doivent pas concourir à la formation du dessin, et en venant paraître à l'endroit dans les parties de ce dessin qui ont leur couleur. Lorsque les dessins n'ont qu'une seule couleur, le tissage se fait en passant alternativement une duite de fond et une duite de dessin. Lorsqu'il y a plusieurs couleurs sur le trajet d'une même duite, il faut faire succéder, à chaque duite de fond, autant de duites de dessin qu'il y a de couleurs, en lançant les unes après les autres les navettes qui portent les différentes trames. La mise en carte se fait comme dans le cas précédent. Chacune de ses lignes verticales figure l'un des fils de la chaîne, et chaque ligne horizontale *une passée*, c'est-à-dire une série complète de toutes les duites qui entrent dans la composition du tissu; à chacune de ces lignes correspond donc une série de cartons, le premier pour la duite de fond et les suivants pour chacune des duites de dessin. Le nombre des cartons nécessaires est égal au nombre des lignes horizontales de la carte multiplié par le nombre des duites dont on fait usage. Le bon côté de l'étoffe se produit au-dessous de la pièce tendue sur le métier à tisser; il faudra donc, pour le premier carton, lire toute la carte d'après l'armure du fond, et pour les cartons suivants, lire la couleur à laquelle ils correspondent.

Les duites du dessin ainsi lancées vont d'une lisière à l'autre de la pièce, de sorte que toute leur partie qui reste à l'envers de l'étoffe est employée sans produire d'effet utile. Lorsque les dessins sont espacés les uns des autres, on évite souvent ces pertes de matière en employant des trames de dessin spéciales pour chacun d'eux, et en ne passant les navettes qui les portent que dans la largeur du dessin. Ces navettes peuvent être passées à la main ou au moyen d'un battant brocheur. Cet appareil se place contre le battant, en avant du peigne, et est en relation avec la mécanique Jacquard qui le relève lors du passage des duites de fond, qu'on lance à la manière ordinaire. Il porte des plaques verticales qui for-

ment les boîtes à navettes et qui laissent entre elles des vides correspondant aux dessins. Au moyen d'une crémaillère et de petites roues d'engrenage, les navettes, de forme particulière, sont poussées d'une de ces boîtes à une autre, de manière à traverser chacune toujours le même dessin. Cette manière de faire n'est applicable qu'aux métiers à bras, les seuls dont on fasse usage pour ces tissus compliqués.

Les mousselines pour rideaux sont des tissus légers et transparents, en coton fin, sur lesquels on forme des dessins plus opaques au moyen de grosses duites qui viennent s'ajouter à la fine duite de fond pour mieux remplir l'étoffe. Le tissage se fait par une duite de fine trame, pour le fond, et une duite de grosse trame pour le dessin. La chaîne s'ouvre en toile sur toute la largeur pour les duites de fond, et de la même manière, mais aux endroits seulement où le dessin doit se produire, pour les duites de dessin. Dans les autres parties, ces duites flottent sur l'étoffe et sont coupées, après tissage, au moyen d'une sorte de tondeuse. — V. APPRÊT.

*Tissus façonnés par la combinaison des moyens précédents.* Il est facile de se rendre compte que, ces différents moyens qui viennent d'être indiqués peuvent être combinés entre eux et que l'on peut, par exemple, sur un tissu dont le fond est façonné par la combinaison de plusieurs armures, produire des dessins en couleur formés en partie par des chaînes et en partie par des trames supplémentaires. Il suffira, dans leur exécution, d'observer les indications qui ont été données pour chaque cas.

L'analyse que nous venons de faire des principales familles de tissus rend compte des variétés infinies que l'on peut composer, soit d'après les indications précédentes, soit d'après les combinaisons les plus capricieuses que l'on pourrait imaginer. A ces résultats, il faut encore ajouter ceux que donnent les dispositions spéciales des *gazes* et des *velours* (V. ces mots), qui peuvent être produites seules ou combinées avec d'autres armures, par bandes ou effets de formes et de combinaisons variées. En tenant compte, en outre, des différentes matières textiles, des modifications qu'apportent les *apprêts* (V. ce mot), des effets de couleurs, etc., on voit quel champ illimité est ouvert aux recherches des compositeurs de tissus qui, malgré tout ce qui a déjà été fait, peuvent toujours encore créer des effets nouveaux. — P. G.

**Tissage du caoutchouc.** — V. CAOUTCHOUC.

**Tissage des cheveux.** En général, les cheveux ne sont pas une matière très fine ni très douce; ils n'ont pas autant de raideur ni d'élasticité que le crin, mais ils en ont plus qu'aucune autre matière textile d'un usage courant. Comme les individus qui fournissent les cheveux n'en peuvent donner une grande quantité à la fois, on ne saurait en réunir beaucoup sans qu'il y ait mélange de bien des sortes; on ne doit donc pas s'attendre à avoir de belles étoffes en cheveux.

Cet article est employé depuis longtemps en cordons de montres, de canne, en bracelets, chiffres, bagues, etc. On le tisse d'ordinaire, après débouillissage à l'eau pure, avec une chaîne soie fortement montée. L'endroit de l'étoffe, de même que dans les tissus en crin, est toujours formé par la trame et a presque toujours lieu en dessus. Le tissage s'opère d'après les mêmes principes que pour les tissus de crin, toutefois avec cette différence que les cheveux n'ont besoin d'être maintenus que dans une légère humidité. — A. R.

**Tissage du crin.** Le crin est très employé pour la confection de tissus en vue de l'ameublement, du tamisage, de la confection de vêtements pour dames, etc.

Pour l'employer, il faut d'abord le préparer : en lui faisant subir une espèce de débouillissage, afin de le dégraisser, et cette opération doit se répéter à plusieurs reprises, en ayant soin de renouveler l'eau chaque fois. On attache ensemble les paquets de crin, afin qu'ils ne se mêlent pas et que les têtes restent du même côté, et on les passe et repasse dans la main lorsqu'ils sont tièdes.

Le crin peut être employé comme chaîne ou comme trame, mais plutôt comme trame. Dans le premier cas, on noue bout à bout tous les crins dont la chaîne est formée, mais à égale distance. Tous les nœuds se trouvent alors sur une même ligne et, lorsque le peigne arrive près des nœuds, l'ouvrier est obligé de « tirer en devant » pour faire passer en une seule fois tous les nœuds ensemble. Il tisse ensuite la longueur suivante et continue en ayant soin de laisser entre chacune des longueurs un semblable entre-bat, car il est évident que tous les fils se rompraient si le frottement du peigne avait lieu sur les nœuds. Dans le second cas, le crin employé comme trame doit être à l'état de moiteur, c'est-à-dire trempé la veille pour être utilisé le lendemain; de plus, il faut que l'ouvrier ait soin de le tenir dans un linge mouillé. Lorsqu'il s'agit d'articles délicats, le tisseur a deux paquets de crins attachés l'un et l'autre à la lame de son battant, le devant et à gauche, la tête de l'un opposée à celle de l'autre afin qu'il ait la facilité de prendre ses crins tantôt par le côté fin, tantôt par le côté gros, comme il convient pour la régularité du tissu. La chaîne se fait en soie, coton, lin, chanvre ou laine indifféremment; cependant, la soie écrue est la matière qui convient le mieux parce qu'elle ne craint pas le mouillage.

Les tissus de crin peuvent être à lisses ou à corps, et même à lisses et à corps conjointement. On en fait de façonnés et d'unis. Ces derniers diffèrent entre eux par l'armure, soit aussi par le nombre de brins employés pour chaque coup de trame, nombre qui est subordonné à la grosseur du crin et à l'épaisseur que l'on veut donner au tissu.

Les tissus de crin destinés à des tamis, à des casquettes et à d'autres articles de ce genre, ne sont tramés qu'à un seul brin; ceux qui doivent être employés pour cols, tournures, etc., sont tramés à plusieurs brins à la fois.

D'ordinaire, les tissus de crins sont fabriqués par l'armure taffetas; cependant, on en fait aussi en armures de sergés et de satins. L'armure satin est appliquée spécialement aux tissus pour cols, mais on doit comprendre que ce ne peut être que satin par effet de trame.

Prenons un taffetas chaîne soie, tramé crin, et voyons comment s'effectue le passage du crin. Le tisseur passe avec la main droite la lamette de bois sous les fils de la chaîne, lorsqu'il a marché son pas. Lorsque la tête de la lamette, tête qui est en crochet, a traversé l'étoffe et l'a dépassée à gauche d'environ 2 centimètres 1/2, l'enfant qui donne le crin en descend un immédiatement avec la main droite, l'engage dans l'ouverture du crochet, mais sans le quitter, et le tient contre le cordon de l'étoffe et un peu en dedans, jusqu'à ce que le tisseur, qui retire alors la lamette, ait fait faire au crin la traversée de l'étoffe (les crins ayant 7 à 8 centimètres de plus que la largeur du tissu). La traversée doit se faire à pas clos, afin d'éviter le rebouchage de cette matière animale. Cette opération étant d'une grande délicatesse, il faut que la lamette qui prend le crin et le retire, soit parfaitement lisse et unie, et que la tête du crochet soit en dedans arrondie en pointe pour éviter d'accrocher la soie. Lorsque le passage du crin est effectué, on donne le coup de battant et on recommence.

Lorsqu'au lieu du taffetas, c'est un satin qu'on tisse chaîne soie et trame crin, il est essentiel d'y joindre une toile taffetas pour préserver le satin de toute éraillure et pour qu'il ne « badine » pas sur les crins. Cette toile doit être de 2 fils simples taffetas par dent de peigne ou tous les 4 fils.

Les tissus de crin genre *façonnés*, qui sont d'une grande consommation pour ameublement, tels que garnitures de chaises, de fauteuils, etc., sont exécutés à la mécanique-armure, ou bien à la Jacquard, suivant l'importance et l'étendue du dessin. Les grands dessins représentent assez ordinairement des sujets à regard et à retour, tels que rosaces, corbeilles de fleurs et tous autres attributs et ornements, dont l'exécution s'opère par l'empoutage à retour ou seulement à pointe et retour. Bien que ces tissus pour ameublement soient presque toujours à plusieurs brins de la même matière sur un même coup, on en fait aussi dont la trame en crin reçoit un mélange de brins d'une autre matière, et qui sont passés alternativement. Toutefois, il faut, autant que possible, que cette matière consiste en soie écrue ou en laine peignée.

La largeur des tissus de crin dépend de la longueur des crins employés; cette longueur dépassant rarement 85 centimètres, et les dispositions que nécessite la confection prenant toujours au moins 5 centimètres, on ne peut obtenir sans nœuds que des tissus d'une largeur de 80 centimètres environ.

Les crins employés pour tissage sont bruts, teints ou naturels. Ceux qui sont employés bruts étant les plus gros et les plus irréguliers, sont spécialement destinés pour tamis ou pour intérieur de cols. Les crins naturels blancs servent à la confection des tissus légers, chaîne-coton, dont les dames font usage pour jupes ou pardessus.

Les meilleurs crins pour tissage viennent de la Russie et du Brésil. Les premiers sont moins longs que les seconds, leur finesse les font néanmoins préférer. Les crins provenant d'animaux morts ne sauraient être d'un bon emploi parce qu'ils se rompent aisément lorsqu'on fait le tissu, et qu'ils ne se teignent qu'imparfaitement. On recherche surtout les crins de chevaux sauvages, leur crinière longue et soyeuse n'ayant jamais été altérée par le frottement des harnais : cette qualité a sur toutes les autres une incontestable supériorité. — A. R.

**Tissage des fils métalliques.** — V. TOILE MÉTALLIQUE.

**Tissage du jonc.** — V. NATTE.

**Tissage de la plume.** — V. PLUME.

**Tissage du verre.** Pour être approprié au tissage, le verre est étiré si fin qu'on ne peut l'employer que comme trame, la soie formant chaîne; à raison de sa finesse, on est obligé d'en réunir à la fois de 30 à 50 brins que l'on passe dans la chaîne, sans retour, ce qui se fait au moyen du crochet, comme pour les tissus en crin. Il est essentiel d'apporter à ce genre de tissage les soins les plus minutieux. L'une des plus grandes difficultés consiste à prendre toujours, sinon absolument, du moins très approximativement, le même nombre de brins pour chaque passée : nous disons très approximativement, car il est impossible d'en saisir chaque fois un nombre parfaitement égal, puisque, un seul brin étant presque imperceptible à l'œil nu, on serait obligé de perdre un temps infini à les compter exactement; c'est de là que proviennent les inégalités et les ondulations que l'on remarque toujours dans ces tissus.

Le tissu verre a longtemps et est encore quelquefois employé pour des objets qui sont à l'abri d'un froissement trop souvent renouvelé, comme les ornements d'église, chappes, chasubles, etc., pour lesquels les bordures et encadrements qu'on y ajoute produisent d'assez beaux effets. Mais il est d'un usage restreint, parce qu'on a reconnu, par l'expérience, les inconvénients de son emploi; il se détériore, en effet, très vite et se réduit en une poussière volatile qui, tombant dans les yeux, est susceptible d'être préjudiciable à la vue; en outre, cette poussière ternit les appartements. Il résulte de là que le tissage du verre est une petite industrie, remarquable et intéressante si l'on veut, mais qu'elle n'a pas encore pris réellement place parmi les découvertes utiles. — A. R.

**TISSER** (Métiers à). Le tissage peut s'effectuer mécaniquement lorsque les contextures des étoffes ne sont pas trop compliquées et que la production atteint une proportion suffisante; mais les étoffes riches et de contextures compliquées, ou qui ne se fabriquent que par petites quantités, sont plus avantageusement produites par le tissage à bras. Dans l'un et l'autre cas, les opérations nécessaires peuvent se décomposer en deux parties : la *préparation* et le *tissage proprement dit*. La préparation elle-même comprend la préparation de la chaîne et celle de la trame. Cette dernière disparaît dans le tissage des étoffes de laine ou de coton écrues, pour lesquelles la filature fournit la trame déjà renvidée sur des cannettes capables d'être logées dans la navette du tisserand; dans les autres cas, où le fil est livré en échevettes, elle se borne au cannetage, déjà décrit ailleurs (V. CANNETEUSE, CANNETTE). La préparation de la chaîne comprend l'*ourdissage*, généralement précédé du *bobinage* et suivi, sauf dans le cas où l'on fait usage de fils retors ou de soie, de l'*encollage* ou *parage*; nous n'avons pas à revenir sur ces opérations, qui peuvent se faire à la main ou mécaniquement, et qui ont été décrites dans ce *Dictionnaire*,

Nous avons donné plus haut (V. TISSAGE) une description du métier à tisser à bras suffisante pour rendre compte de cet outil très simple, qui remonte à des temps très éloignés, et qui est encore d'un usage courant pour tous les cas où le travail mécanique amènerait des complications onéreuses. Mais, pour les étoffes courantes, de contextures relativement peu compliquées et de grande production, l'on fait toujours usage de métiers mécaniques. Ces machines prirent naissance aussitôt après l'invention de la filature mécanique du coton, et exercèrent la sagacité d'un grand nombre de constructeurs, mais les dispositions générales et les principes des mouvements sont restés ce qu'ils ont été dès le début. Les principaux perfectionnements successivement réalisés se réduisent à une meilleure construction, à des proportions plus convenables données aux bâtis ou aux organes opérateurs, avec quelques légères modifications dans les formes pour les adapter plus spécialement à un genre particulier de tissus. Il nous suffira donc d'examiner l'un des types des métiers généralement employés, et de signaler les particularités de quelques autres, pour nous rendre compte de l'état actuel de cette industrie.

La figure 550 représente une coupe du métier dont on fait usage pour le tissage des lainages, mérinos, cachemire, etc., dont les figures 551 et 552 donnent des vues en perspective. Le rouleau d'ensouple A est placé dans des supports, à l'arrière du métier, et retenu par des freins constitués par des cordes tendues par des leviers et des contrepoids B. L'action de ces contrepoids doit être modifiée à mesure que le rouleau d'ensouple se vide. Ce réglage se fait le plus souvent à la main, mais on adapte quelquefois aussi des dispositifs qui le produisent automatiquement. La figure 551 représente un métier muni d'un appareil breveté par M. E. Brulé, d'Amiens, qui détermine d'une manière précise le déroulement de la chaîne, de façon à le maintenir toujours en parfait accord avec l'enroulement du tissu. On y voit les fils envelopper, en quittant l'ensouple, les cylindres C, B, D et E, dont le plus gros est actionné par un régulateur analogue à celui qui détermine l'enroulement du tissu. L'entraînement de la chaîne est produit par ces rouleaux, de diamètres invariables, sans qu'il y ait à tenir compte de la grosseur de l'ensouple. La chaîne, déroulée de l'ensouple (fig. 550) passe sur une traverse de tension C, puis sur la poitrinière D, au delà de laquelle l'étoffe qui s'est formée dans l'intervalle va s'enrouler autour d'un rouleau E, sous l'action d'un autre rouleau F contre lequel il est pressé par des leviers chargés de contrepoids. Le rouleau enrouleur F reçoit, par un système de roues formant le régulateur et qui se voit sur la figure 551, un mouvement de rotation par suite duquel l'étoffe avance, après le passage de chaque duite, d'une quantité égale à l'espace que la duite doit occuper. Cette quantité se règle au moyen d'un pignon de rechange qui fait partie de la série des roues de commande. Le mouvement est donné au métier par un arbre moteur G (*vilebrequin* ou *bric à brac*) qui, au moyen de coudes formant manivelles et de bielles H, détermine le mouvement de va-et-vient du *battant* ou *échasse* I, porté par ses *pieds* ou *épées* J, et capable d'osciller autour de l'arbre inférieur K. Le battant est constitué par un sommier en bois sur lequel est monté, dans la partie qui correspond à la largeur de la chaîne, le *peigne* ou *ros*, maintenu par un chapeau L, fixé aux épées; vers ses deux extrémités, il forme des boîtes dans lesquelles la navette vient se loger après chacun de ses passages à travers la chaîne. Dans chaque boîte se trouve un taquet en cuir capable de se mouvoir le long de cette boîte et relié par une courroie à un fouet en bois M, monté horizontalement à l'extrémité supérieure d'un arbre vertical N, muni, vers sa partie inférieure, d'un galet O. Ce galet s'appuie, sous l'action d'un ressort de rappel, contre un *excentrique* P calé sur l'*arbre des excentriques* Q. L'excen-

trique est constitué par un plateau circulaire muni d'un bec formant une saillie brusque qui, en rencontrant le galet O l'oblige à reculer brusquement et produit un mouvement du fouet M qui entraîne le taquet du fond vers l'ouverture de la boîte, donnant ainsi à la navette l'impulsion nécessaire pour la lancer à travers la chaîne jusque dans la boîte opposée. Le même mécanisme, qui constitue la *batterie*, se reproduit des deux côtés du métier, mais les excentriques P sont calées dans des positions diamétralement opposées sur l'arbre Q, qui reçoit son mouvement de l'arbre moteur au moyen de roues d'engrenage dont les nombres de dents sont dans le rapport de 1 à 2, et qui fait, par conséquent, un tour pour deux oscillations du battant. La navette se trouve, par suite, chassée alternativement d'un côté puis de l'autre du métier, et traverse ainsi la chaîne dans un sens et dans l'autre pour y insérer les duites successives. Avant chacun de ces passages, la chaîne est ouverte de manière à ce que les fils qui doivent re-

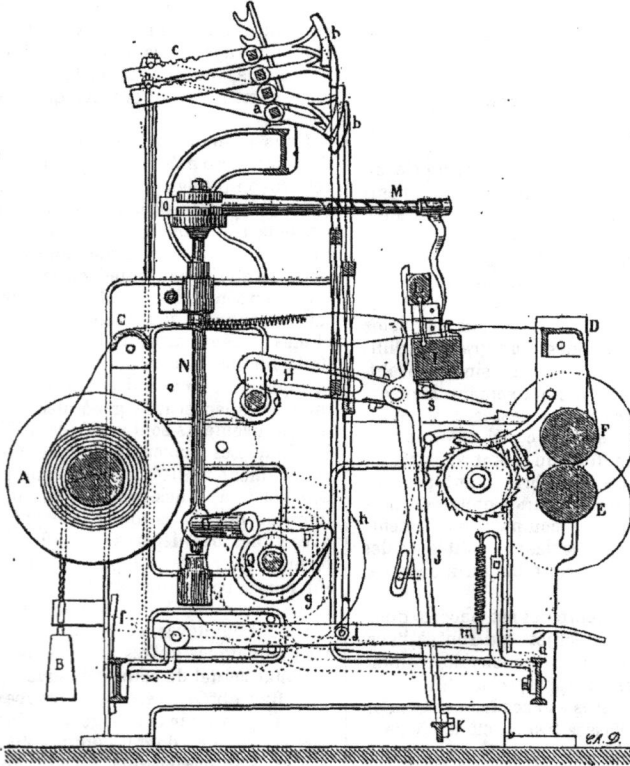

Fig. 550. — *Coupe d'un métier à tisser les mérinos.*

couvrir la duite soient levés, et que ceux qui doivent être recouverts par elle soient abaissés et appuyés contre la face supérieure du battant sur laquelle glisse la navette. La disposition qui produit cette ouverture varie suivant les armures que l'on exécute, comme cela a déjà été dit (V. TISSAGE). Dans le métier qui nous occupe, et qui est monté pour exécuter des mérinos ou autres tissus analogues, par une armure croisé-batavia, les fils de la chaîne sont rentrés dans quatre lames suspendues chacune à un bras *b*, portés par des arbres carrés *a*. Ces arbres sont actionnés par des leviers *c*, et des tringles verticales qui les relient aux marches *f d*, sur lesquelles agissent les excentriques *g* montés sur le moyeu d'une roue *h* folle sur l'arbre des excentriques, mais mise en mouvement par un pignon fixé sur l'arbre moteur. Le métier est muni toujours d'autant de tringles *a*, de leviers *c*, de marches et d'excentriques qu'il y a de lames, et le pignon de commande des excentriques est tel que ceux-ci fassent un tour pendant que l'arbre moteur en fait autant qu'il y a de duites dans le rapport trame. Les lames, en outre, sont tendues vers le bas par des lanières et des ficelles qui les rattachent à des galets *j* portés par un levier *m* que l'on peut relever pour détendre les lames et les ramener au même niveau lors de la rattache des fils cassés. Outre ces organes qui concourent à la confection des tissus, les métiers sont munis de dispositifs destinés à empêcher certains accidents; ce sont : le *butoir* et le *casse-trame*. Le *butoir* consiste en une tringle S disposée sous le battant et armée de deux doigts qui s'appuient contre des *languettes* logées dans les parois postérieures des boîtes à navettes. Deux pattes sont, en outre, fixées à la tringle et peuvent rencontrer, lorsqu'elles ne sont pas soulevées, des arrêts fixés aux bâtis. Lorsque la navette rentre bien dans la boîte qui doit la recevoir, elle repousse la languette et soulève les pattes, de sorte que le métier fonctionne régulièrement; dans le cas contraire, soit que la navette ait été projetée hors du métier, soit que, pour une cause quelconque, elle n'ait pas achevé son trajet et soit

Fig. 551. — *Métier à tisser avec régulateur pour le déroulement de la chaîne.*

restée prise dans la chaîne, les pattes restent abaissées et rencontrent les arrêts. Le battant et tout le métier se trouvent ainsi brusquement arrêtés, et l'on évite la rupture des fils sous lesquels la navette est restée prise. L'un des arrêts a un peu de jeu, et en reculant, agit sur un ressort qui fait passer la courroie motrice sur la poulie folle. Le *casse-trame* est un appareil qui agit sur ce même ressort pour débrayer le métier lorsque la trame vient à se casser où à s'épuiser dans la navette. Une fourchette légère, munie d'un prolongement en crochet sous lequel oscille, de deux en deux coups du battant, un levier terminé lui aussi par un crochet, est portée par un levier qui s'appuie contre le ressort. Les trois dents de la fourchette peuvent pénétrer librement entre les barreaux d'un petit gril adapté au battant entre le peigne et l'une des boîtes, au moment où le battant arrive à l'avant de sa course. Si alors la trame ne fait pas défaut, elle est tendue devant le gril et repousse les dents de la fourchette dont le crochet se relève et laisse passer librement le levier; dans le cas contraire, le crochet de la fourchette, resté baissé, est saisi par celui du levier qui fait reculer tout le système et dégage le ressort qui débraie le métier.

Lorsque, dans la composition du tissu, il entre plusieurs trames, il faut faire usage d'un même nombre de navettes que le métier fait fonctionner à tour de rôle au moyen de boîtes changeantes disposées quelquefois aux deux extrémités du battant, mais plus souvent à l'une d'elles seulement; dans ce dernier cas, chaque trame doit fournir au moins deux duites consécutives. Les boîtes changeantes affectent souvent la forme de cylindres autour desquels sont disposés les compartiments dans lesquels se logent les navettes. La figure 552 représente un de ces métiers *revolver*, et fait voir le mécanisme qui, en faisant tourner la boîte mobile dans un sens ou dans l'autre, substitue les navettes les unes aux autres. Ces mouvements sont déterminés par des cartons qui agissent sur des crochets, d'après le principe de la mécanique Jacquard (V. JACQUARD). Les boîtes revolver sont généralement établies pour 6 navettes, mais on en construit aussi qui permettent de tisser jusqu'à 12 couleurs différentes.

Les changements de navettes peuvent aussi être produits par des boîtes mobiles à compartiments superposés qui s'élèvent ou s'abaissent pour présenter l'une ou l'autre navette à l'action du taquet, toujours sous l'action d'un mécanisme réglé par des cartons dérivant du principe de la mécanique Jacquard.

La batterie peut affecter des formes différentes de celle qui a été décrite. Pour les tissus forts, elle agit souvent au moyen de fouets ou sabres verticaux qui pénètrent dans les boîtes par des

Fig. 552. — *Métier à tisser revolver à six navettes.*

rainures pratiquées à travers le battant, d'où le nom de *batterie dans le battant.*

Nous mentionnerons encore (fig. 553) un métier à tisser les soieries, de la *Société alsacienne de constructions mécaniques*, dans lequel la commande des lames se fait au moyen d'une mécanique d'armure placée sur le côté et vers le bas de la machine et agissant par l'intermédiaire de leviers disposés à sa partie supérieure. Les fouets de la batterie sont verticaux, mais se relient aux taquets par des lanières de cuir qui agissent en traversant des rainures dans le fond des boîtes. On peut faire agir le régulateur de manière à ce qu'il enroule, après chaque duite, une longueur constante de

tissu, ou bien de manière à ce que, sous l'action d'un contrepoids, il n'absorbe l'étoffe que lorsque les duites ont acquis un degré de rapprochement convenable.

Les étoffes dont la contexture nécessite l'emploi de la mécanique Jacquard peuvent, dans certains cas, être tissés mécaniquement, mais le plus souvent, elles se font à la main. Dans un cas comme dans l'autre, les Jacquards restent les mêmes et sont disposées à la partie supérieure du métier, assez haut pour que les cordes extrêmes n'aient qu'une faible inclinaison. La commande se fait au moyen d'une pédale ou *marche* par le pied du tisserand à bras, ou par une manivelle

montée sur l'arbre moteur du métier mécanique. | pour se rendre bien compte du montage et du
Les détails donnés à l'article JACQUARD suffisent | fonctionnement de ces appareils. — P. G.

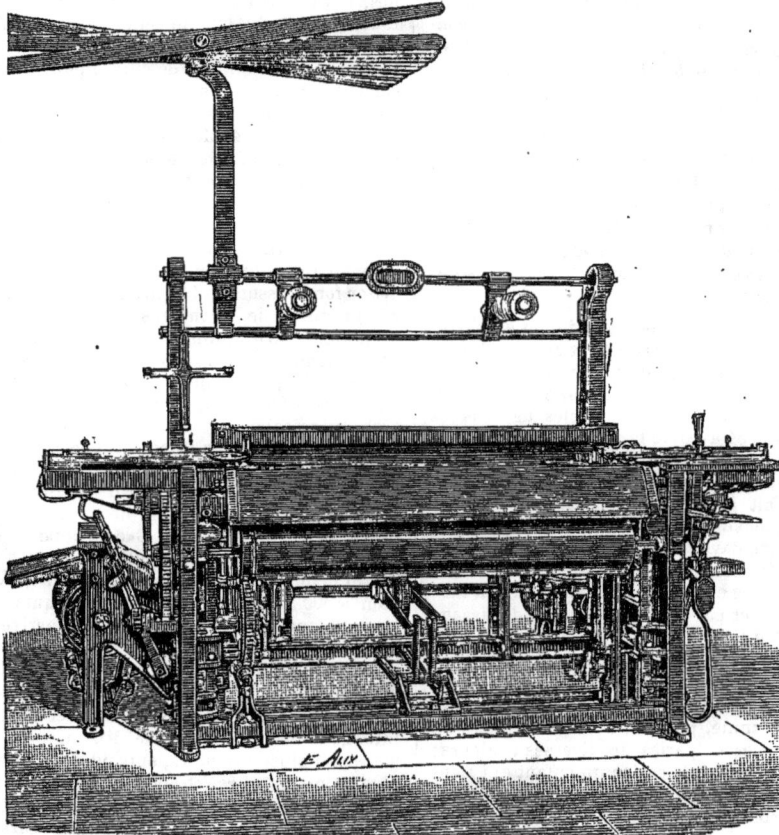

Fig. 553. — Métier pour le tissage de la soie.

**TISSERAND.** *T. de mét.* Ouvrier qui fait de la toile. On dit encore *tisseur*.

— Il est presque inutile de dire que le tissage *à la main* est celui qui a été usité dès le début. Le premier textile qu'on ait filé et tissé est le *lin* ; la toile constituait, comme on le sait, l'habillement des Egyptiens, et les plus anciennes statues de ce pays semblent vêtues de lin. A peu près en même temps on tissait la *laine*, dont l'usage était défendu en Egypte, mais qui était d'un grand emploi partout. Le *coton*, qui fut connu plus tard, et que l'on tissait en Grèce sous le nom de *toile xyline*, ne servit longtemps que comme vêtement de luxe à certaines dames romaines ; on en faisait un tissu que les hommes n'osaient se permettre, de peur d'être accusés de mollesse et d'élégance dans leur habillement. La *soie* ne fit son apparition que plus tard : on ne l'importa longtemps que par petites quantités qui se vendirent à des prix fabuleux ; mais, en dépit de tout ce qu'ont pu en dire Aristote et Pline lui-même, on ne soupçonna ce que c'était que par Pausanias, et l'on ne s'en assura que sous le règne de Justinien.

Le tissage *mécanique* n'existe guère que depuis un siècle à peine, et nous avons dit en retraçant l'histoire du tissage du coton que ce sont les Anglais qui en ont fait les premiers essais industriels (V. TISSAGE). Il est juste de dire, néanmoins, que Vaucanson a le premier découvert, en France, le premier métier mécanique, mais que les obstacles qu'il rencontra dans l'exécution, ou pour mieux dire des considérations politiques parmi lesquelles aurait figuré la crainte de priver les ouvriers de leur travail, l'empêchèrent de terminer la machine qu'il avait combinée. On peut avec raison présumer que nos voisins s'inspirèrent des idées du grand mécanicien, car c'est à partir de l'époque où il vivait que l'on voit les Anglais, faire des tentatives en ce sens.

Actuellement encore, on distingue : les *tisserands à la main* dont bien peu travaillent en groupe et beaucoup à domicile, et les *tisserands à la mécanique* qui travaillent tous en fabrique. Le nom de *tisserand* est resté un nom générique qui, cependant, ne se donne pas à certaines spécialités; les tisserands en rubans, tulles, mousselines, tapis, bonneterie, etc., sont plutôt appelés *rubanniers*, *tullistes*, *mousseliniers*, *tapissiers*, *bonnetiers*, etc.

**TISSEUR, EUSE.** *T. de mét.* Ouvrier, ouvrière qui fait du tissage.

**TISSU.** Cette dénomination s'applique généralement à toutes sortes d'étoffes ou d'ouvrages faits de fils quelconques entrelacés, dont les uns, étendus en longueur, forment la chaîne, et les autres en travers constituent la trame. Les tissus se distinguent en plusieurs genres : les *tissus simples*, comme les toiles, les calicots, etc. ; les *tissus composés*, *croisés* ou *brochés*, comme les rubans, les cachemires, les mérinos, les soieries, etc. ; les *tissus à mailles* ou *réticulaires*, comme les filets, les dentelles, les ouvrages de bonneterie, etc. ; les *tissus à poils*, c'est-à-dire les tapis et les velours ; les *tissus foulés*, les draps, les couvertures, les tapis ; les *tissus feutrés*, les articles de chapellerie ; ces divers genres ont été l'objet d'études spéciales dans ce *Dictionnaire*, nous y renvoyons le lecteur, et nous nous arrêtons ici à d'autres spécialités qui n'ont point été examinées.

**Tissus de perles.** Genres d'étoffes employés pour ameublements, tapisseries et articles de confection. Les procédés de fabrication que comporte ce genre de tissus sont des plus simples. On s'assortit de plusieurs masses de perles de diverses couleurs, enfilées avec de la soie. On joint à un fil de soie les fils qui rassemblent les perles des diverses masses ou couleurs ; puis, à l'aide d'un peu de cire, on fait glisser les perles sur le nouveau fil, qu'on met ensuite autour d'une bobine, et qu'on place dans une navette ordinaire. Ces dispositions prises, on fait passer les navettes dans une chaîne en soie, disposée et tendue à cet effet sur un métier ordinaire, et par le simple procédé du tissage on obtient des tissus rayés d'une manière régulière en couleurs diverses, ou unis. Si l'on veut obtenir des dessins variés, tels que fleurs, oiseaux ou autres sujets, on prend un dessin préparé, comme de coutume, pour un dessin de perles ; on remplit les cases de perles de diverses couleurs ; on place devant chaque casier un enfant qui tient à la main une aiguille très fine, avec laquelle il enfile un certain nombre de perles, des couleurs désignées par la simple projection dans la case. Chaque rangée de perles déterminées par le modèle qu'on veut exécuter, une fois enfilée, le fil est noué et enroulé sur une bobine numérotée. Chaque bobine est mise dans la navette, et lancée sur le métier par ordre de numéro ; de cette manière, le tissage reproduit le dessin représenté par le modèle.

**Tissus de plume.** — V. PLUME, § *Tissage de la plume.*

**Tissus élastiques.** — V. CAOUTCHOUC.

**Tissus feutrés.** — V. FEUTRE, § *Drap feutre.*

**Tissus imperméables.** L'imperméabilisation est donnée aux tissus de différentes manières, suivant l'usage auquel sont réservées les étoffes, et leur degré de finesse : 1° pour les tissus grossiers, on enduit l'étoffe d'huile de lin cuite ou de goudron, et laisse sécher ; 2° pour les toiles à bâches, tendelets, etc., qui sont ordinairement de teinte verte ; on rend imperméable par l'action d'un savon à base de cuivre. On commence par passer le tissu dans un bain à 20 0/0 de savon, puis dans un second bain de sulfate de cuivre à 80 grammes par litre, ensuite on fait sécher, et dans quelques usines on finit par un bain de teinture au vert d'aniline. Ces étoffes sont naturellement fort lourdes, elles nous ont donné, par mètre carré d'étoffe, jusqu'à 224g,80 de cendres, pour les tissus chanvre et lin, et 114g,41 pour ceux de coton, ce qui correspond à 57g,12 de cuivre pour le premier cas et 28g,82 pour le second ; 3° pour certains tissus non flexibles, on peut employer la silicatisation ; 4° pour les étoffes destinées à l'habillement, on rend imperméable, soit avec le savon d'alumine, soit avec le caoutchouc : α) dans le premier procédé, on trempe successivement l'étoffe dans un bain de savon, puis dans un bain d'alun ; le savon d'alumine formé bouche les pores du tissu, grâce à son extrême division. MM. Muzmann et Krakowiser font dissoudre 500 grammes de gélatine et 500 grammes de savon dans 17 litres d'eau, puis y ajoutent 750 grammes d'alun ; on porte à l'ébullition pendant quinze minutes, on laisse refroidir à 50°, on plonge le tissu dans le bain, on le laisse sécher, puis après on lave l'étoffe, on sèche et on calandre ; β) l'emploi du caoutchouc pour rendre les tissus imperméables remonte aux Indiens ; il fut utilisé en France, dès 1793, par Besson, puis par Mackintosh et Hancock, de Glascow ; Rattier et Guibal, de Paris, perfectionnèrent les procédés (V. CAOUTCHOUC) ; M. C. B. Wagner emploie une solution à parties égales de caoutchouc et de paraffine (30 à 48 kilogrammes pour 4.500 litres de naphte d'Amérique). Après avoir obtenu cette dissolution, on fait arriver dans la liqueur un courant d'acide chlorhydrique gazeux, et quand la solution est devenue claire, on distille pour enlever l'excès d'acide. On soutire et on plonge les étoffes à imperméabiliser dans la solution, en les y laissant de dix minutes à une heure, ou plusieurs jours, suivant que le tissu est plus ou moins serré, et on sèche entre 38 et 52°.

Pour s'assurer de l'imperméabilité des étoffes, on se sert d'un appareil inventé par Girard, et qui consiste à tendre sur un tambour, le tissu imperméable, et à recouvrir celui-ci d'une couche d'eau. En insufflant de l'air entre le fond du tambour et l'étoffe, si l'on voit se dégager des bulles d'air au sein du liquide c'est que le tissu n'est pas imperméable. — V. IMPERMÉABILISATION.

**Tissus imprimés.** — V. IMPRESSION SUR TISSUS.

**Tissus pharmaceutiques.** Etoffes de coton, lin ou soie, auxquelles on assimile même par extension la baudruche et le papier, sur l'une des faces desquelles on dépose une légère couche d'une substance médicamenteuse. Les préparations ont été déjà étudiées sous le nom de *sparadrap* ou de *taffetas*. — V. ces mots.

**TISSUTIER.** Ouvrier qui travaille dans la tissuterie, qui fait des tissus pour la passementerie et la rubanerie.

\*TITANE. *T. de chim.* Corps simple, métallique, ayant pour symbole Ti, pour équivalent, 25, et pour poids atomique 50. Son oxyde a été signalé, en 1791, pour la première fois par Grégor ; le métal a été étudié par Klaproth et H. Rose.

Il n'a jamais été obtenu à l'état métallique proprement dit, mais tel qu'il se trouve d'ordinaire, c'est une poudre grise, amorphe, brûlant à l'air avec un vif éclat, mais très rapidement et en produisant une véritable lueur, dans l'oxygène; le chlore l'attaque à chaud avec incandescence; il offre pour l'azote une grande affinité à une haute température; il décompose un peu l'eau à 100°, en dégageant de l'hydrogène; l'acide chlorhydrique le dissout à chaud en faisant un protochlorure, et dégageant de l'hydrogène; l'acide azotique l'attaque énergiquement en formant de l'acide métatitanique, ou acide titanique hydraté *β*, c'est-à-dire une variété qui ne s'obtient pas comme l'acide titanique hydraté (*α*) en précipitant une solution acide par l'ammoniaque, mais en donnant à l'ébullition un précipité gélatineux avec les acides.

*Etat naturel.* Les combinaisons de l'acide titanique sont assez abondantes dans la nature. D'abord, on trouve l'acide titanique sous trois formes : le *rutile* ou *titane oxydé rouge*, $TiO^2$, est en prismes carrés, souvent mâclés, d'éclat adamantin, de dureté de 6 à 6,5, de densité de 4,2 à 4,3; il est inattaquable par les acides, infusible excepté avec la potasse; on le trouve à Georgia, aux Etats-Unis, dans le Tyrol, au Saint-Gothard. L'*anatase* cristallise en octaèdres aigus, dérivant du prisme à base carrée; il est de couleur bleu indigo, brune, jaune ou rouge; sa densité est de 3,83 à 3,93; sa dureté de 5,5 à 6; on le trouve dans le Dauphiné, à Oisans; en Suisse, etc.; la *wisérine* est une variété très rapprochée. La *brookite* cristallise en prismes rhomboïdaux droits de 99°,50'; elle varie comme couleur du brun jaunâtre au rouge hyacinthe; sa dureté est de 6, sa densité de 4,12 à 4,17; on la trouve dans les mêmes gisements que l'anatase. Toutes ces variétés d'acide titanique servent à faire certains émaux et aussi une couleur jaune. On trouve encore assez abondamment du *fer titanaté*, et presque tous les minerais de fer contiennent de petites proportions d'acide titanique; le *sphène* ou *titanite*, est du silicotitanate de calcium, cristallisant en prismes rhomboïdaux obliques de 113°,31', souvent mâclés, d'aspect vitreux, de couleur jaune, verte, brune ou rouge, avec tons plus ou moins foncés; sa dureté est 5 à 5,5; sa densité 3,3 à 3,7 ; on le trouve fréquemment dans les roches du Tyrol, de Suisse, de Norwège. La *polymignite* est un titanate de zirconium et d'yttrium; la *mosandrite*, un silico-titanate de chaux, avec cérium, lanthane et didyme; la *perowskite*, un titanate de chaux renfermant 57,12 0/0 d'acide titanique que l'on trouve à Zermatt (Valais) et dans l'Oural; quant à l'*œschynite*, à l'*euxinite*, au *pyrochlore* ce sont des minerais de titane et de niobium.

PRÉPARATION. Pour isoler le titane, on emploie d'ordinaire le fluotitanate de potassium, que l'on traite par le potassium; il se fait une réaction très vive, accompagnée de production de lumière, et l'on enlève ensuite le fluorure de potassium qui reste dans la masse. Cette méthode est préférable à la réduction de l'acide titanique par le charbon, parce que l'on n'obtient jamais par ce procédé

autre chose qu'un azoture de titane, de couleur cuivrée, par suite du passage de l'air au travers du creuset.

Comme l'acide titanique est seul employé, nous nous contenterons, après avoir décrit ses caractères à l'état naturel, d'indiquer les réactions de ses sels, au moins pour ceux faits avec l'hydrate précipité par l'ammoniaque.

*Caractères des titanates.* Ils sont altérables et sont décomposés à l'ébullition, ou même à froid et à la longue, si les solutions sont très étendues. Ces liqueurs sont incolores ou jaunâtres, de saveur âcre et acide; avec les *alcalis caustiques*, elles donnent un précipité blanc d'hydrate, soluble dans un excès de réactif; avec les *carbonates alcalins*, même réaction; avec les *sulfures alcalins*, même réaction; avec le *ferrocyanure de potassium*, précipité rouge brun, volumineux, soluble dans un excès; avec le *tannin*, précipité rouge brun ou coloration jaune orangé; avec le *zinc*, l'*étain*, le *fer*, coloration bleue de la liqueur et précipité violet de sesquioxyde. — J. C.

*TITRAGE. *T. techn.* Détermination des quantités de matières contenues dans certains composés. ‖ Opération qui a pour objet d'indiquer la longueur ou la grosseur des fils. — V. NUMÉROTAGE.

TITRE, TITRAGE. *T. de chim.* Terme qui s'emploie pour indiquer la richesse que possède un alliage, un minerai, un sel, etc., en un métal ou en un corps déterminé. Ainsi les contrôleurs du bureau de garantie sont chargés, pour les métaux précieux, d'indiquer le titre exact, c'est-à-dire la proportion d'argent ou d'or entrant dans un bijou, un objet de vaisselle, une médaille, avant que ces objets soient mis en vente. — V. ESSAI, ESSAYEUR, GARANTIE.

Le commerce livre certains produits à un *titre* déterminé, qui permet d'en coter la valeur. C'est ainsi que les sels de soude se titrent suivant leur richesse exacte en soude (alcali), ou suivant la proportion d'acide sulfurique nécessaire pour les saturer ; que l'hypochlorite de chaux doit contenir un tant 0/0 de chlore; que les minerais ont une valeur relative à la proportion (titre) de métal pur qu'ils renferment, etc. Les exemples que nous avons donnés suffisent pour préciser ce que l'on entend par les mots *titre* et *titrage*.

*TIZA. — V. BORAX.

TOGE. Robe de laine, longue et ample, que les Romains mettaient par dessus la tunique, et qui était leur vêtement particulier.

TOILE. Une des quatre armures fondamentales. — V. TISSAGE. ‖ Nom donné à tous les genres de tissus en lin ou en étoupe. Par extension, on appelle *toile de coton, de jute,* etc., tous les tissus à armure carrée, uniquement composés de coton et de jute, et destinés aux mêmes usages que la toile de lin. Celle-ci est dite *mixte* ou *métis* quand la chaîne et la trame sont de matière différente (lin et coton, lin et jute, etc.). En dehors de ces dénominations d'ensemble, les appellations suivantes sont données plus spécialement à divers genres de toiles : *Toile à bâches.* Toile épaisse employée pour couvrir les marchandises sur vagons ou sur quais, les voitures, etc. (V. Tissus imperméables. *Toile à batiste* (V. Batiste). *Toile à blouses.* Nom donné, soit aux toiles à sarraux destinées à être teintes, soit aux toiles fines écrues à la main, qui ne doivent être que calandrées et servent à faire des blouses pour enfants, ouvriers, employés, etc. *Toile à calquer.* Sorte de mousseline enduite d'huile de lin dont les dessinateurs se servent pour calquer les plans ou autres dessins qui leur sont nécessaires. *Toile à canevas.* Nom sous lequel on désigne, soit la toile de lin très claire, divisée en petits carreaux qui dirigent les ouvrages de tapisseries à l'aiguille, soit la serpillière qui sert à couvrir les ballots, soit encore une sorte de grosse toile de chanvre écru, employée pour faire des piqûres de corps de jupes ou autres vêtements de femme. La première, dont les divers spécimens, gros, moyens et fins, se font depuis 30 centimètres jusqu'à 1ᵐ,50 de largeur, est fabriquée principalement à Flers-de-l'Orne ; la seconde, que l'on ne fait guère que de 60 à 80 centimètres, se fabrique dans l'Orne (Mortagne, Alençon, Verneuil, Laigle et Argentan) et la Sarthe (notamment au Mans) ; la troisième, qui se fait de 90 à 100 centimètres de large, se fabrique surtout en Bretagne. *Toile à draps.* Nom générique donné aux toiles crémées et surtout blanches de grande largeur (depuis 105-120 centimètres pour les draps cousus, jusqu'à 2ᵐ,30 pour les draps sans couture) destinées principalement à être employées pour draps de lit. *Toile à matelas.* Dénomination générique de divers tissus en fil de lin, quelquefois de coton, dont on se sert dans l'industrie de la literie. Nous en avons donné le détail au mot Matelas. *Toile anglaise.* Tissu de lin écru ou ardoisé utilisé dans la reliure. *Toile à prélart.* Forte toile employée principalement dans la marine militaire pour tentes, bâches, couvertures de ponts de bâtiments, etc. *Toile à sacs.* Toile généralement en fil de jute, ou chaîne étoupe et trame jute, dont on se sert pour faire les sacs avec lesquels on emballe le coton brut, le lin teillé, etc. *Toile à sarraux.* Dénomination générique des toiles fines à la main, destinées à être teintes en bleu d'indigo et devant principalement servir à la confection des sarraux ou blouses pour ouvriers. Leur fabrication est concentrée aux environs de Lille (Halluin, Roncq, etc.). *Toile à tamis.* Sorte de toile de lin fortement apprêtée et très claire, dont on se sert pour tamiser certains liquides ou corps en poudre. On dit plus souvent, par corruption, *étamine de lin. Toile à voiles.* Toile destinée à la voilure des navires. Autrefois, le chanvre était presque exclusivement employé pour la confection de ces toiles ; actuellement, elles se font en lin. Les qualités essentielles que l'on exige d'elles sont : la force, la légèreté, la souplesse et l'inextensibilité. Ce genre veut un tissu épais et très serré, fait avec des fils écrus de bonne qualité, débouillis dans une lessive alcaline de taux modéré, et fortement battus au tissage. La raideur n'étant pas à craindre dans le sens des chaînes, et celles-ci étant soumises

aux tensions normales résultant de la pression du vent, ainsi qu'aux causes accidentelles d'usure et aux frottements, la grosseur de ces chaînes importe peu, aussi les fait-on maintenant en double fil retors ; la trame, au contraire, doit avoir une certaine souplesse, on la fait ordinairement de fil beaucoup plus fin que la chaîne. Tout encollage est absolument proscrit. La largeur de ces toiles est de 61 centimètres pour les toiles à voiles proprement dites (dites *de recette*, c'est-à-dire pour fournitures de l'Etat) et de 40 centimètres pour les voiles d'embarcation. On a essayé, en Amérique, de faire des toiles à voiles en coton ; il n'y a, en France, que les voilures pour yachts qui soient de cette matière. *Toile cretonne* (V. Cretonne). *Toile damassée.* Linge ouvragé, en lin ou lin et coton, à dessins riches et compliqués, qui exigeait autrefois le métier *à la tire*, et se produit maintenant partout à l'aide de la mécanique Jacquard (V. Damassé). *Toile de brin.* Toile de chanvre fabriquée dans les départements de l'Orne, de la Mayenne et de la Sarthe, et que certains fabricants de draperies emploient pour enveloppes. La même toile est dite *demi-brin* quand la chaîne est en chanvre (fil de brin) et la trame en étoupe. *Toile de chasse.* Toile de lin pour habits de chasse, fabriquée généralement avec des fils teints avant tissage, de couleur rouille, olive, ardoisée, etc. ; on la fait en 105 centimètres de large. *Toile d'emballage.* Canevas grossier, en étoupe de lin ou en jute, dont se servent les fabriques ou les maisons de commerce pour envelopper les objets ou pièces d'étoffe qu'elles expédient à leurs clients. Les plus communes ont une chaîne d'étoupe ou de jute cardé et une trame de déchets de teillage ou d'étoupes de rebut ; les moins communes, dites *serpillières*, sont faites de gros numéros d'étoupe ou de jute, en chaîne comme en trame. Leur largeur varie généralement de 80 à 120 centimètres ; cette dernière laize est la plus usitée. *Toile de ménage.* Appellation générique par laquelle on désigne toutes les toiles fortes et de bon usage qui se fabriquent pour draps, serviettes et linge de corps à l'usage des particuliers. *Toile de Hollande.* La Hollande ayant été longtemps, autrefois, le principal foyer de l'industrie toilière, toutes les toiles de ménage fabriquées plus tard, en France, furent dites *toiles de Hollande* ; il y eut même les *toiles de frise* ou *frises* par abréviation du nom de la province des Pays-Bas qui fournissait les plus belles et les plus estimées, puis les *demi-hollandes*, toiles de lin, blanches et assez fines, fabriquées en Picardie, etc. Toutes ces dénominations sont à peu près, aujourd'hui, disparues ; seuls, quelques rares commerçants conservent encore aux toiles qu'ils vendent le nom de *toiles de Hollande*, bien que celles-ci soient aujourd'hui fabriquées en France. *Toile de Vichy.* Variété de tissu de coton rayé ou quadrillé. *Toile d'ornementation ou toile peinte.* Sorte de toile faite de fils crémés ou lessivés, disposés de façon à produire des rayures donnant aux dessins une physionomie particulière ; les dessins sont encore obtenus par l'impression mécanique ou manuelle, et on leur donne la transparence au moyen d'un apprêt huileux; on en fait des stores, des rideaux de kiosques, etc. *Toile ouvrée.* Linge ouvragé, dont les dispositions simples (telles que l'*œil-de-perdrix* ou le *damier*) permettent la fabrication sur un métier ordinaire (V. Damassé). *Toile peinte* (V. Impression sur tissus, Indienne, Tenture). *Toile tailleur.* Toile écrue en lin, généralement de 80 centimètres de largeur, dont se servent les tailleurs pour renforcer certaines parties du vêtement, et qu'ils placent entre la doublure et l'étoffe proprement dite. || Dans un théâtre, on donne le nom de *toile* au rideau qui cache la scène, ou au décor qui en forme le fond.

**Toile cirée.** Tissu de contexture variable enduit d'une pâte plus ou moins fine, dont on se sert dans les habitations pour tapis de pied, couverture de table, etc.

La fabrication des toiles cirées est très variée, suivant l'usage auquel on les destine. Lorsqu'il s'agit de toiles de grandes dimensions, fabriquées spécialement d'une seule pièce, pour tapis de salon de navire, par exemple, on commence, dans les manufactures, par enduire le tissu brut, à l'aide de râclettes à poignée, d'une pâte épaisse composée d'huile de lin cuite et de terre ocreuse jaune; on laisse ensuite sécher ce tissu fortement tendu jusqu'à parfaite siccité; des ouvriers en font disparaître les saillies en passant avec force de grands rasoirs sur sa surface, puis ils unissent le tout par un ponçage énergique au moyen de pierre ponce collée en masse avec du plâtre. Lorsque la dessiccation est complète, la toile est imprimée comme le sont les toiles peintes; les planches sont quelquefois gravées sur bois, mais le plus souvent le dessin est produit au moyen de fragments de laiton enfoncés dans le bois et planés; le maximum des impressions est d'environ huit planches donnant huit couleurs ou tons variés d'une même couleur; le brun dans toute sa gamme, du plus foncé au plus clair, est la couleur fondamentale des toiles cirées à appliquer sur un parquet. Une fois l'impression faite, il ne reste plus qu'à sécher à l'étuve, à donner une couche de vernis par dessus la couleur, et à porter enfin la toile au séchoir-magasin dont sont munies toutes les usines.

Lorsqu'il s'agit de toile cirée pour couverture de table, la fabrication diffère un peu. Le tissu commence bien encore par être tendu sur cadre, empâté de la première préparation ocreuse et râclé, mais on le livre ensuite à des ouvriers spéciaux qui travaillent pour leur compte et auxquels on paie la pièce terminée. Ces ouvriers rasent et poncent leur toile séchée, et y font ensuite à la main, avec de gros pinceaux et de petits outils particuliers inventés par eux-mêmes, les effets de stries imitant les dispositions du bois, exactement comme les peintres en bâtiment les obtiennent sur les portes, et comme les ouvriers en papier peignent les figures sur leurs rouleaux. On fait sécher cette peinture à l'air, la toile restant sur les cadres et, quand elle est sèche, on la vernit à l'aide de gros pinceaux. La plupart de ces toiles sont rondes et, dans certains cas, portent en camaïeu, sur la bor-

dure, des dessins enlevés en clair au moyen de molettes gravées, que l'on fait courir circulairement à l'extrémité d'un compas dont la branche opposée appuie son extrémité pointue sur le point central du tapis. Quelques-unes de ces toiles de table, rehaussées d'or avec couleurs vives appliquées à la main, sont enduites de nouveau, après toutes préparations, d'une couche de vernis copal d'une extrême dureté, afin que de petits éclats de cet or faux et des oxydes métalliques servant de couleurs ne viennent pas causer d'accidents en s'attachant au pain ou aux aliments placés sur la table; ce vernissage se pratique sur le tapis placé sur une plaque tournante portée par un pivot. Bon nombre de tapis de table sont aussi imprimés de diverses façons, et tous sont drapés sur leur envers; ce drapage s'obtient en saupoudrant de tontisse de laine teinte en vert la face de dessous revêtue d'un enduit visqueux.

On désigne encore sous le nom de *toile cirée* la gaze gommée dont on fait les bonnets de bain de mer. Celle-ci n'est, à proprement parler, qu'une gaze sur laquelle on fait dessécher plusieurs couches très minces d'huile siccative qui finissent par constituer l'étoffe; une gaze qui pèse 30 grammes avant huilage arrive, en effet, à en peser 1,200 après séchage. Une fabrication analogue est celle des étoffes transparentes dont on fait des sacs à éponges, celle des indiennes et percales imprimées, gommées, dont on fabrique des tabliers et des bavettes, etc. L'énumération des variétés des étoffes de ce genre serait trop longue; quel que soit le nom qu'on leur donne, c'est toujours l'huile de lin qui est la base de leur propriété. — A. R.

**Toile de crin.** — V. Tissage du crin.

**Toile d'émeri.** — V. Émeri.

**Toile métallique.** On donne ce nom à un tissu dont la trame et la chaîne sont en fil de fer ou de laiton, et qui est employé très fréquemment pour les fabriques de papier, paravents de cheminées, garde-mangers, tamis, etc.

La beauté de ce genre de tissu, qui n'admet nullement le façonné, consiste tout entière dans la finesse des fils qui servent à sa formation et surtout dans une réduction régulière, soit en trame, soit en chaîne. Les matières qui forment cette chaîne et cette trame doivent toujours être de nature identique et d'égale grosseur. Habituellement, le croisement est en taffetas: on applique cependant quelquefois le sergé, rarement l'armure satin.

Pour ourdir les chaînes, on met le fil métallique en écheveaux au sortir de la filière; ces écheveaux sont ensuite dévidés ou bobinés sur des roquetins dont le nombre doit être égal à celui des fils que la chaîne doit comporter; on place ensuite ces roquetins sur une cantre, et le déroulement de chacun d'eux est réglé par un ressort ou contrepoids dont l'action est en rapport avec la grosseur de la matière employée.

Lorsque les fils métalliques ont été passés d'abord au peigne, puis dans le remisse, on les arrête à une tringle, laquelle passe dans le rouleau de derrière, et est assujettie dans une rainure pratiquée à un tambour. La chaîne s'enroule sur ce tambour qui a environ 1 mètre de diamètre ; l'étendue de cette circonférence offre l'avantage d'empêcher une superposition trop répétée et une épaisseur trop sensible, ce que l'on ne pourrait obtenir si l'enroulement se pratiquait sur un simple rouleau.

Pendant la fabrication, la chaîne doit nécessairement être tendue le plus possible, aussi fait-on usage des bascules indiquées pour la tension fixe. Quant à la trame, si elle est trop grosse et si, en raison de sa raideur, on ne peut l'enrouler sur des canettes, on se sert alors d'une mince baguette de bois appelée *passerelle* dont les extrémités forment une espèce de fourche ; l'introduction de la trame dans la chaîne s'opère alors à l'aide de cette passerelle dont la longueur doit dépasser la largeur du tissu métallique. Le métier servant à tisser la toile métallique doit réunir, naturellement, des conditions de force et de solidité toutes spéciales. Il convient de faire remarquer que, pour maintenir la réduction en trame, il faut d'abord frapper un coup de battant à pas ouvert, ensuite un second coup à pas clos.

Dans tous les pays, les toiles métalliques sont classées d'après les dimensions de leurs mailles ou du nombre de fils contenus dans une mesure déterminée, le *pouce*. Plus le numéro de la toile est élevé, plus il y a de fils à l'unité. Mais il s'en faut que le même numéro de toile ait les mêmes dimensions partout. En France, en Belgique, en Suisse, on compte avec le *pouce de Paris* ; en Angleterre, aux États-Unis, on emploie le *pouce anglais*, tandis que l'Allemagne se sert du *pouce de Berlin* et l'Autriche du *pouce de Vienne*. Or, le pouce de Paris équivaut à 27$^{mm}$,07, le pouce anglais à 25$^{mm}$,40, le pouce de Berlin à 26$^{mm}$,15, le pouce de Vienne à 26$^{mm}$,34 ; les deux dernières mesures, comme on le voit, diffèrent insensiblement, mais il n'en est pas de même des deux premières. Pour que deux toiles, l'une française, l'autre anglaise, soient identiques, il faut que le numéro de la première soit celui de la deuxième multiplié par 27,07/25,40 = 1,065 ; la toile anglaise numéro 100, par exemple, correspondra à la toile française n° 106. — A. R.

\* **TOILÉ**. Remplissage uni et diaphane des mailles de la dentelle, formé par un entrelacement simple d'une finesse extrême.

**TOILETTE**. 1° Grand morceau de toile ou d'étoffe dont on couvre une table pour y placer tout ce qui est nécessaire aux soins de propreté et de parure et, par extension, nom d'un meuble à tiroir ou non, recouvert d'une tablette de marbre sur laquelle sont placés les ustensiles de toilette ; ce meuble, le plus souvent surmonté d'une glace, se prête à des combinaisons très variées, et la fécondité d'invention de nos fabricants en a multiplié les formes depuis les plus simples jusqu'aux plus élégantes. ‖ 2° *Eau de toilette*. — V. EAUX DE TOILETTE. ‖ 3° Toile destinée à envelopper certaines marchandises pour les protéger pendant leur transport.

**TOILIER, IÈRE**. T. *de mét*. Celui, celle qui fabrique ou vend de la toile.

**TOISE**. 1° Ancienne mesure de longueur abandonnée depuis l'adoption du système métrique, et qui se subdivisait en six pieds et valait 1$^m$,949. ‖ 2° *T. de p. et chauss*. *Toise* ou *toison de pierres*. Pierres cassées, disposées en tas le long d'une chaussée, et destinées à son empierrement. ‖ 3° *T. de men*. *Toise mouvante*. Règle de bois renfermant une autre règle mobile.

**TOISÉ**. T. *techn*. Syn. de *métré*. On se sert encore quelquefois de ce mot emprunté à la toise dont on ne se sert plus.

**TOISEUR**. T. *de mét*. Celui dont la profession est de toiser les constructions ; on dit plus généralement, aujourd'hui, *métreur*. — V. ce mot.

**TOISON**. Réunion en masse des brins de laine qui recouvrent la peau d'un mouton. Lorsqu'on tond un animal, on n'en détache pas les brins de laine parties par parties ; au contraire, dans le commerce, les toisons se vendent entières, toutes les parties se tenant généralement ensemble par le suint et formant une espèce de nappe élastique et floconneuse. Lorsqu'on en étend une pour procéder au triage des laines, celle-ci représente l'animal comme s'il était fendu en deux sous le ventre, les quatre pattes, le cou et la queue étalés bien à leur place et tenant à la partie principale. — V. LAINE.

**TOIT**. T. *de constr*. Partie supérieure d'une maison, d'un bâtiment, qui s'étend au-dessus de l'étage le plus élevé pour les couvrir et les abriter contre les injures du temps. — V. COMBLE, COUVERTURE. ‖ T. *de min*. Partie supérieure d'un filon, d'un banc, d'une couche. — V. GISEMENT.

**TÔLE**. T. *de métall*. La *tôle* est un fer plat où l'épaisseur est relativement faible par rapport à la longueur et surtout à la largeur.

La tôle mince se fait avec des plats ayant, à quelques centimètres près, la largeur de la pièce finie, et que l'on passe au laminoir sans retournement. Ces plats, que l'on appelle *bidons* ou *brames* ou encore *largets*, ont, pour une largeur donnée de tôle, une épaisseur qui varie avec la longueur et l'épaisseur du produit à obtenir. Généralement, après un certain allongement, les tôles ébauchées sont reportées au four, et on les passe deux, quatre et même six à la fois, pour faciliter une obtention plus régulière des épaisseurs les plus minces. On les décolle alors, et on les porte dans les caisses à recuire pour détruire l'écrouissage produit par les dernières passes à froid.

Le laminage des tôles minces se fait avec des laminoirs en fonte blanche, à surface aussi dure que possible, et dont l'un seulement est actionné par l'arbre de la machine, tandis que celui de dessus est entraîné par le frottement. Il en résulte un certain retard dans le roulement du cylindre entraîné qui produit un polissage de la surface de la tôle. Ce laminage se faisant avec un laminoir à deux cylindres, on est obligé, à chaque passe, de faire repasser la tôle par dessus le cylindre supérieur, pour qu'elle subisse un nouvel étirage ; il en résulte une fatigue inutile pour les hommes, une perte de temps et un refroidissement. Un Américain, M. Lauth, a imaginé de laminer les tôles minces avec un laminoir trio, dont deux seulement des cylindres sont accouplés, celui du milieu, de diamètre plus faible, étant entraîné par le frottement. La production, par cet artifice, est plus considérable et le finissage plus rapide, ce qui économise également le réchauffage.

La tôle de fer ayant plus d'un millimètre d'épaisseur avec une certaine surface, se fait au moyen de *paquets misés*, analogues à ceux que l'on employait pour les rails en fer à double champignon, c'est-à-dire qu'entre deux couvertes en fer ballé, on interpose un certain nombre de *mises* de fer brut. On ne s'astreint pas, pour cette fabrication, à avoir des paquets dont la longueur soit égale à peu près à la largeur de la tôle finie ; on élargit le paquet, par quelques coups de cylindre, jusqu'à la largeur de la tôle, puis *on retourne* et on lamine jusqu'à la longueur et l'épaisseur voulues.

Les tôles fortes se font au moyen de plusieurs mises que l'on élargit et que l'on soude dans une seconde chaude ; les mises inférieure et supérieure ont seules une couverte en fer ballé, dans le but d'obtenir une plus belle surface.

La fabrication des tôles s'est simplifiée par l'introduction de l'acier. Actuellement, la majeure partie des tôles à fer-blanc est obtenue au moyen de plats en acier, d'une largeur de 175 millimètres environ, dont l'épaisseur varie avec celle de la tôle à obtenir. On a ainsi moins de rebuts, de plus belles surfaces et, comme la matière est moins poreuse, une moindre consommation d'étain. Les grosses tôles, pour chaudières et pour navires, se font directement avec des lingots plats qu'on martèle quelquefois.

Les tôles en acier un peu épaisses n'ont besoin d'être recuites que lorsqu'elles ont subi un travail mécanique à froid ou même à chaud, quand ce dernier n'a pas eu lieu également dans toute la masse et a pu produire des tensions inégales. Les premières tôles ont été faites au marteau, et cette pratique coûteuse ne s'applique plus que partiellement à certains produits de l'Oural. Les tôles russes s'obtiennent en empilant un certain nombre de feuilles séparées par une couche de poussier de charbon de bois, et les pilonnant à plusieurs reprises. L'oxyde qui recouvre ces feuilles passe, au contact du poussier de charbon de bois et sous l'action du martelage, à l'état d'oxyde magnétique inattaquable, ultérieurement, par l'action de l'atmosphère humide ; aussi ces tôles sont-elles renommées pour leur résistance à la rouille. On en fait une grande consommation, en Russie et aux États-Unis, pour couvrir les maisons, à la façon des ardoises. C'est une couverture légère et qu'il serait intéressant, pour la métallurgie nationale, de voir s'introduire en France.

Outre l'étamage, on fait souvent subir aux tôles minces la galvanisation et le plombage pour les préserver de l'humidité et des vapeurs acides.

*TÔLERIE.** Industrie qui a pour objet la fabrication de la tôle.

*TOLET.** Cheville de fer ou de bois, fixée au plat-bord d'une embarcation pour y accrocher l'estrope d'un aviron, et pièce analogue, employée en mécanique, pour servir de pivot à une autre pièce animée d'un mouvement oscillatoire.

*TOLUÈNE.** *T. de chim.* Syn. : *Méthylbenzine.* $C^{12}H^4(C^2H^4) = C^{14}H^8... C^6H^5, C^7H^8$. Carbure benzénique découvert, en 1838, par Pelletier et Walther, existant dans un grand nombre de corps, et dont la synthèse a été réalisée par voie sèche et par voie humide.

*Propriétés.* Il est liquide, réfringent, d'odeur benzénique, d'une densité de 0,856 ; il ne se solidifie pas à —20°, il bout à 110°, est insoluble dans l'eau, soluble dans l'alcool et surtout dans l'éther. Par l'action de la chaleur rouge, il se décompose en donnant du *ditolyle*, $C^{28}H^{14}... C^{14}H^{14}$, de l'anthracène, $C^{28}H^{10}... C^{14}H^{10}$, de la benzine, de l'acétylène, $2C^{14}H^8 = 2C^{12}H^6 + C^4H^2 + H^2$, et ces deux carbures, benzine et acétylène, s'unissent alors pour faire de la naphtaline,

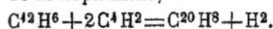

$$C^{12}H^6 + 2C^4H^2 = C^{20}H^8 + H^2.$$

Les agents oxydants transforment le toluène en acide benzoïque, $C^{14}H^8 + 3O^2 = C^{14}H^6O^4 + H^2O^2$ ; d'autres en font de l'acide benzylique (crésylol)

$$C^{14}H^8O^2... C^7H^8O,$$

de l'aldéhyde benzoïque ; de l'acide salicylique et ses homologues ; de l'acide dioxybenzoïque ; de l'acide gallique, etc. Le chlore exerce une action non moins remarquable : le toluène chloré, $C^{14}H^7Cl$ (chlorure de benzyle), transformé en éther benzyl-acétique, fournit de l'alcool benzylique avec la potasse, tandis que le toluène bichloré donne de l'aldéhyde benzylique (essence d'amandes amères) par l'action de l'oxyde de mercure ; que le toluène trichloré, décomposé par les alcalis, produit un benzoate ; que du toluène quadrichloré, et les alcalis permettent de séparer de l'acide salicylique. Comme il existe deux séries isomériques de dérivés chlorés, correspondant à la benzine et au formène chlorés, on voit toutes les réactions que l'on peut tirer de ce toluène.

PRÉPARATION. On l'obtient avec les huiles légères de houille, en agitant avec de l'acide sulfurique étendu, pour séparer les alcalis entraînés ; puis avec de la soude, pour saturer les phénols, enfin, avec de l'acide sulfurique concentré, pour détruire quelques carbures altérables (styrolène, etc.), puis en distillant. On enlève la benzine à 80°, et on recueille tout ce qui passe à 110°.

On peut le former : 1° par analyse : de diverses manières, notamment en dédoublant l'acide toluique par un alcali,

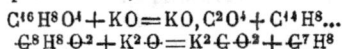

$$C^{16}H^8O^4 + KO = KO, C^2O^4 + C^{14}H^8...$$
$$C^8H^8O^2 + K^2O = K^2CO^2 + C^7H^8$$

2° Par synthèse : par plusieurs procédés : *a*) par l'action de la benzine et du formène à l'état naissant,

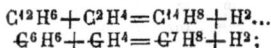

$$C^{12}H^6 + C^2H^4 = C^{14}H^8 + H^2...$$
$$C^6H^6 + CH^4 = C^7H^8 + H^2 ;$$

*b)* en décomposant au rouge le styrolène par l'hydrogène, $2C^{16}H^8 + H^2 = 2C^{14}H^8 + C^4H^2$ ; *c)* en distillant un mélange d'acétate et de benzoate alcalins. Il sert à faire un grand nombre de matières colorantes. — J, C.

**\*TOLUIDINE. T. *de chim.*** Alcali artificiel à fonction simple, dérivé des alcools monoatomiques, ayant pour formule $(C^{16}H^6)AzH^3...(C^7H^7)H^2Az$, et dont on connaît trois isomères dérivés de nitrotoluènes également isomères.

L'*orthotoluidine (pseudotoluidine)*, de M. Rosentiehl, constitue, avec la paratoluidine, la toluidine ordinaire, laquelle se prépare par réduction, du corps obtenu en traitant le toluène par l'acide azotique; Elle est liquide, incolore, huileuse, d'une densité de 1; elle bout à 198° et correspond au toluène nitré liquide.

La *métatoluidine* (Beilsten et Kuhlberg) est également liquide, sa densité est de 0,988, elle bout à 197°, et correspond au métanitrotoluène.

La *paratoluidine* (Muspratt et Hofmann) est la plus importante, parce qu'elle constitue la plus grande partie du produit commercial; elle est solide, cristallise en tables d'une densité de 1, fond à 45°, bout à 200°, est peu soluble dans l'eau qui l'entraîne à l'état de vapeur, est soluble dans l'alcool, dans l'éther, etc.; elle donne de nombreux sels, et n'est pas influencée par l'hypochlorite de chaux; elle correspond au paranitrotoluène. Les toluidines sont isomères de la méthylaniline, mais l'action de l'hydrogène naissant, à 280°, en régénère du toluène, tandis que la méthylaniline dans les mêmes conditions, donne de la benzine et du formène. On les prépare avec les nitrotoluènes, de la même manière que l'aniline. — V. Aniline. Elles servent pour l'obtention de diverses matières colorantes.

**\*TOLUIQUE** (Acide). $C^{16}H^8O^4...C^8H^8O^2$. On en connaît également trois qui sont isomères. L'*acide orthotoluique* (Fittig et Bieber) est en longues aiguilles blanches, fondant à 102°; le permanganate transforme cet acide saturé en acide phtalique. L'*acide métatoluique* (Ahrens) est en aiguilles incolores, assez solubles dans l'eau; il fond à 110° et donne de l'acide isophtalique par oxydation. On

l'obtient par oxydation du métaxylène, $C^{16}H^{10}...$ $C^8H^{10}$. L'*acide paratoluique* (Noad) est en aiguilles fondant à 178°; par oxydation, il donne de l'acide téréphtalique; on l'obtient du cymène du camphre par l'acide azotique.

L'*acide alphatoluique* (Cannizzaro), syn. : *acide phényl-acétique*, est encore un autre isomère qui cristallise en lamelles brillantes, fondant à 76°,5 et distillant à 261; il donne par oxydation de l'acide benzoïque. Il dérive du chlorure de benzyle, par traitements successifs avec le cyanure de potassium et l'acide chlorhydrique.

**TOMBAC** ou **TOMBACK.** Syn. : *demi-or.* Alliage de zinc et de cuivre fait en proportions différentes selon les usages auxquels on le destine : tombac blanc, cuivre 86 à 88, zinc 14 à 12 ou 97 et 3; tombac jaune, 88,88 cuivre, 5,56 zinc, 5,56 étain; tombac rouge, 91,67 cuivre, 8,33 zinc.

**TOMBEAU.** Monument élevé à la mémoire d'un mort dans l'endroit où il est enterré. — V. Monument funéraire.

**TOMBEREAU.** Véhicule à deux roues employé dans les terrassements et en agriculture aux transports des terres, matériaux de construction, récoltes, etc. Le tombereau est formé d'une caisse trapéziforme montée sur deux pièces longitudinales (limons ou membrures basses) au milieu desquelles s'encastre l'essieu. Les brancards sont articulés aux limons, et un mécanisme les rend solidaires afin d'empêcher le mouvement de bascule de la caisse; souvent, c'est une barre de bois qui passe dans des anneaux de fer fixés aux brancards et aux limons; d'autrefois, c'est une sorte de verrou. La paroi antérieure de la caisse est fixée au bâti; les faces latérales sont soutenues par les montants ou ranchés; la paroi postérieure mobile est retenue en bas par deux taquets, et en haut par une chaîne à levier; ce panneau mobile s'enlève lorsqu'on veut décharger le tombereau, ce qui s'effectue en faisant basculer la caisse. Le cheval limonier est obligé de résister à des efforts souvent considérables, il maintient l'équilibre du tombereau par une courroie dossière qui passe sur une sellette; les brancards sont terminés par des moufflettes qui permettent l'accro-

| | Tombereaux à un cheval à tous usages | | | | |
|---|---|---|---|---|---|
| | W. Ball et fils | F.-P. Milford | T. Milford et ses fils | G. Ball | Hayes et fils |
| Capacité de la caisse. . . . . . . . . . . . . . . | 0mc,82 | 0mc,76 | 0mc,82 | 0mc,79 | 0mc,79 |
| Surface libre pour le chargement des fourrages, lorsqu'on ajoute des ridelles. . . . . . . . . . . | 5m²,29 | 7m²,80 | 5m²,60 | 5m²,85 | 6m²,13 |
| Roues { Diamètre . . . . . . . . . . . . . . . | 1m,45 | 1m,57 | 1m,40 | 1m,45 | 1m,47 |
| Roues { Inclinaison. . . . . . . . . . . . . | 2°1/4 | 2°1/2 | 1°3/4 | 2°1/4 | 3°1/2 |
| Roues { Largeur des jantes . . . . . . . . . . | 0m,102 | 0m,102 | 0m,077 | 0m,102 | 0m,102 |
| Poids { De la voiture vide. . . . . . . . . | 593k,04 | 597k,47 | 462k,00 | 548k,60 | 631k,12 |
| Poids { De la charge utile. . . . . . . . . | 1.015k,6 | 1.015k,6 | 1.015k,6 | 1.015k,6 | 1.015k,6 |
| Poids { Total. . . . . . . . . | 1.608k,6 | 1.613k,1 | 1.477k,6 | 1.564k,2 | 1.646k,7 |
| Rapport { De la charge utile au poids total. . . . | 0.631 | 0.629 | 0.687 | 0.649 | 0.616 |
| Rapport { Du tirage { Au poids total. . . . | 0.0137 | 0.0159 | 0.0134 | 0.0160 | 0.0151 |
| Rapport { sur une route { A la charge utile. . . | 0.0217 | 0.0250 | 0.0194 | 0.0247 | 0.0244 |
| Rapport { Du tirage dans { Au poids total. . . . | 0.0571 | 0.0297 | 0.0627 | 0.0661 | 0.0543 |
| Rapport { un champ { A la charge utile. . . | 0.0906 | 0.0472 | 0.0909 | 0.1018 | 0.0879 |

chage des traits des chevaux de devant. Dans les grands tombereaux, on ajoute souvent un *tuteur-limonier* (dont l'invention est due à M. Mignard), qui empêche le cheval de s'abattre et de se couronner. Dans l'agriculture, les tombereaux peuvent souvent recevoir des ridelles, ils peuvent alors convenir au transport des fourrages et des céréales. La capacité des tombereaux varie de $0^{m3},5$ à $0^{m3},8$ pour un cheval ; elle atteint 1 mètre cube et $1^{m3},5$ pour plusieurs tombereaux.

Nous donnons à la page précédente, d'après M. Hervé-Mangon, plusieurs chiffres concernant les meilleurs tombereaux primés par la Société royale d'agriculture d'Angleterre.

Un des avantages du tombereau est surtout le déchargement rapide de la charge qui se fait en basculant la caisse, ce qui n'a pas lieu, en général, avec les voitures à quatre roues. Depuis quelques années, on voit circuler, dans Paris, de grands tombereaux appartenant à la Compagnie du Nord et servant au transport du charbon ; ces tombereaux à bascule, attelés de trois chevaux de front, sont montés sur quatre roues, et un siège pour le conducteur est placé au-dessus de l'avant-train. Dans les travaux publics, on admet que le tombereau est employé pour des transports variant de 100 à 500 mètres de distance ; en dessous, il faut employer la brouette, au-dessus, on a recours au vagonnet. — V. Terrassement. — M. R.

\*TONDAGE. *T. techn.* Opération qui a pour but soit de tondre des moutons, soit de couper ou tondre le duvet d'une manière égale, nette et aussi ras que possible sur toute la surface des tissus.

I. TONDEUSE. *T. techn.* Nom de tout appareil propre à tondre les tissus. Il y a un grand nombre de systèmes de tondeuses, mais, en principe, l'action des machines de ce genre est basée sur le jeu d'un cylindre autour duquel sont enroulées des lames hélicoïdales ; ces lames ou couteaux tournent contre une autre lame rectiligne disposée tangentiellement au-dessous du centre du couteau rotatif, et il suit de cette disposition que, lorsque la machine est en marche, les lames tournantes et la lame fixe agissent exactement à la manière des deux branches d'une paire de ciseaux. Le tissu est tiré à travers la tondeuse par des rouleaux placés à la partie postérieure et circule sur des barres placées au-dessus des lames coupantes qui le maintiennent en contact avec elles ; un appareil spécial placé en avant, lui donne la tension nécessaire et l'empêche de former des plis. Comme les couteaux tournent *avec* une grande vitesse et que leur action est continue, les fils et autres imperfections de l'étoffe sont enlevés au fur et à mesure qu'elle avance. Suivant la nature des tissus à traiter, les tondeuses ont une, deux, trois ou quatre lames, lesquelles sont agencées pour tondre l'endroit et l'envers, le lecteur en trouvera un exemple à l'article Apprêt, § *Tondage des tissus.*

**Tondeuses de gazon.** Ces machines, destinées à couper les gazons des parcs et des jardins, ont pris naissance en Angleterre. Après plusieurs modèles proposés à différentes époques, les constructeurs se sont arrêtés à un type dont l'organe coupeur est formé par des couteaux hélicoïdaux, tournant avec une certaine vitesse, rabattant l'herbe et la coupant contre une lame rectiligne fixe. En principe, la tondeuse se compose d'un léger bâti porté sur deux roues motrices qui, au moyen de pignons, donnent le mouvement à l'axe des couteaux hélicoïdaux ; en arrière, le bâti est terminé par un manche oblique muni de poignées à l'aide desquelles l'ouvrier pousse la tondeuse. Certaines tondeuses portent en avant, une boîte à bascule dans laquelle s'emmagasine l'herbe coupée ; lorsque la boîte est pleine, on la renverse ; d'autres systèmes n'ont pas de caisse, et l'herbe coupée reste sur le gazon ; cette herbe se fane rapidement et forme une sorte de paillis protecteur à la pelouse en même temps qu'un engrais naturel. Toutes les tondeuses sont munies de décliquetages qui empêchent la communication du mouvement des roues aux couteaux lors du recul ou de la marche en arrière de la machine. Quelques tondeuses sont mises en mouvement par un cheval, et portent quelquefois un siège ; elles sont employées pour les très grands parcs et les pelouses des champs de courses.

**Tondeuses de haies.** Le tondage des haies se fait ordinairement à la main à l'aide de grands *sécateurs* (V. ce mot). On a proposé des machines spéciales pour les pays à pâturages dont les champs nombreux et de petites dimensions sont séparés par des haies vives : l'entretien à la main de ces haies étant très coûteux. La tondeuse de haies de R. Hornsby présente assez d'analogie avec une *faucheuse* (V. ce mot) ; elle se compose d'un bâti porté par deux roues motrices et tiré par deux chevaux. L'organe coupeur est formé de deux scies de faucheuses (mais plus fortes que celles de ces dernières) mises en mouvement par une manivelle et une bielle. Cette scie peut prendre différentes inclinaisons et couper verticalement (côtés de la haie) ou horizontalement (dessus de la haie). La machine exige deux hommes, un à la main, l'autre comme conducteur. Tirée par deux chevaux, cette tondeuse peut travailler de 5 à 8 kilomètres de haies par jour. — M. R.

**TONNE.** Mesure en usage dans divers pays, mais qui varie beaucoup comme capacité ; chez nous, c'est une unité conventionnelle équivalant à 1,000 kilogrammes ou 10 quintaux métriques. ‖ Vaisseau de bois plus grand que le tonneau.

— L'Exposition universelle de 1878 nous a montré une tonne aux dimensions phénoménales, et ceux qui ont visité les caves d'Heidelberg connaissent ce récipient gigantesque dont la construction remonte à 1751, sous l'électeur Charles-Théodore. Elle figure, à s'y méprendre, un navire sous cale. Elle a 8 mètres de diamètre, 11 mètres de longueur, et peut contenir 256 foudres, c'est-à-dire 284,000 bouteilles.

Cette tonne est légendaire. C'est la troisième qui ait été construite à Heidelberg. La première, qui n'atteignait point ces proportions extraordinaires, fut détruite pendant la guerre de Trente-Ans. La seconde, d'un volume d'un tiers environ supérieur à la première, fut bâtie par ordre de l'électeur Charles-Louis. C'était une véritable œuvre d'art ; elle était ornée de splendides sculptures représentant Bacchus avec le vieux Sylène. Des satyres

et des dryades dansaient autour d'eux une ronde champêtre, conduite par le dieu, Pan et des guirlandes de feuilles
et de ceps de vigne formaient l'encadrement.

|| *Tonne grenoire. Tonne mélangeoire.* Tonnes à
l'aide desquelles on fait l'opération du mélange
ou du grenage de la *poudre.* — V. ce mot.

**TONNEAU.** 1° Vaisseau de bois à deux fonds
plats, de forme cylindrique, mais renflé dans le
milieu, fait de planches ou douves arquées et cerclées avec du fer ou de l'osier, et propre à contenir, soit des liquides, soit des marchandises; on
comprend sous la même dénomination les tonnes,
muids, futailles, barils, etc.; on applique aussi
ce mot à une mesure de pesanteur et de capacité.
— V. Jaugeage.

**Tonneaux en fer.** On fait encore usage depuis quelques années de tonneaux en fer, ordinairement cylindriques et munis de deux cercles
de roulement. Pour en faciliter la visite, le nettoyage et les réparations qui se faisaient le plus
souvent par un trou d'homme placé dans l'un des
fonds, M. Montupet a imaginé dernièrement de
rendre le fût démontable en remplaçant l'un des
cercles de roulement par deux cornières formant
joint, réunies par des boulons que l'on démonte
pour séparer le tonneau en deux parties. Cette
disposition permet de recouvrir facilement l'intérieur de certains enduits, et même de le galvaniser, le plomber ou l'étamer, suivant la nature des
liquides à transporter. Si les tonneaux doivent
être renvoyés à vide, on leur donne, le plus souvent, la forme de deux troncs de cône, joints par
leur grande base, et que l'on sépare, au retour,
pour placer les parties coniques les unes dans les
autres, de manière à leur faire occuper le plus
petit volume possible.

|| 2° Appareil qui permet d'opérer mécanique-
ment le mélange des matières destinées à la confection des mortiers; il est composé d'une caisse
ordinairement cylindrique dans laquelle tourne
autour de son axe un cadre en fer muni de râteaux
dont les dents divisent, triturent et pétrissent le sa-
ble et la chaux. || 3° Sorte de jeu pour lequel on se
servait, dans l'origine, d'un tonneau percé de trous,
et que l'on a remplacé par un coffre dont le dessus
est percé de trous communiquant, par des plans
inclinés, à des cases inférieures portant différents
numéros; le jeu consiste à lancer des palets de
cuivre dans les ouvertures supérieures pour obtenir le plus grand nombre de points.

**TONNELIER.** *T. de mét.* Celui qui fabrique,
raccommode ou vend les tonneaux, les barils, les
cuviers et, en général, tous les vases propices à
contenir des marchandises liquides; à Paris, les
tonneliers sont plutôt marchands que fabricants,
et ils ont la spécialité de la mise du vin en bouteilles.

**TONNELLERIE.** Industrie qui consiste à fabriquer les tonneaux, barils, futailles, baquets, cuviers, etc., et, en général, tous les ustensiles composés de planches appelées *douves, douelles,* ou

Fig. 554. — *Machine à jabler, biseauter, chanfreiner.*

*douvelles,* disposées les unes à côté des autres, de
façon à former un vaisseau et maintenues par des
cercles de bois ou de fer.

Dans le travail manuel, l'ouvrier amincit, au
moyen d'une grosse varlope appelée *colombe,* les
deux extrémités de chaque douve, puis il fait

l'assemblage des douves à chaque bout à l'aide d'un cercle en fer à vis qui les assujettit pendant qu'il opère le centrage; la courbure s'obtient en brûlant des copeaux à l'intérieur; il pratique ensuite le *jable*, rainure qui doit recevoir le fond du tonneau, et il perce la bonde. Pour n'être point compliquées, ces opérations exigent une certaine habileté lorsqu'on veut obtenir une fabrication soignée, aussi certains constructeurs se sont-ils décidés à créer des machines permettant de réaliser plus rapidement et plus exactement les quatre opérations principales du montage d'un tonneau : faire les joints des douves; assembler ces douves et les maintenir provisoirement; y creuser le jable, puis biseauter et chanfreiner, et enfin, tourner et biseauter le fond.

Le bois, ordinairement du chêne de belle qualité, arrive tout fendu à l'atelier, et prend le nom de *merrain*; son épaisseur étant, en général, double ou triple de celle de la douve, on le refend à l'aide d'une scie à lame sans fin, munie d'un chariot spécial à cylindre, et la douve, ainsi préparée, est soumise au *dolage*, c'est-à-dire rabotée en une seule passe, suivant les courbures des surfaces intérieures et extérieures des futailles, au moyen de lames à profil approprié; puis à l'aide d'une machine sur laquelle on lui fait prendre la courbure parabolique, ou *bouge*, qu'elle aura définitivement une fois la futaille terminée, elle est coupée par une petite lame circulaire se mouvant exactement dans un plan passant par l'axe du tonneau; cette lame à denture spéciale, scie et rabote en même temps la face du joint.

L'assemblage de ces douelles s'opère en les plaçant les unes à côté des autres à l'intérieur d'un cercle de fer maintenu horizontalement à une certaine distance d'une plate-forme, et en choisissant la dernière suffisamment large pour qu'elle entre à frottement dur; un fort cône de fonte descend alors automatiquement sur l'ensemble, serre les douves, puis s'ouvre et remonte rapidement en laissant sur le tonneau un cercle provisoire. Cette dernière opération répétée sur l'autre extrémité de la futaille, on place celle-ci sur la machine à jabler, biseauter et chanfreiner (fig. 554), pour y pratiquer cette sorte de moulure intérieure destinée à retenir le fond du tonneau.

Les planchettes de ce fond, rabotées préalablement sur la machine à doler dont nous avons parlé plus haut, sont dressées sur leurs joints au moyen d'une petite varlope mécanique, puis percées, sur ces joints, de trous pour recevoir les goujons en bois qui permettent de les assembler; le fond ainsi formé est ensuite chantourné à la scie à lame sans fin, puis tourné et biseauté à l'aide d'une toupie spéciale, et enfin, mis en place. Il ne reste plus qu'à poser les cercles définitifs, ce qui se fait généralement à la main.

Avec l'outillage mécanique que nous venons de décrire, dix ouvriers fabriquent facilement, en un jour, 120 barriques d'un hectolitre.

**TONTISSE.** *T. techn.* Laine enlevée par la tondeuse sur la superficie d'une étoffe. La tontisse de toile est vendue aux fabricants de papier. La tontisse des draps sert à faire les papiers velours, à garnir l'envers de certaines toiles cirées ou à mélanger, pendant le foulage, aux draps communs pour leur donner de la douceur.

**TOPAZE.** *T. de minér. et de joaill.* Pierre précieuse qui est un silicio-fluorure d'alumine,

$$\text{Si O}^4(\text{Al}^2\text{Fl}^2)^4 \text{ ou } 4\text{Al}^2\text{O}^3, \text{SiO}^3 + 3\text{SiFl}^2$$

dont la forme générale est le prisme rhomboïdal droit de 124°,17', avec sommets variables, en biseau (topaze de Sibérie), en octaèdre (topaze du Brésil), en dôme (Saxe), offrant des stries verticales, transparent ou translucide. L'éclat est vitreux et la coloration variable : il y en a d'incolores, comme celles roulées du Brésil, qu'on nomme *gouttes d'eau*; de jaune plus ou moins intense; de verdâtres comme celles de Sibérie qui se rapprochent de l'aigue-marine par leur teinte et leur transparence; de bleues. Celles du Brésil, qui sont colorées en jaune, deviennent roses par la calcination; on les dit alors *topazes brûlées*. Leur dureté est de 8, la densité de 3,54. D'après H. Sainte-Claire-Deville et Fouquié, celles du Brésil contiennent : silice 25,1, alumine 53,8, silicium 5,8, fluor 15.7. C'est une des plus belles pierres employées par la joaillerie.

Les plus belles topazes nous viennent du Brésil, de Saxe, du Mexique et surtout de Sibérie; ce sont toutes des *topazes occidentales* qui diffèrent de la variété dite *topaze orientale*, laquelle est du corindon, c'est-à-dire de l'alumine pure. Quelques-unes de ces gemmes offrent des cavités remplies de liquides incolores : il y en a de pseudomorphosées en kaolin, en Saxe.

— La topaze se trouve dans le gneiss ou le granite, les roches talqueuses, les micaschistes; dans l'argile lithomarge (Brésil). On nomme *fausse topaze* ou *topaze de Bohême*, le quartz coloré en jaune.

La topaze est la pierre que les anciens appelaient *topazon*; mais ce n'est point celle à laquelle les Romains donnaient ce nom, puisque cette pierre était verte et que celle-ci est jaune. C'est celle qu'ils appelaient *chrysolithe*, du grec *chryso-lithos, pierre d'or.*

Les Romains aimaient beaucoup la chrysolithe. Cléopâtre en offrit une magnifique à Antoine, et la reine Bérénice en reçut une superbe en présent de Philémon, lieutenant du roi Ptolémée. Quant à notre *chrysolithe*, ce n'est point la pierre à laquelle les anciens donnaient ce nom, puisque nous avons vu que celle-ci était notre topaze. La chrysolithe moderne, dite *orientale*, est d'un beau jaune paille, mêlé d'une légère nuance de vert pomme, La *chrysolithe du Brésil* est d'un vert pomme jaunâtre, et parfois aussi d'une belle couleur d'or tirant tant soit peu sur le vert. La *chrysolithe de Bohême*, quoique d'un beau jaune foncé, lui est bien inférieure, et ce qu'elle est presque toujours mélangée d'une teinte verte sale.

Quelques topazes sont restées célèbres. Tavernier en cite une qu'il vit parmi les pierres précieuses du grand Mogol et qui pesait 157 carats 3/4 : elle avait coûté 271,600 francs. Le musée de minéralogie de Paris possède une topaze dont la couleur des plus riches et des plus veloutées; elle a une surface de 0<sup>m</sup>,023 sur 0<sup>m</sup>,014. L'inventaire des joyaux de la couronne en mentionne pour 25,350 francs.

**TOPOGRAPHIE.** La topographie est l'art de construire et de dessiner, au moyen de certaines conventions, une représentation exacte d'une portion de la surface de la terre avec tous les objets naturels ou artificiels qui s'y rencontrent.

Les dessins ainsi exécutés prennent le nom de *cartes* (V. CARTES ET PLANS). Lorsqu'on veut représenter une portion un peu étendue de la surface terrestre, on se heurte à une difficulté assez grave qui tient à la forme générale de la surface de la terre, laquelle est à peu près celle d'un ellipsoïde de révolution. Cette surface n'étant pas développable, il est impossible de représenter les figures qui s'y trouvent tracées par des figures semblables tracées sur un plan. De plus, les cartes doivent indiquer les altitudes relatives des divers objets qui y figurent. On s'est alors arrêté au parti suivant; on imagine sur la terre une surface de *niveau* (V. ce mot) qui traverse le pays à représenter; le plus souvent, c'est la surface des mers prolongée. Cette surface est en chaque point normale à la verticale qui la rencontre. Par chaque point A du terrain, on imagine une verticale qui vient rencontrer cette surface de niveau en un point *a*. Celui-ci est dit *la projection du point* A, et le lieu des points *a* forme sur la surface de niveau une figure que l'on représente sur la carte. Pour y arriver, on emploie une règle conventionnelle d'après laquelle, à chaque point *a* de la surface terrestre défini par sa longitude et sa latitude, correspond un point *a'* du plan défini par des constructions géométriques spéciales ou par des *coordonnées*, qui peuvent se calculer à l'aide de formules quand on connaît la longitude et la latitude de *a*. Le système d'après lequel est établie cette règle de correspondance porte le nom de *système de projection*. Il en existe un grand nombre qui présentent des qualités et des inconvénients variés et répondent à différents besoins, suivant l'usage auquel sont destinées les cartes. Il nous suffira de citer, comme exemple, la projection stéréographique, la projection de Mercator, la projection gnomonique, etc. (V. CARTES ET PLANS). Une fois qu'on a ainsi dressé la figure formée par les points *a'*, figure dite *planimétrie*, parce qu'elle représente seulement les projections des points A sur une surface de niveau, il reste à indiquer sur la carte la hauteur de chacun des points A. Au-dessus ou au-dessous de la surface de niveau considérée. On y arrive en écrivant à côté de chacun des points *a'*, un nombre appelé *cote* qui exprime la mesure de cette hauteur; mais pour ne pas surcharger la carte de nombres inutiles et pour en rendre la lecture plus facile et plus instructive, on emploie diverses combinaisons graphiques de courbes de niveau et de hachures qui lui donnent une très grande clarté, ainsi qu'il sera expliqué plus loin.

Les cartes ainsi dressées portent le nom de *cartes géographiques*; quoique leur établissement exige l'emploi des procédés de la topographie proprement dite, il faut aussi pour se procurer les documents nécessaires, entreprendre une série d'opérations qui sont du domaine de la géodésie et de l'astronomie. L'intervention de ces deux dernières sciences est due à la nécessité de tenir compte de la courbure de la terre. Le rôle de la topographie se borne donc à la représentation des étendues

assez petites pour qu'on puisse négliger cette courbure, et considérer la surface de niveau qui traverse le terrain qu'on veut représenter comme une surface plane et horizontale. Toutes les verticales sont alors supposées parallèles et la planimétrie consiste en une simple projection orthogonale.

Les opérations à exécuter sur le terrain sont de deux ordres différents : 1° celles qui concernent la planimétrie et qui ont pour objet de déterminer la projection horizontale de tous les objets naturels ou artificiels qui se trouvent sur le sol; 2° celles du nivellement qui consistent dans la détermination des hauteurs des différents points relevés sur le sol au-dessus d'un plan horizontal fixe, qui sert de terme de comparaison. Il restera ensuite à mettre en œuvre les matériaux ainsi recueillis pour la construction définitive de la *carte* ou du *plan*. Il est une question importante à laquelle on doit s'attacher tout d'abord, c'est celle de l'*échelle* à laquelle il convient de tracer la carte. Le choix des méthodes à employer sur le terrain et le degré de précision des opérations dépendent en grande partie de l'échelle de la carte, comme on le comprendra facilement. On sait, en effet, que l'*échelle* est le rapport entre les dimensions d'une figure de la carte et celles de la figure qu'elle représente sur le sol. Ainsi, un dessin à l'échelle de 1/1000 ou de 1 millimètre pour 1 mètre est un dessin dans lequel les figures sont 1,000 fois plus petites que les objets qu'elles représentent, de sorte qu'une longueur de 1 mètre sur le sol y est représentée par une longueur de 1 millimètre. L'expérience a montré que sur les cartes les plus finement gravées, les détails dont la dimension n'excède pas 1/8 ou 1/10 de millimètre sont complètement inappréciables, même avec l'aide de la loupe. La précision du dessin ne saurait être poussée plus loin. Il en résulte qu'il est inutile de relever sur le terrain tous les détails et tous les accidents qui seraient figurés sur la carte par des longueurs moindres de 0m,0001. Ainsi, si l'échelle est de 1/1000, il faudra relever tous les objets dont la dimension dépasse 0m,1, tandis que l'échelle est de 1/40000, par exemple, il faudra négliger tous ceux dont la dimension est inférieure à 4 mètres. Il convient pourtant de remarquer qu'il y a lieu de s'écarter de cette règle, afin de représenter sur la carte des objets qui offrent une certaine importance malgré leurs dimensions exiguës, tels que des arbres, des sentiers, des ruisseaux, des fossés, etc. Mais il n'en est pas moins vrai que les cartes à grande échelle exigent des opérations faites sur le terrain avec beaucoup plus de précision que les cartes à petite échelle. Il faut, dans chaque cas, choisir les méthodes et les instruments qui fourniront toute la précision désirable sans aller au delà, en économisant le plus de temps et de travail.

Les opérations de la planimétrie portent aussi le nom de *levé des plans*. Il existe, pour les effectuer, diverses méthodes et un grand nombre d'instruments. Mais, quels que soient les instruments employés et les détails qui résultent de leur emploi dans l'application des méthodes, le principe de celles-ci est toujours le même : on commence par jalonner sur le terrain un polygone, c'est-à-dire qu'on fait choix d'un certain nombre de points remarquables facilement accessibles et observables de loin, autant que possible, en lesquels on installe, si c'est nécessaire, des signaux ou jalons ; souvent aussi, on disposera des jalons en ligne droite sur un ou plusieurs côtés de ce polygone afin d'en bien fixer la direction et d'en rendre la mesure plus facile. Les côtés et les sommets de ce polygone serviront de point de repère pour déterminer la place des détails du terrain. On décompose ce polygone en triangles par des diagonales, et on détermine séparément ces divers triangles au moyen de trois éléments dont au moins un côté. Les longueurs sont mesurées directement sur le terrain à l'aide d'une règle ou d'une chaîne, les angles sont mesurés à l'aide de cercles divisés munis d'alidades ou mieux de lunettes, ou bien sont directement relevés sur un papier fixé sur une planchette portative (V. PLANCHETTE). Chaque triangle déterminé fait connaître un côté du triangle voisin, de sorte que, sauf pour le premier triangle, il n'y a que deux éléments à déterminer pour chacun d'eux. Les méthodes se différencient par le nombre des angles et des côtés à déterminer, et le choix qu'on en doit faire dépend des circonstances particulières que rencontre l'opérateur. La détermination d'un angle exige que l'observateur puisse se transporter au sommet et viser deux points placés sur les côtés. La mesure d'une longueur exige que les deux extrémités en soient accessibles et que le terrain qui les sépare soit suffisamment uni. Suivant les cas, il y aura lieu de préférer l'une ou l'autre de ces opérations et d'employer pour le levé l'une ou l'autre des méthodes connues qui, d'ailleurs, se ramènent à quatre :

1° La *méthode par cheminement*, qui consiste à mesurer successivement tous les côtés du polygone et à déterminer tous les angles. Une vérification importante résulte de la fermeture du polygone ainsi déterminé. Cette méthode est la seule qui convienne quand les différents sommets du polygone ne sont visibles que des sommets voisins, comme cela se présente souvent dans les pays de montagnes et comme il arrive forcément dans le levé d'un système de galeries souterraines. Il faut que le nombre des côtés ne soit pas trop grand, autrement l'erreur de fermeture deviendrait considérable ; s'il y a plus de 15 à 20 côtés, on doit fractionner le polygone par des diagonales, et cheminer séparément le long des périmètres de chacun de ces polygones plus petits ;

2° La *méthode par rayonnement*, qui n'exige qu'une seule station pour la détermination des angles consiste à déterminer toutes les longueurs des droites qui joignent un point O intérieur au polygone, aux différents sommets du polygone ainsi que les angles que font ces diverses droites ou *rayons*. Elle convient au cas où le polygone se trouve dans un terrain plat et uni ;

3° La *méthode par recoupements* n'exige qu'une

seule mesure de longueur ; elle consiste à déterminer d'abord le triangle A B C, par exemple (fig. 555), par le côté A B et les angles A et B, puis le triangle B C D par le côté B C déjà connu et les angles B et C, le triangle C D E pour les angles C et D, et ainsi de suite. Cette méthode comporte une vérification importante par la fermeture du dernier triangle, mais elle a l'inconvénient de nécessiter une station en chacun des sommets du polygone ;

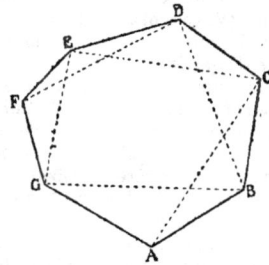

Fig. 555. — *Levé d'un polygone par recoupement.*

4° La *méthode par intersection* consiste à déterminer tous les triangles qui ont pour base l'un des côtés du polygone AB, par exemple, et pour sommets respectifs les autres sommets du polygone au moyen de la base commune A B et des angles en A et B. Elle est la plus parfaite en théorie parce qu'elle n'exige qu'une mesure de longueur et deux stations pour la détermination des angles, ce qui réduit au minimum le nombre des opérations et permet de comprendre parmi les sommets du polygone des points visibles mais inaccessibles. Malheureusement, elle a l'inconvénient de ne fournir d'elle-même aucune vérification. Pour se ménager des vérifications, ce qui est indispensable dans les opérations de ce genre, il convient de se transporter en une troisième station et d'y déterminer de nouveaux angles qui doivent être égaux à ceux qu'on a déjà tu pu déterminer par la méthode précédente ; c'est ce qu'on appelle faire des *recoupements* et, de fait, cette nouvelle opération constitue une combinaison des deux dernières méthodes. Ces sortes de combinaisons peuvent être effectuées d'un très grand nombre de manières, et c'est ainsi qu'on opère dans la pratique.

Lorsqu'on veut se dispenser de mesurer les angles et les reporter directement sur le papier, on emploie directement la *planchette* (V. ce mot) qui permet d'obtenir des levés très satisfaisants à l'échelle de 1/2000. Les instruments propres à la mesure des angles sont très nombreux ; ils se composent tous d'un cercle divisé horizontal, muni d'une alidade ou d'une lunette à réticule. Les premiers portent le nom général de *graphomètres* et ne diffèrent que par des modifications de détails. — V. GRAPHOMÈTRE.

Le type des instruments à lunettes est le *théodolite* (V. ce mot) qui a l'avantage de fournir à la fois l'angle des deux plans verticaux contenant les deux points visés et les angles des lignes visées avec l'horizon. Mais le théodolite est un instrument de grande précision dont l'emploi est délicat ; on lui a fait subir, pour les besoins de la topographie, des modifications qui en rendent l'usage plus commode. De là résulte le grand nombre d'instruments aujourd'hui employés, dans la description desquels il nous est impossible d'entrer.

Depuis quelques années, on emploie beaucoup, pour le levé des plans, un instrument fort simple qui donne d'excellents résultats et dont l'usage est d'une commodité extrême ; nous voulons parler de la *boussole* (V. ce mot). La boussole topographique a été décrite au mot BOUSSOLE sous le nom de *boussole d'ingénieur*.

La mesure des longueurs s'effectue au moyen de la *chaîne* ou du *ruban* d'arpenteur (V. CHAÎNE D'ARPENTEUR) ; le ruban paraît préférable à la chaîne, mais l'approximation qu'on obtient avec ces instruments ne dépasse guère le 1/500 de la longueur totale à mesurer. Si l'on veut obtenir plus de précision, il faut employer des règles étalonnées qu'on applique à la suite l'une de l'autre sur le terrain, en ayant soin de les placer bien horizontalement ; mais il faut se mettre en garde contre une foule de causes d'erreurs qui tiennent à la pente du terrain, aux dilatations produites par la température, aux déformations possibles des règles, etc. La mesure d'une longueur à 1/10000 près de sa longueur constitue une des opérations les plus minutieuses et les plus délicates qu'on ait à exécuter, non seulement dans la pratique des travaux topographiques, mais encore dans les recherches scientifiques. — V. DISTANCE, GÉODÉSIE.

Dans bien des circonstances, on n'a pas besoin d'une grande précision ou le temps fait défaut pour l'obtenir ; c'est souvent ce qui arrive dans les levés effectués pour des nécessités militaires. Dans ce cas, on peut employer des instruments dits *diastinométriques* qui permettent d'apprécier les distances sans les mesurer effectivement. Le principe de ces appareils consiste à viser avec une lunette dont le réticule porte deux fils parallèles, une règle divisée placée à distance. Le nombre des divisions comprises entre les deux fils du réticule est évidemment proportionnel à la distance de la règle. Souvent aussi, on a besoin d'effectuer un levé très rapidement ou une *reconnaissance* de terrain. Dans ce cas, on mesurera les distances en comptant ses pas à l'aller et au retour ; mais il est clair qu'il aura fallu s'exercer préalablement à marcher d'un pas régulier et compter sur une route métrée le nombre de pas qu'on fait par kilomètre. Pour les distances un peu grandes, l'opération de compter les pas absorbe l'attention et empêche d'observer les détails utiles à signaler. Il est préférable de s'habituer à une allure de vitesse uniforme préalablement mesurée, et de mesurer les distances par le temps qu'on met à les parcourir. Dès lors, une bonne montre de poche, une boussole pour mesurer les angles, un carnet et un crayon pour consigner les mesures et les observations, sont les seuls instruments nécessaires pour exécuter un levé qui ne laisse pas que d'atteindre une précision étonnante, étant donnée l'imperfection des moyens, pourvu, toutefois, que l'opérateur ait une habitude et une habileté suffisantes.

Les opérations nécessaires au nivellement ont été longuement décrites à l'article NIVELLEMENT. Nous n'avons rien à y ajouter, si ce n'est que dans les opérations rapides, on peut remplacer les procédés très précis du nivellement ordinaire par la mesure de l'inclinaison sur l'horizon des lignes de visée à l'aide du *théodolite* ou de l'*éclimètre*. Quand on connaît cette inclinaison et la distance du point visé, on peut évidemment en conclure l'altitude de celui-ci au-dessus de la station, on n'a qu'à construire un triangle rectangle dont on connaît l'un des côtés de l'angle droit ainsi que l'angle aigu adjacent. — V. NIVEAU, NIVELLEMENT, TACHÉOMÈTRE.

Nous terminerons en donnant quelques détails sur la construction des cartes et les conventions en usage. Nous avons déjà expliqué qu'il y avait utilité à représenter sur la carte des détails qui, par leur petitesse, échapperaient à l'échelle. On est alors obligé d'en augmenter conventionnellement les dimensions ou de les représenter par des signes conventionnels. Ces signes, qui figurent des arbres, des ponts, des moulins, des écluses, etc., sont généralement reproduits au bas de la carte avec leur signification. Les chemins et les rivières doivent, la plupart du temps, être élargis pour pouvoir être figurés. Les traits qui les représentent affectent des formes diverses suivant l'importance du chemin, chemin vicinal, de petite ou de grande communication, route départementale, route nationale. Les chemins de fer à une ou deux voies doivent aussi être figurés par des traits particuliers. Il est évident que les largeurs de ces traits et les dimensions des signes conventionnels sont indépendants de l'échelle. Aussi une carte à petite échelle ne saurait être la reproduction en petit d'une carte à grande échelle, pas plus qu'on obtiendrait une bonne carte à grande échelle en en amplifiant une à petite échelle.

Pour figurer la forme du terrain, le procédé le meilleur consiste à tracer sur la carte des lignes de niveau, qui relient tous les points ayant même altitude ; chacune de ces courbes est cotée, c'est-à-dire qu'on inscrit quelque part son altitude ; le nombre des courbes de niveau qu'il convient de représenter dépend à la fois de l'échelle de la carte et de la pente du terrain ; dans tous les cas, on trace des courbes de niveau dont les cotes varient en progression arithmétique ; on conçoit ainsi que les courbes de niveau sont très espacées si la pente est faible et qu'elles se rapprochent quand la pente devient plus forte. Il peut arriver qu'il se rencontre sur la carte des régions tellement accidentées qu'on soit obligé d'y omettre certaines courbes de niveau. Le figuré du terrain par courbes de niveau ne laisse rien à désirer au point de vue géométrique, mais il a l'inconvénient de ne pas parler aux yeux. Pour la carte de France dite de « l'Etat-major », au 1/40000, on a pris le parti, d'après l'avis de la commission de 1828, de supprimer les courbes de niveau et de représenter la pente à l'aide de hachures, d'autant plus grosses et plus serrées que la pente est plus forte ; chaque pente a ainsi une teinte qui lui est propre et qui est d'autant plus foncée que la pente est plus grande.

L'effet général ne diffère pas sensiblement de celui qu'on observerait si le terrain vu de haut était
éclairé par une lumière tombant du zénith. Les
traits qui constituent les hachures sont dirigés
suivant les *lignes de plus grande pente*, c'est-à-dire
perpendiculairement aux courbes de niveau qu'il
est possible de retrouver en suivant les intercep-
tions des traits de hachures. Un système préférable consiste à supposer le terrain éclairé par
une lumière inclinée à 45° sur l'horizon et arrivant de l'angle supérieur gauche de la carte ; *on
couvre alors les pentes de hachures de manière à
obtenir pour chaque région la teinte qui correspond à son degré d'éclairement.* Les cartes ainsi
construites sont d'un effet très saisissant qui ne
nuit en rien à leur clarté. Dans tous les cas, les
points importants doivent être cotés.

On reproche à ce système de surcharger la carte
de lignes noires qui en rendent la lecture difficile, surtout dans les pays accidentés. Ajoutons
que la carte doit encore représenter par différents
systèmes de pointillés, les bois, les vignes, les
prairies, les marais, les bruyères, les roches, les
sables, etc. Aussi, une carte tout en *noir*, telle
que la carte d'Etat-major, est-elle souvent très
obscure. On obtient un résultat bien plus satisfaisant en employant plusieurs couleurs d'après
des règles conventionnelles universellement adoptées. Le noir est réservé aux petits chemins, aux
chemins de fer et aux écritures; le rouge aux
grandes routes et aux constructions; le bleu aux
eaux; des verts de teintes différentes aux bois et
prairies, et le bistre aux courbes de niveaux et au
figuré de terrain qu'on représente le plus souvent
dans l'hypothèse de la lumière oblique, la teinte
bistre plus ou moins foncée remplaçant les hachures. La carte de France au 1/100,000, dressée
par le service vicinal, est construite d'après ces
principes, mais on n'y a pas tracé les courbes de
niveau; il est vrai que pour l'objet spécial auquel on la destinait, la planimétrie était plus importante que le relief.

Les courbes de niveau permettent de trouver, à
première vue sur la carte, certains points et certaines lignes importantes dont nous allons donner
les définitions.

Une *ligne de plus grande pente* est celle qui part
d'un point donné et qui est la plus inclinée de
toutes celles qui y passent. Les lignes de plus
grande pente sont normales aux courbes de niveau dont elles constituent les trajectoires orthogonales.

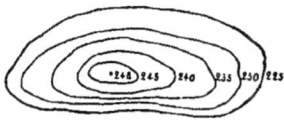

Fig. 556. — *Sommet.*

Un *sommet*
est un point
plus haut que
tous les points
voisins; il se
reconnaît sur la carte parce qu'il est entouré de
courbes de niveau fermées dont les cotes vont
en diminuant à mesure qu'on s'en éloigne (fig. 556).

Un *fond* est un point plus bas que tous les
points environnants; il est également entouré de
courbes de niveau fermées, mais les cotes de ces

courbes vont en augmentant à mesure qu'elles
s'élargissent (fig. 557).

Aux sommets et aux fonds, le plan tangent est
horizontal. Il en est de même aux *cols* (fig. 558);

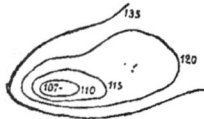

Fig. 557. — *Fond.*

mais en ces points, le
plan tangent horizon-
tal coupe le terrain
suivant une courbe à
point double, de sorte
qu'une partie du ter-
rain s'élève au-des-
sus du col et l'autre
s'abaisse au-dessous.

Dans le voisinage d'un col, les courbes de niveau
affectent la forme d'arcs d'hyperboles. Par chaque point du terrain ne passe, en général, qu'une
ligne de plus grande pente; toutes les lignes de plus

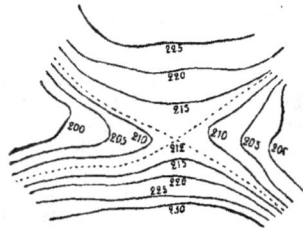

Fig. 558. — *Col.*

grande pente
vont se réunir
en un som-
met ou un
fond. D'un
fond ou d'un
sommet, on
peut donc
mener une
infinité de li-
gnes de plus
grande pente.
Parmi toutes
celles-ci, il y en a au moins une qui passe par un
col. Une ligne de plus grande pente qui joint un
col à un sommet s'appelle une *ligne de faîte*; elle
sépare une colline ou une montagne en deux ver-

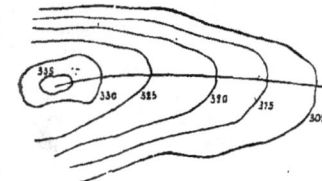

Fig. 559. — *Ligne de faîte*

sants, et por-
te aussi le
nom de *ligne
de partage
des eaux*. La
ligne de faîte
passe par
tous les som-
mets conve-
xes des cour-
bes de niveau
qu'elle rencontre (fig. 559).

Une ligne de plus grande pente qui joint un
col à un fond est un *thalweg*; elle forme le fond
d'une vallée et passe par les sommets concaves
des lignes de
niveau qu'el-
le rencontre
(fig. 560).

Depuis plu-
sieurs an-
nées on a ima-
giné de lever
rapidement
des plans to-
pographiques
au moyen

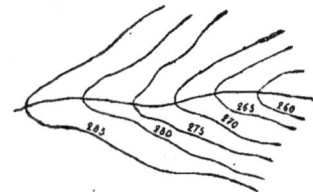

Fig. 560. — *Thalweg.*

de vues perspectives qu'on obtient avec une chambre noire ou avec une chambre claire adaptée à
une lunette. Dans cet ordre d'idées, la photographie peut rendre de grands services. On a même

eu l'idée de prendre des vues photographiques instantanées du haut d'un ballon, en plaçant la chambre noire au fond de la nacelle, l'objectif dirigé vers la terre. On obtient ainsi d'un seul coup une représentation fidèle du terrain; mais si les clichés ainsi obtenus sont très précieux pour la planimétrie, ils ne peuvent donner aucune idée du relief, car les pentes ne sont pas assez accentuées pour se révéler par des différences de teintes. C'est surtout la nature du terrain et des cultures qui le recouvrent qui donnent, dans ce cas, les différences de teinte qu'on peut observer sur les épreuves. Quoi qu'il en soit, M. Tissandier est arrivé récemment, à l'aide d'appareils qu'il a imaginés pour ce but spécial, à obtenir des plans photographiques extrêmement remarquables. — M. F.

**Topographie souterraine.** Les moyens employés pour lever le plan coté des travaux souterrains d'une mine, diffèrent peu de ceux employés pour lever le plan coté d'un terrain quelconque. On emploie principalement le théodolite des mines et la boussole des mines. Le théodolite donne d'une façon rigoureuse le plan d'un polygone à grands côtés tracé dans l'intérieur de la mine, et la boussole donne rapidement le plan d'une ligne brisée issue d'un des sommets du polygone précédent.

Les jalons formant les sommets du polygone levé au théodolite sont constitués par une bougie, dans la matière de laquelle on plante obliquement une aiguille, ou devant laquelle on place une mire en verre peinte à l'huile en forme de quadrillage. Le sommet de l'épingle ou le centre du quadrillage est à la même hauteur au-dessus du trépied que le centre de la lunette. Pour lever un polygone ABCD..., il faut avoir trois trépieds qu'on place d'abord en ABC, un théodolite qu'on met en B, et deux mires en A et C. On mesure avec le théodolite l'angle de BA et celui de BC avec la verticale, et l'angle (extérieur au polygone) de leurs projections horizontales. On enlève les instruments et, en passant une corde à travers les centres des trépieds, on mesure AB et BC.

On inscrit sur le registre des calculs les résultats suivants : côtés; longueurs inclinées des côtés (moyenne des deux mesures); inclinaison montante ou descendante (moyenne des deux mesures); angle des projections des côtés avec le plan méridien astronomique ; angle aigu des projections des côtés avec le plan méridien astronomique dans le quart de cercle du NE, du SE, du SW ou du NW; logarithme des longueurs inclinées (a); logarithme des cosinus des inclinaisons (b); logarithme des sinus des inclinaisons (c); logarithme des sinus des angles de direction (d); logarithme des cosinus des angles de direction (e); logarithme des projections des côtés (p=q+b—10); logarithme des coordonnées partielles des côtés; hauteurs (a+c—10), longitudes (p+d—10), latitudes (p+e—10); coordonnées partielles des côtés : hauteur positive ou négative, longitude est ou ouest, latitude nord ou sud; coordonnées

des sommets par rapport à trois plans fixes rectangulaires passant par le point de départ : hauteur positive ou négative, longitude est ou ouest, latitude nord ou sud; observations.

Un levé au théodolite se termine toujours au point de départ et on devrait obtenir pour lui trois coordonnées nulles. Le maximum de l'erreur admise est de quelques centimètres.

Quand on fait un levé à la boussole, on matérialise le polygone par des cordeaux tendus. On suspend la boussole au commencement et à la fin de chaque côté; on mesure en chacun de ces points l'angle du fil avec la verticale et l'angle de sa projection avec le nord magnétique. En certains points, le nord est troublé, principalement par les rails. On en est averti par ce fait qu'un coup arrière ne donne pas le même azimut pour un côté que le coup avant précédent fait sur le même côté. La différence indique la correction qu'il convient d'apporter au coup avant, fait sur le cordeau suivant.

On inscrit sur le registre des calculs : les côtés, leur longueur, leur inclinaison montante ou descendante; les azimuts ou directions magnétiques des côtés. On en déduit la projection horizontale et verticale des côtés. On prend les renseignements suivants sur les points voisins du cordeau : abscisse le long du cordeau; ordonnée à droite ou à gauche; nature des parois; coupe de la galerie. — A. B.

**TOQUE.** Sorte de coiffure sans bords ou à petits bords, et qui se confectionne avec du velours, de la fourrure, etc. || Casquette ronde des jockeys. || *Art hérald.* Sorte de bourrelet qui se met sur le casque. || Sorte de bonnet de velours orné de plumes, que Napoléon Ier avait introduit dans les armes de la noblesse de l'Empire, en remplacement des casques et des couronnes de l'ancienne noblesse: le nombre de plumes variait suivant la dignité conférée par l'Empereur.

**TORCHE.** 1° Flambeau fait avec de la grosse corde enduite de cire et de résine, ou composé simplement d'un bâton de bois résineux entouré de cire et de suif. || 2° Natte de paille que les maçons mettent sous les pierres taillées pour les transporter. — V. MAÇONNERIE, § *Outillage.* || 3° *T. de sell.* Selle bourrée en paille et recouverte en grosse toile, que l'on place sur le dos des bêtes de somme. || 4° Dans les monuments, la torche symbolise le Sommeil et la Mort.

**TORCHÈRE.** Vase métallique à jour, fixé à l'extrémité d'un long manche et renfermant des matières combustibles destinées à éclairer momentanément une place ou une rue. || Sorte de grand candélabre à pied ordinairement triangulaire, et dont la tige, enrichie de sculptures, soutient un plateau disposé pour porter la lumière.

**TORCHIS.** Syn. : *Bauge. T. de constr.* Mortier de terre grasse et de paille ou de foin haché, qu'on emploie dans certaines constructions rurales pour élever des murs, garnir des panneaux ou les entrevous des planchers.

**TORDAGE.** *T. techn.* Action de tordre; façon

qu'on donne à la soie en doublant les fils sur les moulinets.

**\*TORDOIR.** Sorte de moulin; ce qui sert à tordre; garot ou bâton avec lequel on tord ou resserre une corde. ‖ Outil en fer qu'on nomme aussi *bille*, et qui sert au tordage des peaux. ‖ Se dit d'une huilerie.

**I. TORE.** *T. d'arch.* Moulure de forme cylindrique appartenant à la base d'une colonne et que l'on appelle aussi *boudin* ou *gros bâton*. Par analogie, on a donné le même nom à des moulures de même forme accompagnant les archivoltes et les nervures saillantes des voûtes, dans l'architecture romane ou ogivale. Dans les ordres antiques, les bases peuvent comprendre plusieurs tores.

**II. \*TORE.** *T. de géom.* Surface engendrée par une circonférence tournant autour d'un axe situé dans son plan. Si cet axe rencontre la circonférence, le tore présentera aux deux points d'intersection, deux points coniques, et la surface se composera de deux nappes, l'une intérieure, l'autre extérieure. Si l'axe est tangent à la circonférence mobile, il y aura au point de contact un point singulier d'un genre particulier, le cône des tangentes se réduisant à une seule droite qui est l'axe. Si, enfin, l'axe ne rencontre pas la circonférence, le tore aura la forme d'un anneau. Ce cas est le plus intéressant, la surface ainsi définie étant fréquemment employée dans les arts. Le tore est représenté analytiquement par une équation du $4^e$ degré. Il présente deux plans circonscrits le long d'une circonférence; les courbes de contact sont les circonférences engendrées par les extrémités du diamètre parallèle à l'axe. Quand il a la forme d'un anneau, il a, de plus, une infinité de plans bitangents qui passent tous par le centre de la surface, font des angles égaux avec l'axe et coupent la surface suivant deux cercles. L'aire et le volume du tore anneau s'obtiennent facilement par l'application des théorèmes de Guldin. — V. CUBAGE, SUPERFICIE.

$$S = 4\pi^2 r a$$
$$V = 2\pi^2 r^2 a,$$

r étant le rayon du cercle générateur, et a la distance de son centre à l'axe de révolution. — M. F.

**TOREUTIQUE.** Art de sculpter ou de graver les figures en relief sur le bois, l'ivoire, les métaux; de ciseler, de damasquiner, de donner le fini à une statue coulée au moyen de la ciselure.

**TORON.** *T. de cord.* Assemblage de plusieurs fils de caret commis ensemble. — V. CÂBLE. ‖ *T. d'arch.* Gros tore qui se trouve à l'extrémité d'une surface droite.

**\*TORONNER.** *T. de cord.* Opération qui a pour but de fabriquer des cordages et des câbles, au moyen de machines spéciales dont on trouvera la description au mot CÂBLE, § *Fabrication proprement dite des câbles*.

**TORPILLE.** On désigne aujourd'hui sous le nom de *torpille*, tout engin, flottant ou non, susceptible par son explosion, soit de faire sauter un ouvrage construit par l'ennemi, soit de couler un bateau ou tout au moins de l'endommager sérieusement.

— Le premier essai de ce genre de mine remonte au siège d'Anvers, en 1585. Un ingénieur italien, Lambelli, eut à cette époque l'idée de faire construire un certain nombre de petits bateaux chargés de poudre à canon et abandonnés au courant. L'un de ces bateaux fit sauter un pont que l'ennemi avait construit sur la Scheldt pendant les opérations du siège.

Les effets produits par ces premières torpilles impressionnèrent si vivement les spectateurs, que de nombreuses recherches furent faites immédiatement sur ce sujet.

Néanmoins, près de deux cents ans s'écoulèrent sans amener de progrès sensibles dans cette nouvelle branche de la guerre navale. On ne connaissait pas alors la condition considérée aujourd'hui comme essentielle dans ce genre d'attaque, à savoir qu'on ne peut sûrement y réussir, que *si la charge est immergée à une certaine profondeur*.

En 1775, le capitaine Bushnell du Connecticut, démontra par l'expérience, qu'une charge de poudre à canon peut faire explosion sous l'eau; il doit donc être considéré comme l'inventeur de la torpille. Il construisit, pour ses expériences, ce qu'il appela des *magasins sous-marins*. La mise en feu de ces magasins était généralement déterminée au moyen d'un mouvement d'horlogerie, mis en marche quelque temps avant l'explosion et devant laisser aux opérateurs le temps de se retirer. Le capitaine Bushnell avait également inventé un bateau sous-marin pour transporter ses torpilles sous les bâtiments qu'il voulait détruire; mais le plus souvent il abandonnait ses engins deux par deux à l'action du courant qui les portait au contact du bâtiment à faire sauter. Il créait ainsi les *torpilles dérivantes*.

Vingt ans après, Robert Fulton reprend une série d'expériences sur les engins sous-marins qu'on avait complètement oubliés pendant ce temps. Il accable de demandes de secours les gouvernements français et allemand, promettant à celui qui lui accordera ses subsides, la destruction complète des flottes de ses ennemis.

En 1800, Bonaparte, alors premier Consul, lui octroie des crédits pour commencer une série d'expériences à Brest avec un bateau sous-marin appelé le *Nautilus*, et destiné à porter une de ces machines infernales sous un bateau sans que l'équipage de celui-ci puisse en avoir connaissance. Dans le mois d'août 1801, Fulton détruisit complètement, à Brest, au moyen d'une de ses bombes sous-marines, appelée pour la première fois *torpilles*, un bateau de faible tonnage. C'est le premier bateau détruit par ce moyen. Malgré cet heureux résultat et l'énorme puissance que la réussite des projets de Fulton, aurait donnée à Bonaparte, un insuccès dans une expédition tentée contre la flotte anglaise dans la Manche, détermina le premier Consul à retirer complètement sa protection et son aide à l'inventeur, qui fit alors des propositions au gouvernement anglais et se rendit à Londres, vers le mois de mai 1804.

Pitt, alors premier ministre, fut frappé de ses idées et s'écria que « si elles entraient dans le domaine de la pratique, il ne pouvait manquer de détruire toutes les flottes militaires. »

Quelque temps après, Fulton ayant reconnu que ses insuccès de Boulogne avaient été dus à une mauvaise construction de ses engins fit sauter, devant une nombreuse Commission de marins et de personnages scientifiques, un navire, la *Dorothée*, au moyen de torpilles dérivantes, analogues à celles qu'il avait employées à Boulogne, mais bien perfectionnées. Le gouvernement anglais n'en refusa pas moins toute assistance à Fulton, qui retourna alors dans son pays natal, espérant y trouver un meilleur accueil pour ses idées.

La raison de la résistance de l'Angleterre à l'adoption des idées de Fulton est facile à comprendre. Cette puissance était alors maîtresse des mers, et elle avait intérêt à étouffer dans son germe et à traiter d'absurde, toute invention capable de lui enlever la suprématie incontestée dont elle jouissait alors.

En Amérique, Fulton ne perd pas son temps en sollicitation au Congrès. Il élabore des plans dans lesquels il prétend rendre les ports américains invulnérables à une attaque anglaise, et il obtient enfin la nomination d'une Commission destinée à juger ses idées.

Les nombreuses expériences faites devant cette Commission furent, en général, favorables aux idées de Fulton. Une des plus curieuses fut la suivante : un bateau, l'*Argus*, fut armé sous le commandement du commodore Rodgers, auquel fut donné l'ordre d'avoir à se défendre contre une attaque dirigée par Fulton au moyen de ses torpilles. Une partie des membres de la Commission fut favorable à ses idées, mais le commodore Rodgers fit un rapport condamnant complètement ce mode d'attaque, et le Congrès refusa tout encouragement à Fulton qui abandonna alors complètement ses projets.

L'année 1829 marque un nouveau perfectionnement des torpilles dû à l'emploi de l'électricité à leur mise en feu. Jusqu'à cette époque, la mise en feu avait toujours été complètement mécanique; elle se faisait, soit au choc contre la carène, soit au moyen de mouvements d'horlogerie. A ce moment, le colonel Colt inventa la mise en feu électrique, mais ce ne fut qu'en juin 1842, après de nombreuses expériences particulières qu'un essai public fut tenté, et réussit parfaitement. Il consista à faire exploser d'un point situé à une grande distance de New-York une torpille placée dans le port de cette ville.

Les premières applications sérieuses des torpilles aux opérations sous-marines remontent à la guerre de 1854-55 contre la Russie. Deux bâtiments anglais furent sérieusement endommagés devant Cronstadt par l'explosion de ces engins. Malgré la valeur défensive reconnue des torpilles, on n'en trouve aucune application dans la guerre austro-italienne de 1859; c'est en Amérique, au moment de la guerre de Sécession, que le rôle des torpilles est le plus nettement défini, et que cette arme de guerre entre définitivement dans la pratique.

Dès 1863-64, on commence à se servir des *David*, sortes de yoles porte-torpilles au moyen desquelles de hardis officiers accomplissent des prodiges d'audace. La guerre russo-turque, en 1877-78; la guerre du Chili, en 1880, et les opérations récentes de l'escadre française dans l'extrême Orient, ont servi à donner à la création de ces engins une grande impulsion.

Les différents systèmes de torpilles employées aujourd'hui peuvent être divisés en deux grandes catégories : les *torpilles défensives* et les *torpilles offensives*.

Les torpilles défensives, destinées à empêcher l'accès des passes ou des ports aux navires ennemis, sont généralement fixes et placées dans des endroits parfaitement déterminés. Elles se divisent en *torpilles de fond* et *torpilles mouillées*.

L'inflammation peut se faire automatiquement ou à volonté. Quand les torpilles sont simplement à inflammation automatique, elles doivent éclater sous l'influence du choc d'un vaisseau, sans intervention aucune de la part de la défense. Ces torpilles constituent un danger constant pour les navires amis aussi bien que pour les navires ennemis, il est de toute nécessité de ne les employer qu'avec la plus grande prudence, et de re-

lever leurs positions avec le plus grand soin, de façon à pouvoir les enlever plus tard sans danger. L'inflammation à volonté est la plus commode, mais elle exige un personnel nombreux attaché à la surveillance des passes et destiné à mettre en feu les torpilles au moment voulu. De plus, l'inflammation à volonté a l'inconvénient de laisser la passe sans défense dès que les observateurs sont gênés, soit par le brouillard, soit par une cause quelconque.

On réunit le plus souvent les deux modes d'inflammation. On peut ainsi, suivant les besoins, transformer les torpilles à inflammation à volonté en torpilles à inflammation complètement automatique, et assurer, par conséquent, la défense dans le cas où il est impossible d'exercer sur la passe la moindre surveillance.

Il est à peine besoin de faire remarquer que les torpilles mouillées entre deux eaux peuvent seules être munies du système d'inflammation automatique, puisque, dans ce cas, le choc contre la carcasse du bâtiment est nécessaire pour déterminer l'explosion. Les torpilles qui reposent directement sur le fond présentent certains avantages tels que : la possibilité d'employer des charges très fortes et la certitude qu'elles ne seront pas endommagées par le choc des carènes, dans le cas du passage de bateaux amis. D'un autre côté, les torpilles mouillées ont l'avantage de faire explosion contre la carène même, ce qui augmente considérablement leur action destructive. Il est, en effet, reconnu que le rayon d'action de charges, même très fortes, est assez faible et que, dans le cas de passes un peu profondes à défendre, on pourrait avoir, de ce fait, quelques mécomptes. Il est donc bon de disposer des deux genres de torpilles dans la défense des passes. L'emploi des torpilles mouillées est sujet à certains inconvénients qui proviennent des difficultés d'ancrage et des variations de position que les courants et la marée leur font subir. Comme on doit les disposer à une profondeur inférieure au tirant d'eau minimum des bâtiments qu'elles doivent arrêter, on conçoit qu'à marée basse elles puissent, dans certains cas, émerger, et qu'à marée haute elles soient à une trop grande profondeur pour arrêter les bâtiments qui tenteraient de forcer la passe. On obvie aux inconvénients qui résulteraient de cette disposition en plaçant plusieurs rangs de torpilles mouillées à différentes profondeurs, de façon qu'un certain nombre de ces engins soient toujours prêts à agir efficacement.

Parmi les torpilles offensives, il faut placer en première ligne les *torpilles automobiles*. C'est en 1864 que M. Whitehead, mécanicien établi à Fiume, commença une série d'expériences qui devaient l'amener à la création de la torpille Whitehead. Il agissait d'après les indications du capitaine Lupuis, officier de l'armée autrichienne, et il put bientôt obtenir des torpilles filant 6 nœuds environ sur un petit parcours. Un an ou deux après, la France achetait une torpille filant 10 nœuds. Enfin, de perfectionnement en perfectionnement, M. Whitehead put fabriquer successivement des torpilles filant 18 nœuds, puis 24 nœuds et, en dernier lieu, il livre des torpilles filant 28 nœuds sur un parcours de 400 mètres, c'est-à-dire qu'elles franchissent cette distance en moins de 35 secondes. Les différentes nations de l'Europe ont acheté le secret de M. Whitehead, et elles possèdent toutes, aujourd'hui, des torpilles plus ou moins perfectionnées.

La torpille Whitehead est actuellement employée sur des torpilleurs spécialement construits pour son lancement, et à bord des croiseurs et des cuirassés. Son emploi a donné lieu à des polémiques très vives entre ses défenseurs et ses adversaires; la question est encore aujourd'hui très controversée, et il est difficile de se prononcer d'une façon absolue sur sa valeur comme arme de guerre.

Beaucoup d'officiers lui préfèrent les torpilles portées au bout d'une hampe par un bateau torpilleur. Cette arme peut être considérée comme supérieure aux torpilles automobiles, en ce sens qu'elle subit jusqu'au dernier moment l'influence du chef qui la dirige; tandis qu'une fois en marche, la torpille Whitehead ne peut en aucune façon modifier sa trajectoire.

Une autre torpille automobile, qui serait bien préférable à la torpille Whitehead, est la *torpille dirigeable* Lay. Celle-ci entraîne avec elle un fil électrique par lequel on peut la diriger dans toutes les directions et même la faire revenir au point de départ. On voit immédiatement quel énorme avantage cet engin présente sur ceux que nous avons déjà cités, mais malheureusement, il n'est pas encore assez perfectionné pour pouvoir être adopté dans la pratique.

Il convient d'indiquer, en dernier lieu, les *torpilles remorquées* qui sont traînées par les bâtiments et qui se placent, soit sur les flancs, soit à l'arrière, dans le sillage. Ayant ainsi indiqué les principales torpilles en usage, nous allons donner de chacune d'elles une courte description en y comprenant la manière de les employer et les moyens de s'en défendre.

**Torpilles défensives.** *Torpilles de fond.* Les torpilles de fond sont en fonte ou en tôle. Les premières, destinées à contenir de la poudre, ont généralement la forme de crapauds en fonte munis de courtes pattes. Ces torpilles avaient été faites

aussi solides que possible, tout en ne dépassant pas certaines limites de poids. Dès que l'on voulut employer le *fulmi-coton* au chargement des torpilles, on reconnut la nécessité de remplacer les carcasses en fonte primitives par des cylindres en tôle fermés à leurs extrémités par des fonds en forme de calotte sphérique pour leur donner une plus grande résistance aux pressions exercées par le liquide. Ces cylindres sont entourés de cercles en fer munis de pattes qui servent à les soutenir sur le fond.

Le fil conducteur nécessaire à la mise en feu de ces torpilles pénètre à leur intérieur au moyen d'une porte étanche munie d'un presse-étoupe, au passage du fil pour s'opposer à toute introduction d'eau à l'intérieur. Ces torpilles reposent directement sur le fond, à des distances déterminées par l'expérience, et telles que l'explosion de l'une d'elles ne risque pas de briser les voisines (fig. 561). Elles sont généralement disposées sur une ou plusieurs lignes parallèles, suivant l'importance des passes à défendre. Leurs positions ayant été parfaitement repérées, il est facile de se rendre compte de la manière dont la défense va les employer.

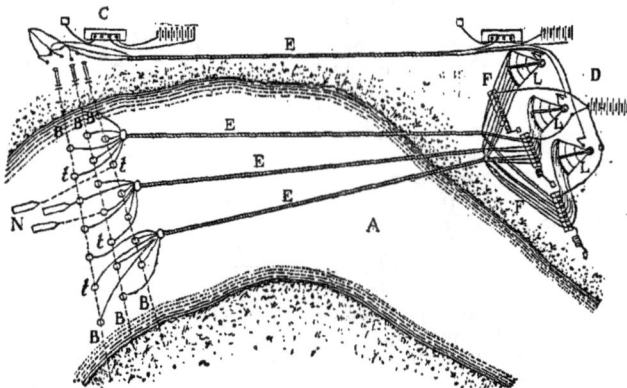

Fig. 561. — *Système de défense d'une passe.*

*A* Passe à défendre. — *B B B* Lignes de torpilles. — *C* Poste d'observation dans le prolongement des lignes. — *D* Poste extérieur de surveillance. — *E E E* Câbles conducteurs. — *F F* Fils conducteurs aux différentes torpilles. — *t t t* Torpilles de fond ou mouillées. — *L L L* Lunettes destinées à l'observation des navires qui franchissent la passe. — *N* Navires cherchant à passer.

Imaginons deux observateurs placés, l'un en A, sur le prolongement de la ligne des torpilles TT', l'autre en B, à l'avant ou à l'arrière de cette ligne (fig. 562). Ces observateurs seront munis tous deux de théodolites avec lesquels ils pourront viser les bâtiments qui cherchent à traverser la ligne TT'. Supposons que le théodolite de l'observateur B soit muni d'une aiguille se déplaçant devant un cadran sur lequel on a repéré les directions telles que B a, B b..., qui vont du point B aux différentes torpilles; on voit que lorsque l'observateur B suivra un navire N, l'aiguille indiquera la torpille sur laquelle le navire se dirige, et il suffira de fermer le circuit correspondant à cette torpille au moment où le bâtiment traversera la ligne TT', pour le faire sauter. C'est à l'observateur A que revient l'appréciation du moment de la mise en feu. Le circuit doit être fermé d'abord en B, mais il reste ouvert en A jusqu'au moment où le navire est assez engagé sur TT' pour qu'on ait le plus de chances possibles de le détruire; c'est alors seulement, qu'on ferme le circuit en A, et la torpille éclate.

On voit donc que ce système de défense exige un conducteur spécial pour chaque torpille, une interruption du circuit en A et une en B. Le circuit va de la torpille en B, puis en A, à la pile et, enfin, revient à la torpille généralement par l'intermédiaire d'une plaque plongée dans la mer et servant de plaque de terre.

Le seul inconvénient de ce genre de torpilles provient de ce fait que les observateurs peuvent être gênés par le brouillard, et laisser ainsi pénétrer un bateau ennemi dans le port qu'ils ont à défendre. Il faut donc employer en même temps que les torpilles de fond, des torpilles mouillées entre deux eaux et à inflammation automatique.

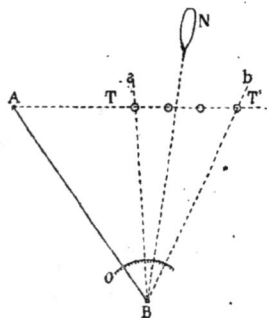

Fig. 562.

*Torpilles mouillées*. Elles ont généralement la forme de cônes placés la pointe en bas, sont en tôle et entourées d'une garniture de bois à leur partie supérieure (fig. 563). La charge ne remplit qu'une partie de leur capacité, de façon à leur permettre de flotter et d'avoir une stabilité suffisante au milieu de l'eau. Le circuit de mise en feu pénètre à l'intérieur au moyen d'un joint étanche, et est interrompu à une espèce de balancier métallique qui, dans la position verticale, empêche toute transmission du courant. Si, par suite d'un choc, la torpille s'incline, le balancier vient frapper une pièce métallique circulaire qui l'entoure et qui permet ainsi la fermeture du circuit et la mise en feu. On voit que ce dispositif permet de rendre la torpille tout à fait inoffensive au passage d'un bâtiment ami, puisqu'il suffit, pour cela, de rompre le circuit

en un second point placé à terre près de la pile. Dans ces conditions, la torpille pourra s'incliner mais aucun courant ne la traversera. On dispose quelquefois la pile dans le crapaud en fonte qui maintient la torpille dans sa position, mais dans ce cas, on n'a aucune action sur le circuit qui se ferme de lui-même dès que le choc d'un bateau fait incliner la torpille. On voit tout le danger que présente ce dispositif.

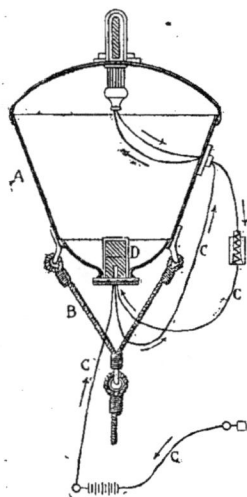

Fig. 563. — *Torpille mouillée.*

A Corps de la torpille mouillée. — B Amarrage reliant la torpille au crapaud en fonte qui repose sur le fond. — C Circuit d'inflammation de la torpille. — D Boîte d'inflammation.

On a inventé un grand nombre de systèmes destinés à produire la fermeture du circuit sous l'influence du choc d'un bateau ; il est nécessaire de régler à l'avance tous ces dispositifs pour être bien sûr qu'ils ne pourront fonctionner que sous l'influence du choc d'un bateau et qu'en aucun cas ils ne pourront, sous l'action de la houle, fermer le circuit dans lequel ils sont placés.

**Torpilles offensives.** *Torpilles Whitehead.* Elle a la forme d'un long fuseau d'acier ; elle est divisée en un certain nombre de compartiments qui sont, en allant de l'avant à l'arrière : 1º la chambre de charge ; 2º le compartiment des régulateurs d'immersion ; 3º le réservoir d'air comprimé ; 4º la chambre des machines ; 5º le flotteur ; 6º la queue de la torpille qui comprend l'hélice ou les hélices et les gouvernails (fig. 564).

La force motrice est fournie par l'air comprimé

Fig. 564. — *Torpille automobile.*

A Mécanisme percutant. — B Chambre de charge. — C Chambre des régulateurs d'immersion. — D Réservoir d'air comprimé. — E Compartiment de la machine. — F Flotteur. — G Compartiment arrière, gouvernails verticaux et horizontaux. — H Hélice. — K Doigt de prise d'air. — 1 2 3 4 5 6 Cloisons étanches.

renfermé dans un réservoir en acier extrêmement résistant. Cet air est généralement emmagasiné sous une pression de 70 à 80 atmosphères.

Il passe du réservoir à air comprimé dans un moteur Brotherhood à trois cylindres qui actionne l'hélice ou les hélices au moyen d'un arbre creux en acier. L'évacuation de l'air qui a servi, s'effectue par l'intérieur de cet arbre qui est placé juste dans l'axe de la torpille et cet air en s'échappant, produit les bouillonnements que l'on remarque à

la surface dans le lancement des torpilles Whitehead en traçant ainsi un sillage parfaitement visible, et qui permet de s'assurer de la rectitude de la trajectoire.

Les différentes torpilles automobiles construites par M. Whitehead ont généralement des dimensions comprises entre 4m,40 et 5m,80 de longueur pour un diamètre variant de 35 à 45 centimètres. Le poids des torpilles de 4m,40 est d'environ 280 kilogrammes, celui des torpilles de 5m,80 est de près de 400 kilogrammes. M. Whitehead a construit dernièrement une torpille beaucoup plus petite que les précédentes, ne pesant guère que 120 kilogrammes, et qu'il a appelé « Little Baby ». Il la destine à l'armement des petits canots à vapeur de trop faibles dimensions pour pouvoir embarquer une torpille de plus grand calibre.

La charge explosive, composée généralement de fulmi-coton, est placée dans le premier compartiment de l'avant. La cartouche est fixée à son poste au moyen de petits taquets en bois.

Le système de mise en feu est entièrement mécanique ; il est disposé de la façon suivante : à l'extrémité avant de la chambre de charge se trouve vissé le mécanisme percutant, composé d'un percuteur cylindrique qui glisse dans une enveloppe de même forme et vient frapper, par sa partie postérieure, la capsule fulminante destinée à enflammer le détonateur. Le percuteur est terminé par une pointe tronconique munie d'antennes, de façon à éviter autant que possible les ratés dans le cas où la torpille rencontrerait la carène très obliquement. Le percuteur est tenu en place par des goupilles de sûreté qui doivent être cisaillées au moment du choc. Ces goupilles sont indispensables pour assurer la sécurité du personnel de manœuvre dans le cas où, en maniant la torpille, on viendrait accidentellement à la choquer contre un obstacle. Il est bon, d'ailleurs, de ne mettre le mécanisme percutant en place qu'au dernier moment. En outre des goupilles d'arrêt, le mécanisme percutant est en même temps maintenu dans une position invariable par le verrou de sûreté, qui n'est autre chose qu'une sorte de coin, mû par la machine de la torpille et destiné à empêcher tout mouvement du percuteur tant que la torpille n'a pas parcouru un certain chemin. De cette façon, on évite le danger d'une explosion prématurée résultant du choc de l'engin contre un corps flottant à la sortie du tube de lancement. Pour les expériences, on remplace généralement la charge de fulmi-coton par un poids égal de sable.

Le deuxième compartiment renferme les régulateurs d'immersion destinés à maintenir automatiquement la torpille à une profondeur déterminée, variant généralement entre 2m,50 et 3 mètres. Ces régulateurs comprennent deux organes principaux qui sont : un piston hydrostatique et un pendule. Le piston hydrostatique est équilibré par un ressort dont la tension correspond à la profondeur à laquelle la torpille doit se tenir. Si, par conséquent, la torpille se trouve à une immersion plus grande, le piston marchera dans un certain sens et, par une suite de renvois de mouvement, il agira sur le gouvernail horizontal qu'il dirigera de façon à faire remonter l'engin ; si, au contraire, la torpille est trop haute, l'action du ressort sera prépondérante sur celle de la pression de l'eau, et le gouvernail se placera dans une position symétrique de la précédente par rapport à sa position moyenne ; la torpille tendra donc à se plonger. Dans les deux cas, sous l'influence d'un piston hydrostatique seul, on conçoit qu'on puisse actionner un gouvernail destiné à diriger la torpille vers un plan d'immersion déterminé.

La torpille obéit à l'action du gouvernail en se plaçant la pointe en bas quand elle s'enfonce dans le liquide, ou la pointe en haut quand elle remonte. On emploie, pour régulariser ces mouvements, un pendule qui se déplace quand la torpille plonge ou remonte. On relie ce pendule au gouvernail horizontal, comme le piston hydrostatique, et en réglant convenablement la course des deux organes, on arrive à obtenir des trajectoires presque rectilignes en profondeur.

On a soin de ménager entre le premier et le deuxième compartiment un espace intermédiaire, dans lequel l'eau peut pénétrer par un certain nombre de trous pratiqués dans l'enveloppe extérieure de la torpille. La pression de l'eau peut donc, de cette manière, s'exercer facilement sur le piston hydrostatique dont nous avons parlé et qui est placé sur la cloison avant du compartiment des régulateurs d'immersion.

Le troisième compartiment, qui forme le réservoir d'air comprimé, ne présente rien de particulier. Il doit être assez épais et en acier très doux de façon à présenter toute garantie contre les chances d'explosion.

Le quatrième compartiment renferme, outre la machine motrice, tous les mécanismes nécessaires au réglage de la torpille. On a cherché à concentrer tous ces mécanismes dans un espace aussi restreint que possible, pour donner à l'engin les dimensions minima qu'il pouvait avoir. Au-dessus de ce compartiment, on remarque un doigt qui déborde à l'extérieur et qui sert à ouvrir la valve de communication entre la machine motrice et le réservoir d'air comprimé. Le doigt se referme automatiquement, au moyen d'un mécanisme spécial, quand la torpille a parcouru une distance déterminée par un certain nombre de tours de la machine.

Le compartiment formant flotteur doit être parfaitement étanche ; il a une forme tronconique et sert à empêcher la torpille de couler pendant les exercices. Il est simplement traversé par l'arbre porte-hélices qui est creux, ainsi que nous l'avons dit, et sert au dégagement de l'air qui a déjà actionné la machine.

Tout à fait à l'extrême arrière de la torpille, on aperçoit les hélices et les gouvernails horizontaux et verticaux. Les gouvernails horizontaux seuls sont mus par les régulateurs d'immersion ; les gouvernails verticaux sont placés dans une position fixe déterminée par l'expérience, de façon à maintenir la torpille dans un plan vertical.

Le lancement des torpilles Whitehead s'opère, soit au-dessous de l'eau, soit à une certaine hauteur au-dessus de la surface. Lorsqu'il se fait au-dessous de l'eau on se sert de l'air comprimé. On introduit la torpille dans un tube étanche, solidement fixé à la coque, et fermé à sa partie avant par une porte manœuvrée de l'intérieur et qui ne sera ouverte qu'au moment voulu. A la partie arrière du tube de lancement, un petit tuyau, muni d'une soupape de communication, permet de lancer, au moment voulu, un jet puissant d'air comprimé à l'intérieur. Sous l'action de cet air, la torpille est poussée brusquement et sort du tube avec une certaine vitesse. Pendant son trajet dans le tube, le doigt de la soupape de prise d'air s'est ouvert automatiquement et, une fois à l'extérieur, sous l'influence de ses hélices, la torpille navigue d'un mouvement propre vers le but sur lequel elle a été pointée. Aujourd'hui, on préfère, en général, lancer les torpilles par des tubes placés à une certaine distance au-dessus de l'eau et tirant par un sabord, comme un canon ordinaire. La torpille tombe alors à l'eau d'une certaine hauteur et comme, par le même moyen que précédemment, ses hélices sont en mouvement au moment où elle pénètre dans l'eau, elle ne tarde pas, après une légère plongée, à regagner sa profondeur de combat et à se diriger vers le but.

Un des avantages les plus sérieux du lancement au-dessus de l'eau est de permettre de tirer dans toutes les directions, aussi bien à l'avant et à l'arrière que par le travers. Dans les lancements sous l'eau, au contraire, il est presque impossible de tirer par le travers en conservant aux torpilles une trajectoire convenable sur un bâtiment en marche.

Les Anglais ont fait un grand nombre d'expériences pour chercher à résoudre ce problème sur le « Polyphemus », et, finalement, ils semblent avoir été forcés d'y renoncer. On conçoit, en effet, que dans le lancement sous l'eau par le travers, le bâtiment étant en marche, dès que la torpille abandonne les guides qu'on a pu disposer jusqu'à une certaine distance du bord, elle est saisie par les courants et les remous du bâtiment, et elle exécute généralement un crochet brusque qui enlève toute exactitude au tir fait dans ces conditions.

Il n'en est pas tout à fait de même quand on lance sous l'eau par l'avant, car, dans ce cas, les effets qui s'exercent sur la torpille sont à peu près symétriques, sauf les cas de tangage sensible, et il n'y a pas déviation de la trajectoire. Il suffit, alors, que la vitesse de l'engin soit supérieure à celle du bateau, pour que celui-ci ne puisse pas le rattraper ; ce qui pourrait être dangereux s'il ne s'agissait pas d'un simple exercice avec une torpille non chargée.

*Torpille Lay.* L'invention de cette torpille remonte au mois de juin 1873. Elle est due à M. John Louis Lay, quoique la priorité en ait été réclamée par plusieurs personnes, entre autres par le colonel von Schelida, officier supérieur de l'armée russe (fig. 565). Cette torpille automobile, ou plutôt ce bateau torpilleur a été soumis en Amérique à une série d'expériences qui ont prouvé sa valeur dans l'attaque et la défense. Le gouvernement russe l'a adopté et cherche à l'employer utilement à la protection de ses forts.

La torpille Lay, formée d'une partie centrale cylindrique et de deux extrémités coniques, est divisée comme la torpille Whitehead en un certain nombre de compartiments séparés les uns des autres par des cloisons transversales étanches : le premier renferme la charge de dynamite ou de matières explosives ; le second forme le réservoir de gaz comprimé pour le fonctionnement de la

machine ; le troisième renferme les appareils d'enroulement et de déroulement du câble électrique ; et le quatrième comprend la machine motrice, l'appareil à gouverner, et divers autres moteurs qui seront décrits plus loin.

Cette torpille flotte et se déplace à la surface de l'eau ; elle est mue par une hélice unique ou un système de deux hélices, et dans ce dernier cas, les hélices sont placées l'une derrière l'autre et tournent en sens inverse; le mouvement leur est communiqué par deux arbres creux concentriques : l'arbre intérieur reçoit son mouvement directement du moteur, et l'arbre extérieur est actionné par le premier au moyen d'un système d'engrenages coniques. Deux gouvernails horizontaux permettent, quand on les place dans une position convenable, de faire plonger la torpille à une profondeur déterminée ou de la ramener à la surface. Deux tiges d'acier, fixées à la partie supérieure de l'engin, servent à déterminer à chaque instant sa position et la direction de son mouvement.

Un câble électrique placé à l'intérieur de la torpille se déroule au fur et à mesure qu'elle avance, et la relie constamment à l'opérateur qui se tient à terre et qui est chargé de la diriger. Ce câble permet à volonté de la mettre en marche, de la stopper, de la gouverner en agissant sur deux gouvernails verticaux, et enfin de la mettre en feu au moment voulu. Des fils distincts et isolés les uns des autres servaient primitivement pour accomplir les différentes manœuvres, mais depuis, l'inventeur a pu réduire son câble à deux fils seulement avec lesquels il fait toutes les manœuvres précédentes sauf la mise en feu. Ce

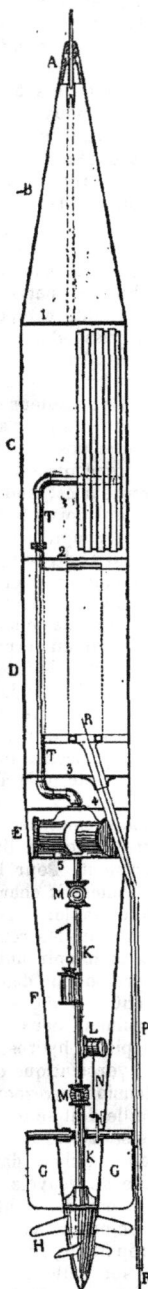

Fig. 565. — *Torpille dirigeable.*

*A* Mécanisme de mise en feu. — *B* Cône de charge contenant les matières explosives. — *C* Réservoir de gaz comprimé ou liquide. — *D* Compartiment contenant le fil conducteur. — *E* Compartiment de la machine Brotherhood. — *F* Flotteur. — *G G* Gouvernail vertical. — *H* Hélices. — *T T* Tuyau de communication du réservoir à gaz à la machine. — *K* Ligne d'arbres. — *L* Petite machine Brotherhood auxiliaire pour la manœuvre du gouvernail vertical. — *M* Engrenages coniques pour la marche en sens inverse des deux hélices. — *N* Transmission du mouvement du Brotherhood auxiliaire au gouvernail vertical. — *P* Tube de sortie du fil conducteur. — *R* Fil conducteur. — 1 2 3 4 5 Cloisons étanches.

perfectionnement a nécessité un certain nombre de mécanismes supplémentaires dans la torpille, mais il présente les avantages suivants : 1° il accroît la flexibilité du fil ; 2° il permet de loger une plus grande longueur de câble dans un même volume, et d'accroître ainsi la portée de l'engin ; 3° il donne un meilleur isolement du fil ; 4° enfin il permet de le livrer à meilleur compte.

Les deux gouvernails verticaux sont généralement placés à l'avant des hélices, en dessus et en dessous du cône arrière ; ils sont mus par une petite machine auxiliaire qui peut être mise en avant, en arrière, ou stoppée par un courant électrique traversant un électro-aimant qui agit directement sur la valve de cette machine. Le gouvernail obéissant à l'action de la machine se porte à bâbord ou à tribord et dirige ainsi la torpille dans la direction voulue.

Le mécanisme de mise en feu est très simple (fig. 566), l'extrémité du cône avant se termine par une pointe métallique qui, au choc contre un objet, est repoussée en arrière et vient s'intercaler dans l'intervalle laissé libre entre deux ressorts en les réunissant ainsi électriquement. Les deux ressorts sont placés dans un circuit, ouvert tant qu'ils sont séparés, et qui se trouve fermé dès qu'ils sont réunis par le percuteur. Outre l'inflammation automatique sous l'influence du choc, l'opérateur peut à un instant quelconque provoquer la mise en feu au moyen d'un circuit électrique.

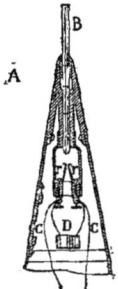

Fig. 566. — Mécanisme de mise en feu de la torpille Lay.

B Tige métallique destinée à être repoussée au choc entre les ressorts r.— C C Circuit de mise en feu qui ne peut être fermé qu'au moment où la tige B réunit les ressorts r. — D Boîte de résistance intercalée dans le circuit.

Le gaz ammoniac comprimé formant l'agent moteur est placé dans un réservoir qui vient immédiatement après le cône de charge. Aujourd'hui, au lieu du gaz ammoniac, on emploie l'acide carbonique liquide, mais pour éviter la production d'acide carbonique solide au moment de la détente du gaz, on est obligé d'employer un réchauffeur ; on évite ainsi l'obstruction des tuyaux provenant de la présence des blocs d'acide carbonique solide formé.

La torpille Lay peut être lancée d'un bâtiment à la façon de la torpille Whitehead ; une fois à l'eau l'opérateur la dirige à son gré vers le but à atteindre. On voit de suite l'immense avantage que présente cet engin sur la torpille Whitehead : le torpilleur n'est plus obligé de s'aventurer très près du bâtiment ennemi pour l'attaquer, il s'en tient à une distance réglée par la longueur de câble qu'il a pu dérouler et, en tous cas, assez grande pour qu'il ait les plus grandes chances de n'être pas atteint par les projectiles qu'on lui enverra.

Une batterie de ces engins disposée à terre peut défendre efficacement une passe. Sans exposer pour ainsi dire personne, on peut tenir un cer-

tain nombre de ces torpilles vers le milieu de la passe, de façon à pouvoir les porter rapidement vers le point à défendre. Il faut cependant remarquer que, la nuit, l'emploi de ces torpilles n'est guère possible en raison de leur invisibilité. Elles ne pourront donc pas, à moins de grands perfectionnements, détrôner les torpilles mouillées dont on a parlé plus haut.

*Torpilles portées.* La torpille portée est l'arme du torpilleur porte-torpilles. Elle se compose simplement d'un récipient métallique contenant la charge explosive. Ce récipient est porté à l'extrémité d'une hampe solide, en acier, placée à l'avant des bateaux torpilleurs, et dans sa position ordinaire, cette hampe est généralement rentrée à bord entre deux glissières qui en facilitent la manœuvre. Pour exécuter une attaque avec ce dispositif, la hampe est poussée d'une certaine longueur en dehors du torpilleur, et en lui communiquant un mouvement de bascule, on fait plonger sa pointe dans l'eau et on amène ainsi la torpille à la profondeur voulue.

Le mode d'inflammation de la torpille portée est à volonté ou automatique. L'extrémité avant de la torpille porte une pointe munie d'antennes, qui, au choc contre la carène, est repoussée à l'intérieur et ferme un circuit électrique qui enflamme la charge. Si la torpille n'a pas éclaté au choc, on se réserve la possibilité de la mettre en feu au moyen d'un circuit spécial.

Le bateau torpilleur muni d'une torpille portée doit donc, pour exécuter une attaque, s'avancer jusqu'au contact du bâtiment ennemi. On voit qu'il doit alors être doué de la plus grande vitesse possible, de façon à rester moins longtemps exposé aux coups de l'ennemi ; en second lieu, il doit être aussi petit que possible pour avoir le plus de chances de n'être pas atteint ; enfin il doit posséder d'excellentes qualités giratoires pour pouvoir, aussitôt son coup fait, évoluer rapidement et s'éloigner de son adversaire.

Le rôle du capitaine d'un torpilleur porte-torpilles peut donc paraître plus périlleux que celui de capitaine d'un lance-torpilles ; mais le premier a l'avantage d'être sûr que s'il peut arriver au contact, il infligera à l'ennemi une avarie sérieuse ; tandis que le second, après avoir réglé sa torpille aussi soigneusement que possible, pourra manquer son but, soit par suite de l'état de la mer, soit par un léger défaut de pointage qui pourra toujours se produire facilement dans l'obscurité, soit enfin par suite d'un déréglage de la torpille, au moment du lancement.

La torpille portée ne sert pas seulement à l'armement des torpilleurs construits spécialement pour les recevoir, elle est employée à bord des canots à vapeur ordinaires. Dans ce cas, la hampe n'est ni aussi grande, ni aussi forte que dans le cas du torpilleur ; elle n'a pas, en effet, à résister à des efforts aussi considérables, car la vitesse de ces canots est, en général, assez faible. C'est avec des canots ainsi armés que nos marins ont accompli la destruction à Sheipoo de deux navires chinois.

*Torpilles remorquées.* Une dernière classe de

torpilles dont nous devons nous occuper sont les torpilles remorquées (fig. 567).

Les premières sont dues à Harvey. Elles consistaient simplement en un récipient un peu plus lourd que l'eau, et que le bâtiment remorquait au moyen d'une amarre placée par son travers. Ce récipient tendait à couler, mais si l'on exerçait sur l'amarre une certaine traction, il remontait à

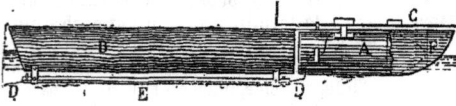

Fig. 567. — *Torpille remorquée.*

*A* Corps de la torpille remorquée. — *B* Espar en bois servant de flotteur. — *C* Mécanisme de déclanchement de la torpille. — *D* Fil d'inflammation. — *E* Tube dans lequel passe le fil d'inflammation. — *F* Enveloppe en tôle servant de protection à la torpille.

la surface. On conçoit, par conséquent, qu'en munissant un pareil engin d'un dispositif propre à détoner au choc, on put s'en servir dans l'attaque d'un bateau voisin.

Supposons, en effet, deux bateaux passant à contre bord (fig. 568) et l'un d'eux venant rencontrer l'amarre de la torpille du bateau voisin. Sous l'effet de la traction ainsi produite, la torpille tourne autour de l'étrave du bâtiment et vient le

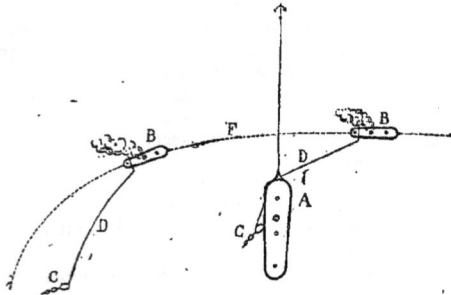

Fig. 568. — *Attaque d'un navire à l'ancre au moyen d'une torpille remorquée.*

*A* Navire à l'ancre. — *B* Navire attaquant. — *C* Torpille. — *D* Remorque de la torpille. — *F* Route suivie par le navire attaquant.

frapper dans ses œuvres vives à une certaine profondeur sous l'eau. Le détonateur fonctionne par le choc produit et la torpille éclate au contact du bâtiment.

Depuis l'apparition de la première torpille remorquée d'Harvey, ce système a subi de nombreuses modifications, à la suite desquelles on s'est définitivement arrêté au type suivant : la torpille proprement dite a une forme analogue à celle de la torpille portée; elle est en tôle et supportée par un flotteur en bois. Ce flotteur est relié au bateau par un câble métallique qu'on peut élonger ou rentrer à volonté dans le bâtiment. La tête du flotteur en bois est garnie d'un système qui permet de détacher la torpille de son flotteur et de la laisser couler, mais en coulant elle reste reliée au flotteur par un câble électrique qui

assure la mise en feu à la profondeur convenable.

Nous venons d'examiner ainsi les principales torpilles employées. A côté d'elles, on peut ranger un certain nombre d'autres engins explosifs tels que les *projectiles-torpilles*, les *torpilles lancées*, qui n'ont pas encore reçu la sanction de l'expérience et dont nous ne pouvons parler. Ce que nous avons dit, permet de se rendre compte du grand développement auquel peut être appelée cette partie de l'art de la guerre navale dans l'avenir.

\*TORPILLEUR. *T. de mar.* On donne aujourd'hui le nom de *torpilleur* à un bateau généralement d'assez faible tonnage, possédant comme qualité essentielle une très grande vitesse, et destiné à combattre au moyen d'une torpille portée ou automobile. — V. l'article précédent.

De cette division dans les armes de combat est née pour les torpilleurs, leur classification en deux catégories principales : 1° les *bateaux-torpilleurs porte-torpilles*; 2° les *bateaux torpilleurs lance-torpilles.*

— La première apparition des torpilleurs ne remonte guère qu'à la guerre de Sécession. A cette époque, on eut l'idée d'armer de légères embarcations à rames d'une sorte de long espar en bois, muni à son extrémité d'une charge de matières explosibles, et d'employer ces faibles bateaux à la destruction des plus grands navires.

La guerre entre la Russie et la Turquie en 1877, la guerre du Chili en 1881, et les opérations récentes de l'escadre française dans l'extrême Orient, ont contribué à faire acquérir à la torpille une grande importance.

Comme nous l'avons dit, au moment de la guerre de Sécession, les bateaux employés comme porte-torpilles n'étaient guère que des embarcations retirées du service courant de la flotte et armées spécialement pour cet usage. On employait alors les canots à rames et les canots à vapeur.

Le bateau-torpilleur ne pouvant riposter aux décharges qu'on lui envoyait de toutes parts, étant obligé d'arriver coûte que coûte au contact de l'ennemi, devait avant toute chose posséder sur son adversaire un avantage incontestable : celui d'une vitesse bien supérieure. En outre, comme le choc d'un projectile, même de petit calibre, pouvait le mettre hors de combat, il devait avoir une autre qualité non moins essentielle que la première : celle de présenter aux coups de l'ennemi la plus petite surface possible. Ces deux conditions, vitesse et invisibilité, devaient, autant que possible, se trouver réunies sur le bâtiment destiné à combattre comme porte-torpilles.

Le problème, comme on le voit, était très difficile à résoudre, car il s'agissait de construire un bâtiment d'aussi faibles dimensions que possible, muni d'une machine capable de lui imprimer une vitesse supérieure à celle des grands bâtiments alors construits, et dont quelques-uns avaient réalisé des vitesses d'environ 14 nœuds. Tout était à créer dans cette voie, car les canots à vapeur ne filant que 7 à 8 nœuds ne pouvaient être pris pour type, et bien des personnes croyaient alors la solution de ce problème tout à fait impossible.

Vers 1873, lorsque la torpille Whitehead commença à être universellement connue et à donner des résultats véritablement prodigieux, puisque dès cette époque elle filait 10 nœuds, la question de l'attaque des bâtiments par les torpilleurs fut plus que jamais à l'ordre du jour. On mit immédiatement à l'étude la détermination du meilleur mode d'attaque au moyen du nouvel engin et on arriva bientôt à cette conclusion, que la torpille automobile présentait de grands avantages sur la torpille portée. Malheureusement, la faible portée de cet engin ne lui permettant de réaliser qu'un petit trajet sous l'eau, rendait son emploi illusoire, si l'on n'arrivait pas à la construction du bateau à grande vitesse capable de la porter rapidement à proximité des bâtiments à attaquer, et si en même temps, on ne trouvait pas le moyen de la pointer et de la lancer dans la direction voulue. C'est alors que parurent, vers 1875, les premiers bateaux-torpilleurs, créés par deux grands industriels anglais, MM. Yarrow et Thornycroft. Ces premiers torpilleurs ne filaient guère que 14 nœuds au maximum; ils étaient donc loin des torpilleurs actuels, mais ils permirent néanmoins d'exécuter les premières expériences comparatives entre l'attaque par la torpille portée et l'attaque par la torpille automobile.

Vers 1877, apparaissent des torpilleurs dits *torpilleurs vedettes*, destinés tout d'abord à être installés sur de grands cuirassés d'escadre, ou sur des navires spécialement disposés dans ce but, et à être transportés [par ces bâtiments sur le lieu d'une bataille navale pour coopérer à la lutte. Ces torpilleurs avaient une vingtaine de mètres environ de longueur pour une largeur de 2$^m$,40. Leur déplacement atteignait près de 16 tonneaux et leur machine pouvait leur communiquer à l'allure à outrance une vitesse de 18 nœuds 5. On voit que le progrès accompli par ce nouveau genre de bateau était très sensible. Le seul reproche qu'on pouvait leur adresser, provenait de ce que la quantité de charbon embarquée ne leur permettait guère qu'une marche de quatre heures à l'allure maximum.

Presque en même temps que le torpilleur vedette de 20 mètres, M. Thornycroft construisait et livrait en France, une série de torpilleurs qui, presque tous encore en service, sont destinés à combattre comme porte-torpilles;

Fig. 569. — *Cuirassé attaqué par des torpilleurs.*

ils sont armés d'une hampe et contribueraient efficacement en temps de guerre, à la défense de nos ports. Leur faible tonnage ne permettrait pas de les envoyer à l'extérieur, mais on peut dire que pour l'intérieur des rades ou en ·rivière, ce sont d'excellents bateaux. Ils ont comme dimensions principales, une longueur d'environ 27 mètres pour une largeur de 3 mètres. Leur déplacement atteint 27 tonneaux et, sous l'impulsion d'une hélice actionnée par une machine de 350 chevaux environ, quelques-uns d'entre eux ont réalisé des vitesses de 20 nœuds 5, la vitesse minimum n'ayant pas été inférieure à 18 nœuds.

Les grands constructeurs français, MM. Normand, au Hâvre, Claparède et les Forges et chantiers, au Hâvre, ne tardèrent pas à entrer en lutte avec les grands chantiers anglais; ils produisirent presque en même temps qu'eux, des bâtiments analogues, et réalisant sensiblement les mêmes vitesses, tout en ayant l'avantage d'emmagasiner une plus grande quantité de combustible, ce qui leur permettait de maintenir l'allure à outrance pendant un temps beaucoup plus long.

Les torpilleurs de 27 mètres, de dimensions relativement plus considérables que les torpilleurs de 20 mètres, perdaient déjà une partie des avantages de ces derniers, en présentant aux projectiles une surface beaucoup plus étendue. Quand on voulut étendre le rayon d'action des torpilleurs, leur permettre d'entreprendre, à l'instar des grands bâtiments, de longs voyages, on fut obligé d'augmenter encore leurs dimensions. C'est ainsi qu'on construisit des torpilleurs de 33 mètres de longueur, pour une largeur de 3$^m$,20, un déplacement de 50 tonneaux, et réalisant aux essais, une vitesse minimum de 20 nœuds.

On pensait, en construisant ces bateaux, arriver au torpilleur type, capable de faire une traversée de quelque durée, et pouvant au besoin tenir la mer par mauvais temps. Cette manière de voir sembla être confirmée pendant une campagne de l'escadre sur les côtes de France dans la Méditerranée; deux torpilleurs de ce type supportèrent très bien la marche par gros temps, alors que les garde-côtes cuirassés, comme le *Tonnerre*, étaient obligés de chercher un refuge dans les ports voisins.

Malheureusement, les dernières grandes manœuvres de l'escadre entre torpilleurs et cuirassés, ont paru démontrer que, si le torpilleur, tient en effet la mer par gros temps, il lui faudrait un équipage d'un moral tout à fait exceptionnel, pour résister aux fatigues de la vie à bord pendant un temps assez long dans ces conditions. Nous donnons dans la figure 569 un exemple de l'attaque d'un cuirassé par des torpilleurs porte-torpilles; elle représente l'attaque du *Duilio*, l'un des plus gros navires de la flotte italienne pendant les grandes manœuvres navales exécutées il y a quelque temps.

Le torpilleur de 33 mètres ne peut donc être considéré jusqu'à présent comme le type du torpilleur de haute mer. Plus solide que le type de 27 mètres, il pourra, quand les circonstances l'exigeront, affronter la grosse mer du large, mais autant que possible, il devra se tenir près des côtes, de façon à se trouver toujours, en cas de besoin, à proximité d'un port où il puisse se mettre à l'abri. Ces torpilleurs sont tous munis de deux tubes lance-torpilles tirant par l'avant, et destinés à lancer des torpilles de 4m,40.

On a enfin construit un certain nombre de torpilleurs plus grands que ceux de 33 mètres, et auxquels on a donné des noms au lieu de leur affecter simplement un numéro d'ordre; ce sont les torpilleurs *Balny*, *Déroulède*, *Doudart de la Grée*, etc. Ces bâtiments ont une longueur un peu supérieure à 40 mètres, une largeur d'environ 3m,30, un déplacement de 67 tonneaux, et ils possèdent une machine capable de les faire marcher au moins à la vitesse de 20 nœuds à l'allure maximum.

Nous ne pouvons pas laisser de côté dans cette énumération des différents types de torpilleurs que nous possédons, le plus récent d'entre eux construit par la *Société des chantiers et ateliers de la Loire*: nous voulons parler de l'*Ouragan*. Ce bateau, lancé depuis quelques mois à peine, a une longueur de 46 mètres, une largeur de 4m,80, un déplacement d'environ 150 tonneaux. Il est muni d'une machine extrêmement puissante capable de lui faire filer 25 nœuds au moins.

L'*Ouragan* est actuellement à Toulon après avoir heureusement effectué la traversée de Saint-Nazaire à Toulon. Il doit incessamment faire ses essais officiels. On espère qu'il réalisera près de 27 nœuds. Son armement comprend deux tubes lance-torpilles et des canons-revolvers. Ce sera un des plus puissants torpilleurs existant actuellement.

On remarque, d'après le court aperçu qui précède, qu'au fur et à mesure qu'on a voulu augmenter certaines qualités des torpilleurs, comme

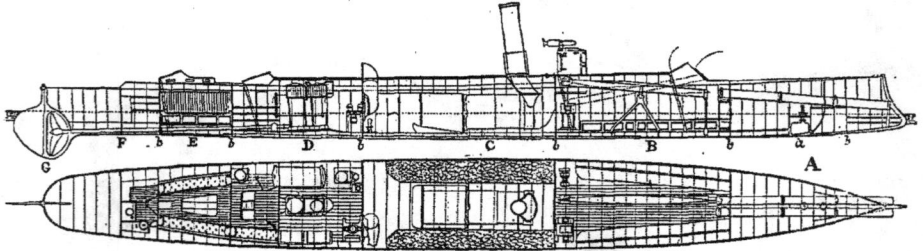

Fig. 570 et 571. — *Plan et élévation d'un torpilleur de première classe.*

l'habitabilité, la navigabilité, l'approvisionnement de charbon, etc., on a été obligé d'augmenter leurs dimensions. Il en résulte que le type actuel, meilleur à bien des points de vue que les premiers bateaux construits, présente néanmoins sur eux un désavantage évident, provenant de la grande surface qu'il offre aux coups de l'ennemi. Ce grave inconvénient n'a fait que s'accroître par l'adoption des armes à tir rapide, telles que les mitrailleuses Gatling, Nordenfeld, le canon-revolver Hotchkiss, et l'extension considérable que ces moyens de défense ont pris dans ces dernières années.

On peut donc aujourd'hui, dire qu'un torpilleur, découvert à bonne portée dans son attaque contre un grand bâtiment, bien défendu par un personnel exercé et de sang-froid, court les plus grands périls.

Le torpilleur reste donc plus que jamais l'engin destiné à combattre par surprise. Comme il a été dit, les torpilleurs-vedettes étaient destinés tout d'abord à être portés par les grands bâtiments, et devaient être mis à l'eau au moment d'agir; ils devenaient ainsi les auxiliaires de ces bateaux pendant l'action. Ensuite, quand les torpilleurs eurent acquis de trop grandes dimensions pour pouvoir être embarqués facilement, on songea à les faire accompagner, soit par leurs propres moyens, soit à la remorque, les grands bâtiments dont ils étaient les aides; on constituait ainsi autour de chaque cuirassé, par exemple, une escadrille de torpilleurs qui couvraient ses flancs au moment du combat. Cette idée en fit naître une autre: celle du contre-torpilleur. On pensa qu'il était naturel de chercher à se débarrasser des torpilleurs au moyen de navires analogues, mais armés tout différemment; on remplaça donc sur quelques-uns de ces bâtiments, les tubes lance-torpilles par un ou plusieurs Hotchkiss convenablement installés sur le pont, et on lança ces nouveaux bateaux à la poursuite des torpilleurs. Les contre-torpilleurs devenaient ainsi les véritables gardiens des grands bâtiments contre les attaques des torpilleurs; ils devaient croiser dans un rayon déterminé autour de leur centre d'action, et empêcher l'entrée d'un bâtiment étranger quelconque dans leur cercle d'opérations.

D'ailleurs, la réussite d'une attaque par les torpilleurs semble devenir de plus en plus difficile, au moins au large, depuis la création des derniers types de croiseurs à grande vitesse. Ce sont surtout ces bâtiments qui pourront jouer efficacement le rôle de contre-torpilleurs. Doués d'une vitesse sensiblement égale à celle des torpilleurs, pouvant la conserver beaucoup plus longtemps qu'eux, possédant, d'ailleurs, des qualités nautiques bien supérieures à celles de ces bâtiments, armés de nombreux canons à tir rapide, les croiseurs à grande vitesse ne laisseront aux torpilleurs qu'une seule ressource : la fuite, et encore ces derniers bateaux ne pourront-ils se mettre en sûreté que s'ils ont tout près d'eux un port dans lequel ils puissent se jeter, et où les croiseurs ne pourront les poursuivre.

Les torpilleurs sont construits complètement en acier; leur coque est partagée par des cloisons étanches en un certain nombre de compartiments, destinés à leur assurer l'insubmersibilité dans le, cas où l'un d'eux serait traversé par un projectile.

On a représenté, figure 570 et 571, les plans d'un torpilleur de première classe, construit par M. Thornycroft, pour le compte du gouvernement danois. Ce torpilleur se rapproche de ceux du type de 33 mètres; il est divisé par des cloisons étanches *bb* en neuf compartiments que nous allons décrire en partant de l'avant. Le premier n'est qu'une sorte de petit coqueron traversé par l'extrémité des deux tubes lance-torpilles; il est généralement vide. On n'y pénètre qu'au moyen d'une porte de visite boulonnée sur la première cloison. Le second compartiment A, beaucoup plus grand, contient les tubes de lancement et le gouvernail avant *a*; ce gouvernail peut être remonté en temps ordinaire dans une espèce de caisse rectangulaire en tôle, où il se trouve ainsi à l'abri des chocs, dans le cas où l'on n'a pas besoin de faire d'évolutions rapides. Quand on veut s'en servir, on le descend dans son puits au moyen d'une vis, et il est actionné par des drosses mises en mouvement par une roue unique qui commande aussi le gouvernail de l'arrière; ce compartiment

Fig. 572. — *Torpilleur de première classe avec sa voilure.*

peut servir de magasin pour placer une partie des vivres de l'équipage. Le troisième compartiment B sert de poste à l'équipage pour lequel on y installe, soit des hamacs, soit des couchettes; il contient aussi les appareils nécessaires à l'introduction des torpilles dans les tubes. On voit sur la figure la disposition adoptée; une espèce de demi-cylindre en tôle est monté sur un chevalet et peut basculer autour d'un axe horizontal; dans la position en pointillé, ce demi-cylindre reçoit la torpille qui est sur le pont, par un panneau spécial pratiqué pour cette opération et tourné vers l'avant; dans la position en traits pleins, la torpille peut être introduite dans les tubes de lancement.

A l'arrière de ce compartiment, on remarque un dôme en tôle qui contient la roue de manœuvre du gouvernail; c'est le poste du capitaine et de l'homme de barre. La tôle formant le kiosque doit être assez épaisse pour résister à la mousqueterie; de petites fenêtres sont pratiquées tout autour du kiosque, de façon à permettre d'explorer l'horizon et au-dessus se trouve placé un canon-

revolver Hotchkiss, permettant au torpilleur de jouer vis-à-vis d'un torpilleur ennemi le rôle de contre-torpilleur.

Le quatrième compartiment C contient : la chaudière, le ventilateur et le petit cheval alimentaire. La chaudière est tubulaire à flamme directe, du type des locomotives (V. CHAUDIÈRE A;VAPEUR), et de chaque côté sont placées des soutes destinées à recevoir le combustible.

Le cinquième compartiment D renferme la machine qui est généralement du système compound à condenseur par surface; la circulation de l'eau dans ce condenseur est obtenue, soit directement au moyen de la vitesse du torpilleur, soit au moyen d'un petit appareil à force centrifuge spécial. A la suite du compartiment de la machine, nous trouvons la chambre du capitaine E, avec une ouverture pratiquée dans la cloison de communication, pour lui permettre de surveiller la machine sans être obligé de monter sur le pont. Puis viennent deux petits compartiments F, le dernier très exigu, servant principalement de soutes à vivres.

La disposition de l'hélice est à signaler. Pour obtenir une vitesse suffisante, sans dépasser un certain nombre de tours, on a été obligé de donner à l'hélice des dimensions assez grandes relativement au tirant d'eau de la coque du torpilleur. On a tourné la difficulté qui en résultait en laissant tourner librement l'hélice au-dessous de ce tirant d'eau; seulement, pour diminuer les accidents pouvant résulter de cette disposition dans le cas d'un échouage, par exemple, on a entouré l'hélice d'une crosse en fer qui continue la quille du torpilleur, et qui forme une espèce de cage d'hélice G bien en dessous du tirant d'eau moyen du bateau. On perd ainsi une partie des avantages du torpilleur qui, avec son faible tirant d'eau de coque, aurait pu passer dans des endroits inaccessibles aux bateaux même d'un tonnage très faible. On cherche aujourd'hui, et M. Thornycroft en est le promoteur, une disposition d'hélices assez petites pour ne pas dépasser le tirant d'eau arrière des torpilleurs. Ces hélices, appelées aussi *hélices turbines*, tournent dans des cylindres en acier qui les entourent complètement. Les essais faits jusqu'à présent dans cet ordre d'idées, n'ont pas encore été assez concluants pour qu'on puisse se prononcer sur la valeur de cette disposition.

Nous donnons, pour terminer, une planche (fig. 572) représentant la vue à flot du même torpilleur de première classe, avec une petite voilure destinée à parer aux éventualités de la machine, ou pouvant au besoin permettre d'appuyer le bâtiment au roulis dans le cas d'une mer un peu dure.

**TORRÉFACTION.** *T. de chim.* Opération qui consiste à soumettre, à sec, à l'action du feu, et ordinairement à l'air libre, des substances solides, végétales ou minérales, dans le but, soit de détruire certains éléments nuisibles ou de provoquer la formation d'un principe aromatique, soit de produire un commencement de calcination ou une oxydation, ou simplement la dessiccation et le départ de matières volatiles. La torréfaction se fait, soit à feu nu modéré et continu, soit par l'emploi de la vapeur surchauffée ou des gaz secs et chauds. L'opération qu'on fait subir au *café* et au *cacao* (V. CAFÉ et CHOCOLAT) pour provoquer la manifestation des huiles essentielles qui leur donnent l'arome recherché, est une *torréfaction* et non un *grillage*; cette dernière opération s'appliquant plus spécialement au traitement des minerais et à d'autres manipulations industrielles (V. GRILLAGE). La torréfaction du tabac a pour but de le dessécher, d'exalter les propriétés de la nicotine et aussi de le faire friser. L'opération exige beaucoup de précautions pour rester dans les limites, au delà et en deçà desquelles une partie du tabac serait brûlée et perdue, ou la torréfaction serait incomplète et, par conséquent, inutile. On soumet les bois et la tourbe à la torréfaction pour en chasser l'humidité et certaines matières volatiles; l'opération ne doit pas dépasser 140 à 150°. La carbonisation des bois pour la fabrication de la poudre est une véritable torréfaction; elle se fait maintenant en vases clos d'une manière sûre et régulière,

en employant la vapeur surchauffée. — V. CARBONISATION. — C. D.

**TORS, TORSE.** Se dit de ce qui est tordu, comme la soie torse, le fil tors. || *Colonne torse.* Colonne dont le fût est contourné en forme d'hélice. || Outil propre à contourner une colonne en spirale et en vis. || Outil à l'usage des tourneurs, et qui va en serpentant. || Sorte de sucre d'orge.

**TORSE.** En *arch.*, figure tronquée et surtout partie d'une statue qui comprend les épaules, les reins et la poitrine.

**TORSADE.** Frange tordue en spirale qu'on emploie pour orner les tentures, les rideaux, les draperies, certains ajustements, etc.

**TORSION.** *T. de mécan.* Genre de déformation des corps solides dans lequel une file de molécules primitivement droite affecte la forme d'une hélice. L'étude sommaire de la torsion au point de vue de la résistance des matériaux, a été donnée à l'article RÉSISTANCE DES MATÉRIAUX, nous y renverrons le lecteur et n'y reviendrons pas ici.

Lorsqu'un fil ou une tige de métal est tordue autour de son axe, il s'y développe, si la limite d'élasticité n'est pas dépassée, une force ou plutôt un couple d'élasticité qui tend à ramener le fil ou la tige à sa forme primitive. L'expérience a démontré que ce couple est proportionnel à l'angle de torsion. Cette propriété est précieuse, parce qu'elle permet de mesurer directement l'intensité d'une force ou le moment d'un couple en le faisant agir pour tordre un fil; celui-ci se tord, en effet, jusqu'à ce que son élasticité fasse équilibre aux actions qui lui sont appliquées. L'angle de torsion étant proportionnel au couple de torsion peut donc servir à le mesurer pourvu que, par une expérience préalable, on ait déterminé de combien se tord le fil pour un couple donné; c'est sur ce principe qu'est fondée la balance de torsion qui a servi à Coulomb à étudier les attractions et répulsions électriques, et à Cavendish, puis, récemment, à MM. Cornu et Baille, à déterminer les forces d'attraction de deux sphères de plomb d'où l'on peut conclure, par l'application de la loi de l'attraction universelle de Newton, les valeurs de la densité moyenne et de la masse de la terre. — V. FORCE, § *Mesure des forces*, BALANCE ÉLECTRIQUE.

Il y a des fils, par exemple les fils d'araignée et de cocon de soie, qui peuvent subir des torsions considérables, plusieurs tours, sans manifester aucune réaction d'élasticité. Ces fils, dits *sans torsion*, sont précieux pour certaines expériences de physique, parce qu'ils permettent de suspendre un corps de manière qu'il puisse tourner librement autour d'un axe vertical sans résistance appréciable. — M. F.

*TORTIL.** *Art hérald.* Ruban ou rang de petites perles en manière de chapelet, qui s'enlace autour d'une couronne.

*TORTILLARD.** *T. de bot.* Variété de l'orme champêtre dont le bois offre des fibres contournées, et que les charpentiers emploient, à cause de sa ténacité, pour les poinçons des combles, et les ébénistes pour les placages.

**TOSCAN** (Ordre). D'après la classification moderne attribuée aux ordonnances architecturales dérivées de l'antique, le toscan est le premier des cinq ordres. Cependant cet ordre, décrit par Vitruve, ne peut pas être considéré comme un système architectonique original et spécial; « c'est, comme le dit Bâtissier, une reproduction dégénérée, abâtardie du dorique grec ». Le nom qu'on lui a donné vient de l'emploi qui en aurait été fait par les Etrusques; il en reste, en effet, des vestiges dans quelques monuments funéraires de l'Etrurie. Toujours est-il que l'ordre dorique romain paraît dériver directement de l'ordre toscan. Vignole a adopté, pour cet ordre, les proportions indiquées par Vitruve et que les modernes ont adoptées. Nous les avons représentées graphiquement dans l'article ORDRE, auquel nous renvoyons le lecteur.

**TOUAGE.** Le touage est un système de traction dans lequel le point d'attache du câble est placé en dehors du bateau, soit sur l'une des rives, soit dans le fond de la rivière, tandis que le moteur est placé sur le bateau : ce dernier est alors spécialement construit pour ce système, et prend le nom de *toueur*; le moteur est un manège actionnant un cabestan ou une machine à vapeur actionnant un treuil, sur lequel le câble s'enroule en entraînant le toueur et les bateaux amarrés à la suite.

— Les premiers essais de touage paraissent avoir été faits vers 1732 par le maréchal de Saxe; mais son système ne fut réellement appliqué qu'en 1822, sur la Saône, par Tourasse et Courteau, et en 1825, sur le Rhône, par Séguin et Mongolfier. Les premiers toueurs étaient des bateaux à fond plat, surmontés d'une plate-forme en charpente portant un manège pour six chevaux. On employait deux câbles en chanvre, de 125 millimètres de diamètre, et de 1,000 mètres de long; pendant que l'un d'eux s'enroulait sur le cabestan pour faire avancer le toueur et son convoi, le second était porté en avant par un petit bateau appelé *courrier*, hâlé par des hommes ou par un cheval; il était ensuite amarré à un point fixe, pour être repris par le toueur, après l'épuisement du premier câble. On employait deux courriers qui recevaient alternativement chacun des câbles, au fur et à mesure qu'il se déroulait du treuil et que le toueur avançait.

La réussite de ces essais provoqua de nombreuses applications dont la plus grandiose fut réalisée sur le Volga. Les toueurs contenaient 150 à 200 chevaux logés dans des écuries aménagées sous le pont; ces chevaux étaient attelés, par 8 ou par 10, à des manèges installés sur le pont et actionnant tous un arbre principal qui commandait le tambour d'enroulement du câble; des tentes étaient dressées au-dessus des manèges pour servir d'abri.

Les attelages étaient changés de trois heures en trois heures, mais successivement, et en débrayant le manège à dételer, de façon que la marche n'était jamais interrompue. Les câbles avaient 125 millimètres de diamètre et leur extrémité était fixée à une ancre que l'on relevait avec le câble. Chaque toueur remorquait douze bateaux, amarrés de front, deux à deux ou trois à trois, avec un chargement total d'un millier de pouds (environ 16,000 tonnes). Il faisait au plus deux voyages par an, de Nijni à Astrakan, les glaces empêchant tout trafic pendant quatre mois. Après la découverte de la vapeur, on

commença par employer, pour le service des courriers, des canots à vapeur qui remorquaient les bateaux à la descente; puis on installa sur les toueurs des cabestans à vapeur de 500 chevaux. C'est, du reste, le système encore employé sur ce fleuve.

A la suite de nombreux essais pour supprimer les courriers, dont l'emploi ralentissait la marche et augmentait beaucoup les dépenses, on avait reconnu qu'une chaîne en fer immergée offrait une adhérence à peu près égale aux trois quarts du poids de la portion de cette chaîne en contact avec le fond de la rivière. Cette découverte conduisit au système de *touage* actuellement en usage dans lequel une chaîne, déposée dans le chenal, sur toute la longueur du cours d'eau, est relevée sur le pont du toueur où elle s'enroule sur des tambours mis en mouvement par une machine à vapeur. Le bateau toueur est symétrique dans tous les sens et muni de deux gouvernails; il peut marcher de l'avant comme de l'arrière. Les deux tambours conjugués et actionnés simultanément par la machine sont situés au milieu du pont; ils sont munis de cinq gorges parallèles dans lesquelles la chaîne se place pour faire quatre tours en s'enroulant à la fois sur les deux tambours, mais n'embrassant que la moitié extérieure du périmètre de chacun d'eux. Les gorges parallèles sont indispensables pour maintenir constamment la chaîne dans la même place, et les quatre circuits ont pour but de développer sur les tambours un frottement suffisant pour empêcher la chaîne de glisser. Les tambours sont montés en porte-à-faux ou portés extérieurement par des paliers mobiles que l'on enlève quand on veut prendre ou laisser la chaîne. A l'avant et à l'arrière du bateau, la chaîne est portée par deux poulies folles, montées chacune à l'extrémité d'une aiguille mobile dont l'autre bout passe à travers un axe vertical. Au droit de l'axe de rotation de chaque aiguille, se trouvent deux rouleaux verticaux en bois entre lesquels passe la chaîne; ce sont eux qui supportent l'effort correspondant à la composante de la traction perpendiculaire au sens de la marche. Leur usure est rapide, mais leur remplacement est facile et leur valeur insignifiante; des rouleaux en fonte useraient la chaîne. Entre les rouleaux et les treuils, la chaîne glisse dans une auge en bois. Les aiguilles mobiles permettent au toueur de prendre une direction un peu oblique par rapport à celle de la chaîne, ce qui est indispensable dans les parties courbes du chenal. Les treuils sont commandés par des engrenages disposés pour deux vitesses différentes, à la remonte ou à la descente; le changement est obtenu au moyen d'un débrayage.

La chaîne est fabriquée par bouts égaux qui ont ordinairement 30 mètres de longueur et qui sont assemblés au moyen de *manilles* ou de maillons spéciaux, appelés *nabots*, fermés par deux goupilles. Les nabots servent aussi à relier deux bouts de chaîne en cas de rupture.

Le poids, par mètre courant, d'une chaîne peut être déterminé par la formule : $p = 0,034 \, B^2 (v+c)^2$, dans laquelle $B^2$ représente la maîtresse section immergée du convoi ou la surface de résistance;

en pratique, on évalue B à 1/40 du déplacement total pour les bateaux de rivière ; $c$ est la vitesse de l'eau, en mètres, par seconde ; et $v$ la vitesse absolue du convoi à la remonte, c'est-à-dire la vitesse mesurée par rapport à la rive ; $v + c$ est donc la vitesse relative du convoi par rapport à l'eau. Comme on admet que $p = 0,0216\,d^2$, on a, pour le diamètre du fer de la chaîne, en millimètres : $d = 132\,\mathrm{B}\,(v + c)$. Dans les endroits où le courant est rapide, il convient d'augmenter un peu ce diamètre. Sur la Haute-Seine, il est de 22 millimètres et demi, et la chaîne pèse, en moyenne, 11 kilogrammes par mètre courant ; on la soumet, avant de la mettre en place, à une traction d'épreuve de 12,000 kilogrammes. Sur la Basse-Seine, de Paris à Conflans, le diamètre de la chaîne est de 23 millimètres ; la longueur extérieure des maillons est de 115 millimètres.

Pour un déplacement total D du convoi et du toueur, la force de ce dernier, en chevaux-vapeur de 75 kilogrammètres, est évaluée à

$$F = 1/200\,D\,(v + c)^2\,v,$$

soit, dans une eau dormante, $(c = o)$ et, avec une vitesse de 1 mètre par seconde, un cheval-vapeur pour 200 tonnes. L'effort de traction varie en raison de l'angle que fait la portion de chaîne soulevée avec l'horizontale ; il augmente avec la profondeur du cours d'eau, de sorte qu'il y a une limite à la bonne utilisation du système. On admet que la distance verticale entre le point de soulèvement de la chaîne et le dessus de la poulie ne doit pas dépasser la valeur de $H = \dfrac{7F}{p\,v}$.

La traction à la remonte tend à faire descendre continuellement la chaîne vers l'aval ; il en résulte dans certaines parties une augmentation de traction qui expose la chaîne à être brisée. On y remédie en la faisant remettre en place par le toueur pendant la descente ; il donne en même temps du mou à la chaîne dans les endroits où elle a été trop tendue. Pour satisfaire à cette condition, on donne aux chaînes 8 0/0 de longueur de plus que le chenal.

Les toueurs ne se croisent pas ; le bateau montant cède son convoi à celui qu'il rencontre et redescend en chercher un autre. Il est rare que les toueurs aient des convois à descendre ; dans ce cas, le dernier bateau doit être installé pour servir de frein en utilisant l'action de la chaîne relevée sur une poulie.

Les principaux avantages du touage sur chaîne noyée sont les suivants :

La traction a lieu sur un point fixe et parallèlement, à la fois au sens de la marche et à celui du courant. En outre, la chaîne maintient les bateaux dans le chenal, ce qui facilite la navigation en eau basse.

L'avancement est égal à la longueur de la chaîne, et le recul, provoqué par le mou, est insignifiant. Entre l'écluse de la Monnaie, à Paris, et Montereau, sur une longueur de 115 kilomètres, il ne dépasse jamais 8 à 10 0/0.

L'usure des cordes et des agrès est moindre qu'avec le halage ; les départs se font plus régu-lièrement, et les bateaux vides peuvent être réexpédiés immédiatement.

La vitesse de marche est plus grande qu'avec les chevaux ou les remorqueurs, de sorte qu'en résumé le matériel de la batellerie est mieux utilisé.

Enfin, le prix de la traction est plus faible. Le prix normal est d'un centime par tonne et par kilomètre, avec une diminution pour les forts chargements. En revanche, le touage exige de longs biefs et de grandes écluses pour loger les convois. Ce système, exigeant une mise de fonds considérable, ne peut prospérer que lorsqu'il existe déjà une navigation importante. Son principal avantage, résidant dans sa puissance de traction, disparaît à mesure que la vitesse du courant diminue, de façon que dans les rivières canalisées très fréquentées, on préfère les remorqueurs qui sont plus indépendants.

Le touage existe depuis 1854 sur la Seine, entre Montereau et Rouen, et sur l'Yonne entre Laroche et Montereau. Il est employé sur le fleuve Saint-Laurent, au Canada, pour remonter des navires de 1,500 à 3,000 tonnes, à travers des courants de 3 mètres à $3^m,50$ par seconde ; la chaîne, plus puissante, fait neuf tours sur les tambours. Il existe un service analogue sur le bas Danube. Enfin, c'est à l'aide de toueurs que les bateaux franchissent les biefs de partage du canal de Saint-Quentin et du canal de la Marne au Rhin, où existent de longs souterrains.

On a fait des essais pour remplacer les chaînes par des câbles en fil de fer dont on rachète la légèreté en les faisant passer sur des poulies à mâchoires mobiles du système Fowler. Il n'en a été fait qu'une seule application sur la Meuse belge.

La marche par convoi étant impossible dans les canaux, à cause du retard occasionné par les écluses et du peu de longueur de certains biefs, M. Bouquié a proposé un système de touage permettant aux bateaux de marcher isolément, en se touant eux-mêmes sur une chaîne noyée dans le canal. Pour cela, chaque bateau devait se munir d'une petite locomobile actionnant une poulie à empreintes, installée en saillie sur le flanc gauche du bateau.

La chaîne en fer était assez légère et chaque bateau la relevait ou l'abandonnait suivant ses besoins ; des dispositions ingénieuses permettaient les croisements pendant la marche. Ce système dont il existe un spécimen à Paris, dans le toueur du canal Saint-Martin (entre l'écluse de Seine et le pont du Temple), n'a pas réussi à se faire adopter, malgré les bons résultats obtenus aux essais.

Quelques systèmes de touage par adhérence ont été proposés ou essayés, comme les bateaux à chaîne sans fin de Moreaux, à Lyon, en 1853, et les bateaux à chaînes plates ou à rails articulés de Mougel-bey et Cail, en 1857. La même idée a été reprise, en 1883, par Dupuy de Lôme, dans l'espoir de venir en aide à la batellerie du Rhône. Le savant ingénieur construisit un toueur muni, de l'avant à l'arrière, sur chacun de ses flancs, d'une chaîne sans fin suffisamment lourde, plongeant

dans l'eau à l'avant, reposant sur le fond et remontant à l'arrière ; la partie supérieure était portée sur des rouleaux fixés sur le bateau. Les rouleaux extrêmes étaient placés en saillie, et l'un
d'eux était muni d'empreintes ; ce dernier était
actionné par une machine à vapeur, et faisait
mouvoir la chaîne que le poids de sa partie reposant sur le fond empêchait de glisser. Le toueur
avançait avec une vitesse égale au mouvement de
ses chaînes. Les machines étaient indépendantes,
quoique disposées pour être manœuvrées par le
même mécanicien. On gouvernait en faisant marcher une des chaînes plus vite que l'autre et un
chariot mobile permettait de régler, suivant la
profondeur du fleuve, la partie de la chaîne immergée. Les essais faits sur le Rhône ont montré
que le coefficient de frottement des chaînes variait,
suivant la profondeur et la nature du fond, de 83
à 120 0/0 du poids de la chaîne dans l'air. Le
toueur provisoire a pu franchir des passages où
la vitesse du courant dépassait 3 mètres par seconde, et où la profondeur variait brusquement de
6$^m$,50 à 1$^m$,50. Malheureusement, les expériences
ont été interrompues par la mort du célèbre ingénieur. — J. B.

**TOUEUR.** Bateau construit spécialement pour
le halage des bateaux en convoi, au moyen d'une
chaîne noyée. — V. Touage.

*TOUCHAU** ou **TOUCHEAU.** *T. techn.* Etoile d'or
ou d'argent dont chaque branche est à un titre
établi par la loi, et qui sert aux essais pour déterminer le passage de l'or ou l'argent pur à l'or
ou l'argent le plus allié. — V. Essai, § *Essai des
matières d'or et d'argent.*

**TOUCHE.** 1° *T. de mus.* Chacun des leviers qui,
dans un instrument à percussion, composent le
clavier, et sur lesquels on agit pour faire parler
les notes. Dans la guitare ce sont des filets saillants fixés en travers du manche pour indiquer les
positions que doivent occuper les doigts afin d'obtenir certains sons, et dans le violon et les instruments analogues, la touche est la partie du
manche recouverte d'ébène, sur laquelle les doigts
appuient les cordes. — V. Lutherie. || 2° Essai de
l'argent et de l'or à l'aide d'une pierre particulière,
noire et très dure, dite *pierre de touche.* — V. Es-
sai, § *Essai des matières d'argent et d'or.* || 3° Opé-
ration qui consiste à appliquer l'encre sur les
formes d'une presse à bras, à l'aide des balles ou
du rouleau.

**TOUPIE.** Jouet en forme de poire et terminé par
une pointe sur laquelle on le fait tourner, soit au
moyen d'un ressort, soit à l'aide d'une cordelette
qu'on enroule autour du corps de la toupie pour
la dérouler rapidement. || *T. de men.* Machine-ou-
til dont on se sert dans le travail du bois, pour
faire des moulures et raboter. Elle se compose
d'un arbre vertical animé d'un mouvement rapide
de rotation, et muni à son extrémité supérieure
d'une mortaise dans laquelle se fixe une lame
dont la forme varie avec le profil de la moulure à
obtenir. Le bois, placé au contact de l'outil, en
est maintenu à une distance constante par un

guide, pendant qu'on le pousse à la main au fur
et à mesure que le travail s'opère. — V. Charronnage (fig. 629 à 634).

*TOUPIN.** *T. de cord.* Morceau de bois en forme
de cône tronqué, dont la grosseur varie avec la
corde ou le câble en fabrication, et muni de rainures longitudinales en nombre égal à celui des
fils qu'il s'agit de commettre ; placé entre les torons de façon que ceux-ci se tordent sous un
angle égal pour chacun d'eux, le toupin est éloigné au fur et à mesure de la torsion.

**I. TOUR.** *T. d'arch.* Construction isolée ou saillante sur d'autres bâtiments, de forme variable,
mais dont la hauteur est généralement considérable par rapport aux dimensions de sa base.

— Dès la plus haute antiquité, les ingénieurs chargés
de construire des fortifications remarquèrent la difficulté.
inconsciente que le soldat, placé sur une muraille, rencontre toujours à tirer de côté, quels que soient les ordres
qu'on lui donne, dans la chaleur du combat il les oublie
aussitôt, et lance ses projectiles dans une direction perpendiculaire à la muraille. De plus, on ne peut battre le
pied de cette muraille sans se découvrir aux coups de
l'assaillant. Ces vraies raisons qui amenèrent partout
l'invention des ouvrages en saillie sur le mur, si bien
que la défense en ligne droite ne se rencontre que
chez les peuples dans l'enfance, où la construction n'est
nullement raisonnée.

Les premières tours furent à plan carré, comme plus
faciles à construire, la plupart de celles qu'on trouve
dans les ruines antiques sont élevées ainsi. Cependant
les Romains ne tardèrent pas à comprendre que la tour
carrée offrait à l'ennemi une surface droite parallèle au
mur et hors de sa défense, puisque les arêtes fournissent
deux angles morts qui auraient à leur tour besoin d'un
flanquement ; que de plus ces arêtes étaient plus facilement attaquables par les machines ; aussi font-ils, dès la
fin de la République, un fréquent usage de la tour ronde,
qui n'avait pas ces inconvénients. En France, on rencontre cette dernière surtout à côté des portes de ville ;
sur le mur même on les trouve encore parfois, à Autun,
par exemple.

De plus, à toutes les époques, on voit des tours
isolées, au passage d'une rivière, au tournant d'une
route, en face d'un point faible de la défense. Chez les
Romains, elles servaient aussi de postes d'observation. Ce
système de tours détachées fut d'un fréquent usage pendant
tout le moyen âge ; elles devinrent même alors le point
capital de la défense, sous le nom de *donjon.* — V. ce mot.

Les tours antiques sont toujours élevées d'après des
dispositions analogues entre elles ; celles du moyen âge
nous montrent, au contraire, des perfectionnements incessants, amenés à un tel point que l'on peut dire qu'au
xv$^e$ siècle, au moment de l'invention de l'artillerie, l'art
de la défense était parvenu à son apogée ; il est juste d'a-
jouter que l'art de l'attaque avait fait des progrès analogues. Néanmoins, et ce fait est curieux à noter, les tours
carrées, notoirement imparfaites, continuèrent à être
employées, surtout au Midi, où l'influence des Arabes,
qui ne connaissaient guère la tour ronde, se faisait sentir davantage ; c'est ainsi que les remparts d'Aigues-
Mortes, que nous avons donnés à l'article Enceinte, et
ceux d'Avignon, sont flanqués de tours rectangulaires.

Vers la fin du xiv$^e$ siècle, la découverte et les premiers
progrès de l'artillerie amènent des modifications profondes dans la construction des tours. La portée des
nouveaux engins étant bien supérieure, on peut espacer
les flanquements à 100 mètres et plus ; elles sont donc
plus rares. En même temps, les couvertures coniques en
charpentes disparaissent ; on les remplace par des plates-

formes sur lesquelles on puisse faire manœuvrer les pièces. Un peu plus tard, lorsque les projectiles ont acquis assez de puissance pour entamer la maçonnerie, au pied des défenses, la tour se rapetisse, il semble qu'elle cherche à se dérober: on la renforce, pour éviter l'écroulement, les machicoulis disparaissent, le crénelage supérieur descend au niveau du sol, afin d'obtenir des tirs rasants. Puis enfin, lorsque les boulets de fonte rendent impossible toute défense derrière la maçonnerie isolée, on terrasse la tour encore abaissée, on l'élargit, on la garnit d'embrasures protégées par des épaulements, et on change définitivement son nom ; le *bastion* est désormais le seul ouvrage de flanquement.

Dans l'architecture religieuse, la tour a une très grande importance, c'est elle qui soutient ordinairement la flèche sous laquelle se trouvent les cloches ; aussi lui donne-t-on souvent le nom de *clocher*. A proprement parler, on nomme *tours* les clochers sans flèche terminés par une plate-forme, telles sont les tours de Notre-Dame-de-Paris.

Dans les premières constructions religieuses, les tours n'étaient pas seulement destinées à recevoir les cloches, elles servaient aussi de défense, et cela très fréquemment dans ces périodes troublées, où trop souvent l'église offrait une proie tentante. La tour de Saint-Germain-des-Prés à Paris, par exemple, n'est pas un ornement, c'est bien réellement une forteresse destinée à recevoir, le cas échéant, les défenseurs de l'abbaye. On ne trouve pas dans l'art ogival, en France, comme en Italie et en Espagne, ces tours isolées placées sur un des côtés de l'édifice, telles la Giralda de Séville ou le campanile de Sainte-Marie-aux-Fleurs de Florence ; elles sont toujours jointes au corps même de l'édifice, et, sur la face, généralement au nombre de deux. Elles sont carrées jusqu'à la galerie qui souvent surmonte les portails, puis à ce moment deviennent ordinairement hexagonales. Il est remarquable que, bien que très variées dans les détails, les tours conservent dans l'art chrétien des formes générales invariables, hiératiques, fixées par la tradition, nous pouvons même dire par le dogme.

En effet, en signe de leur suprématie, les églises métropolitaines avaient seules le droit d'élever deux tours d'égale hauteur et semblables. Il y a des exceptions : les cathédrales de Toul, de Coutances, d'Angers, qui étaient soumises à une juridiction supérieure, ont cependant ce signe d'indépendance, tandis que les métropoles de Bourges, Sens, Rouen, ont des tours inégales. Mais ce dont les constructeurs ne se départaient pas, c'est de donner plus d'importance à la tour de gauche, symbole du pouvoir spirituel, quand les deux n'étaient pas pareilles. Aussi, lorsque l'église n'a qu'une tour achevée, est-ce toujours celle de gauche, par exemple à Strasbourg, Evreux, Anvers, Tolède, etc.

Le retour de l'architecture vers l'antique a enlevé leur importance aux tours, et pendant plusieurs siècles elles ont disparu de l'art chrétien.

L'architecture civile n'a pas tiré parti des tours, sinon dans la période de transition, très courte, entre le château-fort et le château de plaisance, où le donjon était encore gardé par tradition. En revanche, elle a fait pendant les xive, xve et xvie siècles un fréquent usage de la tourelle, qui n'avait été employée dans l'art militaire que pour flanquer un point faible ou établir une vigie ; les constructeurs civils s'en sont servi surtout pour y rejeter l'escalier, qu'ils ne savaient pas conserver à l'intérieur sans perdre une place énorme. C'était la seule raison d'être de la tourelle ; aussi a-t-elle disparu avec les progrès apportés dès le xviie siècle aux aménagements des maisons et hôtels particuliers. — c. DE M.

## II. TOUR. *T. de mécan.* Machine-outil qui sert à donner aux pièces travaillées la forme des solides de révolution. Le tour joue actuellement un rôle

capital dans tous nos ateliers de construction où il a su s'adapter aux formes et aux dimensions des pièces les plus variées ; il intervient dans la fabrication de presque tous les produits mécaniques, depuis les plus petits boulons et écrous jusqu'aux grandes roues de chemins de fer et aux arbres de navires. On peut le considérer comme la machine-outil par excellence, car c'est celle qui serait le plus difficile à remplacer par le travail à la main : l'ouvrier n'arriverait que fort difficilement, en effet, à obtenir une pièce bien ronde, tandis qu'il réussirait toujours d'une manière assez satisfaisante à raboter une surface plane ou à percer un trou cylindrique.

— L'invention du tour, qui se perd dans les temps les plus reculés, fut un événement capital dans l'histoire de l'humanité, et elle a été certainement, pour nos premiers ancêtres, le point de départ d'une ère nouvelle de civilisation. Les premiers tours ont servi sans doute aux potiers sous une forme probablement peu différente des tours actuels pour façonner l'argile servant à la confection de leurs vases, et on en retrouve déjà des traces à l'origine de l'histoire écrite dès les premiers temps de l'époque du fer. Les tours ont dû être employés également, avec des dimensions agrandies, pour travailler les troncs d'arbres devant servir de colonnes aux édifices.

Cet outil primordial qu'on retrouve figuré sur les monuments égyptiens, s'est conservé pour ainsi dire sans aucune modification à travers les âges passés, et il est arrivé à notre époque sous une forme presque semblable à celle qu'il avait à l'origine. Il semble, en effet, qu'on ne connaissait encore, même à la fin du xviie siècle, par exemple, quand Plumier écrivait son *Traité sur l'art du tourneur* publié à Lyon en 1701, que les tours à la *perche* ou à l'*arc*, dont le type se retrouve même chez certaines peuplades sauvages. Dans le dispositif le plus simple, le mouvement est obtenu au moyen d'une corde fixée à une extrémité sur un arbuste ou une pièce flexible fichée en terre, et enroulée à l'autre extrémité autour d'un axe portant la pièce à travailler. L'ouvrier en pressant sur la corde avec son pied comprime ou laisse détendre alternativement ce ressort en bois, et il obtient ainsi un mouvement de rotation alterné en avant et en arrière qui entraîne la pièce. Dans le tour à archet, le mouvement alternatif est obtenu au moyen d'une corde tendue sur un archet que l'ouvrier tient d'une main pour le faire avancer ou reculer, tandis qu'il soutient l'outil de l'autre.

De nos jours, le tour s'est complètement transformé même pour les appareils les plus simples, tout en conservant le même principe, il est devenu une machine de plus en plus complexe, et il a pris une part prédominante au merveilleux développement que les engins mécaniques ont reçu à notre époque.

Malgré la variété de leurs dispositions, ces machines peuvent se ramener à deux types principaux : les *tours à pointes* dans lesquels la pièce à travailler est soutenue aux deux extrémités de son axe par des pointes coniques, et les *tours en l'air* dans lesquels cette pièce est soutenue seulement à une seule extrémité par un mandrin ou des mordaches. Il existe cependant un certain nombre de types de tours, surtout à banc rompu qui, tout en étant à pointes, sont disposés pour être utilisés aussi comme *tours en l'air*.

Le tour à pointes le plus simple, commandé au moyen d'une pédale à volant actionnée par le pied de l'ouvrier, est désigné souvent sous le nom de *tour à bidet*; il se compose d'une forte table percée en son milieu d'une rainure longitudinale dont les faces portent le nom de *jumelles*, elle reçoit à l'une des extrémités, généralement du côté droit, une poupée fixe en fonte, solidement affermie par des écrous, qui porte l'arbre du tour. Celle-ci comprend une poulie à double gorge sur laquelle s'enroule la corde transmettant le mouvement de rotation du volant de la pédale.

La poupée mobile ou contre-pointe placée à gauche, glisse à frottement doux dans la rainure du banc, et se fixe à volonté au moyen d'un boulon avec écrou à oreille serré au-dessous du banc. Le support de l'outil peut glisser pareillement sur les jumelles pour atteindre la pièce à travailler sur toute sa longueur. On distingue généralement dans le support, trois pièces principales : la *semelle* formée d'une planche horizontale maintenue par un boulon qui lui permet de glisser dans le sens parallèle ou normal à l'axe du tour; la *chaise*, en forme d'équerre, dont la branche horizontale est fixée sur la semelle, et enfin la *cale* supportant directement l'outil qui peut glisser verticalement sur la semelle suivant la hauteur à donner. La pièce à travailler est maintenue entre les deux pointes du tour ramenées à une distance suffisante ; à son extrémité droite, elle est prise dans un toc qui vient butter contre la queue recourbée d'un écrou vissé sur la partie filetée de la pointe de la poupée fixe. et lui communique ainsi son mouvement de rotation.

Ces organes essentiels des tours se retrouvent sous des formes plus ou moins compliquées et agrandies dans tous les appareils des ateliers de construction, seulement les dispositions mécaniques sont plus ou moins perfectionnées suivant la nature du travail qu'on a en vue. L'arbre de la poupée fixe est commandé généralement par

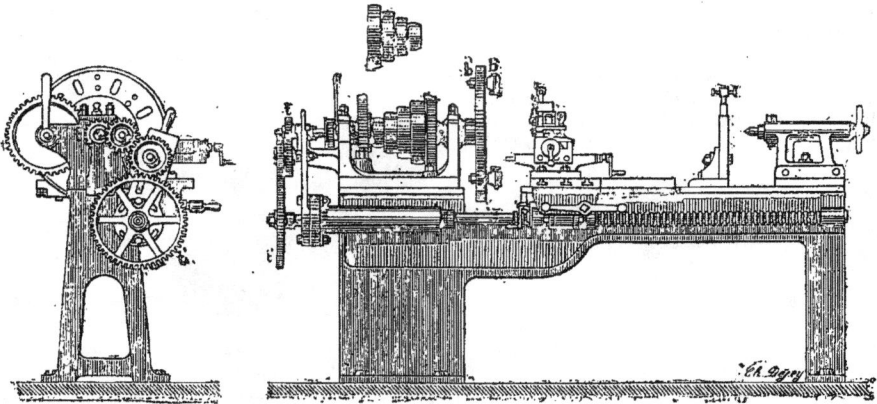

Fig. 573 et 574 — *Tour à fileter et à banc rompu de Bouhey.*

Hauteur des pointes 0,220, longueur du banc 2 mètres. — *t t'* Harnais d'engrenages agissant sur la vis d'entraînement du chariot. — *b b'* Griffes servant à fixer la pièce à travailler quand le tour est utilisé comme tour en l'air.

une transmission mécanique, celle-ci est munie de plusieurs poulies étagées, souvent trois, de différents diamètres, sur chacune desquelles on peut faire passer la courroie de transmission, et elles permettent ainsi d'obtenir des vitesses variées.

Dans les *tours parallèles*, le support de l'outil qui prend le nom de *chariot*, glisse sur les jumelles en obéissant à l'entraînement d'un engrenage à crémaillère ou d'une vis longitudinale sur laquelle il fait écrou. Celle-ci tourne dans des collets fixes ménagés sur des traverses reliant les jumelles, et comme elle ne peut avancer dans le sens de son axe, c'est l'écrou qui est obligé de se déplacer. Le mouvement de la vis est commandé par une manivelle placée à la main de l'ouvrier, ou quelquefois automatiquement par la rotation même de l'arbre du tour. Dans ce cas, on comprend immédiatement que la pointe de l'outil entraînée avec le chariot d'une translation uniforme devant la pièce à travailler qui tourne simplement sur elle-même, prend par rapport à celle-ci un mouvement relatif en hélice, et décrit ainsi un filet de vis en entaillant la pièce, aussi cette disposition de tour parallèle forme-t-il précisément la *machine à fileter*. A côté de l'entraînement automatique, on conserve aussi généralement l'entraînement à la main, pour que l'ouvrier puisse déplacer le chariot à volonté. L'organe de transmission employé est alors souvent une crémaillère qui entraîne moins de frottement; mais cette disposition ne convient guère pour une transmission automatique, telle que celle d'un tour à fileter, car elle donne un mouvement un peu saccadé par le jeu inévitable des engrenages, ainsi que nous l'avons observé d'ailleurs en parlant des machines à raboter.

La semelle du chariot porte-outil est munie généralement d'une coulisse horizontale, permettant à l'outil de glisser perpendiculairement à l'axe du tour, pour se rapprocher à volonté de la pièce à travailler. Ce mouvement est obtenu au moyen d'une manivelle à vis manœuvrée à la main par l'ouvrier. L'outil lui-même est placé à la hauteur de l'axe dans un porte-outil approprié. Il convient souvent, ainsi que nous l'avons indiqué à l'article spécial (V. PORTE-OUTIL), d'avoir des outils mobiles solidement fixés, ce qui permet d'atteindre la pièce dans toutes les directions, tout en n'employant qu'un petit nombre de formes d'outils.

L'outil du tour, qui prend le nom de *crochet*, est formé d'une barre d'acier trempé de section carrée et quelquefois circulaire, présentant à l'extrémité un angle plus ou moins aigu suivant la nature du métal à travailler.

Nous avons étudié d'ailleurs à l'article RABOTEUSE les outils de ces machines, l'angle de coupe à observer, la vitesse à leur donner, etc., et comme ces détails s'appliquent également aux outils des tours, nous n'y reviendrons pas ici, et nous insisterons plus particulièrement sur les organes qui leur sont propres.

Le bâti du tour doit présenter une grande stabilité, afin de pouvoir supporter sans fléchir le poids de la pièce et du chariot mobile; le banc est toujours raidi par des nervures, et renforcé particulièrement à l'endroit des jumelles ou glissières.

La plupart des *tours à pointes* présentent un banc continu, mais lorsqu'on veut pouvoir tourner sur le plateau de la poupée fixe des pièces de rayon supérieur à la hauteur de la pointe au-dessus du banc, on emploie des tours dits à *banc rompu*, parce que le banc s'arrête à une certaine

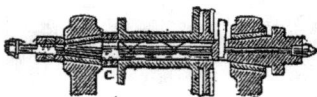

Fig. 575. — *Poupée fixe.*

distance du plateau en laissant un vide pour recevoir les grandes pièces. On en voit un exemple figure 573 et 574 dans un tour à fileter de Bouhey. On peut même rendre mobile le banc tout entier en le faisant coulisser sur deux supports appropriés, ce qui permet ainsi de faire varier à volonté l'ouverture du banc devant le plateau de la poupée fixe, et de donner aux pointes tel écartement que l'on désire. Cette disposition fort ingénieuse a été réalisée par M. Derly constructeur.

Nous avons examiné les poupées à l'article spécial (V. POUPÉE), et nous n'y insisterons pas ici; rappelons seulement que l'arbre de la poupée fixe doit être muni de colliers ou de bagues de butée, pour résister à la poussée longitudinale.

On remplace souvent ces paliers de butée par des portées coniques ménagées aux extrémités avec colliers de réglage C pour rattraper l'usure; on trouve un exemple de cette disposition dans la poupée fixe représentée figure 575. On remarquera que la pointe de cette poupée est mobile, et se fixe au moyen d'une clavette qui vient pénétrer dans un trou ménagé à cet effet sur l'arbre de la poupée. La poupée mobile doit maintenir sa contre-pointe toujours exactement dans l'axe du tour, et elle est ordinairement rattachée au banc par des boulons fixés sur les glissières. On permet quelquefois le déplacement transversal de la contre-pointe pour le cas où on veut tourner des pièces coniques; mais si ce travail se présentait fréquemment, il serait préférable de régler automatiquement le

déplacement transversal de l'outil sur le chariot. La contre-pointe est généralement contrebutée sur une vis longitudinale passant dans son fourreau, et permettant de régler son avancement suivant l'axe du tour. L'arbre des poupées se fait ordinairement en acier, et les pointes sont en acier trempé.

Les divers organes de manœuvre des pièces du tour doivent être disposées de manière à former un ensemble qui soit bien à la main de l'ouvrier, et dont l'accès soit bien facile pour le nettoyage et la réparation. Lorsqu'on a atteint ce but, comme l'observe le *Manuel du mécanicien*, la complication des appareils n'est plus qu'apparente, et l'ouvrier utilise aisément toutes les ressources de sa machine.

Quant au mécanisme de transmission ou harnais, il doit former un ensemble compact bien à la main, tout en permettant des variations de vitesse aussi étendues que possible. Les dispositions adoptées varient suivant les constructeurs, et nous ne pouvons y insister ici, d'autant plus qu'il est toujours facile de s'en rendre compte à l'as-

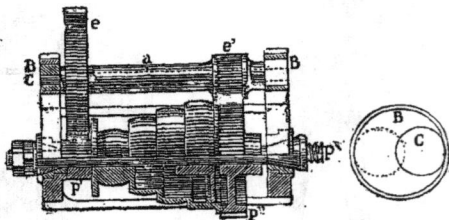

Fig. 576 et 577. — *Changement de vitesse du tour*

pect des machines en les voyant fonctionner. Nous représentons seulement (fig. 576 et 577), à titre d'exemple, un type intéressant de Shepherd assurant le mouvement automatique ou à volonté du chariot.

L'arbre *p* du chariot porte un manchon fou formant cône à plusieurs vitesses, solidaire avec une roue dentée *p'* qu'actionne l'arbre *p* par l'intermédiaire des engrenages *ee'* montés sur l'arbre parallèle C, et de la roue *p''*, ce qui forme ainsi, comme on voit, un ensemble bien ramassé assurant une grande réduction de vitesse. On peut d'ailleurs conduire directement l'arbre *p* par les cônes, en reliant ceux-ci à l'aide d'un manchon au pignon *p''*. Dans ce cas, l'arbre C qui repose sur deux coussinets excentrés est simplement reculé latéralement en retournant les coussinets pour débrayer les engrenages. Cette disposition est généralement préférée à celle qui consisterait à déplacer cet arbre suivant son axe. On remarquera que l'arbre *p* est muni de coussinets coniques pour contrebalancer la butée. On voit en A (fig. 578 et 579) la vis longitudinale qui commande le mouvement automatique du chariot, cette vis est entraînée par l'intermédiaire d'un train d'engrenages qui la relie à l'arbre principal. Elle ne sert habituellement d'ailleurs que pour le filetage des boulons, le tour étant muni d'un mécanisme auxiliaire auquel on peut recourir dans les cas ordinaires afin de ménager la vis principale. L'écrou relié au chariot par le coulisseau $c'$ qui détermine l'entraînement en engrenant avec la vis peut, en effet, se débrayer en le relevant au moyen de l'excentrique D commandé par la manivelle $m$. L'entraînement s'opère alors à la main par la réaction du pignon O' entraîné par le mouvement de la manivelle E, et engrenant avec la crémaillère C fixée au banc. On peut encore obtenir néanmoins un avancement automatique du chariot, sans recourir à la vis de filetage, en serrant des cônes de friction spéciaux non représentés sur les figures 578 et 579. On détermine ainsi la rotation de l'arbre portant le pignon G qui commande la vis sans fin F, mobile à rainure et languette sur un arbre parallèle à A, et prise entre les deux joues du chariot. Cette disposition par cônes de friction a l'avantage de prévenir toute rupture de l'outil en présence d'une résistance imprévue.

Dans le travail de filetage, le pas $p'$ du filet de vis obtenu sur la pièce à travailler est déterminé par le rapport $k$ de la vitesse de rotation de la vis principale à celle de l'arbre moteur, et en appelant $p$ le pas de celle-ci, on a la relation $p' = \dfrac{p}{k}$ ; il importe donc que ce rapport puisse recevoir un grand nombre de valeurs afin de permettre d'obtenir le plus possible de pas différents. Les tours sont toujours munis, à cet effet, d'une disposition permettant d'employer des trains d'engrenages de diamètres différents pour la transmission du mouvement de l'arbre à la vis ; dans les tours de Shepherd, ces pignons intermédiaires ont leurs axes fixés à volonté dans les rainures d'une pièce appelée *lyre* ou *tête de cheval*, que l'on peut déplacer autour de l'axe de la vis afin d'interposer des trains d'engrenages très variés.

Sur les petits tours à fileter d'ateliers, on recourt souvent à la disposition suivante qui permet d'obtenir des pas différents sans changement des engrenages. L'arbre du tour repose sur des coussinets qui lui permettent une translation longitudinale pendant son mouvement de rotation ; il porte d'autre part plusieurs séries de vis de différents

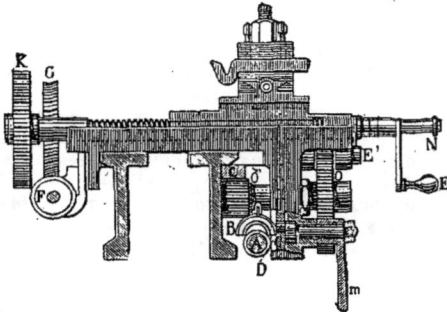

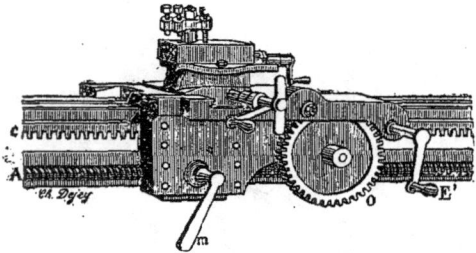

Fig. 578 et 579. — *Mouvement automatique du chariot du tour Shepherd. Vues en bout et longitudinale.*

pas tracés à demeure ; on l'oblige à tourner d'une sorte de mouvement hélicoïdal déterminé par le pas de l'une ou l'autre de ces vis, au moyen d'une clef fixe qu'on peut engager dans les filets de celle-ci, et le déplacement de cet arbre se trouve ainsi déterminé par la condition de maintenir le filet de la vis guide au contact de la clef. La pièce à tourner, solidaire avec l'arbre du tour partage son mouvement hélicoïdal, et l'outil restant fixe trace ainsi sur la pièce un filet identique à celui de la vis mère.

La vitesse [absolue du crochet de tour ne doit guère dépasser, d'après M. Poulot, pour une bonne utilisation du travail, 100 millimètres par seconde sur la circonférence de la pièce pour le fer, 95 millimètres pour l'acier, 80 pour la fonte et 110 pour le bronze. Toutefois, si ne tenant pas compte de la rapidité d'exécution, on cherche seulement à réduire au minimum le travail du tour, on devra limiter la vitesse aux chiffres suivants, $0^m,055$ pour le fer, $0^m,040$ pour la fonte, et $0^m,065$ pour le bronze. Le serrage des passes peut atteindre 2 millimètres, mais on se tient souvent à 1 millimètre et même 3/4 de millimètre ; quant à la largeur, elle peut varier de 1 à 4 centimètres.

Les chiffres que nous reproduisons ici sont des données résultant de l'expérience, car la théorie du mode d'action des outils travaillant sur les métaux, est encore trop peu avancée pour qu'il soit possible d'en tirer quelque déduction précise. Nous avons reproduit d'une manière sommaire à ce sujet, à l'article RABOTEUSE, quelques indications établies en assimilant l'outil à un coin qui s'enfonce entre les fibres du métal pour le détacher, comme sur une pièce en bois. Cette théorie est celle qui est généralement admise par les auteurs pour représenter le mode d'action des outils, mais elle paraît contestable à certains égards, ainsi que le remarque M. le capitaine Duguet, dans ses belles *Études sur la résistance des corps solides*. Les métaux, surtout l'acier d'un usage si général aujourd'hui, ne présentent pas, en effet, de fibres, et ils doivent être considérés plutôt comme formant des pièces homogènes dont les molécules présentent à l'écartement, une résistance constante dans toutes les directions. M. Duguet observe, en outre, que le copeau soulevé par l'outil raboteur se comporte, à bien des égards, comme une débouchure obtenue au poinçon sous un effort de compression, il est en outre beaucoup plus court et plus petit que la passe, tandis que s'il était enlevé à la manière d'une fibre, il conserverait les dimensions de la place qu'il occupait primitivement sur la pièce. D'après M. Duguet, l'outil du tour ou de la raboteuse agit donc surtout par une compression exercée dans la direction de la passe, celle-ci faisant un angle très aigu avec la surface du compresseur. Sous cet effort, la surface extérieure de la pièce se fendille en présentant de nombreuses cassures transversales inclinées à 40°, comme le fait se produit habituellement sur les pièces de métal comprimées. Sur le bois, au contraire, la surface concave de la fibre détachée resterait toujours lisse.

Il y a là incontestablement un point de vue des plus nouveaux et des plus curieux, dont l'étude mériterait d'être suivie malgré les difficultés presque inextricables qu'elle présente. On arriverait ainsi, sans doute, à justifier la plupart des règles pratiques auxquelles on s'est trouvé conduit par l'expérience directe, pour déterminer la forme des outils, l'inclinaison à leur donner, la largeur et la profondeur des passes, etc., toutes recherches qu'on ne peut encore aborder qu'empiriquement.

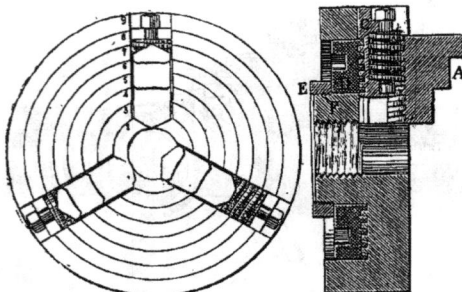

Fig. 580 et 581. — *Plateau à spirale du tour en l'air de Westcott.*

Rappelons à ce sujet, avec M. Duguet, que toutes les questions relatives à la technique des outils ont été de la part des officiers attachés aux établissements de l'artillerie et particulièrement de M. Kreutzberger, ingénieur à celui de Puteaux, l'objet d'études profondes et suivies au point de vue du travail du tournage des canons, et il serait donc très intéressant que l'industrie tout entière fut mise à même de profiter des résultats obtenus.

Nous complétons ces indications sur les divers organes de tours en parlant des plateaux des tours en l'air. Sur les petits tours, les plateaux les plus fréquemment employés sont ceux dits *à toc*. Cette disposition comprend un disque fixé invariablement à l'arbre moteur et entraînant, par l'intermédiaire de deux axes, le plateau dont les tocs conduisent la pièce à tourner maintenue par un étau central. Chacun des tocs exerce la même pression sur l'étau pour éviter que la pièce soit excentrée. On emploie souvent aussi des plateaux percés de trois ou quatre rainures radiales dans lesquelles glissent les mordaches entraînées par des vis qui viennent serrer la pièce à tourner.

Les mouvements de ces mordaches sont généralement indépendants, mais il est préférable de les rendre solidaires, comme dans le plateau à spirale de Westcott représenté dans les figures 580 et 581, qui a l'avantage de donner un serrage uniforme et bien concentrique. Les vis serrant les mordaches A sont commandées, en effet, par des écrous C dont le dos coulisse le long d'une spirale entaillée dans un anneau mobile D, autour de l'âme F du plateau.

Les tours à pointes peuvent se transformer évidemment en tours en l'air, en remplaçant la pointe fixe par un mandrin ou un plateau. On peut, dans tous les cas, tourner des surfaces de révolution dont la génératrice fasse un angle quelconque avec l'axe, en donnant à l'outil une inclinaison variée sur celui-ci. On peut même dans les tours en l'air, disposer l'outil parallèlement à l'axe, pour percer la pièce par exemple.

Quand on doit tourner un certain nombre de pièces semblables, il y a avantage à se servir d'un gabarit approprié assurant automatiquement le déplacement de l'outil. Pour les surfaces sphériques, on les obtiendra plus simplement en disposant l'outil sur un support mobile autour d'un axe vertical, et on fait mouvoir celui-ci à l'aide d'un engrenage à vis sans fin.

Le tour a subi, comme nous l'avons signalé plus haut, les transformations les plus importantes à mesure que l'industrie a dû augmenter les dimensions des pièces à travailler, et obtenir des formes de plus en plus compliquées. On est arrivé ainsi, surtout pour les constructions navales, à créer des tours colossaux tout à fait remarquables par leurs grandes dimensions, et l'agencement de leurs organes. La plus célèbre de ces machines est le tour de 76 tonnes que construisit, en 1860, M. Calla pour l'arsenal de Toulon, et dont on trouvera la description dans l'ouvrage d'Armengaud, t. XII, *Machines-outils et appareils.*

Les usines du Creusot construisirent, quelques années plus tard, un grand tour en l'air qui servit à travailler les pièces circulaires du port de Brest, et, récemment, les ateliers Ducommun, de Mulhouse, viennent de construire, pour les établissements de Guérigny, un tour universel qui forme certainement, comme le fait remarquer M. de Nansouty, l'un des outils les plus puissants qu'ait exécuté l'industrie moderne. C'est un tour à fosse à deux chariots remplaçant, en quelque sorte, tout l'outillage mécanique par la grande variété des opérations qu'il peut réaliser, tournage des pièces, alésage, filetage, fraisage et mortaisage, et il permet ainsi, comme on voit, d'exécuter sur les lourdes pièces qu'emploient les constructions navales toutes les opérations nécessaires sans avoir à les déplacer. Ce tour est actionné par un moteur à vapeur vertical de la force de 25 chevaux, à la pression de vapeur de 2k,76 et, avec ses accessoires, il ne pèse pas moins de 340 tonnes.

**Tours spéciaux.** *Tour à guillocher.* En dehors des ateliers de construction, on rencontre aussi de petits tours particuliers appliqués dans la gravure, par exemple, à certains usages spéciaux qu'il est intéressant de signaler.

Citons, par exemple, le *tour à guillocher*, destiné

à exécuter les courbes ondulées pour les ornements qui ont reçu le nom de *guillochés*. C'est un petit tour à plateaux dont l'axe est mobile et peut osciller autour d'un point fixe. La pièce à guillocher, fixée sur le plateau, est entraînée, en tournant solidairement avec lui, devant le crochet qui reste immobile et parallèle à l'axe du tour. On conçoit que, dans ces conditions, si cet axe restait fixe comme dans les tours ordinaires, la figure décrite serait une circonférence de rayon égal à l'écartement du crochet, mais cette figure prend certaines ondulations résultant du mouvement oscillatoire communiqué à l'arbre du tour. Celui-ci est guidé, en effet, par un disque métallique à contour ondulé, appelé *rosette*, qui tourne avec lui en restant continuellement en contact avec une roulette dont l'axe est fixe. La réaction de la roulette sur la rosette oblige donc celle-ci, et l'axe du tour avec elle, à prendre le mouvement oscillatoire cherché qui se trouve ainsi déterminé par l'alternance des creux et des saillies. On fait varier évidemment le rayon de la circonférence ondulée ainsi obtenue, en écartant ou en rapprochant le crochet de l'axe du tour; on peut déplacer angulairement ces courbes les unes par rapport aux autres en tournant légèrement la rosette sur son axe, et on peut, enfin, obtenir des tracés différents en changeant les rosettes et, à cet effet, l'arbre des tours à guillocher en porte toujours un certain nombre et que l'on peut employer sans démontage, en déplaçant seulement la roulette pour la faire passer de l'une à l'autre.

*Tour à portrait*. Appareil imaginé par Hulot pour obtenir l'agrandissement ou la réduction, dans un rapport donné, des médailles et bas-reliefs de petites dimensions. — V. RÉDUCTEUR.

*Tour de potier*. Cet appareil, dont l'origine est fort ancienne, se compose d'un arbre vertical portant un plateau sur lequel on travaille le ballon de terre, et qui est mis en rotation par l'action des pieds de l'ouvrier. — V. CÉRAMIQUE, FAÏENCE, PORCELAINE. || *Tour à filer*. — V. GRÉGE. || *Tour de loch*. — V. LOCH.

*TOUR ANGLAIS. T. de tiss.* Nom donné à l'évolution des fils de la chaîne dans l'armure gaze (V. GAZE); chaque fil y est double et composé d'un fil fixe, ou fil de raison, qui reste baissé sous toutes les duites, et d'un fil de tour, qui lève toujours, mais alternativement à droite puis à gauche du fil fixe. Le système de lames ou lisses, souvent appelé *lisse anglaise*, est décrit au mot GAZE. On tisse souvent, dans les articles bon marché, en petite largeur, deux pièces l'une à côté de l'autre sur le même métier, et on les limite alors, quelle qu'en soit du reste l'armure, par une paire de fils faisant tour anglais, qui empêchent ensuite le liant fortement à la trame, l'effilage du tissu après la séparation des deux pièces.

*TOURAILLE. T. de brass.* Étuve à courant d'air employée en malterie pour sécher l'orge germé afin d'en arrêter la germination. — V. MALTERIE, § *Dessiccation et touraillage de l'orge germé.*

*TOURAILLON. T. de brass.* Nom donné aux radicelles d'orge germé et séché à la touraille,

qu'on a séparées des grains par criblage dans un tarare à brosses et à ventilateur. — V. BIÈRE, BRASSERIE.

**TOURBE.** La tourbe est un combustible formé par la décomposition sous l'eau de végétaux appartenant principalement aux genres suivants : *sphagnum, hypnum* (mousses), *carex* (cypéracée), *donatia* (saxifrage), *astelia* (jonc), etc. Ces plantes poussent dans une eau limpide, sous un climat tempéré, tout en pourrissant par le pied. Les sphagnum ont la propriété d'absorber une prodigieuse quantité d'eau, et de se constituer ainsi leur couche protectrice.

La cellulose contient 44 0/0 de carbone et huit fois plus d'oxygène que d'hydrogène. Les végétaux vivants sont principalement formés de cellulose et de très peu de matières azotées et de matières minérales. La tourbe récente mousseuse, conservant l'apparence végétale, contient environ 57 0/0 de carbone et environ sept fois plus d'oxygène que d'hydrogène; elle contient un peu plus de matières azotées et de matières minérales. La tourbe profonde, noire et d'apparence minérale, renferme environ 64 0/0 de carbone et environ cinq fois plus d'oxygène que d'hydrogène; elle contient encore plus de matières azotées et de matières minérales.

La tourbe découpée ou moulée en parallélipipèdes rectangles ayant environ 10, 10 et 30 centimètres de côtés, doit être soigneusement séchée à l'air libre avant de pouvoir être employée comme combustible. On peut aussi la transformer en un combustible plus avantageux, en la débarrassant de ses matières volatiles par une carbonisation en meules ou en four décrite à l'article CHARBON DE TOURBE. M. Beraud a essayé, récemment, de filer certaines variétés de tourbe mousseuse de Maestricht, en l'associant avec diverses autres matières et ses tentatives paraissent avoir été couronnées de succès. — A. B.

**TOURBIÈRE.** Les tourbières sont des amas constitués par la tourbe dont nous avons indiqué le mode de formation à l'article précédent. Il en existe sur les pentes des montagnes, dans les plaines basses au nord du 46e degré de latitude nord, ou au sud du 41e degré de latitude sud, dans les vallées basses ou hautes et dans les forêts. Elles ont commencé à se produire vers la fin de l'époque quaternaire au moment où l'homme connaissait l'usage de la pierre polie, et continuent à se développer à raison d'un centimètre environ par an. Les principales tourbières de France sont situées dans le département de la Somme. Il y en a en Allemagne, en Hollande, en Irlande, aux Etats-Unis de l'Amérique du Nord, dans la Terre de feu, etc. Le mode d'exploitation des tourbières est indiqué à l'article EXPLOITATION DES TOURBIÈRES complété par l'article LOUCHET. — A. B.

**TOURELLE CUIRASSÉE. T. de fortif.** Ouvrage métallique, complètement fermé, aménagé pour recevoir un ou deux canons, et organisé de façon à pouvoir tourner autour d'un axe vertical et permettre ainsi le tir des pièces dans toutes les directions. Au mot Cuirassement, on a donné la description, avec figure, d'une tourelle cuirassée, système Gruson, en fonte dure; un certain nombre de tourelles de ce genre ont été montées dans les forts de nouvelle construction, aussi bien en France qu'à l'étranger. C'était, en effet, le modèle auquel, après une longue série d'épreuves, la plupart des puissances avaient donné la préférence; mais, depuis lors, de nouveaux types ont été imaginés et sont actuellement, dans tous les pays, l'objet de nouveaux essais.

Les expériences exécutées à Bucarest, en 1885-86, ont eu surtout un grand retentissement. Deux tourelles étaient en présence : l'une construite par l'usine française de Saint-Chamond, d'après les tracés du commandant Mougin, ancien chef du service des cuirassements, actuellement ingénieur de l'usine; l'autre présentée par l'usine allemande Gruson, et construite d'après les idées du major Schumann. La tourelle française, entièrement en fer laminé, avait la forme d'un cylindre vertical recouvert d'un toit plat, comme les tourelles en usage maintenant à bord des navires; la tourelle allemande, au contraire, se composait d'une calotte sphérique et affectait la forme d'un champignon; les voussoirs étaient, les uns en fer forgé, les autres en métal mixte (compound), c'est-à-dire formé d'une plaque de fer que recouvre une plaque d'acier. Les mécanismes destinés, soit à faire tourner la tourelle, soit à manœuvrer et pointer les pièces, étaient également différents; dans la tourelle de Saint-Chamond, on avait eu recours à l'emploi d'appareils hydrauliques, tandis que dans celle de Gruson, la manœuvre se faisait à bras. Les essais faits à Bucarest, tout en mettant en relief la supériorité de la tourelle française sur la tourelle allemande, n'ont pas été suffisamment concluants; de plus, de nouveaux explosifs destinés à augmenter la puissance de destruction des projectiles, sont venus rendre encore la solution du problème plus difficile. Aussi les inventeurs se sont-ils remis à l'étude et, aujourd'hui, de nouvelles expériences sont, chez toutes les puissances, en cours d'exécution ou en préparation.

En France, on vient de soumettre dernièrement à des expériences comparatives, au camp de Châlons, deux tourelles; d'une part, celle de Saint-Chamond, à pivot central, modifiée en quelques points et qui, en particulier, au lieu d'être cylindrique, affecte maintenant la forme d'un champignon; d'autre part, une tourelle de forme cylindrique à éclipse, c'est-à-dire susceptible de disparaître complètement après chaque coup sous l'effort d'une pression hydraulique obtenue à l'aide d'un accumulateur; cette tourelle, construite d'après les idées du chef actuel des cuirassements, par les compagnies de Fives-Lille et de Commentry, est en métal compound. La Compagnie de Châtillon et Commentry a présenté également un autre type de tourelle sans pivot, complètement dégagée à l'intérieur; le métal employé est l'acier coulé préparé par immersion dans des bains métalliques, d'après un procédé spécial à cette usine. La question, on le voit,

est à peine résolue, aussi renvoyons-nous le lecteur au Supplément. — V. aussi Cuirassement.

Disons, avant de terminer, que dans le langage technique, l'usage semble prévaloir de plus en plus de réserver le mot tourelle pour désigner les ouvrages à contour extérieur cylindrique, tandis que l'on emploie de préférence le mot coupole pour spécifier ceux qui, formés d'une calotte sphérique, affectent extérieurement la forme d'un dôme ou champignon plus ou moins aplati.

**\*TOURELLE DE NAVIRE.** On désigne sous le nom de tourelle de navire, un ouvrage spécial construit à bord, et destiné généralement à protéger les pièces et leurs servants. L'idée de placer les pièces dans des tourelles blindées, n'est venu qu'assez longtemps après l'invention des cuirassés par Dupuy de Lôme. La raison en est bien simple: autrefois, les bâtiments étaient armés d'un grand nombre de pièces placées, soit dans une seule batterie, soit dans plusieurs batteries superposées; ces pièces étaient par suite d'assez faible calibre.

L'idée du cuirassement des vaisseaux naquit de la nécessité où l'on se trouva de combattre des ouvrages placés à terre et pouvant être armés de pièces de fort calibre. On arma donc des canonnières à la façon ordinaire, et on les recouvrit du haut en bas, d'une couche de fer assez épaisse pour n'avoir rien à craindre des projectiles de l'époque; ce fut la méthode suivie pendant longtemps. Cependant, dès l'instant où le problème du cuirassement des vaisseaux fut résolu, on reconnut rapidement la nécessité d'augmenter le calibre des canons pour pouvoir, dans une bataille navale, lutter avec avantage contre un adversaire muni d'une cuirasse.

L'accroissement du calibre des pièces conduisit fatalement à la diminution de leur nombre, malgré l'augmentation considérable du déplacement, que l'emploi du fer et plus tard de l'acier, permit de donner aux bâtiments. L'épaisseur des cuirasses s'accrût en proportion des dimensions des canons, et malheureusement, l'étendue de la surface protégée dût, pour un même déplacement, diminuer dans des proportions analogues.

Après avoir protégé complètement le bâtiment, on dût se résoudre à ne plus chercher qu'à défendre complètement la flottaison, dans l'impossibilité où l'on se trouva de continuer à protéger efficacement la batterie et la flottaison. Cependant, devant l'augmentation croissante du calibre des pièces, on arriva à n'en plus mettre à bord qu'un nombre très restreint, et on chercha les moyens de les abriter le mieux possible.

La première solution consista à les disposer dans des réduits cuirassés, analogues à ceux de la Dévastation (V. Cuirassé). Les réduits cuirassés constituaient une petite batterie blindée renfermant les pièces principales du navire avec tous leurs appareils de manœuvre. De cette façon, pour un développement assez restreint de cuirasse obtenu, soit par une légère diminution de la cuirasse des flancs, soit par une petite augmentation du déplacement, on put avoir une protection sérieuse du réduit. Le reste de la batterie contenant les pièces de petit calibre était absolument dépourvu de toute protection.

On ne tarda pas à substituer aux bâtiments à réduit, les bâtiments à tourelles ; c'est-à-dire qu'au lieu de disposer les pièces de gros calibre dans un seul fort cuirassé, on les dissémina aux différents points du bateau en les enfermant chacun dans une tourelle cuirassée spéciale.

En même temps, au lieu de disposer les pièces à la hauteur de la batterie haute des anciens navires, on les mit directement sur le pont des gaillards. La raison de cette disposition semble se trouver dans ce fait que sur le pont des gaillards, les canons sont placés aussi haut que possible au-dessus de la flottaison, et qu'ainsi leur champ d'action se trouve augmenté. Pour la même raison, ils sont plus à l'abri des coups de mer, et risquent moins de se trouver paralysés par le mauvais temps.

On doit remarquer cependant que ces observations ne sont guère applicables aux *tourelles des garde-côtes cuirassés*, comme la *Dévastation* anglaise, le *Pierre-le-Grand*, le *Tonnerre*, etc.—V. Cuirassé.

Dans ces bâtiments, la tourelle se trouve en effet très peu au-dessus de la flottaison ; mais elle serait, sans contredit, beaucoup mieux placée, si elle était plus élevée. Il faut expliquer cette disposition désavantageuse, en remarquant que l'on a à cherché avant tout à diminuer autant que possible l'élévation de ces bâtiments au-dessus de l'eau, pour leur permettre de présenter la surface minimum au tir de l'ennemi, et les rendre pour ainsi dire invulnérables.

Les principaux genres de tourelles employées à bord des vaisseaux sont : 1° les *tourelles barbettes*, généralement préférées en France, et qui sont fixes ; 2° les *tourelles fermées* et *mobiles* autour d'un axe vertical dont l'usage est plus général en Angleterre.

*Tourelles barbettes*. Les tourelles barbettes consistent généralement en un cylindre blindé disposé autour du corps du canon, et dépassant le pont des gaillards de façon à protéger autant que possible, l'affût avec sa plate-forme, les mécanismes de pointage et les servants.

Les tourelles barbettes ne présentent pas toujours la forme cylindrique, dans quelques-uns des derniers types des cuirassés anglais, où l'on s'est décidé à adopter ce genre de tourelles, on leur a donné la forme d'un tronc de pyramide. Les plaques des cuirasses employées sont planes, et elles sont disposées avec une certaine inclinaison sur l'horizon. Ce mode de construction présente l'énorme avantage de faciliter beaucoup la construction des plaques, et surtout de permettre l'emploi de plaques *compound* ou *composites* — V. Cuirassement.

Les tourelles barbettes présentent sur les tourelles fermées et tournantes, l'avantage de laisser voir tout l'horizon, et de pointer plus facilement. On y est généralement moins gêné par la fumée provenant du tir des pièces. Mais, d'un autre côté, ce genre de tourelles a l'inconvénient de ne

défendre en aucune façon les servants contre le feu de la mousqueterie et des pièces légères des hunes. On est donc arrivé aujourd'hui à les munir d'un capot en tôle, mobile avec la plate-forme qui assure la protection ; mais on perd ainsi une partie des avantages cités plus haut de ces tourelles sur les tourelles fermées.

Les premières tourelles barbettes ont été posées sur des navires en bois tels que l'*Océan*. La cuirasse était appuyée sur un matelas en bois composé de membrures verticales, soutenues par un cylindre en tôle et réunies par des lattes en fer.

La circulaire était placée sur le pont du navire concentriquement à la tourelle. Le service des munitions se faisait généralement par un large trou pratiqué au centre de la tourelle et donnant accès dans des parties protégées du bâtiment. Ce trou, garni d'un manchon métallique, servait en même temps d'axe de centrage pour la rotation de la plate-forme du canon.

Dans les types les plus récents, et pour les canons de 34 centimètres et de 42 centimètres, la tourelle est disposée généralement de la façon suivante : la partie cuirassée part du pont des gaillards, et ne s'élève au-dessus de ce pont que de la quantité nécessaire pour la protection ; il y a donc, entre le pont des gaillards et le pont cuirassé, un espace non protégé en dessous de la tourelle. On soutient la tourelle dans sa position par une charpente très solide qui prend appui sur le pont blindé. La plate-forme du canon tourne également autour d'un pivot central, mais ce pivot ne sert pas au passage des munitions. Le service des munitions est généralement assuré aujourd'hui en ovalisant la tourelle d'un côté, et en disposant dans la partie en pointe ainsi formée, un tube métallique qui traverse les entreponts et relie ainsi l'intérieur de la tourelle au-dessous du pont blindé. Ce tube doit avoir une épaisseur suffisante pour résister aux projectiles de petit calibre. D'ailleurs, on y place généralement à l'intérieur, un autre tube en tôle destiné à assurer le fonctionnement du monte-charge et du refouloir hydraulique, dans le cas où le premier serait légèrement faussé par un projectile.

L'inconvénient de cette disposition est de n'avoir qu'une seule position de chargement, c'est-à-dire qu'on est obligé de ramener constamment la pièce dans l'axe pour en assurer le chargement. Il serait préférable d'avoir des canons pouvant se charger dans toutes les positions de façon à pouvoir augmenter la rapidité du tir.

*Tourelles mobiles*. Le second système de tourelles comprend les tourelles mobiles, qui sont complètement fermées et ne présentent qu'une ou deux embrasures pour le passage de la bouche des canons qu'elles renferment. Ces tourelles ont l'avantage d'abriter complètement les servants, les pièces et les mécanismes de pointage, mais leur poids très considérable nécessite l'emploi d'appareils de rotation extrêmement puissants pour leur pointage en direction (fig. 582).

L'origine des tourelles fermées ne remonte guère plus loin que la guerre de Sécession, époque à laquelle un ingénieur américain eut l'idée d'enfermer les canons dans des tourelles blindées rotatives et cylindriques.

Primitivement, alors que la construction des plaques de blindage était encore dans son enfance, on les formait de plaques de tôles superposées et réunies par des rivets. Elles étaient supportées par un pivot central en fer, et reposaient simplement sur le pont des gaillards au moment du tir. Quand on voulait opérer le pointage en direction, on soulevait l'axe au moyen d'un levier, et le mouvement de rotation pouvait s'effectuer par l'in-

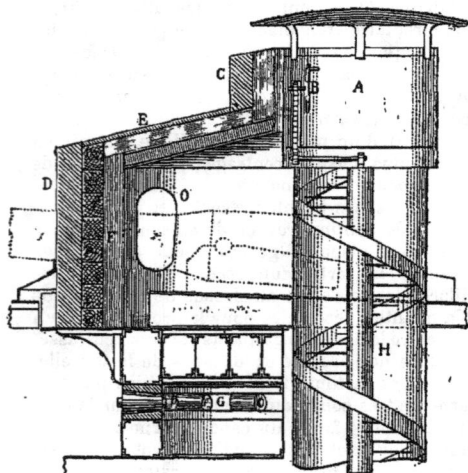

**Fig. 582. — *Tourelle mobile.***

*A* Poste de commandement. — *C D* Cuirassement circulaire. — *E* Plafond cuirassé. — *F* Matelas sous cuirasse, — *O* Sabord. — *G* Galets. — *H* Escalier central.

termédiaire de pignons et de roues d'angle agissant sur l'axe. On voit que dans ces conditions le choc d'un gros projectile pouvait fausser l'axe de rotation et mettre la tourelle dans l'impossibilité de combattre.

Le point faible de ce système de tourelles se trouvait surtout à sa jonction avec le pont. Dans cette partie, on dispose un glacis en fer forgé fixé sur le pont pour reporter le point d'impact d'un projectile au-dessous de la ligne de jonction.

Les tourelles fermées n'ont jamais, comme nous l'avons dit, été beaucoup employées en France; néanmoins, on en trouve sur un certain nombre de bâtiments, et en particulier de garde-côtes cuirassés tels que le *Tonnerre*, la *Tempête*. Dans ce cas, la base de la tourelle est généralement protégée par une muraille cuirassée qui s'élève à une certaine hauteur. La tourelle est supportée par des galets tronconiques qui roulent sur une circulaire spéciale et un système d'engrenages concentriques à l'axe de rotation, mis en mouvement soit à bras, soit au moyen de machines hydrauliques, permet le pointage en direction.

L'adoption, en France, d'un système de canons se chargeant par la culasse, a permis de faire arriver dans tous les cas les projectiles et les munitions à l'intérieur de la tourelle; en Angleterre, au con-

traire, où l'adoption de la culasse a rencontré de grandes difficultés, la plupart des grosses pièces des cuirassés actuels se chargent par la bouche, il a donc fallu disposer à l'extérieur de la tourelle et dans une position déterminée, un monte-charge et un refouloir pour le chargement du canon. On amène ainsi la tourelle dans la position voulue, on abaisse la bouche du canon pour la mettre à même de recevoir l'extrémité du refouloir, et on introduit la charge.

On conçoit tous les inconvénients que présente une pareille disposition. Les tourelles fermées reçoivent généralement deux canons disposés parallèlement de chaque côté de l'axe. Souvent le tube central qui sert d'axe de rotation est légèrement agrandi de façon à permettre d'y loger un escalier. On dispose alors à la partie supérieure de la tourelle une petite plate-forme fixe qui sert de poste de commandement, et qui contient le servo-moteur du gouvernail ainsi que les transmetteurs d'ordres aux diverses parties du navire. Ce poste doit servir en même temps d'abri pour le commandant; il est donc cuirassé à la même épaisseur que la tourelle et surmonté généralement d'un plafond en tôle épaisse à l'épreuve des balles et des projectiles de petit calibre, lancés par les canons-revolvers Hotchkiss.

Une certaine distance est ménagée entre l'abri circulaire proprement dit, et le plafond, pour permettre à la vue de s'étendre aussi loin que possible autour du navire.

Les plaques de cuirasse, employées dans la construction des tourelles, et qui primitivement étaient formées de plusieurs tôles superposées, sont aujourd'hui en un seul morceau d'une épaisseur comparable à celle des plaques de cuirasse des flancs. Elles sont appuyées généralement sur un matelas en bois composé souvent de deux plans de bois superposés, formés de montants verticaux et de membrures horizontales. Des boulons traversent le matelas et la cuirasse, et les relient fortement l'un à l'autre.

Nous croyons, en terminant, pouvoir dire que le système des tourelles barbettes nous semble être le meilleur, pourvu qu'elles soient placées à une hauteur assez grande au-dessus de l'eau, afin de n'être pas envahies par la mer, et pouvoir combattre presque par tous les temps.

**TOURET. *T. de cord*.** Nom du tambour de bois qui sert à dévider le fil de caret dans la fabrication des câbles; il est terminé à chaque extrémité par deux planches assemblées en croix, et traversé par un essieu de fer. Ce n'est donc, en somme, qu'une grosse bobine. || *T. de grav*. Instrument qui sert à la gravure en pierres fines. — V. CAMÉE. || Petite roue à gorge recevant la courroie qui passe sur le volant. || Grosse bobine à dévider la soie.

**TOURIE.** Grande bouteille de grès entourée de mousse ou d'osier, et destinée le plus souvent au transport des acides.

**TOURILLON. *T. de mécan*.** Partie ajustée d'un organe de machine, de forme généralement cylindrique, et qui tourne au contact d'un coussinet supporté par un bâti fixe ou mobile auquel i transmet une réaction. Cette réaction est généralement normale à l'axe du tourillon, c'est le cas ordinaire avec les arbres fixes de transmission par exemple, reposant simplement sur leurs paliers, et le tourillon est alors cylindrique, mais s'il doit résister en même temps à un effort dirigé dans le sens de son axe, il reçoit une forme conique, comme il arrive souvent, par exemple, sur les arbres des poupées de tour, ou il est muni de collets aux extrémités, comme pour les paliers de butée. On rencontre presque toujours aux extrémités des tourillons des collets plus ou moins accentués, destinés à limiter le jeu de déplacement que l'arbre du tourillon peut recevoir. La longueur du coussinet est quelquefois limitée aux 9/10 de celle du tourillon quand on veut laisser du jeu, mais souvent aussi on prend l'écart le plus petit possible, surtout si le jeu devait gêner le fonctionnement de la machine.

Le tourillon doit être tourné bien cylindrique ainsi que son coussinet pour obtenir un roulement régulier, on le prend souvent en acier dur pour reporter sur le coussinet qu'on peut garnir de métal antifriction en vue d'adoucir les frottements. Le coefficient correspondant $f$ peut recevoir d'ailleurs des valeurs très différentes suivant la nature des surfaces en contact, les lubrifiants employés; les nombreuses expériences entreprises pour le déterminer n'ont pas toujours donné de résultats bien concordants, et on n'est pas encore fixé exactement sur la valeur de cette résistance qui exerce cependant une influence prédominante sur l'effort de traction, par exemple, sur l'entraînement des véhicules en raison du frottement des fusées d'essieux dans leurs coussinets (V. Traction). Le général Morin admettait 0,05 à 0,07 pour $f$, mais l'expérience des chemins de fer paraît indiquer que la valeur réelle doit être bien inférieure à ces chiffres. Kirschweger a donné, d'après M. Cauthorn Unwin, 0,009 à 0,01 pour frottement du fer sur le métal blanc et 0,014 pour le bronze, Bokelberg et Walkner sont descendus à 0,0028 pour les faibles charges et les petites vitesses.

La résistance au frottement varie aussi évidemment avec l'usure même des coussinets, d'après l'étendue des surfaces en contact; mais on se contente ordinairement de prendre dans les calculs, la valeur $fP$ pour cette force, $P$ étant la pression normale, comme si le contact n'avait lieu que sur une ligne.

Les tourillons doivent être établis avec une portée assez grande pour éviter l'échauffement, et pour un même diamètre, on leur donne une longueur croissant avec la vitesse. A 150 tours par minute, par exemple, on prend une longueur égale au diamètre, tandis qu'à 1,500 tours, au contraire, on prendrait six à huit fois le diamètre. On augmente d'ailleurs plutôt la longueur de préférence au diamètre pour ne pas accroître le frottement. On établit souvent la relation suivante entre les longueurs $l$ et $l_1$ des deux tourillons marchant, l'un à la vitesse N sous la pression P, et l'autre à la vitesse $N_1$ sous la pression $P_1$.

$$\frac{l_1}{l} = \frac{P_1 N_1}{P N}$$

Les dimensions des tourillons peuvent se calculer d'après les formules suivantes données par M. Cauthorn Unwin :

($d$ étant le diamètre du tourillon, $l$ sa longueur, P la charge supportée et R l'effort correspondant par centimètre carré, $p$ le nombre de tours).

Dans le cas le plus simple, où le tourillon est placé en porte-à-faux à une extrémité mais fixé à l'autre, il est soumis exclusivement à un effort de flexion, comme dans les boutons de manivelle, et on aura :

$$d = \sqrt[3]{\frac{5,1}{f}} \sqrt[3]{P l}$$

On a d'ailleurs :

Pour le fer, $\sqrt[3]{\dfrac{5,1}{f}} = 0,2295$ à $0,2005$.

Pour l'acier, $\sqrt[3]{\dfrac{5,1}{f}} = 0,2005$ à $0,1751$.

Pour la fonte, $\sqrt[3]{\dfrac{5,1}{f}} = 0,2891$ à $0,2527$.

Pour les tourillons à fourchette comme ceux des glissières de machines, on prendra un diamètre égal à 0,63 de celui du bouton de manivelle équivalent, si la longueur reste la même.

Pour les tourillons d'arbres coudés formant manivelles qui sont soumis à la fois à un effort transversal et à un effort de torsion, on prendra pour $d$ une valeur un peu plus forte que précédemment, déterminée par la relation :

$$d = \sqrt[3]{\frac{5,1}{f}} \sqrt[3]{P(1,84 n + 0,84 r)}$$

$r$ étant la distance de l'axe du tourillon à celui de la fusée de l'arbre coudé, et $n$ la distance des centres de ce tourillon et de la fusée.

La longueur $l$ du tourillon est donnée dans les cas ordinaires en fonction du nombre de tours N par la relation :

$$\frac{l}{d} = 0,004 \, N + 1$$

Pour les tourillons d'arbres coudés, on prend souvent :

$$l = 1,5 \text{ à } 1,75 \, d.$$

**TOURMALINE.** *T. de minér.* Pierre fine constituée par un silico-borate d'alumine et d'autres métaux, dont la forme type est le rhomboèdre de $133°,57'$. Cette pierre est transparente, translucide ou opaque suivant que sa nuance est claire ou foncée, son éclat vitreux; elle est incolore, rose, rouge, brune, bleue, verte, noire ou même avec des colorations variables sur un même échantillon; la dureté est de 7 à 7,5 et la densité de 3,02 à 3,20

D'après M. Rammelsberg, on range les tourmalines de la façon suivante :

Tourmalines magnésiennes,
Tourmalines ferro-magnésiennes,
Tourmalines ferrifères,
Tourmalines ferro-manganésiennes,
Tourmalines manganésiennes;
pour la composition, ce même chimiste a trouvé :

| Tourmaline | Si O³ | Al² O³ | Mn²O³ | Fe² O³ | Fe O | Mg O | Ca O | Na O | Li O | K O | Bo O³ | Ph O⁵ | Fl |
|---|---|---|---|---|---|---|---|---|---|---|---|---|---|
| Brune (Carinthie). . | 38.08 | 34.21 | » | 1.43 | » | 11.22 | 0.61 | 2.37 | » | 0.47 | 9.39 | 6.12 | 2.10 |
| Noire (Groënland). . | 37.70 | 34.33 | » | 4.63 | 0.25 | 9.51 | 1.25 | 2.60 | » | 0.43 | 7.36 | 0.11 | 2.23 |
| — (Sibérie).. . . | 35.74 | 34.40 | » | 7.61 | 8.60 | 1.76 | 0.86 | 1.02 | » | 0.47 | 8.00 | » | 1.54 |
| Verte (île d'Elbe). . | 38.19 | 39.16 | 4.26 | 3.14 | » | 1.00 | 0.84 | 2.40 | 0.74 | 0.34 | 7.58 | » | 2.35 |
| Rouge (Oural). . . . | 38.38 | 43.97 | 2.60 | » | » | 1.62 | 0.62 | 1.97 | 0.48 | 0.21 | 7.41 | 0.27 | 2.47 |

Les belles tourmalines noires ou brunes viennent du Hartz; de Cornouailles; du Groënland; de Norwège; de Chesterfield (Massachussets) ; celles vertes, de l'île d'Elbe; du Brésil ; de Ceylan; les rouges (rubellites), de l'île d'Elbe, de l'Oural; les bleues d'Utö (Suède); les incolores de l'île d'Elbe, du Saint-Gothard, de Schamstansk (Sibérie); on les trouve dans le granite, le gneiss, les schistes chloritiques et talqueux, la tyénite, la dolomie, les calcaires cristallins.

*Usages.* Les tourmalines sont employées en bijouterie, surtout les rouges, roses et vertes (claires et foncées); celles vertes sont très employées par les constructeurs d'appareils de physique, pour la polarisation. — J. C.

**\*TOURNAGE.** Opération qui a pour but de tourner les poteries dont on trouvera le technique au mot Céramique. Dans les fabriques de papier, on donne ce nom au malaxage de la pâte, on dit aussi *tourne.* Le *tournage du bois,* dont nous nous occupons plus spécialement ici, s'opère généralement au moyen de tours des types les plus simples, comme le tour à crochet ou le tour à pédale dont nous avons donné la description; on rencontre aussi, cependant, dans les ateliers spéciaux, de nombreux exemples de grands tours à bois commandés mécaniquement, et on a créé, enfin, pour le travail du bois qui s'y prête plus facilement que le métal, des types de tours des plus ingénieux qui sont susceptibles de façonner mécaniquement, non plus seulement des figures de révolution, mais même des pièces de forme à peu près quelconque.

Le tournage ordinaire des pièces en bois exige surtout un certain coup d'œil pour choisir rapidement le morceau brut susceptible de fournir la pièce demandée, et pour arrêter les centres de rotation les plus convenables. On détermine ces centres en y enfonçant une pointe conique en fer, puis on les pose sur la pointe du tour en ayant soin de les humecter d'huile pour adoucir les frottements; on donne ensuite, sur les pointes, le serrage nécessaire pour empêcher la pièce de ballotter tout en la laissant tourner librement.

L'outil est tenu à la main en l'appuyant sur la cale du support; on le présente au-dessus de l'axe de la pièce en l'inclinant à droite ou à gauche, suivant les cas. Le premier ébauchage de la pièce s'effectue au moyen de la *gouge,* outil demi-cylindrique affûté à son extrémité en forme de cuiller, le travail est poursuivi ensuite à l'aide d'outils analogues sur lesquels nous ne nous étendrons pas ici; leur forme varie seulement suivant celle du sillon ou de la moulure à obtenir. Pour finir la pièce, régulariser les surfaces cylindriques, aviver les arêtes d'intersection des différentes moulures successives, on emploie le *ciseau* ou *finissoir* dont le tranchant est formé par la rencontre de deux biseaux, et dont la conduite est, d'ailleurs, beaucoup plus délicate que celle de la gouge et demande une main exercée.

C'est surtout dans le travail du bois ou de certaines matières relativement tendres, comme l'ivoire, qu'on rencontre l'application des machines les plus curieuses dans la préparation des objets et formes compliquées qui sembleraient, à première vue, presque impossible à réaliser mécaniquement. Citons, par exemple, le *tour ovale* permettant d'exécuter des sections de forme allongée, bien qu'il soit plus intéressant peut-être comme curiosité qu'au point de vue industriel. Dans cet appareil, dont le principe est dû, paraît-il, à Léonard de Vinci, l'axe du corps à tourner se déplace parallèlement à lui-même en même temps que celui-ci effectue sa révolution autour de l'axe du tour. La combinaison de ces deux mouvements, qu'on peut d'ailleurs régler à volonté, donne évidemment des courbes allongées de rayon variable et de forme elliptique. Ce résultat est obtenu simplement en faisant supporter la pièce à tourner sur une plaque susceptible de glisser dans une rainure transversale à l'axe du tour, et cette plaque est entraînée elle-même par le mouvement d'un excentrique monté sur l'arbre du tour et tournant, par suite, avec lui.

Les tours peuvent servir également, comme nous le disions, à la préparation des pièces en bois de forme complètement irrégulière, non susceptibles d'une définition géométrique, et on en rencontre un exemple des plus intéressants dans les machines employées par les manufactures d'armes pour l'exécution des crosses de fusils. Les tours servant à ce travail sont dits *tours à copier,* car ils reproduisent exactement un modèle donné. Ils sont fondés, d'ailleurs, sur un principe analogue à celui du tour ovale, en ce sens que l'écartement de l'outil à l'axe de rotation de la pièce à tourner n'est pas constant, comme dans les tours ordinaires donnant des surfaces de révolution, mais il varie à chaque instant suivant l'orientation de la pièce. Cet écartement est réglé lui-même, non plus par la rotation d'un simple excentrique circulaire, mais par celle d'un modèle identique à la forme à obtenir, et qui fonctionne, à cet effet, comme l'excentrique du tour ovale. Il tourne autour d'un axe parallèle à celui de la pièce, en restant toujours au contact du support mobile de l'outil, et il repousse continuellement celui-ci d'une longueur égale au rayon aboutissant à ce contact. Comme la pièce à travailler tourne d'un mouvement identique et synchrone à celui du modèle, elle est toujours entaillée par l'outil, en chaque point, jusqu'à une distance de l'axe, égale à l'épaisseur correspondante du modèle, ce qui assure bien l'identité d'exécution.

**TOURNANT.** *T. techn.* Se dit de la roue motrice d'un moulin à eau. || *Pont tournant.* — V. Pont tournant. || *Escalier tournant.* Celui qui revient sur lui-même dans la hauteur d'une révolution. || *Quartier tournant.* Ensemble de marches d'angle qui tiennent au noyau ou au limon d'un escalier tournant par leur collet.

\* **TOURNASSAGE, TOURNASSURE.** *T. de céram.* Façon que le *tournasseur* donne sur le tour aux ouvrages de céramique en enlevant, pendant que la pièce tourne, les parties qui excèdent. — V. Céramique, Faïence.

\* **TOURNE-A-GAUCHE.** *T. de mécan.* 1° Double levier sur les bras duquel on agit pour lui donner un mouvement de rotation, et percé, vers son milieu, d'un ou plusieurs trous carrés ou rectangulaires dont on peut le plus souvent régler les dimensions à l'aide de vis de pression. Les ajusteurs s'en servent surtout pour faire tourner le taraud dans le taraudage des écrous, ou la filière dans la fabrication des boulons et des vis. — V. Filière, Taraud, Taraudage. || 2° Outil composé de deux leviers en bois réunis à l'une de leurs extrémités par deux boulons, et qu'emploient les forgerons pour maintenir les grosses pièces sur l'enclume, en les serrant entre les deux branches du tourne-à-gauche. || 3° Morceau de fer plat dans lequel sont pratiquées des entailles pour saisir les dents d'une scie et lui donner de la voie. — V. Scie, § *Scies à main.*

**TOURNEBROCHE.** Dispositif destiné à faire tourner une broche et qui consiste en un barillet mis en mouvement, soit par un poids suspendu à l'extrémité d'une corde enroulée autour de ce cylindre, soit par un ressort spiral fixé à son axe, ou encore par une hélice sur laquelle vient agir l'air chaud dégagé du foyer. Par une série d'engrenages, le mouvement est transmis à la broche dont la vitesse de rotation est modérée à l'aide d'un volant.

\* **TOURNÉE.** — V. Pioche.

\* **TOURNE-OREILLE.** Sorte de *charrue.* — V. ce mot.

**TOURNESOL.** *T. de mat. méd.* Matière colorante bleue que l'on trouve dans le commerce sous deux formes principales.

**Tournesol en drapeaux.** Ce sont des fragments de tissus grossiers imprégnés avec le suc de la maurelle (*crozophora tinctoria*, J., euphorbiacées), et que l'on prépare dans le midi de la France, surtout à Grand-Gallargues (Gard). Peu employé, ce tournesol ne vire pas au bleu, sous l'influence des alcalis, comme l'espèce suivante.

**Tournesol en pains.** Il se présente sous forme de petits cubes de 6 à 7 millimètres de côté, durs, se délayant dans l'eau et dans l'alcool, qu'ils colorent en bleu ; ces liquides sont très sensibles à l'action des acides ou des alcalis, les premiers faisant virer la nuance au rouge et les seconds la ramenant au bleu. On les obtient avec les lichens servant à préparer l'orseille (*rocella tinctoria*, L. ; *lecanora tartarea*, Ach. ; *variolaria orcina*, Ach.; etc.), en mélangeant 2 parties de plantes avec 1 partie de carbonate de potasse et en mettant à digérer à 25 ou 30° avec du carbonate d'ammoniaque ou de l'urine. La masse se colore d'abord en brun, puis en rouge pourpre et, enfin, après quarante jours, on obtient une nuance bleu pur ; alors on répartit la pâte dans des baquets et on y incorpore de la chaux, puis assez de carbonate de chaux pour lui donner une consistance ferme. On divise ensuite en petits cubes et on laisse sécher à l'air. Il y a plusieurs principes colorants rouges dans le tournesol. On leur a donné le nom d'*azolitmine*, $C^{18}H^{10}Az O^{10}$, un peu plus oxygénée que les orcines ; d'*érythrolitmine* $C^{26}H^{22}O^{12}$, et d'*érythroléine* $C^{26}H^{22}O^4$; saturés par les bases qui entrent dans la préparation du produit, ces corps offrent alors une teinte bleue, mais un acide les remet en liberté ; ils dérivent de la rocelline $C^{26}H^{24}O^6$ par élimination d'eau, puis fixation d'oxygène.

Le tournesol en pains sert comme réactif, soit en solution, soit après imbibition de papier à filtrer. On prépare le *tournesol sensible* en pulvérisant les pains, en faisant bouillir avec de l'alcool à 85° qu'on jette ensuite, puis en arrosant avec 8 parties d'eau. On chauffe, on filtre, on ajoute 1 partie d'alcool et on conserve dans des flacons *mal* bouchés pour avoir le contact de l'air. A la moitié de cette solution, on ajoute un peu d'acide étendu pour avoir une nuance presque rouge, puis on y verse l'autre moitié ; on obtient ainsi le tournesol sensible, rougissant par les acides et bleuissant par les alcalis. Les bandelettes de papier que l'on y trempe doivent être séchées rapidement et conservées dans des flacons. — J. C.

\* **TOURNETTE.** *T. techn.* 1° Sorte de dévidoir tournant sur un pivot. Celui dont les épingliers se servent pour dresser le fil de laiton, est formé de lames de fer reliées entre elles par deux disques de même métal. — V. Epingle, I. || 2° Plateau mobile autour de son centre sur lequel on place des vases pour les peindre ou les tourner. || 3° Outil coupant à l'usage du relieur et du vitrier.

**TOURNEUR.** *T. de mét.* Artisan qui fait des ouvrages au tour ; on distingue les tourneurs selon la matière qu'ils travaillent, bois, métal, etc. || Manœuvre qui fait tourner une manivelle, un appareil. || *Tourneur de cendres.* Ouvrier qui, dans les ateliers de bijouterie, tourne les cendres dans un moulin où l'on a mis du mercure destiné à ramasser l'or en se l'assimilant.

\* **TOURNE-VENT.** *T. de constr.* Sorte de couverture mobile que l'on met au-dessus d'une souche de cheminée, pour empêcher que le vent ne s'oppose à la sortie de la fumée ; on dit aussi *gueule de loup.*

**TOURNEVIS.** *T. techn.* Outil destiné à serrer ou desserrer les vis, et composé d'une lame d'acier plate fixée dans un manche en bois.

**TOURNIQUET.** 1° *T. techn.* Croix mobile posée horizontalement sur un pivot, à l'entrée d'un chemin pour ne laisser passer que les piétons ; muni d'un mécanisme spécial, cet appareil s'emploie pour compter les personnes qui entrent dans un lieu public. || 2° *T. de serrur.* Pièce de fer ou de bois, mobile sur une tige qu'on enfonce dans un mur, et servant à maintenir ouverts, des volets, des persiennes, etc. || 3° Poignée montée sur la clef qui fait tourner le canon de garde-robe. || 4° *T. de phys. Tourniquet hydraulique.* Réservoir de verre, de la forme d'une toupie, mobile autour d'un axe vertical, et terminé à sa partie inférieure par une douille de cuivre de laquelle partent deux tubes dont les extrémités sont recourbées horizontalement, de manière à former un Z avec le tube qui les joint. Le vase étant plein d'un liquide quelconque, si on ouvre le robinet qui le ferme à la partie supérieure, ce liquide, sous l'action de la pression atmosphérique, jaillira par les orifices du bas, en imprimant à l'appareil un mouvement de rotation en sens contraire de l'écoulement.

C'est sur le même principe qu'on a construit le *tourniquet à gaz* et le *tourniquet électrique.*

Dans ce dernier cas, l'appareil se compose simplement d'une chape munie de rayons divergents en fil de laiton, recourbés dans le même sens à leurs extrémités, que l'on pose sur un pivot vertical mis en communication avec une machine électrique. Si l'on charge cette dernière, le fluide s'écoulera par les pointes recourbées en mettant en mouvement le tourniquet.

**\*TOURNISSE. *T. de constr.* Petit poteau vertical servant de remplissage dans la charpente d'un pan de bois, et s'assemblant d'un côté avec une *sablière* et de l'autre avec une *décharge.* — V. Pan, § *Pan de bois.*

**I. TOURTEAU.** Nom donné aux résidus de toute graine soumise à une fabrication quelconque ; mais dans la pratique le mot *tourteau* est spécialement réservé aux marcs des graines oléagineuses ; c'est un résidu des *huileries.* Les tourteaux se présentent sous la forme de gâteaux rectangulaires d'une faible épaisseur ; ils sont utilisés en agriculture comme engrais et comme matière alimentaire pour le bétail. La composition chimique est excessivement variable et dépend des matières premières ; le tableau suivant donne les compositions moyennes des différents tourteaux d'après le D<sup>r</sup> Julius Kühn.

| Tourteaux | Substance sèche totale | Matières protéiques | Matières grasses | Matières extractives non azotées | Ligneux | Cendres |
|---|---|---|---|---|---|---|
| Tourteaux de colza . . . . . . . . . . . | 85.0 | 28.3 | 9.5 | 24.3 | 15.8 | 7.1 |
| — de lin. . . . . . . . . . . . | 88.5 | 28.3 | 10.0 | 31.5 | 11.0 | 7.7 |
| — de pavot. . . . . . . . . . | 90.2 | 32.5 | 10.1 | 26.7 | 12.5 | 8.4 |
| — de cameline . . . . . . . . | 85.2 | 25.7 | 7.5 | 29.9 | 13.0 | 9.1 |
| — de chanvre. . . . . . . . . | 87.0 | 29.6 | 7.5 | 22.3 | 19.6 | 8.0 |
| — de palme. . . . . . . . . | 91.5 | 16.4 | 13.5 | 36.5 | 21.5 | 3.6 |
| — de coco. . . . . . . . . . | 88.4 | 23.4 | 9.8 | 32.9 | 17.2 | 5.1 |
| — de noix. . . . . . . . . . | 86.3 | 34.6 | 12.5 | 27.8 | 6.4 | 5.0 |
| — de sésame.. . . . . . . . . | 88.5 | 34.5 | 11.7 | 21.0 | 9.5 | 11.8 |
| — de faines . . . . . . . . | 88.3 | 23.7 | 6.1 | 22.8 | 30.5 | 5.2 |
| — de faines décortiqués.. . . . . | 87.5 | 37.1 | 7.6 | 29.7 | 5.5 | 7.7 |
| — de madia. . . . . . . . . | 88.8 | 31.6 | 15.0 | 9.8 | 25.7 | 6.7 |
| — de coton . . . . . . . . | 90.0 | 23.3 | 6.6 | 32.0 | 21.1 | 6.8 |
| — de coton décortiqué . . . . . | 90.0 | 40.9 | 16.4 | 15.8 | 9.0 | 7.9 |

Les tourteaux se conservent peu de temps en magasin, et s'ils ne sont pas soignés, l'huile qu'ils renferment s'oxyde et rancit ; le tourteau n'est plus alors consommé avec avidité par le bétail et sa richesse alimentaire diminue ; les magasins doivent être aussi aérés que possible. Quelle que soit leur destination, les tourteaux doivent être réduits en petits fragments au moyen de machines spéciales dites *brise-tourteaux.*

Les brise-tourteaux se composent, en principe, de deux arbres parallèles garnis de disques étoilés, tournant en sens inverse, entre les dents desquels on engage le tourteau par son petit côté ; la trémie est rectangulaire.

Dans les brise-tourteaux à bras, il y a ainsi deux jeux d'arbres l'un au-dessous de l'autre, le second complétant et finissant la pulvérisation ; à leur sortie, les morceaux tombent sur une grille inclinée qui fait un grossier triage. Les grands brise-tourteaux à vapeur ou à manège sont souvent complétés par des cylindres broyeurs. Le travail mécanique dépensé par les brise-tourteaux est considérable ; par kilogramme de tourteau brisé, il varie pour les tourteaux minces et les machines à bras, de 34 à 40 kilogrammètres ; pour les brise-tourteaux mus par la vapeur, tourteaux minces de 120 à 160 kilogrammètres, pour les tourteaux épais de 145 à 220 kilogrammètres.

L'emploi des tourteaux date du milieu du siècle dernier dans nos départements du Nord ; dans le Midi, leur usage ne remonte qu'à une trentaine ou une quarantaine d'années. L'emploi des tourteaux comme engrais n'est pas aujourd'hui une mesure à conseiller d'une façon générale, car il y a d'autres engrais fournissant au sol les mêmes matières et à des prix inférieurs ; les tourteaux sont souvent mélangés après pulvérisation avec des composts, de la chaux ou des engrais minéraux.

Les tourteaux jouent aujourd'hui un grand rôle dans l'alimentation des vaches laitières, des bœufs à l'engrais et des porcs ; souvent, après le concassage, ils sont cuits à la vapeur en même temps que les tubercules, d'autres fois on se contente d'en saupoudrer des racines coupées ou dépulpées, de les mélanger avec des fourrages. D'après plusieurs expériences, on compte en pratique comme valeur nutritive, qu'il faut pour équivaloir à 100 kilogrammes de bon foin: 40 à 50 kilogrammes de tourteau de colza, 40 à 50 kilogrammes de tourteau de lin, 70 kilogrammes de tourteau de pavot, 40 à 50 kilogrammes de tourteau de coprah, 40 à 50 kilogrammes de tourteau de sésame. On donne par jour aux vaches laitières jusqu'à 2 kilogrammes de tourteaux pulvérisés. D'après de récentes expériences faites en Angleterre, on peut admettre qu'une vache laitière doit consommer 600 à 800 grammes de tourteau par gallon de lait produit (un gallon=4 litres 543). — M. R.

II. *TOURTEAU. *T. techn.* Se dit des croisillons en fonte qui reçoivent les extrémités des embrasures de roues. || *Art hérald.* Meuble de l'écu, rond et plat, de couleur ou de fourrure.

*TOURTIA ou TOURTIAT. *T. d'exploit. des min.* Nom de la première couche qui a recouvert le terrain houiller dans le Nord de la France et en Belgique, après le phénomène diluvien qui a arrasé ce terrain. On le rapporte à l'étage cénomanien (craie inférieure).

Cette couche de faible épaisseur comprend des éléments très divers et notamment des blocs de porphyre de Quenast. Le tourtiat présente une surface étanche, faiblement ondulée sur laquelle reposent quelques lacs et quelques petits torrents' isolés les uns des autres.

*TOUSSAINT (François-Christophe-Armand). Sculpteur, né à Paris en 1806, mort en 1862, était fils d'un serrurier, et commença son apprentissage dans ce métier. Mais comme il se sentait plus de goût pour l'ébauchoir, il entra chez un ornemaniste, et s'y fit bientôt remarquer par des dispositions exceptionnelles. Enfin, à vingt et un ans, il devint élève de David d'Angers, et peu d'années après, en 1832, il obtint le prix de Rome, qui le mit en vue et lui procura des commandes. En 1836, il exposa un *Jeune laboureur trouvant une épée*, et un bas-relief funéraire, qui témoignaient de la vigueur de son talent ; en 1837 et en 1838, des bas-reliefs sur des sujets de l'histoire de France; en 1839, *Jésus-Christ appelant à lui les petits enfants*, bas-relief correct qui lui valut une 3e médaille ; en 1847, *Deux esclaves indiens portant une torche*, commandés par le Ministère de l'Intérieur, eurent un très grand retentissement et lui firent décerner une deuxième médaille. Le modèle en est ferme, le dessin élégant, correct, l'attitude simple et naturelle ; c'est certainement la meilleure œuvre de l'artiste. Sculpteur officiel, il a beaucoup travaillé pour nos monuments; on a de lui, à Paris, un *Christ*, des *Anges*, un *Crucifiement*, pour l'église Sainte-Clotilde, la restauration d'un tympan et de plusieurs statues, à Notre-Dame, *La Loi* et *la Justice*, pour

le Palais de Justice (pavillon de l'Horloge) ; plusieurs morceaux importants pour le nouveau Louvre; les bas-reliefs du tombeau de Napoléon aux Invalides, et plusieurs statues soutenant des balcons dans des hôtels particuliers. Il a donné encore pour la Bourse de Marseille : *La ville de Marseille recevant les produits des deux mers*, les armes de la ville soutenues par l'*Océan* et la *Méditerranée*, le *Génie de l'Ordre* et le *Génie de la Paix*; *Esquirol*, statue pour l'hôpital de Charenton, et le buste de David d'Angers, sa dernière œuvre. Toussaint était chevalier de la Légion d'honneur depuis 1852.

**TOUTENAGUE.** *T. de chim.* Alliage de cuivre (40,4), de zinc (25,4) et de nickel (31,6) additionné quelquefois de traces d'arsenic qui en augmentent la blancheur: c'est le cuivre blanc des Chinois.

*TOUT-VENANT. Charbon pris sans choix, et sortant de l'usine.

*TRAÇAGE. *T. techn.* Opération qui a pour but de tracer, de marquer les indications d'un dessin à faire, d'un contour à suivre; dans les mines, de préparer l'exploitation en divisant un gîte par massifs disposés à être attaqués dans de bonnes conditions.

*TRACÉ. *T. de const. et de chem. de fer.* On donne ce nom, à toute opération qui a pour but de déterminer exactement l'emplacement que doivent occuper les fondations d'une construction. || Indication en plan des régions traversées par une route ou un chemin de fer. L'avant-projet d'un tracé se fait sur un plan général de la contrée, portant les courbes de niveau ; le soin de l'ingénieur doit, en particulier pour l'établissement d'une route, s'appliquer à rechercher une répartition aussi égale que possible des déblais et des remblais ; toutefois, cette préoccupation doit être, pour les chemins de fer, subordonnée à beaucoup d'autres, résultant des nécessités du service ; il faut d'abord que les déclivités et les courbes ne dépassent pas certaines limites compatibles avec la largeur pour la voie ; il faut aussi, à moins qu'il ne s'agisse d'une artère de transit extrêmement importante, que la ligne passe aussi près que possible des centres de population, sans que l'observation de cette règle, conduise à des expropriations par trop coûteuses. L'expérience doit donc s'inspirer d'une série de considérations qu'il serait impossible d'énumérer ici, mais dont les plus importantes doivent être fondées sur le but et sur l'utilité de la ligne à construire, de manière à proportionner l'outil aux services qu'il doit rendre.

**TRACERET.** *T. techn.* Outil de fer pointu, terminé par un anneau pour le suspendre, et dont se servent les charpentiers et les mécaniciens pour piquer et marquer le bois. || Instrument avec lequel on trace les divisions des instruments de précision, et que l'on nomme aussi *traceret* et *traçoir*.

*TRACHYTE. *T. de minér.* Syn.: *Porphyre tra-*

*chytique, domite, phonolithe, obsidienne*, etc. Sorte de roche éruptive, l'une des plus abondantes des terrains ignés, et formée essentiellement par un feldspath à base de potasse ; elle est grisâtre ou rougeâtre, d'aspect terne ou vitreux, de texture compacte, grenue et quelquefois bulleuse, rude au toucher et fusible au chalumeau. Certains trachytes, surtout ceux qui se rapprochent du granit fournissent d'excellents matériaux de construction.

**I. TRACTION.** *T. de mécan.* Effort exercé sur une pièce solide et dirigé de manière à écarter les molécules les unes des autres. Sous l'action d'un pareil effort, les molécules s'éloignent les unes des autres jusqu'à ce que la réaction moléculaire qui résulte de leur déplacement et qui augmente avec celui-ci, fasse équilibre à la force de traction. Si, cependant, celle-ci était trop considérable, l'élasticité ne pourrait pas arriver à l'équilibrer, on dirait alors que la limite d'élasticité se trouve dépassée, et la pièce subirait, soit une déformation permanente, soit une rupture. Nous avons donné, à l'article Résistance des matériaux, § *De l'extension*, le résumé sommaire des études relatives à la traction et des principes sur lesquels elles reposent. Nous nous bornerons ici à y renvoyer le lecteur. — V. aussi Essais mécaniques des métaux.

**II. TRACTION.** *T. de chem. de fer.* Dans l'acception générale de ce mot, c'est l'effort développé par un moteur mécanique ou animé pour assurer l'entraînement des véhicules, cependant on réserve plus généralement l'expression de *traction* pour les voies ferrées, et on applique plutôt celle de *tirage* à la traction sur les chaussées ordinaires. L'effort ainsi exigé peut servir à mesurer en quelque sorte l'importance de la circulation par celle des résistances qu'elle rencontre. Il a varié dans une mesure énorme aux différentes époques de l'histoire de l'humanité, suivant la nature des véhicules et surtout l'installation des voies dont on pouvait disposer ; il a exercé ainsi une influence considérable sur les civilisations successives en limitant, en quelque sorte, la facilité des communications et l'importance des échanges. La réduction capitale qu'il a subie depuis l'invention et la diffusion des chemins de fer, forme vraiment la caractéristique de l'époque actuelle, car elle a été le point de départ des modifications si profondes qu'elle présente par rapport aux âges précédents.

— L'invention de la roue à l'origine de l'histoire, a permis de réaliser le chariot qui n'exigeait plus qu'un effort de traction très affaibli par rapport au traîneau, et qui est devenu l'auxiliaire des grandes migrations des peuples. Ainsi que nous l'indiquons à l'article Roue, le chariot substituait un frottement de rotation au frottement de glissement du traîneau, et il décuplait la puissance de traction des animaux employés au transport des fardeaux. La roue s'est transmise depuis lors à travers les âges, sans modification essentielle pour ainsi dire, et les seules réductions que l'effort de traction a pu recevoir ont été déterminées par les progrès apportés à l'installation des chaussées. Les chemins primitifs n'étaient guère, en effet, que des sentiers dirigés sans étude et sans aménagement à la surface du sol dont ils suivaient la configuration ; leur chaussée mal entretenue ne présentait qu'une surface irrégulière hérissée d'aspérités, de fondrières de toutes sortes, à travers lesquelles les véhicules ne pouvaient se diriger qu'au prix des plus grands efforts ; aussi préférait-on souvent renoncer à l'emploi des chariots pour reprendre les transports à dos des bêtes de somme.

C'est une situation analogue qu'on retrouve encore chez nous sur un grand nombre de chemins ruraux, servant exclusivement à l'exploitation des champs qu'ils traversent ou, dans les forêts, au débardage des bois : on la rencontre aussi aux Etats-Unis, par exemple, d'une manière relativement fréquente et même dans le voisinage de villes d'une certaine importance, les voies ferrées ayant été presque toujours établies dans ces pays avant les chaussées ordinaires. Il n'est pas rare, dans de pareilles conditions, que l'effort de traction n'atteigne une valeur correspondante à celle du coefficient de glissement, soit le $1/7$ ou même le $1/4$ du poids de la charge transportée, mais dès qu'on améliore et qu'on assure l'entretien de la chaussée, on réalise rapidement des réductions importantes. Sur une bonne route empierrée telle que nous les possédons maintenant, l'effort de traction s'abaisse à une valeur de $1/20$ et même à $1/30$, soit de 50 kilogr. à 30 kilogr. par tonne transportée (V. Tirage). Sur les chaussées dont la surface est exempte d'aspérités, comme celles des rues des grandes villes, on peut encore arriver au-dessous et obtenir des résistances comparables à celles des voies ferrées, surtout si elles sont soigneusement macadamisées, ou mieux, garnies d'asphalte ou de pavés en bois. On obtient alors, en effet, une surface bien plane et pour ainsi dire absolument lisse, qui n'impose plus aucun obstacle extérieur au mouvement de rotation des roues de véhicules. L'invention des voies ferrées a permis, comme nous le disions plus haut, de réaliser une piste continuellement lisse aussi bien polie que possible, et l'effort de traction s'est abaissé par suite à $1/200$ à $1/300$ environ, présentant ainsi une réduction énorme qui, combinée avec la puissance des moteurs à vapeur a été la cause déterminante de la merveilleuse extension des chemins de fer. On arrive ainsi à traîner dans des conditions courantes, avec un effort relativement faible, des charges énormes qu'on n'aurait jamais pu aborder auparavant ; une bonne locomotive de marchandises à quatre essieux accouplés peut développer, en effet, un effort atteignant jusqu'à **6** à 7,000 kilogrammes et remorquer habituellement des convois d'un poids atteignant 600 à 800,000 kilogrammes et au delà, qui auraient exigé ainsi, comme on voit, plus de 500 chevaux sur un chemin ordinaire.

Cet effort de traction relativement si réduit par rapport aux modes antérieurs de locomotion, ne laisse pas, cependant, que d'atteindre une valeur qui paraît encore fort élevée, eu égard aux besoins nouveaux que le développement même des transports par voies ferrées a fait surgir, et tous les efforts des ingénieurs de chemins de fer tendent à le réduire encore si c'est possible, en améliorant continuellement la disposition des véhicules, l'installation et l'entretien de la voie elle-même. On s'est attaché, enfin, à obtenir par des expériences précises, une évaluation exacte de la résistance au roulement des trains en marche, à analyser l'influence des éléments divers qui la composent. On est arrivé ainsi à obtenir une mesure du travail utile de la locomotive, à apprécier plus exactement le travail moteur qu'elle peut fournir, les pertes spéciales inhérentes à cette machine, et on a pu discuter alors cette question si controversée de leur rendement, apprécier les dispositions à adopter pour l'améliorer.

Comme ç'est là une étude particulièrement intéressante, mais dont les résultats, cependant, sont encore loin d'être bien établis, nous avons cru devoir donner quelques détails à ce sujet. Malheureusement, la plupart des expériences ayant servi à déterminer les coefficients principaux qu'on admet encore maintenant, sont de date fort ancienne et ne correspondent plus bien à l'état actuel du matériel.

*Evaluation de l'effort de traction absorbé par l'entraînement des vagons et des trains sur les voies ferrées.* A l'inverse des autres opérations industrielles qui se pratiquent généralement dans des conditions de marche presque toujours identiques, l'entraînement des trains, cette fabrication de tonnes kilométres en plein vent, suivant l'expression si pittoresque de M. Couche, s'opère dans les circonstances les plus variables, et on comprend immédiatement que la résistance à la traction puisse présenter ainsi les valeurs les plus diverses, suivant l'état des nombreux éléments dont elle est la résultante, l'atmosphère sèche ou pluvieuse, la force et la direction du vent, l'état des rails, le graissage des surfaces frottantes, la composition même des trains, etc. Aussi les différents chiffres qu'on adopte ordinairement pour en mesurer la valeur ne s'appliquent-ils exactement qu'à certaines circonstances déterminées, et ils ne sont guère susceptibles de généralisation; c'est ce qui explique les écarts qu'on rencontre souvent entre les chiffres donnés par les différents auteurs. Il faut observer, par suite, que ces chiffres ne peuvent avoir de valeur indiscutable qu'autant qu'ils sont accompagnés de l'indication précise des circonstances auxquelles ils s'appliquent, et il importe également de spécifier si, en parlant du train, on y comprend ou non la locomotive, si le régulateur était ouvert ou fermé, si les vagons étaient vides ou chargés, quelle était la longueur du train, etc.

La résistance à la traction sur ligne droite en palier est déterminée par les trois causes suivantes : résistance au roulement, à la jante entre la roue et les rails, mouvement de glissement des fusées dans les coussinets, et résistance de l'air appliquée au véhicule.

La résistance à la jante résulte en partie de l'effort dû à la compressibilité des rails, et surtout des chocs inévitables que le bandage subit en marche en rencontrant les aspérités des rails et au passage des joints. On a essayé d'apprécier ces diverses résistances par le calcul, mais les données théoriques sont trop incertaines, et on a dû recourir à l'expérience directe pour obtenir quelques chiffres un peu précis. M. Wood est le premier ingénieur qui ait eetrepris des recherches directes à cet effet. Il opérait sur une paire de roues montées avec leur essieu, il l'abandonnait à elle-même au sommet d'une partie de voie en plan incliné et la laissait descendre sous l'action de la pesanteur. Cette paire de roues était absolument libre, ne supportait aucune charge, et on écartait ainsi toute action étrangère au frottement à mesurer. En négligeant la résistance de l'air, qui était d'ailleurs presque insensible, le travail de la pesanteur était absorbé par le frottement et en donnait ainsi la mesure. Les expériences de M. Wood, pratiquées sur des roues de 0m,87 de diamètre, lui donnèrent, pour la résistance, une valeur absolue de 0,001 ; celle-ci se serait abaissée à 0,00087 pour des roues de 1 mètre, on admet, d'après la loi de Coulomb, que la résistance est inversement proportionnelle au diamètre. Ces expériences ont été reprises, vers 1850, par M. Poirée, au chemin de fer de Lyon, qui a obtenu des résultats légèrement différents. La résistance observée a été de 0,0009 avec des roues de 0m,90, et le coefficient de 1/1000 est resté généralement admis, depuis cette époque, en l'absence de toute expérience nouvelle à ce sujet.

Le roulement qui se produit à la jante des roues entraîne nécessairement un glissement à la fusée pour que la roue puisse tourner. Ce glissement, qui varie aussi avec l'état des surfaces frottantes, le mode de graissage, etc., n'est donc pas susceptible d'une expression générale applicable aux différents cas; on peut dire seulement qu'il absorbe une fraction appréciable de l'effort moteur, et supérieure à la résistance au roulement. On admet généralement, pour ce coefficient de glissement, la même valeur que sur les pièces des machines, soit 0,05, mais la plupart des expériences entreprises à ce sujet ont donné, néanmoins, des résultats inférieurs, et on ne saurait douter, qu'en pratique, ce coefficient ne se tienne au-dessous de cette limite. M. Wood qui a étudié aussi cette question, opérait au moyen d'un essieu isolé qu'il faisait tourner comme un arbre dans ses coussinets, sous l'action d'une corde entraînée par une charge déterminée, suivant un mode d'essai analogue à celui qu'on suit généralement pour les huiles, et il a trouvé 0,017 dans la plupart de ces essais. En Allemagne, Pauli a obtenu des valeurs variant de 0,0087 à 0,013. En essayant au frein de Prony, Kirschweger a obtenu 0,0140. Plus tard, Vuillemin a observé 0,032. Ces expériences, toutefois, n'ont pas été suffisamment répétées, malgré l'intérêt du sujet, pour permettre d'élucider complètement les lois du frottement de glissement des fusées, et on ne connaît pas exactement l'influence des divers éléments variables, comme la surface de frottement, la vitesse de marche, etc.

La résistance de l'air est un élément qui exerce une influence considérable sur l'effort de traction, et elle peut même arriver, comme on sait, dans les cas d'ouragans violents, par exemple, à arrêter complètement la marche du train.

Cette résistance présente aussi des valeurs très variables, et elle est difficile à évaluer d'une manière précise. On admet, en général, que dans un air calme, elle est proportionnelle à la surface d'avant du train, évalué à 5 mètres carrés en moyenne, et au carré de la vitesse. Poncelet donnait, pour une paroi plane normale à l'effort du vent, une expression de la forme $K\left(\dfrac{v}{4}\right)^2$, et on prend souvent $0,033\ V^2$.

Cette résistance s'exerce surtout sur la face avant du train et elle affecte ainsi exclusivement la locomotive; elle vient s'ajouter, en un mot, aux résistances passives spéciales à la machine pour réduire l'effort de traction disponible sur la barre d'attelage. Elle augmente bien aussi, cependant, la résistance propre du train par l'effort qu'elle exerce sur les parois des vagons successifs, et on observe, en effet, qu'elle s'accroît sensiblement avec la longueur du train; on admet, en général, qu'à ce point de vue, les parois masquées peuvent être assimilées à une surface cinq fois moindre qui serait directement exposée à l'action de l'air. M. Ricour, alors ingénieur en chef des chemins de fer de l'Etat, qui a fait de 1883 à 1886 une étude spéciale de cette question, a montré, comme nous le disons plus loin, que cet effort, et particulièrement la résistance du vent de travers, tenait surtout à l'espacement des vagons successifs d'un même train, car le vent pénètre dans le vide ainsi ménagé et crée par suite un obstacle au mouvement.

*Mesure en bloc des résistances à la traction, sur une voie droite en palier, d'un train en marche.* Devant la difficulté d'obtenir une évaluation précise des divers éléments isolés qui influent sur la résistance des trains, on a essayé de la mesurer en bloc, en relevant à chaque instant l'effort du moteur développé sur la barre d'attelage. On peut obtenir simplement cette évaluation par l'interposition, sur la barre, d'un dynamomètre inscripteur, et on peut citer, en effet, différentes séries d'expériences entreprises dans ces conditions. L'inconvénient de cette méthode est de ne pas donner directement la résistance propre de la machine motrice qu'on ne peut déduire que par différence, en retranchant le travail résistant du travail moteur relevé au moyen des diagrammes d'indicateurs. On peut objecter aussi, comme le remarque M. Franck (V. *Revue générale des chemins de fer*, nº de juillet 1884), que les indications du dynamomètre perdent beaucoup de leur certitude aux grandes vitesses, à cause des oscillations vibratoires du style enregistreur. On observe, en effet, que les courbes inscrites par le style du dynamomètre se présentent toujours avec des ondulations continuelles comme celles d'un mouvement vibratoire. On peut se demander, toutefois, s'il faut voir là des mouvements parasites résultant simplement des oscillations perturbatrices du style, ou si, peut-être ces ondulations ne résultent pas des variations graduelles et périodiques que présente nécessairement l'effort moteur développé sur le piston à chaque tour de roue de la machine. Quoi qu'il en soit, c'est la méthode qui a été suivie par MM. Dieudonné, Vuillemin et Guébhard, dans leurs belles expériences, exécutées en 1867, et qui sont restées classiques dans les chemins de fer, et elle a été reprise plus tard par M. Regray qui, avec son magnifique vagon d'expériences, a tenu à continuer, à la Compagnie de l'Est, la tradition de ces savantes recherches (V. *Revue générale des chemins de fer*, nº de juillet 1887). Quelques études analogues ont été pratiquées aussi, dans différentes Compagnies, avec un vagon dynamométrique, notamment au chemin de fer du Nord (V. *Revue générale des chemins de fer*, nº d'avril 1883). M. Desdouits a exécuté enfin, aux chemins de fer de l'Etat, des expériences sur la résistance des trains en marche au moyen du dynamomètre d'inertie (V. *Revue générale*, nos d'octobre 1883 et mars 1884).

MM. Dieudonné, Vuillemin et Guébhard ont opéré aussi, d'ailleurs, sur des machines ou des vagons isolés qui étaient lancés à une vitesse déterminée, puis abandonnés à eux-mêmes jusqu'à l'arrêt complet. Dans ces conditions, la force vive des véhicules était détruite par les forces de résistance appliquées sur toute la longueur du chemin parcouru, et ces dernières pouvaient être appréciées facilement d'après les éléments connus de l'expérience. On déterminait, en outre, la vitesse correspondant à la résistance moyenne ainsi observée, et on construisait complètement la courbe de variations des résistances suivant les vitesses, par la méthode de différentiation graphique au moyen des données recueillies. C'est, du reste, une méthode analogue que M. Desdouits appliquait sur un train entier.

En Allemagne, on peut citer les expériences de M. Van Roohl, pratiquées également sur des vagons isolés qu'on lançait sur des voies en courbe, à une vitesse déterminée, pour les abandonner ensuite à eux-mêmes, et on enregistrait, au moyen d'interrupteurs électriques, toutes les conditions de leur marche de ralentissement.

M. Franck a opéré, enfin, dans des conditions différentes sur des locomotives ou même des trains entiers abandonnés à eux-mêmes à des vitesses déterminées. La voie choisie était en pente, et l'effort de la pesanteur entretenait ainsi le mouvement du train qui se trouvait ralenti, d'autre part, par les diverses résistances en jeu, on arrivait à une certaine vitesse de régime facile à mesurer et bien déterminée, et on opérait dans des conditions beaucoup plus voisines de la pratique.

Il nous est impossible, comme on le comprendra immédiatement, de nous appesantir davantage sur ces diverses recherches dont on trouvera le détail dans les mémoires originaux des auteurs, nous nous bornerons à rappeler quelques-unes des formules principales admises. Celles-ci présentent entre elles des écarts assez sensibles; mais on peut admettre, en moyenne, que sur une voie droite en palier, l'effort de résistance $r$, variable d'ailleurs avec la vitesse, diffère peu de $2^k,5$ à $3^k,5$ par tonne.

Clark admettait :

$$r = 3^k,62 + \frac{V^2}{273}.$$

Scott Russell :

$$r = 2^k,72 + 0,094\,V + 0,00484\frac{S\,V^2}{P}.$$

S est la surface normale de la paroi d'avant du train, V la vitesse en kilomètres à l'heure; ces deux formules paraissent donner, d'ailleurs, des valeurs bien élevées aux faibles vitesses.

Vuillemin admettait, de son côté, pour les trains de marchandises, avec le graissage à l'huile, $r = 1,65 + 0,05\,V$, et avec la graisse solide, $r = 2,30 + 0,05\,V$.

Pour les trains de voyageurs, il adoptait différentes formules, suivant les vitesses.

De 32 à 50 kilom. à l'heure $r = 1,80 + 0,08\,V + 0,09\dfrac{S\,V^2}{P}$.

De 50 à 65 kilom. $r = 1,80 + 0,08\,V + 0,06\dfrac{S\,V^2}{P}$.

De 70 à 80 kilom. $r = 1,80 + 0,14\,V + 0,04\dfrac{S\,V^2}{P}$.

M. Regray a donné la formule suivante à la suite de ses essais :

$$r = 1,83 + 0,0843\,V.$$

Cette formule serait applicable à des trains d'un poids de 80 à 130 tonnes, pour des vitesses variant de 40 à 80 kilomètres, elle serait la simplification d'une formule plus exacte :

$$r = 0,0843 + 2^k,34 - \frac{200}{P}.$$

M. W. Harding a donné la formule suivante qui est fréquemment usitée :

$$r = 2,72 + 0,094\,V + 0,0242\frac{V^2}{P}.$$

Cette formule, comme les précédentes, est applicable au train seul lancé en alignement droit et en palier, mais si on comprenait le poids de la machine et du tender dans celui du train, on la remplacerait par la suivante :

$$r' = 3,40 + 0.118\,V + 0,03\frac{V^2}{P}.$$

M. Ricour donne, pour le train seul, l'expression,

$$r = 2 + \frac{V}{40},$$

applicable dans un temps calme, sans vent de travers.

M. Franck a adopté, enfin, la formule suivante pour la résistance d'un train complet lancé sans vapeur

$$r = P_1\mu_1 + P_2\mu_2 + \lambda(F_1 + F_2)V^2.$$

$P_1$ est le poids de la machine et du tender sans vapeur, $\mu_1$ son coefficient de résistance, $3^k,2$ pour les machines à deux essieux accouplés, $3^k,8$ pour celles à 3 essieux accouplés; $P_2$ est le poids des voitures, $\mu_2$ résistance correspondante $= 2^k,48$ pour les voitures à voyageurs, et $2^k,9$ pour les vagons; $\lambda$ est un coefficient égal à 0,1225, $F_1$ est la surface de front du train évaluée ici à 8 mètres carrés, $F_2$ la surface totale du train exposée au vent en prenant les chiffres suivants pour chaque type de véhicule.

| | |
|---|---|
| Fourgons à bagages. . . . . . | $1^m.7$ |
| Voitures à voyageurs. . . . . . | 0.5 |
| Vagons ouverts chargés. . . . . | 0.4 |
| Vagons ouverts vides. . . . . . | 1.0 |

*Résistance des trains en courbe et sur les pentes.* Outre la résistance au roulement sur voie droite en palier, dont nous venons de rappeler les éléments, l'effort de traction doit vaincre d'autres résistances résultant du tracé même de la voie, en raison des courbes qu'il comporte et de l'action de la pesanteur.

Le passage dans les courbes détermine un glissement particulier qui augmente d'autant la résistance. Les deux roues calées d'un même essieu doivent se développer sur deux rails qui présentent alors des longueurs différentes, et, d'autre part, le parallélisme nécessaire des essieux sous le vagon crée un obstacle pour l'inscription en courbe et entraîne ainsi un surcroît de glissement. Les deux efforts réunis peuvent s'exprimer par le rapport

$$\frac{f(e+d)}{2\rho},$$

où $f$ est le coefficient de frottement, $e$ l'écartement des rails, $d$ celui des essieux, et $\rho$ le rayon de courbure de la voie.

La force centrifuge introduirait aussi un surcroît de glissement considérable, si elle n'était pas contrebalancée par le dévers donné à la voie dans les parties en courbe, mais la cause principale de la résistance éprouvée doit être cherchée surtout dans la difficulté d'inscription à l'entrée en courbe. Les essieux venant d'une partie droite oscillent, en effet, pendant quelque temps avant d'arriver à s'inscrire comme il convient, et on doit toujours éviter, par suite, de faire succéder immédiatement, dans le tracé de la voie, deux courbes de sens inverse, sans les séparer par une partie droite d'une certaine longueur qui ramène les essieux à leur position normale.

On admet généralement, en pratique, que des courbes de 300, 400, 500 et 600 mètres de rayon donnent lieu à des résistances respectives de 4, 3, 2 et 1 kilogramme par tonne; au-dessus de 600 mètres, on néglige l'influence des courbes. On a bien essayé de lubrifier les boudins des bandages des roues pour diminuer la résistance en adoucissant les frottements, mais il est difficile d'y réussir sans agir en même temps sur la surface de roulement et diminuer par là même l'adhérence; aussi cette pratique ne s'est-elle pas répandue sur les chemins de fer.

La pesanteur introduit, enfin, une dernière cause de résistance qu'il est impossible d'atténuer.

Le parcours sur une rampe donnée de longueur $l$, de pente $\alpha$, absorbe un travail $Pl \sin \alpha$, et si on considère que les rampes sont ordinairement définies par le nombre $n$ de millimètres d'inclinaison par mètre qu'elles présentent, on voit qu'en assimilant $\sin \alpha$ à $\mathrm{tg}\,\alpha$ ou à $n$, on peut écrire pour l'expression de ce travail résistant :

$$Pl\,\frac{n}{1,000}$$

et on voit alors que la résistance due à la gravité croît proportionnellement au nombre de millimètres de pente. Il en résulte évidemment que cette résistance prend une valeur considérable pour les rampes un peu fortes et les courbes très prononcées, ce qui explique la faiblesse du tonnage remorqué sur les rampes.

*Résistance propre et rendement de la machine locomotive.* Les divers éléments de la résistance que nous venons de rappeler sont communs à tous les véhicules du train, y compris la machine et le tender, mais la locomotive présente aussi, de son côté, des résistances spéciales tenant aux frottements du mécanisme; celles-ci sont déjà sensibles dans la marche à vide, mais elles s'accroissent encore dans la marche de frottements additionnels résultant de la pression de la vapeur. C'est cette résistance qui, en s'ajoutant à celle qu'exerce l'air sur la face avant de la machine, absorbe la différence entre le travail moteur mesuré sur les pistons de la machine et le travail résistant du train relevé sur les courbes dynamométriques. Le rendement propre de la machine, considérée comme appareil de traction, se trouve déterminé par le rapport de la seconde expression à la première. MM. Dieudonné, Vuillemin et Guébhard, dans leurs belles expériences déjà rappelées plus haut, ont essayé d'évaluer la résistance propre de la machine remorquée, marchant avec le régulateur fermé, comme un simple véhicule, et celle qu'elle présente sous pression, lorsque tous ses organes sont soumis à l'action de la vapeur. En opérant sur des machines dont les bielles étaient démontées, les ingénieurs de l'Est ont pu reconnaître que la résistance propre de la machine, sans accouplement d'essieux, en tant que véhicule, pouvait être assimilée à celle des vagons; quant à celle des organes moteurs, elle prend une valeur souvent supérieure, et qui devient même particulièrement élevée avec plusieurs essieux accouplés. Sur des machines à deux essieux moteurs, du type 14 de l'Est, la résistance totale, régulateur fermé, aux vitesses de 30 à 45 kilomètres à l'heure, atteignait 10 à 11 kilogrammes par tonne, la moitié environ de ce chiffre était fournie par la résistance du véhicule, et l'autre moitié par celle des organes moteurs. Sur une machine à 6 roues accouplées, du type 15, marchant à 25 kilomètres à l'heure, on arrivait à 12k,40 pour la résistance totale, et sur celles à 8 roues accouplées, on arrivait à 25 kilogrammes pour la machine seule, tender déduit, le véhicule absorbant 11 kilogrammes, et les organes 14 kilogrammes.

Ces chiffres permettent d'évaluer, dans une certaine mesure, le rendement de la locomotive, défini, comme nous l'avons dit plus haut. Cette question, si intéressante cependant, n'a pas encore reçu de solution définitive, malgré les nombreuses études dont elle a été l'objet, et il est bien difficile de porter un jugement définitif, à ce point de vue, sur la locomotive comparée aux machines fixes à vapeur.

On pourrait obtenir cependant une évaluation exacte du rendement par une simple comparaison des consommations de combustible, pourvu que les expériences soient assez répétées, et que les chiffres comparés soient bien obtenus dans les mêmes conditions de marche; il suffit, en effet, de relever les consommations de combustible de la machine, soit marchant seule, ou attelée à son train.

Une machine de poids $\pi$, marchant à la vitesse N entraîne un train de poids P, elle consomme un poids de charbon C quand elle tire le train et $c$ quand elle est seule, la consommation par tonne de la machine seule est donc $\frac{c}{\pi}$, et celle du train $\frac{C-c}{P}$. Si on appelle : $r$ la résistance du train par tonne (y compris la machine); $\rho$ la résistance de la machine par tonne, comme véhicule; O la résistance due aux frottements du mécanisme et à l'effort de l'air sur l'avant de la machine, on voit que les consommations étant proportionnelles aux résistances correspondantes, on peut écrire :

$$\frac{\frac{C-c}{P}}{r} = \frac{\frac{c}{\pi}}{\rho + O}, \text{ d'où } \rho + O = \frac{\frac{c}{\pi} r}{\frac{C-c}{P}}$$

on peut admettre $\rho = r$, et on en déduit pour O la valeur suivante :

$$O = r\left( \frac{cP}{(C-c)\pi} - 1 \right).$$

Le travail développé sur l'essieu moteur est donné par l'expression $(P+\pi)r\,V$, et le travail sur les pistons par $[(P+\pi)r + \pi O]V$, le rapport de ces deux quantités donne le rendement :

$$R = \frac{(P+\pi)r\,V}{[(P+\pi)r + \pi O]V} = \text{en réduisant} : \frac{P+\pi}{P} \frac{C-c}{c}.$$

En opérant d'après cette méthode, on a obtenu au chemin de fer de Lyon, des rendements qui variaient de 0,59 à 0,76, suivant les types de machines.

Avec une machine Crampton, par exemple, pesant 44 tonnes 8, remorquant un train de 80 tonnes 8, à la vitesse de 60 kilomètres, les consommations de coke C et $c$ ont atteint respectivement 6k,73 et 3k,74 par kilomètre, soit 0k,120 et 0k,083 par tonne. Si on prend $r = 9$ kilogrammes, on a O = 11k,25 et le rendement R = 0,682. Sur le chiffre de 11k,25, la résistance de l'air peut être évaluée à 1k,7 environ par tonne, il en résulte que l'effort absorbé par les organes du mécanisme s'élève à 9k,55.

On sera frappé, en examinant ces chiffres, de l'énormité du chiffre de consommation de la machine isolée comparée à celle du train, ce qui explique immédiatement, comme on voit, la faiblesse du rendement de la locomotive.

La question a été reprise, il y a quelques années, à la Compagnie de l'Est, par M. Regray, ingénieur en chef, avec le vagon d'expériences dont nous avons déjà parlé plus haut. Le vagon était attelé derrière la machine étudiée, en tête du train remorqué : l'effort développé par la vapeur sur les pistons, était relevé à distance dans le vagon même sur un tableau inscripteur disposé à cet effet, et l'effort de traction sur la barre d'attelage était enregistré enfin au moyen d'un dynamomètre spécial dont nous avons donné la description (V. DYNAMOMÈTRE). Le rendement était déterminé en partant des formules suivantes : $T_m$ étant le travail moteur développé dans les cylindres, $T_f$ le travail absorbé par les frottements de la machine, $T_j$ le travail disponible sur l'essieu moteur, on a la relation : $T_m = T_f + T_j$ ; $\pi$ étant le poids de la machine, P celui du train, $T_j$ qui est le travail total absorbé par l'entraînement de la machine et du train qu'elle remorque, peut être considéré comme proportionnel au poids total $\pi + P$, et si on appelle $T_a$ le travail correspondant à la traction du train isolé, mesuré par conséquent par le dynamomètre sur la barre d'attelage, on peut écrire :

$$T_j = T_a \frac{P + \pi}{P},$$

d'où on a : $T_m = T_f + T_a \dfrac{P + \pi}{P}.$

Les valeurs $T_a$ et $T_m$ sont données par l'observation des diagrammes, et on peut en déduire le travail absorbé par les frottements :

$$T_f = T_m \left( 1 - \frac{T_a}{T_m} \frac{P + \pi}{P} \right).$$

M. Regray a calculé enfin le rendement utile en prenant le rapport $\dfrac{T_a}{T_m}$, expression qui diffère, comme on voit, de celle qui avait été admise plus haut, puisque le travail de remorquage de la machine elle-même ne figure plus au numérateur donnant le travail utile. D'après les résultats de ses observations qui ont porté sur les machines à voyageurs n[os] 502 et 503, d'un poids total de 39 tonnes et d'un poids adhérent de 28 tonnes, remorquant des trains pesant 110 tonnes environ, le rendement $\dfrac{T_a}{T_m}$ atteindrait seulement 42,5 0/0, et le rapport $\dfrac{T_f}{T_m}$ correspondant aux pertes par frottement et par la résistance de l'air atteindrait 34 à 35 0/0.

M. Regray a déduit de là les consommations de combustible de la machine d'essai rapportées au kilogrammètre de travail utile, et il est arrivé aux chiffres suivants : la consommation de combustible par heure atteint $2^k,56$ par cheval développé à la jante, en y comprenant le charbon d'allumage et, par rapport au cheval mesuré sur la barre d'attelage, elle s'élève à $3^k,89$.

On aurait ainsi, évidemment, des consommations beaucoup plus élevées que celles des machines fixes auxquelles on peut arriver, aujourd'hui, à ne pas dépasser sensiblement 1 kilogramme par cheval et par heure, mais il faut tenir compte, dans l'appréciation du rendement, de la résistance de l'air qui représente une fraction appréciable du travail de la machine dépassant souvent 4/10, comme nous le dirons plus bas, qui ne figure pas dans le travail utile. L'élément qui mesure réellement la valeur de la locomotive est donné plutôt par la résistance même

du mécanisme, et celle-ci atteint aussi, d'ailleurs, une valeur considérable évaluée plus haut à $9^k,5$ par tonne, soit, pour une machine de 60 tonnes, une valeur de 570 kilogrammes environ sur un effort total de 7,800 kilogrammes.

M. Georges Marié a exécuté, de son côté, au chemin de fer de Lyon, des expériences dont les conclusions sont en désaccord avec celles que nous venons de citer. Il opérait en mesurant la consommation de combustible d'une machine circulant sur une section déterminée de longueur $l$, choisie de préférence en forte rampe de hauteur $h$, de manière à ce que le travail de la gravité représentât la plus grande partie du travail moteur fourni par la machine. Si on appelle $r$ la résistance à la traction correspondant à la vitesse de marche, on exprimera le travail de remorquage de la machine et du train en posant :

$$T_j = (P + \pi) r l + (P + \pi) h.$$

On remarquera que, dans cette formule, tous les termes du second membre peuvent être déterminés rigoureusement, sauf le coefficient $r$ ; celui-ci est toujours relativement très faible, il peut varier de 0,005 à 0,008, mais les écarts qu'il peut présenter n'ont pas une grande influence sur des rampes très inclinées si la hauteur $h$ est prédominante. Le terme $r$ a été déterminé d'après les chiffres indiqués ci-dessous, en usage au chemin de fer de Lyon et qui donnent, comme le verra, des valeurs peu différentes de celles qui résultent de la formule de M. Regray.

Aux vitesses de 20 kilomètres, 25 kilomètres, 30 kilomètres, 35 kilomètres, l'effort $r$ atteint $3^k,6$, 4 kilogrammes, $4^k,4$, $4^k,9$.

Il suffit de relever la consommation de combustible K pendant ce parcours $l$, et de la rapprocher du travail effectué pour déterminer la consommation correspondante par heure et par cheval effectif; celle-ci est égale à $\dfrac{K \times 75 \times (60)^2}{T}$. M. Marié fait remarquer d'ailleurs que, dans les conditions où il s'est placé, le résultat obtenu est plutôt un peu faible, car on ne fait pas intervenir les résistances spéciales de la machine, ni celles dues aux courbes, au vent, etc. M. Marié a opéré en particulier sur une section à forte rampe, de Saint-Jean-de-Maurienne à Modane, le parcours effectué était de $27^k,900$, pour une élévation totale de 521 mètres, avec une pente moyenne de $18^{mm},6$, la vitesse atteignant 18 kilomètres à l'heure pour un train pesant 166 tonnes avec la machine. La résistance en palier atteint, dans ces conditions, déduction faite de la résistance du mécanisme, $4^k,3$ d'après la formule de Lyon, et $3^k,5$ d'après celle de l'Est, ce qui réduirait seulement les résultats de 6 0/0. Dans l'expression

$$T = P(lr + h) = 166^t,202^k (27,900 \times 0,0043 + 521)$$
$$= 106,500,000 \text{ kilogrammètres},$$

le terme $lr$ ou $27,900 \times 0,0043$ sera seulement 120 mètres, et comme $h = 521$ mètres, la résistance de traction ne figure que pour 1/5 de la résistance de la pesanteur, et on néglige complètement, comme on voit, l'influence des courbes. On a marché, avec admission de 19 0/0 : la consommation de charbon a été relevée en prenant toutes les précautions nécessaires pour tenir compte de la dépense d'allumage, et elle a atteint, dans ces conditions, 577 kilogrammes par kilomètre. La production de vapeur de la chaudière s'élevait à $8^k,03$ par kilogramme de briquettes. La dépense de charbon par cheval et par heure

$$75 \times 60^2 \times \frac{K}{T} = 75 \times 60^2 \times 577/106,500,000 = 1^k,46$$

ce qui correspond à une consommation de vapeur de $1,46 \times 8,03 = 11^k,720$.

Pour obtenir des résultats tout à fait généraux, M. Marié s'est attaché, enfin, à relever la consommation de l'ensemble des machines du dépôt de la Compagnie de Lyon, à Paris, en la rapprochant du travail utile effectué par celles-ci, travail qu'on pouvait mesurer facilement grâce aux statistiques donnant le poids des trains et la longueur de leurs parcours. M. Marié cite (V. *Revue générale des chemins de fer*, n° de juillet 1881) un exemple de ce calcul appliqué à une machine ayant donné 403,500 tonnes kilométriques pour son seul remorquage, et 785,580 pour celui des trains qu'elle entraînait, soit un total de 1,189,080 tonnes kilométriques. La résistance correspondant à la vitesse de 60 kilomètres sur les lignes parcourues est en moyenne de $0^k,0074$, ce qui correspond, comme on voit, à un travail total de 8,799,000,000 kilogrammètres. D'autre part, la dépense totale de charbon s'est élevée à 46,500 kilogrammes, elle atteint donc $46,500/879,900,000 = 0^g,0053$ par kilogrammètre.

Ce mode de calcul, étendu aux différentes machines du dépôt, a permis d'établir les chiffres suivants : à la vitesse de 60 kilomètres, la consommation de combustible, par heure et par cheval utile défini comme il vient d'être dit, atteint $1^k,54$ à 50 kilomètres ; elle est de $1^k,66$, à 40 kilomètres, de $1^k,78$, et à 70 kilomètres, elle est de $1^k,89$.

On remarquera que, dans ces différentes expériences, M. Marié fait figurer le travail de remorquage de la machine dans le travail utile, ce que n'avait pas fait M. Regray. Si on refait les calculs en écartant ce travail, la consommation par cheval s'accroîtra sensiblement ; ainsi, dans l'exemple cité, on aurait 46,500 kilogrammes de charbon consommé pour un travail égal à $785,580 \times 7,4$, ce qui correspondrait à $2^k,16$ par cheval.

Nous pouvons rapprocher enfin de ces résultats, ceux d'expériences récentes entreprises dans le but d'apprécier l'efficacité de certaines dispositions nouvelles actuellement à l'étude sur les locomotives, bien que ces recherches aient été poursuivies surtout à un point de vue comparatif, nous pourrons en dégager, néanmoins, quelques chiffres absolus.

L'application de la disposition compound, par exemple, est susceptible de réaliser une économie importante sur les locomotives ainsi que nous l'avons indiqué à l'article spécial. On atténue, en effet, dans la distribution de la vapeur, l'influence perturbatrice des parois des cylindres, et on peut réaliser ainsi une détente allongée avec un tiroir plus simple. Le démarrage se trouve facilité puis-

qu'on peut augmenter à volonté l'effort développé, et on réalise enfin une plus grande uniformité de la pression sur les pistons, et par suite de l'effort de traction développé. Cette considération présente une grande importance sur les locomotives, car elle permet de donner à l'effort de traction une valeur plus rapprochée de la limite d'adhérence, ainsi que l'observation en a été faite par M. Ricour.

Cette application, dont l'intérêt était signalé déjà en 1850 par Nicholson, a été étudiée d'une manière complète, comme on sait, par M. Mallet qui en a posé les principes, et elle a été réalisée spécialement en Russie, par M. Borodine. Cet ingénieur a effectué, à cette occasion, un grand nombre d'expériences des plus intéressantes pour déterminer l'économie du rendement due au type compound, et pour obtenir des résultats bien précis, il s'est attaché à essayer les locomotives expérimentales, à la fois comme machines fixes et comme machines de traction. Il avait organisé, à cet effet dans ses ateliers, une sorte de laboratoire où la locomotive en pression était maintenue immobile, et elle était essayée d'après la méthode de M. Hirn, en relevant les consommations d'eau, de vapeur et de charbon, prenant des diagrammes et mesurant au frein de Prony le travail développé sur la roue motrice par l'effort de la vapeur, dans les mêmes conditions que sur le volant des machines fixes. Les résultats obtenus étaient contrôlés d'ailleurs par les relevés de consommation sur les machines en marche. Ce rapprochement a permis d'obtenir des données bien précises, et il y a là, comme on voit, un exemple intéressant à signaler, qui pourrait être suivi avec profit par nos grandes administrations de chemins de fer, d'autant plus que l'organisation d'un pareil laboratoire d'essai de machines serait particulièrement facile.

Les expériences de M. Borodine ont fait l'objet d'une communication à la *Société des ingénieurs civils* par M. Mallet (V. n° de septembre 1886, séance du 6 août) ; on en trouvera un compte rendu dans une étude publiée par M. G. Richard dans la *Revue générale des chemins de fer*, n° de décembre 1886). Nous ne les résumerons pas ici, mais nous rappellerons seulement les conclusions qui présentent un certain intérêt au point de vue de la détermination du rendement des machines.

La consommation de vapeur par cheval indiqué et par heure sur une machine non compound munie d'enveloppe de vapeur atteignait à l'atelier $13^k,04$ et, sans enveloppe, elle s'élevait à $15^k,02$ ; sur la machine compound la dépense de vapeur se serait abaissée de 17 0/0 avec ou sans enveloppe, elle aurait donc été limitée à 11 kilogrammes environ. On retrouve dans l'analyse des diagrammes, la confirmation de ce fait indiqué d'ailleurs à l'article MOTEUR A VAPEUR, que la présence de l'enveloppe agit pour diminuer la dépense de vapeur, en réduisant les condensations à l'admission. Cette influence favorable de l'enveloppe ne s'est plus retrouvée toutefois avec la disposition compound, car la température des cylindres s'y tient déjà plus uniforme, et les machines comportaient en outre, un réservoir intermédiaire placé dans la boîte à fumée où la vapeur se trouvait surchauffée en quelque sorte en sortant du premier cylindre. Quoi qu'il en soit, ces observations ont été confirmées par les expériences pratiquées sur les machines en marche, et M. Borodine a obtenu même une vérification complète, en faisant un relevé comparatif des consommations moyennes de combustible des machines de même type, transformées ou non en compound pendant un délai de cinq années.

Il est arrivé ainsi aux résultats suivants : la consommation du bois qui forme le combustible employé sur ces machines atteint par machine kilomètre $0^{m3},046$, sur les machines simples, et $0^m,040$ sur les machines compound ; par essieu kilomètre de vagon, elle serait respectivement de 0,00192, et 0,00143, comportant ainsi une économie de 25 0/0 au lieu de 15 0/0 qui résultait de la première comparaison, résultat qui ne peut s'expliquer que parce que les machines compound pourraient remorquer une charge plus forte. Si on cherche à apprécier en dépense de charbon la consommation de vapeur indiquée plus haut par cheval heure, en supposant, par exemple, une vaporisation de $6^k,5$ par kilogramme de charbon, on trouverait respectivement $\frac{11}{6,5} = 1^k,69$ sur les machines compound, et $\frac{13}{6,5} = 2$ kilogrammes sur celles non compound avec enveloppes de vapeur. M. Borodine ajoute d'ailleurs que la vaporisation serait meilleure sur les machines compound, car l'échappement serait plus doux et n'aurait pas besoin d'être autant serré. La production de vapeur par kilogramme de bois brûlé atteindrait, en effet, $3^k,82$ au lieu de $3^k,33$.

Les avantages de la disposition compound sont d'autant plus marqués que l'on marche à une pression plus élevée et à plus forte détente.

On consultera également avec grand intérêt dans la *Revue générale des chemins de fer*, n[os] de mai et juin 1887, une savante étude publiée par M. Pulin sur les essais de la machine compound, n° 701, au chemin de fer du Nord.

M. Ricour, ingénieur en chef des chemins de fer de l'Etat, a exécuté de son côté d'intéressantes recherches sur la détermination de l'effort de traction, et il a pu apporter à la locomotive d'importantes modifications qui ont beaucoup amélioré le rendement de cette machine.

Nous n'insisterons pas ici sur ces modifications dont on trouvera l'exposé complet dans les deux Mémoires publiés par M. Ricour dans les *Annales des Ponts et Chaussées* et dans celles des *Mines* (8° série, 1884 et 1886) et nous rappellerons seulement qu'elles comprennent pour la chaudière, l'application d'une voûte en briques supportée par des tubes à circulation d'eau à l'intérieur du foyer de la chaudière, disposition adoptée fréquemment d'ailleurs en Amérique et aux Etats-Unis, et qui augmente la puissance de vaporisation de la chaudière. Pour le mécanisme, il faut y ajouter l'application des soupapes à air et des tiroirs cylin-

driques signalée déjà à l'article Tiroir; on peut mentionner également la modification apportée aux boîtes de graissage à plans inclinés par l'adjonction d'un troisième plan horizontal reliant ceux-ci, ce qui a l'avantage d'assurer une répartition plus égale du poids sur les essieux, et de permettre à l'huile de se répandre plus librement sur les plans (V. *Revue générale des chemins de fer*, nov. 1886).

L'application des tiroirs cylindriques a diminué très sensiblement les résistances du mécanisme, et d'après M. Ricour, si on adopte la formule suivante pour les machines à tiroirs plans :

$$R = K + \frac{3,5\,E}{1000} + \left(\frac{V}{20}\right)^2$$

dans laquelle K est un coefficient dépendant du type de la machine, E est le travail utile indiqué rapporté au mètre de voie, effort disponible sur les jantes ; la résistance des machines à tiroir cylindrique sera donnée par l'expression :

$$R = 9\frac{K}{10} + \frac{3,5\,E}{1000} + \left(\frac{V}{20}\right)^2.$$

On aurait $K = 2$ kilogrammes pour les machines à 2 essieux accouplés avec roues de 2 mètres de diamètre, 3 kilogrammes pour celle à 3 essieux avec roues de $1^m,50$, et 4 kilogrammes pour celle à 4 essieux avec roues de $1^m,27$. Avec une machine à tiroirs cylindriques pesant 50 tonnes l'effort de traction disponible devient :

$$E - 50R = E - \left(9\frac{K}{10} + \frac{3,5\,E}{1000} + \left(\frac{V}{20}\right)^2\right)50.$$

M. Ricour a effectué des expériences comparatives au nombre de 28 sur des machines munies de tiroirs plans ou cylindriques remorquant différents trains sur une même rampe. Celle-ci, prise au départ de la gare de Rivarennes, avait un développement de 5,185 mètres avec une inclinaison moyenne de 15 millimètres. D'après les résultats de ces essais, une machine modifiée d'un poids de 49 tonnes avec roues motrices de $4^m,60$ de circonférence, remorquant un train de 200 tonnes à la vitesse de 20 kilomètres, a consommé 1,156 litres d'eau et fourni 4,577 cylindrées. Le travail indiqué atteignait 5,694 kilogrammètres par cylindrée, et 4,930 kilogrammètres par mètre courant. La résistance de la machine s'est élevée à $13^k,60$ par tonne (la formule aurait donné $13^k,83$), soit en tout à 682 kilogrammes, pour un travail utile de 4,248 kilogrammètres. Dans ces conditions, le rapport du travail utile au travail indiqué $\frac{4248}{4930}$ atteignait 0,862. La consommation de vapeur par cheval indiqué et par heure, s'élevait à $11^k,979$, et celle de charbon à $1^k,497$. Avec la machine non modifiée pesant $51^t,93$ à roues motrices de 4 mètres de circonférence, remorquant 197 tonnes à la vitesse de $16^k,7$ la consommation d'eau a atteint $1,399^{lit},7$ pour 5,285 cylindrées. Le travail indiqué atteignait 5,336 kilogrammèt. par cylindrée ou par mètre courant. La résistance de la machine s'est élevée à $21^k,47$ par tonne (la formule aurait donné $22^k,79$), soit en tout à 1,115 kilogrammètres pour un travail utile de 4,221 kilogrammètres. Le rapport du travail utile au travail indiqué atteignait seulement 0,791. La consommation de vapeur par cheval indiqué et par heure, s'élevait à 13$^k$,412, et celle du charbon à 1$^k$,476. Les chiffres indiqués par M. Ricour paraissent donc aussi confirmer, comme on le voit, ceux de MM. Marié et Borodine.

Outre qu'elle a diminué les résistances passives de la machine, l'application des tiroirs cylindriques a permis, en outre, d'augmenter la charge remorquée, en donnant à l'effort de traction une valeur plus voisine de la limite imposée par l'adhérence. Pour s'expliquer ce résultat qui paraît surprenant au premier abord, il faut remarquer que cet effort déterminé à chaque instant par la pression qu'exerce la vapeur dans les cylindres, ne reste pas constant, mais qu'il passe alternativement par des limites maxima et minima entre lesquelles il oscille.

La valeur maxima qu'il peut atteindre est toujours limitée par la condition de ne pas dépasser l'effort d'adhérence, mais la valeur moyenne se trouve nécessairement d'autant plus éloignée de ce maximum que l'écart des deux limites est lui-même plus considérable. Si l'effort pouvait être maintenu absolument constant, il pourrait rester toujours égal à sa valeur maximum déterminée par la limite d'adhérence. Cette considération montre combien il importe d'obtenir un effort bien régulier avec les locomotives, et elle apporte un argument des plus sérieux en faveur du type compound. L'application des tiroirs cylindriques produit indirectement le même résultat, puisqu'elle diminue dans une forte mesure le travail inutilement absorbé par le frottement des tiroirs plans, et relève beaucoup la valeur moyenne de l'effort disponible. On constate, en effet, par le relevé des courbes sinusoïdales donnant les valeurs continues de cet effort que l'écart des deux limites extrêmes est diminué. D'après M. Ricour, la limite d'adhérence devrait être fixée au chiffre de 1/4 bien supérieur à celui qu'on admet ordinairement en pratique, soit 1/7 environ, et en effet, il a pu réussir à imposer aux machines transformées un effort de traction presque égal au 1/4 du poids adhérent sans déterminer de patinage. Une machine de 50 tonnes, d'un poids adhérent de 24 tonnes, peut ainsi remorquer en service normal une charge de 180 tonnes sur une rampe de 15 millimètres environ. En évaluant à 5 kilogrammes la résistance moyenne par tonne du train pesant avec la machine 230 tonnes, on voit que l'effort total par tonne atteint 20(=15+5) kilog., soit en tout 20 × 230 = 4,600 kilogrammes, soit 1/5 du poids adhérent.

On remarquera d'ailleurs que la limite d'adhérence généralement admise en Amérique est aussi beaucoup supérieure à 1/7, comme nous le dirons plus loin.

M. Ricour a pu améliorer encore le rendement de ses machines par l'application de surfaces rationnelles tendant à diminuer la résistance de l'air sur le train en marche. On appréciera toute l'importance de ce progrès en considérant que dans l'expression donnant plus haut la valeur de l'effort de traction, la résistance de l'air sur une surface normale est donnée par le terme $\left(\dfrac{V}{20}\right)^2$, ce qui, à la vitesse de 70 kilomètres à l'heure, correspond à un chiffre total de 612 kilogrammes.

M. Ricour a modifié l'aspect extérieur de la machine et remplaça les surfaces planes normales à la marche par des surfaces coniques assez analogues à celles de l'avant des navires, et dont le tracé était étudié pour réduire la résistance au minimum; il reconnut, à la suite de nombreuses expériences, qu'il convenait d'adopter une forme conique comportant une hauteur égale à 4 pour une base égale à 3. Il réussit ainsi à diminuer de moitié le terme dû à la résistance de l'air qui s'abaisse à $\dfrac{1}{2}\left(\dfrac{V}{20}\right)^2$. Pour une machine de 50 tonnes, par exemple, on voit qu'on arrive à un chiffre très important, soit en tonnes mètres par heure $50\dfrac{1}{2}\left(\dfrac{V}{20}\right)^2 V$ et en chevaux-vapeur

$$\frac{50}{270}\frac{1}{2}\left(\frac{V}{20}\right)^2,$$

soit 79 chevaux pour un travail indiqué de 600, ce qui correspond donc à une réduction de 13 0/0.

Outre l'effort développé sur la face avant de la machine, la résistance de l'air s'exerce également sur toute la longueur du train, et surtout dans l'intervalle laissé libre entre les vagons successifs.

L'air pénètre dans le vide ainsi ménagé; la masse d'air qui se renouvelle continuellement doit être amenée à la vitesse du train, et elle absorbe ainsi une grande partie de la force vive de celui-ci. M. Ricour est arrivé à prévenir cet inconvénient en formant du train une sorte de tube continu dans lequel l'air ne puisse pas pénétrer, et il prolonge, à cet effet, les parois des vagons par des tôles rapportées amenées presque en contact avec un jeu de quelques centimètres seulement. Grâce à cette nouvelle disposition, il a pu réduire sensiblement l'effort de traction qui se trouve représenté par l'expression :

$$R = 2 + \frac{V}{40}.$$

L'ensemble de ces modifications améliore beaucoup le rendement de la locomotive, et M. Ricour a pu constater, par une expérience comparative prolongée, que cette économie n'était pas inférieure à 10 0/0.

On trouvera, d'ailleurs, dans le Mémoire de M. Ricour des calculs comparatifs très intéressants sur les prix de revient de la traction sur les différents réseaux français; nous ne pouvons pas les reproduire ici, mais nous en rappellerons seulement les conclusions.

En supposant l'emploi uniforme de briquettes à 6 0/0 de cendres, à 22 fr. 55 la tonne chargée sur tender, les prix du transport de 1,000 kilogrammes du poids brut à 1 kilomètre auraient pour limite inférieure sur les grands réseaux français :

Pour les trains de marchandises. . . . . 3 fr. 80
Pour les trains de voyageurs. . . . . . . 6 fr. 30

et les prix moyens atteindraient respectivement

4 fr. et 6 fr. 55, tandis que sur le réseau de l'Etat, grâce aux perfectionnements réalisés, on arriverait actuellement à 3 fr. 79 et 5 fr. 44. Ce dernier prix réalise sur les premiers une économie plus considérable qu'on ne le croirait au premier abord, car il faut tenir compte de ce que la rampe moyenne de ce réseau est plus accentuée que celle des autres réseaux français, celle-ci étant évaluée par M. Ricour à 8 millimètres.

FIXATION DE LA CHARGE DES MACHINES. En appliquant les formules plus ou moins empiriques admises dans chaque réseau, le service de traction des chemins de fer arrive à déterminer la résistance des différents trains, et à fixer par suite la charge qu'une locomotive donnée peut remorquer à une vitesse et sur un profil donnés. Quant à l'effort moteur que la locomotive considérée peut fournir, on le détermine simplement au moyen des relations suivantes, comme nous l'avons indiqué à l'article LOCOMOTIVE.

En appelant $p$ la pression de la vapeur dans la chaudière, $d$ le diamètre du piston, $l$ la course de celui-ci, $\alpha$ un coefficient de réduction exprimant le rapport de la pression moyenne développée dans les cylindres à la pression effective dans la chaudière, on voit que le travail moteur $\theta m$ développé dans les cylindres par chaque tour de roue, a pour expression :

$$\theta_m = 2 \alpha p \pi d^2 l.$$

En appelant T l'effort tangentiel développé à la surface de la roue motrice de diamètre D, on aura pour le travail résistant $\theta_r = 2 \pi D T$, et en l'égalant au travail moteur, on a :

$$(1) \quad \pi D T = \alpha p \pi d^2 l \text{ d'où } T = \alpha p \frac{d^2 l}{D}.$$

Le coefficient $\alpha$ est pris généralement égal à 0,65. Quant à T, c'est l'effort disponible sur l'essieu moteur, et qui doit vaincre à la fois la résistance propre de la machine R' et celle du train R, de sorte que, pour cette dernière, on a :

$$R = 0,65 p \frac{d^2 l}{D} - R'.$$

On voit par la formule précédente, que le volume $v$ des cylindres d'une machine $v = \pi d^2 l$ se détermine immédiatement d'après la valeur moyenne de l'effort T qu'elle peut fournir.

En appelant N le nombre de tours à la minute, on remarquera, d'autre part, que le travail moteur $\theta' m$ développé chaque minute sur les roues motrices de la machine est donné par l'expression :

$$(2) \quad \theta'_m = T \pi D N.$$

Enfin, en appelant V la vitesse à la minute, on a :

$$V = \pi D N \text{ d'où } \theta'_m = T V.$$

Ces diverses équations montrent que, pour une machine donnée, l'effort développé par elle varie en raison inverse du diamètre des roues motrices ou de la vitesse qui leur est proportionnelle. On trouve là l'explication de la différence essentielle des deux types principaux de machines, celles à grandes roues à marche rapide capables d'un effort moteur relativement faible, et les machines à marchandises, dont les roues sont petites, et l'effort moteur plus élevé.

On ne peut faire varier d'ailleurs les dimensions des roues que dans des limites assez restreintes, pour ne pas trop relever le centre de gravité de la machine en diminuant sa stabilité avec un diamètre trop grand, ou augmenter d'une manière excessive la résistance au roulement avec un diamètre trop faible. On n'a pas dépassé, en France, 2m,35, sauf sur la locomotive de M. Estrade où on a atteint 2m,50, et on ne descend guère au-dessous de 1 mètre.

Le nombre de tours, par minute, qui détermine la vitesse V, ne peut pas varier non plus dans des limites très étendues, pour ne pas donner aux organes une célérité dangereuse, ni enlever à la machine toute force vive de régime, ce qui l'empêcherait de franchir les pentes ; on se tient toujours entre deux et quatre tours à la seconde.

Les dimensions des cylindres qui entrent dans le second membre de l'équation (1) sont également déterminées par des considérations pratiques : $d$ varie en France, de 0m,35 à 0m,50, et on prend habituellement $l = 0,60$ à 0,65 ou quelquefois $= 1,2 \, d$ pour ne pas élargir le cylindre outre mesure.

Quant à la pression qui forme le dernier élément sur lequel on puisse agir pour augmenter T dans l'équation (1), elle a été continuellement en s'agrandissant sur les types successifs de machines, à mesure qu'on a pu améliorer les qualités des tôles des chaudières, et elle atteint aujourd'hui 8 à 9 atmosphères ; on arrivera sans doute à dépasser encore ce chiffre, et à atteindre 12 à 13 atmosphères, comme on en rencontre déjà des exemples à l'étranger, lorsque l'application des tôles d'acier aura pu se développer davantage.

Il est évident, d'ailleurs, que la chaudière locomotive doit avoir une surface de chauffe et une production de vapeur appropriées aux dimensions du mécanisme, afin de pouvoir maintenir la marche de régime en vue de laquelle la machine est étudiée.

Si on appelle : S la surface de chauffe totale en mètres carrés, $q$ le poids d'eau vaporisé par mètre et par heure, $\delta$ le poids du mètre cube de vapeur à la pression $p$, de sorte que le volume de vapeur produite à l'heure soit égal à $\frac{q S}{\delta}$, N le nombre de tours à l'heure, $x$ le degré de détente, ou le rapport du volume offert à l'admission au volume total du cylindre, on arrive, en exprimant que le volume de vapeur admis au cylindre de volume V, est égal à la production de la chaudière, à la relation suivante qui servira à déterminer les dimensions de la chaudière :

$$4 V \frac{N}{x} = \frac{S q}{\delta}, \text{ d'où } \frac{S}{V} = \frac{4 N \delta}{q x}.$$

On remarquera que dans des conditions ordinaires de marche, tous les éléments du second membre peuvent être considérés comme constants.

N et $\delta$ varient peu en effet, comme nous l'avons vu, $x$ dépend de la détente qu'on fait varier à volonté mais pour laquelle il y a un régime préférable, et $q$, puissance de vaporisation, devrait aussi être la même pour les différents types.

Le rapport $\frac{S}{V}$ auquel nous proposions (V. *Manuel du mécanicien*, par Richard et Baclé ; Dunod, 1882) de donner le nom de *module de chauffe* varie donc peu, et en fait, sur la plupart des types de machines, on trouve qu'il est compris généralement entre 1,200 ou 1,300.

On a admis longtemps, toutefois, que la quantité $q$ ne pouvait pas être constante sur tous les types de machine, celles à marchandises qui ont généralement des tubes allongés avec un tirage plus faible, devant vaporiser moins que celles à voyageurs. Sur le chemin de fer de Lyon, par exemple, on ne demandait que 25 kilogrammes aux premières, tandis que les secondes devaient fournir 40 kilogrammes. Ainsi que le remarque M. Couche, cette distinction ne se justifiait pas, la vaporisation est, en effet, une question de soin et d'attention du mécanicien dans la *conduite de son feu*. On a pu réussir, en y tenant la main, à ramener les deux types à la même puissance de vaporisation, et à augmenter ainsi de 30 0/0 la charge remorquée par les machines à marchandises. Pour celles à quatre roues accouplées, cependant, dont les tubes atteignent 5m,36, on n'exige que 35 kilogrammes au chemin de Lyon. Au chemin de fer du Midi, on établit d'autre part des surfaces de chauffe comparatives, en prenant les surfaces de chauffe directes augmentées simplement du tiers de la surface des tubes, et encore en supprimant l'excédent au-dessus d'une longueur de 4 mètres de tubes.

Les relations posées permettent, comme on voit, de déterminer l'effort moteur de la machine, et les dimensions à donner aux principaux organes ; mais comme, d'autre part, l'entraînement des trains attelés s'opère nécessairement par adhérence, il ne faut pas que l'effort résistant du train puisse dépasser cette limite, sans quoi la machine patinerait sur place sans avancer. Il y a donc là un nouvel élément qui limite encore de son côté, l'effort à demander à la machine. Le poids utilisable pour l'adhérence est celui qui presse sur les essieux moteurs, et c'est cette considération qui a amené, comme on sait, à accoupler les essieux moteurs pour lui donner une valeur plus élevée. Le coefficient d'adhérence dépend nécessairement des influences atmosphériques, de l'état des rails, etc., mais on admet, en général, qu'il est égal à 1/7, et P étant le poids adhérent, on prend donc généralement comme limite maxima de l'effort moteur à demander à la machine, l'expression 0,14 P. D'après M. Ricour, ainsi que nous l'avons exposé plus haut, cette limite serait trop faible et résulterait seulement des variations d'efforts développés par la machine en raison de la résistance propre du mécanisme, notamment des tiroirs ; le coefficient d'adhérence serait en réalité égal à 1/4 à 1/5, et on pourrait atteindre ce chiffre avec des dispositions de mécanismes donnant plus d'uniformité à l'effort développé.

En dessous de ces limites, l'effort de traction varie d'autre part avec la vitesse demandée à la machine, et il serait même inversement proportionnel à celle-ci d'après l'équation (2) si on n'avait pas la possibilité de faire varier dans une large mesure le travail total développé par la machine, soit la valeur moyenne de la pression $p$ qui figure dans l'expression de l'effort de traction, en agissant sur la détente, et augmentant ou diminuant l'admission. Grâce à la distribution par coulisse, le mécanicien peut la faire varier, en effet, de 7 à 8 0/0 jusqu'à 75 0/0 environ.

Quoi qu'il en soit, la vitesse forme un élément susceptible d'influer grandement sur la valeur de l'effort moteur fourni par la machine, tout au moins dans certaines limites, et les services de traction des Compagnies de chemin de fer établissent, en effet, pour chaque type de machines dont ils disposent, des tableaux indiquant les limites de vitesse qu'on ne peut pas dépasser sans diminuer la charge de la machine, et fixant, dans ce cas, la réduction correspondante à appliquer. Ces tableaux ne sont pas établis d'ailleurs d'après des données uniformes dans les différentes Compagnies, vu l'absence de règles bien précises sur la question, et nous ne pouvons pas y insister ici. Au chemin de fer du Midi, par exemple, on détermine les vitesses limites en les prenant inversement proportionnelles au rapport $\frac{T}{S}$ de l'effort de traction disponible à la surface de chauffe comparative telle que nous l'avons définie plus haut. Ces déterminations sont toujours faites en tenant compte de certaines circonstances de service qui échappent au calcul, et elles renferment donc une part un peu arbitraire.

Au chemin de fer de Lyon, on établit pour chaque type de machine la production de vapeur par heure, ainsi que la consommation de vapeur par kilomètre parcouru pour une certaine longueur de l'admission ; le rapport de ces deux quantités détermine la vitesse dont la machine est susceptible, et partant de cette relation, on peut établir facilement la longueur de l'admission, d'où on déduira le travail sur les pistons, et par suite l'effort qu'on peut imposer à la machine.

Les formules entrant dans ce calcul sont affectées, en général, de coefficients empiriques variant quelquefois avec chaque type de machines ; M. Ledoux a donné à ce sujet (V. *Revue générale des chemins de fer*, n° de septembre 1881) des formules plus générales permettant d'établir à l'avance, des résultats suffisamment approchés pour un type qui ne serait pas encore en service.

La quantité d'eau totale transformée par heure en vapeur humide Q', serait égal à $368\sqrt{g.S}$.

$g$ étant la surface de la grille et S la surface de chauffe exprimée toutes deux en mètres carrés, et en admettant un entraînement d'eau de 12 0/0, le poids de vapeur sèche Q atteint

$$368 \times 0,88 \sqrt{g.S} = Q.$$

En appelant $x$ la fraction d'admission dans le cylindre de diamètre $d$, de longueur $l$, le volume correspondant à la pleine admission sera $\pi d^2 l x$.

et pour tenir compte des condensations, de l'influence de la tige du piston de diamètre $d'$, M. Ledoux exprime par la formule suivante le poids $\Pi'$ de vapeur dépensée, $\delta$ étant le poids du mètre cube à la pression d'admission

$$\Pi' = 0,3\,\pi\,(d^2 - d'^2)\,lx\,(1 + 0,53\lambda)\delta,$$

$\lambda$ étant le rapport du volume de l'espace nuisible au volume total décrit par le piston.

Le poids de valeur $\Pi$ dépensé par kilomètre se déduit de $\Pi'$ par la relation $\Pi = \dfrac{4\,\Pi' \times 1000}{\pi\,D}$,

d'où on a :

$$\Pi = \frac{1200\,(d^2 - d'^2)\,lx\,(1 + 0,53\lambda)\delta}{D},$$

et en prenant le rapport $\dfrac{Q}{\Pi}$, on aura la vitesse $V$ de la machine, et on déduira $x$ en fonction de $V$ qui lui est inversement proportionnel

$$x = \frac{324\,D\,\sqrt{g\,S}}{1200\,(d^2 - d'^2)\,l\,V\,(1 + 0,53\lambda)\,\delta}$$

On calculera le travail de la vapeur par coup de piston $\theta$ au moyen de la formule suivante établie par M. Ledoux, et qui tient compte en bloc de l'influence de tous les éléments susceptibles de modifier la valeur du travail; on a :

$$\theta = 2300\,\pi\,(d^2 - d'^2)\,l\,P'\,(x + (x + \lambda)\,2,303\log\frac{1+\lambda}{x+\lambda})$$
$$- \frac{1,0334}{P'}\,(1,60 - 0,75\,x),$$

P' étant la pression absolue dans le cylindre pendant l'admission en kilogrammes par centimètres carrés. On en déduit le travail T développé par mètre parcouru au moyen de la relation

$$T = \frac{4\,\theta}{\pi\,D},$$

A côté de l'effort que peut développer la machine, il reste enfin à considérer l'effort résistant du train qui présente des variations fort étendues suivant l'état de divers éléments en présence, et surtout suivant le tracé et le profil de la voie où il va être lancé, ainsi que nous l'avons calculé plus haut.

Le service de traction d'un réseau donné se trouve donc amené, au point de vue de la composition des trains, à partager ce réseau en un certain nombre de sections de résistances différentes, en fixant sur chacune le chargement correspondant à adopter pour les machines. Chaque section est étudiée en tenant compte des pentes, des rampes et des courbes qu'elle présente, de la longueur et de l'emplacement de celles-ci, des variations de vitesse admissibles dans le parcours, de toutes les circonstances, en un mot, qui peuvent influer sur la résistance développée ; on détermine ainsi un chiffre de rampe fictive en ligne droite, de résistance égale à celle du profil vrai avec ses courbes, et on part de là pour constituer les tableaux de marche indiquant les chargements variables suivant la vitesse des différents types de machines sur la section considérée. On conçoit évidemment qu'une même section sera représentée généralement dans ces tableaux par deux rampes fictives différentes suivant le sens de la marche du train; on observera, en outre, que le chiffre de la rampe fictive droite substitué au profil vrai, n'est pas toujours nécessairement supérieur à l'inclinaison vraie de celui-ci, malgré le surcroît de résistance dû aux courbes, car on prévoit que la partie en rampe sera franchie à une vitesse inférieure à la vitesse moyenne admise, la compensation s'opérant dans une autre partie de la section à résistance moindre qui est franchie à plus grande vitesse.

L'établissement de ces tableaux de marche présente une part un peu arbitraire tenant compte d'un certain nombre d'éléments d'appréciation délicate qu'on ne peut pas faire figurer dans les calculs, et nous ne croyons pas devoir y insister davantage. On trouvera d'ailleurs dans le traité de M. Couche (*Voie, matériel roulant et exploitation technique des chemins de fer*), des détails complémentaires sur la méthode suivie dans les différents réseaux.

*Organisation du service de traction.* Il nous reste à dire quelques mots des fonctions et de l'organisation du service de traction. Il doit pourvoir aux besoins de l'exploitation en assurant à chaque train organisé une machine appropriée avec le personnel de manœuvre, mécanicien et chauffeur; il assure en même temps le service des manœuvres et de la formation des trains dans les gares, ainsi que le service de réserve conformément aux prescriptions ministérielles. Il établit le roulement des machines et du personnel, et de concert avec l'exploitation, il intervient dans l'établissement des tableaux de marche de trains au point de vue de la fixation de leur vitesse et de leur chargement. Il est également en rapport avec le service de la voie, au point de vue de la détermination des charges maxima qui peuvent être imposées aux essieux, de l'écartement à leur donner, des dimensions diverses acceptables sur les machines au point de vue des gabarits de la voie sous les ouvrages d'art, de l'installation des croisements de voie, etc. Il examine également avec ce service le tracé général des voies nouvelles, et détermine les limites de pentes et de courbes à observer, il discute l'installation des gares et l'emplacement donné aux signaux.

Pour ce qui concerne spécialement les machines, il doit pourvoir à leur entretien et à leurs réparations. Celles qui sont peu importantes sont effectuées généralement par une équipe d'ouvriers spéciaux installée, à cet effet, dans les différents dépôts. Pour les grosses réparations, le service de traction dispose sur chaque réseau d'un ou plusieurs grands ateliers complètement outillés, et qui sont même en mesure d'effectuer le cas échéant des constructions neuves. Le service de traction étudie, en outre, les types nouveaux, il discute les améliorations dont ils sont susceptibles, les appareils dont il peut y avoir lieu d'essayer l'application sur les machines. Il pourvoit enfin aux approvisionnements de combustible, houille, coke, et des produits de toute nature, graisse, huile, etc., que consomment les machines; et de ce chef, il a à passer des marchés fort importants dont il doit surveiller l'exécution et la qualité des matières, et il dispose à cet effet de laboratoires d'essais chimiques et même physiques qui, dans certains chemins de fer, reçoivent une grande importance, comme le laboratoire de l'Est, par exemple, dont nous avons parlé déjà à l'article ESSAIS MÉCANIQUES. La traction est presque toujours chargée en même temps de la direction et de la surveillance des magasins de produits et denrées de toute nature, dont la Compagnie fait l'acquisition pour ses besoins et ceux de son personnel.

Joint au matériel roulant, le service de traction forme habituellement l'une des grandes divisions de l'administration d'un réseau de chemins de fer, et il est dirigé par un ingénieur en chef spécial ayant la direction exclusive de son personnel sans intervention directe du service de l'exploitation. Le réseau est partagé en plusieurs sections distinctes avec un ingénieur de traction à la tête de chacune. Celui-ci est assisté d'un ou plusieurs inspecteurs, il dirige le personnel des mécaniciens de sa section, lequel est réparti entre un certain nombre de dépôts ayant chacun un chef distinct. Dans l'organisation habituellement adoptée en France, le service de chaque machine est assuré par un chauffeur et un mécanicien qui lui sont spécialement affectés; sauf pour les machines de manœuvre, on rencontre, en un mot, peu d'exemple d'équipe double ou même d'équipe banale conduisant une même machine. Le travail des machines se trouve alors nécessairement subordonné dans ce cas à celui que le mécanicien peut fournir, et on est amené ainsi à leur attribuer, après chaque voyage, des périodes de repos prolongé dont elles n'auraient pas besoin autrement. Des roulements portant sur une période de dix à quinze jours environ sont établis, dans chaque dépôt, entre toutes les machines susceptibles de faire le même service, et chaque machine épuise ainsi la série des trains qu'elle peut faire avant de recommencer la période du roulement. Le travail demandé habituellement aux mécaniciens varie de sept à dix heures par jour, coupées souvent par une période de repos, et il est accordé une journée de repos à la fin de la période qui peut être utilisée également pour le lavage de la machine. Les mécaniciens et les chauffeurs constituent, en France, ainsi que nous l'indiquons à l'article spécial (V. MÉCANICIEN), des agents commissionnés ayant une rétribution fixe à laquelle s'ajoutent leurs primes d'économie sur les consommations de combustible et de graisse ou d'huile, et le roulement de service qu'on établit entre les différentes machines, a pour but d'égaliser le travail qui leur est imposé.

L'organisation du service de traction adoptée en Amérique est fort différente de la nôtre, mais nous ne pouvons ici qu'indiquer brièvement les différences essentielles qui la distinguent. Les lecteurs désireux d'avoir des renseignements plus complets consulteront avec fruit l'ouvrage de MM. Lavoine et Pontzen, sur l'*Organisation des chemins de fer en Amérique*, ainsi que les notes spéciales, publiées dans la *Revue générale des chemins de fer*, par M. Bandérali, et surtout par MM. Sauvage et de Fonbonne (V. n°* de mai 1886, février, avril, juin et juillet 1887). Dans cette organisation, le mécanicien dépend en grande partie du service de l'exploitation, il est considéré comme un ouvrier qu'on peut renvoyer à volonté, et il est payé seulement d'après le parcours effectué. Les primes d'économie de combustible sont d'ailleurs généralement presque insignifiantes. Les mécaniciens américains fournissent plus de parcours, surtout à cause de la configuration des principaux réseaux dans lesquels les grandes stations sont fort écartées entre elles, et leur rétribution est beaucoup plus élevée que chez nous, mais il faut tenir compte aussi de l'élévation moyenne des salaires dans ce pays, et des journées de repos forcé qui leur sont imposées aussitôt qu'il se produit un ralentissement de trafic. La même machine est presque toujours affectée à un train unique, ce qui fait que la répartition du travail entre les différentes équipes est tout à fait inégale; le service d'une même machine est assuré souvent par deux équipes quelquefois même par une équipe banale. Les machines ne chôment presque pas, on ne les laisse refroidir que pour les laver, comme elles sont dégagées du service inévitable du personnel, elles peuvent repartir avec une autre équipe presque aussitôt leur arrivée. Cette organisation permet évidemment d'avoir moins de machines, mais il faut par contre plus de mé-

caniciens, car ceux qui travaillent en équipe double sont moins occupés que nos équipes uniques. Il n'y a pas là toutefois un grand inconvénient pour les Compagnies des Etats-Unis, puisque les mécaniciens ne sont payés que lorsqu'ils travaillent. Le nombre des types de machines usités est très limité, ainsi que nous le remarquons à l'article LOCOMOTIVE, ce qui facilite beaucoup les réparations, celles-ci sont généralement de courte durée, et les Américains n'hésitent pas à démolir les machines dès qu'elles commencent à s'user gravement. La charge imposée aux machines, surtout avec les trains de marchandises, est aussi élevée que possible, et elle dépasse les charges qu'on admettrait en France pour les types similaires; elle atteint souvent, en effet, 1/4 du poids adhérent, ce qui tend à confirmer, comme on voit, l'observation de M. Ricour mentionnée plus haut sur la faiblesse du coefficient 1/7. Grâce à cette organisation, les Américains arrivent à imposer à leurs machines un parcours et un travail relativement plus élevés que nous ne l'obtenons. Les parcours annuels moyens peuvent atteindre, en effet, 50,000 à 60,000 kilomètres par machine, tandis que nous ne dépassons guère 30 à 35,000. Il faut remarquer toutefois, comme l'indiquent MM. Sauvage et de Fonbonne, que le rapprochement de ces chiffres ne peut pas être admis sans de nombreuses réserves pour tenir compte des manœuvres évaluées différemment dans les deux cas, et des machines qui figurent dans nos effectifs sans travailler réellement, comme les machines de secours en cas de détresse qui ne sont pas obligatoires aux Etats-Unis, les types hors d'usage, etc. Toutes ces réductions étant faites, on ne trouve pas que, même avec l'emploi des équipes banales, l'écart des moyennes soit aussi fort qu'on aurait pu l'attendre. Il faut ajouter, enfin, que des équipes qui ne sont plus attachées spécialement à une machine donnée n'ont plus le même intérêt à la bien entretenir, et les consommations de charbon propres à chaque équipe deviennent enfin très difficiles à apprécier. Quoi qu'il en soit, il y a là un système d'organisation intéressant à signaler, et qui pourrait sans doute, dans certains cas, trouver chez nous une application avantageuse.

**Traction dans les mines.** Le transport des matières dans l'intérieur des mines sur des voies horizontales ou faiblement inclinées, s'est d'abord exclusivement opéré à dos d'hommes, mais actuellement, ce procédé barbare n'est plus guère employé qu'en Sicile et en Amérique. Ce transport s'effectue partout ailleurs par traînage, brouettage, chemins de bois, canaux ou chemins de fer, et ce dernier procédé tend à se répandre de plus en plus. Nous allons d'abord dire quelques mots des premiers moyens, puis nous parlerons des chemins de fer souterrains, du matériel roulant qu'on y fait circuler, et du moteur que l'on emploie.

*Moyens de transport divers.* Le *traînage* d'une benne à patins s'effectue sur une sole résistante assez plastique pour prendre le poli. L'homme se met en avant ou en arrière de la benne et exerce un effort pour faire avancer la benne, ou pour l'empêcher d'aller trop vite selon la pente de la voie. Quand la pente d'un plan atteint 30°, on a intérêt à relier la benne pleine à la benne vide par une corde passant sur une poulie en haut du plan incliné, de façon à ce que les deux poids morts s'équilibrent. Quand les galeries sont assez larges, on a intérêt à faire opérer le traînage par les chevaux.

Les *brouettes* diminuent le travail du frottement

de glissement dans le rapport du rayon du tourillon au rayon de la roue, mais introduisent le *frottement* du roulement. Dans une brouette à deux roues, quand le centre de gravité est situé verticalement au-dessus de l'essieu, l'homme qui pousse la brouette ne porte aucune partie du poids. On ne doit jamais gravir de rampes avec une brouette chargée ; quand on descend des pentes avec une brouette chargée, on fait frein en posant à terre les pieds de la brouette.

Les *chemins de bois* consistent en deux longrines parallèles sur lesquelles on fait circuler les roues d'un *chien de mine* (V. ce mot) muni d'un clou qui pend dans l'entrevoie. Cette entrevoie est garnie de tôle dans les courbes. Le chien de mine a un essieu antérieur et un essieu presque central, et il est poussé par un gamin qui s'appuie sur l'arrière pour soulager l'essieu d'avant; quand il est arrivé à destination, on le vide en le faisant basculer autour de l'essieu d'avant. La caisse n'est pas toujours solidaire du train.

L'emploi des *canaux* a été décrit à l'article NAVIGATION SOUTERRAINE. Ce procédé est rarement applicable, mais quand il l'est il peut donner lieu à de grandes économies.

*Voies ferrées souterraines.* Une voie ferrée se compose très généralement de deux rails parallèles (1). Chacun d'eux est habituellement un rail Vignole en fer ou en acier, établi sur des traverses ordinairement en bois, ou sur une longrine en bois. Dans certains cas, on emploie comme rail une simple barre de fer mise de champ dans une encoche longitudinale de la longrine et calée avec elle par des coins en bois, ou un fer de cornière calé sur la longrine par des crampons. Les rails ont environ 5 mètres de longueur pour les voies principales, et moins pour les voies accessoires. A leurs extrémités, ils sont coupés d'équerre ou en biseau, et assemblés avec des éclisses fixées à chaque rail par deux boulons. La température ne varie pas sensiblement dans l'intérieur des mines. La voie a une largeur de 40 à 80 centimètres ; les traverses ont une longueur supérieure à 20 centimètres et sont espacées de 60 à 100 centimètres ; leur équarrissage est à peu près de 10 centimètres sur 10 centimètres. Le poids du rail par mètre courant varie de 3 à 10 kilogrammes, selon que les chariots pleins pèsent 300 à 1,600 kilogrammes.

A la tête de la voie, on dispose une plaque métallique striée, portant l'amorce des rails, et entre eux une ogive destinée à faciliter la mise sur rails des vagons. Aux croisements de voie, on dispose habituellement une plaque métallique comprenant des dispositifs analogues pour les diverses voies qui partent du croisement. A la traversée d'une voie très fréquentée par une voie peu fréquentée, on laisse intacts les rails de la première voie, on coupe les rails de la seconde sur une

(1) Il faut aussi citer la voie Palmer qui se compose d'un seul rail fixé sur une longrine rattachée à la paroi de la galerie par des écoins. Un baquet est suspendu au-dessous d'une roue qui circule sur le rail. Ce système imaginé à Rive-de-Gier, à cause du mouvement de la sole, a été abandonné, mais a donné naissance aux chemins de fer funiculaires très développés dans les exploitations à ciel ouvert en pays accidenté.

largeur un peu supérieure à celle des roues, et on les place au-dessus des premiers d'une quantité égale à la hauteur du boudin de la roue. De la sorte, les vagons passent librement sur la première voie, et quand ils passent sur la seconde le boudin des roues est supporté par le rail transversal pendant l'interruption du rail. Les bifurcations de voie sont analogues à celles des chemins de fer ordinaires. On adopte diverses dispositions : 1° pour une voie sur laquelle s'embranche une voie à angle droit ; 2° pour une voie qui se dédouble symétriquement ; 3° pour une voie de laquelle se détachent simultanément deux voies à angle droit, etc.

A Graissessac, on évite l'emploi des aiguilles en plaçant aux bifurcations une plaque venue de fonte avec des rails. Quand un vagon aborde une semblable bifurcation en pointe, il y a pour chaque essieu deux moments où un seul des boudins guide le vagon vers sa droite.

Les lignes sont généralement à simple voie, mais munies de voies de garage de distance en distance, dont les unes sont séparées de la voie principale par un mur réservé, et servent au chargement des trains au moyen des cheminées qui y débouchent.

Nous allons calculer la force F qu'il est nécessaire d'appliquer à un vagon pour lui faire descendre uniformément une voie dont la pente est $i$, sans tenir compte du frottement de roulement qui est indépendant de la pente. Soient $p$ le poids de la matière chargée, $\alpha p$ le poids du châssis et de la caisse, $\beta p$ le poids des roues, T la force de traction appliquée au vagon, c'est-à-dire

$$F + p(1 + \alpha + \beta)\sin i.$$

Cette force T est égale, dans le cas du mouvement uniforme à la somme des quatre résistances $T_1$ à chaque roue. Le poids $p(1+\alpha)$ est égale à la somme de quatre poids $P_1$ exercés par les essieux sur les boîtes à graisse, et ces forces $P_1$ font un angle $\varphi$ avec la normale aux boîtes à graisse. La force $P_1$ et la force $T_1$ se font équilibre pour chaque roue, et on a : $T_1 R = P_1 r \sin \varphi$ ou approximativement $T_1 = \dfrac{P_1 r f}{R}$ en remplaçant $\sin\varphi$ par $\operatorname{tg}\varphi = f$.

Ajoutons, membre à membre, quatre équations analogues ; il vient en remplaçant $\sin i$ par $i$

$$F + p(1 + \alpha + \beta)i = p(1+\alpha)f\frac{r}{R}$$

$$(1) \qquad \frac{F}{p} = \frac{fr}{R}(1+\alpha) - (1+\alpha+\beta)i.$$

Si on change $i$ en $-i$, et si on supprime la charge utile, on a pour l'effort analogue à faire au retour

$$(2) \qquad \frac{F'}{p} = \frac{fr}{R}\alpha + (\alpha+\beta)i.$$

Si on fait $i = o$, on a :

$$\frac{F_0}{p} = \frac{fr}{R}(1+\alpha)$$

$$\frac{F'_0}{p} = \frac{fr}{R}\alpha.$$

L'effort nécessaire est notablement plus grand pour l'aller que pour le retour. Si on fait :

on a :

$$i = i_1 = \frac{fr}{R(1 + 2\alpha + 2\beta)},$$

$$\frac{F_1}{p} = \frac{F'_1}{p} = \frac{fr}{R} \cdot \frac{\beta + 2\alpha(1 + \alpha + \beta)}{1 + 2\alpha + 2\beta}.$$

L'effort nécessaire est aussi grand pour le retour que pour l'aller. Si on fait : $i = i_2 = \dfrac{fr(1 + \alpha)}{R(1 + \alpha + \beta)}$,

on a : $\dfrac{F_2}{p} = o$ et $\dfrac{F'_2}{p} = \dfrac{fr}{R} \cdot \dfrac{\beta + 2\alpha(1 + \alpha + \beta)}{1 + \alpha + \beta}$.

L'effort nécessaire est nul pour l'aller, et l'effort nécessaire pour le retour est compris entre F'₁ et 2F'₁. Dans la pratique, on tâche de se rapprocher le plus possible de la valeur $i_1$ qui est environ $\dfrac{1}{200}$.

Les voies sont formées d'alignements droits réunis par des arcs de cercle. Dans les courbes, on augmente le nombre des traverses. L'effort exercé par le vagon sur la voie est la résultante de son poids P et de la force centrifuge $\dfrac{P v^2}{g \rho}$. Pour qu'il soit normal à la voie, il faut que le rail extérieur ait un surhaussement égal à $\dfrac{v^2 l}{g \rho}$ que l'on calcule pour une vitesse de 1ᵐ,30 ; un vagon qui passe plus vite tend à dérailler en dehors, et un vagon qui passe moins vite tend à dérailler en dedans. On donne aux jantes des roues une certaine conicité, de telle sorte que si, par exemple, le vagon tend à dérailler en dehors, la roue extérieure s'élargit et la roue intérieure se rétrécit. Chacun de ces effets augmente le dévers du vagon. Le cheval qui tire le vagon est placé dans l'axe de la voie et l'effort de traction a une composante normale qui corrige, dans une certaine mesure, la force centrifuge. Les deux essieux d'un vagon sont parallèles entre eux, et on doit par conséquent donner aux jantes des roues et aux rails, une épaisseur d'autant plus forte que la distance des deux essieux est plus grande.

Dans un alignement droit, les roues peuvent simultanément rouler sans glisser, mais dans une courbe, si les roues sont cylindriques et calées sur les essieux, la roue extérieure et la roue intérieure glissent en sens contraires de quantités dont la somme est égale à la différence des deux arcs de courbe ou à $\dfrac{L l}{\rho}$, si on appelle L l'arc de courbe médiane, l la largeur de la voie et ρ le rayon. Mais grâce à la conicité des jantes des roues, la roue extérieure roule sur un plus grand rayon, la roue intérieure sur un plus petit rayon, et la conicité peut être telle que le glissement soit supprimé.

*Matériel roulant.* Les vagons sont à deux essieux parallèles, portant chacun deux roues à jantes coniques, calées sur les essieux, comme dans les vagons de chemin de fer, ou folles comme dans les voitures ordinaires. Le premier système a l'inconvénient de donner lieu à un mouvement de lacet si le chargement est mal réparti sur le vagon, et le second de mal supporter les chocs.

Les roues sont quelquefois en bois, mais plus habituellement métalliques. On peut les faire entièrement en fonte ; on peut faire la jante en fer et les rayons en fer ; on peut employer une jante en fonte entourant une plaque de tôle plane ou ondulée percée d'un trou pour l'introduction de la barre d'enrayage ; on fait aussi des roues totalement ou partiellement en acier. Le rayon de la roue doit être assez grand pour diminuer l'effort de traction nécessaire et les chances pour les boîtes à graisse d'être envahies par les poussières du sol, mais pas trop grand pour ne pas faciliter le déraillement. Si le rayon de la roue est grand, on peut employer un essieu à roues folles deux fois coudé, et descendre la caisse jusqu'à lui.

Si la jante est en fonte, on la coule en coquille afin de lui donner plus de dureté. Les jantes en gorge guident bien le vagon ; celles coniques offrent des avantages que nous avons exposés plus haut au point de vue de la force centrifuge et du glissement dans les courbes.

La fusée doit être de petit rayon et très solide : l'acier est recommandable. Il faut graisser régulièrement et pas trop ; il est préférable de faire graisser par les rouleurs eux-mêmes en leur faisant payer la graisse.

Dans certaines mines, les vagons restent constamment dans la mine et déchargent au pied du puits leur contenu dans un cuffat qui monte au jour ; dans le plus grand nombre, les vagons montent jusqu'au jour, ce qui a l'avantage d'éviter les transbordements et de faciliter le contrôle, mais aussi l'inconvénient d'augmenter le poids suspendu aux câbles d'extraction ; dans quelques-unes, les vagons sont plats et restent constamment dans la mine, et on charge sur eux de petites bennes qui vont dans les tailles et qui montent au jour en déversent leur contenu dans un cuffat, mais ce système a l'inconvénient d'augmenter le poids mort des trains.

Les vagons peuvent être construits en bois ou en tôle. Le bois a l'avantage d'être léger, économique, facile à réparer, inaltérable aux eaux acides. La tôle a l'avantage d'être plus durable et de se prêter aux formes courbes. Les vagons doivent être assez petits pour qu'un enfant puisse remettre sur rails un vagon déraillé. Le poids mort d'un vagon varie de 100 à 400 kilogrammes, et le poids utile est généralement compris entre le double et le triple du poids mort. Un vagon coûte ordinairement de 50 à 200 francs.

*Moteur.* Nous aurons peu de chose à dire du moteur quand il se déplace à côté des vagons. Les vagons isolés sont poussés par des enfants ou par des hommes. Les vagons réunis forment des *trains* qui peuvent comprendre 100 vagons. Le dernier de ceux-ci est quelquefois muni d'une lanterne avec un verre de couleur. Les trains sont traînés par des chevaux, par de petites locomotives à vapeur, ou par de petites locomotives à air comprimé (V. plus loin § *Traction mécanique à l'air comprimé*). Dans les *plans inclinés* automoteurs, la pesanteur dispense de l'emploi d'un autre moteur.

Dans les *vallées* (V. ce mot), on est obligé d'employer un moteur qui reste à un même point, ou qui se déplace sur une autre voie que les vagons. On peut employer dans ce cas, un homme attelé à un câble, un homme agissant sur un treuil, un cheval marchant en palier ou faisant tourner un cabestan, une roue hydraulique, un vagon qui descend la vallée plein d'eau, pendant que le vagon la monte plein de matière et qui la monte à vide, pendant que le vagon à matière la descend à vide (1), une locomotive qui tire sur un palier, une machine à vapeur fixe, ou de préférence une locomobile transportable.

Ces deux dernières solutions qui constituent la *traction mécanique* proprement dite, trouvent leur application dans beaucoup de mines pour le transport des matières depuis les chantiers d'abattage jusqu'au pied du puits d'extraction. On a le choix entre les trois solutions suivantes : 1° mettre au fond la machine et la chaudière ; il faut alors alimenter le foyer avec de l'air venant du dehors, s'il peut y avoir du grisou dans la mine; il faut que la chaudière ne soit pas voisine du charbon ni de bois de mine susceptibles de prendre feu, et il faut enfin avoir un conduit pour mener la fumée à l'extérieur ; on a l'avantage de pouvoir brûler des vieux bois de soutènement sous la chaudière au lieu de les sortir de la mine ; 2° mettre la chaudière au jour et la machine au fond, les réunir par un tuyau feutré, et

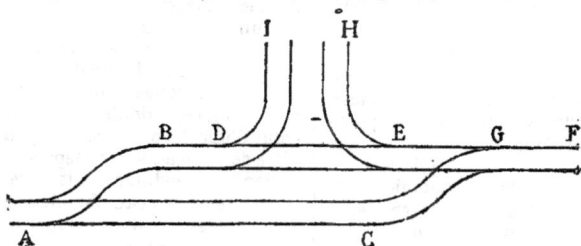

Fig. 583.

avoir un conduit pour sortir la vapeur. La condensation dans le tuyau est d'environ 1 kilogramme d'eau par mètre carré et par heure; 3° mettre la chaudière et la machine au jour. Ce système offre l'inconvénient d'encombrer le puits par des câbles de transmission.

On emploie généralement, comme machine à vapeur, une machine à deux cylindres croisés. La machine est reliée aux vagons par deux câbles ou par un câble unique.

Dans le système à *deux câbles*, un train d'environ 60 vagons est attelé à un câble tête qui va près de la machine s'enrouler autour d'un treuil de tête, et à son dernier vagon est accroché un câble queue qui va jusqu'à l'extrémité du réseau, y passe sur une poulie et revient près de la machine passer sur le treuil de queue. La machine est généralement au niveau et dans le voisinage du fond du puits; l'arbre de son volant porte une roue dentée qui peut engrener avec deux roues montées sur les deux treuils. Ces deux treuils sont montés sur une plaque de fondation que l'on peut déplacer avec une manivelle à vis, de sorte que l'un des deux câbles s'enroule sur son treuil en ti-

rant le train, pendant que l'autre se déroule de son treuil. On amène le train vers le puits en faisant engrener la roue de tête. Quand il passe devant la machine, un heurtoir déclanche le câble de tête et le train continue jusqu'au puits en descendant par son poids sur la voie. On fait engrener la roue de queue, on ramène le train auprès de la machine, on raccroche le câble de tête, et on continue à tirer le câble de queue. La tête de ligne est disposée suivant la figure 583; A C F a une légère pente vers F. Le train vide arrive en A C, on décroche ses deux câbles et on les accroche à un train plein qui attend en B D. Le train vide descend de lui-même se mettre en G F. On amène ses vagons un à un se faire charger dans les tailles H I et se placer en B D. Le câble tête est près du sol sur des rouleaux espacés de 7 à 8 mètres, et dans les courbes il est guidé par des tambours verticaux rapprochés. Le câble queue est au plafond, et dans les courbes il passe sur des tambours verticaux aussi éloignés que possible. L'avantage de ce système est de fonctionner avec une vitesse moyenne de 15 kilomètres à l'heure quelles que soient les pentes et les rampes, quelles que soient les courbes de la voie (pourvu qu'elles aient au moins 20 mètres de rayon), et en n'exigeant qu'une seule voie sauf en certains points.

Si l'exploitation est uniquement en vallée on supprime le câble queue. Si, au contraire, la voie est constamment en pente depuis les tailles jusqu'au puits, on supprime le câble tête.

Dans le système à *câble unique*, un seul câble s'enroule sur deux poulies placées l'une près de la machine, l'autre près de la tête de ligne sur un chariot tiré par un poids énorme placé dans un puits d'un mètre de profondeur. Chaque vagon est muni d'une petite chaîne terminée par un étau qui pince le câble. Quelquefois le câble est remplacé par une chaîne qui repose sur les vagons et les entraîne par le frottement. On peut aussi entrer un crochet de chaque vagon dans un anneau de la chaîne.

Quand le système est à double effet, le câble se meut toujours dans le même sens, les vagons vides circulent sur une voie pendant que les vagons pleins circulent sur l'autre. Quand le système est à simple effet, on fait mouvoir le câble successivement dans deux sens différents pour amener le vagon plein et pour remmener les vagons vides sur la même voie, et il y a une moitié de câble qui ne conduit pas de vagon. Dans ce système, les vagons circulent isolés avec un espacement d'environ 15 mètres, et le câble marche en moyenne à raison de 3 kilomètres à l'heure.

Voici quelques chiffres moyens sur la traction mécanique :

(1) Pour l'application de ces deux derniers moyens, il est nécessaire qu'il y ait à un niveau inférieur, une galerie par où l'eau puisse s'écouler, sans qu'on soit forcé de la remonter.

| Transport en dix heures de travail. . . . | 500 tonnes. |
|---|---|
| Longueur du réseau. . . . . . . . . . . | 2.000 mètres. |
| Nombre des chariots . . . . . . . . . | 400 |
| Charge utile de chaque chariot . . . . . | 350 kilogr. |

*Résultats économiques.* Pour terminer cet article, nous allons indiquer le prix de revient moyen de la tonne kilométrique, dans les principaux systèmes de transport horizontal souterrain que nous avons énumérés :

| | | |
|---|---|---|
| | enfant. . . . . . . . . . . . | 10.00 |
| Traînage par un | homme. . . . . . . . . . . | 4.00 |
| | cheval. . . . . . . . . . . | 2.50 |
| Brouettage par un homme. . . . . . . . . . . | | 3.00 |
| | enfant. . . . . . . . . . . | 1.50 |
| Roulage par un | homme. . . . . . . . . . . | 0.70 |
| | cheval. . . . . . . . . . . | 0.30 |
| Traction mécanique | deux câbles. . . . . . . . | 0.12 |
| | câble unique. . . . . . . . | 0.09 |
| Navigation souterraine. . . . . . . . . . . . | | 0.10 |

Nous devons remarquer que les moyens les plus économiques sont ceux qui nécessitent les frais d'installation les plus considérables. Ils ne peuvent s'appliquer que quand la mine est reconnue, et quand on est assuré qu'elle aura pendant un temps suffisant une production considérable. — A. B.

**Traction mécanique par l'air comprimé.** L'augmentation constante de la main-d'œuvre d'une part, et la nécessité de satisfaire aux exigences de l'industrie d'autre part, ont porté les exploitants à étudier l'application des moyens mécaniques de traction, seuls capables de réaliser ces deux conditions importantes : économie et rapidité des transports. Le prix toujours croissant des chevaux et de leur nourriture indiquait assez, à première vue, en dehors des autres avantages, les résultats économiques à obtenir par la substitution des machines à la traction animale.

Lorsque le profil de la voie et la section des galeries ne s'opposent pas à l'emploi de petites locomotives, c'est surtout l'impossibilité où l'on s'est trouvé de les faire fonctionner par la vapeur qui leur a fait préférer les systèmes de traction funiculaires considérés comme les seuls moyens mécaniques d'un emploi pratique, il y a quelques années, car les machines indépendantes présentent une plus grande simplicité d'installation première, par la suppression des poulies, rouleaux, guides, qu'exigent les systèmes à câbles.

Elles ne nécessitent pas, comme la chaîne flottante, une double voie et une galerie spéciale pour la circulation des ouvriers, indispensable si l'on ne veut courir les chances de nombreux accidents. Elles peuvent desservir alternativement diverses galeries sans y nécessiter des installations spéciales, se transporter sans grands frais d'un chantier à un autre ; elles mettent mieux aussi la mine à l'abri des chômages, car il est plus facile d'avoir une machine de réserve que de doubler la chaîne. Enfin la force mécanique de ces engins peut être constamment tenue en rapport avec la résistance à vaincre, et le conducteur en est absolument maître, ce qui n'a pas lieu avec les systèmes funiculaires.

Dans ces systèmes, en effet, le mécanicien est bien mal placé pour régler et pour surveiller la marche des trains, et le moindre déraillement peut devenir un accident grave, capable d'obstruer pendant plusieurs heures une galerie, par ce fait que le câble continuant à fonctionner, les vagonnets s'entassent les uns sur les autres. Nous signalerons encore, comme un inconvénient des câbles, de nécessiter, dans la plupart des cas, l'installation fort coûteuse d'une machine à vapeur au fond, avec conduites d'amenée et d'échappement de la vapeur établies dans les puits.

Parmi les machines indépendantes, les locomotives à air comprimé présentent de grands avantages pour les transports souterrains. On peut d'abord leur attribuer la supériorité, en général, des moteurs isolés sur les systèmes de traction par câbles. En outre, on ne saurait compter pour rien le bénéfice incontestable qu'elles présentent de contribuer, par leur fonctionnement, à la ventilation des galeries. (V. Moteur a air comprimé). Pour étudier leurs conditions d'installation et de fonctionnement, nous prenons, comme exemple, le cas le plus délicat : c'est l'installation d'un traînage dans une galerie souterraine, en communication avec le jour par un puits d'extraction.

*Locomotive.* La locomotive à air comprimé se compose essentiellement : d'un châssis suspendu sur quatre roues motrices et portant un mécanisme moteur double, absolument analogue à celui d'une locomotive à vapeur. A la partie arrière de ce châssis, est suspendu parallèlement aux essieux, un cylindre, dit *réchauffeur-saturateur,* qui contient de l'eau chaude à 150°. Au-dessus, est fixé le réservoir d'air comprimé (1).

A l'avant, se trouve une plate-forme où le conducteur peut se tenir assis, ayant à sa gauche le régulateur avec le robinet de manœuvre qui permet de faire agir l'air, soit sur les cylindres, soit sur les freins de la machine ; à sa droite, sont disposés le levier de changement de marche et la colonne de chargement, ensemble de tuyaux et de robinets servant à opérer le chargement de la locomotive.

Nous donnons, comme exemple, les dimensions principales et indications générales des deux types qui fonctionnent aux mines de Graissessac (Hérault) :

| | Type nᵒ 1 | Type nᵒ 2 |
|---|---|---|
| Longueur totale. . . . . . . | 2ᵐ,76 | 3ᵐ,40 |
| Largeur totale. . . . . . . | 1ᵐ,10 | 1ᵐ,12 |
| Hauteur. . . . . . . . . . . | 1ᵐ,55 | 1ᵐ,60 |
| Réchauffeur (capacité). . . . | 75 litres | 80 litres |
| Approvisionnement d'air. . . | 55 kilogr. | 77 kilogr. |
| Réservoir d'air (capacité). . | 1,500 litres | 2,100 litres |
| Diamètre des cylind. moteurs | 0ᵐ,12 | 0ᵐ,13 |
| Course du piston. . . . . . . | 0ᵐ,21 | 0ᵐ,22 |
| Poids en charge. . . . . . . | 2,300 kil. | 3,500 kil. |
| Effort de traction maximum (adhérence 0,10). . . . . . | 230 kil. | 350 kil. |

(1) Ce réservoir est établi pour résister à 35 atmosphères sans que le métal travaille à plus de 12 kilogrammes par millimètre carré, le métal est de l'acier doux possédant une résistance d'au moins 45 kilogrammes par millimètre carré de section, et susceptible d'un allongement de 22 0/0.

La dépense d'air comprimé de ces machines, sur une voie de mine en palier, est d'environ 1 kilogramme par tonne de train, et par kilomètre de parcours.

*Installation fixe.* L'installation d'une traction par locomotives à air comprimé ne présente aucune difficulté. D'après les dimensions et la dépense des types dont nous venons de parler, on voit que ces locomotives peuvent fournir sans rechargement, avec leur charge maxima, un parcours de 5 à 6 kilomètres. C'est grandement ce qui est nécessaire pour faire un voyage aller et retour dans les conditions ordinaires de la pratique. Il suffira donc d'opérer le chargement des locomotives après chaque voyage aller et retour ; cette opération peut être faite à l'une des extrémités de la galerie, le plus souvent près du puits d'extraction. Ce chargement consiste à remplir le réservoir d'air comprimé et, en même temps, à réchauffer l'eau de la bouillotte. L'air comprimé est envoyé dans des réservoirs de 2 à 4,000 litres de capacité placés au fond de la mine, au point de chargement, au moyen d'une conduite d'un très faible diamètre.

Pour fixer les idées à cet égard, nous dirons qu'il suffit d'un tuyau de $0^m,04$ de diamètre pour transmettre à plus de 500 mètres, avec une perte de charge de 1 à 2 atmosphères seulement, l'air comprimé fourni par un compresseur de 75 chevaux, capable d'alimenter six locomotives.

C'est en mettant les réservoirs des locomotives en communication avec les accumulateurs par des tuyaux à raccords, que l'on opère le chargement en air. Quant au chargement de vapeur, il s'opère d'une façon tout aussi simple. La vapeur est empruntée à des générateurs installés au jour. Au fond de la mine, est placé un petit réservoir d'eau d'environ 1,000 litres de capacité, entretenu à une température convenable au moyen d'un tuyau de vapeur de très petit diamètre qui le met en communication constante avec la chaudière du jour. C'est en faisant communiquer ce réservoir avec la bouillotte de la locomotive, que par une injection de vapeur, on amène l'eau qu'elle contient à la température convenable.

Nous avons dit que le tuyau qui amène la vapeur du jour est de très petit diamètre ($0^m,02$ à $0^m,03$ environ). Nous croyons devoir insister sur ce point qui laisse comprendre que l'on est loin des inconvénients que présentent les conduites dans les puits d'extraction. Il est, en effet, facile et peu coûteux d'envelopper convenablement ces petits tuyaux pour éviter les condensations qui ne présentent, dans ce cas, du reste, aucun inconvénient.

On a donné à l'article MOTEUR A AIR COMPRIMÉ, les éléments du calcul pour déterminer, dans les cas généraux, la puissance et le nombre des machines à compression. Le nombre de locomotives se détermine facilement, suivant le nombre de trains à traîner par heure, chiffre déterminé lui-même suivant les conditions locales, en adoptant, y compris le temps des manœuvres et du chargement, une vitesse de 8 à 10 kilomètres à l'heure.

Le nombre de bennes à faire remorquer aux locomotives doit être déterminé de façon que, sur

une rampe d'équilibre ($0^m,012$ à $0^m,015$), la machine traîne en montant, deux fois son poids. C'est une règle simple correspondant bien à l'effort de traction que l'on peut demander à ces machines.

Dans le cas des rampes d'égale traction, il faut réduire soit la charge, soit le parcours. Si donc ces rampes sont nécessaires lorsque l'on fait de la traction par câbles, afin de faire travailler ceux-ci également, dans les deux sens, avec des locomotives, il faut préférer les rampes d'équilibre, ce qui est encore un avantage de ce mode de traction, puisque, pour faire descendre la charge utile, il n'y a aucune dépense de force.

Quant au volume des accumulateurs, il se détermine suivant le travail qui doit être emmagasiné pendant que la locomotive fonctionne, et le temps que l'on peut admettre pour le chargement.

*Prix de revient.* D'après les résultats obtenus aux mines de Graissessac, où le système fonctionne depuis le mois de septembre 1879, le prix de revient de cette traction peut s'établir ainsi :

— La dépense moyenne par journée de locomotive y est évaluée à 20 francs, soit :

| | | | | |
|---|---|---|---|---|
| Locomotive | 1 conducteur..... Fr. | 4 | » | |
| | Graissage...... | 1 | » | |
| | Entretien courant.. ... | 5 | » | |
| | | | | 10 » |
| Compresseur | 1 mécanicien...... | 4 | 50 | |
| | Graissage ...... | 1 | 50 | |
| | Entretien....... ... | 4 | » | |
| | | | | 10 » |
| | Total ........ ...'.... | | | 20 » |

Une locomotive peut transporter environ 800 tonnes kilométriques par journée de dix heures ; le prix de la traction par tonne kilométrique ressort par conséquent à 20/800, soit 0 fr. 025.

Mais il est juste de remarquer que les résultats seront naturellement plus avantageux lorsque l'installation comportera plusieurs locomotives, le fonctionnement du matériel fixe entraînant certains frais constants, quelle que soit la puissance de l'installation.

Il résulte de ce qui précède, que le coût de la traction n'est pas supérieur à celui obtenu avec les autres moyens mécaniques, c'est-à-dire que, suivant l'importance de l'installation, il peut varier de 2 à 2 centimes 5 par tonne kilométrique. Les frais de premier établissement sont plutôt inférieurs à ceux que nécessitent les systèmes funiculaires. Mais si l'on fait entrer en ligne de compte l'amortissement du matériel, la comparaison est tout à l'avantage de la traction à air comprimé. On sait, en effet, d'après les applications faites de tous côtés, que les câbles sont mis hors d'usage en moins d'une année, et que la dépense que ce renouvellement entraîne est assez forte.

Quant à l'économie à réaliser sur la traction animale, elle est considérable, et nous estimons que, dans la majeure partie des cas, elle est capable de payer en deux ou trois années l'installation du traînage mécanique. Ceci se comprend facilement en considérant : 1° que la nourriture des chevaux se trouve remplacée par du charbon, dont le prix de revient à la mine et la valeur industrielle sont presque nuls, et que la quantité de houille dépensée est à peine de 350 grammes par tonne kilométrique ; 2° que l'on réalise sur le personnel une économie également très forte, un seul mécanicien remplaçant plusieurs conducteurs de chevaux. — ED. B.

\* **TRAFUSOIR** ou **TRAFUSOIRE**. *T. techn.* Nom donné, dans les établissements de condition des soies, à une colonne en bois, fixée sur un pied solidement établi, et munie de branches longitudinales sur lesquelles on prépare les soies pour le dévidage, pour séparer les écheveaux, matteaux ou flottes, ou pour les replier.

\* **TRAGÉDIE**. La véritable personnification de la Tragédie, chez les anciens, c'est *Melpomène* (V. ce mot), muse qu'on représente ordinairement tenant d'une main une épée, de l'autre un sceptre et des couronnes. On trouve cependant au musée du Vatican un hermès représentant la Tragédie, et qui provient de la villa Adrienne. Beaucoup d'artistes modernes ont cherché également à figurer la Tragédie sans lui donner les caractères d'une muse, par exemple, Le Brun, à Versailles, Carle Vanloo et Lehmann, sans oublier Amaury Duval, qui a peint la Tragédie sous les traits de Rachel, au milieu d'un paysage pompéien, composition qui a été très critiquée, malgré de réelles qualités. En sculpture, ce sujet, d'une application facile aux théâtres ou aux tombeaux d'artistes ou d'auteurs dramatiques, a été souvent traité. Nous citerons les statues de Berruer, pour le théâtre de Bordeaux, de Lemaire pour le tombeau de Mᴵˡᵉ Duchesnois (1837), de F. Duret pour le théâtre Français, Clésinger pour le foyer du même théâtre, Schœnewerk, Choiselat, etc. La *Tragédie* de Duret, et la *Comédie* qui lui sert de pendant ont été gravées par H. Valentin.

**TRAILLE**. *T. techn.* Sorte de bac disposé de façon à être porté d'un bord à l'autre par l'impulsion du courant. — V. BAC.

**I. TRAIN**. *T. de chem. de fer.* On appelle *train* ou *convoi* l'ensemble formé par un certain nombre de véhicules remorqués, sur une voie ferrée, par une ou plusieurs locomotives. On peut considérer les trains soit au point de vue de leur nature, soit au point de vue de leur mise en marche, soit au point de vue de leur composition, soit au point de vue de leur vitesse.

1° NATURE DES TRAINS. Au point de vue de la nature des transports, les trains se divisent en trois catégories : les *trains de voyageurs*, les *trains de marchandises* et les *trains de ballast* ou de *matériaux*.

Les trains de voyageurs effectuent le transport du public ou les transports militaires, le transport des bagages et celui des messageries, ou marchandises en grande vitesse. Le ministre a un pouvoir absolu pour régler le nombre des trains, leur marche et leur itinéraire, dans des conditions qui assurent la sécurité et qui satisfassent aux besoins du public. Cependant, sur les lignes concédées par les conventions de 1883, l'administration ne peut exiger de la Compagnie concessionnaire qu'un seul train de voyageurs par 3,000 francs de recette kilométrique locale, sans que ce nombre puisse être inférieur à 3 dans chaque sens ; en outre, aucune circulation ne peut être exigée entre dix heures du soir et quatre heures du matin, tant que cette recette n'atteint pas 15,000 fr. par kilo-

mètre. Un seul train journalier doit être mis à la disposition de la poste pour transport des dépêches sur toute l'étendue de la ligne. Des affiches placardées dans toutes les stations doivent faire connaître au public les heures de départ des trains de voyageurs, les stations que desservent ces trains, avec les heures d'arrivée et de départ. Dans l'excellent traité de M. Picard, sur les chemins de fer, on trouve que, pour la France et l'Algérie, le nombre annuel des trains de grande vitesse est, à toute distance, de plus de 2,600,000, et que le nombre de ces trains, à la distance entière, est d'environ 13 par kilomètre.

Les trains mixtes sont des trains de voyageurs auxquels on ajoute des vagons de marchandises à laisser ou à prendre en route ; on met, en général, ces vagons en avant des voitures contenant les voyageurs, de manière que la manœuvre à faire, dans les stations de passage, puisse s'effectuer pendant que les voitures à voyageurs restent à quai ; on laisse à ces trains un stationnement de cinq à dix minutes dans les gares où il peut y avoir des marchandises à prendre ou à laisser. Avec trois trains mixtes dans chaque sens, une petite ligne, peu chargée de trafic, peut ordinairement se passer de trains de marchandises, et c'est une grande économie d'exploitation que celle qui consiste à utiliser, moyennant un faible supplément de dépenses, des trains dont le nombre minimum est fixé par le cahier des charges. Cependant, il y a des cas où il est plus avantageux de créer un train de marchandises pour desservir une ligne secondaire et remplacer les trains mixtes par des trains *légers* ne transportant que des voyageurs ; on trouvera plus loin, au mot TRAIN TRAMWAY, tous les détails concernant cette récente innovation.

Les trains de marchandises sont ceux par lesquels s'effectue le transport des marchandises en petite vitesse, et dont l'importance ou le nombre varient avec les besoins du trafic. On les subdivise en *trains directs* ou *trains omnibus*. Les trains directs ont, en général, leur charge complète au départ, et ne desservent que les stations les plus importantes. En dehors des marchandises, telles que la houille, les minerais, les pierres, les bestiaux, ou des denrées, comme le lait la marée et la bière, dont le transport peut-être assez important pour nécessiter des trains complets, en dehors également des trains de transit international, les expéditions à grande distance sont en minorité. On estime que le parcours moyen d'une tonne est au plus, de 150 kilomètres, d'où il résulte que le chargement d'un train de marchandises se modifie presque complètement sur son parcours et qu'on ne peut prévoir qu'un nombre restreint de trains directs et spécialisés, parcourant toute la ligne. Les trains omnibus non spécialisés, font au contraire le service de gare à gare, une sorte de cabotage, dans lequel ils prennent, déposent des *vagons complets*, dont le chargement se fait pendant le séjour du vagon dans la gare et non au passage du train. Enfin, il y a des trains omnibus, dits de *détail*, s'arrêtant dans toutes les gares, pour charger ou décharger les marchandises qui, pesant moins de 500 kilogrammes, ne nécessitent pas l'emploi d'un vagon complet et peuvent être manutentionnées au passage du train. On n'y met de vagons à charge complète qu'autant que ces vagons sont à destination d'une gare dans laquelle ce train de détail a un stationnement suffisant pour qu'on puisse faire la manœuvre de ces vagons.

Les Compagnies sont autorisées à ajouter quelques voitures à voyageurs à certains trains de marchandises qui prennent alors le nom de *marchandises-voyageurs* ; des trains de marchandises sont également désignés pour transporter les courriers de la poste dans une voiture ou un compartiment de 2e classe.

Les trains de ballast sont permanents ou accidentels suivant qu'ils doivent durer plus ou moins de deux jours; ils sont assimilés aux trains de marchandises.

2º MISE EN MARCHE DES TRAINS. La mise en marche d'un nombre considérable de trains de voyageurs ou de marchandises, circulant avec des vitesses très inégales, soit dans le même sens, soit en sens inverse, exige que l'on ait prévu les points de la ligne où ils peuvent se rejoindre, ou se croiser s'il n'y a qu'une seule voie. L'étude de ce problème se fait à l'aide de procédés graphiques dont le détail est donné au mot CINÉMATIQUE ; ces graphiques distribués à tout le personnel du mouvement, servent de base soit à l'observation des itinéraires réguliers, soit à la confection rapide et immédiate des itinéraires extraordinaires.

Les trains, au point de vue de leur mise en marche, appartiennent à trois catégories : les *trains réguliers*, les *trains facultatifs* et les *trains extraordinaires*.

Les trains réguliers et les trains facultatifs sont prévus au livret de marche ; leur itinéraire est tracé d'avance, mais les trains facultatifs ne sont mis en marche que suivant les besoins du service ; on ne les annonce, sur les lignes à double voie, que par dépêche télégraphique ; sur les lignes à voie unique, leur mise en marche donne lieu à un certain nombre de précautions et de formalités indispensables à la sécurité.

Les trains facultatifs sont généralement des trains de marchandises ; cependant, on peut faire entrer dans cette catégorie, les trains de voyageurs prévus pour les cas d'affluence, les dimanches et jours de fêtes, et n'ayant lieu que si cette affluence se produit, comme on l'espérait.

Les trains extraordinaires peuvent être *supplémentaires*, *spéciaux* ou *accidentels*. Les trains supplémentaires sont des trains dédoublés qui suivent, à intervalle régulier, les trains qu'ils doublent et qui sont annoncés par eux au moyen d'un signal placé sur la dernière voiture ; ils sont aussi annoncés de poste en poste, par télégraphe. Les trains spéciaux sont les trains de plaisir, les trains militaires, les trains faits sur la demande des particuliers, etc.; la marche de ces trains est réglée par un itinéraire écrit indiquant les garages de trains, et leur départ ou leur passage est signalé télégraphiquement de poste en poste. En dehors des cas de secours, la circulation des ma-

chines isolées est soumise aux mêmes prescriptions que celle des trains spéciaux.

On appelle encore *trains de marée* des trains irréguliers ou à heures variables, mais dont l'itinéraire est tracé d'avance ; ce sont des trains en correspondance, dans les ports de mer, avec les bateaux qui font le service des pays d'outre-mer ; à mesure que les ports s'améliorent et deviennent accessibles, même à marée basse, aux paquebots d'un fort tonnage, ces trains de marée tendent à disparaître ; ainsi ceux qui faisaient le service entre Boulogne et Paris, ont été supprimés, il y a quelques années. La mise en marche des trains extraordinaires a été, jusque dans ces derniers temps, soustraite aux formalités de l'autorisation préalable ; mais une récente décision ministérielle impose maintenant aux Compagnies l'obligation d'aviser l'administration supérieure huit jours avant l'expédition des trains spéciaux contenant plus d'une voiture à voyageurs. Il n'échappera pas que cette mesure restrictive, motivée par un fait politique tout à fait isolé, peut être très gênante dans le cas de nécessité inattendue, telle qu'une affluence extraordinaire de voyageurs, exigeant la mise en marche d'un train qui n'est pas prévu au livret de marche et qu'on ne peut considérer comme le dédoublement normal d'un autre train existant.

Les *trains militaires* sont, en temps normal, mis en marche sur la réquisition des autorités compétentes, moyennant certaines précautions, notamment lorsqu'il s'agit de lignes qui n'ont pas de service de nuit.

3º COMPOSITION, CHARGE ET UTILISATION DES TRAINS. *Trains de voyageurs.* Le nombre maximum des voitures des trains de voyageurs a été fixé à 24 par l'ordonnance de police de 1846 ; ce maximum, qui paraissait autrefois fort élevé, n'est plus aujourd'hui en rapport avec les nécessités du trafic, et l'obligation où sont les Compagnies de fournir toujours un nombre de places suffisant, peut les conduire à dédoubler des trains. Une dérogation a été autorisée à cette règle, dans le cas de transport de troupes : on peut alors mettre 50 voitures à un même train.

En principe, les *trains express* ne contenaient que des voitures de 1re classe ; mais toutes les Compagnies offrent maintenant au public des facilités plus grandes, en acceptant dans les express, soit des voyageurs de 2e classe sans conditions, soit des voyageurs de 2e et 3e classes, qui ont un long parcours à effectuer, ou qui doivent prendre d'autres trains omnibus, en correspondance avec le premier, aux gares de bifurcation.

Les trains de voyageurs ne doivent être remorqués que par une seule locomotive, sauf dans quelques cas spéciaux, et jamais il ne doit y avoir plus de deux machines en feu. Les locomotives doivent être en tête des trains, et il ne peut être dérogé à cette disposition que pour les manœuvres à exécuter dans le voisinage des stations, ou bien dans les cas de secours ; quand il y a deux machines, la marche du train est réglée par celle qui est en tête. La double traction, avec machine en queue, peut rendre de grands services, sur les lignes à forte rampe, en s'opposant aux dérives, aux ruptures d'attelage, et en outre, la machine de renfort peut se dételer en arrière dès que son concours n'est plus nécessaire.

A l'exception des *trains-tramways* (V. plus loin), il doit toujours y avoir, en tête de chaque train, entre le tender et la première voiture contenant des voyageurs, autant de voitures ne portant pas de voyageurs, qu'il y a de locomotives attelées au train. Cette disposition avait été édictée pour mettre les voyageurs à l'abri des flammèches, mais on l'a conservée aussi dans un autre but de sécurité, puisque ces véhicules interposés sont souvent désignés sous le nom de *voitures de choc*.

Les trains de 16 à 24 voitures doivent comporter trois freins montés ; ceux au-dessous de 16 seulement, deux freins; ceux au-dessous de 6, un seul frein gardé ; mais, avec l'application désormais obligatoire des freins continus à tous les trains de voyageurs, ces prescriptions vont disparaître des règlements (V. FREIN, § *Frein des véhicules de chemins de fer*). Les vagons ambulants de la poste doivent, autant que possible, être placés au milieu des trains. Quant aux matières explosibles ou inflammables, on les divise en quatre catégories, selon les dangers d'incendie ou d'explosion qu'elles présentent, et les matières de la première et de la seconde catégorie sont exclues des trains de voyageurs, à moins (pour celles de la deuxième) qu'il n'y ait pas de trains de marchandises réguliers ; pour la troisième et la quatrième catégories, on les sépare des voitures par des véhicules ne contenant pas de matières inflammables.

*Trains mixtes.* En règle générale, les trains mixtes ne doivent pas être composés de plus de 24 voitures, ou à la rigueur de 30, si la vitesse ne dépasse pas 40 kilomètres à l'heure, les voitures à voyageurs sont placées en queue de ces trains, afin qu'elles restent immobiles pendant les manœuvres qu'ils ont à effectuer dans les gares; sont exclus des trains mixtes, les vagons contenant des matières infectes, ou des rails dont le chargement dépasse la longueur de deux vagons; les vagons de bestiaux doivent être placés à l'arrière ; dans les trains de marchandises-voyageurs, les vagons de bestiaux ou de rails, peuvent être placés en avant, mais ils doivent être séparés des voitures à voyageurs par un ou deux vagons.

*Trains de marchandises.* Le nombre des vagons dont peut se composer un train de marchandises est limité par la puissance que conservent les divers types de machines, sur les différentes sections de chaque réseau. En général, on ne dépasse pas 60 à 80 vagons, tant à cause de la longueur que cela nécessite pour les garages, qu'à cause de la limite de résistance des attelages ; au-dessous de 25 véhicules, deux freins gardés suffisent; au delà de 25 vagons, il en faut trois. Les vagons sont classés dans les trains de marchandises, par ordre de station, de telle manière que les premiers à laisser en route soient placés immédiatement derrière le fourgon de tête et que l'on ait à manœuvrer, dans les gares, le moins grand nombre possible de vagons.

La charge d'un train remorqué par deux machines peut être égale à la somme des charges autorisées pour chacune des deux machines. La bonne utilisation de la charge des trains dépend de la composition prévoyante des trains à leur point de départ; c'est une partie très importante du service, et les bureaux du mouvement la contrôlent en construisant des graphiques qui représentent les charges ajoutées ou laissées en route, de manière à comparer l'utilisation, pendant le trajet, de la puissance réelle des machines mises en marche. Cependant, cette question et ce contrôle perdent leur importance, quand il y a pénurie de matériel et surtout quand il s'établit des courants de trafic, assez réguliers pour justifier la mise en marche de trains légers et directs, marchant à 40 kilomètres à l'heure, de manière à accélérer la libération du matériel et à diminuer, jusqu'à la dernière limite, le délai d'évolution d'un vagon, du point de chargement au point de livraison.

4° VITESSE DES TRAINS. L'ordonnance de police de 1846 et les cahiers des charges stipulent que le ministre déterminera, sur la proposition de chaque Compagnie, le minimum et le maximum de la vitesse des convois de voyageurs et de marchandises ainsi que la durée du trajet.

Il convient tout d'abord d'établir une distinction entre la vitesse moyenne de marche et la vitesse moyenne effective ou *commerciale*. La vitesse commerciale s'obtient en divisant la longueur parcourue par la durée du parcours, sans aucune déduction des arrêts aux stations et pour les ralentissements, tant à l'arrivée qu'au départ ou en route. La vitesse moyenne de marche s'obtient, au contraire, en éliminant les arrêts et les ralentissements et, si l'on veut pousser plus loin, en tenant compte des rampes ou des pentes, ou même des influences atmosphériques.

*Trains de voyageurs.* Ils se subdivisent en *trains express*, *trains rapides* ou *trains-poste*, circulant avec une vitesse commerciale de 55 à 75 kilomètres à l'heure ; en *trains directs*, marchant à 50 ou 55 kilomètres à l'heure ; en *trains omnibus*, marchant à 40 ou 50 kilomètres ; et en *trains mixtes* dont l'allure est de 35 à 45 kilomètres. La réduction causée par les arrêts et les ralentissements est de 10 à 12 0/0 pour les trains express, et de 15 et 20 0/0 pour les trains omnibus. Nous donnons à la page suivante, d'après M. Picard, les vitesses accusées par les tableaux de marche des trains des Compagnies françaises :

Depuis vingt ans, les progrès réalisés dans cette voie atteignent 30 0/0. D'ailleurs, comme les mécaniciens ont la faculté de regagner le temps perdu, en augmentant de moitié la vitesse normale, les trains en retard dépassent, en réalité, de beaucoup la vitesse écrite ci-dessus; il n'est pas rare que, sur une pente, un train express, talonné par l'heure, soit lancé avec une vitesse de 90 à 100 kilomètres à l'heure, notamment quand il s'agit de franchir une longue étape sans arrêt, quand la voie est libre et en alignement droit. Il n'y a alors aucun danger, et l'on peut se donner

| Désignation des trains | Nord vitesse moyenne | | Est vitesse moyenne | | Ouest vitesse moyenne | | P. L. M. vitesse moyenne | | Midi vitesse moyenne | | Etat vitesse moyenne | | Orléans vitesse moyenne | |
|---|---|---|---|---|---|---|---|---|---|---|---|---|---|---|
| | de marche | commerciale | de marche | commerciale | de marche | commerciale | de marche | commerciale | de marche | commerciale | de marche | commerciale | de marche | commerciale |
| Rapides.. | 74 | 59 | 70 | 56 | 70 | 56 | 72 | 58 | 70 | 56 | 65 | 50 | 70 | 56 |
| Express.. | 69 | 55 | 65 | 52 | 65 | 56 | 63 | 50 | 70 | 56 | 62 | 50 | 70 | 56 |
| Postes... | 64 | 51 | 60 | 48 | 65 | 52 | 60 | 48 | 70 | 56 | 62 | 50 | 70 | 56 |
| Directs... | 62 | 48 | 55 | 41 | 50 | 44 | 60 | 45 | 55 | 41 | 60 | 45 | 55 | 41 |
| Omnibus.. | 50 | 33 | 50 | 33 | 44 | 29 | 50 | 33 | 50 | 33 | 50 | 33 | 50 | 33 |
| Mixtes... | 28 | 19 | 30 | 20 | 38 | 22 | 50 | 33 | 50 | 33 | 40 | 27 | 40 | 27 |
| Marchand. | 28 | » | 25 à 30 | » | 20 à 30 | » | 25 | » | 25 à 30 | » | 25 | » | 25 | » |

carrière, car la limite extrême est fixée, pour le Nord, par exemple, à 120 kilomètres à l'heure.

— En Angleterre, où l'on franchit sans arrêt des distances de 200 kilomètres, grâce à un système spécial d'alimentation de la machine pendant la marche du train, la vitesse réelle du train dépasse 80 kilomètres à l'heure, et sa vitesse commerciale 70 kilomètres; la supériorité des chemins anglais tient à des causes multiples : la puissance de la voie qui est constituée d'éléments très robustes; le tracé favorable de lignes à grand trafic; le développement des moyens de sécurité et la liberté dont jouissent les Compagnies. La différence est encore plus frappante pour les trains de marchandises qui sont peu chargés et qui marchent à 45 kilomètres à l'heure.

En Allemagne, la vitesse de marche et surtout la vitesse commerciale, sont bien inférieures; il en est de même en Belgique, où la proximité des grands centres, qui sont tous desservis, nécessite des arrêts fréquents.

Aux Etats-Unis, la situation est, sauf quelques rares exceptions, moins bonne qu'en France, ce qui s'explique par la défectuosité de la voie qui n'a presque toujours qu'une assiette peu solide; de même pour les marchandises qui n'ont que peu de valeur et pour le transport desquelles on doit lutter contre la concurrence de la navigation, les Compagnies qui recherchent avant tout l'économie des transports, ont réduit la vitesse à ses dernières limites.

On contrôle généralement la marche des trains et leur vitesse par la constatation de l'heure de leur passage en certains points, cependant il existe des appareils (V. DROMOSCOPE, TACHYMÈTRE, etc.) qui permettent d'enregistrer automatiquement et mécaniquement la vitesse. — M. C.

*Bibliographie : Traité des chemins de fer*, par Alfred PICARD; *Agenda Dunod*, chemins de fer.

**Train-tramway.** On désigne sous ce nom des trains de voyageurs composés d'un petit nombre de voitures et soumis à une réglementation spéciale qui en assure l'emploi économique et le service commode pour le public. Ils ont pour caractéristique : 1° d'être composés d'un moteur séparé, attelé à une seule voiture de grande dimension ou à un petit nombre de véhicules (dix au plus) qu'aucun fourgon de choc ne sépare de la machine, pouvant s'arrêter et démarrer dans un délai très court, de sorte que, malgré l'augmentation du nombre des arrêts, la vitesse commerciale reste suffisamment élevée; 2° de s'arrêter en des points situés entre les stations ou les haltes ordinaires, tels que des passages à niveau, sans installations spéciales, sans abris, sans signaux (comme pour les tramways passant sur la route), tous les services étant faits dans le train

et pendant son trajet par l'agent qui accompagne le train, de même qu'un conducteur de tramway fait sa recette, à cette différence près que la voiture est plus confortable et la marche plus rapide que dans les tramways ordinaires.

S'il n'y a qu'une seule voiture attelée au moteur, les règlements permettent de ne mettre qu'un seul agent sur la machine et un seul dans la voiture, à la condition qu'il existe une communication directe entre cette voiture et la machine ; le conducteur peut alors suppléer le mécanicien et tenir lieu de chauffeur en cas de besoin. S'il y a plus d'une voiture et moins de sept, et si tous les véhicules sont munis du frein continu, il faut mettre deux agents sur la machine, un mécanicien et un chauffeur; mais un seul agent dans le train suffit.

D'après un nouveau décret, en préparation, qui remplacerait celui du 20 mai 1880, lequel a servi de base aux essais des trains-tramways tentés, depuis plusieurs années, par la Compagnie du Nord, le bénéfice de ces dispositions serait étendu aux trains composés de voitures communiquant entre elles, et ne pesant pas plus de 60 à 75 tonnes, et laisserait la faculté d'ajouter en queue un ou deux véhicules ne contenant pas de voyageurs pour le cas où l'on aurait, par exemple, à expédier d'urgence un cercueil ou une écurie.

Dans l'examen que la Compagnie du Nord a fait de l'application des trains-tramways aux lignes de son réseau, elle a distingué deux cas auxquels correspondent deux solutions différentes :

1° Dans la banlieue et aux abords des centres importants, les trains tramways composés d'une seule voiture à 72 ou 110 places sont intercalés dans le service ordinaire, par voie d'*addition* aux trains déjà existants; ils ne sont pas astreints aux obligations des trains ordinaires et ne font ni le transport de la poste, ni celui des bagages ou des messageries; le nombre de places offertes aux voyageurs y est limité comme dans les tramways; enfin, le nombre des classes peut être réduit à deux, quoique la Compagnie du Nord n'ait pas fait usage de cette faculté parce que le public s'y montre peu favorable;

2° Sur les lignes secondaires, lorsque le service des marchandises peut être assuré par des trains réguliers, à l'exclusion des trains mixtes, on substitue aux trains ordinaires, des trains tramways de une à six voitures, astreints aux mêmes obligations que les trains qu'ils remplacent, c'est-à-dire au transport de la poste et des bagages, etc., mais présentant encore, par leur légèreté et grâce au frein continu, l'avantage de pouvoir démarrer facilement et arrêter fréquemment en des points intermédiaires. L'avantage de cette substitution se traduit par une économie d'exploitation et par des facilités plus grandes pour le public.

Les trains-tramways commencent maintenant à se répandre sur tout le réseau français et à entrer dans les mœurs du public. — M. C.

II. *TRAIN. T. de métall. Nous avons déjà défini ce qu'il fallait entendre par le laminoir (V. ce mot). Il se compose essentiellement d'une ou plusieurs paires de cylindres, cannelés ou unis, dont les tourillons sont maintenus dans des montants en fonte appelés cages. Il faut, naturellement, au moins deux cages pour constituer le support d'une paire de cylindres; le plus souvent, plusieurs paires de cages sont associées entre elles, reliées, à leur partie inférieure, sur une même plaque de fondation et constituent alors, par leur ensemble, un train de laminoir.

Comme le montre la figure    de l'article LAMINOIR, un train comporte au moins deux lignes de cylindres reliés entre eux par des allonges et des manchons. Chacune de ces lignes de cylindre est mise en mouvement au moyen de pignons mus par un même moteur. Il arrive, dans quelques cas particuliers, que l'un des cylindres est mû par l'entraînement de l'autre, le moteur n'agissant que sur une seule des files de cylindres; c'est le cas des laminoirs à tôles minces, mais alors il n'y a pas de pignons.

Un laminoir est dit duo quand il se compose de deux files de cylindres à axes parallèles et superposés. On le nomme trio quand il se compose de trois files de cylindres parallèles superposés.

On distingue encore les trains de laminoirs suivant leur destination; c'est ainsi que l'on dira un train à rails, un train à tôles, etc.

Suivant les dimensions des cylindres, on classe aussi les trains de la manière suivante : gros mill (de l'anglais mill, cylindre, moulin) ou train à gros fers marchands, fers à planchers, rails, etc.; moyen mill ou train moyen, pour plats, ronds, carrés; petit mill pour petits échantillons.

Lorsque, dans la fabrication des petits fers, la barre est en prise entre plusieurs cylindres à la fois, on dit qu'il y a serpentage. Les trains de serpentage sont appliqués aux échantillons qui se font sur une grande longueur, comme fils télégraphiques, ronds dits machines, etc.

On appelle train de fenderie, le train destiné à découper la verge à clous.

Enfin, suivant l'état d'avancement auquel les trains amènent l'échantillon, on les classe comme suit : train ébaucheur, qui ne fait que resserrer le métal et le préparer au profilage. Quand le train ébaucheur est appliqué à la compression des lingots d'acier, on l'appelle souvent blooming et même cogging mill. Il est destiné à remplacer le travail du martelage qu'il effectue tout aussi bien qu'une ma-

nière moins coûteuse. On conserve encore le martelage, dans certaines usines, pour les tôles, par exemple, dont les lingots aplatis se prêteraient mal à un travail au blooming, puisqu'il n'y aurait pas de travail du métal de champ.

III. TRAIN. Les acceptions de ce mot sont fort nombreuses ; outre celles qui précèdent et, pour ne nous attacher qu'aux définitions de notre programme, nous avons à indiquer, en t. de charronn., l'assemblage sur lequel porte le corps d'un véhicule quelconque ; en t. d'impr., la partie mobile de la presse comprenant la table, le coffre et son marbre, la frisquette et les tympans; on nomme mise en train, le travail de préparation qui précède le tirage des feuilles et doit en assurer la bonne exécution; en t. d'art milit., l'ensemble du personnel destiné à conduire les bouches à feu, caissons à munitions et autres voitures qui entrent dans la composition des parcs d'artillerie, ainsi que les voitures de transport des vivres, des blessés, et autres véhicules destinés aux services militaires; dans certaines armées, on le distingue en train d'artillerie, train des équipages, et train du génie; en t. de navig., on nomme train de bois, un long assemblage de bois ayant la forme d'un radeau, assujetti avec des perches et des liens, et que l'on met à flot sur un cours d'eau, rivière ou canal, pour les conduire en quelque endroit.

TRAÎNEAU. Véhicule sans roues frottant directement sur le sol. Le traîneau est constitué, en principe, par deux longrines de bois parallèles entre elles et maintenues à écartement par des traverses; ces longrines se relèvent en avant. Souvent le bois frotte à même sur le sol, tels sont les schlittes (V. ce mot) qui servent à descendre des montagnes les lourdes charges de bois; les traîneaux employés à descendre les foins des pâturages élevés des Hautes-Alpes, sont tout en bois et peuvent recevoir une charge de $1^m,20$ de longueur; à l'avant, les patins en bois se recourbent et s'élèvent jusqu'à une hauteur de $0^m,80$ au-dessus du sol. Dans les régions septentrionales, la neige durcie et la glace des cours d'eau constituent des routes dans toutes les directions; les traîneaux de la Norwège et de la Laponie sont tirés par des rennes; plus au nord, ce sont les chiens qui servent de moteurs. Les traîneaux sont souvent employés pour des transports à faible distance; le dessous des longrines de ces véhicules, pour ainsi dire perfectionnés, est toujours garni de patins ou de semelles en fer. Les brasseurs transportent quelquefois des tonneaux sur un traîneau spécial attelé d'un seul cheval. Dans beaucoup de fermes, le transport des fumiers de l'étable au tas ou du tas aux champs (surtout quand ceux-ci sont humides) se fait au traîneau; quelquefois, on monte sur ce traîneau une caisse basculante de vagonnet, et on se sert de ce véhicule pour le débardage des champs de betteraves, pommes de terre, etc. Certains instruments se transportent aux champs sur des petits traîneaux élémentaires (V. t. II, p. 786, fig. 841, charrue Dombasle montée sur traîneau). Les traîneaux de forme particulière sont souvent utilisés dans les chantiers de travaux publics, les mines et les carrières pour le transport des matériaux. Dans certaines contrées, le transport des personnes s'effectue dans des traîneaux; souvent ceux-ci sont des véhicules de luxe et remplacent, comme à Saint-Pétersbourg, à Berlin, à New-York, etc., les victorias et les landaus pendant la saison des neiges et des glaces. Chaque hiver, depuis 1879, on en voit circuler quelques-uns à Paris, dans l'avenue des Champs-Elysées.

**TRAÎNEUR.** *T. de mét.* Ouvrier qui, dans l'intérieur d'une mine, est employé au transport des minerais.

**TRAIT.** *T. techn.* Dans la construction, notamment dans la charpenterie, la menuiserie, la coupe des pierres, on applique le *trait* en marquant sur la matière des lignes qui indiquent les coupes ou tailles que l'on doit exécuter; le *trait de scie* est la ligne tracée sur le bois ou sur la pierre pour guider la scie, et encore la coupe faite avec cet outil. || *Dessin au trait.* Se dit des lignes d'un dessin qui n'est pas ombré. || *Mettre au trait.* Se dit, en peinture, lorsqu'on trace la délinéation du sujet que l'on veut peindre. || Nom donné au fil métallique qui sert à fabriquer la passementerie d'or ou d'argent. || Se dit des filés de soie obtenus par l'opération du *schappage.* — V. SCHAPPE.

**TRAJECTOIRE.** 1° *T. de géom. et de mécan.* Quand un point se déplace dans l'espace, le lieu des positions successives qu'il occupe est une ligne droite ou courbe qu'on appelle sa *trajectoire.* En mécanique, la trajectoire d'un point matériel est un élément essentiel du mouvement de ce point. Elle est rectiligne si le point n'est soumis à l'action d'aucune force. Le quotient $\frac{ds}{dt}$ d'un arc de trajectoire infiniment petit *ds* par le temps *dt* employé à la parcourir, est la vitesse du mobile. — V. VITESSE. || 2° *T. d'artill.* Courbe décrite par le centre de gravité d'un projectile, quel qu'il soit, pendant son trajet dans l'air. C'est surtout dans le cas des armes à feu que l'on a étudié les propriétés de la trajectoire (V. BALISTIQUE). La trajectoire se confond d'abord sensiblement avec la ligne de tir et s'en écarte ensuite de plus en plus. Dans le sens vertical, le projectile s'abaisse progressivement, sous l'action de la pesanteur, au-dessous de la ligne de tir; dans le vide, c'est-à-dire si le projectile n'était pas soumis à l'action de la résistance de l'air, la projection sur un plan vertical de la courbe ainsi décrite par le centre de gravité serait un arc de parabole; la trajectoire dans l'air est constamment au-dessous de cette trajectoire théorique, et son inclinaison, qui va en augmentant de plus en plus, tend vers la verticale, autrement dit la courbe a une asymptote verticale.

Dans le sens latéral, les projectiles oblongs des pièces rayées s'écartent de plus en plus du plan de tir par suite du mouvement de rotation qui leur est propre, il s'en suit que la trajectoire n'est pas une courbe plane.

**TRAME.** *T. de tiss.* On donne le nom de *trame* aux fils qui, dans les tissus, sont passés transversalement d'un bord à l'autre des pièces d'étoffe, en se liant, dans chacun de leurs trajets, avec les fils disposés longitudinalement, et qui forment la *chaîne* (V. ce mot et TISSAGE). La filature produit ces fils en leur donnant une faible torsion, afin que les tissus dans la composition desquels ils entrent prennent un aspect couvert et rempli, malgré l'excès de torsion qu'il est nécessaire de donner à la chaîne en raison des fatigues qu'elle éprouve pendant les différentes opérations du tissage. Les métiers renvideurs fournissent la trame rassemblée en cannettes capables d'être employées telles quelles par le tisserand. Lorsque, comme dans l'industrie du lin, le filage se fait sur métiers continus, ces fils sont, au contraire, livrés en échevettes et exigent l'opération préalable de la mise en cannettes. — V. CANNETEUSE et CANNETTE.

**TRAMWAY** (On doit prononcer *tramoué*). Un tramway est une voie ferrée à rails non saillants, établie sur une route, qui n'enlève pas à la partie de la voie qu'elle occupe sa destination primitive. Cette définition, admise par le Conseil des ponts et chaussées, tranche nettement la différence qui existe entre les tramways et les chemins de fer sur route qui, eux, enlèvent à la circulation des voitures ordinaires la zone réservée aux voitures spéciales du chemin de fer.

HISTORIQUE. Il faut rechercher l'origine du mot *tramway* dans les premières applications qui furent faites en Angleterre, au XVIIe siècle, des voies de bois, de fonte ou de fer pour y faire rouler des vagonnets de mines dit *trams*. Quoi qu'il en soit de cette origine lointaine, ce n'est qu'en 1832 que fut installé à New-York, le premier tramway moderne affecté au transport des voyageurs; mais la voie mal comprise occasionna tant d'accidents que l'on dût l'enlever.

Ce n'est ensuite que dix ans plus tard que l'idée fut reprise par un français, M. Loubat, qui obtint l'autorisation de poser un tramway dans les rues de New-York.

Les tramways furent introduits en Angleterre par M. Train vers 1860, mais les inconvénients de l'établissement des rails dans les chaussées firent échouer les premiers essais, et ce n'est qu'en 1868 que le gouvernement se décida à accorder la première concession de tramway à Liverpool. Le premier tramway de Londres date de 1869, mais, à partir de cette époque, le succès de ce mode de locomotion a été tel que l'on a construit plus de 600 kilomètres de ligne. Vers la même époque, les tramways ont été introduits en Belgique. La première ligne, allant du Bois de la Cambre à Bruxelles, fut ouverte à l'exploitation en 1869.

En France, il existait déjà, depuis 1854, le tramway du quai de Billy, prolongé plus tard jusqu'à la place de la Concorde et jusqu'à Passy, et que le concessionnaire, M. Loubat, avait fait construire à son retour d'Amérique; on se souvient que cette ligne était alors désignée sous le nom de *chemin de fer américain.*

Bien que M. Loubat eût été déclaré, dès 1854, concessionnaire d'un tramway du Pont de Sèvres à Vincennes, il ne put obtenir l'autorisation de poser des rails dans la traversée de Paris, et céda sa ligne, en 1856, à la Compagnie générale des omnibus qui, pour faire pénétrer les voitures dans Paris jusqu'au Louvre, changeait les roues à la place de la Concorde sans déplacer les voyageurs.

De la même époque (1854) il faut signaler le tramway

de Sèvres à Versailles, et la ligne de Rueil à Port-Marly, qui n'eurent pas non plus un grand succès. Ce n'est ensuite que vers 1872, que le conseil municipal de Paris, devant le succès des tramways en Angleterre et en Belgique et l'insuffisance des moyens de transport, se préoccupa de la question. En 1873, le Gouvernement accordait au conseil général de la Seine la concession d'un réseau qui comprenait une ligne circulaire sur les boulevards extérieurs et des lignes rayonnantes partant de ce boulevard et desservant les localités les plus importantes de la banlieue, lignes qui depuis ont pénétré jusqu'au centre de Paris. Le département rétrocéda ces concessions à trois Compagnies, la Compagnie générale des omnibus, les Tramways-Nord et les Tramways-Sud, dont la première exploite toujours son réseau; les deux autres Compagnies, mises successivement en faillite, ne sont encore actuellement remplacées que par des Compagnies d'exploitation provisoires.

Dès lors, l'impulsion était donnée, et les tramways devinrent absolument en faveur auprès du public. Aujourd'hui, la plupart des villes de province d'une certaine importance possèdent des lignes de tramways.

*Législation.* L'établissement des tramways est régi par la loi du 11 juin 1880 : la concession est accordée par l'Etat lorsque la ligne doit être établie, en tout ou partie, sur une voie dépendant du domaine public de l'Etat. Cette concession peut être faite aux villes ou aux départements intéressés avec faculté de rétrocession. La concession est accordée par le conseil général, au nom du département, lorsque la voie ferrée, sans comprendre une route nationale, doit être établie en tout ou partie, soit sur une route départementale, soit sur un chemin de grande communication ou d'intérêt commun, ou doit s'étendre sur le territoire de plusieurs communes. La concession est accordée par le conseil municipal, lorsque la voie ferrée est établie entièrement sur le territoire de la commune et sur un chemin vicinal ordinaire ou sur un chemin rural.

Un décret du 18 mai 1881 porte réglementation sur la forme des enquêtes en matière de tramways. Un décret du 6 août 1881 porte réglementation pour l'exécution de l'article 38 de la loi du 11 juin 1880, relatif aux conditions auxquelles doivent satisfaire les voies ferrées, tant pour leur construction que pour la circulation des voitures et des trains, et aux rapports entre les services de ces voies ferrées et les autres services intéressés.

Enfin, à la même date a été approuvé, par décret, le cahier des charges types visé par l'article 30 de la loi du 11 juin 1880.

La raison d'être des voies métalliques est, on le sait, la réduction de la résistance à la traction. Cette résistance qui est de 30 kilogrammes par tonne en moyenne sur une route empierrée, de 20 kilogrammes sur un bon pavage, n'est plus, au maximum, que de 10 kilogrammes sur une voie de tramways en chaussée, ce qui permet, à travail égal, de transporter un bien plus grand nombre de voyageurs.

La résistance peut d'ailleurs varier suivant la qualité de la voie, il en ressort qu'une des études importantes pour l'organisation d'un tramway est l'étude de la voie; mais nous n'avons pas à entrer ici dans les détails de construction des diverses voies, fort nombreuses, qui ont été employées et dont il a déjà été question au mot RAIL, § *Rails de tramways.*

*Traction.* A l'origine, presque tous les tramways étaient à traction animale, mais on ne tarda pas à en reconnaître les inconvénients et les Compagnies, soucieuses de leurs intérêts, devant les moyens de

transports forcément limités que donnait ce système de traction, se sont préoccupées de lui substituer la traction mécanique, qui donne une bien plus grande élasticité aux moyens de transport en permettant d'activer le service, suivant les besoins, les jours d'affluence et qui, enfin, est susceptible de faire réaliser aussi de grosses économies sur le prix de revient de la traction. Cette dernière considération est d'une importance capitale au point de vue de l'exploitation, car les frais de traction animale représentent de 65 et jusqu'à 75 0/0 dans les dépenses de l'exploitation ; et l'on comprend, dès lors, combien les différences sur ces chiffres ont d'influence sur les résultats financiers des entreprises.

Dans les frais de traction on comprend : le personnel, les fournitures, l'entretien du matériel et les frais divers, et, pour pouvoir établir une comparaison, ces frais sont rapportés à une même unité : le kilomètre parcouru. Le tableau ci-dessous indique les frais subis par les Compagnies de Paris et celle de Rouen.

*Frais de traction par chevaux.*

| Détail des dépenses | Moyenne par kilomètre parcouru | | | |
|---|---|---|---|---|
| | Tramways omnibus | Tramways Nord | Tramways Sud | Tramways de Rouen |
| Personnel . . . . . . . . | 0.147 | 0.143 | 0.138 | 0.123 |
| Fournitures . . . . . . . | 0.378 | 0.296 | 0.329 | 0.243 |
| Entretien . . . . . . . . | 0.081 | 0.063 | 0.064 | 0.021 |
| Entretien du petit matériel et frais divers. . | 0.006 | 0.014 | 0.011 | 0.011 |
| Totaux . . . . . | 0.612 | 0.516 | 0.542 | 0.407 |

Dans la période considérée, l'exploitation de Rouen se trouvait dans d'excellentes conditions sous le rapport du renouvellement des chevaux, mais à ces chiffres, déjà trop élevés, peuvent venir s'ajouter les gros aléas de la traction animale : le prix variable de la nourriture, le renchérissement des chevaux, leur renouvellement et surtout les épidémies qui rendent la traction animale extrêmement onéreuse.

Les principaux systèmes de traction mécanique qui ont été essayés sur les tramways sont : la traction à vapeur, la traction à air comprimé et la traction électrique. — V. CHEMINS DE FER, § *Chemin de fer électrique*; LOCOMOTIVE, § *Locomotive de tramways.*

Les essais de traction à vapeur qui ont été faits à Paris et à Rouen et dans quelques autres villes, ont donné des résultats absolument négatifs et le procédé a été abandonné au bout de 3 ou 4 années, après usure complète du matériel. Il est cependant juste de faire remarquer que le mauvais état des voies a été pour beaucoup dans cette détérioration rapide des machines. Les frais de traction se sont élevés dans ces villes à des chiffres variant de 0 fr. 50 à 1 fr. par kilomètre parcouru.

Les machines à vapeur sont encore employées à Saint-Étienne, à Valenciennes, à Lille, etc. etc. ;

elles y donnent de bons résultats, mais on se trouve, dans ces localités, plutôt en présence de chemins de fer sur route qu'en présence de tramways.

Or la traction des tramways proprement dits ne comporte, en général, que la circulation d'une voiture isolée; la locomotive à vapeur est, dans ces conditions, un engin trop compliqué pour fournir économiquement le faible effort qui suffit à la traction d'une seule voiture et même de deux. Les frais de personnel sont élevés, chaque machine nécessitant deux hommes. La dépense de charbon est grande, eu égard à la puissance développée, par suite des petites dimensions du foyer et des fréquents arrêts ou stationnements, pendant lesquels la machine se refroidit, et des variations incessantes de la résistance. L'entretien est rendu également fort dispendieux par les inégalités du travail, les cahots de la route et les démarrages continuels.

D'un autre côté, les machines à vapeur ne répondent pas entièrement aux conditions que l'on est en droit d'exiger des machines de tramways.

On a vu à l'article LOCOMOTIVE DE TRAMWAYS que l'on employait encore des machines à air comprimé : les machines à air de Scott Moncrieff et du colonel Beaumont, en Angleterre, n'ont pas donné de résultat. Ce dernier a pris part au concours de traction mécanique qui a eu lieu pendant l'Exposition d'Anvers en 1885, mais sa machine a été classée bien après toutes les machines à vapeur. Tout autres sont les résultats obtenus en France avec les appareils à air comprimé (V. MOTEUR A AIR COMPRIMÉ). Ces machines sont employées à Nantes avec un plein succès depuis 1879, elles y ont donné des résultats économiques tout à fait remarquables; elles répondent en tous points aux conditions désirables pour la circulation dans les villes.

Le tableau ci-dessous indique les prix de revient de la traction par ce système, qui sont assurément les plus bas auxquels on soit arrivé pour la traction des tramways urbains.

*Frais de traction par machines à air comprimé (système Mékarski).*

| Détail des dépenses | Moyenne par kilomètre parcouru | |
|---|---|---|
| *Personnel.* | | |
| Mécanicien conducteur . . . . . | 0.058 | |
| Personnel des dépôts.. . . . . . | 0.044 | |
| *Fournitures.* | | 0.102 |
| Combustible . . . . . . . . . . . | 0.063 | |
| Eau. . . . . . . . . . . . . . . . | 0.018 | |
| Graissage du matériel fixe . . . . | 0.005 | |
| — — roulant. . | 0.005 | |
| *Entretien.* | | 0.091 |
| Entretien du matériel fixe. . . . . | 0.031 | |
| — — roulant. . . | 0.056 | |
| | | 0.087 |
| Outillages et frais divers.. . . . . | 0.001 | |
| Total. . . . . . . . . . | | 0.281 |

On sait d'ailleurs que le rendement inférieur dont sont frappées les machines à air comprimé,

par suite de la perte de puissance résultant de l'interposition du compresseur entre la chaudière et le moteur de la voiture, est largement compensé par les conditions tout à fait désavantageuses dans lesquelles la vapeur est produite et employée directement dans les locomotives. En effet, le système de traction à vapeur sous forme indirecte par l'action d'une force emmagasinée, qui, dans le cas qui nous occupe est l'air comprimé, donne les avantages suivants :

1° Il supprime le transport du charbon et de l'eau nécessaire à la production de la vapeur ;

2° Il permet l'emploi de charbon menu de qualité inférieure, au lieu du coke non sulfureux, ce qui, dans beaucoup de pays, donne immédiatement plus de 50 0/0 d'économie au point de vue de la dépense de combustible ;

3° Il permet d'utiliser des machines perfectionnées de grande puissance, consommant un minimum de combustible par force de cheval et par heure.

Les dernières applications que l'on vient de faire de la traction à air comprimé sur les chemins de fer Nogentais semblent démontrer que c'est actuellement, à tous égards, le système le plus perfectionné, aussi croyons-nous devoir donner quelques détails à ce sujet :

*Voiture automobile.* Les figures 584 et 585 représentent une voiture automobile à air comprimé du système Mékarski; on voit qu'elle est constituée par la réunion sur le même truck d'une machine et d'une caisse de voiture à voyageurs.

La possibilité d'établir, d'une manière élégante et commode, le moteur sur le véhicule même est un des grands avantages de l'air comprimé.

La voiture automobile avec des dimensions restreintes réalise les principales conditions que l'on est en droit d'exiger d'un moteur pour tramway : ne pas entraver la circulation par des dimensions exagérées et ne pas effrayer les chevaux par le bruit ou le panache de vapeur; ne présenter aucun danger d'explosion; ne déverser dans l'atmosphère rien de nuisible ni d'incommode et présenter sur le véhicule une extrême propreté; pouvoir marcher à toutes les vitesses, s'arrêter facilement, fournir un travail variable suivant le profil de la voie; tout cela en conservant une extrême simplicité de fonctionnement.

La possibilité de faire varier dans de fortes limites la pression, grâce au régulateur dont nous avons indiqué la fonction à MOTEUR A AIR COMPRIMÉ, a permis de donner aux cylindres moteurs, au lieu des dimensions exigées par l'effort maximum, celles répondant à l'effort moyen ; cette condition a facilité l'installation du moteur sur le véhicule. Ces voitures sont capables d'en remorquer d'autres, ce qui peut être mis à profit les jours de grande affluence.

*Machine.* Le truck et la caisse de voiture forment deux parties bien distinctes. L'approvisionnement d'air est contenu dans des réservoirs, placés sous le châssis parallèlement aux essieux, dont le volume et la pression auxquels ils peuvent être soumis, sont déterminés suivant la longueur de ligne à exploiter sans rechargement. Les types créés contiennent de 2,800 à 3,500 litres, et supportent une pression de 30 à 50 atmosphères, ce qui permet d'effectuer sur des lignes moyennement accidentées, des parcours de 12 à 20 kilomètres. Ces réservoirs sont groupés de manière à constituer des récipients bien distincts, l'un *batterie*, l'autre *réserve*; celui-ci a pour but de conserver de l'air à haute pression qui permet de donner, même à la fin du trajet, un effort puissant que la batterie pourrait ne plus être capable de fournir.

Les cylindres et le mécanisme moteur sont suspendus latéralement à l'extérieur du châssis et abrités par des caissons en tôle fermés par des portes que l'on peut ouvrir de l'extérieur. Le réchauffeur surmonté du régulateur (V. MOTEUR A AIR COMPRIMÉ) est placé sur la petite plate-forme d'avant réservée au mécanicien et qui n'occupe environ que 1/8 de la longueur totale de la voiture.

*Chargement.* A chaque voyage, les voitures sont chargées, c'est-à-dire que l'on remplit les réservoirs d'air et que, en même temps, on relève la température de l'eau de la bouillotte ou réchauffeur, par une injection de vapeur.

Pour effectuer ces opérations, les voitures sont

Fig. 584 et 585.

A Bouillotte ou réchauffeur. — B Régulateur. — C Cylindre et mécanisme moteur. — D Frein. — R Réservoirs d'air comprimé.

placées en regard des *bouches de chargement* et sont mises en communication : 1° pour la vapeur avec les chaudières ; 2° pour l'air, d'abord avec des accumulateurs, puis avec les pompes directement pour atteindre la pression limite.

La traction électrique n'est pas encore entrée dans la pratique malgré les essais assez nombreux qui ont été faits de divers côtés. Le prix de revient de la traction par ce système est assez élevé, mais aucune expérience pratique n'a encore permis de le déterminer d'une façon rigoureuse, c'est en somme une question qui reste à l'étude, et nous n'avons ici rien à ajouter à ce qui a été dit à l'article CHEMIN DE FER, § *Chemins de fer électriques.* — ED. B.

\*TRANCANAGE. *T. techn.* Transformation des fils de soie d'écheveaux en bobines, ou de grosses bobines en petites, au moyen d'un dévidoir circulaire.

\*TRANCHAGE DES BOIS. Opération qui consiste à débiter les bois en tranches pour obtenir, soit des placages (V. ÉBÉNISTERIE et PLACAGE), soit des panneaux. Les premiers ont une épaisseur de $0^{mm},2$ à $1^{mm},5$; celle des panneaux va de 2 millimètres à 28 et 30 millimètres. Le tranchage évite les déchets des traits de scie qui constituent une perte sérieuse pour les bois précieux, et réduit en même temps la main-d'œuvre. D'un autre côté, le chauffage qui le précède a l'inconvénient d'enlever aux pores la résine qu'ils contiennent : le bois devient creux et demande que l'encollage préalable à l'application du vernis soit fait avec beaucoup de soin.

*Procédés employés pour le tranchage des bois de placage.* Les bois destinés au tranchage sont écorcés, puis équarris, afin que les premières feuilles présentent déjà une certaine largeur. Les pièces sciées suivant un diamètre sont passées à l'étuve chauffée par les vapeurs d'échappement des machines motrices. L'étuvage ne se pratique guère que pour les bois durs. On procède ensuite au tranchage proprement dit, qui se fait à plat pour les qualités ordinaires, et sur quartier pour les qualités supérieures. Dans ce cas, le débitage s'exécute vers le cœur, de manière que les fibres ne tendent pas à être soulevées par l'outil.

La machine employée à ce travail consiste en un rabot horizontal porté sur un chariot muni de crémaillères ; celles-ci sont conduites par des pignons actionnés par la transmission, et communiquent au chariot un mouvement alternatif rectiligne.

Au-dessous, se trouve un plateau sur lequel repose la bille à trancher, et qui, à chaque oscillation du chariot porte-lames, s'élève de la quantité égale à l'épaisseur qu'on veut obtenir pour le placage. Ce mouvement s'opère à l'aide de vis verticales fixes qui reçoivent un mouvement de rotation pendant la retraite du rabot, et agissent sur le plateau par l'intermédiaire d'écrous. Le couteau doit avoir un tranchant très mince pour ne pas faire éclater les bois difficiles à couper, et posséder, cependant, une rigidité assez grande pour ne pas s'engager ou être repoussé. A cet effet, il est fixé par un contre-fer sur le porte-lames. En outre, le couteau est placé obliquement par rapport à la bille et au plateau, afin de ne mettre la lame en prise que successivement ; il serait plus rationnel et aussi facile d'établir le couteau perpendiculairement à l'axe de la machine, et de donner la position oblique à la bille et au plateau qui la supporte. Le débit moyen, par minute, est de 10 feuilles de 1 mètre carré de surface, et la force motrice employée de 4 à 5 chevaux.

Cette machine, inventée, en 1834, par M. Picot, a été perfectionnée, par M. Garand, de 1849 à 1850.

Entre temps, M. Tavernier avait construit une machine à *dérouler* ou découper circulairement le bois, qui est encore en usage aujourd'hui, mais pour les bois d'érable seulement. Le principe de cet appareil consiste à donner au couteau un mouvement de translation pendant que la bille reçoit un mouvement de rotation. Le couteau travaille entre deux règles biseautées en fer qui l'empêchent d'attaquer la bille au delà de l'épaisseur voulue. Cette épaisseur se règle, par l'avance continue d'un large chariot horizontal à patins, portant l'outil et conduit parallèlement au bâti par une vis centrale; l'avance est commandée par le même train que la rotation de la bille. L'invariabilité de l'épaisseur est obtenue au moyen d'un butoir à talon arrondi qui soutient la feuille au point où elle se détache (fig. 586), et dont la position par rapport au

tranchant de l'outil se règle par des vis de rappel.

La bille elle-même est montée aux deux bouts sur deux pointes de tour, et tourne au-dessus d'une bassine à eau chaude dans laquelle elle baigne légèrement.

Une machine à dérouler peut produire journellement, et presque sans aucun déchet, des

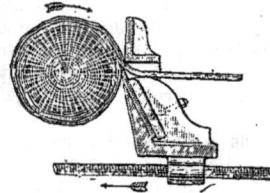

Fig. 586. — *Outil de la machine à dérouler.*

feuilles de plus de 2 mètres de largeur sur 100 mètres de longueur, ce qui correspond, pour un travail effectif de cinq heures, à une production de $0^{m2},66$ par minute, soit quinze fois moins qu'avec le tranchage à plat. La force motrice nécessaire est de 6 chevaux-vapeur.

La machine à dérouler a l'inconvénient d'ouvrir les pores du bois dans une plus grande proportion que le rabot à plat, et rend le vernissage plus coûteux. Aussi ne l'emploie-t-on guère que pour le débitage de l'érable dont le noyau central est sans emploi dans l'ébénisterie à cause de sa qualité inférieure, et pour lequel le tranchage à plat aurait l'inconvénient de couper obliquement les mouchetures du bois qui se dirigent vers le cœur.

*Procédés employés pour le tranchage des panneaux.* L'équarrissage et l'étuvage se pratiquent comme précédemment; mais la machine dont on se sert est différente. Cet appareil, inventé en Amérique par M. H.-T. Barlett, a été perfectionné en France par M. L. Plessis, ingénieur civil; le couteau, maintenu entre deux glissières verticales et deux glissières horizontales, reçoit, au moyen de bielles conjuguées, un mouvement alternatif curviligne, ce qui lui permet de s'engager progressivement dans la bille à trancher. L'axe longitudinal de celle-ci est parallèle à la direction du couteau. La bille est placée sur un plateau horizontal dont l'avance, égale à l'épaisseur commune à chaque panneau, est réglée par une vis également horizontale et commandée par une transmission en relation avec le mouvement imprimé à l'outil.

Une machine à trancher peut fournir, par minute, 25 panneaux de $2^m,60$ de long sur $0^m,85$ de large, soit 22 mètres carrés de surface. L'épaisseur maximum est de $0^m,025$; il est sans intérêt, dans la pratique, d'obtenir une épaisseur supérieure, car, au delà, il serait difficile de soutenir la concurrence avec le sciage pratiqué à bon marché hors des grandes villes. La production, par cinq heures de travail journalier effectif, s'élève à

$$5 \times 60 \times 25 = 7,500 \text{ mètres carrés.}$$

Le séchage des panneaux s'opère dans des presses chauffées à la vapeur, analogues à celles en usage dans la stéarinerie. On compte, en moyenne, une minute d'exposition par millimètre d'épaisseur.

La machine à trancher peut faire le travail d'environ 20 machines à placage. Elle présente, de plus, les avantages suivants sur le sciage mécanique : 1° économie de matière résultant de la suppression du trait de scie ; 2° économie de la matière et de la main-d'œuvre du rabotage, les panneaux sortant de la machine parfaitement rabotés et dressés ; 3° possibilité de l'emploi du bois vert, à cause de la perfection et de la rapidité du séchage, ce qui économise l'intérêt du capital engagé pendant la longue période du séchage à l'air libre.

Les industries dans lesquelles les panneaux ainsi fabriqués peuvent être utilisés sont principalement : l'ébénisterie, la menuiserie, l'emballage, la carrosserie, la fabrication des boîtes de toute espèce, etc.

*Production des placages et des panneaux.* En 1883, on comptait, à Paris, 20 machines à placages fournissant à peu près 12,000,000 de mètres carrés par an ou 7,000 mètres cubes de bois précieux d'une valeur moyenne de 200 francs le mètre cube, et une machine à trancher les panneaux qui en produisait autant, soit en tout 14,000 mètres cubes de bois tranché.

*Evaluation de la force motrice nécessaire pour la production de 1 mètre carré de tranchage ou de sciage.* D'après M. L. Plessis, le mètre carré de tranchage ou de sciage exige les quantités de force motrice qui suivent :

1° Avec la scie à bras, 30,000 kilogrammètres *en moyenne* : il faut faire une part assez considérable à l'habileté de l'ouvrier, au degré de siccité du bois, à son élasticité, etc. ;

2° Avec la scie mécanique, 60,000 kilogrammètres, à cause de l'épaisseur beaucoup plus forte du trait de scie (3 millimètres au lieu de 2) ;

3° Avec la scie à rubans, 18,000 kilogrammètres seulement, à cause de l'épaisseur très faible du ruban ;

4° Avec la machine à placage, 2,000 kilogrammètres pour des épaisseurs au-dessous de 1 millimètre ;

5° Avec la machine à trancher les panneaux, 2,500 kilogrammètres en moyenne. — G. R.

**TRANCHE.** *T. de rel.* Surface que présente l'épaisseur d'un livre, du côté où les feuillets ont été rognés. ‖ *T. techn.* Outil d'acier acéré et affûté, pour couper ou rogner du fer à chaud ou à froid. ‖ Outil d'acier, tranchant d'un côté, pour tailler et réparer les moules.

*TRANCHÉ, ÉE. Art hérald.* Se dit de l'écu lorsqu'il est coupé en deux parties égales par une diagonale allant de l'angle dextre du chef à l'angle senestre de la pointe.

**TRANCHÉE.** *T. de fortif.* Sorte de second fossé creusé en arrière du parapet d'un ouvrage de fortification et dont le fond, formant terre-plein, permet de placer les défenseurs suffisamment en contre-bas de la partie supérieure du parapet pour qu'ils soient à l'abri, sans que l'on ait à

donner à ce parapet une hauteur trop considérable. On arrive ainsi à pouvoir organiser, soit sur le champ de bataille, soit dans l'attaque ou la défense des places, des ouvrages d'une construction rapide, tout en étant d'une assez grande résistance. On donne généralement aux tranchées 1<sup>m</sup>,50 de profondeur et 2<sup>m</sup>,50 à 5 mètres de largeur suivant les cas.

La *tranchée-abri* est un retranchement réduit à sa plus simple expression et pouvant être construit en un temps extrêmement court ; en France, son profil réglementaire consiste en une tranchée de 1<sup>m</sup>,30 de large et 0<sup>m</sup>,50 de profondeur ; en avant, les terres rejetées forment un bourrelet d'environ 0<sup>m</sup>,60 de hauteur sur autant de large, le fossé est supprimé, le tireur, pour être couvert, doit rester assis. Il faut une heure à peine pour construire un pareil retranchement, en supposant un piocheur et deux pelleteurs par trois mètres courant de crête ; les outils portatifs des compagnies peuvent suffire pour ce travail.

On donne également, d'une manière générale, le nom de *tranchées simples*, aux parallèles et cheminements que l'assiégeant creuse autour d'une place assiégée, de façon à permettre de circuler à l'abri des coups et hors des vues de l'ennemi.

‖ *T. de constr.* Fouille pratiquée dans le sol pour y établir une fondation ou y poser une conduite d'eau ou de gaz ; pour planter des arbres, ou faire un fossé, une rigole ; les travaux de déblai que nécessite l'établissement d'un chemin de fer prennent aussi le même nom qui s'applique encore à l'ouverture que l'on fait, dans un travail de maçonnerie, pour y sceller un poteau.

**TRANCHE-FILE.** *T. techn.* Petit rouleau de papier ou de parchemin entouré de soie ou de fil, que le relieur met au haut et au bas du dos d'un livre pour maintenir les cahiers et consolider la couverture. ‖ *T. de cordon.* Couture en forme de bordure ménagée à l'intérieur d'une chaussure pour la consolider.

*TRANCHE-GAZON. T. d'agric.* Instrument servant à ébarber les gazons, et composé d'une sorte de fourche à deux branches entre lesquelles peut tourner un disque de fer acéré sur sa circonférence.

**TRANCHE-LARD.** Couteau à longue lame, mais de faible épaisseur, et qu'emploient les cuisiniers pour couper le lard en tranches minces.

*TRANCHE-MAÇONNÉ. Art hérald.* Se dit d'un écu dont une division est en maçonnerie et l'autre en couleur.

**TRANCHET.** *T. techn.* Long couteau plat et acéré pour couper le gros cuir. ‖ Outil à l'usage des plombiers et des serruriers pour couper le plomb ou les petites pièces de fer à chaud.

*TRANCHIS. T. de constr.* Ardoises ou tuiles taillées en biais au droit d'un arêtier ou d'une noue.

**TRANCHOIR.** Plateau de bois sur lequel on coupe la viande ou le fromage. ‖ *T. d'arch.* Sorte de table carrée couronnant le chapiteau d'une colonne; dans l'ordre corinthien, le tranchoir est une tuile carrée qui couvre la corbeille ou le panier qu'on entoure de feuilles. || *T. de teint.* Syn. : *tailloir.* Palette de bois qui contient une poignée de chaux ou de cendre gravelée que l'on mélange au pastel dans la cuve. || *T. d'agric.* Syn.: *tranche-gazon.* — V. ce mot. || *Tranchoir pointu.* Pièce de verre placée parfois au milieu des panneaux de vitre.

\*TRANGLE. *Art hérald.* Se dit des fasces qui n'ont pas la longueur ordinaire, et qui sont toujours employées en nombre impair.

TRANSATLANTIQUE. On donne ordinairement ce nom aux paquebots qui font le service entre l'Ancien et le Nouveau monde. — V. PAQUEBOT.

TRANSBORDEMENT. *T. de chem. de fer.* Opération par laquelle on fait passer des marchandises d'un véhicule dans un autre, soit qu'il s'agisse exclusivement de transports par routes, soit qu'il s'agisse de voies ferrées. Cependant, on réserve plus particulièrement le nom de *transbordement* au cas où les deux véhicules sont des vagons, tandis que si l'un d'eux ou si les deux sont des camions, l'opération est plutôt désignée par le mot : *débord.* Le transbordement des marchandises est une opération à laquelle on n'a recours que quand il n'est pas possible de faire autrement, puisqu'elle constitue une dépense non rémunérée par les taxes perçues pour le transport; deux causes peuvent motiver le transbordement : d'une part, le chargement, dans un même vagon, de marchandises qui sont pour des directions différentes ; d'autre part, le passage des marchandises d'une ligne à une autre ligne qui n'a pas la même largeur de voie.

Le premier cas est très fréquent aux gares de bifurcation, sur les chemins de fer : en effet, les marchandises qui peuvent transiter par vagons complets sont en nombre très limité ; la houille, les minerais, les betteraves, les pommes, les pierres, les matériaux lourds sont dans cette catégorie ; mais, pour la plupart des autres expéditions, qui ne peuvent former qu'un chargement de 2 à 5,000 kilogrammes, ainsi que pour les marchandises, dites de *détail*, d'un poids inférieur à 2,000 kilogrammes, il est de règle qu'on transborde les vagons, soit en les mettant en face l'un de l'autre, sur des voies parallèles, soit sur des quais disposés à cet effet, si les marchandises craignent l'humidité (V. HALLE). On transborde surtout les marchandises chargées dans des vagons étrangers, afin de libérer plus rapidement et de restituer ce matériel, pour l'utilisation duquel il faudrait payer, au delà d'un certain délai, des redevances très onéreuses, à titre de location.

Le transbordement entre les réseaux à écartement de voie différent, est une nécessité qui s'impose à mesure que l'emploi de la voie étroite se développe pour la construction des lignes d'intérêt local. Grâce aux dispositions prises dans ce but (V. GARE), on est arrivé à réduire au minimum les frais inévitables de transbordement aux points de contact de ces réseaux; l'emploi de voies à niveaux différents, pour les marchandises qui peuvent se

verser d'un vagon dans l'autre, ou de cadres pour les marchandises plus fragiles, à raison de deux cadres de petit vagon pour former le chargement d'un grand vagon, est d'un usage courant sur tous les chemins de fer. — M. C.

\*TRANSBORDEUR. *T. de chem. de fer.* Chariot destiné à faire passer les véhicules d'une voie sur une autre, au moyen d'un *pont roulant* (V. ce mot), sans fosse et sans couper les rails des voies traversées. Le transbordeur circule sur un chemin de roulement perpendiculaire aux voies à desservir, et il est mû à bras d'hommes ou au moyen d'une machine indépendante, ou enfin au moyen d'une machine qu'il porte sur son tablier. L'expérience paraît avoir démontré que l'usage d'un chariot mû par une machine indépendante, par exemple par les petites machines de gare, dites *machines de manutention*, est le plus économique. Le transbordeur à vapeur, portant sa machine coûte cher, et quand il y a une avarie, ce qui arrive fréquemment, toute la traversée est immobilisée; tandis qu'avec une machine de manutention, qui se transporte d'un point à l'autre, on peut reporter les manœuvres sur une traversée autre que celle qui est en réparation. || On donne le même nom à un système particulier de *telphérage.* — V. ce mot.

TRANSEPT. *T. d'arch.* Galerie transversale qui croise tout édifice, et particulièrement dans une église catholique, nef qui sépare du chœur la grande nef et les bas-côtés, et donne au plan de l'église la forme cruciale consacrée par l'usage ; on écrit aussi *transsept.*

\*TRANSFORMATEUR. Rigoureusement, on pourrait appeler *transformateurs*, tous les appareils servant à transformer le mode de mouvement des forces physiques ; dans la pratique, on considère comme des *générateurs* les appareils qui dépensent l'énergie sous une forme déterminée pour la reproduire sous une autre forme, et on a donné le nom de *transformateurs* à ceux qui utilisent le phénomène de l'induction pour modifier instantanément et directement l'un des facteurs de l'énergie électrique, pour augmenter par exemple les volts aux dépens des ampères ou inversement.

— Le premier transformateur a été imaginé par Faraday, en 1853; il était composé d'un anneau en fer massif autour duquel étaient enroulés deux circuits juxtaposés, l'un pour le courant inducteur ou primaire, et l'autre pour le courant induit ou secondaire ; le second transformateur est la bobine d'induction construite par Ruhmkorff (V. INDUCTION, § *Bobine d'induction*). M. Jablochkoff fit, en 1877, les premiers essais d'application industrielle de ce transformateur ; il employait une machine à courants alternatifs dont le circuit contenait un certain nombre de bobines d'induction montées en séries ; celles-ci produisaient des courants secondaires de haute tension qui alimentaient des lampes à kaolin. En 1878, trois brevets étaient pris en Angleterre, par M. Harrison, par sir Ch. Bright et par MM. Edwards et Normandy, pour des systèmes du même genre que celui de M. Jablochkoff. La même année, MM. Thomson et Houston essayèrent, sans succès, de faire breveter en Angleterre, des bobines d'induction dans lesquelles le fil induit était en gros fil au lieu d'être en fil fin comme dans la bobine de Ruhmkorff; cette substitution avait du reste été déjà réalisée en France par M. Bichat, pour obtenir dans les courants secondaires une tension plus faible et une intensité plus grande que celle des courants primaires. En février 1879, ces mêmes ingénieurs firent au *Franklin institute*, des expériences avec des transformateurs à circuit magnétique fermé, comme dans l'appareil de Faraday. C'est alors qu'ils reconnurent qu'en couplant les bobines en dérivation, il suffisait de maintenir constante la différence de potentiel aux bornes du circuit primaire pour réaliser l'indépendance complète des circuits secondaires. En Amérique, Fuller avait fait breveter, en 1878, un système de distribution par transformateur en tension; la mort l'empêcha de réaliser la distribution en dérivation qu'il avait indiquée comme supprimant l'inconvénient du réglage.

Les premiers transformateurs qui ont réussi industriellement sont ceux de MM. Gaulard et Gibbs; leurs appareils étaient établis avec un câble composé d'une âme centrale en fil de cuivre de 4 millimètres et de 48 fils fins d'un demi-millimètre, isolés individuellement et enveloppant l'âme parallèlement à son axe. Ce câble était enroulé en deux rangées de spires superposées sur un cylindre de carton, de 5 centimètres de diamètre et d'une longueur proportionnée au nombre de spires nécessaires pour produire la force électro-motrice requise; dans l'intérieur des cylindres en carton étaient introduits des faisceaux de fil de fer dont l'enfoncement était gradué de façon à régler l'intensité des courants induits. Les colonnes étaient assemblées entre deux plateaux de bois et des commutateurs permettaient d'établir dans les circuits, primaire et secondaire, tous les groupements convenables. Dans ce système, le circuit primaire est fermé sur les bornes de la génératrice et ne passe jamais par les appareils de consommation, lampes, moteurs, etc.; on peut donc, sans danger, réaliser une économie sur la canalisation de transport en ayant recours à des courants alternatifs de haute tension. En 1884, M. Gaulard remplaça le câble de ses appareils par des disques en cuivre, découpés à l'emporte-pièce et fendus; deux oreilles ménagées de chaque côté de la fente permettent de les relier convenablement. Le circuit primaire est formé avec 100 ou 150 disques par colonne, couplés en tension; le circuit secondaire en contient le même nombre, mais couplés par 3 en quantité.

Des essais importants avaient été faits en Angleterre et à l'Exposition de Turin, en Italie; mais le système présentait deux inconvénients; les transformateurs étaient à circuit magnétique ouvert et ils étaient couplés en tension; l'intensité des courants inducteurs était maintenue constante par un réglage à l'usine centrale, en agissant sur l'excitatrice de la machine génératrice; quant aux courants induits, comme la force électro-motrice est proportionnelle au nombre des spires de l'appareil et à la résistance du circuit extérieur, l'enfoncement graduel du noyau de fer mobile ne suffisait pas pour le maintenir constante, et il fallait mettre en court circuit, automatiquement ou à la main, une portion variable des spires secondaires.

C'est M. Rankin Kennedy qui démontra, par expérience, que le montage en dérivation pouvait seul permettre de faire de la distribution avec les transformateurs.

MM. Zypernowski, Déri et Blathy ont pris, en 1883, un brevet pour un système de transformateurs à circuit magnétique fermé, couplés en dérivation, et pour un compensateur très ingénieux qui maintient constante la différence de potentiel aux bornes de la génératrice, quels que soient le nombre et la dépense des transformateurs. Ceux-ci sont constitués par des cadres en fer doux et à branches inégales; les fils primaires et secondaires sont enroulés sur les longues branches, de façon que les deux circuits soient parfaitement symétriques; le nombre des branches ou colonnes varie de deux à quatre. Un autre modèle est établi sur la forme annulaire et ressemble à un anneau de Gramme, dans lequel on aurait couplé séparément les bobines de rang pair et celles de rang impair pour constituer les deux circuits, inducteur et induit; dans ce cas, le noyau en fil de fer verni offre l'avantage de diminuer la production des courants de Foucault. — V. Soudure, fig. 229 à 232.

Le compensateur n'est pas autre chose qu'un transformateur dont le circuit primaire est traversé par le courant total de la génératrice, mais dont les courants induits sont redressés et envoyés dans le circuit d'excitation de celle-ci. On obtient ainsi une force électro-motrice supplémentaire qui s'ajoute à l'excitation, et qui varie proportionnellement au courant principal. La différence de potentiel aux bornes du circuit inducteur est maintenue constante d'une façon automatique, et les transformateurs distribuent, dans la limite de leur puissance, sans exiger de réglage individuel.

Ces transformateurs sont déjà des appareils industriels d'une puissance remarquable; le type établi pour fournir 10 chevaux renferme 80 kilogrammes de fer et 33 kilogrammes de cuivre; la résistance du circuit primaire est de 1,15 ohm et celle du circuit secondaire de 0,0045. En marche normale, ces deux circuits absorbent 140 watts. L'appareil reçoit, lorsqu'il travaille normalement, 765 watts (8,5 ampères et 900 volts), et son rendement est de 95 0/0. La tension aux bornes du circuit secondaire varie de 60 à 58,8 volts, suivant que le circuit est ouvert ou fermé; le coefficient de transformation est donc de 1 à 15. Lorsque le circuit secondaire est ouvert, il ne passe plus que 0,32 ampères dans le circuit primaire, et le noyau de fer n'absorbe que 210 watts. Ces appareils s'échauffent peu et leur température n'augmente que de 25 degrés centigrades après plusieurs heures de marche normale.

Une application très importante de ce système a été faite à Lucerne; l'usine centrale est établie à Thorenberg et alimentée par une force motrice hydraulique de 600 chevaux; les génératrices fournissent chacune un courant de 38 ampères avec une tension de 1,800 volts.

Depuis cette époque, MM. Gaulard et Gibbs ont adopté la distribution en dérivation et par suite établi leurs transformateurs avec circuit magnétique fermé. C'est le système ainsi modifié qui est appliqué dans l'usine centrale qu'ils ont établie à Tours, en France, en 1885-1886. Cette usine a été prévue pour alimenter 10 groupes de transformateurs, de 6 colonnes chacun, au moyen de deux dynamos à courants alternatifs du système Siemens, actionnées par deux machines compound de Weyher et Richemond, l'une de 100 et l'autre de 150 chevaux. Chaque dynamo contient 30 bobines et deux couronnes d'inducteurs, excités par une shunt-dynamo de Siemens, à courant continu, donnant, à la vitesse de 1,200 tours par minute, 200 volts et 40 ampères.

Chacune des machines à courants alternatifs peut fournir à la vitesse de 550 tours, 2500 volts et 32 ampères, soit 80,000 watts ou environ 100 chevaux électriques. Les 30 bobines induites sont montées : 15 en tension et deux en dérivation. Les alternativités de courant sont de 275 par seconde. Le réglage est obtenu en introduisant, soit à la main, soit automatiquement, des résistances variables dans l'excitation de la machine excitatrice.

Au début on a réglé le courant à 825 volts et 66 ampères seulement avec un courant excitateur de 25 ampères. La distribution est faite par 4 groupes de transformateurs, montés en dérivation et absorbant chacun 16 ampères. Chaque groupe se compose de deux transformateurs à deux colonnes et à circuit magnétique fermé ; les 4 colonnes ont tous leurs circuits inducteurs reliés en tension et leurs circuits induits groupés en quantité ; il en résulte que le potentiel est réduit dans le rapport de 16 à 1 et l'intensité multipliée à peu près dans le rapport inverse ; le courant distribué est de 50 volts et peut atteindre 250 ampères.

Le régulateur automatique du courant d'excitation est composé de deux cylindres en fer suspendus aux extrémités d'un fléau de balance. L'un d'eux plonge dans un solénoïde, à fil fin, monté en dérivation sur les bornes de la génératrice, l'autre plonge dans un vase contenant du mercure ; les variations d'attraction exercées par le solénoïde sur le premier cylindre font monter ou descendre l'autre dans le mercure, dont les dénivellations sont utilisées pour introduire des résistances dans le circuit d'excitation de l'excitatrice. Pour vérifier le potentiel des courants fournis par les génératrices, on a monté en dérivation sur les bornes de chaque machine, des lampes de 50 volts en tension que l'on met en circuit de temps en temps. Leur éclat indique si le potentiel est trop bas ou trop élevé. En pleine marche, il faudra 25 de ces lampes ; avec la marche réduite du début, 17 suffisent.

On emploie actuellement deux types de lampes ; l'un de 1 ampère et 48 volts, soit 48 watts ou 16 bougies à raison de 3 watts par bougie ; l'autre de 0,6 ampères et 48 volts, soit 30 watts ou 10 bougies.

On a cru, au début, que les transformateurs seraient des organes de distribution très imparfaits ; l'expérience a rectifié ces appréciations et l'on sait, aujourd'hui, que leur rendement peut atteindre jusqu'à 92 0/0 ; ils présentent même cette particularité que leur rendement augmente avec la production, tandis qu'avec les piles et les dynamos (lorsque ces dernières sont employées au transport de l'énergie), le rendement s'améliore à mesure que la puissance utile diminue.

Les expériences de MM. Ferraris et Fleming sur les transformateurs ont été données en détail, avec les courbes qu'ils ont obtenues, dans la revue de M. Hospitalier (*l'Electricien de 1886 et 1887*). — J. B.

*TRANSLATAGE. T. de tiss. Dans certains tissus façonnés, chaque passée de trame se compose de plusieurs duites de couleurs différentes qui se substituent en quelque sorte les unes aux autres pour concourir à la formation du dessin, chacune d'elles ne venant paraître à l'endroit du tissu qu'aux points où le dessin doit avoir sa couleur, et restant à l'envers dans toutes les autres parties. La mise en carte générale figure chaque passée par une seule ligne transversale, qui reproduit les effets de couleurs qui se retrouveront dans le tissu. Le translatage est une opération par laquelle on établit une nouvelle mise en carte, affectant une ligne spéciale à chaque *lat* ou duite, pour bien en détailler le mouvement. Cette opération peut aussi s'appliquer à la chaîne dans le cas où le façonné est produit par cet élément.

*TRANSLATEUR, TRANSLATION. T. de télégr. Instrument ou installation ayant pour but de faire passer automatiquement les signaux d'une ligne sur une autre. — V. TÉLÉGRAPHE, § 62.

TRANSLUCIDITÉ. T. de phys. État, propriété d'un corps qui laisse passer la lumière, sans permettre de distinguer à travers la forme ou la couleur des objets.

*TRANSMETTEUR. T. de télégr. Ce mot désigne, dans tout système de télégraphie, l'ensemble des organes servant à l'émission des signaux. L'envoi d'un signal comporte deux opérations : la *préparation* du signal et son *émission*. Tantôt les deux opérations s'effectuent simultanément par la manœuvre d'un même instrument, appelé de préférence *manipulateur* ; tantôt les deux opérations s'effectuent successivement, les signaux n'étant émis qu'après avoir été *préalablement* composés et l'émission s'effectuant *automatiquement*, le nom de *transmetteur* est alors réservé à l'instrument d'émission. — V. CLEF, MANIPULATEUR, TÉLÉGRAPHE, §§ 49, 51, 68, 76, etc.

TRANSMISSION. T. de mécan. Il est très rare que le travail produit par les forces motrices employées dans l'industrie puisse être utilisé directement, comme dans le canon ou la trompe soufflante ; généralement, il faut faire agir ces forces sur des organes spéciaux dont l'ensemble constitue une machine motrice (machines à vapeur et à gaz, roues hydrauliques et turbines), et c'est la puissance motrice de ces machines qu'il faut transmettre aux récepteurs, souvent même la subdiviser entre eux en faisant varier l'un de ses facteurs, c'est-à-dire en modifiant la vitesse suivant les opérations à effectuer. Les organes qui servent d'intermédiaires constituent ce que l'on doit nommer une *transmission de la puissance motrice* et non pas comme l'on dit généralement et incorrectement, une *transmission de mouvement* ou une *transmission de force*.

L'exemple le plus simple et le plus ancien est

la corde sans fin qui entraîne des roues à gorge ; c'est le moyen employé pour transmettre au tour le travail musculaire d'un manœuvre, ou à la machine à coudre celui des pieds de l'ouvrière. Pour les puissances considérables développées par les machines, on a eu recours à des intermédiaires plus résistants et l'on a créé les transmissions par courroies et par engrenages. — V. COURROIE, ENGRENAGE.

Dans l'acception la plus générale de ce mot, une transmission peut être considérée comme un ensemble d'organes ayant pour but de transmettre l'énergie sous une forme quelconque pour la porter du moteur au récepteur ; elle est donc l'intermédiaire obligé entre ces deux machines, lorsqu'elles n'agissent pas directement l'une sur l'autre, et elle revêt évidemment des formes variables suivant la nature et l'installation des machines auxquelles elle est appliquée, le mode sous lequel se manifeste l'énergie à transporter, etc. Semblable en cela aux machines avec lesquelles elle est en relation, à tous les appareils producteurs ou transformateurs d'énergie, la transmission n'est jamais un intermédiaire gratuit d'un rendement parfait, elle absorbe toujours en un mot pour son compte une fraction plus ou moins importante de l'énergie qui lui est confiée, et elle ne la restitue jamais intégralement au récepteur. L'étude de la transmission doit donc être poursuivie par l'ingénieur dans le même esprit que celui des machines proprement dites, ainsi que nous l'avons signalé aux articles spéciaux (V. MACHINE, MOTEUR, RÉCEPTEUR), en s'attachant, en un mot, à déterminer son rendement propre, à bien préciser l'influence des causes particulières dont ce rendement est la résultante, et par suite les conditions d'installation à observer pour l'améliorer, afin de se rapprocher le plus possible du rendement limite égal à l'unité qu'on ne saurait jamais atteindre.

Le sens du mot *transmission* s'est élargi à mesure que s'est accrue la distance à laquelle on a pu transporter la force motrice, et il n'y a plus guère, pour ainsi dire, qu'une analogie d'expression entre la simple corde en chanvre ou la modeste courroie en cuir qui s'est perpétuée à travers les âges comme le seul mode de transmission connu réunissant deux machines presque voisines, et les transports d'énergie que nous voyons appliqués aujourd'hui à plusieurs kilomètres de distance sous les formes les plus variées. Les câbles télodynamiques qui transmettent le mouvement à grande distance, les tubes qui amènent l'eau sous pression, les conduites de vide ou d'air comprimé qui transportent par exemple au fond d'une longue galerie de mine ou de tunnel à un outil perforateur, l'impulsion venue d'un moteur de l'extérieur, ou qui, dans les canalisations de nos grandes villes se plient en quelque sorte à nos besoins les plus variés, les transmetteurs électriques surtout qui, par l'intermédiaire d'un simple fil, espèrent pouvoir actionner les machines à une distance quelconque et qui entrevoient ainsi un avenir peu éloigné dans lequel ils pourront recueillir, pour les utiliser industriellement, la plus grande partie des forces naturelles encore perdues aujourd'hui sans profit ; tous ces appareils cependant peuvent être considérés comme des *transmetteurs d'énergie*, et s'ils opèrent chacun sur un mode d'énergie spécial, dans des conditions essentiellement distinctes de l'un à l'autre, on ne saurait méconnaître toutefois que l'évaluation du rendement, c'est-à-dire du rapport de l'énergie restituée par eux au récepteur à l'énergie qui leur était confiée par le moteur, ne fournisse encore pour tous le meilleur mode d'évaluation comparative, en tenant compte, bien entendu, des conditions diverses où ils sont placés et du choix limité qui en résulte.

**Transmission par courroies.** Les cordes en chanvre ont fourni certainement le premier organe de transmission, et elles se perdent avec le tour dans la nuit des temps, puisque nous les voyons figurer dans la disposition primitive de cette machine telle que nous l'avons décrite à l'article spécial (V. TOUR) et qu'elles devraient se retrouver ainsi sur les tours qui ont servi en Egypte, par exemple, à travailler les colonnes des temples.

La corde en chanvre présente l'inconvénient de donner un frottement irrégulier, de s'allonger par l'humidité, et elle a été remplacée dans tous les ateliers par la courroie en cuir, en gutta-percha ou en caoutchouc. Celle-ci est généralement plate, mais on rencontre fréquemment aujourd'hui cependant des courroies rondes qui peuvent être à la rigueur assimilées à des cordes ; on les prépare en boyaux de chat, en coton ou même en chanvre, mais surtout en fil de fer ou d'acier, et c'est une application qui se développe de plus en plus dès qu'il s'agit d'une transmission dépassant 20 mètres de portée avec une vitesse de marche un peu forte de 25 à 50 mètres à la seconde. On emploie, au contraire, des chaînes pour transmettre de grandes forces à faibles vitesses. On a même employé les bandes de tôle ondulées en acier pour commander les machines électriques.

Comme les cordes et les câbles, les courroies constituent des organes flexibles réunissant deux poulies, l'une motrice, l'autre conduite, sur lesquelles elles sont enroulées ; elles déterminent l'entraînement de cette dernière poulie par la résistance qu'elles développent au frottement de glissement sur la surface de celle-ci. Les courroies se préparent aujourd'hui en cuir, tanné à l'écorce de chêne, qu'on découpe en bandes de grandes longueurs et que l'on assemble ensuite en les collant ou les fixant à l'aide de lacets ou de rivures. Comme la courroie ainsi préparée présente un côté rugueux et l'autre poli, il faut toujours s'attacher à faire porter le côté rugueux sur la surface de la poulie pour maintenir le coefficient de frottement. Les courroies en caoutchouc sont fabriquées souvent avec interposition de toile de coton par couches alternatives qui leur donnent plus de durée ; elles sont préférables d'ailleurs aux courroies en cuir dans les endroits humides.

Les courroies sont toujours plates, elles présentent une certaine largeur par rapport à leur épaisseur, et elles ont ainsi une surface d'appui

suffisante par leur face intérieure ; aussi les poulies reçoivent-elles alors la forme d'un cylindre
uni avec un simple bombement au milieu de 1/10
environ de leur épaisseur, et un rebord sur les
côtés pour prévenir le déplacement latéral de la
courroie. Avec les cordes et les câbles, on est
obligé d'employer des poulies à gorge en forme
de V pour augmenter les frottements; avec les
chaînes on emploie même des poulies dentées dont
les saillies emboîtent les maillons. Les chaînes
et les câbles sont généralement tendus par leur
poids, tandis que les courroies le sont plutôt par
leur élasticité.

La courroie peut être considérée comme étant
à peu près inextensible, et si elle se déplace sans
glissement elle assure évidemment la même vitesse
tangentielle par seconde, $v$ aux deux poulies
qu'elle relie. En appelant $d$ et $d_1$ les diamètres de
chacune d'elles, $N$ et $N_1$ les nombres de tours
qu'elles font respectivement par minute, on a les
relations :

$$\pi d N = v = \pi d_1 N_1 \text{ d'où } \frac{d}{d_1} = \frac{N_1}{N}.$$

Cette relation n'est toutefois rigoureuse que si
la courroie est supposée infiniment mince, et dans
un calcul plus précis, il faudrait comprendre sa
demi-épaisseur $s$ dans les diamètres $d$ et $d_1$. Il
faudrait tenir compte, d'autre part, du glissement
dû à l'élasticité de la courroie, car le brin moteur
subissant une tension plus forte, s'allonge davantage que le brin conduit, et il en résulte nécessairement que la vitesse linéaire de la poulie résistante n'est pas égale à celle de la poulie conductrice, mais qu'elle lui est inférieure d'environ 2 0/0.

Si donc on voulait obtenir un rapport de nombre de tours bien précis, il serait préférable de
remplacer la courroie par un arbre de transmission avec des engrenages.

La tension d'une courroie enroulée sur une
poulie faisant un angle $\theta$, déterminé par l'inclinaison des rayons aboutissant aux deux points où
les brins moteur et résistant deviennent tangents
à la poulie, se détermine au moyen de la formule
suivante rappelée à l'article COURROIE :

Si on appelle $T_1$ la tension du brin résistant, $T_2$
celle du brin moteur au moment où la courroie
est sur le point de glisser de $T_1$ vers $T_2$, le rap-
port $\frac{T_2}{T_1}$ est donné par l'expression $\frac{T_2}{T_1} = e^{f\theta}$.

$e$ est la base des logarithmes népériens, égale
comme on sait, à 2,71828 ; $f$ est le coefficient de
frottement correspondant, et $\theta$, l'angle considéré
exprimé en mesure circulaire, c'est-à-dire en fonction de $\pi$.

Si on fait intervenir les logarithmes ordinaires
dont l'emploi est plus commode, l'expression prend
la forme :

$$\log. \text{ ord. } \frac{T_2}{T_1} = 0,434 f\theta,$$

ou

$$\log. \text{ ord. } \frac{T_2}{T_1} = 0,007578 f\theta$$

suivant que $\theta$ est exprimé en mesure circulaire
ou en degrés.

La valeur de $f$ peut varier de 0,15 à 0,56 selon
le cas ; mais avec les poulies en fonte et les courroies en cuir dans les conditions ordinaires, on
peut compter sur 0,3 à 0,4. On trouvera, d'ailleurs,
dans un grand nombre d'aide mémoire, des ta-
bleaux donnant les valeurs du rapport $\frac{T_2}{T_1}$ calculées à l'avance suivant la valeur des angles et du
coefficient adopté, et le lecteur en trouvera un
exemple au mot COURROIE. Pour $\theta = 90°$, par
exemple, avec $f = 0,4$, on a $\frac{T_2}{T_1} = 1,874$, et pour
$\theta = 180°$, on a $\frac{T_2}{T_1} = 3,514$.

Si la poulie conduite présente une résistance $R$,
on aura $T_2 - T_1 = R$, et si celle-ci correspond à
une puissance de $N$ chevaux à la vitesse $v$, on a
$Rv = 75 N$, d'où $T_2 - T_1 = \frac{75 N}{v}$, relation qui, combinée avec la précédente, permet de calculer
les tensions $T_1$ et $T_2$ à adopter pour une puissance donnée en tenant compte des dimensions
des poulies. Les dimensions de la courroie se
déduisent facilement de ces tensions, en observant que la fatigue imposée au cuir ne doit
pas dépasser le 1/10 de la charge de rupture qui
est de 3 kilogrammes à 3$^k$,5 par millimètre carré.
On ne prend même pas en général, plus de 0$^k$,22
pour tenir compte de l'influence du joint rivé assemblant les deux bouts de la courroie sans fin,
lequel n'a guère qu'une résistance inférieure de
moitié à celle de la courroie pleine. L'épaisseur
des courroies simples varie de 5 à 8 millimètres
et celle des courroies doubles de 9 à 19 millimètres. Le poids $p$ en kilogrammes par mètre est
égal à 0,091 S, S étant la section en centimètres
carrés.

Il y a lieu d'observer enfin qu'une partie de
la tension de la courroie est employée à courber celle-ci en arrivant sur la poulie, pour l'appliquer au contact de la surface recourbée qu'elle
présente. La pression exercée sur la poulie est
donc, en réalité, un peu inférieure à la tension
totale, et cet effet devient surtout sensible dans
la marche à grande vitesse à cause de l'influence de la force centrifuge. Celle-ci est représentée, comme on sait, par l'expression $\frac{2 p v^2}{g d}$ qui,
dans le cas des courroies, devient $0,0396 \frac{v^2}{d}$, pour
1 mètre de courroie, $d$ étant le diamètre de la
poulie, et la tension maxima de la courroie devient
égale à $T_2 + 0,0396 \frac{v^2}{d}$.

Les courroies sont employées, généralement de
manière à former une ligne sans fin. On prend la
courroie dite ouverte lorsqu'on veut réunir deux
arbres parallèles tournant dans le même sens et la
courroie croisée lorsque les sens de marche doivent être contraires. La longueur L de la courroie
réunissant deux poulies de diamètres respectifs D
et $d$, dont la distance des axes est égale à $c$, se
détermine dans ces deux cas par les relations suivantes :

Pour les courroies croisées on a :

$$L=\left(\frac{\pi}{2}+\varphi\right)(D+d)+2c\cos\varphi.$$

L'angle $\frac{\pi}{2}+\varphi$ est la moitié de l'angle d'enroulement de la courroie sur chaque poulie, désigné plus haut par $\theta$, la quantité $\varphi$ est déterminée par la relation :

$$\mathrm{Sin}\,\varphi=\frac{D+d}{2c}.$$

Pour les courroies ouvertes, l'angle d'enroulement n'est pas le même sur les deux poulies, on a sur la grande $\frac{\pi}{2}+\varphi'$ pour le demi-angle, et $\frac{\pi}{2}-\varphi'$ sur la petite, et $\sin\varphi'=\frac{D-d}{2c}$; $\varphi'$ est d'ailleurs, généralement petit, et dans un calcul approché, on peut écrire :

$$L=\frac{\pi}{2}(D+d)+2c\left(1+\frac{1}{8}\frac{(C-d)^2}{c^2}\right).$$

Comme on le voit par ces relations, avec une courroie fermée, L ne dépend que de la somme $D+d$ et de $c$, et la même courroie peut donc se monter sur différentes paires de poulies tant que ces données restent constantes.

Pour une courroie ouverte, la relation à observer entre les diamètres respectifs $D_1 d_1, D_2 d_2$, etc., des poulies de différentes paires, pour que la même courroie puissent s'y adapter, est plus compliquée, il faut avoir en effet :

$$\frac{\pi}{2}(D_1+d_1)+\frac{2}{c}\left(1+\frac{1}{8}\frac{(D_1-d_1)^2}{c^2}\right)$$
$$=\frac{\pi}{2}(D_2+d_2)+\frac{2}{c}\left(1+\frac{1}{8}\frac{(D_2-d_2)^2}{c^2}\right)$$

En pratique, on procède par approximation en se contentant de calculer les diamètres $D_2 d_2$, comme si la courroie était fermée, on a ainsi $D_2-d_2$ d'où on déduit, d'après la relation précédente, $D_2+d_2$, et on en tire enfin les diamètres $D_2$ et $d_2$ d'après le rapport de vitesse qu'on veut obtenir.

Ce calcul se présente spécialement dans la détermination des diamètres à donner aux poulies étagées des cônes de vitesse conduisant les machines-outils. M. Cauthorne Unwin en donne un exemple dans ses *Eléments des machines*.

N étant le nombre de tours de l'arbre moteur, portant les poulies de diamètres $D_1$ et $D_2$, le cône de vitesse a les poulies $d_1$ et $d_2$ qui donneront respectivement les nombres de tours $n_1$ et $n_2$, on a évidemment $\frac{D_1}{d_1}=\frac{n_1}{N}$ et $\frac{D_2}{d_2}=\frac{n_2}{N}$, on prendra avec la courroie croisée :

$$D_1+d_1=D_2+d_2,$$

d'où on déduit :

$$D_2=\frac{n_2}{N+n_2}(D_1+d_1)$$

et

$$d_2=\frac{N}{N+n_2}(D_1+d_1).$$

Pour les courroies ouvertes, on arrive approximativement aux relations :

$$\Sigma_2=D_2+d_2=D_1+d_1+\frac{(D_1-d_1)^2-(D_2-d_2)^2}{4\pi c}$$

et

$$D_2=\frac{n_2}{N+n_2}\Sigma_2$$
$$d_2=\frac{N}{N+n_2}\Sigma_2.$$

Les courroies peuvent être employées à réunir deux arbres non parallèles; mais il faut alors observer la condition que la courroie soit au quart tordue, c'est-à-dire que chacune des deux poulies ainsi réunies soit bien située dans le plan dans lequel la courroie quitte l'autre poulie, autrement celle-ci se détacherait. Si on ne peut pas remplir cette condition, on interpose des galets de déviation qui permettent de la réaliser. On emploie d'ailleurs aussi les galets sur les courroies reliant des arbres parallèles, mais seulement pour les maintenir en tension malgré leur allongement. Les courroies sans fin doivent toujours présenter un joint démontable pour le cas où on veut les raccourcir; ce joint est ordinairement lacé avec des lanières de cuir blanc, mais on le maintient aussi quelquefois par des boutons en fer avec écrou plat dont le démontage est plus facile.

**Transmission par arbres flexibles.** Les courroies telles que nous venons de les considérer ne forment souvent qu'un élément d'une transmission complète, elles ne relient pas directement le volant du moteur au récepteur, mais plus généralement, surtout dans les ateliers, on dispose un arbre de transmission général actionné directement par le moteur, et on rattache à celui-ci, par des courroies, les outils à conduire. Les axes rigides servent encore aux transmissions de mouvement sur des pièces mobiles comme les vagons pour la commande des freins par exemple; mais cette dernière application qui impose des pertes énormes par frottement, tend à disparaître devant les nouvelles transmissions par l'électricité et par l'air comprimé ou raréfié.

L'installation des transmissions d'ateliers avec arbres rigides, exige nécessairement une grande précision, à cause de la nécessité de disposer les supports et les paliers bien exactement à la hauteur et dans la direction de l'axe de l'arbre à poser. Nous avons déjà insisté sur ce sujet aux articles spéciaux (V. Chaise et Palier), en décrivant certaines dispositions particulières permettant de déplacer les coussinets pour les ramener exactement dans la direction désirée. On peut d'ailleurs faire supporter les coussinets par une double articulation autour d'un axe horizontal et d'un axe vertical rappelant la suspension à la Cardan, et permettant de les orienter sans difficulté. Le montage se trouve ainsi grandement facilité et n'exige plus des ouvriers spéciaux. On trouvera un exemple de cette disposition intéressante dans les figures 588 et 589 représentant le palier à réglage universel de M. Cuvier, constructeur à Seloncourt. Le palier de l'arbre D peut être relevé à volonté en agissant sur la vis V, il peut tourner enfin autour de l'axe L et d'un axe horizontal inférieur.

Toutes les transmissions par axe rigide et par

courroies sont nécessairement fixes, et si on les applique à la commande d'un outil de masse légère, comme un foret, par exemple, pour le perçage des trous des plaques tubulaires de chaudière, elles ne permettent pas facilement de déplacer l'outil, à moins d'adap-ter sur l'arbre, une articula-tion par joint universel d'un usage très gê-nant. Il serait souvent préfé-rable cepen-dant de pou-voir, déplacer l'outil plutôt que la pièce elle-même, gé-néralement fort lourde, sur la-quelle on opè-re, lorsqu'on a un grand nom-bre de trous à y percer, com-me c'est le cas, par exemple, pour le perçage des plaques tubulaires de chau-dières.

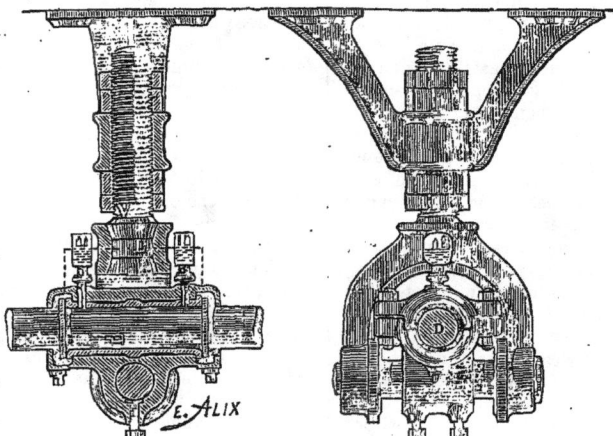

Fig. 588 et 589. — *Palier à réglage universel à double articulation pour transmission.*

On s'est trouvé ainsi amené à disposer des axes de transmission formés de câbles métalliques d'une flexibilité parfaite, et qui peuvent se prêter sans difficulté à tous les déplacements de l'outil, à toutes les variations d'inclinaison qu'il doit présenter. L'arbre de transmission s'infléchit plus ou moins suivant les besoins, s'adapte immédia-tement à la position qui lui est imposée, et trans-met ensuite l'effort moteur sans se déformer. C'est là un résultat des plus curieux, difficile même à expliquer en théorie, car il semble étonnant, au pre-mier abord, que le mouvement de rotation puisse se transmettre ainsi le long de cette espèce de ressort recourbé sans en altérer la forme et sans le faire fouetter.

Nous représentons dans les figures 590 et 591, d'après la description que nous avons donnée dans la *Nature*, n° du 30 mars 1878, le mode d'installation du câble Stow et Burnham dont l'application se répand de plus en plus dans les ateliers de chau-dronnerie pour le perçage des trous de rivets sur les tôles de chaudières. Ce câble est composé de cinq cylindres creux $m, n, p, q, r$ emboîtés les uns dans les autres. Chacun d'eux est formé de l'en-roulement en hélice d'un fil unique ; le pas de l'hélice est le plus petit possible, le fil étant très mince, et les spires successives sont amenées ri-goureusement au contact, en ne laissant aucune solution de continuité dans le cylindre qu'elles dessinent. Le câble présente ainsi une résistance plus considérable à la torsion, tout en pouvant se courber facilement. D'autre part, le sens de l'en-roulement varie alternativement d'une couche à la suivante, disposition qui limite les déformations du câble dans les efforts de torsion qu'il subit,

puisque la rotation dans un sens donné qui aug-mente la torsion de trois des ressorts, par exem-ple, diminue celle des deux autres. Les cinq fils sont câblés entre eux aux deux extrémités sur une certaine longueur et forment en ce point un assem-blage rigide, on fixe à l'un des bouts A la poulie motrice D et à l'autre bout en C, une douille sur la-quelle on vient adapter direc-tement l'outil ou la roue den-tée qui le com-mande, comme c'est le cas sur la figure 590. Un embrayage très simple dis-posé sur cette douille permet à l'ouvrier qui la tient à la main d'arrêter ou de ralentir le mouvement quand le travail l'exige.

Le câble est enfermé dans une gaine A (fig. 591) formée d'un fil $s$ enroulé en hélice et d'une enve-loppe en cuir. Cette gaine protège le câble contre les influences extérieures, et elle empêche en même temps, par sa raideur, de le courber sous des an-gles trop ai-gus. Elle sup-porte égale-ment le châs-sis de la pou-lie motrice non relié au câble lui-mê-me, et qui porte, comme on le voit, un crochet E ser-vant à l'amar-rer par des cordes sur un point fixe. La poulie pré-sente d'autre part un cer-tain jeu dans son châssis, ce qui lui per-met d'obéir, pendant le mouvement, aux légères variations de longueur du câble. L'outil placé à l'autre extrémité, est immobilisé dans la position qu'il doit occuper en l'amarrant à la partie su-périeure contre un support relié invariablement à la tôle à percer.

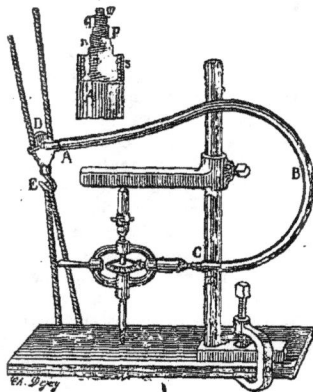

Fig. 590 et 591. — *Transmission flexible Stow et Burnham.*

La vitesse de rotation de l'arbre flexible peut s'élever jusqu'à 1,500 tours à la minute, et on peut forer des plaques en cuivre ayant jusqu'à 25 millimètres d'épaisseur. On a construit des arbres dont le diamètre varie de 6 à 32 millimètres, et la longueur atteint 5ᵐ,50.

### Transmission télo-dynamique.

Avec ces différents systèmes, on était enfermé dans des limites assez restreintes pour la quantité de travail à transmettre et pour la distance à franchir, lorsque M. Hirn, savant mécanicien français, imagina, en 1852, le mode de transmission appelé *télo-dynamique*, et le mit libéralement à la disposition des industriels. Son invention consistait simplement à enrouler sur deux poulies à gorge tournant dans un même plan vertical, un câble continu en fil de fer ; ce câble est animé d'une grande vitesse, ce qui lui permet de transmettre une puissance considérable, même sous une tension modérée. Lorsque les poulies sont très éloignées, on place entre elles des poulies de support intermédiaires que l'on établit à des hauteurs suffisantes pour suivre le relief du terrain ; quand le câble doit suivre une ligne brisée, on établit à quelques mètres du sommet de chaque angle des poulies intermédiaires verticales ordinaires, entre lesquelles on place une troisième poulie horizontale dont la gorge est tangente aux deux côtés de l'angle. On peut aussi diviser la ligne en relais rectilignes raccordés par des engrenages d'angle. Les poulies de transmission sont en fonte ; la gorge doit être tournée avec soin, et ses deux faces font entre elles un angle de 50 à 60°, et de 30° au minimum (fig. 592). Le fond de la gorge, creusé en queue d'aronde, est rempli avec des morceaux de cuir gras, découpés à l'emporte-pièce, placés de champ, et fortement serrés. Quand cette garniture est terminée, la poulie est remise sur le tour pour donner au fond de la gorge une forme parfaitement régulière. Le diamètre de ces poulies varie de 75 à 200 fois celui du câble, de façon que la vitesse, à la circonférence, qui est sensiblement celle du câble, soit comprise entre 14 et 30 mètres par seconde. Les poulies intermédiaires qui n'ont aucun effort à transmettre, sont beaucoup plus légères, et leur diamètre peut être réduit ; mais leurs gorges doivent être tournées et garnies avec le même soin.

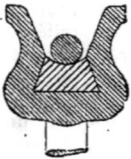

Fig. 592.

La distance la plus convenable entre les supports est de 70 à 110 mètres ; ils doivent toujours être assez élevés pour que le point le plus bas de la courbe décrite par le fil se trouve au-dessus de la tête des hommes et au-dessus des voitures, afin d'éviter les accidents.

Les câbles se font avec du fil de fer ou de préférence avec du fil d'acier ; ils sont formés de 6 torons enroulés autour d'une âme en chanvre, soigneusement enduite de suif et de goudron. Les spires des torons sont enroulées en sens inverse du sens d'enroulement des torons eux-mêmes sur l'âme, afin d'éviter la tendance du câble à la torsion. Le diamètre usuel des fils varie de 1/2 à 2 millimètres. On peut déterminer celui qui convient à l'aide de la formule

$$D = 13,86 \sqrt{\frac{N}{IRV}},$$

dans laquelle N est le nombre de chevaux-vapeur à transmettre ; I le nombre des fils ; R la résistance par millimètre carré de section du fil ; et V la vitesse du câble en mètres. Quand le nombre des fils est considérable et le diamètre un peu fort, on met une âme de chanvre dans chaque toron. Le diamètre du câble est environ 8 fois celui du fil. La tension du brin conducteur doit être à peu près égale au double de l'effort tangentiel, en kilogrammes, transmis par la poulie ; la tension du brin conduit est égale à ce même effort ; et au repos, la tension de chaque brin est égale à une fois et demie. On ne doit pas dépasser 16 kilogrammes par millimètre carré de la section du fil, dont 10 pour la fatigue de l'enroulement et 6 pour l'effort de traction dans le brin conducteur. Le coefficient de frottement des câbles sur les gorges des poulies peut être évalué à 0,23 ou 0,25. La réunion des deux bouts du câble se fait par épissure sur plusieurs mètres de longueur ; il est généralement nécessaire de raccourcir les câbles neufs après quelques jours de marche. La plus petite distance entre les deux poulies est de 20 à 30 mètres ; au contraire, il n'y a pour ainsi dire pas de limites au-dessus de ce chiffre, et on a réalisé, sans difficulté, jusqu'à 250 mètres. Cependant, quand une transmission est très longue, on la divise en un certain nombre de relais, de 100 à 120 mètres, de façon à ne pas donner à un câble unique une longueur démesurée. A chaque station, deux poulies sont montées sur le même arbre, l'une commandée, l'autre motrice. Ces deux poulies sont souvent confondues en une seule avec double gorge. Les stations servent également à répartir la puissance transmise au moyen de câbles secondaires, de sorte que la transmission est complétée par une distribution.

Lorsqu'une transmission télo-dynamique est installée avec toute la précision nécessaire, que le câble est régulier et que la puissance transmise ne varie pas trop brusquement, les deux brins du câble restent parfaitement stables et leur mouvement est imperceptible, malgré sa grande rapidité ; la perte par les frottements est très petite, 3 0/0, même pour de grandes distances. Dans les cas contraires, le câble fouette violemment et peut se rompre ou sortir hors des gorges des poulies. On a déjà exécuté un grand nombre d'installations de ce système ; à Schaffhouse, une chute obtenue en barrant le cours du Rhin actionne trois turbines placées sur la rive gauche et donnant 750 chevaux. La moitié environ de cette puissance (331 chevaux) est envoyée sur la rive droite et répartie au moyen de six stations sur plus de 600 mètres le long du quai. Chaque station donne le mouvement, au moyen de câbles secondaires, aux usines des abonnés. La transmission est faite par deux câbles, parallèles, équilibrés ; les poulies ont 4ᵐ,50 de diamètre ; les portées franches varient de 100 à 135 mètres. Auprès des turbines, les câbles se composent de 8 torons contenant chacun 10 fils de 185 millimètres de diamètre; la vitesse est de près de 19 mètres.

La chute des eaux du Rhône, sous Bellegarde, dans le passage appelé « perte du Rhône » a été utilisée pour créer une puissance de 10,000 chevaux. 5 turbines, de 650 chevaux chacune, ont été installées pour transmettre cette puissance au moyen de câbles et la distribuer, sur un parcours d'environ 975 mètres, aux usines déjà construites sur le plateau. Toutefois, la lenteur avec laquelle se développe cette grande entreprise semble indiquer que ce n'est pas l'industrie qui ira trouver la force motrice; mais que, dans les conditions actuelles, c'est le contraire qui doit avoir lieu, autrement dit que les grandes forces naturelles ne pourront être utilisées qu'à condition d'effectuer économiquement, à de très grandes distances, le transport de l'énergie mécanique qu'elles représentent.

Les résultats obtenus avec les câbles télo-dynamiques ont ramené l'attention sur les services que peuvent rendre les câbles ordinaires; c'est ainsi que, depuis quelques années, lorsque la puissance à transmettre et la distance à franchir obligent à donner aux courroies des dimensions telles que leur prix devient exagéré, on les remplace par plusieurs câbles, en chanvre ou en aloès qui sont logés dans des gorges creusées sur la jante; un câble de 50 millimètres de diamètre peut transmettre de 30 à 35 chevaux; on a pu,

Fig. 593.

avec 20 câbles parallèles, transmettre jusqu'à 1,000 chevaux, ce qui est impossible avec des courroies. Les gorges sont creusées en forme d'U, comme l'indique la figure 593; chaque câble est formé de 3 torons commis ensemble; les diamètres habituellement employés sont de 35, 40, 45 et 50 millimètres. On peut le déterminer à l'aide de la formule

$$D = 5,83 \sqrt{\frac{P}{I}} = 50 \sqrt{\frac{N}{VI}},$$

dans laquelle P représente la traction totale en kilogrammètres, D le diamètre du câble en millimètres; I le nombre des câbles; N le nombre des chevaux-vapeur; V la vitesse du câble en mètres; cette dernière est à peu près la même que celle des courroies; c'est généralement le brin supérieur qui est employé comme brin moteur. Le diamètre des poulies est de 45 à 50 fois celui du câble; il est de 90 à 100 fois lorsque la poulie doit servir de volant. La résistance à la traction des câbles de bonne qualité est de 0$^k$,075 par millimètre carré de section. Cette transmission est plus souple et plus économique que celle des courroies; les mouvements sont plus doux et plus réguliers et leur distance peut être beaucoup plus grande. L'inconvénient qu'on leur reproche est l'hygrométrie des cordes qui se tendent ou se relâchent, suivant que l'air est plus ou moins humide.

**Transmission par roues de friction.** Le problème de la transmission se pose souvent dans des conditions tout à fait opposées, lorsqu'il faut mettre en mouvement des arbres très rapprochés et que le rapport entre leurs vitesses est trop considérable pour permettre un bon fonctionnement des roues d'engrenages. Tant que la distance n'est pas absolument trop faible, on remédie à la diminution des arcs embrassés par la courroie au moyen d'un rouleau de tension qui rapproche le plus possible le brin conduit du brin conducteur. On établit ce rouleau avec une poulie d'un diamètre au moins égal à celui de la poulie conduite et dont l'axe est monté sur un support à coulisse avec vis de rappel. Lorsqu'il n'y a pas assez de distance pour employer une courroie, on a recours aux cônes ou galets de friction garnis de cuir et pressés énergiquement sur la poulie motrice. La garniture est faite ordinairement avec des rondelles de cuir très serrées entre deux plateaux de métal, et tournés ensuite avec soin; l'un des plateaux porte le moyeu et le serrage est obtenu avec des boulons (fig. 594). Grâce à cette disposition, le cuir travaille de champ et résiste

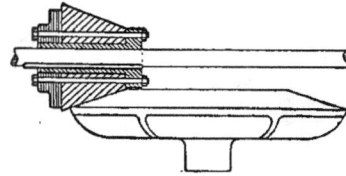

Fig. 594.

mieux à la pression nécessaire pour obtenir l'adhérence. Cette pression est obtenue ordinairement à l'aide d'une vis de serrage agissant sur le support des paliers du galet; M. Chrétien, qui en a fait le premier l'application sur les treuils de labourage employés à Sermaize en 1879, obtenait la pression à l'aide de leviers reliés par un fort ressort. M. Fontaine a employé le même procédé pour commander les dynamos génératrices, dans l'expérience du transport de puissance motrice exécutée en 1886; mais il a fait osciller le bâti de la dynamo sur deux tourillons; quel que soit le système préféré, il convient de donner aux tourillons et aux paliers des dimensions suffisantes pour résister aux réactions dues à la pression du galet sur la poulie motrice. Les roues de friction sont avantageuses lorsqu'il est nécessaire de transmettre un mouvement très rapide à des masses lourdes et offrant une inertie considérable, parce que l'on peut établir la pression lentement, de façon que l'entraînement se produise peu à peu; on s'en est également servi pour obtenir des vitesses variables du récepteur sans changer la vitesse de l'arbre moteur. Ce dernier est alors muni d'un disque plan très bien dressé qui remplace la poulie; le galet de friction est disposé de façon à être déplacé suivant le rayon du disque, et la jante est légèrement bombée; cette disposition est appliquée, sur une échelle très petite, dans les dynamomètres totalisateurs. Les autres procédés de transmission de la puissance motrice au moyen des fluides sont compris sous le terme plus général et plus exact de *transport de l'énergie.* — V. TRANSPORT DE L'ÉNERGIE. — J. B.

**TRANSMISSION DE L'HEURE.** Outre la transmission de l'heure par l'air comprimé, dont nous avons exposé le principe à l'article HORLOGERIE, on transmet encore, à distance, l'heure d'une horloge régulatrice par les deux systèmes suivants :

1° Dans le premier, l'électricité par contact intermittent agit sur une pièce accessoire fixée à un pendule, quand ce pendule a été mis en mouvement, et lui restitue la force perdue et nécessaire à la continuité de son mouvement oscillatoire. A chaque oscillation, par une pièce intermédiaire, et par minute ou fraction de minute, le pendule fait tourner d'une dent un rochet dont l'axe conduit une minuterie pourvue d'aiguilles et d'un cadran : c'est le cadran récepteur. Le pendule a donc ici une action mécanique;

2° Dans le deuxième système, l'action électrique est directe; c'est elle qui fait sauter, par minute ou fraction de minute, une dent du rochet.

L'intéressante disposition que nous donnons figure 595, et qui est due à M. Lombard, fera comprendre le principe de son mécanisme, lequel offre, d'ailleurs, certaines analogies avec les nombreuses combinaisons essayées par Froment, Vérité et autres; de ces tentatives, il résulte que la question de l'isochronisme reste contestée. Dans le balancier régulateur électrique que notre dessin représente, l'appareil se compose d'un pendule P battant la seconde et portant, à sa partie supérieure, une cuvette ovale d'équerre dont le fond est à jour, de façon à laisser pénétrer l'électro-aimant A suivant

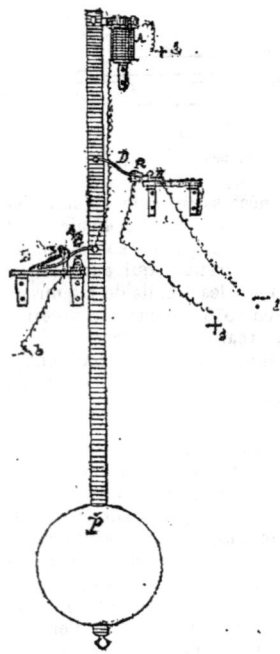

Fig. 595.

les amplitudes du balancier. Dans cette cuvette se pose librement une plaque mince de fer doux servant d'armature.

Le courant venant de la pile passe dans l'électro-aimant A et descend jusqu'au commutateur G, lequel soulève ou glisse alternativement sur un plan incliné B qui sert ainsi d'interrupteur au courant. Quand le commutateur G est sous le plan B, le courant passe, et lorsqu'il revient au-

dessus, le courant est interrompu, la partie supérieure du plan étant formée d'une substance non conductrice. Par cette disposition, l'attraction de l'armature dans la cuvette n'a lieu que lorsque le pendule, ayant dépassé la verticale, remonte à gauche et, lorsqu'elle cesse, le pendule vient dépenser la force acquise à droite de la verticale. Il suffit, en définitive, de rendre au pendule la force qu'il perd à chaque oscillation; on y arrive avec 2 éléments Daniell et l'on peut intercaler dans le circuit un nombre quelconque de cadrans qui recevront le courant toutes les deux secondes. Mais si l'on ne veut faire parvenir aux cadrans récepteurs le courant que toutes les dix, vingt, trente, soixante secondes, on monte sur le balancier un petit doigt mobile D faisant avancer un rochet R, lequel porte un commutateur à l'une de ses dents. Suivant le nombre des dents du rochet, chacune étant prise toutes les deux secondes, le courant arrivera plus ou moins souvent à la dent portant le commutateur.

Cette ingénieuse disposition permet alors d'employer des piles Leclanché sans avoir à craindre leur polarisation. Ce pendule, suivant l'auteur, est celui qui se rapproche le plus du pendule théorique.

**TRANSMISSION DE LA PAROLE, DE L'ÉCRITURE, DES SIGNAUX.** — V. SIGNAUX, TÉLÉGRAPHE, TÉLÉPHONE.

I. **TRANSPORT.** *T. de mar.* Parmi les nombreux navires qu'une nation doit posséder pour parer à toutes les éventualités, se trouvent les transports de guerre. On désigne sous le nom de *transports,* les bâtiments destinés à porter les troupes, les chevaux ou le matériel de guerre, en vue d'une expédition lointaine ou d'un débarquement sur une côte ennemie, ainsi que ceux qui sont destinés au rapatriement des malades et des blessés.

La création d'une flotte de transport remonte à la guerre de Crimée, époque à laquelle on reconnut l'insuffisance des ressources offertes par la marine du commerce pour assurer le ravitaillement d'une expédition considérable. Depuis cette époque, le développement de nos possessions en Extrême-Orient et l'envoi à la Nouvelle-Calédonie des condamnés aux travaux forcés ont rendu plus nécessaires encore les bâtiments de cette espèce.

Les transports peuvent se diviser en quatre classes : *transports de troupes, de malades, de condamnés, de chevaux.*

*Transports de troupes.* Les transports de troupes ne nécessitent pas d'installations particulières; les passagers ayant rang d'officier sont logés dans des chambres à plusieurs couchettes, la troupe couche dans des hamacs, comme l'équipage. Tous les bâtiments de transport et les navires de commerce peuvent être employés à ce service.

*Transports hôpitaux.* Le transport des malades, et en particulier les transports de la ligne de Cochinchine doivent avoir des installations plus confortables et plus saines. On y établit généralement, dans un des entreponts, un vaste hôpital garni de couchettes à roulis que l'on peut, au besoin, grâce à la hauteur d'entrepont, placer sur deux rangs superposés. Il faut avoir soin, dans les bâtiments de ce genre, d'installer un grand nombre de bouteilles (cabinets en t. de mar.) communiquant avec l'hôpital et soumises à une propreté rigoureuse. Les principaux bâtiments de ce genre sont : le *Mytho*, le *Bien-Hoa*, le *Shamrock*, le *Tonquin* et le *Vinh-Long*. Ces bâtiments ont une longueur de 105 mètres environ, un déplacement de près de 6,000 tonneaux et leurs machines, de 2,600 chevaux, leur permettent de réaliser une vitesse d'environ 13 nœuds.

*Transport des condamnés.* Dans les transports de condamnés, on dispose une prison dans l'entrepont en réservant, au milieu du navire, une coursive de surveillance. La prison est formée par des barreaux de fer ronds engagés, à leurs extrémités, dans des pièces de bois spéciales. Les sabords sont également garnis de barreaux.

On doit réserver, à proximité des prisons, un espace suffisant pour permettre aux gardiens de se reposer et pour pouvoir, en cas de révolte, installer de la troupe et, au besoin, quelques canons légers.

Jusqu'à ces dernières années, on utilisait, pour le transport des condamnés, d'anciens vaisseaux à deux ponts : le *Navarin*, la *Loire*, le *Fontenoy*; puis on s'est décidé à construire des transports en fer actuellement en service, le *Magellan* et le *Calédonien*. Ces derniers bâtiments ont un déplacement de 4,000 tonneaux environ et une machine de 800 chevaux, destinée seulement à servir en cas de besoin, dans la période des calmes, car leur marche principale est à la voile.

*Transports écuries.* Les navires spécialement destinés au transport des chevaux prennent le nom de *transports écuries*. On y dispose les chevaux dans des stalles comprenant cinq ou six animaux en ayant soin de leur soutenir la croupe, le poitrail et les flancs par des bordages horizontaux convenablement garnis d'étoupes. Ces dispositions sont prises pour les empêcher de céder au roulis. D'ailleurs, par mauvais temps, on les soutient également au moyen de sangles fixées au pont supérieur au moyen de pitons.

Enfin, nous devons citer aussi les *avisos-transports*, qui sont des navires servant à la fois comme transports et comme avisos. Pour répondre à leur dénomination d'*avisos*, ces bâtiments doivent posséder une artillerie suffisante afin d'opérer contre des ennemis faiblement armés. Ils possèdent généralement 4 canons de 14 centimètres; ils ont une longueur de 65 mètres environ, un déplacement de 1,600 tonneaux, et leur machine, de 700 chevaux, leur communique une vitesse de 10 à 11 nœuds.

**II. TRANSPORT.** Opération qui consiste à prendre d'après une matière ou prototype quelconque (dessin à la plume, autographie, gravure en taille-douce, gravure sur pierre, crayon lithographique, étain de musique, cuivre et acier gravés, photo-lithographie), une épreuve reportée sur métal préparé à la colle ou à l'albumine, avec une encre spéciale dite *encre à report*. On dit plus exactement *report*.

**III. TRANSPORT, TRANSPORTEUR.** Cette question a déjà été sommairement traitée aux mots DRAGUE et TERRASSEMENT, mais elle a reçu depuis cette époque d'importants développements qui nécessitent de nouveaux détails. Il s'agit ici d'appareils prenant les déblais au sortir des godets de la drague ou de l'excavateur et, les déchargeant directement soit sur le sol en cavaliers, soit sur des chalands porteurs, soit sur des vagons. Les systèmes adoptés peuvent se ranger en trois catégories : 1º les longs couloirs appliqués directement aux dragues ou aux débarquements flottants, et pour lesquels nous renverrons simplement le lecteur à l'article DRAGUE; 2º les transporteurs par courroie ou à tablier; 3º les transporteurs par action hydraulique.

*Transporteurs par courroie ou à tablier.* Ces appareils sont ordinairement réservés pour le service des excavateurs : ils ne sont guère adjoints aux dragues que si le déchargement des déblais s'effectue sur vagon. Lorsqu'une drague décharge en cavaliers, elle est le plus ordinairement pourvue d'un long couloir.

Les premiers transporteurs ont été appliqués aux travaux de l'isthme de Suez : ils se composaient d'une bande de toile de 0ᵐ,50 de largeur munie sur les bords et au milieu, d'une courroie en cuir ou en tissu métallique. La toile formait courroie sans fin, et était portée par une poutre aux deux extrémités de laquelle elle s'incurvait sur des tambours dont l'un était actionné par la machine de la drague; les deux brins du tablier étaient supportés chacun par une série de rouleaux. Ces toiles avaient l'inconvénient grave de s'user rapidement, de s'allonger pendant le travail et de retenir assez mal les déblais. Pour obvier à ces inconvénients, MM. Troll et Mercier établirent la toile sans fin en lames de tôle reliées entre elles par des maillons et passant sur des tourteaux polygonaux. Mais la raideur du tablier ainsi constitué quadruplait les frottements, et les déblais se répandant dans les organes causaient une usure trop prompte pour que cet appareil fonctionnât d'une manière satisfaisante. M. Nepveu essaya alors l'entraînement du tablier en toile par des chaînes avec roues à empreintes, et ne réussit pas mieux à cause de l'usure irrégulière des maillons, qui ne tardait pas à produire la rupture des chaînes. Une autre difficulté rencontrée à Suez, consiste dans l'accouplement direct du transporteur avec le moteur de la drague et de l'excavateur, car il faut faire varier la vitesse du tablier avec le rendement de la chaîne à godets. Nous verrons plus loin comment cet inconvénient a été écarté.

D'autres essais ont été faits récemment par MM. Boulet et Villepigue avec des plateaux à rebords formant godets, et portés sur des câbles : ceux-ci glissent sur les ailes supérieures d'une double poutre et sont entraînés par des tourteaux circulaires. Le parallélisme des câbles est assuré par des entretoises auxquelles sont fixés les plateaux. Nous ne croyons pas que cet appareil ait jusqu'ici reçu une sanction suffisante de la pratique.

On est également revenu dans ces derniers temps à la courroie sans fin : ces transporteurs sont représentés par la courroie en acier du système Marolle et la courroie en caoutchouc due à M. Buette. Le mode de fonctionnement est analogue pour les deux engins. La poutre est portée à ses deux extrémités par des trucs roulant sur deux voies parallèles à celle de l'excavateur. Le truc arrière est relié à ce dernier, et le suit dans ses déplacements; il est pourvu d'un moteur spécial qui actionne la poulie arrière du transporteur. Le truc avant porte son propre moteur : la poutre repose sur lui par l'intermédiaire d'un balancier avec galets fous sur leux axe, ce qui lui permet de prendre les inclinaisons nécessaires, sans cesser de s'appuyer convenablement sur le truc, et de manière à réduire le nombre des déplacements de la voie sur laquelle il circule. Deux séries de rouleaux fixés sur la poutre reçoivent l'une, le brin conducteur, l'autre, le brin conduit.

La courroie Marolle consiste en une lame d'acier sans fin de 1 mètre de largeur et $1^{mm},5$ d'épaisseur; elle pèse environ 11 kilogr. au mètre courant. Les plaques dont elle est formée ont une longueur moyenne de 5 mètres, et leurs extrémités sont assemblées à recouvrement avec deux rangs croisés de rivets à tête plate. Ce mode de jonction a donné de meilleurs résultats que les soudures. Les transporteurs Marolle employés au canal de Panama fonctionnent avec une vitesse de 3 à 4 mètres par seconde.

Le transporteur Buette consiste en une courroie en caoutchouc (fig. 596) d'une épaisseur de 8 millimètres, dans laquelle se trouvent placés trois plis de toile de coton bien tendus parallèlement, et noyés dans le caoutchouc. Deux rebords courent tout le long du tablier ; ils sont en caoutchouc, sans interposition d'aucune autre matière, et leur saillie sur le tablier est de 30 millimètres ;

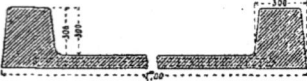

Fig. 596. — *Transporteur Buette.*

on a adopté dans la pratique une largeur d'un mètre. Le poids par mètre courant est de 12 kilogrammes, et la vitesse de 2 à 3 mètres par seconde.

La courroie Buette a donné d'excellents résultats sur les chantiers du canal de Tancarville, où quatre appareils de ce genre ont été appliqués au service d'excavateurs extrayant en moyenne 41,000 mètres cubes par mois, dans des sables argileux humides. La pente limite atteint 25 0/0 ; l'usure est très faible, et aucune de ces quatre courroies travaillant pendant près de deux ans à raison de vingt heures par jour, n'a dû être remplacée. Ces deux transporteurs présentent l'avantage d'une grande légèreté, ce qui permet de leur imprimer des vitesses considérables ; ils évitent également l'usure rapide que nous avons signalée

pour les appareils à plateaux, et réduisent beaucoup les dépenses de traction. La courroie en caoutchouc nous semble toutefois avoir sur celle d'acier l'avantage d'éprouver un glissement moindre sur les tourteaux, et de donner lieu à un plus faible frottement quand les trucs ne se déplacent pas exactement de la même quantité sur leurs voies respectives. En outre, les vieilles courroies en caoutchouc peuvent se revendre pour la refonte de la matière.

La distance de transport qu'on peut utiliser pratiquement avec ces appareils ne peut guère aller au delà de 100 mètres sans reprise, parce qu'elle est limitée par la longueur de la poutre; c'est ainsi qu'une installation de transport à 320 mètres par une courroie reposant sur une poutre unique, faite aux chantiers de l'île Cazeau (Gironde), n'a pas donné des résultats entièrement satisfaisants à cause de la flexion de la poutre et de la difficulté de la mouvoir.

*2° Transporteurs par action hydraulique.* Ces appareils possèdent un champ d'action beaucoup plus étendu que les précédents, pourvu que les déblais soient convenablement dilués. Mais cette dilution offre l'inconvénient de projeter avec les déblais une grande masse d'eau sur les terrains de décharge, et restreint l'emploi de ces appareils aux cas où les terrains n'ont pas de valeur, et où la décharge en cavaliers ne s'impose pas pour la construction ultérieure de digues. Le refoulement s'opère en conduites fermées flottantes pour les grandes distances.

Il n'existe, en réalité, que deux transporteurs proprement dits de cette nature, qui sont l'appareil Vasset, Robert et Gabert frères, et l'élévateur Thierry : nous croyons toutefois devoir adjoindre à cette catégorie les appareils appliqués aux dragues et refoulant directement les déblais à distance, tels que les systèmes Pellerin et Allard, les dragues suceuses, et le transporteur hydro-pneumatique de M. Jandin.

L'appareil Vasset, Robert et Gabert frères représenté dans les figures 597 à 599 se place à bord de la drague ou sur un chaland spécial. Il se compose de deux récipients verticaux dans lesquels on dirige alternativement les déblais au moyen d'un couloir double à papillon. Le fond des récipients débouche dans la conduite d'évacuation. Lorsque l'un d'eux est rempli, on ferme son clapet d'introduction, et on fait arriver l'eau fournie par une pompe à l'endroit où les déblais tombent dans la conduite précitée. Il s'établit un courant qui entraîne les déblais, et leur distribution dans le courant se règle au moyen d'une espèce de porte horizontale mobile. Dans le cas de terrains collants, on lance les déblais dans le courant inférieur en disposant à la partie supérieure des récipients une arrivée d'eau sous pression. Cet appareil a l'avantage de ne contenir aucun organe mécanique, et peut refouler non seulement des terres quelconques, mais même des galets et des pierres dont le diamètre ne dépasse pas celui des tuyaux.

En outre, comme sa pompe ne puise que de l'eau pure, il permet l'emploi de pompes à pistons capablés par la forte pression qu'elles donnent, de prévenir tout engorgement. La distance de transport sans relais peut atteindre 6 à 700 mètres avec une hauteur d'élévation de 6 à 7 mètres.

L'élévateur Thierry consiste en un tambour muni de tuyaux hélicoïdaux dans lesquels circule l'eau chargée de déblais. Comme le précédent, il ne présente aucune pièce fragile: son rendement mécanique est très élevé, mais nous ne croyons pas qu'il ait été jusqu'ici appliqué sur des dragues excavant des terrains collants, qui sont les plus difficiles de tous à transporter.

Dans le système Pellerin, les déblais déversés dans la trémie de la drague et tamisés par des grilles successives sont aspirés par une pompe centrifuge Ball qui les refoule dans des tuyaux flottants. Pour prévenir automatiquement l'engorgement de la pompe, M. Pellerin a placé sur la conduite d'aspiration qui relie le puits de la trémie à la pompe, une soupape puisant à l'extérieur de la coque. L'augmentation de densité des matières produisant une baisse de pression dans la conduite, la soupape convenablement chargée se lève automatiquement, et l'injection d'eau ainsi déterminée délaie les déblais dans une proportion correspondant

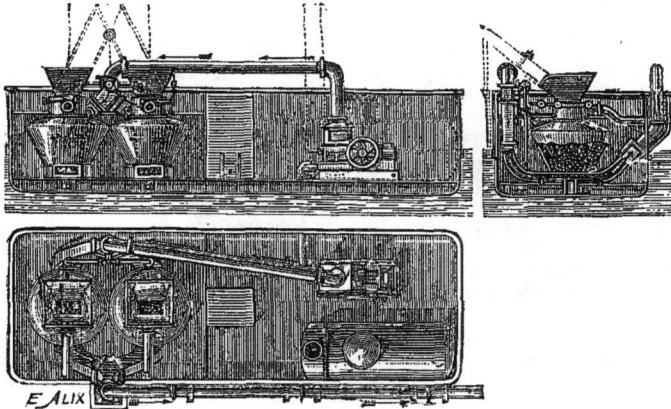

Fig. 597 et 598. — *Appareil Vasset, Robert et Gabert frères.*

au chargement de la soupape. Ce système a donné de bons résultats dans le dragage des sables compacts du port de Cherbourg.

L'appareil Allard, dit *distributeur à force centrifuge*, repose sur le principe suivant: les déblais brisés dans la trémie par un diviseur à couteaux tombent dans les compartiments du distributeur; celui-ci se compose d'un tambour circulaire dans lequel se meut un arbre portant six ailettes planes terminées par des bandes de caoutchouc et formant cinq compartiments. Interposé entre la trémie de déchargement et la conduite de refoulement, il répartit les déblais dans cette dernière. Pour éviter les engorgements, les compartiments constitués par les aubes, ont un volume supérieur à celui des godets, et la vitesse imprimée au distributeur est plus grande que celle du passage des godets au tourteau. Au sortir du distributeur, les déblais tombent dans une trémie où arrive un courant d'eau envoyé par une pompe centrifuge. L'appareil Allard fonctionne convenablement avec des déblais vaseux d'une certaine consistance, mais il est insuffisant pour les matières collantes. De plus, les bandes de caoutchouc des ailettes

s'usent rapidement, et s'il se produit une résistance dans la conduite de refoulement, l'eau envoyée par la pompe centrifuge remonte par l'espace laissé libre entre les ailettes et le tambour jusque dans la trémie supérieure; elle est ainsi débitée inutilement.

Sauf l'appareil Vasset, Robert et Gabert frères, les divers systèmes que nous venons de décrire ne permettent guère le transport qu'à une cinquantaine de mètres. Les *dragues suceuses* peuvent, au contraire, refouler à des distances considérables et à des hauteurs de 5 à 6 mètres par tuyaux flottants. Les principaux avantages des suceuses, au point de vue du dragage sont de supprimer la chaîne dragueuse, c'est-à-dire, l'élément qui, dans les travaux, exige le plus de réparations et de renouvellement, de réduire la hauteur d'élévation des matières, et d'être dans une assez large mesure, indépendantes des dénivellations produites par les marées. Le type le plus perfectionné comporte une pompe centrifuge disposée au fond de la coque, de manière à éviter toute aspiration, et refoulant les matières dans une conduite de décharge. Si l'on opère sur des terrains argileux, on ajoute à l'appareil suceur un arbre armé de couteaux qui découpent le sol à l'avant de la crépine du tuyau d'aspiration, dans lequel le mélange d'eau et de déblais s'élève automatiquement sous la seule pression de la colonne d'eau ambiante. L'arbre à couteaux se commande soit par un arbre intermédiaire avec engrenages coniques, soit par une chaîne de Galle. La disposition des couteaux varie avec la nature des dragages. Le suceur-malaxeur de MM. Vernaudon frères a produit 300 mètres par journée de dix heures dans une argile très collante (travaux du rescindement de l'île Cazeau) avec un transport à 300-550 mètres de distance et un relèvement de 5 mètres. Au port d'Oakland (E. U.) M. Le Conte, ingénieur américain, a effectué sans relais des transports jusqu'à 1,200 mètres; il n'y avait pas de relèvement.

Nous terminerons ces renseignements, par la description sommaire de l'appareil dragueur et transporteur hydropneumatique de M. Jandin. Il se compose essentiellement d'un tuyau dragueur plongeant jusqu'au fond de l'eau, et d'un injecteur annulaire placé à la partie inférieure de ce tuyau et recevant de l'air comprimé.

L'injecteur est construit de manière à pouvoir

régler l'ouverture du jet annulaire : la désagrégation des matières et leur entraînement sont déterminés par la vitesse correspondant à la différence des densités de l'eau extérieure au tuyau et du mélange d'air et d'eau qu'il contient. Avec un seul injecteur, on déverse les déblais dans des bateaux porteurs, et la hauteur limite de refoulement au-dessus de l'eau est égale en pratique au tiers de la profondeur sous l'eau. Si l'on veut transporter par tuyaux flottants pour les grandes distances, on emploie des injecteurs de relais.

Les conduites de refoulement qu'on fait flotter se composent de tuyaux en fonte ou en bois cerclés de fer : la flottaison s'obtient en les reliant à des madriers. Pour les joints, on a d'abord employé des manches en cuir cerclés. On a essayé également un système de joint sphérique formé de deux sphères métalliques s'emboîtant l'une dans l'autre, et portant chacune une tubulure pour la fixation des tuyaux à raccorder. L'étanchéité était assurée par le contact entre les deux sphères et par une bague en caoutchouc logée dans une rainure triangulaire ménagée entre les deux brides de la sphère extérieure ; l'inclinaison des tuyaux l'un sur l'autre pouvait atteindre 28°. Ce joint n'a pas donné de bons résultats dans la pratique, parce qu'au bout de peu de temps les déblais se glissent entre les deux sphères et en empêchent le fonctionnement.

On se sert principalement aujourd'hui de joints en toile et caoutchouc de 0$^m$,80 de longueur environ. Les épaisseurs de toile et de caoutchouc sont superposées au nombre de trois chacune, de manière que la dernière bande de caoutchouc se trouve à l'intérieur ; l'ensemble est consolidé par un cerclage en rubans d'acier de 2 centimètres de largeur avec des boudins de 8 millimètres disposés entre la toile et le caoutchouc pour éviter que les déblais et principalement les pierres ne viennent atteindre et même entraîner le cerclage. — G. R.

**TRANSPORT DE L'ÉNERGIE.** L'expression *transport de l'énergie* remonte à quelques années seulement ; elle a pour but de caractériser, d'une façon plus générale, les modes de transport de l'énergie au moyen de transformaisons successives, et par l'intermédiaire de fluides qui se véhiculent eux-mêmes, sous l'influence d'une pression ou d'une différence de potentiel. La transmission de la puissance motrice des machines n'en est qu'un cas particulier dans lequel l'énergie reprend, au lieu d'utilisation, la même forme qu'elle possédait à l'origine du transport. Le gaz d'éclairage offre un exemple de transport dans lequel l'énergie peut être utilisée à son arrivée sous différentes formes (chauffage, éclairage, force motrice). C'est l'électricité qui en est jusqu'à présent le type le plus complet, puisqu'elle permet de prendre, au départ, l'énergie sous n'importe quelle forme, calorique, chimique ou mécanique, de la transformer pour le transport et de lui faire reprendre, à son arrivée, la forme qui convient le mieux à son emploi.

La même expression, *transport de l'énergie*, laisse de côté les transports indirects qui consis-

tent à véhiculer les matières dans lesquelles l'énergie est accumulée sous la forme potentielle, soit naturellement, comme les combustibles, soit artificiellement, comme l'eau chaude, le gaz ou l'air comprimés dans des réservoirs, et les accumulateurs électriques.

Les agents naturels, actuellement employés pour le transport de l'énergie, sont : l'eau comprimée (énergie mécanique), la vapeur d'eau (énergie calorique), le gaz d'éclairage (énergie chimique), l'air comprimé ou raréfié (énergie élastique), et enfin l'électricité (énergie électrique).

*Eau comprimée.* L'emploi de l'eau comprimée constitue une véritable transmission sans modification dans la forme de l'énergie ; mais en raison de la densité du fluide, densité qui maintient dans des limites assez restreintes sa vitesse dans les conduites, ce procédé convient surtout pour les travaux intermittents exigeant de grands efforts (V. MOTEUR HYDRAULIQUE, § III). Pour actionner des moteurs à mouvement continu, il faut disposer de grandes quantités d'eau, avec une pression considérable et un prix de revient très faible ; ces conditions sont rarement réalisées ; on en trouve cependant des exemples dans un certain nombre de villes et de villages de la Suisse, et en France, dans la ville de Lille où la pression moyenne est de 30 mètres et le prix du mètre cube d'eau de 7 centimes. A Paris, la pression est trop faible, la quantité d'eau disponible est insuffisante et son prix tellement élevé qu'un cheval vapeur coûterait plus de 50 francs par jour.

*Vapeur d'eau.* La vapeur est employée depuis quelques années en Amérique, pour transporter et distribuer à de grandes distances l'énergie calorique. Une usine centrale très puissante existe à New-York et fournit à ses abonnés l'équivalent de 4,000 chevaux-vapeurs, dont la moitié environ est consacrée au chauffage des maisons, des cuisines, etc. Le surplus est utilisé pour actionner des machines de 10 à 100 chevaux, dans certains établissements qui emploient aujourd'hui des forces motrices considérables, restaurants, banques, théâtres, imprimeries, etc., et qui sont ainsi dispensés d'avoir des chaudières. On emploie peu de petits moteurs parce que le rendement diminue rapidement avec la puissance. Lorsque l'on se sert de la vapeur comme agent de transport, on doit surtout éviter les fuites et les pertes occasionnées par la condensation sur un long parcours. Aussi la canalisation est établie avec un soin extrême et protégée contre le refroidissement à l'aide d'une enveloppe en laine minérale. Les gros tuyaux, qui ont 40 centimètres de diamètre, sont placés dans des caniveaux maçonnés en briques ; les plus petits, dont le diamètre descend jusqu'à 10 centimètres, sont logés dans des coffres en bois garantis contre l'humidité par un feutre goudronné. Les eaux de condensation sont ramenées aux chaudières.

*Gaz d'éclairage.* Les distributions de gaz sont des transports d'énergie chimique, que l'on utilise pour produire, à volonté, la chaleur, la lumière ou la force motrice.

C'est le procédé qui a le premier et le mieux

réalisé le problème de la distribution ; toutefois les moteurs à gaz sont encombrants, exigent beaucoup d'eau pour le refroidissement et de lubréfiants pour le graissage. Enfin les dangers que présente l'emploi du gaz sont bien connus ; les moteurs sont chers et le prix de revient de la force motrice est d'autant plus élevé que l'on n'a presque toujours à sa disposition que le gaz préparé pour l'éclairage, c'est-à-dire ayant subi une épuration coûteuse. On a bien proposé de fabriquer pour les moteurs un gaz spécial, et M. Dowson, de Londres, avait présenté à l'Exposition d'électricité un appareil nouveau produisant, à très bon marché, le gaz pour cet usage. Malheureusemen il faudrait établir une nouvelle canalisation sous les voies publiques, ce qui est à peu près irréalisable ; il en existe cependant une application assez importante à Londres.

*Air comprimé.* Une transmission par l'air comprimé se compose des mêmes éléments qu'une transmission hydraulique : un moteur actionnant un compresseur d'air, un réservoir d'air comprimé, une conduite et des récepteurs, généralement à piston et plus ou moins analogues aux machines à vapeur et à gaz. Pour les grandes distances, l'air est un bon agent de transmission, parce qu'il peut, grâce à son élasticité à peu près indéfinie, emmagasiner des quantités de travail considérables ; sa faible densité lui permet de parcourir des conduites très longues avec une grande vitesse, sans perte notable de la pression ; en outre, la conduite, d'un diamètre assez faible, se prête à toutes les inflexions ; cependant l'air s'échauffe dans le compresseur, par le fait même de la réduction de volume ; on est obligé de refroidir les parois du cylindre et d'injecter dans l'intérieur de l'eau pulvérisée (V. COMPRESSEUR). La chaleur qui se produit malgré ces précautions se dissipe dans le parcours de la conduite ; arrivé au récepteur, l'air se détend et se refroidit beaucoup en produisant du travail ; le travail de la compression dépasse par conséquent celui de la détente, d'une quantité assez importante correspondant aux pertes de chaleur. En admettant, par exemple, que la compression et la détente s'opèrent adiabatiquement, les travaux seront entre eux dans le rapport des températures absolues de l'air, avant et après la compression ; avec une pression de 6,061 kilogrammes effectifs dans le réservoir, le travail rendu par la détente ne peut pas dépasser les 0,5664 de celui de la compression ; si la pression était de 13 kilogrammes effectifs, le rapport se réduirait à 0,4642 ; ce sont là des rendements théoriques, et le rendement pratique descend bien plus bas. On l'améliore un peu en refroidissant le cylindre compresseur et en réchauffant l'air immédiatement avant son introduction dans le cylindre du récepteur. Cependant en estimant le rendement du compresseur à 70 0/0, celui du récepteur à 60 0/0 et les pertes par les fuites à 5 0/0, on n'arrive, avec les chiffres indiqués plus haut, qu'à un rendement total de 20 à 25 0/0 ; les mêmes chiffres font voir que plus la pression est faible, plus le rendement augmente.

C'est l'emploi de l'air comprimé qui a rendu possible le percement des immenses tunnels du Mont-Cenis et du Saint-Gothard, en permettant d'utiliser la puissance des chutes d'eau voisines. L'air a servi tout à la fois, au transport de l'énergie mécanique et à la ventilation du tunnel.

A Paris, où le prix de vente de la force motrice peut être assez élevé pour rémunérer les dépenses, une installation de transport et de distribution a été établie par la Compagnie Parisienne de l'air comprimé (ancienne société des horloges pneumatiques). Cette société ayant été obligée d'installer sur un long parcours une canalisation assez importante, en a profité pour établir des prises d'air comprimé dont la pression varie entre 3 et 4 kilogrammes par centimètre carré, et les utiliser pour actionner chez les clients des moteurs de 3 kilogrammètres à 5 chevaux-vapeurs. Une particularité curieuse de cette distribution, c'est que la plupart de ces moteurs mettent en mouvement des machines dynamo-électriques pour la production de la lumière.

Les petits moteurs sont rotatifs ; les plus puissants sont à piston, avec détente fixe. Leur vitesse se règle par la pression et par l'étranglement de l'admission. La pression est elle-même réglée, à l'entrée chez le consommateur, par un régulateur automatique. Pour éviter les effets du refroidissement dû à la détente, l'air est réchauffé à 50° avant d'entrer dans le cylindre, au moyen d'un petit calorifère à gaz. Chaque moteur est muni d'un compteur de tours qui permet d'établir le volume d'air dépensé pendant la marche ; le prix du mètre cube est fixé à 2 centimes et le cheval-heure revient à environ 70 centimes. On paie à part et au mois l'entretien du moteur et du compteur qui est fait par les ouvriers de la compagnie. Un certain nombre de prises d'air sont employées à l'élévation directe des liquides.

*Air raréfié.* Comme le précédent, c'est un mode de transport et de distribution exclusivement réservé pour l'énergie mécanique. Il consiste à entretenir, au moyen de pompes aspirantes, un vide d'environ 67 0/0 dans une canalisation, dont l'extrémité peut être mise en communication avec l'une des faces d'un piston. La pression atmosphérique agissant sur l'autre face produit le travail dont on a besoin. L'introduction de l'air est réglée comme à l'ordinaire par un tiroir ou par des soupapes. Au point de vue de la distance du transport, l'air raréfié est très limité, parce que les pertes de charge sont proportionnelles : à la longueur de la canalisation, au carré de la vitesse de l'air, et inversement proportionnelles à la quatrième puissance du diamètre. Il en résulte que l'usine centrale doit être placée au centre de la distribution, afin de la desservir par des conduites rayonnantes. C'est une sujétion assez coûteuse dans les grands centres industriels. L'air raréfié convient surtout pour les moteurs de faible puissance, et c'est sur ces considérations que s'est établie la Société de distribution de force motrice à domicile qui dessert à Paris le quartier Saint-Avoye, dans le 3° arrondissement. L'usine centrale dispose d'une puissance motrice de 300 chevaux produite par trois machines à vapeur. La canalisation est établie à l'instar de celle du gaz : conduites de fonte, dont les diamètres varient de 25 à 10 centimètres, placées en tranchées ou dans les égouts ; colonnes montantes dans les maisons; branchements et conduites intérieures en plomb. La Société vend ou donne en location des moteurs de 6, 12, 24, 40 et 80 kilogrammètres; chacun d'eux est muni d'un compteur de tours dont les chiffres servent à établir les sommes que doivent payer les clients, d'après la proportion établie d'avance entre le nombre de tours et le travail développé. La dépression dans la canalisation est maintenue constante; la vitesse des machines qui actionnent les pompes aspirantes est variable et réglée par un régulateur à force centrifuge, dans lequel le contrepoids du levier est remplacé par le piston d'un petit cylindre à air, en communication avec la conduite du vide. Les moteurs de 3 et 6 kilogrammètres ont un rendement de 40 à 45 0/0 ; ceux de 12 à 24 kilogrammètres, de 50 à 55 0/0 ; ceux de 40 à 80 kilogrammètres, de 60 à 65 0/0. Les pertes de la canalisation ne dépassent pas 5 0/0 et l'on espère obtenir de l'ensemble du système un rendement moyen d'environ 45 0/0.

*Électricité.* Les progrès considérables accomplis dans la production et l'emploi des courants électriques ont permis d'employer, pour le transport et la distribution de l'énergie, une nouvelle solution qui paraît devoir être la plus féconde en résultats. La première expérience publique, faite à Vienne, par M. Fontaine, pendant l'Exposition de 1873, était bien modeste ; le courant, produit par une petite machine Gramme, actionnée par un moteur à gaz, était envoyé dans une seconde machine semblable qui faisait tourner une petite pompe centrifuge ; la puissance transmise atteignait à peine un tiers de cheval-vapeur. A Philadelphie, en 1876, la Société Gramme n'exposait encore qu'un simple transport de 2 à 3 chevaux; mais à Paris, en 1878, elle montrait une dynamo actionnant, simultanément ou séparément, une pompe, un ventilateur et une presse typographique ; c'était la première démonstration du transport avec distribution. En 1879, MM. Chrétien et Félix exécutèrent, à Sermaize, des expériences de labourage avec transmission électrique qui firent entrer la question dans le domaine de la pratique industrielle. A partir de cette époque les applications se succédèrent rapidement, et à l'Exposition d'électricité de Paris, en 1881, on comptait plus de 50 machines employées au nouveau mode de transmission. On y remarquait surtout la distribution en dérivation, de M. Marcel Deprez, dans laquelle la différence de potentiel aux bornes de la dynamo génératrice était maintenue constante au moyen de l'excitation en double circuit, l'une des hélices enroulées sur les inducteurs étant alimentée d'une façon permanente par une petite excitatrice et l'autre parcourue par le courant général. Ce mode de réglage automatique est aujourd'hui très employé, et les machines ainsi excitées sont appelées *compounds dynamo*. L'excitatrice spéciale est ordinairement supprimée, et le courant permanent pris en dérivation sur les bornes de la machine. — V. DISTRIBUTION DE L'ÉLECTRICITÉ.

D'importantes études furent alors communiquées au Congrès international des électriciens, entre autres celle de M. G. Cabanellas sur l'organisation automatique du transport et de la distribution de l'énergie, à l'aide de transformateurs dynamoélectriques auxquels il avait donné le nom de *robinets électriques*. Son système était étudié pour l'emploi des courants continus, les plus favorables à la transformation de l'énergie électrique en énergie mécanique ou chimique. L'emploi des bobines d'induction a permis de réaliser pour les courants alternatifs une solution analogue qui est entrée immédiatement dans la pratique industrielle (V. TRANSFORMATEUR). Après l'Exposition de 1881, on fit bien en France quelques applications intéressantes, mais on se préoccupa surtout de rechercher les moyens d'augmenter la masse d'énergie transportée et la distance du transport, dans le but d'utiliser : soit les forces motrices naturelles existantes, soit la puissance motrice obtenue à bon marché par la combustion de la houille auprès des lieux d'exploitation. C'est alors que M. M. Deprez fit successivement les expériences qui ont donné lieu à de si nombreuses discussions.

En 1882, entre Miesbach et Munich (distance 57 kilomètres), transport à travers un fil de fer télégraphique de 4 millimètres et demi de diamètre, d'une puissance initiale de 1,13 cheval-vapeur, avec un rendement mécanique industriel de 22 0/0. En 1883, au chemin de fer du Nord, transport, à travers un fil de fer de 4 millimètres de diamètre et de 17 kilomètres de longueur, d'une puissance initiale de 6,21 à 10,40 chevaux-vapeurs, avec un rendement mécanique d'environ 32 0/0. En 1883, entre Vizille et Grenoble, transport à travers une ligne aérienne de 14 kilomètres, formée de deux fils de bronze siliceux de 2 millimètres de diamètre, d'une puissance initiale de 11 à 12 chevaux, avec un rendement mécanique variant de 62 à 51 0/0. La résistance de la ligne était de 167 ohms, et les pertes par dérivations ont été de 5,1 0/0 avec un courant de 2,627 volts et 3,268 ampères, et de 6,6 0/0 avec un courant de 2,934 volts et 3,514 ampères. Enfin, en 1886, entre Creil et Paris, à 46 kilomètres de distance, transport à travers une ligne aérienne en fil de bronze siliceux de 5 millimètres de diamètre, d'une puissance initiale de 116 chevaux avec un rendement industriel de 44,81 0/0. La résistance de la ligne était de 97,45 ohms ; la force électro-motrice, d'environ 6,290 volts et l'intensité, de 9,85 ampères ; les pertes par la ligne se sont élevées à 11 0/0 de la puissance motrice initiale. Bien que n'ayant pas répondu complètement à l'attente générale, cette dernière expérience a permis de constater que l'on pouvait, avec les précautions convenables et un personnel exercé, employer, sans danger extraordinaire, des courants de très haute tension ; de plus, les transformations de l'énergie ont été obtenues avec une seule génératrice à Creil et une seule réceptrice à Paris, ne faisant que 216 et 295 tours par minute. Malheureusement, les rendements individuels de ces machines étaient beaucoup plus faibles que ceux des appareils similaires, que l'on construit couramment aujourd'hui, les dépenses d'installation et le prix de revient de l'énergie disponible placeraient ce mode de transport dans des conditions économiques bien inférieures à celles des autres procédés connus. Un an plus tard, M. H. Fontaine a publié des résultats beaucoup plus favorables obtenus avec une autre disposition. Une puissance motrice initiale de près de 100 chevaux a été transportée à travers une résistance de 100 ohms avec un rendement mécanique industriel de 52 0/0; le courant employé était de 9,34 ampères et de 5,996 volts ; ce qui caractérise le système, c'est que ce courant était engendré par 4 dynamos Gramme, couplées en tension, de telle sorte que la différence de potentiel aux bornes de chacune d'elle ne dépassait pas 1,500 à 1,600 volts. Cette disposition est analogue à celle qu'avait proposée M. Cabanellas. L'appareil récepteur était formé par 3 autres machines Gramme, également couplées en tension et reliées mécaniquement par des manchons élastiques du système Raffard. Les 7 machines ont été construites sur le même modèle ; les génératrices commandées directement par deux grandes poulies, au moyen de galets de friction (système Chrétien et Félix) tournaient à la vitesse de 1,298 tours par minute ; les réceptrices faisaient 1,120 tours. Le travail utilisable, mesuré au frein, atteignait près de 50 chevaux (49,98). En essayant chaque machine séparément, on a constaté que le rendement électrique diminuait quand la force électro-motrice dépassait 1,600 volts; cette force électro-motrice correspondait à la vitesse de 400 tours par minute et le rendement électrique était alors de 81 0/0. En marche continue, l'intensité ne doit pas dépasser 11 ampères, pour éviter un échauffement excessif. Enfin les 7 machines pesaient ensemble 8,400 kilogrammes et n'ont coûté que 16,450 francs. Malgré cela, M. Fontaine reconnaît que l'utilisation à grande distance de la force motrice des chutes d'eau sera pour longtemps encore une illusion ; en tenant compte du prix de la chute qui aura toujours quelque propriétaire, des constructions hydrauliques, barrage, dérivation, moteur, etc., et de leur entretien, des frais qu'entraîne le matériel de transformation et de transport, enfin du rendement industriel, des intérêts et des bénéfices du capital engagé, on arrive à une dépense totale presque toujours supérieure à celle d'une machine à vapeur de même puissance, qui assure beaucoup mieux l'indépendance de l'industriel.

Pendant que l'on poursuit chez nous des expériences coûteuses et plus scientifiques qu'industrielles, à l'étranger et surtout aux Etats-Unis d'Amérique, le transport et la distribution de l'énergie au moyen de l'électricité ont pris un essor considérable; de nombreuses usines centrales distribuent la lumière pendant la nuit et la force motrice pendant la journée; les petits moteurs électriques se comptent par milliers. En général, l'énergie est payée à forfait, et les tarifs suivants, publiés récemment par l'Electricien (3 septembre 1887), donnent une idée de l'importance de cette nouvelle industrie. La Compagnie de Pittsbourg fait payer par mois, suivant que le moteur lui appartient ou appartient au client (les frais de pose et de canalisation jusqu'au moteur sont à la charge de la Compagnie).

| Chevaux vapeurs | Moteur appartenant à la Compagnie | | Moteur appartenant au client | |
|---|---|---|---|---|
| 1/2 | 50 fr. | » | 30 fr. | » |
| 1 | 75 | » | 50 | » |
| 1 1/2 | 112 | 50 | 75 | » |
| 2 | 140 | » | 100 | » |
| 3 | 200 | » | 125 | » |
| 5 | 300 | » | 200 | » |
| 8 | 360 | » | 275 | » |
| 10 | 400 | » | 300 | » |

A Buffalo, on paie, par mois, en francs, pour un service journalier de sept heures du matin à six heures du soir :

| Chevaux vapeurs | Pour l'énergie électrique fournie | | Pour le moteur | |
|---|---|---|---|---|
| 1/8 | 15 fr. | » | 2 fr. | 50 |
| 1/2 | 25 | » | 5 | » |
| 1 | 40 | » | 5 | » |
| 2 | 75 | » | 12 | 50 |
| 4 | 130 | » | 25 | » |
| 6 | 190 | » | 37 | 50 |
| 8 | 225 | » | 50 | » |
| 10 | 325 | » | 62 | 50 |
| 12 | 380 | » | 75 | » |

A Laramie, le taux, par heure, est fixé aux chiffres suivants :

1/2 cheval, 0 fr. 50 ; 1 cheval, 0 fr. 30 ; 2 chevaux, 0 fr. 50 ; 3 chevaux, 0 fr. 65 ; 5 chevaux, 1 franc ; 10 chevaux, 1 fr. 50 ; 15 chevaux, 1 fr. 85 ; 20 chevaux, 2 fr. 50 ; 40 chevaux, 5 francs.

Le prix, par mois de 26 jours, pour un moteur de machine à coudre, est de 10 francs lorsque le moteur appartient au client.

A Rochester, où la force motrice est empruntée à une chute d'eau, le tarif varie de 250 à 360 francs par cheval et par an ; à Elgin, où l'usine centrale marche également par l'eau, le prix est de 300 francs par an, pour un service allant de sept heures du matin à six heures du soir, et de 75 centimes par cheval-heure pendant la nuit.

Les principes du transport de l'énergie mécanique à l'aide de l'électricité ont été exposés dans le *Dictionnaire* (V. ELECTRICITÉ, § 110). Il suffit de rappeler qu'une installation de ce genre se compose : 1° des machines génératrices qui transforment, au départ, la puissance motrice en énergie électrique ; 2° des réceptrices qui effectuent, à l'arrivée, la transformation inverse ; 3° du circuit qui relie ces deux catégories d'appareils. Si l'on appelle : E la force électro-motrice développée par la génératrice (volts) ; E' la force contre-électro-motrice développée par la réceptrice (volts) ; I l'intensité du courant (ampères) ; R et R' les résistances intérieures de la génératrice et de la réceptrice (ohms) ; R'' la résistance de la ligne (ohms) on a, en supposant la ligne parfaitement isolée

$$I = \frac{E - E'}{R + R' + R''}.$$

Le travail transformé en énergie électrique par la génératrice est :

$$W = \frac{EI}{9,81} \text{ kilogrammètres par seconde;}$$

le travail électrique produit par la réceptrice est

$$W' = \frac{E'I}{9,81} \text{ kilogrammètres par seconde;}$$

le rendement électrique est

$$\frac{W'}{W} = \frac{E'}{E}.$$

C'est précisément ce rendement électrique qui est indépendant des résistances et, par suite, de la distance entre la génératrice et la réceptrice. Mais on doit observer qu'une partie de l'énergie électrique est dépensée par l'échauffement du circuit (machines et lignes) et que cette dépense est exprimée par

$$W'' = \frac{I^2(R+R'+R'')}{9,81} \text{ kilogrammètres par seconde.}$$

Le travail produit étant proportionnel à E'I, diminue lorsque R'' augmente; c'est sur ce travail, autrement dit sur le rendement mécanique, que la distance exerce son influence inévitable. Le travail produit est maximum lorsque

$$E' = \frac{E}{2};$$

le rendement électrique est alors de 50 0/0. Si E' augmente, le rendement augmente jusqu'à 1; mais le travail produit diminue jusqu'à zéro. Les formules font voir qu'à mesure que R'' augmente il faut, pour conserver le rendement, augmenter E et E' en diminuant en même temps I. On a vu, par les expériences citées plus haut, que E pouvait atteindre, sur la ligne, 5 à 6,000 volts, mais qu'il valait mieux, pour les machines, ne pas dépasser 1,500 à 2,000 volts.

En pratique, le travail dépensé est toujours plus grand, et le travail recueilli plus petit que les valeurs données par les formules, à cause des frottements, des phénomènes de self-induction, de la dépense d'énergie nécessaire pour créer les champs magnétiques et, enfin, des pertes par dérivations.

Il convient de rappeler que l'emploi de l'électricité comme agent de transport n'est limité à l'énergie mécanique que par suite de l'imperfection des autres modes de production des courants; il n'y a guère que les lignes télégraphiques qui puissent employer comme source initiale l'énergie chimique, parce que la quantité dépensée est tellement faible que l'on n'a pas eu, jusqu'à présent, à se préoccuper du prix de revient. — J. B.

**TRANSVERSALE.** *T. de géom.* On donne ce nom à toute droite qui coupe un polygone, une courbe ou un système de courbes. La théorie des transversales a été ébauchée par les géomètres grecs; elle est devenue très importante pour les études de géométrie moderne à la suite des travaux de Desargues, de Carnot et de Poncelet; mais nous ne pourrions y insister sans sortir des limites imposées par le caractère du *Dictionnaire*, les développements qu'elle comporte étant d'une nature un peu trop abstraite. Nous nous bornerons à signa-

ler les théorèmes les plus élémentaires. Dès le début de la géométrie se rencontre la question importante des angles formés par une transversale qui coupe deux droites parallèles. D'après leur position (fig. 600), ces angles ont reçu des noms spéciaux, savoir :

Angles alternes internes : $E_3$ et $F_2$ ou $E_3$ et $F_1$.

Angles alternes externes : $E_1$ et $F_3$ ou $E_2$ et $F_4$.

Angles correspondants : $E_1$ et $F_1$, $E_2$ et $F_2$, $E_3$ et $F_3$, ou $E_4$ et $F_4$.

Angles internes d'un même côté : $E_3$ et $F_2$ ou $E_4$ et $F_1$.

Angles externes d'un même côté : $E_1$ et $F_4$ ou $E_2$ et $F_3$.

On démontre sans peine les cinq propositions suivantes :

Lorsque deux droites parallèles sont coupées par une transversale, 1° les angles alternes internes sont égaux; 2° les angles alternes externes sont égaux; 3° les angles correspondants sont égaux; 4° les angles internes d'un même côté sont supplémentaires; 5° les angles externes d'un même côté sont supplémentaires.

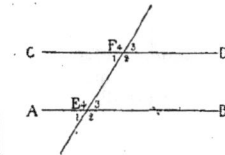

Fig. 600.

Les réciproques de ces cinq propositions sont vraies, c'est-à-dire que si l'une des cinq conditions est remplie, les deux droites sont parallèles. Ces théorèmes sont d'un usage des plus fréquents; ils servent à trouver des angles égaux dans une figure, et leurs réciproques servent à démontrer le parallélisme de deux droites.

Les théorèmes précédents ne font pas partie de ce qu'on est convenu d'appeler, dans les écoles, la *théorie des transversales*. Celle-ci s'occupe surtout des relations entre les segments déterminés sur la transversale par les lignes de la figure ou par la transversale sur ces lignes. L'un des théorèmes les plus importants et les plus élémentaires de cette partie de la géométrie est dû au géomètre grec Ménélaüs; en voici l'énoncé : dans tout triangle coupé par une transversale, le produit de trois segments non consécutifs déterminés par la transversale sur les trois côtés du triangle, est égal au produit des trois autres segments. Ainsi, dans la figure 601, on aura :

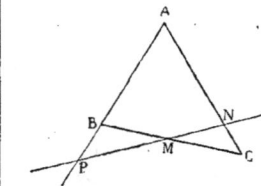

Fig. 601.

$$BM \times CN \times AP = BP \times CM \times AN.$$

Ce théorème, ou plutôt sa réciproque qui est vraie, peut servir à démontrer que trois points sont en ligne droite. Il convient de le rapprocher d'un théorème dû à Jean de Ceva, géomètre italien du xve siècle, et qui s'énonce ainsi :

Si un triangle est coupé par trois droites qui joignent les sommets à un même point du plan, le produit de trois segments non consécutifs déterminés sur les côtés par ces trois droites est égal et de signe contraire à celui des trois autres segments.

Ainsi, dans la figure 602, on aura :

$$BM \times CN \times AP = BP \times CM \times AN.$$

Réciproquement, si la relation précédente est vérifiée, les trois droites AM, BN, CP concourent en un même point.

Cette réciproque peut servir à établir que trois droites d'une figure sont concourantes. En particulier, on vérifie facilement, par son emploi, que les trois hauteurs d'un triangle sont concourantes, que les trois bissectrices, que les trois médianes sont concourantes, etc.

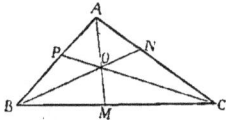
Fig. 602.

Le théorème de Ménélaüs se démontre par la considération de triangles semblables obtenus en menant, par l'un des sommets du triangle, B par exemple, une parallèle à la transversale. Le théorème de Jean de Ceva s'établit facilement en appliquant le théorème de Ménélaüs aux deux triangles ABM et ACM, coupés respectivement par les transversales BN et CP. On peut aussi le démontrer en cherchant le centre de gravité de trois masses convenablement choisies appliquées en A, B, C. — M. F.

\*TRAPAN. *T. de constr.* Ce mot désigne le haut d'un escalier où finit la rampe.

TRAPÈZE. *T. de géom.* Quadrilatère qui a deux côtés parallèles. Les côtés parallèles sont les *bases* du trapèze. Le trapèze devient un parallélogramme si les deux autres côtés sont aussi parallèles. Il est dit *isocèle* si les deux côtés non parallèles sont égaux; dans ce cas, ceux-ci font des angles égaux avec les bases. Il est dit *rectangle* si l'un des côtés est perpendiculaire sur les bases. Dans tout trapèze, la droite qui joint les milieux des côtés opposés est parallèle aux bases et égale à leur demi-somme; elle passe par les milieux des diagonales, et le segment de

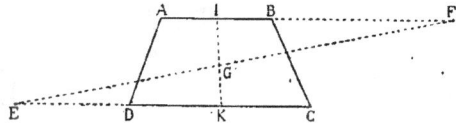
Fig. 603.

cette droite compris entre les deux diagonales est égal à la demi-différence des bases. Dans tout trapèze, la somme des carrés des diagonales est égale à la somme des carrés des côtés non parallèles, plus le double produit des bases. On appelle |*hauteur d'un trapèze* la distance des deux bases. La surface d'un trapèze a pour mesure le produit de la hauteur par la demi-somme des bases. On peut aussi exprimer cette surface en fonction des quatre côtés par la formule suivante :

$$S = \frac{1}{4} \frac{b+a}{b-a} \sqrt{(c+d+b-a)(c+d-b+a)(b-a+c-d)(b-a-c+d)}$$

$b$ étant la grande base, $a$ la petite.

Il existe une construction très simple pour déterminer le centre de gravité d'un trapèze. Elle consiste à prolonger chaque base, l'une dans un sens, l'autre dans l'autre, d'une longueur égale à l'autre base. La droite EF qui joint les extrémités de ces prolongements coupe la droite IK qui joint les milieux des bases au centre de gravité G (fig. 603). — M. F.

\*TRAPILLON. *T. techn.* Ce qui tient une trappe. ||Ouverture pratiquée dans le plancher d'une scène de théâtre pour livrer passage aux décorations qui viennent des dessous ou pour faire glisser les portants.

TRAPPE. *T. techn.* Châssis plein placé horizontalement sur une ouverture pratiquée au niveau du sol ou d'un plancher, telle qu'une descente de cave, une entrée de grenier, etc. || Dans la machinerie théâtrale, on donne ce nom aux feuilles de parquet qui s'abaissent sous le plancher ou se lèvent au niveau de la scène, soit pour la manœuvre des décors, soit pour la facilité des jeux scéniques. — V. MACHINERIE THÉÂTRALE. || Plaque de tôle servant à intercepter l'air froid qui descend d'une cheminée. || Porte formée de feuillets de tôle que l'on abaisse devant une cheminée, soit pour

la clore, soit pour activer le tirage quand on fait du feu. || Espèce de porte, de fenêtre, qui se hausse et se baisse au moyen d'une coulisse.

TRAQUET. *T. d'imp. s. ét.* Machine spécialement employée pour le lavage des tissus légers, et qui, n'agissant que par battage, a l'avantage de ne pas érailler le tissu. Le traquet le plus simple est formé d'un bâti sur lequel repose l'axe d'un tourniquet carré, de dimensions variables, mis en mouvement à l'aide d'une poulie située à l'une des extrémités; au-dessous, se trouve un bac à claire-voie placé dans le cours d'eau; au devant de l'appareil sont fixées des chevilles destinées à maintenir un écartement régulier entre les pièces. Celles-ci sont nouées en boyau sans fin, et ne font qu'un tour sur l'appareil, tandis qu'en général, sur les autres machines à laver, la pièce fait la spirale. Il y a une assez grande variété de traquets : le *traquet à tournette*, le *traquet à tension*, le *traquet continu*, etc. On les fait à quatre, cinq et six pans; les dimensions d'un côté varient de $0^m,40$ à 1 mètre; l'appareil doit être soumis à une certaine vitesse ; en tournant trop lentement, l'eau s'écoule avant que le tissu n'ait été nettoyé, trop vite, la pièce ne touche pas le traquet, et elle est enlevée par le poids de l'eau. Il faut un quart d'heure pour opérer un bon lavage. La force nécessaire pour le fonctionnement d'un traquet ordinaire de 10 pièces de 100 mètres, est d'environ 1 cheval. — V. Blanchiment.

*TRAVAGE. *T. techn.* Disposition que l'on donne aux pierres pour la cuisson du *plâtre.* — V. ce mot, § *Fabrication.*

**I. \*TRAVAIL.** *T. de mécan.* Lorsqu'on veut évaluer le service que nous rend une machine, il ne suffit pas de considérer l'intensité de la force ou l'effort qui s'exerce sur l'outil, il faut encore tenir compte du déplacement de cet outil. Ainsi, lorsqu'on fait fonctionner une pompe élévatoire, le service rendu dépend à la fois de la quantité ou du *poids* d'eau soulevé, lequel est une force, et de la *hauteur* à laquelle cette eau a été soulevée. De même, s'il s'agit de percer un trou dans une substance solide, il faudra considérer la dureté de la matière et le diamètre du trou, éléments qui fixent la force de pénétration de l'outil, mais il sera indispensable de tenir compte de la longueur du trou ; il est évident que, toutes choses égales d'ailleurs, le service rendu sera double si le trou est deux fois plus long. De là, résulte la nécessité de faire intervenir dans les études mécaniques un élément qui dépend à la fois de la force exercée et du chemin parcouru par le point où elle est appliquée. Cet élément se nomme le *travail.* Il intervient avec une importance capitale aussi bien dans les questions d'applications que dans les études purement théoriques, et son rôle dans la mécanique rationnelle est considérable ; aussi convient-il de le définir avec précision, afin de pouvoir le considérer comme une grandeur mathématique susceptible de mesure.

On appelle *travail* d'une force F constante en grandeur et en direction pendant le temps *t,* le produit de l'intensité de cette force par la projection sur sa direction du chemin parcouru par son point d'application. Ce travail est considéré comme positif si la projection du chemin parcouru par le point d'application est dirigée dans le même sens que la force, comme négatif dans le cas contraire. On voit ainsi que le travail est une quantité algébrique, produit d'une force par une longueur. Sa valeur numérique est complètement déterminée quand on a fixé les unités de force et de longueur. L'unité de force étant généralement le kilogramme, et l'unité de longueur le mètre, un travail égal à 1 sera celui d'une force égale à 1 kilogramme dont le point d'application parcourt 1 mètre dans la direction même de la force. Cette quantité de travail pourra donc être prise pour *unité de travail ;* on l'a nommé le *kilogrammètre.* Dans le système C G S, l'unité de longueur est le centimètre, l'unité de masse, la masse de 1 gramme et l'unité de temps la seconde. L'unité de force déterminée par ces trois unités fondamentales est la force nécessaire pour imprimer à une masse égale à celle d'un centimètre cube d'eau distillée à la température de 4° centigrades une accélération de 1 centimètre par seconde. Cette unité de force a reçu le nom de *dyne* (V. Force). Alors l'unité de travail est le travail d'une force de 1 dyne dont le point d'application parcourt 1 centimètre dans la direction de la force ; cette unité

de travail a reçu le nom d'*erg.* Comme le kilogramme vaut environ 981,000 dynes, et le mètre 100 décimètres, il en résulte que le kilogrammètre vaut 981,000 × 100 ou 98,100,000 ergs.

Si le chemin parcouru par le point d'application de la force est rectiligne et fait avec la direction de la force un angle *α,* le travail sera représenté en grandeur et en signe par la formule :

$$T = l \, F \cos \alpha,$$

*l* étant la longueur du chemin parcouru et F l'intensité de la force. Il est, dans ce cas, indifférent de multiplier la force par la projection sur sa direction, du chemin parcouru, ou le chemin parcouru par la projection de la force sur sa direction. Il résulte de cette définition que le travail est nul lorsque le déplacement du point d'application est perpendiculaire à la direction de la force.

Lorsque la force est variable, on arrive à la définition du travail par des considérations d'infiniment petits. On imagine qu'on partage la durée considérée en intervalles assez petits pour que la force puisse être considérée comme constante pendant chacun d'eux, cette valeur constante variant, du reste, d'un intervalle au suivant. Le travail, pendant l'un de ces intervalles, peut alors être calculé d'après la définition précédente. La somme des travaux correspondant à tous les intervalles de la durée considérée sera une valeur approchée du travail cherché. Si, maintenant, on imagine qu'on augmente indéfiniment le nombre des intervalles, chacun d'eux tendant vers zéro, la somme des travaux, calculée comme il vient d'être dit, tendra vers une limite déterminée ; c'est cette limite qu'on appelle le *travail total* de la force variable pendant la durée considérée. Le travail total est ainsi défini par une somme d'infiniment petits en nombre infiniment grand ; c'est une *intégrale définie,* et les questions relatives au travail des forces variables dépendent du calcul intégral. Le travail de la force F pendant un temps infiniment petit s'appelle le *travail élémentaire de cette force.* On remarquera que, pendant ce temps infiniment petit, le chemin parcouru par le point d'application peut être considéré comme rectiligne et uniforme.

Lorsqu'un point matériel est animé de plusieurs mouvements simultanés dont les vitesses au temps *t* sont $v, v_1, v_2,$ etc., le chemin qu'il parcourt pendant le temps infiniment petit *dt* est la résultante des chemins $v\,dt, v_1\,dt, v_2\,dt,$ etc., qu'il parcourrait si chacun des mouvements composants existait seul. On sait que la projection de la résultante de plusieurs droites sur un axe quelconque est la somme algébrique des projections des composantes sur le même axe. Si donc le point matériel est soumis à l'action d'une force F, on voit, en projetant les chemins élémentaires sur la direction de la force, et en multipliant les résultats par F que le travail de la force F relatif au déplacement résultant, sera la somme des travaux partiels relatifs aux déplacements composants, et cette relation étant vraie pour chacun des intervalles de temps $dt$, on aura, en faisant la somme, l'important théorème suivant :

*Lorsque le point d'application d'une force F est animé de plusieurs mouvements simultanés, le travail de la force F pendant un temps quelconque t, est la somme algébrique des travaux de cette force relatifs à chacun des mouvements composants de son point d'application pendant le même temps t.*

De même, si plusieurs forces F, $F_1$, $F_2$, etc., sont appliquées à un même point matériel, la projection de la résultante sur la direction du déplacement de ce point sera égale à la somme algébrique des projections des composantes, d'où l'on peut conclure, par un raisonnement identique au précédent, que :

*Le travail de la résultante de plusieurs forces appliquées au même point matériel est égal à la somme des travaux des composantes.*

Ces théorèmes vont nous permettre de trouver l'expression la plus générale du travail des forces appliquées à un point matériel. Rapportons le mouvement à trois axes rectangulaires. Soient $x$, $y$, $z$ les coordonnées à l'instant $t_0$ du point mobile M, et X, Y, Z les projections sur les trois axes de la résultante R des forces appliquées au point M. R est la résultante de X, Y, Z. Pendant le temps $dt$, le point M se transporte au point

$$x+dx, y+dy, z+dz,$$

et son déplacement est la résultante des déplacements composants $dx$, $dy$, $dz$. Pour le déplacement $dx$, les travaux des forces Y et Z, perpendiculaires à sa direction, sont nuls ; celui de X est $X dx$. De même pour les déplacements $dy$ et $dz$, les travaux des trois forces se réduisent à $Y dy$ et $Z dz$, de sorte que le travail élémentaire est

$$dT = X dx + Y dy + Z dz.$$

Par suite, le travail total pendant le temps $dt$, est représenté par l'intégrale :

$$T = \int_{t_0}^{t} X dx + Y dy + Z dz.$$

On peut concevoir que les quantités X, Y, Z, dépendent de la position du point M, de la vitesse de ce point, du temps, et même d'autres éléments. Alors, l'expression analytique de l'intégrale précédente sera très compliquée. Dans bien des cas, les forces X, Y, Z ne dépendront que de la position du point d'application M, c'est-à-dire des coordonnées $x$, $y$, $z$. Alors, la quantité placée sous le signe $\int$ sera une fonction de $x$, $y$, $z$, $dx$, $dy$ et $dz$ ; mais il n'en faudrait pas conclure que l'intégrale qui représente le travail sera une simple fonction des coordonnées du point M au temps $t_0$ et au temps $t_1$, ce qui reviendrait à dire que le travail ne dépend que des positions extrêmes $M_0$ et $M_1$ de M. En général, au contraire, le travail dépendra aussi du chemin parcouru par le mobile pour se rendre de $M_0$ à $M_1$. Un exemple bien simple fera comprendre cette particularité. Imaginons un point mobile dans un plan et attiré vers un point O, par une force fonction de la direction de la droite O M telle, par exemple, que cette attraction soit nulle sur l'axe des $x$ et atteigne son

maximum sur l'axe des $y$. Si le point M partant de O décrit d'abord une portion de l'axe des $x$, puis un arc de cercle de centre O, il arrivera en un point A de l'axe des $y$, et le travail sera nul, puisque la force est nulle dans la première phase du mouvement et qu'ensuite le déplacement est constamment normal à l'attraction. Si, au contraire, le point M était allé de O en A en suivant l'axe des $y$, il aurait dû vaincre l'attraction qui s'exerce suivant cet axe, d'où serait résulté un travail négatif plus ou moins considérable. Pour que le travail ne dépende que des positions extrêmes $M_0$ et $M_1$ et nullement du chemin parcouru, il faut, de plus, que les fonctions X, Y, Z remplissent certaines conditions analytiques qui expriment que l'expression

$$X dx + Y dy + Z dz,$$

est la différentielle d'une certaine fonction U des trois coordonnées $x$, $y$, $z$. Il faut, pour cela, que l'on puisse trouver une fonction dont X, Y, Z soient les dérivées partielles par rapport à $x$, $y$, $z$ respectivement, ce qui exige :

$$\frac{dX}{dy} = \frac{dY}{dx}, \quad \frac{dY}{dz} = \frac{dZ}{dy}, \quad \frac{dZ}{dx} = \frac{dX}{dz}.$$

Lorsque ces conditions sont remplies, le travail relatif au passage du point M de $M_0$ en $M_1$ est égal à la variation de la fonction U,

$$T = U_1 - U_0.$$

Il est bon de remarquer que cette fonction U n'est déterminée qu'à une constante près, puisqu'elle est seulement définie par ses dérivées partielles ; mais cette indétermination n'est d'aucun inconvénient car, les variations seules de la fonction U entrant dans les équations, il importe peu qu'on ajoute à U une constante qui ne changera évidemment pas les différences. Cette fonction U a reçu le nom de *potentiel* ou *fonction des forces*. En particulier, il y a un potentiel quand la force qui sollicite le point M passe par un point fixe O de l'espace et est fonction de la distance MO. Dans le cas de la pesanteur, le potentiel se réduit au produit du poids P du corps par sa distance à un plan horizontal fixe, de sorte que le travail est égal au poids P multiplié par la distance qui sépare les plans horizontaux passant par les points d'arrivée et de départ. — V. POTENTIEL.

*Théorème des forces vives.* On sait que le produit de la masse $m$ d'un point matériel par son accélération est égal à la résultante R des forces qui agissent sur ce point, et que l'accélération est dirigée suivant cette résultante (V. DYNAMIQUE, FORCE, INERTIE, MÉCANIQUE). Si l'on projette à la fois l'accélération et la force R sur trois axes rectangulaires X, Y, Z, désignant les projections de R, et $x$, $y$, $z$ les coordonnées du point mobile, les projections de l'accélération seront :

$$\frac{d^2x}{dt^2}, \frac{d^2y}{dt^2}, \frac{d^2z}{dt^2},$$

et le principe précédent conduira aux trois équations :

$$m\frac{d^2x}{dt^2} = X$$

$$m\frac{d^2y}{dt^2} = Y$$

$$m\frac{d^2z}{dt^2} = Z$$

Ajoutons-les, après les avoir multipliées respectivement par $dx$, $dy$, $dz$ :

$$m\left(\frac{d^2x}{dt^2}dx + \frac{d^2y}{dt^2}dy + \frac{d^2z}{dt^2}dz\right) = X\,dx + Y\,dy + Z\,dz.$$

Le second nombre représente le travail élémentaire $dT$ ; le premier peut s'écrire :

$$m\left(\frac{d^2x}{dt^2}\frac{dx}{dt} + \frac{d^2y}{dt^2}\frac{dy}{dt} + \frac{d^2z}{dt^2}\frac{dz}{dt}\right)dt,$$

il est la différentielle de

$$\frac{1}{2}m\left[\left(\frac{dx}{dt}\right)^2 + \left(\frac{dy}{dt}\right)^2 + \left(\frac{dz}{dt}\right)^2\right].$$

La parenthèse représente le carré de la vitesse $v$ du mobile ; on aura donc, en intégrant ;

$$\frac{1}{2}mv^2 - \frac{1}{2}mv_0^2 = T.$$

Le produit $mv^2$ a reçu le nom de *force vive* ou *puissance vive* du point M, et l'équation précédente exprime que :

*La demi variation de la force vive du point M est égale au travail total des forces qui agissent sur ce point pendant le temps considéré.*

Quand il y a une fonction des forces, le théorème précédent montre que la force vive, et par suite la vitesse du point mobile, est une fonction des coordonnées de ce point, de sorte que cette vitesse reprend la même valeur toutes les fois que le mobile repasse par la même position. On a, en effet, puisque le travail est représenté par $U - U_0$.

$$\frac{1}{2}mv^2 - \frac{1}{2}mv_0^2 = U - U_0$$

d'où

$$v^2 - v_0^2 = \frac{2}{m}(U - U_0)$$

et

$$v = \sqrt{v_0^2 + \frac{2}{m}(U - U_0)}.$$

On voit aussi que la vitesse se retrouvera la même en même temps que U ; mais l'équation U = const. représente une surface, et U reprendra la même valeur toutes les fois que le mobile se retrouvera sur cette surface. En faisant varier la constante, on obtient une infinité de surfaces qui ont été appelées *surfaces de niveau*, et le mobile reprend la même vitesse toutes les fois qu'il traverse une même surface de niveau. — V. NIVEAU, § *Surface de niveau*.

Par exemple, dans le cas de la pesanteur, la fonction potentielle U est le produit $mgz$ du poids $mg$ du corps par sa distance $z$ à un plan horizontal fixe, $z$ étant positif au-dessous de ce plan. Les surfaces de niveau $mgz$ = const. sont donc des plans horizontaux, et le mobile reprend la même vitesse toutes les fois qu'il revient à la même hauteur ; on a ainsi :.

$$v = \sqrt{v_0^2 + 2g(z - z_0)}.$$

Mais $z - z_0$ est la hauteur de chute $h$ :

$$v = \sqrt{v_0^2 + 2gh}.$$

Si le mobile part du repos ; $v_0$ est nul et l'on obtient la formule bien connue que donne la vitesse en fonction de la hauteur de chute :

$$v = \sqrt{2gh}$$

— V. CHUTE DES CORPS.

Le théorème des forces vives s'étend immédiatement à un système quelconque de points matériels, c'est-à-dire à un corps ou à un système de corps. On appelle alors *force vive du système*, la somme des forces vives de tous les points matériels qui le composent. En appliquant le théorème à chacun des points, et en ajoutant toutes les équations ainsi obtenues, on voit que :

*La variation de la demi force vive d'un système matériel est égale à la somme des travaux de toutes les forces qui agissent sur le système.*

Si le système mobile se déplace et se déforme de manière que les points qui le composent passent d'un ensemble de positions $S_0$ à un autre $S_1$ le travail, et par suite la variation de force vive, dépendra en général non seulement des positions initiales et finales, mais encore des chemins parcourus par les différents éléments du système.

Pour qu'il en soit autrement, il faudra d'abord que les forces ne dépendent que des positions des éléments ; mais cette condition même ne sera pas suffisante. Supposons, pour fixer les idées, que le système se compose de $n$ points.

$$x_1 y_1 z_1, x_2 y_2 z_2 \ldots\ldots x_n y_n z_n.$$

Les forces se réduiront à $3n$ composantes parallèles aux axes agissant sur ces $n$ points :

$$X_1 Y_1 Z_1, X_2 Y_2 Z_2 \ldots\ldots X_n Y_n Z_n,$$

et chacune de ces $3n$ quantités sera une fonction des $3n$ variables

$$x_1 y_1 z_1, x_2 y_2 z_2 \ldots\ldots x_n y_n z_n.$$

Le travail élémentaire aura pour expression :

$$X_1 dx_1 + Y_1 dy_1 + Z_1 dz_1$$
$$+ X_2 dx_2 + Y_2 dy_2 + Z_2 dz_2$$
$$+ \ldots\ldots\ldots\ldots$$
$$+ \ldots\ldots\ldots\ldots$$
$$+ X_n dx_n + Y_n dy_n + Z_n dz_n.$$

Il faudra de plus, comme dans le cas d'un seul point que cette expression soit la différentielle totale d'une certaine fonction U des $3n$ coordonnées.

Si cette condition est remplie, le travail élémentaire sera simplement $dU$, et le théorème des forces vives fournira l'équation :

$$\frac{1}{2}\Sigma mv^2 - \frac{1}{2}\Sigma mv_0^2 = U - U_0,$$

le symbole $\Sigma mv^2$ désignant la force vive totale et $U_0$ la valeur que prend U pour la position initiale du système.

Alors, la force vive reprendra la même valeur en même temps que U, et, en particulier, lorsque tous les points du système repasseront par les mêmes positions.

La fonction U a reçu le nom de *fonction des forces* ou *fonction potentielle*. On démontre aisément que cette fonction existe toutes les fois que les forces se réduisent à des actions mutuelles s'exerçant entre deux points du système et fonction de la distance de ces deux points. Ces sortes de forces sont très répandues·dans la nature, et la physique moderne a une tendance marquée à rattacher tous les phénomènes que nous observons à des actions de ce genre. De là vient l'importance considérable qu'a prise .depuis quelques ans années la théorie du potentiel. Dans la mécanique céleste et l'étude de l'électricité, les forces qu'on a à considérer sont des attractions ou des répulsions proportionnelles au carré de la distance. Aussi, existe-t-il une fonction des forces dans le système planétaire et dans les systèmes électriques, et la théorie du potentiel joue un grand rôle dans le développement de ces deux branches de la science. — V. Potentiel.

La fonction U n'est définie qu'à une constante près, ce qui n'a aucune importance comme nous l'avons déjà fait remarquer dans le cas d'un seul point matériel. Si on désigne par H la fonction U changée de signe ou même la différence K — U, K étant un nombre constant quelconque, l'équation des forces vives deviendra:

$$\frac{1}{2}\, \Sigma\, m v^2 + \text{H} = \frac{1}{2}\, \Sigma\, m v_0^2 + \text{H}_0 = \text{const.}$$

Le premier membre est alors une constante qu'on appelle l'*énergie du système*; elle se compose de deux parties; la demi-force vive $\frac{1}{2}\Sigma m v^2$ qu'on appelle aussi l'*énergie actuelle* ou l'*énergie cinétique*, et la fonction H qu'on appelle l'*énergie potentielle*. Au milieu de toutes les modifications du système, la somme de ces deux quantités reste constante, chacune d'elles s'augmentant de ce que perd l'autre. Si l'on pouvait prouver que toutes les actions naturelles se réduisent à des attractions ou des répulsions fonction de la distance seule, il en résulterait immédiatement l'existence d'une fonction des forces dans l'ensemble de l'univers, et cette conclusion que l'*énergie de. l'Univers est constante*. Sans doute, l'existence de cette fonction des forces n'est pas *absolument prouvée*; on pourrait même être tenté de croire qu'elle est impossible, en songeant aux forces qui, comme le frottement, la résistance de l'air, etc., ne sont même pas fonction de la position de· leur point d'application puisqu'elles agissent toujours en sens inverse du mouvement de celui-ci. Mais la découverte de l'équivalent mécanique de la chaleur est venue jeter sur la question .une lumière nouvelle. On a reconnu que ces forces résistantes étaient des sources ·de chaleur ou d'électricité, et l'on s'est aperçu que la chaleur produite était proportionnelle à l'énergie absorbée. Ainsi, lorsqu'une certaine quantité d'énergie semble disparaître, on en retrouve l'équivalent sous forme de chaleur ou d'électricité, soit directement, soit par l'intermédiaire des phénomènes complexes qui se rattachent à ce qu'on a appelé l'*énergie intérieure des corps*, tels que variation de la chaleur spécifique;· variation de la conductibilité électrique, etc. On s'est trouvé conduit de la sorte à considérer la chaleur comme une forme d'énergie, soit qu'on y voit la manifestation d'une force spéciale, auquel cas l'énergie calorifique serait de l'énergie potentielle; soit qu'on la considère, avec la majorité des physiciens, comme un mode de mouvement des dernières particules des corps, auquel cas ce serait de l'énergie cinétique. En même temps, on a été amené par une induction fort naturelle et fort légitime, à poser en principe la constance de l'énergie totale de *l'Univers*, à peu près comme Lavoisier a été. conduit à proclamer l'invariabilité du poids total de la matière dans les réactions chimiques, c'est-à-dire, l'invariabilité de la somme des masses des éléments matériels dont l'Univers se compose. Les deux principes se sont introduits dans la science à la suite des mêmes procédés de l'intelligence et de la raison. Ils sont la base de la physique moderne; les conclusions qu'on en a tirées se sont toujours· et partout vérifiées et doivent être acceptées. avec la même certitude. Ajoutons que le principe de la constance de l'énergie ;entraîne l'existence d'une fonction des forces dans l'Univers. — V. Chaleur, § *Equivalent mécanique*, Énergie.

*Application aux machines. Travail moteur. Travail résistant.* Lorsque le point d'application d'une force se déplace du côté de la force, le travail de celle-ci est positif. Les forces qui agissent de cette manière contribuent à augmenter la force vive du système; ce sont .elles qui le font sortir du repos; c'est pourquoi on les nomme *forces motrices*, et pourquoi aussi, le travail positif est appelé quelquefois *travail moteur*. Au contraire, les forces dont le point d'application se déplace du côté opposé à la force ont un travail négatif; elles contribuent à diminuer la force vive du système; ce sont elles qui la font rentrer dans le repos; on les nomme pour cette raison *forces résistantes*, et le travail négatif est dit *travail résistant*.

Dans les machines, le travail moteur est celui des forces dont on dispose pour le faire fonctionner: pression de la vapeur, poids de l'eau, chute d'eau, force musculaire de l'homme ou des animaux, etc. Le travail résistant se compose de deux parties distinctes: l'une appelée *travail utile* dépend de la nature de l'ouvrage que doit effectuer la machine, l'autre est due aux résistances de toutes sortes qui se manifestent dans le fonctionnement même des organes: frottement, raideur des cordes, etc.; on la nomme le *travail nuisible* ou *travail des résistances passives*. Comme la machine part du repos pour rentrer dans le repos, la variation totale de force vive est nulle; donc la somme algébrique des travaux doit être nulle aussi, c'est-à-dire que le travail moteur est égal à la somme des travaux utiles et nuisibles, ce qu'on exprime par l'équation:

$$\text{T}_m = \text{T}_u + \text{T}_n.$$

Il résulte des explications que nous avons données au début de cet article que le travail utile mesure la valeur du service rendu par la machine. Reprenons, en effet, les deux exemples que nous avons indiqués: s'il s'agit d'élever de l'eau, le travail utile sera le produit du poids de l'eau soulevée par la hauteur à laquelle on ·l'élève; s'il s'agit de percer un trou, la résistance qui s'oppose à la pénétration de l'outil dépend de la dureté de la matière et est de plus proportionnelle à la section du trou. Le produit de cette force de résistance par la longueur du trou sera donc le travail utile. Il serait facile de multiplier les exemples, et dans chacun on reconnaîtrait que le travail utile mesure pour ainsi dire la quantité d'ouvrage effectué. D'après l'équation précédente, le travail utile est toujours inférieur au travail moteur. Or, le travail moteur est une marchandise qui coûte cher. Dans les machines à vapeur, on ne l'obtient qu'en brûlant du combustible ; dans les moteurs hydrauliques, on ne l'a qu'en quantité limitée. Il importe d'en tirer le meilleur parti possible, aussi convient-il de diminuer le plus possible, par la bonne construction et le bon agencement des organes, le travail nuisible $T_n$ absorbé en pure perte. Le rapport $\dfrac{T_u}{T_m}$ qui mesure pour ainsi dire la qualité mécanique d'une machine s'appelle le *rendement* (V. ce mot). Il est toujours inférieur à l'unité, et l'on s'attache évidemment à le rendre le plus grand possible. Quant à la *puissance* d'une machine, elle se mesure par la quantité de travail moteur qu'elle est capable de fournir dans un temps donné. Dans la pratique l'unité adoptée pour cette espèce de quantité est le *cheval vapeur* qui est la puissance d'une machine fournissant 75 kilogrammètres par seconde. C'est à peu près trois fois ce que peut donner un cheval ordinaire. — V. Force, § *Force nominale* ; Moteur.

Il résulte de ce qui précède qu'aucune machine ne peut multiplier indéfiniment le travail utile. Les machines ont pour objet de transformer le travail de la force motrice, ou si l'on aime mieux de le transporter sur l'outil chargé d'exécuter l'ouvrage qu'on a en vue. Cette transformation ou ce transport s'accompagne nécessairement d'une perte représentée par le travail nuisible ; mais l'avantage et l'utilité des machines consiste dans la possibilité de modifier dans toutes les proportions les deux facteurs du produit: force et déplacement. Aussi l'*effort* exercé par l'outil définitif peut-il être beaucoup plus grand ou beaucoup plus petit que celui de la force motrice sur l'organe principal de la machine motrice. Ce dernier effort moteur reste en général à peu près invariable, au moins en moyenne, pendant le fonctionnement de la machine, tandis qu'on peut à volonté, en employant des mécanismes variés, utiliser l'outil pour produire un effort considérable avec un déplacement très lent, ou un mouvement très rapide avec un effort très faible. Dans tous les cas, le produit de l'effort par la vitesse qui représente le travail utile par unité de temps restera invariable ; c'est ce qui a fait dire que : *ce qu'on gagne en force, on le perd en vitesse, et réciproquement.*

*Impossibilité du mouvement perpétuel.*

On se borne généralement, pour démontrer l'impossibilité du mouvement perpétuel, à faire remarquer que d'après l'équation

$$T_m = T_u + T_n,$$

le travail utile est toujours inférieur au travail moteur, de sorte qu'il est impossible de réaliser une machine pouvant fournir du travail utile sans dépenser une quantité au moins égale de travail moteur. En l'absence de celui-ci, les résistances passives suffiraient à elles seules à absorber la force vive, et la machine rentrerait dans le repos sans plus jamais en sortir. Il faut bien reconnaître que cette démonstration est tout à fait insuffisante. Elle prouve seulement qu'il n'y a pas de travail utile sans travail moteur ; elle n'établit nullement l'impossibilité du mouvement perpétuel. Le problème ne consiste pas, en effet, à supprimer le travail moteur, il consiste à réaliser une machine qui fournirait indéfiniment du travail utile *par l'action des forces naturelles sur les organes de la machine et sans l'intervention d'aucune substance étrangère à celle-ci.* Or, le raisonnement précédent ne prouve pas qu'on ne puisse imaginer des combinaisons telles que les forces naturelles y produiraient indéfiniment du travail moteur susceptible d'être utilisé. Ne pourrait-on pas concevoir un ensemble de pièces solides sur lequel agiraient des forces telles que le système passerait de la position S à la position S' en développant un travail positif ou moteur $T_m$, tandis que pour revenir de la position S' à la position S soit par le même mouvement, soit par un autre mouvement, il absorberait un travail négatif ou résistant $T_r$ moindre en valeur absolue que le précédent? Si une pareille combinaison était réalisable, le mouvement perpétuel serait trouvé, car on pourrait utiliser une partie du travail moteur $T_m$ à ramener le système de la position S' à la position S, et l'on aurait encore un reste disponible $T_m - T_r$ qu'on pourrait transformer en travail utile.

La véritable démonstration de l'impossibilité du mouvement perpétuel repose sur le caractère des forces qui se manifestent dans la nature. Laissons de côté les moteurs animés, les chutes d'eau, et le vent qui ne sauraient être utilisés sans qu'on sorte immédiatement de l'énoncé du problème, puisque ce seraient des moteurs étrangers à la machine. Toutes les autres forces naturelles peuvent se grouper en deux catégories : les unes, pesanteur, force élastique des gaz, attraction universelle, actions électriques, etc., sont capables de produire du mouvement: toutes celles qui sont connues admettent une fonction des forces, de sorte que toutes les fois que les pièces de la machine reprendraient la même position le travail total de ces forces serait nul, c'est-à-dire que le travail moteur serait juste égal au travail résistant; les autres sont les résistances passives qui peuvent gêner le mouvement mais sont incapables de le produire. Leur travail est constamment négatif ou résistant. De là résulte immédiatement que lorsque la machine reviendra à sa position initiale, le travail résistant sera toujours supérieur au travail moteur. Il est donc impossible de se procurer celui-ci sans faire appel à une puissance motrice étrangère à la machine. Les partisans acharnés du mouvement perpétuel pourraient cependant encore objecter que si l'on n'a pas trouvé de forces motrices n'admettant pas de fonction des forces, ce n'est pas une raison pour qu'il n'en existe pas dans l'Univers. Puisqu'il y a bien des forces résistantes qui n'ont pas de potentiel, pourquoi n'y aurait-il pas de forces motrices dans le même cas? Le jour où on les découvrira, le problème réputé chimérique sera résolu. Il y a cinquante ans, on n'eut guère su que répondre à cette objection ; mais depuis que la découverte de l'équivalent mécanique de la chaleur a conduit à poser en principe la constance de l'énergie totale de l'Univers, la question se pose avec une clarté nouvelle. Il résulte, en effet, de ce principe que si la machine pouvait revenir à son état primitif sans exercer aucune influence sur les pièces environnantes, sans s'user et sans s'échauffer, le travail moteur serait juste égal au travail résistant quelles que fussent les combinaisons adoptées. La machine pourrait bien s'entretenir en mouvement, son énergie resterait constante ; mais elle serait incapable de fournir du travail utile. La présence inévitable des résistances passives fait qu'il n'en est pas même ainsi ; celles-ci absorbent une partie de l'énergie du système, énergie qui est employée à mettre en mouvement l'air et le sol environnant, à désagréger les pièces solides, à les échauffer, etc. La machine est constamment soumise à des actions résistantes dont le travail est négatif, son énergie primitive s'épuise peu à peu puisque rien ne vient remplacer celle qu'elle dépense ; sa force vive diminue, et elle finit par s'arrêter.

On voit que pour être complète, la démonstration de l'impossibilité du mouvement perpétuel doit faire appel au principe de la constance de l'énergie totale de l'Univers. Cette impossibilité n'est donc pas, comme on l'a dit souvent, une simple conséquence du théorème des forces vives. On ne peut même pas l'établir par les seules ressources de la mécanique rationnelle ; elle est la conséquence d'une vérité acceptée par induction, et comme le principe dont elle dépend, sa preuve est de l'ordre expérimental bien plus que de l'ordre rationnel.

*Travail virtuel.* Quand un point matériel est en équilibre la résultante des forces qui agissent sur lui est nulle ; il en résulte que la somme des travaux de ces forces est nulle pour tout déplacement infiniment petit. Imaginons que le point soit en repos, et concevons qu'on le déplace fictivement d'une quantité infiniment petite ; ce déplacement fictif s'appelle *déplacement virtuel*, le travail correspondant qui est nul aussi s'appelle le *travail virtuel*. Si le point est en mouvement, la résultante R des forces qui agissent sur lui 'fait équilibre à la force d'inertie (V. Dynamique, Inertie). Alors pour tout déplacement infiniment petit, le *travail virtuel* total de la force R et de la force d'inertie est nul.

De même si un point est assujetti à rester sur une surface fixe, la condition d'équilibre est que la résultante R soit normale à la surface ; alors, pour tout déplacement virtuel tangent à la surface fixe, le travail virtuel de R sera nul, et réciproquement si le travail virtuel est nul quel que soit le déplacement sur la surface, la force sera nécessairement normale à cette surface et il y

aura équilibre. Le même théorème est applicable si le point est en mouvement, mais alors il faut comprendre la force d'inertie parmi celles dont la résultante est R.

En général, tout système matériel peut être considéré comme un système de points soumis à des liaisons qui s'expriment analytiquement par des équations entre les coordonnées de chacun d'eux. Pour que ces équations ne cessent pas d'être satisfaites, il faut, qu'outre les *forces extérieures* agissant sur les différents points, il se développe entre ces points des *forces de réaction* les obligeant à prendre un mouvement compatible avec les liaisons du système. Ces forces sont appelées les *forces de liaison*. On peut dans le raisonnement supprimer les liaisons effectives et considérer tous les points comme entièrement libres pourvu qu'on les suppose en même temps soumis aux forces de liaison (V. Mécanique). Dès lors toutes les forces, y compris celles de liaison, se feront équilibre sur chaque point du système. Donc, pour tout déplacement virtuel de ces points la somme des travaux virtuels de toutes les forces, y compris celles de liaison, sera nulle. Or, en examinant l'une après l'autre, toutes les liaisons qu'il est possible de concevoir comme réalisées matériellement, on reconnaît que *pour tout déplacement compatible avec les liaisons, le travail des forces de liaison est nul.* Il en résulte immédiatement que dans tout système matériel en équilibre, la somme des travaux virtuels de toutes les forces extérieures est nulle pour tous les déplacements compatibles avec les liaisons du système. Réciproquement, si cette condition est remplie, l'équilibre a lieu ; car si le système partant du repos se mettait en mouvement, chaque point se mettrait en mouvement dans le sens de la résultante des forces qui lui sont appliquées. Donc la somme des travaux de toutes les forces serait positive ; mais puisque les liaisons seraient évidemment respectées, le travail total des forces de liaison serait nul, et par suite le travail total des forces extérieures serait positif, ce qui est contraire à l'hypothèse.

Ainsi, *la condition nécessaire et suffisante pour qu'un système matériel soit en équilibre c'est que, pour tout déplacement compatible avec les liaisons du système, la somme des travaux virtuels des forces qui lui sont appliquées soit nulle.*

Tel est le fameux principe du travail virtuel dont Lagrange a fait ressortir toute l'importance dans sa *Mécanique analytique*, et qui suffit à mettre en équations tous les problèmes d'équilibre que l'on peut avoir à résoudre.

Il est facile, en effet, de se rendre compte que ce principe fournit autant d'équations qu'il est nécessaire pour déterminer la position d'équilibre. Supposons que les points soient au nombre de $n$ liés par $p$ équations, la position du système sera déterminée si l'on connaît $3n - p$ coordonnées parmi les $3n$ des $n$ points donnés ; or, en différentiant les $p$ équations de liaisons, on aura $p$ équations de condition entre les variations virtuelles

$$\delta x_1 \, \delta y_1 \, \delta z_1, \delta x_2 \, \delta y_2 \, \delta z_2 \ldots \ldots \delta n_n \, \delta y_n \, \delta z_n$$

des $n$ points. Ces variations dépendent donc seulement de $3n-p$ d'entre elles. Par suite le travail virtuel :

$$X_1 \delta x_1 + Y_1 \delta y_1 + Z_1 \delta z_1$$
$$+X_2 \delta x_2 + \ldots \ldots$$
$$+\ldots \ldots \ldots \ldots \ldots$$
$$+X_n \delta x_n + Y_n \delta y_n + Z_n \delta z_n$$

pourra s'exprimer sous la forme d'une fonction linéaire et homogène entre ces $3n-p$ variation. Pour exprimer qu'il est nul quelles que soient les variations, il suffira d'annuler les $3n-p$ coefficients, ce qui fournira $3n-p$ équations entre les $3n-p$ inconnues, car les forces $X_1 X_2 \ldots X_n Y_n Z_n$ sont des fonctions connues des coordonnées.

Le même principe fournit encore les équations différentielles du mouvement, à condition de comprendre, d'après le principe de D'Alembert, les forces d'inertie parmi les forces extérieures. V. DYNAMIQUE, MÉCANIQUE. — M. F.

Nous venons d'indiquer sommairement les causes théoriques qui s'opposent à ce que le travail utile fourni par les machines puisse égaler le travail moteur qui leur est confié, à ce que leur rendement, en un mot, puisse atteindre l'unité; nous allons compléter ces indications en passant en revue les différentes causes de perte du travail moteur dans la pratique industrielle, et en examinant les précautions à prendre pour atténuer celles-ci. Ces causes de déperdition peuvent se grouper dans les quatre catégories suivantes :

Les *chocs, changements brusques de forme ou de vitesse*; les *vibrations*; les *résistances passives* et les *pertes de chaleur ou d'électricité*.

1° *Chocs.* Les chocs déterminent sur les corps mous des modifications de forme importantes, ces corps conservant la forme qu'ils prennent au moment de l'écrasement; mais cette modification s'accompagne nécessairement d'une perte de force vive dont la mesure peut même être évaluée théoriquement. Carnot a démontré, en effet, que dans un choc de deux corps parfaitement mous, les vitesses des deux points de contact, à l'instant final du choc, mesurées suivant la direction de la normale, sont égales, et il en a déduit que *la perte de force vive dans le choc des corps parfaitement mous, est mesurée par la force vive qui correspond aux vitesses perdues ou gagnées.* La vitesse perdue ou gagnée de chaque point est, d'ailleurs, définie en prenant celle qu'il faut composer d'après le parallélogramme des forces avec la vitesse initiale pour obtenir comme résultante la vitesse finale du point considéré.

Le théorème de Carnot peut être considéré, d'ailleurs, comme un cas particulier d'un théorème plus général de Duhamel, relatif aux liaisons, en assimilant les chocs à des liaisons subitement introduites. Celui-ci porte, en effet, que : *il se perd toujours une quantité de force vive égale à la force vive qui correspond aux vitesses perdues ou gagnées lors de toute introduction brusque de liaisons nouvelles, lorsqu'elle est faite sous la réserve expresse que les vitesses des points qui agissent et réagissent subitement l'un sur l'autre, aient des composantes égales suivant la direction de leurs actions mutuelles.*

Le théorème de Duhamel permet lui-même d'éta-

blir un autre théorème plus général qui aboutit au même résultat sous une autre forme, c'est le théorème de Coriolis.

*Si un système variable en mouvement se trouve subitement solidifié dans toutes ses parties, il éprouve une perte de force vive mesurée par la force vive du mouvement relatif des divers points du système, un instant avant la solidification, en prenant pour solide de comparaison le corps lui-même, un instant après la solidification.*

Ces conséquences ne sont rigoureusement applicables que pour les corps complètement mous; mais comme les matières dont nous disposons dans la nature, sans être entièrement déformables, le sont toujours dans une certaine mesure, on voit que les chocs sont toujours accompagnés d'une perte de force vive, et qu'on doit les éviter dans l'installation des machines, la force vive ainsi perdue étant toujours occupée à détériorer les organes de ces machines. Il arrive quelquefois qu'on recherche cette déformation des corps en présence, comme dans les broyeurs, par exemple; mais même dans ce cas, les chocs ne sont pas encore aussi avantageux qu'on pourrait le croire, car l'effort produit n'est pas utilisé en entier; on dépasse le but, on fait des morceaux de toutes dimensions, et même des poussières qui sont souvent difficiles à recueillir et à utiliser. Quand on peut substituer un effort continu à celui du choc, on ne doit donc jamais hésiter à le faire même dans les machines destinées à produire des déformations.

Nous n'avons pas considéré, jusqu'à présent, les corps parfaitement élastiques, c'est-à-dire qui seraient susceptibles de reprendre absolument leur forme initiale après avoir subi la compression résultant du choc; théoriquement, pour ceux-ci la force vive serait intégralement conservée, et le choc n'aurait aucune conséquence sur le rendement, si le corps pouvait reprendre immédiatement son état normal, mais il arrive toujours, dans ce cas, qu'il éprouve une série de vibrations avant de retrouver sa position d'équilibre, et les vibrations absorbent également une fraction appréciable de l'effort moteur.

2° *Vibrations.* L'effort ainsi absorbé se trouve dissimulé en quelque sorte pendant la marche de la machine, et le travail correspondant serait bien restitué lorsque la machine rentrera au repos; mais il se produit néanmoins une perte continue résultant de ce qu'il y a dans les vibrations une source d'écoulement pour la force vive qu'elles transmettent aux corps environnants. On éprouve, en effet, dans le voisinage des machines en marche, des trépidations du sol plus ou moins accentuées qui peuvent même se communiquer à des objets éloignés; l'air entre également en vibration et produit des sons, du bruit qui entraînent aussi une absorption inutile d'effort moteur; c'est là une cause perpétuelle de perte, inséparable, en quelque sorte, de la marche, surtout à grande vitesse, et il faut chercher à l'atténuer le plus possible. On s'attachera donc à donner aux pièces des dimensions suffisantes, des formes bien étudiées comportant des nervures; dans les machines à mouvement intermittent, comme les arbres à came, il sera bon de rompre les séries de coups trop régulières qui sont aussi une cause de mise en vibration. D'une manière générale, on devra éviter les machines à mouvement alternatif et préférer celles à mouvement continu; on reconnaîtra ainsi, par exemple, que les scies circulaires, les scies à ruban conviennent mieux, à ce point de vue, que celles à mouvement de va-et-vient. Il faut s'attacher à graisser soigneusement tous les organes mobiles pour éviter le bruit, considérer, en un mot, que la machine doit être silencieuse pour être économique. Il ne faut pas oublier, enfin, que les masses mobiles devront être aussi bien équilibrées que possible autour du centre de gravité de la machine. Comme celle-ci peut être assimilée généralement à un système soumis seulement à l'action de forces intérieures, son centre de gravité ne peut éprouver aucun déplacement dans l'espace, et tout mouvement des pièces mobiles qui tendrait à en modifier la position entraîne donc nécessairement un déplacement contraire du reste de la machine, assurant l'immobilité du centre de gravité. On s'en rendrait compte, par exemple, sur une locomotive qu'on allumerait après l'avoir suspendue dans un atelier, il se produirait immédiatement un mouvement de galop du châssis correspondant inversement au déplacement des masses mobiles. Ce mouvement de galop tend à se produire également sur les machines fixes, mais il est contrebalancé par les attaches qui les relient aux fondations, et il tend donc à se transformer en vibrations qui se communiquent au sol environnant si ces fondations n'ont pas une masse suffisante. Outre la perte de travail qu'elles entraînent, ces vibrations peuvent acquérir une intensité énorme et affecter les objets voisins, les murs de la pièce à une distance assez éloignée, de manière à devenir une cause de gêne très sérieuse dans les maisons habitées, et ce fait s'observe surtout sur les machines à marche rapide. On ne peut y remédier qu'en faisant des fondations appropriées, et c'est là une question qui prend actuellement un intérêt considérable à cause du développement de l'application des machines rapides, surtout pour la préparation de l'éclairage électrique: si on ne parvenait pas à atténuer ces vibrations, il y aurait là une difficulté des plus sérieuses pour l'établissement de ces machines dans les installations particulières. D'après certaines expériences déjà faites sur cette question, il semble que l'emploi judicieux de l'asphalte, dans les fondations de machines, atténue considérablement les vibrations et donne des résultats tout à fait remarquables. Malheureusement, l'application qui n'a peut être pas encore été suffisamment étudiée, paraît bien délicate et demande à être faite par un homme expert. La nature et la proportion des matières, le mode de préparation, les règles à observer pour le moulage des blocs, les réserves à faire dans la masse pour loger les boulons d'attache, présentent une grande influence sur les résultats obtenus. On lira avec intérêt, sur cette question, les notes publiées, par

M. L. Malo, dans le *Génie civil* (V. n^os du 6 novembre 1886 et du 23 juillet 1887).

3° *Résistances passives*. Les résistances passives qui forment une cause de déperdition des plus importantes du travail moteur dans les machines, sont cependant encore bien peu connues, et ne peuvent être représentées que par des lois empiriques exprimant grossièrement le phénomène. Elles résultent des actions qui se produisent entre les molécules voisines dans les mouvements de roulement et de glissement que ces molécules subissent, et elles s'expriment par des lois différentes suivant la nature des matériaux considérés dans les machines, selon qu'il s'agit de solides de cordes ou courroies, ou de fluides. Ces lois sont rappelées dans cet ouvrage aux mots spéciaux et nous n'y reviendrons pas ici, nous résumerons seulement les conséquences qu'on en déduit.

Pour réduire les travaux de frottement des solides, on s'attache à diminuer les coefficients de frottement en polissant les surfaces, en les graissant soigneusement. On diminue les réactions des pièces en présence en réduisant leur masse, en prenant des matériaux de grande résistance à égalité de poids, leur donnant les formes les plus rationnelles calculées de manière à ce que les pièces présentent la même résistance en tous leurs points. On cherche enfin à réduire le parcours de frottement en diminuant les dimensions des pièces au contact, et, comme d'autre part, le frottement déforme les pièces par l'usure, on cherchera à adopter des profils géométriques qui ne soient pas altérés par cette usure, comme les développantes de cercle pour les engrenages, etc. On s'attache encore à reporter l'usure sur les pièces dont le remplacement est facile, comme les coussinets en bronze par rapport aux tourillons en acier, etc.

Au point de vue de la résistance au roulement, on s'attache à donner aux pièces tournantes des rayons aussi considérables que possible.

Le frottement de glissement des cordes atteint une valeur très élevée, et on ne doit y avoir recours que pour absorber la force vive.

Le frottement de roulement, dû à la raideur des cordes, doit être diminué en prenant des cordes aussi souples que possible, en mettant des âmes en chanvre dans les cordes en métal, etc.

Quant aux fluides, on atténue le frottement de glissement en employant des conduites très larges avec des parois bien unies, en évitant les étranglements brusques, les coudes, etc.

Le frottement de roulement des fluides est utilisé quelquefois pour absorber la force vive, comme dans les régulateurs à boules agissant par la résistance de l'air; lorsqu'on veut l'atténuer, au contraire, on emploie des pièces pleines, comme sur les roues de vagons, par exemple.

En terminant ce qui concerne les résistances passives, rappelons que, d'après un théorème de Poncelet, *la vitesse pratique qui donne le maximum de rendement sur une machine, est toujours inférieure à la vitesse théorique qui donnerait le maximum de rendement sur cette même machine, abstraction faite des résistances passives.*

- 4° *Chaleur*. Les pertes de travail par la chaleur sont aussi, avec les résistances passives, très fréquentes. C'est là, comme nous l'avons indiqué plus haut, une forme de l'énergie qui résulte souvent, dans les machines, de la transformation des mouvements, et elle a l'inconvénient de se perdre avec une grande facilité par le milieu ambiant, par rayonnement, par conductibilité et aussi par une mauvaise utilisation. On diminue les pertes de chaleur en réduisant le plus possible la surface extérieure des parties échauffées, et en les enveloppant de matières peu conductrices. Quant aux pertes par mauvaise utilisation, elles dépendent essentiellement du type adopté pour la machine, des dimensions respectives des divers organes, et l'application bien entendue des principes de thermo-dynamique a pour but de donner le moyen de les réduire au minimum compatible avec le type adopté.

Il resterait à considérer, enfin, les pertes de travail sous forme électrique, dont on n'a guère à se préoccuper, en dehors des machines électriques proprement dites, et, dans ce cas, c'est une question de principe qui relève de la théorie même de ces machines; nous n'avons pas à y insister ici et nous nous contenterons seulement de rappeler qu'il convient d'éviter les formes favorables à l'écoulement du fluide, comme les pointes, qu'il faut assurer l'isolement parfait des conducteurs, éviter les tensions trop fortes, etc.

**II. TRAVAIL.** *T. techn.* Espèce de machine dans laquelle les maréchaux attachent les chevaux vicieux, pour les paralyser pendant qu'on les ferre ou les panse. ‖ Façon que l'on donne aux peaux en les mouillant sur la terre, pour en faire du parchemin. ‖ *Travail de rivière.* Préparation des peaux avant le tannage. — V. CHAMOISAGE, TANNERIE.

**TRAVAIL DANS L'INDUSTRIE** (Réglementation du). Le principe de la liberté du travail est la base de l'organisation économique moderne. Parmi les exceptions apportées à ce principe, l'une des plus intéressantes, des plus justifiées, est incontestablement celle destinée à préserver les ouvriers et surtout les enfants contre tout travail malsain, exagéré ou prématuré. Tel a été le but de la loi du 19 mai 1874, relative au travail des enfants et des filles mineures, et de celle du 9 septembre 1848, qui limite la durée de travail journalier des ouvriers adultes. Nous allons en exposer brièvement les principales dispositions.

*Loi du 19 mai 1874.* Cette loi s'applique à tous les établissements industriels employant des enfants, aux simples ateliers comme aux usines et aux grandes manufactures. On n'a admis d'exception qu'en faveur du travail effectué dans la famille et de sauvegarder l'inviolabilité du foyer. Un arrêt de la Cour de cassation du 17 février 1881, a assimilé aux ateliers de famille et, par conséquent, soustrait aux obligations inscrites dans la loi de 1874, les établissements de bienfaisance, orphelinats, lorsque le travail qui s'y exécute a pour but, non un bénéfice à réaliser, mais l'éducation professionnelle des enfants.

*Age d'admission.* Les enfants ne peuvent être employés dans l'industrie avant l'âge de douze ans révolus. Néan-

moins, afin de ne pas léser trop profondément certains intérêts industriels, la loi de 1874 a permis des exceptions à cette limite minima qu'elle établissait, en faveur d'établissements industriels à déterminer par réglements d'administration publique. Quatorze catégories d'industries peuvent, en conséquence, occuper des enfants dès l'âge de dix ans, en vertu des décrets du 27 mars 1875 et du 1er mars 1877, ce sont : 1° les dévidages de coton; 2° les filatures de bourre de soie; 3° les filatures de coton; 4° les filatures de laine; 5° les filatures de lin; 6° les filatures de soie; 7° les impressions à la main sur tissus; 8° les moulinages de soie; 9° les papeteries (les enfants de dix à douze ans ne peuvent être employés au triage des chiffons): 10° le retordage du coton; 11° les établissements pour la fabrication mécanique des tulles et dentelles; 12° les verreries; 13° le dévidage du coton; 14° les corderies à la fendue.

*Durée du travail.* Pour les enfants de dix à douze ans employés dans les usines et manufactures que nous venons d'énumérer, le travail journalier ne peut dépasser six heures divisées par un repos. A partir de douze ans, les enfants peuvent travailler douze heures par jour divisées par des repos, pourvu qu'ils remplissent, au point de vue de l'instruction primaire, les conditions dont nous parlerons plus loin.

*Travail de nuit, du dimanche et des jours fériés.* Les enfants ne peuvent être employés à aucun travail de nuit. La même interdiction s'applique aux filles mineures de seize à vingt-un ans, mais seulement dans les *usines et manufactures.* On entend par travail de nuit tout travail exécuté entre neuf heures du soir et cinq heures du matin.

L'interdiction du travail de nuit des enfants et des filles mineures peut être levée temporairement en cas de chômage résultant d'une interruption accidentelle ou de force majeure. La question a été soulevée de savoir dans quelles limites on peut user de cette tolérance. La Commission supérieure du travail des enfants, après avoir pris l'avis du Comité consultatif des arts et manufactures a posé les règles suivantes : « La levée de l'interdiction du travail de nuit ne peut être prononcée que lorsque les travaux d'une usine ont été complétement interrompus pendant une durée d'au moins sept jours consécutifs, soit par la suppression de l'activité du moteur, soit par la nécessité de réparer des dégats. L'industriel qui sera appelé à bénéficier de cette faveur devra se conformer aux dispositions de la loi et des règlements relatifs au travail de nuit, et particulièrement ne devra pas prolonger le travail des enfants au delà de douze heures sur vingt-quatre et de une nuit sur trois. »

« Les tolérances accordées ne peuvent d'ailleurs durer pendant un nombre de jours double de celui qui représente l'interruption du travail. »

Tout travail est également interdit aux enfants au-dessous de seize ans et aux filles mineures les dimanches et fêtes reconnues par la loi.

Certains adoucissements ont été apportés dans la pratique à la rigueur de cette interdiction lorsque les nécessités de l'industrie l'ont exigé.

Il existe, en outre, toute une catégorie d'établissements dans lesquels les enfants (mais non les filles mineures) peuvent être employés la nuit ou les dimanches à des travaux indispensables : ce sont les usines à feu continu. La loi a donné à l'expression *usines à feu continu,* un sens limitatif. Elle a voulu désigner les établissements qui doivent *nécessairement* fonctionner sans interruption et les distinguer de ceux qui pourraient, à la rigueur et selon la volonté du patron, poursuivre leurs opérations pendant la nuit.

Quatre industries seulement ont paru remplir les conditions nécessaires pour être classées au nombre des usines à feu continu ce sont : les *papeteries,* les *sucreries,* les *verreries* et les *usines métallurgiques.*

Les règlements d'administration publique des 22 mai et 3 mars 1877 ont déterminé les travaux permis aux enfants dans chacune des catégories d'établissements, ainsi que les conditions de durée imposées au travail de nuit et des dimanches des enfants âgés de douze à seize ans. *Leurs prescriptions très nombreuses et qu'il serait trop long de reproduire ici, ont eu pour but de protéger les enfants contre tout travail au-dessus de leurs forces, trop prolongé ou malsain.*

Les travaux de nuit et du dimanche ne peuvent, dans aucun cas, être tolérés pour des enfants âgés de moins de douze ans.

*Travaux souterrains.* L'article 7 de la loi de 1874 relatif aux travaux souterrains est le seul qui s'occupe des femmes adultes auxquelles il interdit comme aux filles mineures tout travail dans les mines et carrières. Quant aux enfants de douze à seize ans, leur emploi aux travaux du fond n'est autorisé que pendant huit heures sur vingt-quatre, avec un repos d'une heure au moins. Ces enfants ne peuvent d'ailleurs y faire le travail proprement dit du mineur, comprenant les œuvres les plus fatigantes ou dangereuses, le fonçage des puits et des galeries, l'abattage du minerai, le forage des trous de mine, le boisage des galeries, etc. Ils ne doivent être occupés, aux termes du décret du 12 mai 1875, qu'aux travaux accessoires, tels que le triage et le chargement du minerai, l'accrochage et le roulage des vagonnets, la garde et la manœuvre des portes d'aérage, la manœuvre des ventilateurs à bras, etc. Cette dernière opération est pénible à la longue, aussi a-t-on stipulé que les enfants ne pourront y être employés pendant plus de quatre heures coupées par un repos d'une demi-heure au moins.

*Instruction primaire.* Au nombre des dispositions de la loi de 1874 qui ont produit les résultats les plus féconds, figurent celles relatives à l'instruction primaire. Huit ans avant la loi du 28 mars 1882 sur l'instruction obligatoire, la loi de 1874, sans poser encore le principe de l'obligation, aidait néanmoins puissamment au développement de l'instruction populaire, en n'accordant le droit de travailler la journée entière qu'aux jeunes ouvriers suffisamment instruits, et en imposant aux autres certaines obligations de scolarité qui les suivent jusqu'à quinze ans révolus. Aussi les enfants au-dessous de douze ans, ne peuvent être employés par un patron qu'autant que leurs parents ou tuteurs justifient qu'ils fréquentent une école publique ou privée. A partir de douze ans jusqu'à quinze ans, si les enfants ne sont pas munis d'un certificat d'instruction primaire *élémentaire*, ils ne peuvent travailler plus de six heures par jour.

Toutefois, pour les exciter à fréquenter l'école et à compléter leur instruction, on tolère que, lorsqu'ils suivent régulièrement une classe pendant deux heures par jour, ils peuvent travailler le reste de la journée.

Quelle est exactement la somme de connaissances exigées par ces mots : « Instruction primaire élémentaire ? » Le ministre de l'Instruction publique a décidé par une circulaire du 20 février 1877, que, jusqu'à nouvel ordre, on n'exigerait pour le certificat que la lecture, l'écriture et les trois premières règles de l'arithmétique.

Le certificat est délivré par l'instituteur ou l'inspecteur primaire et visé par le maire.

*Livret, Registre.* L'article 10 de la loi de 1874 formule deux séries d'obligations distinctes : les unes pour les parents des jeunes ouvriers, les autres pour les chefs d'atelier. On ne pouvait, en effet, obliger les patrons à rechercher, dans une enquête individuelle, si les jeunes enfants qu'ils se proposent d'engager remplissent les conditions exigées par la loi. C'est pourquoi les pères de famille ont le devoir d'en fournir la preuve à l'aide d'un livret délivré par le maire et contenant l'indication de l'âge, du lieu de naissance, du domicile et de la *situation scolaire* de l'enfant.

Le patron ne doit recevoir l'enfant dans ses ateliers

que s'il est muni de ce livret. Il doit, en outre, immédiatement l'inscrire sur un registre *ad hoc*, avec toutes les indications exigées pour le livret.

*Affichage.* Les chefs d'industrie sont obligés, en outre, de faire afficher dans leurs ateliers la loi de 1874 et les règlements d'administration publique relatifs à son exécution. Si l'on s'en tenait rigoureusement au texte de la loi ; l'affichage devrait comprendre tous les décrets rendus depuis 1874. Or, il y en a actuellement 16 dont plusieurs fort longs ; aussi suffit-il de placarder dans chaque atelier, avec la loi, les décrets relatifs au genre d'industrie qui s'y pratique.

*Travaux dangereux ou excédant les forces. Salubrité et sécurité des ateliers.* La pensée de protection de l'enfance laborieuse qui a inspiré la loi de 1874, devait naturellement conduire le législateur à s'occuper de la nature même du travail auquel peuvent être employés les enfants, et des conditions générales de sécurité et de salubrité dans lesquelles le travail s'exécute. La loi a donc posé le principe de l'interdiction de l'emploi des enfants soit à des travaux présentant des causes de danger ou excédant leurs forces, soit dans des ateliers n'offrant pas des garanties suffisantes de salubrité ou de sécurité. Elle a d'ailleurs laissé à des règlements d'administration publique le soin de préciser à quels travaux et à quelles industries s'appliquerait cette interdiction. Les décrets rendus jusqu'à ce jour à cet effet, passent en revue toutes les industries insalubres ou dangereuses, et prennent, à l'occasion de chacune d'elles, des dispositions spéciales qu'il serait trop long de reproduire ici.

Le soin d'assurer l'application de la loi de 1874 a été confié à une Commission supérieure et à des Commissions locales et à des agents d'exécution, inspecteurs divisionnaires ou départementaux.

*Pénalités.* Les manufacturiers, directeurs ou gérants d'établissements industriels qui contreviennent aux prescriptions de la loi de 1874, peuvent être poursuivis devant le tribunal correctionnel et condamnés à une amende de 16 à 50 francs, pour chaque contravention relevée, sans que le chiffre total des amendes puisse excéder 500 francs. En cas de récidive, chaque amende peut être portée à 200 francs, sans que, toutefois, réunies, elles puissent dépasser 1,000 francs. Le tribunal peut en outre, dans ce cas, ordonner l'affichage du jugement, et son insertion aux frais du contrevenant, dans un ou plusieurs journaux du département.

Enfin les propriétaires d'établissements industriels qui mettent obstacle à l'accomplissement des devoirs d'un inspecteur, peuvent être condamnés à une amende de 16 à 100 francs.

Telles sont les principales dispositions de la loi du 19 mai 1874, sur le travail des enfants et des filles mineures employés dans l'industrie. Des prescriptions analogues sont d'ailleurs en vigueur dans les principaux pays étrangers.

En *Angleterre*, les enfants sont admis à travailler à partir de dix ans, s'ils sont munis d'un certificat médical les y autorisant ; de dix à quatorze ans ils ne peuvent travailler plus de six heures par jour ; de quatorze à dix-huit ans leur journée peut atteindre dix heures dans les industries textiles et dix heures et demie dans les autres industries. Le travail de nuit est complètement interdit aux femmes et aux enfants au-dessous de quatorze ans ; les jeunes gens de quatorze à dix-huit ans ne peuvent travailler la nuit que dans les usines à feu continu. Quant au travail du dimanche, il est également interdit aux enfants et aux femmes, sauf dans les usines à feu continu (loi de 1878).

En *Allemagne*, l'âge d'admission des enfants dans les ateliers est fixé à douze ans ; de douze à quatorze ans, ils ne peuvent travailler plus de trente-six heures par semaine ; de quatorze à seize ans, ils travaillent dix heures par jour. Le travail de nuit et du dimanche est complètement interdit jusqu'à seize ans. L'interdiction du travail de nuit existe également pour les femmes dans certaines industries insalubres ou dangereuses. Il est en outre défendu aux femmes de travailler pendant les trois semaines qui suivent leurs couches (loi du 17 juillet 1878 modifiée en 1881).

En *Autriche*, l'âge d'admission est également fixé à douze ans; de douze à quatorze ans, les enfants ne peuvent travailler que huit heures par jour : de quatorze à dix-huit ans, douze heures dans les filatures, tissages, moutures à blé, blanchiments et usines à feu continu et onze heures dans les autres industries. Le travail de nuit et du dimanche est interdit aux jeunes gens au-dessous de dix-huit ans et aux femmes sauf quelques exceptions. Défense est faite aux femmes de travailler pendant quatre semaines après leurs couches (loi des 11 mars 1883 et 8 mars 1885).

En *Danemark*, les enfants peuvent travailler à partir de dix ans, s'ils sont munis d'un certificat médical les y autorisant; leur journée est de six heures, de dix à quatorze ans, et de dix heures de quatorze à dix-huit ans; tout travail de nuit leur est interdit jusqu'à dix-huit ans (lois du 23 mai 1873).

En *Italie*, le travail des enfants commence à neuf ans et à dix ans dans les mines et les carrières, mais également avec obligation du certificat médical. La journée ne peut dépasser huit heures de neuf à douze ans. Le travail de nuit est interdit jusqu'à douze ans et limité à six heures de douze à quinze ans (loi du 11 février 1886).

En *Russie*, l'âge d'admission a été fixé à douze ans sauf certaines exceptions en faveur des filatures, tissages, papeteries, verreries, manufactures de tabac qui sont autorisées à employer les enfants à partir de dix ans. Jusqu'à quinze ans, la durée de la journée ne peut dépasser six heures; en outre, le travail de nuit est interdit jusqu'à dix-sept ans, sauf dans certaines industries; celui du dimanche est défendu jusqu'à quinze ans (décrets impériaux des 1er juin 1882 et 1er octobre 1885).

En *Suède*, les enfants peuvent travailler à partir de douze ans, lorsqu'ils sont munis d'un certificat scolaire et d'un certificat médical. La durée de leur journée est fixée à six heures de douze à quatorze ans, et à dix heures de quatorze à dix-huit ans. En outre, jusqu'à dix-huit ans, le travail de nuit leur est interdit, sauf dans les usines métallurgiques. L'emploi des femmes dans les travaux souterrains est également défendu (lois des 18 novembre 1881 et 1er juin 1883).

Enfin en *Suisse*, les enfants ne peuvent travailler dans les ateliers qu'à partir de quatorze ans. Jusqu'à dix-huit ans, la durée de leur journée peut être de onze heures sauf le samedi où elle ne doit pas dépasser dix heures. Le travail de nuit est absolument interdit aux femmes de tout âge et aux enfants jusqu'à dix-huit ans. Pour ces derniers cependant, des autorisations exceptionnelles peuvent être accordées par le conseil fédéral. Enfin, tout travail est interdit aux femmes pendant six semaines au moment des couches (loi fédérale du 23 mars 1877).

Il nous reste maintenant à dire quelques mots de la limitation du travail journalier des ouvriers adultes édictée en France par la loi du 9 septembre 1848.

Après avoir posé la règle que la journée de travail dans les usines et manufactures ne dépassera pas douze heures, cette loi a immédiatement ouvert la porte aux exceptions que les règlements d'administration publique du 17 mai 1851 et du 31 janvier 1866 ont accordées d'ailleurs d'une façon très large. Le premier de ces décrets commence par soustraire complètement aux prescriptions de la loi, un certain nombre de travaux industriels tels que : le travail des ouvriers employés à la conduite des fourneaux, étuves, séchoirs ou chaudières à débouillir, lessiver ou aviver; des chauffeurs attachés au service des machines à vapeur, des ouvriers employés à allumer les feux avant l'ouverture des ateliers, des gar-

diens de nuit; les travaux de décatissage; la fabrication et la dessiccation de la colle forte ; les travaux de chauffage dans les fabriques de savon; la mouture des grains ; les imprimeries typographiques et les imprimeries lithographiques ; les travaux de fonte, d'affinage, d'étamage et de galvanisation des métaux ; la fabrication des projectiles de guerre; le nettoiement des machines à la fin de la journée, enfin les travaux que rendent immédiatement nécessaires un accident arrivé à un moteur, à une chaudière, à l'outillage ou au bâtiment même d'une usine ou tout autre cas de force majeure.

En outre, en vertu de ce même décret, la durée du travail effectif peut être prolongée au delà de la limite légale : 1° d'une heure à la fin de la journée pour le lavage et l'étendage des étoffes dans les teintureries, blanchisseries et dans les fabriques d'indiennes ; 2° de deux heures dans les fabriques et raffineries de sucre et dans les fabriques de produits chimiques ; 3° de deux heures pendant cent vingt jours ouvrables par année, au choix des chefs d'établissements, dans les usines de teinturerie, d'imprimerie sur étoffes, d'apprêt d'étoffes et de pressage.

Enfin le décret du 31 janvier 1866 a permis de prolonger d'une heure par jour, pendant soixante jours du 1er mai au 1er septembre, le travail dans les filatures de soie.

On voit que la règle limitant la journée du travail inscrite dans la loi de 1848 a immédiatement reçu une assez forte atteinte. Si on considère que, d'autre part, cette loi n'est applicable qu'aux usines et manufactures, et que par conséquent les simples ateliers n'y sont pas soumis, on ne s'étonnera pas trop qu'elle soit jusqu'à présent restée à peu près lettre morte, alors surtout qu'elle avait négligé d'instituer un corps d'agents chargés spécialement de faire respecter les prescriptions qu'elle édictait. Depuis peu, il est vrai, ce soin a été confié par la loi du 16 février 1883 aux inspecteurs du travail des enfants et aux commissions locales, mais les autres difficultés subsistent toujours, et la loi de 1848 aurait évidemment besoin d'être, à plusieurs points de vue, modifiée et complétée. Il faudrait opter entre la liberté absolue du travail des ouvriers adultes, ou une limitation générale de la journée s'étendant à tous les établissements industriels et ne permettant plus, comme cela existe actuellement, des exceptions plus nombreuses que la règle.

La révision générale de la législation réglementant le travail est d'ailleurs à l'étude et la Chambre des députés est saisie, à cet effet, d'un projet de loi déposé par le Gouvernement et de plusieurs propositions dues à l'initiative parlementaire.

Voici quelles semblent devoir être les principales modifications : l'âge d'admission des enfants dans les ateliers serait uniformément porté à treize ans. Comme conséquence, les dispositions de la loi de 1874 relatives à l'instruction primaire disparaîtraient.

Le travail de nuit serait interdit, non seulement aux enfants et aux filles mineures, mais même aux femmes de tout âge.

La durée du travail journalier serait réduite à onze heures tout au moins pour les enfants, les filles mineures et les femmes.

Enfin, les dispositions de la loi de 1874, relatives à la salubrité et à la sécurité des ateliers, seraient complétées et s'étendraient à tous les établissements industriels sans exception. — L. B.

**TRAVÉE.** *T. de constr.* Se dit de toute partie comprise entre deux points d'appui principaux d'un ouvrage. || Dans une église, galerie supérieure qui règne au-dessus des arcades de la nef. || Dans un pont de bois, assemblage de la charpente dont les deux extrémités reposent sur des culées et piles ou sur des palées, et qui supportent le tablier du *pont*. — V. ce mot.

**TRAVELAGE** ou **TRAVÉLLAGE.** *T. techn.* Défaut qui se produit pendant le moulinage de la soie, lorsqu'il y a inégalité de tension entre deux grèges que l'on double (ce qui arrive par exemple lorsqu'on monte un gros fil et un autre beaucoup plus fin) ; alors les deux fils ne se marient pas, et plus tard, au tissage, le plus lâche des deux se casse.

**TRAVERS-BANC.** *T. d'exploit. des min.* Se dit d'une voie horizontale dirigée transversalement au gîte.

**TRAVERSE.** 1° *T. de chem. de fer.* Pièce en bois servant de point d'appui aux rails d'une voie ferrée, avec ou sans intermédiaire de coussinets en fonte.

Les traverses employées pour la pose des voies à l'écartement normal de 1ᵐ,45, ont généralement une longueur de 2ᵐ,40 à 2ᵐ,60. Leur section est ordinairement rectangulaire ; l'équarrissage minimum est de 0ᵐ,26 de largeur sur 0ᵐ,13 de hauteur. Les traverses de choix sont à arêtes vives ; mais le plus souvent on tolère de l'aubier aux deux angles supérieurs, de manière, toutefois, à conserver sous les rails ou coussinets, une surface d'appui de 0ᵐ,11 de largeur au moins. On admet quelquefois des traverses, dites « demi-rondes, » qui doivent cependant satisfaire aux conditions de largeur ou d'épaisseurs indiquées ci-dessus.

Les dimensions qui viennent d'être indiquées, sont celles qui ont été, pratiquement, reconnues nécessaires, pour reporter convenablement les pressions des rails sur la traverse ainsi que sur le ballast qui lui sert d'assiette, et, de plus, pour s'opposer au déplacement longitudinal de la voie sous l'action des trains en marche. Les traverses sont espacées de 0ᵐ,60 environ, vers les bouts des rails qu'elles supportent ; leur écartement peut être porté à 1 mètre dans les parties intermédiaires.

Les traverses employées par les grandes Compagnies de chemin de fer sont en bois dur, le plus souvent de chêne ou de hêtre ; pour les garages ou les lignes secondaires, on emploie quelquefois le sapin, dans les parties établies en ligne droite, qui sont le moins fatiguées. Une des grandes préoccupations des ingénieurs consiste à augmenter, dans la limite du possible, la durée de ces bois qui, enfouis sous la surface d'un ballast souvent humide, ont naturellement tendance à pourrir dans un délai plus ou moins long. Pour assurer leur conservation, on les injecte, avant emploi, de substances antiseptiques, telles que le sulfate de cuivre, le sous-acétate de plomb, le chlorure de zinc, la créosote, etc., etc. — V. Conservation, § *Conservation des bois.*

Dans les pays chauds, la détérioration est beaucoup plus rapide.

Depuis quelque temps, de nombreux inventeurs proposent des traverses exclusivement métalliques, recherchant ainsi une durée plus longue, moyennant un surcroît de prix occasionné par la valeur relative du bois et du métal employé.

Les traverses en fer doivent présenter les mêmes conditions de résistance et d'assiette que les traverses en bois.

Elles sont généralement composées de fers, ou d'aciers laminés, simples ou assemblés, et présentent de nombreuses dispositions concernant l'attache des rails sur les traverses.

Les traverses métalliques, encore peu usitées en France, deviennent d'un emploi assez courant en Belgique, en Hollande et surtout en Allemagne. — H. F.

2° *T. de constr.* Se dit, en général, de toute pièce de bois ou de métal placée en travers dans certains ouvrages, pour les assembler et les consolider. || 3° Tuyau horizontal conduisant, dans une cheminée, la fumée d'une autre cheminée bouchée par le haut. || 4° *T. de mécan. Machine à vapeur à traverse.* Machine dans laquelle le piston conserve son mouvement rectiligne au moyen d'une traverse courant entre deux glissières. || 5° *T. de fortif.* Massif de terre élevé sur un parapet ou dans une tranchée pour se mettre à l'abri des coups d'enfilade. || Tranchée pratiquée dans le fossé sec d'une place assiégée et destinée soit à le franchir, soit à en défendre le passage par l'ennemi. || 6° *T. de carross.* Bande de bois plate fixée par des chevilles sur le derrière des fourchettes d'un carrosse. || Morceau de bois reliant les deux brancards d'une voiture.

**TRAVERSÉE.** *T. de chem. de fer.* Appareil spécial établi à la rencontre de deux voies se coupant obliquement à niveau. Une traversée (fig. 604) est toujours précédée et suivie d'un *croisement* (V. ce

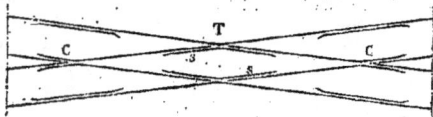

Fig. 604.

*T* Traversée. — *C C* Coussinets. — *S S* Contre-rails surhaussés.

mot) ; elle n'est elle-même, en quelque sorte, que le groupement de quatre croisements opposés par la pointe, deux par deux.

L'ensemble de cet appareil se compose essentiellement de deux rails coudés, appartenant chacun à deux voies différentes ; de quatre abouts de rails, également répartis sur deux voies différentes et terminés en pointes. Ces pointes laissent entre elles et les rails coudés voisins, des espaces libres

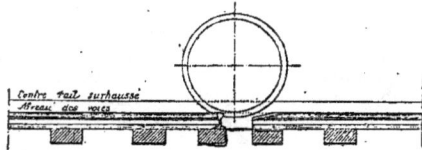

Fig. 605.

ou ornières, ménagés pour le passage des boudins de roues que comportent les machines ou véhicules appelés à circuler sur les traversées. Ces appareils reçoivent enfin, à l'intérieur, deux contre-rails surhaussés destinés au guidage des roues qui s'engagent sur les ornières.

L'angle minimum admis pour une traversée est celui dont la tangente est de 0,10; pour cet angle et jusqu'à celui de 0,13, il devient nécessaire de surhausser le contre-rail intérieur, dont le niveau peut s'élever à 0m,06 au-dessus du plan de roulement des rails de la voie. Ce surhaussement, indiqué sur la figure 605, a pour effet d'augmenter la corde de contact entre le contre-rail et le bandage des roues dont il assure ainsi le guidage au passage de la traversée.

**Traversée-jonction** (fig. 606). On désigne ainsi l'ensemble d'un appareil obtenu par la combinaison de deux croisements, de quatre aiguillages, d'une traversée proprement dite et de rails

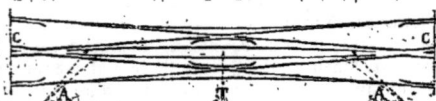

Fig. 606.

C C Croisements. — A A Aiguillages. — T Traversée.

de raccords correspondants. Quatre voies accèdent ainsi à la traversée centrale et, suivant les positions données aux aiguilles qui la précédent, on peut diriger un train arrivant d'une voie qui vient y aboutir, sur l'une des deux voies qui suivent. Ce dispositif a pour but de réduire, dans de notables proportions, l'espace nécessaire aux diverses combinaisons de voies usitées dans les gares.

**Traversées rectangulaires.** Dispositifs adaptés à la rencontre de deux voies qui se coupent à angle droit. Si ces deux voies sont d'égale importance, elles se rencontrent au même niveau; les rails qui les constituent sont, dans ce cas, entaillés à chaque point de rencontre, pour le passage des boudins des roues.

Ces entailles ne peuvent être pratiquées dans les rails que comportent les voies parcourues à grande vitesse, car elles occasionneraient des chocs dangereux et pourraient, d'autre part, provoquer la rupture des rails.

Lorsque les traversées rectangulaires sont posées dans les gares, pour relier les voies de service local, établies de part et d'autre des voies principales, les rails de ces dernières ne sont point entaillés. Pour ménager le passage des boudins des roues qui circulent sur les voies transversales, ces dernières sont surhaussées de la quantité nécessaire au-dessus des voies courantes, à la rencontre desquelles on les interrompt sur l'espace suffisant, pour donner passage aux bandages des véhicules qui suivent les voies principales.

Le surhaussement des voies transversales est racheté au moyen de pentes de raccord qui les ramènent progressivement au niveau des voies latérales. — H. F.

* **TRAVIÈS DE VILLERS** (CHARLES-JOSEPH) dit *Traviès aîné*. Dessinateur et lithographe né en 1804 à Wulflingen, canton de Zurich, de parents français, mort à Paris en 1859, fit ses études à Strasbourg, vint ensuite à l'école des Beaux-Arts à Paris, fut élève de Heim, et débuta au Salon de 1823. On le trouve encore au Salon de 1831 avec

des aquarelles de genre; mais déjà il avait abordé la caricature et y avait réussi, c'est à lui qu'on doit notamment le type populaire de Mayeux. L'un des fondateurs du *Charivari*, en 1831, Traviès ne cessa de donner des dessins à ce journal dont il fit en grande partie le succès; il collabora aussi, dès 1838, à la *Caricature*, le journal de Philippon. Il a réuni une partie de ses dessins en séries, sous des titres généraux : *la Vie littéraire*, *Comment on dîne à Paris*, etc.; il a publié aussi divers recueils de fantaisie : *Galerie des épicuriens*, *les contrastes des tableaux de Paris*, enfin il s'est essayé, sans grand bonheur, à l'illustration, et a prêté son crayon pour des éditions de Balzac et des *Français peints par eux-mêmes*. Comme peintre, on peut citer de lui quelques portraits et une toile achetée par l'Etat : *Jésus et la Samaritaine* (1853). Ces productions sont, du reste, bien inférieures à ses caricatures, auxquelles on ne peut reprocher que de manquer de gaieté, la finesse et le pittoresque étant plutôt ses qualités maîtresses.

* **TREBATTI** (PAUL-PONCE) dit *maître Ponce*. Sculpteur italien, il vint en France sous François Ier et fut un des principaux maîtres de l'école de Fontainebleau. On n'a sur sa vie ni sur ses œuvres que peu de renseignements, et on lui a longtemps attribué, comme à ses compatriotes de la même école, beaucoup d'ouvrages dus en réalité à des artistes français. C'est ainsi qu'on a longtemps cru P. Ponce Trebatti l'auteur du tombeau de Louis XII à Saint-Denis, restitué aujourd'hui à l'œuvre de Jean Juste.

Sa première œuvre importante fut le mausolée du prince Pio de Carpi, érigé en 1535, dans l'église des Cordeliers à Paris, transporté depuis au musée du Louvre avec la statue de Charles de Magny, capitaine des gardes de Henri II, et le bas-relief en bronze d'André Blondel de Rocquencourt, contrôleur général des finances. On doit encore à Trébatti les trois enfants qui ornent le piédestal de la petite colonne destinée à porter le cœur de François II, à Saint-Denis; *la Prudence et la Tempérance*, figures pour le tombeau de Henri II, à Saint-Denis, qui soutiennent la comparaison avec les chefs-d'œuvre voisins de Germain Pilon, un *Christ mort*, en marbre, d'une facture remarquable, une statue d'*Anne de Bretagne*, des bas-reliefs représentant le *combat de saint Georges contre le dragon*, et *sainte Anne apprenant à lire à la Vierge*, un buste d'Olivier Lefèvre, au Louvre, etc. Son rôle comme décorateur et sculpteur d'ornements n'est pas moins important : il a donné les sculptures sur bois des appartements intérieurs du Louvre, construit sous Henri II, les frontons et les ornements de la façade orientale des Tuileries, des trophées en pierre pour l'étage supérieur du Louvre, enfin, avec le Primatice, la décoration du petit château de Meudon, qui fut considérée à l'époque comme une merveille de goût. On ignore la date de sa mort.

**TRÉBUCHET.** Petite balance de précision qui sert à peser des monnaies et les objets d'un poids léger.

**TRÉFILERIE.** Industrie qui a pour but d'étirer

à froid les métaux en fils, et usine dans laquelle on procède à cette opération. La tréfilerie ou le *tréfilage* consiste à introduire l'extrémité d'une verge métallique dans un des trous d'une *filière* (V. ce mot) et, par une énergique traction exercée sur cette extrémité saillante, à diminuer et régulariser, en l'étirant, la section de la verge. En opérant plusieurs *passes* ou passages successifs, on obtient des fils dont le diamètre peut atteindre une faible fraction de millimètre. Le tréfilage des métaux ductiles, or, argent, cuivre, plomb, était déjà connu au moyen âge; on faisait passer dans une *filière* un lingot grossièrement ébauché qui venait s'enrouler sur un tambour manœuvré par des bras de leviers. Quant au tréfilage du fer, il ne vint que beaucoup plus tard. On l'exécuta d'abord à l'aide de machines dites *bancs à tirer*, *tenailles* ou *dragons*, dont l'organe principal, une pince à chariot glissant sur un bâti horizontal, saisit la verge sortant de la filière et l'étire en reculant, puis vient la reprendre au même point et continue l'opération par un mouvement de va-et-vient. Cette machine n'est plus appliquée de nos jours, que pour parer en leur donnant une simple passe, sans les cintrer, les verges d'un assez fort diamètre destinées à certaines industries : fabrication des pelles et des pincettes, des pivots ou mamelons des fiches et des paumelles, qui exigeraient de trop fortes *bobines* de tréfilerie. Les usines où l'on étirait au *dragon* s'appelaient primitivement *tréfileries*, et celles où l'on employait des *bobines*, pour les petits numéros, étaient dites *tireries*; depuis, la première expression englobe les deux genres d'opérations et les deux sortes d'usines.

Le fer qui constitue, sous le nom de *petit rond* ou de *machine*, la matière première employée en tréfilerie, est préparé au laminoir. Quand il doit subir un certain nombre de *passes*, on le prend généralement des numéros 22 ou 21 (*jauge de Paris* [V. Fils métalliques]), afin de diminuer autant que possible ces opérations. Certaines forges produisent couramment de la machine n° 20, on en cite même qui ont pu descendre le laminage jusqu'au n° 14 ou 22/10 de millimètre; mais le tréfilage de ces machines, forcément irrégulières, entraîne un déchet considérable. Le fer est préalablement décapé, à l'acide sulfurique le plus souvent, dans des cuves de métal ou de bois doublé de plomb et chauffées à feu nu ou par la vapeur. La consommation d'acide est, en moyenne, de 25 à 30 kilogrammes par tonne de métal. La *machine* pourrait être tréfilée après ce décapage, mais on préfère la plonger dans un bain de sulfate de cuivre dont la réduction facilite son étirage, le cuivre déposé à sa surface se trouvant seul en contact avec la filière qui est ainsi moins fatiguée. Ce bain, ou *sauce*, est une dissolution aqueuse de sulfate de cuivre, additionnée d'une émulsion d'huile et d'acide sulfurique bouillis ensemble, qui lubrifie le fer passant à la filière. Le *banc de tréfilerie*, auquel on donne souvent, par extension le nom de *bobine*, est un solide massif de bois portant le dévidoir, la filière et un cylindre de fonte, la bobine proprement dite, tournant au-

tour d'un axe horizontal pour le tréfilage des fils plus gros que le numéro 17, et autour d'un axe vertical pour les numéros inférieurs. Cette bobine est folle sur un arbre recevant son mouvement d'engrenages, mais peut toutefois être entraînée par lui quand on fait agir un embrayage de forme spéciale. La *pièce*, couronne de fer sortant du bain de sulfate, est jetée sur le dévidoir, puis son extrémité appointée au marteau dans une petite estampe, et introduite dans un trou de la filière placée verticalement sur un chariot mobile autour d'un pivot, est saisie par la tenaille articulée fixée sur le côté de la bobine. Pour faire fonctionner la machine, l'ouvrier tréfileur presse du genou ou de la main sur un boulon traversant un des bras de la bobine parallèlement à son axe. Une traverse adaptée à cet arbre vient alors buter sur l'extrémité saillante du boulon et l'entraîne ainsi que la bobine. La résistance présentée par le fil de fer pendant son passage à la filière empêche le boulon de se dégager, mais l'étirage de la pièce terminé, un ressort le chasse et la bobine déclanchée s'arrête. La diminution de diamètre éprouvée par passe varie de un à deux numéros de la jauge. Tous les trous de la filière ayant le même diamètre, on doit la changer après chaque passage, ou continuer le tréfilage sur une autre bobine en procédant à une nouvelle immersion dans la sauce. La transformation moléculaire opérée par le tréfilage amène un rapide écrouissage, que l'on fait disparaître en recuisant de temps en temps le fil dans des chaudières annulaires en fonte de $1^m,50$ à 2 mètres de haut sur 1 mètre de diamètre, hermétiquement closes pour limiter l'oxydation, chauffées à la houille ou, dans les forges, avec les gaz sortant des fours. Les flammes, après avoir tourné autour de la chaudière, passent par le tube intérieur qui les conduit à la cheminée. Le chauffage dure dix à douze heures et le refroidissement deux à trois jours ; le fil de fer sortant des chaudières à recuire doit être décapé de nouveau avant de reprendre le tréfilage.

Pour transformer la machine n° 20 en fil de fer n° 8, on doit donc lui faire subir 12 passages à la filière, 4 à 5 recuits, et autant de décapages.

On emploie généralement, dans les tréfileries, quatre types de bobines différant par leur diamètre et leur disposition. Le premier type, horizontal, sert au dégrossissage de la machine. Le deuxième, également horizontal, sert pour l'étirage des fils de fer du numéro 20 au numéro 18. Le troisième, vertical, pour l'étirage du numéro 18 au numéro 14. Le quatrième, vertical, pour l'étirage des petits numéros. Ces bobines sont groupées en certain nombre sur chaque bâti, afin de simplifier les transmissions.

Le rayon du cylindre sur lequel s'enroule le fer diminue avec le diamètre de celui-ci, en même temps que sa vitesse de rotation augmente.

On donne, en moyenne, aux bobines une vitesse circonférencielle de 25 à 30 centimètres pour le tréfilage des fils des numéros supérieurs au 22, de 75 à 90 centimètres pour les fils compris entre le 22 et le 14, de $1^m,25$ à $1^m,50$ pour les numéros inférieurs.

Le tréfilage produit un déchet assez considérable, morceaux brisés, pièces de fer pailleuses ou cassantes, aussi les forges possédant une tréfilerie se sont presque toutes adjoint une fabrique de pointes qui, sous cette forme, les débarrasse de leurs déchets. Le dernier passage à la filière est souvent précédé d'une immersion plus prolongée dans la *sauce*, afin de donner au fil une belle teinte rouge de cuivre. Certains fils de fer de petit diamètre, employés dans la fumisterie et la quincaillerie, sont aussi recuits après tréfilage pour pouvoir être pliés et tordus sans rupture. Ceux qui doivent être exposés aux intempéries sont galvanisés, à chaud ou à froid, en traversant au sortir de la filière un bain de zinc fondu, ou par une immersion dans une dissolution de sels de zinc; des procédés analogues sont employés pour l'emplombage du fil de fer.

L'écrouissage du fer dans son passage à la filière nécessite, ainsi que nous l'avons dit, de nombreux recuits, suivis de décapages enlevant la couche d'oxyde formée. Cette opération est donc assez coûteuse, surtout par le déchet qu'elle fait subir, la corrosion de l'acide ne pouvant être exactement limitée à l'oxyde; elle est en outre assez lente, et les eaux acides deviennent un embarras même dans les petites usines. A plusieurs reprises, on a cherché à remplacer le décapage chimique par un décapage mécanique. En 1877, Betz brisait l'écaille d'oxyde par des flexions imprimées en tous sens au fil recuit; le procédé Riche enlève cet oxyde par un frottement énergique; la machine de l'américain Adt produit le même effet par une torsion; Wedding, étirant le fer encore chaud, la couche d'oxyde est assez mince pour qu'une légère flexion à la machine Adt ou Betz la fasse éclater facilement.

L'acier se tréfile comme le fer, mais afin d'éviter la formation de l'oxyde sur le fil d'acier qui doit être trempé, on lui fait quelquefois traverser un tube chauffé extérieurement, dans lequel il se trouve porté au rouge pour se refroidir brusquement dans un second tube de faible diamètre entouré d'une enveloppe à circulation d'eau. Il se recuit à un degré déterminé en traversant une boîte chauffée contenant du sable, de l'amiante ou des battitures, avant de s'enrouler sur une bobine. Malgré l'enveloppe protectrice de cuivre, les filières des bancs à tirer ne tardent pas à s'user au passage du fil de fer, et sont ramenées à leur diamètre primitif par un matage fait à froid au moyen d'un marteau à panne ronde. Quand cette opération a été répétée un certain nombre de fois, elles doivent être battues à chaud. Le sel marin déposé en couche cristalline sur le fer, possède la singulière propriété, peu connue des tréfileurs, de faciliter l'étirage en augmentant la durée des filières. Le fil de fer est immergé dans une solution chaude de sel marin pendant un temps assez long pour en prendre la température; quand on le retire, il est couvert de petits cristaux fort adhérents, formant à sa surface, sous l'action de la filière, une sorte de vernis élastique qui ne s'élimine plus, quel que soit le nombre des *passes*.

Les tréfileries importantes, usant de grandes quantités d'acide sulfurique ou chlorhydrique pour leurs décapages, produisent d'énormes masses d'hydrogène qui se perdent dans l'atmosphère. Aux tréfileries de Trenton, dans le New-Jersey en Amérique, le fil de fer n'est pas directement immergé dans les cuves, mais se dévide et traverse le bain de décapage en passant par des presse-étoupes; l'hydrogène dégagé est alors lavé dans une colonne à coke, carburé par un barbotage dans un tube de benzine, et recueilli dans un gazomètre qui le distribue pour l'éclairage des ateliers.

Le tréfilage des autres métaux s'exécute par des procédés analogues à ceux du fer, en donnant aux bobines une vitesse proportionnelle à la ductilité du métal et un diamètre inversement proportionnel à cette vitesse. On étire ainsi le cuivre et surtout le laiton, le zinc dont on fait des pointes pour clouer les moulures en carton-pierre des plafonds, l'étain, le plomb, l'or et l'argent, descendus à des degrés extrêmes de finesse pour la bijouterie et la passementerie.

*Tréfilage des métaux précieux.* L'or et l'argent sont titrés à la Monnaie et amenés, par un passage à l'*argue*, machine spéciale d'étirage, au diamètre d'une plume d'oie. Le tréfilage se continue ensuite dans les usines particulières, en cirant le métal pour faciliter le passage à la filière.

Le tréfilage des métaux précieux s'exécute souvent, afin d'éviter l'usure des organes, dans des filières dont les trous sont garnis d'une pierre dure percée au diamètre du fil, ces pierres sont l'agate ou mieux le rubis. Les filières à rubis peuvent tréfiler, sans augmentation de diamètre, jusqu'à 200 kilomètres de fil d'argent.

En modifiant la forme des trous des filières, on obtient, et c'est là une industrie très parisienne, des fils de sections plus ou moins variées, étoiles, croix, etc.; on tréfile aussi de minces tubes d'or et d'argent, à section ronde, carrée, hexagonale, ellipsoïdale, qui, découpés en morceaux plus ou moins longs et soudés en anneaux, constituent les maillons des chaînes de bijouterie; ces tubes s'emploient également pour toutes sortes d'objets d'orfèvrerie et d'horlogerie.

Les fils de platine excessivement ténus, en usage dans certains appareils de physique, s'obtiennent par le procédé Wollaston, qui consiste à recouvrir un fil de platine d'une enveloppe de cuivre, et à tréfiler ce métal mixte. Quand il a été amené à un degré suffisant de finesse, on dissout l'enveloppe de cuivre dans l'acide azotique qui met le fil de platine en liberté. En 1877, M. Dumas présenta à l'Académie des sciences, au nom de M. Gaiffe, des fils de platine presque invisibles à l'œil nu, ayant 1/47 de millimètre de diamètre.

Nous pouvons encore citer comme type de tréfilage celui de la poudre dans les tubes en plomb, pour fusées à double effet des projectiles de l'artillerie française. Ce tréfilage abaisse la vitesse de combustion de la composition fusante à 13 millimètres par seconde.

On obtient cette régularité mathématique de combustion due à l'augmentation de l'homogénéité et de la densité, en introduisant ce mélange dans des tubes de plomb de 50 centimètres de long et 22 millimètres de diamètre, que le tréfilage amène à une longueur de 21 mètres et à un diamètre de 4 millimètres, la composition fusante s'étirant en même temps que son enveloppe; 72 passes sont nécessaires pour arriver au tube définitif en diminuant le diamètre de 2/10 de millimètre d'abord, puis de 1/10, et enfin de 1/2 dixième. — H. B.

**TRÉFILEUR.** *T. de mét.* Ouvrier qui tire en fil le fer, l'acier, le laiton, le plomb; on donne plus spécialement le nom de *tireur d'or et d'argent* à celui qui met en fil les métaux précieux.

**TRÈFLE.** *T. d'arch. et de sculpt.* Ornement imité de la feuille de trèfle, dont l'usage se répandit du XII° au XVI° siècle; on le trouve souvent dans la composition des roses, des meneaux, des arcatures, et il présente ordinairement trois cercles dont les centres sont placés au sommet d'un angle équilatéral. || *Art hérald.* Meuble d'armoirie qui représente une feuille de trèfle.

**\*TRÉFLÉ, ÉE.** *Art hérald.* Se dit de la croix et de quelques autres pièces dont les extrémités sont terminées par un trèfle.

**TREILLAGE.** Le treillage est un assemblage de lattes en bois diversement disposées et soutenues soit entre elles, soit à l'aide de fils de fer; il est maintenu par des poteaux ou des pieux enfoncés dans le sol et quelquefois fixé sur des surfaces planes.

On emploie les bois dans l'ordre suivant : châtaignier, acacia, pin sylvestre, marsaut, peuplier noir, sapin, pin maritime, saule blanc, tremble, peuplier blanc. Ils pourrissent vite surtout du pied, aussi augmente-t-on leur durée par l'injection ou le trempage dans des antiseptiques (créosote, sulfate de fer, sulfate de cuivre); les parties du treillage qui doivent rentrer en terre sont goudronnées ou flambées. Les bois sont simplement débités à la hache (fendis) et appointés à une extrémité; pour les treillages soignés des jardins et des parcs, ils sont sciés à section rectangulaire (lattis). Les fils de fer employés pour leur confection sont de différents numéros; ils sont tous recuits et recouverts d'une couche d'huile de lin; la plupart de ces fils sont galvanisés.

On distingue les *treillages de clôture*, les *treillages de jardins*, les *treillages horticoles*, les *treillages de fils de fer*, etc.

Les treillages de clôture sont ceux qu'on rencontre le plus souvent le long des lignes des chemins de fer; ils sont encore utilisés pour enclore les champs, les jardins, les hippodromes, etc. Ils sont formés en principe de morceaux de bois ou échalas maintenus à un certain intervalle par plusieurs rangs horizontaux en fil de fer. Chaque rang est formé de deux fils qui sont tordus entre eux dans l'intervalle laissé libre entre deux bois consécutifs; on les fabrique à la main ou à l'aide de machines spéciales. A la main, l'ouvrier a, par rang, deux petites bobines sur chacune desquelles un aide a enroulé d'avance une certaine longueur de fil; lorsqu'un bois est placé,

l'ouvrier tord le fil en arrière, avec les bobines, et sur une certaine longueur, il répète cette opération autant de fois qu'il y a de rangs, puis il place un bois et continue ainsi la fabrication qui est très lente. Les machines sont presque toutes analogues, et nous ne décrirons que celle de M. Guilleux, de Segré; elle se compose d'autant de mécanismes identiques entre eux qu'il y a de rangs de fils de fer à mettre au treillage; ces mécanismes sont mis en mouvement par une seule manivelle et peuvent s'écarter parallèlement entre eux en se déplaçant sur le bâti de la machine afin de régler l'écartement des rangs de fil; ils sont mis en communication par engrenages. Chaque mécanisme est composé de bobines folles montées sur un support fixé à un arbre horizontal tournant dans deux coussinets; à une extrémité, l'arbre porte une roue dentée de commande et à l'autre extrémité, une sorte de C fixé à l'arbre en son centre de symétrie; cette dernière partie de l'arbre est percée et est traversée par les deux fils venant des bobines précédentes; chaque fil vient passer sur un galet à rainure placé à chaque branche du C. Si l'on suppose un bois passé dans l'espace libre du C puis tiré en avant, il fera développer deux longueurs de fil de fer parallèles, à ce moment si on arrête le bois et si on donne un mouvement de rotation au mécanisme, les branches du C venant à tourner, les deux fils de fer se réunissent en arrière du bois par une torsion d'autant plus serrée qu'on fera faire un plus grand nombre de tours à l'appareil. Si l'on suppose 4 ou 6 mécanismes ainsi disposés et fonctionnant ensemble, on fera du même coup 4 ou 6 torsions de fil de fer en arrière du bois; lorsque la torsion a eu lieu sur une longueur déterminée, on passe un nouvel échalas que l'on écarte de la machine et on met celle-ci en mouvement; on obtient ainsi des rouleaux de treillage. Ces machines sont complétées par différents détails pour régler uniformément l'avancement du treillage, l'écartement des rangs, etc.

Dans quelques machines américaines, le treillage se fait directement sur place entre des fils tendus d'avance sur une certaine longueur. Ces treillages sont soutenus de distance en distance par des pieux de 0m,08 à 0m,12 de diamètre, écartés de 2 à 3 mètres et réunis à leur partie supérieure par une lisse en bois. On les emploie aussi (faits avec du bois de petit échantillon) pour les plafonds et les remplissages des murs en pans de bois, pour remplacer les lattes que l'on pointe sous les solives ou sur les potelets.

Dans les jardins, les treillages sont ordinairement en lattes échantillonnées pointées entre elles; comme clôture, ils forment différents dessins notamment des losanges souvent redoublés à la partie inférieure. On s'en sert dans la construction des tonnelles, kiosques, bosquets, berceaux, allées couvertes, etc.

Les treillages horticoles sont destinés au palissage des arbres fruitiers; ils se font contre les murs (espalier) ou à deux rangs rapprochés et en plein air (contre-espalier); on les confectionne sur place : on tend des rangs de fils de fer horizontalement à un certain intervalle, et de dis-

tance en distance on attache avec un fil de fer
recuit des lattes verticales ou obliques, suivant la
forme et la taille que l'on impose aux arbres fruitiers ; le palissage des rameaux se fait en fixant
ces derniers contre les lattes avec une ligature
végétale.

Le treillage métallique tend à se substituer de
plus en plus au bois à cause de la durée qui est
augmentée par la galvanisation ; souvent pour
les clôtures défensives, les fils de fer sont remplacés par des rangs de ronce artificielle. Celle-ci
est formée de deux fils de fer galvanisés, tordus ensemble ; sur l'un des fils, de distance en
distance, sont fixés des pointes ou piquants ; dans
certaines ronces, les piquants sont des plaques
métalliques en forme d'étoiles, d'autres fois, et
c'est le cas le plus général, ce sont des pointes
doubles formées par un petit fil de fer tordu normalement autour du grand fil et dont les deux extrémités sont coupées en sifflet. Enfin, on remplace
souvent la ronce artificielle par un feuillard armé
de piquants de place en place.

Dans les grands jardins potagers, les treillages
métalliques des espaliers sont formés par des
rangs de fil de fer (verticaux, horizontaux ou obliques) assez rapprochés ; ces fils sont soutenus de
distance en distance par des pattes percées d'un
trou et sont bandés à l'aide de tendeurs.

Dans quelques installations, on remplace les
pieux en bois, destinés à soutenir le treillage, par
des pieux en fer en U, à simple ou à double T ;
ceux de MM. Louet frères sont terminés en bas par
un patin en fonte qui les maintient toujours au
même niveau. Suivant leur longueur, ces pieux
sont enfoncés de 0m,40 à 0m,80 dans le sol.
Les pieux d'angle et ceux qui sont à l'extrémité
des lignes sont en outre renforcés par des jambages inclinés terminés également par un patin.
Dans le système Périn frères, le patin en fonte est
remplacé par un bloc en béton comprimé.

Les fils de fer peuvent être rapprochés de plus
en plus, quelquefois on les réunit par d'autres
fils perpendiculaires ou obliques aux précédents,
et le treillage devient grillage. — V. ce mot, I. —
M. R.

**TREILLAGEUR.** *T. de mét.* Ouvrier qui fait des
treillages, des treillis.

**TREILLIS.** 1° Outre les clôtures ou autres ouvrages
de bois ou de métal dont il est parlé au mot TREIL-
LAGE, on nomme aussi *treillis*, un coutil à ailes de
fougères, en lin ou en chanvre, assez fort, de 70 à
90 centimètres de largeur, employé écru et parfois
crémé ; le plus gros pour faire des sacs, guêtres,
pantalons de fatigue ou autres vêtements pour
paysans, soldats et ouvriers ; le plus fin pour confectionner des justaucorps ou surtouts de chasse.
‖ 2° Sorte de toile de lin fabriquée surtout en
Suisse, ordinairement teinte en *noir*, gommée,
calandrée, satinée ou lustrée, propre à faire des
coiffes de chapeaux, des doublures d'habits, des
garnitures de caisses et malles, etc. ‖ *Art hérald.*
Se dit d'une pièce honorable lorsqu'elle est chargée de dix ou douze cotices, moitié à dextre, moitié à senestre.

**TREMBLE.** *T. de bot.* Arbre du même genre
que les peupliers, le *populus tremula*, L. (Syn. : *populus pendula*, Duroi) originaire de France, mais
répandu dans toute l'Europe; il est surtout caractérisé par ses feuilles à long pétiole qu'agite le
moindre souffle de vent. Son bois est blanc et fort
léger, avec fibres très lâches, ce qui le rend d'une
utilisation fort difficile, aussi ne s'en sert-on guère
que pour la confection des caisses à emballages,
ou pour protéger des objets de peu de valeur ;
réduit en copeaux, son bois sert parfois à fabriquer de la sparterie. Son écorce peut être employée comme fébrifuge à cause de la populine
qu'y a découvert Braconnot ; les feuilles sont, dans
certains pays, employées en hiver pour la nourriture des bestiaux.

**\*TREMBLEUR.** *T. d'électr. et de télégr. Rhéotome* (V. ce mot) automatique, qui interrompt et
rétablit le passage d'un courant, successivement
et à de très courts intervalles, par le mouvement
de va-et-vient d'une languette de fer doux actionnée par un électro-aimant placé dans le circuit ; il
est employé dans la construction des bobines d'induction (trembleur de Neef, sirène de Froment),
des sonneries électriques (trembleuse) et de certains appareils télégraphiques. — V. INDUCTION,
§ *Bobines d'induction*, RHÉOTOME, SONNERIE ÉLEC-
TRIQUE, TÉLÉGRAPHE, §§ 58, 64.

**TRÉMIE.** *T. techn.* 1° Se dit, en général, de tout entonnoir de forme quadrangulaire ; les maçons font
usage d'une trémie en bois pour introduire dans les
bétonnières, malaxeurs, etc., les éléments nécessaires à la confection du béton et du mortier, et
les meuniers pour faire écouler peu à peu le blé
entre les meules ou les cylindres qui le réduisent
en poudre. ‖ 2° Sorte de pyramide creuse et renversée, dont le dessus est en cuir et le dessous en
treillis de fil de laiton, et qui sert à cribler le blé
et l'avoine. ‖ 3° Flanelle employée par les miroitiers
pour filtrer le mercure. ‖ 4° *T. de constr.* Dans un
plancher, c'est la partie hourdée en plâtre et plâtras
comprise entre le mur, un chevêtre et deux solives d'enchevêtrure, et sur laquelle repose l'âtre de
la cheminée.

**TREMPAGE.** *T. de typogr.* Opération qui consiste à humecter le papier avant l'impression et
qui se fait soit en l'aspergeant d'eau à l'aide d'un
balai de fougère, soit en plongeant rapidement
une main de papier dont on maintient parfois les
feuilles avec deux règles, dans une bassine pleine
d'eau ; le papier est ensuite comprimé en pile
sous une presse. ‖ Se dit encore de l'immersion
dans l'eau froide, des peaux, des laines, des
soies, etc.

**TREMPE.** *T. de métall.* La modification moléculaire qu'éprouve l'acier, par un refroidissement
plus ou moins rapide, porte le nom de *trempe*.

*Fonte trempée.* Par extension, on donne le nom de
*fonte trempée*, à la fonte que l'on a fait blanchir par
un refroidissement brusque dans un moule métallique appelé *coquille*. Le passage de l'état de graphite
à l'état de carbone combiné, que subit la fonte par
cette opération, lui communique une dureté spé-

ciale, que l'on a utilisée dans certaines applications. Les cuirassements en fonte dure, les projectiles Palliser et Gruson destinés à percer les blindages, les roues en fonte trempée d'un emploi général en Amérique, sont fondés sur cette transformation du graphite en carbone combiné, qui ne réussit bien que lorsque le silicium en présence est en petite proportion et qu'il y a un peu de manganèse. Il faut, de plus, que la fonte ne soit pas coulée trop chaude, pour que le moule métallique, dont le poids n'est jamais bien considérable, comparativement à celui de la pièce coulée, ne s'échauffe pas trop.

Le blanchiment de la fonte par la *trempe en coquille*, qui était resté longtemps obscur, s'explique maintenant, dans toutes ses circonstances, par des considérations physiques et chimiques des plus simples. Toute cause qui facilite la combinaison du carbone avec le fer (la présence du manganèse par exemple), aide à la trempe en coquille; inversement, toute substance étrangère, qui favorise la formation du graphite, s'oppose à la production de la fonte trempée.

*Trempe en paquet.* La *trempe en paquet* est une autre. acception du mot *trempe*, dont nous dirons quelques mots avant de parler de la véritable trempe de l'acier.

La trempe en paquet est une *cémentation* analogue à celle que l'on emploie pour convertir le fer en acier cémenté, pour la fabrication des produits de première qualité, destinés à la fusion au creuset. On chauffe, comme dans les caisses de cémentation, la pièce à tremper en paquet, avec du charbon de bois en poudre, auquel on ajoute souvent du noir animal, des rognures de cuir, des cyanoferrures, pour introduire de l'azote ou plutôt des composés carburés de l'azote, qui puissent abandonner facilement leur carbone.

La trempe en paquet a pour *effet* de carburer les objets en fer ou en acier que l'on soumet à cette opération, et pour *but* de les durcir superficiellement. C'est tantôt, pour permettre un poli plus fin et plus résistant, comme quand il s'agit de pièces d'ornement, tantôt, pour durcir, au plus haut degré, la masse entière, comme dans l'industrie des limes, tantôt, enfin, pour produire une plus grande dureté superficielle qui s'oppose à l'usure; tel est le cas de certaines pièces de machines.

*Trempe de l'acier.* Le fer chimiquement pur, semble relativement mou. Sa dureté augmente par l'introduction de substances étrangères.

*Jusqu'à la teneur de* 2 0/0, le carbone combiné durcit le fer; au-dessus, la dureté diminue, mais en restant toujours supérieure à celle que possède le fer à 1 0/0 de carbone. Cette influence du carbone sur le fer est la base des propriétés de l'acier ordinaire ou *acier à base de carbone*. Le silicium, au contraire, a peu d'influence sur la dureté du fer et ne saurait former avec lui aucun alliage aciéreux; il n'existe donc pas d'acier à base de silicium. Le phosphore durcit bien le fer, mais ce durcissement qui amène de la fragilité, est permanent, il n'est pas modifié par la trempe, il n'existe donc pas d'*acier à base de phos-*

*phore*. Le manganèse agit énergiquement sur le fer, au point de vue de la dureté, et comme cette action est modifiée par la trempe, on doit admettre qu'il existe de véritables *aciers à base de manganèse*.

D'autres corps, tels que le chrome et le tungstène, sont également d'une influence considérable sur la dureté du fer, et il existe des *aciers à base de chrome* tout comme des *aciers à base de tungstène*. Donc, *pour qu'un corps soit un acier, il faut qu'il y ait durcissement* par une substance étrangère, et que ce durcissement soit affecté par les variations de température, c'est-à-dire par la trempe.

La réciproque n'est pas vraie, et du fer peut présenter un certain durcissement par la trempe, sans, pour cela, renfermer une quantité importante de corps étrangers, mais dans ce cas, le durcissement est faible et le changement de structure physique joue le rôle principal. Ceci nous amène à considérer la trempe au point de vue moléculaire. Il y a lieu de distinguer la trempe qui s'applique aux objets de petite dimension, ayant subi le travail du laminage et du forgeage, de la trempe des pièces de fortes dimensions, qui n'ont pas subi de modifications moléculaires par les actions mécaniques, ou qui manquent d'homogénéité dans leur masse.

Il résulte des travaux du métallurgiste russe Tchernoff, que, pour chaque nature d'acier, il existe un point de l'échelle thermométrique, tel que, quand on chauffe de l'acier au-dessus de ce point la texture devient amorphe. Si l'on fixe, le grain obtenu par un procédé quelconque, la trempe par exemple, on communique au métal des propriétés moléculaires d'un grand intérêt pratique.

*Trempe des grandes masses métalliques.* Les phénomènes qui accompagnent la trempe sont tout différents, lorsque l'on opère sur de petites ou de grandes masses.

En pratique, la trempe sur de grandes masses métalliques est impossible à appliquer aux nuances d'acier qui les supporteraient en petites masses. Il se produit, par le refroidissement rapide, des tensions moléculaires qui amènent des ruptures partielles, des criques plus ou moins apparentes, et qui produisent une désorganisation tantôt immédiate, tantôt tardive.

Les blindages, en fer pur carburé, en sortant du marteau pilon ou du laminoir, présentent une structure, partiellement cristalline, qui serait nuisible à leur résistance. On a donc imaginé de les tremper dans l'eau froide pour changer ce grain cristallin et fixer, dans toute la masse, un grain plus homogène et plus favorable à une égale répartition des effets du choc.

Lorsque les perfectionnements apportés à la vitesse des projectiles de perforation, à leur pouvoir de pénétration et au calibre des bouches à feu, rendirent nécessaire l'emploi partiel ou total de l'acier doux, on voulut recourir également à la trempe à l'eau. Mais il fallut renoncer à cette pratique à cause des fissures qui en résultaient. On essaya alors, avec succès, un autre mode de trempe.

La *trempe à l'huile*, que l'on appliquait à certains objets de coutellerie, donna pour les blindages en acier doux des résultats remarquables, qui la firent immédiatement adopter dans la pratique. Le moindre pouvoir conducteur de l'huile, son inflammation superficielle au moment de l'immersion, corrigent ce que le contact avec l'eau froide avait de trop actif.

Il restait un progrès à réaliser, c'était de fabriquer des blindages en acier plus carburé et de pouvoir leur communiquer l'homogénéité de grain nécessaire, par une trempe appropriée à leur composition chimique. Ce progrès a été réalisé récemment par M. Evrard, de la Société de Châtillon-Commentry, au moyen de bains métalliques. On peut maintenant, sans crainte de criques plus ou moins apparentes, communiquer aux aciers durs en grande masse, une homogénéité très favorable à la résistance au choc, par l'emploi d'un bain de plomb fondu dans lequel on maintient, pendant quelque temps, la pièce préalablement chauffée au rouge vif. Ce procédé s'applique tout particulièrement avec avantage aux pièces en acier coulé, dont il détruit la structure cristalline et dont il triple la résistance au choc, comparativement au simple recuit.

*Trempe des petites masses métalliques.* Nous arrivons maintenant à la trempe ordinaire, celle que l'on applique aux objets d'acier de faibles dimensions, les outils par exemple.

Le carbone se trouve, dans l'acier comme dans la fonte, à deux états : le *carbone combiné* et le carbone non combiné ou *graphite*.

Le carbone combiné, quand l'acier est attaqué par l'acide chlorhydrique bouillant, s'échappe sous forme de composés hydrogénés. Par l'acide chlorhydrique froid, l'attaque peut laisser une partie de ce carbone combiné, non attaqué, surtout s'il y a accès d'air, et cette proportion non dissoute varie avec le traitement mécanique auquel on a soumis préalablement l'acier. En tout cas, l'acier trempé ne laisse aucun résidu de carbone, même avec l'acide chlorhydrique froid. Il semble donc que dans l'acier trempé, il y ait une combinaison plus intime du fer et du carbone, que dans le même métal non soumis à ce refroidissement brusque. Mais on en peut conclure que le carbone combiné dans l'acier se trouve réellement à deux états, le *carbone de trempe* et le *carbone de cémentation*, qui est flottant entre l'état de graphite et l'état de carbone réellement combiné. La trempe alors aurait pour effet de transformer le carbone de cémentation en carbone de trempe et de le rendre complètement soluble dans les acides.

Le graphite n'existe pas dans la fonte liquide, autrement, sa légèreté spécifique le ferait flotter à la surface du bain, comme on le voit dans les fontes limailleuses. Donc, s'il se sépare de la fonte et dans sa masse intérieure, le graphite est dû au refroidissement. Il en est de même de la présence du graphite dans les aciers. La transformation de la fonte blanche (n'ayant que du carbone combiné) en fonte grise (ayant une certaine proportion de graphite) peut s'obtenir, partiellement au

moins, par un surchauffage avec refroidissement lent. De même, le recuit de l'acier favorise la formation du graphite, ou, tout au moins, du carbone de cémentation. Ceci posé, la trempe de l'acier ayant pour effet de combiner la totalité du carbone qu'il renferme, cette combinaison est affectée par différentes circonstances.

La trempe varie : 1° avec la teneur en carbone ; elle augmente d'effet, à mesure que la proportion de carbone s'accroît ; 2° avec la nature du liquide employé ; 3° avec la différence de température entre la pièce d'acier et le bain ; l'effet étant sensiblement proportionnel à cet écart de température. Ainsi, la trempe dans l'eau bouillante produit moins de durcissement que si on emploie l'eau froide ; 4° avec la densité du liquide, son pouvoir conducteur, sa chaleur spécifique, son point d'ébullition, sa chaleur latente de vaporisation. Ainsi, le mercure fait tremper plus que l'eau et que l'huile et celle-ci plus que le goudron. De plus, dans le cas de l'eau, l'addition de substances étrangères modifie la trempe. L'eau de savon, les dissolutions alcalines trempent peu ; les acides nitriques, sulfuriques, certains sels métalliques augmentent la trempe ; 5° la vitesse de refroidissement joue un rôle important. Elle dépend des différentes conditions citées plus haut, mais elle est influencée aussi par l'agitation ou le repos. L'agitation, en renouvelant les contacts, augmente la trempe des parties superficielles au détriment des parties centrales ; la masse du bain ou son remplacement par des quantités toujours renouvelées et non encore échauffées, est aussi un élément d'influence. La production partielle de vapeur, en échauffant la pièce trempée et la soustrayant à l'effet du liquide est encore une autre cause qui influe sur la trempe ; 6° terminons en disant que, pour un même refroidissement thermométrique, la trempe n'est pas toujours la même. Elle est plus forte pour la chute de température de la chaleur rouge à 400° que pour la chute de température au-dessous du rouge à 200°, par exemple. C'est ce qui explique que l'on puisse tremper l'acier chauffé au rouge, en le plongeant dans un bain de plomb fondu à 400° ; le refroidissement modéré a suffi pour produire la modification moléculaire désirée.

Du reste, l'étude de la trempe n'a pas encore été faite d'une manière complète, et on est loin d'en avoir expliqué toutes les particularités.

Les effets de la trempe sont multiples. Le premier, celui que l'on cherche tout d'abord à obtenir, c'est le *durcissement superficiel*. C'est ainsi que, de tout temps, on a cherché à distinguer le fer de l'acier, et cette distinction a lieu aisément quand le fer a moins de 4 millièmes de carbone.

*L'état magnétique* est modifié par la trempe, qui développe dans l'acier la *force coercitive*, tandis que le fer n'en a pas. On ne connaissait jusqu'à ces dernières années que cette seule manière de communiquer à l'acier la force coercitive, la trempe, mais les expériences de M. Clémandot ont montré que, par la *compression à chaud*, on pouvait tremper l'acier et lui donner la faculté de conserver l'aimantation. Voici comment on opère :

l'acier étant chauffé au rouge cerise, on le comprime fortement et on le maintient sous pression jusqu'à complet refroidissement. Le grain est devenu très fin, très serré, permettant au métal d'acquérir un plus beau poli, en même temps que la dureté est analogue à celle qu'aurait donnée une bonne trempe.

La *limite d'élasticité* et la *charge de rupture par traction* sont augmentées par la trempe, mais on ne possède pas, sur cette influence, des résultats assez nombreux pour pouvoir formuler des lois.

Un effet incontestable de la trempe, c'est l'augmentation de *fragilité* au choc. Il y a certains cas où cette fragilité est précisément le but qu'on se propose, comme par exemple, pour débiter en petits morceaux devant être soumis à un classement de grain, le métal brut sortant de l'affinage pour acier ; la trempe alors doit être aussi vive que possible. Mais en général, cet *excès de fragilité* communiqué par la trempe est un grave défaut contre lequel on trouve un remède dans le *recuit*. Les effets généraux de la trempe, quand ils ne sont pas exagérés, au point de fissurer et de détériorer le métal, ont tous ce caractère général de disparaître quand on revient, par réchauffage, à la température initiale qui les a produits. En un mot, la trempe est détruite par le recuit.

En pratique, on trempe rarement de toute leur force, les objets en acier; on les recuit toujours plus ou moins, pour modérer l'action de la trempe. Sur les objets que la trempe a décapés, c'est-à-dire dont elle a mis à nu la surface métallique brillante, le recuit produit une coloration variable avec la température à laquelle on porte ces objets. Cette coloration, causée sans doute par la production d'une mince couche d'oxyde, permet aux praticiens de se former des points de repère pour le degré auquel il faut porter le recuit.

Voici, d'après les évaluations les plus précises, les températures correspondant aux différentes colorations du recuit: jaune, 225° centigr.; orange, 244°; rouge, 264°; violet, 276°; indigo, 287°; bleu, 293°; vert, 333°; gris, 400°. — F. G.

**Trempe du verre.** — V. VERRERIE, § *Verre trempé.*

*TREMPEUR.** *T. de mét.* Ouvrier qui fait la trempe des métaux, du verre, du papier, etc., dans les ateliers qui prennent quelquefois le nom de *tremperie.*

**TRÉPAN.** 1° *T. techn.* Outil muni d'une mèche et servant à percer des trous dans la pierre, le marbre et le bois. || 2° *T. de serrur.* Machine qu'employaient les serruriers pour faire tourner un foret dans une position verticale. || 3° *T. d'exploit. des min.* On désigne ainsi un appareil employé dans les *sondages* (V. ce mot), construit en acier trempé à basse température, et ayant pour objet d'entailler la roche, grâce à un mouvement de translation vertical alternatif dont il est animé.

Quand le trépan attaque la roche suivant une ligne droite, on lui donne une forme convexe vers le bas, ou une forme droite en le munissant au centre d'une amorce vers le bas ; quand il attaque la roche suivant une circonférence, on lui donne une forme circulaire, en le munissant de deux oreilles aux extrémités d'un même diamètre ou d'un couteau circulaire ; souvent aussi le trépan se compose de plusieurs outils emmanchés dans une même masse et présentant ensemble une forme droite ou une forme en double Y ( >—< ). || 4° *T. de chirurg.* Instrument à l'aide duquel on perce certains os, surtout ceux du crâne pour faire l'opération qu'on appelle *trépanation.* Il se compose d'une sorte de vilebrequin d'acier dont la mèche est remplacée par le trépan proprement dit, et qui est variable de forme suivant l'usage qu'on veut en faire.

**TRÉPIED.** Se dit, en général, de tout meuble, de tout objet ayant trois pieds.

— Les anciens s'en servaient, soit pour les usages domestiques, pour y poser des lampes, des ustensiles; soit dans les cérémonies religieuses, pour y brûler des parfums, pour y conserver l'eau lustrale dans les temples, etc.

*TRÉSALAGE.** *T. techn.* On nomme ainsi, dans l'industrie des tissus, l'altération d'une étoffe par des moisissures ou champignons microscopiques. Les moyens employés pour empêcher la production de *trésalures* ou de piqûres, consiste à éviter le dépôt du tissu dans des locaux humides et chauds, à ne point abuser des sels hygrométriques dans l'apprêt, et à incorporer dans celui-ci les antiseptiques appropriés selon le genre de tissu soumis à l'apprêt.

*TRÉSAILLURE.** *T. de céram.* Défaut des pièces céramiques résultant d'une couverte trop fusible ou d'une couverte trop épaisse ou d'un manque de cuisson. — V. CÉRAMIQUE, § *Technologie.*

*TRESCA** (HENRI). Ingénieur-mécanicien, membre de l'Institut, né à Dunkerque, le 22 octobre 1814, mort à Paris, le 21 juin 1885. Il fut reçu à l'Ecole polytechnique en 1833; à sa sortie, il entra à l'Ecole des ponts et chaussées, qu'il quitta bientôt pour entrer dans l'industrie. En 1851, il fut nommé inspecteur des machines à l'Exposition française de Londres ; puis il fut chargé du classement général de l'Exposition universelle de 1855 à Paris. Nommé, vers cette même époque, professeur de mécanique au Conservatoire des arts et métiers, il en devint ensuite sous-directeur. En même temps, il fut chargé de professer un cours de mécanique appliquée à l'Ecole centrale des arts et manufactures et plus tard à l'Institut agronomique. A la mort de Combes, en 1872, Tresca entra à l'Académie des sciences dans la section de mécanique. Il était officier de la Légion d'honneur depuis 1865, membre du conseil supérieur de l'enseignement technique, vice-président de la Société d'encouragement pour l'industrie nationale, etc.

Parmi ses publications et ses travaux, nous citerons un *Traité élémentaire de géométrie descriptive*, un *Traité de mécanique pratique et machines à vapeur*, écrit en collaboration avec le général *Morin* (V. ce nom), un *Cours de mécanique appliquée* résumant ses leçons à l'Ecole centrale, et un grand Mémoire sur l'*Ecoulement des solides* qui lui valut, en 1862, le grand prix de mécanique à l'Académie des sciences.

**\* TRESCHEUR.** *Art hérald.* Se dit d'un orle qui n'a que la moitié de la largeur ordinaire ; on écrit aussi *trécheur.*

**TRESSE.** Tissu très serré qui sert généralement de bordure pour les vêtements. La tresse représente au moins les trois quarts de la production de toutes les usines de lacets (V. Lacet). Elle a fait son apparition en 1858. C'est d'ailleurs un tissu absolument semblable à celui du lacet, mais beaucoup plus serré. On le fabrique sur les mêmes métiers munis d'un aide-battant. c'est-à-dire de deux tiges de fer recourbées, placées sur le devant, où tous les fils viennent à passer et sur lesquelles les mailles glissent pour tomber juste au point où se forme la tresse, absolument comme elles tombent des aiguilles à tricoter. || Disposition en natte des cheveux, des brins ou fils de matières diverses ; le *tressage* est une opération importante de la chapellerie. de paille. — V. Chapellerie, § *Chapeaux île paille.*

**TRÉTEAU.** Pièce de bois longue et étroite portée sur quatre pieds, servant à soutenir des tables, des échafauds, etc.

**TREUIL.** *T. de mécan.* Machine simple et organe de transformation de mouvements, servant à changer un mouvement continu de rotation autour d'un axe en un mouvement continu de translation perpendiculairement à cet axe. Un treuil se compose, en principe, d'un cylindre, appelé *tambour*, par lequel s'enroule la corde à laquelle est attaché le fardeau, et qui est armé de manivelles destinées à lui imprimer un mouvement de rotation : la puissance s'exerce donc tangentiellement à un cercle d'un diamètre plus grand que celui du tambour. Soient (fig. 607) *r* le rayon du treuil, *b* celui de la roue, F la force mouvante, P le poids à élever ; si on néglige le

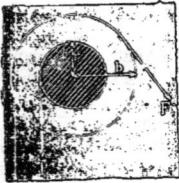

Fig. 607.

frottement et la raideur de la corde, on obtient la relation qui lie les forces F et P, en égalant à zéro la somme du moment des forces par rapport à l'axe du treuil :

$$F b - P r = o \text{ ou } F = P \frac{r}{b}.$$

En d'autres termes, la puissance est à la résistance comme le rayon du treuil est au rayon de la roue ; d'où il suit que, pour élever un poids très lourd avec un faible effort, il faut prendre un diamètre très grand pour la roue, c'est ce qui a lieu dans les treuils de carrière qui ont des roues armées de manivelles ou plutôt de *chevilles* parallèles à l'axe du treuil et qui servent d'échelons après lesquels un manœuvre grimpe sans interruption (fig. 608). L'homme agit ici par son poids qui est de 65 kilogrammes en moyenne ; avec une roue de 2ᵐ,50, on peut donc élever environ une tonne de 1,000 kilogrammes. Mais le poids élevé est

toujours moindre, non seulement à cause des résistances passives, mais parce que l'homme se place ordinairement au-dessous de l'axe, ce qui diminue la longueur du bras de levier.

Les treuils employés dans l'industrie sont d'une construction moins simple et moins rudimentaire ; ils sont munis d'engrenages qui permettent de ne pas appliquer la force mouvante dans l'axe même du tambour, et de roues à rochet avec déclic qui s'opposent au mouvement de recul du fardeau et

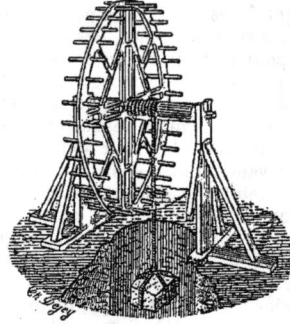

Fig. 608.

qui permettent d'arrêter le mouvement à volonté, c'est ce qu'on nomme le *linguet* de sécurité. Dans les treuils commandés au moyen de la vapeur, il peut être nécessaire de changer la marche et d'inverser brusquement le mouvement ; on applique alors un système de débrayage dont nous donnons un exemple (fig. 609).

Fig. 609. — *Treuil à débrayage et à vapeur.*

*Treuil conique ou régulateur.* On donne au tambour des treuils la forme conique lorsque la corde qui s'y enroule est très longue, et qu'il devient nécessaire d'avoir égard à la variation de charge due au poids de la corde déroulée. Le plus petit diamètre est du côté où la corde doit commencer à s'enrouler : on compense ainsi la variation de la charge par celle du rayon, de manière que le moment de la charge par rapport à l'axe varie dans des limites moins étendues; pour que les moments soient égaux au commencement et à la fin, L étant la longueur de corde déroulée au commencement, *l* à la fin, et *p* le poids de la corde par mètre courant, il faut que :

$$r = R\frac{pl+P}{pL+P}.$$

Dans l'intervalle, le moment reste variable, mais on pourrait le rendre constant en remplaçant la surface conique par une surface de révolution convenablement choisie.

Dans les installations de mine, où les câbles qui supportent les bennes dans les puits de grande profondeur sont plats, le treuil est formé d'une roue à gorge creuse, dont la figure 610 donne la coupe. A mesure que le câble s'enroule en spirale dans cette gorge, le diamètre du tambour augmente, et la diminution d'effet utile du travail moteur est compensée par la diminution de poids de la corde enroulée.

Fig. 610.

*Tambour d'enroulement du câble de mines.*

Nous donnons encore deux autres systèmes de treuil (fig. 611 et 612) : l'un à double noix et parachute de sûreté, mû par une transmission mécanique et applicable aux piliers en charpente d'une usine ; l'autre formant un chariot et dénommé *cabestan de traction* ; l'un et l'autre du système Bernier.

*Treuil différentiel.* Appareil composé de deux cylindres de même axe, mais de rayons différents R et *r*, reposant par des tourillons sur des supports fixes. Une corde enroulée dans un sens sur l'un de ces cylindres, et en sens contraire sur l'autre, porte une poulie mobile à la chape de laquelle est suspendue le fardeau P à élever.

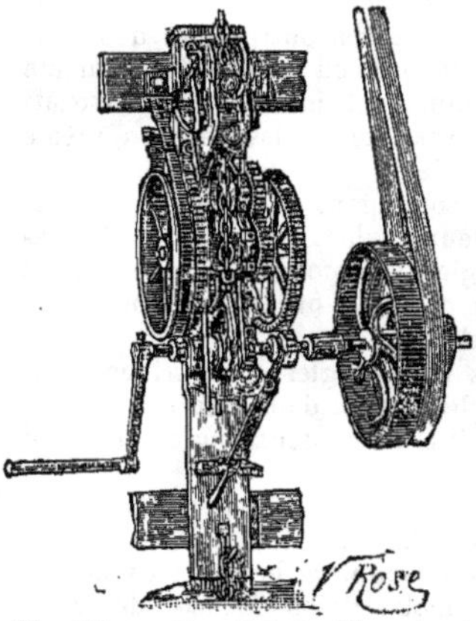

Fig. 611. — *Treuil à double noix et parachute automatique de sûreté.*

L'appareil est mis en mouvement à l'aide d'une roue manivelle de rayon *b*, à l'extrémité de laquelle s'exerce tangentiellement la force mouvante F. Quand le treuil fait un tour, le travail développé par cette force est

$$F\,2\pi b;$$

la corde se raccourcit en même temps de

$$2\pi(R-r)$$

et le poids s'élève de la moitié de ce raccourcissement : donc le travail résistant est :

$$P\,\pi(R-r).$$

En négligeant le frottement et la raideur des cordes, l'équation du travail s'établit ainsi qu'il suit :

$$F\,.\,2\pi b - P\,\pi(R-r) = o,$$

d'où :

$$F = \frac{P}{2}\cdot\frac{R-r}{b}.$$

La force mouvante est à la force résistante comme la demi-différence des rayons des deux cylindres est au bras de la manivelle. Comme on

Fig. 612. — *Cabestan de traction.*

peut diminuer à volonté R—*r*, on peut réduire convenablement la force mouvante ; il est vrai que le nombre de tours à faire pour élever le fardeau d'une quantité donnée s'accroît en proportion, c'est ce qui est cause que cet appareil est peu employé.

*Treuil roulant.* Treuil monté sur une charpente roulante et employé dans les gares pour la manœuvre et le chargement des marchandises pondéreuses. — V. GRUE, § *Grue roulante.* — M. C.

— V. *Dictionnaire des mathématiques appliquées*, Sonnet.

*TREUILLE DE BEAULIEU (ANTOINE-HECTOR-THÉSÉE, baron de). Général de division d'artillerie, né à Lunéville, le 7 mai 1809, mort à Paris, le 24 juillet 1886.

Doué d'une vaste intelligence, d'une grande justesse de vues, d'une rapidité surprenante de conception et d'exécution, le général Treuille a marqué, dès le début de sa carrière, la voie du progrès dans laquelle, malheureusement, il n'a été suivi que lentement et tardivement. Travailleur infatigable, il se passionna tout d'abord pour l'étude des armes à feu, fit exécuter un mousqueton de cavalerie à culasse mobile et établit, en 1852, le projet d'une arme de 9 millimètres de calibre qu'il prédit être le germe du fusil d'infanterie de l'avenir, prédiction qui vient seulement de passer dans le domaine des faits accomplis par suite de l'adoption du nouveau fusil d'infanterie, dont on a entrepris, cette année, la fabrication. Dès 1842, le capitaine Treuille avait adressé au Ministre un remarquable Mémoire sur le mode d'action des gaz dans les armes à feu, les principes de l'artillerie rayée et la fermeture de culasse au moyen de la vis segmentée. Un peu plus tard, il préconisa l'emploi de l'acier pour la fabrication des bouches à feu, le frettage, l'usage des grandes longueurs d'âme, et toujours il poursuivit résolument la réalisation de ces idées dont aujourd'hui seulement on reconnaît toute la valeur et toute la justesse.

Les travaux du général Treuille de Beaulieu sont nombreux, nous ne citerons que les plus importants. En 1853, sur la demande de l'Empereur, il fit construire, pour l'armement des cent-gardes, une carabine se chargeant par la culasse, la première arme de guerre avec laquelle on ait utilisé les cartouches à culot métallique.

Lors de la guerre de Crimée, il fut chargé d'établir d'urgence un canon rayé de siège; trois mois lui suffirent pour achever son projet, installer la fabrication et livrer les pièces de 24 avec tout leur approvisionnement. Continuant ses études, il dota l'artillerie de ses canons de 4 rayés, de montagne et de campagne, et transforma également les anciens canons de 12.

En 1858, il proposa d'augmenter la résistance des bouches à feu en les renforçant à l'aide de frettes; ce mode de renforcement est, à la suite de nombreux essais, adopté par la marine pour ses canons en fonte. Trois ans plus tard, la marine adopta également le système de fermeture de culasse à vis à filets interrompus, inventé par lui.

Mentionnons également ses travaux relatifs à l'établissement de canons à grande puissance pour lesquels il proposa, dès 1859, l'usage des rayures multiples et l'emploi de projectiles en acier munis d'une couronne ou ceinture en cuivre et, enfin, ses intéressantes études sur les moyens d'augmenter la justesse du tir et de diminuer le recul par des trous percés dans la volée des pièces, idée laissée de côté depuis, mais qui n'a peut-être pas encore dit son dernier mot.

Affligé d'une maladie qui ne lui permettait pas de prendre un commandement actif, le général Treuille n'en contribua pas moins, en 1870, par ses travaux, à la défense de la patrie; après la guerre, il apporta encore au grand travail de la reconstitution de notre matériel, le secours de sa science et de son expérience.

*TRI... Préfixe qui signifie *trois* et qui entre dans la composition d'un grand nombre de mots scientifiques.

**TRIAGE.** *T. techn.* Action de choisir parmi des objets; dans la *pap.*, c'est diviser par sortes les chiffons et, lorsque le papier est fabriqué, visiter les feuilles pour mettre au rebut celles qui sont mauvaises; dans l'*impr.*, c'est séparer les caractères qui sont mêlés; dans le *tiss.*, c'est enlever les corps étrangers que le battage n'a pu séparer du textile. || *T. de chem. de fer.* Opération par laquelle on *débranche* les trains à leur arrivée dans les grandes gares de bifurcation, de manière à décomposer leurs éléments et à envoyer les vagons d'une même direction sur une même voie. On a

indiqué au mot GARE, § *Gare de triage* les dispositions de voies qui facilitent ce triage, en le rendant économique et rapide, notamment par l'emploi de la *gravité*.

**I. TRIANGLE.** *T. de géom.* On appelle *triangle* la portion de plan comprise entre trois droites qui se coupent deux à deux. Le triangle est le plus simple de tous les polygones. Il a trois côtés et trois angles, et n'admet aucune diagonale. Les points de rencontre des côtés s'appellent les *sommets*. Un triangle qui a un angle droit est dit *rectangle*; un triangle qui a deux côtés égaux est dit *isocèle* ou *isoscèle*. Dans ce cas, les angles opposés aux côtés égaux sont égaux, et réciproquement, tout triangle qui a deux angles égaux est isocèle. Un triangle qui a ses trois côtés égaux est dit *équilatéral* : il a aussi ses trois angles égaux. Réciproquement, un triangle qui a ses trois angles égaux est équilatéral. Un triangle qui n'est ni isocèle ni rectangle est dit *scalène*.

Parmi toutes les lignes droites qu'on peut tracer dans l'intérieur d'un triangle, il en est de remarquables qui ont reçu des noms spéciaux; ce sont les *médianes* qui joignent un sommet au milieu du côté opposé; les *hauteurs*, perpendiculaires abaissées d'un sommet sur le côté opposé; et les *bissectrices* des angles du triangle. Par chaque sommet du triangle passent une médiane, une hauteur et une bissectrice qui sont généralement distinctes, la bissectrice étant toujours entre la hauteur et la médiane; mais si le triangle est isocèle, la médiane, la hauteur et la bissectrice issues du sommet où se rencontrent les deux côtés égaux se confondent en une seule et même droite, et réciproquement, un triangle est isocèle quand deux de ces droites issues d'un même sommet se confondent.

Deux triangles sont égaux s'ils ont : 1° un côté égal adjacent à deux angles égaux chacun à chacun; ou 2° un angle égal compris entre deux côtés égaux chacun à chacun; ou 3° les trois côtés égaux chacun à chacun.

La somme des trois angles d'un triangle est égale à deux angles droits, d'où il suit qu'aucun triangle ne saurait avoir ni deux angles droits ni deux angles obtus.

On dit, en général, que deux polygones sont semblables lorsqu'ils ont tous leurs angles égaux chacun à chacun, et leurs côtés homologues proportionnels. Dans le cas de deux triangles semblables, les côtés homologues sont ceux qui sont opposés aux angles égaux. On démontre que deux triangles sont semblables : 1° s'ils ont deux angles égaux chacun à chacun; ou 2° un angle égal compris entre deux côtés proportionnels chacun à chacun; ou 3° les trois côtés proportionnels chacun à chacun. Deux triangles sont encore semblables quand ils ont leurs côtés respectivement parallèles ou perpendiculaires.

La géométrie apprend à construire un triangle quand on en connaît trois éléments dont au moins un côté; mais il n'est pas nécessaire que ces trois éléments soient tous des côtés ou des angles;

on peut construire un triangle toutes les fois qu'on connaît trois conditions auxquelles ce triangle est assujetti, pourvu, toutefois, que l'une au moins de ces trois conditions concerne les longueurs de certaines lignes tracées dans le triangle. De là un nombre considérable de problèmes que l'on peut se proposer ou qui se rencontrent d'eux-mêmes dans les applications de la géométrie.

Il existe une circonférence et une seule, passant par les trois sommets du triangle; c'est la circonférence *circonscrite* au triangle; son centre est au point de concours des perpendiculaires élevées sur les milieux des trois côtés du triangle. Il y a quatre circonférences tangentes aux trois côtés du triangle; l'une d'elles est située tout entière à l'intérieur du triangle, c'est la circonférence *inscrite*; son centre se trouve au point de concours des bissectrices des trois angles. Les trois autres sont extérieures au triangle; on les nomme les circonférences *exinscrites*; le centre de chacune d'elles se trouve au point de concours de la bissectrice d'un des angles du triangle avec les bissectrices des deux angles extérieurs non adjacents. On appelle *angle extérieur d'un triangle*, l'angle formé par un côté et le prolongement d'un des côtés voisins. Les propriétés des triangles et des *lignes* remarquables, droites ou circonférences qu'on peut tracer d'une manière bien définie à l'aide de leurs sommets, sont en nombre considérable; il nous est impossible de les passer toutes en revue, nous ne pouvons que renvoyer le lecteur à un traité de géométrie.

Si l'on prend pour unité de surface la superficie du carré construit sur l'unité de longueur, l'aire du triangle a pour expression le produit de l'un de ses côtés, qui prend le nom de *base*, par la moitié de la hauteur correspondante. Mais la surface du triangle peut aussi s'exprimer par un grand nombre de formules dont nous allons donner les principales; nous désignerons par $a$, $b$, $c$ les trois côtés du triangle, par $2p$ le périmètre, c'est-à-dire la somme des trois côtés $a+b+c$, par $h_1$, $h_2$, $h_3$, les trois hauteurs respectivement abaissées sur les côtés $a$, $b$, $c$, par R le rayon du cercle circonscrit, par $r$ celui du cercle inscrit, par $r_1$, $r_2$, $r_3$ les rayons des cercles exinscrits respectivement situés dans les angles A, B, C, opposés aux côtés $a$, $b$, $c$, et enfin par S la surface; on aura les formules:

$$S = \frac{1}{2}ah_1 = \frac{1}{2}bh_2 = \frac{1}{2}ch_3 = \sqrt{p(p-a)(p-b)(p-c)}$$

La dernière de ces formules permet de calculer la surface quand on connaît les trois côtés;

$$S = pr = (p-a)r_1 = (p-b)r_2 = (p-c)r_3 = \sqrt{rr_1r_2r_3}$$

On déduit de ces formules la relation

$$\frac{1}{r} = \frac{1}{r_1} + \frac{1}{r_2} + \frac{1}{r_3},$$

qui permet de calculer l'un des quatre rayons $r$, $r_1$, $r_2$, $r_3$, quand on connaît les trois autres. On peut alors calculer la surface quand on connaît trois de ces rayons. Mentionnons enfin la formule:

$$abc = 4RS$$

qui contient les trois côtés, le rayon du centre circonscrit et la surface, et enfin la relation remarquable entre les cinq rayons:

$$4R = r_1 + r_2 + r_3 - r.$$

Il existe aussi entre les longueurs des côtés et les lignes trigonométriques des angles d'un triangle, des relations importantes qui serventà calculer tous les éléments d'un triangle quand on connaît trois d'entre eux; nous donnerons ces relations au mot TRIGONOMÉTRIE.

**Triangle sphérique.** On appelle *triangle sphérique* la portion de surface de la sphère comprise entre trois arcs de grand cercle. Ces trois arcs sont les *côtés* du triangle sphérique; on peut les évaluer en degrés, minutes et secondes. Les angles du triangle sphérique sont les angles formés par les tangentes aux côtés en l'un des sommets du triangle, ou ce qui revient au même, les angles dièdres formés par les plans des côtés. Si l'on joint les sommets d'un triangle sphérique au centre de la sphère, on obtient un *angle trièdre* dont les faces sont respectivement égales aux côtés du triangle tandis que les dièdres sont les mêmes que les angles du triangle. De même, en plaçant le sommet d'un trièdre quelconque au centre d'une sphère, les faces de ce trièdre découpent sur la sphère un triangle sphérique dont les côtés et les angles sont respectivement égaux aux faces et aux dièdres du trièdre considéré. Il suit de là que les propriétés des triangles sphériques sont les mêmes que celles des angles trièdres. Le triangle sphérique qui a pour sommets les points diamétralement opposés aux sommets d'un triangle donné, a les mêmes côtés et les mêmes angles que ce triangle, mais il ne lui est pas superposable; ces deux triangles sont dits *symétriques*.

Deux triangles sphériques appartenant à des sphères égales sont égaux ou symétriques s'ils ont: 1° un côté égal adjacent à deux angles égaux chacun à chacun, ou 2° des côtés égaux comprenant un angle égal chacun à chacun, ou 3° les trois côtés égaux chacun à chacun, ou 4° les trois angles égaux chacun à chacun.

Le triangle qui a pour sommet les pôles des côtés d'un triangle donné est dit le *triangle polaire* de celui-ci; le triangle donné se trouve aussi le triangle polaire de l'autre, ce qui fait dire que les deux triangles sont *polaires réciproques*. A ces deux triangles correspondent deux trièdres supplémentaires; les angles de l'un sont les suppléments des côtés de l'autre. Cette remarque importante permet de transformer, par la considération du triangle polaire, toute propriété concernant les côtés d'un triangle sphérique en une autre concernant les angles. C'est ainsi qu'on déduit le quatrième cas d'égalité du troisième. — V. TRIGONOMÉTRIE.

La somme des angles d'un triangle sphérique est toujours supérieure à deux droits. L'excès de cette somme sur deux droits s'appelle l'*excès sphérique*: il est proportionnel à la surface du triangle. Le triangle trirectangle a pour excès sphérique un angle droit et couvre la huitième partie de la sphère. Si donc ε désigne l'excès sphérique évalué en degrés, et R le rayon de la sphère, la surface du triangle sera :

$$S = \frac{\pi R^2 \varepsilon}{180}$$

— V. Surface.

II. **TRIANGLE.** *Instr. de mus.* Instrument d'acier en forme de triangle que l'on frappe intérieurement avec une tringle de même métal, pour accompagner certains airs de musique. || Sorte d'équerre.

— Les chrétiens représentent la sainte Trinité par un triangle; les francs-maçons en font un de leurs attributs.

**TRIANGULATION.** *T. de géod.* Opération qui consiste à déterminer la distance de deux points à la surface de la terre, à l'aide de la mesure d'une série de triangles couvrant tout le pays compris entre les deux points, et ayant pour sommets des points remarquables pouvant être aperçus de loin et nommés *signaux*. On mesure à l'aide d'une lunette fixée à un cercle divisé, les angles de tous ces triangles. Il suffit alors de mesurer la longueur d'un seul côté du polygone ainsi formé pour pouvoir en déduire, par les procédés de la trigonométrie, les dimensions de toutes les autres parties de la figure, et par conséquent la distance cherchée. — V. Distance, Géodésie.

Les triangles tracés à la surface de la terre ne sont pas des triangles plans, ce ne sont même pas des triangles sphériques puisque la terre a la forme d'un ellipsoïde de révolution. Aussi la somme des trois angles de chaque triangle doit-elle dépasser deux angles droits. En fait, la somme des mesures obtenues pour les trois angles n'est jamais égale à 180°, ce qui tient : 1° à l'imperfection des mesures; 2° à la courbure de la terre. Pour ce qui est de la première cause, la théorie des erreurs apprend que si le triangle était plan, il suffirait de répartir également la différence entre les trois angles, de manière que la somme des trois angles corrigés soit juste égale à 180°; c'est ainsi qu'on obtiendrait la valeur la plus probable des angles considérés. Pour tenir compte de la courbure de la terre, on pourrait ne faire subir aucune correction aux angles mesurés et traiter les triangles comme des triangles sphériques, à l'aide des formules de la trigonométrie sphérique, mais les calculs deviendraient très pénibles. Legendre a démontré que, pour des triangles de moyenne dimension tels que ceux qu'on emploie d'habitude et qui ne couvrent qu'une fraction infime de la surface terrestre, on obtiendrait une approximation au moins égale à celle que permettent d'espérer les procédés de mesure en traitant les triangles comme des triangles plans, à condition de répartir également l'excès sphérique sur les trois angles. On mesurera donc les trois angles de chaque triangle, et si la somme dépasse deux droits, on diminuera chacun d'eux du tiers de l'excès; après quoi on appliquera les formules de la trigonométrie rectiligne. Telle est la règle ordinairement suivie dans la pratique. Cependant, aujourd'hui qu'on emploie quelquefois, comme dans la triangulation que vient d'effectuer le colonel Perrier pour relier l'Espagne à l'Algérie, des triangles de plus de 200 kilomètres de côté, il peut arriver que, pour d'aussi grands triangles, la règle précédente ne fournisse plus une approximation suffisante, et qu'on soit obligé, dans ces cas exceptionnels, de recourir à des formules plus approchées, déduites de celles de la trigonométrie sphérique. — M. F.

**TRIBORD.** *T. de mar.* Côté droit du navire dans le sens de la longueur, c'est-à-dire dans la direction de l'arrière à l'avant; c'est l'opposé de *bâbord*.

**TRIBUNE.** *T. d'arch.* Outre qu'il désigne le lieu élevé d'où parle un orateur, ce mot s'applique à des estrades destinées à des places réservées dans des lieux d'assemblée publique; dans une église, on donne ce nom au lieu élevé sur des colonnes ou sur des encorbellements, à l'endroit où se trouve le buffet d'orgues, et encore à des loges particulières réservées à de grands personnages.

**TRICOISE** ou **TRIQUOISE.** *T. techn.* Sorte de tenailles dont on se sert pour arracher du bois les clous de petites dimensions, ou relever ceux qui sont inclinés. || Tenailles à l'usage du maréchal pour ferrer et déferrer les chevaux.

**TRICORNE.** Chapeau à trois cornes. C'est par erreur que l'on donne ce même nom au chapeau de gendarme qui n'a que deux cornes.

**TRICOT.** 1° Etoffe faite de fils formant des mailles groupées à la main ou à l'aide de métiers. — V. Bonneterie. || 2° Sorte de drap que l'on fait avec le déchet des laines communes et dont la largeur ordinaire est de 0,45; goudronnée et cylindrée pour lui donner de la consistance, elle est employée par les tailleurs pour la garniture intérieure des collets de vêtements.

**TRICOTER** (Machine à), qu'on nomme aussi *tricoteuse*. Nous avons indiqué à l'article Bonneterie les différences qui caractérisent les deux grands genres de machines à tricoter : 1° rectilignes; 2° circulaires; ces dernières de beaucoup les plus employées. Nous y renvoyons nos lecteurs.

**TRICYCLE.** — V. Vélocipède.

*****TRIÈDRE.** *T. de géom. et de minér.* Angle formé par trois plans qui se coupent au même point. Ces plans sont les *faces* du trièdre, le point de rencontre en est le *sommet*. L'angle trièdre est le plus simple des angles polyèdres. La somme des faces d'un trièdre (qui peut avoir 1, 2 ou 3 angles droits) et généralement d'un angle polyèdre, est plus petite que quatre angles droits; la somme des dièdres est plus grande que deux droits.

**TRIEUR, EUSE.** 1° Les trieurs sont des machines employées pour séparer les grains ou autres matières en différentes catégories de volume. Dans quelques industries, les trieurs sont munis de ventilateurs, afin de diviser ces matières par ordre de grosseur en les débarrassant des poussières ou autres corps étrangers. Dans l'agriculture où ces appareils jouent un rôle important, ils sont divisés en deux catégories suivant leurs dispositions et leur façon d'opérer : 1° les cribleurs; 2° les trieurs proprement dits ou alvéolaires. — V. Nettoyage des grains et Tarare. ‖ 2° *T. de mét.*Ouvrier, ouvrière qui dans certaines industries, s'occupe plus spécialement du triage.

**\*TRIFORIUM.** *T. d'arch.* Galerie établie au pourtour intérieur d'une église, au-dessus des archivoltes des collatéraux.

— Le triforium, ainsi appelé parce que, presque toujours, il se compose de trois ouvertures à chaque travée, est une tradition de la galerie qu'on trouvait au premier étage de la basilique romaine. Les architectes primitifs ont été amenés à la conserver surtout pour la stabilité de l'édifice. Lorsqu'on voulut voûter les nefs, la poussée du berceau central devint telle, qu'il y avait à craindre le déversement des murs, et on y obvia en jetant longitudinalement, sur les galeries du premier étage, une série continue de demi-berceaux servant à contrebuter cette poussée oblique. Les églises du centre et du midi sont construites ainsi dès la fin du xiᵉ siècle.

Pour utiliser cet artifice de construction, avec cette merveilleuse faculté d'adaptation qu'avaient les artistes du moyen âge, on ouvrit des fenêtres sous le triforium, afin de donner du jour aux voûtes hautes de l'église, qui ne recevaient aucune clarté des ouvertures pratiquées dans les bas-côtés. Puis, au nord surtout, où le ciel est sombre et brumeux, on supprima la partie pleine en pierre qui formait clôture pour la galerie, et en même temps on éleva la voûte en démasquant les fenêtres. Le jour tomba alors directement sur le pavé de la nef, et les avantages de cette disposition nouvelle, adoptée à Notre-Dame de Paris, furent tellement appréciés, qu'on ne construisit plus autrement les triforiums.

Dans beaucoup d'églises de style ogival flamboyant, le triforium manque déjà, il disparaît peu à peu, et on n'en trouve plus trace dans les églises du xviiᵉ siècle.

**TRIGLYPHE.** *T. d'arch.* Dans l'architecture primitive en charpente, des Grecs, l'extrémité des poutres de la couverture, apparente dans la frise, était cachée et ornée par des tringles de bois clouées, dont les joints étaient mastiqués avec de la cire. Ces tringles posées verticalement formaient des rainures dites *glyphes*, du mot grec qui signifie gravure, parce qu'elles semblaient gravées avec un burin, et l'ensemble de trois tringles forme le *triglyphe*, qui a été conservé par les artistes grecs, par tradition, et aussi parce que ces lignes verticales rompent heureusement l'uniformité des lignes horizontales de l'architrave et de la corniche. L'espace entre les triglyphes, laissé d'abord vide, a été par la suite rempli à l'aide des métopes. Le tout, triglyphes et métopes, forme la frise. Au-dessous de chaque triglyphe se trouvent six appendices tronconiques, dits *gouttes*, parce qu'ils figurent les gouttes d'eau s'échappant des rainures des *glyphes*. Les triglyphes sont placés au-dessus de chaque colonne, et aux angles de l'édifice. C'est là, en effet, que portent les poutres qu'ils sont chargés de figurer. Dans les ordres plus riches qui ont succédé au dorique, l'habitude d'orner de sculptures les métopes s'est étendue à la frise tout entière, et les triglyphes disparaissent pour faire place à une décoration continue. Tout au plus pourrait-on retrouver dans les denticules de l'ordre corinthien un souvenir très éloigné du triglyphe, et une trace de ce même besoin que les Grecs avaient ressenti de couper par un ornement vertical les lignes trop uniformes de leur architecture.

**TRIGONOMÉTRIE.** La trigonométrie a pour objet l'établissement d'un certain nombre de règles et de formules qui permettent de déterminer les valeurs numériques de tous les éléments d'une figure plane ou sphérique, quand on connaît certains de ces éléments en nombre suffisant pour déterminer complètement la figure. Les éléments connus peuvent être des longueurs ou des angles : les éléments inconnus sont des longueurs, des surfaces ou des angles. Pour obtenir le résultat désiré, il a donc fallu trouver un moyen d'établir des relations entre les angles d'une figure et les longueurs des lignes qui y entrent. On y est arrivé par l'introduction de certaines *fonctions* dites *fonctions circulaires*, parce que ce sont les longueurs de certaines lignes droites qu'on peut construire géométriquement quand on s'est donné un arc de cercle. Ces fonctions circulaires dont l'origine se trouve ainsi dans une définition géométrique, sont devenues par la suite d'un emploi très fréquent et d'une utilité très précieuse dans l'analyse mathématique, dès qu'on a su, par la considération des séries, en trouver des définitions purement analytiques. Mais ce n'est pas ici qu'il convient d'entrer dans des développements à ce sujet, et nous devons nous borner à indiquer les principes fondamentaux de la trigonométrie considérée dans son objet pratique.

*Lignes trigonométriques.* Le point de départ est la considération des longueurs des arcs d'un cercle dont le rayon est égal à l'unité de longueur, cercle que, pour abréger, on appelle le *cercle trigonométrique.* Ces arcs sont comptés sur la circonférence à partir d'une origine arbitraire A (fig. 613). Ils sont considérés comme positifs s'ils sont décrits à partir de l'origine A dans un certain sens convenu à l'avance, par exemple dans le sens de la flèche de gauche à droite, comme négatifs s'ils sont décrits en sens inverse. Il est bien évident qu'en partant du point A on peut arriver à un point quelconque M en décrivant d'abord l'arc AM, puis en décrivant dans le sens positif ou dans le sens négatif un nombre entier quelconque de circonférences. De là résulte qu'il y a une infinité d'arcs qui ont la même origine et la même extrémité. Comme la longueur de la circonférence est égale à $2\pi$, tous ces arcs $x$ sont compris dans la formule :

$$x = 2k\pi + \alpha$$

$\alpha$ désignant l'un quelconque d'entre eux et $k$ un nombre entier quelconque positif ou négatif. La demi-circonférence est égale à $\pi$ et le quart de la circonférence ou *quadrant* est égal à $\dfrac{\pi}{2}$.

Les lignes trigonométriques ou fonctions circu-

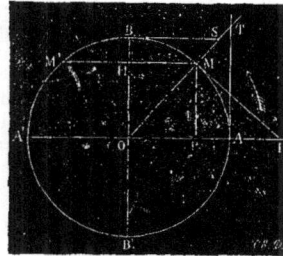

Fig. 613.

laires sont au nombre de six dont voici les défini tions :

Le *sinus* est la longueur de la perpendiculaire MP abaissée de l'extrémité de l'arc sur le diamètre qui passe par l'origine ; il est positif ou négatif suivant que cette perpendiculaire PM, comptée à partir de son pied est de même sens ou de sens contraire que les petits arcs positifs comptés à partir du point A. On peut dire que le sinus d'un arc est la projection de cet arc sur le rayon passant par l'origine qu'on aurait fait tourner d'un angle droit dans le sens positif.

La *tangente* d'un arc est la portion AT de la tangente à l'origine comprise entre cette origine A et le point où elle est coupée par le prolongement du rayon qui passe par l'extrémité M de l'arc. Elle est positive ou négative suivant qu'elle est comptée à partir de l'origine A dans le même sens que les petits arcs positifs ou dans le sens inverse. La tangente est encore égale à la portion MI de la tangente au point M comprise entre le point M et le point I où elle vient couper le diamètre qui passe par l'origine A. Elle doit alors être considérée comme positive ou négative suivant que la direction MI est contraire à celle des arcs croissants à partir de M, ou se trouve la même.

La *sécante* est le segment OI du diamètre origine compris entre le centre O et la tangente à l'extrémité M de l'arc. Elle est positive ou négative suivant que la direction OI est la même que celle du rayon origine OA ou contraire. On peut dire aussi que la sécante est égale à la longueur du segment OT compris sur le rayon de l'extrémité de l'arc entre le centre O et la tangente en A. Si l'on adopte cette définition, on devra considérer la sécante comme positive ou négative suivant que le segment OT est de même sens que le rayon OM ou de sens contraire.

Les trois autres lignes trigonométriques sont appelées *complémentaires* à cause de leur définition. On dit qu'un arc β est *complémentaire* d'un autre α, lorsque leur somme est égale à un quadrant, c'est-à-dire si

$$\alpha + \beta = \frac{\pi}{2}.$$

Cela posé, les lignes trigonométriques complémentaires d'un arc α sont les lignes trigonométriques du complément β de cet arc. Elles ont reçu des noms qui rappellent cette définition. Ainsi :

Le *cosinus* d'un arc α est le sinus du complément $\frac{\pi}{2} - \alpha$ de cet arc : il est égal à OP sur la figure ;

La *cotangente* d'un arc α est la tangente du complément $\frac{\pi}{2} - \alpha$ de cet arc : BS sur la figure ;

La *cosécante* d'un arc α est la sécante du complément $\frac{\pi}{2} - \alpha$ de cet arc : OS sur la figure.

Il est évident que si deux arcs α et β sont complémentaires, les lignes trigonométriques de l'un sont les lignes trigonométriques complémentaires de l'autre, d'où les formules suivantes, où les lignes trigonométriques sont désignées par des abréviations consacrées par l'usage :

$$\sin\left(\frac{\pi}{2} - \alpha\right) = \cos \alpha$$
$$\tang\left(\frac{\pi}{2} - \alpha\right) = \cotang \alpha$$
$$\séc\left(\frac{\pi}{2} - \alpha\right) = \coséc \alpha.$$

Il y a toujours une infinité d'arcs qui admettent une ligne trigonométrique donnée. Ces arcs se répartissent généralement en deux groupes, tous ceux d'un même groupe se terminant en un même point de la circonférence. Ainsi, par exemple, tous les arcs qui ont un sinus égal à OH se terminent en l'un quelconque des points M et M' où la circonférence est coupée par la parallèle au diamètre origine menée par le point H. On reconnaîtra facilement que tous les arcs x ayant le même sinus ou la même cosécante sont compris dans l'une des formules :

$$x = 2k\pi + \alpha \quad \text{ou} \quad x = (2k+1)\pi - \alpha,$$

α étant l'un quelconque d'entre eux, et k un nombre entier quelconque positif ou négatif.

On verrait de même que tous les arcs x ayant même cosinus ou même sécante sont compris dans la formule : $x = 2k\pi \pm \alpha$,

et tous ceux qui ont la même tangente ou la même cotangente, dans la formule : $x = k\pi + \alpha$.

Il est facile de suivre sur la figure les variations des lignes trigonométriques lorsque l'arc varie de $-\infty$ à $+\infty$. On reconnaît ainsi que le sinus et le cosinus sont toujours compris entre $-1$ et $+1$, tandis que la sécante et la cosécante restent constamment en dehors de ces limites. Quant à la tangente et à la cotangente, elles peuvent prendre toutes les valeurs possibles. Lorsqu'un arc se termine dans le premier quadrant, toutes ses lignes trigonométriques sont positives ; on reconnaît que celles-ci prennent toutes les valeurs positives qu'elles sont susceptibles d'acquérir quand l'arc varie de 0 à $\frac{\pi}{2}$.

Il en résulte qu'il existe toujours un arc terminé dans le premier quadrant et ayant les mêmes lignes trigonométriques qu'un arc donné quelconque, *en valeur absolue*. Quant aux signes de ces lignes, il dépend du quadrant dans lequel se termine l'arc donné. Les formules suivantes permettent de comparer les arcs terminés dans des quadrants différents :

| | | |
|---|---|---|
| $\sin(\pi - \alpha) = \sin \alpha$ | $\sin(\pi + \alpha) = -\sin \alpha$ | $\sin(-\alpha) = -\sin \alpha$ |
| $\coséc(\pi - \alpha) = \coséc \alpha$ | $\coséc(\pi + \alpha) = -\coséc \alpha$ | $\coséc(-\alpha) = -\coséc \alpha$ |
| $\tang(\pi - \alpha) = -\tang \alpha$ | $\tang(\pi + \alpha) = \tang \alpha$ | $\tang(-\alpha) = -\tang \alpha$ |
| $\cotang(\pi - \alpha) = -\cotang \alpha$ | $\cotang(\pi + \alpha) = \cotang \alpha$ | $\cotang(-\alpha) = -\cotang \alpha$ |
| $\séc(\pi - \alpha) = -\séc \alpha$ | $\séc(\pi + \alpha) = -\séc \alpha$ | $\séc(-\alpha) = \séc \alpha$ |
| $\cos(\pi - \alpha) = -\cos \alpha$ | $\cos(\pi + \alpha) = -\cos \alpha$ | $\cos(-\alpha) = \cos \alpha$ |

Lorsqu'on se donne une des lignes trigonométriques d'un arc, l'extrémité de cet arc est déterminée sauf qu'il y a indécision entre deux points. Il en résulte que les cinq autres lignes trigonométriques sont déterminées au signe près. Il doit donc exister entre ces six lignes trigonométriques, cinq relations permettant de calculer cinq d'entre elles quand on connaît la sixième. Voici ces cinq relations :

$$\sin^2 x + \cos^2 x = 1$$
$$\tan x = \frac{\sin x}{\cos x}$$
$$\sec x = \frac{1}{\cos x}$$
$$\cot x = \frac{\cos x}{\sin x}$$
$$\csc x = \frac{1}{\sin x}.$$

Les trois premières s'établissent géométriquement pour les arcs du premier quadrant; on les généralise facilement ensuite pour des arcs quelconques ; les deux dernières ne sont que la seconde et la troisième appliquées à l'arc complémentaire :

$$\frac{\pi}{2} - x.$$

De ces cinq relations fondamentales on en peut déduire d'autres très utiles qui du reste, pourraient aussi s'établir géométriquement.

$$\cot x = \frac{1}{\tan x}$$
$$\sec^2 x = 1 + \tan^2 x$$
$$\csc^2 x = 1 + \cot^2 x$$

On voit, d'après ces formules, que les six lignes trigonométriques sont deux à deux inverses l'une de l'autre. Aussi suffirait-il d'en considérer trois. C'est en réalité ce qui arrive, le sinus, le cosinus et la tangente sont beaucoup plus employés que les trois autres.

Il importe de pouvoir calculer les lignes trigonométriques de la somme ou de la différence de deux arcs quand on connaît celles de ces deux arcs. Ce problème a beaucoup occupé les anciens astronomes grecs , seulement les anciens ne considéraient pas les lignes trigonométriques à la manière actuelle; ils n'envisageaient guère que la corde d'un arc $x$, laquelle est, comme il est facile de s'en assurer, le double du sinus de l'arc $\frac{x}{2}$. C'est pour trouver un moyen de calculer la corde de l'arc $a+b$ connaissant celles des arcs $a$ et $b$ que Ptolémée inventa le fameux théorème qui porte son nom et qui est relatif au produit des diagonales d'un quadrilatère inscrit. Le théorème de Ptolémée fournit, en effet, une démonstration facile des formules qui nous occupent et qui sont connues sous le nom de *formules d'addition des arcs*. Il est cependant préférable d'employer pour cette démonstration les principes relatifs aux projections, parce que les procédés géométriques exigent qu'on restreigne les arcs entre certaines limites, ce qui oblige ensuite à des raisonnements plus ou moins pénibles pour établir les formules dans toute leur généralité. Quoi qu'il en soit, voici ces formules :

$$\sin(a+b) = \sin a \cos b + \cos a \sin b$$
$$\cos(a+b) = \cos a \cos b - \sin a \sin b$$
$$\sin(a-b) = \sin a \cos b - \cos a \sin b$$
$$\cos(a-b) = \cos a \cos b + \sin a \sin b$$
$$\tan(a+b) = \frac{\tan a + \tan b}{1 - \tan a \tan b}$$
$$\tan(a-b) = \frac{\tan a - \tan b}{1 + \tan a \tan b}.$$

On peut, en partant de ces formules, en obtenir d'autres qui donnent les lignes trigonométriques de la somme d'un nombre quelconque d'arcs; mais le défaut d'espace nous empêche de nous y arrêter.

Si dans les formules précédentes, on suppose $b = a$, on obtiendra les formules de duplication des arcs :

$$\sin 2a = 2 \sin a \cos a$$
$$\cos 2a = \cos^2 a - \sin^2 a = 2\cos^2 a - 1 = 1 - 2\sin^2 a$$
$$\tan 2a = \frac{2\tan a}{1 - \tan^2 a}.$$

On peut aussi trouver assez facilement des formules dites de *multiplication des arcs* qui permettent de calculer les lignes trigonométriques d'un multiple quelconque de l'arc $a$ quand on connaît celle de l'arc $a$; mais nous ne pouvons nous y arrêter.

Ces formules de multiplication des arcs constituent des équations algébriques qui permettent inversement de résoudre le problème de la *division des arcs*, c'est-à-dire de calculer les lignes trigonométriques de l'arc $\frac{a}{m}$ quand on connaît celles de l'arc $a$. Nous nous bornerons seulement à signaler les formules suivantes qui sont le plus fréquemment usitées :

$$\sin \frac{a}{2} = \pm \sqrt{\frac{1 - \cos a}{2}}$$
$$\cos \frac{a}{2} = \pm \sqrt{\frac{1 + \cos a}{2}}$$
$$\tan \frac{a}{2} = \pm \sqrt{\frac{1 - \cos a}{1 + \cos a}}.$$

Les doubles signes tiennent à ce que le *cosinus* seul de l'arc $a$ entre dans les formules, de sorte que l'arc $a$ n'est pas complètement défini; il peut être l'un quelconque des arcs compris dans la formule :

$$a = 2k\pi \pm \alpha.$$

La moitié $\frac{a}{2}$ est donc l'un quelconque des arcs compris dans la formule :

$$\frac{a}{2} = k\pi \pm \frac{\alpha}{2},$$

et parmi ceux-ci il y en a qui ont leurs lignes trigonométriques de signes contraires. On devra donc choisir le double signe d'après la connaissance plus complète que l'on aura de l'arc $a$.

Des équations précédentes on déduit un très grand nombre de formules qui sont d'un usage très fréquent; nous nous bornerons à signaler les suivantes qui permettent de transformer en produit une somme ou une différence de deux sinus, de deux cosinus. On les désigne quelquefois sous le nom de *formules de Simpson*, et elles ont une très grande importance :

$$\sin p + \sin q = 2 \sin \frac{p+q}{2} \cos \frac{p-q}{2}$$

$$\sin p - \sin q = 2 \sin \frac{p-q}{2} \cos \frac{p+q}{2}$$

$$\cos p + \cos q = 2 \cos \frac{p+q}{2} \cos \frac{p-q}{2}$$

$$\cos p - \cos q = 2 \sin \frac{p+q}{2} \sin \frac{q-p}{2}.$$

Joignons y les deux suivantes qui réalisent pour les tangentes la même transformation très utile pour les calculs par logarithmes :

$$\operatorname{tang} p + \operatorname{tang} q = \frac{\sin(p+q)}{\cos p \cos q}$$

$$\operatorname{tang} p - \operatorname{tang} q = \frac{\sin(p-q)}{\cos p \cos q}.$$

*Tables trigonométriques.* Pour que la considération des fonctions circulaires soit d'un usage pratique, il est indispensable qu'on puisse calculer les lignes trigonométriques d'un arc donné. S'il fallait faire ce calcul directement dans chaque cas particulier, on y emploierait un temps si considérable que la méthode deviendrait impraticable. On a donc construit des tables qui donnent, non pas les lignes trigonométriques elles-mêmes, mais leurs logarithmes qui seuls servent aux calculs numériques. Bien entendu ces tables ne donnent ces valeurs numériques que pour certains arcs en progression arithmétique; pour les arcs qui ne figurent pas dans la table, on procède par interpolation en appliquant la règle de trois, car on peut admettre, sans erreur appréciable, que pour de petites variations de l'arc, les logarithmes des lignes trigonométriques varient proportionnellement à l'arc. Il nous est impossible d'expliquer comment ces tables ont été calculées sans entrer dans des développements qui allongeraient cet article outre mesure. Disons seulement que les tables les plus usitées donnent, pour tous les arcs compris de 10″ en 10″ depuis 0 jusqu'à 90° les logarithmes du sinus, du cosinus et de la tangente avec sept décimales. Bien entendu ces logarithmes ne sont calculés que jusqu'à 45°, puisque pour un arc compris entre 45 et 90° le sinus est égal au cosinus du complément, lequel est compris entre 0 et 45°. Pour faciliter la lecture de la table, on inscrit en haut de la page et à gauche, les arcs plus petits que 45°, et en bas et à droite, les arcs complémentaires plus grands que 45°. La colonne intitulée, par exemple, *sinus* au haut de la page contient les sinus des arcs plus petits que 45° et les cosinus de leurs compléments; aussi, porte-t-elle au bas de la page le titre *cosinus*. De la sorte, on trouve facilement, et sans faire aucune autre réduction que les calculs d'interpolation, les lignes trigonométriques de l'arc considéré. Pour les arcs plus grands que 90°, on cherchera d'abord les lignes trigonométriques de l'arc du premier quadrant qui ont les mêmes valeurs absolues, et on donnera le signe qui convient d'après le quadrant dans lequel se termine l'arc considéré. Les tables à 7 décimales permettent d'effectuer les calculs avec une approximation d'environ 0″,1. Dans bien des cas, on peut se contenter d'une approximation beaucoup moindre. Il y a alors avantage à employer de petites tables qui ne donnent les logarithmes des lignes trigonométriques que de minute en minute, et avec cinq décimales seulement.

*Résolution des triangles.* Les figures planes formées de lignes droites peuvent toujours se décomposer en triangles; les figures sphériques formées d'arcs de cercles en triangles sphériques. Si l'on connaît un nombre d'éléments suffisant pour déterminer complètement la figure, on calculera de proche en proche tous les éléments des triangles successifs, de sorte que le but principal de la trigonométrie sera atteint quand on aura trouvé des formules permettant de calculer tous les éléments d'un triangle au moyen de trois d'entre eux, puisqu'il en faut trois pour déterminer le triangle. De là la division de la trigonométrie en *trigonométrie rectiligne* et *trigonométrie sphérique*, la première s'occupant des triangles plans, l'autre des triangles sphériques.

Un angle est défini par l'arc qu'il intercepte entre ses côtés lorsqu'il est placé au centre d'un cercle de rayon 1. Les lignes trigonométriques de cet arc sont appelées les *lignes trigonométriques de l'angle.*

Il y a dans un triangle six éléments qui sont complètement déterminés quand on connaît trois d'entre eux dont au moins un côté, puisque la géométrie apprend à construire le triangle dans ce cas; mais cette construction équivaut à la résolution d'un problème à trois inconnues. Il faut donc qu'il existe entre les trois côtés et les trois angles d'un triangle trois équations distinctes, et trois seulement. Pour établir ces relations, considérons d'abord un triangle rectangle A B C, A étant l'angle droit, *a b c* les côtés opposés respectivement aux angles A B C. La considération de triangles semblables faciles à construire fournira immédiatement les formules :

$$b = a \sin B = a \cos C$$
$$c = a \sin C = a \cos B$$
$$b = c \operatorname{tang} B = c \operatorname{cotang} C$$
$$c = b \operatorname{tang} C = b \operatorname{cotang} B$$

qui servent à résoudre presque tous les problèmes relatifs aux triangles rectangles. Quant à la surface, elle est donnée par les expressions suivantes :

$$S = \frac{1}{2} b c = \frac{1}{2} a^2 \sin B \sin C = \frac{1}{2} a^2 \sin B \cos B$$

$$S = \frac{1}{4} a^2 \sin 2 B = \frac{1}{4} a^2 \sin 2 C.$$

Considérons maintenant un triangle quelconque ABC (fig. 614); soient $abc$, les trois côtés respectivement opposés aux angles ABC, et R le rayon du cercle circonscrit. En joignant un des sommets A à l'extrémité D du diamètre de ce cercle mené par un autre sommet, on aura un triangle rectangle qui fournira une relation contenant R. On peut ainsi obtenir trois valeurs de R, et en les égalant :

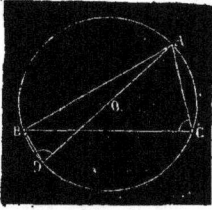

Fig. 614.

$$\frac{a}{\sin A} = \frac{b}{\sin B} = \frac{c}{\sin C} = 2R$$

c'est-à-dire que les côtés d'un triangle sont proportionnels aux sinus des angles opposés. En y joignant la relation connue entre les angles, on obtient la troisième équation cherchée :

$$A + B + C = 180°.$$

Il existe encore, entre les côtés et les angles d'un triangle, d'autres relations importantes qui peuvent se déduire des précédentes, ou se démontrer directement par des considérations géométriques :

$$a^2 = b^2 + c^2 - 2bc \cos A$$

et deux autres symétriques ;

$$a = b \cos C + c \cos B$$

et deux autres symétriques.

La surface du triangle peut s'exprimer par l'une des relations suivantes :

$$S = \frac{1}{2} bc \sin A = \frac{1}{2} a^2 \frac{\sin B \sin C}{\sin A}.$$

Telles sont les équations qui servent de point de départ à la résolution des triangles. Nous donnons ci-après les formules qu'on en déduit pour chacun des trois cas principaux :

1° On connaît un côté $a$ et deux angles B et C.

On calculera successivement :

$$A = 180° - (B + C)$$
$$b = \frac{a \sin B}{\sin A} \qquad c = \frac{a \sin C}{\sin A}$$
$$S = \frac{1}{2} a^2 \frac{\sin B \sin C}{\sin A};$$

2° On connaît deux côtés $bc$, et l'angle compris A.

On calculera successivement :

$$B + C = 180° - A$$
$$\tan \frac{B - C}{2} = \frac{b - c}{b + c} \cot \frac{A}{2},$$

d'où l'on tire facilement B et C, puis $a$ par l'une des formules :

$$a = \frac{(b + c) \sin \frac{A}{2}}{\cos \frac{B - C}{2}} = \frac{(b - c) \cos \frac{A}{2}}{\sin \frac{B - C}{2}} = \frac{b \sin A}{\sin B} = \frac{c \sin A}{\sin C}.$$

$$S = \frac{1}{2} bc \sin A;$$

3° On connaît les trois côtés $abc$.

On calculera successivement.

$$p = \frac{a + b + c}{2}$$
$$S = \sqrt{p(p - a)(p - b)(p - c)}$$
$$r = \frac{S}{p}$$
$$\tan \frac{A}{2} = \frac{r}{p - a} \qquad \tan \frac{B}{2} = \frac{r}{p - b} \qquad \tan \frac{C}{2} = \frac{r}{p - c},$$

$r$ qui intervient ici comme intermédiaire dans le calcul, est le rayon du cercle inscrit. Les rayons des cercles exinscrits sont donnés par les formules :

$$r' = \frac{S}{p - a} \qquad r'' = \frac{S}{p - b} \qquad r''' = \frac{S}{p - c},$$

d'où l'on déduit les relations remarquables :

$$\frac{1}{r} = \frac{1}{r'} + \frac{1}{r''} + \frac{1}{r'''}$$
$$S = \sqrt{r r' r'' r'''}$$

Quant au rayon du cercle circonscrit R, il est donné par :

$$R = \frac{abc}{4S}.$$

Signalons enfin, la relation curieuse :

$$4R = r' + r'' + r''' - r$$

Les formules de la trigonométrie rectiligne servent à résoudre un grand nombre de problèmes pratiques d'arpentage, de levé des plans ou de géodésie, tels que : mesure d'une distance inaccessible, mesure de la hauteur d'un monument, d'une montagne, relevé sur une carte de la position qu'occupe l'observateur sur le terrain, etc.

*Trigonométrie sphérique.* La trigonométrie sphérique est d'un usage beaucoup moins étendu que la trigonométrie rectiligne. C'est surtout en astronomie qu'elle est fréquemment employée. Aussi nous bornerons-nous à signaler les formules fondamentales. Les six éléments d'un triangle sphérique sont trois arcs de grand cercle et trois angles; mais les arcs de grand cercle qui constituent les côtés mesurent eux-mêmes les angles formés par les rayons qui aboutissent à leurs extrémités, de sorte que les six éléments sont des angles. Ce sont au reste les faces et les dièdres du trièdre qui a son sommet au centre de la sphère et dont les arêtes passent par les trois sommets du triangle. Entre ces six éléments, comme entre ceux d'un triangle plan, il existe trois relations distinctes, et trois seulement; mais on en peut déduire un bien plus grand nombre. On établit d'abord facilement, soit par des considérations géométriques, soit par la méthode des projections, les trois groupes suivants, où A, B, C, désignent les angles, $a, b, c$, les côtés :

$$\cos a = \cos b \cos c + \sin b \sin c \cos A$$
$$\cos b = \cos c \cos a + \sin c \sin a \cos B$$
$$\cos c = \cos a \cos b + \sin a \sin b \cos C$$

$$\sin a \cos C = \sin b \cos c - \cos b \sin c \cos A$$
$$\sin b \cos A = \sin c \cos a - \cos c \sin a \cos B$$
$$\sin c \cos B = \sin a \cos b - \cos a \sin b \cos C$$

$$\frac{\sin a}{\sin A} = \frac{\sin b}{\sin B} = \frac{\sin c}{\sin C}.$$

En considérant le triangle polaire dont les côtés sont les suppléments des dièdres du premier et inversement, on obtiendra les formules suivantes :

$$\cos A = -\cos B \cos C + \sin B \sin C \cos a$$

et deux autres analogues ;

$$\sin A \cos c = \sin B \cos C + \cos B \sin C \cos a$$

et deux autres analogues.

Si le triangle est rectangle en A, les formules précédentes se simplifient et donnent les relations relatives aux triangles rectangles :

$$\cos a = \cos b \cos c$$
$$\sin a = \frac{\sin b \cos c}{\cos C}$$
$$\sin c \cos a = \cos c \sin a \cos B$$
$$\sin b = \sin a \sin B$$
$$\cos a = \cot g B \cot g C$$
$$\cos b = \frac{\cos B}{\sin C}$$
$$\sin B \cos a = \cos C \cos b$$

d'où l'on déduit :

$$tg\, b = tg\, a \cos C.\qquad\text{M. F.}$$

**TRILOBÉE.** T. d'arch. Ornement disposé en forme de trèfle.

**\*TRIMOLET** (Joseph-Louis). Dessinateur et graveur, né à Paris en 1812, mort dans la même ville en 1843. Orphelin à neuf ans, recueilli par des parents pauvres, il eut des débuts très difficiles. Admis à l'Ecole des beaux arts, il en sortit dès qu'il trouva à gagner sa vie ; des amateurs lui achetèrent des dessins ; Alexandre de Laborde, qui s'intéressait à lui, lui confia les illustrations de *Versailles ancien et moderne* (1832) ; il travaillait en même temps au *Voyage en Orient*, de Lamartine, et aux *Romans du capitaine Marryat*, joyeuses fantaisies dont le succès l'encouragea à tenter la caricature. Trimolet semblait sorti de la gêne, il se maria. Mais en même temps que ses besoins augmentaient, les commandes cessaient, et l'artiste, réduit aux plus dures nécessités, tenta de tous les genres. Continuant l'illustration, car Curmer lui avait encore donné des dessins pour les *Français peints par eux-mêmes*, pour la *Pléiade* et le *Prisme*, il fit de la peinture, exposa, en 1839, *Les sœurs de charité distribuant des secours*, toile qui lui valut une médaille d'or et ne put se vendre. Il essaya ensuite l'eau-forte avec de meilleurs résultats, et donna, outre des planches pour des éditeurs étrangers, le *Dixième anniversaire de la Révolution de Juillet* ; *Charles Perrault entouré des principaux personnages de ses contes* ; *Napoléon à cheval*, d'après H. Vernet ; le *Pauvre*, *Fortunio* ; l'*Hiver*, etc. Comme caricaturiste, il a laissé des dessins charmants, pleins de finesse et d'observation, dans les *Physiologies*, dans le *Musée Philipon* et le *Charivari*. Tous ces efforts ne le sauvèrent pas de la misère, il mourut de privations et de manque de soins.

**\*TRIMORPHISME.** T. de minér. Propriété que présentent certains corps de cristalliser dans trois formes différentes. — V. Cristallographie.

**TRINGLE.** 1° Tige de fer dont l'une des extrémités est, en général, recourbée à angle droit et qui sert, au moyen d'anneaux, à soutenir les rideaux, les draperies, etc., en leur permettant de se déplacer latéralement. || 2° Sorte de longue baguette de bois employée par le menuisier pour former des moulures ou remplir un vide entre deux planches. || 3° Petite moulure de forme cylindrique accompagnant généralement les membres d'architecture plus importants.

**TRINITÉ.** Iconol. La représentation figurée du symbole de la Trinité n'est relativement pas ancienne ; avant le XIIIe siècle, on n'en peut citer que de rares exemples, qui ne paraissent pas dus à une idée préconçue et raisonnée. On a, notamment au musée du Latran, un bas-relief de la Trinité à trois personnages, provenant d'un tombeau de Saint-Paul de Rome, et paraissant remonter au IVe siècle. On trouve aussi, très rarement, le triangle avec les lettres A et Ω, ou le monogramme du Christ, dans les églises romanes ; enfin, des mosaïques du XIe siècle figurent la Trinité par l'association de l'agneau, de la colombe et de la main symbolique, mais ce n'est qu'avec le triomphe de l'art ogival que ce symbole prend dans l'ornementation sa véritable importance. Le triangle qui surmonte le portail principal des églises a pour mission de le rappeler aux fidèles, et on rencontre très souvent la colombe qui, d'après le récit de l'Evangile, est l'incarnation du Saint-Esprit. La nécessité de relier les trois personnages de la Trinité, par suite de leur unité, a été une grande préoccupation pour les artistes du moyen âge. Tantôt ils les unissent par une bandelette, tantôt ils les placent sous un manteau ; enfin, ils avaient imaginé de réunir trois têtes sur un même corps. Mais on s'inquiéta, plus tard, de ces formes monstrueuses, inadmissibles dans l'explication d'un mystère chrétien, et le pape Urbain VIII ordonna leur destruction en 1628 ; les artistes en furent donc réduits à isoler les trois éléments de la Trinité, ce qui ne rend que fort mal leur pensée.

Chez les modernes, les représentations peintes de la Trinité sont très nombreuses, nous citerons celles de Guerchin, du Guide, du Titien, et P. de Cortone, de Ribera, au musée de Madrid ; celle d'Albert Dürer, qui est considérée comme son chef-d'œuvre, et qui se trouve actuellement au musée du Belvédère à Vienne ; celles de Rubens, à la Pinacothèque de Munich ; le plafond de Lafosse, dans l'église de l'Assomption à Paris ; la voûte de l'église des Invalides, par N. Coypel, et la décoration de l'église Saint-Louis de Munich, par le peintre allemand Cornélius.

**\*TRINQUEAU** (Pierre). Architecte du XVIe siècle. — V. Nepveu.

**TRIO.** T. de métall. Train de laminoir composé de trois cylindres à axes parallèles et dans le même plan vertical. Le but des trios est d'accélérer le travail en évitant le repassage de la barre par dessus le cylindre supérieur après chaque cannelure. La barre à laminer passe successivement entre le cylindre inférieur et le cylindre du milieu, puis entre celui-ci et le cylindre supérieur. On utilise mieux la chaleur du métal, on accélère le travail et on fait moins de rebuts. — V. Laminage.

**TRIPOLI.** T. de minér. Matière siliceuse, fine et terreuse, que l'on emploie pour polir, mais dont on distingue au moins trois sortes bien distinctes :

1° Le tripoli constitué par des dépôts sédimentaires hydratés, formés par des couches de silice farineuse dues à l'accumulation dans les eaux douces, de carapaces de diatomées microscopiques (algues) exclusivement siliceuses, de la famille des *bacillaria*, et appartenant surtout aux genres *gallionella, surirella, gomphonema, synedra, coscinodiscus*, etc. Ce sont des masses blanches ou d'un gris cendré, parfois jaunâtre, tendres, friables, solubles dans les alcalis caustiques, et dont la formation se fait encore de nos jours. On trouve ce tripoli à Ebstorf (Hanovre), à Eger, Bilin, Franzensbad (Bohême) et en France, à Ceyssat et à Randan (Auvergne); les dépôts de Bakewel, en Derbyshire, qui se trouvent en couches épaisses sur la chaux carbonatée compacte, sont de même nature, quoi qu'on les désigne souvent, dans le commerce, sous le nom de *terre pourrie* et non de tripoli;

2° Le tripoli également constitué par sédimentation dans l'eau douce, mais ayant en plus subi l'action d'une forte chaleur, par suite du voisinage de volcans ou de houillères embrasées, ce qui a changé l'état d'agrégation de la silice. Ce produit est souvent schisteux, rose ou rougeâtre et hygrométrique, par suite de la présence de traces d'acide sulfurique ou de persulfate de fer. Le plus estimé de cette variété de tripoli vient de Corfou, on en trouve encore à Ménat, près Riom (Puy-de-Dôme); à Valckeghem, près Oudenarde (Belgique); en Saxe; en Toscane; etc.;

3° On désigne encore sous le nom de *tripoli*, certains dépôts tertiaires, constitués par des calcaires crayeux pulvérulents que l'on retrouve notamment dans le terrain éocène parisien (sous-étage lutécien), comme à Nanterre, par exemple, dans les caillasses sans coquilles du calcaire grossier. Ces dépôts se sont produits par voie chimique.

**TRIPTYQUE.** Tableau à trois feuillets dont les deux plus extérieurs sont des volets qui peuvent, à volonté, se rabattre sur le feuillet du milieu.

**TRIQUEBALLE.** *T. techn.* Voiture destinée au transport des grosses pièces de charpente, et dont les roues de l'arrière-train sont de très grand diamètre pour élever le plus possible l'essieu qui se trouve relié par une longue flèche en bois à la partie supérieure de la sellette d'un avant-train ordinaire. La pièce de charpente suspendue par son milieu à l'essieu de l'arrière-train est, en outre, maintenue par la flèche au moyen d'une chaîne. ‖ Un type de voiture analogue facilitant à la fois le roulage et le chargement, est employé aux transports dans les parcs d'artillerie et les arsenaux. Ces voitures sont actuellement munies d'un treuil manœuvré par des leviers, et disposé au-dessus de l'essieu de derrière pour élever les fardeaux au moyen de deux chaînes.

\*TRIQUETI (HENRI, baron de). Peintre et sculpteur, né à Conflans (Loiret), en 1802, mort en 1874, fut élève de Hersent pour la peinture, et débuta au salon de 1831 par deux toiles historiques : l'*Assassinat du duc de Guise* et le *Jugement de Galilée*, qui ne donnaient guère de promesses.

Au contraire, un groupe en fonte qu'il avait envoyé en même temps : la *Mort de Charles le Téméraire*, fut si remarqué malgré l'inexpérience évidente de l'artiste, qu'il lui valut une médaille de deuxième classe. Dès lors, de Triqueti se consacra à la sculpture et y donna des œuvres très remarquables. *La Charité secourant les victimes du choléra* (salon de 1833); une aiguière et un vase avec bas-reliefs (1836); vase en bronze représentant *L'âge d'or et l'âge de fer* (1837); *La Vierge et l'enfant Jésus* (bas-relief); *Pétrarque lisant ses poésies à Laure*; *Thomas Morus se préparant au supplice* (1839), qui remporta une médaille de première classe; *Psyché contemplant l'Amour endormi* (1842), bas-relief, etc. Mais ce qui a fait surtout la réputation de Triqueti et ce qui reste la part la plus durable de son œuvre, c'est le tombeau du duc d'Orléans, dans la chapelle Saint-Ferdinand, des Ternes, et les portes de l'église de la Madeleine, à Paris; elles ont plus de 10 mètres de hauteur sur 5 mètres de large et représentent, en bas-relief, les *Commandements de Dieu*.

**TRISECTION.** *T. de géom. et d'alg.* Action de partager un objet en trois parties égales. Ce mot n'est guère employé que dans l'expression *trisection de l'angle*. On désigne ainsi un problème célèbre chez les anciens géomètres et qui avait pour objet de partager en trois parties égales un angle ou un arc de cercle. On se proposait d'en trouver la solution à l'aide de constructions effectuées au moyen de la règle et du compas. Ainsi posé, le problème est insoluble, comme ceux de la quadrature du cercle et de la duplication du cube. Mais les anciens géomètres grecs, n'ayant aucune notion d'algèbre, ne se rendaient nullement compte des conditions qui rendent un problème de géométrie soluble ou insoluble par l'emploi de lignes droites et de cercles. On sait aujourd'hui que les seuls problèmes solubles de cette manière sont ceux qui dépendent d'une équation du second degré ou d'une équation réductible au second degré. Le problème de la quadrature du cercle est insoluble par la règle et le compas parce que, comme il a été démontré récemment, le nombre $\pi$, rapport de la circonférence au diamètre, n'est racine ni d'une équation du second degré, ni d'une équation réductible au second degré (V. QUADRATURE). Ceux de la duplication du cercle et de la trisection de l'angle sont insolubles par les mêmes moyens, parce qu'ils dépendent d'une équation irréductible du troisième degré.

Il y a, cependant, quelques angles qui peuvent être partagés en trois parties égales par des constructions géométriques; par exemple, l'angle droit, dont le tiers, qui vaut 30°, est la moitié de l'angle d'un triangle équilatéral. Dans le cas général, on peut calculer les lignes trigonométriques d'un angle égal au tiers d'un autre à l'aide du procédé suivant : la trigonométrie fournit l'équation

$$\sin 3a = 3\sin a - 4\sin^3 a.$$

Si l'on y remplace $a$ par $\dfrac{a}{3}$ et qu'on ordonne, on aura :

$$4\sin^3\frac{a}{3} - 3\sin\frac{a}{3} + \sin a = o$$

dont les trois racines donnent le sinus de $\frac{a}{3}$. Il y a trois solutions parce que les angles qui ont le même sinus que $a$ sont en nombre infini. Si on ·les divise par 3, on obtient une infinité d'angles · qui se répartissent en trois groupes, tous ceux d'un même groupe ayant le même sinus. Inversement, l'équation précédente peut servir à résoudre, par l'emploi des tables trigonométriques, toute équation du troisième degré ayant ses trois racines réelles. Il suffit de calculer un angle $a$ qui permette d'identifier l'équation donnée ou plutôt une transformée de cette équation, avec l'équation précédente; alors les sinus des trois angles

$$\frac{a}{3},\ \frac{2\pi}{3}+\frac{a}{3},\ \text{et } \frac{4\pi}{3}+\frac{a}{3}$$

sont les trois racines. — M. F.

**\*TRISOC.** Sorte de *charrue.* — V. ce mot.

**TRITONS.** *Iconol.* Dieux de la mer, moitié hommes, moitié poissons, descendant d'un dieu fils de Neptune et d'Amphitrite, figurent dans la plupart des représentations de Neptune ou de la déesse de la mer, en jouant de la conque marine autour de leur char. Une peinture de Pompéi nous montre *Thétis sur un Triton, portant les armes d'Achille,* et plusieurs bas-reliefs représentent des Tritons jouant avec des Néréides. Au musée du Vatican se trouve un fort beau marbre antique : *Triton enlevant une Néréide,* sujet qui semble avoir été fréquemment traité dans l'antiquité et par les modernes eux-mêmes, notamment en gravure par le maître au caducée. Rubens est surtout le peintre des Tritons, il les représente avec des chairs fortement colorées, joufflus, le nez camard et retroussé, l'air grotesque ou sauvage, soufflant dans la conque ou fendant les flots, c'est un des sujets qui lui sont le plus familiers; l'Albane a peint aussi des Tritons et des Néréides, et *Triton luttant avec un Faune.* En sculpture, nous citerons un beau bas-relief de Jean Goujon, au musée du Louvre: *Un Triton, une Néréide et l'Amour,* les groupes de *Tritons abreuvant les chevaux du Soleil,* par Guérin et de Marsy, pour les bains d'Apollon, à Versailles; deux *Tritons sonnant de la trompe,* par Lequesne, au château d'eau de Longchamps; à Marseille enfin, une *Néréide assise sur la croupe d'un Triton,* par Ch. Cordier (Salon de 1873).

**TRITURATION.** *T. techn.* Opération qui a pour but de réduire une substance en parties très menues, en poudre ou en pâte, par écrasement circulaire.

**TROCHISQUE.** *T. de pharm.* Médicament solide, de forme conique, dans la composition duquel il entre une ou plusieurs substances sèches, parfois réunies par un mucilage comme dans les clous fumants. || Couleur broyée, séchée et collée en tablettes ou en pastilles sur du papier blanc.

**TROIS-MÂTS.** *T. de mar.* Terme générique par lequel on désigne un navire qui porte trois mâts complets, c'est-à-dire munis chacun de hunes et de mâts supérieurs. — V. NAVIRE, § *Navires de commerce.*

**TROIS-SIX.** Alcool à 36° Cartier, ou environ 90° centésimaux, ainsi nommé parce qu'il forme, en volume, les trois sixièmes de l'eau-de-vie ordinaire.

**TROMBONE.** *Instr. de mus.* Sorte de grande trompette composée de quatre tubes se mouvant deux à deux l'un dans l'autre et qu'on allonge ou raccourcit à volonté pour produire les différents tons et demi-tons. Cet instrument, dit *trombone à coulisse,* a été perfectionné de nos jours par l'addition d'un, de deux et même de trois pistons destinés à en augmenter l'étendue, il porte alors le nom de *trombone à pistons.*

**\*TROMMEL.** *T. d'exploit. des min.* Appareil qui sert à classer les minerais selon leur grosseur. — V. LAVAGE ET PRÉPARATION DES MINERAIS.

**\*TROMPE. 1°** *T. de métall.* La *trompe* est une soufflerie hydraulique, inventée en Italie, au XVII° siècle, et qui, par sa grande simplicité, s'est maintenue jusqu'à ces dernières années dans les forges catalanes. — V. FER, § *Métallurgie du fer.*

Comme toutes les souffleries hydrauliques, la trompe n'est plus en usage que dans quelques rares usines perdues sur le flanc des montagnes.

|| **2°** *T. de constr.* On donne ce nom à des portions de voûte en encorbellement supportant une construction qui forme saillie sur les murs de l'édifice. Les architectes du moyen âge et de la Renaissance faisaient fréquemment porter sur des trompes des tourelles d'escalier, des échauguettes, etc. On appelle : *trompe dans l'angle,* une trompe placée dans un angle rentrant; *trompe en niche* ou *trompe sphérique,* une trompe concave comme une coquille et qui n'est pas droite par son profil; *trompe sur le coin,* une trompe qui supporte l'encoignure d'un bâtiment au premier étage lorsqu'on forme l'un pan coupé au rez-de-chaussée; *trompe de pendentifs,* les trompes établies à la base des coupoles élevées sur plan carré, etc. || **3°** *Trompe de chasse, cor de chasse.* Instrument à vent formé par un long tube en cuivre contourné plusieurs fois sur lui-même, à la manière du cor d'harmonie dont il diffère par une plus grande longueur du tube et par l'absence de pièces de rechange. — V. COR et INSTRUMENTS DE MUSIQUE, § *Instruments à vent à embouchure.*

**\*TROMPE A VIDE.** Depuis quelques années, l'emploi des machines à faire le vide comme les machines pneumatiques, les pompes à mercure, etc., a été délaissé dans les laboratoires, pour l'utilisation de trompes à eau, d'un usage commode, et d'une valeur des plus minimes. Cette trompe a été imaginée à la fois par M. Christiansen, et par M. H. Lasne; il en existe des modèles en métal et en verre, les derniers préférables parce que l'instrument n'est pas attaqué par les acides; celui actuellement le plus répandu a été construit par M. Alvergniat, nous en allons donner la description.

Elle se compose essentiellement (fig. 615 et 616) d'un tube en verre terminé par une ampoule que l'on ajuste à un robinet d'arrivée d'eau R, au moyen d'un raccord à trois pièces $r$ et d'une toile caoutchoutée, comprimée par des fils métalliques. L'eau pénétrant dans l'appareil, s'écoule par un petit orifice circulaire de 1 à 2 millimètres de diamètre *o* en formant une veine cylindrique régulière qui tombe dans un cône de verre allongé *pq* sans toucher les parois du vase, et en laissant en *p* un espace vide annulaire. Lorsque l'appareil fonctionne ainsi, le liquide entraîne en tombant par l'ouverture B l'air qui environne la veine au niveau *p*; mais si l'on amorce l'instrument, c'est-à-dire si l'on plonge dans l'eau la partie B ou le caoutchouc qui la termine, ou bien si l'on exerce là une faible pression, la veine s'étale, mouille les parois *pq*, et le mouvement nuisible du gaz re-

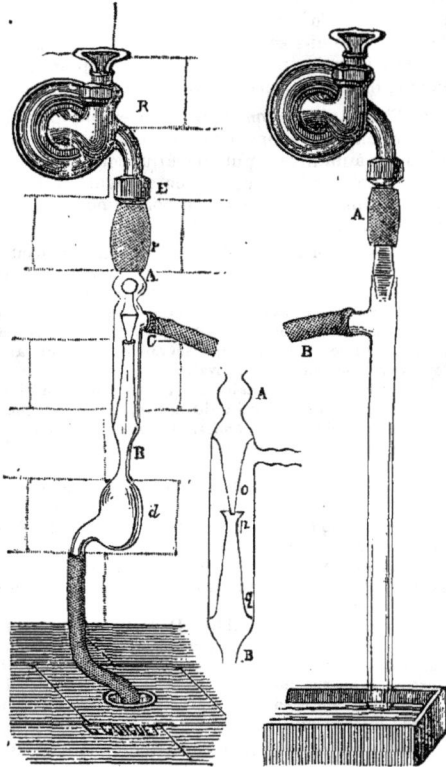

Fig. 615 et 616. — *Trompe*     Fig. 617 — *Trompe*
       *à vide.*              *à grand débit.*

montant de B vers *o* n'est plus possible. Lorsque l'air est assez raréfié en *op*, la forme divergente de l'ajutage ajoute une force nouvelle à celle qui provient du liquide, et comme ces deux ajutages *o* et *p* sont entourés d'une enveloppe qui limite l'atmosphère sur laquelle agit le mouvement d'aspiration, le vide se produit. Dès lors, si l'on met en communication l'appareil par un caoutchouc ajusté en C avec une cloche ou un vase quelconque, le vide se fait également dans ces appareils.

Pour que les trompes à vide fonctionnent bien, il faut que la pression de l'eau qu'on y introduit soit au minimum de 10 à 11 mètres; il faut de plus maintenir l'appareil toujours amorcé, sans

quoi le vide partiel étant fait dans le vase, l'eau se trouverait immédiatement aspirée vers celui-ci, ce qui pourrait faire perdre le produit à dessécher. On obtient cet amorçage constant, soit en faisant plonger le tube inférieur B ou son prolongement dans un vase plein d'eau, soit en terminant le tube comme nous l'avons figuré dans le dessin, par un petit réservoir ovoïde *d* à tube inférieur relativement étroit; le liquide en s'écoulant par ce conduit latéral prend une vitesse telle qu'elle suffit pour empêcher le retour de l'air.

Ces trompes sont souvent protégées par une enveloppe, cette disposition gène pour surveiller la marche des instruments, et empêche de voir le moment où l'orifice *p* s'obstrue après un certain temps d'usage (eaux bicarbonatées). Il suffit pour les nettoyer d'introduire par le tube latéral C un peu d'acide chlorhydrique dilué qui dissout le dépôt.

Lorsque l'on veut augmenter le rendement de ces trompes, il est préférable, au lieu d'en augmenter les dimensions, de les accoupler en faisant communiquer leurs ajutages avec deux branches d'un tube en T, dont la troisième est reliée avec le vase dans lequel on désire faire le vide.

Il est encore utile d'indiquer la nécessité pour éviter des accidents ou des pertes de produits, d'avoir soin de mettre un robinet à la conduite de vide auprès de l'appareil où l'on raréfie l'air, parce que si l'on venait à arrêter l'écoulement d'eau, sans avoir fermé la communication, la pression atmosphérique refoulerait le liquide vers le récipient. On ferme donc le robinet, et il est même bon, pour éviter le retour de l'eau dans le tube, de détacher le caoutchouc qui joint la trompe au conduit de vide. Le débit de cette trompe est de 40 à 50 litres par heure.

*Trompe à grand débit.* Si l'on a besoin de raréfier l'air dans un espace assez vaste, on ne peut se servir de l'appareil précédent, on peut construire une trompe bien plus puissante (fig. 617), en se servant d'un tube de 1 mètre de longueur et de 15 millim. de diamètre, à l'une des extrémités duquel on fixe un ajutage A donnant une veine cylindrique d'eau, de 3 à 4 millimètres de diamètre. L'air aspiré arrive dans l'appareil par une tubulure latérale B. On l'amorce en faisant plonger de quelques centimètres, l'autre extrémité du tube dans une cuvette remplie d'eau et offrant un niveau de trop plein; cette pompe aspire plus de 1 mètre cube d'air par heure, mais consomme une grande quantité d'eau; on peut toutefois, au moyen d'un dispositif particulier, diminuer cette quantité, en augmentant la surface de la veine liquide, et par suite, son contact avec l'air à expulser.

**TROMPETTE.** Instrument de cuivre et à vent, dont l'usage remonte à la plus haute antiquité. Les trompettes ne furent d'abord employées que pour les fanfares de la cavalerie; des améliorations successives l'ont fait admettre dans les orchestres. La trompette d'harmonie est formée d'un tube droit sans trous ni clefs, et terminé par un petit pavillon; elle n'a que des sons ouverts, sonne l'octave supérieure du cor, mais le timbre en est plus argentin et plus éclatant; ses *tons de re-*

*change* permettent de jouer dans plusieurs tonalités. — V. Clairon.

**TRONC.** *T. de géom.* *Tronc de prisme.* On désigne sous ce nom le polyèdre compris entre une surface prismatique et deux plans non parallèles. On démontre que le volume du tronc de prisme triangulaire est égal au tiers du produit de l'une des bases par la somme des distances des trois sommets de l'autre base à la première. Il suffit, pour établir ce théorème, de faire voir que le tronc de prisme est équivalent à la somme de trois pyramides ayant pour base commune l'une des bases du tronc, et pour sommets respectifs, les trois sommets de l'autre base.

*Tronc de pyramide.* C'est le solide qu'on obtient en coupant une pyramide par deux plans quelconques. Nous ne nous occuperons que du tronc de pyramide à bases parallèles. On démontre d'abord qu'un tronc de pyramide *triangulaire* à bases parallèles peut se décomposer en trois pyramides ayant pour hauteur commune la hauteur du tronc, c'est-à-dire la distance des deux bases, et pour bases respectives, les deux bases du tronc, et une moyenne proportionnelle entre ces deux bases. On étend ensuite ces résultats à une pyramide quelconque, en remplaçant la pyramide à laquelle appartient le tronc par une pyramide triangulaire équivalente ayant la même hauteur et une base équivalente à celle de la pyramide donnée. Si B et *b* sont les deux bases et *h* la hauteur, le volume du tronc de pyramide aura donc pour expression :

$$V = \frac{1}{3} h \left( B + b + \sqrt{Bb} \right)$$

*Tronc de cône.* Un tronc de cône est la limite d'un tronc de pyramide inscrit. La formule précédente est donc encore applicable au tronc de cône à bases parallèles. S'il s'agit d'un tronc de cône droit circulaire dont *r* et *r'* sont les rayons de base, la formule deviendra :

$$V = \frac{1}{3} \pi h (r^2 + r'^2 + r r').$$

La surface latérale d'un tronc de cône droit circulaire à bases parallèles est égale à la moitié du produit de l'apothème ou génératrice *a*, par la demi-somme des circonférences de base :

$$S = \pi a (r + r').$$

Si l'on veut la surface totale, il suffit d'ajouter les surfaces des bases

$$T = \pi [a(r + r') + r^2 + r'^2].$$

*TROPÉOLINE.* Matières colorantes azoïques. — V. Colorantes (Matières).

**TROPHÉE.** Groupe de drapeaux, de casques, d'armures ou d'attributs militaires placé sur un monument commémoratif d'un fait de guerre.

— Ce fut d'abord, dès la plus haute antiquité, un tronc d'arbre auquel on suspendait une partie des dépouilles du vaincu, sur le champ de bataille même. Plus tard, on fit paraître les trophées, dans les triomphes, devant le char du vainqueur, et c'est sans doute de la coutume qu'on avait de retracer ces triomphes avec la pierre ou le bronze, que vint celle de sculpter des tro-

phées isolés. Les colonnes Trajane et Antonine peuvent être considérées comme de véritables trophées.

Les modernes ont emprunté aux Romains cet ornement architectonique, et ils ont créé, en outre, les trophées que nous pourrions appeler spéciaux, c'est-à-dire qu'ils ont réuni en groupe tous les attributs d'un art ou d'une science, par exemple, le trophée de marine, de géographie, des sciences mathématiques, des arts du dessin, etc. Nous ne nous étendrons pas davantage sur ces ornements très simples et connus de tous, et auxquels on peut encore relier le trophée d'armes, représentation non plus figurée, mais réelle, composée de pièces diverses destinées à l'attaque ou à la défense. Ce genre de trophée est très en usage depuis un demi-siècle ; les conquêtes algériennes, en nous fournissant des armes pittoresques et de valeur, ont beaucoup contribué à cette mode.

**TROTTOIR.** *T. de constr.* Chemin établi, pour la circulation des piétons, en bordure d'une voie publique et à un niveau plus élevé que celui de la voie même. La partie comprise entre deux trottoirs bordant une rue, un quai, un pont, une route, reçoit le nom de *chaussée.* — V. ce mot.

— La découverte des ruines de Pompéi a démontré que les Romains faisaient, comme nous, usage de trottoirs dans les villes. Ces trottoirs étaient pourvus de bordures en pierre très élevées dans lesquelles étaient placés, de distance en distance, des blocs cunéiformes faisant saillie en hauteur et qui servaient, paraît-il, aux voyageurs pour monter à cheval.

Les voies romaines, établies hors des villes, se divisaient en trois parties : celle du milieu, *agger*, et deux latérales, *crepidines, umbones, margines* ou trottoirs, plus élevées que la chaussée et couvertes de cailloux ou de dalles.

L'usage des trottoirs, chez les modernes, et notamment à Paris, est de date toute récente (1825). Auparavant, les rues de cette ville étaient *fendues*, c'est-à-dire formaient un ruisseau au milieu ; des bornes adossées aux maisons, de distance en distance, permettaient seules aux piétons de se garantir contre le passage des voitures.

Les premiers trottoirs établis à Paris étaient en lave de Volvic. On remplaça bientôt cette matière par le granit, plus coûteux d'achat mais en réalité plus économique à cause de sa longue durée. Plus tard, on employa le bitume avec bordures en granit, et cet usage est encore en vigueur aujourd'hui.

Sous le rapport de leur construction même, les trottoirs actuels comprennent donc : 1° une *bordure* en blocs de granit parallélipipédiques qui les sépare de la chaussée et qui est disposée sur un massif de maçonnerie en mortier hydraulique ; 2° une *forme* préparée par un déblai ou par un remblai, suivant le niveau du sol, et avec un bon pilonnage des terres rapportées dans le cas du remblai ; 3° une *couche de béton* de 0m,10 d'épaisseur étendue par couches dans le cas du remblai ; 3° une *couche de béton* de 0m,10 d'épaisseur ; 4° une couche de *mortier* de 0m,02 d'épaisseur ; 5° une couche de *bitume* de 0m,015 que l'on saupoudre, avant qu'elle soit sèche, de sable ou menu gravier.

Lorsque le revêtement doit être en dalles de granit et non en bitume, on donne à ces dalles 0m,08 à 0m,10 d'épaisseur.

Les matières employées à l'exécution des trottoirs varient, d'ailleurs, suivant les localités. Les trottoirs sont coupés, dans leur largeur, par le passage des gargouilles en fonte qui conduisent au ruisseau les eaux ménagères ou pluviales. Aujourd'hui, à Paris, dans les rues pourvues d'égouts, ces eaux sont conduites directement à l'égout par les tuyaux de descente établis en façade des maisons et non plus par les gargouilles de fonte.

Des ordonnances spéciales règlent la largeur des trottoirs d'après celle des rues dans lesquelles ils sont établis. La pente en travers est ordinairement fixée à $0^m,04$ par mètre, la pente en long est la même que celle de l'axe de la chaussée; enfin, la hauteur de la bordure est de $0^m,17$ au-dessus du pavé. — F. M.

**TROU.** 1º Se dit de toute ouverture faite dans un corps quelconque et dont la longueur n'excède pas beaucoup la largeur. || 2º *Trou d'homme.* Ouverture ménagée dans une chaudière, une machine, un appareil, et par laquelle un ouvrier peut s'introduire pour les visites ou les réparations. || 3º *T. de fortif. Trou de loup.* Excavation pratiquée autour d'un ouvrage pour en rendre les approches plus difficiles à l'infanterie et impossibles à la cavalerie. || 4º *T. de théât. Trou du souffleur.* Ouverture ménagée dans le plancher d'une scène théâtrale devant le pupitre du chef d'orchestre et recouverte d'un capuchon de bois pour cacher le souffleur qui y est logé. || 5º Orifice d'une carrière.

**TROUSSE.** 1º Se dit, en général, de tout étui ou portefeuille à compartiments, dans lequel les chirurgiens, les barbiers, etc., serrent les instruments dont ils ont habituellement besoin. — V. Nécessaire. || 2º Cordage de moyenne grosseur servant à lever des petits fardeaux, que l'on nomme aussi *troussière.* || 3º *T. de métall.* Nom donné à l'ensemble des rondelles et des taillants d'un cylindre de fenderie et, par extension, à ce cylindre lui-même. || 4º *T. d'exploit. des min. Trousse colletée ou porteuse.* Cadre reposant sur une banquette ménagée dans l'intérieur d'un puits pour en consolider le cuvelage, et formé par la réunion de voussoirs en chêne serrés contre le terrain au moyen de coins. || *Trousse à picoter.* Châssis de bois analogue au précédent, mais dont les voussoirs sont taillés avec soin et reposent sur la trousse colletée. — V. Puits, § *Puits de mine.*

**TROUSSEQUIN.** *T. de sell.* Pièce de bois cintrée, analogue à l'arçon, et qui s'élève sur le derrière d'une selle. || Outil de menuisier. — V. Trusquin.

**TRUC.** *T. de théât.* Mécanisme employé pour exécuter un changement à vue ou produire certains effets surprenants. — V. Machinerie théâtrale.

*** TRUCAGE.** On désigne sous ce nom, dans le commerce de la curiosité, l'art ou plutôt l'industrie borgne qui consiste à faire passer pour antiques des objets fabriqués la veille et savamment habillés d'un vernis d'ancienneté.

— Ce n'est pas d'aujourd'hui que les collectionneurs sont victimes de la contrefaçon des fabricateurs d'objets d'art. De tout temps, il a existé des mystificateurs en ce genre, et les mystifiés ont été toujours fort nombreux. Sans remonter au Déluge, il suffit de citer les Romains

qui, en souvenir des ruses proverbiales du grec Ulysse, fabriquaient et vendaient de fausses antiquités. Phèdre, dans la fable 50, parle des artistes de son temps qui ajoutaient à leurs statues de marbre, le nom de Praxitèles, à celles d'argent celui de Myron.

En fait de trucage, le XVIᵉ siècle rivalisait avec l'antiquité. Le P. Paciaudi, dans ses lettres au comte de Caylus, a de belles colères contre les faussaires d'antiquités, médailles, inscriptions et peintures; il en démasque plusieurs, entre autres un vénitien, nommé Louis, qui, dit-il, contrefaisait toutes sortes d'antiquités, même les vases étrusques, à merveille; il fit aussi des ouvrages en mosaïque qu'il vendait comme antiques. Les Romains de nos jours n'ont pas dégénéré; les étrangers qui voyagent en Italie en savent quelque chose.

Aujourd'hui, le trucage a pris partout des proportions inquiétantes. Cette imitation des objets originaux, dans un but de lucre illicite, est une véritable spoliation, qu'elle s'applique aux œuvres de l'intelligence, aux marques du commerce ou à la fabrication des objets d'art. En effet, comme l'a remarqué M. Paul Eudel, rien n'échappe aux contrefacteurs: les armes, les émaux, les faïences, les autographes, les bronzes, l'argenterie, les gravures, les marbres, les terres cuites et les tableaux, tout y passe. Il y a de faux ossements antédiluviens et de faux silex préhistoriques, comme il y a de faux Raphaël et de faux Rembrandt. Parmi les amateurs d'antiquités égyptiennes, on a longtemps parlé d'un faux Ramsès en ardoise d'Angers et d'une momie parisienne de la reine Nitocris. De même pour les poteries antiques et mexicaines, les verreries de Venise et de Bohême, et les vitraux fabriqués à la douzaine dans des usines clandestines.

Nous ne parlerons pas des médailles répandues à profusion par les faussaires, et cela depuis le XVIᵉ siècle, ni de la vieille argenterie imitée à s'y méprendre; mais après avoir mentionné les faux émaux, les prétendues faïences et porcelaines, surtout celles de Saxe, de la Chine et du Japon, les autographes apocryphes, les pseudo-ivoires, etc., etc., nous nous bornerons à prémunir les amateurs contre l'imitation frauduleuse des tableaux anciens et modernes, une des branches d'industrie où la bande noire excelle. Depuis quarante ans, c'est par centaines que la Belgique a créé des Hobbéma, des Téniers, des Ruysdaël et surtout des Van Goyen; en France, il faut renoncer à énumérer les toiles prétendues de Greuze, de Watteau, de Lancret, de Pater, sans oublier, toutefois, les faux Diaz, les faux Jacques et les faux Corot. L'Italie, à vrai dire, ne le cède en rien pour les maîtres de la Renaissance. En fait de terres cuites, il suffit de rappeler l'aventure relative au faussaire Bastianini, auteur du buste de Benivieni, placé au Louvre; en fait de tableaux, l'Allemagne elle-même, comme vient de le prouver un scandale récent, a dû reconnaître, dans un grand nombre de tableaux considérés comme anciens et qui ornent ses musées, des produits fabriqués par le trucage moderne.

Les contrefaçons sont donc innombrables. Aux amateurs de s'éclairer et de s'armer d'une absolue incrédulité en fait d'objets d'art. Se méfier de la première impression, prendre son temps, examiner tout avec soin, sans illusion, ne plus compter sur les trouvailles et, dans le doute, s'adresser aux experts ayant acquis, à juste titre, une autorité indiscutable, telle est la marche à suivre pour ne pas tomber dans les filets de la cupidité mercantile, dont le trucage est l'unique et déplorable industrie. — V. Imitation. — S. B.

*** TRUCHET** (Jean). Mécanicien, né à Lyon en 1657, mort en 1729, était fils d'un marchand. A dix-sept ans, il entra dans l'ordre des Carmes, sous le nom de P. Sébastien, mais peu après, la vue des machines inventées par Servières le dirigea vers la mécanique et, envoyé à Paris pour apprendre la théologie, il ne s'y occupa guère que de physique et de sciences exactes. L'attention de Colbert fut attirée sur lui par la réparation des deux premières montres à répétition qui eussent paru en France et que l'horloger de la Cour n'était pas parvenu à ouvrir. Pensionné par le roi, le jeune religieux se consacra surtout à l'hydraulique, science presque inconnue dans notre pays, et donna les plans des eaux de Versailles, une des merveilles du siècle; il imagina une machine pour transporter les arbres sans les endommager; deux tableaux mécaniques avec changements à vue qui faisaient les délices de Louis XIV, et nombre d'autres inventions utiles ou agréables. Il eut la direction des travaux du canal d'Orléans et rendit les services les moins en vue, mais les plus signalés, comme chargé par l'Académie des sciences, où il avait été admis en 1699, d'examiner les machines soumises au jugement de l'Académie; il en découvrait aussitôt les côtés défectueux et enseignait aux inventeurs le moyen d'y remédier.

**TRUCK.** *T. de chem. de fer.* Châssis rigide indéformable porté sur deux essieux et constituant, soit la plate-forme d'un véhicule de chemin de fer, soit le *bogie* ou support d'une des extrémités de ce véhicule. C'est, en général, plutôt dans cette dernière acception que s'emploie le mot *truck*, quand on veut désigner le matériel articulé, construit pour passer dans les courbes d'un faible rayon ou pour se prêter à l'augmentation de la longueur des voitures. Par exemple, les voitures américaines, à circulation centrale, sont montées sur des *trucks*.

\*TRUDAINE (Daniel-Charles). Intendant des finances, fils de *Charles*, conseiller du parlement, prévôt des marchands, né, à Paris, en 1703, mort en 1769, dirigea l'administration des ponts et chaussées pendant plus de trente ans et entreprit la réparation des routes du royaume qui étaient dans le plus piteux état. Pour atteindre ce but, il fit lever le plan de toutes les routes par un corps d'ingénieurs choisi par lui, puis il fit un travail d'ensemble sur lequel on décida des créations ou des modifications à exécuter. En même temps, il complétait le réseau des voies de communication par la construction de plusieurs grands ponts, à Orléans, à Moulins, à Tours, à Joigny, à Montereau, etc.; enfin, il s'appliqua à améliorer la navigation des fleuves et des rivières, ces « routes qui marchent, » comme dit Pascal.

Pour assurer la permanence de ces travaux et leur perfectionnement, Trudaine eut l'idée de créer une école d'ingénieurs dont le premier directeur fut Perronet. La fondation de l'Ecole des ponts et chaussées est certainement un des meilleurs titres de Trudaine. En n'acceptant dans la carrière que des sujets d'élite et déjà bien préparés, en établissant parmi les ingénieurs une forte hiérarchie, il a donné à ce corps une unité et une solidarité fécondes en résultats. Il était membre de l'Académie des sciences.

Son fils, *Charles-Philibert*, dit Trudaine de Montigny, né en 1733, mort en 1797, fut élève de Clairaut et acquit très jeune la plupart des connaissances scientifiques qu'on pouvait avoir à son époque; en outre, il parlait couramment l'anglais, l'italien et l'espagnol. Adjoint pendant plusieurs années à son père, dans la direction des ponts et chaussées, il lui succéda à sa mort, en 1769, et continua son œuvre. Intendant des finances, ami du contrôleur général Turgot, Trudaine rêvait la suppression de la corvée, l'impôt unique, la réduction des fonctionnaires, qui étaient une des plaies du système administratif sous l'ancien régime; mais il eut voulu ces réformes progressives, tandis que Turgot les tenta trop brusquement et échoua. Ses deux fils, qui appartenaient également au service des ponts et chaussées, moururent sur l'échafaud, le 8 thermidor.

**TRUELLE.** *T. techn.* Outil de maçon pour saisir et appliquer le mortier, le plâtre ou le ciment; il est en métal, et il a la forme d'un triangle ou d'un trapèze emmanché dans une poignée en bois; la *truelle à plâtre* est ordinairement en cuivre, le fer s'oxydant facilement par son contact avec le plâtre; la *truelle brettée* est une plaque d'acier de forme rectangulaire à bord dentelé, munie d'un manche perpendiculaire à son plan; elle sert à nettoyer et à dresser les enduits de plâtre ou les revêtements en ciment. Selon le travail à exécuter, les maçons et les couvreurs se servent d'ailleurs de différentes formes de truelles en acier ou en cuivre. || La truelle est un des principaux symboles de la franc-maçonnerie.

**TRUITÉ.** *T. de métall.* La fonte *truitée* est intermédiaire entre la fonte grise et la fonte blanche. Elle est formée de sphéroïdes de fonte blanche flottant dans la fonte grise, c'est la *fonte truitée grise*; ou de sphéroïdes de fonte grise flottant dans la fonte blanche, c'est la *fonte truitée blanche*. Dans l'un et l'autre cas, ces sphères se coupant suivant des cercles, quand on brise les gueusets, donnent à la cassure un aspect tacheté analogue à la peau de la truite, d'où lui est venu son nom.

**TRUMEAU.** *T. d'arch.* Partie d'un mur comprise entre deux fenêtres, deux ouvertures. — V. Porte. || Panneau de glace qui occupe le dessus d'une cheminée ou l'entre-deux de deux fenêtres.

\*TRUQUEUR. *T. de mét.* Celui qui fabrique ou dénature un objet dans le but de lui donner une apparence de vétusté et le faire passer pour objet ancien. — V. Trucage.

\*TRUSQUIN. *T. techn.* Outil de menuisier et de charpentier formé d'une planchette bien dressée que traverse, à frottement doux, une tige carrée portant latéralement une pointe; on s'en sert pour tracer des lignes parallèles au bord d'une planche, et, à cet effet, on enfonce plus ou moins la tige, et on fait glisser la planchette le long du bord de la planche; on dit aussi *trousquin*.

I. \*TUBAGE. *T. techn.* Dénomination qui s'applique à diverses opérations, suivant la nature des tubes à employer. Dans la construction des chaudières à vapeur, dites *tubulaires*, le tubage consiste à fixer et river les tubes en cuivre ou en fer dans les plaques du foyer et du fond de la chaudière. — V. Tube.

Le *tubage des puits forés* est une opération qui s'applique spécialement aux puits artésiens et aux trous de sonde que l'on pratique pour atteindre des nappes d'eau ou des gisements de pétrole. Les tubes employés peuvent être en bois et plus généralement en tôle ou en fer; on se sert de tubes en fer, de petit diamètre, particulièrement pour les *puits instantanés*; les tubes en forte tôle rivée, douce ou galvanisée, s'emploient pour les tubages à grande section, comme ceux qui conviennent aux *puits artésiens*, aux puits de mines de sel gemme, des sources de pétrole, etc. — V. Puits et Sondage.

II. \*TUBAGE. *T. d'artill.* Opération qui consiste à mettre en place, à l'intérieur d'une bouche à feu, en fonte ou en acier et quelquefois même en bronze, le tube en acier qui est destiné à la renforcer. — V. Bouche a feu, Bourges et Ruelle.

Pour l'usinage des tubes, les opérations sont les mêmes que pour l'usinage du corps du canon; le lingot en acier est d'abord martelé, puis foré et trempé dans l'huile; il est ensuite tourné à la demande du canon auquel il est destiné; enfin, sa tête est filetée de façon à pouvoir se visser sur une certaine longueur dans son logement. Les conditions de réception sont également peu différentes de celles imposées aux corps des canons en acier.

Le tube terminé, il faut le mettre en place; pour cela, on commence par chauffer le corps du canon de manière à le dilater pour faciliter l'introduction du tube, puis on introduit le tube et on le visse. Le corps du canon est dressé verticalement dans la fosse à tuber et solidement maintenu; pour l'échauffer, on se sert de fours mobiles cylindriques. Au moment de l'allumage, ces fours sont placés dans une chambre pourvue d'une cheminée qui active le tirage; ils sont ensuite amenés au-dessus de la fosse et descendus autour du corps du canon. Dès que le canon est assez chaud, on amène le tube et, après l'avoir bien nettoyé, on le laisse descendre avec précaution et sans choc dans son logement. Lorsqu'il est à la position voulue, on le fait tourner à l'aide de leviers jusqu'à ce qu'on soit arrêté par un coup sec indiquant que le vissage est effectué à fond. On laisse refroidir en place le canon ainsi tubé.

**TUBE.** D'une manière générale, on donne ce nom aux cylindres creux en métal, en verre, en poterie, etc., par où l'air, les gaz, les fluides peuvent circuler, et qui reçoivent des formes différentes, selon l'usage auquel ils sont destinés; nous renvoyons à Tuyau pour les tubes employés dans les constructions et certaines industries, et nous étudions ici les tubes de chaudières.

**Tubes à eau ou à fumée des chaudières à vapeur.** Les chaudières à vapeur qui doivent présenter une grande puissance de vaporisation sous un petit volume sont toujours traversées intérieurement d'un grand nombre de tubes ayant pour fonction d'assurer la parfaite absorption de la chaleur des gaz sortant du foyer, en multipliant les points de contact avec la masse d'eau à vaporiser. Nous avons donné d'ailleurs quelques indications à ce sujet au point de vue de la conductibilité des tubes pour la chaleur (V. Chaudière). Les chaudières ainsi disposées sont dites tubulaires ou tubulées, suivant que la circulation des gaz chauds s'opère à l'intérieur ou à l'extérieur de ces tubes. Les deux types présentent les mêmes avantages au point de vue de l'absorption de la chaleur, mais le système tubulaire qui est plus simple et plus économique est de beaucoup le plus répandu, et on le retrouve à peu près exclusivement sur les chaudières locomotives, locomobiles, sur celles des machines marines, etc. Le système tubulé donne plus de garanties au point de vue de la sécurité, puisque la masse d'eau se trouve complètement divisée, et il est particulièrement bien approprié à l'emploi des hautes pressions, on le retrouve dans les types de chaudières dites inexplosibles, comme dans celles du système Belleville, par exemple.

Les chaudières tubulaires présentent, d'autre part, ce grave inconvénient que le nettoyage en est très difficile et les réparations en deviennent très fréquentes en raison des fuites dans les joints. Aussi, dès qu'on emploie des eaux incrustantes, est-on obligé d'y renoncer dans les installations fixes. On a même essayé de rendre le faisceau complètement amovible afin de pouvoir le sortir de la chaudière pour les réparations et les nettoyages qu'on peut ainsi effectuer avec toute l'aisance possible, c'est la disposition qu'on rencontre, par exemple, sur certains types de chaudières Thomas Laurens et Farcot. Ces inconvénients ne présentent pas la même gravité sur les tubes à circulation d'eau dont le diamètre est plus grand, et le nettoyage, reporté alors à l'intérieur, s'opère avec beaucoup de facilité. Les joints, dont nous avons représenté différents types à l'article Chaudière (fig. 1026 à 1029), sont tous d'un accès et d'un démontage faciles, ils ne subissent pas la même fatigue que sur les chaudières tubulaires, dans lesquelles la poussée des tubes déforme nécessairement les plaques, et l'entretien se trouve ainsi grandement simplifié.

Comme les chaudières tubulaires forment toutefois le type le plus répandu, c'est surtout sur celles-ci que nous insisterons au point de vue de l'assemblage des tubes. Ceux-ci pénètrent, à leurs deux extrémités dans des plaques tubulaires sur la paroi desquelles ils sont fixés quelquefois par des écrous et, plus fréquemment, par serrage direct, avec ou sans virole rapportée, au moyen d'un mandrineur spécial. Les mandrineurs employés à cet effet (fig. 618 à 625) dérivent presque toujours de l'appareil Dudgeon, qui comprend trois petits galets cylindriques $r$ maintenus dans des alvéoles, ménagées dans un cylindre creux au centre duquel s'enfonce un mandrin conique. L'appareil est introduit dans le tube amené en place et, en enfonçant le mandrin central, on détermine l'écartement des galets qui repoussent ainsi l'extrémité du tube en l'appliquant hermétiquement sur la paroi de la plaque. M. Brisse, ingénieur des ateliers du chemin de fer de l'Est, a complété le mandrineur en y adjoignant à l'aide des vis r et V un coupeur p qui arase l'extrémité du tube une fois serré, et un sertisseur x qui rabote le bord excédant sur la plaque pour éviter les fuites. Ces trois outils s'enfilent, l'un après l'autre, grâce aux écrous o, o', o'', sur une tige centrale a introduite, au préalable, dans le tube, et maintenue invariablement par des griffes radiales g g. Outre le mandrineur Dudgeon, on peut encore citer les appareils à galets types Boyer et Lavallette, Thornburn, Tully et Bond; le mandrineur sans galets avec segments mobiles système Prosser, qui produit sur le tube une cannelure intérieure à la plaque; l'appareil hydraulique de Hall et Thomson; on en trouvera, d'ailleurs, la description détaillée dans la *Revue générale des chemins de fer*, n° d'octobre 1883.

L'assemblage des tubes sur la plaque tubulaire constitue une opération particulièrement délicate en raison de la nécessité de prévenir les fuites qui se déclarent toujours en ce point, et c'est là l'objection la plus grave qu'on oppose le plus souvent à l'emploi de tubes en fer ou en acier doux, car ces métaux donnent lieu à des fuites plus fréquentes qu'avec le laiton. Le fer ne paraît pas, en effet, se mouler aussi bien que le laiton dans le trou de la plaque, et il se corrode plus rapidement, surtout avec des eaux chargées de tartre. On remédie à cette difficulté, aux Etats-Unis, où les tubes en fer sont employés d'une manière à peu près exclusive, en entourant l'extrémité du tube qui doit s'assembler dans la plaque, d'une virole intérieure en cuivre rouge. Celle-ci se moule sans difficulté dans le trou, et le bord en fer est ensuite rabattu sur la

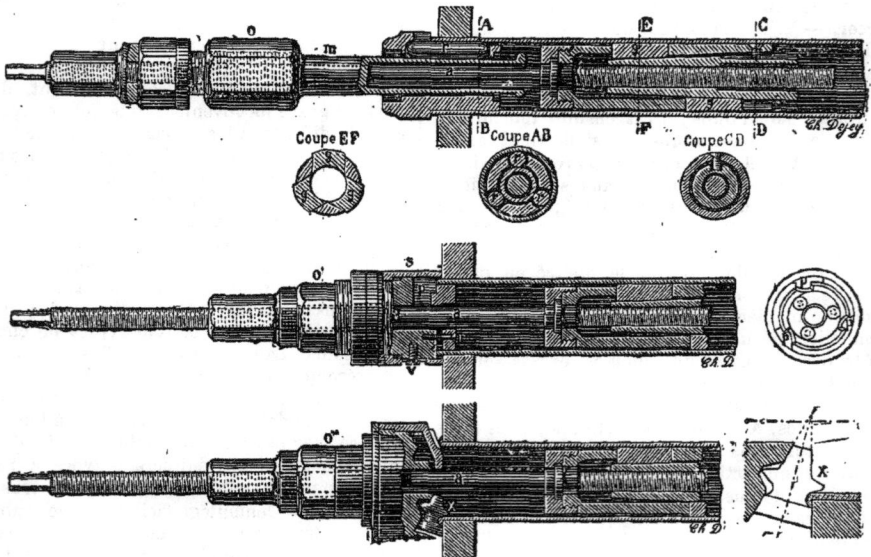

Fig. 618 à 625. — *Appareil de M. Brisse pour la pose et le sertissage des tubes,*
Fig. 618 à 621. Mandrineurs. — Fig. 622 et 623. Coupeur à couteaux p. — Fig. 624 et 625. Sertisseurs à galets x.

plaque. Cet assemblage très simple donne de forts bons résultats, et il est surprenant, que l'emploi des tubes en fer ne se soit pas encore plus répandu chez nous. En France, on brase habituellement sur les tubes, en laiton ou en fer, un bout en cuivre rouge de 10 centimètres de longueur environ, pour former l'extrémité qui doit être assemblée dans la plaque du foyer, et on obtient ainsi un assemblage bien étanche. Pour faire cette brasure, on emmanche l'extrémité du tube, taillée en biseau, dans celle du bout à souder qu'on a évasée au préalable et repliée légèrement en collerette. On pose la soudure sur le rebord de la collerette, en tenant le tube verticalement, et on la fait fondre au feu de forge ou au moyen d'un jet de flamme sortant d'un four à vent spécial. Les tubes neufs, en laiton, sont souvent posés sans cuivre rouge, et on ne pratique la brasure que dans les raboutages; mais avec les tubes en fer, on a toujours soin de les munir d'un bout en cuivre

rouge avant de les assembler sur la plaque du foyer. Du côté de la boîte à fumée, l'assemblage se fait directement au moyen du mandrineur sans virole spéciale. Les tubes sont toujours mis en place ou retirés par la boîte à fumée, et on ménage, à cet effet, un certain excédent de diamètre dans les trous de la plaque correspondante.

Si les tubes consolident les plaques contre la pression de la vapeur, ils forment, par contre, un assemblage manquant absolument d'élasticité qui use beaucoup la plaque. Il serait donc très important d'avoir un mode de pose qui, tout en assurant l'étanchéité du joint, laissât au tube sa liberté de dilatation sans produire de poussée sur la plaque. Il conviendrait également que le joint ainsi formé fût d'un démontage facile, afin de permettre sans difficulté le remplacement des tubes brûlés ou disjoints. C'est là un accident qui se présente fréquemment, d'ailleurs, surtout dans les parties basses des chaudières, les tubes sont d'un accès difficile et, comme ils sont rarement nettoyés, ils se recouvrent d'une couche de tartre qui augmente continuellement à mesure que la vaporisation diminue. Le tube, n'étant plus rafraîchi, se brûle dans le joint avec la plaque du foyer où il présente des dilatations anormales qui compromettent tout à fait l'étanchéité. Il faut alors enlever les tubes, ce qui ne peut pas se faire sans détériorer la plaque.

On a donc essayé, surtout pour les chaudières marines, différents types de tubes d'un remplacement facile, et nous en avons décrit quelques-uns à l'article CHAUDIÈRE (tubes Bérendorf, Langlois, Toscer et Gantelme). Le tube Bérendorf est appliqué plus spécialement sur les chaudières industrielles, et le tube Gantelme, qui en diffère peu, d'ailleurs, l'est sur les chaudières marines, mais aucun d'eux n'est entré complètement dans la pratique courante, et ils ne paraissent pas remplir tout à fait les conditions désirables, en n'assurant pas suffisamment la liberté de dilatation des tubes. Dans la disposition Bérendorf, la pression intérieure du générateur tend, en outre, à chasser le tube du côté de la boîte à fumée, et cet effet, qui reste insensible dans les essais à froid, devient très manifeste en marche; car, sous l'influence de la dilatation, on voit as-

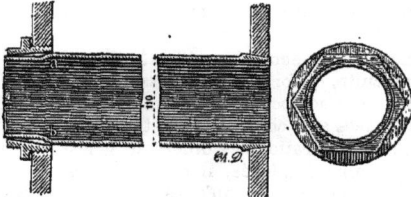

Fig. 626 et 627. — *Disposition de joint pour l'assemblage des tubes dans les plaques tubulaires.*

sez fréquemment les tubes faire saillie de ce côté et présenter des fuites. Quelquefois même, il est arrivé que le tube a été complètement chassé par la pression intérieure, et on a dû retenir les tubes par une contre-plaque spéciale pour éviter des accidents aussi graves. Ces inconvénients sont moins sensibles avec le tube Gantelme dont les bagues sont cylindriques, mais ce type de joint ne supprime pas les fuites résultant des différences de dilatation inévitables des tubes et du corps cylindrique, les premiers étant généralement en laiton et l'autre en fer.

M. Montupet a indiqué, récemment, une disposition de tube mobile avec joint à dilatation libre qu'il paraît intéressant de signaler. L'extrémité, du côté de la boîte à feu, est renforcée par une bague soudée conique formant joint dans la plaque. Cette bague est arrondie à son extrémité et ne présente, dans la boîte à feu, aucune saillie susceptible de se recouvrir d'oxyde qui pourrait ensuite rayer les trous lorsqu'on démonte le tube.

L'autre extrémité est rétreinte en *ab*, comme l'indique les figures 626 et 627, et elle passe dans une bague en bronze vissée dans la plaque de la boîte à fumée. Cette bague en bronze est tournée conique à l'intérieur, de manière à laisser autour du tube

un jeu de 1/4 à 1/2 millimètre au plus à la partie extérieure, et de 2 à 4 millimètres à la partie intérieure. Le tube pénètre légèrement dans ce cône en laissant un peu de jeu, et l'espace vide ménagé à l'intérieur de la bague est rempli par un bourrage en amiante qui permet au tube de se dilater librement. L'amiante se comprime sous la pression et, comme cette matière augmente de volume lorsqu'elle est mouillée, elle assure bien l'étanchéité. Quant à la bague en bronze, elle est serrée sur une rondelle qui se comprime dans les gorges ménagées à cet effet sur la plaque, de manière à prévenir toute fuite. Le tube est serré par la pression même sur la plaque de boîte à feu, et on n'a pas à craindre qu'il se déplace. Le démontage est facile en observant, toutefois, les précautions indiquées par M. Montupet; il faut enduire la plaque et la bague en bronze, sur les parties en contact, avec du blanc de zinc délayé, et graisser légèrement la bague conique avec de la céruse pour éviter l'oxydation. Il faut, enfin, avoir soin de plonger l'amiante avant la pose, dans l'huile épaisse et non acide.

Les tubes des chaudières locomotives se préparent quelquefois en cuivre, en fer ou en acier; mais, en France, on emploie presque toujours le laiton renfermant 30 0/0 de zinc. Le laiton résiste plus longtemps à l'action corrosive des produits de la combustion, et surtout il s'entartre moins, ce qui explique la préférence dont il est l'objet, les eaux d'alimentation étant généralement mal épurées. Il ne faut pas oublier, cependant, que le laiton coûte au moins deux fois plus cher que le fer, et il a, en outre, l'inconvénient de devenir cassant vers 250°, température facilement atteinte par une légère surchauffe. Le succès des tubes en fer, en Amérique et en Angleterre, montre, d'ailleurs, qu'on réaliserait une économie considérable si on se décidait, en France, à tenter cette application avec des eaux mieux épurées, à condition de n'avoir pas de combustible trop sulfureux.

Les tubes en cuivre ou en laiton se fabriquaient autrefois par simple soudure, en recourbant sur un mandrin, dans une étampe demi-circulaire, une feuille plane dont on rapprochait les bords amincis. On versait sur ces bords, soigneusement décapés, de la soudure de cuivre mélangée à du borax, et on la faisait fondre au feu de forge au charbon de bois. Lorsque la soudure était achevée sur toute la longueur, on passait le tube au banc à tirer pour le rendre parfaitement cylindrique et d'épaisseur uniforme.

Actuellement, les tubes en cuivre, et même en fer ou en acier doux, sont presque toujours étirés directement sans soudure. Le tube passe au banc dans des filières appropriées dont les diamètres vont en décroissant graduellement jusqu'au diamètre définitif, et il est muni intérieurement d'un mandrin au diamètre intérieur exigé.

|| *Tube de Pitot.* — V. JAUGEAGE. || *Tube acoustique.* — V. ACOUSTIQUE, § *Applications.* || *Tube capillaire.* Tube dont le diamètre est extrêmement petit. || *Tube d'étambot. T. de mar.* Long tube de bronze qui traverse tout le massif de l'étambot,

et dans lequel passe l'arbre de l'hélice. || *Tube mesureur.* Partie d'un instrument de sondage que l'on trouvera à l'article SONDE, I.

**TUBULURE.** *T. techn.* Lorsqu'un tuyau principal doit distribuer la matière qu'il contient, eau, gaz, vapeur, etc., en des lieux différents, on y adapte autant de tubulures qu'il y a de points à desservir. Ces tubulures portent une pince ou une collerette sur laquelle on rapporte un robinet qui permet ou intercepte la communication avec le tuyau secondaire aboutissant au lieu de réception; le plus souvent, un second robinet est placé à l'extrémité du tuyau. Si le tuyau principal est en cuivre, en étain ou en plomb, on y soude l'embase de la tubulure; s'il est en tôle, cette embase est rivée; enfin, s'il est en fonte, les tubulures qu'il comporte sont coulées du même jet avec le tuyau.

**TUF.** *T. de géolog.* On donne, en général, le nom de tufs à des dépôts formés à l'air libre par l'évaporation de l'acide carbonique ayant dissous dans des eaux du carbonate de chaux, et la précipitation de celui-ci sous forme incrustante. Ce dépôt est caverneux, léger, terreux; il emprisonne le plus souvent, des plantes, des insectes ou des mollusques. Il se produit par voie de suintement, comme on peut le voir à Villequier (Seine-Inférieure), tandis que les *travertins* sont des dépôts de même nature, mais dus à l'évaporation d'eaux courantes tombant en cascades ou arrivant dans des bassins d'évaporation.

Ces tufs peuvent prendre, par le temps, une compacité qui permet de les employer comme pierre de construction; tels sont ceux de La Celle, près Moret; de Roquevaire, près Marseille; des environs de Montpellier; de Connstadt, en Wurtemberg; de Massa-Maritima (Toscane); de Lipari; de Tlemcen; du Sahara, etc.

Les tufs ne sont pas seulement calcaires, il en est de bien d'autre nature; il s'en forme par la consolidation d'amas de boues ou de cendres, qui se stratifient plus ou moins grossièrement en emprisonnant ou non des êtres organisés. C'est ainsi qu'il s'en est formé du premier genre auprès de Cotopaxi, et que les matières qui recouvrent Herculanum d'une couche de 15 à 45 mètres d'épaisseur, sont aujourd'hui, après 18 siècles, de véritables tufs ressemblant parfois à du marbre. Lorsque les cendres sont tombées dans la mer, dans des lacs, il peut également se former des *tufs sous-marins*, comme les *tufs ponceux* de l'Italie, que des soulèvements postérieurs ont amené, après coup, au niveau du sol, à Varennes, près Maroli, à la Bourboule, etc.

Il existe également des *tufs éruptifs*, tels sont ceux qui se déposent par suite de projections d'eaux chargées de principes dissous; tels sont ceux du Gardiner's River, affluent du Yellowstone; tels sont encore ceux *siliceux* formés d'opale commune ou silice hydratée (geysérite) qui se forment sur les travertins siliceux constituant la partie avoisinant les geysers; tels sont les *tufs basaltiques calcaires*, avec basalte intercalée, que l'on voit en Limagne, ou qui sont imprégnés de bitume, comme au Puy de la Poix (Auvergne); ceux *pélagonitiques,* de formation volcanique, encore engendrés aux dépens du basalte, et qui sont surtout développés en Sicile, à Pélagonia, à Catane, à Catesa; puis en Islande; auprès du Puy (rocher Saint-Michel, rocher Corneille, Polignac) et qui sont remarquables par la forte proportion d'eau (16,91 0/0) qu'ils ont conservée malgré leur aspect vitreux; ceux *porphyriques* des Vosges, du Morvan, de la Loire, de l'Allier, de la Forêt-Noire, de l'Odenwald, etc.; ceux *trachytiques* du Mont-Dore, du Latium, de l'Eifel, etc.—J. C.

**TUILE.** Carreau d'argile pétrie, séchée et cuite au four, à la manière des briques, et d'épaisseur variable; les tuiles sont tantôt plates, tantôt courbées en demi-cylindre, et on s'en sert pour couvrir les maisons. || Se dit également des morceaux de marbre, de pierre ou de métal qui ont la même forme, et servent aux mêmes usages que les tuiles de terre cuite. — V. l'article suivant.

**TUILERIE.** Industrie qui s'occupe de la fabrication des tuiles: établissement où se fait cette fabrication.

— Les tuiles sont employées pour la couverture des maisons et des édifices, depuis la plus haute antiquité. Les Romains en faisaient usage dans leurs constructions, ainsi que le montrent les vestiges nombreux qu'on a retrouvés partout où ce peuple conquérant est venu s'établir.

Les tuiles sont, en général, des plaques de terre cuite, de forme et d'épaisseur variables, se posant et s'accrochant sur des lattes en bois qui sont fixées aux chevrons des toitures. Avant de faire l'énumération des différents genres de tuiles les plus employés, il convient d'énoncer les qualités principales qu'elles doivent présenter, sans distinction de formes, pour être d'un bon usage. Ces qualités sont:

1° La *légèreté*, pour ne pas obliger à donner aux bois ou fers des charpentes de trop fortes dimensions;

2° La *résistance et la dureté*, pour résister aux chocs dans les transports, déchargements et autres manutentions; pour supporter aussi, sans se casser, le passage des ouvriers qui marchent dessus quand ils ont à retoucher une partie quelconque de la couverture;

3° L'*imperméabilité*, pour que leur surface ne laisse pas pénétrer par l'eau de pluie et qu'elle n'absorbe pas une certaine quantité d'eau qui augmenterait le poids de la couverture;

4° Les tuiles *ne doivent pas être gélives*, pour que leur conservation ne soit pas compromise durant les hivers rigoureux;

5° Elles doivent être *lisses* et présenter une forme qui empêche l'eau de séjourner sur leur surface, dont l'inclinaison doit être réglée de manière à assurer rapidement l'écoulement de la pluie.

Certains genres de tuiles sont plus ou moins loin de satisfaire à ces conditions; on considérera comme les meilleurs types ceux qui réunissent au plus haut degré cet ensemble de qualités. Ceci posé, nous allons passer rapidement en revue les principales formes de tuiles les plus ordinairement employées.

Nous distinguerons d'abord trois catégories : les *tuiles plates*, les *tuiles creuses* et les *tuiles flamandes*. Les tuiles creuses sont en usage surtout dans le centre et le midi de la France, en Italie, etc. ; elles sont recourbées dans le sens de leur longueur et se posent par rangées parallèles, les unes sur la partie convexe, et les autres retournées, la convexité en dessus, de façon à recouvrir les deux bords des deux rangées concaves, qui sont placées à gauche et à droite de la rangée convexe. Elles ont, dans le midi, de 0$^m$,32 à 0$^m$,40 de longueur, sur une largeur moyenne de 0$^m$,22 à 0$^m$,24, et 0$^m$,013 d'épaisseur ; elles ont environ 0$^m$,20 de diamètre à un bout, et 0$^m$,15 à l'autre, ce qui les rend coniques. Elles ont l'inconvénient de charger considérablement les toitures.

Les tuiles dites *flamandes* ou *pannes*, employées dans le Nord, portent un crochet à l'arrière, qui permet de les accrocher sur des combles d'une forte pente, jusqu'à 30 et 40°. Ces tuiles ont une partie convexe et une partie concave ; elles se recouvrent sur leur longueur et sur leur largeur, en formant des cordons parallèles entre eux, suivant la pente du toit. Elles se posent sur des lattes, comme les tuiles plates, mais elles ont généralement peu de recouvrement et présentent souvent l'inconvénient de laisser l'eau s'introduire trop facilement sous ce genre de couverture. Elles ont environ 0$^m$,35 de côté sur 0$^m$,16 d'épaisseur ; il en faut environ 15 1/4 par mètre carré de surface couverte.

Les *tuiles plates* sont ordinairement de forme rectangulaire, plus longues que larges ; elles portent à l'arrière un crochet qui permet de les accrocher sur les lattis. Le *pureau* de la tuile, c'est-à-dire la portion qui reste découverte, doit être à peu près égal au tiers de sa hauteur pour les tuiles plates unies, de petite dimension, comme on en emploie encore dans bon nombre de localités de la province. Mais ce genre de tuiles est presque universellement remplacé, maintenant, par les tuiles dites *tuiles mécaniques*, de grand modèle, mesurant, en général, de 0$^m$,31 à 0$^m$,40 de hauteur, sur 0$^m$,23 à 0$^m$,24 de largeur. La pente à donner aux toits couverts avec les grandes tuiles peut varier de 0$^m$,40 à 0$^m$,50 par mètre.

Les lattes employées pour ce genre de tuiles sont, d'ordinaire, les *lattes carrées*, de 35 à 40 millimètres de côté ; elles se clouent sur les chevrons par rangs de niveau, bien alignés, dont l'écartement est réglé suivant la longueur des tuiles pour que le rang supérieur recouvre d'une quantité suffisante le rang immédiatement inférieur.

*Tuiles Gilardoni.* Les premières tuiles perfectionnées qui ont été fabriquées en vue de remplacer les anciennes tuiles plates unies, ont été inventées, en 1847, par MM. Gilardoni. Les figures 628 à 631 représentent ce type de tuiles, vu en dessus, en dessous et en coupe. Celles qui ont 0$^m$,38 de longueur sur 0$^m$,23 de largeur, utilisent en partie découverte (*pureau*) les trois quarts environ de leur surface totale. Le côté gauche présente

une cannelure large et profonde de 0$^m$,015 bordée de deux minces nervures ; le côté droit forme couvre-joint et est muni, en dessous, d'une petite nervure qui s'emboîte dans la cannelure du côté gauche de la tuile voisine. Dans l'axe de la tuile, la face supérieure porte une forte nervure saillante, évidée en dessous, qui présente en haut

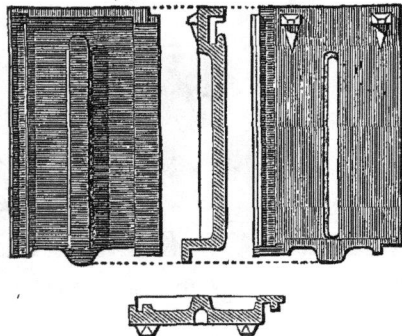

Fig. 628 à 631. — *Tuiles Gilardoni. Vues en dessus, en dessous, en coupe longitudinale et transversale.*

et en bas une saillie destinée à former une sorte d'agrafe qui maintient les tuiles entre elles et empêche leur soulèvement par les vents violents. Cette nervure renforce en même temps la tuile et lui donne plus de résistance sous les pieds des ouvriers. Comme le montre la vue en dessous, qui se trouve à droite (fig. 630), la tuile est munie de deux crochets pour la maintenir sur le lattis, avec une légère saillie à leur base pour l'isoler du bois et empêcher que ce bois soit atteint par l'humidité, dans le cas où la tuile serait plus ou moins imprégnée d'eau.

Ce modèle de tuile a le défaut d'être lourd, de trop charger les charpentes. Ce défaut vient en partie de la nervure médiane qui alourdit notablement la tuile. C'est pourquoi MM. Gilardoni ont créé d'autres types dans lesquels cette nervure est supprimée et remplacée par une nervure plus légère qui forme le bord de la cannelure recevant le couvre-joint, avec lequel elle se raccorde au même affleurement.

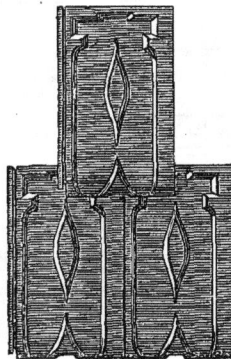

Fig. 632. — *Tuiles de Montchanin, losangées, du type de 13 au mètre.*

*Tuiles Muller.* La forme de ces tuiles se rapproche beaucoup du type des tuiles Gilardoni, représenté par les figures 628 à 631 ; les dimensions principales sont les mêmes, mais la nervure médiane n'a pas, à la partie supérieure, de saillie formant agrafe ; elle n'en a une qu'à son extrémité inférieure. La bonne qualité des tuiles Muller, leur solidité et l'étanchéité de leur assemblage en ont fait adopter l'emploi dans un grand nombre de constructions importantes ; c'est un des genres de tuiles les plus répandus et les plus appréciés.

Nous ne pouvons décrire ici tous les modèles de tuiles dérivés du type primitif que nous venons d'indiquer. Chaque fabrique importante a cherché à modifier, parfois sans amélioration

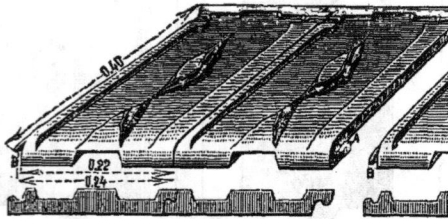

Fig. 633. — *Tuile Perrusson, dite à panneton, avec simple emboîtement.*

réelle, quelques détails de la forme générale, et nous citerons seulement, parmi les types les plus connus, ceux de M. Cancalon, de M. Fox, de M. Richomme, de M. Perrusson, et enfin, de la grande tuilerie établie à Montchanin par M. Avril, dont les produits ont contribué, pour une large part, à propager l'usage des grandes tuiles plates, dites *de 13 au mètre,* qui sont très employées aujourd'hui pour les couvertures.

Les tuiles de Montchanin sont de plusieurs

genres ; les tuiles *losangées* ; les tuiles à côte médiane, dénommées aussi *tuiles marines* ; les tuiles *romaines* ; les tuiles *étrusques* ; l'usine fabrique aussi de grandes tuiles losangées, de 10 au mètre et des tuiles dites *monumentales,* dont 4 couvrent un mètre carré. Le type de tuiles losangées de 13 au mètre est le plus répandu ; nous en donnons, figure 632, une vue d'ensemble représentant le mode d'assemblage et de pose.

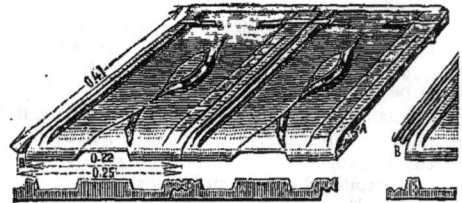

Fig. 634. — *Second type de tuile Perrusson, avec double emboîtement latéral et supérieur.*

Les dimensions des tuiles losangées de Montchanin sont : 0m,40 de longueur, 0m,24 de largeur ; le poids d'une tuile est de 3k,300 à 3k,500 ; le mètre carré de couverture, avec ce genre de tuiles, pèse, par conséquent, de 39k,600 à 42 kilogrammes.

Nous allons encore indiquer, comme étant un des types les plus perfectionnés, les tuiles à panneton *à tenaille,* de M. Perrusson, dont les figures 633 et 634 montrent la vue de l'assemblage et une coupe

*Tableau comparatif de divers types de tuiles plates.*

| Désignation | Dimensions des tuiles | | | | Poids des tuiles | | Pureau | Nombre employé par mètre carré de toiture | | Poids du mètre carré de couverture compris lattis | | Pente minimum à observer | Durée de la pose d'un mètre carré |
|---|---|---|---|---|---|---|---|---|---|---|---|---|---|
| | en surface totale | | en surface découverte | | sèches | mouillées 1/4 d'heure d'immersion | | de tuiles | de lattis | Tuiles sèches | Tuiles mouillées | | |
| | Hauteur | Largeur | Hauteur | Largeur | | | | | | | | | |
| TUILES ANCIENNES. | mèt. | mèt. | mèt. | mèt. | kil. | kil. | mèt. | | mèt. | kil. | kil. | mèt. | minut. |
| Bourgogne plate, grand moule... | 0.30 | 0.25 | 0.11 | 0.25 | 2.405 | 2.615 | 0.11 | 36.40 | 9.10 | 88 | 96 | 0.75 | 30 |
| Bourgogne plate, petit moule... | 0.24 | 0.195 | 0.08 | 0.195 | 1.320 | 1.420 | 0.08 | 64.10 | 12.50 | 86 | 92 | 1.00 | 40 |
| Bourgogne creuse. | 0.37 | 0.16 0.19 | 0.25 0.28 | 0.105 | 2.660 | 2.885 | 0.25 0.25 | 34 à 38 | Volig. | 95 | 104 | 0.50 | 40 |
| TUILES MÉCANIQUES *Rectangulaires à joint vertical continu.* | | | | | | | | | | | | | |
| Gilardoni, n° 2 .. | 0.38 | 0.23 | 0.33 | 0.20 | 2.725 | 3.135 | 0.33 | 15.15 | 3.05 | 42 | 48 | 0.50 | 25 |
| Gilardoni, n° 3 .. | 0.42 | 0.23 | 0.33 | 0.20 | 2.520 | 2.885 | 0.33 | 15.15 | 3.05 | 39 | 45 | 0.40 | 25 |
| E. Muller..... | 0.38 | 0.23 | 0.33 | 0.20 | 2.945 | 3.140 | 0.33 | 15.15 | 3.05 | 45 | 48 | 0.50 | 25 |
| Fox, n° 1 ..... | 0.38 | 0.23 | 0.33 | 0.20 | 2.675 | 3.265 | 0.33 | 15.15 | 3.05 | 41 | 50 | 0.50 | 25 |
| Fox, n° 2 ..... | 0.39 | 0.24 | 0.33 | 0.185 | 2.595 | 3.115 | 0.23 | 16.40 | 3.05 | 43 | 51 | 0.45 | 25 |
| Richomme..... | 0.36 | 0.23 | 0.30 | 0.20 | 2.320 | 2.440 | 0.30 | 16.70 | 3.35 | 39 | 41 | 0.60 | 25 |
| Gérard...... | 0.34 | 0.26 | 0.22 | 0.19 | 2.260 | 2.430 | 0.22 | 23.80 | 4.55 | 54 | 58 | 0.75 | 30 |
| Mosselman et Cie. | 0.33 | 0.22 | 0.23 | 0.18 | 1.525 | 1.640 | 0.25 | 22.22 | 4.00 | 34 | 38 | 0.75 | 30 |
| *Rectangulaires à joint vertical discontinu.* | | | | | | | | | | | | | |
| Gilardoni n° 1... | 0.38 | 0.23 | 0.33 | 0.20 | 2.515 | 2.965 | 0.33 | 15.15 | 3.05 | 39 | 45 | 0.50 | 25 |
| Martin frères.. .. | 0.40 | 0.24 | 0.33 | 0.20 | 2.585 | 2.970 | 0.33 | 15.15 | 3.05 | 40 | 46 | 0.35 | 25 |
| Franon....... | 0.36 | 0.22 | 0.31 | 0.19 | 1.975 | 2.310 | 0.31 | 16.98 | 3.25 | 34 | 40 | 0.50 | 25 |
| Vaultrin...... | 0.38 | 0.23 | 0.33 | 0.20 | 3.055 | 3.400 | 0.33 | 15.15 | 3.05 | 47 | 52 | 0.50 | 23 |
| Boulet frères... | 0.27 | 0.21 | 0.23 | 0.19 | 1.365 | 1.495 | 0.23 | 22.88 | 4.35 | 32 | 34 | 0.75 | 30 |

horizontale. C'est une tuile-losangée dont le panneton présente, à la partie inférieure et au revers du recouvrement, une sorte de crochet dit *tenaille* A, dans lequel vient s'emboîter l'extrémité de la rainure B qui reçoit le recouvrement de la tuile voisine. Il y en a de deux genres, la *tenaille à simple emboîtement*, et la *tenaille à double emboîtement* (fig. 634); ces deux modèles présentent, l'un et l'autre, un mode d'accrochage qui forme, entre toutes les tuiles d'une toiture, une liaison leur permettant de résister aux plus violents ouragans sans nécessiter l'attachage sur les lattis. Le dernier modèle surtout, celui à *double emboîtement*, assure, en outre, une imperméabilité complète en opposant un obstacle infranchissable à la pluie et à la neige.

Certains genres de tuiles, qui peuvent être considérés comme *tuiles ornementales*, présentent des dispositions qui les rendent plus particulièrement propres à la décoration des châlets, des villas, des kiosques, etc. Nous avons déjà cité les tuiles romaines et étrusques, de Montchanin; il y a aussi les tuiles Courtois, en forme de losange; Demimuid, en forme de lyre; Blondeau, Petit et Cᵉ, etc.; signalons encore, comme spécialement décoratives, les *tuiles écailles*, les *tuiles gironnées*, les *tuiles émaillées*, les *tuiles ardoisées*, dont les couleurs chatoyantes permettent de tirer un excellent parti pour l'ornementation architecturale. Les fabricants qui livrent des produits artistiques sont encore peu nombreux, mais on a déjà pu remarquer, aux dernières expositions, combien cette fabrication a fait de progrès, depuis un petit nombre d'années.

Il se fait aussi des pièces accessoires qui entrent dans la composition des couvertures en tuiles mécaniques; citons notamment les *faîtières* ordinaires; celles dites *losangées* et *fleuronnées*;

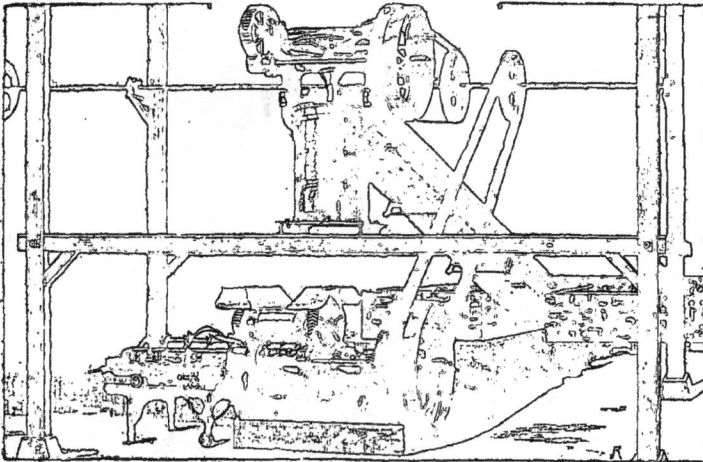

Fig 635. — *Préparation des terres en pâte ferme.*

les *tuiles de membron*, pour toitures à brisis; les *rives*, les *abouts*, les *frontons*; les tuiles pour *bordures de chéneaux*; les *couvre-chéneaux*; les *tuiles à douille*, pour le passage des tuyaux de cheminée et de ventilation; et enfin, pour terminer cette énumération, les tuiles pour *chaperons de murs*, à une ou deux pentes, qui constituent certainement l'un des meilleurs revêtements qu'on puisse employer pour couvrir les murs dont on veut assurer la conservation.

FABRICATION DES TUILES. Maintenant que nous avons passé en revue les principaux genres de tuiles en usage dans les constructions, il nous reste à parler sommairement de leur fabrication. La préparation des terres se fait par des procédés analogues à ceux qu'on emploie pour les briques, et qui diffèrent suivant qu'on veut appliquer au moulage la terre à l'état de *pâte molle* ou de *pâte ferme*. Dans le premier cas, les terres subissent d'abord le trempage dans des fosses où elles sont réduites à l'état de bouillie épaisse; puis elles passent au malaxeur qui a pour but de les triturer, de les écraser, de les broyer, de façon à en faire une pâte parfaitement homogène, condition essentielle d'une bonne fabrication. Ce genre de malaxage s'appliquant à la préparation en vue du *moulage en pâte molle*, se pratique, en général, au moyen de machines composées de cylindres qui broient et laminent le mélange, puis le refoulent à l'état de *galettes* que l'on découpe à la main ou que la machine découpe elle-même en morceaux de dimensions convenables pour faire une tuile par chaque galette.

Pour la fabrication en *pâte ferme*, les terres sont imprégnées d'une quantité d'eau moins considérable avant d'être soumises aux opérations du malaxage et du moulage.

La figure 635 représente un spécimen d'installation pour préparer les terres en pâte ferme, d'après les types de machines spéciales construites par MM. Boulet frères. Les terres trempées dans les bassins sont emportées par la toile sans fin, au malaxeur vertical placé sur le plancher de l'étage supérieur. Du malaxeur elles descendent directement dans l'appareil à mouler comprenant une paire de cylindres broyeurs, unis, de 30 centimètres de diamètre, avec un malaxeur horizontal à deux hélices, forçant la terre à passer dans la presse ou filière qui forme les galettes destinées au moulage des tuiles.

Cette installation s'applique également à la fabrication des carreaux, des briques pleines et creuses, des tuyaux de drainage, etc., mais en employant des terres en pâte moins ferme que pour la fabrication des tuiles.

Le moulage en *terre molle* a plusieurs inconvénients faciles à comprendre : d'abord, il est difficile d'obtenir des produits irréprochables avec une pâte molle, qui se déforme trop facilement et dont la manipulation et le transport exigent beaucoup de soins: ensuite la dessiccation est lente et nécessite, par conséquent, de grandes surfaces pour une production journalière importante; les frais de manutention et d'installation grèvent assez fortement les prix de revient des produits fabriqués ainsi. C'est pourquoi l'on a été amené à adopter de préférence le *moulage en terre dure*, qui rend les manipulations plus faciles et les produits plus beaux, en même temps qu'il abrège la durée du séchage et diminue notablement l'étendue nécessaire des séchoirs. L'opération du malaxage se fait aussi mécaniquement au moyen de cylindres à cannelures ou de cylindres unis, mais pour obtenir une homogénéité complète de la terre, il faut lui faire subir plusieurs cylindrages successifs; l'outillage que cette opération nécessite peut varier, d'ailleurs, suivant la nature et le degré de plasticité des matières premières.

Lorsque les terres ont été convenablement malaxées, on procède au moulage qui se fait: 1° à la main, ou mécaniquement, avec façonnage au moyen de *presses rebatteuses*, pour le moulage en pâte molle; 2° exclusivement à la machine, pour le moulage en pâte dure.

Le façonnage à la main, en opérant sur la pâte molle, n'exige pas de grandes dépenses d'installation première, mais il ne donne pas de produits bien finis, flattant l'œil, à moins de leur faire subir un *rebattage* au moyen d'un machine spéciale, ce qui augmente notablement le prix de revient, sans donner même, en général, des résultats aussi satisfaisants que le moulage mécanique.

*Moulage mécanique en terre molle.* Plusieurs machines sont employées pour effectuer ce moulage avec pâte molle. Elles sont toutes basées sur le principe de la presse monétaire, et ne diffèrent guère entre elles que par les dispositions plus ou moins heureuses des organes employés pour arriver au même but. Parmi ces machines nous citerons seulement celles de MM. Pinette, Brethon, Joly et Foucart, Schmerber frères, Lobin fils, etc. Pour donner une idée de ce genre de machines nous avons représenté, figure 636, la vue d'ensemble de la machine Lobin, qui nous paraît être une des plus recommandables par la bonne combinaison et la robusticité de tous ses éléments. Cette presse a pour organe essentiel un porte-moule à cinq

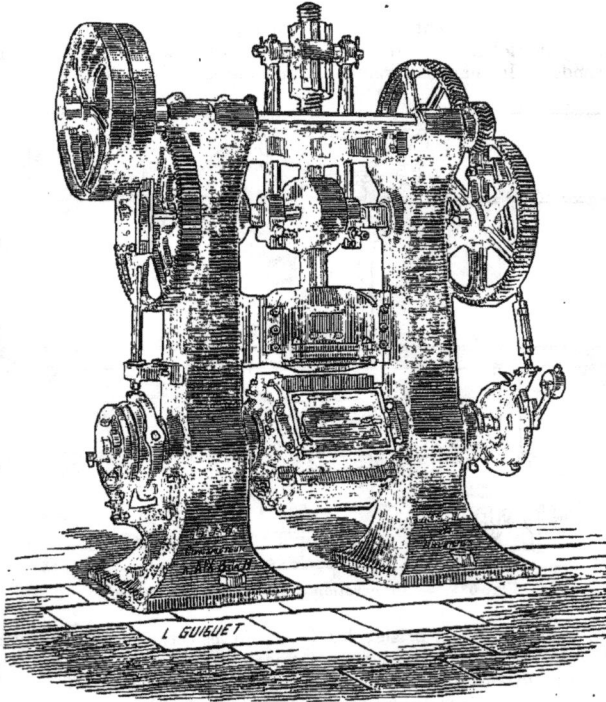

Fig. 636. — *Machine pour moulage des tuiles en pâte molle.*

pans, dont chacune des faces vient, successivement et automatiquement, se présenter au-dessous d'un autre porte-moule animé d'un mouvement vertical de va-et-vient, tandis que le premier exécute son déplacement par rotation autour de son axe horizontal. Le porte-moule supérieur, remplissant par conséquent l'office de piston presseur, est mû par deux bielles ; les organes sont construits de manière à réduire au minimum possible les frottements, et à supprimer les efforts latéraux qui existent dans les autres genres de presses à coulisseaux glissières.

Quand la machine est en marche, un enfant jette, d'un côté, la galette sur la face du pentagone qui se présente devant lui, puis un second enfant reçoit, de l'autre côté, la tuile moulée qui se place sur des petits châssis en bois disposés à cet effet. Les moules sont des coquilles en fonte recevant un moulage en plâtre qui présente l'empreinte de la tuile ; ces moules en plâtre ont l'avantage de permettre un démoulage plus facile que les moules métalliques, mais il faut les changer chaque jour pour conserver la beauté des produits.

La production de cette machine est de 600 tuiles à l'heure, soit 6,000 par journée de dix heures. Son fonctionnement réclame 4 enfants répartis comme suit : un enfant pour l'apport des galettes, un enfant pour jeter la galette sur le pentagone, un enfant pour recevoir la tuile moulée et un pour déposer la tuile sur l'élévateur qui l'emporte directement au séchoir.

Cet élévateur est une sorte de toile sans fin, animée d'un mouvement continu, sur laquelle les tuiles sont placées et transportées à l'emplacement où d'autres ouvriers les attendent pour les recevoir et les ranger dans les séchoirs généralement placés au-dessus des ateliers du rez-de-chaussée.

*Moulage en terre dure.* Avec le *moulage en terre dure* les produits obtenus sont plus beaux, plus compacts, et généralement plus résistants qu'avec la pâte molle. La principale différence dans le procédé de fabrication consiste, *comme nous l'avons déjà dit*, dans le mode de préparation de la terre et dans le degré de consistance à laquelle on l'emploie. Les moyens mécaniques mis en œuvre pour le moulage sont analogues. Les machines qui paraissent remplir les meilleures con-

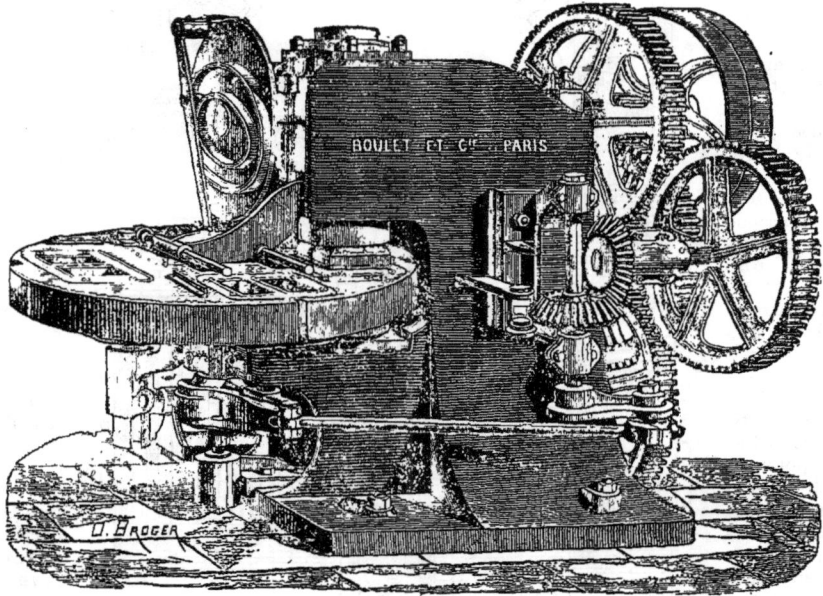

*Fig. 637. — Moulage en terre dure.*

ditions sont celles de M. Durand François et celles de MM. Boulet. Dans le système Boulet (fig. 637), la terre passe d'abord dans une machine à étirer, d'où elle sort par une filière qui produit des galettes très dures, qu'on coupe à la longueur voulue. Ces galettes sont ensuite portées à la presse à *plateau tournant* qui comporte, dans la partie supérieure du bâti, un piston actionné par une came à triple effet, et qui est muni à sa partie inférieure d'un dessus de moule destiné à faire l'une des faces de la tuile. Le plateau horizontal et circulaire porte quatre dessous de moules, ou contre-moules ; à chaque tour de l'arbre portant la came, le plateau fait un quart de tour et vient présenter un contre-moule sous le piston compresseur qui descend et moule la tuile ; pendant que le piston remonte, le plateau, tournant encore d'un quart de tour, un second moule se place sous la presse, tandis que le pre-

mier arrive en face de l'ouvrier qui enlève la tuile moulée, en la soulevant à l'aide d'une fourchette, et la passe à un autre ouvrier qui la pose sur le tourniquet et l'ébarbe de suite, après quoi elle est emportée au séchoir.

Un homme et deux enfants suffisent pour conduire cette machine qui, avec une force de deux chevaux au plus, produit 4,000 tuiles en dix heures de travail.

La manutention d'un nombre aussi considérable de tuiles, quand plusieurs machines travaillent simultanément, exige un temps assez long et un personnel assez nombreux ; mais on facilite et on abrège avantageusement cette manutention par l'emploi des monte-charges mécaniques enlevant d'un seul coup la brouette toute chargée, qui se trouve transportée du rez-de-chaussée au séchoir supérieur. Un treuil sur le tambour duquel s'enroule la corde remonte la cage du monte-charges. Les tuiles sortant de la presse sont amenées sur une brouette que l'ouvrier place dans la cage du monte-charges, et lorsque cette brouette arrive à l'étage supérieur, un autre ouvrier la reçoit et la conduit à l'endroit où les tuiles doivent être distribuées sur les étagères du séchoir. La vitesse ascensionnelle de la cage est d'au moins 40 centimètres par seconde.

Cuisson. Quand leur dessiccation est suffisamment effectuée, les tuiles sont soumises à la cuisson dans des fours analogues à ceux qu'on emploie pour les autres produits céramiques, briques, carreaux, tuyaux de cheminées, etc. Mais les dispositions et les précautions à prendre pour assurer la régularité de chauffage sont plus importantes parce qu'elles ont une grande influence sur la qualité des produits : *mal cuites*, c'est-à-dire insuffisamment cuites, les tuiles sont poreuses et gélives; *trop cuites*, elles deviennent gauches, cassantes, et subissent un retrait qui réduit leurs dimensions au delà des limites ordinaires.

Fours a chauffage intermittent. Les fours à chauffage intermittent sont ceux qu'emploient les petites tuileries dont les ressources et la fabrication ne permettent pas l'usage des procédés adoptés par la grande industrie. La cuisson se fait au bois, ou à la houille. Les fours sont carrés ou rectangulaires, et se composent généralement d'une sole percée d'ouvertures par lesquelles pénètrent les flammes des foyers placés en dessous de cette sole. Les parois verticales ainsi que la voûte sont construites en briques réfractaires. La conduite du feu nécessite des soins attentifs pour que la chaleur se répartisse uniformément dans toute la masse des produits empilés à l'intérieur du four.

La plupart des fours intermittents sont basés sur le principe de la division par tranches, et composés de galeries parallèles, avec des grilles de distance en distance. On introduit le combustible par des trous pratiqués dans la voûte, au-dessus de ces grilles placées entre les tranches. Comme spécimen de ce genre de cuisson, on peut citer les fours des systèmes Fergusson, Thirion et de Mastaing, et autres analogues, qui servent également pour les briques et divers autres produits céramiques.

Le four Fergusson que représentent les figures 638 à 640, se compose d'une grande chambre rectangulaire B surmontée d'une voûte en plein cintre que supportent deux murs verticaux consolidés par des massifs en talus A.

La chambre B est séparée des foyers D, qui sont au nombre de deux à chaque extrémité, par des cloisons C qui s'élèvent jusqu'à la voûte. Les grilles E, les cendriers F et la devanture G sont les parties constituantes des foyers; des voûtes H les surmontent en laissant entre elles et les cloisons C des intervalles I par lesquels les flammes viennent se dégager dans la chambre de cuisson; de là elles se rendent par les rampants WW aux deux cheminées VV, placées symétriquement de chaque côté du four. Dans chacun des rampants aboutissent cinq carneaux Y au-dessus desquels est placée l'aire U du laboratoire. Le tirage est réglé par des registres X qu'on manœuvre du dehors à l'aide de contrepoids. L'aire U, dans les parties seulement qui se trouvent au-dessus des carneaux, est formée de briques posées transversalement et espacées. Des ouvertures K, pratiquées dans la façade du four servent à l'introduction de l'air qui alimente la combustion; des registres disposés en conséquence permettent de régler l'accès de cet

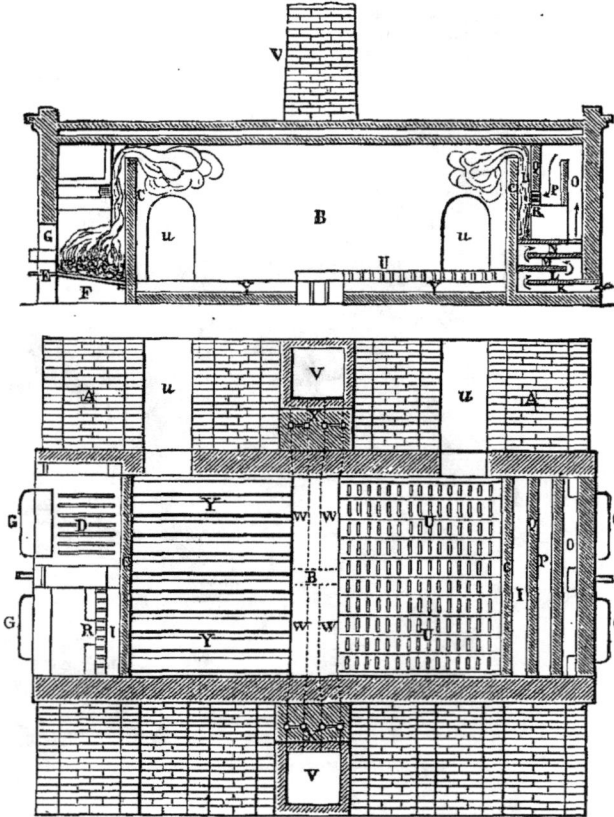

Fig. 638 et 639. — *Four Fergusson, à chauffage intermittent. Vue en coupe longitudinale et vue en plan.*

air qui, après avoir traversé les conduits superposés en chicane L, M, N, O, arrive en P, derrière la cloison Q, et débouche dans l'intervalle I par des orifices R qui le divisent en petits filets pour rendre le mélange plus intime et la combustion plus complète.

L'enfournement et le défournement des produits se fait par les portes latérales u, u, qui sont murées avec des briques et de l'argile pendant la cuisson.

Un autre type de four intermittent, également très recommandable, est celui de M. Virollet, que représentent en coupe horizontale et en plan la figure 641.

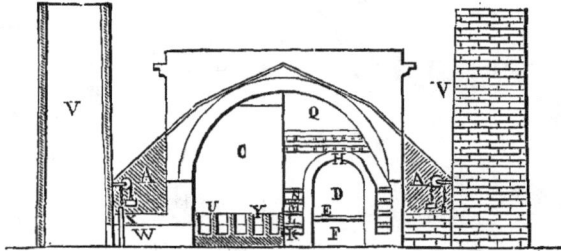

Fig. 640. — *Coupe transversale du four Fergusson.*

Ce four carré à quatre compartiments, avec une cheminée centrale, a été étudié pour les petites tuileries et briqueteries d'une production de cinq cent mille pièces par an.

Il présente l'avantage de pouvoir être enfourné, cuit, refroidi et défourné en même temps, avec un rallumage après chaque tournée, pour les produits qui demandent une cuisson ordinaire, tels que tuiles, briques et carreaux faits en pâte plastique. La division de la cheminée en quatre compartiments permet d'enfumer et de refroidir sans nuire à la cuisson.

Ce four est à combustion fractionnée sur grilles et par tranches d'un rang de tuiles ou de deux rangs de briques. La communication d'un compartiment à l'autre s'établit au moyen de registres métalliques verticaux de petites dimensions, s'introduisant sur la cloison de séparation

Fig. 641. — *Four intermittent à quatre compartiments et à cheminée centrale, de M. Virollet. Vue en coupe horizontale.*

par une ouverture ménagée dans l'épaisseur des murs. La cloison est composée de deux diaphragmes; le premier est percé d'ouvertures dans toute sa surface; le second, sur lequel vient s'appliquer le registre, n'est percé que de deux ouvertures en face des grilles des deux premières tranches du compartiment suivant, de manière à porter sur celles-ci toutes les flammes et les gaz chauds.

FOURS A CHAUFFAGE CONTINU. Les fours continus,

adoptés aujourd'hui généralement par les grandes fabriques de produits céramiques, sont basés sur l'emploi d'un certain nombre de compartiments, et sur deux modes d'opération de principes différents : dans le premier système, le foyer de chaleur se déplace et se transporte successivement dans chacun des compartiments, qui est chauffé par l'action directe du combustible incandescent que chacune des chambres reçoit l'une après l'autre; dans le second système, au contraire, le foyer reste à la même place, et ce sont les produits à cuire qui viennent se présenter successivement à l'action continue de ce foyer.

Un troisième genre de fours continus, dit *fours circulaires*, participe à la fois des deux premiers systèmes : le foyer est fixe et placé au centre d'une série de chambres disposées circulairement autour de lui, avec chacune desquelles il peut être mis successivement en communication au moyen d'un jeu convenable de registres, réglant l'admission des flammes à volonté dans chacun des compartiments qui constituent l'ensemble du four.

Le type de four circulaire le plus répandu est celui de MM. Hoffmann et Licht qui consiste en une sorte de galerie annulaire, d'environ 3 mètres de largeur sur 2 mètres de hauteur, se divisant en 12 chambres dans lesquelles l'enfournement se fait par un égal nombre de portes ménagées dans l'enceinte extérieure. Des cloisons mobiles, comme des registres de grande dimension, coulissant verticalement dans des fentes ménagées à cet effet dans la voûte, permettent d'isoler à volonté telle ou telle division, et de faire progresser successivement la cuisson depuis la première jusqu'à la dernière chambre, en continuant toujours la même marche circulaire d'un compartiment au suivant.

Le combustible s'introduit dans le four par des orifices circulaires que présente la surface de la voûte, et qui sont répartis sur cette surface en nombre suffisant pour distribuer bien uniformément le charbon menu dans les intervalles ménagés entre les rangées de tuiles pendant l'enfournement.

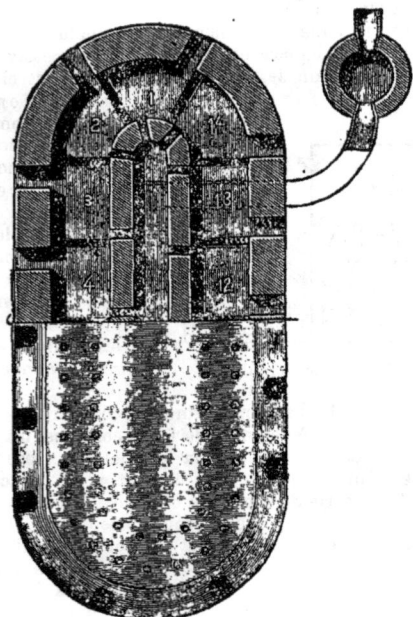

Fig. 642. — *Four elliptique, vu moitié en dessus, moitié en coupe horizontale.*

gés entre les rangées de tuiles pendant l'enfournement. Ces orifices sont recouverts de chapeaux en fonte placés dans des rainures, également en fonte, qu'on remplit de sable pour obtenir une fermeture suffisamment hermétique. Les fours elliptiques (fig. 642) tendent à remplacer les fours circulaires, et sont construits d'après le même principe.

On a appliqué également à des fours rectangulaires ce même principe des chambres de cuisson successivement chauffées, en utilisant la chaleur des produits cuits, à l'échauffement préalable de l'air destiné à la combustion dans le compartiment en activité.

Comme spécimen d'un *four continu rectangulaire*, nous allons décrire l'un des meilleurs types existants, dont les figures 643 et 644 montrent la coupe transversale et le plan d'ensemble. Pour rendre plus facile l'examen des détails, la coupe transversale est représentée à une échelle double de celle du plan. Ce four est établi d'après le système Hoffmann, sur les plans de M. Bourry; il a la forme d'un parallélipipède dont la longueur est au moins quadruple de la largeur.

Les deux galeries R R, dans lesquelles sont placés les matériaux, sont les galeries de cuisson; elles sont munies de portes J qui mettent l'intérieur en communication avec le dehors. Entre ces deux galeries R, R, se trouve un massif de maçonnerie dans lequel on voit, en coupe, deux conduits, dont l'un, celui du bas P, sert à l'évacuation des produits de la combustion, et l'autre A, placé au-dessus du premier, donne accès au gaz combustible qui vient d'un gazogène placé à l'une des extrémités du four. Le gaz s'introduit par un clapet mobile U dans la tuyauterie disposée au-dessus du four, et pénètre par les clapets coniques D,D,D, dans les conduits verticaux G, G, G, désignés sous le nom de *chandelles* de Schwandorf, percées d'orifices latéraux d'où s'échappent les jets enflammés à la sortie de ces orifices. Des regards E, E, permettent de vérifier de

Fig. 643. — *Four continu rectangulaire, pour la cuisson des tuiles (système Hoffmann), construit par M. Bourry. Coupe transversale, moitié par l'axe d'une porte J de chargement, moitié par l'axe du carneau H de sortie des flammes.*

temps en temps la marche du four. Les produits de la combustion sortent de la galerie de cuisson par les conduits H, H, et vont se rendre dans le conduit d'évacuation P quand les soupapes coniques S sont ouvertes. On conçoit que par le jeu des soupapes U, D et S, on peut à volonté admettre ou intercepter l'arrivée du gaz et la sortie des produits de la combustion. La marche du feu reste analogue à celle des fours continus chauffés au charbon; seulement c'est l'introduction du gaz, au lieu de celle du charbon, qui se déplace successivement. L'air s'échauffe préalablement au contact des matériaux dont la cuisson est terminée, et en les refroidissant il absorbe leur chaleur, de sorte qu'il arrive déjà chaud à l'endroit de la galerie où les chandelles reçoivent le gaz combustible amené par les tuyaux C et les soupapes D. Cet air chaud alimente la combustion

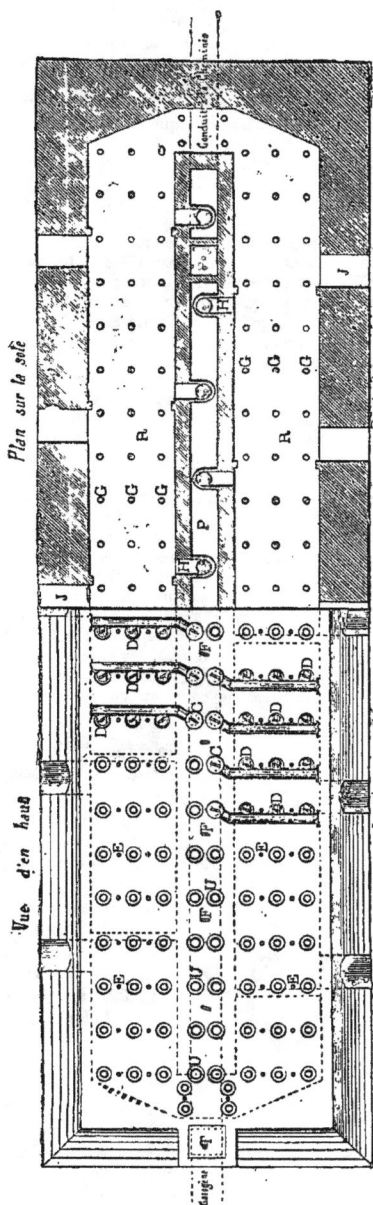

Fig. 644. — Four continu, système Hoffmann. Vue en plan, moitié en dessus, moitié en coupe horizontale.

qu'il favorise et qu'il active ; puis après avoir traversé plusieurs rangs de chandelles en feu, il pénètre dans une portion suivante du four où il rencontre des produits enfournés qu'il réchauffe en leur abandonnant sa chaleur avant de se rendre à la gaine de la cheminée courante P, d'où il

sort à une température suffisante seulement pour un bon tirage. Ce mode de chauffage par gazogène placé en tête du four ne paraît pas produire une notable économie de combustible comparativement au chauffage au charbon ; mais l'emploi du gaz présente sous le rapport de la conduite du four de grands avantages ; on peut régler plus facilement la température, l'élever davantage, et la faire varier selon les besoins ; la cuisson plus régulière donne de plus beaux et de meilleurs produits.

**Tuiles** dites **métalliques.** Nous terminerons cette étude par quelques mots sur un genre de couverture auquel on applique, par extension, le nom de *tuiles* ou *ardoises métalliques*; celles-ci se recommandent particulièrement dans le cas où les constructions sont établies légèrement et à titre provisoire, parce que la pose et l'enlèvement de cette couverture se font avec la plus grande facilité.

Ces tuiles, qui sont une imitation des tuiles en terre cuite, se font en zinc et en tôle vernie ou galvanisée. Parmi les types les plus employés, citons celui des Forges de Montataire, et celui de M. Ménant, qui sont d'un usage commode, d'une pose facile et rapide ; leur légèreté permet d'employer des charpentes très économiques. Les tuiles Ménant sont de deux types différents, *à pattes* ou *à oreilles* ; elles ne pèsent en moyenne que $4^k,50$ par mètre carré de couverture et n'exigent que $2^m,25$ à 3 mètres linéaires de liteaux ou de voliges. Elles se posent avec une grande facilité, sans ouvriers spéciaux. Leurs mouvements de dilatation ou de contraction restant libres dans tous les sens, elles ne sont pas sujettes à se déformer. Elles s'entre-croisent dans tous les joints, ce qui leur donne une grande résistance au vent, malgré leur légèreté. Elles peuvent être déposées et réemployées plusieurs fois.

Si les tuiles métalliques ne peuvent prétendre à la même durée que les tuiles en terre cuite, il faut dire aussi que leur application n'est pas destinée au même but, et c'est principalement pour les constructions d'une grande légèreté, pour celles qu'on peut avoir besoin de déplacer ou de supprimer plus tard, que les tuiles métalliques nous paraissent offrir aux autres, des avantages qui peuvent dans ce cas leur assurer une préférence incontestable. — G. J.

**TUILIER.** *T. de mét.* Ouvrier qui fabrique la tuile.

**TULLE.** Tissu à mailles ouvertes, avec ou sans dessins, imitant la dentelle et produit sur des métiers mécaniques.

HISTORIQUE. Trois époques marquent d'une manière distincte la naissance, les progrès et le développement de l'industrie des tulles, savoir : de 1768 à 1800, essais sur divers métiers ; de 1809 à 1837, invention du métier à bobines ; et de 1837 à nos jours, application du système Jacquard au métier à bobines (dit *tulle-bobin*).

*1re époque.* En 1768, un fabricant de bas au métier, nommé Hamond, en examinant des dentelles achetées par sa femme, pensa que, puisqu'il parvenait à faire des bas à jours, il pourrait réussir à fabriquer un tissu également à jours. Il ne produisit pas de dentelle, mais bien une espèce de tricot de dentelle. Ce fut le premier essai.

La fabrication de ce tricot-dentelle fut essayée en France en 1773, par un nommé Caillon. Celui-ci travailla ce tissu en 1779 sous les yeux d'une Commission nommée par l'Académie et par l'administration : il lui fut accordé mille livres de gratification et la maîtrise de bonnetier.

Jusqu'en 1798, plus de vingt tricoteurs au métier, par suite d'essais continuels, firent avancer beaucoup cette fabrication charmante dans la voie du progrès. Cependant, ce ne fut qu'en 1799 que John Lindley, fabricant de Nottingham, inventa la bobine qui seule est parvenue à obtenir par la mécanique le véritable réseau de la dentelle à fuseaux. Enfin, un sieur Heathcoat, simple ouvrier régleur de Teveston, réalisa pratiquement le principe de la maille hexagone claire et unie du point de tulle, il adopta la bobine de Lindley et monta, en 1807, une mécanique si bien comprise, qu'il arriva en quelque sorte à la perfection : aussi est-il considéré comme l'inventeur du véritable métier à tulle-bobin.

2ᵉ *époque*. Le tulle-bobin, que l'on a appelé le « roi des tissus », imitait parfaitement le réseau uni de la dentelle aux fuseaux : rapidement adopté par la mode qui en multiplia l'emploi, il obtint une vogue extraordinaire, et sa fabrication développa une proportion considérable l'industrie de la ville de Nottingham uniquement connue jusqu'alors par son commerce de bonneterie. Quand le brevet de Heathcoat fut expiré, les beaux résultats qu'il avait donnés furent un stimulant qui activa encore la fabrication ; on monta des manufactures de tous côtés, et les fabricants de bonneterie se firent fabricants de tulle-bobin ; de plus, les capitalistes à l'envi n'hésitèrent pas à apporter leurs capitaux dans une industrie prospère et donnant de fort beaux bénéfices : ce fut, à un moment donné, une fièvre de spéculation inouïe.

Quand, par suite de l'excès de production, les prix vinrent à baisser à Nottingham, quelques ouvriers anglais eurent la pensée d'importer en France la fabrication du tulle. Mais la chose n'était pas aisée. Le gouvernement britannique défendait, sous peine de déportation, la sortie des machines ; de plus, outre la surveillance des agents de l'État, les fabricants établirent à leurs frais une espèce de ligue douanière pour renforcer le service officiel. Tout cela n'empêcha pas l'introduction en France, en 1816, du premier métier à tulle-bobin. qui fut introduit par morceaux, par l'intermédiaire de marins français. Ce premier métier fut monté à Douai en 1816, le second à Calais en février 1817 : à partir de ce moment, plusieurs familles d'ouvriers anglais vinrent s'établir à Calais et dans les faubourgs, ils y montèrent plusieurs métiers. Ces métiers étaient du système *straighbolt* et fonctionnèrent longtemps à Calais et dans le faubourg de cette ville ; Saint-Pierre-lès-Calais adopta plus tard, en 1824, les machines dites *circulaires*.

3ᵉ *époque*. A partir de ce moment, la fabrication française et la fabrication anglaise se firent une concurrence acharnée, concurrence inégale avant tout et au désavantage de la fabrication française, puisque celle-ci était obligée d'emprunter constamment à l'Angleterre, non seulement ses métiers qu'elle était seule à fabriquer, mais encore une grande partie de la matière première de ses tulles. Un rapport de M. Felkin, de Nottingham, constate qu'en 1835, il y avait en Europe 6,850 métiers à tulle dont 5,000 pour l'Angleterre et 585 pour la France. Ces derniers étaient surtout répartis dans les villes de Calais et Saint-Pierre-lès-Calais ; puis à Boulogne, Saint-Omer, Douai, Lille, Caen, Saint-Quentin et Lyon. D'autre part, une adresse à la Chambre des députés en 1833 constate que l'on consommait en ce moment en France pour 15 millions de tulle.

Le tulle-bobin était pour ainsi dire à cette époque l'unique produit de fabrication ; on pouvait y joindre encore des articles de fantaisie étroits et communs, à petits dessins, nommés *tattings*. Enfin, on trouva moyen de faire dans le tulle une sorte de petite mouche formant semé, appelée *point d'esprit; le point d'esprit ne resta pas longtemps le privilège de l'Angl terre, et fut bientôt importé en France par MM. Champoiller et Pearson.

L'émulation entre les villes de Calais et de Nottingham fut portée à un tel point qu'il en résulta une production excessive, production qui menaça un moment d'anéantir cette industrie par ses excès et les méventes qui en furent la conséquence. Mais l'invention du métier Jacquard qu'on appliqua immédiatement au métier à tulle-bobin vint complètement changer cette fabrication. On put alors arriver à fabriquer, à la mécanique, des dessins aussi variés qu'avec les fuseaux pour les dentelles à la main. Le premier brevet pour cette application a été pris en France le 28 décembre 1836, par MM. Hind et Draper qui réussirent à produire ainsi des dessins de dentelles sur fond bobin ; le second brevet, pris en 1839, est de M. Wright, qui sur métier *pusher* obtint les mêmes effets au moyen de cartons sur la largeur du réseau. Ce ne fut qu'en 1841 que MM. Hooton et Deverille prirent un brevet pour les *leavers* jacquardés qui sont encore aujourd'hui les plus employés à Nottingham et à Calais-Saint-Pierre. Dans l'intervalle, il avait été pris d'autres brevets pour application sur métiers *warp* et *circulaire*.

Lorsque la ville de Calais se vit en possession de métiers qui pouvaient avantageusement la placer au premier rang dans cette industrie tullière, elle perfectionna ceux-ci petit à petit de mille manières, et comme elle pouvait avoir plus de prestige dans le commerce par le goût et la finesse de ses dessins, elle innova ceux-ci à tout instant, les transforma suivant les exigences de la mode, et finit par obtenir la préséance sur Nottingham. En 1846, une note publiée par la Chambre de commerce de cette ville estimait qu'il existait à cette époque en France, 1,800 métiers à tulle, dont 908 à Calais et Saint-Pierre-lès-Calais (réunis aujourd'hui comme on le sait en une seule ville sous le nom de Calais-Saint-Pierre) ; ces 1,800 métiers, y était-il dit, représentaient une valeur de 12 millions ; la main-d'œuvre, les frais et les bénéfices étaient estimés 4 millions, et la matière première 8 millions, dont 4 millions en coton anglais et 5 millions en coton français.

FABRICATION. L'industrie des tulles diffère essentiellement de l'industrie dentellière. Non seulement celle-ci est une industrie purement manuelle qui ne demande pour ainsi dire pas de matériel, tandis que l'autre essentiellement mécanique, exige l'emploi de métiers à la Jacquard coûtant en moyenne 25,000 francs chacun pour la fantaisie ; mais encore les tissus eux-mêmes n'ont aucun rapport entre eux. Dans la dentelle, il y a torsion des fils les uns avec les autres à l'entrecroisement des mailles ; dans le tulle, au contraire, les fils se fixent plutôt par des ligatures régulières (fig. 645). On peut toujours, sur une étendue assez grande, défiler le tulle ; on ne peut jamais, au contraire, obtenir de la dentelle que de minces fragments.

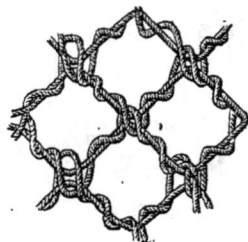
Fig. 645. — *Contexture du tulle.*

Les fils qui forment la chaîne sur les métiers à tulle sont enroulés sur des cylindres, et ceux qui forment la trame sur de petites bobines extrêmement plates composées de deux disques de laiton percés d'un trou et rivés ensemble de manière à former une rainure circulaire pour recevoir les fils : il y a par métier plus de 1,200 bobines, quelquefois 4,000 portant 100 mètres chacune, insérées dans un cadre en fer et maintenues par un ressort qui leur permet de tourner et de fournir du fil quand celui-ci est doucement tiré. Dans la formation du tulle à la mécanique, chaque fil de chaîne, posé verticalement, est entouré par une bobine qui *passe* à l'autre rangée de *bolts* (chevilles ou peignes) pour entourer le fil voisin, et ainsi de suite d'un bout à l'autre du métier dans un sens oblique jusqu'à la lisière ; de là, elle est renvoyée en sens contraire jusqu'à l'autre lisière, de sorte que le tulle est composé d'un fil de chaîne vertical et de deux fils de trame obliques qui se croisent de gauche à droite, puis de droite à gauche, d'une lisière à l'autre : le nom de *twist net* (tulle tressé) que l'on a donné quelquefois au tulle bobin vient de cette opération.

La figure 646 représente la section verticale des organes d'un métier circulaire à tulle uni : A est le rouleau de chaîne, et C représente un rouleau semblable qui reçoit le tulle terminé. Les fils de chaîne se dirigent verticalement vers le rouleau D, en passant par les trous des guides *aa*, qui sont des espèces d'aiguilles plates réunies à leur base dans des plaques de plomb vissées à deux barres de fer, et dont l'une est placée devant, l'autre derrière le métier. Ces barres guides reçoivent du moulin un mouvement de droite à gauche, et vice-versà, pour laisser passer les fils de trame

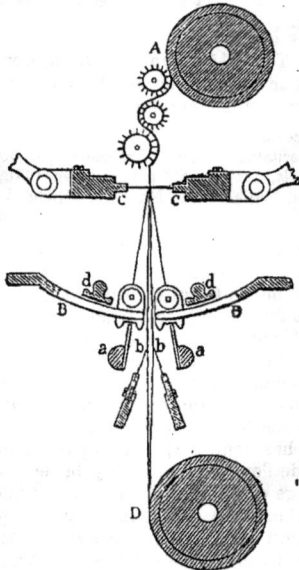

Fig. 646. — *Section verticale des organes d'un métier circulaire à tulle uni.*

lorsque ceux-ci vont d'un fil de chaîne à un autre. Les chariots qui contiennent les bobines sont placés sur deux rangs de chaque côté de la chaîne, et sont soutenus par les *bolts* C C, dont les extrémités sont tellement rapprochées que, tout en laissant suffisamment de place pour le mouvement des fils de chaîne, les chariots s'engrènent par un bout dans une rangée avant d'avoir quitté l'autre, les bolts, fixés également dans du plomb, sont vissés sur deux barres de fer qui font aussi un mouvement de va-et-vient, comme les barres

de guides lorsque les chariots doivent changer de fil de chaîne. Les chariots sont transportés d'une rangée de bolts à l'autre en traversant les fils de chaîne et en formant le tissu à l'aide de deux *pusher-bars* (pousse-barres) *b b* qui agissent sur leurs côtés et de *locker-bars* (locqueur) *d d* qui les font mouvoir par les queues. Lorsque les fils des bobines ont entouré plusieurs fois les fils de chaîne, la torsion est recueillie alternativement par deux barres de pointes, l'une devant, l'autre derrière le métier ; ces barres sont composées d'aiguilles rondes sans œillets qui sont, comme les guides et les bolts, assujetties dans le plomb. Les guides, les bolts et les points sont espacés selon la grandeur de la maille : dans un métier de dix points par exemple, dix de ces objets mesurent un pouce anglais, et ainsi de suite.

*Principales variétés.* TULLES DE FRANCE. Calais-Saint-Pierre et Lyon sont actuellement, en France, les centres principaux de l'industrie des tulles. En dehors de ces deux villes, il y a quelques *métiers* à Lille, Saint-Quentin, Caudry et Jonchy.

Dans le rayon calaisien, le nombre des métiers est d'environ 1,500, dont les trois quarts sont montés pour faire des tulles de soies blondes, dentelles, imitations diverses en blanc et en noir, et l'autre quart en tulle de coton pour faire des Cluny, guipures et fausses valenciennes. La valeur des métiers à tulle, des machines à vapeur qui les font marcher, des ateliers de blanchisserie, teinture et apprêt, peut être estimée à plus de 40 millions. L'industrie tullière emploie dans ce rayon plus de 100,000 personnes ; la production annuelle des métiers montés en soie peut y être évaluée à 30 millions de francs, celle des métiers montés en coton à 10 millions.

C'est à Lyon, que cette industrie possède en France les plus importantes manufactures de tulles de soie unis, brochés, brodés et damassés : cette fabrication s'y fait surtout en noir, sous la forme de voilettes, châles, écharpes et fantaisies diverses. Nous devons ajouter que ces produits sortant brochés des métiers Jacquard, c'est-à-dire que le dessin est indiqué sur le tissu, mais qu'une grande main-d'œuvre est nécessaire pour compléter le premier travail en entourant, à la main, les dessins par un fil de soie ; cela explique toute la différence qui existe entre la fabrication des genres de Lyon et ceux de Calais-Saint-Pierre qui sortent tout finis des métiers, à l'exception de quelques fils à couper. Lyon compte approximativement 800 machines : la production annuelle peut être évaluée à 20 millions, 12 ou 15,000 ouvriers environ sont employés à cette fabrication.

Parmi les produits des autres villes françaises, il y a lieu de citer les blondes et les Cluny de Saint-Quentin et le tulle uni en coton de Caudry.

TULLES DE NOTTINGHAM. Nottingham est le grand centre de la fabrication anglaise, mais il a perdu beaucoup de son ancien prestige. Il possédait, il y a vingt-cinq ans, près de 3,000 métiers ; or, en 1868, s'il faut en croire des documents fournis par la Chambre de commerce de cette ville, il n'y avait plus que 1,800 métiers fabriquant des articles de soie et de coton. Aujourd'hui, ce chiffre doit encore être diminué, car il a dû, dans ces dernières années, expédié sur Saint-Quentin et Caudry une quantité de vieux métiers qui sont actuellement employés en France pour la fabrication des tulles communs en coton ; ces machines n'ont pas été remplacées. Nottingham fait le rideau de tulle, les tulles pour manteaux, jabots, vêtements de dessous, les voiles et fichus en tulle, etc.

A l'étranger, on peut encore citer pour les tulles la

Belgique, qui a la spécialité des unis clairs pour l'application et la broderie ; puis l'Espagne pour les mantilles. — A. R.

**\* TULLE (Manufacture d'armes de).** C'est pendant la Convention que la manufacture d'armes de Tulle, qui dépendait alors de la marine, fut utilisée pour les besoins du département de la guerre.

Cette manufacture était fort ancienne ; dès 1696, il y avait dans les environs de Tulle une usine à canons de fusils dont les produits très renommés étaient recherchés par les armateurs de Bordeaux qui les expédiaient aux colonies et surtout au Canada. Des lettres patentes du roi datées de 1778, l'avaient érigée en manufacture royale avec les mêmes privilèges que les autres manufactures. Seulement elle était placée sous la surveillance d'officiers d'artillerie de marine. Replacée en 1796 sous la dépendance de la marine, ce n'est qu'en 1804 qu'elle fut placée définitivement dans les attributions du ministère de la guerre qui, depuis lors, fut chargé des fournitures d'armes à la marine.

Dans ces derniers temps, il a été à plusieurs reprises question de supprimer la manufacture d'armes de Tulle, mais en 1866 l'adoption du fusil Chassepot, en 1874 celle du fusil Gras, et enfin cette année l'adoption du nouveau fusil de petit calibre ont successivement exigé l'installation de nouveaux ateliers et l'agrandissement des anciens. Aussi son importance n'a-t-elle fait que s'accroître de plus en plus.

A Tulle, on ne fabrique que des fusils avec leur épée-baïonnette, la fabrication y est organisée dans les mêmes conditions qu'à Saint-Étienne et Châtellerault. — V. Chatellerault, Saint-Étienne ; Fusils et Armes (Manufactures d').

**\* TULLISTE.** T. de mét. Celui, celle qui appartient à la *tullerie*, à l'industrie *tullière*, qui vend ou fabrique du tulle.

**\* TUNGSTATE.** T. de chim. Nom des sels formés par la saturation de l'acide tungstique par les bases ; il en existe de deux sortes : les tungstates neutres ou acides (paratungstates), et les métatungstates.

Les tungstates alcalins et celui de magnésium sont seuls solubles dans l'eau. On les obtient en dissolvant l'acide tungstique dans une solution alcaline ou dans une solution d'un carbonate alcalin, ou encore par fusion ; ceux insolubles se préparent par double décomposition ou par fusion d'un tungstate alcalin et d'un chlorure métallique. Les acides les décomposent à chaud, toutefois l'acide phosphorique redissout l'acide tungstique et empêche la précipitation par les autres acides. L'addition d'acide organique change les tungstates neutres en tungstates acides, sans précipiter d'acide tungstique.

Ceux solubles donnent : avec l'*acide chlorhydrique* ou l'*acide azotique*, un précipité blanc, insoluble dans un excès de réactif, soluble dans l'ammoniaque, devenant jaune à l'ébullition ; avec l'*acide phosphorique*, précipité blanc, soluble dans un excès d'acide ; avec l'*acide sulfhydrique*, rien, même en acidulant, mais à la longue la liqueur bleuit ; avec le *sulfure d'ammonium*, et addition d'acide, un précipité brun clair, peu soluble dans l'eau, insoluble dans les alcalis ; avec les *sels de chaux, baryte, strontiane, alumine, zinc, plomb*, les *sels mercuriques*, précipité blanc ; avec les *sels mercureux*, précipité jaune ; avec les *sels de cuivre*, pré-

cipité bleuâtre ; avec l'*azotate d'argent*, précipité blanc, soluble dans l'ammoniaque ; avec le *chlorure stanneux*, précipité jaune ; si on y ajoute de l'acide chlorhydrique et si on chauffe, le précipité devient bleu ; avec le *sulfate ferreux*, précipité brun, que les acides ne font pas virer au bleu ; une lame de *zinc* plongée dans une solution de tungstate acidulée (acide chlorhydrique ou phosphorique) produit dans la liqueur une coloration bleue (les métatungstates une teinte bleue qui vire au violet) ; le *ferrocyanure de potassium* y produit un précipité brun floconneux, soluble dans l'eau, après addition d'acide chlorhydrique (les métatungstates ne précipitent pas par ce réactif).

Les métatungstates s'obtiennent en faisant bouillir un tungstate neutre avec de l'acide tungstique, ou par l'addition d'acide phosphorique à une solution de tungstate neutre, aussi longtemps que le précipité se redissout. Ces sels additionnés d'un acide sont un réactif très sensible des alcaloïdes.

Le *tungstate de cobalt* calciné est employé comme couleur bleue ; on l'obtient en fondant une partie de tungstate alcalin avec deux parties de chlorure de cobalt et deux parties de chlorure de sodium. — J. C.

**TUNGSTÈNE.** T. de chim. Syn.: *Wolfram*. Corps simple ayant pour symbole Tu ou W, pour équivalent 92 et pour poids atomique 184.

— Son existence fut soupçonnée en 1778, par Bergmann, mais sa véritable nature fût reconnue par deux chimistes espagnols, les frères d'Elhuyart, en 1781 ; il fut ensuite surtout étudié par de Marignac, Riche, Debray, Roscoë, etc.

*Propriétés.* Pur, il se présente le plus souvent (son aspect changeant avec le mode de préparation) sous forme de petits grains brillants, gris, de bel éclat, polissables par le frottement, rayant le verre, d'une densité moyenne de 17,2, fondant seulement avec le chalumeau oxyhydrique, brûlant avec une flamme bleu verdâtre en répandant des fumées d'acide tungstique ; il manque de ductilité, sa chaleur spécifique = 0,03342.

Ce corps est hexatomique ; il n'est pas attaqué par le contact de l'oxygène, mais il y brûle si on le porte au rouge et donne de l'acide tungstique ; il ne se combine pas au soufre par simple fusion ; il ne s'unit au chlore qu'entre 250-300° ; il est encore plus difficile de le combiner au brome et surtout à l'iode ; l'eau ne l'attaque qu'à l'état de vapeur, et encore, lorsque le métal est porté au rouge ; la lessive de soude bouillante le transforme en tungstate, avec dégagement d'hydrogène ; l'eau régale le peroxyde immédiatement. Il s'allie bien au fer, auquel il communique de la dureté, mais il ne forme guère d'alliages avec les autres métaux. Il donne aux bronzes des propriétés spéciales (Neujean).

*État naturel.* La forme la plus abondante de ce corps est le *Wolfram*, tungstate ferroso-manganeux, qui cristallise en prismes obliques de 101°,45, est opaque, d'un noir brun, d'une dureté de 5,5 et d'une densité de 7 à 7,5. On le trouve en Cornouailles, en Saxe, à Saint-Léonard près Limoges, dans le Connecticut, la Caroline du Sud ; la composition de celui de Saint-Léonard est ainsi représentée par Ebelmen : acide tungstique 76,20, oxyde de fer 19,19, oxyde de manganèse 4,48, magnésie 0,80 ; celui de Bohême contient 0,50 de chaux. Il sert à obtenir le tungstène, à préparer quelques couleurs, à faire l'acier et le bronze de tungstène. La *schéelite* ou tungstate de chaux est encore un minerai assez abondant, il cristallise en octaèdres aigus, translucides, d'un blanc jaunâtre, d'une dureté de 4,5, de densité=5,9 à 6,2 ; il contient 80,56 0/0 d'acide tungstique et se trouve surtout à Traverselle (Piémont), en Bohême, etc. ; la *stolzite* est un tungstate de plomb qui se trouve à Zinnwald (Bohême) en petits cristaux prismatiques, translucides, résineux, d'un jaune brun, d'une dureté de 3, de densité=7,9 à 8,09 et qui renferment 56 0/0 d'acide tungstique. La *hubnerite* est un tungstate de manganèse brun, d'une dureté de 3, de densité=7,14 que l'on trouve à Névada (Etats-Unis) ; enfin la *wolframine* est de l'acide tungstique natif, se présentant sous la forme d'une masse terreuse jaune, que l'on a trouvée à Hunnington (Etats-Unis).

PRÉPARATION. On obtient le tungstène par différents procédés : 1° par réduction de l'anhydride tungstique au moyen du charbon, en faisant une pâte ferme avec de l'huile et chauffant plusieurs heures au rouge, dans un creuset brasqué. Ce procédé donne un métal renfermant un peu de carbone ; 2° en réduisant par l'hydrogène le même anhydride chauffé au rouge dans un tube de porcelaine ou de platine ; 3° en faisant passer dans un tube rouge de feu, un mélange d'hydrogène et de vapeur d'oxychlorure ou de chlorure de tungstène, ou encore en réduisant le chlorure par la vapeur de sodium ; 4° par l'électrolyse d'une solution de tungstate de soude.

On connaît trois oxydes de tungstène : un *bioxyde* brun, TuO², un *peroxyde* ou *anhydride tungstique*, TuO³, et un oxyde intermédiaire, Tu²O³ qui est bleu. L'anhydride sert à préparer les dérivés du tungstène, il est jaune citron et devient momentanément orangé, par la chaleur ; il fond au feu de forge en lamelles un peu verdâtres ; du reste, chauffé dans l'oxygène, il se colore en vert, aussi bien que lorsqu'on l'expose à la lumière avec des poussières organiques. Chauffé avec l'hydrogène, il devient bleu à 250°, brun au rouge, et se réduit au delà. Il forme avec l'eau des hydrates, un acide tungstique insoluble, et un acide métatungstique soluble (V. TUNGSTATE). On l'obtient en traitant la schéelite par l'acide azotique ou l'acide chlorhydrique, qui enlèvent l'oxyde de calcium et laissent l'acide tungstique en liberté, ou encore en portant au rouge un mélange de une partie de wolfram pulvérisé, trois parties de carbonate de chaux pulvérisé et vingt à trente parties de chlorure de sodium. On pulvérise après refroidissement, on reprend par l'acide chlorhydrique qui dissout les oxydes de calcium, fer et manganèse, et dégage du chlore. On lave bien l'acide tungstique qui reste comme résidu. On peut avoir ce corps très pur, en précipitant un tunsgtate alcalin par

l'azotate mercureux ; on obtient du tungstate mercureux qui, calciné, donne de l'anhydride pur.

Nous renvoyons aux traités de chimie générale pour l'histoire des autres dérivés du tungstène. — J. C.

**TUNIQUE. T. *du cost.*** Chez les anciens, c'était un vêtement qui se mettait sous la toge et sur la peau, comme notre chemise ; d'abord en laine, puis en lin, elle a beaucoup varié de forme ; de nos jours, la tunique est un vêtement d'uniforme qui tend à disparaître.

* **TUNISIE [à l'Exposition de 1878 (La)].** Avec ses murs blancs et nus percés d'étroites meurtrières et son toit en terrasse, le pavillon Tunisien du Trocadéro restait fidèle à l'apparence triste qu'affecte à l'extérieur toute l'architecture privée de l'Orient. Le véritable intérêt de l'exposition du royaume ou beylick de Tunisie était au Champ-de-Mars. Les beaux-arts y étaient représentés par des camées, des pierres gravées, des cachets portant des inscriptions arabes, des dessins et des photographies reproduisant les costumes et les types du pays, d'anciens édifices, des temples, l'amphithéâtre d'El-Djem et la porte romaine de Zaghouan. Dans les autres classes, on citerait à peine quelques meubles d'un travail primitif, diverses poteries, des tapis et des tissus d'ameublement aux couleurs franches en bordure et détachés du fond bleu foncé par un filet blanc, des ceintures et des burnous en soie et laine de Djerbi, des soies grenées de Mokatten, de fines étoffes rayées de soie pour chemises, des manteaux en soie ornés de fils d'or et d'argent. Tout cela est fort beau et d'un prix modeste. Citons encore quelques parfums précieux, une foule de petits meubles de fantaisie sculptés, gravés, incrustés de nacre, d'ivoire, de corail et de pierres précieuses ; des joyaux et bijoux ciselés, filigranés, ornés de pierres, tantôt en or, en argent ou en ambre, en nacre, en corail, en écaille. Le sol contient des mines d'argent, de cuivre, de plomb, de mercure, de sel inexploitées ; des sources minérales et thermales. Sur les côtes on trouvait des pêcheries de corail. Toute l'industrie se bornait alors pourtant aux lainages, maroquins, châles carrés, calottes rouges, savons, etc. Quant au commerce, il est fort important avec les villes de l'intérieur de l'Afrique, le Soudan et l'Egypte, et amène à Tunis un nombre énorme de caravanes accompagnées par des milliers de chameaux, de chevaux et d'innombrables troupes d'ânes. Les importations avaient été pour 1877 de 11,840,785 francs en cotons manufacturés, tissus, confections pour près de moitié, et pour le surplus, en bois, fer, etc. Les exportations se sont élevées à 17,192,996 francs, en blé, orge, céréales diverses, huile d'olives, fruits, tabacs, cire, épingles, corail, poudre d'or, ivoire, peaux, plumes d'autruche, essences de rose, de jasmin, de fleurs d'oranger. La plus grande partie du transit se fait par la Goulette à destination de France, d'Italie et d'Angleterre.

L'Exposition de 1889 nous montrera la Tunisie imprégnée de la civilisation française, les constructions qu'elle occupera reproduiront des détails ou des parties d'édifices connus, tels qu'un souk, un minaret, une loggia, un koubba, une sebbela ; mais on y verra avec intérêt l'influence de la métropole dans toutes les branches de l'activité de ce beau pays. Par ses écoles, son industrie croissante, l'exposé des grands travaux qui y sont exécutés et son caractère pittoresque, la Tunisie sera certainement un des grands attraits de la prochaine Exposition universelle.

**TUNNEL.** Galerie souterraine à grande section, généralement en maçonnerie, qui est destinée à livrer passage à une voie de communication, route, canal, ou plus spécialement chemin de fer, à travers un massif de terrain. On a réservé long-temps l'expression de *tunnel* pour les galeries pas-sant sous les cours d'eau ; mais actuellement, le sens de ce mot s'est élargi dans l'acception générale, et il désigne les galeries souterraines, à grande section, d'une certaine longueur, quelle que soit la nature de l'obstacle franchi.

— Ces galeries n'étaient pas absolument inconnues des anciens ; et les Romains, par exemple, en ont exécuté quelques-unes dont on retrouve encore les traces aujour-d'hui. On pourrait citer aussi le tunnel Hayduk, près Soleure, en Suisse, actuellement détruit, qui avait 900 mètres de longueur, mais le travail le plus remarquable remontant à l'ère romaine était sans doute le souterrain de Pozzili, près de Naples, qui avait été entrepris par l'em-pereur Claude pour le dessèchement du lac Fuccino, et dont la longueur atteignait 2 kilomètres. Ce tunnel fut obstrué, toutefois, par des éboulements, et le dessèche-ment du lac ne fut réalisé qu'à notre époque, et tout ré-cemment, vers 1852, par le percement d'une nouvelle ga-lerie souterraine, de 4 mètres de largeur sur 5ᵐ,76 de hauteur, ayant environ 5,300 mètres de longueur.

L'art des mines a entraîné aussi, au moyen âge, la cons-truction de longs tunnels qui devaient servir surtout à l'assèchement des travaux. Bien que les dimensions de ces tunnels les rapprochassent plutôt des simples galeries, il était intéressant de les mentionner ici, car elles ont été poursuivies en dehors de l'exploitation proprement dite des gisements minéraux. C'est surtout dans le Harz qu'on ren-contre ces grandes galeries qui ont constitué des travaux gigantesques pour l'époque, alors qu'on ne disposait que de l'abattage à la main, l'exécution en a été poursuivie sou-vent pendant plusieurs siècles, et a exigé plusieurs géné-rations de mineurs. Rappelons, par exemple, le Tiefer Wildermännerstollen la plus ancienne de ces galeries qui a 9,260 mètres de longueur, l'Oberer Wildermän-nerstollen de 9,168 mètres, exécutée de 1535 à 1685, le Frankenscharnerstollen de 8,864 mètres qui remonte aussi au XVIᵉ siècle ; et postérieurement la célèbre galerie Ernest Auguste de 23,638 mètres de longueur. La gale-rie Joseph II à Schemnitz à 18 kilomètres de long, elle a 3 mètres de hauteur sur 2ᵐ,60 de large, et le percement en a duré 107 ans.

Les galeries d'écoulement ont servi aussi à la naviga-tion souterraine, et l'exemple le plus célèbre en est fourni par les houillères de Worsley qui disposent d'un réseau de 60 kilomètres environ, établi il y a plus d'un siècle par Bradley, et parcouru par des bateaux qui descendent directement à Manchester.

Comme galerie à large section dans l'art des mines, on peut citer plus spécialement celle qui fait communiquer les mines de Comberedonde dans le Gard avec celle de Légane, elle a 3,200 mètres de long et présente une lar-geur de 3ᵐ,10 qui atteint 4ᵐ,92 dans les croisements. Les mines de la Compagnie de Mokta el Hadid renferment aussi de nombreuses galeries souterraines desservies par chemins de fer. La plus importante de ces galeries pa-raît être toutefois celle qui dessert les filons de Croms-tock (Nevada). Elle a été construite par une Compa-gnie spéciale formée à cet effet, et elle sert à la fois à l'épuisement, à la ventilation des différents chantiers du filon, et au roulage des minerais. Elle a 6,147 mètres de long et présente une section de 4ᵐ,86 de large sur 3ᵐ,65 de hauteur.

On pourrait citer enfin quelques exemples de galeries à large section servant au passage des chaussées ordi-naires et même des canaux ; mais c'est surtout dans la construction des voies ferrées qu'on les rencontre spécia-lement, et on peut dire que la grande extension des che-mins de fer a été le point de départ d'un développement

merveilleux de ces travaux d'art, et qu'elle a amené une transformation complète dans les procédés de perforation et dans l'outillage employé ; elle a permis ainsi l'exé-cution de travaux qui auraient paru absolument irréalisa-bles auparavant. C'est que, dans son tracé, la voie ferrée obéit à des exigences bien plus impérieuses que les chaussées ordinaires, elle ne peut pas s'élever sur l'obs-tacle à franchir, la locomotive devenant impuissante dès que la pente est un peu forte, et il lui faut donc se frayer à l'intérieur du sol le sillon presque horizontal qu'elle ne peut pas quitter.

C'est ainsi que les chemins de fer traversant d'abord les collines de faible épaisseur, ont amené la création de tunnels de 1 à 3 kilomètres de longueur, et plus tard avec un outillage et des procédés entièrement nouveaux, ils ont osé s'attaquer aux grands massifs de montagnes eux-mêmes et creuser des tunnels de 10 à 15 kilomètres de longueur comme ceux du Mont-Cenis, du Saint-Go-thard, de l'Arlberg qui peuvent être cités comme des mer-veilles du génie humain et l'un des exemples les plus frappants de la domination de l'homme sur la nature.

La longueur du travail n'est plus, aujourd'hui, un obstacle technique, et le tunnel du Pas-de-Calais, dont la longueur dépasserait 40 kilomè-tres, est considéré comme étant d'exécution facile, la dureté elle-même de la roche n'arrêterait pas les outils perforateurs, et ce serait plutôt la tem-pérature si élevée de l'intérieur des massifs mon-tagneux qui ferait, aujourd'hui, la difficulté la plus redoutable pour la traversée.

Un pareil progrès a exigé, évidemment, une transformation complète dans les procédés de perforation employés, et si l'invention de la pou-dre, au moyen âge, est venue donner une impul-sion nouvelle aux travaux de mine, en permettant de réduire le fonçage à la main, exécuté aupara-vant sur toute la section, au percement des seuls trous de mine, ce procédé d'abattage était encore insuffisant pour l'exécution de grandes galeries de 10 kilomètres de longueur qu'on ne pouvait attaquer que par les deux extrémités.

L'avancement moyen quotidien qu'on peut réa-liser, même avec l'abattage à la poudre, ne dépasse guère 0ᵐ,40 par front de taille, et on ne peut donc obtenir un peu de rapidité qu'en multipliant les chantiers d'attaque ; on y parvenait en creusant un grand nombre de puits répartis suivant la di-rection du tunnel et qui donnaient chacun deux fronts de taille. Le tunnel de Blaizy, sur la ligne de Dijon, dont la longueur atteint 4,100 mètres, avait dû être exécuté en creusant 20 puits qui ont donné ainsi 42 chantiers en comprenant ceux des têtes. Un pareil procédé était assurément inappli-cable sur les grandes montagnes, et pour obtenir un avancement un peu important, on dut recourir aux procédés de perforation mécanique, grâce auxquels on peut abattre 3 à 7 mètres par jour, et obtenir ainsi un avancement qui peut être dix fois supérieur au travail à la main.

Les perforateurs mécaniques réalisèrent ainsi les mêmes progrès que la poudre par rapport à l'abattage à la mine. Nous avons donné à l'article spécial (V. PERFORATEUR) les appareils employés au creusement des deux grands tunnels du Mont-Cenis et du Saint-Gothard, et nous n'y revien-drons pas ici. Ceux-ci étaient commandés par l'ef-fort de l'air comprimé transmis au fond de la galerie de tête, et ils opéraient par percussion en brisant la roche dans le trou qu'ils perçaient.

Plus tard, dans la construction du tunnel de l'Arlberg, on a employé concurremment, avec les perforateurs à air, un type nouveau d'appareil, la perforatrice Brandt, agissant par rotation pour roder la roche dans le trou, et commandée par la pression hydraulique; cette machine a donné des résultats particulièrement remarquables.

Quel que soit le mode de perforation employé, on peut admettre qu'il convient de substituer le tunnel à la tranchée dès que la hauteur du massif à traverser dépasse 20 mètres. On peut citer, en effet, quelques rares exemples seulement de tranchées dépassant cette hauteur, comme celle du canal de Nantes, à Brest, qui atteint 22m,50, et la célèbre tranchée du canal de vidange du lac de Mexico qui atteint 60 mètres. La section des tunnels présente généralement une hauteur de 6 mètres sous clef, et une largeur de 8 mètres à l'écartement maximum des pieds-droits, qui sont habituellement tracés en courbe pour résister à la poussée. Le profil en long est le plus souvent situé dans un plan unique, il est formé habituellement de la réunion de deux lignes droites dirigées en pente, à partir du milieu, vers chaque orifice, pour assurer l'écoulement des eaux. On a construit, cependant, quelques tunnels hélicoïdaux sur les rampes d'accès des grands tunnels, lorsqu'on ne pouvait pas leur donner, à ciel ouvert, un développement convenable en longueur.

Quand il est possible de le faire, on attaque le tunnel à construire sur plusieurs points de sa longueur, au moyen de puits creusés à cet effet. Ceux-ci sont rebouchés après l'exécution, à moins qu'ils ne doivent servir à l'aérage, on doit donc les constituer aussi économiquement que possible.

Ces puits sont creusés généralement en dehors de l'axe du tunnel, pour ne pas amener la pluie dans les travaux, on les repère soigneusement en descendant des fils à plomb qui en occupent l'axe; on recommande de faire plonger le plomb dans un seau plein d'eau posé dans le fond pour arrêter les oscillations du fil. On revient à l'axe en creusant une petite galerie transversale de longueur déterminée d'après l'écartement du puits. On avance ensuite dans la direction de l'axe en creusant d'abord une galerie de petite section qu'on élargit ensuite pour lui donner l'ouverture prévue. On a ainsi l'avantage d'assurer la direction d'une manière plus précise, et de pouvoir multiplier les chantiers de déblaiement.

Les procédés de percement varient évidemment avec la nature des roches, selon qu'elles sont assez solides pour se tenir seules, qu'elles sont de consistance moyenne ou complètement ébouleuses.

*Roches dures.* Dans le premier cas, avec les roches qui se tiennent seules, on peut conduire l'avancement pour ainsi dire sur toute la section à la fois en faisant seulement trois gradins étagés de 2 mètres occupant ainsi trois chantiers pour une hauteur de 6 mètres. Les maçons suivent à quelque distance en faisant les muraillements. Ils

constituent d'abord les pieds-droits qui se font face, puis les ouvriers spéciaux qui les suivent forment le cintre de la voûte. Celle-ci est toujours revêtue d'une chape en ciment pour la rendre imperméable; on recouvre ensuite ce blocage d'une couche de petites planches, comme les douves d'un tonneau, et on met la voûte en tension en bloquant à force des pierres sèches entre la voûte et le roc, on évite ainsi le choc qui se produirait plus tard, lorsque la pression du terrain s'exercerait sur la voûte décintrée.

*Roches de consistance moyenne.* Dans les terrains de consistance moyenne, on ne perce jamais en une seule fois la section complète, mais on opère en poussant de petites galeries qui suivent la galerie d'avancement, et on construit la partie du revêtement qui doit se trouver dans chacune de ces galeries.

Le rabattage à l'arrière pour l'élargissement de la galerie peut s'opérer suivant deux méthodes différentes connues, l'une sous le nom de *méthode montante* ou *allemande*, et l'autre *méthode descendante* ou *française*; mais on applique aussi actuellement une méthode intermédiaire connue sous le nom de *méthode mixte*.

Dans la méthode montante, qui a été suivie, par exemple, pour l'exécution du tunnel du canal de Bourgogne, on commence par percer deux galeries parallèles occupant la position des deux pieds-droits de la voûte (fig. 647). On maçonne ces galeries

Fig. 647. — *Méthode montante.*

d'abord entre les montants des boisages, puis on enlève ceux-ci et on constitue ainsi deux murailles continues qui formeront ainsi les pieds-droits.

On ouvre en même temps une troisième galerie à la clef, et on bat au large entre les montants du boisage, de manière à constituer un vide ayant la section précise de la voûte du tunnel; on le soutient par des cintres en bois assemblés sur place, avec sablière en deux morceaux indépendants assemblés sur place. Les montants sont dirigés radialement, et forment ainsi un cintre dit en *soleil.* Les maçons peuvent constituer ainsi des éléments de voûte qu'on réunit ensuite de manière à obtenir une voûte continue à mesure qu'on peut enlever les boisages intermédiaires. La voûte est descendue jusqu'aux piliers en maçonnerie déjà construits, sur lesquels elle vient prendre son appui. Il ne reste plus alors qu'à enlever toute la terre restée entre les pieds-droits pour dégager complètement la section.

Dans la méthode descendante, on commence, au contraire, par attaquer le sommet de la voûte, on pousse à la clef la galerie d'avancement, et on pratique des niches entre les montants des boi-

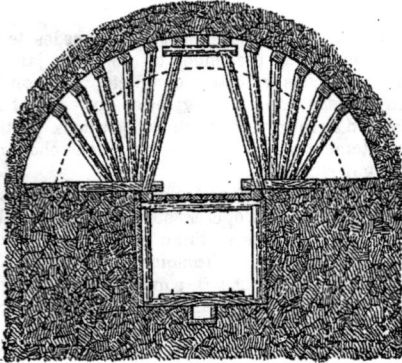

Fig. 648. — *Méthode descendante.*

sages; on soutient les vides ainsi obtenus par des cintres appuyés sur le sol de la galerie (fig. 648). On construit les éléments de voûte reposant sur les cintres, et on constitue une voûte continue en enlevant les boisages intermédiaires; il devient alors possible d'enlever les cintres, et on déblaie le centre de la galerie en l'approfondissant jusqu'au bas de la section même du tunnel. La voûte reste alors soutenue seulement par la roche qu'on a soin de conserver sous les naissances. Il reste ensuite à exécuter les pieds-droits; on pratique, à cet effet, une série de niches séparées par des massifs pleins. On maçonne dans les niches et on abat ensuite graduellement

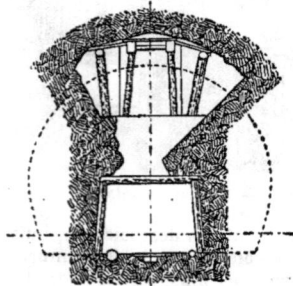

Fig. 649 — *Méthode mixte.*

les massifs en les remplaçant par la maçonnerie pour obtenir une muraille continue sur laquelle la voûte vient s'appuyer. Ce mode de construction, qui commence par la voûte, diffère donc de celui qu'on adopterait à l'air libre, mais il a l'avantage que la voûte est construite avant que le terrain ne soit remanié, et elle se consolide plus librement pour résister à la pression.

Dans la construction du tunnel de l'Arlberg, on a adopté une méthode mixte qui se rattache plutôt à la méthode montante (car la galerie d'avancement était à la base), mais qui était étudiée

surtout de manière à permettre de multiplier les chantiers de déblayage qui s'étaient trouvés en nombre insuffisant au Gothard. On perçait à cet effet, tous les 50 ou 60 mètres, une cheminée verticale partant de la galerie de base pour atteindre le faîte de la section, et on partait de là pour diriger au sommet deux tronçons de galerie dans l'axe du tunnel, l'un à l'avant, l'autre à l'arrière. Les déblais étaient rejetés par la cheminée et évacués par la galerie du bas. Quand les tronçons de galerie étaient rejoints, on battait au large pour abattre la calotte de la voûte (fig. 649) et on la soutenait par un cintre sur toute la section (fig. 650).

Ces diverses méthodes ont été expérimentées dans la construction des grands tunnels, ce qui a permis de comparer l'efficacité de chacune d'elles. Le tunnel du Mont-Cenis a été exécuté d'après la méthode montante; le Saint-Gothard d'après la méthode descendante, et l'Arlberg d'après la méthode mixte. Cette comparaison a été plutôt favorable aux méthodes montante ou mixte, car il a fallu vingt-deux mois au Saint-Gothard, après la jonction des deux galeries d'avancement, pour

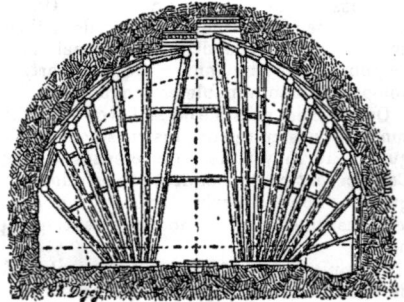

Fig. 650. — *Méthode mixte. Installation des cintres.*

permettre le passage des trains; tandis qu'au Mont-Cenis, neuf mois ont suffi, et à l'Arlberg, l'avancement au large a même pu suivre l'avancement en galerie.

Ainsi que le remarque M. Bridel, ingénieur en chef de la construction des chemins de fer du Saint-Gothard, dans son *Examen critique des systèmes d'exécution* employés à la construction rapide des grands tunnels (V. *Revue générale des chemins de fer*, nº de juillet 1883), il semble que le percement de la galerie à la base s'impose en quelque sorte au point de vue de la rapidité d'exécution, dès qu'on emploie des machines perforatrices pour creuser la galerie d'avancement, car on a la possibilité de multiplier les chantiers de déblayage, surtout en employant la méthode mixte. La perforation mécanique donne, en effet, un avancement 4 à 8 fois plus rapide que le travail manuel ne pourrait le donner, et on ne peut suivre l'avancement, si l'attaque pour le déblayage ne peut se faire qu'en un seul point. En employant même la perforation mécanique pour le déblayage, on serait toujours gêné pour le transport des déblais, si on ne dispose que d'une seule galerie et d'une seule voie d'exécution.

Le percement de la galerie en calotte est avantageux, au contraire, lorsqu'on opère sans le concours de machines, et que le terrain n'exerce pas de fortes pressions, car le battage au large et la maçonnerie peuvent suivre à faible distance. Quant à la dépense comparative, elle paraît peu différente dans les deux types de construction, tant pour le percement de la galerie d'avancement que pour l'excavation. Elle s'est élevée à 2,440 francs par mètre courant au Mont-Cenis, et à 2,800 francs au Saint-Gothard, ce qui donne respectivement 40 et 50 francs par mètre cube. Au point de vue du chargement, de la pose de la voie et des transports, l'avantage appartient, sans conteste, à la galerie de base, d'après M. Bridel. La ventilation était également beaucoup meilleure, au tunnel de l'Arlberg, établi avec une galerie de base, avec une grosse conduite et une faible pression, $0^{atm},2$, tout en dépensant la même force motrice qu'au Gothard, où la conduite était petite et la pression élevée (6 atmosphères).

On ne se préoccupe jamais dans l'exécution des tunnels, des explosions qui peuvent surgir par suite du dégagement de gaz détonants, analogues au grisou dans les mines de houille, cependant il est intéressant de signaler l'explosion récente qui s'est produite le 20 juin 1887 dans la galerie de percement du tunnel du col de Cabre à Beaurières (Drôme), et qui a fait plus de 20 victimes. Cette explosion paraît devoir être attribuée à des gisements de schistes pétrolifères qui se trouveraient dans le voisinage du tunnel, et elle montre qu'il y a des précautions à prendre, à cet égard, dans les terrains schisteux.

*Terrains ébouleux.* Dans les terrains ébouleux, les méthodes de percement décrites plus haut doivent subir certaines modifications pour prévenir l'écroulement du terrain. On établit la galerie d'avancement à la base pour éclairer la marche, et on soutient le terrain avec des boisages jointifs. Au front de taille de la section du tunnel, on dispose, pour résister à la poussée, un véritable bouclier fragmenté par des sablières horizontales réunies au moyen de pièces de bois jointives. La base de la section est formée par un radier en béton sur lequel viennent s'appuyer les étançons soutenant les sablières du bouclier. Le muraillement suit le bouclier à faible distance, et le terrain, dans l'intervalle, est maintenu par des palplanches appuyées à la fois sur la voûte en briques et le bouclier. On assure l'avancement du front de taille en poussant les uns après les autres les éléments du bouclier qu'on maintient toujours complètement fermé, sauf l'ouverture par laquelle on laisse s'écouler le terrain ébouleux. On fait avancer en même temps les palplanches en les poussant avec des piques pour les enfoncer dans le terrain, et on reprend la maçonnerie dès qu'on a réalisé un avancement suffisant.

Nous mentionnerons seulement, sans le décrire, la méthode de M. Rziha, fondée sur l'emploi de soutènements métalliques provisoires.

Les parois de l'excavation du front de taille sont alors supportées par deux cintres concentriques, dont l'un intérieur, en fonte, sert d'appui pour la maçonnerie. Le second est extérieur, il tient momentanément la place de cette maçonnerie, et comme il est formé de l'assemblage de panneaux indépendants, il disparaît pièce par pièce pour lui faire place, tandis que le cintre intérieur ne s'enlève qu'au moment où l'arceau ainsi construit a complètement fait prise. On ouvre d'abord une galerie de poussage, et on bat au large, dit M. Haton de la Goupillière dans son *Cours d'exploitation des mines*, en enfonçant des palplanches sur tout le périmètre autour du cintre métallique et attaquant le front de taille par gradins; on maintient ceux-ci par des poussards à vis arc-boutés contre les arceaux du bouclier.

*Terrain coulant.* Il arrive quelquefois que le terrain est complètement coulant, comme du sable, et les boucliers en pièces de bois jointives deviennent alors insuffisants pour prévenir l'éboulement. C'était le cas, par exemple, dans la construction du tunnel célèbre de la Tamise, l'œuvre capitale de l'éminent ingénieur français Brunel. Celui-ci résolut ce tour de force, réputé alors impossible, de lancer une galerie de $11^m,55$ de large sur $6^m,85$ de hauteur, dans le terrain sablonneux qui forme le lit de la rivière.

Le bouclier employé, de forme carrée, comme celle de la galerie, était formé d'un châssis métallique unique divisé en 6 travées verticales et 6 rangées horizontales, donnant 36 panneaux. Chacun de ces derniers était formé par une série de madriers arc-boutés contre le châssis par des poussards à vis. On faisait avancer à refus chacun des boucliers, puis on soulageait les plaques en laissant s'écouler un peu de boue par des orifices faciles à fermer. On faisait ensuite avancer le châssis lui-même en le forçant à l'aide de vis appuyées sur la maçonnerie pour aller rejoindre les boucliers ainsi avancés.

L'exécution de ce mémorable travail a duré dix-huit années. Les travaux furent interrompus à deux reprises par l'envahissement des eaux de la Tamise; mais sans se décourager, Brunel parvint à arrêter l'admission d'eau en noyant des masses d'argile pour faire un lit artificiel au fleuve, et il put ainsi assécher les galeries et reprendre l'opération.

Un nouveau tunnel a été construit sous la Tamise, en 1870, par l'ingénieur Barlow, mais les conditions d'exécution étaient alors beaucoup plus favorables, le terrain était meilleur, et la galerie, de forme circulaire, avait un diamètre très réduit atteignant seulement $2^m,133$ dans œuvre; aussi ce tunnel, d'une longueur de 402 mètres, put-il être achevé en une année seulement. Le bouclier, de forme plus simple que celui de Brunel, était formé par l'assemblage de 7 voussoirs de forme hexagonale qu'on pouvait pousser séparément, et la consistance du terrain permit de pratiquer devant les panneaux des vides atteignant parfois jusqu'à 1 mètre de longueur. La maçonnerie du revêtement fut exécutée par anneaux de $0^m,450$ de longueur.

Nous pouvons citer également deux tunnels des plus intéressants qui viennent d'être ouverts, en 1886, au-dessous des grands estuaires qui découpent les côtes anglaises : c'est le tunnel de la Severn, de 9 kilomètres de longueur, qui met en communication les villes de Bristol et d'Aberddre, dans le pays de Galles, et celui de la Mersey, de 7 kilomètres de longueur, qui va de Liverpool à Birkenhead. On trouvera des détails intéressants à ce sujet dans la *Revue générale des chemins de fer* et le *Génie civil.*

Comme méthode de percement susceptible d'être appliquée dans la traversée des terrains aquifères, on peut citer, enfin, la méthode de congélation de M. Petsch, qui a donné des résultats remarquables dans le fonçage des puits pour la traversée des couches aquifères. On dispose, à cet effet, une série de doubles tubes emboîtés parallèles à l'axe de la galerie et établis à une certaine distance autour de la section à percer; on y fait circuler une solution réfrigérante qui pénètre intérieurement dans chaque tube par le tuyau central et sort extérieurement, ce tuyau central étant ouvert à son extrémité et contenu dans une gaine fermée. La solution réfrigérante, amenée à une température de —25 à —30°, détermine la congélation du terrain qui se prend en un seul bloc de glace tant que la circulation du liquide réfrigérant est maintenue, et on peut ainsi pousser l'abattage et maçonner sans difficulté, comme dans un terrain de consistance moyenne.

On trouvera des détails complets sur cette application des plus curieuses, dans un mémoire publié en 1885 dans les *Annales des mines*, par M. Lebreton et dans la *Nature*, n° du 27 février 1886. Un exemple intéressant de l'application de la congélation combinée avec celle de la méthode Rziha, et sans doute encore unique jusqu'à présent au creusement des tunnels, a été réalisé dans les travaux du grand tunnel percé pendant l'été de 1885, à Stockholm. Ce tunnel, de 230 mètres de longueur, livre passage à une voie destinée à réunir deux quartiers de la partie nord de la ville, qui se trouvent séparés par une colline rendant les communications particulièrement difficiles. Le terrain rencontré dans le percement du côté de la partie Est était formé d'un gravier entremêlé d'une argile qui se délayait sous les infiltrations et entraînait ainsi des éboulements continuels; on avait, en outre, à passer sous des fondations de maisons de grande hauteur. Les travaux avaient été commencés d'abord par l'application de la seule méthode Rziha, mais ils durent être arrêtés bientôt à 12 mètres environ de l'origine à cause des tassements qu'on ne pût empêcher. On parvint à les reprendre en consolidant le terrain par congélation, et on dut installer, à cet effet, dans le tunnel une machine à air froid système Lightfort fournissant 700 mètres cubes d'air à la température de — 20°. Une mise en marche de soixante heures a suffi pour déterminer la congélation des parois, et on put maintenir la solidification de la masse sur une épaisseur variant de 1m,50 au radier jusqu'à 0m,30 près de la voûte, en conservant une température de —4°,5 à 0°. On a pu, grâce

à la solidification, reprendre les travaux et poursuivre la galerie par l'application de la méthode Rziha, en ayant soin de maçonner immédiatement en arrière des cintres métalliques soutenant le front de taille afin de profiter du temps pendant lequel les parois demeuraient encore solidifiées. L'opération s'est ainsi poursuivie sur une longueur de 24 mètres avec un avancement journalier moyen de 0m,30. La couche rencontrée au delà présentait une résistance suffisante, pour qu'on pût renoncer à la congélation. On a là, comme on voit, une idée des difficultés que la perforation des tunnels peut rencontrer dans le sol remué des grandes villes et couvert de hautes constructions, comme ce sera le cas à Paris, par exemple, si le chemin de fer métropolitain est construit en souterrain.

EXÉCUTION DES GRANDS TUNNELS DU MONT-CENIS, DU SAINT-GOTHARD ET DE L'ARLBERG. Nous terminerons ce qui est relatif aux tunnels en donnant quelques détails sur les grands tunnels du Mont-Cenis, du Saint-Gothard et de l'Arlberg qui présentent un intérêt particulier en raison des procédés spéciaux auxquels il a fallu recourir pour accélérer l'exécution.

Le tunnel du Mont-Cenis ou plus exactement du Mont-Fréjus le premier exécuté, a une longueur totale de 1,220 mètres, le tracé comporte une pente de 22 millimètres du côté français vers Modane, et de 5 millimètres du côté italien vers Bardonnèche, pente nécessaire pour l'écoulement des eaux. Les deux orifices du tunnel ont pu être visés d'un observatoire unique situé sur le sommet de la montagne, ce qui a facilité beaucoup le repérage en direction des galeries d'avancement.

Au Saint-Gothard, on a dû faire une double triangulation dont les résultats se sont trouvés concordants, et en fait, les deux galeries d'avancement n'ont présenté que des déviations insensibles au moment de la rencontre.

Au Mont-Cenis, on avait cru d'abord devoir écarter le tirage à la poudre afin de ne pas souiller l'air de la galerie, et on avait essayé d'assurer l'abattage au front de taille en découpant la section par une série de rainures verticales et horizontales en quadrillage, isolant ainsi dans la roche des matériaux de dimensions régulières qu'on put utiliser plus tard. Les outils employés pour creuser ces rainures étaient des burins qu'on projetait brusquement contre le front de taille par la détente brusque d'un ressort, et le mouvement moteur était transmis par un câble télodynamique recueillant le travail des chutes d'eau situées sur le flanc de la montagne non loin de l'orifice de la galerie. Un pareil procédé ne pouvait donner qu'un avancement très lent, aussi les travaux ne prirent-ils un peu d'activité que lorsqu'on put revenir à l'emploi de la poudre, et opérer même à la machine le forage des trous de mine suivant le procédé imaginé par le célèbre ingénieur, M. Sommeiller. Celui-ci eut l'idée d'utiliser le travail des chutes d'eau à comprimer de l'air dont la pression devait servir à actionner directement les machines perforatrices devant le front de taille, évitant ainsi les déperditions de force et les difficultés de toute nature qu'entraînait un câble télodynamique dans la galerie étroite du tunnel. Les appareils de compression appliqués d'abord par Sommeiller étaient fournis par des béliers hydrauliques installés en 1861 du côté de Bardonnèche avec des chutes d'eau de 25 mètres, et des roues à augets du côté de Modane avec des hauteurs de chute moindres.

Le fonctionnement de ces appareils était irrégulier, surtout celui du bélier hydraulique, et au bout de peu de temps, ils furent remplacés par des machines à colonnes actionnant des pompes à air servant de compresseur. Nous avons décrit ces appareils à l'article spécial (V. COMPRESSEUR), et nous n'y reviendrons pas ici. L'air ainsi comprimé à une pression de 6 kilogrammes environ était amené par une conduite spéciale régnant sur toute la longueur de la galerie jusqu'à la machine perforatrice devant le front de taille, il se détendait dans le cylindre de la machine en actionnant les outils et s'échappait ensuite dans la galerie dont il assurait ainsi la ventilation. La machine perforatrice employée, du type Sommeiller-Kraft, a formé le point de départ de toutes les machines perforatrices analogues employées, soit dans le travail des mines, comme la machine Dubois-François, ou soit dans le tunnel du Saint-Gothard ou de l'Arlberg, comme les machines Mac Kean et Ferroux; celles-ci ont été décrites à l'article spécial. — V. PERFORATEUR.

L'approfondissement obtenu a varié d'une manière sensible avec les divers types de perforateurs, il était seulement de $0^m,021$ par minute, avec la machine Sommeiller, et il a pu atteindre 0,04 avec le perforateur Ferroux. Les trous percés avaient d'abord un diamètre de 0,06, mais plus tard on les porta à $0^m,10$ en augmentant l'espacement, et on les chargea avec de la poudre comprimée. Au Saint-Gothard, on employa, au contraire, la dynamite.

Le travail de perforation au Saint-Gothard était organisé de la manière suivante dont nous empruntons la description à une note publiée par M. Stockalper, membre du comité de direction de l'entreprise Favre :

La section de la galerie de tête était de $2^m,60$ sur $2^m,50$; le front de taille était attaqué par six perforatrices montées sur le même affût travaillant à la pression effective de 3 à 4 kilogrammes, ce qui exigeait une pression initiale de 5 à 6 kilogrammes à la sortie des compresseurs pour tenir compte des nombreuses prises d'air pour la ventilation des chantiers à l'intérieur du tunnel, des fuites inévitables et des pertes de charge dues au frottement; ces perforatrices étaient desservies par 16 à 18 hommes formant ce qu'on appelait le poste mécanique.

Le nombre de trous percés dans le front de taille variait de 16 à 24 selon la dureté de la roche, et la profondeur, entre $1^m,40$ à 1 mètre. Ce travail demandait en moyenne deux heures et demie dans les roches de dureté moyenne, et quatre à cinq heures dans les roches dures. Les trous ainsi percés, le poste-mécanique re-

culait à l'arrière avec l'affût à une distance de 40 mètres environ, et livrait le chantier à l'escouade des déblayeurs. Ceux-ci, au nombre de 18 à 20, avaient pour mission de charger et de faire partir les coups de mine, de charger les déblais et de poser le prolongement des voies jusqu'au front de taille. Une seule volée suffisait dans les terrains légers pour faire les coups de mine, mais on allait quelquefois jusqu'à 2 et 3 selon la dureté de la roche. La consommation de dynamite variait de 18 à 30 kilogrammes par mètre.

Les débris de la roche étaient chargés dans de longs trucks circulant sur une petite voie spéciale de $0^m,30$ de large pénétrant jusqu'au front de taille, et ils étaient amenés ainsi jusqu'aux vagons de chargement proprement dits arrêtés derrière l'affût, qui avaient une voie spéciale de 1 mètre de large. La durée du nettoyage variait de deux heures et demie à quatre heures ; après quoi, le poste mécanique revenait au nouveau front de taille reporté de 1 mètre environ en avant du premier.

Les avancements moyens ainsi obtenus ont varié de la manière suivante avec les différentes roches :

| | |
|---|---|
| Dans les roches amphiboliques les plus dures, par jour. . . . . . . . . . . . . . . . . . . | $2^m$ |
| Dans la serpentine . . . . . . . . . . . . . . . | 2.53 |
| Dans les amphiboles les moins dures . . . . . . | 2.70 |
| Dans le granit . . . . . . . . . . . . . . | 2.95 |
| Dans le gneiss quartzeux. . . . . . . . . . . | 3 |
| Dans les gneiss et schistes, en moyenne . . . . . | 4 |
| Dans le calcaire cipolin. . . . . . . . . . . | 4.20 |
| Dans le gneiss décomposé (travail à la main). . . | 1.20 |

Le maximum pour un jour a été de 7 mètres, obtenu le 20 octobre 1875 du côté de Göschenem, dans le calcaire lamelleux.

Le maximum d'un mois a été de 172 mètres, en août 1878 du côté d'Airolo, dans le gneiss schisteux facile.

Du 1er avril 1878 au 31 mars 1879 a été réalisé l'avancement maximum de 1,411 mètres pour une période de 365 jours consécutifs.

Le travail de perforation mécanique a commencé du côté de Göschenem le 4 avril 1873, la galerie percée à la main ayant alors 91 mètres de long, et du côté d'Airolo, le 1er juillet 1873, dans une galerie d'avancement avancée de $220^m,20$. Le tunnel a été percé le 29 février 1880.

Göschenem avait atteint 7,744 mètres et Airolo 7,168 mètres, ce qui correspondait à un avancement moyen effectif par jour de $3^m,03$ du côté Nord, et $2^m,86$ du côté Sud. Toutefois, en défalquant les périodes d'arrêt inévitables, on reconnaît que les chiffres d'avancement réels ont atteint $3^m,26$ pour 2,300 jours de travail effectif du côté Nord, et $3^m,21$ du côté Sud pour 2,100 jours.

Si nous rapprochons de ces résultats ceux qui ont été obtenus au Mont-Cenis où a été commencée l'application des perforateurs mécaniques, nous rappellerons que la méthode nouvelle de percement a été inaugurée du côté Sud, à Bardonnèche, en janvier 1861, et du côté Nord à Modane, en 1863. La galerie fut achevée le 25 décembre 1870, et la longueur percée mécaniquement atteignait 10,587 mètres. On avait réalisé en neuf ans du côté de Bardonnèche, en négligeant l'année 1861, un avancement total de 6,185 mètres, soit, par an 687 mètres, et par jour $1^m,95$, et du côté de Modane en huit ans, un avancement de $4,232^m,50$, soit par an $541^m,10$, et par jour $1^m,50$.

Le tunnel de l'Arlberg sur la ligne d'Innsbruck à Bludenz a été exécuté dans des conditions de rapidité qui lui donnent un intérêt tout particulier. Cette ligne qu fait partie du réseau du chemin de fer de l'Etat Autrichien est destinée à assurer les relations directes de l'Autriche et de la Suisse sans passer par l'Allemagne, elle met en relation la gare d'Innsbruck avec celle de Bregenz sur le lac de Constance.

Le tunnel qui en forme l'ouvrage d'art le plus important traverse les Alpes tyroliennes à peu près par le col de l'Arlberg, il entre dans la montagne à la cote de 1,032$^m$,40 du côté tyrolien pour en ressortir à celle de 1,216 mètres. Sa longueur totale est de 10,260$^m$,75. Il est en ligne droite sur toute sa longueur, sauf un petit coude de 300 mètres du côté de la tête. Il présente une pente de 0$^m$,002 du côté Est sur 4,000 mètres, et de 0$^m$,015 du côté Ouest sur 6,000 mètres. Le point culminant est à la cote 1,310$^m$,60 au-dessus de l'Adriatique.

L'exécution en fut décidée par une loi du 7 mai 1880, et les travaux préparatoires commencés aux deux têtes le 24 et le 25 juin 1880, furent poursuivis à la main jusqu'au 13 novembre 1880. L'avancement moyen ainsi obtenu était de 1$^m$43 à la tête Est, et de 1$^m$,61 à celle de l'Ouest. La galerie de plate-forme était percée avec une hauteur de 2$^m$,50 sur une largeur de 2$^m$,75, permettant à trois couples de mineurs de travailler ensemble, c'est celle qui a permis de réaliser l'avancement maximum. La galerie de tête, poursuivie simultanément à celle de la base, en vue de l'application de la méthode mixte, avait seulement 2$^m$,30 de large et ne pouvait recevoir que deux couples de mineurs; elle avait donné un avancement moindre.

L'application des moyens mécaniques de perforation permit de dépasser beaucoup les chiffres d'avancement réalisés aux deux premiers tunnels, et on put atteindre en moyenne 6 à 7 mètres par jour. La jonction des galeries eut lieu le 19 novembre 1883 à une distance de 4,498$^m$,44 du côté Est (Saint-Antoine), et 4,762$^m$,31 du côté Ouest (Langen). L'abattage suivait à faible distance, ainsi que nous l'avons annoncé déjà, et la longueur complètement excavée atteignait déjà lors de la rencontre des galeries : 4,873$^m$,85 du côté Est, et 3,804 mètres du côté Ouest. L'abattage complet était terminé en fin mars 1884, et le tunnel put être livré à l'exploitation le 20 septembre suivant, moins d'un an après la date de rencontre des galeries d'avancement. Cet ouvrage énorme avait pu être achevé en 3 ans, 8 mois et 18 jours, avec un avancement moyen de 8$^m$,3 par jour qui dépassait de beaucoup, comme on voit, ce qui avait pu être obtenu jusque-là, montrant bien toute l'influence de la méthode d'abattage adoptée.

Pour la perforation, les machines employées étaient de deux types différents : du côté Est, on avait conservé la perforatrice à air comprimé Ferroux qui venait de faire ses preuves au Saint-Gothard, et du côté Ouest, on se décida à faire l'essai de la perforatrice Brandt actionnée directement par l'eau sous pression. Cette machine nouvelle n'avait encore été essayée jusque-là que dans la construction d'un des tunnels hélicoïdaux des rampes d'accès du Saint-Gothard ; mais l'expérience de l'Arlberg a donné des résultats très remarquables, et il est à supposer qu'on la retrouvera désormais dans l'exécution des grands travaux analogues. Il faut reconnaître toutefois, que l'avancement obtenu s'est trouvé en fait plutôt inférieur à celui de la perforatrice Ferroux, mais cette différence doit être attribuée surtout aux difficultés exceptionnelles résultant du mauvais état de la roche dans la galerie Ouest. Celle-ci s'ébranla à diverses reprises, et la crainte de voir ces accidents se multiplier obligea par suite à augmenter le nombre des attaques, à diminuer

la profondeur des trous, ce qui entraîna un ralentissement correspondant dans l'avancement de la galerie.

Comme nous avons donné à l'article spécial (V. PERFORATEUR), la description des perforatrices à air comprimé, nous avons cru intéressant de dire quelques mots de la perforatrice à eau qui doit être considérée aujourd'hui comme étant en état de supporter sans désavantage la comparaison avec celles-ci.

Cette machine qui agit par rotation, comme nous l'avons dit plus haut, broie la roche lentement et sans bruit, à la différence des machines à air qui viennent continuellement heurter la roche d'un mouvement rapide et bruyant.

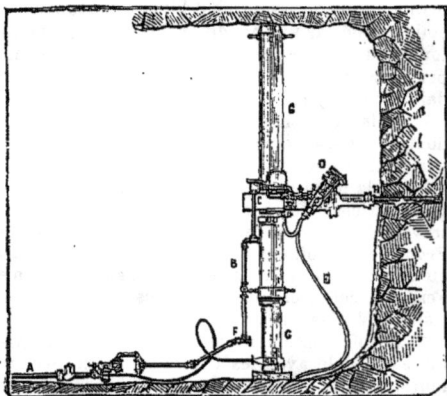

Fig. 651. — *Perforatrice à eau comprimée, système Brandt, montée sur colonne verticale, d'après la première disposition.*

*A* Conduite d'eau articulée en *F*, *B*. — *C* Cylindre-culasse du porte-outil *H*. — *D* Mouvement de rotation du porte-outil. — *E* Echappement de l'eau. — *G* Colonne et affût supportant deux perforatrices.

La perforatrice Brandt est représentée dans la figure 651, sous sa première forme, montée sur un affût vertical servant à la fixer au toit et au mur de la galerie à percer. Plus tard, elle fut articulée autour d'un axe horizontal, comme l'indique la figure 652. L'outil perforateur a la forme d'une tarière annulaire de 80 millimètres de diamètre, énergiquement pressée contre le rocher, et animée en même temps d'un mouvement de rotation de 5 à 8 tours à la minute. La tige de l'outil porte à l'extrémité postérieure un piston susceptible d'osciller dans un cylindre où il se trouve soumis à l'effort d'une pression de 100 kilogrammes environ qui l'applique contre la roche. Le mouvement de rotation est assuré en D au moyen d'une roue dentée calée sur un gros cylindre C concentrique à celui qui reçoit le piston et actionnée elle-même par une vis sans fin transversale. Le gros cylindre entraîne le piston du fleuret dans un mouvement de rotation en le saisissant par des griffes.

Quant à la vis sans fin, elle est taillée sur un arbre de couche perpendiculaire à l'axe des cylindres et commandée par deux petites machines hydromotrices placées de côté et d'autre de ceux-ci. Le mécanisme de distribution de ces petites machines ne renferme aucun excentrique, il est remarquable par sa simplicité.

Le mécanisme de la machine Brandt est assez compliqué, et nous ne pouvons le décrire en détail, disons seulement qu'il renferme des dispositions fort ingénieuses pour régler à volonté la pression de l'outil contre le rocher. L'établissement des garnitures a présenté aussi de sérieuses difficultés en raison de la pression élevée de l'eau, et de la rapidité du mouvement, l'arbre de couche faisant 160 à 200 tours par minute. On est arrivé finalement à employer un cuir comprimé ayant la dureté du bois préparé d'une façon spéciale par une maison de Hambourg.

Dans les roches les plus dures, on arrivait à faire 5 tours d'outil à la minute, et à réaliser 4 millimètres d'avancement par tour, mais on mettait hors de service 3 à 4 burins par mètre. Chaque machine employait 2 litres d'eau comprimée à 100 atmosphères par seconde.

Dans les micaschistes moins résistants que les gneiss, on a pu obtenir un avancement de 10 à 12 millimètres par tour, et effectuer 7 à 8 tours par minute.

Il est intéressant de remarquer que l'emploi de l'eau comprimée oblige à écarter absolument toute matière solide en suspension, car le cylindre et les conduites se trouveraient gravement rodés en quelques jours. Pour les conduites, on a dû employer exclusivement des tuyaux en métal, ceux en caoutchouc, même de grande épaisseur, et renforcés par des fils de fer enroulés, étaient incapables de tenir la pression.

Fig. 652. — *Perforatrice Brandt, articulée autour d'un axe horizontal.*

En ce qui concerne les installations accessoires, nous signalerons du côté Est, l'emploi des machines à eau comprimée système Mayer, dans lesquelles la distribution s'opère avec le tiroir à dos percé type Mayer, exactement dans les mêmes conditions qu'avec la vapeur. Comme cette distribution comporte des périodes de compression et de détente de fluide moteur inacceptables avec un liquide incompressible comme l'eau, on a dû munir les cylindres de soupapes à air qui puisent dans l'atmosphère pendant la détente, et refoulent l'air pendant la compression dans un réservoir spécial.

L'aérage était assuré au moyen d'une conduite spéciale à faible pression indépendante de la conduite d'air actionnant la machine Ferroux. On a pu éviter ainsi les inconvénients constatés au Saint-Gothard où les ouvriers devaient venir puiser l'air à la conduite principale par des robinets ménagés de distance en distance et déterminaient ainsi une diminution de la pression motrice susceptible d'arrêter dans certains cas, surtout en hiver, le fonctionnement des perforateurs. La ventilation

était d'ailleurs très insuffisante au Saint-Gothard, et les ouvriers souffraient d'une maladie d'engourdissement général qui leur enlevait toutes leurs forces. Il faut observer d'ailleurs que la température du Saint-Gothard qui atteignait 31° au moment de la rencontre des galeries, et s'est élevée même parfois à 35° dans le cours des travaux, paraît avoir atteint l'extrême limite de ce que le corps humain peut supporter, car il ne semble pas que la vie soit possible dans un air saturé d'eau comme l'atmosphère des tunnels à une température beaucoup supérieure à 40°. Cette considération de la température est particulièrement grave tant au point de vue de l'humanité qu'à celui du coût des travaux, et il semble qu'elle est de nature à faire écarter les projets de tunnel prévus à travers le Mont-Blanc où on dépasserait probablement 50° d'après M. Stockalper, si on admet que l'accroissement de température puisse atteindre 1° pour une augmentation de hauteur du massif montagneux variant de 20 à 40 mètres suivant la nature des roches (*Revue générale des chemins de fer*, n° de décembre 1884). Le projet de tunnel du Simplon proposé par la Compagnie des chemins de la Suisse occidentale donnerait déjà une température maximum de 36°.

Cette question de la ventilation joue un rôle considérable, même pour l'exploitation des tunnels terminés, car il arrive parfois, surtout avec les trains de marchandises qui marchent à faible vitesse que les agents du train se trouvent asphyxiés par la fumée rabattue que la ventilation naturelle est impuissante à enlever. Il faut ajouter d'autre part que les rails s'y tiennent toujours très gras et les patinages y sont très fréquents, en raison de l'accumulation de fumée qui s'observe surtout lorsque plusieurs trains se succèdent dans le même sens. Les agents de trains sont ordinairement munis d'appareils respiratoires spéciaux, comme l'appareil Galiber comprenant un réservoir d'air qu'ils portent avec eux, afin d'y puiser l'air nécessaire à leur respiration. La ventilation ne pourra d'ailleurs être assurée complètement que lorsque le développement du trafic obligera à prendre des dispositions analogues à celles des galeries de mines, c'est-à-dire à installer des ventilateurs spéciaux et à fixer le sens des courants en maintenant fermés par des portes les orifices des tunnels en dehors du passage des trains.

**TURBINE.** *T. d'hydraul.* Moteur hydraulique de la seconde catégorie, c'est-à-dire dont les orifices d'entrée et de sortie de l'eau sont distincts et précédés de canaux directeurs spéciaux (V. HYDRAULIQUE, § *Applications*). L'axe de ces moteurs est presque toujours vertical, et les parties essentielles sont : une couronne fixe formée par la réunion des aubes directrices ; une couronne mobile autour de l'axe et contenant les aubes motrices ; cette seconde couronne constitue la turbine proprement dite. Les turbines peuvent recevoir l'eau sur toutes les aubes à la fois, ce qui leur permet de dépenser un volume considérable de liquide avec des dimensions beaucoup plus faibles que celles des roues ordinaires de même débit ; en outre, elles peuvent tourner très vite, ce qui permet de simplifier les transmissions, et leur vitesse de rotation peut varier dans des limites très étendues, sans que le rendement soit sensiblement modifié. Enfin, elles peuvent utiliser les plus hautes chutes, ce qui les rend précieuses dans les pays de montagne.

Les premières turbines n'étaient en réalité que des roues horizontales établies dans le but d'utiliser le choc de l'eau ; elles étaient composées de palettes hélicoïdales, légèrement inclinées, et rayonnant autour de l'arbre ; les extrémités étaient généralement isolées ; l'eau était amenée sur les palettes par un conduit incliné ou par une buse pyramidale. Les roues dites *à cuillères* étaient employées depuis des siècles ; elles étaient nombreuses dans le Midi de la France où elles actionnaient directement les meules des moulins ; leur rendement ne paraît pas avoir jamais dépassé 33 0/0. Dans les cours d'eau à niveau très variable, où la roue devait au besoin marcher noyée, on employait une roue dite *à cuve*, formée d'un cylindre en bois avec des cloisons verticales disposées en forme

d'hélice ; la roue était placée en bas d'un puits ; la conduite d'amenée avait une face tangente à la paroi du puits de façon que l'eau prenait, en y arrivant, un mouvement rapide de tourbillonnement.

—Ce n'est que vers 1750 que l'on entreprit de remédier à l'énorme perte de puissance motrice dans les roues à choc, en cherchant à utiliser non seulement la force vive de l'eau, mais aussi la réaction qui se produit lorsque le fluide en mouvement prend son point d'appui sur une paroi mobile. Le recul des armes à feu est un exemple bien connu de ce phénomène, le même qui fait mouvoir également les tourniquets hydrauliques. Euler indiqua, en 1754, les dispositions générales de la roue horizontale versant l'eau en dessous et proposa l'emploi d'un distributeur fixe, avec l'admission et l'écoulement de l'eau sur toute la circonférence à la fois. La théorie qu'il a donnée, en 1767, a été reprise et complétée par Navier et d'Aubisson, en 1819. Cette roue a été construite et perfectionnée, en 1824, par Burdin, ingénieur en chef des mines ; c'est Burdin qui lui a donné le nom de *turbine*. Cependant, le premier moteur sérieux et pratique, construit en 1832, par Fourneyron, son élève, était d'un genre différent ; il déversait son eau latéralement. Il en résulta deux types bien distincts : l'ancien type que l'on appelle *turbine en dessous* ou *turbine axiale*, parce que l'action de l'eau est dirigée suivant l'axe de la roue (Fontaine, Girard, Jonval, etc.), et le nouveau type que l'on désigne aussi sous les noms de *turbine centrifuge* ou *turbine radiale*, parce que l'eau agit dans la direction des rayons (Fourneyron, Cadiat, Canson, etc.).

*Turbines en dessous.* Dans les turbines à déversement inférieur, l'eau se meut à peu près verticalement pendant son passage dans l'appareil ; la couronne fixe est placée au-dessus de la couronne mobile ; les aubes directrices de la première présentent, en section verticale, une forme déterminée de façon que l'eau pénètre sans choc appréciable dans les canaux formés par les aubes de la couronne mobile et qu'elle en sorte avec la plus faible vitesse possible, c'est-à-dire avec la vitesse strictement nécessaire pour satisfaire au débit. Ces conditions sont indispensables pour obtenir des moteurs hydrauliques le plus grand effort utile. Les ajutages de la couronne fixe doivent être évasés du côté du réservoir supérieur afin d'éviter la résistance à l'entrée de l'eau.

Si l'on appelle : H, la hauteur de la chute disponible, en mètres ; Q, le volume d'eau débité par seconde, en mètres cubes ; W, la vitesse relative d'arrivée de l'eau contre l'aube, c'est-à-dire sa vitesse à la sortie de la couronne fixe, on aura pour la somme des sections d'écoulement de cette couronne $S = \dfrac{Q}{W}$.

Soient : V la vitesse d'arrivée de l'eau sur la roue ; $\alpha$ l'angle que forme la direction de cette vitesse avec l'horizontale, et $v$ la vitesse de la roue mesurée sur la circonférence du rayon moyen, c'est-à-dire du rayon d'un cylindre vertical passant par le milieu de la longueur des aubes, on aura, pour la vitesse relative, résultante des deux précédentes, $W^2 = V^2 + v^2 - 2Vv \cos \alpha$. Pour que l'eau entre sans choc, il faut que l'élément supérieur de l'aube suive la même direction que la vitesse relative W. Comme celle-ci est presque toujours verticale, on a $v = V \cos \alpha$, d'où $W^2 = V^2(1 - \cos^2 \alpha)$. La distance de la veine fluide à l'axe restant invariable sur la longueur de l'aube, la force centrifuge ne produit aucun travail et ne change pas la vitesse relative W. Si W' est la vitesse relative de l'eau au bas de l'aube et par rapport à elle, la vitesse absolue V' que conserve l'eau à la sortie de la roue étant égale à la résultante des vitesses W' et $v$, on aura, en appelant $\beta$ l'angle que forme le dernier élément de l'aube avec l'horizontale,

$$V'^2 = W'^2 - v^2 - 2W'v\cos\beta\,;$$

on fait toujours $\beta$ très petit et on admet que $W' = v$.

$H = h + h'$, $h$ étant la hauteur du niveau de l'eau dans le bief d'amont, au-dessus de la face supérieure de la couronne mobile, et $h'$ la hauteur de cette couronne, $V^2 = 2gh$; $W'^2 = W^2 + 2gh'$ et enfin

$$v = \frac{V^2 + 2gh'}{2V\cos\alpha} = \frac{gH}{\cos\alpha\sqrt{2gh}} \quad \text{d'où} \quad \frac{v^2}{2g} = \frac{H^2}{4h}\left(\frac{1}{\cos^2\alpha}\right).$$

Dans la turbine Fontaine, on admet que $h = 0,9$ H, et on donne à l'angle $\alpha$ une ouverture de 15°, d'où résulte $v = 0,55\sqrt{2g\,H}$.

Si l'on donne à $\beta$ une valeur de 20°, on a :

$$V'^2 = 0,12 v^2 = 0,12 \times \overline{0,55}^2 \times 2g\,H \text{ ou } \frac{V'^2}{2g} = 0,36\,H$$

pour la perte de chute due à la vitesse V' que l'eau conserve à la sortie.

La chute utilisée est donc de 0,964 H et pour le volume Q, le travail transmis à la roue est égal à 964 H kilogrammètres. Dans la pratique, V varie entre $0,80\sqrt{2g\,H}$ et $0,85\sqrt{2g\,H}$, et $v$ entre $0,50\sqrt{2g\,H}$ et $0,60\sqrt{2g\,H}$. Le rendement est affecté d'un coefficient K variable suivant le moteur, et le travail recueilli, en chevaux-vapeur, est $T = \dfrac{K\,964\,H}{75}$.

Le travail transmis est, du reste, d'autant plus grand que la vitesse V' est plus faible. Comme le rapport de la chute perdue à la chute totale est d'autant plus petit que la hauteur $h'$ de la couronne mobile et l'angle $\alpha$ sont plus petits, on les diminue jusqu'à la limite où l'on pourrait craindre la formation, sur la paroi convexe du canal formé par les aubes, de remous qui diminueraient le travail utile ; on prend pour cela

$$V < \frac{v}{\cos\alpha} \quad \text{d'où} \quad \cos\alpha < \sqrt{\frac{H}{2h}}.$$

Le nombre des directrices varie de 2 à 2, 4 fois celui des aubes ; la hauteur $h'$ de la couronne mobile est le double de la distance $a$ entre deux aubes consécutives, mesurée sur le rayon moyen $r$. Pour un nombre de directrices $n$, $na = 2\pi r$ et $r = \dfrac{na}{2\pi}$. La longueur $l$ des canaux formés par les aubes, mesurée suivant le rayon de la roue, c'est-à-dire la largeur de la couronne mobile est ordinairement égale à 1/5 ou 1/6 du rayon moyen ; la couronne mobile est ordinairement évasée, du haut vers le bas, d'environ 1/10.

Si l'on appelle $d$ la plus courte distance entre deux directrices voisines ; et $e$ l'épaisseur des directrices, $a\sin\alpha = d + e$ ;

$$a = \frac{d+e}{\sin\alpha} = h' \text{ et } l = 0,1\frac{na}{\pi} \text{ et } r = \frac{nh'}{2\pi}$$

$$Q = KV \times dln = KV \times d\frac{a}{\pi}n^2 \text{ d'où } n = \sqrt{\frac{\pi\,Q}{KV\,da}}$$

Enfin le nombre de tours $N = \dfrac{60\,v}{2\pi r}$.

Comme les aubes doivent également débiter le volume Q, on doit avoir :

$$Q = K'W'l'(2\pi r\sin\beta - n'e')$$

($l'n'$ et $e'$ ont les mêmes significations pour les aubes motrices que $l$, $n$ et $e$ pour les directrices). On en tire

$$\sin\beta = \frac{Q - K'W'l'n'e'}{K'W'l' - 2\pi r}.$$

La valeur correspondante de l'angle $\beta$ répond au cas où les canaux sont complètement remplis. Il est préférable de prendre $\beta$ beaucoup plus grand, ce qui, avec l'augmentation de section qui résulte de ce que le nombre des aubes motrices est moindre que celui des directrices, permet aux veines fluides de suivre exclusivement la face concave des aubes motrices ; on réalise ainsi le principe, appliqué par Callon, de la *libre déviation* ; seulement la turbine ne doit pas être noyée, et si l'on craint le relèvement du niveau des eaux d'aval, il faut appliquer le système hydropneumatique de Girard. — V. HYDROPNEUMATISATION.

Le tracé de l'aube motrice et la directrice est très simple ; l'aube motrice est formée de deux arcs de cercle, dont le premier était primitivement normal au plan supérieur de la couronne mobile ; actuellement, on le trace de façon que sa tangente au point d'intersection avec ce plan soit dirigée suivant la diagonale d'un parallélogramme construit avec les côtés proportionnels aux vitesses W et $v$. Le second arc de cercle, raccordé avec le précédent, est décrit de façon que sa tangente, au point où il coupe le plan inférieur de la couronne, fasse avec ce plan un angle de 20°. La courbe inférieure des directrices doit former, avec le plan supérieur de la couronne mobile, un angle de 12° ; la partie supérieure est évasée, de façon à faciliter l'introduction de l'eau.

Outre les deux parties essentielles qui constituent les turbines, il en existe encore deux autres très importantes : le vannage, qui permet de régler les orifices de la dépense, et la suspension de la couronne mobile. Le vannage a subi des modifications nombreuses, le plus souvent appropriées aux conditions particulières de chaque appareil. Dans le premier modèle de turbine en dessous, construit par Fontaine en 1840, chacun des orifices formés par les aubes directrices était muni d'une petite vanne verticale rattachée par une tringle à un cercle qu'il suffisait de faire mouvoir pour agir simultanément sur toutes les vannes. Ce système présentait l'inconvénient de modifier la forme des orifices et, par suite, le mode d'action de l'eau au détriment de l'effet utile. Dans les appareils perfectionnés, on l'a remplacé par un vannage horizontal qui permet de fermer entièrement un nombre d'orifices proportionnel à la réduction du volume d'eau à dépenser, tout en laissant à ceux qui restent ouverts leurs sections respectives invariables. Ce résultat est ob-

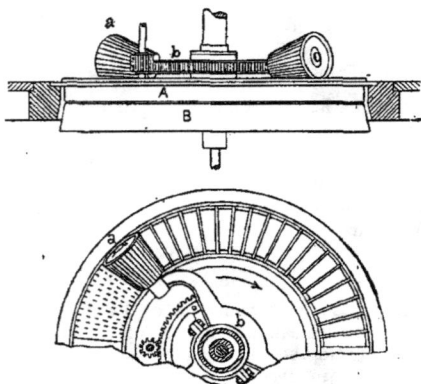

Fig. 653 et 654. — *Elévation et demi-plan de la turbine Fontaine, avec vannage à rouleaux.*

tenu au moyen de bandes annulaires, en cuir ou en caoutchouc, qui peuvent s'enrouler sur deux troncs de cône diamétralement opposés, ou se dérouler en s'appliquant sur la face supérieure de la couronne des directrices en recouvrant les orifices d'introduc-

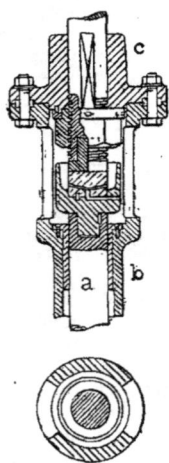

Fig. 655 et 656.

*Coupes verticale et horizontale de la suspension des pivots de turbine.*

tion. Cette disposition est indiquée sur les figures 653 et 654, qui représentent l'élévation et la moitié du plan d'une turbine Fontaine-Brault. Les cônes *a a* sont ajustés librement aux extrémités d'un arbre *b* qu'il suffit de faire tourner autour de l'axe de la turbine pour leur imprimer le double mouvement de translation et de rotation qui provoque l'enroulement ou le déroulement des bandes sur la couronne A des directrices.

*Suspension.* On a d'abord établi les turbines sur des pivots ordinaires placés naturellement dans l'eau; il était, par conséquent, difficile d'assurer un graissage régulier, et il fallait, pour les visiter, mettre à sec la chambre d'aval. On a remplacé cette disposition par celle que représentent les figures 655 et 656. L'arbre en fonte de la turbine *b* est creux et se prolonge jusqu'au-dessus du niveau des eaux d'amont; il porte à sa partie supérieure un manchon en fonte *c* sous lequel un pivot d'acier est maintenu et réglé à l'aide d'un écrou. Ce pivot tourne dans un godet, également en acier, placé à l'extrémité supérieure d'une tige en fer *a* dont l'extrémité inférieure est

solidement fixée dans le radier du canal de fuite; cette tige reste fixe à l'intérieur de l'arbre de la turbine. Le godet étant toujours maintenu plein d'huile, le graissage est assuré d'une façon continue.

*Turbine en dessous à double aubage.* Les modifications que l'on peut apporter à la dépense avec les vannages sont insuffisantes pour maintenir les turbines en rapport constant avec le volume d'eau disponible, lorsqu'il éprouve des variations considérables, d'autant plus que celles-ci coïncident presque toujours avec des variations de hauteur de la chute. Pour utiliser les forces hydrauliques dans de pareilles conditions, on emploie des turbines doubles, formées de deux séries d'aubages distincts, concentriques et séparés par une couronne intermédiaire. L'aubage intérieur est ordinairement beaucoup plus large que l'aubage extérieur (trois fois environ). La couronne fixe possède également deux séries de directrices et supporte un double système de vannages à rouleaux, disposés pour fonctionner séparément, de façon que l'on peut faire arriver l'eau à volonté sur l'un ou sur l'autre des aubages ou sur les deux à la fois, suivant les conditions de volume et de hauteur de la chute dont on dispose.

On emploie les turbines en dessous, du système Fontaine, pour des chutes de 1 mètre à 1$^m$,50, avec des dépenses de 500 à 6,000 litres par seconde, et pour des chutes de 6 à 20 mètres, avec des dépenses de 75 à 1,500 litres. Leur rendement atteint facilement de 65 à 70 0/0. Lorsque la hauteur de la chute dépasse 10 mètres, la disposition ordinaire devient impraticable parce qu'il faudrait donner à l'arbre une longueur exagérée pour amener la suspension au-dessus des eaux d'amont. Dans ce cas, on établit la turbine en dessous d'un réservoir hermétiquement clos dans lequel l'eau est amenée du bief supérieur par une conduite en fonte dont la longueur peut être aussi grande que l'on veut. La longueur de l'arbre moteur est alors réduite à la hauteur de ce réservoir; ce dernier est, en outre, muni à l'intérieur d'une cloison tubulaire qui isole l'arbre dans son passage à travers le réservoir; un seul presse-étoupe est nécessaire pour l'arbre qui commande le vannage. Un trou d'homme permet d'exécuter à l'intérieur du réservoir les travaux nécessaires. Les couronnes, fixe et mobile, ainsi que le vannage, sont disposés comme dans les appareils ordinaires. Le système de turbines à réservoir d'eau forcée permet d'établir des moteurs de dimensions très réduites et très faciles à installer.

La figure 657 est une coupe verticale d'une turbine de ce genre, construite par Girard et Callon, avec l'admission partielle et un vannage d'un genre particulier. La chambre d'eau forcée est constituée par un cylindre C dans lequel l'eau arrive par le tuyau latéral T et dont la couronne des aubes directrices A forme le fond; immédiatement en dessous se trouve la couronne mobile B suspendue à un arbre creux à pivot supérieur; cet arbre est isolé de l'eau qui emplit la chambre par une cloison cylindrique intérieure; *b* est le bout visible dè la tige fixe sur laquelle tourne l'appareil. Le fond de la chambre ne porte qu'un petit nombre d'orifices répartis sur deux segments opposés ; le vannage est obtenu au moyen d'un papillon à deux branches dont la rotation, au moyen de la tige *d*, permet de découvrir le nombre d'orifices correspondant au volume d'eau disponible, ou de les fermer tous pour arrêter la turbine. On reproche à ce vannage d'exiger un effort assez grand pour être mis en mouvement, parce qu'il supporte une pression d'autant plus grande que la hauteur de chute est plus considérable.

*Turbine Jonval-Kœchlin.* La disposition imaginée par Jonval, et perfectionnée par Kœchlin, avait pour but d'éviter les inconvénients qu'entraînait la nécessité de placer les turbines au bas de la chute ; elle consiste à placer les couronnes, directrice et mobile, en un point quelconque de la hauteur, en les enfermant dans une conduite

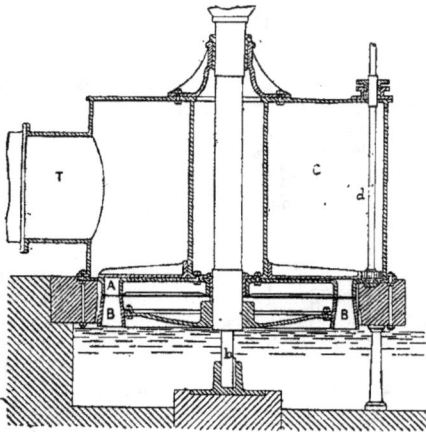

Fig. 657. — *Coupe verticale de la turbine en dessous, à chambre d'eau forcée (système Fontaine), par Callon et Girard.*

verticale prolongée jusqu'au bief d'aval dans lequel son extrémité inférieure plonge suffisamment pour assurer une clôture hermétique. Cette conduite, évasée dans le haut, est un peu rétrécie à l'endroit où se placent les couronnes, et s'élargit ensuite à nouveau. Au premier abord, on comprend difficilement qu'une turbine puisse fonctionner dans ces conditions sans perte d'effet utile ; cela résulte de ce que la vitesse de l'eau est la même dans tous les points de la conduite, parce que l'aspiration qui se produit au-dessous du moteur agit comme la pression qui s'exerce au-dessus, pourvu, cependant, que la hauteur de la couronne mobile au-dessus du niveau d'aval n'excède pas 10 mètres, autrement dit, ne soit pas supérieure à la colonne d'eau que soutient la pression atmosphérique ; autrement, il se formerait un vide au-dessous de la couronne mobile et il y aurait une perte de chute. La figure 658 représente une turbine de ce système, construite par M. Fossey, et remarquable par les dispositions adoptées pour le vannage et la suspension.

La couronne fixe des aubes directrices A est fixée au sommet du conduit cylindrique C, dont l'extrémité inférieure est terminée par un anneau à fond plein, relié par des nervures à la bride d'assemblage ; l'eau s'écoule sur tout le pourtour par les orifices que forment les intervalles entre ces nervures, orifices qui se ferment ou s'ouvrent à volonté par une vanne annulaire V. Cette vanne ne sert cependant que pour la mise en train ou pour les petites variations de dépense ; pour les grandes variations, on annule une partie de l'aubage de la couronne fixe au moyen de six clapets *dd*, en forme de segments. Chacun de ces clapets est manœuvré à l'aide d'une tige filetée terminée par un volant-écrou. Au-dessous de la couronne fixe A, le cylindre C présente un rétrécissement dans lequel tourne la couronne mobile B ; les aubes motrices ont leurs extrémités libres et tournées de façon qu'elles s'emboîtent avec très peu de jeu dans la partie rétrécie qui est alésée avec soin et leur sert d'enveloppe extérieure. L'arbre *a* auquel est suspendue la turbine est guidé par un presse-étoupe ménagé au centre de la couronne fixe ; à la partie supérieure, cet arbre est muni d'une embase P tournant sur 3 galets qui roulent eux-mêmes sur le plateau d'un socle en fonte.

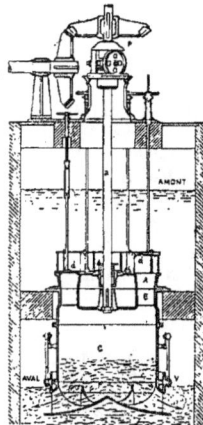

Fig. 658. — *Coupe verticale de la turbine Jonval-Kœchlin.*

*Turbines versant l'eau latéralement* ou *turbines centrifuges.* Ce sont celles dans lesquelles le liquide coule horizontalement pendant son passage dans l'appareil, d'où il résulte que la pesanteur ne modifie ni son travail, ni sa vitesse pendant ce passage ; en revanche, il faut tenir compte de l'effet produit par la force centrifuge. Les couronnes, qui constituent les deux parties essentielles, sont concentriques au lieu d'être superposées ; la couronne fixe est à l'intérieur, et la couronne mobile à l'extérieur. Pour réaliser les conditions relatives à l'entrée de l'eau et à sa vitesse de sortie, on adopte, pour la section horizontale des canaux formés par les directrices et par les aubes motrices, des formes analogues à celles qui ont été précédemment indiquées pour les roues en dessous, c'est-à-dire que l'on dirige le premier élément intérieur et le dernier élément extérieur des directrices et des aubes suivant les diagonales du parallélogramme construit : avec la vitesse d'arrivée de l'eau d'une part, et la vitesse de l'eau au point considéré d'autre part.

En conservant les mêmes lettres qu'au paragraphe précédent, observant, toutefois, que $H = h - h'$ et ajoutant : $p$ pour la pression atmosphérique par mètre carré ; $p'$ pour la pression par mètre carré de l'eau à l'entrée des aubes motrices, et $\Pi$ pour le poids du mètre cube d'eau ; le théorème de Bernouilli donne

$$\frac{V^2}{2g} = h + \frac{p-p'}{\Pi} \quad \text{et} \quad W^2 = V^2 + v^2 - 2Vv\cos\alpha.$$

Pour une masse $m$ de liquide qui parcourt la longueur d'une aube motrice, l'accroissement de la puissance vive est $\frac{1}{2}m(W'^2 - W^2)$ ; cet accroissement est égal à la somme des travaux dus :
1° à l'ensemble des pressions d'amont et d'aval,

$$mg\left(\frac{p'-p}{\Pi} - h'\right);$$

2° à la force centrifuge,

$$\frac{1}{2}m(v'^2 - v^2),$$

ce qui donne :

$$\frac{1}{2}m(W'^2 - W^2) = mg\left(\frac{p'-p}{\Pi} - h'\right) + \frac{1}{2}m(v'^2 - v^2)$$

ou

$$\frac{W'^2 - W^2 + v^2 - v'^2}{2g} = \frac{p'-p}{\Pi} - h'$$

R et $r$ étant les rayons, extérieur et intérieur, de la couronne mobile $vR = v'r$, et comme le débit des deux couronnes est le même, $Vr\sin\alpha = W'R\sin\beta$. Pour obtenir le maximum de travail, on fait $\beta$ le plus faible possible et on admet que $W'=v'$ ; on a donc :

$$V'^2 = W'^2 + v'^2 - 2W'v'\cos\beta = 2v'^2(1-\cos\beta).$$

En ajoutant la première et la troisième de ces équations, on obtient $\frac{V^2 + v^2 - W^2}{2g} = H.$

Des équations précédentes, on peut tirer $\frac{W'^2}{2g}$

ou $\frac{v'^2}{2g} = \frac{H}{2}\frac{\tan g\,\alpha}{\sin\beta}$ d'où W' ou $v' = \sqrt{2gH\frac{\tan g\,\alpha}{\cos\beta}}.$ On conclut que W' et $v'$ sont indépendants de $h'$ ; on en profite pour faire varier un peu cette dernière quantité, afin d'arriver au diamètre le plus convenable, en ayant soin d'observer qu'en réalité $h'$ désigne la levée de la vanne qui correspond au volume d'eau adopté, et que l'anneau lui-même est toujours un peu plus haut. En substituant la valeur de $v'$ dans l'équation $V'^2=2v'^2(1-\cos\beta)$, on obtient pour la perte de chute due à la vitesse V' que conserve l'eau à la sortie

$$\frac{V'^2}{2g} = H\frac{\tan g\,\alpha(1-\cos\beta)}{\sin\beta}.$$

$\alpha$ varie ordinairement de 25 à 35° ; $\beta$ de 20 à 25° ; en prenant leurs valeurs maxima, on a :

$$W' = v' = 0,92\sqrt{2gH} \quad \text{et} \quad \frac{W'^2}{2g} = 0,15H.$$

Le travail transmis à la roue est alors 0,85 PH, quelle que soit la valeur de $h'$. En pratique, W' ou $v'$ ne dépasse guère $0,80\sqrt{2gH}$, et le travail, 0,65 PH. Les valeurs de $n$ et $n'$ se déterminent comme on l'a vu précédemment en fonction de Q, soient :

$$Q = KIV(2\pi r\sin\alpha - ne) \quad \text{et} \quad Q = K'v'\pi(2\pi R\sin\beta - n'e').$$

K et K' sont les coefficients de contraction entre les directrices et entre les aubes; leur valeur varie de 0,90 à 0,95 pour le premier et de 0,75 à 0,80 pour le second. Le rapport $\frac{n'}{n}$ varie de 1,33 à 1,50.

Le rayon intérieur se déduit de la relation $\pi r^2 = \frac{Q}{V'}$ et on prend pour le rapport $\frac{r}{R}$ : 0,75, 0,70 ou 0,65 pour des hauteurs de chute de 0,50 à 2 mètres, de 2 à 6 mètres, et enfin au-dessus de 6 mètres. Le nombre de tours de la turbine $N = \frac{v'\times 60}{2\pi R}$. On doit observer que dans ces appareils la pression de l'eau, à l'endroit où existe le jeu entre les orifices distributeurs et la couronne mobile, doit être égale ou plutôt légèrement supérieure à la pression extérieure, parce que les pertes du travail provenant des fuites par ce jeu sont plus faibles que celles qui se produiraient par les tourbillonnements dus à une aspiration du dehors au dedans. Le développement des constructions géométriques employées pour le tracé des aubes dépasserait les limites du *Dictionnaire* ; on les trouve dans tous les traités d'hydraulique, dans les aide-mémoire de l'ingénieur (Claudel, etc.) et dans le *Traité pratique des moteurs hydrauliques* d'Armengaud aîné.

Le type des turbines centrifuges est la turbine de Fourneyron que la figure 659 représente en demi-coupe et demi-élévation. La couronne mobile B se compose d'un disque circulaire en fonte, en forme de cuvette terminée extérieurement par une partie annulaire horizontale ; la cuvette est munie d'un moyeu clavelé sur l'arbre moteur $a$. L'anneau plat supporte les aubes motrices qui sont serrées entre elles et un anneau supérieur isolé de mêmes dimensions. L'aubage est divisé intérieurement en trois parties par deux cloisons horizontales, de façon à former en quelque sorte trois couronnes superposées, dont les capacités s'ajoutent ou se retranchent, pour rester en proportion avec les variations du volume d'eau disponible. Le plateau fixe A, portant les aubes directrices, est concentrique à la couronne mobile ; sa face supérieure affleure celle de l'anneau plat de cette dernière, et son moyeu, très allongé, est fixé sur un tuyau de fonte C qui enveloppe, sur toute sa hauteur, l'arbre moteur de la turbine, jusqu'à la plaque de fonte qui supporte le mécanisme du vannage et la douille qui sert de guide

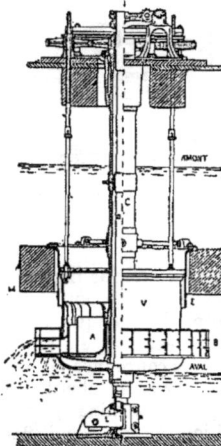

Fig. 659. — *Demi-coupe et demi-élévation de la turbine centrifuge de Fourneyron.*

à la partie supérieure de l'arbre. La figure 660 montre en plan les courbures des aubes directrices et celles des aubes motrices; les premières forment deux séries, de longueurs inégales, disposées de façon à conserver, autant que possible, la même section sur tout le passage de l'eau. La couronne fixe A est enfermée dans un cylindre en fonte V qui peut glisser verticalement devant les aubes motrices et sert de vanne pour régler le passage de l'eau. Cette vanne cylindrique est enfermée elle-même dans un cylindre enveloppe E qui lui sert de guide; une garniture étanche est fixée au sommet de la vanne V; son extrémité inférieure est garnie de coins en bois ajustés entre les intervalles des aubes directrices, et arrondis dans le bas pour diminuer le plus possible la contraction du fluide. Les mouvements verticaux de la vanne sont obtenus à l'aide de trois tiges traversant le plancher et filetées à la partie supérieure; ces tiges ont pour écrous trois roues dentées, commandées par une roue centrale; celle-ci est actionnée elle-même par un pignon fixé sur un petit arbre vertical, et mis en mouvement par une roue et une vis sans fin. Le rapport des vitesses de ces organes est tel qu'il

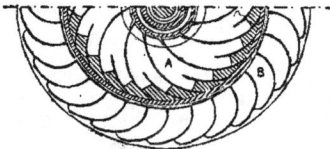

Fig. 660. — *Demi-coupe horizontale de la turbine centrifuge de Fourneyron.*

faut 270 tours de la vis sans fin pour lever la vanne complètement: cette disposition permet de la faire mouvoir sans effort à l'aide d'un régulateur. L'arbre moteur a est guidé au sommet par le fourreau en bronze logé dans la plaque et au milieu de sa hauteur par une bague ajustée dans le tuyau C; il est porté dans le bas par un pivot dont la crapaudine repose sur un levier mobile L qui permet de régler exactement la position de la couronne mobile. L'huile indispensable au graissage de ce pivot est amenée d'un réservoir placé beaucoup plus haut, par un tuyau qui repose sur le fond du bief d'aval, et avec une pression suffisante pour maintenir son passage entre les grains d'acier du pivot et de la crapaudine.

Le turbine Fourneyron a été modifiée par M. Cadiat qui a supprimé la couronne des directrices; l'eau arrive directement sur le disque mobile qui supporte les aubes motrices et dont la forme, en moitié de tore creux, est déterminée de façon à modifier insensiblement la direction de l'eau. La vanne cylindrique est placée à l'extérieur des aubes et agit par conséquent sur la sortie de l'eau.

La turbine centrifuge de Callon diffère des précédentes par les conditions suivantes: les directrices, en nombre égal à celui des aubes motrices, ne se prolongent pas jusqu'au centre, mais forment une couronne annulaire à l'intérieur de la-

quelle sont disposées des vannettes demi-cylindriques qui ferment, deux par deux, les orifices d'entrée de l'eau; c'est l'application du principe de l'admission partielle qui est bien plus favorable pour mettre la turbine toujours en rapport avec le volume d'eau disponible sans altérer son fonctionnement.

L'emploi d'une chambre d'eau forcée pour les très hautes chutes et les grandes variations de niveau a été appliqué par M. Fourneyron aux turbines centrifuges. La figure 661 représente un moteur de ce genre établi pour utiliser une chute variable de 3 à 6 mètres de hauteur. La chambre d'eau forcée est constituée par un cylindre C sur les brides duquel sont assemblés: un couvercle muni au centre d'un presse-étoupe

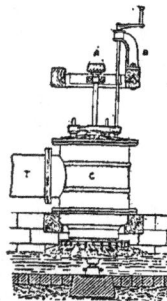

Fig. 661. — *Turbine centrifuge à réservoir d'eau forcée, de Fourneyron.*

pour le passage de l'arbre moteur A; une culasse inférieure tronconique, dont la partie rétrécie contient une vanne cylindrique. L'arbre est porté dans le bas par un pivot et une crapaudine fixée dans le fond du canal de fuite. L'eau arrive dans la chambre par un tuyau latéral T. La couronne mobile est fixée immédiatement sous la face inférieure de la culasse; la vanne est actionnée par trois vis qui traversent le couvercle par des presse-étoupes; ces vis sont mues par un mécanisme semblable à celui que nous avons déjà décrit, et dont le dernier axe, guidé par une console a, au-dessus du plancher, est muni d'une manivelle. L'appareil est monté sur un bâti en charpente installé au-dessus du canal de fuite, de façon que son centre se trouve invariablement fixé au-dessus de la crapaudine.

M. Fourneyron a pu, avec ce système, utiliser une chute de 108 mètres de hauteur, actionnant deux petites turbines de 0,55 m de diamètre. La conduite présentait un développement de 500 mètres, et la pression atteignait 11 atmosphères dans la chambre d'eau; à la vitesse de 2,300 tours et avec une dépense d'environ 60 litres par seconde, chacune de ces petites turbines développait une force utile de 60 chevaux.

Laissant de côté quelques systèmes créés pour amener l'eau par dessous la couronne mobile, afin de reporter le point d'appui du pivot au-dessus du mécanisme et par suite de le placer hors de l'eau, il convient de mentionner les turbines, dites *rurales*, de M. de Canson, à cause de la simplicité de leur construction, et de la façon particulière dont l'eau est amenée aux aubes motrices B.

La couronne des directrices est remplacée par une ou plusieurs buses rectangulaires I, dont la forme contournée est indiquée sur la figure 662, qui représente une coupe verticale de la turbine à axe horizontal. La disposition adoptée pour l'arrivée de l'eau permet, en effet, d'établir ce système de moteurs avec l'axe horizontal ou vertical indifféremment.

Enfin on emploie, en Angleterre et en Suisse, de très petites turbines qui utilisent de faibles volumes d'eau avec des chutes de 15 à 80 mètres. La figure 663 montre la coupe d'une de ces petites machines. L'eau, arrivant par le tuyau A traverse la couronne des aubes directrices H, formée de simples trous évasés et convenablement dirigés; elle s'échappe des deux côtés de la couronne mobile B dans les espaces latéraux qui se réunissent en contre-bas pour former le tuyau d'écoulement E. La couronne

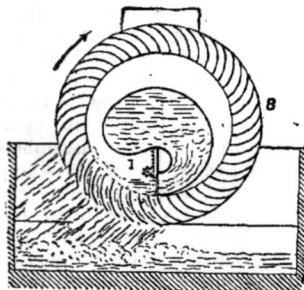

Fig. 662. — *Coupe verticale de la turbine rurale (système de Canson), à axe horizontal.*

motrice, en bronze, peut faire jusqu'à 3,000 tours par minute; un simple robinet suffit pour mettre l'appareil en marche ou l'arrêter, et pour régler son mouvement.

A la suite des turbines centrifuges, on a construit un modèle récent de turbines dites *centripètes*, dans lequel les directrices sont à l'extérieur et lancent l'eau horizontalement sur les aubes; ces directrices sont mobiles et pivotent autour d'un axe vertical; leur mouvement permet de faire varier le débit dans des limites très étendues.

M. Decœur, ingénieur des ponts et chaussées, qui exposait en 1878 une

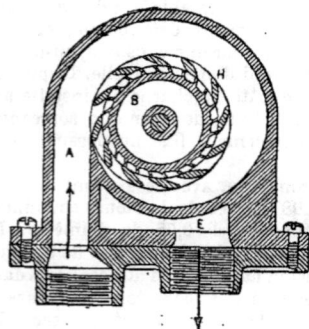

Fig. 663. — *Coupe d'une petite turbine suisse à haute chute, pour moteur domestique.*

turbine de ce genre, a publié sur leur construction un mémoire très intéressant.

Quelques inventeurs ont cherché à simplifier la construction des turbines en constituant simplement le récepteur par une hélice à deux filets et à axe vertical. L'inconvénient des turbines hélicoïdales, c'est qu'il est impossible d'éviter que l'eau ne conserve à la sortie une vitesse considérable et qu'il en résulte une diminution correspondante de l'effet utile. — J. B.

**Turbine atmosphérique.** C'est le terme que l'on emploie aujourd'hui pour désigner les moteurs à vent perfectionnés, à cause de leur analogie avec les turbines hydrauliques, tant au point de vue de l'action du fluide que de la forme des organes; ces moteurs ne sont en réalité que des transformations de l'antique machine que son emploi primitif avait fait appeler *moulin à vent*. Comme la puissance des chutes d'eau, la force motrice du vent est une force gratuite, en apparence, que l'on a utilisée depuis fort longtemps, et si le moulin à vent a changé de destination, il est encore très répandu dans certains pays. En Hollande, il en existe encore un grand nombre qui actionnent les pompes de dessèchement; aux Etats-Unis on les compte par milliers; ils servent à élever l'eau, à faire mouvoir les machines à battre, les hache-paille, les scieries, etc. On sait que les moulins ordinaires sont composés d'un arbre de rotation, incliné de 10 à 15° sur l'horizon, portant 4 ailes, de 10 à 12 mètres de longueur, implantées perpendiculairement. Dans l'axe de ces ailes sont fixés de petits barreaux transversaux, sur lesquels on étend des voiles; ces barreaux sont inclinés de façon que chaque voile présente une surface oblique par rapport au plan passant par l'axe; le vent qui frappe sur cette surface oblique détermine la rotation du système autour de l'axe. La largeur des ailes varie du 1/5 au 1/6 de la longueur, sans dépasser le 1/4. La surface de chaque voile est d'environ 20 mètres carrés. L'ensemble de l'appareil tourne autour d'un axe vertical, afin de permettre de l'orienter de telle sorte que l'axe de rotation des ailes soit toujours à peu près placé dans la direction du vent.

Dans les anciens moulins, la charpente, en pièces de bois d'un fort équarrissage afin de pouvoir résister aux tempêtes, était très lourde et l'appareil ne marchait pas tant que la vitesse du vent était inférieure à 4 mètres par seconde, tandis que dès que cette vitesse dépassait 8 mètres, il fallait commencer à serrer les voiles. L'orientation devait se faire à la main, ce qui exigeait une surveillance continuelle; cependant les hollandais avaient imaginé un système d'orientation automatique, consistant en une roue, dite *papillon*, véritable petit moulin, placé perpendiculairement à la roue principale; ce papillon se met en mouvement dès que le vent le frappe sous un angle un peu grand, et cesse d'agir quand il est parallèle à la direction du vent, c'est-à-dire quand la roue principale est bien orientée. L'effet dynamique des moulins, en kilogrammètres, était évalué approximativement à l'aide de la formule KSV³, dans laquelle S était la surface totale des ailes, en mètres carrés; V la vitesse du vent en mètres par seconde, et K un coefficient variant de 0,05 à 0,03. D'après les expériences de Coulomb, il fallait, pour obtenir un cheval-vapeur, environ 10 mètres carrés de voilure, avec un vent de 6m,50 par seconde et 40 mètres carrés avec un vent de 4 mètres. Enfin, on ne recueillait guère dans une année que le tiers du travail que le moteur aurait produit en marchant sans interruption avec le vent le plus favorable (6m,50 à 7 mètres par seconde).

Le rendement était donc bien faible, si l'on songe aux pressions que le vent exerce aux différentes vitesses qui ont été observées, pressions résumées dans le tableau suivant :

| | Vitesse en mètres par seconde | Pression en kilogram. par mètre carré |
|---|---|---|
| Vent modéré ou brise légère . | 2.5 | 0.765 |
| Vent frais ou brise . . . . . | 4.7 | 2.706 |
| Vent fort (le plus favorable pour les moulins). . . . . | 7.0 | 6.001 |
| Vent violent . . . . . . . . . | 15.0 | 27.558 |
| Tempête . . . . . . . . . . . | 30.0 | 110.230 |
| Ouragan. . . . . . . . . . | 40.0 | 195.968 |

Dans les grands ouragans, la pression peut atteindre et même dépasser 400 kilogrammes par mètre carré ; il s'agit, bien entendu, de la pression normale que l'on évalue d'après la formule $P = Kp\dfrac{SV^2}{2g}$, dans laquelle S exprime la surface en mètres carrés ; V la vitesse de l'air en mètres par seconde ; $p$ le poids du mètre cube d'air $= 1,292$ kilogrammes à la température de 13° centigrades et à la pression atmosphérique ; K est un coefficient empirique évalué à 1,86 en moyenne, mais atteignant 3 pour les grandes surfaces ; si la surface fait un angle $\alpha$ avec la direction du mouvement, on a $P = Kp\dfrac{SV^2}{2g}\sin^3\alpha$ pour valeur de la composante de la pression normale à cette surface.

Cependant les moteurs à vent peuvent rendre de grands services pour les travaux qui n'exigent pas un fonctionnement continu, notamment pour ceux où le produit du travail intermittent peut être emmagasiné et dépensé ensuite selon les besoins, comme l'élévation de l'eau dans les réservoirs ou le chargement d'accumulateurs électriques. En outre, il existe des régions où des vents de direction constante et de vitesse moyenne soufflent chaque jour à des heures déterminées, dans des conditions favorables à ce genre de moteurs ; c'est pourquoi on a créé un certain nombre d'appareils perfectionnés, tels que : la turbine à axe horizontal et à ailes en bois, de M. H. Lepaute ; la turbine en fer, de M. Bollée ; la turbine atmosphérique de Dumont, dans laquelle le moteur est toujours en équilibre entre la poussée du vent, à l'avant, et la résistance de l'air, refoulé à l'arrière, de façon qu'il conserve une marche modérée dans les plus grands vents. Ce résultat est obtenu en donnant aux ailes, qui sont montées entre deux roues parallèles, une courbure et une inclinaison telles que les diverses parties de la couronne ainsi constituée, animées de vitesses inégales suivant leur distance au centre, reçoivent du vent une impulsion égale, tandis qu'à l'arrière, l'air, choqué par les ailes en mouvement, produit une résistance qui est aussi uniformément répartie sur toute leur surface. En raison de l'étendue donnée aux surfaces contre lesquelles elle agit, la résistance, variable avec la vitesse, croît plus rapidement que l'action de l'air sur la surface antérieure ; pendant la tempête, et proportionnellement à sa violence, elle maintient le disque contre l'effort de renversement et l'empêche de dépasser le maximum de vitesse fixé d'avance.

En Amérique, on emploie surtout des moulins à ailettes droites multipliées, groupées en forme de roue, comme celui que représente la figure 664 (moulin Halladay, analogue au moulin fran-

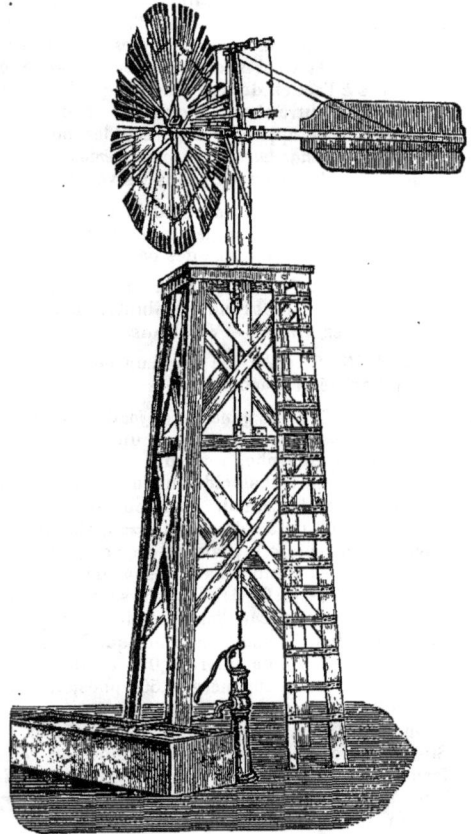

Fig. 664. — *Moulin à vent américain.*

çais de M. Bernard). Ici, la surface utile des ailes est réglée, suivant la force du vent, par un mécanisme qui fait tourner chacun des six groupes d'ailes autour des barres transversales qui les supportent, jusqu'à les amener parallèles à l'axe de rotation. Ce mouvement est produit par l'action de la force centrifuge sur six tiges mobiles armées de contrepoids, qui sont installées dans le plan du disque et tournent avec lui. Des contrepoids antagonistes portés par deux leviers, en arrière du disque, ramènent les ailes en place quand la vitesse de rotation diminue, et en même temps l'action de la force centrifuge sur les tiges. Ce moulin est orienté simplement par un gouvernail de dimensions appropriées ; on le construit avec des diamètres variant de 2ᵐ,40 à 9ᵐ,15. C'est avec un moteur de ce système que M. le duc de Feltre se propose d'actionner deux dynamos pour charger des accumulateurs électriques, destinés à alimenter l'éclairage de l'un des phares de la Hève près du Hâvre.

D'autres inventeurs, dans le but d'éviter la nécessité d'orienter l'appareil à chaque changement dans la direction du vent, l'ont disposé horizontalement, avec des ailes dissymétriques par rapport à l'axe vertical de rotation, de façon que les unes sont déployées et reçoivent l'action du vent, tandis que les autres sont repliées ou effacées. Chaque aile est ainsi successivement exposée et soustraite à l'action du vent, selon qu'elle passe d'un côté à l'autre et quelle que soit la direction de ce vent. Ces appareils ont reçu les noms de *panémones*, *pananémones* et *pantanémones*, pour indiquer qu'ils obéissent à tous les vents.

**\*TURBULENT.** *T. techn.* Grande caisse carrée qui tourne sur deux angles opposés, et dans laquelle on opère le foulage des peaux.

**\*TURLUPIN.** *T. de drap.* Nom donné à de petits chardons, d'une très grande flexibilité, qui servent au gîtage des draps. — V. Gîtage.

**TURQUIN.** *T. techn.* Se dit d'un bleu foncé et mat. ‖ Variété de marbre bleu.

**TURQUOISE.** *T. de minér. et de joaill.* Phosphate d'alumine naturel constituant une pierre précieuse. Il est amorphe, à cassure conchoïdale ou inégale, un peu translucide sur les bords, d'éclat vitreux faible, de couleur bleue ou vert clair, de densité =2,62 ou 3, de dureté =6. Chauffé, il devient noir, colore la flamme en vert, mais ne fond pas; il est soluble dans les acides. Sa formule est Al²O³,PhO⁵,5HO, mais sa composition est plus complexe, car l'analyse de la turquoise de Perse a donné : acide phosphorique 27,34; alumine 47,45; oxyde de cuivre 2,02; oxyde de fer 1,10; oxyde de manganèse 0,50; phosphate de cuivre 3,41; eau 18,18.

On trouve la turquoise, en Perse, au Thibet, en Silésie, en masses compactes botryoïdes ou réniformes; le corps que l'on nomme *turquoise occidentale* est une sorte d'ivoire fossile teinté en vert par un composé de cuivre.

— On connaît peu de gravures anciennes sur turquoise, probablement à cause du peu de dureté de la pierre, qui a pu se détruire; il faut citer cependant comme remarquables : une pierre de la collection Genevosio représentant Diane, et gravée sur ses deux faces; une autre Diane et une Faustine, de la collection du duc d'Orléans; et une grosse turquoise de la galerie de Florence, représentant Tibère.

**TUYAU.** Tube, canal, formé d'une substance quelconque, de forme variable, et destiné à l'écoulement ou à la distribution des liquides, de la vapeur ou des gaz, à la circulation de la chaleur, à l'expulsion de la fumée, à la conduite et à la transmission des sons, etc. Ils peuvent être classés suivant la matière dont ils sont composés; ainsi, nous distinguerons parmi les principaux genres appliqués dans l'industrie : 1° les tuyaux

en fonte; 2° les tuyaux en tôle; 3° les tuyaux en fer, en cuivre, en plomb, en zinc; 4° les tuyaux en poterie, grès, terre cuite brute ou vernissée; 5° les tuyaux en ciment; 6° les tuyaux en bois, en papier bitumé, en cuir, en toile, en caoutchouc et en gutta-percha.

Cette classification correspond à peu près à leur importance respective au point de vue de leurs emplois industriels, et nous allons suivre cet ordre dans l'examen que nous nous proposons de faire de ces diverses espèces de tuyaux.

**Tuyaux en fonte.** Ces tuyaux sont particulièrement employés pour les distributions d'eau et de gaz dans les villes, pour les conduites d'air chaud et de vapeur dans les grandes installations de chauffage, pour les conduites d'air comprimé, pour la protection des fils des lignes télégraphiques souterraines, etc. Les formes diverses qui sont maintenant en pratique se rattachent à quelques types principaux que nous diviserons en trois séries, selon la nature des matières servant à effectuer les joints :

*Première série.* *Tuyaux à joints de plomb matté*, parmi lesquels nous distinguons les *tuyaux à emboîtement et cordon*, les *tuyaux à emboîtement et bout uni*, les *tuyaux à deux bouts unis avec bagues d'assemblage.*

*Deuxième série.* *Tuyaux à joints de caoutchouc*, dont les principaux sont les systèmes Petit, Lavril, Somzée, Chappée, Delperdange, Dussard, etc.

*Troisième série.* *Tuyaux à brides*, dont les joints se font avec des matières très variées, rondelles métalliques, minium et autres mastics divers, tresses en chanvre, carton, caoutchouc, etc.

La fabrication des tuyaux en fonte, surtout depuis le développement considérable qu'ont acquis les distributions d'eau et de gaz, est devenue une branche d'industrie d'une grande importance qui constitue le travail spécial d'un certain nombre d'établissements métallurgiques.

Une des principales améliorations apportées dans la fabrication des tuyaux en fonte a été le mode de coulée verticale, généralement adoptée maintenant, au lieu de la coulée horizontale qu'on avait d'abord employée. Quand on coulait les tuyaux dans une position horizontale, il était fort difficile de maintenir exactement centré le noyau qui devait former le vide intérieur, et le déplacement de ce noyau entraînait nécessairement une inégalité d'épaisseur des parois. Il en résultait, par conséquent, une inégalité de résistance, et les tuyaux étaient sujets à des ruptures dans l'usage ou à des rebuts lors de la réception et des essais. Le système de coulée verticale rend beaucoup plus sûr le centrage du noyau et plus certaine aussi la régularité d'épaisseur, en même temps qu'il permet de rendre plus saines les parties correspondantes aux divers modes de jonction employés, particulièrement pour les tuyaux à emboîtement.

*Tuyaux à joints de plomb matté.* La plupart des fabricants ont adopté, pour les *tuyaux à emboîtement et cordon*, des modèles de dimensions analogues, dont la figure 665 montre en coupe le dispositions. Ce spécimen, que nous empruntons à la fabrication des usines de Marquise, est un type courant dont les dimensions peuvent être considérées, en quelque sorte, comme classiques pour ce genre de fabrication. Le tableau ci-dessous indique les divers diamètres en usage dans le commerce ainsi que les poids et les proportions correspondant, pour chacun de ces diamètres, à tous les détails de l'emboîtement, d'après les lettres marquées sur la figure 665.

Les indications du tableau correspondent aux tuyaux désignés dans le commerce sous la dénomination générale de *tuyaux à emboîtement, façon Paris*, parce qu'ils sont analogues aux types adoptés depuis de longues années par l'administration de la Ville de Paris,

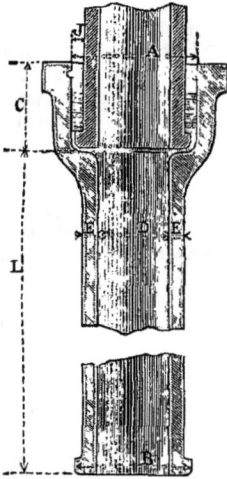

Fig. 665.

Les tuyaux à deux bouts unis avec bague de jonction, type créé par MM. Fortin Herrmann frères, comprennent également les mêmes dimensions et le nombre de 13 diamètres, variant de 1m,100 à 0m,060. Les deux extrémités de ces tuyaux se posent bout à bout, et la bague en fonte légèrement conique, qui vient recouvrir cette jonction, reçoit le plomb coulé qu'on matte de la même façon

que pour les joints à emboîtement. L'avantage de ce système est de rendre la pose plus facile, plus rapide, plus économique, et de permettre les raccordements à toutes longueurs, soit pour la mise en place, soit pour les changements ou coupements de tuyaux posés; c'est la généralisation du système de *raccords par manchons*, étendue à tous les joints d'une canalisation. Ce genre de tuyaux est adopté par le service des eaux de la Ville de Paris et par un certain nombre de grandes villes de province et de l'étranger. Nous ne nous arrêterons pas sur la pose des tuyaux à emboîtement, il en a déjà été parlé aux articles CANALISATION et DISTRIBUTION D'EAU ET DE GAZ; l'exécution du joint au moyen de corde goudronnée, de plomb coulé à chaud et matté ensuite, est trop connue pour la répéter ici. — V. CANALISATION.

Un système particulier d'emboîtement, dit *à rotule*, imaginé par M. Doré, diffère du type ordinaire en ce que les parties assemblées à emboîtement sont de forme sphérique au lieu d'être cylindrique. Ce système, que la figure 666 représente en coupe, permet comme on le voit de donner aux tuyaux une certaine inclinaison, pour faire des courbes d'assez grand rayon sans recourir à l'emploi des coudes; mais par contre, il a l'inconvénient de présenter beaucoup moins de profondeur d'emboîtement, et de ne pas donner autant de sécurité pour l'étanchéité des joints et pour leur résistance aux effets de dilatation ou de contraction, et aux tassements du terrain. Ces causes

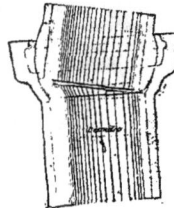

Fig. 666. — *Tuyau à emboîtement à rotule, système Doré.*

Dimensions usuelles et poids moyen des tuyaux à emboîtement et cordon, façon Paris.

| D Diamètre intérieur | 1,100 | 1,000 | 0,900 | 0,800 | 0,700 | 0,600 | 0,500 | 0,450 | 0,400 | 0,350 | 0,325 | 0,300 | 0,275 | 0,250 | 0,225 | 0,216 | 0,200 |
|---|---|---|---|---|---|---|---|---|---|---|---|---|---|---|---|---|---|
| A | 1174 | 1068 | 968 | 862 | 756 | 655 | 552 | 502 | 450 | 398 | 372 | 346 | 320 | 294 | 268 | 259 | 242 |
| B | 1160 | 1054 | 952 | 850 | 746 | 645 | 542 | 492 | 440 | 388 | 362 | 336 | 310 | 284 | 258 | 249 | 232 |
| C | 105 | 105 | 105 | 105 | 105 | 105 | 105 | 105 | 105 | 105 | 105 | 105 | 105 | 105 | 105 | 105 | 105 |
| É Épaisseur | 25 | 22 | 21 | 20 | 18 | 17½ | 16 | 16 | 15 | 14 | 13½ | 13 | 12½ | 12 | 11½ | 11 | 11 |
| F | 7 | 7 | 7 | 6 | 5 | 5 | 5 | 5 | 5 | 5 | 5 | 5 | 5 | 5 | 5 | 5 | 5 |
| J Jeu | 12 | 12 | 12 | 11 | 10 | 10 | 10 | 10 | 10 | 10 | 10 | 10 | 10 | 10 | 10 | 10 | 10 |
| L Longueur utile | 4m | 4m | 4m | 4m | 4m | 4m | 4m | 4m | 4m | 4m | 3m | 3m | 3m | 3m | 3m | 3m | 3m |
| Poids total en kilogr | 2665 | 2145 | 1842 | 1649 | 1373 | 1074 | 805 | 728 | 590 | 502 | 348 | 309 | 276 | 240 | 210 | 201 | 174 |
| Poids moyen par mèt. utile | 666 | 536 | 460 | 410 | 363 | 268 | 201 | 182 | 147 | 125 | 116 | 103 | 92 | 80 | 70 | 67 | 58 |

| D Diamètre intérieur | 0,189 | 0,175 | 0,162 | 0,150 | 0,135 | 0,120 | 0,108 | 0,100 | 0,090 | 0,080 | 0,070 | 0,060 | 0,054 | 0,050 | 0,040 | 0,030 |
|---|---|---|---|---|---|---|---|---|---|---|---|---|---|---|---|---|
| A | 229 | 215 | 202 | 190 | 175 | 160 | 148 | 140 | 127 | 114 | 103 | 91 | 85 | 81 | 71 | 58 |
| B | 219 | 205 | 192 | 180 | 165 | 150 | 138 | 130 | 118 | 106 | 95 | 83 | 77 | 73 | 60 | 47 |
| C | 105 | 105 | 105 | 105 | 105 | 105 | 105 | 105 | 105 | 105 | 105 | 85 | 75 | 75 | 75 | 60 |
| É Épaisseur | 10 | 10 | 10 | 10 | 10 | 10 | 10 | 10 | 9½ | 9 | 8½ | 7½ | 7½ | 7½ | 7½ | 6 |
| F | 5 | 5 | 5 | 5 | 5 | 5 | 5 | 5 | 4½ | 4 | 4 | 4 | 4 | 4 | 4 | 5½ |
| J Jeu | 10 | 10 | 10 | 10 | 10 | 10 | 10 | 10 | 9 | 8 | 9 | 8 | 8 | 8 | 8 | 8 |
| L Longueur utile | 3m | 3m | 3m | 3m | 3m | 3m | 3m | 3m | 3m | 3m | 3m | 2m | 2m | 2m | 2m | 1m27 |
| Poids total en kilogrammes | 162 | 150 | 135 | 120 | 108 | 99 | 90 | 84 | 75 | 63 | 54 | 30 | 28 | 25 | 18 | 8 |
| Poids moyen par mètre utile | 54 | 50 | 45 | 40 | 36 | 33 | 30 | 28 | 25 | 21 | 18 | 15 | 14 | 12½ | 9 | 6,3 |

d'altération des joints, déjà graves avec les tuyaux ordinaires à emboîtement profond, s'aggravent encore par le raccourcissement des emboîtements. Ce sont, en général, les causes de disjonction et de fuites auxquelles les tuyaux à emboîtement sont exposés qui leur font préférer les systèmes de joints au caoutchouc que nous allons examiner.

*Tuyaux à joints de caoutchouc.* Les premières tentatives pour l'emploi du caoutchouc dans l'assemblage des tuyaux en fonte datent de 1847 et sont dues à Mackintosh, puis à Ziegler, qui se servaient de bagues en caoutchouc placées dans des emboîtements ordinaires à tulipe, sans aucune modification de la forme des parties à jonctionner. A notre connaissance, ce système fut appliqué avec succès par l'usine à gaz du quartier de Vaise, à Lyon, vers l'année 1850, pour une partie de sa canalisation. Cependant, la bague enroulée sur l'extrémité cylindrique du tuyau, sans aucun arrêt, sans aucun moyen intermédiaire de compression, ne paraissait pas offrir une sécurité suffisante. Les propriétés élastiques du caoutchouc répondaient bien de l'étanchéité possible du joint, mais l'exécution et la conservation pouvaient laisser à désirer. Il fallait être sûr d'introduire régulièrement et sans torsion la bague en caoutchouc, et d'obtenir toujours par le jeu entre les parois, une compression suffisante pour réaliser l'herméticité du joint. Or, la moindre excentricité dans les emboîtements, les irrégularités de la fonte ou la présence de corps étrangers, pouvaient compromettre l'étanchéité.

C'est pour remédier à cette imperfection que furent créés successivement les systèmes Petit et Lavril, qui ont eu pour but de maintenir en place et de comprimer régulièrement la rondelle en

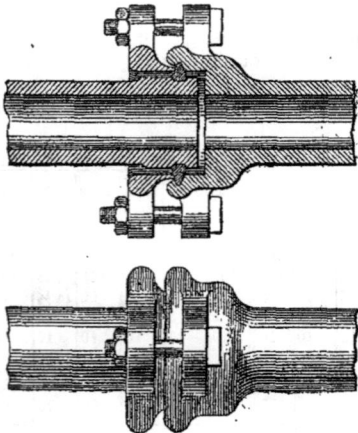

Fig. 667 et 668. — *Tuyau à joint de caoutchouc, système Lavril. Vue en coupe et vue extérieure.*

caoutchouc par des moyens accessoires assurant la régularité de la position de cette rondelle sans déformation possible, et permettant un serrage aussi énergique qu'on le veut pour garantir l'étanchéité du joint. Le système Petit a été décrit au mot CANALISATION, p. 146, figures 118 à 122 ; nous ne ferons, par conséquent, que le rappeler ici. Le système Lavril, qui en est dérivé (fig. 667 et 668), remplace le serrage au moyen des pattes et des broches, par un serrage au moyen de boulons, plus facile par con-

séquent à graduer et à forcer en cas de besoin. La rondelle en caoutchouc est placée sur le bout mâle et elle s'engage avec lui dans un emboîtement annulaire que lui présente le bout femelle du tuyau suivant ; alors, une bague en fonte, désignée sous le nom de *contre-bride*, et présentant des oreilles correspondant à celles du bout femelle vient, comme une bague de presse-étoupé, sous l'action des boulons de serrage placés dans ces oreilles, comprimer la rondelle de caoutchouc et l'écraser dans la gorge de l'emboîtement. On obtient, de cette façon, une étanchéité parfaite, et l'on peut être certain de la conservation du joint, quelles que soient la trépidation du sol ou les dilatations et contractions dues aux variations de température.

Un fait que nous avons observé souvent et qui contribue à assurer l'étanchéité et la durée des joints au caoutchouc, c'est qu'au bout d'un certain temps la vulcanisation du caoutchouc se modifie, une partie du soufre se porte sur la fonte et y forme une couche très adhérente de sulfure de fer, tandis que le centre de la rondelle paraît se rapprocher de l'état primitif du caoutchouc pur, de sorte que l'extérieur de la rondelle se colle fortement aux parois de la fonte, sans que l'élasticité du joint diminué et sans qu'il puisse survenir de fuites par altération de la matière.

Un autre système de joints en caoutchouc, dû à M. Somzée (de Bruxelles) se recommande par sa simplicité et par la suppression de tout organe accessoire, pour obtenir le serrage convenable et le maintien de la rondelle. Ce système, dont la figure 669 représente une coupe verticale, est basé sur l'emploi d'un emboîtement conique. D'après le principe de cette disposition, le bout mâle des tuyaux est légèrement conique et muni, à son extrémité, de deux bourrelets dans l'intervalle desquels on place l'anneau en caoutchouc. L'extrémité antérieure de l'emboîtement est taillée en biseau et, en arrière, cette partie inclinée présente une rainure plate. Lorsqu'on introduit le bout

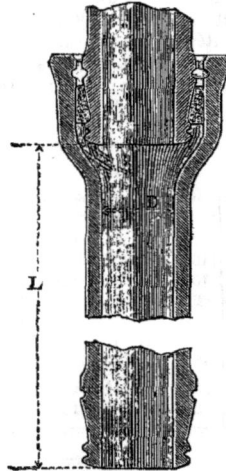

Fig. 669. — *Tuyau à joint de caoutchouc, système Somzée, vu en coupe.*

mâle, l'anneau en caoutchouc est forcé de s'enrouler sur ce bout et de venir finalement remplir l'intervalle libre de l'emboîtement. Les proportions respectives des parties sont calculées de manière que l'anneau soit comprimé au moins au quart ou au cinquième de son épaisseur normale. On obtient, de cette façon, un joint toujours étanche, quels que soient les mouvements que subit la conduite. La conservation de ce joint est aussi complète que celle des autres systèmes, la surface exposée étant aussi réduite que possible, et nulle altération ne pouvant se produire sur le caoutchouc plutôt que sur la fonte elle-même.

Le système Chappée, très répandu également est une modification du système Lavril, et opère comme lui la compression de la rondelle en caoutchouc par le serrage de boulons agissant sur une contre-bride et une bague intermédiaire divisée en deux parties; cette disposition que montre la fig. 670 permet d'ajuster la bague sans la faire glisser préalablement sur le bout mâle, comme on est forcé de le faire avec le système Lavril. En outre, les oreilles sont supprimées sur le bout femelle, et le serrage s'effectue simplement par la forme spéciale des têtes de boulons emmanchés dans les douilles de la contre-bride. Ce système est également d'une pose facile, rapide et économique, bien que la séparation de la contre-bride et de la bague en deux parties semble, au premier abord, une complication au point de vue de la pose. Nous ne décrirons pas les divers autres systèmes de joints en caoutchouc qui ont été essayés et qui n'offrent pas, d'ailleurs, de qualités particulières à signaler ici.

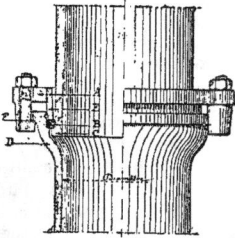

Fig. 670. — *Tuyau à joint de caoutchouc, système Chappée.*

A Bride de serrage. — B Rondelle en caoutchouc. — C Cordon. — D Emboîtement. — E Bague. — F Saillie d'accrochage du boulon.

*Tuyaux à brides.* Le dernier genre de tuyaux de canalisation en fonte, dont nous ayons à nous occuper, est le type de *tuyaux à brides rondes* ou *ovales*, très souvent employé dans les applications

Fig. 671 et 672. — *Types de tuyaux à brides tournées pour conduites de vapeur.*

Fig. 671. Joint avec rondelles, minium ou autre mastic.
Fig. 672. Joint avec bague métallique.

industrielles, notamment pour les conduites d'eau, d'air chaud et de vapeur. La jonction de ces tuyaux se fait au moyen de boulons, en interposant entre les brides des rondelles en matières diverses, feutre, carton, caoutchouc, tresses en chanvre enduites de minium ou autres mastics. Les figures 671 et 672 représentent en coupe deux types de joints à brides spécialement employés pour conduites de vapeur; pour cette application. les faces correspondantes des brides sont ordi-

nairement dressées au tour, et souvent munies de petites rainures concentriques, faites d'un coup d'outil, pour favoriser l'étanchéité du joint. Les tuyaux à brides sont trop connus pour que nous insistions plus longuement sur leur description. On les trouve généralement dans le commerce depuis le diamètre de 0m,600 jusqu'à celui de 0m,040 intérieurement.

*Tuyaux de descente.* Ces tuyaux en fonte sont destinés, comme leur nom l'indique, à recevoir et faire descendre du haut en bas des maisons, les eaux de pluie recueillies par les cheneaux ou gouttières. Leur forme varie suivant leurs applications ; ils sont généralement unis et cylindriques, mais quand on veut leur donner une forme plus décorative, ils sont cannelés, mi-plats, ovales ou polygonaux. Dans tous les cas, leur emmanchement se fait par emboîtement.

**Tuyaux en fer.** Sous le nom de *tubes* ou *tuyaux en fer*, on emploie pour de nombreux usages industriels un genre de tuyaux formés d'une bande de fer roulée et soudée à chaud par son passage dans une filière, ou dans une paire de cylindres, dont l'inférieur porte le tube et le fait avancer tandis qu'une gorge, découpée dans le cylindre supérieur, façonne et soude le recouvrement des bords juxtaposés. Un mandrin placé dans le tuyau assure la régularité de la forme. On obtient ainsi ce qu'on appelle, dans le commerce, les tuyaux en fer *étirés* et *soudés par rapprochement*. Les pièces principales en usage pour la pose de cette tuyauterie comprennent un certain nombre de raccords différents : les *manchons*, qui se montent par un taraudage extérieur sur les extrémités des tuyaux droits réunis bout à bout, les *brides* employées également pour les raccordements; la *croix*, pour assembler quatre branches symétriques, le *té* réunissant trois branches ; les *coudes*, les *mamelons*, reliant deux portions de tuyau par un taraudage intérieur ; un raccord à écrou de rappel, dénommé *manchon-union* ; enfin les bouchons mâle et femelle pour fermer les extrémités d'une conduite ou d'un raccord. Sous les formes que nous venons de décrire, les tuyaux en fer sont très employés pour les distributions intérieures de gaz et d'eau, et pour les conduites de vapeur, les serpentins, ainsi qu'un grand nombre d'autres applications industrielles et d'ouvrages de serrurerie.

On fabrique aussi des *tubes soudés à recouvrement* pour chaudières tubulaires, locomotives et autres, tubes Field, etc., qui atteignent des dimensions allant jusqu'au diamètre de 240 millimètres intérieurement.

**Tuyaux en tôle.** Ce genre de tuyaux est employé pour divers usages ; la fumisterie emploie les tuyaux en tôle mince ; le tubage des puits artésiens emploie au contraire des tuyaux en tôle forte et à rivure étanche; nous renverrons pour leur fabrication à l'article CHAUDRONNERIE.

Mais nous avons à signaler les *tuyaux en tôle plombée et bitumée*, du système Chameroy, appliqués pour les canalisations de gaz et d'eau. Nous n'ajouterons rien à leur description qui a été donnée au mot

Canalisation, et nous ferons seulement remarquer que si leur prix d'achat les fait souvent préférer aux tuyaux en fonte, ils sont loin cependant de présenter autant de durée et de garantie, parce que la couche de bitume, qui est leur seule sauvegarde, peut éprouver durant le transport, le déchargement et la pose, des dégradations qui, souvent imperceptibles au début, produisent des fissures dans l'enveloppe protectrice et plus tard des piqûres par l'oxydation de la tôle qui est très mince.

**Tuyaux en plomb.** Le plomb est, après la fonte et le fer, le métal le plus employé pour la fabrication des tuyaux. On les fabriquait primitivement par étirage à la filière, ou par laminoir, mais l'emploi de la presse hydraulique a introduit dans cette industrie une importante amélioration. Le plomb préalablement fondu est coulé dans un récipient R disposé au-dessus du piston d'une puissante presse hydraulique P; ce récipient peut être maintenu d'ailleurs par un chauffage extérieur, si cela est utile, à la température nécessaire pour conserver le plomb à l'état de liquéfaction convenable. Le piston porte, comme on le voit sur la figure 673, un prolongement qui vient pénétrer de bas en haut dans ce réservoir de plomb fondu et qui refoule le

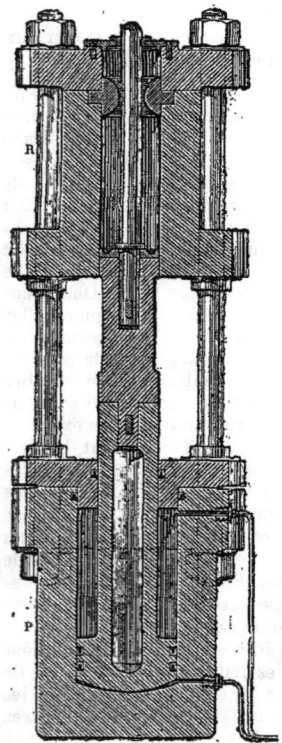

Fig. 673. — *Presse hydraulique pour la fabrication des tuyaux de plomb.*

P Cylindre de presse hydraulique. — R Récipient où se trouve le plomb fondu qui est refoulé et passe dans la filière F.

métal dans une filière en acier F, analogue à celle employée pour les tuyaux de drainage, munie d'un mandrin correspondant au calibre voulu. Le plomb refoulé entre la filière et le mandrin se moule en un tuyau de longueur aussi grande qu'on le veut, et vient s'enrouler sur un tambour tournant au-dessus de la filière.

On fabrique aussi à la filière des tuyaux en plomb revêtus intérieurement ou extérieurement d'une couche d'étain, pour les rendre moins attaquables dans certaines applications. On peut en fabriquer aussi avec divers alliages ayant pour but de donner au métal une plus grande résistance.

L'usage des tuyaux en plomb remonte à la plus haute antiquité, car les vestiges des remarquables travaux exécutés par les Romains pour la conduite des eaux montrent souvent des restes de tuyaux façonnés par le rapprochement et sans doute par le martelage des bords d'une épaisse bande de plomb. Malgré les critiques dont l'emploi des tuyaux de plomb a été l'objet, à cause des altérations que certaines eaux peuvent produire en donnant naissance à une petite proportion de sels solubles de plomb, les dangers d'empoisonnement par ces substances n'existent que dans quelques cas particuliers, faciles à éviter, et l'usage des tuyaux en plomb ne s'en est pas moins généralisé sans avoir donné lieu à de sérieux inconvénients.

**Tuyaux en cuivre.** Ces tuyaux se fabriquent en cuivre rouge, en cuivre jaune (*laiton*), par étirage au banc au moyen de filières, en rapprochant d'abord et brasant ensuite les bords d'une bande de cuivre laminé enroulée sur un mandrin du calibre correspondant à l'intérieur du tube à obtenir. L'étirage les régularise et les allonge. On fabrique ainsi des tubes en laiton de formes très variées, cylindriques, méplats, cannelés, striés, etc., qu'on emploie dans un certain nombre d'industries et principalement dans la fabrication des lampes, lyres et lustres pour l'éclairage au gaz. Les tuyaux de gros diamètres, en cuivre rouge sont appliqués au tubage des chaudières à vapeur tubulaires; on emploie aussi de préférence les tuyaux en cuivre rouge, étirés ou faits à la main, pour les conduites de distribution de vapeur. — V. Tube.

**Tuyaux en zinc.** Ces tuyaux, fabriqués par soudure ou par étirage, sont principalement employés comme tuyaux de descente pour les eaux pluviales; leur peu de résistance n'en permet guère d'autres usages industriels. Quand on les fabrique à la filière, sur le banc à étirer, cette filière présente deux rainures inclinées qui recourbent les bords de la bande de zinc et façonnent l'agrafe qui les réunit pour former le tuyau.

**Tuyaux en poterie, grès et terre cuite.** Ces tuyaux, dont il a été déjà parlé aux mots Drainage, Distribution d'eau, sont en général fabriqués par des procédés analogues à ceux qu'on emploie pour mouler les briques creuses, les tuyaux pour cheminées, et autres produits analogues en terre cuite. La préparation des terres, le malaxage, se font de la même manière que pour ces produits. Le moulage des tuyaux de drainage s'exécute au moyen de machines à action intermittente ou à action continue. On fabrique divers genres de tuyaux en poterie destinés aux constructions, notamment les *tuyaux de cheminée*, nommés aussi *boisseaux*, de forme ronde, ovale ou rectangulaire, les tuyaux de ventilation, les *mitres* et *têtes de cheminées.* Nous ne faisons que les signaler dans cette nomenclature, sans nous arrêter à leur mode de fabrication qui rentre dans l'industrie des produits céramiques.

Les tuyaux en grès et en poterie dure, qu'on emploie spécialement pour conduites d'eau, nécessitent une attention particulière pour le choix et la préparation des matières premières, ainsi que pour le moulage et la cuisson. Parmi ces tuyaux, nous mentionnerons particulièrement, comme présentant le type de la meilleure qualité et d'une fabrication très soignée, les tuyaux en *terre cuite émaillée,* tels que ceux de M. Constant Zeller, et ceux de la Société des produits céramiques de Jeanménil et Rambervillers. La couche d'émail qui garnit leur paroi intérieure est absolument lisse et ne présente aucune adhérence aux dépôts, aucun frottement aux veines liquides ; la dureté que la composition de la terre et la cuisson donnent à ces tuyaux leur assure une grande résistance, une longue durée et une complète imperméabilité. Le mode de jonction des tuyaux Zeller consiste en un manchon, muni intérieurement de filets analogues à ceux d'un pas de vis, qui se place autour des extrémités des deux tuyaux juxtaposés bout à bout ; ces extrémités sont également filetées extérieurement de la même manière que le manchon, de sorte que le ciment qu'on fait pénétrer à force entre les parois de ce manchon et l'extérieur des tuyaux y acquiert une grande adhérence et une grande solidité.

Nous devons également signaler, dans la catégorie des tuyaux en grès vernissé, les tuyaux Doulton, qui sont d'un emploi très répandu aujourd'hui, à Paris, pour égouts de maisons, pour conduites de fosses d'aisances, et d'une manière générale pour toutes conduites destinées à des liquides quelconques. Leur fabrication s'est faite exclusivement en Angleterre jusqu'à ces derniers temps, dans les usines de MM. Doulton et Cᵒ, mais MM. Muller et Cⁱᵉ viennent de monter en grand, près Paris, la fabrication des tuyaux du type Doulton, et leurs produits rivalisent déjà, comme beauté et comme qualité, avec ceux d'importation anglaise.

Le bon marché relatif des tuyaux en terre cuite explique leurs nombreuses applications pour les conduites d'eau, dans les cas où il n'y a pas de fortes pressions à supporter ; mais ce genre de tuyaux est sujet aux ruptures par tassement du sol, et il ne se prête pas aux prises à faire, après la mise en place, sur le parcours de la canalisation. Ils conviennent donc plutôt pour les conduites de dérivation, et non pour celles de distribution dans l'intérieur d'une ville, où il y a lieu de faire des remaniements ou des embranchements ultérieurs.

**Tuyaux en ciment.** Ce genre de tuyaux, principalement employé pour la conduite des eaux, se fabrique d'avance par bouts de 0ᵐ,80 à 1 mètre de longueur, ou se moule sur place dans la tranchée même, préalablement dressée et façonnée suivant les dimensions extérieures que doit avoir la conduite. Il est préférable, au point de vue de la garantie d'étanchéité, d'employer des tuyaux fabriqués d'avance, comme on le fait dans le Limousin, la Creuse et le Dauphiné, où les fabricants de tuyaux en ciment sont nombreux. Le mélange le plus convenable pour la confection de ces tuyaux se compose, pour une moitié, de ciment Portland de première qualité, et pour l'autre moitié, de sable de rivière bien lavé et complètement exempt de matières étrangères. Les parois intérieures, moulées au moyen d'un mandrin métallique, doivent être aussi lisses que possible. L'épaisseur des tuyaux varie de 0ᵐ,03 à 0ᵐ,04 pour les plus petits diamètres, jusqu'à 0ᵐ,06 et plus, s'il y a lieu, pour les dimensions de 100 à 300 millimètres. Pour que ces tuyaux offrent toute la solidité voulue, ils doivent avoir été fabriqués depuis au moins deux mois avant leur emploi. Leur jonction se fait par emboîtement, au moyen d'un bout mâle conique qui s'emmanche dans un bout femelle de même forme, laissant un jeu suffisant pour que le ciment servant à faire le joint y pénètre avec une épaisseur convenable assurant son adhérence. Ce joint se fait avec du ciment à prise prompte, gâché pur ou additionné d'une très petite quantité de sable fin ; la soudure doit avoir au moins une épaisseur de 0ᵐ,025 en revêtement sur la jonction des tuyaux, et former une sorte de manchon d'environ 0ᵐ,20 de longueur lissé et serré soigneusement à la truelle.

Quand on a posé une certaine longueur de tuyaux ainsi raccordés au ciment prompt et lorsqu'on juge que les joints ont acquis la solidité voulue, on essaie cette portion de conduite, tamponnée à son extrémité inférieure et, s'il y a lieu, à l'extrémité supérieure, en la remplissant d'eau sous la plus forte pression que la pente permet d'obtenir ; on augmente même, s'il y a lieu, la charge d'eau en plaçant à l'origine de la portion soumise à l'essai, un tuyau vertical d'une certaine hauteur, terminé par un entonnoir servant au remplissage. Mais, dans la plupart des cas, la pente du terrain suffit pour donner une pression suffisante, et le remplissage se fait par l'adduction naturelle de l'eau à la conduite de laquelle les tuyaux sont destinés.

Ces canalisations en ciment s'emploient avantageusement pour les captations et les dérivations de sources ; elles peuvent fonctionner pratiquement sous des pressions atteignant jusqu'à 10 mètres de charge. Il en existe aussi, mais moulées sur place et avec des épaisseurs en conséquence, qui constituent des siphons supportant à leur partie la plus basse des charges de 2 et 3 atmosphères ; mais nous devons reconnaître que, dans ces conditions, la fonte présente plus de sécurité et nous paraît préférable à tous égards.

**Tuyaux en bois.** Nous ne signalons ces tuyaux qu'au point de vue du tubage des trous de sonde peu profonds pour lesquels on peut les utiliser sans inconvénient. Mais nous considérons comme défectueux l'emploi des tuyaux en bois, même goudronnés ou bitumés, comme on a essayé de le faire pour des canalisations qui ne présentent aucune garantie d'étanchéité ni de durée.

**Tuyaux en ardoise comprimée.** Un inventeur persévérant, M. Sebille, qui s'est occupé spécialement des applications des schistes pulvérisés et comprimés, a réussi à fabriquer des tuyaux moulés en ardoise réduite en poudre et agglomérés avec une matière agglutinative qui lui donne une grande résistance et une grande dureté. Ces tuyaux, inattaquables par les acides, paraissent être susceptibles de diverses applications intéressantes ; néanmoins leur emploi ne s'est pas encore développé, peut-être parce que des moyens suffisants de production et de propagation ont fait défaut jusqu'à ce jour.

**Tuyaux en papier bitumé.** Rappelons aussi, pour que cette nomenclature soit complète, les tuyaux en papier bitumé que M. Jaloureau a fabriqués pendant un certain temps et dont l'usage a d'ailleurs démontré bien vite les inconvénients et le peu de durée.

**Tuyaux en toile.** Ce genre de tuyaux, spécialement destiné à l'arrosage, de même que les tuyaux en cuir, n'a pas besoin de description spéciale. On sait qu'il est formé d'un tissu, fabriqué sur des métiers appropriés, et suffisamment serré pour présenter une enveloppe à peu près imperméable à l'eau, surtout quand il a été humecté par les premiers moments de l'écoulement. Pour donner plus de résistance au tissu, ces tuyaux se font avec plusieurs épaisseurs superposées, avec des spirales métalliques, ou avec interposition de tissus caoutchoutés.

**Tuyaux en cuir.** C'est principalement pour les pompes à incendie et pour l'arrosage des voies publiques que ces tuyaux sont utilisés. Ils sont formés de bandes de cuir cousues ou rivées, par superposition des bords, et assemblées de manière à former des longueurs quelconques.

**Tuyaux en caoutchouc et en gutta-percha.** Il nous suffit d'énoncer ces deux derniers genres de tuyaux par lesquels nous terminerons cette nomenclature déjà longue. Quant à leurs applications, elles sont trop connues de tout le monde pour que nous ayons besoin de les rappeler ici. Les nombreux services qu'ils rendent chaque jour en ont considérablement développé la production qui est devenue aujourd'hui l'objet d'une industrie importante. — G. J.

**TUYAUTAGE.** *T. techn.* Ensemble des tuyaux d'une canalisation, d'une usine, d'une machine, d'un navire, etc. ; on dit aussi quelquefois *tuyauterie*.

|| Action de tuyauter du linge par le repassage en forme de tuyaux.

**TUYAUTERIE.** Industrie qui s'occupe de la fabrication des tuyaux.

**TUYÈRE.** *T. de métall.* On nomme *embrasures de tuyères* les ouvertures faites dans la maçonnerie des fours soufflés, et *tuyères* les tubes tronconiques en métal qui garnissent ces embrasures. L'air est introduit par un tube conique, appelé *buse* ou *busillon*, qui termine le *porte-vent*. Les tuyères sont à double paroi et refroidies par un courant d'eau. On les faisait, autrefois, exclusivement en fonte ; mais, actuellement, on a une certaine tendance à les faire en bronze ou en cuivre rouge. La fonte, par son affinité chimique avec les composés ferrugineux que l'on produit le plus souvent dans les fours soufflés, se corrode facilement, tandis que le cuivre résiste mieux.

La *tuyère à laitier*, imaginée par M. Lürmann, est un orifice d'écoulement continu du laitier, indispensable dans les fourneaux à poitrine fermée. Elle ne diffère de la tuyère à vent qu'en sa dimension moindre, attendu qu'elle doit pouvoir être facilement bouchée par un tampon d'argile. La pression du vent force le laitier à s'écouler, tandis que son action corrosive ne saurait s'exercer sur la tuyère en fonte refroidie par un courant d'eau.

**I. TYMPAN.** *T. d'hydraul.* Très ancienne roue à élever l'eau, composée d'un tambour en bois divisé en plusieurs compartiments par des cloisons rayonnantes ; chaque compartiment portait, sur l'enveloppe convexe du tambour et près de l'une des cloisons, une ouverture pour l'entrée de l'eau ; des rainures pratiquées dans l'axe et débouchant à travers l'une des parois latérales servaient à l'écoulement. L'eau qui entrait dans chaque compartiment au moment où son ouverture était noyée, y restait en partie enfermée et se trouvait élevée par la rotation du tambour jusqu'à la hauteur de l'axe. Au commencement du siècle dernier, on a supprimé l'enveloppe du tambour en donnant aux cloisons la forme de la développante du cercle extérieur ; il en est résulté que la verticale passant par le centre de la masse d'eau contenue dans chaque compartiment est toujours tangente à l'axe dont le rayon devient le levier constant de la résistance, ce qui rend le travail aussi régulier que possible. D'après Perronet, avec un tympan actionné par douze hommes marchant sur une roue à chevilles, un ouvrier peut élever 26$^m$3,66 d'eau à un mètre par heure de travail. Dans les grands tympans construits par Cavé, les cloisons, courbées en spirale d'Archimède, étaient réduites à 4 et même à 2 ; un appareil de 7 mètres de diamètre sur 1 mètre de largeur, plongeant en moyenne de 1$^m$,20 et faisant 10 tours par minute, élevait, par heure, 2,400 mètres cubes d'eau à 1 mètre de hauteur. Le rendement atteignait 0,85. Les machines de ce genre n'élevant l'eau qu'à la hauteur de l'axe, on est obligé de leur donner de grandes dimensions qui les rendent lourdes et encombrantes.

**II. TYMPAN.** *T. d'arch.* Espace triangulaire encadré par les corniches du fronton. L'intérieur peut être lisse ou orné de sculptures, de peintures, de mosaïques, ou encore percé d'une ouverture ronde destinée à recevoir le cadran d'une horloge.

— Dans l'art antique, le tympan est presque toujours utilisé comme prétexte à décoration sculptée. Les Grecs y plaçaient des figures en haut-relief disposées symétriquement, et l'effet en était des plus heureux, comme on peut le voir au temple de Jupiter à Égine, au Parthénon, en général à tous les grands édifices de cette époque.

Les Romains et à leur exemple, les modernes, ont ainsi décoré le fronton de leurs temples rectangulaires. Nous citerons parmi les plus remarquables, de nos jours, le tympan du Panthéon, par David d'Angers, et celui de l'église de la Madeleine, par Lemaire, que nous avons donné à l'article FRONTON.

Dans l'architecture du moyen âge, on a appelé *tympan*, par analogie, la surface comprise entre l'intrados de l'arc d'une porte ou d'une fenêtre, et l'horizontale qui réunit les naissances de cet arc. Ces tympans reçoivent dans la période ogivale une décoration historiée et sculptée de la plus grande richesse, et dont nous avons donné un bel exemple à l'article SCULPTURE : c'est le *Mystère de Saint-Etienne*, qu'on peut voir au-dessus d'une porte latérale de Notre-Dame de Paris. La décoration n'est pas nécessairement aussi compliquée et comporte souvent moins de figures ; celle qu'on rencontre le plus fréquemment est le *Christ bénissant*.

Au XVe siècle, les décorations se compliquent, manquent d'unité ; on rencontre des légendes différentes séparées par la prolongation du trumeau. A l'exemple des artistes champenois, on perce au-dessus du linteau une rosace ou une fenêtre garnie de vitraux. Plus tard, enfin, le tympan se rapetisse, devient lisse, et n'entre plus en aucune façon dans la décoration de l'édifice.

On désigne encore sous ce nom la partie comprise, au-dessus d'une pile de pont, entre les deux arches qui s'appuient sur cette pile. Dans les ponts métalliques en arc, on relie l'arc au tablier en établissant les tympans au moyen de cercles (pont du Carrousel) ou de montants et de croisillons (pont de Solférino). — V. PONT.

‖ *T. de typogr.* On donne le nom de *tympans* aux deux pièces essentielles de la presse manuelle ; ce sont deux châssis, l'un en bois, l'autre en fer, qui s'enclavent l'un dans l'autre et entre lesquels on place la feuille de mise en train ; quand le tympan a reçu la feuille à imprimer, on l'abaisse sur le marbre où se trouve la forme encrée, et le train de la presse roule au moyen de la manivelle.

**TYMPE.** *T. de métall.* Partie d'un haut-fourneau qui se trouve au-dessus du trou de coulée. Dans les hauts-fourneaux anciens, à poitrine ouverte, la partie inférieure de la tympe était en contact continu avec le laitier ; aussi la faisait-on en fonte. Avec les hauts-fourneaux actuels, à poitrine fermée, la tympe a perdu son importance et sa désignation spéciale.

**TYPOGRAPHE.** *T. de mét.* Celui qui exerce l'art de la typographie. — V. COMPOSITEUR.

**TYPOGRAPHIE.** Syn. d'*imprimerie* (V. ce mot). La typographie n'est pas seulement l'art d'imprimer au moyen de *types* ou caractères mobiles, mais la réunion de tous les arts qui concourent à l'imprimerie, depuis la fonderie de caractères jusqu'au tirage des feuilles de la composition typographique.

\* **TYPOLITHOGRAPHIE.** Procédé qui consiste à compléter par la lithographie, un travail typographique ; c'est ainsi que, dans certains imprimés administratifs, les têtes de tableaux sont composées en caractères typographiques et les filets et réglures obtenus par un tirage lithographique.

\* **TYPO-TÉLÉGRAPHE.** — V. TÉLÉGRAPHE, TÉLÉGRAPHIE, § 87.

# U

**UDOMÈTRE.** *T. de phys.* Instrument qui sert à mesurer la quantité de pluie tombée dans un lieu. — V. PLUVIOMÈTRE.

**UNITÉ.** Mesurer une grandeur déterminer combien de fois elle contient une grandeur de même espèce appelée *unité*, ou une certaine partie aliquote de cette unité. Le choix de cette unité est du reste absolument arbitraire ; mais pour que l'énoncé d'une mesure apporte une signification à l'esprit, il faut que l'on connaisse bien l'unité qui a servi de base à l'opération. Ainsi chaque mesure doit être accompagnée de la définition de l'unité employée. Pour des motifs de commodité sur lesquels il est inutile d'insister, il importe de s'entendre au sujet des unités des principales grandeurs, à l'aide de conventions adoptées par tout le monde, de manière que le simple nom de l'unité employée la fasse immédiatement connaître à chacun. C'est ainsi qu'en France et dans presque tous les pays civilisés, l'unité de longueur conventionnellement adoptée est le mètre. Chacun connaît la longueur de 1 mètre, et est immédiatement fixé quand on lui parle d'une longueur de 10, 15, 1,000 mètres, etc.

Les différentes espèces de grandeurs que l'on peut avoir à mesurer dans les arts et les sciences sont extrêmement nombreuses ; on pourrait sans doute choisir pour chacune d'elles une unité particulière ; mais la plupart de ces grandeurs sont liées les unes aux autres par des théorèmes de géométrie, ou des principes de mécanique et de physique, de telle sorte qu'on peut déterminer l'une d'elles en mesurant des grandeurs d'espèces différentes. Par exemple, le volume d'un solide est déterminé par les longueurs de certaines lignes de ce solide, la masse d'un corps est déterminée quand on connaît son poids et l'intensité de la pesanteur. Les énoncés des relations numériques qui s'établissent ainsi entre des grandeurs d'espèces différentes varient nécessairement avec le choix des unités. Ainsi, les théorèmes bien connus de géométrie qui sont relatifs à la mesure des volumes s'énonceraient tout différemment si, au lieu de prendre pour unité de volume le cube construit sur l'unité de longueur, on prenait par exemple la sphère ayant pour rayon cette unité. Il est clair, en effet, que par cette substitution, les mesures des volumes se trouveraient toutes modifiées tandis que les mesures des longueurs resteraient inaltérées. Il importe de choisir les unités de manière que les énoncés des relations et des principes soient aussi simples que possible. Il n'y aura donc de réellement arbitraires que les unités d'un petit nombre de grandeurs n'ayant entre elles aucune relation, et nommées pour cette raison *grandeurs fondamentales* ; les unités correspondantes sont alors les *unités fondamentales* ; les autres seront les *unités dérivées*. Il convient de remarquer que le choix des grandeurs fondamentales présente encore quelque chose d'arbitraire, car les seules conditions auxquelles elles doivent satisfaire sont : 1° d'être bien indépendantes les unes des autres ; 2° de permettre par la mesure de quelques-unes d'entre elles, la détermination de toutes les autres grandeurs. On devra cependant les choisir de manière que les calculs qui permettent de déterminer la mesure d'une grandeur dérivée à l'aide de mesures effectuées sur les grandeurs fondamentales soient aussi simples que possible. Les unités fondamentales étant choisies, les unités dérivées seront complètement déterminées, soit par des conventions, comme il a été dit plus haut, soit par la définition même des grandeurs dérivées.

Lorsqu'on change l'unité d'une certaine grandeur, les mesures de toutes les grandeurs de même espèce subissent des variations. Avec un peu d'attention, on reconnaît aisément que *le nombre abstrait qui mesure une grandeur est inversement proportionnel à la grandeur de même espèce prise pour unité.*

Si, par exemple, au lieu du mètre, on prend pour unité de longueur le décimètre qui est dix fois plus petit, les nombres de mesure seront tous multipliés par dix, car la même longueur contient évidemment dix fois plus de décimètres que de mètres. Lorsqu'on fait varier l'une des unités fondamentales, les unités dérivées qui en dépendent varient également. Généralement, l'unité dérivée variera proportionnellement à une certaine puissance positive ou négative de l'unité fondamentale. Le degré de cette puissance s'appelle la *dimension* de l'unité dérivée par rapport à l'unité fondamentale. Si une unité dérivée ne dépend pas d'une des unités fondamentales, on dit que sa dimension par rapport à celle-là est zéro. Ainsi, la vitesse d'un mobile est, par définition, le quotient de l'espace parcouru par le temps employé à le parcourir. L'unité de vitesse sera donc la vitesse d'un corps qui parcourt un mètre en une seconde, si telles sont les unités adoptées pour les longueurs et les temps. Si l'on vient à prendre pour unité de longueur le décimètre, l'unité de vitesse deviendra dix fois plus petite. L'unité de vitesse varie donc proportionnellement à l'unité de longueur ; sa dimension par rapport à cette dernière est donc 1. Si, au lieu de la seconde, on prend la minute pour unité de temps, l'unité de vitesse sera la vitesse d'un mobile parcourant 1 mètre en une minute ; elle sera devenue 60 fois plus grande. Donc l'unité de vitesse varie en raison inverse de l'unité de temps, ou en raison directe de la puissance — 1 du temps. Sa dimension par rapport au temps est — 1. Enfin, l'unité de vitesse est indépendante de l'unité de force. Sa dimension par rapport à la force est 0.

Toutes les grandeurs que l'on peut avoir à considérer en géométrie et en mécanique, sauf les angles, peuvent être dérivées de trois d'entre elles.

Dans le système métrique, les trois grandeurs fondamentales sont la longueur, la force et le temps. L'unité de longueur est le *mètre* (V. Poids et mesures). L'unité de force est le *gramme* ; elle a été rattachée à l'unité de longueur par un procédé très ingénieux qui a l'avantage de simplifier certaines relations physiques. Le gramme est défini comme le poids que possède à la latitude de 45° et au niveau de la mer 1 centimètre cube d'eau distillée. Mais la relation entre les deux unités est toute de convention, et celles-ci restent des *unités fondamentales*. L'unité de temps n'a été rattachée à aucune des deux autres, et est empruntée à des phénomènes astronomiques. C'est la *seconde de temps moyen* qui est la 86,400e partie du jour solaire moyen. Le tableau suivant contient les unités dérivées avec leurs dimensions respectives par rapport aux trois précédentes :

*Dimensions des unités dérivées dans le système français.*

| Grandeurs dérivées | Unités dérivées | Dimensions par rapport à | | |
|---|---|---|---|---|
| | | la longueur | le temps | la force |
| Surface . . . . . . . | Mètre carré. . . . . . . . . . . . . . . . . . . . . . . . | 2 | » | » |
| Volume.. . . . . . . | Mètre cube. . . . . . . . . . . . . . . . . . . . . . . . | 3 | » | » |
| Vitesse. . . . . . . . | 1 mètre par seconde. . . . . . . . . . . . . . . . . | 1 | — 1 | » |
| Accélération. . . . | Accroissement de vitesse de 1 mètre par seconde. . . . . . : | 1 | — 2 | » |
| Masse . . . . . . . . | Celle qui prend l'accélération 1 sous l'action de 1 gramme. . . | — 1 | 2 | 1 |
| Poids spécifique. . | Corps pesant 1 gramme par unité de volume . . . . . . . . . . | — 3 | » | 1 |
| Densité. . . . . . . | Corps dont la masse est 1 par unité de volume. . . . . . . . . | — 4 | 2 | 1 |
| Quantité de mouvement. . . . . . . | Celle d'une masse 1 animée d'une vitesse 1. . . . . . . . . . . . | » | 1 | 1 |
| Travail.. . . . . . . | Celui d'une force de 1 gramme déplaçant son point d'application de 1 mètre.. . . . . . . . . . . . . . . . . . . . . . | 1 | » | 1 |
| Force vive. . . . . | Celle d'une masse 1 animée d'une vitesse 1. . . . . . . . . . . | 1 | » | 1 |
| Puissance motrice.. | 1 unité de travail par seconde. . . . . . . . . . . . . . . . . | 1 | — 1 | 1 |

Dans la pratique, on emploie souvent, au lieu de ces unités théoriques, des multiples ou sous-multiples de celles-là qui sont plus commodes ou dont l'usage est consacré par une longue expérience. Ainsi, l'unité de poids spécifique devrait être le poids spécifique d'un corps pesant 1 gramme par mètre cube. Au lieu de celui-là, on prend, pour les liquides et les solides, celui de l'eau, qui est un million de fois plus fort, et pour les gaz, celui de l'air qui est 1,293 fois plus grand. Ajoutons à ce propos que c'est à tort que l'usage s'est établi de confondre, dans le langage, le *poids spécifique* et la *densité*. Celle-ci en réalité, égale au poids spécifique divisé par l'accélération de la pesanteur, c'est-à-dire par 9,809.

De même, l'unité usuelle de travail est le *kilogrammètre* qui vaut 1,000 unités théoriques, et l'unité usuelle de puissance motrice le *cheval-vapeur* qui représente 75 kilogrammètres par seconde, ou 75,000 unités théoriques.

Le système britannique, élaboré par une Commission de savants anglais, diffère du système français en ce que la force y est remplacée, comme grandeur fondamentale, par la masse. On a pris pour unité de masse celle de 1 centimètre cube d'eau distillée, et on lui a donné le nom de *gramme*, ce qui crée une confusion fâcheuse avec l'unité de force du système français. On a préféré prendre la masse pour unité fondamentale, parce que la masse d'un corps reste partout identique à elle-même en quelque lieu qu'on le transporte, tandis que son poids dépend de la latitude et de l'altitude du lieu d'observation. Il semble donc que cette substitution réalise un véritable progrès ; mais l'avantage est plus apparent que réel, car, quelles que soient les unités adoptées, le procédé pratique pour la mesure des forces consistera toujours, le plus souvent, dans leur comparaison avec des poids. Il faudra donc toujours tenir compte de la valeur de l'intensité de la pesanteur au lieu de l'expérience, afin de rapporter à l'unité de force théorique les poids des corps de masses connues qui auront servi à l'expérience. Les corrections relatives à la latitude et à l'altitude ne seront jamais évitées. Une autre différence, dans le système britannique, consiste dans la substitution du·centimètre à la place du mètre comme unité de longueur. Voici le tableau des unités dans ce système, connu sous le nom de *système C G S* (centimètre, gramme, seconde).

*Unités dérivées avec leurs dimensions.*

UNITÉS DANS LE SYSTÈME C G S : LONGUEUR : *centimètre*; TEMPS : *seconde*; MASSE : *gramme*.

| Grandeurs dérivées | Unités dérivées | Dimensions par rapport à | | |
|---|---|---|---|---|
| | | la longueur | le temps | la masse |
| Surface | Centimètre carré | 2 | » | » |
| Volume | Centimètre cube | 3 | » | » |
| Vitesse | 1 centimètre par seconde | 1 | — 1 | » |
| Accélération | Accroissement de vitesse de 1 centimètre par seconde | 1 | — 2 | » |
| Force | *Dyne*, imprimant l'accélération 1 à une masse de 1 gramme | 1 | — 2 | 1 |
| Poids spécifique | Corps pesant 1 dyne par centimètre cube | — 2 | — 2 | 1 |
| Densité | Corps ayant une masse de 1 gramme par centimètre cube (eau) | — 3 | » | 1 |
| Quantité de mouvement | Celle d'un gramme animé d'une vitesse 1 | 1 | — 1 | 1 |
| Travail | *Erg*, travail de 1 dyne déplaçant son point d'application de 1 centimètre | 2 | — 2 | 1 |
| Force vive | Celle de 1 gramme animé d'une vitesse 1 | 2 | — 2 | 1 |
| Puissance motrice | 1 erg par seconde | 2 | — 3 | 1 |

Comme l'*erg* et la *dyne* sont des quantités très petites, on a imaginé, pour rendre les nombres moins grands, deux unités secondaires : le *mégadyne*, qui vaut 1,000 dynes, et le *megerg*, qui vaut 1,000 erg. Le tableau suivant établit la correspondance entre les deux systèmes d'unités.

*Comparaison des unités dans les deux systèmes.*

| Grandeurs | Une unité de système français vaut dans le système C G S | Une unité de système CGS vaut dans le système français |
|---|---|---|
| Longueur | 100 centimètres | 0,01 mètre |
| Surface | 10 000 cent.car. | 0,000 1mèt.car. |
| Volume | 1000000 c. cub. | 0,000 001 m. cub. |
| Temps | 1 seconde | 1 seconde |
| Force | 980dynes,896 | 0,001 019 gram. |
| Masse | 9ᵍ,8096 | 0,1019 |
| Vitesse | 100 | 0,01 |
| Accélération | 100 | 0,01 |
| Poids spécifique | 1019 | 0,000 980 896 |
| Densité | 1019 | 0,000 980 866 |
| Quantité de mouvem | 980,896 | 0,001 019 |
| Travail | 98089,6 ergs | 0,000 010 19 |
| Force vive | 98089,6 | 0,000 010 19 |
| Puissance motrice | 98089,6 | 0,000 010 19 |

Ajoutons que 1 kilogramme vaut 980 896 dynes; 1 kilogrammètre, 98 089 600 ergs ou 98 089.6 megers ; et un cheval-vapeur, 7 356 720 000 ergs-secondes ou 7 356 720 megerg-secondes.

Quant à l'unité d'angle, c'est l'angle droit ou bien le degré qui en est la soixantième partie. Quelquefois, on prend pour unité d'angle l'angle qui intercepte entre ses côtés un arc égal au rayon. Il vaut 57° 17' 44'' 81. — M. F.

**Unités électriques.** Le système d'unités électriques, aujourd'hui en usage, résulte des définitions formulées par le congrès international des électriciens de 1881 (V. ÉLECTROMÉTRIE), et par la conférence internationale de 1884 (V. ME-

SURE ÉLECTRIQUE). Voici, d'ailleurs, le texte même des résolutions prises dans ces deux réunions.

I. Congrès des électriciens (22 septembre 1881) :

1° On adoptera, pour les mesures électriques, les unités fondamentales suivantes : le centimètre (pour la longueur), le gramme (pour la masse) et la seconde (pour le temps); c'est-à-dire le système absolu C G S ; 2° l'ohm et le volt (pour les mesures pratiques de résistance et de force électro-motrice ou de potentiel) conserveront leurs définitions actuelles : 10⁹ unités électro-magnétiques C G S pour l'ohm et 10⁸ pour le volt; 3° l'ohm sera représenté par une colonne de mercure de 1 millimètre carré de section, à la température de 0° centigrade; 4° une commission internationale sera chargée de déterminer par de nouvelles expériences, pour la pratique, la longueur de la colonne de mercure de 1 millimètre carré de section qui représentera l'ohm; 5° on appellera *ampère* le courant produit par un volt dans un ohm ; 6° on appellera *coulomb* la quantité d'électricité qui donne un ampère dans une seconde; 7° on appellera *farad* la capacité définie par la condition qu'un coulomb la charge au potentiel d'un volt.

II. Conférence internationale (2 mai 1884) :

1° L'ohm légal est la résistance d'une colonne de mercure de 1 millimètre carré de section et de 106 centimètres de longueur à la température de la glace fondante; 2° l'ampère est le courant dont la mesure absolue est 10⁻¹ unités électro-magnétiques C G S; 3° le volt est la force électro-motrice qui soutient le courant d'un ampère dans le conducteur dont la résistance est l'ohm légal.

**Unités ou étalons photométriques.** — V. PHOTOMÉTRIE.

\* **URANIE.** *Iconol.* Muse de l'Astronomie, présidait aussi à la géométrie et à la science des horoscopes. Elle est mère de l'Hyménée. On lui donne les yeux bleus, une robe azur semée d'étoiles, et comme attributs des sphères et un compas. Les modernes l'ont, en outre, couronnée d'étoiles. La muse Uranie figure sur les peintures antiques et se trouve souvent représentée par des statues, notamment au musée Pio-Clémentin et au Capitole aux Offices et au Louvre. Parmi les œuvres modernes, nous citerons le tableau de Lesueur, actuellement au Louvre, et provenant de l'hôtel Lambert, celui de Vlenghels, gravé par Jeaurat, qui représente *Uranie et Polymnie*; enfin la peinture décorative de Baudry, pour le foyer de

l'Opéra, où Uranie, vêtue d'un peplum azuré, est assise près du Zodiaque, et semble interroger le ciel.

**URANIUM. T. de chim.** Corps simple, métallique, ayant pour symbole U, pour poids atomique 120, et même équivalent; il a été entrevu par Klaproth, en 1789, dans la pechblende, mais isolé seulement, en 1842, par Péligot. Il a la couleur du fer, mais il jaunit vite au contact de l'air; il est peu malléable, dur, mais rayé par l'acier; sa densité est de 18,4. Il s'oxyde au rouge en devenant incandescent et en se recouvrant d'une couche noire de sous-oxyde. Il brûle à 207° en se transformant en un oxyde vert $U^3O^4$, qui est un uranate d'uranium; il ne décompose pas l'eau à froid, est soluble dans les acides faibles, avec dégagement d'hydrogène; il s'unit facilement au chlore, avec dégagement de lumière; au soufre, à l'aide de la chaleur. Il forme, avec l'oxygène, un protoxyde $U^2O^2$, un sesquioxyde $U^2O^3$, avec des oxydes intermédiaires verts ou noirs.

*Etat naturel.* Il existe un assez grand nombre de minerais à base d'uranium. La *pechblende* ou *pechurane* est ordinairement amorphe, d'éclat vitreux, de coloration noir gris, comme la poix (*pech*); sa dureté est de 5,5; sa densité de 6,4 à 8. L'analyse de la pechblende de Joachimthal a donné : sesquioxyde d'urane, 79,15; oxyde de fer, 3,90; chaux, 2,81; magnésie, 0,46; silice, 5,36; oxyde de plomb, 6,20; arsenic, 1,12; bismuth, 0,66; eau 6,36. Elle se trouve surtout en Saxe et en Bohême, et sert à faire les composés d'urane ainsi que divers émaux. La *gummite* paraît être une altération de la précédente; elle est amorphe, en masses à structure testacée, d'éclat résineux, de teinte jaune rouge; sa densité est de 4,93. On y a trouvé : oxyde uraneux, 72,0; chaux, 6; silice, 4,26; acide phosphorique, 2,30; eau, 14,75; elle se trouve surtout à Johanngeorgenstadt (Saxe) et en Bohême. L'*uranosphérite* est un oxyde d'urane et de bismuth hydraté, surtout trouvé à Schneeberg (Saxe). L'*uranite* ou *autunite* est un phosphate urano-calcique hydraté, que l'on rencontre en cristaux tabulaires se rapportant au prisme rhomboïdal droit de 90°,43', translucides, jaune citron ou verdâtres, avec éclat nacré, d'une dureté de 1 à 2 et d'une densité de 3,01. L'analyse de l'uranite d'Autun a donné à Pisani : acide phosphorique, 14,6; oxyde d'urane, 59,0; chaux, 5,8; eau, 21,2; on la retrouve aussi en Cornouailles. La *chalcolite* est un phosphate urano-cuprique, vert, d'éclat vitreux ou nacré, de dureté de 2 à 2,5, de densité de 3,5; ses cristaux tabulaires dérivent du prisme à base carrée. On la rencontre en Cornouailles, en Saxe. Pisani lui a trouvé comme composition : acide phosphorique, 14,0; oxyde d'uranium, 59,67; oxyde de cuivre 8,5; eau 15,0.

En dehors de ces minerais, l'oxyde d'uranium existe encore dans la *liebigite*, carbonate uranocalcique; dans l'*uranocre* ou *uraconise*, sous-sulfate d'uranium hydraté que l'on trouve en poussière jaunâtre à Joachmithal (Bohême); dans l'*uranochalcite*, sulfate de chaux, de cuivre et d'uranium; dans la *johannite*, sulfate hydraté, de composition analogue à celle du précédent corps, dans l'*uranophane*, dans l'*uranotyle*, silicates, com-

plexes; enfin, dans la *samarskite*, niobate d'urane, d'un noir velouté, d'une dureté de 5,5 et d'une densité de 5,6 à 5,7, que l'on trouve dans les monts Ilmen (Oural), et l'*euxénite*, niobate et titanate d'urane, d'un noir brun, d'une dureté de 6,5, de densité = à 4,6 à 4,9, et que l'on rencontre à Arendal, ainsi qu'en d'autres localités de Norwège.

PRÉPARATION. 1° Péligot prépara l'uranium en mélangeant 50 grammes de sodium réduit en petits fragments, avec 75 grammes de chlorure uraneux et 150 grammes de chlorure de potassium, recouvrant la masse introduite dans un creuset de porcelaine, avec une couche de chlorure de potassium, puis plaçant le vase dans un second creuset en graphite que l'on isole du premier par du charbon pulvérisé. On porte d'abord au rouge, puis ensuite on chauffe davantage pour fondre le métal réduit, que l'on isole ensuite sous forme de petits grains noyés dans la scorie;

2° On peut encore isoler l'uranium des minerais qui en contiennent. On choisit surtout la pechblende; on commence par l'étonner, puis on la pulvérise, et enfin, on traite par l'acide azotique. On évapore la solution à siccité, puis on reprend par l'eau, pour séparer le sulfate de plomb, l'oxyde, et l'arséniate de fer formés; on filtre et on concentre la liqueur pour obtenir une cristallisation. On égoutte les eaux-mères, on reprend par l'eau et on concentre à nouveau la liqueur, puis les cristaux formés sont alors lavés avec un peu d'eau froide. On les sèche et on traite par l'éther qui dissout l'azotate d'uranium et donne ce corps par évaporation spontanée. Pour avoir de beaux cristaux tout à fait purs, il suffit de reprendre par l'eau. Les eaux-mères sont alors étendues d'eau, on y fait passer un courant d'hydrogène sulfuré, pour précipiter l'arsenic, le plomb et le cuivre, on filtre, et, par concentration, on obtient une nouvelle quantité d'azotate d'uranium. Ce sel calciné donne un oxyde avec lequel on peut préparer tous les sels d'uranium.

Nous n'entrerons pas dans l'étude de ces produits; nous nous contenterons d'indiquer que ces sels sont à deux degrés d'oxydation. Les sels uraneux sont verts, très amers, très oxydables en devenant sels de sesquioxyde; ces derniers, ou sels uraniques sont jaunes et sont eux-mêmes très facilement réduits au minimum par tous les corps réducteurs; ils offrent une très belle fluorescence jaune vert, que possèdent aussi les verreries dans lesquelles on a introduit ces sels; ils sont également très impressionnables à la lumière solaire, ce qui a fait depuis longtemps proposer l'emploi de ces produits en photographie.

*Caractères des sels uraneux.* Les solutions de ces sels donnent : avec la *potasse*, la *soude*, l'*ammoniaque*, un précipité gélatineux, rouge brun ; avec les *carbonates alcalins*, un précipité vert, soluble dans un excès de réactif, surtout dans le carbonate d'ammoniaque, avec dégagement d'acide carbonique; la liqueur claire offre une teinte verte; avec l'*acide sulfhydrique*, rien, dans les liqueurs neutres; avec le *sulfure d'ammonium*, précipité noir, dans les liqueurs neutres; avec le *phosphate biso-*

*dique*, précipité vert, gélatineux; avec l'*acide oxalique*, précipité vert gris; avec le *ferrocyanure de potassium*, précipité brun clair.

*Caractères des sels uraniques.* Leur solution donne avec les *alcalis*, un précipité jaune, insoluble dans un excès de réactif, et que la présence de quelques matières organiques empêche de se former; avec les *carbonates alcalins*, un précipité jaune, soluble dans un excès de réactif, et surtout dans le carbonate d'ammoniaque. L'addition de potasse à la solution du précipité, en sépare tout le sesquioxyde d'uranium. Avec le *carbonate de baryum*, précipité complet de sesquioxyde, à froid; avec l'*acide sulfhydrique*, réduction à l'état de sels uraneux; avec le *sulfure d'ammonium*, précipité noir, presque insoluble dans un excès de réactif; soluble dans les acides, même l'acide acétique; avec le *phosphate bisodique*, précipité jaune clair, soluble dans les acides minéraux, insoluble dans l'acide acétique; avec l'*acide oxalique*, rien; avec le *ferrocyanure de potassium*, précipité rouge brun foncé; avec le *tannin*, précipité brun foncé.

Au chalumeau, les oxydes d'uranium donnent avec le 'sel de phosphore une perle verte, aussi bien dans la flamme oxydante que dans la flamme réductrice; et avec le borax, une perle jaune dans la flamme oxydante, verte dans la flamme réductrice.

DOSAGE. Le meilleur moyen de doser l'uranium est de le précipiter en solution acétique par le phosphate bisodique. Le précipité est ensuite calciné, c'est alors du pyrophosphate uranique qui renferme 66.85 0/0 d'uranium.

*Usages.* Les dérivés de l'uranium servent surtout dans la peinture sur porcelaine, comme couleurs; et dans l'industrie de la verrerie, pour l'obtention de nuances jaune verdâtre dichroïques.

*URAO. T. de chim.* Nom du sesquicarbonate de soude, hydraté et natif, que l'on trouve dans le Vénézuela. Il ne contient que deux équivalents d'eau (V. SOUDE, § *Etat naturel*), et se trouve en masses granulaires, saccharoïdes ou compactes au fond du lac de Mérida, dans les lacs Natron d'Egypte, et dans le Fezzan d'Afrique. Il est translucide, d'éclat vitreux, blanc ou jaunâtre, d'une dureté de 2,5 et de densité = 2,11; il est employé dans la fabrication du savon et du verre, et aussi dans la teinture.

URATE. *T. de chim.* Nom des sels formés par l'acide urique; celui-ci forme des sels neutres et acides, dont les caractères sont ceux de l'acide.—V. URIQUE (Acide).

*URÉTROSCOPE ou URÉTHROSCOPE. Syn.: *Endoscope. T. de chirurg.* Instrument inventé par le Dr J. Désormeaux et destiné à faciliter l'exploration des cavités profondes du corps humain. Il se compose essentiellement: 1° d'un tube contenant un miroir incliné à 45° et perforé en son centre: ce tube se termine à son extrémité par une douille sur laquelle se fixent les canules qui doivent être introduites dans l'urèthre, les fosses nasales, le pharynx, l'utérus, etc.; 2° d'une petite lampe à pétrole, qui, par un tube latéral, se fixe au

tube précédent, et dont la lumière est envoyée sur le miroir incliné par un réflecteur convexe, de façon à ce que ce miroir éclaire l'axe de la sonde; 3° d'une lentille faisant converger les rayons lumineux sur l'objet à éclairer.

Pour faire une observation, on fixe l'extrémité de la sonde, mise en place, dans une douille à vis de pression, puis on adapte la lampe réglée de telle sorte que sa flamme corresponde au centre perforé du miroir, sur le tube latéral; alors, par réflexion, les objets placés à l'extrémité de l'ouverture de la sonde se trouvent suffisamment éclairés pour qu'on en aperçoive l'aspect au travers du diaphragme qui est dans l'oculaire.

*URINOIR. Endroit disposé pour uriner, soit sur la voie publique, soit dans les établissements publics ou privés.

Les urinoirs publics les plus simples, nous ne dirons pas les plus décents, sont formés de deux plaques de lave ou de granit scellées au ciment dans les angles des murs, et pourvus en bas d'une cuvette avec trou d'écoulement mis en communication avec l'égout. Viennent ensuite les séries de cases dont les séparations sont des plaques d'ardoise posées verticalement devant un parement de même matière. Ces séparations, échancrées par le bas, sont établies au-dessus d'un caniveau ou gargouille également en ardoise ou en granit, muni d'un trou d'écoulement avec bonde siphoïde. Ce genre d'installation est appliqué notamment dans les gares de chemin de fer et très fréquemment sur la voie publique.

Sur les places, dans les jardins ou les squares, on les fait généralement doubles. On donne 0,65 environ de largeur aux cases, 1m,30 de hauteur et 0m,40 de largeur aux plaques de séparation. Un tuyau de plomb, amène à la partie supérieure de ces stalles, dans un régulateur à déversoir, l'eau prise sur la conduite publique; ces eaux s'épanchent en nappe uniforme à la surface des ardoises et entraînent avec elle les urines. Souvent des candélabres, des toits en auvent, des plaques de tôle ajourées placées au-devant, de manière à masquer en partie les stalles font de ces urinoirs de véritables édicules.

Autrefois, et l'on en voit encore un grand nombre à Paris, les trottoirs des grandes voies étaient bordées de colonnes creusées, nommées *colonnes vespasiennes*, servant d'urinoirs et construites en maçonnerie. Aujourd'hui, on remplace ces colonnes par ce qu'on appelle des *urinoirs lumineux*, comprenant trois stalles rayonnantes et une case fermée pour les outils de nettoyage; ils sont accompagnés d'une clôture circulaire ajourée, et surmontés d'une colonne vitrée renfermant un appareil d'éclairage.

Dans les établissements scolaires, les urinoirs sont généralement attenants aux cabinets d'aisances et également disposés en stalles. Dans les restaurants, cercles, etc., on installe souvent pour le même usage dans le cabinet d'aisances même, ou à proximité, des cuvettes en fonte émaillée ou en grès, fixées dans l'angle de deux murs, ou contre l'une des parois. — F. M.

**URIQUE** (Acide). *T. de chim.* $C^{10}H^4Az^4O^6$.... $C^5H^4Az^4O^3$. Corps découvert par Schéele et surtout étudié par Liebig et Wœhler. M. Berthelot le considère comme étant un amide diuréique dérivé de l'acide tartronique,

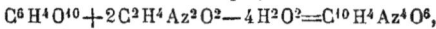

$$C^6H^4O^{10}+2C^2H^4Az^2O^2-4H^2O^2=C^{10}H^4Az^4O^6,$$

il n'a pu encore être obtenu synthétiquement.

*Propriétés.* Il se présente sous forme de petits cristaux blancs, anhydres, d'aspect excessivement variable, mais dont la forme fondamentale est le prisme droit à base rectangle, avec toutes les modifications qu'elle peut donner, puis sous celles de losanges, de croix, d'aiguilles, de fuseaux, etc.; lorsqu'il se dépose lentement, il est en gros cristaux à 4 équivalents d'eau, souvent teintés de brun. Il est inodore et insipide, peu soluble dans l'eau froide (1/15,000), plus dans l'eau bouillante (1/1,800), insoluble dans l'alcool, l'éther, les hydrocarbures; les acides faibles le dissolvent un peu, mais l'acide sulfurique le dissout bien et l'eau le sépare de cette solution. Il forme avec les bases des sels acides ou neutres, ces derniers étant plus solubles que les autres et surtout solubles dans les bases.

Traité par la chaleur, il noircit et donne des acides cyanhydrique, cyanurique, carbonique et leurs sels ammoniacaux, et il reste dans la cornue un résidu charbonneux. Chauffé avec de l'acide azotique, puis soumis à l'action de l'ammoniaque, il donne une coloration rouge pourpre due à la formation du muréxide, $C^{16}H^8Az^6O^{12}$... $C^8H^8Az^6O^6$, qui cristallise en aiguilles mordorées à un équivalent d'eau, et sert en teinture.

*Etat naturel.* Ce corps existe libre, mais surtout combiné, dans les excréments des oiseaux, des ophidiens, des insectes, dans l'urine de l'homme et des carnassiers, dans certains calculs vésicaux, dans le guano, dans les liquides et tissus organiques animaux, dans les concrétions articulaires des goutteux, etc.

Dans l'urine humaine, il est, en général, saturé par la soude, et s'y trouve dans la proportion de $0^{gr},6$ à $1^{gr},7$ par litre, suivant l'état de santé ou de maladie, pour l'homme; de $0^{gr},42$ à $1^{gr},35$ pour la femme.

PRÉPARATION. On peut se servir pour l'obtenir: 1° des excréments de serpent; 2° du guano; 3° de l'urine; on ajoute à ce liquide frais 1 à 2 0/0 d'acide chlorhydrique. L'acide urique se dépose, mais coloré par les pigments urinaires. Pour le purifier, on le dissout avec une solution de potasse à 1/20, on filtre, on fait passer un courant d'acide carbonique pour saturer la base et on obtient un dépôt de biurate de potasse que l'on recueille et lave à l'eau distillée, puis à l'alcool. On redissout ce précipité par de la lessive,

et on reprécipite par l'acide chlorhydrique ou par le chlorure d'ammonium. Dans le premier cas, l'acide cristallise; dans le second, on obtient du biurate d'ammonium que l'on redissout et traite par l'acide chlorhydrique.

DOSAGE. On prend 200 centimètres cubes d'urine, on les fait bouillir pour redissoudre les sédiments ayant pu se former, on filtre et on ajoute 2 0/0 d'acide chlorhydrique. On laisse au frais pendant vingt-quatre heures, et on recueille sur un filtre pesé. Les cristaux et le vase sont lavés à l'eau distillée jusqu'à ce que l'eau de lavage n'influence plus l'azotate d'argent. On sèche le filtre à 100°, et on pèse, puis, pour corriger l'erreur due à la solubilité de l'acide urique dans l'eau, on ajoute 0,0045 par chaque 100 cent. cubes d'urine et d'eau de lavage (les urines albumineuses sont filtrées après ébullition avant d'être mesurées).

*Usages.* Cet acide sert à faire la muréxide. — J. C.

**URNE.** Dans l'antiquité, ce mot désignait un vase plus ou moins orné, sculpté ou décoré, qui servait à divers usages, notamment aux sacrifices, à renfermer les cendres des morts, à recevoir les bulletins de suffrages, etc.; les artistes modernes ont exécuté, d'après ces vases antiques, des urnes allégoriques pour représenter les fleuves et les divinités aquatiques et des urnes funéraires pour la décoration des tombeaux.

**\* USINAGE.** *T. d'artill.* On désigne sous ce nom l'ensemble des opérations mécaniques auxquelles on soumet un canon de fusil, une bouche à feu ou un projectile, brut de forge, pour l'amener à ses dimensions définitives. Suivant les cas, l'usinage se fait dans les usines ou dans les établissements de l'artillerie. — V. BOURGES, CANON, FUSIL, MATÉRIEL. § *Matériel de guerre*, PROJECTILE.

**USINE.** Se dit d'un grand établissement industriel où le travail se fait entièrement à l'aide de machines, mais plus particulièrement d'un établissement métallurgique; il est, d'ailleurs, bien difficile de préciser ce qu'on entend aujourd'hui par *usine*, il s'est établi une telle confusion entre les mots *fabrique*, *manufacture* et *usine*, qu'à défaut d'une dénomination qui spécialise nettement le genre de fabrication, comme les *verreries*, les *papeteries*, les *brasseries*, on donne indifféremment, mais à tort et selon les contrées, les noms de *fabrique*, d'*usine* ou de *manufacture*, à l'ensemble des bâtiments et des machines d'une industrie quelconque.

**\* USINIER.** Celui qui est à la tête d'une usine, qui la dirige ou l'exploite.

**\* USTENSILE.** Outre qu'il désigne les meubles servant au ménage et principalement à la cuisine, ce nom s'applique encore à certains instruments de jardinage, d'écurie, de manège, etc.

# V

**VACHERIE.** Local affecté aux vaches laitières. Nous avons indiqué les dispositions principales aux articles CONSTRUCTIONS RURALES et ÉTABLES, mais nous devons ajouter ici que les vacheries urbaines classées dans les établissements insalubres, sont souvent très petites et contiennent un trop grand nombre d'animaux : ceux-ci, par suite de la stabulation permanente, du manque d'air respirable et souvent de l'obscurité dans laquelle ils sont plongés, contractent certaines maladies dont la plus grave est la tuberculose ; de l'avis de plusieurs médecins, le lait provenant de ces établissements offre de réels dangers en ce qu'il peut transmettre à ceux qui le consomment, aux enfants surtout, les germes de graves maladies. Dans certains pays, les vacheries sont supprimées : les animaux restent aux pâturages où on les trait, et le lait est rapporté à la ferme. Une *laiterie* et souvent une *fromagerie* (V. ces mots) sont annexées aux vacheries. — M. R.

**VA-ET-VIENT.** 1° *T. de mécan.* Mouvement alternatif. || 2° *T. de mar.* Cordage qui unit et met en communication deux points au-dessus de l'eau, comme d'un navire à un autre ou d'un navire à la terre. || 3° *T. de serrur.* Genre de serrure dont la disposition permet de donner à une porte un mouvement d'aller et de retour.

**VAGON** ou **WAGON** (1). *T. de chem. de fer.* Dans l'acception usuelle de ce mot, le vagon est le véhicule qui circule sur les voies ferrées ; et on est même arrivé, dans le langage courant, à étendre, par analogie, l'acception de vagon à certains véhicules carrés entièrement fermés, de forme allongée, montés sur de petites roues, présentant l'aspect extérieur des voitures de chemins de fer, bien qu'ils circulent sur les chaussées ordinaires ; il faut remarquer d'ailleurs qu'en enlevant les roues et en montant les caisses sur des trucks

(1) Considérant que ce mot est depuis longtemps français, Littré l'a dégagé de sa forme étrangère et l'a écrit avec un V ; nous avons adopté la même orthographe, mais nous reconnaissons que le double W est plus généralement employé.

appropriés, on peut les faire servir également au transport sur les voies ferrées.

Dans l'exploitation des chemins de fer, on réserve habituellement le nom de *vagons* pour les seuls véhicules servant au transport des marchandises, et ceux qui sont affectés aux voyageurs prennent le nom de *voitures*. Cette distinction ne paraît pas prévaloir, toutefois, dans l'usage ordinaire, et nous examinerons ici ces deux classes de véhicules dans la même étude, d'autant plus que leurs caractères essentiels sont les mêmes, pour ainsi dire.

*Différences caractéristiques par rapport aux autres véhicules.* Comparés aux véhicules qui circulent sur les chaussées ordinaires, les vagons de chemins de fer en diffèrent par un certain nombre de traits distincts qui affectent particulièrement les parties tournantes et, dans une moindre mesure, la caisse et le châssis.

Les roues des vagons sont munies de bandages avec mentonnets saillants ou boudins destinés à prévenir toute déviation sur une voie sans largeur comme la surface des rails, mais qui empêchent en même temps la circulation sur les chaussées. Ces bandages présentent, en outre, une surface de roulement élargie, de forme conique au lieu d'être cylindrique, et les roues sur lesquelles ils sont montés sont calées sur leur essieu au lieu de rester libres comme dans tous les autres véhicules. Ces deux dispositions combinées sont destinées, comme on sait, à empêcher les oscillations latérales des vagons dans la marche à grande vitesse, à prévenir, en un mot, le mouvement de lacet qui se produirait autrement. Le moindre déplacement transversal des vagons modifie, en effet, le rayon de contact au roulement des deux roues combinées d'un même essieu, il augmente l'un et diminue l'autre, et les amène ainsi à prendre deux développements inégaux incompatibles en alignement droit, de sorte que le calage intervient ainsi comme une sorte de modérateur rétablissant à chaque instant l'égalité des diamètres de roulement. Dans les parties en courbe, l'inégalité est imposée par le développement même des rails, parallèles, mais la forme conique des bandages permet aux roues de s'y conformer sans difficulté par un léger déplacement transversal du côté extérieur de la courbe, et le calage intervient encore pour maintenir la nouvelle position invariable. Ce sont là deux traits absolument caractéristiques des véhicules de chemins de fer, et l'expérience a montré qu'il y aurait de grands inconvénients à vouloir s'en affranchir. Les vagons ont besoin, nécessairement, d'une stabilité propre, et ils ont toujours deux essieux au moins; ils n'ont jamais à parcourir, d'ailleurs, de courbes à petit rayon, ni surtout à tourner court, comme le cas se présente sur les chaussées ordinaires, et dans les types en usage chez nous, leurs essieux conservent une direction invariable par rapport au châssis et restent constamment parallèles; ils ne sont pas susceptibles de pivoter, en un mot, comme les essieux d'avant-train des voitures ordinaires. Cette disposition, qui donne à ces véhicules un empâtement rigide, ne permet pas, toutefois, d'écarter les essieux outre mesure pour assurer l'inscription dans les parties en courbe, et cet écartement pour les voitures d'un même réseau se trouve limité, en quelque sorte, par la configuration de ce réseau, suivant les sinuosités plus ou moins accentuées qu'il présente.

Si, toutefois, le parallélisme des essieux d'un même vagon forme un trait distinctif du matériel généralement usité en Europe, il n'en est pas de même en Amérique, où les voitures reposent sur des trucks articulés susceptibles de tourner autour d'un pivot central. Ces trucks sont formés généralement de deux essieux parallèles très rapprochés qui sont rattachés à un châssis commun supportant le pivot; ils sont reportés aux deux extrémités de la caisse du véhicule qui prend alors une longueur atteignant 10 à 15 mètres tout à fait inusitée en Europe. Cette disposition, qui serait dangereuse pour la stabilité du véhicule s'il n'avait pas une masse considérable, avait été considérée pendant longtemps comme incompatible avec une marche à grande vitesse, et les chemins européens se refusaient à l'imiter; mais on paraît y revenir actuellement, car elle se prête à une distribution de caisses plus confortables, à certains égards, pour les voyageurs, et on la retrouve déjà chez nous sur un certain nombre de véhicules spéciaux affectés aux trains à longs parcours.

Comparées à celles des véhicules ordinaires, les caisses des vagons qui ont à supporter des chocs plus considérables et doivent garder plus de stabilité, présentent des formes droites et robustes qui leur donnent un aspect un peu lourd et massif, sans élégance; elles reposent sur un châssis plan formé par un cadre de grosses poutres en fer ou en bois dont elles restent indépendantes; elles sont même souvent isolées du châssis par des plaques de caoutchouc qui arrêtent la transmission des vibrations sonores et autres.

Contrairement aux voitures ordinaires, la caisse déborde sur les roues, et la charge repose sur les essieux par des fusées extérieures. On augmente ainsi l'espace libre dans les caisses qui reçoivent une largeur supérieure à celle de la voie, et on assure d'autant mieux la stabilité. On est limité seulement dans cet élargissement par la nécessité de ne pas trop se rapprocher de la limite des gabarits des ouvrages d'art, afin de ménager l'accès extérieur à la caisse, de permettre, au besoin, sans danger, la circulation des agents le long du train, et de prévenir même l'accident que pourrait entraîner, par exemple, une portière ouverte venant à se heurter contre un obstacle de la voie. Le diamètre des roues de vagon doit être aussi petit que possible pour ne pas trop relever le centre de gravité de la caisse, et il ne dépasse guère 1 mètre; autrement, en effet, on serait obligé de faire pénétrer les roues dans le plancher, ce qui entraînerait de grandes difficultés pour la distribution des compartiments de la caisse. C'est ce qui se produit, par exemple, sur les voitures à impériales, pour lesquelles on a été conduit généralement, comme dans le type de M. Vidard, à abaisser le plancher des caisses afin de ne pas trop relever le centre de gravité général de la voiture.

Les ressorts de suspension interposés entre les roues et le châssis sont à lames étagées, comme on en rencontre des exemples sur les véhicules ordinaires, mais ils sont beaucoup plus robustes et moins flexibles pour diminuer l'amplitude des oscillations; ils sont rattachés généralement au châssis par des menottes inclinées qui ont l'avantage d'arrêter les oscillations longitudinales de la caisse.

Une autre disposition caractéristique de ces voitures résulte de l'élasticité des attelages; l'entraînement s'opère, comme on sait, par l'intermédiaire de ressorts spéciaux interposés entre la barre de traction et le châssis, et la voiture est munie, en outre, de ressorts de choc qu'on ne rencontre pas non plus dans les véhicules ordinaires, ceux-ci devant subir directement les réactions du moteur qui les entraîne.

COMPOSITION DES VAGONS. Après avoir signalé les caractères distinctifs des vagons de chemins de fer, nous allons étudier les divers organes entrant dans la composition de ces véhicules, ce qui nous permettra de compléter les indications déjà données sur ce sujet aux articles spéciaux.

On peut distinguer trois parties dans les vagons : 1° le système tournant, essieu monté avec les pièces qui lui sont directement rattachées, coussinets, boîtes à graisse et ressorts de suspension; 2° le châssis, avec les plaques de garde et les appareils élastiques de choc et de traction; 3° la caisse qui reçoit les voyageurs ou les marchandises à transporter. Cette distinction de la caisse et du châssis s'applique surtout au matériel à voyageurs, mais elle tend à s'effacer sur les vagons à marchandises, car la caisse perd alors de son importance pour se réduire quelquefois à de simples parois verticales fixées sur le châssis, ou même pour s'effacer tout à fait comme sur les trucks ou les vagons plates-formes.

1° *Système tournant*. Le système tournant des voitures et vagons comprend toujours, comme nous l'avons dit plus haut, des essieux portant leurs roues calées avec fusées extérieures. Les roues sont presque toujours en deux pièces comprenant un centre entouré d'un bandage indépendant fixé par embattage et maintenu par des vis. — V. EMBATTAGE et ROUE DES VÉHICULES, § *Roues de vagons*.

Le mentonnet saillant du bandage est toujours disposé intérieurement au rail. La surface de roulement est conique, comme nous l'avons indiqué plus haut; la conicité est dirigée de l'intérieur à l'extérieur et elle est ordinairement égale à celle des rails eux-mêmes sur l'axe de la voie, soit 1/20 environ. On rencontre, cependant, l'inclinaison de 1/16 sur les véhicules des chemins de fer de l'Etat autrichien et, sur certaines lignes espagnoles, on arrive à 1/15, mais ce chiffre s'est trouvé déterminé, en quelque sorte, par le grand écartement de la voie qui atteint $1^m,76$ environ en Espagne.

Les dimensions des bandages de vagons varient peu d'une Compagnie à l'autre, et elles sont contenues généralement dans les limites suivantes : largeur, 125 à 135 millimètres; épaisseur moyenne au roulement, 55 à 60; saillie et épaisseur moyenne du boudin, 25 et 30. Les bandages s'usent rapidement et exigent un remplacement beaucoup plus fréquent que les autres pièces du matériel roulant, l'usure atteint principalement les boudins qui s'amincissent en frottant contre les faces latérales des rails, dans les parties en courbe; différentes Compagnies se sont préoccupées de cette question en cherchant à donner au bandage le profil le plus avantageux pour prévenir cet amincissement. Le tracé adopté par la Compagnie de l'Ouest mérite d'être signalé à ce point de vue; le boudin est raccordé à la surface de roulement par une courbe renflée qui s'évase ensuite vers l'extrémité, de manière à présenter une surface verticale de longueur convenable entre le boudin et le rail, ce qui entraîne une diminution de l'usure et permet en même temps au boudin de n'attaquer le rail que sous un angle adouci. L'écartement des bandages d'un même essieu, la saillie des boudins ont été réglementées par les conférences internationales comme celle de Berne, pour les véhicules destinés à circuler sur les réseaux étrangers.

Les centres de roues sont généralement indépendants des bandages; mais on rencontre, cependant, à l'étranger, des exemples de roues en fonte ou en acier coulées d'une seule pièce avec leurs bandages. — V. EMBATTAGE, CENTRE.

En France, la circulation de pareilles roues est interdite d'une manière générale sur les trains de voyageurs par l'ordonnance de 1846, et les roues en fonte cerclées en fer sont seulement autorisées dans les trains mixtes marchant à une vitesse inférieure à 25 kilomètres à l'heure.

Dans le cas le plus général, les centres sont indépendants de leurs bandages; mais, comme nous avons fait de ces pièces une étude détaillée aux articles spéciaux, nous n'y reviendrons pas ici.

Au point de vue de la disposition générale des roues des véhicules, nous rappellerons seulement que les essieux sont généralement au nombre de deux par voiture avec des écartements variables sur les différents réseaux. Les nouvelles voitures à dimensions agrandies qui viennent d'être mises en service par différentes Compagnies, comportent parfois trois essieux suivant une disposition adoptée depuis longtemps par la Compagnie de Lyon. On arrive, dans ce cas, à des écartements extrêmes de roues atteignant jusqu'à 6 mètres et $6^m,10$, ce qui ne laisse pas, comme on voit, que de créer une résistance spéciale pour le passage des courbes, et on est obligé de ménager un jeu considérable autour de la boîte à graisse, de l'essieu du milieu dans la plaque de garde correspondante.

*Boîtes à graisse*. Les boîtes à graisse, qui forment l'appareil intermédiaire entre le système tournant et le châssis du véhicule, sont destinées, comme leur nom l'indique, à lubrifier les fusées des essieux sur lesquelles elles reportent le poids de la voiture. Elles entourent complètement les fusées et obligent les essieux à obéir aux mouvements de translation communiqués au châssis. Elles supportent à la partie supérieure la poussée des ressorts de suspension, et comme le châssis peut s'élever ou s'abaisser par rapport aux boîtes, suivant la flexion des ressorts, elles sont munies latéralement de coulisses avec des joues en saillie formant glissières pour les plaques de garde.

Comme appareil de graissage, la boîte doit fournir à la matière lubrifiante employée un récipient étanche bien à l'abri de la poussière, assurant le graissage continu et régulier de la fusée dans des conditions économiques, qui soit, en outre, d'une visite et d'un entretien faciles, etc.; il y a donc là, comme on voit, une série de fonctions complexes qui expliquent le grand nombre d'appareils imaginés jusqu'à ce jour pour les remplir. Malgré ces nombreuses tentatives, la question n'est pas encore considérée comme résolue, et elle reste l'objet des préoccupations continuelles des Compagnies.

Les différents types de boîtes peuvent se rattacher à trois catégories différentes suivant la nature des matières lubrifiantes employées, graisse solide, huiles animale et minérale, emploi simultané de ces deux matières dans les boîtes mixtes, emploi de l'eau ou de matières diverses.

La graisse était la seule matière utilisée à l'origine des chemins de fer, mais elle a l'inconvénient de manquer de fluidité, et il faut la préparer avec des soins particuliers en employant des mélanges appropriés suivant l'état de la température et le degré de fluidité dont on a besoin. Elle tend à être remplacée, aujourd'hui, par l'huile, surtout l'huile minérale, dont l'emploi est, d'ailleurs, plus économique (V. GRAISSAGE). On lira, à ce sujet, une communication des plus importantes de M. Salomon, actuellement ingénieur en chef de la Compagnie de l'Est, sur les essais comparatifs pratiqués à cette Compagnie, qui ont mis nettement en relief les avantages de l'huile minérale. — V. *Revue générale des chemins de fer*, nᵒˢ d'avril, juillet et octobre 1885.

On voit par là que le développement probable des applications de l'huile minérale paraît appelé à imposer, dans l'avenir, les types de boîtes les mieux appropriés à l'emploi de l'huile, et il pourra sans doute en résulter une certaine unification dans les types si variés actuellement appliqués.

Nous avons donné à l'article spécial (V. GRAISSEUR) la disposition essentielle des principaux types de boîtes, et nous n'y reviendrons pas ici. Nous signalerons seulement la disposition de boîte adoptée, en Amérique, sur les chemins américains, qui est remarquable par sa simplicité; les boîtes sont faites d'une seule pièce, et le graissage s'opère au moyen de déchets de coton maintenus constamment imprégnés d'huile et remplissant toute la capacité du réservoir. Une grande ouverture est ménagée à l'avant de la boîte afin de faciliter la visite du coussinet et de la fusée, et de permettre en même temps l'introduction des matières de graissage. Grâce à la disposition spéciale du coussinet, on peut le remplacer en soulevant légèrement la voiture pendant un arrêt du train.

Des boîtes d'une disposition analogue, portant seulement un réservoir supérieur pour assurer le graissage continu, sont mises en application sur les lignes autrichiennes et allemandes, et sont montées spécialement sur les essieux des véhicules admis à circuler sur les réseaux des diverses administrations pratiquant le graissage périodique.

D'après les conventions du Verein allemand, ce graissage, consistant à verser l'huile minérale par l'ouverture de la boîte jusqu'à refus, doit être pratiqué dans les délais suivants :

Tous les mois pour le matériel à voyageurs, sauf quelques véhicules spéciaux qui sont visités tous les quinze jours, et tous les deux mois pour le matériel à marchandises.

Le levage des véhicules, pour la visite normale des boîtes, a lieu, en Autriche : 1° tous les quatre mois, soit après un parcours de 30,000 kilomètres pour les voitures des trains express; 2° tous les douze mois, après un parcours sensiblement égal, pour les autres voitures à voyageurs; et 3° tous les douze ou dix-huit mois pour le matériel à marchandises.

Comme garniture de graissage, on emploie, de préférence au coton, les copeaux de tilleul malaxés dans l'huile, qui se tassent moins que le coton et reviennent moins cher. Les obturateurs d'arrière sont souvent préparés aussi en bois de tilleul munis quelquefois de feutre.

Les boîtes à graissage mixte comprenant la graisse et l'huile ont été introduites en France par M. Polonceau, elles sont aujourd'hui d'une application courante sur la plupart de nos réseaux; ces boîtes ont un double réservoir comme certaines boîtes à huile, le réservoir inférieur rempli d'huile est muni d'un tampon qui assure le graissage en temps normal; le réservoir supérieur renferme de la graisse solide, celle-ci entre en fusion, et intervient pour assurer le graissage en cas de chauffage prolongé de la fusée. Les lumières de graissage sont d'ailleurs fermées souvent par un bouchon en matière fusible dont on règle à volonté le point de fusion.

On a essayé également le graissage mixte à l'eau et à la graisse, mais cette disposition, inaugurée en Belgique, par M. Hœck, s'est peu répandue.

Les boîtes à galets dans lesquelles on voulait essayer de substituer sur la fusée un frottement de roulement à celui de glissement n'ont pu se répandre davantage dans la pratique, car la disposition en était trop délicate et compliquée.

*Ressorts de suspension.* Les boîtes à graisse supportent le vagon dont elles reportent le poids sur l'essieu, par l'intermédiaire de masses élastiques comme les *ressorts* (V. ce mot). L'interposition de ressorts de suspension n'est pas moins nécessaire sur les vagons que sur les véhicules ordinaires, malgré la perfection relative de la voie, à cause de la grande vitesse de marche; elle est indispensable pour les voyageurs, et elle est si avantageuse pour la conservation du matériel qu'elle est toujours appliquée, même sur les vagons à marchandises malgré leur faible vitesse de marche. Nous avons étudié la composition de ces ressorts à l'article spécial. On consultera d'ailleurs avec intérêt une Note sur les travaux graphiques pour le calcul des ressorts à lames employés dans le matériel des chemins de fer, publiée par M. H. Chevalier dans les Mémoires de la *Société des ingénieurs civils*, numéro de juillet 1887. Nous examinerons seulement ici la disposition générale de la suspension.

Les ressorts sont toujours placés extérieurement aux roues, au droit des longerons, disposition qui facilite le graissage et la visite des pièces, et qui est aussi la plus favorable pour la stabilité des véhicules et la résistance à la traction des fusées d'essieux. Les lames des ressorts sont maintenues assemblées par un boulon central, une bride ou un étrier qui les relie en même temps à la boîte à graisse, avec interposition quelquefois d'une plaque élastique en cuir ou en caoutchouc pour adoucir la suspension. Plus souvent cependant, le contact est direct, et on interpose seulement des cales métalliques ou en bois quand c'est nécessaire pour relever le châssis avec ses tampons.

Aux extrémités, les ressorts sont rattachés aux longerons qu'ils supportent, soit directement, soit par l'intermédiaire d'articulations.

Dans la disposition à contact direct, les maîtresses lames frottent sur des plaques de friction ménagées à cet effet sur des patins en fonte fixés aux brancards. Cet assemblage, particulièrement simple, était le seul usité à l'origine des chemins de fer, mais il est généralement abandonné aujourd'hui, car les ressorts tendent alors à se déverser latéralement et déforment les plaques de garde; aussi préfère-t-on la suspension articulée avec menottes interposées entre le ressort et le brancard. La menotte inclinée sur l'horizontale, est rattachée à une main en fonte ou en fer fixée sur le brancard, et elle est passée dans l'extrémité de la maîtresse lame enroulée à cet effet. Dans cette disposition, le ressort se trouve soumis à l'effort de traction horizontal qui agit sur le châssis, et il intervient ainsi directement pour assurer l'entraînement de l'essieu; la plaque de garde qui seule entraîne l'essieu avec les ressorts sans menottes, n'est plus alors en quelque sorte qu'un appareil de sécurité destiné à rectifier la position de l'essieu, ce qui permet aussi d'augmenter le jeu ménagé dans l'intérieur des branches.

Cette inclinaison des menottes a toutefois l'inconvénient de soumettre la maîtresse lame à une traction oblique qui tend à déformer le ressort,

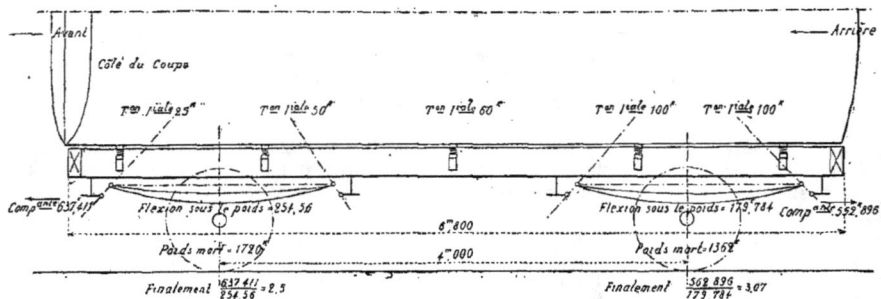

Fig. 674. — *Diagramme donnant les conditions de montage de la caisse et du châssis d'une voiture de première classe à coupé-lit, de la Compagnie du Nord.*

et, bien que la douceur de la suspension en soit peu altérée, on s'attache à y remédier par diverses dispositions dont la plus fréquente consiste à ajouter au-dessus du ressort proprement dit une lame en fer supportant spécialement cet effort.

Les menottes sont munies souvent d'un appareil tendeur à vis qui permet de régler à volonté, la tension des ressorts suivant la charge qu'ils ont à supporter, et certaines Compagnies comme celle du Nord, ont même imaginé un appareil spécial pour en obtenir une mesure exacte. La figure 674 montre les conditions théoriques d'installation des ressorts pour le montage de la caisse et du châssis d'une voiture de première classe à coupé-lit, de la Compagnie du Nord. Dans les suspensions soignées, on interpose une rondelle en caoutchouc entre les mains et les ressorts dans le but d'atténuer les vibrations transmises au châssis. Sur les voitures de luxe à la Compagnie d'Orléans, la tige de tension est même entourée d'une gaine en cuir ou en caoutchouc, afin d'empêcher tout contact métallique entre les roues et le châssis. On en trouve un exemple dans l'attache représentée figure 675.

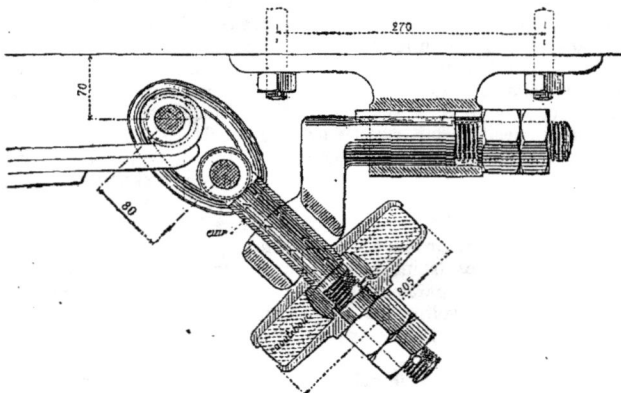

Fig. 675. — *Attache des ressorts de suspension des voitures de première classe à grande vitesse de la Compagnie d'Orléans. Menottes avec anneaux et rondelles en caoutchouc.*

Ces dispositions qui ont pour but d'amortir les vibrations de la caisse et du châssis sont complétées d'ailleurs, comme nous l'avons indiqué déjà, par une autre suspension élastique appliquée seulement à la caisse et isolant celle-ci du châssis. On interpose à cet effet, des lames rectangulaires ou des rondelles en caoutchouc ou même des ressorts en spirale qui atténuent les trépidations de la voie, et arrêtent surtout la transmission de sons produits par les vibrations des pièces métalliques du châssis, surtout dans la marche à grande vitesse. On en trouve un exemple dans la figure 676 qui représente la suspension avec ressort en spirale et rondelles en caoutchouc de la caisse d'une voiture du Nord. On a même appliqué également les ressorts à lames étagées sur des voitures de cérémonie.

Cette *double suspension* paraît donner des résultats des plus intéressants, et elle est appliquée aujourd'hui sur un grand nombre de réseaux pour les voitures de première et même quelquefois de seconde classe.

2° *Châssis.* Le châssis forme, avec les plaques de garde, les appareils élastiques de choc et de traction, la seconde partie que nous avons dis tinguée dans la construction des vagons; il est destiné à fournir à la caisse une base d'appui invariable, il assure l'entraînement des roues, en transmettant l'effort de traction, et il doit absorber sans déformation les réactions de toute nature transmises soit par le système tournant ou par les véhicules voisins qui lui sont rattachés.

Il doit être construit de manière à offrir une grande résistance et assurer en même temps aux plaques de garde un montage invariable.

Le châssis contribue d'ailleurs comme tout le reste du véhicule à assurer la stabilité par son propre poids, et, sur les voitures à voyageurs surtout, il présente un poids souvent supérieur à 2,000 kilogrammes, peu inférieur à celui des caisses, et il entre ainsi pour une grande part dans le poids total. Sur le matériel à marchandises, au contraire, qui n'a pas besoin de la même stabilité, on peut rechercher la légèreté relative, mais comme le châssis est moins préservé par les appareils

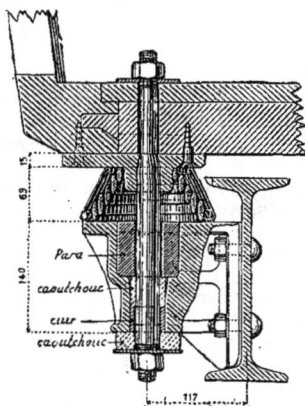

Fig. 876. — *Suspension avec ressorts en spirale et rondelles en caoutchouc des caisses des voitures de seconde classe de la Compagnie du Nord, modèle 1880.*

élastiques, on ne descend guère non plus au-dessous de 2 tonnes, surtout avec les châssis en fer.

A l'origine des chemins de fer, le châssis était toujours en bois, mais actuellement, l'élévation du prix des bois, la difficulté de se procurer des pièces de fort équarrissage, la réduction de prix du métal, amènent peu à peu les Compagnies à faire entrer le fer dans la construction, et on rencontre aujourd'hui de nombreux exemples de châssis mixte ou même entièrement en fer. Il faut ajouter enfin que le bois présente des dangers sérieux d'incendie résultant souvent des chiffons laissés sur les brancards par la négligence des nettoyeurs, comme l'expérience en a montré plusieurs exemples. Nous avons parlé d'ailleurs à l'article spécial de cette substitution du métal, et nous n'y reviendrons pas ici. — V. Châssis.

*Plaques de garde.* Les plaques de garde qui ont pour mission d'assurer l'entraînement des essieux lorsqu'il n'est pas garanti par le mode de suspension, remplissent encore néanmoins, même dans ce cas, un rôle de sécurité des plus importants en prévenant les déviations exagérées que les boîtes à graisse avec les ressorts de suspension à menottes inclinées, seraient impuissants à combattre.

Ces appareils sont formés par de simples fourches dans lesquelles coulissent les boîtes à graisse, les faces de celles-ci étant munies de glissières à cet effet ; ces fourches sont généralement fixées sur la face intérieure des longerons du châssis. Nous avons examiné à l'article spécial (V. Plaque de garde) différents types de plaques de garde en indiquant le jeu qui leur est donné dans le montage des voitures.

*Appareils élastiques de choc et de traction.* Le châssis reçoit enfin les appareils destinés à garantir l'élasticité des réactions de choc et de traction. Ces appareils qu'on avait cru pouvoir éviter à l'origine sur le matériel à marchandises sont appliqués actuellement sur les deux types de véhicules, car l'expérience a montré qu'ils étaient indispensables pour la conservation du matériel, seulement les ressorts présentent plus de flexibilité avec une disposition générale plus perfectionnée sur les voitures que sur les vagons.

Il faut remarquer d'ailleurs, comme le signale M. Couche, que dans la construction des voitures, les appareils élastiques sont surtout nécessaires pour les réactions de choc, le travail absorbé pouvant alors dépasser de beaucoup celui de traction. Avec les vagons, au contraire, les appareils de traction deviennent plus nécessaires pour faciliter le démarrage qui doit s'opérer graduellement sur les trains de marchandises toujours fort lourds. Un démarrage brusque est de nature à déterminer des ruptures d'attelages, et peut entraîner ainsi des accidents fort graves.

Les ressorts de traction actuellement employés, surtout sur le matériel à voyageurs, sont presque toujours à lames étagées comme ceux de suspension, seulement leur longueur et leur flèche sont beaucoup plus grandes en raison du travail plus considérable qu'ils ont à absorber ; ils sont rattachés au milieu à la barre d'attelage, et ils le sont souvent aussi par leurs extrémités aux tampons de choc, de sorte qu'ils subissent alors à la fois les deux réactions.

Dans les dispositions primitivement adoptées sur le matériel roulant, les ressorts étaient à pincettes et placés en porte à faux à l'extrémité du châssis. L'entraînement s'opérait ainsi par l'intermédiaire du châssis entier qui avait dès lors une tendance à se courber, et le véhicule prenait en marche un mouvement de lacet très prononcé. On a d'abord remédié au premier inconvénient en reportant au milieu du châssis les ressorts qu'on attachait alors par leurs extrémités sur la traverse intermédiaire, mais on ne put combattre effectivement le mouvement de lacet, que lorsqu'on eut réussi à solidariser les deux réactions de choc et de traction qui sont absorbées souvent par les mêmes ressorts.

On comprend, en effet, que les vagons complètement livrés à eux-mêmes dans un train en marche, ne se déplacent pas absolument en ligne droite sur la voie, mais ils décrivent une courbe serpentante, et prennent ainsi un mouvement ondulatoire, aggravé encore, pour la caisse, par les oscillations verticales des ressorts de suspension.

Cet effet, déjà sensible à faible vitesse, est inévitable même sur un parcours entièrement droit, à cause de l'imperfection nécessaire du montage, et des inégalités de la voie; mais dans une ligne en courbe où la traction est toujours oblique, et avec une allure un peu vive, il peut rendre le séjour du vagon des plus incommodes, et devenir même dangereux. Grâce à la solidarité établie entre les appareils de choc et de traction, on combat effectivement ces oscillations, en rattachant étroitement, au moment de l'attelage, chaque vagon à ses deux voisins, de manière à le retenir par ceux-ci et à combattre ainsi ses mouvements parasites. On s'attache, à cet effet, à serrer suffisamment les tendeurs d'attelages, pour que les ressorts de traction se trouvent tendus sur toute la longueur du train avec les tampons de choc bien en prise. Il arrive dès lors que les oscillations propres de chaque voiture se trouvent gênées par les attelages, et combattues par celles des véhicules voisins, de sorte que ces mouvements parasites se neutralisent ainsi mutuellement. On applique sur les attelages des trains de voyageurs une pression supérieure à l'effort de traction, pression avec laquelle on n'a jamais à redouter la séparation des tampons tout en laissant cependant au train par des ressorts de choc à grande course, la flexibilité nécessaire pour l'inscription dans les courbes. La seule difficulté tient alors aux démarrages pour lesquels la machine se trouve obligée d'enlever tout le train à la fois, mais il n'en résulte pas d'inconvénient sérieux, car les locomotives actuellement employées pour le service des trains de voyageurs peuvent développer un effort maximum supérieur à l'effort de traction en marche normale, et bien suffisant pour assurer le démarrage. Sur les trains de marchandises toutefois, qui représentent un effort de traction beaucoup plus considérable, le démarrage deviendrait impossible si les attelages avaient la même tension, et on est obligé de conserver l'indépendance relative des vagons pour l'attelage afin d'obtenir un démarrage graduel.

La pression sur les attelages s'obtient en donnant aux ressorts, au moment de la mise en place, une certaine tension ou *bande* initiale. Celle-ci est ensuite dépassée au moment de l'attelage en agissant sur les tendeurs pour obtenir la bande d'attelage supérieure à l'effort de traction comme nous l'avons dit. Les conditions actuelles de marche à grande vitesse avec des trains de poids continuellement croissant, ont obligé à augmenter de plus en plus la bande d'attelage des ressorts pour combattre le mouvement de lacet, et on a dû augmenter en même temps la bande initiale pour permettre d'atteindre l'effort nécessaire en quelques tours seulement du tendeur.

On arrive actuellement sur certains réseaux, comme celui d'Orléans, à 2,600 kilogrammes pour la bande initiale tandis qu'à l'origine des chemins de fer, on ne dépassait guère 600 kilogrammes. En dehors de cette limite extrême, la bande d'attelage ne doit descendre aujourd'hui, sur aucun réseau, au-dessous de 2,400 à 2,100 kilogrammes,

et elle est toujours supérieure à l'effort ordinaire de traction qui atteint environ 1,800 kilogrammes sur les trains de voyageurs actuels. L'accroissement de la bande initiale a obligé à augmenter d'autre part, la longueur des manivelles du tendeur, pour la mettre en rapport avec le surcroît d'effort demandé aux hommes chargés de l'attelage. On est arrivé ainsi de 300 millimètres à 500 et même 550.

Quant à l'installation même des ressorts de choc et de traction, elle présente des différences caractéristiques suivant les réseaux, mais les dispositions employées peuvent être rattachées à trois types distincts, suivant qu'elles comprennent: 1° des appareils à ressorts indépendants et spéciaux pour le choc et la traction; 2° des appareils à ressorts uniques et conjugués pour la traction, ou 3° des appareils à ressorts uniques non conjugués.

Ces divisions se retrouvent à la fois sur le matériel à voyageurs et sur les vagons de marchandises.

Nous n'entrerons pas dans la description détaillée de ces divers types d'attelage sur lesquels on trouvera une étude complète dans les notes publiées par M. Personne dans la *Revue générale des chemins de fer* (V. en particulier, le n° d'août 1880), nous en signalerons seulement les caractères principaux.

Les appareils à ressorts indépendants et spéciaux se rencontrent, par exemple, sur les nouvelles voitures d'Orléans, à châssis allongé de 9 mètres de longueur; ils comprennent à chaque extrémité de la voiture, deux ressorts à lames étagées qu'on n'a pas reportés dans la région moyenne pour ne pas trop allonger les barres de choc et de traction.

Le ressort de traction a ses extrémités appuyées contre la traverse intermédiaire qui transmet au châssis l'effort qu'elle subit, cette disposition est sans inconvénient, le châssis étant solidement contreventé. La tension peut varier de 2,300 à 4,400 kilogrammes pour une course de la barre de 40 millimètres.

Le ressort de choc, situé derrière celui de traction, a ses extrémités appuyées contre les mains de choc qui pressent les guides des tiges des tampons. La course des tampons est de 200 millimètres correspondant à une variation de flexion du ressort de 2,800 kilogrammes, pour une résistance totale de 5,200 kilogrammes. Ces ressorts de choc présentent une grande flexibilité pour assurer le passage en courbe, et on a soin, en outre, dans le montage, de réserver un jeu de quelques centimètres entre les mains de choc et les guides pour donner au véhicule toute liberté d'inscription. On retrouve des dispositions analogues avec ressorts de choc spéciaux à lames étagées, sur les voitures des Compagnies de Lyon, de l'Est et du Midi; mais sur les vagons de marchandises, les ressorts de choc sont ordinairement du type à spirale, montés dans des boisseaux en fonte servant à guider les tampons de choc. La Compagnie du Nord emploie même ces ressorts à spirale désignés sous le nom de *ressorts Brown* à la fois pour le choc et la traction.

La disposition comprenant des appareils à ressorts uniques conjugués pour la traction, a remplacé d'abord les anciens appareils avec ressorts à pincettes, répartis aux extrémités des vagons dont nous avons parlé plus haut, et elle a été longtemps la seule appliquée sur le matériel roulant. C'est celle qui est représentée dans la figure 677, donnant la disposition du châssis d'une voiture de première classe à quatre compartiments de la Compagnie de l'Ouest. Les ressorts de traction présentent une longueur égale à l'écartement des longerons, ils sont placés dos à dos au milieu du châssis, et appuyés sur la traverse médiane. La barre d'attelage saisit la chappe du ressort; l'entraînement du châssis s'opère par l'intermédiaire de tasseaux fixés intérieurement aux longerons, et sur lesquels

viennent butter les extrémités. Les réactions du choc sont transmises par les tiges des tampons qui viennent s'appuyer contre les menottes des ressorts en traversant les tasseaux de buttée. Il arrive souvent que les deux ressorts d'un même vagon sont rattachés par deux brides qui complètent la continuité de la barre d'attelage.

Cette disposition, qui a l'avantage de soustraire le châssis à la transmission des réactions, est applicable surtout avec des châssis de faible longueur, elle se rencontre sur certaines voitures à voyageurs du Nord, de l'Ouest et du Midi; elle est même aussi appliquée en partie sur le matériel à marchandises de la Compagnie de l'Ouest, seulement les ressorts conjugués pour la traction sont alors reportés aux extrémités du châssis pour que les tiges des tampons de choc ne soient pas faussées sous les chocs parfois violents qu'elles subissent.

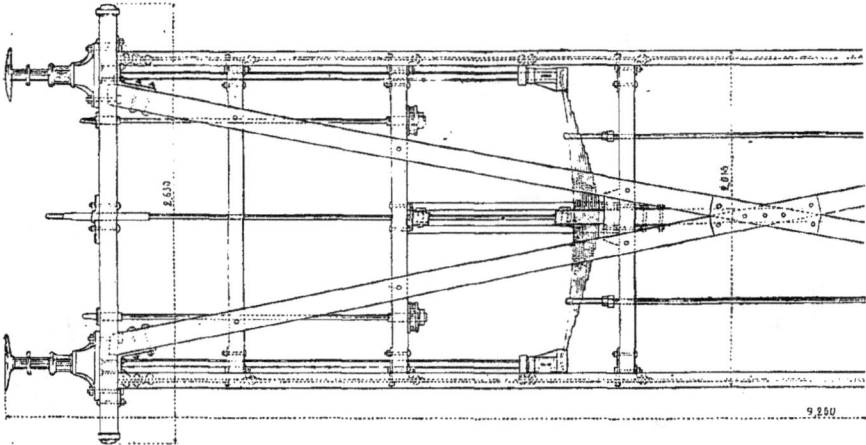

Fig. 677. — *Disposition du châssis d'une voiture de première classe de l'Ouest à quatre compartiments, avec ressort unique conjugué avec le choc et la traction.*

Les appareils avec ressorts uniques non conjugués pour la traction, qui forment la troisième disposition, ont été appliqués, dès le principe, à tout le matériel avec châssis en fer de la Compagnie de Lyon, et on les rencontre également sur les vagons à marchandises de la Compagnie de l'Est. L'emploi des ressorts à lames tend, en effet, à se substituer d'une manière générale, comme le remarque M. Personne, à celui des ressorts en spirale, type Brown ou Baillie, qui ont remplacé eux-mêmes les anciennes rondelles en caoutchouc servant à la fois d'appareils de choc et de traction dans les anciens vagons avec châssis en bois.

*Attelages.* Quelle que soit la disposition employée pour les appareils élastiques, l'attelage des vagons s'opère toujours, comme on sait, au moyen d'une chaîne spéciale formée de deux maillons rattachés par un tendeur à vis : l'un des maillons passe dans un œil ménagé sur la barre d'attelage du vagon dont il fait partie, et le maillon opposé est engagé dans le crochet de la barre du vagon à atteler. Le serrage est obtenu en agissant sur le

tendeur à vis, que les hommes d'équipe manœuvrent à la main après s'être introduits entre les vagons. Cette disposition n'est pas sans présenter un certain danger, car il arrive parfois que des manœuvres imprudents se laissent prendre et écraser entre les tampons des vagons encore en mouvement, et on a essayé à différentes reprises d'y adapter des leviers articulés permettant de manœuvrer les tendeurs sans avoir besoin de s'engager entre les tampons. Malheureusement, aucune des dispositions proposées jusqu'à présent ne paraît applicable sur le matériel à voie normale, à double tampon de choc, aussi ne sont-elles pas répandues en pratique. On lira avec intérêt sur ce sujet dans la *Revue générale des chemins de fer*, voir n° de juillet 1886, une note de M. Rodrigue, relative à un concours d'attelages pour véhicules de chemins de fer, qui s'est tenu à Nine-Elms, Angleterre, en mars 1886.

L'attelage est complété par des chaînes dites « de sûreté » qui sont accrochées au nombre de deux sur de simples crochets à pitons fixés sur les tráverses extrêmes; et qui doivent retenir le vagon dans le cas d'une rupture ou d'une séparation de la chaîne d'attelage proprement dite.

Il arrive souvent, toutefois, que dans ce cas, l'une de ces chaînes vient à se briser seule, et elle détermine alors une traction oblique qui peut devenir dangereuse; la disposition adoptée en Allemagne, avec une seconde chaîne d'attelage à double articulation, disposée de manière à entrer en prise si la première venait à se rompre est préférable à cet égard, car elle conserve ainsi la traction dans l'axe du vagon. — V. CHAÎNE D'ATTELAGE.

Les tampons de choc sont toujours doubles à chaque extrémité sur le matériel à voie normale, cette disposition a l'avantage de maintenir plus efficacement la voiture contre le mouvement de lacet, ainsi que nous l'avons indiqué plus haut (V. TAMPON). La hauteur et l'écartement des tampons sont réglés par les conventions internationales, pour les vagons destinés à circuler sur les lignes étrangères.

Les voitures des lignes à voie étroite sont généralement munies d'un tampon unique situé dans l'axe même du véhicule, ce qui facilite beaucoup l'attelage. Cette disposition se rencontre même sur le matériel à voie normale, pour certaines voitures de luxe Pullmann des lignes américaines. La tendance au mouvement de lacet est contre-balancée par la masse même de la voiture et par le serrage des attelages, et un ingénieur de chemins

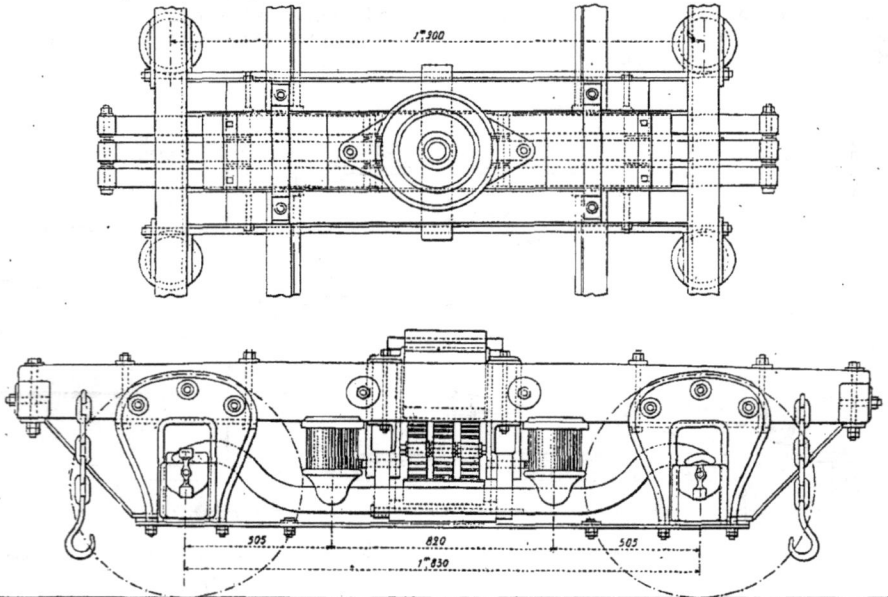

Fig. 678 et 679. — *Suspension avec pivot et ressorts des caisses des voitures américaines sur leurs trucks. Disposition ordinaire.*

de fer des plus distingués, M. Bandérali, n'a pas craint de la recommander pour l'installation d'un matériel de luxe (V. *Revue générale des chemins de fer*, n° de novembre 1886).

Nous aurions enfin pour compléter ce qui est relatif au châssis, à parler des appareils accessoires qu'il peut recevoir, comme les freins, mais la question a été traitée aux articles spéciaux. — V. FREIN et SABOT.

*Châssis des vagons américains.* Le châssis de la voiture du « Pennsylvanien Railroad » dont nous représentons le boggie dans les figures 678 et 679, d'après la *Revue générale des chemins de fer*, n° de mai 1882, est formé par six poutres longitudinales en sapin jaune, armées par deux tirants et entrecroisées par trois croix de Saint-André. Il repose sur le boggie par un pivot en bronze phosphoreux fixé à une poutre transversale reliée par huit ressorts avec menottes aux poutres du cadre du boggie. Celui-ci porte par des ressorts spéciaux sur les balanciers, dont les extrémités appuient sur les boîtes à graisse. Les oscillations transversales des poutres de pivot sont réglées par de petits ressorts à boudin.

Il est intéressant de signaler une disposition récente qui figurait à l'Exposition de Chicago, en 1883, et qui se recommande par son originalité (V. *Revue générale des chemins de fer*, n° de novembre 1886). Les supports sont formés de pièces spéciales en forme d'A renversé dont la base horizontale BB est fixée par ses deux extrémités à la partie inférieure du châssis de la voiture. Cette pièce oscille autour d'un axe transversal C, supporté par deux tiges de suspension dont les extrémités supérieures peuvent osciller autour d'axes D fixés aux traverses du boggie. La caisse se trouve ainsi suspendue par ces deux tiges, sans cheville ouvrière ni aucune liaison rigide, et la marche en courbe sinueuse se trouve sensiblement améliorée, car la caisse ne subit pas directement l'influence des obstacles que les roues peuvent rencontrer sur la voie. Dans ce cas, en effet, le truck se trouve simplement retardé, et la caisse continue son mouvement jusqu'à ce que l'inclinaison des tiges, suivant l'effet du choc, la ramène dans sa position normale.

3° *Caisse.* La caisse forme, comme nous l'avons dit plus haut, un ensemble qui peut se séparer facilement du châssis dans la construction de la voiture, et qui, même dans certains cas, n'est pas fixé sur celui-ci d'une manière rigide.

La caisse des voitures est munie habituellement de sièges en forme de banquettes, ou quelquefois même de fauteuils ou de lits disposés d'une manière plus ou moins commode et luxueuse suivant les classes et les différents pays. L'installation intérieure d'une caisse de voiture est une question de carrosserie qui soulève une foule de détails dans lesquels il est impossible d'entrer; toutefois, nous insisterons plus spécialement sur la distribution et l'aménagement des voitures, car ce sont là des sujets qui intéressent le public tout entier, et qui se trouvent souvent l'objet de critiques un peu irréfléchies parfois.

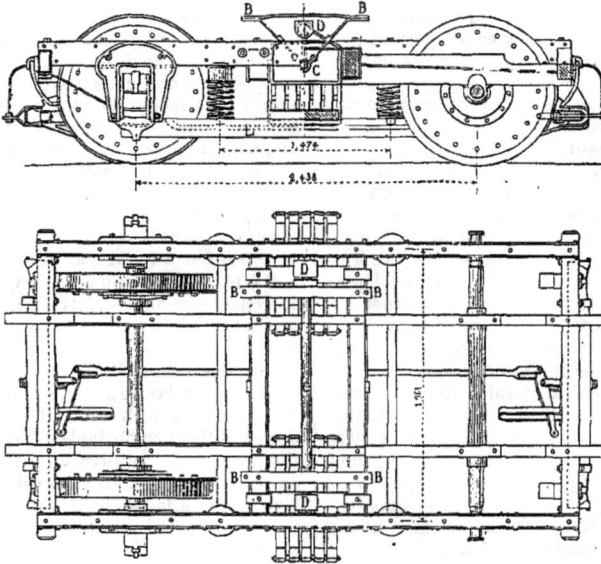

Fig. 680 et 681. — *Nouveau mode de suspension des caisses des voitures américaines sur leurs boggies sans pivot, par l'intermédiaire d'un triangle articulé.*

*Détails de construction.* La caisse comprend à la base un cadre dont les longerons, formés par des poutres en bois de 0$^m$,10 environ, sont réunis par des traverses de 0$^m$,08 sur 0$^m$,075, espacées de 0$^m$,80 à 0$^m$,90 de bord en bord. Sur le cadre sont assemblés les montants, placés aux quatre angles, ainsi qu'aux feuillures des portières et dans les principales divisions de la voiture; ces assemblages sont consolidés par des équerres et des boulons.

Le plancher qui repose directement sur les traverses est formé de voliges en bois de 0$^m$,025 d'épaisseur assemblées à rainure et languette, et affleurant le bord supérieur du cadre.

Les panneaux de la caisse sont fixés sur des jambes de force et des tirants horizontaux qui entretoisent les montants, ils sont garnis à l'exté-

rieur de plaques en tôle ou de planches en bois. On a même employé quelquefois en Angleterre à cet effet, le papier mâché, on applique aussi le bois de teck de l'Inde, malgré son prix élevé, mais il a l'avantage de résister mieux à la pourriture.

Les cloisons transversales des voitures à compartiments isolés sont formées par des voliges en bois assemblées entre les montants intermédiaires de la caisse. Le pavillon comprend aussi des voliges en bois de 0$^m$,015 d'épaisseur, supportées par des arcs de cercle en bois ou en fer en U appelés *courbes de pavillon* et dont les extrémités sont fixées dans les panneaux de la voiture. Le pavillon est recouvert habituellement par des feuilles en zinc, et quelquefois par une toile goudronnée, surtout sur le matériel à marchandises pour le rendre imperméable. Des gouttières sont disposées le long de la corniche, et reportent l'eau aux extrémités. Le toit des caisses est percé, suivant le nombre des compartiments, de deux à quatre ouvertures régulièrement espacées qui reçoivent les lampes d'éclairage et facilitent, en outre, la ventilation. Les montants étaient recourbés dans les voitures de première classe de certaines Compagnies, mais cette disposition, imitée des anciennes berlines, est abandonnée aujourd'hui, car elle diminue la largeur du bas de la caisse, mais elle a peut être toutefois l'avantage de faciliter l'accès des portières.

Les dimensions transversales des caisses sont limitées par les gabarits des ouvrages d'art, et il en résulte qu'on ne peut guère dépasser 2 mètres pour la hauteur intérieure, ni donner à la caisse une largeur supérieure à 2$^m$,80 pour les voitures à portières latérales.

Quant à la longueur, elle ne dépassait guère, dans les premières voitures, 6 mètres sur les chemins européens, tandis qu'on atteint actuellement 8 mètres et même 10 mètres sur les voitures de première classe à quatre compartiments, de la Compagnie d'Orléans.

Ce chiffre est beaucoup dépassé, comme on sait, sur les lignes des Etats-Unis, et on atteint souvent 20 mètres, comme dans la voiture Pullmann à trucks mobiles qui figurait à l'Exposition de 1878. Les pivots articulés des trucks sur lesquels repose cette caisse ont un écartement de 11ᵐ.800.

*Distribution des caisses.* Les voitures de nos chemins de fer sont généralement divisées, comme on sait, par un certain nombre de cloisons transversales et partagées ainsi en compartiments isolés dans lesquels les voyageurs accèdent par des portières latérales.

Cette distribution qui était celle des premiers véhicules des lignes anglaises, à l'origine des voies ferrées, est devenue en quelque sorte caractéristique du matériel européen. Elle diffère essentiellement du matériel américain qui n'a pas de compartiments isolés, mais dont toutes les voitures sont traversées par un couloir central assurant même la circulation continue d'une extrémité à l'autre du train. La caisse de la voiture américaine présente une forme allongée comportant une longueur beaucoup supérieure à celle des nôtres, mais la disposition particulière des essieux, qui sont mobiles par rapport à la caisse, assure toutefois le passage en courbe, ainsi que nous l'avons déjà exposé plus haut.

Les voitures américaines comportent des banquettes transversales disposées de part et d'autre du couloir central. Chacune des banquettes renferme deux places, et, dans l'état normal, elles sont toutes disposées de manière à faire face à la tête du train, mais les dossiers peuvent être déplacés par les voyageurs de manière à ramener les sièges à se faire face dans la direction opposée.

Les voitures présentent, en outre, aux parois extrêmes, des plates-formes situées dans le prolongement du couloir central et qui permettent ainsi de circuler sur toute la longueur du train. Celui-ci ne comporte qu'une seule classe de voyageurs, mais on ajoute toutefois, surtout pour les trains à long parcours, des voitures spéciales plus confortables que les voitures ordinaires et dans lesquelles on ne peut prendre place que moyennant le paiement d'une certaine surtaxe.

On y comprend enfin des voitures spéciales de toutes sortes comme des vagons-restaurants, des vagons-lits, et même des salons de lecture, etc., pouvant répondre ainsi à tous les désirs et aux besoins des voyageurs, et leur assurant les mêmes agréments qu'ils pourraient se procurer chez eux; on est même allé jusqu'à organiser des représentations théâtrales dans les trains en marche. Les trains américains, qui voyagent quelquefois pendant plusieurs jours, comme ceux qui traversent tout le continent pour aller d'un océan à l'autre, sont aménagés, en un mot, comme les bateaux qui doivent nécessairement se suffire à eux-mêmes et assurer l'existence et le confortable des passagers pendant un long trajet; il faut ajouter, en outre, qu'aux Etats-Unis la voie ferrée est lancée souvent dans des pays encore déserts, dépourvus de tout autre moyen de communication, n'ayant encore aucune chaussée praticable. Les étapes sont très longues, les gares, réduites souvent à un simple abri, n'ont aucune des installations confortables, buffets, hôtels, que nous sommes habitués à rencontrer chez nous, et on comprend donc qu'on ait dû adopter pour les trains en marche un aménagement spécial dont nous ne ressentons pas autant la nécessité.

Quoi qu'il en soit de ces conditions un peu spéciales aux pays américains, on ne saurait nier que la liberté laissée aux voyageurs d'aller et de venir à leur gré, tout au moins dans l'intérieur d'une voiture, n'ait quelque chose de séduisant au premier abord, lorsqu'on songe à l'immobilité à laquelle on se trouve condamné dans une voiture à compartiments séparés. Cette immobilité est bien acceptable pour un séjour de quelques heures seulement, mais lorsque le voyage doit durer un peu longtemps, elle devient fort pénible même dans les voitures de première classe.

Il semble donc qu'au point de vue du confortable il y aurait quelque chose à faire pour accommoder l'installation du matériel aux voyages à long parcours, qui deviennent de plus en plus fréquents, et qui sont appelés, sans doute, à se développer encore dans l'avenir, à mesure qu'ils seront plus faciles et moins gênants, surtout si on arrive à pouvoir traverser l'Europe, par exemple, sans avoir à subir d'autres transbordements que ceux qui sont nécessités par les différences de largeur des voies, en Espagne et en Russie, par exemple, et sans être obligé de s'arrêter nécessairement dans les grandes capitales, comme c'est encore le cas à Paris, par exemple.

Il faut reconnaître d'ailleurs que les Compagnies cherchent à donner satisfaction, dans une certaine mesure, à ces besoins nouveaux, et qu'elles font circuler actuellement dans leurs trains à long parcours, des véhicules spéciaux aménagés pour recevoir, pendant un séjour d'une certaine durée, des voyageurs désireux d'effectuer le voyage dans des conditions confortables. Tels sont les vagons-lits imités des voitures Pullmann adoptées déjà en Amérique, les vagons-restaurants, etc. Pour les voyages à faible parcours, le matériel divisé, tel que nous le possédons, doit être considéré comme répondant suffisamment aux besoins: il satisfait à ce désir d'isolement si général parmi les voyageurs, surtout dans les classes élevées, et les compartiments isolés peuvent être considérés certainement comme plus confortables pour les parcours pendant les longues nuits d'hiver, lorsque les voyageurs cherchent à se reposer sans être dérangés. Pendant un parcours effectué à faible vitesse en plein jour dans un pays pittoresque, le voyageur touriste éprouve un grand agrément à pouvoir se déplacer librement afin de contempler le paysage sous tous ses aspects, et à ce point de vue, la distribution américaine convient très bien pour les pays fréquentés par les touristes, comme la Suisse, qui l'a effectivement adoptée. Toutefois, quand il s'agit de déplacement d'affaires, dans un pays connu, lorsque le voyage en chemin de fer, en un mot, n'est plus considéré comme un but, mais seulement comme un moyen de transport plutôt ennuyeux qu'agréable, on apprécie mieux la division en compartiments distincts avec laquelle on a plus de chances de trouver l'isolement quand on le recherche.

Au point de vue de la sécurité contre les attentats, on peut considérer que les deux distributions sont équivalentes, car aucune d'elles ne peut assurer une sécurité parfaite. Si un voyageur isolé dans un compartiment séparé peut être considéré comme abandonné pendant son sommeil à un attentat possible, c'est surtout pour lui la difficulté d'obtenir du secours immédiatement qui aggrave le danger. On peut dire, par contre, que le malfaiteur entrant dans un compartiment qu'il ne peut pas choisir absolument, ne sait pas s'il va y rencontrer des conditions favorables pour l'attentat qu'il médite, et que la chose lui est bien plus facile, au contraire, dans les trains à circulation centrale, puisqu'en inspectant le train, il peut arriver à saisir une occasion favorable, s'il s'en trouve. Au point de vue des simples vols, on ne saurait nier que la division par compartiments séparés ne donne plus de sécurité, ainsi que le remarque M. Goudry dans une étude des plus intéressantes, sur les avantages et les inconvénients respectifs des deux types (V. *Revue générale des chemins de fer*, n° de novembre 1887). Le voyageur qui s'endort en effet dans un compartiment isolé, peut avoir la quasi certitude que la composition du compartiment ne sera pas changée pendant son sommeil, d'autant plus que les arrêts et les manœuvres dans les stations, l'ouverture des portières, le changement de bouillottes en hiver, réveillent toujours presque inévitablement. Dans les voitures à circulation, on peut dire que, toutes proportions gardées, c'est un peu comme si le voyageur s'endormait sur la place publique, puisque toutes les personnes qui se trouvent dans le train passent auprès de lui pendant son sommeil, un voleur peut donc lui dérober sans bruit tout ou partie de ses bagages, et se diriger ensuite vers une autre partie du train sans éveiller l'attention.

C'est plutôt dans les accidents de matériel que la circulation centrale reprend l'avantage ; en cas de rupture d'essieux, de déraillement, d'incendie dans le vagon, les voyageurs ont plus de facilité pour atteindre les vagons voisins et éviter ainsi le danger, en même temps que pour aller prévenir le conducteur et par lui le mécanicien. On s'est d'ailleurs préoccupé chez nous d'augmenter les garanties de sécurité par des mesures compatibles avec le mode de division adoptée, et les voitures à cloisons séparatives complètes doivent être munies à bref délai, d'après une prescription administrative, de glaces dormantes permettant aux voyageurs de voir et d'entendre ce qui se passe dans un compartiment voisin, de manière à pouvoir intervenir en cas de besoin.

Des sonnettes d'alarme fonctionnant électriquement ou par l'air comprimé sont disposées dans chaque compartiment pour permettre l'appel; et l'accès de l'anneau de manœuvre qui dans certaines Compagnies, était gêné par une glace interposée qu'il fallait briser, a été rendu plus facile par la suppression de cette glace. — V. SIGNAUX, § *Intercommunication*.

La fermeture absolue des portières constituerait dans une certaine mesure une garantie contre les attentats, puisque le malfaiteur resterait emprisonné avec sa victime jusqu'à l'intervention des agents du train, mais on sait qu'on a dû y renoncer devant la pression unanime de l'opinion publique à la suite du terrible incendie survenu sur la ligne de Versailles, la fermeture des portières ayant paru aggraver les conséquences de ce désastre.

En fait, d'ailleurs, les attentats sont relativement très rares, et aucune disposition ne peut les empêcher absolument, il n'y a donc pas à ce point de vue d'infériorité nécessaire pour notre matériel.

Au point de vue de la facilité du service, le matériel à compartiments séparés présente certains avantages incontestables pour les trains de banlieue dont les arrêts sont courts et fréquents. Les voyageurs trouvent un accès facile par toutes les portières latérales, ils montent et descendent plus rapidement que dans les voitures à circulation centrale, avec lesquelles ils sont tous obligés de passer par des portières uniques aux extrémités des caisses, et il se produit alors deux courants en sens contraires, l'un montant, l'autre descendant, qui se gênent mutuellement.

La surveillance des trains est plus facile d'autre part pour les conducteurs qui n'ont qu'un coup d'œil à jeter sur les portières pour s'assurer que tous les voyageurs sont bien montés.

Pour les trains à parcours prolongés, les voyageurs attachent une certaine importance à trouver une place confortable, et ils ont plus de peine à la rencontrer immédiatement, avec le matériel à compartiments séparés, mais dans ce cas, les arrêts sont généralement assez prolongés pour leur permettre de faire un examen sommaire du train avant de monter.

La disposition qui paraîtrait la plus confortable pour les voyages à long parcours consisterait en quelque sorte à concilier les deux distributions en prenant les caisses allongées supportées par deux trucks, et en combinant les compartiments distincts avec un couloir central ou latéral qui permette la communication sur toute la longueur de la voiture. Malheureusement on se trouve ainsi conduit à supprimer inévitablement un certain nombre de places, en raison de l'impossibilité d'augmenter la largeur des voitures devant les exigences du gabarit.

Cette solution ne paraît donc pas acceptable pour les parcours de moyenne importance; mais pour les trains internationaux ayant de longues étapes à effectuer, elle aurait certainement des avantages appréciables que les voyageurs ne se refuseraient pas à payer par une surtaxe.

M. Bandérali, à la suite d'un voyage en Amérique, a essayé de faire cette étude de l'appropriation du matériel américain au service des express européens, montrant sur un exemple déterminé comment le service pourrait être assuré avec des voitures à boggies, et nous croyons intéressant de résumer ses conclusions. — V. *Revue générale des chemins de fer*, n° de novembre 1886.

L'exemple choisi est celui d'un train faisant le service quotidien entre Paris et le littoral de la Manche, qui se trouve à Calais en correspondance régulière avec les bateaux anglais.

Un pareil train comprend, outre les deux four-gons de tête et de queue, quatre voitures de pre-mière classe, et deux voitures de seconde classe de type ordinaire chacune à quatre comparti-ments ; ce train est représenté par le diagramme

figure 683, il pèse 85 tonnes avec les fourgons, renferme 208 places, et présente un poids mort de 285 kilogrammes par place non compris les fourgons. Les voitures employées ont une lon-gueur entre tampons de 9ᵐ,836 pour la première

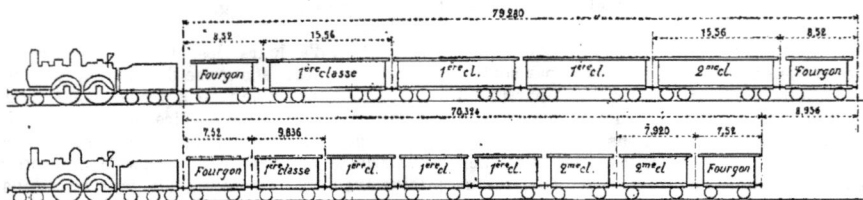

Fig. 682 et 683. — *Diagrammes comparés de deux trains à grande vitesse, composés, l'un de voitures ordinaires et l'autre de voitures allongées sur boggies articulés.*

classe, et de 7ᵐ,920 pour celles de seconde ; les fourgons ont chacun 7ᵐ,52, la longueur totale est ainsi de 70ᵐ,22.

Si on y substituait le matériel à boggies, on pour-rait adopter l'une des distributions représentées sur les figures 684 et 685. En conservant les comparti-

ments séparés réunis par un couloir latéral, mais sans portières sur le côté opposé (fig. 685) : on aurait une voiture de première classe avec chauffage par thermo-siphon, water-closet et lavabos compre-nant 34 places réparties entre 6 compartiments pour une longueur totale de 15ᵐ,56 ; la voiture de

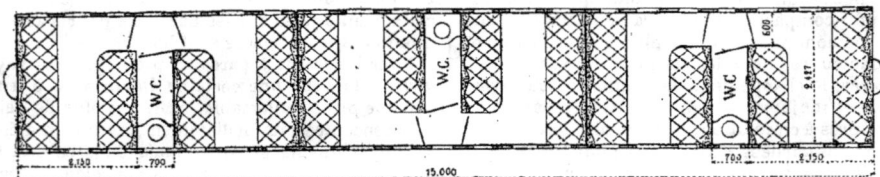

Fig. 684. — *Exemple de distribution de voiture allongée avec compartiments séparés et cabinets interposés.*

seconde classe renfermerait 54 places réparties entre 7 compartiments pour la même longueur totale, elle serait munie également du chauffage par thermo-siphon. Un train comprenant 4 voi-tures de première et deux voitures de seconde, avec deux fourgons agrandis de 8ᵐ,52 aurait une longueur totale de 94ᵐ,84, il pèserait environ 140

tonnes, et renfermerait 190 places disponibles, avec un poids mort de 537 kilogrammes par place sans les fourgons. Ceux-ci agrandis ren-fermeraient un compartiment spécial pour les conducteurs ; leur poids vide serait de 8,500 kilo-grammes et ils pourraient recevoir un charge-ment de 3,500 kilogrammes de bagages au moins.

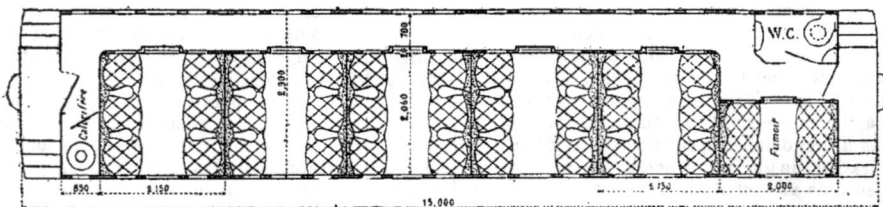

Fig. 685. — *Exemple de distribution de voiture allongée avec couloir latéral et compartiments séparés.*

On pourrait, au contraire, même avec le maté-riel à boggies, supprimer le couloir et conserver la distribution avec portières latérales, mais en interposant un cabinet water-closet entre les com-partiments de deux en deux. Ce cabinet serait d'ailleurs aussi accessible du dehors, c'est la dis-tribution représentée figure 684.

Le nombre des compartiments serait porté à 6 pour 42 places dans les voitures de première, et à 8 pour 80 places dans les voitures de seconde, sans

cabinets en conservant toujours la longueur de 15ᵐ,56. Avec ce matériel, le train considéré pour-rait comprendre trois voitures de première classe et une de seconde avec les deux fourgons agrandis comme plus haut, c'est la disposition représentée sur le diagramme de la figure 683. Il renfermerait 206 places disponibles, pour un poids total de 128 tonnes correspondant à un poids mort de 433 kil. par place, la longueur totale serait ramenée à 79ᵐ,280. Les voitures allongées entrant dans la composition du train pourraient être munies de deux tampons d'attelage, comme nos voitures ordinaires, ou même du tamponnement central, tel qu'il est pratiqué en Amérique, et M. Bandérali estime que cette disposition serait préférable, au point de vue de la stabilité des voitures, de la flexibilité de l'attelage, et même de la résistance en marche ; elle s'imposerait presque nécessairement pour traverser des courbes de rayon inférieur à 500 mètres, mais il est vrai qu'on en rencontre peu d'exemples sur les grandes lignes de nos réseaux français.

Les chiffres que nous venons d'exposer montrent que le principal inconvénient de l'application du matériel articulé résulterait de l'augmentation du poids mort par place offerte qui passerait ainsi de 283 kilogrammes à 433 ou même à 537 suivant la disposition adoptée. On observera toutefois que dans les types de voitures les plus récents, le rapport du poids mort aux places offertes dépasse beaucoup 300 kilogrammes et se rapproche ainsi très sensiblement du chiffre admis pour l'appropriation du matériel américain. On peut admettre d'ailleurs que la proportion des places occupées serait plus élevée avec le matériel allongé, car les voyageurs pouvant toujours se déplacer librement sans gêner leurs voisins, ni être gênés par eux, n'éprouveraient plus la même répugnance à laisser occuper les places vides, et on reconnaîtra dès lors que, dans ce cas, l'aggravation imposée serait loin d'être aussi élevée que le rapprochement du chiffre semblerait l'indiquer au premier abord. Les Compagnies se trouveraient amenées d'ailleurs à appliquer une surtaxe pour l'usage de ces voitures spéciales, comme elles le font déjà pour certaines voitures de luxe. Un autre inconvénient, au point de vue de l'exploitation, tiendrait aussi à la difficulté des manœuvres avec les voitures agrandies ; les plaques tournantes deviendraient insuffisantes, et il faudrait recourir nécessairement aux manœuvres avec la machine en empruntant les aiguilles de la voie ; mais c'est, ainsi que le remarque M. Bandérali, une difficulté déjà acceptée pour les voitures entrant dans la composition des trains de luxe, et elle n'aurait donc rien d'insurmontable.

En dehors du matériel à boggies, on rencontre aussi, même sur certaines lignes secondaires, des voitures avec essieux non articulés, mais à couloir isolé avec accès par les plates-formes ménagées aux extrémités ; c'était le cas par exemple sur les voitures de l'ancienne Compagnie du Tréport à Abancourt, et cette disposition a été reprise par la Compagnie de Bône-Guelma avec un couloir latéral en forme de S qui traverse même la voiture normalement en son milieu, et règne sur chaque moitié de la longueur de deux côtés opposés.

*Perfectionnements apportés à l'installation des caisses.* Tout en conservant la distribution par compartiments séparés, les Compagnies de chemins de fer n'ont pas cessé d'améliorer l'installation des caisses de toutes classes, de manière à assurer plus de confortable aux voyageurs et à adapter les vagons d'une manière plus satisfaisante aux besoins nouveaux créés par l'organisation des trains rapides à longues étapes.

Nous avons signalé déjà les dispositions prises en ce qui concerne les roues montées et le châssis, pour adoucir la suspension et amortir les vibrations, nous dirons pareillement quelques mots des caisses.

Le plancher de caisse est souvent disposé à double paroi, comme le signale M. Fellot, dans son étude sur les voitures et vagons envoyés à l'Exposition de 1878 (V. *Revue générale des chemins de fer*, nº de juillet 1879), et l'intervalle des deux parois est rempli de matières divisées propres à arrêter la transmission du son. La Compagnie de Lyon revêt, en outre, la paroi inférieure d'une tôle destinée à la garantir contre l'action des escarbilles enflammées lancées par le vent. Le plafond de la voiture présente aussi souvent dans les voitures de première classe un intervalle garni de matières divisées. La paroi intérieure est maintenue à une certaine distance du voligeage du toit, elle en est même quelquefois complètement indépendante, comme sur les voitures du Midi, où elle est appuyée sur des courbes spéciales de manière à n'être pas affectée par les accidents et déformations du toit. Cette paroi intérieure est souvent en érable, mais on la fait aussi en voliges en bois recouvertes de drap pour amortir les vibrations.

Pour éviter l'accès de l'air et de la poussière à l'intérieur des voitures, les portières et les glaces mobiles sont souvent garnies de drap pour mieux s'appliquer contre les châssis ; on cherche aussi à prévenir pour les glaces, le battement si désagréable qu'elles produisent en marche, lorsqu'elles ont trop de jeu, soit au moyen de cette garniture en drap, soit au moyen de ressorts à lames interposées comme dans les voitures du Nord, qui maintiennent la glace en équilibre dans une position quelconque.

On s'est attaché à perfectionner également les garnitures de sièges et de dossiers en y appliquant les sommiers élastiques suivant une disposition employée depuis longtemps en Allemagne et en Belgique.

Les voitures de première classe à quatre compartiments par banquettes, sont munies, comme on sait, d'un appuie-tête au milieu de la cloison, avec un accoudoir qui est toujours mobile actuellement, ce qui permet au voyageur assez heureux pour jouir seul de sa banquette, de s'y installer, à titre précaire, il est vrai, comme il pourrait le faire sur un canapé-lit.

Dans les voitures de première du Midi et des chemins de fer de l'État, les banquettes ne comprennent souvent que trois places, et celles-ci se trouvent ainsi complètement indépendantes. Dans les voitures de première allemandes, qui n'ont aussi que trois places, les sièges sont souvent susceptibles de se tirer en avant, de manière à couvrir le couloir et à se transformer en canapé longitudinal.

L'appuie-tête se retrouve dans certaines Compagnies dans les voitures de seconde et même de troisième classe, et on peut citer en particulier certaines voitures de l'Est, dont le dossier présente aussi un arrondi de la forme du corps de la personne assise, ce qui rend le voyage moins fatigant. Sur différentes lignes, les banquettes sont d'ailleurs pourvues de coussins rembourrés, et on ne rencontre plus guère actuellement de ces voitures d'ancien type, dont le dossier est formé par une simple barre transversale, et qui rendent un voyage un peu long particulièrement pénible, par l'impossibilité de s'appuyer complètement.

Les portières peuvent toujours être ouvertes par les voyageurs de l'intérieur, comme nous l'avons indiqué déjà; elles sont fermées par une poignée commandant une serrure, et un loqueteau inférieur accessible de l'intérieur de la caisse en allongeant le bras par la portière. Le loqueteau a l'avantage de prévenir les accidents : lorsque la poignée est mal fermée, un voyageur qui s'appuierait sur la portière, en marche, serait exposé à tomber sur la voie ; la présence du loqueteau permet en outre au conducteur de s'assurer, d'un coup d'œil, que toutes les portières sont bien fermées. Le loqueteau est supprimé généralement dans les voitures de banlieue, pour ne pas retarder les mouvements des voyageurs qui montent ou descendent.

Sur certains types de voiture, la serrure, commandée par la poignée de la portière, se ferme automatiquement lorsque la porte arrive dans la feuillure du montant de la caisse, et on est ainsi dispensé de rabattre la poignée. Souvent aussi, dans certaines voitures de première classe, cette serrure est munie d'une poignée intérieure à la disposition du voyageur avec une indication montrant si la serrure est ouverte ou fermée. Les portières sont munies quelquefois de garde-mains à l'intérieur pour prévenir l'interposition des doigts dans la feuillure. On ajoute souvent aussi une poignée en passementerie pour aider à tirer la porte et à fournir un appui au voyageur peu ingambe. La baie de la portière est garnie aussi quelquefois d'un second châssis plein ou capitonné en dehors de la glace ordinaire qu'on peut fermer en cas de besoin. La palette d'accès à la portière, au-dessus du marche-pied continu, a reçu une forme dissymétrique et plus dégagée pour ne pas gêner la descente.

La ventilation est assurée principalement en réglant l'ouverture des glaces, mais il peut arriver toutefois qu'on soit obligé de tenir celles-ci fermées pour prévenir l'accès de l'air froid ou de la poussière, et certaines voitures sont munies de ventilateurs, à papillon ou à registre, disposés au-dessus de la toiture ou des portières, et qui assurent ainsi le remplacement de l'air sans l'intervention des glaces.

Les voitures américaines sont souvent munies de ventilateurs à la disposition des voyageurs. Dans les pays chauds, le pavillon du toit est toujours double, avec couche d'air interposée, pour prévenir la transmission de la chaleur.

Nous aurions aussi à signaler les dispositions prises pour le chauffage des voitures, mais celles-ci font l'objet d'un article spécial (V. CHAUFFAGE, § *Chauffage des voitures de chemin de fer*). Il en est de même pour l'éclairage qui a été étudié aussi spécialement (V. ÉCLAIRAGE, § *Éclairage des voitures à voyageurs*). Rappelons seulement que le gaz tend à se substituer à l'ancien éclairage à l'huile, et il est à prévoir que lui-même sera remplacé à son tour par l'éclairage électrique, avec lequel on a commencé déjà de nombreux essais. Un accident survenu, au mois de mai 1887, sur les lignes allemandes, et dans lequel une voiture s'est trouvée brûlée, avec une partie des voyageurs qu'elle contenait, par l'inflammation du gaz chargé dans le réservoir qu'elle portait pour son éclairage, montre que l'emploi du gaz ne laisse pas que de présenter certains dangers.

*Intercommunication.* Les voitures à cloisons séparatives complètes sont munies actuellement, sur toutes les Compagnies françaises, de moyens d'intercommunication permettant aux voyageurs d'entrer en relation, en cas de besoin, avec les conducteurs dans le fourgon du train.

Les Compagnies du Nord et de Lyon appliquent, à cet effet, le système Prud'homme qui est fondé, comme on sait, sur l'emploi d'un courant électrique. La communication comprend une sonnerie électrique installée dans le fourgon, avec des contacts commandés par un anneau placé à la portée des voyageurs dans chaque compartiment. Dans la disposition adoptée sur le réseau du Nord, le contact est fourni par la rotation d'un axe horizontal installé dans les cloisons séparatrices des compartiments. Cet axe est prolongé extérieurement aux parois de la voiture par des palettes qui se tiennent horizontales dans la position normale, lorsque le contact est interrompu, mais qui deviennent verticales lorsqu'il vient à être rétabli. Le conducteur, averti par la sonnerie qui se fait entendre, peut déterminer, par un simple coup d'œil jeté sur le train, en voyant la palette apparente, le compartiment d'où est parti l'appel.

L'attelage entre les voitures successives des différents brins de la conduite électrique régnant sur toute la longueur du train, est obtenu par l'intermédiaire de doigts articulés et de crochets assemblés. En cas de rupture d'attelage, le doigt se décroche sans bris de la conduite, et, grâce au mode d'installation adopté pour la conduite, la communication électrique se trouve rétablie par l'intermédiaire du sol, et la sonnerie retentit dans le fourgon. — V. SIGNAUX.

L'inconvénient principal de l'application de l'électricité tient à la difficulté d'obtenir un contact parfait dans l'attelage des voitures, car il suffit d'un grain de sable, d'un peu de poussière interposée pour arrêter la transmission en empêchant le contact métallique. Aussi la sonnerie ne peut-elle fonctionner qu'à la condition d'être l'objet d'une surveillance et d'un entretien continuels. Pour empêcher l'interposition de la poussière, la Compagnie de Lyon substitue à l'attelage par crochet saillant, un emmanchement à baïonnette à ressort, emprisonnant le doigt de contact dans une boîte bien close par une rondelle de caoutchouc.

À côté du courant électrique, on peut recourir également à l'emploi de l'air comprimé pour assurer l'intercommunication. Cette question a été étudiée par M. Westinghouse, l'ingénieux inventeur du frein à air comprimé, et la disposition imaginée par lui permet d'utiliser, à cet effet, la conduite d'air comprimé servant au fonctionnement du frein, lorsque les voitures en sont munies.

Dans la première forme de l'appareil, une corde placée dans les compartiments à la disposition des voyageurs, servait à ouvrir un robinet qui envoyait l'air comprimé venant de la conduite générale du train dans un sifflet d'alarme placé audessus de la voiture, et celui-ci faisait partir en même temps un autre sifflet placé sur la machine. Cette disposition avait toutefois l'inconvénient de déterminer dans la conduite générale un écoulement d'air suffisant pour entraîner rapidement l'arrêt du train. On estime, en général, qu'il ne convient pas de laisser aux voyageurs la faculté d'arrêter le train, mais seulement de prévenir les agents qui doivent prendre cette décision, et l'intercommunication par l'air comprimé a été modifiée en conséquence par l'interposition, sur la conduite, d'une valve régulatrice actionnant le sifflet par l'intermédiaire d'un réservoir auxiliaire, séparé de la conduite par un diaphragme en caoutchouc. La dépression ainsi déterminée dans la conduite par l'appel d'un voyageur, ne peut alors, en aucun cas, entraîner le serrage du frein et l'arrêt du train.

On trouvera dans la *Revue générale des chemins de fer*, numéro de décembre 1879, la description complète du système d'intercommunication par l'air comprimé.

*Dimensions des caisses.* Les dimensions données aux caisses ont toujours été en augmentant, de manière à utiliser plus complètement l'espace libre dans les gabarits, et à donner plus de largeur aux compartiments. Dans les premières voitures anglaises, qui d'ailleurs étaient les moins confortables, on se contentait d'une hauteur intérieure de 1$^m$,52, et d'un intervalle de 0$^m$,45 entre les sièges opposés. Aujourd'hui, en France, on ne donne pas moins de 1$^m$,80 à 2 mètres de hauteur à l'intérieur des caisses, et on est arrivé à 2$^m$,223 sur certaines voitures de luxe ; l'espace libre entre les sièges opposés dépasse toujours 0$^m$,60. La largeur des caisses varie de 2$^m$,60 à 2$^m$,80. La largeur intérieure des compartiments atteint 1$^m$,42 pour les voitures de troisième, 1$^m$,74 pour celles de seconde et 2$^m$,10 pour celles de première. Les *Normes* allemandes arrêtées en 1879 demandent pour les voitures à passage central 2$^m$,10 de largeur pour les compartiments de première classe, 1$^m$,880 pour ceux de seconde, et 1$^m$,55 en troisième ; la largeur de la caisse doit être de 3$^m$,100 entre parois extérieures. Sur les voitures allemandes à compartiments séparés avec portières latérales, la largeur de la caisse est ramenée à 2$^m$,60 à l'extérieur et 2$^m$,47 à l'intérieur, ce qui donne par voyageur, en première, 0$^m$,823, et 0$^m$,617 en seconde. La largeur des compartiments reste la même que dans les voitures à couloir central, ce qui laisse ainsi, comme on voit, beaucoup d'aisance aux voyageurs.

Ces diverses améliorations ont entraîné un accroissement correspondant dans le poids des voitures, et lorsque primitivement on se contentait de 3 tonnes pour le poids vide d'une voiture de première, à trois compartiments, on arrive aujourd'hui à 7,000 et 9,000 kilogrammes pour les voitures de deuxième et troisième, et à 9,000 à 11,000 kilogrammes pour les voitures de première et de luxe.

Le poids mort par voyageur est environ de 180 kilogrammes en troisième, 250 kilogrammes en seconde, et 400 à 500 kilogrammes dans les voitures de première et de luxe ; on voit donc qu'il devient peu inférieur actuellement aux chiffres admis par M. Bandérali pour le matériel à boggies avec couloir latéral.

Rappelons, à titre de comparaison, qu'une voiture américaine de Pennsylvanien-Railroad pesant 19,000 kilogr. peut renfermer 52 voyageurs, ce qui correspond ainsi à un poids mort de 365 kilogrammes par voyageur.

**Vagons à marchandises.** Les caisses des vagons à marchandises sont établies évidemment sans aucune préoccupation des conditions de confortable et de sécurité qui sont dominantes pour le matériel à voyageurs ; mais pour être simplifié à ce point de vue, le problème n'en présente pas moins de nombreuses difficultés, comme le remarque M. Couche ; il faut en effet « que le chargement et le déchargement soient faciles, qu'aucun dérangement ne puisse survenir en marche, et que toutes les matières transportées soient protégées contre toutes les intempéries, si leur nature et leur mode de conditionnement l'exigent, et que le poids mort soit réduit sans compromettre la solidité et la durée du matériel. »

A l'origine des chemins de fer, on avait cru devoir multiplier les types de vagons pour les accommoder d'une manière plus parfaite à la nature différente des marchandises à transporter ; mais on reconnut bientôt que cette spécialisation qui obligeait à immobiliser un grand nombre de vagons lorsqu'on n'avait pas les transports appropriés, avait plus d'inconvénients que d'avantages, et on cherche actuellement plutôt à diminuer le nombre des types.

Ceux-ci peuvent être ramenés en quelque sorte à trois : le vagon plat ou plate-forme, appelé aussi quelquefois *truck*, le vagon découvert à bords verticaux de 0$^m$,80 à 1 mètre de hauteur, et le vagon fermé. Quant aux fourgons des trains de voyageurs qui, au point de vue de la caisse, peuvent être assimilés aux vagons fermés, ils rentrent plutôt dans la catégorie des véhicules à voyageurs par le mode de construction du châssis, l'installation des essieux montés, des appareils de suspension, de choc et de traction, par tout le montage, en un mot, qui est beaucoup plus soigné que sur le matériel à marchandises.

Le fer tend à prédominer actuellement dans la construction des châssis de vagons. On augmente ainsi la raideur et la résistance du châssis, et les inconvénients propres à l'emploi du fer, comme la sonorité et l'augmentation de poids, perdent de leur importance pour ce matériel,

La caisse proprement dite est en bois de chêne,

les voligeages du toit seuls sont en sapin. La caisse est presque toujours solidaire avec le châssis, ce qui constitue une différence essentielle avec le matériel à voyageurs. La longueur des caisses varie de 5ᵐ,430 à 6ᵐ,400 ; la largeur intérieure est de 2ᵐ,50, elle atteint 2ᵐ,78 et 2ᵐ,900 sur les vagons plates-formes (Compagnie du Midi), la hauteur intérieure de la caisse varie de 2ᵐ,145 à 2ᵐ,209 dans les vagons fermés. La hauteur des côtés sur les vagons ouverts, comme ceux qui servent au transport des houilles, atteint 0ᵐ,900 ; elle est de 0ᵐ,200 à 0ᵐ,220 sur les plates-formes. V. l'étude publiée par M. Fellot sur les voitures et vagons figurant à l'Exposition de 1878 (*Revue générale des chemins de fer*, numéro de juillet 1879). Sur les vagons exposés en 1878, le rapport du poids mort à la tonne de chargement que le vagon peut recevoir était déterminé par les chiffres suivants :

| | kil. |
|---|---|
| Vagon couvert à frein à vis de l'Ouest . . . | 720 |
| — Becker de l'Autriche . . . . . . . . | 627 |
| — à houille à vis de l'Ouest . . . . . . | 660 |
| —     —     —   P.-L.-M. . . . . | 595 |
| — plat, frein à main de l'Ouest . . . . | 562 |
| —     —     —   du Midi . . . . | 540 |

Un certain nombre de vagons de marchandises sont munis de freins commandés par des vis qui doivent être manœuvrées par des gardes, et ils sont pourvus de vigies spéciales dans lesquelles les gardes prennent place pendant la marche du train. C'est la disposition qu'on rencontrait sur les fourgons et sur certaines voitures de voyageurs avant l'application générale aujourd'hui des freins continus à ce matériel. Cette application n'est pas encore réalisée sur les vagons, et les trains de marchandises doivent toujours comprendre un nombre déterminé de vagons à frein avec les gardes chargés de les manœuvrer. D'après les prescriptions administratives, ce nombre est fixé à deux freins gardés pour les trains qui comprennent moins de vingt-cinq vagons et à trois au-dessus de ce chiffre.

Les plates-formes et les vagons découverts sont munis de leur gréement, bâche et courroies, qu'ils portent avec eux. Lorsqu'elles ne servent pas, les bâches sont maintenues roulées et serrées le long des brancards, mais il importe alors d'éviter que le serrage ne se relâche, et que les toiles ne viennent recouvrir les boîtes dont le graissage devient alors impossible.

Les vagons découverts sont généralement munis de portes à deux vantaux à charnières, car la poussée du chargement fausserait les portes à coulisse appliquées pour les vagons couverts, et elle en empêcherait ainsi la manœuvre. Cette disposition n'est pas toutefois sans présenter de grands inconvénients, car il peut arriver que les vantaux soient mal maintenus si les ferrures n'ont pas été bien mises en place au moment du chargement, et leur ouverture accidentelle peut devenir très dangereuse.

Pour les vagons de terrassement, de même que pour les vagonnets de mine servant, par exemple, au transport de la houille et des minerais, on

dispose souvent des caisses qui peuvent s'incliner sur le châssis d'une quantité suffisante pour faire tomber automatiquement les matières chargées. Il est bon d'avoir des dispositions de fermeture empêchant que les portes ne se trouvent faussées dans cette manœuvre, assurant, en un mot, l'ouverture automatique aussitôt que la caisse vient à être soulevée.

Nous mentionnerons, à cette occasion, une disposition intéressante de vagon à bascule, due à M. *Brouhon de Seraing*, et dans laquelle la porte se manœuvre automatiquement par un système de leviers articulés en parallélogramme.

Les vagons fermés ont l'avantage de supprimer le bâchage, ils peuvent recevoir les marchandises destinées à être mises à l'abri des intempéries. Ces vagons sont fermés sur les grands côtés par des portes à coulisse munies de galets qui roulent sur une plate-bande en fer et de ferrures enfilées sur une tringle à la partie supérieure, de sorte que la porte se trouve ainsi complètement maintenue en haut et en bas.

Si le fer commence à entrer actuellement dans la construction des caisses, tout au moins pour la charpente, on conserve encore généralement le bois pour les parois et la toiture. Le fer présente, en effet, certains inconvénients qui empêchent de l'employer exclusivement; les panneaux en tôle se rouillent et se gondolent à la chaleur, et on les condamne également, surtout en Allemagne au point de vue militaire, en objectant qu'ils ne présentent pas les conditions hygiéniques convenables pour le transport des hommes et des chevaux.

VOITURES SPÉCIALES. En terminant ce qui est relatif aux voitures et vagons, nous dirons quelques mots de l'installation des véhicules spécialement affectés à une destination déterminée.

**Vagons pour petits parcours.** Pour les trains à petit parcours, comme les lignes de banlieue des grandes villes, on applique habituellement des voitures à deux étages, dites *à impériales*. En doublant en quelque sorte le nombre des compartiments disponibles, elles permettent d'expédier un grand nombre de voyageurs sans multiplier outre mesure les voitures. Par contre, l'accès du second étage est généralement assez difficile et quelquefois même dangereux pour les personnes peu ingambes ou n'ayant pas toute leur présence d'esprit, ce qui ne laisse pas que d'être un inconvénient grave pour les trains dont les arrêts sont courts et fréquents.

La plupart des voitures à impériale ont au second étage de simples banquettes abritées par une marquise, on y accède par des escaliers placés en bout de la voiture, et le voyageur, arrivé au haut de l'escalier, est obligé de gagner sa place en contournant la marquise sur le bord latéral du vagon, et s'appuyant sur une main courante qui le guide dans la marche. Les chutes sont évidemment possibles dans ces conditions bien qu'elles soient d'ailleurs tout à fait rares; on cite plus fréquemment des accidents tenant à l'imprudence des voyageurs qui se tiennent en dehors des marquises pendant le voyage et sont heurtés par les ouvrages d'art.

L'escalier tournant adopté sur le chemin de Vincennes a l'avantage d'amener le voyageur sur le côté de la marquise juste en face du chemin qu'il doit suivre, et ce type paraît plus commode que la disposition généralement adoptée avec escalier arrivant au milieu de la plate-forme, obligeant ainsi le voyageur à se détourner.

Il y a évidemment peu à s'attacher au confortable dans ce type de voiture où les voyageurs ne font qu'un séjour très court, mais les impériales ouvertes ne peuvent pas être considérées cependant comme donnant un abri suffisant, surtout par les temps froids ou humides, aussi les voyageurs évitent-ils alors d'y recourir. Les impériales fermées paraissent donc préférables à cet égard. L'exemple le plus intéressant en est fourni par la voiture type Vidard, qui n'est malheureusement pas assez multipliée sur les trains à petits parcours. Le compartiment supérieur est traversé par un couloir central fermé aux deux extrémités par des portes donnant directement sur les escaliers d'un accès facile, il est garni de petites banquettes transversales comme dans les voitures américaines, et les parois latérales sont fermées par des glaces ménageant la vue extérieure. Cette disposition très simple en apparence n'était pas cependant sans entraîner de nombreuses difficultés, car il a fallu donner une hauteur suffisante au couloir longitudinal tout en rentrant dans les gabarits, et on s'est trouvé obligé d'abaisser ainsi tout l'étage inférieur et le plancher de la caisse. Ce déplacement entraîne de son côté des modifications de construction assez profondes, car les roues pénètrent à l'intérieur du plancher, et les longerons ainsi abaissés, doivent être relevés aux extrémités pour ramener les tampons à la hauteur uniforme d'un mètre, comme pour les autres véhicules.

Outre les lignes de banlieue, les voitures à deux étages, surtout à impériale fermée, peuvent encore être appliquées avantageusement sur certaines lignes locales à faible trafic, pour lesquelles on peut se contenter de petits trains comprenant seulement quelques voitures. Ces trains marchent généralement à faible vitesse, et le type de vagon à impériale dont le centre de gravité se trouve nécessairement beaucoup relevé au-dessus de la ligne de traction, ne paraît pas présenter les dangers qu'on redouterait justement sur les trains de grande vitesse.

La question des trains légers comprenant un petit nombre de voitures, avec ou sans impériale, prend actuellement une certaine importance, car les Compagnies se préoccupent, devant la baisse persistante du trafic, de réduire leurs dépenses de toute nature en modifiant un peu leur système d'exploitation, suivant les localités pour l'adapter plus complètement aux besoins réels du public. Elles ont obtenu ainsi de l'Etat certaines dérogations aux prescriptions de l'ordonnance de 1846, réglant la composition des trains, et elles sont autorisées à mettre en circulation deux types de trains nouveaux : le *train léger* et le *train-tram-*

*way* (V. Train, § *Train-tramway*). Ces conditions nouvelles d'exploitation entraîneront nécessairement la création de types de voitures appropriées, et la question est donc à l'étude dans les différentes Compagnies : quelques-unes d'entre elles reprennent la voiture à impériale, d'autres au contraire, préoccupées de la facilité d'accès, conservent le type à un étage unique. Pour les trains-tramways, la Compagnie du Nord en particulier, qui a déjà plusieurs lignes exploitées dans ces conditions, s'est attachée à réaliser une voiture à circulation centrale du type américain, susceptible de recevoir 70 à 80 places sans compartiment distinct pour les bagages ou la poste. Le type de voiture adopté comprend une caisse de plus de 14 mètres de longueur renfermant 73 places dont 8 de première classe en un seul compartiment, 16 de deuxième en deux compartiments et 49 de troisième, avec un compartiment de service pour le conducteur garde-freins. Ce véhicule est formé de la réunion de deux voitures à couloir provenant des anciennes lignes du Nord-Est, rattachées entre elles par une articulation ingénieuse due à M. Bricogne; nos lecteurs en trouveront la description dans une intéressante communication présentée à la *Société des ingénieurs civils*, par notre collaborateur M. Cossmann (V. n° de mars 1887). Les parois extrêmes voisines des deux caisses sont supprimées, et les parois latérales sont rattachées par deux tôles articulées formant soufflet, la continuité du plancher est assurée par un couvre joint. Les châssis sont assemblés par une articulation à pivot, les deux véhicules ainsi réunis restant d'ailleurs indépendants, chacun avec ses deux essieux montés. On a retrouvé, par ce procédé, toutes les facilités d'inscription du matériel à boggies sans avoir à créer un matériel spécial.

Sur la ligne de Paris à Saint-Denis, les voitures de service auront une capacité encore supérieure, elles comprendront 102 places en compartiments séparés avec couloir latéral, elles seront formées par la réunion de trois voitures de l'ancienne Compagnie du Tréport, qui étaient à compartiments indépendants, avec couloir latéral, et portières aux deux extrémités du compartiment. Ces portières seront fermées toutefois du côté opposé au couloir.

**Vagons-lits.** Pour les trains à longs parcours comme ceux qui desservent les lignes internationales, on est arrivé à organiser un matériel de luxe approprié, imité de celui qu'on rencontre déjà depuis longtemps sur certaines lignes américaines. Les vagons des trains de luxe organisés par une Compagnie spéciale constituent de véritables appartements de plus de 20 mètres de longueur, munis de tout le confortable qu'on pourrait rencontrer dans un grand hôtel, au point de vue de la nourriture, de l'éclairage, du chauffage, des lits, etc. (V. aussi Coupé-lit). Dans les dispositions les plus fréquentes, la caisse est traversée par un couloir longitudinal donnant accès sur des compartiments à deux ou quatre places, et assurant ainsi un certain isolement des voyageurs. La nuit venue, les banquettes se renversent et font place à de véritables lits avec leurs matelas, les oreillers, les draps et la couverture. La voiture est chauffée à l'aide d'un courant de vapeur fourni par des appareils à thermo-siphon qui donnent un chauffage bien régulier. L'éclairage est obtenu au moyen de lampes électriques à incandescence. La caisse comprend vingt places, et renferme vingt lits installés le long des parois à deux hauteurs différentes, comme à bord des paquebots. Les lits sont, d'ailleurs, entourés de rideaux de manière à constituer une sorte d'alcôve. Le poids d'une voiture atteint 27,500 kilogrammes, ce qui donne, comme on voit, plus de 1,300 kilogrammes de poids mort par voyageur, et assure ainsi une stabilité parfaite. Aussi les voyageurs peuvent-ils lire et écrire sans difficulté, sans éprouver ces tremblements qui deviennent si fatigants au bout d'un certain séjour dans les voitures ordinaires. Le train de Paris à Constantinople qui emmène actuellement les voyageurs sans transbordement jusqu'à Giurgevo (Smarda), à la frontière roumaine, et qui est connu sous le nom d'*Orient-express*, comprend, outre les deux fourgons, deux ou trois pareilles voitures suivant le nombre des voyageurs inscrits, et, en outre, un vagon restaurant (fig. 686). Celui-ci renferme une cuisine avec une salle à manger pouvant recevoir vingt-quatre convives. Les places sont réparties entre huit petites tables indépendantes, et le couvert est toujours mis, ce qui permet aux voyageurs de se grouper à leur convenance et de manger à leurs heures. Le ser-

Fig. 686. — *Vagon de* l'Orient-Express.

vice est assuré par des garçons d'hôtel attachés aux voitures.

La durée du voyage est de quatre-vingts heures de Paris à Constantinople, et grâce à ces conditions spéciales, le parcours peut s'effectuer sans fatigue. On rencontre, d'ailleurs, des trains analogues sur la plupart des lignes internationales, tels sont, par exemple, le Sud-Express allant deux fois par semaine de Paris à Madrid et à Lisbonne, le rapide de Paris à Calais, de Paris à Nice.

**Vagons des trains transatlantiques**. La Compagnie générale transatlantique a organisé, il y a quelques années, pour le transport des émigrants depuis Bâle jusqu'au Hâvre, des trains spéciaux dont le matériel est intéressant à signaler, car il donne un exemple de l'adaptation des voitures pour un séjour de longue durée, en vue de voyageurs de condition peu aisée.

Les trains transatlantiques partent de Bâle, qui est en quelque sorte le point central de l'émigration vers l'Amérique; ils pénètrent, en France, par la ligne de Delle-Porrentruy, ils suivent ensuite la ligne de Belfort jusqu'à Paris-la-Villette, d'où ils sont dirigés sur le réseau de l'Ouest par le chemin de fer de Ceinture, et prennent ensuite la ligne de Rouen-le-Hâvre où les passagers sont embarqués. Le parcours total comprend 779 kilomètres et s'effectue en vingt et une heures.

Le matériel de transport employé se compose de voitures de 17$^m$,65 de longueur (fig. 687) montées sur boggies, les caisses sont traversées par un couloir central et distribuées suivant le type américain; elles sont munies de plates-formes extrêmes pour l'accès en bout et permettant la circulation sur toute la longueur du train. Chaque voiture comprend normalement 80 places, mais sur certaines d'entre elles, la moitié de la longueur est occupée par un buffet, et le nombre des places est réduit à 40. Les voitures de 80 places comprennent 20 compartiments de chacun 4 places distribués des deux côtés du couloir central. Les compartiments comportent chacun une fenêtre grillée pour prévenir tout accident, ils sont séparés entre eux par des cloisons de 1ᵐ,50 de hauteur, surmontées alternativement de filets pour bagages et de berceaux en fer galvanisé pour enfants. Sauf dans les compartiments extrêmes, dont les berceaux sont à une seule place, les autres sont à deux places avec une séparation mobile en tôle, ils comprennent deux petits matelas, et sont munis de courroies pour retenir les enfants. Chaque voiture contient huit berceaux doubles et quatre simples, de sorte que le nombre des voyageurs peut être porté à 100 en y comprenant 20 enfants. Le plancher de la voiture est garni d'un tapis en linoléum, les banquettes et leurs dossiers sont rembourrés de crin et recouverts de moleskine. A chaque extrémité de la voiture est disposé un compartiment spécial affecté, soit à un water-closet-lavabo, soit à l'installation d'un appareil de chauffage à thermosiphon par circulation d'eau chaude. L'éclairage est assuré à l'intérieur au moyen de cinq lampes, et extérieurement au moyen d'une lampe sur chaque plate-forme.

L'élasticité de la suspension de la caisse sur les boggies est assurée au moyen de ressorts à pincettes, disposés transversalement et formant douze couples.

**Vagon d'ambulance pour trains sanitaires permanents.** En temps de guerre, l'évacuation des blessés et des malades par les voies ferrées en arrière du théâtre des opérations militaires, se fait au moyen de trains spéciaux aménagés à cet effet, et qui comprennent des *trains sanitaires* improvisés et des *trains permanents*.

Les premiers sont formés avec des vagons à marchandises employés au transport des troupes; on y installe deux appareils du colonel Bry consistant en traverses que l'on suspend aux parois latérales du vagon au moyen de ressorts, et que l'on brelle au plancher du vagon. Ces traverses servent elles-mêmes à breller six brancards de campagne affectés aux blessés. On a essayé aussi récemment un appareil à suspension axiale, dû à M. Gavoy, médecin principal à Limoges. Les colonnes de support sont formées de tubes creux à vis qui se posent instantanément dans le vagon, et elles laissent la liberté de circulation autour des blessés. Ces installations ne permettent pas toutefois le transport de grands blessés, et comme les vagons n'ont pas de communication entre eux, elles privent les malades des secours médicaux pendant la marche.

On a construit à l'étranger différents types de trains sanitaires permanents, mais comme ceux-ci, étudiés seulement en vue de cette destination spéciale, ils ne peuvent servir à d'autres usages; l'administration de la Guerre en France, a pensé qu'il serait préférable d'adopter des vagons qui restent utilisés, en temps normal, pour le trafic, mais qui seraient munis seulement d'un aménagement approprié en cas de besoin. On trouvera, dans une intéressante communication présentée sur ce sujet à la *Société des ingénieurs*

Fig. 687. — *Vagon des trains transatlantiques.*

civils, par MM. Ameline et Grandjux (V. n° d'août 1887), des détails complets sur les diverses expériences préliminaires effectuées à cet effet; nous ne pouvons les rappeler ici, et nous nous bornerons à résumer le programme formulé, en 1884, par la Commission des trains sanitaires.

Pour le transport des militaires gravement malades ou blessés, le mode de suspension des brancards installés dans les vagons n'est pas suffisant, et l'élasticité nécessaire pour éviter les trépidations et les chocs, doit être demandée à la suspension même des véhicules.

Le nombre des blessés ne doit pas dépasser 8 par vagon, en espaçant les couchettes, dans le sens vertical, suffisamment pour permettre au malade de se tenir sur son séant.

Les voitures seront mises en communication par un couloir régnant sur toute la longueur du train. La ventilation sera assurée par un lanterneau placé au centre du vagon et muni de châssis vitrés, mobiles dans le sens de la marche du train. La nuit, le véhicule sera éclairé par deux lanternes. Pour le chauffage, on emploiera de petits poêles, le plancher sera garni de linoléum. Le train comprendra un certain nombre de vagons spéciaux, affectés au séjour des médecins, aux infirmiers, à l'installation de la pharmacie et de la cuisine. Le fourgon de tête sera muni d'accessoires pour recevoir les approvisionnements, et le fourgon de queue recevra le linge sale et le combustible. Ces deux fourgons ne seront pas mis en communication avec le reste du train.

Le train sanitaire comprendra 22 fourgons ainsi répartis : 16 pour les blessés, 1 pour les médecins, 1 pour les infirmiers, 1 pour la cuisine, 1 pour la pharmacie et pour la lingerie et, enfin, les 2 fourgons de tête et de queue.

C'est ce programme que la Compagnie de l'Ouest s'est attachée à réaliser; l'étude effectuée sous la direction de M. Clérault, ingénieur en chef, aboutit à la création d'un train sanitaire qui est le premier de ce type. Les prescriptions du programme ont été complètement remplies, la seule modification apportée touche le fourgon cuisine qui a été reconnu trop restreint, et on décida d'y adjoindre un second véhicule, ce qui porta le nombre total des vagons à 23.

Le type de vagon choisi pour ce train sanitaire est le fourgon à marchandises pour trains à grande vitesse; toutefois, comme le mode de suspension par des ressorts de 38 millimètres de flexibilité seulement fut reconnu insuffisant, on décida de remplacer ces ressorts, en cas de mobilisation, par d'autres dont la flexibilité atteint 90 millimètres. On arrive ainsi à atténuer complète-

Fig. 688. — *Vagon d'ambulance.*

ment les oscillations, et la trépidation, en marche, n'est pas plus sensible que sur les voitures à grande vitesse. Les vagons sont munis de portes placées aux extrémités, avec une plate-forme de communication, pour permettre la circulation longitudinale, seulement ces portes sont maintenues fermées en temps normal, et on ne les ouvrira qu'au moment où le vagon sera affecté à ce nouveau service. Les grandes baies latérales des fourgons seront, d'ailleurs, maintenues ouvertes pour permettre le chargement des blessés.

Les vagons destinés aux blessés reçoivent, dans chacun des quatre angles, un châssis en bois verni comprenant deux couchettes superposées; ces châssis reposent sur le plancher même du vagon par l'intermédiaire de plusieurs couches de moquettes, de façon à les soustraire aux chocs. Les lits sont formés d'une forte toile fixée au cadre en bois par des courroies de suspension qui augmentent l'élasticité. Une planchette à rebords, fixée au châssis par des crochets, est placée à proxi-

mité du malade et reçoit les objets dont il peut avoir besoin (fig. 688).

Les cinq vagons spéciaux du train sanitaire reçoivent une installation appropriée, la disposition en a d'ailleurs été spécialement étudiée pour obtenir une utilisation rationnelle de l'espace disponible, tout en enfermant rigoureusement les approvisionnements afin de les soustraire à l'action de la fumée et de la poussière.

**Vagons d'expériences.** Nous avons indiqué, à l'article TRACTION, tout l'intérêt que présenterait le relevé exact des phénomènes relatifs à la traction des trains en marche ; la détermination de l'effort ainsi développé résulte, en effet, d'une série d'influences très complexes dont l'analyse n'est pas encore faite d'une manière suffisante, et il est donc presque impossible de donner une mesure exacte du travail qu'exige le remorquage d'un train et, par suite, d'apprécier complètement le rendement vrai de la locomotive qui l'emmène. Quelques expériences ont été faites, cependant, à l'origine des chemins de fer, pour la détermination des coefficients divers de frottement et de roulement qui entrent en jeu, et nous en avons rappelé quelques-unes à l'article TRACTION, comme celles de MM. Wood, Kirschweger, Poiré, etc.

Plus tard, vers 1867, MM. Dieudonné, Vuillemin et Guebhard ont exécuté aussi, à ce sujet, des expériences dont les résultats sont demeurés classiques dans les chemins de fer. Vers 1878, la question a été reprise par M. Regray, avec un vagon spécialement aménagé, muni des appareils d'observations les plus précis, et dont il avait fait en quelque sorte un véritable cabinet de physique attelé au train. D'autres Compagnies ont organisé également des vagons spéciaux pour l'observation des phénomènes de traction ; nous signalerons, par exemple, le vagon du chemin de fer du Nord, dont on trouvera la description dans la *Revue générale des chemins de fer*, n° d'avril 1883. M. Westinghouse avait disposé aussi un vagon d'observation qui lui permettait de relever, en marche, tous les phénomènes intéressant le fonctionnement de son frein à air comprimé (V., même *Revue*, n° d'octobre 1879 ; V. aussi la description du vagon du capitaine Douglas-Galton, février 1879).

Nous nous attacherons ici seulement au vagon de la Compagnie de l'Est, qui présente une importance particulière, et nous en donnerons une description résumée d'après la notice publiée par M. Napoli (V. *Revue générale des chemins de fer*, n° de novembre 1878), de manière à réunir et compléter les détails rappelés aux articles spéciaux. — V. DYNAMOMÈTRE, INDICATEUR.

Le vagon Y 8,101 a été disposé de manière à permettre l'observation simultanée du travail de la vapeur dans les cylindres de la machine tout en relevant le travail effectué dans le même temps et dans les mêmes circonstances sur le train remorqué. Le problème ainsi posé présentait évidemment les plus grandes difficultés, surtout pour permettre le relevé à distance de tous les phénomènes intéressant la distribution de la vapeur, et la question n'avait sans doute jamais été résolue complètement, même pour les machines fixes, lorsque M. Marcel Deprez trouva cette solution théorique par des procédés aussi élégants qu'ingénieux.

L'appareil donnant à chaque instant le relevé de l'effort de traction développé sur la barre d'attelage, est fondé sur l'emploi du ressort dynamométrique servant habituellement à ces observations ; seulement, la disposition en a été modifiée pour éviter toutes les causes d'erreur, même les plus petites, en supprimant les efforts perturbateurs dont elles sont la conséquence, comme le coincement dans les courbes, la résistance et les frottements des diverses pièces rattachées au ressort. On s'est appliqué également à relever en même temps les efforts de poussée agissant sur le véhicule, et qui se traduisent sur la bande de papier enregistrant les efforts par des courbes à ordonnées négatives. Un appareil totalisateur, combiné avec le dynamomètre, relève sans calcul l'effort total développé pour

une période quelconque. Ces appareils ont été rappelés à l'article spécial. Un tachymètre, dû à M. Napoli, donne en même temps les vitesses et leurs accélérations, et les inscrit même d'une manière continue sur la bande de papier du dynamomètre. — V. TACHYMÈTRE.

La seconde série d'appareils permet d'obtenir, comme nous l'avons dit, de l'intérieur du vagon, des relevés de diagrammes dans les cylindres de la machine. La disposition adoptée consiste, en principe, à installer dans le milieu dont on veut relever la pression, des organes explorateurs formant pistons différentiels qui transmettent un signal électrique à l'intérieur du vagon, toutes les fois qu'un équilibre déterminé de pression est rompu, c'est-à-dire qu'une valeur connue de la pression est atteinte. L'inscription de ces signaux se fait sur des tableaux mobiles animés de mouvements exactement synchrones à ceux des pistons de la machine. Le diagramme complet se trouve constitué en faisant varier la pression antagoniste opposée à celle de la vapeur sur les organes explorateurs, dans toute l'étendue des variations de cette pression.

L'ensemble de ces appareils, dont l'idée fondamentale appartient à M. Marcel Deprez, consiste donc en :

1° Instruments explorateurs de pression placés sur la machine ;

2° Instruments manométriques placés sur le vagon ;

3° Appareil produisant le mouvement des tableaux mobile synchrone à celui des pistons ;

4° Instruments de réglage constatant à chaque tour de la machine le synchronisme de ces mouvements ;

5° Instruments électriques produisant les signaux.

L'explorateur consiste en une simple membrane d'acier de 50 millimètres de diamètre et 1/20 de millimètre d'épaisseur, pincée entre deux coquilles de bronze entre lesquelles sa course est limitée à 1/4 de millimètre de sa position d'équilibre. Elle est soumise, sur une de ses faces, à la pression de la vapeur étudiée et, sur l'autre, à une pression d'air comprimé, par l'intermédiaire d'un tube rattaché à un réservoir situé dans le vagon. La membrane est munie, en son centre, d'une tige rattachée à une pince d'argent appuyée dans la position d'équilibre contre un contact en verre. Celle-ci est entraînée par le moindre déplacement de la membrane, et elle vient frotter contre un contact métallique produisant un courant électrique qui donne le signal à l'intérieur du vagon. On peut donc déduire la valeur de la pression exercée sur l'explorateur de la pression antagoniste exercée par l'air comprimé.

Les instruments manométriques, installés dans le vagon comprennent : un régulateur spécial disposé sur un réservoir d'air comprimé alimenté par une pompe commandée par l'essieu du vagon. Le régulateur, dont le principe est dû à M. Napoli, a l'avantage de fournir toujours une pression d'une valeur bien déterminée et constante, mais qu'on peut faire varier à volonté. Il comprend une petite soupape interposée sur le courant d'air, et qui ne livre passage à celui-ci que lorsque la pression de l'air fait équilibre à celle d'un ressort antagoniste pressant sur la soupape; on en règle la tension à la main en le comprimant ou le détendant par une manivelle.

Le mouvement des tableaux mobiles recevant l'inscription électrique, est commandé par une bielle et une manivelle semblables à celles de la machine; ces pièces sont actionnées elles-mêmes par l'essieu du vagon, et la disposition spéciale d'un train d'engrenages différentiel interposé sur la transmission permet de corriger le mouvement de la manivelle fictive de manière à rétablir l'égalité de vitesse angulaire avec celle de la machine. Pour que le mouvement du piston fictif soit bien identique à celui du piston de la machine, il faut, en outre, que l'origine des périodes de distribution soit rigoureusement la même, et un deuxième train différentiel approprié permet d'établir cette coïncidence. On vérifie ensuite que l'identité est parfaite au moyen d'un signal optique spécial. L'appareil employé à cet effet, dont le principe est dû à M. Marcel Deprez, a pour but de provoquer, au moyen d'une étincelle d'induction, un signal électrique visible à l'extrémité de l'une des manivelles du tableau, chaque fois que la manivelle motrice correspondante de la machine passe en un point déterminé, soit, par exemple, au milieu de la course. S'il y a synchronisme, ce point reste toujours visible au même endroit de l'espace à l'instant du passage des tableaux au point milieu. S'il y a seulement identité de vitesse angulaire, le signal reste bien fixe, mais en un point quelconque, et enfin, dans le cas général, s'il y a désaccord complet, ce signal se déplace continuellement. On agit sur les appareils de réglage commandant séparément les deux trains différentiels dont nous avons parlé plus haut, jusqu'à ce qu'on ait réussi à ramener le signal à la position convenable.

Les instruments électriques transmettant les signaux fournis par les explorateurs, comprennent des électro-aimants de petites dimensions, étudiés de manière à rendre les retards d'indication aussi faibles que possible. Un chronographe à diapason permet de contrôler les indications de ces appareils et donne la mesure des retards d'inscription. On en trouvera la description détaillée dans le Mémoire déjà cité de M. Napoli.

**Vagon de secours.** On désigne sous ce nom certains fourgons munis d'un approvisionnement spécial, que les Compagnies doivent entretenir dans les dépôts afin de pouvoir les expédier sur les lieux en cas d'accident. Ces fourgons renferment les objets nécessaires pour porter secours aux blessés et effectuer éventuellement les pansements; on y ajoute, en outre, l'outillage nécessaire pour effectuer les réparations sur la voie et le relèvement du matériel. — V. EXPLOITATION DES CHEMINS DE FER, § *Appareils de secours.*

On trouvera, dans la *Revue générale des chemins de fer*, nº de juillet 1878, une note intéressante sur l'approvisionnement des vagons de secours.

du chemin de fer du Nord, et sur les appareils de relevage ayant pour but de remettre rapidement les locomotives sur la voie, dans les cas de déraillement. — B.

**VAGONNET** ou **WAGONNET**. T. *de mécan.* Véhicule employé pour les transports industriels sur les voies ferrées de petite largeur. Le vagonnet peut être considéré comme un vagon de petites dimensions, mais il en diffère cependant par des caractères essentiels qui le distinguent du matériel de chemin de fer et le rapprochent plutôt des véhicules circulant sur les chaussées ordinaires. La capacité des vagonnets est beaucoup plus faible que celle des vagons, et ne dépasse guère 300 à 500 kilogrammes au lieu de 8 à 10 tonnes, les roues n'ont souvent que 20 centimètres de diamètre, la hauteur est aussi limitée que possible pour les vagonnets destinés à circuler dans les galeries de mines, surtout s'ils doivent pénétrer dans les chantiers d'extraction. Comme les vagonnets ont souvent besoin de tourner court comme les véhicules ordinaires, ou de suivre des lignes présentant des courbes très accentuées, les roues restent folles et ne sont pas ordinairement calées sur leurs essieux.

On a aussi employé un système de roues dites *mi-fixes*, l'une des roues est alors seule calée sur l'essieu mobile, tandis que l'autre a un moyeu ajusté glissant à frottement doux sur une fusée de ce même essieu, ce qui lui permet de se déplacer en cas de besoin, pour la traversée des parties en courbe, par exemple, et de substituer ainsi un frottement de glissement sur la fusée à celui qui se produirait autrement sur la jante. Les roues sont aussi quelquefois disposées pour circuler sur le sol en dehors des rails, et, dans ce cas, le boudin est remplacé par un rebord saillant d'une largeur notable formant surface d'appui.

Les trains de vagonnets sont souvent conduits par des enfants surtout dans les galeries de mine et il importe alors que le poids de ces véhicules ne soit pas trop élevé pour que les conducteurs puissent les manœuvrer facilement afin de les remettre sur la voie, les redresser en cas de déraillement, etc., aussi ne dépasse-t-on jamais 300 kilogrammes pour le poids du vagonnet vide.

La caisse est ordinairement en bois, mais on en fait aussi en fer, bien que l'application de ce métal paraisse peu avantageuse, surtout pour ce qui concerne la caisse proprement dite, qui est exposée à se gondoler et à se déformer sous les chocs nombreux qu'elle subit, et dont les réparations sont moins faciles que pour le bois.

Les caisses sont souvent disposées de manière à pouvoir s'incliner tout entières sur le châssis, en tournant autour d'un axe horizontal, afin de pouvoir se vider automatiquement en cas de besoin; elles sont munies d'une porte formée par l'une des parois extrêmes, ou quelquefois d'une trappe ménagée dans le fond suivant le mode de déchargement adopté. — B.

**\*VAIGRAGE.** T. *de mar.* Ensemble des planches ou bordages que l'on nomme *vaigres*, et qui revêtent intérieurement la membrure d'un navire.

**VAIR.** Fourrure de couleur bigarrée, blanche et grise, très estimée autrefois. || *Art hérald.* Un des métaux du blason, formé de plusieurs pièces égales, ordinairement d'argent et d'azur, rangées alternativement et disposées de manière que les pointes des pièces d'azur soient opposées à celles des pièces d'argent, ainsi que leurs bases.

**VAISSEAU.** Ce mot par lequel on désigne tout navire de guerre de grande dimension, s'applique d'une façon générale à tout vase, tout récipient, destiné à contenir des liquides ou des solides, mais principalement des liquides. || Par assimilation, on entend par *vaisseau*, l'intérieur d'un grand édifice, d'une église, d'une salle haute, etc. || *Art hérald.* Vaisseau voguant. Se dit d'un navire figuré avec des voiles.

**VAISSELLE.** Terme collectif qui s'applique à l'ensemble des vaisseaux ou vases utilisés pour le service de la table, comme plats, assiettes, soupières, etc.; la vaisselle commune est faite de terre ou d'étain, la vaisselle de luxe donne lieu à des productions artistiques en céramique et en orfèvrerie; on nomme *vaisselle plate* (*de plata*, argent, croit-on) celle dont les pièces sont en or ou en argent et d'un seul morceau tandis que la *vaisselle montée* est celle dont les pièces sont composées de parties jointes ensemble par la soudure.

\***VALÉE** (SYLVAIN-CHARLES, comte). Général d'artillerie, né à Brienne-le-Château (Aube), en 1773, mort en 1846. Nommé inspecteur général du service central de l'artillerie en 1822, il présida à la réorganisation du matériel d'artillerie. Homme de guerre consommé, il avait une connaissance approfondie des conditions à remplir par les diverses parties du matériel, aussi n'est-ce pas sans raison que l'on désigne quelquefois le système d'artillerie dit de 1827, adopté en France de 1825 à 1829, sous le nom *système Valée*. Le nouveau matériel, destiné à remplacer celui qui avait fait toutes les campagnes de la République et du premier Empire et dont les tables de construction remontaient à Gribeauval, est encore aujourd'hui en partie en service, et les principes qui ont servi de base à son établissement servent toujours de guide dans les études relatives aux nouvelles constructions. L'emploi d'affûts à flèche, aussi bien pour les pièces de siège que pour celles de campagne; l'adoption du système dit à suspension pour la réunion des deux trains des voitures de campagne, permit de donner au nouveau matériel une légèreté et surtout une mobilité inconnues jusque-là; de la même époque date également l'adoption d'un matériel de montagne transportable à dos de mulet.

C'est en grande partie aux perfectionnements que le matériel de siège avait reçus sous sa direction, que le général Valée dut la prise de Constantine en 1837; nommé alors maréchal, puis gouverneur général de l'Algérie, il conserva ce poste jusqu'en 1840.

**VALENCIENNES** (Dentelle dite). Dentelle belge qui comporte une grande maille élargie et des dessins très clairs. Cependant, tous les centres de fabrication ont un genre spécial à chacun d'eux, qui est dû au nombre varié de conversion des fuseaux : ainsi à Bruges, on tourne les fuseaux deux fois, à Gand deux fois et demie, à Courtrai trois fois et demie, à Ypres quatre fois, à Alost cinq fois. Maintenant qu'on ne fabrique pour ainsi dire plus de dentelle à Alost, c'est la valenciennes d'Ypres, dite à *point carré*, qui est la plus estimée. Aujourd'hui la France, qui ne connaissait autrefois les dentelles d'Ypres que sous le nom de *fausses valenciennes*, est la meilleure cliente de cette ville. — A. R.

Les centres principaux de production de la dentelle dite valenciennes, sont les villes d'Ypres, Bruges, Gand, Courtrai, Alost, Menin, etc., en Belgique. Nous avons retracé au mot DENTELLE comment la fabrication de la dentelle fut exportée de Valenciennes en Belgique au XVIIe siècle, et en premier lieu dans la ville d'Ypres. Le genre qui fut alors importé n'est plus aujourd'hui le même qu'à cette époque. La dentelle se composait alors de mailles serrées avec de larges toilés lourds et épais et de maigres petites fleurs. Ce fut un fabricant d'Ypres, M. Duhayon-Brunfaut, qui, en 1853, changea complètement cette fabrication.

\***VALÉRIANATE.** *T. de chim.* Syn. : *valérates.* Sels formés par l'acide valérianique, $C^{10}H^{10}O^4$... $C^5H^{10}O^2$, acide organique découvert par Chevreul en 1817, et nommé par lui acide phocénique, mais que plus tard Peutz et Grote trouvèrent identique à celui extrait de la valériane, et que Dumas et Stas reproduisirent également en oxydant l'alcool amylique. Ces sels s'obtiennent en dissolvant les carbonates ou les oxydes dans l'acide valérianique, et aussi par double décomposition. Humides, ils dégagent l'odeur de l'acide, ont une saveur sucrée, puis brûlante; presque tous sont solubles dans l'eau, et la plupart possèdent un mouvement giratoire lorsqu'on les projette sur ce liquide.

Quelques-uns sont employés en médecine : le *valérianate d'ammoniaque*, $C^{10}H^9(AzH^4)O^4$... $C^5H^9O^2(AzH^4)$, obtenu en saturant l'acide par le gaz ammoniac sec; le valérianate de zinc, $C^{10}H^9ZnO^4$... $(C^5H^9O^2)^2Zn$, préparé en dissolvant le carbonate de zinc par l'acide; ces sels sont décomposés à 100° en solution aqueuse.

**VALET.** *T. techn.* 1° Morceau de fer en forme de T dont la tige a $0^m,45$ à $0^m,75$, la grosseur de $0^m,27$ à $0^m,34$ et la courbure de la patte de $0^m,24$ à $0^m,28$ de saillie sur $0^m,15$ de hauteur; les menuisiers s'en servent pour maintenir sur l'établi la pièce de bois qu'ils travaillent. || 2° Sorte de pince à ressort que le corroyeur utilise pour fixer la peau sur le paroir. || 3° Dispositif composé d'un contrepoids ou d'un ressort, et destiné en l'abandonnant à lui-même, à refermer une porte qu'on vient d'ouvrir. || 4° Petite pièce soutenant par derrière un miroir de toilette. || 5° Petit morceau de fer formant arrêt, et adapté souvent à la platine d'une targette ou d'un verrou pour l'empêcher de s'ouvrir. || 6° Pièces de fer dissimulées dans les bras de certains fauteuils, et qu'on tire pour y poser une table. || 7° Dans les métiers à tisser, sorte d'arrêt à ressort destiné à maintenir le rouleau chaque fois qu'il a fait un quart de tour.

*VALIDINE. T. de chim. Couleur artificielle dérivée de la cinchonine et obtenue par le traitement de cette base par un excès d'hydrate de soude. Il distille de la chinoline brute, qui contient avec de la lépidine et d'autres bases, de la validine, C³²H²¹Az... C¹⁶H²¹Az.

VALISE. Ce mot qui désigne une petite malle portative, en cuir ou en toile, s'appliquait autrefois à un long sac de cuir, s'ouvrant dans sa longueur et propre à être placé sur la croupe du cheval, pour transporter les hardes du cavalier.

VALLÉE. Outre qu'il désigne l'espace situé entre deux montagnes ou le terrain déprimé qui suit le cours d'un fleuve ou d'une rivière, ce mot indique dans l'exploitation des mines, une galerie inclinée le long de laquelle on fait monter les produits de l'extraction. — V. Plan incliné, Traction.

*VALLÉE (Louis-Léger). Ingénieur des ponts et chaussées, né en 1784, mort en 1864, a exécuté le desséchement de la vallée de la Scarpe et dirigé les travaux du canal du Centre. Il a fait longtemps partie du Conseil général des ponts et chaussées, et il a laissé plusieurs écrits, entre autres : Traité de la coupe de la pierre (1828, in-4°); Exposé des études faites pour le tracé du chemin de fer du Nord (1837, in-4°); Cours complet sur la vision de l'homme et des animaux (1854, in-8°); Des eaux, des travaux publics et du barrage de Genève, etc.

*VALLIÈRE (Jean-Florent de). Officier d'artillerie, né à Paris en 1667, mort en 1759. Directeur général de l'artillerie en 1720, il réorganisa le personnel de l'arme, créa les écoles d'artillerie et imposa, pour la première fois, dans la fabrication des bouches à feu, une uniformité et une régularité qui jusque là avaient complètement fait défaut. Par l'ordonnance de 1732, il réduisit à 5 le nombre des calibres, fixa les dimensions et le poids des bouches à feu de chaque calibre, réglementa les épreuves à leur faire subir, et détermina également le calibre des boulets. Les bouches à feu du système Vallière, dont quelques-unes sont encore en service dans certaines places fortes, se distinguent de celles des modèles postérieurs par de riches et élégantes moulures.

*VALS. — V. Eaux minérales.

VALVE ou VANNE. T. techn. Appareil employé pour fermer ou ouvrir, à volonté, les conduites de distribution de gaz ou d'eau, pour fractionner les diverses parties d'un réseau de canalisation, d'une usine à gaz ou d'une usine hydraulique. Ces appareils, en principe, sont en quelque sorte des robinets, mais qui se différencient de ceux-ci en ce qu'au lieu d'être constitués comme eux avec un boisseau et une clef, ils ont pour organe obturateur un diaphragme métallique glissant verticalement entre deux rainures, à la manière des vannes d'écluse et des vannages employés sur les cours d'eau. De là les noms de vannes et par extension robinets-vannes appliqués aux appareils destinés aux distributions d'eau, et le nom de valves, plus spécialement employé pour désigner les appareils destinés aux conduites de gaz.

Ainsi en général, une valve ou vanne est composée de deux parties essentielles : le corps de l'appareil, qui se relie aux tuyaux de canalisation par des brides ou par des emboîtements, et le diaphragme métallique, qui glisse sur une partie dressée, ordinairement en bronze, et qui, par son élévation ou par son abaissement, peut démasquer ou obturer l'orifice correspondant aux tuyaux.

La tige qui sert à manœuvrer le diaphragme passe dans un presse-étoupe; elle est mue par une crémaillère engrenant avec un pignon qu'on actionne au moyen d'une manivelle, ou bien par une vis à filet carré tournant dans un écrou fixe et actionnée à la main au moyen d'une petite roue, dite volant, calée sur la tête de la vis. Il y a des vannes dans lesquelles la vis s'élève à l'extérieur du corps en fonte, d'autres dans lesquelles la vis reste à l'intérieur tout en faisant monter le diaphragme qui, dans ce cas, est relié avec elle par une tête filetée remplissant l'office d'un écrou mobile. De ces diverses dispositions résultent les dénominations usitées en pratique, pour désigner ces genres de vannes ou de valves dites à crémaillère, à vis extérieure, à vis intérieure.

Pour l'eau, il y a deux types généraux de vannes auxquels se rapportent toutes les dispositions usuelles, ce sont : le robinet-vanne de forme ronde, à vis

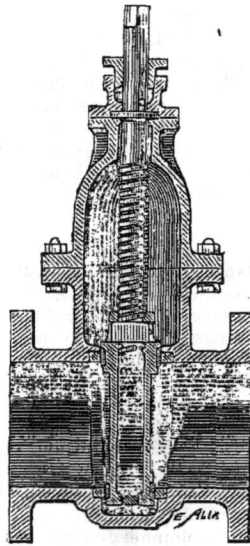

Fig. 689. — Vanne pour distribution d'eau (type de la ville de Paris) à forme ronde, à vis intérieure.

intérieure, connu sous le nom de modèle de la ville de Paris (fig. 689), et le robinet-vanne de forme plate, à vis intérieure ou extérieure, auquel son prix moins élevé fait souvent donner la préférence. Il y a aussi un autre genre de robinet-vanne à clapet, avec segment denté mû par une vis sans fin, dont l'étanchéité peut facilement être assurée par la garniture en cuir ou en caoutchouc, qui s'applique hermétiquement sur le siège métallique contre lequel vient s'appuyer le clapet muni de cette garniture.

Pour le gaz, on distingue aussi les valves par leur mode de fonctionnement, que caractérisent les dénominations de valves sèches et de valves hydrauliques. Dans ces dernières, la fermeture est obtenue au moyen de l'eau.

M. Jouanne a imaginé une valve hydraulique d'une construction fort simple, qui se compose d'une pièce fixe, à diaphragme venu de fonte, reliée à la canalisation par deux tubulures d'entrée et de sortie, et d'une cuvette en fonte, remplie d'eau, qui est mobile et qui peut être manœuvrée par une anse suspendue à la tête d'une vis, ou à une chaîne attachée à l'extrémité d'un levier. Quand la cuvette est élevée, le diaphragme obture le passage du gaz; quand la cuvette est abaissée ce diaphragme, cessant de plonger dans l'eau, laisse entre elle et son rebord inférieur un libre passage.

Pour certains appareils susceptibles de s'obstruer et de s'arrêter plus ou moins brusquement, on a recours, dans les usines à gaz, à une *valve automatique*, qui s'ouvre d'elle-même sous l'influence d'un excès de pression, et qui donne issue au courant de gaz dont l'écoulement normal se trouve accidentellement interrompu. — V. Distribution d'eau et Gaz d'éclairage.

**VAN.** *T. d'agr.* Cet appareil, employé de toute antiquité pour le nettoyage du grain, consiste en une corbeille de forme demi-circulaire sans bord d'un côté, et munie de deux anses; le *grain* placé dans le van est agité d'une certaine façon, puis le contenu est versé à terre d'une hauteur d'un mètre environ; un courant d'air naturel, qui agit pendant que la couche de grain tombe sur le sol, entraîne les corps légers: c'est l'opération du *vannage* que l'on trouve fidèlement reproduite sur les bas-reliefs et les tombeaux égyptiens.

— Le van jouait un grand rôle dans les cérémonies du culte égyptien : Isis avait rassemblé, dans un van, les lambeaux du corps de son époux Osiris tué par Typhon.

**\*VANADIUM.** *T. de chim.* Corps simple, métallique, ayant pour symbole Va, pour équivalent et pour poids atomique 51,3. Il a été entrevu par Del Rio en 1801, isolé par Sefstrœm, en 1830, et surtout bien étudié par Roscoë.

*Propriétés.* Il se présente sous la forme d'une poudre noire, cristalline, brillante, d'aspect et d'éclat argentins, d'une densité de 5,5, inaltérable à l'air à 100°, ainsi que dans l'eau bouillante, infusible, fixe. Il brûle dans l'oxygène, si on le chauffe, en s'oxydant et se transformant en anhydride vanadique $Va^2O^5$; s'il est pulvérulent, il brûle lorsqu'on le projette dans la flamme d'une lampe à gaz. Il est insoluble dans l'acide chlorhydrique, même à chaud; soluble dans l'acide sulfurique, qu'il colore en jaune; dans l'acide azotique, qu'il colore en bleu; il se dissout dans l'acide fluorhydrique avec dégagement d'hydrogène. Il se combine directement au chlore; avec l'azote, par la chaleur, il absorbe l'hydrogène et alors peut s'oxyder à l'air pour donner un sous oxyde $Va^2O$ et de l'eau. Il forme des acides vanadeux et vanadiques et d'autres composés oxygénés.

*État naturel.* Si le vanadium en tant que métal est assez rare, les minerais ou les corps qui en contiennent sont nombreux. Les principaux minerais sont : la *descloizite*, vanadate de bismuth, en petits cristaux rouge brun, contenant 27,31 0/0 d'acide vanadique, que l'on trouve à Schnerberg,

en Saxe; la *puchérite*, vanadate de plomb, en cristaux prismatiques droits; la *vanadinite*, chlorovanadate de plomb, jaune brun, vitreux, d'une dureté de 3 et de densité = 6,85; il contient 19,33 d'acide vanadique; 78,72 d'oxyde de plomb et 2,51 de chlore; l'*eusynchite*, vanadate de plomb et de zinc, que l'on trouve en Carinthie et en Ecosse, comme la *déchénite*, produit analogue, qui se présente en masses mamelonnées rouge jaunâtre. Quelques autres produits, comme la *vanadiolite*, la *chiléite*, la *volborthite*, sont très rares, ainsi que la *vanadine*, acide vanadique natif, rencontré sur du cuivre natif, près du lac Supérieur.

Mais le vanadium existe dans une foule d'autres produits qui, quoique n'en renfermant pas beaucoup, permettent cependant son extraction; tels sont : le minerai de cuivre schisteux de Mansfeld; la pechblende; le rutile; les grès cuprifères de Cheshire; les minerais de fer argileux, pisolithiques; l'hematite de Taberg, des Beaux, de Haverloh, du Wiltshire, etc., et les scories ou les fontes qui en dérivent; quelques météorites, certaines argiles, comme celles de Gentilly, de Forges-les-Eaux, de Dreux, etc. (elles en renferment de 0,02 à 0,07 0/0), le trapp, le basalte, quelques soudes brutes, etc.

Préparation. Pour avoir le vanadium à l'état métallique, on réduit son bichlorure par l'hydrogène, au rouge, ou bien avec l'aide du sodium, toujours dans une atmosphère d'hydrogène. C'est une opération délicate vu la difficulté de préparer ce chlorure bien exempt d'oxygène, que la plus petite trace d'air ou d'humidité introduit, et la longueur de l'opération (quarante à quatre-vingts heures pour réduire de 1 à 4 grammes de chlorure).

Nous ne pouvons décrire tous les procédés d'extraction du vanadium, vu le grand nombre de produits qui l'on peut traiter pour en isoler ce corps. Le moyen le plus simple est de prendre un vanadate naturel, comme celui de plomb; on traite le minerai pulvérisé par l'acide azotique, puis on fait passer dans la liqueur étendue un courant sulfhydrique qui précipite le plomb et l'arsenic. On obtient une liqueur bleue que l'on filtre, puis porte à l'ébullition et évapore à siccité à une douce chaleur. Le résidu rouge brun obtenu est additionné d'une solution de carbonate d'ammoniaque, puis porté à l'ébullition; on filtre bouillant, et, par refroidissement, on obtient des aiguilles blanches de vanadate d'ammoniaque, que l'on purifie par recristallisation.

Nous avons choisi cet exemple d'extraction parce que, de tous les produits du vanadium, le plus important est le *vanadate d'ammoniaque*,

$$Va O^3 (Az H^4) \dots Az H^4 O, Va O^5,$$

qui est un métavanadate. C'est une poudre blanche, jaunissant par la chaleur, en perdant un peu d'ammoniaque; il donne avec l'eau une solution incolore qui s'altère et jaunit à l'ébullition. Le sel chauffé se décompose, l'ammoniaque mis en liberté réduit en partie l'acide vanadique et donne un résidu noir qui, calciné, fournit de l'anhydride vanadique.

*Caractères des vanadates.* Leur solution donne : avec la *teinture de noix de galles*, une coloration noire, virant au bleu par les acides, se décolorant par le chlore ; avec les *sels cupriques*, un précipité jaune clair (caract. distinct. d'avec les orthovanates, qui, dans ce cas, donnent un précipité vert-pomme) ; avec les *sels de plomb*, d'*étain*, de *mercure*, un précipité orange ; avec l'*acide sulfhydrique*, un précipité brun mélangé d'hydrate vanadique, mais une coloration bleue dans les liqueurs acides, avec dépôt de soufre ; avec le *sulfure d'ammonium*, une coloration rouge brun formant un précipité brun avec les acides, la liqueur étant bleue ; avec l'*eau oxygénée*, une coloration rouge (l'éther ozonisé, l'essence de térébenthine, l'éther bleui par l'acide perchromique donnent également cette réaction caractéristique même avec 1/40,000, et une teinte rose avec 1/84,000). Au chalumeau[1], ils donnent, avec le borax ou le sel de phosphore, une perle limpide, incolore s'il y a peu de vanadium, jaune s'il y en a une certaine quantité, et se colorant en vert dans la flamme réductrice.

Pour les autres dérivés du vanadium, nous renvoyons aux traités de chimie générale.

*Usages.* Le vanadium, quoique rare, a plusieurs de ses composés utilisés ; l'acide métavanadique est employé pour les enlumineurs (bronze de vanadium) ; le tannate et le pyrogallate, de couleur noire, ont été préconisés comme encres très résistantes ; l'usage le plus grand que l'on en tire est celui basé sur la facilité d'oxydation de ses composés, ce qui l'a fait beaucoup employer en teinture ou en impression, à l'état de vanadate d'ammoniaque, pour faire des couleurs au noir d'aniline. — J. C.

\* **VANDAEL** (JEAN). Peintre de fleurs, né à Anvers en 1764, mort à Paris en 1840. Il se destina d'abord à l'architecture et remporta deux prix dans sa ville natale ; puis, malgré l'opposition de sa famille, il vint à Paris, où il se trouva bientôt à bout de ressources. Il entra alors chez un peintre en bâtiments, mais sut élever à un art plus perfectionné le métier auquel il était astreint, et c'est ainsi que, en quelques années, il exécuta, avec un goût parfait, les principaux décors des châteaux de Chantilly, Saint-Cloud, Bellevue, Trianon, etc. Dans ces travaux importants, il se distingua surtout par l'application heureuse qu'il faisait de ses études d'après la nature. Entre temps, il se livrait à des ouvrages d'art, à des tableaux de chevalet qui mirent le sceau à sa réputation. Dès 1792, il exposa aux salons annuels. Décoré par Louis XVIII, honoré de médailles d'or par Napoléon Ier et par le roi des Belges, il fut logé, sa vie durant, aux frais de l'État. Ses qualités se montrent surtout dans une *Croisée garnie de fleurs*, à Anvers ; dans l'*Offrande à Flore*, actuellement en Allemagne, et le *Tombeau de Julie*, au musée du Louvre. Toutes les compositions de Van Dael se distinguent par la lumière que Van Huysum même n'avait pas osé introduire dans ses fleurs, par la perspective des différents plans, par la poésie et la délicatesse de pensée qu'il a mises dans ses sujets.

\* **VAN DER MEULEN** (ANTOINE-FRANÇOIS). Peintre, né à Bruxelles en 1634, mort à Paris en 1690, fut élève de Peter Snayers, peintre de paysage et de batailles, et surpassa bientôt son maître dans ce genre où celui-ci s'était fait un nom. Appelé jeune en France, vers 1656, par Lebrun qui avait remarqué ses petites toiles, il resta attaché au service de Louis XIV, avec une pension, et fut le peintre officiel de toutes les batailles et de tous les sièges importants de ce règne, dont il a retracé l'histoire militaire. Ce qui le rendait surtout précieux pour ce genre spécial de travail, c'est son exactitude et sa prodigieuse facilité. Louis XIV avait conservé soigneusement dans les châteaux de Versailles, Choisy et Marly, cette suite de tableaux si curieux ; une partie seulement a pu échapper à la dispersion et se trouve au Louvre ; les musées importants de province en ont presque tous ; le musée de l'Ermitage, à Saint-Pétersbourg, en possède deux très remarquables. Enfin, et ce n'est pas un des moindres titres à la gloire artistique de Van der Meulen, il a fourni longtemps des modèles et des cartons pour les tapisseries des Gobelins, deux surtout sont connus : le *Mariage de Louis XIV* et l'*Alliance du roi avec les Suisses*. Il était membre de l'Académie de peinture.

\* **VAN DER MONDE.** Savant géomètre dont les travaux sont estimés, naquit en 1735, et mourut le 1er janvier 1796. Il a écrit, en collaboration avec Monge et Berthollet, l'*Avis aux ouvriers en fer sur la fabrication de l'acier* ; Van der Monde, membre de l'Institut, fut le premier conservateur du Conservatoire des arts et métiers.

**VANILLE.** T. *de mat. méd.* Plante de la famille des orchidacées-aréthusées, la *vanilla planifolia*, Andr., vivant à l'état sauvage dans les forêts chaudes et humides du Mexique austro-occidental, mais cultivée en grand dans ce pays, surtout auprès de Véra-Cruz, puis aux Antilles, en Colombie, au Brésil, à Java, à Madagascar, aux îles Mascareignes, à la Réunion, à Maurice, etc. C'est une plante grêle et grimpante, pouvant atteindre 30 mètres de hauteur et se fixant aux plus grands arbres par ses racines adventives qui se développent au niveau des nœuds. Ses feuilles sont alternes, atténuées à leur base en un court pétiole, épaisses et charnues, les fleurs jaune verdâtre sont disposées en épis à l'aisselle des feuilles ; le fruit est une gousse allongée et étroite, de longueur variable, striée dans sa longueur, incomplètement déhiscente en deux valves inégales. Il est d'abord vert, puis, en devenant blet, il prend une couleur brune et de l'odeur.

Ce fruit, que le commerce nous livre, offre plusieurs types commerciaux. La plus belle sorte, celle du Mexique, est fournie par la plante que nous venons d'indiquer. Elle nous arrive en paquets formés de gousses de 15 à 25 centimètres de longueur et de 1 centimètre de largeur, atténuées aux deux extrémités, recourbées à la base, triangulaires, avec une cavité de même forme ; elleest *givrée*, c'est-à-dire recouverte de cristaux blancs, aciculaires, de *vanilline* (V. ce mot), principe qui lui donne son parfum et y est contenu, en quantité de 2 0/0 en moyenne. Le péricarpe de ces fruits est épais et brun, il offre de nombreux faisceaux vasculaires grêles, le parenchyme offre des cellules parcourues par des bandes spirales (vanille du Brésil) ou par des lignes interrompues (vanille du Mexique); il renferme des gouttelettes huileuses, des grains de résine, des cristaux d'oxalate de chaux et de vanilline, et une matière pulpeuse. On donne à cette sorte le nom de *vanille lec*. On désigne sous le nom de *vanille bâtarde* ou *simarona*, des fruits plus grêles et plus courts, fort peu givrés, lorsqu'ils le sont, ce qui est rare, et moins charnus, on les attribue au *vanilla aromatica*, Sw. ; on nomme *vanillons*, des gousses plus épaisses, de 12 à 20 centimètres de longueur sur 15 millimètres de largeur, aplaties, molles, visqueuses, moins aromatiques et jamais givrées. Elles sont fournies par la *vanilla pompona*, Schiede, et sont bien moins estimées que les précédentes.

La vanille est surtout importée, en France, par Bordeaux; elle nous vient partie de Jicaltepec, centre de la culture, au Mexique, partie de la Réunion et de Maurice. Le Mexique nous a envoyé, en Europe, jusqu'à 20,000 kilogrammes de gousses, mais cette exportation a considérablement diminué puisqu'en 1872, elle n'était plus que de 1,948 kilogrammes, alors que la Réunion nous en envoyait 19,600 kilogrammes et Maurice 3,570 kilogrammes. Sur ces quantités, 13,250 kilogrammes environ ont été consommés en France, le reste a été revendu à l'étranger.

FALSIFICATIONS. La vanille qui, avant la découverte de la synthèse de la vanilline, était un produit bien plus cher qu'il ne l'est actuellement, était souvent falsifiée, soit à l'aide de fruits altérés mis avec des bons, soit avec des fruits épuisés par l'alcool et l'éther, et que l'on givrait artificiellement par dépôt de cristaux d'acide benzoïque. On reconnaît facilement cette dernière fraude à la position des cristaux qui sont alors accolés à plat, grâce à de la mélasse qui enduit les gousses, au lieu d'être implantés perpendiculairement dans le fruit, comme le sont ceux de vanilline. Le dosage de ce produit indique encore facilement la fraude.

*Usages*. La vanille sert comme aromate pour parfumer le chocolat, les glaces, les crèmes, les pâtisseries, tablettes, bonbons, sirops et liqueurs. — J. C.

*VANILLINE. T. de chim. Le produit aromatique de la vanille est l'éther méthylique de l'aldéhyde protocatéchique ou aldéhyde vanillique,

$$C^{16} H^8 O^6 \ldots C^8 H^8 O^3,$$

offrant comme formule de constitution le groupement suivant :

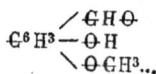

$$C^6 H^3 \begin{cases} CHO \\ OH \\ OCH^3 \end{cases} \ldots$$

ou

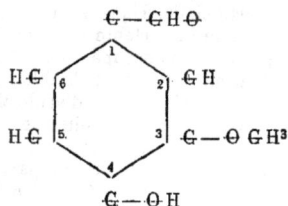

Elle a été découverte par Goblen, en 1858.

*Propriétés*. C'est un corps solide, incolore, cristallisé en longues aiguilles, fondant entre 80 et 81°, d'odeur faible de vanille, à froid, mais se développant par la chaleur, sa saveur est piquante; elle est très soluble dans l'eau bouillante, dans l'éther, l'alcool, le chloroforme, le sulfure de carbone, les huiles fixes et volatiles. Elle se sublime en tube fermé, mais à l'air, elle se résinifie vers 280° et distille difficilement. Par l'action du perchlorure de fer, elle prend une coloration bleue, elle jaunit par l'acide sulfurique, mais si ce dernier renferme des traces d'acide azotique, la coloration est rouge vif ; l'acide azotique la transforme en acide oxalique et en acide picrique ; elle décompose les carbonates, sature les bases à froid ou à chaud, se combine avec le bisulfite de sodium et, avec la potasse fondante, produit de l'acide protocatéchique.

PRÉPARATION. 1° *Avec la vanille*. On commence par bien diviser les gousses, puis on traite par l'éther hydrique à plusieurs reprises, en utilisant environ 3 litres d'éther pour 50 grammes de produit. On distille l'éther pour obtenir à peu près 150 à 200 centimètres cubes de résidu, et l'on agite celui-ci avec un volume égal d'un mélange de 100 centimètres cubes d'eau et de 100 centimètres cubes de solution saturée de bisulfite de sodium. Après une longue agitation, la solution saline a dissous toute la vanilline; on décante et on fait un second traitement. On réunit les solutions, les lave à l'éther pour entraîner les matières étrangères qui auraient pu se dissoudre, on sépare l'éther, puis on acidifie avec de l'acide sulfurique étendu de deux fois son volume d'eau. Le bisulfite est décomposé, et la vanilline se précipite. On fait passer de la vapeur d'eau dans la liqueur pour chasser l'acide sulfureux produit, et l'on dissout la vanilline par de l'éther. L'évaporation fournit celle-ci cristallisée, on la dessèche sur de l'acide sulfurique, et, si on l'évapore dans un vase taré, on peut ainsi en obtenir le dosage. Ce procédé de dosage est assez rigoureux, excepté pour les sortes de vanille, comme celle des Antilles, qui contiennent d'autres aldéhydes. L'aldéhyde benzoïque de cette variété étant précipitée par la séparation de la vanilline, c'est cette aldéhyde qui, par son mélange, donne à la vanille des Antilles l'odeur d'héliotrope. Les vanilles de Java et de Bourbon contiennent, par contre, une huile jaune qui souille la vanilline et en masque un peu l'odeur;

2° *Par voie de synthèse*. C'est au moyen de la coniférine, glucoside existant dans les sucs du cambium des conifères, que l'on arrive à engendrer la vanilline artificielle. Tiemann a monté, à Minden (Prusse), une importante usine où l'on fabrique le corps qui nous occupe en traitant la coniférine, ou le produit de son dédoublement, par un mélange d'acide sulfurique et d'acide chromique. On dissout 10 parties de coniférine dans l'eau bouillante, puis on verse la solution, en mince filet, dans un mélange tiède de 10 parties de bichromate de potasse, 15 parties d'acide sulfurique et 80 parties d'eau. On porte à l'ébullition pendant trois heures, et l'on sépare la vanilline formée, par l'éther, ou par distillation dans la vapeur d'eau. — J. C.

**\* VAN LOO (Les).** Une des plus nombreuses familles de peintres illustres qui aient marqué dans l'histoire de l'art français. Le premier qui vint dans notre pays, *Jacques* VAN LOO, né à l'Ecluse, en 1614, mort à Paris, en 1670, était fils et neveu de peintres hollandais connus. Membre de l'Académie de peinture, où il fut reçu, en 1663, sur la présentation d'un *portrait de Michel Corneille*, aujourd'hui au Louvre, il reçut des lettres de naturalisation et une pension du roi. Son œuvre la plus célèbre est le *Coucher*, grande étude de nu souvent reproduite par la gravure, notamment par Porporati. Ses fils, *Louis* et *Jean*, s'essayèrent aussi dans la peinture, mais sans grand succès à ce qu'il semble ; malgré la protection royale et le nom de leur père, ils durent, pour vivre, aller à Toulon, travailler aux peintures décoratives dont on ornait alors la poupe des vaisseaux de l'Etat. Le premier, qui fut père de *Jean-Baptiste* et de *Carle* VAN LOO, mourut à Aix, en 1713 ; son frère mourut aussi vers la même époque.

*Jean-Baptiste*, né, en 1684, à Aix, mort dans la même ville en 1745, travailla aussi à Toulon où il acquit une grande habileté de main en aidant son père dans ses travaux ingrats ; de là il passa en Italie, s'attira, avec la faveur du prince de Carignan, une pension de 600 écus qui lui permit d'étudier à Rome, sous la direction de Benedetto Luti. Revenu en France, il exécuta d'importants travaux pour Louis XV, peignit des panneaux et des plafonds à l'Hôtel de Ville de Paris, dans diverses églises et maisons particulières, et fut chargé de restaurer, à Fontainebleau, les peintures de Rosso et du Primatice, dans la galerie François Ier, restauration regrettable, du reste, parce qu'elle fut faite sans grande préoccupation de la pensée première des grands artistes de la Renaissance, et dans une couleur papillotante et maniérée qu'il tenait à la fois de son maître italien et de l'influence de son époque. On doit préférer de lui ses portraits, auxquels il dut d'ailleurs sa renommée, et l'*Institution de l'Ordre du Saint-Esprit*, vaste tableau, aujourd'hui au Louvre, et provenant du couvent des Grands-Augustins. C'est la meilleure production de J.-B. Van Loo. Elle dénote une grande science de composition et une vigueur peu commune de couleur et de dessin ; c'est l'œuvre d'un véritable artiste.

Ses fils, *Louis-Michel*, né à Toulon, en 1707, mort à Paris, en 1771 ; *François*, né à Aix, en 1711, mort à Turin, en 1733 ; et *Amédée*, né à Turin, en 1718, mort vers 1790, s'adonnèrent aussi à la peinture avec peu de talent et plus ou moins de succès. Le plus connu est *Michel*, peintre de portraits ; le meilleur, sans contredit, est *Amédée*, qui a laissé des peintures décoratives en Allemagne, au château de Sans-Souci, à Postdam, et à Notre-Dame de Versailles, où se trouve son morceau de réception à l'Académie, un *Saint Sébastien* assez vigoureusement traité en comparaison de la mollesse qui lui était habituelle.

Nous arrivons enfin à *Carle* VAN LOO, fils de *Louis*, le plus célèbre des artistes qui ont porté ce nom. Né à Nice, en 1705, il perdit son père de très bonne heure et fut élève de son frère, Jean-Baptiste, qui l'emmena à Rome et le plaça chez Luti, où lui-même avait été élève. Carle fit bientôt de grands progrès et eut le bonheur de rencontrer, à Rome, un véritable artiste, le sculpteur Pierre le Gros, qui le détourna beaucoup du maniérisme italien, où le jeune peintre allait verser, pour le diriger dans une voie meilleure. Néanmoins, Carle chercha longtemps sa véritable manière, hésitant entre la facture large des Vénitiens qu'il admirait comme coloristes, et la patience, le fini des Hollandais, qu'il avait dans le sang, se demandant même parfois s'il serait peintre ou sculpteur. Il se décida enfin pour ce faire rapide et lâché qui est un de ses défauts, et qu'il n'a plus abandonné. En peu d'années, il parvint à la réputation et songea à revenir en France. Avant, il s'arrêta à Turin où il peignit plusieurs compositions décoratives sur des sujets de la *Jérusalem délivrée*, pour le palais royal, et des tableaux de sainteté dans la manière de Carle Maratte.

Les plus grandes distinctions l'attendaient à la Cour de Louis XV. Premier peintre du roi, pensionné, décoré de l'ordre de Saint-Michel, parvenu rapidement à une grande fortune que la facilité de son pinceau augmentait chaque jour, il n'avait rien à désirer. Il partagea pendant près d'un demi-siècle, avec François Boucher, son ami, le sceptre de la mode et la direction de l'art en France. Mais, qui le croirait, tandis qu'on reprochait à Boucher sa facilité trop grande et la mollesse de sa touche, Van Loo était considéré, au contraire, comme le défenseur des traditions du grand art ! Charles Blanc cite la plaisante attestation d'un de ses plus sérieux biographes : « Jamais peintre ne posséda aussi parfaitement que lui les formes élégantes de l'antique ». On était alors bien loin de Vien et de David.

Le Louvre possède de cet artiste plusieurs belles toiles : *Apollon écorchant Marsyas* ; le *Saint-Esprit présidant à l'union de la Vierge et de Saint-Joseph* ; *Enée portant son père Anchise* ; une *Halte de chasse*, considérée comme un de ses chefs-d'œuvre et, en tous cas, un de ses tableaux les plus connus ; enfin, un *portrait de Marie Leckzinska*. Carle Van Loo tient surtout une place prépondérante dans l'art français, parce qu'il en représente une forme particulière. Moins précieux, moins maniéré que Coypel, de Troy et Watteau, il est plus naturel et plus vrai. Comme le dit si bien Charles Blanc, il fut le héros brillant de la peinture dégénérée au lieu d'en être le réformateur ; et c'est en examinant le genre exagéré de ses élèves, Doyen, Lagrenée, Lépicié, qu'on voit à quel point sa manière, qu'il savait maintenir habilement dans une réserve sage et élégante, était en réalité superficielle et dangereuse pour les destinées de l'école française sur laquelle il avait une autorité incontestée.

**VANNAGE.** Terme quelquefois employé pour désigner l'ensemble des engins mobiles qui servent, soit à l'admission de l'eau sur une roue hydraulique ou une turbine, soit à la fermeture d'un pertuis de barrage, aiguilles, hausses, poutrelles, rideaux, etc. — V. BARRAGE et RIVIÈRES CANALISÉES. || Action de vanner les grains. — V. NETTOYAGE DES GRAINS, VAN.

**VANNE.** On appelle *vannes* les panneaux mobiles que l'on glisse le long de deux montants verticaux, pour ouvrir ou fermer le passage de l'eau dans les rigoles, les barrages, les coursiers de roues hydrauliques, les aqueducs, les portes d'écluses, etc. Les petites vannes sont faites d'une seule planche ; les plus grandes, de planches horizontales, en chêne, assemblées à rainure et à languette sur deux barres verticales. Les montants ou poteaux sont reliés dans le bas par une semelle horizontale formant seuil et coiffés dans le haut par un chapeau. On encastre le cadre ainsi formé dans la maçonnerie des bajoyers, et on y ménage une feuillure de l'épaisseur des planches pour glisser le panneau. Lorsque les vannes supportent une pression considérable, on facilite le glissement en établissant les poteaux en fonte et en armant les rives du panneau avec des plates-bandes en fer fixées à l'aide de vis à têtes fraisées. Les grandes vannes des roues hydrauliques et celles des aqueducs de remplissage des écluses modernes sont entièrement faites en métal, fonte ou tôle de fer raidie par des cornières.

Les petites vannes sont munies d'une tige en bois qui sert à les soulever et dont la partie supérieure est percée de trous pour recevoir la cheville en bois qui les maintient à la hauteur voulue. Lorsqu'elles sont assez grandes pour que l'on ne puisse les lever à la main, on emploie un levier en pied de biche qui s'appuie sur le chapeau et agit sur des chevilles en fer que l'on enfile successivement dans les trous de la tige. Pour les grandes vannes, on a recours au cric ou au vérin. Dans le premier cas, la tige est armée d'une crémaillère sur laquelle agit un pignon dont l'axe porte une manivelle ; une roue à rochet et un cliquet d'arrêt maintiennent la vanne soulevée. Lorsque l'effort à produire est considérable, on place sur l'arbre du pignon une roue hélicoïdale que l'on actionne à l'aide d'une vis sans fin ; dans ce cas l'encliquetage n'est plus nécessaire. Si les panneaux ont une grande largeur, il est préférable d'employer deux crics placés près des extrémités et dont les pignons sont commandés simultanément par un même arbre.

Les vérins s'emploient surtout pour les vannes que l'on manœuvre seulement à de longs intervalles ; la tige est alors terminée par une vis qui traverse un écrou appuyé sur le chapeau ; on manœuvre cet écrou à l'aide d'une manivelle ou clef à deux branches.

Les dimensions des vannes se calculent à l'aide des formules indiquées pour les dépenses d'eau par orifices chargés ; on trouve du reste dans les traités spéciaux et les aide-mémoire des tables toutes faites, avec les coefficients correspondant aux diverses contractions et au besoin à l'inclinaison de la vanne. Pour les vannes des écluses, on emploie les formules de l'écoulement de l'eau lorsque le niveau est variable sur les deux faces de l'orifice (V. HYDRAULIQUE). Les éléments des vannes sont calculés comme des solides chargés uniformément et appuyés par leurs extrémités ; quand l'effort nécessaire pour les mouvoir, on peut l'évaluer, en kilogrammètres, par la formule $(\Pi HSK + p)E$ dans laquelle : $\Pi$ est le poids du mètre cube d'eau ; $H$, la hauteur, en mètres, comptée du niveau supérieur au centre de la vanne ; $S$, la surface de la vanne en mètres carrés ; $K$, un coefficient de frottement, évalué, dans le cas du fer glissant sur du chêne, les surfaces étant mouillées, à 0,65 au départ et 0,26 pendant le mouvement ; il est beaucoup plus faible dans les cas de fer sur fonte et fonte sur fonte ; $p$ est le poids en kilogrammes, de la vanne avec ses accessoires et $E$ le chemin, en mètre, parcouru en une seconde.

Les vannes de prise d'eau sont celles que l'on place à l'entrée des canaux de dérivation (irrigations, alimentation des canaux de navigation ou des usines hydrauliques). Ces dernières sont aussi nommées *vannes de garde* ou *de sûreté* parce qu'elles servent à prévenir l'introduction des grandes eaux et à fermer complètement le canal, en cas de réparation. On place aussi des vannes de garde en amont des portes tournantes des écluses de chasse, pour en prévenir l'ouverture intempestive. Les vannes de fond ou vannes de décharge sont celles dont le seuil est placé assez bas pour permettre de vider complètement un réservoir ou un bief de canal. Les vannes de fond servent aussi quelquefois à exécuter des chasses. On nomme *vannes plongeantes* ou *vannes en déversoir* celles que l'on glisse de haut en bas de façon que l'eau passe par dessus l'arête supérieure.

L'ouverture complète des vannes glissantes exige un temps notable, et l'effort nécessaire pour les manœuvrer augmente notablement lorsqu'on veut les mouvoir avec rapidité ; pour obvier à ces inconvénients, on a eu recours aux vannes tournantes à axe vertical. Les figures 690 et 691 représentent celles des aqueducs de remplissage de l'écluse du bassin de Freycinet, à Dunkerque. Chaque orifice est formé par deux panneaux, en tôle et cornières, d'égales dimensions, qui s'appuient sur un cadre fixé dans la maçonnerie et sur un montant vertical commun placé au milieu de l'ouverture. Ces panneaux sont ouverts, fermés ou tenus entr'ouverts, tous les deux à la fois, à l'aide d'une seule tige verticale, à laquelle sont fixées deux petites bielles dont le point d'attache se trouve entre l'axe de rotation du panneau et l'appui contre la maçonnerie. Ce système n'exige qu'une course très faible de la tige verticale pour l'ouverture complète des vannes, ce qui a permis de l'actionner à l'aide d'un moteur à eau comprimée et à double effet. On peut également ouvrir ces vannes à la main, au moyen d'un cabestan agissant sur une vis verticale, dont l'écrou mobile est relié par un cadre à la tige de manœuvre.

Les vannes employées comme engins de fermeture dans les barrages sont les vannes à axe horizontal, articulées au radier (système Thénard) et les vannes glissantes (système Boulé) qui sont employées avec succès au barrage de Suresnes, près Paris, pour une retenue de 4 mètres de hauteur. Dans les égouts de Paris, on emploie pour

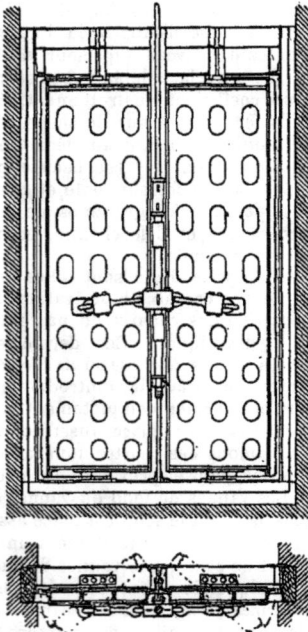

Fig. 690 et 691. — *Elévation et coupe horizontale d'une vanne tournante de l'écluse de Dunkerque.*

établir les barrages qui retiennent le volume d'eau nécessaire aux chasses, des vannes tournantes à axe vertical. Ces vannes sont maintenues fermées à l'aide d'une barre d'échappement mobile elle-même autour d'un axe vertical ; cette barre est munie de deux pattes qui appuient sur la porte au droit des pentures, et elle est retenue par une clavette suspendue à une chaîne qu'il suffit de tirer, pour que sous la pression de l'eau, la barre tourne et la porte s'ouvre. Pour ouvrir et fermer les grands tuyaux des distributions d'eau, on emploie des vannes verticales glissantes que l'on nomme *robinets-vannes.* — V. DISTRIBUTION D'EAU, ROBINET et VALVE.

Afin de réduire autant que possible la durée de remplissage et de la vidange des sas, dans les grandes écluses, on a imaginé récemment d'employer des vannes cylindriques, comme celle que

représente la figure 692. Cette vanne se compose : 1° d'un cylindre fixe A, en fonte, fermé dans le haut par un couvercle boulonné, et relié, dans le bas, par trois montants avec une couronne circulaire servant de siège ; cette couronne est encastrée et fortement scellée dans la maçonnerie. Le couvercle est surmonté d'un tuyau *a* qui traverse la voûte de la chambre de la vanne, et qui sert à la fois au passage de la tige de manœuvre et au dégagement de l'air ; 2° d'une couronne mobile B, également en fonte et formant la vanne proprement dite ; celle-ci glisse dans la partie fixe et dégage ou ferme le vide existant entre le siège et le cylindre supérieur fixe ; pendant son mouvement, elle est guidée par les montants ; quand elle est baissée, elle repose sur un boudin en caoutchouc logé dans une rainure circulaire pratiquée dans le siège ; l'étanchéité du bord supérieur est assurée par une garniture en cuir.

La petite vanne, de 0m,70 de diamètre, qui ne pèse, avec sa tige, que 80 kilogrammes, est manœuvrée simplement à l'aide d'un levier au dixième, dont le grand bras a 2 mètres de longueur ; l'effort de soulèvement ne dépasse guère

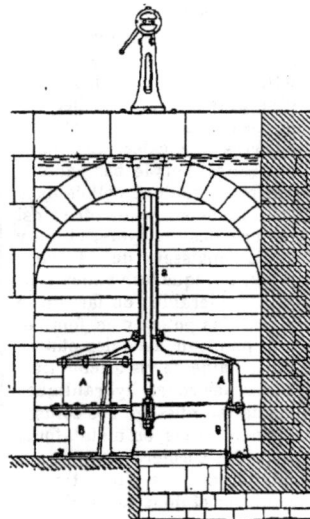

Fig. 692. — *Vanne cylindrique des écluses du canal du Centre.*

re 9 à 10 kilogrammes. Dans les vannes de plus grandes dimensions (1m,40 de diamètre intérieur), la partie mobile, qui pèse 370 kilogrammes, est soulevée à l'aide d'un cric agissant sur une crémaillère qui termine la tige de manœuvre. L'effort à exercer sur la manivelle du cric est d'environ 7k,50. Ces vannes cylindriques présentent sur les vannes ordinaires les avantages suivants : comme la pression verticale de l'eau est supportée par le couvercle, on n'a besoin de vaincre, pour le soulèvement, que le poids propre de la vanne et le frottement insignifiant de l'eau sur le métal ; pour utiliser toute la section de son orifice circulaire de rayon $r$, il suffit de soulever la vanne d'une hauteur $h = \frac{r}{2}$ ; car le débouché périmétrique ainsi obtenu, $2\pi rh$, est alors égal à $\pi r^2$ ; enfin on obtient, sur un orifice de section donnée, une plus forte charge que quand cet orifice est pris dans un plan vertical. Il en résulte qu'il suffit de 12 à 15 secondes pour lever une vanne et de 2 minutes pour remplir ou vider un sas de 600 mètres cubes. M. l'ingénieur en chef Fontaine a publié dans les *Annales des ponts et chaussées* (1886, 2ᵉ semestre) une note sur les vannes cylindriques des nouvelles écluses du canal du Centre. Il convient d'observer que des vannes cylindriques sont employées depuis long-temps pour ouvrir ou fermer les turbines centri-fuges de Fourneyron. — V. TURBINE. — J. B.

**VANNERIE.** Travail de l'osier en vue d'en faire des objets de toute espèce et notamment des réci-pients.

L'osier est une espèce de saule qui croît natu-rellement ou que l'on cultive en Europe dans les endroits humides ou marécageux. Les principales variétés employées par la vannerie sont : le blanc (*salix viminalis*), le jaune (*salix vitellina*), le rouge (*salix amygdalina*), le pourpré (*salix purpurea*) et le vert. On l'emploie pelé ou en écorce : parmi ces derniers, on préfère surtout le jaune dont les jeunes rameaux sont revêtus d'une écorce jaune pendant l'été et jaune rouge pendant l'hiver, et le rouge à écorce rougeâtre; mais lorsqu'on doit le dépouiller de son écorce, on le conserve en bottes dans les caves jusqu'à ce qu'il germe, et alors on le pèle facilement en le faisant passer par une sorte de filière en bois construite pour cet usage. Dans l'un et l'autre cas, les rameaux se coupent tous les ans. Lorsqu'on n'emploie pas de suite les branches écorcées, on les assujettit par faisceaux avec des liens pour les empêcher de se tordre et de se contourner ; et lorsqu'on veut s'en servir, on les fait tremper dans l'eau pour les rendre plus souples. Dans le commerce, tous ces osiers se ven-dent en gerbes et se transportent sans emballage.

On distingue la *grosse vannerie* et la *fine vanne-rie*. Il serait peu facile de faire une nomencla-ture exacte des objets qui peuvent être classés dans l'une ou l'autre de ces deux catégories. Toute-fois, d'une manière générale, on peut dire que dans la grosse vannerie rentrent plus particuliè-rement les paniers pour boulangers, blanchis-seuses et jardiniers, les corbeilles dites « de mé-nage, » les mannes, les vans, les hottes, les ber-ceaux et les mannequins ; et qu'on range dans la vannerie fine, les corbeilles de fantaisie en osier (naturel, peint, verni, bronzé ou doré), les boîtes fines, les chapeaux, le clissage en osier fendu des flacons de toutes sortes, et les entourages en rotin de divers objets de verrerie et de cristallerie. En France, la grosse vannerie a pour siège principal le département de l'Aisne, la vannerie fine se tra-vaille plus particulièrement à Paris.

La vannerie n'appartient pas à la grande indus-trie, les machines n'y ont pas encore trouvé d'ap-plication, et les instruments dont on se sert pour travailler la grosse vannerie à la main, tels que le fendoir, l'escœur, l'étroite et la filière, sont en-core des outils primitifs, qui doivent peu différer de ceux qu'employaient les premiers vanniers, c'est-à-dire les pères du désert qui exerçaient cette profession dans leurs pieuses retraites. C'est dans l'arrondissement de Vervins qu'elle a pris, en France, le plus d'importance

**VANNES** (EAUX). *T. de chim.* Liquides se sépa-rant des produits enlevés lors de la vidange des fosses d'aisances.

Dans presque toutes les grandes villes, on re-cueille les matières fécales pour les convertir en engrais. Cette industrie est très répandue dans le Nord, les Flandres, où le produit se vend tel quel, et est déposé dans des réservoirs pour servir à l'ar-rosage, après addition ou non, de matières étrangè-res (c'est l'*engrais flamand*). Dans d'autres endroits, il y a des industries spéciales qui modifient la forme de la matière première, telles sont les fa-briques de *poudrette*, dans lesquelles après avoir desséché les matières solides, on les étend sur le sol pour les oxyder, et finalement les transformer en une masse brune, pulvérulente et presque ino-dore ; telles sont encore les fabriques dans les-quelles on traite les produits liquides ou eaux vannes, pour en extraire l'ammoniaque qu'elles contiennent et en faire des sels (sulfate ou chlor-hydrate d'ammonium) que l'agriculture recher-che comme très bons engrais. Depuis une ving-taine d'années également, on transforme dans certains pays ces eaux-vannes en une variété spé-ciale d'engrais appelée *engrais Chodsko*, qui est beaucoup plus riche en matières azotées que les meilleures poudrettes.

Les eaux-vannes sont surtout recherchées pour les matières azotées et l'ammoniaque libre qu'elles contiennent. Leur richesse sous ce rap-port, varie suivant qu'on les examine au sortir des fosses (étanches ou mobiles), ou bien lors-qu'elles sont conservées en bassin évaporatoire pendant quelque temps, avant d'être traitées comme source d'ammoniaque. Dans le premier cas, elles sont toujours plus riches; M. Lhote a trouvé, pour celles prises à Bondy, 4,42 d'azote par litre à l'arrivée au dépotoir, et seulement 3,74 au sortir du bassin. La composition centésimale de ces liquides était d'ailleurs la suivante:

| | |
|---|---:|
| Eau . . . . . . . . . . . . . . . . . . . . | 991.20 |
| Matières organiques azotées . . . . . . . . . | 12.80 |
| Acide phosphorique (correspondant à 2,93 de phosphate de chaux) . . . . . . . . . . . | 1.35 |
| Ammoniaque . . . . . . . . . . . . . . . . . | 5.24 |
| Chaux . . . . . . . . . . . . . . . . . . . | 1.55 |
| Silice, matière insoluble dans les acides. . . . | 0.74 |

Nous avons trouvé, dans des essais faits à Rouen, sur des produits provenant du dépotoir du Petit-Quevilly, 10ᵍʳ,610 de matières organiques azotées par litre, et seulement 2ᵍʳ,045 d'ammoniaque toute formée, au sortir d'une longue exposition à l'air dans des fosses; ces proportions peuvent changer suivant la durée de l'exposition et la température. Dans tous les cas, les eaux-vannes n'en restent pas moins un liquide recherché pour l'amélioration des terres. On le vend quelquefois aux cultivateurs, après le dépôt des matières solides. M. Moll a fait avec ce produit des essais à la ferme de Vaujours, lesquels ont donné de très bons résultats; on s'en est également servi en Champagne, alors que M. Gor-gon avait fait construire des vagons-citernes propres au transport de ces liquides et que la Compagnie des chemins de fer de l'Est avait abaissé pour ce produit, ses tarifs de transport de façon à permettre l'emploi rémunérateur de cette sorte d'engrais; mais on a été obligé de renoncer à son utilisation à cause des tarifs sur les autres lignes qu'il fallait employer, ceinture et autres, lesquelles n'avaient pas consenti à des modifications dans les prix de transport.

Actuellement, à la Villette, à Bondy, à Rouen, et dans presque toutes les grandes villes, on fait avec les eaux-vannes des sels ammoniacaux. En France, c'est le procédé Mallet qui est surtout employé; on dégage l'ammoniaque de sa combinaison, à l'aide d'un lait de chaux, puis on sature la vapeur dans des cylindres contenant des acides sulfurique ou chlorhydrique étendus. Dans quelques endroits, on emploie encore la méthode anglaise qui consiste à saturer les eaux-vannes dans de grandes cuves en bois, au moyen de l'un des acides indiqués; on chasse ainsi tous les produits volatils, qui se perdent dans l'air, et l'on obtient, par la décomposition du sesquicarbonate contenu dans les eaux, des sels impurs et colorés que l'on raffine ensuite. Parfois, on se contente de filtrer les eaux-vannes sur des couches de plâtre pulvérisé, et par double décomposition, on obtient du sulfate d'ammoniaque,

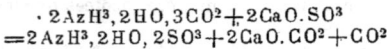

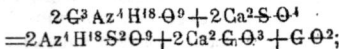

$$2 AzH^3, 2HO, 3CO^2 + 2CaO.SO^3$$
$$= 2 AzH^3, 2HO, 2SO^3 + 2CaO.CO^2 + CO^2$$

$$2C^3Az^4H^{18}O^9 + 2Ca^2SO^4$$
$$= 2Az^4H^{18}S^2O^9 + 2Ca^2CO^3 + CO^2;$$

pour transformer le sulfate en chlorhydrate, il suffit d'additionner les eaux-mères contenant le sulfate en solution à 20° Baumé, de 1 équivalent de chlorure de sodium par équivalent de sulfate, puis de faire bouillir. Il y a échange de base,

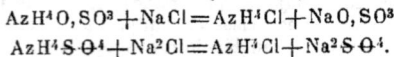

$$AzH^4O, SO^3 + NaCl = AzH^4Cl + NaO, SO^3$$
$$AzH^4SO^4 + Na^2Cl = AzH^4Cl + Na^2SO^4.$$

Les eaux-vannes servent encore à préparer l'engrais Chodsko, en faisant une dissolution saturée de sulfate de magnésie brut, seul ou mélangé de sulfate ferreux, à parties égales, puis en ajoutant ce liquide aux eaux-vannes, dans la proportion de 5 à 10 litres du mélange par mètre cube d'eau. Afin d'avoir une solution bien neutre, il faut ajouter au liquide 100 à 200 grammes de solution de carbonate de soude, additionnés de 5 0/0 de goudron et de benzine. Le mélange rendu bien intime, on le fait écouler sur des fascines, jusqu'à évaporation totale; il se forme alors des pellicules que l'on détache des fragments de bois par un léger choc. Cet engrais desséché à 100° est bien plus riche que les meilleures poudrettes, comme le montrent les chiffres suivants:

|                            | Chodsko | Poudrette |
|----------------------------|---------|-----------|
| Matières organiques azotées.. | 63.13   | 47.00     |
| Ammoniaque toute formée.. . | 0.74    | 0.85      |
| Acide azotique. . . . . . . . | traces  | 0.43      |
| Phosphate de chaux. .. . . . | 11.78   | 12.97     |
| Azote total. . . . . . . . . | 5.10    | 2.17      |

Cette sorte d'engrais contient le double d'a-

zote total, des matières organiques azotées, aussi en bien plus grande quantité, et par suite une plus forte proportion d'ammoniaque, lors de sa décomposition dans le sol. — J. C.

**VANNEUR. T. d'agr.** Ouvrier qui vanne les grains. || On désignait ainsi primitivement les machines employées pour remplacer le van (V. ce mot) pour le vannage du grain; aujourd'hui, le vanneur est appelé tarare (V. ce mot), et rentre dans la catégorie de cribles ou appareils destinés au nettoyage et au criblage des grains.

**VANNIER. T. de mét.** Ouvrier qui confectionne, avec l'osier, le saule ou autres tiges flexibles, des vans, des corbeilles, des paniers, des hottes, etc.; il emploie l'osier brut, c'est-à-dire, couvert de sa peau, pour les objets communs, et l'osier rond, pelé et blanc pour les objets recherchés et de fantaisie.

**\* VAN ROBAIS (Josse).** Manufacturier, né à Courtrai, vint en France appelé par Colbert. Il créa, en 1665, à Abbeville, une fabrique de draps dont les produits entrèrent bientôt en lutte avec ceux d'Angleterre et de Hollande. La prospérité de son établissement et le développement qu'il sut donner à l'industrie naissante, valurent à Van Robais des lettres de naturalisation et l'autorisation royale, pour lui, ses enfants et ses ouvriers, de pratiquer en toute liberté la religion protestante. Abbeville lui doit, non seulement une partie de sa renommée industrielle, mais encore divers édifices tels que la Maison-Neuve, dans la rue Notre-Dame, et Bagatelle, dans le faubourg Saint-Gilles.

**VANTAIL.** Châssis ouvrant d'une porte ou d'une fenêtre, ou moitié d'une porte, d'une fenêtre qui s'ouvre en deux parties dans sa largeur; on donne le même nom aux divisions mobiles d'une baie d'ouverture et qui peuvent s'ouvrir alors que les autres parties restent fermées.

**VAPEUR. T. de phys.** Résultat du passage de l'état liquide ou solide à l'état gazeux, soit spontanément, soit artificiellement. Pour les différents modes de production de la vapeur, V. VAPORISATION.

Propriétés des vapeurs, propriétés organoleptiques. Les vapeurs sont, en général, incolores, invisibles; beaucoup sont sans odeur; cependant il y a des vapeurs colorées: celle du brome est rouge; celle de l'iode est violette; un bon nombre sont blanches opaques: celles de l'acide arsénieux, du chlorure d'antimoine; on en connaît beaucoup d'odorantes: par exemple, celles de l'éther, de l'alcool, du sulfure de carbone; celles du sulfhydrate d'ammoniaque, du mercaptan sont extrêmement désagréables; un grand nombre sont délétères, d'autres ont des propriétés anesthésiques (éther, chloroforme, etc.).

Propriétés physiques. Les vapeurs sont toutes fluides, éminemment compressibles et élastiques, très dilatables. Leur densité comparée à celle de l'air présente des différences très grandes: ainsi la densité de l'air étant 1, on a:

| | Densité |
|---|---|
| Vapeur d'eau.. . . . . . . . . . . . . | 0,6235 |
| -- d'alcool. . . . . . . . . . . . | 1,6138 |
| -- d'éther sulfurique. . . . . . | 2,5860 |
| — de sulfure de carbone . . . . | 2,6447 |
| — d'essence de térébenthine. . . | 5,0130 |
| — de soufre . . . . . . . . . . . | 6,55 |
| — d'iode. . . . . . . . . . . . | 8,72 |
| — de bichlorure d'étain. . . . . | 9,2 |
| — d'arsenic . . . . . . . . . . . | 10,6 |
| —. d'acide arsénieux. . . . . . . | 13,85 |
| — d'iodure d'arsenic. . . . . . | 16,00 |

Les propriétés les plus remarquables des vapeurs sont celles qui sont relatives à leur force élastique ; voici les principales :

1re *loi. La vapeur d'un liquide* (ou d'un solide volatil : camphre, iode) *se forme lentement à l'air et instantanément dans le vide.*

En voyant un liquide exposé à l'air libre disparaître lentement, on a cru longtemps que le liquide se dissolvait dans l'air, c'est-à-dire que la présence de l'air était nécessaire à la production de la vapeur. L'expérience a prouvé le contraire ; l'air est un obstacle à la vaporisation. Pour montrer la formation instantanée de vapeurs dans le vide, on se sert d'un baromètre dans lequel on introduit quelques gouttes d'éther. A peine ce liquide est-il arrivé au sommet de la colonne mercurielle (c'est-à-dire dans le vide) qu'on voit celle-ci se déprimer subitement et d'une quantité assez considérable.

2e *loi*. Lorsqu'une vapeur est en contact avec son liquide dans un espace fermé (comme dans le tube barométrique de l'expérience précédente), elle est à son *maximum de tension* ; on dit aussi qu'elle est *saturante*, ou que l'espace qu'elle occupe est *saturé* de vapeur.

Dans ce cas, la vapeur ne peut acquérir une force élastique plus grande ou plus faible par des variations de pression, si la température reste constante. On le démontre en enfonçant le tube barométrique dans une cuvette profonde, puis en le soulevant. On remarque aisément que, dans les deux cas, la hauteur de la colonne de mercure dans le tube ne change pas sensiblement ; bien que l'espace offert à la vapeur, en soulevant ou en abaissant le tube, ait varié considérablement. Cela s'explique si l'on remarque qu'en abaissant le tube, c'est-à-dire en augmentant la pression, une partie de la vapeur se liquéfie, tandis qu'en soulevant le tube, une nouvelle partie du liquide se vaporise.

3e *loi*. Mais si la vapeur n'est plus en contact avec le liquide générateur, elle se comporte comme un gaz. — V. COMPRESSIBILITÉ DU GAZ.

4e *loi*. La force élastique d'une vapeur en contact avec son liquide dans un espace fermé, croît avec la température.

Loi importante qu'on démontre avec divers appareils : *a*) avec l'appareil de Gay-Lussac pour des températures au-dessous de 0° :

| Température.... | 0° | — 10° | — 20° | — 30° |
|---|---|---|---|---|
| Force élastique. . | 4mm,6 | 2mm | 0mm,84 | 0mm,36 |

*b*) avec l'appareil de Dalton (tubes barométriques entourés d'un manchon en verre, plein d'eau et chauffé jusqu'à l'ébullition).

Par exemple, pour la température 10°, la force élastique de l'alcool est quatre fois plus grande et celle de l'éther vingt-cinq fois plus grande que celle de l'eau. A l'ébullition d'un liquide, la force élastique de la vapeur fait équilibre à la pression atmosphérique ; *c*) appareils de Dulong et Arago pour des températures supérieures à 100° ; *d*) appareils de Regnault pour des températures comprises entre — 32° et 250°.

Nous ne pouvons donner ici la description de ces appareils, nous relaterons seulement quelques résultats numériques des belles expériences de Regnault.

*Tension de la vapeur d'eau de —'30° à 100°*
*(d'après Regnault).*

| Température | Tension en millimètres | Température | Tension en millimètres |
|---|---|---|---|
| — 30° | 0.365 | 20° | 17.391 |
| —20 | 0.841 | 40 | 54.906 |
| —10 | 1.965 | 60 | 148.791 |
| 0 | 4.600 | 80 | 354.643 |
| 10 | 9.165 | 100 | 760.000 |

*Tension de la vapeur d'eau saturée (Regnault).*

| Température | Tension en atmosphères | Température | Tension en atmosphères |
|---|---|---|---|
| 100° | 1 | 199° | 15 |
| 121 | 2 | 213 | 20 |
| 134 | 3 | 236 | 30 |
| 144 | 4 | 252 | 40 |
| 152 | 5 | 266 | 50 |
| 180 | 10 | | |

Les tensions de vapeur des liquides volatils, tels que l'alcool, l'éther, le chloroforme, le sulfure de carbone, l'ammoniaque, etc., sont beaucoup plus grandes que celles de la vapeur d'eau pour des températures correspondantes.

La force élastique ou la tension des vapeurs résulte, comme celle des gaz, du mouvement plus ou moins rapide de leurs molécules qui, sous l'action de la chaleur, bombardent, en quelque sorte, dans tous les sens, les parois des vases qui les renferment. Il est à remarquer que la tension des vapeurs qui s'échappent des liquides tenant en dissolution des matières salines ou acides, est toujours moindre que celle de l'eau distillée, quoique les vapeurs ne soient que de l'eau parfaitement pure. On explique cette anomalie par l'affinité des matières dissoutes pour l'eau.

5e *loi. Loi des parois froides* ou *principe de Watt.* Lorsqu'une vapeur est renfermée dans un espace dont les différentes parties sont inégalement chaudes, la force élastique de la vapeur correspond à la température des points les plus froids.

6e *loi. Chaleur latente de la vapeur.* La vapeur pour se former absorbe une grande quantité de chaleur ; c'est ce qu'on nomme la *chaleur latente de vaporisation* ou de *fluidité.* Celle de l'eau est de 537 calories, c'est-à-dire que, 1 kilogramme d'eau à 100° absorbe, uniquement pour passer à l'état de vapeur, sans changer de température, 537 unités de chaleur — V. CALORIE.

7ᵉ *loi.* Lors du passage d'un liquide à l'état de vapeur, il y a une *grande augmentation de volume*; 1 kilogramme d'eau réduit en vapeur occupe un volume d'environ 1,700 litres.

8ᵉ *loi. Du mélange des gaz et des vapeurs.* Quand un espace contient de l'air ou un gaz quelconque, la vapeur s'y répand en même quantité que si cet espace était vide (la vaporisation est seulement ralentie); la force élastique du mélange est égale à la somme des forces élastiques du gaz et de la vapeur.

9ᵉ *loi. Liquéfaction ou condensation des vapeurs.* En refroidissant ou en comprimant une vapeur, ou en employant les deux moyens simultanément, on la liquéfie comme on a liquéfié tous les gaz. Il n'y a pas de différence essentielle entre les vapeurs et les gaz regardés naguère comme permanents; un gaz n'est qu'une vapeur plus ou moins éloignée de son point de condensation.

*Vapeur d'eau atmosphérique.* Il y a toujours de la vapeur d'eau dans l'atmosphère, même dans les temps les plus secs; on en constate facilement la présence par des moyens chimiques ou par l'emploi de mélanges réfrigérents. La vapeur d'eau invisible dans l'air vient se déposer sur les parois froides des vases sous forme de givre. La vapeur d'eau est essentielle à la vie animale et végétale.

La surface de la terre et celle des mers, surtout dans les régions équatoriales, sont le siège d'une évaporation incessante de l'eau.

*Application et usage de la vapeur.* Outre les emplois innombrables de la vapeur comme force motrice, elle est utilisée dans maintes circonstances, dont nous allons énumérer les principales: comme moyen de chauffage (des appartements, des serres, des bains, des cuves); pour la cuisson des mets, du charbon servant à la fabrication de la poudre; pour la distillation des corps gras, l'évaporation, la concentration des jus, la dessication, la torréfaction du café (pour mieux lui conserver son arome). On en fait usage dans les séchoirs, les étuves, les bains de vapeur; elle est employée dans l'ébénisterie; on s'en sert pour dissoudre les cailloux de soude caustique et faire du silicate de soude et des pierres artificielles; on l'utilise pour le lessivage du linge, la désinfection des tonneaux, pour fondre la neige des rues, laver la façade des maisons, éteindre les incendies. — C. D.

**VAPEUR** (Machines à). Machines mises en mouvement par la vapeur de l'eau bouillante. — V. CHAUDIÈRE A VAPEUR, MOTEUR A VAPEUR. ‖ *Vapeur.* Se dit, par abréviation, d'un bateau à vapeur. ‖ *Cheval-vapeur.* — V. CHEVAL-VAPEUR.

**VAPEUR** (Couleurs-). On peut définir les *couleurs-vapeur*, des couleurs qui s'obtiennent sur nappes, sur fils, sur tissus, soit après teinture, soit surtout après impression, en soumettant les fibres à l'action combinée de la vapeur et de l'air ou de la vapeur et de l'humidité, les matières colorantes étant formées préalablement dans les fibres

ou sur les fibres ou devant se former par suite des réactions provoquées par la chaleur et l'humidité.

Cette nouvelle définition pourra paraître longue, mais nous avons voulu embrasser toutes les couleurs-vapeur, savoir quelques teintures spéciales dont le nombre ne peut qu'augmenter, les vigoureux, les chinés et enfin les genres d'impressions sur tissus, dans lesquels la vapeur joue le rôle d'un agent coagulant, d'un agent physique ou d'un agent chimique. —V. CHINAGE, TEINTURE, VAPORISAGE, VIGOUREUX.

*VAPORISAGE. Le vaporisage entendu dans le sens général est une opération industrielle qui consiste à soumettre des fils ou tissus à l'action de la vapeur. Mais le but de cette opération peut être soit de fixer la torsion pour les fils à coudre ou pour les fils de chaîne (V. t. III, p. 964 et 973), soit de donner de l'apprêt aux tissus (V. t. I, p. 210), soit de déterminer une oxydation préparatoire ou consécutive à un vaporisage définitif (V. t. II, p. 535), soit enfin de fixer les couleurs-vapeur, et c'est dans ce dernier sens que nous allons l'étudier.

— Le vaporisage nommé aussi *teinture sèche* est un mode de fixer des couleurs qui date de la fin du dernier siècle (1794) et dont nous serions redevables à un anglais imprimeur sur casimir. Cette invention serait restée inconnue en France jusqu'en 1811, époque à laquelle M. Viart prit un brevet pour une manière d'imprimer sur laine, en se servant d'un fer à repasser, ou en faisant usage de vapeur d'eau, ou en faisant passer l'étoffe humide entre deux cylindres chauds. Mais c'est M. Georges Dollfus, de Mulhouse, qui de concert avec M. Loffet, de Colmar, contribua le plus à faire du vaporisage une opération industrielle qui prit bientôt une grande importance. Dès 1819, ce procédé était employé en grand sur étoffes de laine et de soie par la maison Ternaux, près Paris; à Beauvais, et par les frères Haussmann au Logelbach en Alsace. Kurrer vers 1821 fit connaître en Allemagne le vaporisage. Vers la même époque, les bleus vapeur au cyanure jaune étaient imprimés en Angleterre, ainsi que les verts anglais à l'étain et les noirs anglais. En 1837, M. Gastard, de Colmar, prit un brevet pour l'impression en rouge garance solide. En 1844, on fixait à la vapeur les couleurs à l'albumine que l'on savait fixer déjà depuis 1820 par le moyen de l'eau bouillante. Aujourd'hui, le genre des couleurs-vapeur est le plus répandu et le plus important de tous les genres d'impression; le vaporisage tend à se généraliser comme moyen de fixage des matières colorantes et pourrait être considéré comme la teinture de l'avenir.

Tout appareil, dans lequel les fibres textiles peuvent être disposées pour être soumises à l'action de la vapeur, pouvant être considéré comme un appareil de vaporisage, on conçoit que la forme de ces appareils a dû passer par de nombreuses modifications, mais les différences entre tous ces appareils ne tiennent qu'à deux conditions: ils sont à basse ou à haute pression, et les fibres textiles, peignés, filés, tissus, y sont dans telle ou telle disposition. Les méthodes de vaporisage qui ont été ou qui sont encore employées sont: le *vaporisage au tonneau* qui est le plus simple et le plus primitif (1820), le *vaporisage à la colonne*, le *vaporisage à la cuve à basse ou à haute pression* de différents systèmes (Richard, Thom,

Bennett, Sifferlen, Cordillot et Mather, Mather et Platt, Stewart, etc.), *vaporisage à la guérite*, *vaporisage au champagne, vaporisage à la boîte, vaporisage à la marmotte, vaporisage à la commode, vaporisage système Rosenstiehl* (action combinée de la vapeur et de l'air chaud), qui a pour but d'éviter l'étendage nécessaire pour terminer certaines couleurs-vapeur comme noirs au campêche ou bleus au prussiate. Plusieurs systèmes, en particulier le système Mather perfectionné, sont des appareils de vaporisage à la continue et ont beaucoup d'analogie avec la machine à oxyder. — V. Oxyder (Machine à).

La vapeur employée comme moyen de fixage des couleurs n'agit pas de la même manière dans toutes les circonstances dans lesquelles on obtient les couleurs-vapeur. Tantôt elle joue le rôle d'un agent coagulant, et les matières colorantes toutes formées préalablement et réparties convenablement dans une masse susceptible de se coaguler, sont retenues mécaniquement ou fixées lorsque la vapeur comme agent calorifique a déterminé la coagulation.

Dans d'autres cas, comme avec les couleurs d'aniline, sur la laine et la soie sans mordant et sur le coton avec mordant, la vapeur agissant par sa chaleur sensible, et par sa chaleur latente comme aussi par l'eau condensée, déterminera dans des conditions favorables de chaleur et d'humidité une sorte de teinture locale, mettant en jeu les affinités de la fibre ou les affinités du mordant pour les matières colorantes.

Dans d'autres cas, comme avec un grand nombre de matières colorantes naturelles, si l'on ajoute des préparations métalliques à l'épaississant, la vapeur par la chaleur et l'humidité déterminera la formation de laques colorantes, en volatilisant un acide, une base, un sel qui servait comme corps auxiliaire à la dissolution, en combinant les deux éléments, matière colorante et oxyde métallique, qui se trouvent en présence sur la fibre et ouvrant aussi les pores de celle-ci dans lesquels se dépose la laque au moment de sa formation. Dans ces circonstances qui répondent aux anciennes couleurs-vapeur, il y a à la fois mordançage et teinture.

Dans d'autres cas enfin, la matière colorante n'est pas formée préalablement; mais on mélange dans un épaississant convenable les corps qui doivent réagir, et si l'on vaporise, la vapeur favorisera la réaction par la chaleur et l'humidité, le composé colorant ou colorable sera *produit*, et il ne faudra tout au plus qu'une opération complémentaire après vaporisage pour obtenir le résultat voulu.

En résumant les différents modes d'action de la vapeur d'eau que nous avons laissé entrevoir dans les opérations du vaporisage, nous admettons que a vapeur agit pour coaguler par sa chaleur seule, pour former des laques en volatilisant certains corps qui abandonnent un élément basique en présence d'une matière colorante; pour fixer une matière colorante sur une fibre mordancée ou non mordancée suivant les circonstances d'affinités; pour dissoudre ou rendre momentanément solu-

bles par sa chaleur latente et l'eau provenant de sa condensation, certaines matières colorantes; ce qui rend possible la teinture, pour ouvrir les pores des fibres dans lesquels pénètrent les dépôts colorants formés, pour favoriser par l'élévation de température et l'humidité les réactions, combinaisons ou doubles décompositions qui conduisent par une voie détournée à la matière colorante qu'il s'agit de fixer sur la fibre.

Mais pour obtenir de bons résultats dans la préparation de ces couleurs-vapeur, il est nécessaire de ne pas s'écarter de certaines règles générales qui dominent toutes les questions de détails techniques :

1º A l'exception des couleurs-vapeur fixées mécaniquement par coagulation pour lesquelles la chaleur sèche pourrait suffire, toutes les couleurs-vapeur ne sont fixées qu'avec le concours de la chaleur et de l'humidité;

2º Les fibres ayant reçu l'impression ne doivent être soumises au vaporisage qu'après avoir été ramenées sensiblement au même état de dessiccation;

3º Les fibres doivent avoir une humidité suffisante pour que les réactions et la fixation soient complètes;

4º L'humectage ou l'addition de substances hygroscopiques a pour but d'assurer cette condition;

5º La chaleur et l'humidité doivent être réparties le plus uniformément possible pour éviter des inégalités de fixage et des coulages, ce qui tient à la distribution de la vapeur et à la disposition des pièces à vaporiser;

6º Il faut éviter une trop grande humidité, ce qui dépend de l'état de la vapeur d'eau et de la durée du vaporisage;

7º Il faut éviter l'emploi simultané de couleurs qui, au vaporisage, seraient capables de s'altérer par le dégagement de vapeurs acides ou basiques;

8º Il faut éviter la présence ou la formation d'acide sulfhydrique, comme aussi l'emploi de l'acétate de cuivre avec le campêche, ce qui exposerait au cuivrage;

9º Il faut éviter avec la laine l'emploi des sels de cuivre et dans une certaine mesure des sels d'étain, le soufre de la laine pouvant former des taches de sulfure de cuivre ou d'étain; l'industriel est encore plus exposé à ces accidents si la laine a été blanchie à l'acide sulfureux. L'acétate d'alumine obtenu par double décomposition pouvant contenir du sulfate ou de l'acétate de plomb et l'alun ordinaire pouvant contenir du fer, devront être aussi évités;

10º Le choix de l'appareil de vaporisage, la température ou la pression et l'état d'humidité de la vapeur, l'état de dessiccation de la fibre et l'humidité des doubliers, la durée du vaporisage, le choix des couleurs à employer simultanément, le choix des épaississants, des substances hygrométriques, des composés métalliques, des colorants, réclament de la part de l'imprimeur la vigilance, l'esprit d'observation et une connaissance approfondie des principes sur lesquels repose cet art si difficile et si délicat. — H. V.

**VAPORISATION.** *T. de phys.* Cette expression est, en général, employée pour indiquer le passage d'un corps de l'état liquide ou solide, à l'état gazeux: la vaporisation peut être produite de plusieurs manières :

1° Ordinairement par application directe de la chaleur; alors la vapeur se forme dans toute la masse liquide, surtout à l'ébullition ;

2° Elle peut se faire spontanément, à la surface du liquide abandonné à l'air libre, ou raréfié; elle porte alors le nom d'*évaporation.* — V. ce mot;

3° Certains corps volatils (camphre, iode, arsenic) peuvent passer de l'état solide à l'état gazeux sans se liquéfier; on donne à ce mode de vaporisation le nom de *sublimation,* de *volatilisation.* La neige et la glace exposées à l'air sec peuvent aussi passer à l'état gazeux sans se liquéfier;

4° La vaporisation peut aussi être *sphéroïdale.* — V. Caléfaction ;

5° Enfin, on donne le nom de *vaporisation totale* ou de *gazéification* au phénomène qui se produit, quand, sous l'action de la chaleur et de la pression, un liquide se réduit totalement en vapeur dans un espace qui peut n'être que trois à quatre fois plus grand que le volume du liquide (Exp. de Cagnard de Latour, de Drion).

*Vaporisation à l'air libre.* Lorsqu'un liquide est exposé à l'air libre, on remarque que son volume diminue peu à peu, et qu'il finit par disparaître complètement. Dans ce cas, la vaporisation a lieu à la surface du liquide; il se produit alors un abaissement de température qui peut aller jusqu'à la congélation de l'eau (glace au Bengale). Si la chaleur intervient artificiellement et directement pour échauffer le liquide, la vapeur se produit alors dans toute la masse, surtout à l'ébullition du liquide. Lorsqu'un liquide bout à l'air libre, sa force élastique ne peut dépasser celle de l'atmosphère; toute la chaleur fournie est absorbée entièrement pour la production de la vapeur qui alors possède sa *tension maxima.*

La quantité de vapeur produite et la force élastique croissent à mesure que la température s'élève.

*Vaporisation dans le vide.* La vaporisation d'un liquide quelconque se fait lentement à l'air libre et instantanément dans le vide (V. Vapeur, § 1re loi), c'est-à-dire que dans le vide il se forme, en un temps très court, toute la vapeur que l'espace peut contenir, dans les conditions de l'expérience. Lorsqu'un liquide comme l'éther est placé sous le récipient d'une machine pneumatique, et qu'on y raréfie l'air, le liquide ne tarde pas à entrer en ébullition, à se vaporiser, empruntant au vase et à sa propre substance, la chaleur nécessaire à sa vaporisation ; de là un abaissement notable de température. — V. Congélation, Évaporation, § *Congélation de l'eau dans le vide.*

*Vaporisation sous pression.* Lorsqu'un liquide est chauffé dans un vase fermé, la vapeur qu'il émet acquiert une force élastique de plus en plus grande. Cette pression, ce bombardement des molécules de vapeur contre les parois du vase n'a d'autres limites que la résistance du vase lui-même. La pression que la vapeur exerce à la sur-

face du liquide empêche son ébullition; par suite, sa température s'élève de plus en plus. L'expérience se fait avec la *marmite de Papin,* cylindre de fer à parois très épaisses, muni d'un couvercle fermé à l'aide d'une vis de pression. On emploie aussi, à cet effet, la *marmite autoclave* munie d'un couvercle elliptique qu'on peut introduire dans le vase et qui le ferme d'autant plus solidement que la pression intérieure est plus forte.

Il y a entre la force élastique de la vapeur d'eau et sa température, une relation donnée par Regnault, représentée par une formule empirique et par une courbe. — V. Vapeur, § 4e *loi.*

*Chaleur latente de vaporisation* (V. Vapeur, § 6e *loi*). Pour mesurer, par la méthode des mélanges, la chaleur de vaporisation d'un liquide, on se sert de la formule connue :

$$m x + m c (t - \theta) = m' c' (\theta - t')$$

Pour l'eau : $x = 537$ calories.

La *chaleur totale* de la vapeur d'eau à $t$ est donnée par la formule de Regnault :

$$\lambda = 606,5 + 0,305 t$$

de là, on déduit, pour la chaleur latente :

$$\lambda - t = 606,5 - 0,695 t.$$

C. D.

**VARANGUE.** *T. de mar.* Pièce de bois posée en travers et par le milieu sur la contre-quille d'un navire, pour en constituer la partie fondamentale et servir de base aux membrures qui en forment les côtés; on distingue la *maîtresse-varangue* posée sur le maître-bau, les *varangues acculées* placées vers les extrémités de la quille, les *varangues de fond,* moins rondes que les précédentes et posées vers le milieu de la quille.

**VARECH.** *T. de bot.* Nom général donné à diverses plantes marines de la famille des algues, et dont un certain nombre sont utilisées. Sur les côtes de Bretagne et de Basse-Normandie, d'Ecosse, d'Irlande, on connaît deux variétés principales de varechs que l'on emploie pour la préparation des sels de potasse, de l'iode, du brome, ce sont les *varechs sciés* ou goëmons, qui croissent sur les rochers, au bord de la mer, et que l'on est obligé de récolter à mer basse; ils comprennent surtout des plantes du sous-ordre des aplosporées, du genre *fucus,* les *fucus serratus,* L., *fucus dulcis,* Gmel, *fucus vesiculosus,* L., *fucus spiralis,* L., *fucus dentatus,* Hout.; et les *varechs venant* (chiendents de mer) jetés, après les fortes marées, par les vagues sur les côtes.

**VAREUSE.** Blouse de toile ou d'étoffe de laine grossière, à l'usage des marins, des soldats et de certains ouvriers; elle a la forme d'une chemise commune, mais ne descend que jusqu'aux reins.

*****VARGUE.** *T. techn.* Dans les moulins à soie, nom de chaque rang de fuseaux avec leurs roquettes.

*****VARIGNON** (Pierre). Géomètre français, né à Caen, en 1654, mort à Paris en 1722. Fils d'un architecte, il se destinait à l'état ecclésiastique lorsque la lecture des éléments d'Euclide et, plus tard, celle des ouvrages de Descartes, le déterminèrent à se consacrer aux mathématiques. Il vint à Paris, en 1686, avec l'abbé de Saint-Pierre qui lui fit une pension de 300 livres. Il entra à l'Académie en 1687, et fut chargé d'une chaire de mathématiques au Collège Mazarin. En 1704, il remplaça Duhamel au Collège de France.

Lié d'amitié avec Leibnitz et Bernouilli, il fut l'un des premiers, en France, qui acceptèrent les principes de l'analyse infinitésimale; il les défendit avec succès, devant l'Académie, contre Rolle et d'autres géomètres; mais son principal titre scientifique consiste dans ses travaux sur la mécanique qu'il a enrichie de nouveaux théorèmes, et dont il a su présenter les raisonnements avec une précision alors inaccoutumée. C'est à Varignon que l'on doit le premier énoncé clair de la loi de composition des forces concourantes, et la règle dite du *parallélogramme*. Il est aussi le fondateur de la théorie des moments des forces concourantes. Le théorème relatif au moment de la résultante porte encore son nom dans les écoles (V. MOMENT). Enfin, il a, le premier, donné un énoncé général du principe des travaux virtuels. Beaucoup de ses contemporains ont laissé des travaux plus importants que les siens sur différents points difficiles de la mécanique, mais nul n'a fait plus pour en éclaircir les principes et en simplifier l'exposition.

On a de lui : *Nouvelles conjectures sur la pesanteur*, 1690 ; *Nouvelle mécanique*, 1725 ; *Eclaircissements sur l'analyse des infiniment petits*, 1725; *Traité du mouvement et de la mesure des eaux courantes*, 1725 ; et divers Mémoires insérés dans le *Recueil de l'Académie des sciences*.

* **VARIN** ou **WARIN** (JEAN). Graveur en médailles, né en 1604, mort en 1672. Il grava le sceau de l'Académie française et fut nommé aux fonctions de garde général des monnaies. On lui doit la suite des médailles frappées en l'honneur du règne de Louis XIII, puis il exécuta la statue de marbre de Louis XIV et commença l'histoire métallique de son règne, que la mort l'empêcha d'achever. Il était membre de l'Académie de peinture et de sculpture. Un de ses parents, *Joseph* VARIN, mort en 1800, se fit connaître par un certain nombre de belles planches entre autres, celles du *Traité d'architecture*, de Blondel ; du *Traité de fortification*, de Montalembert; des *Vues de Paris* et des *villes de France*, etc.

**VARLOPE.** *T. techn.* 1° Outil de menuisier et de charpentier, pour unir et planer le bois, et qui comprend la *grande* et la *petite varlope* ; la première est un rabot de grande dimension, à fer plat, muni d'une poignée pour le diriger, et d'une corne à l'avant pour appuyer de la main gauche. La *demi-varlope* est semblable à la précédente, mais plus petite, et ne s'emploie que pour faire disparaître les inégalités laissées par le travail de la *galère*. || 2° Sorte de varlope utilisée par les maçons pour ravaler la pierre tendre.

*  **VARME.** *T. de métall.* Côté où se trouve la tuyère, dans un foyer d'affinage.

* **VAROCQUÈRE.** Nom d'une variété d'échelle mobile, imaginée par M. Varocque, et usitée en Belgique. — V. FAHRKÙNST ou MAN-ENGINE.

**VASE.** D'une manière générale, on donne ce nom à tout récipient, à tout ustensile d'une seule pièce servant à contenir quelque chose, mais plus particulièrement dans les arts, on l'applique à un vaisseau de forme élégante, monté sur un piédouche à lèvres évasées, plus ou moins richement orné de sculpture ou de peinture, avec des anses sculptées; en *t. d'arch.*, on nomme *vase de chapiteau*, la masse évasée du chapiteau corinthien sur laquelle semblent être appliqués les feuillages et les volutes; *vase d'amortissement*, un vase qui termine l'ensemble ou un motif particulier de la décoration d'une façade, d'un édifice; on l'emploie aussi en ronde-bosse ou en bas-relief, dans les intérieurs, comme motif d'ornementation; *vase d'enfaîtement*, celui qu'on place sur le poinçon d'un comble, et qui est ordinairement fait en plomb ou en zinc. || *Vases sacrés*. Vases dont le prêtre se sert dans l'administration des sacrements, comme le calice et le ciboire.

* **VASELINE.** *T. de chim.* Produit nouvellement proposé comme succédané des corps gras, et que l'on désigne aussi sous les noms de *pétroline*, de *neutraline*.

Il a été considéré comme un mélange d'héptane (hydrure d'heptylène, $C^{14} H^{16}...C^7 H^{16}$) et de paraffine (Rud-Wagner), de diverses paraffines très fusibles (Moss), de paraffine et d'huiles liquides (Miller). Il faut distinguer la vaseline naturelle du produit artificiel obtenu avec l'huile minérale lourde (paraffine liquide) et la cérésine (paraffine solide). La première s'obtient avec toutes les sortes de pétrole (Pensylvanie, Galicie, Alsace, Caucase), ce qui explique qu'elle offre parfois des différences dans son point de fusion, sa densité, etc. On peut l'obtenir par simple décoloration du pétrole ou de ses résidus, par le charbon animal, puis enlevant les vapeurs légères par la vapeur d'eau surchauffée, ou encore par lavage du pétrole avec l'acide sulfurique ou une solution de bichromate de potasse; enfin, par distillation des résidus, lavés ou non.

PRÉPARATION. 1° *Avec les résidus de pétrole*. Ces produits, auxquels on a enlevé tout ce qui bout au-dessus de 340°, sont réduits aux deux tiers de leur volume par distillation afin de leur donner une consistance sirupeuse. On en traite alors 1 partie par 7 parties d'éther de pétrole (D=0,66), et on met en contact, pendant deux heures, avec 1 partie 1/2 de noir animal pulvérisé. On répète ces traitements jusqu'à ce que le liquide soit d'une limpidité parfaite, quinze à vingt parfois, puis on chasse le pétrole par un courant de vapeur d'eau. On obtient ainsi un produit huileux, incolore, inodore, insipide, à fluorescence bleue, qui se prend bientôt en une masse blanche, transparente, onctueuse, non cristalline, fondant à 32°, distillant vers 300°, et dont la composition correspond à 86,5 de carbone pour 13,5 d'hydrogène.

2° *Avec les pétroles lavés*. On chauffe ces liqui-~

des avec du noir animal, et on les filtre jusqu'à ce qu'il y ait décoloration complète, on les distille dans le vide (à 10 à 15 millimètres de mercure) jusqu'à 250°, puis on traite le résidu comme nous l'avons indiqué ci-dessus. Le noir animal, dans ces opérations, agit, non seulement comme agent décolorant, mais il absorbe aussi certains produits oxygénés existant dans quelques pétroles et des hydrocarbures pauvres en hydrogène.

On donne le nom de *vaseline liquide* au produit obtenu en dissolvant à froid de la vaseline ordinaire dans le moins possible d'éther, puis en agitant cette solution avec de l'alcool absolu jusqu'à formation de flocons blancs. On filtre vivement, on lave avec un peu d'alcool absolu, on laisse égoutter, et on élimine les dernières traces d'alcool en chauffant au bain-marie. La liqueur filtrée est de nouveau traitée par l'alcool jusqu'à ce qu'il ne se précipite plus de paraffine et qu'il se sépare quelques gouttelettes d'huile. Enfin, on reprend la dernière liqueur, on la distille pour enlever l'alcool et l'éther, on dissout le résidu dans le moins d'éther possible, et on refroidit la dissolution dans un mélange frigorifique, puis on précipite par le moins d'alcool possible. On filtre sur un entonnoir refroidi, et on répète l'opération jusqu'à ce qu'il se forme des gouttelettes huileuses.

La vaseline solide séparée ainsi fond à 40° environ, sa densité est de 0,8836, celle liquide a une densité de 0,8009 et se solidifie vers —10°. La vaseline solide, par distillation, peut donner des produits cristallisés. Certaines vaselines ont une densité un peu plus grande; le produit appelé *philadelphine* notamment, ne se fige qu'à 63°,5; la *neutraline* fond à 43°,1.

Dans le commerce, les diverses sortes de vaselines sont livrées incolores, blondes ou rouges; elles renferment souvent des acides sulfonés provenant du traitement par l'acide sulfurique utilisé pour obtenir sa purification et, parfois aussi, de l'absorption de l'oxygène de l'air, absorption qui est très notable d'après Frésenius et Engler, bien que l'on soutienne presque toujours que ce corps n'est pas altérable à l'air ou à la lumière. La vaseline artificielle absorbant moins facilement l'oxygène, la pharmacopée allemande l'a adoptée comme excipient de pommades et autres préparations de même nature; c'est l'*unguentum paraffini*. La vaseline est insoluble dans l'eau et dans l'alcool froid, peu soluble dans l'alcool bouillant; elle est soluble en toutes proportions dans les corps gras, les essences, le sulfure de carbone, le chloroforme; l'éther la dissout également, surtout à chaud.

Elle dissout le brome et l'iode, à froid, en notables proportions; le soufre 6 00/00; le phosphore, en chauffant un peu, 2 00/00; bon nombre d'alcaloïdes, comme la cantharidine, l'atropine, la nicotine, la coniicine, la cubébine, etc.; les sels et les oxydes métalliques sont sans action sur la vaseline; elle n'est pas saponifiable. L'acide sulfurique *concentré ne la colore pas à froid*; à 100°, elle se colore faiblement en brun ou en rouge vineux,

suivant les sortes, avec production d'eau, d'acide carbonique et d'acides thioniques divers.

*Usages*. Elle est très employée en parfumerie pour enlever le parfum des fleurs, faire des pommades mères ou des extraits concentrés par simple lavage des pommades mères avec de l'alcool; pour préparer des infusions de vanille, musc, civette, iris, fève tonka, ambrette, etc. En thérapeutique, on l'utilise comme émollient gras, à l'intérieur comme à l'extérieur, car elle n'est ni toxique ni nuisible, d'après les expériences du docteur R. *Dubois*; malgré cela, son emploi s'étant répandu dans ces derniers temps chez les pâtissiers, qui l'utilisent en guise de beurre et de graisse, parce que le produit ne rancit pas et conserve les gâteaux frais pendant plus longtemps, le Conseil central d'hygiène de la Seine en a fait interdire l'usage, car elle n'a aucune des qualités nutritives des beurres et des graisses. — J. C.

**VASES COMMUNIQUANTS.** *T. de phys.* Lorsque plusieurs vases, à l'air libre, communiquent entre eux par des ouvertures ou des tubes, et qu'on verse de l'eau dans l'un d'eux, le liquide, en se répandant dans tous les autres, s'y élève partout à la même hauteur; c'est-à-dire que, quelle que soit la position plus ou moins inclinée de ces vases, les surfaces libres du liquide sont, lors de l'équilibre, sur un même plan horizontal. Ce qu'on vient de dire de l'eau s'applique à tous les liquides et à tous les vases de formes plus ou moins irrégulières ou tortueuses (V. HYDRAULIQUE, § *Vases communiquants*). Il y a, cependant, exception pour les tubes capillaires : si l'on verse de l'eau dans un tube en U, dont l'une des branches soit large et l'autre d'un diamètre intérieur d'environ 1 millimètre ou moins, le liquide (qui *mouille* le verre) *s'élèvera* plus haut dans la branche étroite que dans l'autre (V. CAPILLARITÉ). Si, au lieu d'eau on y verse du mercure (qui ne *mouillera* pas le verre), le niveau du liquide dans la branche étroite *s'abaissera* au-dessous de celui de la branche large.

Si les vases communiquants occupaient une vaste étendue, comme celles des lacs ou des mers, les surfaces de niveau auraient la courbure du globe terrestre.

Lorsque les vases communiquants contiennent des liquides de densités différentes, les hauteurs de ces liquides sont en, raison inverse de leurs densités. On utilise ce principe pour déterminer la densité de certains liquides. — V. DENSITÉ.

On fait application du principe des vases communiquants : 1° dans l'emploi du niveau d'eau (V. NIVEAU); 2° pour la distribution de l'eau dans les villes. Le réservoir étant placé dans un lieu élevé, l'eau qui s'en écoule tend, malgré les sinuosités des tuyaux de conduite, à s'élever au même niveau partout; 3° dans les *jets d'eau* (V. ce mot); 4° dans les *puits artésiens* (V. ARTÉSIEN); 5° dans l'exploitation des marais salants; 6° dans les écluses destinées à élever ou abaisser les bateaux au niveau d'un canal. — C. D.

**VASISTAS.** Petite ouverture ménagée dans une porte ou une fenêtre, pouvant s'ouvrir et se fermer à volonté, soit pour donner de l'air à l'intérieur, soit pour parler aux gens du dehors sans ouvrir la porte ou la fenêtre.

**VASQUE.** Bassin de pierre, de marbre ou de bronze, ordinairement évasé sur les bords, et destiné à recevoir et laisser déborder les eaux d'une fontaine.

\*\ **VAUBAN** (Sébastien, Le Prestre, marquis de). Célèbre ingénieur militaire, né, en 1633, à Saint-Léger de Foucheret, près de Saulieu (Yonne), mort en 1707. Nommé par Louvois, qui l'avait en grande estime, commissaire général des fortifications, en 1677, il révolutionna l'art de prendre et de fortifier les places.

« Si l'on veut voir toute sa vie en abrégé, il a fait travailler à 300 places anciennes et en a fait 23 neuves; il a conduit 53 sièges, sous différents généraux; il s'est trouvé à 140 actions de vigueur.

Il semble qu'il aurait dû trahir les secrets de son art par la grande quantité d'ouvrages qui sont sortis de ses mains. Aussi a-t-il paru des livres dont le titre promettait la véritable manière de fortifier selon Vauban; mais il a toujours fait voir, par la pratique, qu'il n'avait pas de manière : chaque place différente lui en fournissait une nouvelle, selon les différentes circonstances de sa grandeur, de sa situation, de son terrain ». (Fontenelle, *Eloge de Vauban*).

Vauban n'a pas créé la fortification moderne, il n'est qu'un continuateur de Pagan, autre ingénieur du XVIIᵉ siècle qui s'était dégagé nettement des idées anciennes et fut, on peut le dire, le véritable créateur du front bastionné.

Vauban régularisa les méthodes, combina les tracés d'ensemble avec un coup d'œil de maître et sut admirablement en coordonner les détails.

On enseigne encore, dans les écoles, les trois manières de Vauban ; ce que l'on appelle sa première manière, c'est la régularisation du front bastionné dans ses détails ; il y emploie d'une façon presque constante la demi-lune pour donner des feux croisés sur les capitales des bastions voisins. Dans ce que l'on a appelé sa seconde manière, la nécessité de soustraire certaines parties de la fortification aux vues dominantes dangereuses le conduisirent à l'idée de séparer l'enceinte de combat, c'est-à-dire les ouvrages destinés à la défense de front, de l'enceinte de sûreté ou, autrement dit, des ouvrages destinés à la défense des flancs qui furent casematés.

Les fortifications de Landau représentaient le type de cette seconde manière, tandis que celles de Neufbrisach correspondaient à la troisième manière de Vauban, dans laquelle l'enceinte de combat est tracée d'après la première manière, tandis que l'enceinte de sûreté est établie d'après la deuxième. Vauban excella dans la conduite des sièges, et c'est là surtout qu'il fixa des règles qui lui appartiennent en propre et régularisa les méthodes en usage ; c'est à lui que l'on doit le tir à ricochet qui fut si en usage avec l'artillerie lisse, l'emploi des cavaliers de tranchée et des parallèles. C'est encore à Vauban que l'on doit la suppression, en 1703, de la pique et l'adoption du fusil à baïonnette pour l'armement de toute l'infanterie.

Enfin, il fit aussi de grands travaux comme ingénieur civil, ouvrit de nombreux canaux, améliora certains · ports et fit élever l'aqueduc de Maintenon. Ce grand patriote, comme l'appelle Saint-Simon, s'occupa aussi de réforme des finances et, à la fin de sa vie, proposa au roi un impôt nommé la « dîme royale », qui devait être payée par tous, nobles, prêtres et roturiers; son Mémoire fut violemment combattu.

\*\ **VAUCANSON** (Jacques). Illustre mécanicien, né à Grenoble, le 24 février 1709, mort à Paris, le 21 novembre 1782. Vaucanson était le fils d'un gantier de Grenoble et ainsi que l'a démontré M. Isidore Hedde, dans ses remarquables *Etudes séritechniques sur Vaucanson*, il n'avait, au moment de sa naissance, aucun droit à la particule que lui ont généreusement accordée, sans explications et sans preuves à l'appui, la plupart de ses biographes. Cette préposition, considérée comme qualification nobiliaire, se place ordinairement à la suite du nom propre, devant un nom de terre, et Vaucanson est un nom propre, celui du père et de la famille paternelle du mécanicien dauphinois. Le nom lui-même a varié dans la manière dont il a été orthographié. Au bas d'une lettre, datée de 1735, écrite par l'auteur du *Joueur de flûte*, on lit *Vocanson*, et le même nom figure, sous cette forme, sur l'acte de naissance conservé aux archives de l'ancienne capitale du Dauphiné. La seconde forme, *Vaucanson*, dont usa, plus tard, exclusivement, le célèbre inventeur, est aujourd'hui généralement adoptée; c'est la seule qu'on retrouve dans les actes de l'Académie des sciences et toujours précédée de la particule. Condorcet, dans l'Eloge qu'il prononça de son collègue, l'année même de sa mort, le qualifie ainsi : « Jacques de Vaucanson, pensionnaire mécanicien de l'Académie des sciences ».

L'auteur de cet Eloge, dans un aimable récit, fait connaître dans quelles circonstances, toutes fortuites, se révéla presque subitement l'étonnante aptitude de Vaucanson pour la mécanique :

« Il faisait ses études au collège des jésuites, dit Condorcet, et sa mère, femme d'une piété sévère, ne lui permettait d'autre dissipation que de l'accompagner le dimanche dans un couvent, chez deux dames qu'un zèle égal au sien pour les exercices de dévotion, liait avec elle. Pendant ces pieuses conversations, le jeune Vaucanson s'amusait à examiner, à travers les fentes d'une cloison, une horloge placée dans la chambre voisine; il en étudiait le mouvement, s'occupait à en deviner la structure et à découvrir le jeu des pièces dont il ne voyait qu'une partie; cette idée le poursuivait partout; enfin, un jour, au milieu de la classe, dont ses distractions l'empêchaient souvent de suivre les travaux, il saisit tout à coup le mécanisme d'échappement qu'il cherchait vainement depuis plusieurs mois, et il éprouva, pour la première fois, ce plaisir si vif et si pur, qui serait le premier de tous si la nature n'avait attaché aux bonnes actions des charmes encore plus touchants. »

Au sortir du collège, Vaucanson se rendit à Lyon, où il visita avec soin les manufactures déjà nombreuses dans cette cité active, et où il imagina une machine hydraulique destinée à donner de l'eau à tous les quartiers de la ville. Quoique l'édilité eût fait appel, pour cet objet, à tous les mécaniciens, Vaucanson n'osa pas proposer sa machine; ce qu'il avait déjà vu lui ayant démontré qu'il lui restait encore de nombreuses connaissances à acquérir pour entreprendre et construire des appareils mécaniques, aussi compliqués que celui qu'il avait en vue, avec la certitude du succès.

Il vint alors à Paris, où il s'aperçut non sans surprise, et sans plaisir sans doute, que l'appareil élévatoire de la *Samaritaine*, reconstruit nouvellement et existant alors sur le Pont-Neuf, était à peu près semblable, dans ses rouages essentiels, à la machine dont il n'avait osé présenter les plans aux édiles lyonnais. Cette coïncidence lui donna une confiance plus grande dans son génie mécanique et ce fut alors qu'il conçut et exécuta successivement, à l'imitation des êtres animés, les automates dont les noms furent dès lors inséparables du sien.

— V. Automate.

« Ces machines, dit M. de Condorcet, étaient des preuves suffisantes du génie de l'inventeur, et il ne restait plus à désirer aux hommes éclairés que de le voir en faire un usage utile. »

Son nom avait acquis déjà une certaine célébrité, lorsque le roi de Prusse, Frédéric II, chercha à l'attirer auprès de lui; mais, Vaucanson, résolu à consacrer ses talents au service de son pays, refusa les offres du souverain étranger, et le cardinal de Fleury, instruit de cet acte de patriotique désintéressement, lui confia l'inspection des manufactures de soie du royaume. Les moyens de perfectionner les procédés jusque là en usage dans les préparations que doit subir la soie avant le tissage, devinrent dès lors le principal objet des recherches de Vaucanson, et ces recherches eurent de leurs premiers résultats l'invention du moulin à organsiner la soie et de la chaîne sans fin qui porte le nom de son auteur.

Vaucanson fut appelé à l'Académie en 1746, et, depuis cette époque jusqu'au 21 novembre 1782, date de sa mort, il donna, dans les recueils de la compagnie, divers Mémoires sur son moulin à organsiner la soie, ainsi que la description de quelques autres mécanismes.

Il est à remarquer que M. de Condorcet, dans l'Éloge, d'ailleurs si remarquable, de Vaucanson, en énumérant les inventions de son illustre collègue, ne parle que très incidemment de celle qui est considérée, de nos jours, comme la principale, de son métier à tisser les façonnés, origine du métier qui porte le nom de *Jacquard*; cette machine, destinée à produire une révolution complète dans le tissage des étoffes de soie, de laine, de coton et de fil, était d'abord, comme on sait, mise en action par un manège que faisait mouvoir un bœuf ou un âne.

« M. de Vaucanson, dit M. de Condorcet, ne regardait ce métier que comme une plaisanterie »; et il lui donne pour origine un sentiment de représailles, assurément bien scientifique, inspiré à son inventeur, par la manière dont l'avaient accueilli les ouvriers tisseurs lyonnais, qui l'avaient injurié, chansonné et même poursuivi à coups de pierres, lui attribuant l'intention, probablement exacte, de chercher à simplifier les métiers.

Le métier à tisser construit par Vaucanson, tout au moins sous ses yeux et sa direction immédiate, existe encore au Conservatoire des Arts et Métiers, mais privé de l'appareil qui permettait au moteur animé de le mettre en mouvement, ce qui a fait révoquer en doute, par quelques-uns, l'existence de cet appareil, malgré de nombreux témoignages contemporains. Ce métier est placé dans les collections du Conservatoire, dans la même salle que divers autres mécanismes du même genre, antérieurs ou postérieurs, avec lesquels cette juxtaposition permet de le comparer facilement.

Il peut être considéré, dans quelques-unes de ses dispositions, comme le perfectionnement d'un métier automoteur (c'est-à-dire supprimant la tire des lisses), beaucoup plus ancien, et dont l'inventeur était le comte de Gennes. Ce précurseur de Vaucanson, qui a laissé un nom comme marin, grâce à l'aventureuse hardiesse de quelques-unes de ses entreprises, serait probablement tout à fait inconnu comme mécanicien, sans un passage du Père Labat, qui parle de lui dans son *Nouveau voyage aux îles françaises de l'Amérique*.

Il est probable, sans que le fait soit absolument démontré, que Vaucanson, dans ses inventions relatives à la fabrication des étoffes de soie, s'inspira des œuvres de ses devanciers, de celles du comte de Gennes, comme de celles de Bouchon, de Falcon, d'autres encore peut-être ; mais ses inventions ou ses perfectionnements eurent un caractère spécial; on a fait autrement, on n'a pas fait mieux que lui. On peut invoquer, à ce propos, le témoignage de M. Michel Alcan, en son vivant professeur de filature et de tissage, au Conservatoire des Arts et Métiers de Paris : « Est-il un seul métier mécanique, parmi ceux qui sont connus aujourd'hui, dit-il dans son *Essai sur l'industrie des matières textiles*, qui pourrait mieux remplir toutes les conditions exigées pour produire une bonne étoffe, que le métier de Vaucanson ? »

Cette appréciation de l'éminent professeur vient, dans son ouvrage, à la suite de la citation de l'article du *Mercure de France* du mois de novembre 1745, donnant la description, faite par un témoin oculaire, du mécanisme, alors tout nouveau, du métier de Vaucanson. « M. de Vaucanson, si célèbre dans la mécanique, disait le rédacteur, vient de mettre au jour une vraie merveille de l'art, dans un objet de grande utilité. C'est une machine avec laquelle un bœuf ou un âne font des étoffes bien plus belles et plus parfaites que les meilleurs ouvriers en soie. » Ce métier, réparé depuis par Marin, habile mécanicien lyonnais, que le général Morin, ancien directeur du Conservatoire des Arts et Métiers, avait appelé à Paris dans le but de lui confier la restauration de diverses machines, est celui que l'on voit exposé dans les galeries du Conservatoire et dont nous venons de parler assez longuement.

En 1775, Vaucanson avait loué l'hôtel de Mortagne, situé rue de Charonne, et, dans ce local assez vaste, il avait formé une collection de machines; ouvrant, à certains jours, les portes des salles qui les contenaient, et donnant lui-même, aux personnes qui les demandaient, les explications nécessaires pour faire comprendre le mode de leur construction, leur objet et leur utilité.

A sa mort, arrivée en 1782, il chargea, par son testament, sa fille, mariée au marquis de Salvert, et à laquelle il laissait, d'ailleurs, une fortune relativement considérable, de présenter au roi Louis XVI l'hommage et le legs qu'il lui faisait de toutes les machines existant dans ses ateliers et réunies par ses soins. Louis XVI accepta la donation et, le 2 août 1783, le contrôleur général des finances, Joly de Fleury, adressait au roi un Mémoire dans lequel cette acceptation est constatée, en même temps que son auteur expose, d'après les idées et les projets de Vaucanson, le plan d'un établissement public destiné à « encourager ceux qui se sentent du goût et du talent pour l'invention des machines et à exciter les capitalistes à former des spéculations sur le produit des machines nouvelles ». Cette pièce existe dans les archives du Conservatoire des arts et métiers, où elle est précieusement conservée comme la charte de fondation de ce magnifique et utile établissement. Conformément aux propositions formulées dans ce Mémoire, l'hôtel de Mortagne, acquis au prix de 110,000 livres, servit de dépôt aux collections léguées à l'État par Vaucanson, qui s'augmentèrent, successivement, d'un certain nombre de machines nouvelles, de 1783 à 1792, sous l'administration de Van der Monde, membre de l'Académie des sciences, qui en fut le premier conservateur. En l'an VIII, lorsque le Conservatoire des arts et métiers, créé depuis six ans par décret de la Convention, fut définitivement installé dans les bâtiments du prieuré de Saint-Martin-des-Champs, la collection de l'hôtel de Mortagne et celle qui avait été formée à l'hôtel d'Aiguillon par ordre de la Convention, furent remises au nouvel établissement et formèrent le premier fonds de ses machines et outils.

Vaucanson peut donc être considéré, à juste titre, comme l'ont dit, en deux circonstances solennelles, deux des directeurs du Conservatoire des arts et métiers de Paris, le général Morin et le colonel Laussédat, comme le vrai fondateur des riches collections aujourd'hui installées dans l'ancien prieuré.

Outre une importante collection de dessins, au nombre de 2,651, quelques-uns originaux, les autres réunis par Vaucanson, ayant trait à ses propres inventions et à celles de ses contemporains, et conservés au Portefeuille industriel du Conservatoire, on remarque, dans les collections, les objets suivants, imaginés ou construits par Vaucanson lui-même, ou sous sa direction immédiate, dans ses ateliers :

Trois machines, de modèles différents, à fabriquer la chaîne qui porte son nom; un tour en fer pour tourner les cylindres métalliques; la copie d'un tour construit dans ses ateliers; le modèle d'un moulin à organiser dans tous ses détails, modèle exécuté dans ses ateliers en 1751; une grue servant à charger, à décharger et à peser

les fardeaux (1763); deux machines à percer, à l'archet, à des distances régulières; une machine à couper les pignons; un vilebrequin d'encoignure; un morceau d'étoffe façonnée, exécuté par Vaucanson sur son métier; ce métier lui-même; un modèle réduit du même métier, par Marin.

La Bibliothèque du Conservatoire des arts et métiers possède un exemplaire d'une double plaquette en français et en anglais, avec gravures, probablement très rares dans cet état, donnant la description du mécanisme du *Flûteur automate*, du *Canard artificiel* et du *Joueur de flûte et de tambourin*; Paris, Guérin, 1738; Londres, Parker, 1742; et qui se vendait aussi « dans la salle des dites figures automates ».

Dans les derniers jours de sa vie, en proie à de cruelles souffrances, Vaucanson s'occupait encore de faire exécuter, en bois, une partie des pièces qui formaient son moulin. « Dépêchez-vous, disait-il aux ouvriers chargés de ce travail, je ne vivrai peut-être pas assez pour exposer mon idée en entier ».

« Enfin, dit M. Condorcet, dans l'Eloge déjà cité, il termina sa vie et ses souffrances le 21 novembre 1782, laissant un nom qui sera longtemps célèbre, chez le vulgaire par les productions ingénieuses qui furent l'amusement de sa jeunesse, et, chez les hommes éclairés, par les travaux utiles qui ont été l'occupation de sa vie. » — FR. F.

\* **VAUDOYER** (LÉON). Architecte, fils de Thomas Vaudoyer, membre de l'Institut, né à Paris en 1803, mort en 1872, fut élève de son père et de Hippolyte Lebas. Prix de Rome, en 1826, il fit des envois remarqués, notamment les temples de Vénus et de Rome (1830), qui ont figuré à l'Exposition universelle de 1855, et, encore élève, obtint, au concours, le prix pour un monument à élever au général Foy; ce fut son père qui surveilla les travaux de construction. Malgré ces succès, il ne fut chargé d'aucune commande officielle et fut réduit à des travaux de construction pour des particuliers qui, d'ailleurs, mirent le sceau à sa réputation; de son atelier sont sortis d'excellents élèves, Davioud, Espérandieu, Renaud, etc. Enfin, en 1845, on lui confia l'achèvement du Conservatoire des arts et métiers, et la restauration du prieuré de Saint-Martin-des-Champs, qui lui était contigu. Il transforma, avec une habileté remarquable, cette ancienne abbaye, et sut y ménager l'installation toute différente qui lui était demandée sans en changer le caractère; en 1854, il commença les travaux de la cathédrale de Marseille, conçue dans le style roman-byzantin, et qui est son œuvre principale; il n'a pu la voir achevée, et c'est son élève, Espérandieu, qui y a mis la dernière main. Membre de la Commission des monuments historiques, architecte des portes Saint-Martin et Saint-Denis, il était officier de la Légion d'honneur depuis 1855, à la suite de l'Exposition universelle, où il avait remporté une première médaille, avec de belles études sur la Renaissance française à Orléans et aux environs. Il avait été élu à l'Académie des Beaux-Arts, en 1868, en remplacement de son maître Lebas.

\*VAUQUELIN. Célèbre chimiste, né en 1763, à Saint-André d'Hébertot (Calvados), mort au même lieu, en 1829. Il entra comme garçon de laboratoire chez un pharmacien de Rouen qui fit un crime à cet enfant de son désir de s'instruire. Le jeune Vauquelin quitta bientôt ce maître pour se rendre à Paris où il arriva sans ressources, tomba malade et fut transporté à l'hôpital. A sa sortie, il se trouvait sur le pavé de Paris, mourant de faim, et tout en pleurs, lorsqu'un pharmacien, nommé Cheradame, le recueillit et l'installa dans son laboratoire. Cet homme de cœur lui donna des leçons. Frappé de la vive intelligence de son élève, il parla de lui à Fourcroy, son parent. L'illustre chimiste, voyant l'aptitude et l'attention que Vauquelin apportait à ses leçons, déclara qu'il y avait en lui une destinée scientifique; il lui ouvrit sa maison et lui assura son existence par une petite pension. Sous un tel maître, Vauquelin fit de si rapides progrès que Fourcroy ne tarda pas à l'associer à ses travaux. Reçu pharmacien après quelques années d'étude, Vauquelin obtint, en 1792, la direction de l'officine de Goupil, puis fut nommé inspecteur de l'hôpital militaire de Melun. Lors de la réorganisation des Ecoles, il fut nommé inspecteur et professeur de docimasie à l'Ecole des mines, puis professeur-adjoint de chimie à l'Ecole polytechnique. Sa réputation était faite; l'Institut lui ouvrit ses portes. En 1801, il remplaça Darat au Collège de France, fut nommé essayeur des monnaies d'or et d'argent et chevalier de la Légion d'honneur. La mort de Brongniart, survenue à cette époque, laissa libre la chaire de chimie appliquée aux arts; Vauquelin y fut nommé par l'Institut, à l'unanimité des voix. En 1809, Fourcroy mourut; sa place de professeur de chimie à la Faculté de médecine devint vacante; Vauquelin fut proposé. Malheureusement, il n'avait pas le titre de docteur exigé pour la circonstance. Néanmoins, ses remarquables travaux en médecine et la thèse brillante qu'il soutint sur la matière cérébrale dans l'homme et les animaux, lui valurent le doctorat et la chaire. Après douze mois, cette chaire lui fut retirée, sous le ministère Villèle. En 1820, il fut nommé membre de l'Académie de médecine; en 1827, il fut élu député par le collège de Lisieux.

Il était arrivé au faîte de sa gloire lorsqu'il mourut, en 1829. Ses cours ont formé Chevreul, Orfila, Payen. Ses recherches d'analyse immédiate, où il excellait, ont ouvert la voie à Pelletier, à Robiquet, etc.; dans l'analyse des minéraux, associé à Fourcroy et Haüy; il signala un des premiers de nouvelles substances élémentaires. Ses découvertes principales sont, en 1798, celles du chrome et de la glucine. Il rendit d'importants services à l'hygiène et à l'industrie, ainsi qu'à la physiologie, à la médecine légale et à l'économie domestique.

Les travaux de Vauquelin sont très nombreux. Ils comprennent plus de 250 Mémoires, dont 60 en collaboration avec Fourcroy, sur presque toutes les branches de la science. Ces travaux ont été insérés dans les *Annales de chimie*, le *Journal de* physique, l'*Encyclopédie méthodique*, le *Recueil de l'Académie des sciences*. Il n'a publié séparément que le *Manuel de l'essayeur*, in-8°, 1812.

\*VECHTE (ANTOINE). Ciseleur et orfèvre, né à Vire-sous-Bil (Côte-d'Or), en 1799, mort en 1868; fut orphelin de bonne heure, et entra chez un bronzier. Ardent à s'instruire, à voir au delà du travail mécanique auquel il était réduit, il travailla avec opiniâtreté, dessinant, modelant, lisant beaucoup l'histoire et les poètes. Pendant longtemps il produisit des œuvres remarquables, auxquelles, dans sa modestie, il n'attachait qu'un prix dérisoire, mais dont le style était si pur que les marchands les vendaient pour des Benvenuto Cellini authentiques. Vechte ayant découvert cette fraude par hasard, se fit connaître, signa toutes les productions sorties de ses mains, et parvint rapidement à la réputation. Un vase d'argent repoussé, commandé par le duc de Luynes : *Neptune et Galathée entourés de tritons et de sirènes*, assura définitivement son succès. Dès lors les commandes affluèrent à son atelier. En quelques années il donna plusieurs chefs-d'œuvre véritables : l'*épée du comte de Paris* (1838), sur les dessins de Klagmann; les *Centaures et les Lapithes*, aiguière; les *Vices de l'homme et les passions vaincues*, vase en argent repoussé; l'*Harmonie dans l'Olympe*, coupe exposée en 1848, qui lui valut une grande médaille d'or et la croix de la Légion d'honneur; une autre belle coupe pour M. de Vandœuvre. Une œuvre remarquable, et qui fit aussi grand bruit, fut la statuette de la *baronne Nathaniel de Rothschild*, à cheval. Le baron, ravi de l'habileté d'exécution de cette statuette, commanda deux grands bouts de table, le *Jour et la Nuit*, qui ne furent jamais exécutés, et qui amenèrent entre le baron et Vechte des tiraillements d'autant plus regrettables, qu'ils engagèrent Vechte, ennuyé de ces difficultés, à accepter les offres tentantes d'une maison anglaise, et à ne plus travailler à son compte. Il resta en Angleterre pendant dix ans, et y exécuta des merveilles : l'*Amour et Psyché*; le *Combat des dieux et des géants* (vases); le *Massacre des Innocents* et l'*Apothéose de Milton* (boucliers); le dernier exposé en 1855, au Palais de l'industrie, reçut la grande médaille d'honneur. Revenu en France, Vechte envoya à l'Exposition de Londres (1862), un vase en argent commandé par l'Etat, représentant la *Création*, et enfin, à l'Exposition universelle de 1867, on put admirer une œuvre hors ligne : une couverture en platine pour une bible appartenant au duc d'Aumale, et représentant la *Vierge entourée des quatre évangélistes*. La modestie de Vechte nuisit toujours à sa popularité, mais il est considéré à juste titre comme un des maîtres les plus originaux et les plus puissants de l'orfèvrerie contemporaine, et celui peut-être dont l'influence fut la plus féconde.

VECTEUR. *T. de géom.* Se dit des rayons qui joignent un point fixe, foyer ou pôle, aux divers points d'une courbe. — V. RAYON, § *Rayon vecteur.*

VEILLEUSE. Petite lampe qu'on laisse brûler la nuit dans une chambre à coucher pour y répandre une faible clarté ; elle est ordinairement constituée par une petite mèche de coton ciré, baignant dans l'huile et émergeant par son extrémité supérieure d'un flotteur entouré d'un disque d'argile moulé ou d'un petit godet métallique ; outre qu'une veilleuse peut servir à maintenir à une température convenable des tisanes ou potions pendant la nuit, on a pensé que le niveau de l'huile baissant au fur et à mesure de sa consommation, on pourrait à l'aide d'un flotteur et d'un contrepoids, mettre en mouvement la sonnerie d'un réveil-matin ; on est ainsi arrivé à fabriquer des *veilleuses à réveil.*

**VEINER.** *T. techn.* Faire l'opération du *veinage,* c'est-à-dire imiter par les couleurs, les veines du bois et de certaines pierres. — V. COLORATION DES BOIS, § *Coloration chimique.*

\* **VEINETTE.** *T. techn.* Brosse à l'usage du peintre décorateur pour imiter les veines du bois.

**VÉLIN.** Nom du beau parchemin préparé avec la peau des veaux de lait. — V. PARCHEMIN. ‖ *Papier vélin.* Papier de qualité supérieure, imitant la blancheur et l'uni du vélin, et qu'on emploie pour les éditions de luxe. ‖ *Relié en vélin.* Se dit d'un livre relié en veau.

\* **VÉLOCIMÈTRE.** Appareil employé en balistique pour la mesure des vitesses. Il se compose d'un ruban d'acier entraîné par l'affût dans son recul ; ce ruban est recouvert de noir de fumée, en regard vibre un diapason armé d'une plume métallique qui laisse sur cette surface noircie des traces sinusoïdales, à l'aide desquelles on peut apprécier des temps excessivement petits.

Le vélocimètre permet de connaître à la fois les durées du trajet du projectile, et la loi du mouvement de recul de l'affût, loi d'où l'on peut déduire les pressions développées par les gaz dans l'âme de la bouche à feu.

**VÉLOCIPÈDE.** Sorte de véhicule sur lequel on se place, et que l'on met en mouvement à l'aide de pédales.

— C'est en 1816, que le baron Drais de Saverbrun, inventa la monture qui a donné naissance au bicycle actuel et qui fut baptisée des noms de *draisienne* et de *célérifère* ; cet instrument, d'abord très grossier, se composait de deux roues d'égale diamètre, reliées par une traverse en bois sur laquelle le cavalier se plaçait à cheval, et c'est en frappant le sol alternativement avec l'un et l'autre pied qu'il arrivait à imprimer au véhicule une vitesse très considérable, disent les chroniques du temps. Cette machine fit fureur à l'époque, la traverse servant de selle fut remplacée par un siège représentant le corps d'un cheval, d'un cerf, les monstres les plus bizarres, et plus tard, la tête de l'animal supporta une tige en forme de T qui servit en même temps de gouvernail et de point d'appui au cavalier. Mais le célérifère, ne pouvant guère être utilisé qu'en terrain horizontal ou dans les pentes douces, semblait être abandonné, quand, en 1855, un français, nommé Michaux, serrurier en voiture à Paris, eut l'ingénieuse idée d'adapter au moyeu de la roue de devant, des manivelles coudées pour servir de pédales et permettre de faire avancer le vélocipède sans mettre les pieds à terre ; à partir de cette époque, les progrès de fabrication se succédèrent rapidement ; le fer, puis l'acier remplacèrent bientôt le bois, et vers 1870 on ne fit plus usage

que de roues en fil de fer montées en tension, beaucoup plus légères, et sur lesquelles on appliqua successivement des bandages d'étoffe, de cuir et enfin de caoutchouc donnant prise sur le sol à la machine et amortissant son ferraillement sur le pavé.

Les vélocipèdes fabriqués actuellement se divisent en *bicycles ordinaires, bicyclettes* et *tricycles* de différents types.

Le bicycle ordinaire se compose d'une grande roue motrice et directrice dont l'axe porte les manivelles et les pédales ; cette roue supporte, sur son essieu, une fourche tubulaire surmontée d'une tête portant le gouvernail armé de poignées et, dans cette tête, vient s'emboîter un pivot qui termine un grand tube recourbé dont l'autre extrémité est munie d'une petite roue de 40 centimètres de diamètre environ ; c'est sur ce tube, appelé *corps de bicycle,* que se fixent le ressort et la selle, de façon à maintenir le centre de gravité du cavalier sur une verticale située entre les deux roues, et à 5 ou 10 centimètres du centre de la grande.

De tout temps, l'attention des constructeurs s'est portée plus particulièrement sur les moyens d'augmenter la stabilité des bicycles, ce problème a trouvé sa solution dans le principe de construction de la bicyclette ; celle-ci diffère complètement du grand bicycle, elle a deux roues égales, de 75 centimètres de diamètre environ, reliées entre elles par un bâti qui porte la selle et l'axe des pédales. L'effort exercé sur ces pédales est transmis à la roue de derrière, qui est toujours motrice, par une chaîne et deux engrenages multiplicateurs, calculés pour obtenir une vitesse égale à celle d'un bicycle à grande roue. Le poids du bicycliste porte principalement sur la roue motrice, de sorte que la culbute en avant, par dessus la directrice, est absolument impossible, et les chutes de côté ne sauraient non plus se produire, puisque les pédales fonctionnent à quelques centimètres seulement du sol.

Le tricycle est un vélocipède à trois roues disposées en triangle, et dont la forme du bâti varie à l'infini. Une ou deux de ces roues sont motrices et actionnées, soit au moyen d'un essieu à double manivelle, soit à l'aide de dispositions plus complexes, chaînes sans fin, engrenages ou leviers ; la troisième roue, plus petite, située en avant ou en arrière, peut servir à donner la direction par l'engrènement d'un pignon d'acier et d'une crémaillère ; mais, dans certains types, où elle est toujours placée en arrière, elle n'a pour but que de donner de la stabilité, tandis que la direction s'obtient à l'aide d'une barre d'appui transversale servant à faire dévier à volonté les deux roues motrices.

Les bâtis de ces vélocipèdes sont actuellement construits en tubes d'acier, étirés à froid, brasés et assemblés très solidement avec des pièces en acier forgé et coulé. Tous les frottements sont généralement sur billes ; l'essieu reçoit le mouvement de rotation des manivelles par l'intermédiaire d'un mouvement différentiel qui, tout en actionnant simultanément les deux grandes roues, leur permet, dans les virages, de décrire leur cercle respectif sans aucun glissement ou ripage; le frein est ordinairement à poulie et agit à la fois sur les deux roues motrices, de façon à ne pas modifier ou fausser la direction.

On fait aussi des tricycles, dits *sociables*, à deux, trois et même quatre personnes; quelques-uns sont *convertibles*, c'est-à-dire qu'ils peuvent se transformer à volonté en tricycle à une seule personne.

De nombreux brevets ont été pris pour des systèmes variés de moteurs applicables au tricycle : moteurs à vapeur, à ressort, électriques, à air comprimé; mais aucun jusqu'à ce jour, n'a donné de résultats que l'on puisse considérer comme satisfaisants; ce problème se résume à trouver l'emmagasinage, sous un petit volume, d'une grande force (électricité ou air comprimé) qui permettra, à l'aide de réservoirs pleins, placés d'avance sur le parcours des excursionnistes, de renouveler la force motrice après épuisement.

Grâce à la série de perfectionnements apportés dans la construction des vélocipèdes (jantes et fourches creuses), on est arrivé à fabriquer des bicycles de route du poids de 16 kilogrammes, et des tricycles du poids de 28, et cela sans compromettre la solidité ni la rigidité de ces machines; pour les instruments de course, on a même été plus loin, et il existe des bicycles pesant 9 kilogrammes, et des tricycles de 16 kilogrammes seulement.

**VELOURS.** *T. de tiss.* Les velours sont des étoffes dont la surface est recouverte par un poil court et serré qui cache plus ou moins complètement un tissu continu qui leur sert de fond ou de soubassement. On les fabrique actuellement en toutes sortes de matières, et on les emploie pour des usages variés. Les velours de soie ont à peu près disparu du costume des hommes, pour lesquels ils furent très recherchés autrefois, mais ils jouent encore un rôle important dans le vêtement des dames, robes de cérémonies, vêtements et ornements de toutes sortes. Ils entrent concurremment avec ceux de laine, de jute ou de lin, dans la décoration des appartements, comme tenture, etc. Les velours de laine sont encore employés pour l'ameublement, la carrosserie et dans certaines pièces de machines. Les moquettes pour tapis, ont leur poil en laine pris dans un tissu de fond en lin. Les velours de coton servent à la confection de vêtements de chasse ou de travail pour hommes.

— La fabrication des velours de soie prit naissance aux Indes, et fut connue dès une époque très reculée. Ce n'est qu'au moyen âge qu'elle pénétra en Europe, où des fabriques se créèrent en Italie, à Lucques, Florence, Milan et Gênes. La première manufacture s'établit, en France, sous le règne de François 1er, à Lyon qui est encore aujourd'hui, comme à Créfeld, en Allemagne, le principal centre de cette industrie. Les velours de fantaisie, ainsi que les velours de laine, lin et jute, se fabriquent dans divers centres, notamment dans le Nord, à Roubaix, Lille, etc. Les velours de laine pour ameublement et les moquettes pour tapis, ont leurs principaux centres de fabrication, en France, à Aubusson, Tourcoing et Amiens. Les velours de coton sont d'origine anglaise et

se fabriquent principalement à Manchester, ainsi qu'à Amiens, en France.

TECHNOLOGIE DES VELOURS. Les velours sont toujours constitués par un tissu de fond, régulier et continu, entre les fils ou les duites duquel sont pris et solidement liés les aigrettes du poil, lesquelles sont fournies tantôt par une chaîne, tantôt par une trame spéciale, que l'on coupe soit au fur et à mesure du tissage, soit après la fabrication de l'étoffe. On distingue par suite deux genres de velours : les *velours par la chaîne* et les *velours par la trame*.

Les procédés du tissage par la chaîne sont généralement employés lorsque le poil est en soie (V. SOIERIE), en laine, en lin ou jute; les velours de coton sont produits au contraire par la trame.

*Velours par la chaîne.* En principe, la fabrication des velours par la chaîne nécessite deux chaînes, formées, la première par les fils de fond, et la seconde par les fils de poil. Le tissage s'opère en passant d'abord deux ou plusieurs duites de fond, qui se lient à la fois avec les deux chaînes, puis un *fer*, c'est-à-dire une petite tringle de fer ou de laiton, sur laquelle on fait lever les fils du *poil* en laissant baissés tous les fils de fond. On continue à procéder de la même manière jusqu'à ce qu'il y ait un certain nombre de fers engagés dans le tissu. En retirant alors simplement les premiers fers passés il reste à la surface de l'étoffe de petites boucles formées par les fils de poil qui avaient été relevés sur eux, et l'on obtient un *velours bouclé* ou *frisé* ou *épinglé*. Si, au contraire, on coupe, au moyen d'une sorte de petit rabot, ces boucles au sommet du fer, elles s'ouvrent et s'épanouissent en aigrettes par suite de la séparation des fibres textiles qui constituaient le fil de poil, et l'on obtient un *velours ordinaire* ou *velours coupé*. Dans le premier cas, on fait usage de fers cylindriques; dans le second les fers sont

Fig. 693. — *Velours épinglé.*

plats, et présentent à leur partie supérieure une rainure destinée à guider la lame du rabot pendant la coupe. Les figures 693 et 694 rendent compte de cette fabrication, en représentant la marche d'un fil de poil à travers les duites et les fers.

Fig. 694. — *Velours par la chaîne, coupé.*

Les velours unis peuvent s'établir de manière à ce que les aigrettes de poil se produisent par lignes régulières. Les fils de fond sont alors ourdis sur un premier rouleau d'ensouple, et les fils de poil, moitié moins nombreux, sur un second. Le *remettage* (V. ce mot et TISSAGE) se fait sur deux corps, le premier de quatre lames et le second de deux, en alternant deux fils de fond et un fil de poil, et le tissage par trois duites et un coup de fer. L'armure de fond doit être combinée de manière à ce qu'elle rapproche fortement les deux duites entre lesquelles s'échappent les aigrettes de poil; à cet effet, on les maintient dans le même pas d'une armure qui, comme le montre la figure 695, serait une toile dont on aurait doublé l'un des pas. Les fils 1, 3, 4 et 6 appartiennent à la chaîne de fond, 2 et 5 sont des fils de poil. Les trois premières duites sont fournies par la trame de fond, la quatrième représente le *coup de fer*.

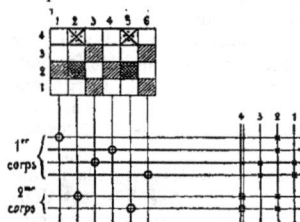

Fig. 695. — *Tissage d'un velours par la chaîne.*

Souvent on contre-semple les aigrettes de poil, en faisant lever les poils des rangs impairs sur le premier fer et ceux de rangs pairs sur le second, mais alors, en raison de l'absorption inégale de ces fils, il faut partager la chaîne de poil sur deux rouleaux d'ensouple, le premier fournissant les fils impairs et le second les fils pairs, la chaîne de fond restant, comme dans le cas précédent, ourdie sur un rouleau spécial. On fait généralement alors alterner un fil de fond et un poil, et on opère le tissage par deux duites et un coup de fer, l'armure du fond est un gros de tours comme l'indique la figure 696.

La nature des fils employés à la fabrication de ces velours peut être la même ou varier pour les différents éléments qui les composent. Pour les velours d'Utrecht, dont on fait fréquemment usage pour l'ameublement, la chaîne de fond est en lin, celle de poil en laine ou poil de chèvre et la trame est en coton. Les velours de soie se font souvent avec une trame en coton, etc.

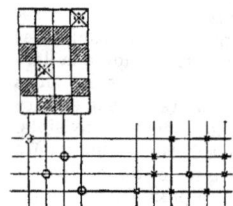

Fig. 696. — *Velours à poils contre-semplés.*

La contexture des velours offre de nombreuses ressources au tissage, et permet d'obtenir des étoffes d'aspects très variés. Les combinaisons de couleurs et de réductions ont ici les mêmes effets que dans les étoffes ordinaires, et, en outre, les dimensions des fers dont on fait usage permettent d'obtenir des velours à poil plus ou moins haut, qui prennent le nom de *peluche* lorsqu'ils atteignent une certaine dimension. Dans un même velours, en variant ou graduant les fers, on détermine des côtes transversales qui peuvent être d'un très bon effet. De plus, les velours peuvent être combinés avec d'autres armures, de manière à produire, sur un fond uni des dessins veloutés de toutes sortes. Il suffit pour cela de ne faire lever les poils sur les fers qu'aux endroits où le velouté doit se produire, en réglant, dans les autres parties, leurs liages avec les duites d'après une armure lisse convenablement choisie, satin ou autre. Il est évident que, dans l'exécution de ces tissus,

il faut faire usage de mécaniques Jacquard pour actionner au moins les fils de poil, mais il faut, en outre, avoir soin de ne réunir sur une même ensouple que ceux qui ont même évolution par rapport aux fers; cela conduit généralement à remplacer les ensouples qui seraient trop nombreuses par des bobines disposées dans un cadre ou *cantre* établi en arrière du métier à tisser. Tantôt il y a autant de ces bobines, que de fils de poil, chacune d'elles n'ayant alors qu'un fil, tantôt, lorsque le même dessin se reproduit plusieurs fois dans la largeur de l'étoffe, le nombre des bobines est égal à celui des fils de poil que contient un dessin ou un rapport-chaîne, et chacune d'elles porte autant de fils qu'il y a de répétitions du dessin; les fils qui partent de ces bobines sont dirigés et conduits à la place qu'ils doivent occuper dans la chaîne, par un peigne que l'on place en arrière du corps des maillons.

Lorsque, sur le trajet d'un même fil de poil, le dessin doit présenter différentes couleurs, on remplace, comme dans tous les cas analogues, et comme cela a déjà été dit au mot Moquette, ce fil de poil unique par une série de fils ou *rosée*, ayant chacun l'une des couleurs nécessaires, et à chaque coup de fer l'on y puise le fil ayant la couleur voulue.

Enfin, on peut combiner dans les dessins, des velours coupés avec des velours frisés, ce qui enrichit encore leur aspect. Il faut, dans ce cas, passer successivement les deux fers qui correspondent l'un au bouclé, l'autre au coupé.

On se rend facilement compte, par le rapide exposé que nous en avons fait, des variétés nombreuses de tissus que l'on peut obtenir par les effets de velours, soit dans les ressources qu'ils offrent par eux-mêmes, soit en les combinant entre eux ou avec d'autres armures lisses, taffetas, satins, diagonales, façonnées et brochés, gazes, etc. On peut, en outre, les décorer de broderies variées et riches dont leur aspect velouté et doux rehausse l'éclat.

Les velours par la chaîne s'exécutent pour ainsi dire exclusivement sur métiers à bras, l'ouvrier effectuant la coupe au fur et à mesure du tissage.

Cependant, on a établi des métiers mécaniques pour le tissage des velours unis, velours d'Utrecht, pannes et certaines moquettes. Les duites de fond y sont lancées à la manière ordinaire, après quoi le fer est automatiquement mis en place, puis retiré lorsque le liage a été convenablement produit par les duites suivantes, en effectuant lui-même la coupe au moyen d'une lame oblique et très tranchante qui le termine. On obtient de bons résultats aussi en tissant à la fois deux pièces superposées. Les chaînes de fond qui leur correspondent sont fournies par deux rouleaux d'ensouples, et tendent à s'écarter un peu l'une de l'autre. Les trames qui tissent avec elles sont complètement distinctes l'une de l'autre, mais la chaîne de poil, dont un appareil spécial déroule chaque fois une longueur convenable, est commune aux deux pièces et va se lier alternativement avec les duites du tissu supérieur et avec celles de la pièce inférieure; les faces veloutées d'endroit et d'envers se produisent l'une contre l'autre. La longueur de la chaîne de poil que l'on déroule règle la hauteur du velouté des pièces. Aussitôt que le tissage est fait, et à mesure que les pièces avancent sous l'action du régulateur, un rabot constamment aiguisé sépare les deux pièces l'une de l'autre en coupant le poil entre elles. La difficulté réside surtout dans la coupe qui produit facilement un poil inégal ou irrégulier.

*Velours par la trame.* Le tissage des velours par la trame offre moins de ressources et n'est guère employé que pour les velours de coton, rarement

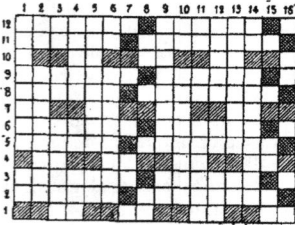

Fig. 697. — *Armure d'un velours à côtes par la trame.*

pour ceux de laine et jamais pour les autres. Il se fait sur métiers mécaniques, et le poil est produit après le tissage par la coupe qui constitue une opération spéciale rentrant plutôt dans l'apprêt que dans le tissage proprement dit.

Les velours par la trame se font avec une seule chaîne ourdie à la manière ordinaire, et quelquefois avec deux trames, l'une pour le fond, l'autre pour le poil, mais plus généralement avec une seule trame qui fournit aussi bien les duites de fond que celles de poil.

Les duites de fond lient la trame suivant une armure régulière, généralement toile ou croisé ou sergé. Celles de poil forment des flottés, qui produisent les aigrettes du velours par suite de la coupe.

Dans les *velours à côtes*, les brides forment des lignes régulières dans le sens de la longueur de la pièce. La figure 697 donne l'armure d'un velours de coton à côtes,

très employé pour costumes de chasse ou de travail. Le fond est un croisé-batavia formé par les duites 1, 4, 7 et 10; le poil est fourni par les autres duites du rapport-trame, qui en contient douze en tout, tandis que le rapport chaîne est de seize fils.

La figure 698 représente l'évolution des duites de poil de ce velours, et montre comment les brides se relèveront pour former les côtes après la coupe qui s'opère en tendant la pièce tissée sur une table, puis en introduisant successivement sous chaque ligne de bride, un couteau C que l'on pousse sur toute la longueur de la tablée. Ce couteau est généralement formé par un fleuret emmanché dans une poignée et dont l'extrémité convenablement aiguisée est munie d'un petit guide

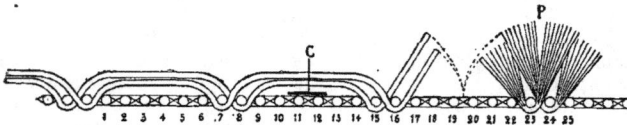

Fig. 698. — *Évolution des duites et coupe d'un velours de coton à côtes.*

qui la dirige sous les brides. Cette opération exige des ouvriers très expérimentés, et est restée, en France, la spécialité de la ville d'Amiens, où l'on envoie à couper et à apprêter tous les velours de coton qui se fabriquent dans les différents centres industriels du Nord, Normandie, Vosges, etc.

Dans l'armure que nous avons indiquée, les côtes sont assez larges, les brides qui les forment ayant flotté sur 6 et 8 fils; on peut les élargir encore ou les rétrécir en augmentant ou en diminuant les longueurs de ces flottés. — V. CANNELÉ, I, et CÔTES.

Les *velours de coton* unis se tissent de la même manière, l'armure de la *velventine* lisse est donnée par la figure 699. Le rapport-chaîne comprend six fils, et le rapport-trame est de huit duites, la première et la cinquième faisant le fond et les autres le poil. La coupe, qui s'effectue d'après les mêmes méthodes que pour les velours à côtes, présente plus de difficulté, parce que les lignes de brides ne sont plus aussi régulièrement disposées. On

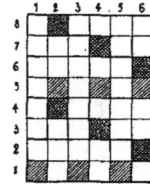

Fig. 699. — *Armure d'un velours uni par la trame.*

coupe d'abord par leur milieu les lignes de brides formées par les duites semblables à la seconde, puis la ligne fournie par les duites conformes à la troisième, et ainsi de suite sur toute la largeur de la pièce. Les aigrettes serrées les unes contre les autres recouvrent alors toute la surface de l'étoffe dont le tissu de fond devient invisible.

On comprend que ce mode de fabrication n'offre pas autant de ressources que le travail par la chaîne, quoiqu'il puisse être possible de combiner les velours avec d'autres armures par bandes longitudinales, ou par bandes transversales de faible largeur. Par contre, on exécuterait facilement des velours à double face ou d'autres effets semblables. — P. O.

* **VELOUTER.** *T. tecin.* Opération qui consiste à feutrer du papier au moyen de poussière de laine. — PAPIER PEINT, § *Papiers veloutés.* || *Tapis veloutés.* — V. TAPIS, § *Tapis français.*

*** VELOUTIER.** *T. de mét.* Ouvrier qui fabrique du velours.

*** VELOUTINE.** *T. de tiss.* Riche étoffe de soie, ordinairement brochée en or ou en argent, que l'on fabriquait autrefois pour l'ameublement ou les robes d'apparat. || Poudre de riz préparée au bismuth, très adhérente à la peau, à laquelle elle donne une sorte de velouté.

*** VÉLUM.** Chez les Romains, c'était un rideau suspendu extérieurement devant une habitation;

de nos jours, on donne ce nom à une grande tente couvrant un vaste espace quelconque.

\*VELVENTINE. *T. de tiss.* Sorte de *velours.* — V. ce mot.

\* VÉNITIEN (Art). On ne peut pas dire qu'il y ait à proprement parler un « art vénitien, » un art ayant des origines, une manifestation, un développement particuliers; néanmoins, placés de bonne heure entre le monde antique civilisé et le monde barbare, maîtres par leurs vaisseaux, de l'Adriatique et de la Méditerranée, les Vénitiens ont été les dépositaires des traditions de l'art, et les ont transmises à la France, à l'Allemagne, à l'Espagne, même à l'Italie redevenue ignorante. On leur a dû, dès les premières années du moyen âge, l'introduction des meubles, des bijoux, des étoffes, des tapis, même des procédés de coloris des Byzantins, sources de l'art décoratif moderne. Ils en ont profité eux-mêmes directement, et tous les produits de leur industrie ont porté, malgré une originalité évidente, un cachet oriental qui les distingue.

L'architecture vénitienne offre bien ce caractère cosmopolite; l'influence arabe n'est-elle pas évidente dans le palais ducal? et l'église Saint-Marc n'est-elle pas inspirée directement des basiliques byzantines? C'est à Venise que les rares artisans d'art, qui existaient encore au début de l'ère nouvelle, demandaient des modèles et des dessins. Les Vénitiens n'avaient pas d'écoles qui leur fussent propres, mais ils étaient les initiateurs de toutes les écoles.

Ce qui leur appartient plus particulièrement, au moyen âge, c'est la mosaïque et la verrerie, surtout la verrerie émaillée en imitation de celle de l'Orient; les ateliers de Murano eurent jusqu'à la fin de la Renaissance une réputation justifiée, qui ne déclina que devant la concurrence des verres de Bohême. — V. VERRERIE.

L'école vénitienne de peinture se ressent du contact de l'Orient, et du passage de toutes ces belles choses sous les yeux du peuple, dont le goût se trouvait insensiblement formé. Les maîtres de cette école, Bellini, Giorgione, le Titien, le Tintoret, Paul Véronèse, sont avant tout coloristes, leur peinture est solide, leur dessin ferme, sans recherche de l'idéal. Paul Véronèse est un des grands artistes de l'Italie; ses œuvres ont une puissance décorative qui n'a peut être jamais été égalée.

De toute cette gloire, il n'est rien resté de durable, et bien avant ses rivales de l'Italie, Venise a perdu son prestige artistique avec ses richesses. Mais on lui doit toujours d'être restée pendant le moyen âge la gardienne fidèle des traditions, et comme le lien qui unissait l'Occident à l'Orient, le nouveau monde à l'ancien.

\* VENT. *T. techn.* Chez les peaussiers l'expression *donner du vent* indique l'exposition de la peau à l'action de l'air, pour faciliter l'évaporation de l'eau qu'elle contient. — V. CHAMOISAGE, § *Vents.* ‖ Sorte de ficelle faite en n° 60.

VENTAIL. *T. d'arm. anc. et de blas.* Partie inférieure de l'ouverture d'un casque, d'un heaume.

\*VENTELLE. On nomme *ventelles* de petites vannes installées sur les portes des écluses pour remplir ou vider le sas. On place ordinairement une ventelle sur la face d'amont de chaque vantail, entre deux potelets verticaux destinés à former les côtés de l'ouverture. Ces potelets s'étendent sur tout l'intervalle des deux entretoises inférieures, et sont fixés par des boulons aux glissières placées de l'autre côté du bordage pour recevoir la ventelle.

Pour la facilité des manœuvres, on construit les ventelles en fer ou en fonte, et les glissières en bronze (V. ECLUSE, fig. 356 et 357). Pour obtenir une ouverture et une fermeture plus rapides, on emploie quelquefois des ventelles, dites à *jalousie*, parce qu'elles sont formées de petites ouvertures étagées que l'on démasque toutes à la fois par un mouvement de peu d'amplitude imprimé à une vanne unique, percée d'ouvertures correspondantes. Ce système présente quelques inconvénients dont il faut tenir compte; il augmente l'influence de la contraction; en développant considérablement les surfaces de contact, il diminue l'étanchéité; enfin il multiplie les chances d'interruption du jeu de l'appareil par l'interposition des corps flottants.

\*VENTELLERIE. Ce mot s'emploie pour désigner l'ensemble des vannes et des ventelles d'une écluse ou d'un barrage de réservoir.

VENTILATION, VENTILATEUR. *T. d'hyg. et de phys. indust.* C'est une opération qui a pour but d'entretenir la pureté de l'air dans un espace déterminé et de pourvoir aux dangers résultant de l'air confiné. L'opération se réduit à une introduction d'air normal dans l'espace clos et à une expulsion incessante de l'air vicié. La ventilation se propose aussi, quelquefois, d'alimenter un espace déterminé d'air frais ou chaud, selon les nécessités de la saison.

L'air est vicié 1° par la respiration et la transpiration de l'homme et des animaux et, dans certaines circonstances, par des émanations méphitiques; 2° par l'éclairage et le chauffage; 3° par les émanations et dégagements de gaz des fissures du sol; 4° enfin, par la décomposition et la fermentation des matières organiques.

L'air normal est composé en volume et en centièmes : de 21 oxygène, 79 azote, avec des proportions variables de vapeur d'eau et d'acide carbonique, la proportion normale d'acide carbonique est de 0,0004 à 0,0006 en poids, soit de 0,0003 à 0,0004 en volume. — V. AIR, ATMOSPHÈRE.

L'homme, par la transpiration pulmonaire et cutanée, expire de 50 à 60 grammes d'eau par vingt-quatre heures; la quantité d'air expirée pendant le même temps est de $7^{m3},92$ ou $0^{m3},33$ par heure, contenant 0,004 d'acide carbonique. Un mètre cube d'air saturé à 15° centigrades renferme environ 13 grammes de vapeur d'eau. Pour sa respiration pulmonaire, un homme sain brûle en moyenne 10 grammes de carbone par heure, ce qui porte la consommation moyenne d'air par heure de 12 à 15 mètres cubes pour les enfants et de 25 à 30 mètres cubes pour les adultes. D'après J.-B. Dumas, le nombre d'expirations est de 16 à 17 par minute, cubant chacune un tiers de litre environ; la proportion d'acide carbonique de cet air étant de 0,04, la production totale serait de 306 litres par vingt-quatre heures ou 13 litres par heure, environ $0^{m3},013$; MM. Andral et Gavarret estiment la production d'acide carbonique d'un homme adulte à $0^{m3},02$ par heure.

Dans l'hypothèse de l'exactitude des calculs de

J.-B. Dumas, la ventilation devra introduire, 18m³,5 par homme et par heure, car l'air entrant avec 0,0003 d'acide carbonique et sortant avec 0,001 de ce même gaz, enlève 0m³,013 de ce produit par heure et par homme ; chaque mètre cube enlevant 0,0007, le volume d'air à fournir sera

$$\frac{0,013}{0,0007}.$$

Selon les calculs de MM. Andral et Gavarret, le volume d'air à introduire par la ventilation sera de $\frac{0,020}{0,0007}=28\text{m}^3,6$ par homme et par heure.

Le général Morin a admis des nombres supérieurs à ceux que nous venons d'indiquer ; M. Lenz admet 30 mètres cubes d'air par heure et par personne pour assurer des conditions hygiéniques convenables.

M. Lenz a donné la formule suivante qui permet de calculer l'état du régime permanent de la ventilation :

$$p=\frac{\mathrm{V}_0}{e^{\theta\frac{v}{\mathrm{V}}}}+\frac{v_1v+nq}{v}\left(1-\frac{1}{e^{\theta\frac{v}{\mathrm{V}}}}\right),$$

$v_0=$proportion d'acide carbonique en volume dans l'air introduit, $p=$proportion d'acide carbonique de l'air expulsé, $\mathrm{V}=$volume de l'espace ventilé, $v=$volume d'air normal introduit par heure, $n=$nombre d'hommes que contient l'espace à aérer, $q=$volume d'acide carbonique calculé par chaque homme en une heure, $v_1=$proportion d'acide carbonique en volume que contient l'air de l'espace à assainir avant le commencement de la ventilation, $\theta=$nombre d'heures de la ventilation.

De cette formule, on tirera $v$, quand $p$ sera donné ; la quantité d'air à fournir par homme et par heure sera $\frac{v}{p}$ ; quand $\theta$ tend vers l'infini, la valeur de $p$ tend vers la limite

$$p=\frac{v_1v+nq}{v},$$

ce qui donne

$$(p-v_1)v=nq,\ \text{d'où}\ \frac{v}{n}=\frac{q}{p-v_1}.$$

L'éclairage, le chauffage, la combustion de la poudre et de la dynamite, dans les travaux souterrains, consomment l'oxygène de l'air et y introduisent des gaz nuisibles à la respiration. L'air des lieux éclairés ou chauffés est donc vicié par les appareils d'éclairage ou de chauffage quand ces derniers n'ont pas un tirage convenable (V. CHAUFFAGE). Pour que la combustion des matières d'éclairage se fasse sans que les flammes pâlissent ou s'éteignent, il est nécessaire de renouveler l'air du milieu où elles brûlent, car la flamme d'une bougie s'éteint lorsque l'air renferme 4 0/0 d'acide carbonique. Pour assurer une bonne marche de la combustion, la ventilation doit fournir 6 mètres cubes d'air normal par bougie et par heure, environ 24 mètres cubes pour les lampes à huile ou pétrole ; 26 mètres cubes pour chaque bec brûlant environ 100 litres de gaz à l'heure.

La ventilation n'a pas toujours pour objet d'expulser un air vicié par l'acide carbonique ou d'autres gaz ; quelquefois elle se propose de renouveler un air trop refroidi ou trop échauffé, ou trop humide ou trop sec, afin d'assurer à un espace limité les conditions hygiéniques que l'on désire réaliser.

La respiration pulmonaire, non seulement vicie l'air dans un espace clos, mais encore elle en élève la température, et souvent d'une quantité suffisante pour échauffer l'air de ventilation. Dumas, en estimant à 10 grammes le carbone consommé par heure dans le travail de la respiration, évalue la chaleur produite à 80 unités ($0^k,010\times8,000$ calories $=80$ calories ou unités de chaleur).

L'air de ventilation ne doit pas être privé de vapeur d'eau ; il importe qu'il contienne, au contraire, une fraction de saturation convenable, surtout quand il est destiné à assainir un espace réunissant un nombre considérable de personnes. Le poids de vapeur d'eau qu'il devra contenir est facile à calculer pour une ventilation permanente. Soit $p$ le poids de vapeur d'eau contenue dans 1 mètre cube d'air extérieur, $p'$ le poids de vapeur d'eau que doit contenir l'espace ventilé pour que la fraction de saturation soit environ $1/2$, et soit $\mathrm{V}$ le volume d'air introduit par heure et par personne ; la quantité $q$ d'eau qu'il faudra fournir par heure et par personne sera

$$q=(p'-p)v-50;$$

50 représente le poids de vapeur d'eau que fournit chaque personne, en une heure, par la respiration.

Si la ventilation a le double objet d'expulser l'air vicié d'un espace clos et d'y maintenir en même temps une température déterminée, il faudra nécessairement calculer la température de l'air de ventilation. Supposons la température extérieure inférieure à la température intérieure, et appelons P la quantité de chaleur perdue en une heure par les parois de la pièce, P' la quantité de chaleur produite en une heure par les personnes et par l'éclairage (pour chaque personne on prendra 100 calories par heure), $n$ nombre de personnes, V volume d'air attribué à chaque personne, C capacité calorifique de l'air, $t$ température cherchée, nous aurons :

$$\frac{\mathrm{P'}-\mathrm{P}}{\mathrm{C}n\mathrm{V}}=t.$$

Le quotient $\frac{\mathrm{P'}-\mathrm{P}}{\mathrm{C}n\mathrm{V}}$ marque la température de l'air amené dans l'espace clos qui pourra être au-dessous ou au-dessus de celle qu'il importe de maintenir.

*Modes de ventilation.* La ventilation s'effectue quelquefois naturellement, mais le plus souvent on a recours à la chaleur ou à une action mécanique. De là la *ventilation naturelle*, la *ventilation thermique* ou *par la chaleur* et la *ventilation mécanique*.

**Ventilation naturelle.** La ventilation se fait, d'ailleurs, par *aspiration*, procédé destiné à extraire l'air vicié ou de l'intérieur, et à le remplacer d'une manière incessante par de l'air normal ; ou par *pulsion* ou *insufflation*, opération qui consiste à insuffler de l'air extérieur ou normal, qui force une quantité correspondante d'air vicié de l'intérieur à sortir. Quelquefois, la ventilation n'a pas pour but de remplacer un air vicié par de l'air pur, mais seulement d'apporter de l'extérieur de l'air chaud en hiver, frais en été. Dans ce cas, la ventilation n'est pas aussi active ni aussi puissante que lorsque cette opération a pour objet d'extraire de l'air altéré d'un milieu où respirent un certain nombre de personnes. La ventilation naturelle exige, pour son fonctionnement, une rupture d'équilibre entre l'air de l'intérieur et l'air du dehors, ce qui implique une différence de température entre les deux masses gazeuses. Si l'air du dedans était à la même température et à la même pression que l'air de l'extérieur, c'est-à-dire si les densités des deux masses étaient les mêmes, il n'y aurait aucune raison pour qu'une des masses se déplaçât. Supposons une pièce pourvue d'une cheminée (fig. 700) et dans laquelle l'air extérieur puisse pénétrer facilement par les fissures des portes et des fenêtres.

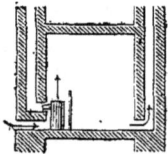

Fig. 700.
*Ventilation par une cheminée.*

La pièce et la cheminée forment, en réalité, un canal à deux branches ouvert aux deux bouts ; l'une des branches est horizontale, l'autre verticale. Examinons maintenant les diverses circonstances qui peuvent se présenter :

1º Si l'air du canal est à une température plus élevée que l'air extérieur, il s'écoulera par l'ouverture la plus élevée ou par la cheminée ;

2º Si l'air du canal, au contraire, est à une température inférieure à celle de l'air extérieur, il découlera par l'orifice inférieur.

Généralement, en été et au printemps, la température de nos appartements est plus basse que celle de l'air pendant le jour, et plus élevée pendant la nuit. Aussi, il se fait, pendant le jour, une introduction d'air extérieur par le point le plus haut et un écoulement par le point le plus bas ; le phénomène agit de la même manière pendant la nuit, mais dans un sens inverse. En général, en hiver, l'air des appartements est plus chaud que l'air de dehors, et alors l'écoulement se fait par l'orifice le plus élevé.

Supposons maintenant un canal vertical ne communiquant à l'extérieur que par son orifice supérieur, tel qu'un puits, par exemple ; en hiver, l'air étant plus chaud au fond qu'à la surface, il s'établira nécessairement deux courants, l'un ascendant, l'autre descendant, qui renouvellent l'air avec plus ou moins de rapidité. En été, la température du dehors étant plus élevée que celle du fond du puits, les courants n'existent plus et l'air ne s'y renouvelle que difficilement. Mais s'il s'agissait d'un canal de profondeur considérable creusé dans le sol, galeries ou puits, les choses se passeraient autrement, car la température

croît en moyenne de un degré centigrade pour chaque 25 à 30 mètres d'enfoncement en direction verticale ; la température se maintient constante dans nos climats, à une profondeur d'environ 15 à 20 mètres. Il résulte de là que, dans les grandes excavations souterraines, la température est plus élevée, en hiver, qu'à l'extérieur, et moins en été, et que, pour celles qui n'ont pas une grande profondeur, la différence de température peut changer de signe, non seulement dans les saisons intermédiaires, mais même le jour et la nuit. Donc, comme la température intérieure du canal est plus froide, en été, à l'intérieur qu'à l'extérieur, l'air atmosphérique pénétrera dans le canal par l'orifice le plus élevé et s'écoulera par le plus bas ; en hiver, le mouvement se fera en sens contraire. Bien entendu que si les deux orifices sont au même niveau, l'équilibre existera entre les deux colonnes d'air ; mais cet équilibre instable sera troublé par les changements de température qui affecteront les deux branches du canal. On réalise la plupart de ces conditions au moyen de tuberies disposées convenablement dans les édifices. En résumé, la ventilation naturelle est fondée sur la diffusion des gaz et sur la différence de densité et d'élasticité entre l'air extérieur et l'air intérieur. Cette différence de température est produite à la fois par l'action de la chaleur solaire, par les appareils d'éclairage et de chauffage, et par la chaleur provenant de la combustion pulmonaire et de toutes oxydations organiques. Cette ventilation se fait par les ouvertures naturelles, portes, fenêtres, carreaux mobiles, vasistas, cadres de toile métallique, plaques métalliques perforées, verres perforés de M. Appert, etc.

Ces moyens de ventilation sont le plus souvent inefficaces, même dans nos habitations, surtout quand les appartements contiennent un certain nombre de personnes. Alors, on augmente l'activité de la ventilation naturelle au moyen de quelques dispositifs particuliers. Ainsi, on place des tuyaux de 1m,80 ou 2 mètres, verticalement dans l'épaisseur des murs dont l'orifice inférieur communique avec le dehors, et le supérieur avec le dedans ; chacun de ces orifices est garni d'une toile métallique. Quelquefois, une ouverture en entonnoir est placée au milieu du plafond et communique avec un tuyau de 1 mètre à 1m,50 au-dessus du toit. Enfin, des appareils analogues peuvent être placés sous le parquet et se distribuer dans les diverses pièces des appartements.

Le Congrès de Bruxelles (1852) a voté les conclusions suivantes qui résument ce qui est relatif à la ventilation ; il faut : 1º que l'entrée et la sortie de l'air soient aussi libres que possible ; 2º qu'il y ait deux orifices, dont l'un, situé le plus haut possible, serve à l'élimination de l'air vicié, et l'autre, près du sol, à la prise d'air neuf ; 3º que ce dernier, à l'abri de l'action des vents impétueux, s'ouvre au milieu de l'air le plus pur possible ; 4º que le volume des voies d'entrée et de sortie soit subordonné à la quantité d'air à introduire en un temps donné ; 5º que le nombre des orifices soit suffisamment multiplié pour répandre et disséminer la masse d'air sans nuire à son renouvellement convenablement réglé ; 6° que la surface de section des tuyaux d'évacuation soit équivalente à la somme des surfaces de section des tuyaux d'entrée ; 7° que les tuyaux de prise soient ouverts à la même hauteur ; 8° que le trajet horizontal des tuyaux soit le plus court possible (Rapport de M. Boudin).

Les moyens de ventilation que l'on met ordinairement en usage, dans nos maisons particulières, sont très simples ; le plus souvent, ils consistent dans l'ouverture des fenêtres ou dans l'établissement d'un courant momentané par l'ouverture de deux croisées ou d'une porte et d'une fenêtre situées vis-à-vis l'une de l'autre. Une cheminée ou un poêle déterminent un appel d'air froid qui remplace l'air chaud ou vicié.

**Ventilation par la chaleur.** La ventilation par la chaleur consiste dans un appel de l'air extérieur amené par la différence de densité et d'élasticité entre l'atmosphère et l'air vicié. Ce mode de ventilation, moins énergique que par les procédés mécaniques, est indispensable dans les lieux habités par un nombre plus ou moins important de personnes, et où la ventilation naturelle serait insuffisante pour assainir l'air et fournir aux besoins de la respiration et de la combustion.

La ventilation thermique peut se faire : 1° soit en chauffant l'air qui doit être expulsé ; 2° soit en chauffant l'air avant son introduction. Le premier procédé est employé quand l'air appelé ne doit pas servir au chauffage ; le second, seulement quand l'air vicié doit être remplacé par de l'air chauffé ; en ce dernier cas, il y a ventilation et chauffage par air chaud.

M. Grouvelle divise la ventilation par la chaleur en quatre sections, savoir : 1° appel par un combustible brûlé directement dans le bas de la cheminée ; 2° appel par un combustible brûlé directement à la partie supérieure, ou près de la partie supérieure de la cheminée ; 3° appel par des appareils intermédiaires de transmission de chaleur recevant leur chauffage d'un foyer placé à distance ; 4° appel par la vapeur envoyée directement dans la cheminée.

L'appel d'air est déterminé par le chauffage de la masse gazeuse contenue dans une cheminée ou canal vertical dont la longueur est variable. Voici, d'ailleurs, ce qui se passe : la colonne d'air chauffé se dilate, diminue de densité et s'élève en s'échappant au dehors par l'orifice supérieur du canal. Il se fait, pour ainsi dire, un vide partiel dans la partie dilatée ; l'air de la pièce est aspiré et se précipite dans ce vide partiel de la cheminée, et il est remplacé à mesure par de l'air pris au dehors. Mais pour que ce système d'appel très simple puisse fonctionner normalement, il importe que les sections des tuyaux d'appel et de la cheminée soient en rapport avec le volume d'air à enlever. Quand le volume est considérable, les conduits et la cheminée doivent avoir une grande section, et si la section était trop petite, il faudrait, pour faciliter l'évacuation, augmenter la

vitesse de l'air ou le tirage en chauffant très fortement, ce qui augmenterait la dépense de combustible ; la vitesse moyenne de l'air d'appel est de 1 mètre à 1m,50 par seconde. La ventilation coûte plus ou moins cher, selon que la vitesse est plus ou moins grande ; elle coûte plus cher quand le foyer d'appel est placé en haut qu'avec le foyer placé en bas ; d'ailleurs, en plaçant le foyer en bas, on a un tirage plus régulier. Quand il s'agit d'un volume d'air considérable à enlever, le foyer d'appel doit être placé au bas de la cheminée, et le dispositif de la tuberie installé de telle sorte que l'on puisse faire arriver tout l'air que la ventilation exige, soit dans le foyer même ou au-dessous.

Les foyers placés près du sommet de la cheminée n'ont pas ces mêmes avantages ; d'abord ils ne peuvent pas avoir de longues colonnes d'air et reçoivent l'action immédiate du soleil et des variations atmosphériques et météorologiques.

La vitesse d'appel varie avec la section et la hauteur de la cheminée, toutes choses égales d'ailleurs. M. Grouvelle, avec une cheminée de moins de 30 mètres de hauteur, à 3 mètres de diamètre, ou de 2m,60 avec une hauteur d'au moins 30 mètres, a calculé qu'on peut débiter, par heure, 24,000 mètres cubes d'air ou 6m3,67 par seconde, en consommant, par heure, 26k,40 de houille dans la cheminée :

$$\frac{24,000 \times 1^k,30 \times 25}{4 \times 7000} = 26^k,40.$$

$1^k,30$, poids d'un mètre cube d'air ;

$25°$, différence de température entre l'air extérieur et celui de la cheminée ;

$7,000$, nombre de calories dégagées par la houille en brûlant.

Lorsque la ventilation n'exige pas un puissant appel d'air, on peut se contenter de placer dans la cheminée une lampe à double courant d'air ou un bec de gaz ; mais, dans le cas d'une ventilation plus énergique, on brûle dans la cheminée des combustibles ordinaires.

Péclet a donné une formule pour calculer la vitesse V d'accès dans une cheminée d'appel appelant l'air à la température extérieure :

$$V^2 = \frac{2ga}{(1+R)} \frac{H(t-\theta)(1+a\theta)}{(1+atj)^2}.$$

H représente la hauteur de la cheminée, $t$ la température moyenne de l'air qui la parcourt, $\theta$ la température de l'air extérieur, $a = 0,00365$, R la résistance que l'air éprouve dans son parcours.

La formule précédente montre que la vitesse V varie à peu près proportionnellement à la hauteur de la cheminée.

On peut facilement calculer le volume V d'air appelé par la cheminée au moyen de la formule $V = \frac{0,21\,v}{0,21 - n}$, dans laquelle $v$ est le volume d'air nécessaire pour brûler 1 kilogramme de combustible, $0,21$ volume d'oxygène dans l'air non altéré, $n$ proportion d'oxygène contenu dans l'air de la cheminée.

Le poids de l'air appelé peut être calculé par la relation $P' = \dfrac{Pc}{(t-\theta)\times 0,2377}$.

P poids du combustible brûlé par heure, $(t-\vartheta)$ accroissement de température de l'air en pénétrant dans la cheminée, C chaleur spécifique du combustible, P' *poids d'air appelé par heure.* Enfin, la formule

$$V = 8,85\sqrt{\frac{H\,a\,t\,D}{t+4\,D}}$$

permet de calculer la vitesse, dans une cheminée dont on connaît : la hauteur H, le diamètre D,

la longueur $l$ du canal, le coefficient $a$ de dilatation des gaz, la différence $t$ de température entre l'air intérieur et l'air extérieur.

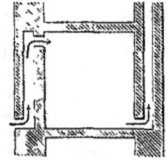

Considérons maintenant un autre cas, celui d'une cheminée d'appel aspirant de l'air à une température constante, différente de la température extérieure, l'air extérieur peut entrer déjà échauffé au niveau du sol, il s'élève et descend ensuite

*Fig. 701. — L'air de la pièce plus chaud que l'air extérieur; l'air extérieur pénètre par la partie inférieure des canaux.*

pour s'écouler également au niveau du sol dans la cheminée d'appel (fig. 701 à 703). On remar-

*Fig. 702. — L'air extérieur plus chaud que celui de la pièce; les orifices inférieurs sont ouverts et les orifices supérieurs fermés.*

quera qu'il y a ici trois colonnes d'air chaud qui produisent le mouvement : celle d'arrivée de l'air chaud ; celle de descente, qui agit en sens contraire ; et celle de la cheminée, dont l'effet s'ajoute à celui de la première. C'est, d'ailleurs, un mode de ventilation très fréquemment employé. L'air chaud, dilaté, s'élève verticalement tout en se refroidissant, il s'étale au-dessous du plafond puis, refroidi, il descend contre les surfaces

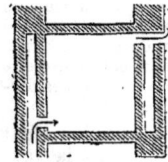

intérieures des murailles auxquelles il transmet une partie de sa chaleur et s'écoule ensuite par la cheminée. L'air extérieur est quelquefois aussi introduit et chauffé à chaque étage, et puis descend au niveau du sol pour pénétrer dans la cheminée d'appel ; c'est, d'ailleurs, un mode de ventilation usité dans les hôpitaux.

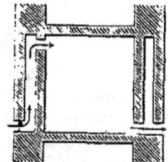

*Fig. 703. — Façade exposée aux rayons solaires : les canaux d'étage de ces murs isolés sont ouverts en bas à l'extérieur, et en haut à l'intérieur.*

Quelquefois, la cheminée d'appel est placée dans les combles du bâtiment ; M. Duvoir-Leblanc a appliqué cette disposition dans plusieurs hôpitaux. Dans un autre système de ventilation, l'air extérieur chauffé entre par tous les points du sol, sort par le plafond, et ensuite descend extérieurement par

un canal communiquant avec le bas de la cheminée d'appel.

La ventilation par les cheminées d'appel (fig. 704) fonctionne d'une manière à peu près régulière dans les grands appareils où la chaleur renfermée dans les parois de la cheminée compense les variations inévitables dans le chauffage ; mais dans les applications restreintes, le tirage des cheminées est influencé par les rayons solaires, par l'état hygrométrique de l'air et par les vents qui agissent à la fois sur les orifices d'entrée et de sortie (Péclet).

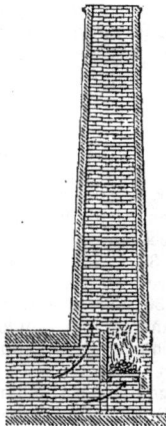

En résumé, la ventilation par appel d'air sera employée toutes les fois que le bâtiment à ventiler présentera peu d'étendue ; cependant, dans le cas où d'édifices importants, mais pourvus de services indépendants devant être chauffés à part, on pourra employer ce procédé.

*Fig. 704. — Cheminée d'appel.*

**Ventilation mécanique.** La ventilation mécanique est employée quand il est nécessaire de disposer d'une puissante ventilation ; sous le rapport économique, elle offre un grand avantage comparée à la ventilation par les cheminées d'appel ; elle consomme moins de combustible qu'une cheminée qui produirait le même effet. Ceci peut facilement être établi par un calcul connu ; on sait qu'un cheval-vapeur consomme au maximum 4 kilogrammes de houille à l'heure, ou

$$4\times 8000 = 32000$$

unités de chaleur, et par seconde

$$\frac{32,000}{3600} = 8,88.$$

Le travail d'un cheval-vapeur $= 75$ kilogrammètres, donc 1 kilogrammètre consomme

$$\frac{8,88}{75} = 0,118$$

unités de chaleur. La quantité de chaleur perdue par une cheminée est $\dfrac{pt}{4}$, $p$ étant le poids de l'air qui s'écoule par seconde, et $t$ l'excès de la température de l'air chaud sur la température extérieure ; le nombre de kilogrammètres que cette chaleur pourrait produire sera donc

$$(1) \qquad \frac{pt}{4} = \frac{1}{0,118} = \frac{pt}{0,472} = 2,12\,pt.$$

Le travail d'une cheminée est égal à

$$(2) \qquad \frac{p\,v^2}{2g} = p\times H\times a\,t,$$

$v =$ vitesse de l'air chaud dans la cheminée ; le rapport des expressions (1) et (2), c'est-à-dire **du** travail qui pourrait être produit avec la chaleur perdue au travail effectif, est $\dfrac{2,12}{Ha}$.

Le rapport R entre le travail produit par la même quantité de chaleur employée mécaniquement et dans une cheminée est donné par la formule $R = \dfrac{2,12}{Ha}$ lorsqu'on considère le travail produit dans la cheminée par l'entraînement de l'air chaud; mais si on considérait le travail nécessaire pour produire la même vitesse de l'air froid, ce qui importe à la ventilation, le rapport deviendrait $R = \dfrac{2,12\,(1+at)^2}{Ha}$;

$t$ étant l'excès de température de l'air dans la cheminée sur la température extérieure; $a$ le coefficient de dilatation de l'air $=0,00365$; et H la hauteur de la cheminée. Si on calcule la valeur de R, en supposant $t$ égal successivement à 10°, 20°, 30°, 40°, 50°, 100°, 200°, 300°, et pour des hauteurs de cheminées : 5 mètres, 10 mètres, 15 mètres, 20 mètres, 25 mètres, 30 mètres, on trouvera que la valeur de R augmente très rapidement à mesure que $t$ augmente et H diminue (Péclet).

La ventilation mécanique coûte donc moins cher, toutes choses égales d'ailleurs, que la ventilation par les cheminées d'appel; surtout, elle revient à bon marché lorsqu'on peut disposer d'un moteur existant déjà. Le coût de la ventilation par la chaleur varie d'ailleurs avec les saisons, elle coûte plus cher en été qu'en hiver. Mais le choix de l'un des deux systèmes dépend des circonstances et des conditions où l'on se trouve pour leur application.

Les dispositifs de la ventilation mécanique sont variés, surtout lorsqu'on ne veut obtenir qu'un volume relativement petit d'air renouvelé. Ce renouvellement d'air se fait aussi quelquefois par l'injection du fluide comprimé; mais le général Morin a fait voir que la ventilation par un jet d'air comprimé ne devra être employée que dans les cas où les autres procédés seraient impossibles ou d'une application très difficile, car le système d'injection d'air comprimé est d'une infériorité démontrée par rapport à l'emploi d'un ventilateur pour chasser l'air vicié; et, d'après les expériences du général Morin, le rendement a été de 1/115, tandis que le rendement au ventilateur était de 0,200. Les ventilateurs sont donc les appareils les plus convenables pour opérer la ventilation nécessaire. Nous les décrivons ci-dessous.

En résumé :

« Le meilleur mode de ventilation consisterait à introduire l'air par des orifices percés dans le plafond; la ventilation se produirait ainsi uniformément de bas en haut; cette disposition serait avantageuse, en ce que la respiration serait toujours alimentée par de l'air pur; mais elle ne peut être employée que dans des circonstances particulières, par exemple, dans les grands amphithéâtres, parce que les orifices d'accès peuvent être percés dans les contre-marches ou derrière les bancs. Ordinairement, l'air chaud arrive dans les pièces par un petit nombre d'orifices percés dans le plancher ou par les cylindres intérieurs des poêles; alors les veines d'air se dirigent vers le plafond par suite de la vitesse résultant

de l'appel, et de l'excès de leur température sur celle de l'air environnant; l'air descend ensuite par couches sensiblement isothermes jusqu'aux orifices d'écoulement qui se trouvent au niveau du sol.

« Pendant l'été, la température de l'air intérieur est ordinairement plus élevée que la température extérieure; alors les veines d'air froid qui pénètrent dans la pièce tendent d'un côté à s'élever verticalement, en vertu de la vitesse acquise, et de l'autre à tomber, en vertu de l'excès de la température intérieure sur la température extérieure, par conséquent l'air d'appel pourrait ne s'élever qu'à une hauteur insuffisante pour renouveler l'air dans la partie de la pièce habitée. Pour éviter cet inconvénient, il faudrait diriger horizontalement les veines d'air; dans ce dernier cas, l'air tomberait alors sur le sol, et si les orifices de sortie se trouvaient à la hauteur du plafond la pièce serait traversée de bas en haut par l'air de ventilation; dans ce dernier cas, la ventilation serait beaucoup plus efficace pour la salubrité que pendant le chauffage, parce que l'air vicié par la respiration serait immédiatement entraîné par le courant. Dans le cas où les veines resteraient verticales et dirigées de bas en haut, il faudrait établir des orifices à la partie supérieure et à la partie inférieure, ceux du bas resteraient constamment ouverts pendant la saison de chauffage, ceux d'en haut étant fermés, et pendant l'été, on reconnaîtrait facilement, par expérience, quand il conviendrait de changer la position des orifices de sortie.

« La ventilation d'une pièce peut avoir lieu de deux manières différentes : par une diminution ou par une augmentation de la pression intérieure : les cheminées d'appel produisent toujours le premier effet, les machines peuvent produire l'un ou l'autre.

« Lorsqu'il y a diminution de pression, il y a toujours un volume plus ou moins considérable d'air extérieur qui pénètre dans les pièces par les fissures des portes et des fenêtres. Quand la ventilation est produite par un excès de pression, il n'y a point de veines par les orifices des portes et des fenêtres (Péclet, édition Hudelo). »

Les principes généraux de la ventilation étant posés, nous passons à leur application, à la ventilation des mines et des édifices divers.

### VENTILATION DES MINES.

L'aérage est une condition d'existence pour une mine; dans une mine où l'air ne se renouvelle pas, la température s'y élève, la chaleur devient suffocante, l'air s'y vicie rapidement, le travail devient pénible, difficile et, finalement, impossible. C'est donc par une bonne ventilation qu'on peut arriver à obtenir de la main-d'œuvre le maximum de l'effet utile, en fournissant aux ouvriers qui y travaillent l'air nécessaire à la respiration et au maintien d'un bon éclairage.

Le rendement est donc étroitement lié aux conditions de l'atmosphère dans laquelle travaille le mineur; une bonne ventilation augmente d'une manière notable le rendement de l'ouvrier du fond, cette augmentation va facilement à 10 0/0 et davantage.

Les ouvriers mineurs qui travaillent à des températures élevées éprouvent de l'oppression, de la congestion; leur respiration est brève et rapide, leurs mouvements sont pesants et sans élasticité, ils deviennent apathiques. Les causes qui élèvent la température, dans l'intérieur d'une mine, sont : 1° la chaleur propre de la terre à mesure que l'on descend en profondeur; 2° la présence des sources chaudes; 3° la dissolution ou l'ab-

VENT

sorption de l'oxygène; 4° la dissociation des carbures; 5° l'oxydation des pyrites; 6° la chaleur vitale des hommes; 7° la combustion des lampes; 8° les incendies souterrains; 9° le tirage à la poudre, à la dynamite, etc.

L'air des mines est donc vicié à la fois par soustraction d'oxygène et par addition d'éléments nuisibles. La diminution d'oxygène est due : 1° à la respiration; 2° à la combustion des lampes; 3° à la suroxydation des carbonates ou des sulfures; 4° à la fermentation de la houille, des bois, des fumiers.

L'addition d'éléments nuisibles qui vicient l'atmosphère sont : 1° les fumées de la poudre; 2° les gaz de la dynamite; 3° certains dégagements naturels du gîte exploité, tels que grisou, acide carbonique, etc.

Les causes ordinaires de la viciation de l'air dans les mines sont donc : 1° l'humidité de l'air de l'intérieur; 2° l'absorption de l'oxygène atmosphérique; 3° les gaz nuisibles qui résultent de la combinaison de l'oxygène avec le carbone; 4° les gaz qui proviennent de la décomposition de certaines substances ou qui se dégagent spontanément des travaux souterrains; 5° le grisou qui se dégage des couches de houille ou des roches encaissantes; 6° les gaz provenant de la combustion de l'huile des lampes d'éclairage; 7° l'hydrogène sulfuré résultant de la décomposition des pyrites. En moyenne, un ouvrier consomme, en vingt-quatre heures, 19 mètres cubes d'air qu'il dépouille de 0,03 d'oxygène. Un mètre cube d'air pur à 79 0/0 d'azote et 21 0/0 d'oxygène, quand il a traversé les poumons, renferme 79 0/0 d'azote, 18 0/0 d'oxygène; 200 ouvriers consommeraient $200 \times 19 = 3,800$ mètres cubes d'air. Les lampes consomment chacune, en moyenne, de 230 à 300 litres d'air pur par heure.

Le gaz hydrogène proto-carboné ou grisou est l'élément viciable le plus dangereux à cause des explosions qu'il détermine; aussi, dans les mines de houille, la ventilation doit tendre sans cesse à débarrasser les travaux de ce gaz, l'effroi des mineurs. Dans les mines à grisou, plus l'exploitation est active, plus aussi la quantité de grisou déversée dans les mines est considérable. Le total du grisou *déversé dans la mine, en vingt-quatre heures est proportionnel à l'étendue des surfaces mises au vif, toutes choses égales d'ailleurs, et par suite, en raison de l'extraction journalière ou du nombre de piqueurs à la taille* (Haton et Coince).

La circulaire administrative, 7° série T, p. 139, réclame un nombre de mètres cubes d'air par seconde, variant entre 1/20 et 1/10 du nombre de tonnes extraites en vingt-quatre heures; cette quantité va quelquefois jusqu'au 1/30. M. Schondorf admet qu'un homme absorbe avec sa lampe 50lit,5 d'oxygène par heure, un cheval 100 litres d'oxygène; Callon réclame 126lit,5 d'air par minute pour l'homme et 379,5 pour le cheval. M. Demanet demande 25 mètres cubes d'air par homme et par heure, dont 14 pour l'ouvrier, 7 pour la lampe, 4 pour combattre les miasmes. Enfin, M. Wils exige, par homme et par minute, 2m3,800; à Blanzy, on envoie, dans les mines, 80

litres d'air par seconde et par ouvrier. Les ingénieurs ne sont pas d'accord sur l'utilité d'une ventilation trop vive. Pour brasser le courant d'air, M. Guibal propose de multiplier les portes d'aérage convenablement disposées. Cependant, on accuse l'aérage trop vif d'être la principale cause de l'extension prise parfois par les coups de feu et de soulever les poussières de charbon qui jouent un rôle très dangereux lors des explosions grisouteuses. Mais une considération péremptoire qui milite en faveur d'un aérage vif, c'est la respiration des hommes. L'air de l'intérieur de la mine, pour être respirable, doit contenir au moins 15 0/0 d'oxygène, et même il est prudent de ne pas descendre au-dessous de 18 0/0, ce qui est une perte de 1/7.

En n'envisageant que le grisou parmi les causes de viciation, il faut que le maximum $x$ de gaz qui vient se mélanger à l'unité de volume satisfasse à la condition

$$0,21 = 0,18(1+x), \text{ d'où } x = \frac{1}{6}.$$

Il faut donc envoyer, au minimum, six fois plus d'air qu'il ne se dégage de grisou; la prudence exige même de très largement forcer l'envoi d'air.

*Dépression motrice.* C'est l'excès de tension que présente l'air de l'extérieur à l'intérieur, différence qui détermine la mise en mouvement du fluide. La ventilation des mines exige la mise en mouvement de volumes d'air très considérables à de très faibles dépressions, mesurées le plus souvent par quelques centimètres cubes d'eau, rarement plus de dix.

Nous représenterons par $h$ la dépression exprimée en kilogrammes par mètre carré ou en millimètres d'eau. Elle permet de donner une expression fort simple du travail nécessaire pour faire pénétrer dans la mine un certain volume d'air. La dépression s'exerçant sur la section droite S de la galerie, y développe un effort total $= hS$, le déplacement étant L, le travail $= hSL$. Or, si SL représente le volume Q engendré par ce déplacement qui se remplit d'air appelé du dehors, l'expression devient $hQ$. On voit que le *travail nécessaire pour envoyer dans les travaux un certain volume d'air, est le produit de ce volume par la dépression.* Appliquons ce résultat au volume $q$ injecté pendant une seconde, le travail correspondant sera $hq$; il correspond à la force, en chevaux

$$(1) \quad \frac{hq}{75} \text{ ou à } (2) \ 0,0133 hq.$$

Pour exprimer $h$, supposons que la longueur totale du réseau à parcourir soit $l$, la section $a$, le périmètre $p$. Cette section invariable s'avance dans l'unité de temps, d'une longueur marquée par la vitesse $v$, engendre dans ce temps un volume $vS$, qui est précisément l'appel d'air $q$, d'où l'égalité

$$(3) \quad q = vS.$$

La force vive ne subit aucune altération : le travail moteur est égal au travail résistant; or, l'effort moteur a pour valeur $h$S, le frottement ou le travail résistant a pour expression $clpv^2$, $c$ désignant un coefficient constant, on aura l'équation

$$(4) \qquad h = c\frac{lpv^2}{S},$$

$v^2$ étant le carré de la vitesse ; la constante $c$ a été trouvée par d'Aubuisson, $= 0,000370$ ; Navier, $c = 0,000355$ ; Devillez, $c = 001800$ ; Atkinson, $c = 0,004100$ ; Clarke, $c = 0,000430$.

En reprenant les équations

$$(3) \quad q = v\mathrm{S} \quad \text{et} \quad (4) \quad h = c\frac{lpv^2}{S},$$

on peut faire prendre à cette dernière équation fondamentale (4) une autre forme en éliminant la vitesse $v$ à l'aide de l'équation (3), il vient, en effet

$$(5) \qquad h = c\frac{lpq^2}{S^3},$$

qui peut se mettre sous la forme

$$(6) \qquad \frac{h}{q^2} = c\frac{lp}{S^3}.$$

Cette *fonction d'aérage* $\frac{q^2}{h}$ prend pour chaque exploitation une valeur spéciale résultant de la constitution des travaux ; elle montre d'ailleurs que pour une mine donnée la *dépression est en raison du carré du débit que l'on veut y faire circuler.*

Enfin, le *travail nécessaire pour la ventilation varie en raison du cube du débit.* En doublant la puissance on n'augmente que d'un quart le débit, car $\sqrt[3]{2} = 1,259$. Pour doubler le débit lui-même il faut employer une force huit fois plus grande. En doublant le diamètre de la section, on pourra faire circuler le même volume d'air avec une dépression qui sera théoriquement trente-deux fois moindre. D'ailleurs $\sqrt[5]{2} = 1,149$, il suffit pour réduire la dépression à moitié, d'augmenter de 250/0 les dimensions de la section.

M. Murgue a introduit dans le problème de l'aérage des mines, un élément très important destiné à caractériser l'ensemble des circonstances qui opposent des difficultés à la ventilation. Il a ramené la totalité à une seule d'un type uniforme : celui de l'orifice en mince paroi.

M. Murgue appelle *orifice équivalent* d'une mine donnée, la *section en mètres carrés, de l'orifice tel que la même dépression y ferait passer, dans le même temps, le même volume d'air que dans la mine.*

Soient $a$ l'aire de l'orifice équivalent, 0,65 le coefficient de contraction de la veine gazeuse, la section contractée sera $0,65 \times a$, par conséquent le débit sera :

$$(7) \qquad q = 0,65 \times a \times v.$$

Le théorème des forces vives appliqué à l'unité de volume d'air nous permettra d'exprimer le facteur $v$ ; $d$ étant le poids spécifique, $\frac{d}{g}$ la masse, la demi-force vive sera $\frac{dv^2}{2g}$ ; cette dernière expression est égale au travail développé ou au produit du

volume par la dépression ou simplement $h$ ; il vient donc :

$$(8) \quad h = d\frac{v^2}{2g}, \qquad (9) \quad v = \sqrt{2g\frac{h}{d}},$$

$$(10) \quad q = 0,065\,a\sqrt{2g\frac{h}{d}};$$

$g = 9^m,8088$, $d$ à $0°$ et à $760^{mm} = 1,29$ ; M. Murgue adopte (11) $d = 1,2$ ; avec cette hypothèse, la relation (10) devient complètement explicite entre les variables $q$, $h$, $a$, et peut prendre les transformations qui suivent :

$$(12) \quad q = 2,63\,a\sqrt{h}, \quad (13) \quad h = 0,14\left(\frac{q}{a}\right)^2,$$

$$(14) \quad a = 0,38\frac{q}{\sqrt{h}}.$$

La formule (14) résout le problème qui permet d'évaluer l'*orifice équivalent* $a$ d'une mine donnée lorsque l'observation directe aura montré qu'une certaine dépression $h$ y détermine effectivement un écoulement $q$ par seconde. Le travail $t$ à développer pour faire circuler un volume $q$ est le produit de ce débit par la dépression $h$ ; il aura donc pour expression

$$(15) \qquad t = 0,14\frac{q^3}{a^2}.$$

Les volumes de l'orifice équivalent trouvé par M. Murgue pour un grand nombre de mines oscillent de part et d'autre de 1 mètre carré.

La vitesse est reliée au débit par la formule $v = \frac{q}{S}$ ; la valeur la plus convenable paraît être de $0^m,60$, et l'on ne doit pas dépasser $1^m,20$ par seconde. Si la vitesse est trop faible, elle ne détermine pas un entraînement certain des gaz nuisibles ; si au contraire elle est trop grande, elle tend à faire sortir la flamme des lampes, à soulever les poussières et à nuire aux hommes en transpiration (Haton).

*Aménagement du courant.* Le courant d'air destiné à ventiler une mine doit être aménagé d'une manière convenable afin de l'utiliser le mieux possible. Si le courant était abandonné à lui-même, il s'ouvrirait une issue par la voie qui lui offrirait le moins de résistance, depuis le point d'entrée jusqu'à l'orifice de sortie. Aussi, on dirige le courant en le forçant à prendre la direction qu'on veut lui imprimer et le mieux appropriée aux conditions à réaliser dans la ventilation de la mine. Les moyens que l'on emploie généralement à cet effet, sont les *portes d'aérage*, les *cloisons* ou *barrages*, les *tuyaux* ou *canards*.

Les *portes d'aérage* servent à interrompre le courant d'air sur des points déterminés pour en régler la répartition.

Les *canards*, gros tuyaux en tôle, zinc, carton bitumé, servent à conduire l'air au fond d'une galerie en cul-de-sac ; ces tubes sont assemblés au moyen d'emboîtements et lutés avec du suif, et posés au plafond ou à terre dans les angles dièdres de la galerie. Leur diamètre varie de $0^m,20$ à $0^m,30$ ;

M. Devillez tire les conséquences suivantes des résultats obtenus de la ventilation par canards.

1° Il est très utile, au point de vue de la dépression à laquelle une mine doit être soumise, lorsqu'elle renferme des travaux préparatoires qui s'exécutent avec l'aide de canards, ou de tout autre conduit d'une faible section, et lorsqu'on veut faire pénétrer dans cette mine un volume d'air déterminé, d'entretenir ces conduits avec le plus grand soin, de manière à empêcher toute perte d'air sur leur longueur ;

2° Lorsque dans une mine, on fait sur l'un des courants qui la traverse, une minime prise d'air pour ventiler le fond d'un travail préparatoire à l'aide d'une conduite de faible section et d'une assez grande longueur, le mouvement de l'air dans cette conduite exige une dépression considérable, et l'on est obligé pour le maintenir de soumettre à la même dépression, la totalité de l'air qui pénètre dans la mine.

*Circulation ascensionnelle.* L'aménagement de l'air de ventilation est réglé d'après les principes généraux de la circulation des fluides. Il faut nécessairement faire arriver le courant d'air par les pieds du puits le plus profond et le développer ensuite de manière qu'il aille toujours en montant; l'air, par son introduction dans la profondeur des travaux souterrains, tend à s'échauffer et par suite à se dilater. En outre, il se charge de vapeur d'eau et des gaz de la mine, ce qui fait diminuer sa densité; le fluide étant plus léger qu'à son entrée dans la mine a une prédisposition naturelle à s'élever.

M. Devillez en étudiant les effets de la division des courants de ventilation pose le principe suivant :

« Lorsqu'en un point de son parcours, un courant se divise en deux ou en un plus grand nombre de branches qui vont ensuite se réunir en un autre point, pour reconstituer le courant primitif, le volume total d'air qui formait celui-ci, se partage entre les diverses branches, en quantités telles, qu'entre le point de division du courant général et le point de réunion des courants partiels, la dépression correspondante au mouvement du volume d'air qui constitue chacun de ceux-ci, soit le même. »

Un bon aménagement nécessite le fractionnement du courant en plusieurs branches à partir des pieds du puits d'entrée. La formule $h = \dfrac{cp}{S^3} l q^2$ nous fait connaître la dépression $h'$ dans ce cas de fractionnement. Si l'on divise le trajet total en $n$ segments égaux, dont chacun aura pour longueur $l' = \dfrac{l}{n}$, et sera parcouru par le débit $q' = \dfrac{q}{n}$, la dépression $h'$, aura elle-même pour valeur

$$h' = \frac{cp}{S^3} \times l' q'^2 = \frac{cp}{S^3} \frac{l q^2}{n^3} = \frac{h}{n^3};$$

elle *décroît donc en raison inverse du cube des nombres de déviations* et sera 8... 27... 64... fois moindre si l'on a fractionné la circulation en 2, 3, 4... courants partiels.

Théoriquement, dit M. Haton de la Goupillière, la section offerte au courant devrait aller toujours en croissant afin de conserver la vitesse que l'on a jugée convenable; il importe d'insister sur la nécessité des grands retours d'air dilaté. M. Murgue

conseille de placer de préférence, lorsque rien ne s'y oppose, les puits d'entrée et de sortie aux deux points les plus éloignés du réseau des travaux, mais lorsque les travaux sont de peu d'étendue, cela n'est pas possible ; les puits jumeaux présentent des avantages qui ont beaucoup répandu leur emploi.

**Ventilation naturelle** *ou sans machines. Aérage naturel.* L'aérage naturel est la ventilation qui naît spontanément de la configuration même des travaux; l'air entre par l'un des orifices, circule dans l'intérieur de la mine et sort par l'autre orifice. Pour se faire une idée des causes de ce mouvement d'air, considérons une mine comme composée de deux puits verticaux M et N (fig. 705), mis en communication à leur pied par une galerie K. Soient A et B les orifices d'entrée et de sortie; si ces deux orifices sont au même niveau et que la température et la composition de l'air soient les mêmes dans les deux puits, il n'existera aucune

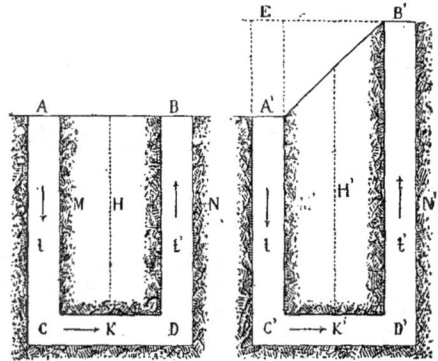

Fig. 705 et 706. — *Figure théorique de la ventilation naturelle d'une mine.*

cause de mouvement, et en ce cas il ne se produira aucune ventilation. Mais si dans le puits N la température $t'$ de l'air est plus élevée que la température $t$ de l'air du puits M, sa densité sera aussi plus grande que celle de l'air du puits N, par suite le poids par unité de surface de la colonne A C sera plus grand que celui de la colonne B D, et l'air prendra un mouvement descendant dans le puits M et un mouvement ascendant dans le puits N. Le fluide descendra donc par le puits M, parcourra la galerie K et remontera par le puits N, car

$$CA \times d > DB \times d' \text{ ou } V \times d > V \times d'.$$

Si cette différence de température est maintenue constante dans les deux puits, l'écoulement de l'air deviendra permanent et s'effectuera avec une vitesse constante. Il est facile de calculer la vitesse du fluide qui entre dans la mine; la hauteur H de la colonne M, dont la température est $t$, deviendrait $H \dfrac{1+at'}{1+at}$ si on portait sa température de $t$ à $t'$ sans changer de tension; mais son excès de densité sur l'autre colonne N, équivaut à un excédent de hauteur ou à une hauteur génératrice de vitesse égale à

$$H\frac{1+at'}{1+at} - H = H\left(\frac{1+at'}{1+at} - 1\right).$$

La vitesse théorique de sortie par l'orifice B serait donc :

$$V = \sqrt{2gH\left(\frac{1+at'}{1+at} - 1\right)};$$

dans la pratique, on n'obtient pas cette vitesse à cause des résistances que les parois des conduites opposent au mouvement de l'air.

Cherchons la température $t'$ de sortie de l'air, lorsque la température $t$ est à 20°, que H=500 mètres, V=3 mètres, $a$=0,00367, la formule nous donne pour $t'$ :

$$t' = \frac{V^2(1+at)}{a \times 2gH} + t = 20°,268;$$

si la profondeur était de 1,000 mètres, $t'$=20°,134. Si $t$=18°, H=700 mètres, $t$=28°, la formule donnerait :

$$V = \sqrt{19,62 \times 700^m\left(\frac{1+0,00367\times 28}{1+0,00367\times 18} - 1\right)} = 21^m,60$$

vitesse énorme qui éteindrait les lampes et incommoderait les ouvriers. Le moindre changement de température entre les deux colonnes M et N détermine une ventilation naturelle dont la puissance ou l'énergie croît avec la profondeur de l'exploitation souterraine.

Si les deux orifices du puits n'étaient pas au même niveau (fig. 706), la pression atmosphérique serait la même au niveau B'E de l'ouverture la plus élevée, et la colonne A'E de l'atmosphère extérieure aurait la même influence que si elle était contenue dans un puits qui s'élèverait jusqu'au niveau B'E. Dans ce cas, si la température extérieure était plus basse que la température du sol où les puits et les galeries sont percés, la température moyenne de la colonne EC' serait plus basse que la température moyenne $t'$ de la colonne B'D', et le mouvement de l'air se produirait dans le sens de l'orifice le moins élevé vers le plus élevé (fig. 706) comme l'indiquent les flèches.

Les causes de ventilation sont d'autant plus énergiques, toutes choses égales d'ailleurs, quand les orifices des puits sont à des niveaux différents et que la température extérieure est plus basse que la température intérieure, que lorsque ces orifices sont au même niveau.

Lorsque la température extérieure est plus élevée que la température intérieure, le phénomène change, et le mouvement de l'air se fait dans une direction opposée. En général, les causes naturelles de ventilation deviennent presque insensibles pendant les chaleurs de l'été, principalement dans les mines peu profondes.

« Quand une mine, dit M. Callon, communique au jour par deux orifices situés à des niveaux différents, et à ses travaux situés en contre-bas de ces orifices, cette mine est ventilée naturellement par un courant qui va, en hiver, de l'orifice le plus bas à l'orifice le plus élevé, et qui, en été, prend une direction inverse, c'est-à-dire de l'orifice le plus haut à l'orifice le plus bas. »

Le changement de sens de l'été à l'hiver ne se fait pas d'une manière instantanée; il passe, au contraire, par des ralentissements suivis d'une stagnation et d'une mise en train; donc la mine se trouve pendant quelques instants sans ventilation. Le renversement du sens du courant présente d'autres inconvénients, surtout dans les mines de houille à grisou, ou qui renferment d'anciens feux.

« Cependant, les influences atmosphériques, fait observer M. Haton, qui constituent l'agent unique de la ventilation naturelle, sont de leur nature inévitables et ne cessent de s'exercer lors même que l'on intervient directement avec des procédés artificiels pour la production du courant. Mais l'aérage naturel est un facteur dont l'importance ne saurait être complètement négligée. Son effet se combine avec celui de l'aérage artificiel par l'addition algébrique de leurs dépressions. »

$h_1 = h \pm h'$ suivant qu'ils agissent ou non dans le même sens; si l'on considère le volume d'air, on aura pour les deux cas :

$$q_1 = \sqrt{q^2 \pm q'^2}. »$$

Dans quelques exploitations de mines métallifères, on détermine deux puits jumeaux en établissant dans le puits d'extraction une descenderie ou un système d'échelles renfermé dans une caisse en bois. Ce petit puits artificiel, accouplé au puits principal, est surmonté d'une cheminée grossièrement construite, qui le plus souvent serpente sur les pentes de la montagne. Ce système imparfait d'aérage est employé dans quelques mines métalliques de l'Andalousie. Dans beaucoup d'autres, l'aérage est obtenu naturellement en multipliant les puits. Ceux-ci sont rapprochés les uns des autres et communiquent avec les chantiers d'extraction; c'est le système anglais employé à Linarès.

*Cheminées d'aérage.* On peut activer l'aérage naturel en augmentant la différence de niveau des débouchés; pour cela, on surmonte le puits le plus élevé d'une cheminée d'aérage qui en exhausse ainsi l'orifice. Ces cheminées ont des hauteurs variables, quelquefois de dimensions très restreintes, de quelques mètres de hauteur, d'autres fois elles atteignent jusqu'à 50 mètres. Mais ce moyen condamne le puits à ne servir que de voie d'air.

Ce procédé assez coûteux et embarrassant, est peu efficace; en effet, si nous assimilons l'air intérieur à un liquide qui s'écoule par un orifice sous une charge égale à H, sa vitesse sera proportionnelle à $\sqrt{H}$; cette expression deviendra $\sqrt{H+h}$, si l'on surmonte le puits d'une cheminée de hauteur $h$; si donc on veut établir un rapport $m$ entre la vitesse nouvelle et l'ancienne, il faudra poser $\sqrt{H+h} = m\sqrt{H}$, d'où $h = (m^2-1)H$.

Les conclusions à tirer sont : 1° *que la hauteur de la cheminée doit être pour un même effet à produire, proportionnelle à la dénivellation préexistante*; 2° *la hauteur de l'ouvrage croît comme la fonction* $m^2-1$, *c'est-à-dire d'une manière très rapide avec le degré d'efficacité que l'on désire réaliser*; par exemple, pour avoir une vitesse double, il faudra une hauteur triple de la dénivellation proposée.

Dans un même puits ou dans deux puits jumeaux qui ont les orifices de sortie au même niveau, on détermine une dénivellation de ventilation au moyen d'une cheminée d'aérage construite sur l'un des orifices.

Si on a un seul puits à dimensions convenables, on peut le diviser par une cloison en bois ou en maçonnerie en deux compartiments de manière à constituer deux puits jumeaux, la section la plus grande, servira à l'extraction, et la plus petite sera la voie d'air ascendant au moyen d'une cheminée d'aérage.

*Foyers d'aérage.* La cause principale du mouvement naturel de l'air dans les mines est due à la différence de température ou de densité de deux colonnes d'air qui communiquent par leurs pieds. L'aérage naturel a conduit logiquement à produire artificiellement cette différence de température en chauffant la colonne montante.

Il est facile de comprendre qu'en élevant la température de la colonne montante, on diminuera sa densité, et par suite on augmentera la vitesse et l'énergie de la ventilation.

Cette élévation de température s'obtient à l'aide d'un foyer $b$ placé généralement au pied du puits ou au point le plus bas de la colonne d'air à chauffer et à chasser (fig. 707 à 709). Lorsque la voie de sortie de l'air ne sert pas à l'extraction, ni à la descente ou montée des ouvriers, et que l'air chassé

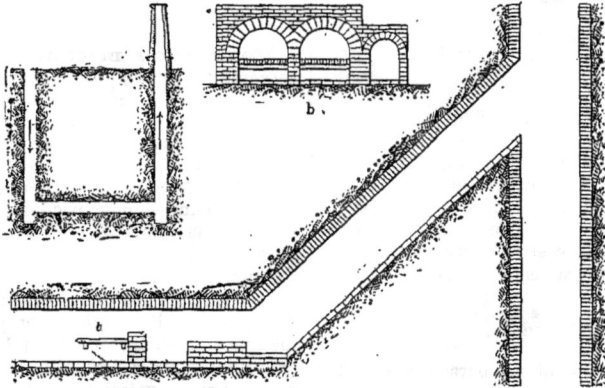

Fig. 707 à 709. — *Ventilation artificielle par cheminée d'aérage.*

ne contient aucun gaz inflammable, on peut installer ce foyer au point où la galerie de retour d'air débouche dans ce puits comme le montrent les figures 708 et 709.

Les foyers d'aérage, moins puissants que les appareils mécaniques, ont l'avantage d'être moins sujets aux dérangements que les ventilateurs. Si un accident ou une avarie vient à se produire, la chaleur emmagasinée suffit à entretenir pendant un certain temps, une ventilation suffisante. Ce procédé d'aérage permet même l'extraction avec des câbles, des cages, des guidonnages, etc., dans le puits de ventilation. Cependant, les foyers d'aérage présentent plusieurs inconvénients; leur effet n'est pas certain, et leur emplacement au fond de la mine rend leur accès difficile (Haton).

Cherchons maintenant les *relations* entre la *dépression*, la *température* et la *profondeur* : soient $t$, $t'$ les températures absolues des puits d'entrée et de sortie de même profondeur H. La colonne d'air chaud qui remplit le puits de sortie deviendrait par le refroidissement $H\frac{t}{t'}$; le puits d'entrée renferme donc en trop pour l'équilibre

une colonne d'air froid $=\frac{t'-t}{t'}$H; la dépression $h$ exercée sur l'unité de surface serait $h = d\,H\frac{t'-t}{t'}$; mais d'après la loi de Gay-Lussac (le volume d'air varié proportionnellement aux températures $t$ et $t'$, la pression restant constante), on a :

(1) $dt = 1{,}293 \times 273 = 353$ et (2) $h = 353\frac{t'-t}{t\,t'}$H.

Telle est la dépression en élevant de $t$ à $t'$ la température de l'air à l'aide des foyers d'aérage.

Inversement, on peut déduire de là l'échauffement $t'-t$ nécessaire pour réaliser une dépression déterminée

$$\frac{t\,h}{353\,H} = \frac{t'-t}{(t'-t)+t}; \text{ d'où (3) } t'-t = \frac{t^2}{353\frac{H}{h}-t}.$$

Dans le cas d'une température de 25° centigrades, d'une profondeur de 400 mètres, et d'une dépression de 50 millimètres, on aurait, pour

$t = 15 + 273$
$= 288$;

$H = 400$,
$4 = 50^{mm}$,

d'après la relation (3)

$t' - t = 32$,

et

$t' = 288 - 32$;
$320 = 47 + 273$.

L'air chaud devra donc marquer 47° au thermomètre ordinaire (Haton).

On peut calculer la chaleur nécessaire ou la quantité de charbon pour produire un certain travail de ventilation.

Si on chauffe, en effet, un certain volume $q$ d'air froid, dont le poids est $d'q$, c'est-à-dire $353\frac{q}{t}$, la quantité de chaleur nécessaire sera :

$$Q = 0{,}237 \times 353\, q \frac{t'-t}{t},$$

(0,237 étant la chaleur spécifique de l'air sous pression constante), et d'après la formule (3),

(4) $$Q = 0{,}237\, q \frac{t}{\frac{H}{h} - \frac{t}{353}}.$$

Comparons maintenant les ventilateurs aux foyers d'aérage. Un ventilateur chargé de débiter le même volume $q$ sous la dépression $h$ développera $q\,h$ kilogrammètres; si nous supposons que le moteur fonctionne à raison de $n$ kilogrammes de charbon par cheval et par heure, un seul kilogramme de combustible fournira :

$$\frac{75 \times 60 \times 60}{n} = \frac{270,000}{n} \text{ kilogrammètres.}$$

Donc pour effectuer le travail $q\,h$, il faudra consommer $\dfrac{n\,q\,h}{270,000}$ kilogrammes de charbon, et en ce cas la quantité de chaleur développée sera :

$$(5) \qquad Q' = \frac{n\,N\,q\,h}{270,000},$$

N étant le nombre de calories développées par le combustible par unité de poids.

Si nous supposons un puits de profondeur H où les deux modes de la dépression $h$ exigent le même poids de combustible, et si $H < H_o$, le foyer consommera plus que le ventilateur; mais si $H > H_o$, c'est le contraire qui se présentera. Or, $H_o$ s'obtiendra en égalant entre elles les valeurs Q et Q'

$$0{,}237\,\frac{t}{\dfrac{H_o}{h} - \dfrac{t}{353}} = \frac{n\,N\,q\,h}{270,000},$$

d'où

$$H_o\,\frac{h\,t}{353} = \frac{270,000 \times 0{,}237}{n\,N}\,t,$$

et par suite

$$(6) \qquad H_o = t\left(0{,}0028\,h + \frac{66,000}{n\,N}\right).$$

On peut aussi calculer le débit d'un foyer d'aérage en fonction de la hauteur du puits et des températures, en tenant compte des résistances. Soit $a$ l'orifice équivalent entre l'entrée de l'air et le foyer, la dépression $h$, nécessaire pour faire franchir au courant, cette portion du trajet sera :

$$(7) \qquad h_1 = 0{,}12\,d\frac{q^2}{a_1^2},$$

soit $a_2$ l'orifice équivalent du parcours dans le puits de sortie, la dépression sera :

$$h_2 = 0{,}12\,d'\frac{q'^2}{a_2^2};$$

mais d'après la loi de Gay-Lussac :

$$d' = \frac{t}{t'}\,d, \; q' = q\frac{t'}{t}, \text{ d'où } d'\,q'^2 = d\,q^2\,\frac{t'}{t},$$

et par conséquent

$$(8) \qquad h_2 = 0{,}12\,\frac{t'}{t}\,d\frac{q^2}{a_2^2};$$

la dépression totale sera $h_1 + h_2 = h$, substituant les valeurs (2), (7) et (8)

$$0{,}12\,d\,q^2\left(\frac{t}{a_1^2} + \frac{t'}{t}\,\frac{1}{a_2^2}\right) = 353\,\frac{t'-t}{t\,t'}\,H;$$

supprimant les facteurs égaux $d'\,t$ et 353, il vient

$$(9) \qquad q = 2{,}88\,\sqrt{\frac{t'-t}{t'\left(\dfrac{t}{a_1^2} + \dfrac{t'}{a_2^2}\right)}\,H}.$$

Cette relation (9) fait connaître le débit que procurera le foyer d'aérage en fonction de la hauteur H du puits et des températures absolues $t$ et $t'$ (Haton).

Dans chaque cas particulier, dit Péclet, on peut facilement déterminer l'effet utile du mode de ventilation. Supposons, par exemple, qu'on ait ob-

servé la diminution de pression intérieure, à l'extrémité du puits de sortie de l'air, et qu'on connaisse le volume d'air appelé par seconde, le travail nécessaire à la ventilation sera $p\,h$, $p$ étant le poids de l'air écoulé en une seconde, et $h$ la hauteur d'air correspondant à la pression observée. Supposons ce travail estimé en chevaux-vapeurs à raison de 4 kilogrammes de charbon par heure, l'appel ayant toujours lieu par une certaine consommation de combustible, ou dans une cheminée, ou par un générateur, en retranchant la consommation calculée, on aura la partie de combustible ou de travail résultant des transmissions de mouvement et de la machine elle-même » (Traité de la chaleur, édition Hudelo).

Dans les foyers d'aérage, le foyer est ordinairement une grille horizontale, simple ou double, sur laquelle on brûle de la houille; la combustion est alimentée par l'air de la mine qui passe sur la grille ou à travers celle-ci. Ce foyer est ordinairement établi de manière à agir sur le courant d'hiver.

**Ventilation mécanique.** La ventilation mécanique est employée, dans les mines profondes ou dans celles qui ont un réseau important de travaux souterrains; ce procédé est, d'ailleurs, toujours en usage quand il s'agit d'avoir une puissante et énergique ventilation; outre l'avantage de consommer moins de combustible qu'une cheminée pour produire le même effet, il permet aussi de régler l'emploi de la chaleur d'une manière facile et de la faire varier dans des limites données.

Le ventilateur de mines s'installe au débouché d'un puits ou d'une galerie; on y établit une fermeture afin d'interrompre toute communication entre l'intérieur et l'extérieur, autre que celle qui se fait par le mécanisme même. Il est utile de disposer le ventilateur à une distance de 10 à 20 mètres de l'orifice, à l'extrémité d'une courte déviation. Quand le puits d'extraction doit servir de voie pour l'introduction de l'air, au ventilateur foulant, il existe alors des ouvertures mobiles; quelquefois, on obtient une fermeture en coiffant la partie supérieure du puits d'une caisse fixe; enfin, la fermeture hydraulique est la plus étanche; elle consiste en une cloche métallique baignée dans l'eau et équilibrée par des poids suspendus à des chaînes passées sur des poulies.

Les machines de ventilation agissent, en général, soit comme des *ventilateurs aspirants* sur le puits de sortie, soit comme des *ventilateurs soufflants* sur les puits d'entrée. Ces appareils agissent en produisant dans la mine, soit un état de compression, soit de dilatation, de telle sorte que selon l'espèce de machine employée, la pression, en un point donné de l'intérieur de la mine, est plus grande ou plus petite que celle qui existerait à l'état d'équilibre.

Les ventilateurs soufflants exigent, théoriquement, un peu moins de travail que les aspirants pour faire circuler une même masse d'air; mais les *quantités de travail à produire sont proportionnelles aux forces vives*, et celles-ci sont également *proportionnelles aux carrés des vitesses*, puisque la masse est commune. Or, les vitesses que doit prendre une même masse pour franchir une section *sont en raison inverse des débits en volume*; ceux-ci sont moindres avec la compression qu'avec l'aspiration.

Si H est la pression extérieure, $h, h'$ les dépressions produites par les ventilateurs aspirant ou foulant, les volumes comprimés ou dilatés seront dans le rapport $\dfrac{H-h}{H-h'}$, celui des travaux effectués sera $\left(\dfrac{H-h}{H-h'}\right)^2$; si $H = 10333$ et que l'un des deux ventilateurs fonctionne avec une dépression de 100 millimètres d'eau, ce rapport deviendra :

$$\left(\frac{10233}{10433}\right)^2 = 0,96.$$

Donc, l'avantage de ce ventilateur atteindra difficilement une valeur de 4 0/0. Les appareils soufflants, par leur dépression, contiennent ou paralysent en partie les soufflards et les fumées; les appareils aspirants, au contraire, facilitent l'envahissement des travaux par l'air vicié.

Mais en cas d'un accident qui suspende momentanément le fonctionnement des machines de ventilation, les deux espèces de ventilateurs agiront différemment. Le rétablissement spontané, en un pareil moment, de l'égalité de pression du dehors au dedans aura pour résultat, avec les ventilateurs aspirants, de faire monter le manomètre dans les travaux, ce qui combattra les soufflards'et leurs dégagements gazeux. Au contraire, la pression s'abaissera avec les ventilateurs soufflants, ce qui provoquera l'activité de ces dégagements.

Quand le baromètre baisse à l'extérieur, il importe d'activer la ventilation pour tenir en respect les soufflards. Avec un appareil foulant, le résultat sera de surélever la pression pour combattre le mauvais air; un ventilateur aspirant aura, au contraire, pour résultat d'augmenter la dilatation de l'air, d'exagérer les effets de la baisse barométrique et, par suite, de provoquer la sortie de l'air et des gaz des vieux travaux.

La majeure partie des ventilateurs de mines sont des appareils aspirants. Mais, dans certaines circonstances, il est utile de pouvoir disposer de mécanismes soufflants. Aussi, certains ventilateurs permettent de changer à volonté le sens du courant, c'est-à-dire de transformer le ventilateur aspirant en ventilateur soufflant et, réciproquement, un soufflant en ventilateur aspirant. Certains appareils, comme par exemple celui de Fabry, sont constitués de telle sorte qu'il suffit de renverser le sens de leur rotation pour produire ces effets; on les dit *reversibles*. D'autres, au contraire, comme le ventilateur Guibal, ne peuvent tourner indifféremment dans les deux sens; cependant, tous, au moyen d'un jeu de portes d'aérage, peuvent, alternativement, remplir les fonctions de ventilateurs aspirants ou soufflants. Dans les mines à grisou, la ventilation mécanique ne doit jamais être arrêtée pendant les heures de travail, ni même pendant les repas et les moments de repos.

Dans les mines peu profondes ou dont on commence l'exploitation, ou dans les mines métallifères à réseau peu développé, on emploie des ventilateurs à bras. Si le petit ventilateur est soufflant, on le place dans le courant même, à une petite distance en amont du branchement qu'il doit aérer; si le petit ventilateur est aspirant, il est mis à une faible distance en aval. Généralement, pour ces petits ventilateurs à bras, on donne la préférence au système soufflant.

« Les ventilateurs de mines, dit M. Burat, doivent satisfaire aux conditions suivantes : 1° déplacer de grands volumes d'air, de 100 à 300 mètres cubes et au delà; 2° déterminer des dépressions ou des pressions de $0^m,03$ à $0^m,10$ d'eau; 3° agir à volonté, soit par aspiration, soit par refoulement.

« L'aérage mécanique, pour les mines à grisou, doit satisfaire à certaines conditions particulières formulées, comme il suit, par M. Coince qui s'est surtout préoccupé de la proportion qui doit exister entre la houille abattue et la quantité d'air introduit dans la mine.

« La quantité d'air réclamée, dit-il, par telle ou telle mine, dépend essentiellement de circonstances locales très variables; on ne peut donc qu'établir un rapprochement, une comparaison exacte est impossible. Si l'on suppose également que le volume total d'air est convenablement distribué, dans les travaux, suivant les besoins de chaque région, on peut, dans une certaine mesure, prendre pour terme de comparaison le rapport entre le volume d'air total s'écoulant dans les travaux et le volume de charbon enlevé chaque jour; par exemple, le nombre de mètres cubes d'air par seconde correspondant à une production de 1,000 hectolitres.

« Quant aux sections des voies d'aérage, l'épaisseur des couches et la facilité d'entailler le toit sans donner lieu à un boisage d'entretien dispendieux, ont fait donner aux grandes voies une hauteur de 2 mètres à $2^m,50$. Si l'on se reporte aux largeurs indiquées par diverses mines, on trouvera que la section moyenne des voies d'aérage est considérable et peut se chiffrer ainsi : plans inclinés, galeries principales, 8 à 9 mètres carrés; galeries secondaires, 5 à 6 mètres carrés; voies de retour, 5 à 6 mètres carrés. »

Les ventilateurs de mines sont très nombreux, les principaux sont : les ventilateurs Baker, Bell, Bourdon, Brunton, Combes, Cooke, Fabry, Favet, Galet, Guibal, Harzé, Lambert, Lemielle, Lesoinne, Letoret, Lloyd, Mahaut, Motte, Evrard, Nixon, Pasquet, Rammel, Struve, Waddle, Baer, Duvergier, Echard, Farcot, Gendebien, Gonthier, Kraft, Murphy, Nasmith, Fournier, Reichenbach, Reisinger, Rettinger, Schiele, Sievers, Stevenson, Nyst, Veillan, Winter, Schork, etc,; les uns à vapeur, les autres à bras; les uns à mouvement disséquant, les autres à force centrifuge.

Dans les ventilateurs volumogènes (V. plus loin, § *Théorie des ventilateurs*), une série de cloisons mobiles coupe l'atmosphère de la mine en tranches qu'elles emprisonnent dans le compartiment compris entre elles et un coursier fixe; puis elles les poussent le long de ce coursier et finissent par les rejeter au dehors; le vide entre chaque tranche est comblé par l'air adjacent, et celui-ci est remplacé aux dépens de l'air extérieur qui est ainsi appelé à s'engouffrer dans le puits d'entrée. Ce mécanisme détermine un certain degré de vide aux abords du ventilateur. Celui-ci engendre donc un volume, une dépression, de là l'expression de volumogène. Au contraire, dans les ventilateurs déprimogènes, la communication peut rester continue et libre entre la mine et l'extérieur. Mais le mécanisme a pour résultat de brasser énergiquement le milieu gazeux qui prend une certaine gradation de tensions dont le dernier terme est encore la pression de l'atmosphère extérieure dans laquelle se déverse le courant. La dépression produite ainsi à l'autre bout détermine un appel d'air dans les régions qui l'avoisinent et, de là, un écoulement continu. Le ventilateur produit donc naturellement de la dépression, et celle-ci, à son tour, engendre un certain débit en volume, de là le nom de déprimogène.

Les appareils déprimogènes sont ordinairement rangés en deux groupes : 1° les *ventilateurs à force centrifuge*; 2° les *ventilateurs à action oblique*.

Les précautions générales à prendre, pour l'aérage des mines, sont résumées dans les termes suivants d'une circulaire administrative belge :

1° Dans toute exploitation souterraine, l'assainissement de tous les points de travaux accessibles aux ouvriers sera assuré par un courant actif et régulier d'air pur; la vitesse et l'abondance de ce courant, la section des galeries seront réglées en raison du nombre d'ouvriers, de l'étendue des travaux et des émanations naturelles de la mine ;

2° La ventilation sera déterminée et entretenue par des moyens efficaces et exempts de tout danger; tout courant d'air vicié sera rigoureusement écarté des ateliers et des voies fréquentées ;

3° Les remblais seront partout aussi serrés et aussi imperméables que possible ;

4° Les travaux seront disposés de manière à se passer de portes pour diriger ou partager le courant d'air, mais toute porte d'aérage sera pourvue d'un guichet dont l'ouverture sera réglée en raison des besoins ;

5° Dans les mines à grisou, l'appel y sera provoqué, soit par des moyens mécaniques, soit par échauffement à l'exclusion de *toque-feux* ou foyers alimentés par l'air sortant de la mine. — A. F. N.

### VENTILATEURS.

Machine destinée à renouveler l'air dans un lieu où ce fluide ne peut arriver librement, ou propre à produire un courant d'air continu, à ventiler un espace donné ou à fournir l'air aux feux de forge, aux fourneaux de fonderie, etc. (fig. 710). Donnons une idée d'un ventilateur par la conception suivante : imaginons que l'on fasse tourner rapidement, à l'intérieur d'un cylindre ou tambour, et autour de son axe, des palettes disposées de manière à entraîner avec elles l'air au milieu duquel elles se meuvent. Cet air, par son mouvement rapide de rotation, développera des forces centrifuges qui tendront à le projeter et à l'accumuler vers la surface du cylindre. Si le cylindre ne communique pas avec l'extérieur, la pression ne restera pas la même dans toute l'étendue de la masse d'air qu'il contient; en effet, cette pression diminuera dans le voisinage de l'axe et augmentera vers la surface du cylindre. Si, les choses étant en cet état, on fait

communiquer les parties centrales du cylindre avec l'atmosphère et qu'on pratique une ouverture qui permette à l'air condensé vers la surface de s'échapper, il se produira ainsi un mouvement continu du gaz qui entrera par le centre et sortira par la circonférence. Le mécanisme ainsi obtenu est un *ventilateur*.

Les ventilateurs sont employés, soit pour aspirer l'air d'un milieu déterminé, soit pour l'y refouler, soit pour lancer de l'air dans les fourneaux des usines; leurs palettes sont tantôt planes et dirigées suivant les rayons du cylindre, tantôt légèrement courbées en sens contraire du sens de leur mouvement, tantôt en hélices. Les ventilateurs sont dits *aspirants* quand ils aspirent l'air par des tuyaux de conduite et le lancent dans l'espace environnant par tous les points de la circonférence du tambour ou du cylindre; ils sont appelés *ventilateurs soufflants* lorsqu'ils aspirent directement l'air environnant pour le faire écouler par un tube qui communique

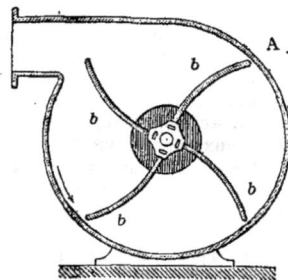

Fig. 710. — *Ventilateur théorique.*
*A* Tambour. — *b b b b* Palettes.

avec la circonférence du tambour ; enfin, ils sont dits *ventilateurs aspirants et soufflants* quand ils appellent l'air par des tuyaux de conduite et le versent dans un canal.

Le général Morin, dans ses *Etudes sur la ventilation (Annales du Conservatoire des arts et métiers*, t. II, 1862), a fait une série d'expériences sur les ventilateurs en usage. De l'ensemble de ses recherches, il résulte :

1° Que les ventilateurs à hélice sont d'un emploi plus avantageux, quand ils fonctionnent par aspiration, que par refoulement ;

2° Quand les hélices ont une longueur à peu près double de leur diamètre et forment deux demi-hélices, le rapport du volume d'air aspiré au volume engendré par l'hélice est de 0,570;

3° L'emploi des ventilateurs aspirants à hélices bien proportionnées ne permet guère d'utiliser plus de 0,084 du travail moteur en mesurant l'effet utile par la moitié de la force vive imprimée à l'air;

4° Les ventilateurs à hélices, employés à l'insufflation avec un tuyau de refoulement d'une certaine longueur (28 mètres par exemple) et complètement ouvert, ne fournissent guère qu'un volume d'air égal à 0,337 du volume engendré par leur hélice ;

5° Dans ce cas, le rendement de l'appareil mesuré par la moitié de la force vive imprimée à l'air n'est que 0,0595 du travail moteur.

Les ventilateurs à palettes courbes ou planes ont donné les résultats suivants :

1° Pour chaque ouverture d'orifice, les volumes d'air insufflés sont proportionnels aux nombres de tours du ventilateur;

2° Les volumes d'air insufflés sont, dans chaque cas, proportionnels aux volumes engendrés par les palettes du ventilateur.

L'ensemble des expériences de M. Morin est résumé dans le tableau suivant :

| | | Rendement des ventilateurs | |
|---|---|---|---|
| | | en volume | en effet utile |
| Ventilateur à hélices (Guérin), | aspirant.. | 0.572 | 0.084 |
| | refoulant. | 0.334 | 0.039 |
| Ventilateur à palettes courbes (Lloyd) | aspirant.. | 1.400 | 0.120 |
| | refoulant. | 2.900 | 0.160 |
| Ventilateur à palettes avec jeu de 0m,04, refoulant . . . . . . . . | | 1.060 | 3.160 |

Ceci montre que, dans les cas étudiés par M. Morin, les ventilateurs à hélice sont inférieurs aux ventilateurs à palettes courbes, pour l'aspiration comme pour le refoulement, et que, dans ce dernier cas, le simple ventilateur à palettes planes est préférable sous le double rapport du rendement en volume et du rendement en effet utile, au ventilateur à hélice.

Les ventilateurs affectent des formes et des organes mécaniques variés qui les ont fait diviser en : 1° *ventilateurs à force centrifuge;* 2° *pompes rotatoires;* 3° *appareils à pistons;* 4° *ventilateurs à vis;* 5° *machines à cloches plongeantes;* 6° *ventilateurs par jets de vapeur.*

Le *tarare,* dont on se sert pour nettoyer les grains, est le plus simple des ventilateurs; les palettes sont planes et dirigées suivant les rayons du cylindre, où le courant d'air que provoque la rotation des palettes entraîne les poussières et les débris de paille et les sépare du grain qui est plus pesant.

Le volume d'air fourni par un ventilateur peut être directement calculé, mais la dépression n'est réellement déterminée que par la pratique. Soient V le volume d'air échauffé et vicié débité par seconde; D la densité de l'air mis en mouvement qui varie de 1,10 à 1,20; P la différence des pressions, qui s'élève en général de 0m,20 à 0m,10 d'eau, on aura V×D×P, ou le produit des trois facteurs pour le travail thermique. Nous ne tenons point compte des résistances passives, et nous donnerons, plus loin, un calcul plus rigoureux. Ainsi, comme exemple, citons un aérage déterminé par un ventilateur à force centrifuge dont les facteurs sont 30 mètres cubes, 1,15 et 80, et qui fournirait 30×1,15×80=2,760 kilogrammètres ou $\frac{2,760}{75}$ =30 chevaux-vapeur.

**Ventilateur à force centrifuge.** Le ventilateur à force centrifuge paraît avoir été inventé, en 1720, par Téral et Désaguliers (1734). Imaginons un cylindre fixe, clos de toute part, portant des ailes planes ou courbes qui, dans leur mouvement rotatoire, parcourent la capacité intérieure du cy-

lindre. L'air mis en mouvement par les ailes est comprimé à la circonférence et dilaté au centre; donc, si les deux joues du cylindre sont percées au centre et que la circonférence soit ouverte, l'air sera aspiré par le centre et rejeté à la circonférence; donc l'air peut être aspiré ou refoulé dans un tube en communication avec le cylindre ou tambour. Tel est le mécanisme théorique d'un ventilateur à force centrifuge.

Les ventilateurs à force centrifuge aspirants sont nombreux, nous citons ceux de Combes, Glepin, Lloyd, Letoret, Guibal, etc.

Parmi les ventilateurs soufflants, les plus connus sont ceux de MM. Decoster, De Lacolonge, Bourbon, de Schiele, etc.

M. E. Dolfus a fait des expériences nombreuses pour déterminer les formes et les dimensions les plus avantageuses des ventilateurs soufflants (*Bulletin de la Société industrielle de Mulhouse*) à joues et à ailes planes; ses conclusions ont été : 1° que les ailes doivent être aussi rapprochées que possible des joues; 2° la hauteur des ailes doit excéder la moitié du rayon de l'orifice d'accès; 3° le nombre des ailes doit augmenter avec le diamètre de l'orifice d'accès, et ce nombre doit être plus grand quand l'enveloppe du ventilateur est excentrique à l'axe de rotation.

Le ventilateur Combes est à ailes courbes reliées à une plaque fixée à l'arbre; les bords libres des ailes restent toujours à une petite distance d'un plateau fixe. Dans une autre disposition, l'axe de rotation est placé verticalement, les ailes fixées aux deux joues : la joue inférieure porte autour de l'orifice d'accès, un cylindre qui plonge dans un réservoir annulaire plein d'eau.

M. Glepin a donné plusieurs dispositions à son ventilateur; l'une des plus communes consistait en un appareil dans lequel les ailes étaient fixées à un arbre horizontal tournant entre deux murailles parallèles.

Le ventilateur Letoret est composé de quatre ailes rectangulaires en tôle, articulées, fixées aux extrémités de deux montants en fer forgé placés à angle droit sur l'arbre : une lame de tôle est fixée perpendiculairement à l'axe de rotation; enfin, l'appareil est placé entre deux murailles parallèles qui forment les joues du ventilateur.

Le ventilateur Lloyd se compose de deux troncs de cône opposés renfermant six ailes courbes fixées aux deux surfaces coniques percées au centre de deux orifices pour recevoir les tuyaux d'appel autour desquels il tourne.

Le ventilateur Gwyne offre beaucoup de rapports avec celui de Lloyd.

Le ventilateur Decoster se compose d'une caisse en fonte ouverte sur les deux faces latérales, traversée par un arbre horizontal qui porte normalement une plaque en tôle partageant l'appareil en deux parties égales et sur laquelle sont fixées huit ailes planes, quatre de chaque côté.

Le ventilateur de Lacolonge est formé d'un tambour cylindrique à huit aubes légèrement courbes.

Le ventilateur Bourdon a sa caisse mobile en tôle et formée de deux cônes tronqués; l'appareil est divisé en deux parties égales par une cloison perpendiculaire à l'axe de rotation ; les ailes sont fixées à cette cloison et aux cônes tronqués. Elles sont en fer-blanc, courtes, au nombre de trente, recourbées à leur extrémité dans le sens du mouvement de l'air ; enfin, elles partent de l'axe et leurs bords inférieurs rejoignent perpendiculairement les bords des orifices d'appel par une courbe concave. L'air est chassé dans une capacité annulaire en fonte, conçentrique à l'axe du ventilateur et s'écoule par un tuyau placé tangentiellement à la surface.

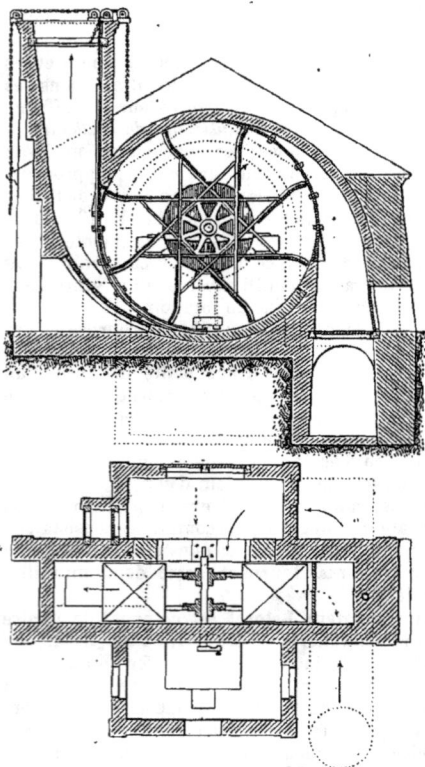

Fig. 711 et 712. — *Ventilateur Guibal.*

Le ventilateur Guibal (fig. 711 et 712) dérivant du ventilateur Letoret a sur les autres ventilateurs à force centrifuge des avantages incontestables. D'ailleurs, M. Guibal a donné diverses dispositions à son appareil qui permettent, à volonté, d'aspirer ou de refouler.

M. Guibal a muni son ventilateur d'une vanne mobile et, en outre, d'une cheminée à section croissante ; mais pour satisfaire à la double condition de refouler et d'aspirer, deux cheminées en *pavillons de cor* sont disposées en sens inverse ; les palettes courbées sont disposées autour d'une armature polygonale : la vanne mobile permet de régler la pression à la limite convenable pour l'appel.

Le ventilateur Guibal est horizontal avec axe

vertical ; il se construit sur un diamètre de 7 à 9 mètres, et il est enveloppé sur les trois quarts de sa circonférence, l'autre quart portant la vanne mobile. Un ventilateur de 7 mètres de diamètre, faisant 100 tours à la minute, 1m,70 de largeur, a fourni 30 mètres cubes d'air par seconde.

Le calcul de la dépression que peut produire le ventilateur Guibal s'évalue de la manière suivante :

La dépression est la somme de deux autres, l'une $h_0$, due à la force centrifuge, l'autre $h_1$ due à la force tangentielle. Si D est le diamètre à l'extrémité des ailes, $d$ le diamètre à l'origine des ailes, N le nombre de tours du ventilateur, S la section de la cheminée au sommet, $s$ à la base, on aura :

$$h_0 = 0,000158 \, N^2 (D^2 - d^2),$$

et

$$h_1 = 0,000158 \, N^2 \left( D^2 - D^2 \frac{s^2}{S^2} \right) ;$$

d'où enfin :

$$h_0 + h_1 = 0,000158 \, N^2 \left[ 2 D^2 - \left( D^2 \frac{s^2}{S^2} + d^2 \right) \right],$$

M. Guibal a trouvé, par l'observation directe, que les dépressions sont en moyenne les 0,837 de celles que fournit le calcul, on a donc :

$$H = 0,000132 \, N^2 \left[ 2 D^2 - \left( D^2 \frac{s^2}{S^2} + d^2 \right) \right] ;$$

l'expérience a conduit à faire $d = \dfrac{D}{3}$ et $s = \dfrac{S}{3}$, d'où $H = 0,000234 \, N^2 D^2$, formule qui donne la dépression qu'on peut obtenir avec un ventilateur Guibal de diamètre déterminé.

Quant à la section de la vanne qui produit l'effet utile maximum, M. Guibal a proposé la formule empirique

$$S = 0,65 \frac{Q}{\sqrt{h}} ;$$

le rapport $\dfrac{A}{h^{\frac{3}{2}}}$, appelé le *tempérament* de la mine est constant.

Le ventilateur Duvergier est aussi un ventilateur horizontal à axe vertical en usage dans quelques mines pour l'aérage de peu d'importance.

Le ventilateur Audemar est construit pour les mines à voies d'aérage à grande section ; il tourne dans un coursier fermé par un plancher ou fosse circulaire creusée dans le sol et maçonnée. L'air est aspiré par une voie centrale ; les ailes au nombre de huit sont recouvertes par une tôle pleine courbée à l'extrémité.

Le ventilateur Harzé est horizontal avec axe vertical, composé de deux couronnes reliées entre elles par des ailes inclinées à 45°. Un diffusoir remplaçant la cheminée du ventilateur Guibal et constitué par une couronne formée de deux parois horizontales, reçoit l'air à la sortie des ailes immobiles et recourbées qui se trouvent entre les parois du diffusoir, et redressent l'échappement de l'air dans le sens des rayons.

**Ventilateurs à vis** ou **à hélice.** Ils sont moins nombreux que ceux à force centrifuge, nous citerons :

**VENT**

Le ventilateur Motte, composé de deux surfaces hélicoïdales dont l'axe tourne dans un cylindre en tôle ou en fonte, qui communique par une extrémité avec le tuyau d'appel et par l'autre avec le tuyau d'écoulement;

Le ventilateur Pasquet, formé d'un noyau cylindrique, sur lequel sont fixées trois ou six rampes hélicoïdales;

Le ventilateur Lesoinne, appareil analogue aux

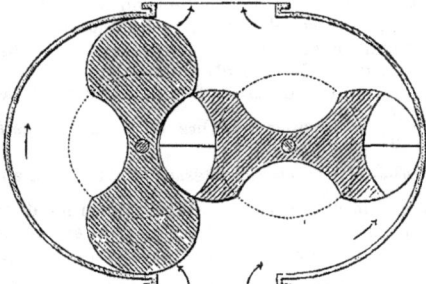

Fig. 713. — *Ventilateur Fabry à deux ailes.*

ailes du moulin à vent, formé de six ailes en tôle;

Le ventilateur Staib composé de quatre ailes également espacées autour d'un axe vertical.

Les *pompes pneumatiques rotatoires* constituent aussi des appareils d'aérage dont les principaux types sont les ventilateurs Fabry, Lemielle, etc.

Le ventilateur Fabry (fig. 713 et 714) se compose de deux roues à trois ailes pleines ayant environ 1ᵐ,70 de rayon et 2 mètres de largeur; ces roues mobiles autour de leurs axes dans deux coursiers

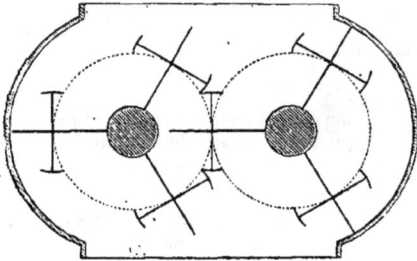

Fig. 714. — *Ventilateur Fabry simplifié.*

latéraux, ont des vitesses égales et en sens contraire; chaque aile porte une pièce de fonte pleine, perpendiculaire à sa direction, terminée par une surface courbe cylindrique. La vitesse de ce ventilateur est limitée à 25 ou 30 tours; il extrait de 10 à 12 mètres cubes d'air par seconde; théoriquement, il fait sortir un volume d'air égal au volume du cylindre décrit par l'extrémité des ailes.

Le ventilateur Lemielle (fig. 715 et 716) est composé de deux cylindres de fonte : le premier fixe, garni de deux larges ouvertures pour l'accès et la sortie de l'air; le second, placé dans l'intérieur du premier, est mobile sur son axe qui reçoit un

mouvement de rotation continue. Ce cylindre porte à sa surface extérieure six palettes courbes articulées qui peuvent prendre diverses inclinaisons.

Ce ventilateur a été établi sur des dimensions variables; il se prête moins que le ventilateur Fabry aux grands débits exigés dans les houillères, mais l'inventeur l'a beaucoup perfectionné, et aujourd'hui, il répond à toutes les exigences de l'aérage des mines; il débite, en moyenne, de 8 à 12 mètres cubes d'air par seconde.

**Ventilateurs à pistons.** Ce sont de grandes machines pneumatiques formées, en général, de deux cylindres en métal ou en bois avec armatures de fer, dans chacun desquels se meut un piston portant plusieurs soupapes; les fonds des

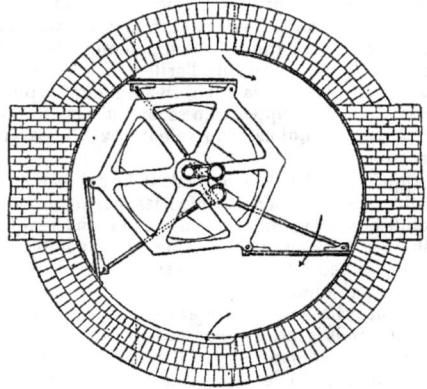

Fig. 715 et 716. — *Ventilateur Lemielle.*

cylindres sont aussi garnis de plusieurs soupapes qui s'ouvrent de bas en haut. Les plus connus de ces appareils sont ceux de Mahaut et de Nixon.

*Machines à cloches plongeantes.* Elles constituent aussi des ventilateurs et sont composées de deux cloches en tôle, soutenues aux deux extrémités d'un balancier et plongeant dans un réservoir annulaire d'eau dont la partie centrale communique par le bas avec la galerie d'où l'air doit être extrait. Les parties supérieures de la cloche et des cylindres intérieurs du réservoir sont munies de soupapes qui s'ouvrent de bas en haut.

**Ventilateurs à jets de vapeur.** Ils n'ont pas jusqu'ici donné de résultats bien satisfaisants, et nous ne faisons que les signaler.

*Théorie des ventilateurs.* M. Murgue partage l'ensemble des ventilateurs en deux classes : les *volumogènes* et les *déprimogènes* (*Bulletin de l'industrie minérale*, t. IX, 1880 ; t. II et t. IV). « En théorie, dit M. Murgue, un ventilateur volumogène doit donner un volume d'air constamment égal à celui qu'il débiterait en aspirant librement dans l'atmosphère. En réalité, le volume obtenu est toujours inférieur à ce volume théorique à cause des jeux et joints inévitables de l'appareil qui donnent lieu à une rentrée directe de l'air extérieur.

« En théorie, un ventilateur déprimogène doit entretenir une dépression constamment égale à celle qu'il atteindrait en aspirant sur un espace fermé. »

Tout ventilateur constitue un encombrement pour le passage du courant ; il ajoute donc aux résistances à vaincre, en même temps qu'il constitue d'autre part, l'agent destiné à les vaincre. M. Murgue, pour ramener ce supplément de résistance au type unique de l'orifice équivalent, à côté de l'orifice *a* de la mine, en admettant le puits débouché, il en suppose un second *a'* appelé *orifice de passage* qui est équivalent aux résistances accessoires.

Appelons *a'* l'orifice équivalent formé par l'ensemble des jeux laissés entre les parties fixes et mobiles, φ le volume engendré par une révolution de ventilateur volumogène, *n* le nombre de tours par seconde, *n*φ représentera le débit en volume par unité de temps : ce total se compose du débit utile *q* à extraire et de celui des entrées qui se produisent. La dépression aspire, en une seconde, la colonne *q* par l'orifice *a* qui représente la mine, elle fera passer à travers *a'* le volume proportionnel $q\dfrac{a'}{a}$, et on aura $nq = q + q\dfrac{a'}{a}$, et par conséquent $q = \dfrac{m\varphi}{1 + \dfrac{a'}{a}}$.

On pourra déterminer *a'* pour un ventilateur donné

$$a' = 0,38 \frac{m\varphi - q}{\sqrt{h}},$$

*m* est l'allure donnée au ventilateur. Le rendement géométrique d'un appareil volumogène est

$$\frac{a}{a + a'} = \frac{1}{1 + \dfrac{a'}{a}}.$$

La puissance dynamique est évaluée comme il suit : travail consommé

$$\theta = 0,14 \frac{\left(q\dfrac{a'}{a}\right)^3}{a'^2} = 0,14 \frac{q^3 a'}{a^3}.$$

Puissance totale T

$$T = 0,1493 \left[ \frac{1}{a^2}\left(1 + \frac{a'}{a}\right) + \frac{1}{a'^2} \right].$$

Pour passer de cette valeur à l'établissement de la machine motrice, on divisera T par le rendement présumé de cet appareil et par le nombre 75, pour obtenir le nombre de chevaux-vapeur.

Les ventilateurs Fabry, Lemielle, les machines à pistons, les ventilateurs Baker, Bell, Cooke, Evrard, Fournier, Levet, Nyst, sont des volumogènes.

Voici comment M. Haton de la Goupillière établit d'une manière très simple la théorie analytique des ventilateurs. Appelons $p_0$ la dépression depuis l'intérieur de la mine jusqu'à l'entrée des aubes du ventilateur, $v_0$ la vitesse absolue de l'air, on aura : $v_0^2 = 2g\dfrac{p_0}{d}$.

Soit $u_0$ la vitesse d'entraînement de la roue tangentielle au cercle de rotation ou normale au rayon, la vitesse relative $w_0$ formant la diagonale du rectangle composé par les vitesses $v_0$ et $u_0$, on aura donc $w_0^2 = v_0^2 + u_0^2$.

La masse de l'unité de volume ayant pour valeur $\dfrac{d'}{g}$, le premier membre de l'équation sera $\dfrac{d'}{2g}(w^2 - w_0^2)$, si $w =$ la vitesse de sortie. En appelant *p* la différence de pression entre les deux points extrêmes, le travail s'obtiendra en multipliant cette dépression par le volume qui est égal à l'unité. La force centrifuge a pour valeur $\dfrac{d'}{g}\omega^2 r$, $\omega =$ la vitesse angulaire, $r =$ le rayon variable ; la projection du chemin parcouru sur la force est $dr$, le travail élémentaire $\dfrac{d'}{g}\omega^2 r\, dr$, et son intégrale $\dfrac{d'}{2g}\omega^2(r^2 - r_0^2)$ ou $\dfrac{d'}{2g}(u^2 - u_0^2)$, en appelant *u* la vitesse à la jante.

En réunissant ces divers termes et divisant par $\dfrac{d'}{2g}$, on obtient :

$$w^2 - w_0^2 = 2g\frac{p}{d} + u^2 - u_0^2.$$

On aura encore la relation

$$v^2 = u^2 + w^2 - 2uw\cos\theta \text{ et } v_1^2 - v^2 = 2g\frac{p_1}{d},$$

et finalement on aura

$$v_1^2 = 2u^2 - 2uw\cos\theta - 2g\frac{h}{d},$$

et la relation fondamentale pour exprimer la dépression que fournit le jeu de l'appareil

$$\frac{h}{d} = \frac{u^2}{g} - \frac{v_1^2}{2g} - \frac{uw\cos\theta}{g}.$$

Cette relation montre que *h* augmente avec *s*.

La formule de la dépression est

$$h = \frac{k}{1 + \dfrac{a^2}{a^2}d\dfrac{u^2}{g}},$$

celle du débit

$$q = 0,65\sqrt{2au}\frac{\sqrt{k}}{1 + \dfrac{a^2}{a^2}} \text{ ou } q = 0,92u\frac{\sqrt{k}}{\dfrac{1}{a^2} + \dfrac{1}{a}}.$$

Les *machines soufflantes à piston*, les *trompes*, les *soufflets* et les *cagniardelles* sont aussi des ventilateurs, c'est-à-dire des mécanismes à produire un courant d'air, mais ils sont à peu près abandonnés aujourd'hui.

M. Devillez (*Ventilation des mines*, 1875), à la suite d'une étude critique des ventilateurs, et spécialement des ventilateurs Guibal, Lambert, Fabry, Lemielle, s'exprime de la manière suivante :

« Parmi tous ces ventilateurs, qui laissent libre la communication entre la mine et l'atmosphère extérieure, quand ils sont arrêtés, un seul paraît devoir survivre à tous les autres, c'est le ventilateur à force centrifuge et à utilisation de la force vive de l'air qui s'échappe à sa circonférence, dont le type le plus complet est celui qu'a adopté M. Guibal. Irréprochable au point de vue théorique quand il est judicieusement établi, d'une simplicité de construction tout à fait élémentaire, peu susceptible de dérangements, n'entraînant que des frais d'entretien d'une faible importance, produisant la même dépression que les autres sans qu'il faille lui imprimer une vitesse de rotation aussi rapide, et fournissant pratiquement un bon effet utile relativement au travail moteur qu'il exige, ce ventilateur présente tous les caractères d'un bon appareil industriel et nous paraît destiné à fournir une longue et utile carrière.

« Si, des ventilateurs de cette espèce, où la force vive de l'air joue un rôle important, nous passons aux ventilateurs à capacité variable, dans lesquels elle n'a qu'une importance insignifiante dans la plupart des cas, et dans lesquels la communication entre la mine et l'atmosphère extérieure est suspendue quand l'appareil est arrêté, nous rencontrons une diversité de dispositions possibles presque indéfinie. Parmi ces dispositions possibles, quelques-unes seulement ont été essayées, ce sont les *pompes pneumatiques à piston*, les dispositions de M. Fabry et celles de M. Lemielle ».

Les pompes pneumatiques avec pistons ou cloches plongeantes, à mouvement rectiligne alternatif, semblent devoir être abandonnées à cause de la fâcheuse influence des soupapes et de l'irrégularité de leur action.

Quant à la disposition de M. Fabry qui, au point de vue théorique d'une construction parfaite, comme toutes celles des appareils à capacités variables, est irréprochable, elle offre un vice pratique inhérent à sa nature et qui l'a fait abandonner toutes les fois qu'il s'agissait de produire une ventilation énergique ; c'est le peu d'épaisseur que ses ailes ou dents peuvent recevoir à leur base, à cause de l'espace libre qu'il faut laisser entre les ailes de chacune des roues pour le passage des ailes de l'autre roue.

« Les ingénieurs qui ont résolu d'employer un appareil à capacité variable ayant reçu la sanction de l'expérience et qui ont de grands volumes d'air à tirer d'une mine, ne peuvent être fort embarrassés du choix, car il ne reste que la disposition de M. Lemielle, qui a été très fréquemment employée dans ces derniers temps, pour l'extraction des plus grands volumes d'air qu'il y ait à faire passer dans nos mines.

« La disposition de M. Evrard paraît présenter la plupart des conditions essentielles d'un bon appareil, quoiqu'elle rappelle dans une certaine mesure la disposition de M. Fabry ; elle est exceptée du principal inconvénient. »

M. Murgue a donné une théorie rationnelle des ventilateurs (*Bulletin de l'industrie minérale de Saint-Etienne*, t. II–IV–IX) qu'il a résumée comme il suit :

« En théorie, tout ventilateur déprimogène tournant sous l'action d'un moteur, développe une certaine dépression dépendant uniquement de sa vitesse tangentielle

et, par suite, indépendante du volume d'air qu'il débite. Cette dépression a pour valeur :

$$H_0 = \frac{u^2}{g}.$$

« En pratique, deux séries de causes interviennent pour empêcher à la dépression effectuée d'atteindre cette valeur idéale :

« 1° Les imperfections de diverses natures, indépendantes du débit, obligeant à affecter l'expression précédente d'un coefficient de réduction K, que nous avons nommé le *rendement manométrique* ;

« 2° Les frottements et pertes de charge de l'air traversant l'appareil, pertes proportionnelles au carré du débit et exprimées par l'air de l'orifice de passage O. De ces deux causes d'affaiblissement résulte, pour la dépression effective, la valeur.

$$h = \frac{k u^2}{g \left(1 + \dfrac{a^2}{O^2}\right)}.$$

« De la connaissance de la dépression effective et de l'orifice équivalent de la mine se déduit, par l'application de la formule de l'écoulement en mince paroi, le volume d'air débité

$$V = \frac{0,65 \sqrt{2 k a u}}{\sqrt{1 + \dfrac{a^2}{O^2}}}.$$

« Enfin, le produit du volume par la dépression théorique qui subsiste virtuellement et crée au moteur la même charge que si elle était manifeste, donne, en tenant compte des résistances passives, la valeur du travail moteur,

$$T_m = V H_0 + T_p.$$

« M. Murgue pose ainsi le problème des machines d'aérag : *faire circuler un volume d'air donné à travers un orifice en mince paroi donné*. Soit donc un volume V à faire circuler à travers un orifice a ; soit h la dépression nécessaire pour déterminer cette circulation, dépression donnée par la formule en mince paroi

$$h = \frac{V^2}{0{,}65^2 \, a^2 2 g}.$$

« La théorie et l'expérience indiquent que le meilleur ventilateur déprimogène est le ventilateur à force centrifuge, dans lequel l'air expulsé par les palettes est reçu dans des canaux évasés, comme, par exemple, le ventilateur Guibal. Par comparaison avec les appareils existants, on reconnaît que le rendement manométrique de ces ventilateurs peut être estimé à 0,750, introduisant K et o dans la formule de la dépression effectuée

$$h = \frac{k u^2}{g \left(1 + \dfrac{a^2}{O^2}\right)},$$

on aura une équation d'où il sera facile de dégager la valeur de la vitesse tangentielle u.

« Ceci est la méthode exacte découlant rationnellement de notre théorie. Il en est une autre plus approximative, plus simple, mais suffisante :

$$\frac{h}{k} = \frac{u^2}{g},$$

d'où on déduira aisément la valeur de la vitesse tangentielle u.

« Cette *vitesse tangentielle est la donnée capitale de la construction des ventilateurs*. Les palettes doivent présenter à la circonférence de l'ouïe une arête tranchante dirigée suivant la résultante de leur mouvement de rotation et du mouvement de pénétration de l'air dans leurintervalles. De là, elles doivent se redresser par une courbe douce et se terminer par une partie droite dirigée suivant le rayon. Quant à leur nombre, il paraît qu'il y a tout avantage à le faire considérable; nombreuses, elles guident mieux l'air, se fatiguent moins et vibrent moins. Le seul écueil est que, par leurs épaisseurs, elles ne rétrécissent pas l'orifice de passage.

« Le travail moteur à appliquer à l'appareil ainsi défini sera donné par la formule

$$T_m = V H_0 + T_p.$$

où il suffira de faire une hypothèse sur la valeur des résistances passives pour que tout soit connu. Mais encore là, une simplification est possible, la valeur moyenne du rendement mécanique observé à l'indicateur était, pour le ventilateur Guibal, de 0,500 ; il suffira donc, si on a les éléments du travail utile $Vh$, de les doubler pour avoir, avec une approximation sans doute médiocre, mais suffisante pour la pratique, le travail à appliquer au piston du moteur. »

M. Ser a présenté, en 1878, à la Société des ingénieurs civils, une théorie des ventilateurs basée sur les principes de la mécanique rationnelle; depuis, de nombreux ventilateurs ont été construits sur les données de cette théorie par MM. Geneste, Herscher, etc.

Le ventilateur Ser présente deux types principaux, savoir : le ventilateur ordinaire du type soufflant, puisant l'air directement dans l'atmosphère pour le refouler dans un conduit ou dans un réservoir, et applicable aux forges, fonderies; l'air aspiré au centre dans l'atmosphère, est refoulé par la rotation des ailettes dans une enveloppe en spirale qui le conduit à une buse d'échappement.

Le type aspirant pour mines a donné de bons résultats aux expériences; enfin, ce ventilateur peut être à la fois aspirant et soufflant.

Le fonctionnement des ventilateurs Ser conduit aux conclusions suivantes : 1° il existe un accord complet entre les données de la théorie et les résultats de l'expérience; 2° le rapport $\frac{E}{E_1}$ de la différence de pression varie de 1855 à 2368; 3° le volume d'air débité par l'appareil est très sensiblement égal à celui donné par la formule théorique, et le rendement volumétrique compris entre 0,94 et 1; 4° l'effet utile dynamométrique a varié de 0,604 à 0,828.

Le ventilateur Ser, en dehors du diffuseur analogue à la cheminée de Guibal et de son enveloppe en forme de volute, présente cette particularité qu'au lieu d'avoir des ailes inclinées en arrière ou dirigées suivant le rayon, les ailes ont, conformément à la théorie, une inclinaison en avant de 45° (*Génie civil*, octobre 1887). — A. F. N.

*Bibliographie* : Burat : *Cours d'exploitation des mines*; *Annales des mines*; *Bulletin de l'industrie minérale*; *Revue universelle des mines*; *Génie civil. Procès-verbaux de la Commission du grisou*: *Annales du Conservatoire des Arts et Métiers*; *Annales des travaux publics de Belgique*; Devillez : *Ventilation des mines*; Callon : *Cours d'exploitation de mines*: Demanet : *Cours d'exploitation des mines de houille*; Haton de la Goupillière : *Traité des mécanismes et cours d'exploitation de mines*; Murgue : *Bulletin de l'industrie minérale*; Ponson : *Traité d'exploitation des mines de houille*; Harzé : *Comparaison des ventilateurs*; Combes : *Traité de l'aé-*rage*; Glépin : *Ventilation des mines*; John Hedley : *Traité pratique de l'exploitation des mines de houille*; Combes : *Exploitation des mines*; Morin : *Manuel de chauffage et de ventilation; Etudes sur la ventilation*; Grouvelle : *Ventilation*; A. Becquerel : *Traité d'hygiène; Annales de physique et de chimie*; Péclet : 4° édition publiée par M. Hudelo : *Traité de la chaleur*, 3 vol., Paris, Masson.

## VENTILATION DES ÉDIFICES ET DES HABITATIONS

Ventiler une habitation, un édifice ou une salle quelconque, c'est enlever l'air altéré par la respiration des personnes qui occupent le local, par le dégagement des produits gazeux que répandent les appareils d'éclairage ou de chauffage, et restituer simultanément une quantité suffisante d'air pur, à une température convenable pour ne pas incommoder ceux qui se trouvent placés à proximité des orifices de rentrée d'air. On n'a plus à faire ressortir l'utilité, la nécessité même de la ventilation, et les travaux de nombreux savants ont établi maintenant des règles précises et des données pratiques qui permettent de satisfaire complètement, sous ce rapport, aux principes de l'hygiène et de la salubrité.

Les quantités d'air à enlever et à remplacer ont été l'objet de recherches minutieuses, dont il a été déjà parlé à propos de la ventilation des mines. Nous nous bornerons ici à énoncer quelques chiffres pratiques à ce sujet. Pour les édifices publics, on peut établir généralement la ventilation sur la base de *6 à 7 mètres cubes d'air par heure et par individu*; mais on a souvent été conduit à augmenter ce chiffre, et pour les prisons, notamment, on a poussé jusqu'à 22 mètres cubes (à Mazas, par exemple) l'alimentation d'air pur. Dans les hôpitaux, où le besoin d'assainissement est plus grand encore, la quantité d'air doit être portée jusqu'à 30 et 40 mètres cubes par heure et par malade. On doit même, dans certains cas, compter sur un volume plus grand encore. Pour les écoles, 8 à 16 mètres cubes sont en général suffisants, et l'air qui entre par les joints des portes et des fenêtres s'ajoutant à ce volume, assure ainsi une salubrité parfaite.

Nous distinguerons les procédés employés pour la ventilation, suivant les principes de leurs moyens d'action et de leur fonctionnement : c'est ainsi que nous énumérerons successivement la *ventilation par appel naturel, par appel avec l'air chauffé artificiellement à la base des cheminées d'aération* pour déterminer le tirage; ensuite, la *ventilation par refoulement* au moyen d'appareils mécaniques, *ventilateurs soufflants, ventilateurs à jet de vapeur* et *ventilateurs à force hydraulique*.

Le cadre de cet ouvrage ne nous permet pas d'entrer dans tous les développements que comporte un sujet de cet importance, et de traiter tous les cas particuliers que peut présenter cette intéressante question. Nous devons donc nous borner à en examiner les points principaux, en prenant comme base de cette étude quelques-unes des applications choisies parmi celles qui réunissent dans leur ensemble les meilleures conditions et la plus grande perfection.

**Ventilation par appel.** Le principe fondamental de ce système consiste dans l'emploi d'une cheminée dans laquelle l'air du local à ventiler, dilaté par la chaleur, s'élève avec une force ascensionnelle suffisante pour produire un tirage qui appelle l'air frais extérieur, en déterminant un courant continu et régulier d'où résulte la ventilation. Pour obtenir ce courant dans les habitations, les cheminées ordinaires suffisent en hiver, mais il faut y suppléer, en été, par des moyens artificiels.

Pour les édifices, l'établissement d'une cheminée d'appel est ordinairement la meilleure solution ; et lorsque, soit à cause de la saison, soit à cause de la nature même de l'enceinte, le chauffage ne se trouve pas associé à la ventilation comme moyen naturel de déterminer le courant ascensionnel dans la cheminée d'aération, il faut recourir à des moyens artificiels de production du tirage. Le plus simple consiste à établir à la base de cette cheminée une grille sur laquelle on brûle du bois, de la houille ou du coke, ou bien encore un brûleur à gaz. L'activité du tirage dépend nécessairement des sections d'évacuation et de rentrée d'air, de la température de l'air chauffé et de la hauteur de la cheminée. Une section trop étroite nécessiterait une vitesse trop grande du courant ascensionnel ; une section trop large ne produirait pas une vitesse suffisante pour empêcher les courants inverses qui peuvent ralentir et arrêter même complètement le tirage. La vitesse

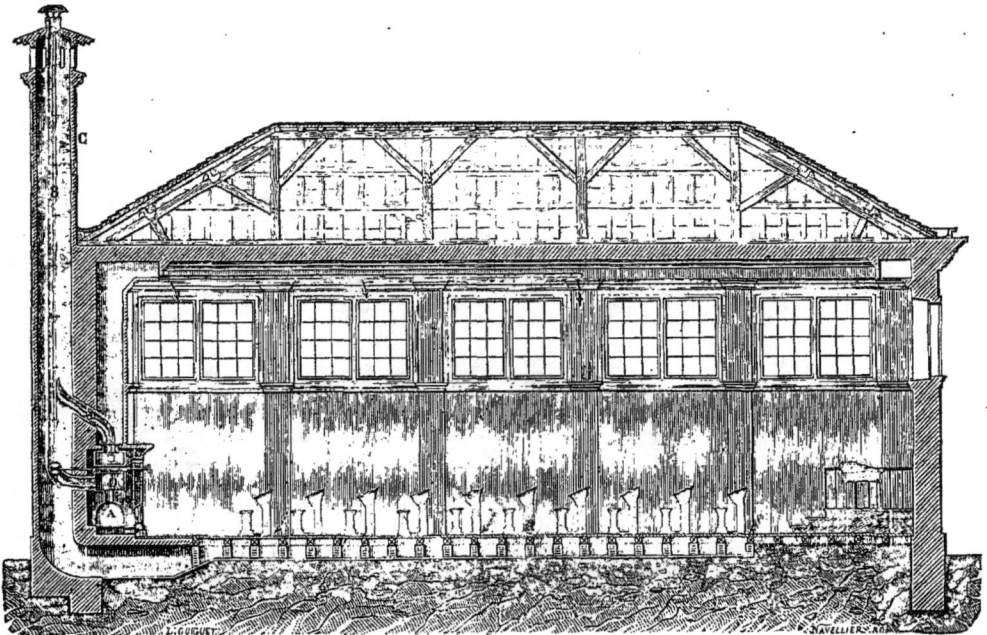

Fig. 717. — *Application de la ventilation par appel à une salle d'école.*

moyenne de l'air doit être de 1 mètre à $1^m,25$ par seconde, et pour l'obtenir, il doit suffire d'élever d'abord la température de la colonne gazeuse extérieure, dans les limites de 20 à 25° au-dessus de la température extérieure.

Dans l'installation remarquable faite par M. Grouvelle à la prison de Mazas, le foyer placé à la base de la cheminée ventilatrice est formé d'une sorte de poêle à cloche en fonte, dont le tuyau central aboutit à une couronne annulaire portant, sur la partie supérieure, des petits tubes verticaux qui distribuent uniformément, sur tout le pourtour de la section, la fumée et les gaz chauds émanant du foyer ; cette disposition a pour but de rendre plus intime le mélange de ces produits gazeux avec la colonne d'air vicié, pour en favoriser et activer l'échauffement.

Lorsqu'on ne peut pas établir de cheminée centrale d'aération, et qu'on veut la placer à la partie supérieure des édifices, le foyer d'appel peut être remplacé par des brûleurs à gaz, par un calorifère à eau chaude ou à vapeur. Le chauffage de la colonne d'air par circulation d'eau chaude a été appliqué avec succès, à la ventilation de l'une des ailes de l'hôpital de Lariboisière, à Paris.

Comme exemples de ventilation par appel, nous donnerons seulement un spécimen de ventilation d'une salle d'école et d'un théâtre. Dans l'installation de la salle d'école, représentée par la figure 717, le tirage est produit, dans la cheminée d'appel, par un calorifère à air chaud A, disposé à la base de cette cheminée et produisant, au moyen de la cloche D et des tuyaux de fumée H et B, l'échauffement de l'air vicié qui se trouve porté ainsi à une température suffisante pour déterminer le courant ascensionnel dans la cheminée d'appel C. L'air frais arrive du dehors par une ouverture pratiquée dans la corniche, tandis qu'une partie de l'air chauffé par le calorifère s'élève dans le conduit vertical situé directement au-dessus des calorifères et vient se répandre par le conduit disposé horizontalement au-dessous du plafond. L'air pur pris au dehors, et l'air chaud destiné au chauffage de la salle se mélangent, par conséquent, dans la partie supérieure de cette salle et descendent vers les banquettes où sont assis les élèves, puis, passant par des orifices pratiqués dans le plancher, ils sont appelés en dessous de ce plancher par le tirage de la cheminée d'aération au moyen de laquelle ils sont évacués dans l'atmosphère.

Ce système de ventilation repose, comme on le voit, sur le renversement du sens naturel de l'écoulement de l'air; au lieu de s'élever de bas en haut, comme il le ferait librement sous l'action de la chaleur, l'air appelé dans la pièce y chemine de haut en bas et s'y répand uniformément, au double profit du chauffage et de la ventilation, qui s'effectuent beaucoup mieux par ce renversement du courant que par son mouvement ascensionnel direct. Cette disposition est donc la plus recommandable pour les salles de réunion en général.

Pour les théâtres, d'Arcet avait, un des pré-

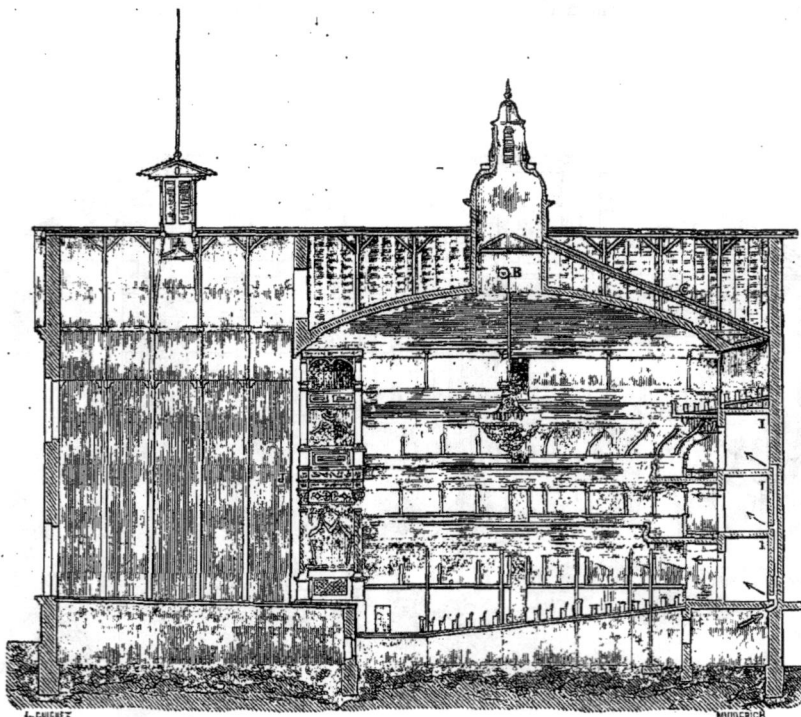

Fig. 718. — *Application de la ventilation par l'appel direct produit au moyen du lustre, dans une salle de théâtre.*

miers, préconisé la ventilation au moyen de l'appel déterminé par le lustre, et il avait indiqué, à cet effet, deux dispositions ayant pour résultat le fonctionnement des courants d'air et leur répartition uniforme dans toute l'étendue et la hauteur de l'enceinte. La figure 718 représente la première de ces dispositions : l'air pur, pris dans le sous-sol et dans les corridors, préalablement chauffé en hiver, ou rafraîchi artificiellement, si on le veut, en été, s'introduit dans la salle par des ouvertures pratiquées dans le plancher des loges, vers le bas de leur façade. La seconde disposition consiste à établir, sous les loges, des faux planchers laissant un intervalle suffisant pour faire affluer sur tout le pourtour de la salle, à chaque rang de loges, la quantité d'air nécessaire

au renouvellement constant du volume total contenu dans la salle. Si nous supposons, par exemple, une réunion de 2,000 spectateurs, en comptant sur une alimentation de 10 mètres cubes par heure et par personne, il faudra fournir 20,000 mètres cubes d'air à l'heure et calculer en conséquence les sections d'entrée et celle de la cheminée d'évacuation. Comme la vitesse d'écoulement atteint facilement, dans le cas d'un théâtre, la moyenne de 2 mètres par seconde, on peut débiter les 20,000 mètres avec une section de 3 mètres carrés; et pour l'entrée de l'air, si l'on suppose qu'il arrive avec une vitesse de 0m,50 par seconde, il faudra que l'ensemble des sections d'admission atteigne au moins le chiffre de 12 mètres carrés.

La suppression du lustre, essayée dans quelques théâtres, n'a donné que de mauvais résultats au point de vue de la ventilation. La substitution de l'éclairage électrique au gaz aura, sans aucun doute, les mêmes effets si l'on n'y remédie pas en appliquant d'autres moyens, pour l'emploi desquels il faudra recourir aux appareils mécaniques dont nous allons nous occuper bientôt. — V. Théâtre, § 7° *Chauffage et Ventilation.*

Avant d'aborder l'examen de ces appareils, nous dirons encore quelques mots de la ventilation des hôpitaux par les cheminées d'appel. L'altération de l'air dans les chambres de malades nécessite, là plus que partout ailleurs, des dispo-

Fig. 719. — *Système proposé pour faire servir la combustion du gaz à la ventilation des locaux.*

sitions dont l'efficacité assure un renouvellement constant et assez abondant pour enlever toutes les émanations miasmatiques et réaliser l'assainissement aussi complet que possible. L'hôpital de Lariboisière présente, simultanément, l'application des deux systèmes de ventilation par appel et par refoulement, l'un dans l'aile droite, et l'autre dans l'aile gauche de l'établissement. Des expériences comparatives, exécutées sur les deux systèmes, ont montré que le dernier offre plus d'efficacité que l'appel, au point de vue du volume d'air introduit dans les salles, et la ventilation produite par des moyens mécaniques doit être préférée dans la plupart des cas où son installation est pratiquement et économiquement réalisable. Néanmoins, la ventilation par appel

est souvent adoptée, et nous la voyons encore proposée comme moyen d'assainissement dans un Rapport qui a été présenté, en octobre 1887, au Conseil municipal de Paris, au sujet de la construction d'un pavillon d'isolement à l'hôpital Trousseau. Ce rapport indique un système de croisées percées en face des lits et s'ouvrant en six parties, du sol au plafond, avec un accès d'air qui porte à 90 mètres cubes le volume disponible pour chaque lit. La facilité que les dispositions locales présentent pour le renouvellement de l'air ont fait juger inutile l'emploi de la ventilation artificielle. La circulation de l'air sera activée par des foyers d'appel *alimentés par le gaz,* afin d'assurer la régularité et la constance du courant d'air en toute saison.

Cet emploi du gaz pour obtenir le tirage nécessaire du renouvellement de l'air, nous amène naturellement à parler ici des services que cet agent peut rendre pour la ventilation des édifices et des habitations. Cette application a déjà été signalée et expérimentée, dès l'année 1858, par le Dr Tavignot, et nous en trouvons les premières données dans un Mémoire que ce docteur avait alors adressé au comité consultatif d'hygiène et de salubrité, pour lui soumettre le système que l'auteur définissait ainsi : « *Nouveau mode d'assainissement des maisons particulières et des établissements publics à l'aide des appareils gazo-fumivores; ventilation des hôpitaux civils et militaires.* » Nous reproduisons, avec le dessin qui l'accompagnait (fig. 719), la description originale donnée par le Dr Tavignot de son appareil gazo-fumivore et de son fonctionnement :

« Ce système a pour but de résoudre un double problème :

« Celui de donner une issue immédiate aux produits de la combustion du gaz de l'éclairage;

« Celui d'utiliser le courant établi par cette voie de dégagement pour entraîner d'une manière incessante et très rapide les substances étrangères qui vicient plus ou moins l'air ambiant.

« Trois pièces principales, diversement disposées selon les conditions locales, constituent tout notre appareil ventilateur : ce sont une clochette d'aspiration, un tube conducteur et une clef.

« 1° La *clochette d'aspiration* peut présenter des formes variées, tout en remplissant, néanmoins, certaines conditions physiques indispensables; on peut la fabriquer avec différentes substances; celle de verre ou de cristal émaillé me paraît, jusqu'à présent, mériter nôtre choix.

« Le tirage sera, d'ailleurs, d'autant plus efficace, que les conditions que nous venons de faire connaître auront été remplies avec plus de précision et d'intelligence;

« 2° Le tube conducteur se divise en deux parties distinctes : l'une *verticale*, fixée à l'orifice supérieur de la clochette; l'autre *horizontale*, incrustée, en quelque sorte dans le plafond; les produits de la combustion parcourent successivement ces deux tuyaux.

« La *portion horizontale* du tube conducteur effectue un trajet différent selon la disposition des localités : chaque conduit particulier aboutissant isolément à l'extérieur ou se déversant dans un tube collecteur qui se rend, en dernière analyse, soit à l'air libre, soit dans l'intérieur de la cheminée voisine;

« 3° Une *sorte de clef* ou de soupape, analogue à celle qui sert à fermer les becs de gaz, sert également à fermer, au besoin, notre appareil de ventilation, de même qu'elle peut être utilisée pour affaiblir le tirage; une seule clef peut, à la rigueur, suffire aux différentes pièces de l'appareil, lorsque celle-ci est adaptée au tube collecteur dont nous avons parlé, de même que chaque pièce particulière peut être pourvue d'une clef spéciale. »

Après cette description qui fait comprendre la disposition de ses appareils, voici comment le Dr Tavignot envisageait déjà le parti qu'on pouvait tirer du gaz pour la ventilation :

« Grâce à nos appareils gazo-fumivores, dit-il, dont le mécanisme est si simple et si rationnel, on éclaire et on ventile, tout à la fois, les différentes parties de nos appartements, notre chambre à coucher, notre salle à manger, nos salons, etc.; on éclaire et on ventile simultanément nos théâtres, nos cercles, nos casinos, nos restaurants, nos cafés, etc. Toutes ces applications diverses découlent du même principe, et il n'est pas nécessaire d'insister plus longtemps pour en faire ressortir les avantages.

« Je vais toutefois m'efforcer de démontrer l'utilité du nouveau système de ventilation destiné à l'assainissement des grandes salles de nos hôpitaux; ce que je dirai de ceux-ci s'appliquera d'ailleurs aux dortoirs de nos collèges, aux salles d'infirmerie, en général; aux chambrées de nos casernes, partout, en un mot, où un plus ou moins grand nombre d'hommes respirent, en commun, un air détestable.

« Pour résoudre le problème d'une bonne ventilation dans nos hôpitaux, ne suffirait-il pas cependant d'*utiliser tout à la fois le gaz pour l'éclairage des salles et pour leur aération*, et cela en faisant usage de nos appareils gazo-fumivores ou éliminateurs des produits de la combustion. Placés, en effet, à 3 ou 4 mètres environ les uns des autres, et à peu près à égale distance du plafond et du parquet, ces foyers incandescents *deviennent autant de cheminées d'appel* qui donnent continuellement issue à des courants d'air vicié. Et pendant que ces courants qui servent à la combustion du carbure d'hydrogène, sont éliminés au dehors, un air nouveau et pur arrive de toutes parts pour les remplacer. » …..

Voilà ainsi énoncé clairement le problème de la ventilation par l'emploi du gaz, dont on reprend aujourd'hui, comme nous le verrons plus loin, l'étude trop délaissée depuis tant d'années. En terminant les citations que nous empruntons au Mémoire du Dr Tavignot, voici le moyen qu'il indiquait pour appliquer aux habitations les mesures d'assainissement proposées par lui :

« Ce moyen consiste, dit l'auteur, à imposer à chaque propriétaire dont la maison est éclairée au gaz, l'*établissement d'un tube collecteur des produits de la combustion du gaz*. Ce tube logé dans d'une cheminée ordinaire, par exemple, ce qui le rend applicable à toutes les constructions anciennes, irait verser au-dessus des toits, en pleine atmosphère, par conséquent, le gaz non respirable emporté par nos appareils gazo-fumivores. »

Cette indication ouvrait une voie dans laquelle il n'a presque rien été tenté jusqu'à notre époque; mais actuellement on revient sur l'étude de cette question; il a été fait déjà plusieurs installations de ventilation par le gaz dans la ville de Rouen, avec les lampes à récupérateur, système Grégoire et Godde, et à Paris avec les lampes Wenham qui se prêtent parfaitement à cette application. La figure 720 montre la disposition adoptée pour ventiler un local au moyen des lampes à récupérateur Wenham : les produits de la combustion du gaz qui arrive de l'extérieur par

le tube D, se dégagent par le tube B et déterminent un appel énergique sur l'air puisé dans la pièce en l'aspirant dans la chambre A, puis de là dans le canal d'évacuation C ménagé dans l'épaisseur du plafond EE. Les salles de réunion, les bureaux, les habitations, peuvent être facilement et efficacement ventilés au moyen de ces appareils.

Cette question de la ventilation par le gaz a été l'objet d'une note intéressante présentée par M. Pot, ingénieur, au dernier Congrès annuel de la Société technique de l'industrie du gaz en

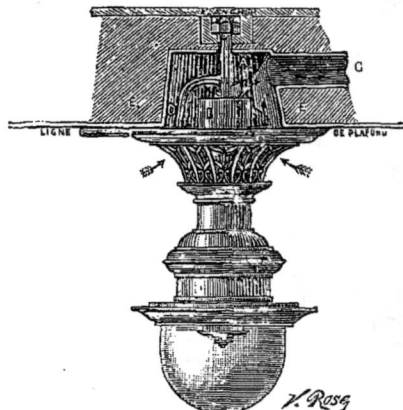

Fig. 720. — *Application de la lampe Wenham,* à la ventilation des locaux éclairés au gaz.

France, le 22 juin 1887. L'auteur a fait ressortir l'avantage qu'il y aurait à vulgariser l'emploi d'une combinaison ayant pour résultat de tourner en faveur du gaz un défaut qu'on lui reproche souvent à cause de la chaleur qu'il dégage en brûlant. Nous empruntons à son Mémoire les considérations suivantes relatives à la quantité de gaz à brûler pour cette ventilation :

« On sait que l'air intérieur doit être évacué à 25°; on sait, d'autre part, que chaque mètre cube d'air absorbe 0,312 calories par degré et qu'un kilogramme de gaz dégage 7,000 calories.

D'où il résulte qu'il faudra brûler par heure :

$$Q = \frac{M \times c \times t}{c_1}$$

formule dans laquelle :

$$M = 250^{m3}, \quad c = 0°,312, \quad t = 25°, \quad c_1 = 7,000°$$

d'où

$$Q = \frac{250 \times 0,312 \times 25}{7,000} = 0^k,28$$

ce qui représente

$$\frac{280}{0,5} = 560 \text{ litres de gaz.}$$

Le coût de la ventilation par heure sera donc, en supposant le prix du mètre cube de gaz à 0 fr. 25, de $0^{m3},560 \times 0$ fr. $25 = 0$ fr. 14.

Or, si l'on suppose l'emploi de quatre lampes à

récupérateur brûlant chacune 170 litres à l'heure, leur dépense serait de

$$0^{m3},170 \times 4 \times 0\,\text{fr}.25 = 0\,\text{fr}.17,$$

d'où en déduisant la valeur trouvée pour la ventilation, 0 fr. 14, on aura pour le prix de l'éclairage 0,17 — 0,14 = 0 fr. 03 par heure.

Cet exemple montre dans quelles proportions notables le coût d'un éclairage au gaz peut être réduit si l'on veut en appliquer une partie à la ventilation des locaux habités. »

La même ventilation opérée au moyen d'un calorifère à la houille coûterait au moins 0 fr. 80 à 0 fr. 85, c'est-à-dire environ six à sept fois plus cher, en tenant compte de la dépense d'éclairage à sa valeur réelle.

**Ventilation par refoulement.** Ce système a pour principe l'emploi de divers moyens mécaniques produisant le refoulement de l'air et le forçant à cheminer d'une façon continue dans les locaux à ventiler. Parmi les moyens employés pour cette application, nous énumérerons les *ventilateurs rotatifs hélicoïdaux* et *à force centrifuge*, de différents genres, les ventilateurs *à jet de vapeur*, et ceux *à force hydraulique*. Nous n'entrerons pas dans la description des *ventilateurs rotatifs*, dont il a été déjà question en traitant la ventilation des mines. Nous nous bornerons à donner comme exemple d'une application de ventilateurs à force centrifuge agissant par refoulement, l'installation faite par MM. Thomas, Laurens et Grouvelle, dans l'une des ailes de l'hôpital Lariboisière opposée à celle qui est ventilée par le système d'appel.

La figure 721 montre en coupe l'ensemble de ce pavillon et les dispositions adoptées pour l'emplacement des appareils. La force motrice est produite en même temps que le chauffage par une chaudière à vapeur placée dans une cave sous

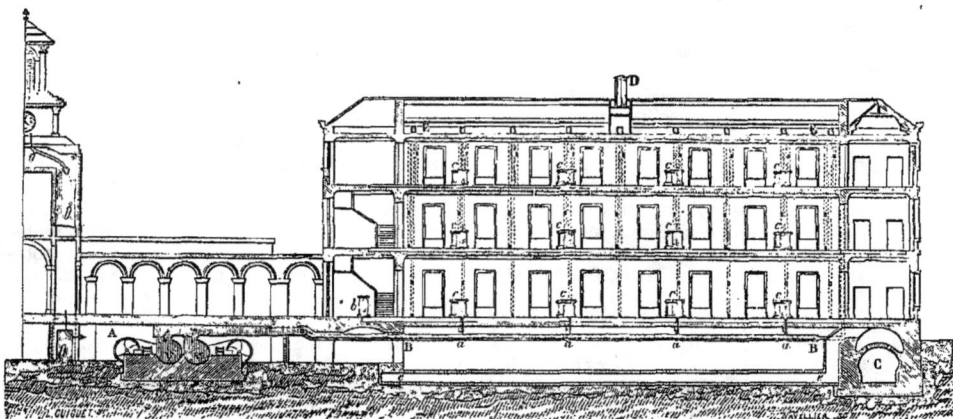

Fig. 721. — *Application de la ventilation par refoulement à l'une des ailes de l'hôpital Lariboisière.*

l'une des cours de l'établissement. Laissant de côté les dispositions relatives au chauffage par la vapeur pour ne nous occuper que de celles qui ont trait à la ventilation, nous considérerons d'abord la machine à vapeur A A, qui actionne le ventilateur à force centrifuge V V; ce ventilateur aspire au sommet du clocher de la chapelle, l'air qui descend par le canal *ijk* et qui est refoulé dans le grand tuyau B B, placé sous le sol des salles du rez-de-chaussée; c'est de là que l'air s'élève, par des conduites spéciales *aa*, pour se répartir dans les différentes salles des trois étages à ventiler. Avant de se répandre dans les salles, il s'échauffe préalablement, d'abord au contact des tuyaux de vapeur et de retour d'eau, puis dans les poêles à vapeur *cc*, qu'il traverse, et à la sortie desquels il se mélange avec l'atmosphère du local ventilé. Il s'élève à la partie supérieure, voisine du plafond, mais bientôt poussé par de nouvelles couches d'air que le ventilateur envoie continuellement, il redescend vers le plancher et va s'écouler par des conduits d'évacuation logés dans les murs latéraux et allant aboutir à un canal collecteur E E, qui règne horizontalement au-dessus du plafond du troisième étage, dans les combles du bâtiment.

Ce collecteur aboutit lui-même à une cheminée d'évacuation D dont l'extrémité s'élevant au-dessus de la toiture, déverse dans l'atmosphère le courant d'air vicié chassé par le refoulement que produit l'action continue du ventilateur. L'efficacité de ce système vient surtout de ce que l'air chassé par l'appareil est forcé de se mélanger avec celui des salles et de s'écouler avec une vitesse constante, indépendante des causes accidentelles qui peuvent influer sur le tirage et qui rendent la ventilation par appel généralement moins active que celle par refoulement. C'est aussi sur ce dernier principe que repose le système de M. Van Hecke, appliqué d'abord à Bruxelles, puis à Paris aux hôpitaux Beaujon et Necker. Un ventilateur mécanique refoule l'air dans les salles en le faisant passer préalablement au contact de calorifères à air chaud qui lui communiquent la température nécessaire pour produire simultanément le chauffage et la ventilation.

Quelques chiffres comparatifs nous permettront d'apprécier les résultats respectifs des deux sys-tèmes de ventilation appliqués aux hôpitaux que nous venons de mentionner :

| | Quantité d'air fourni par heure et par lit | Dépense d'installation par lit | Dépense annuelle d'entretien et de fonctionnement par lit | Prix du mètre cube d'air fourni moyenne d'une année |
|---|---|---|---|---|
| | m. c. | fr. | fr. | fr. |
| Ventilation par appel à Lariboisière (Duvoir-Leblanc)................... | 30 | 480 | 51 | 3 36 |
| Ventilation par refoulement avec chauffage par poeles à vapeur (Thomas, Laurens et Grou-velle)................... | 90 | 808 | 101 | 1 76 |
| Ventilation par refoulement avec chauffage par calorifères à air chaud (Van Hecke)...... | 97 | 236 | 23 | 0 61 |

L'avantage du dernier système est assez évident pour nous dispenser d'insister sur l'intérêt qu'il peut offrir dans de semblables applications.

L'emploi de la ventilation par refoulement convient dans la plupart des grands édifices et mérite à tous égards d'être pris en sérieuse considération par les architectes et les ingénieurs chargés de ces constructions.

Les types de ventilateurs *à force centrifuge*, employés pour les mines, dont il a été précédemment question, peuvent s'appliquer à la ventilation des édifices, mais on emploie souvent aussi les ventilateurs *hélicoïdaux*, dont la *vis de Motte* est un des principaux types. La simplicité de cet appareil n'en rend pas l'action moins efficace, et par conséquent son installation peut être faite avantageusement dans un grand nombre de cas. Dérivant du principe de la vis d'Archimède, la *vis de Motte* (fig. 722) est formée de deux surfaces hélicoïdales enroulées en sens inverse autour d'un axe et décrivant un pas entier ou un demi-pas, selon les applications. Cette vis est mobile dans un cylindre fixe, dont le diamètre est très peu différent de celui des spires, et dont les **extrémités** ouvertes communiquent, l'une avec le conduit d'aspiration, l'autre avec celui de refoulement. La force motrice nécessaire pour mettre en mouvement cette double hélice est généralement très minime; quelques inventeurs ont même eu l'idée de faire fonctionner des hélices de ce genre par la seule force ascensionnelle d'un courant d'air chaud s'échappant dans un conduit vertical disposé à la partie supérieure de la salle à ventiler.

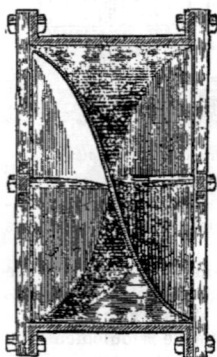

Fig. 722. — *Organe du ventilateur hélicoïdal, dit vis de Motte.*

Pour la ventilation des ateliers, des séchoirs et autres locaux où les travaux industriels nécessitent un courant d'air plus ou moins actif, on peut employer des *ventilateurs à jet de vapeur*, dont le type construit par MM. Koerting frères est un des principaux à signaler. Ces appareils s'appliquent notamment dans les cas où l'on a besoin d'aspirer des vapeurs d'eau, de la fumée, des gaz nuisibles, des poussières. On peut en faire usage dans les filatures, les papeteries, les teintureries, blanchisseries, fabriques de produits chimiques, brasseries, etc. Ils sont composés d'une enveloppe cylindrique, ouverte à ses deux extrémités, et portant en son centre, vers la base, une série d'ajutages coniques dans l'axe desquels est lancé un jet de vapeur qui produit une puissante aspiration de l'air contenu dans la pièce. Il n'y a dans cet appareil aucun organe mobile, aucune partie sujette à l'usure; le fonctionnement en est simple autant que l'installation est facile; mais on peut toutefois faire à cet appareil le reproche d'user notablement plus de vapeur que les moyens mécaniques appliqués aux autres systèmes de ventilateurs.

Parmi les exemples les plus intéressants de l'application de la ventilation mécanique aux grands édifices, nous pouvons citer la remarquable installation du Trocadéro, faite sous la direction de l'architecte, M. Bourdais. On a séparé les deux questions de la ventilation et du chauffage, par la raison que l'État construisait le palais du Trocadéro en vue de l'Exposition universelle, à une saison où il n'avait pas à se préoccuper du chauffage; néanmoins, on prit dès le début les dispositions nécessaires pour rendre cette application possible lorsque la Ville de Paris entrerait en possession de l'édifice. La ventilation a été établie de manière à fournir 40 mètres cubes d'air à l'heure, pour chacune des 5,000 places prévues dans la salle, soit un volume total de 200,000 mètres cubes à l'heure ou 56 mètres cubes par seconde. L'arrivée de l'air se fait par le sommet de la salle, à travers la calotte sphérique centrale ouverte dans la coupole; puis l'air descend progressivement jusqu'au niveau des banquettes et s'écoule par les 5,000 bouches correspondant aux conduits d'évacuation ménagés en dessous du sol.

La prise d'air s'effectue dans les carrières qui existent sous les fondations mêmes de l'édifice; on a trouvé ainsi un moyen facile d'avoir de l'air frais en été, et tempéré en hiver. A cet effet, une grande cheminée de prise d'air se trouve établie, à côté des deux autres cheminées servant à l'évacuation de l'air extrait de la salle, dans l'espace laissé libre entre la conque de l'orchestre et le mur du côté de la place du roi de Rome. Les cheminées d'évacuation communiquent avec la lanterne centrale qui surmonte le comble de la grande salle.

Le mouvement de l'air est déterminé par deux organes mécaniques : l'un insuffle l'air par le sommet de la voûte et produit le refoulement de haut en bas, l'autre aspire l'air par les conduits du sous-sol ; cette double action a pour but de vaincre la résistance qu'opposent au mouvement de translation de haut en bas, la pression de la masse d'air contenue dans la salle, et le frottement dans les tuyaux d'évacuation. Les ventilateurs employés sont du système à hélice de MM. Geneste et Herscher. En somme, l'ensemble des dispositions adoptées dans cette installation répond entièrement aux meilleures conditions d'une bonne ventilation.

Nous signalerons maintenant un appareil d'origine assez récente encore, basé comme le précédent, sur l'entraînement de l'air par un jet lancé dans l'axe d'une conduite d'aspiration, mais avec la différence qu'au lieu d'un jet de vapeur, c'est l'emploi d'un jet d'eau pulvérisée qui produit l'écoulement de la masse d'air entraînée par l'injection de l'eau dans le ventilateur. Cet appareil auquel l'inventeur, M. Pedrazzetti, a donné le nom de *ventilateur-pulvérisateur*, est d'une grande simplicité de construction; il fonctionne, sans aucun organe mécanique, sous la seule action d'un jet d'eau arrivant dans l'une ou l'autre branche de l'appareil, selon le sens qu'on veut donner au courant d'air. La consommation d'eau, sous une pression de 3 atmosphères, est de 15 litres pour 100 mètres cubes d'air déplacé; et cette dépense d'eau n'est d'ailleurs pas perdue dans la plupart des cas, car l'eau restée propre après son action motrice peut être recueillie et utilisée, de sorte que la perte d'eau se réduit à la quantité qui a été pulvérisée et entraînée à cet état par le courant d'air humidifié. Il y a toutefois à remarquer que cet appareil employant l'eau comme agent moteur et la mélangeant à l'air en certaines proportions après sa pulvérisation, ne peut envoyer que de l'air *humide* dans les locaux à la ventilation desquels on l'applique. Il y a dans l'industrie, un assez grand nombre d'applications où l'air humidifié est nécessaire, et c'est particulièrement dans ces conditions que le ventilateur-pulvérisateur peut trouver son application; il peut convenir aussi dans les cas où on a besoin, pendant les fortes chaleurs de l'été, d'envoyer dans des salles de réunion un courant frais et chargé d'une certaine proportion de vapeur d'eau.

Nous terminerons cette étude en signalant encore un nouvel appareil ventilateur, basé sur l'emploi de la force hydraulique comme agent moteur, mais permettant de produire, à volonté, un courant d'air sec et même chauffé, ou bien un courant d'air humidifié, suivant les besoins auxquels doit satisfaire l'installation. Cet appareil, désigné sous le nom d'*aérophore*, a pour or-

gane aspirateur et propulseur de l'air une double hélice, qui rappelle, au premier abord, la vis de Motte, mais qui en diffère essentiellement par la forme de ses spires. La figure 723 montre la coupe verticale d'un appareil complet, réunissant l'*aérophore* proprement dit, qui effectue la ventilation, avec le *pulvérisateur* produisant l'humidification de l'air.

La partie supérieure de l'appareil constituant le ventilateur, nous fait voir l'hélice H montée sur son axe vertical II' ; elle est mise en mouvement par une petite roue dentée M logée dans la boîte en fonte GG, recevant l'impulsion de l'eau amenée par le tuyau T sous la pression des conduites de la Ville ou d'un réservoir particulier. Un ou plusieurs jets actionnent les dents de la couronne mobile de

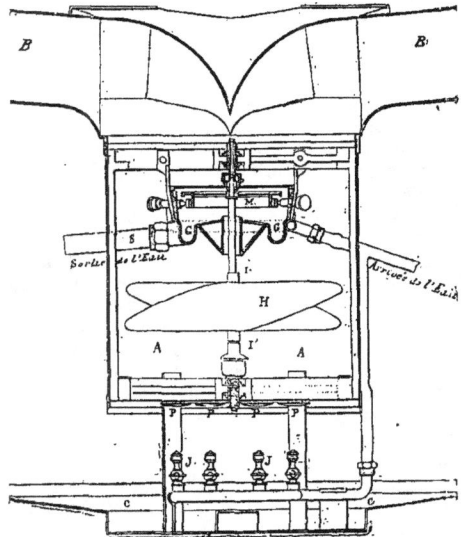

Fig. 723. — *Aérophore, appareil de ventilation à moteur hydraulique, produisant un courant d'air sec, ou humidifié selon les besoins.*

cette sorte de turbine très simple lui impriment un mouvement rapide de rotation. L'air aspiré par le bas de l'appareil dans la chambre AA, est refoulé par l'hélice H dans la partie supérieure et s'écoule par un ou plusieurs conduits BB qui le dirigent vers les pièces à desservir.

Quand on a besoin de lancer de l'air humidifié, au lieu d'air sec, au moyen de cet appareil, on lui adjoint la seconde partie que nous voyons en dessous de l'aérophore; c'est une couronne tubulaire communiquant par un tuyau vertical avec l'arrivée de l'eau, et portant une série d'ajutages verticaux JJ, lançant des jets d'eau qui viennent se briser et se pulvériser contre les lentilles PP fixées au-dessus des ajutages, sur des traverses qui sont ajustées au bas de la chambre d'aspiration AA du ventilateur et retournées dans la cuvette CC. L'air aspiré par l'hélice se charge ainsi d'eau pulvérisée et peut être porté au degré d'humidité que réclament les diverses applications industrielles auxquelles se prête l'installation de l'aérophore. Ce ventilateur peut, selon les dimensions qu'on lui donne, débiter des volumes d'air variant de 400 à 5,000 mètres cubes à l'heure. Il n'a aucun organe délicat, n'exige que très peu d'entretien, et n'est pas sujet à l'usure. La force motrice qu'il emploie est très minime, puisqu'il ne s'agit que de déplacer un certain volume d'air sans pression notable. Ainsi, pour ne citer qu'un exemple, un ventilateur débitant 3,000 mètres cubes d'air à l'heure, n'exigerait qu'une force de 4 kilogrammètres et demi, correspondant à une dépense d'eau de 530 litres à l'heure sous la pression de 3 atmosphères. Dans les filatures et autres ateliers où l'on a besoin d'air humidifié, une force de 1 cheval 1/3 suffit pour refouler par heure 10,000 mètres cubes d'air saturé d'humidité.

Si l'on veut comparer la dépense de la ventilation par cheminée d'appel avec brûleurs à gaz établis à la base pour déterminer le tirage et la ventilation au moyen de l'aérophore, on obtient les résultats suivants :

En prenant pour type l'appareil qui aspire 2,500 mètres cubes d'air par heure avec une consommation de 300 litres d'eau, au prix des concessions de Paris, la dépense s'élèvera au chiffre de 0 fr. 09 à l'heure.

Avec le gaz employé pour obtenir une ventilation par appel, en supposant qu'on prenne au dehors de l'air à 20° pour élever de 25° en plus sa température, c'est-à-dire pour la porter à 45°, la chaleur spécifique de l'air pris à 20° étant de 0,238 et le poids d'un mètre cube étant de $1^k,200$, la chaleur dégagée par la combustion d'un mètre cube de gaz étant de 6,000 calories, on devra dépenser, pour enlever 2,500 mètres cubes d'air à l'heure

$$\frac{2,500^{m3} \times 1^k,200 \times 0,238 \times 25°}{6,000} = 3 \text{ mètres cubes};$$

et si l'on prend pour prix de vente du gaz, celui de Paris, à 0 fr. 30 le mètre cube, on voit que la ventilation par cheminée d'appel avec brûleur à gaz, coûtera 0 fr. 90, au lieu de 0 fr. 09 avec l'eau employée comme agent moteur de l'aérophore.

Si, maintenant, nous comparons cet appareil aux ventilateurs mécaniques actionnés par une transmission, il est facile de reconnaître qu'il offre l'avantage de pouvoir se placer dans les endroits les plus favorables pour un bon service, circonstance qu'il n'est pas toujours possible de remplir avec une transmission, lorsque le moteur est éloigné. On peut, en outre, multiplier le nombre des appareils beaucoup plus facilement pour réaliser une disposition rationnelle dans les emplacements choisis.

La distribution de la force par une conduite d'eau en pression est aussi plus sûre et plus économique que par les transmissions mécaniques à l'aide de courroies et poulies qui, dans certaines conditions locales, peuvent être d'un usage difficile ou gênant.

Il résulte d'expériences faites dans divers ateliers et filatures qu'on peut déplacer, avec huit appareils n° 4 ou quatre appareils n° 6, 28,000 mètres cubes à l'heure par force de cheval. Du reste, du plus petit au plus grand modèle, ces appareils peuvent s'appliquer aussi bien pour les besoins ordinaires des habitations, que pour les grands édifices et les usines dans lesquelles il en a été fait déjà d'importantes applications. Ils permettent d'envoyer de l'air chauffé par des calorifères et saturé au degré d'humidité voulu, pour satisfaire à toutes les conditions de l'hygiène. Pour les industries textiles, en particulier, pour les malteries et brasseries, la ventilation combinée avec l'humidification de l'air, a donné d'excellents résultats dans les diverses installations qui fonctionnent actuellement. — G. J.

**VENTOUSE.** 1° Appareil employé dans l'installation des conduites de distribution d'eau, aux sommets de pente, pour enlever automatiquement l'air qui se dégage de l'eau et qui, en venant s'accumuler dans la partie supérieure de la double pente, finirait par s'y comprimer et s'opposer à l'écoulement de l'eau. Il y a plusieurs systèmes de ventouses automatiques; la figure 724 représente une ventouse à flotteur que l'on place au-dessus de la conduite, au point culminant de la courbure formée par la rencontre des deux pentes. Ce flotteur en liège (ou en métal creux) se soulève sous l'action de l'eau, et ferme hermétiquement l'orifice supérieur dans lequel s'applique la soupape conique que l'on voit au-dessus des disques de liège; mais quand il n'y a que de l'air accumulé au-dessous du flotteur, celui-ci n'étant

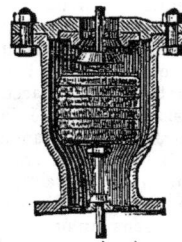

Fig. 724. — *Ventouse automatique, à flotteur, pour les conduites de distribution d'eau.*

plus maintenu, s'abaisse et ouvre l'orifice qui donne immédiatement issue à l'air jusqu'à ce que l'eau soit revenue sous le flotteur, et l'air ramené à sa position primitive. — V. DISTRIBUTION D'EAU. || *T. de chirurg.* Petit vase de verre ou de métal destiné à faire le vide sur un endroit déterminé de la peau, suivant certaines indications thérapeutiques; on obtiendra le vide, soit à l'aide d'une pompe aspirante, ou encore en introduisant sous la ventouse, avant de s'en servir, un corps en ignition qui raréfie l'air, et la ventouse adhère fortement à la peau. || 2° *T. de constr.* Ouverture pratiquée dans la muraille d'un bâtiment, dans un but d'aération de l'intérieur. || 3° Ouverture ménagée dans la tablette ou aux angles d'une cheminée et qui, au moyen d'un conduit, permet à l'air extérieur d'activer le tirage. || 4° *T. de métall.* Ouverture des canaux d'évaporation dans des fourneaux.

**VENTRIÈRE.** *T. de constr.* Pièce de bois de fort équarrissage que l'on place au milieu d'autres pièces pour les mieux réunir. || *T. de mar.* Nom des pièces de bois placées sous les flancs d'un navire, pour servir de soutien au moment de son lancement. ‖ *T. de sell.* Sangle de cuir ou de fort treillis qui passe sous le ventre d'un cheval, soit pour maintenir les harnais et empêcher que les traits ne l'incommodent, soit pour soulever les chevaux lorsqu'on procède à leur embarquement; on dit ordinairement *sous-ventrière.*

**\* VÉNUS.** *Iconol.* Fille de Jupiter et de Dioné, épouse de Vulcain, mère de l'Amour, des Grâces, de l'Hymen, d'Hermaphrodite, d'Enée, de Priape, etc., qu'elle eut un peu de tout le monde, dieux, demi-dieux et simples mortels; elle fut cause de la guerre de Troie, à la suite du concours de beauté où Pâris, pris pour juge, lui accorda le prix. Le culte de Vénus était un des plus populaires dans l'antiquité, et on adorait la déesse dans beaucoup de sanctuaires, dont le plus célèbre est celui de Cythère. Les formes diverses de son culte et les cérémonies variées auxquelles elle présidait, ont fait supposer qu'il y aurait eu plusieurs déesses du même nom dans l'antiquité. La première, fille du Ciel et du Jour, aurait été la divinité protectrice du gynécée, une autre, fille de la mer, aurait eu Cupidon de Mercure, et aurait protégé les amours impudiques; une autre, fille de Jupiter et de Dioné, aurait été mère d'Antéros et d'Hermaphrodite, à la suite de ses amours avec Mars; enfin, la quatrième, divinité Syrienne, aurait épousé Adonis. Il y a encore la Vénus armée des Spartiates, la Vénus marine ou Anadyomène, etc. Les attributs de cette divinité changent nécessairement avec son caractère. Cependant, les anciens l'ont le plus souvent considérée comme la déesse de la beauté et de l'amour, et les modernes ne la comprennent guère autrement.

Les représentations figurées de Vénus sous ses différentes formes sont tellement nombreuses, que nous ne pouvons en entreprendre une nomenclature. Il nous suffira de rappeler les plus connues : *Vénus Anadyomène* d'Apelle a inspiré plusieurs artistes de l'antiquité, qui ont représenté la déesse debout, tordant ses cheveux; il s'en trouve une statue très remarquable au musée du Vatican ; la *Vénus de Cnide,* de Praxitèle, a été très souvent copiée, il en existe des imitations au musée Pio Clémentin et au musée de Munich; la *Vénus pudique* de la villa Borghèse, dite *Vénus à la tortue,* que Coysevox a reproduite pour les jardins de Versailles; la *Vénus Victrix* est représentée vêtue, tenant à la main une lance ; nous en avons aux musées Pio Clémentin de Dresde et du Louvre. La *Vénus Génitrix* est habillée d'une tunique laissant à découvert l'épaule et le sein gauche et qu'elle relève de la main droite ; le Louvre et le musée des Offices en possèdent de beaux exemples. Enfin, parmi les plus célèbres nous rappellerons la *Vénus de Médicis,* au musée de Florence, qui est estimée comme un des plus purs chefs-d'œuvre de la statuaire antique; on a voulu y voir la Vénus même de Praxitèle; la *Vénus du Capitole,* à Rome, la *Vénus de Capoue,* à Naples, à demi drapée, la *Vénus d'Arles,* au Louvre, que Girardon a restaurée en lui plaçant dans la main un miroir, mais qui sans doute devait tenir un casque et être une *Vénus Victrix,* la *Vénus Callipyge,* à Naples, la Vénus *accroupie,* au musée Pio Clémentin, la *Vénus de Milo,* au Louvre, une des plus connues; on suppose qu'elle devait faire partie d'un groupe avec une statue de Mars. Les sculpteurs modernes ont été séduits comme les anciens par cette figure jeune et poétique de la déesse de la beauté. Nous citerons seulement, parmi les plus justement célèbres, la *Vénus sortant du bain,* par Canova, au palais Pitti, *Vénus Victrix,* du même, portrait de Pauline Bonaparte, au palais Borghèse, et le groupe de Pradier, *Vénus et l'Amour.*

Les peintres, surtout ceux de la Renaissance, ont reproduit de diverses façons l'histoire de Vénus qui convient si bien à l'interprétation artistique. *Vénus Anadyomène* ou marine a été peinte par Botticelli, Jules Romain, Rubens,

Boucher, Ingres, Cabanel (*la naissance de Vénus*), Lehmann. L'Albane a peint plusieurs fois le *Triomphe de Vénus sur les eaux* et la *Toilette de Vénus,* sujet traité aussi par Le Guide, Carrache, Le Titien, Vouet, Boucher, Baudry. Le Titien a fait plusieurs Vénus couchées, dont la plus connue est la *Vénus au petit chien,* au musée des Offices, où se trouve aussi une autre Vénus dite la *Femme de Titien.* Des Vénus couchées ont été peintes également par Vélasquez, Annibal Carrache, Le Guide, Luca Giordano. *Vénus et l'Amour* ont été traités par Raphaël, Carrache, Palma, Le Corrège, Lesueur, Rubens, Véronèse, Rembrandt, Pontormo, Boucher et Watteau ; *Vénus et Mars* par Albane, Luca Giordano, Paul Véronèse, le Titien, le Corrège, *Vénus et Enée,* par Poussin, Bon Boullogne, Natoire; *Vénus et Adonis,* par Titien, Albane, Rubens, Véronèse, le Poussin, Van Dyck, Nattier, Prud'hon, J.-M. Regnault, Jeaurat; enfin Raphaël et J. Romain ont tracé en sept fresques dans une chambre de bains du palais du Vatican, la fable de Vénus : *la naissance de Vénus, Vénus et l'Amour sur les eaux, Vénus blessée, Vénus retirant de son pied une épine, Jupiter et Antiope, Vénus et Adonis, la naissance d'Erechtée.* Les quatre premières sont de Raphaël, et comptent parmi ses meilleures compositions.

**VERANDA.** *T. d'arch.* Galerie légère et couverte qui règne autour d'une habitation ou même réduite seulement à la façade ; le même nom s'applique à une pièce vitrée, établie à l'extérieur du corps principal et dans laquelle on met des plantes et des fleurs. On écrit aussi *verandah.*

**\* VERCHÈRE DE REFFYE. — V.** Reffye.

**VERDÉT.** *T. de chim.* Acétate neutre de cuivre $CuO, C^4H^3O^3, HO...Cu(C^2H^3O^2)^2H^2O.$ — V. Acétate et Cuivre.

**VERDURE.** Se dit d'une tapisserie, de haute ou basse lisse, représentant un paysage.

**\* VERDURIER. IÈRE.** *T. de mét.* Ouvrier, ouvrière qui fait, dans les fabriques de fleurs artificielles, les herbes, les graines, les épis.

**VERGE.** Se dit, en général, de toute baguette longue et flexible; en *mécan.,* c'est le nom de la tige fixée au piston d'une pompe; pièce du tour en l'air; tige qui supporte la lentille d'un balancier en *t. de tiss.,* on donne ce nom aux aiguilles ou broches employées dans la fabrication du velours; aux baguettes de bois que le tisserand fait glisser entre les fils de la chaîne; on nomme *verge de girouette,* la tige au sommet de laquelle tourne une girouette.

**\* VERGEAGE.** *T. techn.* On donne ce nom aux marbrures dont se couvrent quelquefois, à la teinture en noir, les étoffes de soie; on dit alors que le noir *verge.*

**\* VERGEOISE.** *T. de raff. de sucr.* Sucre de deuxième et de troisième jets, et qui donne un produit secondaire. ‖ Forme dans laquelle on coule le sucre.

**\* VERGETÉ, ÉE.** *Art héral.* Se dit de l'écu lorsqu'il est partagé en dix ou douze parties verticales nommées *vergettes,* de deux émaux alternés.

**VERGETIER.** *T. techn.* Fabricant ou marchand de vergettes, de brosses; on dit ordinairement *brossier.*

**VERGETTE.** Petite verge. || Epoussette, brosse qui sert à nettoyer des habits, des étoffes, etc. || *T. techn.* Lames droites placées entre les taillants d'une fenderie, afin d'éviter l'enroulement des verges autour des trousses. || Cercle qui sert à tendre les peaux de tambour. || *Art hérald.* Se dit d'un pal diminué.

**VERGEURE.** *T. de pap.* Fils de laiton très serrés et parallèles qu'on emploie, dans la fabrication du papier à la main, pour former une sorte de toile métallique destinée à retenir la pâte; ces fils produisent, dans le papier fabriqué, des lignes claires qui le font distinguer du papier uni sous le nom de *papier vergé.* — V. Filigrane.

**VERGUE.** *T. de mar.* Pièce de bois longue, arrondie, plus grosse au milieu qu'aux extrémités, et placée en travers d'un mât de navire pour tendre ou serrer les voiles; on distingue les vergues par le nom des voiles qu'elles portent. — V. Mâture et Voilure.

**VÉRIN.** *T. de mécan.* Appareil à vis verticale, tournant dans un écrou fixé dans une base solide, et muni de manivelles qui permettent d'imprimer un mouvement de relevage lent à un objet lourd sous lequel se place la tête de la vis. C'est un appareil très usité dans les travaux de chantier, mais auquel on a substitué, au chemin de fer du Nord, des vérins perfectionnés permettant d'activer le relevage des locomotives déraillées. Ces nouveaux appareils portent les noms de *vérin à chariot* et *vérin-manivelle,* ce dernier imaginé par M. Ferd. Mathias. Le premier diffère du vérin ordinaire en ce que le bâti de l'écrou, au lieu d'être fixe, peut se déplacer transversalement sur une vis qui permet de ramener sur les rails la machine relevée. Cet engin est encore d'un usage assez lent, et la vis se ploie souvent quand la hauteur est grande. Tous ces inconvénients ont pour résultat une grande dépense de temps et, par suite, un trouble prolongé dans la circulation des trains qu'arrête un déraillement. Le nouveau *vérin-manivelle* se compose : d'une forte colonne en fonte, dont la tête reçoit une boîte à engrenages; d'une vis verticale fixe et d'un écrou en bronze mobile le long de cette vis; en actionnant la vis, au moyen des manivelles qui commandent le train d'engrenages, on fait rapidement monter l'écrou dont les nervures ont été introduites sous l'objet à relever. Avec cet appareil, complété par des supports spéciaux et une crémaillère de cric de ripage, on peut, en une heure, remettre sur rails une machine enfouie de 0ᵐ,40 dans le ballast, à 2ᵐ,50 de distance des rails.

**Vérin hydraulique.** C'est un appareil de soulèvement très puissant, établi sur le principe des *presses hydrauliques* (V. ce mot) mais avec des dimensions assez réduites pour le rendre transportable et une disposition telle que l'appareil contient sa pompe d'injection et la provision d'eau indispensable. En outre, c'est le piston plongeur qui est fixe et constitue le pied du vérin tandis que le cylindre de la presse est mobile et soulève la charge, soit par sa partie supérieure qui est striée à cet effet, soit par un patin latéral également strié. Un guide glissant dans une rainure empêche tout mouvement de rotation. Le cylindre mobile est partagé, par une cloison, en deux chambres; la chambre inférieure qui constitue le corps de la presse et qui est fermée par la garniture en cuir dont est munie la tête du plongeur; la chambre supérieure qui contient la petite pompe de refoulement et sert de réservoir pour l'eau. La pompe est du type ordinaire ; les soupapes d'aspiration et de refoulement sont ramenées sur leurs sièges par des ressorts à boudin, afin que le vérin puisse travailler sous toutes les inclinaisons ; un levier à tête arrondie logée dans une mortaise sert à mettre le piston en mouvement; l'arbre de ce levier est prolongé en dehors du cylindre par un carré sur lequel s'adapte le grand levier de manœuvre. Une communication fermée par une soupape à vis est établie entre les deux chambres et sert au retour de l'eau dans le réservoir, lorsque l'opération est terminée. Il convient pour empêcher l'oxydation pendant les intermittences de travail, d'employer de l'eau contenant en dissolution du carbonate de soude. La course de ces appareils varie de 0,25 à 0,30 et les poids soulevés de 4,000 à 60,000 kilogrammes ; un seul homme suffit dans tous les cas. Quant au poids propre des vérins, il est relativement faible, soit de 25 kilogrammes pour une puissance de 4,000 kg., de 40 kilogrammes pour 10,000, de 60 kilogrammes pour 20,000, de 95 kilogrammes pour 40,000, et enfin, de 160 kilogrammes pour une puissance de 60,000. On a établi sur le même principe des *crochets hydrauliques de traction,* dont l'usage s'est moins répandu parce que leur course est trop restreinte, mais qui ont donné l'idée de *pesons hydrostatiques,* avec lesquels la pesée et le transbordement sont obtenus simultanément. Dans ces pesons, le crochet de soulèvement agit sur le piston d'un cylindre rempli d'huile; la pression est transmise à un manomètre fixé sur l'appareil, et muni d'un cadran, les chiffres indiquent le poids équivalent.

**VÉRITÉ.** *Iconol.* La Vérité est ordinairement représentée sous les traits d'une femme nue, avec un soleil, symbole de la lumière, sur la poitrine ou au-dessus de la tête, et tenant à la main un miroir. Cette figure, à cause surtout du nu, devait séduire les artistes, comme étude de la forme. Nous trouvons donc sous ce nom un nombre considérable d'œuvres remarquables par la touche ou par le modelé beaucoup plus que par la composition, qui était nécessairement réduite à des éléments très simples. Parmi les plus connues, dans les œuvres modernes, nous citerons la *Vérité,* peinture par Jules Lefebvre, la belle statue de Cavelier, toutes deux au musée du Luxembourg, et celle d'Auguste Dumont, au Palais de Justice. Les groupes, où l'allégorie entre pour une part beaucoup plus large, sont aussi très nombreux, nous rappellerons le *Temps dérobant la Vérité aux atteintes de l'Envie et de la Discorde,* par Poussin, le *Temps faisant triompher la Vérité religieuse,* par Rubens, le *Triomphe de la Vérité,* sujet traité par Rubens, par Vien, gravé par Audran et Dietterlin. Le *Temps découvrant la Vérité,* par Parodi, au palais royal de Gênes, par Ferrari, sculpté par Fr. Roger (Salon de 1887). La *Vérité aux prises avec la Raison et l'Imagination,* gravure par Cochin, la *Vérité vengeresse,* statue par Prouha (Salon de 1861), la

*Vérité chassant la Calomnie*, groupe par Taluet, pour le théâtre d'Angers, la *Vérité* et l'*Histoire*, par Felon, pour le nouveau Louvre.

**VÉRITÉ** (Auguste-Lucien). Horloger français réputé. C'est lui qui le premier eut le mérite de concevoir et de réaliser la synchronisation de plusieurs horloges par l'électricité. Parmi ses nombreux travaux, il faut citer les grandes et belles horloges de la cathédrale de Besançon, et surtout celle de la cathédrale de Beauvais.

**VERMEIL.** Rouge un peu plus foncé que l'incarnat. || Ouvrage d'orfèvrerie en argent, doré au feu, avec un amalgame d'or et de mercure. — V. Dorure. || Vernis composé de gomme et de cinabre mêlés et broyés dans de l'essence de térébenthine; on s'en sert pour donner un vif éclat à la dorure en détrempe.

**VERMICELLE, VERMICELLERIE.** Nom donné à l'usine et à l'industrie qui fabrique le *vermicelle* et, par extension, les pâtes alimentaires (macaroni, lazagnes, nouilles, pâtes à potages, etc.). Nous avons donné, à Pâtes alimentaires, l'ensemble de la fabrication du vermicelle (encore appelé *vermicel, vermicelli*). Ces pâtes se sont surtout développées en Italie.

L'origine de leur fabrication paraît remonter à la République de Gênes qui, pendant une disette, avait prohibé la sortie du pain; pour échapper à cette prohibition et fournir un aliment aux populations environnantes, un pharmacien avait eu l'idée de fabriquer des pâtes avec de la farine de blé dur. Pendant longtemps, la France s'est approvisionnée en Italie; une première vermicellerie fut fondée à Paris en 1795 par Malouin, c'est seulement en 1809 que Philippe créa à Lyon la première vermicellerie lyonnaise, en 1819 une autre était montée par Amedo de Pont-Maurice en Auvergne, à Clermont-Ferrand. Les pâtes autrefois importées de Gênes, de Livourne, de Naples, etc., étaient désignées sous le nom général de *pâtes d'Italie*, plus tard on les nomma *pâtes d'Auvergne* et *pâtes du roi*, puis aujourd'hui *pâtes lyonnaises*. Les douze usines de Lyon livrent annuellement au commerce 17 millions de kilogrammes de pâtes représentant une valeur de 12 millions de francs. La vermicellerie française se servait d'abord des blés durs de Sicile, de la Pouille, d'Odessa et de Tangarok appelés dans le commerce *grano duro, grano da semelino, grano da paste, grano grosso*, etc.; ces blés pesaient 78 à 84 kilos l'hectolitre. La vermicellerie emploie aujourd'hui les semoules de blés durs d'Afrique qui donnent une pâte moelleuse et délicate. Les blés durs d'Afrique (qui furent employés pour la première fois en 1855 par Bertrand, de Lyon), provenaient d'Algérie; ils équivalent aux blés siciliens. Les blés demi-durs d'Auvergne sont moins glacés et ne sont pas translucides; les blés tendres mélangés aux blés durs donnent une pâte blanche qui ne peut s'exporter; il n'y a que les produits obtenus des blés durs qui peuvent se transporter par mer et se conserver dans les régions tropicales.

L'ancienne fabrication, qui était d'une grande simplicité, mais qui exigeait des ouvriers actifs et intelligents, est aujourd'hui remplacée par des procédés mécaniques décrits à l'article Pâtes alimentaires. Les grandes vermicelleries comprennent les parties suivantes : 1° un moulin à blé avec tous ses organes (V. Mouture) chargés de nettoyer le grain et de le transformer en semoule ou en farine; à ce moulin est annexé un maga-

sin à semoule; 2° une chambre de pétrissage dans laquelle fonctionne le *meulon* ou *harpie* chargé de faire la pâte; cette dernière obtenue à l'état voulu passe, 3° dans la chambre d'*étirage* où fonctionnent des presses convenablement disposées pour étirer la pâte; cette dernière est portée dans, 4° l'atelier d'*étendage* où des femmes la coupent à la longueur voulue en formant des boucles ou des nouets qu'elles étendent sur des cordes, des baguettes ou sur des châssis garnis de toile ou de papier; ces châssis sont portés, 5° au séchoir où l'on maintient un courant d'air à la température voulue; après leur dessiccation, les nouets passent, 6° à l'atelier de paquetage, dans lequel des femmes et des enfants empaquettent les produits; 7° un magasin complète l'usine. La vermicellerie est actuellement si développée, en France, qu'elle suffit à la consommation intérieure et expédie, en outre, une partie de sa production à l'étranger : le quart va en Suisse et le reste en Angleterre, en Belgique et en Amérique. En 1877, d'après les chiffres de la douane, l'importation des pâtes était de 227,400 kilogrammes, et l'exportation de 4,391,100 kilogrammes. — m. r.

On donne aussi le nom de *vermicelle* à une sorte de *colle*. — V. ce mot, § *Colles de matières animales*.

**VERMICELLIER.** *T. de mét.* Fabricant, ouvrier qui fabrique du vermicelle et les autres pâtes alimentaires.

**VERMICULAGE.** *T. d'arch.* Travail de refouillement qui, par ses cavités sinueuses, produit des traces vermiculaires, et que l'on pratique sur le parement des pierres dans certaines constructions; on dit aussi *vermiculures*.

**VERMILLON.** *T. de chim.* C'est le sulfure mercurique $HgS$, présenté sous un grand état de division (V. Mercure). Il s'obtient par voie humide, comme nous l'avons indiqué, mais depuis quelque temps, on se sert, pour le préparer, du procédé Firmenich qui consiste à chauffer au bain-marie, dans de grands flacons bien bouchés et fréquemment remués, 5 kilogrammes de mercure, 2 kilogrammes de soufre et 4 litres 1/2 de solution de pentasulfure de potassium. Après trois à quatre heures, on a une poudre brune qui, refroidie à 50°, est maintenue pendant quelques jours à cette température et agitée souvent. Elle devient rouge et, quand elle a acquis la teinte voulue, on la lave à la soude pour enlever l'excès de soufre, puis à l'eau. On lui donne même de la fixité en la traitant par l'acide azotique (Leuchs). Gauthier Bouchard remplace, dans la préparation, le polysulfure de potassium par celui d'ammonium.

**Vermillon d'antimoine.** *T. de chim.* C'est une variété isomérique du sulfure d'antimoine $Sb^2S^3$, obtenue en ajoutant une solution d'hyposulfite de soude à du chlorure d'antimoine; on porte à 35° en remuant la liqueur jusqu'à ce qu'il ne se dépose plus rien. On laisse égoutter sur un filtre, on lave à l'acide acétique faible, puis à l'eau pure, et on dessèche ensuite (Mathieu Plessy).

**Vermillon de chrome.** Syn. : *Vermillon*

*autrichien.* C'est le *chromate de plomb basique.* — V. CHROMATE.

**VERMOUT** ou **VERMOUTH.** *T. de liquor.* Sorte de vin blanc dans lequel on a fait infuser des plantes aromatiques et amères (*wermuth* signifie en allemand, grande absinthe) que l'on remonte un peu en alcool et que l'on édulcore ensuite plus ou moins, selon les sortes, avec du sirop de raisin.

Les substances qui entrent dans la composition des vermouths sont nombreuses; on y compte la gentiane, l'écorce d'oranges amères, le quinquina rouge, la cannelle de Chine, la rhubarbe, le galanga, l'absinthe, l'angélique, le calamus aromaticus, l'acore, la muscade, l'iris, la petite centaurée, etc.; parfois on remplace en partie ces plantes par les essences que l'on en retire. L'alcoolisation et le sucrage se font en dernier lieu. Le vermouth doit être collé à la colle de poisson et tiré au clair; malgré ces opérations, il dépose souvent, aussi a-t-il parfois besoin de plusieurs soutirages et collages. Le vermouth de Turin, un des plus célèbres, est aussi un des plus aromatiques.

\***VERNET** (JOSEPH). Peintre, né à Avignon en 1714, mort en 1789, était fils d'un peintre de quelque valeur et donna, dès son plus jeune âge, des promesses réelles de talent. A quinze ans, il peignait des dessus de porte, des panneaux, des écrans, des portières de chaises à porteurs, avec cette facilité de pinceau qui fut un des traits caractéristiques de sa manière. Son père l'envoya de bonne heure à Rome, mais sur la route, il ne vit, il n'étudia que la mer, et quand il arriva dans la ville éternelle, ce fut pour entrer chez un peintre de marines, Fergioni; puis il fut séduit par toutes ces ruines antiques qui couvraient l'Italie et qui rendaient pittoresques les moindres détails de paysage, et c'est ainsi qu'il a créé un genre qui devait marquer dans l'art français au XVIII° siècle, et même influer sur la marche de cet art dès que son succès se fut établi. La vérité, l'observation de la nature qu'il sait traduire dans ses manifestations les plus diverses, une solidité de couleur empruntée à ses fortes études en Italie et, en même temps, une merveilleuse fécondité de conception et de travail, voilà les qualités qui font de Joseph Vernet un grand artiste. Sa plus grande entreprise, et celle dont l'effet décoratif est le plus complet, c'est *Les ports de France*, d'une exactitude stricte dans les grandes lignes, en même temps que de la plus heureuse fantaisie dans les détails. Chacune de ces toiles représente un travail considérable et dénote une science extraordinaire de composition, car on se rend facilement compte que rien n'est plus difficile à traduire qu'un port encombré de navires et dont le mouvement, sur les quais, risque d'égarer l'œil et de rendre impossible l'unité pourtant nécessaire. Ce qui peut donner une idée de la solidité du talent de Vernet, appuyé sur de si réelles qualités, c'est que, dans la réaction exagérée qui, pendant cinquante ans, réduisit à néant tous les peintres du XVIII° siècle, Joseph Vernet

résista seul et fut inattaquable. L'école même de David lui fit grâce, et ce ne devait pas être sans raisons.

Le Louvre possède douze vues des *Ports de France*, sur quinze que l'artiste acheva, ce sont des vues de Marseille, Toulon, Antibes, Bayonne, Bordeaux, La Rochelle, Rochefort et Dieppe; la suite en comportait bien d'autres qui ne furent jamais entreprises, faute de fonds. Le même musée contient encore une vingtaine de toiles importantes de Joseph Vernet, des paysages, des marines ou des vues de Rome, dans lesquelles on peut remarquer la prodigieuse variété de sa manière, évidemment fondée sur une étude constante de la nature. Les principes qu'il a posés ont servi aux peintres de l'époque suivante pour réagir contre le paysage conventionnel, et ils dirigent encore l'école française moderne qui en est issue.

Le fils de Joseph, *Antoine-Charles-Horace,* dit *Carle* VERNET, né à Bordeaux en 1758, mort à Paris en 1835, mania fort jeune le crayon et le pinceau sous les yeux de son père, mais son goût le portait peu vers le paysage et les marines; il entra donc chez Lépicié, peintre de genre fort à la mode, et connu surtout pour ses petits tableaux pleins d'esprit et de grâce. Le jeune Carle se trouvait là dans le milieu qui convenait le mieux à ses aptitudes; aussi ses progrès furent-ils rapides. Par ambition de jeune homme, par entraînement, il aborda la peinture historique et remporta le second, puis le premier prix de Rome. A peine en Italie, où il s'attachait surtout à l'étude des peintres de bataille, il fut pris d'une telle ferveur religieuse qu'il parlait d'entrer dans les ordres; son père, effrayé, le rappela et, au milieu des plaisirs de Paris, ses dispositions changèrent bien vite. Pour répondre à la vocation artistique qu'il s'était créé d'une manière si factice, Carle résolut d'entreprendre une grande œuvre et commença son *Triomphe de Paul-Emile,* qui lui demanda cinq années de travail, et une toile successivement augmentée d'un grand nombre de morceaux, à mesure que sa composition s'élargissait. C'est sur la présentation de ce tableau qu'il fut reçu à l'Académie. Mais depuis, il comprit qu'il était dans une fausse voie et il trouva le succès, dans une manière toute nouvelle, avec des petits sujets pleins d'esprit, tels que les *Incroyables* et les *Merveilleuses,* ou dans de remarquables études de chevaux. La plupart de ses compositions, publiées par la lithographie, alors toute nouvelle, eurent une faveur prodigieuse et créèrent des types qui sont restés. Sa facilité de travail lui permettait de produire beaucoup sans fatigue; on compte près de cinq cents pièces dues à son crayon et faites en quelques années, ce qui ne l'empêchait pas de donner au Salon de grandes toiles décoratives : la *Bataille de Marengo*; le *Matin d'Austerlitz*; le *Bombardement de Madrid*; la *Bataille de Rivoli*; la *Chasse de l'empereur*; la *Prise de Pampelune* (1834), etc. Comme Van der Meulen, mais avec bien plus de liberté et d'allure, Carle Vernet reproduisait les scènes qui s'étaient passées sous ses yeux, car plusieurs fois il accompagna Napoléon Ier dans ses campagnes. Lorsqu'il mourut, il travaillait encore à un grand ouvrage de ce genre : *Louis XIV allant rendre grâces à Dieu dans l'église de Notre-Dame.*

Nous voici arrivés à *Horace* VERNET, fils de *Carle*, né au Louvre, en 1789, mort à Paris en 1863, élève de Vincent, et l'un des peintres les plus populaires de l'école française. A son sujet, il est curieux d'observer comment se fonde, en France, une réputation artistique. Des grands peintres de cette famille, Horace fut certainement le moins remarquable. En dehors de sa facilité et de son intelligence dans le choix des sujets, on ne voit guère quelles sont les qualités qui l'ont placé pour ainsi dire à la tête du mouvement de son époque. Il n'avait rien médité, rien approfondi, il peignait de premier jet, sans étude sérieuse de la composition, mais heureusement, avec l'esprit qui était de tradition chez les Vernet. De là, lorsqu'il abordait les grandes toiles, telles que sa *Prise de la Smala*, ce désordre, ce peu d'unité, ce défaut d'intérêt général, mais en même temps ces mille détails pittoresques et amusants ; c'est dans les détails qu'est le véritable talent d'Horace Vernet, si bien qu'on n'a que rarement une impression durable de ses meilleurs tableaux, parce que l'attention y est partagée et s'attache aux épisodes.

Avec cet esprit, cette manière bien française, le secret de l'immense succès d'Horace Vernet est dans le choix de ses sujets patriotiques, d'autant plus populaires que ses tableaux étaient exclus des expositions par un jury décidé à y voir une pensée hostile au nombre furent : la *Bataille de Jemmapes* ; la *Barrière de Clichy*, refusée au salon de 1822 ; le *Soldat laboureur* ; la *Mort de Poniatowski*, qui firent, avec des portraits et l'*Atelier d'Horace*, le fond d'une exposition particulière où le public s'étouffa, au grand scandale des royalistes. La Cour s'en émut et, désireuse de se ramener un artiste de talent dont le succès devenait dangereux, le combla de commandes : un portrait du roi, un plafond du Louvre : *Jules II commandant les travaux du Vatican* ; puis *Une revue au Champ de Mars*, la *Dernière chasse de Louis XVI*, l'*Evasion de Lavalette* ; enfin, pour ne plus être tenté de faire de l'opposition, il se consacra à la peinture de genre, où il ne retrouva pas le succès de ses tableaux militaires.

En 1828, il partait à Rome comme directeur de l'Ecole, haute situation qui ne convenait guère qu'à ses goûts de dépenses et de faste. Son enseignement ne pouvait porter ses fruits, car l'exemple qu'il en donnait lui-même était contraire aux principes qu'on l'avait chargé de maintenir. Il ne voyait que le pittoresque. De cette époque datent la plupart de ses tableaux de scènes italiennes, telles que la *Confession d'un brigand*, la *Chasse dans les marais pontins* et le *Combat des brigands contre les carabiniers*, qui le ramenait à ses goûts et fut un de ses grands succès près du public, bien que les connaisseurs se soient portés de préférence vers le *Vœu à la Madone*, de Schnetz, et les *Moissonneurs*, de Léopold Robert, bien supérieurs comme art. Il envoya aussi, de Rome, *Pie VII porté dans la basilique de*

*Saint-Pierre*, une de ses meilleures toiles. Mais la vraie place de ce peintre était à Paris, tout le monde le sentait. Aussi fut-il bientôt remplacé par Ingres, au grand profit de l'avenir des jeunes artistes pensionnaires.

Louis-Philippe inaugurait alors le Musée de Versailles ; on donna à Horace Vernet la salle dite de « Constantine », qui lui demanda six années de travail assidu. Il y peignit les *Kabyles repoussés des hauteurs de Coudrat-Ati* ; les *Colonnes d'assaut se mettant en mouvement* ; la *Prise de Constantine* ; la *Smala* et la *Bataille d'Isly*. Tout est vrai dans ces vastes compositions, tout est à son point exact ; le mouvement, l'action y sont incomparables, c'est le troupier français avec toutes ses qualités, une seule chose manque : le style. C'est ce qui fait les grands peintres, et Horace Vernet en fut toujours très loin.

Des questions d'argent, qui amenèrent des difficultés entre l'artiste et le roi, firent partir Horace Vernet pour la Russie, où l'empereur Nicolas l'attirait. Il fit encore une fois amende honorable de ses opinions en peignant, au profit des Russes, les *Massacres de la Pologne*, alors qu'il avait autrefois exalté les Polonais et Poniatowski. Il ne revînt en France, lui le peintre du roi, que pour faire les portraits des révolutionnaires, de Cavaignac, et devenir peu après peintre officiel de l'Empire. Comme dit Charles Blanc, avec sa verve mordante : « Horace Vernet est un peintre, j'allais dire un fonctionnaire, qu'on ne remplacera pas ».

Parmi ses tableaux dont nous n'avons pas parlé encore, rappelons les plus connus : *Mazeppa*, au musée d'Avignon ; les batailles de *Jemmapes*, *Montmirail*, *Hanau*, *Valmy*, qui faisaient partie de la galerie du Palais-Royal et qui furent exposées en 1855 ; l'*Attaque d'Anvers*, *Le col de Teniah*, *La prise de Bougie*, *Le bombardement d'Ancône*, *Le bombardement de Saint-Jean d'Ulloa*, *La flotte française forçant l'entrée du Tage* ; les combats de *Sickack*, *Samah*, *Afroum*, à Versailles ; ses portraits, parmi lesquels brille, au premier rang, celui du frère *Philippe*. On lui doit aussi de nombreuses lithographies et quelques illustrations, notamment celles d'une *Histoire de Napoléon*. Nous ne parlerons pas de ses tableaux d'histoire religieuse, tels que sa *Judith*, du Louvre ; ils sont au-dessous de sa réputation. Nous nous en tiendrons donc à l'opinion de Th. Gautier, qui nous semble résumer, dans le sens le plus favorable à l'artiste, les opinions qu'on a émises sur son talent : « Sans doute, dit-il, Horace Vernet ne saurait être comparé, pour le style et le coloris, aux grands maîtres d'Italie, de France et d'Espagne, mais il est original, moderne et Français ; ce sont là des qualités dont il faut tenir compte, quand même on leur en préférerait d'autres ». — C. DE M.

**\*VERNIER.** *T. d'instr. de préc.* Petit instrument très simple, ainsi nommé du nom de son inventeur, et qu'on adapte à tous les appareils servant à la mesure des longueurs ou des angles pour faciliter la lecture des divisions tracées sur une règle ou un cercle. Imaginons, pour faire comprendre en quoi il consiste, qu'on veuille mesurer des longueurs à l'aide d'une règle divisée, sur laquelle peut glisser un curseur portant un index; il faudra lire : 1° le numéro du dernier trait qu'aura dépassé l'index du curseur; 2° la fraction de division comprise entre ce dernier trait et l'index. C'est cette dernière détermination que permet de réaliser le vernier. Le vernier se compose essentiellement d'une division auxiliaire tracée sur le curseur à la suite de l'index, de la manière suivante : supposons qu'on veuille pousser la précision jusqu'à mesurer les dixièmes de division de la règle ; on prendra alors, à la suite de l'index, sur le curseur, une longueur égale à 9 divisions de la règle que l'on partagera en 10 parties égales, et l'on numérotera les traits de 0 à 10. Chaque division du vernier vaut ainsi les 9/10 de celles de la règle. Il en résulte, que si l'index a dépassé le dernier trait de la règle de 4/10 de division, par exemple, la distance du trait suivant de la règle au trait 1 du vernier ne sera plus que de 3/10 de division, celle du trait suivant au trait 2 du vernier de 2/10, etc., de sorte que le trait 4 du vernier sera en coïncidence avec un trait de la règle. Ainsi, pour évaluer la fraction de division, il suffira de suivre les traits du vernier jusqu'à celui qui est en coïncidence avec un trait de la règle; le n° de celui-là est le numérateur de la fraction cherchée. Le plus souvent, aucun trait du vernier n'est en coïncidence exacte avec un trait de la règle; mais alors, il y aura deux traits consécutifs compris dans une même division de la règle. Il

Fig. 725. — *Figure de vernier.*

est clair que le numérateur cherché est compris entre les numéros des deux traits. Ainsi, sur la figure 725 la fraction de division comprise entre le trait 15 de la règle et le 0 du vernier est comprise entre 3/10 et 4/10.

En général, si pour construire le vernier, on a partagé en $n-1$ parties la longueur de $n$ divisions de la règle, on pourra mesurer les longueurs à $\frac{1}{n}$ près de la longueur d'une division. La précision du vernier augmente donc avec le nombre de divisions. Il y a cependant une limite qu'on ne saurait dépasser, car si le nombre de divisions était trop grand, il y aurait plusieurs traits consécutifs qui paraîtraient coïncider exactement avec les traits de la règle sans qu'on pût distinguer celui qui coïncide le mieux. Dans les instruments de grande précision, on emploie des verniers à traits très fins, qu'on observe avec une loupe. Le vernier peut s'appliquer à toute espèce de règle divisée; il peut aussi s'adapter aux cercles divisés qui servent à la mesure des angles. Si, par exemple, le cercle est divisé en degrés, un vernier au 1/60 donnera la minute. — M. F.

* **VERNIER** (PIERRE). Mathématicien français né à Ornans, vers 1580, mort dans la même ville en 1637. Il est l'inventeur de l'instrument qui porte son nom (V. plus haut), qu'il a décrit dans un ouvrage intitulé : *Construction, usage et propriétés du quadrant nouveau de mathématiques* (Bruxelles, 1631). Il fut capitaine-commandant du château de sa ville natale pour le roi d'Espagne, et directeur général des monnaies du comté de Bourgogne.

* **VERNIQUET** (EDME). Architecte, né à Châtillon-sur-Loire, en 1727, mort à Paris, en 1804, se fit connaître en Bourgogne par de nombreuses constructions de toutes sortes, puis vint à Paris en qualité d'agent-voyer, et fut chargé de la construction des bâtiments du Jardin du roi, depuis Jardin des Plantes. Comme agent-voyer, Verniquet exécuta un magnifique plan de Paris en 72 feuilles, le premier qui ait été dressé dans ces dimensions, et qui présentait d'autant plus de difficultés que les nécessités de la circulation dans les rues ne permettaient d'y travailler que la nuit. Le travail dura dix-huit ans, et fut terminé en 1799. C'est sur ce plan qu'ont été faits depuis, tous les autres travaux du même genre, jusqu'au milieu de ce siècle, tels que les atlas de Picquet, de Mangot, Jacoubet et Bailly, etc.

**VERNIS.** On désigne sous le nom de *vernis*, des liquides formant, après dessiccation à la surface des corps sur lesquels on les applique, une couche transparente, douée d'un certain éclat dû aux effets combinés de la réflexion et de la réfraction de la lumière. On donne aussi le nom de *vernis* aux enduits composés de substances vitrifiables, et avec lesquels on couvre les poteries.— V. CÉRAMIQUE.

*Propriétés générales.* Les vernis sont obtenus par la dissolution des substances désignées sous le nom général de *résines*, dans les liquides volatils. On peut distinguer dans les vernis deux grandes classes : ceux dans lesquels le véhicule entièrement volatil ne laisse aucun résidu après son évaporation, abandonne les particules résineuses qui reprennent leur éclat, leur couleur, et forment seules la pellicule constituant le vernis; ceux, au contraire, dont le véhicule, après évaporation, laisse par lui-même un résidu qui forme un lien entre les particules résineuses et entre ainsi dans la constitution du vernis.

Les vernis de la première classe, comme il est facile de le prévoir, offriront moins de solidité, c'est-à-dire qu'ils résisteront moins aux frottements qu'ils auront à subir. D'autre part, ils sècheront plus rapidement que les autres, grâce à cette très grande volatilité du véhicule.

Les qualités essentielles communes à tous les vernis, sont l'éclat et la transparence, les autres qualités non moins essentielles, la solidité, c'est-à-dire la résistance aux frottements et la siccativité, c'est-à-dire la plus ou moins grande rapidité avec laquelle se forme la pellicule adhérente sur les objets recouverts, varieront, d'après ce qui précède, avec la nature du véhicule employé. Quant aux qualités relatives de deux vernis comparés entre eux, elles dépendent naturellement de la nature des éléments qui les composent. Nous venons déjà d'indiquer quel rôle jouera le véhicule, les matières résineuses à leur tour influeront suivant leur degré de dureté propre. De telle sorte qu'avec un même véhicule on obtient des vernis de solidité différentes, suivant la dureté propre aux résines employées, de même qu'avec une même résine on aura des vernis plus ou moins solides, suivant le dissolvant employé.

Si l'on considère au contraire la siccativité, la nature du véhicule seul influe pour un vernis de composition déterminée. On commet fréquemment à ce sujet une erreur dont on peut se rendre compte, en définissant bien ce qu'on entend par siccativité. C'est une propriété constitutive du vernis, qu'il ne faut pas toujours confondre, avec cette qualité spéciale de la plus ou moins grande rapidité de dessiccation. Un exemple fera du reste bien ressortir cette différence. Prenons un vernis peu siccatif, composé avec certaines proportions d'une huile grasse et d'une résine déterminée ; il possède un certain degré de siccativité, par suite une couche de ce vernis, obtenue en déposant sur une certaine surface un poids donné de vernis, mettra un espace de temps déterminé pour sécher. Si l'on ajoute à ce même vernis un véhicule plus volatil que l'huile, une essence, par exemple, en opérant dans les mêmes conditions, c'est-à-dire avec le même poids de vernis étendu sur la même surface, la dessiccation sera obtenue dans une période plus courte, sans que pour cela le degré de siccativité du vernis soit augmenté ; comme on le dit souvent. On reconnaît d'ailleurs sans examen bien approfondi, que les deux pellicules solides formées ainsi, sont bien analogues, mais non identiques.

Dans la pratique, on distingue non seulement les deux catégories de vernis que nous avons citées, mais on forme une division spéciale basée sur la nature du véhicule employé. On établit donc quatre classes.

Les *vernis à l'éther* et les *vernis à l'alcool*, formant les vernis particulièrement siccatifs, mais peu solides. Les vernis à l'alcool, les plus employés, trouvent leur principal usage dans l'ébénisterie, le vernissage des tableaux et de tous les menus objets.

Les *vernis à l'essence*, et les *vernis aux huiles grasses* ou aux *essences grasses* les moins siccatifs, mais en revanche les plus solides. Ils sont employés spécialement pour le bâtiment, la carrosserie, les usages industriels, et toutes les fois qu'ils auront à supporter de la fatigue, ou les intempéries de l'air extérieur.

Enfin, à côté des vernis proprement dits, doués d'éclat et de transparence, on rencontre dans l'industrie une foule de préparations portant le même nom, et qui sont plutôt des enduits destinés simplement à préserver les corps qui les reçoivent, d'actions extérieures.

MATIÈRES EMPLOYÉES POUR LA FABRICATION DES VERNIS. Toutes ces matières se rangent comme nous l'avons vu, en deux classes, les véhicules dissolvants et les matières sèches résineuses. La plupart de ces substances ont été déjà l'objet d'études spéciales dans le *Dictionnaire*, il nous suffira de les rappeler, en n'insistant que sur quelques points particuliers.

*Dissolvants.* Les liquides employés sont l'éther, l'alcool, les essences, principalement celles de térébenthine, puis de lavande, de romarin, et enfin les huiles dites « grasses ». A côté de ces principaux dissolvants il faut encore citer la benzine, le chloroforme, la créosote et des huiles de goudron. Ces derniers véhicules sont surtout employés pour dissoudre le caoutchouc, la gutta-percha et les goudrons. Nous n'aurons ici à insister un peu que sur les huiles grasses, renvoyant pour les autres aux articles spéciaux qui précèdent.

Les huiles, employées dans la fabrication du vernis, sont des huiles dites *siccatives*, c'est-à-dire des huiles dont la constitution chimique a été modifiée de façon à leur faire acquérir la propriété de sécher plus rapidement. On distingue sous le nom d'*huiles grasses* ou *fixes*, par rapport aux autres huiles, celles qui forment une tache sur le papier, mais avec persistance de la tache ; ce qui les distingue des huiles essentielles ou essences, formant une tache susceptible de disparaître entièrement par l'action de la chaleur.

Les huiles grasses employées, sont celles de lin, d'œillette, de noix, de coton et de ricin.

Dès 1856, M. Chevreul démontrait que la dessiccation de la peinture, à l'air, était due à une oxydation de l'huile, oxydation qui déterminait son passage de l'état fluide à l'état solide. Il établissait nettement dans une série de remarquables expériences, que cette absorption d'oxygène était favorisée par l'élévation de la température et la présence d'oxydes métalliques. De là est résulté la méthode générale pour rendre les huiles siccatives, et qui consiste à les chauffer en présence des oxydes métalliques.

Sans entrer ici dans l'examen approfondi de cet éminent travail, nous citerons seulement ses conclusions qui forment la base de la fabrication des huiles siccatives. L'huile qu'on fait bouillir seule, c'est-à-dire qu'on chauffe jusqu'à ce qu'il ne se produise plus de bulles de gaz à la surface, est plus siccative que l'huile naturelle. Si on ajoute pendant l'opération un oxyde de plomb ou de manganèse, on obtient une huile plus siccative que dans le premier cas. Toutefois, l'action due aux oxydes de plomb est plus rapide et plus énergique que celle due à l'oxyde de manganèse. Enfin, il y a dans chaque cas une durée maxima de cuisson, au delà de laquelle la siccativité de l'huile obtenue diminue au lieu d'augmenter.

Le procédé général pour rendre les huiles siccatives consiste à les faire bouillir (entendant ce terme comme il a été dit) avec un oxyde métallique, en évitant l'inflammation de l'huile, ainsi qu'on l'a fait longtemps, ce qui donne forcément une huile siccative colorée. L'objet de cette cuisson est d'abord d'expulser l'eau contenue dans l'huile naturelle, et ensuite la précipitation des matières mucilagineuses, effet dû principalement à la présence des sels métalliques. Il en résulte que malgré l'existence d'un certain nombre de formules quantitatives réglant les proportions des ingrédients mis en présence, on ne peut accorder à ces formules qu'une valeur relative, et qu'il sera nécessaire, à l'aide d'essais préalables, de les modifier chaque fois suivant la nature même de l'huile soumise au traitement. On peut employer pour rendre les huiles siccatives : le plomb et le zinc, soit à l'état métallique, ou à l'état de sel, sulfate de zinc, litharge, céruse, minium, les sels de manganèse, hydrate de manganèse, peroxyde, bioxyde et borate. On peut également, et c'est le procédé le plus économique, recourir à l'emploi des acides seuls, acide azotique et chlorhydrique.

Les qualités des huiles siccatives dépendent du degré de pureté des huiles employées, et surtout de l'ancienneté de l'huile, de la période de temps écoulée depuis la purification, et enfin du soin apporté à la cuisson. Il faut noter qu'au point de vue de la qualité des produits où entrent les huiles siccatives, l'ancienneté de ces huiles a la même importance que celle des huiles purifiées.

*Des matières sèches entrant dans la constitution des vernis.* Des articles spéciaux ont été consacrés, dans le cours du *Dictionnaire*, à chacune de ces natures, le lecteur pourra y recourir pour étudier leurs *propriétés générales. Nous ne nous arrêterons que sur quelques points spéciaux, intéressants pour la fabrication des vernis.*

Ces matières se distinguent en *gommes*, matières plus ou moins solubles, dont le type est la gomme arabique ; en *gommes-résines*, émulsions de gommes et de résines contenant en plus des huiles volatiles, des sels et de l'eau ; et enfin en *résines* proprement dites, matières de composition très variée, parmi lesquelles on emploie principalement : les copals, dont le nombre des variétés est considérable, l'aloès, le benjoin, la gomme-laque, le mastic, la sandaraque, le sandragon (résine colorante), le succin ou ambre jaune, les térébenthines, la colophane, etc. Il faut encre citer le caoutchouc, la gutta-percha, et certaines substances carbonées, telles que les goudrons, les asphaltes et les bitumes.

Les résines qui tiennent les places les plus importantes sont : les copals, le succin, la gomme-laque, la térébenthine, puis le mastic et la sandaraque.

Les résines que le commerce livre aux fabricants de vernis, sont des matières généralement impures, et surtout des matières le plus souvent mélangées entre elles. L'usage auquel elles sont destinées, réclame donc une certaine préparation, dont le but est de les purifier des substances étrangères, et de les classer en lots composés des mêmes variétés. Ce résultat s'obtient par des lavages, triages et cassages, pour *réunir entre eux* les morceaux de même coloration, de même dureté, afin d'obtenir un produit final homogène, qualité dont dépend tout particulièrement celle du vernis fabriqué.

De toutes les propriétés des résines, la plus importante est son degré de solubilité dans le véhicule qui sert à constituer le vernis. Une résine

commerciale est rarement un corps simple, de constitution propre, mais bien un mélange de substances analogues, différant particulièrement entre elles par leur degré de solubilité dans un même véhicule ; de plus, le mélange de corps étrangers, gomme, huiles essentielles, modifie encore la propriété qui nous occupe. Longtemps la fabrication de certains vernis, ceux à l'alcool et au copal, par exemple, s'est trouvée arrêtée devant la difficulté d'obtenir la solution du copal dans la résine. Mais aujourd'hui, ces difficultés sont vaincues, grâce aux travaux faits sur la constitution de ces corps, travaux quelquefois empiriques, mais justifiés désormais en théorie par les études de M. Ribant.

Comme on peut le voir à l'article COPAL, M. Violette a montré que cette résine difficilement soluble dans l'alcool, acquérait cette propriété si on la soumettait à une certaine distillation préalable qui la privait d'une huile essentielle entrant dans sa constitution. M. M. Sœhnée depuis longtemps avait montré que la gomme-laque devenait entièrement soluble dans l'alcool, lorsqu'on la broyait sous l'eau, et qu'on soumettait un certain temps cette poudre à l'action de l'air. D'autre part, on sait depuis longtemps, que le succin, difficilement soluble à l'état naturel, l'est au contraire complètement, lorsqu'on fond d'abord l'ambre naturel, qu'on le laisse se solidifier et le réduit alors en poudre. C'est ce qu'en terme de métier on désigne par *succin fondu*.

Enfin, d'une façon générale, on peut dire, en se reportant aux travaux de M. Ribant, que les carbures d'hydrogène qui constituent les résines, se distinguent entre eux par leur degré de carburation, que l'action de la chaleur a pour effet de produire des dédoublements et la production de carbures moins riches en carbone, et enfin que dans une même série la solubilité d'un terme est d'autant plus grande que ce terme est moins carburé. Cela justifie les expériences isolées faites sur diverses résines, et conduit à énoncer ce principe très intéressant pour la pratique, et désigné par M. Ribant, sous le nom de *théorie générale des vernis* : qu'une résine incomplètement soluble, peut le devenir entièrement lorsqu'on la soumet à une distillation raisonnée. Au sujet des effets dus à l'emploi des résines, dans la fabrication des vernis, nous avons dit que la dureté de ces matières déterminait celle des vernis préparés. Il est donc intéressant d'établir une classification de ces matières, classification qui servira à définir la nature des vernis préparés, et les modifications qui résultent de l'emploi des résines séparément ou simultanément.

Les résines sont classées de la façon suivante :

| Dures | Tendres | |
|---|---|---|
| | sèches | molles |
| Copal dur. Copal demi-dur. Succin. Gomme-laque. | Sandaraque. Mastic. Daunnar. | Benjoin. Elemi. Animé. Térébenthine. |

FABRICATION GÉNÉRALE DES VERNIS. Les procédés généraux, employés pour la fabrication des vernis, sont en somme très simples. Ils consistent à dissoudre une substance solide dans un véhicule liquide, d'une consistance plus ou moins fluide.

Cette dissolution peut s'obtenir, soit à froid, soit par l'action de la chaleur. Le premier procédé est toujours le plus avantageux, quand on peut l'appliquer, parce qu'il assure la conservation intacte des éléments. L'action de la chaleur étant très souvent indispensable, on devra toujours s'efforcer d'opérer aux plus basses températures possibles, afin de ne pas risquer d'altérer les résines, et d'obtenir par suite des produits colorés. Les résines sont fondues, soit à part et mélangées avec le liquide, soit dissoutes par digestion. On favorise toujours l'opération en pulvérisant les résines, et les mélangeant avec du verre pilé qui empêche l'agglutination des particules solides, qui ont une tendance à se coller entre elles. La dissolution s'obtient au bain-marie, au bain de sable ou d'alliages, suivant le degré de température nécessaire. Si le vernis se compose avec plusieurs résines, et si leurs points de fusion sont un peu différents, il sera bon de fractionner l'opération, de former des dissolutions séparées pour les réunir ensuite.

**Vernis à l'éther et à l'alcool.** *Vernis à l'éther.* Ce sont, à cause de la nature du véhicule employé, les vernis qui sèchent le plus rapidement, mais aussi les moins solides. Leurs applications sont très limitées, soit pour les épreuves photographiques, les plans et cartes, et les menus objets délicats. Ils se préparent très simplement par la dissolution à froid de la résine. Voici la composition de l'un des plus employés :

Copal pulvérisé très fin . . . . . 125 gr.
Ether à la densité de 0,725. . . . 500

Souvent, on emploie un mélange d'éther et d'alcool, ce dernier liquide diminuant de la rapidité de la dessiccation. L'addition d'un peu d'essence de térébenthine, ou d'essence de lavande, faite après coup et assurée par un mélange intime, augmente encore cette propriété.

Le chloroforme, la benzine, employés avec le mastic, le succin, fournissent des produits similaires.

*Vernis à l'alcool.* Ces vernis sont très siccatifs, ils sont susceptibles d'être bonifiés ou amendés par l'addition des essences. Toutefois, ils offrent toujours des degrés médiocres de solidité, ils ne s'emploient jamais dans les grands travaux de peinture, et s'appliquent particulièrement à l'ébénisterie, à la reliure et pour les tableaux. Leur coloration naturelle est généralement faible et due à celle de la résine ; mais pour certaines industries, au contraire, on recherche à dessein des résines très colorées, en particulier pour les vernis dits *vernis d'or*. Ils se distinguent généralement entre eux, par la résine qui sert à les constituer, soit qu'elle entre seule dans leur composition, soit qu'elle domine en proportion sur les diverses résines dissoutes en même temps.

La gomme-laque, la sandaraque et le mastic forment la base de la plupart des vernis à l'alcool, on peut y ajouter le copal ; grâce aux récents travaux qui ont permis la dissolution complète de cette résine, qui fournit des vernis d'une assez grande dureté. Le mélange de ces résines procure des vernis dont les propriétés participent à la fois de celles des vernis simples à une seule résine. Enfin l'addition des résines autres que les précédentes, comme l'animé, l'élemi, le benjoin, etc., n'est jamais faite que pour modifier les propriétés des premières résines, soit pour augmenter la dureté, ou donner plus de corps au vernis, le rendre plus élastique, etc. On ajoute souvent dans les vernis à l'alcool, de la résine de térébenthine, qui en retardant un peu la siccativité, augmente notablement la solidité. Le camphre a surtout pour objet d'augmenter l'élasticité.

Les vernis à la gomme-laque tiennent la place la plus importante, parmi les vernis à l'alcool. Ce sont les vernis d'ébéniste par excellence, à cause de leur solidité, et de leur facilité à supporter le poli et à prendre un très grand éclat. La facilité d'obtenir la gomme-laque blanche, jaune et rouge assez vif, permet d'obtenir des vernis de couleurs différentes et procure, par leur emploi dans l'ébénisterie, des avantages qui justifient la première place qu'ils occupent.

La sandaraque et le mastic sont les résines les plus employées dans les vernis composés à base de gomme-laque. La térébenthine de Venise donne du brillant.

Le nombre des formules pour la fabrication de ces vernis est très considérable ; elles diffèrent fort peu les unes des autres, et sont basées plutôt sur des observations expérimentales, que sur des considérations théoriques. Cette remarque s'applique d'ailleurs à la fabrication de tous les vernis. Voici quelques formules types, et qu'on pourra facilement modifier pour des objets spéciaux.

*Vernis simples pour les ébénistes.*

Laque blanche, ou blonde, ou en feuilles,
de 1re qualité. . . . . . . . . . . . . 500 gr
Alcool à 90° . . . . . . . . . . . . . . 20 lit.

On obtient ainsi des vernis incolores, peu colorés ou rouges.

*Vernis composés.*

| | | | |
|---|---|---|---|
| Laque blanche ou en écaille. . | 80 gr. | 150 | 250 |
| Sandaraque. . . . . . . . . . | 80 | 60 | 125 |
| Mastic. . . . . . . . . . . . | 40 | 0 | 0 |
| Elemi . . . . . . . . . . . . | 0 | 45 | 0 |
| Térébenthine de Venise. . . . | 10 | 0 | 125 |
| Alcool à 96°. . . . . . . . . | 800 | 750 | 1.000 |

*Vernis à polir.*

| | | | |
|---|---|---|---|
| Laque en écailles. . . . . . . | 150 gr. | 375 | 250 |
| Sandaraque. . . . . . . . . . | 60 | 120 | 0 |
| Elemi . . . . . . . . . . . . | 35 | 0 | 375 |
| Copal. . . . . . . . . . . . | 0 | 120 | 0 |
| Térébenthine de Venise. . . . | 0 | 60 | 125 |
| Alcool. . . . . . . . . . . . | 750 | 1.500 | 2.000 |

Les vernis pour relieurs sont de simples dissolutions de laque blanche ou blonde dans de l'alcool, avec addition d'un peu d'essence de lavande.

On colore aisément les vernis pour meubles avec un peu de gomme-gutte pour les vernis jaunes, avec du sang-dragon pour les vernis rouges.

*Vernis à la sandaraque et au mastic.* Wattin, en s'occupant spécialement de ces vernis, dit qu'on ne saurait donner des formules invariables pour leur composition, à cause des différences considérables que présentent ces sortes de résines. Toutefois, on peut indiquer une formule moyenne, qui servira de base, et qu'on modifiera suivant les besoins de la pratique. Avec trente-deux parties d'alcool, on incorpore six parties de mastic, ou trois de sandaraque, et l'on peut ajouter trois parties de térébenthine. Les vernis au mastic sont les plus durs de ces deux variétés, d'ailleurs il est rare qu'on n'emploie pas un mélange des deux résines.

Voici quelques formules généralement adoptées.

*Vernis pour objets en bois.*

| | | | |
|---|---|---|---|
| Sandaraque. | 180 gr. | 125 | 120 |
| Mastic. | 125 | 125 | 180 |
| Térébenthine de Venise | 250 | 0 | 0 |
| Alcool. | 1.500 | 1.500 | 500 |

*Vernis pour mélanger avec les couleurs.*

| | | |
|---|---|---|
| Sandaraque. | 250 gr. | 180 |
| Mastic. | 0 | 60 |
| Gomme-laque | 250 | 0 |
| Copal clair. | 0 | 60 |
| Térébenthine de Venise. | 0 | 125 |
| Alcool | 2.000 | 1ˡ,500 |

*Vernis pour tableaux.*

| | |
|---|---|
| Mastic. | 375 |
| Camphre. | 15 |
| Térébenthine de Venise. | 45 |
| Essence de térébenthine. | 210 |
| Alcool. | 500 |

*Vernis au copal et au succin.* Ces vernis qui exigent une préparation préalable de la résine, pour la rendre soluble dans l'alcool, sont employés aux mêmes usages que les précédents; ils sont très résistants. On y ajoute souvent de la sandaraque ou du mastic.

*Vernis à résines diverses.* Ces vernis destinés à des usages communs, sont fabriqués avec des résines de moindre valeur que les précédentes, telles que l'arcanson, le galipot, la colophane, afin de livrer au commerce des produits de valeur moins élevée.

*Vernis colorés à l'alcool. Vernis d'or à l'alcool.* Ces vernis sont d'un grand usage dans l'industrie, ils servent à l'ornementation d'une foule de menus objets, dont le type le plus frappant est celui que l'on appelle l' « article de Paris ».

La coloration des vernis s'obtient d'une façon générale par l'emploi d'un principe colorant soluble dans l'alcool et ajouté aux vernis. Les couleurs d'aniline sont les matières les plus employées pour obtenir ce résultat, et y fournir une gamme des plus variées. A propos des vernis colorés, il faut distinguer les vernis spéciaux dont le ton se rapproche de celui de l'or, et qui servent en recouvrant les objets, à leur donner une apparence de dorure; ils forment la base du travail du vernisseur sur métaux. Cette coloration spéciale s'obtient en ajoutant aux divers vernis à l'alcool que nous venons de citer, certaines résines spéciales fournissant les tons purs du jaune d'or, jusqu'aux rouges, analogues à ceux d'un or plus ou moins allié de cuivre. Ces résines sont : la gomme-gutte, l'aloès sucrotin, le safran, le sang-dragon, et quelques autres produits comme le curcuma, le rocou et l'acide picrique. Naturellement, il faut d'abord choisir judicieusement les résines constitutives du vernis; éviter, par exemple, dans les vernis jaune d'or, les résines gomme-laque, mastic, etc., colorées en rouge ou en brun. On peut fabriquer ces vernis soit en ajoutant directement les résines colorantes à celles qui servent à former le vernis, soit en employant des dissolutions alcooliques préalables de résines colorantes, à l'aide desquelles soit en les employant isolément, soit par mélange, on pourra colorer du jaune clair vif jusqu'au rouge, un vernis à l'alcool et à la gomme-laque, à la sandaraque, etc.

Bien que les nombres qui suivent n'offrent pas une fixité absolue, on prépare généralement ces dissolutions à l'aide des proportions suivantes :

| | |
|---|---|
| Alcool à 90°. | 250 gr. |
| Gomme-gutte, aloès, racine de curcuma, sang-dragon et savon. | 90 |
| Safran des Indes. | 75 |
| Acide picrique. | 25 |

**Vernis à l'essence.** Ces vernis diffèrent absolument des vernis à l'alcool, en ce que le véhicule ne disparaît pas entièrement dans la dessiccation, et concourt à la formation de la pellicule solide constituant le vernis proprement dit; aussi sont-ils moins siccatifs que les précédents, mais déjà beaucoup plus solides. L'essence de térébenthine est la seule que l'on emploie pour cette fabrication. Ces vernis se distinguent par leur fluidité, leur éclat et leur dessiccation, encore assez rapide, quand on la compare à celle des vernis gras. On y introduit souvent un peu d'huile grasse afin de retarder la dessiccation et d'augmenter la solidité. Ils sont employés principalement pour terminer les ouvrages de peinture pratiqués à l'intérieur des bâtiments, cette application seule suffit pour établir l'importance. Les vernis mixtes, c'est-à-dire ceux dans lesquels il entre de l'huile grasse, sont déjà susceptibles, vu leur grande solidité, de servir pour certains ouvrages extérieurs, ayant à subir les intempéries de l'atmosphère.

Le procédé de fabrication le plus employé pour ces vernis consiste à fondre séparément les résines, à les réunir à l'état liquide, et à ajouter peu à peu l'essence en agitant bien le mélange. Les vernis communs sont fabriqués avec des résines inférieures, telles que le galipot, l'arcanson, la colophane, auxquelles on ajoute toujours un peu de térébenthine de Venise. Ils servent à broyer les couleurs.

Une classe très importante parmi les vernis à l'essence, c'est celle des *vernis pour tableaux,* ils sont formés généralement de mastic, de térébenthine de Venise et d'essence de térébenthine. On y ajoute souvent un peu de camphre :

| | | | |
|---|---|---|---|
| Mastic de choix. . . . . . . . | 1.500 gr. | 750 | 180 |
| Térébenthine de Venise . . . . | 0 | 0 | 30 |
| Camphre. . . . . . . . . . . . | 0 | 3.000 | 8 |
| Essence de térébenthine. . . . | 6.000 | 1.875 | 370 |

La sandaraque et le copal sont également employés.

On trouve également dans cette classe des vernis colorés et en particulier des *vernis d'or*, bien supérieurs aux vernis d'or à l'alcool, et qui par leur solidité sont seuls susceptibles de recouvrir des objets soumis à des frottements. La serrurerie, et en général l'industrie des métaux, en font un grand usage. Il suffit de citer le décor des boîtes métalliques, pour en indiquer un vaste champ d'application.

Ces vernis d'or s'obtiennent en faisant fondre les résines colorantes, dont nous avons parlé pour les vernis d'or à l'alcool, avec les résines constituantes du vernis, et en ajoutant ensuite l'essence. M. Mailhaud, dans un intéressant travail, à propos des vernis spécialement propres aux luthiers, a montré que l'on pouvait également employer les solutions alcooliques colorantes de gomme-gutte et autres. Il suffit de distiller vers 90°, le vernis à l'essence additionné de la solution colorante. L'alcool est expulsé à cette température à laquelle l'essence ne distille pas encore.

Parmi les vernis à l'essence, il faut encore citer les vernis noirs, obtenus en ajoutant aux résines, du bitume, que dissout l'essence de térébenthine, et surnommés quelquefois *vernis Japon*, bien que cette dénomination convienne plus spécialement aux vernis gras, dont nous parlerons plus loin.

Enfin, on pourrait ranger parmi les vernis à l'essence une foule de produits spéciaux tels que les *encaustiques* dont il a déjà été parlé, et les vernis mous des graveurs. Ces produits ne sont pas des vernis proprement dits ; ce sont des matières devant sécher assez lentement, pâteuses et non fluides, peu transparentes, et par suite bien différentes des vernis avec lesquels elles n'ont de commun que la propriété d'isoler ou de protéger les surfaces, sur lesquelles elles sont appliquées.

**Vernis gras.** Les vernis gras, c'est-à-dire ceux dans lesquels l'huile grasse joue le rôle prédominant, sont les plus importants de tous les vernis. Moins siccatifs que tous ceux qui ont été décrits jusqu'ici, ce sont en revanche les plus solides de tous les vernis, les seuls susceptibles de résister aux intempéries de l'air atmosphérique, et par suite les seuls employés pour vernir les ouvrages extérieurs. Dans tous les vernis gras, on emploie concurremment avec l'huile cuite ou vernis à l'huile, de l'essence de térébenthine. Le rôle principal de cette dernière est, en favorisant la dessiccation, de donner au vernis un degré de fluidité nécessaire pour les applications auxquelles il est destiné.

Bien que dans la fabrication des vernis gras on emploie un assez grand nombre de résines, il y en a cependant deux qui dominent sur toutes les autres, ce sont le copal et le succin.

La fabrication des vernis gras est celle qui offre le plus de difficultés dans toute l'industrie des

vernis. Il est facile de s'en rendre compte, la dissolution des résines ne peut s'obtenir directement dans le véhicule, ainsi que cela était possible pour les vernis précédents ; on est toujours obligé de fondre préalablement les résines, et de les mélanger ainsi à l'état liquide avec l'huile grasse. L'intervention d'une température plus ou moins élevée est, ainsi que nous l'avons déjà dit, une source de difficultés spéciales, soit pour éviter l'altération des résines, soit par le degré de chaleur relatif des deux liquides mis en présence, résines et huile grasse, afin d'éviter des malfaçons dues à un refroidissement brusque, ou des accidents, ainsi que des altérations spéciales dues à une trop haute température. Il ne faut jamais oublier, que la qualité des vernis obtenus, dépend pour beaucoup de l'âge de l'huile grasse, ou vernis d'huile employé, et qu'un vernis sera lui-même d'autant meilleur à employer, qu'il aura été conservé plus longtemps, pour lui laisser opérer une opération naturelle de ressuage. C'est à ces particularités spéciales, qu'on croit pouvoir attribuer la supériorité généralement reconnue des vernis gras anglais.

*Vernis gras au copal.* L'un des premiers éléments de succès dans la fabrication de ces vernis, c'est le choix attentif des fragments de copal employés. Ils doivent, autant que possible, être d'une même dureté, fondre exactement à la même température. Comme il est à peu près impossible d'arriver d'une façon absolue à ce résultat, on n'attend pas pour mélanger le vernis d'huile à la résine fondue, que tous les fragments solides aient disparu afin de ne pas risquer d'altérer la masse, par le coup de feu nécessaire pour fondre les fragments les plus durs. Les marrons de résine qui subsistent après le mélange, sont retirés, conservés à part, et servent à faire un nouveau vernis spécial dans la préparation duquel on ménage moins l'action de la température, mais qui fournit toujours des produits plus ou moins colorés.

D'autre part, il faut encore se rappeler que la résine retient toujours de l'humidité, qui doit être expulsée, si l'on veut obtenir des produits de bonne qualité. On y arrive en employant, lors du mélange, de l'huile grasse, ou de l'essence de térébenthine chauffée à une température convenable, sans cependant arriver au point de l'ébullition de l'huile, car on produirait un bouillonnement et une formation d'écume qui occasionnerait une perte de vernis, et altérerait sa limpidité.

Lorsqu'on prépare un vernis gras, il ne faut jamais mélanger d'un seul coup, les deux liquides constituants. Toute la réussite du travail dépendant des degrés relatifs de température, des masses mises en présence, et qu'on ne peut évaluer directement, parce qu'ils varient chaque fois, avec la nature constamment variable des éléments. Il faut donc chaque fois faire un essai préalable au cours du travail, afin d'y apporter des modifications s'il y a lieu.

Voici comment Tripier Devaux, à qui on doit les règles de cette fabrication, dépeint les essais à faire sur un vernis. Lorsque le mélange a jeté quelques bouillons, on retire un peu de vernis, au bout de la spatule qui sert à brasser le mélange, et on en laisse tomber quelques gouttes sur une vitre. S'il se forme une goutte limpide, durcissant de façon à résister sous l'ongle, c'est qu'il y a excès d'huile, il faut alors continuer à chauffer ou ajouter un peu de résine fondue et brasser à nouveau. Si, au contraire, le vernis file après la spatule, et forme une goutte, que l'ongle pénètre assez facilement, sans éclater, c'est que le vernis est bon, et que les proportions employées étaient bonnes.

Parmi les qualités qu'on exige dans les vernis, la netteté est l'une des plus importantes. On ne rencontre que trop souvent dans le commerce des vernis *louches*; quelquefois ce défaut provient d'un mauvais emploi du vernis, d'une application par un temps trop humide; mais il peut provenir également d'un vice constitutionnel lorsqu'il restait de l'eau incorporée dans les résines, et qui n'a pas été entièrement expulsée lors de l'addition de l'huile. Une résine copal fondue qui ne contient plus d'eau, doit couler facilement sur la spatule. Ce même vice peut provenir de l'emploi d'une huile trop froide, qui saisit brusquement les résines, empêche l'expulsion complète de l'élément aqueux, et occasionne le retour à l'état solide d'une partie de la résine, d'où le manque d'intimité dans le mélange. D'autre part, une huile trop chaude, en produisant un bouillonnement considérable, conduit encore à un vernis louche. Il ne faut donc jamais ajouter l'huile d'un seul coup, mais peu à peu, et la refroidir par addition d'huile froide, ou la faire chauffer à nouveau, en donnant un bouillon au vernis en cours de préparation, suivant le résultat constaté après la première addition. D'une façon générale, l'huile doit être chauffée entre 120 et 150°.

Les mêmes observations s'appliquent à l'emploi de l'essence de térébenthine qu'on ajoute après l'huile grasse, et dont l'emploi est encore plus délicat, car si elle est trop chaude, le vernis est louche, et cette fois l'accident est irréparable. A cause de sa nature inflammable, l'échauffement de l'essence est très délicat, on n'y a guère recours que dans le cas de copals très aqueux, pour chasser l'humidité et éviter des vernis louches.

On distingue trois sortes de vernis gras au copal, suivant le degré de dureté de la résine. Voici pour leur préparation une formule type, due à Tripier Devaux, susceptible d'ailleurs de variations suivant les applications spéciales auxquelles on les destine.

Copal dur ou demi-dur. . . . . . . .     3 kilogr.
Vernis d'huile chauffé à 150°. . . .     1ᵏ,500
Essence de térébenthine. . . . . . .     4 à 5 k.

S'agit-il d'applications sur des surfaces rigides, on ne fait pas trop cuire les vernis ; sur des surfaces élastiques, on augmente la proportion d'huile. Le vernis sèche d'autant plus rapidement que la proportion d'essence est augmentée.

Il faut bien observer l'opération de la fusion de la résine, éviter de prolonger l'action du feu, qui conduit à des vernis colorés par suite de l'altération de la résine. Ainsi avec le copal demi-dur, on peut par suite de manque de précautions dans la fusion, arriver à un vernis noir qui n'est presque pas siccatif. L'addition de l'essence se fait immédiatement après celle de l'huile, pour le copal demi-dur et sans laisser cuire le vernis.

Tripier Devaux indique un vernis spécial, pour les travaux intérieurs, vernis économique, et dont la préparation semble en contradiction avec les règles précédentes. On emploie :

Copal demi-dur. . . . . . . . . . . .     4 kilogr.
Huile cuite . . . . . . . . . . . . . .     0,5 à 1
Essence de térébenthine . . . . . .     10 à 13 k.

Il faut donner un violent coup de feu au mélange de résine fondue et d'huile cuite, pour déterminer toute la fusion de la résine, et éteindre ensuite brusquement avec l'essence. Cette façon d'opérer qui, dans les cas ordinaires, est défectueuse et conduit à de mauvais vernis, est désignée en terme de métier sous le nom de *faire perruque*. Il est bon en général de fractionner l'addition de l'essence, en plusieurs fois, en réchauffant un peu le vernis dans les intervalles.

Le vernis au copal tendre se prépare avec :

Copal tendre. . . . . . . . . . . .     4 kilogr.
Huile cuite. . . . . . . . . . . . .     0,5 à 1
Essence de térébenthine. . . . . .     5 à 6 k.

L'huile n'est chauffée que vers 120°, et c'est dans ce cas qu'il faut absolument employer de l'essence chauffée, afin de bien expulser l'humidité de la résine.

*Vernis gras au succin.* La fabrication de ces vernis est à peu près identique à la précédente, toutefois la faculté d'employer directement non du succin ordinaire, mais du *succin fondu* et par suite classé et trié à nouveau pour obtenir une masse homogène, la met à l'abri des difficultés de la fabrication des vernis au copal. Dans ce cas, on fait fondre directement le succin fondu dans l'huile cuite, ou l'essence, et l'on ajoute le second véhicule. Voici quelques formules courantes :

| | | | | |
|---|---|---|---|---|
| Succin fondu. . . . . . . | 500 gr. | 500 | 500 | 2.000 |
| Vernis d'huile . . . . . . | 250 | 250 | 1.000 | 2.000 |
| Essence de térébenthine. . | 500 | 375 | 725 | 1.000 |

*Vernis gras composés.* De même que pour les vernis à l'alcool et aux essences, on trouve des vernis gras composés, c'est-à-dire dans lesquels il entre un mélange de résines. Le plus souvent, c'est un mélange de succin et de copal, ou bien encore de la résine de térébenthine, de la sandaraque, du mastic, de l'animé et de l'élémi. Ces deux dernières sont spécialement employées pour augmenter la siccativité du vernis, et lui faire mieux supporter le polissage. Le procédé de fabrication reste le même, seulement il faut avoir soin de faire fondre les résines séparément et de ne les mélanger qu'une fois arrivées à l'état fluide.

*Vernis gras à l'or.* Ces vernis employés en quantité considérable, pour les applications sur métaux, sont quelquefois distingués des vernis d'or à l'alcool par la qualification de *vernis au four*, à cause de l'habitude d'obtenir leur dessication par des passages aux étuves. De même que pour les vernis analogues à l'alcool, on les fabrique en colorant les vernis gras ordinaires au succin et au copal, à l'aide des résines : gomme-gutte, sang-dragon, etc. On distingue souvent dans les vernis gras à l'or, des vernis spéciaux, dits : *mordants à l'or* ou *mixtion*, qui sont plus spécialement destinés à former à la surface des objets à décorer une première couche préparatrice, pour recevoir, soit le vernis colorant proprement dit, soit une simple application de métaux en feuilles. Ces vernis sont formés d'huile grasse ou vernis d'huile, dans lequel on a incorporé une substance solide, jaune d'ocre, jaune de Naples, vermillon, etc. Ils jouent par rapport aux vernis d'or proprement dits, le même rôle que l'encre d'imprimerie, par rapport aux vernis.

*Vernis gras au bitume. Vernis Japon.* Nous avons eu l'occasion d'indiquer dans les vernis précédents des vernis colorés en noir, dits *vernis Japon*, dont le rôle industriel est bien inférieur aux vernis gras du même genre. Ceux-ci sont employés dans l'industrie des laques, et la fabrication des objets qui cherchent à imiter les pièces importées de Chine, et connues sous le nom général de *laques*. Bien que l'emploi de ces vernis fournisse des résultats précieux, on ne peut méconnaître que l'imitation reste toujours de beaucoup en deçà des modèles. La supériorité des Chinois dans cette fabrication tient beaucoup, en dehors des procédés manuels, à la nature même des produits qu'ils emploient, avec cette particularité qu'ils appliquent ces produits, provenant de la sécrétion naturelles des végétaux indigènes, au moment même où cette sécrétion a lieu ; or comme ces matériaux se modifient rapidement d'eux-mêmes, on n'a encore pu importer le vernis chinois, tel que les artistes du pays l'ont à leur disposition. C'est ce qui explique la supériorité des ouvrages chinois que l'on ne peut égaler.

Quoiqu'il en soit, de tous les vernis noirs, que l'on fabrique en Europe, les vernis gras sont d'une supériorité incontestable. Cela tient à ce que leur coloration ne provient pas de l'addition d'une matière comme le noir de fumée, mais bien de la dissolution d'une matière carbonée, comme l'asphalte ou le bitume dans l'essence de térébenthine et le vernis d'huile, et qui procure par elle-même cette coloration noire. Le bitume de Judée bien purifié, ou des asphaltes soumis à des distillations pour bien les purifier, sont les matières les plus propres à la bonne fabrication. Ce vernis noir peut se mélanger avec des vernis gras au copal ou au succin, pour constituer les beaux vernis noirs employés dans l'ébénisterie, la bimbeloterie, les ouvrages métalliques, et enfin l'industrie des cuirs.

**Vernis Martin.** On désigne ainsi, non seulement un vernis spécial, mais encore tout un mode particulier de peinture qui a conservé le nom de son inventeur, célèbre ébéniste de l'époque Louis XV, dont les rares pièces subsistantes tiennent une place énorme dans les collections de curiosités. En réalité, le mérite de ces objets provient en partie des peintures artistiques qui les décorent et qui, à elles seules, en établiraient la valeur. Il faut reconnaître que leur parfaite conservation est due aux qualités spéciales du vernis employé, vernis dont la recette aussi bien que l'ensemble des procédés de Martin, semblent perdus.

De nombreuses tentatives ont été faites pour ressusciter ce genre de décorations très prisé. On ne saurait affirmer si l'on a retrouvé les recettes anciennes, l'avenir nous apprendra si les nouveaux produits offrent la même durée.

La décoration genre Martin est une peinture exécutée sur panneaux de bois, préalablement recouverts d'un apprêt, qui remplace la surface toujours imparfaite du panneau par une surface absolument nette. Ces peintures sont exécutées, soit sur fond de couleur, soit le plus souvent sur fond métallisé aux poudres d'or, de bronze ou d'aventurine, appliquées à l'aide des mixtions du genre de celles dont nous avons parlé. Les couleurs délayées au vernis sont définitivement recouvertes, ainsi que tout l'ouvrage, du vernis spécial appelé plus particulièrement *vernis Martin*. Le commerce livre sous ce nom une série assez considérable de produits dont les recettes sont tenues secrètes. Wattin, qui s'est livré à de longues recherches pour la reconstitution du vernis Martin, a publié la formule suivante : on fait fondre à feu nu : copal dur, choisi bien homogène et de premier choix, 3 kilogrammes, on ajoute dans la masse fondue, en agitant bien pour mélanger intimement, vernis d'huile de lin, 1ᵏ,500, et l'on étend avec, essence de térébenthine, 4ᵏ,500.

**Vernis au caoutchouc et à la gutta-percha.** Nous avons cité parmi les matières sèches qui entrent dans la fabrication des vernis, le caoutchouc et la gutta-percha, dont les propriétés caractéristiques sont l'élasticité et l'imperméabilité à l'eau. Leur faculté de se dissoudre aisément dans l'essence de térébenthine, la benzine, les huiles de houille, et le sulfure de carbone, permet de préparer des liquides, que l'on a assimilés aux vernis, bien qu'ils ne participent pas des propriétés de transparence et d'éclat qui caractérisent ordinairement ces substances. La spécialité principale des vernis au caoutchouc, c'est leur propriété d'imperméabilisation et d'isolement qui leur a fait trouver un si grand débouché dans la fabrication de toutes les machines génératrices de l'électricité.

En réalité, ces substances mériteraient plutôt le nom *d'enduits* que celui de *vernis*, aussi dans la pratique ce terme est-il presque toujours suivi d'un qualificatif, comme *vernis isolant, vernis protecteur, hydrofuge,* etc.

Les principaux dissolvants du caoutchouc et de la gutta-percha sont l'essence de térébenthine, en particulier la sorte désignée sous le nom de *pinoline*, extraite de la résine d'Amérique, et la benzine. On se procure les matières solides aussi pures que possible, on les découpe en petits fragments et on les fait dissoudre par digestion dans le véhicule, puis on ajoute du vernis d'huile de lin. Ces vernis sont susceptibles d'être composés avec des vernis aux résines ordinaires, soit par un mélange après coup, soit en faisant dissoudre successivement les *éléments* solides dans le véhicule. On obtient ainsi des vernis très brillants et très élastiques en particulier pour l'industrie des cuirs.

On doit au Dr Boley, un mode spécial pour préparer des vernis au caoutchouc et à la benzine, parfaitement incolores, très élastiques, assez siccatifs, dont on fait grand emploi pour imperméabiliser les étoffes ainsi que pour vernir les plans et les cartes. L'artifice consiste à dissoudre d'abord dans le sulfure de carbone, de manière à former une gelée que l'on reprend par la benzine, et chassant le sulfure de carbone par la distillation.

Lorsque les vernis de ce genre sont destinés à des applications communes, dont le but principal est d'obtenir un enduit hydrofuge, protégeant les objets recouverts contre l'action de l'humidité, on emploie comme dissolvant des huiles de goudron qui fournissent des produits plus économiques.

Cette fabrication d'enduits est du reste considérable. Tous les goudrons, la poix noire, se dissolvent facilement dans les huiles lourdes de houille, et procurent des sortes de vernis pour calfeutrer les navires, préserver les bois, imperméabiliser les toiles à voile, etc. Mais en réalité ces derniers produits n'ont de commun avec les vernis que le nom, et ne sont que de simples enduits. — R.

**VERNISSAGE.** *T. techn.* Opération qui consiste à couvrir d'un vernis approprié, les bois, les poteries (V. Céramique), les tableaux (V. Couleur, § *Technique*), les cuirs (V. Cuir verni), etc.

**VERNISSEUR.** *T. de mét.* Celui qui fabrique des vernis ou qui les applique.

**VERRE, VERRERIE** (en latin *vitrum*), se dit, en général, de tout corps transparent ou translucide, cassant et sonore à la température ordinaire, qui se ramollit et fond à une température élevée, mais industriellement, la dénomination de *verres* s'applique plus particulièrement aux composés de sables siliceux mêlés de potasse ou de soude, et de chaux ou d'oxyde de plomb donnant, par la fusion, une masse transparente insoluble dans l'eau et dans les acides; ce produit qui est certainement l'une des plus étonnantes découvertes de l'homme, sert à une foule d'usages suivant la composition de ses parties constituantes.

Historique. Les Romains connaissaient le verre plusieurs siècles avant l'ère chrétienne; c'est après la conquête de l'Egypte que l'usage en devint général en Italie, par suite du tribut imposé par Rome aux Egyptiens et payé en objets de verrerie. Cette circonstance contribua au perfectionnement de la fabrication africaine, dont le progrès alla en croissant jusqu'à l'époque où Néron établit une verrerie à Rome. Dès lors, l'art de la verrerie se développa rapidement en Italie et s'implanta à Venise, dans l'île de Murano, où furent relégués les verriers, en 1291. Les Vénitiens ont excellé dans toutes les branches de la verrerie; ils fabriquaient le verre soufflé, moulé, coulé. Des échantillons de ces verres anciens ont été recueillis dans les fouilles de Pompéi et dans les tombes gallo-romaines. Nous allons d'ailleurs donner un aperçu de l'état de la verrerie aux différentes époques de la civilisation.

Le verre est un produit industriel très anciennement connu; on peut imaginer un peuple faisant usage d'une gobeleterie de métal, de bois, de céramique, mais on concevrait difficilement une nation civilisée sans verre à vitre. Cet humble carreau de vitre nous permet, en effet, de vivre en pleine lumière tout en nous mettant à l'abri des intempéries. Le verre nous rend d'immenses services sous les formes variées qu'on lui donne, il seconde notre vue, nous permet d'apprécier la limpidité de nos boissons, il devient un objet d'art, etc.

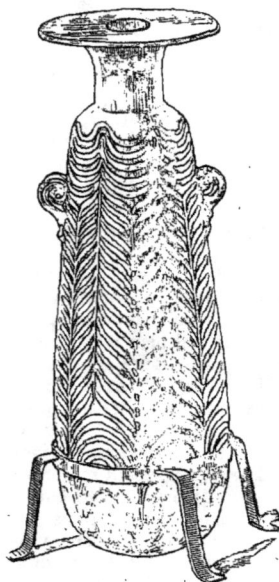

Fig. 726. — *Verre égyptien.*

Ces généralités établies, nous allons montrer le rôle que le verre a joué dans le monde. Les précieuses peintures des hypogées de Beni-Hassan-el-Gadim qui remontent à la xviiie dynastie, nous prouvent qu'il existait déjà des fonderies de verre en Egypte il y a environ 3300 ans (fig. 726); on y voit, en effet, représentés des verriers soufflant le verre au moyen d'un tube semblable à celui qui est encore en usage de nos jours.

Selon toute vraisemblance, c'est donc en Egypte que le verre fut d'abord fabriqué; les verriers égyptiens étaient habiles fondeurs, mais ils se sont peu appliqués à la décoration; la Grèce n'a pas excellé dans le travail du verre comme objet d'art. D'ailleurs, dans le pays où la céramique est en honneur, le verre est négligé;

Fig. 727. — *Verre antique émaillé (Musée de Naples).*

la Chine et le Japon nous donnent encore aujourd'hui un exemple de cette relation inverse, cependant la verrerie a été partout postérieure à la céramique. La Grèce a pourtant inventé le verre opaque pour la mosaïque. Les Phéniciens ont eu longtemps le monopole de la fabrication et du commerce du verre; mais peu à peu sa fabrication

Fig. 728. — *Verre antique émaillé, connu sous le nom de vase Barberini (British museum).*

s'étendit en Italie et, avec la conquête romaine, en Espagne et dans les Gaules.

Dans l'antiquité, on connaissait le verre soufflé, moulé,

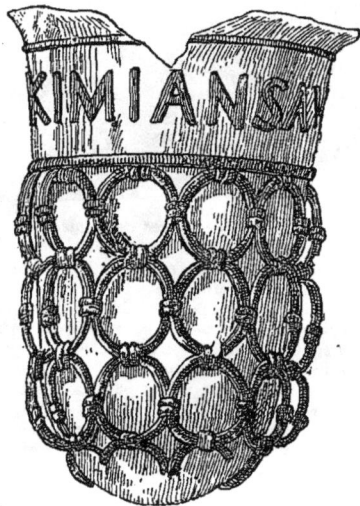

Fig. 729. — *Verre antique (Diatreta) trouvé à Strasbourg, en 1825.*

coulé, et on obtenait la décoration par le mélange des verres de couleur, par l'application des émaux opaques, par la taille et par la gravure (sauf la gravure à l'acide fluorhydrique).

Chez les anciens, comme de nos jours, le verre servait

à des usages très variés : services de table, vases funéraires, parfumerie, optique, bijoux, vitres, objets de fantaisie et de luxe, objets d'art; le *vase Bar-*

Fig. 730. — *Verre orbiculaire chrétien.*

*berini* que nous donnons figure 728 est un précieux spécimen de la verrerie artistique des Romains; il a été trouvé dans le sarcophage d'Alexandre Sévère mort

Fig. 731. — *Verre oriental.*

en 235 après J.-C.; il est décoré de camées en émail blanc, dessinés en relief sur fond bleu. Les anciens ne connaissaient ni les globes, ni les verres de lampes ; les verres d'optique et les verres à vitre étaient très rares.

La verrerie romaine excellait surtout dans la fabrication des objets d'art ; les *diatreta* étaient des verres réticulés, c'est-à-dire entourés d'un réseau à jour ; un curieux exemple de ce genre existait à Strasbourg et fut détruit pendant le bombardement de 1870 (fig. 729). D'après l'inscription, ce vase aurait appartenu à Maximilien, né en l'an 250 de notre ère, ce qui prouve l'état d'avancement de la verrerie en Gaule au III⁰ siècle.

*Les chrétiens et les juifs.* Les chrétiens du II⁰ siècle avaient des calices en verre. Le verre dit *orbiculaire*, trouvé dans les Catacombes, affectait la forme d'un disque portant à l'envers une feuille d'or avec des sujets tirés de l'Ancien et du Nouveau Testament. Ils employaient aussi le verre gravé et le verre simple en forme de vases. Les ampoules renfermant du sang des martyrs

Fig. 732. — *Verre de Venise.*

paraissent œuvres de faussaires. Les juifs connaissaient les verres orbiculaires et les flacons moulés (fig. 730).

*L'Orient.* Une loi de 337, promulguée à Constantinople, mentionne la profession de verrier : l'église de Sainte-Sophie dédiée en 537 avait des vitres en verre, à la même époque un palais de l'Arabie était garni de vitres en verre de couleur. Le roi de Perse, Chosroés I⁰ʳ (531-579), est figuré sur une coupe à médaillons de verre qui se trouve à notre Bibliothèque nationale. Les Perses buvaient dans des coupes en verre et faisaient un fréquent usage de la verroterie. Les verres arabes avec des personnages gravés ne sont pas rares ; la verrerie arabe est essentiellement une verrerie d'art ; elle a tenu le premier rang en Occident pendant plusieurs siècles : la forme, le décor, la couleur sont poussés à un degré de perfection incomparable (pots, vases, bouteilles à long col (fig. 731), bassins, aiguières, fioles, verres à boire, lampes, etc.) Nous ne pensons pas qu'on puisse faire remonter au delà du XIII⁰ siècle le plus ancien verre arabe conservé dans nos collections et musées.

*L'Occident.* On trouve dans les tombes des Mérovin-

giens, des Alemanis et des Saxons des objets en verre, vases, colliers, bijoux, d'un caractère bien déterminé. En 670, des verriers français sont appelés en Angleterre pour mettre des vitres à des édifices religieux. En 863, le pape interdit l'usage des calices en verre. Les monuments des XI⁰ et XII⁰ siècles nous montrent des vases en verre. On a donc fabriqué du verre en Occident durant tout le moyen âge.

*Venise.* Il n'est pas possible de fixer la date des premières verreries de Venise ; il est certain qu'au XIII⁰ siècle elles étaient en pleine activité. La réglementation de cette industrie tient une place notable dans la législation de la sérénissime République : interdiction de construire des fours sans autorisation préalable, interdiction d'exporter les matières premières, enfin, une série de mesures com-

Fig. 733. — *Verres de Venise.*

pliquées qui furent réunies, en 1502, dans un règlement général, le *Statuto di Murano*.

La verrerie de Venise peut être divisée en cinq catégories principales : la *verroterie*, la *verrerie de fantaisie et de service*, les *glaces, miroirs et lustres*, les *verres à vitres*, les *verres pour la mosaïque et la bijouterie*. La verroterie comprend les perles pour la broderie et les verres pour les chapelets, colliers, têtes d'épingles, etc. La verrerie de fantaisie n'a pas de limites, elle comporte les formes les plus diverses, les verres incolores, colorés, émaillés, sablés d'or, filigranés, gravés, dorés, millefiorés, etc.

Le service de table affectant des formes diverses, légères et très élégantes, est généralement sans décor (fig. 732 et 733).

Le miroir de Venise a un caractère très spécial, le cadre est en verre à bandes plates ou découpées. Dans ses glaces comme dans ses lustres, Venise a fait preuve d'un goût décoratif incontestable. Elle a créé le lustre entièrement en verre, appareil d'éclairage par excellence, car toutes ses parties réfléchissent la lumière et scintillent sans éblouir. Enfin, la perfection que les verriers Vénitiens ont apporté à la fabrication des bijoux a été.

Fig. 734. — *Verre émaillé français.*

pour eux une source de richesses de longue durée. Durant plusieurs siècles, Venise avec Rome, a tenu le

Fig. 735. — *Verre émaillé français XVI° siècle (Musée de Cluny).*

monopole des verres opaques pour la mosaïque. La fabrication italienne satisfaisait à toutes les exigences de la palette du mosaïste qui, à certaines époques, réclamait

jusqu'à 20,000 tons différents. Les verriers de Venise étaient des artistes; la qualité de la matière est généralement *inférieure, mais les formes et le décor en font des œuvres d'art décoratif* d'un caractère remarquable justement renommé.

*France.* Les mots *vouarre, vouerre, voirre* appliqués à des objets ne signifient pas absolument que ces objets étaient en verre; ils pouvaient être en métal ou en cristal de roche; mais lorsque l'objet dit *cristal* est émaillé ou en couleur, c'est assurément du verre. Le *voirre cristallin* est un verre blanc de belle qualité. Ceci posé, essayons

Fig. 736. — *Verre émaillé allemand.*

d'éclaircir la question du verre, en France, durant le moyen âge.

En 1250, un auteur français écrit que les meilleurs miroirs sont les miroirs en verre. Dans le même siècle, les orfèvres usent de *voirre* en couleur de cristal, et le verre figurait sur les tables des seigneurs. En 1338, une verrerie du Dauphiné fournissait chaque année au prince, à titre de redevance, 1,800 pièces de verres de service. En 1618, cette importante verrerie exportait encore ses produits dans les Flandres. Au XIV° siècle, on avait des tableaux recouverts de verre et en certaines demeures, des vitres aux fenêtres. Au XVI° siècle, Bernard-Palissy se plaint que les verres sont devenus communs, « vendus et criés par les villages par ceux même qui crient les vieux chapeaux et les vieilles ferrailles. »

C'est dans l'ouest, en Vendée et en Poitou, que l'on trouve les plus anciens établissements de verrerie. Dès 1207, il en existait un à La Roche (Roche-Guyon ou Roche-Corbon). Plus tard, au xvie siècle, les verriers italiens s'établirent dans les provinces de l'Ouest et à Melun et Saint-Germain-en-Laye. Les types conservés dans les collections montrent que la fabrication se ressentait de l'influence de l'Italie (fig. 734 et 735). Philippe-le-Bel a concédé des privilèges aux verriers de la Champagne. Dès le milieu du xve siècle, les verreries de la Lorraine sont renommées : elles sont restées longtemps florissantes. En Normandie, on a constaté des verreries en 1313. Partout les verriers jouissaient de privilèges importants ; l'exercice de la verrerie n'entraînait pas forcément la noblesse. Selon un ancien proverbe : « Pour faire un gentilhomme verrier, il fallait d'abord prendre un gentilhomme. » Ce qui signifiait qu'en pratiquant l'*artifice de voirerye*, un gentilhomme ne dérogeait pas. Les verriers nobles ou roturiers étaient exemptés de toutes tailles, aydes, subsides, ost, giste et chevaulchier et subventions, c'est-à-dire d'impôts de guerre, de logements militaires, du service militaire et de réquisitions. Les gentilshommes verriers avaient le droit de porter l'épée et le chapeau brodé ; la faculté de chasser et de pêcher ; enfin, moyennant une faible redevance au seigneur, le verrier pouvait couper le bois nécessaire au chauffage des fours et la fougère dont la cendre servait à la fabrication.

La verrerie française n'a pas tenu, jusqu'au siècle présent (sauf pour le verre à vitre et les glaces), le rang qui correspond au goût artistique et à l'élégance décorative de notre race ; pour les objets de décoration, les services de table, nous sommes restés inférieurs à l'Italie et à la Bohême ; mais nous avons pris notre revanche dans les temps modernes, et aujourd'hui notre verrerie, dans toutes ses branches, est l'égale au moins, de la meilleure fabrication étrangère.

*Allemagne et Bohême.* L'origine des verreries dans ces deux pays est très obscure. Un texte ancien veut qu'au viie siècle il existait des fabriques de verres près de Mayence. Au xive siècle, les verreries étaient en pleine activité en Autriche ; alors les Vénitiens venaient jusqu'à Vienne leur faire concurrence. Les auteurs allemands ont émis la prétention que des fabricants de leur pays furent en Italie, au xve siècle, et enseignèrent aux Vénitiens l'art de doubler le verre, c'est probablement le contraire qui eût lieu. Les musées allemands ne possèdent pas de verres authentiques antérieurs au xvie siècle.

A cette époque, Nuremberg et Prague sont les deux centres principaux de la verrerie. Albert Durer le jeune avait réuni autour de lui un groupe d'artistes très distingués dans les arts de la décoration. Les peintres de vitraux, très avancés dans leur art à Nuremberg, ne dédaignèrent pas de décorer des verres à boire et des verres de luxe ; les graveurs sur métaux s'en mêlèrent aussi, de telle sorte qu'au xviie siècle Nuremberg produisait des verres émaillés, gravés à la roue et au diamant, et tous ces travaux étaient exécutés d'une façon remarquable. Enfin, c'est à Nuremberg que parut, en 1686, le premier verre gravé à l'acide. D'autres villes allemandes eurent aussi des verreries. Les formes et les décors des verres allemands sont très variés (fig. 736 et 737).

Ce n'est que vers la fin du xvie siècle que la Bohême prend rang dans la verrerie, quoiqu'il y eut des fabriques bien avant : le verre bleu au cobalt paraît avoir été inventé en 1540, par un verrier bohême. Mais si la fabrication de la verrerie commune prit naissance dans les montagnes du nord du pays, l'art se développa à Prague, où furent appelés les artistes de tous les pays, notamment des Italiens habiles dans la gravure du cristal de roche. Ceux-ci s'adonnèrent à la gravure sur verre ; mais les verres de Venise que les Allemands achetaient pour les décorer étant trop légers pour la taille et la gravure profonde, les artistes demandèrent aux verriers de Bohême une matière plus solide, et les formes depuis lors deviennent plus lourdes ; le genre ainsi créé en imitation du cristal de roche eut un grand succès et fit une concurrence très active au verre de Venise (fig. 738). Mais bientôt le cristal anglais entra en ligne. Alors les

Fig. 737. — Verres allemands

fabricants de la Bohême reprirent le genre primitif, le verre coloré et gravé qui est resté le type populaire du verre de Bohême.

La verroterie pour bijou a été aussi très importante en Bohême au xviiie siècle.

*Flandres et Hollande.* Aux xve et xvie siècles il y eut des verreries dans les Flandres ; des Italiens s'établirent dans ces contrées avec privilèges royaux et fabriquèrent des verres à la façon vénitienne, mais de formes plus lourdes et aussi des verres à la manière allemande, mieux appropriés aux usages du pays (fig. 739). Enfin, quelques gentilshommes verriers lorrains importèrent dans les Flandres la fabrication des verres à vitres qui y est resté prospère.

Au xvie siècle, nous trouvons en Hollande des verreries communes de verres à vitre et de gobeleterie ; mais c'est par la gravure que les Hollandais se sont particulièrement distingués durant les xviie et xviiie siècles. Les motifs choisis par les artistes sont de tous les genres : fleurs et insectes, devises, galanteries, scènes de buveurs, portraits, sujets religieux, jardins hollandais, compositions d'après les peintres hollandais et français, écussons de villes et de stathouders, allusions à la guerre des Gueux, etc. La gravure sur verre a, dans ce pays, glorifié le sentiment patriotique ; l'art a exalté la patrie, la liberté et l'affranchissement.

*Espagne.* La verrerie espagnole est très rare dans les collections ; les pièces connues sont, en général, décorées d'émaux verts et jaunes ; les formes manquent de délicatesse.

Déjà, au temps de la domination romaine, l'Espagne avait des verreries ; les Arabes établirent des fabriques à Murcie ; au xvie siècle, la Catalogne, l'Aragon et l'Andalousie possédaient des verreries renommées. Au siècle dernier, un Français dirigeait la fabrique royale de cristaux de Saint-Ildephonse.

*Angleterre.* Durant le moyen âge, la fabrication du verre a peu d'importance en Angleterre ; au xvie siècle,

*Chine.* Si l'expression *lieou-li* correspond au mot *verre*, les Chinois auraient fabriqué cette matière dès le second siècle de notre ère ; mais cette fabrication ancienne a toujours été limitée à de rares objets de curiosité. Dans ce pays où la céramique règne en souveraine, la verrerie n'a pas pris grande importance. Cependant, aux xiiie et xive siècles, les Italiens faisaient avec la Chine un commerce considérable de verroterie et fabriquaient même les boutons des mandarins. On connaît dans les collections des petites bouteilles servant de tabatières de fabrication chinoise et japonaise qui doivent remonter au siècle dernier ; la gobeleterie en verre n'existe pas en Chine, elle est remplacée dans le mobilier domestique par des tasses en porcelaine qui se vendent jusqu'à un centime la pièce. Les rares Chinois qui se servent du verre à vitre et d'éclairage, le tirent de l'Europe ou de quelques fabriques de verrerie exploitées en Chine par des étrangers. Voilà donc un pays où l'agriculture, l'industrie sont très avancées, où la culture intellectuelle occupe un rang élevé et où, cependant, le verre n'est pas adopté par l'immense majorité de ses habitants.

Fig. 738. — *Verre de Bohème*, xviie siècle.

Fig. 739. — *Verre de Hollande*, xviie siècle.

des Vénitiens, des Flamands et des Français tenaient la verrerie ; mais au xviie siècle, l'Angleterre prend un rang élevé dans l'industrie verrière. Le combustible des verriers anglais est naturellement le charbon de terre ; on attribue à ce mode de chauffage l'invention du cristal en verre à base de plomb qui se fit à Newcastle-sur-Tyne.

Vers 1623, la fonte du verre se faisait dans des creusets ouverts ; pour remédier aux inconvénients résultant de l'impureté de la flamme de la houille qui léchait la fonte, on ferma le pot contenant la masse fusible. Mais alors il fallut augmenter sa fusibilité, et à cet effet, on ajouta à la composition du mélange, une certaine quantité d'oxyde de plomb ; de là le cristal. Le cristal anglais était donc connu un siècle avant que la verrerie de Saint-Louis ne fût parvenue à le fabriquer en France. Le cristal est plus beau que le verre, il se taille plus facilement et ses facettes sont brillantes. La taille est devenue la décoration du cristal ; le style anglais, bien que lourd, s'est imposé à l'Europe sous la domination du confortable, au détriment de la fabrication de Venise et de la Bohème.

L'ART DU VERRIER. Nous allons examiner quelles sont les conditions générales et spéciales qui, en verrerie, constituent une œuvre d'art. Si l'objet est d'un usage pratique, la forme doit essentiellement être déduite de la destination ; si l'objet est de luxe, la forme peut prendre des lignes de fantaisie ; dans les deux cas, la beauté résultera de la justesse des proportions.

Le décor doit toujours être inspiré par la forme ; chacune des parties d'une coupe, par exemple, depuis le pied jusqu'aux anses, peut recevoir une décoration distincte à la condition de l'unité du style.

La transparence du verre est un obstacle à sa décoration ; les formes des pièces de verrerie sont presque toujours rondes, de sorte que le regard traversant la première paroi, se porte sur le côté opposé, de là une confusion dans les lignes du décor. Si la gravure représente un portrait ou une scène historique, elle ne devra logiquement occuper que la moitié au plus de la surface du verre ; l'inconvénient est moins grand avec des ornements ou des guirlandes [de fleurs. Enfin, il est plus sensible dans le décor émaillé que dans le décor gravé ; aussi l'émaillage ne devrait être appliqué que sur des verres coloriés.

Le verrier a le devoir d'employer la matière en raison de ses qualités expressives ; un service de table en verre de couleur est un non sens ; la qualité essentielle du verre étant sa transparence, on ne saurait se priver de cet état si propre à faire valoir la couleur des liquides et leur limpidité. La verrerie n'a pas profité, comme d'autres productions du domaine des arts décoratifs, d'une tradition historique et artistique. Les Grecs ne tenaient pas le verre comme matière noble. On ne connaît aucun objet d'art grec en verre. Les Romains ont adopté pour leurs verres, les formes de la céramique et quelquefois des métaux. Les Arabes ont plus d'originalité ; mais ils ne se rattachent pas plus aux Romains que les Vénitiens ne se rattachent aux Arabes. D'efficaces protections ont également manqué à l'art de la verrerie. Sauf quelques exceptions, l'or et l'argent figureraient seuls sur les tables des princes et des gens opulents.

L'église catholique n'a accordé de faveur qu'aux vitraux ; pour elle, les objets servant à l'ornement du temple et à la célébration du culte étaient seuls du domaine de l'art, mais la verrerie, à cause de sa fragilité, a presque toujours été exclue des autels et prohibée par l'église. — V. Vitrail. — o.

### TECHNOLOGIE DU VERRE.

*Propriétés.* On donne le nom de *verre* à une substance fusible à une température élevée, dure, cassante, transparente, insoluble ou presque insoluble dans l'eau, résistant à l'action des acides, même concentrés, formée par la combinaison du silicate de potasse ou de soude avec un ou plusieurs des silicates suivants : silicate de chaux, de magnésie, de baryte, d'alumine, de fer, de zinc, etc. Le silicate de potasse, fondu avec le silicate de plomb donne une espèce particulière de verre qu'on appelle le *cristal*. — V. ce mot.

Soumis à l'action de la chaleur, tous les verres fondent à une température qui varie avec la nature et la proportion des bases qui entrent dans leur composition, la nature et la proportion de ces bases modifient également la densité, la dureté, le pouvoir réfringent, la solubilité et les autres propriétés du verre. Les verres à base de plomb sont plus fusibles et plus réfringents que les autres ; les verres à base de baryte et de zinc présentent des propriétés analogues à celles du verre plombeux. Les silicates sont d'autant plus fusibles qu'ils sont plus complexes. On transforme facilement en verres des mélanges de silicates de chaux, de magnésie, d'alumine qui chauffés isolément sont très peu fusibles : de là la nécessité d'introduire plusieurs bases dans la composition

des verres afin d'obtenir une masse plus fusible et par suite une économie de combustible.

Les silicates des métaux alcalins donnent au verre de la fusibilité et de la plasticité ; le silicate de potasse lui donne moins d'éclat que le silicate de soude, mais il fournit un produit incolore tandis que la soude lui communique une teinte d'un bleu verdâtre. Le silicate de chaux donne au verre de la dureté et de l'éclat, mais il diminue la fusibilité ; les silicates de magnésie et d'alumine agissent de même ; les silicates de plomb et de bismuth augmentent la fusibilité, l'éclat et la réfringence du verre ; les silicates de zinc et de baryte se comportent comme le silicate de plomb ; seulement le verre de baryte est plus dur que le verre de plomb et sujet à la dévitrification. Le zinc fait disparaître la coloration verdâtre du silicate de soude ; enfin les silicates de fer, de manganèse rendent le verre plus fusible, mais ils le colorent fortement.

Classification, composition, densité des diverses espèces de verres. Les verres peuvent être divisés en :

*Verre soluble.* Silicate de potasse ou de soude ;

*Verre de Bohême* ou *Crown-glass.* Silicate de potasse et de chaux ;

*Verre à vitres.* Silicate de soude et de chaux ;

*Verre à bouteilles.* Silicate de soude, de chaux, d'alumine et de fer ;

*Cristal ordinaire.* Silicate de potasse et de plomb ;

*Flint-glass.* Silicate de potasse et de plomb plus riche en oxyde de plomb que le cristal ;

*Strass.* Silicate de potasse et de plomb contenant encore plus d'oxyde de plomb que le *flint-glass.* Le strass est la base des pierres précieuses artificielles ;

*Email.* Silicate, stannate ou antimoniate de potasse ou de soude et de plomb.

Les émaux diffèrent des autres verres par leur opacité qui leur est communiquée par le stannate ou l'antimoniate de potasse ou de soude.

En dehors de cette classification se trouvent les *verres colorés* qui empruntent leur coloration à divers oxydes métalliques, à quelques métaux, au charbon, au soufre ; le tableau de la page 982 donne la composition des principaux verres.

*Densité.* Le poids spécifique du verre dépend de sa composition ; voici la densité des principaux verres :

| | |
|---|---|
| Verre de Bohême | 2.396 |
| Crown-glass | 2.487 |
| Glaces de Saint-Gobain | 2.488 |
| Verre à vitres | 2.642 |
| — à bouteilles | 2.732 |
| Cristal | 3.255 |
| Flint-glass | 3.600 |
| Flint-glass de Faraday | 5.440 |
| Verre de Thallium | 5.620 |

*Pouvoir réfringent.* La réfraction est simple pour les verres refroidis lentement, double pour ceux refroidis rapidement et comprimés. Les verres de plomb et de bismuth sont ceux qui réfractent le plus fortement la lumière.

| | Verre soluble de Kuhlmann | Verres solubles | Verre de Bohême | Verre à vitres | Verre à glaces | Verre à bouteilles | Crown-glass anglais | Cristal | Flint-glass | Stress | Email | Crown de Guinand | Glaces de Saint-Gobain |
|---|---|---|---|---|---|---|---|---|---|---|---|---|---|
| Silice | 69 | 69.88 | 71.6 | 69.75 | 75.9 | 53.55 | 62.8 | 56.0 | 42.5 | 38.2 | 31.6 | 72.1 | 72.1 |
| Chaux | » | » | 10.0 | 13.31 | 3.8 | 29.22 | 12.5 | 2.6 | 0.5 | » | » | 9.7 | 15.7 |
| Potasse | » | 30.12 | 11.0 | » | » | 5.48 | 22.1 | 8.9 | 11.7 | 7.8 | 8.3 | 18.2 | » |
| Soude | 31 | » | » | 15.22 | 17.5 | » | » | » | » | » | » | » | 12.2 |
| Magnésie | » | » | 2.3 | » | » | » | » | » | » | » | » | » | traces |
| Alumine | » | » | 2.2 | 1.82 | 2.8 | 6.01 | 2.6 | » | 1.8 | 1.0 | » | » | traces |
| Oxyde de fer | » | » | 3.9 | » | » | 5.74 | » | » | » | » | » | , | traces |
| Oxyde manganèse | » | » | 0.2 | » | » | » | » | » | » | » | » | » | » |
| Oxyde de plomb | » | » | » | » | » | » | » | 32.5 | 43.5 | 53.0 | 50.3 | » | » |
| Acide stannique | » | » | » | » | » | » | » | » | » | » | 9.8 | » | » |

| Verres | Densités | Coefficient de réfraction |
|---|---|---|
| Crown-glass de Frauenhofer | 2.52 | 1.534 à 1.544 |
| Flint-glass | 3.17 | 1.637 |
| Verre de Thallium | » | 1.71 à 1.965 |

CONSTITUTION CHIMIQUE DES VERRES. Les verres étant des produits de fusion dans lesquels on peut, à volonté et dans des limites très étendues, faire varier la proportion de l'acide et des bases, ne peuvent être envisagés, dans leur constitution chimique comme des sels définis; ils peuvent être, au contraire, considérés comme un mélange de plusieurs silicates. L'hypothèse qui considère les verres comme des solutions de silicates cristallisés dans des silicates amorphes a beaucoup de vraisemblance, mais les chimistes ne sont pas d'accord sur la question de savoir si les verres sont des composés définis ou des mélanges de divers silicates.

*Action de l'eau sur le verre.* Scheele a démontré par l'expérience, que l'eau à la suite d'une ébullition prolongée dissolvait en partie le verre. Vers la même époque, Lavoisier arriva à des conclusions identiques. Cette action dissolvante de l'eau bouillante est rendue beaucoup plus énergique si l'on opère sur le verre réduit en poudre fine; ainsi, tandis qu'une fiole d'un demi-litre perd à peine 1 décigramme de son poids par une ébullition de cinq jours entiers, un même poids du verre porphyrisé, mis en contact avec de l'eau bouillante pendant le même temps perd deux tiers de son poids.

L'eau froide a très peu d'action sur les surfaces vitreuses, mais il n'en est pas de même si l'on fait agir l'eau sur la poudre du verre. Dans ce cas, on peut en quelques minutes décomposer 2 à 3 0/0 du poids du verre sur lequel on opère. Cette décomposition rapide est due à l'action simultanée de l'eau et de l'acide carbonique de l'air. L'eau bouillante agissant sur le verre porphyrisé laisse se former de la silice gélatineuse; et si l'on traite alors par un acide il se produit un dégagement d'acide carbonique. L'eau en agissant sur le verre dissout un silicate alcalin très basique dont la silice est rapidement mise en liberté par l'acide carbonique de l'air. Ce n'est donc plus de l'eau distillée qui se trouve en contact avec le verre, mais une solution de carbonate de soude dont l'action sur le verre est connue; l'acide carbonique de l'air aidé de la vapeur d'eau atmosphé-rique agissent énergiquement sur le verre en poudre.

Certaines solutions salines exercent aussi une action sur la poudre de verre, par exemple le sulfate de chaux qui produit du sulfate de soude. Cette réaction explique les efflorescences blanches qu'on aperçoit sur les murs des ateliers de doucissage, de polissage de verre. L'eau sous pression à haute température a une action très énergique sur le verre. M. Daubrée en chauffant des tubes de verre dans l'eau sous pression à 300 degrés, a vu le verre de ces tubes se transformer en une matière fibreuse ayant beaucoup d'analogie avec la wollastonite.

Voici le résultat d'une expérience faite sur 3 verres, à l'état de poudre, soumis à l'action de l'eau bouillante pendant cinq heures.

| | No I | No II | No III |
|---|---|---|---|
| Silice | 66.85 | 69.90 | 69.60 |
| Soude | 18.70 | 17.80 | 12.55 |
| Chaux | 12.85 | 11.10 | 16.10 |
| Soude enlevée à 100 grammes | 3ᵍ,974 | 2ᵍ,076 | 0ᵍ,986 |

En résumé, l'intensité de l'action de l'eau est fonction de la proportion d'alcalis contenus dans le verre.

*Action des acides sur le verre.* Les silicates simples sont attaqués par les acides, surtout quand ils ne renferment pas un grand excès de silice. Ainsi, les argiles sont rapidement décomposées par l'acide sulfurique bouillant. L'acide chlorhydrique et l'acide azotique décomposent, mais avec moins d'énergie, les silicates simples. Les acides très faibles, acétique, carbonique, agissent sur les silicates alcalins et alcalino-terreux, avec plus ou moins de lenteur.

Ce qui vient d'être dit pour les silicates simples, est également vrai pour le verre, et surtout pour le verre en poudre. L'action des acides est d'autant plus rapide que la proportion d'alcalis et de chaux est notable dans un verre. Ainsi, le verre à bouteille est très facilement attaqué par les acides; de l'acide sulfurique placé dans une bouteille produit, au bout d'un certain temps, des concrétions de sulfate de chaux, en même temps que l'alumine et le fer se dissolvent et que la silice se dépose en forme de gelée. Les sels acides du vin même, comme le bitartrate de potasse, décomposent le verre des bouteilles; la silice et le tartrate de chaux se déposent, et le vin prend une saveur d'encre, par suite de la dissolution de l'alumine et du fer, le vin se trouble aussi et se décolore.

L'acide fluorhydrique décompose tous les verres et d'autant plus rapidement qu'ils sont plus chargés en silice. En effet, l'acide fluorhydrique (V. ACIDE FLUORHYDRIQUE) a la propriété de former avec la silice un composé volatil, le *fluorure de silicium* $SiFl^3$. On utilise fréquemment, dans les laboratoires, cette propriété de l'acide fluorhydrique pour le dosage des oxydes et surtout des alcalis dans le verre. L'industrie de la gravure l'utilise aussi en grand pour graver les divisions sur les appareils gradués : thermomètres, burettes, pipettes; pour graver les pierres dures, les poteries, les émaux. — V. GRAVURE, §§ *Gravure sur verre, Gravure chimique.*

*Action des alcalis et carbonates alcalins.* Les silicates simples sont presque tous partiellement décomposés par les solutions concentrées des alcalis caustiques et des carbonates alcalins. Leur action s'exerce plus facilement sur les silicates qui renferment une forte proportion d'acide silicique réellement combiné avec ces oxydes; de plus, cette action des alcalis et des carbonates alcalins est très énergique par voie sèche; tous les silicates alcalins, terreux et métalliques préalablement porphyrisés, sont décomposés, au rouge, par trois parties de potasse ou de soude, ou de quatre parties de carbonates alcalins.

*Action de la chaleur sur le verre.* Le verre est mauvais conducteur de la chaleur; aussi si l'on verse un liquide chaud dans un vase de verre, on voit celui-ci se briser, surtout si le vase est à parois épaisses; cette rupture est due à l'inégalité de dilatation des parties intérieures et des parties extérieures du vase. On utilise, dans les laboratoires, la mauvaise conductibilité du verre pour le couper; on entaille légèrement, avec une lime, la surface du verre, et on applique à cet endroit une goutte de verre fondu ou un charbon incandescent, le verre se sépare suivant la forme de l'entaille. Soumis à l'action progressive de la chaleur, il se ramollit et passe par tous les degrés de plasticité possibles avant d'arriver à la fusion complète. Si on le laisse refroidir brusquement, il se brise, de là la nécessité de recuire toutes les pièces après leur fabrication.

La *recuisson* s'opère en refroidissant l'objet en verre aussitôt qu'il vient d'être fabriqué, c'est-à-dire rouge ou presque rouge encore, dans un four chauffé également au rouge et dont on laisse tomber lentement la température.

Le recuit est d'autant plus difficile à obtenir que les pièces sont plus épaisses et plus volumineuses. Lorsqu'une pièce de verre un peu épaisse se solidifie, les parties extérieures sont déjà solidifiées quand la partie intérieure est encore molle; de là un équilibre instable qui se rompt au moindre choc, et la pièce vole en éclats. Les fioles d'épreuves, les larmes bataviques sont des exemples de ce fait.

Le verre brusquement refroidi, c'est-à-dire trempé, reste dans un état de dilatation plus grand que si le refroidissement s'était opéré avec

lenteur. Une lame de verre à faces parallèles, étant chaude, se courbe et devient convexe du côté de la face soumise au refroidissement brusque.

Les *larmes bataviques* présentent au plus haut degré ce caractère de fragilité que le verre acquiert par la trempe. Ce sont des gouttes de verre terminées par une pointe très déliée qu'on produit en laissant tomber du verre très liquide dans un baquet plein d'eau froide (fig. 740). Les couches extérieures se solidifient immédiatement, par suite du refroidissement subit qu'elles éprouvent, tandis que l'intérieur reste rouge et met un certain temps à se refroidir, à cause de la mauvaise conductibilité du verre pour la chaleur. La larme peut donc être considérée comme formée par la superposition de couches de verre inégalement trempées et, par suite, inégalement dilatées.

Fig. 740.
*Larme batavique.*

Il résulte de la forme de la larme que toutes ces couches, inégalement tendues, viennent se réunir à l'origine du col, de sorte qu'en déchirant le col, ce point commun de résistance disparaît, et comme elles sont sollicitées à se déplacer suivant les mêmes directions, leurs actions de ressort s'ajoutent et déterminent la rupture de la larme.

On peut comparer la larme à une série de poires en caoutchouc superposées, gonflées sous pression et soudées, se réunissant toutes par leurs cols qui seraient assujettis par une seule ligature. Il est clair qu'en détruisant la partie commune à tous les cols, l'équilibre du système serait détruit, tandis qu'on pourrait couper successivement chaque poire sans détruire le tout, les poires intérieures maintenant l'équilibre du système. On s'explique ainsi que l'on fasse éclater la larme, soit en brisant le col, soit en la coupant par le gros bout.

TREMPE DU VERRE. On appelle, en général, *trempe* l'opération qui consiste à refroidir brusquement un corps chauffé. La trempe est d'autant plus énergique qu'il y a, entre le corps chauffé et le milieu dans lequel on le trempe, une plus grande différence de température. Pour tremper un objet en verre, on le plonge, quand il est encore rouge, dans un bain de graisse fondue dont la température varie suivant la nature du verre. Si la température du bain est trop basse, le verre se brise; la température du bain doit être fonction de celle du verre. La question délicate, dans la trempe, consiste à trouver la température extrême du bain pour laquelle le verre ne se brise pas, mais qui produise la trempe la plus forte.

La trempe, faite dans de bonnes conditions, augmente considérablement la solidité du verre. Un carré de verre à vitre double, recuit comme à l'ordinaire, étant placé dans un cadre de bois, se brise infailliblement par la chute d'un poids de 100 grammes, tombant d'une hauteur de un mètre; le même poids, tombant d'une hauteur trois ou quatre fois plus considérable, ne détermine pas la rupture du même verre après qu'il a été trempé. Le verre trempé peut subir, avec moins de dangers que le verre recuit, de brusques changements de température; aussi, on en a fait utilement des vases allant au feu. La trempe augmente considérablement l'élasticité du verre. Mais à côté de ces qualités communiquées au verre par la trempe, il faut mentionner certains défauts; le verre trempé ne conserve pas toujours l'éclat et la transparence du verre ordinaire; il ne se laisse plus couper au diamant, et quand il se brise, c'est à la façon des larmes bataviques, en projetant au loin ses débris. Cependant, pour certains usages, il est d'une grande utilité, aussi sa préparation a-t-elle lieu industriellement, surtout pour les objets en cristal, notamment les verres à boire, les gobelets, les carafes, les soucoupes, etc.

Nous allons indiquer brièvement la façon de procéder dans la trempe du verre et du cristal. Pour le bain de trempage du cristal, on emploiera la graisse pure fondue et on maintiendra la température entre 60 et 120°, selon que le cristal sera plus ou moins fusible. Pour le verre, on est obligé de prendre un mélange d'huile de lin et de graisse dont on fait varier la température entre 150 et 300°. On ne peut plus employer la graisse à raison de son point d'ébullition. On utilise aussi quelquefois la glycérine pure, ou des mélanges de glycérine et de graisse n'entrant en ébullition que vers 300°.

Supposons qu'on veuille tremper un objet en verre. On a préparé, dans une cuve cylindrique en tôle, le bain de trempe; dans cette cuve est disposé un panier en treillis de fils de fer, qui servira à recevoir les objets et en permettra l'enlèvement. La pièce à tremper doit être à une température convenable et uniforme en tous ses points; l'ouvrier la porte sous l'ouvreau du four au bout du pontil, il la laisse un temps suffisant pour lui donner la température convenable. A ce moment, il retire la pièce de l'ouvreau et la fait tomber dans le bain de trempe. Le procédé de trempage, dont nous venons de parler, est dû à M. de la Bastie. M. Siemens a eu l'idée de tremper le verre en le mettant en contact avec des surfaces solides; on produit, par ce procédé, le soufflage, le façonnage et la trempe du verre. M. Léger a fait connaître un mode de trempage à la vapeur.

On a fait d'intéressantes applications du verre trempé, entre autres à des traverses de tramways. M. Hamilton Lindsay Buckhall les a employés dans la construction du *North metropolitan tramway*.

Il serait intéressant de déterminer le degré de trempe des verres, destinés à des applications d'où résulteront pour eux des effets mécaniques d'intensité maximum connue, et qu'ils doivent supporter sans se briser.

D'après M. Henrivaux, on peut obtenir une trempe d'autant plus résistante, que le bain trempant est formé d'un corps dont le point de fusion est plus élevé. Mais cette étude dépasserait les bornes de cet ouvrage. Constatons seulement que l'on est arrivé à donner aux verres trempés des coefficients de résistance à la traction et à la flexion au moins égaux, sinon supérieurs, à ceux que possède la fonte. Pour l'optique, on a besoin d'un verre absolument limpide et non trempé, M. Mascart a indiqué (*Société de physique*, mars 1874) une méthode pour déterminer le degré de trempe.

CRISTALLISATION DU VERRE. DÉVITRIFICATION. Si on laisse le verre longtemps à une température voisine de son point de ramollissement, on le voit se transformer en une masse blanche et entièrement opaque, à laquelle on a donné le nom de *porcelaine de Réaumur*. Le phénomène en vertu duquel cette transformation est connu sous le nom de *dévitrification*.

Réaumur préparait ces pièces en les plaçant dans des creusets en terre réfractaire et en entourant chacune d'elles d'un mélange de gypse calciné et de sable. Le creuset ainsi rempli était porté dans un four chauffé au rouge. Ce produit n'a pas répondu aux espérances qu'il avait fait naître.

La manière la plus facile de fabriquer du verre dévitrifié consiste à soumettre à un refroidissement prolongé une feuille de verre à vitres ou un morceau de verre à glaces; au bout de vingt-quatre ou quarante-huit heures, la dévitrification est complète. Extérieurement, l'objet en verre ressemble à de la porcelaine; mais si on le brise, on voit qu'il est formé d'aiguilles opaques perpendiculaires à la surface du verre. Le verre dévitrifié est plus léger que le verre ordinaire, il est plus altérable à l'air et à l'humidité, il est meilleur conducteur de l'électricité et presque aussi fusible que le verre ordinaire.

Tous les verres, même le cristal, sont susceptibles d'être dévitrifiés; les verres à base de potasse, verres de Bohême, sont plus difficilement dévitrifiables que les verres à soude; enfin, les verres riches en chaux ou en magnésie sont, plus que les autres, sujets à la dévitrification.

On a rapproché la dévitrification de la sursaturation. Certains chimistes admettent que la dévitrification est une cristallisation; d'autres, partageant l'opinion de Dumas, disent que le verre dévitrifié est le résultat d'une sorte de liquation; enfin, quelques-uns ont pensé qu'il fallait attribuer la cristallisation au départ des alcalis par volatilisation.

La dévitrification n'est qu'un changement de l'état physique du verre, n'affectant en rien la *composition chimique centésimale*; mais le phénomène de la dévitrification est accompagné d'une modification chimique, d'un échange d'éléments, modification qui ne change pas la composition de la masse totale du verre.

La dévitrification serait donc produite par la cristallisation du monosilicate de chaux au sein d'une masse amorphe. On peut admettre que ce sel existait avant la dévitrification; alors les verres pourraient être considérés comme des solutions de silicates cristallisés dans des silicates amorphes, et non plus comme des combinaisons chimiques de divers silicates.

*Action de la lumière sur le verre.* La lumière solaire change la couleur des verres plus ou moins rapidement, suivant leur nature et leur composition ; les verres à plomb y sont le moins sensible. La lumière renforce la coloration des verres colorés dans leur masse, sans changer leur couleur ; ainsi, l'ambre, le pourpre prennent des teintes plus foncées de la même couleur, tandis que les teintes brunâtres deviennent couleur chair, et celles-ci pourpre ou violet.

Les verres incolores deviennent tantôt jaunâtres, tantôt verdâtres ; ces colorations s'expliquent par des réactions chimiques que la lumière détermine principalement sur les sels de fer rendus incolores lors de la fabrication du verre à l'aide du peroxyde de manganèse ou d'un autre oxydant.

*Irisation du verre.* Si on examine des verres anciens, on remarque qu'ils sont irisés, c'est-à-dire qu'ils possèdent les propriétés chatoyantes de la perle ou de la nacre. Ce phénomène de l'irisation est dû à l'altération plus ou moins profonde que l'humidité a fait subir à la surface de ces verres.

MM. Fremy et Clemandot ont obtenu du verre irisé en le soumettant, sous l'influence de la chaleur et de la pression, à l'action de l'eau contenant 15 0/0 d'acide chlorhydrique.

M. Lobmayr de Vienne obtient des verres irisés en les soumettant, au rouge sombre, à l'action d'oxydes métalliques volatilisés (chlorure d'étain, nitrates de baryte et de strontiane), certains fabricants ajoutent des sels de bismuth dans la composition du verre.

*Verre givré.* Nous allons parler ici d'un nouvel élément de décoration, que les architectes ont depuis peu de temps à leur disposition. Le verre givré a les mêmes applications que le verre dépoli, mais l'emporte sur lui par l'originalité, par les dessins bizarres qu'il porte et qui représentent assez bien les fleurs de glace qu'on observe sur les vitres des appartements.

Pour obtenir le verre givré, dont l'invention est due à M. Bay, de Paris, on enduit la surface du verre, préalablement dépolie au sable, d'un vernis de composition spéciale. Ce vernis doit être très adhérent pour qu'il produise un effet énergique. Lorsqu'il a été ainsi déposé en une couche mince sur le verre, on le laisse sécher à l'air, ou dans une étuve modérément chauffée. En séchant, il se contracte et s'écaille en enlevant des parcelles de verre. Le verre en se brisant ainsi dans tous les sens produit comme des cristallisations dont l'ensemble produit assez bien le verre givré par le froid. On rend cet effet beaucoup plus accentué en passant ainsi successivement cinq ou six couches de vernis ; avec six couches, le verre est presque dédoublé.

C'est surtout sur des verres colorés que l'emploi de ce procédé donne d'heureux résultats. On comprend qu'on puisse, en effet, obtenir des demiteintes, et même toutes les nuances de la même teinte, depuis le ton foncé jusqu'au ton le plus faible, si on opère sur du verre non coloré dans la masse, mais sur du verre blanc doublé de verre coloré.

*Analyse des verres.* L'analyse du verre est la détermination de la composition des silicates ou la détermination de tous les éléments qui constituent ce verre. Cependant, prenons un exemple du cas le plus général, celui d'un verre contenant : silice, soude, potasse, chaux, magnésie, oxyde de fer et alumine ; 1 gramme de verre porphyrisé est attaqué dans un creuset de platine avec quatre fois son poids de carbonate de soude pur et sec, on porte à la température du rouge blanc, et au bout d'un quart d'heure, surtout si on agite deux ou trois fois le creuset, l'attaque est complète. On retire le creuset du feu, on laisse refroidir et on met son contenu en digestion avec de l'eau dans une capsule de porcelaine, on chauffe légèrement et on sursature par l'acide chlorhydrique, on évapore ensuite à sec à 110°, jusqu'à ce qu'on ne perçoive plus l'odeur de l'acide chlorhydrique. La silice est en ce moment insoluble dans les acides ; on reprend alors par l'eau acidulée par l'acide chlorhydrique, et on filtre pour recueillir la silice ; on prend le poids après dessiccation et calcination.

Dans la liqueur filtrée se trouvent à l'état de chlorures : le fer, l'alumine, la chaux, la magnésie et les alcalis qui seront dosés par les procédés ordinaires de l'analyse chimique. — V. Alumine, Analyse chimique, Chaux, Fer, Magnésie, Potasse, Soude.

### *Composition des différentes sortes de verre.*

**Verre soluble.** Le verre soluble est un silicate très alcalin de potasse ou de soude. Depuis longtemps déjà ses combinaisons sont connues, puisque la liqueur des Cailloux a été préparée pour la première fois par l'alchimiste Glauber. En 1825, le professeur Fuchs, de Munich, découvrit une combinaison de silice et de potasse à laquelle il donna le nom de *verre soluble*, mais ce n'est qu'après les travaux de Liebig et surtout après les savantes recherches de Kulhmann, que ce composé ayant trouvé de nombreuses applications, fut fabriqué en grand dans l'industrie.

Pour les usages industriels, la potasse est remplacée par la soude, et cette substitution est certainement une des causes principales du succès de ce produit, ce qui a permis de le livrer à bon marché. La valeur du silicate de soude est évidemment fonction de sa teneur en silice, aussi cherche-t-on toujours à faire un produit très riche en silice ; malheureusement, à partir d'un certain degré de concentration, le silicate de soude abandonne la silice à tel point même que des solutions étendues en renferment plus que des liqueurs concentrées. Le verre soluble peut être obtenu par voie humide ou par voie sèche.

*Procédés de fabrication du verre soluble par voie humide.* On sait qu'il existe une modification de la silice qui est soluble dans les alcalis caustiques ou carbonatés.

Dans la nature, on en rencontre une variété sous forme de rognons constituant le silex pyromaque, variété qui se dissout dans les alcalis caustiques concentrés et avec l'aide de la chaleur. On trouve

VERR

aussi en Allemagne, à Ebsdorf et à Oberohe, une sorte de terre légère, dite *farine fossile*, qui est très soluble dans les alcalis. Le banc est formé de deux couches, l'une blanche, l'autre grise, dont voici la composition chimique :

| | Blanche | Grise |
|---|---|---|
| Silice. . . . . . . . . . . . | 86.44 | 80.92 |
| Carbonate de chaux. . . . . | 1.31 | 1.50 |
| Peroxyde de fer. . . . . . . | 1.48 | 1.82 |
| Argile. . . . . . . . . . . | 1.64 | 3.53 |
| Matière organique. . . . . . | 2.31 | 3.89 |
| Eau. . . . . . . . . . . . . | 6.75 | 7.90 |
| | 99.93 | 99.56 |

Pour traiter cette farine, on la calcine et on la soumet à l'action d'une lessive formée d'un mélange de soude caustique et de carbonate de soude. La lessive doit avoir une densité de 1,22 à 1,24, et le poids de farine est calculé en se fondant sur ce fait qu'une partie de soude hydratée dissout 2,8 parties de farine chimiquement pure. On fait arriver de la vapeur dans l'autoclave où ont été placées les matières, et au bout de trois heures, sous une pression de trois atmosphères, la silice est complètement dissoute.

La couleur des matières étrangères en suspension dans la solution de silicate est d'un rouge brique foncé. On laisse déposer pendant vingt-quatre heures, et le liquide décanté, parfaitement limpide, est livré au commerce. Généralement il marque 21 à 22° Baumé.

Pour fabriquer le verre soluble au moyen du silex pyromaque ou pierre à fusil, qui abonde dans la craie des environs de Lille, et qui se présente sous forme de rognons fortement colorés par des matières bitumineuses, M. Kuhlmann chauffe ces rognons de silex au rouge, et les étonne en les jetant dans l'eau froide. Ainsi préparé, le silex est soumis dans une chaudière autoclave en fonte, à l'action d'une lessive de potasse ou de soude caustique marquant 20° Baumé. On chauffe à feu nu jusqu'à obtenir une pression de 6 atmosphères qu'on maintient pendant 5 ou 6 heures. On enlève alors le feu, et on soutire la liqueur qui marque 30 à 32° Baumé ; c'est la concentration la plus forte qu'on puisse avoir pour du verre soluble préparé par voie humide.

*Procédés de fabrication du verre soluble par voie sèche.* M. Kuhlmann le prépare en fondant dans un four à réverbère du sable mélangé à du carbonate de potasse, dans les proportions de deux équivalents de silice pour un équivalent de potasse ; en reprenant la masse par l'eau, on peut obtenir une dissolution marquant 35° Baumé.

En opérant avec du carbonate de soude dans les proportions de 1/2 équivalent de silice pour un équivalent de soude, M. Kuhlmann obtient un silicate qui peut être concentré jusqu'à la densité de 1,532, soit 50° Baumé. Un procédé ingénieux a été appliqué par M. Kuhlmann fils, il consiste à traiter les nitrates de potasse ou de soude par le sable ; c'est en même temps un procédé de fabrication de l'acide nitrique. En substituant au sable de l'alumine, on produit de l'aluminate de soude et de l'acide nitrique.

On fait encore du verre soluble en préparant un verre basique au moyen de sable, de soude, de sulfate de soude et de charbon. Ce verre est ensuite rendu soluble par l'action de la vapeur d'eau sous pression.

Les silicates de potasse ou de soude ont des emplois très variés dont les plus importants sont : la fabrication de ciments d'enduits hydrofuges ; la silicatisation des pierres à bâtir qui est due à leur action sur le carbonate de chaux hydraté de celles-ci, lequel est susceptible de perdre successivement son eau d'hydratation et d'acquérir la dureté caractéristique des ciments hydrauliques. On emploie le verre soluble dans la fabrication des savons d'huile de palme et d'huile de coco, et comme mordant ou apprêt dans l'industrie des toiles peintes et de la teinturerie. On en fait des mastics très durs et susceptibles de poli, en le mélangeant au sulfure d'antimoine ; avec la limaille de fer et la limaille de zinc, il donne une masse très dure, propriété que l'on utilise. On emploie aussi le verre soluble pour le blanchiment de la laine.

**Verre de Bohême, crown-glass.** L'industrie de la verrerie se trouve en Bohême dans des conditions toutes différentes de celles des industries similaires des autres pays. Les verreries de Bohême sont construites en bois, d'une façon toute primitive, au milieu des forêts où elles trouvent le combustible en abondance et à très bon marché, ces verreries mobiles ne possèdent pas l'outillage nécessaire au travail complet du verre, ne fabriquent qu'un produit brut qu'elles livrent à des raffineries installées dans les vallées ; c'est de ces raffineries que sortent les beaux produits renommés dans le monde entier, par leur limpidité, par le fini et l'éclat de leur taille.

La taille des verres de Bohême, leur décor par les couleurs de moufle, sont surtout faits dans un centre tout à fait industriel, à Hayda, Steinschonau et dans quelques autres villages. On y a créé des écoles pour former les artistes nécessaires aux fabricants, pour la gravure, la décoration, la peinture des objets de luxe.

Le verre de Bohême, appelé quelquefois improprement *cristal*, est un verre à base de potasse et de chaux, incolore, très limpide, il a pour composition moyenne :

| | | | |
|---|---|---|---|
| Silice. . . . . . . . . . . . . . | 77 | 76 | 75 |
| Potasse. . . . . . . . . . . . . | 14 | 16 | 13 |
| Chaux . . . . . . . . . . . . . | 8 | 7 | 9 |
| Alumine et oxyde de fer. . . . . . | 1 | 1 | 3 |

correspondant à la composition vitrifiable :

| | |
|---|---|
| Quartz pulvérisé . . . . . . . . . . . . | 100 |
| Chaux éteinte. . . . . . . . . . . . . . | 13 à 15 |
| Carbonate de potasse. . . . . . . . . . | 28 à 32 |

Leur grande teneur en silice donne aux verres de Bohême une dureté plus grande et une fusibilité moindre que celles des verres français ; ne se ramollissant qu'à une température élevée, ils sont aptes à la décoration par les couleurs du moufle.

Certaines verreries de Bohême fabriquent un verre plus doux, plus fusible, en ajoutant dans la composition de 3 à 5 0/0 de minium.

Le caractère particulier aux verres de Bohême, est que les objets en gobeleterie, notamment les verres à boire, les chopes, etc., ne sont pas empontillés. La chope après avoir été soufflée présente la forme d'une carafe dont la canne du souffleur est le prolongement du col. L'ouvrier décalotte le verre en le tournant suivant une ligne circulaire sur une barre de fer rougie et en mouillant l'un des points chauffés. Il se produit une fente circulaire qui amène la chute de la calotte supérieure; la chope est recuite, et les bords usés à la roue du tailleur. Ces bords sont à arêtes vives et moins solides que ceux qui sont rebrûlés, c'est-à-dire arrondis au feu.

**Verres colorés.** La fabrication des verres colorés est très ancienne et a certainement précédé la fabrication des verres incolores. Dès le début de l'industrie de la verrerie, les verres que l'on obtenait étaient toujours plus ou moins colorés. Jusqu'au XVIe siècle, on fut plutôt porté à composer des verres de colorations diverses qu'à obtenir des verres incolores. Aux XVIIe et XVIIIe siècles, cette industrie des verres colorés tomba en décadence, et ce n'est que vers 1820 que les vitraux étant redevenus en faveur, reparurent les verres colorés. Ceux-ci comprennent deux catégories bien distinctes : les *verres colorés dans la masse* et les *verres doublés en plaques* formés par la juxtaposition de deux feuilles de verre l'une incolore, l'autre colorée.

Il est de règle de fabriquer les verres colorés avec une composition au carbonate. Comme matières colorantes, on emploie les oxydes métalliques ou les nitrates correspondants. Quand on se sert des oxydes, on remplace une partie de l'alcali, potasse ou soude, par une quantité correspondante de nitrate de potasse ou de soude.

Diverses conditions peuvent modifier les colorations qu'un poids quelconque d'oxyde métallique peut fournir. Ainsi la coloration sera d'autant plus intense que le verre sera plus basique. On obtient des teintes différentes suivant l'état d'oxydation de l'oxyde métallique, suivant la nature des bases entrant dans la composition du verre, potasse, soude ou plomb, suivant la température et la durée du séjour du verre à cette température. La cause générale des changements de teinte d'un verre coloré est un changement dans l'état d'oxydation du métal colorant.

*Verre bleu.* On peut obtenir le verre bleu soit avec l'oxyde de cobalt, soit avec le bioxyde de cuivre. Le verre coloré avec le cobalt est très facile à obtenir; on remplace souvent l'oxyde de cobalt par l'équivalent en safre ou en azur. On obtient un beau verre bleu avec les compositions suivantes :

|  | I | II |
|---|---|---|
| Carbonate de soude. | 110 | 30 |
| — de chaux | 55 | 25 |
| Sable. | 260 | 100 |
| Oxyde de cobalt. | 0.150 | 0.400 |
| — de cuivre noir. | » | 7 |
| Minium. | » | 10 |
| Nitrate de soude. | » | 6 |
| Groisil blanc. | » | 220 |

|  | III |
|---|---|
| Verre ordinaire. | 100 |
| Oxyde de cobalt. | 0.150 |

Le verre coloré au cobalt pur est rougeâtre. Pour obtenir un verre neutre, il est nécessaire d'ajouter à l'oxyde de cobalt un peu d'oxyde de fer.

|  | I | II |
|---|---|---|
| Carbonate de soude à 92°. | 100 | 100 |
| — de potasse. | » | » |
| — de chaux. | 50 | 50 |
| Sable. | 300 | 300 |
| Oxyde de fer de battitures | 10 | 30 |
| — de cobalt. | 0.300 | 1 |

Pour obtenir une coloration bleu céleste, on emploie le bioxyde de cuivre et un verre très basique.

Pour produire le bleu turquoise il faut, au contraire, un verre très riche en silice dans lequel on ajoute des battitures de cuivre ou de l'oxyde de cuivre précipité. Le mélange ci-dessous donne un beau bleu turquoise :

| Sable. | 100 | Carbonate de chaux. | 20 |
|---|---|---|---|
| Carbonate de soude. | 40 | Battitures de cuivre. | 10 |
| — de potasse. | 5 | Protoxyde d'étain. | 0.5 |

*Verre vert.* On l'obtient en ajoutant des battitures de fer au verre blanc. Pour avoir un verre vert tirant sur le jaune, on ajoute du bioxyde de chrome ou mieux l'équivalent en bichromate de potasse.

*Vert foncé.* Verre blanc, 100; oxyde de cuivre noir, 0,250; oxyde de chrome ou son équivalent en chromate, 0,100 à 0,150.

*Vert émeraude.* On l'obtient en employant comme matière colorante du bioxyde de cuivre additionné d'urane.

*Verre jaune.* On l'obtient de différentes manières. On a un beau verre jaune en ajoutant à du verre blanc acide de l'écorce de bouleau ou de la poussière de charbon de bois. Avec un verre basique, le verre que l'on obtient est plus foncé. On fait du verre jaune avec les compositions suivantes :

|  | I | II |
|---|---|---|
| Sable. | 150 | 150 |
| Carbonate de soude à 90°. | 30 à 40 | » |
| — de potasse. | 20 | 20 |
| Chaux éteinte. | 88 | 18 |
| Écorce de bouleau pilée. | 4.5 | 4.5 |

On peut également faire du verre jaune avec du soufre ajouté au verre blanc dans la proportion de 2 0/0; on obtient ainsi un produit dont la couleur est plus riche de ton et d'éclat que celle que fournit le charbon.

*Verre jaune par cémentation.* On l'obtient au moyen de l'argent; cette couleur non vitrifiable s'applique sans fondant, elle s'incruste, pour ainsi dire, et pénètre à une certaine profondeur dans le verre. L'acide arsénieux donne au verre la propriété d'assimiler la couleur jaune. Pour obtenir ce verre jaune, on fond ensemble : argent fin 1, régule d'antimoine 1, oxyde de fer 3, on ajoute la poudre formée de ces trois composés de l'oxyde de fer, de manière que l'argent soit dans les rapports de 1 à 10 avec cet oxyde de fer.

On passe au pinceau, sur la plaque de verre

blanc, une couche de ce mélange délayé dans de l'eau, on laisse sécher, et on soumet à la moufle pendant un quart d'heure. On peut colorer encore avec la composition suivante :

| | | | |
|---|---|---|---|
| Chlorure d'argent. | 2 à 2.5 | Sulfure de cuivre... | 0.5 |
| Oxyde de fer.. .. | 10 | Acide stannique . . . | 1 |

*Jaune d'urane ou verre dichroïde.* L'urane a la propriété de communiquer au verre une coloration jaune avec reflets verdâtres d'une grande fraîcheur. On peut employer soit l'oxyde d'uranium, soit un quelconque des sels de ce métal, soit un uranate de potasse ou d'ammoniaque. M. de Fontenay a obtenu des verres dichroïdes en remplaçant l'oxyde d'uranium par l'uranite d'Autun (phosphate de sesquioxyde d'urane et de chaux). Voici une composition de verre à l'urane :

| | | | |
|---|---|---|---|
| Sable. . . . . . . . | 100 | Azotate de potasse. . | 5 |
| Carbonate de potasse | 38 | Oxyde d'uranium. . . | 2.5 |
| Chaux éteinte . . . . | 18 | | |

*Verre violet ou améthyste.* Il s'obtient en fondant du verre blanc avec du bioxyde de manganèse ; on ajoute un peu de nitrate de potasse pour éviter la réduction. Verre blanc, 100 ; bioxyde de manganèse, 2 à 2,5 ; nitrate de potasse, 4.

*Verre rouge.* On fond ensemble :

| | | | |
|---|---|---|---|
| Verre blanc . . . . . . | 25 | Oxyde de cuivre. . . | 1.20 |
| Sable. . . . . . . | 25 | Etain . . . . . . . . | 3 |
| Minium.. .( . . . . . | 50 | | |

Le rouge peut être obtenu aussi par cémentation, c'est le rubis. On dispose sur le verre à colorer une pâte composée de :

| | |
|---|---|
| Protoxyde de cuivre . . . . . . . . | 4 |
| Écailles de fer. . . . . . . . . . . . | 2 |
| Ocre jaune . . . . . . . . . . . . . | 4 |

On sèche et on passe à la moufle, puis on chauffe une deuxième fois à la moufle dans une atmosphère réductrice.

*Verre rouge opaque.* Le sesquioxyde de fer seul peut fournir cette coloration dans un verre très basique. On peut obtenir des couleurs rouges de toutes nuances, suivant la manière dont l'oxyde a été préparé et suivant la température extrême à laquelle il a été formé.

Voici la composition du fondant vitreux unique préparé par Salvétat pour l'obtention de toutes les nuances du rouge :

| | |
|---|---|
| Quartz. . . . . . . . . . . . . . . . . . . . | 19.5 |
| Minium. . . . . . . . . . . . . . . . . . | 17.0 |
| Acide borique cristallisé. . . . . . . . | 21.0 |
| Borax fondu. . . . . . . . . . . . . . . . | 2.5 |

Pour obtenir une des nuances rouges, il suffit de fondre 4 à 6 parties de ce verre avec 1 partie d'oxyde de fer ayant la nuance qu'on veut donner au verre.

4 à 6 parties de ce verre avec 1 partie d'oxyde de fer donnent un *rouge orangé*, 1 partie d'oxyde de fer et 4 à 6 parties de verre donnent un *rouge de sang*. En remplaçant l'oxyde de fer par du protoxyde de cuivre, on obtient du *verre rouge opaque*.

*Verre rouge à l'or.* En employant l'or comme matière colorante, on obtient des verres à coloration *rouge violet, rouge pourpre, rouge carmin* ou *rose*. Il ne faut pas mettre plus de 1 millième d'or,

et on doit avoir soin d'opérer dans une atmosphère oxydante.

On emploie comme sel d'or le *chlorure* ou le plus souvent le *pourpre de cassius* (V. ces mots). Voici quelques compositions pour verre à l'or.

| | I | II | III | IV |
|---|---|---|---|---|
| Silice. . . . . . . . . . . . . | 100 | 100 | 150 | 150 |
| Carbonate de soude. . . . . | 5 | 5 | » | 10 |
| — de potasse . . . . . | 20 | 20 | 60 | » |
| Azotate de potasse. . . . . . | 10 | 10 | 15 | 10 |
| Minium. . . . . . . . . . . . | 80 | 80 | 120 | 200 |
| Antimoniate de potasse. . . . | » | » | 10 | » |
| Chlorure d'or . . . . . . . . | 0.150 | 1 | 1 | 1 |
| Peroxyde de fer. . . . . . . . | » | » | » | 10 |
| Groisil de cristal. . . . . . . | » | » | 20 | » |
| Bioxyde de manganèse.. . . | » | » | 10 | 10 |

On a encore un beau rouge avec groisil de cristal, 300 ; minium, 15 ; pourpre de cassius, 0,25 ; antimoniate de potasse, 3.

D'après Fischer, lors de la préparation du pourpre par la réaction du chlorure d'or et du protochlorure d'étain, il se passerait deux phénomènes qui sont représentés par les formules

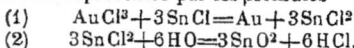

$$(1) \qquad AuCl^3 + 3 SnCl = Au + 3 SnCl^2$$
$$(2) \qquad 3 SnCl^2 + 6 HO = 3 SnO^2 + 6 HCl.$$

Cette opinion de Fischer sur la constitution chimique du pourpre de Cassius est pleinement confirmée par les travaux de Müller. Müller a pu recouvrir d'or des précipités blancs comme la chaux, la magnésie, l'alumine et même des matières organiques telles que la soie. Il a obtenu des pourpres dont quelques-uns ont une coloration intense, surtout le pourpre de magnésie qui remplace avantageusement le pourpre d'étain pour la fabrication des émaux colorés. Ce pourpre de magnésie est obtenu en réduisant le chlorure d'or au moyen de magnésie mise en suspension dans l'eau, et en chauffant jusqu'à une température voisine de 100°. Tout l'or se sépare comme oxyde et se dépose régulièrement sur les parcelles de magnésie non réduite. On filtre, on lave, on sèche et on calcine la poudre dans un creuset de platine. La réduction de l'or et la couleur intensive qu'on en obtient se continue avec une grande rapidité à travers toute la masse. A 25 0/0 d'or, la pourpre de magnésie donne un rouge carmin plein ; à 0,1 0/0 la coloration rose est encore très reconnaissable.

*Verre noir.* Pour obtenir un verre noir avec un verre acide ou chargé de silice, il faut prendre comme matière colorante un mélange d'oxydes métalliques et mettre une dose considérable de ces oxydes. Au contraire, si on opère avec un verre basique, un seul oxyde est suffisant.

Généralement on produit le verre noir en fondant avec un verre basique 2 à 3 centièmes de soufre ou en mélangeant à ce verre de la poudre de charbon.

Voici quelques compositions pour verre noir.

| | I | II | III | IV |
|---|---|---|---|---|
| Silice. . . . . . . . . | 250 | 250 | 250 | 250 |
| Carbonate de chaux. . . . | 50 | 50 | 50 | 50 |
| — de soude. . . . | 100 | 100 | 100 | 100 |
| Peroxyde de fer (sanguine). | 40 | 40 à 50 | 60 | 75. |
| Charbon. . . . . . . . . | » | 1 | " | 4 |
| Oxyde de cobalt. . . . . . | » | » | 1 | » |

Le verre noir n° III est un très beau verre noir permettant de voir le soleil sans rayons.

On peut aussi faire du verre noir avec une composition au sulfate.

| | | | |
|---|---|---|---|
| Sable. | 100 | Acide arsénieux | 0.4 |
| Carbonate de chaux. | 40 | Pyrite grillée. | 15.0 |
| Sulfate de soude... | 40 | Charbon. | 2.5 |

*Verres colorés pour doubler le verre blanc.* Ces verres devant être appliqués en couche mince, demandent une coloration plus intense et par suite une proportion plus considérable d'oxydes métalliques. Il suffira donc pour les obtenir de forcer dans de notables proportions les doses d'oxydes métalliques.

Les verres doublés ou triplés sont aujourd'hui fabriqués en grande quantité pour la décoration. Leur emploi est en effet tout indiqué pour la reproduction de dessins colorés qu'on produit en enlevant à la roue de tailleur partiellement ou en totalité, une ou plusieurs des couches colorées.

*Aventurine.* L'aventurine est un verre jaunâtre dans lequel se trouvent disséminés, en grande quantité, de petits cristaux tétraédriques très nets et très brillants de cuivre métallique ou de protoxyde ou de silicate de cuivre. On lui a donné le nom d'*aventurine*, parce qu'il a été découvert, paraît-il, par hasard, par *aventure*. Il est d'origine vénitienne et depuis longtemps on le fabrique à Murano par des procédés qu'on maintient secrets.

M. Hautefeuille est arrivé à fabriquer ce verre en grande quantité ; on fond l'un des mélanges suivants :

| | I | II | III |
|---|---|---|---|
| Glace de Saint-Gobain. | 2000 | » | » |
| Verre à vitres blanc. | » | » | 1200 |
| Sable. | » | 1500 | 600 |
| Craie. | » | 357 | » |
| Carbonate de soude. | » | 801 | 650 |
| Carbonate de potasse. | » | 143 | » |
| Nitrate de potasse. | 200 | 200 | 200 |
| Battitures de cuivre. | 125 | 125 | 125 |
| Peroxyde de fer. | 60 | » | » |

Quand le verre est bien fondu on ajoute 38 parties de fer ou de fonte en tournure fine enveloppée dans du papier. On mélange au moyen d'une tige de fer rougie, le verre devient rouge de sang, opaque, et en même temps pâteux et bulleux. On couvre le creuset et on laisse refroidir très lentement. Quand la masse est froide, on trouve l'aventurine formée.

On donne le nom d'*hématinone* à une sorte d'aventurine, dans laquelle le précipité de cuivre se présente par masses et rend le verre complètement opaque ; son aspect est celui d'un émail rouge vif ou rouge vermillon. On reproduit les hématinones antiques en fondant du cristal avec 9 0/0 d'oxyde de cuivre et de battitures de fer.

*Aventurine verte à l'oxyde de chrome.* Cette sorte d'aventurine a été obtenue, en 1840, par M. Marcus et fabriquée à la cristallerie de Saint-Louis. En 1865, Pelouze en donna la composition suivante :

| | | | |
|---|---|---|---|
| Sable. | 250 | Bichromate de po- | |
| Carbonate de soude. | 100 | tasse | 20 à 40 |
| Carbonate de chaux. | 50 | | |

Cette aventurine est plus dure que l'aventurine de Venise, et sert comme elle dans la fabrication de bijoux et d'objets de fantaisie.

*Verre opale.* Ce verre translucide à reflets jaunâtres est chatoyant à la lumière artificielle ; on l'obtient en ajoutant du phosphate de chaux à la composition du verre ; la quantité de phosphate de chaux, sous forme d'os calcinés, est d'autant plus grande que le verre renferme plus de silice, on en met, au contraire, très peu avec du verre plombeux. On remplace quelquefois ce phosphate de chaux par le phosphate de soude.

Voici quelques compositions pour verre opale :

| | | | |
|---|---|---|---|
| Sable. | 125 | Carbon. de soude à 90°. | 40 |
| Salin calciné. | 40 | Phosphate de chaux. | 40 |

Voici une composition au minium :

| | | | |
|---|---|---|---|
| Sable. | 600 | Minium. | 450 |
| Carbonate de potasse | 150 | Os calcinés. | 48 |

Quelques centièmes d'acide arsénieux favorisent l'opalisation.

*Verre opale au fluorure de calcium.* Le verre opale au phosphate de chaux a des reflets rougeâtres qui sont un inconvénient dans l'emploi de de ce verre pour globes de lampe, réflecteurs, abats-jour, etc., aussi on produit l'opalisation au moyen de fluorure de calcium qui donne une teinte d'un blanc de lait se rapprochant un peu du verre pâte de riz et assez opaque pour diffuser la lumière. On emploie généralement la composition suivante :

| | | | |
|---|---|---|---|
| Sable. | 100 | Potasse | 28 |
| Minium. | 35 | Spath fluor | 16 |

*Verre d'albâtre ou pâte de riz.* On donne ce nom à un verre demi-opaque qui a été d'abord fait en Bohème, mais que nos fabricants produisent aujourd'hui en grande quantité pour objets de fantaisie montés sur cuivre ou sur bois. Les compositions employées généralement sont :

| | I | II |
|---|---|---|
| Sable. | 100 | 100 |
| Potasse hydratée. | 50 | » |
| Bicarbonate de potass. | » | 43 |
| Phosphate de chaux. | 10 | 5 |
| Nitrate de potasse. | 4 | 4 |

Il faut brusquer la fusion de ce mélange, et quand la masse est bien fondue laisser la température s'abaisser.

**Verres filigranés.** Les verres filigranés ou à décoration filigranique sont des produits de luxe de l'art du verrier, dans la masse desquels des filets de verres transparents ou opaques blancs ou colorés s'enlacent et se combinent de manière à produire les arrangements et les effets les plus variés. Imaginée par les verriers de l'antiquité, délaissée en Occident, à la chute de l'empire romain, mais conservée en Orient où les Vénitiens en retrouvèrent plus tard les procédés, leur fabrication fut exploitée par ces derniers, pendant le XIVe, le XVe et le XVIe siècles, avec le succès le plus merveilleux ; elle disparut encore de nouveau au commencement du siècle dernier, lorsque la mode, dans l'un de ses caprices, porta vers la verrerie de Bohème. Elle a été remise en honneur à notre époque par quelques verriers de mérite, au premier rang desquels il faut citer feu Bontemps, ancien directeur de la verrerie de Choisy-le-Roy, et Bussalino, habile verrier de Murano ; aucun des anciens auteurs vénitiens qui ont écrit sur l'industrie de leur pays n'a songé à initier leurs contemporains, à plus forte raison la postérité, aux procédés de fabrication des verres filigranés, à cause des lois sévères qui auraient puni cette indiscrétion. Si nous la connaissons aujourd'hui, du moins en partie, nous le devons uniquement aux efforts des artistes que nous venons de nommer, et qui sont parvenus à la retrouver après de nombreuses études théoriques unies à des essais pratiques très coûteux répétés avec une persévérance inébranlable. Ces procédés sont impossibles à décrire dans leurs détails, mais on peut en donner une idée, et c'est ce que nous allons essayer de faire très sommairement.

Les verres filigranés proviennent de la réunion d'un certain nombre de petites baguettes cylindriques de 3 à 6 millimètres de diamètre, opaques ou transparentes, incolores ou diversement colorées, les unes simples, les autres elles-mêmes filigranées, c'est-à-dire composées de plusieurs baguettes simples, assemblées entre elles, réunies à l'aide de la chaleur, et du soufflage, puis façonnées dans leur ensemble, comme toute autre pièce de verre.

Les baguettes se préparent toujours à part et d'avance, et cela se conçoit, puisqu'elles sont les éléments de tout verre filigrané. Celles de verre blanc, et l'on entend particulièrement par là, celles qui sont transparentes et incolores, sont faites avec du verre ordinaire, cueilli au bout d'un pontil, marbré de manière à former une colonne cylindrique, puis chauffé, empontillé et tiré par deux ouvriers qui s'éloignent l'un de l'autre, comme s'il s'agissait de fabriquer un tube, jusqu'à ce que la colonne soit réduite à un diamètre voulu ; on coupe ensuite à la lime, cette longue colonne en tronçons de même longueur, soit par exemple de 10 à 12 centimètres. Quant aux baguettes colorées, et l'on comprend parmi elles, celles qui sont blanches et opaques, elles se préparent avec du verre doublé ; on commence par cueillir le verre de couleur, blanc, opaque ou bleu ou de toute autre teinte, et on le marbre cylindriquement ; on le recouvre ensuite par le cueillage d'une couche de verre incolore, on marbre de nouveau, on chauffe, on met au pontil, et on étire comme ci-dessus en une longue colonne que l'on divise ensuite en tronçons. En procédant de cette façon, on se procure une provision de baguettes de toute espèce, lesquelles sont la base des baguettes filigranées, et celles-ci, à leur tour, deviennent les éléments de vases filigranés.

Pour préparer les baguettes filigranées, on garnit l'intérieur d'un petit moule cylindrique en terre cuite d'un certain nombre de baguettes en verre coloré alternées avec des baguettes en verre transparent ; on les fixe au fond du moule avec un peu de terre molle, puis on les fait chauffer près du four, et lorsqu'on les juge assez chaudes pour qu'il soit possible de les toucher avec du verre rouge, sans qu'elles se rompent, on cueille du verre transparent, et on le travaille de manière à former un cylindre massif qui puisse entrer aisément dans l'intervalle laissé par les baguettes. La masse cylindrique ainsi obtenue est alors chauffée fortement, puis introduite dans le moule et refoulée avec assez de force pour presser les baguettes et ne faire qu'un avec elles. En enlevant sa canne pen-

dant qu'un aide retient le moule, l'ouvrier peut ainsi enlever du même coup l'ensemble des baguettes et le cylindre transparent qui les enveloppe, il les chauffe de nouveau pour augmenter leur adhérence : après quoi, se plaçant sur son banc de travail, il couche sa canne sur les bras ou bardelles d'une espèce de siège, et pendant que, de la main droite, il étire avec une pincette l'extrémité libre de la masse vitreuse, de la main gauche il fait tourner rapidement la canne, de sorte qu'en même temps que le verre s'allonge, les filets formés par les baguettes s'enroulent en spirale. Quand la baguette se trouve étirée à la longueur (0$^m$,10 à 0$^m$,12) et de diamètre voulu (0$^m$,003 à 0,006) et que de plus les filets sont suffisamment enroulés, l'ouvrier tranche la partie terminée pour la détacher ; puis chauffe la partie qui suit pour faire de la même manière une nouvelle baguette et il continue ainsi jusqu'à épuisement de la masse de verre.

Quand l'ouvrier a une quantité suffisante de baguettes de toute espèce, il peut procéder à la confection de ses pièces, verres à boire, coupes, flacons, huiliers, salières, etc. ; à cet effet, il range circulairement autour de la paroi intérieure d'un moule, semblable à celui dont il a été question plus haut, autant de baguettes qu'il lui en faut pour garnir complètement cette paroi ; il peut les choisir de plusieurs couleurs et de plusieurs modèles présentant autant de combinaisons filigraniques différentes ; il peut aussi les alterner ou les espacer par des baguettes de verre blanc transparent et incolore. Les baguettes étant ainsi disposées sont chauffées près du four, comme s'il s'agissait de préparer des baguettes filigranées. Quand elles sont assez chaudes, le verrier prend avec sa canne un peu de verre transparent pour en souffler une petite paraison (on entend par là, en termes de verrerie, une masse de verre à l'état pâteux, qui est adhérente à la canne et déjà soufflée, c'est le premier état de la pièce qu'on veut produire) qu'il introduit dans l'espace formé par le cercle des baguettes ; il souffle de nouveau pour presser cette paraison contre les baguettes, et les y faire adhérer, puis retire le tout du moule ; aussitôt, un aide applique à l'extrémité des baguettes !qui sont venues former l'extérieur de la paraison, un cordon de verre chaud qui les fixe davantage sur cette paraison ; cela fait, l'ouvrier porte la masse à l'ouvreau pour la ramollir, puis la travaille sur le marbre pour achever l'union des baguettes, et enfin tranche avec ses fers près le bout de la paraison ; à partir de ce moment, le travail des verres filigranés est le même que celui des verres ordinaires. Les ornements que présentent ces verres proviennent uniquement de la présence, du choix et du nombre des baguettes qui servent à les former, ainsi que du mouvement de torsion et autre que l'ouvrier a imprimé à ces baguettes.

**Verre à vitres.** La fabrication du verre à vitres remonte à la plus haute antiquité, si l'on en croit Sénèque, qui affirme qu'à l'époque où il vivait on avait l'habitude de clore les habitations avec des vitres.

Il est certain que cet usage était répandu au commencement de notre ère, puisque, dans les fouilles faites à Pompéi, on a trouvé des vitres encore garnies de leurs montures métalliques.

M. Bontemps s'est livré à des recherches sur le mode de fabrication de ces vitres. On sait que de nos jours le verre à vitres est fabriqué de deux façons : 1° par le procédé des manchons, c'est-à-dire par allongement; 2° par le procédé des plateaux. Les bulles d'air ou du gaz que le verre contient toujours se trouvent disposées dans le verre de façon différente suivant le mode de fabrication : dans le premier procédé, ces bulles s'allongent dans des directions parallèles, tandis que dans le second, elles forment des rayons. Dans le verre de Pompéi, les bulles n'étaient allongées ni dans ce sens ni dans l'autre, et de plus l'épaisseur des vitres trouvées est plus grande aux bords qu'au centre. Ces vitres n'ont donc pas été produites par un des deux procédés actuellement en usage, mais bien par le moulage.

Comme tous les verres anciens, le verre des vitres de Pompéi est très alcalin et voici sa composition comparée à celle des verres actuels :

|  | Verre de Pompéi | Verre à vitres actuel |
|---|---|---|
| Silice | 69.43 | 69.06 |
| Chaux | 7.24 | 13.04 |
| Soude | 17.31 | 15.20 |
| Alumine | 3.55 | 1.80 |
| Oxyde de fer | 1.15 | » |
| — de manganèse | 0.39 | » |
| Cuivre | traces | » |
|  | 99.07 | 99.10 |

Quoique le verre à vitres fut connu des Romains, on ne commença guère qu'au troisième siècle à l'employer pour garnir les fenêtres des églises, et son usage dans les habitations ne devint général, en France, que sous Louis XIV. Même jusqu'au xviii° siècle, on employait encore le papier huilé dans les humbles demeures, puisqu'à cette époque il existait encore une corporation de chassissiers.

COMPOSITION DU VERRE A VITRES. On distingue deux sortes de verre à vitres : le *verre blanc* ou *crown-glass* des anglais et le *verre demi-blanc* ou *broad-glass*.

Le verre blanc est plus généralement employé; quant au verre demi-blanc, il est fabriqué avec les débris du premier mêlés à du picadil et des matières moins pures; son emploi est très restreint. Voici la composition de quelques verres:

| Verres | Silice | Chaux | Oxyde de fer Alumine et oxyde de manganèse | Soude | Potasse |
|---|---|---|---|---|---|
| Allemand (1872) | 72.25 | 13.40 | 1.23 | 13.02 | » |
| Belge (Charleroi) | 73.31 | 13.24 | 0.83 | 13.00 | » |
| Anglais (1859) | 70.71 | 13.38 | 1.92 | 13.25 | » |
| Anglais (MM. Chance, de Birmingham) | 72.90 | 13.20 | 1.50 | 12.40 | » |
| Français | 71.90 | 13.60 | 1.40 | 13.10 | » |
| Français | 69.60 | 13.40 | 1.80 | 15.20 | » |
| Blanc de potasse | 71.20 | 11.60 | 0.70 | 2.30 | 14.20 |

Ces verres sont produits en fondant la composition suivante:

| | |
|---|---|
| Sable | 100 |
| Sulfate de soude | 35 à 40 |
| Calcaire | 25 à 35 |
| Charbon en poudre | 1.5 à 2 |
| Peroxyde de manganèse | 0.5 |
| Arsenic | 0.5 à 1 |
| Calcin | Quantité variable. |

Pour les verres blancs anglais, voici deux formules de composition :

I

| | |
|---|---|
| Sable de Fontainebleau | 100 |
| Carbonate de potasse | 7 |
| Minium | 5 |
| Carbonate de soude à 90° | 30 |
| Nitrate de potasse | 5 |
| Chaux éteinte en poudre | 11 |
| Arsenic | 0.5 |

II

| | |
|---|---|
| Sable de Fontainebleau | 100 |
| Soude | 36 |
| Nitrate de soude | 5 |
| Chaux éteinte | 12 |
| Arsenic | 0.5 |

L'acide arsénieux est ajouté dans la composition non pas dans le but de l'incorporer dans le verre, mais pour produire un brassage énergique par le dégagement de ses vapeurs, brassage qui facilite le dégagement des bulles et rend l'affinage meilleur et plus rapide.

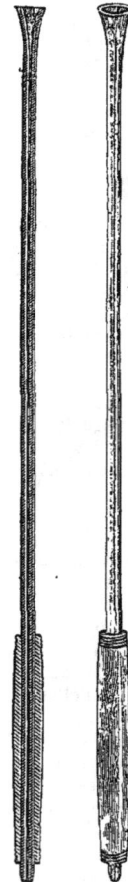

FABRICATION DU VERRE EN CYLINDRES OU EN MANCHONS. Le verre fondu, dans des pots ou dans un four à bassin, étant au point voulu pour le travail, l'ouvrier chauffe sa canne (fig. 741 et 742) au rouge sombre dans un petit ouvreau spécial; puis la plonge dans le creuset où il cueille une petite quantité de verre. Il tourne sa canne horizontalement jusqu'à ce que le verre soit assez épaissi pour adhérer. Pendant ce temps *le souffleur* souffle un peu dans le tube pour obtenir une ouverture par où passe l'air. Ensuite l'ouvrier cueille successivement du verre jusqu'à ce qu'il en ait à l'extrémité de sa canne la quantité nécessaire à l'obtention d'un manchon. Il pare alors cette masse de verre avec une palette en fer, puis il la souffle en la mouvant dans un bloc de bois creusé en forme de cuvette et arrosé préalablement. La masse ainsi marbrée est réchauffée, et l'ouvrier lui fait prendre la forme *a* en maintenant verticalement la canne, ensuite il réchauffe le fond et en soufflant fortement tout en donnant à la canne un mouvement de pendule, il arrive à donner à la pièce la forme *b*. Il

Fig. 741 et 742.
*Canne du verrier.*

réchauffe la partie hémisphérique et continue à souffler et à faire osciller la canne jusqu'à amener le cylindre à la longueur de 5 à 6 mètres forme *t* (fig. 743).

On a ainsi un cylindre fermé aux deux bouts; pour ouvrir l'extrémité opposée à la canne, l'ou-

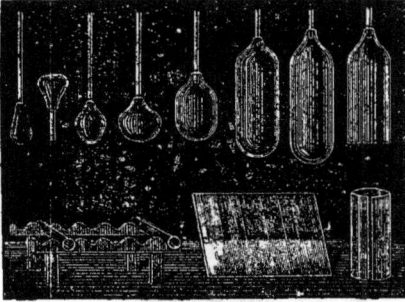

Fig. 743.

vrier la réchauffe et elle est percée avec une pointe de fer. Par le balancement imprimé à la canne cette ouverture s'agrandit et on la régularise avec la palette en faisant tourner rapidement la canne sur elle-même. Ce mode d'opérer permet d'avoir moins de déchet, que si on enlevait la partie hémisphérique au moyen d'un cordon de verre chaud. On n'emploie plus ce moyen que pour enlever la calotte fermant le cylindre près de la canne.

Le cylindre détaché de la canne, et ouvert aux deux extrémités est fendu suivant une génératrice soit en promenant intérieurement suivant cette génératrice une tige de fer rouge, soit au moyen d'un diamant guidé par une règle. Il ne reste plus qu'à l'étendre c'est-à-dire à le développer sur une surface plane, mais avant de nous occuper de ce travail nous allons dire quelques mots du soufflage des grands manchons pour la fabrication desquels le souffle de l'ouvrier est insuffisant.

Quelquefois, l'ouvrier injecte avec l'air sortant de ses poumons de l'eau-de-vie contenue dans sa bouche; l'alcool en se vaporisant fournit l'appoint nécessaire au soufflage. Dans d'autres cas, on fait usage de la pompe Robinet appelée ainsi du nom de l'ouvrier qui l'a inventée (fig. 744). Cet appareil consiste en un petit tube creux en laiton fermé à une de ses extrémités. Un petit piston en bois percé d'une ouverture circulaire peut glisser dans ce cylindre en repoussant un ressort à boudin. Pour souffler une pièce l'ouvrier n'a qu'à placer le bec de la canne dans l'ouverture du piston et à chasser violemment le piston dans l'intérieur du tube.

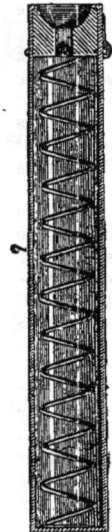

Fig. 744.
*Pompe Robinet.*

Depuis quelque temps, on applique à la fabrication du verre à vitres un procédé breveté, par M. Hanrez; dans ce procédé, on ne fabrique plus de manchons, et le rôle du souffleur est complètement supprimé. Le verre est coulé sur une table à la façon du verre anglais et roulé par plusieurs rouleaux baissant successivement, et qui laissent à la feuille de verre une épaisseur de beaucoup supérieure à celle que doit avoir la vitre. On réchauffe la plaque ainsi obtenue, et on l'amène ensuite à l'épaisseur voulue en l'étirant au moyen de chaînes s'enroulant sur le tambour d'un treuil.

Une seconde méthode de fabrication du verre à vitres, supprimant également le soufflage, consiste à verser du verre fondu dans un cylindre horizontal animé d'une vitesse de rotation comparable à celle d'une turbine à force centrifuge. Le verre s'applique contre la paroi intérieure du cylindre auquel on donne un développement correspondant aux dimensions commerciales des feuilles de verre à vitres. Pour empêcher l'adhésion du verre contre les parois du cylindre, on place dans celui-ci, et suivant une génératrice, une baguette métallique; de la sorte il est facile de retirer la feuille du tambour. Il ne reste plus ensuite qu'à l'étendre comme dans le cas des manchons.

*Étendage du verre en cylindres.* Anciennement, on étendait le verre sur une pierre à étendre formée de : terre grasse, argile, 2; ancienne pierre à étendre, 2; écailles de pots, 1.

Cette pierre était recouverte de feuilles de verre scellées, sur lesquelles on projetait, avant d'y étendre le manchon, du sulfure d'antimoine. Le verre conservait ainsi beaucoup mieux son poli.

La pierre à étendre était circulaire et moulée sur un axe autour duquel elle pouvait tourner. Elle

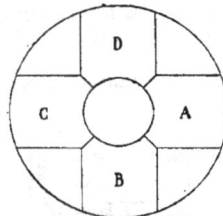

Fig. 745. — *Pierre à étendre circulaire.*

constituait la sole du four divisé en plusieurs compartiments où la chaleur allait en décroissant de A en D passant par B C. On plaçait le manchon en A où on l'étendait à l'aide d'une tringle, puis on faisait tourner la pièce autour de son axe, de façon à amener la pierre A dans le compartiment B. A ce moment, le secteur D, qui était arrivé en A, recevait à son tour un manchon, et on continuait ainsi jusqu'à ce que le premier manchon soit arrivé en D où avait lieu le défournement (fig. 745). La feuille de verre était ainsi recuite.

Divers autres systèmes d'étenderie ont été imaginés, permettant de faire passer plus régulièrement le verre de la température d'étendage, c'est-à-dire la plus élevée, à la température de 40 à 50° à laquelle le verre est retiré du four à recuire.

*Étenderie Bievez.* M. Bievez, de Haine-Saint-Pierre (Belgique), a imaginé un système de four à refroidissement pour le platinage et la recuisson des manchons et feuilles de verre à vitre, qui a été appliqué dans la plupart des verreries ; il se compose d'un four proprement dit à plusieurs compartiments, dans lequel circule un chariot où on place les manchons qui s'y aplatissent ; ensuite la feuille de verre à vitre passe dans des compartiments et se trouve soumise à des températures différentes, puis elle est enlevée de ce chariot, posée sur des tringles

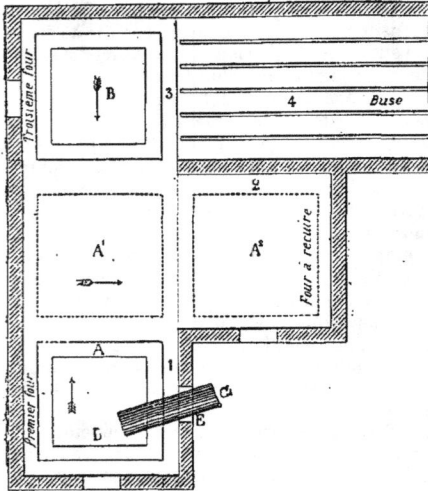

Fig. 746. — *Etenderie Bievez. Plan, fours et galerie.*

en fer qui, soulevées par un mécanisme, par lequel elles sont tirées, lèvent avec elles et font chevaucher les feuilles de verre qu'elles supportent. Voici la description d'un de ces appareils.

*Etenderie Bievez pour le platissage et la recuisson des manchons et feuilles de verre à vitre* (fig. 746 à 749).

1° *Premier four*. L'étendage du manchon C se

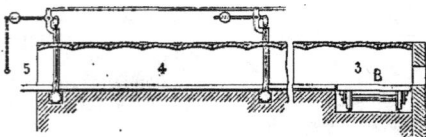

Fig. 747. — *Etenderie Bievez, Coupe longitudinale.*

fait sur une feuille de verre D déjà étendue sur la dalle du chariot A.

2° *Deuxième four servant à recuire*, il est chauffé à une température inférieure à celle du premier. Le chariot A, après l'étendage de la feuille de verre, est poussé à la main en A¹, puis au moyen d'un levier en A² dans le deuxième four.

3° Place du chariot en B en face de l'entrée de la buse de l'étenderie dans le troisième four. La feuille de verre à cette place est enlevée à fourche pour être placée sur les tringles.

4° Buse de l'étenderie, cinq tringles se meuvent dans cette galerie.

La charge à soulever étant peu considérable, tous les mouvements de levage et de tirage des tringles se font à la main.

*Ordre du travail.* Au commencement du travail, il y a un chariot dans le premier four en A, et un autre dans le deuxième en A² avec sa feuille de verre étendue.

Le manchon C est placé sur un levier qui pivote pour l'amener dans l'ouverture E. Il est de cette façon échauffé graduellement jusqu'au moment où l'ouvrier ramène le chariot A², pour le mettre dans la position B en face la buse. Lorsque

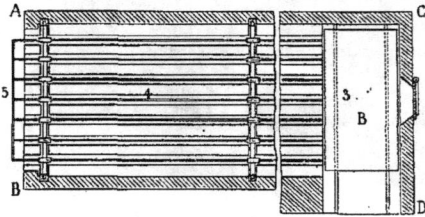

Fig. 748. — *Etenderie Bievez. Plan.*

l'étendage est terminé dans le premier four, l'ouvrier pousse le chariot A pour l'amener dans la position A¹, puis en A² dans le second. Il ramène ensuite le chariot B en avant dans la position A, après avoir placé la feuille de verre sur les tringles et recommence dans le premier four l'étendage d'un nouveau manchon.

Ces fours sont chauffés au gaz ; l'étendage et la manœuvre des chariots sont faits par un homme et un gamin. L'étenderie Bievez est un excellent appareil qui devrait être appliqué dans toutes les verreries de verres plats. On étend et on refroidit ainsi une feuille de verre à vitre en 25 minutes environ.

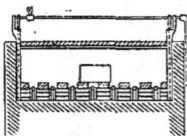

Fig. 749. — *Etenderie Bievez. Coupe transversale.*

La fabrication du verre à vitres, par le système des manchons, malgré ses avantages et sa généralisation présente aussi des inconvénients. Les deux surfaces du manchon sont inégales en raison même du mode de fabrication ; de plus, pour l'étendage on est obligé de presser la surface intérieure du manchon, ce qui produit des inégalités d'épaisseur dans la feuille de verre.

Généralement, les verriers font subir un lavage au verre à vitres avant de le livrer au commerce ; ce lavage a pour but d'enlever les alcalis qui se trouvent à la partie superficielle de la feuille et qui produiraient des irisations. On observe généralement ce fait sur des feuilles non lavées et emballées aussitôt après leur fabrication, c'est ce qu'on appelle le *ressuage*. M. Renard, habile verrier du Nord, a proposé de laver les feuilles de verre avec une dissolution d'acide chlorhydrique à 2 ou 3 0/0 d'acide. Ce procédé est excellent et donne au verre ainsi lavé une transparence durable au contact des agents atmosphériques.

*Verres à vitres cannelés* (fig. 750). Ces verres ont l'avantage de ne pas permettre de voir au travers à cause de la réfraction que subit la lumière en les traversant. On les fabrique par le procédé des manchons, et pour cela le souffleur place sa *paraison* au début dans un moule présentant des cannelures qui sont plus profondes que celles qu'aura le verre ; en effet, les cannelures diminuent de profondeur en même temps que le manchon s'allonge.

### Verre en plateaux.

Cette fabrication, entièrement abandonnée en France, n'est plus usitée qu'en Angleterre, aussi n'en dirons nous que quelques mots. Par des procédés analogues au travail des manchons, l'ouvrier prépare une masse de verre creuse ayant la forme de la figure 751 et présentant au sommet de la partie sphérique un petit bourrelet. On empontille la pièce en appliquant contre ce bourrelet ou *bouillon*, une petite masse

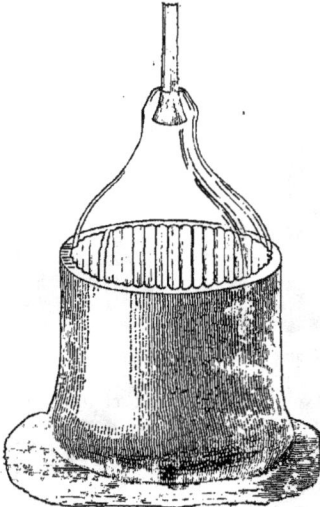

Fig. 750. — *Moule de verre à vitres cannelé.*

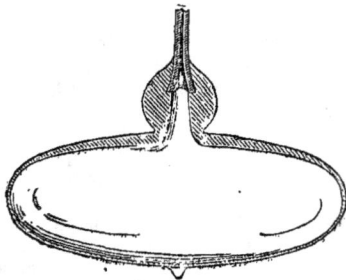

Fig. 751. — *Troisième forme de la paraison.*

de verre tenue à l'extrémité d'un pontil, on détache alors la canne et on porte la masse de verre dans le four en la soumettant à un mouvement de rotation très rapide, le pontil étant maintenu horizontalement et ne faisant que tourner sur lui-même. Sous l'action de la force centrifuge et de la chaleur, le col de la masse de verre s'élargit et bientôt on obtient un plateau parfaitement régulier d'épaisseur, sauf au centre, où la surface est toujours un peu bombée. Ce

plateau, une fois obtenu, est posé sur une surface plane recouverte de cendres chaudes et est détaché du pontil, puis porté dans le four à recuire. Le verre à plateaux doit être plus fusible que le verre fabriqué par le procédé des manchons. Voici sa composition comparée à celle d'un verre en cylindres :

|  | Plateaux | Manchons |
|---|---|---|
| Sable. . . . . . . . . . . . | 100.0 | 100.0 |
| Sel de soude. . . . . . . . | 40.0 | 37.0 |
| Charbon. . . . . . . . . . | 2.0 | 1.8 |
| Craie. . . . . . . . . . . | 32.0 | 35.0 |
| Bioxyde de manganèse. . . . | 0.5 | 0.5 |
| Acide arsénieux. . . . . . . | 0.5 | 0.5 |

### Verre à bouteilles.

Le verre à bouteilles paraît avoir une origine plus ancienne que le verre à vitres. Après avoir conservé leurs vins dans des outres en peau, les anciens Egyptiens fabriquèrent des bouteilles dont on a retrouvé des spécimens. Le musée du château de Saint-Germain possède une carafe comme on en trouvait beaucoup chez les Grecs et les Romains. Les fouilles faites à Pompéi ont mis au jour nombre de *bouteilles*, carafes ou burettes pour l'huile ou le vinaigre.

En France, l'industrie de la verrerie pour *bouteilles* remonte à l'année 1290, où fut fondée à *Quiquengrogne*, près de La Capelle (Aisne), la première verrerie. Actuellement, la fabrication des bouteilles est très développée, en France, quoiqu'elle ait diminué dans de nōtables proportions depuis l'apparition du phylloxéra.

Cette fabrication, surtout celle des bouteilles à vins *mousseux*, demande d'être conduite avec des soins tout particuliers. En effet, les bouteilles à vin de Champagne, par exemple, devront pouvoir supporter sans se briser une pression s'élevant jusqu'à 10 atmosphères. Il faut donc choisir des matières premières pouvant donner un verre bien homogène et assez élastique ; de plus, il faut que la bouteille soit très régulière de forme et surtout d'épaisseur. La cuisson joue aussi un grand rôle dans la solidité que possèdera la bouteille ; elle devra être conduite avec un soin extrême et une grande lenteur, afin que les molécules aient bien pris leur position d'équilibre.

Il est une opération spéciale à la fabrication des bouteilles, c'est la fritte qu'on fait subir aux matières avant leur fusion. Cette fritte ou demi-fusion a pour but de dessécher les matières et de les amener à occuper un petit volume, en outre, les creusets de fusion remplis par des matières frittées, ont une durée beaucoup plus grande, parce que les sels alcalins sont déjà en grande partie transformés en silicates.

Afin d'obtenir un produit à bas prix, on s'occupe peu, dans les verreries, de la pureté des matières premières, et on fait entrer dans de fortes proportions, pour économiser le sel de soude, des bases comme l'*alumine* et l'*oxyde de fer* qui sont proscrites dans la fabrication des autres variétés de verres. Ce qu'on recherche avant tout, c'est une composition économique et, dans cette voie, la « Société anglaise de Britten » paraît être la plus avancée puisqu'elle emploie les laitiers des hauts-fourneaux additionnés d'une certaine quantité de fondants. Il y a même plus, cette Société utilise la chaleur de ces laitiers en les amenant encore liquides dans le four où a lieu leur transformation en verre.

Voici la composition de quelques verres à bouteilles français:

| | Verre clair Cognac | Bordeaux | Champagne | Verre d'Epinac |
|---|---|---|---|---|
| Silice. . . . . . . . | 62.54 | 61.75 | 61.90 | 59.6 |
| Alumine. . . . . | 4.42 | 7.10 | 4.44 | 6.8 |
| Peroxyde de fer. . . | 1.34 | 2.70 | 1.85 | 4.4 |
| Chaux. . . . . . . | 20.47 | 19.60 | 17.95 | 18.0 |
| Magnésie. . . . . . | 5.41 | 4.55 | 6.38 | 7.0 |
| Soude. . . . . . | 4.73 | 4.10 | 6.16 | 3.2 |
| Oxyde de manganèse | » | 0.11 | » | 0.4 |
| Potasse. . . . . . . | 0.94 | » | 1.13 | » |
| Acide sulfurique: . . | 0.10 | 0.09 | 0.17 | » |
| | 99.95 | 100.00 | 99.98 | 99.4 |

En raison de leur forte teneur en chaux, magnésie et alumine, les verres à bouteilles sont très sujets à la dévitrification, aussi, pour remédier à cet inconvénient, on maintient le four à une haute température et on ne prolonge pas trop la durée du travail.

FABRICATION. Quand le verre est bien fondu et affiné dans les creusets ou sur la sole d'un four à bassin, et que la braise a amené ce verré à la consistance convenable, on commence le travail. Par chaque ouvreau, il y a un poste composé de quatre ouvriers, le souffleur, le grand garçon, le gamin et le porteur.

L'instrument principal dont se sert le souffleur pour exécuter son travail est la *canne*, dont nous avons donné un exemple figure 741 et 742 qui consiste en un tube creux en fer forgé long de 1$^m$,80, d'un diamètre extérieur de 3 centimètres et percé dans toute sa longueur d'un trou de 1 centimètre de diamètre. L'extrémité que le souffleur se met dans la bouche est garnie d'un manchon en bois qui sert de poignée, l'autre extrémité appelée *nez* de la canne, est légèrement renflée.

L'ouvrier souffleur est placé sur une estrade, à 1 mètre du sol, et reçoit du *grand garçon* la canne chargée de la quantité de verre nécessaire à l'obtention d'une bouteille. Cette masse de verre, appelée *paraison*, qui a été bien dressée sur le *marbre* (pièce de bois, de fer ou de fonte, présentant des cavités demi-sphériques), a la forme allongée quand elle arrive dans les mains du souffleur. Celui-ci la réchauffe et l'introduit dans un moule en argile; en soufflant, il lui fait épouser la forme du moule.

Tout en laissant la pièce dans le moule, le souffleur tire la canne vers le haut pour former le col. Il réchauffe ensuite l'objet et, pour lui donner la forme voulue, le grand garçon l'empontille au centre du fond en repoussant un peu le verre. A ce moment, la canne est séparée de la bouteille et, sur le col de celle-ci, on rapporte une bague en verre pour former le collet.

Quand on doit fabriquer des bouteilles devant

avoir des formes très régulières, on emploie des moules spéciaux parmi lesquels nous citerons celui imaginé par M. Carillon. Avec ce moule, on fait des bouteilles bordelaises à fond plat d'une capacité de 70 centilitres et du poids de 750 grammes. C'est un moule fait en deux pièces dans lequel, et après l'avoir préalablement chauffé, on introduit la paraison (fig. 752).

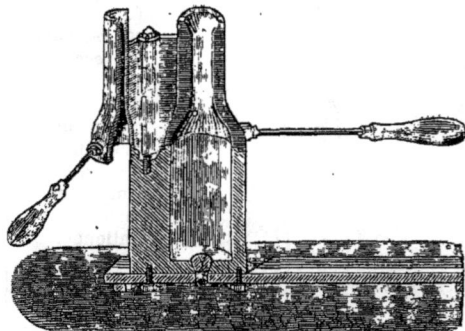

Fig. 752. — *Moule à bouteilles bordelaises.*

L'ouvrier souffle d'abord avec la bouche, puis avec la pompe Robinet. Afin que le verre formant le fond de la bouteille épouse parfaitement le fond du moule, ce dernier est percé de trous permettant à l'air de s'échapper. Pour les bouteilles champenoises, dont le col doit être parfaitement dressé, on forme le col et la bague avec une pince spéciale (fig. 753) se manœuvrant à l'aide du dispositif *a'o o b* et avec laquelle l'ouvrier écrase et pare le verre en formant ainsi par compression la bague de la bouteille.

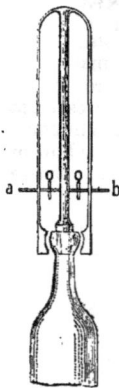

Fig. 753.

*a b* Tige de fer fixée à l'axe de la pince, et portant deux arrêts OO qui servent à limiter le rapprochement des deux mâchoires.

Quoiqu'il en soit, lorsque les pièces sont terminées, le porteur les saisit dans un *sabot*, sorte de gaine dans laquelle s'engage la pièce, et il la porte au four à recuire muni d'un foyer central, de chaque côté on empile les bouteilles jusqu'à en remplir le four, et on élève la température jusqu'à 300°, on laisse ensuite refroidir lentement en bouchant toutes les issues, et on défourne quand le refroidissement est presque complet, ce qui a lieu généralement au bout de quarante-huit heures.

On a construit des fours à recuire à feu continu dans lesquels les pièces sont placées sur des chariots entraînés par une chaîne sans fin. Elles passent ainsi graduellement de la température la plus élevée, voisine de 400°, à la température de 40 à 70° à laquelle on les défourne.

M. Siemens a construit un système de deux fours à recuire, chauffés au gaz, fonctionnant alternativement, mais constamment maintenus tous deux à une haute température. Dans chacun de ces fours, on peut introduire un chariot dans lequel sont placés debout, sur un lit de sable, les objets à recuire. Quand un chariot est rempli de produits, on ferme la porte du four, et on laisse s'élever la température pendant quelques minutes, puis on ouvre le four, et on ferme hermétiquement la caisse du chariot, que l'on sort ensuite. On laisse enfin le tout refroidir à l'air; ce refroidissement est rapide, mais très régulier à cause de la fermeture hermétique.

Il y a nécessité d'avoir deux fours si l'on veut assurer la continuité du travail; pendant qu'un chariot garni d'objets s'échauffe dans l'un des fours, l'autre chariot est en chargement à l'entrée du second four.

Après leur sortie du four à recuire, les bouteilles sont examinées et classées suivant leur qualité; on en fait plusieurs catégories ou choix, qui, à des prix différents, trouvent leur écoulement dans le commerce; les bouteilles tout à fait défectueuses sont brisées et refondues avec des compositions neuves.

Pour certains usages, notamment pour le tirage des vins mousseux, on a besoin de bouteilles irréprochables, non seulement comme forme, mais surtout au point de vue de leur solidité, de leur résistance à la pression.

*Effet de la pression sur les bouteilles.* Les bouteilles, de même que la plupart des corps, sont élastiques et susceptibles d'augmenter de volume sous l'influence d'une pression intérieure. Tant que cette pression n'atteint pas un chiffre trop élevé, l'augmentation de volume n'est que passagère, c'est-à-dire que si la pression cesse, la bouteille reprend son volume primitif; mais si la limite d'élasticité est dépassée, l'objet a pris un nouveau volume permanent, il y a eu dans ce cas déplacement des molécules. A ce moment, la résistance est de beaucoup diminuée et pour peu que la pression s'accroisse il y a chance de rupture. Il est facile de s'expliquer pourquoi le verre diminue de solidité quand la limite d'élasticité est dépassée. Quand, sous un effort suffisant, les molécules se sont déplacées et quand elles sont parvenues à la limite de l'écartement qui correspond à la largeur de leurs côtés, ou l'ont plus ou moins dépassée, le verre se rompt en quelque sorte dans certaines régions internes quoiqu'on n'en aperçoive aucune trace extérieure. Si l'effort persiste quelque temps encore, les fissures s'agrandissent, se propagent de proche en proche jusqu'à ce que le verre se détache en morceaux. En examinant à la loupe des morceaux de bouteilles cassées par excès de pression, on voit souvent le verre sillonné de stries et de fines crevasses qui démontrent la formation de ces fissures internes, produites par le changement d'état permanent de la bouteille.

Les bouteilles de premier choix peuvent généralement supporter une pression de 14 à 15 atmosphères, sans que cette pression leur fasse acquérir un nouveau volume permanent, c'est donc là la pression limite à laquelle on doit les soumettre dans l'essai qu'on leur fait subir. Comme, d'ailleurs, dans les tirages faits dans les plus mauvaises conditions, la pression ne dépasse pas 10 atmosphères, en essayant les bouteilles à 12 atmosphères, on pourra employer avec certitude celles qui, sous cette pression, n'auront pas pris un nouveau volume permanent.

**Verre perforé.** Le renouvellement fréquent de l'air confiné dans les appartements est une des conditions essentielles de salubrité; aussi dans les constructions nouvelles, les architectes se préoccupent-ils de ménager des ouvertures permettant, d'une façon permanente, le libre accès de l'air.

MM. Appert ont résolu la question d'aération en fabriquant des vitres percées de trous tronconiques très petits et placés en quinconce. Ces vitres sont posées de façon à mettre la plus grande section des trous dans l'intérieur de l'habitation; par cette disposition, l'air extérieur perd sa vitesse en traversant les trous, et il s'épand uniformément en se mélangeant à l'air intérieur, sans former de filets, ni courants nuisibles.

Les vitres perforées comptent jusqu'à 5,000 trous par mètre carré; ces trous ont un diamètre qui varie de 3 à 4 millimètres pour la petite section, et de 6 à 8 millimètres pour la grande. Le verre perforé est préparé en coulant le verre sur des tables en fonte garnies de saillies ayant la forme et l'espacement des trous que l'on veut obtenir, et en écrasant le flot de verre au moyen d'un rouleau; quant à l'épaisseur, elle est donnée par des tringles de hauteur convenable. A ce moment du moulage, les saillies qui doivent former les trous sont submergées par le verre liquide, aussi les trous restent-ils bouchés sur une de leurs faces par une mince couche de verre dont l'épaisseur n'a guère plus d'un cinquième de millimètre. On procède alors au débouchage en faisant usage du foret de section hexagonale tournant à 750 tours par minute; par ce moyen, un ouvrier peut déboucher 2,000 à 2,400 trous en une heure. La main-d'œuvre n'augmente donc pas beaucoup le prix de revient de ce verre. Dans les locaux où une ventilation permanente serait gênante, on met derrière le verre perforé un vasistas à charnières muni d'un verre plein qu'on ferme à volonté.

**Verres de montres.** A l'origine de l'horlogerie portative, les aiguilles des montres étaient, en général, protégées par un verre taillé dans un morceau de cristal, rendu plat ou légèrement bombé, par les procédés primitifs de l'usure et du polissage à la meule. Mais quand les montres, d'ovales qu'elles étaient, devinrent rondes ou prirent la forme d'une sphère fortement aplatie à ses pôles, le verre devint lui-même un segment de sphère qu'on obtenait en soufflant des petits ballons sur chacun desquels on découpait deux calottes sphériques, dont on régularisait les bords sur une plaque de fonte ou à la meule. Ces procédés de fabrication étaient longs et coûteux et, en outre, ces verres trop élevés du centre ne laissaient que peu d'espace vers le bord pour la circulation des aiguilles.

L'épaisseur des montres ayant sensiblement diminuée, on imagina de remplacer les verres précédents par d'autres presque plats et recourbés sur leur rebord circulaire, dit *verres chevés*, d'un vieux mot français qui signifiait *creusés*, parce qu'ils étaient formés de morceau de verre ou de cristal, creusé à l'intérieur. Leur prix étant naturellement très élevé, un fabricant français,

Pierre Royer imagina, en 1791, de mouler les verres par la méthode actuellement employée.

Nous allons passer en revue la suite des procédés qui ont été utilisés successivement dans la fabrication des verres de montres.

Après les bandes de verre dont nous venons de parler, on fit de petites fioles dont on détachait le bas, puis d'amélioration en amélioration on est arrivé au procédé suivant : le souffleur avec l'extrémité renflée d'une canne de verrier, cueille une

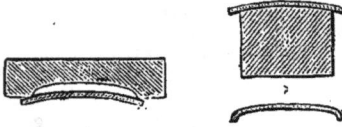

Fig. 754 à 756.

masse de verre de plusieurs kilogrammes, à l'état convenable d'onctuosité, et lui fait prendre d'abord une forme allongée, puis la forme sphérique.

Sur ces globes d'un diamètre de 30 à 80 centimètres, et d'une épaisseur de 1 millimètre à 1 millimètre 1/2 au plus, on découpe par différents procédés, de petites calottes sphériques (jusqu'à 600 sur un seul globe) qui, ramollies par une chauffe appropriée, sont placées chacune sur un moule où elles sont pressées de façon à diminuer la convexité du verre, tout en rabattant le bord sur

Fig. 757.

tout le contour (fig. 754 à 756). M. Couder-Tribout a pris en 1886, un brevet pour un ensemble de four à bomber le verre et à recuire les verres bombés. Le four à recuire fait suite au four à bomber, et au fur et à mesure de leur fabrication, les verres bombés, une fois placés à l'entrée du four à recuire, sont entraînés mécaniquement jusqu'à l'extrémité de ce four où on les défourne. Ce four à recuire est d'une construction analogue aux fours continus de recuisson des verres à vitres. Il ne reste plus alors qu'à rectifier et polir le rebord qui doit s'encastrer dans le *drageoir* d'une boîte de montre.

Une ouvrière d'une habileté ordinaire peut dé-

couper de quarante à cinquante grosses de verres de montres dans sa journée; c'est-à-dire en moyenne *six mille* verres par jour.

La figure 757 représente une boule d'assez grande dimension dans laquelle un ouvrier a réussi à découper une multitude de verres de montres, sans rompre le globe, qui est ainsi percé à jour sur toute sa superficie.

Les verres de prix (verres dits *doubles*) ne sont pas moulés parfaitement plats, ils conservent une certaine convexité, qu'on enlève ensuite à la meule par l'opération dite *flettage*; ils sont donc plus minces au centre que vers le bord.

**Verres pour les pièces de phares.** Les appareils qui servent à éclairer les rivages, ayant trouvé leur description toute naturelle au mot PHARE, nous n'avons à nous occuper ici que de la nature du verre dont on se sert.

On a dû vaincre bien des difficultés avant de couler et de recuire convenablement les grandes pièces de verre dont se composent les appareils de premier ordre et les lentilles de la télégraphie optique. On a d'abord eu recours au procédé en usage dans la fabrication des verres d'optique pour objectifs astronomiques, c'est-à-dire au ramollissage, et l'on ne pouvait obtenir ainsi que des pièces de petites dimensions qu'on réunissait bout à bout pour en faire des anneaux. Aujourd'hui, le verre pris au creuset au moyen de poches en cuivre est coulé directement dans les moules ou lingotières en fonte; on l'y laisse refroidir lentement, et il en sort avec une forme qui se rapproche beaucoup de celle qu'il doit avoir après la taillé. Le verre de Saint-Gobain, exclusivement employé pour la construction des phares en France, a la composition suivante (son indice de réfraction est 1,54).

| | |
|---|---:|
| Silice. . . . . . . . . . . . . . . . | 72.1 |
| Soude. . . . . . . . . . . . . . . . | 12.2 |
| Chaux . . . . . . . . . . . . . . . . | 15.7 |
| Alumine et oxyde de fer. . . . . . | traces |
| | 100.0 |

La grande proportion de silice et de chaux qui entre dans ce verre, le rend très dur et inattaquable à l'air ; il est aussi limpide que possible.

Les pertes que la lumière subit en traversant une pièce de verre, proviennent de deux causes différentes : 1° de la réflexion d'une partie des rayons sur les surfaces terminales (avec le verre de Saint-Gobain, bien poli, cette perte est d'environ 10 0/0 de la lumière incidente, pour les incidences comprises entre la normale et 45°); 2° de l'absorption pendant le passage d'une surface à l'autre, avec le verre de Saint-Gobain on peut évaluer cette perte à 1/2 0/0 par centimètre d'épaisseur. Les pièces de verre de forme circulaire qui forment la plus grande partie des lentilles de phares, sont travaillées sur des tours à arbre vertical et à plateau horizontal.

L'anneau, coulé en une seule ou en plusieurs parties et préalablement chauffé dans un four, est collé au moyen de poix fondue sur un cercle en fonte élevé de quelques centimètres au-dessus du plateau du tour. Pendant cette opération on fait tourner autour et au centre l'anneau à la main, puis on laisse refroidir et on commence le travail du dégrossi. Ce travail consiste à appliquer contre la surface de l'anneau entraîné dans le mouvement de rotation du tour, un frottoir en fonte enduit de grès mouillé qui use lentement la surface du verre et en fait disparaître les inégalités. Quand elle est suffisamment lisse, on imprime au frottoir un mouvement de va-et-vient destiné à effacer les sillons creusés par les grains de sable, et à donner à la surface la courbure que le calcul lui a assignée suivant la place que l'anneau doit occuper dans la lentille. A cet effet, le frottoir est emmanché au bout d'un bras assujetti à osciller entre deux pointes. La longueur du bras détermine le rayon de courbure de la surface, la position du centre détermine son inclinaison par rapport au plan horizontal. Des calibres taillés avec beaucoup de soin, sont appliqués fréquemment sur la surface au cours du travail, et permettent d'en vérifier l'exactitude. Quand le verre est complètement dégrossi, et qu'il ne reste plus aucun témoin de surface brute, on arrête le travail au grès et l'on passe au travail à l'émeri. L'anneau, le tour et les frottoirs sont lavés avec le plus grand soin, jusqu'à ce que toute trace de grès ait disparu, puis on remet l'outil en marche en appliquant sur le verre, non plus du grès, mais de l'émeri délayé dans de l'eau. Ce n'est que graduellement et en employant quatre espèces d'émeris de plus en fins que l'on amène la surface du verre à l'état désigné sous le nom de *douci*, et qui permet d'en entreprendre le polissage. Entre chaque changement d'émeri le tour doit être lavé et, si l'on ne fait pas ce lavage avec assez de soin, on s'expose à avoir des surfaces rayées. Enfin, après un dernier lavage, on passe au poli, qui se fait au moyen du rouge d'Angleterre (peroxyde de fer) délayé dans l'eau et appliqué avec un pinceau sur la surface de l'anneau. Pendant cette phase de l'opération, la surface en fonte du frottoir est recouverte d'un feutre.

La qualité optique d'une de ces pièces dépend principalement de l'exactitude de sa forme géométrique et par conséquent de la bonne construction des outils avec lesquels on la travaille. Toute inexactitude de formes se traduit par une perte de lumière. Les déformations qui ne peuvent être évitées dans le voisinage des arêtes des prismes, sont une cause de perte qu'il importe de diminuer en faisant les arêtes aussi fines que possible, et en ne multipliant pas outre mesure les prismes en vue d'en réduire l'épaisseur.

Tous les anneaux dioptriques, avant d'être placés dans le phare, sont vérifiés par la méthode des *foyers conjugués* qui consiste à les exposer à la lumière d'une lampe placée en avant de l'anneau à une distance connue, et dont on recueille l'image sur un écran placé de l'autre côté. Le point auquel cette image apparaît le plus nettement est le foyer conjugué de la lampe, et il est facile d'en déduire la valeur de la distance focale principale de l'anneau qui doit être égale au rayon du phare.

En 1863, on fit en France une première application de la lumière électrique dans un des phares de la Hève; cet éclairage a l'avantage d'aug-

menter d'une manière sensible la portée des feux, principalement par les temps brumeux, et ce résultat est dû à la plus grande intensité spécifique de cette lumière, c'est-à-dire par centimètre carré de surface lumineuse.

Il a été démontré que le verre français de Saint-Gobain est bien supérieur au verre anglais pour la construction des phares. La température élevée produite à l'intérieur des appareils, par la combustion de l'huile des lampes, fissurait les lentilles, et il a été constaté que le verre français transmet la chaleur radiante plus facilement que le verre anglais, et que les lentilles de verre français sont par conséquent moins chauffées que les lentilles formées de verre anglais. Le verre *diathermane* qui permet à la chaleur radiante de passer librement était dans ces phares, du verre français; le verre *athermane* qui arrête la chaleur radiante était de fabrication anglaise. A ce sujet, il y a une remarque importante qui a été faite; de même que la chaleur radiante agit différemment sur les diverses sortes de verre, la chaleur radiante émanant de tel ou tel point lumineux agira différemment sur le même verre. Ainsi, une plaque d'un verre transparent laissera passer 40 0/0 de la chaleur provenant d'une lampe brûlant avec éclat, tandis que la même plaque ne laissera passer que 6 0/0 de la chaleur d'une plaque de métal chauffée à une température de 50 à 60°.

Cette minime transmission implique une très grande absorption correspondante. Ces deux causes réunies, combinées, ont provoqué il y a peu d'années chez les anglais des ruptures nombreuses, qui ont préoccupé l'amirauté pendant un certain temps.

Soufflage a l'air comprimé. M. L. Appert, l'éminent verrier de Clichy, bien connu par ses nombreux travaux sur le verre, a cherché à supprimer complètement le rôle de l'ouvrier souffleur, rôle si pénible et si dangereux pour la santé, en remplaçant le souffle par une injection d'air comprimé dans la canne. Il a inventé un appareil très ingénieux pouvant se prêter au travail du soufflage pour des objets de toutes formes, bouteilles, manchons pour vitres, etc., et

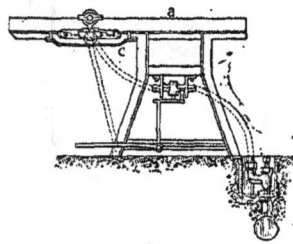

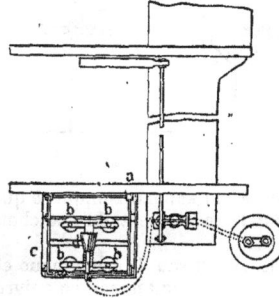

Fig. 758 et 759.

suivant la nature de l'objet à souffler, l'appareil a reçu diverses modifications rendant possibles tous les mouvements que l'ouvrier doit donner à la canne ; rien ne le gêne dans son travail ; il peut soit la faire tourner rapidement sur elle-même, soit la tenir verticalement le « nez » en haut ou en bas, soit lui donner le mouvement de pendule.

*Appareils à souffler.* Sur le bras gauche *a* (fig. 758 et 759) du banc du verrier, est fixé le support d'un chariot muni de cinq galets dont quatre *b b b b* placés horizontalement, sont à rainures et servent de guides ; le cinquième est vertical et porte le chariot. Ces cinq galets roulent dans un cadre *c* qui est rattaché à charnières au bras du banc, et qui par conséquent peut être rabattu à volonté. Le chariot porte une boîte à étoupe dans laquelle peut tourner le *manchon à souffler* après lequel on fixe la canne. Ce manchon à souffler (fig. 760) est composé d'un cône en caoutchouc *a* fixé à son

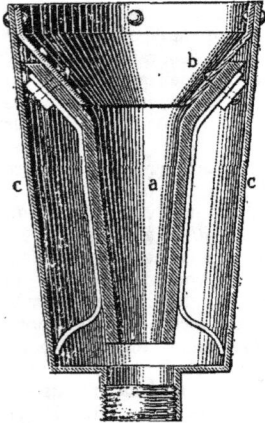

Fig. 760. — *Manchon à souffler.*

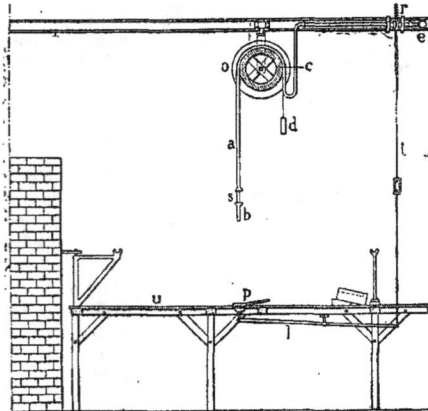

Fig. 761.

extrémité supérieure à un anneau conique *b* qui est lui-même fixé sur le revêtement du manchon à souffler *c*.

La canne est reliée à un tuyau de caoutchouc et y est maintenue au moyen d'un anneau en cuivre serrant à baïonnette. Un tube en fer est fixé sur le tube en caoutchouc pour empêcher sa torsion, pendant le mouvement de rotation que l'ouvrier donne à la canne, et le cou de cygne doit être suffisamment long pour ne pas gêner l'ouvrier.

En fixant la canne dans le cône en caoutchouc, elle en devient une partie intégrante et emporte avec elle dans tous ses mouvements le tuyau amenant l'air. Le chariot roule et suit le mouvement de va-et-vient que la canne possède en roulant sur les bras du banc, et l'arrivée d'air est réglée par un robinet mû par une pédale sous le pied droit de l'ouvrier. Le banc muni de l'appareil que nous venons de décrire peut être employé pour le soufflage de pièces n'exigeant que des mouvements horizontaux de la canne, notamment pour le percement d'une masse de verre, pour le soufflage de la partie élargie des verres de lampe, etc.

*Appareil universel à souffler le verre.* M. L. Appert a donné une disposition pour souffler toutes sortes d'objets en verre et dans toutes les positions possibles, et en particulier les manchons et les cylindres pour le verre à vitre, et il a désigné cet appareil sous le nom d'*appareil universel à souffler le verre.*

Cet appareil comprend deux pédales P (fig. 761) qui font saillie au-dessus de la plate-forme de travail, et

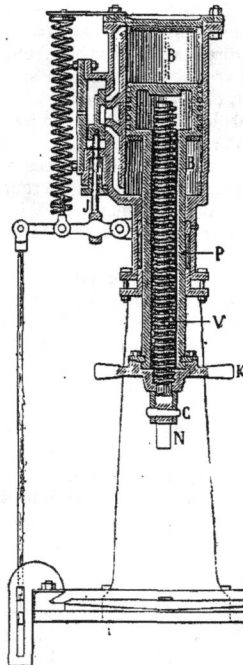

Fig. 762. — *Presse à air comprimé, pour le moulage du verre.*

mettent en mouvement par les tiges *l t* un robinet d'arrêt automatique *r* situé à la partie supérieure de l'atelier. En pressant sur l'une ou l'autre des deux pédales, l'ouvrier ouvre le robinet *a* ; ce robinet communique d'un côté avec le tuyau *e* amenant l'air comprimé, de l'autre un tuyau terminé par un tube flexible *a* qui passe sur une poulie O C, et qui est relié avec une branche d'accouplement *b* au moyen d'un presse-étoupes de façon à ne jamais tordre le tube *a*. La canne s'adapte à la branche *b*. Un contrepoids *d* équilibre le poids du tuyau *a*, de telle sorte qu'il s'allonge ou se raccourcit de lui-même pour ne point gêner l'ouvrier.

*Presse à mouler.* M. Appert a construit, pour le moulage des objets en verre, une presse à air comprimé. Nous en donnerons sommairement la description, la simple vue du dessin suffisant à en faire comprendre le fonctionnement. Dans cet appareil (fig. 762), le noyau N du moule est fixé au moyen d'une clavette C à l'extrémité d'une vis V qui peut tourner dans une pièce P, constituant la tige d'un piston se mouvant dans un cylindre BB ; les deux extrémités de ce cylindre sont garnies de caoutchouc pour amortir les chocs.

Sur le côté gauche de la boîte BB se trouve le dispositif employé pour la distribution et l'échappement de l'air ; la valve *j*, mue par des leviers actionnés par une pédale, commande cette distribution et un ressort à boudin la ramène à sa position normale, quand la pédale a cessé d'agir. Au moyen du volant K fixé à la pièce P, on peut faire monter ou descendre la vis V, et par suite régler la position du noyau N.

*Pression à donner à l'air pour le soufflage.* La pression de l'air qui doit être constante pour le même travail, doit évidemment varier suivant la nature du verre. Cette pression peut aller de 50 grammes à 200 grammes par centimètre carré.

L'air comprimé est fourni par un compresseur à deux cylindres, mû par la machine motrice de l'usine et est emmagasiné sous la pression de 3 atmosphères dans plusieurs réservoirs pouvant être isolés les uns des autres, de manière à les décharger successivement. De ceux-ci, l'air est envoyé dans d'autres réservoirs appelés *cylindres détendeurs* qu'on charge de 500 grammes à 1 kilogramme, suivant la nature du travail, puis enfin par une canalisation spéciale en relation avec les cylindres à haute pression, on envoie, à l'aide du régulateur sec Delamarre (fig. 763 et 764), de l'air détendu obtenu à 180 grammes par centimètre carré, dans les cylindres qui sont directement reliés aux manchons de soufflage. Cet air détendu à 180 grammes est employé au soufflage des pièces de gobeleterie et au soufflage des bouteilles. L'ouvrier

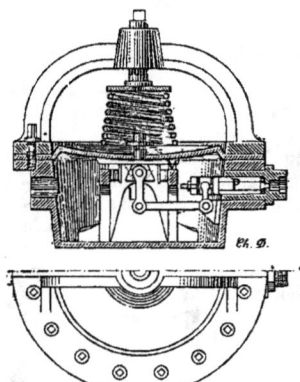

Fig. 763 et 764. — *Régulateur sec Delamarre:*

souffleur est d'ailleurs maître de la pression à maintenir dans sa canne, laissant ouvert plus ou moins longtemps le robinet d'arrivée d'air.

Dans le cas où la pression à donner est faible, on peut simplement accumuler l'air dans un gazomètre télescopique pouvant suffire au travail de douze ou de vingt-quatre heures. Une installation de cette sorte réaliserait une notable économie sur celle des réservoirs à haute pression qu'on doit charger assez fréquemment, si l'on en juge

par les chiffres que nous donnons ci-dessous, représentant le cube d'air employé au soufflage de divers objets.

Pour certaines fabrications de gobeleterie, le cube d'air à expirer est de 2 mètres cubes et demi à une pression de 25 grammes par ouvrier et par jour. Pour les manchons de verre à vitres, la quantité d'air va jusqu'à 7 mètres cubes à une pression de 20 à 75 grammes. Un ouvrier bouteiller chasse de ses poumons en une journée, 1 mètre cube d'air à une pression de 25 à 75 grammes et plus. Ces conditions de travail, si pénibles par l'effort musculaire réitéré auquel il oblige les souffleurs sont encore aggravées par la sécheresse et la température élevée de l'atelier ; aussi, au point de vue hygiénique et humanitaire, l'invention de M. L. Appert doit-elle être envisagée comme un véritable bienfait.

*Appareil permettant des mouvements verticaux de la canne, la masse de verre étant en haut.* Dans le cas où l'on veut fabriquer certaines pièces qui nécessitent une position verticale de la canne, M. Appert donne au banc la disposition représentée par les figures 765 et 766. Dans ce

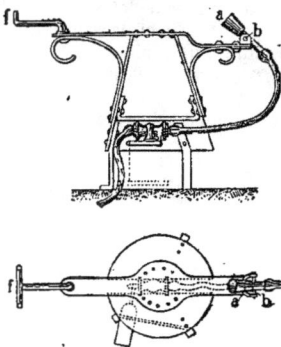

Fig. 765 et 766.

cas, le manchon soufflant, au lieu d'être porté sur un chariot permettant un mouvement horizontal de va-et-vient, est monté sur un pivot horizontal *b*, autour duquel il oscille, et qui est fixé sur un support pouvant tourner autour d'un axe *b* ; une fourchette *f* est placée de façon à recevoir la canne quand il n'y a pas lieu d'en faire usage. L'appareil, ainsi disposé, est spécialement employé au soufflage des globes en verre épais de grandes dimensions, de matras pour laboratoire ; il sert aussi à souffler les ballons dont on fait les petites pièces annulaires ou bobèches que l'on place sur les chandeliers.

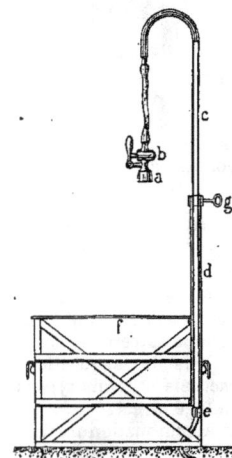

Fig. 767.

*Appareil à bec de cygne permettant des mouvements verticaux de la canne, dont le nez est dirigé vers le sol.* Dans ce cas, le banc est transformé en un tabouret avec gradins *f* (fig. 767) qui porte une pièce *c* ayant la forme d'un cou de cygne, par laquelle l'air comprimé est amené, au moyen d'un tube flexible, jusqu'au robinet *b* adapté au manchon soufflant *a*, et qui étant mobile dans une gaîne métallique peut être fixé en un point quelconque à l'aide de la vis *g*. En *e*, on adapte le tube flexible reliant l'appareil à la prise d'air et le manchon soufflant est réuni au robinet *b*, au moyen duquel l'ouvrier règle la quantité d'air dont il a besoin. Cet appareil sert au moulage, dans des moules fixes ou tournants, de bouteilles, verres à gaz, carafes, flacons, etc., etc.

Quand le moulage doit avoir lieu dans un endroit fixe, cet appareil peut être remplacé par un simple tuyau flexible muni d'un robinet.

*Appareil pour le soufflage des manchons, dans les verreries à vitres.* Le robinet d'arrivée d'air *a* (fig. 768 et 769) se trouve sous le plancher *c* et est mû

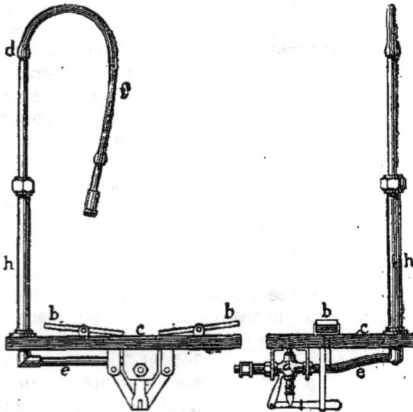

Fig. 768 et 769.

par deux pédales *b*, *b*, faisant légèrement saillie au-dessus de celui-ci; *e* est un tuyau en plomb faisant communiquer ce robinet avec le cou de cygne *f* par la colonne *h*.

#### FOURS DE FUSION.

Les fours étaient autrefois chauffés au bois; ce mode de chauffage est abandonné aujourd'hui, et l'on y a substitué la houille. Nous ne parlerons pas ici des anciens fours de verrerie qui n'ont plus qu'un intérêt historique, et nous entrerons immédiatement dans le côté pratique de la question; nous diviserons les fours actuels en trois types :

1° Le four à grille à chauffage direct;

2° Le four Boëtius, four à combustion méthodique du charbon, dans lequel l'air destiné à la combustion est échauffé en partie. La combustion du charbon, son grillage, peut se faire sous le four, ou bien même avec annexion de gazogènes auxiliaires ;

3° Les fours à gaz proprement dits : Siemens, à régénération de gaz et d'air, à renversement des courants gazeux ; Nehse, Radot, Klattenhoff, etc., avec régénération d'air et sans renversement;

1° *Four à grille à chauffage direct*. Nous citons ce four pour mémoire, il n'est plus guère employé que dans les verreries de verre soufflé, bouteilles ou verre à vitres. Les jours de ce système de four sont comptés, et il doit être remplacé par les fours à gaz à creusets ou à cuves, si les maîtres de verreries veulent éviter la ruine ou la fermeture de leurs usines.

2° *Four Boëtius.* Le principe du four Boëtius repose sur la combustion méthodique du charbon, dans l'échauffement de l'air destiné à la combustion et le mélange intime des gaz comburants et combustibles. La description qui en est donnée ici s'applique à un four à verre à vitres, rectangulaire et à huit pots, reproduit par les figures 771 et 772; les dispositions pour fours à six ou à dix pots, ainsi que pour fours ovales ou ronds, s'en déduiraient facilement. La figure 770 donne, d'ailleurs, une coupe verticale d'un four rectangulaire à six creusets.

Le four Boëtius se compose du four de fusion

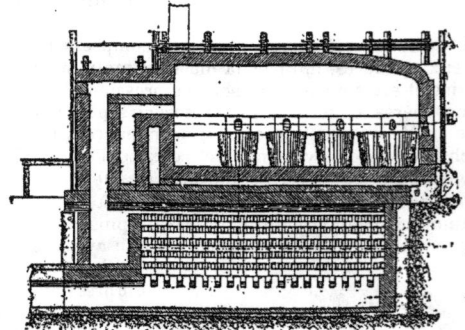

Fig. 770. — *Coupe verticale d'un four Boëtius, à verre à vitres.*

proprement dit *a* (fig. 771 et 772) et des deux générateurs à gaz ou gazogènes *b b'*, situés directement en dessous du four et séparés par un massif central *c*. Ce four, en lui-même, n'offre rien de particulier sauf que dans les paliers d'ouvreau sont ménagées des cheminées *d d'*, etc., qui communiquent avec la hotte du four et par lesquelles se fait l'aspiration; le siège n'est encore formé que d'un seul massif légèrement incliné vers les parois du four et percé, en son axe longitudinal, de deux lunettes *l l'* par lesquelles les gaz arrivent dans le four. Il est composé de deux tas de grandes briques de siège, superposées à un lit de petites briques de siège qui, à son tour, recouvre un réseau de petits canaux *r r'* débouchant dans les lunettes *l l'*. C'est par ces canaux que sont lancés les jets d'air destinés à la combustion.

Directement sous le siège, et suivant son axe longitudinal, s'étendent les deux gazogènes. Ce sont des foyers à grille inclinée et à tirage naturel. Leur fond est formé par le massif central C garni d'un revêtement en briques réfractaires d'une assez forte épaisseur, environ 0m,50, les parois également en briques réfractaires cuites, s'élèvent en se rétrécissant jusqu'aux dimensions des lunettes du siège. Les générateurs sont recouverts par deux voûtes qui supportent le siège, mais laissent une ouverture qui communique avec les lunettes du siège. En g et g' sont les grilles qui se continuent jusqu'aux tisards en t et t' par des plans inclinés pp' appuyés sur les voûtes vv'. Sous chaque grille court le cendrier K, appelé cave; la galerie G est destinée à faciliter la conduite des cendres.

La grille ne doit laisser passer que l'air nécessaire à la combustion du coke; les gaz combustibles sont brûlés par l'air appelé par des prises d'air établies dans le massif G (ii'), sur le devant des générateurs en ff'. Le jet de flamme monte par les lunettes de la voûte du four et se dégage par les petites cheminées d'ouvreau.

Outre l'économie de combustible, on atteint dans le four Boëtius des températures bien supérieures à celles qu'on obtient dans les fours à foyer direct; le verre y est plus beau, plus fin et s'y maintient plus longtemps à l'état fusible. Pendant la durée du travail, le verre est à l'abri de toutes les poussières et reste pur jusqu'au fond du creuset.

En suivant les données de M. Boëtius, M. Tocke a supprimé les fours de travail, mais à une certaine distance, il existe un ou plusieurs générateurs à gaz mis en communication avec le four de fusion b, au moyen d'un conduit en maçonnerie e.

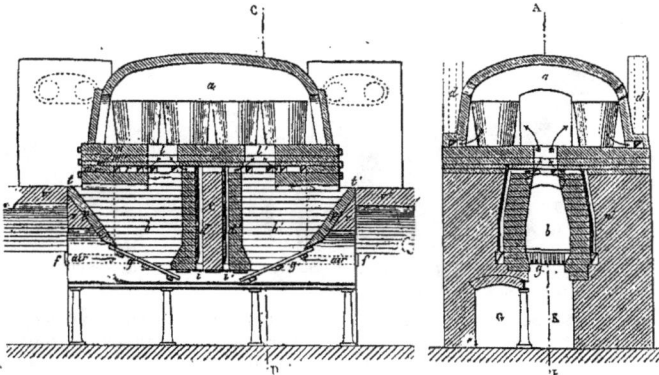

Fig. 771 et 772.

En résumé, comparativement aux fours à foyer direct, le four Boëtius, avec annexion de gazogènes, présente les avantages suivants :

1° Plus grande quantité de verre de choix;

2° Plus grande rapidité dans les opérations; ce qui entraîne une production plus forte et par conséquent une meilleure utilisation de la main-d'œuvre et des dépenses d'installation et d'entretien;

3° Une économie de combustible de 30 0/0.

Perfectionnement Appert. M. L. Appert (brevet n° 166,498, 17 janvier 1885), dont nous avons parlé plus haut, a apporté quelques perfectionnements au four tel que Boëtius l'avait primitivement conçu. Les modifications introduites ont eu pour but de donner à l'air amené dans le laboratoire du four, autour des creusets, une température sensiblement plus élevée que dans l'ancien dispositif, produisant aussi une température plus élevée dans l'intérieur du four, avec une consommation de combustible notablement moindre (10 à 15 0/0).

Par un système de chicanes placées le long des murs verticaux des gazogènes et dans le damier disposé sous les dalles supportant les creusets, les filets d'air sont obligés de suivre un parcours beaucoup plus considérable et égal dans toutes ses parties, avec la vitesse la plus faible possible. L'air reste ainsi en contact avec les parties chaudes des gazogènes et du four, en les rafraîchissant et en en empêchant l'usure trop rapide.

Un ensemble de regards convenablement disposés permet la visite et le nettoyage des chicanes et des carneaux. L'air arrive dans le four à une température d'environ 500 à 600°. Ces fours sont employés dans un grand nombre de verreries produisant la gobeleterie ou demi-cristal.

3° Fours à gaz. Four Siemens à gaz et à régénérateurs. Le four Siemens, à gaz et à chaleur régénérée, se compose de deux parties distinctes : le four proprement dit, avec ses valves de renversement, ses régénérateurs, ses chambres de fusion ou de travail et le gazogène, où le charbon est converti en combustible gazeux.

Les gaz (fig. 773) sortant du gazogène passent par la valve de renversement G qui le dirige à la partie inférieure du régénérateur $G_1 G_1$; l'air est admis par la valve de renversement de l'air A dans le régénérateur à air $A_1 A_1$ qui est plus grand que celui à gaz; l'air et le gaz arrivent en $B_1$, dans la chambre de combustion. La flamme, après avoir traversé le four, passe par B, à travers deux chambres régénératrices $G_2 G_2$, $A_2 A_2$, avant de se rendre à la cheminée.

Donc, l'air et le gaz combustible montent dans le four à travers une paire de régénérateurs et se rendent à la cheminée, après la combustion, à travers l'autre paire; mais, en passant à travers cette seconde paire, ils abandonnent la plus grande partie de leur chaleur aux briques qui y sont empilées et arrivent au fond des chambres et à la cheminée relativement froids. Lorsque la circulation s'est faite ainsi pendant une heure, on renverse les valves et on renverse ainsi la direction des courants. L'air et le gaz rentrent alors dans la seconde paire de chambres régénératrices $A_2$, $G_2$; l'air monte dans l'une, le gaz dans l'autre, et ils y reprennent la majeure partie de la chaleur déposée avant le renversement dans les briques par les gaz descendants.

Les gaz ainsi portés à une température de 800°, par exemple, entrent alors en combustion, et si la température, dans l'opération précédente, était de 800°, elle devra être maintenant de 1,600°, parce que la température initiale était déjà de 800°; les produits de la combustion étant aussi à 1,600°, s'échapperont et chaufferont à environ 1,600° les empilages de la première paire de régénérateurs. Ainsi de suite, la température du four sera ainsi abaissée à chaque renversement des valves.

Les gazogènes, ou appareils dans lesquels le combustible solide est converti en gaz, affectent des formes diverses qui sont ramenées à deux sortes. La première forme, la plus ancienne, consiste en une chambre en briques de forme cubique, d'environ 2 mètres à 2$^m$,50 de largeur, à parois inclinées. Le combustible descend le long de l'inclinaison jusqu'à la grille disposée au fond et où se produit la combustion.

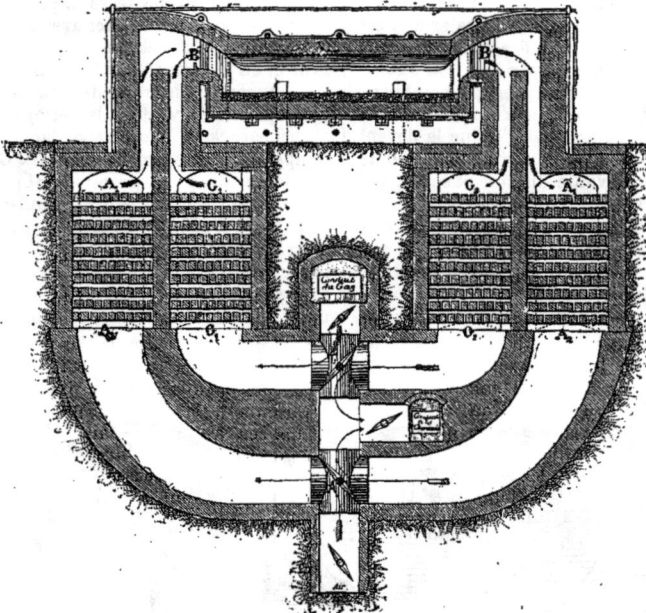

Fig. 773. — *Figure théorique d'un four Siemens, à gaz et à régénérateurs.*

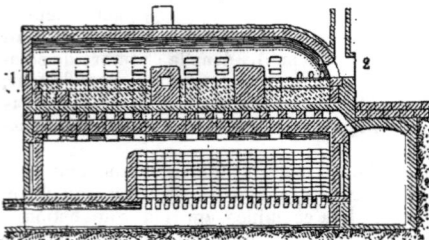

Fig. 774. — *Coupe longitudinale d'un four à cuve Siemens.*

1 Enfournement des matières vitrifiables. — 2. Cuellage du verre fondu.

La pratique a démontré les avantages suivants du four à gaz Siemens (fig. 774) :

1° Économie de combustible de 40 à 50 0/0 en quantité, et en argent elle s'élève souvent à 75 0/0;

2° Augmentation du travail obtenu s'élevant à 30 0/0 et plus;

3° Grande pureté et douceur de la flamme ;

4° Durée plus grande des fours ;

5° Économie de place dans les usines et grande propreté;

6° Réglage à volonté de la chaleur et de la nature de la flamme;

7° Absence complète de fumée à la cheminée d'appel.

*Fours chauffés par radiation.* Depuis 1884, M. Frédéric Siemens a émis une nouvelle théorie pour le chauffage des fours dit *chauffage par radiation*; en voici le principe : dans la première période de la combustion, qui est la période active, les flammes passent à travers une grande chambre à combustion et ne la chauffent que par leur chaleur rayonnante. Dans la seconde, les produits de combustion sont mis en contact direct avec les surfaces à chauffer, auxquelles ils transmettent la chaleur produite par la combustion en l'ajoutant à celle résultant de la radiation émise par les flammes.

Dans les fours régénérateurs, qui en réalisent l'application, le chauffage par la chaleur rayonnante s'effectue dans les chambres à combustion, tandis que le chauffage par le contact des gaz chauds a lieu dans les régénérateurs. La combustion des gaz étant accomplie dans les chambres à combustion et une certaine quantité de chaleur étant rendue rayonnante par les flammes, les produits de la combustion entrent dans le régénérateur et y déposent le reste de la chaleur produite en se mettant en contact avec les surfaces à chauffer. Comme il importe beaucoup que les gaz en combustion ne perdent de leur chaleur que ce qui tient au rayonnement, il est absolument indispensable de faire les chambres à combustion assez grandes pour éviter aux flammes le contact direct avec les parois. Les voûtes des fours et les conduites de fumée doivent être arrangées, de façon que la combustion complète des gaz puisse s'effectuer avant que les flammes aient quitté la chambre à combustion. Dans les fours dont l'arrangement remplit cette condition, la chaleur dégagée par la flamme est beaucoup plus intense, et la durée de la combustion plus longue que dans les fours ordinaires.

L'intensité de la chaleur et la durée de la combustion comportent des avantages que les fours ordinaires ne sauraient présenter. Les flammes perdent beaucoup de chaleur par le contact de leur surface avec les parois d'un foyer, ce qui serait difficile à expliquer s'il n'y avait, à côté de la combustion imparfaite, d'autres causes qui réduisent, en l'espèce, l'effet calorifique des flammes.

La flamme émet de la chaleur par rayonnement, non seulement par sa surface, mais aussi de son intérieur en la laissant passer à travers toute sa masse ; c'est ainsi que toute particule de flamme envoie des rayons dans toutes les directions ; mais quand celle-ci touche aux parois, la combustion cesse aux endroits des contacts et du carbone mis en liberté détermine la production de la fumée. Cette dernière développe une partie de flamme et empêche les rayons caloriques des autres parties d'y parvenir et d'élever la température.

Dans tous les phénomènes de la combustion, le rayonnement joue un rôle beaucoup plus important qu'on ne le lui reconnaissait jusqu'ici ; par conséquent, toute cause qui tend à diminuer le pouvoir rayonnant de la flamme ou à en dévier les rayons, réduit nécessairement la quantité de chaleur qui peut être utilisée. Si la flamme se trouve hors de contact avec les objets qu'il s'agit de chauffer, la combustion s'améliore, et on tire du rayonnement tout l'avantage qu'il peut présenter. Le mode usuel d'application de la flamme, qui consiste à en faire embrasser les surfaces à chauffer, détermine une combustion imparfaite, empêche les rayons de chaleur d'élever la température de la flamme et tend, par conséquent, à la détruire. Cela se rencontre surtout lorsqu'on emploie des hydrocarbures ou de l'oxyde de carbone comme combustibles.

Pour que cette théorie, qui se trouve en concordance avec les fours expérimentés par M. F. Siemens, soit complète, elle doit prendre en considération les phénomènes de dissociation ; cette théorie déterminée par les surfaces chauffées est résumée comme suit par M. F. Siemens.

L'augmentation de température, en produisant l'expansion des gaz, réduit l'attraction mutuelle des atomes ou, en d'autres termes, diminue leur affinité chimique. En raison de l'augmentation de chaleur, la tendance répulsive des atomes augmente jusqu'à ce que la décomposition ou la dissociation survienne. Ceci admis, il s'ensuit que l'attraction que les surfaces exercent sur les atomes des gaz, attraction qui croît avec la température, favorise la dissociation en augmentant la tendance répulsive des atomes. M. Victor Meyer, qui avait le premier contesté l'exactitude des résultats obtenus par les deux savants que nous venons de nommer, les a depuis acceptés. Nous avons été bien aise d'apprendre ce fait, puisque leurs expériences confirment les résultats obtenus dans la pratique des fours. M. Meyer, dont l'autorité dans les questions de dissociation est généralement reconnue, a fait plusieurs expériences intéressantes qui ont fait ressortir l'exactitude de la théorie que nous venons d'exposer.

Par exemple, il faisait tomber en gouttes, du platine fondu dans de l'eau ; de l'oxygène et de l'hydrogène se dégageaient par suite de la dissociation de la vapeur. Dans ce cas, la dissociation ne peut pas être contestée, mais il faut se demander si la chaleur en est la seule cause. En premier lieu, il faut prendre en considération l'action dissociante que les surfaces chauffées du platine exercent sur la vapeur et, en deuxième lieu, l'affinité qu'a le platine pour l'oxygène et l'hydrogène. Il en est de même d'une autre expérience où M. Meyer a fait passer de la vapeur à travers un tube en platine chauffé. Bien d'autres expériences pourraient être citées dont les résultats confirment nos idées sur la question.

Il y a un autre phénomène démontré par l'expérience et lié avec la dissociation, qui doit être expliqué. Quand une flamme dont la température est augmentée devient plus longue, on considère ce fait comme l'indice le plus sûr du commencement de la dissociation.

Or, toutes les expériences de ce genre ont été faites avec des tubes étroits où l'influence des surfaces chauffées sur la dissociation devait entrer en jeu. Ce n'est pas seulement la chaleur qui, dans ces cas, déterminait la dissociation et augmentait la longueur des flammes, mais aussi l'influence des surfaces chauffées sur les gaz en combustion, surtout quand ceux-ci contenaient des hydrocarbures. Donc, l'allongement de la flamme était dû en partie à ce que les surfaces empêchaient la combustion des gaz dissociés, en rétrécissant l'espace. Si la même flamme pouvait se développer dans un espace où les surfaces ne sont pas multipliées, dans les fours à radiation par exemple, l'allongement ne pourrait pas se produire ; même, au contraire, au fur et à mesure de l'augmentation de température, la flamme deviendrait plus courte.

Ce phénomène peut être observé dans les becs à gaz régénérateurs dont la flamme est d'autant plus courte que la température et, par conséquent, la lumière produite, sont intenses. D'autre part, la flamme peut être allongée à volonté, si elle est conduite à travers des passages étroits. On observe ceci dans des fours régénérateurs qui envoient des flammes jusqu'au sommet de la cheminée, si les soupapes sont arrangées de façon que les flammes, au lieu de passer à travers le foyer, entrent immédiatement dans le régénérateur et y brûlent.

La combustion proprement dite ne peut pas avoir lieu dans les voûtes du régénérateur, et les flammes s'allongent jusqu'à ce que les gaz se refroidissent au rouge sombre et se transforment en une épaisse fumée. Aussi, dans ce cas, les grandes surfaces du régénérateur exercent la double action d'empêcher la combustion et de favoriser la dissociation.

Il résulte de ce que nous venons d'avancer que les fours régénérateurs présentent de grands avantages pour les expériences, étant donné qu'ils offrent des résultats pratiques qui peuvent servir de base aux conceptions théoriques de la combustion et de la dissociation. Si la dissociation des produits de combustion a lieu, nous en voyons les conséquences dans une diminution de la chaleur, une réduction du rendement et la destruction des fours et des matériaux. Après avoir éloigné les causes de la dissociation, nous constatons l'élévation de la température, l'augmentation du rendement, la plus longue durée des fours et l'économie des matériaux. Des résultats analogues peuvent être obtenus avec d'autres fours,

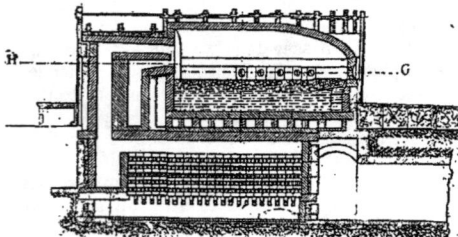

Fig. 775. — *Coupe verticale d'un four à fusion dit « à bassin ».*
*H G* Coupe à la hauteur de l'arrivée de l'air (brûleur) et cueillage du verre.

mais les avantages n'en seront pas aussi grands que dans le cas des fours régénérateurs, étant donné que l'intensité de la chaleur qui peut être produite par les premiers est moins grande que celle produite par les derniers.

Ce système de chauffage par radiation, ou à flammes libres, a été appliqué aux fours à fusion dits *bassins* (fig. 775), aux fours à pots avec introduction de flammes alternées par les pignons opposés du four ou par un seul pignon, comme

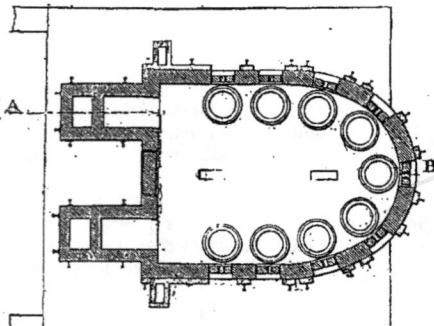

Fig. 776. — *Coupe horizontale d'un four à pots.*
*A* Arrivée du gaz et de l'air. — *B* Ouvreau de cueillage du verre.

dans la disposition dite « en fer à cheval » (fig. 776). Ces exemples et ce que nous venons de dire, suffiront pour montrer l'application de la théorie de M. F. Siemens. Les fours à fondre le verre sont appelés à bénéficier largement des avantages de ce nouveau système, comme durée des fours et économie de combustible.

M. Klattenhoff, directeur de verreries à Jumet (Belgique), a pris, en 1882, un brevet pour un nouveau mode de répartition des flammes dans les fours à gaz, et M. de Boischevalier a donné une description de ce procédé.

La figure 777 indique le principe de l'invention.

Le gaz entre dans la chambre de chauffe F à la fois de deux côtés en *a a*, l'air également de deux côtés en *b b*, tandis que les gaz brûlés s'échappent par les deux mêmes côtés dans le voisinage des entrées par les ouvertures *c c*. Il en résulte à l'intérieur de la chambre de chauffe des courants qui prennent approximativement la direction des flèches, et l'impulsion à l'introduction s'oppose à ce

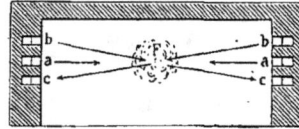

Fig. 777.

qu'une évacuation immédiate de gaz non brûlés venant de *a* s'opère par l'ouverture voisine *c*.

On peut, pour les besoins de la régénération, organiser un renversement périodique entre la direction de l'air et celle des gaz brûlés, de façon à faire entrer l'air en *cc* et sortir les gaz brûlés par *bb*; mais il faut dans tous les cas disposer les ouvertures d'introduction et d'évacuation en groupes se faisant vis-à-vis et de plus, les rapprocher suffisamment entre elles dans chaque groupe pour qu'il en résulte une *opposition des courants* de flammes, et qu'au cas de renversement indiqué il ne se produise aucune modification sensible dans la direction de ces flammes. Cette possibilité du renversement, tout en conservant la même direction de flammes dans l'intérieur du four constitue, comme nous le verrons plus loin, un avantage essentiel du système.

Il résulte du principe ainsi posé, qu'il n'est pas nécessaire de se limiter à une seule ouverture à chaque tête ou de chaque côté de la chambre de chauffe; on peut les multiplier, si l'on augmente en conséquence le nombre ou la dimension des ouvertures pour l'air et les gaz brûlés, toujours dans le but d'obtenir une opposition de courants dans les conditions indiquées.

On peut donc également, au lieu de placer les ouvertures au-dessus les unes des autres, les disposer horizontalement ou aux sommets d'un triangle, et l'on peut, s'il n'y a pas de renversement, réunir le gaz et l'air dans un brûleur avant l'entrée du four. Si même à la rigueur, on supposait une régénération par le gaz avec renversement du courant de gaz, on pourrait disposer deux ouvertures *a* tout près l'une de l'autre; nous ne signalons cette possibilité que pour mémoire, puisque nous avons fait remarquer au début qu'il n'y avait pas avantage à chercher de ce côté.

Il faut, pour que les flammes viennent à la rencontre l'une de l'autre, au lieu de s'échapper chacune directement en *c* après s'être formées en *ab*, que le gaz en venant du générateur et l'air en s'échauffant acquièrent une certaine impulsion; il faut de plus que le tirage de la cheminée soit réglé de façon à équilibrer cette impulsion au point qu'il reste un peu de pression moyenne dans le four. Si ces conditions sont remplies dans la mesure où elles sont indispensables à la bonne conduite de tout autre système de four à gaz, l'expérience acquise dans des installations transformées d'après le système des courants opposés, a prouvé qu'on peut faire converger les deux flammes de points très éloignés entre eux sans qu'il s'échappe de produits non brûlés, c'est-à-dire sans que chaque flamme forme un crochet entre son point d'introduction et l'ouverture voisine d'évacuation. Par contre, les deux flammes qui vont à la rencontre l'une de l'autre, acquièrent déjà à peu de distance de leur point de formation une tendance à se développer en éventail, à tournoyer ensemble et à remplir la chambre de chauffe plus régulièrement et plus complètement qu'une flamme qui, passant dans un seul sens, se compose de zones parallèles inégalement échauffées qui subsistent souvent dans toute la distance du parcours du point d'introduction à celui d'évacuation, ce qui fait que la plus grande chaleur se porte à la partie supérieure du four où elle est nuisible, tandis que son effet serait utile à la partie inférieure.

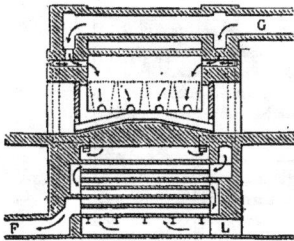

Fig. 778.

Si le gaz et l'air entrent dans le four par deux ouvertures distinctes, leur combinaison chimique ne se fera qu'à une certaine distance et progressivement, de sorte que la flamme ne sera pas piquante; le mélange intime n'en est pas moins garanti par la rencontre des courants.

La figure 778 représente le four de Radot et Lencauchez dans lequel le gaz arrive par un tuyau G au-dessus du four, se répartit vers les deux têtes de la chambre de chauffe et y rencontre dans deux brûleurs l'air qui, de son côté, est entré en L et s'est échauffé en montant dans le récupérateur avant de se répartir dans les deux brûleurs. Les produits de combustion s'échappent verticalement par le pied des piliers du four, et de là dans le récupérateur qu'ils parcourent horizontalement en l'échauffant avant de s'échapper par F dans la cheminée. Ce genre de distribution de flammes n'exclut pas le parallélisme des zones de chaleur qui entourent les pots. L'opposition des courants s'arrête à son début et cette disposition, en outre, ne permet pas le renversement du courant de l'air et n'est, par suite, applicable qu'au système récupératif; elle ne donne pas néanmoins de mauvais résultats; il y a, toutefois, à y blâmer la position du canal à gaz au-dessus du four, d'où résulte un refroidissement au lieu que le gaz combustible tende à s'échauffer au contact des parties du four qui demandent à être refroidies.

Les figures 779 à 781 montrent l'application des courants opposés, à différents cas de la pratique ; ce ne sont que de simples esquisses théoriques qui ont pour but d'indiquer plutôt la possibilité que le moyen d'opérer cette application, et visent plutôt à la clarté de l'exposition qu'à l'exactitude de la construction, ce dernier point devant se régler dans un bureau de dessin et non dans notre rapide exposé.

Nous supposons connu le four à cuve de Siemens pour le travail continu du verre. Si on imagine la partie gauche g de la figure 780 dessinée symétriquement à droite, l'ensemble représente la coupe en travers perpendiculaire au grand axe du four tel qu'il est actuellement connu. Le gaz arrive du générateur G par a dans le four, l'air du régénérateur L par b; les gaz brûlés s'échappent de l'autre côté par a b et inversement après le renversement des clapets. Chaque côté long du four présente plusieurs ouvertures a et autant d'ouvertures b, et la projection A se reproduit plusieurs fois.

Si le côté droit d de la figure 780 est dessiné symétriquement à gauche, l'ensemble représente la modification d'après le système des courants opposés. Le gaz entre à la fois des deux côtés en a; c'est également des deux côtés à la fois que

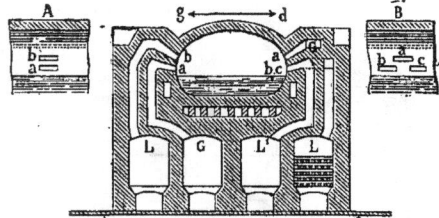

Fig. 779 à 781.
L G L' Régénérateurs de chaleur.

l'air et les produits de combustion alternent, l'un entrant en b ou en c, tandis que les autres sortent par c ou par b, et la projection B se reproduit autant de fois que dans l'autre cas la projection A.

Les chambres qui constituaient précédemment les régénérateurs à gaz G, sont devenus des régénérateurs à air L'. Si, comme c'est souvent le cas, ils sont plus petits que les autres, ils offriront néanmoins à eux deux, assez de surface pour échauffer l'air seul; autrement, il faudrait en modifiant l'embranchement des canaux, faire agir pour l'entrée le régénérateur L à droite avec L' à gauche et inversement. Il faut avoir soin que le gaz ne se refroidisse pas dans le canal collecteur G et même qu'il s'échauffe s'il est possible sous la sole du four. Dans cette disposition, le gaz entre au-dessus de l'air; cette disposition est adoptée plutôt pour la clarté du croquis que dans d'autres intentions. Cette position relative des ouvertures n'a pas d'importance au point de vue du mélange intime des gaz puisque l'opposition des courants le complète; mais elle lui est plus favorable que nuisible, puisque quand le gaz n'est pas si échauffé que l'air, il reste plus lourd que lui. Cela peut aussi avoir l'avantage d'empêcher que des veines de gaz non encore complètement enflammées n'arrivent au contact direct de la surface de verre fondu.

Le four à cuve peut être destiné au travail intermittent, soit qu'on travaille le verre entre deux fontes, soit qu'on laisse écouler en une fois tout le contenu du four sous forme de calcin, procédés qui pour plusieurs raisons ne se sont pas implantés dans la pratique. Comme dans les installations de ce genre, on travaille le verre par les côtés du four et qu'on chauffe par les bouts, on peut s'imaginer le dessin modifié de telle sorte que la figure représente la coupe en long du four, que les deux groupes de régénérateurs soient un peu plus écartés l'un de l'autre, les flammes se distribuant du reste d'après les mêmes principes, mais par les têtes au lieu des côtés.

Dans les deux genres de fours à cuve, l'effet des courants opposés permet de compter sur une meilleure répartition de chaleur et sur sa concentration au milieu du bain de verre, par suite également sur une moins rapide détérioration à la ligne d'affleurement du verre.

Les figures 782 et 783 représentent un four à verre, rond, à six creusets couverts. Le gaz arrive au-dessus de la voûte, s'échauffe à son contact, entre au four en *a* par les six paliers à la fois; l'air entre en *b*, les produits de combustion sortent en *c* ou inversement et'alternativement. L'opposition des courants se forme entre deux piliers opposés, et les divers courants se mêlent très intimement dans tout l'espace. Le four a-t-il un plus grand nombre d'ouvreaux et, par exemple, deux pots dans chaque ouvreau, un simple croquis à main levée suffit pour indiquer qu'il reste alors au milieu du four un grand espace vide de creusets qu'on peu supposer occupé par un pilier central, dans lequel on peut ménager des ouvertures qui produisent des oppositions de courants entre le pilier central et les piliers extérieurs.

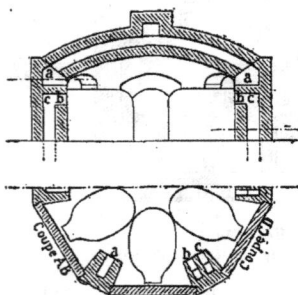

Fig. 782 et 783.

*Fours divers.* Dans notre article GAZOGÈNE (t. V) nous avons déjà parlé du four Radot et nous en avons donné une figure; MM. Videau, Radot et Lencauchez ont aussi modifié le four Siemens et ces fours sont employés avec plus ou moins de succès dans les verreries de gobeleterie, les cristalleries. M. Charneau est aussi inventeur d'un four à gaz, à creusets ou à bassin; il emploie des gazogènes analogues à ceux de Siemens. Ses innovations portent surtout sur les récupérateurs et les dispositions du four proprement dit. Les gazogènes sont accolés à ces fours, et les récupérateurs sont placés au-dessous des bassins dont ils sont séparés par des canaux dans lesquels circule l'air froid. Le système de récupérateurs est très simple; les produits de la combustion et l'air à chauffer y circulent séparément dans deux séries de canaux horizontaux, se croisant à angle droit, et formés par des rangées de briques réfractaires posées de champ, séparées par des assises horizontales de tablettes réfractaires.

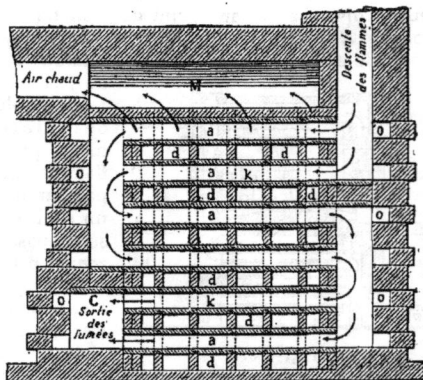

Fig. 784.

M. Charneau a le mérite d'avoir simplifié un four qui peut rendre des services, et nous pouvons citer l'usine de MM. Guibert et fils et Bobet, à Paris-Ivry, où l'on a appliqué cet appareil.

La figure 784 est la coupe verticale de l'accumulateur, dans le sens du passage des flammes perdues du four. La figure 785 est la coupe verticale dans le sens de l'air à chauffer.

On voit que l'accumulateur se compose d'une série de petits conduits parallèles *a*, *a*, *a*, construits avec des briques de dimensions courantes, dans lesquels passent les flammes perdues du four, qui circulent tout en descendant dans la masse de briques pour aller rejoindre la cheminée d'appel par le carneau C.

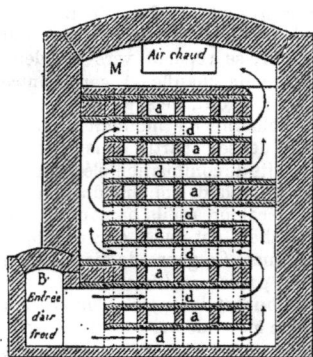

Fig. 785.

L'air à chauffer entre par le conduit B, placé sur une des faces de la chambre de briques, pour pénétrer dans l'appareil par une série de petits conduits parallèles horizontaux *d*, *d*, *d*, construits perpendiculairement sur ceux du passage des flammes, il monte en s'échauffant pour gagner la chambre d'air chaud M, et de là se rendre aux brûleurs par un ou plusieurs conduits, suivant les nécessités.

On voit, à l'examen des dessins, que chaque tranche d'air est enveloppée par deux tranches de flammes et, réciproquement, chaque tranche de flammes est enveloppée par deux tranches d'air à chauffer. La séparation des flammes et de l'air à chauffer est faite par un carrelage établi au moyen de petits carreaux K à recouvrement ou avec des briques ou briquettes ordinaires. En raison des petits conduits qui sont construits perpendiculairement les uns sur les autres, les joints sont complètement étanches, puisqu'ils sont couverts dans tous les sens par une épaisseur de briques pleines ; il est donc matériellement impossible qu'il y ait communication entre les tranches de flammes et les tranches d'air à chauffer. Nous pouvons dire que c'est le seul appareil qui, malgré sa simplicité, offre cet avantage. Le poids de la masse de briques est suffisant pour assurer sa parfaite stabilité ; de plus, tous les conduits sont prolongés jusqu'à la rencontre des murs de la chambre, et forment ainsi une petite série de murettes verticales qui viennent buter sur les quatre faces du massif de briques et empêcher toute espèce de dislocation.

Des regards o, o, o, sont ménagés dans les murs de fermeture de l'accumulateur, de façon à pouvoir vérifier son état et nettoyer les poussières ou dépôts qui auraient pu s'arrêter dans les conduits de fumée. Le nettoyage peut se faire sans inconvénient pendant la marche du four.

L'époque n'est pas éloignée où dans certains pays le chauffage au charbon, au gaz, sera remplacé par les huiles ou essences de pétrole, par les gaz naturels mêmes, ce qui a lieu actuellement à Pittsburg, à 150 kilomètres environ de New-York, où toutes les industries implantées en ce pays, et elles sont fort nombreuses, sont chauffées par ce moyen.

Le gaz naturel de Pittsbourg a réduit de moitié la consommation du charbon dans cette ville, et il est probable qu'il le remplacera tout à fait dans l'avenir. On s'en sert aujourd'hui dans les fabriques principales, dans les hôtels, dans les établissements publics, et son emploi se généralise, même dans les résidences particulières. Comme il ne résulte de ce gaz ni poussière, ni noir de fumée, la proportion de suie dans l'atmosphère est déjà réduite de 50 0/0, et elle diminue de mois en mois. Mais il n'y a pas seulement progrès sous le rapport du bien être et de la propreté ; il y en a sous le rapport de l'économie.

Un des directeurs des glaceries de Pittsburg déclare, que par l'emploi du gaz comme combustible au lieu de charbon, il obtient une économie considérable. Une partie de cette économie résulte de la nature du combustible ; une autre consiste dans le fait que le gaz ne laisse pas d'escarbilles, et que l'enlèvement des cendres ou escarbilles, ainsi que leur transport coûte, avec le chauffage au charbon, de 3,000 à 4,000 dollars par an. Il y a encore une autre économie dans le travail ; le four dans lequel on brûle du charbon, exige deux hommes occupés au charbon à 17 dollars par semaine chacun ; le four à gaz

n'en demande pas un ; il n'y a pas besoin d'entretenir le feu, ni de remuer le combustible. Enfin, l'économie la plus grande et la plus importante, réside dans la durée des fours. Le four à glaces, demandant une chaleur d'environ 1,600 à 1,800°, s'use assez rapidement en brûlant du charbon, tandis qu'avec le gaz pour combustible, sa durée est notamment augmentée.

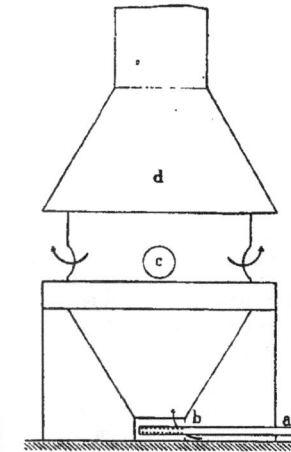

Fig. 786.

Sans exagérer les avantages à tirer de l'emploi du gaz naturel, en réalité, il ne peut y avoir de doute sur les faits. Le seul point incertain, c'est la durée d'écoulement, ou de production du gaz. Quelques personnes prétendent que ce ne sera qu'une affaire temporaire, mais ce sont les mêmes personnes probablement qui prétendaient que le pétrole ne durerait pas ; si le gaz naturel tient les promesses faites en son nom, il sera la cause d'une révolution sérieuse dans les manufactures, et surtout dans les contrées où on le trouve à l'état naturel, le gaz y est beaucoup plus répandu, plus universel qu'on le pensait.

Ainsi, la figure 786 montre un four à verre chauffé par le gaz naturel (ce gaz contient des hydrocarbures de la paraffine). Le gaz entre par un tuyau de 0,025 a ; ce tuyau est perforé à l'extrémité placée à l'intérieur du four. L'air entre en b, par un espace ouvert au bout du tuyau et dont on régularise l'entrée en augmentant ou en diminuant la section. Les gaz en excès ou brûlés sortent par les ouvertures c, et se rendent ensuite à la cheminée d'appel en passant par la porte d.

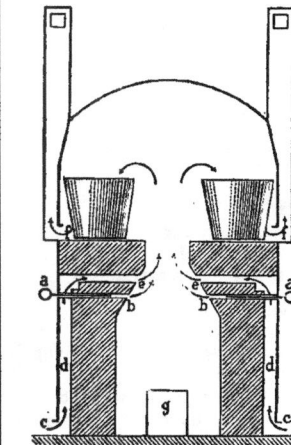

Fig. 787.

La grille des anciens fours est ici un bâti de briques. On peut, dans les fours transformés, laisser la grille, mais on la couvre d'une série de briques, et le gaz pénètre par des ouvertures ménagées dans ces briques, de façon à ce que l'air soit appelé en même temps par des ouvertures parallèles, afin de permettre la combustion.

Voici le four (fig. 787) employé dans certaines verreries de Pittsburg, et qui est un perfectionnement de celui décrit ci-dessus. Le gaz arrive dans le tube $a$, de $0^m,055$ à $0^m,060$ de diamètre, qui s'étend le long des deux parois du four; de ce tube s'en détachent d'autres d'un diamètre plus faible (environ $0^m,01$) par lesquels le gaz entre dans le four par les fentes $b$ pratiquées dans le siège du four. L'air entre en $c$, monte par les canaux $d$ et pénètre dans le four au-dessus des arrivées de gaz, en $e$, c'est là le point de combustion, d'où la flamme pénètre dans le four. Les produits de la combustion s'échappent par les ouvertures $f$, dans les cheminées d'appel. Une quantité déterminée d'air est introduite par la porte $g$ pendant l'opération de l'affinage, afin d'aider à l'obtention d'une haute température; cet air est donc introduit dans le four d'une façon facultative.

*Fours à recuire.* On emploie également le gaz naturel pour le chauffage des fours à recuire, et ce mode de chauffage est un perfectionnement. La température du four est plus régulière et les objets à recuire ne sont pas recouverts de cette buée grasse adhérente au verre, produite par le mélange de noir de fumée et d'acide sulfureux, provenant des gaz de combustion, à la fin ou pendant l'opération du chauffage.

La figure 788 est une coupe d'un four à recuire les glaces (carcaise), chauffé par ce moyen. Ce

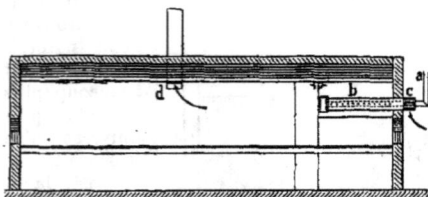

Fig. 788.

type de brûleur (et son adaptation) est le meilleur de ceux usités en Amérique et est appliqué à la glacerie O'Hara. Le gaz entre en traversant le tuyau $a$, ce tuyau est contenu dans un autre de plus grande section $b$; tous deux sont percés de petits trous de 2 millimètres environ; l'air pénètre dans le grand tuyau $b$ par les ouvertures $c$, le gaz s'échappant du petit tube $a$ se met en contact avec l'air, tous deux s'élèvent le long des tubes pour amener la flamme à l'extrémité et de là dans le four; $d$ est le conduit d'échappement des produits de la combustion.

Il nous est impossible de terminer ce qui a trait au chauffage des fours de fusion par le gaz naturel, sans parler de deux autres appareils em-ployés avec succès dans les verreries et cristalleries d'Amérique. Cette description complète ce que nous avons dit au sujet des fours de fusion et place cette question au niveau des progrès les plus récemment réalisés en verrerie pour le chauffage des fours.

La figure 789 représente le four Atterburg employé en cristallerie et qui peut être aussi bien appliqué en verrerie.

Ce brûleur perfectionné consiste en un capuchon ($a$) construit en brique réfractaire. Il est de forme conique et d'environ 10 pouces de diamètre, il est fixé dans sa position par un barreau ($b$) en fer d'environ 1 1/4 pouce de diamètre, qui passe le long du tube ($c$). Ce capuchon peut varier dans le sens de sa position verticale.

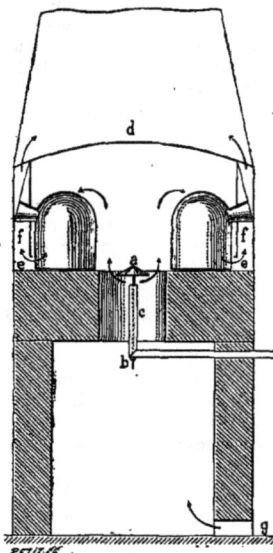

Fig. 789.

Le but de ce capuchon, c'est la réfraction du gaz tandis qu'il s'échappe du tube ($c$). Ainsi, il s'étend et se mélange plus intimement avec l'air, et par là augmente la combustion. Le tube ($c$) à gaz a 3 pouces de diamètre; il s'ouvre à la partie supérieure dans toute sa dimension, le barreau tige ($b$) qui supporte le capuchon passant à travers. Le capuchon protège aussi la couronne ($d$) qui sans lui serait vite détériorée, si on permettait au gaz d'arriver directement entre elle en s'échappant du tube ($c$).

L'air entre par un certain nombre d'ouvertures étroites ($g$) dans le mur, au niveau du sol; on en régularise l'arrivée et le débit en les fermant avec des briques. Les gaz perdus s'échappent par les ouvertures jusqu'aux conduits ($f$) et vont de là à la cheminée; il suffit d'environ dix onces de pression pour ce four. Le four représenté par la figure 790 est dû à M. Joseph Anderson, il est employé à la glacerie américaine de O'Hara.

Il y a plusieurs innovations dans ce four: la première est la méthode de chauffer l'air pour la combustion; la seconde est la disposition qui permet d'employer la benzine ou tout autre combustible liquide, par lequel on peut conserver le four chaud, dans le cas où le gaz viendrait à manquer. Le gaz est réglé par la valve $a$; le brûleur $b$ est un tube de 1 1/2 pouce de forme circulaire percé de nombreux petits trous, d'environ

1 millimètre à 1 millimètre 1/2 de diamètre, et placé sous le siège du four, comme on peut le voir. Il est placé de manière que le verre (légèrement ramené en arrière) qui coule des pots cassés pour aller dans la cuve, ne le rencontre pas et n'empêche pas l'échappement régulier des gaz.

Le brûleur est en deux sections dont l'une peut, en tout temps, être enlevée pour les réparations, ou pour toute autre cause, tandis qu'on peut, avec l'autre, conserver au four sa température, car il y a un tube fournisseur séparé pour chaque section.

L'air nécessaire à la combustion entre dans le tube régénérateur en d, passe par ce tube en descendant, en sort, remonte, comme l'indiquent les flèches sur le dessin, et vient en contact avec le gaz sous le siège du four, en e. Ce tube régénérateur est fait d'une forte feuille de fer, il a environ 16 pouces de diamètre, il est de forme circulaire, aussi grande que possible. On le place dans la souche de la cheminée, juste au-dessus de la voûte ou chapeau du four, de manière que la chaleur perdue qui s'échappe par les tuyaux f, frappe directement sur lui, élevant la température de l'air, et aidant ainsi grandement à l'obtention d'un haut degré de chaleur pour cet air,

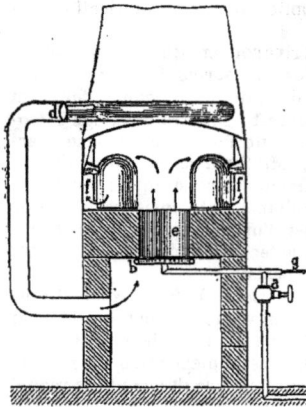

Fig. 790.

au moment où il vient en contact avec le gaz.

La possibilité de maintenir la chaleur dans ce four, dans le cas où le gaz viendrait à manquer pour une cause quelconque, est d'une grande importance.

La méthode d'emploi d'un combustible fluide au lieu de gaz est facile avec ce four. Le petit tube g est en communication avec la cuve ou tout autre réservoir qui contient le liquide destiné à la combustion, et cette cuve est élevée de manière que l'huile coule tout naturellement jusqu'au brûleur b. Quand on emploie le combustible liquide, la valve à gaz a est fermée, et une autre valve sur le tube g, qui communique à la cuve, est suffisamment ouverte pour permettre au liquide de russeler goutte à goutte dans le brûteur b, où la chaleur le vaporise immédiatement et d'où il s'échappe exactement comme le gaz, il vient en contact avec l'air chaud et la combustion s'opère. Ce four a fait ses preuves, on y a travaillé constamment depuis le jour où, pour la première fois, on a employé le gaz naturel, c'est-à-dire depuis plus de trois ans, sans avoir eu besoin de répara-

tions, et il ne paraît pas devoir en nécessiter d'ici à longtemps.

*Fours à bassin ou à cuve, c'est-à-dire sans creusets.* Dans une masse de verre en fusion, la densité de ce verre est en raison directe de son degré d'affinage, de finesse. Ce fait a donné à M. Siemens l'idée de modifier la forme des creusets, de construire des *creusets continus*, à différents compartiments dans lesquels les trois phases du travail seraient obtenues. — V. CRISTAL, fig. 610 à 614.

D'autre part, les nombreuses interruptions de travail qu'occasionne la fabrication du verre en creusets, la casse de ceux-ci, la place qu'ils font perdre dans les fours, leur irrégularité d'allure, la production relativement restreinte avec ce mode de travail, ont porté M. F. Siemens à agrandir les creusets à compartiments, de sorte que chaque four est devenu un gigantesque creuset, une cuve, un *bassin*, d'où le nom donné à ces fours. La composition vitrifiable est introduite à une extrémité du four, tandis qu'à l'autre extrémité on met en œuvre le verre affiné.

Siemens a divisé son four à bassin en trois

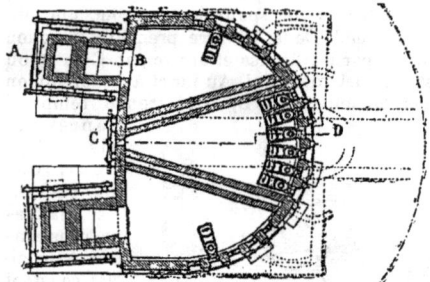

Fig. 791.

*A B* Axe des brûleurs. — *D* Axe d'un ouvreau de cueillage. — *C* Armatures pour fixer les ponts qui forment les compartiments et permettent d'obtenir les diverses teintes de verre.

compartiments : compartiment de fusion, compartiment de raffinage et compartiment de travail. Ce four au lieu d'être entouré complètement de maçonnerie présente sur toutes les faces des galeries où circule de l'air; la cuve elle-même est supportée par des piliers métalliques. De la sorte, les parties extérieures du four sont refroidies par l'air, et on n'a pas à craindre d'écoulement du verre par les joints, car il est vite solidifié et forme même un joint hermétique.

Les fours à bassin, dont nous donnons un croquis (fig. 791 et 792), sont chauffés au gaz comme les fours à pots et sont munis comme eux de récupérateurs au nombre de quatre. Ces quatre régénérateurs, deux pour l'air, deux pour le gaz, sont en communication par des canaux avec des valves de renversement qui permettent d'opérer la combustion alternativement d'un côté ou de l'autre du four. Le gaz et l'air traversent, d'après la position des valves, les régénérateurs et pénètrent dans le four par les regards; les flammes traversent le four dans le sens de la largeur.

Depuis l'invention de ce four à 3 compartiments, Siemens y a apporté de nombreuses modification. Ainsi, il élimine les deux cloisons intérieures en construisant un four dans lequel il n'y a plus qu'une seule cloison séparant le compartiment de travail des deux autres réunis en un seul. Des flotteurs ou couronnes en argile réfractaire étaient disposés dans la partie d'affinage et de fonte, afin d'empêcher une usure trop rapide des parois du four. A l'entrée de celui-ci se trouvaient deux anneaux reposant sur des piliers séparés et sur lesquels on plaçait la composition vitrifiable.

Dans ces derniers temps même, M. Siemens a complètement supprimé les cloisons ou barrages, de sorte que les trois compartiments sont réunis en un seul. Pour éviter, dans la partie du four réservée au travail, l'arrivée de matières refroidies ou de verre mal affiné, M. Siemens place dans ce compartiment des nacelles qui permettent de ne puiser que du verre du fond, c'est-à-dire du verre plus dense et, par suite, bien affiné.

La nacelle (fig. 792) est un grand vase en argile à plusieurs compartiments qui flotte dans le verre. Elle est ouverte à sa partie la plus basse en A, de manière à ne pouvoir recevoir que du verre du fond. De là, le verre prend la direction indiquée par les flèches et arrive par C en D où il est complètement fini. Au fur et à mesure qu'on le met en œuvre en D, il se trouve remplacé d'après les lois d'hydraulique, qui l'obligent à se maintenir constamment à un niveau constant dans la nacelle. La seule précaution à prendre, pour avoir toujours du beau verre, est d'éviter d'en tirer trop à la fois, de mettre le four trop bas. En effet, il se produirait, dans ce cas, un transport rapide de la masse fondue et, par l'ouverture A, pourrait passer du verre mal affiné.

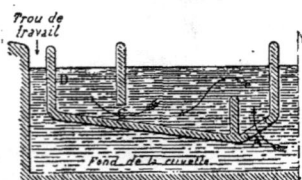

Fig. 792.

A Entrée du verre dans la nacelle. — C Passage du verre. — D Compartiment où on le puise.

*Avantages des fours à bassin.* 1° Avec les fours à bassin, la puissance de production est considérablement augmentée, attendu que le four travaille sans interruption à la température d'affinage, tandis que dans les fours ordinaires, on perd le tiers du temps par la braise ou tise froid, le travail et le réchauffage du four ; 2° économie de main-d'œuvre par la réduction du nombre des hommes employés pendant la fusion ; 3° durée plus grande des fours à cause de la constance de la température ; 4° régularité du travail ; 5° commodité pour les ouvriers et avantage pour les patrons, attendu que, par la continuité de l'opération, le verre est toujours prêt à être travaillé et le niveau de cueillage est toujours le même.

L'économie réalisée par la durée plus grande du four est due, avons-nous dit, en partie à la constance de la température, une autre cause est celle qui résulte du mode même d'enfournement.

Dans les fours à pots, où on recharge chaque jour des compositions neuves froides, le pot est vite rongé par le sel, tandis que dans un four à bassin, les matières étant enfournées d'une manière continue, ne viennent toucher ni les parois ni les côtés du bassin. Elles sont, en effet, chargées, sur un flotteur ou sur du verre déjà fondu.

Les fours à bassin conviennent donc parfaitement pour une grande production de verre de même nature, mais sont-ils encore avantageux pour une fabrication restreinte? C'est là une question que le verrier résoudra en mettant en ligne de compte, d'une part, l'ensemble des économies et avantages qu'un tel four lui produira, et, d'autre part, les frais d'installation qui sont beaucoup plus élevés que dans le cas d'un four ordinaire. Si une grande production répartissant ces frais sur une grande quantité de verre fabriqué rend ces fours avantageux, on ne peut pas, *a priori*, dire qu'il y aura également économie dans leur adoption pour une fabrication restreinte.

Cependant, il arrive souvent que dans une verrerie, on emploie plusieurs sortes de verres, fabriqués séparément dans un ou plusieurs fours, et dans ce cas, il y aurait peut-être avantage à fondre les matières dans un four à bassin à compartiments distincts. M. Siemens a construit des fours à compartiments permettant de fondre et de travailler simultanément plusieurs sortes de verre. Pour éviter l'usure rapide des cloisons, on les refroidit d'une façon très énergique, à l'aide d'une ventilation spéciale.

*Fours à bassin, système Videau.* Nous dirons quelques mots d'un système de four inventé par M. Videau, directeur de la verrerie de la Compagnie de Blanzy. Dans cette disposition, l'air chaud est amené en tête du four par des conduits venant d'un récupérateur Radot-Lencauchez. Les flammes sont à direction invariable, sans renversement ni alternance ; le réglage du four s'obtient par le simple déplacement de registres.

M. Videau a construit, sur le même principe, divers types de fours répondant à des besoins différents, entre autres, un four mixte à deux compartiments donnant chacun une nuance différente de verre si on l'emploie comme four intermittent, soit un verre de teinte uniforme si on emploie ce four comme four continu ; dans ce cas, l'un des compartiments sert de four de fusion, l'autre est réservé au travail.

Ces fours paraissent donner de bons résultats au point de vue de l'égale répartition de la chaleur, quand leurs dimensions ne dépassent pas 6 mètres de long sur 4 à 5 mètres de large. Peut-être même M. Videau a-t-il, depuis, rendu leur application facile et avantageuse pour des dimensions plus considérables. — J. H.

*Bibliographie :* PLINE : *Historia naturalis*, édition Jan. Teubner, 1870: MINUTOLI : *De la fabrication et de l'emploi des verres coloriés chez les anciens*, Berlin, 1836 ; LOBMEYR : *Industrie du verre, son histoire, son développement, sa statistique actuelle*, Stuttgard, 1874 ; SEMPER : *Le style dans les arts techniques tektoniques,*

2 vol., Munich, 1863; Bucher : *L'art dans le métier*, Vienne, 1872; Trad. du deuxième livre du *Diversarum artium Schedula*, du moine Théophile ; *De la fabrication du verre du florentin Néri*, 1612; Le Vaillant : *Les verreries de Normandie, les gentilshommes et les artistes verriers normands*, Rouen, 1873; Houdoy : *Verreries à la façon de Venise*, Paris, 1873 (Cet ouvrage traite spécialement du développement de cette branche de l'industrie dans les Flandres); Bosc d'Antic : *Œuvres*, 2 vol., Paris, 1870; *Glaces*, dans l'*Encyclopédie méthodique ou par ordre de matières*, Diderot, D'Alembert, 1791; Stein : *Fabrication du verre*, Brunswick, 1862; Peligot : *Douze leçons sur l'art de la verrerie (Annales du Conservatoire des Arts et Métiers*, t. II, 1862). tiré à part chez l'éditeur Lacroix, Paris ; *Le verre*, édité chez Masson, Paris, 1877; Flamm : *Le verrier du XIX° siècle*, Paris, 1863; Bontemps : *Guide du verrier*, Paris. 1868; Knapp : *Eléments de chimie technologique*, 3° édit., traduit en français par Mérijot et Debise, édité chez Dunod, Paris ; Aron : *De l'amaigrissement et de la plasticité de l'argile*, d'après le *Bulletin de l'association des fabricants allemands de poterie*, 1873; Steinmann : *Compendium &a chauffage au gaz*, Freiberg, 1868 ; Du même : *Cahier complémentaire sur le chauffage au gaz*, 1869; Siemens : *Fours régénérateurs*, brevetés, Dresde, 1869; Gugnon : *Verres à vitres, Notice sur la décoration*, Paris, 1873. — Comme sources spéciales théoriques de l'industrie moderne des glaces : Benrath : *Die glas fabrikation*, 1875, 2 vol. in-12, Brunswick; Wagner : *Etudes technologiques sur l'Exposition universelle des arts et de l'industrie à Paris en 1867*, Leipzig, 1868; Lobmayr : *Industrie du verre;* Lessing : *L'industrie artistique à l'Exposition universelle de Vienne*, Berlin, 1874, et de plus, toutes les communications officielles sur les expositions de Paris, Londres, Vienne, Philadelphie; Laboulaye : *Dictionnaire des arts et manufactures;* Lazari : *Notizia delle opere d'arte et d'antiq. della raccolta correr.*, Venizia, 1859; *Exposé des moyens employés pour la fabrication des verres filigranés*, par G. Bontemps, Paris, 1845; Jules Labarte : *Histoire des arts industriels au moyen âge et à l'époque de la Renaissance*, 3 vol. in-4°, Paris, 1881, 2° édit., Vᵉ A. Morel et Cⁱᵉ; Achille Deville; *Histoire de l'art de la verrerie dans l'antiquité*, 1 v. in-4°, avec pl., édit. Vᵉ A. Morel et Cⁱᵉ; Valério : *Revue universelle des mines, etc., appliquée à l'industrie*, de M. C. de Cuyper, Liège, juillet 1857, janvier 1859, *Industrie des glaces;* G. Bontemps: Roret : *Encyclopédie, Manuel de la fabrication du verre, du cristal, de la peinture sur verre; Encyclopédie chimique*, publiée sous la direction de M. E. Frémy, édité par Dunod, Paris 1883 ; *Le verre et le cristal*, par J. Henrivaux, directeur de la manufacture des glaces de Saint-Gobain, in-8°, 2 vol., atlas; *L'art de la verrerie*, par Gerspach, Quantin, 1885, 1 vol. in-12 ; *L'histoire de la verrerie et de l'émaillerie*, par E. Garnier, Tours, Mame et Cⁱᵉ, 1886, in-8°; Claudius Popelin : *Les Vieux arts du feu*, Lemoine, Paris, 1878; Du même : *L'art de l'émail*, Dupuis, 1878; Du même : *Les émaux peints*, Quantin, 1881; *Handbuch der glas fabrication*, E. Tschenschner, 1885, Hoffmann, Weimar, 1 vol, in-8° avec atlas; *The principles of glass-making*, by Harry J. Pawells; *Crown and sheet glass*, by H. Chance; *Plateglass*, by Harris. London; G. Bell, Covent-garden, 1883.

II. **VERRE**. *T. de chim. Verre d'antimoine.* Oxysulfure d'antimoine artificiel, transparent, en lames peu épaisses, d'un rouge plus ou moins foncé, que l'on obtient en grillant dans un têt du sulfure d'antimoine, jusqu'à ce que la masse soit grise, puis fondant ensuite dans un creuset de terre et coulant en plaques minces ; il contient : 90,5 de protoxyde d'antimoine, 1,8 de sulfure, 3,2 de peroxyde de fer et 4,5 de silice (Soubeiran). || *Verre de borax.* Syn. : *borate de soude fondu.* — V. Borax. || *Verre d'étain.* Syn. : *potée d'étain, étain oxydé.* || *Verre de Moscovie. T. de minér.* Nom donné au mica en grandes lames. — V. Mica. || *Verre de plomb. T. de chim.* Syn. : *oxyde de plomb fondu.* — V. Plomb. || *Verre volcanique. T. de minér.* Syn. : *obsidienne* (V. ce mot). On donne encore ce nom à une autre variété de feldspath, la *gallinace*, qui ne diffère de l'obsidienne que par la prédominance du pyroxène, et que l'on trouve en filaments très longs et très déliés, surtout près du volcan de l'île Bourbon.

Les gallinaces, comme les obsidiennes, sont employés comme miroirs très estimés par les dessinateurs de paysages, et pour faire des bijoux de deuil.

**VERRIER.** *T. de mét.* Industriel qui possède, qui dirige une verrerie; ouvrier qui y travaille.

— Sous cette appellation générique sont comprises plusieurs espèces d'industriels et de commerçants. Dans son sens le plus général, le mot *verrier* désigne l'ouvrier qui fond le verre et lui donne, après l'avoir amené à l'état liquide, les diverses formes exigées par l'usage. Prise dans une acception particulière, la même expression s'applique à l'homme qui fabrique les verreries ou vitraux d'église ; et, plus spécialement encore, on appelle *peintres-verriers* ceux qui peignent sur verre, c'est-à-dire qui disposent, sur des plaques de verres devant être rapprochées plus tard et liées par une armature, des couleurs vitrifiables formant lignes, contours et dessins, de manière à produire de véritables tableaux. — V. Vitrail.

Naturellement, les verriers de cette catégorie constituent l'aristocratie du métier; les autres ne sont que des artisans; ceux-là sont les artistes, et l'on s'explique que des immunités de diverse nature leur aient été accordées.

En principe et durant tout le moyen âge, les ouvriers qui travaillaient pour les rois, les princes, la noblesse, le clergé séculier et régulier jouissaient de plusieurs privilèges attachés à leur industrie plutôt qu'à leurs personnes. Quand on « œuvroit pour le roy nostre sire, les hauts homes et saincte yglise », on ne faisait point œuvre servile; on ne pouvait donc être assujetti aux corvées, aux guets et autres redevances corporelles qui auraient pu abaisser le métier et détourner celui qui l'exerçait de ses occupations habituelles. C'est ainsi que les orfèvres, les joailliers, les batteurs d'or et autres gens de métiers nobles, étaient indemnes de la plupart des corporations en argent et en nature. De là l'axiome bien connu « orphèvre ne déroge point »; ce qui veut dire qu'en faisant, pour l'église, des reliquaires et des vases sacrés, en travaillant à des « nefs » destinées aux dressoirs des rois et des princes, on ne perdait point la noblesse de race, jugée incompatible avec l'exercice des métiers manuels. La haute estime en laquelle nos rois tenaient les orfèvres parisiens, justifie le premier rang qu'ils occupaient dans le monde des corporations, et explique la place d'honneur qui leur était réservée aux processions du *Corpus Christi*, ou de la Fête-Dieu.

Les verriers dérogeaient moins encore, en ce sens qu'ils travaillaient plus exclusivement pour l'Eglise, et qu'on ne pouvait sans impiété qualifier d'œuvres serviles les grandes compositions dont ils ornaient les cathédrales. Ceux qui étaient nobles conservèrent la noblesse tout en faisant des verrières, et ceux qui ne l'étaient point le devinrent insensiblement. Le privilège de l'aristocratie fut d'abord accordé à quelques artistes d'élite qui avaient produit un chef-d'œuvre; ce fut peut-être là leur salaire, à défaut d'argent. Puis la distinction se généralisa, et les verriers, en possession d'une certaine réputation parvinrent à faire rayer leurs noms des livres de la taille applicable aux seuls roturiers. La Lorraine, en particulier, pays voué depuis des siècles au travail du verre, et tirant encore aujourd'hui son plus beau lustre de cette riche industrie, eut, de bonne heure ses gentilshommes verriers, les uns ayant gardé leur privilège aristocratique, malgré l'exercice du métier, les autres l'ayant acquis à raison même de cet exercice. On ne le leur contesta point, tant qu'ils travaillèrent à peu près exclusivement pour la royauté, l'église et la noblesse; mais leur industrie, comme toutes les autres, se sécularisa avec le temps; les Croisades, la guerre de Cent ans, mille autres calamités publiques et privées ruinèrent les grands seigneurs, qui ne se payèrent plus le luxe des vitraux. Les pragmatiques sanctions et les commendes, en attribuant à des favoris la majeure partie du revenu des évêchés et des abbayes, amenèrent d'autre part la cessation du travail des grandes verrières destinées aux églises.

Alors les gentilshommes verriers, obligés de travailler pour la bourgeoisie, pour les enrichis et les parvenus, produisirent des œuvres médiocres, se préoccupèrent plus de la quantité que de la qualité, furent plus marchands que fabricants, et tombèrent de l'art dans le métier. Ils ne s'enrichirent point cependant à cette vulgarisation de leur artistique industrie, et le misérable accoutrement dans lequel on les voyait travailler les rendit peu respectables aux vilains qui leur contestèrent ce privilège de la noblesse, dont on les regardait comme déchus. D'autre part, si la conservation ou l'acquisition du titre de « noble » avait pu se justifier à une époque où la belle et coûteuse industrie du verrier exigeait quelques encouragements, cette sorte de prime n'était plus nécessaire après le développement considérable qu'elle avait pris.

Enfin, les nobles qui n'avaient jamais fait « œuvre de leurs dix doigts » et qui, par orgueil de caste, dédaignaient le travail et les travailleurs, ne purent supporter qu'on leur assimilât des artisans grossiers et mal vêtus; ils ne voulurent pas siéger à côté d'eux dans les assemblées de la noblesse, et obtinrent, en 1522, 1573 et 1585, que le gouvernement ducal de Lorraine restreignît leurs privilèges.

La lutte dura près d'un siècle, et la question ne put être tranchée que par décision de l'autorité souveraine. En 1603 et 1604, Henri IV, saisi des réclamations des nobles et des plaintes des verriers lorrains, statua en ces termes : « La profession de verrier ne suppose pas la noblesse, mais elle n'y déroge point ». Ainsi fut fixée, non seulement pour la province de Lorraine, mais pour la France entière, la profession de verrier : furent considérés comme nobles ceux qui l'étaient déjà avant d'entrer dans le métier, et ceux qui descendaient des anciens verriers anoblis; mais la profession ne conféra plus la noblesse.

Ces discussions d'un autre âge nous font sourire aujourd'hui. Les Maréchal (de Metz), les Champigneulle et autres grands verriers lorrains de l'époque contemporaine, n'ont pas songé à la revendication du privilège nobiliaire : l'art leur a fait une noblesse plus solide et plus vraie que celle qui résulte des parchemins. — L. M. T.

**VERRIÈRE.** Grande fenêtre ou baie ornée de vitraux peints. — V. VITRAIL. || Morceau de verre à vitre que l'on met devant certains objets, tels que reliquaires, tableaux, etc., pour les conserver; on dit aussi, dans ce sens, *verrine*. || Cloche en verre à l'usage du jardinier pour couvrir des plantes délicates.

**VERRINE.** Syn. de *verrière*. || Tube de verre.

**\*VERROTERIE.** On désigne sous ce nom de petits ouvrages et de menues marchandises de verre, telles que les pierres et perles fausses, les perles de verre, etc.

— Strabon et Pline constatent que dans les verreries de Sidon on fabriquait déjà des perles de verre coloré pour la parure. Au moyen âge, Venise ayant hérité des procédés phéniciens et grecs, se rendit célèbre par ses verroteries et ses perles fines imitées au moyen d'un émail transparent.—V. PERLES FAUSSES OU ARTIFICIELLES.

Aujourd'hui, c'est à Murano que se trouvent les plus importantes manufactures de perles colorées. Les Vénitiens, très jaloux des procédés anciens dont ils ont conservé la tradition, gardent mystérieusement le secret de cette fabrication brillante, peu chère, et qui permet à la médiocrité l'éclat et le luxe apparent de la richesse. Depuis quelques années, on a retrouvé et pratiqué à Murano l'industrie de l'aventurine depuis longtemps perdue.

**I. VERROU.** Appareil de fermeture employé pour les portes des habitations, et qui se compose d'une tige de fer plate ou demi-ronde glissant dans deux cramponnets montés ou non sur platine, et s'engageant dans une gâche.

On distingue les verrous *verticaux* et les verrous *horizontaux*. Les premiers servent particulièrement à la fermeture des portes à deux vantaux; ils se placent en haut et en bas de l'un des vantaux sur le parement intérieur, se manœuvrant en sens inverse à l'aide d'un bouton et entrant par leur extrémité dans des gâches établies : l'une dans le seuil de la porte, l'autre dans la partie formant linteau ou imposte. Les verrous horizontaux se placent en un point quelconque de la hauteur d'une porte à un ou deux vantaux et se manœuvrent aussi avec un bouton; leur extrémité s'engage dans une gâche ou un crampon placé soit sur l'autre vantail, soit sur le bâti de la porte dans le cas d'un seul vantail. On donne aussi à ce dernier genre de verrous le nom de *targettes*.

On appelle : 1° *verrou de sûreté*, une sorte de serrure qui fonctionne sans clef; 2° *verrou de nuit*, un pêne faisant partie d'une serrure et se manœuvrant avec un petit bouton qui fait saillie sous la cloison de cette serrure.

On nomme armes *à verrou*, celles qui sont à culasse mobile, par glissement. — V. FUSIL.

**II. \*VERROU.** T. de chem. de fer. Appareil servant à caler les lames d'une aiguille de changement de voie, contre le rail contr'aiguille. Les verrous d'aiguilles peuvent se diviser en deux catégories, suivant qu'ils sont manœuvrés à l'aide de transmissions indépendantes, ou que leur action est obtenue par le mouvement de la transmission qui déplace les lames de l'aiguille elle-même.

Dans les verrous à levier indépendants, l'entretoise des lames d'aiguilles porte un épaississement dans lequel sont pratiqués deux trous qui, selon que l'aiguille occupe l'une ou l'autre de ses deux positions, viennent se placer alternativement devant un verrou commandé par une transmission et par un levier spécial. Une fois qu'on a manœuvré l'aiguille, on lance le verrou qui ne pénètre dans le trou correspondant, que si la manœuvre des lames d'aiguilles est complètement achevée;

s'il y a entrebaillement de l'une des lames, le trou ne se met pas en face du verrou, que l'aiguilleur ne peut alors lancer et il s'en aperçoit à la résistance que lui oppose le levier du verrou, lorsqu'il veut le manœuvrer. Au contraire, quand les lames d'aiguilles sont bien à fond de course, le verrouillage peut s'effectuer et a pour effet de caler davantage les lames en les empêchant de se déplacer.

Dans les verrous manœuvrés du même coup de levier que l'aiguille, tels que le verrou Dujour et le verrou-aiguille de Poulet, le premier tiers de la course du levier est employé à déverrouiller l'aiguille qui est normalement calée, le second tiers à manœuvrer les lames, et le troisième tiers, à les verrouiller dans leur nouvelle position ; le système Dujour place l'appareil en dehors de la voie, le système Poulet le place à l'intérieur, ce qui est préférable, et obtient le déplacement des lames par le glissement d'une came dans une rainure oblique.

Lorsque des aiguilles non verrouillées sont abordées en pointe, les trains ne doivent pas les franchir avec une vitesse supérieure à 30 kilomètres à l'heure ; le verrouillage supprime cette limitation, sauf aux bifurcations où la vitesse est limitée à 40 kilomètres.

**VERSANT.** Pente d'un des côtés d'une chaîne de montagne. || Partie d'une couche de mine qui va du fond au faîte.

*VERSEUR.** T. techn. Appareil destiné à faire basculer et vider des vagons, voitures et autres récipients, contenant des matières quelconques.

**VERSO.** Ce mot indique la seconde page, le revers d'un feuillet ; c'est l'opposé de recto.

*VERSOIR.** T. d'agric. Partie de la charrue et qui sert à renverser sur le côté la tranche de terre détachée par le contre. — V. Charrue.

**VERT.** L'une des couleurs du spectre solaire et l'une de celles qui par leur réunion constituent la lumière blanche.

Les matières colorantes qui offrent cette nuance sont des plus nombreuses, nous les subdiviserons, comme nous l'avons déjà fait pour les autres couleurs, suivant leur nature.

#### COULEURS MINÉRALES

Divers métaux fournissent des matières colorantes vertes. a) Parmi les verts à base de cuivre nous citerons : 1° la malachite, ou cuivre carbonaté vert, $CuO, CO^2 + CuO, H^2O^2...Cu CO^3 + Cu (OH)^2$ qui, naturelle, est d'un vert émeraude, et que l'on reproduit artificiellement en précipitant une solution de sulfate de cuivre exempt de fer, par du carbonate de potasse, de soude ou de chaux ; 2° le vert de Brunswich, qui est parfois le produit artificiel précédent, que l'on a mis à digérer avec de l'eau et est nuancé avec du spath pesant, du blanc de zinc, du vert de Schweinfurt, d'après Ritthausen ; c'est parfois aussi de l'oxychlorure de cuivre, $CuCl, 3 CuO, 4 H^2O^2... CuCl^2, 3 Cu O, 4 H^2O$, obtenu en humectant des lames ou des copeaux de cuivre avec du sel ammoniac et aban-

donnant à l'air ; 3° le vert de montagne, c'est un produit obtenu comme la malachite artificielle, mais à la température de 60° ; on lui donne parfois encore les noms de vert de Hongrie, de cendres vertes ; 4° le vert de Brême, autre carbonate de cuivre basique, obtenu en précipitant le sulfate de cuivre par un mélange à parties égales de carbonate de potasse et de carbonate de soude ; 5° le vert de Schweinfurt, acétoarsénite de cuivre.

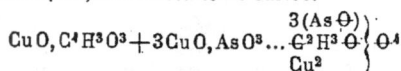

$$CuO, C^4H^3O^3 + 3CuO, AsO^3... {\overset{3(As O)}{\underset{Cu^2}{C^2H^3 O}}} O^4$$

Pour le préparer, on mêle ensemble parties égales d'acétate de cuivre et d'acide arsénieux en dissolutions concentrées et bouillantes ; 6° le vert de Kischberger, Syn.: vert de Vienne, de Neuwiell, métis, vert impérial, vert de perroquet, c'est le vert de Schweinfurt, nuancé avec d'autres matières colorantes ; 7° le vert Paul Veronèse, c'est l'arséniate de cuivre, $CuO, AsO^3...As O^4 Cu$ ; 8° le vert de Schéele, arsenite de cuivre $CuO, AsO^3...As Cu O$, obtenu en précipitant une solution chaude de 32 parties de sulfate de cuivre, par une solution chaude de 11 parties d'acide arsénieux dans 32 parties de potasse. Ce produit sert à obtenir : 9° le vert anglais, mélange de vert de Schéele, de sulfate de baryte et de sulfate de chaux finement pulvérisés ; 10° le vert minéral, mélange plus complexe, dans lequel entrent : le vert de Schéele, la céruse, l'oxyde noir de cuivre, le bleu de montagne et l'acétate de plomb ; 11° le vert d'eau, Syn.: vert préparé, vert distillé, couleurs obtenues avec l'acétate neutre de cuivre ; 12° le vert de gris Syn.: verdet, sous-acétate de cuivre, dont le commerce admet trois sortes, le vert de gris neutre, qui est la sorte précédente,

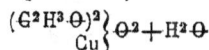

$$(C^2H^3 O)^2 \atop Cu \Big\} O^2 + H^2 O$$

le vert de gris bleu, basique, ou français, préparé en grand, soit avec le marc de raisin (Montpellier), il a alors pour formule,

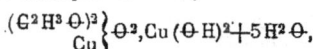

$$(C^2H^3 O)^2 \atop Cu \Big\} O^2, Cu (OH)^2 + 5 H^2 O,$$

soit avec le vinaigre (Grenoble, Suède), il est alors plus vert et a pour formule :

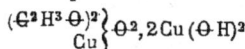

$$(C^2H^3 O)^2 \atop Cu \Big\} O^2, 2 Cu (OH)^2$$

et 3° le vert de gris neutre ou en grappes, qui est en prismes vert foncé, ayant pour formule :

$$(C^2H^3O)^2 \atop Cu \Big\} O^2,$$

et qui s'obtient soit en dissolvant le sel basique dans l'acide acétique, soit en décomposant le sulfate de cuivre par l'acétate de plomb ; 13° le vert de W. Casselmann, mélange d'une jolie nuance, ayant pour formule

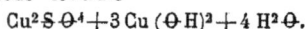

$$Cu^2 S O^4 + 3 Cu (OH)^2 + 4 H^2 O.$$

On le prépare en ajoutant à une solution bouillante de sulfate de cuivre, une autre solution bouillante d'acétate alcalin ; on dessèche et pulvérise ; enfin 14° le vert de Gentèle, qui est préparé en précipitant une solution de sulfate cuprique par le stannate de soude; on lave et dessèche le précipité.

*b*) Parmi les *verts à base de chrome*, il faut indiquer : 1° le *vert de chrome*, Syn.: *vert Guignet, vert Pannetier, vert émeraude*, hydrate de sesquioxyde de chrome ayant pour formule

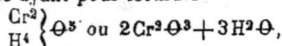

$$Cr^2 \atop H^4 \Big\} O^5 \text{ ou } 2Cr^2O^3 + 3H^2O,$$

que l'on obtient en mélangeant 1 partie de bichromate de potasse avec 3 parties d'acide borique et en chauffant jusqu'au rouge sombre. La masse, d'un vert foncé, est ensuite épuisée par l'eau bouillante et pulvérisée; 2° le *vert nature* qui est formé par le précédent, auquel on ajoute, soit de l'acide picrique, soit un picrate. Les couleurs ci-dessus servaient surtout pour la peinture à l'huile ou à l'eau, le *vert nature* est aujourd'hui principalement employé par les feuillagistes, pour le papier ou les tissus qu'ils utilisent; 3° le *vert Mathieu-Plessy*, c'est un phosphate de chrome que l'on prépare en dissolvant 1 partie de bichromate dans 10 parties d'eau bouillante et y ajoutant du phosphate de chaux acide, plus de la cassonade. Le précipité lavé et séché est ensuite pulvérisé; 4° le *vert Dingler*, un mélange de phosphate de chrome et de phosphate de chaux ; le *vert d'herbe*, de Salvetat, qui est de l'oxyde de chrome alumineux, obtenu en faisant chauffer l'oxyde métallique avec de l'alumine ; 6° le *vert Caselli*, que l'on prépare en portant au rouge 1 partie de bichromate de potasse avec 3 parties de plâtre, et épuisant la masse refroidie par l'acide chlorhydrique étendu ; 7° le *vert Arnaudon*, ou métaphosphate de chrome, obtenu en mélangeant 128 parties de phosphate neutre d'ammoniaque avec 149 parties de bichromate de potassium ; on évapore à siccité et porte le résidu à 180°; on lave à l'eau et on sèche la poudre vert tendre obtenue; 8° le *vert Havranek* ou *vert de chrome vapeur*, pour tissus ; il s'obtient avec 1 partie prussiate rouge, 4 parties prussiate jaune, 2 parties alun de chrome, 2 parties prussiate d'étain en pâte, 1 partie d'acide tartrique et 24 parties eau d'amidon.

*c*) On connaît quelques *verts à base de cobalt*. Parmi ceux-ci nous citerons : 1° le *vert de Rinnmann*, Syn.: *vert de Saxe, vert de Cobalt*, CoO, ZnO, c'est un mélange d'oxydes de cobalt et de zinc, préparé en chauffant les nitrates de ces métaux jusqu'à obtention d'une nuance verte; ou bien encore par voie humide, en mélangeant une solution de sulfate de zinc avec une solution d'un sel de protoxyde de cobalt, non précipitable par le sulfate, puis décomposant par le carbonate de sodium ; on lave, dessèche et calcine. Le *vert de zinc* ne diffère du précédent que parce qu'il est obtenu par décomposition du sulfate de cobalt; 3° le *vert turquoise* de Salvetat, se prépare en calcinant 20 parties d'oxyde de chrome, avec 30 parties de carbonate de cobalt et 40 parties d'alumine. On lave, sèche et broie finement. Tous ces verts au cobalt sont utilisés pour la peinture sur porcelaine. On a donné (T. III, p. 1020), la composition de quelques-unes de ces couleurs.

*d*) *Verts de manganèse*. On ne range guère dans cette classe que le *vert de Rosenstiehl*, qui est un manganate de baryum $BaMnO^4$. Pour l'obtenir, on fond de l'hydrate de baryum et on y projette peu à peu du bioxyde de manganèse.

*e*) *Verts de fer*. Le *vert de Berlin* ou *cyanure de fer, vert de Pelouze* est une couleur ayant pour formule $Fe^3 Cy^8 + 4 H^2O$(?) que l'on obtient par l'action d'un excès de chlore sur une solution chaude de prussiate jaune ; il se forme un précipité vert que l'on recueille et sèche ; 2° on donne le nom de *verts au prussiate* à des couleurs vertes obtenues sur étoffe, à l'aide de superposition de deux nuances, celle du bleu de Prusse, avec la jaune de la graine de Perse, par exemple ; le *vert de Saxe*, au contraire, est à base de curcuma et de bleu de Saxe.

*f*) Pour la teinture de la laine, les verts sont surtout obtenus avec l'indigo ; les *vert dragon, vert douane* sont préparés avec la gaude, ainsi du reste que les *vert printemps* et *vert nouveauté* que l'on fait parfois aussi avec les picrates.

*g*) On donne le nom de *vert d'outremer* à une couleur servant en peinture, et qui se forme comme premier produit de la fabrication de l'*outremer*. — V. ce mot.

### COULEURS ANIMALES.

Une seule nuance verte a été obtenue avec les produits tirés du règne animal, c'est le *vert de biliverdine*. La biliverdine est l'une des matières colorantes de la bile, c'est celle qui se produit dans ce liquide, lorsque l'on oxyde la bilirubine par les alcalis. Cette matière qui a pour formule $C^{32}H^{20}Az^2O^{10}$... $C^{16}H^{20}Az^2O^5$, n'a pas beaucoup d'emploi, car elle est de nuance fugace à l'air ; elle ne se dissout que dans l'eau fortement alcalinisée.

### COULEURS VÉGÉTALES.

Quelques couleurs vertes ont été surtout employées avant la découverte des dérivés de la houille ; elles étaient du reste peu nombreuses, car ces nuances étaient presque toujours obtenues par le mélange de la superposition de tons bleus et jaunes ; tels étaient : 1° le *vert de Chine*, Syn.: *Lo-Kao, indigo vert de Chine*, laque obtenue avec deux espèces de nerpruns de Chine, les *rhamnus utilis*, Dec. et *rhamnus chlorophorus*, Dec.. Ce produit qui a une grande analogie, comme réactions, avec la céruléine, a servi, vers 1855, à M. Guinon, pour obtenir sur velours et sur soie de magnifiques nuances que l'on désignait sous les noms de *vert Vénus* et *vert Azof*; 2° *vert de chlorophylle*: les parties des plantes qui sont exposées à l'air offrent une nuance verte qu'elles doivent à la présence d'une matière colorante, la chlorophylle $C^{36}H^{10}AzO^6$..., $C^{48}H^{10}Az O^3$(?). Cette substance encore mal connue dans sa composition, malgré les nombreux travaux dont elle a fait l'objet, peut être obtenue à l'état cristallisé, et être fixée sur soie, laine ou coton ; c'est ce qu'ont réalisé, en 1854, Hartmann et Cordillot, de Mulhouse ; mais cette nuance est peu solide à la lumière ; il en est de même de la couleur dite *vert de synanthérées*, que l'on prépare surtout avec les plants d'artichaut ; 3° le *vert de vessie* ou *vert de sève* est une couleur employée surtout en peinture à la détrempe, ou pour l'aquarelle, d'un vert jaunâtre, et que l'on retire des fruits du nerprun purgatif, *rhamnus catharticus*, L.. Pour le préparer, on récolte les baies à maturité, on les concasse et on les laisse fermenter pendant huit jours, au bout desquels on exprime le jus. Celui-ci additionné par litre de 250 grammes d'eau de chaux et de 32 grammes de gomme arabique, est ensuite concentré sur un feu doux jusqu'à consistance de sirop épais, puis coulé dans des vessies de porc, où il achève de se dessécher ; 4° on désigne encore sous le nom de *thallochlore* un principe colorant vert que l'on a isolé du lichen d'Islande (*cetraria islandica*, Achar.), que nous ne ferons que citer, parce que sa composition n'est pas bien connue, et qu'il n'est pas employé.

### COULEURS ORGANIQUES.

Si les couleurs minérales sont presque exclusivement employées par la peinture, celles qui vont nous occuper maintenant, servent presque partout actuellement pour teindre les fibres végétales ou pour l'impression des tissus ; quoique moins solides souvent que les premières, elles sont moins redoutables que les belles nuances vertes solides, qui étaient presque toujours à base de cuivre et d'arsenic.

Les couleurs organiques sont nombreuses, leur fabrication se trouve décrite en divers endroits de ce *Dictionnaire*, aussi ne ferons-nous souvent ici qu'indiquer leur nom et leur constitution :

1° *Vert malachite*. Syn. : *vert Victoria, vert solide, vert nouveau, vert d'aldéhyde benzoïque, thalasséine*. C'est un chlorure double de zinc et de tétraméthylediamidotriphénylcarbinol. Le produit commercial a comme constitution

$$\mathrm{C} \begin{cases} \mathrm{C^6H^5} \\ \mathrm{C^6H^4.Az(CH^3)^2} \\ \mathrm{C^6H^4.Az(CH^3)^2} \end{cases} \Big|\; \mathrm{OH}$$

Il existe aussi une double combinaison avec le chlorure de zinc qui a pour formule

$$3\,\mathrm{C^{23}H^{24}Az^2, HCl} + 2\mathrm{ZnCl^2} + 2\mathrm{H^2O}.$$

On l'obtient d'après Dœbner de la façon suivante :

$$\mathrm{C^6H^5CCl^3} + 2\,\mathrm{C^6H^5Az(CH^3)^2} = \mathrm{C^{23}H^{24}Az^2} + 3\mathrm{HCl},$$

et d'après Fischer,

$$\mathrm{C^6H^5CO\,Cl} + 2\,\mathrm{C^6H^5Az(CH^3)^2}$$
$$= \mathrm{C^{23}H^{24}Az^2} + \mathrm{H^2O} + \mathrm{HCl},$$

en présence de ZnCl².

J.-A. Schlumberger a préparé avec la rosotoluidine ou le rouge de toluidine, un *vert de toluidine* absolument par la même méthode que le vert à l'aldéhyde. a été préparé avec la rosaniline ;

2° *Vert brillant*. Syn. : *vert solide J, vert Victoria nouveau*. C'est un oxalate de tétraéthylediamidotriphénylcarbinol, dont la formule est

$$\mathrm{C^{27}H^{32}Az^2} + \mathrm{C^2H^2O^4} + \mathrm{H^2O}$$

et dont la constitution s'exprime ainsi :

$$\mathrm{C} \begin{cases} \mathrm{C^6H^5} \\ \mathrm{C^6H^4Az(C^2H^5)^2} \\ \mathrm{C^6H^4Az(C^2H^5)^2} \end{cases} \Big|\; \mathrm{OH}$$

il existe également dans le commerce une double combinaison de cette base avec le chlorure de zinc. On l'obtient ainsi :

$$\mathrm{C^6H^5CCl^3} + 2\,\mathrm{C^6H^5Az(C^2H^5)^2} = \mathrm{C^{27}H^{32}Az^2} + 3\mathrm{HCl};$$

3° *Vert acide*. Syn. : *vert lumière S, vert Helvetia*. C'est du tétraméthylediamidotriphénylcarbinolsulfonate de sodium, $\mathrm{C^{23}H^{24}Az^2, SO^3Na + H^2O}$, ayant pour formule de constitution

$$\mathrm{C} \begin{cases} \mathrm{C^6H^4.SO^3Na} \\ \mathrm{C^6H^4.Az(CH^3)^2} \\ \mathrm{C^6H^4.Az(CH^3)^2} \end{cases} \Big|\; \mathrm{OH}$$

Pour l'obtenir, il suffit de chauffer le vert malachite avec de l'acide sulfurique concentré ou fumant ; cette couleur teint sur bain acide la laine et la soie, sa solution aqueuse est jaune vert pâle ;

4° Le *vert acide (B.A.S.F.)* est un dibenzylediméthylediamidotriphénylcarbinolsulfonate de sodium, $\mathrm{C^{35}H^{32}Az^2.SO^3Na + H^2O}$, offrant comme formule constitutionnelle

$$\mathrm{C} \begin{cases} \mathrm{C^6H^4(SO^3Na)} \\ \mathrm{C^6H^4.Az(CH^3)^2} \\ \mathrm{C^6H^4.Az(C^7H^7)^2} \end{cases} \Big|\; \mathrm{OH}$$

quant au *vert acide liquide*, sa constitution est :

$$\mathrm{C} \begin{cases} \mathrm{C^6H^5} \\ \mathrm{C^6H^5.Az} < \frac{\mathrm{CH^2.C^6H^5}}{\mathrm{C^2H^5}} \\ \mathrm{C^6H^5.Az} < \frac{\mathrm{CH^2.C^6H^5}}{\mathrm{C^2H^5}} \end{cases} \Big|\; \mathrm{OH}$$

5° Le *vert de méthylaniline*. Syn. : *vert lumière*, est un chlorure de pentaméthyletriamidotriphénilecarbinolméthylammonium (chlorhydrate et sel double zincique), ayant pour formule

$$\mathrm{C^{49}H^{12}Az^3(CH^3)^3 . CH^3Cl . HCl + ZnCl^2};$$

sa formule de groupement est

$$\mathrm{C} \begin{cases} \mathrm{C^6H^4.Az(CH^3)^2} \\ \mathrm{C^6H^4.Az(CH^3)^3} \\ \mathrm{C^6H^4.Az(CH^3)^3} \end{cases} \underset{\mathrm{Cl}}{\diagdown}$$

Monet et Reverdin le préparent ainsi :

$$\underbrace{\mathrm{C^{24}H^{27}Az^3.HCl} + \mathrm{CH^3Cl} + 2\mathrm{NaOH}}_{\text{Violet de méthyle}}\; \text{ou}\; \begin{matrix}\mathrm{CH^3Br}\\ \mathrm{CH^3I}\end{matrix}$$

$$= \underbrace{\mathrm{C^{24}H^{29}Az^3O . CH^3 . OH} + 2\mathrm{NaCl}}_{\text{Base du vert de méthylaniline}}$$

sa solution est bleu verdâtre.

6° Le *vert à l'iode* ou iodométhylate d'hexaméthylerosaniline, $\mathrm{C^{20}H^{16}(C^2H^3)^3Az^3.(CH^3I)^2.H^2O}$, dont la formule de constitution est :

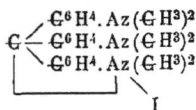

$$C \begin{cases} C^6H^4.Az(CH^3)^2 \\ C^6H^4.Az(CH^3)^2 \\ C^6H^4.Az(CH^3)^2 \end{cases} \diagdown I$$

on l'obtient en chauffant la rosaniline avec $CH^3Cl$ ou $CH^3I$.

Les verts de méthylaniline et à l'iode se trouvent aussi dans le commerce à l'état de sels doubles avec le chlorure de zinc.

7° La *céruléine* (sous forme de pâte). Elle a pour formule $C^{20}H^8O^6$ et aussi

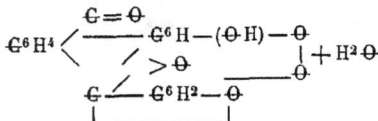

$$C^6H^4 \begin{cases} C=O \\ \phantom{x} \\ C-C^6H^2-O \end{cases} C^6H-(OH)-O \phantom{xx} O \\ +H^2O$$

Cette couleur est un dérivé de la phénylanthracène, et s'obtient en chauffant à 200° de la galéine avec de l'acide sulfurique. Elle forme avec le bisulfite de soude une combinaison soluble qui se décompose par l'action de la vapeur.

8° Le *vert solide*. Syn. : *vert de résorcine*, *vert d'Alsace*. C'est une poudre verte qui a pour formule

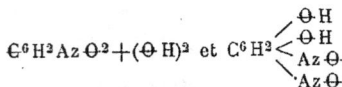

$$C^6H^2Az O^2+(OH)^3 \text{ et } C^6H^2 \begin{cases} OH \\ OH \\ AzO \\ AzO \end{cases}$$

il teint sur mordant de fer.

9° Le *vert de quinoléine*. Syn. : *dalleiochine*, sa formule est $C^{26}H^{25}Az.HCl$, et celle de constitution

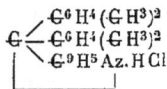

$$C \begin{cases} C^6H^4(CH^3)^2 \\ C^6H^4(CH^3)^2 \\ C^9H^5Az.HCl \end{cases}$$

il a été préparé par M. Hor. Kœchlin, en faisant réagir 134 parties d'hypochlorite de chaux, sur 10 parties de quinine, en présence de 35 parties d'acide chlorhydrique dilué dans un litre d'eau. En ajoutant ensuite 125 parties d'ammoniaque le vert de quinoléine se précipite.

10° *Vert de Bindschedler*, c'est un dérivé diméthylé du bleu d'amidodiphényle dont la formule $C^{14}H^{15}Az^3$, correspond à la constitution

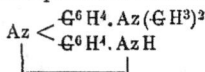

$$Az \begin{cases} C^6H^4.Az(CH^3)^2 \\ C^6H^4.AzH \end{cases}$$

11° Les composés nitrosés de certains phénols donnent encore des verts assez beaux. Ainsi, la *dinitrosorésorcine*

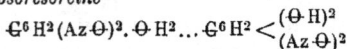

$$C^6H^2(AzO)^2.OH^2 \dots C^6H^2 \begin{cases} (OH)^2 \\ (AzO)^2 \end{cases}$$

donne avec les mordants de fer, des laques vertes de belle nuance, inaltérables à la lumière, solides à l'égard des agents destructeurs et ne se décolorant qu'avec les réducteurs énergiques, capables de transformer les groupes $AzO$ en $AzH^2$; solubles dans les alcalis. Elle est applicable sur laine et sur soie. Le *β-naphtolmononitrosé*

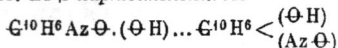

$$C^{10}H^6AzO.(OH) \dots C^{10}H^6 \begin{cases} (OH) \\ (AzO) \end{cases}$$

qui a des propriétés analogues et teint les mordants de fer en vert olivâtre; l'*acide nitroso-β-naphtolmonosulfurique*, de Cassella, obtenu par l'action de $AzO^3$ sur le sulfoconjugué du naphtol, engendre avec le fer, un composé vert, soluble, fournissant directement des teintures solides et belles, sur laine et sur soie.

12° Nous pouvons encore citer pour clore cette liste des couleurs organiques, quelques produits peu employés : le *vert Delvaux*, résultant de l'action de la chaleur sur le chlorhydrate d'aniline; le *vert Persoz*, obtenu par la réaction du perchlorure de fer sur le même sel; l'*éméraldine*, état transitoire du vert à l'aldéhyde et qui résulte de l'oxydation produite sur les sels d'aniline, par le chlorate de potasse en présence d'un acide; l'*isatochlorine*, modification provoquée sur l'isatine par l'hydrogène naissant fourni par l'acide iodhydrique, etc. — J. C.

**VERT-DE-GRIS.** — V. ACÉTATE, CUIVRE et VERT, § *Couleurs minérales*.

**VERTICAL, E.** Qui est perpendiculaire au plan de l'horizon; une ligne verticale est donc une ligne perpendiculaire à l'horizon. || Se dit du parement d'une construction, dressé suivant la direction du fil à plomb.

**\*VERTU.** *Iconol.* Les anciens avaient un culte particulier pour la Vertu, qu'ils faisaient fille de la Vérité, et qu'ils associaient à l'Honneur, dont le temple se trouvait contigu. D'ailleurs ses attributs étaient variés, et semblent avoir été multipliés par les artistes d'autant plus facilement qu'ils représentent une idée purement morale et métaphysique. Elle est toujours figurée sous les traits d'une jeune fille vêtue de blanc; tantôt elle tient à la main la palme du martyre, tantôt le laurier du triomphe; on lui donne un sceptre, symbole de son pouvoir, et des ailes, symbole non pas de sa légèreté, comme on pourrait le croire, mais de son essence surnaturelle; parfois encore elle tient la pique, qui était chez les anciens le signe de la domination; on la voit aussi assise sur un cube, parce qu'elle est inébranlable. Les artistes modernes ont rarement représenté la Vertu en tant que sentiment pur, éloignant l'âme du mal moral, mais ils ont peint ou sculpté la Vertu triomphante, sous les attitudes les plus diverses, et la Vertu indiquant à Hercule la route qu'il doit suivre.

Dans l'iconographie chrétienne, les Vertus tiennent une très large place, non seulement les vertus cardinales: la *Prudence*, la *Force*, la *Tempérance* et la *Justice*, qu'on rencontre le plus souvent, et les vertus théologales; la *Foi*, l'*Espérance* et la *Charité*, qui n'ont pris que plus tard une importance prépondérante, mais encore tous les sentiments louables : la *Largesse*, la *Liberté*, l'*Honneur*, la *Prière*, l'*Amitié*, etc.; les statues des Vertus sont placées le plus souvent aux portes des églises, par suite de leur caractère tout terrestre, et parce qu'elles doivent accueillir le fidèle et le préparer à la sainteté du lieu. Il n'est pas rare d'en trouver d'ailleurs jusque sur la façade des châteaux et des hôtels particuliers. Le sujet du *Combat des Vertus et des Vices* a été fréquemment employé aussi dans l'iconographie du moyen âge, et tout spécialement dans les tapisseries.

**VERVEINE.** *T. de bot.* Plante de la famille des verbénacées, dont elle est le type, la *verbena officinalis*, L., ou *herbe aux sorciers*. Elle a des feuilles opposées et des fleurs à corole irrégulière, disposées en épi; ses étamines sont didynames, et le gynécée est supère; son ovaire a quatre loges offrant un ovule ascendant. Le fruit est sec, strié de côtes longitudinales. Cette plante était autrefois très célèbre et servait dans les cérémonies religieuses de divers peuples et dans les pratiques superstitieuses de la sorcellerie. Elle est faiblement aromatique et un peu amère; on l'applique encore en cataplasmes dans les campagnes contre la pleurésie.

Une espèce voisine la *verveine-citronnelle* est bien plus aromatique; elle est cultivée dans les orangeries et offre de longues feuilles lancéolées, qui contiennent une forte proportion d'huile volatile; c'est la *verbena triphylla*, Lhér., Syn. : *lippia citriodora*, K., dont l'ovaire n'a que deux demiloges uniovulées. Elle est originaire de l'Amérique méridionale. Ses feuilles séchées sont employées en guise de thé et pour aromatiser des entremets sucrés.

**\* VESTA.** *Iconol.* Déesse païenne qui présidait au feu et au foyer domestique. Son culte, établi à Rome par Numa, prit une telle importance que malgré ses modestes attributions, cette déesse fut placée par la mythologie latine au conseil des dieux. C'était dans le temple de Vesta, sur le Capitole, qu'était renfermé le palladium; les prêtresses chargées d'entretenir devant son image le feu sacré, étaient choisies dans les premières familles de la République, on a retrouvé des images, peut-être même des portraits de vestales, dans les œuvres d'art antique, qui nous sont parvenues. La déesse elle-même est représentée portant le palladium, tenant une clef et un sceptre, ou sous les traits d'une matrone ayant un flambeau à la main et voilée. Les Romains l'appelaient *mater*, mère des dieux, mère de la patrie, matrone du foyer, *et des effigies*, surtout les médailles portent souvent cette inscription : *Vesta mater.*

**VESTE.** *T. du cost.* C'était, autrefois, un vêtement sans manches, qui se portait sous l'habit et que le gilet a remplacé; aujourd'hui, on donne ce nom, et celui de *veston* à un vêtement de dessous très court, et qui couvre la partie supérieure du corps.

**VESTIAIRE.** Salle de dépôt pour les vêtements, parapluies, cannes et autres objets, que l'on ne veut pas garder avec soi au cours d'une visite, d'une réception ou d'une cérémonie dans un édifice public ou privé. Les théâtres, les salles de concerts, les tribunaux, les établissements scolaires, etc., sont pourvus de vestiaires. Ces pièces, ordinairement placées près de l'entrée principale de l'édifice, renferment des armoires, des portemanteaux, des porte-cannes, etc. Des glaces y sont installées.

Dans les habitations particulières, c'est ordinairement l'antichambre qui sert de vestiaire.

**VESTIBULE.** Pièce d'une habitation importante ou d'un édifice public, dans laquelle se tiennent les domestiques en attendant leurs maîtres ou les individus auxquels on ne juge pas convenable d'accorder un accès plus complet. On donne aux vestibules, autant que possible, une position centrale qui assure un accès facile et une indépendance relative aux différentes parties de l'édifice desservi. Leur forme est ordinairement rectangulaire. Ils doivent être très éclairés et largement

ouverts sur la cage de l'escalier, avec une entrée très accusée sur l'antichambre. Les théâtres, les palais de justice, les grandes gares de chemin de fer sont pourvus de vestibules quelquefois très vastes et qui prennent, dans certains de ces édifices, le nom de *salles des pas-perdus*.

Sous le rapport de la décoration, ces pièces doivent être traitées avec une grande simplicité, tout en restant en rapport avec l'importance de l'appartement ou de l'édifice dont elles font partie. Cette décoration doit aussi former en quelque sorte transition entre celle de l'extérieur et celle de l'intérieur, car ce sont de véritables porches intérieurs; aussi y laisse-t-on souvent la pierre apparente. Les dallages en pierre, en marbre ou en mosaïque leur conviennent particulièrement. Les statues, les bas-reliefs y sont aussi très bien placés. — F. M.

**VETIVER** ou **VETYVER, VITTIE-VAYR.** *T. de bot.* Le commerce désigne sous ce nom la racine odoriférante de l'*andropogon muricatus*, Retz (graminées).

Elle se présente sous la forme d'une masse chevelue, d'un blanc jaunâtre, de 20 à 30 centimètres de longueur. Son odeur est très forte et rappelle celle de la myrrhe; sa saveur est aromatique, puis amère. Elle sert beaucoup en parfumerie et aussi pour protéger les vêtements et les fourrures des attaques des insectes; elle doit ses propriétés, d'après Vauquelin, à la présence d'une matière résineuse d'un rouge brun foncé, âcre et très odorante.

Le vétiver nous vient de l'Inde, où il est très abondant, et la plante qui le fournit, assez analogue à nos chiendents, peut atteindre jusqu'à 2 mètres de hauteur, dans les sols riches et humides du sud de ce pays, ainsi qu'au Bengale. Dans ces contrées, on fait avec le vétiver des écrans que l'on place devant les portes et les fenêtres et qui par leur agitation envoient dans les pièces un air frais et parfumé. On en fabrique aussi des paniers et autres petits objets; il sert même dans l'Inde, comme médicament.

**VIADUC.** Le nom de *viaduc*, appliqué d'abord aux ouvrages spéciaux des passages inférieurs servant à faire passer les chemins de fer au-dessus des routes, des chemins ou des cours d'eau, est aujourd'hui réservé pour les ouvrages qui présentent une longueur ou une hauteur beaucoup plus grande que celle qui est nécessaire pour le passage d'une rivière ou d'une route. Leur emploi s'étend aussi bien aux routes et aux aqueducs qu'aux voies ferrées, et ils sont particulièrement utiles pour remplacer les remblais dans la traversée des vallées profondes ou aux abords des ponts très élevés; les perfectionnements apportés dans leur construction permettent aujourd'hui d'établir les rails à une altitude suffisante pour diminuer beaucoup l'inconvénient des fortes rampes dans les pays accidentés. Les viaducs peuvent être établis en bois, en maçonnerie ou en métal.

**Viaducs en bois.** Le bois n'est guère employé pour ces ouvrages que dans les pays qui en sont abondamment pourvus tandis que la main-d'œuvre et les transports y sont d'un prix élevé ; c'est ainsi qu'en Amérique les chemins de fer traversent généralement les fleuves et les vallées sur de véritables estacades qui atteignent quelquefois des dimensions grandioses, comme le viaduc de Portage dont la hauteur était de 69 mètres et la longueur de 250 mètres ; cet ouvrage, construit en 18 mois, avait exigé environ 3,400 mètres cubes de bois et 60 tonnes de fer. Il a été détruit par un incendie en 1875, 23 ans après son achèvement. En Europe, c'est aussi par économie de temps et d'argent que l'on avait employé le bois pour la plupart des ouvrages du chemin de fer du Sud de l'Autriche ; mais à la suite du développement pris par le trafic de cette ligne, on les remplace graduellement par des constructions métalliques.

### Viaducs en maçonnerie.

En général, sauf l'exception qui vient d'être indiquée, le bois n'a pas paru offrir des conditions suffisantes de durée et de solidité, et les ingénieurs européens ont, dès l'origine, préféré construire en maçonnerie les ouvrages d'art nécessités par l'établissement des voies ferrées. En France, le premier viaduc important est celui qu'élevèrent en 1840 Perdonnet et Payen, au Val Fleury, près Meudon, pour le passage de la ligne de Versailles, rive gauche. Cependant les viaducs de l'Indre et de la Manse, sur la ligne de Tours à Bordeaux (1847-1848) n'étaient encore que des ponts de très grandes dimensions. Au premier, dont la longueur était de 751 mètres et la hauteur de 20 mètres, les arches avaient 9m,80 d'ouverture et des piles-culées, de 3m,20 d'épaisseur aux naissances, étaient disposées de 5 en 5 arches ; le second, moins long, 303 mètres, avait déjà 33 mètres de hauteur et l'ouverture des arches était de 15 mètres. Lorsqu'il fallut dépasser cette hauteur, on superposa deux et même trois étages d'arches les uns au-dessus des autres. Aux grands viaducs de la Combe de Fain et de la Combe Bouchard, élevés vers 1852, pour la ligne de Paris à Lyon, et dont la hauteur totale est de 43m,50, l'étage inférieur a 17 mètres de hauteur et les piles, très épaisses, sont reliées par des arcades de 9 mètres d'ouverture ; à l'étage supérieur, l'ouverture des arches est de 12 mètres ; enfin des piles-culées très résistantes sont disposées de 5 arches en 5 arches. Le viaduc de la Gartempe (1854, ligne de Châteauroux à Limoges) de 53m,20 de hauteur sur 133m,40 de longueur, comprend également deux étages d'arcades, 4 en bas de 13 mètres d'ouverture et 8 en haut, de 15 mètres. Les contreforts s'élèvent d'un seul jet du soubassement jusqu'à la plinthe et sont couronnés par des tourelles avec cul-de-lampe qui servent de refuges. Cette disposition est d'un très bon effet. On a cependant construit vers la même époque (1846-1852) à Dinan, en Bretagne, un viaduc à un seul étage de 315m,50 de longueur, sur lequel la route nationale n° 176 passe à 41m,30 au-dessus du niveau du canal d'Ille-et-Vilaine. Ce viaduc est composé de 10 arches en plein cintre de 16 mètres d'ouverture, 1 mètre d'épaisseur à la clef

et 6m,75 de largeur entre les têtes ; ces arches sont portées par des piles de 4 mètres d'épaisseur dont les parements sont verticaux dans le sens de la longueur de l'ouvrage, mais qui sont flanquées de contreforts avec un fruit de 0,034 dans le sens transversal. Le viaduc de Dinan a coûté 1,047,789 francs.

En 1855-1856, on a construit pour la ligne de Paris à Mulhouse deux ouvrages très importants, l'un à Nogent, sur la Marne, et l'autre à Chaumont, sur la vallée de la Suize. Le viaduc de Nogent se compose d'un grand pont de 4 arches en plein cintre, de 50 mètres d'ouverture, jeté sur la rivière et d'un viaduc dans lequel le pont est enclavé et qui comprend 30 arches de 15 mètres, également en plein cintre, dont 5 sur la rive gauche et 25 sur la rive droite ; l'ensemble a 830 mètres de longueur, 29 mètres de hauteur au-dessus de l'étiage et 8m,90 de largeur entre les têtes. Les grandes arches ont 1 mètre d'épaisseur à la clef ; les piles ont 6 mètres et les culées 11m,75 d'épaisseur ; 5 voûtes de décharge perpendiculaires aux grandes voûtes sont divisées en 4 étages, de telle façon que les piédroits se trouvent placés au-dessous des rails ; des ouvertures sont réservées pour y pénétrer et facilitent les visites et les réparations. Les voûtes du viaduc ont 0m,95 d'épaisseur à la clef et leurs reins sont élégis par de petites voûtes parallèles aux grandes. Les piles ont 3 mètres d'épaisseur aux naissances et un fruit de 0,05 sur toutes les faces ; de 5 en 5, les piles ont 1 mètre de plus d'épaisseur et sont flanquées de contreforts.

Le viaduc de Chaumont a 600 mètres de longueur, 50 mètres de hauteur et 8m,10 de largeur au sommet ; il se compose de 50 arches en plein cintre, de 10 mètres d'ouverture, divisées par des piles-culées en 10 travées de 6 arcades chacune ; les piles sont contrebutées par deux étages de voûtes en arc de cercle, de 3 mètres de largeur seulement, destinées à rompre les vibrations ; il en résulte qu'à distance le viaduc paraît composé de trois étages comprenant 130 arcades.

Le pont et le viaduc de Nogent ont coûté ensemble 5,374,000 francs ; le viaduc de Chaumont a coûté 5,774,136 francs.

La figure 793 représente le viaduc de Morlaix, cet ouvrage, l'un des plus remarquables de la ligne de Rennes à Brest, traverse la vallée au fond de laquelle est bâtie la ville, deux de ses rues, son bassin à flot et ses quais. La longueur est de 292 mètres ; la hauteur des rails au-dessus des quais, de 56m,74 et la largeur au sommet de 8m,60 entre les faces extérieures des parapets qui sont en porte à faux de 0m,05. Le viaduc est à 2 étages ; l'étage supérieur comprend 14 arches en plein cintre de 15m,50 d'ouverture et 1 mètre d'épaisseur à la clef, extradossées suivant un arc de cercle de 10m,90 de rayon, l'étage inférieur, qui forme contreventement, comprend 9 arches en plein cintre de 13m,47 d'ouverture, 0m,90 d'épaisseur à la clef et 10 mètres de largeur entre les têtes ; l'arc de cercle de l'extrados a 9m,80 de rayon. Les piles reposent sur des socles saillants, dont la hauteur varie suivant les ondulations du terrain ; leur fruit, suivant l'axe du viaduc, est de 0m,025 à l'étage supérieur et 0m,045 à l'étage inférieur. Dans le sens transversal il est de 0m,08 et 0m,10 ; en outre, on a augmenté de 0m,75 sur toute la hauteur l'épaisseur des 4e, 8e et 11e piles afin d'interrompre les vibrations longitudinales dans le viaduc. Les parements sont en granit rose, et le surplus en moellons de granit ; la dépense s'est élevée à 2,674,540 francs. La construction a été exécutée de juin 1861 à octobre 1863. Il convient de citer encore pour sa hardiesse et sa légèreté le magnifique viaduc de l'Allier, sur la ligne de Brioude à Alais. Cet ouvrage, placé dans une courbe de 400 mètres de rayon et dans une déclivité de 0m,025, a 243 mètres de longueur et 69 mètres de hauteur (73m,33 à partir des fondations). Il est formé de 10 arches de 16 mètres d'ouverture et 4m,50 de largeur entre les têtes ; les piles du milieu sont reliées, à 47 mètres au-dessous du rail, par des voûtes en plein cintre de 3 mètres de largeur, au-dessus desquelles règne une banquette pavée ; des passages voûtés, de 2 mètres d'ouverture et de 4 mètres de hauteur sous clef, ont été ménagés à travers les piles au niveau de cette banquette. Les grandes voûtes sont cylindriques et par suite de la courbure en plan de l'ouvrage, la section horizontale des piles a la forme d'un

Fig. 793. — *Viaduc de Morlaix.*

trapèze : celles-ci ont 4 mètres d'épaisseur aux naissances et le fruit varie de 3 à 7 0/0. Les fruits des contreforts varient de 2 à 10 0/0. La dépense s'est élevée à 845,248 francs.

C'est en 1865 qu'a été terminé l'ouvrage monumental sur lequel le chemin de fer de ceinture de Paris traverse la Seine, au Point-du-Jour, et qui comprend : le viaduc d'Auteuil, le viaduc du Point-du-Jour, élargi pour recevoir la station du chemin de fer, le pont-viaduc sur la Seine et le viaduc de Javel sur la rive gauche. Le viaduc d'Auteuil se compose de 117 arches en plein cintre et de plusieurs passages de route ; l'axe est courbe et les piédroits sont percés de deux séries d'arcades parallèles formant une promenade couverte. Le pont-viaduc a 31 mètres de largeur entre les têtes ; il contient deux chaussées latérales de 7m,25 pour les voitures ; au milieu, s'élève le prolongement du viaduc dont les rails sont à 9m,40 au-dessus de la chaussée. Le pont est formé de 5 arches elliptiques de 30m,25 d'ouverture et de 9 mètres de flèche ; le viaduc a 31 arches en plein cintre de 4m,80. La dépense totale s'est élevée à 6,068,106 francs pour une longueur de 1,522 mètres, ainsi répartie : viaduc d'Auteuil, 1073 mètres et 1,780,921 francs ; viaduc élargi du Point-du-Jour, 154m,76 et 524,990 francs ; pont-viaduc sur la Seine, 175 mètres et 3,463,774 francs ; viaduc de Javel, 120 mètres et 298,421 francs.

On avait déjà construit en 1858 quelques viaducs à un seul étage d'une assez grande hauteur, comme ceux de Commelle (40 mètres) et de la Feige (31 mètres), mais avec des arches de faible ouverture ; le viaduc de la Feige est le premier dans lequel on ait employé exclusivement, pour les voûtes et les piédroits, des moellons d'appareil, sans pierre de taille. Cette disposition qui présente, outre l'économie, l'avantage de rendre la construction plus homogène, a été appliquée avec succès, pour des ouvertures et des hauteurs de plus en plus grandes, aux nombreux viaducs de la ligne de Nantes à Brest. Au viaduc d'Hennebont qui traverse le Blavet dans sa partie maritime et à celui de Port-Launay qui traverse l'Aulne à 52ᵐ,50 au-dessus de la mer moyenne, on a supprimé l'étage de contreventement et porté l'ouverture des arches à 22 mètres. Au viaduc de Pompadour (ligne de Limoges à Brives) dont la longueur est de 285 mètres et la largeur de 25 mètres, les arches, au nombre de 8, ont 25 mètres d'ouverture; les cintres étaient simplement soutenus par des rails traversant les maçonneries des piles au niveau des naissances. Le viaduc de Vézouillac (ligne de Rodez à Millau) situé dans une courbe de 300 mètres de rayon, présente une hauteur maximum de 43 mètres et comprend 7 arches de 16 mètres d'ouverture; c'est le premier, dans lequel, pour uniformiser les pressions sur les assises des piles, on a donné des fruits courbes aux parements. Cette innovation transforme la pile en un solide d'égale résistance sans qu'il soit nécessaire de ménager des retraites à diverses hauteurs; la suppression des retraites laisse aux lignes verticales toute leur pureté et l'œil embrasse d'un seul coup la hauteur entière de l'édifice. En pratique, la courbure des parements est remplacée par une série de faces planes inscrites dans la courbe théorique. Le viaduc de la Crueize (ligne de Marvejols à Neussargues) qui présente 218ᵐ,80 de longueur et 63ᵐ,30 de hauteur, se compose de 6 arches de 25 mètres d'ouverture; sa largeur, établie pour deux voies, est au niveau des rails de 8ᵐ,60. Les piles sont établies dans le même système qu'à Vézouillac; mais la courbure des fruits est moins accentuée parce que l'on a admis des pressions plus élevées (en moyenne 8ᵏ,50 au lieu de 6 kilogrammes par centimètre carré). Cet ouvrage a coûté 1,250,265 francs.

Il existe en Angleterre un grand nombre de viaducs en maçonnerie parmi lesquels l'un des plus anciens, entre Londres et Greenwich, présente une longueur de 5,683 mètres et comprend 855 arches de 5ᵐ,50 d'ouverture. L'un des plus remarquables est le viaduc connu sous le nom de « Pont Victoria », dont la partie centrale est formée par 4 grandes arches en maçonnerie dont les ouvertures sont de 30ᵐ,48, 43ᵐ,89 et 48ᵐ,77. On peut citer encore le viaduc de Ballochmile dont l'arche centrale a 58 mètres d'ouverture et 45 mètres de hauteur sous clef, au-dessus du niveau de l'Ayr; le viaduc de Folkestone de 31ᵐ,60 de hauteur, entièrement construit en briques, et les élégants viaducs de Mousewater et de Deanbridge construits par l'habile ingénieur Telford. Parmi les nombreux viaducs de l'Allemagne, les plus importants sont ceux du Goltzschthal et de l'Elsterthal, sur le chemin de fer Saxo-Savarois de Leipzig à Hof; le premier a une longueur de 579 mètres, et sa hauteur atteint environ 80 mètres.

Le second a 260 mètres sur 69; les grandes voûtes de l'étage inférieur ont 28ᵐ,33 d'ouverture et celles de l'étage supérieur, 30ᵐ,59 d'ouverture. Ces voûtes sont séparées par des piles jumelles formant culées et reliées par 4 étages de petites voûtes de 7ᵐ,63 d'ouverture. Ces ouvrages sont établis, partie en granit ou en grès et partie en briques. L'un des plus intéressants viaducs de l'Italie est celui d'Ariccia, construit pour le passage d'une route; sa longueur est de 343 mètres et sa hauteur de 59 mètres.

**Viaducs métalliques sur piles en maçonnerie.** On a bien réalisé des progrès remarquables dans la construction des grandes arches en maçonnerie; mais il est souvent difficile de trouver des points d'appui convenables; en outre, la lenteur de l'exécution entraîne une augmentation relative des dépenses assez importante, de sorte que l'on a été conduit à l'emploi de poutres métalliques, tout en conservant d'abord les piles en maçonnerie. En France, le plus ancien ouvrage de ce genre est le viaduc de la Vézeronce, construit en 1858 pour la ligne de Lyon à Genève; il se compose d'une travée centrale de 50 mètres, s'appuyant sur deux piles en maçonnerie fondées sur le rocher et se prolongeant par deux autres travées, de 19ᵐ.60 de portée chacune, qui relient les piles aux culées. Les rails sont à 34 mètres de hauteur au-dessus du sol. En Suisse, pour la ligne de Belfort à Berne, on a fait reposer sur des piles de 42 mètres de hauteur, les travées de 36 mètres du viaduc de la Combe Maron, situé dans une courbe de 400 mètres de rayon. En Angleterre, le viaduc de High Level, construit en 1849 par R. Stéphenson sur la Tyne, près de la gare de Newcastle, est considéré comme l'un

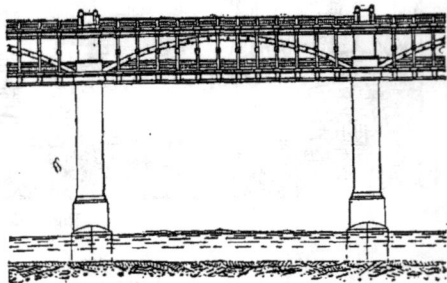

Fig. 794. — *Elévation d'une travée du viaduc de High Level.*

des plus remarquables ouvrages en fonte qui existent. Ce viaduc est à double étage; le tablier supérieur, de 10ᵐ,67 de largeur, supporte trois voies ferrées dont les rails sont à 34 mètres au-dessus des hautes eaux; l'étage inférieur, placé à 9 mètres plus bas, sert de passage à une route dont la chaussée a 6ᵐ,20 de largeur et chacun des trottoirs, 1ᵐ,88. L'ouvrage se compose, en outre des arcades et des murs de soutènement aux abords, de 6 travées de 38ᵐ,05 d'ouverture, dont la partie essentielle est formée par quatre arcs en fonte à section de double T, deux de chaque côté du viaduc ; ces arcs sont reliés par des poteaux creux en fonte qui supportent les poutrelles du tablier supérieur ; celles du tablier inférieur sont soutenues par de longues tiges en fer logées dans les poteaux. La figure 794 représente en élévation l'une des grandes travées. Malgré le succès de cette construction, il faut observer que la fonte est aujourd'hui proscrite pour les viaducs de chemins de fer parce que le poids considérable des trains et les grandes vitesses qui y sont développées peuvent souvent donner lieu à des ruptures. Parmi les viaducs de cette catégorie récemment construits en France, on était arrivé pour celui de Dinan, sur la Rance, à une ouverture nette de 90 mètres, et pour celui du Credo (ligne de Collonges à Thonon) à une hauteur de 60m,45

au-dessus de l'étiage du Rhône. Ces dimensions ont été encore dépassées pour le viaduc de la Tardes, sur la ligne de Montluçon à Eygurande, où le rail se trouve à 90 mètres au-dessus de la rivière et dont la travée principale a 100 mètres d'ouverture. Les deux travées de rives atteignent chacune 69m,45. Les deux piles en maçonnerie, distantes d'axe en axe de 104m,55, ont l'une 59m,95 et l'autre 48m,01 de hauteur ; leurs dimensions au sommet sont de 8 mètres sur 4m,50 ; le fruit varie de 10 en 10 mètres du sommet à la base. Les poutres sont en treillis à larges mailles et des pièces de pont, espacées de 2m,55 d'axe en axe, supportent les longerons au-dessous des rails ; le platelage est en tôle ondulée.

**Viaducs sur piles métalliques.** Les piles

Fig. 795. — *Viaduc de la Sioule.*

métalliques ont été employées presqu'au début de la construction des chemins de fer, en raison des avantages qu'elles présentent comme légèreté et souvent comme économie. Dès 1853, on les trouve appliquées au viaduc très important de Crumlin, dans le pays de Galles, pour une hauteur de 64 mètres ; il convient même de remarquer que cet ouvrage, dont la longueur totale atteint 498 mètres, est en grande partie construit en fonte. Il se compose de 10 travées de 45m,75 d'ouverture, reposant sur des piles formées par 14 arbalétriers en fonte ; ces arbalétriers sont reliés horizontalement par des châssis de même nature et, verticalement, par des croix de Saint-André en fer. On a cependant hésité encore assez longtemps devant l'emploi du métal sur toute la hauteur des piles. Dans les viaducs établis en Suisse, vers 1856, et notamment dans celui de la Sitter, près de Saint-Gall, qui comprend 4 travées de 40 mètres d'ouverture, les piles reposent sur des socles en maçonnerie de 10 mètres d'élévation, et la partie

métallique, limitée à 48 mètres, est composée de châssis en fonte boulonnés ; mais les travées sont constituées par des poutres en fer à treillis. Au viaduc si remarquable de Fribourg (ligne de Lausanne à Fribourg) qui comprend 7 travées de 42 à 48 mètres d'ouverture et qui s'élève à 76 mètres au-dessus des eaux de la Sarine, les piles sont également divisées sur la hauteur en deux parties ; celle du bas, de 33 mètres de hauteur avec la fondation, est construite en maçonnerie ; celle du haut, de 43 mètres, est en métal ; cette dernière est formée de 12 colonnes creuses en fonte, de 0m,24 de diamètre, renforcées par quatre nervures de 0,08 de saillie ; ces colonnes sont subdivisées en 11 tronçons et chaque étage est entretoisé par des cadres horizontaux et des croix verticales en fer ; sur les faces extérieures le contreventement vertical est formé par un treillis en fer plat très rigide. Le tablier métallique est constitué par 4 poutres à treillis reliées de façon à ne former qu'une seule pièce régnant d'une manière continue d'une culée à l'autre; la dépense s'est élevée à 2,300,000 francs. Des dispositions analogues ont été employées pour les viaducs de Busseau d'Ahun, sur la Creuse (ligne de Montluçon à Limoges) et pour celui de la Cère (ligne de Figeac à Aurillac). Le premier est à deux voies, comme celui de Fribourg; le second est établi pour une seule voie. Les piles sont en maçonnerie sur 17 mètres de hauteur, et en métal sur 33$^m$,85; on leur a donné une forme pyramidale, c'est-à-dire qu'on a fait converger tous les arbalétriers et tous les parements des soubassements vers un point unique, situé dans l'axe de chaque pile, à 38$^m$,80 au-dessus des rails; le fruit est de 0,067 dans le sens du cours d'eau et de 0,022 dans le sens de la voie; le plateau supérieur forme un rectangle de 2 mètres sur 6 dans le premier, et de 2$^m$,50 sur 5 dans le second. Entre chaque ferme du tablier et ce plateau de couronnement, on a interposé un

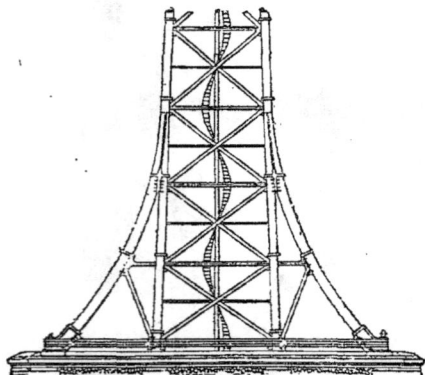

Fig. 796. — *Partie inférieure d'une pile du viaduc de la Bouble.*

chapiteau à charnière qui forme un point d'appui unique, de façon que le tablier repose sur un axe de rotation et que la résultante des poussées passe toujours par l'axe de la pile. La partie métallique de chaque pile se compose de huit arbalétriers, ou colonnes creuses en fonte, dont le diamètre extérieur est uniforme (0,35 au Busseau et 0,30 à la Cère), mais dont l'épaisseur varie d'étage en étage. M. Nordling, l'ingénieur qui avait construit ces deux ouvrages, a réalisé, sur les viaducs à une seule voie de la ligne de Commentry à Gannat, un perfectionnement important en réduisant à quatre le nombre des arbalétriers dans chaque pile. La figure 795 représente l'un de ces ouvrages, le viaduc de la Sioule, dont la longueur est de 180$^m$.60 et la hauteur, de l'étiage aux rails, de 58$^m$,80. Ce viaduc et celui de Neuvial (96 mètres sur 44) ont été construits par M. Eiffel; les deux autres, celui de la Bouble (395 mètres sur 66) et celui de Bellon (231 mètres sur 48$^m$,50) par les usines de Cail et de Fives-Lille. L'ouverture des travées est d'environ 50 mètres; la partie métallique des piles, qui atteint jusqu'à 55$^m$,80 de hauteur entre le socle en maçonnerie et

le chapiteau, se compose de quatre colonnes en fonte de 0,50 de diamètre intérieur, inclinées avec un fruit de 0,025 suivant l'axe de la voie et de 0,035 dans le sens transversal; ces colonnes, remplies de béton, sont reliées horizontalement et verticalement par des croix de Saint-André, réparties en onze étages de 5 mètres chacun; dans le bas, elles sont contrebutées sur des arcs-boutants courbes qui embrassent les trois étages inférieurs (fig. 796); dans l'axe vertical de la pile s'élève une colonne en fonte qui soutient les contreventements horizontaux et autour de laquelle s'enroule un escalier hélicoïdal. M. Nordling a donné une description détaillée de tous ces ouvrages dans deux mémoires qui constituent un traité remarquable de la construction des viaducs sur piles métalliques (*Annales des ponts et chaussées*, 1864, t. VIII, et 1870, XIX).

Les dispositions générales des types précédents ont été suivies dans un grand nombre de viaducs à l'étranger, comme ceux de l'Iglawa, en Autriche et de Castellaneta, en Italie; ce n'est qu'en 1875 que M. Eiffel, en présence des difficultés que présentait le passage du Douro, pour la ligne de Lisbonne à Porto, imagina une solution encore plus hardie et en même temps très élégante; la voie devait passer à 61 mètres de hauteur au-dessus du fleuve, dont la largeur est de 160 mètres, et la profondeur de 15 à 20 mètres. Dans l'impossibilité d'établir aucun appui intermédiaire sur un fonds très affouillable, avec des courants très violents, l'habile ingénieur a pris ses points d'appui sur les rives et a franchi l'espace qui les sépare au moyen d'un arc de 160 mètres d'ouverture. Ce viaduc, plus connu sous le nom de « pont du Douro », présente une longueur totale de 352$^m$,90 et se compose de: 1° d'un grand arc métallique en treillis, de 160 mètres de corde et de 42$^m$,60 de flèche moyenne, soutenant, à 25$^m$,25 des culées, deux palées métalliques; 2° d'un tablier central de 51$^m$,88 de longueur, solidaire avec l'arc; 3° d'un tablier latéral du côté de Lisbonne, de 169$^m$,87 de longueur, divisé en cinq travées qui reposent sur trois piles métalliques; 4° d'un tablier latéral du côté de Porto, de 132$^m$,80 de longueur, divisé en quatre travées reposant sur deux piles métalliques. L'arc est appuyé aux naissances sur des rotules mobiles dans leurs coussinets, et sa hauteur augmente progressivement jusqu'au sommet, de façon que sa forme est celle d'un croissant; enfin, pour résister à la violence des tempêtes, on lui a donné, à la base, 15 mètres de largeur, et au sommet, 3$^m$,95 seulement, de sorte que les fermes latérales sont situées dans des plans obliques dont le fruit est d'environ 0,12 par mètre. Les montants des piles sont formés par des caissons rectangulaires en tôle et cornières afin d'éviter l'emploi de la fonte; le platelage du tablier est en fer zorés et assez solide pour résister, en cas de déraillement, au poids d'une locomotive; les poutres de rive ont, en outre, leurs semelles disposées de manière à faire office de garde-roues. La dépense totale s'est élevée à 1,340,000 francs.

La réussite complète du pont du Douro fit

adopter, en 1879, la même solution pour le via-duc de Garabit destiné à faire passer la ligne de Marvejols à Neussargues au-dessus de la vallée de la Trueyre, à une hauteur de 122 mètres au-dessus de l'étiage (cette hauteur, double de celle du Douro, est environ celle des tours Notre-Dame et de la colonne Vendôme superposées). La longueur du viaduc, géalement plus grande qu'au Douro, atteint 565 mètres, dont 448 pour le ta-blier métallique. La corde de l'arc est de 165 mè-tres; sa flèche moyenne de 56$^m$,86 et sa hauteur, à la clef, de 10 mètres. Sa largeur est de 20 mè-tres aux naissances et de 6$^m$,28 au niveau de la clef. Le tablier se compose également de trois parties; une travée centrale de 73$^m$,20, solidaire avec l'arc et deux travées latérales, l'une de 270$^m$,34

(côté Marvéjols) et l'autre de 103$^m$,84 (côté Neus-sargues). Il repose, en dehors de l'arc, sur cinq piles, dont la plus élevée a 89$^m$,64, 28 mètres 90 en maçonnerie et 60$^m$,74 en métal. La voie est placée à 1$^m$,66 en contre-bas des semelles supérieures du tablier. La figure 797 représente ce magnifique ouvrage, le plus important qui existe en France et dont la construction a été, par dérogation exceptionnelle aux règlements, confiée à M. Eiffel par un marché de gré à gré. Le poids du métal employé s'est élevé à 3,254 ton-nes et la dépense a été de 3,137,000 francs. Les dispositions employées au Douro et au Garabit ont été appliquées depuis en Suisse, aux viaducs de Kirchenfeld, pour le passage d'une route au-dessus de l'Aar, près de Berne et à celui de Ja-

Fig. 797. — *Viaduc de Garabit.*

vroz, pour la route de Bâle à Boltigen. Le pre-mier comprend deux arcs consécutifs de 81 mè-tres d'ouverture surbaissés au 1/3; dans le se-cond, l'ouverture de l'axe est de 85$^m$,78 et la flèche de 19$^m$,70.

**Viaducs américains**. Les viaducs améri-cains diffèrent de ceux qui sont construits en Europe : 1° par le mode de construction des piles qui, au lieu d'être compactes et constituées par des arbalétriers disposés suivant les arêtes d'une pyramide, sont composées de palées plus ou moins espacées ; 2° par la discontinuité des fer-mes du tablier qui sont interrompues au-dessus des piles ; 3° par la concentration des efforts dans des directions fixes qui permettent de les calculer d'une manière précise, et par l'emploi d'assem-blages à articulation substitués aux rivures, afin d'éviter les effets de flexion. Cette disposition ré-pond surtout aux conditions spéciales à ce pays ; les pièces, vérifiées et essayées à l'usine, peuvent

être montées rapidement sans exiger d'installa-tions coûteuses ni d'ouvriers spéciaux. En outre, les variations considérables de température pro-pres au climat américain sont moins susceptibles de produire des déformations dangereuses dans les systèmes articulés que dans le système rigide; l'entretien et le remplacement des pièces avariées sont plus faciles. Les ouvrages ainsi construits sont plus légers et, par suite, plus économiques ; mais cette légèreté entraîne des déformations plus sensibles sous l'action des surcharges et les vibrations sont plus intenses ; la durée des cons-tructions présente donc d'autant moins de garan-ties que la circulation est plus active.

Les palées sont simples, doubles ou triples ; dans le premier cas, les pleins sont egaux aux vides, comme au viaduc d'Oak Orchard, où les palées et les travées ont chacune 9$^m$,15 de lar-geur. Dans le second cas, les piles sont doubles, et l'ouverture des travées ne correspond qu'à la moitié des pleins. Au viaduc de Dale-Creck les palées ont 24<sup>m</sup>,40 et les travées 12<sup>m</sup>,20 seulement. Dans le troisième cas, les palées sont trois fois plus larges que les parties laissées vides. L'un des viaducs les plus importants est celui de Portage, construit pour le chemin de fer de l'Erié, en remplacement de l'ancienne estacade en bois dont il a été question plus haut. Cet ouvrage se compose de 7 travées, dont 4 de 15<sup>m</sup>,25 de portée, 2 de 30 mètres et une de 36<sup>m</sup>,50. Le tablier, établi pour 2 voies, est soutenu par deux fermes du système Pratt-Linville (V. PONT, § *Ponts américains*). Les palées, de 62 mètres de hauteur, sont simples, mais avec un fruit transversal de 1/8. Les arbalétriers sont constitués par des poutres en tôle dont trois parois sont pleines et la quatrième formée seulement par un treillis, de façon à faciliter la peinture et l'entretien. Les entretoises horizontales sont également à treillis et articulées sur des boulons traversant les arbalétriers. Les ingénieurs américains ont construit, pour le Pérou,

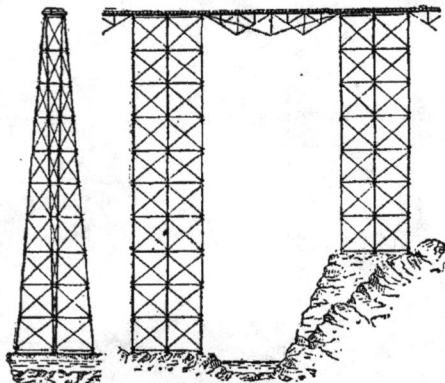

Fig. 798 et 799. — *Coupe transversale et élévation partielle du viaduc de Varrugas.*

le viaduc de Varrugas (fig. 798 et 799) de 175 mètres 35 de longueur et de 76<sup>m</sup>,80 de hauteur maximum. Cet ouvrage se compose de 4 travées, 3 de 30 mètres et une de 38 mètres. Les piles sont constituées par trois fermes agencées en forme de W renversé; les arbalétriers sont formés par des tubes cylindriques en fer, de 25 et 30 centimètres de diamètre, assemblés entre eux par des manchons en fonte. Les fermes du tablier sont du système *Finck*. La largeur au sommet ne dépasse pas 5 mètres, et il n'existe pas de garde-corps. Le plus élevé de tous les viaducs américains est celui de Kinzua, construit en 1882; sa longueur totale est de 621 mètres et les rails sont à 92 mètres au-dessus des eaux. Les palées sont simples, et leur largeur, ainsi que l'ouverture des travées est de 18<sup>m</sup>,60. Le fruit, dans le sens vertical, est considérable, 1/3 de la hauteur. La dépense s'est élevée à 1,375,000 francs.

Le système américain a reçu quelques applications intéressantes en Suède et en Norwège.

*Effort du vent.* Pour des ouvrages comme les viaducs métalliques, il est indispensable, en dehors des considérations ordinaires du calcul, de se préoccuper beaucoup de l'action du vent. M. Nordling avait admis que le maximum d'intensité correspondait à un effort de 275 kilogrammes par mètre superficiel et que les surfaces exposées à la pression pouvaient être évaluées : pour le tablier à 2<sup>m2</sup>,60 par mètre courant, et pour les piles à 2<sup>m2</sup>,75 en moyenne pour chaque étage de 5 mètres. Pour le viaduc de Garabit, l'effort du vent a été supposé de 150 kilogrammes par mètre carré, pendant la circulation des trains, et de 270 kilogrammes en dehors de toute circulation, celle-ci étant alors évidemment suspendue. Dans ses calculs, M. Eiffel a admis que le vent agissait d'une manière uniforme sur la surface complète de la première paroi et seulement sur la surface des barres de treillis pour la seconde. Cependant, le chiffre de 275 kilogrammes est quelquefois trop faible et on estime à 300 kilogrammètres l'effort du vent qui a renversé une partie du tablier du viaduc de la Tardes, pendant le lançage. Quelques années auparavant, le viaduc du golfe de Tay avait été précipité dans la mer avec un train de voyageurs, le 28 décembre 1879, par un vent dont la vitesse s'est élevée de 115 à 144 kilomètres par heure, correspondant à des pressions de 200 à 315 kilogrammes par mètre carré. Il convient, en outre, de tenir compte : 1° de ce que, dans certaines localités, le vent souffle par rafales dont les effets peuvent être désastreux lorsqu'elles coïncident avec les oscillations de la masse métallique sur ses appuis; 2° de la forme des surfaces exposées au vent. Il résulte en effet des expériences du général Didion, en Amérique, que des cuvettes creuses ont donné des pressions doubles, des cylindres, la moitié seulement et certaines surfaces moins du quart de la pression exercée sur une surface plane. En tout cas, il est prudent de placer autant que possible la voie ferrée assez en contre-bas de la semelle supérieure des fermes du tablier pour que les voitures ne basculent pas complètement si le vent parvient à les renverser, comme cela est arrivé sur la ligne de Commentry à Gannat. Avec cette précaution, les voitures sont en partie protégées, et l'effort du vent sur les trains en circulation peut être évalué comme s'appliquant à 1<sup>m2</sup>,60 par mètre courant. M. Eiffel, dans ses calculs pour la tour de 300 mètres, en construction au Champ-de-Mars, a admis comme maxima les hypothèses d'une pression uniforme de 300 kilogrammes sur toute la hauteur ou d'une pression croissante depuis 200 kilogrammes à partir de la base jusqu'à 400 kilogrammes au sommet; cette dernière hypothèse donne un moment de renversement un peu plus élevé.

*Montage et lançage.* Pour les viaducs métalliques, la grande ouverture des travées et la hauteur des piles rendaient de plus en plus impossible l'emploi des échafaudages et des ponts de service; il a donc fallu imaginer de nouveaux procédés de construction, dont les principaux sont ceux du lançage et du montage en porte-à-faux. Le lançage est l'opération qui consiste à faire avancer successivement sur des rouleaux ou des galets, et jusqu'à la rencontre des piles, un tablier qui a été monté préalablement sur l'une des rives, au niveau de la voie. Ce procédé a été employé la première fois pour le viaduc de Fribourg, et l'on s'est même servi des travées mises en porte-à-faux comme d'un pont de service pour construire chacune des piles. On a imaginé différentes dispositions pour éviter l'entraînement des piles par le frottement des galets de roulement; la meilleure est celle que M. Eiffel a employée au viaduc de la Sioule, et qui est aujourd'hui généralement adoptée ; elle repose sur l'emploi d'un

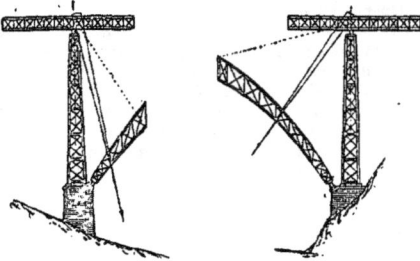

Fig. 800 et 801. — *Première phase du montage de l'arc au viaduc de Garabit.*

châssis à bascule portant des galets, de façon que les pressions du tablier soient uniformément réparties sur chacun d'eux; et sur celui de leviers actionnant ces galets directement, de manière à supprimer toute tendance au renversement des piles. C'est ce procédé qui a permis de franchir au viaduc de la Tardes un espace de 104 mètres, et de mettre en place, au pont de Vianna, un tablier de 563 mètres de longueur, pesant 1,600,000 kilogrammes.

Le montage en porte-à-faux consiste à fixer so-

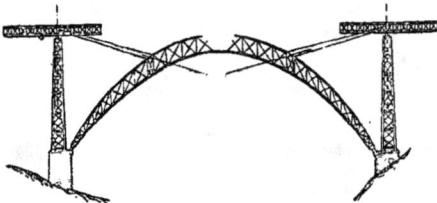

Fig. 802. — *Dernière phase du montage et clavage d'un arc au viaduc de Garabit.*

lidement sur les culées les premiers éléments du tablier pour s'en servir ensuite comme de points d'appui; on chemine aussi progressivement de proche en proche, et on monte complètement dans le vide les pièces de chaque travée jusqu'à la pile voisine, ou si l'on commence à partir de chacune des culées, jusqu'à la rencontre au milieu de la travée. Parmi les applications de ce procédé, on peut citer : en Espagne, le pont d'El Cinca; en France, le pont de Cubzac; en Amérique, le viaduc de Kentucky et le pont Saint-Louis. Le montage de ce dernier ouvrage a été une opération des plus hardies que l'on ait exécutées; on a construit les arcs simultanément en porte-à-

faux de chaque côté des piles, en équilibrant avec soin les portions déjà terminées au moyen de presses hydrauliques agissant sur les câbles qui les tenaient suspendues. C'est le même procédé qui est employé aujourd'hui pour les ponts à travées équilibrées (Cantilever-Bridge), comme celui du Forth, dont les travées auront 500 mètres d'ouverture. Enfin, il a permis de construire sur place, et sans appuis intermédiaires, les immenses arches des viaducs de Douro et de Garabit. Les arcs construits à partir des naissances ont été soutenus, au fur et à mesure de leur avancement, par des câbles en fil d'acier fixés au tablier supérieur, comme l'indique les figures 800 à 802 qui montrent les phases successives du montage et font voir le nombre et la disposition des câbles de suspension. Ces derniers étant formés d'une âme en chanvre et de 8 torons de 19 fils d'acier de $2^{mm},4$ de diamètre; ces fils résistaient individuellement à une tension de 125 kilogrammes. Le diamètre des câbles était de 13 millimètres et le poids de $6^k,5$ par mètre courant. Le mode d'attache était analogue à celui qu'avait imaginé Rœbling pour ses ponts suspendus (V. Ponts suspendus, fig. 257). On verra bientôt, à Paris, une application intéressante de ce procédé de montage pour les arches de la tour de 300 mètres. — J. B.

Pour les indications bibliographiques voir le mot Pont.

* **VIBROSCOPE.** *T. de phys.* Instrument à l'aide duquel on étudie les vibrations des corps sonores.

* **VICAT** (Louis-Joseph). Ingénieur, né à Nevers en 1786, où son père, sous-officier, était en garnison, mort en 1861. Un de ses parents, nommé Chabert, et professeur de mathématiques à Grenoble, remarquant son intelligence précoce, dirigea ses premières études, et le fit entrer à l'Ecole centrale de l'Isère. Il fut reçu dans un très bon rang à l'école polytechnique en 1804, et sortit dans le corps des ponts et chaussées, fit d'importants travaux dans les Apennins, puis au canal de la Bormida. Il fut ensuite envoyé comme ingénieur à Périgueux, et après des difficultés et des entraves de toutes sortes, il mit enfin son talent en lumière par la construction du pont de Souliac, sur la Dordogne, entreprise jugée jusque-là impraticable. On ne connaissait alors ni la chaux hydraulique ni les ciments à prise rapide, ni les cloches à plongeurs, ni les fondations dans les caisses sans fond, à plus forte raison les fondations tubulaires, qui ont simplifié depuis les opérations de ce genre. Vicat suppléa à tout, notamment par l'emploi du béton formé avec de la chaux hydraulique (1811). Ce succès eut un grand retentissement, et Vicat dut parcourir la France pour rechercher les couches calcaires marneuses, et les bancs argileux favorables à la fabrication du produit nouveau. En peu de temps, il indiqua plus de neuf cents gisements, et donna avec ces exemples, la théorie qui permettait à tous les ingénieurs de continuer les recherches. Vicat dirigea ensuite, d'après les mêmes procédés, les travaux de construction du canal du Nivernais et le canal latéral à la Loire.

Bientôt après, il se livra à un nouveau genre de constructions en jetant à Argental, sur la Dordogne, un des premiers ponts suspendus en fil de fer, et il décrivit ses procédés dans une brochure consultée avec fruit pour les autres travaux semblables si nombreux pendant un demi-siècle, et que l'emploi des fondations tubulaires a fait aujourd'hui abandonné. Inspecteur général des ponts et chaussées, correspondant de l'Académie des sciences, qui couronna plusieurs de ses ouvrages, Vicat avait obtenu en 1845 un prix de douze mille francs comme auteur de la découverte la plus utile à l'industrie nationale, et en 1843, sur le rapport d'Arago, la Chambre des députés lui vota une pension de 6,000 francs à titre de récompense nationale. La ville de Paris lui avait fait don, en outre, d'une coupe d'argent due au ciseau de Froment-Meurice. Il a publié divers rapports et mémoires, dont les plus importants sont: le *Traité de la composition des mortiers* (1856) et *Causes de destruction des compositions hydrauliques* (1856-58).

*VICHY. — V. EAUX THERMALES.

*VICTOIRE. *Iconol.* Divinité antique, fille de la Force et de la Valeur, ou de Pallas et de Styx. On la représente avec des ailes, tenant dans les mains des palmes et des couronnes; elle est souvent placée sur des attributs indiquant les faits particuliers pour lesquels on l'honore, par exemple : des proues de vaisseaux, pour la victoire navale, des couronnes murales pour un siège, ou des trophées d'armes pour une victoire remportée sur terre. Parfois, chez les Grecs surtout, la Victoire est figurée par un guerrier armé en guerre et couronné de lauriers; enfin la Victoire peut être réduite à une figurine qu'on place dans la main d'une statue de grandes dimensions, Pallas, ou une ville, Athéné, par exemple, ou un guerrier, comme le Napoléon I<sup>er</sup> de la colonne Vendôme; Jupiter Olympien de Phidias tenant une victoire semblable. Parmi les plus belles statues antiques de la Victoire qui nous soient parvenues, nous rappellerons la Victoire ailée du musée de Brescia, et la Victoire de Samothrace, au Louvre, qui, bien que très mutilée, excite encore l'admiration. Sur les bords du Rhin, s'élève une statue colossale de la Victoire, et une autre, due au ciseau de Drake, orne une place de Berlin; elle a 31 pieds de haut, et tient une couronne de lauriers avec l'étendard de Prusse; une autre se trouve à Paris, au-dessus de la colonne commémorative des campagnes d'Italie et d'Égypte.

*VICTORIA. Voiture découverte à quatre roues. — V. VOITURE.

VIDANGE. Ce mot qui désigne l'action de *vider* ou l'état d'un vase qui n'est pas plein, s'applique plus particulièrement à l'opération qui consiste à vider les fosses d'aisances; par extension, on a donné ce même nom de *vidanges* aux matières extraites.

HISTORIQUE. Le premier document que nous ayons sur la vidange est celui que le législateur des Hébreux a placé dans le *Deutéronome* et dans lequel il prescrit : d'avoir, hors du camp, un endroit réservé dans lequel on se rendra pour les besoins naturels, portant à la ceinture un bâton pointu, et, dit ce code, « lorsque vous vous serez baissé, vous creuserez un trou en rond, ayant soin de recouvrir de terre ce que vous y aurez déposé. »

Les documents, qui sont parvenus jusqu'à nous, concernant les déjections humaines et les vidanges chez les Grecs et chez les Romains, sont épars et souvent incom-

plets. Les maisons de Rome paraissent avoir été dépourvues de fosses d'aisances, les excréments étaient déversés dans des canaux souterrains qui les conduisaient dans le Tibre et de là à la mer. Le canal ou l'égout principal, appelé alors le « grand cloaque », fut construit par les ordres de Tarquin l'Ancien, qui commença six ans avant notre ère, ces gigantesques travaux admirés de tous les siècles. La construction de ce grand canal souterrain qui partait du Forum et se prolongeait jusqu'au Tibre, avait surtout pour objet de dessécher, d'assainir cette partie basse de la ville. On trouva dans ces égouts la statue d'une déesse qu'il fut impossible de reconnaître, dans cet embarras on lui appliqua le nom de « déesse Cloacine ».

Indépendamment de cet égout, il en fut créé plus tard d'autres destinés aux usages privés et construits dans l'axe même des voies publiques. Agrippa, nommé édile après son consulat, réunit par des aqueducs sept rivières qui se précipitaient dans les égouts avec l'impétuosité des torrents enlevaient et entraînaient toutes les immondices. Il était parfois nécessaire encore, malgré cela, d'opérer l'expurgation des conduits, en enlever les dépôts qui s'y étaient formés. Ce travail était exécuté par des esclaves dont les méfaits avaient mérité ce châtiment.

Rome possédait en divers quartiers des latrines publiques fréquentées surtout par les pauvres habitants dépourvus d'esclaves. Au IV<sup>e</sup> siècle de notre ère, Pancirollus comptait 44 de ces bâtiments dans les différentes régions qui divisaient Rome. Indépendamment des latrines publiques et gratuites appelées *latrinæ publicæ* et *aphedron* par les Grecs, il y avait des *foricæ*, autres espèces de latrines publiques, mais payantes, louées par les foricaires aux personnes qui voulaient satisfaire un besoin pressant. Le nom seul de ces localités nous révèle l'usage auquel elles étaient destinées.

Il existait encore, dans les carrefours, de larges amphores qui servaient à *débarrasser les passants du fluide qui les tourmentait,* c'est-à-dire des urines, suivant la traduction latine.

De même, il existait des latrines privées; en effet, le mot latrines, *latrinæ,* lorsqu'il ne portait aucune autre désignation, paraît avoir été plus spécialement employé pour désigner les *privés.* Le Palais des empereurs renfermait de ces latrines entièrement construites en marbre, sur les parois ont été observées des incrustations, qu'on attribue à la présence constante de l'eau, comme dans les cabinets à l'anglaise si communs de nos jours.

Certains propriétaires opulents, éloignés des égouts, faisaient transporter les déjections par leurs esclaves, chaque soir, jusqu'à l'égout le plus prochain. Ces substances étaient renfermées dans des vases en bois, dans des *fosses mobiles,* qu'on appelait *sellas perforatas, sellas familiares.*

Comme nous le disions plus haut, Rome paraît ne pas avoir eu de fosses d'aisances; en effet, l'architecte Vitruve, qui a décrit avec soin les constructions romaines, ne parle point de ces réservoirs souterrains et, ce qui paraît confirmer cette opinion, c'est qu'il n'existe aucune trace de ces réceptacles dans les ruines de Pompéi et d'Herculanum. Au contraire, les Hébreux et les Grecs pratiquaient des excavations dont ils nous ont transmis les noms, et cependant les Latins avaient pareillement un mot pour désigner ces fosses, *sterquilinium,* qui signifiait, réservoirs où séjournent les déjections; c'était probablement une exception chez eux.

Parler de la France après Rome n'est point une brusque transition, les Gaulois avaient emprunté aux vainqueurs plus d'une pratique et plus d'un préjugé, relativement au sujet de cet article. Il n'est pas jusqu'aux locutions qui ne soient d'origine latine : *latrinæ, fossa, cloaca, sellas, foria,* etc.

Les matières fécales jetées dans les rues de Paris, autrefois non pavées, répandaient une odeur insupportable, les effluves putrides qui se dégageaient des rues aidaient au développement de ces lèproseries du moyen âge qui dévoraient les populations. Il faut arriver jusqu'en 1184 pour trouver un document qui indique l'un des premiers remèdes apportés à cette triste situation. A cette époque, Philippe-Auguste ordonna le pavage des rues de Paris, ce qui rendit son séjour plus sain et plus commode. Le faubourg Saint-Germain ne fut pavé qu'en 1545. En 1380, Hugues Aubriot, prévôt des marchands, commença la construction des canaux souterrains, *pour égouster les eaux et immondices des rues.*

Après la création, au moins partielle, du pavage ordonné par Philippe-Auguste, les habitants furent tenus de balayer les ordures qui souillaient le devant de leurs maisons ; ils s'associèrent, dans un même quartier, pour louer un tombereau qui allait, à frais communs, les déverser dans des localités situées loin de la ville et appelées *voiries*. Mais peu à peu la négligence fit oublier cette louable habitude, aussi, en 1348, pour la première fois, créa-t-on une pénalité contre les habitants qui n'opéraient point ce nettoiement. Cette rigueur inaccoutumée exerça une salutaire influence, et la ville redevint *nette*, au moins pour quelque temps, mais les tombereaux dans lesquels la matière était emportée étaient tellement mal construits, que tout le liquide s'écoulait par les fentes, *ce qui arrivait, comme résultat, à déplacer les ordures*, mais non à les enlever. Aussi pour remédier à cet état de choses, eut-on recours, en 1395, à une mesure plus rigoureuse qui condamnait les contrevenants à *60 sols d'amende et à être jetés en prison au pain et à l'eau.* En 1404, des lettres patentes de Charles VI portent « qu'il était venu à sa connaissance que plusieurs personnes jetaient ou apportaient à la rivière de Seine, à Paris, tant de boues, fumiers et autres ordures, immondices et putréfactions, que ses eaux en étaient corrompues, ce qui portait un notable préjudice à la santé, et que c'était miracle comment ceux qui usaient tous les jours de cette eau pour leurs boissons ou pour cuire leurs viandes, n'en mouraient point. »

Les ordonnances sur le nettoiement de la ville, les pénalités les plus sévères applicables aux délinquants, se succédaient inutilement, lorsqu'enfin, en 1506, pour la première fois, le Parlement décida qu'une taxe serait payée par chacun des propriétaires de Paris, afin de fournir à la dépense de l'enlèvement des boues. Ce service fut encore très irrégulièrement fait, à tel point que un siècle et demi plus tard, de La Mare raconte que, sous Louis XIV, « les rues étaient si remplies de fanges que la nécessité avait introduit l'usage de ne sortir que botté. »

Les fosses d'aisances existaient très anciennement, sans aucun doute ; dans les cités françaises, elles portaient jadis le nom de *chambres basses que l'on dit courtoises* (roi·Jean, 1348) ; les latrines commencent à s'appeler *privés*. Enfin aux réservoirs inférieurs on applique les mots de *fosses à privez* et *fosses à retrait.*

Un arrêt du Parlement de 1533 enjoint à tous les propriétaires des maisons où il n'y avait pas encore de fosses à retrait « d'y en faire faire en toute diligence et sans aucun retardement, à peine de saisie des loyers des maisons, pour en être les deniers employés à faire lesdites fosses ». François Ier, en 1539, édicte que les propriétaires qui, dans le délai de six mois, n'auraient point fait faire ces fosses ou retraits, se verront dépouillés de leurs biens. Sous Louis XIV, mêmes injonctions sans plus de résultats, à tel point qu'en 1734 nous voyons que ces fosses n'existaient point partout, et que notamment les maisons du faubourg Montmartre en étaient particulièrement dépourvues.

Et encore comment ces fosses étaient-elles construites ? aucun règlement fixe n'avait été imposé ; la plupart du temps ces réservoirs étaient de simples excavations pratiquées dans le sol ; les liquides s'infiltraient à travers la terre et allaient contaminer les eaux des puits. Ces fosses présentaient un autre inconvénient très grave, quand on effectuait l'extraction des matières, les liquides ambiants étaient résorbés par la fosse vide, et l'ouvrier vidangeur courait risque d'être asphyxié. Cette affluence des liquides s'appelait *poussée de la vanne*, nom qui s'est conservé parmi les ouvriers qui exercent encore aujourd'hui cette profession.

Sous l'Empire, en 1809, l'administration prescrivit enfin, pour la construction des fosses d'aisances, des règles fixes auxquelles tous les propriétaires devaient se soumettre. Ce décret est encore en vigueur aujourd'hui avec quelques légères modifications. — V. FOSSE D'AISANCES.

Les premiers retraits n'ont été, comme les fosses des Hébreux, que des trous creusés dans les cours et les jardins ; nos anciens règlements, qui proscrivent cet usage, l'attestent.

Peu à peu, des *fosses* véritables, permanentes s'établirent. Dès lors on dut prévoir le jour où il faudrait extraire les matières qui les rempliraient. Ces excavations étaient rares cependant, retardées par les infiltrations des urines dans le sol ; dix ans, vingt, cinquante ans séparaient la première vidange d'une autre effectuée dans la même maison ; un vieillard pouvait même s'éteindre sans avoir vu jamais dans sa demeure les gadouards pour pratiquer cette terrible opération.

Des seaux puisaient la matière fluide, la vanne était déversée ensuite dans des hottes qu'un homme allait vider dans des tonneaux appelés *lanternes*. L'ouvrier ne descendait dans la fosse que lorsqu'il avait atteint les matières véritablement solides, désignées alors sous le nom de *heurte* ou *gratin* ; la pioche détachait des fragments que le seau remontait ; c'étaient là tous les instruments.

La vidange a été opérée à Paris par ces moyens grossiers jusqu'en 1820, époque à laquelle les pompes furent introduites dans cette industrie, et encore quelles pompes ! un seul piston exigeant la force de six hommes pour élever 1,000 litres en vingt minutes. Enfin, petit à petit, on employa des pompes à deux cylindres, puis des pompes aspirantes et foulantes, dont le type le plus perfectionné, la *pompe à soufflets*, est encore employé aujourd'hui dans certains cas concurremment avec la *pompe à vapeur*.

La pompe à soufflets, en usage actuellement, élève 1,000 litres de matières fécales en trois à quatre minutes et exige pendant à six hommes suivant la profondeur des fosses. Les pompes à vapeur les plus perfectionnés remplissent une tonne de 4 mètres cubes en quatre à cinq minutes.

L'ouvrier qui vide les fosses et privés était désigné autrefois par le nom d'*ouvrier es-chambres basses dites courtoises*. Les patrons s'appelaient *maîtres des basses-œuvres*, et·Henri IV (1608) les dénomma pour la première fois, *maîtres fify.*

Patrons et manouvriers formèrent une corporation qui jouissait de certains privilèges et qui était régie par des statuts. L'apprenti pour arriver à être reçu ouvrier devait produire un chef-d'œuvre ; nous nous demandons en quoi il pouvait bien consister ?

Les opérations des vidangeurs étaient toujours nocturnes, l'entrepreneur faisait librement exécuter le travail qui lui était commandé ; mais par une décision du 13 septembre 1533, le Parlement « fait défense à tous cureurs de retraits, de les curer et nettoyer dorénavant sans congé de justice, sur peine de prison et d'amende arbitraire ». C'est là l'origine que tout entrepreneur, aujourd'hui encore, est obligé de faire à l'Administration avant de procéder à la vidange d'une fosse d'aisance.

Les matières dont les vidangeurs opéraient l'enlèvement répandaient, en même temps qu'une infection horrible, des principes vénéneux inconnus qu'on appela successivement *mouphette*, puis *moffette*, le *plomb*, l'*hydre de méphytisme*, *nausea latrinaria.*

Le méphytisme manifestait ses effets en affligeant de

*mitte*, c'est-à-dire en frappant d'aveuglement, les ouvriers; la vue revenait le plus souvent, après un repos de plusieurs jours; mais quand le plomb avait frappé un ouvrier, il était bien rare qu'il guérit. La fréquence de ces accidents permit même de distinguer plusieurs sortes d'asphyxies.

Longtemps dédaigneuse pour ces industries malsaines, la science s'intéressa enfin dans la dernière moitié du siècle dernier à ces rebutantes opérations. Les hommes les plus distingués se livrèrent à l'étude de cette question. Ainsi Pilatre de Rozier décrit un masque muni d'un long tube qui doit permettre à l'ouvrier plongé dans la fosse, de respirer l'air extérieur ; Lavoisier conseille de ne descendre dans ces fosses qu'après y avoir jeté une botte de paille enflammée; Marcorelle, de Gardanne, etc., préconisent l'emploi de la chaux; Janin de Combe-Blanche annonce les merveilles produites par le vinaigre ; en 1773, Guyton-Morveau recommande l'action de l'acide chlorhydrique et du chlore; en 1805 et 1806, Chaussier, Theirard et Dupuytren font connaître enfin la cause de ce méphytisme. Ce sont : le sulfhydrate d'ammoniaque et l'acide sulfhydrique qui déterminent presque toujours l'asphyxie des vidangeurs. En effet, disent ces trois savants, l'air qui contient 1/1500 de son volume d'hydrogène sulfuré détermine l'asphyxie d'un oiseau, à 1/800 un chien est frappé de mort et un cheval ne résiste à 1/250.

Après le chlore dont l'emploi dans les fosses d'aisances était difficile, on découvre l'hypochlorite de chaux (chlorure de chaux), composé beaucoup plus commode, mais d'un prix trop élevé. Enfin, actuellement on se sert de la couperose ou sulfate de fer, qui change le sulfhydrate d'ammoniaque en sulfate d'ammoniaque, en sulfate de fer et en eau, tous trois inodores ; dans certains cas seulement, ainsi que nous le verrons plus loin on emploie l'hypochlorite de chaux mélangé avec de la sciure de bois.

Divers systèmes de vidanges. Ainsi que cela résulte de l'historique succinct que nous venons d'indiquer, nous voyons que de tous temps l'Administration a eu le souci de cacher aux habitants les opérations de la vidange, en forçant les entrepreneurs à n'opérer que pendant la nuit ; et aussi que les règlements sont devenus de plus en plus sévères à mesure que la population de la grande cité augmentait. Nous allons passer en revue les divers systèmes de vidanges actuellement en usage ou en essai.

*Système Lesage.* L'entrepreneur ayant fait sa demande à l'administration pour exécuter la vidange d'une fosse, un employé de la ville présent à l'ouverture de la dalle doit assister, à partir de ce moment, à la suite des opérations, afin de s'assurer que toutes les prescriptions hygiéniques et matérielles sont bien remplies. La fosse une fois ouverte on jette sur la matière une certaine quantité de sulfate de fer. Un ouvrier muni d'un rabot, analogue à celui qui sert à faire le mortier, agite la masse jusqu'à ce que tous les gaz méphytiques soient dénaturés et aussi dans le but de délayer les parties lourdes qui sont tombées au fond et que la pompe ne pourrait pas aspirer. Pendant ce temps, les tonneaux cylindriques en tôle, d'un volume de quatre mètres cubes, sont venus se ranger en quantité suffisante devant l'endroit où le travail doit s'exécuter, pour enlever en une seule opération tout le contenu de la fosse. Une équipe d'ouvriers a mis les tuyaux en place pour faire communiquer la fosse avec la tonne. Nous avons alors deux cas à examiner :

celui dans lequel la vidange est faite par la pompe à soufflets à bras d'hommes, et celui de la pompe à vapeur.

La pompe à soufflets qui est aspirante et foulante s'emploie encore aujourd'hui dans les maisons dont les fosses sont en seconde cave, c'est-à-dire lorsque les fosses sont à une profondeur en dessous des chaussées de plus de huit mètres ; ou encore lorsqu'il y a impossibilité à ce que les machines ou les récipients puissent s'approcher de l'endroit à vider. Toute la matière passe par la pompe, qui, d'un côté est en communication avec la fosse, de l'autre avec la tonne. Au fur et à mesure que la matière arrive, l'air est chassé du récipient; les règlements de police ordonnent que cet air, encore vicié, malgré la désinfection préalable, passe dans un appareil appelé *musique* et qui contient de l'hypochlorite de chaux mélangé avec de la sciure de bois pour lui donner plus de légèreté et permettre à l'air de traverser facilement cette mixture. Un papier d'acétate de plomb ne doit pas noircir au contact des gaz sortant de la musique, sous peine de procès-verbal.

La machine à vapeur, n'est autre qu'une pompe à faire le vide, l'opération s'exécute différemment, le conduit de la fosse arrive directement se brancher à l'arrière du tonneau, un autre tuyau fait communiquer le dôme de la tonne avec le corps de pompe; la machine est mise en marche et tout l'air enlevé, vient se brûler dans le foyer et activer la combustion, tandis que par l'action du vide, la matière de la fosse est aspirée.

La fosse petit à petit se vide, lorsqu'elle ne contient plus que 50 à 60 centimètres de hauteur de matières, un ouvrier, muni de grandes bottes imperméables, attaché par des courroies lui passant sous les bras, descend dans la fosse, où préalablement on a introduit un réchaud de charbons ardents. Cet ouvrier a pour mission d'agiter constamment la masse restante pour favoriser l'aspiration de la pompe. Enfin, une fois toutes ces opérations terminées, la fosse est lavée sur toutes ses parois, réparée s'il y a lieu, et l'autorisation de la reboucher est donnée à la suite du rapport qui est fait par l'employé de la ville.

Les tonnes pleines sont vidées soit au dépotoir de la Villette, dans de grands réservoirs, pour être refoulées ensuite à Bondy ; soit dans des bateaux d'une contenance de 300 tonneaux qui emportent les matières dans les usines des compagnies de vidanges aux environs de Paris.

Ce système, comme on le voit, est encore primitif, les lourds véhicules roulant sur les pavés, le bruit de la machine à vapeur, font un vacarme énorme, qui trouble toutes les nuits la tranquillité de nos rues, aussi dans un temps rapproché, espérons-le, le système Lesage aura-t-il vécu.

Nous ne parlerons pas ici du « Tout à l'égout », dont le réseau se construit en ce moment même à Paris, ce sujet ayant été largement étudié à l'article Egout.

*Système Berlier.* L'idée de l'inventeur est de supprimer toutes les fosses et de faire aboutir les tuyaux de descente à des conduites spéciales de dimensions assez fortes, pour qu'elles ne puissent

jamais se trouver engorgées. Ces conduites placées dans des égouts, ont leur réseau soumis à
l'action des machines aspirantes et foulantes, installées à Levallois-Perret, où se trouve l'usine,
pour le traitement des matières, par les procédés
que nous examinerons dans la suite de cet article.

Le système Berlier fonctionne depuis la fin de
1881 dans le quartier de la Madeleine. Son premier champ d'expériences, qui donne d'excellents
résultats, a été et est encore la caserne de la Pépinière.

Il est certain qu'au point de vue théorique, ce
système paraît excellent, mais si nous considérons qu'il existe à Paris plus de 300,000 chutes
de cabinets d'aisance, sans parler des chutes des
éviers de cuisine, que de plus, nous avons des différences de niveau très grandes entre la Butte
Montmartre, les bords de la Seine et le quartier
du Panthéon, nous jugeons ce système impratica-
cable. Il nous paraît, en effet, impossible d'avoir
une machine assez puissante et des conduites
suffisamment étanches pour assurer le fonctionnement régulier des appareils. Ce système n'est
bon que dans un petit périmètre, comme dans
celui où il est appliqué pour le moment. Il peut
rendre de bons services dans une petite ville.

*Procédés Mouras, Goldner.* Ces procédés reposent
sur le principe de la décomposition des matières
par l'eau pure.

Le système Mouras consiste à recevoir dans un
appareil bien clos et plein d'eau les matières
fécales et les urines. Un tuyau d'écoulement plongeant dans l'eau écoule, par trop plein, un liquide
visqueux composé d'urines, d'eau et d'excréments
décomposés. Ce liquide très riche pour l'arrosage
des terres est essentiellement préjudiciable aux
rues, aux drains et aux égouts des villes, il est
nauséabond et infect.

Le système Goldner, consiste à recevoir dans
un appareil ouvert et plein d'eau, les matières fécales et les urines. Le tuyau de chute trempe dans
l'eau, les matières en tombant vont en partie au
fond et en partie surnagent, jusqu'à ce qu'elles
deviennent plus lourdes et alors coulent au fond.
Les liquides débordent et s'écoulent au dehors en
entraînant des substances fertilisantes. Petit à
petit l'appareil se remplit de matières épaisses
qu'on est obligé de vidanger et qui répandent
alors une odeur infecte. Ce procédé est inférieur
au précédent, à cause du travail additionnel et en
raison des soins qu'il réclame.

*Système Bonnefin.* Il consiste à faire tomber les
déjections des tuyaux de chutes dans un appareil
contenant une solution de sulfate de fer où les gaz
putrides sont dénaturés. De là, les matières solides seules tombent dans un accumulateur dont
la vidange est faite toutes les semaines ou toutes
les quinzaines. Ces solides ont acquis et conservent alors la propriété d'être imputrescibles et
infermentescibles pour bien des jours, on peut
donc en faire la vidange sans aucun inconvénient.

*Système diviseur.* Dans les nouveaux quartiers
de Paris, au boulevard Haussmann, par exemple,
la vidange ne se fait plus par la rue. Toutes les

maisons sont en communication avec l'égout ; les
chutes correspondent à des tinettes qui laissent
l'urine s'écouler et retiennent les matières solides,
ces tinettes sont changées suivant les besoins. —
V. Egout, Fosse d'aisances.

*Fosses mobiles.* De même beaucoup de maisons
neuves ne sont munies que de fosses mobiles. Les
fosses mobiles sont des tonneaux en bois qui reçoivent la chute principale de l'immeuble. Elles
sont changées tous les jours ou tous les deux jours,
suivant le nombre des habitants.

Traitement des vidanges. Toutes les déjections
qui ne se rendent pas dans les égouts pour aller
fertiliser la plaine de Gennevilliers, sont transportées, ainsi que nous l'avons dit, dans les diverses usines des environs de Paris pour y être
transformées en sulfate d'ammoniaque et en poudrettes. On peut estimer à un million de mètres
cubes la quantité des matières de vidanges recueillies chaque année par l'industrie, à Paris et
dans la banlieue. Cette quantité ne représente pas
exactement les déjections effectives de la population. Une partie est envoyée à l'égout, une autre
est répandue sur le sol au moment de l'émission ;
enfin, toutes les fosses ne sont pas étanches.
D'autre part, les fosses reçoivent, indépendamment des matières fécales et des urines, des
eaux de lavage et d'autres substances étrangères.

Il est extrait de ces matières, par les divers procédés que nous allons passer en revue, six millions de kilogrammes de sulfate d'ammoniaque,
c'est-à-dire, l'azote étant vendu environ 2 francs
le kilogramme, un produit d'une valeur de
4,500,000 francs.

Les matières solides ou pâteuses des vidanges
doivent donner environ 300,000 hectolitres de
poudrette, équivalant à 20 millions de kilogrammes d'une valeur de 1,500,000 francs. Les produits industriels de l'exploitation des vidanges représentent donc un total de 6 millions. Si l'on
considère, en outre, que le public paie aux entrepreneurs de vidange une moyenne de 6 francs le
mètre cube, c'est-à-dire une somme totale de 6
millions, on voit que l'extraction des vidanges et
leur exploitation représentent un chiffre annuel
de 12 millions de francs environ.

L'urine de l'homme donne par évaporation un
résidu solide représentant en moyenne de 7 à
8 0/0, qui est formée de 2 de matières minérales
et de 5 à 6 de matières organiques. Les matières
minérales sont composées de chlorure de potassium et de sodium, de sulfate de ces deux bases,
de phosphates de soude, de chaux, de magnésie,
de traces de silice et d'oxyde de fer. Les matières
organiques sont composées surtout d'urée, d'acide
urique, de créatinine et de petites quantités d'acide
hippurique, avec quelques traces de diverses
substances accidentelles et de matières indéter-
minées.

L'urée se transforme peu à peu en carbonate
d'ammoniaque, en s'assimilant les éléments de
l'eau. L'homme en bonne santé peut produire de
22 à 36 grammes d'urée en 24 heures, ce qui correspond à 16 ou 27 grammes d'ammoniaque. On

se rend compte d'après cela que les urines sont une source très abondante d'ammoniaque.

Les matières provenant de la vidange des fosses sont envoyées dans les usines de la voirie de Bondy ou dans celles de la compagnie Lesage; elles sont reçues dans de grands bassins dans lesquels les parties lourdes se déposent petit à petit et donnent après la poudrette, qu'on emploie comme engrais. Le liquide surnageant, envoyé dans d'autres bassins, s'appelle l'*eauvanne*. L'eau vanne qui, à l'arrivée dans les bassins, ne renferme qu'une faible quantité d'ammoniaque, entre bientôt en fermentation, sans qu'il soit nécessaire de lui faire subir aucun traitement. Les matières azotées se transforment peu à peu, et, au bout de deux à trois semaines l'action est complète; les eaux vannes contiennent alors une proportion variable de carbonate d'ammoniaque et sont propres à la fabrication des produits ammoniacaux.

Le plus ancien procédé de traitement des eaux vannes est celui de Figuera, qui a été par lui imaginé et exploité à Bondy. Le lecteur trouvera aux articles AMMONIACAUX (Sels) et VANNES (Eaux) une étude sur la question; nous n'y reviendrons donc pas ici.

*Système Burelle.* M. Burelle a établi, dans la banlieue de Lyon, une canalisation en fonte analogue à celles qui existent en Amérique pour le transport des pétroles.

Cette canalisation part de l'usine de la Mouche, où sont établies les machines d'aspiration de la canalisation urbaine, d'après le système de vidanges lyonnais; elle suit la route d'Heyrieu jusqu'à la gare de ce nom, à vingt-deux kilomètres de Lyon.

Sur tout son parcours on trouve des jardins maraîchers, des fermes de grande culture, des dépôts qui sont desservis par la canalisation, de sorte que les agriculteurs peuvent, soit par la simple ouverture d'un robinet vanne, soit en se servant dans les dépôts, se procurer aisément l'engrais qui leur est nécessaire.

Cette canalisation sera développée au fur et à mesure que l'emploi de cet engrais se répandra dans les environs de la ville, et on espère utiliser de la sorte la totalité des vidanges de la ville de Lyon.

Les matières fertilisantes des vidanges sont, par ce système, employées méthodiquement par des agriculteurs qui connaissent l'usage de cet engrais; elles sont appliquées sur une très grande surface, de manière à fournir à la terre une fumure de 50 à 60 kilogrammes d'azote par hectare et par an, de sorte qu'elles sont absorbées par la récolte annuelle et, bien loin d'être un embarras et une cause d'insalubrité pour la ville et la banlieue, elles contribuent à leur prospérité par l'abaissement du prix des engrais dans la campagne et du prix des denrées alimentaires sur les marchés de la ville.

*Appareil de MM. Margueritte et Sourdeval.* Cet appareil se compose essentiellement d'une colonne distillatoire en fonte de 1ᵐ,30 de diamètre environ, formée de 22 plateaux. La partie supérieure de la colonne porte un gros tuyau en fonte qui se rend à un serpentin réfrigérant disposé dans un bac cylindrique fermé complètement. Dans ce bac, on fait arriver, au moyen d'une pompe, les eaux vannes à distiller; celles-ci montent et se rendent à la colonne par un tuyau et y pénètrent au 14ᵉ plateau à partir du bas.

Elles s'écoulent ensuite de plateau en plateau jusqu'au bas de la colonne et s'échappent par un tuyau-siphon. La vapeur, produite par un générateur, arrive dans le plateau inférieur; elle détermine l'ébullition dans toute la colonne et la vaporisation du carbonate d'ammoniaque qui se dégage par le tuyau situé à la partie supérieure de la colonne, va se condenser dans le serpentin. Ce serpentin porte plusieurs rétrogradations qui permettent aux liquides trop aqueux, condensés dans les premières parties de revenir à la colonne et de s'analyser de nouveau. Enfin, le carbonate d'ammoniaque et l'eau qui se condensent dans le bas du serpentin s'écoulent et se rendent dans un vase en plomb, refroidi dans un bac en tôle où passe un courant d'eau froide.

Le liquide recueilli dans ce vase est une dissolution d'ammoniaque à 16° Baumé, que l'on emploie à la préparation de l'ammoniaque caustique ou du chlorhydrate d'ammoniaque. Les vapeurs de carbonate d'ammoniaque, qui ont échappé à la condensation, sont dirigées dans un autre bac en plomb, contenant de l'acide sulfurique à 53° et transformées en sulfate.

Comme on le voit, les eaux vannes qui arrivent servent à refroidir les vapeurs aqueuses et ammoniacales qui traversent le réfrigérant, puis elles se rendent ainsi échauffées dans la colonne.

Ces appareils, employés dans les usines de la Compagnie Lesage, peuvent traiter, par vingt-quatre heures, 100 mètres cubes d'eaux vannes, en donnant, par mètre cube, la quantité de carbonate d'ammoniaque suffisante pour faire de 9 à 11 kilogrammes de sulfate.

Les liqueurs de sulfate d'ammoniaque obtenues par saturation de l'acide sulfurique 53° sont à environ 25° Baumé; on les évapore au moyen de serpentins en plomb épais, chauffés par la vapeur, on pêche le sulfate au fur et à mesure qu'il se dépose, on le jette sur des égouttoirs et on le porte ensuite à sécher sur des plaques de fonte chauffées par les chaleurs perdues des générateurs. Le sulfate ainsi obtenu est en petits cristaux blancs très fins, il titre jusqu'à 21 0/0 d'azote.

Ce système fonctionne également, avec certaines variantes, dans une des usines de la voirie de Bondy; la colonne a 25 plateaux, avec une calotte sphérique en haut et une cuvette dans le bas. Les eaux vannes sont introduites dans un réchauffeur et sont échauffées par les eaux résiduaires venant de la colonne. Les eaux vannes sont introduites dans la colonne au vingt-et-unième plateau et la vapeur du générateur arrive par la cuvette. Petit à petit, la distillation se produit, le carbonate d'ammoniaque s'échappe par le haut de la colonne, passe dans un brise-mousse et vient barboter dans un bac en plomb contenant de l'acide sulfurique à 60°. Au bout d'un certain temps, le sulfate se dépose et, au fur et à mesure, il est pêché par l'ouvrier chargé de la conduite de l'appareil. Ce système est moins compliqué que celui de MM. Marguerite et Sourdeval et produit au moins autant de sulfate par vingt-quatre heures. Il a, en outre, l'avantage de ne pas exiger une construction élevée, toutes les opérations se faisant sur un même plan.

*Appareil de M. Lair.* M. Lair s'est proposé de construire un appareil permettant d'extraire la totalité de l'ammoniaque des eaux vannes, de rejeter celles-ci absolument claires et presque aussi froides que les eaux vannes arrivant aux appareils ; d'obtenir directement du sulfate d'ammoniaque cristallisé dans les bacs de saturation, comme cela se pratique par le traitement des eaux du gaz à l'aide de l'appareil Mallet. — V. AMMONIACAUX (Sels).

L'appareil de M. Lair, dont nous empruntons la description à la *Chimie*, de Payen, se compose essentiellement d'une colonne distillatoire composée de 25 plateaux munis chacun d'une calotte surbaissée en fonte, dentelée sur les bords ; un tuyau de 20 millimètres permet d'injecter de la vapeur dans le bas de la colonne qui reçoit, au vingtième plateau, les eaux vannes à traiter. Ces eaux descendent dans la colonne, se dépouillent d'abord de la plus grande partie du carbonate d'ammoniaque qu'elles contiennent, puis reçoivent, par un tuyau, une certaine proportion de lait de chaux injecté au moyen d'une pompe. La chaux décompose les sels ammoniacaux, sulfate, phosphate, chlorhydrate, qui n'étant pas volatils, resteraient dans les eaux épuisées, et le sulfhydrate moins volatil que le carbonate ; ce dernier viendrait finalement, en se décomposant dans l'acide sulfurique, dégager de l'acide sulfhydrique et déposer du soufre. Arrivées au bas de la colonne, les eaux troubles, chargées de chaux en excès et de sels de chaux se rendent, par un tuyau, successivement dans deux débourbeurs où elles déposent les matières en suspension. Ces vases, qui ont d'assez grandes dimensions, peuvent se vider par leur partie inférieure dans des vagonnets. Les eaux épuisées, à la sortie du second débourbeur, se rendent dans deux réchauffeurs, qui sont des sortes de chaudières tubulaires verticales autour des tubes desquelles circulent les eaux vannes épuisées et bouillantes, tandis que les eaux vannes neuves et froides, injectées par la pompe, circulent en sens inverse dans les tubes.

Après avoir traversé ces deux réchauffeurs, les eaux épuisées, parfaitement claires et refroidies, s'écoulent. Pendant ce temps, les eaux neuves sont portées à 95° environ, et sont dirigées vers la colonne.

Les vapeurs de carbonate d'ammoniaque et d'ammoniaque libre, mélangées de vapeur d'eau, qui se dégagent par un tuyau partant du haut de la colonne, vont se rendre dans un des deux bacs en plomb renfermant de l'acide sulfurique à 53° Baumé. Le sulfate d'ammoniaque se dépose peu à peu pendant la saturation. Lorsque l'acide sulfurique est neutralisé dans l'un des bacs, on dirige le courant gazeux ammoniacal dans l'autre

renfermant une charge d'acide, et l'opération se continue dans cet appareil pendant que la liqueur saturée du premier se refroidit et dépose encore une nouvelle quantité de sel. Après refroidissement, on enlève le sel pour le mettre sur un égouttoir, et on le porte enfin sur des plaques chauffées par les chaleurs perdues des générateurs de vapeur.

L'appareil de M. Lair, qui fonctionne depuis plusieurs années déjà à Bondy, peut traiter 50 mètres cubes d'eaux vannes en vingt-quatre heures. Les eaux pauvres traitées par ce procédé et renfermant 2$^{gr}$,5 d'azotate ammoniacal par litre, donnent 11$^k$,400 de sulfate d'ammoniaque à 21 0/0 d'azote par mètre cube. Les eaux épuisées sortant de l'appareil contiennent seulement 0$^{gr}$,06 à 0$^{gr}$,10 d'azote par litre. La quantité de houille brûlée pour le traitement complet est de 1$^k$,800 par kilogramme de sulfate d'ammoniaque fabriqué.

De même que dans le procédé modifié, indiqué précédemment, il faut ici compter 1 kilogramme d'acide sulfurique pour 1 kilogramme de sulfate.

Comme on le voit, l'appareil de M. Lair est celui qui permet d'effectuer le traitement des eaux vannes de la façon la plus parfaite. Tous les sels ammoniacaux sont décomposés ; on récupère la chaleur entraînée par les eaux usées sortant de la colonne ; on ne rejette que les eaux claires ; la dépense en combustible est très minime.

L'appareil que nous venons d'examiner est d'un prix élevé et, d'un autre côté, il ne peut être employé que pour des exploitations importantes.

*Appareil de M. Chevalet.* Dans cet ordre d'idées, M. Chevalet s'est proposé d'établir un appareil simple et économique permettant d'épuiser complètement les eaux vannes et d'éviter les émanations désagréables. Cet appareil se compose de trois chaudières superposées dans lesquelles on fait successivement passer les eaux à traiter. La vapeur d'un générateur permet de faire bouillir la chaudière du bas, les produits gazeux se rendent dans la deuxième puis dans la troisième chaudière, de là, les produits ammoniacaux passent dans une bâche remplie d'eaux vannes, se condensent partiellement en les échauffant et se rendent dans un bac contenant de l'acide sulfurique. L'acide carbonique et l'acide sulfhydrique mis en liberté et mêlés aux gaz infects qui accompagnent les composés ammoniacaux sont refroidis, la vapeur entraînée se condense et les gaz sont chassés par la cheminée.

Un appareil de ce genre peut traiter 4,000 litres d'eaux vannes par vingt-quatre heures en fabriquant du sulfate d'ammoniaque.

*Procédé Malézieux.* M. Malézieux se rendant compte de la difficulté de produire de la poudrette sous un climat comme celui de Paris, traite tout ensemble, les eaux vannes et les matières boueuses, dans des colonnes à godets tournants. Petit à petit, les sels ammoniacaux se dégagent pour faire du sulfate d'après les procédés décrits ; les eaux résiduaires s'écoulent et, à la base de la colonne, les boues très épaisses viennent se rassembler, elles sont enlevées au fur et à mesure de leur production, et il suffit de les laisser refroidir pour qu'elles soient transformées en poudrette. Ce procédé fonctionne depuis quelques années à Rouen et à la voirie de Bondy. — P. E.

**VIDANGEUR.** T. de mét. — V. l'article précédent.

**VIDE-BOUTEILLE.** Petite maison inhabitée, avec ou sans jardin, située près d'une ville, et où se réunit une société pour boire et s'amuser.

**VIDE-POCHE.** Sorte de grande coupe très évasée, dans laquelle on dépose les menus objets que l'on porte habituellement dans ses poches.

\*VIEL (CHARLES-FRANÇOIS). Architecte, né à Paris, en 1745, mort dans la même ville, en 1819, fut un des meilleurs élèves de Chalgrin et un des architectes les plus en vue de son époque, bien que son nom ne soit pas resté populaire. Il suffira de rappeler qu'il a élevé, à Paris, le Mont-de-Piété, l'hôpital Cochin, le grand amphithéâtre de l'ancien Hôtel-Dieu ; qu'il a installé la pharmacie centrale dans l'ancien établissement des Miramionnes, qu'il a construit le grand égout de Bicêtre, ouvrages qui, tous, offraient les difficultés les plus grandes et les plus diverses, et qu'il a su, néanmoins, mener à bonne fin. On lui doit encore un très beau projet pour les constructions du Jardin des Plantes, avec une superbe colonnade ; il est très regrettable que ces dessins, qui avaient reçu l'approbation du roi et de Buffon, n'aient pas été exécutés, faute d'argent. Il donna, en outre, des dessins pour des travaux moins importants, mais qui témoignent de la diversité de son talent, notamment pour la tribune de l'orgue de Saint-Jacques du Haut-Pas, et le perron du château de Bellegarde. Ce qui distingue Viel plus particulièrement, ce sont ses livres sur les beaux-arts, où il s'est montré écrivain érudit et élégant ; on a de lui : *Lettres sur l'architecture des anciens et celle des modernes* (in-8°, 1780-1787) ; *Décadence de l'architecture à la fin du* XVIII° *siècle* (1800) ; *De la construction des édifices publics sans l'emploi du fer* (1803) ; *Des anciennes études de l'architecture* (1809) ; *Principes de l'ordonnance et de la construction des bâtiments* (1797-1814).

\*VIEL (JEAN-MARIE-VICTOR). Architecte, né à Paris, en 1796, mort en 1863, élève de Vaudoyer et Lebas, acquit une certaine réputation d'habileté dans les constructions civiles, et fut chargé, par la Compagnie concessionnaire de l'Exposition universelle de 1855, de fournir les plans du palais. Les principales difficultés étaient dans le mauvais état du terrain et le manque de temps. Viel déploya dans cette mission une activité et une énergie remarquables. Malgré les exigences de l'administration et les tiraillements des deux Compagnies rivales, il acheva son œuvre en moins de deux ans, dans les délais convenus. Le Palais de l'Industrie, racheté depuis par l'État, a servi de modèle à beaucoup d'autres installations du même genre, en France. On y admire un judicieux emploi du fer et de la fonte dont l'application à ces grands ouvrages était alors relativement nouvelle et peu connue. Alexis Barrault et Bridel en ont donné la description dans un excel-

lent ouvrage : *Le Palais de l'Industrie et ses annexes, description raisonnée de constructions en fer et fonte.....*, 1857, in-8° avec planches. Viel fut décoré à l'inauguration de l'Exposition de 1855.

**VIELLE.** Instr. de mus. Instrument muni d'un clavier dont les touches, en s'enfonçant, pressent des cordes contre une roue enduite de colophane, sorte d'archet tournant que l'exécutant fait mouvoir à l'aide d'une manivelle.

— La vielle était très populaire au moyen âge, mais c'était l'instrument des basses classes, pratiqué, notamment, par les aveugles, les mendiants. Il prit faveur dans un monde plus élevé à la fin du XVI° siècle et prospéra alors rapidement. Sous Louis XIV, il comptait déjà des virtuoses. Mais son époque la plus brillante fut au siècle dernier, où il y eut des viellistes célèbres, où des maîtres écrivirent de la musique pour eux, où des professeurs de vielles firent fortune et laissèrent des méthodes développées et complètes. Toutefois, la gloire de ce singulier petit instrument ne devait être qu'éphémère, et aujourd'hui, il est redevenu l'apanage des musiciens ambulants et principalement des savoyards qui, d'ailleurs, savent à peine s'en servir.

\*VIEN (MARIE-JOSEPH). Peintre, né à Montpellier, en 1716, mort en 1809 ; montra, dès son jeune âge, des dispositions étonnantes, et entra à dix ans chez Legrand, peintre de portraits, où il ne resta guère, d'ailleurs, parce que cette vocation ne promettait à sa famille aucun salaire immédiat. Ce n'est que plus tard, vers sa vingtième année, qu'il put reprendre sérieusement ses études, sous la direction de Giral, élève de Lafosse, Entré, à Paris, dans l'atelier de Natoire, en 1741. il fut bientôt compté parmi les meilleurs élèves du maître à la mode et, en 1743, il remportait le grand prix de Rome. En Italie, sous la direction de de Troy, il s'attacha surtout à l'étude des modèles pris dans la nature, au lieu de toujours reproduire, comme ses camarades, les mêmes figures conventionnelles, mais il travaillait sans idéal, sans recherche de l'élévation de la pensée ; c'était un bon copiste. Voir juste et rendre bien ce qu'il voyait, voilà le fond de son talent. De cette époque datent quelques-unes de ses meilleurs ouvrages : l'*Ermite endormi*, du musée du Louvre, simple étude qui a l'importance d'un tableau, et dont le retentissement fut très grand ; le *Saint-Jean*, à Montpellier ; et les six toiles de la *Vie de Sainte-Marcelle*, à l'église des capucins de Tarascon. Revenu en France après avoir parcouru toute l'Italie, Vien se heurta à une animosité très vive de la part de ses confrères, et particulièrement de son maître, Natoire, qui se montrait blessé que le jeune artiste se fût écarté de son enseignement. On le refusa avec éclat à l'Académie, en 1752, et on ne l'admit, deux ans après, que sur les instances de Boucher, qui pourtant n'était guère sa même voie. Son tableau de présentation fut l'*Embarquement de Sainte-Marthe*, et son tableau de réception *Dédale et Icare*. Dès lors, son succès s'affirma, mais bien plus comme chef d'école que comme artiste. Il enseignait, dans son atelier, à régénérer l'antique par l'étude constante de la nature et, certes, sa doctrine était préférable à ses travaux ; elle a formé Regnault,

Vincent, Ménageot, David, Girodet, Gérard, Gros, tous ceux qui devaient, quelques années après, développer, perfectionner ces données en y ajoutant la pensée élevée et le véritable talent. Vien, lui, était surtout fécond; on connaît de son pinceau 179 toiles, sans compter un certain nombre de dessins et de bonnes eaux-fortes. Ses toiles les plus connues sont, avec celles que nous avons citées : *Saint-Louis remettant la régence à Blanche de Castille*; *Mars s'arrachant des bras de Vénus*; *Jésus rompant le pain*; *Hector excitant Paris à reprendre les armes*, sans oublier l'*Offrande à Vénus*, retour à l'antique maniéré qui eut d'autant plus de succès qu'il était faux. Lorsqu'il veut dépasser l'étude de la nature, Vien est toujours roide, guindé, sans aspiration artistique; néanmoins, avec le triomphe des idées nouvelles, cet artiste ne cessa d'être le peintre le plus en vue de son époque, David seul lui enleva ce sceptre qu'il avait gardé jusqu'à la Révolution. Premier peintre du roi, recteur de l'Académie, puis, après une période malheureuse, sénateur de l'Empire et comte, il put se croire un génie, alors qu'il n'était que son flambeau. Il fut le marche-pied qui servit à élever David, mais on doit lui rendre cependant la justice que son œuvre est considérée comme le point de départ de l'école française du XIXᵉ siècle.

**\*VIERGE.** *Iconol.* La Sainte Vierge est un des sujets le plus fréquemment et le plus heureusement traités dans l'iconographie chrétienne. « La madone, dit Gruyer (*Iconologie de la Vierge*) est le miroir où se réflète l'âme de chaque époque, de chaque peuple, de chaque école, de chaque famille et de chaque individu; le même peintre, à tous les âges de sa vie, y met son intelligence et son cœur. Aucune de ces vierges ne ressemble à l'autre. » L'antiquité, le moyen âge, les modernes, n'ont comprise différemment avec leur nature complexe et leurs passions variées; jusqu'à notre époque, chaque artiste a produit sa Vierge, et ce fut tellement le miroir fidèle de son individualité, que ces représentations multiples d'un même sujet n'ont rien de monotone.

La plus ancienne image connue de la Vierge est celle du cimetière de Priscille, découverte en 1851, et qui paraît dater des premières années du IIᵉ siècle; une autre très célèbre est celle du cimetière de Sainte-Agnès, qui remonte seulement à l'époque où le christianisme, triomphant, pouvait étaler au plein jour les cérémonies de son culte. Pourtant à ce moment encore les images de la Vierge n'étaient consacrées ni par l'usage ni par le rite. Ce n'est qu'au vᵉ siècle environ que la tradition fut fixée par l'église, d'après l'image envoyée à Constantinople par l'impératrice Eudoxie, et qui fut attribuée à Saint-Luc. La popularité de cette peinture fut telle qu'on la multiplia à l'infini, tout en conservant scrupuleusement, bien entendu, son authenticité, d'ailleurs absolument fausse; de telle sorte que nous possédons encore plusieurs de ces Vierges byzantines miraculeuses; la plus connue est à Sainte-Marie-Majeure, à Rome.

Dans l'art roman, les monuments sculptés ou peints ne donnent à la sainte Vierge qu'une place secondaire; mais au XIIᵉ siècle, son culte prend une importance capitale, une forme populaire, et c'est par une sorte de vœu national que la plupart des églises ogivales sont placées sous le vocable de Notre-Dame; aussi dans l'ornementation historiée des églises trouve-t-on toujours la Vierge, soit assise, tenant son fils sur ses genoux, soit debout, couronnée, triomphante, présentant Jésus aux fidèles; on

la rencontre parfois aussi sculptée sur le trumeau des portails, et plusieurs tympans de nos cathédrales représentent la mort de la Vierge.

Les couleurs données aux vêtements de la Vierge sont, d'après Viollet-le-Duc, le rouge, quelquefois le blanc, pour la robe, le blanc pour le voile, le bleu pour le manteau; les broderies figurées en or sur ces étoffes sont le lion de Juda rampant, dans un cercle, des petites croix fichées et la rose héraldique; la tradition de la forme et de la couleur de ces vêtements remonte à l'art byzantin qui en avait fourni les modèles.

La Renaissance tira le parti le plus heureux de l'image de la Vierge. Sans parler des tableaux de chevalet, si nombreux et si remarquables, mais qui ne rentrent pas dans notre sujet, nous citerons les quatorze fresques de la *Vie de la Vierge*, peintes par Giotto à Santa Maria dell' Arena, à Padoue; celles de Benozzo Gozzoli, à l'église de Montefalco, et à l'église de San Gemignano; de Domenico Ghirlandajo à Santa Maria Novella; de Bernardino Luini à la Chartreuse de Pavie, d'Andrea del Sarte au couvent de l'Annunziata, à Florence; du Corrège, à Parme, etc.

Parmi les madones sculptées, rappelons la *Vierge à l'enfant*, de Michel-Ange, dans la chapelle des Médicis à San-Lorenzo, un autre groupe sur le même sujet, par Sansovino à Santo-Augustino, à Rome, les Vierges en terre cuite de dell' Robbia, les Vierges de Puget, à Gênes, de J.-B. Pigalle, à Saint-Sulpice et aux Invalides, à Paris, et parmi les œuvres modernes destinées à la décoration de nos églises, les Vierges de Pradier, à Avignon; de Simart, à Troyes; d'Oudiné, à Saint-Eustache et à Saint-Gervais; de Roubaud, de Dumont, à Notre-Dame de Lorette; et de Molchnecht à la cathédrale de Versailles.

La parabole des *vierges folles* et des *vierges sages* mérite aussi une attention spéciale, car on rencontre dans nos cathédrales de fréquentes allusions à cette curieuse allégorie. C'est toujours sur les jambages de la porte principale, aux côtés du Christ, qu'on les a sculptées, et leur intérêt est d'autant plus grand pour l'archéologue, que les artistes, affranchis de toute entrave traditionnelle et liturgique, ont pu donner libre carrière à leur imagination, et revêtir ces figures avec les costumes de leur temps, ce qu'ils ne faisaient pas pour la sainte Vierge, à laquelle on a conservé la tradition byzantine.

**VIF-ARGENT.** Nom vulgaire du mercure, ainsi nommé parce qu'il a la couleur de l'argent et qu'il est d'une extrême mobilité.

**VIGNETTE.** Dans l'origine, on ornait parfois les livres avec de petites miniatures représentant des feuilles de vigne et des raisins, de là le nom de *vignette* que l'on a conservé pour désigner de petites estampes, de petits dessins destinés à illustrer un livre et placés au commencement d'un chapitre, dans le cours du texte ou en forme d'encadrement.

**\*VIGNON** (BARTHÉLEMY). Né à Lyon, en 1762, il vint jeune à Paris où il fut élève de David, Leroy et Poyet. Il remporta successivement, au concours, les prix d'exécution pour les tribunaux de paix à élever dans les douze arrondissements de Paris, en 1795, pour le monument à la mémoire des soldats morts pour la patrie, et pour la colonne monumentale qui devait être dédiée à l'armée, en 1800. Associé ensuite à Thibaut, il fut chargé de travaux d'embellissements aux châteaux de Neuilly, de Saint-Leu, de la Malmaison, à l'Elysée. Enfin, en 1806, un concours ayant été ouvert par Napoléon I<sup>er</sup>, pour la transformation de l'église de la Madeleine, à peine commencée, en temple de la Gloire, le premier prix fut décerné à Beaumont par l'Académie, mais l'empereur lui préféra le projet de Vignon, qui réunissait au mérite de figurer un temple, celui de s'accorder mieux avec le palais législatif, et de ne pas écraser les Tuileries. Vignon ne conduisit les travaux que jusqu'en 1828; l'église, rendue à sa destination première, mais sur les plans intégralement conservés, fut achevée par Huré. Vignon est mort à Paris, en 1846, après avoir consacré ses dernières années à l'enseignement.

**VIGOGNE.** La vigogne est un mammifère ruminant vivant au Pérou, et qui fournit une belle laine; dans l'industrie, on donne le nom de *fils de vigogne* aux fils composés de laine et de coton. Ordinairement, les deux textiles sont cardés ensemble de la même manière que les fils de laine cardée ordinaires, puis filés après avoir reçu une forte addition d'huile.

**VIGOUREUX.** *T. de chim.* et *de teint.* On entend par *vigoureux*, du nom de celui qui a créé ce genre, des effets de nuances variés à l'infini, obtenus par le mélange de différents chinés sur laine peignée. Ce genre se rattache, pour la fabrication, aux articles draperie légère dite *nouveautés*, pour la coloration de la fibre au chinage multicolore, pour le procédé de fixage des nuances imprimées aux couleurs-vapeur — V. Chinage, Vapeur (Couleurs), Vaporisage.

L'outillage comprend : le matériel pour cuire les épaississants et préparer les bains de couleurs à imprimer, la machine à chiner sur peigné, le séchoir, la chambre à vaporiser, les cuves à dégorger. La cuite des épaississants et le séchage du peigné n'ont rien de particulier. Les bains de nuances doivent contenir les mordants destinés à fixer les matières colorantes, car le genre de tissus à obtenir doit supporter le foulage. La machine à chiner sur peigné a la plus grande analogie avec la machine à chiner sur écheveaux (V. Chiner [Machine à[). Le ruban de peigné se déroule de la bobine, s'étale, passe entre les deux cylindres cannelés, dont l'un reçoit la couleur du fournisseur et l'autre fait la pression pour que la couleur pénètre la nappe du peigné. Les cannelures forment les chinés et les creux forment les blancs. Les peignés sont séchés, puis les couleurs sont fixées par le vaporisage, et le peigné est lavé à plusieurs reprises jusqu'à ce que les eaux de lavage n'enlèvent plus de couleur.

Dans le chinage sur écheveaux, on a des machines qui ne donnent qu'une même couleur et des machines à chinage multicolore obtenu d'une seule passe; mais pour les vigoureux, le ruban de peigné ne reçoit jamais qu'une couleur. Après le dégorgeage, le ruban séché passe aux gills qui produisent un premier effet de chiné avec les parties de chaque brin de laine qui sont nuancées et les parties qui sont réservées en blanc; puis plusieurs rubans de peigné, chinés en diverses nuances, sont passés ensemble aux étirages pour produire les effets les plus variés. C'est dans ces assortiments de nuances que s'exerce l'art du coloriste. On a reculé devant les difficultés, quand on a voulu faire des nuances différentes sur le même ruban de peigné; la machine était plus compliquée, la production diminuée et le résultat final était sensiblement le même, parce que le travail mécanique arrive parfaitement à fondre les nuances que l'on veut mélanger.

Le desideratum de ce genre est de faire des nuances solides au foulage, car une nuance déchargeant sur une autre détruirait tout l'effet que le coloriste a voulu obtenir. — H. V.

**VILEBREQUIN.** 1° *T. techn.* Instrument muni d'une mèche pour percer le bois, la pierre, les métaux, et que l'on fait tourner au moyen de son manche courbé en forme de C, et mobile à sf. partie supérieure dans une sorte de champignon sur lequel on appuie avec la main ou la poitrine. || *T. de mécan.* On appelle encore *vilebrequin* ces arbres coudés dont on se sert pour transformer, à l'aide d'une bielle, un mouvement de rotation continu en mouvement de va-et-vient, et réciproquement; on les utilise surtout lorsque la bielle se meut dans un plan coupant l'arbre en un point quelconque de sa longueur.

**VILLA.** Maison de campagne dont l'architecture a de l'élégance.

**VILLEDO** (Michel). Architecte, né à Limoges, en 1580, mort à Paris, en 1650, fut général des œuvres de maçonnerie et ouvrages du roi, sous Louis XIII et, en cette qualité, surveilla la plupart des constructions élevées pendant ce règne. En 1639, il fut chargé de faire établir une nouvelle sortie de la cour du Palais de Justice, à Paris; en 1643, il dirigea les travaux nécessaires à la communication entre la cour de la Conciergerie et la grande salle; en 1649, il se rendit acquéreur de vastes terrains sur la butte des Moulins, et éleva plusieurs maisons dans ce quartier neuf, notamment la plupart de celles de la rue qui porte son nom. Son fils, *François*, lui succéda dans ses charges; c'est lui qui présida à la pose de la première pierre du Louvre de Perrault, en présence du roi Louis XIV.

**VIN.** *T. de techn.* Le vin est et ne doit être que le liquide obtenu par la fermentation du moût de raisin frais, soit en présence des éléments solides du fruit, soit en dehors de ce contact (Portes et Ruyssen, *La vigne*). Par analogie, on donne cependant, dans le commerce ou dans le monde, le nom de *vin* à des préparations faites avec le suc d'autres fruits, avec des fruits secs, des ingrédients quelconques; mais ces liquides ne peuvent avoir, en fait, et porter réellement le nom de *vin*, si ce mot n'est suivi d'un autre nom, comme celui de *vin d'oranges, vin de raisins secs, vin de marc*, par exemple, car ou ils ne sont pas faits avec le raisin, ou ils ne proviennent pas de la fermentation du jus de raisin frais. La législation française est formelle à ce sujet, et une circulaire ministérielle du 1<sup>er</sup> septembre 1879 considère comme fraude le mélange clandestin de ces produits au vin véritable, et leur vente, si elle est faite autrement que sous le véritable nom du liquide.

La vigne est le *vitis vinifera*, L. (ampélidées) des botanistes; c'est une plante qui existait sur notre globe bien avant l'apparition de l'homme, sinon comme *vitis vinifera*, au moins comme espèce du genre vitis, car on en retrouve des empreintes fossiles remontant à l'époque miocène, comme à Sézanne (Marne) (*vitis sezannensis*, Sap.) et en bien d'autres endroits; mais, la première fois que l'on rencontre la trace positive de l'emploi de la vigne par l'homme, c'est à l'âge de bronze, dans les palafittes (cités lacustres) de Castione, de Bex, de Wangen, de Varèze, etc. La géologie, l'histoire, comme la philologie, nous montrent donc que la vigne, le raisin, et, par suite, le vin, furent connus par les plus anciens peuples; et toutes les légendes bibliques sur la plantation de la vigne disparaissent devant ce fait rapporté par Delchevalerie (*Illustration horticole*, 1881, p. 28) que des scènes de vinification existent, *gravées*, sur le tombeau de Phtah-Hotep, qui vivait à Memphis, quatre mille ans avant notre ère.

La plante souche qui a fourni le vin dès le premier âge des nations est le *vitis vinifera*, avons-nous dit, mais il y a actuellement au moins vingt sortes indigènes qui en dérivent, rien que parmi les vignes de l'ancien continent, et quinze environ, qui sont dioïques et polygames, et habitent le Nouveau-Monde. Ces dernières offrent maintenant un réel intérêt pour nous, depuis qu'on les acclimate en France, comme plus aptes à résister aux attaques du phylloxera.

La vigne fournit un grand nombre d'espèces différentes, car pour celles qui dérivent du vitis vinifera seulement, on en compte au moins 725 bien réellement typiques, dont plus de 270 sont cultivées en France, en Corse et en Algérie; pour les vignes du nouveau continent, on en connaît plus de 200 espèces différentes.

Les opérations qu'il est nécessaire d'effectuer pour fabriquer le vin sont nombreuses et demandent toutes des soins particuliers pour obtenir un bon produit, quelle que soit, d'ailleurs, la valeur du vin que l'on veut préparer.

La première est la *vendange* proprement dite, qui est basée sur l'étude de la maturation du raisin, car suivant la nature du cépage et l'exposition, suivant la qualité de la terre, la température de la saison, etc., la floraison et la maturation peuvent et doivent forcément varier. On divise ordinairement les cépages en sept classes, suivant l'époque de la maturation; la première comprend uniquement les raisins hâtifs pour la table, la dernière des raisins ne mûrissant pas en France; pour qu'un raisin arrive à maturité parfaite, il faut que la température ait été telle que le fruit ait reçu l'influence d'une chaleur totale de 3,400° pour la deuxième classe; 3,564° pour la troisième; 4,133° pour la quatrième; 4,238° pour la cinquième; 4,392 pour la sixième; 5,000° pour la dernière (1). Ces conditions calorimétriques se trouvent, en général, obtenues

(1) Ce chiffre s'obtient en additionnant la température maxima de chaque jour.

| | Midi de la France | Paris |
|---|---|---|
| 1re époque... | 15 juillet. | 28 août. |
| 2e — ... | 25 août. | 7 octobre. |
| 3e — ... | 1er septembre. | 20 — |
| 4e — ... | 27 — | Pas de maturation. |
| 5e — ... | 2 octobre. | » |
| 6e — ... | 10 — | » |
| 7e — ... | 31 — | » |

Dès que le vigneron a reconnu que la maturité est convenable, la cueillette se fait aussitôt que la rosée a disparu, alors que la température devient très élevée, comme en Algérie. Il faut, de préférence, choisir un temps sec et récolter seulement les grappes bien mûres, surtout lorsqu'on veut faire des vins fins. On transporte ensuite ces grappes aux celliers et on a soin de ne laisser les fruits en contact qu'avec des vases et ustensiles d'une propreté méticuleuse, en évitant surtout les moisissures. Les grappes subissent un *triage* qui a pour but d'enlever les grains altérés ou trop peu mûrs, la terre, et parfois même on les lave afin d'enlever le soufre, la chaux, le sulfate de cuivre que l'on emploie très fréquemment aujourd'hui pour combattre le mildew; dans quelques endroits même, on procède à l'*égrappage*, c'est-à-dire à l'enlèvement des râfles riches en tannin, en se servant d'instruments spéciaux (trident, claies en osier, trémies), suivant la quantité de fruits que l'on a à traiter. On pratique ensuite le *foulage* dans les cuviers afin de déchirer les grains; notons cependant, que souvent, pour faire les grands vins des crus renommés, on ne foule pas le raisin. Cette opération se faisait uniquement, jadis, avec les pieds nus ou pourvus de chaussures spéciales, mais elle n'était pas toujours sans danger quand la fermentation était déjà commencée; et depuis longtemps, on emploie des broyeurs mécaniques, qui, le plus souvent, peuvent circuler au-dessus des cuviers et laisser tomber le moût et les pellicules du grain, si celles-ci doivent rester avec le liquide pendant la fermentation, comme cela a lieu pour l'obtention des vins rouges. Le foulage donne donc un moût qu'il est de la plus haute utilité de bien examiner avant de laisser se faire la fermentation, car ce moût, parfois, a besoin d'être amélioré. C'est ce qui arrive après les étés froids ou pluvieux où le moût est trop peu sucré, ou trop acide, pour fournir un vin se conservant bien, ou de bonne qualité; ou dans les cas opposés, lorsque les jus sont trop sucrés et pas assez acides. On remédie au premier inconvénient par la *chaptalisation* (V. ce mot) en partant de ce fait que pour donner à un vin un degré d'alcool en plus de ce qu'il aura naturellement, il faut ajouter au moût, par hectolitre, 1,800 grammes de sucre interverti. L'inconvénient inverse, c'est-à-dire la production de jus trop sucrés, ne s'observe plus guère en France, parce que l'on y a abandonné les cépages donnant des fruits trop sucrés, comme étant très peu productifs. Quant à l'acidité extrême des moûts, on la combat au moyen de la chaux ou du marbre blanc pulvérisé, que l'on ajoute au liquide en partant de cette donnée que 28 grammes de chaux ou 50 grammes de son carbonate, saturent 75 grammes d'acide tartrique. Pour augmenter l'acidité des moûts trop faibles en acide, on les additionne d'acide tartrique ou mieux de 150 grammes de plâtre fin par hectolitre ; au delà de cette dose l'amélioration cesse pour provoquer dans le vin la production de qualités nuisibles.

On abandonne alors à lui-même dans les cuviers maintenus autant que possible à une température moyenne de 15°, le moût, s'il s'agit de faire des vins blancs, ou la masse totale des raisins blancs ou rouges écrasés, avec ou sans râfles, s'il s'agit de faire des vins rouges. Au bout de peu de jours, la fermentation commence ; il se dégage d'abord quelques bulles de gaz, puis la masse semble entrer en ébullition à sa surface, et l'on perçoit très notablement un bruit assez prononcé, en même temps que la température s'élève et que les pellicules des grains viennent se réunir à la surface, si l'opération se fait dans des cuves ordinaires ouvertes, en constituant ce que l'on appelle le chapeau.

Nous ne reviendrons pas ici sur la théorie chimique de la fermentation alcoolique, étudiée avec détails aux mots FERMENT et FERMENTATION ; mais nous indiquerons quelles sont les modifications qu'a subies le moût par suite de la fermentation. Pour que cette opération se fasse bien, il faut quelquefois échauffer le moût, parfois rafraîchir l'atmosphère des pièces où se fait l'opération (Algérie) pour n'avoir guère plus de 15°, parce que la réaction qui se produit élève la température du liquide de 10 à 12° au moins ; il est également avantageux d'aérer la masse égrappée et foulée, pour y introduire une quantité suffisante d'oxygène. La fermentation par elle-même peut se faire dans n'importe quelle cuve, mais depuis quelques années, on tend à modifier les appareils primitifs. Nous avons déjà signalé qu'anciennement on laissait fermenter le moût dans des cuves ouvertes, et qu'il se formait à la surface un chapeau constitué par les parties organiques non susceptibles de se dissoudre. Ce chapeau se trouvait souvent soulevé au-dessus du liquide par le dégagement abondant d'acide carbonique, aussi n'était-il pas rare de constater à sa surface desséchée, des moisissures et des traces de ferment acétique. Or, comme il est nécessaire, pour obtenir un vin convenablement coloré, d'enfoncer plusieurs fois le chapeau dans la cuve, pendant la fermentation tumultueuse, il en résultait souvent qu'en submergeant les parties restées à l'air on introduisait le ferment acétique dans le moût, d'où la production d'acide et d'éther acétiques, cause d'altération, le dernier surtout amenant la destruction du bouquet si recherché dans les vins.

Plusieurs moyens ont été proposés pour obvier à cet inconvénient : 1° l'emploi des cuves fermées qui mettaient à l'abri de l'air et permettaient à l'acide carbonique formé de se dégager par un tube latéral d'où il se rendait dans un vase contenant du carbonate de soude, lequel l'absorbait en faisant du bicarbonate. Il fallait, toutefois, encore immerger le chapeau à diverses reprises, ce qui fit abandonner cette méthode pour employer, 2° des cuves fermées où le chapeau était maintenu submergé par un ou plusieurs diaphragmes ; 3° les trémies Agobet (fig. 803) d'Arcueil, qui placées sur les cuves permettent à la fermentation de se faire à l'abri de l'air, en plongeant le marc dans le liquide et en permettant à ce marc de tomber au fond de la cuve quand la fermentation est complète. Ces procédés sont maintenant les plus suivis, car ils donnent une fermentation plus prompte et plus complète, sans altération du marc, sans décoloration ou acétifica-

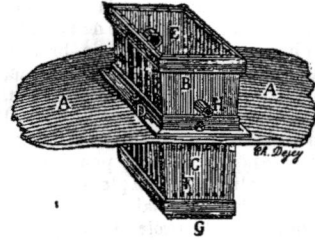

Fig. 803. — Trémie Agobet.

AA Surface foncée d'un foudre. — C Partie de la trémie plongeant dans l'intérieur du foudre. — B Partie de la trémie à l'extérieur du foudre. — F Claire-voie en traits de scie. — H Tube du trop plein du liquide. — E Tube d'écoulement du gaz.

tion de celui-ci, et en produisant même un dépouillement plus complet du moût, relativement aux ferments, aux sels et aux principes albuminoïdes qu'il renfermait.

Que s'est-il produit lorsque la fermentation tumultueuse a cessé ? Le moût était essentiellement constitué : par de l'eau contenant en dissolution du sucre interverti, du sucre de canne, des matières azotées, de la dulcite, des principes gommeux, des acides tartrique, malique, citrique, racémique, des tartrates, phosphates, sulfates de potasse, chaux et magnésie, avec des sels ammoniacaux, et quelques sels haloïdes en faible quantité ; ainsi que par du tannin et de la chlorophylle que viennent ajouter les râfles ; de l'œnocyanine, de l'œnorubine, de la catéchine, des matières cireuses, des principes éthérés odorants et des germes du ferment, qui proviennent de la pellicule du fruit. Si l'on fait l'examen chimique du liquide aussitôt après la fermentation tumultueuse, on voit que le moût a perdu de l'eau, de la lévulose, du glucose, de la gomme, de l'albumine, des composés protéiques et pectiques, des principes gras, de la cire, des ferments, de l'acide tartrique libre, des tartrates et malates de chaux, etc. Au contraire, les proportions de la mannite, des huiles essentielles, de la levure, du tannin se sont augmentées et, surtout, il s'est formé des alcools éthylique, propylique, butylique, amylique, de l'aldéhyde, de la glycérine, des éthers, des matières colorantes, des acides acétique, carbonique, succinique, etc.

Ce liquide n'est pas encore du vin, il est trop sucré et renferme de la levure qui va continuer à modifier sa composition. On procède alors au décuvage, c'est-à-dire que l'on soutire avec précaution le liquide contenu dans les cuves pour le transporter dans d'autres tonneaux (cette opération se fait à l'air libre ou mieux avec des pompes aspirantes et foulantes) et, d'un autre côté, on prend les marcs pour leur faire subir le *pressurage*, lequel permet de retirer environ 1/5 du liquide premier auquel on réserve le nom de *vin de goutte*, alors que l'on donne le nom de *vin de première, seconde....., cinquième expression* aux liquides de plus en plus colorés que l'on obtient par l'action de la presse, lorsque l'on ne veut pas faire de vin de marc ou de seconde cuvée. Notre figure 804 représente un pressoir en usage dans l'Hérault; il est composé d'une vis en fer A munie d'un encliquetage B muni d'un crochet de fer qui, tombant dans une encoche, arrête tout mouvement et empêche la vis de remonter; C est la barre de 3 mètres de longueur commandée par un treuil; EE madriers qui pèsent sur le couvert F; en H se trouve une poutre de chêne qni supporte l'effort de la vis; J est le plancher sur lequel repose le marc G dont le jus est reçu dans le cuvier L. Le vin de goutte et celui de première expression sont parfois mélangés, mais les autres liquides sont traités à part pour faire des vins plus communs. On les met dans des fûts de capacité variable et leur laisse

Fig. 804. — *Pressoir à vis de fer avec encliquetage, pour la pression du marc de raisin, dans le département de l'Hérault.*

vendange avec les foudres et le vieux pressoir bourguignon auquel les propriétaires du Clos-Vougeot sont restés fidèles : 1° il faut refaire le plein des tonneaux à diverses reprises, car l'addition de vin de qualité semblable, ou de silex bien lavé qui remplit les vides, facilite l'absorption d'oxygène, ce qui permet aux vins de se dépouiller d'autant plus facilement qu'ils ont subi plus fréquemment cette action de l'oxygène; 2° il faut veiller à ce que la température du local soit assez basse pour permettre la dépuration et la conservation facile des petits vins et qu'elle soit, malgré cela, assez douce pour obtenir la défécation des vins supérieurs et leur perfectionnement (ces deux motifs font préférer, ou les caves ou les celliers, suivant la nature du vin que l'on doit conserver dans ces locaux); 3° il faut *soutirer* les vins qui, lors de leur mise en tonneaux, étaient encore un peu troubles et qui surtout contenaient encore le ferment qui les avait engendrés. Cette opération se fait, en France, une première fois vers le mois de janvier, avant que l'élévation de la température n'ait donné une nouvelle poussée de fermentation, laquelle s'arrête souvent aux premiers froids. Les lies étant en partie enlevées par ce premier soutirage, l'acide carbonique dissous s'étant presque totalement dégagé, il en résulte qu'un certain nombre de produits solubles, grâce à l'acide, se précipitent à nouveau, d'où la nécessité de faire d'autres soutirages, auxquels succède le *collage*, opération qui a pour effet de clarifier totalement le vin. Cette opération s'effectue à l'aide de divers moyens : parfois mécaniquement (avec le sable, le kaolin, le papier à filtrer), le plus souvent au moyen de substances amenant une réaction, en produisant des précipités insolubles aux dépens des matières organiques. L'albumine, la gélatine, la colle de poisson, le

subir, pendant un mois environ, la *fermentation insensible* pendant laquelle une nouvelle quantité d'acide carbonique se produit et doit pouvoir se dégager par la bonde. La nouvelle fermentation achevée, le volume du liquide a diminué, par suite de la réaction produite, de l'évaporation, de l'imbibition du bois (cette déperdition annuelle est d'environ 10 litres 1/2 par pièce de 225 litres); on procède à l'*ouillage*, c'est-à-dire que l'on fait le plein dans les tonneaux et que l'on bonde hermétiquement, puis on abandonne le vin au repos pour permettre aux alcools produits de s'éthérifier par l'action du temps.

Les vins doivent, toutefois, être surveillés avec soin après leur mise en cave (Chai) ou en cellier. Notre figure 805 représente un grand cellier de sang ou le lait peuvent servir dans ce cas; ils se combinent aux matières astringentes et forment un dépôt, qui, après huit jours environ, est assez complet pour que l'on puisse employer le vin.

*Principaux crus de vins français.* La France est le pays par excellence pour la production des vins renommés, et les départements de la Gironde, de la Côte-d'Or, de la Marne, de la Drôme, du Rhône, de la Saône-et-Loire, fournissent les sortes les plus réputées, alors que les produits abondants, mais moins fins, sont surtout tirés des départements de l'Hérault, du Gard, de l'Aude, du Gers, des Pyrénées-Orientales, de la Charente, etc.

Les *vins de Bordeaux* caractérisés par une légère âpreté, un goût d'iris et de violette, offrent de nombreux crus très célèbres, parmi lesquels on cite : les *Château-Laffitte, Château-Latour, Château-Margaux, Château-Haut-Brion, Léoville, Larose, Mérignac, Pessac, Palus (des), Pauillac, Saint-Estèphe, Saint-Esprit, Saint-Émilion, Saint-Julien,* et parmi les vins blancs, *Château-Yquem, Barsac, Graves, Langon, Sauternes, Poulac, Breignac.*

Les *vins de Bourgogne,* a bouquet de rose fanée, sont non moins nombreux, les plus connus sont ceux de : *Romanée-Conti, Chambertin, Richebourg, Clos-Vougeot, Musigny, Nuits, Saint-Georges, Pomard, Corton, Vosne, Volnay, Beaune, Savigny, Meursault, Chambole, Migrenue, Coulanges, Thorins,* parmi les vins blancs, *Montrachet, Chablis, Goutte-d'or, Combotte, Pouilly, Tonnerre.*

Fig. 805. — *Le cellier de vendange du Clos-Vougeot et l'ancien pressoir bourguignon.*

Parmi les *vins de Beaujolais,* il faut surtout citer les *Mâcon, Moulin-à-Vent, Fleury, Brouilly,* et parmi les vins blancs, *Fuisse*; les *vins de la Côte du Rhône* comprennent les vins de l'*Ermitage, Côte-Rotie, Cornos, Châteauneuf-du-Pape, Mercurol,* parmi les vins blancs, *Saint-Peray, Coudrieu;* l'Angoumois ne fournit que les vins de *Saumur;* l'Auvergne ceux de *Chanturgne* et le vin blanc de *Château-Grillet;* parmi les vins de la Dordogne, les crus de *Sainte-Foy, Campréal, Pécharmont,* et ceux, parmi les vins blancs, de *Montbazillac, Saint-Nessant* et *Saucé* sont les plus réputés.

Le vin est un corps tellement complexe et tellement délicat que les chimistes n'ont encore qu'ébauché son étude (A. Gautier). C'est un produit vivant, qui a besoin de respirer l'oxygène de l'air et que les émanations nauséabondes ou putrides rendent malade; il a besoin d'être surveillé, soigné, nourri, absolument comme un être vivant.

Mais si sa composition est très complexe, il n'est pas toujours nécessaire, pour connaître sa qualité, de rechercher tous les principes qu'il contient (on y a retrouvé au moins dix alcools différents, plus de vingt-cinq acides libres ou combinés, quinze éthers, etc.); il faut surtout savoir reconnaître les maladies qu'il peut présenter, ses principaux éléments constitutifs, et, de plus, s'efforcer de retrouver les corps qui n'entrent pas dans sa constitution et qui y ont été ajoutés frauduleusement.

*Maladies des vins et leur traitement.* Les vins peuvent présenter, si ce défaut de soins vient à manquer, un assez grand nombre de maladies auxquelles on peut parfois remédier, mais qu'il vaut toujours mieux empêcher de se produire. Toutes les maladies résultent de la présence de végétaux microscopiques parasitaires qui trouvent dans le vin des conditions favorables à leur développement (Pasteur, *Etudes sur le vin*). On dit que les *vins* sont *piqués* ou *fleuris*, lorsqu'il s'y développe une pellicule blanche qui envahit rapidement toute la surface. Ce ferment qui est en globules ovales, renfermant une ou deux vacuoles, est disposé en chapelet; c'est le *saccharomyces* (*mycoderma*) *vini*, qui agit en absorbant l'oxygène de l'air et dédoublant l'alcool en acide carbonique et en eau. Cette maladie atteint les vins jeunes, peu alcooliques, ou ceux laissés en vidange; on la combat par l'ouillage, le chauffage et le soutirage dans des tonneaux soufrés. On nomme *vins aigris* ou *acescents*, ceux qui commencent à devenir acides par suite du développement du *mycoderma* (*diplococcus*) *aceti*

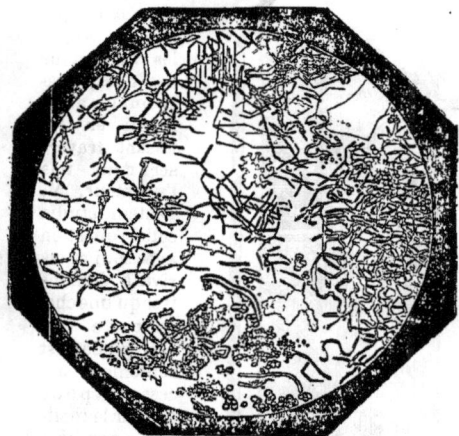

Fig. 806. — *Vin affecté de la maladie de l'amertume, vu au microscope.*

*a a* Filaments qui produisent la maladie. — *b b* Ferments mêlés à des cristaux de tartrate acide de potasse et à de la matière colorante. — *c c* Ferment jeune en activité. — *d d* Ferment mort, incrusté de matière colorante et devenu inactif.

(V. FERMENTATION ACÉTIQUE). Cette maladie est propre aux vins faibles ou suit le développement de la précédente; elle transforme l'alcool en acide acétique et en eau; lorsque l'acescence est peu développée, on peut la détruire en faisant passer un fort courant d'air dans le liquide, autrement il faut saturer l'acide par l'addition de tartrate neutre de potasse ou bien de potasse, car les sels de chaux, parfois recommandés, laissent un mauvais goût au liquide. Les *vins poussés* ou *montés* se reconnaissent au suintement qui se produit au travers des douves du tonneau, et au bombage que présentent les fonds. Cette dilatation du liquide est due à la présence d'un ferment constitué par des filaments des plus ténus qui agissent sur l'acide tartrique du vin en dégageant de l'acide carbonique et produisant des acides propionique et acétique. Pour détruire la *pousse*, on ajoute au vin de la crème de tartre et l'on chauffe, puis l'on tire au clair, après quelques jours, dans un fût soufré. On dit que les *vins* sont *tournés*

lorsque, dès qu'ils ont le contact de l'air, ils se troublent, s'irisent à la surface, prennent une coloration bleu violacé, puis laissent précipiter leur matière colorante en donnant un liquide jaunâtre de saveur amère et acide. Cette maladie est fréquente dans le midi, dans les Charentes, surtout après les automnes chauds et pluvieux; elle est produite par un ferment analogue au précédent comme forme, mais qui provoque la formation d'acides acétique, lactique et tartronique:

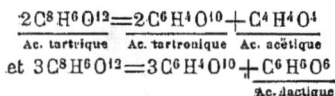

$$2C^8H^6O^{12} = 2C^6H^4O^{10} + C^4H^4O^4$$
Ac. tartrique   Ac. tartronique   Ac. acétique

$$et\ 3C^8H^6O^{12} = 3C^6H^4O^{10} + C^6H^6O^6$$
Ac. lactique

on obvie à cette altération, sans toutefois pouvoir la guérir toujours, par l'addition de tannin, de

Fig. 807. — *Maladie des vins tournés, qui ont la pousse; vue au microscope.*

*a a* Ferment alcoolique du vin. — *b b* Cristaux aiguillés de bitartrate de potasse. — *c c* Cristaux de tartrate neutre de chaux. — *d d* Filaments du parasite qui détermine la maladie.

crème de tartre, puis le chauffage et le soutirage dans des tonneaux soufrés, ou le chauffage avec addition de vins jeunes, riches en crème de tartre. Les *vins* sont dits *filants* ou *gras* lorsqu'ils prennent une consistance huileuse due à la production d'un ferment en forme de très petits globules sphériques réunis en chapelets. Cette maladie atteint les vins blancs peu riches en alcool et en tannin; elle se traite par l'addition de 15 grammes de tannin par fût de 225 litres; on colle et soutire dans un fût soufré. Les vins deviennent *amers* lorsqu'on commence à leur reconnaître une certaine odeur spéciale, puis une légère diminution dans la coloration, avec un goût fade; au bout de peu de temps, l'amertume se développe, le vin fermente puis s'altère totalement. Les vins de Bourgogne y sont plus sujets que d'autres; on y observe alors la présence d'un ferment figuré en longs filaments immobiles et enchevêtrés les uns dans les autres; ils réagissent sur la glycérine et provoquent la formation d'acides volatils et notamment d'acide butyrique. Pour soigner ces vins, il faut les chauffer, mais en agissant au début de la maladie.

En étudiant les maladies des vins, nous avons presque toujours indiqué qu'il était indispensable de soufrer et de chauffer, c'est le moment d'indiquer comment se font ces opérations. Le *soufrage* consiste à muter le vin, c'est-à-dire à le rendre muet; il s'obtient par l'action de l'acide sulfureux. Ce gaz se produit : 1° par la combustion du soufre qui, absorbant l'oxygène contenu dans les tonneaux, donne un volume de gaz égal au volume d'oxygène absorbé. On opère, en général, avec des mèches de 25 centimètres de long sur 5 centimètres de large. La combustion d'une de ces mèches dans un fût de 225 litres ne produit que 0gr,10 à 0gr,15 d'acide sulfureux par litre, quantité parfois insuffisante, car, pour arrêter totalement la fermentation d'un moût, il en faut environ 0gr,30 par litre; pour arriver à ce résultat, on mèche une première fois après avoir introduit dans le fût 40 à 50 litres de vin; la combustion terminée on bonde et agite le vin; puis on brûle une seconde mèche après avoir additionné d'une même quantité de vin, et on répète les opérations jusqu'à ce que le vase soit totalement rempli; 2° on produit encore d'acide sulfureux, mais ces méthodes ne valent pas la première, par l'emploi du bisulfite

de chaux en solution, dans la proportion de 375 centimètres cubes par hectolitre (pour obtenir 0,3 d'acide sulfureux par litre), ou de 10 à 20 grammes de sulfite pur, que l'acide tartrique décompose peu à peu.

Le *chauffage* des vins, employé dans le but de les améliorer et de les vieillir, a été pratiqué par les Grecs et les Romains et, depuis, par toutes les nations vinicoles. L'on sait quelle était, il y a une cinquantaine d'années, la plus value que présentaient les vins retour des Indes, voyage qui les améliorait en les faisant traverser deux fois l'équateur. M. Pasteur étudia cette question avec soin et arriva à démontrer qu'une chaleur de 60° centigrades est seulement nécessaire pour obtenir le meilleur résultat; après ses travaux, un prix de 3,000 francs fut proposé par la *Société d'encouragement pour l'industrie nationale*, pour le meilleur appareil pratique pour la conservation des vins par le chauffage. Il existe un assez grand nombre d'appareils réali-

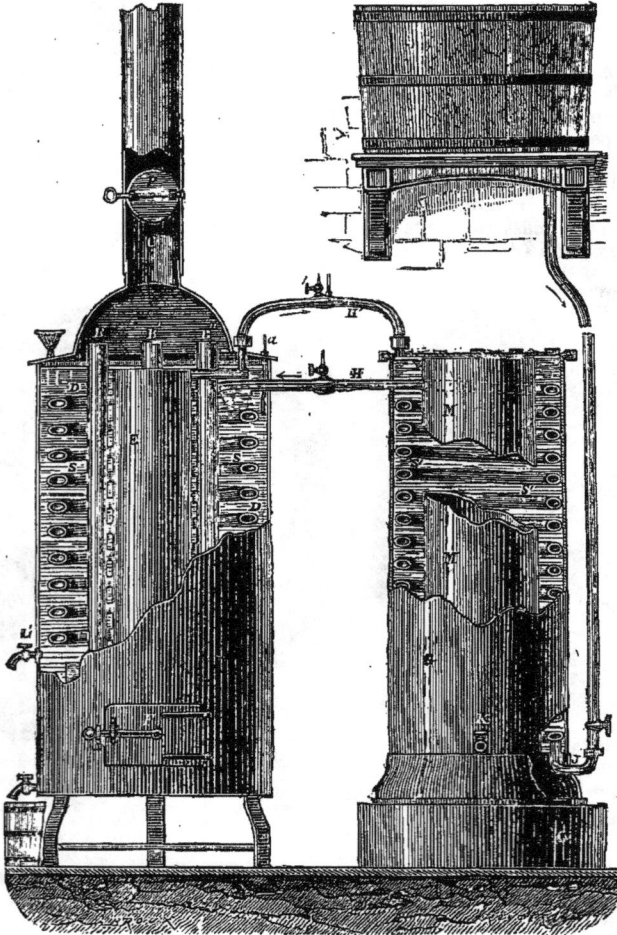

Fig. 808. — *Appareil de MM. Perrier frères, pour le chauffage des vins.*

O O Bain-marie ou caléfacteur. — A A' Réfrigérant. — E Cylindre qui contient le vin à chauffer posé sur le foyer F, surmonté des tubes à fumée B B' B'' communiquant avec la cheminée C; un serpentin S S communique par le bas avec le cylindre central E lequel, ainsi que les tubes B et le foyer, sont entourés par l'eau que renferme un bain-marie D D. — H, Tube qui communique avec le réfrigérant servant à refroidir le vin chauffé. — J J Tube qui dirige le vin dans le serpentin S S', l'eau du bain-marie étant chaude, on ouvre le robinet K pour recevoir dans les barriques le vin qui s'écoule du réfrigérant A A'. Le vin qui entre par A A' sert à refroidir celui qui arrive chaud de O O' l'opération est ainsi continuée.

sant actuellement ce but : celui de Scheeffer pour les vins en bouteilles; puis, pour le chauffage des vins en fûts, les procédés par la vapeur ou au bain-marie, intermittents ou continus; ceux au bain-marie et à fonctionnement continu sont évidemment à préférer. Il faut citer, parmi les plus connus, les appareils Terrel des Chênes, de Perrier frères (fig. 808), de Giret et Vinas, ce dernier ayant été primé par la

*Société d'encouragement.* Ce qu'il importe surtout de réaliser dans ces instruments, c'est la non aération du liquide pendant l'opération ; ce résultat est obtenu également par l'appareil de M. E. Houdard, qui, des plus nouveaux, permet d'opérer en grand avec les vins ordinaires du commerce ; c'est un modèle à gaz qui fonctionne automatiquement et donne une température uniforme et constante de 59°.

Par opposition à ce procédé, il faut aussi citer l'emploi de la *congélation*, car il est reconnu qu'à —6° les vins laissent solidifier une partie de l'eau qu'ils contiennent ; dès lors, si l'on enlève les glaçons formés dans les fûts, on augmente le degré alcoolique du vin, bien que de l'alcool soit entraîné par l'eau. Ce procédé est surtout employé pour les vins de Bourgogne.

Comme procédés employés pour le traitement des vins, il faut encore citer le *vinage*. Cette pratique, qui a pour but de remonter le degré alcoolique des vins, est bien inférieure au sucrage des moûts qui produit le même résultat. Mais si aujourd'hui cette question est très discutée, c'est que le vinage se fait pour tous les vins communs étrangers, que l'on fait entrer marquant jusqu'à 15,9 0/0 d'alcool et qui nous sont envoyés, en France, remontés avec des alcools allemands très impurs, ce qui compromet la santé publique et tend à ruiner la production de nos vignobles français qui donnent rarement un vin marquant plus de 12° 0/0 d'alcool. A côté du vinage se place

aussi le *plâtrage* que nous avons indiqué comme moyen à employer dans certains cas pendant la fermentation. Malheureusement, nombre de vins étrangers, plâtrés à 4, 5, 6 et 7 grammes par litre (en sulfate de potasse), arrivent journellement en douane, où, par suite de traités internationaux, on ne peut les arrêter, alors que les vins français plâtrés à 2 grammes (avec tolérance jusqu'à 4 grammes) sont seuls susceptibles de circuler. Le plâtrage à dose élevée est dangereux et doit être absolument interdit ; il ne sert, dans ce cas, qu'à permettre de livrer à la consommation des vins altérés, ou des vins dont on a voulu modifier la coloration, ou encore des vins qui ne pourraient voyager sans danger. Tout plâtrage fait après la fermentation devrait être rejeté.

ANALYSE DES VINS. Lorsque l'on procède d'ordinaire à l'analyse des vins, on dose par tous les nombreux éléments que nous avons vu exister dans ce liquide. L'examen de quelques chiffres obtenus indiquant la proportion des corps les plus essentiels, permet assez souvent de pouvoir dire si un vin est de composition normale ou a été additionné d'éléments étrangers. Dans le tableau ci-après nous donnons l'analyse de quelques types de vins, ce qui permettra de juger comment se font les analyses commerciales ; quant aux analyses faites pour la justice, dans les cas de contestations ou de saisies, elles doivent être plus complètes.

*Analyses de vins, par Ch. Girard (Documents sur les falsifications, 2e rapport, Paris, 1885).*

| . Provenance | Alcool en volumes 0/0 | Extrait sec à 100° par litre | Extrait sec dans le vide | Cendres | Bitartrate de potasse | Sucre réducteur (dosé en glucose) | Sulfate de potasse | Acidité (calculée en acide sulfurique) |
|---|---|---|---|---|---|---|---|---|
| Narbonne | 9.6 | 22.4 | 26.3 | 4.10 | 2.25 | 1.70 | 2.80 | 3.30 |
| Pomard (vieux) | 11.9 | 21.6 | 24.3 | 2.03 | 1.51 | 0.40 | 0.65 | 3.23 |
| Saint-Estèphe | 11.1 | 22.4 | 28.3 | 2.20 | 1.31 | 1.50 | 0.49 | 2.96 |
| Sauterne | 10.4 | 16.0 | » | » | » | 3.60 | 0.53 | » |
| Roussillon | 12.9 | 22.3 | 27.0 | 3.77 | 1.05 | 2.50 | 3.15 | 3.48 |
| Mâcon | 10.5 | 18.7 | 24.1 | 1.85 | 2.10 | 0.70 | 0.53 | 5.07 |
| Espagne | 14.8 | 25.6 | 30.0 | 4.03 | 1.90 | 3.50 | 3.00 | 2.70 |
| Italie (Riposto) | 13.2 | 24.1 | 28.4 | 3.88 | 0.86 | 3.70 | 1.51 | 2.90 |
| Portugal | 13.5 | 20.8 | 26.0 | 2.92 | 3.15 | 2.90 | 0.27 | 3.72 |

L'examen des vins comporte l'appréciation de l'odeur, de la saveur (indiquant en outre des crûs, les maladies pouvant avoir atteint les vins), de l'intensité de la coloration, de la densité. La coloration s'apprécie au moyen des colorimètres de Dubosq ou de Salleron avec des nuances types (V. COLORIMÈTRE) ; quant à la densité, elle se prend soit par la méthode du flacon, soit au moyen de densimètres étalons à divisions aussi éloignées que possible (V. DENSIMÈTRE, DENSITÉ) ; elle varie de 0,984 à 0,995 pour les vins ordinaires. L'examen microscopique n'est utile à faire que lorsque l'on analyse des vins malades.

L'analyse chimique est longue et méticuleuse, elle doit porter sur :

Le *dosage de l'alcool.* Il se fait en opérant sur 200 centimètres cubes de vin, car une moindre quantité peut amener des écarts de 1/10e de degré,

en distillant, et recueillant la moitié du volume primitif, complétant par addition d'eau distillée, agitant, puis prenant la densité au moyen de l'alcoomètre étalon de Gay-Lussac, à une température qu'à l'aide de tables spéciales, on ramène à celle de 15° ; on peut également se servir pour cette détermination des ébullioscopes (V. ce mot) ou de l'alcoomètre du Dr Périer.

L'*extrait sec* s'obtient sous deux formes, à 100° et dans le vide. Dans le premier cas, on chauffe 25 centimètres cubes de vin, à l'étuve à eau, pendant six heures, dans une capsule en platine à fond plat, de 5 centimètres de diamètre, puis au bout de ce temps on laisse le vase refroidir dans un excitateur renfermant de l'acide sulfurique monohydraté ou de l'acide phosphorique anhydre. Le poids obtenu $\times 40$ donne le poids d'extrait sec par litre. L'*extrait* dans le vide est toujours plus considérable que le précédent, il s'obtient en évaporant dans un vase en verre de 5ᶜᵐ,5 de diamètre sur 1ᶜᵐ,5 de hauteur, et à fond plat, 10 centimètres cubes de vin; ce vase est placé sous une cloche, au-dessus d'un cristallisoir contenant de l'acide sulfurique, et on y fait plusieurs fois le vide pendant quarante-huit heures; au bout de ce temps on remplace cet acide par de l'acide phosphorique et l'on continue l'opération pendant trois jours. Les vins sucrés ou très riches en extrait sont étendus d'un volume connu d'eau, pour faire ces opérations. Dans le commerce de détail, à Paris, on exige, pour les vins de coupage, une teneur en extrait de 24 grammes par litre. On se sert aussi pour les essais commerciaux de l'œnobaromètre Houdard qui donne de bons renseignements, excepté dans les cas de vins sucrés, plâtrés, salés, etc.

Les *cendres* sont dosées au moyen de l'incinération de l'extrait sec à 100°, elles doivent être légères et blanchâtres, et faire effervescence avec l'acide azotique, ce que ne donnent pas les cendres de vins plâtrés; les cendres vitrifiées indiquent la présence de sels anormaux, et souvent de chlorures, en partie volatilisées du reste pendant l'incinération. Il y a dans les vins normaux un peu plus du dixième du poids de l'extrait sec.

Le *sucre réducteur* se dose : 1° au moyen de la *liqueur de Fehling*, titrée de telle sorte que 10 centimètres cubes du produit correspondent à 0ᵍ,005 de glucose sec. On opère en prenant 10 centimètres cubes de ce liquide que l'on étend de 4 fois son volume d'eau distillée, et portant à l'ébullition, dans un tube fermé de 25 centimètres de longueur. Au moyen d'une burette graduée on y verse le vin décoloré par le sous-acétate de plomb et débarrassé de l'excès de plomb par la solution de sulfate de soude saturée, jusqu'à décoloration totale de la liqueur cuprifère. Le nombre de divisions employées représente 0,05 de glucose, dès lors 1 centimètre cube contient $\frac{0,050}{n}$ et le litre $\frac{50}{n}$, mais on multiplie le résultat par 2 puisque l'on a doublé le volume primitif du vin, avec la solution de sulfate de soude. On peut encore doser le sucre: 2° par *fermentation*; et 3° au moyen du *polarimètre* Laurent. — V. POLARIMÈTRE et SACCHARIMÉTRIE.

Les vins naturels et ceux de raisins secs dévient à gauche, d'une quantité proportionnelle au sucre contenu; rarement la déviation est dextrogyre, et jamais elle ne dépasse 1° saccharimétrique. Un vin qui renferme plus de 3 grammes de sucre réducteur et qui est dextrogyre de plus de 1° est suspect d'addition de saccharose, de glucose ou de dextrine ; lorsque la déviation est à gauche et la proportion de sucre réducteur en concordance avec les degrés saccharimétriques (1° saccharimétrique par 2 à 3 grammes de sucre réducteur) le vin est normal, mais sa fermentation est incomplète; toute déviation à droite concordant avec la proportion de sucre réducteur indique l'addition de glucose pur ou d'un sucre analogue; s'il n'y a pas concordance, mais plus de 2 à 3 grammes de

sucre, c'est que l'on a ajouté de la glucose impure ou de la dextrine.

La *glycérine* se dose en décolorant 250 centimètres cubes de vin par du noir animal et concentrant à 70° pour obtenir 100 centimètres cubes: on sursature alors avec de la chaux éteinte et l'on évapore à siccité, dans le vide. On reprend la masse par un mélange de 1 partie d'alcool à 90° et 1 partie 1/2 d'éther à 65°; on filtre, on évapore lentement dans un vase taré, on dessèche dans le vide et on pèse (Pasteur). Les vins contiennent à peu près normalement 6 grammes de glycérine par litre; c'est d'ordinaire la différence qui existe entre le poids de l'extrait dans le vide et celui pris à 100°.

Pour doser l'*acide succinique* on évapore au bain marie 250 centimètres cubes de vin, entre 60 et 70°, on épuise le résidu par un mélange d'alcool et d'éther, on filtre, on évapore d'abord entre 50-60°, puis dans le vide. On ajoute ensuite de l'eau de chaux, on évapore, on reprend par l'alcool éthéré et on évapore de nouveau. On obtient du succinate de chaux que l'on purifie par un contact de vingt-quatre heures avec de l'alcool à 60°. 100 parties de succinate de chaux renferment 80,82 d'acide succinique.

L'*acidité totale* du vin est due à la présence de l'acide carbonique et à celle d'acides organiques fixes et volatils. Elle se dose au moyen d'eau de chaux titrée avec l'acide sulfurique normal, en versant celle-ci goutte à goutte dans un tube contenant 10 centimètres cubes de vin. On s'arrête lorsqu'il y a production d'un trouble floconneux et formation d'une teinte grise dans la liqueur filtrée (Pasteur). Cette acidité est environ de 2,5 à 3 dans les vins naturels.

La *crème de tartre* s'obtient en évaporant 100 centimètres cubes de vin jusqu'à 8 centimètres cubes environ, abandonnant un jour au repos pour laisser déposer ce sel, puis séparant celui-ci, le lavant trois à quatre fois sur le filtre avec de l'alcool faible (40°), puis dissolvant sur le filtre par l'eau bouillante et titrant par une solution de baryte, dont la richesse correspond à une quantité connue de crème de tartre (Reboul). Il y a normalement de 3 à 4 grammes de crème de tartre par litre, dans les vins purs.

Le dosage du *tannin* s'effectue avec une solution de gélatine faite de telle sorte que 10 centimètres cubes de celle-ci soient totalement précipités par 0ᵍ,1 de tannin. Alors pour que le tannate de gélatine qui se forme se dépose bien et laisse une liqueur surnageante limpide, on ajoute au vin à essayer du sulfate de baryte récemment précipité et lavé, lequel par sa pesanteur entraîne le tannate (Portes et Ruyssen).

Les *sulfates* se dosent au moyen d'une solution titrée de chlorure de baryum; les vins en contiennent normalement de 0,19 à 0,60, mais commercialement on admet comme normale la quantité de 1 gramme; les *chlorures* sont indiqués par la solution titrée d'azotate d'argent, en reprenant par l'eau bouillante le résidu sec, seulement charbonné. Il n'y en a pas plus de 0ᵍ,50 par litre.

**Falsifications du vin.** Il est facile maintenant de constater les fraudes que le vin a pu subir.

Le *mouillage* est la fraude la plus commune. Il consiste dans l'addition d'eau. Pour connaître dans un vin la proportion de ce liquide il suffit d'ajouter le poids de l'alcool à celui de l'extrait sec et d'en déduire le poids total du litre. Mais c'est une opération très délicate que de reconnaître l'addition d'une petite quantité d'eau. Dans les vins non plâtrés, il y a d'ordinaire une certaine relation entre le poids des divers éléments ; ainsi, les cendres sont à peu de chose près le 1/10ᵉ du poids de l'extrait sec à 100° ; celui-ci est au moins le double du poids de l'alcool ; la somme de l'alcool et de l'acidité doit toujours être supérieure à 13, etc. ; s'il y a eu mouillage, ces rapports changent, et il y a diminution du poids de l'alcool, de la crème de tartre, de l'extrait, du sucre. A Paris, les vins de coupage doivent donner 12° d'alcool et 24 grammes d'extrait sec par litre. C'est par comparaison que l'on juge du mouillage, après analyse complète du vin.

Le *vinage* est l'addition d'alcool a du vin, souvent après un mouillage plus ou moins grand, et addition même de produits vendus sous le nom d'*extrait sec* desséché. Il se reconnaît encore par comparaison, mais s'il a été effectué avec des alcools purs, ou surtout si l'alcool provient d'addition de sucre au moût, avant la fermentation il est pour ainsi dire impossible de certifier le vinage, à moins que les proportions d'alcool trouvé ne dépassent de beaucoup la moyenne ordinaire ou les proportions trouvées dans un vin de même qualité pris comme type, si le type est connu. Mais si ce sont des alcools impurs qui ont été ajoutés, on devra rechercher la présence des alcools supérieurs par la distillation de plusieurs litres de vin. Pour retrouver l'*alcool méthylique*, on ajoute à 10 centimètres cubes d'alcool 3 centimètres cubes de solution de potasse saturée et faite à l'instant, puis 3 centimètres cubes d'une solution alcoolique ammoniacale, et enfin quelques gouttes d'iodhydrargyrate de potasse. Si l'alcool est pur il y a un précipité soufre doré d'antimoine, mais s'il y a de l'alcool méthylique, le précipité est nul ou blanc sale (Portes et Ruyssen). Pour rechercher l'*alcool amylique*, on met 10 centimètres cubes d'alcool dans un tube, on y ajoute 10 gouttes d'aniline et 5 gouttes d'acide sulfurique étendu de son volume d'eau, puis on agite. S'il y a de l'alcool amylique, il se forme une couleur rouge immédiatement (Jorissen). L'État vient du reste de proposer (décembre 1887) un prix pour la solution pratique de cette question.

Le *schéelisage*, ou addition de glycérine, pour adoucir les vins et masquer le défaut d'extrait, se reconnaît par le dosage de ce corps. L'addition de *bases* (chaux, oxyde de plomb, etc.) faite dans le but de saturer les acides, se retrouve en faisant l'analyse des cendres. Pour reconnaître l'*acide borique*, on traite les cendres par l'acide chlorhydrique étendu et bouillant, on évapore à nouveau, on reprend par l'alcool et on brûle celui-ci qui offre une teinte verte, s'il y a de l'acide borique. Le dosage se fait par le procédé Viard (Viard,

*Traité général des vins*, Paris, 1884, p. 344). On retrouve l'*alun* de la manière suivante : on évapore 500 centimètres cubes de liquide et on charbonne l'extrait sec, puis après pulvérisation de celui-ci, on épuise par l'eau bouillante et enfin par une ébullition avec de l'eau acidulée par l'acide chlorhydrique. On filtre les liqueurs sur du papier pur, on fait bouillir, on ajoute un excès de soude qui précipite les phosphates et redissout l'alumine, on filtre à nouveau, on additionne de sel ammoniac et on porte à l'ébullition ; l'alumine se précipite, on la purifie en redissolvant par l'acide chlorhydrique et ajoutant de l'ammoniaque ; on sèche, on calcine et on pèse. 180 parties d'alumine représentent 1,000 parties d'alun (Carles). Les vins ne contiennent jamais plus de 0ᵍ,3 d'alumine, normalement, par litre.

Le *plâtrage* est très fréquent dans les gros vins du Midi, d'Espagne, et d'Italie. Nous avons vu comment on dose les sulfates et indiqué la proportion normale, ainsi que la dose permise et même celle tolérée ; il nous faut ajouter que l'on va jusqu'à *déplâtrer* les vins par addition de chlorure de baryum. Cette pratique qui rend les vins très dangereux, car elle leur ajoute des sels de baryum qui sont tous vénéneux, impose l'obligation de rechercher dans les cendres la présence du baryum qui n'existe jamais normalement dans les vins.

L'*acide salicylique*, ajouté *soi-disant* pour empêcher l'altération des vins (V. Salicylage), se reconnaît en traitant les vins par un peu d'acide azotique pour décomposer le salicycate, puis agitant avec de l'éther qui dissout l'acide salicylique. On évapore la liqueur éthérée et par l'addition d'une solution faible de perchlorure de fer, on obtient une teinte violette s'il y a de l'acide salicylique. Le dosage se fait par comparaison avec des solutions de richesse connue.

L'addition de *cidre* ou de *poiré* se reconnaît en évaporant 100 centimètres cubes de vin en consistance sirupeuse, laissant reposer vingt-quatre heures et reprenant le résidu par une solution saturée à froid, de crème de tartre. On recueille sur un filtre les cristaux de crème de tartre formés et que la solution ne peut dissoudre, alors qu'elle dissout le reste. On dessèche, on pèse les cristaux, puis on fait une nouvelle opération, avec 100 centimètres cubes de vin additionné de 1 gramme de bitartrate de soude, lequel, avec les malates et acétates du cidre et du poiré, donnera de nouvelle crème de tartre. On pèse les cristaux obtenus. Si le vin est pur, le second poids ne devra pas être le double du premier (Sonnex, in. Portes et Ruyssen, *La vigne*, t. II, p. 567).

Le *vin de raisins secs* mélangé à du vin ordinaire, est fort difficile à retrouver s'il a été convenablement fait et avec une quantité d'eau représentant celle que les raisins ont perdue. Reboul a proposé d'y rechercher et d'y doser la gomme ; Ch. Girard, d'examiner le pouvoir rotatoire ; ces deux moyens sont absolument insuffisants, et une méthode positive est encore à trouver. Disons toutefois avec Portes, que comme ces vins sont souvent incomplètement fermentés, ou bien possèdent trop d'eau, trop de sucre, on arrive parfois ainsi à en déduire l'existence probable. Si le vin a un pouvoir dextrogyre dû à la présence de la glucose ajoutée parfois, on a alors la certitude d'une addition frauduleuse.

Les *matières colorantes* qui servent à remonter ou même à colorer totalement les vins (vins blancs, vins de raisins secs) sont actuellement difficiles à reconnaître, car leur nombre est illimité, et parce que ces matières appartiennent à tous les règnes de la nature, animal (cochenille), végétal (betterave, campêche, bois d'Inde et du Brésil hyèble, mauve, myrtille, rose trémière, orcanette, phytolaque, sureau, troène, mûres, etc.), et minéral (dérivés de la houille).

Pour retrouver ces corps avec quelque chance de certitude, il faut suivre une méthode rationnelle et se servir d'un certain nombre de réactifs, que l'on peut disposer d'avance. Nous résumerons ici la marche indiquée dans l'ouvrage de Portes et Ruyssen, en l'abrégeant le plus possible :

1° En agitant parties égales de vin et de bioxyde de manganèse pulvérisé, on obtient après cinq minutes un liquide incolore ou jaunâtre avec le vin naturel, rosé avec le *sulfoconjugué de fuchsine.*

2° En mêlant volumes égaux de vin et d'éther, et agitant, si l'éther se sépare incolore on a un vin naturel, s'il est jaune ou violacé et que par l'ammoniaque il rougisse, c'est du *vin additionné de campêche*; s'il devient violet, il a été additionné d'*orseille*;

3° En agitant du vin une à deux minutes avec du fulmicoton, celui-ci lavé à l'eau distillée et exprimé, redevient blanc, reste incolore, ou se teinte en rose vineux léger avec les vins naturels, et verdit par l'ammoniaque; il sera rouge, s'il y a de la *fuchsine*, rouge brun, avec les *dérivés azoïques*, et bleu avec le *bleu de méthylène*; de plus il se décolore ou ne verdit pas par l'ammoniaque;

4° En faisant bouillir 20 centimètres cubes de vin avec 0ᵍ,40 d'oxyde jaune de mercure, puis filtrant, si le liquide reste incolore, même après acidification, c'est que le vin est naturel et la laque restée sur le filtre ne cède rien à l'ébullition à l'eau, à l'alcool ordinaire ou à l'alcool amylique; au contraire, le liquide passe coloré ou se colore en rouge après acidification, avec les *fuchsines, safranines, dérivés azoïques rouges*; en jaune avec les *tropéolines, dérivés azoïques jaunes, dérivés nitrés*, et la laque cédera l'*indigo* à l'eau bouillante, le *bleu méthylène* à l'alcool amylique bouillant;

5° L'ammoniaque ajoutée à du vin normal y produit une couleur bleu verdâtre, verte ou vert jaunâtre, la dernière avec les vins vieux; une couleur rouge brun, grenat, noir ou vert rougeâtre, indique la *phytolaque*, la *cochenille*, le *campêche*, l'*orseille* ou certains *dérivés de la houille*;

6° Le sous acétate de plomb (6 centimètres cubes dans 20 centimètres cubes de vin) produit un précipité gris bleu parfois teinté de vert, avec les vins purs; ce précipité est vert plus ou moins foncé, vert rougeâtre ou gris rouge, avec les substances indiquées plus haut (n° 5);

7° La laine blanche mise à bouillir dans du vin

puis lavée à l'eau distillée, reste couleur lie de vin faible avec les vins naturels et devient vert jaunâtre si on l'imbibe avec de l'ammoniaque très étendue (1/100ᵉ); elle devient marron avec le vin au *campêche*, au *fernambouc*, au *sureau*, à la *mauve* ou à la *betterave*, et change par l'ammoniaque, sans être jamais vert jaunâtre;

8° Avec l'alun et le carbonate de soude en solution à 1/10ᵉ, ajoutés dans la proportion de 5 centimètres cubes de chaque, pour 10 centimètres cubes de vin neutralisé par du carbonate de soude, on a une laque vert bouteille avec les vins naturels, et une liqueur filtrée, incolore, verte ou lilas; une laque blanche (*mûre, framboise*), rose (*campêche*), bleue (*sureau, airelle*), noirâtre (*orseille*) et des liquides de coloration variable, avec les autres corps;

9° Avec le carbonate de soude et l'acétate d'alumine (10 centimètres cubes de vin faiblement alcalinisé par le carbonate, puis addition de 10 centimètres cubes de solution d'acétate à 2° Baumé) on a un mélange lilas vineux ou grenat avec les vins normaux, violet bleu avec les vins remontés par l'*hyèble*, la *mauve noire*, le *sureau*, le *troène*;

10° L'alun et l'acétate de plomb (10 centimètres cubes de vin, 10 centimètres cubes de solution saturée d'alun, et quelques gouttes d'acétate, jusqu'à cessation de précipité) donnent un produit qui, filtré, est légèrement vineux avec les vins de bonne qualité, et bleu, violacé ou groseille, avec les produits indiqués ci-dessus (n° 9);

11° L'eau de baryte et l'alcool amylique pourront servir à retrouver les dérivés de la houille.

| | |
|---|---|
| Alcool amylique pur. Coloration | violette : *orseille, violet de gentiane.*<br>rouge : *rouge de Biebrich, rocelline, rouge de Bordeaux.*<br>verte : *amido-azobenzol.* |
| Alcool amylique additionné d'acide acétique. Coloration | rose : *fuchsine, safranine.*<br>jaune : *amido-azobenzol, chrysoïdine, chrysaniline.*<br>violette : *violet de méthyle, mauvéine.* |
| Alcool amylique évaporé et additionné d'acide sulfurique concentré. Coloration | violet pourpre : *rocelline.*<br>violet bleuté : *rouge pourpre.*<br>cramoisi : *ponceaux R, RR, RRR.*<br>rouge : *ponceau B.*<br>bleue : *rouge de Bordeaux.*<br>vert foncé : *rouge de Biebrich* (sulfoconjugués dans le noyau benzénique).<br>bleue : *rouge de Biebrich* (sulfoconjugués dans les deux groupes).<br>violette : *rouge de Biebrich* (sulfoconjugués dans le groupe du naphtol).<br>rouge fuchsine : *tropéoline 000,* 1 et 2.<br>jaune orangé : *tropéoline O, chrysoïne et tropéoline.*<br>violet rougé : *tropéoline OO* (orangé Poirrier 4).<br>brun-jaune : *hélianthine* (orangé Poirrier 3).<br>jaune : *éosines B et JJ, safrosine éthyléosine.* |

On rend le vin alcalin par l'eau de baryte et on l'agite à plusieurs reprises avec moitié de son volume d'alcool amylique. Après repos, l'alcool se sépare et reste incolore après addition d'acide acétique lorsque le vin est naturel; il est coloré et devient rose, jaune ou violet dans le cas d'adultération; de plus le résidu de l'évaporation de l'alcool traité par l'acide sulfurique se colore suivant la nature des produits, comme on le voit dans le tableau de la page 1045.

**Vins de marc.** On donne ce nom aux produits d'une première cuvaison du marc; ceux obtenus après plusieurs traitements successifs du marc par l'eau sucrée, étant trop faibles en tannin et en couleur, et étant trop altérables pour mériter le nom de *vin*, on les désigne sous celui de *piquette*.

Pour obtenir un vin convenable, on choisit une eau limpide, insipide, inodore et peu calcaire, puis du sucre cristallisé, et l'on a soin de n'employer qu'un marc exempt de moisissures et n'ayant pas subi la fermentation acétique. Pour 100 kilogrammes de marc pressé, il faut prendre 1 hectolitre d'eau et 18 kilogrammes de sucre, afin d'obtenir un vin marquant 9 à 11 0/0 d'alcool (on sait que pour obtenir un degré d'alcool en plus, on ajoute 18 kilogrammes de sucre par hectolitre).

On commence par faire bouillir une certaine quantité d'eau après y avoir ajouté un peu d'acide tartrique qui a pour effet d'intervertir le sucre, puis on ajoute ce dernier et complète le volume total du liquide nécessaire avec de l'eau tiède; lorsque ce mélange est à 50° environ, on le verse sur le marc et l'on agite la masse que l'on a soin de maintenir entre 25-30°. La fermentation ne tarde pas à s'établir, par suite des ferments qui sont restés dans le marc, mais on l'active souvent par une addition d'un peu de lies fraîches. La fermentation terminée, on découve et on suit pour le reste des opérations à effectuer, la marche indiquée lors de la préparation des vins de vendange.

En général, les vins de marc n'ont qu'une proportion d'extrait qui n'atteint pas plus de 50 à 75 0/0 du poids de l'extrait des vins de goutte, soit de 14 à 18 grammes par litre environ, ils ne contiennent que peu de tartre (de 2 grammes à 1,60 par litre); le tannin, les matières colorantes s'abaissent de moitié ou des 4/5e et il y a très peu de gomme et de glycérine. Du reste, les chiffres suivants, empruntés à Carles (*Journal de pharmacie*, 1883, VII, p. 14) montrent la différence qui existe entre les vins purs et ceux de marc.

| | Alcool 0/0 en volumes | Extrait à 100° | Gomme | Tartre | Glycérine | Sucre réducteur | Cendres | Acide phosphorique | Potasse totale |
|---|---|---|---|---|---|---|---|---|---|
| Vin pur . . . . . . . , | 10.90 | 24.40 | 3.95 | 3.70 | 7.20 | 1.56 | 2.05 | 0.465 | 0.92 |
| Premier vin de sucre. | 8.65 | 12.10 | 1.30 | 3.40 | » | traces | 1.65 | 0.320 | 0.64 |
| Deuxième vin de sucre | 8.50 | 10.80 | 0.60 | 2.50 | » | traces | 1.60 | 0.176 | 0.58 |

Les vins de marc ne supportent pas le mouillage, n'apaisent pas la soif, ne sont pas un aliment complet; malgré cela ils sont de beaucoup préférables aux vins bien souvent fabriqués de toutes pièces, que nous livre l'étranger. Depuis deux ans environ, leur fabrication a pris un développement considérable, par suite de la loi du 22 juillet 1885, relative à l'emploi des sucres pour la vendange, qui abaisse les prix de revient de 20-22 francs à 15-17 francs l'hectolitre. Ils ne doivent jamais être mélangés aux vins purs pour la vente et n'être jamais livrés que sous le nom de *vins de marc*, et de *piquette*, pour les secondes cuvées. Une récente circulaire met un droit de fabrication de 5 francs par hectolitre de ces vins.

**Vin de raisins secs.** Ce vin est fabriqué avec les raisins desséchés. Or, comme deux éléments capitaux constituent les raisins frais, le sucre et l'eau, lorsque l'on restitue convenablement ce dernier liquide aux fruits desséchés, on peut espérer obtenir un produit de fabrication qui se rapproche beaucoup du vin fabriqué lors de la vendange.

— Bien que depuis fort longtemps on se soit livré à la dessiccation des raisins sur les côtes de Grèce et d'Asie Mineure, ce n'est que depuis quelques années que l'on fait du vin de raisins secs; malgré cela, cette fabrication a pris actuellement une grande importance, et l'on peut s'en rendre compte en comparant le chiffre des importations de raisins secs. Il était en 1875, de 8,233,000 kilogrammes, il a atteint 80,000,000 de kilogrammes, en 1886; la production de vins de raisins secs a dépassé, en France, 2,330,000 hectolitres, en 1881.

Les raisins qui sont utilisés à la fabrication des vins proviennent, en général, de la côte occidentale de Grèce et d'Asie Mineure; la sorte la plus recherchée est le raisin de Corinthe qui fournit diverses variétés (Vostitza, Golph, Patras, Céphalonie, Zante, Gastini, Pyrgos, Filiatra, Calamata, etc.); pour les raisins d'Asie Mineure, on doit distinguer : 1° les raisins blancs (Sultanine, Elémé, Muscat, Beghlerdjé); 2° les raisins noirs, se subdivisant en gros grains (Carabournou, Chesmé, Phocée, Ericara, Samos et Métélin), et en petits grains (Thyra et les districts voisins).

La fabrication des vins de raisins secs diffère peu de celle du vin ordinaire. Il faut commencer par restituer au raisin l'eau qu'il a perdue. Il existe deux procédés de fabrication qui donnent tous deux de bons résultats, si l'on suit avec soin les préceptes indiqués :

1° Le procédé par fermentation directe du raisin mis en contact avec l'eau;

2° Le procédé par fermentation des jus retirés par lixiviation du raisin.

La première opération se fait dans des cuves de toutes dimensions, en mettant sur le fruit de l'eau d'autant plus chaude que les vases sont plus petits et que la température extérieure est plus basse. Dans des foudres de 100 hectolitres, et à une température ordinaire, on ajoute de l'eau à 25°. Les proportions d'eau que l'on doit employer au total, sont celles qui correspondent exactement à la quantité d'eau que le raisin a perdue par la dessiccation, quantité qui varie avec la nature des raisins que l'on emploie. Les fruits et l'eau étant en contact, il est important que le raisin reste constamment immergé. Pour obtenir ce résultat, on se sert, en général, de la trémie Agobet (fig. 803) qui permet l'échappement de l'acide carbonique en maintenant le niveau du liquide plus élevé dans la trémie que dans la cuve de fermentation. Cette trémie a encore l'avantage de permettre l'écoulement facile du gaz hors des locaux de fermentation, et de ne présenter au contact de l'air qu'une très petite surface de liquide.

Un point très important à obtenir, pour assurer la bonne marche de la fabrication, est d'avoir un moût dont la densité soit partout la même dans le liquide. Pour obtenir ce résultat, après vingt-quatre heures de trempage, on soutire tout le liquide et, à l'aide d'une pompe, on le renvoie sur le raisin; une fermentation régulière s'établit ainsi et continue jusqu'à la fin de l'opération. On soutire quand le dégagement de gaz cesse de se produire, et l'on clarifie de la même façon que pour les vins ordinaires,

Le raisin de Corinthe, qui ne renferme ni râfles ni pépins, est le plus employé pour faire le vin de raisins secs; il donne un produit dépourvu de tout arome. 100 kilogrammes de ce raisin donnent d'ordinaire, après fermentation, 30 à 32 litres d'alcool absolu ou 3 hectolitres de vin à 10 à 11° alcooliques. Les raisins d'Asie Mineure donnent un rendement inférieur, proportionnel à leur richesse en sucre, et plus ou moins aromatiques, suivant les localités.

La fabrication du vin au moyen de la fermentation des jus retirés du raisin est plus simple. On retire par trempage le sucre contenu dans le raisin et on envoie ce moût, maintenu à une température fixe de 25°, dans des cuves à fermentation. Au bout de vingt-quatre heures, le liquide se trouble et commence à se dégager de l'acide carbonique. On conduit l'opération comme il a été déjà indiqué.

Voici la composition de divers vins de raisins secs, d'après Portes et Ruyssen.

| Vins faits avec des raisins secs de | Alcool 0/00 (en poids) | Extrait sec à 100° | Sucre réducteur | Tannin | Bitartrate de potasse | Acidité (en SHO⁴) | Cendres | Sulfates | Gomme | Déviation au polarimèt. |
|---|---|---|---|---|---|---|---|---|---|---|
| Thyra | 82.14 | 23.50 | 4.251 | 0.660 | 1.473 | 2.905 | 3.70 | 0.870 | 3.68 | — 0°8 |
| Corinthe | 78.07 | 26.50 | 5.003 | 0.726 | 2.952 | 5.416 | 3.12 | 0.790 | 2.42 | —1° |
| Ercara | 80.50 | 29.92 | 12.680 | 0.952 | 1.380 | 5.620 | 3.76 | 0.880 | 4.00 | —6° |
| Carabournou | 82.96 | 25.20 | 6.009 | 0.642 | 1.433 | 4.456 | 3.40 | 0.912 | 4.65 | —1° |
| Beghlergé | 70.78 | 28.60 | 4.281 | 0.957 | 1.221 | 3.349 | 3.20 | 0.880 | 5.62 | +0°5 |
| Elemé | 72.40 | 37.00 | 17.125 | 0.894 | 1.486 | 5.840 | 3.80 | 0.836 | 5.85 | —11° |
| Chesmé | 82.14 | 28.64 | 9.256 | 0.869 | 1.272 | 4.770 | 3.60 | 1.100 | 4.25 | —4°5 |
| Sultatines | 96.08 | 27.80 | 7.135 | 0.833 | 1.327 | 3.110 | 4.08 | 1.232 | 6.85 | —1°1 |
| Ezal | 75.64 | 21.92 | 3.982 | 0.690 | 1.486 | 3.404 | 3.52 | 0.836 | 4.20 | —0°75 |

Les vins de raisins secs, même faits avec les gros raisins noirs d'Asie Mineure sont toujours peu colorés, ils sont peu aromatiques. Si on les employait, comme on devrait toujours le faire, pour mélanger avec des vins naturels, et en prévenant du mélange, ils n'auraient pas besoin de subir d'autres manipulations que celles que nous avons indiquées, mais on les vend quelquefois pour des vins naturels, et alors on les parfume avec des bouquets artificiels pour vins, et on les colore au moyen des divers produits que nous avons signalés dans le chapitre *Falsifications du vin*. Pour retrouver ces caractères, on se reportera à ce qui a été déjà dit à ce sujet. — J. C.

### VINS MOUSSEUX.

Un récipient suffisamment solide étant plein de moût en voie de fermentation, si l'on vient à tamponner l'ouverture, de façon à supprimer toute communication entre le liquide et l'atmosphère extérieure, il ne tarde pas à se produire une série de phénomènes, dont le résultat final est la projection violente du tampon et la sortie tumultueuse du liquide. Que s'est-il passé? Pendant la fermentation le sucré du moût s'est dédoublé en alcool et en acide carbonique, la fermeture du vase n'a pas arrêté la fermentation, seul le dégagement de l'acide carbonique a éprouvé une modification. L'acide carbonique s'est dissous au début dans le liquide, puis s'est rendu dans la couche d'air interposée entre le moût et le bouchon, dès que le point de saturation correspondant à la pression de l'atmosphère intérieure a été atteint; la tension du mélange gazeux augmentant, le pouvoir dissolvant du moût s'est accru lui-même, de là, absorption nouvelle jusqu'à saturation, puis dégagement dans l'atmosphère du vase, augmentation de tension, etc. Telle a été la succession des faits; mais la pression intérieure augmentant sans cesse, il est arrivé un moment où elle s'est trouvée supérieure à la résistance opposée par le bouchon, c'est alors qu'il y a eu explosion. Le bouchon parti, l'équilibre de tension entre le gaz en dissolution et la couche ambiante s'est trouvé rompu, et il en est résulté un dégagement précipité d'acide carbonique; de là pétillement, production de mousse. Si par un moyen quelconque, on rend la résistance du bouchon suffisante, la totalité du sucre pourra se transformer, la fermentation complète s'opérer, et le moût devenir vin dans le récipient clos; on restera ensuite maître de provoquer la projection du bouchon quand on le voudra. Tels sont les phénomènes qui servent de base à la fabrication des vins mousseux, boissons que l'on peut définir ainsi; vins saturés d'acide carbonique, par suite de leur fermentation en vase clos.

Tous les vins peuvent donc devenir mousseux; cependant cette propriété ne leur convient pas uniformément à tous, et tel vin qui sec et généreux est excellent, deviendrait s'il était mousseux, médiocre sinon détestable.

— Il est certain que la fabrication des vins pétillants était connue des anciens : le falerne *écumant*, par exemple, jouissait chez eux d'une immense renommée, Caton, dit-on, en faisait parfois un usage immodéré et Horace n'a pas craint d'en chanter les qualités. Il ne faudrait cependant pas croire que ces vins étaient ce que sont les nôtres; ils étaient plutôt écumants que mousseux et on peut même assurer que jamais les anciens n'ont eu de vins grands mousseux. Les vases dont ils faisaient usage s'opposaient, en effet, étant donné leur forme, à une telle fabrication, et se seraient brisés bien avant que le gaz dissous dans le vin ait acquis la tension nécessaire. Il est bien plus probable que les vins véritablement mousseux datent de l'époque où la fabrication de la bouteille résistante et à col étroit fut découverte, c'est-à-dire du XVIᵉ siècle.

Les vins mousseux sont une des richesses de la France et particulièrement du département de la Marne qui fournit comme chacun le sait le *champagne*.

Les vins mousseux les plus renommés sont en première ligne : le champagne, le bourgogne mousseux, ensuite le saumur, le vouvray, la clairette de Limoux, la clairette de Die, la clairette mousseuse de Trans, près de Draguignan.

**Vin de champagne,** Le vin de champagne est une boisson de luxe d'une supériorité telle qu'aucune autre ne peut lui être comparée. Tout concourt, en effet, à augmenter son attrait : son goût est d'une finesse extrême, son parfum délicat et sa tendance à devenir mousseux est extraordinaire; aussi sa renommée est-elle universelle et justement méritée.

Historique. D'après certains auteurs, les premiers vins de Champagne mousseux auraient été fabriqués vers le XIᵉ siècle; cependant les documents vraiment authentiques que l'on possède ne le mentionnent qu'à partir du XVIIIᵉ. Les vins fabriqués en Champagne ont toujours dû être remarquables, c'est ce qui explique leur renommée sous le règne du pape Urbain II (1088), mais il est certain qu'à cette époque, ils n'étaient point mousseux. Turgan (*Les grandes usines*) cite une lettre de Dom Grossart, curé de Plaurupt et Franc-Pas, attestant que la fabrication de ces vins mousseux fut l'œuvre d'un procureur de l'abbaye d'Hautvillers, Dom Perignon, mort en 1715. Dom Perignon aurait fait son élève d'un Frère nommé Philippe, qui lui succéda et transmit le secret au Frère André Lemaire et ce serait un André Lemaire qui lui-même, peu de temps avant la Révolution, aurait enseigné à Don Grossart la méthode et son histoire.

Le vin mousseux se répandit sous le nom de *vin Perignon*, de *flacon pétillant, flacon mousseux*. Mais dès le début, la propriété de mousser ne fut pas considérée comme une qualité, ainsi que l'atteste le *Journal de Verdun* (novembre 1726). « La médiocrité de la dernière vendange va donner, y est-il dit, une espèce de relief aux petits vins de l'année 1725, principalement aux buveurs qui aiment le *vin mousseux*; s'il n'a pas de vigueur pour casser la tête comme dans les bonnes années, du moins donnera-t-il le *spectacle* aux yeux, comme les bateleurs en procurent sur le théâtre des places publiques. » Et

plus loin : « Les excellents vins d'Ay, ni nos bons vins de Champagne ne moussent point, ou fort peu; ils se contentent de pétiller dans le verre et ne flairent que le bon vin de Champagne. Le moussage ne convient qu'au chocolatte, à la bière et à la crème fouettée. »

Le conseil donné à Louis XIV, par son médecin Fagon, de substituer dans sa consommation le vin de Beaune au vin de Champagne, suscita une polémique acharnée entre les partisans des deux vins. Cette lutte soutenue, tant en latin qu'en français par un nombre fantastique de dissertations, et dans laquelle se distinguèrent particulièrement le docteur Navier, de Reims et le professeur Coffin, de Beauvais, ne contribua pas peu à la renommée du champagne. Dès lors, ce produit fut considéré comme le vin de luxe par excellence; sa vogue parfois même tint du délire, c'est ainsi que Barras, le farouche Conventionnel, aurait pris, dit-on, un bain au vin de Champagne; Moigno, dans le Cosmos (1853), rapporte un fait analogue et l'attribue à un propriétaire australien.

Depuis, sa consommation est allée sans cesse en augmentant, particulièrement à l'étranger. Non seulement il se boit mousseux, mais encore *frappé*; c'est là, d'ailleurs, une pratique assez ancienne et que l'on appliquait déjà en 1600, aux vins pétillants.

Malheureusement les maladies qui assaillent la vigne, la concurrence faite par les vins de l'Anjou et de la Touraine, ont porté atteinte pendant ces dernières années à la production de la Champagne.

Le bulletin du ministère de l'agriculture accuse, pour 1885, une superficie cultivée en vigne dans le département de la Marne, de 14,299 hectares; une production de 372,685 hectolitres, soit une valeur de 30,822,381 fr.; une exportation n'excédant pas 15,000,000 de bouteilles. En 1880, la superficie était de 16,500 hectares; la production de 443,000 hectolitres. L'exportation annuelle de 1857 à 1867 a atteint en moyenne 8,500,000 bouteilles; de 1867 à 1887, 14,500,000 bouteilles; en 1880, 15,500,000 bouteilles; en 1883, elle est montée à 21,900,000, puis descendue, en 1884, à 19,000,000 de bouteilles.

Le vignoble se divise en deux parties : la *montagne de Reims* et la *rivière*; les principaux crûs de la première sont : Sillery, Mailly, Verzenay, Verzy, etc.: ceux de la seconde sont : Ay, Mareuil, Hautvillers, Pierry, Epernay, etc. Le morcellement de la propriété vinicole est poussé, en Champagne, à sa dernière limite, à un tel point, que les pièces de cinq hectares sont très rares. Les grandes maisons cherchent à combattre le plus possible cet état de choses, quelques-unes vont même jusqu'à payer une parcelle convenable à raison de 50,000 francs l'hectare. Étant donné le nombre de facteurs entrant dans l'estimation d'une vigne en Champagne, le prix moyen de l'hectare est impossible à déterminer, il oscille en général entre 10,000 et 40,000 francs.

Fabrication. Jusqu'au commencement du XIXᵉ siècle, le mode de fabrication fut celui de Dom Perignon et le succès fort aléatoire. Dès 1814, grâce surtout à l'impulsion donnée par Mᵐᵉ Clicquot, les recherches commencèrent; depuis, les progrès n'ont cessé de se succéder et aujourd'hui l'art de faire le vin de Champagne est une véritable science due surtout à François, de Châlons-sur-Marne.

Les trois quarts du vignoble sont en cépages noirs qui, comparativement aux blancs, fournissent un vin plus nourri mais moins fin peut-être. La maturité est assez avancée pour le raisin blanc lorsque les grains sont devenus transparents et pour les raisins rouges, lorsqu'en arrachant une graine, elle laisse après la queue, une traînée violacée. On peut alors procéder à la vendange.

Cette opération, qui dans la région est un événement, se fait avec un soin extrême. Quelque temps avant, les grandes maisons qui centralisent la fabrication ont acheté aux petits propriétaires leur vendange. Les raisins sont aussitôt triés sur une claie et tout grain *trézalé* (grillé) ou *maumur* (vert) est rigoureusement écarté, le reste rangé ensuite, suivant la provenance, par *paniers* de différentes catégories, est porté au pressoir dans des *cacques*. Le pressoir le plus répandu est celui de Mabille, dont le chargement moyen est de 4,000 kilogrammes. On fait huit pressées ou *serres*; mais le jus des six premières est seul destiné à la production du vin mousseux, ce moût, dit *de cuvée*, est recueilli dans des *bellons*. 4,000 kilogrammes de grappes donnent environ 20 hectolitres de jus d'un blanc pâle, sauf certaines années, où la maturité exceptionnelle du raisin fonce le jus que l'on dit alors *taché*. Le moût de deux cuvées (40 hectolitres) est versé dans des cuves où, après quelques heures, il se forme un dépôt et une croûte écumeuse; on transvase alors et la première fermentation s'opère dans des tonneaux généralement neufs d'une contenance de 200 litres. La fermentation tumultueuse dure une dizaine de jours; pendant ce temps, on maintient par des ouillages successifs les tonneaux pleins, et on favorise le dégagement des gaz en plaçant sur la bonde une simple feuille de vigne chargée de sable. Les tonneaux sont ensuite bondés et portés dans les celliers. Après les premiers froids, la fermentation s'interrompt, le moût s'éclaircit et il est bon de soutirer. C'est dans le cellier que se fait le choix des cuvées qui doivent être groupées dans de grands foudres de 200 à 300 hectolitres. Cette opération est l'une des plus *délicates*, aussi est-elle toujours l'œuvre de l'un des chefs de la maison, habile dégustateur dont les observations sont consignées par écrit et restent aux archives. Généralement les foudres sont, par rapport au cellier réservé aux tonneaux, à un étage inférieur, cet agencement a l'immense avantage de faciliter les manœuvres. Grâce à un agitateur mécanique, le mélange s'opère rapidement et l'on remet en tonneau. Le vin est alors descendu dans les caves les plus profondes, il y séjourne jusqu'en avril, mai, époque où il est *tiré*, c'est-à-dire mis en bouteilles, mais auparavant il subit un nouveau mélange analogue au premier et non moins important, et l'on a ainsi la *cuvée d'expédition*, qui est immédiatement clarifiée et rendue parfaitement limpide à l'aide d'une mixtion de colle de poisson employée dans la proportion de 1 à 2 grammes de colle par hectolitre de vin ; cette opération est toujours suivie d'un nouveau soutirage.

La mousse est un des attraits du vin de Champagne, il importe donc que sa production soit assurée et, ce qui intéresse le fabricant surtout, régularisée. La formation de la mousse dépendant de la quantité de sucre, il est très important de connaître cette dernière; il est possible alors, si elle est insuffisante, de conjurer le mal par des additions raisonnées. Autrefois, cette méthode était inconnue; le producteur avançait ou retar-

dait le tirage et la dégustation était son unique pierre de touche. La fabrication était alors d'une grande incertitude et, souvent aboutissait à de véritables désastres dont pouvaient seules se tirer les maisons possédant une réserve énorme, et les bonnes marques sans cesse étaient compromises ou exposées à l'être. Pour donner une idée exacte de cet état de choses déplorable, nous ne saurions mieux faire que de reproduire en partie les notes recueillies par Maumené dans les archives d'une des meilleures maisons de Reims, et que cet auteur donne dans son remarquable *Traité sur les vins*.

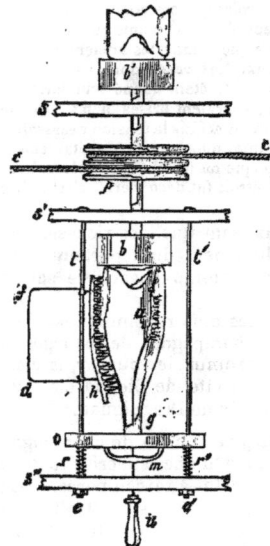

Fig. 809.

*b* Bloquet en bois servant d'appui à la bouteille. — *o* Planchette en bois pouvant glisser sur les tiges *t o, t' o'*. — *g* Orifice ménagé au centre de *o* et où vient s'engager le goulot de la bouteille. — *r r* Ressorts poussant la planchette dans la direction du bloquet et maintenant par suite la bouteille. — *w* Poignée permettant de rapprocher la planchette *o* du bâtis *o'*, pour placer la bouteille. — *p* Poulie double mue par la corde *e e'*, et transmettant le mouvement de rotation au bloquet, puis à la bouteille. — *h* Brosse extérieure qu'un ouvrier presse contre la bouteille en mouvement, en agissant sur la poignée *f d*. — *u u* Brosse intérieure promenée par le même ouvrier contre la paroi de la bouteille.

« En 1746, j'ai tiré 6,000 bouteilles d'un vin très liquoreux : je n'ai eu que 120 bouteilles de reste. En 1747, il avait moins de liqueur: j'ai eu un tiers de casse. En 1748, il était plus vineux et moins liquoreux : je n'ai eu qu'un sixième. En 1759, il était plus rond et je n'ai eu qu'un dixième de casse. En 1766, le vin de Jacquelet était très rond : je n'ai eu qu'un vingtième de casse. »

Maumené dit avoir été témoin, en 1850, d'une casse atteignant 96 0/0.

Le premier appareil permettant de mesurer la quantité de sucre du vin est dû à François, pharmacien à Châlons-sur-Marne. Cet instrument fut, dans la suite, modifié et rendu plus pratique par un opticien ambulant. Depuis, plusieurs méthodes ont été données, nous ne saurions ici en entreprendre le développement. La quantité de sucre doit être suffisante pour produire une pression de 5 à 6 atmosphères, c'est la limite que l'on ne peut, sans danger, dépasser. C'est sous le nom de *liqueur de vin* que la quantité de sucre est introduite. La formule de cette liqueur varie avec chaque maison et s'écarte plus ou moins de cette formule : 100 kilogrammes de sucre candi de canne pur dissous dans 125 litres de vin de Champagne, le tout additionné, avant filtrage, de 10 litres d'esprit de cognac. On ajoute aussi, pour favoriser la bonne formation du dépôt, une certaine quantité de tannin.

Le choix des bouteilles est l'objet de soins tout particuliers. Elles doivent supporter une pression minimum de. 7 atmosphères, pour cela ne présenter aucun défaut, aucune irisation, leur épaisseur doit être uniforme, leur forme générale conique, leur col étranglé à l'ouverture. Le plomb doit être exclu de leur composition; l'oxyde de fer est, au contraire, nécessaire. Les bouteilles doivent être d'une propreté absolue, le lavage se fait mécaniquement et avec des perles de verre (fig. 809), on évite ainsi l'usage fort dangereux des plombs.

Les bouchons sont examinés minutieusement ils ne doivent présenter aucune gouttière, ce qui déterminerait la *couture* ou perte du vin, ils doivent être d'une homogénéité parfaite, d'une grande élasticité, n'avoir aucun goût. Aussi les fabricants consciencieux n'emploient que des bouchons neufs d'origine catalane, le liège convenable provient d'un chêne de soixante ans au moins et exploité par périodes décennales.

La mise en bouteilles se fait dans de

Fig. 810. — *Anciennes crayères de Reims transformées en caves à vin de champagne, par M. Rœderer.*

vastes caves (fig. 810); l'agencement de certains ateliers permet un tirage quotidien de 100,000 bouteilles. Ces caves sont une des curiosités de la contrée, aussi est-il peu d'étrangers qui passent à Epernay, sans visiter, par exemple, celles de la *Compagnie des grands vins de Champagne* (Mercier et Cie). Cet établissement, l'un des plus importants de la contrée et très avantageusement situé au pied du plus riche coteau de la Marne, et au centre même des principaux vignobles, possède des caves immenses taillées dans la craie, sans aucune maçonnerie et s'enfoncent sous la montagne sur une longueur de 15 kilomètres, en se divisant en une multitude de galeries souterraines traversées et réunies par des artères principales munies de voies ferrées

qui permettent aux vagons de la Compagnie des chemins de fer de l'Est d'y pénétrer et d'y charger les millions de bouteilles de vins de crus choisis. Les différentes années sont emmagasinées là dans un ordre admirable, et mises en réserve jusqu'au moment où les vins ont atteint le degré de vieillesse et de maturité reconnu convenable pour être livrés à la consommation. L'immensité de ces souterrains, qui s'étendent sous une surface de plus de vingt hectares, et la grande quantité de fûts et bouteilles qu'ils renferment, excitent au plus haut degré l'admiration des voyageurs.

Aussitôt après les bouteilles sont mises en tas (fig.811et812) Le bouchon, dit de *tirage*, est retenu par une agrafe en fer. Durant le séjour *en tas*, la température doit être maintenue constante d'environ 8° à 10°. Au bout de quelques mois, le vin a pris sa mousse, cette phase s'annonce par quelques explosions, dès lors les précautions doivent redoubler. Les caves sont.ventilées, les tas sont inondés d'eau froide ou la température abaissée. Le vin, en effet, ne tarderait pas à s'oxyder, à échauffer le verre et à être, par suite, une source d'accidents.

Le dédoublement du sucre a eu pour conséquence la formation d'un dépôt qui, s'il n'était chassé des bouteilles, rendrait la consommation impossible. L'élimination de ce dépôt est le but poursuivi par le *dégorgement*, opération préparée par la *mise sur pointe* et le *remuage* qui.ne se pratique généralement que plusieurs années après la mise en bouteilles, elle se fait de la façon suivante : les bouteilles sont placées sur un ensemble de planches percées de trous formant un appareil nommé *pupitre* (fig. 813). Pendant cinq à six semaines, un ouvrier, le *remueur*, leur imprime chaque jour un mouvement rapide d'oscillation rotatoire en évitant de les soulever; sous cette impulsion, le dépôt glisse et arrive jusqu'au bouchon; ce résultat est facilement obtenu lorsque le dépôt n'est pas adhérent, mais souvent il est gras et laisse une *tache* ou *masque* qui rend la nouvelle cuvée invendable. C'est pour éviter cet accident que l'on ajoute du tannin soit dans les fûts avant le collage, soit au moment de la mise en bouteilles.

Dès que le dépôt est rassemblé, la bouteille est livrée au dégorgeur; celui-ci, de la main et de l'avant-bras gauche, la soutient mais en lui gardant la même inclinaison, enlève l'agrafe et tire le bouchon avec une pince; le dépôt est projeté aussitôt, l'ouvrier relève alors la bouteille

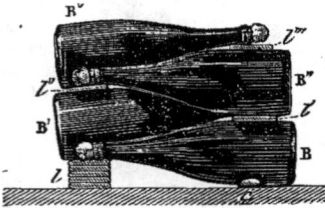

Fig. 811. — *Bouteilles en tas.*

Fig. 812. — *Bouteilles en tas sur pointe.*

B Première rangée de bouteille. — B' Deuxième rangée. — B'' Troisième rangée, etc. — C Cale en liège. — l l' l'' l''' Lattes isolant chaque rang de bouteilles.

et la bouche provisoirement avec un vieux bouchon dit *de travail*. La manœuvre doit être rapide afin que la perte de liquide soit minime. La perte totale du gaz n'est pas à craindre, car bien qu'il n'existe pas de combinaison entre le liquide et le gaz (le champagne ne conduit pas les vibrations sonores), la viscosité du vin est suffisante pour retenir les deux tiers de l'acide carbonique. C'est ce qui explique le phénomène dont tout le monde a été témoin : le champagne contenu dans un verre se couvre de mousse et pétille sous le moindre choc, un coup de poignet par exemple; ce choc mettant en vibration le verre, la viscosité est rompue et le gaz peut s'échapper.

Avant d'être bouchée définitivement, la bouteille de vin de Champagne reçoit la *liqueur d'expédition* qui doit lui communiquer le goût que chaque pays préfère. La composition de cette liqueur et la détermination de la quantité à mettre par bouteille nécessitent une aptitude toute

particulière secondée par une longue expérience.

La liqueur d'expédition se compose comme les liqueurs de tirage, de sucre candi de canne pur et de vin vieux de Champagne de qualité supé-

Fig. 813. — *Ouvrier remueur.*

rieure; on y ajoute parfois, surtout pour les vins destinés à l'exportation, quelques litres d'esprit de cognac par chaque pièce de liqueur.

Fig. 814. — *Ouvrier boucheur terminant le bouchage mécanique par un coup de maillet.*

Le bouchage se fait mécaniquement (fig. 814); les divers systèmes adoptés varient peu et ont toujours pour principe l'action d'un mouton qui tombe sur le bouchon. Des mains du boucheur la bouteille passe entre celles du ficeleur qui assujettit le bouchon avec deux ficelles, puis entre les mains du poseur de fil de fer.

De là la bouteille est dirigée sur le *cellier d'expédition* où elle est nettoyée, étiquetée; lorsqu'après quelques semaines, on est sûr de la qualité du bouchon, on pare les bouteilles d'une calotte dont la couleur varie avec la qualité du vin ou d'un cachet. La dernière opération est l'emballage qui se fait, soit dans des caisses, soit dans des paniers.

Telle est la préparation du vin de Champagne véritable, l'une des industries les plus intéressantes et des plus difficiles. Le talent de telle ou telle maison est, en effet, de savoir conserver à ses vins le même type malgré les accidents multiples qui peuvent frapper un produit dont la fabrication dure de trois à quatre ans.

La consommation du vin de Champagne ne dépasse guère, en France, un sixième de la production, le reste est expédié dans l'univers entier, surtout en Angleterre, et aux Etats-Unis.

C'est avant tout un vin de luxe ; pourtant quelques médecins ont préconisé son emploi comme diurétique et stimulant après les opérations chirurgicales. Son effet sur le système nerveux est rapide et passager.

**Vins champagnisés.** *Champagniser un vin* c'est chercher à lui donner les qualités du vrai vin de Champagne. Les vins de Saint-Peroy, en Bourgogne, des coteaux de l'Anjou et de la Touraine, sont ceux qui se prêtent le plus facilement à ce genre d'opération. Fabriqués avec soin, ils arrivent à imiter certains vins de Champagne comme aspect sinon comme finesse et qualité.

La fabrication de ces vins est copiée aussi exactement que possible sur celle du véritable champagne. La seule particularité qu'ils présentent est de former leur mousse plus rapidement; tandis que le séjour en tas peut atteindre parfois quatre ans en Champagne, il est rare qu'en Anjou il se prolonge au delà de six mois.

La propriété étant moins morcelée dans cette région, par suite la valeur du sol moins élevée, la fabrication étant plus rapide, on comprend aisément que les vins mousseux d'Anjou et de Touraine soient moins chers que les vins de Champagne dont ils ne possèdent d'ailleurs ni la finesse ni le bouquet incomparable.

*Degré alcoométrique de quelques vins mousseux.*

| Vins | Degré | Analyses | Vins | Degré | Analyses |
|---|---|---|---|---|---|
| | | Blaanderen. | Epernay 1867. . . . . | 10.5 | Robinet |
| | | Gay Lussac. | — 1868. . . . . | 10.6 | |
| Avize 1864. . . . . . . | 10.3 | Robinet. | Mareuil 1864. . . . . | 9.7 | — |
| — 1865. . . . . . | 10.9 | — | — 1865. . . . . | 11.0. | — |
| — 1866. . . . . | 8.3 | — | — 1866. . . . | 8.4 | — |
| Aï 1864. . . . . . . . | 10.5 | — | — 1867. . . . | 9.9 | — |
| — 1865. . . . . . . | 11.8 | — | Monthelon 1864. . . . | 9.3 | — |
| — 1866. . . . . . . . | 9.4 | — | — 1865. . . . | 11.0 | — |
| — 1867. . . . . . . | 11.5 | — | — 1866. . . . | 7.8 | — |
| — 1868. . . . . . . . | 11.8 | — | — 1867. . . . | 10.3 | — |
| Bouzy 1864 . . . . . . | 10.2 | — | — 1868. . . . | 10.4 | — |
| — 1865 . . . . . . | 11.2 | — | Cumières 1864 . . . . | 8.6 | — |
| — 1866 . . . . . . | 7.2 | — | Chavot 1864. . . . . . | 9.4 | — |
| — 1867 . . . . . . | 11.3 | — | — 1865. . . . . | 10.4 | — |
| Cramant 1864. . . . | 9.5 | — | Rilly 1864. . . . . | 10.4 | — |
| — 1865. . . . | 10.3 | — | — 1865. . . . . . | 11.9 | — |
| — 1866. . . . | 6.7 | — | Verzenay 1864. . . . | 10.1 | — |
| — 1867. . . . | 10.3 | — | — 1865. . . . | 11.4 | — |
| — 1868. . . . | 10.1 | ... | — 1866. . . . | 6.5 | — |
| Epernay 1864. . . . | 10.2 | ... | Saumur . . . . . . . . | 9.9 | Houdart. |
| — 1865. . . . | 10 6 | — | Vouvray 1874. . . . . | 9.7 | —. |
| — 1866. . . . | 10.1 | ... | — 1876. . . . . | 8.8 | |

*Vins de Champagne artificiels.* Le mérite des vins de Champagne étant dû en partie à leur richesse en acide carbonique, l'idée de les imiter en additionnant de ce gaz de bons vins blancs était toute naturelle.

Ce genre de boisson, tout en ne niant pas les qualités qui lui sont particulières, ne peut avantageusement soutenir la comparaison; c'est une limonade agréable sans doute, mais une limonade. Les procédés de fabrication sont nombreux mais peuvent être ramenés à une méthode générale.

Après vinification, le vin, alors qu'il est bien reposé, subit deux, quelquefois trois collages consécutifs suivis de soutirages; si cela est nécessaire, on le mute. Après le tirage, on le charge d'acide carbonique jusqu'à six atmosphères; les appareils gazateurs sont les mêmes que ceux employés pour la fabrication des eaux gazeuses. Soit après, soit avant la gazéification, on additionne de *liqueur de sucre*. La formule la plus commune est la suivante : sucre candi, 30 kilogrammes; vin blanc, 25 litres; esprit de cognac, 2 litres. 8 à 10 centilitres de ce mélange suffisent pour une bouteille. On renforce la liqueur à l'alun avec la gomme, soit 2 à 3 grammes pour une bouteille. Après bouchage, on met en tas et dès que le dépôt est formé, on opère le dégorgement. Comme il n'existe entre le vin et l'acide carbonique introduit aucune affinité, la totalité du gaz s'échapperait pendant le dégorgement si on ne faisait pas usage de gomme dont l'effet est de rendre le vin plus visqueux. Le vin, une fois dégorgé reçoit sa *liqueur d'expédition*. Pour roser le vin, on ajoute, par 200 litres, 1 litre de la dissolution connue sous le nom de *teinture de Fismes* et dont Maumené a donné la composition suivante : 250 à 500 grammes de sureau ou de hièble ; 30 à 65 grammes d'alun ; 800 à 600 grammes de vin blanc ou d'eau ou mieux 2 litres de vin rouge.

Cela fait, les bouteilles sont bouchées, ficelées et prêtes à être expédiées.

Le succès de cette fabrication dépend de la bonté du vin blanc employé, de la pureté de l'acide carbonique et de la finesse de la liqueur d'expédition.

Ces vins produisent une explosion toujours très forte, mais un pétillement de courte durée. — L. N.

### VINS DE LIQUEUR

On nomme *vins de liqueur*, les vins issus de moûts d'une richesse en sucre telle que la totalité de ce principe ne peut être convertie en alcool par la fermentation. Ces produits, préparés, soit artificiellement, soit naturellement, ont de 16 à 18 0/0 d'alcool et contiennent malgré cela une quantité suffisante de sucre pour leur donner un goût sucré très prononcé.

On peut diviser les vins liquoreux en deux groupes : les *vins de liqueur*, Alicante, Malaga, Frontignan, Lunel, etc.; les vins de liqueur proprement dits qui restent toujours *doux*, Malaga, Alicante, Frontignan, etc.; et les vins qui, doux à l'origine, deviennent *secs* avec l'âge, Marsala, Xérès, Malvoisie, Zucco et surtout le Madère, le type le plus caractéristique du genre. Aux vins liquoreux, on pourrait rattacher enfin les vins blancs doux du Midi et du Médoc, obtenus ainsi qu'on le verra avec des moûts dont la teneur en sucre ne serait pas suffisante, dans le cas d'une vinification normale, pour donner un vin sucré.

— On ne saurait fixer exactement l'origine des vins de liqueur; mais il est infiniment probable qu'ils remontent à la plus haute antiquité. Aristote, Galien, Pline, mentionnent, en effet, certains vins devenus avec l'âge *épais et doux comme le miel*, et quelques passages des écrits de ces auteurs permettent de soupçonner comme connu et pratiqué de leur temps l'emploi de la chaleur pour concentrer les vins. La renommée des vins de Chios dont César abreuva le peuple romain lors de son triomphe, du fameux Falerne doux (dulce) dont Cicéron faisait si grand cas, des vins de Tœnia, d'Albe, de Lydie, est parvenue jusqu'à notre époque. On sait également que les Romains donnaient à leurs vins un arome artificiel, se servant pour cet usage d'extraits divers : d'absinthe, de sureau, d'orange, de rose, etc.

A. Gautier donne, dans la *Revue scientifique*, du 6 mai 1876, comme vins de liqueur probables, le bies et le leucocoûm des Grecs.

Actuellement, les vins de liqueur sont spécialement fournis par les régions chaudes, et consommés un peu partout, mais surtout en Angleterre, en Russie et en Amérique. Les principaux crus sont :

*En France :* Frontignan, Lunel, Maraussan, vin de Picardan, Blanquette de Limoux, Rivesaltes, Corperon, Saint-André, Prépouilles-de-Salles, Grenache, Collioure, Bagnols, Cassis, Roquevaire, Maccabeo, les vins de paille d'Arbois ;

*En Algérie :* Mascara, Médéah, Staouelia ;

*En Espagne :* Malaga, Xérès, Tinto, Alicante, Pajarète, Seche, Beni-Carlo, Val de Penas, San Lucar, Tintillo en Rota, Rancio, Vinaroz, Seragono, Pedro-Ximenes, Cariena et Priorat ;

*En Portugal :* Porto, Vino branco de Lisbonne, Carcavello et Lamalonga ;

*En Italie :* Lacryma Christi, Marsala, Marengo, Malvoisie, Barolo, Asti, Zucco Vernaccia, Orvieto, Albano, Syracuse, Monte-Fiascone, Monte-Rulcino, Santo-Stephano, Albano, Montalicino, Riminèse, Catane, Capri et Girgenti ;

*En Grèce :* Zante ;

*En Turquie :* Chypre, Chio, Candie, Kersouan, Piatra, Kotnar ;

*En Hongrie :* Tokaï ;

*En Afrique :* Coustance et Madère.

*Vins de liqueur italiens, d'après Fausto-Sestini del Torre et Baldi.*

| Vins | Densité | Alcool par litre (en poids) | Extrait sec à 100° | Sucre | Tannin | Acidité | Glycérine | Cendres |
|---|---|---|---|---|---|---|---|---|
| Nebiolo de Ligurie | 991 | 115.6 | 174.0 | 8.41 | 1.44 | 7.87 | 12.04 | 2.00 |
| Chianti de Toscane | 991 | 106.1 | 14.6 | 7.16 | 1.38 | 5.66 | 7.64 | 1.86 |
| Aleatico | 1004 | 126.0 | 47.4 | 25.24 | 0.51 | 6.00 | 5.21 | 2.46 |
| Lacryma-Christi | 1040 | 118.8 | 108.8 | 116.1 | 1.70 | 6.71 | 12.10 | 4.95 |
| Zucco | 997 | 133.5 | 36.3 | » | » | 7.01 | » | 3.43 |
| Malvoisie | 1025 | 139.4 | 89.9 | 98.55 | 0.10 | 5.92 | » | 2.28 |
| Muscat de Catane | 1054 | 131.1 | 51.0 | 125.1 | 0.38 | 5.74 | 9.83 | 4.00 |
| Marsala | 997 | 170.5 | 39.4 | 27.3 | 0.26 | 5.55 | 9.57 | 4.25 |
| Marengo | 993 | 100.1 | 17.8 | 8.26 | 1.18 | 7.80 | 10.60 | 1.32 |
| Capri | 991 | 107.3 | 11.9 | 3.45 | 0.09 | 5.85 | 5.84 | 2.82 |
| Vernaccia | 1000 | 142.2 | 73.7 | 30.35 | 0.26 | 7.95 | 5.97 | 5.36 |

FABRICATION NORMALE DES VINS DE LIQUEUR. Obtenir un moût riche en sucre, telle est la condition essentielle qu'il faut remplir pour faire un vin de liqueur; c'est donc vers ce but que le fabricant doit faire converger tous ses efforts. Il peut y parvenir par deux voies différentes : 1° porter à son maximum la teneur en sucre du raisin lui-même; 2° augmenter la richesse du moût.

Dans les deux cas, d'ailleurs, il opère par évaporation.

*Procédés visant la teneur en sucre du raisin.* Les cépages, quelle que soit la manière d'opérer, ne doivent être choisis que parmi les plus fins, les plus riches. Ceux que l'on recherche de préférence sont, en France : le *muscat blanc* (Lunel, Frontignan), le *picquepoul blanc*, la *clairette*, le *picardan*, le *grenache*, l'*alicante*, l'*aspiran gris*, l'*aspiran blanc*, le *maccabeo*; en Espagne, le *pedroximénès*, le *listan*; en Portugal, le *bastardo*, l'*alvarelhao*; en Italie, le *san-giovetto grosso*; en Turquie, le *kechmish blanc*; en Hongrie, le *furmint*.

La vendange ne doit être faite qu'au dernier moment, alors que le raisin est dans un état de maturité avancée et contient, par suite, le plus de sucre et le moins d'eau ; le plus souvent même, on a activé la dessiccation du grain sur le cep en tordant la queue de la grappe. Lorsque cette dernière opération n'a pas été faite, on expose à l'air libre les grappes vendangées, soit sur le sol au pied des ceps, soit encore sur des claies. Dès lors, soumis alternativement à l'effet de la rosée et à l'action du soleil, le raisin perd la majeure partie de son eau de végétation, sa pellicule se plisse et bientôt son aspect rappelle celui des raisins secs. Cette marche ne peut être suivie que dans les pays chauds, et on est obligé d'opérer plus artificiellement dans les régions moins favorisées. Parfois on porte les vendanges dans un endroit clos et, là, on les étale avec précaution, la température du milieu ne tarde pas à s'élever légèrement, ce qui provoque l'achèvement de la maturation et la dessiccation ; mais ce procédé est assez défectueux, il offre l'inconvénient de demander beaucoup de temps, dans la masse il se développe un commencement de fermentation alcoolique et comme tous les raisins sont rarement au même degré de maturité, comme malgré tous les soins pris, la rigueur même d'un triage, il existe toujours un nombre plus ou moins grand de grappes dans un état voisin de la décomposition, de grains meurtris; on a de nombreux foyers de fermentation secondaires dont les produits sont des acides qui altèrent le goût du vin.

Ces diverses considérations ont amené le fabricant à faire intervenir le chauffage à titre d'auxiliaire, et cela non sans succès. On a commencé par chauffer le local où les raisins étaient déposés, mais c'était laisser subsister une partie des inconvénients signalés précédemment, de plus, la répartition de la chaleur ne pouvait être égale. C'est alors que l'on a songé à la méthode suivie actuellement qui, si elle est très délicate, donne, en revanche, lorsqu'elle est appliquée avec soin, des résultats excellents. On dessèche la récolte en l'exposant par lots successifs dans un four. Toute l'habileté de l'opérateur réside dans le réglage de la température du four. Le raisin doit recevoir une douce chaleur et ne jamais être grillé. Après quelques heures le grain a perdu une quantité d'eau suffisante, sa pellicule est ridée et son état est celui qu'il aurait eu s'il avait été exposé au soleil. Non seulement on arrive ainsi à augmenter la richesse relative en sucre, mais on provoque le développement de nouvelles qualités ; le raisin acquiert un parfum particulier d'une grande délicatesse qui, se communiquant au vin, lui donne, dès le début, le goût de vieux.

Le raisin est en état d'être pressé lorsque son jus marque 20° au glœucomètre, car on peut être certain que son moût donnera 18 à 20 0/0 d'alcool et une quantité suffisante de sucre non réduit; il n'est pas rare que la récolte ait perdu alors les 3/4 de son poids initial. Dans le cas de l'exposition simple au soleil, ce résultat demande, pour être obtenu, un laps de temps variant, on le conçoit, avec les conditions atmosphériques; en moyenne, il faut, dans nos contrées, une vingtaine de jours, tandis que dans les pays chauds quatre à cinq jours suffisent.

Pendant la période de dessiccation, il est bon de faire des essais au glœucomètre et de se rendre compte ainsi de la marche du phénomène. Le raisin desséché est égrappé, les grains sont triés puis soumis à la presse, quelquefois on sépare de la masse les grains les plus juteux, et le liquide qu'ils donnent sert à délayer plus ou moins l'autre dont la consistance est celle d'un sirop.

*Procédés visant la richesse en sucre du moût.* Là encore on a recours à la concentration par la chaleur. Les raisins sont triés, égrappés et pressés, le liquide obtenu est alors concentré, mais le plus souvent le moût est divisé en deux parties, et l'une seulement est amenée à une densité assez élevée pour que le mélange des deux lots donne au glœucomètre un degré convenable. Si l'opération est conduite avec soin, si principalement la chaleur est douce, le vin sera non seulement bon mais possédera des qualités particulières. Il est prudent de ne pas pousser la concentration du moût au delà du tiers de son volume et, par suite, la quantité du liquide à concentrer doit être calculée en conséquence.

Diminuer l'acidité du moût revient à augmenter sa richesse relative en sucre, aussi a-t-on songé à neutraliser les acides pendant la fabrication des vins de liqueur. Cette pratique est des plus mauvaises et ne peut être recommandée, car tout vin désacidifié est un vin douceâtre mais plat et d'un goût détestable.

*Procédé mixte.* Dans certaines régions, on porte de suite le raisin dans la cuve et on attend, pour le fouler, qu'il ait soit échauffé, et, par suite, desséché partiellement. Ce procédé offre les mêmes inconvénients que la conservation de la vendange dans un local clos et, en outre, une difficulté plus grande dans la main-d'œuvre.

*Fermentation du moût.* La fermentation des vins de liqueur est lente et l'est d'autant plus que le moût est plus dense, plus riche. Lorsque la quantité de sucre est forte, la fermentation s'arrête d'elle-même avant que la réduction soit complète; mais lorsqu'elle ne l'est pas assez, on provoque artificiellement cet arrêt. On procède alors, soit par addition d'alcool, soit par transvasement du vin clair inachevé dans des tonneaux dont l'atmosphère est saturée de vapeurs d'acide sulfureux. Un vin de liqueur naturel ne nécessite pas ces expédients qui trouvent leur utilisation normale dans la fabrication des vins blancs doux.

*Monographie des principaux crus.* Le *muscat de Frontignan* dont le bouquet et la finesse sont vraiment remarquables, est considéré par quelques gourmets comme le meilleur vin de liqueur français; cependant, on ne lui accorde généralement que le second rang, la préférence étant donnée au Rivesaltes. Le *muscat de Lunel* est inférieur au Frontignan mais supérieur au *Maraussan*. Les vins connus sous le nom de *Picardan*, sont faits à Cassis, Ciotat; très liquoreux les premières années, ils deviennent ensuite secs. Le *peray* a un goût de violette très prononcé. Les muscats grenaches les meilleurs sont produits par les vignobles situés sur les coteaux ou *garrigues*. Tous ces vins sont généralement vinés.

Le *Rivesaltes* est encore un muscat blanc, il est d'après Jullien « le meilleur vin de liqueur du royaume; plein de finesse, de feu et de parfum, il embaume la bouche et la laisse toujours fraîche; lorsqu'il a douze ans c'est une liqueur douce, parfumée et agréable qui peut être comparée au vin de Malvoisie le plus estimé. » Le *Maccabeo* est obtenu à Salces, il rappelle le Tokaï. Le *Cosperon* est rare et très recherché, avec l'âge il prend un ton ambré. Les vins de *Collioure*, de *Bagnols* et ceux dits de *Grenache* sont très colorés, surtout les premières années, ils ressemblent alors à l'Alicante; ils ne deviennent réellement supérieurs qu'avec l'âge. Cette catégorie de vins est surtout utilisée pour l'imitation des autres vins de liqueur.

Le *Porto* est le vin fin le plus recherché en Angleterre, en France, au contraire, on n'en consomme que des quantités fort restreintes. C'est à l'Angleterre d'ailleurs que le Portugal doit la renommée de son vin. Cet engouement qui date du commencement du xviiie siècle était tel, qu'il y a une cinquantaine d'années, toute la bonne production était dirigée sous le nom de *vinhos de feitoria*, en Angleterre seulement. Bien qu'aujourd'hui le Porto ait un cercle de consommation beaucoup plus étendu, il constitue encore pour le commerce anglais une véritable monopole, et c'est par cet intermédiaire qu'il est expédié en Australie, dans les Indes, au Cap et surtout au Brésil. Le Porto est fourni par les vignobles situés au nord du Douro; l'ensemble des coteaux est nommé dans la région *Paiz do vinho*. C'est un vin cuit dont la couleur est la plupart du temps artificielle et due

probablement à l'adjonction de baies de sureau. Il se dépouille avec le temps, et cette différence de teinte est attribuée à la proportion plus ou moins grande d'acides libres. Dès que ce vin est vieux il est indispensable, pour le servir clair, de faire usage de panier ou de le transvaser avec précaution. Les vignerons appellent le dépôt *ailes de mouches*, les consommateurs anglais le nomment *ailes d'abeilles*.

Le *Malaga* est le produit de deux cépages, le Pedro-Ximenes et le Listan. Sa fabrication est celle de tous les vins cuits. Pendant la première période, le raisin reste seul en cuve, après quelques jours de macération le soutirage a lieu. Le vin reste ainsi en tonneau pendant un an et reçoit à ce moment une quantité de moût cuit, nommé *vino tierno* ou *vin tendre*. Ce vino tierno n'est autre chose qu'une bouillie faite avec des raisins secs et de l'eau, puis pressée, parfois lorsqu'on veut donner au Malaga un goût de piquant, la bouillie n'est pas faite à chaud mais à froid, elle est alors plus acide.

Le vin de *Chypre* est un muscat; sa production, fort restreinte, n'offre aucune particularité, son exportation ne dépasse pas 25,000 hectolitres par an. Jeune, il est très rouge mais se dépouille peu à peu, après un an il est déjà jaunâtre. Le principal crû est la *Commanderie*, il était la propriété autrefois des Templiers et des chevaliers de Malte, de là son nom.

Les vins de *Marsala, Malvoisie, Zucco, Xérès*, et autres offrent, ainsi que nous l'avons dit, la particularité de passer en vieillissant de l'état doux à l'état sec; ce n'est assurément pas à la fermentation que cette modification est due, car la proportion d'alcool est trop forte pour le permettre. Doit-on l'attribuer à la combinaison du sucre avec l'alcool ? On tend à l'admettre. L'exposition des tonneaux au soleil active cette transformation. M. Viard, dans son remarquable *Traité des vins*, donne une explication nouvelle du fait. Selon lui, l'échauffement produit par le soleil favorise l'évaporation de l'alcool, ce qui permet une nouvelle fermentation.

*Vins de liqueur d'imitation*. Le lecteur a dû voir d'après notre exposé que tout vin de liqueur nor

| Vins | Degré alcool. 0/0 | Extr. à 100° | Analystes | Vins | Degré alcool. 0/0 | Extr. à 100° | Analystes |
|---|---|---|---|---|---|---|---|
| Frontignan.. . . | 11.8 | » | Gay Lussac. | Xérès.. . . . . . . | 17.6 | » | Brandes. |
| — très doux. | » | 26.5 | Béchamp. | — . . . . . . | 19.2 | » | Mangin. |
| — très fort. . | 12.8 | » | — | — . . . . | 13.6 | » | Houdart. |
| Lunel.. . . . . . . | 16 à 19 | »' | Mangin. | Porto.. . . . . . | 22 à 24 | » | Mangin. |
| Rivesaltes (viné).'. | 14.6 à 15 | 24.5 à 28,4 | Blaanderen. | Zante . . .'. . . . | 17.1 | » | — |
| Collioures. . . . . | 16.1 | » | — | Chiraz. . . . . . . | 14.28 | » | Chevalier. |
| Grenache . . . . . | 16.0 | » | Gay Lussac. | Chypre. . . . . . | 15.1 | » | Gay Lussac. |
| Alicante. . . . . . | 13.8 | » | Blaanderen. | Tokaï . . . . . . | 9.3 | 24 | Fischern. |
| Beni-Carlo . . . . | » | 31.1 | — | Constance . . . . . | 18.2 | » | Lefèvre. |
| Malaga.. . . . . . . | 15.1 | » | Gay Lussac. | Madère.. . . . . . | 15.1 | » | Gay Lussac. |
| — . . . . . . . | 15.0 | 18.5 | Gautier. | — . . . . . . | 16.0 | » | — |
| — . . . . . . . | 17.3 | « | — | — (viné). . . | 20.0 | 40 | — |

mal est par le fait un produit artificiel; sa production relève complètement de l'industrie. Les vins dits *d'imitation*, livrés d'ailleurs, la plupart du

temps, comme vins naturels, sont les produits d'une fabrication un peu plus artificielle. Les procédés sont semblables et la seule différence réelle réside dans le lieu de production. Les vins d'imitation peuvent être fabriqués partout, tandis que les naturels le sont dans la région dont ils portent le nom ; mais les vins naturels sont beaucoup plus fins, ils ont plus de bouquet et sont de tous points préférables.

Les vins de liqueur d'imitation se font à Paris, mais surtout à Cette, à Mèze et à Narbonne. On peut estimer à 600.000 hectolitres la quantité de vins du Midi qui additionnée avec l'alcool produit par 400,000 hectolitres brûlés est qualifiée annuellement du titre de *vins de liqueur*. Pour le Porto, par exemple, la consommation est soixante-dix fois au moins supérieure à la production réelle, pendant les mauvaises années. Les principaux pays consommateurs sont l'Angleterre, la Russie, l'Amérique, la Suède, le Danemark.

Les bons vins de Picardan, Collioure, Bagnols, sont après fermentation, collés, filtrés, additionnés de sirop de raisin qui tantôt se nomme *calabre*, tantôt *arrope*, tantôt *sirop*, mais n'est que du moût concentré. On amène à 16 ou 20° la richesse en alcool et l'on donne l'arome du vin à imiter en se servant d'extraits ; on colore, lorsqu'il y a lieu, le plus souvent avec du caramel, on porte ensuite le tout à une température de 60° pour donner le goût de *vieux*, on colle à la gélatine et quelques jours après on soutire.

FORMULES GÉNÉRALEMENT ADOPTÉES

### Frontignan.
#### I.

| | | | |
|---|---|---|---|
| Vin de Picardan sec | 82 lit. | Fleurs de sureau.. | 250 gr. |
| Sirop de raisin à 35° | 10 | Alcool à 85°.... | 8 |

#### II.

| | | | |
|---|---|---|---|
| Vin blanc Chablis | 50 lit. | Fleurs de sureau.. | 0ᵏ,500 |
| Raisin muscat sec. | 12ᵏ,500 | | |

#### III.

| | | | |
|---|---|---|---|
| Vin blanc sec, vieux | 13 lit. | Noix muscades râp. | 0.016 |
| Sucre | 1 k. | Fleurs de sureau | 0.004 |
| Raisins muscats... | 0.500 | Alcool à 85°.... | 500ᶜᶜ |

### Grenache.

| | | | |
|---|---|---|---|
| Vin Collioures v... | 89 lit. | Coques d'amandes | |
| Sirop de raisin... | 6 | amères grillées.. | 1 k. |
| Inf. de brou de noix. | 1.250 | Alcool à 84°.... | 3 |

### Lunel.

| | | | |
|---|---|---|---|
| Vin Picardan doux. | 90 lit. | Fleurs de sureau. . | 0ᵏ,760 |
| Sirop de raisin... | 6 | Alcool à 85°.... | 4 lit. |

### Blanquette de Limoux.

| | | | |
|---|---|---|---|
| Vin Picardan... | 75 lit. | Eau de noyau de | |
| Teinture d'iris de | | pêches..... | 94 gr. |
| Florence.... | 94 gr. | | |

### Malaga.
#### I.

| | | | |
|---|---|---|---|
| Vin blanc doux... | 24 lit. | Cachou...... | 0ᵏ,016 |
| Sucre..... | 4 k. | | |

### Malaga (nuisible).
#### II.

| | | | |
|---|---|---|---|
| Vin de Bagnols v.. | 90 lit. | Sirop de raisin... | 2 lit. |
| Infusion de brou de | | Esprit de goudron. | 0ᵏ,030 |
| noix..... | 2 | Alcool à 85°. . | 3 lit. |

#### III.

| | | | |
|---|---|---|---|
| Vin blanc doux... | 1 lit. | Eau de goudron .. | 5 gr. |
| Cassonade brune.. | 60 gr. | | |

### Alicante.

| | | | |
|---|---|---|---|
| Vin de Bagnols v. . | 90 lit. | Infusion de brou de | |
| Sirop de raisin... | 5 | noix........ | 1.010 |
| Infusion d'iris de | | Alcool à 85°.... | 3 |
| Florence..... | 1.025 | | |

### Xérès.

| | | | |
|---|---|---|---|
| Vin Picardan vieux | 88 lit. | Inf. de coques d'a- | |
| Sirop de raisin. . | 2 | mandes tor.... | 3 lit. |
| Inf. de brou de noix | 2 | Alcool à 85°.... | 2 |

### Beni-Carlo.

| | | | |
|---|---|---|---|
| Vin de Collioures.. | 150 lit. | Miel blanc..... | 4ᵏ,500 |
| Pâte de rais. secs.. | 9 kil. | | |

### Rota.

| | | | |
|---|---|---|---|
| Vin de Collioures v. | 86 lit. | Esprit de framboise. | 3 lit. |
| Inf. de coques d'a- | | Sirop de raisin... | 5 |
| mandes tor.... | 1 | Alcool à 55°..... | 2 |
| Inf. de brou de noix | 2 | | |

### Porto.

| | | | |
|---|---|---|---|
| Vin de Collioures v. | 83 lit. | Esprit de framboise. | 2 lit. |
| Infusion de merises | 5 | Sirop de raisin... | 5 |
| Inf. de brou de noix | 2 | Alcool à 85°.... | 3 |

### Lacryma-Christi.
#### I.

| | | | |
|---|---|---|---|
| Vin de Bagnols v.. | 86 lit. | Infusion d'iris de | |
| Teinture de cachou | 1 | Florence.... | 1 lit. |
| Infusion de brou de | | Sirop de raisin... | 6 |
| noix....... | 1 | Alcool à 35°..... | 5 |

#### II.

| | | | |
|---|---|---|---|
| Vin de Collioures.. | 50 lit. | Sucre....... | 2ᵏ,000 |
| Fleurs de pavots.. | 0ᵏ,120 | Cachou...... | 0ᵏ,008 |
| Coriandre..... | 0ᵏ,500 | Alcool à 85°.... | 1ᵏ,250 |
| Safran....... | 0ᵏ,250 | | |

### Malvoisie.

| | | | |
|---|---|---|---|
| Vin Picardan doux. | 85 lit. | Fleurs de sureau.. | 0ᵏ,500 |
| Infusion de coques | | Sirop de raisin.. | 5 lit. |
| d'amandes tor... | 2 | Alcool à 85°.... | 3 |
| Esprit de frambois. | 2 | | |

### Tokai.

| | | | |
|---|---|---|---|
| Vin de Bagnols t. v. | 86 lit. | Esprit de framboise. | 2 lit. |
| Inf. de brou de noix | 1 | Sirop de raisin... | 6 |
| Infusion d'iris de | | Alcool à 85°.... | 4 |
| Florence.... | 1 | | |

### Chypre.

| | | | |
|---|---|---|---|
| Vin de Bagnols v.. | 86 lit. | Infusion de coques | |
| Infusion d'iris de | | d'amandes tor.. | 2 lit. |
| Florence.... | 1.100 | Sirop de raisin... | 5 |
| Inf. de brou de noix | 1.100 | Alcool à 85°.... | 5 |

### Constance (nuisible).

| | | | |
|---|---|---|---|
| Vin de Bagnols très | | Esprit de framboise. | 2.250 |
| vieux...... | 88 lit. | Esprit de goudron.. | 0ᵏ,015 |
| Infusion d'iris de | | Sirop de raisin... | 5 lit. |
| Florence.... | 1 | Alcool à 85°..... | 4 |

### Madère.
#### I.

| | | | |
|---|---|---|---|
| Vin Picardan sec.. | 90 lit. | Infusion de coques | |
| Sirop de raisin... | 2 | d'amandes tor.. | 2 lit. |
| Inf. de brou de noix | 11 | Alcool à 85°..... | 4 |

| | | | |
|---|---|---|---|
| Vin blanc sec.... | 4 lit. | Sirop de sucre... | 0ᵏ,240 |
| Teint. d'écorce d'o- | | Alcool....... | 0ᵏ,120 |
| range....... | 0ᵏ,032 | | |

#### III.

| | | | |
|---|---|---|---|
| Vin blanc sec.... | 16 lit. | Fleur de tilleul.. | 0ᵏ,060 |
| Sucre....... | 1 kil. | Rhubarbe...... | 0ᵏ,004 |
| Figues...... | 1 | Aloès....... | 0.010ᶜᶜ |

**Vins de paille.** Les vins de paille dont la

fabrication est due selon certains auteurs au chevalier Dagay, ont été produits aujourd'hui par les vignobles d'Arbois et de l'Ermitage. Très doux et d'une délicatesse incomparable, ils étaient regardés par de nombreux gourmets comme nos meilleurs vins de dessert, mais très rares pendant longtemps, ils ont à peu près disparu.

*Vins jaunes.* Il nous reste à mentionner les *vins jaunes* ou *de garde*, dont Henri IV faisait si grand cas. Ces vins très rares également produits par les vignobles du Jura (Château-Châlons, Arbois, Poligny) rappellent le Madère et l'Alicante et deviennent secs. Le cépage choisi est le Savagnin, le raisin reste sur cep jusqu'aux pemières gelées et de suite soumis au pressoir. Le moût subit deux ou trois soutirages en cuve, puis est mis en tonneau, il reste ainsi de quinze à vingt-cinq ans; la seule particularité est qu'il ne subit pendant cette période, ni soutirage, ni mouillage; si bien que parfois, la vidange atteint un tiers du volume.

Tous les vins liquoreux sont non seulement consommés comme vins de luxe, mais encore comme toniques. Absorbés raisonnablement ils réconfortent, tandis que leur usage immodéré ne tarde pas à être suivi d'accidents graves. Le vin de liqueur justifie, mieux que tout autre, le vieux proverbe : *Qui vivit in vino, in aquà moritur.* — L. N.

### Vins médicinaux. *T. de pharm.*

On donne le nom d'*œnolés* (de οινος, vin) aux produits pharmaceutiques qui sont préparés avec le vin comme agent dissolvant des principes actifs; ce sont les *vins médicinaux.*

Suivant la nature des corps entrant dans la préparation, on se sert de différentes sortes de vins; aussi, le codex prescrit-il d'employer suivant les cas, soit les vins blancs, soit les vins rouges généreux, ou même, comme vins de liqueur, le grenache, le muscat de Lunel, le malaga, etc. Ces vins doivent toujours être choisis aussi naturels que possible, mais leur choix n'est pas indifférent à cause de leur degré alcoolique qui est de 10 0/0 environ pour les vins blancs ou rouges de France, et 15 0/0 et même davantage pour les autres; il est indispensable, en effet, pour certaines préparations qui ne s'emploient qu'en petite quantité, d'avoir des produits qui puissent se conserver longtemps sans altérations d'aucune sorte. Souvent même, la préparation du médicament exige l'addition soit d'alcool pur, soit d'un alcoolat, pour augmenter le pouvoir dissolvant du véhicule, ou pour compenser l'eau de végétation qui se trouve dans quelques plantes que l'on emploie fraîches; c'est ainsi que l'on traite les feuilles d'absinthe, la racine de gentiane, l'écorce de quinquina, convenablement divisés, par l'alcool à 60°, avant d'ajouter le vin; que l'on ajoute aux plantes qui entrent dans la composition du vin de digitale composé, de l'alcool à 90°; de l'alcoolat vulnéraire au vin aromatique; de l'alcoolat de cochléaria, aux plantes antiscorbutiques servant à faire le vin de ce nom. Le choix du vin n'est pas non plus sans importance; il est évident que les vins fortement colorés, ceux astringents, comme les vins

de Bordeaux, ne doivent pas servir lorsqu'on veut dissoudre des alcoloïdes, comme dans la préparation du vin de quinquina, parce qu'ici, les tannins précipitant ces alcoloïdes, on aura un produit moins actif que si l'on a employé les vins de Bourgogne ou les vins blancs.

La préparation se fait par simple macération, en vase clos, souvent en laissant d'abord en contact avec l'alcool, puis ajoutant le vin et agitant de temps en temps pendant dix à quinze jours. On exprime ensuite à la presse et on filtre. Plus rarement, les vins se font par simple solution, le vin Chalybé, par exemple, est une dissolution de 5 grammes de citrate de fer ammoniacal dans un litre de vin de grenache; le vin de pepsine, une solution de 20 grammes de pepsine extractive dans un litre de vin de Lunel. Parmentier a jadis conseillé de faire extemporanément les vins médicinaux, par addition de teinture au vin; les produits ainsi préparés n'ont plus la même composition, sont souvent troubles, difficiles à clarifier et ne contiennent que les principes solubles dans l'alcool à 60, 80 ou 90° qui sert à préparer ces teintures. Ce procédé très employé aujourd'hui dans les ménages pour faire le vin de quinquina, est donc absolument défectueux, car il donne un produit beaucoup trop alcoolique.

La conservation des vins médicamenteux préparés avec les vins rouges ou blancs ne peut s'obtenir qu'à la condition de soustraire ces produits du contact de l'air, sans cela ils moisissent rapidement à leur surface, et cette végétation cryptogamique amène des fermentations qui modifient considérablement le produit, par suite de la production d'acides acétique, propionique, etc., et la destruction de la glycérine. C'est cette raison qui fait employer les vins sucrés, pour la fabrication des produits qui peuvent rester longtemps dans des bouteilles en vidange, comme pour le vin d'opium composé ou laudanum de Sydenham. — J. C.

### VINAIGRE. *T. de chim.*

Produit de la fermentation acétique du vin ou d'un autre liquide alcoolique (V. FERMENTATION), résultant de l'action d'un organisme végétal, le *mycoderma aceti* (Pers.) qui pour se développer provoque des phénomènes chimiques et physiologiques, ayant pour effet d'oxyder l'alcool.

*Caractères.* D'après ce que nous venons d'indiquer, comme plusieurs liquides peuvent fournir du vinaigre, il nous faut passer en revue les caractères qui permettent de distinguer ces diverses sortes.

### Vinaigre de vin.

C'est un liquide limpide, de coloration jaune ou rouge, suivant la nature du vin qui l'a produit, d'odeur agréable à bouquet particulier, dû aux éthers formés avec les acides gras du vin; de saveur franchement acide, sans âcreté, surtout lorsqu'il a été étendu d'eau; d'une densité de 1,018 à 1,020 (soit 2°,5 à 2°,75 au pèse-vinaigre) et renfermant environ 80 grammes, par litre, d'acide acétique monohydraté. Evaporé à 100° au bain-marie, il fournit à peu près 20 grammes d'un extrait brun, visqueux et acide, contenant une notable quantité de bitartrate de potasse. Ce vinaigre renferme fort peu de sulfates, de chlorures et de chaux; il ne noircit pas par l'action des sulfures alcalins, et ne donne pas de précipité par l'action de l'alcool concentré (gomme, dextrine).

Le tableau suivant indique la richesse du vinaigre obtenu avec les vins ordinaires.

| | Acide acétique | Extrait par litre |
|---|---|---|
| Vin a 6 0/0 d'alc. Le vinaig. obtenu renf. | 53.49 | 10.8 |
| — 7 — — — | 62.40 | 12.6 |
| — 8 — — — | 71.32 | 14.4 |
| — 9 — — — | 80.23 | 16.2 |
| — 10 — — — | 89.15 | 18.0 |
| — 11 — — — | 98.06 | 19.8 |
| — 12 — — — | 106.98 | 21.6 |

Des proportions plus grandes en acide ou en extrait sec, à 100°, indiqueraient que le vin acétifié avait été préalablement viné.

**Vinaigre d'alcool.** Ce produit est actuellement très répandu dans le commerce à cause de sa bonne qualité et du défaut de production en vins; on en fabrique actuellement en France environ 450,000 hectolitres par an. Il est peu coloré (à moins qu'on y ait ajouté du caramel), il fournit une faible quantité d'un extrait assez pâle, et contenant fort peu de cendres, sans traces de crème de tartre.

**Vinaigre de cidre et de poiré.** Ces liquides offrent une teinte jaunâtre et possèdent l'odeur du produit qui a servi à les obtenir; leur densité est de 1,013; ils donnent un extrait rouge foncé, visqueux et astringent, à odeur et à saveur de pommes ou de poires cuites, du poids de 15 grammes environ par litre, et ne renfermant pas de crème de tartre. Ce vinaigre contient, en moyenne, 40 grammes d'acide acétique monohydraté par litre; il précipite en jaune par l'acétate de plomb, et ne renferme que fort peu de sulfates, de chlorures et de chaux, mais il contient de notables quantités de phosphates alcalins, qui permettent de le reconnaître. Il se conserve mal, à cause de sa faible teneur en acide.

**Vinaigre de bière.** Il est également jaunâtre et répand l'odeur de bière aigre, sa densité est de 1,022; il donne de 50 à 60 grammes d'extrait sec, légèrement amer et dépourvu de bitartrate de potasse. Ce liquide contient de très notables quantités de sulfates et de chlorures, peu de chaux, et environ 28 grammes par litre d'acide monohydraté; il se conserve mal.

**Vinaigre de glucose.** Ce produit est peu coloré, son odeur et sa saveur rappellent celles de la fécule fermentée. On le reconnaît surtout à la présence de certaines matières étrangères. D'abord 1° le glucose qui n'a pas été totalement transformé en alcool : on le recherche et dose dans l'extrait sec, décoloré par le charbon animal; 2° la dextrine, qui se précipite en flocons blanchâtres, quand on ajoute au vinaigre le double de son

volume d'alcool à 90°; 3° le sulfate de chaux, si le glucose a été préparé par l'acide sulfurique (précipité par l'oxalate d'ammoniaque et le chlorure de baryum), ou le chlorure de sodium, si le produit a été obtenu à l'aide de l'acide chlorhydrique (précipité par l'azotate d'argent). Ce vinaigre ne contient jamais de crème de tartre.

**Vinaigre de bois.** Ce produit, qui constitue des vinaigres de qualité très inférieure, fournit peu d'extrait et de cendres, dépourvus toujours de tartre. Il se reconnaît à ce qu'il renferme presque constamment des produits empyreumatiques que la saturation par une base permet de distinguer, et qui passent à la distillation. Le liquide distillé décolore alors le permanganate de potasse. On peut aussi rechercher dans le vinaigre la présence du furfurol, lequel par l'addition de quelques gouttes d'aniline incolore, versées dans le liquide, donne une teinte rouge cramoisi fugace. On y rencontre aussi fort souvent des sels de soude en notable quantité (acétate, sulfate).

**Vinaigre de vin de raisins secs.** L'acétification du vin de raisins secs donne encore un vinaigre que l'on rencontre quelquefois dans le commerce. Il se reconnaît à la forte proportion d'extrait et de crème de tartre qu'il contient.

FABRICATION. Tous les procédés qui permettent l'oxydation de l'alcool aux dépens de l'oxygène de l'air, peuvent servir à fabriquer le vinaigre; mais certains sont préférables à d'autres, soit par rapport au rendement, soit par suite de la rapidité de l'opération, ou de la supériorité du produit obtenu. Dans tous les cas, le point essentiel à réaliser est l'arrivée de l'air en quantité suffisante pour permettre une bonne marche de l'opération, et éviter les pertes, en oxydant l'alcool assez rapidement. Si l'on examine les formules suivantes, on voit qu'il faut fixer quatre équivalents d'oxygène pour transformer tout l'alcool en acide acétique

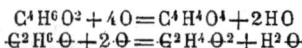

$$C^4H^6O^2 + 4O = C^4H^4O^4 + 2HO$$
$$C^2H^6O + 2O = C^2H^4O^2 + H^2O$$

ou, ce qui revient au même, si 46 parties d'alcool (l'équivalent) donnent 60 parties d'acide acétique (l'équivalent) ou 130 0/0, et 18 parties d'eau, il faudra donc fournir à cet alcool 32 parties d'oxygène, soit 69,78 0/0, pour faire l'acide acétique.

Si l'accès de l'air n'était pas suffisant, au lieu d'acide acétique, il se formerait de l'aldéhyde; or, comme c'est un corps très volatil, il se dégagerait avant d'avoir fixé suffisante quantité d'oxygène, d'où une perte considérable.

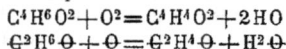

$$C^4H^6O^2 + O^2 = C^4H^4O^2 + 2HO$$
$$C^2H^6O + O = C^2H^4O + H^2O$$

alors que, avec assez d'air, on a :

$$C^4H^4O^2 + O^2 = C^4H^4O^4 \dots C^2H^4O + O = C^2H^4O^2.$$

On peut diviser les différentes méthodes de fabrication du vinaigre de la façon suivante :

*Procédés à liquide et à cuve fixes* : procédé orléanais ancien, procédé Pasteur, méthode chimique.

*Procédés à cuve fixe et à liquide mobile* : méthodes allemandes.

*Procédés à cuve mobile et à liquide mobile* : méthode du Nord; aux flûtes roulantes, procédés aux acétificateurs rotatifs.

*Procédés à cuve mobile et à liquide fixe* : méthode luxembourgeoise, procédé orléanais rapide.

Nous avons eu déjà l'occasion, en parlant de l'acide acétique (V. Acides), d'indiquer sommairement quelques-unes de ces méthodes, aussi nous ne ferons que rappeler le procédé orléanais ancien, la méthode Pasteur, et le procédé de Schuzenbach (deuxième série), car ces procédés sont aujourd'hui totalement abandonnés par l'industrie, au moins tels qu'ils ont été décrits ; les autres procédés au contraire, plus nouveaux et meilleurs, sous tous les rapports, vont nous occuper. Disons toutefois que c'est toujours avec la méthode d'Orléans modifiée (fig. 815 et 816), que l'on fabrique le meilleur vinaigre de vin, quoiqu'elle ait l'inconvénient d'exiger beaucoup de temps et de main-d'œuvre, et d'exposer à des pertes, si le travail n'est pas scrupuleusement surveillé. D'après Breton-Laugier, il est nécessaire de nourrir le vaisseau-mère, en lui donnant constamment du vin à acétifier, car un arrêt détermine la mort de l'appareil, c'est-à-dire lui fait perdre toute activité, et on ne peut s'en servir à nouveau qu'en reprenant la série des opérations, comme pour un appareil neuf, ce qui exige trois à quatre mois. On ne peut même pas, sans risques, déplacer un vaisseau-mère de sa case.

*Méthode chimique.* Döbereiner remarqua, en 1835, que l'éponge de platine obtenue en calcinant le chlorure de ce sel, offre un écartement extrême des molécules de métal, et que si on l'arrose d'alcool, celui-ci ne tarde pas à l'air à se transformer en acide acétique, surtout si le platine est légèrement chauffé.

On a voulu appliquer industriellement ce procédé, mais il n'a jamais donné de résultats avantageux. L'appareil consiste en une cage de verre munie d'étagères sur lesquelles sont placées des capsules à fond plat contenant l'alcool à acétifier. Dans chaque capsule on place un petit pied en porcelaine supportant un verre de montre renfermant l'éponge de platine. Si l'on admet maintenant qu'un courant d'air puisse s'établir dans la cage par des ouvertures ménagées en haut et en bas, et que l'étuve peut s'échauffer à 33° au moyen d'un tuyau de vapeur, on comprend que la réaction indiquée précédemment s'établisse, et l'on voit en effet l'acide se condenser sur les parois de la

cage et tomber dans un réservoir situé en dessous. Une cage de 40 mètres cubes contenant 17 kilogrammes d'éponge de platine peut journellement produire 150 litres d'acide acétique. Malheureusement, la ventilation active qu'il faut entretenir, enlève une très notable proportion de l'acide produit, puis le platine a souvent besoin d'être porté au rouge pour posséder toute son énergie, ce qui amène des pertes notables, étant donné le prix de ce métal ; aussi ce procédé n'a-t-il pu devenir pratique.

*Méthodes allemandes.* Nous avons déjà signalé la cuve de Schutzenbach (V. Acides), cet appareil fixe rempli de copeaux, dans lequel on versait le liquide à acidifier. Ce procédé, peu modifié, constitue le type de ce que l'on appelle les procédés par la méthode allemande. Tous ces appareils, wurtembourgeois pour la plupart, se prêtent mal au travail du vin et des liquides fournissant un extrait abondant, et sont au contraire très propres à l'acétification de l'alcool. On ne connaît que depuis peu de temps les manipulations à effectuer pour procéder à la fabrication, aussi allongsnous les décrire avec détails, à cause de la grande production actuelle du vinaigre d'alcool.

*Procédé à plusieurs cuves.* 1° Dans un certain nombre d'établissements on emploie une *série de trois cuves* en chêne, coniques de haut en bas, et de 3 mètres de hauteur, offrant à 30 centimètres du fond inférieur quatre trous également espacés et de 3 centimètres de diamètre, ce sont les trous d'air ; à 5 centimètres au-dessous d'eux se trouve un tube coudé destiné à laisser écouler le vinaigre. On remplit les cuves de copeaux de hêtre jusqu'à 20 centimètres du bord supérieur, puis on adapte un faux fond criblé de petits trous dans lesquels on engage une ficelle à nœud ou un épi de seigle. C'est sur ce faux fond que l'on versera le liquide à mettre en travail, après toutefois avoir fermé l'appareil par un couvercle supérieur.

Pour procéder à la fabrication, on commence par acidifier les copeaux en versant dessus du vinaigre à 14°, jusqu'à ce que celui-ci ressorte avec la même richesse, puis, la pièce étant maintenue à 25°, on charge les cuves avec des mélanges que l'on a eu soin de préparer antérieurement, et dont la composition est la suivante :

N° 1. **Mélange marquant 30°** (alcoomètre G. L.) :

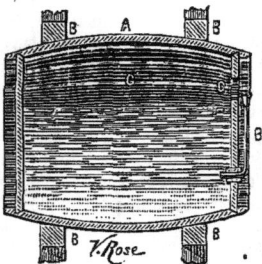

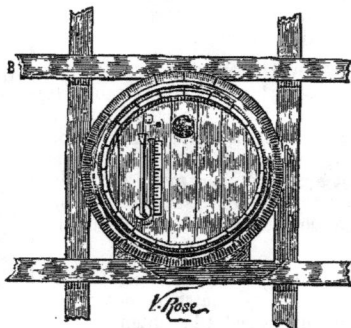

Fig. 815 et 816. — *Méthode d'Orléans perfectionnée.*

*A* Pièce dite « Mâconnaise » de 210 litres. — *B* Cadre en bois contenant les pièces. — *C* Trou servant à l'emplissage et à la vidange du fût, à l'entrée de l'air, et à la sortie des produits de sa combustion. — *D* Petit trou permettant la sortie de l'air lors du chargement. — *E* Niveau de liquide permettant la prise d'échantillons. — *F* Hauteur normale du liquide en acétification. — *G* Vide existant au-dessus du liquide contenant de l'air chaud, se renouvelant constamment pendant l'oxydation de l'alcool.

| | |
|---|---|
| Alcool à 90° . . . . . . . . . | 300 litres. |
| Bière à 4 ou 5°. . . . . . . . | 300 — |
| Eau. . . . . . . . . . . . . | 300 — |

N° 2. **Mélange à 10° alcoométriques :**

| | |
|---|---|
| Mélange fort à 30°. . . . . . | 300 litres. |
| Eau. . . . . . . . . . . . . | 600 — |
| Vinaigre à 12 ou 14°. . . . . | 100 — |

Les trois premiers jours on charge ainsi les cuves, à six heures du matin : cuve A, dix litres du mélange n° 2 à 10° alcoométriques; B, neuf litres de vinaigre provenant de A et un litre mélange à 30°; C, neuf litres provenant de B et un litre mélange à 30°; à midi, second chargement ainsi constitué : cuve A, dix litres de la cuve B; B, dix litres de la cuve A; C, dix litres provenant d'elle-même; à huit heures du soir, troisième chargement, s'effectuant sur les trois cuves comme celui fait à six heures du matin.

Le quatrième jour et les jours suivants, le premier versement de six heures se fait ainsi : cuve A, dix litres du mélange à 10°; B, neuf litres du vinaigre de la cuve A et un litre mélange à 30°; C, neuf litres du vinaigre de la cuve B et un litre mélange à 30°; on tire de la cuve C dix litres de vinaigre à emmagasiner.

Deuxième versement à huit heures du matin : cuve A, dix litres de la cuve B; B, dix litres de la cuve A; C, dix litres d'elle-même.

Troisième versement à dix heures du matin, comme le premier.

Quatrième versement à midi, comme le second, et ainsi de suite, de deux en deux heures, jusqu'à huit heures du soir, heure à laquelle se termine le travail de la journée. Une batterie de cuves montée comme nous venons de l'indiquer produit régulièrement par jour, quarante litres de vinaigre à 14°.

2° *Travail à deux cuves.* Les vases étant disposés comme on l'a indiqué ci-dessus, on charge de la façon suivante :

Premier chargement, de six heures du matin : cuve A, dix litres de mélange à 10°; B, neuf litres vinaigre de A, un litre mélange à 30°; on tire de la cuve B dix litres de vinaigre à emmagasiner.

Deuxième chargement, de huit heures du matin :

cuve A, dix litres vinaigre, provenant d'elle-même; B, dix litres vinaigre, provenant d'elle-même.

Troisième chargement de dix heures : comme à six heures.

Quatrième chargement à midi, comme à huit heures, et ainsi de suite, jusqu'à 8 heures du soir.

Ces cuves bien conduites produisent journellement quarante litres de vinaigre à 12°. Dans ce système il est utile, pour conserver l'activité des cuves, de faire quelques croisements; tous les deux jours, à midi, au lieu de verser du vinaigre sur la cuve B, on y verse un mélange de neuf litres vinaigre, provenant de A et un litre du mélange à 30°, puis on fait un soutirage de vinaigre à emmagasiner; sur la cuve A on verse du vinaigre venant d'elle-même. Puis, une fois par semaine, à huit, et à quatre heures, on verse sur A du vinaigre provenant de B, et sur B du vinaigre provenant de A; deux fois par mois on croise les cuves A entre elles, ainsi que celles B, en ayant soin de titrer toutes les cuves, et de croiser les plus faibles avec les plus fortes. Ce travail à deux cuves est plus minutieux que celui à trois cuves.

*Travail à une cuve* (fig. 817 et 818). Pour cette fabrication, la cuve en chêne a 2ᵐ,50 de hauteur, 80 à

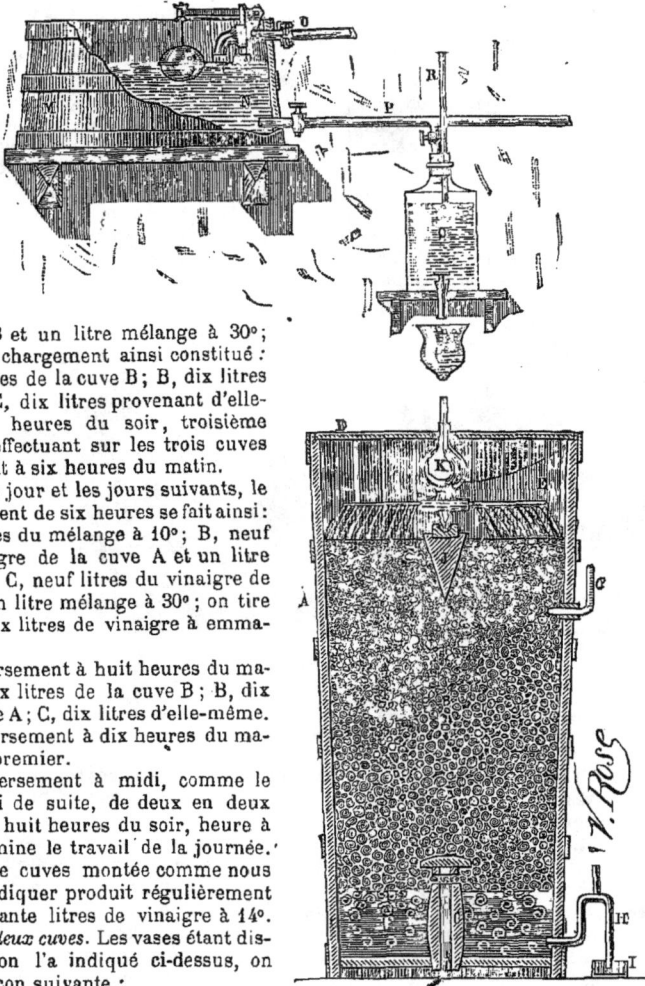

Fig. 817 et 818. — *Méthode allemande simplifiée.*

A Cuve en bois. — B Copeaux de hêtre roulés en spirales. — C Champignon portant le trou d'arrivée de l'air extérieur. — D Couvercle de la cuve. — E Hauteur normale du vide au-dessus des copeaux. — F Liquide restant à l'état permanent au fond de la cuve. — G Thermomètre fixé au centre du foyer d'acétification. — H Tube syphon, pour la vidange automatique de l'appareil. — I Gouttière pour le déversement des tubes-syphon. — J Cheville en bois portant un petit dé en verre servant de pivot pour le tourniquet. — K Tourniquet hydraulique en verre pour l'arrosage uniforme des copeaux. — M Petite cuve à niveau de liquide constant desservant tous les appareils d'une seule. — N Liquide alcoolique. — O Robinet flotteur. — P Conduite générale desservant tous les flacons. — Q Flacon jaugé recevant la charge d'un arrosage pour une cuve. — R Tube en verre réglant automatiquement la quantité de liquide à laisser écouler dans chaque flacon.

85 centimètres de diamètre au fond inférieur, 1 mètre au fond supérieur, et une épaisseur de 3,5 à 4 centimètres ; le trou à air est placé inférieurement et il porte un champignon de 30 centimètres de hauteur, situé à l'intérieur. Ce champignon est constitué par un pied percé dans sa longueur sur un diamètre de 2 centimètres, et ce conduit est fermé par une calotte supérieure, au-dessous de laquelle le pied porte quatre ouvertures de 2 centimètres pratiquées jusqu'au conduit central et destinées au passage de l'air. Cet appareil étant fixé à sa place, la cuve étant chargée de copeaux, on acidifie ceux-ci avec du vinaigre à 12°, au moyen d'un tourniquet en verre de 1 mètre de diamètre, lequel mis en mouvement par l'arrivée du liquide, répartit ce dernier d'une façon uniforme. Afin d'avoir une alimentation constante, une cuve à flotteur déverse, dans un flacon d'approvisionnement à robinet, le liquide qui se rend de là au tourniquet. Ce liquide a la composition suivante :

| | |
|---|---|
| Vinaigre d'alcool à 12°. . . . . | 40 litres. |
| Alcool à 14°. . . . . . . . . . | 50 — |
| Bière alcoolisée à 12°. . . . . | 10 — |

Le premier jour on verse matin et soir sur la cuve sept litres du mélange ; deux jours après, huit litres, puis dix litres après deux nouveaux jours. On s'aperçoit alors que la cuve s'échauffe ; lorsqu'elle a atteint 32°, on fait un troisième versement de dix litres dans l'après-midi. Cette cuve fournit journellement quinze litres de vinaigre à 12° par jour, et marche assez régulièrement.

Les appareils allemands sont d'installation coûteuse, et de conduite difficile, à cause de l'arrosage qui doit être fait avec la plus grande régularité ; ils offrent en plus au bout de quelque temps de fonctionnement, un grave inconvénient, celui de permettre l'aplatissement des copeaux qui, s'agglutinant avec de la matière organique, provoquent une fermentation butyrique, puis putride, laquelle se propage aux cuves voisines, sans qu'il

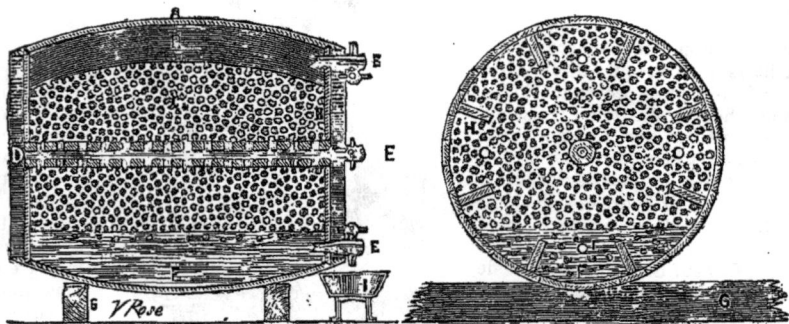

Fig. 819 et 820. — *Acétificateurs rotatifs.*

*A* Tonneau en bois. — *B* Fond antérieur du tonneau servant après son enlèvement à l'introduction du remplissage. — *C* Copeaux de hêtre ou râfles de raisin. — *D* Tube cylindrique en bois percé de trous. — *E* Canelle de soutirage. — *H* Palettes en bois remontant le liquide lors des rotations pour l'arrosage des copeaux. — *F* Liquide à acétifier. — *I* Petite conduite en bois servant à l'écoulement du vinaigre fabriqué. — *G* Chantiers en bois sur lesquels reposent et roulent les appareils.

soit toujours possible d'y remédier autrement qu'en démontant les cuves pour les laver à la chaux et à l'acide sulfurique dilué ; c'est-à-dire en recommençant tout le travail du montage des cuves.

*Méthode du Nord, aux flûtes roulantes.* Cette méthode a été employée déjà depuis quelque temps dans certaines villes du Nord, pour augmenter la rapidité du procédé orléanais, en faisant tourner le fût. On emploie pour cela des tonneaux longs, de petit diamètre (appelés *flûtes*) que l'on place sur deux chantiers parallèles. On remplissait les vases à moitié avec du vinaigre et le mélange à acétifier, et plusieurs fois par jour, on roulait les fûts sur leurs chantiers, en ayant soin d'enlever la bonde après chaque opération. Après sept à huit jours on soutirait un tiers du liquide que l'on remplaçait par de nouveau mélange a acétifier. C'est de ce point de départ que sont sortis les procédés aux cuves tournantes, qui servent presqu'exclusivement en France, actuellement.

*Procédés aux acétificateurs rotatifs* (fig. 819 et 820). Cette méthode, préconisée en 1855, par M. Lacambre, tient de la précédente et a emprunté au pro-

cédé allemand, l'emploi des copeaux et d'un liquide mobile. On se sert comme acétificateurs de forts tonneaux de chêne cerclés de fer, au centre desquels se trouve un tuyau de bois percé d'une multitude d'orifices destinés à amener l'air dans l'intérieur de l'appareil, et sur les parois intérieures desquels sont fixées des planchettes en bois, qui, lorsque l'appareil tourne, élèvent le liquide et arrosent les copeaux qu'on y a introduits, en enlevant un des fonds. Pour mettre une opération en train, on commence par acidifier les copeaux, puis on introduit par la bonde un mélange de vinaigre, d'alcool faible et de vin ou de cidre. Le volume du liquide introduit la première fois ne doit dépasser que légèrement la hauteur des palettes intérieures ; alors on fait rouler le fût sur un chantier muni de lattes en fer et l'on maintient la température à 30 ou 32°, comme dans toutes les chambres à acétification. On fait faire un tour ou trois quarts de tour au vase, toutes les deux à trois heures, afin de maintenir les copeaux toujours humides, et au bout de quarante à quarante-huit heures, on soutire un tiers ou un quart du liquide que l'on remplace aussitôt par une nouvelle quantité de liqueur alcoolique à 18 ou 22 0/0 d'alcool à 50°. Cet appareil offre l'inconvénient d'avoir les trous d'air au centre du fût, et, comme le liquide n'arrive qu'au quart de la hauteur du vase, l'azote chargé d'acide carbonique qui reste après la désoxygénation de l'air n'a pas d'issues suffisantes, ce qui amène des fermentations putrides décomposant l'acide acétique formé. Aussi l'appareil Lacambre n'a-t-il pas eu d'application.

*Méthode luxembourgeoise* (fig. 821 et 822). M. Michaélis, en 1878, a perfectionné les acétificateurs rotatifs de Lacambre, et les a rendus pratiques. Ici, le liquide est fixe, alors que la cuve et les copeaux sont mobiles. L'appareil se compose toujours d'un fût épais, bien cerclé et de six cents litres environ de capacité; une cloison intérieure, horizontale et à claire-voie, le divise en deux compartiments inégaux, le supérieur étant plus petit. Ce compartiment est rempli de copeaux de hêtre légèrement tassés. En dessous de cette cloison, se trouve dans le fond du fût, au centre, un trou muni d'un tube de bois ou d'un robinet, par lesquels l'air peut pénétrer dans l'appareil; sur le fond opposé au-dessus se trouve également une ouverture absolument analogue à la précédente, servant pour la sortie de l'air désoxygéné. Le fût porte en outre, comme toutes les cuves, un robinet inférieur pour permettre le soutirage, et comme pièces accessoires un thermomètre et un niveau de liquide. Cette cuve, dans la chambre à acétification, est posée sur deux montures de galets, placées sur un chantier suffisamment élevé pour permettre de tourner une manivelle actionnant une monture de

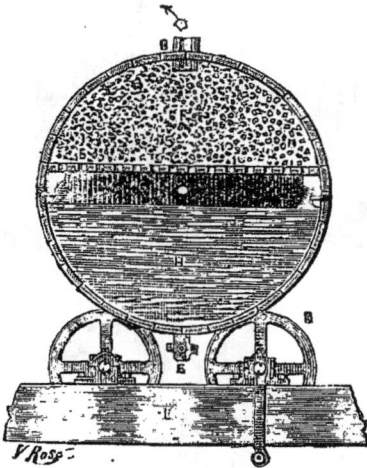

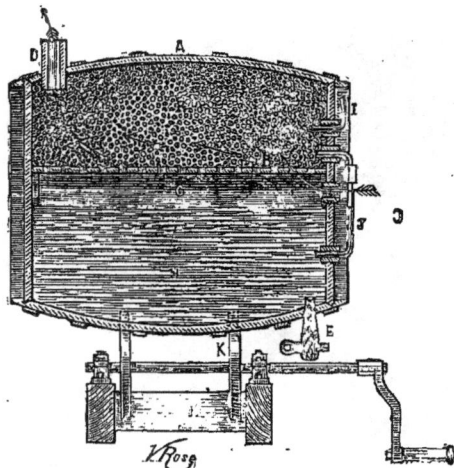

Fig. 821 et 822. — *Méthode luxembourgeoise.*

*A* Tonneau en bois de 600 litres. — *B* Cloison horizontale, en bois, à claire-voie. — *C* Tube centrale pour l'entrée de l'air. — *D* Tube d'évent pour la sortie de l'air. — *E* Canelle de soutirage. — *F* Copeaux de hêtre roulés en spirale. — *G* Vide formant une chambre d'air. — *H* Liquide à acétifier. — *I* Thermomètre coudé. — *J* Niveau de liquide. — *K* Montures de galets sur lesquelles reposent les appareils. — *L* Chantiers sur lesquels sont fixés les galets. — *M* Manivelle actionnant les galets.

galets qui entraîne la cuve dans un mouvement circulaire. Pour faire fonctionner l'appareil, on enlève le robinet d'entrée de l'air, et par le trou, on introduit du vinaigre à 9° jusqu'à ce que la hauteur du liquide arrive à 1 centimètre environ au-dessous du trou central; on ferme le robinet d'évent et l'on fait faire un demi tour à la cuve, de façon à ce que le compartiment supérieur, garni de copeaux, baigne complètement dans le vinaigre. Si après vingt-quatre ou quarante-huit heures, l'absorption du vinaigre fait que la cloison se découvre, on refait le niveau du liquide, on remet l'appareil en place, l'évent en dessus, on ouvre ce robinet, et l'on soutire tout le vinaigre. Les copeaux étant ainsi acidifiés, on charge l'appareil avec deux cent soixante-quinze litres environ d'une liqueur alcoolique à 8°, de la même manière qu'on avait introduit du vinaigre, et lorsque le niveau du liquide est arrivé à 1 centimètre du trou central, on replace le tube d'arrivée d'air, on ferme le tube d'évent et l'on fait faire un tour complet

à la cuve. Les copeaux traversent donc le liquide, s'en imprègnent et regagnent la partie supérieure; on fait arriver l'air, et comme celui-ci est à 25°, les copeaux ne tardent pas à s'échauffer et un courant d'air s'établit au travers d'eux. On reconnaît que l'appareil est en plein fonctionnement quand la flamme d'une bougie est attirée auprès du robinet d'entrée de l'air, et qu'elle s'éteint par défaut d'oxygène dans les gaz sortant de la cuve. On fait faire à l'appareil six révolutions complètes, de trois heures en trois heures, par jour, jusqu'à acétification complète, ce qui se produit, dans l'appareil de six cents litres, en douze à quinze jours. C'est l'appareil donnant le plus fort rendement; il peut fonctionner également avec les vins, est d'installation peu onéreuse et fonctionne régulièrement, mais il permet la perte des éthers aromatiques et même d'un peu d'acide acétique; de plus, il oblige à fermer le trou d'évent chaque fois qu'on fait tourner la cuve. Pour obvier à ce dernier inconvénient, MM. Agobet et Cie ont construit un tube-siphon pour la sortie de l'air, avec retour dans l'appareil des vapeurs condensées (fig. 823).

*Procédé orléanais rapide, Agobet et Cie* (fig. 824). Ce procédé diffère du précédent en ce que le trou d'air supérieur est supprimé. La circulation de l'air est due à la contraction produite par la transformation de l'alcool en acide acétique.

La cuve est toujours une forte pièce en chêne, cerclée de fer, et de six cents litres environ, mais ayant ses deux fonds percés d'un trou central de 4 centimètres de diamètre, reliés entre eux par un tube horizontal en osier, de 12 centimètres. Ce tube porte à son milieu deux tubes de même diamètre, faisant rayons, et ayant toute la hauteur du tonneau ; l'ensemble constitue une véritable chambre à air, autour de laquelle on entasse les copeaux de hêtre (fig. 825). Sur le fond antérieur se trouve un thermomètre et un tube-cannelle servant de niveau de liquide et de déversoir. Le mouvement de rotation s'obtient à l'aide d'une couronne dentée portant une gorge pour maintenir le fût sur une monture de galets, lesquels sont placés sur un bâti en bois, pouvant recevoir une série d'appareils. Un arbre de transmission maintenu par des supports reliés au bâti, porte une vis sans fin sous chaque fût. Cette vis s'engrenant avec la roue dentée entraîne la rotation du tonneau lorsque l'arbre est animé par un moteur quelconque.

Pour fabriquer le vinaigre on commence par acidifier les copeaux à l'aide de cent cinquante

Fig. 823 et 824. — *Montage industriel des cuves tournantes fonctionnant mécaniquement.*

litres de vinaigre à 8°, puis on remplit l'appareil avec une liqueur alcoolique à 8°, jusqu'à ce que le niveau liquide arrive à 2 centimètres au-dessous du trou central. On fait faire une révolution entière au vase, puis un nouveau tour toutes les deux heures, pendant la première journée. On refait le niveau du liquide avec de la liqueur alcoolique, puis on chauffe la pièce à la température de 30° centigrades et à partir de ce moment on fait faire un fût une révolution complète matin et soir, jusqu'à ce que le thermomètre marque 25°. Arrivé à ce point on fait trois révolutions et on abaisse la température ambiante à 25° ; le thermomètre marquant 28°, on fait six révolutions (une toutes les trois heures) et on maintient l'air extérieur à 20-22° jusqu'à la fin de l'acétification. On soutire tout le vinaigre et le remplace par de nouvelle liqueur alcoolique.

On peut résumer ainsi ce qui a trait à la fabrication du vinaigre. Le vieux procédé d'Orléans est celui qui donne le produit le plus aromatique. Les appareils Michaélis et Agobet fournissent aussi du vinaigre de vin, mais si leur rendement est supérieur, le produit obtenu est moins fin. Les appareils allemands sont impropres à cette fabrication et bons seulement pour la confection des vinaigres d'alcool. Ceux-ci se font avec les appareils à cuves tournantes, mais les précédents donnent un produit plus fort en degré ; les appareils allemands sont moins faciles à conduire que ceux luxembourgeois et orléanais rapide : ils donnent plus de perte que les derniers.

Les appareils Pasteur sont abandonnés et les autres n'ont jamais reçu de véritable application industrielle.

ANALYSE DU VINAIGRE. Elle comporte l'étude des

propriétés physiques et chimiques de ce liquide La *densité* du vinaigre de vin est, avons-nous dit, de 1,018 à 1,020 (2°,5 à 2°,75 au pèse-vinaigre Baumé), mais cette densité n'est pas absolument exacte, parce que les mélanges d'eau et d'acide acétique n'ont pas une densité augmentant régulièrement avec leur teneur en acide, et qu'en outre les matières diverses qui servent à faire le produit, peuvent contenir des quantités très variables de corps pouvant augmenter ou diminuer la densité.

Fig. 825.

*Copeau de hêtre roulé en spirale*

Le *dosage de l'acidité* se fait en général avec une liqueur titrée de soude (3ᵍ,1 00/00 ou 1/10 de l'équivalent) après addition au vinaigre de tournesol ou de phtaléine de phénol. Le nombre de centimètres cubes de la solution, versés dans un volume donné de vinaigre, ×par 6 (1/10 de l'équivalent de l'acide acétique) donne de suite le poids de l'acide acétique cristallisable contenu dans le vinaigre. Réveil a proposé un instrument spécial qui consiste en un tube fermé sur lequel est tracé, vers le bas, un trait marqué 0° et qui correspond à un volume de 4 centimètres cubes de vinaigre; au-dessus, le tube porte vingt-cinq divisions. Pour faire un essai, on verse dans le tube les 4 centimètres cubes de vinaigre, puis on ajoute avec une burette divisée en centimètres cubes, une liqueur faite avec 45 grammes de borax et assez de soude (le volume total après addition d'eau distillée devant faire 1,000 centimètres cubes) pour que 20 centimètres cubes de cette liqueur saturent exactement 4 centimètres cubes d'acide sulfurique à 1/10, ou 0ᵍ,4 d'acide sulfurique, ce qui se voit grâce au tournesol ajouté à la liqueur. Dès lors, quand le vinaigre ne fait plus virer au rouge la liqueur du tube acétimétrique, on n'a plus qu'à lire le nombre de divisions employées. Les 0ᵍ,4 d'acide sulfurique correspondent à 0,489 d'acide acétique.

Aucun des procédés acétimétriques n'est rigoureux, à cause de la présence des acides libres, ou combinés (éthers), qui existent avec l'acide acétique dans le vinaigre, du bitartrate de potasse, etc.; l'erreur commise de ce chef peut atteindre 0ᵍ,50 en trop. Pour éviter ces erreurs, Lassaigne conseille de faire d'abord un premier essai acétimétrique, puis d'évaporer un même poids de vinaigre, et de titrer l'acidité de cet extrait; la différence doit donner le poids de l'alcali saturé par les acides volatils.

L'*extrait sec* s'obtient comme pour les vins, en évaporant au bain-marie à 100° de 20 à 25 centimètres cubes de vinaigre; pour l'extrait dans le vide on n'en prend que 10 centimètres cubes et on les abandonne quatre jours dans le vide sec et on place un jour au-dessus d'anhydride phosphorique. Nous avons indiqué le poids d'extrait sec que donnent les alcools suivant leur richesse.

Les *cendres*, s'obtiennent par l'incinération de l'extrait sec à 100°.

La *crème de tartre* se retrouve en reprenant l'extrait sec par l'eau, en y ajoutant une trace de perchlorure de fer, et en faisant bouillir et en additionnant de potasse en léger excès; il se forme du tartrate ferrico-potassique, qui précipite en noir par l'acide sulfhydrique. On la reconnaît encore en faisant bouillir du vinaigre avec son volume d'une solution saturée de bichromate de potasse; s'il y a du tartre, il se fait une coloration rouge. Pour opérer le dosage, on suit le procédé indiqué au mot VIN.

La *matière réductrice* se dose en opérant sur l'extrait obtenu avec 100 centimètres cubes, en reprenant par l'eau, en formant le volume primitif, en décolorant par le noir animal et en titrant par la liqueur de Fehling.

ALTÉRATIONS. Diverses causes d'impureté se produisent pendant la fabrication, ou lors du séjour du vinaigre dans les vases. Pendant la fermentation il se forme toujours, surtout dans les vinaigres faibles, une certaine quantité de petits animaux microscopiques, qu'on nomme *anguillules*, par suite de leur forme; on ne sait exactement à quelle cause attribuer cette production, probablement au manque de propreté. Pour en avoir le moins possible, il faut donc surveiller l'état des vases, puis filtrer le vinaigre. Les vinaigres offrent souvent aussi une maladie qui les affaiblit rapidement et qui est due à la présence de certains ferments organiques, qui par suite d'une très grande fixation d'oxygène, convertissent l'acide acétique, en acide carbonique et en eau

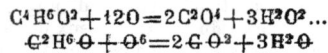

$$C^4H^6O^2 + 12O = 2C^2O^4 + 3H^2O^2...$$
$$C^2H^6O + O^6 = 2CO^2 + 3H^2O$$

il suffit de chauffer le vinaigre pour arrêter le développement de cette maladie. Enfin, le vinaigre étant un corps acide, tend à dissoudre les métaux avec lesquels on le laisse en contact, aussi renferme-t-il presque toujours du fer et du cuivre, et souvent du zinc. On retrouvera ces corps, ainsi que les sels qui existaient dans les liquides acétifiés, dans les cendres obtenues avec l'extrait sec.

Dans le cas où des vinaigres de vin rouge, ou d'autres, auraient subi un traitement au charbon animal, dans le but de les décolorer, on devra retrouver dans le liquide du phosphate de chaux, qu'un excès d'ammoniaque précipiterait à l'état gélatineux.

FALSIFICATIONS. Les fraudes que l'on fait subir au vinaigre peuvent avoir pour but:

1° D'*augmenter l'arome et la force*; c'est ce que l'on obtient par le contact du garou, de la maniguette, de la moutarde, du piment, du poivre, de la racine de pyrèthre; la dégustation permet de percevoir un arrière-goût âcre que ne possède pas le vinaigre; puis on reconnaîtra l'odeur spéciale de ces corps, en frottant un peu de vinaigre entre les mains et surtout en faisant l'extrait sec du produit;

2° D'*augmenter la densité*; c'est ce que donne l'addition de divers sels, comme le chlorure de sodium, le carbonate de chaux (qui se transforme en acétate), la crème de tartre, l'alun, le sulfate de soude. Dans ce cas, la quantité de cendres sera augmentée, et l'analyse de ce résidu indiquera la nature du produit ajouté;

3° D'*augmenter l'acidité*; 1° au moyen d'acides minéraux. Cette addition est fréquente; avant de rechercher par quel acide la falsification a été faite, on constate la présence de ces acides : *a*) au moyen du violet de méthyleaniline qui passe au vert bleu, lorsqu'il y a des acides minéraux (Witz); *b*) au moyen de l'ébullition du vinaigre suspect avec une trace (0⁵,5 0/0) d'amidon ou de fécule, qui saccharifiés par la chaleur ne forment plus d'iodure bleu d'amidon, avec l'eau iodée, dès qu'il y a un peu d'acide minéral (Payen); *c*) par l'addition d'un peu de sulfure de zinc, que l'acide acétique même concentré, n'altère pas, et qui dégage de l'acide sulfhydrique s'il y a de l'acide, avec l'aide d'une douce chaleur (Foehring). Maintenant, pour rechercher l'*acide sulfurique*, comme les vinaigres renferment normalement des sulfates, on évapore 500 grammes de vinaigre, puis on reprend l'extrait par l'alcool absolu, qui dissout l'acide libre, sans toucher aux sulfates. Alors on filtre, on étend d'eau distillée et l'on ajoute du chlorure de baryum, qui permet de faire le dosage exact. Pour retrouver l'*acide chlorhydrique libre*, on distille 500 grammes de vinaigre et dans le produit recueilli on ajoute de l'azotate d'argent titré qui indique la proportion d'acide; dans les cendres on retrouverait les chlorures et les doserait également. La présence d'*acide azotique* dans du vinaigre donne à celui-ci la propriété de décolorer à l'ébullition, le sulfate d'indigo; de colorer en rose brun du sulfate ferreux délayé dans de l'acide sulfurique; de donner, après saturation par le carbonate de potasse, un produit qui desséché, *fuse* sur les charbons ardents, et donne des vapeurs rutilantes lorsqu'on le chauffe dans un tube avec du cuivre et de l'acide sulfurique. Il va sans dire que si l'on a retrouvé ces acides dans un vinaigre, il faut en défalquer le poids, du poids total obtenu par l'acétimétrie; 2° par les *acides organiques*. Ceux-ci sont peu nombreux : *a*) l'*acide tartrique* est parfois ajouté, mais il est cher; on sait comment le reconnaître et le doser; *b*) l'*acide oxalique*, également d'un prix élevé, se retrouve en saturant partiellement le vinaigre par l'ammoniaque, et ajoutant du chlorure de calcium; on a un abondant précipité blanc; *c*) l'*acide pyroligneux*; nous avons déjà au début de cette étude indiqué ses caractères et le moyen de le reconnaître. — J. C.

4° D'*augmenter la coloration*; c'est généralement par l'addition de caramel qu'on augmente la teinte des vinaigres. On reconnaît la présence de ce corps à l'amertume de l'extrait sec, et au goût de sucre brûlé, ainsi qu'à l'odeur. — J. C.

### Vinaigres pharmaceutiques. *T. de pharm.* Ces produits également désignés sous le nom d'*oxéolés* (de •ξος, vinaigre), d'acétolés, sont des médicaments dans lesquels le vinaigre de vin blanc est employé comme dissolvant; ils ont

une grande analogie avec les vins médicinaux, car la seule différence qui existe entre eux est que l'acide acétique faible remplace l'alcool des autres produits. Aussi est-il toujours nécessaire d'employer pour leur préparation un vinaigre pur, et non une solution d'acide acétique étendu, ou bien du vinaigre pyroligneux; sans cette précaution, on pourrait parfois obtenir des liquides nébuleux, comme pour le vinaigre de colchique, par suite de l'action du tannin sur la matière végétale.

Le vinaigre que l'on emploie doit être titré, et doit contenir 7 à 8 0/0 d'acide acétique (10 grammes de vinaigre saturent alors exactement 1 gramme de carbonate de potasse pur et sec). La préparation se fait toujours à froid et par macération, en vase clos, en laissant en contact les plantes divisées avec le liquide, pendant dix jours, exprimant et filtrant (vinaigres de scille, de colchique, antiseptique, etc.); ou bien par dissolution (vinaigre camphré, vinaigre phéniqué); ou même par simple mélange, comme le vinaigre aromatique, fait en ajoutant de l'alcoolat vulnéraire à du vinaigre ordinaire.

Par exception, le *vinaigre anglais* est fait avec de l'acide acétique cristallisable, dans lequel on dissout du camphre et des essences, aussi s'en sert-on seulement comme irritant en le faisant respirer aux personnes indisposées.

Quelques vinaigres sont distillés; on leur réserve le nom d'*oxéolats* ou d'*acétolats*; ils ne contiennent que les parties volatiles des produits qui ont servi à les fabriquer. Ces produits se gardent en général assez bien; parfois on y ajoute un peu d'acide acétique pour assurer leur conservation. Ils s'emploient à l'intérieur ou à l'extérieur et aussi pour préparer des oxymels et quelques sirops. — J. C.

### Vinaigres de toilette. On donne ce nom à des préparations à base de vinaigre et qui sont destinées aux usages de la toilette. Elles se recommandent presque toutes par un parfum plus ou moins fort, mais qui doit être agréable; on s'en sert d'ordinaire en les allongeant d'une forte quantité d'eau.

Comme type de ces vinaigres nous pouvons citer le *vinaigre de Bully*. Il se fait avec : eau 7,000 grammes; alcool à 86°, 3,500 grammes; essences de bergamotte et de citron $\widehat{aa}$, 30 grammes; essence de Portugal, 12 grammes; de romarin, 23 grammes; de lavande, 4 grammes; de fleurs d'oranger, 4 grammes; alcoolat de mélisse, 500 grammes. On agite et après vingt-quatre heures on ajoute : teintures de benjoin, tolu, storax, girofle, $\widehat{aa}$ 60 grammes; on mêle bien puis additionne de 2,000 grammes de vinaigre distillé. On filtre et après douze heures on termine la préparation en ajoutant encore 90 grammes d'acide acétique concentré (brevet expiré).

On fait encore un *vinaigre de toilette* assez agréable, avec la formule suivante : alcool à 86°, 7,000 grammes; vinaigre blanc, 2,000 grammes; eau de Cologne, 450 grammes; extraits de benjoin et de storax $\widehat{a}a$ 60 grammes; vinaigre pyroligneux, 125 grammes; essence de lavande, 45 grammes, de cannelle et de girofle $\widehat{a}a$, 4 grammes; alcali volatil, 4 grammes. On colore avec de l'orseille et on filtre.

On donne le nom de *vinaigre virginal* à un produit fait avec parties égales d'alcool, de vinaigre et de benjoin, on laisse macérer et on filtre. Quelques gouttes de ce liquide rendent l'eau laiteuse, agréable à l'odeur et tonique pour la peau.

*Vinaigre dentifrice.* Pour les soins de la bouche on obtient une bonne préparation en mettant à macérer dans 2.000 grammes de vinaigre blanc, 60 grammes de racine de pyrèthre, 8 grammes de cannelle et autant de girofle (tous ces produits étant réduits en poudre grossière); d'autre part on fait dissoudre 8 grammes de résine de gaïac dans 60 grammes d'alcoolat de cochléaria mélangé avec 125 grammes d'alcoolé vulnéraire rouge. On réunit les produits et l'on filtre après quelques jours.

On fait encore des vinaigres odorants en mélangeant à 375 grammes de vinaigre de vin, 30 grammes de roses rouges ou un même poids de lavande, œillets, romarin, rue, sureau, sauge, etc.

**VINAIGRERIE.** Industrie qui s'occupe de la fabrication du vinaigre; fabrique où on le produit.

**VINAIGRETTE.** Outre son acception culinaire, on a donné ce nom à une petite voiture montée sur deux roues et qui tenait de la chaise à porteurs; on y entrait par une porte munie d'une glace qui s'ouvrait sur le devant entre les brancards. — V. CHAISE A PORTEUR.

**VINAIGRIER.** *T. de mét.* Fabricant de vinaigre; ouvrier qui travaille dans une vinaigrerie.

**\*VINASSE.** Dans la fabrication de l'alcool, résidu de la distillation qu'on utilise comme engrais ou dont on extrait certains sels, lorsqu'il provient du traitement des mélasses. — V. DISTILLATION, § *Résidus de la distillation*, et POTASSE.

**\*VINCENZI.** Mécanicien d'origine italienne et fixé à Roubaix; il a apporté d'utiles perfectionnements dans la construction des mécaniques Jacquard. — V. JACQUARD.

**VINDAS.** *T. de mécan.* Sorte de treuil vertical, employé surtout dans la marine à bord des bâtiments, et que l'on manœuvre soit à bras d'hommes, soit à la machine sur les bateaux à vapeur.

**\*VIOLANILINE.** *T. de chim.* L'une des triamines qui se forment lors de la préparation de la fuchsine. Elle a pour formule $C^{36}H^{15}Az^3 \dots C^{48}H^{15}Az^3$ et résulte de l'union de trois molécules d'aniline, qui en même temps sont deshydrogénées chacune de deux molécules

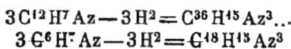

$$3\,C^{12}H^7Az - 3H^2 = C^{36}H^{15}Az^3 \dots$$
$$3\,C^6H^7Az - 3H^2 = C^{48}H^{15}Az^3$$

Elle se précipite de sa dissolution dans l'aniline lorsqu'on ajoute à celle-ci convenablement dissoute, une solution d'acide chlorhydrique ou d'acide acétique, jusqu'à saturation.

**VIOLE.** Instrument du genre du violon mais plus gros et à sept cordes de boyau; on ne s'en sert presque plus.

**VIOLET.** L'une des sept couleurs principales du spectre solaire; elle est simple comme toutes les autres, mais c'est elle qui est la plus réfrangible; c'est de plus une couleur fondamentale, c'est-à-dire l'une des trois (rouge, vert, violet) avec lesquelles on peut reproduire toutes les autres. Les rayons violets sont ceux qui sont doués de la plus grande somme d'activité chimique. Nous étudierons les corps qui peuvent fournir des couleurs violettes, dans l'ordre que nous suivons d'ordinaire.

### COULEURS MINÉRALES.

Peu de produits sont à signaler dans ce groupe : 1° le *violet de cobalt* ou arséniate de cobalt

$$CoO, AsO^5, 8H^2O^2 \dots Co^3As^2O^8, 8H^2O.$$

On l'obtient par double décomposition, et comme il est rose lorsqu'il vient d'être précipité, on le calcine fortement pour lui donner la nuance violette; 2° le *violet de mars*, variété de sesquioxyde de fer $Fe^2O^3 \dots Fe^2O^3$ que l'on calcine fortement; 3° le *violet d'or* ou *pourpre de Cassius*, stannate aureux, ayant pour formule $3(SnO^2)Au^2O, 4H^2O^2 \dots$ $Sn^3O^7Au^2, 4H^2O$ et que l'on obtient en versant dans une solution de trichlorure d'or un mélange de chlorures stanneux et stannique (V. t. II, p. 353, et VI, p. 398); 4° le *violet d'outremer*, l'une des variétés nouvelles de cette couleur (V. OUTREMER); 5° le *violet de Nuremberg* (de Leykauf) est une combinaison de sesquioxyde de manganèse et d'ammoniaque, avec l'acide sulfurique, qui est un résidu de la fabrication industrielle du chlore sans régénération du peroxyde de manganèse. Ils servent tous pour la peinture à l'huile, à la colle, ou sur porcelaine.

### COULEURS ANIMALES.

Ces dernières sont encore moins nombreuses que les précédentes, et nous n'avons guère à citer que la *cochenille ammoniacale* fournie par le coccus cacti, L., hémipt. (V. COCHENILLE) et la *pourpre des anciens* produite par une glande de divers mollusques gastéropodes des genres purpura, aplysia, etc. — V. POURPRE.

### COULEURS VÉGÉTALES.

Nous avons déjà cité à différentes reprises (V. ESSAI, TEINTURE, etc.) diverses nuances violettes qui se fixent sur les fibres végétales, soit par impression, soit par teinture. Les principales de ces couleurs sont les suivantes : le *violet d'alizarine artificielle*, 1° on imprime ou on mordance le coton avec un acétate ou un sel de fer quelconque, on fixe le mordant et on teint en alizarine artificielle; 2° on mélange un sel de fer au minimum avec l'alizarine, on imprime, on vaporise, on lave et on savonne. Les *violets de garance* ne s'obtiennent que par teinture. On opère pour les avoir, comme pour les violets d'alizarine artificielle, en prenant des mordants de fer un peu plus concentrés et en teignant plus lentement; pour avoir de beaux violets, un avivage est nécessaire. Les *violets de campêche* sont peu employés, à cause de leur faible stabilité. Pour les préparer on se sert de mordants à l'alun ou aux sels d'étain au maximum (sel pour rose, deutochlorure, etc.) en faisant intervenir de petites quantités de sel de cuivre.

Le *violet d'orseille* était très employé autrefois pour la confection des gros violets sur laine, mais il est remplacé aujourd'hui par les violets tirés du goudron. On le préparait avec des mordants d'alumine; en teinture, il est fixé à l'alun ou au tartre et à l'étain, selon les qualités d'orseille qui sont employées. La pourpre française dérivée de l'orseille, servait autrefois à faire un violet sur coton, par un procédé spécial. Le *violet d'alkanna* ou *d'orcanette* est aussi abandonné à notre époque, on l'obtenait en traitant la racine d'orcanette (*anchusa tinctoria*, L., borraginées) par l'alcool, après l'avoir épuisée par l'eau, afin d'éliminer les substances étrangères. La solution alcoolique servait à teindre en violet sur mordant d'alumine, et en gris sur mordant de fer.

### COULEURS ORGANIQUES.

Ces couleurs, aujourd'hui très nombreuses, peuvent se ranger dans un certain nombre de groupes, qui sont les suivants :

1° *Violet de méthyle* (Syn. : *violet à l'iode, violet de Hoffmann, dahlia, primule,* etc.). C'est la triméthylerosanilinediiodi-méthylée

$$C^{20}H^{16}(CH^3)^3Az^3.2CH^3I.$$

On l'obtient en chauffant une partie de rosaniline avec 2 parties $C^2H^5I$ ou $CH^3I$ ou $C^3H^7I$ et 2 parties d'alcool. Par suite de l'emploi de dérivés iodés différents, on a des nuances parfois un peu variables, aussi le commerce offre-t-il des violets du groupe du violet de méthyle qui sont connus sous des noms divers, tels sont :

A. Le *violet de Wanklyn* dû à la réaction de l'iodure de pseudopropyle sur la rosaniline;

B. Le *violet au térébène* (de Perkin, 1865) qui se prépare par la réaction de 30 parties d'alcool méthylique, sur 4 parties de bromure de térébène et 6 parties de rosaniline, à chaud;

C. Le *violet de Levinstein*, dû à la réaction du nitrate d'éthyle sur la rosaniline;

D. Le *violet de Danoson*, produit par l'iodure d'allyle agissant sur la rosaniline;

E. Le *violet de Lauth et Siegbury*, obtenu par l'action de l'alcool et des combinaisons iodées ou bromées de l'acétone sur la rosaniline;

2° Le *violet de benzyle* (Syn. : *violet 5B ou 6B*). Ce corps découvert par MM. Lauth et Grimaux a été obtenu en chauffant la rosaniline avec du chlorure de benzyle, ou avec le violet Hoffmann R en présence d'un alcali.

Le *violet de Hobrecker* est voisin du précédent; il se prépare en faisant réagir du chlorure de benzyle et de l'iodure de méthyle sur la rosaniline dissoute dans l'alcool méthylique. Il a pour formule $C^{42}H^{40}Az^3.I$ d'après Nietzki, ou d'après Hoffmann $C^{20}H^{16}(C^7H^7)^3Az^3,CH^3I$, c'est de l'iodure de méthyle de tribenzylerosaniline;

3° Le *violet de chloranile* (Meister Lucius et Bruening), il a été obtenu par l'action du chloranile sur la diméthyleaniline. La base de cette ma-

tière colorante a pour formule $C^{12}H^8(CH^3)^4Az^2$ (Wichelhaus);

4° Le *violet de Paris* a été découvert par MM. Lauth et Bardy, en 1866, en oxydant la diméthylaniline :

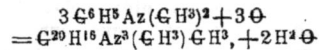

$$3C^6H^5Az(CH^3)^2 + 3O$$
$$= C^{20}H^{16}Az^3(CH^3)CH^3, +2H^2O$$

cette réaction s'effectue à 100° au moyen du bichlorure d'étain ou du nitrate de cuivre. La formule de constitution de ce corps est

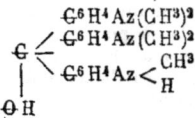

$$C\begin{cases} C^6H^4Az(CH^3)^2 \\ C^6H^4Az(CH^3)^2 \\ | \\ OH \end{cases} C^6H^4Az<\frac{CH^3}{H}$$

ou

$$\begin{matrix} C^6H^4 \begin{cases} CH^2.AzH.C^6H^4 \\ Az & | \\ || & CH^2 \\ Az & | \\ CH^2.AzH.C^6H^4 \end{cases} \end{matrix}$$

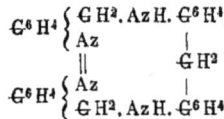

d'après Perkin.

Le violet de Paris est depuis quelques années employé comme réactif, il vire au bleu verdâtre ou au vert jaune par les acides minéraux;

5° *Mauvéine* (Syn. : *violet de Perkin, indisine, rosolane, violéine, pourpre d'aniline, aniléine, harmaline*). C'est la première couleur d'aniline artificiellement composée (1856). Elle a beaucoup de points de rapport avec les safranines, elle forme, par exemple, la parasafranine. Elle n'est plus employée dans l'industrie.

Divers procédés peuvent servir à obtenir la mauvéine :

*a*) Perkins (1858) employait l'acide chromique pour oxyder l'allyltoluidine

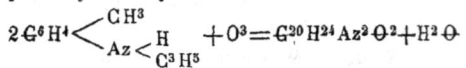

$$2C^6H^4<\frac{CH^3}{Az<\frac{H}{C^3H^3}} + O^3 = C^{20}H^{24}Az^2O^2 + H^2O$$

*b*) Beale et Kirbaum (brev. angl. du 13 mai 1858) employaient comme oxydant le chlorure de chaux, que Depouilly et Lauth firent également breveter en France (22 juin 1860);

*c*) Williams utilisa le permanganate de potasse (brev. angl. du 30 avril 1859);

*d*) May se servit du bioxyde de manganèse (brev. angl. 7 mai 1859);

*e*) Price obtenait le même effet avec le bioxyde de plomb (brev. angl. 1859);

*f*) Dale et Caro brevetèrent le 26 mai 1860 un procédé consistant à chauffer un sel neutre d'aniline avec du chlorure de cuivre;

6° Le *violet impérial rouge* obtenu par Hofmann par l'action de l'aniline sur la rosaniline. Il a pour formule $C^{20}H^{19}(C^6H^5)Az^3.OH$;

7° L'*améthyste*, Syn. : *fuchsia, giroflée*. Sa formule exacte n'est pas encore connue, c'est une safranine tétraéthylique, dont la solution aqueuse est colorée en rouge lilas;

8° Le *violet cristallisé*, corps cristallisant en prismes hexagonaux et qui est un chlorhydrate d'hexaméthylepararosaniline. Sa formule de constitution est

$$C \Big| \begin{matrix} C^6H^4Az(CH^3)^2 \\ C^6H^4Az(CH^3)^2 \\ C^6H^4Az(CH^3)^2 \end{matrix}$$

Cl

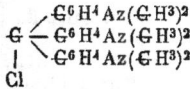

sa nuance est lilas;

9° Le *violet acide* est souvent liquide, sa formule de constitution est

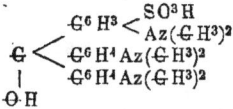

$$C \Big< \begin{matrix} C^6H^3 < {SO^3H \atop Az(CH^3)^2} \\ C^6H^4Az(CH^3)^2 \\ C^6H^4Az(CH^3)^2 \end{matrix}$$

OH

il s'obtient en chauffant le violet 5B ou le violet 6B avec 4 parties d'acide sulfurique fumant, à la température de 100-120° centigrades;

10° Le *violet neutre*, Syn. : *violet de toluylène*. Il a pour formule de constitution

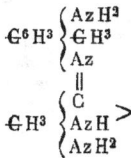

$$C^6H^3 \begin{cases} AzH^2 \\ CH^3 \\ Az \\ \| \\ C \end{cases}$$

$$CH^3 \begin{cases} C \\ AzH \\ AzH^2 \end{cases} >$$

On l'obtient en chauffant trois molécules de toluylène avec deux molécules de toluylènediamine à 35-40°, en solution peu acide;

11° Le *violet de Lauth*, qui a pour formule

$$C^{24}H^{20}Az^6S^2.2HCl$$

est préparé en chauffant de la paraphénylènediamine avec du soufre à 150-180°, ou en traitant la paraphénylènediamine par l'hydrogène sulfuré et oxydant ensuite avec le perchlorure de fer. On a comme réaction

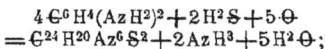

$$4\,C^6H^4(AzH^2)^2 + 2H^2S + 5O$$
$$= C^{24}H^{20}Az^6S^2 + 2AzH^3 + 5H^2O;$$

12° Le *violet* de H. Kœchlin. Syn. : *indophénol*. — V. ce mot;

13° Le *violet de naphtylamine* C^{10}H^7AzO d'après Schiff. Il s'obtient en traitant la naphtylamine par un oxydant, mais suivant la température et la proportion de naphtylamine employée, on obtient des violets rouges ou des violets bleus, solubles dans l'alcool et que l'acide sulfurique colore en vert herbe. Ces nuances manquent de fraîcheur.

L'acétate de rosaniline chauffé avec de la naphtylamine ou de la naphtylamine bromée, donne un plus beau produit, également soluble dans l'alcool, mais devenant bleu par un acide, ou vert s'il y a excès d'acide et brun par un excès d'alcali (Ballo).

14° La *gallocyanine* (Syn. : *violet solide* DH). Sa formule est jusqu'à présent inconnue ; il s'obtient par l'action de la nitrosodiméthyleaniline sur les acides oxycarbonés (acides gallique, tannique, etc.). Il appartient probablement au groupe des safranines. La couleur fabriquée avec la maurine a une nuance verte; celle fabriquée avec l'acide catéchique une nuance bleue; avec l'acide gallique une nuance vert bleuâtre. La gallocyanine forme des laques avec les oxydes des métaux lourds;

15° Le *violet de galléine* (Syn. : *violet d'anthra-*

*eène, violet solide de Bayer*), c'est la phtaléine du pyrogallol, qui a pour formules de constitution

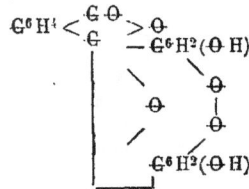

$$C^6H^4 < {C-O \atop C-} > O$$

OH

ou

OH

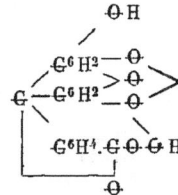

16° Le *pourpre de résorcine* (Syn. : *bleu d'anthracéne*) est du chlorhydrate de tétraméthylediamidoxytriphénylecarbinol. La formule de constitution de sa base est

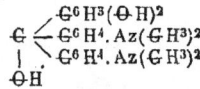

$$C \Big| \begin{matrix} C^6H^3(OH)^2 \\ C^6H^4.Az(CH^3)^2 \\ C^6H^4.Az(CH^3)^2 \end{matrix}$$

OH

17° Le *violet de naphtaline*. Ce produit est dû à la réaction des agents réducteurs sur la naphtaline binitrée, soit le sulfhydrate de sulfure de sodium (Toost), soit un protosel d'étain dissous dans une lessive alcaline. — J. C.

*VIOLINE. T. de chim. Syn. : *pourpre foncé, roséine, purpurine*, D. Price a donné ce nom à des couleurs violet-rouge obtenues en mélangeant de l'aniline avec un excès d'acide sulfurique étendu de deux équivalents d'eau, avec de l'oxyde puce de plomb et portant 100°.

*VIOLLET-LE-DUC (EUGÈNE-EMMANUEL). Architecte, né à Paris, en 1814, mort, à Lausanne, en 1881. Elève d'Achille Leclère, il eut, dans l'art, des débuts heureux, envoya au Salon, dès l'âge de vingt ans, des études qui furent remarquées, et porté, par son esprit méthodique, à se rendre compte par lui-même des principes de l'art, il entreprit, en 1836, un long voyage en Italie et en Sicile qui lui fut très profitable et pendant lequel il ne cessa de dessiner d'après les monuments. En 1837, revenu en France, il entreprit le même genre de travail et acquit, dans cette étude pratique de tous les instants, une habileté de main et une science archéologique incomparables ; Viollet-le-Duc fut certainement le premier archéologue de son époque; ce qui n'enlève rien, d'ailleurs, à sa réputation de constructeur. Mais ce qui marque surtout sa place dans l'histoire de l'art, c'est qu'il fut un vulgarisateur excellent. Jeune, il prêcha d'exemple et, au lieu de faire de l'architecture dans les livres, il prit ses modèles sur place; plus tard, il fit profiter les artistes de l'expérience qu'il avait acquise en enseignant à l'Ecole des beaux arts et, enfin, lorsque cet ensei-

gnement même lui fut retiré, il initia à l'architecture toute une génération et toute une catégorie
de gens du monde qui n'en avaient qu'une idée
très imparfaite et qui puisèrent les sains principes de l'art dans ses écrits. C'est ce double rôle
que nous avons à exposer : Viollet-le-Duc architecte, restaurant nos vieux monuments avec une
science pure et éclairée, et Viollet-le-Duc archéologue, faisant de l'architecture une étude amusante et accessible à tous. Les qualités qu'il a
apportées dans ces travaux en ont fait sans contredit un des maîtres de l'art français.

C'est comme adjoint à Duban, dans les travaux
de la Sainte-Chapelle, qu'il débuta dans l'architecture officielle; en 1840, il fut nommé inspecteur. La Sainte Chapelle a gardé de lui plusieurs
joyaux décoratifs, et déjà on pouvait voir comment il savait allier l'imagination et l'indépendance nécessaires de l'artiste avec les traditions
léguées par le moyen âge, restituées par lui et
par quelques-uns de ses contemporains, et qui,
pour d'autres moins bien doués, eussent pu devenir une entrave. Vers la même époque on lui
confiait la réparation de l'église Sainte-Madeleine, a Vézelai, une des merveilles du xiie siècle,
de l'église de Montréale (Yonne), de la maison de
ville de Saint-Antonin (Tarn-et-Garonne), un des
plus anciens monuments de l'indépendance com-
munale, de la cathédrale de Narbonne, des églises
de Poissy, de Saint-Nazaire à Carcassonne, de
Semur (Côte-d'Or).

En 1845, il obtenait au concours, en collaboration avec Lassus, la restauration de Notre-Dame-
de-Paris, œuvre considérable et qui offrait de
grandes difficultés. Il s'y est montré savant architecte et décorateur consommé et, en dehors
même de l'œuvre de restauration, la lampe d'autel, la chaire, la sacristie excitent notre admiration. De l'art ogival il passe à la période de transition dans l'église de Saint-Denis, et la vieille
église de Suger lui dut une nouvelle jeunesse. Il
travailla ensuite à la cathédrale d'Amiens, à celles
de Reims et de Laon, à la belle salle synodale de
Sens, à Notre-Dame de Châlons-sur-Marne.

En 1853, il fut nommé inspecteur des édifices
diocésains et eut ainsi la haute main sur tous nos
monuments religieux du moyen âge, pour lesquels
on était résolu à faire de très grands sacrifices. C'é-
tait la meilleure manière d'utiliser son talent que
de le mettre à la tête de ceux qu'il avait formés
dans l'archéologie et qui, sous sa direction, allaient lui donner des siècles d'existence. On peut
dire que cette œuvre réparatrice est sienne en
grande partie.

D'ailleurs, non content de relever les monuments religieux, il se dévoua aussi pour les anciens châteaux forts, après avoir fait une étude
toute spéciale de l'architecture militaire du moyen
âge. Il rendit à la vieille cité fortifiée de Carcassonne son aspect imposant d'autrefois; il donna
une description raisonnée du château de Coucy
(Aisne) et fit, sur l'ordre de Napoléon III, une
nouvelle demeure royale du château ruiné de
Pierrefonds. Après la guerre, il travailla beaucoup moins, mais on lui dut encore la cathé-

drale de Lausanne, et le château d'Eu appartenant
au Comte de Paris.

Pendant un an, de 1863 à 1864, il avait été
professeur d'histoire de l'art à l'Ecole des beaux
arts, la politique lui fit résigner ces fonctions;
plus tard, ses opinions libre-penseuses affirmées
trop hautement l'obligèrent à donner sa démission
d'inspecteur général des édifices diocésains; enfin, son attitude militante dans la lutte des partis lui fit retirer, par une mesure sans doute exagérée et blâmable, la haute main qu'il avait sur
le mouvement de renaissance du moyen âge et
qui lui tenait tant à cœur. La commission des monuments historiques lui conserva seulement la tutelle sur la basilique de Saint-Denis. Il est regrettable que la politique écarte ainsi les grands
esprits de leur véritable voie.

Les ouvrages de vulgarisation dus à Viollet-le-
Duc ont été comme la base de l'enseignement actuel de l'architecture. Son *Dictionnaire de l'archi-
ture à l'époque du moyen âge et de la Renaissance*,
et son *Dictionnaire du mobilier* sont les sources
inépuisables de l'art roman et de l'art ogival; il
semble que l'auteur soit arrivé dès le début à la
perfection, ce qui suppose une somme de travail
et d'études d'autant plus considérable qu'il n'a
pu être guidé par aucun ouvrage antérieur analogue et cependant, il résume d'une façon tellement sûre ces périodes de l'art dans leurs grandes lignes et dans leurs détails, qu'aucun perfectionnement n'a pu être apporté depuis à cet
exposé si court et si complet à la fois. Et quelle
richesse d'expressions, quelle pureté de langue!
On trouve, à chaque page de ces dictionnaires,
des considérations esthétiques et des tableaux de
mœurs qui sont de véritables chefs-d'œuvre de
style. Il a tenté, en outre, une œuvre très utile,
celle de la classification des monuments par écoles françaises d'architecture. Au moment de sa
mort, il préparait, pour le musée de sculpture
comparée du Trocadéro, une classification analogue et non moins utile, celle des œuvres de sculpture décorative disséminées sur notre sol. On doit
encore à Viollet-le-Duc *Entretiens sur l'architecture*,
*Lettres d'Allemagne*, *l'Art russe*.

Pour les enfants même, il a beaucoup écrit,
mettant à leur portée des notions techniques ou
historiques qu'il savait présenter avec intérêt. Le
succès de ces livres, *Histoire d'une maison*, *Histoire d'un hôtel de ville et d'une cathédrale*, *Histoire
d'une forteresse*, témoignent assez de leur portée
pratique et de leur besoin. Dans cette même idée
de vulgarisation, il avait accueilli avec la plus
vive sympathie notre *Dictionnaire de l'industrie et
des arts industriels*. Collaborateur de la première
heure, il avait encouragé nos efforts de toute son
autorité, et il avait commencé pour nous, sur
l'histoire de l'art, une série d'articles que la mort
a seule interrompue. Qu'il nous soit permis de rendre hommage à la bienveillance de son caractère,
à sa science, à la richesse et à la clarté de son
style, à l'incomparable netteté de son crayon.

Les honneurs ne lui furent pas ménagés. En
1849, il était chevalier de la Légion d'honneur; en
1853 officier et, enfin, commandeur en 1869. En

1863, il fut nommé membre de l'Académie royale des beaux arts de Belgique.

**I. VIOLON.** Instrument de musique à archet, monté de quatre cordes en boyau, dont la plus grave (*bourdon*) est filée en laiton; la plus petite se nomme *chanterelle*. Ces quatre cordes sont accordées de quinte en quinte (sol, ré, la, mi). De tous les instruments de musique, le violon est le plus beau, le plus harmonieux, le plus flexible, le plus riche en modulations. Les quatre cordes suffisent pour donner plus de quatre octaves, plus de trente-deux notes, du grave à l'aigu. Elles se prêtent à toutes les exigences du chant, à toutes les variétés de la modulation. Au moyen de l'archet, qui met les cordes en vibration et peut en faire parler plusieurs à la fois, il unit aux séductions de la mélodie le charme des accords et l'avantage si grand de prolonger le son, d'en doubler la puissance et l'énergie, la grâce et la suavité. Tous les violons sont en bois. Cependant, on peut voir, au musée du Conservatoire de musique, à Paris, des violons en écaille, en cuivre et en faïence. On en a fait aussi en cristal ; mais ces derniers, comme ceux en cuivre et en faïence, sont des singularités qu'on ne renouvelle pas.

HISTORIQUE. L'origine des violons paraît devoir appartenir aux peuples de l'Occident. Jusqu'ici, les monuments figurés des anciens peuples de l'Orient n'ont pu fournir aucun vestige authentique de l'usage des instruments à archet parmi les Egyptiens, les Chinois, les Grecs et les Latins. Ceux-ci n'ont connu que le *plectre* (*plectrum*), servant, comme son nom l'indique, à frapper ou à pincer les cordes de certains instruments, à l'instar de ce qui se passait au moyen âge pour le *psaltérion*.

Chez les peuples de l'Europe occidentale, au contraire, l'usage de l'archet remonte à une haute antiquité (V. ARCHET). Les Gallois, les Cambro-Bretons, les Anglo-Saxons l'appliquèrent très anciennement à un instrument nommé *crouth* ou en français *rote*, dont s'accompagnaient les *bardes*, et qu'ils léguèrent à leurs descendants les *ménestrels* de l'empire britannique. Le premier instrument de ce genre, le plus grand, avait six cordes; le second, qui n'en avait que trois, était réputé le moins noble des deux, parce qu'il offrait moins de difficulté à l'exécutant; mais par cette raison, il n'en fut que plus répandu, surtout parmi les musiciens populaires, qui en conservèrent l'usage jusqu'à une époque voisine de la nôtre.

Ce qui distingue les instruments de la famille du *crouth* ou de la *rote*, c'est qu'on les tient dans une position verticale, lorsqu'on en joue; c'est pourquoi on croit devoir rattacher à cette famille l'origine de la viole et du pardessus de viole, qui se posaient l'un et l'autre sur les genoux, de la *viola da gamba*, ainsi appelée parce qu'elle se plaçait entre les jambes, tradition conservée par les musiciens populaires de l'Italie, qui ont encore l'habitude de tenir le violon à peu près comme le violoncelle.

Parmi les descendants de la rote, il faut mentionner le *rebec* (de l'espagnol *rebel*, qui dérive de l'arabe *rebal*, « violon »), instrument à trois cordes qu'on maintient appuyé sur l'épaule, dans une position horizontale, comme le violon moderne, ainsi que l'instrument appelé *lyra*. Celui-ci n'avait originairement qu'une corde; il possédait un manche libre, et on le tenait horizontalement pour en jouer. Ces deux derniers instruments peuvent donc être considérés comme le type de tous les instruments de petite dimension, composant une branche de la famille des violons, tels que les *violes*, la *pochette* ou *sourdine*, la *gigue*, la *contra-viola*, le *violon*, etc.

Le nombre de ces différents modèles d'instruments à cordes, représentés du xie au xve siècle, sur les miniatures, les verrières, les sculptures et les tapisseries, est incalculable. Ces monuments nous donnent les différentes formes que ces instruments ont affecté pendant la longue période du moyen âge. Le nombre des cordes offre la même variété.

Au commencement du xvie siècle, le *rebec*, employé par les ménétriers, remplaça le violon dans les bals. Milton témoigne de la faveur accordée à cet instrument pour accompagner la danse, et il en vante le son joyeux : « And the jocund rebeks sound. » On en fit venir de ce pays en France, car Brantôme, parlant assez dédaigneusement des violons de la reine, dit qu'ils « n'estoient que petits rebecs d'Escosse. » Alcofribas Nasier, dans le livre de *Pantagruel*, dit : « Plus me plaist le son de la rustique cornemuse que les fredonnements des luths, rebecs et violons antiques. » Ce qui prouverait que les instruments de cette époque connus sous le nom de *violons* n'étaient guère fameux. Mais les perfections que l'on apporta au violon vers le xviie siècle firent tout à fait abandonner le rebec. Dès la fin du xvie siècle, le dessus de viole se convertit en violon et devint le chef de famille du violon moderne. Comme d'après de Brossard et le P. Mersenne il était très propre à la danse, il continua dans les fêtes le rôle du rebec, avec lequel il s'identifiait à tel point, que le nom de *rebec* servit à qualifier le mauvais violon. Il se distinguait toutefois de son prédécesseur par le nombre de ses cordes, car il en avait quatre, tandis que le rebec n'en avait jamais eu plus de trois. Le violon de cette époque, très grand et très large, comme on le voit par celui que tient un saint en pierre à la Sainte-Chapelle de Dijon, se distinguait également de la viole, qui était garnie de cinq ou six cordes, en ce qu'il n'y avait aucune division marquée sur le manche, c'est-à-dire que le violon n'avait point de touches.

Le plus grand modèle de viole atteignit au xviie siècle des proportions telles, qu'on eut quelquefois l'idée d'y enfermer un enfant, auquel on donnait à chanter la partie du dessus. On se figurait qu'il était plus avantageux que la voix sortît ainsi du corps même de l'instrument. Il y avait plusieurs espèces de violes, par exemple, la *viole d'amour*, d'un son doux et harmonieux, instrument que le virtuose Urhan a fait revivre de nos jours sous son archet mélancolique. Suivant le P. Mersenne, dans son *Orchéographie*, « le son de la viole est languissant et propre à exciter la dévotion, » ce qui lui a valu le surnom de *viole d'amour*. Un célèbre professeur du xviie siècle, Rousseau, se montre si pénétré de l'antiquité de la viole, qu'il en fait remonter l'origine à Adam et Eve. Cependant, il reconnaît qu'Adam n'a point inventé d'instrument dans le paradis terrestre, « ce lieu étant rempli de délices, les inventions des sciences et des arts en auroient plutôt diminué les charmes qu'elles ne les eussent augmentées. » Il n'en a pas non plus inventé après sa chute, car « il étoit trop affligé pour songer à ce divertissement;» ce fut donc plus tard qu'il se procura cette petite distraction.

Outre la viole d'amour il y avait aussi le *pardessus de viole*, dont les dames jouaient en la tenant sur leurs genoux ; la *basse de viole* (fig. 826), remplacée aujourd'hui par le violoncelle; la *viole pompeuse* (*viola pomposa*), inventée par Sébastien Bach ; et enfin la *violasse* des Italiens, c'est-à-dire la *contrebasse* (V. ce mot), que Castil-Blaze, dans sa fureur d'innovations technologiques, avait eu la singulière fantaisie d'appeler *violonasse*, mot peu gracieux et que repousse la délicatesse de notre langue.

De tous les membres de la nombreuse famille des violes, il ne nous est resté que l'*alto* ou *alto-viola*, car, fait remarquer Georges Kastner, la viole d'amour s'en est retournée avec le pauvre violoniste Uhran dans le royaume des ombres, où elle repose en paix à côté de l'artiste d'élite qui lui valut, en plein xixe siècle, des succès

inespérés. Du reste, sous sa forme moderne, l'*alto-viola* diffère peu du violon. Il a le même doigté, seulement le corps
de l'instrument est plus volumineux, et les quatre cordes
dont il est monté (les deux dernières sont recouvertes de
fil de métal), sont accordées une quinte plus bas que celle
du violon.

Pour en revenir au violon, cet instrument était en
pleine vogue au XVIIᵉ siècle, et, comme l'écrit, en 1649,
Dubuisson-Aubenay, auteur du *Journal manuscrit de la
Fronde*, il était d'un usage tellement général que, tous
les soirs, dans quelque maison de la ville, il y avait des
violons, qu'aucune comédie n'était jouée sans violon, et
que pas une assemblée n'était faite sans qu'il y eût des
violons.

De Brossard, dans
son *Dictionnaire de
musique* (1703), par-
lant du violon dont
on faisait usage de
son temps, dit : « Il
a le son naturelle-
ment fort éclatant et
fort gai, ce qui le
rend très propre pour
animer les pas à la
danse. » Comme c'é-
taient les violons qui
exécutaient les dan-
ses, les Précieuses,
dans l'argot parfumé
qui allait si bien à
leurs petites bouches
roses, appelaient les
violons « les âmes des
pieds. » Telle est du
reste l'*expression*
qu'emploie Madelon
dans les *Précieuses
ridicules* de Molière.

Ajoutons qu'il y
avait à la cour de
Louis XIV les *vingt-
quatre violons du
roi*, qu'on appelait la
*grande bande*, et les
*petits violons*, qui
étaient chargés des
concerts intimes. Ce-
pendant le violon
était l'instrument des
domestiques. « On
aura des philosophes
aimables, lit-on dans
les *Mémoires de Mˡˡᵉ*
de Montpensier, des
docteurs savants,
tous les livres nouveaux et un jeu de mail ; on lira
des vers et on en composera ; on fera de la musique ;
les maîtres joueront du luth et du clavecin ; les domestiques du violon. » On connaît, d'ailleurs, l'histoire du
jeune cuisinier Lulli et de son violon. « Le violon, disait
la Vieville de Fresneuse, en 1700, n'est rien que noble ;
on voit peu de gens de condition qui en jouent et beaucoup de bas musiciens qui en vivent. »

C'est seulement vers la fin du XVIIIᵉ siècle qu'une révolution générale s'opéra dans les instruments de la famille
des violes. Les manches à touches disparurent, les formes
se modifièrent, la division hiérarchique, si l'on peut dire
ainsi, des différentes violes cessa d'exister, et de tous
ces instruments à cordes il ne resta que des dérivés formant aujourd'hui ce qu'on appelle, en termes de musique, le *quatuor*, groupe instrumental de sonorités homogènes, qui est l'élément essentiel de l'orchestre moderne,

Fig. 826. — *Homme de qualité jouant de la basse de viole.*

et qui se compose, comme chacun sait, du violon, de la
viole (nommée aussi *quinte* ou *alto*), du violoncelle et de
la contrebasse.

C'est de l'Italie que vinrent la plupart des perfectionnements qui ont fait du violon le roi des instruments de
musique (V. LUTHERIE, LUTHIER). Les luthiers de Crémone furent surtout célèbres pour les violons. La famille
des Amati, entre autres, acquit de bonne heure une
réputation universelle. Les descendants des Amati et plusieurs autres de leurs élèves soutinrent pendant longtemps
la vogue européenne de cette maison. Le plus célèbre
est sans contredit Antoine Stradivari, dit *Stradivarius*, né
à Crémone, en 1644, et élève de Nicolas Amati. Le prince
Yousoupoff, dans sa
brochure de la *Lu-
thomonographie*, pu-
bliée à Francfort, en
1856, signale quatre
manières distinctes
dans la fabrication
de Stradivarius.

De 1670 à 1690 il
produit peu : ses ins-
truments diffèrent à
peine de ceux de
son maître ; on les
désigne sous le nom
de *stradivarius ama-
tisés* ; il semble alors
plus occupé d'essais
et de méditations
sur son art que de
travaux de com-
merce.

De 1690 à 1700
ses produits ont pris
un autre aspect, la
forme plus allongée
leur a fait donner
le nom de *longuets*.
De 1700 à 1725, son
travail a plus d'am-
pleur, son vernis est
plus coloré ; les ins-
truments qui sortent
de ses mains sont
autant d'œuvres
parfaites. Il dessine
les contours de son
modèle avec un goût,
une pureté qui, de-
puis un siècle et
demi, excitent l'ad-
miration des ama-
teurs. Le bois, choisi
avec le discernement
le plus fin, réunit à la richesse des nuances toutes les
conditions de sonorité. Les ouïes, coupées de main de
maître, deviennent des modèles de disposition pour ses
successeurs. Enfin, il emploie, à cette époque, un vernis spécial, qui réunit aux tons chauds et aux reflets
dorés une pâte et une souplesse indispensable à la transmission des ondes sonores. En résumé, et sans parler
des détails intérieurs dont l'exposition nous entraînerait
trop loin, tout a été prévu, calculé, déterminé d'une manière certaine dans ces instruments admirables, et la
science moderne n'a fait que confirmer ce que l'instinct,
plus encore peut-être que les tâtonnements, avait fait découvrir à Stradivarius. A partir de 1730, la vieillesse
alourdit ses doigts industrieux ; et lui-même, avec une
touchante modestie, ou peut-être pour ne pas compromettre devant la postérité la haute valeur dont
il avait conscience, il désigna plusieurs de ses instru-

ments comme ayant été faits simplement sous sa direc-tion.

Stradivarius avait fixé le prix de ses violons à *quatre louis d or*; aussi, disait-on dans Crémone, riche comme Stradivarius. Il mourut en 1737, après avoir résolu le dernier problème de l'art du luthier : réunir au moelleux et au charme de la clarté, le brillant et la puissance vibratoire. C'est un des grands artistes que l'Italie ait enfantés.

Crémone a fourni plusieurs autres luthiers de valeur. Guarnerius, notamment, est célèbre par la variété de formes de ses produits et par l'originalité de son génie. Parmi les meilleurs violons de ce grand maître, on peut placer en première ligne celui dont Paganini jouait habituellement dans ses concerts et qu'il a légué à la ville de Gênes, sa patrie.

On cite encore le tyrolien Jacques Stainer, dont les violonistes Alard et Sivori possédaient chacun un instrument spécimen de la plus grande rareté, puis enfin Gio Paolo Maggini, de Brescia. Le célèbre virtuose Charles de Bériot, qui obtint jadis de si grands succès à Paris et à Londres, ne jouait jamais qu'avec un instrument de Maggini, dont le prince de Chimay se rendit acquéreur pour la somme de 16,000 francs.

Avant la première Révolution française, il existait dans le mobilier de la chapelle royale une collection de violons et de violes qui avaient été faits par André Amati à la demande de Charles IX, amateur passionné de musique. Après les journées des 5 et 6 octobre 1790, tous ces instruments disparurent de Versailles.

Comme le lecteur a déjà été à même de le remarquer dans ce *Dictionnaire* (V. INSTRUMENTS DE MUSIQUE), il existe des violons qui remontent au XVe siècle. Le plus ancien instrument de ce genre que l'on connaisse porte le nom d'un luthier breton, Jean Kerlin ; il est daté de 1448. Il s'en faut de beaucoup que tous ces vieux violons soient mis au rebut ; ils sont au contraire très recherchés des artistes, lorsqu'ils sortent des mains d'un luthier célèbre. Tout le monde sait à quel prix sont cotés de nos jours les *stradivarius*, les *amati* et les *guarnerius*. Le temps n'a fait que les améliorer ; ils raisonnent plus mélodieusement que tous ceux de nos fabricants modernes. Aussi atteignent-ils souvent des prix exceptionnels. Procédons par ordre de date, d'après le *Journal officiel*. En 1873, un luthier de Glascow vendit à un riche amateur d'Edimbourg, moyennant la somme de 8,750 francs, un magnifique *stradivarius*. Ce violon, daté de 1713, était admirablement conservé. En janvier 1874, un violon d'Amati, avec signature authentique, et mis à prix 1,500 francs en vente publique, fut adjugé à 4,500 francs. Dans une autre vente, qui eut lieu à Londres, en 1876, deux stradivarius montèrent à 6,000 francs; un guarnerius atteignit 16,000 francs. Enfin, un violon de Stradivarius, mis en vente publique à Paris, le 15 février 1878, et mis à prix 10,000 francs, trouva acquéreur à 22,100 francs.

Donnons encore quelques adjudications plus récentes, empruntées à M. Paul Eudel. En 1886, eut lieu à l'hôtel Drouot, la vente du célèbre quatuor de M. de Saint-Senocq, ancien conseiller référendaire à la Cour des comptes. « Quatre stradivarius ! Voilà un ensemble bien rare et bien précieux ! Un violon de 1704, un autre de 1737, connu sous le nom de *chant du cygne*, parce qu'il avait été fait à l'époque où le maître avait quatre-vingt-treize ans, un alto de 1728, et une basse de 1696. Le violon de 1704 fut acheté 7,000 francs. Celui de 1737, 15,000 francs. L'alto de 1728, 12,000 francs. La basse de 1696, 10,900 francs. Ce quatuor avait été payé 66,000 francs. Il n'a pu trouver que 45,000 francs. »

C'est de 1830 que date, pour la lutherie, la religion des souvenirs, qui depuis a fait de nombreux et passionnés adeptes. Aussi, la France a pu se faire représenter, en

1885, à Londres, à l'Exposition de l'*Albert Hall*, par de précieux spécimens : M. le baron Franck Seillière y avait envoyé un stradivarius très pur, de 1672, sur lequel jouèrent Paganini et la charmante Carolina Ferni; Mme Parmentier, un autre violon de 1728 ; M. Taudou s'était fait représenter par un violon de P. Guarnerius de 1685, d'un beau vernis jaune ambré; M. Abel Bonjour, par un violoncelle de Ruggerius de 1663, type bien beau du maître et deux violoncelles de Stradivarius, années 1689 et 1691 ; et M. Charles Lamoureux, l'éminent chef d'orchestre des *Nouveaux concerts*, par un superbe violon de Stradivarius de 1752, ayant appartenu à Rode, d'un splendide vernis rouge, dont la tête et les éclisses sont ornées de rinceaux peints en noir, représentant des oiseaux et des têtes de serpents.

Ce superbe morceau est estimé 50,000 francs. Un joli chiffre ! Mais pas extraordinaire du tout pour ceux qui savent la hausse constante des anciens instruments. C'est ainsi que M. Labitte a donné 19,000 fr. du violon que possédait jadis M. Gras, le mari de Mme Dorus Gras. Le duc de Campo-Selice a récemment acheté un grand prix deux autres stradivarius. Le premier, payé par lui 17,500 francs, n'avait coûté que 4,500 francs il y a trente ans. Le second, vendu, vers 1865, 4,000 francs par MM. Gand et Bernardel, a été acheté 17,000 francs. Il s'appelle le *Sancy*, car ces précieux souvenirs du dernier des élèves des Amati portent tous les noms. M. de Janzé a baptisé le sien le *Jupiter*. M. Alard appelle son instrument le *Messie*, et celui que possédait M. Glandaz était connu sous le nom de la *Pucelle*, à cause de sa parfaite conservation.

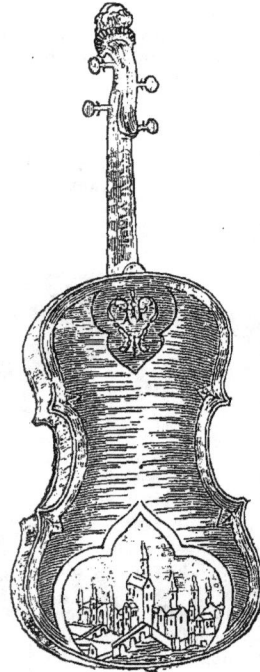

Fig. 827. — *Violon à fond ouvragé.*

TECHNOLOGIE. Nous avons indiqué précédemment, aux mots LUTHERIE, LUTHIER, les détails principaux de la fabrication des violons sur laquelle nous donnerons ici quelques renseignements complémentaires empruntés aux *Grandes Usines*, de Turgan. Le grand centre de la fabrication française des violons est à Mirecourt et à la Couture (Vosges). Il en est des instruments de musique en bois comme de toute ébénisterie fine, la première condition du succès est d'avoir du bois sec et bien choisi, ce qu'un particulier aujourd'hui se procurerait difficilement et à grand prix. Les maisons déjà anciennes, seules, possèdent le stock de bois vieux séché lentement; en pièces découpées, conservées longtemps, car de la fixité du bois dépend toute la solidité de l'instrument. L'érable est aujourd'hui préféré pour les fonds. La table, la barre d'harmonie, l'âme placée entre la table et le fond sont en sapin; les manches se font, pour les beaux violons, en érable et sont façonnés, ou à la main, ou à la mécanique. Toutes ces pièces de bois sont débitées à la scie à ruban et rangées en étages, parfaitement classées par âge et qualité. Les planchettes ainsi débitées se sèchent dans les magasins jusqu'au jour où on les assemble. On commence d'abord par les éclisses qui doivent réunir la table au fond, on les dresse sur un gabarit appelé *moule*. Les éclisses sont au nombre de six, deux concaves pour donner la voie à l'archet, puis deux convexes en haut et deux autres convexes en bas. On y ajoute le fond composé, tantôt d'une pièce, tantôt de deux, réunies et jointes à la colle dite « de Cologne ». La table d'harmonie se faisait, autrefois, à la main, à l'aide de rabots particuliers et d'une machine appelée *creusoir*. Cette opération, longue, méticuleuse et, par conséquent, très chère, se fait mécaniquement, ce qui permet de réaliser une économie considérable. Les tables sont ensuite toutes revisées, avant et

pendant le montage; des proportions exactement calculées de toutes les parties d'un violon doit résulter sa perfection, et c'est le résultat auquel on doit tendre pendant tout le temps de la fabrication. Nous devons ajouter cependant que dans la lutherie d'art, rien ne se fait mécaniquement et c'est ainsi que chez MM. Gand et Bernardel, par exemple, l'ouvrier fait à la main toutes les parties de l'instrument dont la fabrication lui est confiée.

Le coffre du violon assemblé sèche encore, souvent pendant un an, avant qu'on recouvre le bois du vernis qui le protègera et lui assurera cette longévité à laquelle les artistes tiennent tant. Pendant cette année, les fibres du bois font leur jeu si elles ne l'ont déjà fait; on peut donc en constater les imperfections et l'on n'a pas ainsi le désagrément de voir une gerçure se produire lorsque le violon est terminé. Les bois prennent ainsi un ton ambré qui soutiendra mieux que le bois frais la nuance plus foncée du vernis. Lorsque ces vérifications sont faites, on ajoute le manche qui, lui aussi, a séché de son côté, et l'on vernit l'instrument. Ce vernissage se fait à l'alcool pour les violons bon marché, à l'huile dès que le prix s'élève un peu. Il faut, comme dans toutes les fa-

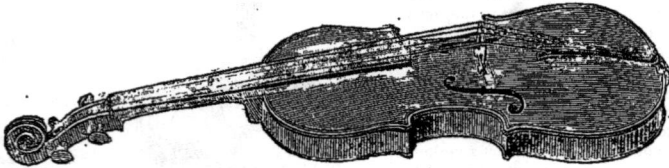

Fig. 828. — *Violon.*

brications où le vernis joue un rôle important, appliquer sept à huit couches précédées de ponçages. Les anciens luthiers attribuaient au vernis des qualités mystérieuses, mais il est reconnu aujourd'hui que sa propriété est uniquement de conserver le bois et de rendre l'instrument plus agréable à l'œil.

On a cherché à fabriquer au meilleur marché possible pour vendre, avec bénéfices suffisants, à des prix extrêmement bas, des violons parfaitement utilisables. Le prix de revient du violon de nouvelle fabrication est de *cinq francs*. Selon le rapport de M. Gallay, à l'Exposition de Vienne, il ne faut pas se montrer trop exigeant pour les qualités d'ampleur et de distinction du son que rend un instrument aussi bon marché, mais il est incontestable que le violon de cinq francs sonne bien, librement, et qu'il fait parfois illusion à beaucoup d'auditeurs. Le problème d'une création industrielle qui confine à l'art a donc été résolu, et on ne peut que rendre justice à un procédé de fabrication qui rend le violon accessible aux bourses les plus modestes. En général, les prix des violons (fig. 828) varient entre 10 francs et 300 francs à la pièce et sans archet. — S. B.

*Bibliographie :* J. ROUSSEAU : *Traité de la viole,* qui contient une dissertation curieuse sur son origine, etc., 1687; Georges KASTNER : *Parémiologie musicale,* V. *Violon,* Rebec; Sébast. de BROSSARD : *Dictionnaire de*

*musique,* 1703; MERSENNE : *Orchéographie, Harmonie universelle.* 1636; J. GALLAY : *Les instruments à archet à l'Exposition universelle de 1867;* RAMBOSSON : *Les harmonies du son et l'histoire des instruments de musique,* 1877; J. GALLAY : *Les instruments des écoles italiennes,* Paris, GAND et BERNARDEL frères, 1872; Ant. VIDAL : *Les instruments à archet,* 1876; Gust. CHOUQUET : *Catalogue raisonné du musée du Conservatoire de musique,* 1875; TURGAN : *Etablissements Thibouville-Lamy à Paris-Grenelle, Mirecourt et la Couture,* dans les *Grandes Usines;* Oscar COMETTANT : *La musique, les musiciens et les instruments de musique,* 1869; ANDERS : *Histoire du violon,* n° 56 du recueil périodique intitulé *Coecilia* (en allemand); Carl ENGEL : *A descriptive catalogue of the musical instruments in the south Kensingthon Museum,* London, 1870. — **Bibliographie,** aux mots LUTHERIE, LUTHIER.

II. **\*VIOLON. 1° T. techn.** Outil dont se servent le serrurier et le treillageur pour percer les métaux, et qui se compose d'une plaque en forme de violon munie de trous pour recevoir la tête d'un foret que l'on fait mouvoir au moyen d'un archet. || **2°** Sorte de foret employé par les sculpteurs pour percer le marbre. || **3° T. de typogr.** Galée de mise en pages dont la longueur dépasse celle ordinairement adoptée. || **4° T. de mar.** Bordages épais en forme de violon et destinés à soutenir le beaupré. || **5°** Cordelettes destinées à maintenir les objets disposés sur la salle à manger d'un paquebot.

**VIOLONCELLE.** Dit autrement *basse*; instrument à archet beaucoup plus **grand** et de même forme que le violon, comportant **quatre** cordes, deux en boyau et deux filées en laiton, accordées de quinte en quinte (ut, sol, ré, la).

— Quelques luthiers fabricants de violons ont également produit d'excellents violoncelles (fig. 829), appelés autrefois *basses de viole*. M. Vuillaume, luthier parisien, possédait autrefois une superbe basse de viole dont le fond représentait le plan de Paris au **xv**ᵉ siècle, cons-

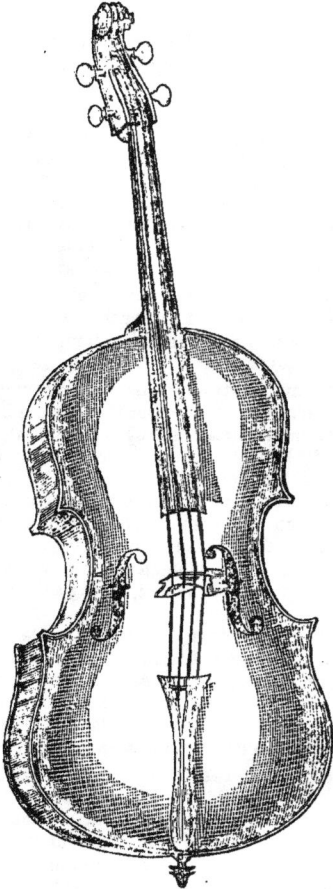

Fig. 829. — *Violoncelle*.

truite par Duiffoprugcar, célèbre luthier tyrolien établi à Bologne, et qui travailla pour la chapelle et la chambre de François Iᵉʳ. Stradivarius, plus connu pour ses violons et ses altos, a fabriqué également quelques violoncelles aussi admirables que rares. Un de ces instruments appartenait au violoncelliste Servais, un autre à M. Franchomme. « Les violoncelles de Stradivarius, écrit Fétis, ont une immense supériorité sur tous les instruments du même genre : leur voix puissante a une ampleur, une distinction de timbre et un brillant que rien n'égale. » Ces instruments sont du plus grand prix. — s. b.

V. la *Bibliographie* de l'article Violon.

**\*VIRAGE.** *T. de mar.* Action de tourner, de virer de bord. || *T. de photog.* Opération qui a pour but de modifier la couleur que le fixage donne aux images positives.

**VIRER.** *T. de teint. et de chim.* Outre son acception de tourner, ce mot s'emploie pour désigner le changement de nuance provoqué par une réaction chimique, soit par hasard, soit par un bain, ainsi le papier bleu tournesol vire au rouge au contact d'un acide.

**\*VIREUSE.** *T. de mét.* Dans les filatures de soie, on donne ce nom à l'ouvrière chargée de mettre les asples en mouvement.

**VIRGULE.** Nom donné à la dent qui, dans certains compteurs de tours, fait sonner le timbre d'avertissement. || Planchette du dessinateur. — V. Pistolet, II.

**VIROLE.** Petit cercle de métal, assez large, qui sert à fixer deux objets l'un au bout de l'autre et dont on garnit les couteaux, les manches en bois des outils pour les empêcher de se fendre, etc. || Moule d'acier employé pour reproduire les dessins et caractères de la tranche des monnaies.

**VIS.** *T. de mécan.* Machine simple transformant un mouvement circulaire continu en mouvement rectiligne. || Pièce construite selon les mêmes principes, employée pour réunir les organes des machines.

La vis, étudiée sous le rapport de la machine simple, peut être envisagée comme un plan incliné s'enroulant autour d'un cylindre. Constituée par l'ascension d'un carré ou d'une autre figure géométrique le long d'une hélice qui prend alors le nom de *filet*, cette machine en opérant un tour complet sur elle-même, avance longitudinalement de l'intervalle compris entre deux spires de son hélice, intervalle nommé *hauteur du pas*. On peut donc l'assimiler à un plan incliné ayant pour base la circonférence du cylindre qui lui sert de noyau et pour hauteur la hauteur du pas, et la faire participer aux conditions d'équilibre du plan incliné. Si on diminue la hauteur du pas, on rend la vitesse du mouvement rectiligne très faible par rapport au mouvement circulaire, cette machine permet ainsi d'exercer de très puissants efforts, de grandes pressions, mais le frottement annihile une partie considérable du travail. En appelant P, la puissance agissant sur une barre de longueur R fixée à la tête d'une vis ayant un pas de hauteur H, et Q, la résistance appliquée au bas de cette vis, on obtient la proportion :

$$\frac{P}{Q} = \frac{H}{2\,\pi R} \text{ ou } P = Q \times \frac{H}{2\,\pi R}.$$

D'après la formule d'équilibre du plan incliné, on a également : $P = Q . tg\,\alpha$, $\alpha$ désignant l'angle que l'hélice fait avec l'horizontale.

La vis tourne dans un organe, l'*écrou* (V. ce mot) garni intérieurement d'un filet analogue au sien, les pleins de l'une correspondant aux vides de l'autre.

En nommant V, la vitesse à l'extrémité du bras du levier ou barre de manœuvre, et *v* la vitesse de la vis ou de l'écrou dans lequel elle se meut, on a encore la proportion :

$$\frac{V}{v} = \frac{2\pi R}{H} \text{ ou } v = \frac{VH}{2\pi R}.$$

C'est-à-dire que la vitesse de l'extrémité de la barre, est à la vitesse que le mouvement de cette barre imprime à la vis ou à son écrou, comme la circonférence décrite par l'extrémité de la barre est à la hauteur du pas.

Tantôt la vis est fixe, et son mouvement de rotation fait monter ou descendre l'écrou sur lequel s'applique la résistance, tandis que la puissance est exercée sur la vis : vannes des écluses. Tantôt l'écrou est fixe, et la vis monte ou descend en tournant, la puissance agissant sur une de ses extrémités, et la résistance sur l'autre : presses à copier, presses à emboutir. On peut aussi inverser ces combinaisons, et faire tourner sur une vis fixe un écrou mobile qui supporte à la fois la puissance et la résistance, ou commander par un écrou fixe recevant la puissance une vis mobile qui tend à vaincre la résistance.

Selon le sens d'enroulement de l'hélice primitive, les vis sont dextrogyres et lévogyres, et ont le pas à droite ou le pas à gauche, mais les premières sont avec raison généralement employées. Le filet peut être unique ou multiple, on a alors des vis à 2, 3, 4, 8, filets, la hauteur du pas s'élevant en même temps que le nombre des filets s'accroît. Nous avons vu que la hauteur du pas ou pas de la vis était l'intervalle compris entre deux spires de l'hélice primitive placées sur la même génératrice du cylindre; ce pas est donc la distance existant entre le milieu d'une spire ou filet et le milieu de la spire suivante, ou plus simplement, la hauteur d'une spire et le vide compris entre cette spire et la suivante.

Dans les vis à filets multiples, le pas est égal à l'intervalle compris entre une spire d'un filet et la spire suivante de ce filet, sur une même génératrice du cylindre.

*Frottement de la vis à filet carré.* Etant donnée une vis qui tourne dans un écrou fixe, en soulevant un poids Q au moyen d'une force P appliquée à un bras de longueur R, on suppose toute la charge uniformément répartie sur un seul filet, nommé *filet moyen*, ce filet constitue donc un plan incliné faisant avec l'horizon un angle $\alpha$ égal à son angle d'inclinaison. En désignant par H la hauteur du pas de la vis, et par $f$ le *coefficient de frottement*, différant avec les substances en contact, l'expression du frottement dans le plan incliné conduira à la formule suivante :

$$P = Q\left(\frac{\mathrm{tg}\,\alpha + f}{1 - f\,\mathrm{tg}\,\alpha}\right), \text{ ou } Q\left(\frac{H + 2\pi fR}{2\pi R - fH}\right),$$

en mettant pour $\mathrm{tg}\,\alpha$ sa valeur $\dfrac{H}{2\pi R}$.

La valeur de P croît progressivement avec celle de $\mathrm{tg}\,\alpha$, et devient infinie quand $\mathrm{tg}\,\alpha$ est égale à $\dfrac{1}{f}$; cette valeur $\dfrac{1}{f}$ est donc la limite d'inclinaison du pas au delà de laquelle la force P, si grande qu'elle puisse être, ne saurait faire monter le fardeau Q le long des filets de la vis.

*Frottement dans la vis à filet triangulaire.* Le frottement s'exprime dans cette espèce de vis,

par la même formule que dans la vis à filet carré, mais en remplaçant $f$ par la fraction $\dfrac{f}{\sin\varphi}$, $\varphi$ étant l'angle formé par les deux flancs du filet.

Comme $\sin\varphi$ est inférieur à l'unité, on voit que le frottement est plus considérable dans la vis à filet triangulaire que dans la vis à filet carré. Si l'angle des flancs du filet augmente ou diminue, le frottement diminue ou augmente. Il en ressort qu'à pas égal le frottement sur un filet triangulaire est d'autant plus faible que la saillie est plus forte. Le filet triangulaire a généralement une saillie égale à son épaisseur et au vide compris entre deux filets.

**Vis calante** ou **vis de calage**. Vis au nombre de trois généralement, qui traversent le socle des appareils de précision, et leur servent de points d'appui. En tournant ou détournant ces vis, on peut donner au socle une position exactement horizontale. On trouve des vis calantes dans les cathétomètres, les théodolites, etc.

**Vis de rappel.** Vis traversant un écrou adapté à une pièce de machine, qu'on peut ainsi rapprocher ou écarter d'un repère par un mouvement très doux. Les verniers fonctionnent généralement au moyen de vis de rappel.

**Vis micrométrique.** La vis micrométrique est l'organe principal des sphéromètres, des machines à diviser, de certaines jauges dites « palmers » du nom de leur inventeur, jauges servant à mesurer l'épaisseur des fils de fer et des tôles. Les vis micrométriques ont un pas très fin, très régulier, et portent en guise de tête un plateau circulaire dont la circonférence est partagée par des traits numérotés. Ce plateau tourne en présence d'une tige servant de repère, fixée parallèlement à l'axe.

Si le pas de la vis est de 1 millimètre, et que le plateau porte cent divisions, chaque tour du plateau correspond à une épaisseur de 1 millimètre, et le nombre des divisions comprises entre celle qui est numérotée zéro et la tige de repère indiquera autant de centièmes de millimètre.

**Vis différentielle.** La vis différentielle est une machine permettant d'imprimer un mouvement de progression très lent à une pièce guidée. Elle se compose d'une tige ronde portant deux parties filetées avec des pas différents mais de même sens. La partie qui a le pas le plus long tourne dans un écrou fixe, et l'autre dans un écrou adapté à la pièce mobile. Quand la vis décrit une révolution sur elle-même, elle avance le long de son axe d'une quantité égale au pas de la première partie filetée; la pièce guidée devrait avancer de la même quantité, mais les rainures entre lesquelles elle est guidée l'empêchant de tourner, elle remonte sur la vis d'une quantité égale à la hauteur du pas de la seconde partie taraudée dont elle constitue l'écrou. Le chemin que cette pièce parcourt à chaque tour de la vis est donc égal à la différence de hauteur des deux pas. Cette différence pouvant être rendue excessivement faible, on obtient des pressions très énergiques à l'aide de la vis différentielle.

H étant la hauteur du pas d'une des parties filetées, H celle de la seconde, qui est plus faible que H, et R le rayon de la manivelle faisant tourner la vis différentielle, l'équilibre est représenté dans cette machine par la formule :

$$P = Q \frac{(H - H')}{2 \pi R}.$$

**Vis sans fin.** La vis sans fin est une machine dérivée de l'engrenage à crémaillère, permettant de transmettre le mouvement de rotation d'un arbre à un second arbre qui lui est perpendiculaire. Elle consiste en une courte vis à spires peu nombreuses et faiblement inclinées, tournant entre les dents d'une roue dont l'axe est perpendiculaire au sien et entraînant cette roue dans son mouvement. La tranche des dents est concave pour pouvoir emboîter l'intervalle des filets; une d'elles seulement s'échappant à chaque tour de la vis, le mouvement de cette machine est donc assez lent. En désignant par R le rayon du cercle que décrit la manivelle faisant mouvoir la vis sans fin, et par $h$ la hauteur du pas de cette vis, on a entre la puissance P agissant sur la vis, et la réaction T de la roue dentée au point de contact avec le filet, réaction que l'on suppose exercée parallèlement à l'axe de la vis, la relation

$$\frac{P}{T} = \frac{h}{2 \pi R}.$$

Les forces agissant sur l'arbre de la roue dentée sont d'une part la résistance Q et de l'autre l'action de la vis, égale et de sens contraire à la force hypothétique T. En désignant par $r$ le rayon de l'arbre de la roue dentée et par R' celui de cette roue, on a donc la relation $\frac{T}{Q} = \frac{r}{R'}$. La multiplication membre à membre de ces deux équations, donne enfin

$$P = Q \times \frac{h}{2 \pi R} \times \frac{r}{R'}.$$

En comparant cette formule à celle de la vis ordinaire, on voit que la vis sans fin diminue la relation entre la puissance et la résistance, dans le rapport de $r$ à R'. Une longueur de manivelle R beaucoup plus faible que dans la vis simple, suffira donc pour obtenir le même rapport $\frac{P}{Q}$.

*Vis multiple.* La vis sans fin n'est pas une machine réciproque, c'est-à-dire que la roue ne pourrait faire tourner la vis à moins de donner au filet une très grande obliquité ne permettant pas d'avoir constamment une dent en prise.

Pour remédier à cet inconvénient on a recours à la vis multiple qui est une vis sans fin à plusieurs filets, agissant chacun sur une dent de la roue.

La roue avançant d'une dent par tour de la vis sans fin à filet unique, cette vis décrit autant de tours que la roue porte de dents. Quand la vis a un nombre $n$ de filets, chaque tour décrit par elle fait avancer $n$ dents. Le nombre de tours décrit par la vis à filets multiples pendant une révolution de la roue, est donc égal au quotient du nombre des dents de la roue par le nombre des filets de la vis. V étant la vitesse angulaire de la vis et V' celle de la roue, $n$ le nombre des filets et N le nombre de dents on a la proportion :

$$\frac{V}{V'} = \frac{N}{n}.$$

En désignant par I l'inclinaison des filets sur la section droite du cylindre primitif, et par $\varphi$ l'angle de frottement des substances en contact, trois cas peuvent se présenter : 1° I est plus petit que $\varphi$. La vis conduit la roue sans réciprocité, c'est le cas qui se présente dans les vis sans fin employées pour manœuvrer les vannes des déversoirs, le poids de la vanne ne la faisant pas redescendre si on abandonne la manivelle; 2° I est plus grand que 90° — $\varphi$. Le pas s'allonge alors, et c'est la roue qui conduit la vis sans réciprocité; cette disposition est adoptée pour commander certains régulateurs à ailettes; 3° $\varphi$ est plus petit que I, inférieur lui-même à 90° — $\varphi$. La transmission est alors réciproque pour les valeurs moyennes du pas; on obtient le rendement maximum, quand I est égal 45° plus ou moins $\frac{\varphi}{2}$, selon que l'organe moteur est la roue ou la vis.

*Vis tangente.* La vis tangente est une autre modification de la vis sans fin. La tranche de la denture de la roue est entaillée par une gorge en forme de tore embrassant la vis. Le contact intime des deux pièces constituant la vis tangente, empêche tout mouvement de recul, ce qui la fait employer dans les machines à diviser.

FABRICATION DES VIS. Selon la forme donnée à leur tête, les vis se partagent en: *vis à clef, vis à tête, vis à main et vis à rainure* ou à *tourne-vis.* Les vis à clef ont une tête carrée ou hexagonale qui se loge quand on les serre, entre les mâchoires d'une clef constituant bras de levier. La plupart des vis employées dans la construction des machines appartiennent à cette catégorie. Les vis à tête ont la tête percée d'un ou de plusieurs trous cylindriques dans lesquels on introduit une tige de fer faisant manivelle. Telles sont les vis des étaux, des établis de menuisiers, les vis de lits, etc. Les vis à main sont les vis ailées ou à oreilles et les vis molletées. La tête des premières est constituée par deux oreilles, qui peuvent facilement être saisies et tournées entre les doigts; telles sont les vis des étaux à main et de certains articles de quincaillerie. La tête des vis molletées est un disque à tour strié offrant également prise aux doigts; dans cette catégorie rentrent les vis des compas, des tire-lignes, et d'une grande quantité d'instruments de physique ou de mathématiques, où la vis ne doit exercer qu'une faible pression. Les vis à rainure ou à tourne-vis se manœuvrent au moyen d'une lame de tourne-vis que l'on insère dans une rainure diamétrale de la tête, elles se partagent en : *vis en goutte de suif*, dont la tête affecte au-dessus de la surface dans laquelle elle est enfoncée la forme convexe d'une goutte de suif figé; *vis fraisées*, dont la tête est un tronc de cône renversé, se logeant dans une fraisure afin de ne présenter aucune saillie quand elle est en place.

La section du filet des vis peut être un triangle isocèle ou un triangle équilatéral ; les vis sont alors dites à *filet triangulaire* ; cette section peut encore être un rectangle ou un carré, les vis se disent alors à *filet carré*. Ce sont là les cas les plus fréquents, mais on rencontre aussi des vis dont le filet a une section demi circulaire ou en forme de dent ; cette dernière forme de filet est adoptée pour les vis sans fin. On emploie généralement le filet triangulaire pour les vis de petites dimensions, faites à la filière, à la taraudeuse ou à l'aide de machines spéciales. L'angle de ce filet est souvent avivé sur le tour au moyen d'un peigne. Les filets carrés et rectangulaires appartiennent surtout aux vis de moyennes et de fortes dimensions, exécutées à la lunette ou filetées sur le tour. La forme du filet et de la tige sur laquelle il s'enroule, distingue les vis à métaux des vis à bois.

Les *vis pour métaux* sont cylindriques et leurs dimensions varient depuis les vis presque microscopiques des montres, jusqu'aux énormes vis à plusieurs filets des presses à emboutir.

Les *vis à bois* sont généralement de dimensions assez faibles, leur partie filetée est tronconique pour s'enfoncer dans le bois à la manière d'une vrille, et le filet est unique. Ces vis se partagent en vis proprement dites à tête fraisée ou à tête en goutte de suif enfoncées à l'aide du tourne-vis, et en tire-fonds, vis plus fortes à tête carrée enfoncées au moyen de clefs.

Les manufactures d'armes fabriquent à l'aide des machines Kreutzberger, les minuscules vis à métaux qui relient les différentes pièces des fusils.

Ces machines sont des sortes de petits tours portant une seule poupée à l'arbre de laquelle on adapte l'ébauche de vis, animée d'un vif mouvement de rotation ; sur le banc du tour se trouve en regard de la poupée, un porte-outils ayant la forme d'un disque horizontal pivotant sur un axe vertical. Les six outils différents qui doivent parachever la vis en agissant successivement sur l'ébauche, sont ajustés sur ce disque. Un premier outil, composé de trois lames, tourne la tige ; le second outil décollète la tête et dresse sa face inférieure ; le troisième dresse sa face supérieure ; le quatrième tourne la tête, le cinquième est une lunette qui filète la vis, et le dernier la coupe à la longueur voulue en rodant son extrémité. Les têtes sont ensuite fendues à la fraise.

Les vis à métaux de dimensions moyennes se fabriquent comme les boulons, à l'aide de presses mécaniques chargées d'estamper les têtes ; le fer rond destiné à cet usage étant découpé en morceaux d'égale longueur, chauffés dans des foyers spéciaux pour être soumis à l'action des presses. On opère ensuite le filetage à la taraudeuse ou à la filière. La fabrication industrielle ne peut toutefois être que rarement employée, les vis entrant dans la construction des machines différant de l'une à l'autre par la longueur, le diamètre, la forme de la tête, on doit donc se contenter de leur donner un pas uniforme.

Le filetage de ces vis à la filière ou à la lunette,

procure un pas peu résistant, le nerf du fer se trouvant coupé à chaque spire, et le travail moléculaire lui enlevant de sa cohésion.

L'exécution des vis de fortes dimensions pour les presses, les pressoirs, les vannes d'écluses, pour certains freins, etc., appartient aux travaux de précision et d'assez longue haleine opérés sur le tour à fileter par des ouvriers expérimentés.

Avant l'invention des tours à fileter, d'habiles tourneurs exécutaient les grosses vis sur des tours ordinaires à support simple ou à chariot. On prenait une bande de papier de même longueur que le cylindre dans lequel le filet devait être creusé et d'une largeur égale à sa circonférence, puis on traçait sur ce papier des droites parallèles, dont les intervalles étaient alternativement teintés ou laissés en blanc. Les parties blanches étant un peu plus larges que les parties teintées, la largeur d'une bande blanche et d'une bande coloriée correspondait au pas de la vis à exécuter. On collait ce papier autour du cylindre de manière à ce que les lignes teintées se raccordassent, chacune d'elles étant prolongée par sa voisine, et leur ensemble constituant une hélice. L'ouvrier attaquait alors le métal en suivant avec son outil la partie laissée en blanc, correspondant à l'intervalle des spires, sans toucher à la partie teintée recouvrant le filet.

Les vis à bois se fabriquent également en plusieurs opérations. Des appareils analogues aux machines à rivets refoulent les têtes et coupent les ébauches à la longueur voulue. Ces ébauches, ébarbées et polies dans un tambour avec de la sciure de bois, sont ensuite reprises par des taraudeuses qui les filètent et leurs têtes sont fendues par des fraises ou sur de petits étaux-limeurs. Les organes accomplissant ces diverses opérations peuvent être isolés ou groupés en une seule machine, de manière à fournir un débit très considérable.

*Vis-clou.* On donne le nom de *vis-clou* à des vis à bois qui s'enfoncent au marteau, comme les clous, et s'enlèvent à l'aide du tournevis, comme les vis ordinaires. Elles ne diffèrent de celles-ci que par la forme de leur filet, dû à l'enroulement d'un triangle rectangle dont le plus grand côté de l'angle droit est appliqué sur le noyau de la vis. Le bas de ce filet présente donc un angle très aigu pénétrant facilement dans le bois.

**Vis pour chaussures.** Les vis en cuivre pour la chaussure ont un filet susceptible, grâce à sa forme, de retenir jusqu'au dernier moment les différentes pièces de cuir constituant la semelle. Ce filet, allongé et très aigu, tourne autour d'un noyau conique rivé à l'intérieur. Il est plus profond et plus coupant à la pointe, pour que la vis puisse pénétrer dans le cuir ; le vide entre les spires est généralement trois fois plus large que le plein du filet. Ces vis sont fabriquées par des machines spéciales munies d'un outil analogue au burin des tours à chariot ; souvent aussi la vis est filetée par la machine même qui doit l'enfoncer et la river.

**Vis de culasse.** Dans les fusils et pistolets

se chargeant par la bouche, la vis de culasse est un tampon fileté qui obture à demeure l'extrémité du canon et s'encastre dans le bois.

On nomme encore *vis de culasse*, la vis à filets interrompus qui ferme la culasse des canons types Reffye et de Bange. — V. CANON et CULASSE.

**Vis d'étaux.** Les vis des étaux sont des vis en fer à filet carré unique. La boîte de l'étau, qui sert d'écrou, porte un filet exécuté sur le tour ou plus généralement brasé. On enroule, à cet effet, entre les spires de la vis une tringle carrée de fer de Suède et, après avoir dévissé cette hélice, on la brase dans la boîte à la soudure de cuivre.

**Vis de presses** ou **de pressoirs.** — V. PRESSOIR.

**Vis de lit.** Les différentes pièces constituant les lits en bois sont assemblées au moyen de vis spéciales dont la fabrication s'est localisée dans diverses régions, certaines contrées des Ardennes par exemple. Ces vis estampées au martinet ont une tête sphérique percée de 2 trous la traversant à angle droit, trous dans lesquels on introduit une broche pour opérer le serrage. Elles portent un pas triangulaire exécuté à la taraudeuse et se vendent avec un écrou carré.

Certaines fonderies fabriquent des vis de lit à tête en fonte ordinaire ou en fonte malléable cou. lée sur une tige en fer taraudée ultérieurement. Les trous de la tête viennent de fonte au moyen de noyaux ou sont seulement amorcés et doivent être percés à la foreuse.

**Vis de pointage.** Les profondes modifications apportées au matériel des diverses puissances par l'application des canons se chargeant par la culasse, a amené une transformation complète des organes de pointage. L'affût des canons de campagne français de 5 et de 7, et de ceux de 80 et 90 millimètres, porte une vis de pointage inclinée, mue par une manivelle; cette vis traverse un écrou mobile relié à deux barres pivotant sur des boulons fixés aux flasques, et ces barres soulèvent la culasse au moyen de supports spéciaux.

Les affûts du canon de montagne de 80 millimètres, du canon de 95 millimètres et les affûts dits à soulèvement pour le canon de 138 millimètres, ont un mécanisme de pointage composé d'une vis verticale soulevant la culasse, mise en mouvement par un écrou à dents qu'engrène une vis sans fin horizontale, manœuvrée par deux volants à poignée placés en dehors des flasques.

L'affût de siège et de place dit *affût omnibus*, pour canons de 5, de 7, de 8, de 12 et canons de 80 et 90 millimètres, porte une vis de pointage placée obliquement entre les deux flasques. Cette vis, mise en mouvement par deux pignons d'angle que deux volants à poignées font manœuvrer, tourne dans un écrou guidé dont la progression soulève la culasse de la pièce au moyen de quatre barres articulées en V, fixées d'une part aux flasques et de l'autre aux deux côtés de l'écrou. Les affûts des canons de 120 e 155 millimètres ont un mécanisme de pointage ne comportant pas de vis proprement dite.

**Vis d'Archimède.** Machine employée pour l'élévation des liquides, appliquée surtout à l'épuisement des fondations et des bâtardeaux dans les constructions hydrauliques. La vis d'Archimède, attribuée au savant Syracusain, se compose d'un cylindre enveloppe en bois ou en métal, de 35 à 65 centimètres de diamètre, nommé *canon*, et d'un noyau cylindrique dont le diamètre est le tiers de celui du *canon*. Une cloison hélicoïdale faisant avec l'axe du cylindre un angle de 55 à 60°, occupe l'espace annulaire entre le canon et le noyau. Les spires successives de cette cloison, portant le nom de *marches*, forment dans le cylindre un canal hélicoïdal allant d'une extrémité à l'autre. Plusieurs hommes font tourner la machine dont le noyau est porté à chaque extrémité par des coussinets, en pesant sur des balanciers adaptés à une manivelle, et l'eau montant le long des marches vient se déverser à la partie supérieure. La vis d'Archimède a généralement douze diamètres de longueur et se place obliquement, son extrémité inférieure plongeant à moitié dans le réservoir à épuiser; une inclinaison comprise entre 35 et 40° est nécessaire pour obtenir un bon rendement. L'effet utile varie entre 60 et 65 0/0 de l'effet moteur. Avec une vitesse circonférentielle de $1^m,30$, correspondant à 40 tours par minute, un homme élèvera de 11 à 15 mètres cubes d'eau par heure à une hauteur d'un mètre, en produisant à la seconde un travail supérieur à 3 kilogrammètres, travail qui peut être maintenu pendant six heures. On construit aussi des vis à deux ou plusieurs cloisons hélicoïdales. L'eau dans laquelle la base de la machine plonge partiellement, afin de donner accès à l'air, pénètre et prend son niveau à l'intérieur; si on fait alors tourner la vis, une certaine quantité du liquide se loge entre les deux premières spires sans pouvoir redescendre, la spire inférieure constituant un seuil qui s'oppose à sa rétrogradation. A la révolution suivante, cette eau glissant toujours par son propre poids le long de l'hélice, s'élèvera encore d'une quantité égale au pas de celle-ci, pendant qu'une masse semblable viendra s'emmagasiner en dessous; chaque révolution faisant monter le liquide d'une spire ou *marche*. On nomme *arc hydrophore* d'une spire, la partie de l'hélice retenant l'eau. La longueur de cet arc est comprise entre les deux points de chaque spire pour lesquels les tangentes à l'hélice sont parallèles au plan horizontal, et dépend de la grandeur relative de l'inclinaison donnée à la machine et de l'angle que son hélice fait avec une génératrice du canon. Si nous désignons par L la longueur de l'arc hydrophore, et sa surface par S, le poids de l'eau captée à chaque tour de la vis est F. S. L et le travail en eau élevée à chaque tour est exprimé par la formule $F. S. L \times H'$ dans laquelle H' désigne la hauteur verticale correspondant au pas de l'hélice. En nommant $\alpha_1$ et $\alpha_0$ les angles mesurés sur la section droite du cylindre, qui correspondent aux deux extrémités de l'arc hydrophore, $\theta$ l'angle de l'hélice sur une génératrice du cylindre, R le rayon de celui-ci, on obtient la formule

$$L = R\left(\frac{\alpha_1 - \alpha_0}{\sin\theta}\right).$$

La valeur de H', donnée par la projection verticale de la hauteur du pas H est égale à H sin $i$, $i$ étant l'angle d'inclinaison de la machine. Le travail en eau élevée à chaque tour sera donc :

$$T = \frac{F.S.R(\alpha_1 - \alpha_0)H\sin i}{\sin\theta},$$

et en mettant pour H sa valeur $2\pi R\cot\theta$ la formule devient :

$$T = F.S. \times 2\pi R^2(\alpha_1 - \alpha_0)\frac{\sin i.\cos\theta}{\sin^2\theta},$$

formule qui se trouve considérablement réduite par les pertes de travail.

**Vis hollandaise.** La vis hollandaise ou vis hydraulique est une modification de la vis d'Archimède qui a pris le nom du pays où elle est surtout appliquée. On s'en sert en Hollande pour des dessèchements et des épuisements, en la faisant actionner par des moulins à vent. C'est une vis d'Archimède sans enveloppe extérieure, sans *canon*, tournant dans un canal demi-cylindrique et incliné, en bois ou en maçonnerie. — H. B.

**Vis conductrice.** Les vis conductrices servent dans un grand nombre d'usines et de manufactures pour le transport horizontal ou oblique des matières pulvérulentes : transport des grains dans les trieurs, les greniers et magasins à blé; pour la farine, le tabac, les sables, les phosphates, etc.; les vis servent encore à effectuer le mélange de diverses substances (les engrais, la fabrication du mortier, du béton). Lorsque la vis est inclinée elle sert d'*élévateur*; on en voit des exemples dans certaines batteuses, dans les sucreries, les distilleries et les féculeries, des vis inclinées élèvent les betteraves ou les pommes de terre; ces vis servent aussi à élever les eaux (V. Vis, § *Vis d'Archimède*). La vis conductrice se compose, en principe, d'un arbre horizontal d'une longueur quelconque garnie d'un filet de vis très saillant; l'arbre tourne dans un coursier demi-cylindrique. L'arbre est en bois à section hexagonale ou octogonale ou en fer à section carrée ou circulaire. Les filets sont en bois, en zinc ou en tôle, continus ou discontinus et formés, dans ce cas, de palettes implantées sur l'arbre; souvent les filets et l'arbre sont en fonte, d'une seule pièce, et les tronçues sont réunis par des manchons d'accouplement. Le coursier est en bois, en fonte ou mieux en tôle raidie par des fers cornières; à différents points de la partie supérieure du coursier se trouvent des vannes par lesquelles s'échappe la matière. La vitesse de transport dépend du *pas* de l'hélice et du nombre de tours qu'elle fait par minute; par tour, la matière transportée avance d'une quantité égale au pas de la vis. — M. R.

**Vis.** *T. de constr.* **Vis potoyère.** Escalier de cave tournant autour d'un noyau. ‖ *Vis à jour.* Escalier sans noyau. ‖ *Vis Saint-Gilles.* Escalier dont les marches forment voûte au-dessus de la spire inférieure.

*****VISCONTI** (Louis-Tullius-Joachim). Architecte, né à Rome en 1791, mort à Paris en 1853. Il fut amené enfant à Paris par son père, exilé à la suite d'événements politiques, et, naturalisé français, il entra à l'école des beaux-arts. Il en sortit en 1817, après avoir remporté le second grand prix, et occupa successivement les modestes emplois de conducteur de travaux à l'entrepôt des vins, de sous-inspecteur au ministère des finances, et d'architecte à la bibliothèque royale. La fontaine Gaillon et la maison de Mlle Mars, rue la Tour-des-Dames, le mirent en vue, et depuis, chargé de l'organisation des fêtes publiques, notamment de celle du retour des cendres de Napoléon, il reçut, en outre, de nombreuses commandes officielles. On lui doit le tombeau de Napoléon Ier aux Invalides, ceux des maréchaux Lauriston, Gouvion-Saint-Cyr, Suchet, Soult; les fontaines Molière, Louvois et Saint-Sulpice, plusieurs hôtels importants dans les faubourgs Saint-Honoré et Saint-Germain, entre autres l'hôtel Pontalba et l'hôtel Collot. Mais la grande œuvre de Visconti, celle à laquelle son nom restera toujours attaché, c'est l'achèvement du Louvre et sa réunion aux Tuileries. La première pierre avait été posée en 1852, et il put à peine voir les fondations sortir de terre; mais il avait fourni tous les plans, et l'œuvre, achevée par Lefuel, lui appartient bien; l'ensemble en est remarquablement riche et harmonieux. Visconti, élève de Percier, était, comme lui, plutôt décorateur que constructeur; son origine italienne et ses études françaises avaient contribué à en faire un artiste d'imagination et de goût plutôt qu'un architecte dans la véritable acception du mot. Membre de l'Académie des beaux-arts, président de la Société centrale des architectes, architecte de l'empereur, Visconti était officier de la Légion d'honneur depuis 1846.

**VISIÈRE.** 1° *T. du cost. anc.* Pièce du casque percée de trous, au travers de laquelle l'homme d'armes voyait et respirait et qu'il pouvait baisser sur son visage ou relever à son gré. ‖ 2° Pièce de cuir de certaines coiffures, qui abrite le front et les yeux. ‖ 3° *T. d'arm.* Pièce du canon d'un fusil qui sert à conduire l'œil et à régler le tir lorsqu'on vise.

*****VISIOMÈTRE.** *T. de phys.* Instrument qui permet de mesurer l'étendue de la vue et de déterminer les verres d'optique qui lui conviennent.

**VISON.** Nom d'une espèce de martre de l'Amérique méridionale, dont la fourrure très soyeuse est fort estimée.

**VISSER.** Action d'opérer le *vissage* d'un objet au moyen de vis. Dans la fabrication des chaussures, on emploie à cet effet des machines ayant pour but de fixer les semelles et les talons des chaussures, en remplaçant la couture et le clouage par des vis de laiton. L'opération qu'elles accomplissent, toutes par des moyens peu différents, consiste à serrer fortement les parties à réunir et à faire pénétrer dans le cuir une vis de laiton, qui est en général taillée par le mouvement même qui l'enfonce dans la semelle.

Ces machines se divisent en deux classes, d'après le moyen par lequel la vis de laiton est produite. Dans les unes, la vis est taillée au burin, et elles portent une disposition spéciale pour faire avancer le fil de laiton en même temps qu'il est animé d'un mouvement de rotation, on les nomme *machines à burin*. Dans les autres, le laiton est taillé au moyen d'une petite filière formée de deux coussinets en acier portant un pas de vis, de sorte qu'il suffit d'imprimer au fil un mouvement de rotation pour que la vis se forme et soit forcée dans le cuir par le fait même des filets qui la produisent, on les nomme *machines à filières*. Les premières machines coûtent, en général, un peu plus cher que les secondes, mais elles donnent un meilleur travail et sont d'un emploi plus facile.

Quoique les machines à visser soient encore d'un grand usage, il y a une tendance marquée à les remplacer par les machines à coudre la semelle, la chaussure cousue jouissant toujours d'une grande préférence, à cause de sa plus grande souplesse et de sa solidité. — V. CORDONNERIE. — A. R.

\*VISSERIE. Industrie qui comprend la fabrication des vis, écrous, boulons et autres articles analogues.

VITESSE. T. de mécan. Lorsqu'un point matériel se déplace, son mouvement est dit « uniforme » si le chemin qu'il parcourt est proportionnel au temps employé à le parcourir. Dans ce cas, le quotient constant du chemin parcouru par le temps correspondant s'appelle la *vitesse* du mobile : c'est le chemin parcouru pendant l'unité de temps. Il est bien évident que la valeur numérique de cette vitesse dépend essentiellement des unités employées pour mesurer la longueur et le temps. Concevons, par exemple, un mobile parcourant 10 kilomètres à l'heure. Avec le kilomètre pour unité de longueur, et l'heure pour unité de temps la vitesse est mesurée par le nombre entier 10. Mais, si l'on prend pour unités le mètre et la seconde, la vitesse deviendra

$$\frac{10000}{3600} = 2,777\ldots$$

Lorsque le mouvement n'est pas uniforme, la notion de la vitesse est un peu plus compliquée. On appelle *vitesse moyenne* pendant un intervalle de temps, le quotient du chemin parcouru pendant cet intervalle par la durée de cet intervalle. C'est la vitesse d'un mobile qui parcourrait le même chemin pendant le même temps, d'un mouvement uniforme. Si, par exemple, les distances du mobile comptées à partir d'une certaine origine, sont $s$ au temps $t$, et $s'$ au temps $t'$, la vitesse moyenne pendant le temps $t' - t$ est $\frac{s' - s}{t' - t}$.

Si l'on considère des intervalles de temps de plus en plus petits à partir du temps $t$, les deux termes de la fraction $s' - s$ et $t' - t$, tendront tous les deux vers zéro, mais leur rapport qui est la *vitesse moyenne* tend vers une limite déterminée qu'on appelle la *vitesse* à l'instant $t$. On reconnaît à cette définition que *la vitesse est la dérivée du chemin*

parcouru par rapport au temps. On sait que la courbe décrite par le mobile s'appelle la *trajectoire* (V. ce mot). Si l'on désigne par $s$ l'arc variable de la trajectoire OM compris entre une origine·fixe O et le point mobile M, $s$ sera une fonction du temps $t$, et sa dérivée $\frac{ds}{dt}$ est la vitesse. Cette vitesse est elle-même une fonction du temps. Lorsqu'elle varie proportionnellement au temps, le mouvement est dit « uniformément varié ». — V. MOUVEMENT.

On représente la vitesse par une longueur proportionnelle comptée sur la tangente à la trajectoire à partir de la position du mobile. Dans la plupart des questions de mécanique on a besoin de considérer la projection de la vitesse sur trois axes rectangulaires qui servent d'axes de coordonnées. On reconnaît aisément que la projection de la vitesse sur un axe est la vitesse de la projection de ce point, en considérant cette projection comme un mobile qui parcourerait cet axe. Il résulte de là que si $x, y, z$ désignent les coordonnées du mobile, lesquelles seront des fonctions de temps $t$, les projections de la vitesse sur les trois axes, qu'on appelle aussi les *composantes de la vitesse* seront les dérivées

$$v_x = \frac{dx}{dt}, \ v_y = \frac{dy}{dt}, \ v_z = \frac{dz}{dt}.$$

La valeur de la vitesse est donc

$$v = \sqrt{\left(\frac{dx}{dt}\right)^2 + \left(\frac{dy}{dt}\right)^2 + \left(\frac{dz}{dt}\right)^2}.$$

Le produit de la vitesse par la masse du mobile s'appelle la *quantité de mouvement* (V. MOUVEMENT). Le produit du carré de la vitesse par la masse s'appelle la *force vive* ou la *puissance vive*. — V. FORCE, TRAVAIL.

Lorsqu'un point matériel ne décrit pas une ligne droite d'un mouvement uniforme, c'est que ce point est soumis à l'action d'une certaine force. Si l'on vient à supprimer cette force, le mouvement ultérieur est rectiligne et uniforme en vertu du principe de l'inertie; il s'effectue suivant la tangente à la trajectoire primitive avec une vitesse égale à celle que possédait le mobile au moment où la force a cessé d'agir.

*Composition des vitesses.* Quand un point matériel est animé de plusieurs mouvements simultanés, sa vitesse dans le mouvement résultant s'obtient en composant, suivant la règle du polygone, les vitesses dans les mouvements composants. — V. MOUVEMENT.

**Vitesse angulaire.** Lorsqu'un corps est animé d'un mouvement de rotation autour d'un axe, ce mouvement est dit *uniforme*, si le corps tourne d'angles égaux pendant des temps égaux. Alors l'angle de rotation est proportionnel au temps correspondant et le quotient constant de cet angle par le temps correspondant s'appelle la *vitesse angulaire* du corps : c'est l'angle dont tourne le corps pendant l'unité de temps. En reprenant les considérations qui nous ont servi à définir la vitesse d'un point matériel, on définira la vitesse angulaire dans le mouvement de rotation varié, en disant que la vitesse angulaire $\omega$ est la *dérivée par rapport au temps de l'angle* $\theta$ dont a tourné le mobile depuis une origine fixe :

$$\omega = \frac{d\theta}{dt}.$$

Le plus souvent on prend pour unité d'angle, l'angle qui, placé au centre d'un cercle intercepte un arc égal au rayon. Avec ce choix d'unité, si $r$ est la distance d'un point M du corps à l'axe, la vitesse du point linéaire M sera

$$v = \omega r ;$$

elle est dirigée perpendiculairement au rayon $r$ qui passe par le point M.

On sait que le mouvement le plus général d'un corps solide peut être considéré, à chaque instant, comme résultant d'une translation et d'une rotation. La translation peut alors être décomposée en trois autres dirigées suivant les axes de coordonnées; nous désignerons les vitesses correspondantes par $a$, $b$, $c$.

La rotation peut aussi se décomposer en trois autres s'effectuant autour de trois axes de coordonnées et dont nous désignerons les vitesses angulaires respectives par $p$, $q$, $r$. On reconnaît alors que, si les axes sont rectangulaires, et, moyennant certaines conventions relatives aux signes de $p$, $q$, $r$, les composantes de la vitesse d'un point de coordonnées $x$, $y$, $z$ sont

$$\frac{dx}{dt} = a + qz - ry$$

$$\frac{dy}{dt} = b + rx - pz$$

$$\frac{dz}{dt} = c + py - qx.$$

**Vitesse dans le mouvement relatif.** Si un point M se déplace par rapport à un système S mobile lui-même, on peut faire abstraction du mouvement de S et considérer les déplacements de M par rapport au système S, comme si celui-ci était fixe. Cela revient analytiquement à rapporter le mouvement de M à trois axes mobiles invariablement liés au système S. On obtient ainsi le *mouvement relatif* de M, auquel correspond une *vitesse relative*. On appelle *vitesse d'entraînement*, la vitesse du point de S avec lequel coïncide M à l'instant considéré, et l'on démontre que la vitesse absolue du point M est la résultante de sa vitesse relative et de la vitesse d'entraînement. — V. -MOUVEMENT.

**Vitesse aréolaire.** Il arrive souvent qu'on a besoin de faire intervenir dans les calculs de mécanique l'aire décrite par le rayon vecteur qui joint un point mobile à un point ou centre fixe.. On sait, en particulier, que si le mobile est sollicité par une force qui passe constamment par le centre fixe, cette aire décrite par le rayon vecteur est proportionnelle au temps. En général, on appelle *vitesse aréolaire* la dérivée de cette aire par rapport au temps. On démontre aisément que le double de la dérivée de la vitesse aréolaire du point M est égale au moment par rapport au centre fixe, de la résultante des forces qui agissent

sur le point M divisé par la masse de ce point. On s'explique ainsi le théorème des aires dans le cas d'une force centrale puisqu'alors, le moment de la résultante étant constamment nul, la vitesse aréolaire doit rester constante, d'où il suit que l'aire est proportionnelle au temps. Si le point se déplace dans un plan fixe; si $x$ et $y$ sont ses coordonnées rapportées à deux axes rectangulaires et $v_x$, $v_y$, les composantes de sa vitesse suivant les axes, sa vitesse aréolaire sera :

$$\frac{1}{2}\left(x\frac{dy}{dt} - y\frac{dx}{dt}\right).$$

La dérivée de cette quantité a reçu le nom d'*accélération aréolaire*, elle est égale à :

$$\frac{1}{2}\left(x\frac{d^2y}{dt^2} - y\frac{d^2x}{dt^2}\right),$$

et le théorème qui précède s'exprime analytiquement au moyen de l'équation :

$$m\left(x\frac{d^2y}{dt^2} - y\frac{d^2x}{dt^2}\right) = M,$$

$m$ désignant la masse du point et M le moment de la résultante.

**Vitesse de propagation.** On observe souvent dans la nature des phénomènes qui se propagent dans un milieu sans qu'il y ait aucun transport de matière ; tels sont les divers mouvements vibratoires, les vagues d'une surface liquide, la lumière, le son, les courants électriques, etc. On peut concevoir un mobile fictif qui parcourrait une ligne de ce milieu de manière à se trouver constamment au point où les phénomènes commencent à se manifester. C'est la vitesse de ce mobile fictif qu'on appelle la *vitesse de propagation*. — V. LUMIÈRE, OPTIQUE et plus loin *Tableau de diverses vitesses*.

**Vitesse des trains de chemin de fer.** — V. CHEMIN DE FER et TRAIN.

**Vitesses usuelles.** Nous donnons ci-dessous un tableau des vitesses de certains mouvements qui peuvent être utiles à connaître. — M. F.

*Tableau de diverses vitesses exprimées en mètres par seconde.*

| | |
|---|---|
| Un homme au pas, 4 kilomètres à l'heure. . . . | 1ᵐ,12 |
| Un homme à la nage (J.-B. Johnson, 5 août 1872), 805 mètres en 12 minutes, d'après Pettigrew. . . . . . . . . . . . . . . . . . . . . . . | 1.12 |
| Un homme au pas, 6 kilomètres à l'heure. . . . | 1.66 |
| Course en skidor (patins à neige), 227 kilomètres en 21 h. 22 m., d'après Nordenskiöld. . . . . | 2.95 |
| Tramways . . . . . . . . . . . . . . . de 2 à | 3.50 |
| Rivière à cours rapide. . . . . . . . . . . . . . | 4 |
| Navire, 9 nœuds à l'heure (9 × 1,852 mètres). . | 4.63 |
| Chameau (hedjeïn), 185 kilomètres en 10 h. 20 m., d'après Burckardt. . . . . . . . . . . . | 4.97 |
| Vitesse maximum du train d'inauguration du chemin de fer de Manchester à Liverpool, 15 septembre 1830 . . . . . . . . . . . . . . . | 5.36 |
| Vent ordinaire . . . . . . . . . . . de 5 à | 6 |
| Navire, 12 nœuds à l'heure (12 × 1,852 mètres). | 6.17 |
| Vitesse, par rapport à l'air ambiant, du ballon dirigeable des capitaines Krebs et Renard, ascension du *Meudon*, 8 novembre 1884. . . | 6.39 |
| Vague de 30 mètres d'amplitude par une profondeur de 300 mètres. . . . . . . . . . . . . | 6.82 |
| Course à pied, d'après G. et C. Weber. . . . . | 7.10 |

| | mètres. |
|---|---|
| Vol ordinaire de la mouche (*Muxa domestica*), d'après Pettigrew. | 7.62 |
| Bon vent pour moulin à vent. | 7.62 |
| Renne tirant un traîneau. | 8.40 |
| Navire, 17 nœuds à l'heure (17 × 1,852 mètres). | 8.75 |
| Course en vélocipède T.-H. *English* (10 septembre 1884), 2 milles anglais en 5ᵐ33ˢ 2/5 . | 9.65 |
| Chute d'un corps à la surface de la Terre, après 1 seconde de chute. | 9.81 |
| Vitesse de la périphérie d'une meule de moulin . de 6.50 à | 10 |
| Torpilleur, 21,76 nœuds à l'heure. | 11.19 |
| Patineur exercé. | 12 |
| Cheval de course trotteur américain (1881), 1 mille anglais en 2ᵐ10ˢ 1/4. | 12.36 |
| Pierre lancée avec force. | 16 |
| Train express, 60 kilomètres à l'heure. | 16.67 |
| Cheval de course (galop); *Little-Duck*, Paris, 25 mai 1884, 2,400 mètres en 2ᵐ22ˢ | 16.90 |
| Train express, 75 kilomètres a l'heure. | 20.83 |
| Vague de tempête dans l'Océan. | 21.85 |
| Lévrier. | 25.34 |
| Train express, 60 milles anglais à l'heure (60 × 1,609ᵐ,3). | 26.82 |
| Vol du pigeon voyageur, d'après Gobin. | 27 |
| Déplacement de la trombe du 14 février 1884, de Lynchburg, à Washington, d'après Hazen. . | 27.70 |
| Tempête. de 25 à | 30 |
| Vitesse moyenne des boîtes dans les tubes de la télégraphie pneumatique à Berlin, d'après Armengaud. | 30 |
| Bateau à patin sur les rivières gelées de l'Amérique du Nord. | 31.09 |
| Ouragan. | 40 |
| Ouragan déracinant les arbres. | 45 |
| Vitesse théorique maximum de la périphérie du volant d'une machine à vapeur | 52.50 |
| Déplacement de l'orage du 21 septembre 1881, de Cahors à Pradelles (194 kilom. en 1 heure) | 54.17 |
| Vol de l'hirondelle | 67 |
| Vol d'un oiseau des plus fins voiliers (le martinet) | 88.90 |
| Cyclone de Wallingford (Connecticut), 22 mars 1882, d'après Hazen. | 115.78 |
| Vitesse initiale d'une balle de fusil à vent (compression de 200 atmosphères). | 206 |
| Propagation du choc d'une explosion dans le sable humide, d'après Mallet. | 289.86 |
| Propagation de la marée due au tremblement de terre de Krakatao, 27 août 1883 : de Krakatao à Colon, d'après Bouquet de la Gyre. . | 294 |
| Vitesse d'un point situé à la latitude de Paris (rotation autour de l'axe terrestre). | 305 |
| Vague atmosphérique due au tremblement de terre de Krakatao, 27 août 1883 : de Krakatao à St-Pétersbourg, d'apr. Tykatcheff, de 303 à | 334 |
| Vitesse du son dans l'air (+ 10° centigrade). . | 337.20 |
| Jet de vapeur à la pression de 1 1/2 atmosphère s'échappant dans l'air. | 343 |
| Vitesse initiale d'une balle de fusil (fusil Martini-Henry). | 385 |
| Vitesse initiale d'une balle de fusil (fus. Mauser) | 425 |
| Vitesse initiale d'une balle de fusil (fusil Gras, modèle 1874). | 430 |
| Vitesse d'un point à l'équateur de la terre. | 463 |
| Vitesse initiale d'un boulet de canon (canon de l'armée de terre). | 500 |
| Jet de vapeur à la pression de 5 atmosphères s'échappant dans l'air. | 562 |
| Vitesse initiale d'un boulet de canon (canon de marine). de 605 à | 700 |

| | mètres |
|---|---|
| Vitesse du son dans l'eau (+ 8°,1 centigrade), d'après Sturm et Colladon. . . | 1 435 |
| Explosion du gaz tonnant (hydrogène et oxygène), d'après Berthelot | 2 500 |
| Vitesse du son dans la fonte. | 3 540 |
| Vitesse du son dans le bronze, dans le bois de chêne. | 3 628 |
| Explosion du coton-poudre, d'après Abel et Nobel. de 5 180 à | 5 790 |
| Vitesse du son dans le bois de sapin. . . . | 6 120 |
| Bolide du 14 mai 1864, aérolithe d'Orgueil (Tarn-et-Garonne), d'après Laussedat.. | 20 000 |
| Révolution de la terre autour du soleil. . . | 29 516 |
| Etoiles filantes, d'après A. Newton et Schiaparelli. de 12 000 à | 71 000 |
| Bolide du 5 septembre 1868, d'Autriche en France. | 88 000 |
| Electricité : fil télégraphique sous-marin.. | 4 000 000 |
| Courant d'induction. | 18 000 000 |
| Electricité : fil télégraphique aérien. . . . | 36 000 000 |
| Vitesse de la lumière (le soleil près de l'horizon), d'après Cornu. | 300 242 000 |
| Courant électrique provenant de la décharge d'une bouteille de Leyde dans un fil de cuivre de 0ᵐ,0017 de diamètre. . . | 463 500 000 |

(Extrait d'un tableau plus complet publié par James Jackson.)

**VITRAGE.** *T. techn.* 1º Action d'insérer des vitres dans une baie. || 2º Se dit collectivement de toutes les parties vitrées d'une maison, d'un édifice. || 3º Clôture en verre qui sert de cloison dans un intérieur et sépare deux pièces pour laisser pénétrer dans la seconde la lumière de la première. || 4º Par extension, on donne ce nom aux petits rideaux de mousseline brodée ou brochée qu'on applique aux fenêtres. || 5º Jonction défectueuse des fils de soie pendant le tirage et qui leur donne un éclat terne et vitreux.

**VITRAIL.** Croisée à croisillons de fer ou de pierre avec un châssis de métal garni de vitres, et plus particulièrement verrière colorée qui ferme les baies des églises et de certaines croisées d'édifices publics et d'appartements privés.

HISTORIQUE. Sans refaire ici l'histoire du verre, bornons-nous à constater la première manifestation du vitrail. Elle apparaît indéniable à Rome au IIIᵉ siècle de notre ère. A ce moment florissait l'art nouveau du verrier et les empereurs le classaient par des édits célèbres au nombre des arts somptuaires. Les historiens parlent des effets merveilleux obtenus dans les premiers temples chrétiens à Rome par les multitudes de verres variés de couleur dans les fenêtres de ces édifices.

A Sainte-Sophie, réédifiée par Justinien, empereur d'Orient à Constantinople, il est certain qu'une mosaïque transparente, translucide et colorée mettait à l'intérieur du temple à l'abri des intempéries des saisons en faisait le plus bel ornement. C'est pour nous encore, aujourd'hui, la manifestation la plus puissante et la plus ancienne du vitrail et de son application utile et artistique.

Sous Constantin, les verriers avaient leurs chartes qui les dispensaient de toutes charges et impôts publics. Sous Charlemagne les vitraux étaient en usage. Bien qu'il nous reste peu de vestiges de ces époques tourmentées où les édifices construits en bois et presque toujours la proie des flammes, ne nous ont rien laissé. Mais dès cette époque, on peut affirmer que les fenestrages de nos cathédrales étaient garnis de feuilles de verre colorées, enchâssées dans de la pierre, du plâtre ou du bois.

Qu'il y ait eu des panneaux mis en plombs, rien ne

nous l'indique avant le xi⁰ siècle, où nous voyons à l'église de Vendôme une verrière peinte et colorée avec des mosaïques et des sujets dont la fabrication répond de *tous points à la nôtre d'aujourd'hui.*

Les vitraux à cette époque étaient du reste, tellement répandus que dès le xii⁰ siècle, le moine Théophile nous a donné le plus précieux manuel du véritable peintre-verrier. Il décrit exactement les matières premières employées, la façon de fabriquer le verre et de le colorer. Il donne toutes les recettes chimiques pour arriver à ces belles couleurs si vives et si harmonieuses. Il décrit toutes les opérations et les diverses phases de cette fabrication complexe, depuis le dessin, œuvre de l'artiste, jusqu'à la mise en place des verrières par les maçons dans la pierre de nos cathédrales, *en décrivant les instruments à tailler le verre, à le couper, les fours à le cuire, les laminoirs à raboter les plombs, la manière de* les ajuster et d'en faire un tout. Ces détails sont si précis et si clairs qu'il semble, après sept siècles, qu'il n'y ait qu'à les suivre pour être aussi savant dans l'art du peintre-verrier que cet érudit historien.

Les xii⁰ et xiii⁰ siècles voient s'épanouir au soleil la grande époque du vitrail proprement dit en grandes pages étincelantes et prestigieuses accrochées aux mille fenêtres de nos cathédrales gothiques. Les verriers de cette époque ont fait des prodiges. Leurs vitraux sont de purs chefs-d'œuvre

Fig. 830. — *Fragment de vitrail polychrome (xii⁰ siècle) de l'abbaye de St-Denis, dont le sujet représente l'Arche d'Alliance.*

de lignes, de couleur et d'harmonies puissantes, douces et pénétrantes. Parmi ces vitraux, les plus renommés sont ceux de la Sainte-Chapelle, de Saint-Denis, de Bourges, de Chartres et comme dit Le Viel, « c'est quelque chose de prodigieux que la quantité d'églises, cathédrales, abbayes, collégiales, paroisses même de village qui, sans sortir de notre France, furent vitrées de cette manière dans les xii⁰ et xiii⁰ siècles et qui étaient si percées de fenêtres que souvent les vitres l'emportaient en étendue sur le corps du bâtiment; combien doit paraître étonnante la célérité avec laquelle ces sortes d'entreprises s'exécutaient. On ne peut retenir sa surprise quand on lit que l'église de la Sainte-Chapelle de Paris, commencée en 1242 fut achevée en 1247, et se trouva close en état d'être dédiée au mois d'avril 1248. »

Tout ceci montre qu'au xiii⁰ siècle les peintres-verriers n'étaient pas seulement comme, on le croit généralement, des artistes composant et faisant eux-mêmes de toutes pièces un vitrail; ils occupaient de plus un énorme personnel et il n'existe aucun atelier capable aujourd'hui,

malgré les facilités du travail moderne, d'exécuter en deux ans une surface de vitraux aussi considérable que celle de la Sainte-Chapelle. A cette époque, cet art né en France se répandit dans les contrées voisines de l'Europe et il en reste des spécimens remarquables en Angleterre, en Belgique, en Hollande, en Suisse et en Allemagne.

Les xiv⁰ et xv⁰ siècles produisirent l'acheminement naturel dû vitrail comme des autres arts décoratifs vers la perfection de la forme et du dessin. Au lieu du trait, seule expression du modelé des figures du xiii⁰ siècle, au lieu de plomb entourant chaque morceau de verre de couleur différente et qui donnait à ces verres leur aspect puissant, on trouve, grâce au goût nouveau, plus de lumière dans les églises et plus de jour dans les habitations. Les verriers pour satisfaire à ces exigences cherchèrent de nouveaux procédés et les obtinrent. Des verres d'une dimension plus grande et de tons plus pâles furent fabriqués par eux. Les vitriers commencèrent à dissimuler les plombs dans les ombres des plis et des vêtements. Les dessinateurs eux-mêmes, dépositaires des traditions, les abandonnèrent peu à peu et les sujets raides et gauches des xii⁰ et xiii⁰ siècles firent place à des formes plus humaines dans leurs compositions.

Vers le milieu du xiv⁰ siècle l'émail apparaît. Jean de Bruges découvre les propriétés de l'argent qui au feu se développe en jaune et permet la première application de ces peintures en grisaille et or qui, à cette époque, ont orné de leurs camaïeux charmants les vitres agrandies des habitations privées.

Le xv⁰ siècle suivit l'impulsion donnée. On oublia les éblouissantes mosaïques de verre des siècles précédents, du reste on fit peu de vitraux en France à cette époque. De rares églises en possèdent et les verriers, à quelques exceptions près, sont loin de justifier la réputation de leurs devanciers, malgré les édits royaux qui leur donnent des titres de noblesse.

Le xvi⁰ siècle sonna, ce fut le grand siècle : Paliss trouva les émaux, Jean Cousin, les Pinaigrier firent leurs chefs-d'œuvre. Il y eut d'un bout du pays à l'autre des écoles fameuses : à Paris, à Troyes, à Beauvais, à Auch, à Rouen, dont les œuvres remplirent les immenses baies des nouvelles basiliques où entraient des torrents de lumière.

Les dessinateurs furent élèves du Primatice et de Rosso; Jules Romain et Raphaël lui-même firent des cartons de vitraux. Albert Durer vint à l'école de Beauvais affiner son style au contact du nôtre. Il y eut une expansion vraie et naturelle de l'art de la peinture sur verre et des chefs-d'œuvre partout. Citer les vitraux d'Ecouen, d'Auch, de Montmorency, de Beauvais et de Rouen, de Notre-Dame-de-Brou, de Conches, de la chapelle de Vincennes, c'est tout dire. A l'étranger, des merveilles lumineuses décoraient les cathédrales de St-Jacques à Liège et de Gouda en Hollande.

Les artistes qui ont le plus illustré cette période, sont : Palissy, Jean Cousin, Albert Durer, les deux Pinaigrier, Jacques de Paroi, Valentin Bouch, Jean de Nogare, etc.

Au XVIIe siècle, l'art de la peinture sur verre sans être complètement abandonné fut grandement délaissé. Les causes en sont les guerres de religion qui déchirèrent le pays et aussi les progrès incessants faits par les fabricants de verres et de glaces. On préféra remplacer les anciens vitraux par une matière nouvelle et plus brillante, et ce fut partout une rage de vandalisme contre laquelle rien ne put prévaloir. Les quelques voix qui s'élevèrent furent étouffées sous l'indifférence générale et le vitrail antérieur à notre génération présente eut vécu. Le dernier peintre-verrier du XVIIIe siècle fut Pierre Le Vieil, qui nous a transmis la plus complète histoire de la

Fig. 831. — *La bataille de Roncevaux et la mort de Roland. Fragment d'un vitrail de la cathédrale de Chartres (XIIIe siècle).*

peinture sur verre que nous possédions, depuis l'essai fait par le moine Théophile au XIIe siècle.

Les grandes guerres de la Révolution et de l'Empire arrêtèrent toute manifestation de cet art si éminemment décoratif.

Le nom des peintres verriers illustres des XIe, XIIe et XVIIIe siècles est inconnu. Aucune signature ne se lit sur leurs œuvres. Leurs noms se retrouvent quelquefois cependant dans les armoiries des donateurs. Les vitraux les plus remarquables de cette époque sont ceux de Vendôme, de Saint-Denis, de la Sainte-Chapelle, de Notre-Dame-de-Paris, des cathédrales de Bourges, de Chartres, du Mans, etc. Au XIVe siècle, on cite les vitraux du sanctuaire de Saint-Séverin à Paris, des cathédrales de Strasbourg, d'Evreux, de Saint-Nazaire à Carcassonne. Au XVe siècle, on a commencé à connaître les noms des auteurs des vitraux. En France, Henry Mellain à Bourges

et Angrand Le Prince à Beauvais ; en Allemagne, Albert Durer ; en Hollande, Lucas de Leyde. Au XVIe siècle, Maîtres Claude et Guillaume, de Marseille, dominicains, firent les vitraux de la chapelle du pape Jules II à Rome ; Arnauld Desmoles se distingua par les vitres de la cathédrale d'Auch. Jacques de Vriendt, le Raphaël des Flamands fit les verrières de Sainte-Gudule, à Bruxelles.

Robert Pinaigrier s'est surpassé à Saint-Etienne-du-Mont et à Saint-Gervais ; Valentin Bouch peignait les inimitables vitraux du transept de la cathédrale de Metz. On citait Wouther Crabeth à Gouda ; Nicolas et Jean Le Pot à Beauvais. Jean Cousin, le maître de l'école française, travaillait à Saint-Gervais, et peignait les délicatesses exquises des vitraux de la chapelle de Vincennes.

En même temps que Henry Goltzius s'immortalisait à Bâle, Bernard Palissy, l'apôtre et le martyr de la science, nous laissait les vitraux d'Ecouen.

Les œuvres de Van Dyck le père et de tous les Hollandais rivalisaient avec les vitraux de Rouen, de Montmorency, de Troyes, de Conches, de Notre-Dame-de-Brou. Toutes les églises de Flandre et de Hollande, à Liège, à Tournay, à Anvers étaient remplies de leurs peintures.

Au XVIIe siècle, on cite Jacques de Paroi et Jean de Nogare à Saint-Merri ; Nicolas, Jean et Louis Pinaigrier. Les Suisses et les Flamands dont les plus renommés furent Gérard Dow, Diépenbeck, etc.

En France, nous eûmes Guillaume, Jean et Pierre Le Vieil.

Au XIXe siècle, quand reprit le goût et l'étude de notre vieil art national, trop oublié, le premier fut Maréchal, chef de l'école moderne ; viennent ensuite Didron l'aîné, l'archéologue et le savant Gérente, l'habile réparateur des vitraux de Saint-Denis ; Coffetier, à qui l'on doit la superbe réparation des merveilleuses verrières de Bourges, de Chartres et du Mans ; Champigneulle, de Paris, l'auteur du vitrail exposé à l'Exposition des arts décoratifs (1887), « Le retour de l'Alsace-Lorraine à la France. »

L'ART DU VITRAIL. Ce ne fut que vers le milieu de notre siècle que bien des efforts ont été faits pour renouer la chaîne brisée de l'art de la peinture sur verre.

La manufacture de Sèvres elle-même a essayé. Après quelques essais heureux, elle a finalement échoué. Heureusement que des hommes courageux, ne se sont pas rebutés devant cette impuissance officielle. Ils se sont mis à restaurer les anciens vitraux et y ont pleinement réussi, et on peut voir de nos jours des restaurations merveilleuses de verrières brisées des siècles écoulés. Ces restaurations sont partout, et le plus habile praticien se tromperait à choisir les anciens des nouveaux morceaux.

Les hommes qui ont le plus contribué à cette résurrection d'un art que l'on croyait perdu sont : MM. Viollet-le-Duc, Gérente-Capronnier, à Bruxelles ; Steinheil pour les dessins, Coffetier, etc.

Mais à côté de ces efforts qui ont abouti à la reconstitution parfaite et merveilleuse des chefs-d'œuvre du XIIIᵉ siècle, se sont levés d'autres courages qui, cherchant plus haut encore pour l'avenir, ont voulu, dans notre siècle fait de progrès et de découvertes, appartenir à leur époque et, chercher un genre nouveau. Un genre clair et transparent, décoratif et lumineux qui répond à nos désirs et à nos

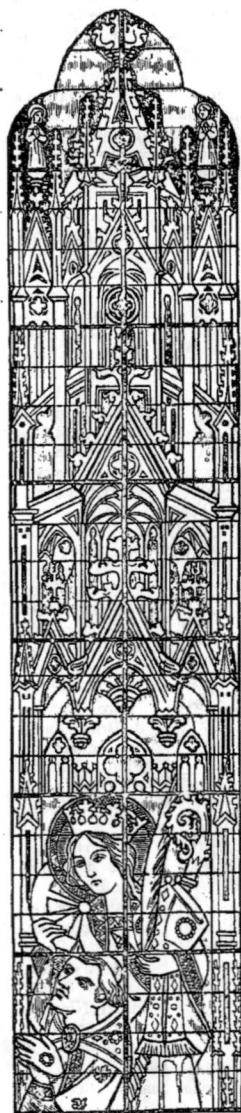

Fig. 832. — *Fragment d'une verrière de la cathédrale d'E-vreux, offerte par l'évêque Guillaume de Cantiers (*XIVᵉ *siècle).*

besoins. Ils ont suivi l'intéressante évolution qui s'est opérée dans les arts décoratifs depuis que nos expositions ont permis d'étudier les principes admirables qui régissent ces applications de l'art chez les peuples de l'Orient, et ils réagissent contre la monotonie d'un art inspiré par des époques antérieures; ils transportent sur le vitrail les variétés infinies de la flore et de la faune, dont les tons chatoyants jettent une note claire et gaie sur les meubles cirés et les étoffes soyeuses de nos habitations. En cela, ceux qui luttent pour répandre ces idées larges et vraies dans le public ne dirigent pas le mouvement de l'opinion, ils le suivent et, dans les luttes acharnées qu'ils soutiennent pour déraciner les idées préconçues qu'a développées et entretenues avec un soin jaloux toute une école d'obscurantisme égoïste et faux, ils sont défendus par tous ceux qui trouvent une œuvre bonne et belle, quand elle l'est, en elle-même, n'accordant aux moyens artistiques qu'un seul mérite, le succès.

La situation vraie de l'art du vitrail est là.

Deux écoles sont en présence, l'une qui nie tout progrès et n'adore que le passé, l'autre qui adore ce même passé mais qui cherche et affirme le progrès sous quelle que forme qu'il se présente. A chaque temps ses aspirations et ses besoins.

On a souvent parlé de la perte des procédés des anciens. Rien, cependant, n'est plus contraire à la vérité. On n'a rien innové, rien ajouté, rien inventé parce qu'on n'avait rien perdu, et si pendant un temps l'art dont nous parlons a été entouré d'ombre et de mystère, c'est que cette ombre et ce mystère servaient la vanité de quelques-uns qui cherchaient à se tailler une réputation de savoir dans l'ignorance d'autrui.

L'avenir du vitrail est, pour nous, dans l'intelligente combinaison de la chaude et simple harmonie du passé et de la claire et transparente aspiration de notre époque.

Technologie. Il y a trois manières ou sortes de vitraux :

1º Le vitrail proprement dit, c'est-à-dire le verre coloré dans sa masse enchâssé dans des plombs. Cette sorte de vitrail a été uniquement en usage jusqu'au XIVᵉ siècle ; 2º à partir de cette époque, les artistes ont su servir des progrès de la chimie et nous ont donné la deuxième manière où l'emploi du verre enchâssé dans des plombs s'est continué mais perfectionné par les procédés de gravure des verres doublés dans leur épaisseur et par l'application des émaux. De là sont nés les chefs-d'œuvre de la Renaissance, les vitraux du XVIᵉ siècle. Aujourd'hui, les procédés scientifiques, plus développés encore, permettent d'appliquer sur un verre incolore tous les tons de la palette et de donner au vitrail l'aspect d'une aquarelle ou d'un tableau. C'est là la troisième manière du vitrail.

Celle qui fait l'objet des luttes ardentes du moment, qu'on ne doit pas accepter comme pouvant remplacer les deux premières, mais qui est, à notre sens personnel, appelée plus que ses devancières à satisfaire nos goûts et nos besoins modernes.

Pour fabriquer les vitraux, les procédés sont les mêmes pour les trois manières. Les instruments du travail et leur usage sont pareils au XIIᵉ et au XIVᵉ siècles. Pour faire connaître ceux dont on se sert actuellement, nous n'avons qu'à redire ce qu'en ont dit le moine Théophile au XIIᵉ siècle et Pierre Le Vieil au XVIIIᵉ. Nous allons, du reste, reproduire dans leur ordre les opérations multiples et complexes qui font un vitrail d'une feuille de verre et d'un lingot de plomb.

Le verre est livré en feuille. Nous n'entrerons donc pas dans les détails de sa fabrication et nous renvoyons à l'article VERRERIE.

Il y a deux sortes de verre dont l'usage est constant.

1° Le *verre coloré dans la masse* dont toutes les parties de la pâte sont teintées ;

2° Le *verre plaqué* ou *doublé* dont la coloration n'existe qu'à la surface, sur un et quelquefois sur les deux côtés.

La première sorte de verre, à l'exception du rouge qui n'était que plaqué, a été exclusivement employée dans la première manière du vitrail.

La deuxième sorte n'apparaît guère qu'aux XIVᵉ et XVᵉ siècles pour se répandre davantage au XVIᵉ et devenir d'hui d'une application usuelle. Le plomb est livré en *lingots*. L'étain, pour le souder, en *saumons*.

premières manières est soumise à des règles absolues, toute sa décoration consistant dans l'harmonie de verres colorés réunis par un réseau de plombs. La composition de la troisième manière n'est soumise à aucune règle spéciale, cette troisième manière admettant la reproduction sur verre de tout modèle, quels qu'en soient son dessin et sa composition.

Le dessin se fait généralement de grandeur d'exécution et sert de modèle au praticien dont tout l'art est de le reproduire fidèlement sur le verre.

/ Fig. 833. — *Vitrail de l'abbaye de Bonport (près du Pont-de-l'Arche), représentant Gilles Malet et sa femme.*

Pour la *coloration* de ses vitraux, au XIIIᵉ siècle, le peintre-verrier n'avait à sa disposition que les tons suivants : le rouge, le bleu le jaune, le vert, le pourpre et le blanc. Tous ces tons étaient teints dans la masse du verre, excepté le rouge, et dégradés dans l'épaisseur même des feuilles de verre, ce qui donna aux verrières de cette époque tout le chatoiement de leurs couleurs, principale cause de leur succès. Aujourd'hui, nous possédons tous ces tons primitifs et avec eux, tous les tons intermédiaires. Nous avons les verres teints dans la masse et les verres teints à la surface qui donnent deux ou trois tons superposés. Nous avons, de plus, tous les émaux propres à appliquer sur les verres incolores et à combiner avec les verres teints. La facilité est donc absolue, la gamme complète et l'artiste reste maître tout puissant de son coloris.

Pour faire un vitrail il y a deux éléments très distincts : l'élément artistique et l'élément industriel. L'élément artistique du vitrail comporte sa *composition*, son *dessin*, sa *coloration* et l'exécution de la *peinture* sur le verre. Son élément industriel comporte les diverses phases de sa fabrication qui sont successivement : le *tracé des cartons*, le *calibrage des pièces de coupe*, la *coupe*, la *gravure* s'il y a lieu, la *peinture* et l'*application des émaux*, la *cuisson*, la *mise en plombs* et le *masticage*. Nous allons brièvement résumer ces diverses opérations :

La *composition* du *carton d'un vitrail* des deux

La composition, le dessin et la coloration étant faits par l'artiste, l'œuvre passe aux mains du vitrier pour le *tracé des plombs* qui est fait en décalquant minutieusement les lignes du carton partout où doit passer le plomb.

Aux XIIᵉ et XIIIᵉ siècles, cette opération se faisait sur une table de bois enduite d'une couche de craie délayée dans l'eau. Aujourd'hui, le tracé se fait sur du papier diaphane et le report, pour la *coupe des calibres*, sur du papier fort. Le tracé fait, on en découpe les différentes pièces en ayant soin de rogner chacune sur ses bords en calculant rigoureusement le vide qui doit être laissé au *cœur* du plomb pour s'y loger sans agrandir la mesure donnée. Ces pièces coupées s'appellent *calibres* et servent à la *coupe du verre*.

Autrefois, avant qae la propriété du diamant fut connue, on opérait en traçant une ligne humide sur les parties à couper. On y passait ensuite un *fer rouge* et le verre se fendait à la forme des morceaux et ensuite on abattait les aspérités du verre au moyen d'un instrument en fer nommé *grésoir* ou *egreigeoir*, dont nos vitriers se servent encore.

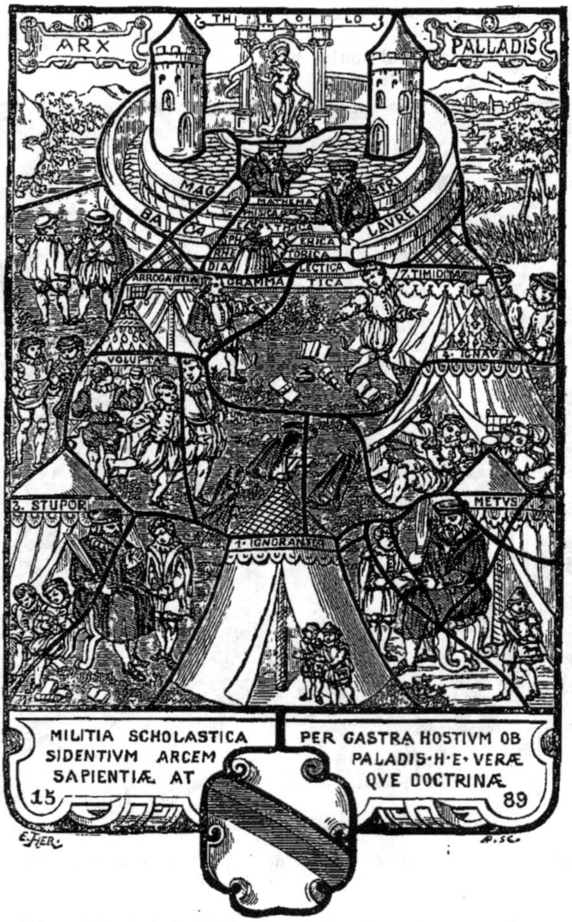

Mais depuis François Ier, à qui l'on prête les fameux vers tracés par le diamant de sa bague sur un carreau du château de Chambord

Souvent femme varie,
Mal habil qui s'y fie.

l'usage du diamant pour couper le verre est constant.

On place le *calibre* en papier sur les différents tons de verre indiqués par l'artiste et la pointe du diamant suivant les contours du calibre coupe le verre en une section franche et nette. Ces verres ainsi coupés et *montés en plomb* d'une façon provisoire sont alors confiés à l'artiste. Il commence par faire l'*esquisse* qui n'est que la reproduction sur le verre des traits principaux du carton ; pour cela, il se sert d'un pinceau aux poils longs et soyeux. Quant à la couleur, elle est tantôt noire, tantôt rouge et les recettes en sont nombreuses, toutes basées sur le mélange d'un oxyde colorant et d'un fondant à base de potasse ou de

borax. Donnons ici, entre mille, la composition d'un fondant ainsi que celle du noir et du rouge.

*Fondant* : minium, 1,800 ; sable, 600 ; borax calciné, 600.

*Noir* : oxyde rouge de fer, 1,000 ; bioxyde de manganèse, 1,000 ; oxyde de cobalt, 1,000 ; bioxyde de cuivre, 500 ; oxyde vert de chrome, 250 ; acide borique, 250.

*Rouge* : fondant, 1,000 ; oxyde de fer rouge, 200 ; brun Van Dyck, 200 ; acide borique. 25.

L'esquisse une fois faite, le vitrail atteint sa phase essentiellement artistique ; la reproduction sur le verre du carton du dessinateur avec toute sa science et ses finesses. Les instruments sont rudimentaires : un pinceau, un blaireau, une plume d'oie, un morceau de bois taillé, une aiguille, l'ongle et le pouce, tout est bon, tout est dans l'habileté de l'artiste.

Qu'il peigne avec un ton de grisaille monochrome sur des verres de tons différents qui doivent composer, par leur juxtaposition, l'ensemble coloré du vitrail, ou qu'il jette sur du verre incolore toute la gamme variée des émaux, l'art

Fig. 834. — *Vitrail de la Bibliothèque de Strasbourg (XVIe siècle). Il a été détruit en 1870 par le bombardement des Allemands.*

est le même, bien que la manière de peindre soit différente selon les différents siècles.

Ainsi, aux XIe, XIIe et XIIIe siècles, toute la peinture consistait en un simple *trait* rehaussé par une savante *demi-teinte* posée à plat.

Aux XIVe et XVe, la demi-teinte fit place aux *hachures* posées dans le sens du dessin et formant des *ombres et des lumières* qui permirent de passer presque sans transition au *modelé* puissant et ferme du XVIe siècle, époque depuis laquelle le mode de la peinture sur le verre n'a pas changé ; toutefois les procédés chimiques ont donné à nos artistes plus de liberté en mettant à leur disposition plus d'agents actifs. Le plus ancien de ces procédés est l'application du *chlorure d'argent* qui n'est autre qu'une dissolution d'argent dans du chlorure de sodium. — V. CHLORURE.

Jean de Bruges, au xiv°, en découvrit la propriété qui est de se *développer* en jaune sous l'action du feu et de donner au verre sur lequel il est appliqué, cette belle coloration dorée que l'on retrouve sur toutes les broderies des étoffes si chatoyeusement reproduites dans les vitraux des xiv°, xv° et xvi° siècles. On l'applique au pinceau et comme véhicule, on emploie de l'ocre, de la terre de pipe ou toute autre matière essentiellement réfractaire ; à la sortie du four, on brosse vigoureusement les pièces couvertes pour les débarrasser de l'ocre et le jaune se montre dans toute la pureté de sa transparence.

Une grande ressource pour le peintre-verrier consiste aussi dans l'emploi des *verres plaqués ou doublés*, dont on peut graver la surface et obtenir ainsi plusieurs tons sur le même morceau de verre, ce qui permet des finesses incompatibles avec la mise en plomb. Cette *gravure* se faisait, autrefois, exclusivement avec de l'émeri et de l'eau, à la roue. Elle était fort longue et dispendieuse et surtout impossible à produire sur de grandes surfaces. Aujourd'hui, on possède l'*acide fluorhydrique* qui est d'un puissant secours pour graver sur des verres bleus plaqués, ces lointains et ces fonds éclaircis de ciel et de paysage qui prêtent tant de charme au pinceau du peintre sur verre, et lui permettent toutes les délicatesses et les illusions de la peinture sur toile.

L'*acide fluorhydrique* (V. ce mot) rend des services immenses au peintre-verrier ; n'est-ce pas lui qui, avec le chlorure d'argent, permet de faire luire les perles ou les rubis sur les fonds sombres des velours et resplendir tout un écrin de pierres précieuses sur les galons d'or d'un somptueux pourpoint.

Ici, le plomb s'efface, la mosaïque du xiii° disparaît devant le tableau du xvi°. C'est le triomphe de Rubens et de Raphaël sur le Giotto et tous les primitifs.

La peinture sur verre est l'art du feu par excellence et, par conséquent, l'art où nous aurons toujours des progrès à faire, tant que la chimie restera son guide et le feu son conducteur, Si la chimie lui a donné le chlorure d'argent et l'acide fluorhydrique, elle l'a dotée aussi de l'émail et l'on peut dire que Bernard Palissy fit autant pour la peinture sur verre que pour la céramique.

Par lui, toute la palette fut livrée aux peintres-verriers et, dès lors, ils purent, sortant des règles étroites des manières primitives, aborder le grand art qui fit tout le charme et toute la supériorité des vitraux de la Renaissance,

L'artiste se sert donc de toutes ces facilités mises à sa disposition pour peindre son tableau sur le verre, pour l'amener à la perfection par l'emploi ingénieusement combiné de son habileté personnelle et des agents industriels mis à sa disposition, par la science raisonnée de la chimie des couleurs. Son tableau une fois achevé et dé-

plombé, il le met au four, le grand artisan, car c'est le feu qui doit faire son œuvre indélébile en la vitrifiant. Voyons par quels procédés et par quels instruments l'art de la peinture sur verre atteint ce résultat.

Le *four* du peintre-verrier est un *moufle de potier*. On le fait en fonte ou en terre réfractaire. Ce dernier mode est préférable, car la fonte dégage toujours un oxyde nuisible au développement des émaux. Ce moufle est à rainures sur lesquelles reposent des plaques de tôle qui reçoivent les pièces à cuire après avoir été préalablement recouvertes d'une couche de craie ou de plâtre re-

Fig. 835. — *Vitrail du château d'Écouen.*

cuit tamisé finement. Cette couche doit être égalisée le plus possible, de façon que les verres à cuire reposent toujours sur une surface absolument plane, car le verre, sous l'action du feu, entre en demi-fusion et se gondolerait ou même coulerait facilement si la précaution que nous indiquons plus haut n'était pas prise.

On peut superposer plusieurs rangs de morceaux de verre en ayant soin d'isoler chaque rang par une fine couche de plâtre. Si le verre est *couché d'émaux*, ces émaux doivent être isolés et ne pas toucher au plâtre auquel ils s'attacheraient, ce qui enlèverait au travail toute sa limpidité et sa transparence.

Le jaune est, de tous les émaux, celui qui se vitrifie le plus rapidement. Les autres sont plus durs à se développer et demandent un feu plus violent et plus long.

La température des fours à vitraux varie de 7 à 800° et plus. On a essayé bien des *montres* et des *éprouvettes* pour se rendre un compte exact du degré de cuisson. Le plus fidèle est encore le plus simple. Il consiste en une lamelle de verre posée à plat sur un morceau de brique, vis-à-vis les ouvertures pratiquées dans la porte du four

Fig. 836. — *Vitrail exécuté dans le style japonais, par Champigneulle.*

pour en surveiller l'intérieur. Quand cette lamelle de verre vient à s'amollir et à ployer sous l'action du feu, on peut dire que les émaux et les oxydes vitrifiables enfermés dans le four entrent en fusion et, par conséquent, se sont amalgamés avec le verre pour ne plus former qu'un tout indévitrifiable. Alors on arrête le feu, on retire ce qui pourrait en rester dans le foyer et on laisse refroidir avant de *défourner*.

Malgré tout, c'est encore l'expérience qui est le meilleur guide dans la conduite d'un four. Tout

praticien sait, d'après les émaux que contient son four quel est le *ton* qu'il doit avoir au moment de l'arrêter. Il sait que le jaune se développe au rouge sombre, le vert et le bleu au rouge cerise, et qu'il faut aller souvent jusqu'au rouge blanc pour donner tout le développement nécessaire aux pourpres et aux carmins. Le feu s'alimente de charbon de terre ou de bois. Il est préférable de n'employer que ce dernier en bûches fines et bien sèches, c'est plus dispendieux, mais cela donne, par contre, plus de garanties de parfaite réussite. La flamme en est moins brutale et plus longue, elle entoure davantage le moufle et répand à son intérieur une chaleur plus uniforme et plus pondérée, indispensable au développement normal des émaux qui doivent, suivant l'expression consacrée « cuire dans leur jus » et non « rôtir » pour atteindre le maximum de leur brillant et de leur solidité.

Un feu régulièrement conduit se fait en huit ou neuf heures, dont deux de petit feu, cinq de feu bien soutenu et une heure à la fin pour l'étouffer. Le refroidissement s'opère dans les conditions normales et communes à tous les foyers. Il est bien rare que ce refroidissement dépasse dix heures, étant donnée la taille des fours dont on se sert communément aujourd'hui et qui n'excèdent pas 1m,20 en hauteur, 0m,60 en largeur et 0m,85 en profondeur.

Le *défournement* s'opère facilement. On a soin de *découcher* l'ocre des jaunes s'il y en a, en les brossant comme nous l'avons dit plus haut. Les divers morceaux de verre sont réunis à nouveau sur le tracé primitif et remis aux mains des vitriers à qui incombe le soin de les *mettre en plomb*.

Aux xiiie et xive siècles, le plomb était *fait au rabot*, ce qui était fort long et donnait des plombs dont le cœur et les ailes étaient très épais. Depuis, on a inventé un instrument, sorte de laminoir nommé *tire-plomb*, qui livre le plomb à la longueur et à la largeur voulues avec la rapidité qui convient à notre fabrication.

Le plomb livré en *saumons* est fondu dans une marmite et coulé dans une *lingotière*; sortant de celle-ci, il est proprement ébarbé et passe au tire-plomb entre une première paire de *coussinets* et de *molettes* qui l'allonge de manière à produire, en repassant sous des molettes plus fines, les longues et flexibles baguettes de plomb qui enserrent les diverses pièces du vitrail.

Il y a différentes épaisseurs de plombs correspondant aux diverses épaisseurs de verres employés et répondant aux besoins de solidité et d'élégance de chaque travail de mise en plombs. Ce travail s'exécute par le vitrier, sur une table de bois assez tendre pour lui permettre de fixer les nombreuses pointes destinées à retenir les pièces de verre à leur place, en résistant à l'élasticité naturelle du plomb qui tendrait à disjoindre ces morceaux de verre introduits et bien assujettis dans les ailes de plomb. Celles-ci sont alors *rabattues* soigneusement afin d'enserrer le verre, et tous les joints en sont *soudés* ensemble par de l'étain fondu qui, combiné avec de la résine, de l'oléine ou de la stéarine, s'amalgame avec le plomb et ne forme plus qu'un seul réseau, armature complète et solide du vitrail.

Toutes les opérations de l'artiste et du vitrier sont alors terminées et le vitrail passe aux mains des manœuvres qui le nettoient et l'enduisent sur es deux faces d'un *mastic* très liquide composé d'huile et de blanc d'Espagne. Ce mastic s'infiltre dans tous les interstices du verre et du plomb et en séchant s'attache à ce verre et à ce plomb et les soude entre eux une fois de plus, les rendent absolument imperméables et capables de défier, pour des siècles, toutes les intempéries des saisons.

Telle est l'histoire du vitrail et la manière de le fabriquer. Rien n'a été perdu des procédés anciens et d'énormes progrès ont été faits. On en fera encore. Aujourd'hui déjà, les découvertes modernes sont grandement appliquées ; on emploie le gaz pour chauffer les fers à souder ; il sert comme moteur pour actionner les tire-plomb et même dans certaines usines, pour cuire les vitraux. L'électricité elle-même y trouvera certainement des applications. La photographie vitrifiée est, dès à présent, une science sûre et connue, et qui assure, dans l'avenir, un débouché énorme à la vulgarisation artistique de cette industrie. Mais il ne faut pas anticiper, il faut attendre le

Fig. 837. — *Atelier de peintre-verrier.*

résultat des études faites dans ce sens par nos chimistes et nos industriels.

Depuis vingt ans, le goût du vitrail s'est répandu partout et dans toutes les classes de la société. A Paris, avant 1870, il y avait dix peintres-verriers, aujourd'hui on en compte une centaine et plus de trois cents pour le reste de la France. A l'étranger, le mouvement est aussi accentué. Il y a des producteurs célèbres, à Londres et à Bruxelles ; des écoles et des manufactures royales sont ouvertes à Munich et à Berlin. La Hongrie et la Russie vont suivre cet exemple, et on se demande pourquoi la France est toujours la dernière quand il s'agit de guider et de soutenir les efforts privés par l'initiative gouvernementale. — CH. CH.

*Bibliographie.* Les principaux auteurs qui ont écrit sur la matière sont : xiiie siècle, le moine Théophile. — xiie siècle, Félibien : *Essai sur les différents arts.* — xviiie siècle, Pierre Le Vieil : *Art de la peinture sur verre*, 1771. — xixe siècle, Didron l'aîné : *Annales archéologiques* : 1840 ; Viollet-le-Duc : *Dictionnaire d'architecture*, 1868 ; De Lasteyrie ; Pères Martin et Cahier : *Des vitraux de Bourges* ; William Warrington : *Histoire de la peinture sur verre dans les premiers temps et de nos jours*, Londres, 1848 ; Edmond Lévy et Caponnier : *Histoire de la peinture sur verre*, Bruxelles, 1860 ; Lucien Magne, 1884 ; Ch. Champigneulle : *Conférence sur le vitrail*, Paris, 1885.

**VITRE.** Panneau de verre qu'on place dans un châssis de fenêtre, de devanture de magasin, de voiture, etc., et qui sert à empêcher l'introduction de l'air extérieur en laissant pénétrer la lumière.

**VITRIER.** *T. de mét.* Entrepreneur de travaux

de vitrerie; ouvrier qui pose les vitres dans leurs châssis. || Fabricant ou marchand d'articles de *vitrerie*.

**VITRIFICATION.** *T. techn.* Opération qui consiste à transformer en verre les matières qui en sont susceptibles. || Fusion des matières qui, après le refroidissement, offrent l'éclat, la transparence et la dureté du verre.

**VITRINE.** Vitrage et, par extension, montre d'un magasin. || Châssis vitrés dont on se sert pour recouvrir une table ou fermer une armoire afin de laisser voir les objets qui y sont placés.

**VITRIOL.** *T. de chim.* On donne commercialement ce nom à divers sulfates employés dans l'industrie. Le *vitriol blanc* ou *couperose blanche* est le sulfate de zinc ordinaire $ZnO, SO^3, 7(H^2O^2)$ ... $ZnSO^4, 7H^2O$ ; celui dit *de Goslar* est obtenu avec la blende grillée, lessivée, et par la concentration des eaux-mères. Le *vitriol bleu, vitriol de Chypre, couperose bleue*, est le sulfate de cuivre ordinaire $CuO, SO^3, 5H^2O^2$ ... $CuSO^4, 5H^2O$ ; le *vitriol double*, syn. : *vitriol de Salzbourg, vitriol mixte*, est un mélange de sulfates de cuivre et de fer, de couleur bleu-verdâtre, que l'on subdivise en *vitriol à 3 aigles* ou à 76 0/0 de sulfate ferreux, *vitriol à 2 aigles* ou à 80 0/0 du même sulfate, et *vitriol à l'aigle* ou à 83 0/0; le *vitriol mixte de Chypre* est le sulfate double de cuivre et de zinc. Enfin, le *vitriol vert, couperose verte, vitriol martial*, est le sulfate ferreux $FeO, SO^3, 7H^2O^2$ ... $FeSO^4, 7H^2O$, qui porte le nom de *vitriol noir* lorsqu'il est brun et altéré par des sels métalliques ou coloré volontairement avec une infusion d'aune ou de noix de galle.

**VIVIER.** Nom donné à une pièce d'eau ou réservoir naturel, ou construit spécialement et dans lequel on élève des poissons; *les viviers sont ordinairement en terre*, quelquefois en maçonnerie; ils doivent être à eau courante; le déversoir est muni d'une grille dont les barreaux sont suffisamment rapprochés pour empêcher la sortie des poissons; des vannes permettent la vidange complète du vivier. Dans les *parcs à huitres*, on appelle *vivier* ou claies les compartiments dans lesquels on dépose le naissain après le détroquage. — V. HUÎTRIÈRES.

**VOIE.** 1° Pour ne nous arrêter suivant notre programme qu'aux définitions de ce mot, nous ferons remarquer que près dans le sens de chemin, de route, de rue, nos articles CHAUSSÉE, PAVAGE, ROUTE, ont exposé l'étude de l'établissement et de l'exécution des voies de terre; nous n'aurons donc qu'à nous occuper ici des *voies ferrées*, auxquelles nous consacrons une étude spéciale. || 2° En métrologie, on appelle *voie*, une mesure de volume de l'ancien système; c'est ainsi qu'on dit une *voie de bois* (56 pieds cubes), une *voie de charbon de bois* (2 hectolitres). || 3° *T. d'expl. des min. Voie de fond.* Se dit des galeries de mine à peu près horizontales qui limitent à la partie inférieure chacun des étages dans lesquels on découpe, pour procéder à son exploitation, un gisement constitué par une couche ou par un filon. || *T. de chim.*

*Voie humide, voie sèche.* Méthodes générales d'analyses qui consistent : la première, à opérer au milieu d'un liquide, au moyen des liqueurs titrées, par exemple ; la seconde, par l'emploi de la chaleur, comme dans les essais au chalumeau (V. ANALYSE) ou dans la coupellation.— V. ESSAI DES MATIÈRES D'OR ET D'ARGENT. || 5° *T. techn.* Espace compris entre les deux roues d'une voiture. || Ouverture que fait la scie dans un morceau de bois.

**VOIE FERRÉE.** La voie est la partie essentielle et constitutive des chemins de fer et des tramways; c'est le chemin de roulement des véhicules affectés à cette catégorie de transports, et c'est à l'emploi des *rails* que la voie doit les qualités spéciales qui en font le plus merveilleux outil mis, dans les temps modernes, à la disposition du commerce et de l'industrie. On a vu, au mot RAIL, en quoi consiste exactement l'avantage de la substitution de ce mode de traction au roulement sur des chaussées; il reste à examiner un certain nombre de questions qui n'ont pas trouvé leur place au mot CHEMIN DE FER. Nous envisagerons donc la *voie* au point de vue de sa largeur, des éléments dont elle est constituée, de la pose, de l'entretien et de l'exploitation; enfin, nous y ajouterons quelques données statistiques intéressantes.

*Largeur de la voie.* Une voie de chemin de fer se compose de deux files de rails fixés à des supports (longrines ou traverses) dont l'assiette est consolidée par le *ballast* (V. ce mot). L'écartement des rails, en d'autres termes, la *largeur de la voie*, n'est pas partout uniforme, et le choix de la cote à adopter pour l'intervalle entre les champignons supérieurs des deux rails a été, de tout temps, l'objet des controverses les plus vives; au début, la question se posait entre la voie exagérément large et la voie *normale*; aujourd'hui, c'est entre cette dernière et la voie dite *étroite*, qu'existe le dualisme. Le gabarit de la voie normale varie entre $1^m,44$ et $1^m,45$, et il a été fixé par imitation avec l'écartement des roues des véhicules qui circulent sur les routes; mais, en Angleterre, un ingénieur portant un nom bien connu, Brunel, dénonça l'insuffisance de cette largeur et parvint à faire adopter la largeur de $2^m,13$ sur un grand nombre de lignes, de sorte que quand, en 1844, les voies des deux largeurs se rencontrèrent pour la première fois et qu'il fallut les relier, à Gloucester, on dut recourir au transbordement et bientôt après, sur les vives protestations du commerce et de l'industrie, placer sur la voie large un troisième rail. Il ne reste plus aujourd'hui, en Angleterre, que quelques derniers tronçons de ces voies qu'on considère comme une erreur économique; la voie large n'avait pour elle qu'un seul avantage, celui de se prêter à l'application de systèmes de machines plus puissantes et plus stables; par compensation elle présente le sérieux inconvénient de nécessiter des courbes d'un rayon bien supérieur et elle comporte un matériel roulant, dont les dimensions et la capacité ne sont pas en harmonie avec les convenances commerciales, de sorte que l'utilisation de ce matériel est loin d'être aussi complète qu'avec la voie normale; sans doute, il est regrettable que l'on n'ait pas adopté, dès le principe, une cote un peu supérieure, par exemple 1ᵐ,60, qui aurait mieux convenu aux grandes artères et qui eût facilité l'accélération de la marche des trains; mais puisque l'on s'était arrêté à la cote de 1ᵐ,44, il fallait s'y tenir, au moins dans tous les pays continentaux où l'on pouvait prévoir un raccordement possible avec des chemins existants. Si actuellement, en Europe, il existe encore deux pays, la Russie et l'Espagne, qui ont une voie plus large que l'écartement normal, cela tient à des considérations stratégiques, absolument étrangères aux raisons techniques ou commerciales : la preuve en est dans la faible différence qui existe entre les deux gabarits (1ᵐ,52 pour la Russie, 1ᵐ,73 pour l'Espagne), exactement de quoi faire dérailler les trains ordinaires qui s'aventureraient sur ces lignes, sans qu'on en ait tiré, au point de vue de la puissance des machines et de la diminution du poids mort des véhicules, les avantages que l'on était en droit d'attendre. La diversité de largeur de voie existe aussi au delà de l'Océan, sans qu'on puisse lui attribuer d'autre cause qu'un défaut d'entente; le célèbre pont suspendu sur le Niagara, qui relie les Etats-Unis au Canada, porte sur son tablier supérieur, trois rails correspondant à deux largeurs de voies; les Etats-Unis ont six largeurs comprises entre 1ᵐ,83 et 1ᵐ,44; au Canada, il y a deux largeurs, 1ᵐ,68 et 1ᵐ,44. Dans l'Inde, la voie a désormais une largeur uniforme de 1ᵐ,68; dans l'Australie, il y a une largeur différente à chaque extrémité de l'île, etc.

Ce qui précède s'applique aux lignes principales; pour les lignes secondaires, la question a été depuis longtemps tranchée et les meilleures raisons ont été données à l'appui de l'adoption d'un type de voie de largeur réduite, c'est ce qu'on appelle la *voie étroite*. Beaucoup de lignes, placées en dehors du trafic général, doivent borner leurs prétentions à desservir des intérêts purement locaux : pour de telles lignes, l'économie peut et doit être poussée jusqu'aux dernières limites. Un des plus anciens exemples de ce genre de chemin de fer, est le chemin de fer de Festiniog, dans le pays de Galles; construit, il y a cinquante-cinq ans, pour transporter à un port les ardoises extraites dans les montagnes du voisinage, il n'a que 0ᵐ,597 d'écartement entre les champignons des rails et comporte des courbes d'un rayon de 35 mètres seulement. Bien que ce chemin de fer soit en pleine prospérité, il ne paraît pas que l'application du type de voie de 0ᵐ,60 se soit répandu ailleurs et, en dehors des voies portatives ou provisoires, consacrées aux exploitations forestières et agricoles, on a choisi à peu près uniformément la largeur de 1 mètre entre bords intérieurs de rails. En France, jusque dans ces dernières années, on n'avait encore fait que de timides essais de l'application de ce type de voie : parmi les lignes ouvertes au service public, on ne comptait guère, en 1882, que celle d'Anvin à Calais (95 kilomètres) et d'Hermes à Beaumont (37 kilomètres),

les chemins de la Meuse, etc. Les discussions parlementaires auxquelles ont donné lieu les dépenses d'exécution du plan Freycinet ont appelé tout particulièrement l'attention des ingénieurs et des économistes sur cette question, et l'on s'est demandé si l'emploi de la voie étroite ne devait pas être recommandé comme le seul moyen de réaliser des économies sérieuses sur un plan dont l'immensité grevait, grève et grevera longtemps encore le budget de notre pays. Or, les chemins à section réduite nécessitent des acquisitions de terrains et des terrassements bien moindres que pour les chemins à voie normale; ils permettent l'établissement de courbes d'un rayon qui peut descendre jusqu'à 100 mètres, et se prêtent à un tracé qui dessert mieux les localités rurales, et qui évite les travaux d'art; la voie plus légère n'exige que des tabliers de ponts moins résistants et moins coûteux; les dimensions des stations sont plus réduites, enfin le poids du rail est réduit de près de moitié, le matériel roulant est plus économique et le matériel de traction moins puissant. On ne peut donc mettre en doute que l'adoption de la voie étroite permet, *à égalité de qualités commerciales et d'exploitation technique*, de réaliser sur la construction et même sur l'exploitation d'un chemin de fer, de très sérieuses économies. Le transbordement, dont on se faisait au début un épouvantail, n'est plus une difficulté, avec les dispositions nouvelles (V. GARE et TRANSBORDEMENT) qui ont été imaginées pour le faciliter et l'améliorer. C'est en s'inspirant de ces considérations, universellement admises aujourd'hui, que les départements concèdent désormais la plupart de leurs lignes à voie étroite; la voie de 1 mètre représente l'avenir des chemins vicinaux. Aux points où ces chemins sont en contact avec les lignes à voie normale, il y a certaines dispositions à étudier, notamment pour l'emprunt, par la petite ligne, de la plate-forme de la ligne principale, et même l'intercalation de la voie étroite dans la voie normale. Dans ce dernier cas, on préfère avoir recours à quatre rails, au lieu de trois, pour deux raisons : d'abord, dans les gares, lorsqu'on tourne sur une plaque à trois rails, un vagon de la petite ligne n'est pas exactement centré et la rotation s'effectue moins facilement, en usant inégalement le matériel; en outre, si l'on veut faire la traction des véhicules des deux écartements par une machine de l'une des deux voies, il est nécessaire que l'attelage se fasse symétriquement par rapport à l'axe commun de la voie, et avec trois rails seulement, la traction s'effectuerait de biais. Il existe, sur le réseau du Nord, un exemple tout récent de cette dernière combinaison : l'embranchement de Saint-Valery à Cayeux étant concédé à voie étroite dans le prolongement de la ligne de Noyelles à Saint-Valery, qui existait à voie large, la Compagnie du Nord et la Société générale des chemins de fer économiques se sont entendues pour éviter un double transbordement aux voyageurs qui passent du grand réseau sur l'embranchement, à destination du nouveau point terminus. A cet effet, la voie large de Noyelles à Saint-Valery a été munie, à l'intérieur, de deux rails ayant 1 mètre d'écartement et le même axe. Le train de la petite ligne arrive jusqu'à Noyelles et y prend les voyageurs de et pour Cayeux; mais la voie large a été conservée afin que le même train puisse remorquer des vagons Nord allant au port de Saint-Valery; le matériel remorqueur de la voie étroite a été muni d'un double système d'attelage et de tampon, se prêtant à cette traction qui évite une rupture de charge à Noyelles pour un trafic d'une certaine importance.

Avant de terminer ce qui concerne la largeur de la voie, nous dirons quelques mots des chemins de fer à voie réduite, dont la largeur est inférieure au gabarit universellement admis pour la voie étroite; ce sont principalement des chemins d'exploitation industrielle, de simples *porteurs,* comme les intitule lui-même M. Decauville, qui en a été, pour ainsi dire, l'initiateur. Aux colonies, par exemple, où il s'agit de relier rapidement, avec des matériaux portatifs, des points fort éloignés des côtes, de ravitailler des blockhaus, la largeur de 0m,60 est plus que suffisante pour assurer les transports et elle se prête à un allègement des matériaux constitutifs de la voie, qu'on peut alors déplacer à volonté, suivant les besoins de la colonisation; ce ne sont plus de véritables chemins de fer, mais, en quelque sorte, des *routes mobiles,* avec tous les avantages de la traction sur rails.

*Nombre des voies.* Au début de la construction des chemins de fer, on a pris le parti d'affecter une voie à chaque sens de circulation, de sorte que toutes les lignes construites dans la période de 1840 à 1855 ont été, presque sans exception, des lignes à *double voie.* Contrairement aux usages de la circulation sur les routes, les trains circulent, en France et en Angleterre, sur la voie que l'on a à sa gauche en regardant la ligne; en Allemagne, au contraire, on a conservé l'habitude de circuler à droite. Ce n'est d'ailleurs là qu'une simple convention : une fois qu'un train est engagé sur la voie, il n'y a pas de chance d'erreurs, tant qu'il ne rencontre pas d'aiguille en pointe et, excepté aux bifurcations, on a le soin de les éviter, autant que possible, sur les lignes à double voie. A mesure que les réseaux se sont accrus, qu'aux grandes artères productives il a fallu adjoindre des lignes moins importantes, moins chargées de circulation, on a commencé à ne poser immédiatement, au début de l'exploitation, qu'une seule voie pour la circulation dans les deux sens et c'est ainsi qu'ont pris naissance les lignes à *voie unique.*

En principe, dans toutes les conventions relatives à la concession de nouveaux chemins de fer, en France, les terrains devaient toujours être acquis pour deux voies, et la seconde voie pouvait être requise dès que la ligne à voie unique ferait une recette brute de 30 à 35,000 francs par kilomètre et par an; cette condition était inspirée par la crainte de voir s'établir, le long de la voie, des constructions de nature à rendre plus tard extrêmement onéreuses les acquisitions supplémentaires pour un élargissement. Quant aux terrassements et aux ouvrages d'art, ils pouvaient, la plupart du temps, n'être exécutés que pour une seule voie. Cette règle a souffert de nombreuses exceptions, surtout depuis la promulgation des lois de 1865 et de 1880 relatives aux chemins de fer d'intérêt local; il eût été excessif d'exiger de ces petites lignes, souvent construites à voie étroite, avec la dernière économie, une clause imitée des chemins d'intérêt général, qui eût irrémédiablement grevé leur établissement d'une charge inutile. Le cahier des charges types n'impose donc qu'une seule voie, en faisant toutes réserves sur le droit de l'administration d'obliger le concessionnaire à faire ultérieurement les frais de la pose d'une seconde voie, à partir d'une certaine recette kilométrique. L'exploitation des lignes à une seule voie diffère de celle des lignes à double voie par un point capital ; les précautions à prendre pour éviter qu'un train ne soit expédié à la rencontre d'un autre train circulant en sens opposé. Les règlements applicables sur la voie unique sont donc très rigoureux et tracent des limites très étroites, hors desquelles il n'y a de modification possible qu'avec l'autorisation d'un seul *agent spécial* et responsable, affecté à chaque section de voie unique. Beaucoup d'ingénieurs trouvent qu'il est prudent d'ajouter aux garanties normales que donne la stricte application de ces règlements, des systèmes auxiliaires qui concourent à donner la sécurité : de ce nombre sont les *cloches électriques* (V. ce mot), le *bâton pilote,* le *block système* (V. ce mot). L'exploitation par le bâton-pilote ou *staff-system,* emprunté à l'Angleterre, s'est répandu sur le réseau de l'Ouest, qui en fait grand cas pour les petites lignes où tous les trains font arrêt à toutes les stations; cela consiste à affecter à chaque intervalle entre deux stations, un bâton d'une couleur spéciale sans lequel un mécanicien ne peut être admis à circuler dans cette section; comme il n'y a qu'un bâton par section, il résulte qu'il n'y a jamais qu'un seul train engagé entre les deux stations. Pour appliquer ce système dans toute sa rigueur, il faut nécessairement que le passage des trains ait lieu alternativement dans chaque sens, et que le bâton fasse la navette entre les deux stations; sur toutes lignes où cette condition n'est pas remplie, où il y a, par exemple, des trains directs franchissant des stations sans arrêt, il faut recourir à un autre système. On peut alors se demander s'il n'y a pas des inconvénients à avoir, sur un même réseau, plusieurs systèmes d'exploitation en voie unique, variant selon les cas. Quoi qu'il en soit, avec de bons règlements et surtout avec les cloches, on peut dire que l'exploitation des lignes à une seule voie est au moins aussi sûre que celle des lignes à double voie; les *doutes qui s'étaient élevés au début, à ce sujet,* sont aujourd'hui complètement dissipés. Le doublement des voies n'est donc à envisager qu'au point de vue de l'intensité du trafic; c'est une question commerciale et non pas un besoin de sécurité. Mais la puissance de débit d'une ligne s'accroît dans une proportion de beaucoup supérieure à celle du nombre des voies; un chemin à deux voies peut débiter bien plus que le double de la limite correspondant à la voie unique : une ligne à quatre voies est elle-même susceptible de desservir un trafic supérieur ou double de la limite correspondant à deux voies. Ce qui est surtout une cause d'infériorité pour les lignes à une seule voie, c'est la nécessité de ménager les croisements; le moindre retard d'un train s'y répercute au loin et a de l'influence sur la marche des trains de sens opposé; le moindre incident coupe entièrement la circulation sans qu'on ait la ressource, que présentent les lignes à double voie, de faire un pilotage sur la voie restée libre, quand l'autre est obstruée. Avec le block système qui permet d'expédier les trains à un intervalle aussi rapproché que l'on veut, une ligne à double voie a, au contraire, une capacité presque indéfinie, surtout si les trains qui se suivent ont une marche parallèle, comme cela a lieu sur un chemin métropolitain, par exemple, où l'on peut faire plus de vingt trains à l'heure, dans chaque sens; mais, sur les lignes à grand trafic, où le service des marchandises est entremêlé à la circulation des trains de voyageurs, il est difficile de faire plus de 200 trains en vingt-quatre heures, sans augmenter le nombre des voies, en rejetant sur des voies auxiliaires les trains à marche lente qui gêneraient le service direct. C'est ce qui se fait dans la banlieue de Londres, où il y a des sections à quatre voies, sur une longueur de 75 kilomètres, sans discontinuité. Plusieurs Compagnies françaises ont déjà recouru à ce moyen, la Compagnie de P.-L.-M., entre Villeneuve-St-Georges et Paris; la Compagnie du Nord et celle de l'Ouest, en spécialisant leurs lignes aux abords de Paris, en évitant les troncs communs près des grands centres, ou en dédoublant ceux que, par économie, l'on avait créés au début, en embranchant des nouvelles lignes sur des lignes existantes. Le dédoublement des troncs communs a plus d'utilité encore que l'addition de voies auxiliaires à une artère unique; car les lignes qui rayonnent autour d'un même point y amènent des trains qu'il est nécessaire d'y faire converger en correspondance les uns avec les autres; s'il y a un tronc commun, il faut que les trains des lignes rayonnantes s'y succèdent à un certain intervalle et que le premier arrivé à la gare de bifurcation y attende le dernier à venir. C'est une perte de temps très sérieuse, un ennui pour les voyageurs et un abaissement de la capacité de chacune des lignes convergentes, laquelle ne peut plus, sur toute sa longueur, fournir qu'un mouvement correspondant à sa part de circulation sur le tronc commun, qui n'a souvent que quelques kilomètres. C'est pourquoi plusieurs Compagnies ont récemment pris le parti de faire arriver leurs lignes indépendantes parallèlement jusqu'à la gare de bifurcation, malgré les frais que nécessitent cette solution radicale. On a même été plus loin : quand deux lignes à voie unique convergent et doivent se souder à quelque distance d'une gare, la Compagnie dn Nord a, dans certains cas, préféré les laisser indépendantes plutôt que d'en faire un tronc commun à double voie, faisant ainsi passer les commodités qui résultent de cette in-

dépendance avant les sujétions que comporte toujours un service à voie unique. C'est évidemment une question locale à peser dans chaque cas particulier.

CONSTITUTION DE LA VOIE. La voie de roulement des chemins de fer est habituellement composée de deux bandes de fer saillantes, ou *rails* (V. ce mot), reposant sur des *traverses* (V. ce mot) perpendiculaires ou sur des *longrines* longitudinales, auxquelles ils sont solidement fixés, l'ensemble étant d'ailleurs encastré dans une couche épaisse de *ballast* (V. ce mot) destiné à constituer une assise solide et qui contribue à assainir la voie, en facilitant l'écoulement des eaux. Les détails que nous avons donnés sur les éléments constitutifs de la voie, aux divers mots auxquels nous venons de renvoyer le lecteur, nous dispenseront de nous appesantir davantage sur la voie ordinaire, en nous réservant d'insister seulement sur les types de voies dans lesquelles on exclut l'usage des traverses en bois.

**Voies sur dés.** L'emploi de la pierre, ou de *dés*, a presque complètement disparu après avoir compté d'assez nombreux partisans, surtout en Bavière, il n'a plus aujourd'hui qu'un intérêt historique; ces dés cubiques, en granit ou en grès, étaient posés diagonalement et munis de fourrures en bois de chêne trempé dans l'huile de goudron, sur lesquelles se fixaient le rail. Les sections de voies sur dés se sont, en général, bien comportées, leur pose et leur entretien était fort économique; mais on constate qu'elles ne se prêtent qu'à un trafic modeste et à des vitesses très modérées; on y a donc renoncé.

**Voies métalliques.** Si l'emploi de la pierre a été définitivement écarté, l'idée de substituer le métal au bois, de manière à constituer une voie *entièrement métallique*, a pris corps et c'est une question qui a sollicité activement l'imagination des inventeurs, au point que l'ingénieur n'a plus aujourd'hui que l'embarras du choix. Il est évident qu'il y a beaucoup de cas où, indépendamment de la question de dépenses, il y a un intérêt majeur à employer le métal de préférence au bois; dans les pays où il n'y a pas de bois, comme dans ceux où le bois ne saurait avoir qu'une faible durée en raison des circonstances climatériques, l'emploi du support métallique est tout indiqué. Or, au point de vue technique, le Congrès des chemins de fer de Bruxelles a exprimé, en 1885, l'avis que « les voies sur traverses métalliques, suffisamment lourdes et munies d'attaches suffisamment solides, peuvent soutenir la concurrence des voies sur traverses en bois, aussi bien sur les lignes les plus fatiguées que sur celles qui le sont moins. Qu'au point de vue financier cette concurrence est encore possible, mais qu'il y a lieu, dans chaque cas particulier, de faire une comparaison entre les deux types de voies, en tenant compte du prix des matériaux, du coût de la main-d'œuvre, de l'entretien et de la durée probable de ces matériaux. » En présence de cet avis très net, on peut dire que la voie métallique est celle de l'avenir et que devant la rareté croissante des bois, les préjugés qu'on avait contre l'emploi du métal passeront à l'état de légende.

Les divers essais de voies métalliques, tentés jusqu'à présent, se divisent en quatre classes :

1° *Voies sur longrines en fer*; ce système exclut le rail à coussinets; 2° *voies formées de rails* d'une forme spéciale, en une seule ou en plusieurs pièces, reposant sans intermédiaire sur le ballast; 3° *voies à cloches isolées*, posées à des distances convenables, dans chaque file de rails, et réunies deux à deux par des entretoises perpendiculaires à la voie; 4° *voies à traverses métalliques*, ayant la forme de fers en ⌒ ou de fers à **I**.

1° *Voies sur longrines*. La voie sur longrines ne paraît pas avoir donné les bons résultats qu'on en attendait, et sans que ce système soit précisément abandonné, on peut dire qu'il ne se développe pas aussi rapidement que celui des cloches ou des traverses métalliques, plus spécialement visé par l'avis du Congrès de Bruxelles. Néanmoins, il y a lieu d'indiquer les principaux systèmes en usage. Des expériences ont été faites avec le rail Brunel, en Angleterre, de 1853 à 1860, mais elles n'ont pas abouti; elles ont été reprises en Allemagne par M. Hilf, qui a proposé de river le rail vignole sur une large longrine présentant trois nervures et entretoisée par des fers d'angle, placés assez bas. Cette longrine dont le profil est donné à la figure 839, repose sur des traverses de joint, de même profil que la longrine, ayant une longueur de 2m,60; ces traverses sont cintrées de manière à donner aux longrines l'inclinaison à 1/20 que doit présenter le rail. On objecte à ce système qu'il nécessite trente-trois pièces d'un modèle différent, qu'il faut douze hommes pour porter une seule longrine, que les joints ne peuvent chevaucher, que le prix de pose est coûteux et que l'emploi de ce système n'élimine pas complètement les traverses en bois qui restent nécessaires pour les changements de voie.

Fig. 839.
*Voie Hilf.*

La longrine Vautherin ne diffère de la précédente que par la suppression de la nervure médiane et par la modification du mode d'attache; la longrine Haarmann a un profil encore plus surbaissé et des rebords inférieurs plus développés. Au 1er avril 1880, d'après M. Grüttebien, il y avait en Allemagne 1,540 kilomètres de voies sur longrine, appartenant à ces trois systèmes; au 1er janvier 1884, la statistique du *Verein* accusait un total de 4,750 kilomètres, tant en Allemagne qu'en Autriche et en Hollande, mais la presque totalité était essayée en Allemagne.

2° *Rails mixtes reposant sur le ballast*. Donner au rail une base assez large et une raideur assez grande pour qu'il puisse se passer de supports spéciaux; relier les deux files simplement par des entretoises maintenant l'écartement et l'inclinaison, enfouir le tout dans le ballast à une profondeur telle qu'on n'ait pas à se préoccuper de la dilatation; tel est le programme que se sont proposé les inventeurs des systèmes de la deuxième catégorie. Un premier essai tenté par la Compa-

gnie du Midi, pour l'application au rail Barlow aboutit à un échec motivé par cette objection capitale que les rails s'écrasaient et se dessoudaient au sommet. Le rail Hartwich, construit en vue de remédier à cet inconvénient, après avoir été l'objet d'une grande faveur sur les lignes rhénanes de 1868 à 1870, paraît définitivement abandonné aujourd'hui : il n'y en avait plus que 60 kilomètres en service, au 1er janvier 1877; la voie n'était pas assez stable et était sujette à des déplacements capables de compromettre la sécurité, et en tout cas influant d'une manière très coûteuse sur les frais d'entretien.

Les types plus récents, appliqués sur les chemins de l'Union allemande, comportent un rail sans supports, composé essentiellement d'une tête et de deux cornières formant l'âme de la large base d'appui de rail; des entretoises relient les deux files de la voie; les divers systèmes diffèrent non seulement par la hauteur et la largeur, mais aussi par l'angle plus ou moins ouvert des cornières et surtout par la position et par le mode d'attache des entretoises. Le premier en date était le système Scheffler, dont les entretoises sont ainsi que des traverses placées sous le rail; l'inclinaison est donnée au rail par les cornières qui sont de deux formes, l'une à angle aigu pour l'intérieur de la voie, l'autre à l'angle obtus pour l'extérieur; ce système était encore appliqué en 1878, sur quelques sections des lignes du Brunswick; des systèmes analogues avaient été successivement abandonnés à cause de l'instabilité de la voie et des difficultés d'assemblage qu'ils présentaient.

Parmi les types de cette catégorie la voie dont il a été le plus question dans ces dernières années, est celle du système Serres-Battig, dont le profil est indiqué aux figures 840 et 841; le champignon dissymétrique est calé à l'inclinaison de 1/16 entre deux cornières à joints chevauchés, reposant sur quatre traverses à triple **I**, par longueur de rail; d'après les inventeurs, cette voie a l'avantage d'une pose très simple, ne nécessitant aucun réglage, et de supprimer presque tout le petit matériel en diminuant par suite les frais d'entretien; elle n'exige qu'un cube de ballast assez réduit et présente une stabilité suffisante. Cependant, d'après les essais qui ont été faits en Belgique, les longrines subissent des ruptures assez fréquentes là où la voie a été utilisée pour un tonnage brut d'une certaine importance; en outre, le remplacement des pièces avariées, notamment aux changements de voie, présente de sérieuses difficultés et nécessite un délai assez long; on semblerait en conclure que le système Serres-Battig peut être employé plutôt sur les lignes où il n'y a pas de service de nuit, dans les usines où l'on n'a qu'un faible tonnage à transporter, et où la voie peut être, sans inconvénient, longtemps abandonnée à elle-

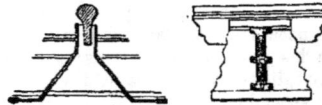

Fig. 840 et 841. — *Voie Serres-Battig.*

même; enfin sur les points où l'on peut, lorsqu'elle est usée, la remplacer en gros, en interrompant la circulation pendant un jour ou deux.

3° *Voies à cloches isolées.* Le système de supports isolés en fonte, dits *cloches*, dérive de l'ancien type de la voie soudée en pierre, dont il a été question plus haut; la fixité de l'écartement de la voie est ici obtenue par une entretoise, formée d'un fort méplat fortement claveté sur les deux cloches qui se trouvent exactement vis-à-vis l'une de l'autre. Le type le plus ancien de cloche du système Livesey (fig. 842) est de forme ovoïde, le rail y est maintenu au moyen d'un coin, entre des renfle-

Fig. 842. — *Cloche Livesey.*

ments venus de fonte avec la cloche; l'entretoise passe dans une sorte de coulisse intérieure fondue avec la cloche. Il existe, dans la République argentine, aux Indes, en Egypte et à la Réunion, plus de 10,000 kil. de voie posée sur cloches et les administrations qui emploient ce système s'en déclarent satisfaites. Dans les systèmes plus récents de Mac-Lellan, de Livesey et Seyrig, on remplace la cloche en fonte, naturellement sujette à se rompre, par une cloche en tôle étampée sur une plaque rectangulaire : le coussinet est alors formé par une plaque de fer ou d'acier maintenue par un fort boulon retenant en même temps, un arrêt contre lequel le rail est pressé par un coin rainé en fonte ou par un ressort d'acier. Les cloches ont l'avantage d'être des supports simples d'un prix peu élevé, d'une pose et d'un entretien très faciles, ce qui a une importance capitale dans les pays exotiques, où l'on ne dispose pas, d'ordinaire, d'un personnel habile et intelligent. Mais elles ont l'inconvénient de donner un entretoisement peu parfait, de ne pas assurer une solidarité suffisante entre les deux files de rails, de ne présenter de stabilité qu'avec un ballast en sable ou gravier fin, et enfin de se disloquer complètement, en cas de déraillement; tous ces inconvénients ayant d'ailleurs une importance d'autant plus grande que la vitesse de marche des trains est plus considérable. On leur reproche, en outre, de répartir la charge sur une surface de ballast tout à fait insuffisante; d'autre part, le ballast fin que l'on est obligé d'employer en remplacement du ballast en pierres cassées, a un inconvénient capital dans les contrées tropicales sujettes à des pluies diluviennes; le ballast serait alors complètement entraîné, si on ne le contenait entre des murettes, dont l'établissement est dispendieux.

4° *Voies sur traverses métalliques.* L'idée la plus simple, dès l'instant qu'il s'agit de remplacer le bois par le métal dans la constitution de la voie, consiste à substituer simplement aux traverses de bois, des traverses métalliques en fer laminé, ou même en acier et à y fixer le rail. Toute la question revient à déterminer quel profil il y a lieu de donner à la nouvelle traverse.

Les traverses métalliques doivent, autant que possible, satisfaire aux conditions suivantes : leur projection horizontale et leurs projections verticales doivent répartir, sur des surfaces de ballast assez étendues, les charges verticales et les efforts horizontaux qui tendent à déplacer les supports, soit parallèlement, soit normalement aux rails; elles doivent être rigides et se prêter à une attache très solide des rails, sans être cependant trop lourdes et par suite trop chères; la traverse en bois n'agit pas seulement par ses dimensions, mais encore par sa masse qui reçoit les chocs et en annule les effets; si donc la traverse métallique est trop légère, elle présentera sur le bois une infériorité dont l'expérience seule peut indiquer la gravité réelle, à moins que l'on ne trouve le moyen, comme l'ont fait plusieurs inventeurs de traverses métalliques, d'intéresser le ballast, en lui faisant tenir lieu de la masse insuffisante de la traverse employée.

La plupart des traverses métalliques en ⌒ dérivent d'un type inventé en France, par M. Vautherin, il y a environ vingt-cinq ans et classé dans l'album de la Compagnie des forges de Franche-Comté, à Fraisans ; la section de la traverse à la forme indiquée à la figure 843 : c'est un fer laminé à profil trapézoïdal, garni à la base de rebords hori-

Fig. 843. — *Traverse Vautherin.*

zontaux ; les attaches sont constituées pour les rails à double champignon par des coussinets boulonnés ou rivés pour les rails Vignole, par un système de rivet à tête écrasée et de clavette, l'inclinaison étant obtenue par l'interposition d'une tôle rivée sur la traverse. Dès les premiers essais, on constata que la traverse se fendait longitudinalement, que les attaches se disloquaient et que la voie se déplaçait latéralement, notamment dans les courbes; on a depuis perfectionné cette traverse en la fermant à ses extrémités, de sorte que la résistance au déplacement est obtenue par le frottement du noyau de ballast comprimé et solidaire de la traverse sur le ballast inférieur; en outre, on a rabattu les rebords horizontaux, de manière à les faire pénétrer dans le ballast; enfin on a modifié le système d'attache des rails en faisant usage de crapauds et de boulons.

Le remplacement du fer par l'acier doux, dans la fabrication des traverses en ⌒ a été l'origine d'un progrès important; on peut citer dans cet ordre d'idées, la traverse Post, à profil variable, appliquée sur les chemins de l'Etat néerlandais. L'acier doux obtenu par déphosphoration présente une homogénéité, une malléabilité et une ductilité précieuses pour les traverses : en cas de déraillement elles sont seulement déformées et un simple redressage à la masse permet de les remettre en place et de rétablir immédiatement la voie; au lieu d'un profil constant, ces nouvelles traverses présentent au sortir du cylindre des surfaces d'appui pour les rails et un renforcement d'épaisseur dans les parties fatiguées ; enfin les extrémités sont rabattues d'un coup de presse, de manière à retenir le ballast.

La voie Webb, appliquée sur le « London and

North Western Railway » n'est qu'une modification du type Vautherin approprié au rail à coussinets et à double champignon ; le coussinet est en deux parties qui reposent sur une selle en carton bitumé et qui sont rivées sur la traverse ; l'expérience prouve qu'il n'y a pas de déraillement avec ces traverses, ni avec les précédentes, pourvu que l'entretien en soit fait avec un grand soin pendant les deux premières années ; il ne se produit aucun bruit au passage des trains, si on a la précaution de recouvrir la traverse de ballast.

Malgré les avantages de la forme en ⋂, c'est dans le sens des traverses en I qu'ont été dirigées les recherches les plus récentes ; des essais très sérieux entrepris par un grand nombre d'administrations permettent d'assurer que ce type répond bien aux conditions de la pratique ; l'objectif consiste évidemment à se rapprocher le plus possible des formes prismatiques de la traverse en bois. Ainsi le système Bernard, essayé sur le réseau Nord-belge est constitué par des fers cornières assemblés de manière à former un rectangle (fig. 744) dont l'intérieur est rempli de ballast bourré, de manière à augmenter le moment d'inertie de l'ensemble : les rails sont fixés sur des selles au moyen de boulons, dont le serrage est maintenu par une rondelle élastique. La traverse Séverac (fig. 845) est constituée par un fer à I fixé sur une plate-bande inférieure dont les abouts sont relevés ; elle présente les meilleures conditions de résistance et sa stabilité est augmentée par le poids du ballast qui les recouvre ; le rail est fixé au moyen d'une clavette horizontale, dans un coussinet rivé sur l'aile supérieure et donnant l'inclinaison nécessaire ; ce mode de fixation est simple et solide et la traverse a la même surface de contact avec le ballast que les traverses en bois.

Fig. 844.
*Traverse Bernard.*

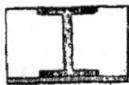

Fig. 845.
*Traverse Séverac.*

POSE ET ENTRETIEN DE LA VOIE. Il est à peu près impossible, sans entrer dans des détails que ne comporterait pas le cadre de ce *Dictionnaire*, de donner des principes pour l'organisation des chantiers de pose de la voie : cette organisation est subordonnée à l'état d'avancement des travaux de terrassements et surtout au mode d'exécution du ballastage. On peut dire cependant que si le ballastage peut être, sans grave inconvénient, confié à un bon entrepreneur, il est préférable de faire en régie la pose des voies, à cause des soins minutieux que comporte ce travail. Deux cas peuvent se présenter : s'il existe une voie provisoire, parallèle à celle qu'on veut poser, on s'en sert pour amener le ballast et les matériaux de la voie ; on donne immédiatement à la couche de ballast son épaisseur définitive et on pose ensuite la voie à son niveau définitif. S'il n'existe aucune voie latérale, on pose la voie directement sur terre, à son emplacement définitif et on s'en sert pour amener le ballast dont elle doit être garnie. Avant toute opération, l'axe du chemin de fer est opéré au moyen de piquets, dont la tête est réglée à une certaine hauteur au-dessus du niveau des terrassements, de manière à fixer la surface du roulement des rails ; puis on dresse la surface du terrain, de manière à y poser les traverses qu'on répartit approximativement, et qu'on fixe ensuite au moyen de règles portant des repères, en alignant les entailles dans lesquelles on applique, s'il y a lieu, des feutres goudronnés. On place alors les rails avec leurs marques d'usines à l'intérieur en réglant les joints en raison de la température, on les relie au moyen des éclisses et enfin on pose les tirefonds préalablement graissés, qu'on serre au moyen d'une clef, mais en évitant de les frapper. La voie posée sur terre sert au transport de son ballast et des matériaux qui doivent la prolonger : on a soin qu'il n'y passe jamais plus d'un train avant son premier relèvement sur ballast ; on décharge sur place le train de ballast et on le ramène aussitôt en arrière : la voie est alors relevée, réglée et affermie, susceptible de servir au passage d'autres trains. Quand ces opérations sont terminées on règle définitivement la voie, en serrant les éclisses, et en vérifiant son gabarit au moyen d'une jauge. On exécute ensuite le bourrage du ballast sous les traverses ; pour que l'assiette soit bonne, il faut que les traverses n'aient de tendance à se déverser d'aucun côté ; à cet effet, le bourrage doit être nul vers le milieu des traverses et très fort vers les parties qui supportent le rail. On procède ensuite au garnissage de la voie par la pose d'une seconde couche de ballast, en chargeant d'abord les extrémités des traverses ; on laisse la voie dégarnie à l'intérieur, pendant les premiers temps, pour faciliter les réparations. On comprime le ballast contre les extrémités des traverses, principalement du côté extérieur des courbes et du côté des accotements, on ménage les écoulements superficiels vers les talus et vers le milieu de l'entrevoie, on exécute des rigoles à saignées pour rejeter les eaux de l'entrevoie et de la voie vers les fossés.

Une fois la voie posée, l'entretien se fait par les tournées d'agents qui, la clef à la main, serrent s'il y a lieu, les coins, les chevillettes, les crampons, tirefonds, boulons d'éclisses. Les remplacements de rails et de traverses se font avec rapidité dans l'intervalle du passage des trains, de manière à porter le moins d'entraves possible à leur circulation. En ce qui concerne l'usure des rails, nous ne pouvons que renvoyer aux excellents articles de M. Coüard, dans la *Revue générale des chemins de fer.*

*Renseignements statistiques.* On a souvent cherché à évaluer la longueur kilométrique des voies du monde entier ; les chiffres donnés à ce sujet sont nécessairement entachés d'inexactitude parce que, pour beaucoup de pays, la statistique n'est connue que d'une manière peu certaine : néanmoins, dans le *Traité des chemins de fer*, de M. Picard, on trouve un tableau dont nous donnons ci-dessous un simple résumé et duquel il résulterait que la longueur des chemins de fer du globe est de 470,000 kilomètres environ. Toutefois, il ne faudrait pas prendre ce chiffre comme représentant la longueur réelle des voies posées pour le service des chemins de fer ; d'une part, il y a lieu de tenir compte des longueurs à double voie, qu'il faut déjà doubler; d'autre part, il y a les évitements sur les lignes à voie unique, les voies de garage des stations et surtout celles des grandes gares qui équivalent à 8 ou 10 kilomètres de ligne courante.

Pour tenir compte des lignes à double voie on peut, par exemple, remarquer qu'en France, en 1885, pour 30,000 kilomètres de chemins de fer, il y avait en réalité 44,000 kilomètres de voie courante. On ne peut évidemment appliquer la même proportion aux autres pays, surtout en dehors de l'Europe où la presque totalité des lignes est construite à simple voie; dans ces conditions, en évaluant à 600,000 kilomètres la longueur réelle des voies, principales ou accessoires, posées dans le monde entier, il nous paraît qu'on ne doit pas être très éloigné de la vérité. — M. C.

Longueur des chemins de fer en exploitation dans les cinq parties du monde, à la fin de l'année 1884.

| Europe, | | | |
|---|---|---|---|
| Allemagne.... | 36.737 | Report... | 187.930 |
| Autriche-Hougr. | 22.106 | Turquie, Bulgarie et Roumél. | 1.394 |
| Belgique..... | 4.366 | | |
| Danemark.... | 1.944 | Total.... | 189.324 |
| Espagne..... | 8.633 | Amérique du Nord. | |
| France...... | 31.222 | Etats-Unis.... | 201.770 |
| Grande-Bretagne et Irlande. | 30.352 | Canada..... | 15.414 |
| Grèce...... | 175 | Mexique..... | 5.456 |
| Italie...... | 9.925 | Total..... | 222.640 |
| Pays-Bas et Luxembourg... | 2.654 | Amérique centrale..... | 575 |
| Portugal..... | 1.527 | Antilles..... | 1.759 |
| Roumanie.... | 1.602 | Amériq. du Sud. | 15.956 |
| Russie et Finlande.. | 25.391 | Total pour l'Amériq. entière. | 240.930 |
| Serbie..... | 244 | Afrique..... | 6.700 |
| Suède et Norwège.. | 8.162 | Asie...... | 20.780 |
| Suisse..... | 2.890 | Océanie..... | 11.607 |
| A reporter.. | 187.930 | Total général. | 469.341 |

Longueur de voies principales des chemins de fer français en exploitation, à la fin de l'année 1885.

Chemins de fer d'intérêt général.

| | |
|---|---|
| Longueur des lignes à double voie... | 12.385.810 m. |
| —        à voie unique... | 18.092.451 |
| Total........... | 30.478.261 |
| Longueur totale des voies principales. | 42.092.451 |
| Longueur de voie principale des chemins de fer d'intérêt local..... | 1.772.000 |
| Total général..... | 43.864.451 m. |

Bibliographie : COUCHE : Voie, matériel et exploitation des chemins de fer, Dunod; KOWALSKI : Revue générale des chemins de fer, 1886; PICARD : Traité des chemins de fer, etc.

VOILE. 1° T. du cost. Tissu léger dont les femmes se couvrent la tête et le visage. || 2° T. techn. Pièce d'étoffe qui sert à dérober à la vue un objet quelconque. || 3° Sorte d'étoffe avec laquelle on fait les voiles de religieuses. || 4° T. de mar. Employé au féminin, ce mot désigne une large pièce de forte toile qu'on déploie le long des mâts ou des antennes, et qui est destinée à recevoir l'effort du vent pour faire avancer le navire. — V. VOILURE.

VOILERIE. T. de mar. Atelier dans lequel on confectionne ou répare les différentes voiles employées par la marine.

*VOILETTE. Pièce de tissu transparent dont les femmes se servent comme objet de toilette pour se couvrir le visage.

Les voilettes se font, soit en tulle uni, soit en tulle moucheté ou chenillé. Ce dernier est produit, le plus souvent, par l'application à la main sur le tissu, soit de points de chenille, soit de pastilles découpées préalablement dans du velours.

— Les ouvrières moucheteuses sont payées à Lyon pour ce travail 0 fr. 80 les cent mouches; mais elles fournissent elles-mêmes le velours. Dans ces derniers temps, quelques essais de mouchetage mécanique ont donné de bons résultats, notamment ceux faits à l'aide d'une machine toute spéciale, inventée par M. Ricanet, de Lyon, grâce à laquelle on arrive à effectuer mécaniquement le découpage et le collage de petites rondelles de velours sur le tulle.

VOILIER. T. de mar. Navire considéré sous le point de vue de sa marche sous voiles. || Ouvrier qui confectionne les voiles de navire.

VOILURE. T. de mar. Avant l'emploi de la machine à vapeur à bord, c'est-à-dire à une époque encore très rapprochée de nous, les seuls moyens de propulsion des bateaux consistaient, soit dans la manœuvre des rames, soit plus généralement dans l'action du vent sur la voilure. La voilure d'un bâtiment se compose donc de l'ensemble des voiles destinées à recueillir utilement l'action du vent et à la faire servir à la manœuvre du bateau.

La voilure d'un bâtiment peut se décomposer en plusieurs parties parfaitement distinctes et caractérisées par le mât qui les supporte. L'ensemble de la voilure d'un mât porte le nom de phare. Ainsi on dit le phare du grand mât, le phare de misaine, etc.

La voilure des anciens vaisseaux, qui est encore celle d'un grand nombre de navires de guerre, comprend, à partir de l'avant, les focs qui sont des voiles triangulaires placées entre le beaupré et le mât de misaine; les principaux d'entre eux sont : le clin-foc, le grand foc et le petit foc. On trouve ensuite le phare de misaine qui comprend, à partir du bas, la misaine, le petit hunier, le petit perroquet, le petit cacatois. Ces voiles sont toutes des voiles carrées.

Le phare du grand mât, qui vient ensuite, comprend également quatre voiles carrées qui sont : la grand'voile, le grand hunier, le grand perroquet, le grand cacatois.

Enfin, le phare d'artimon ne porte pas de voile basse, il ne comporte que trois voiles carrées : le perroquet de fougue, la perruche et le cacatois de perruche. Sur le mât d'artimon, et dans le plan longitudinal du bateau, se trouve placée la brigantine, qui est une voile trapézoïdale disposée, ainsi qu'on le voit, à l'extrême arrière.

Les voiles dont nous venons de donner la nomenclature constituent les parties essentielles de la voilure d'un trois-mâts carré.

Mais la plupart des bateaux n'ont pas un système de voilure aussi développé; c'est ainsi qu'on trouve différents types de bâtiments ayant une voilure beaucoup moins complète et qui peuvent se distinguer de la manière suivante :

Le cutter n'a qu'un mât vertical et un beaupré, il porte un ou plusieurs focs, une brigantine et quelquefois un hunier.

La goëlette a deux ou trois mâts, mais elle n'a, en général, pas de voiles carrées, sauf des huniers; les basses-voiles sont des voiles goëlettes, c'est-à-dire des voiles trapézoïdales placées dans le plan longitudinal du bateau et analogues, par conséquent, comme forme, à la brigantine. La goëlette comporte également un certain nombre de focs. Le brick-goëlette comprend un phare carré à l'avant et un phare goëlette à l'arrière.

Le brick a deux phares carrés et des focs. Le grand mât, qui est le mât placé à l'arrière, porte une brigantine.

Le trois-mâts barque a deux phares carrés et un phare d'artimon goëlette.

Les embarcations ont, en général, des voilures très légères et composées de voiles triangulaires ou trapézoïdales placées dans l'axe du bâtiment. Elles portent le plus souvent des focs et une brigantine seulement. D'ailleurs, les voilures des embarcations diffèrent énormément, suivant les mers dans lesquelles elles ont à naviguer. Les embarcations des ports du Nord sont donc, en général, très différentes de celles des ports du Sud et on ne peut fixer de règles précises à ce sujet.

Nous donnons, dans la figure 846, la disposition des principales voiles d'un trois-mâts carré. Cette figure complète les quelques renseignements généraux que nous avons donnés ci-dessus sur la voilure des bâtiments.

**VOITURE** (latin, transport, *vectura*, de *vehere* porter). On donne le nom de *voiture* à tout système monté sur roues, et disposé pour le transport, d'un lieu à un autre, de personnes ou d'objets; la traction s'effectue généralement par le cheval.

Pour les voitures de chemin de fer, V. VAGON.

La forme de la voiture doit varier d'une infinité de manières pour répondre à tous les besoins, suivant sa destination, la force et la grandeur du cheval, l'état des chemins, la vitesse, le climat et la nature des matières premières dont on dispose. Pour donner une idée de l'importance de la fabrication des voitures, il suffit de rappeler qu'il y en avait, en 1885, en France, 1195368 soumises à la taxe.

L'étude de l'histoire de la voiture, de ses pièces détachées, du tirage, etc., ayant déjà été faite, nous étudierons ici spécialement les principaux genres de véhicules employés, surtout en France, en nous efforçant de les classer suivant leur destination et leurs formes. — V. BRAECK, CALÈCHE, CAMION, CARROSSE, CARROSSERIE, CHAR, CHARRONNAGE, FREIN, RESSORT, ROUE, TIRAGE, TOMBEREAU.

On peut diviser les voitures en deux classes principales d'après leur destination : 1° les voitures de charroi, de camionnage, de commerce et, en général, celles qui servent au *transport des marchandises*, des pièces lourdes, des matériaux, etc.; 2° les voitures de service public, de demi-luxe et de luxe qui servent au *transport des personnes*.

Un certain nombre de voitures rentrent à la fois dans ces deux catégories, comme les diligences, les omnibus portant des bagages, les voitures de commerce disposées pour servir aussi parfois, à la promenade, etc.

On peut encore diviser les voitures en deux autres classes dont la construction est absolument différente : les *voitures à deux roues* et les *voitures à quatre roues*.

1° Les *voitures à deux roues* sont plus nombreuses, elles ont l'avantage d'être moins coûteuses; ayant de grandes roues supportant toute la charge, elles ont moins de tirage sur les routes pavées et bien entretenues; elles peuvent tourner sur place et circuler ainsi plus facilement par tous les chemins. D'un autre côté, elles ont les inconvénients suivants : la charge étant très élevée, la voiture a moins de stabilité; sur les mauvaises routes, la charge totale n'étant répartie que sur deux roues, celles-ci forment facilement des ornières et le tirage augmente; ces ornières produisent un mouvement latéral oscillant très fatigant pour le cheval de limon et qui, en déplaçant chaque fois le centre de gravité, augmente le travail de la traction. Dans les descentes, le cheval de limon est trop chargé, ce qui l'expose à des chutes graves; dans les montées, au contraire, il est soulevé. Enfin, ces voitures, sauf les voitures de luxe à montage spécial, ont l'inconvénient de « vanner », c'est-à-dire de transmettre à la caisse un balancement désagréable provenant du trot du cheval.

2° Les *voitures à quatre roues* ont plus de stabilité, le centre de gravité étant plus bas, puisqu'on peut le descendre entre les quatre roues; elles se conduisent plus facilement, le cheval de brancard se fatiguant bien moins que dans les voitures à deux roues, et, s'il venait à s'abattre, le

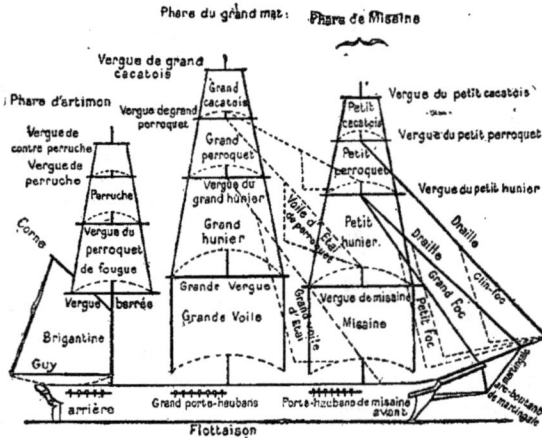

Fig. 846. — *Disposition des voiles d'un trois-mâts.*

cocher n'étant pas en danger. D'un autre côté, ces voitures coûtent plus cher, ont plus de tirage, une notable partie de la charge étant supportée par les petites roues. Sur les mauvaises routes, a charge étant répartie sur les quatre roues, les ornières produites sont moins profondes et le tirage peut, par cette raison, ne pas être supérieur à celui d'une voiture à deux roues portant la même charge totale.

Ces voitures sont toutes caractérisées par la mobilité de l'essieu des roues de devant autour d'un axe vertical appelé *cheville ouvrière* et faisant partie de l'*avant-train*; le mouvement de rotation entre la partie de l'avant-train fixée à la caisse et la partie mobile fixée aux ressorts ou à l'essieu, est facilité par deux ronds de fer frottant l'un sur l'autre ou par un rond de fer frottant sur deux jantes de bois. Les brancards ou le timon sont fixés à la partie inférieure mobile de l'avant-train, reliées par des ressorts à l'essieu; les roues peuvent ainsi être soulevées alternativement sans que la voiture éprouve de torsion. Pour tourner la voiture, il faut beaucoup plus de place que pour une voiture à deux roues; les roues de l'avant-train doivent pouvoir passer sous la caisse, ce qui en limite le diamètre pour ne pas trop élever la charge; dans les voitures de luxe, on fait à la caisse un évidement spécial, appelé *passage de roue*, qui permet de baisser le centre de gravité.

L'emploi des ressorts se généralise, même pour les voitures de transport; il permet, en amortissant les chocs, de diminuer la force des pièces et, par conséquent, le poids et le prix des voitures.

**Voitures de transport**, *à deux roues*. On peut diviser cette classe de voitures en sept genres principaux : 1° brouette; 2° binard; 3° fardier; 4° chariot; 5° haquet; 6° tombereau; 7° charrette. Ces trois derniers genres sont presque toujours munis de ressorts.

1° *Genre brouette*. La *brouette* sert de transition entre le brancard destiné à porter les fardeaux à bras d'homme, le rouleau qui sert à les déplacer, et la voiture qui sert à les transporter au loin. Son nom vient de *birouette* (deux roues), parce qu'elle a été faite primitivement à deux roues. C'est la voiture de transport la plus simple; elle a été inventée par Blaise Pascal. Elle se compose d'une caisse supportée par une roue et terminée par deux petits brancards pour les bras de l'homme qui porte ainsi une partie du poids; les derniers perfectionnements ont remédié à cet inconvénient en équilibrant la charge sur la roue.

Le *diable* est une sorte de plateau muni de deux petites roues, ferré à son extrémité, ayant deux petits brancards comme la brouette; il sert à transporter les fardeaux à très courte distance.

2° *Genre binard*. Le *binard* sert au transport à pied d'œuvre (bardage) des pierres de taille; il se compose d'un plateau soutenu par un timon; quand les roues sont plus basses que le niveau du plateau, on lui donne aussi le nom de *diable*; les ouvriers bardeurs s'attellent aux bras qui traversent le timon et à l'extrémité duquel on peut

atteler des chevaux de renfort. On fait des binards plus forts traînés par des chevaux. Le *binard Labourer*, qui sert au transport de la pierre de taille, a une disposition spéciale qui permet de charger et de décharger facilement; il porte un plancher mobile, roulant ou glissant sur le plancher fixe par l'intermédiaire de rouleaux ou de rails; en inclinant le binard et en se servant du treuil pour charger ou régler la descente, la manœuvre est très facile.

Le *triqueballe* sert à la manutention des bois et des pièces lourdes que l'on doit transporter à de petites distances; il se compose d'une flèche, long timon se continuant jusqu'à l'essieu qui a deux grandes roues; la charge est attachée sous l'essieu par des chaînes, et le tirage se fait par des hommes ou des chevaux.

3° *Genre fardier*. Le *fardier* sert à transporter les longues charpentes. Il a deux grandes roues de plus de 2 mètres de diamètre et deux limons, fortes et longues pièces de bois formant le bâti du fardier, servant, d'un bout, à atteler le cheval de limon, et se continuant bien au delà de l'essieu. Les charpentes sont suspendues sous le fardier par une chaîne passant sur un rouleau reposant sur les limons et, à l'arrière, par une chaîne ou corde s'enroulant à l'extrémité du levier agissant sur le rouleau qui sert de treuil. Quand les pièces de bois sont fort longues, on laisse quelquefois traîner leur extrémité. L'essieu peut se déplacer sous les limons pour être rapproché du centre de gravité des pièces de bois à transporter.

Pour transporter des pierres avec le fardier, on se sert d'un plancher mobile, appelé *civière*, que l'on suspend sous l'essieu par des chaînes.

4° *Genre chariot*. Le *chariot*, pour le transport de la pierre de taille, se compose de deux forts limons, renforcés au-dessus de l'essieu par des fourrures ou échantignolles. Ces limons sont reliés entre eux par de fortes traverses et forment un plateau. Les roues sont hautes; un treuil placé à l'avant sert au chargement et au déchargement; l'arrière du chariot, que l'on fait reposer à terre pour ces opérations, forme alors plan incliné; puis on remet le chariot d'aplomb et on le soutient, pendant qu'on attelle, par des chambrières (montants fixés à l'avant et à l'arrière du chariot par des anneaux). Pour le transport de la pierre de taille, on attelle plusieurs chevaux en flèche devant le cheval de limon.

5° *Genre haquet*. Le *haquet* sert au transport des pièces de vin; il se compose de deux longs timons formant sommier, articulés avec les brancards, de façon à pouvoir s'incliner sur l'arrière sans avoir besoin de dételer; les limons forment ainsi plan incliné pendant le chargement et le déchargement qui s'opèrent à l'aide d'un treuil fixé à l'avant et mû par un moulinet à quatre bras. Cette voiture se fait de toutes grandeurs, depuis le haquet à bras, pour porter deux ou trois tonneaux, jusqu'au haquet grand modèle, traîné par plusieurs chevaux attelés en flèche, et pouvant porter 14 à 15 pièces de vin de 225 litres.

6° *Genre tombereau*. Le *tombereau*, dont le nom vient de ce qu'on fait tomber la charge, se compose d'une caisse évasée dans les deux sens, à panneaux pleins, portée sur deux grandes roues, et destinée à contenir du charbon, du sable, des déblais, etc. ; il est disposé de façon à se renverser en arrière pour décharger, sans dételer le cheval ; pour cela, les limons, assemblés entre eux par une traverse, sont articulés à la caisse (V. TOMBEREAU). On fait des tombereaux à un ou à plusieurs chevaux ; ils ne diffèrent que par la capacité de la caisse. On en fait avec deux ressorts longitudinaux, fixés sous les limons et appelés *ressorts d'essieux*. Les ressorts permettent de diminuer le poids mort des voitures, de réduire ainsi le tirage et, par conséquent, la fatigue du cheval. On fait quelquefois des tombereaux à bâti métallique et à caisse de tôle.

7° *Genre charrette.* Les charrettes ont de grandes roues ; la caisse est composée d'un fond en planches, supporté par des traverses assemblées à deux limons, se terminant en brancards ; les côtés sont formés par un treillis de bois nommé *ridelle* (le nom de *ridelle* s'applique aussi aux barres horizontales de ce treillis ; on nomme *roulons* ou *barrettes* les barres verticales qui passent au travers des ridelles ; le treillis ainsi formé s'appuie sur de forts montants extérieurs appelés *ranchets* ; les barrettes et les ranchets s'assemblent dans les limons).

Les *charrettes de transport* sont souvent traînées par plusieurs chevaux attelés en flèche ; suivant la nature des marchandises à transporter, fourrages, grains, coke, moellons, plâtre, etc., les côtés restent à jour ou sont fermés ; ils montent d'aplomb sur le fond ou bien ils sont plus ou moins évasés, comme dans la *fourragère* ou *guimbarde*, pour le transport des fourrages, qui porte, à l'avant et à l'arrière, deux échelles inclinées de la largeur de la voiture.

La charrette se fait de toute grandeur et s'emploie dans un grand nombre de cas ; c'est une voiture très simple et très commode, presque toujours montée sur deux ressorts d'essieu. Nous la retrouverons, avec une autre suspension évitant le vannage, aux voitures pour le transport des personnes.

La *charrette de commerce*, employée à un service mixte, tantôt pour les marchandises, tantôt pour les personnes, se couvre souvent, soit avec des cerceaux et une bâche, comme la *voiture de blanchisseur*, soit avec un pavillon supporté par des ferrures et muni de rideaux sur les côtés, et forme la *tapissière* à deux roues, la carriole de campagne, la jardinière. Une ferrure placée à l'arrière, et appelée *queue de singe*, remplace la chambrière et empêche la voiture de basculer quand on relève les brancards. Ces voitures de service mixte se montent sur deux ou quatre ressorts, avec des brancards indépendants de la caisse, comme le tilbury et quelquefois comme la charrette anglaise. — V. plus loin.

La *charrette à bras* est très employée, la plus simple est une réduction de la grande charrette ; la plus soignée a les ridelles remplacées par des panneaux pleins et a un couvercle à charnières pour garantir les marchandises. Quelquefois,

pour baisser le centre de gravité, l'essieu passe dans un tambour réservé dans l'intérieur de la caisse qui descend ainsi plus près du sol.

Il reste à indiquer, comme voitures spéciales, les voitures d'arrosage, les balayeuses, les pompes à incendie, les voitures de bains, les tonneaux à purin, les voitures employées par l'agriculture, les voitures à bitume, les voitures servant au transport des chevaux blessés (espèce de charrette à toit mobile, ayant un double plancher se mouvant sur des rouleaux et tiré par un treuil ; l'essieu a un grand coude et les ressorts sont sous l'essieu pour baisser la caisse et faciliter le chargement) ; les voitures servant au transport des animaux morts (même genre que la précédente, mais sans plancher mobile) : le large rouleau à écraser le macadam, chargé à l'avant et à l'arrière, et maintenu en équilibre par deux petites roues placées à chaque extrémité ; etc.

**Voitures de transport** *à quatre roues.* Cette classe se divise en cinq genres principaux qui, sauf le gros chariot, ont en général le montage à trois ressorts (V. CAMION) et, sauf le camion, ont tous de grandes roues à l'arrière-train. Ces cinq genres sont : 1° gros chariot ou char ; 2° chariot ; 3° tapissière ; 4° fourgon ; 5° camion.

1° *Genre gros chariot* ou *char*. Le *gros chariot*, pour le transport des pièces très lourdes, n'a pas de ressorts et doit être construit très solidement ; il a des roues assez hautes, dépassant le niveau du plateau qui est sans ridelles, mais a des ranchets mobiles ; il est souvent muni d'un treuil pour faciliter le chargement. Le gros chariot pour le transport des pierres s'appelle *binard* ; c'est un chariot sans treuil et sans ressorts.

Le *char* est une voiture non suspendue employée dans les cortèges comme char triomphal, char funèbre, char allégorique.

On donnait autrefois le nom de *char branlant* aux voitures suspendues.

2° *Genre chariot.* Le *chariot* se compose d'une caisse à ridelles dans le genre des charrettes, cette caisse est généralement montée sur trois ressorts à chaque train (V. plus loin, camion). Les roues de l'arrière-train du chariot sont plus hautes que la plate-forme. On fait des chariots de toute force ; on peut citer les chariots de brasseur, les chariots à fourrages, les chariots pour le transport des bagages, les gros chariots de grainetier à 3 ou 4 chevaux (le troisième cheval s'attelle en pointe), le char funèbre ou corbillard, etc.

3° *Genre tapissière.* Quand le chariot a des panneaux sur les côtés, avec ou sans ridelles et ranchets, la voiture prend le nom de *tapissière* ; ce genre de voiture, qui est très répandu, est monté, soit à trois ressorts, soit sur ressorts pincettes ; il est généralement couvert, soit avec des cerceaux et une bâche, soit avec un pavillon supporté par des ferrures et fermé avec des rideaux mobiles, comme dans les *voitures de déménagement* ; ces dernières portent, sous l'essieu de derrière, une caisse nommée *civière*, supportée par quatre chaînes et servant au transport des objets fragiles.

4° *Genre fourgon.* Le *fourgon* est une tapissière dont les rideaux sont remplacés par des panneaux et dont l'intérieur se trouve ainsi transformé en une caisse complètement fermée; l'arrière peut s'ouvrir en une ou plusieurs parties; on s'en sert à l'armée pour porter les bagages, les munitions, et dans le commerce, les marchandises qui doivent être à l'abri des intempéries, comme celles qui servent à l'alimentation, au vêtement, à l'ameublement, etc. Le devant se fait à capucine (ou capote à compas, ouverte derrière pour communiquer à la caisse) dans les voitures pour distillateur, pour eau de seltz, etc. Le *fourgon à tambour* est, de même, entièrement fermé; la partie supérieure est élargie au-dessus des roues pour donner plus de place à l'intérieur.

Le *camion* (V. ce mot figure 93) est une voiture de transport très employée pour de petites distances; c'est un chariot monté sur de petites roues, presque égales devant et derrière et plus basses que la plate-forme pour faciliter le chargement. L'avant-train et l'arrière-train sont montés à trois ressorts; ce montage se compose de deux ressorts d'essieu reliés devant par des mains, soit à l'avant-train, soit sous les échantignolles qui renforcent les membrures de la plate-forme, et reliés à l'arrière par des menottes au ressort de travers fixé sous l'avant-train et à celui fixé sous la plate-forme.

Dans les plus gros camions, la plate-forme est libre pour faciliter le chargement; des ranchets mobiles maintiennent les marchandises en barres que ces camions sont destinés à porter. Les camions légers ont des ridelles ou des panneaux de côté maintenus par des ranchets; le devant porte un coffre surmonté d'un siège de fer pour le cocher. Le camion à fûts est muni à l'avant d'un treuil et la plate-forme est disposée pour recevoir les fûts sur deux rangs juxtaposés.

Comme *voitures spéciales*, on peut citer les caissons (voitures découvertes pour l'armée), la voiture pour le transport des tinettes, la voiture-tonne pour le transport des huiles, engrais, goudrons, vidanges, etc.; la voiture pour le transport des arbres soumis à la transplantation; le chariot coupé pour le transport des bois et dont les deux trains sont réunis par les pièces mêmes à transporter; la voiture de saltimbanque, qui est une maison roulante contenant, avec ses meubles, une salle à manger, une cuisine et une chambre à coucher avec armoires, etc.

Le bois est presque exclusivement employé à la construction de toutes les voitures; quelques voitures de transport sont cependant métalliques, comme les tombereaux pour le transport du coke, certains camions, etc.

**Voitures à deux roues,** *servant au transport des personnes.* Les voitures de cette classe sont, en général, disposées pour éviter le vannage, balancement désagréable provenant du trot du cheval, l'équilibre peut être obtenu en avançant le siège avec une vis, un levier ou en déplaçant des pitons; on peut, dans certaines voitures, atteler des chevaux de tailles différentes, sans chan-

ger la position horizontale de la voiture. Un système très ingénieux, de Daniel, permet d'avancer le siège ou de serrer le frein en se servant de la même manivelle.

D'après M. B. Thomas, directeur du *Guide du carrossier*, une bonne voiture à deux roues doit répondre aux conditions suivantes : la caisse doit être montée le plus bas possible, le centre de gravité doit être placé un peu derrière l'essieu pour que la sous-ventrière tende à soulever légèrement le cheval; les brancards doivent être articulés pour éviter le vannage, le cheval doit tirer par les traits sur un palonnier à ressort pour éviter le mouvement de lacet; enfin, les brancards doivent être libres dans leurs bracelets (anneaux de cuir qui soutiennent les brancards).

On peut diviser les voitures à deux roues de cette classe, en cinq genres principaux : 1° charrette anglaise; 2° tilbury; 3° dog-cart; 4° carrick; 5° cab. Toutes ces voitures, sauf le cab, sont conduites par le maître.

1° *Genre charrette anglaise.* La *charrette* (fig. 847) est à deux ou plus généralement à quatre places; on y attelle un cheval de 1,60 à 1,65; le derrière se baisse à moitié et est retenu par deux chaînes; le siège est à coulisse pour que l'on

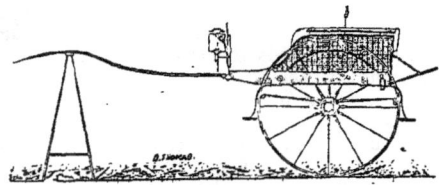

Fig. 847. — *Charrette anglaise.*

puisse bien équilibrer la charge dans tous les cas. Le montage se compose de deux ressorts d'essieu reliés à la caisse par des supports à col de cygne, portant marchepieds à l'avant et à l'arrière. Les brancards peuvent être reliés à la caisse de différentes manières, mais lui donnant toutes une indépendance relative, soit par deux feuilles de ressort, l'une à l'avant, l'autre à l'arrière; soit par une articulation à l'avant et un ressort à l'arrière ou une crémaillère pour atteler des chevaux de tailles différentes, etc.

Le *cart à capote* est une petite charrette de luxe, à deux places, que l'on attelle d'un petit cheval de 1m,40; on le monte quelquefois à deux ressorts pincettes; les brancards sont ordinairement à l'intérieur de la caisse et lui sont fixés à l'avant par une articulation et à l'arrière par un ressort. La capote se compose d'un cuir monté sur des cerceaux cachés par la garniture; elle peut se baisser et se relever à volonté, elle est maintenue ouverte par des compas que l'on tend quand on veut couvrir la voiture; les compas permettent de maintenir la capote à plusieurs degrés de fermeture.

2° *Genre tilbury.* Le *tilbury* (fig. 848) est presque toujours muni d'une capote; on y attelle un grand cheval de 1m,60. Le tilbury se monte, en général, avec des ressorts en châssis; ce montage se compose de deux ressorts d'essieu fixés aux brancards par des supports à col de cygne; les brancards sont reliés à l'arrière par un cintre ou une traverse; deux ressorts de travers, reliés aux brancards par des jumelles, supportent la caisse à l'avant et à l'arrière (les ressorts de travers sont des ressorts perpendiculaires aux ressorts d'essieu). On monte quelquefois le tilbury comme la charrette. La caisse se compose d'un siège à ro-

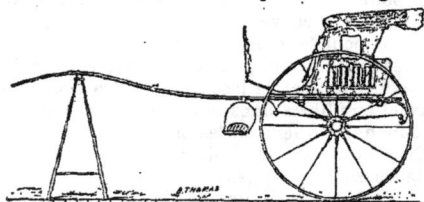

Fig. 848. — Tilbury.

tonde (c'est-à-dire à coins arrondis) monté sur un coffre et venant tous deux s'appuyer contre la moulure appelée pied de phaéton, qui va jusqu'à la coquille (partie de la caisse où l'on pose les pieds); un garde-crotte, garni de cuir, se fixe à l'extrémité de la coquille.

Le tilbury à télégraphe est ainsi nommé à cause du montage spécial qui porte ce nom. Ce montage se compose de deux ressorts d'essieu supportant les brancards comme dans le tilbury; mais la caisse porte devant deux petits ressorts reliés aux brancards par des jumelles; elle porte derrière, deux autres petits ressorts reliés par deux soupentes de cuir et deux menottes aux deux extrémités d'un ressort de travers, lequel est supporté lui-même dans son milieu par trois montants, un vertical et deux obliques et symétriques fixés sur l'arrière du cintre qui relie les brancards. La caisse du tilbury à télégraphe n'ayant jamais de coffre se trouve réduite à un siège à balustre avec coquille et garde-crotte; cette voiture n'a jamais de capote.

Le tilbury à porte au-dessus des genoux, a la caisse de la figure 848; la porte est en cuir tendu sur quatre barres parallèles de bois ayant la forme en S, dont deux se voient sur les côtés, cette porte tourne autour de charnières placées au pied du garde-crotte, sur lequel elle se rabat. Ce système est très confortable; quand on doit séjourner longtemps dans la voiture pendant la saison rigoureuse, il est bien préférable au tablier de cuir; il y a quarante-cinq ans, les anciennes voitures comme le carrick et le cabriolet en étaient aussi toutes munies; on l'abandonne, à tort, à cause de son aspect lourd, mais il continue à être employé à la campagne. Le montage des ressorts est en châssis.

L'ancien cabriolet avait la même caisse à porte; il était monté avec deux ressorts d'essieu supportant les brancards comme dans le tilbury; deux petits ressorts fixés à la caisse par devant se reliaient aux brancards par des jumelles; la caisse était soutenue à l'arrière par deux soupentes de cuir passant sur deux ressorts en C fixés aux brancards.

Le stanhope est un grand tilbury de luxe; la caisse est toujours à balustres et sans capote, c'est une voiture d'amateur.

Le buggy est un petit tilbury, généralement à capote, auquel on attelle un petit cheval de 1m,40 à 1m,50; c'est une voiture de luxe demandant un attelage soigné. Cette voiture n'est pas montée en châssis comme le tilbury, mais elle a un montage spécial qui se compose de deux ressorts d'essieu reliés aux brancards par des mains en col de cygne et par des ronds de palonnier (jumelles de cuir); la caisse, à son tour, est fixée aux brancards par des ferrures en équerre. Quelquefois les ressorts d'essieu sont fixés à l'avant aux brancards par une articulation et à l'arrière par une jumelle.

Il faut que le buggy soit parfaitement équilibré pour éviter le mouvement de vannage; il faut de plus que la voiture soit faite pour la grandeur du cheval et que le harnais soit bien approprié à la voiture; les bracelets de brancard doivent avoir du jeu tout autour du brancard, de façon que celui-ci soit parfaitement équilibré et tout à fait indépendant du harnais, lorsque le cheval est attelé et que la voiture a sa charge normale.

3° Genre dog-cart. Le dog-cart est une voiture de chasse dont la caisse est disposée pour loger les chiens sous le siège en leur laissant le plus de place possible; la caisse, aérée par des persiennes sur le côté, a la forme d'un trapèze à grande base inférieure et à lignes obliques symétriquement inclinées. Le dog-cart est toujours à quatre places, les deux banquettes étant juxtaposées on est placé dos à dos; il a rarement une capote, dans ce cas, on ne peut se servir du siège de l'arrière que si la capote est relevée. Pour équilibrer la caisse avec deux ou quatre personnes, on fait varier par une vis la position du fond qui est à rainure sur un châssis relié au train. Le montage est comme celui de la charrette. L'attelage peut se faire de trois manières : à un cheval, à deux chevaux en tandem (attelage en flèche), enfin, à deux chevaux avec timon à ressort ou attelage à pompe. — V. plus loin le Genre carrick.

La voiture de dressage est, pour le devant, pareille au dog-cart, mais le siège de derrière pour les valets est plus bas que celui des maîtres. Quelquefois les sièges ne sont pas juxtaposés et le siège de derrière, tout en restant plus bas, est écarté de façon que les valets puissent s'asseoir dans le même sens que les maîtres. L'attelage se fait en tandem.

4° Genre carrick à pompe. Le carrick à pompe est une voiture à deux roues s'attelant à deux chevaux avec un timon; l'arrière de la caisse a la forme en S; on ne fait pas de variétés de ce genre.

Dans l'attelage à pompe, les brancards ne sont que de la longueur de la caisse et portent chacun un palonnier; un timon, fixé sous la caisse, porte un ressort, qui par deux courroies formant 8, le relient à une traverse, reliée elle-même aux sellettes des harnais par deux poupées qui y sont vissées. Dans cette voiture, le centre de gravité étant à 10 centimètres en avant de l'essieu, au lieu d'être en arrière comme d'habitude, le timon appuie constamment sur le ressort et annule ainsi le mouvement de vannage.

5° *Genre cab.* Le *cab* (appelé *hansom-cab* en Angleterre) est une voiture à deux grandes roues, portant une caisse entièrement couverte, pouvant se fermer devant par une porte à deux vantaux et par des carreaux à développement. Le cocher est placé derrière et en haut de la caisse, de façon à voir le cheval. Cette voiture, trop originale, n'a jamais plu en France. Les personnes assises à l'intérieur étant placées sur l'essieu, l'équilibre ne peut se modifier comme dans la charrette et doit être obtenu exactement avec le poids du cocher.

Voitures diverses. On a fait des *omnibus* et des *coupés à deux roues*; le centre de gravité doit être derrière l'essieu pour éviter le vannage. Le *char à banc à deux roues* ressemble à une charrette dont l'arrière, au lieu de s'abaisser, a une porte et un marchepied donnant accès à une place de chaque côté, disposée dans le genre des places d'omnibus. La *carriole norwégienne* a une caisse très étroite, en forme de nacelle, elle est suspendue sur deux ressorts, le voyageur a les jambes allongées; derrière se trouve un petit siège pour domestique. Le *sulky* ou *coureuse*, voiture américaine de course, est la voiture réduite à sa plus simple expression, elle ne pèse que 25 kilogrammes; elle se compose de deux grandes roues, d'un essieu, de deux brancards et d'un petit siège de fer; il n'y a pas de ressorts, mais l'extrême légèreté de toutes les pièces donne une grande flexibilité à l'ensemble. Le cheval est attelé très court et se trouve presque entre les jambes du cocher-jockey, dont les pieds reposent sur deux petites équerres fixées aux brancards.

Les *voitures de malade* et les *voitures d'enfant* ont deux grandes roues portant la charge et une petite roue à l'avant, qui est fixe dans les voitures d'enfant dont on soulève l'avant pour tourner, et qui est mobile et solidaire de la tringle de traction dans les voitures de malade. Elles se composent d'un siège monté sur ressorts, d'une capote à compas et d'un tablier. Dans certaines voitures de malade, la roue de devant peut se mettre sur le côté, au moyen d'une charnière, pendant que l'on installe le malade. Ces voitures doivent être parfaitement suspendues par un système de montage élastique et isolant, et il y a un grand choix à faire dans ce genre de voiture, qui a le plus souvent des ressorts durs et tout à fait insuffisants; les roues garnies de caoutchouc amortissent un peu les chocs, mais ne peuvent remplacer un bon montage. Les voitures mal suspendues peuvent être dangereuses pour les enfants, en leur donnant des secousses dures et répétées; la voiture dite « la Flexible » est une des meilleures, elle oscille sous le moindre effort et amortit efficacement les chocs, même sur le pavé. La caisse se tourne à volonté, ce qui permet de voir constamment l'enfant ou de le mieux garantir du vent.

Le *promenoir d'enfant* de Mégissier est très ingénieux; l'enfant peut y marcher sans surveillance et sans chute possible; s'il s'assied, un petit siège

mécanique se déploie par le mouvement même que fait l'enfant et vient le recevoir.

**Voitures à quatre roues** *pour le transport des personnes.* La suspension des voitures doit être étudiée avec soin; c'est d'elle en effet que dépend en grande partie le confortable que l'on est en droit de demander au constructeur. Les voitures à *simple suspension* sont montées de différentes manières : l'avant-train est toujours monté sur deux ressorts pincettes (le montage à trois ressorts à l'avant et à l'arrière n'est employé que pour les forts omnibus ou breaks et les voitures de transport); l'arrière-train peut être supporté de même par deux ressorts pincettes ou par le montage à cinq ressorts : ce montage se compose de deux ressorts demi-pincette à main (V. Ressort, § *Ressorts pour carrosserie*, fig. 437), ou mieux à crosse (fig. 440), reliés par deux menottes (fig. 438) à un ressort de travers (fig. 436 renversée). On emploie quelquefois le ressort en C (fig. 441), relié sous la caisse par des menottes à un ressort de travers et relié derrière la caisse par des menottes à un second ressort de travers, fixé aussi à la caisse en son milieu par un support spécial; les ressorts en C peuvent aussi être reliés à l'arrière par deux soupentes de cuir aux moutonnets (ferrures placées à l'arrière de la caisse et servant à la fixer aux ressorts de l'arrière-train). Dans ce dernier montage, les moutonnets sont souvent remplacés par des ressorts-moutonnets.

Les voitures à *double suspension* ont leurs deux trains reliés solidement par une pièce nommée *flèche*; les deux principaux montages à double suspension sont : 1° le *montage à flèche* et 2° le *montage à huit ressorts.*

1° Le montage à flèche se fait à douze ou à huit ressorts; le premier se compose de quatre ressorts à jambe de force (fig. 443 de l'article cité plus haut) fixés sur les essieux et surmontés d'une flèche droite reliant les deux trains; puis, à l'avant et à l'arrière, entre cette flèche et la caisse, se trouvent deux montages en châssis, composés chacun de quatre ressorts droits, formant un carré, réunis par quatre menottes (articulations des ressorts placés à angle droit). Ce montage à flèche et à douze ressorts s'applique principalement au phaéton.

Dans le mail-coach, les quatre ressorts à jambe de force sont supprimés et le montage se compose de la flèche et des huit ressorts disposés en deux châssis (fig. 859).

2° Le montage à huit ressorts (fig. 855) se compose de quatre ressorts à jambe de force (fig. 443 de l'article Ressort) fixés sur les essieux, supportant l'avant-train et la flèche; sur cet ensemble, on place quatre ressorts en C (fig. 442 du même article) qui supportent la caisse par l'intermédiaire de quatre soupentes de cuir.

Ce montage s'emploie pour les ducs, victorias, landaus, vis-à-vis, coupés, berlines, etc. Il donne une très grande douceur à la voiture, mais aussi un trop grand balancement qui ne plaît pas à tout le monde; de plus, si on va vite et sur un mauvais pavé, ce montage peut donner des réactions verticales dangereuses; on a prétendu et non sans raison, que le duc d'Orléans n'aurait pas sauté volontairement, car il aurait pu descendre derrière sa calèche et n'a pas dû avoir l'idée de sauter de côté, ce que l'ont sait être très dangereux; sachant que les chevaux de sa voiture à huit ressorts s'étaient emportés, que le pavé était très mauvais, il est probable que le prince a été lancé hors de sa calèche par une réaction verticale que l'on peut comparer à un coup de raquette. Dans toutes les villes où il y a de mauvais pavés, on a renoncé à l'emploi du huit ressorts, même pour les voitures de gala.

Pour améliorer la suspension on emploie le caoutchouc autour des roues (V. ROUE DES VÉHICULES, § *Roues de voitures*). Ce système, dont on ne peut garantir la durée, coûte cher, mais il rend la voiture très silencieuse, le bruit du roulement sur le pavé n'existant plus. La véritable solution de l'application économique et durable du caoutchouc à la voiture, consiste dans l'emploi du *tasseau de caoutchouc*, de G. Anthoni, placé entre le ressort et l'essieu, ou entre le moutonnet et la caisse (V. RESSORT, § *Ressorts pour carrosserie*). Par cette application du montage élastique et isolant, on donne à la voiture la meilleure suspension en diminuant les chocs en tous sens, ce que ne peuvent faire les systèmes à simple suspension qui n'amortissent que les chocs verticaux. Le caoutchouc diminue aussi le bruit des voitures en diminuant leurs vibrations.

Pour construire une bonne voiture à quatre roues, il faut baisser autant que possible le centre de gravité, employer des roues hautes, des ressorts longs et flexibles, écarter les roues pour donner de la stabilité et employer le caoutchouc pour diminuer le bruit. Pour baisser le centre de gravité sans trop réduire le diamètre des roues de devant, on fait les caisses avec passage de roues.

On peut diviser les voitures à quatre roues en six genres principaux : 1° voitures *découvertes*; 2° voitures *couvertes, à rideaux*; 3° voitures *fermées à une porte*; 4° voitures *à capote, pouvant se couvrir à volonté*; 5° voitures *à double capote et à portes pouvant se fermer complètement*; 6° voitures *fermées, à deux portes*.

Les voitures des deux premiers genres et d'une partie du quatrième sont conduites par le maître.

1° VOITURES DÉCOUVERTES. La plus simple est la *charrette* (fig. 847), montée à quatre roues et ayant quatre places intérieures. Le *dog-cart* de chasse a de même une caisse identique au dog-cart à deux roues.

Dans ces deux voitures, les sièges sont juxtaposés et on y accède par des marchepieds spéciaux placés à l'avant et à l'arrière. Les quatre personnes sont assises dos à dos.

Le *char à bancs* a ses deux sièges parallèles et écartés; les voyageurs ne sont plus assis dos à dos, mais dans le même sens; on accède au siège de derrière en passant par-dessus le siège de devant. On a évité cet inconvénient en coupant le siège de devant et en le relevant sur des ferrures disposées en parallélogramme (fig. 849). On peut

aussi mettre une porte derrière (comme au breack) et, au moyen de charnières, fixées sur le côté, relever le siège de derrière ou le faire pivoter horizontalement comme le montre la figure 849, de façon à laisser libre l'entrée de la voiture, pour y monter ou en descendre.

Le *break*, genre omnibus, a deux places sur le siège du devant et au moins quatre places derrière sur deux sièges, placés en long, faisant saillie au-dessus des roues; une porte à l'arrière donne un accès facile et supprime l'inconvénient signalé au char à bancs. La figure 849 montre un char à bancs,

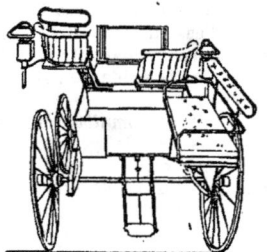

Fig. 849. — *Char à bancs, genre break, sièges mobiles.*

genre breack, l'accès par la porte placée à l'arrière est très facile; le siège de devant qui se relève permet à une dame de monter par la porte d'arrière et de passer à côté du maître qui conduit sans avoir à monter par-dessus la roue de l'avant-train. On donne le nom de *coffre-break* à un siège dont la coquille est inclinée et sans garde-crotte (comme la coquille de la figure 856).

Les *breaks de chasse* ou de dressage ont tous leurs sièges parallèles, comme dans le char à bancs ou le phaéton; des portes situées entre les roues et munies de marchepieds, facilitent l'accès, ces voitures ont deux places devant sur un siège élevé, quatre places vis-à-vis à l'intérieur et deux places de valets, souvent sur un siège élevé qui se trouve à l'arrière. — V. BREAK.

Le *squelette de dressage* ou voiture du dresseur de profession a un siège très élevé; de larges palettes de tôle permettent au valet de se tenir près du dresseur et de descendre facilement, même pendant la marche, pour se porter à la tête des chevaux. La volée porte une planche verticale garnie de cuir et rembourrée, dite *planche de ruade*, empêchant les chevaux de se blesser; le timon porte dans le même but une planche, mais non rembourrée. L'avant-train est monté sur des ressorts pincettes reliés à l'arrière-train, non suspendu, par une massive flèche de bois ferrée de façon à donner un certain poids au véhicule.

2° VOITURES COUVERTES, A RIDEAUX. La charrette commune et le char à bancs peuvent recevoir un toit mobile supporté par des montants et muni de rideaux; ils forment alors la *tapissière* employée à la campagne pour le transport des personnes. On se sert en ville de grands chars à bancs couverts, fermés sur les côtés par des rideaux; cette *voiture de course* a souvent plus de quarante places; des marchepieds placés entre les roues, à l'avant et à l'arrière en rendent l'accès facile; tous les sièges sont parallèles.

La *Vagonnette* est un break à couverture mobile

ou fixe, dont les côtés sont fermés par des rideaux; avec la couverture fixe on met quelquefois pour mieux couvrir le maître, qui conduit lui-même, une capote munie de compas, ouverte derrière et que l'on appelle *capucine*.

3° VOITURES FERMÉES A UNE PORTE. L'*omnibus* est une voiture fermée dessus par un toit supporté au moyen de forts montants faisant partie de la caisse; les côtés sont fermés par des carreaux mobiles; une porte placée à l'arrière permet un accès facile

Fig. 850. — *Phaéton à capote*.

aux sièges qui sont en long comme dans le break; la porte est fermée dans les omnibus de luxe et dans certains omnibus de service; l'ouverture reste libre dans d'autres omnibus pour service public, comme ceux de la Compagnie générale des omnibus qui circulent à Paris, les omnibus pour le service des facteurs, etc. On fait de petits *omnibus de luxe* avec les deux sièges en travers, il y a trois places en face en entrant et une de chaque côté de la porte; quand la porte est fermée, on abaisse le siège de la sixième place, qui empêche

Fig. 851. — *Phaéton américain*.

complètement la porte de s'ouvrir. Cette position des banquettes permet de voir des deux côtés, ce qui est plus agréable que de ne voir que d'un côté comme dans les autres omnibus; c'est le système Briault.

L'*omnibus à ballon* est un omnibus dont le dessus est mobile et peut s'enlever; il reste alors un break. L'*omnibus à capucine*, ou *omnibus de famille*, destiné à être conduit par le maître, a le siège du conducteur au niveau des sièges intérieurs et recouvert par une capucine munie de compas se développant à volonté.

L'*omnibus-tramway*, roulant sur route, a une

caisse de tramway montée sur un train d'omnibus modifié; l'avant-train tourne moins que dans l'omnibus.

La *voiture d'ambulance* est une voiture ayant la forme de l'omnibus, mais à panneaux pleins, remplaçant les glaces de côté. Les sièges de l'intérieur sont supprimés et remplacés de chaque côté de la voiture par deux lits superposés et suspendus, de façon à obtenir la meilleure suspension possible.

La *diligence*, que les chemins de fer repoussent chaque jour plus loin, est une grande voiture di-

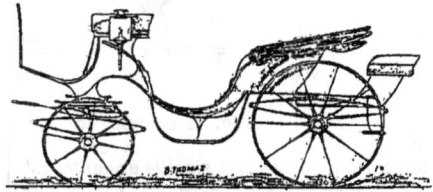

Fig. 852. — *Victoria*.

visée en trois compartiments: le coupé, l'intérieur et la rotonde; les sièges sont tous parallèles comme dans un char à bancs. Le dessus est réservé aux bagages et est recouvert d'une grande bâche; une capucine recouvre le conducteur et laisse quelques places aux voyageurs d'impériale.

4° VOITURES A CAPOTE, POUVANT SE COUVRIR A VOLONTÉ. Le phaéton, le spider et le duc sont conduits par le maître.

Le *phaéton* (fig. 850) a un siège à rotonde et un coffre avec siège derrière. L'accès en est difficile aux dames parce qu'il faut passer par dessus la roue en montant sur la frette et la roue; il faut

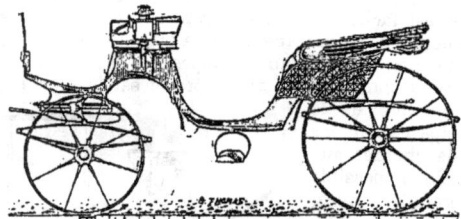

Fig. 853. — *Mylord*.

donc monter rapidement, de crainte que le cheval n'avance. On fait des marchepieds à plusieurs marches, passant par dessus la roue, mais il faut baisser la roue de devant. Le siège de derrière est pour domestiques; on y accède par deux palettes placées entre la roue et le coffre. Cette voiture se monte quelquefois à flèche et à douze ressorts et devient le *phaéton à flèche*, voiture de grand luxe. Le phaéton se fait quelquefois sans capote, avec siège à balustres. La caisse se fait quelquefois sans passage de roues.

Le *phaéton à portes* est un peu plus grand que le précédent; au lieu de monter derrière au moyen de deux palettes de marchepied fixées sur les côtés de la caisse, on écarte davantage la roue de derrière, pour laisser, de chaque côté, la place d'une porte et d'un marchepied. Le *phaéton vagonnette* est un phaéton dont l'arrière a deux sièges en long, avec porte et marchepied derrière comme le break. Les deux sièges de derrière sont mobiles et peuvent se remplacer par un siège de phaéton ordinaire. Le *phaéton américain* (fig. 851) est un phaéton à portes, ayant une double capote recouvrant les deux sièges; en transportant les deux supports antérieurs à côté des deux de l'arrière, on peut rabattre l'ensemble comme une capote ordinaire.

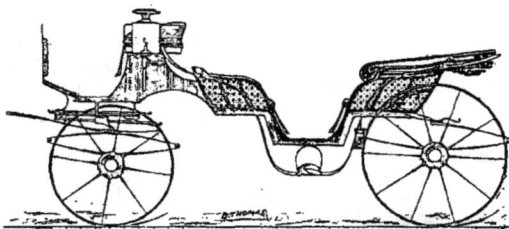

Fig. 854. — *Vis-à-vis ou sociable.*

Le *spider* (mot anglais qui signifie *araignée*) est un phaéton très léger, sans coffre; le siège de derrière est relié au siège de devant par des moutonnets cintrés en quart de cercle, qui s'appuient sur l'arrière-train et donnent à la voiture une apparence d'extrême légèreté; on le construit quelquefois sans capote.

Dans toutes les voitures qui restent à décrire, les roues sont plus écartées, l'entrée entre les roues est facile et la caisse est placée aussi bas que possible, ce qui augmente la stabilité. On a cru longtemps qu'il fallait rapprocher les roues des deux trains, ce qui au contraire est le plus souvent mauvais; le principe à appliquer est de charger autant que possible les grandes roues, comme dans l'omnibus, ce qui est facile dans cette voiture dont l'entrée est à l'arrière; on a ainsi un train court auquel on a attribué à tort le faible tirage de l'omnibus. Mais dans les voitures ayant les portes entre les roues, on ne peut avancer la grande roue sous la charge; si on voulait raccourcir le train, il faudrait donc rapprocher les roues de devant, ce qui, en les chargeant plus, augmenterait le tirage; on le diminuerait au contraire en allongeant le train. C'est donc une erreur de demander un train court.

Le *duc* (fig. 852, sans le siège de devant) est d'un accès très facile, étant monté bas et l'entrée étant

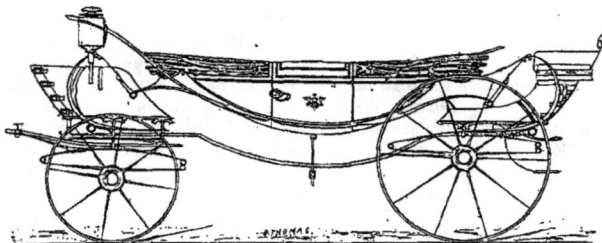

Fig. 855. — *Landau à huit ressorts, attelage à la Daumont.*

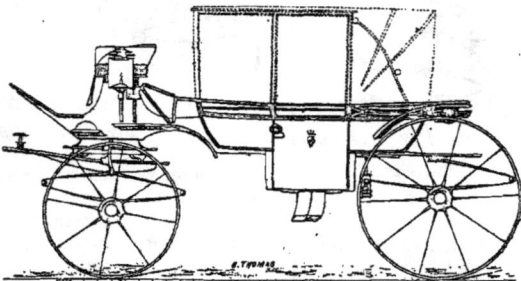

Fig. 856. — *Landau à cinq glaces.*

entre les roues, qui sont très écartées; il y a toujours un siège derrière pour domestique. La caisse se fait à panneaux, à balustres, quelquefois en osier, elle prend alors le nom de *panier*; elle est souvent couverte d'une ombrelle. La caisse est reliée à l'avant-train par des ferrures cintrées appelées *cols de cygne*. Le duc a souvent un strapontin, petit siège mobile qui s'appuie contre le garde-crotte. Quand les cols de cygne sont remplacés par des *moutonnets* en bois, qui sont droits et réservent deux petites places de strapontin devant le garde-crotte, la voiture prend le nom de *poney-parc*; c'est une voiture que l'on attelle d'un petit cheval ou poney; elle a aussi toujours un siège derrière pour domestique. Le duc est souvent découvert ou il a une capote mobile. On peut aussi le couvrir avec une ombrelle.

Le *phaéton de dame* a un siège de phaéton monté plus bas et entre les deux roues, dans le genre du duc; c'est un duc avec siège forme phaéton et siège derrière; l'accès en est très facile.

La *victoria* (fig. 852) est un duc avec siège de devant fixe, en fer, et avec ou sans siège derrière. Le *duc-victoria* est la même voiture avec le siège de devant mobile; en laissant le siège, on a la *victoria*; en l'enlevant on a le *duc*.

Le *mylord* (fig. 853) est une victoria dont le siège de fer est remplacé par un siège de bois, faisant partie de la caisse; cette voiture qui est très répandue, se fait toujours à capote; des ressorts cachés dans la garniture en facilitent la fermeture et tendent les compas. Cette voiture se fait souvent avec le siège-strapontin Charcot; ce siège se cache sous celui du cocher et donne à volonté deux grandes places supplémentaires, qui transforment le mylord en petit vis-à-vis.

Le *vis-à-vis* ou *sociable* (fig. 854) a quatre grandes places intérieures; il se fait avec ou sans portières. Quand il n'y a que deux personnes, on peut se garantir de la pluie avec un grand tablier de cuir passant par dessus le siège de devant et venant s'accrocher à l'intérieur de la capote. Le vis-à-vis à balustres se fait sans capote ; on le couvre d'une grande ombrelle ou d'un pavillon soutenu par quatre montants, avec rideaux formant le pourtour. Le *vis-à-vis à deux capotes*

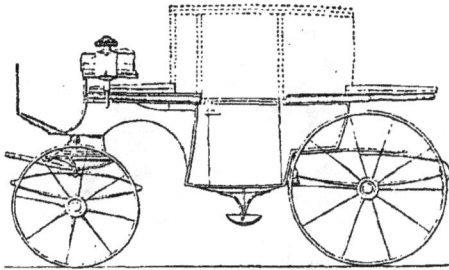

Fig. 857. — *Landaulet trois-quart à sept glaces ou à cinq glaces et à deux panneaux mobiles.*

permet de garantir de la pluie les deux sièges, mais il reste l'ouverture des portes que l'on ne peut fermer. — V. plus loin *landau.*

La *calèche* (polonais, *Koless*, petite voiture) est une ancienne voiture ressemblant, quand elle est découverte, au vis-à-vis à portes ; elle se monte à quatre ressorts pincette ou à huit ressorts ; quand elle est découverte, la caisse a la forme bateau. (V. Calèche, fig. 74). Cette voiture peut se fermer entièrement et ressemble alors au cinq glaces, mais la voiture n'est pas disposée pour se couvrir rapidement, et quand on découvre, il faut laisser la partie démontée à la remise, tandis que dans le landau, on peut toujours fermer rapidement. Depuisque l'on fait des landaus, on ne fait plus de calèches pouvant se fermer et on fait même peu de calèches découvertes.

La *Lilloise*, ou voiture de famille, est une calèche fermée dont le siège du cocher est à la hauteur des sièges intérieurs et couvert par une capucine.

5° Voitures pouvant se fermer complètement. Le *landau* est une voiture extrêmement pratique servant à la fois de voiture découverte et de voiture fermée. Elle a deux capotes qui sont disposées autrement que celles du vis-à-vis à deux capotes, en ce sens qu'elles se ferment d'aplomb, et non pas en se rabattant en avant, l'une contre l'autre ;

elles laissent ainsi la place de la porte et de la glace de porte qui ferme complètement le landau. Des ressorts à boudin aident au relevage des capotes ; une glace est placée dans la capote de l'avant et contribue avec les deux glaces de porte à donner du jour à l'intérieur ; divers systèmes permettent de maintenir les glaces des portes quand on ouvre pour monter ou descendre.

Le *landau* (fig. 855) est de forme bateau, monté à huit ressorts, et pour *attelage à la Daumont*, qui

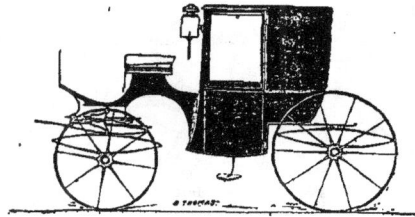

Fig. 858. — *Coupé.*

est un attelage de gala ; les postillons et les cocardes des chevaux sont enrubannés ; le postillon de Daumont porte une petite toque, une veste courte, une culotte en peau de daim, des bottes vernies à revers, des gants et une cravache ; il a une perruque poudrée et porte les couleurs de la maison. Les deux valets de pied, assis sur le siège de derrière, font le service des portes. L'attelage à la Daumont s'applique aussi aux vis-à-vis, aux ducs et aux berlines à deux ou à cinq glaces.

Le *landau à cinq glaces* (fig. 856) n'a que la capote de derrière, celle de devant est remplacée par trois glaces ; la glace d'avant descend dans un coulant qui se trouve dans le dossier du siège; on fait glisser les deux glaces de côté au-dessus de la porte, dans laquelle on les laisse ensuite descendre ; montants qui encadraient ces

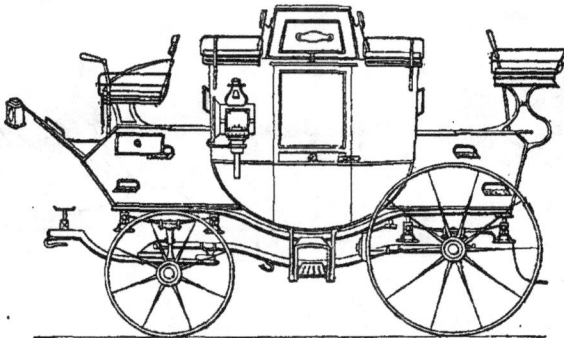

Fig. 859. — *Mail-coach.*

glaces se replient à charnière et le landau se découvre entièrement. Ce landau est très élégant. Le devant du « cinq glaces » se replie souvent en parallélogramme, sous le siège qui est monté alors sur ferrures. On replie les glaces de côté sur celle de devant, les deux cadres latéraux qui tenaient les glaces, étant montés à charnières sur la caisse et avec le devant du pavillon, formant un palélogramme et peuvent se replier sous le siège. Le montage indiqué au dessin, à l'arrière, est le montage à demi-pincettes ; ce montage est plus doux avec le ressort à crosse et la menotte (V. Ressort, § *Ressorts pour carrosserie*, fig. 440

et 438). Le coffre-break appliqué au siège du cocher, est un siège de service, qui s'emploie surtout pour le break, et quelquefois pour le landau et l'omnibus au lieu du siège à garde-crotte; avec le coffre-break la voiture s'attelle toujours de deux chevaux.

On a fait des *landaus à sept glaces*, ou à panneaux d'arrière mobiles; le devant est comme dans le « cinq glaces » et se rabat en parallélogramme;

Fig. 860. — *Dorsay.*

la capote de l'arrière est supprimée et remplacée par un système analogue à celui du devant du «cinq glaces»; après avoir replié les glaces on panneaux de côté sur le panneau de derrière, on rabat celui-ci en *parallélogramme* avec les deux montants de porte et l'arrière du pavillon.

Les *landaulets* deux places et trois quart sont de petits landaus n'ayant que la capote d'arrière; le devant se rabat à peu près comme dans le landau à cinq glaces.

Le landaulet deux places ressemble au petit coupé (fig. 858) mais avec une capote derrière. Le *landaulet trois-quart* a quatre petites places, il se rabat comme le landau cinq glaces dont il diffère en ce que les glaces de côté à l'avant, sont très étroites, et que la forme de la caisse ressemble à celle du coupé trois-quart.

La figure 857 montre un *landaulet trois quart à sept glaces* ou à panneaux d'arrière mobiles, le montage indiqué, avec ressort à crosse, donne une bonne suspension. Le devant se rabat sur le siège; les deux rabattements sont à parallélogramme.

Le *landau-break* est un break muni de deux capotes de landaus se rabattant de côté, par dessus les roues; la porte est munie d'une glace comme dans le landau.

Le *cab à quatre roues* Kellner tient le milieu entre les voitures se fermant à volonté et les voitures fermées; c'est une espèce de mylord dont 'a capote de cuir est remplacée par une caisse ayant à peu près la forme de cette capote fermée; il y a deux glaces sur les côtés; le devant se ferme par une portière et par des carreaux qui se développent entièrement complètement l'intérieur.

6° VOITURES FERMÉES A DEUX PORTES. Le petit *coupé*, ou coupé à deux places (fig. 858) est l'une des voitures les plus employées; si on compare cette voiture à la berline, on voit que la caisse se trouve coupée à fleur de la porte, de façon à ne laisser que les deux places de l'arrière. Il y a une différence importante entre les lignes de ces deux voitures : la caisse de la berline n'a qu'un cintre régulier en forme de bateau (V. le *mail-coach* sans

Fig. 861. — *Grande berline de gala.*

les deux coffres (fig. 859). Le coupé a au contraire un angle rentrant sous le siège. Le montage indiqué sur le dessin est à quatre ressorts pincette, montage très employé; quand on doit mettre un frein, on préfère le montage à cinq ressorts et à crosse (fig. 857). Le petit coupé se monte quelquefois à huit ressorts.

Le grand coupé, ou *coupé trois quarts*, à quatre places intérieures, le devant a trois glaces; le pointillé de la figure 857 représente bien la forme de la caisse, si on suppose enlevées les parties rabattues, le siège est pareil à celui du petit coupé (fig. 858). Le devant du trois quarts, au lieu d'être à trois glaces, se fait aussi avec une seule glace bombée; on a alors le *coupé circulaire* qui a de même quatre places à l'intérieur. Le *brougham* est le nom anglais du coupé.

Le *mail-coach* (fig. 859) a une caisse de berline avec deux énormes coffres surmontés de sièges dont l'accès est partout facile, même aux dames, par des marchepieds et des échelles perfectionnées. C'est la voiture pour aller aux courses ou aux rendez-vous de chasse. Le montage est à flèche et à deux châssis.

Le *dorsay* (fig 860) est une berline dont le devant est coupé et qui se monte toujours à huit ressorts ; il diffère du coupé à huit ressorts par la forme arrondie de sa caisse et ses plus grandes proportions. Il se conduit toujours en guides, jamais à la Daumont.

Le *coupé à housse* a la même forme de caisse que le dorsay, mais le coffre de bois portant le siège du cocher est supprimé et remplacé par un siège supporté par des ferrures cachées sous la housse, richement garnie de passementeries. C'est une voiture de grand luxe, toujours montée à huit ressorts (la caisse du coupé à angle rentrant ne se monte pas à housse).

La *berline* (anciennement appelée *carrosse*) est une voiture de luxe à quatre bonnes places intérieures ; la caisse a toujours la forme bateau ; le centre de la figure 859 en enlevant les deux coffres, peut donner une idée de la forme de cette caisse ; le siège est dans le genre de celui du coupé. Cette voiture se monte à quatre ressorts pincettes, quelquefois à huit ressorts ; c'est une voiture de grand luxe ; elle se fait à 2 ou à 5 glaces. La *berline demi-gala* a la même forme que la berline, mais le siège est en fer et à housse ; elle a 2 ou 5 glaces ; quelquefois on met quatre lanternes, une à chaque coin de la voiture. Le montage est à quatre ressorts pincettes ou à huit ressorts.

La *grande berline de gala* est à huit glaces, ou à sept glaces quand la grande glace de derrière est remplacée par un panneau. C'est une voiture d'état, servant aux grandes cérémonies ; elle a toujours quatre lanternes. La figure 861 représente une caisse à trois cintres ; c'est un modèle de fantaisie, la forme bateau est plus employée. Autrefois, cette voiture était toujours montée à huit ressorts ; elle se fait actuellement souvent à quatre ressorts pincettes, surtout dans les pays dont les routes sont mauvaises.

L'attelage est à grandes guides à quatre chevaux, quelquefois à six chevaux : le plus souvent, quand il y a six ou huit chevaux, les quatre premiers sont conduits à grandes guides par le cocher et les chevaux de tête sont conduits à la main, chacun par un valet de pied, habillé comme les domestiques, avec de grands habits, à la livrée de la cour.

Ici se termine la classification et la description succincte des principales voitures employées en France. Cette étude montre l'importance de la carrosserie et du charronnage dans notre pays, qui, par son travail et ses progrès constants, garde la place d'honneur si brillamment conquise à l'Exposition universelle de 1878, à Paris.
— G. A.

*Bibliographie : Charron et carrossier,* RORET, 1851 ; *La locomotion,* par D. RAMÉE, 1856 ; *Le Guide du carrossier,* fondé en 1859, par B: THOMAS (collection de 2,000 dessins) ; *La carrosserie,* ROUS, 1867 ; *Les merveilles de la locomotion,* E. DEHARME, 1874 ; *La carrosserie à l'Exposition de 1878,* par G. ANTHONI, 1879 ; *La carrosserie et le charronnage,* rapport du Jury, BELVALLETTE et QUENAY, 1880 ; *Les moyens de transport,* par EVRARD, 1884.

**VOL.** *Art hérald.* Se dit de deux ailes d'oiseau réunies comme lorsque l'oiseau vole, et dont les bouts s'étendent vers le haut de l'écu, l'un à dextre, l'autre à senestre ; *vol abaissé,* lorsque les deux bouts des ailes sont tournés vers le bas de l'écu, et *demi-vol,* une seule aile déployée.

**I. VOLANT.** *T. de mécan.* Organe des machines qui a pour but de prévenir les variations de la vitesse de marche en régularisant l'effort moteur disponible, dont il absorbe l'excédent lorsqu'il dépasse la valeur moyenne, et qu'il restitue, au contraire, lorsque cet effort devient trop faible. Le volant diffère du régulateur proprement dit en ce qu'il ne modifie pas le volume du fluide ou du liquide moteur admis dans la machine, il n'exerce son action que pour répartir l'effort moteur d'une manière différente, pendant une période donnée. L'effort développé par la vapeur, par exemple, présente des variations sensibles dans les différentes phases de la distribution : le piston partant à fond de course d'une vitesse nulle, s'arrête encore nécessairement pour repartir en sens inverse à l'extrémité opposée de sa course ; il ne pourrait donc communiquer qu'un mouvement intermittent à l'arbre moteur qu'il actionne, si on n'interposait pas un appareil de réglage, qui assure le passage des points morts en restituant l'énergie absorbée par lui, au moment où le piston développait son effort maximum. C'est le rôle du volant qui forme un organe indispensable sur toutes les machines à cylindre unique, destinées à fournir un mouvement continu. On ne peut y renoncer que dans les cas où cette continuité n'est pas nécessaire, lorsque la machine est conduite à la main, qu'elle peut, ou même doit s'arrêter après chaque coup de piston, comme pour les marteaux-pilons à vapeur, par exemple, ou lorsqu'elle doit exécuter un travail bien constant qui se reproduit indéfiniment et par périodes bien concordantes avec celles des coups de piston, comme c'est le cas, par exemple, pour une pompe élevant l'eau à une hauteur donnée. Sur les machines à plusieurs cylindres, on s'attache toujours à équilibrer les périodes de distribution correspondantes, de manière à obtenir un effort continu qui ne s'annule jamais, et le volant n'est plus aussi nécessaire que sur les machines à cylindre unique.

En dehors des variations périodiques résultant de la marche même du piston moteur, il peut se produire également d'autres variations d'une périodicité différente, tenant au récepteur, par exemple, et à différentes causes extérieures, à la mise en train, à l'activité de la production de la vapeur, etc. Le volant les efface toutes dans une certaine mesure, et rétablit l'égalité nécessaire entre le travail moteur et le travail résistant ; au bout d'une certaine période, il ralentit le mouvement quand l'effort moteur devient prépondérant, et l'accélère au contraire quand il vient à diminuer, c'est un réservoir d'énergie qui restitue ce qu'il emprunte mais dont le fonctionnement n'est pas tout à fait gratuit cependant, car ses frottements propres absorbent toujours une certaine quantité de travail.

Le volant est constitué habituellement par une

roue en fonte à jante épaisse et large, calée sur l'arbre dont on veut régler la vitesse; il agit uniquement par la force centrifuge, et la matière dont il est composé se trouve reportée aussi loin que possible de l'axe de rotation pour augmenter le rayon de giration par rapport à cet axe. En appelant M la masse du volant, $\rho$ le rayon de giration, on voit que la variation de force vive en passant de la vitesse $\omega$ à une autre vitesse $\omega'$ est donné par l'expression

$$\frac{1}{2} M \rho^2 (\omega^2 - \omega'^2);$$

et en négligeant la force vive des autres éléments de la machine devant celle du volant, on peut considérer cette variation comme égale à la différence du travail moteur $T_m$ et du travail résistant $T_r$ pendant cette même période, de sorte qu'on a :

$$\frac{1}{2} M \rho^2 (\omega^2 - \omega'^2) = T_m - T_r.$$

Et en posant $\frac{\omega + \omega'}{2} = R$, vitesse moyenne pendant cette période, on en déduit :

$$M \rho^2 R (\omega - \omega') = T_m - T_r.$$

On voit, par cette équation, qu'en se donnant la différence $T_m - T_r$, il en résulte une relation qui permettra de déterminer la masse M et le rayon $\rho$ du volant, d'après la variation de vitesse $\omega - \omega'$ qu'on voudra admettre pour la vitesse moyenne R.

Il faut remarquer, d'ailleurs, que cette solution doit varier suivant la nature des moteurs et du travail qui leur est demandé. Une machine de filature, par exemple, exige une vitesse bien constante et uniforme, qu'il n'est point nécessaire de rechercher sur une machine faisant mouvoir des pompes, car il convient, au contraire, que dans ce cas, la vitesse se réduise aux environs des points morts pour éviter les chocs sur les clapets au moment où ils se mettent en jeu, etc.; le volant doit être approprié en un mot à la machine sur laquelle il est monté.

Nous ne pouvons pas reproduire ici le calcul des volants qu'on trouvera dans les traités de mécanique appliquée, nous rappellerons seulement la formule d'établissement déduite de ce calcul pour le cas des machines à vapeur.

$$\Pi k = \frac{N}{n V^2} \frac{1}{\delta}.$$

$\Pi$ représente le poids du volant, $n$ le nombre de tours par minute, N le nombre de chevaux exprimant la force de la machine, V la vitesse d'un point situé à la circonférence moyenne de la jante du volant, $\delta$ est le coefficient de régularité qu'on veut obtenir, c'est le rapport de la variation de vitesse que le volant doit prévenir, $\omega - \omega'$, à la vitesse moyenne R; il est généralement compris entre 1/20 et 1/40, $k$ est un coefficient qui varie avec la nature de la machine.

Le général Morin a fixé les limites pratiques qu'il convient d'adopter pour la valeur du coefficient $k$.

Avec les machines sans condensation, il prend 5227, 5528 ou 5829 selon que la bielle a une lon-

gueur égale à 6, 5 ou 4 fois celle de la manivelle.

Avec les machines à détente à un seul cylindre, $k$ varie de 7203 à 8449 suivant que la détente varie de 1/3 à 1/8.

Avec les machines de Woolf, $k$ s'abaisse à 6301 ou même 5558 suivant que la détente varie de 4 1/2 à 7 1/2.

Avec les machines à haute pression, $k$ prend une valeur plus élevée variant de 7000 à 10000.

Quant au rayon de giration du volant, on le prend ordinairement égal à 3 fois la course des pistons pour les machines à basse pression, mais ce rapport s'élève à 4 et 4 1/2 pour les machines à haute pression. On démontre d'ailleurs, par la théorie, qu'il serait avantageux de prendre $\rho$ aussi grand que possible pour diminuer la masse du volant, et par suite le travail absorbé par les frottements, mais les dangers de rupture par la force centrifuge imposent, d'autre part, une certaine limite qu'on ne doit pas dépasser, et qui varie suivant la vitesse de régime R.

Ce rayon limite est donné par l'expression suivante :

$$\rho = \frac{52,20}{R}.$$

Outre l'organe que nous venons d'examiner, et qui répond au sens initial de ce mot, l'expression de volant a été étendue par analogie à de petites roues de même forme à jantes élargies munies de manettes sur le pourtour. Ces roues forment ordinairement écrou sur des tiges filetées qui se déplacent longitudinalement par leur rotation, elles constituent alors de véritables leviers qu'on manœuvre à la main en les faisant tourner, généralement pour obtenir un mouvement qu'on puisse régler plus facilement qu'avec un levier ordinaire, pour assurer l'ouverture d'une prise d'air ou de vapeur, commander le déplacement de la coulisse de changement de marche des locomotives, etc.

II. VOLANT. 1° Petite boule de liège recouverte de peau et garnie d'une rangée de plumes pour régler son mouvement lorsqu'on la lance en la frappant avec une raquette. || 2° Caisse mobile d'un soufflet de forge. || 3° Nom donné aux ailes des moulins à vent. || 4° Cylindre à dents presque droites, tournant avec rapidité et placé à la gauche des chapeaux dans les machines à carder. || 5° Arbre muni de palettes disposées de façon à modérer son mouvement de rotation par la résistance qu'elles éprouvent de la part de l'air. || 6° T. de filat. Axe de fer des batteurs de filature, frappant vivement la matière textile pour la débarrasser des corps étrangers. || 7° Garnitures qui servent à l'ornement de la toilette féminine et que l'on place les unes au-dessus des autres en nombre variable.

**VOLATILISATION.** T. de chim. Opération par laquelle on réduit en vapeur ou en gaz les matières qui en sont susceptibles. || T. de phys. — V. Presse, § Presse électrique.

**VOL-AU-VENT.** T. de pâtiss. Pâté chaud dont l'abaisse et les parois doivent être en pâte feuilletée, et que l'on garnit intérieurement de quenelles, de filets de poisson, ou autres préparations culinaires; on écrit aussi *vole-au-vent.*

**˙VOLE.** *T. techn.* On désigne ainsi, dans une grège, un brin simple de cocon qui, au lieu d'être soudé à d'autres, se trouve isolé. Quand on rencontre une vole, il est nécessaire de l'enlever, quelle que soit sa longueur, ce qui occasionne du déchet.

**VOLÉE. 1°** *T. d'arch.* Se dit de chacune des parties d'un escalier, comprise entre deux paliers successifs. ‖ **2°** Série de coups de mouton donnés sur la tête d'un pieu et suivie d'un temps d'arrêt; c'est aussi la hauteur de laquelle tombe ce mouton, ou dans un marteau-pilon la distance qui sépare l'enclume du point le plus élevé que peut occuper le marteau. ‖ **3°** *T. de p. et chauss.* Partie d'un pont mobile et que l'on baisse ou qu'on lève pour le fermer ou l'ouvrir. ‖ **4°** *T. de carross.* Pièce transversale qui s'attache au timon d'une voiture et à laquelle se fixent les traits des chevaux. ‖ **5°** Ensemble de deux planches réunies à angle droit, dont se servent les maçons pour le transport du mortier. ‖ **6°** Pièce horizontale ou inclinée d'une grue et qui supporte à son extrémité la poulie recevant la chaîne et le câble. — V. Grue. ‖ **7°** *T. d'artill.* Partie de la pièce qui est en avant des tourillons. ‖ **8°** *Trempe à la volée.* Façon particulière de tremper les barres d'acier les unes après es autres. ‖ **9°** *Banc de volée.* Banc de pierre se détachant facilement des bancs situés en dessous.

**VOLET.** *T. de constr.* On désigne ainsi des panneaux de bois ou de fer que l'on emploie pour clore hermétiquement les baies de fenêtre, de portes ou de devantures de boutiques. En réalité, les volets forment une double fermeture à ces baies, généralement garnies déjà d'une clôture vitrée. Les volets en menuiserie se composent de montants, de traverses et de panneaux pleins comme les portes, mais sur une moindre épaisseur. Ils sont portés, dans les tableaux des baies, par des gonds scellés dans les murs ou par des fiches fixées sur les montants de châssis dormants. Ces volets peuvent être *brisés* en deux ou trois parties selon l'épaisseur du tableau des baies, de manière à se replier contre ces tableaux sans diminuer sensiblement la largeur de la baie. Très fréquemment ils sont munis, à leur partie supérieure, de lames de persiennes et prennent alors le nom de *volets-persiennes.* — V. Persienne.

Ceux qui servent à clore les devantures de boutiques sont composés de feuilles, tantôt reliées entre elles et formant brisure, tantôt détachées, se logeant, pour les deux cas, dans des caissons placés de chaque côté de la devanture.

Les volets en fer sont formés de feuilles de tôle ou panneaux fixés sur des châssis en fer composés de plates-bandes formant traverses et montants. On les fait aussi avec lames de persiennes.

**VOLIÈRE.** Les volières sont souvent formées d'un petit pavillon en bois ou en maçonnerie sur le devant duquel se trouve une sorte de grande age, fermée par un grillage à mailles serrées.

Les volières atteignent souvent de grandes dimensions et servent à la décoration des parcs et des jardins.

**VOLIGE.** *T. techn.* Planche mince de bois blanc qu'on emploie pour la couverture et le cloisonnage.

**VOLIGEAGE.** *T. de constr.* Sorte de plancher en voliges fixées au moyen de clous sur les chevrons d'une couverture en ardoises, pour recevoir ces dernières que l'on fixe également avec des clous. — V. Couverture, I.

**˙VOLT.** *T. d'électr.* Nom donné en mémoire de Volta, l'inventeur de la pile électrique, à l'unité pratique de force électro-motrice. Théoriquement le volt vaut $10^8$ unités électro-magnétiques C.G.S. La Conférence internationale de 1884 fait dériver la définition du volt légal de celle de *l'ohm légal* et de *l'ampère* (courant dont la mesure absolue est $10^{-1}$ unités électro-magnétiques C. G. S.).

« Le *volt légal* est la force électro-motrice qui soutient le courant d'un ampère dans un conducteur dont la résistance est l'ohm légal. »

Le volt, l'ampère et l'ohm sont liés entre eux par la formule générale :

$$I \text{ (intensité en ampères)} = \frac{E \text{ (force électro-motrice, en volts)}}{R \text{ (résistance, en ohms)}}$$

ou

$$1\,\text{ampère} = \frac{1\,\text{volt}}{1\,\text{ohm}},$$

d'où

$$1\,\text{volt} = 1 \text{ ampère} \times 1 \text{ ohm.}$$

Dans la pratique, le *volt* est représenté par la force électro-motrice d'un élément de pile de Daniel; *l'ampère* est l'intensité de courant capable de précipiter, à très peu près, 4 grammes d'argent par heure; *l'ohm* équivaut approximativement à la résistance qu'oppose au passage du courant un fil de cuivre de 48 mètres de longueur et de 1 millimètre de diamètre.

La pratique emploie pour la mesure des faibles forces électro-motrices le microvolt, ou millionième de volt. — V. Électricité, § 56, Électrométrie, Mesure électrique.

**˙VOLTAGE.** *T. de teint.* Opération qui consiste à rouler les matteaux de soie sur eux-mêmes, lorsqu'ils sont encore sur la barre, et avant de les mettre dans les sacs dits *poches*, par partie et par fabricant, qui doivent être confiés aux ouvriers teinturiers.

**˙VOLTMÈTRE.** *T. d'électr.* Instrument de mesure électrique, dont la lecture fait connaître immédiatement en volts la force électro-motrice d'une pile ou la différence de potentiel entre deux points d'un circuit. C'est un galvanomètre de *tension*, c'est-à-dire dont la bobine est composée d'un grand nombre de tours de fil fin, de telle sorte que la résistance de la pile soit négligeable devant celle de l'appareil de mesure dans un circuit composé de la pile et de cet appareil, et que, d'une façon générale, l'introduction de l'instrument mis en déviation entre deux points d'un circuit ne change pas sensiblement la différence de potentiel de ces deux points. — V. Galvanomètre.

**\*VOLTAMÈTRE.** Appareil servant à opérer les décompositions chimiques par le passage du courant électrique, et à recueillir les produits de la décomposition. Le voltamètre de Faraday, pour la décomposition de l'eau, consiste en un vase en verre dans le fond duquel on a coulé un mastic isolant: deux fils de platine reliés au pôle de la pile traversent ce mastic et deux éprouvettes sont placées sur ces fils. On place dans le vase de l'eau acidulée. Pour les dissolutions salines, on se sert d'une cuve rectangulaire en verre ou d'un tube en U; les électrodes en forme de lames plongent dans la cuve ou dans les branches du tube. Avec ces instruments on vérifie les lois de l'électrolyse et on mesure la quantité d'électricité qui a passé dans un temps donné par le poids de l'hydrogène dégagé ou du métal réduit. Le poids de l'hydrogène se déduit du volume du gaz recueilli; il est préférable d'employer une dissolution saline dont le métal présente un équivalent élevé, afin que le poids du dépôt soit le plus grand possible. Les sels solubles d'argent satisfont à cette condition. Le procédé le plus commode est de peser un creuset d'argent, que l'on remplit ensuite d'une dissolution neutre d'azotate d'argent, dans laquelle on plonge une lame d'argent formant l'électrode positive ou *soluble*, tandis que le creuset sert d'électrode négative. L'électrode soluble est entourée d'un petit sac de mousseline pour empêcher que des fragments ne tombent dans le creuset. Quand le courant a passé un certain temps $t$, le creuset a subi une augmentation de poids P; le même courant passant à travers un voltamètre à eau acidulée aurait dégagé un poids d'hydrogène

$$p = \frac{P}{108},$$

et en général un poids $p \times A$ d'un métal dont l'équivalent par rapport à l'hydrogène est A. On peut évidemment prendre comme mesure de la quantité d'électricité qui a traversé l'appareil le nombre d'équivalents d'hydrogène ou du métal mis en liberté. Si le courant est *constant*, il suffira de diviser par le temps exprimé en secondes pour avoir la quantité qui a passé dans l'unité de temps c'est-à-dire l'intensité. Suivant que l'on admet 0,0105 ou 0,0104 milligrammes comme poids d'hydrogène dégagé par un *ampère* dans une seconde, on estimera en *coulombs* la quantité d'électricité dégagée en multipliant $p$ par 95000 ou 96000. Dans la pratique, on fait souvent usage de voltamètres à sulfate de cuivre avec des électrodes en cuivre. Tandis que les indications des galvanomètres varient avec l'appareil particulier employé et qu'elles doivent être multipliées par une constante particulière à chacun d'eux pour devenir composables, les indications des voltamètres ne dépendent que de l'intensité du courant. Ainsi deux courants qui ont dégagé le même volume d'hydrogène dans le même temps sont égaux, quels que soient les voltamètres employés, tandis que deux courants qui donnent des déviations égales dans deux galvanomètres différents peuvent être très différents. — V. Compteur d'électricité, Electricité, § 6, 55, 61 à 63, Electrométrie, Pile.—j.r.

**I. VOLUME.** *T. de phys.* On entend par *volume* d'un corps l'espace qu'il occupe. Le volume d'un corps solide varie peu avec sa température. S'il a une forme géométrique, il sera facile à déterminer exactement par ses dimensions et à l'aide du coefficient de dilatation de la matière homogène qui le constitue. Si ce volume est irrégulier, la physique donne des moyens de le déterminer, à l'aide de la relation connue

$$P = VD, \text{ d'où } V = \frac{P}{D},$$

c'est-à-dire que pour avoir, en centimètres cubes, le volume V de ce corps, il suffit de diviser son poids P, exprimé en grammes, par la densité D de ce corps, chiffre fourni par les procédés de la physique (V. Densité). La même formule est applicable aux volumes des liquides.

Un gaz n'a pas de volume actuel; car son volume peut changer dans un rapport considérable, suivant la pression et la température auxquelles on le soumet. On est convenu de prendre pour volume d'un gaz le volume qu'il occupe ou qu'il occuperait à la pression normale 760 millimètres et à la température 0°. — c. d. .

**II. VOLUME.** *T. de géom.* Espace occupé par un corps matériel ou par une forme abstraite à trois dimensions. *Volume d'un parallélipipède* ou d'un *prisme* $= B.H$ (produit de la base par la hauteur). *Volume d'un cube* $= A^3$ (le cube de son arête). *Volume d'une pyramide* $= B.\frac{1}{3}H$. *Volume d'un tronc de pyramide à bases parallèles* $= \left(B + b + \sqrt{Bb}\right)\frac{1}{3}H$. *Volume d'un tronc de prisme triangulaire* $= B\frac{1}{3}(h + h' + h'')$. *Volume d'un tétraèdre régulier* $= \frac{a^3\sqrt{2}}{12}$ (a étant l'arête). *Volume d'un cylindre* $= B.H = \pi R^2 H$. *Volume d'un cône droit à base circulaire* $= \frac{1}{3}B.H = \frac{1}{3}\pi R^2 H$. *Volume d'un tronc de cône à bases parallèles*

$$= \left(B + b + \sqrt{Bb}\right)\frac{1}{3}H = \frac{1}{3}\pi H(R^2 + r^2 + Rr)$$

$$= \pi \left(\frac{R + r}{2}\right)^2 H,$$

formule approximative applicable au cubage des bois en grume. *Volume de la sphère* $= \frac{4}{3}\pi R^3$. *Volume d'un secteur sphérique* $=$ zone $\times \frac{1}{3}R$. *Volume d'un segment sphérique* $=$ volume d'une sphère ayant pour diamètre la hauteur du segment augmentée de la demi-somme des volumes de deux cylindres, ayant pour hauteurs et pour bases la hauteur et les bases du segment.

**\*VOLUMÈTRE.** *T. de phys.* Aréomètre à poids constant, imaginé par Gay-Lussac, pour déterminer, sans formule, le poids spécifique des liquides, d'après le volume variable de la partie immergée de cet appareil flottant dans le liquide en expérience. — V. Densimètre.

**\* VOLUMÉNOMÈTRE.** *T. de phys.* Appareil servant à déterminer la densité des corps pulvérulents attaquables par l'eau. Son emploi repose sur l'application des méthodes manométriques. Imaginé par Say, capitaine d'artillerie, pour déterminer la densité des poudres, l'instrument a été perfectionné et rendu très pratique par Regnault (V. *Cours de physique*, de Fernet, pour les classes de mathématiques spéciales, 2° éd. p. 129). — C. D.

**VOLUTE.** *T. d'arch.* 1° Ce mot, qui vient du latin *voluta*, fait de *volvere*, tourner, désigne un ornement en spirale, une figure formant enroulement, qui s'appliquent à certains membres d'architectures tels que modillons, consoles, chapiteaux. C'est surtout le chapiteau ionique, ancien et moderne, qui est caractérisé par l'emploi des volutes (V. CHAPITEAU, IONIQUE), et les explications qui ont été données de l'origine de cet ornement sont très variées : les uns, tels que Vitruve, y voient l'imitation de deux boucles de cheveux encadrant la coiffure d'une femme dont la tête serait représentée par le chapiteau ; les autres attribuent cette origine à l'usage où l'on était de suspendre au sommet des temples ou aux angles des autels les cornes des victimes qu'on avait sacrifiées. Quoi qu'il en soit, les enroulements, dans le chapiteau ionique grec, représentent une bande formant plusieurs révolutions sur elle-même à ses deux extrémités. Ces enroulements, dont le centre est appelé *axe* ou *œil* de la volute, sont séparés par un canal quelquefois accompagné de listels. Dans le chapiteau ionique romain, il y a plusieurs cas : tantôt les volutes embrassent le fût de la colonne et sont réunies latéralement, comme chez les Grecs, tantôt ces volutes sont doubles à chaque angle et le balustre est supprimé.

Les volutes sont encore employées, mais sur des dimensions moindres, dans les chapiteaux corinthien et composite. Il y en a seize au chapiteau corinthien, dont huit angulaires et huit plus petites qu'on appelle *hélices*.

2° On nomme encore *volute*, l'enroulement que forme le pied d'un limon d'escalier et au milieu duquel se pose le pilastre ou premier montant de la rampe.

**VOMITOIRE.** *T. d'arch.* Dans les amphithéâtres de l'antiquité, on désignait ainsi les passages qui donnaient accès aux étages de gradins et par lesquels la foule pouvait sortir sans confusion ; de nos jours, on applique encore ce nom aux passages qui facilitent la circulation de la foule dans les théâtres.

**\* VOUET (SIMON).** Peintre et graveur, né à Paris, en 1590, mort en 1649. Il fut artiste habile, mais il mérite surtout l'attention parce qu'il est considéré à bon droit comme le chef de l'Ecole française de peinture, qui devait être si brillante sous Louis XIV, avec ses élèves. Fort jeune, et n'ayant encore pris que quelques leçons de son père, peintre médiocre, il jouit, dans le portrait, d'une réputation assez réelle pour qu'il fût appelé en Angleterre et pour qu'il fît, avec l'ambassadeur

de France, le voyage de Constantinople, en 1611. Il y peignit de mémoire, le sultan Achmet, et avec assez de succès. Il s'arrêta, au retour, en Italie, étudia tout spécialement, à Venise, Paul Véronèse, dont le talent large et décoratif lui plaisait, et arriva enfin à Rome, précédé d'un tel renom qu'il fut partout prôné, fêté, et bientôt porté par le suffrage unanime, à la direction de l'Académie de Saint-Luc, alors la situation la plus haute de l'art. Il est curieux de voir, à cette époque où nous n'avions pas d'école, un jeune Français placé ainsi à la tête des peintres, lorsqu'il avait, en Italie même, des rivaux tels que le Dominiquin, le Guide, André Sacchi et tant d'autres. Il faut dire qu'il avait pour lui l'amitié du pape Urbain VIII, et celui-ci lui donna la décoration des églises Saint-Pierre et Saint-Laurent. Les Doria l'appelèrent aussi à Gênes pour la décoration de leur palais.

Sa réputation attira enfin l'attention du roi Louis XIII, qui fit tout pour reconquérir un artiste auquel l'Italie offrait tant d'honneurs et d'attraits. Vouet fut nommé premier peintre du roi, charge rétablie pour lui, et en cette qualité, dut fournir les cartons pour les tapisseries des manufactures royales. Son talent convenait parfaitement à cette tâche pour laquelle il forma d'excellents élèves ; c'est également avec leur aide qu'il décora les hôtels Bullion, Séguier, Bretonvilliers, celui du marquis d'Effiat, la chambre des enquêtes du Parlement, des plafonds et des panneaux au Louvre, au Luxembourg, à Saint-Germain. En même temps, il donnait de bons tableaux de sainteté pour Saint-Eustache, où il peignit, pour le maître-autel, le *Martyre de Saint-Eustache* ; pour les Bernardins, *Saint-Michel chassant du ciel les anges rebelles*, pour l'église de Rueil ; pour les Saint-Louis en l'île, *Saint-Louis communiant* ; pour Saint-Nicolas-des-Champs, une *Assomption*, pour Saint-Merry ; etc. Le Louvre a de lui une *Présentation au Temple* ; une *Vierge* ; l'*Enfant Jésus et Saint-Jean* ; un *Christ en croix* ; un *Christ au tombeau* ; la *Charité romaine* ; *Louis XIII* ; la *Richesse*, la *Foi*, l'*Eloquence*, allégories ; la *Chaste Suzanne*. Nous citerons encore le *Christ en croix*, du musée de Lyon ; la *Vierge et l'enfant Jésus*, à Rome ; et *Saint-Etienne en prière*, au musée de Valenciennes. On conçoit l'importance du rôle joué, en France, par Simon Vouet quand on considère que Le Brun, Dufresnoy, Lesueur, Mignard, Dorigny, Testelin, sortirent de son atelier. On ne peut que regretter qu'il se soit laissé aller à l'entraînement de la vogue, en se contentant trop souvent d'un dessin lâché et d'un coloris témoignant d'une trop grande précipitation. L'enseignement qu'il donna, et qui, heureusement, fut recueilli par de grands artistes, rappelait trop aussi une partie des erreurs de la décadence italienne ; dans ce pays, où il trouvait Raphaël, Titien et Michel-Ange, Vien, il n'avait vu que P. Véronèse et le Caravage.

**\* VOUÈDE.** Nom vulgaire de la *guède*. — V. ce mot.

**VOUSSOIR.** *T. de constr.* On désigne ainsi les

blocs taillés en forme de coins qui entrent dans la construction d'une voûte ou d'une arcade en pierres appareillées. Le voussoir présente : 1° deux faces courbes, l'une intérieure et concave appelée *douelle intérieure* et qui est, un des éléments de l'intrados de la voûte ou de l'arc; l'autre convexe, appelée *douelle extérieure* et qui forme l'extrados; 2° deux faces inclinées cachées dans la maçonnerie qui se nomment *joints de lit*; 3° deux faces -verticales appelées *têtes*, qui sont vues à l'extérieur dans les arcs comprenant un seul rang de voussoirs sur leur épaisseur. .

On appelle *voussoir à crossettes*, un voussoir qui se retourne horizontalement par en haut pour former liaison avec une assise de niveau.

**VOUSSURE. T.** *d'arch.* Portion de voûte qui sert d'empatement à un plafond et en fait la liaison avec la corniche, et, par extension, courbure d'un objet fait en forme de voûte.·

**VOÛTE. T.** *de constr.* Masse parfois homogène et formée d'un seul bloc, mais plus généralement composée de matériaux naturels ou façonnés, employés seuls ou simultanément et disposés de manière à se soutenir dans le vide entre eux pour couvrir un espace déterminé. Une voûte doit sa stabilité à la forme et à l'agencement des divers éléments qui la composent, ainsi qu'à la résistance opposée par les murs ou les supports qui circonscrivent l'espace recouvert ou *voûté*.

HISTORIQUE. Les voûtes ont été employées dès la plus haute antiquité; elles étaient connues des Egyptiens; on voit encore dans la région du Nil d'assez nombreux exemples de véritables voûtes en plein cintre et en arc aigu, en briques et en pierres, portant des inscriptions qui permettent de leur assigner une date; nous citerons seulement les découvertes faites à Abydos, au palais d'Osymandias, dont le règne remonte à 2,500 ans environ avant notre ère; à Thèbes, dans le temple d'Ammon-Ra, qui paraît dater du xviiie siècle av. J.-C.; à Ghizeh, dans les galeries intérieures de la grande pyramide. Mais, en général, les constructions égyptiennes ne présentent que l'apparence de la voûte; le principe des claveaux agissant à la manière de coins qui se maintiennent en équilibre par leur pression réciproque n'est pas observé. La courbure ou surface intérieure de la voûte est formée par des assises horizontales en encorbellement, figurant des gradins renversés ou taillés de manière à offrir un parement cylindrique, les pierres présentant des angles très aigus vers la clef. Toutefois nous citerons, comme exception, une voûte découverte dans une des pyramides de Djebel-el-Barkal et qui est en plein cintre, avec une clef de voûte bien caractérisée.

Les mêmes dispositions d'appareil en encorbellement s'observent dans les constructions des Pélasges, des Hellènes, des Phéniciens et des Tyrrhènes, existant encore en grand nombre en Asie-Mineure, en Grèce, en Italie et en Sardaigne. Les principaux exemples à citer sont : le trésor d'Atrée, à Mycènes (Grèce); les portes d'Assos (Asie-Mineure); les portes de Thoricus, Missolonghi, Arpino; les constructions de Sardaigne connues sous le nom de *nurhags*, etc.

Les Assyriens paraissent avoir employé la voûte plus fréquemment encore que les peuples que nous venons de citer ; on en trouve des témoignages certains dans les bas-reliefs que l'on voit au Louvre et au Bristish museum, ainsi que dans les découvertes de Botta, Flandrin, Place et Layard. — V. ARCHITECTURE, § *Architecture assyrienne.*

L'emploi des voûtes en plein cintre, en pierres de taille de grande dimension, est l'un des caractères principaux de l'architecture des Etrusques.

Quant aux constructions romaines, elles se distinguent, dès l'origine, par l'emploi de la *voûte en plein cintre*; puis vient l'application de tous les systèmes de voûtes. Les *voûtes en berceau* se remarquent notamment dans les ponts, les aqueducs et les arcs de triomphe; les *voûtes en descente* et *annulaires*, dans les théâtres et amphithéâtres, au Colisée, par exemple; les *voûtes d'arête* dans les Thermes de Titus, de Dioclétien et de Caracalla, à Rome, et les basiliques (basilique de Maxence); les *voûtes sphériques*, dans les édifices circulaires, et dont le plus remarquable exemple est celui qu'offre le Panthéon romain, éclairé par une large ouverture circulaire pratiquée au sommet de la voûte.

L'emploi de ce dernier genre de voûtes, c'est-à-dire du *dôme*, est un des traits les plus saillants de l'architecture byzantine, qui succède à l'architecture romaine. Le dôme byzantin repose ordinairement sur des pendentifs se raccordant avec de grandes niches (église, aujourd'hui mosquée de Sainte-Sophie). Toutefois, les Byzantins modifient le système d'éclairage en prenant les jours vers les naissances du dôme.

L'architecture byzantine s'est répandue dans tous les pays soumis à l'autorité ou à l'influence des empereurs de Constantinople et de l'église grecque ou en relations commerciales avec l'Orient. Elle est le point de départ de toute l'architecture des Russes, des Arméniens, des pays musulmans. Dans l'Italie du Sud, en Sicile, on en rencontre de nombreux et importants vestiges. Dans l'Italie du Nord, les édifices qu'elle a laissés sont encore plus remarquables; parmi eux on cite particulièrement l'église de Saint-Vital, à Ravenne, construite au vie siècle et présentant une coupole dont les piliers sont séparés par huit grandes niches, et qui est construite avec des poteries (amphores) enfilées les unes à la suite des autres suivant une spirale sphérique. A Saint-Marc de Venise, on voit cinq coupoles sur pendentifs groupées en croix grecque.

Cependant, le système des voûtes d'arête romaines se trouvait encore appliqué dans les constructions lombardes et non seulement pour la nef des églises, mais aussi pour les bas-côtés (Saint-Michel, à Pavie; Saint-Ambroise, à Milan).

En France, d'autres dispositions étaient adoptées. Les unes semblent directement empruntées aux types des voûtes en berceau romaines, comme on le voit dans la plupart des églises construites du xe au xiie siècle : en Provence, en Auvergne, en Languedoc, dans une partie de la Bourgogne, etc. Les autres sont des imitations directes des formes byzantines (église de Saint-Front de Périgueux, cathédrale d'Angoulème, etc.). Un système différent apparaissait dans le nord de la France, vers le commencement du xiie siècle. Il consistait à former une ossature de voûtes d'arête établies sur plan carré, et d'arcs saillants ou nervures, en pierres appareillées, sur lesquels reposent de petites voûtes légères ou voûtains en moellons, briques ou blocage (Saint-Etienne de Caen, cathédrales de Noyon, Sens, Paris, Bourges, etc.).

Vers le milieu du xiiie siècle, à l'époque où l'architecture du moyen âge atteignit son apogée, apparurent les voûtes d'arête sur plan barlong (cathédrale de Chartres, Reims, Amiens, Cologne, Beauvais). Les voûtes de la fin de la période ogivale, du milieu du xive au commencement du xvie siècle, se distinguent surtout par la multiplication des nervures, formant une sorte de réseau dont les points d'intersection ou clefs de voûte étaient souvent ornés de culs-de-lampe auxquels on a donné le nom de *clefs pendantes.*

L'architecture de la Renaissance se signale par le retour à la forme des *voûtes cylindriques en plein cintre* et des coupoles élevées sur tambours dans des proportions gigantesques (coupole de Sainte-Marie-des-Fleurs, à Florence ; dôme de Saint-Pierre, à Rome ; dôme du Val-de-Grâce, des Invalides, Saint-Paul de Londres, le Panthéon, à Paris).

GÉNÉRALITÉS. Avant d'entamer l'étude succincte des principales espèces de voûtes employées dans les édifices, il importe d'indiquer les noms des différentes parties d'une voûte en général et comment fonctionnent ces diverses parties. Prenons par exemple (fig. 862) la voûte la plus simple, celle dite en *berceau*

Fig. 862.

à *plein cintre* et en pierres taillées ; les mêmes dénominations s'appliquent aux autres genres de voûtes.

On appelle *intrados* la surface interne A de la voûte et *extrados* la surface extérieure B. Les murs C, qui soutiennent la voûte, se nomment *pieds-droits* ou *piédroits*. On donne le nom de *ligne des naissances* à la droite *ab*, suivant laquelle l'intrados se raccorde avec les piédroits. Il y a deux lignes de ce genre se faisant vis-à-vis et formant un plan, ordinairement horizontal, que l'on appelle *plan de naissance*. Le *sommet* de la voûte est le point le plus élevé (*e*) de l'intrados. La distance *ab* des lignes de naissance est la *portée* ou l'*ouverture* de la voûte ; la *normale, em*, abaissée du

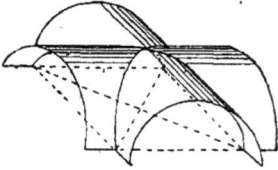

Fig. 863 et 864.

sommet *e* sur l'horizontale réunissant les naissances se nomme *flèche* ou *montée* de la voûte. Les *reins* de la voûte sont les parties qui avoisinent le plan de naissance. Les pierres cunéiformes qui composent la voûte s'appellent *voussoirs* ou *claveaux* ; la première *r* est le *coussinet* ou *sommier*, celle du milieu *s* au sommet est la *clef*, les deux voisines de cette dernière sont les *contre-clefs*. L'équilibre d'une voûte de ce genre est maintenu par la forme *en coin* donnée aux voussoirs et par leur propre pesanteur, qui les serre les uns contre les autres, s'opposant ainsi à leur chute. C'est la

clef qui joue ici le rôle le plus important ; nous reviendrons d'ailleurs plus loin sur cette question de stabilité.

On nomme *joints de lit* les surfaces suivant lesquelles les assises se touchent ; ces surfaces sont inclinées, mais leur direction dans le sens de la longueur est ordinairement horizontale ; les surfaces qui divisent chaque assise en claveaux appelées *joints montants* et sont ordinairement verticales. En principe, les joints montants doivent être perpendiculaires aux joints de lit et tous ces divers joints, normaux à l'intrados. La portion de l'intrados contenue dans une même assise porte le nom de *douelle*, nom que l'on étend souvent, par abus, à l'intrados tout entier. Les lignes qui divisent l'intrados en douelles ou en assises sont les *arêtes de douelles*, celles qui divisent une même douelle en voussoirs sont les *coupes*. La surface terminale se nomme le *parement* ou *plan de tête* de la voûte.

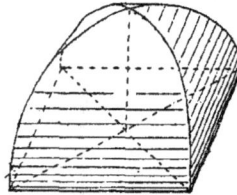

DIFFÉRENTES ESPÈCES DE VOÛTES. Les voûtes employées le plus souvent dans nos édifices sont les *voûtes cylindriques*, les *voûtes annulaires* et les *voûtes sphériques*.

*Voûtes cylindriques.* Elles comprennent les *voûtes en berceau*, les *voûtes d'arête* et les *voûtes en arc de cloître*.

Fig. 865 et 866.

On appelle *voûte en berceau* une voûte dont l'intrados ou surface intérieure est formé par une seule surface cylindrique. La plus simple, la *voûte en berceau en plein cintre*, est celle dont la courbure a pour génératrice une demi-circonférence, telle est la voûte représentée par la figure 862. Si la génératrice, au lieu d'être un demi-cercle, est une courbe en anse de panier, en ellipse ou en ogive, la voûte est dite en *anse de panier, elliptique* ou en *ogive*. La voûte est dite *surbaissée* lorsque la flèche est moindre que la demi-distance des piédroits, ou *portée* de la voûte, c'est-à-dire inférieure au rayon du demi-cercle générateur dans le cas de la voûte en berceau à plein cintre ; elle est *surhaussée* lorsque cette flèche est supérieure, au contraire, à la demi-distance des piédroits. Une voûte en berceau est *biaise* quand les plans de tête ne sont pas normaux à son axe ; elle est dite *en descente*, lorsque cette dernière ligne est inclinée à l'horizon.

Si une voûte en berceau est croisée par d'autres voûtes de même forme, mais de moindre hauteur, on dit que ces voûtes forment *pénétration* et l'ensemble prend le nom de *voûte en berceau avec lu-*

*nettes.* Lorsque deux voûtes de ce genre, se croisant, ont même hauteur, elles forment une voûte *d'arête* ou une voûte en *arc de cloître,* suivant que les arêtes d'intersection des surfaces cylindriques sont saillantes ou rentrantes. La première de ces dispositions est représentée en perspective et en plan par les figures 863 et 864, et la seconde par les figures 865 et 866.

La voûte en berceau à plein cintre s'emploie fréquemment dans les constructions particulières, pour caves, écuries, orangeries, etc.; il en est de même de la voûte d'arête; celle en arc de cloître est d'un usage assez restreint; elle a l'inconvénient de ne point admettre facilement l'ouverture de portes et de fenêtres et elle occupe encore plus de place que la voûte en berceau. Mais il y a une sorte de voûte en arc de cloître, tronquée à la partie supérieure, formant plafond au milieu et très convenable pour de grandes salles élevées sur plan barlong (fig. 867). Les voûtes ainsi formées prennent le nom de *voûtes en arc de cloître avec plafond* ou de *plafonds avec voussures,* suivant que le développement de la partie voûtée l'emporte ou non sur celui de la surface plane.

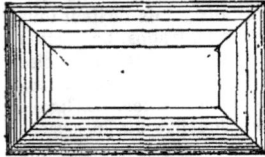
Fig. 867.

*Voûtes annulaires.* On appelle *voûtes annulaires en berceau* des voûtes cylindriques construites sur plan curviligne (fig. 868 et 869); elles sont établies sur deux murs circulaires concentriques. Leur axe peut être horizontal ou incliné; dans ce dernier cas, la voûte est dite *en descente.* Si un berceau annulaire est croisé par une voûte comprise entre des plans normaux à sa direction, il en résulte une voûte d'arête en tour ronde (fig. 870 et 871). Les bas-côtés entourant le chœur des églises gothiques présentent l'application très fréquente de ce genre de voûtes.

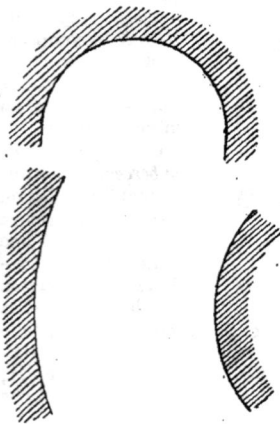
Fig. 868 et 869.

*Voûtes sphériques.* On applique cette désignation à des voûtes dont la surface intérieure est engendrée par une courbe simple située dans un plan vertical et tournant autour d'une droite verticale contenue dans ce plan. Si cette courbe est un arc de cercle *a b c* (fig. 872) la surface d'intrados est véritablement une sphère; si la courbe a la forme elliptique ou parabolique, la voûte est un dôme ellipsoïdal ou parabolique.

Les voûtes sphériques supposent des piédroits ou un piédroit continu circulaire que l'on appelle *tambour,* ce qui implique que l'espace à recouvrir soit lui-même circulaire. C'est là le cas général. Mais il y a des cas ou des voûtes sphériques servent de couverture à des espaces rectangulaires en plan et reposent sur quatre points d'appui seulement. Imaginons que le cercle *a b c d* (fig. 873) représente la projection horizontale ou la base d'une voûte sphérique et que dans ce cercle soit inscrit un rectangle *e f g h.* Coupons la sphère par des plans verticaux élevés sur les côtés *ef, fg, gh, he* : ces quatre plans retranchent de la voûte quatre portions de sphère et ne laissent qu'une calotte sphérique projetée en *m n o p* et quatre triangles sphériques *m n f, n o g, o p h* et *p m e* que l'on nomme *pendentifs,* et qui rattachent la sphère à ses points d'appui; la voûte est alors appelée *cul-de-four sur pendentifs.*

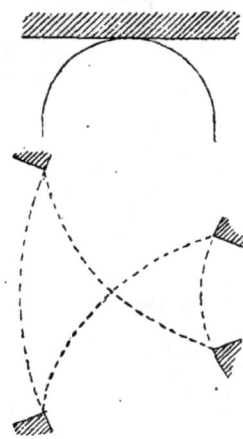
Fig. 870 et 871.

Il peut même arriver, comme cela se voit dans un certain nombre d'églises que la calotte sphérique ou cul-de-four soit elle-même enlevée et qu'il ne reste plus que les pendentifs, au-dessus desquels s'élève une tour cylindrique ou *tambour* portant le dôme. — V. COUPOLE, DÔME.

On distingue encore comme voûtes d'importance secondaire les *culs-de-four de niche* ou voûtes sphériques reposant sur une demi-circonférence et formant un quart de sphère, les *trompes,* les *arrière-voussures,* etc.

Enfin on désigne fréquemment mais surtout dans le langage théorique, sous le nom de *voûtes plates* ou *voûtes en plates-bandes* des plafonds construits en pierres appareillées ayant la forme de voussoirs, nous pouvons les considérer comme des voûtes surbaissées dont la flèche serait réduite à zéro; mais leur stabilité ne peut résulter que de l'emploi d'armatures plus ou moins compliquées.

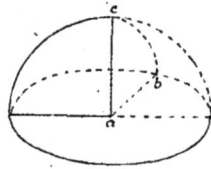
Fig. 872.

CONSTRUCTION DES VOÛTES. *Voûtes en pierre de taille.* La construction de ces voûtes comprend les opérations suivantes : 1° l'établissement provisoire de cintres en charpente; 2° l'exécution des maçonneries sur les cintres; 3° le décintrement; 4° les travaux complémentaires, tels que chapes, tympans, remplissages, etc.

On construit quelquefois les petites voûtes sur *pâtés* en moellonnailles posées à sec ou en terre recouverte d'un enduit de mortier ou de plâtre. Pour ce qui concerne l'établissement des cintres en charpente et même en métal (fonte ou fer) nous renverrons le lecteur aux développements donnés à cette importante question dans l'article CINTRE. Lorsque les cintres sont établis, on divise les têtes en parties correspondant aux voussoirs, on trace les lignes d'arase des lits, et l'on pose les voussoirs, en ayant soin qu'il ne reste ni mortier, ni aucun corps saillant interposé entre la douelle et le cintre. Les joints doivent avoir une épaisseur uniforme de 0m,010 pour les grandes voûtes et de 0m,008 pour les petites. Il est essentiel que les deux côtés de la voûte soient montés simultanément et que l'on commence chaque assise seulement après que l'assise inférieure est achevée ; sans cela le cintre, étant chargé inégalement, serait exposé à se déverser et à se surhausser à la clef. C'est d'ailleurs pour empêcher l'exhaussement du cintre à la clef pendant la construction des reins, qu'on charge fortement son sommet avec les matériaux approvisionnés.

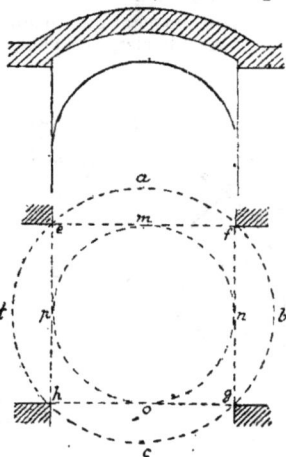

Fig. 873.

La fermeture des voûtes ou la pose de la clef exige des soins particuliers ; si la clef n'était pas parfaitement serrée, au moment du décintrement, il se produirait un tassement très sensible, accompagné de la dislocation de la construction. Voici plusieurs procédés : 1° dresser parfaitement sur le tas les lits apparents des contre-clefs, relever exactement le vide et tailler la clef à la mesure du prisme ainsi déterminé ; enduire les lits de pose de mortier ferme mais onctueux ; poser aussitôt la clef en la frappant avec un fort maillet après avoir enlevé les couchis ; 2° après les opérations préliminaires précédentes, lever la clef avec une petite sonnette et la laisser tomber ; ce procédé est chanceux ; 3° poser la clef à sec et remplir les vides des joints en mortier de ciment coulé et fiché.

La voûte fermée, il faut enlever les cintres avec les plus grandes précautions, pour que le tassement inévitable qui résulte de la compression et du retrait des mortiers s'effectue lentement et d'une façon régulière. — V. DÉCINTREMENT.

Les travaux complémentaires comprennent : 1° le ragréement, le remplissage des reins, la pose des tympans, auxquels on procède de la même manière que pour les murs ; 2° s'il y a lieu, la construction d'une *chape*, enduit placé sur les voûtes exposées aux intempéries pour empêcher les eaux de les endommager. Les chapes se font en mortier hydraulique fortement comprimé et lissé pour éviter les gerçures, en ciment, en asphalte, etc. Ces travaux ne doivent être commencés qu'après que le tassement des voûtes est complètement terminé.

Quant à l'*appareil* des voûtes en pierre de taille, il doit être disposé de telle sorte que les voussoirs se soutiennent mutuellement. En outre, il faut éviter les angles aigus et rendre, autant que possible, les faces des joints normales à la surface d'intrados. Dans les voûtes en berceau les joints de lits sont dirigés suivant les génératrices de cette surface ; on dit alors que la voûte est *bandée* dans le sens de sa longueur. Les joints de tête des claveaux sont placés dans le sens des directrices de l'intrados. Dans les voûtes sphériques, on prend pour ligne de joints les méridiens et les petits cercles horizontaux de la sphère. Les assises des voussoirs, considérées séparément, doivent être appareillées par carreaux et boutisses comme celles des murs. Cependant quelques constructeurs forment les voûtes par anneaux concentriques ; on en trouve des exemples dans l'architecture romaine et dans celle du moyen âge.

Les principes applicables à la construction des *voûtes en moellons* sont les mêmes pour les voûtes en pierre de taille.

Dans les *voûtes en briques*, la forme parallélipipédique des éléments qui les composent a pour conséquence des joints plus ouverts à l'extrados qu'à l'intrados ; c'est pour atténuer cet inconvénient que l'on fait souvent les voûtes en briques par rouleaux de briques sur champ ou même à plat, ce qui rend l'inégalité des joints moins sensible ; mais il faut employer d'excellent mortier en ciment. On trouve des applications de ce système dans les voûtes romaines. Pour les mêmes raisons, les voûtes de briques en anse de panier sont inférieures aux voûtes en arc de cercle, et il se produit presque toujours une désunion vers les reins. On fait aussi des voûtes en *briques creuses*, dans lesquelles les briques sont façonnées en forme de claveaux. On en fait encore en *poteries*, notamment pour les planchers. Dans l'antiquité, on a même construit des voûtes avec des amphores, et Saint-Vital de Ravenne offre, dans sa coupole, une imitation très remarquable de ce procédé très ancien.

PROPORTIONS ET STABILITÉ DES VOÛTES. Dans l'établissement des voûtes, il y a deux sortes de proportions à considérer : 1° celles qui sont imposées par les données esthétiques du problème à résoudre, et qui dépendent, par exemple, de la hauteur de la pièce à voûter et du caractère qu'il s'agit d'imprimer à cette partie de l'édifice ; 2° celles qui se rattachent plus particulièrement à la construction proprement dite et qui sont relatives à la stabilité. C'est de ces dernières proportions seulement que nous nous occuperons ici.

On appelle *poussée d'une voûte* l'effort horizontal que cette voûte exerce, de dedans en dehors sur ses piédroits ; c'est à cet effort qu'il s'agit de résister pour maintenir la voûte en équilibre, et l'on a étendu la dénomination de *poussée des voûtes* à la théorie qui fournit au constructeur le moyen de déterminer les dimensions à donner à ces élé-·ments des édifices. Sans entrer dans des calculs que le cadre de cet article ne comporte pas, nous présenterons ici quelques considérations générales suffisantes pour éclaircir le sujet.

Faisons tout d'abord observer que dans cette question, comme dans la plupart de celles qui se rattachent à la construction, on est conduit à supposer le problème résolu et à vérifier si la voûte est construite suivant un profil hypothétique et dans des conditions de stabilité suffisante. Cette première vérification indique dans quel sens doit être modifié le profil proposé ; on le corrige et on vérifie le nouveau tracé par les mêmes procédés ; on recommence jusqu'à ce que l'on soit arrivé à un résultat satisfaisant. L'expérience abrège considérablement ce travail ; exposons de suite les faits qui permettent de supprimer les tâtonnements les plus longs et les plus pénibles.

*Courbe d'intrados.* Il est entendu que dans ce qui va suivre, on considère toujours la voûte, une voûte en berceau pour simplifier ayant pour longueur l'unité, les conditions d'équilibre étant indépendantes de la longueur de cette voûte.

En premier lieu, la courbe d'intrados est généralement connue ; elle est déterminée par des raisons de convenance ou d'art.

*Épaisseur des voûtes à la clef.* Le second élément à déterminer est l'épaisseur de la voûte à la clef, dimension qui dépend surtout de la nature des matériaux, mais pour laquelle on emploie, dans un premier essai, une formule empirique. Les anciens auteurs indiquent des épaisseurs considérables, exagérées ; les règles qu'ils proposent ne tiennent compte ni de la forme de la voûte, ni des autres éléments de la question, tels que la résistance des matériaux à l'écrasement.

Depuis, bien des formules ont été proposées, nous nous bornerons à citer : 1° celle très simple donnée par M. Léveillé $e = \dfrac{1 + 0,1\,d}{3}$ dans laquelle $e$ représente l'épaisseur et $d$ l'ouverture de la voûte ; 2° les expressions, faciles à retenir, formulées par M. Léonce Reynaud dans son *Traité d'architecture* :

Pour les voûtes légères n'ayant à supporter que leur propre poids

$$e = 0,10 + 0,01\,d$$

Voûtes portant plancher

$$e = 0,20 + 0,02\,d$$

Voûtes plus résistantes

$$e = 0,30 + 0,03\,d$$

Voûtes très solides

$$e = 0,40 + 0,04\,d$$

*Tracé de la courbe d'extrados.* La courbe d'intrados étant donnée, le tracé de la courbe d'extrados dépend de l'épaisseur qui convient à la voûte en chaque point.

Dans la construction des bâtiments on n'a que rarement de grandes voûtes à établir ; il est con-

venable d'adopter, pour la plupart des cas, des courbes d'extrados parallèles aux courbes d'intrados.

C'est principalement dans les voûtes de très grande ouverture, dans les constructions où l'idée de stabilité et d'utilité domine, dans les grands ponts, par exemple, que l'adoption et la mise en évidence d'un extrados non concentrique à l'intrados conviennent. Nos lecteurs trouveront à l'article Pont, page 491, une méthode applicable au tracé de cette courbure extérieure des voûtes, dans le cas particulier des ponts. Nous ajouterons ici la formule très simple donnée par Déjardin dans son ouvrage *Routine de l'établissement des voûtes*, et qui peut être employée aussi bien pour les ponts que pour les voûtes à large portée établies dans les édifices ;

$$e' = \frac{e}{\cos x}$$

$e'$ représentant l'épaisseur en un point quelconque de la voûte, — $e$ l'épaisseur à la clef, — $x$ l'angle

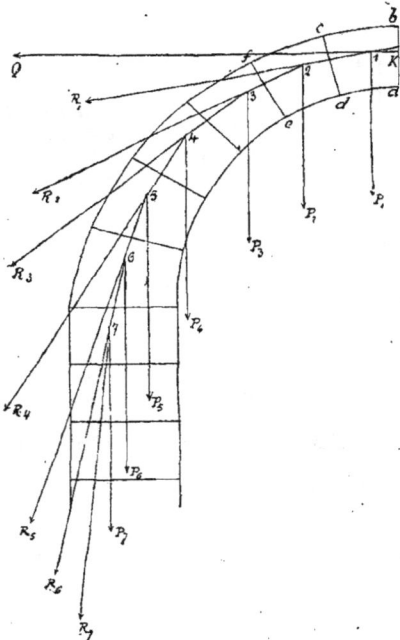

Fig. 874.

que fait avec la verticale la normale à l'intrados correspondant au point considéré.

On conçoit qu'à l'aide de cette formule et d'un tracé géométrique tout à fait élémentaire, on puisse déterminer autant de points que l'on veut de la courbe d'extrados. Il suffit généralement d'en déterminer deux, situés symétriquement par rapport à l'axe vertical de la voûte et de faire passer un arc de cercle par ces deux points et par le sommet de l'extrados.

*Épaisseur des piédroits.* Une demi-voûte et son

piédroit se trouvent sollicités par l'action de deux forces qui sont d'une part, la poussée à la clef, tendant à renverser la construction vers l'extérieur, et, d'autre part, le poids du système qui tend à le renverser vers l'intérieur. Pour qu'il y ait équilibre, il faut que les moments de ces deux forces par rapport à l'arête extérieure de la base du piédroit, considérée comme axe de rotation, soient égaux. Le calcul conduit à une formule assez compliquée d'où l'on déduit la formule simplifiée suivante :

$$x = \sqrt{2\rho Q}$$

$x$ étant l'épaisseur cherchée du piédroit, $Q$ la poussée horizontale à la clef, $\rho$ un coefficient de stabilité, variant de 1,20 à 2 suivant le degré de solidité qu'on veut obtenir.

*Vérification de la stabilité.* Admettons qu'on ait tracé (fig. 874) le profil d'une voûte en berceau appareillée en voussoirs d'après les indications qui précèdent; il s'agit de vérifier si la voûte pourra se tenir en équilibre sous l'action de la poussée et des charges que la voûte doit supporter, y compris son propre poids.

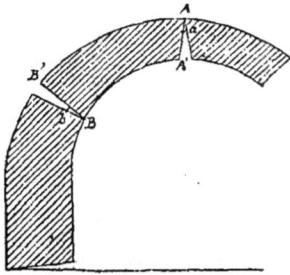
Fig. 875.

Cette voûte sera en équilibre si chacun des voussoirs qui la composent est dans le même état. Or, pour que le premier voussoir soit en équilibre, il faut :

1° que la résultante des actions auxquelles ce solide est soumis rencontre le plan d'appui $cd$ en un point tel que sa distance aux extrémités $c$ et $d$ soit tout au plus égale au tiers de la longueur $cd$; 2° que le tiers de cette longueur supporte une charge par unité de superficie tout au plus égale à une fois et demie la résistance de la pierre; 3° que la résultante fasse avec la normale au plan de joint un angle plus petit que l'angle de frottement. Remarquons ici qu'il faut bien tenir compte de cette résistance due au frottement, en vertu de laquelle les premiers voussoirs d'une voûte peuvent être posés sans cintre jusqu'au joint qui fait avec l'horizontale un angle de 30°. Supposons la poussée connue, on connaît aussi la charge $P_1$ supportée par le premier voussoir et que nous admettons appliquée en 1. On construira la résultante $R_1$ de ces deux forces. Si le premier voussoir est ainsi en équilibre sur le plan $cd$, il peut être considéré comme lié invariablement au deuxième voussoir et formant avec celui-ci un seul et même solide $aefb$; ce solide repose sur le plan $ef$, et ses conditions d'équilibre se déterminent de la même manière. Les forces qui le sollicitent sont, d'une part, la pression $R_1$ due à l'action du premier voussoir, et d'autre part, la charge $P_2$ que supporte le deuxième

voussoir. Ces deux forces ont une résultante dont la direction est $2 R_2$; cette résultante $R_2$ devra satisfaire, à l'égard de la ligne $ef$, aux conditions énoncées précédemment. Ainsi de suite pour tous les autres voussoirs. Les points 1, 2, 3, 4, 5... joints entre eux forment une ligne brisée, qu'on peut remplacer par une ligne continue appelée *courbe des pressions*. Il s'en suit que la vérification d'une voûte revient à s'assurer si l'on peut construire une courbe des pressions inscrite dans les limites que nous avons énumérées ci-dessus pour l'équilibre des voussoirs.

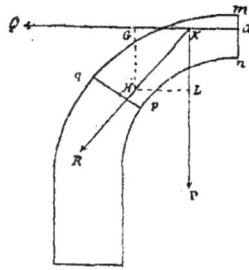
Fig. 876.

*Joints de rupture.* On ignore généralement la valeur de la poussée $Q$, supposée connue dans ce qui précède. Mais il est évident que si la courbe des pressions peut être construite dans les conditions les plus défavorables à l'équilibre, le profil proposé pourra être admis; or, l'expérience nous indique quelles sont ces conditions.

Les cas les plus fréquents de renversement des voûtes sont au nombre de trois.

1° Une portion de la voûte se détache en tournant autour d'une arête de douelle et vient tomber à l'intérieur, en renversant le piédroit à l'extérieur. C'est ainsi que périssent le plus souvent les voûtes surbaissées en arc de cercle, en anse de panier et en plein cintre; la voûte présente alors (fig. 875) deux joints de rupture, l'un à la clef du côté de l'intrados, l'autre vers les reins, du côté de l'extrados.

Dans une voûte offrant cet équilibre instable, la courbe des pressions passerait par les points A et B, et les arêtes correspondant à ces pointes s'écraseraient immédiatement. Les positions extrêmes des points où la courbe des pressions peut rencontrer les joints de rupture sont les points $a$, tel que $Aa = 1/3$ de $AA'$ et $b$, tel que $Bb = 1/3$ $BB'$. En se mettant donc dans les conditions les plus défavorables, on peut admettre que la courbe des pressions passe par $a$ et $b$, et connaissant ces deux points et la charge totale de la voûte on peut déterminer la poussée. En effet, soit $P$ (fig. 876) la charge totale appliquée à la portion de voûte $mn$ $pq$, la pression sur le joint de rupture $pq$ sera la

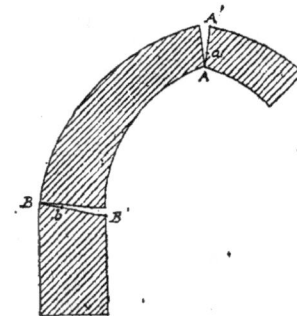
Fig. 877.

résultante de cette force et de la poussée ; elle passera nécessairement par leur point de rencontre et par le point *b* et sa vraie grandeur sera obtenue en construisant le parallélogramme des forces. Cette construction est facile, puisqu'on connaît KL = P on aura LH ou KG = Q, et KH représentera la valeur de la résultante. On procédera de même à la construction du triangle d'équilibre pour un joint quelconque, et l'on déterminera ainsi un certain nombre de points de la courbe.

2° Lorsque la poussée l'emporte sur la charge, une portion de la voûte se détache et tombe à l'extérieur en tournant autour d'une arête d'extrados (B fig. 877). C'est ainsi que se renversent les voûtes surhaussées quand on n'a pas eu soin d'appliquer une surcharge suffisante à leur sommet. Pour que cet accident ne se produise pas dans une voûte de ce genre, il faut que la courbe des pressions passe tout au plus par les points *a* et *b*, tels que Aa = 1/3 AA' et Bb = BB. En admettant qu'elle passe par ces deux points, on peut déterminer la poussée ; si la courbe des pressions qui en résulte satisfait en tous ses points aux conditions précédentes, on peut être assuré que la voûte ne sera pas exposée à périr par renversement à l'extérieur.

3° Une voûte peut encore être détruite si une portion se détache en glissant, entraînée par la poussée. Pour que cela n'ait pas lieu, il faut que la résultante des pressions sur chaque joint fasse avec la normale à ce plan un angle plus petit que l'angle de frottement.

Lorsque la vérification de la courbe des pressions, dans l'hypothèse de ces trois modes de rupture, donne un résultat satisfaisant, on peut être assuré que la voûte ne périra ni par renversement à l'intérieur ou à l'extérieur ni par glissement. Il suffit même de vérifier un seul mode de rupture, si les dispositions de la voûte ne sortent pas des cas ordinaires.

Si la vérification montre que la voûte est exposée à périr par renversement à l'intérieur, c'est que la poussée est trop faible par rapport à la charge. Il faut diminuer celle-ci en adoptant des matériaux plus légers dans la portion de la voûte exposée à tomber, ou en réduisant l'épaisseur de cette voûte dans la même région. S'il résulte de la vérification que la voûte est exposée à se rompre par renversement à l'extérieur, c'est signe que la poussée est trop grande par rapport à la charge. Il faut alors augmenter l'épaisseur vers la clef ou y employer des matériaux plus lourds, ou bien encore ajouter une surcharge extérieure.

Il peut se faire que dans le piédroit seulement la courbe des pressions se rapproche trop de l'extrados, ce qui amènerait le renversement à l'extérieur. On remédie à cet inconvénient par plusieurs moyens différents : 1° en augmentant l'épaisseur du piédroit, ce qui n'est pas toujours possible faute de place ; 2° en employant des matériaux plus lourds pour le piédroit ou en superposant à ce piédroit une surcharge extérieure ; c'est là l'origine, très rationnelle, des pinacles du moyen âge ; 3° en ajoutant à l'extérieur de la voûte compromise une voûte ou une fraction de voûte ap-

pelée *arc-boutant* et exerçant une contre-poussée ou *butée*, qu'il faut avoir soin d'appliquer en un point tel que la résultante de cette butée et de la pression exercée par la voûte sur le piédroit soit verticale et dirigée suivant l'axe du piédroit, ou tout au moins ne s'approche pas de l'extérieur de ce support à moins du 1/3 de son épaisseur. Les églises du moyen âge présentent de nombreux exemples de l'emploi de ces arcs-boutants.

Si la voûte est exposée à glisser, c'est que la résultante des pressions sur le joint menacé est trop rapprochée de l'horizontale. Pour la redresser, il faut augmenter sa composante verticale ou diminuer sa composante horizontale.

Nous venons d'exposer les lois de l'équilibre des voûtes, nous nous contenterons d'énumérer, sans entrer dans leur détail, les opérations que comprend, dans la pratique, l'épure de stabilité d'une voûte ou qui ne sont que l'application de ces lois. Il faut procéder ainsi qu'il suit : 1° *tracer le profil de la voûte* et indiquer les voussoirs ; 2° *diviser le profil* par voussoirs ou par verticales équidistantes qui forment des trapèzes de même hauteur, ce dernier procédé permettant d'arriver plus vite au résultat ; 3° *représenter graphiquement les charges*, c'est-à-dire déterminer à une échelle convenue les longueurs proportionnelles aux poids de chacune des divisions précédentes ; 4° *chercher les centres de gravité des voussoirs et de leurs surcharges*, centre de gravité que l'on peut admettre, sans erreur sensible, placés sur des verticales équidistantes des bases des trapèzes dans le cas où ce mode de division de la voûte est adopté ; 5° *fixer la zone où devra se maintenir la courbe des pressions* ; 6° *déterminer deux points de la courbe des pressions* ; 7° *déterminer les résultantes successives des charges partielles* ; 8° *calculer l'intensité de la poussée* ; 9° enfin *tracer la courbe des pressions*.

Au point de vue de la statique, les formes données aux voûtes, ou plutôt à leur intrados, indiquent les dispositions générales qui conviennent le mieux, suivant que les charges sont réparties de telle ou telle manière. Il existe en effet une analogie assez grande entre la forme de la courbe des pressions et celle de l'intrados, au moins dans la plus grande partie de la voûte, et l'on peut se demander, considérant cette courbe d'intrados comme une courbe de pressions, à quel système de répartition des charges elle correspond. Des indications données précédemment il résulte : 1° que le *plein-cintre* ne peut jamais coïncider avec le tracé d'une courbe de pressions mais qu'il s'en rapproche d'autant plus que la charge sur les piédroits est plus grande ; 2° que l'*arc de cercle surbaissé* correspond à une courbe de répartitions des charges qui se confond sensiblement avec une ligne droite ; 3° que l'*ellipse surbaissée* donne des résultats intermédiaires entre ceux des deux cas précédents ; 4° qu'avec l'*arc brisé* une même charge donnera lieu à une poussée beaucoup plus faible, mais que cette force agira avec un bras de levier plus grand par rapport à la naissance, ce qui pourra compenser et au delà l'avantage dû à la diminution de la poussée. Notons enfin que dans tout ce qui précède, on n'a pas tenu compte de l'adhérence des mortiers, qui ajoute beaucoup à l'adhérence des voûtes quand ils sont de bonne qualité.

*Voûtes en arc de cloître.* Les conditions de stabilité des *voûtes en arc de cloître* se déterminent d'après les mêmes principes que celles des voûtes en berceau. Seulement, au lieu de prendre en considération une portion de voûte dont la longueur est égale à l'unité, ce qui permet de ne calculer que des surfaces, il faut considérer chaque pan de voûte dans toute son étendue et calculer le volume de chacune de ses assises de voussoirs, dont la longueur augmente à mesure qu'on se rapproche de la naissance. Dans ce genre de voûte, c'est la tendance au renversement extérieur qui domine ; c'est donc par un sentiment très juste des conditions générales de la stabilité, que les architectes sont guidés lorsqu'ils couronnent ces voûtes par des lanternes ou par des motifs d'amortissement à forte saillie, qui constituent un élément de décoration très rationnel.

*Voûtes d'arête.* Ces voûtes se trouvent dans des conditions de stabilité inverses de celles des voûtes en arc de cloître. De l'examen de ces conditions, il résulte qu'il est convenable d'employer dans ces voûtes des courbes d'extrados d'autant plus prononcées, ou une épaisseur vers les reins et les naissances d'autant plus grande, que l'épaisseur du piédroit est plus réduite.

Les voûtes d'arête sont souvent formées de pans légers reposant sur des arcs ou nervures en saillie. Dans ce cas, on peut calculer les dimensions de ces arcs d'après les poids provenant des deux demi-pans de voûte qu'ils ont à soutenir ; quant à la poussée agissant sur le piédroit, elle doit être composée avec celles qui résultent de l'arc diagonal adjacent et de l'arc doubleau.

DÉCORATION DES VOÛTES. Le système des compartiments ou *caissons* est fréquemment adopté surtout pour les voûtes en berceau. Il se prête moins bien à la décoration des voûtes d'arête et en arc de cloître. Une des dispositions les plus rationnelles et les plus usitées pour les voûtes d'arête est l'accentuation des arêtes par des nervures saillantes. Dans les voûtes en arc de cloître, dont les arêtes sont rentrantes, on a recours à des compartiments de formes et de dimensions diverses, ordinairement rectangulaires dans la majeure partie de la voûte, triangulaires ou trapézoïdaux le long des arêtes.

Quant aux *voûtes sphériques,* leur système de décoration consiste soit en nervures ou arcs-doubleaux convergeant au sommet de la voûte et laissant entre eux des fuseaux avec compartiments peints ou sculptés, soit en caissons plus ou moins ornés. Les culs-de-four sur pendentifs se décorent aussi de caissons qui se prolongent jusque sur les pendentifs. Souvent une corniche sépare les pendentifs du cul-de-four, ce dernier étant seul orné de caissons et les autres parties étant décorées de figures peintes ou sculptées. — F. M.

\*VOYANT. *T. techn.* Plaque de deux couleurs, mobile le long de la tige de la mire qu'on emploie dans les opérations de nivellement et de lever des plans.

VRAC. Mode d'expédition des marchandises non emballées.

VRILLE. *T. techn.* Petit instrument de fer, dont le bout est tourné en spirale terminée par une pointe aiguë, et emmanché d'un morceau de bois perpendiculaire à sa longueur ; on s'en sert pour percer le bois de part en part ou sur une portion de son épaisseur. ‖ On donne le nom de *vrilles* au tortillement et au rebouclage que fait un fil sur lui-même, lorsqu'il est abandonné sans tension et qu'il cède au retrait dû à sa torsion et à son élasticité.

\* VRILLERIE. Industrie qui s'occupe de la fabrication des vrilles et des menus outils de fer et d'acier.

\* VUILLAUME (JEAN-BAPTISTE). Luthier, né le 7 octobre 1798, à Mirecourt, vint s'établir à Paris et acquit bientôt une très grande réputation dans la fabrication des violons, qu'il sut rendre comparable à celle des maîtres italiens. Il a créé ainsi une industrie toute française qui nous a affranchis du monopole de l'étranger. Il est mort à Paris, le 19 mars 1875.

\* VULCAIN. *Iconol.* Fils de Jupiter et de Junon, était né laid et difforme. Sa mère, par dépit, le jeta du haut de l'Olympe sur la terre, où il se cassa la jambe et resta boiteux. Il s'établit plus tard, avec les Cyclopes, des forges dans l'Etna, et fût Dieu du feu et des volcans. Devenu l'époux de Vénus, ses infortunes conjugales devinrent la fable de l'Olympe, et l'habileté avec laquelle il sut envelopper dans un filet de métal les deux amants, Mars et Vénus, ne put le sauver du ridicule. Ses travaux les plus connus sont les foudres de Jupiter, les armes d'Achille et d'Enée, le bouclier d'Hercule, le sceptre d'Agamemnon, le collier d'Hermione. Les anciens n'ont pas donné peut-être à Vulcain, dans leur iconographie, le plan qui lui revenait par son rang ; du moins nous en est-il parvenu peu de choses ; les artistes modernes, au contraire, ont tiré grand parti de cette figure rude et sauvage. Ce dieu est représenté le plus souvent sous les traits d'un homme trapu, petit, mais robuste, aux jambes grêles et contrefaites ; les modernes lui donnent une barbe noire et épaisse. Le tablier et le marteau de forgeron sont ses attributs.

VULCANISATION. *T. techn.* Opération qui consiste à combiner du soufre au caoutchouc pour en modifier les propriétés. — V. CAOUTCHOUC.

\* VULCANITE. Substance composée de gutta-percha et de caoutchouc vulcanisé et inattaquable aux dissolvants. — V. CAOUTCHOUC, § *Caoutchouc durci.*

# W

WAGON. — V. VAGON.

WAGONNET. — V. VAGONNET.

\* WAILLY (CHARLES DE). Architecte, né à Paris en 1729, mort en 1799, fut élève de Blondel, Lejay et Servandoni, et obtint le grand prix de Rome en 1750. Dès 1767, il était membre de l'Académie d'architecture, et il entrait en 1771 à l'Académie royale de peinture. Il excellait surtout dans les décorations intérieures des appartements où il apportait, avec plus de modération, la fertilité d'invention de son maître Servandoni. Pour nous, son principal titre de gloire est la construction du théâtre de l'Odéon, dans le style grec si en faveur à l'époque (1782); il s'était associé avec Peyre, et tous deux fondèrent un atelier très fréquenté par la jeune génération d'architectes qui devaient briller au commencement de ce siècle. On cite encore de Wailly, le château des Ormes, en Touraine, et le palais Spinola, à Gênes. Membre de l'Institut à sa fondation, il fut un des créateurs de la Société des Amis des Arts, devint conservateur du musée en 1795, et s'attacha à introduire en France les œuvres des peintres hollandais et flamands, qu'il affectionnait particulièrement.

\* WALFERDIN (FRANÇOIS-HIPPOLYTE). Physicien, né à Langres le 8 juin 1795, mort à Paris le 25 janvier 1880. Entré de bonne heure dans l'administration des douanes, il y devint directeur du matériel des finances, et se distingua par d'utiles applications de la science au contrôle des produits soumis aux agents du Trésor. Lié avec Arago, il entreprit en collaboration avec ce savant divers travaux de physique et de géologie, contribua entre autre au succès du forage du fameux puits de Grenelle, et inventa nombre d'instruments scientifiques. Parmi ces derniers, il y a lieu de citer : l'hypso-thermomètre (thermomètre donnant les hauteurs des stations accessibles et pouvant avantageusement remplacer le baromètre); l'hydro-baromètre (sonde-marine indiquant les profondeurs verticales de la ligne de sonde); le thermomètre à maxima à bulle d'air ; le thermomètre à minima modifié de Rutherford; divers thermomètres différentiels à l'alcool et au mercure, et des thermomètres métastatiques d'une extrême délicatesse. Il était décoré de la Légion d'honneur depuis 1844. En 1848, il s'était occupé de la politique et avait été élu représentant du peuple pour le département de la Haute-Marne.

WARRANT. (Ce mot vient de l'anglais et signifie garant). Récépissé délivré aux négociants lorsqu'ils déposent des marchandises dans les docks et entrepôts; ce récépissé descriptif et représentant la valeur de la marchandise, est négociable comme une lettre de change.

\* WARIN. Célèbre graveur du XVIIᵉ siècle. — V. VARIN.

\* WATER-CLOSETS. Cabinet d'aisances.

— Les water-closets étaient connus dans l'antiquité, il en existait dans le palais des Césars, à Rome, pavés en marbre et ornés de mosaïques; derrière le théâtre de Pompéi, on a découvert dernièrement un bassin de water-closet pourvu d'une conduite d'eau; c'est encore dans un retiro de ce genre que s'était réfugié Héliogabale lorsqu'il fut découvert par ses soldats et égorgé. Ils étaient fort nombreux autour des mosquées et des temples de l'Orient; Tavernier, dans son Voyage au sérail, donne la description de ceux qu'il a vus. « Chaque siège, dit-il, est muni d'un petit robinet. D'autres sièges ont leur ouverture formée par une plaque que l'on peut ouvrir à volonté pour les évacuations. » L'état répugnant des water-closets dans un grand nombre de nos villes de France, montre que la civilisation moderne, dont nous sommes si fiers, a beaucoup à faire pour égaler les anciens.

\* WATERINGUE. T. de p. et chauss. Ensemble des opérations et des travaux nécessaires pour dessécher les terrains inférieurs au niveau de la mer, dans le nord de la France et dans les Pays-Bas.

\* WATERPROOF. Manteau imperméable.

\* WATTEAU (JEAN-ANTOINE). Peintre, né à Valenciennes en 1684, mort à Nogent-sur-Marne en 1721. Fils d'un couvreur, il manifesta de bonne heure ses goûts pour le dessin et obtint d'entrer chez un peintre de la ville; il eut peu à apprendre à cette école, mais il ne cessa d'acquérir une grande aptitude d'observation et une habileté

de main remarquable en dessinant d'après nature tous les types de la rue. Il fut amené à Paris,
en 1702, par un peintre décorateur, sans doute
Métayer, puis resta quelque temps chez un entre-
neur de copies à bon marché, et entra enfin chez
Gillot, où sa vocation devait se décider; là il fit
de la bonne peinture et fut remarqué de son
maître. Mais bientôt il quitta l'atelier, poussé par
cette humeur changeante qui était sans doute un effet de son état maladif, pour travailler, avec Claude
Audran, à des travaux décoratifs, à la Muette et
dans plusieurs autres châteaux. Dans cette dernière étape de ses études, il fut mis, par Audran,
en présence des peintures de Rubens, dans la galerie du Luxembourg, dont celui-ci avait la garde,
et reconnut là son maître véritable. Il se passionna
pour l'artiste flamand, le copiant, recherchant
ses procédés, substituant son coloris chaud et
lumineux aux tons bruns et rougeâtres qu'on
enseignait chez Gillot. Il eut alors l'ambition
d'être envoyé à Rome avec la pension, et il con-
courut, en 1709, avec le sujet de *David accordant
à Abigaïl le pardon de Nabal*, mais il n'obtint que
le second prix. Découragé, il se consacra dès lors
à la peinture de genre où il devait se faire bientôt un grand nom.

Un *Départ de troupes*, acheté par le marchand
Sirois, et une *Halte d'armée* le mirent en vue et le
firent agréer à l'Académie où il fut reçu, en 1717,
sur la présentation du fameux tableau : l'*Embarquement pour Cythère*, aujourd'hui au musée du
Louvre. Il se fit inscrire sous le titre nouveau de
*Peintre des fêtes galantes*. Ces mots résument bien
sa manière et celle de ses imitateurs; il ne faut
pas chercher chez eux la longue étude du sujet et
l'élévation de la pensée : tout est grâce facile et
coquetterie, tout est léger, naturel et plein d'esprit : composition, dessin et couleur. Watteau
est l'un des premiers de ces peintres des fêtes
galantes; il est celui qui, sans aucun doute, a le
mieux la note sans tomber dans le maniérisme
exagéré. Coloriste étincelant, coquet, il sème de
perles ses tableaux, se plaisant aux satins rayés,
aux étoffes chatoyantes et changeantes, à piquer
d'une touche vive les mille détails de l'ajustement, les fleurs entrelacées dans les cheveux des
dames, les paillettes des justaucorps et la fraise
où s'encadre la figure des cavaliers, et les rubans
de leurs culottes courtes, et les rosettes de leurs
souliers à talons. Dessinateur plein d'aplomb, il
abordait les raccourcis avec beaucoup de sûreté,
et s'il lui arrivait parfois de ne pas les réussir, il
les manquait du moins avec grâce. Il mettait
jusque dans ses fautes la plus spirituelle qualité
du dessinateur, la vraisemblance.

Il mourut à trente-sept ans, des suites d'une
maladie de poitrine, sans avoir pu assister au
triomphe du genre qu'il avait créé. Mais lui-
même s'était vu déjà le peintre à la mode, recherché par la société la plus brillante qui se soit
trouvé en France. Il a peint pour elle quantité
d'éventails, de panneaux, de paravents. Parmi ses
tableaux de chevalet, nous citerons encore :
*Gilles*, de la collection Lacaze, au Louvre ; la *Comédie italienne* ; les *Fêtes vénitiennes* ; le *Rendez-vous*

de chasse et les *Amusements champêtres*. Il a laissé
aussi quelques eaux-fortes et de nombreux dessins à la sanguine ou aux deux crayons.

*WATTIER (Charles-Emile). Peintre et graveur,
né à Paris, en 1800, fut élève de Gros et Lafond;
mais s'écartant bientôt de leur enseignement, il
se consacra au genre qui avait tant brillé au XVIIIᵉ
siècle et où il croyait se faire un nom après Watteau et Boucher. Depuis le Salon de 1830, où il
fut remarqué, il ne cessa de donner de petites
toiles ravissantes et d'une manière très soignée,
se rapprochant beaucoup des maîtres du siècle
précédent; la plus connue est le *Petit souper sous la
Régence* (1847). Il fut chargé de la décoration de plusieurs hôtels pour lesquels on ne pouvait s'adresser mieux qu'à lui; c'est ainsi qu'il a peint, pour le
boudoir de la princesse Galitzin, à Saint-Pétersbourg, le *Triomphe*, le *Midi* et les *Quatre heures
du jour*; et pour le salon de l'hôtel du comte de
Crisenoy, de forts jolis panneaux qu'il a exposés
en 1858. En 1855, à l'Exposition universelle, il a
envoyé un superbe éventail à l'aquarelle, la *Toilette de Mme de Pompadour*, qui compte parmi ses
œuvres les plus remarquables. Enfin, ce peintre
a reproduit beaucoup de ses propres tableaux en
lithographie et à l'eau-forte, et a gravé, en outre,
plusieurs compositions des maîtres du XVIIIᵉ
siècle, notamment l'œuvre entier de Boucher,
dont les épreuves sont très recherchées.

**WHISKEY** ou **WHISKY.** Eau-de-vie de grain.

*WIDMER (Samuel). Né en 1767, à Othmarsin-
gen (Suisse), fut élevé d'abord par son aïeul
maternel, fabricant d'indiennes, puis appelé en
France par son oncle, Oberkampf, il fit d'excellentes études techniques sous la direction de
Charles et de Berthollet, et passa ensuite par toutes les conditions des ouvriers dans l'usine; en
même temps il apprenait, sans maître, la mécanique vers laquelle le portaient ses goûts. Très
jeune encore, il prit la direction de l'importante
manufacture d'Oberkampf et signala ses débuts
par d'heureuses améliorations. Un des premiers,
en France, il fit usage du chlore pour le blanchiment des toiles, il inventa l'impression des
étoffes au moyen des cylindres gravés, innovation
qui fit faire un grand pas à cette industrie, et
porta ce système au perfectionnement complet
par la machine à graver, qui supprima les frais
considérables de main-d'œuvre. Quelques années
plus tard, en 1809, il imaginait le chauffage de
l'eau par la vapeur et donnait son procédé à tous
les manufacturiers qui voulaient l'employer; l'administration des hospices en tira grand parti pour
le chauffage des bains. Il remporta encore le
grand prix de 2,000 livres sterling offert par
l'Angleterre pour la découverte du vert solide en
une seule application; mais, dans un louable sentiment de patriotisme, Widmer mit son invention
dans le domaine public et refusa le montant du
prix. Néanmoins, il fit le voyage d'Angleterre,
mais ce fut pour en rapporter les machines utiles
dont la France était encore privée, notamment la
machine à ouvrer le coton, qu'il obtint d'un fabricant anglais, en échange d'autres services impor-

tants. Il en établit une aussitôt à Essonnes et en fournit généreusement le modèle ; mais les excès de travail auxquels il se livrait altérèrent sa raison et il se tua, en 1821, dans un accès de fièvre chaude. Les nombreuses productions de son esprit inventif sont d'autant plus admirables qu'il en fît toujours profiter sa patrie et même ses concurrents, désintéressement rare chez un industriel.

**\*WINNERL.** Horloger, né en Styrie, en 1799, mort en 1886. Venu tout jeune en France, Winnerl, naturalisé Français, fut, pendant de longues années, le collaborateur d'Arago. Il avait porté l'horlogerie de précision au plus haut degré de perfection ; aussi son concours a-t-il été extrêmement utile aux plus illustres physiciens de ce siècle.

**\* WOLFRAM. T.** *de chim.* — V. TUNGSTÈNE.

**\* WOUÈDE.** Syn. de *guède.* — V. ce mot.

**\* WOOTZ** (Acier). Acier très dur et cependant malléable. — V. ACIER.

**\* WURTZ** (ADOLPHE). Chimiste, né à Strasbourg, le 26 novembre 1817, mort à Paris, le 12 mai 1884. Il étudia la médecine à la Faculté de sa ville natale, où il fut nommé chef des travaux chimiques de 1839 à 1844, et reçu docteur en 1843. Arrivé à Paris, il y devint préparateur des cours de chimie organique de Dumas, à la Faculté de médecine (1845), chef des travaux chimiques à l'Ecole des arts et manufactures, agrégé (1847), professeur à l'Institut agronomique de Versailles (1851) et, après la retraite de J.-B. Dumas et la mort d'Orfila (1853-54), titulaire de leurs deux chaires, que l'on réunit sous le nom de « cours de chimie médicale ». Elu membre de l'Académie de médecine, en 1857, doyen de la Faculté de médecine, en 1866, il fut nommé, en 1867, membre de l'Académie des sciences (section de chimie), en remplacement de Jules Pelouze.

Parmi les nombreuses découvertes de Wurtz, nous signalerons comme les plus importantes celles des *ammoniaques composées* et des *glycols.* Avant Wurtz, on connaissait un grand nombre d'alcalis organiques ou des alcaloïdes, doués de propriétés toxiques, et que l'on employait à faible dose, mais on avait vainement cherché, jusque là, à les reproduire par la synthèse chimique ;

c'est la découverte des ammoniaques composés qui permit de reproduire dans le laboratoire une foule de ces produits de la vie végétale. La théorie des *alcools polyatomiques* dérive de la découverte des glycols formés synthétiquement. Un certain nombre d'alcools sont venus se placer à côté de l'alcool provenant du vin, et la production des éthers et autres composés dérivés de ces nouveaux alcools a été la suite naturelle de ces découvertes. La chimie des Berzélius, des Pelouze, des Dumas, des Liebig, était basée sur la théorie des équivalents ; presque tous les chimistes avaient mis de côté la théorie atomique, alors très incomplète. Faire disparaître les imperfections de cette théorie, en développer les formules nettement et l'*atomicité*, tel fut le contingent apporté par Wurtz dans la conception des actions moléculaires des corps.

Parmi les découvertes de Wurtz, il faut citer encore : les *urées composées* (1851), l'*alcool butyrique* (1852), les *radicaux mixtes* (1855), les *bases organiques oxygénées artificielles* (1859), les *pseudo-alcools* (1862) ; la *formation des phénols par leurs hydrocarbures* (1867) ; la *synthèse de la névrine* (1869), l'*alcool et ses dérivés* (1872), etc. Les travaux de ce savant lui valurent deux hautes récompenses : en 1865, sur la proposition de l'Académie des sciences, le prix biennal, de 20,000 francs, institué par l'Empereur ; et en 1878, la grande médaille « Faraday », de la Société royale de Londres. Il a publié, d'après les principes par lui établi, le *Dictionnaire de chimie*, à la librairie Hachette, avec la collaboration de plusieurs de ses élèves.

En avril 1875, Wurtz donna sa démission de doyen de la Faculté de médecine et fut nommé, le 1er août suivant, professeur de chimie organique à la Faculté des sciences. Le 7 juillet 1874, il avait été élu sénateur inamovible. Il faisait partie de toutes les sociétés savantes de France et de l'étranger. Décoré de la Légion d'honneur, le 11 novembre 1850, il avait été promu officier le 24 janvier 1863, comme membre de la section française du jury international de l'Exposition universelle de Londres, commandeur le 11 août 1869, grand officier en 1881 et, à la même époque, membre du conseil de la grande chancellerie de la Légion d'honneur.

# X

**\*XÉNYLAMINE.** *T. de chim.* Syn. : *xylidine.* — V. ce mot.

**\*XYLÈNE.** *T. de chim.* Syn. : *diméthylbenzine* $C^{16}H^{10}...G^8H^{10}$. Carbure méthylbenzénique découvert par Cahours, en 1850, dans l'huile isolée de l'esprit de bois brut, par l'action de l'eau.

Il existe à l'état naturel dans l'huile de menhaden (*alosa menhaden*), poisson des Etats-Unis ; dans les goudrons de hêtre, de houille, dans les huiles minérales de Burmah, de Sehnde (Hanovre). On connaît trois xylènes isomériques (séries ortho, méta, para) dont les propriétés ont entre elles beaucoup d'analogie. L'*orthoxylène* est un liquide incolore, aromatique, d'une densité de 0,831 à $+16°$ ; ne se solidifiant pas à $-22°$, bouillant à 139° et offrant des réactions analogues à celles du toluène. Avec les agents oxydants (acide azotique, permanganate), il donne de l'acide toluique $C^{16}H^8O^4...G^8H^8O^2$ et de l'acide téréphtalique $C^{16}H^6O^8...G^8H^6O^4$.

On l'extrait des huiles légères de goudron de houille par distillation fractionnée, en recueillant les produits qui passent à 139° ; et en rectifiant au moyen de l'appareil Coupier. On peut l'obtenir en faisant réagir l'un sur l'autre le formène et le toluène naissants, en traitant par du sodium le toluène bromé et le formène iodé.
$$C^{14}H^7Br+C^2H^3I+Na^2=C^{16}H^{10}+NaI+NaBr...$$
$$G^7H^7Br+G^3H^3I+2Na^2=$$
$$G^7H^6(G^4H^4)+Na^2I+Na^2Br.$$

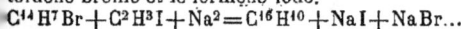

J. C.

**\*XYLIDINE.** *T. de chim.* Base homologue de l'aniline et de la toluidine, découverte par Cahours, en 1850. La formule est
$$C^{16}H^{11}Az...G^6H^3\begin{cases}G H^3\\ G H^3\\ Az H^2\end{cases}$$

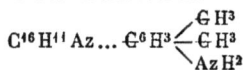

elle résulte de la réduction du nitroxylène et, comme nous avons vu qu'il existe trois xylènes isomériques, il y a donc six xylidines isomériques, deux correspondant à l'ortho, trois au méta et une au paraxylène. La plus importante, et la première connue, est l'α-métaxylidine ; c'est un

liquide incolore, alcalin, prenant à l'air une couleur brune et se résinifiant, sa densité est de 0.98 à 15°, elle bout à 214° ; elle est transformée par l'acide acétique cristallisable en acétoxylide ; elle ne donne pas de matières colorantes avec les oxydants, mais avec l'aniline et l'acide arsénique, elle donne des rouges.

On la prépare en réduisant le nitroxylène par le sulfhydrate d'ammonium, ou l'étain et l'acide chlorhydrique, ou encore le fer et l'acide acétique, ou bien en chauffant le chlorhydrate de paratoluidine, mélangé à l'alcool méthylique, à 300° Elle existe aussi dans les queues d'aniline d'où elle se sépare à 212°. — J. C.

**\*XYLIDIQUE** (Acide). *T. de chim.* $C^{18}H^8O^8...$ $G^6H^3(G H^3)(G O^2H)^2$ acide bibasique découvert par Fittig et Laubinger ; il est blanc, amorphe, à peine soluble dans l'eau d'où il se dépose en mamelons cristallins ; il fond vers 280° et se sublime en aiguilles dans l'acide carbonique sec. Le perchlorure de fer est sans action sur lui ; le permanganate de potasse le transforme en acides trimellique, métaphtalique et carbonique. Ses sels sont difficiles à obtenir cristallisés ; celui d'ammonium donne : avec l'*azotate d'argent*, un précipité blanc ; avec le *sulfate de cuivre*, un précipité bleu clair ; avec l'*azotate de plomb*, un précipité blanc. Pour le préparer, on fait bouillir le pseudocumène avec son volume d'acide azotique et 2 volumes d'eau. La masse solide obtenue est soumise à une distillation prolongée avec la vapeur d'eau, laquelle entraîne les acides xylique et paraxylique formés. Il reste de l'acide xylidique et des acides nitrés, on y ajoute alors de l'étain et de l'acide chlorhydrique, ce qui réduit les acides nitrés et les rend solubles ; on décante et on traite la partie insoluble par le carbonate de soude qui fait un xylidate, lequel est ensuite décomposé par addition d'acide chlorhydrique. — J. C.

**\*XYLOÏDINE.** *T. de chim.* Syn. : *nitramidine, fécule monoazotique*
$$C^{24}H^{10}O^{18}Az^2O^{10}...G^{12}H^{10}O^{14}Az^2.$$
Corps préparé par Braconnot ; blanc, pulvérulent,

insoluble dans l'alcool, l'éther, le chloroforme, la benzine, l'acétone; un peu soluble dans l'alcool méthylique, mais bien soluble dans l'acide acétique monohydraté additionné d'un peu d'acide acétique trihydraté.

On la prépare en triturant dans un mortier 1 partie de fécule bien sèche avec 5 à 8 parties d'acide azotique concentré jusqu'à formation d'empois transparent; on ajoute 20 à 30 0/0 d'eau distillée et on continue à triturer; il se précipite alors un produit blanc, caséeux que l'on recueille, lave et sèche à l'étuve. Pour le purifier, on le dissout dans l'acide acétique (V. plus haut), on filtre, précipite par l'eau, lave et sèche.

C'est une des premières matières explosibles, de nature organique, connues; elle déflagre à 200° et, bien sèche, se conserve indéfiniment. — J. C.

**\*XYLOPIE.** *T. de bot.* Nom donné à divers arbustes de la famille des anonacées, constituant par leur ensemble, un groupe qui donne, dans les pays chauds, des produits très utiles et dont le plus connu est désigné sous le nom de *poivre d'Æthiopie.* Ce condiment est constitué par le fruit multiple du *xylopia æthiopica,* A. Rich. (syn. : *unona æthiopica,* Aublet; *uvaria,* Lmk); il se présente sous forme de baies allongées, portées sur un réceptacle commun, les semences sont ovoïdes, noirâtres, arillées. Ce poivre rappelle l'odeur de gingembre et de curcuma et possède une saveur piquante et musquée; il est très employé par les nègres de l'Afrique, alors que dans l'Amérique on se sert de celui produit par les *xylopia sylvatica,* Dunal; *xylopia frutescens,* Aublet; *xylopia grandiflora,* A. Saint-Hil; *xylopia sericea,* A. Saint-Hil; tous ces fruits possèdent d'ailleurs des propriétés toniques, stimulantes, digestives et même fébrifuges.

Au Brésil, on se sert aussi de quelques xylopia (surtout des *embira*) pour extraire de leur écorce des fibres très appréciées pour la confection de cordages, câbles, filets, liens, etc., le bois est employé pour la construction, il est très amer. — J. C

**XYLOGRAPHIE.** Art de graver sur bois. || Art d'imprimer avec des caractères de bois ou des planches en bois sur lesquelles les caractères d'imprimerie sont gravés. L'impression xylographique a donné naissance à l'impression typographique.

**\*XYLOPLASTIE.** On a donné ce nom à un procédé qui consiste à désagréger du bois, par l'action de l'acide chlorhydrique, puis à mêler cette pâte obtenue avec un silicate de potasse ou de soude. En moulant ensuite la pâte ainsi obtenue, on peut lui donner la forme de toutes sortes d'objets, qui sont incassables après solidification.

# Y

**YACHT.** *T. de mar. et de nav.* La dénomination générale de *yacht* s'applique le plus souvent à de petits bateaux à voiles employés par les amateurs pour des voyages d'agrément à une faible distance des côtes, ou destinés à lutter dans les courses nautiques. Ce genre de sport, très goûté depuis de longues années par les Anglais, commence à se développer chez nous, et ce résultat est dû en grande partie à la publication du journal *Le Yacht*, destiné à tenir les amateurs au courant de tous les progrès réalisés dans cette partie de l'art naval.

Il est à peu près impossible de donner une classification exacte des différents bâtiments désignés sous l'appellation générique de *yachts*; on peut cependant les distinguer, d'après la forme de leur voilure, en *schooners*, *cutters* et *yawls*.

Le *schooner* a d'abord été un grand yacht destiné surtout aux grandes excursions et aux voyages à la mer ; il n'est arrivé que par des perfectionnements continus dans sa coque et dans sa voilure, à pouvoir rivaliser avec les autres bateaux de courses.

Le *yawl* est une modification du cutter ; il a été employé d'abord pour la pêche et la promenade ; des perfectionnements successifs en ont fait un des meilleurs bateaux de course.

Enfin, le *cutter* constitue le bateau de course par excellence ; c'est celui que les amateurs emploient dans la plupart des régates.

Outre ces bateaux exclusivement à voiles, on rencontre aussi un certain nombre de yachts à vapeur (steam yacht), appartenant généralement à des personnes très riches qui peuvent ainsi entreprendre des voyages d'excursions quelquefois très longs tout en restant entouré de tout le confortable auquel elles sont accoutumées. Les yachts à vapeur sont, en outre, toujours pourvus d'une très forte voilure leur permettant de naviguer presque constamment à la voile ; leur machine ne leur sert que dans un cas pressant ou pour franchir des passes difficiles.

**YATAGAN.** Arme des musulmans ; c'est une sorte de sabre-poignard dont le tranchant forme, vers la pointe, une courbe rentrante.

**YEUX ARTIFICIELS.** — V. ŒIL, § *Œil artificiel.*

**\* YLANG-YLANG.** Nom commercial d'une essence aromatique employée dans la parfumerie, et extraite de la fleur d'une variété de magnolia originaire de Manille, le *magnolia precia*, Duh.

**YOLE.** Canot très effilé et très léger, qui va à la voile et à l'aviron.

**YPRÉAU.** *T. de bot.* Nom souvent donné au peuplier blanc, *populus alba*, L. parce qu'il est très abondant et fort beau dans les environs d'Ypres (Flandre). Il est très répandu en France et dans l'Europe méridionale, dans tous les endroits frais et humides ; il s'élève à 30-35 mètres et a un accroissement très rapide, mais sa durée ne dépasse guère en moyenne une centaine d'années. Ses racines s'étendent au loin et donnent une infinité de rejets, ce qui est préjudiciable pour les terres en culture ; son écorce grise devient crevassée avec l'âge ; sa cime est ample et conique ; ses bourgeons sont coniques, pointus, non glutineux ; les feuilles sont arrondies, ovales, dentelées, à pétiole légèrement comprimé, elles constituent, ainsi que les jeunes pousses, un bon fourrage pour les bestiaux, elles sont revêtues de poils blancs, feutrés, qui persistent longtemps sur la face inférieure ; il fleurit longtemps avant l'apparition des feuilles et les chatons mâles paraissent les premiers. Le bois est blanc, parfois teinté de jaune vers le centre, il est léger et tenace et recherché par la menuiserie, mais c'est surtout avec les racines que l'on fait les plus beaux meubles ; il diminue en séchant du quart de son volume, ce qui oblige à ne le travailler qu'après dessiccation complète, il sert encore pour la charpente et se colore très bien. L'écorce et même le bois ont été autrefois utilisés pour la teinture en jaune de la laine. — J. C.

**\* YTTRIUM.** *T. de chim.* Nom d'un corps simple, métallique, découvert en 1794 par Gadolin, dans la *gadolinite* d'Ytterby, près Stockholm, mélangé avec de la *terbine* (oxyde de terbium $Tr^2 O^3$) et de l'*erbine* (oxyde d'erbium $Er^2 O^3$). Il a été surtout étudié par Mosander, Berlin, Pope, Clève et Delafontaine.

L'yttrium existe toujours mélangé à l'erbium et souvent au cérium, au lanthane et au didyme ; on le trouve dans la *gadolinite* (silicate complexe contenant de 3,46, à 5 0/0 de $Y^3O^3$), dans l'*euxénite* (17 0/0), et la *fergusonite* (niobates d'yttrium), la *xénotime* (phosphate d'yttrium), puis dans l'*yttrotantale* et l'*yttrotitane*.

L'yttrium est un métal tétratomique fort rare, dont la séparation s'obtient surtout par le traitement de la gadolinite, mais comme l'élimination des bases avec lesquelles il est mélangé est des plus délicates et exige un temps fort long, nous ne la donnerons pas ici et renverrons pour ce sujet aux traités de chimie pure. Nous nous bornerons à donner les caractères des sels d'yttrium. Ces sels sont incolores et leur solution ne fournit aucun spectre d'absorption. Ils donnent : avec les *alcalis caustiques*, un précipité blanc gélatineux, insoluble dans un excès d'alcali ; avec le *sulfhydrate d'ammoniaque*, même réaction ; avec les *carbonates alcalins*, précipité blanc, abondant, soluble dans un excès de réactif ; avec l'*acide oxalique*, précipité blanc, caillebotté, devenant cristallin ; avec le *ferrocyanure de potassium*, précipité blanc ; avec les *sulfates alcalins*, rien ; avec l'*acide sulfhydrique*, rien. — J. C.

**YUCCA.** *T. de bot.* On retire de diverses espèces de *yucca* (fam. des liliacées-aloïnées) des filaments textiles. Ces espèces sont principalement :

1º Le *yucca draconis*, L., nommé encore *palmier du désert*, arbre aux baïonnettes (à cause de la forme de ses feuilles dures et pointues) que l'on rencontre en grandes quantités dans la partie la plus inculte de la Californie. Il atteint généralement une hauteur de 10 à 15 pieds et son pied un diamètre de 8 à 10 pouces. Les fibres qu'il fournit, assez semblables à celles de l'agave, sont rarement extraites pour le tissage, mais la plante est utilisée dans le pays pour la fabrication du papier ; il s'est établi, en effet, en Californie, à Licks-Mills, dans le comté de Santa-Clara, et à Soledad-Mills, dans le comté Los Angeles, deux papeteries importantes exclusivement alimentées par cette plante. Le désert de Mohare, ayant une étendue d'environ 50,000 lieues (anglaises) carrées est presque uniquement couvert par cet arbuste, qu'il est d'autant plus difficile d'exterminer que, le tronc abattu, il pousse de nouveaux germes hors de la racine. On appelle quelquefois encore cette plante *cactus*, mais cette dénomination est évidemment fautive.

2º Le *yucca filamentosa*, L., dont on extrait des fibres aux Antilles, désigné dans l'Amérique Anglaise sous le nom de *bear'sgrass* et *eve'sthread* ;

3º Le *yucca angustifolia*, L., qu'on a essayé de cultiver dans les possessions anglaises des Indes, où on en a retiré une filasse fine et tenace, qu'on n'a pas cependant continué à extraire ;

4º Le *yucca gloriosa*, L., qui croît aux Indes, à Melbourne, à l'île Maurice, etc., où on a souvent essayé de l'utiliser au point de vue textile ;

5º Le *yucca aloefolia*, L., le *dagger plant* de Natal, d'où les naturels en extraient la filasse d'un aspect brillant, que les Anglais appellent quelquefois *silk-grass* (herbe de soie) ;

6º Enfin, le *yucca variegata*, L., dont on a souvent constaté la teneur en fibres. — A. R.

# Z

**ZAGAIE.** Sorte de javelot dont se servent la plupart des peuplades sauvages.

**\* ZÉPHYRE.** *Iconol.* Dieu des vents printaniers, qui personnifie souvent le Printemps lui-même, fils d'Astrée et de l'Aurore, épousa Flore, dont il eut les Brises. On le représente sous les traits d'un jeune homme imberbe, couronné de fleurs et agitant avec légèreté des ailes diaprées comme celles du papillon; souvent il sème des fleurs sur sa route. On a trouvé à Pompéi une très curieuse peinture antique : *l'Amour montrant Chloris à Zéphyre*, qui se trouve actuellement au musée des Studj. *Zéphyre et Flore* ont été peints par les Coypel, par Jouvenet, Vien, Bouguereau (Salon de 1875), dans un tableau très connu, mais qui manque sans doute de l'idéal nécessité par un semblable sujet. Prud'hon a été mieux inspiré lorsqu'il a peint *Zéphyre se balançant sur les eaux*, toile qui est considérée comme son chef-d'œuvre (Salon de 1814). Zéphyre suspendu par les mains aux branches d'un arbre, effleure du bout du pied la surface d'une source limpide, dans laquelle il se regarde en souriant; il est impossible d'exprimer la jeunesse, l'innocence, la grâce, avec plus de simplicité et de bonheur. Au château de Versailles, Roger a sculpté *Zéphyre et Flore*, pour un des avant-corps, et Louis Lecomte un *Zéphyre*, pour le parterre de l'Orangerie. Nous citerons encore les statues de Gillet, Boyer (Salon de 1827), et *Zéphyre jaloux*, par Ogé (Salon de 1847).

**ZIBELINE.** Sorte de fourrure très estimée que fournit une espèce de martre de Sibérie.

**\* ZIÉGLER** (Jules-Claude). Peintre, né en 1804 à Langres, mort à Paris en 1856, fut destiné par sa famille à la carrière du droit, mais entra à son insu chez Heim, où il ne put rester que quelques semaines, et plus tard chez Ingres. Après avoir cherché sa voie pendant plusieurs années, il se consacra à la peinture d'histoire, et en 1833, il obtenait un succès complet avec son tableau de *Giotto dans l'atelier de Cimabue*, acheté par l'Etat. L'année suivante il l'exposait avec autant de bonheur *Saint Luc peignant la Sainte-Vierge*, et *Saint-Georges terrassant le dragon*, acquis encore par l'Etat. En 1835, Ziégler fut chargé par Thiers de peindre la coupole de l'église de la Madeleine, ce qui souleva contre lui tous les artistes amis du puissant Paul Delaroche, à qui la commande avait d'abord été donnée. Il prit comme sujet : la *Madeleine aux pieds du Christ*, entourée des personnages de l'histoire du christianisme. Finie en 1838, cette vaste composition fut jugée avec faveur, mais les artistes ne la lui pardonnèrent pas, et voyant cette animosité, le roi n'osa plus lui confier de commande. Elle lui valut la croix de la Légion d'honneur. L'artiste, dans ce travail sur une surface concave, avait tellement compromis sa vue, qu'il dut cesser de peindre. Il se retira alors à Voisinlein, près de Beauvais, et y établit une fabrique de poterie, d'où sortirent des produits remarquables par l'élégance de leurs formes. Ce n'est que vers 1843 qu'il reprit les pinceaux, mais sans retrouver, paraît-il, son habileté d'autrefois, car ses derniers tableaux sont inférieurs à ceux de sa première époque. Dans les dernières années de sa vie il avait été nommé directeur de l'école des beaux-arts de Dijon. On cite encore de lui *Daniel dans la fosse aux lions*, la *Vierge aux Neiges*, un portrait de Kellermann, les cartons des vitraux des chapelles de Dreux et d'Eu, et le grand vitrail de la chapelle de Compiègne. Il a laissé aussi un précieux livre, les *Etudes céramiques*, où il indique d'excellents procédés de décors pour la poterie.

**ZIGZAG.** *T. de mécan.* Appareil formé de pièces croisées en forme d'X et qui s'allonge ou se racourcit en rapprochant ou en écartant les extrémités. || *T. d'arch.* On donne encore le nom de *zigzags* à des ornements qui présentent une suite d'angles alternativement saillants et rentrants, et qui ont été particulièrement employés pendant la période romane.

**ZINC.** *T. de chim.* Métal ayant pour symbole Zn, pour équivalent 32,5 et pour poids atomique 65. Il fut connu depuis la plus haute antiquité car les Chinois ont toujours su préparer des objets en airain, avec l'aide de la calamine; mais ce fut Paracelse, qui au commencement du XVIe siècle, le désigna pour la première fois sous son nom actuel, il le donne comme venant des Indes; il fut isolé et exploité commercialement au XVIIIᵉ siècle.

*État naturel.* Le zinc se trouve très rarement à l'état natif, cependant on l'a rencontré à Victoria (Australie); il est au contraire assez abondant sous quelques-unes de ses combinaisons. La *blende* est le sulfure de zinc, elle cristallise en cubes ou en ses dérivés, a une cassure conchoïdale, est transparente ou opaque, d'éclat adamantin et de couleur variable (jaune, rouge, brune, verte, noire); sa densité est de 3,9 à 4,2 et sa dureté de 3,5 à 4. Elle contient en moyenne 67,15 0/0 de zinc, mais peut aussi être ferrugineuse, comme les variétés dites *marmatite* (15 0/0 de fer), *rothite*, *wurtzite*, ou contenir [de l'oxyde de zinc, comme la *voltzwine* (17,80 0/0 d'oxyde); les beaux cristaux de zinc sulfuré viennent de Kapnik (Hongrie), de Freiberg, du Cumberland, de Binnen (Valais); le plus souvent elle est en masses lamellaires, grenues ou fibreuses et est alors très répandue. La *calamine* est ou du zinc oxydé silicifère ou du carbonate de zinc : 1° Zinc oxydé silicifère; sa forme dominante est le prisme rhomboïdal droit de 104° 13'; il est transparent ou translucide, d'éclat vitreux, de coloration blanche, grise, jaune, brune, verte, bleue, ou même est incolore; sa densité est de 3,35 à 3,5, sa dureté de 5. L'analyse de la calamine donne en moyenne 24,90 de silice, 67,62 d'oxyde de zinc et 7,47 d'eau, ce qui correspond à la formule 2 (ZnO)³Si O³ + 3 H O. On en trouve de beaux cristaux près d'Aix-la-Chapelle, à la Vieille-Montagne; en Carinthie; mais le plus souvent il est en masses concrétionnées, compactes ou terreuses; 2° Le zinc carbonaté, plus fréquemment désigné sous le nom de *smithsonite*, ZnO CO². Il cristallise en rhomboèdres de 107° 40', est translucide ou opaque, d'éclat vitreux, parfois nacré, de coloration blanc jaunâtre ou verdâtre, de dureté = 5 et de densité variant de 4,34 à 4,45. Il renferme 64,92 0/0 d'oxyde de zinc. On le trouve en cristaux à la Vieille-Montagne; en Carinthie; en Silésie; il se rencontre le plus souvent en masses grenues, concrétionnées. La *zinconite* est un carbonate contenant deux équivalents d'eau; il est amorphe, à cassure terreuse, de nuance blanc jaunâtre, et contient 71,4 0/0 d'oxyde de zinc, 13,5 d'acide carbonique, et 15,1 0/0 d'eau, on le trouve à Bleiberg, en Carinthie; à Santander, en Espagne, etc. La *buratite* est un carbonate hydraté de zinc, cuivre et calcium, ne renfermant que 41,19 0/0 d'oxyde de zinc, que l'on trouve à Chessy (Rhône), en Sardaigne, dans l'Altaï, etc. Ces minerais sont surtout ceux qui sont utilisés pour l'extraction du zinc. Ceux que nous allons indiquer maintenant sont plus rares. La *spartalite* est de l'oxyde de zinc contenant des traces d'oxyde de manganèse; il est en masses laminaires ou grenues, rouges, d'une dureté de 4 à 4,5 et densité = 5,43 à 5,53; la *franklinite* est un ferrate de zinc contenant 26,25 d'oxyde, cristallisant dans le système cubique, opaque, d'éclat métallique, noire et légèrement magnétique; densité = 5,07 à 5,13 et dureté = 6 à 6,5; on la trouve en cristaux ou en masses grenues à New-Jersey. L'*adamine* est de l'arséniate de zinc renfermant de 52 à 54 0/0

d'oxyde, cristallisant en petits [prismes rhomboïdaux, vitreux, jaunes, rouges ou verts, d'une dureté de 3,5 et d'une densité de 4,33. On le trouve au Chili et dans le Var (mine de Garonne). L'*hopéite* est du phosphate hydraté; il est très rare et a été trouvé à la Vieille-Montagne. La *zinconsite* est du sulfate anhydre trouvé à la Sierra Almagrera (Espagne) et la *goslarite* du sulfate hydraté, cristallisé en prisme rhomboïdal droit, incolore, blanc ou rosé, résultant le plus souvent d'une oxydation de la blende et qui se trouve dans les anciennes galeries de mines, surtout dans le Hartz, à Goslar. La *gahnite* est un aluminate complexe, contenant des oxydes de fer, de magnésium, et 30 0/0 d'oxyde de zinc, il est vert foncé, en cristaux cubiques, d'une dureté de 8 et de densité = 4,23 à 4,6; on le trouve à Fahlun (Suède), à New-Jersey, etc.

*Propriétés.* Le zinc est un métal gris bleuâtre, à texture lamelleuse ou grenue, suivant la manière dont il a été fondu, ductile, malléable, mais cassant assez facilement par le choc, à froid, ou surtout lorsqu'il a été porté à 205°; il fond à 412°, et bout et distille à 1,039°. Sa densité est 6,86, sa chaleur spécifique de 0,0956 (Regnault), il est peu sonore et cristallise dans le système hexagonal.

Le zinc est un métal diatomique; il ne s'altère pas dans l'air sec, mais à l'humidité il se recouvre d'une couche blanche d'oxyde ou de carbonate qui préserve alors le métal d'une altération plus profonde; chauffé au rouge blanc, il brûle à l'air avec une flamme verdâtre, en produisant des flocons épais d'oxyde de zinc anhydre (la laine philosophique des anciens). Il décompose faiblement l'eau à 100°, et même à la température ordinaire s'il est très divisé. Avec les acides, il y a décomposition avec production d'hydrogène le plus souvent (acides acétique, chlorhydrique, sulfurique, etc.), mais il est d'autant moins actif, qu'il est plus pur; avec de l'acide azotique, il dégage du protoxyde d'azote, s'il est très étendu. et du bioxyde s'il est concentré; avec une faible quantité d'ammoniaque dans les deux cas. Il se dissout dans les alcalis avec production d'une combinaison d'oxyde de zinc et de la base employée, avec dégagement d'hydrogène. Il décompose les solutions salines en précipitant le métal (antimoine, argent, cuivre, étain et mercure), ramène les sels au minimum à l'état de sels au maximum (étain, fer), il réduit les azotates, les acides chromique, permanganique, décompose les sels ammoniacaux, l'alun, etc.

PRÉPARATION. On obtient le zinc par le grillage de ses principaux minerais; il se forme un oxyde que l'on réduit ensuite par le charbon. Le métal obtenu se volatilise par la chaleur et distille, mais il garde toujours alors des quantités variables de soufre, d'étain, de fer, de plomb, de cuivre, de cadmium, d'arsenic et d'antimoine; aussi, pour l'employer dans l'industrie, a-t-il besoin la plupart du temps de subir une purification.—V. plus loin *Métallurgie*.

PURIFICATION. 1° Pour obtenir du zinc relativement pur, on peut le distiller, mais si quelques métaux restent dans les scories, l'arsenic et le cadmium sont entraînés avec le zinc en même temps que des traces de plomb. Ce procédé est donc bien imparfait. Il en est de même du procédé qui consiste à fondre le métal avec 1/5 de son poids d'azotate de potasse; l'arsenic transformé en arséniate de potasse s'en va par lavage à l'eau, mais les autres métaux ne sont pas entraînés.

2° Pour avoir du zinc absolument pur, on traite ce métal réduit en grenailles par l'acide sulfurique étendu ; il se dégage de l'hydrogène qui enlève le soufre et l'arsenic sous forme d'hydrogène arsénié et sulfuré; en même temps le zinc passe à l'état de sulfate soluble et le plomb ainsi que l'étain restent insolubles en formant des dépôts noirâtres; en faisant passer dans la solution limpide un courant de chlore ou peroxyde de fer; on le fait déposer en faisant bouillir cette liqueur avec de l'oxyde de zinc qui étant le plus basique précipite l'oxyde de fer; on décante le liquide, l'acidule par l'acide sulfurique, et on y fait passer un courant d'acide sulfhydrique qui opère le départ du cuivre et du cadmium. Il ne reste plus alors que du zinc dans la solution, on y ajoute du carbonate de soude qui forme du carbonate de zinc, on sèche celui-ci et le calcine, ce qui donne de l'oxyde, que l'on réduit alors par le charbon ou par l'hydrogène.

*Usages.* Le zinc s'altérant peu à l'air est très employé pour la construction, pour faire des toitures, des gouttières, des fenêtres ou des ornements en métal fondu ou même repoussé; il sert à confectionner un certain nombre de vases utilisés dans l'économie domestique, mais il doit être absolument rejeté, lorsque l'on conserve des produits alimentaires dans des vases en zinc non galvanisés, parce que ses sels sont vénéneux et se forment très facilement en présence des liquides très faiblement acides. Il entre dans la composition du laiton et d'un assez grand nombre d'alliages (V. t. III p. 1173); oxydé il sert en peinture pour remplacer la céruse, etc. ; en chimie il est employé pour préparer l'hydrogène, les sels de zinc, pour les piles, etc. (V. t. VII, p. 325).

Le zinc fournit à l'industrie un assez grand nombre de produits, dont plusieurs déjà ont été étudiés dans ce *Dictionnaire.*

**Oxyde de zinc.** ZnO... Zn⊖ corps solide, blanc, quelquefois très léger et très tenu (lana philosophica), amorphe, inodore, insipide, insoluble dans l'eau, résistant à la chaleur, mais prenant alors une teinte jaune qu'il perd par refroidissement ; réductible par le charbon et par l'hydrogène à une haute température ; soluble dans les acides en donnant des sels; dans les bases en donnant des zincates ; donnant un vif éclat blanc à la flamme du chalumeau. Il est anhydre ou hydraté.

*État naturel.* Il constitue le corps désigné sous le nom de *spartalite*; il est aussi contenu dans le minerai appelé *calamine.*

PRÉPARATION. a) par voie sèche : 1° on l'obtient dans les arts par la combustion du zinc à l'air, c'est le produit appelé *blanc de zinc* (V. ce mot). 2° pour l'emploi médical on le prépare en chauffant

au rouge vif, du zinc dans un creuset en terre; on le pulvérise ensuite, lave et sèche. b) Par voie humide, il retient alors de l'eau et a pour formule ZnO,HO...Zn⊖²H². On dissout d'un côté dix parties de sulfate de zinc dans quinze parties d'eau distillée et autant de carbonate de soude dans une même quantité d'eau; on verse la première dans la solution de carbonate, et on lave jusqu'à ce que l'eau de lavage ne précipite plus par le chlorure de magnésium. Ce corps est parfois altéré par la présence de l'arsenic, du fer, que l'on reconnaît par leurs réactifs spéciaux, et par le sulfate de soude, si on n'a pas bien lavé le produit. En lavant à l'eau bouillante et ajoutant du chlorure de baryum, on trouve ce sulfate. Le blanc de zinc est souvent falsifié dans l'industrie par les sulfates ou les carbonates de calcium et de baryum ; en traitant le produit par un acide étendu on dissout l'oxyde de zinc et laisse les corps étrangers, dont on recherche la nature par les réactifs.

On nomme *tuthie* un oxyde de zinc impur qui se dépose dans les hauts fourneaux et que l'on emploie, comme l'oxyde ordinaire, en pharmacie et en peinture.

**Carbonate de zinc.** — V. t. II, p. 235.

**Chlorure de zinc.** — V. t. III, p. 329.

**Chlorure de zinc et d'ammonium.** — V. t. III, p. 330.

**Hypochlorite de zinc.** — V. t. III, p. 333.

**Oxychlorure de zinc.** — Ce produit est variable, en ce sens qu'il peut contenir 3-6 ou 9 équivalents d'oxyde pour un de chlorure ZnCl3(ZnO) ou ZnCl6-9(Zn⊖), ...ZnCl²3(Zn⊖), etc. On l'obtient en dissolvant l'oxyde dans une solution de chlorure, ou en laissant digérer le précipité formé dans une solution de chlorure, par l'addition d'une certaine quantité d'ammoniaque. Dans le premier cas il est en petits octaèdres nacrés, il est pulvérulent dans le second; il est toujours peu soluble dans l'eau, soluble dans les acides et les alcalis; par dessiccation il perd une partie de son eau et en garde deux équivalents à 100°. L'oxychlorure de zinc a la propriété de dissoudre la soie, il est employé pour séparer ce corps des fibres végétales(Persoz); l'oxychlorure liquide évaporé à l'ébullition donne une masse plastique qui, par le temps, devient dure et insoluble dans l'eau, ce qui le fait utiliser comme ciment; on fait un ciment dentaire avec cinquante parties de chlorure de zinc, trois parties d'oxyde, une partie de verre porphyrisé, et une partie de borax dissous dans un peu d'eau; on fait un très bon stuc avec cet oxychlorure (Sorel) et on lute les appareils de chimie avec un mélange de chlorure de zinc, oxyde de même base, et sable (Tollens).

**Cyanure de zinc.** — V. t. III, p. 1196.

**Lactate de zinc.**

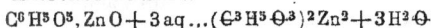

$$C^6H^5O^5, ZnO + 3aq...(⊖^3H^5⊖^3)^2Zn^3 + 3H^2⊖$$

est en aiguilles ou en lamelles brillantes, bien solubles dans l'eau bouillante, moins dans l'eau froide (1/58); on le prépare en saturant à chaud une solution d'acide lactique par de l'hydro-carbonate de zinc bien lavé et récemment préparé, et concentrant la liqueur.

**Sulfate de zinc.** — V. Sulfate.

**Sulfate de zinc et d'aniline.**—V. Sulfate.

**Sulfure de zinc.** — V. Sulfure.

**Caractères des sels de zinc.** Ces sels sont incolores, à saveur styptique et nauséabonde. Ils donnent en solution les caractères suivants : avec la *potasse*, l'*ammoniaque* précipité blanc gélatineux, soluble dans un excès de réactif; avec le *carbonate d'ammonium*, précipité blanc, soluble dans un excès, et laissant déposer du carbonate de zinc par l'addition d'un excès d'eau; par le *carbonate de potasse*, précipité blanc, de carbonate basique, insoluble dans un excès de réactif; par l'*acide sulfhydrique*, précipité blanc de sulfure, très soluble dans l'acide chlorhydrique, insoluble dans le sulfure d'ammonium, et que l'addition d'acide chlorhydrique empêche de se former ; par le *sulfure d'ammonium*, précipité blanc de sulfure, très soluble dans l'acide chlorhydrique, insoluble dans l'acide acétique; par le *carbonate de baryte*, rien à froid, excepté dans la solution de sulfate; précipité blanc, très lent à se former, à chaud; par le *phosphate de soude*, précipité blanc, soluble dans les acides, dans les alcalis, mais ne se formant pas si la liqueur contient du chlorure d'ammonium (caract. distinct. des sels de manganèse); par le *ferrocyanure*, précipité blanc, gélatineux, insoluble dans l'acide chlorhydrique; par le *ferricyanure*, précipité jaune rougeâtre, soluble dans l'acide chlorhydrique ou l'ammoniaque : par l'*acide oxalique*, précipité blanc, cristallin, lent à se former, soluble dans les acides et dans les alcalis.

Dosage. Le procédé le plus simple de doser le zinc est de le précipiter à l'état de carbonate. On chauffe la solution zincique dans un vase à précipiter et l'on y ajoute une solution de carbonate de soude jusqu'à cessation de précipité. On laisse déposer le précipité, puis verse le liquide clair sur un filtre sans plis, lave ensuite le précipité à l'eau distillée bouillante, et jette sur le filtre. On dessèche celui-ci, on détache le plus possible d'hydrocarbonate de zinc, puis finalement on incinère le filtre dans un creuset de platine, en ayant soin d'imbiber le papier d'azotate d'ammoniaque. En ne chauffant pas trop fort et en ajoutant à diverses reprises de l'azotate, on évite la réduction du zinc par le charbon, et par suite, une volatilisation possible du métal. On ajoute alors le précipité d'hydrocarbonate, on porte au rouge, laisse refroidir et pèse. En multipliant le poids trouvé par 0.8025 (rapport de 32.5 équivalent du zinc à 40.5 équivalent de l'oxyde soit 32.5/40.5), on a le poids du zinc. Si la liqueur zincique contient des sels ammoniacaux, comme ceux-ci dissolvent le précipité d'hydrocarbonate, il faut mettre du carbonate de soude en excès et faire bouillir, afin de décomposer les composés ammoniacaux et de chasser l'ammoniaque.

2° On dose encore le zinc à l'état de sulfure au moyen du sulfure d'ammonium, en ayant soin d'additionner la solution zincique de sel ammo-

niac, puis d'ammoniaque jusqu'à réaction alcaline, et d'ajouter ensuite le sulfure en léger excès. Le précipité est recueilli après vingt-quatre heures et lavé rapidement avec de l'eau chargée de sulfure d'ammonium et de chlorhydrate d'ammoniaque, en recouvrant l'entonnoir avec un disque de verre pour éviter le contact de l'air qui pourrait sulfater le sulfure. On dessèche, puis on grille le précipité pour le transformer en oxyde; en opérant comme précédemment, pour éviter la réduction à l'état métallique du dépôt laissé d'abord sur le filtre, puis ajoutant finalement le sulfure. A ce moment on verse un peu d'acide azotique dans le creuset de platine, on évapore à siccité et porte au rouge vif; on laisse refroidir et comme l'oxyde formé garde un peu de sulfate, on ajoute du carbonate d'ammoniaque et on calcine à nouveau, en répétant l'opération jusqu'à ce que le creuset ne change plus de poids. On calcule ensuite le poids du zinc d'après le poids de l'oxyde trouvé.

3° Le zinc se dose bien par électrolyse, en solution sulfurique rendue légèrement alcaline par de l'ammoniaque, et additionnée d'un peu de sulfate d'ammoniaque. L'opération se fait à froid, avec deux éléments Bunsen; le métal se dépose sur l'électrode négative. — J. C.

### MÉTALLURGIE DU ZINC

Historique. Le zinc métallique ne semble pas avoir été connu des anciens. Il était, au contraire, très employé comme alliage; un tiers de zinc et deux tiers de cuivre constituent le *laiton*, dont les mille variétés imitaient plus ou moins parfaitement l'or et portaient le nom de *chrysochalque* ou *chrysocal*, très employé des Grecs et des Latins (χρυσος, or; χαλχος, cuivre). — V. Laiton.

Ces alliages aux riches couleurs s'obtenaient, sans passer par l'intermédiaire du zinc métallique, en traitant simultanément les minerais de cuivre et de zinc mélangés, ou en réduisant l'oxyde de zinc en présence du charbon et du cuivre; ce dernier métal absorbant les vapeurs de zinc à mesure qu'elles se produisaient sous l'influence réductrice.

On se servait de *cadmies* que l'on incorporait à des pains ou lingots de cuivre plus ou moins impurs, en présence du charbon. Ces cadmies étaient des oxydes de zinc recueillis dans l'intérieur des cheminées d'usine et donnaient lieu à la production de deux sortes de laiton ou de cuivre jaune, suivant que l'on employait deux parties pour une de cuivre ou deux de cuivre pour une de cadmies.

Au xvi° siècle, on en était resté au même procédé de fabrication du laiton que du temps de Pline, et le zinc, en temps que métal, était toujours inconnu.

Les premiers zincs métalliques furent importés de l'Orient, mais la fabrication européenne ne date guère que du siècle dernier. En 1780, l'abbé Dony, de Liège, cherchant à distiller le métal de la *calamine* mélangée à du charbon, eut l'idée de boucher, avec un pot à fleur percé d'un trou, le col de sa cornue. Les vapeurs blanches de *lana philosophica*, qui inondaient l'atmosphère du laboratoire, devinrent moins abondantes et il se déposa, dans la partie inférieure, du zinc métallique.

Le zinc se dégage facilement, au rouge, de sa combinaison avec l'oxygène, quand on emploie le charbon; mais l'oxyde de zinc n'est pas réduit par l'oxyde de carbone; en effet, il ne pourrait se produire que de l'acide carbonique et, le zinc métallique, tout comme le manganèse, décompose l'acide carbonique en s'oxydant :

$$Zn + CO^2 = ZnO + CO$$

et la réaction réductrice seule employable est

$$ZnO + C = Zn + CO$$

La vapeur d'eau est facilement décomposée par le zinc, ce qui augmente encore les difficultés de cette métallurgie qui, comme celle du manganèse, est accompagnée de pertes par volatilisation; l'extraction du zinc reste donc, comparativement à celles du fer et du cuivre, dans un état imparfait.

Réduction du zinc. Le minerai de zinc doit, ainsi que nous l'avons dit, être ramené par grillage à la forme d'oxyde pour être prêt à la réduction.

Cette opération se fait en vase clos, en présence du charbon. La forme du vase pour la réduction a donné lieu à deux variantes qui portent les noms de *système belge* et de *système silésien*.

*Système belge.* La cornue belge est en terre réfractaire; c'est un cylindre fermé par une extrémité et ouverte par l'autre (fig. 878). Sa longueur

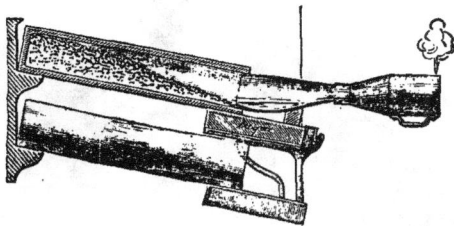

Fig. 878. — *Disposition des creusets, tubes et allonges dans le système belge.*

est de 1 mètre environ, et son diamètre intérieur de $0^m,17$, avec une épaisseur de parois de $0^m,4$.

On le forme avec des matières réfractaires de la meilleure qualité, à pâte fine, très compacte, car il doit reposer seulement sur ses deux extrémités et supporter, à 1,200° environ, le poids de sa charge qui dépasse 20 kilogrammes.

Le four qui contient ces creusets était primitivement à tirage naturel et chauffé par de la houille (fig. 879), mais la tendance est, de plus en plus, à y substituer le soufflage, l'emploi des gazogènes et le système de régénération Siemens.

L'avantage que présente le chauffage au gaz est de permettre l'emploi de combustibles quelconques, ce qui comporte une économie importante. De plus, en soufflant les gazogènes, on évite, par la pression ainsi obtenue dans le four, la sortie des vapeurs de zinc par les fissures qui se produisent inévitablement dans les creusets.

*Détails de l'opération.* Le minerai en poudre est mélangé avec du charbon menu, de la houille aussi maigre que possible pour éviter la formation de coke, ce qui gênerait la réduction. On met généralement un de houille pour deux de minerai et on humecte, de manière à ce que la masse se prenne presque en boule sous l'action de la main. Au moyen d'une sorte de pelle cintrée en forme de cuiller, l'ouvrier introduit dans le creu-

set, préalablement porté au rouge, une petite quantité du mélange, en évitant de s'exposer aux crachements que la volatilisation de l'eau amène quelquefois; puis, peu à peu, le remplissage s'achève et on ferme l'orifice avec un cône tronqué en terre cuite qui ne laisse que 5 à 6 centimètres à l'extrémité pour le dégagement des gaz. Naturellement, on lute, avec le plus grand soin, au moyen de terre réfractaire, le joint entre le creuset et l'allonge tronconique.

Cette opération, qui a été précédée du râclage

Fig. 879. — *Four belge pour l'extraction du zinc.*

C C Creusets placés en travers de l'axe du foyer. — A Pièces en fonte coulées d'un seul jet et portant autant de consoles qu'il y a d'étages. — H Cheminée. — B Orifice d'expulsion des débris de creusets. — F Foyer.

intérieur des creusets, a demandé encore deux heures; il faut ensuite que la température du four, notablement abaissée par cette addition de matière froide et humide, s'élève de nouveau au rouge pour permettre à la réduction de s'opérer.

L'humidité s'échappe d'abord, puis la houille perd ses gaz qui viennent s'enflammer à l'orifice. La flamme, d'abord rougeâtre, devient bleu pâle, puis bleu verdâtre, à mesure que les premières vapeurs de zinc viennent brûler à l'air. On coiffe alors l'extrémité de l'allonge avec une allonge supplémentaire en tôle, qui fonctionne comme condensateur, et qui porte à sa partie supérieure un petit trou de quelques millimètres seulement pour donner issue à l'oxyde de carbone résultant de l'action de l'oxyde de zinc sur le carbone. Si ce trou s'élargissait trop, il y aurait des rentrées d'air, ce qui brûlerait en pure perte une partie du zinc réduit et amènerait des détonations. La charge du creuset s'affaisse peu à peu, les vapeurs métalliques tourbillonnent au-dessus et viennent se condenser dans la première allonge refroidie par l'air extérieur et qui sert de réservoir pour puiser le métal.

Pour cette opération, qu'on appelle le *tirage*, on enlève l'allonge de tôle ; des poussières métalliques l'obstruent en partie et donneront lieu à un traitement spécial, car elles renferment 93 à 94 0/0 de zinc ; on a soin de fermer avec un linge mouillé l'orifice de cette allonge pour empêcher l'inflammation de ces poussières, et ce n'est qu'après un certain refroidissement qu'on les projette dans un seau en tôle. On introduit alors dans l'allonge de terre une cuvette et on amène dans un vase en fer le zinc liquide que l'on coule ensuite dans des lingotières. Autrefois, on faisait cette opération trois fois par jour ; on cherche, actuellement, à simplifier ce travail en augmentant la capacité des allonges et en ne faisant qu'un tirage.

Lorsqu'il n'y a plus que très peu de fumées zincifères, la flamme finit pas s'éteindre, tout le carbone ayant été oxydé, et la réduction est terminée. On procède alors au nettoyage des creusets, opération pénible et qui doit se faire quand les matières qui forment les résidus sont encore à l'état plastique. On passe dans l'intérieur des creusets un long ciseau qui détache tout ce qui adhère aux parois, en même temps qu'on fait tomber, dans la fosse qui se trouve située au-dessous de la partie antérieure du four, tous les résidus de la réduction. On répare les creusets fendus, ou bien, s'ils sont trop endommagés, on les remplace par d'autres, amenés tout rouges d'une étuve spéciale où ils sont à chauffer. On voit, par cet ensemble, que la réduction du minerai de zinc est délicate, sujette à de nombreuses pertes, qu'elle demande une main-d'œuvre chère, car les opérations sont pénibles, minutieuses et ne s'appliquent qu'à de petites quantités.

Les carbonates, qui sont les minerais les plus avantageux, ne donnent guère qu'un rendement de 80 0/0 de la teneur indiquée par l'analyse. Ce chiffre est encore moindre pour les blendes grillées, surtout si elles sont à gangue calcaire. De plus, le rendement varie encore avec le point du four où se trouve placé le creuset ; il diminue quand l'intensité de la chaleur est moindre ; aussi, met-on les mélanges les plus réductibles dans les parties hautes, les plus éloignées, par conséquent du foyer, tandis que les silicates et les minerais les plus réfractaires se mettent en charge moitié moindre et dans les parties les plus chaudes.

Cette variété dans la facilité de réduction des minerais de zinc a amené, pour leur achat, des règles dont allons donner une idée. On ne paie que les 80 centièmes de la teneur, en diminuant encore celle-ci de deux ou trois unités dans le cas des silicates, de quatre ou cinq pour les blendes, etc. Le plomb ne doit pas être en quantité supérieure à 2 ou 2 1/2 0/0, à cause de la facilité avec laquelle il produit des silicates fusibles. Le fer ne gêne pas, même s'il y en a 25 0/0 ; mais il ne faut pas qu'il soit silicaté, car la présence du silicate forçant à élever la température, augmente les chances de fusion des creusets. On en peut dire autant du manganèse qui forme, si facilement, des silicates très fusibles.

*Système silésien.* Au lieu de *creusets*, on emploie des *moufles* d'une capacité qui se rapproche davantage du travail en grand et qui comporte une simplification de travail.

Les fours silésiens sont accolés par deux, comme le montre la figure 880 ils ressemblent donc à des fours de verrerie. Les moufles M sont placées sur les banquettes, au milieu desquelles, en O, viennent déboucher les gaz, qui du foyer F passent par le canal C. A l'extrémité antérieure du moufle, en A, se trouve l'allonge servant de

Fig. 880. — Four silésien.

condensateur et qui s'appuie sur la taque T. La trappe F sert à faire disparaître les résidus des moufles et reste fermée pendant le travail ; on introduit ainsi, une plus grande propreté dans l'opération. Les moufles sont difficiles à chauffer uniformément, quand on emploie la houille ; mais, avec le gaz des générateurs on arrive à un meilleur résultat.

On emploie, en Belgique, concurremment, les creusets et les moufles, mais la préférence semble s'établir pour ces derniers, qui demandent moins de main-d'œuvre, un travail plus facile et des minerais moins riches.

On a cherché à traiter les minerais de zinc au haut fourneau marchant à gueulard fermé, en consommant des minerais grillés et de la chaux vive, pour éviter la production de l'acide carbonique. En soutirant les gaz chargés de vapeurs de zinc, à quelques mètres au-dessus des tuyères, on avait espéré recueillir le métal dans des chambres de condensation, mais on a dû y renoncer, car on n'obtenait que de l'oxyde et du sous-oxyde de zinc. Tout récemment, on a proposé de réduire la blende par de la ferraille mais les résultats pratiques ne sont pas encore connus.

En Amérique, M. Wheterill a imaginé de transformer directement, les minerais de zinc en oxyde ou blanc de zinc, en opérant de la manière suivante. Le minerai, mélangé de carbonate de chaux, s'il y a du silicate en présence et d'anthracite en poudre, est placé sur des plaques de fonte percées de trous et chauffées par un foyer placé en dessous et qui est soufflé: le minerai est réduit par le charbon et les vapeurs de zinc se rendent dans des chambres de condensation où elles se transforment en oxyde, sous l'action de l'acide carbonique produit et d'un excès d'air.

Lorsque le minerai est impur, qu'il renferme une quantité notable de plomb, par exemple, il se fait, en raison des différences de densité de l'oxyde de zinc et de l'oxyde de plomb une séparation entre ces deux métaux. Il semble donc, qu'il y ait là, dans le cas des minerais complexes, une méthode préparatoire féconde pour arriver à l'utilisation complète des différents métaux en présence. On obtient une série d'oxydes se déposant dans des chambres successives et qu'il est facile ensuite de réduire, parce que chacun d'eux se trouve isolé.

*Traitement par voie humide.* On a fait, dans ces dernières années, des essais fort intéressants pour réduire par l'électricité les minerais de zinc amenés à l'état de dissolution. Le zinc étant sous forme de sulfate on fait traverser la dissolution par un courant électrique. Le zinc se dépose au pôle négatif, tandis qu'au pôle positif l'acide sulfurique devient libre et peut dissoudre une nouvelle quantité de minerai. Quand on a de la blende, on peut facilement la transformer en sulfate par un grillage partiel; quant à la calamine, elle doit être attaquée par l'acide sulfurique.

La principale dépense est la production de l'électricité; sauf des cas spéciaux, où celle-ci pourra être obtenue gratis, au moyen de chutes d'eau puissantes, il reste acquis, jusqu'à présent, qu'il vaut mieux s'en tenir aux procédés métallurgiques actuels, quelque imparfaits qu'ils soient. — F. G.

**Zinc d'art.** La fabrication du zinc d'art appelé souvent *bronze d'imitation*, est d'origine récente. Elle tient aujourd'hui, dans les industries de luxe, une place dont la France et Paris en particulier s'honore à juste titre.

HISTORIQUE. L'origine de cette industrie ne date que de 1816. Elle resta assez longtemps dans un développement restreint. Bien qu'on ait, dès le début, utilisé cette propriété du zinc fondu, que versé dans un moule en métal moins fusible que lui, il se solidifie instantanément sans adhérer aux parois et en conservant la quantité des empreintes, on ne fabriquait encore que des objets en métal plein, ce qui en restreignait considérablement le nombre. Vers 1837, on apporta un premier perfectionnement, par l'emploi des noyaux à l'intérieur du moule, c'était déjà un grand progrès; toutefois, cette industrie n'atteignit son complet essor qu'en 1845, par une

découverte due, comme cela arrive si souvent, au hazard. Un fondeur avait omis de placer son noyau dans le moule; il ne s'aperçut de son erreur qu'après avoir versé le zinc liquide. Il s'empresse de vider son moule et de le démonter pour réparer son erreur. Au lieu d'une masse informe qu'il comptait trouver, sa surprise fut grande de retirer un objet parfaitement venu et d'une épaisseur assez uniforme. Le principe du *moulage renversé* était trouvé et, après quelques tâtonnements, la méthode nouvelle qui constituait spécialement la fabrication du zinc d'art était trouvée. Un autre progrès important vint, presque à la même époque, coopérer à cet heureux développement. La Vieille-Montagne venait d'installer un nouveau procédé de raffinage du zinc et livrait dès lors, sous le nom de *zinc fonte d'art*, un métal pur et débarrassé de plomb indispensable pour cette fabrication.

Le nombre des ouvriers employés, au début, n'était que de quelques centaines, il s'éleva bientôt à quinze mille. Cette industrie consomme 1,300,000 kilogrammes auxquels il faut joindre 150,000 kilogrammes de cuivre absorbés pour la confection des moules.

D'autres perfectionnements sont venus chaque jour concourir au développement de cette industrie. La substitution du fer à souder à gaz au vieux fer à souder. Enfin, l'emploi des machines Gramme pour la mise en marche des cuves de cuivrage, qui ont supprimé l'emploi si dangereux et si difficile des piles et du zinc amalgamé. C'est grâce à ce cuivrage des pièces de zinc que ces objets ont pu mériter véritablement le nom de *bronze d'imitation*, car c'est lui qui a permis alors d'obtenir, avec les objets en bronze, une similitude d'apparence telle que souvent même un œil exercé distingue difficilement les deux sortes de nature d'objets.

FABRICATION. Si l'on se reporte à ce qui a été dit à l'article BRONZE, § *Bronze d'art*, on trouvera certainement de grands points de similitude avec la fabrication du zinc d'art. Toutefois c'est au point de départ que se présentent les plus grandes différences entre ces deux sortes de travaux.

Le zinc a sur le bronze ce remarquable avantage que, coulé dans un moule de métal moins fusible que lui, tel que le bronze rouge que l'on choisit, il se refroidit sans y adhérer, et en conserve rigoureusement l'empreinte. Il en résulte que si l'on possède un creux bien fait, reproduisant exactement l'œuvre d'art que l'on veut obtenir, la fonte seule du zinc la rendra parfaitement identique. On ne saurait arriver à une telle perfection dans la fonte du bronze, à cause de l'emploi forcé des moules au sable, lequel se trouve toujours incomplètement foulé et donne une surface de fonte beaucoup moins nette. Généralement une fonte de bronze exige toujours un travail de ciselure assez complexe, qui se réduit au contraire à sa plus simple expression pour le zinc d'art.

Expliquons rapidement comment se construit ce moule. Le sculpteur ayant livré au fabricant son œuvre, qu'il faut reproduire, on commence par la séparer en divers fragments, pour faciliter le travail. Ainsi dans une statue, on détache un ou les bras, une jambe, des parties de draperie, etc. On a recours ensuite à l'industrie du mouleur, qui fait un moule à bon creux sur l'œuvre du sculpteur. Le caractère distinctif de cette sorte de moule, est la réunion d'un certain nombre de pièces, se séparant les unes des autres, puis se réunissant exactement pour envelopper complètement le modèle, reproduisant ainsi, mais en creux, toutes les formes et détails de la sculpture. Ces pièces sont contenues dans une enveloppe en deux pièces, dite *chape*, et qui permet de les maintenir assemblées. Souvent même il y a une enveloppe intermédiaire totale ou partielle dite *chapette*.

L'exécution de ce travail nécessite un ouvrier intelligent, qui sache bien raisonner son moule, c'est-à-dire examiner la forme, dimension et nombre des pièces, déterminer les endroits des joints ou *coutures*, remarquer les parties non en dépouille, pour y battre des petites pièces spéciales. Ce travail terminé, ce nouveau modèle est livré au fondeur en bronze, puis au ciseleur et à l'ajusteur.

Inutile de dire que de la perfection de la ciselure de ce modèle, dépendra celle des épreuves de zinc qui y seront coulées. Avant de se servir des moules, il faut les faire chauffer légèrement, pour éviter un refroidissement trop brusque du zinc au moment de la coulée. On les flambe ensuite avec des perches résineuses, pour les enduire uniformément d'une couche de noir de fumée, qui facilite la séparation du moule et de l'épreuve. On remplit le moule d'un seul coup de zinc fondu, par la seule ouverture qu'il présente, et presqu'aussitôt, on le renverse afin de faire écouler toute la majeure partie du liquide. Il s'est formé sur les parois du moule, une couche mince et uniforme de zinc solide qui en a embrassé toutes les formes et détails de ciselure.

Ces pièces fondues sont livrées à des ouvriers spéciaux, qui ont pour mission d'enlever les petites coutures qui se produisent nécessairement aux jonctions des parties constituant l'ensemble du moule; de plus ils nettoient la surface des pièces pour disparaître les plus petites défectuosités, les croûtes oxydées, etc. Enfin pour des pièces de choix ils avivent les détails de ciselure qui seraient venus un peu flou.

Généralement, un objet est fondu en plusieurs pièces, ainsi dans une statue, un ou plusieurs membres sont fondus à part, des portions de draperie, etc. Dans la préparation de ces fragments, on a ménagé des emboîtements qui viennent à la fonte. Il n'y a qu'à présenter ces pièces et à les souder au fer et à la soudure. Ce travail de monture est autrement plus facile que celui du bronze.

Il ne reste plus qu'à décorer les objets. Au début on n'avait à sa disposition que des procédés de peinture. Mais aujourd'hui on recouvre ces pièces de zinc, soit d'une couche de cuivre rouge, soit d'une couche de laiton, et cela le plus aisément par les procédés galvaniques. On se trouve donc en présence d'une véritable pièce de bronze à laquelle on peut appliquer tous les procédés de dorure, argenture, bronzage, etc., déjà décrits. Toutefois le décor en couleur, soit par peinture, soit par l'emploi de poudres de bronze colorées, aux sels de titane, aux couleurs d'aniline, etc., tient encore, dans cette industrie, qui fabrique des objets si variés, une large place, beaucoup plus considérable que dans celle du bronze.

**Zinc d'ornement.** Le zinc remplace avantageusement le plomb pour l'ornementation des parties supérieures d'édifices ou des constructions élégantes; ce dernier métal, très pesant, exige pour certains motifs décoratifs une armature intérieure qui les alourdit encore et outre le prix du plomb, la main-d'œuvre augmente les dépenses dans de larges proportions. Nous avons dit à l'article ESTAMPAGE, comment on procède pour donner au zinc laminé les formes les plus variées; nous devons ajouter ici que, grâce à l'ingéniosité et au goût de nos fabricants, les applications du zinc d'ornement se sont multipliées de la façon la plus heureuse; des crêtes dentelées, des motifs en fers de lances, courent aujourd'hui sur les toits des maisons

Fig. 881. — *Modèle d'épi en zinc, dessin et exécution de M. Coutelier.*

les plus modestes, des épis ouvragés (fig. 881) s'élancent au sommet des tourelles et se détachent sur le ciel en lignes gracieuses, des œils-de-bœuf, des lucarnes, des balustrades relevées en bosse marient leurs tons appropriés à l'ensemble des décorations architecturales, et c'est là l'œuvre du zinc auquel on fait subir par les enduits et par la peinture toutes les modifications qu'exige sa destination. Par la peinture au silicate de potasse et d'oxyde de zinc, on obtient toute la gamme des teintes de la pierre, depuis la pierre blanche jusqu'aux tons chauds de la terre cuite, et, par les procédés galvanoplastiques, le dépôt d'une mince couche de cuivre rouge ou jaune qui se prête à d'excellents effets décoratifs.

**\* ZINCOGRAPHIE.** Procédé qui a pour but d'imprimer les dessins, et dans lequel la pierre lithographique est remplacée par le zinc.

**\* ZINGAGE ou ZINCAGE.** Opération qui consiste à couvrir de zinc certains métaux, notamment le fer, pour les rendre moins oxydables. — V. Dépôts Métalliques.

**ZINGUEUR.** *T. de mét.* Ouvrier qui travaille le zinc ; ouvrier dont les travaux rentrent dans les professions de plombier et de ferblantier.

**ZINZOLIN.** Couleur d'un violet rougeâtre.

**ZIRCON.** *T. de chim.* Syn : *Hyacinthe.* Silicate de zirconium, cristallisant en prismes quadratiques de 95°40' transparent ou translucide, d'éclat vif, de couleur tout à fait variable (incolore, jaune, brun, rouge, vert, bleu) ; sa dureté est de 7,5, sa densité 4,05 à 4,75. Sa composition est représentée par $ZrO^3$, $SiO^3$ ou $Zr\text{-}O^2$, $Si\text{-}O^2$ ; il contient 33,04 0/0 de silice et 66,96 d'oxyde de zirconium. Il sert parfois en bijouterie.

**\* ZIRCONIUM.** *T. de chim.* Métal isolé par Berzelius en 1824, du zircone, oxyde caractérisé par Klaproth en 1789. Il a pour symbole Zr, pour équivalent 44,75, pour poids atomique 89,5. Il

peut être cristallin, graphitoïde ou amorphe, d'un gris d'acier ou noirâtre, sa densité est de 4,15 ; il est peu fusible ; il brûle dans le gaz tonnant et au rouge sombre dans le chlore ; il est attaqué par la potasse en fusion, par les acides azotique et sulfurique concentrés, et à chaud, par le gaz chlorhydrique ; il se dissout bien dans l'eau régale à chaud, dans l'acide fluorhydrique étendu, à froid. Sa chaleur spécifique est de 0,0666, il offre par l'étincelle d'induction un spectre à nombreuses bandes dans le violet et l'ultra-violet. .

Ce corps étant très rare, nous renvoyons aux traités de Chimie générale. — J. C.,

**\* ZOSTÈRE.** *T. de bot.* Plante aquatique (*zostera marina*) à feuilles linéaires et rubanées, dont on se sert pour emballages, litière, rembourrage de matelas et d'oreillers, etc.

La zostère croît en abondance sur les fonds de pré argileux du Zuiderzée.

La zostère fauchée est la meilleure qualité ; elle est plus forte, plus noire et plus élastique que la zostère repêchée. Le prix de revient de 100 kilogrammes de zostère (fauchage, séchage et pressage) est de 5,10 florins en moyenne. — A. R.

FIN

DU

TOME HUITIÈME

ET DERNIER

*A nos Souscripteurs,*
*A nos Lecteurs connus et inconnus,*
*A nos Collaborateurs de tout ordre,*

L'œuvre à laquelle nous avons consacré tout ce que le Ciel nous a donné d'intelligence et d'énergie, se termine avec le présent volume. Au moment de publier le premier et de poser ainsi la pierre angulaire de l'édifice, nous avons, dans un court « Avant-propos », affirmé la vitalité de l'entreprise et indiqué l'idée-mère dont elle est l'expression.

Si le xvi⁰ siècle, avons-nous dit, si la première moitié du xviiᵉ marquent le réveil de l'esprit scientifique, en rompant avec les traditions routinières du moyen âge; si le xviiiᵉ siècle, plus occupé de philosophie militante que de science proprement dite, a surtout réagi contre les tendances autoritaires que personnifiait le règne de Louis XIV, le xixᵉ, au contraire, se dégageant de toute polémique religieuse, abandonnant aux hommes de parti les controverses de l'ordre politique, a fait du domaine scientifique et industriel son champ d'études et d'explorations. Théoricien autant et plus que l'avaient été, aux xviᵉ et xviiᵉ siècles, les Bacon, les Descartes, les Pascal, au xviiiᵉ, les Diderot et les d'Alembert, il a été pratique avant tout; il a voulu faire bénéficier l'humanité de toutes les découvertes opérées dans le monde de la science; il a travaillé pour que chaque peuple et chaque homme profitât des conquêtes réalisées sur la Nature; aussi, a-t-il eu pour objectif constant la recherche de ces innombrables applications, sans lesquelles la connaissance des principes généraux, la notion des lois fondamentales du monde naturel, demeureraient purement spéculatives et resteraient à l'état de curiosités.

*\*\**

Frappé par ce mouvement considérable des esprits, nous avons voulu, au terme de ce xixᵉ siècle, qui s'appellera dans l'Histoire, disions-nous, le « siècle de la science », résumer, à leur point culminant, les progrès réalisés dans toutes les branches de l'activité humaine.

Notre Dictionnaire est donc bien de son temps, et pour en traduire fidèlement la pensée dominante, il est ce qu'avaient été, à leur apparition, les essais de Jean de Garlande et du moine Théophile, plus tard les

répertoires des Calepin, des Furetières, le Dictionnaire de Trévoux et .
l'Encyclopédie. Nous osons affirmer qu'il est bien, comme ces recueils
célèbres l'ont été à leur époque, et dans un autre ordre, l'expression
des idées, des sentiments, des besoins, des aspirations scientifiques du
temps où il paraît.

*
* *

On nous accusera peut-être d'un excès de tendresse pour une œuvre
qui est la nôtre; mais nous demandons à nos lecteurs la permission de
leur dire, sans orgueil comme sans fausse modestie, qu'au point de vue
spécial où nous nous sommes placés, il nous faut remonter à l'Encyclopédie du xviiie siècle pour trouver sur les arts et les métiers un ouvrage
aussi complet que le nôtre. Les immenses travaux de Diderot et d'Alembert embrassaient, dans leur vaste étendue, tout ce qui constitue l'empire
de la raison; notre programme est beaucoup plus restreint, mais on ne
saurait lui refuser un genre de supériorité due à l'esprit d'impartialité critique qui distingue notre temps et notre pays.

Les Encyclopédistes, gens de parti et hommes de passion, combat-
taient en bloc et proscrivaient en masse ; toutes les institutions du passé
leur étaient suspectes, tous les souvenirs du moyen âge leur déplaisaient,
parce que le moyen âge était, par eux, condamné sans appel. Plus
impartiaux — parce que le xixe siècle est le siècle de l'éclectisme en même
temps que celui de la science appliquée — nous n'avons pas cru que le
désaveu du passé fut la condition essentielle de la glorification du présent; nous n'avons rien répudié des legs successifs qui sont le patrimoine
commun de l'humanité dans le domaine de l'art et de la science, comme
dans celui de la philosophie, de l'histoire, de la littérature et de la
morale ; nous avons, au contraire, pris notre bien partout où nous le
trouvions, et nous l'avons trouvé à tous les âges.

Pour n'en citer qu'un exemple, l'histoire du régime corporatif,
méconnu par les encyclopédistes, condamné par les économistes de 1776
et par les réformateurs de 1791, occupe dans nos colonnes la grande
place qui lui appartient. Ce régime n'a-t-il pas été, en effet, le cadre dans
lequel l'activité industrielle s'est mue pendant de longs siècles ? N'est-ce pas
une page de l'histoire du travail que les efforts accomplis par ces communautés ouvrières, ressuscitées de nos jours sous le nom de syndicats?
Une critique plus approfondie a rendu justice à cette institution frater-
nelle que l'esprit de fiscalité a pu dénaturer, mais qui a, dans son bèau
temps, non seulement porté très haut la perfection du travail français,
mais encore, grâce à la solidarité dont elle était l'une des formes, réussi
à grouper autour du chef d'atelier, comme l'ancienne clientèle autour du

patronat romain, tous les membres de la grande famille ouvrière, depuis le dernier apprenti jusqu'au juré et au prud'homme.

\* \*

C'est dans l'interprétation de ce passé, autant que dans l'intelligence du présent, que nous avons puisé une conviction dont notre Encyclopédie porte l'empreinte, bien qu'elle ne s'y affirme pas autant que nous l'aurions désiré. Nous voulons parler de la réconciliation du capital et du travail, du rapprochement amical entre la pensée qui dirige et la main qui exécute, au moyen d'une participation, librement offerte, cordialement acceptée, aux bénéfices de l'exploitation commune. Ce dogme de la science économique moderne, nous l'avons plus d'une fois proclamé au milieu des ouvriers, dans nos conférences publiques et privées, et chaque fois, en le commentant avec une juste impartialité, nous avons obtenu l'adhésion unanime des patrons comme celle des ouvriers.

Notre sentiment nous eut donc entraîné sur le terrain économique et social, qui touche de si près au domaine industriel, si nous n'avions pas dû conserver au Dictionnaire le caractère scientifique et artistique qui lui appartient. La place que nous avons accordée au rétrospectif et à l'économie sociale, a pour unique but de montrer, que grâce à l'esprit d'éclectisme de notre époque, les institutions familiales du passé, comme celles que nous réserve l'avenir, ont droit désormais à une équitable appréciation.

\* \*

Mais si nous avons eu de l'avenir et du passé le juste souci qu'il en fallait avoir, nous n'avons point oublié qu'un « Dictionnaire encyclopédique », quand il veut être l'expression des travaux de son temps, est une sorte de grand journal où l'actualité a la première place, où le progrès du jour, bien et dûment constaté, doit assurer celui du lendemain. L'état exact des sciences appliquées, des travaux de l'ingénieur et des conceptions de l'artiste, la constatation précise des résultats obtenus dans toute l'étendue du domaine industriel, l'inventaire complet des améliorations réalisées ou réalisables ont donc été notre principale, notre constante préoccupation.

\* \*

Nos lecteurs se souviennent que, dans ce même « Avant-propos » nous leur avons raconté les incidents du début, les difficultés de la première heure et les phases successives de la publication; nous leur avons dit comment nous avions réussi à en grouper les éléments, de quelle façon — faute de mieux — nous avions été amené à être notre propre éditeur, et par quelle combinaison nous nous étions procuré le « nerf de la guerre »…. et des Dictionnaires.

Depuis cette époque quelques hommes honorablement placés dans le commerce et l'industrie, témoins des efforts que nous faisions pour mener à bien cette grande entreprise, et justes appréciateurs des premiers résultats obtenus, sont venus franchement à nous et nous ont apporté, avec leurs capitaux, un concours sympathique que nous avons accepté avec reconnaissance. Avec un désintéressement qui est leur plus bel éloge, ils ont attendu que la dernière pierre de l'édifice fut posée, avant de demander ce que leur rapporterait ce concours. Le succès moral de l'œuvre avant tout avantage matériel, tel a été, tel est encore leur unique souci. Qu'ils reçoivent ici nos vifs et sincères remerciements.

∗∗∗

En dehors de cet appui dont nous sommes justement fiers, les divers patronages qui nous ont été accordés appartiennent à l'ordre moral, et nous touchent au même degré. Les grands manufacturiers, les maîtres de la science pure et de la science appliquée qui nous ont fait l'honneur de nous suivre, les souscripteurs auxquels nous demandions, dans notre « Avant-propos », de rester en communauté d'idées avec nous, nous ont donné de nombreux témoignages de bienveillance, dont nous conservons le précieux souvenir ; nous avons retenu leurs avis et tenu compte de leurs critiques. Ils ont bien voulu, — et leurs suffrages nous ont donné de la confiance et du courage, — rendre pleine justice à l'idée génératrice du Dictionnaire, à la forme comme au fond des articles, au talent varié, à l'érudition, et à l'expérience pratique dont a fait preuve chacun de nos collaborateurs. On a proclamé cette œuvre bien conçue dans son ensemble et bien traitée dans ses détails ; à ne le considérer même que comme un objet d'exposition, comme un ouvrage soumis à l'examen d'un jury international, notre Dictionnaire a eu sa part des grandes récompenses, et aucune publication similaire ne lui a été comparée.

∗∗∗

Si nous mentionnons ce résultat avec quelque orgueil, c'est pour en reporter l'honneur à ceux qui nous ont prêté leur concours et auxquels nous devons une bonne part du succès obtenu. Nous avons mis tous nos soins à recruter nos collaborateurs ; nous leur avons livré notre pensée sans réserve, et nous leur avons demandé de la servir loyalement, consciencieusement. C'est pour nous un plaisir, plus encore qu'un devoir, de reconnaître qu'ils en ont été les fidèles interprètes. Justement soucieux d'assurer l'unité, l'homogénéité de notre travail, nous n'avons pas été moins préoccupé de garantir à chacun de nos chers collaborateurs la part d'individualité, la part d'originalité à laquelle tout homme de valeur a droit. Tous ont bien voulu le reconnaître, car pendant les dix années qu'a duré l'élaboration de notre œuvre commune, aucun dissentiment ne s'est jamais produit entre le directeur-fondateur et les collaborateurs de tout ordre unis dans le même effort. Grâce à l'expérience et au savoir d'un Comité de rédaction dont le dévouement affectueux ne nous a jamais fait défaut, des limites ont dû être fixées à chacun, de grandes lignes ont été tracées d'un commun accord, de façon à circonscrire le champ de nos investigations ; mais tous ont pu s'y mouvoir librement, tous ont gardé leur personnalité en l'absorbant dans l'œuvre générale ; le Dictionnaire y a trouvé une originalité particulière, l'unité y résulte de la variété même, et l'on peut dire de ses milliers d'articles, comme des Etats solidement confédérés : *ex omnibus unum !* Merci à tous ! à nos savants rédacteurs comme à nos habiles administrateurs, à nos actifs représentants comme à nos intelligents coopérateurs de l'imprimerie, du fond du cœur merci !

\* \*

Il est enfin un genre de collaboration que nous n'avons garde d'oublier et qui nous a été particulièrement cher : c'est la fidélité avec laquelle nos souscripteurs de la première heure nous ont soutenu de leur sympathie, et la force qui nous est venue de toutes les adhésions successives s'ajoutant à celles du début : que les uns et les autres reçoivent ici l'expression de notre vive et sincère gratitude.

\* \*

Et maintenant, avant de prendre congé de tous, avant de dire: Adieu ! ou plutôt : Au revoir ! à nos souscripteurs, à nos lecteurs connus et inconnus, à nos chers collaborateurs — que nous retrouverons prochainement — nous voudrions, comme suprême remerciement, faire une dernière confidence.

Que sera, selon nos prévisions, l'œuvre à laquelle nous avons tous mis la main ?

Livre de bibliothèque pour les curieux, livre d'enseignement pour les professeurs de cours publics et privés, livre de direction industrielle et artistique dans le bureau du chef d'usine ou de fabrique, livre d'instruction pratique à l'atelier, le Dictionnaire sera certainement pendant de longues années, la source à laquelle pourront puiser tous ceux qui enseignent, qui travaillent et font travailler. C'est là son avenir ; c'est déjà son présent.

Affirmerons-nous, cependant, que cette Encyclopédie sera le dernier mot de la science appliquée ? Non. Les théories pourront se modifier, les applications se multiplier, les découvertes de tout ordre se produire dans le travail de la nature et des hommes ; c'est la condition de toute science expérimentale et de toute publication qui s'y rattache ; mais ce que nous pouvons assurer, sans crainte d'être démenti, c'est que le fond solide du Dictionnaire restera. Des imperfections nous ont été signalées, des questions non résolues au moment où nous avions à les traiter, ont reçu depuis une solution qui nous commande de nouveaux développements ; nous allons nous remettre à l'œuvre, car le Dictionnaire *doit toujours être de son temps.* L'Exposition de 1889 va nous offrir un vaste sujet d'études nouvelles, et le Supplément que nous préparons pour cette époque, sera le premier de ceux qui devront suivre pour enregistrer les inventions nouvelles et tenir nos lecteurs au courant du mouvement de l'art, de la science et de l'industrie.

Il ne demeurera donc pas, comme la vieille Encyclopédie, l'expression immuable d'un siècle écoulé, l'heure immobile au cadran d'une horloge arrêtée ; il constituera une grande étape de l'esprit humain sur la route du progrès qu'il suivra résolument avec l'armée des travailleurs.

E.-O. LAMI.

Paris. — Imp. Ch. Maréchal et J. Montorier, 16, passage des Petites-Ecuries.

www.ingramcontent.com/pod-product-compliance
Lightning Source LLC
Chambersburg PA
CBHW060440240326
41598CB00087B/1996